U0150380

“十四五”国家重点出版物出版规划项目
国家出版基金资助项目
湖北省社会公益出版专项资金资助项目

植物科属大辞典

傅德志　编著

长江出版传媒　北京出版集团
崇文书局　北京出版社

图书在版编目（CIP）数据

植物科属大辞典 / 傅德志编著. -- 武汉 : 崇文书局 ; 北京 : 北京出版社, 2022.9
ISBN 978-7-5403-6530-1

Ⅰ. ①植… Ⅱ. ①傅… Ⅲ. ①植物－世界－词典 Ⅳ. ① Q948.51-61

中国版本图书馆 CIP 数据核字 (2021) 第 265169 号

本书封面图（封怀木 *Fenghwaia gardeniicarpa*）由序言作者王瑞江提供，封底图（圣赫勒拿橄榄 *Nesiota elliptica*）由作者傅德志提供。

植物科属大辞典
ZHIWU KESHU DA CIDIAN

出 品 人：韩 敏 刘 可
项目策划：刘 可 张 弛
项目统筹：刘 可 张 弛
责任编辑：张 弛 杨晓瑞
特约审稿：朱金丽
责任校对：董 颖
责任印制：李佳超
内文排版：品欣工作室
装帧设计：杨 艳
封面题词：王文采（中国科学院院士）
出版发行：长江出版传媒 崇文书局 北京出版集团 北京出版社
地 址：武汉市雄楚大街 268 号 C 座 11 层
北京市西城区北三环中路 6 号
电 话：(027)87677133 邮政编码：430070
印 刷：湖北新华印务有限公司
开 本：787mm×1092mm 1/16
印 张：61.75
字 数：3 300 千
版 次：2022 年 9 月第 1 版
印 次：2022 年 9 月第 1 次印刷
书 号：ISBN 978-7-5403-6530-1
定 价：298.00 元

作者邮箱：nageia@qq.com，欢迎来信交流。

谨以此书敬献吾师王文采院士

并献中国科学院植物研究所国家植物标本馆（PE）

This book is dedicated to Prof. W. T. Wang
and to the Herbarium (PE), Institute of Botany,
the Chinese Academy of Sciences

目　　录

序

对于我这个研究植物刚入门的后学来说，我要为前辈傅老师的这部收录高等植物科属最多的大辞典写几句话，心中充满了不安；但也极愿意写几句话，权以为序。

为了纪念我国报春花科植物分类学家陈封怀先生诞辰 120 周年，我于 2020 年开始描述、次年和学生王刚涛等正式发表了鼠李科单种属——封怀木属 *Fenghwaia*。傅老师将封怀木 *F. gardeniicarpa* 作为巨著的封面图，而封底则用了同为鼠李科的另一单种属植物——圣赫勒拿橄榄 *Nesiota elliptica* 的图片，这种与现代分类学创始者发表的物种相提并论的抬爱，着实让后学受宠若惊，故唯有勤学奋进，以期略有小成以谢之。

圣赫勒拿橄榄首先是由英国植物学家 William Roxburgh 于 1816 年以 *Phylica elliptica* 名称发表，原产于英国南大西洋海外领土 St. Helena 小岛，这里曾是重建法兰西第一帝国的 Napoléon Bonaparte 的最终流放地和终老处。1862 年，J. D. Hooker 基于此种建立了单种属 Nesiota，并于 1867 年对 *N. elliptica* 进行了合法并有效的命名组合。由于对森林植被的大量砍伐和放牧，圣赫勒拿橄榄于 1994 年在野外灭绝，2003 年 12 月通过扦插栽培的个体也因受到真菌和白蚁侵袭而全部死亡。后来，圣赫勒拿政府专门发行了邮票来纪念这种植物。

鼠李科为全球广布科，主要分布在温带地区。基于陈裕强先生的帮助和王刚涛等研究生的共同努力，封怀木这个生长在广东沿海山地植物的神秘面纱终于被揭开。基于核基因 ITS 和叶绿体基因 trnL-F 序列进行系统学分析显示 *Nesiota* 属于 Ziziphoid 类群的 Phyliceae 族，而 *Fenghwaia* 属于 Rhamnoid 类群，并与鼠李族 Rhamneae 形成姐妹类群。得益于傅老师对世界植物的宏观了解和敏锐洞察力——这对于我是无论如何也不可能将南大西洋的植物跟西太平洋的植物联系在一起的——他发觉除了两个属在习性、叶片着生方式、果实形状、萼裂片是否宿存、种子是否有附属物等有差异外，两者的花部结构，如花瓣数目和近兜状的形态、子房位置和心皮数量等特征却大体相似，因此认为两属的关系非常紧密，有可能同为一属。同样是基于形态解剖的特征，J. D. Hooker（1862）、A. Weberbauer（1895）和 K. Suessenguth（1953）也曾经认为 Nesiota 属应归隶鼠李族。虽然许多类群的传统形态分类与现代分子系统分析之间常常会产生冲突，但不断发展的生物技术一定能深入解析两个属的最终关系。

我发表了新属，自然不愿意被归并，但归并我的一个新属，拯救一个老属的灭绝，似乎也是值得的，更彰显中国学者对世界植物分类学的贡献。或许是在暗示这两个隔海相望单种属的近缘，又或许是希冀绝灭的属有朝一日能重现于世，傅老师将这两个属作为书的封面和封底。这对于植物本身是一种莫大的荣幸；于我而言，只要是尊重科学的一切想法和做法，我都乐观其成。

这里对本书封面和封底两种植物分类和系统演化关系的讨论只是一个引子，更重要的是想引起读者对本书内容的关注和了解。我曾于 1994 年，也就是圣赫勒拿橄榄在野外绝灭的那一年，在北京读硕士时有幸听傅老师讲授裸子植物分类。2004 年 2 月，在圣赫勒拿橄榄被宣布绝灭后的第二个月，我在香港大学完成博士学习之后又回到业已改名的华南植物园，彼时傅老师也恰巧调任至此。在近 30 年的时间里，我对红树科、海桑科、毛茛科、壳斗科、番荔枝科、茜草科等被子植物的分类学研究均有所涉及。回顾前史，秦仁昌先生在参加第五次世界植物学大会后，于 1931 年曾撰文感叹中国植物学研究因缺少模式材料而在植物鉴定方面处处受制于欧美；再看今朝，最大的感慨是我国植物分类和系统学研究在世界上依然缺少真正属于自己的话语权，无论是在研究方法上还是在重大理论方面。虽然我没有资格对《植物科属大辞典》未来的历史价值和社会影响等进行评价，但可以肯定的是，傅老师之前和现在编著的这一系列著作的出版，标志着植物分类学领域的中国学者开始走出国门，并在世界上占据重要地位。

自《中国植物志》完成至今，中国和全球生物多样性保护行动的兴起，中国植物分类学家逐渐走出了学科发展的低谷，并在世界植物的专科专属分类、系统学和生物地理学等诸多研究领域发表了自己的成果。与本书同步出版的《世界植物简志》更是将全球各大洲、国家或地区的植物科属种等信息收录在一起，是迄今为止首部涉及全球高等植物物种并有参考性状特征的专著。《植物科属大辞典》是《世界植物简志》关于科属描述的简本，是 21 世纪生物学领域以中国学者贡献为主的重要代表作之一。

植物资源保障了人类社会的生存和发展。本书以翔实的数据表明我国是世界上植物种类数量最多、植物物种多样性最为丰富的国家。在生物多样性保护的形势下，植物分类学事业迎来了发展和提高的良好机遇。植物分类学研究人员应当抓住机遇，通过参与国内外重要区域植物多样性的基础调查、物种保护、红色名录编写等研究工作，勇于承担国际国内重大研究任务，为保护世界植物多样性做出应有贡献。恰逢其时，本书即是实现这个总体目标所需基础数据的宝库。

中国科学院华南植物园

2022 年 6 月 10 日

前　言

北京出版社和崇文书局把《植物科属大辞典》与《世界植物简志》都作为世界种志（GS：Global Species）的系列学术专著同步出版。《植物科属大辞典》可以看作是《世界植物简志》的简明精华版或缩编版。

本辞典修订、更新了2012年底青岛出版社出版的只包括维管植物的《植物科属大辞典》，并追加了苔藓植物，因此可将本书称为“高等植物版”《植物科属大辞典》。本辞典为减少篇幅，不再包括所有名称来源的文献数据，全部条目按拉丁学名的字母顺序编排。可接受属名用黑体，异名用斜体，科名用白体。全书共有66998个科属名称。其中可接受科为1045科，可接受属为21080属（涵盖可接受种359255-399574种）。所有异名定名人后面，以“=”对应本书内可以查到的可接受名称及其包含的分类信息。

本辞典按照中国学者发表的最新分类系统编写。苔藓植物按照贾渝2021年分类系统编写。蕨类植物按照陆树刚（2020）最新修订的秦仁昌分类系统编写。裸子植物按照傅德志、杨永、朱光华2004年分类系统编写。被子植物按照傅德志2012年数字分类系统编写。本辞典首次确认全球高等植物种数最多的前三个国家分别为：中国有562-583科，4060-5880属，34152-81437种；巴西有343-370科，2975-4198属，25862-26145-63219种；美国有437科，5080-5130属，26412-27686-47852种。本辞典中因图书版面限制，统一使用符号“-”分割数量上下限的范围。

本辞典的出版得到了北京出版社和崇文书局的大力支持，得到中国科学院植物研究所所长方精云院士的大力支持。谨在此一并致谢。

傅德志

中国科学院植物研究所

2022年5月

《植物科属大辞典》(2012 年版)

前 言

18 世纪的瑞典博物学家林奈编写出版了当时已知的 5983 种植物的《植物种志》，建立了植物“性”分类系统，提出了东亚—北美地区的间断分布格局。19 世纪的瑞士植物学家勘德尔按照自己创建的分类系统，组织编写了当时全球已知的 58975 种植物的《植物界自然系统预告》，并提出全球植物空间分布的 20 种基本式样。此后，各国学者发表的新植物名称持续增加，现今已有 100 多万植物名称；却再没有记录全球植物种类的植物志书出版。直至 2010 年中国学者出版了 50 卷的《世界维管植物》，记录了全球植物 819 科 42186 属（可接受属 17394 属）1282280 名称（可接受种 283341-356015 种）；蕨类植物采用秦仁昌分类系统；裸子植物和被子植物采用作者自己的新分类系统；并以世界七大洲作为自然地理单位，依据洲际植物区系种级相似性关系，提出全球植物空间分布的地理带、气候带的双编码分布编码体系。

《植物科属大辞典》是在《世界维管植物》基础上，进一步对全球植物科属数据更新、整理、重组和修订，共有 47122 个词条的科、属名称。主要内容为科、属名称、定名人、发表年代、晚出同名处理、异名处理、分类系统、世界七大洲以及俄罗斯和中国的植物分布信息，以及文献引证。全书计有 818 科、46294 属（可接受属 19898 属，其中种级文献中有分布记录的属有 14650 属），总计可接受的植物有 290713 种。

本书编写得到中国科学院植物研究所王文采院士的鼓励；得到中国科学院动物研究所黄大卫研究员的资助；得到中国科学院植物研究所所长方精云院士的支持；得到许多同事、朋友和学生的帮助；还得到青岛出版社高继民总编辑和刘咏先生精心编排。谨此一并致谢！

刘德志

中国科学院植物研究所

2012 年 4 月 22 日

凡　例

1. 本辞典是首部由中国学者编纂的全球高等植物科属专著。包括 2147 科名、64851 属名，总计为 66998 科属名。其中可接受科 1045 科，可接受属 21080 属（其中三级可接受属 16386 属），涵盖可接受种 359255-399574 种。其中 43771 异名，以“=”与本辞典 21675 可接受名一一对应可查。异名中包括少量名称拼写相同、定名人不同的晚出同名，有 3553 个。

2. 科属名由拉丁名称、定名人（〈unassigned〉表示定名人待定）组成，按照拉丁学名的首字母音序排列。接受名中属名使用黑体，科名使用白体，内容由名称、接受名等级、定名人名、中文属名 / 科名、名称来源关系、来源属名、中文科名、类别-分类系统科号顺序、地理分布及种数等 9 部分按顺序排列。异名一般使用斜体。

3. 可接受名均配有中文名称，并按照接受程度分为 3 个级别。【3】级为最可靠名；【2】级为可参考使用接受名；【1】级或【 - 】级为疑问接受名。

4. 名称来源关系。接受名用箭号，异名用等号，表示符号前后名称的对应关系。

→ 箭号前的接受名比箭号后的接受名早出现，且有来源关系。

← 箭号前的接受名比箭号后的接受名晚出现，且来源于箭号后的接受名。

≒ 该符号前的接受名与该符号后的接受名关系密切，但来源关系不清楚。

= 等号前面的内容为异名，等号后面为与该异名对应接受名（正文可查）。

符号 cf. 标识参考的内容或数字。

符号 uc 标识不确定的内容。

5. 各大类群的编写均采用中国学者发表的分类系统。苔藓植物（缩写为 B）的编写采用贾渝 2021 年分类系统。蕨类植物（缩写为 F）的编写采用陆树刚 2020 年最新修订的秦仁昌分类系统。裸子植物（缩写为 G）的编写采用傅德志、杨永、朱光华 2004 年分类系统。被子植物（缩写 MD 为双子叶植物，缩写 MM 为单子叶植物）的编写按照傅德志 2012 年公布的数字分类系统。

6. 正文每个接受名条目的最后一项是地理分布及种数。属的分布以种数表示。前后以符号“-”分割的两组数字，表示种数上下限的范围。科的分布则以“属数/种数”表示。属和种都以“-”表示数量上下限的范围。在地理名称前面加黑菱形符号“◆”的，表示为该地理单元上的特有成分。

7. 本辞典资料数据截至 2022 年 6 月。本辞典首次确认中国为全球高等植物种数最多的国家，有 562-583 科，4060-5880 属，34152-81437 种。

条目示例和说明

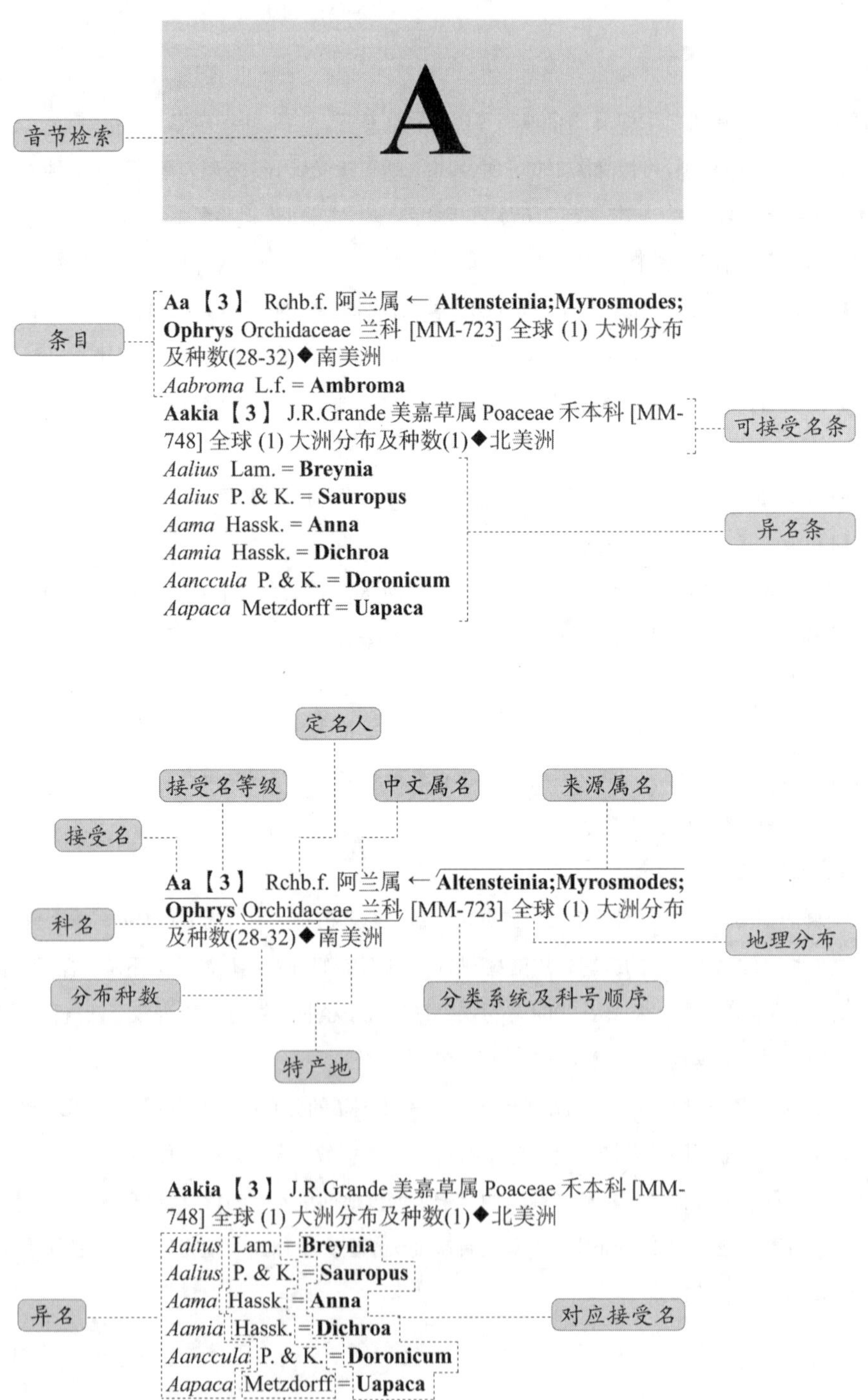
音节检索
A
条目
Aa【3】 Rchb.f. 阿兰属 ← Altensteinia;Myrosmodes;
Ophrys Orchidaceae 兰科 [MM-723] 全球 (1) 大洲分布
及种数(28-32)◆南美洲
Aabroma L.f. = Ambroma
Aakia【3】 J.R.Grande 美嘉草属 Poaceae 禾本科 [MM-
748] 全球 (1) 大洲分布及种数(1)◆北美洲
可接受名条
Aalius Lam. = Breynia
Aalius P. & K. = Sauropus
Aama Hassk. = Anna
Aamia Hassk. = Dichroa
Aanccula P. & K. = Doronicum
Aapaca Metzdorff = Uapaca
异名条
定名人
接受名等级
中文属名
来源属名
接受名
Aa【3】 Rchb.f. 阿兰属 ← Altensteinia;Myrosmodes;
Ophrys Orchidaceae 兰科 [MM-723] 全球 (1) 大洲分布
及种数(28-32)◆南美洲
科名
地理分布
分布种数
分类系统及科号顺序
特产地
Aakia【3】 J.R.Grande 美嘉草属 Poaceae 禾本科 [MM-
748] 全球 (1) 大洲分布及种数(1)◆北美洲
Aalius Lam. = Breynia
Aalius P. & K. = Sauropus
Aama Hassk. = Anna
Aamia Hassk. = Dichroa
Aanccula P. & K. = Doronicum
Aapaca Metzdorff = Uapaca
异名
对应接受名
定名人

Aa【3】 Rchb.f. 阿兰属 ← **Altensteinia;Myrosmodes;Ophrys** Orchidaceae 兰科 [MM-723] 全球 (1) 大洲分布及种数(28-32)◆南美洲
Aabroma L.f. = **Ambroma**
Aakia【3】 J.R.Grande 美嘉草属 Poaceae 禾本科 [MM-748] 全球 (1) 大洲分布及种数(1)◆北美洲
Aalius Lam. = **Breynia**
Aalius P. & K. = **Sauropus**
Aama Hassk. = **Anna**
Aamia Hassk. = **Dichroa**
Aanccula P. & K. = **Doronicum**
Aapaca Metzdorff = **Uapaca**
Aaronsohnia【2】 O.Warb. & A.Eig 肋脂菊属 ← **Chlamydophora;Matricaria** Asteraceae 菊科 [MD-586] 全球 (3) 大洲分布及种数(2)非洲:1;亚洲:cf.1;南美洲:cf.1
Abacantha Hall = **Anacantha**
Abacoperis Fée = **Abacopteris**
Abacopteris【3】 Fée 金盘蕨属 ≒ **Dryopteris;Polypodium** Dryopteridaceae 鳞毛蕨科 [F-49] 全球 (1) 大洲分布及种数(3-8)◆亚洲
Abacosa Alef. = **Vicia**
Abalemis Raf. = **Anemone**
Abalon Adans. = **Helonias**
Abalum Adans. = **Helonias**
Abama Adans. = **Triantha**
Abandium Adans. = **Romulea**
Abantis Ruiz & Pav. = **Abatia**
Abapeba Pittier = **Abarema**
Abaphus Raf. = **Apodolirion**
Abapus Adans. = **Gethyllis**
Abarema【3】 Pittier 围涎树属 ← **Pithecellobium;Macrosamanea;Pararchidendron** Fabaceae 豆科 [MD-240] 全球 (6) 大洲分布及种数(47-53;hort.1)非洲:7;亚洲:7-16;大洋洲:2-9;欧洲:7;北美洲:14-23;南美洲:35-44
Abaris Ruiz & Pav. = **Abatia**
Abasicarpon【-】 (Andrz. ex Rchb.) Rchb. 十字花科属 ≒ **Arabis** Brassicaceae 十字花科 [MD-213] 全球 (uc) 大洲分布及种数(uc)
Abasoloa【3】 La Llave 墨西哥菊属 Asteraceae 菊科 [MD-586] 全球 (1) 大洲分布及种数(uc)属分布和种数(uc)◆北美洲(◆墨西哥)
Abatia【3】 Ruiz & Pav. 阿巴特木属 ≒ **Byrsanthus;Pouteria** Salicaceae 杨柳科 [MD-123] 全球 (1) 大洲分布及种数(12-16)◆南美洲(◆巴西)
Abatieae Benth. & Hook.f. = **Abatia**
Abatus Adans. = **Apodolirion**
Abauba Gaertn. = **Semecarpus**
Abaxianthus M.A.Clem. & D.L.Jones = **Flickingeria**
Abazicarpus Andrz. ex DC. = **Arabis**
Abbotia Raf. = **Triglochin**
Abbottia F.Müll = **Annona**
Abbottina F.Müll = **Urophyllum**
Abdia Lour. = **Aidia**
Abdominea【3】 J.J.Sm. 虫腹兰属 ← **Gastrochilus** Orchidaceae 兰科 [MM-723] 全球 (1) 大洲分布及种数(cf. 1)◆亚洲
Abdra Greene = **Draba**
Abdulmajidia【3】 Whitmore 马来玉蕊属 ← **Barringtonia** Lecythidaceae 玉蕊科 [MD-267] 全球 (1) 大洲分布及种数(1)◆东南亚(◆马来西亚)
Abebaia Baehni = **Manilkara**
Abela Salisb. = **Cupressus**
Abelemis Britton = **Anemone**
Abeleses Raf. ex Britton = **Anemone**
Abelia【3】 R.Br. 糯米条属 ← **Linnaea;Adelia;Aralia** Caprifoliaceae 忍冬科 [MD-510] 全球 (6) 大洲分布及种数(27-28)非洲:3;亚洲:22-27;大洋洲:3;欧洲:6-9;北美洲:10-14;南美洲:3
Abelicea Baill. = **Zelkova**
Abeliophyllum【3】 Nakai 翅果连翘属 Oleaceae 木樨科 [MD-498] 全球 (1) 大洲分布及种数(cf. 1)◆亚洲
Abelis Raf. ex Britton = **Abelia**
Abelmoschus【3】 Medik. 秋葵属 ← **Hibiscus;Azanza;Pavonia** Malvaceae 锦葵科 [MD-203] 全球 (1) 大洲分布及种数(12-23)◆亚洲
Abelona R.Br. = **Abelia**
Abelus Spreng. = **Veronica**
Abena (Schauer) Necker ex Hitchcock = **Stachytarpheta**
Aberemoa【3】 Aubl. 番荔条属 ← **Annona** Annonaceae 番荔枝科 [MD-7] 全球 (1) 大洲分布及种数(1)属分布和种数(uc)◆南美洲
Aberia Hochst. = **Dovyalis**
Aberrantia【3】 (Lür) Lür 黄药兰属 ≒ **Acianthera** Orchidaceae 兰科 [MM-723] 全球 (1) 大洲分布及种数(cf. 1)◆北美洲
Abesina Neck. = **Verbesina**
Abetinella Müll.Hal. = **Abietinella**
Abia Colebr. = **Sabia**
Abida St.Lag. = **Teucrium**
Abidama Adans. = **Anthericum**
Abies (A.E.Murray) Farjon & Rushforth = **Abies**
Abies【3】 Mill. 冷杉属 → **Cedrus;Adicea;Picea** Pinaceae 松科 [G-15] 全球 (6) 大洲分布及种数(65-77;hort.1;cult: 21)非洲:20-67;亚洲:55-107;大洋洲:16-65;欧洲:32-81;北美洲:46-95;南美洲:8-55
Abietaceae Gray = Pinaceae
Abieteae Rich. ex Dumort. = **Pseudotsuga**
Abietia A.H.Kent = **Pseudotsuga**
Abietinella【2】 Müll.Hal. 山羽藓属 Thuidiaceae 羽藓科 [B-184] 全球 (5) 大洲分布及种数(3) 非洲:1;亚洲:3;大洋洲:1;欧洲:2;北美洲:1
Abiga St.Lag. = **Ajuga**
Abila Baill. = **Pycnarrhena**
Abildgaardia (Kunth) Lye = **Abildgaardia**
Abildgaardia【3】 Vahl 扁拂草属 → **Androtrichum;Bulbostylis;Fimbristylis** Cyperaceae 莎草科 [MM-747]

A

全球 (6) 大洲分布及种数(16-53;hort.1)非洲:1-27;亚洲:11-42;大洋洲:6-33;欧洲:3-31;北美洲:4-33;南美洲:6-36

Abildgardia Rchb. = **Fimbristylis**

Abilgaardia Poir. = **Abildgaardia**

Abioton Raf. = **Capnophyllum**

Ablania Aubl. = **Sloanea**

Ablattaria Mill. = **Pentapetes**

Ablemma Miers = **Cordia**

Ablepsis Hassk. = **Acanthus**

Abobra【3】 Naudin 阿波瓜属 ← **Bryonia** Cucurbitaceae 葫芦科 [MD-205] 全球 (1) 大洲分布及种数(1)◆南美洲

Abobreae Naudin ex Benth. & Hook.f. = **Abobra**

Abola Adans. = **Cinna**

Abola Lindl. = **Caucaea**

Abolaria Neck. = **Globularia**

Abolboda【3】 Humb. & Bonpl. 蓝眼草属 ≒ **Desmos** Xyridaceae 黄眼草科 [MM-712] 全球 (1) 大洲分布及种数(23)◆南美洲

Abolbodaceae Nakai = Xyridaceae

Abolo Adans. = **Cinna**

Aboriella Bennet = **Pilea**

Abortopetalum O.Deg. = **Abutilon**

Abracris Neck. = **Disa**

Abrahamia【3】 Randrian. & Lowry 尖丝漆属 ≒ **Protorhus** Anacardiaceae 漆树科 [MD-432] 全球 (1) 大洲分布及种数(18-34)◆非洲

Abralia L. = **Aralia**

Abranda Llanos = **Barringtonia**

Abrina Spach = **Atriplex**

Abrochis Neck. = **Disa**

Abrodictyum【3】 C.Presl 长片蕨属 ≒ **Trichomanes; Didymoglossum** Hymenophyllaceae 膜蕨科 [F-21] 全球 (1) 大洲分布及种数(11-12)◆亚洲

Abroma【3】 Jacq. 昂空莲属 ≒ **Theobroma;Ambroma** Malvaceae 锦葵科 [MD-203] 全球 (6) 大洲分布及种数(3)非洲:2-4;亚洲:2-4;大洋洲:1-3;欧洲:1-3;北美洲:1-3;南美洲:1-3

Abromeitiella【3】 Mez 亚菠萝属 ← **Deuterocohnia** Bromeliaceae 凤梨科 [MM-715] 全球 (1) 大洲分布及种数(1)◆南美洲

Abronia【3】 Juss. 沙马鞭属 → **Tripterocalyx;Dolichandrone;Pleurothallis** Nyctaginaceae 紫茉莉科 [MD-107] 全球 (1) 大洲分布及种数(31-66)◆北美洲

Abrophaes Raf. = **Fothergilla**

Abrophyllaceae【3】 Nakai 王冠果科 [MD-342] 全球 (1) 大洲分布和属种数(1/2)◆大洋洲

Abrophyllum【3】 Hook.f. 澳八仙属 ← **Brachynema** Abrophyllaceae 王冠果科 [MD-342] 全球 (1) 大洲分布及种数(2)◆大洋洲

Abrotanella【3】 Cass. 垫菊属 ≒ **Oligosporus;Solenogyne** Asteraceae 菊科 [MD-586] 全球 (6) 大洲分布及种数(19-26)非洲:3-6;亚洲:1-4;大洋洲:10-17;欧洲:3;北美洲:3;南美洲:7-10

Abrotanum Duham. = **Artemisia**

Abroteia Juss. = **Abronia**

Abrus【3】 Adans. 相思子属 → **Glycine;Picea** Fabaceae 豆科 [MD-240] 全球 (6) 大洲分布及种数(16-22;hort.1;cult: 2)非洲:13-30;亚洲:5-21;大洋洲:1-15;欧洲:13;北美洲:3-18;南美洲:5-20

Abryanthemum Neck. = **Carpobrotus**

Absala Adans. = **Narthecium**

Absentia Kent = **Pseudotsuga**

Absinthium【3】 Mill. 菊科属 ≒ **Artemisia** Asteraceae 菊科 [MD-586] 全球 (6) 大洲分布及种数(2) 非洲:1;亚洲:2;大洋洲:1;欧洲:1;北美洲:1;南美洲:1

Absolmsia【3】 P. & K. 鹰爪球兰属 ← **Tylophora; Asterostemma** Apocynaceae 夹竹桃科 [MD-492] 全球 (1) 大洲分布及种数(1-2)◆亚洲

Abstoma DC. = **Bunium**

Abulfali Adans. = **Ziziphora**

Abultilon Mill. = **Abutilon**

Abumon Adans. = **Agapanthus**

Aburia Hochst. = **Dovyalis**

Aburria Hochst. = **Dovyalis**

Abuta【3】 Aubl. 脱皮藤属 ← **Menispermum;Aristolochia** Menispermaceae 防己科 [MD-42] 全球 (1) 大洲分布及种数(38-39)◆南美洲

Abutilaea F.Müll = **Abutilon**

Abutilion Mill. = **Abutilon**

Abutilodes P. & K. = **Modiola**

Abutilon (DC.) Fryxell = **Abutilon**

Abutilon【3】 Mill. 苘麻属 ≒ **Gaya;Pavonia** Malvaceae 锦葵科 [MD-203] 全球 (6) 大洲分布及种数(202-296;hort.1;cult: 8)非洲:33-81;亚洲:48-77;大洋洲: 33-76;欧洲:12-36;北美洲:83-115;南美洲:119-161

Abutilothamnus Ulbr. = **Bastardiopsis**

Abutlion Mill. = **Abutilon**

Abutua Batsch = **Gnetum**

Abyla Adans. = **Agrostis**

Abylopsis Huxley = **Aeglopsis**

Acacallis【3】 Lindl. 美兰属 ← **Aganisia** Orchidaceae 兰科 [MM-723] 全球 (1) 大洲分布及种数(1-2)◆南美洲

Acachmena【-】 H.P.Fuchs 十字花科属 ≒ **Matthiola** Brassicaceae 十字花科 [MD-213] 全球 (uc) 大洲分布及种数(uc)

Acacia (Benth.) Pedley = **Acacia**

Acacia【3】 Mill. 美合欢属 → **Abarema;Choretrum; Paraserianthes** Fabaceae1 含羞草科 [MD-238] 全球 (6) 大洲分布及种数(1182-1648;hort.1;cult: 25)非洲:108-338;亚洲:137-294;大洋洲:996-1218;欧洲:38-132;北美洲:248-379;南美洲:149-285

Acacieae Dum. = **Acacia**

Acaciella【3】 Britton & Rose 灰合欢属 ← **Acacia; Senegalia** Fabaceae 豆科 [MD-240] 全球 (6) 大洲分布及种数(27-30;hort.1)非洲:1;亚洲:1-4;大洋洲:1;欧洲:1-2;北美洲:26-30;南美洲:2-4

Acaciopsis Britton & Rose = **Acacia**

Acaea Mutis ex L. = **Acaena**

Acaeana Kalela = **Agrimonia**

Acaena (J.R.Forst. & G.Forst.) DC. = **Acaena**

Acaena【3】 Mutis ex L. 芒刺果属 ← **Agrimonia;Acacia; Pentaclethra** Rosaceae 蔷薇科 [MD-246] 全球 (6) 大洲分布及种数(93-121;hort.1;cult: 6)非洲:8-12;亚洲:85-111;大洋洲:23-34;欧洲:25-29;北美洲:18-21;南美洲:61-74

Acaenops (Schröd.) Schröd. ex Fourr. = **Dipsacus**

Acaiu Galileo & Martiñz = **Acacia**

Acajou Mill. = **Anacardium**

Acajuba Gaertn. = **Semecarpus**
Acalvpha L. = **Acalypha**
Acalymma L. = **Acalypha**
Acalypha (Klotzsch ex Schltdl.) Müll.Arg. = **Acalypha**
Acalypha【3】L. 铁苋菜属→**Adenocline;Euphorbia;Alchornea** Euphorbiaceae 大戟科 [MD-217] 全球 (6) 大洲分布及种数(388-523;hort.1;cult:28)非洲:157-258;亚洲:125-198;大洋洲:89-172;欧洲:50-107;北美洲:228-308;南美洲:179-250
Acalyphaceae J.G.Agardh = **Peraceae**
Acalypheae Dum. = **Acalypha**
Acalyphes Hassk. = **Acalypha**
Acalyphopsis Pax & K.Hoffm. = **Acalypha**
Acalypta L. = **Acalypha**
Acampe【3】Lindl. 脆兰属←**Aerides;Rhynchostylis;Vanda** Orchidaceae 兰科 [MM-723] 全球 (6) 大洲分布及种数(9-11;hort.1)非洲:3-5;亚洲:8-12;大洋洲:1-3;欧洲:2;北美洲:1-3;南美洲:2
Acampodorum【3】J.M.H.Shaw 兰科属 Orchidaceae 兰科 [MM-723] 全球 (1) 大洲分布及种数(1)◆中美洲
Acampostylis【-】J.M.H.Shaw 兰科属 Orchidaceae 兰科 [MM-723] 全球 (uc) 大洲分布及种数(uc)
Acamptoclados Nash = **Eragrostis**
Acamptodous Duby = **Lepidopilum**
Acamptopappus (A.Gray) A.Gray = **Acamptopappus**
Acamptopappus【3】A.Gray 直冠菊属←**Haplopappus** Asteraceae 菊科 [MD-586] 全球 (1) 大洲分布及种数(3)◆北美洲
Acanos Adans. = **Onopordum**
Acantacaryx Arruda = **Caryocar**
Acanthaceae【3】Juss. 爵床科 [MD-572] 全球 (6) 大洲分布和属种数(199-256;hort. & cult.54-67)(4736-7955;hort. & cult.242-355)非洲:99-148/1599-2586;亚洲:84-123/1703-2590;大洋洲:37-95/184-673;欧洲:14-84/47-494;北美洲:69-114/760-1329;南美洲:69-127/1448-2209
Acanthambrosia Rydb. = **Ambrosina**
Acanthanthus Y.Itô = **Echinopsis**
Acantharia【3】Rojas 老鼠豆属→**Acanthura** Fabaceae3 蝶形花科 [MD-240] 全球 (1) 大洲分布及种数(cf.1)◆南美洲
Acanthea Lindig = **Cyathea**
Acanthella【3】Hook.f. 小老鼠簕属→**Chalepophyllum** Melastomataceae 野牡丹科 [MD-364] 全球 (1) 大洲分布及种数(2-3)◆南美洲
Acanthephippium【3】Bl. ex Endl. 坛花兰属←**Calanthe;Tainia** Orchidaceae 兰科 [MM-723] 全球 (6) 大洲分布及种数(9-13)非洲:1;亚洲:8-13;大洋洲:1-3;欧洲:1;北美洲:1;南美洲:1
Acanthephyra Merr. = **Acanthopanax**
Acantherus L. = **Acanthus**
Acanthias L. = **Acanthus**
Acanthidium Delile = **Acanthodium**
Acanthinophyllum【-】Allemão 桑科属 ≒ **Clarisia** Moraceae 桑科 [MD-87] 全球 (uc) 大洲分布及种数(uc)
Acanthinopsis Harv. = **Acanthopsis**
Acanthis Raf. = **Acalypha**
Acanthiulus Pomel = **Anthyllis**
Acanthium Hall. = **Onopordum**
Acanthobotrya Eckl. & Zeyh. = **Tephrosia**
Acanthocalycium Ambelyophori Y.Itô = **Acanthocalycium**
Acanthocalycium【3】Backeb. 花冠球属←**Echinopsis;Lobelia** Cactaceae 仙人掌科 [MD-100] 全球 (1) 大洲分布及种数(5)◆南美洲
Acanthocalyx【3】(DC.) Van Tiegh. 刺续断属←**Morina;Barleria** Caprifoliaceae 忍冬科 [MD-510] 全球 (1) 大洲分布及种数(2-3)◆亚洲
Acanthocapparis【3】Cornejo 山柑科属 Capparaceae 山柑科 [MD-178] 全球 (1) 大洲分布及种数(1)◆中美洲
Acanthocardamum【3】Thell. 刺碎米荠属 ≒ **Lepidium** Brassicaceae 十字花科 [MD-213] 全球 (1) 大洲分布及种数(cf. 1)◆亚洲
Acanthocarpaea Dalla Torre & Harms = **Limeum**
Acanthocarpea Klotzsch = **Limeum**
Acanthocarpus (R.Br.) J.F.Macbr. = **Acanthocarpus**
Acanthocarpus【3】Lehm. 刺刃草属→**Chamaexeros;Lomandra;Xerotes** Asparagaceae 天门冬科 [MM-669] 全球 (1) 大洲分布及种数(1-8)◆大洋洲
Acanthocarya Arruda ex Endl. = **Morina**
Acanthocaryx Arruda ex Endl. = **Morina**
Acanthocaulon Klotzsch = **Tragia**
Acanthocephala Backeb. = **Pilocereus**
Acanthocephalus【3】Kar. & Kir. 棘头花属 Asteraceae 菊科 [MD-586] 全球 (1) 大洲分布及种数(1-4)◆亚洲
Acanthocepola Backeb. = **Cactus**
Acanthocera Henriques & Rafael = **Acanthonema**
Acanthocereus (Engelm. ex A.Berger) Britton & Rose = **Acanthocereus**
Acanthocereus【3】Britton & Rose 刺萼柱属←**Cactus;Cerasus;Peniocereus** Cactaceae 仙人掌科 [MD-100] 全球 (1) 大洲分布及种数(5-7)◆南美洲
Acanthocerus (Engelm. ex A.Berger) Britton & Rose = **Acanthocereus**
Acanthochaenus Gill = **Acanthothamnus**
Acanthochites Torr. = **Amaranthus**
Acanthochitina Torr. = **Acanthochiton**
Acanthochiton【3】Torr. 刺苋属←**Amaranthus** Amaranthaceae 苋科 [MD-116] 全球 (1) 大洲分布及种数(uc)属分布和种数(uc)◆北美洲
Acanthochitona Torr. = **Amaranthus**
Acanthochlamydaceae【3】P.C.Kao 芒苞草科 [MM-692] 全球 (1) 大洲分布和属种数(1/1-3)◆非洲
Acanthochlamys【3】P.C.Kao 芒苞草属 Velloziaceae 翡若翠科 [MM-704] 全球 (1) 大洲分布及种数(cf. 1)◆亚洲
Acanthocinus K.Koch = **Acantholimon**
Acanthocladia F.Müll = **Acanthocladium**
Acanthocladiella M.Fleisch. = **Rhacopilopsis**
Acanthocladium Acanthocladiopsis M.Fleisch. = **Acanthocladium**
Acanthocladium【2】F.Müll. 锦藓科属 ≒ **Taxithelium** Sematophyllaceae 锦藓科 [B-192] 全球 (5) 大洲分布及种数(30) 非洲:6;亚洲:18;大洋洲:7;北美洲:2;南美洲:1
Acanthocladus【3】Klotzsch ex Hassk. 刺远志属 ≒ **Polygala** Polygalaceae 远志科 [MD-291] 全球 (1) 大洲分布及种数(10)◆南美洲
Acanthococos Barb.Rodr. = **Acrocomia**
Acanthocoleus【2】Kruijt 刺鳞苔属 ≒ **Homalolejeunea** Lejeuneaceae 细鳞苔科 [B-84] 全球 (4) 大洲分布及种数

(9)非洲:3;亚洲:cf.1;北美洲:1;南美洲:3
Acanthocoleus R.M.Schust. = **Acanthocoleus**
Acanthodesmia Mueller = **Acanthodesmos**
Acanthodesmos【3】C.D.Adams & duQüsnay 刺链菊属 Asteraceae 菊科 [MD-586] 全球 (1) 大洲分布及种数(2)◆北美洲(◆牙买加)
Acanthodica Delile = **Acanthodium**
Acanthodium【2】Delile 簕藓属 ≒ **Acanthopsis** Sematophyllaceae 锦藓科 [B-192] 全球 (2) 大洲分布及种数(3) 亚洲:3;大洋洲:1
Acanthodotheca Hall = **Dimorphotheca**
Acanthodus Raf. = **Acanthus**
Acanthogilia【3】A.G.Day & Moran 柏麻木属 ≒ **Tilia** Polemoniaceae 花荵科 [MD-481] 全球 (1) 大洲分布及种数(1)◆北美洲
Acanthoglossum Bl. = **Thecostele**
Acanthogonum Torr. = **Chorizanthe**
Acantholejeunea【3】(Stephani) R.M.Schust. 锥鳞苔属 ← **Ceratolejeunea;Drepanolejeunea** Lejeuneaceae 细鳞苔科 [B-84] 全球 (1) 大洲分布及种数(cf. 1)◆亚洲
Acantholepis【3】Less. 棘苞菊属 Asteraceae 菊科 [MD-586] 全球 (1) 大洲分布及种数(1)◆亚洲
Acantholibitia Backeb. = **Weberbauerocereus**
Acantholimon【3】Boiss. 彩花属 ≒ **Statice; Neogontscharovia** Plumbaginaceae 白花丹科 [MD-227] 全球 (6) 大洲分布及种数(93-328;hort.1;cult: 4)非洲:1-2;亚洲:90-304;大洋洲:1;欧洲:7-11;北美洲:8-10;南美洲:1
Acantholinum K.Koch = **Acantholimon**
Acantholippia Alternifoliae Caro = **Acantholippia**
Acantholippia【3】Griseb. 刺甜舌草属 ← **Lippia** Verbenaceae 马鞭草科 [MD-556] 全球 (1) 大洲分布及种数(7)◆南美洲
Acantholobivia Backeb. = **Lobivia**
Acantholobivia Y.Itô = **Rebutia**
Acantholochus Don ex Hoffm. = **Sonchus**
Acantholoma Baill. = **Pachystroma**
Acanthomera Schiner = **Acanthonema**
Acanthomintha【3】(A.Gray) Benth. & Hook.f. 刺薷属 Lamiaceae 唇形科 [MD-575] 全球 (1) 大洲分布及种数(4-5)◆北美洲
Acanthominua Sørensen = **Acanthomintha**
Acanthonema【3】Hook.f. 齿丝苣苔属 Gesneriaceae 苦苣苔科 [MD-549] 全球 (1) 大洲分布及种数(1-2)◆非洲
Acanthonotus Benth. = **Indigofera**
Acanthonus Günther = **Acanthus**
Acanthonychia (DC.) Rohro. = **Cardionema**
Acanthopa Lindig = **Acanthopale**
Acanthopahnax Miq. = **Acanthopanax**
Acanthopale【3】C.B.Clarke 刺粉花属 ≒ **Buellia** Acanthaceae 爵床科 [MD-572] 全球 (6) 大洲分布及种数(11-15)非洲:10-17;亚洲:3;大洋洲:3;欧洲:3;北美洲:1-4;南美洲:3
Acanthopanax【3】Miq. 刺五加属 ← **Aralia;Panax** Araliaceae 五加科 [MD-471] 全球 (6) 大洲分布及种数(4-9;hort.1;cult: 1)非洲:25;亚洲:3-32;大洋洲:25;欧洲:1-26;北美洲:1-26;南美洲:25
Acanthopetalus Y.Itô = **Echinopsis**
Acanthophaca Nevski = **Astragalus**
Acanthophale C.B.Clarke = **Acanthopale**
Acanthophippium Bl. = **Acanthephippium**
Acanthophoenix【3】H.Wendl. 刺椰属 → **Areca;Calamus;Deckenia** Arecaceae 棕榈科 [MM-717] 全球 (1) 大洲分布及种数(2-3)◆非洲
Acanthophora J.V.Lamour. = **Aralia**
Acanthophorus Merr. = **Aralia**
Acanthophyllum【2】C.A.Mey. 刺叶属 ← **Alyssum; Arenaria;Nassauvia** Caryophyllaceae 石竹科 [MD-77] 全球 (4) 大洲分布及种数(48-90)非洲:16-48;亚洲:46-76;欧洲:1;北美洲:1
Acanthophyton Less. = **Cichorium**
Acanthophyturn Less. = **Cichorium**
Acanthopleura K.Koch = **Cachrys**
Acanthoprasium (Benth.) Spenn. = **Ballota**
Acanthopria Harv. = **Acanthopsis**
Acanthopsis【3】Harv. 拟老鼠簕属 ← **Acanthus; Blepharis;Hypnum** Acanthaceae 爵床科 [MD-572] 全球 (1) 大洲分布及种数(20-22)◆南美洲
Acanthoptera K.Koch = **Cachrys**
Acanthopteris Britton = **Abarema**
Acanthopteron Britton = **Abarema**
Acanthopus Raf. = **Commelina**
Acanthopyge C.B.Clarke = **Acanthopale**
Acanthopyxis Miq. ex Lanj. = **Caperonia**
Acanthorhipsalis (K.Schum.) Britton & Rose = **Lepismium**
Acanthorhiza【3】H.Wendl. 鼠簕椰属 ← **Cryosophila** Apiaceae 伞形科 [MD-480] 全球 (1) 大洲分布及种数(uc)◆非洲
Acanthorrhinum【3】Rothm. 针玄参属 ≒ **Antirrhinum** Plantaginaceae 车前科 [MD-527] 全球 (1) 大洲分布及种数(1)◆非洲
Acanthorrhiza H.Wendl. = **Cryosophila**
Acanthorrhynchium【2】M.Fleisch. 锥锦藓属 ≒ **Taxithelium** Sematophyllaceae 锦藓科 [B-192] 全球 (4) 大洲分布及种数(9) 非洲:3;亚洲:5;大洋洲:5;南美洲:1
Acanthosabal Prosch. = **Acoelorrhaphe**
Acanthosaura Spreng. = **Tillandsia**
Acanthoscyphus【3】Small 多芒蓼属 ← **Oxytheca** Polygonaceae 蓼科 [MD-120] 全球 (1) 大洲分布及种数(1)◆北美洲
Acanthosicyos【3】Welw. ex Hook.f. 刺枝瓜属 ← **Citrullus;Colocynthis;Cucumis** Cucurbitaceae 葫芦科 [MD-205] 全球 (1) 大洲分布及种数(2)◆非洲
Acanthosicyus P. & K. = **Cucumis**
Acanthosonchus (Sch.Bip.) Kirp. = **Sonchus**
Acanthosperma Vell. = **Moschopsis**
Acanthospermum【3】Schrank 刺苞果属 ← **Melam podium;Melampyrum;Anthospermum** Asteraceae 菊科 [MD-586] 全球 (1) 大洲分布及种数(6-7)◆南美洲(◆巴西)
Acanthosphaera Lemmerm. = **Brosimum**
Acanthospora Spreng. = **Tillandsia**
Acanthostachys【3】Link 刺穗凤梨属 ← **Aechmea; Hohenbergia** Bromeliaceae 凤梨科 [MM-715] 全球 (1) 大洲分布及种数(3)◆南美洲
Acanthostelma Bidgood & Brummitt = **Crabbea**
Acanthostemma Bl. = **Hoya**
Acanthostyles【3】R.M.King & H.Rob. 刺柱菊属 ←

Eupatorium Asteraceae 菊科 [MD-586] 全球 (1) 大洲分布及种数(2)◆南美洲(◆巴西)
Acanthosyris (Eichler) Griseb. = **Acanthosyris**
Acanthosyris 【3】 Griseb. 刺沙针属 ← **Cervantesia;Osyris** Santalaceae 檀香科 [MD-412] 全球 (1) 大洲分布及种数(6-7)◆南美洲
Acanthothamnus Brandegee = **Acanthothamnus**
Acanthothamnus 【3】 T.S.Brandegee 刑钉榄属 ← **Celastrus** Celastraceae 卫矛科 [MD-339] 全球 (1) 大洲分布及种数(1)◆北美洲
Acanthotheca DC. = **Dimorphotheca**
Acanthothecis (Vain.) Staiger & Kalb = **Dimorphotheca**
Acanthotoechia DC. = **Dimorphotheca**
Acanthotreculia Engl. = **Treculia**
Acanthotrema Hook.f. = **Acanthonema**
Acanthotrichilia (Urb.) O.F.Cook & Collins = **Trichilia**
Acanthoxanthium 【3】 Fourr. 刺苍耳属 ← **Xanthium** Asteraceae 菊科 [MD-586] 全球 (1) 大洲分布及种数(1)◆南美洲
Acanthpanax Miq. = **Acanthopanax**
Acanthura 【3】 Lindau 棘尾爵床属 Acanthaceae 爵床科 [MD-572] 全球 (1) 大洲分布及种数(21)◆南美洲
Acanthus 【3】 L. 老鼠簕属 → **Acanthopsis;Ailanthus** Acanthaceae 爵床科 [MD-572] 全球 (6) 大洲分布及种数(23-40;hort.1;cult: 3)非洲:13-43;亚洲:13-39;大洋洲:5-25;欧洲:8-29;北美洲:7-27;南美洲:5-25
Acanthyllis Pomel = **Anthyllis**
Acar (Tourn.) L. = **Acer**
Acarella Gilib. = **Gentianella**
Acareosperma 【3】 Gagnep. 东南亚葡萄属 Vitaceae 葡萄科 [MD-403] 全球 (1) 大洲分布及种数(cf.1)◆亚洲
Acarna Böhm. = **Cirsium**
Acarnaceae Link = Achariaceae
Acarnus C.Presl = **Trifolium**
Acarosporaceae Broth. = **Sematophyllaceae**
Acarphaea Harv. & A.Gray = **Chaenactis**
Acartia Miers = **Alafia**
Acarus L. = **Acorus**
Acasta Darwin = **Acosta**
Acaste Salisb. = **Tritonia**
Acastea Salisb. = **Babiana**
Acaudina Neck. = **Moringa**
Acaulimalva 【3】 Krapov. 无茎锦葵属 ← **Malva;Nototriche** Malvaceae 锦葵科 [MD-203] 全球 (1) 大洲分布及种数(20-21)◆南美洲
Acaulon (Schimp.) Müll.Hal. = **Acaulon**
Acaulon 【3】 N.E.Br. 矮藓属 ← **Aloinopsis;Mesembryanthemum;Aschisma** Pottiaceae 丛藓科 [B-133] 全球 (6) 大洲分布及种数(19) 非洲:8;亚洲:3;大洋洲:10;欧洲:6;北美洲:4;南美洲:4
Acaulonopsis 【3】 R.H.Zander & Hedd. 丛藓科属 Pottiaceae 丛藓科 [B-133] 全球 (1) 大洲分布及种数(2)◆非洲
Acaulum Hedw. ex I.Hagen = **Acaulon**
Acavus Montfort = **Onopordum**
Acca (O.Berg) Mattos = **Acca**
Acca 【3】 O.Berg 野凤榴属 ← **Psidium;Acacia** Myrtaceae 桃金娘科 [MD-347] 全球 (1) 大洲分布及种数(1)◆大洋洲
Accacoelium Baill. = **Leptaulus**
Accanthopus Raf. = **Commelina**
Accara 【3】 L.R.Landrum 雅凤榴属 ≒ **Myosotis** Myrtaceae 桃金娘科 [MD-347] 全球 (1) 大洲分布及种数(1)◆南美洲(◆巴西)
Accia A.St.Hil. = **Plukenetia**
Accorombona Endl. = **Galega**
Accridium Nees & Meyen = **Ceratostylis**
Accurtia D.Don = **Acourtia**
Acdestis Moç. & Sessé ex DC. = **Agdestis**
Ace (Tourn.) L. = **Acer**
Acedilanthus Benth. & Hook.f. = **Veratrum**
Acelepidopsis H.Rob. = **Acilepidopsis**
Acelica 【3】 Rizzini 桃金爵床属 ≒ **Angelica** Acanthaceae 爵床科 [MD-572] 全球 (1) 大洲分布及种数(1)◆南美洲
Acelidanthus 【3】 Trautv. & C.A.Mey. 藜芦科属 ≒ **Veratrum** Melanthiaceae 藜芦科 [MM-621] 全球 (1) 大洲分布及种数(uc)◆大洋洲
Acemannia J.M.H.Shaw = **Ammannia**
Acentra 【-】 Phil. 堇菜科属 ≒ **Hybanthus** Violaceae 堇菜科 [MD-126] 全球 (uc) 大洲分布及种数(uc)
Acer 【3】 L. 枫属 ≒ **Aster;Parthenocissus** Sapindaceae 无患子科 [MD-428] 全球 (6) 大洲分布及种数(178-242;hort.1;cult: 78)非洲:34-118;亚洲:163-265;大洋洲:13-97;欧洲:48-136;北美洲:89-179;南美洲:15-100
Aceraceae 【3】 Juss. 槭树科 [MD-431] 全球 (6) 大洲分布和属种数(3;hort. & cult.2)(181-435;hort. & cult.105-155)非洲:1-3/34-120;亚洲:2-3/166-270;大洋洲:1-3/13-99;欧洲:1-3/48-138;北美洲:2-3/90-183;南美洲:1-3/15-102
Aceraherminium E.G.Camus = **Herminium**
Aceranthus C.Morren & Decne. = **Epimedium**
Aceras 【3】 R.Br. 人帽兰属 → **Anacamptis;Herminium;Neotinea** Orchidaceae 兰科 [MM-723] 全球 (1) 大洲分布及种数(3)◆南美洲
Aceras-herminium Gremli = **Neotinea**
Acerates 【3】 Elliott 北美洲萝藦属 ← **Gomphocarpus;Asclepias** Apocynaceae 夹竹桃科 [MD-492] 全球 (1) 大洲分布及种数(12)◆北美洲
Aceratium 【3】 DC. 无距杜英属 ← **Aristotelia;Elaeocarpus** Elaeocarpaceae 杜英科 [MD-134] 全球 (1) 大洲分布及种数(5-26)◆大洋洲
Aceratoglossum F.M.Vázqüz = **Orchis**
Aceratorchis Schltr. = **Galearis**
Acerbia Decne. = **Akebia**
Acerella Fourr. = **Veronica**
Aceriphyllum Engl. = **Mukdenia**
Acerophyllum P. & K. = **Mukdenia**
Acerotella (Meisn.) Fourr. = **Rumex**
Acerotis Raf. = **Xysmalobium**
Aceste Salisb. = **Tritonia**
Acestrocephalus Raf. = **Scabiosa**
Acetosa 【3】 Mill. 兰蓼属 ← **Rumex** Begoniaceae 秋海棠科 [MD-195] 全球 (6) 大洲分布及种数(2-7)非洲:3;亚洲:1-4;大洋洲:3;欧洲:3;北美洲:3;南美洲:3
Acetosella (Meisn.) Fourr. = **Oxalis**
Achaemenes St.Lag. = **Achimenes**
Achaenipodium Brandegee = **Verbesina**
Achaeta Benth. & Hook.f. = **Calamagrostis**

Achaetogeron【3】A.Gray 菊蓍属 ← **Astranthium** Asteraceae 菊科 [MD-586] 全球 (1) 大洲分布及种数(3)◆北美洲
Achalcus Hemsl. = **Alpinia**
Achania Sw. = **Malvaviscus**
Achanius Sw. = **Abelmoschus**
Achantia A.Chev. = **Mansonia**
Acharagma【3】(N.P.Taylor) A.D.Zimmerman ex Glass 金杯球属 ≒ **Escobaria** Cactaceae 仙人掌科 [MD-100] 全球 (1) 大洲分布及种数(2;hort. 1)◆北美洲(◆墨西哥)
Acharia【3】Thunb. 青钟麻属 Achariaceae 青钟麻科 [MD-159] 全球 (1) 大洲分布及种数(1-3)◆非洲(◆南非)
Achariaceae【3】Harms 青钟麻科 [MD-159] 全球 (6) 大洲分布和属种数(3/3-6)非洲:3/3-6;亚洲:1/2;大洋洲:1/2;欧洲:1/2;北美洲:1/2;南美洲:1/2
Acharis Thunb. = **Acharia**
Acharitea Benth. = **Nesogenes**
Achariterium Bluff & Fingerh. = **Micropus**
Achasma Griff. = **Alpinia**
Achat Benth. & Hook.f. = **Calamagrostis**
Achatocarpaceae【2】Heimerl 玛瑙果科 [MD-80] 全球 (2) 大洲分布和属种数(2/11)北美洲:2/5;南美洲:1/9-9
Achatocarpus【2】Triana 玛瑙果属 ≒ **Ampelocera** Achatocarpaceae 玛瑙果科 [MD-80] 全球 (2) 大洲分布及种数(11;hort.1;cult: 1)北美洲:4;南美洲:9
Ache Baker = **Cleome**
Achelia Marcus,E. = **Aphelia**
Achelous Hemsl. = **Alpinia**
Acherontia L. = **Achyronia**
Achetaria【3】Cham. & Schltdl. 长车前属 ≒ **Stemodia** Plantaginaceae 车前科 [MD-527] 全球 (1) 大洲分布及种数(9-11)◆南美洲
Acheus Hemsl. = **Globba**
Achia Aubl. = **Tachia**
Achias L. = **Achras**
Achicodonia Wiehler = **Achimenes**
Achilidae Horan. = **Canna**
Achillaea L. = **Achillea**
Achillea【3】L. 蓍属 ← **Tanacetum;Chrysanthemum; Aspilia** Asteraceae 菊科 [MD-586] 全球 (6) 大洲分布及种数(156-329;hort.1;cult: 80)非洲:27-49;亚洲:98-141;大洋洲:31-55;欧洲:114-147;北美洲:40-62;南美洲:9-31
Achilleanthus【3】J.G.Chavez 茜草科属 Rubiaceae 茜草科 [MD-523] 全球 (1) 大洲分布及种数(uc)◆大洋洲
Achilleopsis Turcz. = **Byttneria**
Achillios St.Lag. = **Achillea**
Achilus Hemsl. = **Alpinia**
Achimenantha【3】H.E.Moore 长苣苔属 ← **Smithiantha** Gesneriaceae 苦苣苔科 [MD-549] 全球 (1) 大洲分布及种数(1-2)◆非洲
Achimenes (Decne.) Benth. = **Achimenes**
Achimenes【3】Pers. 长筒花属 ≒ **Sinningia** Gesneriaceae 苦苣苔科 [MD-549] 全球 (6) 大洲分布及种数(31-42)非洲:2;亚洲:4-6;大洋洲:4-7;欧洲:3-6;北美洲:24-33;南美洲:17-23
Achimus Poir. = **Streblus**
Achiranthes P.Br. = **Achyropsis**
Achirida Horan. = **Canna**
Achiridae Horan. = **Canna**
Achiroides Böhm. = **Lamarckia**
Achiropsis Benth. & Hook.f. = **Achyropsis**
Achirus Hemsl. = **Alpinia**
Achistrum Forst. = **Acaena**
Achiton Corda = **Preissia**
Achlaena【3】Griseb. 长筒草属 Poaceae 禾本科 [MM-748] 全球 (1) 大洲分布及种数(2)◆北美洲
Achlya DC. = **Achlys**
Achlydosa【3】M.A.Clem. & D.L.Jones 长筒兰属 ← **Megastylis** Orchidaceae 兰科 [MM-723] 全球 (1) 大洲分布及种数(cf.1) ◆大洋洲
Achlyodes Böhm. = **Elaeodendron**
Achlyphila【3】Maguire & Wurdack 雾葱草属 Xyridaceae 黄眼草科 [MM-712] 全球 (1) 大洲分布及种数(1)◆南美洲
Achlys【2】DC. 裸花草属 ← **Leontice** Berberidaceae 小檗科 [MD-45] 全球 (3) 大洲分布及种数(4)亚洲:cf.1;北美洲:2;南美洲:cf.1
Achmandra Arn. = **Kedrostis**
Achnatherum (Roshev.) Tzvelev = **Achnatherum**
Achnatherum【3】P.Beauv. 芨芨草属 ← **Stipa;Sida** Poaceae 禾本科 [MM-748] 全球 (1) 大洲分布及种数(28-59)◆亚洲
Achne Neck. = **Leptopus**
Achnella【3】Barkworth 美芨草禾属 ≒ **Stiporyzopsis** Poaceae 禾本科 [MM-748] 全球 (1) 大洲分布及种数(uc) 属分布和种数(uc)◆北美洲
Achneria Beauv. = **Eriachne**
Achneria Benth. = **Pentaschistis**
Achnodon Link = **Phleum**
Achnodonton P.Beauv. = **Phleum**
Achnophora【3】F.Müll. 鞘莲菀属 Asteraceae 菊科 [MD-586] 全球 (1) 大洲分布及种数(1)◆大洋洲
Achnopogon【3】Maguire,Steyerm. & Wurdack 糠菊木属 Asteraceae 菊科 [MD-586] 全球 (1) 大洲分布及种数(2)◆南美洲
Achoerodus Böhm. = **Lamarckia**
Achomanes Neck. = **Achimenes**
Achopera Lindl. = **Cirrhaea**
Achore Baker = **Cleome**
Achoriphragma Soják = **Parrya**
Achorolophus Cass. = **Centaurea**
Achradaceae Vest = Elaeagnaceae
Achradelpha O.F.Cook = **Pouteria**
Achradotypus【3】Baill. 鞘山榄属 → **Magodendron** Sapotaceae 山榄科 [MD-357] 全球 (1) 大洲分布及种数(6)◆大洋洲
Achras【3】L. 山榄科属 ≒ **Bumelia;Sideroxylon** Sapotaceae 山榄科 [MD-357] 全球 (6) 大洲分布及种数(5) 非洲:4;亚洲:4;大洋洲:4;欧洲:4;北美洲:4;南美洲:5
Achratinis P. & K. = **Arachnitis**
Achroanthes Raf. = **Liparis**
Achrochloa B.D.Jacks = **Koeleria**
Achrochloa Griseb. = **Acrachne**
Achrohypnella Herzog = **Sauloma**
Achrolepis (Lindb.) Cardot = **Myuroclada**
Achromolaena Cass. = **Cassinia**
Achroostachys Benth. = **Acrostachys**
Achrophyllum【2】Vitt & Crosby 尖油藓属 ≒ **Hepa-**

ticina Daltoniaceae 小黄藓科 [B-162] 全球 (4) 大洲分布及种数(8) 亚洲:2;大洋洲:4;欧洲:1;南美洲:6
Achroschizocarpus Burnett = **Smelowskia**
Achrouteria Eyma = **Chrysophyllum**
Achrysum A.Gray = **Rhodanthe**
Achuaria【3】Gereau 南美芸香属 ← **Raputia** Rutaceae 芸香科 [MD-399] 全球 (1) 大洲分布及种数(1)◆南美洲
Achudemia Bl. = **Pilea**
Achudenia【-】Benth. 荨麻科属 Urticaceae 荨麻科 [MD-91] 全球 (uc) 大洲分布及种数(uc)
Achupalla Humb. = **Puya**
Achylocline (Less.) DC. = **Achyrocline**
Achylodes Böhm. = **Elaeodendron**
Achymus Vahl ex Juss. = **Streblus**
Achyrachaena【3】Schaür 拂妻菊属 Asteraceae 菊科 [MD-586] 全球 (1) 大洲分布及种数(1)◆北美洲
Achyranpthes L. = **Achyropsis**
Achyrantes L. = **Achyropsis**
Achyranthaceae Raf. = **Amaranthaceae**
Achyranthemum N.G.Bergh = **Argyranthemum**
Achyranthes【3】L. 牛膝属 → **Achyropsis; Echites; Paronychia** Amaranthaceae 苋科 [MD-116] 全球 (6) 大洲分布及种数(35-59;hort.1;cult: 3)非洲:13-53;亚洲:22-63;大洋洲:7-47;欧洲:5-43;北美洲:11-53;南美洲:14-55
Achyranthes Moq. = **Achyranthes**
Achyrastrum Neck. = **Hyoseris**
Achyrobaccharis Sch.Bip. = **Baccharis**
Achyrocalyx【3】Benoist 尖爵床属 Acanthaceae 爵床科 [MD-572] 全球 (1) 大洲分布及种数(4)非洲(◆马达加斯加)
Achyrocline【2】(Less.) DC. 多头金绒草属 ← **Chionolaena;Pseudognaphalium;Stoebe** Asteraceae 菊科 [MD-586] 全球 (5) 大洲分布及种数(51-60)非洲:3;亚洲:3;大洋洲:3;北美洲:7;南美洲:43-49
Achyrocoma (Cass.) Cass. = **Vernonia**
Achyrocome Schrank = **Gnaphalium**
Achyrodes Böhm. = **Lamarckia**
Achyronia J.C.Wendl. = **Achyronia**
Achyronia【3】Wendl. 尖豆属 ← **Aspalathus;Galega** Fabaceae3 蝶形花科 [MD-240] 全球 (1) 大洲分布及种数(118-130)◆非洲(◆南非)
Achyronychia【3】Torr. & A.Gray. 霜垫花属 → **Scopulophila** Caryophyllaceae 石竹科 [MD-77] 全球 (1) 大洲分布及种数(3-4)◆北美洲
Achyropappus Kunth = **Tricholepis**
Achyrophorus Adans. = **Hypochoeris**
Achyrophyllum J.Shaw = **Ptychomnion**
Achyropsis【3】Benth. & Hook.f. 帽牛膝属 ← **Achyranthes** Amaranthaceae 苋科 [MD-116] 全球 (6) 大洲分布及种数(4-8)非洲:3-8;亚洲:1;大洋洲:1-3;欧洲:1;北美洲:1;南美洲:3
Achyroseris Sch.Bip. = **Scorzonera**
Achyrospermum【2】Bl. 鳞果草属 ← **Elsholtzia;Teucrium** Lamiaceae 唇形科 [MD-575] 全球 (5) 大洲分布及种数(11-29;hort.1)非洲:8-26;亚洲:3-7;大洋洲:2-3;欧洲:2-3;北美洲:2-4
Achyrostephus【-】Kunze ex Rchb. 菊科属 Asteraceae 菊科 [MD-586] 全球 (uc) 大洲分布及种数(uc)
Achyrothalamus O.Hoffm. = **Inula**
Acia Schreb. = **Couepia**
Aciachne【3】Benth. 卧针草属 ← **Agrostis** Poaceae 禾本科 [MM-748] 全球 (1) 大洲分布及种数(3)◆南美洲
Acialyptus Jacks. = **Syzygium**
Acianthella D.L.Jones & M.A.Clem. = **Liparis**
Acianthera P. & K. = **Acianthera**
Acianthera【2】Scheidw. 梗帽兰属 ≒ **Acranthera; Apoda-prorepentia** Orchidaceae 兰科 [MM-723] 全球 (4) 大洲分布及种数(310-317;hort.1;cult: 2)亚洲:1;大洋洲:7;北美洲:75;南美洲:249-254
Acianthopsis M.A.Clem. & D.L.Jones = **Liparis**
Acianthus Macropetalus Kores = **Acianthus**
Acianthus【3】R.Br. 针花兰属 → **Aeranthes;Liparis;Microstylis** Orchidaceae 兰科 [MM-723] 全球 (1) 大洲分布及种数(20-23)◆大洋洲
Acicalyptus A.Gray = **Syzygium**
Acicarpa R.Br. = **Acicarpha**
Acicarpa Raddi = **Panicum**
Acicarpha【3】Juss. 萼刺花属 ≒ **Boopis;Calycera; Moschopsis** Calyceraceae 萼角花科 [MD-594] 全球 (1) 大洲分布及种数(6-8)◆南美洲
Acicarphaea Walp. = **Chaenactis**
Aciclinium Torr. & A.Gray = **Bigelowia**
Acicula Hill = **Androsace**
Acidalia L.A.S.Johnson & B.G.Briggs = **Acidonia**
Acidandra Mart ex Spreng. = **Zollernia**
Acidanthera【2】Hochst. 彩眼花属 ← **Babiana;Hesperantha;Tritonia** Iridaceae 鸢尾科 [MM-700] 全球 (5) 大洲分布及种数(cf.1-2) 非洲;大洋洲;欧洲;北美洲;南美洲
Acidiella Irmsch. = **Archidium**
Acidocroton (Standl.) G.L.Webster = **Acidocroton**
Acidocroton【3】Griseb. 刺枝桐属 Euphorbiaceae 大戟科 [MD-217] 全球 (1) 大洲分布及种数(2-11)◆北美洲
Acidodendron P. & K. = **Miconia**
Acidodontium【2】Schwägr. 针枝藓属 ≒ **Cladodium** Bryaceae 真藓科 [B-146] 全球 (3) 大洲分布及种数(17) 亚洲:1;北美洲:4;南美洲:17
Acidome Baker = **Cleome**
Acidomeria Piran = **Anisomeria**
Acidonia【3】L.A.S.Johnson & B.G.Briggs 尖钗木属 Proteaceae 山龙眼科 [MD-219] 全球 (1) 大洲分布及种数(1)◆大洋洲
Acidosasa【3】C.D.Chu & C.S.Chao ex Keng f. 酸竹属 ← **Arundinaria;Pleioblastus** Poaceae 禾本科 [MM-748] 全球 (1) 大洲分布及种数(13-16)◆东亚(◆中国)
Acidoton P.Br. = **Acidoton**
Acidoton【3】Sw. 刺药桐属 → **Cleidion;Flueggea; Gitara** Euphorbiaceae 大戟科 [MD-217] 全球 (1) 大洲分布及种数(3-8)◆北美洲(◆牙买加)
Acigona L.A.S.Johnson & B.G.Briggs = **Acidonia**
Acilepidopsis【3】H.Rob. 少花尖鸠菊属 ≒ **Vernonia** Asteraceae 菊科 [MD-586] 全球 (1) 大洲分布及种数(1)◆南美洲
Acilepis【3】D.Don 尖鸠菊属 ≒ **Vernonia;Conyza; Pacourina** Asteraceae 菊科 [MD-586] 全球 (1) 大洲分布及种数(cf. 1)◆亚洲
Acinax Raf. = **Costus**
Acinbreea【-】Hort. 兰科属 Orchidaceae 兰科 [MM-

723] 全球 (uc) 大洲分布及种数(uc)
Acineta【3】 Lindl. 固唇兰属 ← **Anguloa;Lueddemannia;Peristeria** Orchidaceae 兰科 [MM-723] 全球 (1) 大洲分布及种数(14-23)◆南美洲
Acinodendron P. & K. = **Miconia**
Acinolis Raf. = **Miconia**
Acinopetala【2】 Lür 针喙兰属 ← **Masdevallia;Scaphosepalum** Orchidaceae 兰科 [MM-723] 全球 (2) 大洲分布及种数(cf.) 北美洲;南美洲
Acinopterus Berg. = **Anopterus**
Acinos【3】 Mill. 欧风轮属 ≒ **Calamintha;Origanum** Lamiaceae 唇形科 [MD-575] 全球 (1) 大洲分布及种数(1-6)◆欧洲
Acinotum Rchb. = **Matthiola**
Acioa【3】 Aubl. 蹄鼠栗属 ≒ **Couepia;Accara;Sorbus** Chrysobalanaceae 可可李科 [MD-243] 全球 (6) 大洲分布及种数(8-9)非洲:2;亚洲:2;大洋洲:2;欧洲:2;北美洲:2;南美洲:7-9
Acioja J.F.Gmel. = **Couepia**
Acion B.G.Briggs & L.A.S.Johnson = **Chordifex**
Aciopea Gav.Correa = **Acioa**
Aciotis (Mart. ex DC.) Krasser = **Aciotis**
Aciotis【2】 D.Don 霞鹿丹属 ≒ **Arthrostemma;Melastoma;Nepsera** Melastomataceae 野牡丹科 [MD-364] 全球 (2) 大洲分布及种数(16-19)北美洲:7;南美洲:15-16
Acipetalum Turcz. = **Cambessedesia**
Aciphylla【3】 J.R.Forst. & G.Forst. 针叶芹属 ← **Angelica;Ligusticum;Anisotome** Apiaceae 伞形科 [MD-480] 全球 (1) 大洲分布及种数(18-49)◆大洋洲
Aciphyllaea (DC.) A.Gray = **Thymophylla**
Aciphyllum B.D.Jacks. = **Chorizema**
Acirsa A.W.B.Powell = **Acioa**
Acis【3】 Salisb. 秋雪片莲属 ≒ **Leucojum;Abies;Alnus** Amaryllidaceae 石蒜科 [MM-694] 全球 (6) 大洲分布及种数(9-10)非洲:3-22;亚洲:2-21;大洋洲:19;欧洲:7-26;北美洲:19;南美洲:19
Acisanthera Adans. = **Acisanthera**
Acisanthera【3】 P.Br. 粉子鹿丹属 → **Cambessedesia;Melastoma;Rhexia** Melastomataceae 野牡丹科 [MD-364] 全球 (1) 大洲分布及种数(28-34)◆南美洲
Acisoma Zipp. ex Spann. = **Lythrum**
Acispermum Neck. = **Coreopsis**
Acistoma Zipp. ex Span. = **Woodfordia**
Acitheca Heine = **Ascotheca**
Ackama【3】 A.Cunn. ex Walp. 繁珠梅属 ← **Caldcluvia** Cunoniaceae 合椿梅科 [MD-255] 全球 (1) 大洲分布及种数(2-3)◆大洋洲
Ackermania Dodson & R.Escobar = **Benzingia**
Ackersteinia【3】 Neudecker 繁珠兰属 ≒ **Bensteinia** Orchidaceae 兰科 [MM-723] 全球 (1) 大洲分布及种数(uc)属分布和种数(uc)◆南美洲
Ackertia Regel & Schmalh. = **Cnidium**
Acla O.Berg = **Acca**
Acladium Lindl. = **Cladium**
Acladodea Ruiz & Pav. = **Talisia**
Acledra DC. = **Senecio**
Acleia DC. = **Senecio**
Acleisanthes【3】 A.Gray 喇叭茉莉属 ≒ **Boerhavia** Nyctaginaceae 紫茉莉科 [MD-107] 全球 (1) 大洲分布及种数(18-23)◆北美洲(◆美国)
Aclerda Teague = **Senecio**
Aclinia Griff. = **Dendrobium**
Aclis Salisb. = **Acis**
Aclisia【3】 E.Mey. 星花鸭跖草属 ← **Pollia;Commelina;Aneilema** Commelinaceae 鸭跖草科 [MM-708] 全球 (6) 大洲分布及种数(3-4)非洲:2-5;亚洲:4;大洋洲:1-4;欧洲:3;北美洲:3;南美洲:3
Aclodes Heist. ex P. & K. = **Aglaonema**
Acmadenia【3】 Bartl. & H.L.Wendl. 尖腺芸香属 ← **Adenandra;Macrostylis;Phyllosma** Rutaceae 芸香科 [MD-399] 全球 (1) 大洲分布及种数(33-35)◆非洲(◆南非)
Acmaeops Schröd. ex Steud. = **Dipsacus**
Acmanthera (A.Juss.) Griseb. = **Acmanthera**
Acmanthera【3】 Griesb. 蝇眼果属 ← **Bunchosia;Pterandra** Malpighiaceae 金虎尾科 [MD-343] 全球 (1) 大洲分布及种数(7)◆南美洲
Acmanthina Griesb. = **Acmanthera**
Acmea DC. = **Acmena**
Acmella (Raf.) Raf. = **Acmella**
Acmella【3】 Rich. ex Pers. 金纽扣属 ← **Anacyclus;Spilanthes;Sphagneticola** Asteraceae 菊科 [MD-586] 全球 (6) 大洲分布及种数(32-37;hort.1;cult: 6)非洲:9-58;亚洲:16-65;大洋洲:6-55;欧洲:7-56;北美洲:24-74;南美洲:25-74
Acmena【3】 DC. 肖蒲桃属 ← **Angophora;Syzygium** Myrtaceae 桃金娘科 [MD-347] 全球 (6) 大洲分布及种数(4-8)非洲:2;亚洲:3;大洋洲:3-5;欧洲:2;北美洲:2;南美洲:2
Acmenosperma Kausel = **Syzygium**
Acmispon【3】 (Ottley) P.Lassen 绒豆属 ← **Hosackia;Syrmatium** Fabaceae 豆科 [MD-240] 全球 (6) 大洲分布及种数(34-36;hort.1;cult: 1)非洲:7-22;亚洲:10-25;大洋洲:5-20;欧洲:5-20;北美洲:33-50;南美洲:4-19
Acmopylaceae Melikian & A.V.Bobrov = Podocarpaceae
Acmopyle【3】 Pilg. 绒袍杉属 ← **Dacrydium** Podocarpaceae 罗汉松科 [G-13] 全球 (1) 大洲分布及种数(1-2)◆大洋洲
Acmopyleaceae (Pilg.) Melikyan & A.V.Bobrov = Podocarpaceae
Acmostemon Pilg. = **Ipomoea**
Acmostima【-】 Raf. 茜草科属 ≒ **Pavetta** Rubiaceae 茜草科 [MD-523] 全球 (uc) 大洲分布及种数(uc)
Acnadena Raf. = **Cordia**
Acne Baker = **Cleome**
Acnemia Freeman = **Anemia**
Acnida【-】 Acnidastrum Moq. 苋科属 ≒ **Amaranthus** Amaranthaceae 苋科 [MD-116] 全球 (uc) 大洲分布及种数(uc)
Acnide Mitch. = **Acroglochin**
Acnistus【3】 Schott 鹌茄属 ← **Atropa;Lycium;Nicotiana** Solanaceae 茄科 [MD-503] 全球 (1) 大洲分布及种数(20-29)◆南美洲
Acnodon Link = **Tribolium**
Acocanthera R.Br. = **Acokanthera**
Acochlidium Kaulf. = **Cochlidium**
Acocotli F.Hern. ex Altam. & Ramírez = **Bidens**

Acodus L. = **Acorus**
Acoelorhaphe Becc. = **Acoelorraphe**
Acoelorraphe【3】 H.Wendl. 棕榈科属 ≒ **Serenoa; Brahea** Arecaceae 棕榈科 [MM-717] 全球 (1) 大洲分布及种数(uc)◆东亚(◆中国)
Acoelorrhaphe【3】 H.Wendl. 沼地棕属 ≒ **Brahea** Arecaceae 棕榈科 [MM-717] 全球 (1) 大洲分布及种数(1)◆北美洲
Acoetes J.M.Coult. & Rose = **Aletes**
Acoidium Lindl. = **Trichocentrum**
Acokanthera【2】 G.Don 长药花属 → **Pleiocarpa; Garcinia** Apocynaceae 夹竹桃科 [MD-492] 全球 (5) 大洲分布及种数(5-8)非洲:4-6;亚洲:3-4;大洋洲:1-2;欧洲:cf.1;北美洲:cf.1
Acolea Corda = **Acolea**
Acolea【3】 Stephani 类钱袋苔属 ≒ **Jungermannia; Neesioscyphus** Gymnomitriaceae 全萼苔科 [B-41] 全球 (1) 大洲分布及种数(5)◆东亚(◆中国)
Acoleus Lour. = **Coleus**
Acolium L. = **Aconitum**
Acoloides Sol. = **Xanthorrhoea**
Acoma Adans. = **Homalium**
Acoma Benth. = **Coreocarpus**
Acomastylis【3】 Greene 羽叶花属 ← **Geum** Rosaceae 蔷薇科 [MD-246] 全球 (6) 大洲分布及种数(7-8)非洲:6;亚洲:3-9;大洋洲:6;欧洲:4-10;北美洲:5-11;南美洲:6
Acome【-】 Baker 白花菜科属 ≒ **Cleome** Cleomaceae 白花菜科 [MD-210] 全球 (uc) 大洲分布及种数(uc)
Acomis【3】 F.Müll. 棕鼠麹属 ≒ **Humea** Asteraceae 菊科 [MD-586] 全球 (1) 大洲分布及种数(4-7)◆大洋洲
Acomosperma【3】 K.Schum. 棕萝藦属 ← **Mallotus** Apocynaceae 夹竹桃科 [MD-492] 全球 (2) 大洲分布及种数(1) 北美洲;南美洲
Aconceveibum Miq. = **Mallotus**
Aconiopteris C.Presl = **Elaphoglossum**
Aconisia【3】 J.R.Grande 乌草属 Poaceae 禾本科 [MM-748] 全球 (1) 大洲分布及种数(cf. 1)◆南美洲
Aconitella【3】 Spach 乌燕草属 ≒ **Consolida** Ranunculaceae 毛茛科 [MD-38] 全球 (1) 大洲分布及种数(1-2)◆南欧(◆希腊)
Aconiti L. = **Aconitum**
Aconitopsis Kem.-Nath. = **Delphinium**
Aconitum (DC.) Peterm. = **Aconitum**
Aconitum【3】 L. 乌头属 Ranunculaceae 毛茛科 [MD-38] 全球 (6) 大洲分布及种数(390-523;hort.1;cult: 54)非洲:8-47;亚洲:354-462;大洋洲:12-52;欧洲:72-131;北美洲:34-77;南美洲:1-40
Aconogonon (Meisn.) Rchb. = **Aconogonon**
Aconogonon【3】 Rchb. 神血宁属 ← **Fallopia; Polygonum; Persicaria** Polygonaceae 蓼科 [MD-120] 全球 (6) 大洲分布及种数(12-17)非洲:6;亚洲:11-20;大洋洲:6;欧洲:1-9;北美洲:3-10;南美洲:6
Aconogonum【3】 (Jurtzev) Tsvel. 花旗蓼属 ≒ **Polygonum** Polygonaceae 蓼科 [MD-120] 全球 (1) 大洲分布及种数(4)◆北美洲
Aconolgonum (Jurtzev) Tsvel. = **Aconogonum**
Aconopterus C.Presl = **Elaphoglossum**
Aconti Schott = **Xanthosoma**
Acontia Schott = **Syngonium**
Acontias Schott = **Xanthosoma**
Acontiodus Raf. = **Acanthus**
Acopanea Steyerm. = **Mahurea**
Acophorum【-】 Gaud. ex Steud. 禾本科属 Poaceae 禾本科 [MM-748] 全球 (uc) 大洲分布及种数(uc)
Acoraceae【3】 L. 菖蒲科 [MM-637] 全球 (6) 大洲分布和属种数(1;hort. & cult.1)(3-15;hort. & cult.2-4)非洲:1/4;亚洲:1/2-7;大洋洲:1/4;欧洲:1/1-5;北美洲:1/3-7;南美洲:1/ 4
Acoranae Reveal = **Buchnera**
Acorellus Palla = **Cyperus**
Acoridium Nees & Meyen = **Ceratostylis**
Acoroides Sol. = **Vahlia**
Acorus【3】 L. 菖蒲属 ≒ **Orontium** Acoraceae 菖蒲科 [MM-637] 全球 (6) 大洲分布及种数(4;hort.1;cult: 1)非洲:4;亚洲:2-7;大洋洲:4;欧洲:1-5;北美洲:3-7;南美洲:4
Acosarina Mill. = **Asarina**
Acosmia Benth. ex G.Don = **Adesmia**
Acosmium (Vogel) Yakovlev = **Acosmium**
Acosmium【3】 Schott 埃可豆属 ← **Dalbergia; Pterodon; Sweetia** Fabaceae 豆科 [MD-240] 全球 (1) 大洲分布及种数(15-16)◆南美洲
Acosmus Desv. = **Trophis**
Acosta【3】 Adans. 菊科属 ≒ **Spiracantha** Asteraceae 菊科 [MD-586] 全球 (1) 大洲分布及种数(uc)◆欧洲
Acostaea【2】 Schltr. 无脉兰属 ≒ **Actaea** Orchidaceae 兰科 [MM-723] 全球 (2) 大洲分布及种数(cf.1) 北美洲;南美洲
Acostia【3】 Swallen 细无脊草属 ← **Panicum** Poaceae 禾本科 [MM-748] 全球 (1) 大洲分布及种数(1)◆南美洲
Acostitrapa Rauschert = **Centaurea**
Acourea G.A.Scop. = **Trixis**
Acouroa Aubl. = **Geoffroea**
Acourtia【3】 D.Don 沙牡丹属 ← **Perdicium; Trixis; Berylsimpsonia** Asteraceae 菊科 [MD-586] 全球 (1) 大洲分布及种数(86-96)◆北美洲(◆美国)
Acrachne【2】 Wight & Arn. ex Lindl. 尖稃草属 → **Sclerodactylon** Poaceae 禾本科 [MM-748] 全球 (4) 大洲分布及种数(4)非洲:3;亚洲:2;大洋洲:1;北美洲:1
Acradenia【3】 Kipp. 腺骨木属 → **Bosistoa; Zieria; Acmadenia** Rutaceae 芸香科 [MD-399] 全球 (1) 大洲分布及种数(1-2)◆大洋洲
Acraea Lindl. = **Prescottia**
Acrandra O.Berg = **Campomanesia**
Acranthera【3】 Arn. ex Meisn. 尖药花属 → **Aphaenandra; Mussaenda; Gardenia** Rubiaceae 茜草科 [MD-523] 全球 (1) 大洲分布及种数(12-41)◆亚洲
Acranthus Clem. = **Acrosanthes**
Acranthus Engl. = **Aetanthus**
Acranthus Hook.f. = **Aeranthes**
Acrasis Lour. = **Microcos**
Acratherum Link = **Arundinella**
Acratus Spreng. = **Aceratium**
Acrea Lindl. = **Pterichis**
Acreugenia Kausel = **Myrcianthes**
Acridium Nees & Meyen = **Appendicula**
Acridocarpus (DC.) C.V.Morton = **Acridocarpus**
Acridocarpus【3】 Guill. & Perr. 蛾眉果属 ← **Malpighia; Sphedamnocarpus; Banisteria** Malpighiaceae 金虎尾

科 [MD-343] 全球 (6) 大洲分布及种数(21-42)非洲:19-38;亚洲:2-5;大洋洲:1-2;欧洲:1;北美洲:1;南美洲:3-4

Acrilia Griseb. = **Trichilia**

Acrilla (Lür) Lür = **Antilla**

Acriopsis【3】Bl. 合萼兰属 ← **Epidendrum** Orchidaceae 兰科 [MM-723] 全球 (1) 大洲分布及种数(4-9)◆亚洲

Acrisione【3】B.Nord. 箭药千里光属 Asteraceae 菊科 [MD-586] 全球 (1) 大洲分布及种数(2)属分布和种数(uc)◆南美洲

Acrista O.F.Cook = **Prestoea**

Acristaceae O.F.Cook = **Philydraceae**

Acritas O.F.Cook = **Euterpe**

Acritochaete【3】Pilg. 乱毛颖草属 ← **Oplismenus** Poaceae 禾本科 [MM-748] 全球 (1) 大洲分布及种数(1)◆非洲

Acritodon【3】H.Rob. 墨西哥锦藓属 Sematophyllaceae 锦藓科 [B-192] 全球 (1) 大洲分布及种数(1)◆北美洲

Acritopappus【3】R.M.King & H.Rob. 短冠菊属 ← **Ageratum;Erythradenia** Asteraceae 菊科 [MD-586] 全球 (1) 大洲分布及种数(19-20)◆南美洲(◆巴西)

Acritus Schott = **Acnistus**

Acriulus Ridl. = **Scleria**

Acriviola Mill. = **Tropaeolum**

Acroanthes Raf. = **Malaxis**

Acrobasis C.Presl = **Mentzelia**

Acrobe Baker = **Cleome**

Acroblastum Sol. = **Balanophora**

Acrobolba【3】Stephani 顶苞苔属 Acrobolbaceae 顶苞苔科 [B-43] 全球 (1) 大洲分布及种数(1)◆非洲

Acrobolbaceae E.A.Hodgs. = Acrobolbaceae

Acrobolbaceae【3】Stephani 顶苞苔科 [B-43] 全球 (6) 大洲分布和属种数(5/19-31)非洲:3/5;亚洲:3/6-13;大洋洲:4/11-18;欧洲:1-3/1-6;北美洲:1-3/2-7;南美洲:4/8-15

Acrobolbus Schiffn. = **Acrobolbus**

Acrobolbus【3】Stephani 顶苞苔属 ≒ **Jungermannia; Plagiochila** Acrobolbaceae 顶苞苔科 [B-43] 全球 (6) 大洲分布及种数(11-15)非洲:2;亚洲:3-5;大洋洲:7-11;欧洲:1-3;北美洲:2-4;南美洲:2-6

Acrobotrys【3】K.Schum. & K.Krause 顶穗茜属 Rubiaceae 茜草科 [MD-523] 全球 (1) 大洲分布及种数(1)◆南美洲

Acrobrycon Spreng. = **Uncaria**

Acrocarpidium Miq. = **Peperomia**

Acrocarpus Nees = **Acrocarpus**

Acrocarpus【3】Wight ex Arn. 顶果木属 ≒ **Mezoneurum;Artocarpus** Fabaceae 豆科 [MD-240] 全球 (1) 大洲分布及种数(1-2)◆亚洲

Acrocentron Cass. = **Centaurea**

Acrocephalium Hassk. = **Prunella**

Acrocephalus【3】Benth. 尖头花属 ← **Elsholtzia;Platostoma;Prunella** Lamiaceae 唇形科 [MD-575] 全球 (1) 大洲分布及种数(2-12)◆非洲

Acrocera Stapf = **Acroceras**

Acroceras【2】Stapf 凤头黍属 ← **Brachiaria;Panicum** Poaceae 禾本科 [MM-748] 全球 (5) 大洲分布及种数(20-25)非洲:14-18;亚洲:4;大洋洲:2;北美洲:3-4;南美洲:5

Acrochaene【3】Lindl. 顶裂兰属 ← **Bulbophyllum** Orchidaceae 兰科 [MM-723] 全球 (1) 大洲分布及种数(cf. 1)◆亚洲

Acrochaet Peter = **Setaria**

Acrochaete Peter = **Setaria**

Acrochaetium Vickers = **Cyathocoma**

Acrochila【3】(W.Martin & E.A.Hodgs.) R.M.Schust. 凤头藓属 Plagiochilaceae 羽苔科 [B-73] 全球 (1) 大洲分布及种数(3)◆大洋洲

Acrocladiaceae Tangney = Amblystegiaceae

Acrocladiopsis (Broth.) Cardot = **Plagiothecium**

Acrocladium【2】Mitt. 柳叶藓科属 ≒ **Scorpidium; Pleurozium** Amblystegiaceae 柳叶藓科 [B-178] 全球 (5) 大洲分布及种数(2) 非洲:1;大洋洲:2;欧洲:1;北美洲:1;南美洲:1

Acroclinid A.Gray = **Rhodanthe**

Acroclinidium Rusby = **Ainsliaea**

Acroclinium A.Gray = **Helipterum**

Acroclinum A.Gray = **Helipterum**

Acrocoelium Baill. = **Leptaulus**

Acrocomia【3】Mart. 刺茎椰子属 ≒ **Cocos** Arecaceae 棕榈科 [MM-717] 全球 (1) 大洲分布及种数(5-12)◆北美洲

Acrocordia【-】A.Massal. 棕榈科属 ≒ **Acrocomia** Arecaceae 棕榈科 [MM-717] 全球 (uc) 大洲分布及种数(uc)

Acrocorion Adans. = **Galanthus**

Acrocoryne Turcz. = **Metastelma**

Acrocryphaea Bosch & Sande Lac. = **Schoenobryum**

Acrocyon Spreng. = **Uncaria**

Acrodiclidium【3】Nees 顶异樟属 → **Licaria;Laurus; Phyllostemonodaphne** Lauraceae 樟科 [MD-21] 全球 (6) 大洲分布及种数(4-11)非洲:1;亚洲:1;大洋洲:1;欧洲:1;北美洲:1;南美洲:3-5

Acrodinium A.Gray = **Helipterum**

Acrodon【3】N.E.Br. 斗鱼花属 ← **Mesembryanthemum** Aizoaceae 番杏科 [MD-94] 全球 (1) 大洲分布及种数(1-16)◆非洲(◆南非)

Acrodryon Spreng. = **Uncaria**

Acrodus Spreng. = **Elaeocarpus**

Acroelytrum Steud. = **Lophatherum**

Acroglochin【3】Schröd. 千针苋属 ← **Amaranthus** Amaranthaceae 苋科 [MD-116] 全球 (1) 大洲分布及种数(3-6)◆亚洲

Acroglyphe E.Mey. = **Annesorhiza**

Acrogonia Young = **Acrocomia**

Acrolasia C.Presl = **Mentzelia**

Acrolejeunea (Schiffn.) J.Wang & Gradst. = **Acrolejeunea**

Acrolejeunea【3】Stephani 顶鳞苔属 ≒ **Ptychanthus; Omphalanthus** Lejeuneaceae 细鳞苔科 [B-84] 全球 (6) 大洲分布及种数(16-19)非洲:3-5;亚洲:10-12;大洋洲:5-10;欧洲:2;北美洲:3-5;南美洲:2-4

Acro-lejeunea Stephani = **Acrolejeunea**

Acrolepidozia R.M.Schust. = **Telaranea**

Acrolepis Schröd. = **Ficinia**

Acrolinium Engl. = **Helipterum**

Acrolobus Klotzsch = **Heisteria**

Acrolophia【3】Pfitzer 冠顶属 ← **Cymbidium;Limodorum** Orchidaceae 兰科 [MM-723] 全球 (1) 大洲分布及种数(9-11)◆非洲

Acrolophozia【3】R.M.Schust. 冠顶藓属 Gymnomi-

triaceae 全萼苔科 [B-41] 全球 (1) 大洲分布及种数(cf.1) 大洋洲;北美洲
Acrolophus Cass. = **Centaurea**
Acromastigum (A.Evans) R.M.Schust. = **Acromastigum**
Acromastigum【2】R.M.Schust. 细鞭苔属 ≒ **Lepidozia** Lepidoziaceae 指叶苔科 [B-63] 全球 (4) 大洲分布及种数(27)亚洲:12;大洋洲:19;北美洲:2;南美洲:2
Acronema【3】Falc. ex Edgew. 丝瓣芹属 ← **Carum** Apiaceae 伞形科 [MD-480] 全球 (1) 大洲分布及种数(25-44)◆亚洲
Acronia【3】Webb & Berth. ex C.Presl 针兰花属 ≒ **Astronia** Orchidaceae 兰科 [MM-723] 全球 (1) 大洲分布及种数(uc)◆亚洲
Acronoda Hassk. = **Elaeocarpus**
Acronodia Bl. = **Elaeocarpus**
Acronozus Steud. = **Elaeocarpus**
Acronychia【3】J.R.Forst. & G.Forst. 山油柑属 → **Bauerella** Rutaceae 芸香科 [MD-399] 全球 (6) 大洲分布及种数(19-69;hort.1;cult: 2)非洲:7-138;亚洲:11-131;大洋洲:16-167;欧洲:106;北美洲:5-115;南美洲:2-111
Acropagia C.Presl = **Mentzelia**
Acropelta【-】Nakai 鳞毛蕨科属 ≒ **Polystichum** Dryopteridaceae 鳞毛蕨科 [F-49] 全球 (uc) 大洲分布及种数(uc)
Acropeltis Nakai = **Polystichum**
Acropera Lindl. = **Ada**
Acropetalum A.Juss. = **Melhania**
Acrophorus (J.Sm.) T.Moore = **Acrophorus**
Acrophorus【3】C.Presl 鱼鳞蕨属 ← **Peranema; Odontoloma;Ormoloma** Peranemataceae 球盖蕨科 [F-48] 全球 (6) 大洲分布及种数(10-13)非洲:2;亚洲:7-12;大洋洲:2-4;欧洲:2;北美洲:2;南美洲:2
Acrophyllum【3】Benth. 威灵梅属 ← **Kiggelaria; Arcytophyllum** Cunoniaceae 合椿梅科 [MD-255] 全球 (1) 大洲分布及种数(1-3)◆大洋洲
Acropis (Trin.) Griseb. = **Agrostis**
Acropodium Desv. = **Acroporium**
Acropogon【3】Schltr. 顶须桐属 ← **Sterculia;Andropogon** Malvaceae 锦葵科 [MD-203] 全球 (1) 大洲分布及种数(9-29)◆大洋洲(◆波利尼西亚)
Acroporium (Müll.Hal.) Dixon = **Acroporium**
Acroporium【3】Mitt. 顶胞藓属 ≒ **Rhaphidostegium; Papillidiopsis** Sematophyllaceae 锦藓科 [B-192] 全球 (6) 大洲分布及种数(81) 非洲:13;亚洲:50;大洋洲:35;欧洲:3;北美洲:13;南美洲:11
Acrops Spreng. = **Elaeocarpus**
Acropselion Spach = **Trisetum**
Acropteris【-】Link 铁角蕨科属 ≒ **Actiniopteris** Aspleniaceae 铁角蕨科 [F-43] 全球 (uc) 大洲分布及种数(uc)
Acropterygium (Diels) Nakai = **Dicranopteris**
Acroptilion Endl. = **Centaurea**
Acroptilon【3】Cass. 顶羽菊属 ← **Centaurea** Asteraceae 菊科 [MD-586] 全球 (6) 大洲分布及种数(1)非洲:2;亚洲:2;大洋洲:2;欧洲:2;北美洲:2;南美洲:2
Acrorchis【3】Dressler 顶花兰属 Orchidaceae 兰科 [MM-723] 全球 (1) 大洲分布及种数(1)◆北美洲
Acrorius Spreng. = **Aceratium**
Acrorumohra【3】(H.Itô) H.Itô 假复叶耳蕨属 ≒ **Dryopteris;Nephelium** Dryopteridaceae 鳞毛蕨科 [F-49] 全球 (1) 大洲分布及种数(6)◆亚洲
Acrosanthes【3】Eckl. & Zeyh. 半隔番杏属 ≒ **Aizoon;Alternanthera** Aizoaceae 番杏科 [MD-94] 全球 (1) 大洲分布及种数(6-7)◆非洲(◆南非)
Acroschisma Lindl. = **Andreaea**
Acroschizocarpus Gombócz = **Smelowskia**
Acroscyphella【2】N.Kitag. & Grolle 直胞苔属 Balantiopsaceae 直蒴苔科 [B-37] 全球 (3) 大洲分布及种数(cf.1) 亚洲;大洋洲;南美洲
Acroscyphus R.M.Schust. = **Acroscyphella**
Acrosemia Mart. = **Acrocomia**
Acrosepalum Pierre = **Microtea**
Acrosephalus A.Chev. = **Acrocephalus**
Acrosiphonia Kjelmann = **Dionysia**
Acrosorus【3】Copel. 鼓蕨属 ≒ **Polypodium** Polypodiaceae 水龙骨科 [F-60] 全球 (1) 大洲分布及种数(cf.1) ◆亚洲
Acrospelion Besser = **Trisetum**
Acrospira【3】Welw. ex Baker 猴面包属 ≒ **Funkia** Asparagaceae 天门冬科 [MM-669] 全球 (1) 大洲分布及种数(uc)属分布和种数(uc)◆非洲
Acrossanthes Webb & Berth. ex C.Presl = **Vismia**
Acrossanthus C.Presl = **Vismia**
Acrostachys【-】(Benth. & Hook.f.) Van Tiegh. 桑寄生科属 ≒ **Helixanthera** Loranthaceae 桑寄生科 [MD-415] 全球 (uc) 大洲分布及种数(uc)
Acrostemon【3】Klotzsch 顶药石南属 ← **Eremia** Ericaceae 杜鹃花科 [MD-380] 全球 (6) 大洲分布及种数(6-8)非洲:5-9;亚洲:2;大洋洲:2;欧洲:1-3;北美洲:2;南美洲:2
Acrosterigma O.F.Cook & Doyle = **Wettinia**
Acrostichaceae【3】Mett. ex A.B.Frank 卤蕨科 [F-32] 全球 (6) 大洲分布和属种数(1;hort. & cult.1)(55-203;hort. & cult.3-8)非洲:1/10-19;亚洲:1/24-41;大洋洲:1/10-20;欧洲:1/3-12;北美洲:1/10-21;南美洲:1/26-40
Acrostichium L. = **Acrostichum**
Acrostichum Kunze = **Acrostichum**
Acrostichum【3】L. 卤蕨属 ← **Asplenium;Elaphoglossum;Peltapteris** Pteridaceae 凤尾蕨科 [F-31] 全球 (6) 大洲分布及种数(56-184)非洲:10-19;亚洲:24-41;大洋洲:10-20;欧洲:3-12;北美洲:10-21;南美洲:26-40
Acrosticum L. ex Hultén = **Acrostichum**
Acrostigma O.F.Cook & Doyle = **Wettinia**
Acrostigma P. & K. = **Acmostima**
Acrostolia (Gottsche) Trevis. = **Riccardia**
Acrostroma Seifert = **Acrotrema**
Acrostychum L. = **Acrostichum**
Acrostylia Frapp. ex Cordem. = **Cynorkis**
Acrosynanthus【3】Urb. 顶蕊茜属 ≒ **Afrohybanthus** Rubiaceae 茜草科 [MD-523] 全球 (1) 大洲分布及种数(7)◆北美洲
Acrotaphros Steud. ex A.Rich. = **Ormocarpum**
Acrotaphus Steud. ex A.Rich. = **Chapmannia**
Acrotema Jack = **Acrotome**
Acrothamnus【2】Quinn 山须石南属 ≒ **Leucopogon** Ericaceae 杜鹃花科 [MD-380] 全球 (2) 大洲分布及种数(2-7) 分布(cf.) 亚洲:1;大洋洲:1
Acrotheca (Sacc.) Sacc. = **Acrotrema**

A

Acrothecium Brid. = **Acidodontium**
Acrotherium Link = **Milium**
Acrotiche Poir. = **Acrotriche**
Acrotome【3】 Benth. 顶片草属 ≒ **Leucas** Lamiaceae 唇形科 [MD-575] 全球 (6) 大洲分布及种数(7-9)非洲:6-9;亚洲:1;大洋洲:1;欧洲:1-3;北美洲:1;南美洲:1
Acrotrema【3】 Jack 五桠草属 Dilleniaceae 五桠果科 [MD-66] 全球 (1) 大洲分布及种数(5-10)◆亚洲
Acrotriche【3】 R.Br. 顶毛石南属 ← **Styphelia** Ericaceae 杜鹃花科 [MD-380] 全球 (1) 大洲分布及种数(8-19)◆大洋洲
Acroxis Steud. = **Muhlenbergia**
Acrozoanthus C.Presl = **Vismia**
Acrozus Spreng. = **Elaeocarpus**
Acrymia D.Prain = **Acrymia**
Acrymia【3】 Prain 伞歧花属 Lamiaceae 唇形科 [MD-575] 全球 (1) 大洲分布及种数(1-2)◆亚洲
Acryphyllum Lindl. = **Achrophyllum**
Acsmithia【3】 R.D.Hoogl. ex W.C.Dickison 轮珠梅属 ← **Spiraeanthemum** Cunoniaceae 合椿梅科 [MD-255] 全球 (1) 大洲分布及种数(7-16)◆大洋洲
Actaea【3】 (Tourn.) L. 类叶升麻属 ≒ **Tetracera;Danaea; Souliea** Ranunculaceae 毛茛科 [MD-38] 全球 (1) 大洲分布及种数(31-40)◆亚洲
Actaeaceae Bercht. & J.Presl = Ranunculaceae
Actaeogeton Rchb. = **Scirpus**
Actartife Raf. = **Matricaria**
Actegeton Bl. = **Carissa**
Actegiton Endl. = **Carissa**
Actephila【2】 Bl. 喜光花属 ≒ **Cleidion;Cleistanthus; Phyllanthus** Euphorbiaceae 大戟科 [MD-217] 全球 (3) 大洲分布及种数(15-42)非洲:5-7;亚洲:9-23;大洋洲:8-21
Actephilopsis Ridl. = **Trigonostemon**
Actia Aldrich = **Artia**
Actias Schott = **Syngonium**
Actidium Lindl. = **Cymbidium**
Actinanthella【3】 Balle 星花寄生属 ← **Loranthus; Tapinanthus** Loranthaceae 桑寄生科 [MD-415] 全球 (1) 大洲分布及种数(2)◆非洲
Actinanthus【3】 Ehrenb. 辐芹属 ← **Oenanthe** Apiaceae 伞形科 [MD-480] 全球 (1) 大洲分布及种数(1)◆非洲
Actinaria Lindl. = **Actinidia**
Actindonotium Schwägr. = **Actinodontium**
Actinea【3】 Juss. 星辐菊属 → **Hymenoxys;Picradenia** Asteraceae 菊科 [MD-586] 全球 (1) 大洲分布及种数(14 hort. 1;cult: 1)◆北美洲(◆美国)
Actinella【2】 Pers. 菊科属 ≒ **Plateilema** Asteraceae 菊科 [MD-586] 全球 (5) 大洲分布及种数(27) 非洲:1;亚洲:1;欧洲:1;北美洲:27;南美洲:9
Actinia Müll.Hal. = **Austinia**
Actiniaria Lindl. = **Actinidia**
Actinidia Imperfectae C.F.Liang = **Actinidia**
Actinidia【3】 Lindl. 猕猴桃属 → **Clematoclethra** Actinidiaceae 猕猴桃科 [MD-242] 全球 (1) 大洲分布及种数(58-73)◆亚洲
Actinidiaceae【3】Gilg & Werderm. 猕猴桃科 [MD-242] 全球(6)大洲分布和属种数(2;hort. & cult.2)(60-122;hort. & cult.22-30)非洲:2/26;亚洲:2/60-94;大洋洲:1-2/1-27;欧洲:2/26;北美洲:1-2/3-29;南美洲:2/26
Actiniidae Lindl. = **Actinidia**
Actiniopteridaceae Pic.Serm. = **Pteridaceae**
Actiniopteris【2】 Link 扇掌蕨属 ≒ **Asplenium** Pteridaceae 凤尾蕨科 [F-31] 全球 (2) 大洲分布及种数(5-8; hort.1)非洲:4-6;亚洲:cf.1
Actinobole【3】 Endl. 羽冠鼠麹草属 ≒ **Gnaphalodes** Asteraceae 菊科 [MD-586] 全球 (1) 大洲分布及种数(4) ◆大洋洲
Actinobolus Endl. = **Actinobole**
Actinobotrys Dunn = **Afgekia**
Actinocarpa Benth. = **Actinocarya**
Actinocarpus R.Br. = **Damasonium**
Actinocarpus Raf. = **Chaetopappa**
Actinocarya【3】 Benth. 锚刺果属 ← **Hackelia;Microula** Boraginaceae 紫草科 [MD-517] 全球 (1) 大洲分布及种数(cf. 1)◆亚洲
Actinocaryum P. & K. = **Hackelia**
Actinocephalus【3】 (Körn.) Sano 球谷精属 ≒ **Eriocaulon** Eriocaulaceae 谷精草科 [MM-726] 全球 (1) 大洲分布及种数(31-37)◆南美洲
Actinocheita【3】 F.A.Barkley 粗丝漆属 ← **Rhus** Anacardiaceae 漆树科 [MD-432] 全球 (1) 大洲分布及种数(1)◆北美洲
Actinochloris Steud. = **Eustachys**
Actinocladium F.A.McClure ex T.R.Soderstrom = **Actinocladum**
Actinocladum【3】 F.A.McClure ex T.R.Soderstrom 射枝竹属 Poaceae 禾本科 [MM-748] 全球 (1) 大洲分布及种数(1-2)◆南美洲(◆巴西)
Actinocladus E.Mey. = **Monochaetum**
Actinocrinus Oliv. = **Viburnum**
Actinocyclus Ehrenb. = **Orthilia**
Actinodaphne【3】 Nees 黄肉楠属 ≒ **Dodecadenia; Malapoenna;Parasassafras** Lauraceae 樟科 [MD-21] 全球 (1) 大洲分布及种数(71-136)◆亚洲
Actinodium【3】 Schau. ex Schlecht. 菊蜡花属 Myrtaceae 桃金娘科 [MD-347] 全球 (1) 大洲分布及种数(1)◆大洋洲
Actinodontium【3】 Schwägr. 假黄藓属 ≒ **Lepidopilum** Pilotrichaceae 茸帽藓科 [B-166] 全球 (6) 大洲分布及种数(8) 非洲:3;亚洲:2;大洋洲:1;欧洲:2;北美洲:4;南美洲:2
Actinokentia【3】 Dammer 叉叶椰属 ← **Drymophloeus** Arecaceae 棕榈科 [MM-717] 全球 (1) 大洲分布及种数(2)◆大洋洲
Actinolema【3】 Fenzl 射皮芹属 ← **Astrantia** Apiaceae 伞形科 [MD-480] 全球 (1) 大洲分布及种数(1-3)◆欧洲
Actinolepis DC. = **Eriophyllum**
Actinomeris【3】 Nutt. 射菊属 ≒ **Ridan;Arthromeris** Asteraceae 菊科 [MD-586] 全球 (1) 大洲分布及种数(4-9) ◆北美洲
Actinomma Cleve = **Actinolema**
Actinomorphe P. & K. = **Schefflera**
Actinonema Fenzl = **Actinolema**
Actinopappus Hook.f. ex A.Gray = **Siloxerus**
Actinopetala Lür = **Acinopetala**
Actinophlebia C.Presl = **Cnemidaria**
Actinophloeus【3】 (Becc.) Becc. 星棕属 ≒ **Ptychosperma;Balaka** Arecaceae 棕榈科 [MM-717] 全球 (1) 大

洲分布及种数(uc)属分布和种数(uc)◆大洋洲

Actinophyllum Ruiz & Pav. = **Schefflera**

Actinoplanes K.Schum. = **Arundo**

Actinorhytis【3】 H.Wendl. & Drude 拱叶椰属 → **Adonidia;Areca** Arecaceae 棕榈科 [MM-717] 全球 (1) 大洲分布及种数(2)◆亚洲

Actinoschoenus【3】 Benth. 星穗莎属 ← **Arthrostylis; Schoenus;Sphaerocyperus** Cyperaceae 莎草科 [MM-747] 全球 (6) 大洲分布及种数(9-11)非洲:2-4;亚洲:3-4;大洋洲:7-8;欧洲:1;北美洲:1;南美洲:1

Actinoscirpus【3】 (Ohwi) R.W.Haines & Lye 大藨草属 ← **Scirpus;Schoenoplectus** Cyperaceae 莎草科 [MM-747] 全球 (1) 大洲分布及种数(cf. 1)◆亚洲

Actinoseris (Endl.) Cabrera = **Trichocline**

Actinoseta Kornicker = **Actinolema**

Actinosoma Syd. = **Cimicifuga**

Actinospermum【3】 Elliott 菊科属 ≒ **Balduina** Asteraceae 菊科 [MD-586] 全球 (1) 大洲分布及种数(1)◆北美洲

Actinospora Ingold = **Cimicifuga**

Actinostachys【3】(Sw.) Hook. 辐射蕨属 ≒ **Acrostichum** Schizaeaceae 莎草蕨科 [F-19] 全球 (6) 大洲分布及种数(15-17)非洲:4-5;亚洲:4-5;大洋洲:11-13;欧洲:1-2;北美洲:2-3;南美洲:3-4

Actinostema Lindl. = **Actinostemon**

Actinostemma【3】 Griff. 星子草属 ≒ **Momordica** Cucurbitaceae 葫芦科 [MD-205] 全球 (1) 大洲分布及种数(cf. 1)◆亚洲

Actinostemmateae【-】 H.Schaef. & S.S.Renner 葫芦科属 Cucurbitaceae 葫芦科 [MD-205] 全球 (uc) 大洲分布及种数(uc)

Actinostemon【3】 Mart. ex Klotzsch 鳞序柏属 ← **Stillingia;Grusonia** Euphorbiaceae 大戟科 [MD-217] 全球 (6) 大洲分布及种数(32-36)非洲:1;亚洲:1;大洋洲:1-2;欧洲:1;北美洲:3-4;南美洲:30-33

Actinostigma Turcz. = **Symphonia**

Actinostoma Reimers & Sakurai = **Entodon**

Actinostreon Mart. ex Klotzsch = **Actinostemon**

Actinostrobaceae Lotsy = Cupressaceae

Actinostrobus【3】 Miq. 星鳞柏属 ← **Callitris;Frenela** Cupressaceae 柏科 [G-17] 全球 (1) 大洲分布及种数(3)◆大洋洲

Actinotaceae Konstant. & Melikyan = **Scrophulariaceae**

Actinothuidium【3】 Broth. 锦丝藓属 ≒ **Leskea** Thuidiaceae 羽藓科 [B-184] 全球 (1) 大洲分布及种数(1)◆亚洲

Actinotinus Oliv. = **Viburnum**

Actinotus【3】 Labill. 绒苞芹属 ≒ **Hemiphues** Apiaceae 伞形科 [MD-480] 全球 (1) 大洲分布及种数(7-23)◆大洋洲

Actionostemon Mart. ex Klotzsch = **Actinostemon**

Actipsis Raf. = **Solidago**

Actispermum Raf. = **Buphthalmum**

Actites【3】 Lander 绒苞菊属 ← **Embergeria;Sonchus** Asteraceae 菊科 [MD-586] 全球 (1) 大洲分布及种数(uc)◆大洋洲

Actitis L. = **Arctotis**

Actogeron DC. = **Arctogeron**

Actoplanes K.Schum. = **Calamagrostis**

Actorthia G.D.Rowley = **Aloe**

Actynophloeus (Becc.) Becc. = **Ptychosperma**

Acuan Medik. = **Desmanthus**

Acuania【-】 P. & K. 豆科属 ≒ **Desmanthus; Dichrostachys** Fabaceae 豆科 [MD-240] 全球 (uc) 大洲分布及种数(uc)

Acuba Link = **Raputia**

Acubalus Neck. = **Silene**

Acuera DeLong & Wolda = **Acer**

Acularia Raf. = **Erodium**

Acuminia Colla = **Cuminia**

Acuna Endl. = **Acmena**

Acunaeanthus【3】 Borhidi 非楔花属 Rubiaceae 茜草科 [MD-523] 全球 (1) 大洲分布及种数(1)◆北美洲(◆古巴)

Acunaneanthus Borhidi,Komlodi & Moncada = **Acunaeanthus**

Acuneanthus Borhidi,Jarai-Koml. & M.Moncada = **Acunaeanthus**

Acunna Ruiz & Pav. = **Bejaria**

Acupalpus Neck. = **Silene**

Acura Hill = **Scabiosa**

Acuroa J.F.Gmel. = **Dalbergia**

Acustelma Baill. = **Pentopetia**

Acusten Raf. = **Fibigia**

Acuston Raf. = **Fibigia**

Acutalis Neck. = **Agrostemma**

Acutan Medik. = **Desmanthus**

Acutandra Bosq = **Aptandra**

Acygnatha Medik. = **Sansevieria**

Acynos Pers. = **Calamintha**

Acyntha Medik. = **Sansevieria**

Acystis D.Don = **Aciotis**

Acystopteris【2】 (Tagawa) Á.Löve & D.Löve 亮毛蕨属 ≒ **Cystopteris;Davallia** Woodsiaceae 岩蕨科 [F-47] 全球 (2) 大洲分布及种数(4)非洲:1;亚洲:cf.1

Acystopteris Nakai = **Acystopteris**

Acytolepis Schröd. = **Coelospermum**

Acze Baker = **Cleome**

Aczelia Wulp = **Afzelia**

Ada【2】 Lindl. 垂芳兰属 ← **Brassia;Mesospinidium; Oncidium** Orchidaceae 兰科 [MM-723] 全球 (4) 大洲分布及种数(14)亚洲:cf.1;大洋洲:1;北美洲:4;南美洲:13

Adachilum【-】 J.M.H.Shaw 兰科属 Orchidaceae 兰科 [MM-723] 全球 (uc) 大洲分布及种数(uc)

Adacidiglossum【-】 J.M.H.Shaw 兰科属 Orchidaceae 兰科 [MM-723] 全球 (uc) 大洲分布及种数(uc)

Adacidium Hort. = **Arabidopsis**

Adactylus Rolfe = **Apostasia**

Adaglossum Hort. = **Ada**

Adagnesia Monniot & Monniot = **Agnesia**

Adalia Raf. = **Dissotis**

Adam Raf. = **Ada**

Adamanthus Szlach. = **Maxillaria**

Adamantinia【3】 Van den Berg & C.N.Gonç. 腺兰属 Orchidaceae 兰科 [MM-723] 全球 (1) 大洲分布及种数(1)◆南美洲(◆巴西)

Adamantogeton Schröd. ex Nees = **Erica**

Adamara Cogn. = **Brassavola**

A

Adamaram Adans. = **Terminalia**
Adambea Lam. = **Lagerstroemia**
Adamboe Adans. = **Stictocardia**
Adamea【-】Jacq.-Fél. 野牡丹科属 ≒ **Feliciadamia; Anabasis** Melastomataceae 野牡丹科 [MD-364] 全球 (uc) 大洲分布及种数(uc)
Adamia Jacq.-Fél. = **Dichroa**
Adamsia Fisch. ex Steud. = **Puschkinia**
Adamsii Willd. = **Puschkinia**
Adansonia Brevitubae Hochr. = **Adansonia**
Adansonia【3】L. 猴面包树属 Bombacaceae 木棉科 [MD-201] 全球 (1) 大洲分布及种数(8)◆非洲
Adapasia Hort. = **Aspasia**
Adaphus Neck. = **Laurus**
Adapidium Miq. = **Aralidium**
Adarianta Knoche = **Pimpinella**
Adariantha Knoche = **Pimpinella**
Adathoda Raf. = **Adhatoda**
Adatoda Adans. = **Adhatoda**
Adatoda Raf. = **Justicia**
Adavius Rumph. ex Lam. = **Sauropus**
Addaea L. = **Actaea**
Adde Ruiz & Pav. = **Phacelia**
Addisonia Rusby = **Hofmeisteria**
Adectum【-】Link 碗蕨科属 ≒ **Dennstaedtia** Dennstaedtiaceae 碗蕨科 [F-26] 全球 (uc) 大洲分布及种数(uc)
Adelaida Buc´hoz = **Adelia**
Adelanthaceae Grolle = Adelanthaceae
Adelanthaceae【3】Stephani 隐蒴苔科 [B-50] 全球 (6) 大洲分布和属种数(3/16-19)非洲:1-2/2-5; 亚洲:2/14-17; 大洋洲:1-2/2-4; 欧洲:1/2; 北美洲:1-2/1-3; 南美洲:3/12-14
Adelanthineae【3】Hässel 藏蒴苔属 Adelanthaceae 隐蒴苔科 [B-50] 全球 (1) 大洲分布及种数(cf. 1)◆南美洲
Adelanthus【3】Endl. 隐蒴苔属 ≒ **Pyrenacantha;Jungermannia;Plagiochila** Adelanthaceae 隐蒴苔科 [B-50] 全球 (6) 大洲分布及种数(13-14)非洲:2-3;亚洲:12-13;大洋洲:2;欧洲:cf.1;北美洲:1;南美洲:9
Adelaster【3】Lindl. 爵床科属 ≒ **Pseuderanthemum** Acanthaceae 爵床科 [MD-572] 全球 (1) 大洲分布及种数(uc)◆亚洲
Adelastes Lindl. ex Veitch = **Aphelandra**
Adelbertia Meisn. = **Meriania**
Adelia【3】L. 柑桐属 ≒ **Forestiera;Croton;Anemia** Euphorbiaceae 大戟科 [MD-217] 全球 (6) 大洲分布及种数(13-20;hort.1;cult: 1)非洲:2-11;亚洲:2-11;大洋洲:9;欧洲:9;北美洲:11-20;南美洲:4-13
Adelieae G.L.Webster = **Adelia**
Adelinia【3】Parl. 紫草科属 Boraginaceae 紫草科 [MD-517] 全球 (1) 大洲分布及种数(1)◆北美洲
Adelioides R.Br. ex Benth. = **Hypserpa**
Adeliopsis Benth. = **Hypserpa**
Adelmannia Rchb. = **Anthemis**
Adelmeria Ridl. = **Zingiber**
Adelobotrys【3】DC. 锦号丹属 ← **Clidemia;Meriania; Miconia** Melastomataceae 野牡丹科 [MD-364] 全球 (6) 大洲分布及种数(48-52)非洲:1;亚洲:1;大洋洲:1;欧洲:1;北美洲:4-5;南美洲:46-51
Adelocaryum【3】Brand 隐果紫草属 ≒ **Paracaryum** Boraginaceae 紫草科 [MD-517] 全球 (1) 大洲分布及种数(1)◆北美洲
Adelocolia Mitt. = **Adelanthus**
Adeloda Raf. = **Dicliptera**
Adelodypsis Becc. = **Dypsis**
Adelole Raf. = **Dicliptera**
Adelonema (André) S.Y.Wong & Croat = **Adelonema**
Adelonema【3】Schott 千年健属 ≒ **Homalomena** Araceae 天南星科 [MM-639] 全球 (1) 大洲分布及种数(uc)◆亚洲
Adelonenga (Becc.) Hook.f. = **Hydriastele**
Adelop Raf. = **Dicliptera**
Adelopetalum R.Fitzg. = **Bulbophyllum**
Adelopsis Benth. = **Hypserpa**
Adelosa Bl. = **Clerodendrum**
Adelostemma【3】Hook.f. 乳突果属 → **Biondia; Cynanchum** Apocynaceae 夹竹桃科 [MD-492] 全球 (1) 大洲分布及种数(1-2)◆亚洲
Adelostigma【3】Steetz 隐柱菊属 Asteraceae 菊科 [MD-586] 全球 (1) 大洲分布及种数(2)◆非洲
Adelotheciaceae W.R.Buck = Hookeriaceae
Adelothecium【3】Mitt. 隐线藓属 Daltoniaceae 小黄藓科 [B-162] 全球 (1) 大洲分布及种数(1)◆南美洲
Adelphacme【3】K.L.Gibbons,B.J.Conn & Henwood 隐羞草属 Fabaceae1 含羞草科 [MD-238] 全球 (1) 大洲分布及种数(cf.1) ◆大洋洲
Adelphe W.R.Anderson = **Adelphia**
Adelphia【2】W.R.Anderson 隐柱花属 ≒ **Triopterys** Malpighiaceae 金虎尾科 [MD-343] 全球 (2) 大洲分布及种数(5)北美洲:1;南美洲:4
Adelta Kornicker = **Adelia**
Ademula Raf. = **Ludwigia**
Adenacanthus Nees = **Strobilanthes**
Adenachaena DC. = **Phymaspermum**
Adenandra【2】Willd. 阿登芸香属 → **Acmadenia; Eriostemon;Aphelandra** Rutaceae 芸香科 [MD-399] 全球 (3) 大洲分布及种数(23-25)非洲:22;亚洲:cf.1;欧洲:2
Adenanthe【3】Maguire,Steyerm. & Wurdack 海金莲木属 Ochnaceae 金莲木科 [MD-104] 全球 (1) 大洲分布及种数(1)◆南美洲
Adenanthellum【3】B.Nord. 腺菊属 ← **Chrysanthemum** Asteraceae 菊科 [MD-586] 全球 (1) 大洲分布及种数(1)◆非洲(◆南非)
Adenanthera【2】L.海红豆属→**Tetrapleura;Prosopis** Fabaceae 豆科 [MD-240] 全球 (5) 大洲分布及种数(7-17)非洲:5-7;亚洲:2-10;大洋洲:3-6;北美洲:2-4;南美洲:1
Adenanthereae Benth. & Hook.f. = **Adenanthera**
Adenanthos【3】Labill. 独雀花属 Proteaceae 山龙眼科 [MD-219] 全球 (1) 大洲分布及种数(13-42)◆大洋洲
Adenarake【3】Maguire & Wurdack 腺莲木属 Ochnaceae 金莲木科 [MD-104] 全球 (1) 大洲分布及种数(2)◆南美洲
Adenaria【3】Kunth 青虾花属 ≒ **Arenaria** Lythraceae 千屈菜科 [MD-333] 全球 (1) 大洲分布及种数(1)◆南美洲
Adenarium Raf. = **Honckenya**
Adeneleuterophora【3】Barb.Rodr. 兰科属 ≒ **Elleanthus** Orchidaceae 兰科 [MM-723] 全球 (1) 大洲分布及种数(uc)◆亚洲
Adeneleuthera P. & K. = **Elleanthus**

Adenema G.Don = **Enicostema**
Adenesma Griseb. = **Adenosma**
Adenia【3】Forssk. 蒴莲属 ≒ **Pilea;Adina;Passiflora** Passifloraceae 西番莲科 [MD-151] 全球 (6) 大洲分布及种数(65-117;hort.1;cult:2)非洲:56-103;亚洲:14-31;大洋洲:3-6;欧洲:4-9;北美洲:16-25;南美洲:16-24
Adenia W.J.de Wilde = **Adenia**
Adenileima Rchb. = **Spiraea**
Adenilema Bl. = **Neillia**
Adenilemma Hassk. = **Neillia**
Adenium【3】Röm. & Schult. 沙漠玫瑰属 ← **Cameraria;Nerium;Pachypodium** Apocynaceae 夹竹桃科 [MD-492] 全球 (1) 大洲分布及种数(5-7)◆非洲
Adenleima Rchb. = **Neillia**
Adenoa【3】Arbo 富镍花属 ≒ **Piriqueta** Passifloraceae 西番莲科 [MD-151] 全球 (1) 大洲分布及种数(1)◆北美洲
Adenobasium C.Presl = **Sloanea**
Adenobium Steud. = **Sloanea**
Adenocalpa J.M.H.Shaw = **Caesalpinia**
Adenocaly Bert. ex Kunth = **Caesalpinia**
Adenocalymma Benth. = **Adenocalymma**
Adenocalymma【3】Mart. ex Meisn. 胡姬藤属 ← **Amphilophium;Bignonia;Stizophyllum** Bignoniaceae 紫葳科 [MD-541] 全球 (1) 大洲分布及种数(109-140)◆南美洲(◆巴西)
Adenocalymna Mart. = **Adenocalymma**
Adenocalyx Bert ex Kunth = **Caesalpinia**
Adenocarpum D.Don ex Hook. & Arn. = **Chrysanthellum**
Adenocarpus【3】DC. 腺果豆属 ≒ **Argyrocytisus** Fabaceae 豆科 [MD-240] 全球 (6) 大洲分布及种数(11-25;hort.1;cult:3)非洲:7-18;亚洲:2-5;大洋洲:1-3;欧洲:6-15;北美洲:4-7;南美洲:1-3
Adenocaulon【3】Hook. 和尚菜属 Asteraceae 菊科 [MD-586] 全球 (6) 大洲分布及种数(6)非洲:1;亚洲:4-6;大洋洲:1;欧洲:1;北美洲:3-4;南美洲:1-2
Adenoceras Rchb. & Zoll. ex Baill. = **Macaranga**
Adenochaena DC. = **Phymaspermum**
Adenocheton Fenzl = **Cocculus**
Adenochetus Baill. = **Cocculus**
Adenochilus【3】Hook.f. 腺唇兰属 ← **Caladenia** Orchidaceae 兰科 [MM-723] 全球 (1) 大洲分布及种数(2-3)◆大洋洲
Adenochlaena【3】Boiss. ex Baill. 羽萼巴豆属 ← **Cephalocroton** Euphorbiaceae 大戟科 [MD-217] 全球 (1) 大洲分布及种数(1-2)◆亚洲
Adenochloa【3】Holub 禾本科属 Poaceae 禾本科 [MM-748] 全球 (1) 大洲分布及种数(13)◆非洲
Adenocline【3】Turcz. 腺靛属 ← **Acalypha;Mercurialis** Euphorbiaceae 大戟科 [MD-217] 全球 (1) 大洲分布及种数(3-4)◆非洲
Adenoclne Turcz. = **Adenocline**
Adenocrepis Bl. = **Cleidiocarpon**
Adenocritonia【3】R.M.King & H.Rob. 密腺亮泽兰属 ≒ **Kyrsteniopsis** Asteraceae 菊科 [MD-586] 全球 (1) 大洲分布及种数(1-2)◆北美洲
Adenocyclus Less. = **Piptocoma**
Adenodaphne S.Moore = **Litsea**
Adenoderris【3】J.Sm. 红腺耳蕨属 ≒ **Polystichum** Woodsiaceae 岩蕨科 [F-47] 全球 (1) 大洲分布及种数(1)◆北美洲
Adenodiscus Turcz. = **Trichospermum**
Adenodolichos【3】Harms 非洲长腺豆属 ← **Dolichos;Vigna** Fabaceae 豆科 [MD-240] 全球 (1) 大洲分布及种数(2-24)◆非洲
Adenodus Lour. = **Elaeocarpus**
Adenoglossa【3】B.Nord. 腺舌菊属 ← **Chrysanthemum** Asteraceae 菊科 [MD-586] 全球 (1) 大洲分布及种数(1)◆非洲(◆南非)
Adenogonum Welw. ex Hiern = **Engleria**
Adenogramma【2】Rchb. 荞粟草属 ← **Mollugo;Pharnaceum;Psammotropha** Molluginaceae 粟米草科 [MD-99] 全球 (2) 大洲分布及种数(11-14)非洲:10-12;大洋洲:1
Adenogrammaceae Nakai = Cupressaceae
Adenogramme Link = **Anogramma**
Adenogyna P. & K. = **Saxifraga**
Adenogyne Klotzsch = **Sebastiania**
Adenogyne Raf. = **Saxifraga**
Adenogynium Rchb.f. & Zoll. = **Cladogynos**
Adenogynum Rchb.f. & Zoll. = **Cladogynos**
Adenogyrus Klotzsch = **Limonia**
Adenola Raf. = **Ludwigia**
Adenolepis Less. = **Cosmos**
Adenolepis Sch.Bip. = **Bidens**
Adenolinum Rchb. = **Linum**
Adenolisianthus (Progel) Gilg = **Adenolisianthus**
Adenolisianthus【3】Gilg 蝌蚪果属 ≒ **Lisianthius** Gentianaceae 龙胆科 [MD-496] 全球 (1) 大洲分布及种数(1)◆南美洲
Adenolobus【3】(Harv.) Torre & Hillc. 驼蹄豆属 ≒ **Bauhinia** Fabaceae 豆科 [MD-240] 全球 (1) 大洲分布及种数(3)◆非洲
Adenomera Bunge = **Callitriche**
Adenomus Lour. = **Elaeocarpus**
Adenoncos【3】Bl. 腺钗子股属 ≒ **Microsaccus** Orchidaceae 兰科 [MM-723] 全球 (1) 大洲分布及种数(2-16)◆亚洲
Adenonema Bunge = **Corispermum**
Adenoon【3】Dalzell 无冠糙毛菊属 Asteraceae 菊科 [MD-586] 全球 (1) 大洲分布及种数(1)◆亚洲
Adenopa Raf. = **Drosera**
Adenopappus Benth. = **Tagetes**
Adenopeltis【3】Bert. 棱果桕属 ← **Excoecaria** Euphorbiaceae 大戟科 [MD-217] 全球 (1) 大洲分布及种数(1)◆南美洲
Adenopetalum Klotzsch & Garcke = **Vitis**
Adenophaedra (Müll.Arg.) Müll.Arg. = **Adenophaedra**
Adenophaedra【3】Müll.Arg. 长序桐属 ← **Bernardia;Tragia** Euphorbiaceae 大戟科 [MD-217] 全球 (1) 大洲分布及种数(3)◆南美洲
Adenophora【3】Fisch. 沙参属 → **Asyneuma;Campanula;Paeonia** Campanulaceae 桔梗科 [MD-561] 全球 (6) 大洲分布及种数(61-86;hort.1;cult: 19)非洲:7;亚洲:60-79;大洋洲:6-14;欧洲:23-33;北美洲:16-24;南美洲:7
Adenophorus【-】Gaud. 水龙骨科属 ≒ **Polypodium** Polypodiaceae 水龙骨科 [F-60] 全球 (uc) 大洲分布及种

数(uc)

Adenophyllum【3】 Pers. 腺叶菊属 ≒ **Clappia** Asteraceae 菊科 [MD-586] 全球 (6) 大洲分布及种数(15)非洲:4;亚洲:1-5;大洋洲:4;欧洲:1-5;北美洲:14-18;南美洲:1-5

Adenoplana Radlk. = **Nuxia**

Adenoplea Radlk. = **Buddleja**

Adenoplusia Radlk. = **Buddleja**

Adenopodia (Kleinh.) Brenan = **Adenopodia**

Adenopodia 【2】 C.Presl 腺柄豆属 ← **Entada; Mimosa;Piptadenia** Fabaceae 豆科 [MD-240] 全球 (2) 大洲分布及种数(cf.8)非洲:4;北美洲:3

Adenopogon Welw. = **Aegopogon**

Adenoporces Small = **Triopterys**

Adenops Benth. = **Trochomeria**

Adenopteris (Prantl) Diels = **Anopteris**

Adenopus Benth. = **Lagenaria**

Adenorachis (DC.) Nieuwl. = **Adenorachis**

Adenorachis【3】 Nieuwl. 北美洲苞蔷薇属 ≒ **Aronia; Photinia** Rosaceae 蔷薇科 [MD-246] 全球 (1) 大洲分布及种数(1)◆北美洲

Adenorandia【3】 C.Vermösen 苞茜草属 ≒ **Gardenia** Rubiaceae 茜草科 [MD-523] 全球 (1) 大洲分布及种数(1)◆非洲

Adenorhopium Rchb. = **Jatropha**

Adenorima Raf. = **Euphorbia**

Adenoropium Pohl = **Manihot**

Adenosacme Wall. = **Mycetia**

Adenosciadium【3】 H.Wolff 苞叶芹属 ≒ **Anisosciadium** Apiaceae 伞形科 [MD-480] 全球 (1) 大洲分布及种数(1)◆亚洲

Adenoscilla Gren. & Godr. = **Scilla**

Adenoselen Spach = **Marasmodes**

Adenosepalum Fourr. = **Hypericum**

Adenosma Nees = **Adenosma**

Adenosma【3】 R.Br. 毛麝香属 ← **Digitalis;Erinus; Manulea** Scrophulariaceae 玄参科 [MD-536] 全球 (6) 大洲分布及种数(16-44)非洲:4-33;亚洲:15-65;大洋洲:6-41;欧洲:25;北美洲:3-28;南美洲:2-29

Adenosolen DC. = **Marasmodes**

Adenospermum Hook. & Arn. = **Chrysanthellum**

Adenostachya【3】 Bremek. 毛柱爵床属 ← **Strobilanthes** Acanthaceae 爵床科 [MD-572] 全球 (1) 大洲分布及种数(2)◆亚洲

Adenostegia (A.Gray) Ferris = **Cordylanthus**

Adenostema Desport. = **Adenostemma**

Adenostemma【3】 Forst. 下田菊属 ≒ **Cotula;Argostemma** Asteraceae 菊科 [MD-586] 全球 (6) 大洲分布及种数(20-27;hort.1;cult: 1)非洲:5-9;亚洲:7-12;大洋洲:3-8;欧洲:4;北美洲:8-12;南美洲:13-17

Adenostemon Spreng. = **Gomortega**

Adenostemum【3】 Pers. 奎乐果科属 Gomortegaceae 奎乐果科 [MD-10] 全球 (1) 大洲分布及种数(uc)◆亚洲

Adenostephanus【3】 Klotzsch 腺山龙眼属 ← **Euplassa;Sleumerodendron** Proteaceae 山龙眼科 [MD-219] 全球 (1) 大洲分布及种数(uc)◆南美洲(◆巴西)

Adenostoma【3】 Bl. 柏枝梅属 Rosaceae 蔷薇科 [MD-246] 全球 (1) 大洲分布及种数(5-7)◆北美洲

Adenostyles【2】 Cass. 菊科属 Asteraceae 菊科 [MD-586] 全球 (5) 大洲分布及种数(11) 非洲:2;亚洲:7;大洋洲:2;欧洲:8;南美洲:2

Adenostylis【3】 Bl. 兰科属 ≒ **Monochilus** Orchidaceae 兰科 [MM-723] 全球 (1) 大洲分布及种数(1)◆亚洲

Adenostylium Rchb.f. = **Adenostyles**

Adenothamnus 【3】 D.D.Keck 星木菊属 ← **Madia** Asteraceae 菊科 [MD-586] 全球 (1) 大洲分布及种数(1)◆北美洲

Adenotheca Welw. ex Baker = **Drimia**

Adenothola Lem. = **Selago**

Adenotrias Jaub. & Spach = **Hypericum**

Adenotrichia Lindl. = **Senecio**

Adenum G.Don = **Amomum**

Adeone Kotschy = **Aeschynomene**

Aderus Adans. = **Abrus**

Ades Heist. = **Calla**

Adesmia Acanthadesmia Burkart = **Adesmia**

Adesmia【3】 DC. 艾兹豆属 ← **Aeschynomene;Lotus; Anemia** Fabaceae3 蝶形花科 [MD-240] 全球 (1) 大洲分布及种数(234-251)◆南美洲

Adetogramma T.E.Almeida = **Microgramma**

Adexia P.Br. = **Adelia**

Adhadota Steud. = **Adhatoda**

Adhaloda Mill. = **Adhatoda**

Adhatada Raf. = **Adhatoda**

Adhatoa Mill. = **Adhatoda**

Adhatoda 【3】 Mill. 鸭嘴花属 ← **Justicia;Rungia; Peristrophe** Acanthaceae 爵床科 [MD-572] 全球 (6) 大洲分布及种数(15-37)非洲:8-25;亚洲:5-20;大洋洲:14;欧洲:14;北美洲:15;南美洲:6-23

Adhunia 【3】 Vell. 葎金娘属 Myrtaceae 桃金娘科 [MD-347] 全球 (1) 大洲分布及种数(cf.1)◆南美洲

Adiantaceae 【3】 Newman 铁线蕨科 [F-35] 全球 (6) 大洲分布和属种数(7;hort. & cult.1)(290-577;hort. & cult.56-73)非洲:3-6/23-158; 亚洲:2-6/81-218; 大洋洲:1-6/19-150; 欧洲:1-6/1-127; 北美洲:4-6/75-206; 南美洲:5-7/199-348

Adianthus R.Br. = **Acianthus**

Adiantopsis 【3】 Fée 拟铁线蕨属 → **Cheilanthes; Aspidotis** Pteridaceae 凤尾蕨科 [F-31] 全球 (6) 大洲分布及种数(22-30)非洲:1-2;亚洲:1-3;大洋洲:1;欧洲:1;北美洲:2-4;南美洲:19-27

Adiantum Adiantellum T.Moore = **Adiantum**

Adiantum 【3】 L. 铁线蕨属 ≒ **Allosorus;Pellaea** Adiantaceae 铁线蕨科 [F-35] 全球 (6) 大洲分布及种数(263-402;hort.1;cult: 21)非洲:21-44;亚洲:79-107;大洋洲:19-38;欧洲:1-15;北美洲:68-87;南美洲:180-217

Adiathella D.L.Jones & M.A.Clem. = **Aeranthes**

Adicea 【2】 Raf. ex Britton & A.Br. 荨麻科属 ≒ **Pilotrichum;Picea** Urticaceae 荨麻科 [MD-91] 全球 (2) 大洲分布及种数(3) 亚洲:2;北美洲:2

Adike Raf. = **Pilea**

Adimantus Gerstaecker = **Adiantum**

Adina【3】 Salisb. 水团花属 ≒ **Nauclea;Pertusadina** Rubiaceae 茜草科 [MD-523] 全球 (6) 大洲分布及种数(9-12)非洲:2-9;亚洲:8-17;大洋洲:1-8;欧洲:7;北美洲:7;南美洲:7

Adinandra【3】Jack 杨桐属 → **Balthasaria;Adenandra** Pentaphylacaceae 五列木科 [MD-215] 全球 (6) 大洲分布

及种数(42-120;hort.1;cult:2)非洲:3-6;亚洲:38-100;大洋洲:4-9;欧洲:1;北美洲:8-11;南美洲:3-8

Adinandrella Exell = **Ternstroemia**

Adinobotrys Dunn = **Afgekia**

Adinus Neck. = **Pinus**

Adioda Hort. = **Wedelia**

Adipe Raf. = **Xylobium**

Adipera Raf. = **Cassia**

Adippe Raf. = **Bifrenaria**

Adipsen Raf. = **Bifrenaria**

Adiptera Borkh. = **Saxifraga**

Adisa Steud. = **Adisca**

Adisca【-】Bl. 大戟科属 ≒ **Macaranga** Euphorbiaceae 大戟科 [MD-217] 全球 (uc) 大洲分布及种数(uc)

Adiscanthus【3】Ducke 红簪木属 Rutaceae 芸香科 [MD-399] 全球 (1) 大洲分布及种数(1)◆南美洲

Adiscochaeta DC. = **Anisochaeta**

Adisia Lindl. = **Alsia**

Adisiella Brand = **Aliciella**

Adisura Raf. = **Cassia**

Adlafia Thou. = **Alafia**

Adleria Neck. = **Afzelia**

Adlumia【2】Raf. ex DC. 荷包藤属 ← **Fumaria** Papaveraceae 罂粟科 [MD-54] 全球 (2) 大洲分布及种数(3)亚洲:cf.1;北美洲:1

Admarium Raf. = **Arenaria**

Admestina Raf. = **Galinsoga**

Admirabilis【-】Nieuwl. 紫茉莉科属 Nyctaginaceae 紫茉莉科 [MD-107] 全球 (uc) 大洲分布及种数(uc)

Adnaria Raf. = **Styrax**

Adnula Raf. = **Pelexia**

Adoceton Raf. = **Paronychia**

Adocia Lam. = **Berchemia**

Adodendron DC. = **Ammodendron**

Adodendrum Neck. = **Rhodothamnus**

Adoglossum R.H.Torr. = (接受名不详) Orchidaceae

Adoketon【3】Raf. 苋科属 ≒ **Alternanthera** Amaranthaceae 苋科 [MD-116] 全球 (1) 大洲分布及种数(1)◆北美洲

Adolfia Lam. = **Scutia**

Adolia Lam. = **Scutia**

Adolias Lam. = **Scutia**

Adolphia【3】Meisn. 加州棘属 ← **Ceanothus;Colletia; Colubrina** Rhamnaceae 鼠李科 [MD-331] 全球 (1) 大洲分布及种数(2)◆北美洲

Adolphoduckea【3】Paudyal & Delprete 南美茜属 Rubiaceae 茜草科 [MD-523] 全球 (1) 大洲分布及种数(cf.1) ◆南美洲

Adon Adans. = **Zantedeschia**

Adonanthe Spach = **Adonis**

Adonclioda【-】J.M.H.Shaw 兰科属 Orchidaceae 兰科 [MM-723] 全球 (uc) 大洲分布及种数(uc)

Adoncostele【-】J.M.H.Shaw 兰科属 Orchidaceae 兰科 [MM-723] 全球 (uc) 大洲分布及种数(uc)

Adonea Kreuz. = **Lobivia**

Adoneis G.W.Andrews & P.Rivera = **Adonis**

Adoniastrum Schur = **Ranunculus**

Adonidia【2】Becc. 圣诞棕属 ← **Actinorhytis; Normanbya;Veitchia** Arecaceae 棕榈科 [MM-717] 全球 (5) 大洲分布及种数(2-3)非洲:1;亚洲:1;大洋洲:1;北美洲:1;南美洲:1

Adonigeron Fourr. = **Jacobaea**

Adonis DC. = **Adonis**

Adonis【3】L. 侧金盏花属 ← **Ranunculus;Aronia; Neanotis** Ranunculaceae 毛茛科 [MD-38] 全球 (6) 大洲分布及种数(43-48;hort.1;cult:7)非洲:11-30;亚洲:30-54;大洋洲:6-25;欧洲:21-41;北美洲:7-26;南美洲:19

Adopogon【2】Neck. 菊科属 ≒ **Krigia** Asteraceae 菊科 [MD-586] 全球(2) 大洲分布及种数(2) 亚洲:1;北美洲:2

Adorium Raf. = **Musineon**

Adoxa【3】L. 五福花属 → **Tetradoxa;Aosa** Adoxaceae 五福花科 [MD-530] 全球 (1) 大洲分布及种数(5-6)◆亚洲

Adoxaceae【3】E.Mey. 五福花科 [MD-530] 全球 (6) 大洲分布和属种数(2-3;hort. & cult.1)(6-15;hort. & cult.1) 非洲:1/1;亚洲:2/6-7;大洋洲:1/1;欧洲:1/1;北美洲:1/1-2;南美洲:1/1

Adrapetes Banks ex Lam. = **Drapetes**

Adrastaea DC. = **Hibbertia**

Adrastea Spreng. = **Hibbertia**

Adrastus Spreng. = **Hibbertia**

Adriana【3】Gaud. 地藜叶属 ← **Croton;Ricinus; Sinoadina** Euphorbiaceae 大戟科 [MD-217] 全球 (1) 大洲分布及种数(6-7)◆大洋洲

Adriania Baill. = **Aurinia**

Adromischus【2】Lem. 天锦木属 ← **Cotyledon;Sedum;Tylecodon** Crassulaceae 景天科 [MD-229] 全球 (2) 大洲分布及种数(31-36;hort.1;cult: 3)非洲:30-33;欧洲:1

Adrorhizon【3】Hook.f. 短根兰属 ← **Coelogyne;Dendrobium;Pleione** Orchidaceae 兰科 [MM-723] 全球 (1) 大洲分布及种数(cf. 1)◆亚洲

Adryas Pinto & Owen = **Dryas**

Adsica Rupp. ex L. = **Adina**

Adsina Adans. = **Aldina**

Adulpa Endl. = **Schoenus**

Adupla Bosc = **Schoenus**

Aduseton Adans. = **Alyssum**

Adusta Pohl = **Augusta**

Adventina Raf. = **Galinsoga**

Adyseton Adans. = **Alyssum**

Adysetum Link = **Alyssum**

Adyte Raf. = **Boehmeria**

Aeanthopanax Miq. = **Acanthopanax**

Aeceoclades Duchartre = **Oeceoclades**

Aechmaea Brongn. = **Aechmea**

Aechmandra Arn. = **Kedrostis**

Aechmanthera Nees = **Strobilanthes**

Aechmea (Baker) Baker = **Aechmea**

Aechmea【3】Ruiz & Pav. 光萼荷属 → **Acanthostachys; Bromelia;Tillandsia** Bromeliaceae 凤梨科 [MM-715] 全球(6)大洲分布及种数(299-327;hort.1;cult:8)非洲:6-9;亚洲:14-17;大洋洲:10-13;欧洲:3;北美洲:83-92;南美洲:287-307

Aechmina Ruiz & Pav. = **Aechmea**

Aechmolepis Decaisne = **Tacazzea**

Aechmophora Spreng. ex Steud. = **Bromus**

Aechmophorus Spreng. ex Steud. = **Agropyron**

Aechopsis Butcher = **Balsamocitrus**

A

Aechraea Lindl. = **Aechmea**
Aechynanthus Jack = **Aeschynanthus**
Aectyson Raf. = **Sempervivum**
Aedemone Kotschy = **Aeschynomene**
Aedesia【3】O.Hoffm. 叶苞糙毛菊属 ← **Vernonia** Asteraceae 菊科 [MD-586] 全球 (1) 大洲分布及种数(1-3)◆非洲
Aedia Lür = **Areldia**
Aediodes Lour. = **Aerides**
Aedmannia Spach = **Spartium**
Aedomone Kotschy = **Adesmia**
Aedon Rabenh. = **Schistidium**
Aedula (Dum.) Dum. = **Avenula**
Aeegiphila Sw. = **Aegiphila**
Aeerid O.F.Cook = **Gaussia**
Aeeridium Salisb. = **Aerides**
Aegelatis Roxb. = **Koeleria**
Aegeon Adans. = **Triticum**
Aeger (Tourn.) L. = **Acer**
Aegialea Klotzsch = **Pieris**
Aegialeus Klotzsch = **Andromeda**
Aegialia Schult. = **Agrostis**
Aegialina Schult. = **Rostraria**
Aegialinites C.Presl = **Koeleria**
Aegialites R.Br. = **Aegialitis**
Aegialitidaceae Lincz. = Plumbaginaceae
Aegialitis【3】R.Br. 紫条木属 ≒ **Koeleria;Statice** Plumbaginaceae 白花丹科 [MD-227] 全球 (1) 大洲分布及种数(cf. 1)◆亚洲
Aegialophila Boiss. & Heldr. = **Centaurea**
Aegianilites C.B.Clarke = **Aegialitis**
Aegiatilis Griff. = **Aegialitis**
Aegiceras【3】Gaertn. 蜡烛果属 ← **Rhizophora** Aegicerataceae 桐花树科 [MD-393] 全球 (6) 大洲分布及种数(2-3)非洲:1-3;亚洲:1-3;大洋洲:1-2;欧洲:1-2;北美洲:1-2;南美洲:1
Aegicerataceae【3】Bl. 桐花树科 [MD-393] 全球 (6) 大洲分布和属种数(1;hort. & cult.1)(1-6;hort. & cult.1)非洲:1/1-3;亚洲:1/1-3;大洋洲:1/1-2;欧洲:1/1-2;北美洲:1/1-2;南美洲:1/1
Aegicon Adans. = **Aegilops**
Aegidium Salisb. = **Deschampsia**
Aegilips L. = **Aegilops**
Aegilonearum Á.Löve = **Aegilops**
Aegilopaceae Link = Cyperaceae
Aegilopodes Á.Löve = **Triticum**
Aegilops (Jaub. & Spach) Zhuk. = **Aegilops**
Aegilops【3】L. 山羊草属 ≒ **Triticum;Aegilotriticum** Poaceae 禾本科 [MM-748] 全球 (6) 大洲分布及种数(28-31;hort.1;cult: 11)非洲:19-31;亚洲:27-40;大洋洲:9-21;欧洲:22-34;北美洲:18-30;南美洲:2-14
Aegilosecale Cif. & Giacom. = **Triticum**
Aegilotricale【-】Tscherm.-Seys. 禾本科属 Poaceae 禾本科 [MM-748] 全球 (uc) 大洲分布及种数(uc)
Aegilotrichum A.Camus = **Triticum**
Aegilotricum Tscherm.Seys. = **Aegilotriticum**
Aegilotriticum【2】P.Fourn. 斑斓草属 ← **Triticum** Poaceae 禾本科 [MM-748] 全球 (4) 大洲分布及种数(1-7)非洲;亚洲;欧洲;北美洲
Aegina Buc´hoz = **Avicennia**
Aeginetia Cav. = **Aeginetia**
Aeginetia【3】L. 野菰属 → **Bouvardia** Orobanchaceae 列当科 [MD-552] 全球 (1) 大洲分布及种数(6-10)◆亚洲
Aeginetiaceae Livera = Orobanchaceae
Aegiphila【3】Jacq. 羊喜木属 ← **Buddleja;Crinodendron;Petitia** Lamiaceae 唇形科 [MD-575] 全球 (6) 大洲分布及种数(130-160;hort.6;cult:6)非洲:14-21;亚洲:35-44;大洋洲:12-19;欧洲:6;北美洲:52-65;南美洲:115-137
Aegiphilaceae Raf. = Gesneriaceae
Aegiphyla Steud. = **Ferula**
Aegista Fourr. = **Withania**
Aegle【3】Corrêa 木橘属 ≒ **Aglaia;Crateva;Posidonia** Rutaceae 芸香科 [MD-399] 全球 (1) 大洲分布及种数(1-6)◆亚洲
Aeglopsis【3】Swingle 西非枳属 ← **Balsamocitrus** Rutaceae 芸香科 [MD-399] 全球 (1) 大洲分布及种数(1-4)◆非洲
Aegocera Gaertn. = **Aegiceras**
Aegoceras Stapf = **Acroceras**
Aegochloa Benth. = **Navarretia**
Aegokeras Raf. = **Seseli**
Aegomarathrum (DC.) Koch ex Meisner = **Aegomarathrum**
Aegomarathrum【3】Steud. 绵羊芹属 ← **Cachrys;Seseli** Apiaceae 伞形科 [MD-480] 全球 (1) 大洲分布及种数(1)◆非洲
Aegonychon【-】Gray 紫草科属 ≒ **Lithospermum** Boraginaceae 紫草科 [MD-517] 全球 (uc) 大洲分布及种数(uc)
Aegopicron Giseke = **Maprounea**
Aegopodion St.Lag. = **Aegopogon**
Aegopodium【3】L. 羊角芹属 ≒ **Apium;Sison;Pimpinella** Apiaceae 伞形科 [MD-480] 全球 (6) 大洲分布及种数(11-12)非洲:1;亚洲:10-11;大洋洲:2-3;欧洲:2-3;北美洲:2-3;南美洲:1-2
Aegopogon【3】Humb. & Bonpl. ex Willd. 逸草属 → **Amphipogon;Muhlenbergia;Chloris** Poaceae 禾本科 [MM-748] 全球 (6) 大洲分布及种数(4-5)非洲:2;亚洲:2;大洋洲:2;欧洲:2;北美洲:3-5;南美洲:3-5
Aegopordon Boiss. = **Jurinea**
Aegopricon L.f. = **Maprounea**
Aegopricum L. = **Maprounea**
Aegopsis Swingle = **Aeglopsis**
Aegoseris Steud. = **Crepis**
Aegotoxicon Molina = **Aextoxicon**
Aegotoxicum Endl. = **Aextoxicon**
Aegtoxicon Molina = **Aextoxicon**
Aegylops Honck. = **Aegilops**
Aelbroeckia De Moor = **Triticum**
Aeletes J.M.Coult. & Rose = **Aletes**
Aellenia Ulbr. = **Halothamnus**
Aeluropus Littorales Tzvelev = **Aeluropus**
Aeluropus【3】Trin. 獐毛属 ← **Agrostis;Melica;Triticum** Poaceae 禾本科 [MM-748] 全球 (6) 大洲分布及种数(10-12)非洲:6-10;亚洲:8-14;大洋洲:4;欧洲:3-7;北美洲:1-5;南美洲:1-5
Aemasia A.Nelson & J.F.Macbr. = **Amesia**
Aembilla Adans. = **Limonia**

Aemilia Cass. = **Emilia**
Aemona L. = **Annona**
Aemymone Kotschy = **Adesmia**
Aenhenrya【3】 Gopalan 斑茎兰属 ≒ **Anoectochilus** Orchidaceae 兰科 [MM-723] 全球 (1) 大洲分布及种数(1)◆亚洲
Aenictophyton【3】 A.T.Lee 谜木豆属 Fabaceae 豆科 [MD-240] 全球 (1) 大洲分布及种数(2)属分布和种数(uc)◆大洋洲
Aenigmanu【3】 W.W.Thomas 美洲苦木科属 Picramniaceae 美洲苦木科 [MD-409] 全球 (1) 大洲分布及种数(uc)◆南美洲
Aenigmatanthera【3】 W.R.Anderson 尖翅果属 ≒ **Hiraea** Malpighiaceae 金虎尾科 [MD-343] 全球 (1) 大洲分布及种数(2)◆南美洲
Aenigmopteris【3】 Holttum 半知蕨属 ≒ **Dryopteris** Dryopteridaceae 鳞毛蕨科 [F-49] 全球 (1) 大洲分布及种数(2-4)◆亚洲
Aenothera Lam. = **Oenothera**
Aeodes W.R.Taylor = **Aerides**
Aeoianthus R.Br. = **Aetanthus**
Aeolanthus Mart. = **Aeollanthus**
Aeolidia L. = **Adonidia**
Aeollanthus【3】 Martius ex Spreng. 柔花属 ← **Plectranthus;Achyronia** Lamiaceae 唇形科 [MD-575] 全球 (6) 大洲分布及种数(56)非洲:21-63;亚洲:6-15;大洋洲:1-9;欧洲:1-9;北美洲:2-10;南美洲:9
Aeolus Raf. = **Uncaria**
Aeonia Lindl. = **Oeonia**
Aeonichryson【-】 P.V.Heath 景天科属 Crassulaceae 景天科 [MD-229] 全球 (uc) 大洲分布及种数(uc)
Aeoniogreenovia Voggenr. = **Aichryson**
Aeoniopsis【3】 Rech.f. 白花青属 Plumbaginaceae 白花丹科 [MD-227] 全球 (1) 大洲分布及种数(uc)◆亚洲
Aeonium【2】 Webb & Berthel. 莲花掌属 ≒ **Aichryson** Crassulaceae 景天科 [MD-229] 全球 (5) 大洲分布及种数(43-115;hort.1;cult:59)非洲:2-5;亚洲:4;大洋洲:5-6;欧洲:40-56;北美洲:5
Aepinus Neck. = **Abies**
Aequatoria Soula = **Aequatorium**
Aequatoriella【2】 Touw 指羽藓属 Thuidiaceae 羽藓科 [B-184] 全球 (2) 大洲分布及种数(1) 亚洲:1;大洋洲:1
Aequatorium (Cuatrec.) B.Nord. = **Aequatorium**
Aequatorium【2】 B.Nord. 赤道菊属 ← **Gynoxys;Senecio;Nordenstamia** Asteraceae 菊科 [MD-586] 全球 (2) 大洲分布及种数(19-24)非洲:2;南美洲:18-23
Aera Asch. = **Aira**
Aerachne Hook.f. = **Aciachne**
Aerachnochilus【-】 J.M.H.Shaw 兰科属 Orchidaceae 兰科 [MM-723] 全球 (uc) 大洲分布及种数(uc)
Aerangaeris【-】 Hort. 兰科属 Orchidaceae 兰科 [MM-723] 全球 (uc) 大洲分布及种数(uc)
Aerangis【2】 Rchb.f. 细距兰属 ← **Aeranthes; Mystacidium;Rangaeris** Orchidaceae 兰科 [MM-723] 全球 (5) 大洲分布及种数(52-70;hort.1;cult: 3)非洲:51-66;亚洲:2-3;大洋洲:1;欧洲:1;北美洲:1
Aerangopsis【2】 J.M.H.Shaw 兰科属 Orchidaceae 兰科 [MM-723] 全球 (1) 大洲分布及种数(uc)◆北美洲
Aeranthes【3】 Lindl. 气花兰属 ← **Acianthus;Angraecum;Oeonia** Orchidaceae 兰科 [MM-723] 全球 (1) 大洲分布及种数(45-58)◆非洲(◆马达加斯加)
Aeranthus Bartl. = **Aeranthes**
Aerenea Kreuz. = **Echinocactus**
Aeretes Elliott = **Acerates**
Aeria O.F.Cook = **Pseudophoenix**
Aeridachnanthe Garay & H.R.Sw. = **Ferreyranthus**
Aeridachnis Hort. = **Ferreyranthus**
Aeridanthe Garay & H.R.Sw. = **Aerides**
Aerides【3】 Lour. 指甲兰属 → **Acampe;Loxoma;Bulbophyllum** Orchidaceae 兰科 [MM-723] 全球 (1) 大洲分布及种数(24-77)◆亚洲
Aeridisia auct. = **Ferreyranthus**
Aeriditis auct. = **Ferreyranthus**
Aeridium P. & K. = **Aerides**
Aeridocentrum Hort. = **Ferreyranthus**
Aeridochilus auct. = **Ferreyranthus**
Aeridofinetia Hort. = **Ferreyranthus**
Aeridoglossum auct. = **Ferreyranthus**
Aeridoglottis【-】 Hort. 兰科属 Orchidaceae 兰科 [MM-723] 全球 (uc) 大洲分布及种数(uc)
Aeridolabium【-】 Hort. 兰科属 Orchidaceae 兰科 [MM-723] 全球 (uc) 大洲分布及种数(uc)
Aeridopsis Hort. = **Ferreyranthus**
Aeridopsisanthe Garay & H.R.Sw. = **Ferreyranthus**
Aeridostachya【3】 (Hook.f.) Brieger ex Brieger 气穗兰属 ≒ **Pinalia** Orchidaceae 兰科 [MM-723] 全球 (1) 大洲分布及种数(5-21)◆亚洲
Aeridostylis A.D.Hawkes = **Aerides**
Aeridovanda【-】 Coleman 兰科属 Orchidaceae 兰科 [MM-723] 全球 (uc) 大洲分布及种数(uc)
Aeridovanisia【-】 auct. 兰科属 Orchidaceae 兰科 [MM-723] 全球 (uc) 大洲分布及种数(uc)
Aeridsonia【-】 C.T.Tong 兰科属 Orchidaceae 兰科 [MM-723] 全球 (uc) 大洲分布及种数(uc)
Aeriovanda【-】 Hort. 兰科属 Orchidaceae 兰科 [MM-723] 全球 (uc) 大洲分布及种数(uc)
Aerisilvaea Radcl.-Sm. = **Lingelsheimia**
Aeristoma【2】 Chanyang. 兰科属 Orchidaceae 兰科 [MM-723] 全球 (2) 大洲分布及种数(uc)亚洲;北美洲
Aerobion Kaempf. ex Spreng. = **Angraecum**
Aerobruym Dozy & Molk. = **Aerobryum**
Aerobryidium【2】 M.Fleisch. ex Broth. 毛扭藓属 ≒ **Daltonia;Aerobryopsis** Meteoriaceae 蔓藓科 [B-188] 全球 (4) 大洲分布及种数(8) 非洲:2;亚洲:8;大洋洲:2;北美洲:1
Aerobryopsis【3】 M.Fleisch. 灰气藓属 ≒ **Lindigia** Meteoriaceae 蔓藓科 [B-188] 全球 (6) 大洲分布及种数(25) 非洲:5;亚洲:18;大洋洲:6;欧洲:2;北美洲:4;南美洲:4
Aerobryopsismexicana M.Fleisch. = **Aerobryopsis**
Aerobryum【2】 Dozy & Molk. 气藓属 Brachytheciaceae 青藓科 [B-187] 全球 (2) 大洲分布及种数(4) 亚洲:4;大洋洲:1
Aerocephalus Benth. = **Acrocephalus**
Aerokorion Adans. = **Galanthus**
Aerolindigia【2】 M.Menzel 扭青藓属 ≒ **Neckera** Brachytheciaceae 青藓科 [B-187] 全球 (3) 大洲分布及种数(1) 非洲:1;北美洲:1;南美洲:1
Aerope (Endl.) Rchb. = **Rhizophora**

A

Aeroppia Asch. & Graebn. = **Agrostis**
Aeropsis Asch. & Graebn. = **Airopsis**
Aerornis Asch. & Graebn. = **Agrostis**
Aerua A.Cunn. ex Juss. = **Aerva**
Aerva【3】 Forssk. 白花苋属 ← **Achyranthes;Celosia; Nothosaerva** Amaranthaceae 苋科 [MD-116] 全球 (6) 大洲分布及种数(13-22)非洲:8-15;亚洲:8-16;大洋洲:2-5;欧洲:3-8;北美洲:4-7;南美洲:4-8
Aerva P. & K. = **Aerva**
Aesalus L. = **Aesculus**
Aesandra【2】 Pierre ex L.Planch. 藏榄属 ≒ **Madhuca** Sapotaceae 山榄科 [MD-357] 全球 (2) 大洲分布及种数(uc)大洋洲;欧洲
Aeschinanthus Endl. = **Chirita**
Aeschinomene Nocca = **Aeschynomene**
Aeschrion【3】 Vell. 南美苦木属 ≒ **Picrosia;Picrasma** Simaroubaceae 苦木科 [MD-424] 全球 (1) 大洲分布及种数(cf.1) ◆南美洲
Aeschymonene L. = **Aeschynomene**
Aeschynanthus【3】 Jack 芒毛苣苔属 → **Chirita; Trichosporum;Phlogacanthus** Gesneriaceae 苦苣苔科 [MD-549] 全球 (1) 大洲分布及种数(68-164)◆亚洲
Aeschynomene (P.A.Duvign.) Verdc. = **Aeschynomene**
Aeschynomene【3】 L. 合萌属 → **Adesmia;Brya; Pictetia** Fabaceae3 蝶形花科 [MD-240] 全球 (6) 大洲分布及种数(124-220;hort.1;cult: 5)非洲:42-135;亚洲:31-53;大洋洲:16-33;欧洲:9-26;北美洲:54-73;南美洲:84-109
Aeschynomeneae Hutch. = **Aeschynomene**
Aesculaceae Burnett = Hippocastanaceae
Aesculus【3】 L. 七叶树属 → **Billia** Sapindaceae 无患子科 [MD-428] 全球 (6) 大洲分布及种数(24-36;hort.1;cult: 14)非洲:27;亚洲:18-51;大洋洲:3-31;欧洲:10-38;北美洲:20-49;南美洲:4-31
Aestuaria (L.) Schaeff. = **Diosma**
Aetanthus (Eichler) Engl. = **Aetanthus**
Aetanthus【3】 Engl. 垂钉寄生属 ← **Psittacanthus; Angraecum** Loranthaceae 桑寄生科 [MD-415] 全球 (1) 大洲分布及种数(15-20)◆南美洲
Aetea Szlach. & Mytnik = **Oncidium**
Aetheilema R.Br. = **Phaulopsis**
Aetheocephalus Gagnep. = **Sphaeranthus**
Aetheolaena【3】 Cass. 柄叶绵头菊属 ← **Cacalia;Culcitium;Lasiocephalus** Asteraceae 菊科 [MD-586] 全球 (6) 大洲分布及种数(22)非洲:2;亚洲:1;大洋洲:1;欧洲:1;北美洲:2;南美洲:22
Aetheolirion【3】 Forman 线果吉祥草属 Commelinaceae 鸭跖草科 [MM-708] 全球 (1) 大洲分布及种数(1-2) ◆亚洲
Aetheonema Bub. & Penzig = **Gaertnera**
Aetheopappus Cass. = **Centaurea**
Aetheorhiza【2】 Cass. 菊科属 ≒ **Sonchus** Asteraceae 菊科 [MD-586] 全球 (3) 大洲分布及种数(1) 非洲:1;亚洲:1;欧洲:1
Aetheorhyncha【3】 Dressler 腺果兰属 ← **Chondrorhyncha** Orchidaceae 兰科 [MM-723] 全球 (1) 大洲分布及种数(cf.1) ◆南美洲
Aetheorrhiza Rchb. = **Youngia**
Aethephyllum【3】 N.E.Br. 琴霓花属 ← **Cleretum** Aizoaceae 番杏科 [MD-94] 全球 (1) 大洲分布及种数(1)◆非洲(◆南非)
Aetheria Endl. = **Philydrella**
Aethia Ravenna = **Lethia**
Aethiocarpa Vollesen = **Harmsia**
Aethionema【3】 W.T.Aiton 岩芥菜属 ≒ **Phlegmatospermum** Brassicaceae 十字花科 [MD-213] 全球 (1) 大洲分布及种数(25-27)◆欧洲
Aethiopis (Benth.) Fourr. = **Salvia**
Aethonia D.Don = **Tolpis**
Aethonopogon Hack. ex P. & K. = **Polytrias**
Aethra Endl. = **Hetaeria**
Aethria Endl. = **Chamaegastrodia**
Aethulia A.Gray = **Ethulia**
Aethus L. = **Aethusa**
Aethusa【3】 L. 毒欧芹属 ≒ **Ammi;Coriandrum; Apiastrum** Apiaceae 伞形科 [MD-480] 全球 (6) 大洲分布及种数(2)非洲:1;亚洲:1-2;大洋洲:1;欧洲:1-2;北美洲:1-2;南美洲:1
Aethyopys (Benth.) Opiz = **Salvia**
Aetia Adans. = **Combretum**
Aetideopsis Hort. = **Acampe**
Aetopteron Ehrh. ex House = **Polystichum**
Aetostreon Ehrh. = **Acrorumohra**
Aetoxylon【3】 (Airy-Shaw) Airy-Shaw 环薇木属 ← **Gonystylus** Thymelaeaceae 瑞香科 [MD-310] 全球 (1) 大洲分布及种数(1-2)◆亚洲
Aextoxicaceae【3】 Engl. & Gilg 毒羊树科 [MD-256] 全球 (1) 大洲分布和属种数(1;hort. & cult.1)◆南美洲
Aextoxicon【3】 Ruiz & Pav. 毒羊树属 Aextoxicaceae 毒羊树科 [MD-256] 全球 (1) 大洲分布及种数(1)◆南美洲
Afarca Raf. = **Ampelopsis**
Afer (Tourn.) L. = **Acer**
Affonsea【3】 A.St.Hil. 巴西春豆属 → **Pithecellobium; Albizia** Fabaceae3 蝶形花科 [MD-240] 全球 (1) 大洲分布及种数(10-11)◆南美洲
Affonsoa A.St.Hil. = **Affonsea**
Afgekia【3】 Craib 猪腰豆属 ≒ **Padbruggea** Fabaceae 豆科 [MD-240] 全球 (1) 大洲分布及种数(1-4)◆亚洲
Aflatunia Vassilcz. = **Louiseania**
Afoninia【-】 Ignatova 葫芦藓科属 ≒ **Amolinia** Funariaceae 葫芦藓科 [B-106] 全球 (uc) 大洲分布及种数(uc)
Afrachneria Spragü = **Pentaschistis**
Afraegle (Swingle) Engl. = **Afraegle**
Afraegle【3】 Engl. 炮弹橘属 ≒ **Citrus** Rutaceae 芸香科 [MD-399] 全球 (1) 大洲分布及种数(1-4)◆非洲
Afrafzelia Pierre = **Sindora**
Aframmi【3】 C.Norman 非洲阿米芹属 ← **Carum;-Physotrichia** Apiaceae 伞形科 [MD-480] 全球 (1) 大洲分布及种数(2)◆非洲
Aframomum【3】 K.Schum. 椒蔻属 ← **Zingiber** Zingiberaceae 姜科 [MM-737] 全球 (6) 大洲分布及种数(51-76)非洲:50-75;亚洲:7-15;大洋洲:2;欧洲:1-3;北美洲:5-7;南美洲:1-3
Afrardisia Mez = **Ardisia**
Afraurantium【3】 A.Chev. 豆蔻芸香属 Rutaceae 芸香科 [MD-399] 全球 (1) 大洲分布及种数(cf.1)◆非洲
Afrazelia Pierre = **Afzelia**
Afrida Duthie = **Ziziphora**

Afridia Duthie = **Randia**

Afroamphica【3】H.Ohashi & K.Ohashi 豆蔻兰属 Orchidaceae 兰科 [MM-723] 全球 (1) 大洲分布及种数(1)◆非洲

Afroaster【3】J.C.Manning & Goldblatt 菊科属 Asteraceae 菊科 [MD-586] 全球 (1) 大洲分布及种数(10)◆非洲

Afrobrunnichia【3】Hutch. & Dalziel 东珊藤属 ← **Brunnichia** Polygonaceae 蓼科 [MD-120] 全球 (1) 大洲分布及种数(1-2)◆非洲

Afrocalathea【3】K.Schum. 小竹芋属 Marantaceae 竹芋科 [MM-740] 全球 (1) 大洲分布及种数(1)◆非洲

Afrocalliandra【3】E.R.Souza & L.P.Qüiroz 河骨豆属 Fabaceae 豆科 [MD-240] 全球 (1) 大洲分布及种数(1-2)◆非洲

Afrocanthium【3】(Bridson) Lantz & B.Bremer 河骨木属 ← **Canthium** Rubiaceae 茜草科 [MD-523] 全球 (1) 大洲分布及种数(17)◆非洲

Afrocardium Rauschert = **Acronema**

Afrocarpus (J.Buchholz & E.G.Gray) C.N.Page = **Afrocarpus**

Afrocarpus【2】Gaussen 非洲杉属 ≒ **Taxus;Nageia** Podocarpaceae 罗汉松科 [G-13] 全球 (5) 大洲分布及种数(6)非洲:5;亚洲:3;大洋洲:1;欧洲:1;北美洲:3

Afrocarum Rauschert = **Pimpinella**

Afrocayratia【-】J.Wen，L.M.Lu，Rabarij. & Z.D.chen 葡萄科属 Vitaceae 葡萄科 [MD-403] 全球 (uc) 大洲分布及种数(uc)

Afrocrania (Harms) Hutch. = **Cornus**

Afrodaphne【2】Stapf 江水樟属 ← **Beilschmiedia** Lauraceae 樟科 [MD-21] 全球 (3) 大洲分布及种数(cf.1) 非洲,亚洲,大洋洲

Afrofittonia【3】Lindau 西非银网叶属 Acanthaceae 爵床科 [MD-572] 全球 (1) 大洲分布及种数(1)◆非洲

Afroguatteria【3】Boutiqü 簇梨藤属 ← **Uvaria** Annonaceae 番荔枝科 [MD-7] 全球 (1) 大洲分布及种数(1-2)◆非洲

Afrohamelia Wernham = **Atractogyne**

Afrohybanthus【2】Flicker 鼠鞭堇属 ← **Acrosynanthus** Violaceae 堇菜科 [MD-126] 全球 (3) 大洲分布及种数(cf.1-16) 非洲:1-10,亚洲:1-5,大洋洲:2

Afroknoxia Verdc. = **Oldenlandia**

Afrolicania Mildbr. = **Licania**

Afroligusticum【3】C.Norman 非洲藁本属 ← **Peucedanum** Apiaceae 伞形科 [MD-480] 全球 (1) 大洲分布及种数(11-14)◆非洲

Afrolimon【3】Lincz. 木彩花属 ← **Limonium** Plumbaginaceae 白花丹科 [MD-227] 全球 (1) 大洲分布及种数(3-6)◆非洲(◆南非)

Afromendoncia Gilg = **Mendoncia**

Afromorus【3】E.M.Gardner 桑科属 Moraceae 桑科 [MD-87] 全球 (1) 大洲分布及种数(uc) ◆非洲

Afropectinariella【3】M.Simo & Stévart 木彩兰属 Orchidaceae 兰科 [MM-723] 全球 (1) 大洲分布及种数(4)◆非洲

Afropteris Alston = **Pteris**

Afroqueta【3】Thulin & Razafim. 岩麻花属 ≒ **Turnera** Passifloraceae 西番莲科 [MD-151] 全球 (1) 大洲分布及种数(1)◆非洲

Afrorchis Szlach. = **Platanthera**

Afrorhaphidophora Engl. = **Rhaphidophora**

Afrormosia Harms = **Pericopsis**

Afrosciadium【3】P.J.D.Winter 香伞花属 ≒ **Peucedanum** Apiaceae 伞形科 [MD-480] 全球 (1) 大洲分布及种数(10-18 hort. 1) ◆非洲

Afroscirpoides【3】García-Madr. & Muasya 香伞兰属 Orchidaceae 兰科 [MM-723] 全球 (1) 大洲分布及种数(1)◆非洲

Afrosersaiisia A.Chev. = **Englerophytum**

Afrosersalisia【3】A.Chev. 黑山榄属 ← **Englerophytum;Synsepalum;Pouteria** Sapotaceae 山榄科 [MD-357] 全球 (1) 大洲分布及种数(uc)属分布和种数(uc)◆非洲

Afrosison【3】H.Wolff 前胡芹属 Apiaceae 伞形科 [MD-480] 全球 (1) 大洲分布及种数(1)◆非洲

Afrosolen【-】Goldblatt & J.C.Manning 鸢尾科属 Iridaceae 鸢尾科 [MM-700] 全球 (uc) 大洲分布及种数(uc)

Afrostyrax【3】Perkins & Gilg 香葱树属 Huaceae 蒜树科 [MD-150] 全球 (1) 大洲分布及种数(3)◆非洲

Afrothamnium【-】Enroth 蔓藓科属 Meteoriaceae 蔓藓科 [B-188] 全球 (uc) 大洲分布及种数(uc)

Afrothismia (Engl.) Schltr. = **Afrothismia**

Afrothismia【3】Schltr. 水玉爵属 ← **Thismia** Burmanniaceae 水玉簪科 [MM-696] 全球 (1) 大洲分布及种数(5-15)◆非洲

Afrotrewia【3】Pax & K.Hoffm. 喀麦桐属 Euphorbiaceae 大戟科 [MD-217] 全球 (1) 大洲分布及种数(1)◆非洲

Afrotrichloris【3】Chiov. 非洲虎尾草属 Poaceae 禾本科 [MM-748] 全球 (1) 大洲分布及种数(2)◆非洲

Afrotrilepis【3】(Gilly) J.Raynal 落鳞茅属 ← **Trilepis** Cyperaceae 莎草科 [MM-747] 全球 (1) 大洲分布及种数(1-3)◆非洲

Afrotysonia【3】Rauschert 非洲紫草属 Boraginaceae 紫草科 [MD-517] 全球 (1) 大洲分布及种数(3)◆非洲

Afrovivella【3】A.Berger 蔓瓦莲属 Crassulaceae 景天科 [MD-229] 全球 (1) 大洲分布及种数(cf.1) ◆非洲

Afzeha J.F.Gmel. = **Afzelia**

Afzelia J.F.Gmel. = **Afzelia**

Afzelia【3】Sm. 缅茄属 → **Intsia;Eperua;Seymeria** Fabaceae2 云实科 [MD-239] 全球 (6) 大洲分布及种数(17-23)非洲:6-13;亚洲:8-15;大洋洲:7;欧洲:5;北美洲:5-11;南美洲:5

Afzeliella Gilg = **Guyonia**

Afzelii J.F.Gmel. = **Afzelia**

Afzella J.F.Gmel. = **Afzelia**

Aga Böhm. = **Posidonia**

Agal Steud. = **Sonchus**

Agala Steud. = **Sonchus**

Agalaia Cameron = **Aglaia**

Agalanis Raf. = **Agalinis**

Agalinis【3】Raf. 帚地黄属 ← **Buchnera;Esterhazya** Orobanchaceae 列当科 [MD-552] 全球 (6) 大洲分布及种数(79-85;hort.1;cult:3)非洲:7-19;亚洲:20-32;大洋洲:12;欧洲:12;北美洲:52-67;南美洲:31-43

Agalinus Raf. = **Agalinis**

Agalita Seem. ex Damm. = **Schefflera**

Agallis【3】Phil. 帚地菜属 ← **Tropidocarpum** Brassicaceae 十字花科 [MD-213] 全球 (1) 大洲分布及种数(1)◆南美洲(◆智利)

Agallochum Lam. = **Aquilaria**
Agallostachys Beer = **Bromelia**
Agalma Miq. = **Schefflera**
Agalma Steud. = **Sonchus**
Agalmanthus【-】(Endl.) Hombr. & Jacquinot 桃金娘科属 ≒ **Metrosideros** Myrtaceae 桃金娘科 [MD-347] 全球 (uc) 大洲分布及种数(uc)
Agalmya Bl. = **Agalmyla**
Agalmyla【3】 Bl. 弯筒苣苔属 ≒ **Dichrotrichum** Gesneriaceae 苦苣苔科 [MD-549] 全球 (1) 大洲分布及种数(31-98)◆亚洲
Agaloma Raf. = **Euphorbia**
Agama Steud. = **Sonchus**
Agamonema Schott = **Aglaonema**
Agananthes Hort. = **Crinum**
Aganella J.M.H.Shaw = **Avenella**
Aganippea【3】 Moç. & Sessé ex DC. 北美洲雅菊属 → **Jaegeria** Asteraceae 菊科 [MD-586] 全球 (1) 大洲分布及种数(uc)◆北美洲
Aganisia【3】 Lindl. 雅兰属 → **Acacallis;Koellensteinia;Otostylis** Orchidaceae 兰科 [MM-723] 全球 (1) 大洲分布及种数(4-7)◆南美洲
Aganon Raf. = **Mentzelia**
Aganonerion【3】 Pierre 酸羹藤属 Apocynaceae 夹竹桃科 [MD-492] 全球 (1) 大洲分布及种数(cf. 1)◆亚洲
Aganope【3】 Miq. 双束鱼藤属 ← **Andira;Derris;Millettia** Fabaceae 豆科 [MD-240] 全球 (6) 大洲分布及种数(12-13)非洲:8-17;亚洲:7-17;大洋洲:2-11;欧洲:9;北美洲:9;南美洲:9
Aganopeste【-】 J.M.H.Shaw 兰科属 Orchidaceae 兰科 [MM-723] 全球 (uc) 大洲分布及种数(uc)
Aganosma (Bl.) G.Don = **Aganosma**
Aganosma【3】 G.Don 香花藤属 ← **Urceola; Echites; Parsonsia** Apocynaceae 夹竹桃科 [MD-492] 全球 (1) 大洲分布及种数(7-16)◆亚洲
Aganus (DC.) R.Sw. = **Agonis**
Agapanthaceae【3】F.Voigt 百子莲科 [MM-671] 全球 (6) 大洲分布和属种数(1-2 ;hort. & cult.1)(12-29;hort. & cult.11-21)非洲:1/11; 亚洲:1/3; 大洋洲:1/3; 欧洲:1/3; 北美洲:1/5; 南美洲:1/3-3
Agapanthus Hort. = **Agapanthus**
Agapanthus【3】 L'Hér. 百子莲属 ≒ **Angkalanthus; Ailanthus** Amaryllidaceae 石蒜科 [MM-694] 全球 (6) 大洲分布及种数(13-15;hort.1;cult: 1)非洲:11;亚洲:3;大洋洲:3;欧洲:3;北美洲:5;南美洲:3
Agapatea Steud. = **Patosia**
Agapella Fourr. = **Veronica**
Agapeta G.Don = **Agapetes**
Agapetes【3】 D.Don ex G.Don 树萝卜属 ← **Vaccinium** Ericaceae 杜鹃花科 [MD-380] 全球 (6) 大洲分布及种数(92-155;hort.1)非洲:5-22;亚洲:82-129;大洋洲:10-31;欧洲:6;北美洲:6;南美洲:8-20
Agapetis G.Don = **Agapetes**
Agara Duham. = **Zanthoxylum**
Agardhia【-】 Gray 萼囊花科属 ≒ **Qualea** Vochysiaceae 萼囊花科 [MD-314] 全球 (uc) 大洲分布及种数(uc)
Agaricus Fr. = **Origanum**
Agarista【3】 D.Don 绊足花属 ≒ **Leucothoe;Gaylussacia** Ericaceae 杜鹃花科 [MD-380] 全球 (6) 大洲分布及种数(36;hort.1;cult: 4)非洲:3-4;亚洲:2-3;大洋洲:1-2;欧洲:3-4;北美洲:14-15;南美洲:31-32
Agaro Raf. = **Callicarpa**
Agarum L. = **Asarum**
Agasepalum auct. = **Asepalum**
Agassizia A.Gray & Engelm. = **Galvezia**
Agassizia Spach = **Camissonia**
Agassyllis Lag. = **Notobubon**
Agasta Miers = **Barringtonia**
Agastache【3】(Clayt.) Gronov. 藿香属 ≒ **Elsholtzia** Lamiaceae 唇形科 [MD-575] 全球 (6) 大洲分布及种数(24;hort.1;cult: 2)非洲:8;亚洲:14-22;大洋洲:8;欧洲:1-9;北美洲:23-31;南美洲:7-15
Agastache Gronov. = **Agastache**
Agastachys【3】 Ehrh. 山龙眼科属 ≒ **Carex** Proteaceae 山龙眼科 [MD-219] 全球 (1) 大洲分布及种数(uc)◆大洋洲
Agasthiyamalaia【3】 S.Rajkumar & Janarth. 宿黄属 Clusiaceae 藤黄科 [MD-141] 全球 (1) 大洲分布及种数(cf.1)◆亚洲
Agastianis Raf. = **Sophora**
Agastrophus Schlecht. = **Paspalum**
Agasulis Raf. = **Talassia**
Agasyllis【2】 Spreng. 银花芹属 ≒ **Siler;Peucedanum** Apiaceae 伞形科 [MD-480] 全球 (2) 大洲分布及种数(cf.) 亚洲;欧洲
Agatea【2】 A.Gray 疗喉堇属 Violaceae 堇菜科 [MD-126] 全球 (2) 大洲分布及种数(uc)亚洲;大洋洲
Agathaea Cass. = **Felicia**
Agathea Endl. = **Aster**
Agathelepis Rchb. = **Microdon**
Agathelpis【2】 Choisy 澳非玄参属 ← **Microdon;Selago** Acanthaceae 爵床科 [MD-572] 全球 (4) 大洲分布及种数(cf.3) 非洲;亚洲;北美洲;南美洲
Agathidaceae Baum.-Bod. ex A.V.Bobrov & Melikyan = Araucariaceae
Agathidanthes Hassk. = **Nyssa**
Agathis【3】 Salisb. 贝壳杉属 ← **Abies;Arachis;Pinus** Araucariaceae 南洋杉科 [G-10] 全球 (1) 大洲分布及种数(7-24)◆亚洲
Agathisanthemum【3】 Klotzsch 团花茜属 ← **Hedyotis;Oldenlandia** Rubiaceae 茜草科 [MD-523] 全球 (1) 大洲分布及种数(3)◆非洲
Agathisanthes Bl. = **Nyssa**
Agathomeris Delaun. = **Cassinia**
Agathophora (Fenzl) Bunge = **Agathophora**
Agathophora【3】 Bunge 穗刺蓬属 ← **Halogeton** Amaranthaceae 苋科 [MD-116] 全球 (1) 大洲分布及种数(1)◆非洲
Agathophyllum Bl. = **Ocotea**
Agathophyllum Juss. = **Cryptocarya**
Agathophyton Moq. = **Chenopodium**
Agathophytum Moq. = **Chenopodium**
Agathopus Raf. = **Commelina**
Agathorhiza Raf. = **Cryosophila**
Agathosma【2】 Willd. 香芸木属 → **Acmadenia;Diosma;Barosma** Rutaceae 芸香科 [MD-399] 全球 (5) 大洲分布及种数(146-160)非洲:145-150;亚洲:3;大洋洲:4;欧洲:1;

北美洲:3
Agathosoma N.T.Burb. = **Agathosma**
Agathotes D.Don = **Swertia**
Agathotoma Dall = **Agathosma**
Agathyrsus D.Don = **Lactuca**
Agathyrus Raf. = **Lactuca**
Agati Adans. = **Sesbania**
Agatidium Miq. = **Aralidium**
Agation Brongn. = **Agatea**
Agatophyton Fourr. = **Chenopodium**
Agatrix Petit = **Agathis**
Agaue Bartsch = **Agave**
Agauria【3】 Benth. & Hook.f. 醉篱木属 ← **Agarista; Leucothoe** Ericaceae 杜鹃花科 [MD-380] 全球 (1) 大洲分布及种数(4)◆非洲
Agavac Dum. = **Agave**
Agavaceae A.Juss. = Agavaceae
Agavaceae【3】 Juss. 龙舌兰科 [MM-698] 全球 (6) 大洲分布和属种数(10;hort. & cult.8)(430-764;hort. & cult. 207-291)非洲:1-8/6-103; 亚洲:5-8/22-122; 大洋洲:5-8/30-136; 欧洲:1-8/8-105; 北美洲:10/414-582; 南美洲:1-8/15-113
Agave (Tagl.) Baker = **Agave**
Agave【3】 L. 龙舌兰属 → **Furcraea** Agavaceae 龙舌兰科 [MM-698] 全球 (1) 大洲分布及种数(256-365)◆北美洲
Agaveae Dum. = **Agatea**
Agdes Heist. = **Calla**
Agdestidaceae【3】 Nakai 萝卜藤科 [MD-127] 全球 (1) 大洲分布和属种数(1;hort. & cult.1)◆北美洲
Agdestis【3】 Moç. & Sessé ex DC. 萝卜藤属 Sarcobataceae 肉刺蓬科 [MD-121] 全球 (1) 大洲分布及种数(1)◆北美洲
Age Lindl. = **Habenaria**
Agelaea【3】 Sol. ex Planch. 栗豆藤属 ≒ **Cnestis;Aglaia** Connaraceae 牛栓藤科 [MD-284] 全球 (6) 大洲分布及种数(10-21;hort.1)非洲:6-19;亚洲:5-12;大洋洲:4;欧洲:4;北美洲:4;南美洲:4
Agelaeeae G.Schellenb. = **Agelaea**
Agelaeus Sol. ex Planch. = **Agelaea**
Agelaia Richards = **Agelaea**
Agelanius Rondani = **Agelanthus**
Agelanthus (Engl.) Polhill & Wiens = **Agelanthus**
Agelanthus【3】 Van Tiegh. 直瓣寄生属 ≒ **Loranthus** Loranthaceae 桑寄生科 [MD-415] 全球 (1) 大洲分布及种数(52-63)◆非洲
Agelas Duchassaing & Michelotti = **Agelaea**
Agelena Sol. ex Planch. = **Agelaea**
Ageli Adans. = **Nemopanthus**
Agenium【3】 Nees & Pilg. 童颜草属 ← **Andropogon;Heteropogon** Poaceae 禾本科 [MM-748] 全球 (1) 大洲分布及种数(3-4)◆南美洲
Agenor D.Don = **Hypochaeris**
Agenora D.Don = **Hypochoeris**
Agenysa Spaeth = **Hypochaeris**
Ageomoron【2】 Raf. 刺伞花属 ≒ **Conium** Apiaceae 伞形科 [MD-480] 全球 (2) 大洲分布及种数 (4) 非洲;欧洲
Agerat Adans. = **Nemopanthus**
Ageratella【3】 A.Gray ex S.Watson 小藿香蓟属 ← **Ageratum** Asteraceae 菊科 [MD-586] 全球 (1) 大洲分布及种数(1)◆北美洲(◆墨西哥)
Ageratina【3】 Spach 紫茎泽兰属 → **Ageratinastrum; Ageratum;Chromolaena** Asteraceae 菊科 [MD-586] 全球 (6) 大洲分布及种数(293-340;hort.1;cult: 3)非洲:4-8;亚洲:12-17;大洋洲:7-13;欧洲:1-5;北美洲:208-226;南美洲:91-111
Ageratinastrum【3】 Mattf. 轮叶瘦片菊属 ← **Ageratina;Gutenbergia;Brachythrix** Asteraceae 菊科 [MD-586] 全球 (1) 大洲分布及种数(1-4)◆非洲
Ageratiopsis Sch.Bip. ex Benth. & Hook.f. = **Barrosoa**
Ageratium Adans. ex Steud. = **Aceratium**
Ageratum【3】 L. 藿香蓟属 → **Acritopappus; Blakeanthus;Pectis** Asteraceae 菊科 [MD-586] 全球 (1) 大洲分布及种数(35-50)◆南美洲(◆巴西)
Agerella Fourr. = **Veronica**
Ageria Adans. = **Nemopanthus**
Agerinia Merr. = **Ahernia**
Agerodes Lour. = **Aerides**
Ageronia Baill. = **Algernonia**
Aggeianthus Wight = **Porpax**
Agiabampoa【3】 Rose ex O.Hoffm. 红巨蓟属 ← **Alvordia** Asteraceae 菊科 [MD-586] 全球 (1) 大洲分布及种数(1)◆北美洲
Agialid Adans. = **Balanites**
Agialidaceae Wettst. = Burseraceae
Agianthus【3】 Greene 针芥属 ← **Streptanthus** Brassicaceae 十字花科 [MD-213] 全球 (1) 大洲分布及种数(2)◆北美洲
Agihalid A.Juss. = **Canthium**
Agina Neck. = **Sagina**
Agiortia【3】 Quinn 山荆石南属 ≒ **Leucopogon** Ericaceae 杜鹃花科 [MD-380] 全球 (1) 大洲分布及种数(3)◆大洋洲
Agirta Baill. = **Tragia**
Agistron Raf. = **Uncinia**
Agkonia Dognin = **Abronia**
Agla Böhm. = **Posidonia**
Aglae Dulac = **Posidonia**
Aglaea Eckl. = **Aglaia**
Aglaea Steud. = **Melasphaerula**
Aglaia (Roxb.) Pannell = **Aglaia**
Aglaia【3】 Lour. 米仔兰属 ≒ **Camphora;Sorindeia** Meliaceae 楝科 [MD-414] 全球 (6) 大洲分布及种数(70-173;hort.1)非洲:36-80;亚洲:66-171;大洋洲:37-102;欧洲:5-18;北美洲:11-24;南美洲:14-38
Aglaiopsis Miq. = **Hibbertia**
Aglaja F.Allam. = **Aglaia**
Aglaodendron J.Rémy = **Plazia**
Aglaodorum【3】 Schott 长柄万年青属 ← **Aglaonema** Araceae 天南星科 [MM-639] 全球 (1) 大洲分布及种数(1)◆亚洲
Aglaomorpha Copel. = **Aglaomorpha**
Aglaomorpha【3】 Schott 连珠蕨属 → **Drynaria;Pseudodrynaria** Drynariaceae 槲蕨科 [F-61] 全球 (1) 大洲分布及种数(11-14)◆亚洲
Aglaonaria【-】 Hoshiz. 水龙骨科属 Polypodiaceae 水龙骨科 [F-60] 全球 (uc) 大洲分布及种数(uc)
Aglaonema【3】 Schott 广东万年青属 → **Aglaodo-**

A

rum;Casuarina Araceae 天南星科 [MM-639] 全球 (1) 大洲分布及种数(22-31)◆亚洲
Aglaophis Miq. = **Aglaia**
Aglaura Péron & Le Sueur = **Aglaia**
Aglauropsis Miq. = **Aegle**
Aglitheis Raf. = **Allium**
Aglossorhyncha【3】 Schltr. 兰花属 Orchidaceae 兰科 [MM-723] 全球 (1) 大洲分布及种数(uc)◆大洋洲
Aglossorrhyncha【2】 Schltr. 连珠兰属 Orchidaceae 兰科 [MM-723] 全球 (2) 大洲分布及种数(3) 非洲:1;大洋洲:2
Aglotoma Raf. = **Aster**
Aglycia Willd. ex Steud. = **Eriochloa**
Aglypha L. = **Acalypha**
Agnanthus【-】 Vaill. 马鞭草科属 Verbenaceae 马鞭草科 [MD-556] 全球 (uc) 大洲分布及种数(uc)
Agnesia【3】 Zuloaga & Judz. 连珠草属 Poaceae 禾本科 [MM-748] 全球 (1) 大洲分布及种数(7)◆南美洲(◆巴西)
Agnia Lindl. = **Ania**
Agnirictus Schwantes = **Stomatium**
Agnistus G.Don = **Atropa**
Agnorhiza【3】 (Jeps.) W.A.Weber 花旗紫菊属 ≒ **Wyethia** Asteraceae 菊科 [MD-586] 全球 (1) 大洲分布及种数(5)◆北美洲(◆美国)
Agnostus A.Cunn. ex Walp. = **Stenocarpus**
Agnus-castus Carrière = **Vitex**
Agonandra【2】 Miers 象牙檀属 ≒ **Schaefferia** Opiliaceae 山柚子科 [MD-369] 全球 (2) 大洲分布及种数(10)北美洲:7;南美洲:6
Agonia L. = **Fagonia**
Agonis【3】 (DC.) R.Sw. 香柳梅属 → **Asteromyrtus;Melaleuca** Myrtaceae 桃金娘科 [MD-347] 全球 (1) 大洲分布及种数(11-19)◆大洋洲
Agonita (DC.) R.Sw. = **Agonis**
Agonizanthos F.Müll = **Anigozanthos**
Agonolobus Rchb. = **Erysimum**
Agonomyrtus Schaür ex Rchb. = **Leptospermum**
Agonon Raf. = **Nemopanthus**
Agonopsis Thompson = **Aloinopsis**
Agonosma G.Don = **Aganosma**
Agonus (DC.) R.Sw. = **Agonis**
Agophora Gagnep. = **Angophora**
Agophyllum Neck. = **Arpophyllum**
Agorrhinum Fourr. = **Anarrhinum**
Agoseris【3】 Raf. 高莛苣属 ← **Troximon;Hypochaeris;Nothocalais** Asteraceae 菊科 [MD-586] 全球 (1) 大洲分布及种数(26-91)◆北美洲
Agostaea Schltr. = **Acostaea**
Agostana Bute ex A.Gray = **Ocotea**
Agouticarpa【2】 C.H.Perss. 高果茜属 ← **Alibertia;Genipa;Rustia** Rubiaceae 茜草科 [MD-523] 全球 (2) 大洲分布及种数(9)北美洲:2;南美洲:8
Agra L. = **Aira**
Agraeus P.Beauv. = **Agrostis**
Agrammus P.Beauv. = **Agrostis**
Agrapha Link = **Ledebouria**
Agraphis Link = **Scilla**
Agraulos P.Beauv. = **Aciachne**
Agraulus P.Beauv. = **Agrostis**
Agrestis Bubani = **Agrostis**
Agretta Eckl. = **Tritonia**
Agrianthus【3】 Mart. ex DC. 田花菊属 ← **Ageratum** Asteraceae 菊科 [MD-586] 全球 (1) 大洲分布及种数(7-9)◆南美洲
Agrias Staudinger = **Grias**
Agricolaea Schrank = **Clerodendrum**
Agrifolium Hill = **Nemopanthus**
Agrilus Ridl. = **Scleria**
Agrimonia【3】 L. 龙芽草属 → **Acaena;Eupatorium;Aremonia** Rosaceae 蔷薇科 [MD-246] 全球 (6) 大洲分布及种数(29-38;hort.1;cult: 3)非洲:2-8;亚洲:17-25;大洋洲:1-6;欧洲:14-19;北美洲:16-22;南美洲:4-10
Agrimoniaceae Gray = Tetracarpaeaceae
Agrimonieae Lam. & DC. = **Agrimonia**
Agrimonioides V.Wolf = **Aremonia**
Agrimonoides Mill. = **Aremonia**
Agriodendron Endl. = **Aloe**
Agriophyllum【3】 M.Bieb. 沙蓬属 ← **Corispermum;Eryngium** Amaranthaceae 苋科 [MD-116] 全球 (1) 大洲分布及种数(5-6)◆亚洲
Agriopis (Trin.) Griseb. = **Agrostis**
Agriopyrum (L.) Pall. ex Hegi = **Allardia**
Agriphyllum Juss. = **Berkheya**
Agrius Rumph. ex Lam. = **Sauropus**
Agroc Adans. = **Zantedeschia**
Agrocalamagrostis Asch. & Graebn. = **Agrostis**
Agrocharis【3】 Hochst. 剪刀芹属 ← **Caucalis;Torilis** Apiaceae 伞形科 [MD-480] 全球 (1) 大洲分布及种数(3-4)◆非洲
Agrococcus Benth. = **Astrococcus**
Agrodes Heist. = **Aglaonema**
Agroelymus【3】 E.G.Camus ex A.Camus 剪股禾属 ← **Elymus** Poaceae 禾本科 [MM-748] 全球 (6) 大洲分布及种数(3-6)非洲:8;亚洲:8;大洋洲:8;欧洲:8;北美洲:2-12;南美洲:8
Agrohordeum A.Camus = **Agrohordeum**
Agrohordeum【3】 E.G.Camus 剪股草属 ≒ **Elymus** Poaceae 禾本科 [MM-748] 全球 (1) 大洲分布及种数(3)◆北美洲
Agrophyllum Neck. = **Arpophyllum**
Agropogon【3】 P.Fourn. 剪棒草属 ← **Agrostis** Poaceae 禾本科 [MM-748] 全球 (1) 大洲分布及种数(3)◆亚洲
Agropyrohordeum A.Camus = **Agropyron**
Agropyron (Desv.) Dumort. = **Agropyron**
Agropyron【3】 Gaertn. 冰草属 ← **Aegilops;Bromus;Agrotrigia** Poaceae 禾本科 [MM-748] 全球 (6) 大洲分布及种数(53-89;hort.1;cult: 21)非洲:21-99;亚洲:40-130;大洋洲:14-93;欧洲:21-99;北美洲:19-98;南美洲:78
Agropyropsis (Trab.) A.Camus = **Agropyropsis**
Agropyropsis【3】 A.Camus 麻蜥草属 ← **Agropyron;Festuca** Poaceae 禾本科 [MM-748] 全球 (1) 大洲分布及种数(1)◆非洲
Agropyrum Tzvelev = **Agropyron**
Agrosinapis Fourr. = **Brassica**
Agrositanion【3】 Bowden 麻草属 ≒ **Agropyron** Poaceae 禾本科 [MM-748] 全球 (1) 大洲分布及种数(1-2)◆北美洲(◆美国)

Agrosoma Cerv. = **Acostia**
Agrostana Hill = **Ocotea**
Agrostemma【3】L. 麦仙翁属 ≒ **Silene;Melandrium** Caryophyllaceae 石竹科 [MD-77] 全球 (1) 大洲分布及种数(6-20)◆欧洲
Agrosterna L. = **Agrostemma**
Agrosticula Raddi = **Sporobolus**
Agrostidaceae Bercht. & J.Presl = Cyperaceae
Agrostis (Adans.) Dumort. = **Agrostis**
Agrostis【3】L. 剪股颖属 → **Aciachne;Imperata; Alloteropsis** Poaceae 禾本科 [MM-748] 全球 (6) 大洲分布及种数(204-308;hort.1;cult: 39)非洲:94-277;亚洲:118-306;大洋洲:74-243;欧洲:80-264;北美洲:100-271;南美洲:74-248
Agrostistachys【3】Dalz. 李榄桐属 Euphorbiaceae 大戟科 [MD-217] 全球 (1) 大洲分布及种数(4-8)◆亚洲
Agrostocrinum【3】F.Müll. 茅百合属 ≒ **Caesia** Asphodelaceae 阿福花科 [MM-649] 全球 (1) 大洲分布及种数(2)◆大洋洲
Agrostomia Cerv. = **Chloris**
Agrostophyllum【2】Bl. 禾叶兰属 ≒ **Appendicula; Chitonochilus** Orchidaceae 兰科 [MM-723] 全球 (5) 大洲分布及种数(45-154;hort.1)非洲:29-82;亚洲:15-73;大洋洲:5-65;欧洲:1;南美洲:cf.1
Agrostophyllum Schltr. = **Agrostophyllum**
Agrostopoa【3】Davidse,Soreng & P.M.Peterson 剪股米属 Poaceae 禾本科 [MM-748] 全球 (1) 大洲分布及种数(3)◆南美洲(◆哥伦比亚)
Agrotrigia【3】Tzvelev 剪股麦属 ≒ **Agropyron** Poaceae 禾本科 [MM-748] 全球 (1) 大洲分布及种数(cf. 1)◆西亚(◆格鲁吉亚)
Agrotrisecale Cif. & Giacom. = **Agropyron**
Agrotriticum Cif. & Giacom. = **Agropyron**
Agryphus Link = **Scilla**
Aguava Raf. = **Myrcia**
Agudus Bruch & Schimp. = **Seligeria**
Aguiaria【3】Ducke 巴西木棉属 Malvaceae 锦葵科 [MD-203] 全球 (1) 大洲分布及种数(1)◆南美洲(◆巴西)
Aguilegia L. = **Aquilegia**
Agulla Phil. = **Machaerina**
Aguna Cav. = **Hibiscus**
Agylla F.Phil. = **Machaerina**
Agylophora Neck. = **Uncaria**
Agynaia Hassk. = **Glochidion**
Agyneia【2】L. 大戟科属 ≒ **Phyllanthus** Euphorbiaceae 大戟科 [MD-217] 全球 (5) 大洲分布及种数(1) 非洲:1;亚洲:1;欧洲:1;北美洲:1;南美洲:1
Agynia Lindl. = **Ayenia**
Agyr Noronha ex Baill. = **Croton**
Agyriaceae Alston = Athyriaceae
Agyriella Bennet = **Pilea**
Agyriopsis Ching = **Athyriopsis**
Agyrta Baill. = **Acalypha**
Ahernanthera L. = **Adenanthera**
Ahernia【3】Merr. 菲柞属 Salicaceae 杨柳科 [MD-123] 全球 (1) 大洲分布及种数(cf. 1)◆亚洲
Ahlbergia Rchb. = **Acranthera**
Ahlia Jordan = **Vahlia**
Ahouai Mill. = **Thevetia**
Ahovai auct. = **Thevetia**
Ahtiella Jovet = **Astiella**
Ahzolia Standl. & Steyerm. = **Sechium**
Aichryson【3】Webb & Berthel. 金阳草属 ≒ **Aeonium; Sedum;Sempervivum** Crassulaceae 景天科 [MD-229] 全球 (6) 大洲分布及种数(12-26)非洲:4;亚洲:3;大洋洲:1-4;欧洲:10-23;北美洲:3;南美洲:3
Aidelus A.Spreng. = **Veronica**
Aidema【3】Ravenna 南美茜石蒜属 ≒ **Amaryllis** Amaryllidaceae 石蒜科 [MM-694] 全球 (6) 大洲分布及种数(1-2)非洲:1;亚洲:1;大洋洲:1;欧洲:1;北美洲:1;南美洲:1
Aides Lour. = **Aerides**
Aidia【3】Lour. 茜树属 ← **Randia;Solena** Rubiaceae 茜草科 [MD-523] 全球 (6) 大洲分布及种数(38-61; hort.1; cult:2)非洲:18-37;亚洲:31-58;大洋洲:13-32;欧洲:14;北美洲:11-25;南美洲:10-27
Aidiopsis【3】D.D.Tirveng. 肖茜树属 ≒ **Aidia** Rubiaceae 茜草科 [MD-523] 全球 (1) 大洲分布及种数(1-2)◆非洲
Aidiopsis Tirveng. = **Aidiopsis**
Aidomene Stopp = **Asclepias**
Aidos Lour. = **Aidia**
Aigeiros Lunell = **Populus**
Aigiros Raf. = **Populus**
Aigosplen Raf. = **Sidalcea**
Aikinia R.Br. = **Wahlenbergia**
Ailanthaceae J.Agardh = Adelanthaceae
Ailanthus【3】Desf. 臭椿属 ← **Brucea;Dysoxylum; Anetanthus** Simaroubaceae 苦木科 [MD-424] 全球 (6) 大洲分布及种数(9-12)非洲:3-6;亚洲:8-13;大洋洲:4-8;欧洲:2-5;北美洲:3-6;南美洲:1-4
Ailantodia R.Br. = **Allantodia**
Ailantopsis Gagnep. = **Trichilia**
Ailantus DC. = **Brucea**
Aillya de Vriese = **Goodenia**
Ailotheca Hemsl. = **Mycetia**
Ailuroschia Steven = **Astragalus**
Ailurus C.Presl = **Arachis**
Aimara【3】Salariato & Al-Shehbaz 棕榈科属 Arecaceae 棕榈科 [MM-717] 全球 (1) 大洲分布及种数(1)◆南美洲
Aimorra【-】Raf. 菊科属 Asteraceae 菊科 [MD-586] 全球 (uc) 大洲分布及种数(uc)
Ainaliaea DC. = **Ainsliaea**
Ainea Ravenna = **Sphenostigma**
Ainia Lindl. = **Adenia**
Ainoa Ravenna = **Sphenostigma**
Ainsliaea【3】DC. 兔儿风属 ← **Liatris;Diaspananthus;Pertya** Asteraceae 菊科 [MD-586] 全球 (1) 大洲分布及种数(55-70)◆亚洲
Ainsliea P. & K. = **Eustachys**
Ainsworthia【3】Boiss. 伊独活属 ← **Tordylium** Apiaceae 伞形科 [MD-480] 全球 (1) 大洲分布及种数(cf. 1)◆亚洲
Ainu Neck. = **Pinus**
Aiolon Lunell = **Anemone**
Aiolotheca DC. = **Mycetia**
Aiouea【2】Aubl. 杯托樟属 ≒ **Aniba;Ocotea;Persea**

A

Lauraceae 樟科 [MD-21] 全球 (3) 大洲分布及种数(81-86)大洋洲:2;北美洲:41;南美洲:47-52
Aiphanes Brachyanthera Burret = **Aiphanes**
Aiphanes【3】 Willd. 刺叶椰子属 ← **Bactris;Prestoea** Arecaceae 棕榈科 [MM-717] 全球 (6) 大洲分布及种数 (30-35;hort.1)非洲:3;亚洲:3;大洋洲:1-5;欧洲:3;北美洲:10-13;南美洲:28-36
Aipyanthus Steven = **Nonea**
Aira (Fr.) A.Gray = **Aira**
Aira【3】 L. 银须草属 → **Aeluropus;Melaleuca; Antinoria** Poaceae 禾本科 [MM-748] 全球 (6) 大洲分布及种数(16-37;hort.1;cult:7)非洲:12-54;亚洲:8-47;大洋洲:6-45;欧洲:11-50;北美洲:8-46;南美洲:7-49
Airampoa Frič = **Opuntia**
Airella (Dum.) Dum. = **Aira**
Airidium Steud. = **Deschampsia**
Airochloa Link = **Koeleria**
Airopsis【3】 Desv. 圆稃草属 ← **Agrostis;Mili-um; Sphenopholis** Poaceae 禾本科 [MM-748] 全球 (6) 大洲分布及种数(3)非洲:2-7;亚洲:5;大洋洲:5;欧洲:1-6;北美洲:5;南美洲:5
Airosperma【3】 K.Schum. & Lauterb. 锤籽草属 Rubiaceae 茜草科 [MD-523] 全球 (1) 大洲分布及种数(2-6)◆大洋洲(◆巴布亚新几内亚)
Airyantha【3】 Brummitt 爱丽花豆属 ← **Baphia** Fabaceae 豆科 [MD-240] 全球 (1) 大洲分布及种数(2)◆亚洲
Aisandra Airy-Shaw = **Payena**
Aistocaulon Pölln. = **Aloinopsis**
Aistopetalum【3】 Schltr. 荆椿李属 Cunoniaceae 合椿梅科 [MD-255] 全球 (1) 大洲分布及种数(2)◆亚洲
Aitchisonia【2】 Hemsl. ex Aitch. 艾茜属 ≒ **Plocama** Rubiaceae 茜草科 [MD-523] 全球 (2) 大洲分布及种数(cf.1) 亚洲;欧洲
Aitchisoniella【3】 Kashyap 突苞苔属 Exormothecaceae 短托苔科 [B-16] 全球 (1) 大洲分布及种数(cf. 1)◆亚洲
Aithales Webb & Berthel. = **Sedum**
Aititara Endl. = **Bactris**
Aitonia【-】 Murray 楝科属 ≒ **Seseli** Meliaceae 楝科 [MD-414] 全球 (uc) 大洲分布及种数(uc)
Aitoniaceae <unassigned> = Aytoniaceae
Aitopsis Raf. = **Salvia**
Aiundinulla Raddi = **Arundinella**
Aix Comm. ex DC. = **Psiadia**
Aizoaceae【3】Martinov 番杏科 [MD-94] 全球 (6) 大洲分布和属种数(132-140;hort. & cult.61-71)(2310-3196;hort. & cult.316-467)非洲:129-135/2249-2797;亚洲:9-25/35-91;大洋洲:16-31/95-157;欧洲:11-26/59-119;北美洲:11-26/34-93;南美洲:8-23/28-83
Aizoanthemopsis【2】 Klak 旧陆番杏属 Aizoaceae 番杏科 [MD-94] 全球 (3) 大洲分布及种数(cf.1) 非洲:1;亚洲:1;欧洲:1
Aizoanthemum【3】 Dinter 隆果番杏属 ← **Aizoon;Mesembryanthemum** Aizoaceae 番杏科 [MD-94] 全球 (1) 大洲分布及种数(3-6)◆非洲
Aizodraba【3】 Fourr. 欧番菜属 ← **Draba** Brassicaceae 十字花科 [MD-213] 全球 (1) 大洲分布及种数(cf.1-3) ◆欧洲
Aizoeae【-】 Rchb. 番杏科属 Aizoaceae 番杏科 [MD-94] 全球 (uc) 大洲分布及种数(uc)
Aizooideae【-】 Spreng. ex Arn. 番杏科属 Aizoaceae 番杏科 [MD-94] 全球 (uc) 大洲分布及种数(uc)
Aizoon Hill = **Aizoon**
Aizoon【3】 L. 景天番杏属 → **Sedum;Mesembryanthemum;Sesuvium** Aizoaceae 番杏科 [MD-94] 全球 (6) 大洲分布及种数(26-51)非洲:22-29;亚洲:1;大洋洲:4;欧洲:2;北美洲:3;南美洲:1
Aizopsis Grulich = **Phedimus**
Aizoum L. = **Aizoon**
Ajania Fruticulosae Tzvelev = **Ajania**
Ajania【3】 P.Poljakov 亚菊属 ≒ **Phaeostigma;Artemisia** Asteraceae 菊科 [MD-586] 全球 (1) 大洲分布及种数(44-47)◆亚洲
Ajaniopsis【3】 C.Shih 画笔菊属 Asteraceae 菊科 [MD-586] 全球 (1) 大洲分布及种数(cf. 1)◆东亚(◆中国)
Ajax Salisb. = **Narcissus**
Ajnsliaea DC. = **Ainsliaea**
Ajovea Juss. = **Persea**
Ajuea P. & K. = **Persea**
Ajuga Biflorae C.Y.Wu & C.Chen = **Ajuga**
Ajuga【3】L. 筋骨草属 ← **Teucrium;Epimeredi;Paraphlomis** Lamiaceae 唇形科 [MD-575] 全球 (1) 大洲分布及种数(47-76)◆亚洲
Ajugoides【3】 Makino 矮筋骨草属 ← **Ajuga;Lamium** Lamiaceae 唇形科 [MD-575] 全球 (1) 大洲分布及种数(cf. 1)◆亚洲
Ajuvea Steud. = **Ajuga**
Aka Stokes = **Blighia**
Akakia Mill. = **Acacia**
Akania【3】 Hook.f. 叠珠树属 ← **Cupania** Akaniaceae 叠珠树科 [MD-417] 全球 (1) 大洲分布及种数(1)◆大洋洲
Akaniaceae【3】Stapf 叠珠树科 [MD-417] 全球 (1) 大洲分布和属种数(1/1)◆大洋洲
Akbesia Tussac = **Sapindus**
Akea Stokes = **Sapindus**
Akeassia【3】 J.-P.Lebrun & A.L.Stork 锥托田基黄属 Asteraceae 菊科 [MD-586] 全球 (1) 大洲分布及种数(1)◆非洲
Akebia【3】 Decne. 木通属 ← **Clematis;Stauntonia** Lardizabalaceae 木通科 [MD-33] 全球 (1) 大洲分布及种数(cf. 1)◆亚洲
Akeesia Tussac = **Sapindus**
Akela Stokes = **Sapindus**
Akentra Benj. = **Utricularia**
Akersia Buining = **Cleistocactus**
Akko Stokes = **Sapindus**
Aklema Raf. = **Euphorbia**
Akodon Rabenh. = **Schistidium**
Akrosida【2】 Fryxell & Fürtes 重葵属 ≒ **Bastardia** Malvaceae 锦葵科 [MD-203] 全球 (2) 大洲分布及种数(2-3)北美洲:1;南美洲:1
Akschindlium【3】H.Ohashi 重花豆属 ≒ **Desmodium** Fabaceae 豆科 [MD-240] 全球 (1) 大洲分布及种数(cf.1)◆亚洲
Aktaua Miq. = **Drypetes**
Akylopsis J.G.C.Lehmann = **Matricaria**
Akysis Lour. = **Colona**

Ala Szlach. = **Habenaria**
Alabina Raf. = **Acalypha**
Alaca Oman = **Alafia**
Alacospermum Neck. = **Sium**
Aladenia Pichon = **Farquharia**
Alaemon Raf. = **Datura**
Alafia【3】Thou. 热非夹竹桃属 ← **Nerium;Wrightia; Senegalia** Apocynaceae 夹竹桃科 [MD-492] 全球 (6) 大洲分布及种数(28)非洲:20-30;亚洲:5-7;大洋洲:2;欧洲:2-4;北美洲:2-4;南美洲:5-7
Alagophyla Raf. = **Rechsteineria**
Alagophylla Raf. = **Lagophylla**
Alagoptera Mart. = **Allagoptera**
Alaida Dvorak = **Torularia**
Alairia P. & K. = **Mairia**
Alajja【3】Ikonn. 菱叶元宝草属 ≒ **Lamium** Lamiaceae 唇形科 [MD-575] 全球 (1) 大洲分布及种数(2-3)◆亚洲
Alakiria P. & K. = **Mairia**
Alalantia Corr. = **Atalantia**
Alamaealoe【-】P.V.Heath 芦荟科属 Aloaceae 芦荟科 [MM-668] 全球 (uc) 大洲分布及种数(uc)
Alamania【3】Lex. 阿拉马兰属 ← **Epidendrum** Orchidaceae 兰科 [MM-723] 全球 (1) 大洲分布及种数(1)◆北美洲
Alamannia Lindl. = **Ammannia**
Alandina Neck. = **Moringa**
Alangiaceae【3】DC. 八角枫科 [MD-443] 全球 (6) 大洲分布和属种数(1;hort. & cult.1)(39-92;hort. & cult.4-6)非洲:1/18-24;亚洲:1/28-43;大洋洲:1/8-15;欧洲:1/2-6;北美洲:1/5-9;南美洲:1/5-10
Alangium Angolum Bail. = **Alangium**
Alangium【3】Lam. 八角枫属 ≒ **Guettarda;Nyssa** Cornaceae 山茱萸科 [MD-457] 全球 (6) 大洲分布及种数(40-62;hort.1;cult: 5)非洲:18-24;亚洲:28-43;大洋洲:8-15;欧洲:2-6;北美洲:5-9;南美洲:5-10
Alangreatwoodara【-】auct. 兰科属 Orchidaceae 兰科 [MM-723] 全球 (uc) 大洲分布及种数(uc)
Alania【3】Endl. 蓝山草属 Anthericaceae 猴面包科 [MM-643] 全球 (1) 大洲分布及种数(2)◆大洋洲
Alanites【-】Delile 蒺藜科属 Zygophyllaceae 蒺藜科 [MD-288] 全球 (uc) 大洲分布及种数(uc)
Alansmia【2】M.Kessler,Mogül,Sundü & Labiak 八龙蕨属 ≒ **Grammitis** Polypodiaceae 水龙骨科 [F-60] 全球 (2) 大洲分布及种数(23)北美洲:9;南美洲:19
Alantodia R.Br. = **Allantodia**
Alantsilodendron【3】Villiers 八柱木属 ← **Dichrostachys** Fabaceae 豆科 [MD-240] 全球 (1) 大洲分布及种数(8-9)◆非洲(◆马达加斯加)
Alantuckerara【-】Ross Tucker,J.M.H.Shaw & Griffits 兰科属 Orchidaceae 兰科 [MM-723] 全球 (uc) 大洲分布及种数(uc)
Alaomorpha Bl. = **Allomorphia**
Alaptus DC. = **Brucea**
Alarconia DC. = **Wyethia**
Alaria Hochst. = **Alajja**
Alatavia Rodion. = **Moraea**
Alaternoi Mill. = **Rhamnus**
Alaternoides Adans. = **Phylica**
Alaternus Mill. = **Rhamnus**
Alathraea Steud. = **Lathraea**
Alaticaulia【3】Lür 翅兰属 ← **Masdevallia;Mandevilla** Orchidaceae 兰科 [MM-723] 全球 (1) 大洲分布及种数(83-86)◆南美洲
Alatiglossum【3】Baptista 羽兰属 ← **Oncidium** Orchidaceae 兰科 [MM-723] 全球 (1) 大洲分布及种数(16)◆南美洲
Alatiliparis【3】Marg. & Szlach. 翅羊耳蒜属 ≒ **Liparis** Orchidaceae 兰科 [MM-723] 全球 (1) 大洲分布及种数(5)◆亚洲
Alatococcus【3】Acev.-Rodr. 紫绒患子属 Sapindaceae 无患子科 [MD-428] 全球 (1) 大洲分布及种数(cf.1) ◆南美洲
Alatoseta【3】Compton 细弱紫绒草属 Asteraceae 菊科 [MD-586] 全球 (1) 大洲分布及种数(1)◆非洲(◆南非)
Alatraea Neck. = **Astraea**
Alatum Hill = **Boschniakia**
Alauda Dvorak = **Torularia**
Alaus L. = **Alnus**
Alausa Thou. = **Alafia**
Albersia Kunth = **Amaranthus**
Alberta【3】E.Mey. 赤焰茜属 ← **Carphalea;Nematostylis** Rubiaceae 茜草科 [MD-523] 全球 (1) 大洲分布及种数(6-7)◆非洲
Alberteae Sond. = **Alberta**
Albertia Regel & Schmalh. = **Exochorda**
Albertinia DC. = **Albertinia**
Albertinia【3】Spreng. 陷托斑鸠菊属 → **Eremanthus;Piptolepis;Vanillosmopsis** Asteraceae 菊科 [MD-586] 全球 (1) 大洲分布及种数(2-3)◆南美洲
Albertisia【2】Becc. 崖藤属 → **Anisocycla;Synclisia** Menispermaceae 防己科 [MD-42] 全球 (3) 大洲分布及种数(9-21)非洲:7-15;亚洲:2-7;大洋洲:1
Albertisiella Pierre ex Aubrév. = **Chrysophyllum**
Albertokuntzea P. & K. = **Tetracera**
Albidella Pichon = **Echinodorus**
Albina Giseke = **Zingiber**
Albinea Hombr. & Jacquinot = **Pleurophyllum**
Albissia Durazz. = **Albizia**
Albizia【3】Durazz. 合欢属 → **Abarema;Cathormion; Paraserianthes** Fabaceae1 含羞草科 [MD-238] 全球 (6)大洲分布及种数(106-162;hort.1;cult:1)非洲:60-90;亚洲:34-58;大洋洲:14-37;欧洲:1-9;北美洲:33-43;南美洲:37-45
Albizzia Benth. = **Albizia**
Albonia Buc´hoz = **Ailanthus**
Albovia Schischk. = **Pimpinella**
Alboviodoxa Woronow ex Grossh. = **Jurinea**
Albradia D.Dietr. = **Morus**
Albrandia Gaud. = **Streblus**
Albraunia【3】Speta 假瑞欢属 ≒ **Antirrhinum** Plantaginaceae 车前科 [MD-527] 全球 (1) 大洲分布及种数(3)◆亚洲
Albuca【3】L. 哨兵花属 ≒ **Anthericum** Hyacinthaceae 风信子科 [MM-679] 全球 (6) 大洲分布及种数(106-191;hort.1)非洲:105-149;亚洲:13-23;大洋洲:3-11;欧洲:11-20;北美洲:3-11;南美洲:4-13

A

Albucea Rchb. = **Ornithogalum**
Albuga Schreb. = **Ajuga**
Albugo L. = **Albuca**
Albugoides Medik. = **Albuca**
Albula L. = **Albuca**
Albulina Giseke = **Renealmia**
Albunea Rchb. = **Albuca**
Alburnoides Medik. = **Albuca**
Albus L´Hér. = **Betula**
Alcadia Fenzl = **Afroligusticum**
Alcaea Burm.f. = **Althaea**
Alcalthaea【-】 Hinsley 锦葵科属 Malvaceae 锦葵科 [MD-203] 全球 (uc) 大洲分布及种数(uc)
Alcamenes Urb. = **Duguetia**
Alcanna Gaertn. = **Lawsonia**
Alcantara Glaz. = **Xerxes**
Alcantarea【3】 (E.Morren ex Mez) Harms 丝瓣凤梨属 ≒ **Vriesea** Bromeliaceae 凤梨科 [MM-715] 全球 (1) 大洲分布及种数(41-43)◆南美洲(◆巴西)
Alcea【3】 L. 蜀葵属 ≒ **Malva;Adicea** Malvaceae 锦葵科 [MD-203] 全球 (6) 大洲分布及种数(46-100;hort.1;cult: 2)非洲:5-8;亚洲:43-93;大洋洲:4-5;欧洲:12-15;北美洲:4-5;南美洲:1-4
Alcedo L. = **Alcea**
Alceste Salisb. = **Babiana**
Alcestis Moç. & Sessé ex DC. = **Agdestis**
Alchamaloe G.D.Rowley = **Aloe**
Alchemilla【3】 L. 羽衣草属 ← **Aphanes** Rosaceae 蔷薇科 [MD-246] 全球 (6) 大洲分布及种数(530-861; hort.1; cult:35)非洲:68-113;亚洲:113-253;大洋洲:56-69;欧洲:364-437;北美洲:38-58;南美洲:60-70
Alchemillaceae Martinov = Tetracarpaeaceae
Alchimilla Mill. = **Alchemilla**
Alchornea【3】 Sw. 山麻杆属 → **Acalypha;Cnesmone; Discocleidion** Euphorbiaceae 大戟科 [MD-217] 全球 (6) 大洲分布及种数(57-66;hort.1;cult:5)非洲:13-20;亚洲:22-31;大洋洲:6-13;欧洲:2-7;北美洲:18-23;南美洲:41-46
Alchorneae (Hurus.) Hutch. = **Alchornea**
Alchorneopsis【3】 Müll.Arg. 穗麻杆属 ← **Alchornea** Euphorbiaceae 大戟科 [MD-217] 全球 (1) 大洲分布及种数(3)◆北美洲
Alchornia Sw. = **Alchornea**
Alchymilla Rupp. = **Alchemilla**
Alcicornium【-】 Gaud. 水龙骨科属 ≒ **Platycerium** Polypodiaceae 水龙骨科 [F-60] 全球 (uc) 大洲分布及种数(uc)
Alcides (L.) Lunell = **Zannichellia**
Alcimandra【3】 Dandy 长蕊木兰属 ← **Magnolia;Michelia** Magnoliaceae 木兰科 [MD-1] 全球 (1) 大洲分布及种数(1-5)◆亚洲
Alcina Cav. = **Melampodium**
Alciopa Cav. = **Acanthospermum**
Alciope DC. = **Celmisia**
Alcira Cav. = **Acanthospermum**
Alcirona Cav. = **Melampodium**
Alcmena DC. = **Acmena**
Alcmene Urb. = **Duguetia**
Alcmeone Urb. = **Duguetia**
Alcoceratothrix Nied. = **Byrsonima**
Alcoceria Fernald = **Dalembertia**
Alcockara【-】 J.M.H.Shaw 兰科属 Orchidaceae 兰科 [MM-723] 全球 (uc) 大洲分布及种数(uc)
Alda Ruiz & Pav. = **Convolvulus**
Aldama【3】LaLlave黑药葵属←**Gymnolomia;Viguiera** Asteraceae 菊科 [MD-586] 全球 (6) 大洲分布及种数(113-119;hort.1;cult: 1)非洲:4;亚洲:4;大洋洲:3-7;欧洲:1-5;北美洲:43-48;南美洲:72-78
Aldanea La Llave = **Aldama**
Aldanella Greene = **Gynandropsis**
Aldania Sim = **Chapmannia**
Aldasorea F.Haage & M.Schmidt = **Aeonium**
Aldea Ruiz & Pav. = **Phacelia**
Aldelaster K.Koch = **Ampelaster**
Aldenella Greene = **Gynandropsis**
Aldina Adans. = **Aldina**
Aldina【3】 Endl. 阿尔丁豆属 ← **Acacia;Aldama** Fabaceae 豆科 [MD-240] 全球 (1) 大洲分布及种数(19-24)◆南美洲
Aldinia Raf. = **Justicia**
Aldrovanda L. = **Aldrovanda**
Aldrovanda【2】 Monti 貉藻属 → **Drosera** Droseraceae 茅膏菜科 [MD-261] 全球 (5) 大洲分布及种数(2)非洲:1;亚洲:1;大洋洲:1;欧洲:1;北美洲:1
Aldrovandaceae Nakai = Droseraceae
Aldrovandia E.H.L.Krause = **Aldrovanda**
Aldunatea J.Rémy = **Chaetopappa**
Ale Stål = **Aloe**
Alea L. = **Alcea**
Aleae J.M.Coult. & Rose = **Aletes**
Alebion Raf. = **Gynandropsis**
Alebra Thunb. = **Alectra**
Alectis O.F.Cook = **Aiphanes**
Alectoridia A.Rich. = **Arthraxon**
Alectoroctonum Schlechtd. = **Euphorbia**
Alectorunus Makino = **Anthericum**
Alectorurus Makino = **Arthropodium**
Alectra【3】Thunb. 黑蒴属 ← **Micrargeria;Melastoma** Orobanchaceae 列当科 [MD-552] 全球 (6) 大洲分布及种数(32-48;hort.1;cult:1)非洲:29-46;亚洲:7-15;大洋洲:3;欧洲:2-7;北美洲:4-8;南美洲:4-8
Alectrion Gaertn. = **Alectryon**
Alectrurus Makino = **Anthericum**
Alectryon【3】 Gaertn. 红冠果属 ← **Nephelium; Heterodendrum** Sapindaceae 无患子科 [MD-428] 全球 (6) 大洲分布及种数(17-47;hort.1;cult: 2)非洲:3-11;亚洲:6-13;大洋洲:9-23;欧洲:2;北美洲:3-5;南美洲:1-3
Alegoria Moç. & Sessé ex DC. = **Lueheopsis**
Alegria DC. = **Luehea**
Aleiodes (L.) Lunell = **Althenia**
Aleisanthia【3】 Ridl. 阿蕾茜属 ← **Xanthophytum** Rubiaceae 茜草科 [MD-523] 全球 (1) 大洲分布及种数(1-2)◆亚洲
Aleisanthieae Mouly = **Aleisanthia**
Aleisanthiopsis【3】 Tange 黑茜属 Rubiaceae 茜草科 [MD-523] 全球 (1) 大洲分布及种数(1-3)◆亚洲
Aleoides (L.) Lunell = **Zannichellia**
Aleome Neck. = **Cleome**
Alepas Van Tiegh. = **Alepis**

Alepida P. & K. = **Astrantia**
Alepidea【3】F.Delaroche 无鳞草属 ← **Astrantia;Jasione** Apiaceae 伞形科 [MD-480] 全球 (1) 大洲分布及种数(24-33)◆非洲
Alepidia F.Delaroche = **Alepidea**
Alepidocalyx Piper = **Phaseolus**
Alepidocline【3】S.F.Blake 草落冠菊属 ← **Sabazia** Asteraceae 菊科 [MD-586] 全球 (1) 大洲分布及种数(7)◆北美洲
Alepis【3】Van Tiegh. 金钟鞘花属 ← **Elytranthe** Loranthaceae 桑寄生科 [MD-415] 全球 (6) 大洲分布及种数(1-2)非洲:4;亚洲:4;大洋洲:5;欧洲:4;北美洲:4;南美洲:4
Aleptoe G.D.Rowley = **Aloe**
Alepyrum Hieron. = **Centrolepis**
Alesa Cramer = **Alexa**
Aletes【3】J.M.Coult. & Rose 磨石草属 ← **Cymopterus;Pteryxia;Neoparrya** Apiaceae 伞形科 [MD-480] 全球 (1) 大洲分布及种数(8-21)◆北美洲
Alethris【-】Medik. 百合科属 Liliaceae 百合科 [MM-633] 全球 (uc) 大洲分布及种数(uc)
Aletris【3】L. 粉条儿菜属 → **Metanarthecium;Mahonia;Blandfordia** Nartheciaceae 沼金花科 [MM-618] 全球 (6) 大洲分布及种数(28-31;hort.1;cult: 3)非洲:13-42;亚洲:24-56;大洋洲:29;欧洲:29;北美洲:8-38;南美洲:2-31
Aleuas Stål = **Alepis**
Aleurina Spach = **Androsace**
Aleuriopteris Fée = **Aleuritopteris**
Aleurites【3】J.R.Forst. & G.Forst. 石栗属 → **Vernicia;Telopea;Omphalea** Euphorbiaceae 大戟科 [MD-217] 全球 (1) 大洲分布及种数(3-9)◆亚洲
Aleuritia (Duby) Opiz = **Androsace**
Aleuritinae G.L.Webster = **Androsace**
Aleuritis Link = **Aleurites**
Aleuritopteris【3】Fée 粉背蕨属 ← **Doryopteris;Cheiranthus;Notholaena** Pteridaceae 凤尾蕨科 [F-31] 全球 (6) 大洲分布及种数(40-58)非洲:6-14;亚洲:34-63;大洋洲:8;欧洲:8;北美洲:4-12;南美洲:6-14
Aleurodendron Reinw. = **Melochia**
Aleuron Raf. = **Rubus**
Alevia Baill. = **Bernardia**
Alexa【3】Moq. 护卫豆属 Fabaceae3 蝶形花科 [MD-240] 全球 (1) 大洲分布及种数(12-13)◆南美洲
Alexanderara【-】auct. 兰科属 Orchidaceae 兰科 [MM-723] 全球 (uc) 大洲分布及种数(uc)
Alexandra【3】Bunge 苋科属 ≒ **Alexa** Amaranthaceae 苋科 [MD-116] 全球 (1) 大洲分布及种数(uc)◆大洋洲
Alexeya【-】Pachom. 毛茛科属 Ranunculaceae 毛茛科 [MD-38] 全球 (uc) 大洲分布及种数(uc)
Alexfloydia【3】B.K.Simon 黑茎草属 Poaceae 禾本科 [MM-748] 全球 (1) 大洲分布及种数(1)◆大洋洲
Alexgeorgea【3】Carlquist 根茎灯草属 ← **Restio** Restionaceae 帚灯草科 [MM-744] 全球 (1) 大洲分布及种数(3)◆大洋洲
Alexia Wight = **Alyxia**
Alexis Salisb. = **Amomum**
Alexitoxicon St.Lag. = **Cynanchum**
Alfaroa【2】Standl. 雀鹰木属 ≒ **Oreomunnea** Juglandaceae 胡桃科 [MD-136] 全球 (2) 大洲分布及种数(9)北美洲:8;南美洲:3
Alfaropsis Ijinsk. = **Engelhardia**
Alfonsia Kunth = **Elaeis**
Alfredi Cass. = **Alfredia**
Alfredia【3】Cass. 翅膜菊属 ← **Carduus;Silybum** Asteraceae 菊科 [MD-586] 全球 (1) 大洲分布及种数(7-8)◆亚洲
Alga Adans. = **Zostera**
Alga Böhm. = **Posidonia**
Algaria【3】Hedd. & R.H.Zander 北美洲膜丛藓属 ≒ **Aralidium** Pottiaceae 丛藓科 [B-133] 全球 (1) 大洲分布及种数(1)◆非洲
Algarobia Benth. = **Acacia**
Algarobius Benth. = **Acacia**
Algastoloba【-】Cumming,David M. 芦荟科属 Aloaceae 芦荟科 [MM-668] 全球 (uc) 大洲分布及种数(uc)
Algernonia (Baill.) G.L.Webster = **Algernonia**
Algernonia【3】Baill. 短丝戟属 ≒ **Tetraplandra** Euphorbiaceae 大戟科 [MD-217] 全球 (1) 大洲分布及种数(12)◆南美洲
Algites (L.) Lunell = **Althenia**
Algoides (L.) Lunell = **Zannichellia**
Algrizea【3】Prönça & NicLugh. 宝冠番樱属 ≒ **Myrcia** Myrtaceae 桃金娘科 [MD-347] 全球 (1) 大洲分布及种数(1-2)◆南美洲
Alguelaguen Adans. = **Lepechinia**
Alguelagum P. & K. = **Lepechinia**
Alhagi【3】Gagnebin 骆驼刺属 ← **Hedysarum** Fabaceae 豆科 [MD-240] 全球 (6) 大洲分布及种数(5-9;hort.1)非洲:1-4;亚洲:3-6;大洋洲:1-3;欧洲:2-4;北美洲:3-6;南美洲:1
Alhagia Rchb. = **Hedysarum**
Alia Sull. = **Alsia**
Alibertia【3】A.Rich. 阿利茜属 ≒ **Gardenia;Nolana** Rubiaceae 茜草科 [MD-523] 全球 (1) 大洲分布及种数(36-42)◆南美洲
Alibrexia Miers = **Nolana**
Alibum Less. = **Liabum**
Alicabon Raf. = **Physalis**
Alicastrum P.Br. = **Brosimum**
Aliceara auct. = **Brassia**
Alicearara Hort. = **Brassia**
Alicia【3】W.R.Anderson 黄虎尾属 Malpighiaceae 金虎尾科 [MD-343] 全球 (1) 大洲分布及种数(2)◆南美洲(◆巴西)
Aliciana Clarke = **Alicia**
Aliciella【3】Brand 狼莉草属 ← **Gilia** Polemoniaceae 花荵科 [MD-481] 全球 (1) 大洲分布及种数(22-25)◆北美洲
Aliconia Herrera = **Perebea**
Alicosta Dulac = **Veronica**
Alicteres Alicteroides C.Presl = **Helicteres**
Alicularia【3】Rodway 叶苔属 ≒ **Nardia;Solenostoma** Jungermanniaceae 叶苔科 [B-38] 全球 (1) 大洲分布及种数(4)◆东亚(◆中国)
Aliella【3】M.Qaiser & H.W.Lack 黄鼠麹属 ≒ **Aliciella** Asteraceae 菊科 [MD-586] 全球 (1) 大洲分布及种数(4)◆非洲
Alifana【3】Raf. 秘鲁黄牡丹属 ≒ **Brachyotum**

Melastomataceae 野牡丹科 [MD-364] 全球 (1) 大洲分布及种数(1)◆南美洲
Alifanus Adans. = **Rhexia**
Alifiola Raf. = **Silene**
Aligera【3】Suksd. 黄败酱属 ≒ **Valerianella;Plectritis** Caprifoliaceae 忍冬科 [MD-510] 全球 (1) 大洲分布及种数(8)◆北美洲
Aligrimmia【3】R.S.Williams 黄萼藓属 Grimmiaceae 紫萼藓科 [B-115] 全球 (1) 大洲分布及种数(1)◆南美洲
Alina Adans. = **Hyperbaena**
Aliniella J.Raynal = **Alinula**
Alinorchis Szlach. = **Habenaria**
Alinula【3】J.Raynal 湖沙草属 ← **Cyperus;Ascolepis** Cyperaceae 莎草科 [MM-747] 全球 (1) 大洲分布及种数(5)◆非洲
Aliopsis Omer & Qaiser = **Gentianella**
Aliphera Raf. = **Cassia**
Alipsa Hoffmanns. = **Liparis**
Aliseta Raf. = **Alyssum**
Alisma Benth. & Hook.f. = **Alisma**
Alisma【3】L. 泽泻属 ≒ **Aldama;Burnatia** Alismataceae 泽泻科 [MM-597] 全球 (6) 大洲分布及种数(16-25;hort.1;cult: 7)非洲:5-30;亚洲:11-37;大洋洲:4-29;欧洲:9-34;北美洲:8-33;南美洲:4-30
Alismataceae【3】Vent. 泽泻科 [MM-597] 全球 (6) 大洲分布及属种数(12;hort. & cult.6)(121-235;hort. & cult. 22-31)非洲:7-9/15-78;亚洲:9/59-128;大洋洲:5-6/20-83;欧洲:5-6/30-93;北美洲:6/72-137;南美洲:4/54-120
Alismatidae Takht. = **Alismatoideae**
Alismatoideae【3】(Dum.) Arn. 小泽泻属 Alismataceae 泽泻科 [MM-597] 全球 (1) 大洲分布及种数(1)◆非洲
Alismodorus H.R.Wehrh. = **Alisma**
Alismorchis【3】Thou. 黄泽兰属 ← **Calanthe;Cephalantheropsis;Plocoglottis** Orchidaceae 兰科 [MM-723] 全球 (6) 大洲分布及种数(4)非洲:1;亚洲:3-4;大洋洲:1;欧洲:1;北美洲:1;南美洲:1
Alismorkis Thou. = **Calanthe**
Alisson Vill. = **Alyssum**
Alissum Neck. = **Alyssum**
Alisterus Neck. = **Helicteres**
Alistilus【3】N.E.Br. 海柱豆属 ← **Dolichos** Fabaceae 豆科 [MD-240] 全球 (1) 大洲分布及种数(2-3)◆非洲
Aliteria Benoist = **Clarisia**
Alitta W.R.Anderson = **Alicia**
Alitubus Dulac = **Tanacetum**
Alix Comm. ex DC. = **Psiadia**
Alkanna Adans. = **Lawsonia**
Alkekengi【3】Mill. 酸浆属 ≒ **Physalis** Solanaceae 茄科 [MD-503] 全球 (1) 大洲分布及种数(uc)◆东亚(◆中国)
Alkibias Raf. = **Aster**
Alkinia Wall. = **Andinia**
Alkocarya Green = **Allocarya**
Allabia Lour. = **Vitex**
Allacta Lour. = **Vitex**
Allaeanthus Thwaites = **Broussonetia**
Allaeophania Thwaites = **Hedyotis**
Allaganthera Mart. = **Paronychia**
Allagas Raf. = **Halenia**
Allagopappus【3】Cass. 叉枝菊属 ← **Chrysocoma;Conyza;Pulicaria** Asteraceae 菊科 [MD-586] 全球 (1) 大洲分布及种数(3)◆欧洲
Allagoptera【3】Nees 香花椰子属 ← **Ceroxylon;Olinia** Arecaceae 棕榈科 [MM-717] 全球 (1) 大洲分布及种数(6)◆南美洲
Allagosperma M.Röm. = **Cayaponia**
Allagostachyum Nees = **Poa**
Allamanda【3】L. 黄蝉属 ← **Echites;Alternanthera** Apocynaceae 夹竹桃科 [MD-492] 全球 (1) 大洲分布及种数(16-24)◆南美洲
Allanblackia【3】Oliv. 阿兰藤黄属 Clusiaceae 藤黄科 [MD-141] 全球 (1) 大洲分布及种数(3-9)◆非洲
Allania Benth. = **Aldina**
Allania Meisn. = **Alania**
Allantidea R.Br. = **Allantodia**
Allantodia【3】R.Br. 短肠蕨属 ← **Aspidium;Athyrium** Athyriaceae 蹄盖蕨科 [F-40] 全球 (6) 大洲分布及种数(92-97)非洲:2-18;亚洲:90-109;大洋洲:8-24;欧洲:6-22;北美洲:16-32;南美洲:14-30
Allantoia Miers = **Allantoma**
Allantoma【3】Miers 爪玉蕊属 Lecythidaceae 玉蕊科 [MD-267] 全球 (1) 大洲分布及种数(8)◆南美洲
Allantopsis Gagnep. = **Trichilia**
Allantosia Miers = **Allantoma**
Allantospermum【2】Forman 扭荚木属 Irvingiaceae 假杧果科 [MD-313] 全球 (2) 大洲分布及种数(2)非洲:1;亚洲:cf.1
Allantula Miers = **Allantoma**
Allantus DC. = **Brucea**
Allardia【3】Decne. 扁毛菊属 ≒ **Alliaria** Asteraceae 菊科 [MD-586] 全球 (1) 大洲分布及种数(8-9)◆亚洲
Allardtia A.Dietr. = **Tillandsia**
Allasia Lour. = **Vitex**
Allauminia G.D.Rowley = **Aloe**
Allazia Durazz. = **Albizia**
Allcoarya Green = **Allocarya**
Alleizettea Dubard & Dop = **Danais**
Alleizettella【3】Pit. 白香楠属 ← **Aidia;Randia** Rubiaceae 茜草科 [MD-523] 全球 (1) 大洲分布及种数(1-2)◆亚洲
Allelotheca Steud. = **Lophatherum**
Allemamda Endl. = **Allmania**
Allemanda Endl. = **Allamanda**
Allemania Endl. = **Echites**
Allemaoa Hoffsgg. ex Schlecht. = **Neomirandea**
Allemeea Hoffsgg. ex Schlecht. = **Liabum**
Allenanthus【3】Standl. 阿伦花属 ← **Machaonia** Rubiaceae 茜草科 [MD-523] 全球 (1) 大洲分布及种数(cf. 1)◆北美洲
Allenara auct. = **Sophronitis**
Allenbya Ewart = **Hibiscus**
Allendea La Llave = **Liabum**
Allenia E.Phillips = **Radyera**
Allenia Ewart = **Micrantheum**
Alleniella【2】S.Olsson 艾氏藓属 ≒ **Leskea** Neckeraceae 平藓科 [B-204] 全球 (5) 大洲分布及种数(2)非洲:1;亚洲:2;欧洲:2;北美洲:2;南美洲:2
Allenrolfea【3】P. & K. 墨节木属 ← **Halopeplis;**

Salicornia Amaranthaceae 苋科 [MD-116] 全球 (1) 大洲分布及种数(1)◆北美洲
Alleptauminia 【-】 Cumming,David M. 芦荟科属 Aloaceae 芦荟科 [MM-668] 全球 (uc) 大洲分布及种数(uc)
Alletotheca Benth. & Hook.f. = **Lophatherum**
Allexis【3】 Pierre 卷瓣堇属 ≒ **Rinorea** Violaceae 堇菜科 [MD-126] 全球 (1) 大洲分布及种数(3-4)◆非洲
Alliaceae【3】Borkh. 葱科 [MM-667] 全球 (6) 大洲分布和属种数(23-26;hort. & cult.14-15)(815-1775;hort. & cult.297-451)非洲:3-14/111-316;亚洲:5-15/463-989;大洋洲:4-15/74-261;欧洲:1-14/165-427;北美洲:16-20/282-488;南美洲:10-20/171-468
Alliaria【3】 G.A.Scop. 葱芥属 ≒ **Arabis;Cardamine; Orychophragmus** Brassicaceae 十字花科 [MD-213] 全球 (6) 大洲分布及种数(4-5)非洲:1-5;亚洲:3-7;大洋洲:1-5;欧洲:1-5;北美洲:1-5;南美洲:2-6
Allibertia Marion = **Agave**
Allieae Dum. = **Alsineae**
Allinum Neck. = **Allium**
Alliona Pers. = **Allionia**
Allionia 【3】 L. 红风车属 ≒ **Mirabilis;Alliaria; Oxybaphus** Nyctaginaceae 紫茉莉科 [MD-107] 全球 (6) 大洲分布及种数(10-39;hort.2;cult:2)非洲:26;亚洲:1-28;大洋洲:26;欧洲:26;北美洲:7-43;南美洲:5-34
Allioniaceae Horan. = Allisoniaceae
Allioniella【3】 Rydb. 茉莉藓属 ≒ **Mirabilis** Sematophyllaceae 锦藓科 [B-192] 全球 (1) 大洲分布及种数(1)◆南美洲
Allioniellopsis【3】 Ochyra 厄瓜锦藓属 Sematophyllaceae 锦藓科 [B-192] 全球 (1) 大洲分布及种数(1)◆南美洲
Allisonia【3】 Herzog 苞叶苔属 Allisoniaceae 苞叶苔科 [B-25] 全球 (1) 大洲分布及种数(1)◆大洋洲(◆新西兰)
Allisoniaceae【2】Mitt. 苞叶苔科 [B-25] 全球 (3) 大洲分布和属种数(1-2/2-3)亚洲:1/1;大洋洲:1/1;北美洲:1/2
Allisoniella【3】 (Rodway) R.M.Schust. 苞萼苔属 ≒ **Cephalozia** Cephaloziellaceae 拟大萼苔科 [B-53] 全球 (1) 大洲分布及种数(1)◆大洋洲
Allittia【3】 P.S.Short 湿地鹅河菊属 ≒ **Brachyscome** Asteraceae 菊科 [MD-586] 全球 (1) 大洲分布及种数(1-2)◆大洋洲
Allium Acuminatae Ownbey ex Traub = **Allium**
Allium【3】L. 葱属 ≒ **Tordylium;Berula** Alliaceae 葱科 [MM-667] 全球 (6) 大洲分布及种数(594-1079;hort.1;cult:37)非洲:84-217;亚洲:456-912;大洋洲:63-179;欧洲:165-357;北美洲:198-329;南美洲:49-170
Allmania Brown,Robert & Wight,Robert = **Allmania**
Allmania【3】 R.Br. 砂苋属 ← **Achyranthes** Amaranthaceae 苋科 [MD-116] 全球 (1) 大洲分布及种数(1-3)◆亚洲
Allmaniopsis【3】 Süss. 芒砂苋属 Amaranthaceae 苋科 [MD-116] 全球 (1) 大洲分布及种数(1)◆非洲(◆肯尼亚)
Alloberberis C.C.Yu & K.F.Chung = **Berberis**
Allobia Raf. = **Euphorbia**
Allobium Miers = **Phoradendron**
Alloborgia Steud. = **Anthericum**
Allobriquetia【-】 Bovini 锦葵科属 Malvaceae 锦葵科 [MD-203] 全球 (uc) 大洲分布及种数(uc)
Allobrogia Tratt. = **Paradisea**
Allocalyx【3】 Cordem. 欧洲玄参属 Plantaginaceae 车前科 [MD-527] 全球 (1) 大洲分布及种数(uc)◆欧洲
Allocarpus Kunth = **Calea**
Allocarya【3】 Greene 小砂紫草属 ← **Plagiobothrys; Echinoglochin;Myosotis** Boraginaceae 紫草科 [MD-517] 全球 (1) 大洲分布及种数(26-101)◆北美洲
Allocaryastrum【3】 Brand 紫草科属 ≒ **Plagiobothrys** Boraginaceae 紫草科 [MD-517] 全球 (1) 大洲分布及种数(uc)◆亚洲
Allocassine【3】 N.Robson 金榄藤属 ← **Cassine;Elaeodendron** Celastraceae 卫矛科 [MD-339] 全球 (1) 大洲分布及种数(1)◆非洲
Allocasuarina (Miq.) L.A.S.Johnson = **Allocasuarina**
Allocasuarina【3】 L.A.S.Johnson 异木麻黄属 ← **Casuarina** Casuarinaceae 木麻黄科 [MD-73] 全球 (1) 大洲分布及种数(42-62)◆大洋洲
Allocasurina L.A.S.Johnson = **Allocasuarina**
Allocephalus【3】 Bringel,J.N.Nakaj. & H.Rob. 金榄菊属 Asteraceae 菊科 [MD-586] 全球 (1) 大洲分布及种数(cf.1) ◆南美洲
Alloceratium Hook.f. & Thoms. = **Diptychocarpus**
Allocheilos【3】 W.T.Wang 异唇苣苔属 Gesneriaceae 苦苣苔科 [MD-549] 全球 (1) 大洲分布及种数(2-4)◆东亚(◆中国)
Allochilus Gagnep. = **Cosmibuena**
Allochlamys Moq. = **Pleuropetalum**
Allochrusa【3】 Bunge 异裂霞草属 ← **Acanthophyllum; Saponaria** Caryophyllaceae 石竹科 [MD-77] 全球 (6) 大洲分布及种数(1)非洲:3;亚洲:1-4;大洋洲:3;欧洲:3;北美洲:3;南美洲:3
Allocoenia J.F.Morales & J.K.Williams = **Echites**
Allodape【-】 Endl. 杜鹃花科属 ≒ **Andromeda** Ericaceae 杜鹃花科 [MD-380] 全球 (uc) 大洲分布及种数(uc)
Allodaphne Steud. = **Andromeda**
Allodia Löfl. = **Allionia**
Allodromia Tratt. = **Anthericum**
Alloeochaete【3】 C.E.Hubb. 非洲奇草属 ← **Danthonia** Poaceae 禾本科 [MM-748] 全球 (1) 大洲分布及种数(1-6)◆非洲
Alloeospermum Spreng. = **Calea**
Allogyne Lewton = **Hibiscus**
Allohemia Raf. = **Oryctanthus**
Alloiantheros Steud. = **Gymnopogon**
Alloiatheros Elliott = **Gymnopogon**
Alloiatheros Raf. = **Andropogon**
Alloidis Raf. = **Baeckea**
Alloiosepalum Gilg = **Purdiaea**
Alloiozonium Kunze = **Osteospermum**
Alloispermum【3】 Willd. 异冠菊属 ≒ **Calea** Asteraceae 菊科 [MD-586] 全球 (1) 大洲分布及种数(8)◆南美洲
Allolepis【3】 Soderstr. & H.F.Decker 类碱禾属 ← **Distichlis** Poaceae 禾本科 [MM-748] 全球 (1) 大洲分布及种数(1)◆北美洲
Allomaieta【3】 Gleason 异野牡丹属 Melastomataceae 野牡丹科 [MD-364] 全球 (1) 大洲分布及种数(7-8)◆南

美洲
Allomarkgrafia R.E.Woodson = **Allomarkgrafia**
Allomarkgrafia【3】Woodson 马尔夹竹桃属 ← **Echites** Apocynaceae 夹竹桃科 [MD-492] 全球 (1) 大洲分布及种数(10)◆南美洲
Allome Baker = **Cleome**
Allomerus Wheeler = **Allosorus**
Allomia DC. = **Alomia**
Allomorphia【3】Bl. 异形木属 ← **Blastus;Campimia; Phyllagathis** Melastomataceae 野牡丹科 [MD-364] 全球 (1) 大洲分布及种数(35-42)◆亚洲
Allonais Raf. = **Baeckea**
Alloneuron (Markgr.) B.Walln. = **Alloneuron**
Alloneuron【3】Pilg. 异脉野牡丹属 Melastomataceae 野牡丹科 [MD-364] 全球 (1) 大洲分布及种数(10)◆南美洲
Allopaa Raf. = **Euphorbia**
Allopectus Mart. = **Alloplectus**
Alloperla Raf. = **Commelina**
Allophoron Nádv. = **Tetranema**
Allophylaceae C.Presl = Sapindaceae
Allophylastrum【3】Acev.Rodr. 无患子科属 Sapindaceae 无患子科 [MD-428] 全球 (1) 大洲分布及种数(1)◆南美洲
Allophyllastrum【3】Acev.-Rodr. 无患子科属 Sapindaceae 无患子科 [MD-428] 全球 (1) 大洲分布及种数(1)◆南美洲
Allophyllum【3】(Nutt.) A.D.Grant & V.E.Grant 臭莉草属 ← **Collomia;Navarretia** Polemoniaceae 花荵科 [MD-481] 全球 (1) 大洲分布及种数(4-7)◆北美洲
Allophyllus Gled. = **Allophylus**
Allophylus【3】L. 异木患属 → **Otophora;Ornitrophe** Sapindaceae 无患子科 [MD-428] 全球 (6) 大洲分布及种数(120-258;hort.1;cult:8)非洲:44-118;亚洲:33-89;大洋洲:12-28;欧洲:7-19;北美洲:16-37;南美洲:55-68
Allophyton Brandegee = **Tetranema**
Alloplectus (Decne.) Dölla Torre & Harms = **Alloplectus**
Alloplectus【3】Mart. 兜瓣岩桐属 ← **Besleria;Crantzia; Nematanthus** Gesneriaceae 苦苣苔科 [MD-549] 全球 (1) 大洲分布及种数(17-21)◆南美洲
Allopleia Raf. = **Veronica**
Alloporus Bernh. = **Allosorus**
Allopterigeron【3】Dunlop 白蓬菊属 ← **Pluchea; Pterigeron** Asteraceae 菊科 [MD-586] 全球 (2) 大洲分布及种数(1)◆大洋洲
Alloptes Raf. = **Baeckea**
Allopythion Schott = **Amorphophallus**
Allorgea Ando = **Andinia**
Allorgella【3】(Gottsche ex Stephani) Grolle 白毛苔属 ≒ **Aloe** Lejeuneaceae 细鳞苔科 [B-84] 全球 (1) 大洲分布及种数(cf. 1) 亚洲;大洋洲
Allorgella Tixier = **Allorgella**
Allosampela Raf. = **Ampelopsis**
Allosandra Raf. = **Tragia**
Allosanthus【3】Radlk. 异花无患子属 Sapindaceae 无患子科 [MD-428] 全球 (1) 大洲分布及种数(1)◆南美洲
Allosathes Radlk. = **Allosanthus**
Alloschemone【3】Schott 羽叶藤芋属 ← **Monstera** Araceae 天南星科 [MM-639] 全球 (1) 大洲分布及种数(2)◆南美洲
Alloschmidia【3】H.E.Moore 皮孔椰属 ≒ **Basselinia** Arecaceae 棕榈科 [MM-717] 全球 (1) 大洲分布及种数(1)◆大洋洲(◆波利尼西亚)
Allosidastrum【2】(Nutt.) A.D.Grant & V.E.Grant 木沙稔属 ← **Pseudabutilon** Malvaceae 锦葵科 [MD-203] 全球 (2) 大洲分布及种数(4-5)北美洲:3;南美洲:3-4
Allosorus【2】Bernh. 铁线蕨科属 ≒ **Adiantum;Pellaea** Adiantaceae 铁线蕨科 [F-35] 全球 (4) 大洲分布及种数(4) 亚洲:2;欧洲:1;北美洲:3;南美洲:2
Allosperma Raf. = **Commelina**
Allospondias【3】Stapf 漆树科属 ≒ **Spondias** Anacardiaceae 漆树科 [MD-432] 全球 (1) 大洲分布及种数(2)◆亚洲
Allostelites Börner = **Equisetum**
Allostigma【3】W.T.Wang 异片苣苔属 Gesneriaceae 苦苣苔科 [MD-549] 全球 (1) 大洲分布及种数(cf.1)◆东亚(◆中国)
Allostis Raf. = **Brunia**
Allostoma H.Karst. = **Mallostoma**
Allosurus Endl. = **Cheilanthes**
Allosyncarpia【3】S.T.Blake 轮叶假桉属 Myrtaceae 桃金娘科 [MD-347] 全球 (1) 大洲分布及种数(1)◆大洋洲
Alloteropsis【2】C.Presl 毛颖草属 ← **Agrostis;Holosteum** Poaceae 禾本科 [MM-748] 全球 (5) 大洲分布及种数(6;hort.1)非洲:5;亚洲:2;大洋洲:3;北美洲:2;南美洲:2
Allotoonia J.F.Morales & J.K.Williams = **Echites**
Allotria Raf. = **Commelina**
Allotricha Raf. = **Commelina**
Allotrius Raf. = **Commelina**
Allotropa【3】Torr. & A.Gray 桃晶兰属 Ericaceae 杜鹃花科 [MD-380] 全球 (1) 大洲分布及种数(1)◆北美洲
Allouya Aubl. = **Calathea**
Allouya Plum. ex Aubl. = **Maranta**
Allowissadula【2】D.M.Bates 假苘麻属 ← **Abutilon; Pseudabutilon;Sida** Malvaceae 锦葵科 [MD-203] 全球 (2) 大洲分布及种数(12)欧洲:1;北美洲:11
Allowoodsonia【3】Markgr. 南蝉花属 Apocynaceae 夹竹桃科 [MD-492] 全球 (1) 大洲分布及种数(1)◆大洋洲
Alloxylon【3】P.H.Weston & Crisp 朱烟花属 ← **Embothrium;Oreocallis** Proteaceae 山龙眼科 [MD-219] 全球 (1) 大洲分布及种数(3-4)◆大洋洲
Alluandia Drake = **Alluaudia**
Alluaudia【3】Drake 亚龙木属 → **Decarya;Didierea** Didiereaceae 刺戟木科 [MD-152] 全球 (1) 大洲分布及种数(6)◆非洲
Alluaudiopsis【3】Humbert & Choux 枝龙木属 Didiereaceae 刺戟木科 [MD-152] 全球 (1) 大洲分布及种数(2)◆非洲(◆马达加斯加)
Allucia Klotzsch ex Petersen = **Villarsia**
Allughas Raf. = **Renealmia**
Alluroides Medik. = **Albuca**
Alma Mill. = **Acca**
Almaena Raf. = **Gloxinia**
Almaleea【3】Crisp & P.H.Weston 阿尔玛豆属 ← **Dillwynia** Fabaceae 豆科 [MD-240] 全球 (1) 大洲分布及种数(5)◆大洋洲
Almana Raf. = **Sinningia**

Almedanthus【-】 Ver.-Lib. & R.D.Stone 野牡丹科属 Melastomataceae 野牡丹科 [MD-364] 全球 (uc) 大洲分布及种数(uc)
Almeida Cham. = **Almeidea**
Almeidea【3】 A.St.Hil. 梅簪木属 ← **Conchocarpus; Angostura** Rutaceae 芸香科 [MD-399] 全球 (1) 大洲分布及种数(13-14)◆南美洲
Almeloveenia Dennst. = **Caesalpinia**
Almideia Rchb. = **Conchocarpus**
Almodes Adans. = **Ammoides**
Almus Mill. = **Alnus**
Almutaster【3】 Á.Löve & D.Löve 泽菀属 ← **Aster;Tripolium** Asteraceae 菊科 [MD-586] 全球 (1) 大洲分布及种数(1)◆北美洲
Almyra Salisb. = **Pancratium**
Alnaster Spach = **Duschekia**
Alniaria Rushforth = **Alliaria**
Alniphyllum【3】 Malsum. 赤杨叶属 ← **Halesia** Styracaceae 安息香科 [MD-327] 全球 (1) 大洲分布及种数(3-4)◆亚洲
Alnobetula Schur = **Alnus**
Alnus (Spach) Regel = **Alnus**
Alnus【3】 Mill. 桤木属 ← **Betula;Betula-alnus; Aporosa** Betulaceae 桦木科 [MD-79] 全球 (6) 大洲分布及种数(47-73;hort.1;cult: 24)非洲:7-37;亚洲:39-80;大洋洲:8-38;欧洲:17-49;北美洲:26-57;南美洲:9-39
Aloaceae【3】 Batsch 芦荟科 [MM-668] 全球 (6) 大洲分布和属种数(1;hort. & cult.1)(354-750;hort. & cult.134-190)非洲:1/343-604; 亚洲:1/37-102; 大洋洲:1/14-32; 欧洲:1/17-36; 北美洲:1/28-54; 南美洲:1/16-36
Alobia Raf. = **Euphorbia**
Alobiella (Spruce) Schiffn. = **Alobiella**
Alobiella【3】 Stephani 立萼苔属 ≒ **Cephalozia; Paracromastigum** Cephaloziaceae 大萼苔科 [B-52] 全球 (6) 大洲分布及种数(1-3)非洲:1;亚洲:1;大洋洲:1;欧洲:1;北美洲:1;南美洲:3
Alobiellopsis <unassigned> = **Alobiellopsis**
Alobiellopsis【2】 R.M.Schust. 柱萼苔属 ≒ **Cephalozia** Cephaloziaceae 大萼苔科 [B-52] 全球 (3) 大洲分布及种数(5)非洲:2;亚洲:cf.1;南美洲:1
Alocasia【3】 (Schott) G.Don 海芋属 ≒ **Dracunculus; Carum** Araceae 天南星科 [MM-639] 全球 (1) 大洲分布及种数(34-98)◆亚洲
Alocasiophyllum Engl. = **Cercestis**
Alococarpum【3】 Riedl & Kuber 芦荟芹属 ← **Cachrys** Apiaceae 伞形科 [MD-480] 全球 (1) 大洲分布及种数(cf. 1)◆亚洲
Aloe (A.Berger) Boatwr. & J.C.Manning = **Aloe**
Aloe【3】 L. 芦荟属 ≒ **Alona;Alcea** Aloaceae 芦荟科 [MM-668] 全球 (6) 大洲分布及种数(355-712;hort.1;cult: 10)非洲:343-604;亚洲:37-103;大洋洲:14-32;欧洲:17-36;北美洲:28-54;南美洲:16-36
Aloeaceae Martinov = Acoraceae
Aloeae A.Rich. = **Alcea**
Aloeatheros Elliott = **Gymnopogon**
Aloella G.D.Rowley = **Aloe**
Aloestrela【-】 Molteno & Gideon F.Sm. 阿福花科属 Asphodelaceae 阿福花科 [MM-649] 全球 (uc) 大洲分布及种数(uc)
Aloexylum Lour. = **Aquilaria**
Aloiampaloe G.D.Rowley = **Aloiampelos**
Aloiampelos【2】 Klopper & Gideon F.Sm. 刺福花属 Asphodelaceae 阿福花科 [MM-649] 全球 (2) 大洲分布及种数(cf.)非洲:2;欧洲:1
Aloidella Venturi = **Aloina**
Aloidendron【3】 (A.Berger) Klopper & Gideon F.Sm. 木福花属 Xanthorrhoeaceae 黄脂木科 [MM-701] 全球 (1) 大洲分布及种数(5)◆非洲(◆纳米比亚)
Aloides Fabr. = **Stratiotes**
Aloidesxnanum Fabr. = **Stratiotes**
Aloidis Raf. = **Gentianella**
Aloilanthe Rchb. = **Minuartia**
Aloina【3】 Kindb. 芦荟藓属 ≒ **Asarina;Aloinella** Pottiaceae 丛藓科 [B-133] 全球 (6) 大洲分布及种数(16)非洲:6;亚洲:6;大洋洲:5;欧洲:8;北美洲:8;南美洲:9
Aloinae Engl. = **Aloina**
Aloinella【2】 (A.Berger) Lemee 琉璃藓属 ≒ **Aloina** Pottiaceae 丛藓科 [B-133] 全球 (2) 大洲分布及种数(8)北美洲:3;南美洲:6
Aloinopsis【3】 Schwantes 鲛花属 → **Acaulon;Nananthus** Aizoaceae 番杏科 [MD-94] 全球 (1) 大洲分布及种数(17-18)◆非洲(◆南非)
Aloiozonium Lindl. = **Osteospermum**
Aloitis Raf. = **Gentianella**
Alolirion G.D.Rowley = **Aloe**
Aloloba G.D.Rowley = **Aloe**
Alomia【3】 Kunth 修泽兰属 → **Acritopappus; Ethulia;Aronia** Asteraceae 菊科 [MD-586] 全球 (1) 大洲分布及种数(9)◆北美洲
Alomiella【3】 R.M.King & H.Rob. 毛瓣尖泽兰属 ← **Alomia** Asteraceae 菊科 [MD-586] 全球 (1) 大洲分布及种数(2)◆南美洲(◆巴西)
Alona【3】 Lindl. 假面茄属 ← **Nolana;Phrodus** Solanaceae 茄科 [MD-503] 全球 (1) 大洲分布及种数(1-9)◆南美洲
Alonsoa【3】 Ruiz & Pav. 假面花属 ← **Scrophularia; Celsia;Aloysia** Scrophulariaceae 玄参科 [MD-536] 全球 (1) 大洲分布及种数(17-18)◆南美洲
Alonzoa Brongn. = **Alonsoa**
Alope Baker = **Malope**
Alopecias Steven = **Astragalus**
Alopecuropsis Opiz = **Alopecurus**
Alopecuro-veronica L. = **Pogostemon**
Alopecurus (P.Beauv.) Griseb. = **Alopecurus**
Alopecurus【3】 L.看麦娘属 ≒ **Phleum;Anthoxanthum** Poaceae 禾本科 [MM-748] 全球 (6) 大洲分布及种数(45-61;hort.1;cult:7)非洲:18-50;亚洲:39-73;大洋洲:15-46;欧洲:21-55;北美洲:18-51;南美洲:11-42
Alopecusus L. = **Alopecurus**
Alophia【3】 Herb. 旋桨鸢尾属 ← **Cypella;Onira;Tigridia** Iridaceae 鸢尾科 [MM-700] 全球 (1) 大洲分布及种数(10)◆南美洲
Alophium Cass. = **Centaurea**
Alophochloa Endl. = **Agrostis**
Alophosia【3】 Cardot 葡萄牙金发藓属 ≒ **Lyellia** Polytrichaceae 金发藓科 [B-101] 全球 (1) 大洲分布及种数(1)◆欧洲
Alophotropis (Steven) Grossh. = **Vavilovia**

A

Alophyllus L. = **Otophora**
Alopicarpus Neck. = **Paris**
Aloptaloe【-】 P.V.Heath 芦荟科属 Aloaceae 芦荟科 [MM-668] 全球 (uc) 大洲分布及种数(uc)
Alosemis Raf. = **Onoseris**
Alotanopsis S.A.Hammer = **Aloinopsis**
Aloysia Juss. = **Aloysia**
Aloysia【3】 Paláu 橙香木属 → **Acantholippia;Verbena;Ardisia** Verbenaceae 马鞭草科 [MD-556] 全球 (6) 大洲分布及种数(50-61;hort.1;cult:3)非洲:4-20;亚洲:2-17;大洋洲:7-23;欧洲:7-22;北美洲:18-37;南美洲:46-69
Alpaida Dvorak = **Torularia**
Alpaminia O.E.Schulz = **Weberbauera**
Alpha Saussure = **Alophia**
Alphandia【3】 Baill. 漆桐属 Euphorbiaceae 大戟科 [MD-217] 全球 (1) 大洲分布及种数(3)◆大洋洲
Alphestes S.Moore = **Hypoestes**
Alphitonia【3】Endl.麦珠子属←**Ceanothus;Rhamnus** Rhamnaceae 鼠李科 [MD-331] 全球 (6) 大洲分布及种数(13-24)非洲:2-6;亚洲:7-14;大洋洲:9-21;欧洲:3;北美洲:3-6;南美洲:2
Alphonsea【3】 Hook.f. & Thoms. 藤春属 ← **Bocagea; Orophea** Annonaceae 番荔枝科 [MD-7] 全球 (1) 大洲分布及种数(18-40)◆亚洲
Alphonseopsis Baker f. = **Polyceratocarpus**
Alphonsi Hook.f. & Thoms. = **Alphonsea**
Alphonsoara【-】 auct. 兰科属 Orchidaceae 兰科 [MM-723] 全球 (uc) 大洲分布及种数(uc)
Alphus White = **Alnus**
Alpina【-】 Cothen. 姜科属 Zingiberaceae 姜科 [MM-737] 全球 (uc) 大洲分布及种数(uc)
Alpinia Horan. = **Alpinia**
Alpinia【3】 Roxb. 山姜属 ← **Renealmia;Zingiber; Heritiera** Zingiberaceae 姜科 [MM-737] 全球 (1) 大洲分布及种数(149-236)◆亚洲
Alpiniaceae Bartl. = Caryophyllaceae
Alrawia【3】 (Wendelbo) K.Perss. & Wendelbo 管花风信属 Asparagaceae 天门冬科 [MM-669] 全球 (1) 大洲分布及种数(3)◆亚洲
Alsaton Cothen. = **Notobubon**
Alschingera Vis. = **Pleurospermum**
Alseis【3】 Schott 牛尾楠属 → **Wittmackanthus** Rubiaceae 茜草科 [MD-523] 全球 (1) 大洲分布及种数(18-19)◆南美洲
Alsenosmia Endl. = **Alseuosmia**
Alseodaphne【3】 Nees 油丹属 ← **Persea;Iteadaphne** Lauraceae 樟科 [MD-21] 全球 (1) 大洲分布及种数(33-67)◆亚洲
Alseodaphnopsis【3】 H.W.Li & J.Li 丹樟属 Lauraceae 樟科 [MD-21] 全球 (1) 大洲分布及种数(cf.9) ◆亚洲
Alseuosmia【3】 A.Cunn. ex Walp. 岛海桐属 Alseuosmiaceae 岛海桐科 [MD-475] 全球 (1) 大洲分布及种数(2-11)◆大洋洲
Alseuosmiaceae【3】Airy-Shaw 岛海桐科 [MD-475] 全球 (1) 大洲分布和属种数(2-4;hort. & cult.2)(3-16;hort. & cult.3)◆大洋洲
Alshehbazia【3】 Salariato & Zuloaga 海岛莱属 Brassicaceae 十字花科 [MD-213] 全球 (1) 大洲分布及种数(cf.1) ◆南美洲

Alsia【2】 Sull. 片齿藓属 ≒ **Adicea** Leucodontaceae 白齿藓科 [B-198] 全球 (3) 大洲分布及种数(4) 大洋洲:1;欧洲:1;北美洲:4
Alsidium Hort. = **Aspidium**
Alsieae M.Fleisch. = **Alsia**
Alsinaceae Bartl. = Caryophyllaceae
Alsinanthe (Fenzl) Rchb. = **Sagina**
Alsinanthemos J.G.Gmel. = **Trientalis**
Alsinanthemum Fabr. = **Trientalis**
Alsinanthus Desv. = **Arenaria**
Alsinastrum Qür = **Elatine**
Alsine【3】 L. 繁缕草属 ≒ **Spergularia** Caryophyllaceae 石竹科 [MD-77] 全球 (6) 大洲分布及种数(40-50)非洲:1-20;亚洲:6-26;大洋洲:1-20;欧洲:23-42;北美洲:7-26;南美洲:6-25
Alsineae【3】 (DC.) Ser. 石繁缕属 Caryophyllaceae 石竹科 [MD-77] 全球 (1) 大洲分布及种数(1)◆非洲
Alsinella Gray = **Stellaria**
Alsinella Hill = **Sagina**
Alsinella Hornem. = **Spergularia**
Alsinella Mönch = **Cerastium**
Alsinidendron【3】 H.Mann 漆姑木属 ← **Schiedea** Caryophyllaceae 石竹科 [MD-77] 全球 (1) 大洲分布及种数(4-5)◆北美洲(◆美国)
Alsinodendron (H.Mann) Sherff = **Schiedea**
Alsinopsis Small = **Minuartia**
Alsmithia H.E.Moore = **Heterospathe**
Alsobia【3】 Hanst. 齿瓣岩桐属 ≒ **Episcia;Achimenes** Gesneriaceae 苦苣苔科 [MD-549] 全球 (1) 大洲分布及种数(3-4)◆北美洲
Alsocydia Mart ex J.C.Gomes Jr. = **Bignonia**
Alsodaphne Nees = **Alseodaphne**
Alsodeia Hook.f. & Thoms. = **Alsodeia**
Alsodeia【3】 Thou. 瑞堇菜属 ← **Rinorea;Allexis; Hybanthus** Violaceae 堇菜科 [MD-126] 全球 (1) 大洲分布及种数(1)◆北美洲
Alsodeiaceae J.Agardh = Violaceae
Alsodeiopsis【3】 Oliv. ex Benth. & Hook.f. 六瑞木属 ← **Leptaulus** Icacinaceae 茶茱萸科 [MD-450] 全球 (1) 大洲分布及种数(2-8)◆非洲
Alsodes (L.) Lunell = **Althenia**
Alsomitra【3】 (Bl.) Spach 翅葫芦属 ← **Fevillea; Erythropalum;Siolmatra** Cucurbitaceae 葫芦科 [MD-205] 全球 (1) 大洲分布及种数(4-6)◆亚洲
Alsomyia Mart. ex DC. = **Bignonia**
Alsoneia Hanst. = **Alsobia**
Alsophila (Bl.) T.Moore = **Alsophila**
Alsophila【3】R.Br. 木桫椤属 → **Cyathea;Trichipteris; Sphaeropteris** Cyatheaceae 桫椤科 [F-23] 全球 (6) 大洲分布及种数(310-506;hort.1;cult:4)非洲:128-149;亚洲:111-132;大洋洲:69-89;欧洲:9-20;北美洲:38-57;南美洲:133-163
Alsophilaceae C.Presl = Cyatheaceae
Alstonia【3】 R.Br. 鸡骨常山属 → **Alyxia;Pacouria; Parsonsia** Apocynaceae 夹竹桃科 [MD-492] 全球 (6) 大洲分布及种数(35-57;hort.1;cult:2)非洲:11-26;亚洲:26-43;大洋洲:19-39;欧洲:8;北美洲:12-22;南美洲:11-21
Alstroemeria Graham = **Alstroemeria**
Alstroemeria【3】 L. 六出花属 → **Bomarea** Alstro-

emeriaceae 六出花科 [MM-676] 全球 (1) 大洲分布及种数(107-174)◆南美洲

Alstroemeriaceae【3】Dum. 六出花科 [MM-676] 全球 (6) 大洲分布和属种数(3;hort. & cult.2)(242-366;hort. & cult.47-71)非洲:1/1;亚洲:1/1;大洋洲:2/4-5;欧洲:1/1;北美洲:2/23-25;南美洲:3/230-327

Alstroemerieae Bernh. = **Alstroemeria**

Alstromeria N.P.Barker & H.P.Linder = **Bomarea**

Alstromeriaceae Dum. = Alstroemeriaceae

Altamirania Greenm. = **Podachaenium**

Altamiranoa Rose = **Villadia**

Alteinia Delile = **Pinus**

Altensteinia【3】H.B. & K. 贝唇兰属 ≒ **Prescottia** Orchidaceae 兰科 [MM-723] 全球 (1) 大洲分布及种数(9-12)◆南美洲

Alternanthera【3】Forssk. 莲子草属 ← **Achyranthes;Paronychia** Amaranthaceae 苋科 [MD-116] 全球 (6) 大洲分布及种数(138-164;hort.1;cult: 22)非洲:20-30;亚洲:28-38;大洋洲:24-34;欧洲:12-21;北美洲:50-64;南美洲:115-139

Alternanthera Moq. = **Alternanthera**

Alternaria Gaertn. = **Antennaria**

Alternasemina S.Manso = **Cayaponia**

Altha L. = **Caltha**

Althaea【3】L. 药葵属 ≒ **Malva;Pavonia** Malvaceae 锦葵科 [MD-203] 全球 (6) 大洲分布及种数(24-37)非洲:6-8;亚洲:14-22;大洋洲:5-7;欧洲:13-15;北美洲:5-7;南美洲:2

Althaemenes St.Lag. = **Achimenes**

Althea Crantz = **Althaea**

Althenia【2】F.Petit 柱果藻属 → **Lepilaena;Bellevalia** Potamogetonaceae 眼子菜科 [MM-606] 全球 (4) 大洲分布及种数(10)非洲:2;亚洲:2;大洋洲:8;欧洲:2

Altheria Thou. = **Melochia**

Althingia Delile = **Araucaria**

Althoffia【2】K.Schum. 扁柱杆属 ← **Grewia** Malvaceae 锦葵科 [MD-203] 全球 (3) 大洲分布及种数(1) 非洲;亚洲;大洋洲

Altingia【3】Noronha 蕈树属 ≒ **Semiliquidambar** Hamamelidaceae 金缕梅科 [MD-63] 全球 (6) 大洲分布及种数(11)非洲:1;亚洲:9-10;大洋洲:1-2;欧洲:1;北美洲:1;南美洲:1

Altingiaceae【3】Horan. 蕈树科 [MD-65] 全球 (6) 大洲分布和属种数(1;hort. & cult.1)(10-14;hort. & cult.3-4)非洲:1/1;亚洲:1/9-10;大洋洲:1/1-2;欧洲:1/1;北美洲:1/1;南美洲:1/1

Altiphylax Poir. = **Luzula**

Altiura Forssk. = **Acokanthera**

Altoparadisium【3】Filg.,Davidse,Zuloaga & Morrone 枫草属 ≒ **Arthropogon** Poaceae 禾本科 [MM-748] 全球 (1) 大洲分布及种数(2)◆南美洲

Altora Adans. = **Clutia**

Alunia Lindl. = **Alania**

Alurnus Rosenberg = **Alnus**

Aluta【3】Rye & Trudgen 腺蜡花属 ≒ **Thryptomene** Myrtaceae 桃金娘科 [MD-347] 全球 (1) 大洲分布及种数(3-5)◆大洋洲

Alutera Benoist = **Anredera**

Alvania Vand. = **Webera**

Alvaradoa【2】Liebm. 美洲臭椿属 ← **Picramnia** Picramniaceae 美洲苦木科 [MD-409] 全球 (2) 大洲分布及种数(3-8)北美洲:1-6;南美洲:2

Alvardia Fenzl = **Peucedanum**

Alvarezia Pav. ex Nees = **Blechum**

Alvarodoa Müll.Berol. = **Alvaradoa**

Alveolaria Lagerh. = **Aureolaria**

Alvesia【3】Welw. 黄花羊蹄甲属 ← **Bauhinia** Lamiaceae 唇形科 [MD-575] 全球 (1) 大洲分布及种数(3)◆非洲

Alvimia【3】Calderón ex T.R.Soderstrom & X.Londoño 阿尔芬竹属 Poaceae 禾本科 [MM-748] 全球 (1) 大洲分布及种数(3)◆南美洲(◆巴西)

Alvimiantha【3】Grey-Wilson 阿尔花属 Rhamnaceae 鼠李科 [MD-331] 全球 (1) 大洲分布及种数(1)◆南美洲(◆巴西)

Alvisia Lindl. = **Androsace**

Alvordia【3】Brandegee 柱果菊属 ≒ **Agiabampoa** Asteraceae 菊科 [MD-586] 全球 (1) 大洲分布及种数(4-5)◆北美洲

Alwisia Berk. & Broome = **Vanilla**

Alworthia G.D.Rowley = **Aloe**

Alycia Willd. ex Steud. = **Eriochloa**

Alydus Mill. = **Alnus**

Alymeria D.Dietr. = **Armeria**

Alymnia Neck. = **Polymnia**

Alynda Clarke = **Alyxia**

Alyogyne【3】Alef. 合柱槿属 ← **Cienfuegosia;Hibiscus;Fugosia** Malvaceae 锦葵科 [MD-203] 全球 (1) 大洲分布及种数(4-5)◆大洋洲

Alypia Schaus = **Alyxia**

Alypum Fisch. = **Globularia**

Alysicarpus Desv. = **Alysicarpus**

Alysicarpus【3】Neck. ex Desv. 链荚豆属 → **Dendrolobium;Desmodium** Fabaceae3 蝶形花科 [MD-240] 全球 (6) 大洲分布及种数(28-46;hort.1;cult: 2)非洲:12-19;亚洲:24-47;大洋洲:6-17;欧洲:4;北美洲:6-10;南美洲:4-8

Alysidium Rabenh. = **Cymbidium**

Alysistyles Brown,Nicholas Edward & Dyer,Robert Allen = **Alistilus**

Alyson Crantz = **Alyssum**

Alyssant Crantz = **Alyssum**

Alyssanthus Trinajstič = **Aurinia**

Alyssicarpus Dalzell = **Alysicarpus**

Alyssoides【3】Mill. 木庭荠属 ← **Alyssum** Brassicaceae 十字花科 [MD-213] 全球 (6) 大洲分布及种数(3)非洲:4;亚洲:1-5;大洋洲:4;欧洲:2-6;北美洲:1-5;南美洲:4

Alysson Crantz = **Alyssum**

Alyssopsis【3】Rchb. 拟庭荠属 Brassicaceae 十字花科 [MD-213] 全球 (1) 大洲分布及种数(1)◆东亚(◆中国)

Alyssum【3】L. 庭荠属 ≒ **Physaria** Brassicaceae 十字花科 [MD-213] 全球 (6) 大洲分布及种数(214-258;hort.1;cult:13)非洲:30-45;亚洲:150-169;大洋洲:2-17;欧洲:105-122;北美洲:31-46;南美洲:15

Alyxia (Markgr.) Markgr. = **Alyxia**

Alyxia【3】Banks ex R.Br. 链珠藤属 ← **Alstonia;Melodinus;Rauvolfia** Apocynaceae 夹竹桃科 [MD-492] 全球(6)大洲分布及种数(80-145)非洲:22-54;亚洲:41-87;

大洋洲:56-116;欧洲:2-19;北美洲:9-26;南美洲:17
Alyxoria Banks ex R.Br. = **Alyxia**
Alzalia F.Dietr. = **Alzatea**
Alzatea【3】 Ruiz & Pav. 双隔果属 ≒ **Azalea** Alzateaceae 双隔果科 [MD-351] 全球 (1) 大洲分布及种数(1-2)◆南美洲
Alzateaceae 【3】 S.A.Graham 双隔果科 [MD-351] 全球 (6) 大洲分布和属种数(1/1-2)非洲:1/1;亚洲:1/1;大洋洲:1/1;欧洲:1/1;北美洲:1/1;南美洲:1/1-2
Alziniana F.Dietr. ex Pfeiff. = **Alzatea**
Amacata Willd. ex Röm. & Schult. = **Coffea**
Amadea Adans. = **Androsace**
Amage Adans. = **Androsace**
Amagris Raf. = **Calamagrostis**
Amaioua【3】 Aubl. 阿迈茜属 → **Alibertia;Casasia;-Kutchubaea** Rubiaceae 茜草科 [MD-523] 全球 (1) 大洲分布及种数(13-17)◆南美洲
Amajoua K.Schum. = **Coffea**
Amalago Raf. = **Piper**
Amalda Weisbord = **Amalia**
Amalia【-】 Endl. 兰科属 ≒ **Aralia** Orchidaceae 兰科 [MM-723] 全球 (uc) 大洲分布及种数(uc)
Amalias Hoffmanns. = **Tillandsia**
Amallectis A.Juss. ex J.St.Hil. = **Symphorema**
Amalobotrya Kunth ex Meisn. = **Symmeria**
Amalocalyx【3】 Pierre 毛车藤属 Apocynaceae 夹竹桃科 [MD-492] 全球 (1) 大洲分布及种数(1-2)◆亚洲
Amalophyllon 【3】 Brandegee 饰缨岩桐属 ← **Achimenes;Phinaea** Gesneriaceae 苦苣苔科 [MD-549] 全球 (1) 大洲分布及种数(13)◆北美洲
Amalthea Raf. = **Adhatoda**
Amamelis Lem. = **Hamamelis**
Amana【3】 Honda 老鸦瓣属 ← **Gagea** Liliaceae 百合科 [MM-633] 全球 (1) 大洲分布及种数(4-23)◆东亚(◆中国)
Amanitaceae Stapf = Akaniaceae
Amanitopsis (Bull.) Roze = **Ajaniopsis**
Amannia Bl. = **Ammannia**
Amanoa【3】 Aubl. 花碟木属 → **Bridelia;Cleistanthus;Richeria** Phyllanthaceae 叶下珠科 [MD-222] 全球 (6) 大洲分布及种数(17-21)非洲:1-7;亚洲:4;大洋洲:5;欧洲:4;北美洲:4-8;南美洲:15-20
Amansia J.V.F.Lamouroux = **Amanoa**
Amansiaceae Stapf = Akaniaceae
Amantanthus Kunth = **Amaranthus**
Amantis Sessé & Moç. ex Brongn. = **Nolina**
Amapa Steud. = **Xylocarpus**
Amaraboya Linden = **Blakea**
Amaracanthus Kuijt = **Amaranthus**
Amaracarpus【3】 Bl. 澄光茜属 ≒ **Psychotria** Rubiaceae 茜草科 [MD-523] 全球 (6) 大洲分布及种数(43)非洲:10-38;亚洲:5-28;大洋洲:14-41;欧洲:7;北美洲:2-9;南美洲:2-9
Amaracus Gled. = **Origanum**
Amaralia Welw. ex Benth. & Hook.f. = **Sherbournia**
Amarantellus Speg. = **Amaranthus**
Amarantesia hort. ex Regel = **Alternanthera**
Amaranthaceae【3】 Juss. 苋科 [MD-116] 全球 (6) 大洲分布和属种数(71-83;hort. & cult.12-15)(849-1587;hort. & cult.38-57)非洲:41-63/247-448;亚洲:25-40/201-358;大洋洲:20-38/136-418;欧洲:10-32/81-221;北美洲:23-37/248-408;南美洲:29-46/424-628
Amaranthoides Mill. = **Gomphrena**
Amaranthus【3】 L. 花苋属 ≒ **Adelanthus;Anetanthus** Amaranthaceae 苋科 [MD-116] 全球 (6) 大洲分布及种数(113-187;hort.1;cult:34)非洲:27-45;亚洲:46-65;大洋洲:26-46;欧洲:47-75;北美洲:60-78;南美洲:46-71
Amarantus L. = **Amaranthus**
Amarcrinum 【3】 Hort. 彩石蒜属 ≒ **Crinum** Amaryllidaceae 石蒜科 [MM-694] 全球 (1) 大洲分布及种数(1-2)◆非洲
Amarella Gilib. = **Gentianella**
Amarenus C.Presl = **Trifolium**
Amaria Mutis ex Caldas = **Bauhinia**
Amarolea Small = **Ilex**
Amarygia【3】 Cif. & Giacom. 北美洲石蒜属 ← **Brunsvigia** Amaryllidaceae 石蒜科 [MM-694] 全球 (1) 大洲分布及种数(1)◆北美洲(◆美国)
Amaryllidaceae 【3】 J.St.Hil. 石蒜科 [MM-694] 全球 (6) 大洲分布和属种数(63-73;hort. & cult.47-54)(1144-2193;hort. & cult.332-566)非洲:27-43/337-709;亚洲:18-32/179-531;大洋洲:14-29/63-359;欧洲:10-28/173-467;北美洲:17-33/161-468;南美洲:37-51/613-962
Amaryllis 【3】 L. 孤挺花属 ≒ **Hippeastrum;Zephyranthes;Boophone** Amaryllidaceae 石蒜科 [MM-694] 全球 (6) 大洲分布及种数(18-49)非洲:3-37;亚洲:5-41;大洋洲:3-36;欧洲:1-34;北美洲:5-38;南美洲:13-53
Amarynthis Cramer = **Amaranthus**
Amasha Raf. = **Aphelandra**
Amasona Cothen. = **Amasonia**
Amasonia【3】 L.f. 彩苞花属 ≒ **Amaioua** Verbenaceae 马鞭草科 [MD-556] 全球 (6) 大洲分布及种数(10-11)非洲:7;亚洲:7;大洋洲:7;欧洲:7;北美洲:3-10;南美洲:9-17
Amastris Raf. = **Deyeuxia**
Amathea Raf. = **Aphelandra**
Amathes Raf. = **Aphelandra**
Amathia Raf. = **Adhatoda**
Amathina Raf. = **Adhatoda**
Amatitlania Lundell = **Ardisia**
Amatlania Lundell = **Ardisia**
Amatula Medik. = **Lycopersicon**
Amauria 【3】 Benth. 四棱菊属 ← **Bahia;Perityle** Asteraceae 菊科 [MD-586] 全球 (1) 大洲分布及种数(4-5)◆北美洲
Amauriella【3】 Rendle 四棱星属 ← **Anubias** Araceae 天南星科 [MM-639] 全球 (1) 大洲分布及种数(uc)属分布和种数(uc)◆非洲
Amaurinia Desv. = **Aurinia**
Amauriopsis 【3】 Rydb. 橙羽菊属 ≒ **Amauria** Asteraceae 菊科 [MD-586] 全球 (1) 大洲分布及种数(uc)属分布和种数(uc)◆北美洲
Amauropelta 【2】 Kunze 暗盾蕨属 ≒ **Dryopteris;Thelypteris** Thelypteridaceae 金星蕨科 [F-42] 全球 (4) 大洲分布及种数(10-11) 非洲;亚洲;欧洲;北美洲
Amauta Medik. = **Solanum**
Amaxia Schaus = **Amalia**
Amaxitis Adans. = **Dactylis**
Amazilis Adans. = **Acrachne**

Amazonia L.f. = **Amasonia**
Amazonina Hebard = **Amasonia**
Amazoopsis【2】(Spruce) J.J.Engel & G.L.Merr. 指叶苔属 ≒ **Amazopsis** Lepidoziaceae 指叶苔科 [B-63] 全球 (2) 大洲分布及种数(cf. 1) 非洲;南美洲
Amazopsis【3】(Spruce) J.J.Engel & G.L.Merr. 林叶苔属 ≒ **Amazoopsis** Lepidoziaceae 指叶苔科 [B-63] 全球 (1) 大洲分布及种数(1)◆非洲
Ambaiba Adans. = **Cecropia**
Ambassa【-】Steetz 斑鸠菊科属 ≒ **Aster** Vernoniaceae 斑鸠菊科 [MD-587] 全球 (uc) 大洲分布及种数(uc)
Ambavia【3】Le Thomas 澄光木属 ← **Popowia;Sphaerocoryne** Annonaceae 番荔枝科 [MD-7] 全球 (1) 大洲分布及种数(2)◆非洲
Ambelania【3】Aubl. 林瓜树属 → **Molongum;Willughbeia;Spongiosperma** Apocynaceae 夹竹桃科 [MD-492] 全球 (1) 大洲分布及种数(4-5)◆南美洲
Amberboa (Pers.) Less. = **Amberboa**
Amberboa【2】Vaill. 珀菊属 ← **Centaurea;Volutaria** Asteraceae 菊科 [MD-586] 全球 (3) 大洲分布及种数(13-22;hort.1)亚洲:12-13;欧洲:2;北美洲:2
Amberboi Adans. = **Volutaria**
Amberboia P. & K. = **Volutaria**
Ambia C.Presl = **Polystichum**
Ambianella Willis = **Mimusops**
Ambilobea【3】Thulin,Beier & Razafim. 翼柄橄属 ≒ **Boswellia** Burseraceae 橄榄科 [MD-408] 全球 (1) 大洲分布及种数(1)◆非洲(◆马达加斯加)
Ambinax Comm. ex Juss. = **Vernicia**
Ambinux Comm. ex A.Juss. = **Aleurites**
Amblachaenium Turcz. ex DC. = **Hypochaeris**
Amblatum G.Don = **Lathraea**
Ambleia Spach = **Stachys**
Amblia C.Presl = **Phanerophlebia**
Amblirion Raf. = **Tulipa**
Amblogyna Raf. = **Acroglochin**
Amblogyne Raf. = **Acanthochiton**
Amblostima Raf. = **Schoenolirion**
Amblostoma【-】Scheidw. 兰科属 Orchidaceae 兰科 [MM-723] 全球 (uc) 大洲分布及种数(uc)
Amblyachyrum Hochst. ex Steud. = **Apocopis**
Amblyanthe Rauschert = **Dendrobium**
Amblyanthera Bl. = **Osbeckia**
Amblyanthera Müll.Arg. = **Mandevilla**
Amblyanthopsis【3】Mez 连药金牛属 ≒ **Ardisia** Primulaceae 报春花科 [MD-401] 全球 (1) 大洲分布及种数(2-3)◆亚洲
Amblyanthus (Schltr.) Brieger = **Amblyanthus**
Amblyanthus【3】A.DC. 锥药金牛属 ← **Ardisia** Primulaceae 报春花科 [MD-401] 全球 (1) 大洲分布及种数(3-5)◆亚洲
Amblycarpum C.Lemaire = **Amblyocarpum**
Amblyceps Dulac = **Molinia**
Amblychia Link = **Catapodium**
Amblychloa Link = **Odontochilus**
Amblyglottis Bl. = **Calanthe**
Amblygonocarpus【3】Harms 响荚豆属 ← **Tetrapleura** Fabaceae 豆科 [MD-240] 全球 (1) 大洲分布及种数(1)◆非洲
Amblygonum【3】Rchb. 蓼科属 ≒ **Persicaria** Polygonaceae 蓼科 [MD-120] 全球 (1) 大洲分布及种数(uc)◆大洋洲
Amblylepis Decaisne = **Amblyolepis**
Amblynotopsis【3】J.F.Macbr. 沙紫草属 ≒ **Antiphytum** Boraginaceae 紫草科 [MD-517] 全球 (1) 大洲分布及种数(3)属分布和种数(uc)◆北美洲
Amblynotus【3】I.M.Johnst. 钝背草属 ← **Anchusa;Eritrichium** Boraginaceae 紫草科 [MD-517] 全球 (6) 大洲分布及种数(2)非洲:1;亚洲:1-2;大洋洲:1-2;欧洲:1;北美洲:1-2;南美洲:1
Amblyocalyx Benth. = **Alstonia**
Amblyocarpum【3】Fisch. & C.A.Mey. 钝果菊属 Asteraceae 菊科 [MD-586] 全球 (1) 大洲分布及种数(uc)属分布和种数(uc)◆亚洲
Amblyodon Bruch & Schimp. = **Amblyodon**
Amblyodon【2】P.Beauv. 拟寒藓属 ≒ **Meesia** Meesiaceae 寒藓科 [B-144] 全球 (5) 大洲分布及种数(1)非洲:1;亚洲:1;欧洲:1;北美洲:1;南美洲:1
Amblyodontaceae Schimp. = Meesiaceae
Amblyodum【3】P.Beauv. 拟寒藓属 ≒ **Amblyodon** Meesiaceae 寒藓科 [B-144] 全球 (1) 大洲分布及种数(1)◆欧洲
Amblyoglossum Turcz. = **Tylophora**
Amblyolejeunea【3】Jovet-Ast 微鳞苔属 Lejeuneaceae 细鳞苔科 [B-84] 全球 (1) 大洲分布及种数(1)◆非洲
Amblyolepis【3】DC. 金欢菊属 ← **Helenium** Asteraceae 菊科 [MD-586] 全球 (1) 大洲分布及种数(1)◆北美洲
Amblyopappus【3】Hook. & Arn. 钝冠菊属 ← **Schkuhria;Sigesbeckia** Asteraceae 菊科 [MD-586] 全球 (6)大洲分布及种数(1)非洲:1;亚洲:1;大洋洲:1;欧洲:1;北美洲:1-2;南美洲:1-2
Amblyopelis Steud. = **Amblyolepis**
Amblyopetalum【3】Malme 钝瓣藤属 ≒ **Oxypetalum** Apocynaceae 夹竹桃科 [MD-492] 全球 (1) 大洲分布及种数(uc)◆南美洲
Amblyopogon (Fisch. & C.A.Mey. ex DC.) Jaub. & Spach = **Centaurea**
Amblyoppapus Hook. & Arn. = **Amblyopappus**
Amblyops Dulac = **Aira**
Amblyopus I.M.Johnst. = **Amblynotus**
Amblyopyrum (Jaub. & Spach) Eig = **Amblyopyrum**
Amblyopyrum【2】Eig 细禾属 ← **Aegilops** Poaceae 禾本科 [MM-748] 全球 (2) 大洲分布及种数(cf.1) 亚洲;欧洲
Amblyorhinum Turcz. = **Phyllactis**
Amblyotropis Kitag. = **Gueldenstaedtia**
Amblyotropsis【3】Kitag. 茸帽藓属 ≒ **Amblytropis** Pilotrichaceae 茸帽藓科 [B-166] 全球 (1) 大洲分布及种数(1)◆非洲
Amblyphyllum Lindb. = **Splachnobryum**
Amblysperma Benth. = **Trichocline**
Amblystegiaceae【3】Kindb. 柳叶藓科 [B-178] 全球 (6) 大洲分布和属种数(47/294)亚洲:28/112;大洋洲:19/40;欧洲:36/139;北美洲:32/157;南美洲:27/98
Amblystegiella【2】Löske 细柳藓属 ≒ **Orthoamblystegium** Amblystegiaceae 柳叶藓科 [B-178] 全球 (2) 大洲分布及种数(2) 非洲:1;亚洲:1

A

Amblystegium Hispidula C.E.O.Jensen = **Amblystegium**
Amblystegium【3】 Schimp. 柳叶藓属 ≒ **Cratoneuron; Straminergon** Amblystegiaceae 柳叶藓科 [B-178] 全球 (6) 大洲分布及种数(39) 非洲:2;亚洲:9;大洋洲:3;欧洲:20;北美洲:16;南美洲:8
Amblystigma【3】 Benth. 钝子萝藦属 ≒ **Philibertia** Apocynaceae 夹竹桃科 [MD-492] 全球 (1) 大洲分布及种数(1-2)◆南美洲
Amblystoma P. & K. = **Epidendrum**
Amblystomus P. & K. = **Prosthechea**
Amblyteles Dulac = **Molinia**
Amblytes Dulac = **Molinia**
Amblytropis (Mitt.) Broth. = **Amblytropis**
Amblytropis【2】 Kitag. 细蝶藓属 ≒ **Cyclodictyon** Daltoniaceae 小黄藓科 [B-162] 全球 (2) 大洲分布及种数(6) 北美洲:4;南美洲:4
Ambongia【3】 Benoist 马岛爵床属 Acanthaceae 爵床科 [MD-572] 全球 (1) 大洲分布及种数(1)◆非洲(◆马达加斯加)
Ambonus Comm. ex Juss. = **Aleurites**
Ambora Juss. = **Tambourissa**
Amborella【3】 Baill. 无油樟属 Amborellaceae 无油樟科 [MD-14] 全球 (1) 大洲分布及种数(1)◆大洋洲(◆波利尼西亚)
Amborellaceae【3】Pichon 无油樟科 [MD-14] 全球 (1) 大洲分布和属种数(1/1)◆大洋洲
Amboroa【3】 Cabrera 刺冠亮泽兰属 Asteraceae 菊科 [MD-586] 全球 (1) 大洲分布及种数(2)◆南美洲
Ambraria Cruse = **Nenax**
Ambraria Fabr. = **Anthospermum**
Ambrella【3】 H.Perrier 狸藻兰属 Orchidaceae 兰科 [MM-723] 全球 (1) 大洲分布及种数(1)◆非洲(◆马达加斯加)
Ambrina Adenois Moq. = **Chenopodium**
Ambroma【3】 L.f. 昂天莲属 → **Abroma** Malvaceae 锦葵科 [MD-203] 全球 (1) 大洲分布及种数(1-3)◆亚洲
Ambrosia【3】 L. 豚草属 ≒ **Myrcianthes** Asteraceae 菊科 [MD-586] 全球 (1) 大洲分布及种数(45-73)◆北美洲
Ambrosiaceae【3】 Bercht. & J.Presl 豚草科 [MD-580] 全球 (6) 大洲分布和属种数(1;hort. & cult.1)(45-95;hort. & cult.3-4)非洲:1/27;亚洲:1/27;大洋洲:1/27;欧洲:1/27;北美洲:1/45-73;南美洲:1/27
Ambrosieae Cass. = **Ambrosina**
Ambrosiinae Less. = **Ambrosina**
Ambrosina【3】 Bassi 小囊芋属 → **Cryptocoryne; Arum** Araceae 天南星科 [MM-639] 全球 (1) 大洲分布及种数(1)◆欧洲
Ambrosini L. = **Ambrosina**
Ambrosinia L. = **Cryptocoryne**
Ambrosinica Bassi = **Ambrosina**
Ambuchanania【3】 Seppelt & H.A.Crum 泥炭藓科属 Sphagnaceae 泥炭藓科 [B-97] 全球 (1) 大洲分布及种数(1)◆大洋洲
Ambuchananiaceae A.J.Shaw = Sphagnaceae
Ambuli【-】 Adans. 车前科属 ≒ **Adenosma** Plantaginaceae 车前科 [MD-527] 全球 (uc) 大洲分布及种数(uc)
Ambulia Lam. = **Ambuli**
Amburana【3】 Schwacke & Taub. 青李豆属 ≒ **Torresea** Fabaceae 豆科 [MD-240] 全球 (1) 大洲分布及种数(2-3)◆南美洲
Ambuya Raf. = **Aristolochia**
Ambyglottis Bl. = **Calanthe**
Ame Lindl. = **Habenaria**
Amebia Regel = **Akebia**
Amechania DC. = **Agarista**
Ameghinoa【3】 Speg. 腺叶钝柱菊属 Asteraceae 菊科 [MD-586] 全球 (1) 大洲分布及种数(1)◆南美洲
Ameiva C.B.Clarke = **Commelina**
Amelanchier (Decne.) Rehder = **Amelanchier**
Amelanchier【3】 Medik. 唐蜡属 ≒ **Aronia;Ayenia** Rosaceae 蔷薇科 [MD-246] 全球 (6) 大洲分布及种数(56-71;hort.1;cult: 10)非洲:5-23;亚洲:27-48;大洋洲:1-19;欧洲:23-42;北美洲:50-79;南美洲:6-24
Amelanchus Raf. = **Aronia**
Amelancus F.Möller ex Vollm. = **Amelanchier**
Amelasorbus【3】 Rehder 细籽玫属 ≒ **Amelanchier** Rosaceae 蔷薇科 [MD-246] 全球 (1) 大洲分布及种数(1)◆北美洲
Ameles Alef. = **Pyrola**
Ameletia DC. = **Rotala**
Ameletus DC. = **Rotala**
Amelia Alef. = **Pyrola**
Amelichloa【3】 Arriaga & Barkworth 穗花草属 ≒ **Stipa** Poaceae 禾本科 [MM-748] 全球 (1) 大洲分布及种数(3)◆南美洲
Amelina C.B.Clarke = **Herrania**
Amellus【2】 L. 非洲紫菀属 ≒ **Tridax;Liabum;Aster** Asteraceae 菊科 [MD-586] 全球 (4) 大洲分布及种数(6-22;hort.1)非洲:4;亚洲:cf.1;欧洲:1;北美洲:2
Amenia Forssk. = **Adenia**
Amenis Röber = **Adonis**
Amenopsis Boiss. = **Ammiopsis**
Amentotaxaceae Kudô & Yamam. = Taxaceae
Amentotaxus【3】 Pilg. 穗花杉属 ← **Podocarpus** Taxaceae 红豆杉科 [G-12] 全球 (1) 大洲分布及种数(4-5)◆亚洲
Amerianna Noronha = **Salix**
America Noronha = **Salix**
Americana Nor. = **Aegle**
Americus Hanford,William H. = **Sequoiadendron**
Amerid Noronha = **Salix**
Ameridion Levi = **Amerimnon**
Amerila Noronha = **Salix**
Amerim Noronha = **Salix**
Amerimnon【3】 P.Br. & Jacq. 芳菲豆属 → **Dalbergia; Platymiscium;Pterocarpus** Fabaceae3 蝶形花科 [MD-240] 全球 (6) 大洲分布及种数(23-27)非洲:8-11;亚洲:12-15;大洋洲:2-5;欧洲:3;北美洲:3;南美洲:10-15
Amerimnum DC. = **Amerimnon**
Amerina DC. = **Salix**
Amerina Nor. = **Aglaia**
Amerix Raf. = **Toisusu**
Ameroglossum【3】 Eb.Fisch. 芳菲玄参属 Scrophulariaceae 玄参科 [MD-536] 全球 (1) 大洲分布及种数(2)◆南美洲(◆巴西)
Ameropterus Adans. = **Leysera**
Amerorchis【3】 Hultén 钝柱兰属 ≒ **Ponerorchis**

Orchidaceae 兰科 [MM-723] 全球 (1) 大洲分布及种数(1)◆北美洲

Amerosedum【2】 Á.Löve & D.Löve 厚景天属 ≒ **Sedum** Crassulaceae 景天科 [MD-229] 全球 (2) 大洲分布及种数(cf. 1) 北美洲;南美洲

Amesangis Garay & H.R.Sw. = **Rangaeris**

Amesara Garay & H.R.Sw. = **Renanthera**

Amesia【3】 A.Nelson & J.F.Macbr. 细籽兰属 ← **Epipactis;Adesmia** Orchidaceae 兰科 [MM-723] 全球 (1) 大洲分布及种数(1-9)◆亚洲

Amesiella【3】 Schltr. ex Garay 芳菲兰属 ← **Angraecum** Orchidaceae 兰科 [MM-723] 全球 (1) 大洲分布及种数(1-11)◆亚洲

Amesilabium【-】 J.M.H.Shaw 兰科属 Orchidaceae 兰科 [MM-723] 全球 (uc) 大洲分布及种数(uc)

Amesiodendron【3】 Hu 细子龙属 ← **Paranephelium** Sapindaceae 无患子科 [MD-428] 全球 (1) 大洲分布及种数(1-3)◆亚洲

Amesium Newm. = **Asplenium**

Amethystanthus【3】 Nakai 回菜花属 ← **Isodon;Plectranthus** Lamiaceae 唇形科 [MD-575] 全球 (1) 大洲分布及种数(cf. 1)◆亚洲

Amethystea【3】 L. 水棘针属 ≒ **Lycopus** Lamiaceae 唇形科 [MD-575] 全球 (1) 大洲分布及种数(cf. 1)◆亚洲

Amethystina Zinn = **Amethystea**

Ametrida Nor. = **Aegle**

Ametron Raf. = **Nectaropetalum**

Amheroporum Gagnep. = **Antheroporum**

Amherstia【2】 Wall. 璎珞木属 Fabaceae 豆科 [MD-240] 全球 (4) 大洲分布及种数(2)非洲:1;亚洲:cf.1;北美洲:1;南美洲:1

Amherstieae Benth. = **Amherstia**

Amhlyanthera Bl. = **Osbeckia**

Amiantanthus Kunth = **Amianthium**

Amianthemum Steud. = **Amianthium**

Amianthium【3】 A.Gray 毒蝇草属 ← **Anthericum;Melanthium** Melanthiaceae 藜芦科 [MM-621] 全球 (1) 大洲分布及种数(1-7)◆北美洲

Amianthum Raf. = **Amianthium**

Amicia【3】 Kunth 同瓣豆属 ← **Hedysarum;Zornia** Fabaceae 豆科 [MD-240] 全球 (1) 大洲分布及种数(7)◆南美洲

Amictonis Raf. = **Aegiphila**

Amiculus L. = **Aesculus**

Amida Nutt. = **Madia**

Amidena Adans. = **Rohdea**

Amiris Kunth = **Amicia**

Amiris La Llave = **Amyris**

Amirola Pers. = **Llagunoa**

Amischophacelus R.S.Rao & Kammathy = **Cyanotis**

Amischotolype【3】 Hassk. 穿鞘花属 → **Buforrestia;Pollia;Tradescantia** Commelinaceae 鸭跖草科 [MM-708] 全球 (6) 大洲分布及种数(17-25)非洲:3-7;亚洲:15-20;大洋洲:1-5;欧洲:4;北美洲:3-7;南美洲:2-6

Amitostigma【3】 Schltr. 无柱兰属 → **Chusua;Mitostigma** Orchidaceae 兰科 [MM-723] 全球 (1) 大洲分布及种数(25-30)◆亚洲

Ammandra【3】 O.F.Cook 百蕊椰子属 → **Aphandra;Phytelephas** Arecaceae 棕榈科 [MM-717] 全球 (1) 大洲分布及种数(1-5)◆南美洲

Ammanella Miq. = **Ammannia**

Ammania Baill. = **Ammannia**

Ammaniana G.A.Scop. = **Ammannia**

Ammanna Cothen. = **Ammannia**

Ammannia【3】 L. 水苋菜属 ≒ **Alamania;Cetrelia;Nesaea** Lythraceae 千屈菜科 [MD-333] 全球 (6) 大洲分布及种数(98-119;hort.1;cult:9)非洲:73-102;亚洲:22-48;大洋洲:15-39;欧洲:8-31;北美洲:12-35;南美洲:8-31

Ammanniaceae Horan. = Lythraceae

Ammannieae Benth. & Hook.f. = **Ammannia**

Ammanthus【3】 Boiss. & Heldr. 欧春蓟属 ← **Anthemis** Asteraceae 菊科 [MD-586] 全球 (1) 大洲分布及种数(2)◆欧洲

Ammi【3】 L. 阿米芹属 ≒ **Aethusa;Carum;Seseli** Apiaceae 伞形科 [MD-480] 全球 (1) 大洲分布及种数(6-10)◆欧洲

Ammiaceae Bercht. & C.Presl = Aizoaceae

Ammianthus Spruce ex Benth. & Hook.f. = **Amphianthus**

Ammiopsis【3】 Boiss. 拟阿米芹属 ≒ **Ammi** Apiaceae 伞形科 [MD-480] 全球 (1) 大洲分布及种数(uc)◆非洲

Ammios Mönch = **Trachyspermum**

Ammobates Steven = **Astragalus**

Ammobium【3】 R.Br. 银苞菊属 ← **Gnaphalium;Helichrysum** Asteraceae 菊科 [MD-586] 全球 (1) 大洲分布及种数(3)◆大洋洲

Ammobroma Torr. = **Pholisma**

Ammocalamagrostis【3】 P.Fourn. 沙生草属 ← **Ammophila** Poaceae 禾本科 [MM-748] 全球 (1) 大洲分布及种数(cf. 1)◆欧洲

Ammocallis Small = **Vinca**

Ammochares Herb. = **Ammocharis**

Ammocharis【3】 Herb. 沙殊兰属 ← **Amaryllis;Haemanthus;Crinum** Amaryllidaceae 石蒜科 [MM-694] 全球 (1) 大洲分布及种数(5-8)◆非洲

Ammochloa【3】 Boiss. 沙禾属 ← **Bromus;Poa;Sesleria** Poaceae 禾本科 [MM-748] 全球 (1) 大洲分布及种数(2-3)◆欧洲

Ammocodon Standl. = **Acleisanthes**

Ammocyanus (Boiss.) Sell & C.West = **Centaurea**

Ammodaucus【3】 Coss. & Dur. 砂萝卜属 ← **Cuminum;Daucus** Apiaceae 伞形科 [MD-480] 全球 (1) 大洲分布及种数(1)◆非洲

Ammodendron【3】 Fisch. ex DC. 银砂槐属 ← **Arenaria; Sophora** Fabaceae 豆科 [MD-240] 全球 (6) 大洲分布及种数(2-6)非洲:1-4;亚洲:1-8;大洋洲:3;欧洲:3;北美洲:3;南美洲:3

Ammodenia J.G.Gmel. ex Rupr. = **Honckenya**

Ammodia Nutt. = **Heterotheca**

Ammodytes Steven = **Astragalus**

Ammogeton Schröd. = **Zannichellia**

Ammoides【2】 Adans. 安蒙草属 ← **Carum;Ptychotis** Apiaceae 伞形科 [MD-480] 全球 (2) 大洲分布及种数(2-5)非洲:1-3;欧洲:1-3

Ammolirion Kar. & Kir. = **Eremurus**

Ammomanes Neck. = **Achimenes**

Ammonalia Desv. = **Honckenya**

Ammonalia Desv. ex Endl. = **Arenaria**

Ammonia Noronha = **Abronia**

Ammonites Adans. = **Ammoides**

Ammophila【3】Host 滨草属 ← **Arundo;Alsophila;Calamovilfa** Poaceae 禾本科 [MM-748] 全球 (6) 大洲分布及种数(5)非洲:7;亚洲:2-9;大洋洲:3-10;欧洲:2-9;北美洲:3-10;南美洲:2-9

Ammopiptanthus【3】S.H.Cheng 沙冬青属 ← **Piptanthus** Fabaceae 豆科 [MD-240] 全球 (1) 大洲分布及种数(cf. 1)◆亚洲

Ammopursus Small = **Liatris**

Ammorrhiza Ehrh. = **Carex**

Ammoselinum【3】Torr. & A.Gray 沙欧芹属 ← **Apium** Apiaceae 伞形科 [MD-480] 全球 (1) 大洲分布及种数(4-7)◆北美洲

Ammoseris Endl. = **Launaea**

Ammosperma【3】Hook.f. 非洲砂籽芥属 ← **Moricandia;Sisymbrium;Pseuderucaria** Brassicaceae 十字花科 [MD-213] 全球 (1) 大洲分布及种数(3)◆非洲

Ammothamnus【3】Bunge 厚果槐属 ← **Sophora** Fabaceae 豆科 [MD-240] 全球 (1) 大洲分布及种数(2)属分布和种数(uc)◆亚洲

Ammothea Raf. = **Adhatoda**

Ammotium R.Br. = **Ammobium**

Ammyrsine Pursh = **Leiophyllum**

Amnestus Schott = **Acnistus**

Amni Brongn. = **Anna**

Amoana【3】Baill. 沙大戟属 ≒ **Encyclia** Orchidaceae 兰科 [MM-723] 全球 (1) 大洲分布及种数(2)◆北美洲(◆墨西哥)

Amoeba C.Presl = **Amoria**

Amoebophyllum【3】N.E.Br. 玫红天赐木属 Aizoaceae 番杏科 [MD-94] 全球 (1) 大洲分布及种数(uc)◆亚洲

Amogeton Neck. = **Krigia**

Amoi L. = **Ammi**

Amoleiachyris C.H.Schultz-Bip. ex Walpers = **Gutierrezia**

Amolinia【3】R.M.King & H.Rob. 离苞毛泽兰属 Asteraceae 菊科 [MD-586] 全球 (1) 大洲分布及种数(1)◆北美洲

Amolita Dyar = **Amoria**

Amomaceae A.Rich. = Acoraceae

Amomaceae J.St.Hil. = Acoraceae

Amomis O.Berg = **Pimenta**

Amomophyllum Engl. = **Spathiphyllum**

Amomum L. = **Amomum**

Amomum【3】Roxb. 豆蔻属 → **Aframomum;Allionia** Zingiberaceae 姜科 [MM-737] 全球 (1) 大洲分布及种数(96-196)◆亚洲

Amomyrtella【3】Kausel 忍冬凤榴属 ← **Eugenia** Myrtaceae 桃金娘科 [MD-347] 全球 (1) 大洲分布及种数(2)◆南美洲

Amomyrtus【3】(Burret) D.Legrand & Kausel 小凤榴属 ← **Eugenia;Myrtus** Myrtaceae 桃金娘科 [MD-347] 全球 (1) 大洲分布及种数(2)◆南美洲

Amonaum L. = **Amomum**

Amonia Nestl. = **Ayenia**

Amonum L. = **Aframomum**

Amoora【3】Roxb. 崖摩属 ← **Aglaia;Chisocheton;Anthocarapa** Meliaceae 楝科 [MD-414] 全球 (6) 大洲分布及种数(17-18)非洲:1-8;亚洲:12-19;大洋洲:3-10;欧洲:7;北美洲:7;南美洲:7

Amooria Walp. = **Amoora**

Amordica Neck. = **Momordica**

Amorea Moq. = **Cycloloma**

Amoreuxia【3】DC. 红木科属 ≒ **Cochlospermum** Bixaceae 红木科 [MD-176] 全球 (1) 大洲分布及种数(4)◆北美洲

Amorgine Raf. = **Achyropsis**

Amoria【3】C.Presl 紫穗豆属 ← **Trifolium;Aporosa** Fabaceae3 蝶形花科 [MD-240] 全球 (1) 大洲分布及种数(7)◆欧洲

Amorimia【3】W.R.Anderson 紫虎尾属 ← **Hiraea;Mascagnia** Malpighiaceae 金虎尾科 [MD-343] 全球 (1) 大洲分布及种数(14-15)◆南美洲

Amorpha【3】L. 紫穗槐属 → **Dalea;Camphora** Fabaceae 豆科 [MD-240] 全球 (1) 大洲分布及种数(19-47)◆北美洲

Amorpheae Boriss. = **Amorpha**

Amorphocalyx Klotzsch = **Sclerolobium**

Amorphophallus【3】Bl. ex Decne. 魔芋属 ← **Arisaema;Conocephalus;Anchomanes** Araceae 天南星科 [MM-639] 全球 (6) 大洲分布及种数(88-240;hort.1)非洲:25-59;亚洲:66-205;大洋洲:4-21;欧洲:2-20;北美洲:14-43;南美洲:3-22

Amorphophalus Bl. = **Amorphophallus**

Amorphophllus Bl. = **Amorphophallus**

Amorphospermum F.Müll = **Chrysophyllum**

Amosa Neck. = **Abarema**

Amosina Bassi = **Ambrosina**

Amoureuxia C.Müll. = **Cochlospermum**

Ampacus P. & K. = **Evodia**

Ampagia Banks ex DC. = **Ammannia**

Ampalis (Bureau) Baill. = **Broussonetia**

Amparoa【3】Schltr. 阿姆兰属 ← **Odontoglossum** Orchidaceae 兰科 [MM-723] 全球 (1) 大洲分布及种数(10-24)◆北美洲

Amparoina Schltr. = **Amparoa**

Ampdocalamus S.L.Chen,T.H.Wen & G.Y.Sheng = **Ampelocalamus**

Ampedus Lindl. = **Abrus**

Ampelamus【3】Raf. 丑藤属 ← **Cynanchum;Vincetoxicum;Enslenia** Apocynaceae 夹竹桃科 [MD-492] 全球 (1) 大洲分布及种数(3)◆北美洲

Ampelanus Pfeiff. = **Ampelamus**

Ampelanus Raf. = **Enslenia**

Ampelaster【3】G.L.Nesom 藤菀属 ≒ **Adelaster;Symphyotrichum** Asteraceae 菊科 [MD-586] 全球 (1) 大洲分布及种数(1)◆北美洲(◆美国)

Ampelgonum Lindl. = **Persicaria**

Ampelocalamus【3】S.L.Chen,T.H.Wen & G.Y.Sheng 悬竹属 ← **Arthrostylidium** Poaceae 禾本科 [MM-748] 全球 (1) 大洲分布及种数(14-21)◆亚洲

Ampelocera【2】Klotzsch 多蕊朴属 Ulmaceae 榆科 [MD-83] 全球 (3) 大洲分布及种数(12)亚洲:cf.1;北美洲:6;南美洲:9

Ampelocissus (Miq.) Planch. = **Ampelocissus**

Ampelocissus【3】Planch. 酸蔹藤属 ← **Ampelopsis;Vitis** Vitaceae 葡萄科 [MD-403] 全球 (6) 大洲分布及种数(51-106)非洲:22-39;亚洲:28-71;大洋洲:4-9;欧洲:1-5;北美洲:12-19;南美洲:2-6

Ampelodaphne Meisn. = **Endlicheria**
Ampelodesma P.Beauv. = **Ampelodesmos**
Ampelodesmeae Stebbins & Crampton = **Ampelodesmos**
Ampelodesmos【3】Link 架绳草属 ← **Arundo;Avena;Festuca** Poaceae 禾本科 [MM-748] 全球 (1) 大洲分布及种数(1)◆非洲
Ampelodesmus J.Woods = **Festuca**
Ampelodonax Lojac. = **Ampelodesmos**
Ampeloplia Raf. = **Ampelopsis**
Ampeloplis Raf. = **Ampelopsis**
Ampelopsidaceae Kostel. = Myodocarpaceae
Ampelopsis Michx. = **Ampelopsis**
Ampelopsis【3】Rich. 蛇葡萄属 → **Ampelocissus;Parthenocissus;Hedera** Vitaceae 葡萄科 [MD-403] 全球 (6) 大洲分布及种数(25-35;hort.1;cult: 4)非洲:9;亚洲:23-36;大洋洲:3-12;欧洲:2-12;北美洲:10-22;南美洲:2-11
Ampelopteris【3】Kunze 矮毛蕨属 Thelypteridaceae 金星蕨科 [F-42] 全球 (1) 大洲分布及种数(1) ◆亚洲
Ampelosicyos Cogn. = **Ampelosycios**
Ampelosycios【3】Thou. 齿瓜属 ≒ **Telfairia** Cucurbitaceae 葫芦科 [MD-205] 全球 (1) 大洲分布及种数(5)◆非洲(◆中非)
Ampelothamnus Small = **Pieris**
Ampelozizyphus【3】Ducke 蔓枣属 Rhamnaceae 鼠李科 [MD-331] 全球 (1) 大洲分布及种数(2-3)◆南美洲
Ampelygonum Lindl. = **Polygonum**
Amperea【3】A.Juss. 铁漆姑属 ← **Gyrostemon** Euphorbiaceae 大戟科 [MD-217] 全球 (1) 大洲分布及种数(5-9)◆大洋洲
Amphalogonus Baill. = **Periploca**
Amphania Banks ex DC. = **Ammannia**
Ampherephis【3】Kunth 菊科属 ≒ **Lamprachaenium;Phyllocephalum** Asteraceae 菊科 [MD-586] 全球 (1) 大洲分布及种数(uc)◆亚洲
Amphiachyris【3】(DC.) Nutt. 短冠帚黄花属 → **Amphipappus;Gutierrezia;Xanthocephalum** Asteraceae 菊科 [MD-586] 全球 (1) 大洲分布及种数(3-8)◆北美洲(◆美国)
Amphianthus【3】Torr. 细车前属 ← **Gratiola** Plantaginaceae 车前科 [MD-527] 全球 (6) 大洲分布及种数(1)非洲:1;亚洲:1;大洋洲:1;欧洲:1;北美洲:1;南美洲:1
Amphiarius Nees ex Steud. = **Zygodon**
Amphiasma【3】Bremek. 西南非茜草属 ← **Houstonia;Oldenlandia;Pentanopsis** Rubiaceae 茜草科 [MD-523] 全球 (1) 大洲分布及种数(5-12)◆非洲
Amphibecis Humb. ex Schrank = **Centratherum**
Amphibia L.Bolus = **Amphibolia**
Amphibiophytum【-】H.Karst. 带叶苔科属 Pallaviciniaceae 带叶苔科 [B-30] 全球 (uc) 大洲分布及种数(uc)
Amphiblemma【3】Naudin 热非野牡丹属 → **Calvoa;Dicellandra;Cincinnobotrys** Melastomataceae 野牡丹科 [MD-364] 全球 (1) 大洲分布及种数(8-16)◆非洲
Amphiblestra C.Presl = **Tectaria**
Amphiblestrum C.Presl = **Acrostichum**
Amphibola Bruguière = **Amphibolia**
Amphibolia【3】L.Bolus 勋玉树属 ← **Mesembryanthemum;Ruschia** Aizoaceae 番杏科 [MD-94] 全球 (1) 大洲分布及种数(3-10)◆非洲
Amphibolis【3】C.Agardh 木枝藻属 ≒ **Hyacinthus** Cymodoceaceae 丝粉藻科 [MM-615] 全球 (1) 大洲分布及种数(2-6)◆大洋洲
Amphibologyne A.Brand = **Antiphytum**
Amphibromus【2】Nees 光燕麦属 ← **Helictotrichon;Acaena** Poaceae 禾本科 [MM-748] 全球 (4) 大洲分布及种数(13)亚洲:cf.1;大洋洲:10;北美洲:2;南美洲:2
Amphibulima L.Bolus = **Amphibolia**
Amphicalea (DC.) Gardner = **Calea**
Amphicalyx Bl. = **Diplycosia**
Amphicarpa (L.) Fernald = **Amphicarpaea**
Amphicarpaea【3】Elliott ex Nutt. 两型豆属 → **Pueraria;Glycine** Fabaceae3 蝶形花科 [MD-240] 全球 (6)大洲分布及种数(4-6)非洲:1-9;亚洲:2-12;大洋洲:7;欧洲:8;北美洲:9;南美洲:7
Amphicarpon Kunth = **Amphicarpum**
Amphicarpum【3】Kunth 姬苇属 ← **Milium** Poaceae 禾本科 [MM-748] 全球 (1) 大洲分布及种数(3-6)◆北美洲
Amphicarqaea Elliott ex Nutt. = **Amphicarpaea**
Amphicaryon Kunth = **Milium**
Amphicephalozia【3】R.M.Schust. 黄萼苔属 Cephaloziellaceae 拟大萼苔科 [B-53] 全球 (1) 大洲分布及种数(cf. 1)◆南美洲
Amphicoma Royle = **Aeschynanthus**
Amphicome (R.Br. ex Royle) Royle ex G.Don = **Incarvillea**
Amphicosmia Gardn. = **Cyathea**
Amphicosmia【-】T.Moore 桫椤科属 ≒ **Cyathea;Sphaeropteris;Hemitelia** Cyatheaceae 桫椤科 [F-23] 全球 (uc) 大洲分布及种数(uc)
Amphicosmia T.Moore = **Hemitelia**
Amphicteis Raf. = **Bouchetia**
Amphidasya【3】Standl. 周毛茜属 ← **Deppea;Sabicea** Rubiaceae 茜草科 [MD-523] 全球 (1) 大洲分布及种数(13-15)◆南美洲
Amphidecta Miers = **Amphitecna**
Amphiderris (R.Br.) Spach = **Orites**
Amphidesma Bremek. = **Amphiasma**
Amphidesmium J.Sm. = **Metaxya**
Amphidetes【3】E.Fourn. 细夹竹桃属 Apocynaceae 夹竹桃科 [MD-492] 全球 (1) 大洲分布及种数(uc)◆南美洲
Amphidiaceae【3】M.Stech 瓶藓科 [B-123] 全球 (6) 大洲分布和属种数(1/8-17)非洲:1/3-11;亚洲:1/6-14;大洋洲:1/1-9;欧洲:1/3-11;北美洲:1/4-12;南美洲:1/4-12
Amphidium Nees = **Amphidium**
Amphidium【3】Schimp. 瓶藓属 ≒ **Weissia;Nephrodium** Amphidiaceae 瓶藓科 [B-123] 全球 (6) 大洲分布及种数(9) 非洲:3;亚洲:4;大洋洲:3;欧洲:4;北美洲:3;南美洲:4
Amphidonax Nees = **Arundo**
Amphidonax Nees ex Steud. = **Zenkeria**
Amphidoxa【3】DC. 细菊属 ≒ **Artemisiopsis** Asteraceae 菊科 [MD-586] 全球 (1) 大洲分布及种数(1-2)◆非洲(◆南非)
Amphidrium Nees ex Steud. = **Zygodon**
Amphiestes S.Moore = **Hypoestes**
Amphigena Rolfe = **Disa**
Amphigenes Janka = **Festuca**

Amphigenia Rolfe = **Disa**
Amphiglena Rolfe = **Disa**
Amphiglossa【3】DC. 叶苞帚鼠麴属 ← **Athrixia; Pteronia;Stoebe** Asteraceae 菊科 [MD-586] 全球 (1) 大洲分布及种数(10)◆非洲
Amphiglottis Salisb. = **Brassavola**
Amphiglottium Lindl. ex Stein = **Brassavola**
Amphijubula【-】Yuzawa,Müs & S.Hatt. 耳叶苔科属 ≒ **Frullania** Frullaniaceae 耳叶苔科 [B-82] 全球 (uc) 大洲分布及种数(uc)
Amphilaphis Nash = **Trachypogon**
Amphilejeunea【3】(Lehm. & Lindenb.) Gradst. 小鳞苔属 ≒ **Jungermannia** Jungermanniaceae 叶苔科 [B-38] 全球 (1) 大洲分布及种数(cf.1)◆北美洲(◆哥斯达黎加)
Amphilepis Nash = **Trachypogon**
Amphilestes S.Moore = **Hypoestes**
Amphilochia Mart. = **Vochysia**
Amphilophis Nash = **Bothriochloa**
Amphilophium【3】Kunth 领杯藤属 → **Adenocalymma** Bignoniaceae 紫葳科 [MD-541] 全球 (1) 大洲分布及种数(39-51)◆南美洲(◆巴西)
Amphilophocolea【3】R.M.Schust. 领萼苔属 Lophocoleaceae 齿萼苔科 [B-74] 全球 (1) 大洲分布及种数(1)◆非洲
Amphilophus Nash = **Bothriochloa**
Amphilopsis Nash = **Bothriochloa**
Amphimas【3】Pierre ex Dalla Torre & Harms 双雄苏木属 Fabaceae 豆科 [MD-240] 全球 (1) 大洲分布及种数(1-3)◆非洲
Amphimenes Janka = **Festuca**
Amphin Raf. = **Xenostegia**
Amphinasua Bremek. = **Amphiasma**
Amphinema (Pers.) J.Erikss. = **Amphiasma**
Amphineu Raf. = **Xenostegia**
Amphineurion【2】(A.DC.) Pichon 毛竹桃属 ≒ **Chonemorpha** Apocynaceae 夹竹桃科 [MD-492] 全球 (2) 大洲分布及种数(2-3)亚洲;大洋洲:cf.1
Amphineuron【2】Holttum 大金星蕨属 ← **Cyclosorus;Thelypteris** Thelypteridaceae 金星蕨科 [F-42] 全球 (2) 大洲分布及种数(8-11)亚洲:5;大洋洲:6-9
Amphinome Royle = **Aeschynanthus**
Amphinomia【3】DC. 欧洲蝶豆花属 → **Lotononis; Cyathea** Fabaceae3 蝶形花科 [MD-240] 全球 (1) 大洲分布及种数(cf. 1)◆非洲
Amphinomidae DC. = **Amphinomia**
Amphinomium Loudon = **Amphinomia**
Amphio Raf. = **Xenostegia**
Amphiodon【3】Huber 毛蝶花属 ≒ **Poecilanthe** Fabaceae 豆科 [MD-240] 全球 (1) 大洲分布及种数(1)◆南美洲
Amphiolanthus Griseb. = **Micranthemum**
Amphion Salisb. = **Semele**
Amphione Raf. = **Xenostegia**
Amphiope Raf. = **Xenostegia**
Amphioxus Lindl. = **Abrus**
Amphipappus【3】Torr. & A.Gray 刺黄花属 ≒ **Amphiachyris;Gutierrezia** Asteraceae 菊科 [MD-586] 全球 (1) 大洲分布及种数(1-3)◆北美洲(◆美国)
Amphipetalum【3】Bacigalupo 毛栌兰属 Talinaceae 土人参科 [MD-84] 全球 (1) 大洲分布及种数(1)◆南美洲
Amphipholis Ljungman = **Amphibolis**
Amphiphyllum【3】Gleason 鸢蔺花属 → **Marahuacaea** Rapateaceae 泽蔺花科 [MM-713] 全球 (1) 大洲分布及种数(1)◆南美洲
Amphiple Raf. = **Nicotiana**
Amphipleis Raf. = **Nicotiana**
Amphipogon【3】R.Br. 五毛草属 ← **Aegopogon; Melanocenchris** Poaceae 禾本科 [MM-748] 全球 (1) 大洲分布及种数(9-21)◆大洋洲
Amphipterum (Copel.) C.Presl ex Copel. = **Hymenophyllum**
Amphipterygium【3】Schiede ex Standl. 乳椿属 ≒ **Juliania** Anacardiaceae 漆树科 [MD-432] 全球 (1) 大洲分布及种数(5)◆北美洲
Amphiraphis Hook.f. = **Centratherum**
Amphirephis Nees & Mart. = **Centratherum**
Amphirhapis DC. = **Inula**
Amphirhepis Wall. = **Duhaldea**
Amphirrhox【3】Spreng. 尾隔堇属 ≒ **Hybanthus;Orthion** Violaceae 堇菜科 [MD-126] 全球 (1) 大洲分布及种数(1-2)◆南美洲
Amphirrox Miq. = **Amphirrhox**
Amphiscirpus【2】Oteng-Yeb. 硬秆水葱属 ← **Isolepis; Phylloscirpus;Scirpus** Cyperaceae 莎草科 [MM-747] 全球 (2) 大洲分布及种数(2)北美洲:1;南美洲:1
Amphiscopia【3】Nees 硬秆爵床属 ← **Justicia** Acanthaceae 爵床科 [MD-572] 全球 (1) 大洲分布及种数(3)属分布和种数(uc)◆南美洲
Amphisiphon W.F.Barker = **Daubenya**
Amphisoria DC. = **Amphinomia**
Amphissa Bremek. = **Amphiasma**
Amphissites S.Moore = **Hypoestes**
Amphistelma Griseb. = **Metastelma**
Amphistemon【3】Groeninckx 硬柱茜属 ≒ **Orthosia** Rubiaceae 茜草科 [MD-523] 全球 (1) 大洲分布及种数(2)◆非洲(◆马达加斯加)
Amphitecna【3】Miers 米糠树属 ← **Crescentia; Tabebuia** Bignoniaceae 紫葳科 [MD-541] 全球 (1) 大洲分布及种数(22-26)◆北美洲
Amphithalea【3】Eckl. & Zeyh. 双盛豆属 ← **Psoralea; Coelidium** Fabaceae3 蝶形花科 [MD-240] 全球 (1) 大洲分布及种数(7-53)◆非洲
Amphitoe Royle = **Aeschynanthus**
Amphitoma【3】Gleason 哥伦硬牡丹属 Melastomataceae 野牡丹科 [MD-364] 全球 (1) 大洲分布及种数(uc)◆南美洲(◆哥伦比亚)
Amphizoma Miers = **Tontelea**
Amphodus Lindl. = **Glycine**
Amphogona Rolfe = **Disa**
Amphoradenium【3】Desv. 细禾叶蕨属 ← **Polypodium;Adenophorus** Polypodiaceae 水龙骨科 [F-60] 全球 (1) 大洲分布及种数(1)◆北美洲
Amphoranthus S.Moore = **Phaeoptilum**
Amphorchis Thou. = **Cynorkis**
Amphorella Brandegee = **Matelea**
Amphoricarpos【3】Vis. 矮菊木属 ← **Jurinea** Asteraceae 菊科 [MD-586] 全球 (1) 大洲分布及种数(2-3)◆欧洲
Amphoricarpus Spruce ex Miers = **Couratari**

Amphoridium【2】Schimp. 木灵藓科属 ≒ **Zygodon; Amphidium** Orthotrichaceae 木灵藓科 [B-151] 全球 (4) 大洲分布及种数(3) 亚洲:1;欧洲:1;北美洲:3;南美洲:1
Amphoritheca Hampe = **Entosthodon**
Amphorkis Thou. = **Cynorkis**
Amphorocalyx【3】Baker 矮牡丹属 ← **Dionycha** Melastomataceae 野牡丹科 [MD-364] 全球 (1) 大洲分布及种数(5)◆非洲(◆马达加斯加)
Amphorogynaceae Nickrent & Der = Santalaceae
Amphorogyne【3】Stauffer & Hurlim. 长颈檀香属 Santalaceae 檀香科 [MD-412] 全球 (1) 大洲分布及种数(3)◆大洋洲(◆波利尼西亚)
Amphorogyneae Stauffer ex Stearn = **Amphorogyne**
Amphymenium【-】Kunth 豆科属 ≒ **Pterocarpus; Martiodendron** Fabaceae 豆科 [MD-240] 全球 (uc) 大洲分布及种数(uc)
Amplectrum Bl. = **Aplectrum**
Ampliglossum Campacci = **Oncidium**
Amplinus Neck. = **Abies**
Amplophus Raf. = **Valeriana**
Ampomele Raf. = **Rubus**
Ampularia Raf. = **Anthriscus**
Ampycus P. & K. = **Cryptocarya**
Ampyx Van Tiegh. = **Amyxa**
Amsinckia【3】Lehm. 琴颈草属 → **Cryptantha; Echium** Boraginaceae 紫草科 [MD-517] 全球 (6) 大洲分布及种数(20-29;hort.1;cult: 1)非洲:219;亚洲:9-228;大洋洲:4-223;欧洲:6-225;北美洲:18-244;南美洲:5-224
Amsonia【3】Walt. 水甘草属 → **Rhazya;Tabernaemontana;Alstonia** Apocynaceae 夹竹桃科 [MD-492] 全球 (6) 大洲分布及种数(23-26;hort.1)非洲:9;亚洲:6-16;大洋洲:9;欧洲:4-14;北美洲:22-31;南美洲:9
Amsora Bartl. = **Gymnopteris**
Amuletum G.Don = **Lathraea**
Amulius Rumph. ex Lam. = **Sauropus**
Amura J.A.Schultes & J.H.Schultes = **Amoora**
Amusium Newman = **Neottopteris**
Amussium Newman = **Neottopteris**
Amyclina C.B.Clarke = **Commelina**
Amydalus L. = **Amygdalus**
Amydrium【3】Schott 雷公连属 ← **Anadendrum** Araceae 天南星科 [MM-639] 全球 (1) 大洲分布及种数(cf. 1)◆亚洲
Amyema【3】Van Tiegh. 龙须寄生属 ← **Elytranthe; Diplatia** Loranthaceae 桑寄生科 [MD-415] 全球 (6) 大洲分布及种数(49-145;hort.11;cult:11)非洲:13-37;亚洲:29-62;大洋洲:40-119;欧洲:1;北美洲:1;南美洲:1
Amygalus L. = **Amygdalus**
Amygdala L. = **Amygdalus**
Amygdalaceae【3】Marquis 桃科 [MD-248] 全球 (6) 大洲分布和属种数(2;hort. & cult.1)(96-217;hort. & cult.1)非洲:2/15-46;亚洲:2/72-112;大洋洲:2/42-128;欧洲:1-2/7-15;北美洲:1-2/12-20;南美洲:1-2/4-12
Amygdalm L. = **Amygdalus**
Amygdalopersica【-】Daniel 蔷薇科属 Rosaceae 蔷薇科 [MD-246] 全球 (uc) 大洲分布及种数(uc)
Amygdalum L. = **Amygdalus**
Amygdalus【3】L. 桃属 ≒ **Prunus;Pinus** Rosaceae 蔷薇科 [MD-246] 全球 (6) 大洲分布及种数(49-58)非洲:2-9;亚洲:43-51;大洋洲:2-9;欧洲:7-14;北美洲:12-19;南美洲:4-11
Amylocarpus Barb.Rodr. = **Bactris**
Amylonotus I.M.Johnst. = **Amblynotus**
Amylotheca【2】Van Tiegh. 刷鞘花属 ≒ **Amyema** Loranthaceae 桑寄生科 [MD-415] 全球 (3) 大洲分布及种数(8-15)非洲:1-2;亚洲:2-4;大洋洲:7-12
Amyna Schaus = **Amana**
Amynodon Link = **Tribolium**
Amyrea【3】Leandri 柔序桐属 Euphorbiaceae 大戟科 [MD-217] 全球 (1) 大洲分布及种数(11)◆非洲
Amyridaceae Kunth = Rutaceae
Amyris【3】P.Br. 炬香木属 → **Atalantia;Clausena; Zanthoxylum** Rutaceae 芸香科 [MD-399] 全球 (1) 大洲分布及种数(25-69)◆北美洲
Amyrmex Leandri = **Amyrea**
Amyrsia Raf. = **Myrteola**
Amyxa【3】Van Tiegh. 角薇木属 ← **Gonystylus** Thymelaeaceae 瑞香科 [MD-310] 全球 (1) 大洲分布及种数(cf. 1)◆亚洲
Anabacia L. = **Anabasis**
Anabaena A.Juss. = **Plukenetia**
Anabaenella Pax & K.Hoffm. = **Romanoa**
Anaballus Blanchard = **Anagallis**
Anabarlia J.M.H.Shaw = **Anamaria**
Anabasis Fredolia Coss. & Durieu ex Bunge = **Anabasis**
Anabasis【3】L. 假木贼属 → **Arthrophytum;Brachylepis;Petrosimonia** Chenopodiaceae 藜科 [MD-115] 全球 (6) 大洲分布及种数(21-35)非洲:4-14;亚洲:19-36;大洋洲:6;欧洲:2-10;北美洲:6;南美洲:6
Anabata Willd. = **Forsteronia**
Anabates L. = **Anabasis**
Anaca Raf. = **Lotus**
Anacaedium L. = **Anacardium**
Anacallis Lindl. = **Anagallis**
Anacalypta【-】Röhl. ex Léman 丛藓科属 ≒ **Stegonia** Pottiaceae 丛藓科 [B-133] 全球 (uc) 大洲分布及种数(uc)
Anacamp Miers = **Tabernaemontana**
Anacampscros Mill. = **Anacampseros**
Anacampseros【3】L. 回欢草属 ≒ **Talinum;Portulaca; Phedimus** Anacampserotaceae 回欢草科 [MD-274] 全球 (6) 大洲分布及种数(61-82;hort.1;cult: 1)非洲:42-56;亚洲:5;大洋洲:1-6;欧洲:18-23;北美洲:1-6;南美洲:3-8
Anacampserotaceae【3】Eggli & Nyffeler 回欢草科 [MD-274] 全球 (6) 大洲分布和属种数(1;hort. & cult.1)(60-100;hort. & cult.23-32)非洲:1/42-56;亚洲:1/5;大洋洲:1/1-6;欧洲:1/18-23;北美洲:1/1-6;南美洲:1/3-8
Anacampta Miers = **Tabernaemontana**
Anacampterorchis P.Delforge = (接受名不详) Orchidaceae
Anacampti-orchis M.Schulze = **Anacamptorchis**
Anacamptiplatanthera【3】Hort. 法国回兰属 ≒ **Anacamptis;Platanthera** Orchidaceae 兰科 [MM-723] 全球 (1) 大洲分布及种数(1-2)◆欧洲
Anacampti-platanthera【3】P.Fourn. 欧柱兰属 ← **Platanthera** Orchidaceae 兰科 [MM-723] 全球 (1) 大洲分布及种数(uc)◆欧洲
Anacamptis【3】L.C.Rich. 倒距兰属 ≒ **Dactylorhiza** Orchidaceae 兰科 [MM-723] 全球 (6) 大洲分布及种数

(26-42;hort.1;cult:29)非洲:10-12;亚洲:22-31;大洋洲:1;欧洲:22-25;北美洲:1-2;南美洲:1

Anacamptis Rich. = **Anacamptis**

Anacamptiserapias 【-】 J.M.H.Shaw 兰科属 Orchidaceae 兰科 [MM-723] 全球 (uc) 大洲分布及种数(uc)

Anacamptodon (Dixon) Nog. = **Anacamptodon**

Anacamptodon 【3】 Brid. 反齿藓属 ≒ **Schwetschkea** Amblystegiaceae 柳叶藓科 [B-178] 全球 (6) 大洲分布及种数(15) 非洲:4;亚洲:6;大洋洲:1;欧洲:2;北美洲:3;南美洲:1

Anacamptorchis 【2】 E.G.Camus 反兰属 ← **Anacamptis;Dactylocamptis** Orchidaceae 兰科 [MM-723] 全球 (3) 大洲分布及种数(cf.) 非洲;亚洲;欧洲

Anacampt-orchis E.G.Camus = (接受名不详) Orchidaceae

Anacantha 【3】 (Iljin) J.Soják 倒刺菊属 ≒ **Cirsium** Asteraceae 菊科 [MD-586] 全球 (1) 大洲分布及种数(4)(cf.) 亚洲:3

Anacaona 【3】 Alain 海地葫芦属 Cucurbitaceae 葫芦科 [MD-205] 全球 (1) 大洲分布及种数(1)◆北美洲

Anacardia St.Lag. = **Anamaria**

Anacardiaceae 【3】 R.Br. 漆树科 [MD-432] 全球 (6) 大洲分布和属种数(68-81;hort. & cult.22-28)(925-1877;hort. & cult.59-103)非洲:29-48/488-903;亚洲:29-43/290-784;大洋洲:16-32/33-355;欧洲:7-25/22-321;北美洲:26-37/127-476;南美洲:21-37/163-483

Anacardium 【3】 L. 腰果属 Anacardiaceae 漆树科 [MD-432] 全球 (1) 大洲分布及种数(13-24)◆南美洲(◆巴西)

Anacharis 【3】 Rich. 南美水蕴藻属 ← **Elodea;Egeria** Hydrocharitaceae 水鳖科 [MM-599] 全球 (1) 大洲分布及种数(5)属分布和种数(uc)◆北美洲

Anacheilium 【3】 Rchb. ex Hoffmanns. 树蚌兰属 ≒ **Epidendrum** Orchidaceae 兰科 [MM-723] 全球 (1) 大洲分布及种数(29)属分布和种数(uc)◆南美洲

Anachoretes 【2】 S.Denham & Pozner 萼角花科属 Calyceraceae 萼角花科 [MD-594] 全球 (1) 大洲分布及种数(uc)◆南美洲

Anachortus (M.Bieb.) Chrtek & Hadač = **Corynephorus**

Anachyris Nees = **Paspalum**

Anachyrium Steud. = **Paspalum**

Anacis Schrank = **Coreopsis**

Anaclanthe N.E.Br. = **Babiana**

Anacolia 【2】 Schimp. 刺毛藓属 ≒ **Breutelia** Bartramiaceae 珠藓科 [B-142] 全球 (5) 大洲分布及种数(12) 非洲:5;亚洲:4;欧洲:3;北美洲:5;南美洲:5

Anacolosa 【2】 (Bl.) Bl. 短小铁青树属 → **Phanerodiscus;Stemonurus** Olacaceae 铁青树科 [MD-362] 全球 (4) 大洲分布及种数(6-18)非洲:2-5;亚洲:3-11;大洋洲:5;欧洲:cf.1

Anacolus Griseb. = **Anacolosa**

Anacridium L. = **Anacardium**

Anactinia 【-】 (Hook.f.) J.Rémy 菊科属 ≒ **Nardophyllum** Asteraceae 菊科 [MD-586] 全球 (uc) 大洲分布及种数(uc)

Anactis Cass. = **Senecio**

Anactis Raf. = **Solidago**

Anactorion Raf. = **Synnotia**

Anacyclia Hoffmanns. = **Billbergia**

Anacyclodon Jungh. = **Leucopogon**

Anacyclus 【3】 L. 白纽扣属 → **Achillea;Anthemis** Asteraceae 菊科 [MD-586] 全球 (1) 大洲分布及种数(8-11)◆欧洲

Anacylanthus Steud. = **Vangueria**

Anacystis Droüt & Daily = **Atractylis**

Anadebis R.Br. = **Timmia**

Anadelphia (Stapf) Clayton = **Anadelphia**

Anadelphia 【3】 Hack. 兄弟草属 ← **Andropogon** Poaceae 禾本科 [MM-748] 全球 (1) 大洲分布及种数(10-14)◆非洲

Anademia C.A.Ag. = **Timmia**

Anadenanthera 【3】 Speg. 黑金檀属 ← **Piptadenia; Inga** Fabaceae 豆科 [MD-240] 全球 (1) 大洲分布及种数(2-3)◆南美洲

Anadendron (A.DC.) Wight = **Anodendron**

Anadendron Schott = **Anadendrum**

Anadendrum 【3】 Schott 上树南星属 → **Amydrium; Pothos** Araceae 天南星科 [MM-639] 全球 (1) 大洲分布及种数(7-14)◆亚洲

Anadenia R.Br. = **Timmia**

Anadenus C.Presl = **Trifolium**

Anadia R.Br. = **Cyrtanthus**

Anaeampseros Mill. = **Anacampseros**

Anaectochilus Lindl. = **Zeuxine**

Anaemopaegma Mart. ex Meisn. = **Anemopaegma**

Anaeomorpha H.Karst. & Triana = **Melochia**

Anaerococcus Brongn. = **Araeococcus**

Anafrenium Arn. = **Heeria**

Anagallidaceae Batsch ex Borkh. = Primulaceae

Anagallidastrum Adans. = **Anagallis**

Anagallidium 【2】 Griseb. 腺鳞草属 Gentianaceae 龙胆科 [MD-496] 全球 (2) 大洲分布及种数(2)非洲:1;亚洲:cf.1

Anagallis 【3】 L. 琉璃繁缕属 → **Centunculus;Anthyllis** Primulaceae 报春花科 [MD-401] 全球 (6) 大洲分布及种数(25-51)非洲:15-41;亚洲:8-16;大洋洲:5;欧洲:9-15;北美洲:5-11;南美洲:10-17

Anagalloides Krock. = **Lindernia**

Anaganthos Hook.f. = **Urtica**

Anagelia E.L.Sm. = **Anaueria**

Anagllis L. = **Anagallis**

Anaglypha DC. = **Anisopappus**

Anago Miq. = **Drypetes**

Anagosperma R.Wettstein = **Oncosperma**

Anagraphis Link = **Scilla**

Anagymnorhiza 【-】 J.M.H.Shaw 兰科属 Orchidaceae 兰科 [MM-723] 全球 (uc) 大洲分布及种数(uc)

Anagyris 【3】 L. 螺旋豆属 ≒ **Piptanthus** Fabaceae 豆科 [MD-240] 全球 (1) 大洲分布及种数(2)◆欧洲

Anagzanthe Baudo = **Anagallis**

Anaheterotis 【3】 Ver.-Lib. & G.Kadereit 螺牡丹属 Melastomataceae 野牡丹科 [MD-364] 全球 (1) 大洲分布及种数(1)◆非洲

Anahi Sessé & Moç. ex Brongn. = **Beaucarnea**

Anaitides Benham = **Sanvitalia**

Anaitis DC. = **Sanvitalia**

Anakasia Phil. = **Polyscias**

Anakingia W.J.de Wilde & Duyfjes = **Anangia**

Analcis Juss. = **Symphorema**
Analectis A.Juss. ex J.St.Hil. = **Rhipsalis**
Analetia Juss. = **Symphorema**
Analiton Raf. = **Rumex**
Analogium Lem. = **Ariocarpus**
Analyrium E.Mey. = **Peucedanum**
Analysson Crantz = **Alyssum**
Anamanthodia Hook.f. = **Randia**
Anamaria【3】V.C.Souza 巴西立玄参属 ≒ **Stemodia** Plantaginaceae 车前科 [MD-527] 全球 (1) 大洲分布及种数(1)◆南美洲
Anamathia V.C.Souza = **Anamaria**
Anamelis Garden = **Loropetalum**
Anamirta【3】Colebr. 醉鱼藤属 → **Arcangelisia;Menispermum;Tinospora** Menispermaceae 防己科 [MD-42] 全球 (1) 大洲分布及种数(1-5)◆亚洲
Anamirteae Diels = **Anamirta**
Anamitra Miers = **Anamirta**
Anamixis Griseb. = **Acca**
Anamomis Griseb. = **Myrtus**
Anamorpha H.Karst. & Triana = **Melochia**
Anamotheca Ker Gawl. = **Aristea**
Anamtia Koidz. = **Myrsine**
Anananananas【-】Beadle,Don A. 凤梨科属 Bromeliaceae 凤梨科 [MM-715] 全球 (uc) 大洲分布及种数(uc)
Ananas【3】Mill. 凤梨属 → **Acanthostachys;Bromelia;Breutelia** Bromeliaceae 凤梨科 [MM-715] 全球 (1) 大洲分布及种数(10-18)◆南美洲
Ananaspis L. = **Anabasis**
Ananassa Lindl. = **Ananas**
Anandria Less. = **Leibnitzia**
Anangia【3】W.J.de Wilde & Duyfjes 亚洲凤葫芦属 Cucurbitaceae 葫芦科 [MD-205] 全球 (1) 大洲分布及种数(uc)属分布和种数(uc)◆亚洲
Anania W.J.de Wilde & Duyfjes = **Anangia**
Ananias Mill. = **Ananas**
Ananthacorus【3】(Sw.) Underw. & Maxon 菖蒲蕨属 ≒ **Pteris** Pteridaceae 凤尾蕨科 [F-31] 全球 (1) 大洲分布及种数(1)◆南美洲
Ananthеrix【2】Nutt. 夹竹桃科属 ≒ **Asclepias** Apocynaceae 夹竹桃科 [MD-492] 全球 (4) 大洲分布及种数(3) 非洲:3;亚洲:3;大洋洲:3;北美洲:3
Ananthidium Delile = **Acanthodium**
Ananthocorus【-】E.D.M.Kirchn. 凤尾蕨科属 Pteridaceae 凤尾蕨科 [F-31] 全球 (uc) 大洲分布及种数(uc)
Ananthopus Raf. = **Commelina**
Ananthura【3】Lindau 爵床科属 Acanthaceae 爵床科 [MD-572] 全球 (1) 大洲分布及种数(1)◆非洲
Anaora Gagnep. = **Malaxis**
Anapalina【3】N.E.Br. 南美圆鸢尾属 ≒ **Antholyza** Iridaceae 鸢尾科 [MM-700] 全球 (6) 大洲分布及种数(5) 非洲:4-5;亚洲:1;大洋洲:1;欧洲:1;北美洲:1;南美洲:1
Anapalta N.E.Br. = **Anapalina**
Anapausia (C.Presl) T.Moore = **Anapausia**
Anapausia【2】C.Presl 圆鳞毛蕨属 ← **Bolbitis;Aglaomorpha** Polypodiaceae 水龙骨科 [F-60] 全球 (2) 大洲分布及种数(cf.1) 北美洲;南美洲
Anapausis Edwards = **Anapausia**
Anape Miq. = **Drypetes**
Anapella Gilib. = **Gentianella**
Anapeltis【3】J.Sm. 螺龙骨属 ← **Microgramma;Polypodium** Polypodiaceae 水龙骨科 [F-60] 全球 (6) 大洲分布及种数(3-4)非洲:1;亚洲:1;大洋洲:1;欧洲:1;北美洲:1-2;南美洲:1-2
Anaperus Graff = **Anopterus**
Anaphaeis DC. = **Anaphalis**
Anaphalioi DC. = **Anaphalis**
Anaphalioides【3】(Benth.) Kirp. 类香青属 ≒ **Antennaria** Asteraceae 菊科 [MD-586] 全球 (6) 大洲分布及种数(7-10)非洲:5;亚洲:2-7;大洋洲:4-9;欧洲:5;北美洲:5;南美洲:5
Anaphalis【3】DC. 香青属 ← **Conyza;Anaphalioides;Gnaphalium** Asteraceae 菊科 [MD-586] 全球 (6) 大洲分布及种数(110-132;hort.1;cult: 16)非洲:4-15;亚洲:105-123;大洋洲:10;欧洲:6-16;北美洲:1-11;南美洲:1-11
Anaphaloides (Benth.) Kirp. = **Anaphalioides**
Anapholis DC. = **Anaphalis**
Anaphora Gagnep. = **Malaxis**
Anaphorkis Bourdon,M. & Bourdon,M.F. & Shaw,Julian Mark Hugh = **Amitostigma**
Anaphragma Steven = **Astragalus**
Anaphrenium【3】E.Mey. ex Endl. 漆树科属 ≒ **Rhus;Ozoroa** Anacardiaceae 漆树科 [MD-432] 全球 (1) 大洲分布及种数(1) 非洲:1
Anaphyllopsis【3】A.Hay 螺苞芋属 ← **Cyrtosperma** Araceae 天南星科 [MM-639] 全球 (1) 大洲分布及种数(3)◆南美洲
Anaphyllum【3】Schott 旋苞芋属 Araceae 天南星科 [MM-639] 全球 (1) 大洲分布及种数(cf. 1)◆亚洲
Anapiculatisporites【-】R.Potonie & Kremp 不明藓属 Fam(uc) 全球 (uc) 大洲分布及种数(uc)
Anapjalis DC. = **Anaphalis**
Anaplectus Juss. = **Symphorema**
Anapodophyllon Mill. = **Podophyllum**
Anapodophyllum Mönch = **Podophyllum**
Anapta Willd. ex Röm. & Schult. = **Coffea**
Anaptalis DC. = **Anaphalis**
Anapu Miq. = **Drypetes**
Anapusia T.Moore = **Anapausia**
Anapyrenium E.Meyer ex Endlicher = **Heeria**
Anarmodia Schott = **Typhonium**
Anarmodium Schott = **Dracunculus**
Anarmodius Schott = **Typhonium**
Anarrhinum【3】Desf. 锉状玄参属 ← **Antirrhinum** Plantaginaceae 车前科 [MD-527] 全球 (1) 大洲分布及种数(5-12)◆欧洲
Anarsia Miers = **Tabernaemontana**
Anarta Miers = **Tabernaemontana**
Anarth Miers = **Tabernaemontana**
Anarthria Nees = **Anarthria**
Anarthria【3】R.Br. 刷柱草属 → **Hopkinsia** Restionaceae 帚灯草科 [MM-744] 全球 (1) 大洲分布及种数(2-8)◆大洋洲
Anarthriaceae【3】D.F.Cutler & Airy-Shaw 苞穗草科 [MM-741] 全球 (1) 大洲分布和属种数(1/2-8)◆大洋洲
Anarthrophyllum【3】Benth. 小叶金雀豆属 ← **Astragalus;Genista;Phacopsis** Fabaceae 豆科 [MD-240] 全

A

球 (1) 大洲分布及种数(17-18)◆南美洲
Anarthropteris Copel. = **Loxogramme**
Anartia Miers = **Tabernaemontana**
Anaschovadi Adans. = **Elephantopus**
Anasida Dvorak = **Dontostemon**
Anaspa Rech.f. = **Scutellaria**
Anaspis Rchb.f. = **Scutellaria**
Anasser 【-】 Juss. 马钱科属 ≒ **Geniostoma** Loganiaceae 马钱科 [MD-486] 全球 (uc) 大洲分布及种数(uc)
Anassera Pers. = **Anasser**
Anastatica【3】L. 含生芥属 → **Euclidium;Myagrum** Brassicaceae 十字花科 [MD-213] 全球 (1) 大洲分布及种数(1)◆非洲
Anastaticeae DC. = **Anastatica**
Anastrabe【3】E.Mey. ex Benth. 裂袋木属 Stilbaceae 耀仙木科 [MD-532] 全球 (1) 大洲分布及种数(1)◆非洲(◆南非)
Anastraphia 【2】 D.Don 栎菊木属 ≒ **Gochnatia** Asteraceae 菊科 [MD-586] 全球 (2) 大洲分布及种数(31-33) 欧洲;北美洲
Anastrephia Decaisne = **Gochnatia**
Anastrepta (Lindb.) Schiffn. = **Anastrepta**
Anastrepta【3】Stephani 卷叶苔属 Anastrophyllaceae 挺叶苔科 [B-60] 全球 (1) 大洲分布及种数(cf. 1)◆亚洲
Anastrophea Wedd. = **Gochnatia**
Anastrophus Schlecht. = **Paspalum**
Anastrophyllaceae L.Söderstr.,De Roo & Hedd. = Anastrophyllaceae
Anastrophyllaceae【3】Vá ň a 挺叶苔科 [B-60] 全球 (6) 大洲分布和属种数(10-14/58-100)非洲:3-7/7-23;亚洲:10-14/42-59;大洋洲:4-8/10-30;欧洲:5-8/21-36;北美洲:7-9/29-44;南美洲:1-6/13-35
Anastrophyllopsis 【-】 (R.M.Schust.) Vá ň a & L.Söderstr. 拟大萼苔科属 Cephaloziellaceae 拟大萼苔科 [B-53] 全球 (uc) 大洲分布及种数(uc)
Anastrophyllum (Lindb. & Kaal. ex Pearson) R.M.Schust. ex Vá ň a = **Anastrophyllum**
Anastrophyllum【3】Vá ň a 挺叶苔属 ≒ **Isopaches; Nothostrepta** Anastrophyllaceae 挺叶苔科 [B-60] 全球 (6) 大洲分布及种数(35-47)非洲:4-6;亚洲:19-21;大洋洲:5-12;欧洲:10-12;北美洲:14-16;南美洲:13-22
Anasyllis E.Mey. = **Anthyllis**
Anatemnus Mill. = **Rhamnus**
Anatexis Sessé & Moç. ex Brongn. = **Nolina**
Anath Sessé & Moç. ex Brongn. = **Nolina**
Anathallis【2】Barb.Rodr. 挺叶兰属 ≒ **Pleurothallis; Lepisanthes** Orchidaceae 兰科 [MM-723] 全球 (4) 大洲分布及种数(181-187)亚洲:cf.1;大洋洲:7;北美洲:26;南美洲:164
Anathe Sessé & Moç. ex Brongn. = **Nolina**
Anatherostipa【3】(Hack. ex P. & K.) Peñail. 挺叶草属 ≒ **Stipa** Poaceae 禾本科 [MM-748] 全球 (1) 大洲分布及种数(11)◆南美洲(◆秘鲁)
Anatherum Beauv. = **Andropogon**
Anatherum Nabelek = **Festuca**
Anathulea Peter G.Wilson = **Decaspermum**
Anatis Sessé & Moç. ex Brongn. = **Chlorophytum**
Anatista Raf. = **Abildgaardia**
Anatropa Ehrenb. = **Tetradiclis**
Anatropanthus【3】Schltr. 婆罗洲萝藦属 Apocynaceae 夹竹桃科 [MD-492] 全球 (1) 大洲分布及种数(1)◆大洋洲
Anatrophyllum Torr. & A.Gray = **Mnium**
Anatropostylia (Plitmann) Kupicha = **Vicia**
Anatya Koidz. = **Myrsine**
Anaua Miq. = **Drypetes**
Anaueria 【3】 Kosterm. 山潺属 ← **Beilschmiedia** Lauraceae 樟科 [MD-21] 全球 (1) 大洲分布及种数(cf. 1)◆北美洲(◆墨西哥)
Anaulus P.Beauv. = **Aciachne**
Anavinga Adans. = **Casearia**
Anavirga Adans. = **Croton**
Anax Ravenna = **Clinanthus**
Anaxagoraea Mart. = **Anaxagorea**
Anaxagorea【2】A.St.Hil. 蒙蒿子属 → **Cyathostemma** Annonaceae 番荔枝科 [MD-7] 全球 (4) 大洲分布及种数(27-28)非洲:1;亚洲:26-27;北美洲:9;南美洲:21
Anaxeton 【3】 Schrank 紫花鼠麹木属 ← **Gnaphalium;Helichrysum;Helipterum** Asteraceae 菊科 [MD-586] 全球 (1) 大洲分布及种数(11-12)◆非洲
Anaxetum Schott = **Cyclophorus**
Anaxita Dognin = **Anamirta**
Anblatum Hill = **Lathraea**
Ancala Macquart = **Ancana**
Ancalanthus Balf.f. = **Angkalanthus**
Ancana【2】F.Müll. 澳茸木属 ≒ **Fissistigma** Annonaceae 番荔枝科 [MD-7] 全球 (3) 大洲分布及种数(3)亚洲:cf.1;大洋洲:2;南美洲:cf.1
Ancanthia Steud. = **Cirsium**
Ancathia 【3】 DC. 肋果蓟属 ← **Cirsium;Cnicus** Asteraceae 菊科 [MD-586] 全球 (1) 大洲分布及种数(1-2)◆亚洲
Ancathium DC. = **Ancathia**
Ancema Medik. = **Lavatera**
Anchicodium Rchb. = **Anchonium**
Anchietea 【3】 A.St.Hil. 囊果堇属 ← **Noisettia** Violaceae 堇菜科 [MD-126] 全球 (1) 大洲分布及种数(12-15)◆南美洲
Anchionium Rchb. = **Sterigmostemum**
Anchista C.Presl = **Woodwardia**
Anchistea C.Presl = **Woodwardia**
Anchistia C.Presl = **Woodwardia**
Anchistrocheles Müller = **Ancistrochilus**
Anchistus Schott = **Acnistus**
Anchistylis Raf. = **Liparis**
Anchitrichia Brid. = **Antitrichia**
Anchomanes 【3】 Schott 长柄刺芋属 ← **Amorphophallus** Araceae 天南星科 [MM-639] 全球 (1) 大洲分布及种数(4-8)◆非洲
Anchonium 【3】 DC. 水果芥属 ← **Matthiola;Sterigmostemum;Cheiranthus** Brassicaceae 十字花科 [MD-213] 全球 (1) 大洲分布及种数(2-5)◆亚洲
Anchonoides Bréthes = **Anemone**
Anchorius DC. = **Anchonium**
Anchura L. = **Anchusa**
Anchusa【3】L. 牛舌草属 ≒ **Pentaglottis** Boraginaceae 紫草科 [MD-517] 全球 (1) 大洲分布及种数(32-54)◆

欧洲
Anchusaceae Vest = Boraginaceae
Anchusella Bigazzi,E.Nardi & Selvi = **Bothriospermum**
Anchusopsis Bisch. = **Lindelofia**
Ancilema R.Br. = **Commelina**
Ancilla (Lür) Lür = **Antilla**
Ancipitia【3】(Lür) Lür 腋花兰属 ← **Pleurothallis;Acronia** Orchidaceae 兰科 [MM-723] 全球 (1) 大洲分布及种数(1)◆南美洲
Ancistr Forst. = **Acaena**
Ancistrachne【2】S.T.Blake 钩草属 ← **Eriochloa** Poaceae 禾本科 [MM-748] 全球 (2) 大洲分布及种数(5)亚洲:1;大洋洲:3
Ancistragrostis【3】S.T.Blake 钩稃茅属 Poaceae 禾本科 [MM-748] 全球 (1) 大洲分布及种数(1)◆非洲
Ancistranthus【3】Lindau 古巴爵床属 ← **Dianthera; Jacobinia** Acanthaceae 爵床科 [MD-572] 全球 (1) 大洲分布及种数(1)◆北美洲(◆古巴)
Ancistrocactus【3】Britton & Rose 虹山玉属 ≒ **Hamatocactus** Cactaceae 仙人掌科 [MD-100] 全球 (1) 大洲分布及种数(cf.1) ◆北美洲
Ancistrocarphus【3】A.Gray 棉子菊属 ≒ **Micropus** Asteraceae 菊科 [MD-586] 全球 (1) 大洲分布及种数(2)◆北美洲
Ancistrocarpus Kunth = **Ancistrocarpus**
Ancistrocarpus【3】Oliv. 沟果椴属 ← **Microtea** Malvaceae 锦葵科 [MD-203] 全球 (1) 大洲分布及种数(4)◆非洲
Ancistrocarya【3】Maxim. 泽琉璃草属 Boraginaceae 紫草科 [MD-517] 全球 (1) 大洲分布及种数(1)◆东亚(◆日本)
Ancistrocheirus Rolfe = **Ancistrochilus**
Ancistrochilus【3】Rolfe 钩唇兰属 ← **Pachystoma;Ipsea** Orchidaceae 兰科 [MM-723] 全球 (1) 大洲分布及种数(2-4)◆非洲
Ancistrochllus Rolfe = **Ancistrochilus**
Ancistrochloa Honda = **Calamagrostis**
Ancistrocladaceae【2】Planch. ex Walp. 钩枝藤科 [MD-155] 全球 (4) 大洲分布和属种数(1/5-24)非洲:1/3-15;亚洲:1/3-8;大洋洲:1/1;北美洲:1/1
Ancistrocladus【2】Wall. 钩枝藤属 ≒ **Wormia** Ancistrocladaceae 钩枝藤科 [MD-155] 全球 (4) 大洲分布及种数(6-23;hort.1)非洲:3-15;亚洲:3-8;大洋洲:1;北美洲:1
Ancistrodes【3】Hampe 钝藓属 ≒ **Hookeria** Saulomataceae 双短肋藓科 [B-161] 全球 (1) 大洲分布及种数(1)◆南美洲
Ancistrogobius Spach = **Cratoxylum**
Ancistrolobus Spach = **Cratoxylum**
Ancistrophora A.Gray = **Zexmenia**
Ancistrophyllum (G.Mann & H.Wendl.) H.Wendl. = **Laccosperma**
Ancistrops Hampe = **Ancistrodes**
Ancistrorhynchus【3】Finet & Summerh. 钩喙兰属 ← **Tridactyle;Cyrtorchis** Orchidaceae 兰科 [MM-723] 全球 (1) 大洲分布及种数(14-24)◆非洲
Ancistrostigma Fenzl = **Trianthema**
Ancistrostylis【3】T.Yamaz. 假马齿苋属 ≒ **Bacopa** Plantaginaceae 车前科 [MD-527] 全球 (1) 大洲分布及种数(cf.2) ◆亚洲
Ancistrothyrsus【3】Harms 钩序莲属 Passifloraceae 西番莲科 [MD-151] 全球 (1) 大洲分布及种数(2)◆南美洲
Ancistrotropis【2】A.Delgado 钩豆属 Fabaceae 豆科 [MD-240] 全球(2) 大洲分布及种数(7)北美洲:2;南美洲:6
Ancistrotus Hampe = **Ancistrodes**
Ancistrum Forst. = **Acaena**
Ancodon Rabenh. = **Schistidium**
Anconia Pohl = **Antonia**
Ancrumia Harv. ex Baker = **Solaria**
Anctus L. = **Anchusa**
Ancud Miq. = **Drypetes**
Ancudana DeLong & Martiñzon = **Ancana**
Ancylacanthus【3】Lindau 大洋洲钩爵床属 Acanthaceae 爵床科 [MD-572] 全球 (1) 大洲分布及种数(uc)◆大洋洲
Ancylanthos【3】Desf. 非洲钩茜草属 → **Fadogiella; Fadogia;Vangueria** Rubiaceae 茜草科 [MD-523] 全球 (1) 大洲分布及种数(2)属分布和种数(uc)◆非洲
Ancylis Wight = **Uapaca**
Ancylobothrys Pierre = **Ancylobotrys**
Ancylobotrys【3】Pierre 非洲圆夹竹桃属 ≒ **Landolphia** Apocynaceae 夹竹桃科 [MD-492] 全球 (1) 大洲分布及种数(8)◆非洲
Ancylocalyx Tul. = **Pterocarpus**
Ancylocladus Wall. = **Ardisia**
Ancylogyne Nees = **Sanchezia**
Ancylostemon【3】Craib 直瓣苣苔属 ← **Didissandra;Oreocharis** Gesneriaceae 苦苣苔科 [MD-549] 全球 (1) 大洲分布及种数(6-14)◆亚洲
Ancylotropis【3】B.Eriksen 莫恩草属 ≒ **Monnina** Polygalaceae 远志科 [MD-291] 全球 (1) 大洲分布及种数(cf.2) ◆南美洲
Ancyrossemon Craib = **Ancylostemon**
Ancyrostemma Pöpp. & Endl. = **Klaprothia**
Anda A.Juss. = **Joannesia**
Andaca Raf. = **Lotus**
Andala Raf. = **Lotus**
Andascodenia【-】J.M.H.Shaw 兰科属 Orchidaceae 兰科 [MM-723] 全球 (uc) 大洲分布及种数(uc)
Andaspis Rechinger = **Scutellaria**
Andasta Miers = **Barringtonia**
Andeimalva【3】J.A.Tate 卷葵属 ≒ **Tarasa** Malvaceae 锦葵科 [MD-203] 全球 (1) 大洲分布及种数(5)◆南美洲
Andelis Raf. = **Helianthemum**
Andenea Kreuz. = **Lobivia**
Anderbergia【3】B.Nord. 外卷鼠麹木属 ← **Petalacte** Asteraceae 菊科 [MD-586] 全球 (1) 大洲分布及种数(2-6)◆非洲(◆南非)
Andersonara J.König ex R.Br. = **Andersonia**
Andersonglossum【2】J.I.Cohen 卷草属 Boraginaceae 紫草科 [MD-517] 全球 (2) 大洲分布及种数(cf.3) 亚洲:2;北美洲:3
Andersoni J.König ex R.Br. = **Andersonia**
Andersonia Buch.Ham. ex Wall. = **Andersonia**
Andersonia【3】R.Br. 八宝石南属 ≒ **Anogeissus;Atherocephala;Angelonia** Epacridaceae 尖苞树科 [MD-391] 全球 (1) 大洲分布及种数(5-36)◆大洋洲
Andersoniella【-】C.Davis & Amorim 金虎尾科属

Malpighiaceae 金虎尾科 [MD-343] 全球 (uc) 大洲分布及种数(uc)
Andersonii J.König ex R.Br. = **Andersonia**
Andersoniodoxa 【-】 C.Davis & Amorim 金虎尾科属 Malpighiaceae 金虎尾科 [MD-343] 全球 (uc) 大洲分布及种数(uc)
Anderssoniopiper 【3】 Trel. 胡椒属 ← **Piper** Piperaceae 胡椒科 [MD-39] 全球 (1) 大洲分布及种数(uc)属分布和种数(uc)◆北美洲
Andesanthus 【-】 P.J.F.Guim. & Michelang. 野牡丹科属 Melastomataceae 野牡丹科 [MD-364] 全球 (uc) 大洲分布及种数(uc)
Andesia Hauman = **Oxychloe**
Andiandra R.Br. = **Endiandra**
Andiantum L. = **Adiantum**
Andiceras Gaertn. = **Aegiceras**
Andicolea 【-】 Mayta & Molinari 菊科属 Asteraceae 菊科 [MD-586] 全球 (uc) 大洲分布及种数(uc)
Andicus 【-】 Vell. 菊科属 ≒ **Joannesia** Asteraceae 菊科 [MD-586] 全球 (uc) 大洲分布及种数(uc)
Andigena J.A.Jiménez & M.J.Cano = **Andina**
Andina 【3】 J.A.Jiménez & M.J.Cano 阔丛藓属 Pottiaceae 丛藓科 [B-133] 全球 (1) 大洲分布及种数(1)◆南美洲
Andinia 【3】 (Lür) Lür 甘蓝兰属 ≒ **Hypnum** Orchidaceae 兰科 [MM-723] 全球 (6) 大洲分布及种数(71-76)非洲:1;亚洲:1;大洋洲:3-4;欧洲:1;北美洲:1;南美洲:70-71
Andinocleome 【3】 (Benth.) H.H.Iltis 甘蓝菜属 ≒ **Cleome** Cleomaceae 白花菜科 [MD-210] 全球 (1) 大洲分布及种数(cf.)◆北美洲
Andinodus Muizon & Marshall = **Anisodus**
Andinopuntia 【-】 Guiggi 仙人掌科属 Cactaceae 仙人掌科 [MD-100] 全球 (uc) 大洲分布及种数(uc)
Andinorchis Szlach. & al. = **Zygopetalum**
Andira Glabratae N.F.Mattos = **Andira**
Andira 【2】 Lam. 甘蓝豆属 → **Aganope;Euchresta;Pterocarpus** Fabaceae 豆科 [MD-240] 全球 (5) 大洲分布及种数(38-42;hort.1;cult:1)非洲:1-2;亚洲:36-40;欧洲:1;北美洲:9-10;南美洲:34-38
Andiroba Lam. = **Andira**
Andiscus Vell. = **Andicus**
Andoa 【3】 Ochyra 连柱藓属 → **Andinia** Hypnaceae 灰藓科 [B-189] 全球 (1) 大洲分布及种数(1)◆欧洲
Andopetalum A.Cunn. ex Endl. = **Anodopetalum**
Andouinia Rchb. = **Diosma**
Andraca Raf. = **Lotus**
Andrachne (Scheele) Müll.Arg. = **Andrachne**
Andrachne 【3】 L. 连丝木属 → **Breynia;Leptopus;Phyllanthus** Euphorbiaceae 大戟科 [MD-217] 全球 (6) 大洲分布及种数(11-30;hort.1)非洲:7-15;亚洲:6-23;大洋洲:5;欧洲:2-8;北美洲:2-9;南美洲:1-6
Andradaea 【-】 J.A.Schmidt 大戟科属 ≒ **Andradea** Euphorbiaceae 大戟科 [MD-217] 全球 (uc) 大洲分布及种数(uc)
Andradea 【3】 Allemão 黄柔木属 Nyctaginaceae 紫茉莉科 [MD-107] 全球 (1) 大洲分布及种数(1)◆南美洲(◆巴西)
Andradia Sim = **Dialium**
Andraea Allemão = **Astraea**
Andrea Mez = **Neoregelia**
Andreadoxa 【3】 Kallunki 金荣木属 Rutaceae 芸香科 [MD-399] 全球 (1) 大洲分布及种数(1)◆南美洲(◆巴西)
Andreaea (Hook.f. & Wilson) Müll.Hal. = **Andreaea**
Andreaea 【3】 Hedw. 黑藓属 ≒ **Andradea** Andreaeaceae 黑藓科 [B-98] 全球 (6) 大洲分布及种数(108) 非洲:32;亚洲:18;大洋洲:26;欧洲:25;北美洲:20;南美洲:70
Andreaeaceae 【3】 Dum. 黑藓科 [B-98] 全球 (5) 大洲分布和属种数(3/110) 亚洲:1/18;大洋洲:1/26;欧洲:1/25;北美洲:1/20;南美洲:3/72
Andreaeobryaceae Steere = Andreaeaceae
Andreaeobryum 【3】 Steere & B.M.Murray 黑藓科属 Andreaeaceae 黑藓科 [B-98] 全球 (1) 大洲分布及种数(1)◆北美洲
Andreara De Prins = **Cheilotheca**
Andreettaea 【3】 C.A.Lür 厄瓜多尔兰属 ≒ **Pleurothallis** Orchidaceae 兰科 [MM-723] 全球 (1) 大洲分布及种数(1)◆南美洲(◆厄瓜多尔)
Andreettara J.M.H.Shaw = **Andreettaea**
Andrena Mez = **Neoregelia**
Andreoskia Boiss. = **Dontostemon**
Andresia 【3】 Sleumer 假水晶兰属 ≒ **Spondias** Ericaceae 杜鹃花科 [MD-380] 全球 (1) 大洲分布及种数(uc)◆大洋洲
Andrewara auct. = **Andreaea**
Andrewsia Spreng. = **Centaurium**
Andrewsianthus (R.M.Schust.) R.M.Schust. = **Andrewsianthus**
Andrewsianthus 【2】 Váňa & Piippo 花叶苔属 ≒ **Cephalolobus;Protolophozia** Lophoziaceae 裂叶苔科 [B-56] 全球 (4) 大洲分布及种数(12-13)非洲:4;亚洲:3;大洋洲:5;南美洲:1
Andria H.Perrier = **Andoa**
Andriala Decaisne = **Andryala**
Andriana 【3】 B.E.van Wyk 非洲圆芹属 ≒ **Heteromorpha** Apiaceae 伞形科 [MD-480] 全球 (1) 大洲分布及种数(3-4)◆非洲
Andriapetalum Pohl = **Panopsis**
Andrichnia (Lam.) Baill. = **Croton**
Andrieuxia DC. = **Heliopsis**
Andrieuxii DC. = **Heliopsis**
Andringitra 【3】 Skema 龙锦葵属 ≒ **Dombeya** Malvaceae 锦葵科 [MD-203] 全球 (1) 大洲分布及种数(6)◆非洲
Andripetalum Klotzsch & H.Karst. = **Panopsis**
Androcalva 【3】 C.F.Wilkins & Whitlock 利叶花属 Byttneriaceae 利末花科 [MD-187] 全球 (1) 大洲分布及种数(33)◆大洋洲
Androcalymma 【3】 Dwyer 小花光叶豆属 Fabaceae 豆科 [MD-240] 全球 (1) 大洲分布及种数(1-2)◆南美洲(◆巴西)
Androcentrum Lem. = **Bravaisia**
Androcera Nutt. = **Solanum**
Androchilus Liebm. = **Liparis**
Androcoma Nees = **Androtrichum**
Androcorys 【3】 Schltr. 兜蕊兰属 ← **Herminium;Hormidium** Orchidaceae 兰科 [MM-723] 全球 (1) 大洲分布及种数(6-14)◆亚洲

Androcymbium【3】Willd. 摇船花属 ≒ **Melandrium** Colchicaceae 秋水仙科 [MM-623] 全球 (6) 大洲分布及种数(30-54)非洲:28-50;亚洲:3;大洋洲:3;欧洲:4;北美洲:2;南美洲:1
Androdon Gould = **Acrodon**
Androglos Benth. = **Sabia**
Androglossa Benth. = **Gardneria**
Androglossum Champion ex Benth. = **Sabia**
Andrographis【3】Wall. 宽丝爵床属 Acanthaceae 爵床科 [MD-572] 全球 (1) 大洲分布及种数(14-33)◆亚洲
Androgyne Griff. = **Panisea**
Androlaechmea【-】C.Chev. 凤梨科属 Bromeliaceae 凤梨科 [MM-715] 全球 (uc) 大洲分布及种数(uc)
Androlepis【3】Brongn. ex Houllet 鳞药凤梨属 ← **Aechmea;Billbergia;Ascolepis** Bromeliaceae 凤梨科 [MM-715] 全球 (1) 大洲分布及种数(2)◆北美洲
Andromachia Bonpl. = **Liabum**
Andromeda (D.Don) A.Gray = **Andromeda**
Andromeda【3】L. 青姬木属 → **Agarista;Allodape; Pieris** Ericaceae 杜鹃花科 [MD-380] 全球 (6) 大洲分布及种数(8-22;hort.1;cult:2)非洲:35;亚洲:5-42;大洋洲:1-36;欧洲:1-38;北美洲:4-42;南美洲:1-36
Andromedaceae Döll = Gesneriaceae
Andromedeae Klotzsch = **Andromeda**
Andromycia A.Rich. = **Synandrospadix**
Androphilax Rchb. = **Cocculus**
Androphoranthus H.Karst. = **Caperonia**
Androphylax J.C.Wendl. = **Cocculus**
Androphysa Moq. ex seipso = **Centaurea**
Andropogom L. = **Andropogon**
Andropogon (Andersson ex E.Fourn.) Hack. = **Andropogon**
Andropogon【3】L. 须芒草属 → **Agenium;Acropogon** Poaceae 禾本科 [MM-748] 全球 (6) 大洲分布及种数(153-214;hort.1;cult:11)非洲:71-199;亚洲:63-184;大洋洲:27-140;欧洲:15-125;北美洲:65-179;南美洲:63-175
Andropogones Martinov = **Andropogon**
Andropogum Brongn. = (接受名不详) Cyperaceae
Andropterum【3】Stapf 翼颖草属 ← **Ischaemum** Poaceae 禾本科 [MM-748] 全球 (1) 大洲分布及种数(1)◆非洲
Andropus Brand = **Nama**
Androrchis D.Tyteca & E.Klein = **Orchis**
Androsace【3】L. 点地梅属 ≒ **Primula** Primulaceae 报春花科 [MD-401] 全球 (6) 大洲分布及种数(147-194; hort.1;cult: 14)非洲:9-41;亚洲:126-195;大洋洲: 24-59;欧洲:39-77;北美洲:41-76;南美洲:13-44
Androsaces Asch. = **Procris**
Androsaemum Adans. = **Hypericum**
Androscepia Brongn. = **Themeda**
Androsemum Link = **Vismia**
Androsiphon Schltr. = **Daubenya**
Androsiphonia Stapf = **Paropsia**
Androstachyaceae Airy-Shaw = Emblingiaceae
Androstachys【3】Prain 绒背桐属 ≒ **Stachyandra** Picrodendraceae 苦皮桐科 [MD-317] 全球 (1) 大洲分布及种数(1)◆非洲
Androstemma Lindl. = **Conostylis**
Androstephanos Fern.Cañas & R.Lara = **Hieronymiella**
Androstephium【3】Torr. 水仙韭属 ← **Brodiaea** Asparagaceae 天门冬科 [MM-669] 全球 (1) 大洲分布及种数(3-5)◆北美洲
Androstoma Hook.f. = **Cyathodes**
Androstylanthus Ducke = **Helianthostylis**
Androstylium Miq. = **Oedematopus**
Androsyce Asch. = **Elatostema**
Androsynaceae Salisb. = Antheliaceae
Androsyne Salisb. = **Walleria**
Androtium【3】Stapf 折药漆属 Anacardiaceae 漆树科 [MD-432] 全球 (1) 大洲分布及种数(1)◆亚洲
Androtrichum【3】(Brongn.) Brongn. 须蕊莎属 ← **Abildgaardia;Scirpus;trichophorum** Cyperaceae 莎草科 [MM-747] 全球 (1) 大洲分布及种数(2)◆南美洲(◆巴西)
Androtropis R.Br. ex Wall. = **Acranthera**
Androya【3】H.Perrier 马岛苦槛蓝属 ≒ **Andryala** Scrophulariaceae 玄参科 [MD-536] 全球 (1) 大洲分布及种数(1)◆非洲(◆马达加斯加)
Andruris【3】Schltr. 本乡草属 ← **Sciaphila** Triuridaceae 霉草科 [MM-616] 全球 (1) 大洲分布及种数(1)◆大洋洲
Andryala【2】L. 毛托山柳菊属 ≒ **Crepis;Hieracium** Asteraceae 菊科 [MD-586] 全球 (3) 大洲分布及种数(20-34;hort.1;cult: 3)非洲:14;亚洲:cf.1;欧洲:15
Andrzeiowskia【3】Rchb. 欧洲圆芥属 ← **Dontostemon** Brassicaceae 十字花科 [MD-213] 全球 (1) 大洲分布及种数(1)◆欧洲
Andrzeiowskya Rchb. = **Andrzeiowskia**
Andvakia T.R.Sim = **Dialium**
Andwakia T.R.Sim = **Dialium**
Andyara【2】A.Chen & J.M.H.Shaw 兰科属 Orchidaceae 兰科 [MM-723] 全球 (1) 大洲分布及种数(uc)◆北美洲
Anechites【3】Griseb. 异蛇木属 ← **Apocynum; Condylocarpon;Echites** Apocynaceae 夹竹桃科 [MD-492] 全球 (1) 大洲分布及种数(2-4)◆北美洲
Anecio Neck. = **Senecio**
Anecochilus Bl. = **Anoectochilus**
Anectochilus Bl. = **Anoectochilus**
Aneides Strauch = **Aerides**
Aneilema Dicarpellaria C.B.Clarke = **Aneilema**
Aneilema【3】R.Br. 竹叶菜属 ← **Herrania** Commelinaceae 鸭跖草科 [MM-708] 全球 (6) 大洲分布及种数(37-73;hort.1)非洲:28-64;亚洲:12-27;大洋洲:4-12;欧洲:8;北美洲:1-9;南美洲:2-10
Aneimia Kaulf. = **Anemia**
Aneimiaebotrys Fée = **Anemia**
Aneimites Griseb. = **Anechites**
Aneitea Szlach. & Mytnik = **Oncidium**
Anelaphus Benth. = **Aneulophus**
Anelasma Miers = **Abuta**
Anellaria Hochst. = **Voacanga**
Anelsonia【3】J.F.Macbr. & Payson 蝉翼芥属 ← **Draba;Phoenicaulis** Brassicaceae 十字花科 [MD-213] 全球 (1) 大洲分布及种数(1)◆北美洲(◆美国)
Anelytra Hack. = **Avena**
Anelytrum Hack. = **Avena**
Anema【-】Nyl. ex Forss. 可可李科属 Chrysobalanaceae

A

可可李科 [MD-243] 全球 (uc) 大洲分布及种数(uc)
Anemagrostis Trin. = **Apera**
Anemanotus Fourr. = **Anemone**
Anemanthele【3】Veldkamp 雉尾茅属 ≒ **Dichelachne** Poaceae 禾本科 [MM-748] 全球 (1) 大洲分布及种数(1)◆大洋洲(◆新西兰)
Anemanthus Fourr. = **Anemone**
Anemarrhena【3】Bunge 知母属 Asparagaceae 天门冬科 [MM-669] 全球 (1) 大洲分布及种数(1-2)◆亚洲
Anemarrhenaceae【3】Conran & al. 知母科 [MM-662] 全球(6) 大洲分布和属种数(1;hort. & cult.1)(1-3;hort. & cult.1) 非洲:1/1;亚洲:1/1-2;大洋洲:1/1;欧洲:1/1;北美洲:1/1;南美洲:1/1
Anemia【3】Sw. 三白叶属 ← **Osmunda;Adelia** Saururaceae 三白草科 [MD-35] 全球 (6) 大洲分布及种数(uc) 非洲:16-21;亚洲:6-11;大洋洲:3-5;欧洲:2;北美洲:41-54;南美洲:99-111
Anemiaceae Link = Aneuraceae
Anemianthus Fourr. = **Anetanthus**
Anemidictyon【-】J.Sm. ex Hook. 绿片苔科属 ≒ **Anemia** Aneuraceae 绿片苔科 [B-86] 全球 (uc) 大洲分布及种数(uc)
Anemiopsis Endl. = **Anemopsis**
Anemirhiza J.Sm. = **Anemia**
Anemitis Raf. = **Phlomis**
Anemocarpa【3】Paul G.Wilson 风果彩鼠麴属 ← **Chrysocephalum;Helichrysum;Helipterum** Asteraceae 菊科 [MD-586] 全球 (1) 大洲分布及种数(3-6)◆大洋洲
Anemoclema【3】(Franch.) W.T.Wang 罂粟莲花属 ← **Anemone** Ranunculaceae 毛茛科 [MD-38] 全球 (1) 大洲分布及种数(1-2)◆东亚(◆中国)
Anemonaceae Vest = Ranunculaceae
Anemonanthaea Gray = **Urophysa**
Anemonanthea (DC.) S.F.Gray = **Anemone**
Anemonaria Paul G.Wilson = **Anemocarpa**
Anemonastrum Holub = **Anemone**
Anemone Franch. = **Anemone**
Anemone【3】L. 银莲花属 → **Urophysa;Clematis; Argemone** Ranunculaceae 毛茛科 [MD-38] 全球 (6) 大洲分布及种数(158-220;hort.1;cult:29)非洲:33-74;亚洲:112-176;大洋洲:27-67;欧洲:43-86;北美洲:58-98;南美洲:28-68
Anemoneae DC. = **Anemone**
Anemonella【3】Spach 唐松莲花属 ← **Anemone** Ranunculaceae 毛茛科 [MD-38] 全球 (1) 大洲分布及种数(1)◆北美洲
Anemonidium【3】(Spach) Á.Löve & D.Löve 银莲花属 ≒ **Anemone** Ranunculaceae 毛茛科 [MD-38] 全球 (1) 大洲分布及种数(cf.1)◆亚洲
Anemonoides【-】Mill. 毛茛科属 ≒ **Anemone** Ranunculaceae 毛茛科 [MD-38] 全球 (uc) 大洲分布及种数(uc)
Anemonopsis【3】Sieb. & Zucc. 塔银莲属 ← **Actaea; Anemopsis** Ranunculaceae 毛茛科 [MD-38] 全球 (1) 大洲分布及种数(cf.1) ◆亚洲
Anemonospermos Böhm. = **Arctotis**
Anemonospermum Comm. ex Steud. = **Osteospermum**
Anemopaegma【3】Mart. ex Meisn. 黄葳属 ≒ **Jacaranda;Pithecoctenium** Bignoniaceae 紫葳科 [MD-541] 全球 (1) 大洲分布及种数(54-58)◆南美洲
Anemopaegmia Mart. ex Meisn. = **Anemopaegma**
Anemopsis【3】Hook. & Arn. 塔银莲属 ← **Houttuynia** Saururaceae 三白草科 [MD-35] 全球 (1) 大洲分布及种数(1)◆北美洲
Anemotrochus【3】Mangelsdorff,Meve & Liede 塔夹竹属 Apocynaceae 夹竹桃科 [MD-492] 全球 (1) 大洲分布及种数(cf.3) ◆北美洲
Anenome L. = **Anemone**
Anepsa Raf. = **Stenanthium**
Anepsias Schott = **Rhodospatha**
Anerapa Schröd. ex Nees = **Scleria**
Anerincleistus【3】Korth. 长穗花属 → **Styrophyton; Phyllanthus** Melastomataceae 野牡丹科 [MD-364] 全球 (1) 大洲分布及种数(12)属分布和种数(uc)◆亚洲
Anerma Schröd. ex Nees = **Scleria**
Aneslca Rchb. = **Anneslea**
Aneslea Rchb. = **Loiseleuria**
Anesorhiza Endl. = **Annesorhiza**
Anetanthus【3】Hiern ex Benth. & Hook.f. 杯腺岩桐属 ≒ **Anomianthus** Gesneriaceae 苦苣苔科 [MD-549] 全球 (1) 大洲分布及种数(4-6)◆南美洲
Anetholea Peter G.Wilson = **Syzygium**
Anethum【3】L. 莳萝属 ≒ **Ammi;Peucedanum;Pastinaca** Apiaceae 伞形科 [MD-480] 全球 (6) 大洲分布及种数(4-6)非洲:2-5;亚洲:1-3;大洋洲:1-2;欧洲:3-4;北美洲:1-2;南美洲:1-2
Anetia Endl. = **Abatia**
Anetilla Galushko = **Anemone**
Anetium【3】(Kunze) Splitgerber 树卤蕨属 ≒ **Antrophyum** Pteridaceae 凤尾蕨科 [F-31] 全球 (1) 大洲分布及种数(1-2)◆南美洲
Anetoceras Rchb. & Zoll. ex Baill. = **Acalypha**
Anettea Szlach. & Mytnik = **Oncidium**
Aneulophus【3】Benth. 对叶古柯属 ← **Mesembryanthemum** Erythroxylaceae 古柯科 [MD-319] 全球 (1) 大洲分布及种数(1-2)◆非洲
Aneura (Mizut. & S.Hatt.) R.M.Schust. = **Aneura**
Aneura【3】Stephani 绿片苔属 ≒ **Anemia** Aneuraceae 绿片苔科 [B-86] 全球 (6) 大洲分布及种数(31-77)非洲:3-34;亚洲:19-45;大洋洲:6-59;欧洲:2-28;北美洲:6-32;南美洲:4-44
Aneuraceae【3】H.Klinggr. 绿片苔科 [B-86] 全球 (6) 大洲分布和属种数(3;hort. & cult.1)(186-276;hort. & cult.1) 非洲:2-3/15-59;亚洲:2-3/57-94;大洋洲:2-3/81-148;欧洲:2-3/7-44;北美洲:3/25-62;南美洲:2-3/46-97
Aneuriscus C.Presl = **Symphonia**
Aneurolepidium Aphanoneuron Nevski = **Elymus**
Aneurus C.Presl = **Arachis**
Angadenia【3】Miers 金号藤属 ← **Echites;Rhabdadenia;Odontadenia** Apocynaceae 夹竹桃科 [MD-492] 全球 (1) 大洲分布及种数(2-4)◆北美洲(◆美国)
Angasomyrtus【3】Trudgen & Keighery 盐柳梅属 Myrtaceae 桃金娘科 [MD-347] 全球 (1) 大洲分布及种数(uc)◆大洋洲
Angeia Tidestr. = **Myrica**
Angeja Vand. = **Senecio**
Angela Tidestr. = **Morella**
Angelandra Endl. = **Silphium**

Angeldiazia 【3】 M.O.Dillon & Zapata 秘鲁菊属 Asteraceae 菊科 [MD-586] 全球 (1) 大洲分布及种数(1)◆南美洲(◆秘鲁)
Angelesia Korth. = **Licania**
Angelianthus H.Rob. & Brettell = **Raputia**
Angelica【3】(Riv.) L. 当归属 ≒ **Archangelica;Peucedanum** Apiaceae 伞形科 [MD-480] 全球 (1) 大洲分布及种数(100-139)◆亚洲
Angelicaceae Martinov = Scrophulariaceae
Angelina Pohl ex Tul. = **Angelonia**
Angelium Opiz = **Angelica**
Angellea Glic. = **Anneslea**
Angelocarpa Rupr. = **Angelica**
Angelonia【3】 Humb. & Bonpl. 香彩雀属 ≒ **Monopera** Plantaginaceae 车前科 [MD-527] 全球 (1) 大洲分布及种数(27-36)◆南美洲
Angelophyllum Rupr. = **Angelica**
Angelopogon Pöpp. ex Poepp. & Endl. = **Misodendrum**
Angelopsis Swingle = **Aeglopsis**
Angelphytum 【3】 G.M.Barroso 天使菊属 ← **Aspilia;Verbesina;Zexmenia** Asteraceae 菊科 [MD-586] 全球 (1) 大洲分布及种数(14-18)◆南美洲
Angervilla Neck. = **Stemodia**
Angervillea Neck. = **Stemodia**
Angiac Tidestr. = **Myrica**
Angiactis Dulac = **Acronema**
Angianthus 【3】 J.C.Wendl. 盐鼠麹属 ≒ **Cassinia; Siloxerus** Asteraceae 菊科 [MD-586] 全球 (1) 大洲分布及种数(20-23)◆大洋洲
Angida Cav. = **Anoda**
Angina P.Micheli ex Mill. = **Trichosanthes**
Anginon【3】Raf.安吉草属←**Sium;Trinia;Bupleurum** Apiaceae 伞形科 [MD-480] 全球 (1) 大洲分布及种数(6-16)◆非洲(◆南非)
Angiocarpus Trevis. = **Anthospermum**
Angiola Raf. = **Mecranium**
Angiopetalum Reinw. = **Labisia**
Angiopieris (Mitchell) Adans. = **Angiopteris**
Angiopsora (Syd.) Thirum. & F.Kern = **Angophora**
Angiopteridaceae 【3】 Fée ex J.Bommer 莲座蕨科 [F-12] 全球 (6) 大洲分布和属种数(1;hort. & cult.1)(166-204;hort. & cult.3-4)非洲:1/6-11;亚洲:1/151-173;大洋洲:1/18-24;欧洲:1/6-11;北美洲:1/5-10;南美洲:1/5
Angiopteris (Mitchell) Adans. = **Angiopteris**
Angiopteris【3】Hoffm. 莲座蕨属→**Archangiopteris; Abacopteris** Marattiaceae 合囊蕨科 [F-13] 全球 (6) 大洲分布及种数(167-196)非洲:6-11;亚洲:151-173;大洋洲:18-24;欧洲:6-11;北美洲:5-10;南美洲:5
Angitia Koidz. = **Myrsine**
Angka Tidestr. = **Myrica**
Angkalanthus 【3】 Balf.f. 索岛爵床属 → **Chorisochora** Acanthaceae 爵床科 [MD-572] 全球 (1) 大洲分布及种数(cf. 1)◆西亚(◆也门)
Angleica Tidestr. = **Myrica**
Anglyda【-】 Oakeley 兰科属 Orchidaceae 兰科 [MM-723] 全球 (uc) 大洲分布及种数(uc)
Angolaea 【3】 Wedd. 丝河杉属 Podostemaceae 川苔草科 [MD-322] 全球 (1) 大洲分布及种数(1)◆非洲(◆安哥拉)
Angolam Adans. = **Alangium**
Angolamia G.A.Scop. = **Nyssa**
Angolluma 【3】 R.Munster 剑龙角属 ≒ **Stapelia** Apocynaceae 夹竹桃科 [MD-492] 全球 (1) 大洲分布及种数(1)◆非洲
Angophora 【3】 Cav. 杯果木属 → **Acmena;Melaleuca;Metrosideros** Myrtaceae 桃金娘科 [MD-347] 全球 (1) 大洲分布及种数(17)◆大洋洲
Angor Spach = **Oenothera**
Angorchis Nees = **Angraecum**
Angorkis Thou. = **Angraecum**
Angoseseli 【3】 Chiov. 钩果芹属 ← **Caucalis;Pimpinella** Apiaceae 伞形科 [MD-480] 全球 (1) 大洲分布及种数(1)◆非洲
Angostura 【3】 Röm. & Schult. 苦笛香属 → **Conchocarpus;Galipea** Rutaceae 芸香科 [MD-399] 全球 (1) 大洲分布及种数(25-27)◆南美洲
Angostyles 【3】 Benth. 知母大戟属 Euphorbiaceae 大戟科 [MD-217] 全球 (1) 大洲分布及种数(uc)◆南美洲
Angostylidium (Müll.Arg.) Pax & K.Hoffm. = **Plukenetia**
Angostylis 【3】 Benth. 角柱桐属 Euphorbiaceae 大戟科 [MD-217] 全球 (1) 大洲分布及种数(2)◆南美洲
Angraecoides 【-】 (Cordem.) Szlach.,Mytnik & Grochocka 兰科属 Orchidaceae 兰科 [MM-723] 全球 (uc) 大洲分布及种数(uc)
Angraecopsis 【3】 Kraenzl. 拟武夷兰属 ← **Aeranthes;Saccolabium;Microterangis** Orchidaceae 兰科 [MM-723] 全球 (1) 大洲分布及种数(18-27)◆非洲
Angraecostylis 【-】 auct. 兰科属 Orchidaceae 兰科 [MM-723] 全球 (uc) 大洲分布及种数(uc)
Angraecum 【3】 Bory 彗星兰属 → **Aerangis;Pectinaria;Ancistrorhynchus** Orchidaceae 兰科 [MM-723] 全球 (6) 大洲分布及种数(195-251;hort.1)非洲:193-244;亚洲:8-13;大洋洲:2-5;欧洲:5-9;北美洲:5-7;南美洲:2-5
Angraecyrtanthes 【-】 Hort. 兰科属 Orchidaceae 兰科 [MM-723] 全球 (uc) 大洲分布及种数(uc)
Angraeorchis auct. = **Angraecum**
Angrangis auct. = **Rangaeris**
Angranthellea 【-】 auct. 兰科属 Orchidaceae 兰科 [MM-723] 全球 (uc) 大洲分布及种数(uc)
Angranthes auct. = **Achyropsis**
Angreoniella【-】 auct. 兰科属 Orchidaceae 兰科 [MM-723] 全球 (uc) 大洲分布及种数(uc)
Angu Miq. = **Drypetes**
Anguidae P.Micheli ex Mill. = **Bryonia**
Anguilla Ruiz & Pav. = **Anguloa**
Anguillaraea 【-】 P. & K. 百合科属 Liliaceae 百合科 [MM-633] 全球 (uc) 大洲分布及种数(uc)
Anguillaria Gaertn. = **Ardisia**
Anguillarieae D.Don = **Ardisia**
Anguillicarpus Burkill = **Spirorhynchus**
Anguina P. & K. = **Trichosanthes**
Anguinella Gleichen ex Steud. = **Agrostis**
Anguinum Fourr. = **Allium**
Anguis P.Micheli ex Mill. = **Bryonia**
Anguloa 【3】 Ruiz & Pav. 郁香兰属 → **Acineta;Catasetum;Stanhopea** Orchidaceae 兰科 [MM-723] 全球 (1) 大洲分布及种数(10-26)◆南美洲
Angulocaste auct. = **Stanhopea**

A

Anguria Mill. = **Citrullus**
Anguria Schltdl. = **Psiguria**
Anguriopsis J.R.Johnst. = **Corallocarpus**
Angustinea A.Gray = **Acrocomia**
Angylocalyx【3】Taub. 北羚豆属 Fabaceae 豆科 [MD-240] 全球 (1) 大洲分布及种数(3-8)◆非洲
Anhalonium Lem. = **Ariocarpus**
Anhellia (Syd.) Arx = **Ansellia**
Anhima Sw. = **Anemia**
Anhinga Adans. = **Croton**
Anhymenium Griff. = **Regmatodon**
Ania【3】Lindl. 安兰属 ← **Chrysoglossum;Tainia;Tilia** Orchidaceae 兰科 [MM-723] 全球 (1) 大洲分布及种数(8-9)◆亚洲
Aniba【3】Aubl. 玫樟属 ≒ **Aiouea;Beilschmiedia;Ocotea** Lauraceae 樟科 [MD-21] 全球 (1) 大洲分布及种数(53-60)◆南美洲
Anicla Günée = **Anila**
Anictangium【-】Hedw. 丛藓科属 ≒ **Anoectangium;Pilotrichum** Pottiaceae 丛藓科 [B-133] 全球 (uc) 大洲分布及种数(uc)
Anictoclea Nimmo = **Tetrameles**
Aniculus Stimpson = **Aesculus**
Anidrum Neck. = **Bifora**
Anigoazanthes Labill. = **Anigozanthos**
Anigosanthos DC. = **Anigozanthos**
Anigosanthus DC. = **Macropidia**
Anigosia【3】Salisb. 袋鼠爪属 Haemodoraceae 血草科 [MM-718] 全球 (1) 大洲分布及种数(uc)◆大洋洲
Anigozanthes P. & K. = **Anigozanthos**
Anigozanthos【3】Labill. 袋鼠爪属 Haemodoraceae 血草科 [MM-718] 全球 (1) 大洲分布及种数(8-12)◆大洋洲
Anigozanthus Lindl. = **Macropidia**
Anigozantos Labill. = **Anigozanthos**
Anigozia Endl. = **Anigozanthos**
Anikaara【-】J.M.H.Shaw 兰科属 Orchidaceae 兰科 [MM-723] 全球 (uc) 大洲分布及种数(uc)
Aniketon Raf. = **Smilax**
Anil Mill. = **Anila**
Anila【2】Ludw. ex P. & K. 异蝶豆属 ≒ **Indigofera** Fabaceae 豆科 [MD-240] 全球 (3) 大洲分布及种数(9-15) 非洲:5-10;亚洲:cf.1;北美洲:2
Anilema Kunth = **Herrania**
Anilius Rumph. ex Lam. = **Sauropus**
Anilocra Raf. = **Helicteres**
Animalia Hort.Hisp. ex Endl. = **Amalia**
Animula Dognin = **Alinula**
Aningeria【3】Aubrév. & Pellegr. 桃榄属 ≒ **Pouteria** Sapotaceae 山榄科 [MD-357] 全球 (1) 大洲分布及种数(1) ◆南美洲
Aningueria【3】Aubrév. & Pellegr. 山榄科属 ≒ **Pouteria** Sapotaceae 山榄科 [MD-357] 全球 (1) 大洲分布及种数(uc)◆亚洲
Aniotum ex Parkinson = **Inocarpus**
Anis Lindl. = **Apios**
Anisacantha R.Br. = **Sclerolaena**
Anisacanthus C.Presl = **Anisacanthus**
Anisacanthus【2】Nees 火唇花属 → **Henleophytum;Justicia;Odontonema** Acanthaceae 爵床科 [MD-572] 全球 (3) 大洲分布及种数(21-25;hort.1)亚洲:cf.1;北美洲:16;南美洲:10-13
Anisacate Keng = **Deyeuxia**
Anisachne Keng = **Calamagrostis**
Anisactis Dulac = **Carum**
Anisadenia【3】Wall. 异腺草属 ← **Plumbago** Linaceae 亚麻科 [MD-315] 全球 (1) 大洲分布及种数(cf.1)◆亚洲
Anisakis Dulac = **Acronema**
Anisandra Bartl. = **Ptychopetalum**
Anisantha【3】K.Koch 异花雀麦属 ← **Bromus** Poaceae 禾本科 [MM-748] 全球 (1) 大洲分布及种数(3)◆北美洲
Anisanthera Griff. = **Crotalaria**
Anisantherina【3】Pennell 帚地黄属 ≒ **Agalinis** Orobanchaceae 列当科 [MD-552] 全球 (1) 大洲分布及种数(1)◆南美洲
Anisanthus Sw. = **Symphoricarpos**
Anisaspis Rechinger = **Scutellaria**
Aniseia【3】Choisy 心萼薯属 ≒ **Pharbitis;Ipomoea** Convolvulaceae 旋花科 [MD-499] 全球 (6) 大洲分布及种数(6-7)非洲:3;亚洲:1-4;大洋洲:2-5;欧洲:1-4;北美洲:4-7;南美洲:5-8
Aniseion St.Lag. = **Smilax**
Aniselytron【3】Merr. 沟稃草属 ≒ **Calamagrostis** Poaceae 禾本科 [MM-748] 全球 (1) 大洲分布及种数(cf. 1)◆亚洲
Anisepta Raf. = **Anastrepta**
Aniserica N.E.Br. = **Eremia**
Anisifolium P. & K. = **Citropsis**
Anisocalyx Donati = **Bacopa**
Anisocampium【3】C.Presl 安蕨属 ← **Athyrium;Dryopteris** Athyriaceae 蹄盖蕨科 [F-40] 全球 (1) 大洲分布及种数(4-6)◆亚洲
Anisocapparis【3】Cornejo & Iltis 异花菜属 ≒ **Capparis** Capparaceae 山柑科 [MD-178] 全球 (1) 大洲分布及种数(1)◆南美洲(◆巴西)
Anisocarpus【3】Nutt. 歪果菊属 → **Jensia;Madia;Raillardella** Asteraceae 菊科 [MD-586] 全球 (1) 大洲分布及种数(3-6)◆北美洲
Anisocentra Turcz. = **Tropaeolum**
Anisocentrum Turcz. = **Rhexia**
Anisocereus Backeb. = **Pachycereus**
Anisochaeta【3】DC. 芒冠鼠麹木属 Asteraceae 菊科 [MD-586] 全球 (1) 大洲分布及种数(1)◆非洲(◆南非)
Anisochilos Benth. = **Anisochilus**
Anisochilus【3】Wall. 排草香属 ← **Elsholtzia;Nosema;Plectranthus** Lamiaceae 唇形科 [MD-575] 全球 (6) 大洲分布及种数(4-9)非洲:1-8;亚洲:3-16;大洋洲:7;欧洲:7;北美洲:7;南美洲:7
Anisochora Torr. & A.Gray = **Anisocoma**
Anisocoma【3】Torr. & A.Gray 异冠苣属 Asteraceae 菊科 [MD-586] 全球 (1) 大洲分布及种数(1-3)◆北美洲
Anisocycla【3】Baill. 异环藤属 ← **Albertisia** Menispermaceae 防己科 [MD-42] 全球 (1) 大洲分布及种数(3-5)◆非洲
Anisodens Dulac = **Scabiosa**
Anisoderis Cass. = **Youngia**
Anisodes Dulac = **Scabiosa**

A

Anisodon【-】 Schimp. 碎米藓科属 ≒ **Clasmatodon** Fabroniaceae 碎米藓科 [B-173] 全球 (uc) 大洲分布及种数(uc)
Anisodonta C.Presl = **Anisodontea**
Anisodontea【3】 C.Presl 南非葵属 ← **Lavatera** Malvaceae 锦葵科 [MD-203] 全球 (1) 大洲分布及种数(21-27)◆非洲
Anisodus【3】 Link & Otto 山莨菪属 ← **Scopolia;Scolopia** Solanaceae 茄科 [MD-503] 全球 (1) 大洲分布及种数(4-7)◆亚洲
Anisogomphus DC. = **Crepis**
Anisogonium C.Presl = **Diplazium**
Anisolepis Steetz = **Rhodanthe**
Anisolobus A.DC. = **Odontadenia**
Anisolotus【-】 Bernh. 豆科属 ≒ **Acmispon** Fabaceae 豆科 [MD-240] 全球 (uc) 大洲分布及种数(uc)
Anisomallon【3】 Baill. 柴龙树属 ← **Rhaphiostylis; Apodytes** Icacinaceae 茶茱萸科 [MD-450] 全球 (1) 大洲分布及种数(uc)◆大洋洲
Anisomeles【3】 R.Br. 广防风属 ← **Ajuga;Craniotome;Epimeredi** Lamiaceae 唇形科 [MD-575] 全球 (1) 大洲分布及种数(5-6)◆亚洲
Anisomeria【3】 D.Don 异被商陆属 ← **Phytolacca** Phytolaccaceae 商陆科 [MD-125] 全球 (1) 大洲分布及种数(4-5)◆南美洲
Anisomeris【3】 C.Presl 广茜草属 ← **Chomelia;Chione** Rubiaceae 茜草科 [MD-523] 全球 (1) 大洲分布及种数(cf.1-4) ◆南美洲
Anisometros Hassk. = **Pimpinella**
Anisomy Raf. = **Helicteres**
Anisonema A.Juss. = **Phyllanthus**
Anisopappus【3】 Hook. & Arn. 山黄菊属 ← **Adenostemma;Astephania** Asteraceae 菊科 [MD-586] 全球 (6) 大洲分布及种数(29-48;hort.1)非洲:28-45;亚洲:1-3;大洋洲:2;欧洲:1-3;北美洲:2-4;南美洲:3-5
Anisoperas Dognin = **Anisoptera**
Anisopetala【-】 (Kraenzl.) M.A.Clem. 兰科属 ≒ **Onychium** Orchidaceae 兰科 [MM-723] 全球 (uc) 大洲分布及种数(uc)
Anisopetalon (Kraenzl.) M.A.Clem. = **Anisopetala**
Anisopetalum Hook. = **Bulbophyllum**
Anisophyllea【2】 R.Br. ex Sabine 异叶木属 ≒ **Anisophyllum** Anisophylleaceae 异叶木科 [MD-324] 全球 (4) 大洲分布及种数(12-71)非洲:6-37;亚洲:3-20;大洋洲:1;南美洲:2
Anisophylleaceae【2】 Ridl. 异叶木科 [MD-324] 全球 (4) 大洲分布和属种数(3-4;hort. & cult.1)(13-75;hort. & cult.1)非洲:2/7-38;亚洲:1/3-20;大洋洲:1/1;南美洲:2/3-4
Anisophyllum【-】 Boiv. ex Baill. 大戟科属 ≒ **Anisophyllea;Croton;Schinus** Euphorbiaceae 大戟科 [MD-217] 全球 (uc) 大洲分布及种数(uc)
Anisophyllum Boiv. ex Baill. = **Croton**
Anisophyllum G.Don = **Anisophyllea**
Anisophyllum Haw. = **Euphorbia**
Anisophyllum Jacq. = **Schinus**
Anisoplectus örst. = **Nematanthus**
Anisopleura E.Fenzl = **Prangos**
Anisopoda【3】 Baker 异足芹属 Apiaceae 伞形科 [MD-480] 全球 (1) 大洲分布及种数(1)◆非洲(◆马达加斯加)
Anisopogon【3】 R.Br. 澳异芒草属 ← **Avena;Danthonia;Deyeuxia** Poaceae 禾本科 [MM-748] 全球 (1) 大洲分布及种数(1-3)◆大洋洲
Anisoptera【3】 Korth. 异翅香属 ← **Dipterocarpus; Vatica;Shorea** Dipterocarpaceae 龙脑香科 [MD-173] 全球 (1) 大洲分布及种数(3-11)◆亚洲
Anisopus【3】 N.E.Br. 异足萝藦属 ← **Marsdenia** Apocynaceae 夹竹桃科 [MD-492] 全球 (1) 大洲分布及种数(1-3)◆非洲
Anisopyrum (Griseb.) Gren. & Duval = **Leymus**
Anisora Raf. = **Helicteres**
Anisoramphus DC. = **Youngia**
Anisorhamphus DC. = **Crepis**
Anisosciadium【3】 DC. 矮伞芹属 → **Chamaesciadium;Echinophora;Dicyclophora** Apiaceae 伞形科 [MD-480] 全球 (1) 大洲分布及种数(1-3)◆亚洲
Anisosepalum【3】 E.Hossain 叉柱花属 ≒ **Staurogyne** Acanthaceae 爵床科 [MD-572] 全球 (1) 大洲分布及种数(4)属分布和种数(uc)◆非洲
Anisosorus Trevis. = **Lonchitis**
Anisosorus Trevis. ex Maxon = **Asplenium**
Anisosperma【3】 Silva Manso 爵床属 ≒ **Fevillea** Cucurbitaceae 葫芦科 [MD-205] 全球 (1) 大洲分布及种数(cf. 1)◆南美洲
Anisost Raf. = **Helicteres**
Anisostachya【3】 Nees 非洲异爵床属 ≒ **Justicia** Acanthaceae 爵床科 [MD-572] 全球 (1) 大洲分布及种数(65-67)◆非洲
Anisostemon Turcz. = **Connarus**
Anisostichium Mitt. = **Epipterygium**
Anisostichus【2】 Bureau 号角藤属 ≒ **Amphilophium** Bignoniaceae 紫葳科 [MD-541] 全球 (4) 大洲分布及种数(2) 亚洲:2;欧洲:2;北美洲:2;南美洲:2
Anisosticta Schinz = **Tetragonia**
Anisosticte Bartl. = **Capparis**
Anisostictus Benth. & Hook.f. = **Adenocalymma**
Anisostigma Schinz = **Tetragonia**
Anisostira Schinz = **Tetragonia**
Anisotarsus Chaudoir = **Anisocarpus**
Anisotes【3】 Nees 红唇花属 ← **Dianthera;Lythrum** Acanthaceae 爵床科 [MD-572] 全球 (1) 大洲分布及种数(10-24)◆非洲
Anisothecium【3】 Mitt. 异尾藓属 ≒ **Leptotrichum** Dicranaceae 曲尾藓科 [B-128] 全球 (6) 大洲分布及种数(43)非洲:8;亚洲:12;大洋洲:7;欧洲:9;北美洲:12;南美洲:21
Anisothrix【3】 O.Hoffm. ex P. & K. 短果鼠麹木属 ← **Iphiona** Asteraceae 菊科 [MD-586] 全球 (1) 大洲分布及种数(2)◆非洲(◆南非)
Anisotoma【3】 Fenzl 异片萝藦属 ← **Brachystelma** Asclepiadaceae 萝藦科 [MD-494] 全球 (1) 大洲分布及种数(4)◆非洲
Anisotomaria C.Presl = **Anisotoma**
Anisotome【2】 Hook.f. 甘松芹属 ← **Aciphylla;Scandia;Angelica** Apiaceae 伞形科 [MD-480] 全球 (2) 大洲分布及种数(7-19)亚洲:3;大洋洲:6-16
Anistelma Raf. = **Hedyotis**
Anistum Hill = **Pimpinella**

A

Anistylis Raf. = **Liparis**
Anisum Hill = **Pimpinella**
Anisus Hill = **Pimpinella**
Anita Schaus = **Aniba**
Anithista Raf. = **Carex**
Aniuta Clarke = **Abuta**
Anixiella Brand = **Aliciella**
Ankersmitara【-】J.M.H.Shaw 兰科属 Orchidaceae 兰科 [MM-723] 全球 (uc) 大洲分布及种数(uc)
Ankylobus Steven = **Astragalus**
Ankylocheilos Summerh. = **Vanilla**
Ankyra Salisb. = **Narcissus**
Ankyropetalum Fenzl = **Gypsophila**
Anlis DC. = **Anotis**
Anna【3】Pellegr. 大苞苣苔属 ← **Didissandra;Didymocarpus;Lysionotus** Gesneriaceae 苦苣苔科 [MD-549] 全球 (1) 大洲分布及种数(4-6)◆亚洲
Annaea Kolak. = **Campanula**
Annamocalamus【-】H.N.Nguyen,N.H.Xia & V.T.Tran 禾本科属 Poaceae 禾本科 [MM-748] 全球 (uc) 大洲分布及种数(uc)
Annamocarya【3】A.Chev. 喙核桃属 ← **Carya;Juglans** Juglandaceae 胡桃科 [MD-136] 全球 (1) 大洲分布及种数(2)◆亚洲
Anneliesia【3】Brieger & Lückel 尖嘴兰属 ← **Miltonia** Orchidaceae 兰科 [MM-723] 全球 (1) 大洲分布及种数(1)◆南美洲(◆巴西)
Annellus P.Br. = **Amellus**
Annepona L. = **Annona**
Annesijoa【3】Pax & K.Hoffm. 钝药桐属 Euphorbiaceae 大戟科 [MD-217] 全球 (1) 大洲分布及种数(cf.1) ◆非洲
Anneslea Roxb. ex Andrews = **Anneslea**
Anneslea【3】Wall. 茶梨属 ← **Euryale** Pentaphylacaceae 五列木科 [MD-215] 全球 (1) 大洲分布及种数(2-6)◆亚洲
Annesleya P. & K. = **Anneslea**
Anneslia【-】Salisb. 豆科属 ≒ **Calliandra;Feuilleea** Fabaceae 豆科 [MD-240] 全球 (uc) 大洲分布及种数(uc)
Annesorhiza【3】Cham. & Schltdl. 南非草属 ← **Sium;Seseli** Apiaceae 伞形科 [MD-480] 全球 (1) 大洲分布及种数(4-20)◆非洲
Annesorhizae Cham. & Schltdl. = **Annesorhiza**
Annickia【2】Setten & Maas 南美野荔枝属 Annonaceae 番荔枝科 [MD-7] 全球 (2) 大洲分布及种数(10-11) 非洲;大洋洲
Annina L. = **Annona**
Annogramma Link = **Anogramma**
Annona Atractanthus Saff. = **Annona**
Annona【3】L. 番荔枝属 → **Aberemoa;Diospyros; Phrodus** Annonaceae 番荔枝科 [MD-7] 全球 (1) 大洲分布及种数(138-168)◆南美洲
Annonaceae【3】Juss. 番荔枝科 [MD-7] 全球 (6) 大洲分布和属种数(116-127;hort. & cult.15)(2168-3417;hort. & cult.26-35)非洲:49-75/500-708;亚洲:53-68/802-1396;大洋洲:22-45/92-247;欧洲:5-34/9-121;北美洲:29-49/189-316;南美洲:38-55/863-1097
Annophyllum Hook.f. ex Benth. = **Allophyllum**
Anntenoron Raf. = **Antenoron**
Annua Oberpr. & Sonboli,Ali = **Anna**
Annularia Hochst. = **Voacanga**
Annularis Hochst. = **Voacanga**
Annulispora【-】Jersey 不明藓属 Fam(uc) 全球 (uc) 大洲分布及种数(uc)
Annulodiscus【3】Tardieu 五层龙属 ← **Salacia** Celastraceae 卫矛科 [MD-339] 全球 (1) 大洲分布及种数(uc)属分布和种数(uc)◆东亚(◆中国)
Anocalea Hill = **Carduus**
Anocheile Hoffmanns. ex Rchb. = **Epidendrum**
Anoda【3】Cav. 盘果苘属 → **Briquetia;Malvastrum; Modiola** Malvaceae 锦葵科 [MD-203] 全球 (1) 大洲分布及种数(4-10)◆南美洲
Anodendron【3】A.DC. 鳝藤属 ← **Aganosma;Micrechites;Trachelospermum** Apocynaceae 夹竹桃科 [MD-492] 全球 (1) 大洲分布及种数(13-26)◆亚洲
Anodia Hassk. = **Modiola**
Anodiscus【3】Benth. 小岩桐属 ← **Gloxinia** Gesneriaceae 苦苣苔科 [MD-549] 全球 (1) 大洲分布及种数(cf. 1)◆南美洲(◆秘鲁)
Anodon【-】Bunge 紫萼藓科属 ≒ **Schistidium; Grimmia** Grimmiaceae 紫萼藓科 [B-115] 全球 (uc) 大洲分布及种数(uc)
Anodontea (DC.) R.Sw. = **Alyssum**
Anodontium Brid. = **Drummondia**
Anodopetalum【3】A.Cunn. ex Endl. 平枝梅属 Cunoniaceae 合椿梅科 [MD-255] 全球 (1) 大洲分布及种数(1)◆大洋洲
Anodotites Greene = **Agrostemma**
Anodus Bruch & Schimp. = **Seligeria**
Anoecia Bernh. = **Arracacia**
Anoectangium (Lindb.) G.Roth = **Anoectangium**
Anoectangium【3】Schwägr. 丛本藓属 ≒ **Hedwigia** Pottiaceae 丛藓科 [B-133] 全球 (6) 大洲分布及种数(15) 非洲:5;亚洲:5;大洋洲:3;欧洲:6;北美洲:7;南美洲:4
Anoectocalyx【3】Triana ex Cogn. 南美木牡丹属 Melastomataceae 野牡丹科 [MD-364] 全球 (1) 大洲分布及种数(uc)◆南美洲
Anoectochilus【3】Bl. 开唇兰属 → **Zeuxine;Euodia;Annesorhiza** Orchidaceae 兰科 [MM-723] 全球 (1) 大洲分布及种数(32-73)◆亚洲
Anoectodes【-】Glic. 兰科属 Orchidaceae 兰科 [MM-723] 全球 (uc) 大洲分布及种数(uc)
Anoectomaria【-】Rolfe 兰科属 Orchidaceae 兰科 [MM-723] 全球 (uc) 大洲分布及种数(uc)
Anoegosanthos Labill. = **Anigozanthos**
Anoegosanthus Rchb. = **Anigozanthos**
Anoetus G.Don ex Loud. = **Embothrium**
Anogallidium Griseb. = **Anagallidium**
Anogcodes Schltr. = **Sloanea**
Anogeissus (DC.) Wall. ex Guill.,Perr. & A.Rich. = **Anogeissus**
Anogeissus【2】Wall. ex Benth. 榆绿木属 ≒ **Atherocephala** Combretaceae 使君子科 [MD-354] 全球 (5) 大洲分布及种数(6-10)非洲:2-3;亚洲:5-9;欧洲:3-4;北美洲:1-3;南美洲:2-3
Anogra Spach = **Oenothera**
Anogramma【3】Link 翠蕨属 ← **Hemionitis;Polypodium;Pleurosoriopsis** Pteridaceae 凤尾蕨科 [F-31] 全球 (6)大洲分布及种数(9-14)非洲:2-3;亚洲:3-4;大洋洲:1;欧

洲:1;北美洲:3;南美洲:5
Anogramme Fée = **Hemionitis**
Anogrammma Link = **Hemionitis**
Anogr彷rnma Link = **Anogramma**
Anogyna Nees = **Erica**
Anohyala L. = **Andryala**
Anoides Schltr. = **Sloanea**
Anoiganthus Baker = **Cyrtanthus**
Anolcites Greene = **Agrostemma**
Anolinga Adans. = **Croton**
Anoma Lour. = **Moringa**
Anomacaulis【3】(Stephani) Grolle 翠叶苔属 Jamesoniellaceae 圆叶苔科 [B-51] 全球 (1) 大洲分布及种数(cf. 1)◆亚洲
Anomala Laws. = **Tritonia**
Anomalanthus Klotzsch = **Blaeria**
Anomalepis N.E.Br. = **Watsonia**
Anomalesia N.E.Br. = **Gladiolus**
Anomalina N.E.Br. = **Anapalina**
Anomalluma Plowes = **Pseudolithos**
Anomalocalyx【3】Ducke 裂萼桐属 ≒ **Dodecastigma** Euphorbiaceae 大戟科 [MD-217] 全球 (1) 大洲分布及种数(1)◆南美洲(◆巴西)
Anomalolejeunea【-】(Spruce) Schiffn. 细鳞苔科属 Lejeuneaceae 细鳞苔科 [B-84] 全球 (uc) 大洲分布及种数(uc)
Anomalomma Plowes = **Pseudolithos**
Anomalon Hook. & Taylor = **Anomodon**
Anomalops Steud. = **Agrostis**
Anomalopteris【-】(DC.) G.Don 金虎尾科属 ≒ **Banisteria** Malpighiaceae 金虎尾科 [MD-343] 全球 (uc) 大洲分布及种数(uc)
Anomaloria N.E.Br. = **Watsonia**
Anomalorthis Steud. = **Aciachne**
Anomalosicyos Gentry = **Sicyos**
Anomalostemon Klotzsch = **Gynandropsis**
Anomalostylus R.C.Foster = **Trimezia**
Anomalothir Steud. = **Aciachne**
Anomalotis Steud. = **Agrostis**
Anomanthoda Hook.f. = **Randia**
Anomanthodia Hook.f. = **Randia**
Anomantia DC. = **Verbesina**
Anomatassa K.Schum. = **Vailia**
Anomatheca Ker Gawl. = **Aristea**
Anomaza Laws ex Salisb. = **Lapeirousia**
Anomia Bernh. = **Arracacia**
Anomianthus【3】Zoll. 甘玉盘属 ← **Cyathostemma;Uvaria;Anetanthus** Annonaceae 番荔枝科 [MD-7] 全球 (1) 大洲分布及种数(cf. 1)◆亚洲
Anomiopsis Müll.Hal. = **Astomiopsis**
Anomis Schaus = **Anotis**
Anomobryopsis Cardot = **Anomobryum**
Anomobryum【3】Schimp. 银藓属 ≒ **Anoectangium** Bryaceae 真藓科 [B-146] 全球 (6) 大洲分布及种数(62) 非洲:15;亚洲:21;大洋洲:10;欧洲:10;北美洲:18;南美洲:22
Anomocarpus Miers = **Calycera**
Anomochloa【3】Brongn. 柊叶竺属 Poaceae 禾本科 [MM-748] 全球 (1) 大洲分布及种数(1)◆南美洲(◆巴西)
Anomochloaceae Nakai = Poaceae
Anomochloeae C.E.Hubb. = **Anomochloa**
Anomoclada【3】(Hampe & Gottsche) Vá ň a 巴西大萼苔属 Cephaloziaceae 大萼苔科 [B-52] 全球 (1) 大洲分布及种数(1)◆南美洲(◆巴西)
Anomoctenium Pichon = **Amphilophium**
Anomodon (Dozy & Molk.) Granzow = **Anomodon**
Anomodon【3】Hook. & Taylor 广牛舌藓属 ≒ **Trichostomum;Philonotis** Anomodontaceae 牛舌藓科 [B-209] 全球 (6) 大洲分布及种数(34) 非洲:8;亚洲:23;大洋洲:4;欧洲:10;北美洲:13;南美洲:5
Anomodontaceae【3】Kindb. 牛舌藓科 [B-209] 全球(5) 大洲分布和属种数(3/10)亚洲:1/7;大洋洲:1/2;欧洲:3/4;北美洲:1/2;南美洲:1/1
Anomodontella【-】Ignatov & Fedosov 牛舌藓科属 Anomodontaceae 牛舌藓科 [B-209] 全球 (uc) 大洲分布及种数(uc)
Anomodontopsis【-】Ignatov & Fedosov 牛舌藓科属 Anomodontaceae 牛舌藓科 [B-209] 全球 (uc) 大洲分布及种数(uc)
Anomoea Kunth = **Anotea**
Anomoloma Labill. = **Apeiba**
Anomomarsupella R.M.Schust. = **Eremonotus**
Anomomarsurpella【3】R.M.Schust. 牛片苔属 Gymnomitriaceae 全萼苔科 [B-41] 全球 (1) 大洲分布及种数(1)◆非洲
Anomopanax【3】Harms ex Dölla Torre & Harms 蓝伞木属 ← **Mackinlaya;Polyscias** Apiaceae 伞形科 [MD-480] 全球 (1) 大洲分布及种数(uc)◆亚洲
Anomorhegmia Meisn. = **Mackinlaya**
Anomosanthes Bl. = **Deinbollia**
Anomospermum (Miers) Barneby & Krukoff = **Anomospermum**
Anomospermum【2】Miers 异子藤属 ← **Abuta; Hyperbaena;Orthomene** Menispermaceae 防己科 [MD-42] 全球 (2) 大洲分布及种数(10)北美洲:3;南美洲:9
Anomostachys (Baill.) Hurus. = **Excoecaria**
Anomostephium DC. = **Aspilia**
Anomotassa K.Schum. = **Vailia**
Anomotheca Ker Gawl. = **Aristea**
Anomylia【-】R.M.Schust. 地萼苔科属 ≒ **Leptoscyphus** Geocalycaceae 地萼苔科 [B-49] 全球 (uc) 大洲分布及种数(uc)
Anona L. = **Annona**
Anonidium【3】Engl. & Diels 巨番荔枝属 ← **Annona** Annonaceae 番荔枝科 [MD-7] 全球 (1) 大洲分布及种数(4-5)◆非洲
Anoniodes Schltr. = **Sloanea**
Anonis Mill. = **Ononis**
Anonocarpus Ducke = **Batocarpus**
Anonychium Schweinf. = **Acacia**
Anonymos Gronov. = **Galax**
Anoosperma Kunze = **Oncosperma**
Anopedias Steven = **Astragalus**
Anopeltis Bat. & Peres = **Anapeltis**
Anopetia Endl. = **Abatia**
Anophia Herb. = **Alophia**
Anopinella (A.Berger) Lemee = **Aloinella**

Anoplanthus Endl. = **Orobanche**
Anoplia Nees ex Steud. = **Megastachya**
Anoplius Steud. = **Acrachne**
Anoplocaryum【3】Ledeb. 平核草属 ← **Eritrichium; Microula** Boraginaceae 紫草科 [MD-517] 全球 (1) 大洲分布及种数(cf. 1)◆亚洲
Anoplolejeunea (Spruce) Schiffn. = **Anoplolejeunea**
Anoplolejeunea【3】Steph. 玻鳞苔属 ≒ **Lejeunea** Lejeuneaceae 细鳞苔科 [B-84] 全球 (1) 大洲分布及种数(2)◆南美洲
Anoplon Rchb. = **Diphelypaea**
Anoplonyx Rchb. = **Phelypaea**
Anoplophytum Beer = **Guzmania**
Anoplura Steud. = **Acrachne**
Anops Bruch & Schimp. = **Seligeria**
Anopsilus Rolfe = **Arethusa**
Anopteraceae Doweld = Zygophyllaceae
Anopteris【3】(Prantl) Diels 花旗凤尾蕨属 ← **Pteris;Onychium;Anopterus** Pteridaceae 凤尾蕨科 [F-31] 全球 (1) 大洲分布及种数(2)◆北美洲
Anopterus【3】Labill. 桂鼠刺属 Escalloniaceae 南鼠刺科 [MD-447] 全球 (1) 大洲分布及种数(2)◆大洋洲
Anopyxis【3】Pierre ex Engl. 楝红树属 ← **Macarisia** Rhizophoraceae 红树科 [MD-329] 全球 (1) 大洲分布及种数(1)◆非洲
Anorthoa O.F.Cook = **Chamaedorea**
Anosia Bernh. = **Smyrnium**
Anosmia Bernh. = **Smyrnium**
Anosporum Nees = **Cyperus**
Anota【3】Schltr. 无耳兰属 ≒ **Annona** Orchidaceae 兰科 [MM-723] 全球 (1) 大洲分布及种数(uc)◆亚洲(◆中国)
Anotea (DC.) Kunth = **Anotea**
Anotea【3】Kunth 墨西哥锦葵属 ← **Malvaviscus; Pavonia** Malvaceae 锦葵科 [MD-203] 全球 (1) 大洲分布及种数(1)◆北美洲
Anothea O.F.Cook = **Chamaedorea**
Anotheca O.F.Cook = **Chamaedorea**
Anotis (Raf.) DC. = **Anotis**
Anotis【3】DC. 假耳草属 ← **Arcytophyllum;Oldenlandia** Rubiaceae 茜草科 [MD-523] 全球 (6) 大洲分布及种数(4-5)非洲:16;亚洲:3-20;大洋洲:16;欧洲:16;北美洲:16;南美洲:16
Anotites Greene = **Silene**
Anotopterus Zugmayer = **Anopterus**
Anoumabia A.Chev. = **Harpullia**
Anovia Schischk. = **Pimpinella**
Anplectrum A.Gray = **Dissochaeta**
Anquetilia Decaisne = **Skimmia**
Anredera【3】Juss. 落葵薯属 ← **Atriplex;Clarisia** Basellaceae 落葵科 [MD-117] 全球 (1) 大洲分布及种数(13)◆南美洲
Anrederaceae J.Agardh = Amaranthaceae
Ansella Lindl. = **Ansellia**
Ansellia【3】Lindl. 豹斑兰属 ← **Cymbidium** Orchidaceae 兰科 [MM-723] 全球 (6) 大洲分布及种数(2)非洲:1-3;亚洲:2;大洋洲:2;欧洲:2;北美洲:1-3;南美洲:2
Anserina Dum. = **Monolepis**
Ansidium auct. = **Dryopteris**
Ansonia Bert ex Hemsl. = **Lactoris**
Ansonia Raf. = **Amsonia**
Anta Schltr. = **Anota**
Antacanthus A.Rich. ex DC. = **Scolosanthus**
Antachara Horsf. = **Artocarpus**
Antaea Schaus = **Actaea**
Antagonia Griseb. = **Cayaponia**
Antarctia Miers = **Alafia**
Antartica【3】(Hand.Mazz.) R.Doll 银丽菊属 Asteraceae 菊科 [MD-586] 全球 (1) 大洲分布及种数(1)◆非洲
Antaurea Neck. = **Centaurea**
Antedon Ruiz & Pav. = **Anthodon**
Antegibbaeum【3】Schwantes ex H.D.Wulff 银丽玉属 ← **Gibbaeum;Mesembryanthemum** Aizoaceae 番杏科 [MD-94] 全球 (1) 大洲分布及种数(1)◆非洲(◆南非)
Antelaea Gaertn. = **Melia**
Antennaria【3】Gaertn. 蝶须属 ≒ **Parantennaria** Asteraceae 菊科 [MD-586] 全球 (6) 大洲分布及种数(63-102;hort.1;cult:12)非洲:106;亚洲:22-133;大洋洲:3-109;欧洲:9-115;北美洲:57-166;南美洲:13-119
Antennella Caro = **Cynodon**
Antennularia Gaertn. = **Antennaria**
Antenoron【3】Raf.金线草属←**Persicaria;Polygonum** Polygonaceae 蓼科 [MD-120] 全球 (6) 大洲分布及种数(1-3)非洲:2;亚洲:2;大洋洲:2;欧洲:2;北美洲:2;南美洲:2
Anteon Neck. = **Leontodon**
Antephora Steud. = **Anthephora**
Anteremanthus【3】H.Rob. 单头巴西菊属 ← **Vernonia** Asteraceae 菊科 [MD-586] 全球 (1) 大洲分布及种数(2)◆南美洲(◆巴西)
Anterioherorchis P.Delforge = **Anacamptis**
Anteriscium Meyen = **Domeykoa**
Antesis Raf. = **Helianthemum**
Anth Schltr. = **Anota**
Anthacantha Lem. = **Euphorbia**
Anthacanthus【2】Nees 凤阁花属 ≒ **Oplonia** Acanthaceae 爵床科 [MD-572] 全球 (4) 大洲分布及种数(1) 非洲:1;亚洲:1;北美洲:1;南美洲:1
Anthactinia Bory = **Passiflora**
Anthadenia Lem. = **Martynia**
Anthaenantia【3】P.Beauv. 绢鳞草属 ← **Axonopus; miliusa** Poaceae 禾本科 [MM-748] 全球 (1) 大洲分布及种数(5-6)◆北美洲
Anthaenantiopsis【3】Mez & Pilg. 拟银鳞草属 ← **Paspalum;Panicum** Poaceae 禾本科 [MM-748] 全球 (1) 大洲分布及种数(4)◆南美洲
Anthaenantropsis A.Camus = **Anthaenantiopsis**
Anthaenatiopsis (Nees) Mez = **Anthaenantiopsis**
Anthaerium Schott = **Anthericum**
Anthagathis Harms = **Jollydora**
Anthallogea Raf. = **Polygala**
Anthalogea Raf. = **Polygala**
Anthanassa Lindl. = **Acanthostachys**
Anthanema Raf. = **Cuscuta**
Anthanotis Raf. = **Asclepias**
Anthechamomilla Rauschert = **Anthematricaria**
Anthechostylis Garay & H.R.Sw. = **Euanthe**
Anthechrysanthemum Domin = **Anthemis**
Antheeischima P.W.Korthals = **Gordonia**

Antheglottis Garay & H.R.Sw. = **Trichoglottis**
Antheilema Raf. = **Ruellia**
Antheischima Benth. = **Gordonia**
Anthelia (Dum.) Dum. = **Anthelia**
Anthelia【3】 Schott 兔耳苔属 ← **Epipremnum;Jungermannia;Plicanthus** Antheliaceae 兔耳苔科 [B-45] 全球 (6) 大洲分布及种数(4)非洲:13;亚洲:2-15;大洋洲:13;欧洲:3-16;北美洲:3-16;南美洲:1-14
Antheliacanthus Ridl. = **Pseuderanthemum**
Antheliaceae R.M.Schust. = Antheliaceae
Antheliaceae【3】Stephani 兔耳苔科 [B-45] 全球 (6) 大洲分布和属种数(3-4 ;hort. & cult.2-3)(33-55;hort. & cult.11-20)非洲:1/2-6; 亚洲:1/8-11; 大洋洲:3-4/25-46; 欧洲:1/3; 北美洲:1/7-10; 南美洲:1/1-4
Anthelis Raf. = **Helianthemum**
Anthelmenthia P.Br. = **Spigelia**
Anthelminthica P.Br. = **Spigelia**
Anthema Medik. = **Lavatera**
Anthematricaria【3】 Rohlena 长耳菊属 Asteraceae 菊科 [MD-586] 全球 (1) 大洲分布及种数(1)◆非洲
Anthe-matricaria Asch. = **Metastelma**
Anthemidaceae【3】Bercht. & J.Presl 春黄菊科 [MD-589] 全球 (6) 大洲分布和属种数(2;hort. & cult.1)(201-368;hort. & cult.18-38)非洲:2/47-62; 亚洲:2/146-159; 大洋洲:1/16-21; 欧洲:2/81-91; 北美洲:2/18-24; 南美洲:1/6-11
Anthemimatricaria【-】 P.Fourn. 菊科属 ≒ **Metastelma** Asteraceae 菊科 [MD-586] 全球 (uc) 大洲分布及种数(uc)
Anthemi-matricaria P.Fourn. = **Anthemis**
Anthemiopsis Boj. = **Allionia**
Anthemis【3】 L.春黄菊属 ≒ **Achillea;Phalacrocarpum** Anthemidaceae 春黄菊科 [MD-589] 全球 (6) 大洲分布及种数(171-284;hort.1;cult: 26)非洲:46-61;亚洲:123-136;大洋洲:16-21;欧洲:67-77;北美洲:17-23;南美洲:6-11
Anthenan Medik. = **Lavatera**
Anthenantia P.Beauv. = **Anthaenantia**
Anthene Medik. = **Lavatera**
Anthenea Raf. = **Cuscuta**
Anthephora【3】 Schreb. 瓶刷草属 → **Buchloe;Tarigidia;Tripsacum** Poaceae 禾本科 [MM-748] 全球 (6) 大洲分布及种数(11-15)非洲:10-14;亚洲:5-8;大洋洲:2;欧洲:2;北美洲:4-7;南美洲:4-7
Anthephoreae Pilg. = **Anthephora**
Antheranthe Garay & H.R.Sw. = **Renanthera**
Antheranthera Garay & H.R.Sw. = **Asteranthera**
Anthereon Pridgeon & M.W.Chase = **Pabstiella**
Anthericaceae【3】J.Agardh 猴面包科 [MM-643] 全球 (6) 大洲分布和属种数(19-25 ;hort. & cult.9-10)(208-428;hort. & cult.16-30)非洲:4-11/36-115; 亚洲:3-11/7-52; 大洋洲:11-20/78-199; 欧洲:2-10/4-48; 北美洲:5-12/83-126; 南美洲:8-14/43-90
Anthericlis Raf. = **Arthropodium**
Anthericopsis【3】 Engl. 旱竹叶属 ← **Aneilema** Commelinaceae 鸭跖草科 [MM-708] 全球 (1) 大洲分布及种数(1)◆非洲
Anthericum【3】 L. 圆果吊兰属 → **Arthropodium;Persicaria;Caesia** Anthericaceae 猴面包科 [MM-643] 全球 (6) 大洲分布及种数(34-99;hort.1;cult: 2)非洲:22-72;亚洲:5-25;大洋洲:5-21;欧洲:3-21;北美洲:1-18;南美洲:17-35
Anthericus Asch. = **Anthericum**
Antherisia【3】 Wehrh. 圆百合属 ≒ **Anthericum** Asparagaceae 天门冬科 [MM-669] 全球 (1) 大洲分布及种数(1)◆欧洲
Antherocephala B.D.Jacks. = **Andersonia**
Antherolophus Gagnep. = **Aspidistra**
Antheropeas【3】 Rydb. 黄羽菊属 ← **Bahia;Eriophyllum** Asteraceae 菊科 [MD-586] 全球 (1) 大洲分布及种数(1)属分布和种数(uc)◆北美洲
Antheroporum【3】 Gagnep. 肿荚豆属 ← **Millettia** Fabaceae 豆科 [MD-240] 全球 (1) 大洲分布及种数(3-4)◆亚洲
Antherostele【3】 Bremek. 尖叶木属 ← **Urophyllum** Rubiaceae 茜草科 [MD-523] 全球 (1) 大洲分布及种数(4-5)◆亚洲
Antherostylis【3】 C.A.Gardner 草海桐科属 Goodeniaceae 草海桐科 [MD-578] 全球 (1) 大洲分布及种数(uc)◆大洋洲
Antherothamnus【3】 N.E.Br. 繁铃木属 ≒ **Sutera** Scrophulariaceae 玄参科 [MD-536] 全球 (1) 大洲分布及种数(1)◆非洲
Antherotoma【3】 Hook.f. 割花野牡丹属 ← **Dissotis;Osbeckia** Melastomataceae 野牡丹科 [MD-364] 全球 (1) 大洲分布及种数(9-11)◆非洲
Antherotriche Turcz. = **Vatica**
Antherura Lour. = **Psychotria**
Antherylium J.B.Rohr = **Ginoria**
Antheryta Raf. = **Tococa**
Anthesteria Spreng. = **Themeda**
Anthestiria Rchb. = **Themeda**
Antheua Medik. = **Lavatera**
Anthi O.F.Cook = **Coccothrinax**
Anthia O.F.Cook = **Coccothrinax**
Anthid O.F.Cook = **Coccothrinax**
Anthillis Neck. = **Anthyllis**
Anthipsimus Raf. = **Muhlenbergia**
Anthirrhinum L. = **Antirrhinum**
Anthirrinum Mönch = **Antirrhinum**
Anthisma DC. = **Xanthisma**
Anthisteria Schreb. = **Themeda**
Anthistiria L.f. = **Themeda**
Antho Hall. = **Aconitum**
Anthobembix【3】 J.Perkins 锥榕檫属 ≒ **Kibara** Monimiaceae 玉盘桂科 [MD-20] 全球 (1) 大洲分布及种数(1)◆大洋洲(◆巴布亚新几内亚)
Anthobolaceae Dum. = Santalaceae
Anthobolus【3】 R.Br. 羊柴檀属 Santalaceae 檀香科 [MD-412] 全球 (1) 大洲分布及种数(6)◆大洋洲
Anthobryum【3】 Phil. 瓣鳞花属 ← **Frankenia** Frankeniaceae 瓣鳞花科 [MD-160] 全球 (1) 大洲分布及种数(uc)属分布和种数(uc)◆南美洲
Anthocarapa【3】 Pierre 烟松楝属 Meliaceae 楝科 [MD-414] 全球 (1) 大洲分布及种数(1)◆大洋洲
Anthocarpa (Benth.) T.D.Penn. ex Mabb. = **Amoora**
Anthocephala Backeb. = **Parodia**
Anthocephalum【3】 A.Rich. 知母茜草属 ≒ **Anthocephalus** Rubiaceae 茜草科 [MD-523] 全球 (1) 大洲分布

A

及种数(1)◆非洲

Anthocephalus【2】A.Rich. 知母茜草属 ≒ **Chrysanthemum;Neolamarckia** Rubiaceae 茜草科 [MD-523] 全球 (3) 大洲分布及种数(2) 亚洲:2;大洋洲:1;北美洲:1

Anthoceras Baker = **Anthocercis**

Anthocercis【3】Labill. 尾花茄属 → **Cyphanthera** Solanaceae 茄科 [MD-503] 全球 (1) 大洲分布及种数(5-19)◆大洋洲

Anthoceris Steud. = **Anthocercis**

Anthoceros (Hässel) Cargill & G.A.M.Scott = **Anthoceros**

Anthoceros【3】Stephani 角苔属 ≒ **Aspiromitus; Phaeoceros** Anthocerotaceae 角苔科 [B-91] 全球 (6) 大洲分布及种数(17-26)非洲:29;亚洲:11-42;大洋洲:1-34;欧洲:4-33;北美洲:7-36;南美洲:4-36

Anthocerotaceae【3】Udar & A.K.Asthana 角苔科 [B-91] 全球 (6) 大洲分布和属种数(2/17-55)非洲:1/29;亚洲:2/12-43;大洋洲:1/1-34;欧洲:1/4-33;北美洲:1/7-36;南美洲:1/4-36

Anthochlamys【3】Fenzl ex Endl. 合被虫实属 ← **Corispermum** Amaranthaceae 苋科 [MD-116] 全球 (1) 大洲分布及种数(4-6)◆亚洲

Anthochloa【3】Nees & Meyen 扇稃草属 → **Neostapfia** Poaceae 禾本科 [MM-748] 全球 (1) 大洲分布及种数(1)◆北美洲

Anthochortos Endl. = **Anthochortus**

Anthochortus【3】Endl. 匍茎灯草属 ≒ **Hypolaena** Restionaceae 帚灯草科 [MM-744] 全球 (1) 大洲分布及种数(5-7)◆非洲(◆南非)

Anthochytrum Rchb. = **Crepis**

Anthocleista【3】Afzel. ex R.Br. 星花莉属 ← **Tabernaemontana;Plumeria** Gentianaceae 龙胆科 [MD-496] 全球 (1) 大洲分布及种数(15-16)◆非洲

Anthoclitandra (Pierre) Pichon = **Landolphia**

Anthocoma K.Koch = **Rhododendron**

Anthocoma Zoll. & Mor. = **Cymaria**

Anthodendron Rchb. = **Rhododendron**

Anthodes Dognin = **Anthodon**

Anthodiscus【2】G.F.W.Mey. 佐灵木属 ≒ **Gilia** Caryocaraceae 油桃木科 [MD-111] 全球 (2) 大洲分布及种数(12)北美洲:2;南美洲:11

Anthodon【3】Ruiz & Pav. 齿花卫矛属 → **Cuervea;Macahanea;Peritassa** Celastraceae 卫矛科 [MD-339] 全球 (1) 大洲分布及种数(3-6)◆南美洲

Anthodus Mart. ex Röm. & Schult. = **Anthodon**

Anthogonium【3】Wall. ex Lindl. 筒瓣兰属 Orchidaceae 兰科 [MM-723] 全球 (1) 大洲分布及种数(cf. 1)◆亚洲

Anthogyas Raf. = **Eragrostis**

Antholoba Labill. = **Apeiba**

Antholobus Anon = **Anthobolus**

Antholoma Labill. = **Sloanea**

Antholyza【3】L. 知母鸢尾属 → **Babiana;Hebea; Anapalina** Iridaceae 鸢尾科 [MM-700] 全球 (1) 大洲分布及种数(1-6)◆非洲

Anthomeles M.Röm. = **Anisomeles**

Anthomyces M.Röm. = **Ajuga**

Anthonotha【3】P.Beauv. 巨瓣苏木属 → **Macrolobium;Macropodium** Fabaceae 豆科 [MD-240] 全球 (1) 大洲分布及种数(14-18)◆非洲

Anthopetitia A.Rich. = **Antopetitia**

Anthophyllum Steud. = **Scirpus**

Anthopogon Neck. = **Gymnopogon**

Anthopteropsis【3】A.C.Sm. 距药莓属 Ericaceae 杜鹃花科 [MD-380] 全球 (1) 大洲分布及种数(1)◆中美洲(◆巴拿马)

Anthopterus Gonandra Luteyn = **Anthopterus**

Anthopterus【3】Hook. 翼冠莓属 ← **Ceratostema; Rusbya;Thibaudia** Ericaceae 杜鹃花科 [MD-380] 全球 (1) 大洲分布及种数(13-14)◆南美洲

Anthoptus Fabr. = **Anthopterus**

Anthora DC. = **Aconitum**

Anthoranthum L. = **Anthoxanthum**

Anthorrhiza【3】C.R.Huxley & Jebb 刺蚁茜属 ≒ **Myrmecodia** Rubiaceae 茜草科 [MD-523] 全球 (1) 大洲分布及种数(1-9)◆非洲

Anthosachne Steud. = **Elymus**

Anthosciadium Fenzl = **Peucedanum**

Anthoshorea Pierre = **Shorea**

Anthosiphon【2】Schltr. 知母兰花属 ← **Cryptocentrum** Orchidaceae 兰科 [MM-723] 全球 (3) 大洲分布及种数(cf.1) 欧洲;北美洲;南美洲

Anthosoma Abildgaard = **Xanthosoma**

Anthospermopsis【3】(K.Schum.) J.H.Kirkbr. 巴西尾茜属 ← **Staelia** Rubiaceae 茜草科 [MD-523] 全球 (1) 大洲分布及种数(1)◆南美洲

Anthospermum【3】L. 水丝葎属 → **Carpacoce;Spermacoce** Rubiaceae 茜草科 [MD-523] 全球 (1) 大洲分布及种数(35-53)◆非洲

Anthostema【3】A.Juss. 莲花戟属 Euphorbiaceae 大戟科 [MD-217] 全球 (1) 大洲分布及种数(2-7)◆非洲

Anthosticte Bartl. = **Capparis**

Anthostoma Rehm = **Anthostema**

Anthostyrax Pierre = **Styrax**

Anthotium【3】R.Br. 钗鸾花属 ← **Goodenia;Lechenaultia;Anthurium** Goodeniaceae 草海桐科 [MD-578] 全球 (1) 大洲分布及种数(3-4)◆大洋洲

Anthotroche【3】Endl. 澳茄属 → **Grammosolen** Solanaceae 茄科 [MD-503] 全球 (1) 大洲分布及种数(3)◆大洋洲

Anthoxanthum (R.Br.) Stapf = **Anthoxanthum**

Anthoxanthum【3】L. 黄花茅属 ≒ **Alopecurus;Erianthus** Poaceae 禾本科 [MM-748] 全球 (6) 大洲分布及种数(43-54;hort.1;cult:4)非洲:9-20;亚洲:21-33;大洋洲:14-24;欧洲:11-21;北美洲:11-21;南美洲:11-21

Anthoxantum G.A.Scop. = **Anthoxanthum**

Anthozoa Zoll. & Mor. = **Cymaria**

Anthrax Hall. = **Aconitum**

Anthrichaerophyllum【3】P.Fourn. 细叶芹属 ≒ **Anthriscus;Chaerophyllum** Apiaceae 伞形科 [MD-480] 全球 (1) 大洲分布及种数(1-2)◆非洲

Anthriscus Bernh. = **Anthriscus**

Anthriscus【3】Pers. 峨参属 ← **Torilis;Caucalis** Apiaceae 伞形科 [MD-480] 全球 (6) 大洲分布及种数(16-27;hort.1;cult:1)非洲:3-7;亚洲:10-18;大洋洲:1-5;欧洲:13-18;北美洲:3-7;南美洲:4

Anthristiria L.f. = **Andropogon**

Anthrolepis Welw. = **Ascolepis**

Anthrophyum Kaulf. = **Antrophyum**

Anthropodium Sims = **Arthropodium**
Anthrostylis D.Dietr. = **Schoenus**
Anthrotroche F.v.Müller ex Lucas = **Anthotroche**
Anthura Hall. = **Aconitum**
Anthurium (Schott) Croat = **Anthurium**
Anthurium 【3】 Schott 花烛属 ← **Dracontium;Anthotium;Anthericum** Araceae 天南星科 [MM-639] 全球 (1) 大洲分布及种数(830-1318)◆南美洲(◆巴西)
Anthyllia L. = **Anthyllis**
Anthyllis Adans. = **Anthyllis**
Anthyllis【3】 L. 岩豆属 → **Acmispon;Anagallis** Fabaceae3 蝶形花科 [MD-240] 全球 (6) 大洲分布及种数(23-57;hort.1;cult: 7)非洲:17-31;亚洲:20-45;大洋洲:4-12;欧洲:20-49;北美洲:5-11;南美洲:1-7
Antia O.F.Cook = **Coccothrinax**
Antian O.F.Cook = **Coccothrinax**
Antiariopsis Engl. = **Antiaropsis**
Antiaris 【3】 Lesch. 见血封喉属 ← **Artocarpus;Mesogyne;Anticharis** Moraceae 桑科 [MD-87] 全球 (6) 大洲分布及种数(4-5;hort.1)非洲:1-9;亚洲:2-10;大洋洲:3-11;欧洲:8;北美洲:1-9;南美洲:8
Antiaropsis【3】 K.Schum. 钩被桑属 Moraceae 桑科 [MD-87] 全球 (1) 大洲分布及种数(2)◆非洲
Antias O.F.Cook = **Coccothrinax**
Antic O.F.Cook = **Coccothrinax**
Anticharis【3】 Endl. 蓬钟堇属 ← **Capraria;Peliostomum;Antiaris** Scrophulariaceae 玄参科 [MD-536] 全球 (1) 大洲分布及种数(10-13)◆非洲
Anticheirostylis 【3】 R.Fitzg. 矮人兰属 ≒ **Corunastylis** Orchidaceae 兰科 [MM-723] 全球 (1) 大洲分布及种数(uc)◆大洋洲
Antichirostylis R.Fitzg. = **Genoplesium**
Antichloa Steud. = **Chondrosum**
Antichloris Klages = **Anticharis**
Antichorus L. = **Corchorus**
Anticlea【3】 Kunth 棋盘花属 ≒ **Zygadenus;Zigadenus** Melanthiaceae 藜芦科 [MM-621] 全球 (6) 大洲分布及种数(11-12;hort.1)非洲:3;亚洲:4-7;大洋洲:3;欧洲:3;北美洲:9-12;南美洲:3
Anticoma Platonova = **Antizoma**
Anticona E.Linares Perea,J.Campos & A.Galán = **Anticona**
Anticona【3】 Vell. 脚骨脆属 Flacourtiaceae 大风子科 [MD-142] 全球 (1) 大洲分布及种数(1)◆南美洲
Anticoryne Turcz. = **Baeckea**
Anticura Kunth = **Anticlea**
Anticyclus Murphy = **Anacyclus**
Antidaphne 【3】 Pöpp. & Endl. 番樱寄生属 ≒ **Lepidoceras** Santalaceae 檀香科 [MD-412] 全球 (1) 大洲分布及种数(10)◆南美洲
Antidesma Burm. ex L. = **Antidesma**
Antidesma 【3】 L. 五月茶属 Phyllanthaceae 叶下珠科 [MD-222] 全球 (6) 大洲分布及种数(51-143;hort.1;cult: 7)非洲:17-57;亚洲:42-114;大洋洲:13-64;欧洲:1-21;北美洲:5-28;南美洲:4-23
Antidesmataceae Loudon = Emblingiaceae
Antidesmeae Benth. = **Antidesma**
Antigo Vell. = **Casearia**
Antigona Vell. = **Casearia**
Antigonis Endl. = **Antigonon**
Antigonon 【3】 Endl. 珊瑚藤属 ≒ **Polygonum** Polygonaceae 蓼科 [MD-120] 全球 (1) 大洲分布及种数(4)◆南美洲(◆巴西)
Antigonus Latreille = **Antigonon**
Antigramma C.Presl = **Asplenium**
Antigramme Fée = **Neottopteris**
Antilla【3】 (Lür) Lür 知母兰属 ← **Pleurothallis;Azolla** Orchidaceae 兰科 [MM-723] 全球 (1) 大洲分布及种数(3)◆非洲
Antillanorchis Garay = **Tolumnia**
Antillanthus 【3】 B.Nord. 五蟹甲属 ≒ **Pentacalia** Asteraceae 菊科 [MD-586] 全球 (1) 大洲分布及种数(17)◆北美洲
Antillia 【3】 R.M.King & H.Rob. 多花亮泽兰属 ← **Eupatorium** Asteraceae 菊科 [MD-586] 全球 (1) 大洲分布及种数(1)◆北美洲(◆古巴)
Antillodendron J.Salazar & Nixon = **Pleodendron**
Antilophus Benth. = **Aneulophus**
Antima O.F.Cook = **Coccothrinax**
Antimanopsis K.Schum. = **Antiaropsis**
Antimima 【3】 N.E.Br. 紫波玉属 ← **Argyroderma** Aizoaceae 番杏科 [MD-94] 全球 (1) 大洲分布及种数(10-109)◆非洲
Antimion Raf. = **Solanum**
Antimitra N.E.Br. = **Antimima**
Antimora Parl. = **Antinoria**
Antinisa (Tul.) Hutch. = **Homalium**
Antinoana Parl. = **Antinoria**
Antinoe (Webb & Berthel.) Speta = **Scilla**
Antinoella Pers. = **Hymenoxys**
Antinoria 【3】 Parl. 圆稃稷属 ← **Agrostis;Aira;Poa** Poaceae 禾本科 [MM-748] 全球 (6) 大洲分布及种数(3;hort.1;cult: 1)非洲:2-3;亚洲:1-2;大洋洲:1;欧洲:2-3;北美洲:1;南美洲:1
Antiosorus Römer = **Neottopteris**
Antiostelma (Tsiang & P.T.Li) P.T.Li = **Micholitzia**
Antiotrema【3】 Hand.Mazz. 长蕊斑种草属 ← **Cynoglossum** Boraginaceae 紫草科 [MD-517] 全球 (1) 大洲分布及种数(cf. 1)◆亚洲
Antipa O.F.Cook = **Coccothrinax**
Antiphanes Willd. = **Aiphanes**
Antiphiona 【3】 Merxm. 短尾菊属 ≒ **Iphiona** Asteraceae 菊科 [MD-586] 全球 (1) 大洲分布及种数(2)◆亚洲
Antiphon Raf. = **Solanum**
Antiphyla Raf. = **Melochia**
Antiphylla Haw. = **Saxifraga**
Antiphytum 【3】 DC. ex Meisn. 碟花草属 ≒ **Plagiobothrys** Boraginaceae 紫草科 [MD-517] 全球 (6) 大洲分布及种数(16-18)非洲:1;亚洲:1-2;大洋洲:1;欧洲:1;北美洲:12-13;南美洲:4-6
Antiplanes K.Schum. = **Donax**
Antirhea Comm. ex Juss. = **Antirhea**
Antirhea 【3】 Juss. 毛茶属 ≒ **Guettarda;Stenostomum** Rubiaceae 茜草科 [MD-523] 全球 (6) 大洲分布及种数(35-52;hort.1;cult:1)非洲:8-15;亚洲:18-34;大洋洲:12-18;欧洲:5;北美洲:7-12;南美洲:1-6
Antirhinum L. = **Antirrhinum**
Antirhoea DC. = **Antirhea**
Antirrhaea Benth. = **Antirhea**

Antirrhea Comm. ex Juss. = **Antirrhoea**
Antirrhimum L. = **Antirrhinum**
Antirrhinaceae Pers. = Veronicaceae
Antirrhinum【3】L.金鱼草属≒**Albraunia;Phaulopsis** Plantaginaceae 车前科 [MD-527] 全球 (1) 大洲分布及种数(48-117)◆北美洲
Antirrhoea【2】Comm. ex Juss. 毛茶属 ≒ **Timonius; Sindechites** Rubiaceae 茜草科 [MD-523] 全球 (3) 大洲分布及种数(5) 非洲:3;亚洲:4;北美洲:2
Antisola Raf. = **Miconia**
Antisthiria Pers. = **Andropogon**
Antistrophe【3】A.DC. 左旋金牛属 ← **Ardisia** Primulaceae 报春花科 [MD-401] 全球 (1) 大洲分布及种数(2-6)◆亚洲
Antitaxis Miers = **Pycnarrhena**
Antithrixia【3】DC. 黄冠鼠麴木属 → **Macowania** Asteraceae 菊科 [MD-586] 全球 (1) 大洲分布及种数(1)◆非洲
Antitoxicon Pobed. = **Cynanchum**
Antitoxicum Pobed. = **Cynanchum**
Antitragus Gaertn. = **Crypsis**
Antitrichia【2】Brid. 逆毛藓属 ≒ **Hypnum; Squamidium** Antitrichiaceae 逆毛藓科 [B-199] 全球 (4) 大洲分布及种数(3) 非洲:3;亚洲:2;欧洲:3;北美洲:2
Antitrichia Broth. = **Antitrichia**
Antitrichiaceae【3】Ignatov & Ignatova 逆毛藓科 [B-199] 全球 (6) 大洲分布和属种数(1/2-4)非洲:1/2;亚洲:1/2-4;大洋洲:1/2;欧洲:1/2;北美洲:1/2-4;南美洲:1/2
Antitrichieae M.Fleisch. = **Antitrichia**
Antizoma【3】Miers 南非锡生藤属 ← **Cissampelos** Menispermaceae 防己科 [MD-42] 全球 (1) 大洲分布及种数(2-3)◆非洲
Antocha Pohl = **Antonia**
Antochloa Lindl. = **Poa**
Antochloa Nees & Meyen = **Anthochloa**
Antochortus Nees = **Anthochortus**
Antodon Neck. = **Leontodon**
Antogoeringia P. & K. = **Stenosiphon**
Antoiria【-】Raddi 光萼苔科属 Porellaceae 光萼苔科 [B-80] 全球 (uc) 大洲分布及种数(uc)
Antomachia Colla = **Correa**
Antomarchia【-】Colla 芸香科属 Rutaceae 芸香科 [MD-399] 全球 (uc) 大洲分布及种数(uc)
Antommarchia Colla ex Meissn. = **Dialium**
Antonella Caro = **Tridens**
Antongilia Jum. = **Dypsis**
Antonia J.M.H.Shaw = **Antonia**
Antonia【3】Pohl 叠苞花属 ≒ **Rhynchoglossum;Annona** Loganiaceae 马钱科 [MD-486] 全球 (1) 大洲分布及种数(1-6)◆南美洲
Antoniaceae【3】Hutch. 阔柄叶科 [MD-488] 全球 (1) 大洲分布和属种数(1/1-7)◆南美洲
Antonina【3】Vved. 单叶草属 → **Steyermarkochloa; Calamintha** Lamiaceae 唇形科 [MD-575] 全球 (1) 大洲分布及种数(1)◆亚洲
Antopetitia【3】A.Rich. 热非鸟卵豆属 ← **Ornithopus** Fabaceae 豆科 [MD-240] 全球 (1) 大洲分布及种数(1)◆非洲
Antophylax Poir. = **Cocculus**
Antoptitia A.Rich. = **Antopetitia**
Antoschmidtia Boiss. = **Tolpis**
Antriba Raf. = **Scurrula**
Antriscus Raf. = **Torilis**
Antrizon Raf. = **Antirrhinum**
Antrocaryon【2】Pierre 洞果漆属 ← **Poupartia; Spondias** Anacardiaceae 漆树科 [MD-432] 全球 (2) 大洲分布及种数(5-6)非洲:4-5;南美洲:1
Antrodia Pohl = **Antonia**
Antrolepis Welw. = **Ascolepis**
Antrophium Brongn. = **Ipomoea**
Antrophora I.M.Johnst. = **Lepidocordia**
Antrophyaceae【3】Ching 车前蕨科 [F-38] 全球 (6) 大洲分布和属种数(1;hort. & cult.1)(45-72;hort. & cult.1)非洲:1/18-21;亚洲:1/28-35;大洋洲:1/13-18;欧洲:1/1-3;北美洲:1/7-12;南美洲:1/9-13
Antrophym Kaulfuss. = **Antrophyum**
Antrophyum (Desv.) Benedict = **Antrophyum**
Antrophyum【3】Kaulf. 车前蕨属 ← **Hemionitis; Polytaenium** Pteridaceae 凤尾蕨科 [F-31] 全球 (6) 大洲分布及种数(46-68)非洲:18-21;亚洲:28-35;大洋洲:13-18;欧洲:1-3;北美洲:7-12;南美洲:9-13
Antrospermum Sch.Bip. = **Arctotis**
Antschar Horsf. = **Artocarpus**
Antunesia O.Hoffm. = **Distephanus**
Antura Forssk. = **Carissa**
Anua Miq. = **Drypetes**
Anubias【3】Schott 水榕芋属 ≒ **Amauriella** Araceae 天南星科 [MM-639] 全球 (1) 大洲分布及种数(4-10)◆非洲
Anulocaulis【3】Standl. 黏环草属 ← **Boerhavia** Nyctaginaceae 紫茉莉科 [MD-107] 全球 (1) 大洲分布及种数(4-7)◆北美洲
Anura (Juz.) Tschern. = **Puccinellia**
Anuraeopsis Gosse = **Angraecopsis**
Anuragia Raizada = **Podostemum**
Anuraphis Link = **Ledebouria**
Anuropus Brand = **Hydrolea**
Anurosperma (Hook.f.) Hallier = **Nepenthes**
Anurus C.Presl = **Lathyrus**
Anvillaea DC. = **Anvillea**
Anvillea【3】DC. 合杯菊属 ← **Acmella;Buphthalmum** Asteraceae 菊科 [MD-586] 全球 (1) 大洲分布及种数(2)◆非洲
Anvilleina【3】Maire 合杯菊属 ← **Anvillea** Asteraceae 菊科 [MD-586] 全球 (1) 大洲分布及种数(1)◆非洲
Anxopus Schltr. = **Auxopus**
Anychia【3】Michx. 杯石竹属 ← **Paronychia** Caryophyllaceae 石竹科 [MD-77] 全球 (1) 大洲分布及种数(1-11)◆北美洲
Anychiastrum Small = **Paronychia**
Anygosanthos Dum.Cours. = **Anigozanthos**
Anygozanthes Schlechtendal = **Anigozanthos**
Anygozanthos Labill. = **Anigozanthos**
Anystis Heyden = **Anotis**
Anzhengxia【3】Al-Shehbaz & D.A.German 杯花荠属 Brassicaceae 十字花科 [MD-213] 全球 (1) 大洲分布及种数(cf.1) ◆亚洲
Anzia【3】Sandwith 石禾草属 Poaceae 禾本科 [MM-

748] 全球 (6) 大洲分布及种数(1)非洲:4;亚洲:4;大洋洲:4;欧洲:4;北美洲:4;南美洲:4
Anzybas D.L.Jones & M.A.Clem. = **Liparis**
Aola Adans. = **Cinna**
Aongstroemia (Besch.) Müll.Hal. = **Aongstroemia**
Aongstroemia【3】 Bruch & Schimp. 昂氏藓属 ≒ **Weissia;Oncophorus** Aongstroemiaceae 昂氏藓科 [B-121] 全球(6) 大洲分布及种数(26) 非洲:4;亚洲:2;大洋洲:2;欧洲:3;北美洲:14;南美洲:11
Aongstroemiaceae【2】De Not. 昂氏藓科 [B-121] 全球 (3) 大洲分布和属种数(1/1)亚洲:1/1;欧洲:1/1;北美洲:1/1
Aongstroemiopsis【2】 M.Fleisch. 拟昂氏藓属 Aongstroemiaceae 昂氏藓科 [B-121] 全球 (2) 大洲分布及种数 (1) 非洲:1;亚洲:1
Aonidella Spach = **Aconitella**
Aonides Schltr. = **Apeiba**
Aonikena Speg. = **Chiropetalum**
Aopla Lindl. = **Habenaria**
Aoranthe【3】 Somers 畸花茜属 ← **Porterandia;Randia;Randonia** Rubiaceae 茜草科 [MD-523] 全球 (1) 大洲分布及种数(5-6)◆非洲
Aorchis Verm. = **Galearis**
Aorotrema Jack = **Acrotrema**
Aosa【3】 Weigend 巴西刺莲花属 ← **Loasa** Loasaceae 刺莲花科 [MD-435] 全球 (1) 大洲分布及种数(8-9)◆南美洲
Aostea【3】 Buscal. & Muschl. 非洲刺莲菊属 ← **Vernonia** Asteraceae 菊科 [MD-586] 全球 (1) 大洲分布及种数(1)◆非洲
Aotiella Price & Timm = **Astiella**
Aotus【3】 Sm. 枭豆属 ≒ **Dillwynia;Pultenaea** Fabaceae 豆科 [MD-240] 全球 (1) 大洲分布及种数(8-22)◆大洋洲
Apabuta (Griseb.) Griseb. = **Abuta**
Apacheria【3】 C.T.Mason 刺缨木属 Crossosomataceae 缨子木科 [MD-241] 全球 (1) 大洲分布及种数(1)◆北美洲(◆美国)
Apacris Ronderos = **Epacris**
Apactis Thunb. = **Xymalos**
Apalanthe【3】 Planch. 水育花属 ≒ **Elodea;Udora** Hydrocharitaceae 水鳖科 [MM-599] 全球 (1) 大洲分布及种数(1)◆南美洲(◆巴西)
Apalantus Adans. = **Callisia**
Apalatoa Aubl. = **Crudia**
Apallodes Marais = **Aplanodes**
Apalochlamys【3】 (Cass.) Cass. 多鳞菊属 ≒ **Calea** Asteraceae 菊科 [MD-586] 全球 (1) 大洲分布及种数 (1)◆大洋洲
Apalodium Mitt. = **Orthodontium**
Apalone Hill = **Galium**
Apalophlebia C.Presl = **Pyrrosia**
Apaloptera Nutt. ex A.Gray = **Abronia**
Apaloxylon Drake = **Neoapaloxylon**
Apalus DC. = **Unxia**
Apama【3】 Lam. 阿柏麻属 Aristolochiaceae 马兜铃科 [MD-56] 全球 (1) 大洲分布及种数(1)属分布和种数(uc)◆亚洲
Apanthura Lindau = **Acanthura**
Apargia G.A.Scop. = **Leontodon**
Apargidium Torr. & A.Gray = **Nothocalais**
Aparinaceae Hoffm. & Link = Naucleaceae
Aparinanthus Fourr. = **Galium**
Aparine Gütt. = **Galium**
Aparinella Fourr. = **Galium**
Aparisthmium【3】 Endl. 棉麻秆属 ← **Alchornea;Conceveiba;Styloceras** Euphorbiaceae 大戟科 [MD-217] 全球 (1) 大洲分布及种数(1)◆南美洲(◆巴西)
Apartea Pellegr. = **Mapania**
Aparupa Pellegr. = **Mapania**
Apassalus【3】 Kobuski 北美洲白爵床属 ← **Calophanes;Dipteracanthus;Paspalum** Acanthaceae 爵床科 [MD-572] 全球 (1) 大洲分布及种数(3-4)◆北美洲
Apatales Bl. ex Ridl. = **Liparis**
Apatanodes Schmid = **Aplanodes**
Apatanthus D.Viviani = **Hieracium**
Apate Pellegr. = **Mapania**
Apatelantha【3】 T.C.Wilson & Henwood 唇形科属 Lamiaceae 唇形科 [MD-575] 全球 (1) 大洲分布及种数 (uc)◆大洋洲
Apatele DC. = **Saurauia**
Apatelia DC. = **Saurauia**
Apatelina DC. = **Saurauia**
Apatemon Schott = **Aglaonema**
Apatemone Schott = **Schismatoglottis**
Apatesia【3】 N.E.Br. 黄苏花属 ← **Mesembryanthemum** Aizoaceae 番杏科 [MD-94] 全球 (1) 大洲分布及种数(4)◆非洲(◆南非)
Apatidelia DC. = **Celastrus**
Apation Bl. ex Ridl. = **Liparis**
Apatophyllum【3】 McGill. 幻叶卫矛属 Celastraceae 卫矛科 [MD-339] 全球 (1) 大洲分布及种数(3-6)◆大洋洲
Apatostelis Garay = **Stelis**
Apatura Lindl. = **Ancistrochilus**
Apaturia Lindl. = **Pachystoma**
Apaturina Lindl. = **Pachystoma**
Apatzingania【3】 Dieterle 胡瓢属 ← **Echinopepon** Cucurbitaceae 葫芦科 [MD-205] 全球 (1) 大洲分布及种数(cf. 1)◆北美洲
Apedium Chiron,Sambin & Braem = **Aspidium**
Apegia Neck. = **Ceropegia**
Apeiba【2】 Aubl. 海胆果属 → **Entelea;Luehea** Tiliaceae 椴树科 [MD-185] 全球 (2) 大洲分布及种数(11-13)北美洲:5;南美洲:10-11
Apeibeae Benth. = **Apeiba**
Apela Adans. = **Apera**
Apella G.A.Scop. = **Premna**
Apemon Raf. = **Datura**
Apenes L. = **Aphanes**
Apentostera Raf. = **Tetranema**
Apenula Neck. = **Campanula**
Apera【3】Adans. 丝须草属 ← **Agrostis;Muhlenbergia;Sporobolus** Poaceae 禾本科 [MM-748] 全球 (6) 大洲分布及种数(5-7)非洲:2-5;亚洲:3-8;大洋洲:2-5;欧洲:3-6;北美洲:2-5;南美洲:3
Apertithallus Kuwah. = **Metzgeria**
Aperula Bl. = **Aperula**
Aperula【3】 Gled. 山樟属 ≒ **Lindera** Lauraceae 樟科

[MD-21] 全球 (1) 大洲分布及种数(cf.1)◆亚洲
Apetahia【3】 Baill. 单室莲属 → **Sclerotheca** Campanulaceae 桔梗科 [MD-561] 全球 (1) 大洲分布及种数(2-4)◆大洋洲
Apetalanthe【-】 Aver. & Vuong 兰科属 Orchidaceae 兰科 [MM-723] 全球 (uc) 大洲分布及种数(uc)
Apetalon Wight = **Pogonia**
Apetlorhamnus【-】 Nieuwl. 鼠李科属 ≒ **Rhamnus** Rhamnaceae 鼠李科 [MD-331] 全球 (uc) 大洲分布及种数(uc)
Apetlothamnus Nieuwl. ex Lunell = **Apetlorhamnus**
Apha Mill. = **Lathyrus**
Aphaca Mill. = **Lathyrus**
Aphaenandra【3】 Miq. 隐蕊茜属 ← **Acranthera; Mussaenda** Rubiaceae 茜草科 [MD-523] 全球 (1) 大洲分布及种数(cf. 1)◆亚洲
Aphaerema Miers = **Abatia**
Aphanactis【3】 Wedd. 隐舌菊属 ← **Jaegeria;Selloa** Asteraceae 菊科 [MD-586] 全球 (1) 大洲分布及种数(14)◆南美洲
Aphanamixis【3】 Bl. 山楝属 ← **Aglaia** Meliaceae 楝科 [MD-414] 全球 (1) 大洲分布及种数(7-10)◆亚洲
Aphanandrium【3】 Lindau 哥伦糙爵床属 Acanthaceae 爵床科 [MD-572] 全球 (1) 大洲分布及种数(uc)◆南美洲(◆哥伦比亚)
Aphananthe Link = **Aphananthe**
Aphananthe【3】 Planch. 糙叶树属 ← **Celtis** Cannabaceae 大麻科 [MD-89] 全球 (1) 大洲分布及种数(3-4)◆亚洲
Aphananthemum Fourr. = **Helianthus**
Aphandra A.S.Barfod = **Aphandra**
Aphandra【3】 Barfod 穗序椰子属 ← **Ammandra** Arecaceae 棕榈科 [MM-717] 全球 (1) 大洲分布及种数(1)◆南美洲
Aphanelytrum (Hack.) Hack. = **Poa**
Aphanes【3】 L. 霓裳草属 → **Alchemilla** Rosaceae 蔷薇科 [MD-246] 全球 (6) 大洲分布及种数(20-23)非洲:4-12;亚洲:3-9;大洋洲:5-12;欧洲:8-16;北美洲:5-11;南美洲:8-14
Aphania Bl. = **Lepisanthes**
Aphaniosoma Wheeler = **Aphanisma**
Aphanisma【3】 Nutt. ex Moq. 西滨苋属 Amaranthaceae 苋科 [MD-116] 全球 (1) 大洲分布及种数(1)◆北美洲
Aphanius Sözer = **Aphanes**
Aphanocalyx D.Oliver = **Aphanocalyx**
Aphanocalyx【3】 Oliv. 隐萼异花豆属 ≒ **Monopetalanthus** Fabaceae 豆科 [MD-240] 全球 (1) 大洲分布及种数(12-15)◆非洲
Aphanocarpus【3】 Steyerm. 隐果茜属 ← **Pagamea** Rubiaceae 茜草科 [MD-523] 全球 (1) 大洲分布及种数(1)◆南美洲
Aphanochaeta A.Gray = **Chaetopappa**
Aphanochaete A.Gray = **Chaetopappa**
Aphanochilus Benth. = **Elsholtzia**
Aphanococcus【3】 Radlk. 欧洲无患子属 Sapindaceae 无患子科 [MD-428] 全球 (1) 大洲分布及种数(uc)◆欧洲
Aphanodon Naud. = **Henriettella**
Aphanolejeunea (R.M.Schust.) R.M.Schust. = **Aphanolejeunea**
Aphanolejeunea【2】 V.Allorge & Jovet-Ast 截叶小鳞苔属 ← **Cololejeunea;Jungermannia** Lejeuneaceae 细鳞苔科 [B-84] 全球 (5) 大洲分布及种数(cf.1) 非洲;亚洲;大洋洲;欧洲;北美洲;南美洲
Aphanomixis Bl. = **Aphanamixis**
Aphanomyrtus Miq. = **Syzygium**
Aphanomyxis DC. = **Aphanamixis**
Aphanopappus Endl. = **Lipochaeta**
Aphanopetalaceae【3】 Doweld 隐瓣藤科 [MD-230] 全球 (1) 大洲分布和属种数(1;hort. & cult.1)(2;hort. & cult.1)◆大洋洲
Aphanopetalum【3】 Endl. 隐瓣藤属 Aphanopetalaceae 隐瓣藤科 [MD-230] 全球 (1) 大洲分布及种数(2)◆大洋洲
Aphanopleura【3】 Boiss. 隐棱芹属 ← **Ammi;Carum; Pimpinella** Apiaceae 伞形科 [MD-480] 全球 (1) 大洲分布及种数(2-4)◆亚洲
Aphanorhegma Sull. = **Aphanorrhegma**
Aphanorrhegma【2】 Sull. 北美洲葫芦藓属 Funariaceae 葫芦藓科 [B-106] 全球 (3) 大洲分布及种数(3) 非洲:1;欧洲:1;北美洲:1
Aphanosperma【3】 T.F.Daniel 隐籽爵床属 ≒ **Carlowrightia** Acanthaceae 爵床科 [MD-572] 全球 (1) 大洲分布及种数(1)◆北美洲
Aphanostelma Malme = **Melinia**
Aphanostemma A.St.Hil. = **Ranunculus**
Aphanostephanus DC. = **Aphanostephus**
Aphanostephus【3】 DC. 惰雏菊属 ← **Egletes; Tanacetum** Asteraceae 菊科 [MD-586] 全球 (1) 大洲分布及种数(11-14)◆北美洲
Aphanostylis Pierre = **Landolphia**
Aphanotropis【3】 Herzog 南亚细鳞苔属 Lejeuneaceae 细鳞苔科 [B-84] 全球 (1) 大洲分布及种数(cf. 1)◆亚洲
Aphantochaeta A.Gray = **Chaetopappa**
Aphantochilus Benth. = **Achyrospermum**
Apharica Mill. = **Lepisanthes**
Apharus P.Br. = **Pharus**
Aphelandra【3】 R.Br. 单药花属 ← **Adhatoda;Ruellia; Stenandrium** Acanthaceae 爵床科 [MD-572] 全球 (6) 大洲分布及种数(196-242;hort.1;cult:4)非洲:18-24;亚洲:12-19;大洋洲:6-12;欧洲:1-6;北美洲:50-59;南美洲:172-215
Aphelandrella【2】 Mildbr. 小单药爵床属 ≒ **Aphelandra** Acanthaceae 爵床科 [MD-572] 全球 (2) 大洲分布及种数(cf.1) 北美洲;南美洲
Aphelandros St.Lag. = **Aphelandra**
Aphelaria Cham. & Schltdl. = **Achetaria**
Aphelexis【3】 D.Don 拟蜡菊属 ← **Helichrysum;Leucochrysum** Asteraceae 菊科 [MD-586] 全球 (1) 大洲分布及种数(4-5)◆非洲
Aphelia【3】 R.Br. 扇鳞草属 ← **Centrolepis;Ophelia** Restionaceae 帚灯草科 [MM-744] 全球 (1) 大洲分布及种数(5-6)◆大洋洲
Aphera Petuch = **Apera**
Aphetea L. = **Hydnora**
Aphillanthes Neck. = **Aphyllanthes**
Aphiochaeta Andersson = **Pennisetum**
Aphloea P. & K. = (接受名不详) Aphloiaceae
Aphloia【3】 (DC.) Benn. 脱皮檀属 ≒ **Prockia** Aphloiaceae 脱皮檀科 [MD-124] 全球 (1) 大洲分布及种数(2-

3)◆非洲
Aphloiaceae【3】Takht. 脱皮檀科 [MD-124] 全球 (1) 大洲分布和属种数(1/2-4)◆非洲
Aphoma Raf. = **Iphigenia**
Aphomia Raf. = **Iphigenia**
Aphomonix Raf. = **Saxifraga**
Aphonina Neck. = **Pariana**
Aphora Neck. = **Virgilia**
Aphora Nutt. = **Ditaxis**
Aphos Fabr. = **Apios**
Aphragmeae D.A.Germann & Al-Shehbaz = **Ruellia**
Aphragmia Nees = **Ruellia**
Aphragmus【3】Andrz. ex DC. 寒原荠属 ← **Braya;Oreas** Brassicaceae 十字花科 [MD-213] 全球 (1) 大洲分布及种数(12-14)◆亚洲
Aphropsis (Schltr.) M.A.Clem. & D.L.Jones = **Dendrobium**
Aphylax Salisb. = **Herrania**
Aphyllanthaceae【2】Burnett 星捧月科 [MM-673] 全球 (2) 大洲分布和属种数(1;hort. & cult.1)(1;hort. & cult.1) 非洲:1/1;欧洲:1/1
Aphyllanthes【2】L. 星捧月属 Asparagaceae 天门冬科 [MM-669] 全球 (2) 大洲分布及种数(1-2)非洲:1;欧洲:1
Aphyllarium Gagnep. = **Aphyllodium**
Aphyllarum S.Moore = **Caladium**
Aphylleia Champ. = **Sciaphila**
Aphyllieae Frye & L.Clark = **Sciaphila**
Aphyllocalpa Cav. = **Osmunda**
Aphyllocaulon Lag. = **Gerbera**
Aphylloclados Wedd. = **Aphyllocladus**
Aphyllocladus【3】Wedd. 丢叶菊属 Asteraceae 菊科 [MD-586] 全球 (1) 大洲分布及种数(6)◆南美洲
Aphyllodium (DC.) Gagnep. = **Aphyllodium**
Aphyllodium【3】Gagnep. 两节豆属 ← **Hedysarum;Meibomia** Fabaceae 豆科 [MD-240] 全球 (1) 大洲分布及种数(5-9)◆非洲(◆摩洛哥)
Aphyllon【3】Mitch. 列当属 ≒ **Orobanche** Orobanchaceae 列当科 [MD-552] 全球 (1) 大洲分布及种数(1)◆北美洲
Aphyllorchis【3】Bl. 无叶兰属 ← **Cephalanthera;Pogonia** Orchidaceae 兰科 [MM-723] 全球 (1) 大洲分布及种数(5-22)◆亚洲
Aphyteia L. = **Hydnora**
Aphytis L. = **Hydnora**
Apiaceae【3】Lindl. 伞形科 [MD-480] 全球 (6) 大洲分布和属种数(338-428;hort. & cult.115-147)(3551-7134;hort. & cult.376-667)非洲:83-199/548-1552;亚洲: 192-280/2026-3600;大洋洲:44-166/220-1153;欧洲:84-194/476-1528;北美洲:106-184/761-1663;南美洲:60-170/401-1214
Apiactis Thunb. = **Banara**
Apiales Nakai = **Liparis**
Apiastrum【3】Nutt. ex Torr. & A.Gray 拟欧芹属 ← **Aethusa;Discopleura** Apiaceae 伞形科 [MD-480] 全球 (1) 大洲分布及种数(2-4)◆北美洲
Apiciopsis Dognin = **Aidiopsis**
Apicra Willd. = **Haworthia**
Apilia Raf. = **Opilia**
Apina Mart. = **Sinningia**
Apinagia【3】Tul. 河缎草属 ≒ **Ligea;Oserya** Podostemaceae 川苔草科 [MD-322] 全球 (1) 大洲分布及种数(60-64)◆南美洲
Apinella (Neck.) P. & K. = **Trinia**
Apinus Neck. = **Pinus**
Apiocarpa Hübener = **Mielichhoferia**
Apiocarpus Montr. = **Harpullia**
Apiocera Raf. = **Aegilops**
Apiochaeta Andersson = **Alopecurus**
Apiopetalum【3】Baill. 梨瓣五加属 Apiaceae 伞形科 [MD-480] 全球 (1) 大洲分布及种数(2)◆大洋洲(◆波利尼西亚)
Apioph Fabr. = **Apios**
Apios【3】Fabr. 土圞儿属 → **Dumasia;Glycine;Nogra** Fabaceae 豆科 [MD-240] 全球 (6) 大洲分布及种数(9-10;hort.1;cult: 1)非洲:11;亚洲:7-20;大洋洲:11;欧洲:1-12;北美洲:2-13;南美洲:11
Apiospermum Klotzsch = **Pistia**
Apis Fabr. = **Apios**
Apista Bl. = **Persea**
Apistosia Dognin = **Apostasia**
Apium (DC.) Drude = **Apium**
Apium【3】L. 芹属 ≒ **Aegopodium;Daucus;Philodendron** Apiaceae 伞形科 [MD-480] 全球 (6) 大洲分布及种数(20-31;hort.1;cult:3)非洲:6-16;亚洲:8-18;大洋洲:4-14;欧洲:7-17;北美洲:7-15;南美洲:9-20
Apjoh Fabr. = **Apios**
Aplanodes【3】Marais 土著荠属 ← **Heliophila** Brassicaceae 十字花科 [MD-213] 全球 (1) 大洲分布及种数(2)◆非洲
Aplarina Raf. = **Euphorbia**
Aplasta Miers = **Barringtonia**
Aplecta Raf. = **Cremastra**
Aplectana Raf. = **Cremastra**
Aplectra Raf. = **Cymbidium**
Aplectrum (Nutt.) Torr. = **Aplectrum**
Aplectrum【3】Torr. 腻根兰属 → **Cremastra;Cymbidium;Epidendrum** Orchidaceae 兰科 [MM-723] 全球 (1) 大洲分布及种数(2-4)◆北美洲
Apleniaceae Link = Aspleniaceae
Apleura Phil. = **Azorella**
Aplexa Raf. = **Digitaria**
Aplexia Raf. = **Leersia**
Aplidiopsis Millar = **Aidiopsis**
Aplilia Raf. = **Fraxinus**
Aplina Raf. = **Syncarpha**
Aploactis Thunb. = **Banara**
Aploca Neck. = **Periploca**
Aplocarya【-】Lindl. 假茄科属 ≒ **Nolana** Nolanaceae 假茄科 [MD-507] 全球 (uc) 大洲分布及种数(uc)
Aplocera Raf. = **Monocera**
Aplochi Neck. = **Periploca**
Aplochlamis Steud. = **Cassinia**
Aplodes Marais = **Aplanodes**
Aplodon (Grev. & Arn.) Rchb. = **Aplodon**
Aplodon【2】R.Br. 无壶藓属 ≒ **Weissia** Splachnaceae 壶藓科 [B-143] 全球 (2) 大洲分布及种数(1) 欧洲:1;北美洲:1
Aploleia Raf. = **Tradescantia**

A

Aplolophium Cham. = **Amphilophium**
Aplopappus【2】Cass. 单冠菊属 ≒ **Stenotus** Asteraceae 菊科 [MD-586] 全球 (4) 大洲分布及种数(43) 亚洲:2;欧洲:1;北美洲:43;南美洲:3
Aplophyllum A.Juss. = **Haplophyllum**
Aplostellis A.Rich. = **Arethusa**
Aplostemon Raf. = **Scirpus**
Aplostoma Scheidw. = **Amblostoma**
Aplostylis Raf. = **Cuscuta**
Aplotaxis DC. = **Cirsium**
Aplotelia DC. = **Saurauia**
Aplotheca Mart ex Cham. = **Froelichia**
Aplozia【3】(Taylor ex Lehm.) Horik. 华叶苔属 ← **Jungermannia;Solenostoma** Myliaceae 小萼苔科 [B-39] 全球 (1) 大洲分布及种数(8)◆东亚(◆中国)
Apluda【3】L. 水蔗草属 ≒ **Anadelphia** Poaceae 禾本科 [MM-748] 全球 (6) 大洲分布及种数(2-3)非洲:2;亚洲:1-3;大洋洲:1-3;欧洲:2;北美洲:1-4;南美洲:2
Aplysina Raf. = **Acalypha**
Aplysinella Hill = **Callitriche**
Aplysinopsis Small = **Minuartia**
Apo Pers. = **Antiaris**
Apoballis【-】Schott 天南星科属 ≒ **Schismatoglottis** Araceae 天南星科 [MM-639] 全球 (uc) 大洲分布及种数(uc)
Apocarpum P.Beauv. = **Grimmia**
Apocaulon【3】R.S.Cowan 卧笛草属 Rutaceae 芸香科 [MD-399] 全球 (1) 大洲分布及种数(1)◆南美洲
Apocellus Palla ex Kneuck. = **Cyperus**
Apocephalus Benth. = **Acrocephalus**
Apochaete (C.E.Hubb.) J.B.Phipps = **Tristachya**
Apocheria Duby = **Apacheria**
Apochiton【3】C.E.Hubb. 离颖草属 Poaceae 禾本科 [MM-748] 全球 (1) 大洲分布及种数(1)◆非洲(◆坦桑尼亚)
Apochloa【3】Zuloaga & Morrone 黍属 ≒ **Panicum** Poaceae 禾本科 [MM-748] 全球 (1) 大洲分布及种数(15)◆南美洲
Apochoris Duby = **Apacheria**
Apoclada【3】McClure 离枝竹属 Poaceae 禾本科 [MM-748] 全球 (1) 大洲分布及种数(2)◆南美洲(◆巴西)
Apocopis【3】Nees 楔颖草属 ≒ **Leucopogon** Poaceae 禾本科 [MM-748] 全球 (1) 大洲分布及种数(16-24)◆亚洲
Apocuma Bl. = **Dendrobium**
Apocynaceae【3】Juss. 夹竹桃科 [MD-492] 全球 (6) 大洲分布和属种数(152-174;hort. & cult.39-48)(1669-3171; hort. & cult.113-157)非洲:65-107/498-971;亚洲:65-96/523-1096;大洋洲:34-76/213-780;欧洲:15-70/47-426;北美洲:53-88/399-823;南美洲:54-99/713-1182
Apocynastrum Heist. ex Fabr. = **Apocynum**
Apocynum【3】L. 罗布麻属 → **Anechites;Parsonsia** Apocynaceae 夹竹桃科 [MD-492] 全球 (6) 大洲分布及种数(15-28;hort.1;cult:7)非洲:77;亚洲:6-85;大洋洲:77;欧洲:4-81;北美洲:13-93;南美洲:3-80
Apodacra Pax & K.Hoffm. = **Plukenetia**
Apodandra Pax & K.Hoffm. = **Plukenetia**
Apodanthaceae【3】Van Tiegh. ex Takht. 风生花科 [MD-157] 全球 (1) 大洲分布和属种数(5-9)◆南美洲
Apodantheae R.Br. = **Apodanthera**
Apodanthera【2】Arn. 温美葫芦属 ≒ **Wilbrandia** Cucurbitaceae 葫芦科 [MD-205] 全球 (2) 大洲分布及种数(35-39;hort.1)北美洲:7;南美洲:29-33
Apodanthes【3】Poit. 风生花属 → **Pilostyles** Apodanthaceae 风生花科 [MD-157] 全球 (1) 大洲分布及种数(5-9)◆南美洲
Apodanthus Bach.Pyl. = **Splachnum**
Apoda-prorepentia【3】(Lür) Lür 风生兰属 ← **Pleurothallis;Physosiphon** Orchidaceae 兰科 [MM-723] 全球 (1) 大洲分布及种数(7-8)◆南美洲
Apodasmia【3】B.G.Briggs & L.A.S.Johnson 囊薄果草属 ← **Calopsis;Leptocarpus;Apostasia** Restionaceae 帚灯草科 [MM-744] 全球 (6) 大洲分布及种数(4-5)非洲:2;亚洲:2;大洋洲:3-6;欧洲:2;北美洲:2;南美洲:1-3
Apodicarpum【3】Makino 倭水芹属 ← **Apium** Apiaceae 伞形科 [MD-480] 全球 (1) 大洲分布及种数(1)◆亚洲
Apodiscus【3】Hutch. 串珠茶属 Phyllanthaceae 叶下珠科 [MD-222] 全球 (1) 大洲分布及种数(5)◆非洲
Apodocephala【3】Baker 薄颜菊属 Asteraceae 菊科 [MD-586] 全球 (1) 大洲分布及种数(9)◆非洲(◆马达加斯加)
Apodolirion【3】Baker 独艳花属 ← **Gethyllis** Amaryllidaceae 石蒜科 [MM-694] 全球 (1) 大洲分布及种数(6-24)◆非洲
Apodostachys Turcz. = **Ercilla**
Apodostigma【3】R.Wilczek 无梗柱卫矛属 ← **Hippocratea** Celastraceae 卫矛科 [MD-339] 全球 (1) 大洲分布及种数(1)◆非洲
Apodus Bruch & Schimp. = **Seligeria**
Apodynomene E.Mey. = **Tephrosia**
Apodytes【2】E.Mey. ex Arn. 柴龙树属 → **Rhaphiostylis;Anisomallon;Potameia** Metteniusaceae 水螅花科 [MD-454] 全球 (3) 大洲分布及种数(4-9)非洲:3-6;亚洲:3-8;大洋洲:2
Apogandrum Neck. = **Erica**
Apogeton Schröd. = **Krigia**
Apoglossum A.J.K.Millar = **Atopoglossum**
Apogon Elliott = **Krigia**
Apogonia (Nutt.) E.Fourn. = **Schizachyrium**
Apogrella Podp. = **Micromitrium**
Apoidea (Merr.) H.K.Airy-Shaw = **Dimorphocalyx**
Apolanesia Rchb. = **Eysenhardtia**
Apolecta Gleason = **Apuleia**
Apolepsis (Bl.) Hassk. = **Strobilanthes**
Apoleya Gleason = **Berkheya**
Apolgusa Raf. = **Lecokia**
Apollonias【3】Nees 山潺属 ← **Beilschmiedia** Lauraceae 樟科 [MD-21] 全球 (1) 大洲分布及种数(1)◆非洲
Apomaea Neck. = **Ipomoea**
Apomarsupella <unassigned> = **Apomarsupella**
Apomarsupella【2】R.M.Schust. 类钱袋苔属 ≒ **Sarcocyphos** Gymnomitriaceae 全萼苔科 [B-41] 全球 (2) 大洲分布及种数(6)非洲:1;亚洲:cf.1
Apometzgeria【3】(Schrank) Kuwah. 毛叉苔属 ≒ **Metzgeria** Metzgeriaceae 叉苔科 [B-89] 全球 (1) 大洲分布及种数(cf. 1)◆亚洲
Apomoea Steud. = **Aporosa**

Apomuria Bremek. = **Psychotria**
Apon Adans. = **Zantedeschia**
Aponardia (R.M.Schust.) Váňa = **Brevianthus**
Aponema Pastor = **Acronema**
Aponoa Raf. = **Mimulus**
Aponogeton Hill = **Zannichellia**
Aponogetonaceae 【3】 Planch. 水蕹科 [MM-602] 全球 (6) 大洲分布和属种数(1;hort. & cult.1)(33-68;hort. & cult.13-16)非洲:1/23-32;亚洲:1/11-17;大洋洲:1/2-6;欧洲:1/1-2;北美洲:1/1-2;南美洲:1/1
Aponogiton Hill = **Zannichellia**
Aponomma Raf. = **Mimulus**
Apopellia 【-】 (Grolle) Nebel & D.Quandt 溪苔科属 Pelliaceae 溪苔科 [B-33] 全球 (uc) 大洲分布及种数(uc)
Apopetalum Pax = **Brunellia**
Apophragma Griseb. = **Sabatia**
Apophyllum 【3】 F.Müll. 帚山柑属 Capparaceae 山柑科 [MD-178] 全球 (1) 大洲分布及种数(1)◆大洋洲
Apoplanesia 【3】 C.Presl 微红血豆属 ← **Eysenhardtia** Fabaceae 豆科 [MD-240] 全球 (1) 大洲分布及种数(2)◆南美洲(◆委内瑞拉)
Apoplania C.Presl = **Apoplanesia**
Apopleumon Raf. = **Xenostegia**
Apopyros 【3】 G.L.Nesom 紫菀属 ≒ **Aster** Asteraceae 菊科 [MD-586] 全球 (1) 大洲分布及种数(2)◆南美洲
Aporandria Pax & K.Hoffm. = **Plukenetia**
Aporanthus Bromf. = **Trigonella**
Aporarchus Bromf. = **Acmispon**
Aporberocereus 【-】 G.D.Rowley 仙人掌科属 Cactaceae 仙人掌科 [MD-100] 全球 (uc) 大洲分布及种数(uc)
Aporechinopsis 【-】 G.D.Rowley 仙人掌科属 Cactaceae 仙人掌科 [MD-100] 全球 (uc) 大洲分布及种数(uc)
Aporella Podp. = **Micromitrium**
Aporellula Podp. = **Micromitrium**
Aporepiphyllum 【-】 G.D.Rowley 仙人掌科属 Cactaceae 仙人掌科 [MD-100] 全球 (uc) 大洲分布及种数(uc)
Aporetia Walp. = **Otophora**
Aporetica Forst. = **Allophylus**
Aporgera 【-】 M.H.J.van der Meer 仙人掌科属 Cactaceae 仙人掌科 [MD-100] 全球 (uc) 大洲分布及种数(uc)
Aporia C.Presl = **Amoria**
Aporicereus Mottram = **Cleistocactus**
Aporina Feer = **Azorina**
Aporocactus 【3】 Lem. 鼠尾令箭属 ← **Cereus;Cleistocactus;Disocactus** Cactaceae 仙人掌科 [MD-100] 全球 (1) 大洲分布及种数(2)◆北美洲
Aporochia 【-】 G.D.Rowley 仙人掌科属 Cactaceae 仙人掌科 [MD-100] 全球 (uc) 大洲分布及种数(uc)
Aporocryptocereus 【-】 Xhonneux 仙人掌科属 Cactaceae 仙人掌科 [MD-100] 全球 (uc) 大洲分布及种数(uc)
Aporodes (Schltr.) W.Suarez & Cootes = **Androsace**
Aporoheliochia 【-】 P.V.Heath 仙人掌科属 Cactaceae 仙人掌科 [MD-100] 全球 (uc) 大洲分布及种数(uc)
Aporophis (Schltr.) M.A.Clem. & D.L.Jones = **Dendrobium**
Aporophyllum hort. ex D.R.Hunt = **Achrophyllum**
Aporops (Schltr.) M.A.Clem. & D.L.Jones = **Dendrobium**
Aporopsis (Schltr.) M.A.Clem. & D.L.Jones = **Dendrobium**
Aporosa 【3】 Bl. 银柴属 ≒ **Baccaurea;Aporusa;Shirakiopsis** Euphorbiaceae 大戟科 [MD-217] 全球 (1) 大洲分布及种数(48-79)◆亚洲
Aporosaceae Lindl. ex Planch. = Emblingiaceae
Aporosella Chodat = **Phyllanthus**
Aporostylis 【3】 Rupp & Hatch 裂缘兰属 ← **Caladenia** Orchidaceae 兰科 [MM-723] 全球 (1) 大洲分布及种数(1)◆大洋洲
Aporrhiza 【3】 Radlk. 离根无患子属 Sapindaceae 无患子科 [MD-428] 全球 (1) 大洲分布及种数(1-8)◆非洲
Aporuellia C.B.Clarke = **Pararuellia**
Aporum Bl. = **Dendrobium**
Aporus L. = **Acorus**
Aporusa 【3】 Bl. 银柴属 Euphorbiaceae 大戟科 [MD-217] 全球 (1) 大洲分布及种数(75)◆亚洲
Aposeridaceae Raf. = Asteliaceae
Aposeris 【-】 Neck. 菊科属 ≒ **Hyoseris** Asteraceae 菊科 [MD-586] 全球 (uc) 大洲分布及种数(uc)
Apostasia 【3】 Bl. 拟兰属 Apostasiaceae 假兰科 [MM-721] 全球 (6) 大洲分布及种数(8-10)非洲:1-2;亚洲:7-10;大洋洲:2-3;欧洲:1;北美洲:1;南美洲:1
Apostasiaceae 【3】 Lindl. 假兰科 [MM-721] 全球 (6) 大洲分布和属种数(1/7-15)非洲:1/1-2;亚洲:1/7-10;大洋洲:1/2-3;欧洲:1/1;北美洲:1/1;南美洲:1/1
Apostates 【3】 N.S.Lander 榄叶菊属 ≒ **Olearia** Asteraceae 菊科 [MD-586] 全球 (1) 大洲分布及种数(1)◆大洋洲
Apotaenium Koso-Pol. = **Conopodium**
Apoterium Bl. = **Symphyopappus**
Apoto Raf. = **Mimulus**
Apotomella Chodat = **Phyllanthus**
Apotreubia 【3】 Higuchi 拟陶氏苔属 ≒ **Treubia** Treubiaceae 陶氏苔科 [B-1] 全球 (1) 大洲分布及种数(cf. 1)◆亚洲
Apowollastonia 【-】 Orchard 菊科属 Asteraceae 菊科 [MD-586] 全球 (uc) 大洲分布及种数(uc)
Apoxyanthera Hochst. = **Pentanisia**
Apozia Willd. ex Benth. = **Micromeria**
Appella Adans. = **Premna**
Appendicula 【3】 Bl. 牛齿兰属 ≒ **Agrostophyllum; Podocarpus** Orchidaceae 兰科 [MM-723] 全球 (6) 大洲分布及种数(51-168;hort.1;cult: 1)非洲:25-63;亚洲:26-98;大洋洲:14-51;欧洲:2;北美洲:2;南美洲:2
Appendiculana P. & K. = **Rhexia**
Appendicularia 【3】 DC. 鹿丹属 ← **Rhexia** Melastomataceae 野牡丹科 [MD-364] 全球 (1) 大洲分布及种数(4)◆南美洲
Appendiculopsis (Schltr.) Szlach. = **Appendicula**
Appertiella 【3】 C.D.K.Cook & Triest 百里香属 ≒ **Thymus** Hydrocharitaceae 水鳖科 [MM-599] 全球 (1) 大洲分布及种数(1)◆非洲(◆马达加斯加)
Appiana 【-】 Steenbock,Stockey,G.D.Beard & Tomescu 中文名称不详 Fam(uc) 全球 (uc) 大洲分布及种数(uc)
Appias Fabr. = **Apios**

A

Appletonara【-】Griff. & J.M.H.Shaw 兰科属 Orchidaceae 兰科 [MM-723] 全球 (uc) 大洲分布及种数(uc)
Appula Mönch = **Lappula**
Appunettia R.D.Good = **Morinda**
Appunia【3】Hook.f. 委内茜草属 ← **Morinda;Rudgea** Rubiaceae 茜草科 [MD-523] 全球 (1) 大洲分布及种数(14-16)◆南美洲
Apradus Adans. = **Arctopus**
Aprella Fourr. = **Digitaria**
Aprevalia Baill. = **Delonix**
Aprifoliaceae Bercht. & J.Presl = Aquifoliaceae
Aprionodon Müll.Hal. = **Prionodon**
Aprionus Neck. = **Pinus**
Aprotodon H.Rob. = **Acritodon**
Apsanthea Jord. = **Scilla**
Apsectochilus Bl. = **Anoectochilus**
Apseudes Raf. = **Peucedanum**
Apsil Malloch = **Anila**
Apsilus Hemsl. = **Alpinia**
Apsylla Phil. = **Machaerina**
Aptandra Euaptandra Engl. ex Engl. & Prantl = **Aptandra**
Aptandra【3】Miers 兜帽果属 ← **Heisteria;Ongokea** Olacaceae 铁青树科 [MD-362] 全球 (6) 大洲分布及种数(4-5)非洲:2;亚洲:1;大洋洲:1;欧洲:1;北美洲:1;南美洲:3-4
Aptandraceae【3】Miers 油籽树科 [MD-365] 全球 (6) 大洲分布和属种数(1/3-5)非洲:1/2;亚洲:1/1;大洋洲:1/1;欧洲:1/1;北美洲:1/1;南美洲:1/3-4
Aptandropsis Ducke = **Heisteria**
Aptenia【3】N.E.Br. 露花属 ≒ **Aridaria** Aizoaceae 番杏科 [MD-94] 全球 (6) 大洲分布及种数(3-5)非洲:2-4;亚洲:1;大洋洲:1;欧洲:2;北美洲:1;南美洲:1
Apteranthа【-】C.H.Wright 苋科属 Amaranthaceae 苋科 [MD-116] 全球 (uc) 大洲分布及种数(uc)
Apteranthe F.Müll = **Stapelia**
Apteranthes J.C.Mikan = **Caralluma**
Apteria【3】Nutt. 水玉钟属 → **Dictyostega;Armeria** Burmanniaceae 水玉簪科 [MM-696] 全球 (1) 大洲分布及种数(1-9)◆北美洲
Apterieae Miers = **Apteria**
Apterigia Galushko = **Thlaspi**
Apterocaryon (Spach) Opiz = **Betula**
Apterodon Vogel = **Pterodon**
Apterokarpos【3】Rizzini 白林漆属 ≒ **Loxopterygium** Anacardiaceae 漆树科 [MD-432] 全球 (1) 大洲分布及种数(1)◆南美洲(◆巴西)
Apteron Kurz = **Ventilago**
Apteropteris (Copel.) Copel. = **Hymenophyllum**
Apterosperma【3】H.T.Chang 圆籽荷属 Theaceae 山茶科 [MD-168] 全球 (1) 大洲分布及种数(cf.1)◆东亚(◆中国)
Apteryg Baehni = **Sideroxylon**
Apterygia Baehni = **Sideroxylon**
Apterygium Kindb. = **Platydictya**
Apteuxis Griff. = **Pternandra**
Aptilon Raf. = **Microseris**
Aptilotus R.Br. = **Ptilotus**
Aptinus Neck. = **Pinus**
Aptosimum【3】Burch. ex Benth. 沙钟堇属 ← **Sutera;Ruellia;Peliostomum** Scrophulariaceae 玄参科 [MD-536] 全球 (1) 大洲分布及种数(24-31)◆非洲
Aptotheca Miers = **Molopanthera**
Aptychella【2】(Broth.) Herzog 无锦藓属 ≒ **Homomallium** Sematophyllaceae 锦藓科 [B-192] 全球 (4) 大洲分布及种数(15) 亚洲:9;大洋洲:1;北美洲:2;南美洲:4
Aptychopsis【3】(Broth.) M.Fleisch. 哥伦蔓藓属 ≒ **Sematophyllum** Sematophyllaceae 锦藓科 [B-192] 全球 (1) 大洲分布及种数(6)◆南美洲
Aptychus【3】(Müll.Hal.) Müll.Hal. 锦藓属 ≒ **Potamium** Sematophyllaceae 锦藓科 [B-192] 全球 (1) 大洲分布及种数(1)◆南美洲
Apuleia Gaertn. = **Apuleia**
Apuleia【3】Mart. 铁苏木属 ← **Berkheya;Zenkeria** Fabaceae3 蝶形花科 [MD-240] 全球 (1) 大洲分布及种数(1-2)◆南美洲
Apuleii Gaertn. = **Apuleia**
Apuleja Gaertn. = **Berkheya**
Apulia Young = **Apuleia**
Apurimacia【3】Harms 阿普里豆属 ← **Coursetia;Cracca** Fabaceae 豆科 [MD-240] 全球 (1) 大洲分布及种数(2)◆南美洲
Apus Mill. = **Alnus**
Apworthia Pölln. = **Haworthia**
Apyre Adans. = **Apera**
Aquarius【2】Christenh. & Byng 冬泽泻属 Alismataceae 泽泻科 [MM-597] 全球 (4) 大洲分布及种数(26) 分布(cf.) 非洲:1;亚洲:1;北美洲:11;南美洲:26
Aquartia Jacq. = **Solanum**
Aquatica Jacq. = **Solanum**
Aquifoliaceae【3】Bercht. & J.Presl 冬青科 [MD-438] 全球 (6) 大洲分布和属种数(3-6;hort. & cult.2)(637-993;hort. & cult.73-92)非洲:1-4/32-100;亚洲:1-4/387-502;大洋洲:1-4/34-106;欧洲:1-4/23-89;北美洲:2-4/159-248;南美洲:2-4/279-382
Aquifolium Mill. = **Ilex**
Aquilaria【3】Lam. 沉香属 → **Pittosporum** Thymelaeaceae 瑞香科 [MD-310] 全球 (6) 大洲分布及种数(24-25)非洲:1-3;亚洲:23-25;大洋洲:1-3;欧洲:2;北美洲:2;南美洲:2
Aquilariaceae【3】R.Br. ex DC. 沉香科 [MD-312] 全球 (6) 大洲分布和属种数(1;hort. & cult.1)(23-30;hort. & cult.1)非洲:1/1-3;亚洲:1/23-25;大洋洲:1/1-3;欧洲:1/2;北美洲:1/2;南美洲:1/2
Aquilegia【3】L. 耧斗菜属 ≒ **Isopyrum;Aquilaria;Paraquilegia** Ranunculaceae 毛茛科 [MD-38] 全球 (6) 大洲分布及种数(107-149;hort.1;cult:26)非洲:8-30;亚洲:52-92;大洋洲:7-29;欧洲:50-81;北美洲:38-67;南美洲:4-26
Aquilegiaceae Lilja = Aquilariaceae
Aquilicia L. = **Leea**
Aquilina Bubani = **Aquilegia**
Aquilonium【-】Hedenäs,Schlesak & D.Quandt 灰藓科属 Hypnaceae 灰藓科 [B-189] 全球 (uc) 大洲分布及种数(uc)
Aquilula【3】G.L.Nesom 菊科属 Asteraceae 菊科 [MD-586] 全球 (1) 大洲分布及种数(2)◆北美洲
Aquilus Hemsl. = **Globba**
Aquimarina Lam. = **Aquilaria**

Arabella Barnhart = **Utricularia**
Arabicodium Spach = **Arabidopsis**
Arabidaceae Phil. & B.C.Stone = Aralidiaceae
Arabidaea <unassigned> = **Arrabidaea**
Arabidella【3】O.E.Schulz 澳小南芥属 ← **Blennodia;Erysimum** Brassicaceae 十字花科 [MD-213] 全球 (1) 大洲分布及种数(7)◆大洋洲
Arabidium Spach = **Iberis**
Arabidobrassica【-】Gleba & F.W.Hoffm. 十字花科属 Brassicaceae 十字花科 [MD-213] 全球 (uc) 大洲分布及种数(uc)
Arabidopis (DC.) Heynh. = **Arabidopsis**
Arabidopsis (DC.) Heynh. = **Arabidopsis**
Arabidopsis【3】Heynh. 拟南芥属 ← **Anemone;Eutrema;Sisymbriopsis** Brassicaceae 十字花科 [MD-213] 全球 (6) 大洲分布及种数(17;hort.1;cult: 1)非洲:5-18;亚洲:16-30;大洋洲:1-14;欧洲:10-23;北美洲:6-19;南美洲:13
Arabis【3】L. 南芥属 → **Arabidopsis;Draba;Pentapanax** Brassicaceae 十字花科 [MD-213] 全球 (6) 大洲分布及种数(155-241;hort.1;cult: 12)非洲:29-199;亚洲:86-262;大洋洲:16-186;欧洲:64-237;北美洲:57-237;南美洲:11-181
Arabisa Rchb. = **Draba**
Aracacia Bancr. = **Arracacia**
Aracampe auct. = **Acampe**
Aracamunia【3】Carnevali & I.Ramřírez 阿拉兰属 Orchidaceae 兰科 [MM-723] 全球 (1) 大洲分布及种数(1)◆南美洲
Araceae【3】Juss. 天南星科 [MM-639] 全球 (6) 大洲分布和属种数(100-111;hort. & cult.53-56)(2598-5298; hort. & cult.333-534)非洲:33-65/188-548;亚洲:53-72/631-1515;大洋洲:24-54/77-346;欧洲:13-54/38-272;北美洲:28-54/497-768;南美洲:43-71/1794-2947
Arachidna Böhm. = **Arachis**
Arachinites F.W.Schmidt = **Ophrys**
Arachis【3】L. 落花生属 ≒ **Lathyrus;Arabis** Fabaceae3 蝶形花科 [MD-240] 全球 (1) 大洲分布及种数(81-94)◆南美洲(◆巴西)
Arachis Rhizomatosae Krapov. & W.C.Greg. = **Arachis**
Arachn Neck. = **Leptopus**
Arachnacris Szlach. = **Habenaria**
Arachnadenia Garay & H.R.Sw. = **Hemipiliopsis**
Arachnangraecum【-】Szlach.,Mytnik & Grochocka 兰科属 Orchidaceae 兰科 [MM-723] 全球 (uc) 大洲分布及种数(uc)
Arachnanthe Bl. = **Arachnis**
Arachnanthus Bl. = **Aerides**
Arachnaria Szlach. = **Habenaria**
Arachne (Endl.) Pojark. = **Leptopus**
Arachne Neck. = **Breynia**
Arachnida Bl. = **Arachnis**
Arachnimorpha Desv. ex Ham. = **Rondeletia**
Arachniodes【3】Bl. 复叶耳蕨属 ← **Acrorumohra;Polystichum;Nephrodium** Dryopteridaceae 鳞毛蕨科 [F-49] 全球 (6) 大洲分布及种数(165-198;hort.1;cult: 19)非洲:8-22;亚洲:156-202;大洋洲:7-22;欧洲:1-15;北美洲:14-29;南美洲:11-26
Arachniopsis R.M.Schust. = **Arachniopsis**
Arachniopsis【3】Stephani 南美指叶苔属 ≒ **Telaranea;Monodactylopsis** Lepidoziaceae 指叶苔科 [B-63] 全球 (1) 大洲分布及种数(2-3)◆南美洲
Arachnis【3】Bl. 蜘蛛兰属 ← **Aerides;Esmeralda** Orchidaceae 兰科 [MM-723] 全球 (1) 大洲分布及种数(10-16)◆亚洲
Arachnites F.W.Schmidt = **Ophrys**
Arachnitis【3】Phil. 腐蛛草属 Corsiaceae 白玉簪科 [MM-705] 全球 (1) 大洲分布及种数(1)◆南美洲
Arachnobas Gagnep. = **Phyllanthus**
Arachnocalyx【3】Compton 单籽石南属 ← **Eremia;Erica** Ericaceae 杜鹃花科 [MD-380] 全球 (1) 大洲分布及种数(1)◆非洲
Arachnocentron【-】auct. 兰科属 Orchidaceae 兰科 [MM-723] 全球 (uc) 大洲分布及种数(uc)
Arachnochilus【-】J.M.H.Shaw 兰科属 Orchidaceae 兰科 [MM-723] 全球 (uc) 大洲分布及种数(uc)
Arachnodes Gagnep. = **Phyllanthus**
Arachnoglossum auct. = **Arachnis**
Arachnoglottis【-】Hort. 兰科属 Orchidaceae 兰科 [MM-723] 全球 (uc) 大洲分布及种数(uc)
Arachnoides Bl. = **Arachniodes**
Arachnopapua【-】R.Rice 兰科属 Orchidaceae 兰科 [MM-723] 全球 (uc) 大洲分布及种数(uc)
Arachnopogon Berg. ex Haberl = **Hypochoeris**
Arachnopsirea【-】J.M.H.Shaw 兰科属 Orchidaceae 兰科 [MM-723] 全球 (uc) 大洲分布及种数(uc)
Arachnopsis Hort. = **Hypochoeris**
Arachnorchis【3】D.L.Jones & M.A.Clem. 裂缘兰属 ← **Caladenia** Orchidaceae 兰科 [MM-723] 全球 (1) 大洲分布及种数(2)属分布和种数(uc)◆大洋洲
Arachnospermum Berg. ex Haberle = **Podospermum**
Arachnostylis auct. = **Arachnis**
Arachnostynopsis【-】Phornsaw. 兰科属 Orchidaceae 兰科 [MM-723] 全球 (uc) 大洲分布及种数(uc)
Arachnothrix Walp. = **Arachnothryx**
Arachnothryx (Standl.) Borhidi = **Arachnothryx**
Arachnothryx【2】Planch. 绒香玫属 ← **Bouvardia;Pavetta;Rondeletia** Rubiaceae 茜草科 [MD-523] 全球 (4) 大洲分布及种数(104-109;hort.1)亚洲:4;大洋洲:1;北美洲:83-85;南美洲:27-28
Arachnura Szlach. = **Habenaria**
Arachus Medik. = **Vicia**
Aracima L. = **Aralia**
Aracium Alf.Monnier = **Crepis**
Aracoda Kunth = **Aragoa**
Aradus Medik. = **Vicia**
Araehis L. = **Arachis**
Araeoandra【-】Lefor 牻牛儿苗科属 Geraniaceae 牻牛儿苗科 [MD-318] 全球 (uc) 大洲分布及种数(uc)
Araeococcus【2】Brongn. 多穗凤梨属 ← **Aechmea;Billbergia;Lymania** Bromeliaceae 凤梨科 [MM-715] 全球 (2) 大洲分布及种数(11)北美洲:3;南美洲:10
Arafoe【3】Pimenov & Lavrova 俄罗斯芹属 Apiaceae 伞形科 [MD-480] 全球 (1) 大洲分布及种数(1)◆亚洲
Aragallus【3】Neck. 蛇荚黄芪属 ≒ **Astragalus;Oxytropis** Fabaceae3 蝶形花科 [MD-240] 全球 (1) 大洲分布及种数(18)属分布和种数(uc)◆北美洲
Arago Endl. = **Aragoa**

A

Aragoa【3】 Kunth 雪杉花属 ≒ **Polyscias** Plantaginaceae 车前科 [MD-527] 全球 (1) 大洲分布及种数(22-23)◆南美洲
Aragoaceae D.Don = Scrophulariaceae
Aragonites F.W.Schmidt = **Ophrys**
Aragua Snellen = **Aragoa**
Aragus Steud. = **Tragus**
Araiostegia【3】 Copel. 小膜盖蕨属 ← **Davallia;Davallodes** Davalliaceae 骨碎补科 [F-56] 全球 (1) 大洲分布及种数(19-22)◆亚洲
Araiostegiella M.Kato & Tsutsumi = **Leucostegia**
Araiya Tullgren = **Simira**
Araleptochilus Copel. = **Colysis**
Arales Lindl. = **Arabis**
Aralia (Griseb.) J.Wen = **Aralia**
Aralia【3】 L. 湖南参属 → **Acanthopanax;Eleutherococcus;Pentapanax** Araliaceae 五加科 [MD-471] 全球 (6) 大洲分布及种数(78-104;hort.1;cult: 5)非洲:14-58;亚洲:65-114;大洋洲:17-64;欧洲:12-55;北美洲:25-70;南美洲:17-61
Araliaceae【3】Juss. 五加科 [MD-471] 全球 (6) 大洲分布和属种数(40-50;hort. & cult.25-27)(1043-1990;hort. & cult.128-164)非洲:8-32/138-367;亚洲:28-39/460-811;大洋洲:17-37/157-366;欧洲:4-29/18-175;北美洲:15-32/143-303;南美洲:8-30/362-589
Aralichus Medik. = **Vicia**
Aralidiaceae【3】Phil. & B.C.Stone 假茱萸科 [MD-470] 全球 (1) 大洲分布和属种数(1/1-2)◆大洋洲
Aralidiales【3】 (Philipson & B.C.Stone) Takht. ex Reveal 假茱萸科属 Aralidiaceae 假茱萸科 [MD-470] 全球 (1) 大洲分布及种数(uc)属分布和种数(uc)◆亚洲
Aralidium【3】 Miq. 沟子树属 ← **Aralia** Torricelliaceae 鞘柄木科 [MD-466] 全球 (1) 大洲分布及种数(cf. 1)◆亚洲
Araliophyllum Nakai = **Abeliophyllum**
Araliopsis【2】 Engl. 南美沟芸香属 ≒ **Brassaiopsis** Araliaceae 五加科 [MD-471] 全球 (4) 大洲分布及种数(cf.1) 非洲;亚洲;北美洲;南美洲
Araliorhamnus H.Perrier = **Berchemia**
Aramides Heist. ex Fabr. = **Aglaonema**
Aramus Medik. = **Vicia**
Aran Adans. = **Zantedeschia**
Aranae Thorne ex Reveal = **Arouna**
Aranda Hort. = **Arachnis**
Arandanthe auct. = **Vandopsis**
Aranea Barnhart = **Utricularia**
Araneae Hort. = **Aerides**
Aranella Barnhart = **Utricularia**
Araneum Monniot & Monniot = **Crepis**
Araneus Medik. = **Vicia**
Araniella Barnhart = **Utricularia**
Aranthera auct. = **Arachnis**
Arapabaca Adans. = **Spigelia**
Arapatiella【3】 Rizzini & A.Mattos 小阿拉苏木属 ← **Dicymbe;Tachigali** Fabaceae 豆科 [MD-240] 全球 (1) 大洲分布及种数(2-3)◆南美洲(◆巴西)
Araptiella Rizzini & A.Mattos = **Arapatiella**
Araracuara【3】 Fern.Alonso 哥伦鼠李属 Rhamnaceae 鼠李科 [MD-331] 全球 (1) 大洲分布及种数(1)◆南美洲
Arariba Mart. = **Simira**
Ararocarpus Scheff. = **Meiogyne**
Arasada Hort. = **Arachnis**
Araschcoolia Sch.Bip. = **Geigeria**
Araschnia L. = **Arachnis**
Aratinga Adans. = **Croton**
Aratitiyopea J.A.Steyermark & P.Berry = **Aratitiyopea**
Aratitiyopea【3】 Steyerm. & P.E.Berry 鹦山草属 ← **Navia** Xyridaceae 黄眼草科 [MM-712] 全球 (1) 大洲分布及种数(1)◆南美洲
Aratus H.Milne Edwards = **Arbutus**
Araucania Silvestri = **Araucaria**
Araucanites F.W.Schmidt = **Ophrys**
Araucaria【3】 Juss. 南洋杉属 ← **Abies;Pinus;Cupressus** Araucariaceae 南洋杉科 [G-10] 全球 (1) 大洲分布及种数(17-26)◆大洋洲
Araucariaceae【3】Henkel & W.Hochst. 南洋杉科 [G-10] 全球 (6) 大洲分布和属种数(3;hort. & cult.3)(25-73;hort. & cult.20-49)非洲:2/12;亚洲:1-2/7-27;大洋洲:3/20-41;欧洲:2/12;北美洲:2/2-14;南美洲:2/12
Araucarieae D.Don = **Araucaria**
Araucasia Benth. & Hook.f. = **Araucaria**
Araujia【3】 Brot. 白蛾藤属 ← **Apocynum;Morrenia** Asclepiadaceae 萝藦科 [MD-494] 全球 (1) 大洲分布及种数(14-17)◆南美洲
Arawakia【-】 L.Marinho 藤黄科属 Clusiaceae 藤黄科 [MD-141] 全球 (uc) 大洲分布及种数(uc)
Arbaciosa Alef. = **Vicia**
Arbela Raf. = **Arivela**
Arbelaezaster【3】 Cuatrec. 千里光属 ≒ **Senecio** Asteraceae 菊科 [MD-586] 全球 (1) 大洲分布及种数(cf.1)◆南美洲
Arberella【2】 Soderstr. & C.E.Calderón 薹竺属 ← **Olyra;Raddia** Poaceae 禾本科 [MM-748] 全球 (2) 大洲分布及种数(13)北美洲:6;南美洲:7
Arboa【3】 Thulin & Razafim. 萝蝶花属 ≒ **Turnera** Passifloraceae 西番莲科 [MD-151] 全球 (6) 大洲分布及种数(5)非洲:4-5;亚洲:1;大洋洲:1;欧洲:1;北美洲:1;南美洲:1
Arbulocarpus Tennant = **Spermacoce**
Arbuscula【3】 H.A.Crum 木藓属 ≒ **Thamnobryum** Neckeraceae 平藓科 [B-204] 全球 (1) 大洲分布及种数(1)◆北美洲
Arbusculohypopterygium【3】 M.Stech,T.Pfeiff. & W.Frey 孔尾藓属 Hypopterygiaceae 孔雀藓科 [B-160] 全球 (1) 大洲分布及种数(1)◆南美洲
Arbustus L. = **Arbutus**
Arbutaceae Miers = Siphonandraceae
Arbutus【3】 L. 草莓树属 → **Arctostaphylos;Comarostaphylis;Pernettya** Ericaceae 杜鹃花科 [MD-380] 全球 (6) 大洲分布及种数(19-29)非洲:4-13;亚洲:6-16;大洋洲:3-12;欧洲:4-14;北美洲:13-23;南美洲:6-15
Arcangelina P. & K. = **Chiliocephalum**
Arcangelisia【3】 Becc. 古山龙属 ← **Anamirta;Menispermum** Menispermaceae 防己科 [MD-42] 全球 (1) 大洲分布及种数(2-3)◆亚洲
Arcas Cramer = **Acca**
Arcaula Raf. = **Styrax**
Arce Fourr. = **Erica**

Arcella Drude = **Barcella**
Arceuthidaceae A.V.Bobrov & Melikyan = Cupressaceae
Arceuthobiaceae Van Tiegh. = Loranthaceae
Arceuthobium 【3】 M.Bieb. 油杉寄生属 → **Dendrophthora;Viscum** Santalaceae 檀香科 [MD-412] 全球 (6) 大洲分布及种数(40-52;hort.1;cult: 3)非洲:2-6;亚洲:17-21;大洋洲:2;欧洲:2-5;北美洲:31-39;南美洲:2-4
Arceutholobium H.Fürnr. = **Arceuthobium**
Arceuthos Antoine & Kotschy = **Juniperus**
Archaea Mart. = **Archytaea**
Archaeogeryon Greenm. = **Erigeron**
Archaetogeron Greenm. = **Erigeron**
Archakebia 【3】 C.Y.Wu,T.C.Chen & H.N.Qin 长萼木通属 ← **Holboellia** Lardizabalaceae 木通科 [MD-33] 全球 (1) 大洲分布及种数(cf. 1)◆东亚(◆中国)
Archamia Salisb. = **Amaryllis**
Archangelica 【3】 Wolf 欧白芷属 ← **Angelica;Coelopleurum** Apiaceae 伞形科 [MD-480] 全球 (6) 大洲分布及种数(3-4)非洲:5;亚洲:2-7;大洋洲:5;欧洲:5;北美洲:5;南美洲:5
Archangiopteris 【3】 Christ & Giesenh. 古莲蕨属 ← **Angiopteris** Angiopteridaceae 莲座蕨科 [F-12] 全球 (1) 大洲分布及种数(7-11)◆亚洲
Archanthemis 【3】 Lo Presti & Oberpr. 亚洲莲菊属 Asteraceae 菊科 [MD-586] 全球 (1) 大洲分布及种数(2) 属分布和种数(uc)◆亚洲
Archboldia 【3】 E.Beer & H.J.Lam 革鞭草属 Lamiaceae 唇形科 [MD-575] 全球 (1) 大洲分布及种数(2) 亚洲,大洋洲
Archboldiella E.B.Bartram = **Distichophyllidium**
Archboldiodendron 【3】 Kobuski 丽绢桐属 Pentaphylacaceae 五列木科 [MD-215] 全球 (1) 大洲分布及种数(1)属分布和种数(uc)◆大洋洲(◆巴布亚新几内亚)
Archdendron Verdc. = **Archidendron**
Archemara 【-】 Steud. 伞形科属 Apiaceae 伞形科 [MD-480] 全球 (uc) 大洲分布及种数(uc)
Archemora DC. = **Tiedemannia**
Archeochaete 【2】 R.M.Schust. 拟叉苔属 Pseudolepicoleaceae 拟复叉苔科 [B-71] 全球 (2) 大洲分布及种数(cf.1) 北美洲;南美洲
Archeophylla 【3】 R.M.Schust. 拟复苔属 ≒ **Temnoma** Pseudolepicoleaceae 拟复叉苔科 [B-71] 全球 (1) 大洲分布及种数(1)◆非洲
Archephemeropsis Renner = **Ephemeropsis**
Archeria 【2】 Hook.f. 狼毒石南属 ≒ **Armeria** Ericaceae 杜鹃花科 [MD-380] 全球 (2) 大洲分布及种数(4-8) 大洋洲:3-6;南美洲:cf.1
Archiatriplex 【3】 G.L.Chu 单性滨藜属 Amaranthaceae 苋科 [MD-116] 全球 (1) 大洲分布及种数(cf. 1)◆东亚(◆中国)
Archibaccharis 【3】 Heering 近单性紫菀属 ← **Baccharis;Pluchea** Asteraceae 菊科 [MD-586] 全球 (1) 大洲分布及种数(40)◆北美洲
Archiboehmeria 【3】 C.J.Chen 舌柱麻属 ← **Debregeasia;Oreocnide** Urticaceae 荨麻科 [MD-91] 全球 (1) 大洲分布及种数(cf. 1)◆亚洲
Archiclematis (Tamura) Tamura = **Clematis**
Archidasyphyllum 【-】 (Cabrera) P.L.Ferreira,Saavedra & Groppo 菊科属 Asteraceae 菊科 [MD-586] 全球 (uc) 大洲分布及种数(uc)
Archidendron 【3】 F.Müll. 猴耳环属 ≒ **Pithecellobium;Feuilleea** Fabaceae 豆科 [MD-240] 全球 (1) 大洲分布及种数(43-68)◆亚洲
Archidendropsis 【2】 I.C.Nielsen 拟古木属 ← **Abarema;Albizia** Fabaceae 豆科 [MD-240] 全球 (3) 大洲分布及种数(15-16;hort.1)非洲:2;亚洲:3;大洋洲:14
Archidiaceae 【3】 Schimp. 无轴藓科 [B-116] 全球 (5) 大洲分布和属种数(1/38)亚洲:1/6;大洋洲:1/18;欧洲:1/4;北美洲:1/9;南美洲:1/10
Archidiella Irmsch. = **Archidium**
Archidium (Müll.Hal.) Broth. = **Archidium**
Archidium 【3】 Brid. 无轴藓属 ≒ **Pleuridium** Archidiaceae 无轴藓科 [B-116] 全球 (6) 大洲分布及种数(38) 非洲:16;亚洲:6;大洋洲:18;欧洲:4;北美洲:9;南美洲:10
Archigrammitis Parris = **Grammitis**
Archihyoscyamus A.M.Lu = **Hyoscyamus**
Archilejeunea (Spruce) Steph. = **Archilejeunea**
Archilejeunea 【3】 Vanden Berghen 原鳞苔属 ≒ **Lejeunea;Spruceanthus** Lejeuneaceae 细鳞苔科 [B-84] 全球 (6) 大洲分布及种数(22-27)非洲:6-13;亚洲:8-14;大洋洲:4-12;欧洲:6;北美洲:1-7;南美洲:9-16
Archilejeuneae Gradst. = **Archilejeunea**
Archileptopus P.T.Li = **Phyllanthus**
Archimedea Leandro = **Lophophytum**
Archimediella Irmsch. = **Archidium**
Archineottia 【3】 S.C.Chen 鸟巢兰属 ← **Neottia;Holopogon** Orchidaceae 兰科 [MM-723] 全球 (1) 大洲分布及种数(uc)◆大洋洲
Archip Lam. = **Berardia**
Archiphysalis Kuang = **Physaliastrum**
Archirhodomyrtus (Nied.) Burret = **Rhodomyrtus**
Archiserratula 【3】 L.Martiñz 滇麻花头属 Asteraceae 菊科 [MD-586] 全球 (1) 大洲分布及种数(cf. 1)◆东亚(◆中国)
Architaea Mart. = **Archivea**
Archivea 【3】 Christenson & Jenny 桃金茶属 ≒ **Archytaea** Orchidaceae 兰科 [MM-723] 全球 (1) 大洲分布及种数(1)◆南美洲
Archontophoenix 【3】 H.Wendl. & Drude 假槟榔属 ≒ **Jessenia;Acrostichum** Arecaceae 棕榈科 [MM-717] 全球 (1) 大洲分布及种数(2-9)◆大洋洲
Archytaea 【3】 Mart. 桃金茶属 → **Ploiarium** Bonnetiaceae 泽茶科 [MD-102] 全球 (1) 大洲分布及种数(3)◆南美洲
Archytatea Mart. = **Archytaea**
Arcidae (R.L.Hartm.) D.R.Morgan & R.L.Hartm. = **Arida**
Arcion Bubani = **Berardia**
Arcoa 【3】 Urb. 海地豆属 Fabaceae 豆科 [MD-240] 全球 (1) 大洲分布及种数(1)◆北美洲(◆海地)
Arctagrostis 【3】 Griseb. 北极禾属 ← **Agrostis;Poa** Poaceae 禾本科 [MM-748] 全球 (6) 大洲分布及种数(3) 非洲:2;亚洲:2-4;大洋洲:2;欧洲:1-3;北美洲:2-4;南美洲:2
Arctanthemum 【3】 (Tzvelev) Tzvelev 茼蒿属 ← **Glebionis;Hulteniella** Asteraceae 菊科 [MD-586] 全球 (1) 大洲分布及种数(1)◆北美洲
Arcteranthis Greene = **Ranunculus**
Arcterica Coville = **Pieris**

A

Arctica Coville = **Pieris**
Arctio Lam. = **Nebelia**
Arctiodracon A.Gray = **Symplocarpus**
Arction Cass. = **Nebelia**
Arctium【2】L. 牛蒡属 → **Alfredia;Berardia** Asteraceae 菊科 [MD-586] 全球 (5) 大洲分布及种数(43-85;hort.1;cult: 16)非洲:2;亚洲:41-44;大洋洲:2;欧洲: 4;北美洲:4-5
Arctoa【2】Bruch & Schimp. 极地藓属 ≒ **Dicranella** Oncophoraceae 曲背藓科 [B-124] 全球 (4) 大洲分布及种数(4) 亚洲:4;欧洲:3;北美洲:3;南美洲:1
Arctocalyx Fenzl = **Solenophora**
Arctocarpus Blanco = **Artocarpus**
Arctocephalus Benth. = **Acrocephalus**
Arctocrania (Endl.) Nakai = **Cornus**
Arctocrania Nakai = **Chamaepericlymenum**
Arctodupontia【3】Tzvelev 北旱禾属 ≒ **Arctophila; Poa** Poaceae 禾本科 [MM-748] 全球 (1) 大洲分布及种数(1)◆北美洲
Arctodus L. = **Arctopus**
Arctogeron【2】DC. 莎菀属 → **Aster;Erigeron** Asteraceae 菊科 [MD-586] 全球 (3) 大洲分布及种数(2) 亚洲:cf.1;北美洲:1;南美洲:1
Arctohyalopoa【-】Röser & Tkach 禾本科属 Poaceae 禾本科 [MM-748] 全球 (uc) 大洲分布及种数(uc)
Arctomecon【3】Torr. & Frém. 熊罂粟属 Papaveraceae 罂粟科 [MD-54] 全球 (1) 大洲分布及种数(3-5)◆北美洲
Arctomiaceae Bercht. & J.Presl = Arctotidaceae
Arctophila (Rupr.) Rupr. ex Andersson = **Arctophila**
Arctophila【3】Rupr. 喜极草属 ← **Molinia;Poa;** Poaceae 禾本科 [MM-748] 全球 (6) 大洲分布及种数(2) 非洲:4;亚洲:4;大洋洲:4;欧洲:1-5;北美洲:1-5;南美洲:4
Arctophilla Rupr. = **Arctophila**
Arctopoa【2】(Griseb.) Probatova 早熟禾属 ← **Poa** Poaceae 禾本科 [MM-748] 全球 (2) 大洲分布及种数 (4-8)亚洲:3-5;北美洲:1
Arctopus【3】L. 熊掌芹属 Apiaceae 伞形科 [MD-480] 全球 (1) 大洲分布及种数(3)◆非洲
Arctoscopus (C.Massal.) Hässel de Menéndez = **Arctoscyphus**
Arctoscyphus【2】(C.Massal.) Hässel de Menéndez 非洲地萼苔属 ≒ **Leioscyphus** Jungermanniaceae 叶苔科 [B-38] 全球 (2) 大洲分布及种数(2)非洲:1;大洋洲:1
Arctostaphylaceae J.Agardh = Gesneriaceae
Arctostaphylos (Nutt.) A.Gray = **Arctostaphylos**
Arctostaphylos【3】Adans. 熊果属 ← **Andromeda; Arctous;Ornithostaphylos** Ericaceae 杜鹃花科 [MD-380] 全球 (6) 大洲分布及种数(84-105;hort.1;cult: 21)非洲:37;亚洲:21-58;大洋洲:15-52;欧洲:2-39;北美洲:83-139;南美洲:3-40
Arctotheca【2】Vaill. 赛金盏属 ← **Osteospermum** Arctotidaceae 灰暗菊科 [MD-582] 全球 (5) 大洲分布及种数(7-9)非洲:6-7;亚洲:2;大洋洲:3;欧洲:1;北美洲:2
Arctotidaceae【3】Bercht. & J.Presl 灰暗菊科 [MD-582] 全球 (6) 大洲分布和属种数(2;hort. & cult.2)(78-120;hort. & cult.16-22)非洲:2/ 76-88;亚洲:2/ 5-12;大洋洲:2/8-15;欧洲:2/ 13-20;北美洲:2/ 9-16;南美洲:1/ 1-8
Arctotideae【-】Cass. 菊科属 Asteraceae 菊科 [MD-586] 全球 (uc) 大洲分布及种数(uc)
Arctotis【3】L. 熊耳菊属 → **Venidium;Arctotheca** Asteraceae 菊科 [MD-586] 全球 (6) 大洲分布及种数(73-102)非洲:70-81;亚洲:3-10;大洋洲:5-12;欧洲:12-19;北美洲:7-14;南美洲:1-8
Arctottonia Trel. = **Ottonia**
Arctous【2】(A.Gray) Nied. 北极果属 ← **Arbutus** Ericaceae 杜鹃花科 [MD-380] 全球 (3) 大洲分布及种数 (7)亚洲:6-7;欧洲:3;北美洲:4
Arctu L. = **Arctium**
Arcuatopteris M.L.Sheh & R.H.Shan = **Arcuatopterus**
Arcuatopterus【3】M.L.Sheh & R.H.Shan 弓翅芹属 ← **Angelica;Peucedanum** Apiaceae 伞形科 [MD-480] 全球 (1) 大洲分布及种数(5-7)◆亚洲
Arcuatula Raf. = **Castanopsis**
Arcularia Raf. = **Scandix**
Arcyna Wiklund = **Cynara**
Arcyodes Heist. = **Calla**
Arcyosperma【3】O.E.Schulz 报春芥属 ← **Sisymbrium** Brassicaceae 十字花科 [MD-213] 全球 (1) 大洲分布及种数(cf. 1)◆亚洲
Arcyphyllum Ell. = **Rhynchosia**
Arcyptera Underw. = **Arcypteris**
Arcypteris【3】Underwood 网鳞蕨属 ≒ **Aspidium; Pleocnemia** Dryopteridaceae 鳞毛蕨科 [F-49] 全球 (1) 大洲分布及种数(1)◆东南亚(◆菲律宾)
Arcyria Willd. = **Armeria**
Arcythophyllum Schltdl. = **Arcytophyllum**
Arcytophyllum【3】Röm. & Schult. 假耳苗属 → **Anotis;Hedyotis;Oldenlandia** Rubiaceae 茜草科 [MD-523] 全球 (1) 大洲分布及种数(1)◆非洲
Ardea Ruiz & Pav. = **Convolvulus**
Ardenna Salisb. = **Albuca**
Ardeola Raf. = **Oenothera**
Ardernei Salisb. = **Ornithogalum**
Ardernia Salisb. = **Ornithogalum**
Ardetta Eckl. = **Watsonia**
Ardeuma【3】R.H.Zander & Hedd. 葵丛藓属 Pottiaceae 丛藓科 [B-133] 全球 (1) 大洲分布及种数(1)◆非洲
Ardinghalia Comm. ex A.Juss. = **Phyllanthus**
Ardinghelia Comm. ex A.Juss. = **Phyllanthus**
Ardinghella Thou. = **Mammea**
Ardis Lour. = **Colona**
Ardisia【3】Sw. 紫金牛属 ≒ **Malva;Parathesis** Primulaceae 报春花科 [MD-401] 全球 (6) 大洲分布及种数(383-795;hort.1;cult: 9)非洲:61-149;亚洲:206-455;大洋洲:37-76;欧洲:4-37;北美洲:169-215;南美洲:99-140
Ardisiaceae Juss. = Theophrastaceae
Ardisiandra【3】Hook.f. 葵报春属 Primulaceae 报春花科 [MD-401] 全球 (1) 大洲分布及种数(2-6)◆非洲
Ardissonia Rusby = **Hofmeisteria**
Ardonea Kreuz. = **Echinocactus**
Arduina Adans. = **Kundmannia**
Arduina Mill ex L. = **Carissa**
Arduinoa Mill. = **Acokanthera**
Ardynia Salisb. = **Albuca**
Are Lindl. = **Habenaria**
Areca【3】L. 槟榔属 ← **Acanthophoenix;Linospadix; Avena** Arecaceae 棕榈科 [MM-717] 全球 (1) 大洲分布及种数(27-77)◆亚洲
Arecaceae【3】Bercht. & J.Presl 棕榈科 [MM-717] 全

球 (6) 大洲分布和属种数(171-195;hort. & cult.97-110)(1908-3925;hort. & cult.290-375)非洲:46-104/386-846;亚洲:69-113/542-1515;大洋洲:50-104/229-721;欧洲:10-79/16-311;北美洲:68-111/532-868;南美洲:64-107/694-1094

Arecastrum【2】(Drude) Becc. 山葵属 ≒ **Syagrus** Arecaceae 棕榈科 [MM-717] 全球 (4) 大洲分布及种数(cf.1) 非洲;亚洲;北美洲;南美洲

Areceae Mart. = **Areca**

Arechavaletaia Speg. = **Azara**

Arecophila (Syd.) Y.Z.Wang,Aptroot & K.D.Hyde = **Arctophila**

Aregelia (Mez) Mez = **Nidularium**

Aregelia Mez = **Neoregelia**

Areldia【3】Lür 无心兰属 Orchidaceae 兰科 [MM-723]全球(6)大洲分布及种数(2)非洲:1;亚洲:1;大洋洲:1;欧洲:1;北美洲:1-2;南美洲:1

Arelina Neck. = **Berkheya**

Aremfoxia Haensch = **Aremonia**

Aremonia【3】Neck. ex Nestl. 假龙牙草属 ← **Agrimonia** Rosaceae 蔷薇科 [MD-246] 全球 (1) 大洲分布及种数(1)◆欧洲

Arenaria【3】L. 无心菜属 → **Acanthophyllum; Brachystemma;Minuartia** Caryophyllaceae 石竹科 [MD-77] 全球 (6) 大洲分布及种数(279-396;hort.1;cult: 17)非洲:24-115;亚洲:155-276;大洋洲:16-99;欧洲:85-198;北美洲:78-177;南美洲:66-154

Arenarieae Rohrb. = **Arenaria**

Arenbergia M.Martens & Galeotti = **Eustoma**

Arenga H.E.Moore = **Arenga**

Arenga【2】Labill. 桄榔属 ← **Borassus;Norman-bya; Wallichia** Arecaceae 棕榈科 [MM-717] 全球 (4) 大洲分布及种数(18-30)非洲:2;亚洲:16-26;大洋洲:4-5;北美洲:9-10

Arenifera【3】A.G.J.Herre 刺沙玉属 ← **Psammophora;Ruschia;** Aizoaceae 番杏科 [MD-94] 全球 (1) 大洲分布及种数(1-4)◆非洲(◆南非)

Areocleome R.L.Barrett & Roalson = **Cleome**

Areoda Raf. = **Adhatoda**

Arequipa Britton & Rose = **Oreocereus**

Arequipiopsis Kreuz. & Buining = **Oreocereus**

Ares Heist. = **Calla**

Arethusa Gronov. = **Arethusa**

Arethusa【3】L. 美髯兰属 → **Bartholina;Popowia** Orchidaceae 兰科 [MM-723] 全球 (1) 大洲分布及种数(5-22)◆北美洲

Arethusana Finet = **Cymbidium**

Arethusantha Finet = **Cymbidium**

Arethuseae Lindl. = **Arethusa**

Aretia Hall. = **Primula**

Aretia L. = **Androsace**

Aretiastrum【3】Spach 南美败酱属 ← **Valeriana; Phyllactis** Caprifoliaceae 忍冬科 [MD-510] 全球 (1) 大洲分布及种数(5)◆南美洲

Aretopsis Catasús = **Aristida**

Areva L. = **Areca**

Arfeuillea【3】Pierre ex Radlk. 阿福木属 ← **Koelreuteria** Sapindaceae 无患子科 [MD-428] 全球 (1) 大洲分布及种数(1)◆亚洲

Argalia L. = **Aralia**

Argan Dryand. = **Argania**

Argania【3】Röm. & Schult. 山羊榄属 ← **Elaeodendron;Sideroxylon** Sapotaceae 山榄科 [MD-357] 全球 (1) 大洲分布及种数(1-3)◆非洲

Argante Röm. & Schult. = **Argania**

Argas Böhm. = **Posidonia**

Arge N.E.Br. = **Anemone**

Argelasia Fourr. = **Spartium**

Argelia Decne. = **Solenostemma**

Argemone【3】Tourn. ex L. 蓟罂粟属 ≒ **Papaver** Papaveraceae 罂粟科 [MD-54] 全球 (1) 大洲分布及种数(10-15)◆南美洲

Argenope Salisb. = **Narcissus**

Argentacer Small = **Acer**

Argentina Hill = **Potentilla**

Argentipallium【3】Paul G.Wilson 彩鼠麹属 ← **Gnaphalium;Ozothamnus;Xeranthemum** Asteraceae 菊科 [MD-586] 全球 (1) 大洲分布及种数(5-6)◆大洋洲

Argeratum Mill. = **Ageratum**

Arges N.E.Br. = **Anemone**

Argeta N.E.Br. = **Gibbaeum**

Arghraxon P.Beauv. = **Arthraxon**

Argidae (R.L.Hartm.) D.R.Morgan & R.L.Hartm. = **Arida**

Argillochloa W.A.Weber = **Festuca**

Argiope Salisb. = **Narcissus**

Argithamnia【2】Sw. 地银蓬属 ≒ **Speranskia** Euphorbiaceae 大戟科 [MD-217] 全球 (4) 大洲分布及种数(9) 非洲:1;亚洲:4;北美洲:9;南美洲:5

Argocoffea (Pierre ex De Wild.) Lebrun = **Coffea**

Argocoffeopsis【3】Lebrun 拟阿尔加咖啡属 ≒ **Coffea** Rubiaceae 茜草科 [MD-523] 全球 (1) 大洲分布及种数(7-10)◆非洲

Argolasia Juss. = **Acanthophyllum**

Argomuellera【3】Pax 泡花桐属 ≒ **Pycnocoma** Euphorbiaceae 大戟科 [MD-217] 全球 (1) 大洲分布及种数(15-19)◆非洲

Argophilum Blanco = **Hibbertia**

Argophyllaceae【2】Takht. 雪叶木科 [MD-445] 全球 (2) 大洲分布和属种数(2/22-36)非洲:1/15-19;大洋洲:1/7-17

Argophyllum Blanco = **Argophyllum**

Argophyllum【3】J.R.Forst. & G.Forst. 雪叶木属 Argophyllaceae 雪叶木科 [MD-445] 全球 (1) 大洲分布及种数(7-17)◆大洋洲

Argopogon Mimeur = **Ischaemum**

Argopsis Reinw. ex Bl. = **Airopsis**

Argopteron Ehrhart ex House = **Acrorumohra**

Argorips Raf. = **Salix**

Argostemma【2】Wall. 雪花属 → **Ophiorrhiza; Neurocalyx** Rubiaceae 茜草科 [MD-523] 全球 (3) 大洲分布及种数(40-182;hort.1;cult: 2)非洲:2-24;亚洲:39-157;大洋洲:2-20

Argostemmella Ridl. = **Argostemma**

Argothamnia Spreng. = **Philyra**

Argrostis L. = **Agrostis**

Argusia Böhm. = **Heliotropium**

Argussiera Bubani = **Hippophae**

Arguzia Amm. ex Steud. = **Tournefortia**

Argya Noronha ex Baill. = **Croton**

A

Argylia【3】 D.Don 角葵属 ← **Bignonia** Bignoniaceae 紫葳科 [MD-541] 全球 (1) 大洲分布及种数(13)◆南美洲
Argylieae Endl. = **Argylia**
Argyra Noronha ex Baill. = **Croton**
Argyran Noronha ex Baill. = **Croton**
Argyranthemum【3】 Webb ex Sch. 木茼蒿属 ≒ **Pyrethrum** Asteraceae 菊科 [MD-586] 全球 (1) 大洲分布及种数(16)◆欧洲
Argyrantheum Webb = **Argyranthemum**
Argyranthus Neck. = **Helipterum**
Argyraranthemum Webb = **Argyranthemum**
Argyrautia【3】 Sherff 银背蒿属 ≒ **Argyroxiphium** Asteraceae 菊科 [MD-586] 全球 (1) 大洲分布及种数(1)◆北美洲
Argyreia Euargyreia Endl. = **Argyreia**
Argyreia【3】 Lour. 银背藤属 ← **Convolvulus;Ipomoea;Stictocardia** Convolvulaceae 旋花科 [MD-499] 全球 (6) 大洲分布及种数(144-162;hort.1;cult: 1)非洲:12-15;亚洲:137-158;大洋洲:5-8;欧洲:12-16;北美洲:6-9;南美洲:11-15
Argyrella【3】 Naudin 鹿丹属 ← **Dissotis;Monochaetum** Melastomataceae 野牡丹科 [MD-364] 全球 (1) 大洲分布及种数(4-8)◆非洲
Argyreon St.Lag. = **Argyreia**
Argyreus Lour. = **Argyreia**
Argyrexias Raf. = **Echium**
Argyria Lour. = **Argyreia**
Argyrimelia【2】 J.M.H.Shaw 菊科属 Asteraceae 菊科 [MD-586] 全球 (1) 大洲分布及种数(uc)◆北美洲
Argyrobryum (Müll.Hal.) Kindb. = **Bryum**
Argyrocalymma K.Schum. & Lauterb. = **Carpodetus**
Argyrocalymna K.Schum. & Lauterb. = **Carpodetus**
Argyrochaeta Cav. = **Parthenium**
Argyrochosma【3】 (J.Sm.) Windham 银旱蕨属 ← **Acrostichum;Pteris** Pteridaceae 凤尾蕨科 [F-31] 全球 (6) 大洲分布及种数(16;hort.1)非洲:2;亚洲:3-5;大洋洲:2;欧洲:1-3;北美洲:14-16;南美洲:5-7
Argyrocoma Raf. = **Erophila**
Argyrocome Breyne = **Helipterum**
Argyrocytisus【3】 (Maire) Raynaud 金雀儿属 ← **Cytisus;Adenocarpus** Fabaceae 豆科 [MD-240] 全球 (1) 大洲分布及种数(cf.1)◆非洲
Argyrodendron (Endl.) Klotzsch = **Heritiera**
Argyrodendron Klotzsch = **Croton**
Argyroderma【3】 N.E.Br. 银叶花属 → **Antimima;Roodia** Aizoaceae 番杏科 [MD-94] 全球 (1) 大洲分布及种数(12-15)◆非洲
Argyrodes Böhm. = **Elaeodendron**
Argyroglottis Turcz. = **Helichrysum**
Argyrolobium【3】 Eckl. & Zeyh. 银豆属 ← **Aspalathus;Crotalaria;Lotononis** Fabaceae3 蝶形花科 [MD-240] 全球 (6) 大洲分布及种数(41-132;hort.1;cult: 1)非洲:37-115;亚洲:14-28;大洋洲:1;欧洲:6-8;北美洲:3-11;南美洲:8
Argyronome Raf. = **Anychia**
Argyrophanes Schlechtd. = **Helichrysum**
Argyrophyllum Pohl ex Baker = **Soaresia**
Argyrops Kimnach = **Amaryllis**
Argyropsis M.Röm. = **Zephyranthes**
Argyrorchis Bl. = **Macodes**
Argyrostachys Lopr. = **Achyropsis**
Argyrotegium【3】 J.M.Ward & Breitw. 银盖鼠曲属 ≒ **Euchiton** Asteraceae 菊科 [MD-586] 全球 (1) 大洲分布及种数(4)◆大洋洲
Argyrothamnia Müll.Arg. = **Argythamnia**
Argyrovernonia MacLeish = **Erismanthus**
Argyroxiphium【3】 DC. 龙舌菊属 ← **Dubautia; Wilkesia** Asteraceae 菊科 [MD-586] 全球 (1) 大洲分布及种数(6-11)◆北美洲(◆美国)
Argytamnia Duchesne = **Argythamnia**
Argythamnia (A.Juss.) J.W.Ingram = **Argythamnia**
Argythamnia【3】 P.Br. 地银蓬属 ≒ **Caperonia;Speranskia** Euphorbiaceae 大戟科 [MD-217] 全球 (6) 大洲分布及种数(63)非洲:15;亚洲:6-21;大洋洲:15;欧洲:15;北美洲:34-50;南美洲:18-35
Arhacia Mill. = **Acacia**
Arhrostylidium Rupr. = **Arthrostylidium**
Arhtratherum Beauv. = **Aristida**
Arhynchium Lindl. & Paxton = **Aerides**
Arhytodes Böhm. = **Elaeodendron**
Aria (Pers.) Host = **Sorbus**
Ariadne Urb. = **Mazaea**
Ariamnes Urb. = **Mazaea**
Arianta Knoche = **Pimpinella**
Ariaria【3】 Cürvo 南美百花豆属 Fabaceae3 蝶形花科 [MD-240] 全球 (1) 大洲分布及种数(uc)◆亚洲
Aricanus Adans. = **Aciotis**
Aricia W.R.Anderson = **Alicia**
Arida【3】 (R.L.Hartm.) D.R.Morgan & R.L.Hartm. 沙蒿菀属 Asteraceae 菊科 [MD-586] 全球 (1) 大洲分布及种数(1-4)◆北美洲(◆美国)
Aridae (R.L.Hartm.) D.R.Morgan & R.L.Hartm. = **Arida**
Aridanus Ridl. = **Aridarum**
Aridaria【3】 N.E.Br. 银须木属 ≒ **Aptenia;Phyllobolus** Aizoaceae 番杏科 [MD-94] 全球 (1) 大洲分布及种数(4-7)◆非洲
Aridarum【3】 Ridl. 藏蕊落檐属 Araceae 天南星科 [MM-639] 全球 (1) 大洲分布及种数(3-4)◆亚洲
Aridelus Spreng. = **Veronica**
Arie (Pers.) Host = **Sorbus**
Arietinum Beck = **Cypripedium**
Arikuriroba Barb.Rodr. = **Syagrus**
Arikury Becc. = **Syagrus**
Arikuryroba Barb.Rodr. = **Syagrus**
Arillaria Kurz = **Ormosia**
Arillastrum【3】 Pancher ex Baill. 寒金娘属 ≒ **Spermolepis;Nania** Myrtaceae 桃金娘科 [MD-347] 全球 (1) 大洲分布及种数(1)◆大洋洲
Arilus Ridl. = **Scleria**
Arinemia Raf. = **Quercus**
Ariocarpus (Castañeda) Buxb. = **Ariocarpus**
Ariocarpus【3】 Scheidw. 岩牡丹属 ← **Mammillaria; Pelecyphora** Cactaceae 仙人掌科 [MD-100] 全球 (1) 大洲分布及种数(8-17)◆北美洲
Ariodendron Fisch. ex DC. = **Ammodendron**
Ariodes Rolfe = **Eriodes**
Arioechinopsis【-】 Mottram 仙人掌科属 Cactaceae 仙人掌科 [MD-100] 全球 (uc) 大洲分布及种数(uc)

Ariona Pers. = **Arjona**
Ariopsis【3】 J.Grah. 盾叶芋属 Araceae 天南星科 [MM-639] 全球 (1) 大洲分布及种数(cf. 1)◆亚洲
Ariosorbus Koidz. = **Sorbus**
Aripuana【3】 Struwe 巴西雪龙胆属 Gentianaceae 龙胆科 [MD-496] 全球 (1) 大洲分布及种数(1-2)◆南美洲(◆巴西)
Arisacontis Schott = **Urospatha**
Arisaema【3】Mart.天南星属→**Alocasia;Typhonium;Carum** Araceae 天南星科 [MM-639] 全球 (6) 大洲分布及种数(138-237;hort.1;cult: 25)非洲:4-36;亚洲:134-239;大洋洲:1-31;欧洲:1-29;北美洲:39-71;南美洲:28
Arisania Jungh. = **Themeda**
Arisanorchis Hayata = **Cheirostylis**
Arisaraceae Raf. = Asparagaceae
Arisarma Mart. = **Arisaema**
Arisaron Adans. = **Arum**
Arisarum Hall. = **Arisarum**
Arisarum【3】 Mill. 盔苞芋属 ← **Arum;Asarum** Araceae 天南星科 [MM-639] 全球 (1) 大洲分布及种数(3-8)◆欧洲
Arischrada Pobed. = **Salvia**
Arisema Sol. = **Aristea**
Aristaea A.Rich. = **Aristea**
Aristaeopsis Catasús = **Andropogon**
Aristaloe【2】 Boatwr. & J.C.Manning 榄芦荟属 Aloaceae 芦荟科 [MM-668] 全球 (2) 大洲分布及种数(cf.1) 非洲:1;欧洲:1
Aristaria Jungh. = **Themeda**
Aristavena F.Albers & Butzin = **Deschampsia**
Aristea (Goldblatt) Goldblatt = **Aristea**
Aristea【3】 Sol. 蓝星鸢尾属 ≒ **Mora;Arisaema** Iridaceae 鸢尾科 [MM-700] 全球 (1) 大洲分布及种数(55-71)◆非洲
Aristega Miers = **Tiliacora**
Aristeguietia【2】 R.M.King & H.Rob. 尖苞亮泽兰属 ← **Conoclinium;Eupatorium** Asteraceae 菊科 [MD-586] 全球 (3) 大洲分布及种数(22-23)亚洲:cf.1;北美洲:1;南美洲:21-22
Aristella (Trin.) Bertol. = **Stipa**
Aristeus Faxon = **Aristea**
Aristeyera H.E.Moore = **Asterogyne**
Aristida (Endl.) Rchb. = **Aristida**
Aristida【3】 L. 三芒草属 ≒ **Andropogon;Striga** Poaceae 禾本科 [MM-748] 全球 (6) 大洲分布及种数(309-359;hort.1;cult: 11)非洲:95-164;亚洲:79-142;大洋洲:72-129;欧洲:22-77;北美洲:108-163;南美洲:113-168
Aristideae C.E.Hubb. = **Aristida**
Aristidia L. = **Aristida**
Aristidium (Endl.) Lindl. = **Bouteloua**
Aristocapsa【3】 Reveal & Hardham 五芒蓼属 ← **Centrostegia;Oxytheca** Polygonaceae 蓼科 [MD-120] 全球 (1) 大洲分布及种数(1-2)◆北美洲(◆美国)
Aristoclesia Coville = **Phyla**
Aristogeitonia【3】 Prain 美登桐属 Picrodendraceae 苦皮桐科 [MD-317] 全球 (1) 大洲分布及种数(3-7)◆非洲
Aristolochia (Duch.) Duch. = **Aristolochia**
Aristolochia【3】 L. 马兜铃属 ≒ **Euglypha;Pogonopus** Aristolochiaceae 马兜铃科 [MD-56] 全球 (6) 大洲分布及种数(464-636;hort.1;cult: 9)非洲:51-89;亚洲:147-252;大洋洲:24-61;欧洲:28-71;北美洲:167-210;南美洲:208-274
Aristolochiaceae【3】 Juss. 马兜铃科 [MD-56] 全球 (6) 大洲分布和属种数(5-9;hort. & cult.2-3)(527-814;hort. & cult.45-63)非洲:2-6/72-141;亚洲:4-6/187-328;大洋洲:2-6/27-95;欧洲:1-5/28-102;北美洲:1-5/167-241;南美洲:2-6/209-306
Aristomenia Vell. = **Stipa**
Ariston Aiton = **Aristea**
Aristopsis Catasús = **Aristida**
Aristotela Adans. = **Othonna**
Aristotela J.F.Gmel. = **Aristotelia**
Aristotelea Lour. = **Spiranthes**
Aristotelea Spreng. = **Aristotelia**
Aristotelesa Cothen. = **Aristotelia**
Aristotelia Comm. ex Lam. = **Aristotelia**
Aristotelia【2】 L´Hér. 酒果属 → **Aceratium;Friesia** Elaeocarpaceae 杜英科 [MD-134] 全球 (5) 大洲分布及种数(9-11)亚洲:1-2;大洋洲:8-10;欧洲:1;北美洲:1;南美洲:1
Aristoteliaceae Dum. = Elaeocarpaceae
Aristotleara【-】 J.M.H.Shaw 兰科属 Orchidaceae 兰科 [MM-723] 全球 (uc) 大洲分布及种数(uc)
Aristovia Ignatov = **Strychnos**
Arita G.A.Scop. = **Abelmoschus**
Arius Rumph. ex Lam. = **Sauropus**
Arivela【3】 Raf. 黄花草属 ≒ **Polanisia** Cleomaceae 白花菜科 [MD-210] 全球 (1) 大洲分布及种数(cf. 1)◆亚洲
Arivona Steud. = **Arjona**
Arixenia Raf. = **Quercus**
Arizara auct. = **Sophronitis**
Arizela Raf. = **Arivela**
Arjona【3】 Comm. ex Cav. 银檀草属 ← **Quinchamalium** Schoepfiaceae 青皮木科 [MD-370] 全球 (1) 大洲分布及种数(6-11)◆南美洲
Arjonaceae Van Tiegh. = Annonaceae
Arjonaea P. & K. = **Arjona**
Arjoneae Miers = **Arjona**
Arkezostis Raf. = **Cayaponia**
Arkopoda Raf. = **Reseda**
Arla (Pers.) Host = **Sorbus**
Arletta Eckl. = **Tritonia**
Arma (Pers.) Host = **Sorbus**
Armanda Hort. = **Aerides**
Armandacentrum【-】 J.M.H.Shaw 兰科属 Orchidaceae 兰科 [MM-723] 全球 (uc) 大洲分布及种数(uc)
Armania Ben. ex DC. = **Encelia**
Armarintea Bubani = **Prangos**
Armatella Gilib. = **Gentianella**
Armatocereus【3】 Backeb. 仙人柱属 ← **Cereus;Stenocereus;Lemaireocereus** Cactaceae 仙人掌科 [MD-100] 全球 (1) 大洲分布及种数(8)◆南美洲
Armeniaca【3】 G.A.Scop. 杏属 ≒ **Prunus** Ro-saceae 蔷薇科 [MD-246] 全球 (6) 大洲分布及种数(12-13;hort.1;cult: 4)非洲:1;亚洲:11-12;大洋洲:1;欧洲:3;北美洲:3;南美洲:2
Armenoceras Rchb. & Zoll. ex Baill. = **Acalypha**
Armenoprunus【3】 Janch. 亚洲蔷薇属 ≒ **Armeniaca;Prunus** Rosaceae 蔷薇科 [MD-246] 全球 (6) 大洲分布及种数(1)非洲:1;亚洲:1;大洋洲:1;欧洲:1;北美洲:1;南美洲:1

Armeria P. & K. = **Armeria**
Armeria【3】Willd.海石竹属←**Phlox;Archeria;Simsia** Plumbaginaceae 白花丹科 [MD-227] 全球 (6) 大洲分布及种数(77-137;hort.1;cult: 17)非洲:23-25;亚洲:14-15;大洋洲:6;欧洲:67-101;北美洲:19-21;南美洲:8
Armeriaceae Horan. = Plumbaginaceae
Armeriastrum (Jaub. & Spach) Lindl. = **Acantholimon**
Armillaria【-】(Fr.) Staude 豆科属 Fabaceae 豆科 [MD-240] 全球 (uc) 大洲分布及种数(uc)
Armocentron Cass. = **Centaurea**
Armochilus Bl. = **Ascochilus**
Armodachnis A.D.Hawkes = **Arachnis**
Armodorum Breda = **Aerides**
Armola (Kirschl.) Friche-Joset & Montandon = **Atriplex**
Armoracia【3】G.Gaertn.,B.Mey. & Scherb. 辣根属 ≒ **Cardamine** Brassicaceae 十字花科 [MD-213] 全球 (1) 大洲分布及种数(3-5)◆欧洲
Armouria Lewton = **Thespesia**
Arn Adans. = **Zantedeschia**
Arna H.Karst. = **Apodanthes**
Arnaldoa【3】Cabrera 凤菊木属 ← **Barnadesia;Dasyphyllum** Asteraceae 菊科 [MD-586] 全球 (1) 大洲分布及种数(4)◆南美洲
Arnanthus Baehni = **Pichonia**
Arnebia【2】Forssk. 软紫草属 ≒ **Dioclea; Stenosolenium** Boraginaceae 紫草科 [MD-517] 全球 (5) 大洲分布及种数(21-43;hort.1;cult:1)非洲:5-7;亚洲:20-34;欧洲:5;北美洲:4;南美洲:2-3
Arnebiola Chiov. = **Diplazium**
Arnedina Rchb. = **Bletia**
Arnellia【3】(Gottsche & Rabenh.) Lindb. 阿氏苔属 Arnelliaceae 阿氏苔科 [B-72] 全球 (1) 大洲分布及种数(1)◆北美洲
Arnelliaceae【3】Underw. ex Steph. 阿氏苔科 [B-72] 全球 (6) 大洲分布和属种数(3/15-18)非洲:2/4-5;亚洲:2/7-8;大洋洲:1-2/1-2;欧洲:2/2-3;北美洲:3/6-7;南美洲:2/5-7
Arnelliella C.Massal. = **Mannia**
Arnhemia【3】Airy-Shaw 桉瑞木属 Thymelaeaceae 瑞香科 [MD-310] 全球 (1) 大洲分布及种数(1)◆大洋洲
Arnica Böhm. = **Arnica**
Arnica【3】L. 多榔菊属 ≒ **Pinanga** Asteraceae 菊科 [MD-586] 全球 (6) 大洲分布及种数(79) 非洲:67;亚洲:41;大洋洲:5;欧洲:23;北美洲:71;南美洲:26
Arnicastrum【3】Greenm. 肖羊菊属 Asteraceae 菊科 [MD-586] 全球 (1) 大洲分布及种数(1-2)◆北美洲(◆墨西哥)
Arnicratea【3】N.Hallé 羊头卫矛属 Celastraceae 卫矛科 [MD-339] 全球 (1) 大洲分布及种数(1-3)◆亚洲
Arnicula P. & K. = **Doronicum**
Arnium N.Lundq. = **Adenium**
Arnocrinum【3】Endl. & Lehm. 羊百合属 Asphodelaceae 阿福花科 [MM-649] 全球 (1) 大洲分布及种数(4)◆大洋洲
Arnoglossum【-】Gray 菊科属 ≒ **Plantago** Asteraceae 菊科 [MD-586] 全球 (uc) 大洲分布及种数(uc)
Arnoldia Bl. = **Weinmannia**
Arnoldia Cass. = **Dimorphotheca**
Arnoldoschultzea【3】Mildbr. 山榄科属 Sapotaceae 山榄科 [MD-357] 全球 (1) 大洲分布及种数(uc)◆亚洲
Arnopogon Willd. = **Urospermum**
Arnoseris【3】Gaertn. 羊苣属 ← **Cichorium;Crepis; Krigia** Asteraceae 菊科 [MD-586] 全球 (1) 大洲分布及种数(1)◆欧洲
Arnottia【3】A.Rich. 阿尔兰属 ← **Ophrys;Rodriguezia** Orchidaceae 兰科 [MM-723] 全球 (1) 大洲分布及种数(1)◆非洲
Arnottiana A.Rich. = **Arnottia**
Arnottii A.Rich. = **Arnottia**
Arntzia Molander = **Arnottia**
Aroa Thulin & Razafim. = **Arboa**
Arocera Nutt. = **Solanum**
Arocha L. = **Areca**
Arodendron Werth = **Typhonodorum**
Arodes Heist. = **Calla**
Arodes P. & K. = **Zantedeschia**
Aroideae Arn. = **Calla**
Aroides Heist. ex Fabr. = **Calla**
Aromadendron【2】Bl. 桉属 ≒ **Parakmeria** Magnoliaceae 木兰科 [MD-1] 全球 (3) 大洲分布及种数(1) 亚洲:1;欧洲:1;北美洲:1
Aromadendrum Bl. = **Eucalyptus**
Aromia Nutt. = **Amblyopappus**
Aron Adans. = **Richardia**
Arondo Mitch. = **Arundo**
Aronia J.Mitch. = **Aronia**
Aronia【3】Medik. 涩石楠属 ≒ **Orontium;Mespilus; Photinia** Rosaceae 蔷薇科 [MD-246] 全球 (6) 大洲分布及种数(8-12)非洲:13;亚洲:4-17;大洋洲:1-14;欧洲:4-17;北美洲:7-20;南美洲:13
Aroniaria Mezhenskyj = **Arenaria**
Aronicum Neck ex Rchb. = **Doronicum**
Arophyton【3】Jum. 犁头芋属 ≒ **Hibbertia** Araceae 天南星科 [MM-639] 全球 (1) 大洲分布及种数(7)◆非洲(◆马达加斯加)
Aropteris Alston = **Pteris**
Arosma Raf. = **Philodendron**
Arossia Paláu = **Aloysia**
Arothron Neck. = **Acalypha**
Arotis DC. = **Anotis**
Aroton Neck. = **Croton**
Aroui Lowry & Stoddart = **Aronia**
Arouna【3】Aubl. 犁头豆属 ≒ **Dialium** Fabaceae3 蝶形花科 [MD-240] 全球 (1) 大洲分布及种数(1) ◆南美洲
Aroxima Mitch. = **Aronia**
Arpema Van Tiegh. = **Amyema**
Arpitium Neck. = **Pachypleurum**
Arpophyllum【3】La Llave & Lex. 镰叶兰属 Orchidaceae 兰科 [MM-723] 全球 (1) 大洲分布及种数(3)◆北美洲
Arquita【3】Gagnon 镰叶豆属 Fabaceae 豆科 [MD-240] 全球 (1) 大洲分布及种数(uc) ◆南美洲
Arrabidae DC. = **Arrabidaea**
Arrabidaea【3】DC. 二叶藤属 ≒ **Fridericia** Bignoniaceae 紫葳科 [MD-541] 全球 (1) 大洲分布及种数(46-73)◆南美洲
Arracacha DC. = **Arracacia**
Arracacia【3】Bancr. 芹薯属 ≒ **Velaea;Physospermopsis** Apiaceae 伞形科 [MD-480] 全球 (6) 大洲分布及

种数(42-49;hort.1)非洲:9;亚洲:9;大洋洲:9;欧洲:10;北美洲:34-49;南美洲:10-19

Arraschkoolia Hochst. = **Geigeria**

Arremon Raf. = **Datura**

Arrenatherum Schröd. = **Danthonia**

Arrhenachne Cass. = **Baccharis**

Arrhenatherum【3】 P.Beauv. 燕麦草属 ← **Avena; Metcalfia;Avenula** Poaceae 禾本科 [MM-748] 全球 (6) 大洲分布及种数(11-15;hort.1;cult: 2)非洲:6-11;亚洲:5-9;大洋洲:1-5;欧洲:8-14;北美洲:1-6;南美洲:1-5

Arrhenechthites【2】 Mattf. 紫菊芹属 ← **Blumea; Erechtites** Asteraceae 菊科 [MD-586] 全球 (3) 大洲分布及种数(13)非洲:6;亚洲:1;大洋洲:6

Arrhenia (Fr.) Kühner = **Althenia**

Arrhenopterum【-】 Hedw. 皱蒴藓科属 ≒ **Aulacomnium** Aulacomniaceae 皱蒴藓科 [B-153] 全球 (uc) 大洲分布及种数(uc)

Arrhostoxylon Mart. ex Nees = **Arrhostoxylum**

Arrhostoxylum【3】 Mart. ex Nees 芦莉草属 ≒ **Ruellia** Acanthaceae 爵床科 [MD-572] 全球 (1) 大洲分布及种数(2-3)◆南美洲

Arrhostyloxylum Mart. ex Nees = **Arrhostoxylum**

Arrhynchium Lindl. = **Arachnis**

Arripis (Trin.) Griseb. = **Puccinellia**

Arrojadoa【3】 Britton & Rose 密叶柄泽兰属 Cactaceae 仙人掌科 [MD-100] 全球 (1) 大洲分布及种数(uc)◆亚洲

Arrojadocharis【3】 Mattf. 密叶柄泽兰属 ← **Arrojadoa** Asteraceae 菊科 [MD-586] 全球 (1) 大洲分布及种数(6)◆南美洲

Arrostia Raf. = **Gypsophila**

Arrowsmithia【3】 DC. 毛柱鼠麹木属 → **Macowania** Asteraceae 菊科 [MD-586] 全球 (1) 大洲分布及种数(12)◆非洲(◆南非)

Arrozia Schröd. ex Kunth = **Caryochloa**

Arruda Cambess. = **Oedematopus**

Arrudaria M.A.de Macedo = **Copernicia**

Arrudea A.St.Hil. & Cambess. = **Clusia**

Arsace Fourr. = **Erica**

Arsaema Mart. = **Arisaema**

Arsenjevia Starod. = **Anemone**

Arsenococcus Small = **Lyonia**

Arses Lour. = **Microcos**

Arsis Lour. = **Grewia**

Artabothrys R.Br. = **Artabotrys**

Artabotrys【2】 R.Br. 鹰爪花属 ← **Annona;Desmos; Polyalthia** Annonaceae 番荔枝科 [MD-7] 全球 (5) 大洲分布及种数(47-124;hort.1;cult: 1)非洲:23-45;亚洲:29-74;大洋洲:2-5;欧洲:3-4;北美洲:1

Artac Fourr. = **Erica**

Artacama Rozbaczylo & Mendez = **Artanema**

Artamus Neck. = **Asteriscus**

Artanema【3】 D.Don 悬丝参属 ← **Torenia;Achimenes** Scrophulariaceae 玄参科 [MD-536] 全球 (1) 大洲分布及种数(1)◆非洲

Artanthe【2】 Miq. 敛椒木属 ← **Peperomia;Piper** Piperaceae 胡椒科 [MD-39] 全球 (2) 大洲分布及种数(7-12)北美洲:4;南美洲:2-3

Artaphaxis Mill. = **Atraphaxis**

Arte Lindl. = **Habenaria**

Artedia【3】 L. 银冠芹属 ≒ **Ammi** Apiaceae 伞形科 [MD-480] 全球 (6) 大洲分布及种数(2)非洲:2;亚洲:1-3;大洋洲:2;欧洲:2;北美洲:2;南美洲:2

Artema DC. = **Coriandrum**

Artemesiella A.Ghafoor = **Artemisiella**

Artemia L. = **Artedia**

Artemis L. = **Artemisia**

Artemisia (Gren. & Godr.) Rouy = **Artemisia**

Artemisia【3】 L. 蒿属 → **Turaniphytum;Centipeda; Picrothamnus** Asteraceae 菊科 [MD-586] 全球 (6) 大洲分布及种数(488-670;hort.1;cult:69)非洲:43-122;亚洲:413-516;大洋洲:37-108;欧洲:113-192;北美洲:115-202;南美洲:23-97

Artemisiaceae Martinov = Asteliaceae

Artemisiastrum Rydb. = **Aretiastrum**

Artemisiella A.Ghafoor = **Artemisiella**

Artemisiella【3】 Ghafoor 冻原白蒿属 Asteraceae 菊科 [MD-586] 全球 (1) 大洲分布及种数(cf. 1)◆亚洲

Artemisina L. = **Artemisia**

Artemisiopsis【3】 S.Moore 蒿绒草属 Asteraceae 菊科 [MD-586] 全球 (1) 大洲分布及种数(1)◆非洲

Artemtsia Neck. = **Artemisia**

Artenema G.Don = **Artanema**

Arthanthe Miq. = **Artanthe**

Arthemisia Neck. = **Artemisia**

Arthoniaceae Underw. = Aytoniaceae

Arthostema Neck. = **Gnetum**

Arthraerua (P. & K.) Schinz = **Arthraerua**

Arthraerua【3】 Schinz 盐角苋属 ← **Aerva** Amaranthaceae 苋科 [MD-116] 全球 (1) 大洲分布及种数(1)◆非洲(◆南非)

Arthragrostis【3】 Lazarides 北澳黍属 ← **Panicum** Poaceae 禾本科 [MM-748] 全球 (1) 大洲分布及种数(3-4)◆大洋洲

Arthraterum Röm. & Schult. = **Stipa**

Arthratherum P.Beauv. = **Streptachne**

Arthraxella Nakai = **Arthraxon**

Arthraxon (Eichler) Van Tiegh. = **Arthraxon**

Arthraxon【3】 Beauv. 荩草属 ≒ **Digitaria** Poaceae 禾本科 [MM-748] 全球 (6) 大洲分布及种数(25)非洲:11-19;亚洲:23-31;大洋洲:5-13;欧洲:8;北美洲:9-17;南美洲:8

Arthrobotrya J.Sm. = **Polybotrya**

Arthrobotrys (C.Presl) Lindl. = **Dryopteris**

Arthrobotryum Henn. = **Polybotrya**

Arthrocarpum【2】 Balf.f. 节蝶花属 Fabaceae3 蝶形花科 [MD-240] 全球 (2) 大洲分布及种数(2) 非洲;亚洲

Arthrocaulon【2】 Piirainen & G.Kadereit 稍苋属 Amaranthaceae 苋科 [MD-116] 全球 (3) 大洲分布及种数(cf.2) 非洲:2;亚洲:1;欧洲:1

Arthrocephalus A.Rich. = **Anthocephalus**

Arthroceras Piirainen & G.Kadereit = **Arthrocereus**

Arthrocereus【3】 A.Berger 关节柱属 ← **Cereus** Cactaceae 仙人掌科 [MD-100] 全球 (1) 大洲分布及种数(8)◆南美洲

Arthrochilium Beck = **Limodorum**

Arthrochilus【3】 F.Müll. 节唇兰属 Orchidaceae 兰科 [MM-723] 全球 (1) 大洲分布及种数(5-15)◆大洋洲

A

Arthrochlaena Boiv. ex Benth. = **Sclerodactylon**
Arthrochloa J.W.Lorch = **Holcus**
Arthrochortus Lowe = **Lolium**
Arthrocleistocactus 【-】 Mordhorst 仙人掌科属 Cactaceae 仙人掌科 [MD-100] 全球 (uc) 大洲分布及种数(uc)
Arthroclianthus 【3】 Baill. 新耀花豆属 Fabaceae 豆科 [MD-240] 全球 (1) 大洲分布及种数(18)◆大洋洲(◆波利尼西亚)
Arthrocnemon Moq. = **Arthrocnemum**
Arthrocnemum 【2】 Moq. 蝎节木属 → **Halosarcia; Microcnemum;Halostachys** Amaranthaceae 苋科 [MD-116] 全球 (5) 大洲分布及种数(11-16)非洲:4;亚洲:3-4;大洋洲:5-7;欧洲:5;北美洲:4
Arthrocormus 【2】 Dozy & Molk. 亮发藓属 ≒ **Mielichhoferia;Octoblepharum** Calymperaceae 花叶藓科 [B-130] 全球 (3) 大洲分布及种数(3) 非洲:1;亚洲:1;大洋洲:2
Arthroderma Kuehn = **Argyroderma**
Arthrogonium Wall. ex Lindl. = **Anthogonium**
Arthrolepis Boiss. = **Tanacetum**
Arthrolobium Rchb. = **Sterigmostemum**
Arthrolophis (Trin.) Chiov. = **Andropogon**
Arthromeris 【3】 (Moore) J.Sm. 节肢蕨属 ← **Pleopeltis** Polypodiaceae 水龙骨科 [F-60] 全球 (1) 大洲分布及种数(21-25)◆亚洲
Arthromischus Thwaites = **Atalantia**
Arthromysis Colosi = **Arthromeris**
Arthronia (Lür) Lür = **Arthrosia**
Arthrophyllum 【3】 Bl. 节叶枫属 ≒ **Polyscias;Phyllarthron** Araliaceae 五加科 [MD-471] 全球 (1) 大洲分布及种数(cf. 1)◆东南亚(◆马来西亚)
Arthrophytum 【3】 Schrenk 节节木属 ← **Anabasis; Astrophytum** Amaranthaceae 苋科 [MD-116] 全球 (1) 大洲分布及种数(6-8)◆东亚(◆中国)
Arthropodium 【3】 R.Br. 龙舌百合属 ← **Anthericum; Chamaescilla;Ornithogalum** Asparagaceae 天门冬科 [MM-669] 全球 (6) 大洲分布及种数(11-21)非洲:3-8;亚洲:4;大洋洲:9-23;欧洲:1-6;北美洲:1-6;南美洲:3-8
Arthropogon 【3】 Nees 节芒草属 ≒ **Deyeuxia** Poaceae 禾本科 [MM-748] 全球 (1) 大洲分布及种数(6-7)◆南美洲
Arthropteridaceae H.M.Liu = Oleandraceae
Arthropteris 【3】 J.Sm. ex Hook.f. 爬树蕨属 ← **Aspidium;Arthromeris** Oleandraceae 蓧蕨科 [F-55] 全球 (6) 大洲分布及种数(20-29;hort.1)非洲:9-12;亚洲:19-26;大洋洲:6-10;欧洲:3-4;北美洲:2-4;南美洲:2-4
Arthroraphis Chiov. = **Andropogon**
Arthrosamanea Britton & Rose = **Hydrochorea**
Arthroseps Boiss. = **Achillea**
Arthrosia 【3】 (Lür) Lür 节兰属 ← **Pleurothallis;Humboldtia;Acianthera** Orchidaceae 兰科 [MM-723] 全球 (1) 大洲分布及种数(6-10)◆南美洲
Arthrosiphon Braun,A. = **Anthosiphon**
Arthrosira (Lür) Lür = **Arthrosia**
Arthrosolen C.A.Mey. = **Gnidia**
Arthrospira Stizenb. = **Arthrosia**
Arthrosporium (Sacc.) Sacc. = **Arthropodium**
Arthrosprion Hassk. = **Acacia**
Arthrostachya Link = **Gaudinia**
Arthrostachys Desv. = **Andropogon**
Arthrostema 【3】 Ruiz & Pav. 锦鹿丹属 Melastomataceae 野牡丹科 [MD-364] 全球 (1) 大洲分布及种数(cf.)◆南美洲
Arthrostemma 【2】 Pav. ex D.Don 锦鹿丹属 ≒ **Monochaetum;Oxyspora** Melastomataceae 野牡丹科 [MD-364] 全球 (2) 大洲分布及种数(7-32)北美洲:5;南美洲:4
Arthrostoma Ruiz & Pav. = **Arthrostemma**
Arthrostygma Pav. ex D.Don = **Arthrostemma**
Arthrostylidium 【3】 Rupr. 节柱竹属 → **Ampelocalamus;Calamagrostis;Guadua** Poaceae 禾本科 [MM-748] 全球 (6) 大洲分布及种数(33-36)非洲:1;亚洲:9-10;大洋洲:1;欧洲:2-3;北美洲:20-21;南美洲:19-20
Arthrostylis Böck. = **Arthrostylis**
Arthrostylis 【3】 R.Br. 节柱莎属 → **Actinoschoenus; Fimbristylis;Schoenus** Cyperaceae 莎草科 [MM-747] 全球 (6) 大洲分布及种数(2)非洲:2;亚洲:2;大洋洲:1-3;欧洲:2;北美洲:2;南美洲:2
Arthrostylodium Rupr. = **Arthrostylidium**
Arthrotaxis Endl. = **Athrotaxis**
Arthrotaxus Endl. = **Athrotaxis**
Arthrothamnus Klotzsch & Garcke = **Euphorbia**
Arthrotrichum F.Müll = **Gomphrena**
Arthurara 【-】 J.M.H.Shaw 兰科属 Orchidaceae 兰科 [MM-723] 全球 (uc) 大洲分布及种数(uc)
Arthuria Hook.f. = **Archeria**
Artia 【3】 Guillaumin 假同心结属 ← **Parsonsia; Marsdenia** Apocynaceae 夹竹桃科 [MD-492] 全球 (1) 大洲分布及种数(3-7)◆大洋洲(◆波利尼西亚)
Artimiaea Roxb. = **Artemisia**
Artobotrys P. & K. = **Artabotrys**
Artocarpaceae Bercht. & J.Presl = Moraceae
Artocarpidium Miq. = **Peperomia**
Artocarpus 【3】 J.R.Forst. & G.Forst. 波罗蜜属 → **Antiaris;Acrocarpus;Prainea** Moraceae 桑科 [MD-87] 全球 (1) 大洲分布及种数(46-96)◆亚洲
Artorhiza Raf. = **Solanum**
Artorima 【3】 Dressler & G.E.Pollard 围柱兰属 ← **Encyclia** Orchidaceae 兰科 [MM-723] 全球 (1) 大洲分布及种数(1)◆北美洲
Artrobotrys Wall. = **Dryopteris**
Artrolobium 【2】 Desv. 小冠花属 ← **Coronilla** Fabaceae3 蝶形花科 [MD-240] 全球 (3) 大洲分布及种数(cf.1) 亚洲;欧洲;南美洲
Aruana Burm.f. = **Myristica**
Aruba Aubl. = **Quassia**
Aruba Nees & Mart. = **Almeidea**
Arum 【3】 L. 疆南星属 → **Aglaonema;Heteronoma; Arisarum** Araceae 天南星科 [MM-639] 全球 (6) 大洲分布及种数(27-47;hort.1;cult: 9)非洲:6-17;亚洲:21-36;大洋洲:2-12;欧洲:16-30;北美洲:15-26;南美洲:6-17
Arum P.C.Boyce = **Arum**
Aruma Oliv. = **Saruma**
Aruna Schreb. = **Arouna**
Aruncus L. = **Aruncus**
Aruncus 【3】 Zinn 假升麻属 Rosaceae 蔷薇科 [MD-246] 全球 (6) 大洲分布及种数(10-11;hort.1;cult: 3)非洲:6;亚洲:9-15;大洋洲:6;欧洲:4-10;北美洲:5-11;南美

洲:6
Arundarbor P. & K. = **Bambusa**
Arundastrum P. & K. = **Donax**
Arundianria Michx. = **Arundinaria**
Arundina【3】 Bl. 竹叶兰属 ← **Bletia;Dilochia** Orchidaceae 兰科 [MM-723] 全球 (1) 大洲分布及种数(1-7)◆亚洲
Arundinacea Kunth = **Arundinaria**
Arundinaceae Bercht. & J.Presl = Mayacaceae
Arundinaria (Franch.) Hack. = **Arundinaria**
Arundinaria【3】 Michx. 北美洲箭竹属 → **Acidosasa; Arundinella;Indocalamus** Poaceae 禾本科 [MM-748] 全球 (6) 大洲分布及种数(25-37)非洲:18;亚洲:23-46;大洋洲:1-19;欧洲:18;北美洲:3-21;南美洲:1-20
Arundinarieae Asch. & Graebn. = **Arundinaria**
Arundineae Dum. = **Arundina**
Arundinella Bengalenses J.B.Phipps = **Arundinella**
Arundinella【3】 Raddi 野古草属 ← **Milium;Goldbachia;Alloteropsis** Poaceae 禾本科 [MM-748] 全球 (6) 大洲分布及种数(60-65)非洲:20-33;亚洲:51-67;大洋洲:17-29;欧洲:5-17;北美洲:16-28;南美洲:17-28
Arundinellaceae Stapf = Cyperaceae
Arundinelleae Stapf = **Arundinella**
Arundinula Van Dover & Lichtw. = **Arundinella**
Arundo (Adans.) Ledeb. = **Arundo**
Arundo【3】 Beauv. 芦竹属 ≒ **Agrostis;Calamagrostis; Deyeuxia** Poaceae 禾本科 [MM-748] 全球 (6) 大洲分布及种数(15-30;hort.1;cult: 1)非洲:4-16;亚洲:7-19;大洋洲:1-13;欧洲:6-18;北美洲:3-15;南美洲:7-24
Arundoclaytonia【3】 Davidse & R.P.Ellis 克莱东芦竹属 Poaceae 禾本科 [MM-748] 全球 (1) 大洲分布及种数(2)◆南美洲(◆巴西)
Arungana Pers. = **Harungana**
Arunia Pers. = **Arundina**
Arvernella【3】 Hugonnot & Hedenäs 竺藓属 Amblystegiaceae 柳叶藓科 [B-178] 全球 (1) 大洲分布及种数(1)◆欧洲
Arversia Cambess. = **Polycarpon**
Arvicola Salisb. = **Amaryllis**
Arviela Salisb. = **Zephyranthes**
Arytera【3】 Bl. 滨木患属 ← **Cupania;Cupaniopsis** Sapindaceae 无患子科 [MD-428] 全球 (6) 大洲分布及种数(16-40)非洲:4-15;亚洲:5-14;大洋洲:11-36;欧洲:3;北美洲:2-6;南美洲:4-9
Asacara Raf. = **Acacia**
Asaccus Rumph. = **Artocarpus**
Asaemia【3】 Harv. 滨洲菊属 ← **Athanasia;Pteronia** Asteraceae 菊科 [MD-586] 全球 (1) 大洲分布及种数(uc)
Asagraea Baill. = **Dalea**
Asagraea Lindl. = **Schoenocaulon**
Asagraei Lindl. = **Amorpha**
Asanada Raf. = **Gleditsia**
Asanthus【3】 R.M.King & H.Rob. 鳞叶肋泽兰属 ← **Steviopsis** Asteraceae 菊科 [MD-586] 全球 (1) 大洲分布及种数(3)◆北美洲
Asaphes DC. = **Toddalia**
Asaphes Spreng. = **Morina**
Asaphis DC. = **Aralia**
Asaphus DC. = **Aralia**
Asaraceae【3】 Vent. 细辛科 [MD-57] 全球 (6) 大洲分布和属种数(1;hort. & cult.1)(95-171;hort. & cult.59-83)非洲:1/1-12;亚洲:1/84-124;大洋洲:1/11;欧洲:1/1-12;北美洲:1/22-34;南美洲:1/11
Asaracus Haw. = **Narcissus**
Asarca【-】 Lindl. 兰科属 ≒ **Chloraea;Cirsiocarduus** Orchidaceae 兰科 [MM-723] 全球 (uc) 大洲分布及种数(uc)
Asarcus Haw. = **Narcissus**
Asarina【3】 Mill. 蔓金鱼草属 ≒ **Antirrhinum;Astelia** Plantaginaceae 车前科 [MD-527] 全球 (1) 大洲分布及种数(3-7)◆北美洲
Asarum【3】 (Tourn.) L. 细辛属 ≒ **Hexastylis;Philodendron** Aristolochiaceae 马兜铃科 [MD-56] 全球 (6) 大洲分布及种数(96-138;hort.1;cult: 11)非洲:1-12;亚洲:84-124;大洋洲:11;欧洲:1-12;北美洲:22-34;南美洲:11
Asbolisia Bat.,Nascim. & Cif. = **Absolmsia**
Ascalapha L. = **Acalypha**
Ascalea Hill = **Carduus**
Ascalenia Raf. = **Hydrolea**
Ascalonicum P.Renault = **Allium**
Ascandopsis auct. = **Ascocentrum**
Ascania Crantz = **Sarcandra**
Ascanica Crantz = **Ascarina**
Ascaricida (Cass.) Cass. = **Vernonia**
Ascaridia Rchb. = **Alcimandra**
Ascaridida Cass. = **Aster**
Ascarina【2】 J.R.Forst. & G.Forst. 蛔囊花属 → **Sarcandra;Paracryphia** Chloranthaceae 金粟兰科 [MD-31] 全球 (4) 大洲分布及种数(15)非洲:2-4;亚洲:2-3;大洋洲:2-12;北美洲:1
Ascarinopsis Humbert & Capuron = **Ascarina**
Asceua Raf. = **Hydrolea**
Aschamia Salisb. = **Hippeastrum**
Aschenbornia S.Schaür = **Calea**
Aschenborniana S.Schaür = **Calea**
Aschersoniodoxa【3】 Gilg & Muschl. 山白花芥属 ← **Braya** Brassicaceae 十字花科 [MD-213] 全球 (1) 大洲分布及种数(3-4)◆南美洲
Aschisma【3】 Lindb. 花旗丛藓属 ≒ **Acaulon** Pottiaceae 丛藓科 [B-133] 全球 (1) 大洲分布及种数(5)◆北美洲
Aschistanthera【3】 C.Hansen 全药野牡丹属 Melastomataceae 野牡丹科 [MD-364] 全球 (1) 大洲分布及种数(1)◆亚洲
Aschistodon【3】 Mont. 牛毛藓属 ≒ **Verbesina** Ditrichaceae 牛毛藓科 [B-119] 全球 (1) 大洲分布及种数(1)◆南美洲
Ascia A.St.Hil. = **Mallotus**
Asciadium【3】 Griseb. 囊芹属 Apiaceae 伞形科 [MD-480] 全球 (1) 大洲分布及种数(4)◆北美洲(◆美国)
Ascidiella Irmsch. = **Archidium**
Ascidieria【3】 G.Seidenfaden 毛萼兰属 ≒ **Pinalia** Orchidaceae 兰科 [MM-723] 全球 (1) 大洲分布及种数(2-4)◆亚洲
Ascidieria Seidenf. = **Ascidieria**
Ascidiogyne【3】 Cuatrec. 瓶实菊属 Asteraceae 菊科 [MD-586] 全球 (1) 大洲分布及种数(3)◆南美洲
Ascidiota【3】 C.Massal. 耳坠苔属 Porellaceae 光萼苔科 [B-80] 全球 (6) 大洲分布及种数(2)非洲:2;亚洲:1-3;

大洋洲:2;欧洲:2;北美洲:1-3;南美洲:2

Ascium Schreb. = **Norantea**

Ascleia Raf. = **Hydrolea**

Asclepiadaceae【3】Borkh. 萝藦科 [MD-494] 全球 (6) 大洲分布和属种数(203-244;hort. & cult.47-60)(3538-6888; hort. & cult.288-498)非洲:109-152/ 1365-2131;亚洲:78-113/ 1013-1937;大洋洲:25-74/ 87-479;欧洲:11-65/ 43-383;北美洲:46-81/ 421-815;南美洲:54-101/ 1101-1667

Asclepias (A.Gray) Woodson = **Asclepias**

Asclepias【3】L. 马利筋属 → **Xysmalobium;Didymocarpus;Pergularia** Apocynaceae 夹竹桃科 [MD-492] 全球 (6) 大洲分布及种数(234-296;hort.1;cult: 9)非洲:107-198;亚洲:68-133;大洋洲:17-78;欧洲:15-76;北美洲:138-204;南美洲:72-142

Asclepiodella Small = **Xysmalobium**

Asclepiodora【2】A.Gray 马利筋属 ≒ **Asclepias** Apocynaceae 夹竹桃科 [MD-492] 全球 (2) 大洲分布及种数(1) 亚洲:1;北美洲:1

Asclera Raf. = **Hydrolea**

Ascocarydion G.Taylor = **Plectranthus**

Ascoccnda Hort. = **Aerides**

Ascocenda Hort. = **Ascocentrum**

Ascocentrophilus【-】J.M.H.Shaw 兰科属 Orchidaceae 兰科 [MM-723] 全球 (uc) 大洲分布及种数(uc)

Ascocentropsis【3】Senghas & Schildh. 雏鸟兰属 ← **Ascocentrum** Orchidaceae 兰科 [MM-723] 全球 (1) 大洲分布及种数(cf. 1)◆亚洲

Ascocentrum【3】Schltr. 鸟舌兰属 ← **Aerides;Gastrochilus** Orchidaceae 兰科 [MM-723] 全球 (1) 大洲分布及种数(8-13)◆亚洲

Ascochilopsis【3】Carr 囊唇兰属 ← **Saccolabium** Orchidaceae 兰科 [MM-723] 全球 (1) 大洲分布及种数(uc)属分布和种数(uc)◆亚洲

Ascochilus【3】Bl. 兜唇兰属 ≒ **Pteroceras** Orchidaceae 兰科 [MM-723] 全球 (6) 大洲分布及种数(6-7)非洲:1;亚洲:5-7;大洋洲:5-6;欧洲:1;北美洲:1;南美洲:1

Ascocleinetia【-】auct. 兰科属 Orchidaceae 兰科 [MM-723] 全球 (uc) 大洲分布及种数(uc)

Ascocleiserides【-】J.M.H.Shaw 兰科属 Orchidaceae 兰科 [MM-723] 全球 (uc) 大洲分布及种数(uc)

Ascocyclus Reinke = **Ascochilus**

Ascodenia Garay & H.R.Sw. = **Ascocentrum**

Ascodilepis Krabbe = **Ascolepis**

Ascofadanda【-】J.M.H.Shaw 兰科属 Orchidaceae 兰科 [MM-723] 全球 (uc) 大洲分布及种数(uc)

Ascofinetia Hort. = **Ascocentrum**

Ascogastisia【-】auct. 兰科属 Orchidaceae 兰科 [MM-723] 全球 (uc) 大洲分布及种数(uc)

Ascoglossum【3】Schltr. 隔距兰属 ← **Cleisostoma** Orchidaceae 兰科 [MM-723] 全球 (1) 大洲分布及种数(1)◆亚洲

Ascoglottis auct. = **Sacoglottis**

Ascogrammitis【3】Sundü 委蕨属 ≒ **Terpsichore** Polypodiaceae 水龙骨科 [F-60] 全球 (1) 大洲分布及种数(7-12)◆南美洲

Ascolabium S.S.Ying = **Holcoglossum**

Ascolepis C.B.Clarke = **Ascolepis**

Ascolepis【3】Nees ex Steud. 胀颖莎属 → **Alinula; Acilepis** Cyperaceae 莎草科 [MM-747] 全球 (6) 大洲分布及种数(21-23)非洲:20-23;亚洲:3-5;大洋洲:1-3;欧洲:2;北美洲:1-3;南美洲:2-4

Asconopsis auct. = **Ascocentrum**

Ascoparanthera【-】J.M.H.Shaw 兰科属 Orchidaceae 兰科 [MM-723] 全球 (uc) 大洲分布及种数(uc)

Ascopera Lindl. = **Cirrhaea**

Ascophanus Speg. = **Astephanus**

Ascopholis C.E.C.Fisch. = **Cyperus**

Ascophyllum【-】STäckh. 茜草科属 ≒ **Arcytophyllum** Rubiaceae 茜草科 [MD-523] 全球 (uc) 大洲分布及种数(uc)

Ascoporia Cothen. = **Capraria**

Ascorachnis auct. = **Arachnis**

Ascorenanthochilus【-】J.M.H.Shaw 兰科属 Orchidaceae 兰科 [MM-723] 全球 (uc) 大洲分布及种数(uc)

Ascorhynopsis Humbert & Capuron = **Ascarina**

Ascotainia Ridl. = **Ania**

Ascotheca【3】Heine 非洲萼爵床属 ← **Justicia** Acanthaceae 爵床科 [MD-572] 全球 (1) 大洲分布及种数(1)◆非洲

Ascovandanthe【-】J.M.H.Shaw 兰科属 Orchidaceae 兰科 [MM-723] 全球 (uc) 大洲分布及种数(uc)

Ascovandoritis auct. = **Ascocentrum**

Ascra Schott = **Banara**

Ascuris Adans. = **Aira**

Ascutotheca Heine = **Ascotheca**

Ascyraceae Bercht. & J.Presl = Hypericaceae

Ascyron【3】Rchb. 亮藤黄属 ≒ **Ascyrum** Clusiaceae 藤黄科 [MD-141] 全球 (1) 大洲分布及种数(uc）◆北美洲

Ascyrum【3】L. 四数金丝桃属 ≒ **Hypericum** Hypericaceae 金丝桃科 [MD-119] 全球 (1) 大洲分布及种数(8-10)◆北美洲

Ascyum Vahl = **Norantea**

Asemanthia (Stapf) Ridl. = **Mussaenda**

Asemeia Raf. = **Polygala**

Asemnantha【3】Hook.f. 阿塞茜属 Rubiaceae 茜草科 [MD-523] 全球 (1) 大洲分布及种数(1)◆北美洲

Asepalum【3】Marais 圆唇花属 Orobanchaceae 列当科 [MD-552] 全球 (1) 大洲分布及种数(1)◆非洲

Asephananthes Bory = **Passiflora**

Asestra Butler = **Hybanthus**

Asfragalus L. = **Astragalus**

Ashtonia【3】Airy-Shaw 反柱茶属 Phyllanthaceae 叶下珠科 [MD-222] 全球 (1) 大洲分布及种数(1-3)◆亚洲

Asia Sull. = **Alsia**

Asiasarum F.Maek. = **Asarum**

Asicaria Neck. = **Persicaria**

Asidemia Raf. = **Quercus**

Asilus Hemsl. = **Alpinia**

Asimia Kunth = **Asimina**

Asimina【3】Adans. 巴婆果属 ← **Annona;Porcelia; Uvaria** Annonaceae 番荔枝科 [MD-7] 全球 (1) 大洲分布及种数(14-23)◆北美洲

Asimitellaria【3】(Wakab.) R.A.Folk & Y.Okuyama 虎耳草科属 Saxifragaceae 虎耳草科 [MD-231] 全球 (1) 大洲分布及种数(uc)◆东亚(◆日本)

Asiphonia Griff. = **Thottea**

Askellia【3】 W.A.Weber 假苦菜属 ← **Crepis;Youngia** Asteraceae 菊科 [MD-586] 全球 (1) 大洲分布及种数(7-8)◆亚洲
Askepos Griff. = **Dumortiera**
Asketanthera R.E.Woodson = **Asketanthera**
Asketanthera 【2】 Woodson 胶藤属 ← **Echites** Apocynaceae 夹竹桃科 [MD-492] 全球 (3) 大洲分布及种数(3-4) 欧洲;北美洲;南美洲
Asketochiton Turcz. = **Guichenotia**
Askidiosperma【3】 Steud. 膜苞灯草属 ← **Chondropetalum;Dovea** Restionaceae 帚灯草科 [MM-744] 全球 (1) 大洲分布及种数(11-13)◆非洲(◆南非)
Askidiospermum Esterhuysen,E. = **Askidiosperma**
Askofake Raf. = **Utricularia**
Askolame Raf. = **Herpestis**
Asobara Raf. = **Acacia**
Asoella J.M.Monts. = **Acanthophyllum**
Asolena Lour. = **Solena**
Asophila Neck. = **Gypsophila**
Asotana Bute ex S.F.Gray = **Bupleurum**
Aspaathus L. = **Aspalathus**
Aspacidopsis【-】 J.M.H.Shaw 兰科属 Orchidaceae 兰科 [MM-723] 全球 (uc) 大洲分布及种数(uc)
Aspacidostele【-】 J.M.H.Shaw 兰科属 Orchidaceae 兰科 [MM-723] 全球 (uc) 大洲分布及种数(uc)
Aspalanthus L. = **Aspalathus**
Aspalathoides K.Koch = **Anthyllis**
Aspalathus Amm. = **Aspalathus**
Aspalathus【3】 L. 松雀花属 → **Achyronia; Caragana; Galega** Fabaceae3 蝶形花科 [MD-240] 全球 (1) 大洲分布及种数(158-357)◆非洲(◆南非)
Aspalatus J.St.Hil. = **Aspalathus**
Aspaleomnia【-】 J.M.H.Shaw 兰科属 Orchidaceae 兰科 [MM-723] 全球 (uc) 大洲分布及种数(uc)
Aspalthium Medik. = **Bituminaria**
Asparagaceae 【3】 Juss. 天门冬科 [MM-669] 全球 (6) 大洲分布和属种数(4-6;hort. & cult.4)(235-506;hort. & cult.62-107)非洲:3-4/160-250;亚洲:3-4/108-192;大洋洲:2-5/29-47;欧洲:2-3/40-62;北美洲:2-3/26-43;南美洲:1-3/12-26
Asparagopsis (Kunth) Kunth = **Asparagus**
Asparagus (Kunth) Baker = **Asparagus**
Asparagus 【3】 L. 叶门冬属 ≒ **Myriophyllum** Asparagaceae 天门冬科 [MM-669] 全球 (6) 大洲分布及种数(143-244;hort.1;cult: 5)非洲:94-163;亚洲:75-115;大洋洲:28-36;欧洲:34-43;北美洲:23-31;南美洲:12-17
Aspasia E.Mey. ex Pfeiff. = **Aspasia**
Aspasia 【3】 Lindl. 喜兰属 ≒ **Miltonia** Orchidaceae 兰科 [MM-723] 全球 (6) 大洲分布及种数(8-9)非洲:1;亚洲:1;大洋洲:1;欧洲:1;北美洲:4-5;南美洲:7-9
Aspasiola Chaudoir = **Aspasia**
Aspasium Hort. = **Laserpitium**
Aspazoma【3】 N.E.Br. 玉指木属 ← **Mesembryanthemum** Aizoaceae 番杏科 [MD-94] 全球 (1) 大洲分布及种数(1)◆非洲(◆南非)
Aspedopterys A.Juss. = **Aspidopterys**
Aspegrenia Pöpp. & Endl. = **Octomeria**
Aspelina Cass. = **Senecio**
Aspera Mönch = **Galium**
Asperella【2】 Humb. 糙禾草属 ≒ **Hystrix;Asterella** Poaceae 禾本科 [MM-748] 全球 (4) 大洲分布及种数(1) 非洲:1;亚洲:1;欧洲:1;北美洲:1
Asperellaceae Cham. ex Spenn. = Naucleaceae
Asperococcus Ruprecht = **Astrococcus**
Asperugalium 【3】 P.Fourn. 车叶草属 ≒ **Asperula** Rubiaceae 茜草科 [MD-523] 全球 (1) 大洲分布及种数(cf. 1)◆南美洲
Asperuginoides【3】 Rauschert 糙芥属 Brassicaceae 十字花科 [MD-213] 全球 (1) 大洲分布及种数(cf.1) ◆亚洲
Asperugo 【3】 L. 糙草属 ≒ **Nonea** Boraginaceae 紫草科 [MD-517] 全球 (1) 大洲分布及种数(1)◆欧洲
Asperula Graciles Mikheev = **Asperula**
Asperula 【3】 L. 车叶草属 → **Galium;Sherardia; Plocama** Rubiaceae 茜草科 [MD-523] 全球 (6) 大洲分布及种数(96-218;hort.1;cult: 12)非洲:22-33;亚洲:50-125;大洋洲:37-56;欧洲:59-99;北美洲:14-23;南美洲:15-23
Asperulaceae Cham. ex Spenn. = Naucleaceae
Aspezia Lindl. = **Aspasia**
Asphalathus Burm.f. = **Aspalathus**
Asphalia R.Br. = **Aphelia**
Asphalthium Medik. = **Psoralea**
Asphaltina Fourr. = **Psoralea**
Asphaltium Fourr. = **Psoralea**
Asphodelaceae 【3】 Juss. 阿福花科 [MM-649] 全球 (6) 大洲分布和属种数(10;hort. & cult.7)(193-378;hort. & cult. 55-90)非洲:6-7/129-199;亚洲:5-8/61-86;大洋洲:3-6/12-27;欧洲:4-6/20-32;北美洲:2-5/10-20;南美洲:4/10
Asphodeleae Lam. & DC. = **Asphodeline**
Asphodeline【3】 Rchb. 日光兰属 ← **Anthericum;Asphodelus** Asphodelaceae 阿福花科 [MM-649] 全球 (1) 大洲分布及种数(3)◆欧洲
Asphodeliris P. & K. = **Anthericum**
Asphodeloideae Burnett = **Asphodelus**
Asphodeloides Mönch = **Asphodelus**
Asphodelopsis Steud. ex Baker = **Chlorophytum**
Asphodelus【3】 L. 阿福花属 → **Asphodeline;Urginea** Asphodelaceae 阿福花科 [MM-649] 全球 (6) 大洲分布及种数(19-28;hort.1;cult: 7)非洲:14-19;亚洲:9-12;大洋洲: 5-8;欧洲:14-17;北美洲:5-6;南美洲:1
Aspicaria D.Dietr. = **Janusia**
Aspicarpa (Nied.) Hassl. = **Aspicarpa**
Aspicarpa 【2】 Rich. 盾果金虎尾属 ← **Janusia; Mionandra;Banisteria** Malpighiaceae 金虎尾科 [MD-343]全球(3)大洲分布及种数(22-24)亚洲:cf.1;北美洲:12;南美洲:13
Aspicilia A.Massal. = **Camarea**
Aspiciliopsis Greenm. = **Podachaenium**
Aspid Adans. = **Aira**
Aspidalis Gaertn. = **Cuspidia**
Aspidandra 【3】 Hassk. 穗龙角属 ← **Ryparosa** Euphorbiaceae 大戟科 [MD-217] 全球 (1) 大洲分布及种数(uc)◆亚洲
Aspidanthera Benth. = **Macrocnemum**
Aspideium Zollik. ex DC. = **Chondrilla**
Aspidiaceae【3】 S.F.Gray 叉蕨科 [F-50] 全球 (6) 大洲分布和属种数(9;hort. & cult.5-6)(367-813;hort. & cult.15-23)非洲:4-5/62-146;亚洲:7/223-339;大洋洲:3-4/68-148;欧洲:1-3/5-74;北美洲:4-5/72-145;南美洲:3-4/82-151

A

Aspidiophyllum Ulbr. = **Ranunculus**
Aspidiotus Signoret = **Aspidotis**
Aspidistr Ker Gawl. = **Aspidistra**
Aspidistra【3】 Ker Gawl. 蜘蛛抱蛋属 Convallariaceae 铃兰科 [MM-638] 全球 (1) 大洲分布及种数(111-129)◆亚洲
Aspidistraceae Hassk. = Liliaceae
Aspidistreae Engl. = **Aspidistra**
Aspidium (C.Presl) Hook. = **Aspidium**
Aspidium【3】 Sw. 铁角线蕨属 → **Anisocampium;Athyrium;Parathelypteris** Aspidiaceae 叉蕨科 [F-50] 全球 (6) 大洲分布及种数(27-183;hort.13;cult: 13)非洲:1-37;亚洲:16-54;大洋洲:2-38;欧洲:36;北美洲:7-43;南美洲:8-44
Aspidixia (Korth.) Van Tiegh. = **Viscum**
Aspidocarpus Neck. = **Acridocarpus**
Aspidocarya【3】 Hook.f. & Thoms. 球果藤属 ← **Tinospora** Menispermaceae 防己科 [MD-42] 全球 (1) 大洲分布及种数(cf. 1)◆亚洲
Aspidogenia Burret = **Myrcianthes**
Aspidoglossa E.Mey. = **Aspidoglossum**
Aspidoglossum【3】 E.Mey. 盾舌萝藦属 ← **Caralluma;Schizoglossum;Orbeopsis** Apocynaceae 夹竹桃科 [MD-492] 全球 (1) 大洲分布及种数(32-38)◆非洲
Aspidoglosum E.Mey. = **Aspidoglossum**
Aspidogyne【2】 Garay 盾柱兰属 ← **Anoectochilus;Physaria** Orchidaceae 兰科 [MM-723] 全球 (2) 大洲分布及种数(88-92;hort.1)北美洲:19;南美洲:77-80
Aspidonepsis【3】 Nicholas & Goyder 阳杯花属 ← **Asclepias;Gomphocarpus** Apocynaceae 夹竹桃科 [MD-492] 全球 (1) 大洲分布及种数(4-5)◆非洲
Aspidophyllum Ulbr. = **Ranunculus**
Aspidoptera Wenzel = **Aspidopterys**
Aspidopteris A.Juss. = **Aspidopterys**
Aspidopterys【3】 Juss. ex S.L.Endl. 盾翅藤属 ← **Ryssopterys;Triopterys** Malpighiaceae 金虎尾科 [MD-343] 全球 (1) 大洲分布及种数(20-28)◆亚洲
Aspidosperma【3】 Mart. & Zucc. 白坚木属 ≒ **Alsodeia** Apocynaceae 夹竹桃科 [MD-492] 全球 (6) 大洲分布及种数(84-94;hort.1;cult: 2)非洲:1;亚洲:1;大洋洲:1;欧洲:1;北美洲:13-14;南美洲:83-90
Aspidostemon【2】 Rohwer & H.G.Richt. 盾蕊桂属 ≒ **Cryptocarya** Lauraceae 樟科 [MD-21] 全球 (3) 大洲分布及种数(19-37)非洲:18-36;亚洲:cf.1;南美洲:1-2
Aspidostigma Hochst. = **Aralia**
Aspidostoma Hochst. = **Aralia**
Aspidotis【3】 (Nutt. ex Hook.) Copel. 盾旱蕨属 ← **Adiantopsis;Cheilanthes** Pteridaceae 凤尾蕨科 [F-31] 全球 (6) 大洲分布及种数(6)非洲:1-5;亚洲:4;大洋洲:4;欧洲:4;北美洲:4-8;南美洲:1-5
Aspidum Sw. = **Aspidium**
Aspilaima Thou. = **Aspilia**
Aspilia Hort. = **Aspilia**
Aspilia【3】 Thou. 阿斯皮尔菊属 → **Angelphytum;Bidens;Wedelia** Asteraceae 菊科 [MD-586] 全球 (1) 大洲分布及种数(83-86)◆南美洲(◆巴西)
Aspiliopsis Greenm. = **Podachaenium**
Aspilobium Sol. ex A.Cunn. = **Geniostoma**
Aspilota Thou. = **Aspilia**
Aspilotum S. ex Steud. = **Geniostoma**
Aspioda auct. = **Angelphytum**
Aspiopsis Müll.Arg. = **Sapium**
Aspiromitus【-】 (D.C.Bhardwaj) R.M.Schust. 角苔科属 ≒ **Folioceros;Phaeoceros** Anthocerotaceae 角苔科 [B-91] 全球 (uc) 大洲分布及种数(uc)
Aspitha Thou. = **Aspilia**
Aspitium Neck ex Steud. = **Laserpitium**
Aspla Rchb. = **Rottboellia**
Asplanthus Lour. = **Aspalathus**
Aspleniaceae【3】Newman 铁角蕨科 [F-43] 全球 (6) 大洲分布和属种数(10-13;hort. & cult.2-6)(970-1814;hort. & cult.105-145)非洲:2-8/ 269-426;亚洲:6-8/ 530-788;大洋洲:3-9/ 204-335;欧洲:2-8/ 115-255;北美洲:5-9/ 315-465;南美洲:4-9/ 324-456
Asplenicystopteris【-】 P.Fourn. 岩蕨科属 Woodsiaceae 岩蕨科 [F-47] 全球 (uc) 大洲分布及种数(uc)
Asplenidictyum J.Sm. = **Asplenium**
Aspleniopsis【3】 Mettenius 线角蕨属 ≒ **Syngramma** Pteridaceae 凤尾蕨科 [F-31] 全球 (1) 大洲分布及种数(cf. 1)◆亚洲
Asplenium (Hayata) K.Iwats. = **Asplenium**
Asplenium【3】 L. 铁角蕨属 → **Neottopteris;Camptosorus;Parathelypteris** Aspleniaceae 铁角蕨科 [F-43] 全球 (6) 大洲分布及种数(940-1394;hort.1;cult: 178)非洲:267-399;亚洲:513-745;大洋洲:201-305;欧洲:113-228;北美洲:301-422;南美洲:320-427
Asplenoceterach【3】 D.E.Mey. 德国铁角蕨属 Aspleniaceae 铁角蕨科 [F-43] 全球 (1) 大洲分布及种数(cf. 1)◆中欧(◆德国)
Asplenophyllitis【-】 Alston 铁角蕨科属 Aspleniaceae 铁角蕨科 [F-43] 全球 (uc) 大洲分布及种数(uc)
Asplenosorus【3】 Wherry 铁坚蕨属 Aspleniaceae 铁角蕨科 [F-43] 全球 (1) 大洲分布及种数(3-8)◆北美洲(◆美国)
Asplundara J.M.H.Shaw = **Asplundia**
Asplundia Choanopsis Harling = **Asplundia**
Asplundia【3】 Harling 玉须草属 ← **Carludovica;Pothos** Cyclanthaceae 环花草科 [MM-706] 全球 (1) 大洲分布及种数(100-106)◆南美洲
Asplundianthus【3】 R.M.King & H.Rob. 平托亮泽兰属 ← **Eupatorium** Asteraceae 菊科 [MD-586] 全球 (1) 大洲分布及种数(11)◆南美洲
Aspodonia auct. = **Schizachyrium**
Aspoglossum auct. = **Stachys**
Aspomesa【-】 J.M.H.Shaw 兰科属 Orchidaceae 兰科 [MM-723] 全球 (uc) 大洲分布及种数(uc)
Aspopsis Desv. = **Airopsis**
Aspostele【-】 J.M.H.Shaw 兰科属 Orchidaceae 兰科 [MM-723] 全球 (uc) 大洲分布及种数(uc)
Asprela Rchb. = **Rottboellia**
Asprella Host = **Leersia**
Asprella Willd. = **Asperella**
Aspris Adans. = **Axyris**
Asraoa J.Joseph = **Wallichia**
Assa Houtt. = **Tetracera**
Assamia Salisb. = **Hippeastrum**
Assaracus Haw. = **Narcissus**
Assidora A.Chev. = **Schumanniophyton**

Assoana Leopardi & Carnevali = **Amoana**
Assoella J.M.Monts. = **Sagina**
Assonia Cav. = **Dombeya**
Asta 【3】 Klotzsch ex O.E.Schulz 阿斯塔芥属 ← **Capsella;Sphenopholis** Brassicaceae 十字花科 [MD-213] 全球 (1) 大洲分布及种数(2-9)◆北美洲
Astacoides Mill. = **Buphthalmum**
Astacus Trudgen & Rye = **Astus**
Astarte DC. = **Astartea**
Astartea 【3】 DC. 束蕊梅属 ← **Baeckea;Melaleuca; Leptospermum** Myrtaceae 桃金娘科 [MD-347] 全球 (1) 大洲分布及种数(26-31)◆大洋洲
Astartella DC. = **Astartea**
Astartia DC. = **Astartea**
Astartoides Mill. = **Buphthalmum**
Astartoseris 【3】 N.Kilian,Hand,Hadjik.Christodoulou & Bou Dagh.-Kharr. 束梅菊属 Asteraceae 菊科 [MD-586] 全球 (1) 大洲分布及种数(cf.1)◆亚洲
Astata DC. = **Astartea**
Astathes DC. = **Toddalia**
Astatus Trudgen & Rye = **Astus**
Astegosia Lour. = **Aegilops**
Asteia Sabrosky = **Astelia**
Astele Banks & Sol. ex R.Br. = **Astelia**
Astelia 【3】 Banks & Sol. ex R.Br. 聚星草属 → **Collospermum;Ateleia** Asteliaceae 聚星草科 [MM-635] 全球 (6) 大洲分布及种数(29-41;hort.1;cult: 1)非洲:2-6;亚洲:8-11;大洋洲:20-35;欧洲:3;北美洲:7-10;南美洲:1-4
Asteliaceae 【3】 Dum. 聚星草科 [MM-635] 全球 (6) 大洲分布和属种数(3-4;hort. & cult.2-3)(33-55;hort. & cult.11-20)非洲:1/2-6;亚洲:1/8-11;大洋洲:3-4/25-46;欧洲:1/3;北美洲:1/7-10;南美洲:1/1-4
Astelma 【2】 R.Br. 拟蜡菊属 ≒ **Anaphalis** Apocynaceae 夹竹桃科 [MD-492] 全球 (3) 大洲分布及种数(2) 非洲:1;亚洲:1;欧洲:1
Astelobia Banks & Sol. ex R.Br. = **Astelia**
Astemma Less. = **Monactis**
Astemon Regel = **Lepechinia**
Astenatherum Conert = **Anisomeles**
Astenolobium Nevski = **Astragalus**
Astenus Trudgen & Rye = **Astus**
Astephananthes Bory = **Passiflora**
Astephania 【3】 Oliv. 春黄菊属 ≒ **Anthemis** Asteraceae 菊科 [MD-586] 全球 (1) 大洲分布及种数(uc)◆亚洲
Astephanocarpa Baker = **Syncephalum**
Astephanus 【3】 R.Br. 长灯花属 ← **Apocynum;Philibertia** Apocynaceae 夹竹桃科 [MD-492] 全球 (1) 大洲分布及种数(10-15)◆非洲(◆南非)
Aster 【3】 (Roch.) Boza & Vasič 紫菀属 ← **Adenophyllum;Damnamenia;Picris** Asteraceae 菊科 [MD-586] 全球 (6) 大洲分布及种数(370-685;hort.1;cult: 59)非洲:39-340;亚洲:367-721;大洋洲:26-326;欧洲:29-329;北美洲:149-473;南美洲:32-345
Asteracantha Nees = **Adenosma**
Asteraceae 【3】 Bercht. & J.Presl 菊科 [MD-586] 全球 (6) 大洲分布和属种数(1546-1671;hort. & cult. 388-432)(31189-54550;hort. & cult.2053-3210)非洲:420-784/4857-9695;亚洲:443-724/9504-15445;大洋洲:317-671/2125-6918;欧洲:207-580/7969-13000;北美洲:682-852/7517-12646;南美洲:514-839/6633-11678
Asterago 【3】 Everett 一枝黄花属 → **Solidago; Xylothamia;Solidaster** Asteraceae 菊科 [MD-586] 全球 (1) 大洲分布及种数(1)◆北美洲
Asteranae Takht. = **Asteranthe**
Asterandra Klotzsch = **Phyllanthus**
Asterantha Desf. = **Asteranthos**
Asteranthaceae 【3】 R.Knuth 合玉蕊科 [MD-374] 全球 (1) 大洲分布和属种数(1/1-2)◆北美洲
Asteranthe 【3】 Engl. & Diels 朱顶木属 ≒ **Uvaria** Annonaceae 番荔枝科 [MD-7] 全球 (1) 大洲分布及种数 (1-2)◆非洲
Asteranthemum Kunth = **Maianthemum**
Asteranthera 【3】 Hansl. 盔瓣岩桐属 ← **Columnea** Gesneriaceae 苦苣苔科 [MD-549] 全球 (1) 大洲分布及种数(1)◆南美洲◆(秘鲁)
Asteranthopsis P. & K. = **Asteranthe**
Asteranthos 【3】 Desf. 伞褶花属 Lecythidaceae 玉蕊科 [MD-267] 全球 (1) 大洲分布及种数(1)◆南美洲
Asteranthus Endl. = **Asteranthos**
Astereae Cass. = **Gentiana**
Asterella (Gottsche,Lindenb. & Nees) D.G.Long = **Asterella**
Asterella 【3】 Underw. 花萼苔属 ≒ **Actinella** Aytoniaceae 疣冠苔科 [B-9] 全球 (6) 大洲分布及种数(56-58)非洲:11-21;亚洲:27-39;大洋洲:15-25;欧洲:3-13;北美洲:11-21;南美洲:5-15
Asterias Borkh. = **Pallenis**
Asteriastigma Bedd. = **Hydnocarpus**
Asteridae Takht. = **Asteridea**
Asteridea 【3】 Lindl. 星绒草属 ← **Athrixia;Podolepis** Asteraceae 菊科 [MD-586] 全球 (1) 大洲分布及种数(11-34)◆大洋洲
Asteridium Engelm. ex Walp. = **Chaetopappa**
Asterigerina Rydb. = **Erigeron**
Asterigeron Rydb. = **Erigeron**
Asteriidae Lindl. = **Asteridea**
Asterinaceae Dum. = Asteliaceae
Asterine Borkh. = **Gentiana**
Asterinema Lindl. = **Asteridea**
Asteringa E.Mey. ex DC. = **Pentzia**
Asterini Borkh. = **Gentiana**
Asterinides Perrier = **Buphthalmum**
Asterinopsis Humbert & Capuron = **Sarcandra**
Asteriscium (Müll.Hal.) Hilp. = **Asteriscium**
Asteriscium 【3】 Cham. & Schltdl. 星箱草属 ≒ **Barbula** Apiaceae 伞形科 [MD-480] 全球 (1) 大洲分布及种数(9-10)◆南美洲
Asteriscodes P. & K. = **Callistephus**
Asteriscus 【3】 Mill. 金币花属 ≒ **Anvillea;Pallenis** Asteraceae 菊科 [MD-586] 全球 (1) 大洲分布及种数(17)◆非洲(◆摩洛哥)
Asterocarpus Eckl. & Zeyh. = **Pterocelastrus**
Asterocarpus Rchb. = **Astrocarpa**
Asterocephalus Adans. = **Scabiosa**
Asterochaete 【-】 Nees 莎草科属 Cyperaceae 莎草科 [MM-747] 全球 (uc) 大洲分布及种数(uc)
Asterochiton Turcz. = **Thomasia**
Asterochlaena Corda = **Pavonia**
Asterocytisus 【-】 (W.D.J.Koch) Schur ex Fuss 蝶形花

A

科属 ≒ **Genista** Fabaceae3 蝶形花科 [MD-240] 全球 (uc) 大洲分布及种数(uc)
Asterogeum Gray = **Plantago**
Asteroglossum J.Sm. = **Drymoglossum**
Asterogyne【3】H.Wendl. ex Benth. & Hook.f. 单叶椰属 ← **Geonoma** Arecaceae 棕榈科 [MM-717] 全球 (1) 大洲分布及种数(5)◆南美洲
Asterohyptis【3】Epling 星香属 ← **Hyptis** Lamiaceae 唇形科 [MD-575] 全球 (1) 大洲分布及种数(5)◆北美洲
Asteroidea DC. = **Adenophyllum**
Asteroideae Lindl. = **Asteridea**
Asteroides Mill. = **Anthemis**
Asterolasia【3】F.Müll. 星南香属 ≒ **Phebalium** Rutaceae 芸香科 [MD-399] 全球 (1) 大洲分布及种数(11-22)◆大洋洲
Asterolepidion Ducke = **Dendrobangia**
Asterolinion Brongn. = **Lysimachia**
Asterolinon Hoffmanns. & Link = **Lysimachia**
Asterolinum Duby = **Pelletiera**
Asteroloma P. & K. = **Astroloma**
Asteromaea DC. = **Aster**
Asterome DC. = **Aster**
Asteromenia Thou. = **Asteropeia**
Asteromidium A.Gray = **Astronia**
Asteromoea Bl. = **Aster**
Asteromonas Bl. = **Kalimeris**
Asteromphalus Zinn = **Scabiosa**
Asteromyrtus【3】Schaür 星刷树属 ← **Agonis;Melaleuca;Austromyrtus** Myrtaceae 桃金娘科 [MD-347] 全球 (1) 大洲分布及种数(6)◆大洋洲
Asteromys Schult. = **Waltheria**
Asteromyxa DC. = **Aster**
Asterope Thou. = **Asteropeia**
Asteropea Tul. = **Asteropeia**
Asteropeia【3】Thou. 翼萼茶属 Asteropeiaceae 翼萼茶科 [MD-132] 全球 (1) 大洲分布及种数(9)◆非洲(◆马达加斯加)
Asteropeiaceae【3】Takht. ex Reveal & Hoogland 翼萼茶科 [MD-132] 全球 (1) 大洲分布和属种数(1/9)◆非洲(◆南非)
Asteropeieae Szyszył. = **Asteropeia**
Asteropfaorum Spragü = **Asterophorum**
Asterophorum【3】Spragü 金椴树属 Malvaceae 锦葵科 [MD-203] 全球 (1) 大洲分布及种数(1)◆南美洲
Asterophyllum K.F.Schimp. & Spenn. = **Mnium**
Asteroporum Müll.Arg. = **Asterophorum**
Asteropsida Brongn. = **Asteropeia**
Asteropsis【3】Less. 层菀属 ← **Podocoma** Asteraceae 菊科 [MD-586] 全球 (1) 大洲分布及种数(cf. 1)◆南美洲
Asteropterus【3】Adans. 羽冠鼠麹木属 ← **Leysera** Asteraceae 菊科 [MD-586] 全球 (1) 大洲分布及种数(1)◆非洲
Asteropus Schult. = **Waltheria**
Asteropyrum【3】J.R.Drumm. & Hutch. 星果草属 ← **Isopyrum** Ranunculaceae 毛茛科 [MD-38] 全球 (1) 大洲分布及种数(2-3)◆东亚(◆中国)
Asteroschoenus【3】Nees 刺子莞属 ≒ **Rhynchospora** Cyperaceae 莎草科 [MM-747] 全球 (1) 大洲分布及种数(uc)◆亚洲
Asterosedum Grulich = **Phedimus**
Asterosperma Less. = **Senecio**
Asterostemma【3】Decne. 星冠萝藦属 Apocynaceae 夹竹桃科 [MD-492] 全球 (1) 大洲分布及种数(cf. 1)◆亚洲
Asterostigma【3】Fisch. & C.A.Mey. 星柱芋属 ← **Arum;Philodendron;Synandrospadix** Araceae 天南星科 [MM-639] 全球 (1) 大洲分布及种数(12-15)◆南美洲(◆巴西)
Asterostoma Bl. = **Synandrospadix**
Asterostomula Bl. = **Tristemma**
Asterothamnus【3】Novopokr. 紫菀木属 → **Aster; Kalimeris** Asteraceae 菊科 [MD-586] 全球 (1) 大洲分布及种数(5-7)◆亚洲
Asterothrix Cass. = **Taraxacum**
Asterotigma Fisch. & C.A.Mey. = **Asterostigma**
Asterotrichion Klotzsch = **Plagianthus**
Asterotrichon N.T.Burb. = **Plagianthus**
Asterula L. = **Asperula**
Asthenatherum Nevski = **Centropodia**
Asthenochloa【3】Buse 柔草属 ← **Andropogon** Poaceae 禾本科 [MM-748] 全球 (1) 大洲分布及种数(cf. 1)◆亚洲
Asthenopus Schult. = **Waltheria**
Asthotheca Miers ex Planch. & Triana = **Clusia**
Astianthus【3】D.Don 美花属 ← **Bignonia;Tecoma** Bignoniaceae 紫葳科 [MD-541] 全球 (1) 大洲分布及种数(1)◆北美洲
Astiella【3】Jovet 小美茜属 Rubiaceae 茜草科 [MD-523] 全球 (1) 大洲分布及种数(10-13)◆非洲(◆马达加斯加)
Astilbe【3】Buch.Ham. 落新妇属 ← **Aruncus;Tiarella** Saxifragaceae 虎耳草科 [MD-231] 全球 (6) 大洲分布及种数(22-31;hort.1;cult: 6)非洲:4;亚洲:20-27;大洋洲:1-3;欧洲:4-6;北美洲:9-11;南美洲:2
Astilboides【3】Engl. 大叶子属 ← **Rodgersia;Saxifraga** Saxifragaceae 虎耳草科 [MD-231] 全球 (1) 大洲分布及种数(cf. 1)◆亚洲
Astiria【3】Lindl. 毛梧桐属 ≒ **Dombeya** Malvaceae 锦葵科 [MD-203] 全球 (1) 大洲分布及种数(1)◆非洲
Astochia Nutt. = **Lathyrus**
Astoma【3】DC. 无口草属 ← **Bunium;Astomaea** Apiaceae 伞形科 [MD-480] 全球 (1) 大洲分布及种数(uc)属分布和种数(uc)◆亚洲
Astomaceae Schimp. = Asteraceae
Astomaea【3】Reichenbach 无口草属 Apiaceae 伞形科 [MD-480] 全球 (1) 大洲分布及种数(1-2)◆亚洲
Astomatopsis Korovin = **Bunium**
Astomiopsis【2】Müll.Hal. 高地藓属 ≒ **Pleuridium** Ditrichaceae 牛毛藓科 [B-119] 全球 (4) 大洲分布及种数(10) 非洲:1;亚洲:2;北美洲:5;南美洲:4
Astomum (Brid.) Müll.Hal. = **Systegium**
Astonia【3】S.W.L.Jacobs 圆果慈姑属 ≒ **Limnophyton** Alismataceae 泽泻科 [MM-597] 全球 (1) 大洲分布及种数(cf.) 大洋洲;北美洲
Astorganthus Endl. = **Melicope**
Astracantha【3】D.Podlech 云英花属 ≒ **Onobrychis** Fabaceae 豆科 [MD-240] 全球 (6) 大洲分布及种数(95-178;hort.8;cult:8)非洲:1;亚洲:88-91;大洋洲:1;欧洲:1-2;北美洲:4-5;南美洲:1-2

Astradelphus J.Rémy = **Erigeron**

Astraea【3】Klotzsch 桃金星属 ≒ **Thryptomene** Euphorbiaceae 大戟科 [MD-217] 全球 (6) 大洲分布及种数(14)非洲:2;亚洲:2;大洋洲:1-3;欧洲:2;北美洲:1-3;南美洲:13-15

Astraeus Klotzsch = **Astraea**

Astragalaceae Bercht. & J.Presl = Fabaceae3

Astragalina Bubani = **Astragalus**

Astragaloides Adans. = **Astragalus**

Astragaloides Böhm. = **Phaca**

Astragalum L. = **Astragalus**

Astragalus (Rydb.) Barneby = **Astragalus**

Astragalus【3】L. 蛇荚黄芪属 → **Anarthrophyllum; Ervum;Phaca** Fabaceae3 蝶形花科 [MD-240] 全球 (6) 大洲分布及种数(1677-3361;hort.1;cult: 92)非洲:99-452;亚洲:1192-2883;大洋洲:49-359;欧洲:157-508;北美洲:548-888;南美洲:191-504

Astralagus Curran = **Astragalus**

Astranfia Noronha = **Astronia**

Astranthium【3】Nutt. 西雏菊属 → **Brachyscome; Erigeron;Achaetogeron** Asteraceae 菊科 [MD-586] 全球 (1) 大洲分布及种数(12-13)◆北美洲

Astranthuim Lour. = **Brachyscome**

Astranthus Lour. = **Weinmannia**

Astrantia【3】L. 星芹属 → **Actinolema;Astronia;Pozoa** Apiaceae 伞形科 [MD-480] 全球 (1) 大洲分布及种数(15-20)◆欧洲

Astrapaea Lindl. = **Dombeya**

Astrape Lindl. = **Melhania**

Astraptes Lindl. = **Melhania**

Astraraea Lindl. = **Melhania**

Astrea Klotzsch = **Astraea**

Astreae Klotzsch = **Astraea**

Astrebla【3】F.Müll. 阿司吹禾属 Poaceae 禾本科 [MM-748] 全球 (1) 大洲分布及种数(4)◆大洋洲

Astreopora Steud. = **Waltheria**

Astrephia【2】Dufr. 星败酱属 ≒ **Valeriana;Fedia** Caprifoliaceae 忍冬科 [MD-510] 全球 (4) 大洲分布及种数(cf.) 亚洲;欧洲;北美洲;南美洲

Astrgalus L. = **Astragalus**

Astrichoseris A.Gray = **Atrichoseris**

Astridia【3】Dinter 鹿角海棠属 ← **Mesembryanthemum** Aizoaceae 番杏科 [MD-94] 全球 (1) 大洲分布及种数(11-15)◆非洲

Astripomoea【3】A.Meeuse 星毛薯属 ← **Ipomoea** Convolvulaceae 旋花科 [MD-499] 全球 (1) 大洲分布及种数(6-11)◆非洲

Astrocalyx【3】Merr. 褐萼棯属 Melastomataceae 野牡丹科 [MD-364] 全球 (1) 大洲分布及种数(1)◆东南亚(◆菲律宾)

Astrocarpa【-】Neck. ex Dum. 木樨草科属 ≒ **Sesamoides** Resedaceae 木樨草科 [MD-196] 全球 (uc) 大洲分布及种数(uc)

Astrocarpaceae A.Körn. = Resedaceae

Astrocarpus Duby = **Sesamoides**

Astrocaryum【2】G.Mey. 星果椰子属 → **Acrocomia; Phoenicophorium;Bactris** Arecaceae 棕榈科 [MM-717] 全球(2)大洲分布及种数(40-54;hort.1)北美洲:8;南美洲:37-46

Astrocasia【3】B.L.Rob. & Millsp. 辟蛇木属 ← **Diasperus; Psilanthus** Phyllanthaceae 叶下珠科 [MD-222] 全球 (1) 大洲分布及种数(6)◆北美洲

Astrocephalus Raf. = **Scabiosa**

Astrochla DC. = **Passiflora**

Astrochlaena Hallier f. = **Astripomoea**

Astrochlamys Köhler = **Anthochlamys**

Astroclon Fed. = **Campanula**

Astrococcus【3】Benth. 星角桐属 → **Haematostemon** Euphorbiaceae 大戟科 [MD-217] 全球 (1) 大洲分布及种数(1-2)◆南美洲

Astrocodon Fed. = **Campanula**

Astrodaucus Drude = **Cachrys**

Astrodia Lütken & Mortensen = **Gastrodia**

Astrodontium Broth. = **Clastobryum**

Astroglossus Rchb.f. ex Benth. & Hook.f. = **Trichoceros**

Astrogyne Benth. = **Croton**

Astrogyne Wall. ex Laws. = **Siphonodon**

Astrogyra Benth. = **Croton**

Astrolepis【3】D.M.Benham & Windham 星鳞蕨属 ← **Acrostichum** Pteridaceae 凤尾蕨科 [F-31] 全球 (6) 大洲分布及种数(7-8)非洲:1-2;亚洲:1-2;大洋洲:1;欧洲:1;北美洲:6-7;南美洲:1-2

Astrolinon Baudo = **Lysimachia**

Astroloba【3】Uitew. 松塔掌属 ← **Aloe** Asphodelaceae 阿福花科 [MM-649] 全球 (1) 大洲分布及种数(9-13)◆非洲(◆南非)

Astrolobium DC. = **Coronilla**

Astroloma【3】R.Br. 红莓石南属 ← **Cyathodes; Styphelia** Epacridaceae 尖苞树科 [MD-391] 全球 (1) 大洲分布及种数(13-24)◆大洋洲

Astroma Liana = **Bunium**

Astromerremia Pilg. = **Merremia**

Astrometis Xantus = **Astrolepis**

Astronia Bl. = **Astronia**

Astronia【3】Nor. 褐鳞木属 ← **Murraya;Melastoma; Photinia** Melastomataceae 野牡丹科 [MD-364] 全球 (6) 大洲分布及种数(81-115;hort.1;cult:1)非洲:29-33;亚洲:37-56;大洋洲:46-50;欧洲:2;北美洲:6;南美洲:2

Astronidium A.Gray = **Astronia**

Astronium【3】Jacq. 斑纹漆属 ≒ **Myracrodruon** Anacardiaceae 漆树科 [MD-432] 全球 (6) 大洲分布及种数(18;hort.1;cult:3)非洲:3;亚洲:1-4;大洋洲:3;欧洲:3;北美洲:6-9;南美洲:15-18

Astropanax Seem. = **Schefflera**

Astrophea (Ohwi) Rchb. = **Passiflora**

Astrophia Nutt. = **Lathyrus**

Astrophiura Nutt. = **Lathyrus**

Astrophy DC. = **Passiflora**

Astrophyllum【-】Lindb. 提灯藓科属 ≒ **Mnium;Polla** Mniaceae 提灯藓科 [B-149] 全球 (uc) 大洲分布及种数(uc)

Astrophyton Lem. = **Astrophytum**

Astrophytum【2】Lem. 星球属 ← **Cereus** Cactaceae 仙人掌科 [MD-100] 全球 (4) 大洲分布及种数(17-19; hort.1;cult: 3)亚洲:cf.1;欧洲:1;北美洲:7-8;南美洲:12

Astropoea Steud. = **Waltheria**

Astropus Spreng. = **Waltheria**

Astropyga DC. = **Adenia**

A

Astropyrum Lem. = **Agropyron**
Astrorhiza Nutt. = **Lathyrus**
Astroschoenus Lindl. = **Rhynchospora**
Astrostemma Benth. = **Absolmsia**
Astrothalamus【3】C.B.Rob. 星托麻属 ← **Maoutia** Urticaceae 荨麻科 [MD-91] 全球 (1) 大洲分布及种数 (1)◆亚洲
Astrothamnus Klotzsch & Garcke = **Euphorbia**
Astrotheca【3】Miers ex Planch. & Triana 小猪胶树属 ≒ **Clusiella** Calophyllaceae 红厚壳科 [MD-140] 全球 (1) 大洲分布及种数(cf. 1)◆南美洲
Astrotoma Lyman = **Astroloma**
Astrotricha【3】DC. 大洋洲五加属 → **Bolax** Araliaceae 五加科 [MD-471] 全球 (1) 大洲分布及种数(8-21)◆大洋洲
Astrotriche Benth. = **Acrotriche**
Astrotrichia【-】Rchb. 五加科属 Araliaceae 五加科 [MD-471] 全球 (uc) 大洲分布及种数(uc)
Astrotrichilia【3】(Harms) J.F.Leroy 星帚木属 ← **Trichilia** Meliaceae 楝科 [MD-414] 全球 (1) 大洲分布及种数(12)◆非洲(◆马达加斯加)
Astroworthia【3】G.D.Rowley 松蛇掌属 ← **Astroloba** Asphodelaceae 阿福花科 [MM-649] 全球 (1) 大洲分布及种数(1)◆非洲(◆南非)
Astrurus Spreng. = **Waltheria**
Astura Forssk. = **Acokanthera**
Asturina Mill. = **Asarina**
Astus【3】Trudgen & Rye 岗松属 ≒ **Alnus** Myrtaceae 桃金娘科 [MD-347] 全球 (1) 大洲分布及种数(2-4)◆大洋洲
Astydamia【3】DC. 柴胡属 ← **Bupleurum;Laserpitium;Levisticum** Apiaceae 伞形科 [MD-480] 全球 (1) 大洲分布及种数(cf.1)◆非洲
Astygisa Wight = **Uapaca**
Astygiton Endl. = **Carissa**
Astylis Wight = **Drypetes**
Astylus Dulac = **Gagea**
Astyochia Nutt. = **Arachis**
Astyposanthes Herter = **Stylosanthes**
Astyra H.Andres = **Astiria**
Astyria Lindl. = **Astiria**
Astyris Wight = **Uapaca**
Asychis Kinberg = **Arachis**
Asyneuma【2】Griseb. & Schenk 牧根草属 ← **Adenophora;Phyteuma** Campanulaceae 桔梗科 [MD-561] 全球(5)大洲分布及种数(33-43;hort.1;cult:7)非洲:10;亚洲:30-36; 欧洲:15-16;北美洲:1;南美洲:3
Asynthema【3】S.Denham & Pozner 萼角花科属 Calyceraceae 萼角花科 [MD-594] 全球 (1) 大洲分布及种数(1)◆南美洲
Asystasia【3】Bl. 十万错属 ← **Adhatoda;Justicia** Acanthaceae 爵床科 [MD-572] 全球 (6) 大洲分布及种数 (29-70;hort.1;cult: 3)非洲:20-49;亚洲:12-27;大洋洲:4-11; 欧洲:1-4;北美洲:4-7;南美洲:1-3
Asystasiella【3】Lindau 白接骨属 ← **Asystasia** Acanthaceae 爵床科 [MD-572] 全球 (1) 大洲分布及种数(1-2)◆亚洲
Asystasietla Lindau = **Asystasiella**
Atacama【-】O.Toro,Mort & Al-Shehbaz 十字花科属 ≒ **Atalaya** Brassicaceae 十字花科 [MD-213] 全球 (uc) 大洲分布及种数(uc)
Atacca Lem. = **Ataccia**
Ataccia【-】J.Presl 薯蓣科属 ≒ **Tacca** Dioscoreaceae 薯蓣科 [MM-691] 全球 (uc) 大洲分布及种数(uc)
Atacella Britton & Rose = **Acaciella**
Atadinus Raf. = **Rhamnus**
Ataenia Endl. = **Adenia**
Ataenidia【3】Gagnep. 高秆芋属 ← **Calathea** Marantaceae 竹芋科 [MM-740] 全球 (1) 大洲分布及种数(1)◆北美洲(◆美国)
Ataeniopsis Stebnicka = **Vittaria**
Ataenius Raf. = **Rhamnus**
Atala Blanco = **Limnophila**
Atalanta (Nutt.) Raf. = **Cleome**
Atalanthia Corrêa = **Atalantia**
Atalanthus D.Don = **Sonchus**
Atalantia【3】Corrêa 酒饼簕属 ← **Amyris;Severinia** Rutaceae 芸香科 [MD-399] 全球 (1) 大洲分布及种数(19-47)◆亚洲
Atalapha L. = **Acalypha**
Atalasis L. = **Anabasis**
Atalaya【2】Bl. 椒木患属 ← **Cupania** Sapindaceae 无患子科 [MD-428] 全球 (3) 大洲分布及种数(7-17)非洲:3-4;亚洲:1-2;大洋洲:3-12
Atalopteris【3】Maxon & C.Chr. 酒饼蕨属 ← **Polybotrya** Dryopteridaceae 鳞毛蕨科 [F-49] 全球 (1) 大洲分布及种数(1-3)◆北美洲
Atamasco Raf. = **Atamosco**
Atamisquea【3】Miers ex Hook. & Arn. 山柑属 ← **Capparis** Capparaceae 山柑科 [MD-178] 全球 (6) 大洲分布及种数(1)非洲:1;亚洲:1;大洋洲:1;欧洲:1;北美洲:1;南美洲:1
Atamosco【2】Adans. 北美洲百合属 ≒ **Aidema** Amaryllidaceae 石蒜科 [MM-694] 全球 (2) 大洲分布及种数(2) 亚洲:1;北美洲:2
Atamosko Adans. = **Atamosco**
Atanus Raf. = **Rhamnus**
Atarba R.Br. = **Alopecurus**
Atasites Neck. = **Quararibea**
Ataxia R.Br. = **Anthoxanthum**
Ataxipteris【3】Holttum 三相蕨属 ← **Aspidium;Tectaria;Ctenitis** Dryopteridaceae 鳞毛蕨科 [F-49] 全球 (1) 大洲分布及种数(uc)◆大洋洲
Ate Lindl. = **Habenaria**
Atecosa Raf. = **Rumex**
Ateixa Ravenna = **Sarcodraba**
Atel Lindl. = **Habenaria**
Atelandra Bello = **Meliosma**
Atelandra Lindl. = **Hemigenia**
Atelanthera【3】Hook.f. & Thoms. 异药芥属 Brassicaceae 十字花科 [MD-213] 全球 (1) 大洲分布及种数(cf. 1)◆亚洲
Atelea A.Rich. = **Ateleia**
Ateleia【2】Moç. & Sessé ex DC. 瑕豆属 ← **Dalbergia; Pterocarpus;Astelia** Fabaceae 豆科 [MD-240] 全球 (3) 大洲分布及种数(25-32)亚洲:cf.1;北美洲:22-28;南美洲:5-6
Ateles Sond. = **Dovyalis**
Atelianthus Nutt. ex Benth. = **Synthyris**

Atella Medik. = (接受名不详) Callitrichaceae
Atelophragma (M.E.Jones) Rydb. = **Astragalus**
Atelopus Benth. = **Trochomeria**
Atemnosiphon【3】Leandri 马达瑞香属 ← **Lasiosiphon** Thymelaeaceae 瑞香科 [MD-310] 全球 (1) 大洲分布及种数(1)◆非洲(◆马达加斯加)
Atemnus P.Br. = **Gymnanthes**
Ateneria Kunth = **Adenaria**
Atenia Hook. & Arn. = **Carum**
Ateramnus【3】P.Br. 鳞序柏属 → **Actinostemon; Stillingia** Euphorbiaceae 大戟科 [MD-217] 全球 (1) 大洲分布及种数(15)◆北美洲
Atevala Raf. = **Aloe**
Ath Lindl. = **Habenaria**
Atha Clarke = **Catha**
Athaea Lindl. = **Astraea**
Athalamia Falc. = **Athalamia**
Athalamia【3】Shimizu & S.Hatt. 高山苔属 ≒ **Marchantia** Cleveaceae 星孔苔科 [B-15] 全球 (6) 大洲分布及种数(6)非洲:3-6;亚洲:3-6;大洋洲:3;欧洲:2-5;北美洲:1-4;南美洲:3
Athalmus Neck. = **Pallenis**
Athamanta【3】L. 芒芹属 ≒ **Angelica;Peucedanum** Apiaceae 伞形科 [MD-480] 全球 (1) 大洲分布及种数(5-18)◆欧洲
Athamantha Juss. = **Athamanta**
Athamus Neck. = **Volutaria**
Athanasia【3】L.永菊属→**Alloispermum;Athamanta; Pentzia** Asteraceae 菊科 [MD-586] 全球 (1) 大洲分布及种数(53-71)◆非洲(◆南非)
Athanasiaceae Martinov = Asteraceae
Athe Lindl. = **Habenaria**
Athecia Gaertn. = **Breynia**
Athelophragma Rydb. = **Astragalus**
Athelopsis Michx. = **Ampelopsis**
Athenaea Adans. = **Athenaea**
Athenaea【3】Sendtn. 阿西娜茄属 ← **Aureliana; Capsicum** Solanaceae 茄科 [MD-503] 全球 (1) 大洲分布及种数(14-23)◆南美洲(◆巴西)
Athenanthia Kunth = **Axonopus**
Atheneae Adans. = **Athenaea**
Atheolaena Rchb. = **Senecio**
Atherandra【3】Decne. 芒蕊萝藦属 → **Atherolepis; Cryptolepis** Apocynaceae 夹竹桃科 [MD-492] 全球 (1) 大洲分布及种数(1-2)◆亚洲
Atheranthera Mast. = **Gerrardanthus**
Atherina Nor. = **Aegle**
Atherinopsis Engl. = **Anthericopsis**
Atherix Gaertn. = **Forstera**
Athernema Rchb. = **Gaertnera**
Athernotus Dulac = **Calamagrostis**
Atheroaperma Labill. = **Daphnandra**
Atherocephala【3】DC. 八宝石南属 ≒ **Andersonia** Ericaceae 杜鹃花科 [MD-380] 全球 (1) 大洲分布及种数(uc)◆大洋洲
Atherolepis【3】(Wight) Hook.f. 芒鳞萝藦属 ← **Atherandra** Apocynaceae 夹竹桃科 [MD-492] 全球 (1) 大洲分布及种数(1-2)◆亚洲
Atherophora Steud. = **Amphipogon**
Atheropogon (Desv.) Rchb. = **Bouteloua**
Atherosperma【3】Labill. 香皮檫属 → **Daphnandra; Doryphora;Laurelia** Atherospermataceae 香皮檫科 [MD-19] 全球 (1) 大洲分布及种数(1-6)◆大洋洲
Atherospermataceae【3】R.Br. 香皮檫科 [MD-19] 全球 (6) 大洲分布和属种数(1;hort. & cult.1)(1-6;hort. & cult.1) 非洲:1/1;亚洲:1/1;大洋洲:1/1-6;欧洲:1/1;北美洲:1/1;南美洲:1/1
Atherotoma【-】Hook.f. 菊科属 ≒ **Antherotoma** Asteraceae 菊科 [MD-586] 全球 (uc) 大洲分布及种数(uc)
Atherstonea Pappe = **Strychnos**
Athertonia【3】L.A.S.Johnson & B.G.Briggs 栎山龙眼属 Proteaceae 山龙眼科 [MD-219] 全球 (1) 大洲分布及种数(1)◆大洋洲
Atherurus Bl. = **Pinellia**
Athesiandra Miers = **Ptychopetalum**
Atheta Raf. = **Abildgaardia**
Athlianthus Endl. = **Justicia**
Atholus Hemsl. = **Globba**
Athrium Schott = **Athyrium**
Athrixia【3】Ker Gawl. 紫绒草属 → **Amphiglossa; Aster;Dewildemania** Asteraceae 菊科 [MD-586] 全球 (6) 大洲分布及种数(13-19;hort.1)非洲:12-39;亚洲:2-26;大洋洲:24;欧洲:24;北美洲:24;南美洲:24
Athroandra (Hook.f.) Pax & Hoffm. = **Erythrococca**
Athrodactylis Forst. = **Pandanus**
Athroisma【3】DC. 黑果菊属 ← **Sphaeranthus** Asteraceae 菊科 [MD-586] 全球 (6) 大洲分布及种数(13)非洲:7-13;亚洲:1-3;大洋洲:1-3;欧洲:2;北美洲:2;南美洲:2
Athroismeae Panero = **Athroisma**
Athronia Neck. = **Acmella**
Athroostachys【3】Benth. ex Benth. & Hook.f. 密穗竹属 ← **Chusquea;Merostachys** Poaceae 禾本科 [MM-748] 全球 (1) 大洲分布及种数(1)◆南美洲
Athrophyllum J.Labouret = **Achrophyllum**
Athrotaxidaceae Doweld = Cupressaceae
Athrotaxidaceae Nak. = Cupressaceae
Athrotaxis【3】D.Don 密叶杉属 ← **Cunninghamia** Cupressaceae 柏科 [G-17] 全球 (1) 大洲分布及种数(3-4)◆大洋洲
Athruphyllum Lour. = **Myrsine**
Athryium Roth = **Athyrium**
Athtrium Schott = **Athyrium**
Athyana (Griseb.) Radlk. = **Athyana**
Athyana【3】Radlk. 南美无患子属 ← **Thouinia** Sapindaceae 无患子科 [MD-428] 全球 (1) 大洲分布及种数(2-9)◆南美洲
Athymalus Neck. = **Euphorbia**
Athyriaceae【3】Alston 蹄盖蕨科 [F-40] 全球 (6) 大洲分布和属种数(10-11;hort. & cult.3-4)(1106-1787;hort. & cult.44-70)非洲:4-8/ 103-188;亚洲:10/ 838-1045;大洋洲:4-8/ 88-180;欧洲:4-8/ 37-114;北美洲:4-8/ 205-292;南美洲:4-8/ 209-297
Athyriopsis【3】Ching 假蹄盖蕨属 ← **Athyrium;Lunathyrium;Deparia** Athyriaceae 蹄盖蕨科 [F-40] 全球 (1) 大洲分布及种数(12-17)◆亚洲
Athyrium Niponica Ching & Y.T.Hsieh = **Athyrium**
Athyrium【3】Roth 蹄盖蕨属 → **Acystopteris;Dipla-**

A

zium;Parathelypteris Athyriaceae 蹄盖蕨科 [F-40] 全球 (6) 大洲分布及种数(369-513;hort.1;cult: 92)非洲:30-56;亚洲:325-433;大洋洲:20-56;欧洲:17-44;北美洲:47-75;南美洲:42-69

Athyrma Radlk. = **Athyana**

Athyrocarpus Schlechtendal,Diederich Franz Leonhard von & Bentham,George = **Commelina**

Athyrum Roth = **Athyrium**

Athyrus (Tourn.) L. = **Lathyrus**

Athysanus【3】Greene 小盾芥属 ← **Thysanocarpus** Brassicaceae 十字花科 [MD-213] 全球 (1) 大洲分布及种数(2-3)◆北美洲

Atimeta Schott = **Rhodospatha**

Atirbesia Raf. = **Marrubium**

Atirsita Raf. = **Eryngium**

Atitara Juss. = **Evodia**

Atitara P. & K. = **Desmoncus**

Atkinsia R.A.Howard = **Thespesia**

Atkinsonia【2】F.Müll. 金榄檀属 Loranthaceae 桑寄生科 [MD-415] 全球 (2) 大洲分布及种数(1-2)亚洲:cf.1;大洋洲:1

Atlantia Kurz = **Atalantia**

Atlantidae Kurz = **Atalantia**

Atlides Lour. = **Aerides**

Ato Lindl. = **Habenaria**

Atocion Adans. = **Musineon**

Atolaria Neck. = **Crotalaria**

Atolmis O.Berg = **Pimenta**

Atomaria Ruprecht = **Argyrolobium**

Atomoscelis Steud. = **Cyperus**

Atomosia Wight & Arn. = **Atylosia**

Atomostigma【3】P. & K. 金壳果属 Rosaceae 蔷薇科 [MD-246] 全球 (1) 大洲分布及种数(cf. 1)◆南美洲

Atomostylis Steud. = **Cyperus**

Atopocarpus Cuatrec. = **Heteropterys**

Atopoglossum【3】Lür 金壳兰属 ← **Octomeria;Pleurothallis** Orchidaceae 兰科 [MM-723] 全球 (6) 大洲分布及种数(4)非洲:2;亚洲:2;大洋洲:2;欧洲:2;北美洲:3-5;南美洲:2

Atopostema Boutiqü = **Monanthotaxis**

Atossa Alef. = **Orobus**

Atoxia R.Br. = **Anthoxanthum**

Atr Lindl. = **Habenaria**

Atracis (Trin.) Griseb. = **Puccinellia**

Atractantha【3】McClure 纺锤花竹属 Poaceae 禾本科 [MM-748] 全球 (1) 大洲分布及种数(7)◆南美洲

Atractanthula McClure = **Atractantha**

Atractilina Rchb. = **Atractylis**

Atractis L. = **Atractylis**

Atractocarpa Franch. = **Puelia**

Atractocarpeae Jacq.Fél. = **Puelia**

Atractocarpus【3】Schltr. & Krause 瓦果栀属 ≒ **Gaudinia** Rubiaceae 茜草科 [MD-523] 全球 (1) 大洲分布及种数(21-31)◆大洋洲

Atractogyne【3】Pierre 小角栀属 Rubiaceae 茜草科 [MD-523] 全球 (1) 大洲分布及种数(1-2)◆非洲

Atractyiis L. = **Atractylis**

Atractylia Rchb. = **Atractylis**

Atractyliop L. = **Atractylis**

Atractylis【3】L. 羽叶苍术属 ≒ **Carthamus; Thevenotia;Lycoseris** Asteraceae 菊科 [MD-586] 全球 (1) 大洲分布及种数(35-42)◆亚洲

Atractylocarpus【3】Mitt. 长帽藓属 ≒ **Dicranodontium;Metzleria** Leucobryaceae 白发藓科 [B-129] 全球 (6) 大洲分布及种数(11) 非洲:2;亚洲:5;大洋洲:2;欧洲:2;北美洲:2;南美洲:4

Atractylodes【3】DC. 苍术属 ← **Atractylis;Acacia;-Chamaeleon** Asteraceae 菊科 [MD-586] 全球 (1) 大洲分布及种数(4-7)◆亚洲

Atragena L. = **Atragene**

Atragene【3】L. 长瓣铁线莲属 ≒ **Anemone;Clematis; Naravelia** Ranunculaceae 毛茛科 [MD-38] 全球 (6) 大洲分布及种数(2)非洲:1;亚洲:1-2;大洋洲:1;欧洲:1;北美洲:1-2;南美洲:1

Atraphax G.A.Scop. = **Atraphaxis**

Atraphaxis【3】L. 木蓼属 ≒ **Persicaria;Polygonum** Polygonaceae 蓼科 [MD-120] 全球 (6) 大洲分布及种数(34-52;hort.1)非洲:4-7;亚洲:33-47;大洋洲:1-4;欧洲:3-7;北美洲:4-7;南美洲:3

Atrategia Bedd. ex Hook.f. = **Goniothalamus**

Atrema DC. = **Sium**

Atremisia L. = **Artemisia**

Atrichantha【3】Hilliard & B.L.Burtt 疏毛鼠麹木属 ← **Helichrysum;Hydroidea** Asteraceae 菊科 [MD-586] 全球 (1) 大洲分布及种数(1)◆非洲(◆南非)

Atrichites【-】Ignatov & Shcherbakov 金发藓科属 Polytrichaceae 金发藓科 [B-101] 全球 (uc) 大洲分布及种数(uc)

Atrichodendron【3】Gagnep. 无毛茄属 Solanaceae 茄科 [MD-503] 全球 (1) 大洲分布及种数(1)◆东亚(◆中国)

Atrichoglottis (Endl.) Wittst. = **Trichoglottis**

Atrichopsis【2】Cardot 南美金发藓属 ≒ **Psilopilum** Polytrichaceae 金发藓科 [B-101] 全球 (2) 大洲分布及种数(1) 非洲:1;南美洲:1

Atrichoseris【3】A.Gray 白伞苣属 ← **Malacothrix** Asteraceae 菊科 [MD-586] 全球 (1) 大洲分布及种数(1)◆北美洲(◆美国)

Atrichum【3】P.Beauv. 仙鹤藓属 ≒ **Polytrichum; Steereobryon** Polytrichaceae 金发藓科 [B-101] 全球 (6) 大洲分布及种数(38) 非洲:3;亚洲:19;大洋洲:5;欧洲:7;北美洲:19;南美洲:8

Atriplex (Asch.) Asch. & Graebn. = **Atriplex**

Atriplex【3】L. 滨藜属 ≒ **Ceratocarpus;Obione** Chenopodiaceae 藜科 [MD-115] 全球 (6) 大洲分布及种数(263-362;hort.1;cult: 17)非洲:64-131;亚洲:99-169;大洋洲:89-163;欧洲:64-127;北美洲:134-200;南美洲:86-150

Atriplicaceae Juss. = Chenopodiaceae

Atropa【3】L.颠茄属→**Acnistus;Belladonna;Solanum** Solanaceae 茄科 [MD-503] 全球 (6) 大洲分布及种数(4-14;hort.1;cult: 2)非洲:1-8;亚洲:2-10;大洋洲:6;欧洲:2-9;北美洲:2-8;南美洲:2-8

Atropaceae Martinov = Solanaceae

Atropanthe【3】Pascher 天蓬子属 ← **Scopolia;Anisodus;Cyananthus** Solanaceae 茄科 [MD-503] 全球 (1) 大洲分布及种数(cf. 1)◆东亚(◆中国)

Atropatenia F.K.Mey. = **Thlaspi**

Atropis (Trin.) Griseb. = **Puccinellia**

Atropus Spreng. = **Waltheria**
Atrostemma Morillo = **Absolmsia**
Atroxima【3】Stapf 黑远志属 ← **Carpolobia** Polygalaceae 远志科 [MD-291] 全球 (1) 大洲分布及种数(2-6)◆非洲
Atrutegia Bedd. = **Uvaria**
Atrypa L. = **Atropa**
Att Lindl. = **Habenaria**
Attalea【3】H.B. & K. 直叶椰子属 ≒ **Cocos** Arecaceae 棕榈科 [MM-717] 全球 (6) 大洲分布及种数(73-93;hort.1;cult:3)非洲:4;亚洲:6-10;大洋洲:4;欧洲:4;北美洲:14-18;南美洲:72-88
Attalerie Poir. = **Hydrolea**
Attaphila Bolívar = **Actephila**
Atteria Goffinet = **Matteria**
Attidae E.Martřínez & Ramos = **Attilaea**
Attilaea【3】E.Martřínez & Ramos 北美洲漆树属 Anacardiaceae 漆树科 [MD-432] 全球 (1) 大洲分布及种数(1)◆北美洲
Attractilis Hall ex Scop. = **Atractylis**
Attus Taczanowski = **Astus**
Atulandra Raf. = **Rhamnus**
Atule Raf. = **Atuna**
Atuna【3】Raf. 灯罩李属 ← **Chrysobalanus;Parinari; Sinoadina** Chrysobalanaceae 可可李科 [MD-243] 全球 (6) 大洲分布及种数(11-14;hort.1)非洲:3-4;亚洲:9-11;大洋洲:5-7;欧洲:1-2;北美洲:1;南美洲:4-6
Atunus Lam. = **Atuna**
Aturia Forssk. = **Bryonia**
Aturus L. = **Adenocline**
Aty Lindl. = **Habenaria**
Atyloella G.D.Rowley = **Aloe**
Atylopsis Swingle = **Aeglopsis**
Atylosa Wight & Arn. = **Atylosia**
Atylosia【3】Wight & Arn. 虫豆属 ← **Cajanus;Dunbaria** Fabaceae3 蝶形花科 [MD-240] 全球 (1) 大洲分布及种数(1-6)◆非洲
Atylus Salisb. = **Isopogon**
Atymna Raf. = **Atuna**
Atyson Raf. = **Adromischus**
Aualia P.Br. = **Adelia**
Auantodia R.Br. = **Allantodia**
Aubentonia Domb. ex Steud. = **Daubentonia**
Aubergina Bory = **Evodia**
Auberti Bory = **Evodia**
Aubertia Bory = **Verbena**
Aubertia Chapel ex Baill. = **Croton**
Aubhemis L. = **Anthemis**
Aubion Raf. = **Cleome**
Aublatia Bory = **Aerva**
Aubleta Cothen. = **Aubletia**
Aubletella Pierre = **Chrysophyllum**
Aubletia【-】Gaertn. 爵床科属 ≒ **Sonneratia** Acanthaceae 爵床科 [MD-572] 全球 (uc) 大洲分布及种数(uc)
Aubletiana【3】J.Murillo 河桐属 ≒ **Conceveiba** Euphorbiaceae 大戟科 [MD-217] 全球 (1) 大洲分布及种数(2)◆非洲
Aubregrinia【3】Heine 桃榄属 ← **Pouteria** Sapotaceae 山榄科 [MD-357] 全球 (1) 大洲分布及种数(cf.1)◆非洲
Aubrevillea【3】Pellegr. 奥布雷豆属 ← **Piptadenia** Fabaceae 豆科 [MD-240] 全球 (1) 大洲分布及种数(2-3)◆非洲
Aubrie Adans. = **Aubrieta**
Aubrieta【2】Adans. 南庭荠属 ← **Alyssum;Arabis; Heliophila** Brassicaceae 十字花科 [MD-213] 全球 (3) 大洲分布及种数(23-24)亚洲:cf.1;欧洲:12;北美洲:2
Aubrietia Adans. = **Aubrieta**
Aubrya Baill. = **Sacoglottis**
Auca O.Berg = **Acca**
Aucellia Szlach. & Sitko = **Maxillaria**
Auchenia F.Petit = **Althenia**
Auchera DC. = **Cousinia**
Aucklandia【-】Falc. 菊科属 ≒ **Saussurea** Asteraceae 菊科 [MD-586] 全球 (uc) 大洲分布及种数(uc)
Aucoumea【3】Pierre 桃心榄属 Burseraceae 橄榄科 [MD-408] 全球 (1) 大洲分布及种数(1)◆非洲
Aucuba【3】Thunb. 桃叶珊瑚属 Garryaceae 丝缨花科 [MD-446] 全球 (1) 大洲分布及种数(11-21)◆亚洲
Aucubaceae【3】Bercht. & J.Presl 桃叶珊瑚科 [MD-460] 全球 (6) 大洲分布和属种数(1;hort. & cult.1)(11-25;hort. & cult.4-7)非洲:1/6;亚洲:1/11-21;大洋洲:1/6;欧洲:1/6;北美洲:1/1-7;南美洲:1/6
Aucubaephyllum Ahlb. = **Psychotria**
Aucula Todd & Poole = **Aucuba**
Aucuparia Medik. = **Sorbus**
Audibertia【2】Benth. 薄荷属 ≒ **Oschatzia** Lamiaceae 唇形科 [MD-575] 全球 (2) 大洲分布及种数(3) 亚洲:1;北美洲:3
Audibertiella Briq. = **Salvia**
Audouinia【3】Brongn. 红杉杜属 ← **Diosma** Bruniaceae 绒球花科 [MD-336] 全球 (1) 大洲分布及种数(1-5)◆非洲(◆南非)
Audouinieae Nied. = **Audouinia**
Auerodendron【3】Urb. 岛勾儿茶属 ← **Reynosia; Rhamnidium** Rhamnaceae 鼠李科 [MD-331] 全球 (1) 大洲分布及种数(4-10)◆北美洲
Auethum L. = **Anethum**
Auganthus Link = **Androsace**
Augea【3】Thunb. 狒狒蓬属 ≒ **Lanaria** Zygophyllaceae 蒺藜科 [MD-288] 全球 (1) 大洲分布及种数(1)◆非洲(◆南非)
Augia Lour. = **Rhus**
Augouardia【3】Pellegr. 日光豆属 Fabaceae 豆科 [MD-240] 全球 (1) 大洲分布及种数(2)◆非洲
Augusta【3】Pohl 栀子属 ≒ **Stomatochaeta** Rubiaceae 茜草科 [MD-523] 全球 (1) 大洲分布及种数(4)◆南美洲
Augustea【3】DC. 栀子属 ≒ **Gardenia** Rubiaceae 茜草科 [MD-523] 全球 (1) 大洲分布及种数(4)◆南美洲
Augustia Klotzsch = **Begonia**
Augustinea A.St.Hil. & Naudin = **Bactris**
Aukuba Köhne = **Aucuba**
Aulacia Lour. = **Micromelum**
Aulacinthus E.Mey. = **Ononis**
Aulacocalyx【3】Hook.f. 萼茜草属 ← **Aidia;Randia; Sericanthe** Rubiaceae 茜草科 [MD-523] 全球 (1) 大洲分布及种数(8-14)◆非洲

A

Aulacocarpus O.Berg = **Mouriri**
Aulacolepis【2】 Ettingsh. 禾本科属 ≒ **Aniselytron** Poaceae 禾本科 [MM-748] 全球 (2) 大洲分布及种数(3) 亚洲:3;大洋洲:3
Aulacomitrium【3】 Mitt. 高领藓属 ≒ **Glyphomitrium** Ptychomitriaceae 缩叶藓科 [B-114] 全球 (1) 大洲分布及种数(3)◆亚洲
Aulacomniaceae【3】Schimp. 皱蒴藓科 [B-153] 全球 (6) 大洲分布和属种数2/9 亚洲:1/4;大洋洲:1/2;欧洲:1/4;北美洲:2/8;南美洲:1/4
Aulacomnium (Fr.) Jur. = **Aulacomnium**
Aulacomnium【3】 Schwägr. 皱蒴藓属 ≒ **Hypnum; Leptotheca** Aulacomniaceae 皱蒴藓科 [B-153] 全球 (6) 大洲分布及种数(7) 非洲:3;亚洲:4;大洋洲:2;欧洲:4;北美洲:6;南美洲:4
Aulacopalpus O.Berg = **Eugenia**
Aulacophilus Wilson = **Aulacopilum**
Aulacophyllum Regel = **Zamia**
Aulacopilum【2】Broth. 苔叶藓属 Erpodiaceae 树生藓科 [B-126] 全球 (5) 大洲分布及种数(8) 非洲:2;亚洲:7;大洋洲:2;北美洲:2;南美洲:2
Aulacopilum Euaulacopilum Broth. = **Aulacopilum**
Aulacorhynchus Nees = **Tetraria**
Aulacospermum【3】 Ledeb. 槽子芹属 ← **Cnidium; Pleurospermum;Trachydium** Apiaceae 伞形科 [MD-480] 全球 (1) 大洲分布及种数(12-21)◆亚洲
Aulacospermun Ledeb. = **Aulacospermum**
Aulacostigma Turcz. = **Rhynchotheca**
Aulacostroma Syd. = **Rhynchotheca**
Aulacotheca P. & K. = **Cactus**
Aulacothele P. & K. = **Coryphantha**
Aulacti Lour. = **Andromeda**
Aulactinia Zamponi = **Anactinia**
Auladera H.J.Lam. = **Aulandra**
Aulandra【3】 H.J.Lam 笛胶木属 Sapotaceae 山榄科 [MD-357] 全球 (1) 大洲分布及种数(1-3)◆亚洲
Aulax【3】 P.J.Bergius 丝羽木属 → **Leucadendron** Proteaceae 山龙眼科 [MD-219] 全球 (1) 大洲分布及种数(3)◆非洲
Aulaxanthus Elliott = **Anthaenantia**
Aulaxia Nutt. = **Anthaenantia**
Aulaxis Haw. = **Saxifraga**
Aulaxis Steud. = **Anthaenantia**
Aulaya Harv. = **Harveya**
Auletta Eckl. = **Watsonia**
Auleutes Hustache = **Aletes**
Auleya D.Dietr. = **Alectra**
Aulia Korovin = **Paulia**
Aulica Raf. = **Adina**
Aulicina Cav. = **Melampodium**
Aulina Raf. = **Amaryllis**
Auliphas Raf. = **Miconia**
Aulisconema Hua = **Disporopsis**
Auliscus Vell. = **Joannesia**
Auliza Salisb. = **Epidendrum**
Aulizeum Lindl. ex Stein = **Brassavola**
Aulocera Raf. = **Aegilops**
Aulocopium Wilson = **Aulacopilum**
Aulocostigma Turcz. = **Rhynchotheca**
Aulojusticia【3】 Lindau 爵床科属 ≒ **Siphonoglossa** Acanthaceae 爵床科 [MD-572] 全球 (1) 大洲分布及种数(uc)◆亚洲
Aulomyrcia O.Berg = **Myrcia**
Aulomyrica O.Berg = **Myrcia**
Aulonemia【2】Goudot 牧笛竹属 ← **Arthrostylidium; Sieglingia** Poaceae 禾本科 [MM-748] 全球 (3) 大洲分布及种数(56-58)亚洲:cf.1;北美洲:4;南美洲:52-54
Aulonia Raf. = **Adenocarpus**
Aulonix Raf. = **Cytisus**
Aulophorus Müller = **Acrophorus**
Aulopoma Walp. = **Astragalus**
Aulorchis Hertwig = **Acrorchis**
Aulosema Walp. = **Astragalus**
Aulosepalum Garay = **Deiregyne**
Aulosepulum Garay = **Deiregyne**
Aulosira Ghose,S.L. = **Anarthrophyllum**
Aulosolena Koso-Pol. = **Sanicula**
Aulospermum【3】 J.M.Coult. & Rose 春欧芹属 ← **Cymopterus** Apiaceae 伞形科 [MD-480] 全球 (1) 大洲分布及种数(2)属分布和种数(uc)◆北美洲
Aulostemon Mart.Azorín,M.B.Crespo,M.Pinter & Wetschnig = **Scirpus**
Aulostephanus Schltr. = **Brachystelma**
Aulostylis Schltr. = **Calanthe**
Aulotandra【3】 Gagnep. 合丝姜属 Zingiberaceae 姜科 [MM-737] 全球 (1) 大洲分布及种数(4-7)◆非洲
Aulura Phil. = **Azorella**
Auouparia Medik. = **Sorbus**
Auradisa Rchb. = **Arabidopsis**
Aurantiac Mill. = **Citrus**
Aurantiaceae Juss. = Rutaceae
Auranticarpa【3】 L.W.Cayzer,Crisp & I.Telford 金海桐属 Pittosporaceae 海桐科 [MD-448] 全球 (1) 大洲分布及种数(6)◆大洋洲
Aurantium Mill. = **Citrus**
Aureilobivia Frič ex Kreuz. = **Weberbauerocereus**
Aurelia Cass. = **Narcissus**
Aureliana Böhm. = **Aureliana**
Aureliana【3】 Lafit. ex Catesb. 金蛹茄属 ← **Aralia; Capsicum** Solanaceae 茄科 [MD-503] 全球 (1) 大洲分布及种数(8-9)◆南美洲
Aurellia Cass. = **Narcissus**
Aureolaria【3】Raf. 栎地黄属 ← **Agalinis;Rhinanthus; Gerardia** Orobanchaceae 列当科 [MD-552] 全球 (1) 大洲分布及种数(13-14)◆北美洲
Aureolejeunea Omphalanthopsis R.M.Schust. = **Aureolejeunea**
Aureolejeunea【2】 R.M.Schust. 栎鳞苔属 ≒ **Archilejeunea** Lejeuneaceae 细鳞苔科 [B-84] 全球 (3) 大洲分布及种数(7)亚洲:cf.1;北美洲:1;南美洲:3
Auria Kunth = **Mauria**
Auricula Hill = **Primula**
Auriculardisia Lundell = **Ardisia**
Auricularia Bull. ex Juss. = **Alicularia**
Auricula-ursi Adans. = **Androsace**
Auriculora Hill = **Androsace**
Aurila Endl. = **Pyrenaria**
Aurinia【3】 Desv. 金庭荠属 ← **Alyssum;Phyllolepi-**

dum;Alyssoides Brassicaceae 十字花科 [MD-213] 全球 (1) 大洲分布及种数(9)◆欧洲
Aurinocidium Romowicz & Szlach. = **Oncidium**
Auris Adans. = **Moraea**
Auristomia Cerv. = **Chloris**
Aurora Nor. = **Amoora**
Aurota Raf. = **Colchicum**
Austerium Bl. = **Rhynchosia**
Austinella R.S.Williams = **Oncophorus**
Austinia Buril & A.R.Simões = **Austinia**
Austinia【3】 Müll.Hal. 巴西光藓属 ≒ **Macgregorella** Myriniaceae 拟光藓科 [B-174] 全球 (1) 大洲分布及种数(1)◆南美洲
Australia Gaud. = **Australina**
Australian Gaud. = **Australina**
Australina【2】 Gaud. 伏单蕊麻属 → **Didymodoxa; Pouzolzia;Urtica** Urticaceae 荨麻科 [MD-91] 全球 (3) 大洲分布及种数(3)非洲:1-2;亚洲:cf.1;大洋洲:1
Australluma【3】 Plowes 水牛角属 ← **Caralluma** Apocynaceae 夹竹桃科 [MD-492] 全球 (1) 大洲分布及种数(1)◆非洲(◆南非)
Australophis Brieger = **Dendrobium**
Australopyrum【3】 (Tzvelev) Á.Löve 南麦草属 ← **Agropyron;Elymus;Festuca** Poaceae 禾本科 [MM-748] 全球 (1) 大洲分布及种数(5)◆大洋洲
Australorchis Brieger = **Dendrobium**
Australothis Brieger = **Dendrobium**
Austrlorchis Brieger = **Dendrobium**
Austro【3】 R.M.Schust. 亮叶苔属 Fossombroniaceae 小叶苔科 [B-23] 全球 (1) 大洲分布及种数(1)◆非洲
Austroamericium【3】 Hendrych 百蕊草属 ≒ **Thesium** Santalaceae 檀香科 [MD-412] 全球 (1) 大洲分布及种数(3)◆南美洲
Austroascia Ulbr. = **Chenolea**
Austrobaileya【3】 C.T.White 木兰藤属 Austrobaileyaceae 木兰藤科 [MD-2] 全球 (1) 大洲分布及种数(2)◆大洋洲
Austrobaileyaceae【3】 Croizat 木兰藤科 [MD-2] 全球 (1) 大洲分布和属种数(1/2)◆大洋洲
Austrobassia【3】 Ulbr. 沙冰藜属 ← **Bassia;Maireana** Amaranthaceae 苋科 [MD-116] 全球 (1) 大洲分布及种数 (uc)属分布和种数(uc)
Austroborus Miq. = **Austrobuxus**
Austrobrickellia【3】 R.M.King & H.Rob. 泽兰属 ≒ **Eupatorium** Asteraceae 菊科 [MD-586] 全球 (1) 大洲分布及种数(3)◆南美洲
Austrobryonia【3】 H.Schaef. 南瓜属 ≒ **Cucurbita** Cucurbitaceae 葫芦科 [MD-205] 全球 (1) 大洲分布及种数(1-4)◆大洋洲
Austrobuxus【3】 Miq. 黄杨桐属 ← **Baloghia;Codiaeum;Scagea** Picrodendraceae 苦皮桐科 [MD-317] 全球 (1) 大洲分布及种数(14-29)◆大洋洲
Austrocactus【2】 Britton & Rose 狼爪玉属 ← **Cereus;Echinocactus** Cactaceae 仙人掌科 [MD-100] 全球 (3) 大洲分布及种数(11)欧洲:2;北美洲:2;南美洲:10
Austrocallerya【-】 J.Compton & Schrire 豆科属 Fabaceae 豆科 [MD-240] 全球 (uc) 大洲分布及种数(uc)
Austrocedrus【3】 Florin & Boutlelje 智利翠柏属 ← **Cupressus;Libocedrus** Cupressaceae 柏科 [G-17] 全球 (1) 大洲分布及种数(1)◆南美洲(◆智利)
Austrocentrus Schmid = **Austrocedrus**
Austrocephalocereus【3】 Backeb. 小花柱属 Cactaceae 仙人掌科 [MD-100] 全球 (1) 大洲分布及种数(1)◆非洲(◆中非)
Austrocereus Mottram = **Austrocedrus**
Austrochloris【3】 Lazarides 大洋洲虎尾草属 ← **Chloris** Poaceae 禾本科 [MM-748] 全球 (1) 大洲分布及种数(1)◆大洋洲
Austrochthamalia【3】 Morillo & Fontella 南夹竹属 Apocynaceae 夹竹桃科 [MD-492] 全球 (1) 大洲分布及种数(cf.1) ◆南美洲
Austrocritonia【3】 R.M.King & H.Rob. 巴西亮泽兰属 ≒ **Eupatorium** Asteraceae 菊科 [MD-586] 全球 (1) 大洲分布及种数(4)◆南美洲(◆巴西)
Austrocylindropuntia【3】 Backeb. 圆筒掌属 → **Cumulopuntia;Opuntia** Cactaceae 仙人掌科 [MD-100] 全球 (1) 大洲分布及种数(16)◆南美洲
Austrocynoglossum M.Popov ex R.R.Mill. = **Hackelia**
Austrodanthonia H.P.Linder = **Rytidosperma**
Austroderia【2】 N.P.Barker & H.P.Linder 竹叶吊钟属 ← **Bomarea** Poaceae 禾本科 [MM-748] 全球 (2) 大洲分布及种数(4-5)大洋洲;北美洲
Austrodolichos【3】 Verdc. 镰扁豆属 ← **Dolichos** Fabaceae 豆科 [MD-240] 全球 (1) 大洲分布及种数(1)◆大洋洲
Austrodrimys【-】 Doweld 林仙科属 Winteraceae 林仙科 [MD-3] 全球 (uc) 大洲分布及种数(uc)
Austroenpatorium R.M.King & H.Rob. = **Austroeupatorium**
Austroeupatorium【3】 R.M.King & H.Rob. 南泽兰属 ← **Brickellia;Eupatorium** Asteraceae 菊科 [MD-586] 全球 (6) 大洲分布及种数(19-22)非洲:1;亚洲:1-2;大洋洲:1-2;欧洲:1;北美洲:2-3;南美洲:18-20
Austrofestuca【3】 (Tsvel.) E.B.Alexeev 南羊茅属 ≒ **Schedonorus** Poaceae 禾本科 [MM-748] 全球 (1) 大洲分布及种数(2)◆大洋洲
Austrofossombronia R.M.Schust. = **Fossombronia**
Austrofusus Miq. = **Austrobuxus**
Austrogambeya Aubrév. & Pellegr. = **Chrysophyllum**
Austrogramme【-】 E.Fourn. 凤尾蕨科属 ≒ **Syngramma** Pteridaceae 凤尾蕨科 [F-31] 全球 (uc) 大洲分布及种数(uc)
Austrohondaella【3】 Z.Iwats. 澳灰藓属 ≒ **Hypnum** Hypnaceae 灰藓科 [B-189] 全球 (1) 大洲分布及种数(1)◆大洋洲
Austrolejeunea (R.M.Schust.) R.M.Schust. = **Austrolejeunea**
Austrolejeunea【3】 Pócs 澳鳞苔属 ← **Siphonolejeunea** Lejeuneaceae 细鳞苔科 [B-84] 全球 (1) 大洲分布及种数(7)◆大洋洲
Austrolembidium Hässel = **Evansianthus**
Austroliabum【-】 H.Rob. & Brettell 菊科属 ≒ **Liabum** Asteraceae 菊科 [MD-586] 全球 (uc) 大洲分布及种数(uc)
Austrolophozia【3】 R.M.Schust. 顶片苔属 Acrobolbaceae 顶苞苔科 [B-43] 全球 (1) 大洲分布及种数(cf. 1)◆南美洲
Austrolycopodium Holub = **Lycopodium**

A

Austromatthaea【3】 L.S.Sm. 澳榕桂属 Monimiaceae 玉盘桂科 [MD-20] 全球 (1) 大洲分布及种数(1)◆大洋洲
Austrometzgeria【3】 (Mitt.) Kuwah. 澳叉苔属 Metzgeriaceae 叉苔科 [B-89] 全球 (1) 大洲分布及种数(1)◆大洋洲(◆新西兰)
Austromuellera【3】 C.T.White 光银桦属 Proteaceae 山龙眼科 [MD-219] 全球 (1) 大洲分布及种数(2)◆大洋洲
Austromyrtus【3】 (Nied.) Burret 斑桃木属 ← **Asteromyrtus** Myrtaceae 桃金娘科 [MD-347] 全球 (1) 大洲分布及种数(50-51)◆大洋洲
Austronanus Compton = **Austrotaxus**
Austronea【3】 Mart.-Azorín,M.B.Crespo,M.Pinter & Wetschnig 斑门冬属 Asparagaceae 天门冬科 [MM-669] 全球 (1) 大洲分布及种数(16)◆非洲
Austropeucedanum【3】 Mathias & Constance 前胡属 ← **Peucedanum** Apiaceae 伞形科 [MD-480] 全球 (1) 大洲分布及种数(1)◆南美洲
Austrophilibertiella【3】 Ochyra 南牛毛藓属 ≒ **Philibertiella** Ditrichaceae 牛毛藓科 [B-119] 全球 (1) 大洲分布及种数(2)◆南美洲
Austrophyllum Torr. & A.Gray = **Choisya**
Austroplenckia Lundell = **Plenckia**
Austropyrgus (Nied.) Burret = **Austromyrtus**
Austroriella【-】 Cargill & J.Milne 扭叶苔科属 Riellaceae 扭叶苔科 [B-5] 全球 (uc) 大洲分布及种数(uc)
Austrorossia Ulbr. = **Chenolea**
Austrosteenisia【3】 R.Geesink 澳矛果豆属 ← **Kunstleria;Millettia** Fabaceae 豆科 [MD-240] 全球 (1) 大洲分布及种数(2-4)◆大洋洲
Austrostipa【3】 S.W.L.Jacobs & J.Everett 澳针茅属 ← **Stipa;Dichelachne** Poaceae 禾本科 [MM-748] 全球 (1) 大洲分布及种数(64)◆大洋洲
Austrosynotis【3】 C.Jeffrey 千里光属 ← **Senecio** Asteraceae 菊科 [MD-586] 全球 (1) 大洲分布及种数(1)◆非洲
Austrotaxaceae Nakai = Taxaceae
Austrotaxus【3】 Compton 南紫杉属 ≒ **Nageia;Austrobuxus** Taxaceae 红豆杉科 [G-12] 全球 (1) 大洲分布及种数(1)◆大洋洲
Austrotrigonia R.M.King & H.Rob. = **Austrocritonia**
Ausulus L. = **Aesculus**
Autana【3】 C.T.Philbrick 皱川苔草属 Podostemaceae 川苔草科 [MD-322] 全球 (1) 大洲分布及种数(1-5)◆南美洲(◆委内瑞拉)
Autirrhinum L. = **Antirrhinum**
Autochloris Schaus = **Austrochloris**
Autogenes Raf. = **Narcissus**
Autonoe【3】 (Webb & Berthel.) Speta 蓝瑰花属 ≒ **Scilla** Asparagaceae 天门冬科 [MM-669] 全球 (1) 大洲分布及种数(uc)◆亚洲
Autrandra Pierre ex Prain = **Erythrococca**
Autranella【3】 A.Chev. & Aubrév. 香榄属 ← **Mimusops** Sapotaceae 山榄科 [MD-357] 全球 (1) 大洲分布及种数(1)◆非洲
Autrani C.T.Philbrick = **Autana**
Autrania C.Winkl. & Barbey = **Centaurea**
Autrobuxus McPherson = **Austrobuxus**
Autumnalia【3】 Pimenov 秋芹属 Apiaceae 伞形科 [MD-480] 全球 (1) 大洲分布及种数(1-3)◆非洲
Autunesia O.Hoffm. = **Distephanus**
Auxemma Miers = **Cordia**
Auxis Haw. = **Saxifraga**
Auxopus【3】 Schltr. 大足兰属 Orchidaceae 兰科 [MM-723] 全球 (1) 大洲分布及种数(2-13)◆非洲
Auzuba Plum. ex Lam. = **Sideroxylon**
Aveledoa Pittier = **Metteniusa**
Avellana Dochnahl = **Avellanita**
Avellanita【3】 Phil. 珠花桐属 Euphorbiaceae 大戟科 [MD-217] 全球 (1) 大洲分布及种数(1)◆南美洲(◆智利)
Avellara Blanca & C.Díaz = **Scorzonera**
Avellinia【2】 Parl. 红三毛禾属 ← **Rostraria** Poaceae 禾本科 [MM-748] 全球 (4) 大洲分布及种数(3)非洲:1;亚洲:1;大洋洲:2;欧洲:1
Avena (Desv.) A.Gray = **Avena**
Avena【3】 Hall. ex G.A.Scop. 燕麦属 → **Achnatherum; Agrostis;Calamagrostis** Poaceae 禾本科 [MM-748] 全球 (6) 大洲分布及种数(33-57;hort.1;cult: 8)非洲:24-49;亚洲:20-42;大洋洲:7-28;欧洲:17-41;北美洲:13-34;南美洲:11-34
Avenacea Kunth = **Bromus**
Avenaceae Bercht. & C.Presl = Arecaceae
Avenaria Heist. ex Fabr. = **Bromus**
Avenastrum (Koch) Opiz = **Helictotrichon**
Aveneae Dum. = **Avena**
Avenella【2】 Koch ex Steud. 亚洲燕麦草属 ≒ **Deschampsia;Arundo** Poaceae 禾本科 [MM-748] 全球 (5) 大洲分布及种数(3;hort.1;cult:1)非洲:2;亚洲:cf.1;欧洲:1;北美洲:1;南美洲:1
Avenochloa Holub = **Helictotrichon**
Avenula【3】 (Dum.) Dum. 燕禾属 ← **Avena;Helictotrichon** Poaceae 禾本科 [MM-748] 全球 (1) 大洲分布及种数(1-2)◆非洲(◆摩洛哥)
Avenzoaria Heist. ex Fabr. = **Agropyron**
Avephora Gagnep. = **Malaxis**
Averia【3】 Leonard 巧绒花属 ← **Tetramerium** Acanthaceae 爵床科 [MD-572] 全球 (1) 大洲分布及种数(uc)◆亚洲
Averrhoa【3】 L. 阳桃属 → **Sarcotheca;Phyllanthus** Oxalidaceae 酢浆草科 [MD-395] 全球 (1) 大洲分布及种数(2-3)◆亚洲
Averrhoaceae【2】Hutch. 阳桃科 [MD-295] 全球 (4) 大洲分布和属种数(1;hort. & cult.1)(2-8;hort. & cult.2)亚洲:1/2-3;大洋洲:1/1;北美洲:1/1;南美洲:1/2-2
Averrhoeaceae Hutch. = Averrhoaceae
Averrhoideum Baill. = **Averrhoidium**
Averrhoidium【3】 Baill. 阳桃无患子属 ← **Matayba** Sapindaceae 无患子科 [MD-428] 全球 (1) 大洲分布及种数(4-5)◆南美洲
Aversia G.Don = **Polycarpon**
Avesicaria (Kamienski ex Prantl) Barnhart = **Utricularia**
Avetra H.Perrier = **Trichopus**
Avetraceae【3】Takht. 马达藤科 [MM-690] 全球 (1) 大洲分布和属种数(uc)◆亚洲
Aveuastrum (Koch) Opiz = **Helictotrichon**
Aviceda Lindl. = **Satyrium**

Avicenia A.St.Hil. = **Avicennia**
Avicennae L. = **Avicennia**
Avicennia【3】L. 海榄雌属 Avicenniaceae 海榄雌科 [MD-569] 全球 (6) 大洲分布及种数(8-11;hort.1;cult: 4)非洲:4-6;亚洲:5-7;大洋洲:6-9;欧洲:2;北美洲:5-7;南美洲:5-7
Avicenniaceae【3】Miq. 海榄雌科 [MD-569] 全球 (6) 大洲分布和属种数(1;hort. & cult.1)(7-14;hort. & cult.1)非洲:1/4-6;亚洲:1/5-7;大洋洲:1/6-9;欧洲:1/2;北美洲:1/5-7;南美洲:1/ 5-7
Aviceps Lindl. = **Polygonum**
Avicosa Alef. = **Vicia**
Avicula Hill = **Androsace**
Avicularia Börner = **Polygonum**
Avima Lam. = **Azima**
Avitus Simon = **Astus**
Aviunculus Fourr. = **Sesbania**
Avoira Giseke = **Astrocaryum**
Avonia【3】(E.Mey. ex Fenzl) G.D.Rowley 回欢龙属 ← **Anacampseros;Pavonia** Anacampserotaceae 回欢草科 [MD-274] 全球 (1) 大洲分布及种数(2)◆非洲
Avonsera Speta = **Ornithogalum**
Avornela Raf. = **Cytisus**
Awaous Raf. = **Aruncus**
Awas Raf. = **Spiraea**
Awayus Raf. = **Spiraea**
Awhea Stokes = **Blighia**
Axanthes Bl. = **Urophyllum**
Axanthopsis Korth. = **Urospatha**
Axea Stokes = **Blighia**
Axelella Fourr. = **Veronica**
Axenfeldia Baill. = **Mallotus**
Axia Lour. = **Delphinium**
Axiana Raf. = **Delphinium**
Axianassa Lindl. = **Acanthostachys**
Axillaria Raf. = **Polygonatum**
Axillariella M.A.Blanco & Carnevali = **Maxillariella**
Axinactis Dulac = **Carum**
Axinaea【3】Ruiz & Pav. 斧号丹属 ≒ **Meriania** Melastomataceae 野牡丹科 [MD-364] 全球 (1) 大洲分布及种数(42-52)◆南美洲
Axinandra【3】Thwaites 斧蕊木属 Crypteroniaceae 隐翼木科 [MD-372] 全球 (1) 大洲分布及种数(cf. 1)◆亚洲
Axinanthera H.Karst. = **Bellucia**
Axinea A.Juss. = **Axinaea**
Axinella Neck. = **Anginon**
Axiniphyllum【3】Benth. 箭叶菊属 ← **Polymnia; Rumfordia** Asteraceae 菊科 [MD-586] 全球 (1) 大洲分布及种数(5-6)◆北美洲(◆墨西哥)
Axinopus Kunth = **Axonopus**
Axinus Neck. = **Pinus**
Axiopsis Omer & Qaiser = **Gentianella**
Axiris Adans. = **Axyris**
Axis Mill. = **Acis**
Axius Rumph. ex Lam. = **Sauropus**
Axociella Britton & Rose = **Acaciella**
Axolopha (DC.) Alef. = **Lavatera**
Axolus Raf. = **Uncaria**
Axonchium Schweinf. = **Acacia**
Axono Adans. = **Zantedeschia**
Axonopus (Lag.) Chase = **Axonopus**
Axonopus【3】Beauv. 地毯草属 ≒ **Alloteropsis; Agrostis** Poaceae 禾本科 [MM-748] 全球 (1) 大洲分布及种数(98-103)◆南美洲(◆巴西)
Axonotechium Fenzl = **Corbichonia**
Axos Raf. = **Cephalanthus**
Axylia Benth. = **Xylia**
Axyris【3】L. 轴藜属 ≒ **Atriplex;Extriplex;Krascheninnikovia** Amaranthaceae 苋科 [MD-116] 全球 (1) 大洲分布及种数(5-7)◆亚洲
Ayapana【2】Spach 尖泽兰属 ← **Eupatorium;Bulbostylis;Lourteigia** Asteraceae 菊科 [MD-586] 全球 (5) 大洲分布及种数(15-18)非洲:2;亚洲:1;大洋洲:2;北美洲:6;南美洲:13-16
Ayapanopsis【3】R.M.King & H.Rob. 显药尖泽兰属 ← **Eupatorium;Bulbostylis;Heterocondylus** Asteraceae 菊科 [MD-586] 全球 (1) 大洲分布及种数(18-19)◆南美洲
Aydendron【3】Nees & Mart. 玫樟属 ← **Aiouea;Ocotea;Rhodostemonodaphne** Lauraceae 樟科 [MD-21] 全球 (1) 大洲分布及种数(uc)◆亚洲
Ayena Cothen. = **Ayenia**
Ayenia (Turcz.) Griseb. = **Ayenia**
Ayenia【3】L. 肾瓣麻属 ≒ **Ajania;Anemia** Sterculiaceae 梧桐科 [MD-189] 全球 (6) 大洲分布及种数(209)非洲:29-30;亚洲:9-10;大洋洲:1;欧洲:3-4;北美洲:53-60;南美洲:119-127
Ayensua【3】L.B.Sm. 莲座凤梨属 ← **Barbacenia** Bromeliaceae 凤梨科 [MM-715] 全球 (1) 大洲分布及种数(1)◆南美洲
Aygochloa S.T.Blake = **Zygochloa**
Aylacophora【-】Cabrera 菊科属 Asteraceae 菊科 [MD-586] 全球 (uc) 大洲分布及种数(uc)
Aylanthus Juss. = **Acleisanthes**
Aylantus Juss. = **Ailanthus**
Aylmeria Mart. = **Achyranthes**
Aylostera【3】Speg. 子孙球属 ≒ **Rebutia** Cactaceae 仙人掌科 [MD-100] 全球 (1) 大洲分布及种数(1)◆南美洲
Aylthonia N.L.de Menezes = **Barbacenia**
Aynia【3】H.Rob. 叶苞斑鸠菊属 Asteraceae 菊科 [MD-586] 全球 (1) 大洲分布及种数(1)◆南美洲(◆秘鲁)
Ayparia Raf. = **Elaeocarpus**
Aytonia J.R.Forst. & G.Forst. = **Nymania**
Aytonia L. = **Aitonia**
Aytoniaceae Cavers = Aytoniaceae
Aytoniaceae【3】Underw. 疣冠苔科 [B-9] 全球 (6) 大洲分布和属种数(5-6;hort. & cult.2)(79-136;hort. & cult.2)非洲:4-5/21-69;亚洲:3-5/45-95;大洋洲:3-5/17-64;欧洲:3-5/10-57;北美洲:5/24-71;南美洲:5/11-58
Ayubara【-】auct. 兰科属 Orchidaceae 兰科 [MM-723] 全球 (uc) 大洲分布及种数(uc)
Ayyaria Raf. = **Aceratium**
Aza Terán & Berland = **Ehretia**
Azadehdelia Braem = **Cribbia**
Azadirachta【3】A.Juss. 印楝属 ← **Melia** Meliaceae 楝科 [MD-414] 全球 (1) 大洲分布及种数(1-3)◆南美洲
Azalea (L.) H.F.Copel. = **Azalea**
Azalea【3】L. 北美洲石楠属 ≒ **Pentapanax** Ericaceae 杜鹃花科 [MD-380] 全球 (1) 大洲分布及种数(13-22)◆

A

北美洲(◆美国)
Azaleaceae Vest = Scrophulariaceae
Azaleastrum【3】(Maxim.) Rydb. 马银花属 ≒ **Rhododendron** Ericaceae 杜鹃花科 [MD-380] 全球 (1) 大洲分布及种数(1-2)◆北美洲
Azaleodendron【-】Rodigas 杜鹃花科属 Ericaceae 杜鹃花科 [MD-380] 全球 (uc) 大洲分布及种数(uc)
Azaltea Walp. = **Alzatea**
Azamara Hochst. ex Rchb. = **Schmidelia**
Azanza【3】Moç. & Sessé ex DC. 桐棉属 ≒ **Abelmoschus** Malvaceae 锦葵科 [MD-203] 全球 (6) 大洲分布及种数(3)非洲:1;亚洲:1-2;大洋洲:1-2;欧洲:1;北美洲:1;南美洲:1
Azaola Blanco = **Payena**
Azara【2】Ruiz & Pav. 金柞属 ← **Laetia;Quillaja** Flacourtiaceae 大风子科 [MD-142] 全球 (3) 大洲分布及种数(12-14)大洋洲:1;北美洲:6;南美洲:11-13
Azaraea P. & K. = **Azara**
Azarolus Borkh. = **Pyrus**
Aze Lindl. = **Habenaria**
Azedara Raf. = **Melia**
Azedarac Adans. = **Melia**
Azedarach Mill. = **Melia**
Azelina C.B.Clarke = **Commelina**
Azenia Dognin = **Adenia**
Azeredia Allemão = **Cochlospermum**
Azilia【3】Hedge & Lamond 伊朗草属 Apiaceae 伞形科 [MD-480] 全球 (1) 大洲分布及种数(cf.1) ◆亚洲
Azima【2】Lam. 刺茉莉属 ← **Carissa;Fagonia** Salvadoraceae 刺茉莉科 [MD-425] 全球 (2) 大洲分布及种数(4)非洲:3;亚洲:cf.1
Azimaceae Wight & Gardner = Aizoaceae
Aziza【-】Farminhão & D'haijére 兰科属 Orchidaceae 兰科 [MM-723] 全球 (uc) 大洲分布及种数(uc)
Azochis Schaus = **Arachis**
Azolla【3】Lam. 满江红属 ← **Salvinia;Antilla** Salviniaceae 槐叶蘋科 [F-66] 全球 (6) 大洲分布及种数(8-9;hort.1)非洲:4-11;亚洲:5-12;大洋洲:3-9;欧洲:2-8;北美洲:5-11;南美洲:5-11
Azollaceae【3】Wettst. 满江红科 [F-67] 全球 (6) 大洲分布和属种数(1;hort. & cult.1)(7-18;hort. & cult.2-3)非洲:1/4-11;亚洲:1/5-12;大洋洲:1/3-9;欧洲:1/2-8;北美洲:1/5-11;南美洲:1/5-11
Azophora Neck. = **Angophora**
Azorella (Hauman) Martínez = **Azorella**
Azorella【2】Lam. 卧芹属 → **Schizeilema;Microsciadium;Oreomyrrhis** Apiaceae 伞形科 [MD-480] 全球 (5) 大洲分布及种数(67-73;hort.1;cult:2)非洲:4;大洋洲:23-24;欧洲:4;北美洲:4;南美洲:48-50
Azorellopsis【3】H.Wolff 杜松芹属 ← **Mulinum** Apiaceae 伞形科 [MD-480] 全球 (1) 大洲分布及种数(uc)属分布和种数(uc)◆南美洲
Azorina【3】Feer 木风铃属 ← **Campanula** Campanulaceae 桔梗科 [MD-561] 全球 (1) 大洲分布及种数(1-2)◆非洲
Azorinus Feer = **Azorina**
Aztecaster【3】G.L.Nesom 酒神菊属 ≒ **Baccharis** Asteraceae 菊科 [MD-586] 全球 (1) 大洲分布及种数(2)◆北美洲
Aztekium【3】Böd. 太平球属 ← **Echinocactus** Cactaceae 仙人掌科 [MD-100] 全球 (1) 大洲分布及种数(2)◆北美洲
Azukia【3】Takahashi ex Ohwi 镰扁豆属 ← **Dolichos; Vigna** Fabaceae3 蝶形花科 [MD-240] 全球 (1) 大洲分布及种数(uc)属分布和种数(uc)◆亚洲
Azureocereus【3】Akers & H.Johnson 佛塔柱属 ≒ **Browningia;Echinopsis** Cactaceae 仙人掌科 [MD-100] 全球 (1) 大洲分布及种数(cf. 1)◆南美洲
Azurina Fourr. = **Veronica**
Azurinia Fourr. = **Veronica**
Azya Mulsant = **Amyxa**
Babactes DC. = **Chirita**
Babax L. = **Bombax**

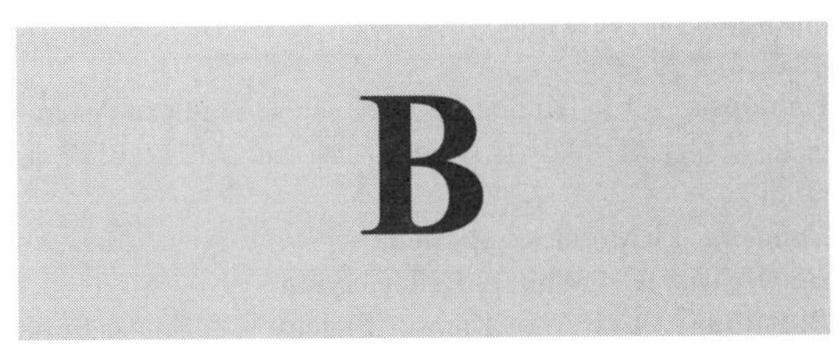

Babbagia【3】 F.Müll. 肉被澳藜属 ≒ **Threlkeldia** Amaranthaceae 苋科 [MD-116] 全球 (1) 大洲分布及种数(uc)◆大洋洲
Babcockia Boulos = **Sonchus**
Babia Colebr. = **Sabia**
Babiana【3】 Ker Gawl. ex Sims 狒狒草属 → **Tritonia** Iridaceae 鸢尾科 [MM-700] 全球 (6) 大洲分布及种数(80-105;hort.1;cult: 1)非洲:78-100;亚洲:9-11;大洋洲:10-12;欧洲:12-14;北美洲:8-10;南美洲:2
Babina Ker Gawl. ex Sims = **Babiana**
Babingtonia【3】 Lindl. 岗松属 ≒ **Astartea** Myrtaceae 桃金娘科 [MD-347] 全球 (1) 大洲分布及种数(1)◆大洋洲
Babinka Ker Gawl. ex Sims = **Babiana**
Babiron Raf. = **Spermolepis**
Babka Becc. = **Balaka**
Baby Klotzsch = **Begonia**
Babylonia Reeve = **Baillonia**
Bac Raf. = **Paraboea**
Baca Raf. = **Paraboea**
Bacasia Ruiz & Pav. = **Barnadesia**
Baccapparis【3】 (C.Wright ex Radlk.) H.H.Iltis & X.Cornejo 山柑属 ≒ **Capparis** Capparaceae 山柑科 [MD-178] 全球 (1) 大洲分布及种数(1)◆非洲
Baccaurea【3】 Lour. 木奶果属 → **Cleidiocarpon;Diasperus;Nothobaccaurea** Euphorbiaceae 大戟科 [MD-217] 全球 (6) 大洲分布及种数(28-59)非洲:5-11;亚洲:24-49;大洋洲:5-13;欧洲:1;北美洲:6-7;南美洲:1
Baccaureopsis Pax = **Thecacoris**
Baccharidastrum Cabrera = **Baccharis**
Baccharidiopsis G.M.Barroso = **Baccharis**
Baccharidopsis G.M.Barroso = **Baccharis**
Baccharioides Mönch = **Baccharoides**
Baccharis (Baker) Giuliano = **Baccharis**
Baccharis【3】 L. 酒神菊属 → **Archibaccharis;Erigeron;Parastrephia** Asteraceae 菊科 [MD-586] 全球 (6) 大洲分布及种数(469-587;hort.1;cult:44)非洲:33-42;亚洲:72-87;大洋洲:48-60;欧洲:12-20;北美洲:91-111;南美洲:434-486
Baccharodes P. & K. = **Vernonia**
Baccharoides【3】 Mönch 驱虫菊属 ≒ **Vernonia;Phyllocephalum** Asteraceae 菊科 [MD-586] 全球 (1) 大洲分布及种数(34)◆非洲(◆南非)
Bacchis L. = **Baccharis**
Bachia Aubl. = **Tachia**
Bachmannia【3】 Pax 四指柑属 ← **Maerua** Capparaceae 山柑科 [MD-178] 全球 (1) 大洲分布及种数(1)◆非洲(◆南非)
Bacillaceae Raf. = Basellaceae
Bacillaria F.Müll. ex Hook.f. = **Areca**
Backebergia Bravo = **Cephalocereus**
Backeria Bakh. = **Diplectria**
Backhousea【-】 P. & K. 桃金娘科属 Myrtaceae 桃金娘科 [MD-347] 全球 (uc) 大洲分布及种数(uc)
Backhouseara【-】 Griff. & J.M.H.Shaw 桃金娘科属 Myrtaceae 桃金娘科 [MD-347] 全球 (uc) 大洲分布及种数(uc)
Backhousia【3】 Hook. & Harv. 檬香桃属 → **Kania;Syzygium;Metrosideros** Myrtaceae 桃金娘科 [MD-347] 全球 (1) 大洲分布及种数(7-14)◆大洋洲
Baconia DC. = **Pavetta**
Bacopa (Pennell ex Britton) Pennell = **Bacopa**
Bacopa【3】 Aubl. 假马齿苋属 → **Mecardonia;Limnophila** Plantaginaceae 车前科 [MD-527] 全球 (6) 大洲分布及种数(65-81)非洲:12-21;亚洲:13-24;大洋洲:6-14;欧洲:8;北美洲:31-44;南美洲:48-65
Bacteria Houtt. = **Barteria**
Bacterium Miers = **Tectaria**
Bactra Diakonoff = **Bactris**
Bactria【-】 Jacq. 蓼科属 ≒ **Bactris** Polygonaceae 蓼科 [MD-120] 全球 (uc) 大洲分布及种数(uc)
Bactrilobium【3】 Willd. 腊肠树属 ← **Cassia** Fabaceae 豆科 [MD-240] 全球 (1) 大洲分布及种数(uc)◆大洋洲
Bactris【3】 Jacq. ex G.A.Scop. 桃果椰子属 → **Acrocomia;Cocos;Martinezia** Arecaceae 棕榈科 [MM-717] 全球 (1) 大洲分布及种数(73-89)◆南美洲
Bactyrilobium Willd. = **Cassia**
Bacularia【3】 F.Müll. ex Hook.f. 槟榔属 ≒ **Calyptrocalyx** Arecaceae 棕榈科 [MM-717] 全球 (1) 大洲分布及种数(uc)◆大洋洲
Bacurio【-】 Gideon F.Sm. & Figueiredo 菊科属 Asteraceae 菊科 [MD-586] 全球 (uc) 大洲分布及种数(uc)
Badamia Gaertn. = **Terminalia**
Badaroa Bert. ex Steud. = **Terminalia**
Baderoa Bert. ex Hook. = **Sicyos**
Badianifera P. & K. = **Illicium**
Badiera【3】 DC. 巴迪远志属 ≒ **Polygala** Polygalaceae 远志科 [MD-291] 全球 (6) 大洲分布及种数(9)非洲:2;亚洲:2;大洋洲:2;欧洲:2;北美洲:8-11;南美洲:2-4
Badilloa【2】 R.M.King & H.Rob. 点腺亮泽兰属 ← **Eupatorium;Bartlettina** Asteraceae 菊科 [MD-586] 全球 (2) 大洲分布及种数(13)大洋洲:1;南美洲:12
Badimia Gaertn. = **Anogeissus**
Badiotella Soják = **Aegopodium**
Badula Acephalae A.DC. = **Badula**
Badula【3】 Juss. 岛金牛属 ← **Ardisia;Oncostemum;Wallenia** Primulaceae 报春花科 [MD-401] 全球 (6) 大洲分布及种数(15-20)非洲:14-21;亚洲:3;大洋洲:3;欧洲:3;北美洲:3;南美洲:3
Badusa【2】 A.Gray 白杜伞属 ← **Cinchona;Exostema** Rubiaceae 茜草科 [MD-523] 全球 (3) 大洲分布及种数(3)非洲:1;亚洲:1-2;大洋洲:1-3
Baea Comm. ex Juss. = **Paraboea**
Baechea Colla = **Baeckea**
Baecka【-】 Cothen. 桃金娘科属 Myrtaceae 桃金娘科 [MD-347] 全球 (uc) 大洲分布及种数(uc)
Baeckea Burm.f. = **Baeckea**

Baeckea【3】 L. 岗松属 ≒ **Cedrela;Ochrosperma** Myrtaceae 桃金娘科 [MD-347] 全球 (6) 大洲分布及种数(67-84;hort.1;cult: 2)非洲:1-7;亚洲:3-9;大洋洲:66-83;欧洲:1-7;北美洲:1-7;南美洲:6
Baeckia Andrews = **Baeckea**
Baecula Juss. = **Badula**
Baeica C.B.Clarke = **Boeica**
Baekea L. = **Baeckea**
Baekeria Rchb.f. = **Barkeria**
Baeo Comm. ex Juss. = **Boea**
Baeobothrys Vahl = **Rosenia**
Baeobotrys【-】 Forst. 杜茎山科属 ≒ **Maesa** Maesaceae 杜茎山科 [MD-386] 全球 (uc) 大洲分布及种数(uc)
Baeocera Salisb. = **Baeometra**
Baeochortus Ehrh. = **Carex**
Baeolepis【3】 Decne. ex Moq. 红钟藤属 ≒ **Distictis** Apocynaceae 夹竹桃科 [MD-492] 全球 (1) 大洲分布及种数(uc)◆大洋洲
Baeometra (Jacq.) G.J.Lewis = **Baeometra**
Baeometra【3】 Salisb. 金龟百合属 ≒ **Melanthium** Colchicaceae 秋水仙科 [MM-623] 全球 (1) 大洲分布及种数(1-7)◆非洲(◆南非)
Baeoterpe Salisb. = **Hyacinthus**
Baeothryon【3】 Ehrh. 紫金莎草属 ← **Scirpus;Oreobolopsis;trichophorum** Cyperaceae 莎草科 [MM-747] 全球 (6) 大洲分布及种数(3)非洲:9;亚洲:2-12;大洋洲:9;欧洲:9;北美洲:9;南美洲:9
Baeoura Adans. = **Nepenthes**
Baeria (DC.) H.M.Hall = **Lasthenia**
Baeriopsis【3】 J.T.Howell 腺肉菊属 Asteraceae 菊科 [MD-586] 全球 (1) 大洲分布及种数(1)◆北美洲
Baetis P.Br. = **Batis**
Baeturia Hook.f. = **Barteria**
Bafodeya【3】 Prance ex F.White 怀春李属 ← **Parinari** Chrysobalanaceae 可可李科 [MD-243] 全球 (1) 大洲分布及种数(1)◆非洲
Bafutia【3】 C.D.Adams 纤粉菊属 Asteraceae 菊科 [MD-586] 全球 (1) 大洲分布及种数(2)◆非洲
Bagassa【3】 Aubl. 乳桑属 ← **Piper** Moraceae 桑科 [MD-87] 全球 (6) 大洲分布及种数(cf.2)非洲:2;亚洲:2;大洋洲:2;欧洲:2;北美洲:1-3;南美洲:1-3
Baggina Raf. = **Toisusu**
Bagnisia Becc. = **Thismia**
Bagre Pierre ex Pax & K.Hoffm. = **Adenochlaena**
Baguenaudiera Bubani = **Colutea**
Bahaba Britton & Rose = **Abarema**
Bahamia Britton & Rose = **Terminalia**
Baharuia【3】 D.J.Middleton 印尼夹竹桃属 Apocynaceae 夹竹桃科 [MD-492] 全球 (1) 大洲分布及种数(cf. 1)◆亚洲
Bahel Adans. = **Artanema**
Bahia (A.Gray) A.Gray = **Bahia**
Bahia【3】 Lag. 黄羽菊属 ← **Calea;Eriophyllum;Picradeniopsis** Asteraceae 菊科 [MD-586] 全球 (6) 大洲分布及种数(18-21;hort.1)非洲:38;亚洲:38;大洋洲:38;欧洲:38;北美洲:16-54;南美洲:4-42
Bahianthus【3】 R.M.King & H.Rob. 泽兰属 ≒ **Eupatorium** Asteraceae 菊科 [MD-586] 全球 (1) 大洲分布及种数(1)◆南美洲
Bahieae B.G.Baldwin = **Bahia**
Bahiella【3】 J.F.Morales 巴西夹竹属 ← **Echites** Apocynaceae 夹竹桃科 [MD-492] 全球 (1) 大洲分布及种数(2)◆南美洲
Bahiopsis【3】 Kellogg 金目菊属 ≒ **Viguiera** Asteraceae 菊科 [MD-586] 全球 (1) 大洲分布及种数(12)◆北美洲
Bahitella J.F.Morales = **Bahiella**
Baieroxylon C.T.White = **Baileyoxylon**
Baigulia【-】 Ignatov,Karasev,Eugeny V. & Sinitsa,Sofia M. 蝶形花科属 ≒ **Astragalus** Fabaceae3 蝶形花科 [MD-240] 全球 (uc) 大洲分布及种数(uc)
Baijiania【3】 A.M.Lu & J.Q.Li 南洋白兼果属 ← **Siraitia;Thladiantha;Sinobaijiania** Cucurbitaceae 葫芦科 [MD-205] 全球 (1) 大洲分布及种数(cf. 1)◆亚洲
Baikaea B.D.Jacks. = **Baikiaea**
Baikiaea【3】 Benth. 红苏木属 Fabaceae 豆科 [MD-240] 全球 (1) 大洲分布及种数(5-6)◆非洲
Baileya【3】 Harv. & A.Gray ex Torr. 沙金盏属 Asteraceae 菊科 [MD-586] 全球 (1) 大洲分布及种数(3-9)◆北美洲(◆美国)
Baileyoxylon【3】 C.T.White 橡子钟花属 Achariaceae 青钟麻科 [MD-159] 全球 (1) 大洲分布及种数(1)◆大洋洲(◆澳大利亚)
Baillaudea【-】 Roberty 旋花科属 ≒ **Calycobolus** Convolvulaceae 旋花科 [MD-499] 全球 (uc) 大洲分布及种数(uc)
Baillieria Aubl. = **Clibadium**
Baillonacanthus P. & K. = **Tetramerium**
Baillonella【3】 Pierre 毒子榄属 ← **Mimusops;Tieghemella;Vitellariopsis** Sapotaceae 山榄科 [MD-357] 全球 (1) 大洲分布及种数(7)◆非洲
Baillonia【3】 Bocq. 白花不老树属 ← **Citharexylum;Ligustrum;Dipyrena** Verbenaceae 马鞭草科 [MD-556] 全球 (1) 大洲分布及种数(1-12)◆南美洲
Bailloniana Bocq. = **Baillonia**
Baillonodendron F.Heim = **Vatica**
Baillonodendrou F.Heim = **Dryobalanops**
Bailya Harv. & A.Gray ex Torr. = **Baileya**
Baimashania【3】 Al-Shehbaz 白马芥属 Brassicaceae 十字花科 [MD-213] 全球 (1) 大洲分布及种数(cf. 1)◆东亚(◆中国)
Baimo Raf. = **Tulipa**
Bainvillea Cass. = **Blainvillea**
Baissea【3】 A.DC. 血平藤属 → **Cleghornia;Motandra;Oncinotis** Apocynaceae 夹竹桃科 [MD-492] 全球 (1) 大洲分布及种数(24-25)◆非洲
Baitaria Ruiz & Pav. = **Calandrinia**
Baithiaea Benth. = **Baikiaea**
Baizongia Peter G.Wilson & B.Hyland = **Barongia**
Baja【-】 Windham & L.O.George 凤尾蕨科属 Pteridaceae 凤尾蕨科 [F-31] 全球 (uc) 大洲分布及种数(uc)
Bajacalia【3】 Loockerman 肉腺菊属 Asteraceae 菊科 [MD-586] 全球 (1) 大洲分布及种数(2-3)◆北美洲(◆墨西哥)
Bajan Adans. = **Acroglochin**
Bakerantha L.B.Sm. = **Hechtia**
Bakerara auct. = **Brassia**

Bakerella【3】Van Tiegh. 马岛寄生属 ← **Loranthus; Amyema** Loranthaceae 桑寄生科 [MD-415] 全球 (1) 大洲分布及种数(16-18)◆非洲
Bakeri Seem. = **Plerandra**
Bakeria (Gand.) Gand. = **Hechtia**
Bakeria Seem. = **Plerandra**
Bakeridesia【2】Hochr. 亮花苘属 ← **Abutilon;Robinsonella;Sida** Malvaceae 锦葵科 [MD-203] 全球 (3) 大洲分布及种数(25-32)大洋洲:1;北美洲:18-21;南美洲:9-13
Bakeriella Dubard = **Synsepalum**
Bakeriopteris C.Chr. = **Doryopteris**
Bakerisideroxylon (Engl.) Engl. = **Bakerisideroxylon**
Bakerisideroxylon【3】Engl. 橡榄属 ≒ **Pachystela; Sideroxylon** Sapotaceae 山榄科 [MD-357] 全球 (1) 大洲分布及种数(1-2)◆非洲
Bakerolimon【3】Lincz. 鳞霜花属 ← **Limonium;Statice** Plumbaginaceae 白花丹科 [MD-227] 全球 (1) 大洲分布及种数(2)◆南美洲
Bakerophyton【3】(J.Léonard) Hutch. 合萌属 ≒ **Aeschynomene** Fabaceae3 蝶形花科 [MD-240] 全球 (1) 大洲分布及种数(uc)◆亚洲
Bakeropteris P. & K. = **Cheilanthes**
Bakeros Raf. = **Seseli**
Bakevellia Van Tiegh. = **Bakerella**
Bakoa【3】P.C.Boyce & S.Y.Wong 落檐属 ≒ **Schismatoglottis** Araceae 天南星科 [MM-639] 全球 (1) 大洲分布及种数(1-2)◆亚洲
Bakoaella S.Y.Wong & P.C.Boyce = **Bakerella**
Bakuella Van Tiegh. = **Bakerella**
Balabania Noronha = **Balanophora**
Balaguerara【-】Hort. 兰科属 Orchidaceae 兰科 [MM-723] 全球 (uc) 大洲分布及种数(uc)
Balaka【2】Becc. 矛椰属 ≒ **Ptychosperma;Veitchia; Actinophloeus** Arecaceae 棕榈科 [MM-717] 全球 (3) 大洲分布及种数(12-18)大洋洲:11-17;北美洲:1-2;南美洲:2
Balakata【2】Esser 浆果乌桕属 ≒ **Excoecaria** Euphorbiaceae 大戟科 [MD-217] 全球 (2) 大洲分布及种数(3)非洲:1;亚洲:cf.1
Balan Noronha = **Balanophora**
Balanaulax Raf. = **Quercus**
Balaneikon Setch. = **Balanophora**
Balanghas Raf. = **Sterculia**
Balangue【3】Gaertn. 裸芽刺属 Oleaceae 木樨科 [MD-498] 全球 (1) 大洲分布及种数(cf.1) ◆非洲
Balania Nor. = **Balanophora**
Balanic Noronha = **Balanophora**
Balaniclla Van Tiegh. = **Balanophora**
Balanidae Nor. = **Gnetum**
Balaninus Delile = **Balanites**
Balanitaceae【3】M.Röm. 龟头树科 [MD-290] 全球 (6) 大洲分布和属种数(1;hort. & cult.1)(8-16;hort. & cult.2) 非洲:1/7-11;亚洲:1/4-6;大洋洲:1/1;欧洲:1/1-2;北美洲:1/3-5;南美洲:1/1-2
Balanites【3】Delile 卤刺树属 ← **Canthium;Plectronia** Zygophyllaceae 蒺藜科 [MD-288] 全球 (6) 大洲分布及种数(9-15;hort.1)非洲:7-11;亚洲:4-6;大洋洲:1;欧洲:1-2;北美洲:3-5;南美洲:1-2
Balanium Wallr. = **Balantium**
Balanocarpus【3】Bedd. 坡垒属 ≒ **Shorea** Dipterocarpaceae 龙脑香科 [MD-173] 全球 (1) 大洲分布及种数(2)◆亚洲
Balanopaceae【3】Benth. & Hook.f. 橡子木科 [MD-74] 全球 (6) 大洲分布和属种数(1/4-19)非洲:1/4;亚洲:1/4;大洋洲:1/4-19;欧洲:1/4;北美洲:1/4;南美洲:1/4
Balanophis Raf. = **Castanopsis**
Balanophora【3】J.R.Forst. & G.Forst. 蛇菰属 ≒ **Bilabrella** Balanophoraceae 蛇菰科 [MD-307] 全球 (6) 大洲分布及种数(22-27;hort.1;cult: 1)非洲:3-22;亚洲:19-39;大洋洲:5-24;欧洲:19;北美洲:1-20;南美洲:19
Balanophoraceae【3】Rich. 蛇菰科 [MD-307] 全球 (6) 大洲分布和属种数(7-10/33-96)非洲:3-6/6-30;亚洲:2-3/20-45;大洋洲:1-4/5-29;欧洲:3/23;北美洲:1-3/1-24;南美洲:3-5/8-31
Balanophoranae Dahlgren ex Reveal = **Balanophoreae**
Balanophoreae【3】A.Rich. 蛇行菰属 Balanophoraceae 蛇菰科 [MD-307] 全球 (1) 大洲分布及种数(1)◆非洲
Balanoplis Raf. = **Castanopsis**
Balanops【3】Baill. 橡子木属 Balanopaceae 橡子木科 [MD-74] 全球 (1) 大洲分布及种数(4-19)◆大洋洲
Balanopsis【2】Raf. 甜樟属 ← **Ocotea** Lauraceae 樟科 [MD-21] 全球 (4) 大洲分布及种数(cf.1) 非洲;欧洲;北美洲;南美洲
Balanopteris Gaertn. = **Heritiera**
Balanostreblus Kurz = **Sorocea**
Balansae Boiss. & Reut. = **Annesorhiza**
Balansaea Boiss. & Reut. = **Chaerophyllum**
Balansaephytum Drake = **Poikilospermum**
Balansie Boiss. & Reut. = **Chaerophyllum**
Balansochloa P. & K. = **Germainia**
Balantiopsaceae【3】Stephani 直蒴苔科 [B-37] 全球 (6) 大洲分布和属种数(5/35-45)非洲:1/1-6;亚洲:2/8-12;大洋洲:2/13-17;欧洲:1/3;北美洲:2/2-5;南美洲:5/19-26
Balantiopsidaceae Nakai = Balantiopsaceae
Balantiopsis (Hatcher) J.J.Engel & G.L.Merr. = **Balantiopsis**
Balantiopsis【2】Stephani 沟蒴苔属 ≒ **Isotachis** Balantiopsaceae 直蒴苔科 [B-37] 全球 (3) 大洲分布及种数(18)亚洲:3;大洋洲:10;南美洲:7
Balantium Desv. ex Ham. = **Balantium**
Balantium【2】Kaulf. 软李属 ← **Dicksonia;Parinari** Chrysobalanaceae 可可李科 [MD-243] 全球 (5) 大洲分布及种数(cf.1) 非洲;亚洲;大洋洲;欧洲;北美洲;南美洲
Balardia Cambess. = **Spergularia**
Balataea Boiss. & Reut. = **Chaerophyllum**
Balatonia Muhl. ex Willd. = **Bartonia**
Balaustion【3】Hook. 榴岗松属 Myrtaceae 桃金娘科 [MD-347] 全球 (1) 大洲分布及种数(2)◆大洋洲(◆澳大利亚)
Balaustium Heyden = **Balantium**
Balbisia【3】Cav. 寒露梅属 ← **Tridax;Olearia** Ledocarpaceae 杜香果科 [MD-287] 全球 (6) 大洲分布及种数(12-13;hort.1)非洲:2;亚洲:2;大洋洲:2;欧洲:2;北美洲:1-3;南美洲:11-13
Balbisiana Willd. = **Balbisia**
Balboa Liebm. = **Tephrosia**
Balcooa Morat & Meijden = **Balgoya**
Baldellia【3】Parl. 假泽泻属 ← **Echinodorus;Sagittaria** Alismataceae 泽泻科 [MM-597] 全球 (1) 大洲分布

及种数(3)◆欧洲
Balding Nutt. = **Balduina**
Baldingera【-】 Dennst. 马鞭草科属 Verbenaceae 马鞭草科 [MD-556] 全球 (uc) 大洲分布及种数(uc)
Baldomiria Herter = **Leptochloa**
Balduina【3】 Nutt. 蜂巢菊属 ← **Buphthalmum** Asteraceae 菊科 [MD-586] 全球 (1) 大洲分布及种数(7)◆北美洲
Baldwinara auct. = **Buphthalmum**
Baldwini Raf. = **Buphthalmum**
Baldwinia Nutt. = **Balduina**
Baldwinia Raf. = **Passiflora**
Baldwiniella【3】 Broth. 花旗平藓属 ≒ **Neckera** Neckeraceae 平藓科 [B-204] 全球 (1) 大洲分布及种数(1) 亚洲:1;北美洲:1
Balega L. = **Galega**
Balendasia Raf. = **Passerina**
Balenkezia【2】 J.M.H.Shaw 兰科属 Orchidaceae 兰科 [MM-723] 全球 (1) 大洲分布及种数(uc)◆北美洲
Balessam Bruce = **Euphorbia**
Balfourara J.M.H.Shaw = **Didymaea**
Balfouria (H.Ohba) H.Ohba = **Wrightia**
Balfourina P. & K. = **Didymaea**
Balfourodendron【3】 Mello ex Oliv. 巴福芸香属 ← **Esenbeckia;Helietta** Rutaceae 芸香科 [MD-399] 全球 (1) 大洲分布及种数(2)◆南美洲
Balfuria Rchb. = **Wrightia**
Balgoya【3】 Morat & Meijden 新喀远志属 Polygalaceae 远志科 [MD-291] 全球 (1) 大洲分布及种数(1)◆大洋洲
Baliga Le Thomas = **Balonga**
Balingayum Blanco = **Goodenia**
Baliospermum【3】 Bl. 斑籽木属 ← **Cheilosa;Ricinus;Trigonostemon** Euphorbiaceae 大戟科 [MD-217] 全球 (1) 大洲分布及种数(5-8)◆亚洲
Balisaea Taub. = **Aeschynomene**
Balistes Taub. = **Adesmia**
Balitora L. = **Baltimora**
Balizia【3】 R.C.Barneby & J.W.Grimes 沟蝶豆属 ← **Samanea;Albizia** Fabaceae 豆科 [MD-240] 全球 (6) 大洲分布及种数(cf.4)非洲:3;亚洲:3;大洋洲:3;欧洲:3;北美洲:3-6;南美洲:2-5
Balkana【3】 Madhani & Zarre 浆果乌桕属 Caryophyllaceae 石竹科 [MD-77] 全球 (1) 大洲分布及种数(1)◆欧洲
Ball Brenan = **Aneilema**
Ballantineara【-】 J.M.H.Shaw 兰科属 Orchidaceae 兰科 [MM-723] 全球 (uc) 大洲分布及种数(uc)
Ballantinia【3】 Hook.f. ex E.A.Shaw 牧人钱袋芥属 ≒ **Hutchinsia** Brassicaceae 十字花科 [MD-213] 全球 (1) 大洲分布及种数(2)◆大洋洲(◆澳大利亚)
Ballardia Montrouz. = **Cloezia**
Ballarion Raf. = **Corispermum**
Ballela (Raf.) B.D.Jacks. = **Merremia**
Ballela L. = **Ballota**
Ballela Raf. = **Campanula**
Ballie Brenan = **Aneilema**
Ballieria Juss. = **Clibadium**
Ballimon Raf. = **Daucus**
Balloa Morat & Meijden = **Ballota**
Ballochia【3】 Balf.f. 脱被爵床属 Acanthaceae 爵床科 [MD-572] 全球 (1) 大洲分布及种数(1-3)◆亚洲
Ballosporum Salisb. = **Watsonia**
Ballota Benth. = **Ballota**
Ballota【3】 L. 宽萼苏属 ≒ **Marrubium;Moluccella; Otostegia** Lamiaceae 唇形科 [MD-575] 全球 (6) 大洲分布及种数(15-42;hort.1;cult: 2)非洲:8-16;亚洲:10-27;大洋洲:1-3;欧洲:6-12;北美洲:1-3;南美洲:2
Ballote Mill. = **Marrubium**
Balls-headleya【3】 F.Müll. ex F.M.Bailey 红鼠刺属 Escalloniaceae 南鼠刺科 [MD-447] 全球 (1) 大洲分布及种数(uc)◆大洋洲
Ballus J.Jiménez Ram. & K.Vega = **Balsas**
Ballya Brenan = **Aneilema**
Ballyanthus【3】 Bruyns 素利筋属 Apocynaceae 夹竹桃科 [MD-492] 全球 (1) 大洲分布及种数(1-2)◆非洲
Balmaceda Nocca = **Grewia**
Balmea【3】 Martinez 红丁桐属 ≒ **Brainea** Rubiaceae 茜草科 [MD-523] 全球 (1) 大洲分布及种数(1)◆北美洲
Balmeara J.M.H.Shaw = **Balmea**
Balmeda Nocca = **Grewia**
Balmisa Lag. = **Arisarum**
Baloghia【3】 Endl. 血梅桐属 → **Austrobuxus;Trewia; Scagea** Euphorbiaceae 大戟科 [MD-217] 全球 (1) 大洲分布及种数(10-18)◆大洋洲
Balonga【3】 Le Thomas 紫玉盘属 ≒ **Uvaria** Annonaceae 番荔枝科 [MD-7] 全球 (1) 大洲分布及种数(1)◆非洲
Baloskion【3】 Raf. 薄壁灯草属 ← **Restio** Restionaceae 帚灯草科 [MM-744] 全球 (1) 大洲分布及种数(8)◆大洋洲(◆澳大利亚)
Balphicacanthus Bremek. = **Strobilanthes**
Balsamaria Lour. = **Symphyopappus**
Balsamea Gled. = **Commiphora**
Balsameaceae Dum. = Balsaminaceae
Balsamiflua Griff. = **Populus**
Balsamina【2】 Mill. 凤仙属 ≒ **Impatiens** Balsaminaceae 凤仙花科 [MD-434] 全球 (2) 大洲分布及种数(2-8) 非洲:1;亚洲:cf.1
Balsaminaceae【3】A.Rich. 凤仙花科 [MD-434] 全球 (6) 大洲分布和属种数(3;hort. & cult.1-2)(905-1377;hort. & cult.56-84)非洲:2/237-398;亚洲:2/700-834;大洋洲:1/27-52;欧洲:1/18-42;北美洲:1/35-61;南美洲:1/6-29
Balsamocarpon【3】 Clos 云实属 ≒ **Caesalpinia** Fabaceae 豆科 [MD-240] 全球 (1) 大洲分布及种数(1)◆南美洲
Balsamocitrus【2】 Stapf 香胶橘属 → **Aeglopsis; Afraegle** Rutaceae 芸香科 [MD-399] 全球 (3) 大洲分布及种数(2-4)非洲:1-3;亚洲:cf.1;北美洲:1-2
Balsamocitrus Swingle = **Balsamocitrus**
Balsamodendron DC. = **Commiphora**
Balsamodendrum【3】 Kunth 没药树属 ← **commiphora** Burseraceae 橄榄科 [MD-408] 全球 (1) 大洲分布及种数(cf. 1)◆非洲
Balsamona Vand. = **Cuphea**
Balsamophleos O.Berg = **Commiphora**
Balsamophloeos O.Berg = **Malcolmia**
Balsamorhiza【-】 (Nutt.) Jeps. 菊科属 ≒ **Silphium** Asteraceae 菊科 [MD-586] 全球 (uc) 大洲分布及种数(uc)
Balsamus STäckh. = **Malcolmia**

Balsas【3】J.Jiménez Ram. & K.Vega 墨西哥无患子属 Sapindaceae 无患子科 [MD-428] 全球 (1) 大洲分布及种数(1)◆北美洲(◆墨西哥)
Balthasaria【3】Verdc. 管花杨桐属 ← **Adinandra** Pentaphylacaceae 五列木科 [MD-215] 全球 (1) 大洲分布及种数(2)◆非洲
Baltia Small = **Rhododendron**
Baltimora【3】L. 艳头菊属 ← **Calea;Scolospermum; Perymenium** Asteraceae 菊科 [MD-586] 全球 (1) 大洲分布及种数(3)◆北美洲
Balwantia Noronha = **Balanophora**
Balya Brenan = **Aneilema**
Bambekea【3】Cogn. 巴姆葫芦属 Cucurbitaceae 葫芦科 [MD-205] 全球 (1) 大洲分布及种数(1-2)◆非洲
Bamboga Baill. = **Uncaria**
Bambos Retz. = **Bambusa**
Bamburanta L.Linden = **Trachyphrynium**
Bambus J.F.Gmel. = **Erythrorchis**
Bambusa (Balansa) E.G.Camus = **Bambusa**
Bambusa【3】Schreb. 孝顺竹属 → **Ampelocalamus;Arundinaria;Bonia** Poaceae 禾本科 [MM-748] 全球 (1) 大洲分布及种数(123-172)◆亚洲
Bambusaceae Burnett = Poaceae
Bambuseae (Nees) Steud. = **Bambusa**
Bambuseria【3】Schuit.,Y.P.Ng & H.A.Pedersen 含羞簕属 Fabaceae1 含羞草科 [MD-238] 全球 (1) 大洲分布及种数(cf.2) ◆亚洲:1
Bamia R.Br. ex Sims = **Hibiscus**
Bamiania【3】Linchevski 肉霜花属 Plumbaginaceae 白花丹科 [MD-227] 全球 (1) 大洲分布及种数(cf.1) ◆亚洲:1
Bamlera【3】K.Schum. & Lauterb. 瑞士野牡丹属 ≒ **Eiglera** Melastomataceae 野牡丹科 [MD-364] 全球 (1) 大洲分布及种数(1)◆非洲
Bammia Rupp. = **Braemia**
Bampsia【3】Lisowski & Mielcarek 巴氏婆婆纳属 Linderniaceae 母草科 [MD-534] 全球 (1) 大洲分布及种数(1-3)◆非洲(◆刚果〔金〕)
Banalia Bub. = **Croton**
Banara【3】Aubl. 牧羊柞属 ← **Ilex;Pineda** Flacourtiaceae 大风子科 [MD-142] 全球 (6) 大洲分布及种数(29-44)非洲:14;亚洲:7-21;大洋洲:1-15;欧洲:14;北美洲:10-36;南美洲:21-38
Banareae Benth. = **Banara**
Bancalis Rumph. = **Nauclea**
Bancalus P. & K. = **Sarcocephalus**
Bancrofftia Billb. = **Arracacia**
Bancroftia Billb. = **Tovaria**
Bandeiraea【3】Welw. ex Benth. & Hook.f. 怡心豆属 ≒ **Griffonia** Fabaceae3 蝶形花科 [MD-240] 全球 (1) 大洲分布及种数(uc)◆非洲
Bandona Adans. = **Nepenthes**
Bandura Adans. = **Nepenthes**
Banffia Baumg. = **Acanthophyllum**
Banffya Baumg. = **Gypsophila**
Banfieldara【-】auct. 兰科属 Orchidaceae 兰科 [MM-723] 全球 (uc) 大洲分布及种数(uc)
Banfiopuntia【-】Guiggi 仙人掌科属 Cactaceae 仙人掌科 [MD-100] 全球 (uc) 大洲分布及种数(uc)
Bangiopsis J.T.Howell = **Baeriopsis**
Banglium Buch.Ham. ex Wall. = **Gastrochilus**
Bania【3】Becc. 卡罗藤属 ≒ **Maireana** Menispermaceae 防己科 [MD-42] 全球 (1) 大洲分布及种数(uc)◆大洋洲
Baniana Ker Gawl. ex Sims = **Babiana**
Banissteriopsis C.B.Rob. = **Banisteriopsis**
Banistera Cothen. = **Heteropterys**
Banisteria【3】L. 通虎尾属 ≒ **Heteropterys;Hiptage; Peixotoa** Malpighiaceae 金虎尾科 [MD-343] 全球 (6) 大洲分布及种数(13-33;hort.1;cult:1)非洲:1-15;亚洲:1-15;大洋洲:14;欧洲:14;北美洲:3-18;南美洲:9-25
Banisterioides【3】Dubard & Dop 金虎尾科属 ≒ **Sphedamnocarpus** Malpighiaceae 金虎尾科 [MD-343] 全球 (1) 大洲分布及种数(uc)◆亚洲
Banisteriopsis (Griseb.) B.Gates = **Banisteriopsis**
Banisteriopsis【3】C.B.Rob. 通灵藤属 ← **Banisteria; Heteropterys;Niedenzuella** Malpighiaceae 金虎尾科 [MD-343] 全球 (6) 大洲分布及种数(86-97;hort.1)非洲:2;亚洲:2;大洋洲:2;欧洲:2;北美洲:16-19;南美洲:85-89
Banisterodes P. & K. = **Xanthophyllum**
Banisteroides (Bl.) P. & K. = **Xanthophyllum**
Banium Ces. ex Boiss. = **Carum**
Banjolea【3】Bowdich 通灵勒属 ≒ **Geum** Acanthaceae 爵床科 [MD-572] 全球 (1) 大洲分布及种数(1)◆非洲
Bankesia Bruce = **Batesia**
Banksa Cothen. = **Stictocardia**
Banksea J.König = **Costus**
Banksia Bruce = **Banksia**
Banksia【3】J.R.Forst. & G.Forst. 萼距花属 ≒ **Dryandra;Pimelea** Proteaceae 山龙眼科 [MD-219] 全球 (6) 大洲分布及种数(167-182;hort.1;cult:1)非洲:1-5;亚洲:107-111;大洋洲:166-175;欧洲:3-7;北美洲:4;南美洲:4
Banksiae J.R.Forst. & G.Forst. = **Banksia**
Bannisteria L. = **Acridocarpus**
Bansiteriopsis C.B.Rob. = **Banisteriopsis**
Bantia L. = **Bontia**
Bantiella Giglio-Tos = **Bryantiella**
Banyoma Bunge = **Heracleum**
Baobab【3】Mill. 猴面包树属 ≒ **Adansonia** Bombacaceae 木棉科 [MD-201] 全球 (1) 大洲分布及种数(uc)◆大洋洲
Baobabus P. & K. = **Adansonia**
Baolia【3】H.W.Kung & G.L.Chu 苞藜属 ≒ **Himantoglossum** Amaranthaceae 苋科 [MD-116] 全球 (1) 大洲分布及种数(cf. 1)◆东亚(◆中国)
Baolieae G.L.Chu = **Baolia**
Baoulia A.Chev. = **Murdannia**
Baphia【3】Afrel. ex Lodd. 鸡血檀属 → **Airyantha; Podalyria;Paphia** Fabaceae 豆科 [MD-240] 全球 (6) 大洲分布及种数(54-69;hort.1;cult:1)非洲:53-64;亚洲:3;大洋洲:2;欧洲:2;北美洲:2-3;南美洲:3
Baphiastrum【3】Harms 异非洲紫檀属 → **Airyantha; Baphia** Fabaceae 豆科 [MD-240] 全球 (1) 大洲分布及种数(1)◆南美洲(◆厄瓜多尔)
Baphicacanthus Bremek. = **Strobilanthes**
Baphicaeanthus Bremek. = **Strobilanthes**
Baphiopsis【3】Benth. ex Baker 非洲紫檀属 Fabaceae 豆科 [MD-240] 全球 (1) 大洲分布及种数(1)◆非洲

Baphorhiza Link = **Lawsonia**
Baprea Pierre ex Pax & K.Hoffm. = **Cladogynos**
Baptichilum【-】J.Woodw. 兰科属 Orchidaceae 兰科 [MM-723] 全球 (uc) 大洲分布及种数(uc)
Bapticidium【-】Hort. 兰科属 Orchidaceae 兰科 [MM-723] 全球 (uc) 大洲分布及种数(uc)
Baptiguezia【3】Lorincz & J.M.H.Shaw 兰科属 Orchidaceae 兰科 [MM-723] 全球 (1) 大洲分布及种数(1)◆北美洲
Baptikoa J.M.H.Shaw = **Baptisia**
Baptioda Staal & J.M.H.Shaw = **Baptisia**
Baptirettia【-】auct. 兰科属 Orchidaceae 兰科 [MM-723] 全球 (uc) 大洲分布及种数(uc)
Baptisia【3】Vent. 赝靛属 ← **Crotalaria;Piptanthus; Thermopsis** Fabaceae 豆科 [MD-240] 全球 (6) 大洲分布及种数(23-31;hort.1;cult:4)非洲:3-27;亚洲:11-36;大洋洲:24;欧洲:24;北美洲:22-53;南美洲:1-25
Baptistania Barb.Rodr. ex Pfltzer = **Baptistonia**
Baptistonia【3】Barb.Rodr. 猬兰属 ← **Oncidium** Orchidaceae 兰科 [MM-723] 全球 (1) 大洲分布及种数(23)◆南美洲
Baptodia Staal & J.M.H.Shaw = **Baptisia**
Baptorhachis【3】Clayton & Renvoize 染轴粟属 ≒ **Stereochlaena** Poaceae 禾本科 [MM-748] 全球 (1) 大洲分布及种数(1)◆非洲
Baranda Llanos = **Barringtonia**
Barangis auct. = **Barongia**
Baraniara【-】J.M.H.Shaw 兰科属 Orchidaceae 兰科 [MM-723] 全球 (uc) 大洲分布及种数(uc)
Barasa Phil. = **Tarasa**
Barathranthus【3】Danser 绵寄生属 ← **Loranthus** Loranthaceae 桑寄生科 [MD-415] 全球 (1) 大洲分布及种数(1-2)◆亚洲
Baratostachys (Korth.) P. & K. = **Phoradendron**
Baratranthus【3】(Korth.) Miq. 桑寄生属 ≒ **Loranthus** Loranthaceae 桑寄生科 [MD-415] 全球 (1) 大洲分布及种数(1-3)◆亚洲
Barattia A.Gray & Engelm. = **Encelia**
Baraultia【3】Spreng. 竹节树属 ← **Carallia** Rhizophoraceae 红树科 [MD-329] 全球 (1) 大洲分布及种数(1)◆非洲
Baravolia J.M.H.Shaw = **Tridax**
Barba Klotzsch = **Begonia**
Barbacenia【3】Vand. 杯若翠属 ≒ **Ayensua** Velloziaceae 翡若翠科 [MM-704] 全球 (1) 大洲分布及种数(109-122)◆南美洲
Barbaceniaceae Arn. = Velloziaceae
Barbaceniopsis【3】L.B.Sm. 丝若翠属 ← **Barbacenia;Vellozia;Xerophyta** Velloziaceae 翡若翠科 [MM-704] 全球 (1) 大洲分布及种数(4)◆南美洲
Barbacus Juss. = **Trichotosia**
Barbajovis Mill. = (接受名不详) Ptilidiaceae
Barba-jovis Adans. = **Anthyllis**
Barbamine【3】A.P.Khokhr. 南芥属 ≒ **Arabis** Brassicaceae 十字花科 [MD-213] 全球 (1) 大洲分布及种数(cf.1-2) ◆亚洲
Barbarea【3】W.T.Aiton 山芥属 ← **Arabis;Eruca; Sisymbrella** Brassicaceae 十字花科 [MD-213] 全球 (6) 大洲分布及种数(32-42;hort.1;cult: 4)非洲:9-22;亚洲:28-41;大洋洲:6-19;欧洲:15-28;北美洲:5-18;南美洲:2-15
Barbella (Broth.) Wijk & Margad. = **Barbella**
Barbella【2】M.Fleisch. ex Broth. 悬藓属 ≒ **Cryphaea;Sinskea** Meteoriaceae 蔓藓科 [B-188] 全球 (5) 大洲分布及种数(36) 非洲:2;亚洲:26;大洋洲:6;北美洲:5;南美洲:3
Barbellina Cass. = **Syncarpha**
Barbellopsis【2】Broth. 拟悬藓属 ≒ **Meteorium; Barbella** Meteoriaceae 蔓藓科 [B-188] 全球 (4) 大洲分布及种数(1) 亚洲:1;大洋洲:1;北美洲:1;南美洲:1
Barbendrum Hort. = **Barkeria**
Barberenia Vand. = **Barbacenia**
Barberetta【3】Harv. 金血草属 Haemodoraceae 血草科 [MM-718] 全球 (1) 大洲分布及种数(1)◆非洲(◆南非)
Barberina Vell. = **Symplocos**
Barbeuia【3】Thou. 商陆藤属 Barbeuiaceae 商陆藤科 [MD-93] 全球 (1) 大洲分布及种数(1)◆非洲(◆马达加斯加)
Barbeuiaceae【3】Nakai 商陆藤科 [MD-93] 全球 (1) 大洲分布和属种数(1/1-2)◆非洲
Barbeuieae Baill. = **Barbeuia**
Barbeya【3】Schweinf. 钩毛树属 ← **Amphoricarpos;Hirpicium** Barbeyaceae 钩毛树科 [MD-101] 全球 (1) 大洲分布及种数(1)◆非洲
Barbeyaceae【3】Rendle 钩毛树科 [MD-101] 全球 (1) 大洲分布和属种数(1/1)◆南美洲
Barbeyastrum Cogn. = **Melastoma**
Barbeyella Podlech = **Astragalus**
Barbiera Spreng. = **Clitoria**
Barbieria【2】DC. 绵枣豆属 ← **Clitoria;Galactia; Martiusia** Fabaceae 豆科 [MD-240] 全球 (3) 大洲分布及种数(2)亚洲:cf.1;北美洲:1;南美洲:1
Barbilophozia【3】(Wallr.) Löske 细裂瓣苔属 ≒ **Schistochilopsis** Anastrophyllaceae 挺叶苔科 [B-60] 全球 (6) 大洲分布及种数(10)非洲:3;亚洲:9-12;大洋洲:3;欧洲:8-11;北美洲:8-11;南美洲:3
Barbilus P.Br. = **Trichilia**
Barbodes Benth. = **Bryodes**
Barbosa Becc. = **Syagrus**
Barbosaara auct. = **Cochlioda**
Barbosella Cardinella Luer = **Barbosella**
Barbosella【2】Schltr. 飞仙兰属 ≒ **Restrepia** Orchidaceae 兰科 [MM-723] 全球 (3) 大洲分布及种数(22-24) 大洋洲:1;北美洲:7;南美洲:19-20
Barbrodria【3】C.A.Lür 扭仙兰属 Orchidaceae 兰科 [MM-723] 全球 (1) 大洲分布及种数(cf. 1)◆南美洲
Barbrodria Lür = **Barbrodria**
Barbula (Brid.) Lindb. = **Barbula**
Barbula【3】Lour. 扭口藓属 → **Caryopteris;Sor-ghum; Serpotortella** Pottiaceae 丛藓科 [B-133] 全球 (6) 大洲分布及种数(291) 非洲:47;亚洲:76;大洋洲:43;欧洲:36;北美洲:72;南美洲:106
Barbuleae Herzog = **Barbula**
Barbus J.F.Gmel. = **Ampelocalamus**
Barbusa A.Gray = **Bambusa**
Barbylus Juss. = **Trichilia**
Barca Klotzsch = **Begonia**
Barcatanthe【-】J.M.H.Shaw 兰科属 Orchidaceae 兰

科 [MM-723] 全球 (uc) 大洲分布及种数(uc)
Barcella【3】Drude 亚马逊棕属 ← **Elaeis** Arecaceae 棕榈科 [MM-717] 全球 (1) 大洲分布及种数(1)◆南美洲
Barcena Duges = **Adolphia**
Barcingtonia J.R.Forst. & G.Forst. = **Barringtonia**
Barcita Dugès = **Adolphia**
Barckhausenia Menke = **Crepis**
Barckhausia DC. = **Youngia**
Barclaya【3】Wall. 合瓣莲属 ← **Nymphaea** Nymphaeaceae 睡莲科 [MD-27] 全球 (1) 大洲分布及种数(cf. 1)◆亚洲
Barclayaceae【3】H.L.Li 合瓣莲科 [MD-29] 全球 (1) 大洲分布和属种数(1;hort. & cult.1)(3;hort. & cult.1)◆北美洲
Barclayana Wall. = **Barclaya**
Barclia J.M.H.Shaw = **Bartsia**
Bardana Hill = **Arctium**
Bardendrum Hort. = **Barkeria**
Bardotia Eb.Fisch.,Schäferh. & Kai Müll. = **Bartonia**
Bardunovia Ignatov & Ochyra = **Platydictya**
Bareria A.Juss. = **Poraqueiba**
Barfussia【3】Manzan. & W.Till 瓣凤梨属 Bromeliaceae 凤梨科 [MM-715] 全球 (1) 大洲分布及种数(uc)◆南美洲:3
Bargemontia【3】Gaud. 假茄属 → **Nolana** Solanaceae 茄科 [MD-503] 全球 (1) 大洲分布及种数(uc)◆南美洲
Barhamia Klotzsch = **Croton**
Barilius Bl. = **Trichilia**
Barilochia Balf.f. = **Ballochia**
Bario Parl. = **Anacamptis**
Baripus P.Br. = **Trichilia**
Barjonia【3】Decne. 巴尔萝藦属 ← **Apocynum; Metastelma** Apocynaceae 夹竹桃科 [MD-492] 全球 (1) 大洲分布及种数(8)◆南美洲
Barkania Ehrenb. = **Halophila**
Barkausia Nutt. = **Youngia**
Barkeranthe J.M.H.Shaw = **Burseranthe**
Barkeria【3】Knowles & Westc. 朱虾兰属 ← **Broughtonia;Oncidium;Pachyphyllum** Orchidaceae 兰科 [MM-723] 全球 (6) 大洲分布及种数(18-20;hort.1)非洲:2-4;亚洲:3-5;大洋洲:2;欧洲:2;北美洲:17-20;南美洲:4-6
Barkerwebbia Becc. = **Heterospathe**
Barkhausenia F.Schur = **Teedia**
Barkhausia【3】Mönch 还阳参属 ≒ **Askellia** Asteraceae 菊科 [MD-586] 全球 (6) 大洲分布及种数(13)非洲:4;亚洲:6;大洋洲:3;欧洲:9;北美洲:5;南美洲:2
Barkhusenia Hoppe = **Crepis**
Barkidendrum Hort. = **Barkeria**
Barkleyadendrum【-】J.M.H.Shaw 兰科属 Orchidaceae 兰科 [MM-723] 全球 (uc) 大洲分布及种数(uc)
Barkleyanthus【3】H.Rob. & Brettell 柳千里光属 ← **Cacalia** Asteraceae 菊科 [MD-586] 全球 (1) 大洲分布及种数(1)◆北美洲
Barklya【3】F.Müll. 丁香豆属 Fabaceae 豆科 [MD-240] 全球 (1) 大洲分布及种数(1)◆大洋洲
Barkonitis【-】auct. 兰科属 Orchidaceae 兰科 [MM-723] 全球 (uc) 大洲分布及种数(uc)
Barkorima Glic. = **Barkeria**
Barkronleya【-】J.M.H.Shaw 兰科属 Orchidaceae 兰科 [MM-723] 全球 (uc) 大洲分布及种数(uc)
Barlaceras E.G.Camus = **Rhopalostylis**
Barlaea Rchb.f. = **Satyrium**
Barlaeina Rchb.f. = **Cynorkis**
Barleria【3】L. 假杜鹃属 → **Phaulopsis;Eranthemum;Petalidium** Acanthaceae 爵床科 [MD-572] 全球 (6) 大洲分布及种数(196-336;hort.1;cult: 3)非洲:179-286;亚洲:54-102;大洋洲:9-16;欧洲:7-18;北美洲:14-23;南美洲:21-29
Barleriacanthus örst. = **Phaulopsis**
Barlerianthus örst. = **Phaulopsis**
Barleriola【3】örst. 肖蓝靛属 ← **Barleria;Justicia; Anthacanthus** Acanthaceae 爵床科 [MD-572] 全球 (1) 大洲分布及种数(2-7)◆北美洲
Barleriopsis örst. = **Phaulopsis**
Barleriosiphon örst. = **Barleria**
Barlerites örst. = **Phaulopsis**
Barlia【3】Parl. 倒距兰属 ≒ **Anacamptis** Orchidaceae 兰科 [MM-723] 全球 (1) 大洲分布及种数(uc)◆欧洲
Barlorchis【3】J.Kalop. & T.Constantin. 西班牙兰花属 Orchidaceae 兰科 [MM-723] 全球 (1) 大洲分布及种数(cf. 1)◆南欧(◆西班牙)
Barnadesia (Ruiz & Pav.) Urtubey = **Barnadesia**
Barnadesia【2】Mutis ex L.f. 刺菊木属 → **Arnaldoa; Chuquiraga;Nardophyllum** Asteraceae 菊科 [MD-586] 全球 (2) 大洲分布及种数(25-27;hort.1;cult:1)亚洲:cf.1;南美洲:24
Barnadesieae (Benth. & Hook.f.) K.Bremer & R.K.Jansen = **Barnadesia**
Barnardia【3】Lindl. 绵枣儿属 ← **Convallaria** Asparagaceae 天门冬科 [MM-669] 全球 (6) 大洲分布及种数(3;hort.1;cult:1)非洲:1-2;亚洲:1-2;大洋洲:1;欧洲:1;北美洲:1;南美洲:1
Barnardiella Goldblatt = **Moraea**
Barnea W.R.Anderson & B.Gates = **Barnebya**
Barnebya【3】W.R.Anderson & B.Gates 巴恩木属 ≒ **Byrsonima** Malpighiaceae 金虎尾科 [MD-343] 全球 (1) 大洲分布及种数(2-3)◆南美洲
Barnebydendron【3】J.H.Kirkbr. 猴花树属 ≒ **Phyllocarpus** Fabaceae 豆科 [MD-240] 全球 (1) 大洲分布及种数(1)◆南美洲
Barneoudia【3】C.Gay 南獐耳属 ← **Anemone** Ranunculaceae 毛茛科 [MD-38] 全球 (1) 大洲分布及种数(2-4)◆南美洲
Barnesara J.M.H.Shaw = **Streptocalypta**
Barnesia Cardot = **Streptocalypta**
Barnesiella Podlech = **Astragalus**
Barnettella Podlech = **Astragalus**
Barnettia【3】Santisuk 角花藤属 → **Santisukia;Radermachera** Bignoniaceae 紫葳科 [MD-541] 全球 (1) 大洲分布及种数(uc)◆亚洲
Barnhartia【3】Gleason 巴氏远志属 Polygalaceae 远志科 [MD-291] 全球 (1) 大洲分布及种数(1)◆南美洲
Barnia Baker = **Rhus**
Barola Adans. = **Trichilia**
Barollaea Neck. = **Caryocar**
Barombia Schltr. = **Aerangis**
Barombiella Szlach. = **Rangaeris**

Barongia Hort. = **Barongia**

Barongia【3】Peter G.Wilson & B.Hyland 蛾须水桉属 Myrtaceae 桃金娘科 [MD-347] 全球 (1) 大洲分布及种数(2)◆大洋洲(◆澳大利亚)

Baronia Baker = **Rhus**

Baroniella【3】Costantin & Gallaud 巴龙萝藦属 ← **Baseonema** Apocynaceae 夹竹桃科 [MD-492] 全球 (1) 大洲分布及种数(7-9)◆非洲

Barosma【3】Willd. 橡芸香属 ≒ **Agathosma** Rutaceae 芸香科 [MD-399] 全球 (1) 大洲分布及种数(1)◆非洲

Barraldeia Thou. = **Carallia**

Barrattia A.Gray = **Encelia**

Barreliera J.F.Gmel. = **Phaulopsis**

Barrelieri J.F.Gmel. = **Phaulopsis**

Barrera【-】L. 芸香科属 Rutaceae 芸香科 [MD-399] 全球 (uc) 大洲分布及种数(uc)

Barreria L. = **Poraqueiba**

Barringtona Cothen. = **Barringtonia**

Barringtonia【3】J.R.Forst. & G.Forst. 玉蕊属 ≒ **Planchonia** Barringtoniaceae 翅玉蕊科 [MD-266] 全球 (6) 大洲分布及种数(49-83;hort.1;cult:1)非洲:18-26;亚洲:35-68;大洋洲:24-33;欧洲:1-5;北美洲:9-15;南美洲:10-16

Barringtoniaceae【3】F.Rudolphi 翅玉蕊科 [MD-266] 全球 (6) 大洲分布和属种数(1;hort. & cult.1)(48-171;hort. & cult.5-6)非洲:1/18-26;亚洲:1/35-68;大洋洲:1/24-33;欧洲:1/1-5;北美洲:1/9-15;南美洲:1/10-16

Barringtonieae DC. ex Schltdl. = **Barringtonia**

Barrintonia J.R.Forst. & G.Forst. = **Barringtonia**

Barrisca Platnick = **Barrosoa**

Barroetea【3】A.Gray 刺叶修泽兰属 ← **Brickellia** Asteraceae 菊科 [MD-586] 全球 (1) 大洲分布及种数(4)◆北美洲(◆墨西哥)

Barroetia A.Gray = **Ipomopsis**

Barrosoa【3】R.M.King & H.Rob. 腺果柄泽兰属 ← **Eupatorium;Conoclinium** Asteraceae 菊科 [MD-586] 全球 (1) 大洲分布及种数(14)◆南美洲

Barrotia【3】Gaud. 露兜树属 ← **Pandanus** Pandanaceae 露兜树科 [MM-703] 全球 (1) 大洲分布及种数(1)◆亚洲

Barrowia Decne. = **Orthanthera**

Barsassia R.Br. = **Brassia**

Barssia L. = **Bartsia**

Bartera P. & K. = **Brasenia**

Barteria Hook.f. = **Barteria**

Barteria【3】Welw. 苞树莲属 ← **Barleria;Brasenia** Passifloraceae 西番莲科 [MD-151] 全球 (1) 大洲分布及种数(6)◆非洲

Barthea【3】Hook.f. 棱果花属 ← **Bredia;Phyllagathis;Plagiopetalum** Melastomataceae 野牡丹科 [MD-364] 全球 (1) 大洲分布及种数(1-2)◆亚洲

Barthelia R.Br. = **Bartholina**

Barthesia Comm. ex A.DC. = **Cyathodes**

Barthlottia【3】Eb.Fisch. 凤烛木属 Scrophulariaceae 玄参科 [MD-536] 全球 (1) 大洲分布及种数(1)◆非洲(◆马达加斯加)

Bartholina【3】R.Br. 秀蛛兰属 ← **Arethusa;Habenaria;Orchis** Orchidaceae 兰科 [MM-723] 全球 (1) 大洲分布及种数(3)◆非洲(◆南非)

Barthollesia Silva Manso = **Bertholletia**

Bartholomaea【3】Standl. & Steyerm. 巴斯木属 ← **Lunania** Salicaceae 杨柳科 [MD-123] 全球 (1) 大洲分布及种数(3)◆北美洲

Barthratherum Anderss. = **Andropogon**

Bartlettara J.M.H.Shaw = **Bartlettia**

Bartlettia【3】A.Gray 粗莛菊属 Asteraceae 菊科 [MD-586] 全球 (1) 大洲分布及种数(1)◆北美洲

Bartlettina J.M.H.Shaw = **Bartlettina**

Bartlettina【2】R.M.King & H.Rob. 雾泽兰属 ← **Conoclinium;Critonia;Eupatorium** Asteraceae 菊科 [MD-586] 全球 (4) 大洲分布及种数(46-49)亚洲:1;大洋洲:1;北美洲:39;南美洲:9-10

Bartleya H.Rob. = **Dicranella**

Bartlingia Brongn. = **Laxmannia**

Bartlingia Rchb. = **Plocama**

Bartolia L. = **Tridax**

Bartolina Adans. = **Tridax**

Bartonella Schltr. = **Barbosella**

Bartonia【3】Muhl. ex Willd. 巴顿龙胆属 ≒ **Mentzelia;Alsine;Nuttallia** Gentianaceae 龙胆科 [MD-496] 全球 (1) 大洲分布及种数(6-14)◆北美洲

Bartoniella Costantin & Gallaud = **Baroniella**

Bartramia【3】L. 珠藓属 → **Tortula;Benthamia; Philonotula** Bartramiaceae 珠藓科 [B-142] 全球 (6) 大洲分布及种数(136) 非洲:45;亚洲:21;大洋洲:26;欧洲:16;北美洲:28;南美洲:61

Bartramiaceae【3】Schwägr. 珠藓科 [B-142] 全球 (5) 大洲分布和属种数(12/533)亚洲:11/100;大洋洲:8/96;欧洲:7/64;北美洲:9/130;南美洲:11/242

Bartramidula【-】<unassigned> 中文名称不详 Fam(uc) 全球 (uc) 大洲分布及种数(uc)

Bartramidula Bruch & Schimp. = **Bartramidula**

Bartramiopsis【2】Kindb. 北美洲锦藓属 Polytrichaceae 金发藓科 [B-101] 全球 (2) 大洲分布及种数(1)亚洲:1;北美洲:1

Bartschella Britton & Rose = **Mammillaria**

Bartschia L. = **Bartsia**

Bartsia (All.) Molau = **Bartsia**

Bartsia【3】L. 绒铃草属 ≒ **Veronica;Euphrasia; Parentucellia** Scrophulariaceae 玄参科 [MD-536] 全球 (6) 大洲分布及种数(40-55)非洲:6-18;亚洲:8-21;大洋洲:3-16;欧洲:8-21;北美洲:23-36;南美洲:34-47

Bartsiella Bolliger = **Ionopsis**

Barya Klotzsch = **Begonia**

Barybas Klotzsch = **Begonia**

Barydia L. = **Bartsia**

Barylucuma Ducke = **Pouteria**

Baryopsis Gilg & Muschl. = **Brayopsis**

Barysoma Bunge = **Heracleum**

Barysomus Bunge = **Heracleum**

Baryxylum Lour. = **Peltophorum**

Basaal Lam. = (接受名不详) Primulaceae

Basal Lam. = (接受名不详) Primulaceae

Basaltogeton Salisb. = **Scilla**

Basanacantha【3】Hook.f. 铃茜草属 ≒ **Scolosanthus; Rosenbergiodendron** Rubiaceae 茜草科 [MD-523] 全球 (6) 大洲分布及种数(14)非洲:1;亚洲:1;大洋洲:1;欧洲:1;北美洲:1-2;南美洲:2

Basananthe【3】Peyr. 离蕊莲属 ≒ **Tryphostemma**

Passifloraceae 西番莲科 [MD-151] 全球 (1) 大洲分布及种数(37-38)◆非洲(◆南非)

Basedowia【3】E.Pritz. 细弱金绒草属 ← **Calomeria; Humea** Asteraceae 菊科 [MD-586] 全球 (1) 大洲分布及种数(1)◆大洋洲(◆澳大利亚)

Basela L. = **Basella**

Basella【3】L. 落葵属 → **Anredera;Chenopodium; Sinskea** Basellaceae 落葵科 [MD-117] 全球 (6) 大洲分布及种数(4-6)非洲:3-6;亚洲:1-3;大洋洲:1-2;欧洲:1-2;北美洲:1-3;南美洲:1-2

Basellaceae【3】Raf. 落葵科 [MD-117] 全球 (6) 大洲分布和属种数(4;hort. & cult.3)(18-36;hort. & cult.4-7)非洲:1/3-6;亚洲:2/4-7;大洋洲:2/2-3;欧洲:1/1-2;北美洲:2/3-5;南美洲:4/16-17

Baselleae Endl. = **Basella**

Baseonema【3】Schltr. & Rendle 基丝萝藦属 → **Baroniella** Apocynaceae 夹竹桃科 [MD-492] 全球 (1) 大洲分布及种数(1)◆非洲

Bashania Keng f. & T.P.Yi = **Arundinaria**

Basigyne J.J.Sm. = **Dendrochilum**

Basilaea Juss. ex Lam. = **Eucomis**

Basileophyta【3】F.Müll. 藤木岩桐属 ≒ **Fieldia;Vandopsis** Gesneriaceae 苦苣苔科 [MD-549] 全球 (1) 大洲分布及种数(uc)◆大洋洲

Basilicum【3】Mönch 小冠薰属 → **Lumnitzera;Moschosma;Tetradenia** Lamiaceae 唇形科 [MD-575] 全球 (6)大洲分布及种数(2)非洲:1;亚洲:1;大洋洲:1;欧洲:1;北美洲:1;南美洲:cf.1

Basilicus Mönch = **Basilicum**

Basilima Raf. = **Sorbaria**

Basilinna Raf. = **Sorbaria**

Basiliola Raf. = **Sorbaria**

Basillaea R.Hedw. = **Asphodelus**

Basiloxylon【3】K.Schum. 翅苹婆属 ≒ **Pterygota** Malvaceae 锦葵科 [MD-203] 全球 (1) 大洲分布及种数(cf. 1)◆南美洲

Basiphyllaea【3】Schltr. 蟹兰属 ← **Bletia;Tetramicra** Orchidaceae 兰科 [MM-723] 全球 (1) 大洲分布及种数(5-9)◆北美洲

Basiptera Cothen. = **Tidestromia**

Basisperma【2】C.T.White 红籽水桉属 Myrtaceae 桃金娘科 [MD-347] 全球 (2) 大洲分布及种数(2)非洲:1;大洋洲:1

Basistelma Bartlett = **Metastelma**

Basistemon【3】Turcz. 基蕊玄参属 ≒ **Russelia** Plantaginaceae 车前科 [MD-527] 全球 (1) 大洲分布及种数(7-9)◆南美洲

Baskervilla【2】Lindl. 落花兰属 ← **Ponthieva** Orchidaceae 兰科 [MM-723] 全球 (3) 大洲分布及种数(10)大洋洲:1;北美洲:3;南美洲:7-8

Baskervillea Lindl. = **Baskervilla**

Basonca Raf. = **Rogeria**

Bassania Gasparis = **Lycianthes**

Bassarona Vand. = **Lythrum**

Bassavia Vell. = **Solanum**

Bassecoia【3】B.L.Burtt 翼首花属 Caprifoliaceae 忍冬科 [MD-510] 全球 (1) 大洲分布及种数(1-3)◆亚洲

Bassecoieae V.Mayer & Ehrend. = **Bassecoia**

Basselinia【3】Vieill. 彩颈椰属 ← **Clinostigma;Alloschmidia** Arecaceae 棕榈科 [MM-717] 全球 (1) 大洲分布及种数(9-18)◆大洋洲

Bassia (Ulbr.) A.J.Scott = **Bassia**

Bassia【3】All. 沙冰藜属 ← **Atriplex;Cyrtopodium;Payena** Amaranthaceae 苋科 [MD-116] 全球 (1) 大洲分布及种数(18-32)◆亚洲

Bassinae G.L.Chu & S.C.Sand. = **Bassia**

Basslerella Chodat = **Cleyera**

Bassovia【3】Aubl. 阿西娜茄属 → **Athenaea;Solanum** Solanaceae 茄科 [MD-503] 全球 (1) 大洲分布及种数(cf.1-4)◆北美洲:1

Bastardia【2】Kunth 粘茼麻属 ← **Abutilon;Bellardia; Akrosida** Malvaceae 锦葵科 [MD-203] 全球 (2) 大洲分布及种数(5-7)北美洲:4;南美洲:3-5

Bastardiana Kunth = **Bastardia**

Bastardiastrum【3】(Rose) D.M.Bates 小巴氏葵属 ← **Abutilon;Sida;Wissadula** Malvaceae 锦葵科 [MD-203] 全球 (1) 大洲分布及种数(8)◆北美洲

Bastardiopsis (K.Schum.) Hassl. = **Bastardiopsis**

Bastardiopsis【3】Hassl. 韧葵属 ← **Abutilon;Sida** Malvaceae 锦葵科 [MD-203] 全球 (1) 大洲分布及种数(5-6)◆南美洲

Bastera Cothen. = **Tidestromia**

Basteria Houtt. = **Calycanthus**

Bastia Steud. = **Anthemis**

Basutica E.Phillips = **Gnidia**

Bataceae【3】Mart. ex Perleb 肉穗果科 [MD-223] 全球 (6) 大洲分布和属种数(1;hort. & cult.1)(1-11;hort. & cult.1)非洲:1/6;亚洲:1/1-8;大洋洲:1/7;欧洲:1/6;北美洲:1/1-7;南美洲:1/1-7

Batales Engl. = **Batatas**

Batania【3】Hatus. 菲律宾防己属 Menispermaceae 防己科 [MD-42] 全球 (1) 大洲分布及种数(uc)◆东南亚(◆菲律宾)

Batanthes Raf. = **Gilia**

Bataprine Nieuwl. = **Galium**

Batatas (L.) H.Karst. = **Batatas**

Batatas【2】Choisy 虎掌藤属 ≒ **Ipomoea;Aniseia** Convolvulaceae 旋花科 [MD-499] 全球 (3) 大洲分布及种数(1-2) 欧洲;北美洲;南美洲

Batemania Endl. = **Batemannia**

Batemannia【3】Lindl. 抚稚兰属 → **Huntleya;Lycaste;Maxillaria** Orchidaceae 兰科 [MM-723] 全球 (1) 大洲分布及种数(5)◆南美洲

Bateostylis auct. = **Maxillaria**

Baterium Miers = **Tectaria**

Batesanthus【3】N.E.Br. 西非萝藦属 ← **Cryptolepis** Apocynaceae 夹竹桃科 [MD-492] 全球 (1) 大洲分布及种数(1-4)◆非洲

Batesia【3】Spruce 喜林芋属 ≒ **Philodendron** Fabaceae 豆科 [MD-240] 全球 (1) 大洲分布及种数(1)◆南美洲

Batesimalva【2】Fryxell 贝茨锦葵属 ← **Gaya** Malvaceae 锦葵科 [MD-203] 全球 (2) 大洲分布及种数(3-6)北美洲:2-4;南美洲:1

Bathemium C.Presl ex Link = **Acrostichum**

Bathiaea Drake = **Brandzeia**

Bathiea Schltr. = **Neobathiea**

Bathiorchis Bosser & P.J.Cribb = **Goodyera**

Bathiorhamnus【3】Capuron 巴斯鼠李属 ≒ **Macror-**

hamnus Rhamnaceae 鼠李科 [MD-331] 全球 (1) 大洲分布及种数(5-7)◆非洲(◆马达加斯加)
Bathmium【2】(Presl) Link 三枝蕨属 ← **Aspidium;Tectaria;Nephrodium** Dryopteridaceae 鳞毛蕨科 [F-49] 全球 (2) 大洲分布及种数(cf.) 北美洲;南美洲
Bathratherum Hochst. = **Arthraxon**
Bathya【3】Ravenna 小顶红属 ← **Rhodophiala** Amaryllidaceae 石蒜科 [MM-694] 全球 (1) 大洲分布及种数(1)◆南美洲
Bathyactis Ledeb. = **Brachyactis**
Bathyra Walker = **Bathysa**
Bathysa【2】C.Presl 南鸡纳属 ← **Chimarrhis;Schizocalyx** Rubiaceae 茜草科 [MD-523] 全球 (2) 大洲分布及种数(14-15)北美洲:1;南美洲:13-14
Bathysanthus【-】G.L.Nesom 菊科属 Asteraceae 菊科 [MD-586] 全球 (uc) 大洲分布及种数(uc)北美洲
Bathysiphon A.Juss. = **Brachysiphon**
Bathysograya P. & K. = **Exostema**
Batidaea【3】Greene 悬钩子属 ← **Rubus** Rosaceae 蔷薇科 [MD-246] 全球 (1) 大洲分布及种数(1)◆亚洲
Batidea【2】(Focke) A.Heller 悬钩子属 ≒ **Rubus** Rosaceae 蔷薇科 [MD-246] 全球 (2) 大洲分布及种数(cf.1) 欧洲;北美洲
Batidophaca (A.Gray) Rydb. = **Astragalus**
Batindum Raf. = **Lantana**
Batis Blanco = **Batis**
Batis【3】P.Br. 螳螂跌打属 → **Sarcobatus;Pothos** Bataceae 肉穗果科 [MD-223] 全球 (1) 大洲分布及种数(1-8)◆亚洲
Batissa Aubl. = **Bagassa**
Batistia Steud. = **Anisopappus**
Batocarpus【3】H.Karst. 荔枝桑属 Moraceae 桑科 [MD-87] 全球 (1) 大洲分布及种数(4)◆南美洲
Batocydia Mart. ex Britton & P.Wilson = **Bignonia**
Batodendron【2】Nutt. 越橘属 ≒ **Vaccinium** Ericaceae 杜鹃花科 [MD-380] 全球 (2) 大洲分布及种数(cf.) 欧洲;北美洲
Batopedina【3】Verdc. 平原茜属 ← **Otomeria** Rubiaceae 茜草科 [MD-523] 全球 (1) 大洲分布及种数(3)◆非洲
Batopilasia【3】G.L.Nesom & R.D.Noyes 莲菀属 Asteraceae 菊科 [MD-586] 全球 (1) 大洲分布及种数(cf.1)◆北美洲
Batrachium【3】(DC.) A.Gray 水毛茛属 ≒ **Ranunculus;Phyteuma** Ranunculaceae 毛茛科 [MD-38] 全球 (6) 大洲分布及种数(16-24)非洲:3-12;亚洲:13-24;大洋洲:3-12;欧洲:6-15;北美洲:6-15;南美洲:10
Batrachus (DC.) A.Gray = **Batrachium**
Batratherum Nees = **Arthraxon**
Batrisiella Bolliger = **Tolumnia**
Batschia J.F.Gmel. = **Humboldtia**
Batschia Mönch = **Eupatorium**
Batschia Mutis ex Thunb. = **Abuta**
Battandiera【3】Maire 哨兵花属 ← **Albuca** Asparagaceae 天门冬科 [MM-669] 全球 (1) 大洲分布及种数(uc)◆非洲(◆博茨瓦纳)
Battata Hill = **Solanum**
Battersia Reinke & Batters = **Batesia**
Battus Rothschild & Jordan = **Batatas**
Batus Linné = **Batis**
Batzella J.F.Morales = **Bahiella**
Bauc Comm. ex Juss. = **Boea**
Bauchea E.Fourn. = **Sporobolus**
Baucis Phil. = **Trichocline**
Baucroftia Walp. = **Smilacina**
Baudinia Lesch. ex DC. = **Calothamnus**
Baudouinia【3】Baill. 鲍德豆属 Fabaceae 豆科 [MD-240] 全球 (1) 大洲分布及种数(5-7)◆非洲(◆马达加斯加)
Bauera【3】Banks ex Andr. 车叶梅属 ≒ **Machaerina** Baueraceae 常绿枝科 [MD-214] 全球 (1) 大洲分布及种数(2-5)◆大洋洲
Baueraceae【3】Lindl. 常绿枝科 [MD-214] 全球 (1) 大洲分布和属种数(1;hort. & cult.1)(2-5;hort. & cult.2-3)◆大洋洲:1/2-5
Bauerella【3】Borzì 山油柑属 ≒ **Sarcomelicope** Fabaceae3 蝶形花科 [MD-240] 全球 (1) 大洲分布及种数(1)◆大洋洲
Baueri Banks ex Andrews = **Bauera**
Baueropsis【3】Hutch. 狼尾草属 ← **Pennisetum** Fabaceae 豆科 [MD-240] 全球 (1) 大洲分布及种数(uc)◆大洋洲
Bauh Comm. ex Juss. = **Boea**
Bauhina Cothen. = **Bauhinia**
Bauhinia (A.Schmitz) Wunderlin,K.Larsen & S.S.Larsen = **Bauhinia**
Bauhinia【3】L. 羊蹄甲属 ≒ **Casparia;Phanera** Fabaceae2 云实科 [MD-239] 全球 (1) 大洲分布及种数(97-188)◆亚洲
Bauhiniaceae Martinov = Fabaceae3
Bauhinieae Benth. = **Bauhinia**
Baukea Vatke = **Rhynchosia**
Baumannara auct. = **Bridelia**
Baumannia DC. = **Damnacanthus**
Baumannia Spach = **Oenothera**
Baumea【3】Gaud. 剑叶莎属 ← **Machaerina;Cladium;Gahnia** Cyperaceae 莎草科 [MM-747] 全球 (1) 大洲分布及种数(13)属分布和种数(uc)◆非洲
Baumgartenia Spreng. = **Forestiera**
Baumgartenii Spreng. = **Forestiera**
Baumgartia Mönch = **Cocculus**
Baumia【3】Engl. & Gilg 鲍姆玄参属 Orobanchaceae 列当科 [MD-552] 全球 (1) 大洲分布及种数(1)◆非洲
Baumiella H.Wolff = **Poterium**
Bauprea Carr. = **Bauera**
Baursea Hort. ex Hoffmanns. = **Philodendron**
Baursia Schott = **Batesia**
Bauschia Seub. = **Herrania**
Baustomus Röwer = **Butomus**
Bauxia Neck. = **Cipura**
Bavera Poir. = **Bauera**
Bavetta L. = **Pavetta**
Bavia Schult.f. = **Navia**
Baxtera Rchb. = **Loniceroides**
Baxteria【3】R.Br. 触苞花属 Dasypogonaceae 鼓槌草科 [MM-710] 全球 (1) 大洲分布及种数(1)◆大洋洲(◆澳大利亚)
Baxteriaceae【3】Takht. 无茎草科 [MM-731] 全球 (1) 大洲分布和属种数(1/1)◆大洋洲

Bayabusua【3】 W.J.de Wilde 马来细葫芦属 Cucurbitaceae 葫芦科 [MD-205] 全球 (1) 大洲分布及种数(cf. 1)◆东南亚(◆马来西亚)
Bayerara Cumming,David M. = **Ada**
Baynesia【3】 Bruyns 非洲细萝藦属 ≒ **Dryandra** Apocynaceae 夹竹桃科 [MD-492] 全球 (1) 大洲分布及种数(1)◆非洲
Bayonia Dugand = **Mansoa**
Baziasa Steud. = **Sabazia**
Bazina Raf. = **Mazus**
Bazzania Exemptae J.J.Engel = **Bazzania**
Bazzania【3】 Stephani 鞭苔属 ≒ **Jungermannia; Acromastigum** Lepidoziaceae 指叶苔科 [B-63] 全球 (6) 大洲分布及种数(161-168)非洲:14-33;亚洲:85-102;大洋洲:54-73;欧洲:6-23;北美洲:22-39;南美洲:31-50
Bazzanius Gray = **Bazzania**
Bdallophyton【3】 Eichl. 榄寄生属 ← **Bdallophytum** Cytinaceae 岩寄生科 [MD-182] 全球 (1) 大洲分布及种数(uc)◆非洲
Bdallophytum【3】 Eichler 榄寄生属 ≒ **Cytinus** Cytinaceae 岩寄生科 [MD-182] 全球 (1) 大洲分布及种数(3)◆北美洲
Bdellium Baill. ex Laness. = **Malcolmia**
Beachia Baill. = **Blachia**
Beadlea【3】Small合簕兰属←**Cyclopogon;Helonoma; Spiranthes** Orchidaceae 兰科 [MM-723] 全球 (6) 大洲分布及种数(6)非洲:3;亚洲:3;大洋洲:3;欧洲:3;北美洲:3;南美洲:5-8
Beahmara Hort. = **Aceratium**
Bealia Scribn. = **Muhlenbergia**
Beallara auct. = **Brassia**
Beania Johnston = **Behnia**
Beara O.F.Cook = **Coccothrinax**
Beardara auct. = **Watsonia**
Beareana Hill = **Arctium**
Beata O.F.Cook = **Coccothrinax**
Beatonia【3】 Herb. 虎皮兰属 ≒ **Tigridia;Calydorea** Iridaceae 鸢尾科 [MM-700] 全球 (1) 大洲分布及种数(cf.1-2)◆北美洲
Beatsonia Roxb. = **Frankenia**
Beaucarnea (Trel.) Thiede = **Beaucarnea**
Beaucarnea【3】 Lem. 酒瓶兰属 ≒ **Nolina** Asparagaceae 天门冬科 [MM-669] 全球 (1) 大洲分布及种数(13-20)◆北美洲
Beaufortia【3】 R.Br. 缨刷树属 ← **Calothamnus; Melaleuca;Regelia** Myrtaceae 桃金娘科 [MD-347] 全球 (1) 大洲分布及种数(13-26)◆大洋洲(◆澳大利亚)
Beauharnoisia Ruiz & Pav. = **Tovomita**
Beauica P. & K. = **Boeica**
Beaumaria Deless. ex Steud. = **Aristotelia**
Beaumontara Hort. = **Brassavola**
Beaumontia【3】 Wall. 清明花属 ← **Echites;Vallaris; Wrightia** Apocynaceae 夹竹桃科 [MD-492] 全球 (6) 大洲分布及种数(8-10)非洲:2-3;亚洲:7-10;大洋洲:1;欧洲:1;北美洲:1-3;南美洲:1
Beauprea【3】 Brongrn. & Gris 荷枫李属 Proteaceae 山龙眼科 [MD-219] 全球 (1) 大洲分布及种数(1-13)◆大洋洲
Beaupreopsis【3】 Virot 小荷枫李属 ← **Cenarrhenes** Proteaceae 山龙眼科 [MD-219] 全球 (1) 大洲分布及种数(1)◆大洋洲
Beautempsia【3】 Gaud. 山柑属 ≒ **Capparis** Capparaceae 山柑科 [MD-178] 全球 (1) 大洲分布及种数(cf.1)◆南美洲
Beautia Commers. ex Poir. = **Thilachium**
Beauverdia【3】 Herter 孤星韭属 Amaryllidaceae 石蒜科 [MM-694] 全球 (1) 大洲分布及种数(2)◆大洋洲
Beauvisagea【3】 Pierre 蛋黄果属 ← **Lucuma;Planchonella** Sapotaceae 山榄科 [MD-357] 全球 (1) 大洲分布及种数(1)◆非洲
Bebbia【3】 Greene 甜菊木属 ← **Carphephorus** Asteraceae 菊科 [MD-586] 全球 (1) 大洲分布及种数(3-5)◆北美洲
Becabunga【-】 Hill 车前科属 Plantaginaceae 车前科 [MD-527] 全球 (uc) 大洲分布及种数(uc)
Beccabunga Fourr. = **Veronica**
Beccaria Müll.Hal. = **Pottia**
Beccarianthus【3】 Cogn. 菲律宾甜牡丹属 Melastomataceae 野牡丹科 [MD-364] 全球 (1) 大洲分布及种数(9)◆东南亚(◆菲律宾)
Beccariella Ces. = **Beccariella**
Beccariella【2】 Pierre 山榄木属 ← **Sideroxylon; Achras;Pichonia** Sapotaceae 山榄科 [MD-357] 全球 (4) 大洲分布及种数(14)非洲:1;大洋洲:13;北美洲:3;南美洲:6
Beccarimnea【-】 Pierre 山榄科属 Sapotaceae 山榄科 [MD-357] 全球 (uc) 大洲分布及种数(uc)
Beccarinda【3】 P. & K. 横蒴苣苔属 Gesneriaceae 苦苣苔科 [MD-549] 全球 (1) 大洲分布及种数(6-10)◆亚洲
Beccariodendron Warb. = **Mitrephora**
Beccariophoenix【3】 Jum. & H.Perrier 裂苞椰子属 Arecaceae 棕榈科 [MM-717] 全球 (1) 大洲分布及种数(1-3)◆非洲(◆马达加斯加)
Beceariophoenix Jum. & H.Perrier = **Beccariophoenix**
Bechera D.Löve & D.Löve = **Boechera**
Becheria Ridl. = **Ixora**
Bechium【3】 DC. 铁鸠菊属 ≒ **Vernonia;Cyanthillium** Asteraceae 菊科 [MD-586] 全球 (1) 大洲分布及种数(3)◆非洲
Bechonneria Carrière = **Beschorneria**
Becium Lindl. = **Ocimum**
Beckea A.St.Hil. = **Brunia**
Beckea Pers. = **Baeckea**
Beckera Fresen. = **Paratheria**
Beckerella Van Tiegh. = **Bakerella**
Beckeria【3】 Bernh. 斯诺登草属 ≒ **Melica;Snowdenia** Poaceae 禾本科 [MM-748] 全球 (1) 大洲分布及种数(1)◆非洲
Beckeriella Pierre = **Beccariella**
Beckeropsis Fig. & De Not. = **Pennisetum**
Beckettia Müll.Hal. = **Hennediella**
Beckiella Ireland = **Buckiella**
Beckmannia【3】 Host 茵草属 ← **Cynosurus;Phalaris; Phleum** Poaceae 禾本科 [MM-748] 全球 (6) 大洲分布及种数(3)非洲:1-3;亚洲:2-4;大洋洲:2;欧洲:2-4;北美洲:2-4;南美洲:2
Beckmannieae Dostál = **Beckmannia**
Beckwithia【3】 Jeps. 冰毛茛属 ≒ **Ranunculus;Oxyg-**

raphis Ranunculaceae 毛茛科 [MD-38] 全球 (6) 大洲分布及种数(2)非洲:2;亚洲:1-3;大洋洲:2;欧洲:1-3;北美洲:1-3;南美洲:2
Beclardia【3】 A.Rich. 伯克兰属 ← **Aeranthes;Oeoniella;Bernardia** Orchidaceae 兰科 [MM-723] 全球 (1) 大洲分布及种数(2)◆非洲
Becquerela Nees = **Becquerelia**
Becquerelia【2】 Brongn. 多颖茅属 → **Bisboeckelera;Calyptrocarya;Scleria** Cyperaceae 莎草科 [MM-747] 全球 (2) 大洲分布及种数(8-9)北美洲:3;南美洲:7-8
Becus Lindl. = **Ocimum**
Beddomea Hook.f. = **Aglaia**
Beddomeana Hook.f. = **Aglaia**
Beddomei Hook.f. = **Aglaia**
Beddomiella【-】 Dixon 曲尾藓科属 ≒ **Wilsoniella** Dicranaceae 曲尾藓科 [B-128] 全球 (uc) 大洲分布及种数(uc)
Bedeva P.Beauv. ex T.Lestib. = **Mapania**
Bedfordia【3】 DC. 线绒菊属 ← **Cacalia;Culcitium;Senecio** Asteraceae 菊科 [MD-586] 全球 (1) 大洲分布及种数(3)◆大洋洲
Bedosia Dennst. = **Croton**
Bedousia Dennst. = **Casearia**
Bedresia Balf.f. & W.W.Sm. = **Beesia**
Bedusia Raf. = **Casearia**
Beebea Schaus = **Beesia**
Beehsa Endl. = **Nastus**
Beelia Endl. = **Ruellia**
Beella Brady = **Basella**
Beera P.Beauv. ex T.Lestib. = **Hypolytrum**
Beesha Kunth = **Melocanna**
Beesha Munro = **Ochlandra**
Beesia【3】 Balf.f. & W.W.Sm. 铁破锣属 ← **Cimicifuga;Palaquium** Ranunculaceae 毛茛科 [MD-38] 全球 (1) 大洲分布及种数(2-3)◆亚洲
Beethovenia Engel = **Ceroxylon**
Beeveria【3】 Fife 澳毛帽藓属 Daltoniaceae 小黄藓科 [B-162] 全球 (1) 大洲分布及种数(1)◆大洋洲
Befaria Mutis ex L. = **Bejaria**
Befula Hoffm. ex Besser = **Berula**
Begonalia L. = **Begonia**
Begonia (Hassk.) Warb. = **Begonia**
Begonia【3】 L. 秋海棠属 ≒ **Petermannia;Stachys** Begoniaceae 秋海棠科 [MD-195] 全球 (1) 大洲分布及种数(460-895)◆亚洲
Begoniaceae【3】 C.Agardh 秋海棠科 [MD-195] 全球 (6) 大洲分布和属种数(3-4;hort. & cult.1)(466-2374;hort. & cult.103-408)非洲:1/48;亚洲:1/460-895;大洋洲:1/3-51;欧洲:1/48;北美洲:2/8-59;南美洲:2/33-82
Begoniella【3】 Oliv. 矮秋海棠属 Begoniaceae 秋海棠科 [MD-195] 全球 (1) 大洲分布及种数(5)◆南美洲(◆哥伦比亚)
Begonta L. = **Begonia**
Beguea【3】 Capuron 布格木属 Sapindaceae 无患子科 [MD-428] 全球 (1) 大洲分布及种数(6-10)◆非洲(◆马达加斯加)
Beguina L. = **Begonia**
Behaimia【3】 Griseb. 古巴豆属 Fabaceae 豆科 [MD-240] 全球 (1) 大洲分布及种数(1)◆北美洲(◆古巴)
Behen Hill = **Centaurea**
Behen Mönch = **Oberna**
Behenantha Schur = **Oberna**
Behnia Didrichsen = **Behnia**
Behnia【3】 F.Didrichs. 拟菝葜属 ≒ **Ruscus;Begonia** Asparagaceae 天门冬科 [MM-669] 全球 (1) 大洲分布及种数(1)◆非洲
Behniaceae【3】 Conran & al. 非拔契科 [MM-655] 全球 (1)大洲分布和属种数(1;hort. & cult.1)(1;hort. & cult.1)◆亚洲
Behria Greene = **Bessera**
Behrinia Sieber ex Steud. = **Crepis**
Behuninia Sieber ex Steud. = **Youngia**
Behuria【3】 Cham. 巴西野牡丹属 Melastomataceae 野牡丹科 [MD-364] 全球 (1) 大洲分布及种数(13-16)◆南美洲
Beil Eckl. = **Byttneria**
Beilia (Baker) Eckl. ex P. & K. = **Watsonia**
Beilia Bub. = **Chaerophyllum**
Beiliana Eckl. = **Byttneria**
Beilschmidtia Rchb. = **Beilschmiedia**
Beilschmiedia【3】 Nees 山潺属 ← **Cryptocarya;Laurus;Ocotea** Lauraceae 樟科 [MD-21] 全球 (6) 大洲分布及种数(207-307;hort.1)非洲:108-134;亚洲:95-165;大洋洲:28-58;欧洲:3-8;北美洲:31-38;南美洲:31-42
Beinertia Bunge = **Bienertia**
Beirnaertia【3】 Louis ex Troupin 碧柰藤属 Menispermaceae 防己科 [MD-42] 全球 (1) 大洲分布及种数(1)◆非洲
Beiselia【3】 Forman 刺茎榄属 Burseraceae 橄榄科 [MD-408] 全球 (1) 大洲分布及种数(1)◆北美洲(◆墨西哥)
Bejaranoa【3】 R.M.King & H.Rob. 锥托泽兰属 ≒ **Conoclinium** Asteraceae 菊科 [MD-586] 全球 (1) 大洲分布及种数(2)◆南美洲
Bejaria【3】 Mutis 七瓣杜鹃属 ≒ **Befaria** Ericaceae 杜鹃花科 [MD-380] 全球 (6) 大洲分布及种数(21-25)非洲:2;亚洲:1-3;大洋洲:2;欧洲:2;北美洲:5-7;南美洲:19-23
Bejuco Löfl. = **Hippocratea**
Bekeropsis Hutch. = **Alopecurus**
Beketovia Krasn. = **Hirtella**
Beketowia Krasn. = **Hirtella**
Belaina A.Rich. = **Belairia**
Belairia【3】 A.Rich. 佛堤豆属 ← **Pictetia** Fabaceae3 蝶形花科 [MD-240] 全球 (1) 大洲分布及种数(1)◆北美洲
Belalora S.F.Blake = **Prestonia**
Belamcanda【3】 Adans. 射干属 → **Babiana;Tritonia** Iridaceae 鸢尾科 [MM-700] 全球 (1) 大洲分布及种数(1-2)◆亚洲
Belam-canda Adans. = **Belamcanda**
Belandra S.F.Blake = **Prestonia**
Belangera【3】 Cambess. 番荆梅属 ≒ **Lamanonia** Cunoniaceae 合椿梅科 [MD-255] 全球 (1) 大洲分布及种数(uc)◆南美洲
Belangeraceae J.Agardh = Stylobasiaceae
Belanophora J.R.Forst. & G.Forst. = **Balanophora**
Belantheria Nees = **Brillantaisia**
Belciana Raf. = **Bletia**

Belea A.Gray = **Pelea**
Belemcanda (Pers.) Nois. = **Belamcanda**
Belemia【3】J.M.Pires 金钟茉莉属 Nyctaginaceae 紫茉莉科 [MD-107] 全球 (1) 大洲分布及种数(1)◆南美洲(◆巴西)
Belemnites E.Mey. = **Pachypodium**
Belemnospora A.Gray = **Blennospora**
Belencita【3】H.Karst. 山柑属 ← **Capparis** Capparaceae 山柑科 [MD-178] 全球 (1) 大洲分布及种数(1)◆南美洲
Belenia Decne. = **Physochlaina**
Belenidium Arn. ex DC. = **Dyssodia**
Belenois Decne. = **Scopolia**
Belenus Decne. = **Physochlaina**
Beleropone C.B.Clarke = **Beloperone**
Belgeara【-】Griff. & J.M.H.Shaw 兰科属 Orchidaceae 兰科 [MM-723] 全球 (uc) 大洲分布及种数(uc)
Belharnosia Adans. = **Paspalum**
Belia Steller ex S.G.Gmel. = **Claytonia**
Belicea Lundell = **Morinda**
Beliceodendron Lundell = **Lecointea**
Belidae Lundell = **Morinda**
Belilla Adans. = **Mussaenda**
Belingia Pierre = **Benzingia**
Beliops Salisb. = **Cunninghamia**
Belippa Lundell = **Morinda**
Belis Salisb. = **Cunninghamia**
Belladona Adans. = **Atropa**
Belladonna (Sweet ex Endl.) Sweet ex W.H.Harvey = **Belladonna**
Belladonna【3】Mill. 孤挺花属 ≒ **Amaryllis** Amaryllidaceae 石蒜科 [MM-694] 全球 (1) 大洲分布及种数(1)◆非洲
Bellardia【2】All. 线子草属 ← **Bartsia;Euphrasia;Microseris** Orobanchaceae 列当科 [MD-552] 全球 (5) 大洲分布及种数(4)非洲:2;亚洲:cf.1;欧洲:3;北美洲:2;南美洲:1
Bellardiochloa【2】Chiov. 紫穗禾属 → **Poa** Poaceae 禾本科 [MM-748] 全球 (2) 大洲分布及种数(6-7)亚洲:5-6;欧洲:2
Belleme Shuttlew. = **Abutilon**
Bellendena【3】R.Br. 旋桨木属 Proteaceae 山龙眼科 [MD-219] 全球 (1) 大洲分布及种数(1)◆大洋洲(◆澳大利亚)
Bellendenia D.F.L.von Schlechtendal = **Tritonia**
Bellermannia【3】Klotzsch ex H.Karst. 西印度茜属 ← **Gonzalagunia** Rubiaceae 茜草科 [MD-523] 全球 (1) 大洲分布及种数(cf.1)◆南美洲
Bellevalia【3】Lapeyr. 罗马风信属 ← **Richeria;Hyacinthella;Alrawia** Asparagaceae 天门冬科 [MM-669] 全球 (6) 大洲分布及种数(35-81;hort.1;cult: 1)非洲:10-21;亚洲:30-70;大洋洲:5;欧洲:6-15;北美洲:5;南美洲:5
Bellevallia G.A.Scop. = **Bellevalia**
Bellia Broth. = **Crosbya**
Bellibarbula【3】P.C.Chen 美叶藓属 ≒ **Bryoerythrophyllum** Pottiaceae 丛藓科 [B-133] 全球 (6) 大洲分布及种数(3) 非洲:1;亚洲:3;大洋洲:1;欧洲:1;北美洲:1;南美洲:1
Bellida【3】Ewart 禾鼠麹属 Asteraceae 菊科 [MD-586] 全球 (1) 大洲分布及种数(1)◆大洋洲(◆澳大利亚)
Bellidastrum【3】G.A.Scop. 紫菀属 → **Aster** Asteraceae 菊科 [MD-586] 全球 (1) 大洲分布及种数(1)◆欧洲
Bellidiaster Dum. = **Aster**
Bellidiastrum【3】Cass. 旋叶菊属 ≒ **Osmitopsis** Asteraceae 菊科 [MD-586] 全球 (1) 大洲分布及种数(uc)◆欧洲
Bellidium Bertol. = **Bellis**
Belliella Raf. = **Mussaenda**
Belliidae Ewart = **Bellida**
Bellilla Raf. = **Mussaenda**
Bellincinia (Nees) P. & K. = **Porella**
Bellinia Röm. & Schult. = **Saracha**
Belliolum【3】Van Tiegh. 合轴林仙属 ≒ **Drimys; Zygogynum** Winteraceae 林仙科 [MD-3] 全球 (1) 大洲分布及种数(uc)◆大洋洲(◆美拉尼西亚)
Belliopsis【3】Pomel 丽菊属 ← **Bellium;Bellis** Asteraceae 菊科 [MD-586] 全球 (1) 大洲分布及种数(1)◆非洲
Bellis【3】L.雏菊属 ≒ **Berardia;Myriactis** Asteraceae 菊科 [MD-586] 全球 (6) 大洲分布及种数(19-36;hort.1;cult: 2)非洲:7-10;亚洲:3-6;大洋洲:4-6;欧洲:12-15;北美洲:4-6;南美洲:5-7
Bellium【2】L. 丽菊属 ← **Pectis;Bellis** Asteraceae 菊科 [MD-586] 全球 (3) 大洲分布及种数(5-7)非洲:2;亚洲:cf.1;欧洲:3
Bellizinca Borhidi = **Deppea**
Belloa【3】J.Rémy 尖柱紫绒草属 ← **Chevreulia;Mniodes;Lucilia** Asteraceae 菊科 [MD-586] 全球 (1) 大洲分布及种数(17-19)◆南美洲
Bellocia L. = **Bellonia**
Bellonia【3】(Plum.) L. 茄岩桐属 ≒ **Belonia** Gesneriaceae 苦苣苔科 [MD-549] 全球 (1) 大洲分布及种数(2-4)◆欧洲
Bellonia L. = **Bellonia**
Belloniaceae Martinov = Polypremaceae
Bellota A.Rich. ex Phil. = **Beilschmiedia**
Bellotia G.Don = **Bellucia**
Belluccia Adans. = **Ptelea**
Bellucia【3】Neck. ex Raf. 丽牡丹属 ← **Miconia;Bellonia;Loreya** Melastomataceae 野牡丹科 [MD-364] 全球 (1) 大洲分布及种数(24-26)◆南美洲
Bellynkxia Müll.Arg. = **Appunia**
Belmontia E.Mey. = **Sebaea**
Beloakon Raf. = **Phlomis**
Beloanthera Hassk. = **Hydrolea**
Beloere Shuttlew. = **Abutilon**
Beloglottis【2】Schltr. 矢唇兰属 ← **Spiranthes** Orchidaceae 兰科 [MM-723] 全球 (2) 大洲分布及种数(10)北美洲:9;南美洲:5
Belonanthus【3】Graebn. 箭败酱属 ← **Valeriana** Caprifoliaceae 忍冬科 [MD-510] 全球 (1) 大洲分布及种数(5-6)◆南美洲
Belone Shuttlew. = **Abutilon**
Belonia【3】Adans. 茄岩桐属 ← **Bellonia** Gesneriaceae 苦苣苔科 [MD-549] 全球 (1) 大洲分布及种数(1)◆欧洲
Belonidae Adans. = **Belonia**
Belonidium Sacc. & Speg. = **Hymenatherum**
Belonie E.Mey. = **Pachypodium**
Beloniella Rehm = **Blotiella**

Belonion Raf. = **Metastachydium**
Belonites E.Mey. = **Pachypodium**
Belonophora【3】Hook.f. 箭茜草属 ← **Coffea** Rubiaceae 茜草科 [MD-523] 全球 (1) 大洲分布及种数(5)◆非洲
Belonoptera Hook.f. = **Belonophora**
Beloperone【3】Nees 箭爵床属 ← **Adhatoda;Justicia; Monechma** Acanthaceae 爵床科 [MD-572] 全球 (6) 大洲分布及种数(8-24)非洲:4;亚洲:4;大洋洲:4;欧洲:4;北美洲:5;南美洲:7-14
Beloperonides örst. = **Justicia**
Belosepia Raf. = **Salvia**
Belospis Raf. = **Salvia**
Belost Salisb. = **Cunninghamia**
Belostemma【3】Wall. ex Wight 箭药藤属 ← **Tylophora;Vincetoxicum** Apocynaceae 夹竹桃科 [MD-492] 全球 (1) 大洲分布及种数(cf. 1)◆亚洲
Belosynapsis【3】Hassk. 假紫万年青属 ← **Aneilema;Murdannia;Tradescantia** Commelinaceae 鸭跖草科 [MM-708] 全球 (1) 大洲分布及种数(5-6)◆亚洲
Belotia【3】A.Rich. 箭椴树属 ← **Trichospermum** Malvaceae 锦葵科 [MD-203] 全球 (1) 大洲分布及种数(2)◆北美洲
Belou Adans. = **Aegle**
Belovia Bunge = **Suaeda**
Belowia【3】Moq. 箭苋属 ≒ **Suaeda** Amaranthaceae 苋科 [MD-116] 全球 (1) 大洲分布及种数(1)◆非洲
Beltella Rchb.f. = **Bletilla**
Beltokon Raf. = **Origanum**
Beltrania Miranda = **Enriquebeltrania**
Belus Salisb. = **Cunninghamia**
Belutta Raf. = **Allmania**
Beluttakaka Adans. = **Chonemorpha**
Belutta-kaka Adans. = **Chonemorpha**
Belvala Adans. = **Struthiola**
Belvalia Delile = **Lepilaena**
Belvisia Desv. = **Belvisia**
Belvisia【3】Mirb. 尖嘴蕨属 ≒ **Lomaria;Napoleonaea** Polypodiaceae 水龙骨科 [F-60] 全球 (6) 大洲分布及种数(11)非洲:4-5;亚洲:10-11;大洋洲:3-4;欧洲:1;北美洲:1;南美洲:1-2
Belvo Salisb. = **Cunninghamia**
Belvosia Aldrich = **Belvisia**
Bemangidia【3】L.Gaut. 沙山榄属 Sapotaceae 山榄科 [MD-357] 全球 (1) 大洲分布及种数(1)◆非洲
Bemarivea Choux = **Tina**
Bematha O.F.Cook = **Coccothrinax**
Bembecia Oliv. = **Bembicia**
Bembecodium Lindl. = **Athanasia**
Bembexia Oliv. = **Bembicia**
Bembicia【3】Oliv. 莎苞木属 Salicaceae 杨柳科 [MD-123] 全球 (1) 大洲分布及种数(1-2)◆非洲(◆马达加斯加)
Bembiciaceae【3】R.C.Keating & Takht. 盾头木科 [MD-146] 全球 (1) 大洲分布和属种数(1/1-2)◆非洲
Bembicidium Rydb. = **Athanasia**
Bembicina P. & K. = **Bembicia**
Bembicinus Mart. ex Baker = **Praxelis**
Bembiciopsis H.Perrier = **Camellia**
Bembicium Mart. ex Baker = **Eupatorium**
Bembix Lour. = **Durandea**
Bembycodium Kunze = **Athanasia**
Bembyx Batsch = **Durandea**
Bemella Hill = **Acmella**
Bemisia Mirb. = **Belvisia**
Bemsetia Raf. = **Ixora**
Bena Neck. = **Stachytarpheta**
Benagocharis Hochst. = **Tenagocharis**
Benala Linnavuori & DeLong = **Benkara**
Benaurea Raf. = **Musschia**
Bencomia【3】Webb & Berthel. 木地榆属 ← **Poterium** Rosaceae 蔷薇科 [MD-246] 全球 (1) 大洲分布及种数(1)◆欧洲
Benconia DC. = **Bocconia**
Bendis Salisb. = **Abies**
Beneckea L. = **Baeckea**
Benedenia Raf. = **Watsonia**
Benedicta Bernh. = **Centaurea**
Benedictella Maire = **Lotus**
Beneditaea Toledo = **Ottelia**
Benekea DC. = **Betckea**
Benevidesia【3】Sald. & Cogn. ex Cogn. 纱号丹属 Melastomataceae 野牡丹科 [MD-364] 全球 (1) 大洲分布及种数(uc)◆南美洲
Bengt-jonsellia【3】Al-Shehbaz 野羞草属 Fabaceae1 含羞草科 [MD-238] 全球 (1) 大洲分布及种数(2)◆非洲
Benguellia【3】G.Taylor 安哥拉草属 ≒ **Orthosiphon** Lamiaceae 唇形科 [MD-575] 全球 (1) 大洲分布及种数(1)◆非洲
Benincaea Savi = **Benincasa**
Benincasa【3】Savi 空心瓜属 ← **Cucurbita;Gymnopetalum;Lagenaria** Cucurbitaceae 葫芦科 [MD-205] 全球 (1) 大洲分布及种数(2-3)◆亚洲
Benitnckia Berry ex Roxb. = **Bentinckia**
Benitoa【3】D.D.Keck 光叶沙紫菀属 ← **Haplopappus** Asteraceae 菊科 [MD-586] 全球 (1) 大洲分布及种数(1)◆北美洲(◆美国)
Benitotania【3】H.Akiyama 马来小黄藓属 Daltoniaceae 小黄藓科 [B-162] 全球 (1) 大洲分布及种数(1)◆亚洲
Benitzia H.Karst. = **Gymnosiphon**
Benjamina Vell. = **Dictyoloma**
Benjaminia【2】Mart. ex Benj. 簕婆婆纳属 ← **Bacopa** Plantaginaceae 车前科 [MD-527] 全球 (2) 大洲分布及种数(2)北美洲:1;南美洲:1
Benkara【3】Adans. 鸡爪簕属 → **Aidia;Oxyceros** Rubiaceae 茜草科 [MD-523] 全球 (6) 大洲分布及种数(20)非洲:5-17;亚洲:19-35;大洋洲:12;欧洲:12;北美洲:12;南美洲:4-16
Benneffiodendron Merr. = **Bennettiodendron**
Bennet Raf. = **Sporobolus**
Bennetia DC. = **Sporobolus**
Bennettia【3】S.F.Gray 山桂花属 ≒ **Galearia** Pandaceae 小盘木科 [MD-234] 全球 (1) 大洲分布及种数(uc)◆亚洲
Bennettiodendon Merr. = **Bennettiodendron**
Bennettiodendron【3】Merr. 山桂花属 ← **Xylosma; Bennettia** Salicaceae 杨柳科 [MD-123] 全球 (1) 大洲分布及种数(3-6)◆亚洲

Bennett-poeara【-】J.M.H.Shaw 兰科属 Orchidaceae 兰科 [MM-723] 全球 (uc) 大洲分布及种数(uc)
Benoicanthus Heine & A.Raynal = **Ruellia**
Benoistia 【3】 H.Perrier & Leandri 腺鳞桐属 Euphorbiaceae 大戟科 [MD-217] 全球 (1) 大洲分布及种数(3)◆非洲(◆马达加斯加)
Bensonella C.V.Morton = **Bensoniella**
Bensonia Abrams & Bacig. = **Bensoniella**
Bensoniella 【3】 C.V.Morton 泽葵草属 ≒ **Benzonia** Saxifragaceae 虎耳草科 [MD-231] 全球 (1) 大洲分布及种数(2-3)◆北美洲(◆美国)
Bensteinia 【3】 Christenson 露兰属 Orchidaceae 兰科 [MM-723] 全球 (1) 大洲分布及种数(2)◆北美洲
Bensto D.D.Keck = **Benitoa**
Benstonea 【2】 Callm. & Bürki 矮露兜树属 Pandanaceae 露兜树科 [MM-703] 全球 (4) 大洲分布及种数(50-64)非洲:10-14;亚洲:45;大洋洲:8;北美洲:1
Benteca Adans. = **Ambelania**
Benteka Adans. = **Bentleya**
Benthalbella Zugmayer = **Benthamiella**
Benthamantha 【3】 Alef. 宝锋豆属 ← **Coursetia;Cracca** Fabaceae3 蝶形花科 [MD-240] 全球 (1) 大洲分布及种数(uc)◆非洲
Benthamara auct. = **Arachnis**
Benthami A.Rich. = **Benthamia**
Benthamia 【3】 A.Rich. 本氏兰属 ≒ **Amsinckia; Habenaria;Bartramia** Orchidaceae 兰科 [MM-723] 全球 (6) 大洲分布及种数(45-46;hort.1)非洲:36-37;亚洲:2-3;大洋洲:1;欧洲:1;北美洲:10-11;南美洲:2-3
Benthamiana Van Tiegh. = **Benthamina**
Benthamidia Spach = **Cornus**
Benthamiella 【3】 Speg. ex Wettst. 卧茄属 Solanaceae 茄科 [MD-503] 全球 (1) 大洲分布及种数(12-13)◆南美洲
Benthamielleae (Hunz. & Barboza) Hunz. = **Benthamiella**
Benthamii A.Rich. = **Benthamia**
Benthamina 【2】 Van Tiegh. 亮叶寄生属 ← **Loranthus** Loranthaceae 桑寄生科 [MD-415] 全球 (2) 大洲分布及种数(1-2)亚洲:cf.1;大洋洲:1
Benthamistella P. & K. = **Corispermum**
Benthana Van Tiegh. = **Benthamina**
Bentheca Neck. = **Willughbeia**
Bentheka Neck. ex A.DC. = **Bentleya**
Benthobia Dall = **Benthamia**
Benthogenia Engl. = **Ceroxylon**
Bentia 【3】 Rolfe 亚洲小爵床属 Acanthaceae 爵床科 [MD-572] 全球 (1) 大洲分布及种数(uc)◆亚洲
Bentinckia 【2】 Berry ex Roxb. 毛梗椰属 → **Cyrtostachys;Orania** Arecaceae 棕榈科 [MM-717] 全球 (3) 大洲分布及种数(2-3)亚洲:1-2;北美洲:1;南美洲:1
Bentinckiopsis Becc. = **Clinostigma**
Bentleya 【3】 E.M.Benn. 鬼箭莓属 Pittosporaceae 海桐科 [MD-448] 全球 (1) 大洲分布及种数(2)◆大洋洲(◆澳大利亚)
Bentnickiopsis Becc. = **Clinostigma**
Benzingia 【3】 Dodson 山樟兰属 ≒ **Chondrorhyncha** Orchidaceae 兰科 [MM-723] 全球 (1) 大洲分布及种数(7-9)◆南美洲
Benzoin 【2】 Hayne 山胡椒属 ≒ **Lindera;Neolitsea** Lauraceae 樟科 [MD-21] 全球 (5) 大洲分布及种数(4) 非洲:2;亚洲:4;大洋洲:1;北美洲:2;南美洲:1
Benzoina Raf. = **Styrax**
Benzonia 【3】 Schumach. 卫茜草属 Rubiaceae 茜草科 [MD-523] 全球 (6) 大洲分布及种数(2)非洲:1-2;亚洲:1;大洋洲:1;欧洲:1;北美洲:1;南美洲:1
Beobotrys A.Juss. = **Rosenia**
Bequaertia 【3】 R.Wilczek 热非卫矛属 ← **Hippocratea** Celastraceae 卫矛科 [MD-339] 全球 (1) 大洲分布及种数(1)◆非洲
Bequaertiodendron 【3】 De Wild. 蜜乳榄属 ≒ **Englerophytum** Sapotaceae 山榄科 [MD-357] 全球 (1) 大洲分布及种数(uc)◆亚洲
Beranekara 【-】 Griff. & J.M.H.Shaw 兰科属 Orchidaceae 兰科 [MM-723] 全球 (uc) 大洲分布及种数(uc)
Berarda Vill.St-Lager = **Nebelia**
Berardia 【3】 Vill. 双绵菊属 → **Nebelia;Neillia** Asteraceae 菊科 [MD-586] 全球 (1) 大洲分布及种数(1-5)◆非洲
Berberia L. = **Berberis**
Berberidaceae 【3】 Juss. 小檗科 [MD-45] 全球 (6) 大洲分布和属种数(13-15;hort. & cult.12)(515-1198;hort. & cult. 205-354)非洲:2-11/3-56;亚洲:10-13/493-675;大洋洲:3-10/12-66;欧洲:2-10/14-70;北美洲:8-13/67-150;南美洲:1-10/1-54
Berberidopsidaceae 【2】 Takht. 红珊藤科 [MD-62] 全球 (3) 大洲分布和属种数(1;hort. & cult.1)(2-3;hort. & cult.2) 大洋洲:1/1;北美洲:1/1;南美洲:1/1-1
Berberidopsis 【2】 Hook.f. 红珊藤属 ≒ **Streptothamnus** Berberidopsidaceae 红珊藤科 [MD-62] 全球 (3) 大洲分布及种数(3)大洋洲:1;北美洲:1;南美洲:1
Berberina Bronner = **Arenaria**
Berberis 【3】 L. 小檗属 ≒ **Mahonia;Odostemon** Berberidaceae 小檗科 [MD-45] 全球 (1) 大洲分布及种数(359-472)◆亚洲
Berbeus L. = **Berberis**
Berbreris L. = **Berberis**
Bercaea Fresen. = **Bersama**
Berchemia 【3】 Neck. ex DC. 勾儿茶属 ≒ **Chaydaia;Corylopsis** Rhamnaceae 鼠李科 [MD-331] 全球 (1) 大洲分布及种数(3-8)◆非洲
Berchemiella Koidz. = **Berchemiella**
Berchemiella 【3】 Nakai 小勾儿茶属 ← **Berchemia;Rhamnella;Chaydaia** Rhamnaceae 鼠李科 [MD-331] 全球 (1) 大洲分布及种数(3-5)◆东亚(◆中国)
Berchermia Neck. = **Berchemia**
Berchtoldia J.Presl = **Chaetium**
Berckheya Pers. = **Eriosyce**
Berea P.Beauv. ex T.Lestib. = **Hypolytrum**
Berebera Baker = **Aganope**
Berendtia A.Gray = **Hemichaena**
Berendtiella Wettst. & Harms = **Hemichaena**
Berenice 【3】 Tul. 葱属 ≒ **Allium** Campanulaceae 桔梗科 [MD-561] 全球 (1) 大洲分布及种数(1)◆非洲
Bergallia Raf. = **Huberodendron**
Bergbambos 【3】 Stapleton 碟草属 Poaceae 禾本科 [MM-748] 全球 (1) 大洲分布及种数(1)◆非洲
Bergella Schnizlein = **Elatine**
Bergena Adans. = **Lecythis**
Bergenia 【3】 Mönch 岩白菜属 ≒ **Lythrum** Saxi-

fragaceae 虎耳草科 [MD-231] 全球 (1) 大洲分布及种数(8-12)◆亚洲
Bergera J.König ex L. = **Murraya**
Bergera Schaffner = **Trichomanes**
Bergeranthus【3】Schwantes 照波花属 ≒ **Carruanthus;Mesembryanthemum;Ruschia** Aizoaceae 番杏科 [MD-94] 全球 (1) 大洲分布及种数(13-14)◆非洲(◆南非)
Bergeranthus Schwantes = **Bergeranthus**
Bergeretia Bubani = **Illecebrum**
Bergeretia Desv. = **Clypeola**
Bergeria Kön. ex Steud. = **Besleria**
Bergerocactus【3】Britton & Rose 碧彩柱属 ← **Cereus;Echinocereus** Cactaceae 仙人掌科 [MD-100] 全球 (1) 大洲分布及种数(1)◆北美洲
Bergerocereus Frič & Kreuz. = **Echinocereus**
Bergeronia【3】Micheli 绢质豆属 ≒ **Muellera** Fabaceae 豆科 [MD-240] 全球 (1) 大洲分布及种数(uc)◆非洲
Berghausia Endl. = **Garnotia**
Berghesia【3】Nees 伯格茜属 Rubiaceae 茜草科 [MD-523] 全球 (1) 大洲分布及种数(1)◆北美洲
Berghias Juss. = **Bergia**
Berghousia Endl. = **Garnotia**
Bergia Fürnr. = **Bergia**
Bergia【3】L. 田繁缕属 ← **Elatine;Lechea** Elatinaceae 沟繁缕科[MD-129]全球(6)大洲分布及种数(21-33;hort.1)非洲:13-23;亚洲:6-11;大洋洲:6-16;欧洲:4-10;北美洲:4-9;南美洲:1-7
Bergiana L. = **Bergia**
Bergiera Neck. = **Bergia**
Bergii L. = **Bergia**
Berginia【3】Harv. ex Benth. & Hook.f. 猴爵床属 ≒ **Holographis** Acanthaceae 爵床科 [MD-572] 全球 (1) 大洲分布及种数(2)◆北美洲
Bergsmia【3】Bl. 穗龙角属 ← **Ryparosa** Achariaceae 青钟麻科 [MD-159] 全球 (1) 大洲分布及种数(uc)◆亚洲
Berha Bubani = **Sium**
Berhamia (Lam.) Klotzsch = **Croton**
Berhardia C.Müll. = **Nebelia**
Berhautia【3】Balle 伯氏寄生属 Loranthaceae 桑寄生科 [MD-415] 全球 (1) 大洲分布及种数(1)◆非洲(◆塞内加尔)
Beringeria Link = **Ballota**
Beringia Perest. = **Malcolmia**
Beringiella K.Z.Zakirov & Nabiev = **Anchusa**
Beringius R.A.Price,Al-Shehbaz & O´Kane = **Malcolmia**
Berinia Brignol. = **Crepis**
Beris L. = **Iberis**
Berkeleyara【-】J.M.H.Shaw 兰科属 Orchidaceae 兰科 [MM-723] 全球 (uc) 大洲分布及种数(uc)
Berkeya Cham. & Schltdl. = **Berrya**
Berkheya【3】Ehrh. 刺阳菊属 ← **Atractylis;Gorteria;Cullumia** Asteraceae 菊科 [MD-586] 全球 (6) 大洲分布及种数(78-98;hort.1)非洲:77-79;亚洲:1;大洋洲:3-4;欧洲:6-7;北美洲:1-2;南美洲:1
Berkheyopsis【3】O.Hoffm. 联苞菊属 ← **Hirpicium** Asteraceae 菊科 [MD-586] 全球 (1) 大洲分布及种数(1)◆非洲
Berla Bubani = **Elaeocarpus**
Berlandiera【3】DC. 绿眼菊属 ← **Polymnia;Silphium** Asteraceae 菊科 [MD-586] 全球 (1) 大洲分布及种数(8-15)◆北美洲(◆美国)
Berliera Buch.Ham. ex Wall. = **Myrioneuron**
Berlinerara【-】Glic. 兰科属 Orchidaceae 兰科 [MM-723] 全球 (uc) 大洲分布及种数(uc)
Berlinia【3】Sol. ex Hook.f. 鞋工木属 → **Gilbertiodendron;Afzelia** Fabaceae 豆科 [MD-240] 全球 (1) 大洲分布及种数(19-31)◆非洲
Berlinianche【3】(Harms) Vattimo-Gil 豆生花属 ≒ **Pilostyles** Apodanthaceae 风生花科 [MD-157] 全球 (1) 大洲分布及种数(cf. 1)◆非洲
Bermudiana Mill. = **Sisyrinchium**
Bernardara J.M.H.Shaw = **Bernardia**
Bernardia Adans. = **Bernardia**
Bernardia【3】Mill. 鼠耳桐属 ≒ **Berardia;Beclardia;Adenophaedra** Euphorbiaceae 大戟科 [MD-217] 全球 (6) 大洲分布及种数(71-82;hort.4;cult: 4)非洲:5-10;亚洲:3-8;大洋洲:5;欧洲:1-6;北美洲:33-46;南美洲:44-50
Bernardieae G.L.Webster = **Bernardia**
Bernardina【3】Baudo 珍珠菜属 ← **Lysimachia** Primulaceae 报春花科 [MD-401] 全球 (1) 大洲分布及种数(1) ◆南美洲
Bernardinia【2】Planch. 美洲牛栓藤属 ≒ **Cnestidium;Rourea;Connarus** Connaraceae 牛栓藤科 [MD-284] 全球 (3) 大洲分布及种数(2-3)亚洲:cf.1;北美洲:1;南美洲:1
Bernardite Mill. = **Bernardia**
Berneuxia【3】Decne. 岩匙属 ← **Shortia** Diapensiaceae 岩梅科 [MD-405] 全球 (1) 大洲分布及种数(cf. 1)◆亚洲
Bernhardia【3】Bernh. 鼠石松属 ← **Bernardia;Lycopodium** Lycopodiaceae 石松科 [F-4] 全球 (1) 大洲分布及种数(uc)属分布和种数(uc)◆北美洲
Berniera DC. = **Gerbera**
Bernieria Baill. = **Beilschmiedia**
Bernouillia Neck. = **Bernoullia**
Bernoullia Neck. = **Bernoullia**
Bernoullia【3】Oliv. 贝尔木棉属 → **Huberodendron** Malvaceae 锦葵科 [MD-203] 全球 (1) 大洲分布及种数(1-4)◆南美洲
Bernullia Neck. ex Raf. = **Saxifraga**
Bero P.Beauv. ex T.Lestib. = **Hypolytrum**
Beroe Adans. = **Afraegle**
Berrebera Hochst. = **Wisteria**
Berresfordia【3】L.Bolus 番稚杏属 Aizoaceae 番杏科 [MD-94] 全球 (1) 大洲分布及种数(1)◆非洲(◆南非)
Berria Roxb. = **Berrya**
Berriochloa (M.K.Elias) Thomasson,J.R. = **Berriochloa**
Berriochloa【3】M.K.Elias 娑禾草属 Poaceae 禾本科 [MM-748] 全球 (6) 大洲分布及种数(2)非洲:1;亚洲:1;大洋洲:1;欧洲:1;北美洲:1-2;南美洲:1
Berroa【3】Beauverd 羽冠紫绒草属 ← **Gnaphalium;Lucilia** Asteraceae 菊科 [MD-586] 全球 (1) 大洲分布及种数(1)◆南美洲
Berrya DC. = **Berrya**
Berrya【3】Roxb. 六翅木属 ≒ **Carpodiptera;Aeschynomene** Tiliaceae 椴树科 [MD-185] 全球 (6) 大洲分布及种数(6-13)非洲:1-5;亚洲:3-7;大洋洲:3-10;欧洲:3;北美洲:2-5;南美洲:1-4
Berryaceae【3】Doweld 六翅木科 [MD-186] 全球 (6)

大洲分布和属种数(1;hort. & cult.1)(5-16;hort. & cult.1)非洲:1/1-5;亚洲:1/3-7;大洋洲:1/3-10;欧洲:1/3;北美洲:1/2-5;南美洲:1/1-4

Bersama【2】 Fresen. 娑羽树属 ≒ **Pseudobersama** Francoaceae 新妇花科 [MD-269] 全球 (4) 大洲分布及种数(9-13)非洲:8-11;亚洲:1;大洋洲:1;欧洲:1

Bersamaceae Doweld = Cneoraceae

Bertara Hort. = **Watsonia**

Bertauxia Szlach. = **Habenaria**

Bertera Steud. = **Watsonia**

Berterii L. = **Berberis**

Berteroa【3】 DC. 团扇荠属 ← **Alyssum;Galitzkya; Fargesia** Brassicaceae 十字花科 [MD-213] 全球 (1) 大洲分布及种数(5-6)◆欧洲

Berteroella【3】 O.E.Schulz 锥果芥属 ← **Sisymbrium** Brassicaceae 十字花科 [MD-213] 全球 (1) 大洲分布及种数(cf. 1)◆亚洲

Berteroi DC. = **Berteroa**

Berthelinia Dall = **Pluchea**

Berthelotia DC. = **Pluchea**

Berthiera Vent. = **Mycetia**

Bertholetia Brongn. = **Bertholletia**

Bertholetia Rchb. = **Pluchea**

Bertholletia【3】 Bonpl. 巴西栗属 ← **Lecythis** Lecythidaceae 玉蕊科 [MD-267] 全球 (1) 大洲分布及种数(1-3)◆南美洲

Bertiella R.M.Tryon = **Blotiella**

Bertiera (Reinw.) DC. = **Bertiera**

Bertiera【3】 Aubl. 贝尔茜属 ≒ **Mycetia;Hamelia; Mussaenda** Rubiaceae 茜草科 [MD-523] 全球 (6) 大洲分布及种数(48-60;hort.1)非洲:40-52;亚洲:6-9;大洋洲:2;欧洲:3;北美洲:6-9;南美洲:9-11

Bertilia Cron = **Berlinia**

Bertolonia DC. = **Bertolonia**

Bertolonia【3】 Raddi 华贵草属 ≒ **Phyla** Melastomataceae 野牡丹科 [MD-364] 全球 (6) 大洲分布及种数(26-52;hort.1;cult: 1)非洲:9;亚洲:9;大洋洲:9;欧洲:9;北美洲:3-12;南美洲:24-39

Bertolonii Spinola = **Bertolonia**

Bertuchia Dennst. = **Gardenia**

Bertya【3】 Planch. 白杉桐属 ← **Beyeria;Croton;Ricinocarpos** Euphorbiaceae 大戟科 [MD-217] 全球 (1) 大洲分布及种数(12-33)◆大洋洲

Bertyaceae J.Agardh = Boryaceae

Berula【3】 Hoffm. ex Bess. 天山泽芹属 ≒ **Apium; Selinum;Sium** Apiaceae 伞形科 [MD-480] 全球 (1) 大洲分布及种数(1-16)◆北美洲

Beruniella K.Z.Zakirov & Nabiev = **Heliotropium**

Beryllis Salisb. = **Ornithogalum**

Berylmys Salisb. = **Albuca**

Berylsimpsonia【2】 B.L.Turner 沙牡丹属 ≒ **Proustia** Asteraceae 菊科 [MD-586] 全球 (2) 大洲分布及种数(2)亚洲;北美洲

Berzelia Brongn. = **Berzelia**

Berzelia【3】 Mart. 饰球花属 ← **Brunia;Hermbstaedtia** Bruniaceae 绒球花科 [MD-336] 全球 (1) 大洲分布及种数(13-16)◆非洲

Berzeliaceae Nakai = Bruniaceae

Besaia Broth. = **Bestia**

Bescherellea Duby ex A.Jaeger = **Bescherellia**

Bescherellia【2】 Duby 山藓属 ≒ **Cyrtopus** Hypnodendraceae 树灰藓科 [B-158] 全球 (2) 大洲分布及种数(3) 亚洲:2;大洋洲:3

Beschorneria【3】 Kunth 龙荟兰属 ← **Furcraea** Asparagaceae 天门冬科 [MM-669] 全球 (1) 大洲分布及种数(8)◆北美洲

Beseda Tourn. ex L. = **Reseda**

Besenna A.Rich. = **Abarema**

Besha D.Dietr. = **Schizostachyum**

Besleria (Benth.) Benth. & Hook.f. = **Besleria**

Besleria【3】 L. 浆果岩桐属 → **Alloplectus;Sesleria; Sinningia** Gesneriaceae 苦苣苔科 [MD-549] 全球 (6) 大洲分布及种数(144-196;hort.1;cult:3)非洲:6;亚洲:7-17;大洋洲:5-11;欧洲:5-11;北美洲:44-57;南美洲:120-169

Besleriaceae Raf. = Polypremaceae

Bessa Raf. = **Intsia**

Bessera【3】 Schult.f. 罗伞葱属 ← **Drypetes;Phaius; Besleria** Asparagaceae 天门冬科 [MM-669] 全球 (1) 大洲分布及种数(3-7)◆北美洲

Besseya (Nieuwl.) Pennell = **Besseya**

Besseya【3】 Rydb. 珊尾草属 ← **Wulfenia;Masdevallia; Synthyris** Plantaginaceae 车前科 [MD-527] 全球 (1) 大洲分布及种数(10-15)◆北美洲

Bessia Raf. = **Corypha**

Bestia【3】 Broth. 北美洲假青藓属 ≒ **Alsia** Leucodontaceae 白齿藓科 [B-198] 全球 (1) 大洲分布及种数(6) ◆北美洲

Bestram Adans. = **Antidesma**

Beta【3】 L. 甜菜属 ≒ **Bletia;Patellifolia** Amaranthaceae 苋科 [MD-116] 全球 (6) 大洲分布及种数(5-14;hort.1;cult: 2)非洲:2-31;亚洲:4-35;大洋洲:27;欧洲:3-32;北美洲:1-33;南美洲:29

Betaceae Burnett = Betulaceae

Betchea Schltr. = **Caldcluvia**

Betckea【3】 DC. 歧缬草属 ← **Valerianella;Pseudobetckea** Caprifoliaceae 忍冬科 [MD-510] 全球 (1) 大洲分布及种数(cf. 1)◆南美洲

Betela Raf. = **Hypolytrum**

Betencourtia A.St.Hil. = **Galactia**

Bethencourtia【2】 Choisy 小头尾药菊属 ≒ **Senecio; Cineraria** Asteraceae 菊科 [MD-586] 全球 (2) 大洲分布及种数(cf.) 欧洲;北美洲

Betkea Meisn. = **Betckea**

Betola L. = **Betula**

Betonica【2】 L. 药水苏属 → **Nepeta;Stachys** Lamiaceae 唇形科 [MD-575] 全球 (4) 大洲分布及种数(9-14;hort.1;cult: 2)非洲:1;亚洲:cf.1;欧洲:6;北美洲:2

Bettsara【-】 J.M.H.Shaw 兰科属 Orchidaceae 兰科 [MM-723] 全球 (uc) 大洲分布及种数(uc)

Betula【3】 L. 桦木属 → **Alnus;Nothofagus** Betulaceae 桦木科 [MD-79] 全球 (6) 大洲分布及种数(95-166;hort.1;cult: 43)非洲:20-85;亚洲:83-190;大洋洲:15-81;欧洲:30-101;北美洲:53-134;南美洲:13-78

Betula-alnus【3】 Marshall 桤木属 ← **Alnus** Betulaceae 桦木科 [MD-79] 全球 (1) 大洲分布及种数(1)◆北美洲

Betulaceae【3】 Gray 桦木科 [MD-79] 全球 (6) 大洲分布和属种数(2-3;hort. & cult.2)(140-434;hort. & cult.68-117)非洲:2/27-122;亚洲:2/122-270;大洋洲:2/23-119;欧

洲:2/47-150;北美洲:2/79-191;南美洲:2/22-117
Betulaster Spach = **Betula**
Betuleae Dum. = **Betula**
Beturiella K.Z.Zakirov & Nabiev = **Heliotropium**
Beurea Roxb. = **Berrya**
Beurera P. & K. = **Rochefortia**
Beureria Ehret = **Calycanthus**
Beurreria Jacq. = **Bourreria**
Beuthea Walp. = **Elaeocarpus**
Beveria Collinson = **Blaeria**
Beverna Adans. = **Tritonia**
Bewsia【3】 Goossens 非洲千金子属 ← **Diplachne** Poaceae 禾本科 [MM-748] 全球 (1) 大洲分布及种数(1)◆非洲
Beyeria【3】 Miq. 木姜桐属 → **Bertya;Croton;Spermacoce** Euphorbiaceae 大戟科 [MD-217] 全球 (1) 大洲分布及种数(18-31)◆大洋洲(◆澳大利亚)
Beyeriopsis Mull.Arg. = **Beyeria**
Beyrichia Cham. & Schlecht. = **Achetaria**
Beythea Endl. = **Elaeocarpus**
Bezanilla J.Rémy = **Psilocarphus**
Bharetta Neck. = **Daboecia**
Bhavania Noronha = **Balanophora**
Bhawania Nor. = **Gnetum**
Bhesa【3】 Buch.Ham. ex Arn. 膝柄木属 ← **Celastrus; Kurrimia;Paraboea** Centroplacaceae 安神木科 [MD-172] 全球 (1) 大洲分布及种数(3-8)◆亚洲
Bhidea【3】 Stapf ex Bor 印比草属 Poaceae 禾本科 [MM-748] 全球 (1) 大洲分布及种数(1-3)◆南亚(◆印度)
Bhloachne Stapf = **Poecilostachys**
Bhumipolara【-】 Kanchan. 兰科属 Orchidaceae 兰科 [MM-723] 全球 (uc) 大洲分布及种数(uc)
Bhutania Keng f. = **Sinarundinaria**
Bhutanthera【3】 Renz 高山兰属 ← **Habenaria** Orchidaceae 兰科 [MM-723] 全球 (1) 大洲分布及种数(5-6)◆亚洲
Bia (Baill.) G.L.Webster = **Bia**
Bia【2】 Klotzsch 刺痒藤属 ≒ **Tragia** Euphorbiaceae 大戟科 [MD-217] 全球 (2) 大洲分布及种数(6)北美洲:1;南美洲:5
Biacan Raf. = **Paraboea**
Biacantha Wolfgang = **Chuquiraga**
Biancaea【3】 Tod. 云实属 ← **Caesalpinia** Fabaceae3 蝶形花科 [MD-240] 全球 (1) 大洲分布及种数(cf.2-6)◆亚洲
Bianium Miq. = **Agalmyla**
Biantella R.R.Mill. = **Brandella**
Biantheridion【3】 (Grolle) Konstant. & Vilnet 圆瓣苔属 Anastrophyllaceae 挺叶苔科 [B-60] 全球 (1) 大洲分布及种数(cf. 1)◆东亚(◆中国)
Biarum Bl. = **Biarum**
Biarum【3】 Schott 破土芋属 ← **Arum;Caladium; Eminium** Araceae 天南星科 [MM-639] 全球 (6) 大洲分布及种数(16-25;hort.1;cult:1)非洲:3-9;亚洲:13-22;大洋洲:5;欧洲:6-13;北美洲:5;南美洲:5
Biaslia Vand. = **Mayaca**
Biasolettia【3】 Koch 泽兰属 ← **Hernandia** Apiaceae 伞形科 [MD-480] 全球 (1) 大洲分布及种数(cf. 1)◆欧洲
Biassolettia Endl. = **Biasolettia**
Biatas Lafresnaye = **Batatas**
Biatherium Desv. = **Gymnopogon**
Biauricula Bubani = **Iberis**
Bibasis Raf. = **Gibasis**
Bibio Nor. ex Thou. = **Chionanthus**
Biblis Cramer = **Byblis**
Bibos Retz. = **Ampelocalamus**
Bicchia Parl. = **Pseudorchis**
Bichea Stokes = **Cola**
Bichenia【3】 D.Don 毛丁草属 ← **Trichocline** Asteraceae 菊科 [MD-586] 全球 (1) 大洲分布及种数(2)◆南美洲
Bicornella Lindl. = **Cynorkis**
Bicorona A.DC. = **Melodinus**
Bicosta【2】 Ochyra 南桑群岛黑藓属 Andreaeaceae 黑藓科 [B-98] 全球 (2) 大洲分布及种数(cf.1) 欧洲;南美洲
Bicuculla Borkh. = **Adlumia**
Bicucullaria Juss. ex Steud. = **Dicentra**
Bicucullata Juss. ex Borckhausen = **Ichtyoselmis**
Bicuiba【3】 W.J.de Wilde 肉豆蔻属 ≒ **Myristica** Myristicaceae 肉豆蔻科 [MD-15] 全球 (1) 大洲分布及种数(1)◆南美洲
Bicuspidaria【3】 (S.Watson) Rydb. 耀星花属 ≒ **Mentzelia** Loasaceae 刺莲花科 [MD-435] 全球 (1) 大洲分布及种数(1)◆非洲
Bidacaste【2】 J.M.H.Shaw 兰科属 Orchidaceae 兰科 [MM-723] 全球 (1) 大洲分布及种数(uc)◆北美洲
Bidaria (Endl.) Decne. = **Gymnema**
Bidens【3】 (Tourn.) L. 鬼针草属 → **Acmella;Ceratocephalus;Pectis** Asteraceae 菊科 [MD-586] 全球 (6) 大洲分布及种数(243-346;hort.1;cult:20)非洲:81-145;亚洲:61-126;大洋洲:39-107;欧洲:27-91;北美洲:145-224;南美洲:65-138
Bides L. = **Bidens**
Bidwellia Herb. = **Garuga**
Bidwillia Herb. = **Picea**
Bidwillii Herb. = **Asphodelus**
Biebersteinia【3】 Steph. 熏倒牛属 Biebersteiniaceae 熏倒牛科 [MD-394] 全球 (1) 大洲分布及种数(3-4)◆亚洲
Biebersteiniaceae【3】 Schnizl. 熏倒牛科 [MD-394] 全球 (1) 大洲分布和属种数(1;hort. & cult.1)(3-4;hort. & cult.3-4)◆非洲
Biebersteiniana Steph. = **Biebersteinia**
Biebersteinii Steph. = **Biebersteinia**
Bielschmeidia Pancher & Sebert = **Ocotea**
Bielschmiedia Nees = **Beilschmiedia**
Bielzia Schur = **Centaurea**
Bieneria Rchb.f. = **Sobralia**
Bienertia【3】 Bunge 纵翅碱蓬属 ← **Suaeda** Amaranthaceae 苋科 [MD-116] 全球 (1) 大洲分布及种数(3-4)◆亚洲
Biermannia【3】 King & Pantl. 胼胝兰属 ← **Bulbophyllum;Phalaenopsis** Orchidaceae 兰科 [MM-723] 全球 (1) 大洲分布及种数(7-10)◆亚洲
Bifaria【2】 Van Tiegh. 梅索草属 ≒ **Korthalsella** Poaceae 禾本科 [MM-748] 全球 (3) 大洲分布及种数(8-22) 分布(cf.) 亚洲:2;大洋洲:1;北美洲:5

Bifariaceae Nakai = Loranthaceae
Biflora H.Rob. = **Bifora**
Bifolium G.Gaertn.,B.Mey. & Scherb. = **Listera**
Bifora【3】Hoffm.双孔芹属←**Coriandrum;Schrenkia;Sium** Apiaceae 伞形科 [MD-480] 全球 (6) 大洲分布及种数(5)非洲:2-4;亚洲:4-6;大洋洲:1-3;欧洲:3-5;北美洲:3-5;南美洲:2
Biforis Spreng. = **Sium**
Bifranisia【-】 Hort. 兰科属 Orchidaceae 兰科 [MM-723] 全球 (uc) 大洲分布及种数(uc)
Bifrenaria【3】 Lindl. 双柄兰属 ← **Dendrobium;Maxillaria;Xylobium** Orchidaceae 兰科 [MM-723] 全球 (6) 大洲分布及种数(30-34)非洲:2;亚洲:2;大洋洲:1-3;欧洲:2;北美洲:7-9;南美洲:29-34
Bifrenidium【-】 Hort. 兰科属 Orchidaceae 兰科 [MM-723] 全球 (uc) 大洲分布及种数(uc)
Bifreniella【-】 auct. 兰科属 Orchidaceae 兰科 [MM-723] 全球 (uc) 大洲分布及种数(uc)
Bifrenlaria Layer & Hurrell = **Bifrenaria**
Bifrillaria Garay & H.R.Sw. = **Dendrobium**
Bifrinlaria Hort. = **Xylobium**
Bigamea K.König ex Endl. = **Ancistrocladus**
Bigelovia【3】 Sm. 丰花草属 ≒ **Borreria;Borya;Spermacoce** Asteraceae 菊科 [MD-586] 全球 (1) 大洲分布及种数(1)◆北美洲
Bigelowia【3】 DC. 暗黄花属 → **Ageratina;Chrysocoma;Solidago** Asteraceae 菊科 [MD-586] 全球 (6) 大洲分布及种数(3-19;hort.1;cult:1)非洲:27;亚洲:2-29;大洋洲:27;欧洲:27;北美洲:2-29;南美洲:27
Biggina Raf. = **Toisusu**
Biglandularia H.Karst. = **Voyria**
Biglandularia Karst. = **Leiphaimos**
Biglandularia Seem. = **Sinningia**
Bignonia【3】L.号角藤属→**Adenocalymma;Pauldopia** Bignoniaceae 紫葳科 [MD-541] 全球 (6) 大洲分布及种数(44-120)非洲:4-33;亚洲:11-38;大洋洲:4-33;欧洲:4-33;北美洲:17-52;南美洲:38-103
Bignoniaceae【3】Juss. 紫葳科 [MD-541] 全球 (6) 大洲分布和属种数(89-94;hort. & cult.42-46)(1012-1820;hort. & cult.96-157)非洲:25-50/143-355;亚洲:38-56/242-469;大洋洲:22-48/53-251;欧洲:6-41/14-193;北美洲:34-56/202-402;南美洲:52-71/674-1050
Bignonieae Dum. = **Bignonia**
Bihai【3】 Mill. 箭爪兰属 ≒ **Musa;Heliconia** Heliconiaceae 蝎尾蕉科 [MM-730] 全球 (6) 大洲分布及种数(cf.3)非洲:11;亚洲:11;大洋洲:11;欧洲:11;北美洲:1-12;南美洲:1-12
Bihaia P. & K. = **Heliconia**
Biharia Raf. = **Binaria**
Biighia Kon. = **Blighia**
Bijlia【3】 N.E.Br. 秋矛玉属 ← **Mesembryanthemum** Aizoaceae 番杏科 [MD-94] 全球 (1) 大洲分布及种数(3-4)◆非洲(◆南非)
Bikai Adans. = **Bikkia**
Bikera Adans. = **Tetragonotheca**
Bikinia【3】 Wieringa 膜苞豆属 ≒ **Hymenostegia** Fabaceae 豆科 [MD-240] 全球 (1) 大洲分布及种数(11)属分布和种数(uc)◆非洲
Bikkia【3】Reinw.比克茜属≒**Hoffmannia;Portlandia** Rubiaceae 茜草科 [MD-523] 全球 (6) 大洲分布及种数(11-19)非洲:2-8;亚洲:2-5;大洋洲:8-12;欧洲:3;北美洲:3;南美洲:3
Bikkiopsis Brongn. = **Bikkia**
Bikukulla Adans. = **Ichtyoselmis**
Bilabium Miq. = **Didymocarpus**
Bilabrella【2】 Lindl. 玉凤花属 ≒ **Habenaria;Balanophora** Orchidaceae 兰科 [MM-723] 全球 (3) 大洲分布及种数(cf.1) 非洲;北美洲;南美洲
Bilacunaria【3】 M.Pimen. & V.Tichomirov 隐盘芹属 ≒ **Prangos** Apiaceae 伞形科 [MD-480] 全球 (1) 大洲分布及种数(cf.1) ◆亚洲
Bilacus P. & K. = **Aegle**
Bilamista Raf. = **Gentiana**
Bilbergia J.C.Wendl. = **Tillandsia**
Bilderdykia【3】 Dum. 何首乌属 ← **Fallopia;Polygonum** Polygonaceae 蓼科 [MD-120] 全球 (1) 大洲分布及种数(3)属分布和种数(uc)◆北美洲
Bilegnum【3】 Brand 紫草科属 Boraginaceae 紫草科 [MD-517] 全球 (1) 大洲分布及种数(uc)◆大洋洲
Bilene L. = **Silene**
Bilim N.E.Br. = **Bijlia**
Billardia Montrouz. = **Cloezia**
Billardiera Mönch = **Billardiera**
Billardiera【2】 Sm. 吊藤莓属 ≒ **Verbena;Marianthus;Sollya** Pittosporaceae 海桐科 [MD-448] 全球 (4) 大洲分布及种数(24-40;hort.1;cult:1)亚洲:1;大洋洲:23-39;欧洲:1;北美洲:1
Billardieri Sm. = **Billardiera**
Billbergia (Lem.) Baker = **Billbergia**
Billbergia【2】 Thunb. 水塔花属 ← **Aechmea;Neoregelia;Tillandsia** Bromeliaceae 凤梨科 [MM-715] 全球 (5) 大洲分布及种数(82-97;hort.1;cult:14)非洲:1;亚洲:3;大洋洲:2;北美洲:20-21;南美洲:76-80
Billbergii Thunb. = **Billbergia**
Billburttia【3】 Magee & B.E.van Wyk 水塔芹属 Apiaceae 伞形科 [MD-480] 全球 (1) 大洲分布及种数(2)◆非洲
Billia【3】 Peyr. 三叶树属 ← **Aesculus;Chaerophyllum** Sapindaceae 无患子科 [MD-428] 全球 (1) 大洲分布及种数(1)◆南美洲
Billieturnera【3】 Fryxell 纤花棯属 ← **Sida** Malvaceae 锦葵科 [MD-203] 全球 (1) 大洲分布及种数(1)◆北美洲
Billiotia DC. = **Melanopsidium**
Billiotia Rchb. = **Agonis**
Billiottia DC. = **Melanopsidium**
Billiottia Endl. = **Agonis**
Billmea K.Williams = **Balmea**
Billotia Colla = **Crepis**
Billotia G.Don = **Agonis**
Billottia Colla = **Calothamnus**
Billottia R.Br. = **Agonis**
Billya Cass. = **Petalacte**
Bilneyara【-】 J.M.H.Shaw 兰科属 Orchidaceae 兰科 [MM-723] 全球 (uc) 大洲分布及种数(uc)
Bilophila (L.) Salisb. = **Albuca**
Biltanthus Röhrs = **Amaranthus**
Biltia Small = **Rhododendron**
Biltonara【-】 Hort. 兰科属 Orchidaceae 兰科 [MM-

723] 全球 (uc) 大洲分布及种数(uc)
Bima Klotzsch = **Bia**
Bimastus Lour. = **Blastus**
Bimeria R.Br. = **Dimeria**
Bimeris Spreng. = **Coriandrum**
Binaria【3】Raf. 羊蹄甲属 ≒ **Bauhinia;Phanera** Fabaceae3 蝶形花科 [MD-240] 全球 (1) 大洲分布及种数(cf. 1)◆南美洲
Bindera【3】Raf. 紫菀属 → **Aster** Asteraceae 菊科 [MD-586] 全球 (1) 大洲分布及种数(1)◆亚洲
Binectaria Forssk. = **Mimusops**
Binghamia【3】Britton & Rose 花冠柱属 ≒ **Trichocereus** Cactaceae 仙人掌科 [MD-100] 全球 (1) 大洲分布及种数(1)◆南美洲
Binia Noronha ex Thou. = **Noronhia**
Binnendijkia Kurz = **Grewia**
Binocalamus McClure = **Sinocalamus**
Binotia【3】Rolfe 比诺兰属 ≒ **Gomesa** Orchidaceae 兰科 [MM-723] 全球 (1) 大洲分布及种数(2)◆南美洲(◆巴西)
Biolettia Greene = **Trichocoronis**
Biondea Usteri = **Sloanea**
Biondia【3】Schltr. 秦岭藤属 ← **Adelostemma;Gongronema** Asclepiadaceae 萝藦科 [MD-494] 全球 (1) 大洲分布及种数(13-15)◆亚洲
Bionectria Forssk. = **Achras**
Bionia【3】Mart. ex Benth. 感应豆属 ≒ **Camptosema** Fabaceae3 蝶形花科 [MD-240] 全球 (1) 大洲分布及种数(5-6)◆南美洲(◆巴西)
Biophytum【3】DC. 感应草属 ← **Oxalis** Oxalidaceae 酢浆草科 [MD-395] 全球 (6) 大洲分布及种数(61-87;hort.1)非洲:17-29;亚洲:13-25;大洋洲:5-8;欧洲:2;北美洲:12-14;南美洲:32-39
Biota (D.Don) Endl. = **Thuja**
Biotia Cass. = **Madia**
Biotia DC. = **Aster**
Bipalium Petiver = **Habenaria**
Biparis Rich. = **Liparis**
Bipes L. = **Bidens**
Bipinnula【3】Comm. ex Juss. 羽须兰属 ← **Arethusa;Chloraea** Orchidaceae 兰科 [MM-723] 全球 (1) 大洲分布及种数(12-14)◆南美洲
Bipola (D.Don) Endl. = **Platycladus**
Bipontia S.F.Blake = **Soaresia**
Bipontinia Alef. = **Psoralea**
Biporeia Thou. = **Quassia**
Biramia Néraud = **Braemia**
Birchea A.Rich. = **Luisia**
Biremis Medik. = **Moraea**
Biretia Broth. ex M.Fleisch. = **Bissetia**
Birgus Medik. = **Iris**
Biris Medik. = **Iris**
Birnbaumia Kostel. = **Jacobinia**
Bironium Petiver = **Listera**
Biropteris Kümmerle = **Asplenium**
Birostra Raf. = **Erodium**
Birostula Raf. = **Erodium**
Bisaschersonia P. & K. = **Diospyros**
Bisbalia Medik. = **Abutilon**
Bisboeckelera【3】P. & K. 裂鞘茅属 ← **Becquerelia;Calyptrocarya;Schoenus** Cyperaceae 莎草科 [MM-747] 全球 (6) 大洲分布及种数(4-6)非洲:2;亚洲:2;大洋洲:2;欧洲:2;北美洲:2-4;南美洲:3-6
Bischoffia Decaisne = **Bischofia**
Bischofia【3】Bl. 秋枫属 ← **Andrachne;Microtis** Phyllanthaceae 叶下珠科 [MD-222] 全球 (1) 大洲分布及种数(2-9)◆亚洲
Bischofiaceae【3】Airy-Shaw 重阳木科 [MD-221] 全球 (6) 大洲分布和属种数(1;hort. & cult.1)(2-13;hort. & cult.1-2)非洲:1/7;亚洲:1/2-9;大洋洲:1/1-8;欧洲:1/7;北美洲:1/1-8;南美洲:1/7
Bischofieae Hurus. = **Bischofia**
Biscutela Raf. = **Biscutella**
Biscutella【3】L. 双盾荠属 ≒ **brassica;Sisymbrium;Cremolobus** Brassicaceae 十字花科 [MD-213] 全球 (6) 大洲分布及种数(63-80;hort.1;cult:7)非洲:21-25;亚洲:7-11;大洋洲:4;欧洲:54-61;北美洲:4-8;南美洲:6
Bisedmondia Hutch. = **Calycophysum**
Biserrula【3】L. 齿荚豆属 ≒ **Astragalus** Fabaceae3 蝶形花科 [MD-240] 全球 (1) 大洲分布及种数(2)◆南美洲
Bisglaziovia【3】Cogn. 格拉野牡丹属 Melastomataceae 野牡丹科 [MD-364] 全球 (1) 大洲分布及种数(1)◆南美洲(◆巴西)
Bisgoeppertia【3】P. & K. 北美洲双龙胆属 ← **Coutoubea;Goeppertia** Gentianaceae 龙胆科 [MD-496] 全球 (1) 大洲分布及种数(1-3)◆北美洲
Bishopalea【3】H.Rob. 毛瓣叉毛菊属 Asteraceae 菊科 [MD-586] 全球 (1) 大洲分布及种数(1)◆南美洲(◆巴西)
Bishopanthus【3】H.Rob. 单头黄安菊属 Asteraceae 菊科 [MD-586] 全球 (1) 大洲分布及种数(1)◆南美洲(◆秘鲁)
Bishopara auct. = **Broughtonia**
Bishopiella【3】R.M.King & H.Rob. 莲座柄泽兰属 Asteraceae 菊科 [MD-586] 全球 (1) 大洲分布及种数(1)◆南美洲(◆巴西)
Bishovia【3】R.M.King & H.Rob. 繁花亮泽兰属 ≒ **Eupatorium** Asteraceae 菊科 [MD-586] 全球 (1) 大洲分布及种数(2)◆南美洲(◆玻利维亚)
Bismalva Medik. = **Malva**
Bismarckia【3】Hildebr. & H.Wendl. 霸王棕属 ≒ **Medemia** Arecaceae 棕榈科 [MM-717] 全球 (1) 大洲分布及种数(1)◆非洲
Bisnaga Orcutt = **Ferocactus**
Bisnaja J.Vick = **Ferocactus**
Bison L. = **Sison**
Bispora (L.) G.A.Scop. = **Bistorta**
Bisquamaria Pichon = **Laxoplumeria**
Bisrautanenia P. & K. = **Neorautanenia**
Bissea V.Füntes = **Henoonia**
Bissetia【2】Broth. ex M.Fleisch. 双平藓属 Neckeraceae 平藓科 [B-204] 全球 (2) 大洲分布及种数(1) 亚洲:1;大洋洲:1
Bissula V.Füntes = **Castela**
Bistania Van Tiegh. = **Litsea**
Bistella【3】Adans. 二歧草属 → **Vahlia;Ayenia** Vahliaceae 黄漆姑科 [MD-420] 全球 (1) 大洲分布及种数(cf. 1)◆非洲

Biston Adans. = **Chenopodium**
Bistorta (L.) Mill. = **Bistorta**
Bistorta【3】Petrov 拳参属 ≒ **Polygonum;Persicaria** Polygonaceae 蓼科 [MD-120] 全球 (6) 大洲分布及种数(37-48;hort.1;cult: 3)非洲:1-7;亚洲:36-53;大洋洲:6;欧洲:3-9;北美洲:3-10;南美洲:6
Bistramia L. = **Bartramia**
Biswarea【3】Cogn. 三裂瓜属 ← **Warea** Cucurbitaceae 葫芦科 [MD-205] 全球 (1) 大洲分布及种数(cf. 1)◆亚洲
Bitancourtia Thirum.and Jenkins = **Barbieria**
Bitoma (D.Don) Endl. = **Platycladus**
Biton (D.Don) Endl. = **Platycladus**
Bittacus Rumph. ex P. & K. = **Afraegle**
Bitteria Börner = **Carex**
Bittneria Löfl. = **Byttneria**
Bituminaria C.H.Stirt. = **Bituminaria**
Bituminaria【2】Heist. ex Fabr. 柏油豆属 ≒ **trifolium** Fabaceae 豆科 [MD-240] 全球 (5) 大洲分布及种数(11)非洲:5;亚洲:5;大洋洲:2;欧洲:4;北美洲:1
Biventraria Small = **Xysmalobium**
Bivinia Jaub. ex Tul. = **Bivinia**
Bivinia【3】Tul. 蛛丝木属 ≒ **Calantica** Salicaceae 杨柳科 [MD-123] 全球 (1) 大洲分布及种数(1)◆非洲
Bivolva【3】Van Tiegh. 蛇菰属 ← **Balanophora** Balanophoraceae 蛇菰科 [MD-307] 全球 (1) 大洲分布及种数(2)◆亚洲
Bivonae DC. = **Bivonaea**
Bivonaea【3】DC. 西地中海芥属 ≒ **Cochlearia; Pastorea;Ionopsidium** Brassicaceae 十字花科 [MD-213] 全球 (6) 大洲分布及种数(2-3)非洲:1-2;亚洲:1-3;大洋洲:1;欧洲:1-2;北美洲:1;南美洲:1
Bivonea Raf. = **Jatropha**
Bivoneus Raf. = **Jatropha**
Bivonia Spreng. = **Bernardia**
Biwaldia G.A.Scop. = **Mammea**
Biwia N.E.Br. = **Bijlia**
Bixa【2】L. 红木属 Bixaceae 红木科 [MD-176] 全球 (5) 大洲分布及种数(6)亚洲:3;大洋洲:1;欧洲:1;北美洲:2;南美洲:5
Bixaceae【2】Kunth 红木科 [MD-176] 全球 (5) 大洲分布和属种数(1;hort. & cult.1)(5-6;hort. & cult.1)亚洲:1/3;大洋洲:1/1;欧洲:1/1;北美洲:1/2;南美洲:1/5-5
Bixagrewia Kurz = **Trichospermum**
Bixeae Rchb. = **Bixa**
Biza L. = **Briza**
Bizanilla J.Rémy = **Micropus**
Bizetiella Radwin & D´Attilio = **Bonetiella**
Bizionia L. = **Bignonia**
Bizonula【3】Pellegr. 双带无患子属 Sapindaceae 无患子科 [MD-428] 全球 (1) 大洲分布及种数(1-2)◆非洲
Bizotia R.B.Pierrot = **Campylopus**
Blabeia Baehni = **Planchonella**
Blabera Baehni = **Planchonella**
Blaberopus A.DC. = **Alstonia**
Blaberus A.DC. = **Alyxia**
Blabia Baehni = **Planchonella**
Blachia【3】Baill. 留萼木属 ← **Codiaeum;Strophioblachia;Trigonostemon** Euphorbiaceae 大戟科 [MD-217] 全球 (1) 大洲分布及种数(10-15)◆亚洲
Blachnum L. = **Blechnum**
Black Raf. = **Paraboea**
Blackallia【3】C.A.Gardner 布莱鼠李属 ← **Cryptandra** Rhamnaceae 鼠李科 [MD-331] 全球 (1) 大洲分布及种数(1)◆大洋洲(◆澳大利亚)
Blackara【-】auct. 兰科属 Orchidaceae 兰科 [MM-723] 全球 (uc) 大洲分布及种数(uc)
Blackbournea Forster,Johann Reinhold & Forster,Johann Georg Adam & Kunth,Karl (Carl) Sigismund = **Amyris**
Blackburnia Forst. = **Zanthoxylum**
Blackfordia Andrews = **Blandfordia**
Blackia Schrank ex DC. = **Blachia**
Blackiella Aellen = **Axyris**
Blackstonia A.Juss. = **Blackstonia**
Blackstonia【3】Huds. 绮莲花属 ← **Centaurium; Gentiana;Chloraea** Gentianaceae 龙胆科 [MD-496] 全球 (1) 大洲分布及种数(4-5)◆欧洲
Blackwella Cothen. = **Leea**
Bladha Cothen. = **Cyathodes**
Bladhia【3】Thunb. 紫金牛属 ≒ **Ardisia** Ericaceae 杜鹃花科 [MD-380] 全球 (1) 大洲分布及种数(uc)◆大洋洲
Bladina (Retz.) Raf. = **Acrotome**
Blaekwellia J.F.Gmel. = **Leea**
Blaeria【3】L. 四蕊石南属 → **Acrostemon;Phylica** Ericaceae 杜鹃花科 [MD-380] 全球 (1) 大洲分布及种数(18-20)◆非洲(◆南非)
Blainvillea【3】Cass. 百能葳属 ← **Acmella;Pyrethrum; Wedelia** Asteraceae 菊科 [MD-586] 全球 (6) 大洲分布及种数(8-15)非洲:3-4;亚洲:3-5;大洋洲:4-5;欧洲:1-2;北美洲:1-2;南美洲:4-8
Blairia Adans. = **Priva**
Blairia Spreng. = **Blaeria**
Blakburnia J.F.Gmel. = **Zanthoxylum**
Blakea L. = **Blakea**
Blakea【3】P.Br. 杯碟花属 → **Bellucia;Miconia;Bradea** Melastomataceae 野牡丹科 [MD-364] 全球 (1) 大洲分布及种数(122-144)◆南美洲
Blakeaceae Rchb. ex Barnhart = Blasiaceae
Blakeanthus【3】R.M.King & H.Rob. 藿香蓟属 ≒ **Ageratum** Asteraceae 菊科 [MD-586] 全球 (1) 大洲分布及种数(cf. 1)◆北美洲
Blakeeae Benth. & Hook.f. = **Blakea**
Blakeochloa Veldkamp = **Plinthanthesis**
Blakiella【3】Cuatrec. 层菀属 ← **Podocoma** Asteraceae 菊科 [MD-586] 全球 (1) 大洲分布及种数(1)◆南美洲
Blakstonia G.A.Scop. = **Symphonia**
Blakwellia【-】Comm. ex A.Juss. 五加科属 ≒ **Acanthopanax** Araliaceae 五加科 [MD-471] 全球 (uc) 大洲分布及种数(uc)
Blanca Hutch. = **Blakea**
Blanchea Boiss. = **Iphiona**
Blanchetia【3】DC. 黑毛落苞菊属 Asteraceae 菊科 [MD-586] 全球 (1) 大洲分布及种数(2)◆南美洲
Blanchetiana DC. = **Blanchetia**
Blanchetiastrum【3】Hassl. 孔雀葵属 ← **Pavonia** Malvaceae 锦葵科 [MD-203] 全球 (1) 大洲分布及种数(uc)属分布和种数(uc)◆南美洲
Blanchetii DC. = **Blanchetia**

Blanchetiodendron【3】Barneby & J.W.Grimes 合欢属 ≒ **Albizia** Fabaceae 豆科 [MD-240] 全球 (1) 大洲分布及种数(1)◆南美洲
Blanckia Neck. = **Conobea**
Blanco Bl. = **Blancoa**
Blancoa Bl. = **Blancoa**
Blancoa【3】Lindl. 冬钟花属 ← **Arenga** Haemodoraceae 血草科 [MM-718] 全球 (1) 大洲分布及种数(1)◆大洋洲(◆澳大利亚)
Blancoi Bl. = **Blancoa**
Blandfordia Andr. = **Blandfordia**
Blandfordia【3】Sm. 火铃花属 ← **Aletris** Blandfordiaceae 火铃花科 [MM-636] 全球 (1) 大洲分布及种数(6)◆大洋洲(◆澳大利亚)
Blandfordiaceae【3】R.Dahlgren & Clifford 火铃花科 [MM-636] 全球 (1) 大洲分布和属种数(1;hort. & cult.1)(6;hort. & cult.4)◆大洋洲
Blandfortia Poir. = **Blandfordia**
Blandibractea Wernham = **Simira**
Blandibracteata Wernham = **Simira**
Blandina Raf. = **Leucas**
Blandowia【3】Willd. 河缎草属 ← **Podostemum** Podostemaceae 川苔草科 [MD-322] 全球 (1) 大洲分布及种数(cf.1) ◆南美洲
Blanisia Pritz. = **Brandisia**
Blarinella Cuatrec. = **Blakiella**
Blarneya Schweinf. = **Barbeya**
Blasaria Kotschy & Peyr. = **Zehneria**
Blasia【3】L. 壶苞苔属 ≒ **Notothylas** Blasiaceae 壶苞苔科 [B-3] 全球 (1) 大洲分布及种数(cf. 1)◆亚洲
Blasiaceae H.Klinggr. = Blasiaceae
Blasiaceae【3】Stephani 壶苞苔科 [B-3] 全球 (1) 大洲分布和属种数(2/2)◆亚洲
Blastania Kotschy & Peyr. = **Ctenolepis**
Blastemanthus【3】Planch. 覆萼莲木属 ← **Godoya** Ochnaceae 金莲木科 [MD-104] 全球 (1) 大洲分布及种数(4-5)◆南美洲
Blastocaulon【3】Ruhland 荫谷精属 ≒ **Paepalanthus** Eriocaulaceae 谷精草科 [MM-726] 全球 (1) 大洲分布及种数(5)◆南美洲(◆巴西)
Blastotrophe Didr. = **Alafia**
Blastus Desmoblastus Diels = **Blastus**
Blastus【3】Lour. 柏拉木属 → **Allomorphia;Fordiophyton;Sporoxeia** Melastomataceae 野牡丹科 [MD-364] 全球 (1) 大洲分布及种数(17-23)◆亚洲
Blatta Adans. = **Celastrus**
Blattaria P. & K. = **Verbascum**
Blattella Hebard = **Blotiella**
Blatti Adans. = **Sonneratia**
Blattiaceae Engl. = Lythraceae
Blauneria L. = **Blaeria**
Blaxium Cass. = **Dimorphotheca**
Bleasdalea【3】F.Müll. 盐麸李属 ≒ **Grevillea;Gevuina** Proteaceae 山龙眼科 [MD-219] 全球 (1) 大洲分布及种数(1)◆大洋洲
Blechnaceae【3】Newman 乌毛蕨科 [F-46] 全球 (6) 大洲分布和属种数(8;hort. & cult.5-6)(321-486;hort. & cult. 52-82)非洲:3-6/55-74;亚洲:6/98-131;大洋洲:4-6/107-156;欧洲:3-5/14-28;北美洲:6-7/97-117;南美洲:5-7/151-175
Blechnidium Moore = **Blechnum**
Blechnopsis【2】C.Presl 矮树蕨属 ≒ **Blechnum** Blechnaceae 乌毛蕨科 [F-46] 全球 (2) 大洲分布及种数(uc)亚洲;南美洲
Blechnopteris Trevis. = **Blechnum**
Blechnum (C.Presl) T.Moore = **Blechnum**
Blechnum【3】L. 泽丘蕨属 ≒ **Lophiaris;Plagiogyria** Blechnaceae 乌毛蕨科 [F-46] 全球 (6) 大洲分布及种数(265-357;hort.1;cult:21)非洲:52-61;亚洲:65-83;大洋洲:93-125;欧洲:12-16;北美洲:74-82;南美洲:143-155
Blechrus L. = **Blechnum**
Blechum【3】P.Br. 赛山蓝属 ← **Barleria;Phaulopsis;Tetramerium** Acanthaceae 爵床科 [MD-572] 全球 (6) 大洲分布及种数(6-7)非洲:1-2;亚洲:1-2;大洋洲:1-2;欧洲:1-2;北美洲:3-4;南美洲:4-5
Bleckara Adans. = **Benkara**
Bleekeria Hassk. = **Ochrosia**
Bleekeria Miq. = **Alchornea**
Bleekrodea【3】Bl. 南鹊肾树属 ← **Streblus** Moraceae 桑科 [MD-87] 全球 (1) 大洲分布及种数(1)◆非洲
Bleitzara【-】Bleitz 兰科属 Orchidaceae 兰科 [MM-723] 全球 (uc) 大洲分布及种数(uc)
Blencocoes B.D.Jacks. = **Nicotiana**
Blencocoes Raf. = **Nierembergia**
Blenina Ruiz & Pav. = **Bletia**
Blennoderma Spach = **Oenothera**
Blennodia【3】R.Br. 粘液芥属 → **Arabidella;Erysimum;Phlegmatospermum** Brassicaceae 十字花科 [MD-213] 全球 (1) 大洲分布及种数(2-3)◆大洋洲(◆澳大利亚)
Blennosperma【3】Less. 黏子菊属 ← **Bidens;Soliva;Unxia** Asteraceae 菊科 [MD-586] 全球 (6) 大洲分布及种数(6)非洲:2;亚洲:2;大洋洲:2;欧洲:2;北美洲:3-5;南美洲:2-4
Blennospora【3】A.Gray 丝叶鼠麹草属 ← **Calocephalus** Asteraceae 菊科 [MD-586] 全球 (1) 大洲分布及种数(2-3)◆大洋洲(◆澳大利亚)
Blenocoes Raf. = **Nierembergia**
Bleo Adans. = **Aegle**
Bleparispermum DC. = **Blepharispermum**
Blepetalon Raf. = **Scutia**
Blephanthera Raf. = **Bulbine**
Blepharacanthus Nees = **Blepharis**
Blepharaden Dulac = **Swertia**
Blepharandra【3】Griseb. 巴西金虎尾属 ← **Byrsonima;Coleostachys;Diplopterys** Malpighiaceae 金虎尾科 [MD-343] 全球 (1) 大洲分布及种数(6)◆南美洲
Blepharanthemum Klotzsch = **Plagianthus**
Blepharanthera Schltr. = **Brachystelma**
Blepharanthes Sm. = **Adenia**
Blepharidachne【3】Hack. 睫毛草属 ← **Munroa** Poaceae 禾本科 [MM-748] 全球 (1) 大洲分布及种数(4-6)◆北美洲
Blepharidium【3】Standl. 白靛榄属 ← **Tocoyena;Blepharodon** Rubiaceae 茜草科 [MD-523] 全球 (1) 大洲分布及种数(1)◆北美洲
Blepharidophyllaceae【3】Grolle 睑苔科 [B-59] 全球 (1) 大洲分布和属种数(2/4)◆大洋洲
Blepharidophyllum Ångström = **Blepharidophyllum**

Blepharidophyllum【2】 Grolle 乌叶苔属 ≒ **Clandarium** Blepharidophyllaceae 睑苔科 [B-59] 全球 (2) 大洲分布及种数(3)大洋洲:cf.1;南美洲:2

Blephariglotis Raf. = **Blephariglottis**

Blephariglottis【3】 Raf. 银苏兰属 ← **Habenaria; Pseudorchis** Orchidaceae 兰科 [MM-723] 全球 (1) 大洲分布及种数(2-8)◆北美洲(◆美国)

Blepharipappus【3】 Hook. 睑冠菊属 → **Harmonia; Layia** Asteraceae 菊科 [MD-586] 全球 (1) 大洲分布及种数(9-17)◆北美洲(◆美国)

Blepharippapus Hook. = **Blepharipappus**

Blepharis【3】 Juss. 百簕花属 ← **Acanthus;Ruellia; Acanthopsis** Acanthaceae 爵床科 [MD-572] 全球 (6) 大洲分布及种数(95-137;hort.1;cult: 3)非洲:94-130;亚洲:9-18;大洋洲:1;欧洲:1-2;北美洲:3-4;南美洲:1

Blepharispermum【2】 DC. 睑子菊属 ← **Athroisma** Asteraceae 菊科 [MD-586] 全球 (2) 大洲分布及种数(17-18)非洲:13;亚洲:cf.1

Blepharistemma【3】 Benth. 睫瓣红树属 ← **Gynotroches** Rhizophoraceae 红树科 [MD-329] 全球 (1) 大洲分布及种数(1-2)◆亚洲

Blepharitheca Pichon = **Cuspidaria**

Blepharizonia (A.Gray) Greene = **Blepharizonia**

Blepharizonia【3】 Greene 睑菊属 ← **Calycadenia; Hemizonia** Asteraceae 菊科 [MD-586] 全球 (1) 大洲分布及种数(2)◆北美洲(◆美国)

Blepharocalyx (O.Berg) Nied. = **Blepharocalyx**

Blepharocalyx【3】 O.Berg 睫萼木属 ≒ **Myrtus; Myrcianthes** Myrtaceae 桃金娘科 [MD-347] 全球 (1) 大洲分布及种数(6-8)◆南美洲(◆巴西)

Blepharocarya【3】 F.Müll. 木姜漆属 Anacardiaceae 漆树科 [MD-432] 全球 (1) 大洲分布及种数(2)◆大洋洲(◆澳大利亚)

Blepharocaryaceae Airy-Shaw = Sapindaceae

Blepharochilum M.A.Clem. & D.L.Jones = **Epidendrum**

Blepharochlamys C.Presl = **Mystropetalon**

Blepharochloa Endl. = **Leersia**

Blepharodium Standl. = **Blepharidium**

Blepharodon【2】 Decne. 毛齿萝藦属 ← **Astephanus; Metastelma;Minaria** Apocynaceae 夹竹桃科 [MD-492] 全球 (3) 大洲分布及种数(47)亚洲:cf.1;北美洲:3;南美洲:27-45

Blepharodus Decne. = **Blepharodon**

Blepharoglossum【-】 (Schltr.) L.Li 兰科属 Orchidaceae 兰科 [MM-723] 全球 (uc) 大洲分布及种数(uc)

Blepharoglottis Raf. = **Blephariglottis**

Blepharolejeunea【2】 (Stephani) Slageren & Kruijt 乌鳞苔属 Lejeuneaceae 细鳞苔科 [B-84] 全球 (2) 大洲分布及种数(5)北美洲:1;南美洲:4

Blepharolepis Nees = **Scirpus**

Blepharoneura Hendel = **Blepharoneuron**

Blepharoneuron Nash = **Blepharoneuron**

Blepharoneuron【3】 Rydb. 落子草属 Poaceae 禾本科 [MM-748] 全球 (1) 大洲分布及种数(1-2)◆北美洲

Blepharophyllum Klotzsch = **Blepharispermum**

Blepharopus Efimov = **Diphylax**

Blepharosis Efimov = **Diphylax**

Blepharostoma (Dum.) Dum. = **Blepharostoma**

Blepharostoma【2】 M.Howe 睫毛苔属 ≒ **Arachniopsis** Blepharostomataceae 睫毛苔科 [B-61] 全球 (2) 大洲分布及种数(4)亚洲:cf.1;北美洲:2

Blepharostomataceae【2】M.Howe 睫毛苔科 [B-61] 全球 (2) 大洲分布和属种数(1/3-4)亚洲:1/2;北美洲:1/2

Blepharozia【2】 (Mitt.) S.Okamura 黑毛苔属 ≒ **Ptilidium** Ptilidiaceae 毛叶苔科 [B-75] 全球 (3) 大洲分布及种数(cf.1) 亚洲;欧洲;南美洲

Blephilia【3】 Raf. 睫薷属 ← **Monarda** Lamiaceae 唇形科 [MD-575] 全球 (1) 大洲分布及种数(2-3)◆北美洲

Blephiloma Raf. = **Phlomis**

Blephistelma Raf. = **Passiflora**

Blephixis Raf. = **Chaerophyllum**

Bleptina Günée = **Bletia**

Bleptonema A.Juss. = **Leptonema**

Blera P.Beauv. ex T.Lestib. = **Mapania**

Bleteleorchis auct. = **Sobralia**

Bletia【3】 Ruiz & Pav. 拟白及属 ← **Arethusa;Bletilla; Beta** Orchidaceae 兰科 [MM-723] 全球 (6) 大洲分布及种数(41-57;hort.1;cult: 4)非洲:20;亚洲:10-30;大洋洲:20;欧洲:3-23;北美洲:36-59;南美洲:20-46

Bletiaglottis【-】 Hort. 兰科属 Orchidaceae 兰科 [MM-723] 全球 (uc) 大洲分布及种数(uc)

Bletiana Raf. = **Eragrostis**

Bletiinae Benth. = **Bletia**

Bletilla【3】 Rchb.f. 白及属 ← **Arethusa;Pleione;Sobralia** Orchidaceae 兰科 [MM-723] 全球 (1) 大洲分布及种数(5-7)◆亚洲

Bletti Ruiz & Pav. = **Bletia**

Bletundina auct. = **Bletia**

Blighia【3】 Kon. 咸鱼果属 ← **Sapindus;Phialodiscus** Sapindaceae 无患子科 [MD-428] 全球 (1) 大洲分布及种数(3-5)◆非洲

Blighiopsis【3】 Van der Veken 拟阿开木属 Sapindaceae 无患子科 [MD-428] 全球 (1) 大洲分布及种数(2)◆非洲

Blindia【3】 Bruch & Schimp. 小穗藓属 ≒ **Dicranum; Arctoa** Seligeriaceae 细叶藓科 [B-113] 全球 (6) 大洲分布及种数(31) 非洲:9;亚洲:6;大洋洲:12;欧洲:6;北美洲:7;南美洲:12

Blindiadelphus【-】 (Lindb.) Fedosov & Ignatov 细叶藓科属 Seligeriaceae 细叶藓科 [B-113] 全球 (uc) 大洲分布及种数(uc)

Blindiopsis E.B.Bartram & Dixon = **Blindia**

Blinkworthia【3】 Choisy 苞叶藤属 Convolvulaceae 旋花科 [MD-499] 全球 (1) 大洲分布及种数(1-2)◆亚洲

Blismus Friche-Joset & Montandon = **Blysmus**

Blitaceae Adans. = Bataceae

Blitanthus Rchb. = **Amaranthus**

Bliton Adans. = **Chenopodium**

Blitum【3】 L. 藜属 ≒ **Monolepis** Amaranthaceae 苋科 [MD-116] 全球 (6) 大洲分布及种数(10) 非洲:5;亚洲:6;大洋洲:5;欧洲:7;北美洲:6;南美洲:2

Blochmannia Rchb. = **Triplaris**

Blomia【3】 Miranda 布氏无患子属 ← **Cupania** Sapindaceae 无患子科 [MD-428] 全球 (1) 大洲分布及种数(1)◆北美洲

Blondea Rich. = **Sloanea**

Blondia Neck. = **Tiarella**

Bloomara auct. = **Broughtonia**

Bloomeria【3】 Kellogg 金星韭属 ← **Allium; Nothoscordum** Asparagaceae 天门冬科 [MM-669] 全球 (1) 大洲分布及种数(3-5)◆北美洲
Blossfeldia【3】 Werderm. 银绣玉属 ← **Parodia** Cactaceae 仙人掌科 [MD-100] 全球 (1) 大洲分布及种数(1)◆南美洲
Blotia Leandri = **Wielandia**
Blotiella【3】 R.M.Tryon 灰白蕨属 ≒ **Lonchitis; Eleorchis** Dennstaedtiaceae 碗蕨科 [F-26] 全球 (6) 大洲分布及种数(19-23)非洲:17-23;亚洲:3-6;大洋洲:3;欧洲:1-4;北美洲:4-7;南美洲:1-4
Blountia L. = **Bontia**
Bloxamia Berk. & Broome = **Blomia**
Bluffia Delile = **Alloteropsis**
Bluffia Nees = **Panicum**
Blumea【3】 DC. 盖裂木属 → **Arrhenechthites;Baccharis;Phagnalon** Asteraceae 菊科 [MD-586] 全球 (6) 大洲分布及种数(106-136;hort.1;cult: 2)非洲:86-105;亚洲:74-94;大洋洲:24-39;欧洲:1-16;北美洲:3-18;南美洲:1-16
Blumeara J.M.H.Shaw = **Talauma**
Blumei Rchb. = **Blumea**
Blumenbachia Köler = **Blumenbachia**
Blumenbachia【3】 Schröd. 布氏刺莲花属 ← **Caiophora;Klaprothia** Loasaceae 刺莲花科 [MD-435] 全球 (1) 大洲分布及种数(17)◆南美洲
Blumeodendron (Müll.Arg.) Kurz = **Blumeodendron**
Blumeodendron【3】 Kurz 蔽雨桐属 ← **Elateriospermum;Sapium;Paracroton** Euphorbiaceae 大戟科 [MD-217] 全球 (1) 大洲分布及种数(6-11)◆亚洲
Blumeopsis【3】 Gagnep. 拟艾纳属 ← **Baccharis;Blumea;Erigeron** Asteraceae 菊科 [MD-586] 全球 (1) 大洲分布及种数(1-2)◆亚洲
Blumeorchis Szlach. = **Cleisostoma**
Blumeria L. = **Plumeria**
Blumia【-】 Nees ex Bl. 木兰科属 ≒ **Phaius** Magnoliaceae 木兰科 [MD-1] 全球 (uc) 大洲分布及种数(uc)
Blutaparon【2】 Raf. 银头苋属 ← **Achyranthes;Philoxerus;Gomphrena** Amaranthaceae 苋科 [MD-116] 全球 (3) 大洲分布及种数(4)非洲:1;北美洲:2;南美洲:3
Blymocarex Ivanova = **Kobresia**
Blysmocarex Ivanova = **Kobresia**
Blysmopsis【2】 Oteng-Yeb. 扁穗草属 ≒ **Blysmus** Cyperaceae 莎草科 [MM-747] 全球 (2) 大洲分布及种数(cf.1) 欧洲;北美洲
Blysmoschoenus【3】 Palla 扁穗莎草属 Cyperaceae 莎草科 [MM-747] 全球 (1) 大洲分布及种数(uc)属分布和种数(uc)◆南美洲(◆玻利维亚)
Blysmus【3】 Panz. ex Röm. & Schult. 扁穗草属 ← **Scirpus;Blysmopsis** Cyperaceae 莎草科 [MM-747] 全球 (6) 大洲分布及种数(4-6;hort.1;cult: 1)非洲:2-4;亚洲:3-6;大洋洲:2;欧洲:3-5;北美洲:1-3;南美洲:2
Blythia Arn. = **Blyttia**
Blyttia【3】 Arn. 白前属 ≒ **Vincetoxicum;Pallavicinia** Apocynaceae 夹竹桃科 [MD-492] 全球 (1) 大洲分布及种数(cf. 1)◆欧洲
Blyxa【3】 Nor. ex Thou. 水筛属 ≒ **Enhydrias** Hydrocharitaceae 水鳖科 [MM-599] 全球 (6) 大洲分布及种数(13-18;hort.1)非洲:9-14;亚洲:8-16;大洋洲:5-10;欧洲:4-9;北美洲:4-9;南美洲:5
Blyxaceae Nakai = Hydrocharitaceae
Blyxopsis P. & K. = **Blyxa**
Bmgmansia Pers. = **Brugmansia**
Boadschia All. = **Microseris**
Boana Medik. = **Vicia**
Boar DC. = **Maytenus**
Boaria A.DC. = **Zinowiewia**
Boarmia DC. = **Zinowiewia**
Bobaea A.Rich. = **Timonius**
Bobartia【3】 L. 灯草鸢尾属 → **Aristea** Iridaceae 鸢尾科 [MM-700] 全球 (1) 大洲分布及种数(15-16)◆非洲(◆南非)
Bobea【3】 Gaud. 黄舩木属 → **Antirhea;Timonius** Rubiaceae 茜草科 [MD-523] 全球 (1) 大洲分布及种数(6-10)◆北美洲(◆美国)
Boberella E.H.L.Krause = **Physalis**
Bobgunnia【3】 J.H.Kirkbr. & Wiersema 铁木豆属 ≒ **Swartzia** Fabaceae 豆科 [MD-240] 全球 (1) 大洲分布及种数(2)◆非洲
Bobinia E.Fourn. = **Jobinia**
Bobrovia【-】 A.P.Khokhr. 蝶形花科属 Fabaceae3 蝶形花科 [MD-240] 全球 (uc) 大洲分布及种数(uc)
Bobu Adans. = **Ilex**
Bobua DC. = **Symplocos**
Bobus DC. = **Symplocos**
Boca Vell. = **Banara**
Bocagcia A.St.Hil. = **Bocagea**
Bocagea【3】 A.St.Hil. 地星木属 → **Alphonsea;Sageraea;Oxandra** Annonaceae 番荔枝科 [MD-7] 全球 (1) 大洲分布及种数(4-6)◆南美洲
Bocageopsis【3】 R.E.Fr. 驴辕木属 ← **Bocagea;Guatteria** Annonaceae 番荔枝科 [MD-7] 全球 (1) 大洲分布及种数(5)◆南美洲
Boccardiella Blake = **Beccariella**
Bocco Steud. = **Swartzia**
Bocconei Plum. ex L. = **Bocconia**
Bocconia【3】 Plum. ex L. 博落木属 → **Macleaya** Papaveraceae 罂粟科 [MD-54] 全球 (6) 大洲分布及种数(12-14)非洲:1-2;亚洲:2-3;大洋洲:1;欧洲:1;北美洲:8-10;南美洲:5-6
Bochrus Mill. = **Lathyrus**
Bockia G.A.Scop. = **Eugenia**
Bocoa【3】 Aubl. 头铁豆属 ≒ **Inocarpus;Cajanus; Ocotea** Fabaceae 豆科 [MD-240] 全球 (1) 大洲分布及种数(6-7)◆南美洲
Bocquillonia【3】 Baill. 头麻秆属 ← **Cleidion;Excoecaria** Euphorbiaceae 大戟科 [MD-217] 全球 (1) 大洲分布及种数(5-15)◆大洋洲
Bocydium Spach = **Monolepis**
Bodiniere H.Lév. & Vaniot = **Boenninghausenia**
Bodinierella H.Lév. = **Andromeda**
Bodinieria H.Lév. & Vaniot = **Boenninghausenia**
Bodinieriella H.Lév. = **Enkianthus**
Bodwichia Walp. = **Clathrotropis**
Boea【3】 Comm. ex Lam. 旋蒴苣苔属 → **Didymocarpus;Opithandra;Paraboea** Gesneriaceae 苦苣苔科 [MD-549] 全球 (6) 大洲分布及种数(10-23)非洲:3-16;亚洲:5-17;大洋洲:4-18;欧洲:5;北美洲:5;南美洲:6

Boebera Willd. = **Dyssodia**
Boeberastrum【3】(A.Gray) Rydb. 肉羽菊属 ← **Dyssodia;Thymophylla** Asteraceae 菊科 [MD-586] 全球 (1) 大洲分布及种数(3)◆北美洲
Boeberoides【3】(DC.) Strother 多腺菊属 ≒ **Gymnolaena** Asteraceae 菊科 [MD-586] 全球 (1) 大洲分布及种数(1)◆北美洲
Boechera【3】Á.Löve & D.Löve 肥菜属 ← **Arabis; Streptanthus;Turritis** Brassicaceae 十字花科 [MD-213] 全球 (6) 大洲分布及种数(121;hort.1)非洲:11;亚洲:11-22;大洋洲:8-19;欧洲:19-30;北美洲:119-130;南美洲:9-20
Boecherarctica【-】Á.Löve 虎耳草科属 Saxifragaceae 虎耳草科 [MD-231] 全球 (uc) 大洲分布及种数(uc)
Boechereae Al-Shehbaz,Beilstein & E.A.Kellogg = **Boechera**
Boechmeria Jacq. = **Boehmeria**
Boeckeleria T.Durand = **Decalepis**
Boeckella Rich. = **Burckella**
Boeckhia Kunth = **Hypodiscus**
Boehmeria Didr. = **Boehmeria**
Boehmeria【3】Jacq. 苎麻属 → **Chamabainia;Parietaria;Pouzolzia** Urticaceae 荨麻科 [MD-91] 全球 (6) 大洲分布及种数(89-129;hort.1;cult: 4)非洲:17-47;亚洲:72-130;大洋洲:13-45;欧洲:6-36;北美洲:32-65;南美洲:24-59
Boehmeriopsis【3】Kom. 桑科属 Moraceae 桑科 [MD-87] 全球 (1) 大洲分布及种数(uc)◆大洋洲
Boeica【3】C.B.Clarke 短筒苣苔属 ≒ **Oreocharis; Cyrtandra** Gesneriaceae 苦苣苔科 [MD-549] 全球 (1) 大洲分布及种数(7-15)◆亚洲
Boeicopsis H.W.Li = **Boeica**
Boelckea【3】R.Rossow 南美玄参属 Plantaginaceae 车前科 [MD-527] 全球 (1) 大洲分布及种数(1)◆南美洲
Boelia Webb = **Spartium**
Boeninghausenia Rchb. = **Boenninghausenia**
Boenninghausenia【3】Rchb. ex Meisn. 石椒草属 ≒ **Ruta** Rutaceae 芸香科 [MD-399] 全球 (1) 大洲分布及种数(2-4)◆亚洲
Boenninghausia Spreng. = **Nissolia**
Boerhaavia【3】Mill. 黄细心属 ≒ **Pisoniella** Nyctaginaceae 紫茉莉科 [MD-107] 全球 (6) 大洲分布及种数(3) 非洲:3;亚洲:3;大洋洲:2;欧洲:2;北美洲:3;南美洲:3
Boerhavi L. = **Boerhavia**
Boerhavia Clavatae Heimerl = **Boerhavia**
Boerhavia【3】L. 黄细心属 → **Acleisanthes;Commicarpus;Pisoniella** Nyctaginaceae 紫茉莉科 [MD-107] 全球 (6) 大洲分布及种数(70-100;hort.1;cult: 6)非洲:25-50;亚洲:22-45;大洋洲:14-37;欧洲:6-23;北美洲:33-57;南美洲:18-40
Boerla Bubani = **Sium**
Boerlagea【3】Cogn. 野牡丹科属 Melastomataceae 野牡丹科 [MD-364] 全球 (1) 大洲分布及种数(uc)◆大洋洲
Boerlagella【3】(Dubard) H.J.Lam 久榄属 ≒ **Sideroxylon** Sapotaceae 山榄科 [MD-357] 全球 (1) 大洲分布及种数(1)◆亚洲
Boerlagellaceae H.J.Lam. = Samolaceae
Boerlagia Pierre = **Sideroxylon**
Boerlagiodendron【3】Harms 五加木属 ← **Osmoxylon** Araliaceae 五加科 [MD-471] 全球 (6) 大洲分布及种数(6-12)非洲:3;亚洲:1-4;大洋洲:4-7;欧洲:3;北美洲:3;南美洲:3
Boesenbergia【3】P. & K. 凹唇姜属 ← **Alpinia; Scaphochlamys** Zingiberaceae 姜科 [MM-737] 全球 (1) 大洲分布及种数(46-78)◆亚洲
Bogardara Hort. = **Aerides**
Bogenhardia Rchb. = **Herissantia**
Bogenhardir Rchb. = **Herissantia**
Bogenherdia Rchb. = **Abutilon**
Bogertia L. = **Bobartia**
Bognera【3】S.Mayo & D.Nicolson 网脉芋属 ← **Ulearum** Araceae 天南星科 [MM-639] 全球 (1) 大洲分布及种数(1)◆南美洲(◆巴西)
Bogoria【3】J.J.Sm. 扑蝶兰属 ← **Sarcochilus** Orchidaceae 兰科 [MM-723] 全球 (1) 大洲分布及种数(1-4)◆亚洲
Bohemeria G.A.Scop. = **Boehmeria**
Boheravia D.Parodi = **Boerhavia**
Bohlenia Hook. = **Bowenia**
Bohnhoffara【-】J.M.H.Shaw 兰科属 Orchidaceae 兰科 [MM-723] 全球 (uc) 大洲分布及种数(uc)
Boholia【3】Merr. 菲律宾茜属 Rubiaceae 茜草科 [MD-523] 全球 (1) 大洲分布及种数(cf. 1)◆亚洲
Boidae Molin. ex Endl. = **Drimys**
Boidinia (Rick) Hjortstam & Ryvarden = **Borodinia**
Boique Molin. ex Endl. = **Drimys**
Boisdovalia Spach = **Boisduvalia**
Boisduvalia (Fisch. & C.A.Mey.) Endl. = **Boisduvalia**
Boisduvalia【3】Spach 穗樱草属 ← **Oenothera; Epilobium** Onagraceae 柳叶菜科 [MD-396] 全球 (6) 大洲分布及种数(8)非洲:4;亚洲:4;大洋洲:1-5;欧洲:4;北美洲:5-9;南美洲:1-5
Boiss Raf. ex Steud. = **Lysimachia**
Boissiaea Lem. = **Acacia**
Boissiera【3】Haens. ex Willk. 九顶雀麦属 ≒ **Pappophorum;Bromus** Poaceae 禾本科 [MM-748] 全球 (6) 大洲分布及种数(1-2)非洲:2;亚洲:3;大洋洲:2;欧洲:2;北美洲:2;南美洲:2
Boivinella (Pierre ex Baill.) Pierre ex Aubrév. & Pellegr. = **Cyphochlaena**
Boivinelleae A.Camus = **Cyphochlaena**
Bojera Steud. = **Boea**
Bojeri DC. = **Amomum**
Bojeria DC. = **Euphorbia**
Bojeria Raf. = **Amomum**
Bojeriana DC. = **Amomum**
Bokkeveldia D. & U.Müler-Doblies = **Strumaria**
Bolanderi A.Gray = **Bolandra**
Bolandia【3】Cron 葵叶菊属 ≒ **Cineraria** Asteraceae 菊科 [MD-586] 全球 (1) 大洲分布及种数(5)◆非洲
Bolandra【3】A.Gray 洪崖草属 Saxifragaceae 虎耳草科 [MD-231] 全球 (1) 大洲分布及种数(2-4)◆北美洲(◆美国)
Bolanosa【3】A.Gray 铁鸠菊属 ≒ **Vernonia** Asteraceae 菊科 [MD-586] 全球 (1) 大洲分布及种数(1)◆北美洲
Bolanthus【3】(Ser.) Rchb. 爪翅花属 ← **Acanthophyllum;Saponaria;Silene** Caryophyllaceae 石竹科 [MD-77] 全球 (1) 大洲分布及种数(6-9)◆欧洲
Bolax【3】Comm. ex Juss. 垫芹属 ← **Astrotricha; Azorella;Olax** Apiaceae 伞形科 [MD-480] 全球 (1) 大洲分布及种数(2-3)◆南美洲

B

Bolbapium (Lindl.) Lindl. = **Dendrobium**
Bolbicymbidium【-】J.M.H.Shaw 兰科属 Orchidaceae 兰科 [MM-723] 全球 (uc) 大洲分布及种数(uc)
Bolbidium (Lindl.) Brieger = **Dendrobium**
Bolbites Harold = **Bolbitis**
Bolbitiaceae Singer = Lomariopsidaceae
Bolbitidaceae【3】Ching 实蕨科 [F-51] 全球 (6) 大洲分布和属种数(2;hort. & cult.1)(84-191;hort. & cult.4-7) 非洲:2/9; 亚洲:2/84-112; 大洋洲:1-2/2-12; 欧洲:2/9; 北美洲:1-2/4-14; 南美洲:1-2/2-11
Bolbitis【3】Schott 实蕨属 ← **Egenolfia;Leptorchis;Acrostichum** Dryopteridaceae 鳞毛蕨科 [F-49] 全球 (1) 大洲分布及种数(71-97)◆亚洲
Bolbitius Schott = **Bolbitis**
Bolbophyllaria【3】Rchb.f. 石豆兰属 ≒ **Bulbophyllum** Orchidaceae 兰科 [MM-723] 全球 (1) 大洲分布及种数(uc)◆亚洲
Bolbophyllopsis Rchb.f. = **Sunipia**
Bolbophyllum Spreng. = **Bulbophyllum**
Bolborchis Zoll. & Mor. = **Nervilia**
Bolbosaponaria Bondarenko = **Gypsophila**
Bolboschoenoplectus【3】Tatanov 海三棱藨草属 Cyperaceae 莎草科 [MM-747] 全球 (1) 大洲分布及种数(2)◆亚洲
Bolboschoenus (Asch.) Palla = **Bolboschoenus**
Bolboschoenus【3】Palla 三棱草属 ← **Scirpus** Cyperaceae 莎草科 [MM-747] 全球 (6) 大洲分布及种数(17-18;hort.1;cult: 2)非洲:9-11;亚洲:16-18;大洋洲:7-9;欧洲:7-9;北美洲:7-9;南美洲:3-5
Bolbostemma【3】Franqüt 假贝母属 ← **Actinostemma;Schizopepon** Cucurbitaceae 葫芦科 [MD-205] 全球 (1) 大洲分布及种数(cf. 1)◆东亚(◆中国)
Bolboxalis Small = **Oxalis**
Boldea Juss. = **Peumus**
Boldoa Cav. = **Salpianthus**
Boldoa Endl. = **Peumus**
Boldu【3】Feuill. ex Adans. 解醉茶属 ≒ **Peumus** Lauraceae 樟科 [MD-21] 全球 (1) 大洲分布及种数(uc)◆亚洲
Bolducia Neck. = **Bellucia**
Boldus J.A.Schultes & J.H.Schultes = **Aiouea**
Boldus P. & K. = **Beilschmiedia**
Boldus Schult. = **Peumus**
Bolelia Raf. = **Downingia**
Boletus L. = **Aiouea**
Boleum【2】Desv. 木芥属 ← **Vella** Brassicaceae 十字花科 [MD-213] 全球 (3) 大洲分布及种数(cf.1) 亚洲;欧洲;南美洲
Bolina Raf. = **Tovomitopsis**
Bolinus Schult. & Schult.f. = **Aiouea**
Bolis Salisb. = **Cunninghamia**
Bolivaria【-】Cham. & Schltdl. 木樨科属 ≒ **Menodora** Oleaceae 木樨科 [MD-498] 全球 (uc) 大洲分布及种数(uc)
Bolivariaceae Griseb. = Oleaceae
Bolivicactus Doweld = **Parodia**
Bollaea Pari. = **Pancratium**
Bollea【3】Rchb.f. 宝丽兰属 ≒ **Zygopetalum;Huntleya** Orchidaceae 兰科 [MM-723] 全球 (1) 大洲分布及种数(5-7)◆南美洲
Bolleana Rchb.f. = **Bollea**
Bolleo-chondrorhyncha【-】Cogn. 兰科属 Orchidaceae 兰科 [MM-723] 全球 (uc) 大洲分布及种数(uc)
Bolliella Schltr. = **Bolusiella**
Bollmannia Jordan = **Trixis**
Bollopetalum【-】auct. 兰科属 Orchidaceae 兰科 [MM-723] 全球 (uc) 大洲分布及种数(uc)
Bolloschoenus Palla = **Bolboschoenus**
Bolma Webb = **Adenocarpus**
Bolocephalus【-】Hand.Mazz. 菊科属 ≒ **Dolomiaea** Asteraceae 菊科 [MD-586] 全球 (uc) 大洲分布及种数(uc)
Bolophyta Nutt. = **Parthenium**
Boloria J.J.Sm. = **Bogoria**
Bolosia Pourr. ex Willk. & Lange = **Hispidella**
Bolotheta Osborn = **Parthenium**
Boltonia【3】L'Hér. 偶雏菊属 → **Aster;Kalimeris;Matricaria** Asteraceae 菊科 [MD-586] 全球 (6) 大洲分布及种数(6-9;hort.1;cult:1)非洲:4;亚洲:3-7;大洋洲:4;欧洲:4;北美洲:5-10;南美洲:4
Bolusafra【2】P. & K. 南美豆属 ← **Crotalaria;Fagelia** Fabaceae 豆科 [MD-240] 全球 (2) 大洲分布及种数(cf.1) 非洲;亚洲
Bolusanthemum Schwantes = **Bijlia**
Bolusanthus【3】Harms 丽葛树属 → **Lonchocarpus** Fabaceae 豆科 [MD-240] 全球 (1) 大洲分布及种数(1)◆非洲
Bolusia【3】Benth. 托叶齿豆属 ← **Crotalaria;phaseolus** Fabaceae 豆科 [MD-240] 全球 (1) 大洲分布及种数(4-7)◆非洲
Bolusiella【3】Schltr. 波鲁兰属 ← **Angraecum;Listrostachys** Orchidaceae 兰科 [MM-723] 全球 (1) 大洲分布及种数(7-8)◆非洲
Bomarea (Herb.) Baker = **Bomarea**
Bomarea【3】Mirb. 竹叶吊钟属 ← **Alstroemeria** Alstroemeriaceae 六出花科 [MM-676] 全球 (6) 大洲分布及种数(131-163;hort.1;cult: 2)非洲:1;亚洲:1;大洋洲:1-2;欧洲:1;北美洲:20-21;南美洲:122-152
Bomaria Kunth = **Bomarea**
Bombacaceae【3】Kunth 木棉科 [MD-201] 全球 (6) 大洲分布和属种数(25-29;hort. & cult.8-10)(322-517;hort. & cult.19-30)非洲:3-12/21-46;亚洲:8-16/19-62;大洋洲:3-11/10-36;欧洲:1-11/1-26;北美洲:10-18/20-47;南美洲:19-21/283-377
Bombaceae Kunth = Boryaceae
Bombacopsis Pittier = **Pachira**
Bombardia Bertault = **Leontice**
Bombax【3】L.木棉属 ≒ **Ceiba;Metrosideros;Pachira** Malvaceae 锦葵科 [MD-203] 全球 (6) 大洲分布及种数(27-39)非洲:7-16;亚洲:6-16;大洋洲:1-10;欧洲:9;北美洲:3-12;南美洲:16-30
Bombicella【-】(DC.) Bello 锦葵科属 ≒ **Hibiscus** Malvaceae 锦葵科 [MD-203] 全球 (uc) 大洲分布及种数(uc)
Bombina Raf. = **Gravesia**
Bombix Medik. = **Hibiscus**
Bombus J.F.Gmel. = **Ampelocalamus**
Bombycella Lindl. = **Hibiscus**
Bombycidendron【3】Zoll. & Mor. 木槿属 ← **Hibiscus** Malvaceae 锦葵科 [MD-203] 全球 (1) 大洲分布及种

数(1-2)◆亚洲
Bombycilaena【3】(DC.) Smoljan. 光果紫绒草属 ← **Filago;Micropus** Asteraceae 菊科 [MD-586] 全球 (6) 大洲分布及种数(3)非洲:2-3;亚洲:2-3;大洋洲:1;欧洲:2-3;北美洲:1;南美洲:1
Bombycilla Lindl. = **Abelmoschus**
Bombycodendron Hassk. = **Bombycidendron**
Bombycospermum C.Presl = **Ipomoea**
Bombynia L. = **Borbonia**
Bombyx Mönch = **Malvaviscus**
Bommeria【3】E.Fourn. 铜背蕨属 ≒ **Leptogramma** Pteridaceae 凤尾蕨科 [F-31] 全球 (1) 大洲分布及种数(6-17)◆北美洲
Bon Medik. = **Vicia**
Bona Medik. = **Vicia**
Bonafidia Neck. = **Dalea**
Bonafousia (Miers) L.Allorge = **Tabernaemontana**
Bonaga Medik. = **Ononis**
Bonamia (R.Br.) Myint = **Bonamia**
Bonamia【3】Thou. 睡帽藤属 ← **Ipomoea;Breweria; Maripa** Convolvulaceae 旋花科 [MD-499] 全球 (1) 大洲分布及种数(68-104)◆北美洲(◆美国)
Bonamica Vell. = **Chionanthus**
Bonamiopsis (Boberty) Roberty = **Bonamia**
Bonamus Thou. = **Bonamia**
Bonamya Neck. = **Stachys**
Bonani A.Rich. = **Bonania**
Bonania【3】A.Rich.刺柏属←**Excoecaria;Sebastiania; Stillingia** Euphorbiaceae 大戟科 [MD-217] 全球 (1) 大洲分布及种数(7-9)◆北美洲
Bonannia C.Presl = **Brassica**
Bonannia Raf. = **Blighia**
Bonanox【3】Raf. 凤旋花属 ≒ **Calonyction;Ipomoea** Convolvulaceae 旋花科 [MD-499] 全球 (1) 大洲分布及种数(1)◆东亚(◆中国)
Bonapa Balansa = **Bonia**
Bonapa Larranaga = **Tillandsia**
Bonapartea【3】Ruiz & Pav. 铁兰属 ≒ **Agave** Asparagaceae 天门冬科 [MM-669] 全球 (1) 大洲分布及种数(uc)◆亚洲
Bonarota Adans. = **Veronica**
Bonasa Medik. = **Ononis**
Bonatea【3】Willd. 凤蛾兰属 ≒ **Habenaria;Orchis** Orchidaceae 兰科 [MM-723] 全球 (1) 大洲分布及种数(11-12)◆非洲
Bonatia Schlechter & K.Krause = **Tarenna**
Bonatitan Schltr. & K.Krause = **Mussaenda**
Bonaveria【-】G.A.Scop. 豆科属 ≒ **securigera** Fabaceae 豆科 [MD-240] 全球 (uc) 大洲分布及种数(uc)
Bondtia P. & K. = **Bontia**
Bonduc Adans. = **Caesalpinia**
Bonellia【2】Bert. ex Colla 钟萝桐属 ≒ **Jacquinia** Primulaceae 报春花科 [MD-401] 全球 (2) 大洲分布及种数(30;hort.1)北美洲:25;南美洲:4
Bonetiella【3】Rzed. 多腺漆属 ← **Pseudosmodingium** Anacardiaceae 漆树科 [MD-432] 全球 (1) 大洲分布及种数(1-2)◆北美洲(◆墨西哥)
Bongardi C.A.Mey. = **Bongardia**
Bongardia【3】C.A.Mey. 山槐叶属 ← **Leontice; Tetracoccus** Berberidaceae 小檗科 [MD-45] 全球 (1) 大洲分布及种数(2)◆非洲
Bonia【3】Balansa 越南竹属 ← **Bambusa;Indocalamus** Poaceae 禾本科 [MM-748] 全球 (1) 大洲分布及种数(cf. 1)◆东亚(◆中国)
Bonifacia Manso ex Steud. = **Augusta**
Bonifazia Standl. & Steyerm. = **Disocactus**
Boninia【3】Planch. 茱萸属 ← **Evodia;Melicope** Rutaceae 芸香科 [MD-399] 全球 (1) 大洲分布及种数(uc)◆亚洲
Boniniella Hayata = **Asplenium**
Boninofatsia Nakai = **Fatsia**
Boniodendron【3】Gagnep. 黄梨木属 ← **Harpullia;Koelreuteria** Sapindaceae 无患子科 [MD-428] 全球 (1) 大洲分布及种数(cf. 1)◆亚洲
Bonjeanea Rchb. = **Dorycnium**
Bonnaya Brachycarpae Benth. = **Lindernia**
Bonnayodes【3】Blatt. & Hallb. 车前科属 Plantaginaceae 车前科 [MD-527] 全球 (1) 大洲分布及种数(uc)◆大洋洲
Bonnetia【3】Mart. 泽茶属 ← **Buchnera;Spermacoce** Bonnetiaceae 泽茶科 [MD-102] 全球 (6) 大洲分布及种数(33-39)非洲:1;亚洲:1;大洋洲:1;欧洲:1;北美洲:1-2;南美洲:31-38
Bonnetiaceae【3】L. ex Nakai 泽茶科 [MD-102] 全球 (6)大洲分布和属种数(1/34-44)非洲:1/1;亚洲:1/1;大洋洲:1/1;欧洲:1/1;北美洲:1/1-2;南美洲:1/31-38
Bonnetieae Bartl. = **Bonnetia**
Bonniera Cordem. = **Angraecum**
Bonnierella R.Vig. = **Polyscias**
Bonplandara Cav. = **Bonplandia**
Bonplandia【3】Cav. 牛堇花属 ≒ **Angostura** Polemoniaceae 花荵科 [MD-481] 全球 (1) 大洲分布及种数(2)◆北美洲
Bonplandiana Cav. = **Bonplandia**
Bonstedtia Wehrh. = **Epimedium**
Bontia【3】L. 假瑞香属 ≒ **Avicennia;Ottelia** Scrophulariaceae 玄参科 [MD-536] 全球 (6) 大洲分布及种数(15-48)非洲:3;亚洲:1-4;大洋洲:13-49;欧洲:3;北美洲:1-4;南美洲:1-4
Bontiaceae Horan. = Myoporaceae
Bonus Lour. = **Ailanthus**
Bonyunia【3】M.R.Schomb. ex Progel 热美马钱属 Loganiaceae 马钱科 [MD-486] 全球 (1) 大洲分布及种数(10)◆南美洲
Boodlea Small = **Bollea**
Boonea Olsson & McGinty = **Bournea**
Boophane Herb. = **Boophone**
Boophone【3】Herb. 折扇兰属 ← **Amaryllis;Brunsvigia;Haemanthus** Amaryllidaceae 石蒜科 [MM-694] 全球 (1) 大洲分布及种数(2-3)◆非洲
Boopidaceae Cass. = Calyceraceae
Boopis【3】Juss. 萼头花属 ≒ **Acicarpha;Carpha;Moschopsis** Calyceraceae 萼角花科 [MD-594] 全球 (1) 大洲分布及种数(21-31)◆南美洲
Boosia Speta = **Drimia**
Bootara Hort. = **Barkeria**
Boothia Douglas ex Benth. = **Platystemon**
Boothii Douglas ex Benth. = **Platystemon**

Bootia Adans. = **Saponaria**
Bootia Bigel. = **Potentilla**
Bootrophis Raf. = **Actaea**
Boott Wall. = **Ottelia**
Boottia Ayres ex Baker = **Ottelia**
Boottii Wall. = **Ottelia**
Bopopia 【3】 Munzinger & J.R.Morel 苦苣苔科属 Gesneriaceae 苦苣苔科 [MD-549] 全球 (1) 大洲分布及种数(1)◆大洋洲(◆美拉尼西亚)
Bopusia C.Presl = **Graderia**
Bopyrella E.H.L.Krause = **Withania**
Bopyrissa Raf. ex Steud. = **Lysimachia**
Boquila 【3】 Decne. 南美木通属 ← **Dolichos** Lardizabalaceae 木通科 [MD-33] 全球 (1) 大洲分布及种数(1)◆南美洲
Borabora Steud. = **Cyperus**
Boraeva Boiss. = **Boreava**
Boraginaceae Behr & F.Müll. ex F.Müll. = Boraginaceae
Boraginaceae 【3】 Juss. 紫草科 [MD-517] 全球 (6) 大洲分布和属种数(109-137;hort. & cult.41-48)(2485-4591; hort. & cult.192-381)非洲:33-70/287-1172;亚洲:71-101/1046-2192;大洋洲:26-61/136-969;欧洲:36-69/424-1342;北美洲:61-76/978-1862;南美洲:30-61/318-1137
Boraginella P. & K. = Trichodesma
Borago 【3】 L. 玻璃苣属 ← **Anchusa;Buglossoides;Trichodesma** Boraginaceae 紫草科 [MD-517] 全球 (6) 大洲分布及种数(5-9)非洲:1-3;亚洲:1-2;大洋洲:1;欧洲:4;北美洲:2;南美洲:1
Borassaceae F.W.Schultz & Sch.Bip. = Philydraceae
Borassodendron 【3】 Becc. 糖棕属 ← **Borassus** Arecaceae 棕榈科 [MM-717] 全球 (1) 大洲分布及种数(2)◆东南亚(◆马来西亚)
Borassus 【3】 L. 糖棕属 → **Arenga** Arecaceae 棕榈科 [MM-717] 全球 (6) 大洲分布及种数(7-8)非洲:6-9;亚洲:2-5;大洋洲:1-4;欧洲:2;北美洲:2;南美洲:2
Borbo Raf. = **Hyacinthus**
Borbonia 【3】 L. 糖樟属 ≒ **Persea** Fabaceae3 蝶形花科 [MD-240] 全球 (1) 大洲分布及种数(14)◆非洲
Borboya Raf. = **Hyacinthus**
Bordasia 【3】 Krapov. 糖锦葵属 Malvaceae 锦葵科 [MD-203] 全球 (1) 大洲分布及种数(1)◆南美洲(◆巴拉圭)
Borderea Miégev. = **Dioscorea**
Bordonia Sakakibara = **Borbonia**
Borea Balansa = **Bonia**
Borea Meisn. = **Lindenbergia**
Borealis Neck. = **Cordia**
Borealluma Plowes = **Caralluma**
Boreava 【3】 Jaub. & Spach 钩喙芥属 Brassicaceae 十字花科 [MD-213] 全球 (1) 大洲分布及种数(2)◆欧洲
Borehavia L. = **Boerhavia**
Borelis Neck. = **Cordia**
Borellia Neck. = **Nierembergia**
Boreophyllum Salisb. = **Bryophyllum**
Boreopteris Holub = **Oreopteris**
Borestus L. = **Borassus**
Boretta (Neck.) P. & K. = **Daboecia**
Bori DC. = **Maytenus**
Boridia Cuvier = **Boronia**
Borinda 【2】 C.M.A.Stapleton 箭竹属 ≒ **Fargesia** Poaceae 禾本科 [MM-748] 全球 (2) 大洲分布及种数(cf.1) 亚洲;北美洲
Boriskellera Terechov = **Eragrostis**
Borismene 【3】 Barneby 月牛藤属 ← **Anomospermum;Cocculus;Hyperbaena** Menispermaceae 防己科 [MD-42] 全球 (1) 大洲分布及种数(1)◆南美洲
Borissa Raf. = **Lysimachia**
Borith Adans. = **Arthrophytum**
Boriza Schaus = **Briza**
Borkersia Halda,Malina & Panar. = **Borreria**
Borkhausenia 【-】 Rchb. 罂粟科属 Papaveraceae 罂粟科 [MD-54] 全球 (uc) 大洲分布及种数(uc)
Borkhausia Nutt. = **Youngia**
Borkonstia Ignatov = **Aster**
Bormiera Cordem. = **Aerangis**
Borneacanthus 【3】 Bremek. 印尼爵床属 ← **Filetia;Strobilanthes** Acanthaceae 爵床科 [MD-572] 全球 (1) 大洲分布及种数(2-7)◆亚洲
Bornella Baill. = **Boronella**
Borneo L. = **Anchusa**
Borneodendron 【3】 Airy-Shaw 蒲桃属 ← **Syzygium** Euphorbiaceae 大戟科 [MD-217] 全球 (1) 大洲分布及种数(1)◆东南亚(◆印度尼西亚)
Borneosicyos 【3】 W.J.de Wilde 马来节葫芦属 Cucurbitaceae 葫芦科 [MD-205] 全球 (1) 大洲分布及种数(cf. 1)◆东南亚(◆马来西亚)
Bornia Sm. = **Boronia**
Borniola Adans. = **Spartium**
Bornmuellera 【3】 Hausskn. 岩园葶苈属 ← **Iberis;Schivereckia;Vesicaria** Brassicaceae 十字花科 [MD-213] 全球 (1) 大洲分布及种数(cf. 1)◆亚洲
Bornmuellerantha 【3】 Rothm. 亚美尼亚玄参属 Orobanchaceae 列当科 [MD-552] 全球 (1) 大洲分布及种数(1)属分布和种数(uc)◆西亚(◆亚美尼亚)
Bornoa O.F.Cook = **Borago**
Borodinia 【3】 N.Busch 窄翅芥属 ≒ **Braya;Zieria** Brassicaceae 十字花科 [MD-213] 全球 (1) 大洲分布及种数(5-9)◆亚洲
Borodiniopsis 【3】 D.A.German,M.Koch,R.Karl & Al-Shehbaz 翼果苣属 ≒ **Hyoseris** Asteraceae 菊科 [MD-586] 全球 (1) 大洲分布及种数(cf.1)◆亚洲
Borojoa Cuatrec. = **Alibertia**
Boronella 【3】 Baill. 石南香属 ≒ **Physalis** Rutaceae 芸香科 [MD-399] 全球 (1) 大洲分布及种数(cf. 1)◆大洋洲
Boronia 【3】 Sm. 石南香属 ≒ **Eriostemon;Phebalium;Zanthoxylum** Rutaceae 芸香科 [MD-399] 全球 (1) 大洲分布及种数(95-196)◆大洋洲
Boroniaceae J.Agardh = Bruniaceae
Borrachinea 【3】 Lavy 丰紫草属 Boraginaceae 紫草科 [MD-517] 全球 (1) 大洲分布及种数(cf.1) 欧洲:1
Borraginoides Böhm. = **Cystostemon**
Borrago Mill. = **Borago**
Borrcria G.Mey. = **Borreria**
Borrelia G.Mey. = **Borreria**
Borrera Ach. = **Borreria**
Borreria 【3】 G.Mey. 丰花草属 → **Crusea;Oldenlandia;Micrasepalum** Rubiaceae 茜草科 [MD-523] 全球 (1) 大洲分布及种数(83-103)◆南美洲

Borrichia【3】 Adans. 滨菊蒿属 ← **Anthemis** Asteraceae 菊科 [MD-586] 全球 (1) 大洲分布及种数(2-4)◆北美洲
Borsczowia【3】 Bunge 纵翅碱蓬属 ← **Suaeda** Chenopodiaceae 藜科 [MD-115] 全球 (1) 大洲分布及种数(1)◆亚洲
Borsonia L. = **Borbonia**
Borszczowia Bunge = **Borsczowia**
Borthwickia【3】 W.W.Sm. 节蒴木属 Resedaceae 木樨草科 [MD-196] 全球 (1) 大洲分布及种数(cf. 1)◆亚洲
Borthwickiaceae J.X.Su = Capparaceae
Borus L. = **Morus**
Borwickara【-】 J.M.H.Shaw 兰科属 Orchidaceae 兰科 [MM-723] 全球 (uc) 大洲分布及种数(uc)
Borya【3】 Labill. 耐旱草属 ≒ **Forestiera** Boryaceae 耐旱草科 [MM-630] 全球 (6) 大洲分布及种数(8-16)非洲:1;亚洲:3-4;大洋洲:7-16;欧洲:1;北美洲:1;南美洲:1
Boryaceae【3】 M.W.Chase & al. 耐旱草科 [MM-630] 全球 (6) 大洲分布和属种数(1/7-17)非洲:1/1;亚洲:1/3-4;大洋洲:1/7-16;欧洲:1/1;北美洲:1/1;南美洲:1/1
Boryeae Baker = **Borya**
Boryi Willd. = **Borya**
Boryza Schaus = **Borya**
Borzia Sm. = **Boronia**
Borzicactella H.Johnson ex F.Ritter = **Cleistocactus**
Borzicactus【3】 Riccob. 花冠柱属 ← **Cereus;Benthamia;Oreocereus** Cactaceae 仙人掌科 [MD-100] 全球 (1) 大洲分布及种数(37-43)◆南美洲
Borzicereus Frič & Kreuz. = **Cereus**
Borzimoza【-】 G.D.Rowley 仙人掌科属 Cactaceae 仙人掌科 [MD-100] 全球 (uc) 大洲分布及种数(uc)
Borzinopsis【-】 G.D.Rowley 仙人掌科属 Cactaceae 仙人掌科 [MD-100] 全球 (uc) 大洲分布及种数(uc)
Borzipostoa G.D.Rowley = **Espostoa**
Borziroya【-】 G.D.Rowley 仙人掌科属 Cactaceae 仙人掌科 [MD-100] 全球 (uc) 大洲分布及种数(uc)
Bosca Vell. = **Daphnopsis**
Boschia【3】 Korth. 孔药榴梿属 ≒ **Cronisia** Malvaceae 锦葵科 [MD-203] 全球 (1) 大洲分布及种数(3-6)◆亚洲
Boschniakia【3】 C.A.Mey. ex Bong. 草苁蓉属 → **Kopsiopsis;Lathraea;Orobanche** Orobanchaceae 列当科 [MD-552] 全球 (1) 大洲分布及种数(cf. 1)◆亚洲
Boscia【3】 Lam. ex J.St.Hil. 牧羊柑属 ← **Capparis; Meeboldia;Morina** Capparaceae 山柑科 [MD-178] 全球 (1) 大洲分布及种数(25-38)◆非洲
Boscii Thunb. = **Boscia**
Bosciopsis B.S.Sun = **Hypselandra**
Bosea【3】 L. 赤珠苋属 ≒ **Celtis** Amaranthaceae 苋科 [MD-116] 全球 (1) 大洲分布及种数(1-3)◆亚洲
Bosellia Roxb. ex Colebr. = **Boswellia**
Bosia Mill. = **Bosea**
Bosistoa【3】 F.Müll. 骨木属 ≒ **Evodia;Acradenia** Rutaceae 芸香科 [MD-399] 全球 (1) 大洲分布及种数(3-9)◆大洋洲(◆澳大利亚)
Bosleria【3】 A.Nelson 骨茄属 Solanaceae 茄科 [MD-503] 全球 (1) 大洲分布及种数(uc)◆非洲
Bosmania Testo = **Bonania**
Bosmina Stingelin = **Boscia**
Bosqueia Thou. ex Baill. = **Trilepisium**
Bosqueiopsis【3】 De Wild. & T.Durand 盾桑属 Moraceae 桑科 [MD-87] 全球 (1) 大洲分布及种数(1)◆非洲
Bosscheria de Vriese & Teij Sm. = **Ficus**
Bossea Rchb. = **Sclerolaena**
Bossekia Neck. = **Waldsteinia**
Bossera【3】 Leandri 同株柞桐属 Euphorbiaceae 大戟科 [MD-217] 全球 (1) 大洲分布及种数(1-4)◆非洲(◆马达加斯加)
Bossiae Vent. = **Bossiaea**
Bossiaea【3】 Vent. 麒麟豆属 ← **Acacia;Scottia** Fabaceae3 蝶形花科 [MD-240] 全球 (1) 大洲分布及种数(30-80)◆大洋洲(◆澳大利亚)
Bossiella Schltr. = **Bolusiella**
Bossiena Pers. = **Bossiaea**
Bossieua Pers. = **Bossiaea**
Bostrychanthera【3】 Benth. 毛药花属 ← **Chelonopsis; Codonopsis** Lamiaceae 唇形科 [MD-575] 全球 (1) 大洲分布及种数(cf. 1)◆东亚(◆中国)
Boswellia【2】 Roxb. ex Colebr. 乳香树属 ← **Amyris; commiphora;Ambilobea** Burseraceae 橄榄科 [MD-408] 全球 (4) 大洲分布及种数(10-24)非洲:8-13;亚洲:2-10;欧洲:2;北美洲:2-4
Botelua Lag. = **Bouteloua**
Botherbe Steud. ex Klatt = **Sisyrinchium**
Bothridium Spach = **Chenopodium**
Bothrinia Sieber ex Steud. = **Youngia**
Bothriochilus【3】 Lem. 凸粉兰属 ≒ **Coelia** Orchidaceae 兰科 [MM-723] 全球 (1) 大洲分布及种数(cf. 1)◆北美洲
Bothriochloa【3】 P. & K. 孔颖草属 ← **Trachypogon** Poaceae 禾本科 [MM-748] 全球 (6) 大洲分布及种数(45-47;hort.1;cult: 2)非洲:6-15;亚洲:20-29;大洋洲:15-24;欧洲:8-17;北美洲:22-31;南美洲:19-28
Bothriocline【3】 Oliv. ex Benth. 孔苞菊属 ← **Erlangea; Gutenbergia;Cyanthillium** Asteraceae 菊科 [MD-586] 全球 (1) 大洲分布及种数(62)◆非洲
Bothriopodium Rizzini = **Amphilophium**
Bothriospermum【3】 Bunge 斑种草属 ← **Anchusa; Cynoglossum;Heliotropium** Boraginaceae 紫草科 [MD-517] 全球 (1) 大洲分布及种数(7-9)◆亚洲
Bothriospora【3】 Hook.f. 黄珠茜属 Rubiaceae 茜草科 [MD-523] 全球 (1) 大洲分布及种数(1)◆南美洲
Bothroarynum (Köhne) Pojark. = **Bothrocaryum**
Bothrocaryum【3】 (Köhne) H.N.Pojark. 灯台树属 ← **Cornus** Cornaceae 山茱萸科 [MD-457] 全球 (6) 大洲分布及种数(2)非洲:1;亚洲:1;大洋洲:1;欧洲:1;北美洲:1-2;南美洲:1
Bothy Juss. = **Ampelopsis**
Botor【-】 Adans. 豆科属 ≒ **Psophocarpus** Fabaceae 豆科 [MD-240] 全球 (uc) 大洲分布及种数(uc)
Botria Lour. = **Vitis**
Botrophis Raf. = **Cimicifuga**
Botrya Juss. = **Ampelopsis**
Botryadenia Fisch. & C.A.Mey. = **Myriactis**
Botryanthe Klotzsch = **Plukenetia**
Botryanthus Kunth = **Muscari**
Botryarrhena【3】 Ducke 串雄茜属 Rubiaceae 茜草科 [MD-523] 全球 (1) 大洲分布及种数(2)◆南美洲

Botrycarpum【-】A.Rich. 茶藨子科属 ≒ **Ribes** Grossulariaceae 茶藨子科 [MD-212] 全球 (uc) 大洲分布及种数(uc)
Botryceras Willd. = **Laurophyllus**
Botrychiaceae【3】Horan. 阴地蕨科 [F-10] 全球 (6) 大洲分布和属种数(1;hort. & cult.1)(69-122;hort. & cult. 8-10) 非洲:1/10-30;亚洲:1/38-61;大洋洲:1/12-32;欧洲:1/18-38;北美洲:1/53-78;南美洲:1/9-30
Botrychium (Lyon) R.T.Clausen = **Botrychium**
Botrychium【3】Sw. 阴地蕨属 → **Botrypus;Sceptridium;Tectaria** Ophioglossaceae 瓶尔小草科 [F-9] 全球 (6) 大洲分布及种数(70-88;hort.1;cult: 19)非洲:10-30;亚洲:38-61;大洋洲:12-32;欧洲:18-38;北美洲:53-78;南美洲:9-30
Botrycomus Fourr. = **Trigonella**
Botrydiac Spach = **Chenopodium**
Botrydium Spach = **Monolepis**
Botryl Juss. = **Ampelopsis**
Botrylloides Wolf = **Muscari**
Botryllus Van Name = **Botrypus**
Botrymorus Miq. = **Urtica**
Botryoca Juss. = **Ampelopsis**
Botryocarpium (A.Rich.) Spach = **Botrycarpum**
Botryoconis C.Presl = **Barringtonia**
Botryocytinus (Baker f.) Watanabe = **Cytinus**
Botryodendraceae J.Agardh = Araliaceae
Botryodendron Guill. = **Meryta**
Botryodendrum Endl. = **Meryta**
Botryogramme Fée = **Llavea**
Botryoides Wolf = **Muscari**
Botryoloranthus【-】(Engl. & K.Krause) Balle 桑寄生科属 ≒ **Dendrophthoe** Loranthaceae 桑寄生科 [MD-415] 全球 (uc) 大洲分布及种数(uc)
Botryolotus Jaub. & Spach = **Melissitus**
Botryomeryta【3】R.Vig. 大洋洲桐五加属 Araliaceae 五加科 [MD-471] 全球 (1) 大洲分布及种数(1)◆大洋洲
Botryopanax Miq. = **Polyscias**
Botryophora【3】Hook.f. 鹰嘴桐属 ← **Sterculia** Euphorbiaceae 大戟科 [MD-217] 全球 (1) 大洲分布及种数(cf. 1)◆亚洲
Botryopitys Doweld = **Prumnopitys**
Botryopleuron Hemsl. = **Veronicastrum**
Botryopsis Miers = **Chondrodendron**
Botryopteris C.Presl = **Helminthostachys**
Botryoropis C.Presl = **Barringtonia**
Botryosicyos Hochst. = **Dioscorea**
Botryostege Stapf = **Elliottia**
Botryphile Salisb. = **Muscari**
Botrypus Michx. = **Botrypus**
Botrypus【3】Rich. 蕨萁属 ← **Botrychium** Ophioglossaceae 瓶尔小草科 [F-9] 全球 (1) 大洲分布及种数(4-5)◆亚洲
Botrys (Rchb.) Nieuwl. = **Teucrium**
Botrytis Rich. = **Botrypus**
Botschantzevia【3】Nabiev 条果芥属 ≒ **Parrya** Brassicaceae 十字花科 [MD-213] 全球 (1) 大洲分布及种数(1)◆亚洲
Botta Wall. = **Ottelia**
Bottegoa【3】Chiov. 莽原枫属 Rutaceae 芸香科 [MD-399] 全球 (1) 大洲分布及种数(1)◆非洲
Bottiella (Limpr.) Gams = **Microbryum**
Bottionea【3】Colla 缨瓣草属 ≒ **Trichopetalum** Asparagaceae 天门冬科 [MM-669] 全球 (1) 大洲分布及种数(uc)◆亚洲
Botula L. = **Betula**
Botus L. = **Lotus**
Botyriospermum Bunge = **Bothriospermum**
Boucerosia【3】Wight & Arn. 水牛角属 ≒ **Stapelia** Apocynaceae 夹竹桃科 [MD-492] 全球 (1) 大洲分布及种数(7)◆亚洲
Bouchardatia【3】Baill. 布沙芸香属 ← **Evodia;Melicope;Euodia** Rutaceae 芸香科 [MD-399] 全球 (1) 大洲分布及种数(1-2)◆大洋洲
Bouchardia Gaud. = **Touchardia**
Bouchea【3】Cham. 布谢草属 → **Chascanum;Plexipus;Stachytarpheta** Verbenaceae 马鞭草科 [MD-556] 全球 (1) 大洲分布及种数(6-9)◆非洲(◆南非)
Bouchetia【3】DC. ex Dun. 绘茉莉属 ← **Nicotiana;Salpiglossis;Nierembergia** Solanaceae 茄科 [MD-503] 全球 (1) 大洲分布及种数(2-4)◆北美洲
Boudiera Henn. = **Badiera**
Bouea【3】Meisn. 士打树属 ← **Mangifera;Butea;Haplospondias** Anacardiaceae 漆树科 [MD-432] 全球 (1) 大洲分布及种数(2-3)◆亚洲
Bouetia A.Chev. = **Syncolostemon**
Bouffordia【2】H.Ohashi & K.Ohashi 叶柱兰属 Orchidaceae 兰科 [MM-723] 全球 (2) 大洲分布及种数(cf.1) 非洲:1;亚洲:1
Bougainvillaea Choisy = **Bougainvillea**
Bougainville Comm. ex Juss. = **Bougainvillea**
Bougainvillea【3】Comm. ex Juss. 叶子花属 Nyctaginaceae 紫茉莉科 [MD-107] 全球 (1) 大洲分布及种数(19-24)◆南美洲
Bougainvilleaceae J.Agardh = Nyctaginaceae
Bougueria【3】Decne. 单蕊车前属 ≒ **Bruguiera** Plantaginaceae 车前科 [MD-527] 全球 (1) 大洲分布及种数(1)◆南美洲
Boulardia F.W.Schultz = **Leontice**
Boulaya Cardot = **Boulaya**
Boulaya【2】Gandog. 虫毛藓属 Thuidiaceae 羽藓科 [B-184] 全球 (2) 大洲分布及种数(1) 亚洲:1;北美洲:1
Boulayeae Cardot = **Boulaya**
Bouleia M.A.Clem. & D.L.Jones = **Dendrobium**
Bouletia M.A.Clem. & D.L.Jones = **Dendrobium**
Boulinia Brongn. = **Roulinia**
Bouphon Lem. = **Amaryllis**
Bourcieria P.Br. = **Bourreria**
Bourdaria A.Chev. = **Amphiblemma**
Bourdonia Greene = **Tanacetum**
Bourgaea Coss. = **Cynara**
Bourgaei Coss. = **Cynara**
Bourgati Coss. = **Cynara**
Bourgia G.A.Scop. = **Cordia**
Bourguetia Decne. = **Bougueria**
Bourjotia Pomel = **Heliotropium**
Bourlageodendron K.Schum. = **Boerlagiodendron**
Bournea【3】Oliv. 四数苣苔属 ← **Oreocharis** Gesneriaceae 苦苣苔科 [MD-549] 全球 (1) 大洲分布及种数(3)

亚洲:cf.1

Bourreria Jacq. = **Bourreria**

Bourreria【3】 P.Br. 虎躯木属 → **Rochefortia;Cordia** Boraginaceae 紫草科 [MD-517] 全球 (6) 大洲分布及种数(68-87)非洲:23-24;亚洲:8-9;大洋洲:1;欧洲:3;北美洲:45-60;南美洲:8-11

Bousigonia【3】 Pierre 奶子藤属 Apocynaceae 夹竹桃科 [MD-492] 全球 (1) 大洲分布及种数(2-3)◆亚洲

Boussingaultia (Moq.) Volkens = **Anredera**

Bouteloua (Desv.) A.Gray = **Bouteloua**

Bouteloua【3】 Lag. 格兰马草属 ≒ **Cathestecum** Poaceae 禾本科 [MM-748] 全球 (1) 大洲分布及种数(62-89)◆北美洲

Boutelouoa Wittst. = (接受名不详) Cyperaceae

Boutiquea【3】 Le Thomas 糖针花属 Annonaceae 番荔枝科 [MD-7] 全球 (1) 大洲分布及种数(1)◆非洲

Boutonia【3】 Boj. 非洲叶爵床属 ≒ **Hancea** Acanthaceae 爵床科 [MD-572] 全球 (1) 大洲分布及种数(1)◆非洲

Bouvardia Bouvardiastrum Schltdl. = **Bouvardia**

Bouvardia【3】 Salisb. 寒丁子属 → **Anotis;Arachnothryx;Manettia** Rubiaceae 茜草科 [MD-523] 全球 (1) 大洲分布及种数(20-27)◆南美洲(◆秘鲁)

Bouzetia【3】 Montrouz. 褐芸香属 Rutaceae 芸香科 [MD-399] 全球 (1) 大洲分布及种数(1)◆大洋洲

Bovea Decne. = **Lindenbergia**

Boveria DC. = **Euphorbia**

Bovi Speg. = **Bonia**

Bovonia Chiov. = **Aeollanthus**

Bovornara auct. = **Arachnis**

Bowdichia【3】 Kunth 褐心木属 → **Clathrotropis; Luetzelburgia** Fabaceae 豆科 [MD-240] 全球 (1) 大洲分布及种数(3-7)◆南美洲

Bowenia【2】 Hook. 波温铁属 Zamiaceae 泽米铁科 [G-2] 全球 (3) 大洲分布及种数(3)亚洲:2;大洋洲:2;北美洲:2

Boweniaceae【2】 D.W.Stev. 波温铁科 [G-3] 全球 (3) 大洲分布和属种数(1;hort. & cult.1)(2;hort. & cult.2)亚洲:1/2; 大洋洲:1/2; 北美洲:1/2

Boweria Harv. = **Bowkeria**

Bowiea【3】 Harv. ex Hook.f. 苍角殿属 ← **Aloe** Asparagaceae 天门冬科 [MM-669] 全球 (1) 大洲分布及种数(1)◆非洲

Bowieana Haw. = **Bowiea**

Bowkeria【3】 Harv. 笼袋木属 ← **Trichocladus** Stilbaceae 耀仙木科 [MD-532] 全球 (1) 大洲分布及种数(3)◆非洲(◆南非)

Bowlesia【3】 Ruiz & Pav. 鲍尔斯草属 ← **Elsholtzia; Drusa;Homalocarpus** Apiaceae 伞形科 [MD-480] 全球 (6) 大洲分布及种数(19-21)非洲:1;亚洲:1-2;大洋洲:1;欧洲:1-2;北美洲:7-8;南美洲:18-21

Bowmania Gardn. = **Trixis**

Bowmanii Gardner = **Trixis**

Bowmannia P.Br. = **Trixis**

Bowringara Champ. ex Benth. = **Bowringia**

Bowringia【2】 Champ. ex Benth. 藤槐属 ≒ **Leucomphalos** Fabaceae 豆科 [MD-240] 全球 (2) 大洲分布及种数(3-4)非洲:1-2;亚洲:cf.1

Boyania【3】 Wurdack 圭亚那野牡丹属 Melastomataceae 野牡丹科 [MD-364] 全球 (1) 大洲分布及种数(1-2)◆南美洲

Boydaia Wurdack = **Boyania**

Boykiana Raf. = **Rotala**

Boykinia (Raf.) Gornall & Bohm = **Boykinia**

Boykinia【3】 Nutt. 八幡草属 ≒ **Rotala;Saxifraga;Peltoboykinia** Saxifragaceae 虎耳草科 [MD-231] 全球 (6) 大洲分布及种数(10-11)非洲:7;亚洲:2-10;大洋洲:7;欧洲:7;北美洲:9-16;南美洲:1-8

Boylea Wall. = **Roylea**

Boymia A.Juss. = **Evodia**

Braasiella Braem,Lückel & Russmann = **Oncidium**

Brabejaria Burm.f. = **Astragalus**

Brabejum【3】 L. 铁咖啡属 ≒ **Alyxia** Proteaceae 山龙眼科 [MD-219] 全球 (1) 大洲分布及种数(1-3)◆非洲(◆南非)

Brabila【-】 P.Br. 山龙眼科属 Proteaceae 山龙眼科 [MD-219] 全球 (uc) 大洲分布及种数(uc)

Brabyla L. = **Brabejum**

Bracea Britton = **Sarcosperma**

Bracera Engelm. = **Saponaria**

Brachanthemum【3】 DC. 短舌菊属 ≒ **Chrysanthemum;Cancriniella** Asteraceae 菊科 [MD-586] 全球 (1) 大洲分布及种数(7-8)◆亚洲

Brachatera Desv. = **Sieglingia**

Bracheilema R.Br. = **Conyza**

Brachelyma【2】 Schimp. ex Cardot 花旗水藓属 ≒ **Fontinalis** Fontinalaceae 水藓科 [B-169] 全球 (2) 大洲分布及种数(1) 亚洲:1;北美洲:1

Brachiaria【3】 (Trin.) Griseb. 臂形草属 → **Acroceras; Digitaria;Milium** Poaceae 禾本科 [MM-748] 全球 (6) 大洲分布及种数(104-115)非洲:84-101;亚洲:38-48;大洋洲:32-42;欧洲:10-20;北美洲:26-36;南美洲:21-31

Brachiella Markevich = **Bahiella**

Brachilobus Desv. = **Rorippa**

Brachinus Miers = **Brachistus**

Brachiolejeunea (Schiffn.) R.M.Schust. = **Brachiolejeunea**

Brachiolejeunea【3】 Stephani 叠鳞苔属 ≒ **Omphalanthus;Phaeolejeunea** Lejeuneaceae 细鳞苔科 [B-84] 全球 (6) 大洲分布及种数(10)非洲:1-5;亚洲:4-9;大洋洲:4;欧洲:4;北美洲:2-6;南美洲:5-9

Brachiolobos All. = **Rorippa**

Brachionidium (Höhne) Pabst = **Brachionidium**

Brachionidium【2】 Lindl. 杯兰属 ← **Pleurothallis; Restrepia;** Orchidaceae 兰科 [MM-723] 全球 (2) 大洲分布及种数(77-88)北美洲:22;南美洲:61-72

Brachionostylum【3】 Mattf. 齿叶蟹甲木属 Asteraceae 菊科 [MD-586] 全球 (1) 大洲分布及种数(cf. 1)◆东南亚(◆印度尼西亚)

Brachionus Zacharias = **Brachistus**

Brachiostemon Hand.-Mazz. = **Ornithoboea**

Brachista Miers = **Brachistus**

Brachistus【3】 Miers 短茄属 ← **Acnistus;Darcya; Cuatresia** Solanaceae 茄科 [MD-503] 全球 (6) 大洲分布及种数(8-16)非洲:2;亚洲:3;大洋洲:1-4;欧洲:2;北美洲:4-7;南美洲:4-11

Brachpodium P.Beauv. = **Brachypodium**

Brachtia【3】 Rchb.f. 勃拉兰属 ≒ **Brassia** Orchidaceae 兰科 [MM-723] 全球 (1) 大洲分布及种数(2)◆南美洲

Brachyachaenium Baker = **Dicoma**
Brachyachenium Baker = **Dicoma**
Brachyachne【2】(Benth.) Stapf 短毛草属 ← **Microchloa;Cynodon** Poaceae 禾本科 [MM-748] 全球 (4) 大洲分布及种数(11)非洲:6;亚洲:3;大洋洲:5;北美洲:2
Brachyachyris Spreng. = **Brachyris**
Brachyactis【3】Ledeb. 短星菊属 → **Aster;Psychrogeton;Symphyotrichum** Asteraceae 菊科 [MD-586] 全球 (6) 大洲分布及种数(6-9)非洲:5;亚洲:3-8;大洋洲:5;欧洲:1-6;北美洲:3-8;南美洲:5
Brachyandra Naudin = **Pterolepis**
Brachyanthes Boncourt,Louis Charles Adelaide Chamisso de & Dunal,Michel Felix = **Petunia**
Brachyapium【3】(Baill.) Maire 蓍属 ≒ **Achillea** Apiaceae 伞形科 [MD-480] 全球 (1) 大洲分布及种数(cf. 1)◆南欧(◆西班牙)
Brachyaster Ambrosi = **Aster**
Brachyathera P. & K. = **Sieglingia**
Brachyatis Ledeb. = **Brachyactis**
Brachybaris Hustache = **Phymaspermum**
Brachybotrys【3】Maxim. ex Oliv. 山茄子属 Boraginaceae 紫草科 [MD-517] 全球 (1) 大洲分布及种数(cf. 1)◆亚洲
Brachycalycium Backeb. = **Gymnocalycium**
Brachycarenus Britton & Rose = **Brachycereus**
Brachycarpaea【3】DC. 彤号丹属 ← **Coronopus;Heliophila** Brassicaceae 十字花科 [MD-213] 全球 (1) 大洲分布及种数(cf. 1)◆非洲
Brachycarpus Lucas = **Trachycarpus**
Brachycaulaceae Panigrahi & Dikshit = Dipentodontaceae
Brachycaulos【3】Dikshit & Panigrahi 亚洲短枝玫属 Rosaceae 蔷薇科 [MD-246] 全球 (1) 大洲分布及种数(1)◆亚洲
Brachycentrum Meisn. = **Aeginetia**
Brachycereus【3】Britton & Rose 仙人柱属 ← **Cereus;Jasminocereus** Cactaceae 仙人掌科 [MD-100] 全球 (1) 大洲分布及种数(1-2)◆南美洲
Brachychara S.M.Phillips = **Brachychloa**
Brachycheila Harv. = **Euclea**
Brachychilum【3】(R.Br. ex Wall.) Petersen 姜花属 ≒ **Hedychium** Zingiberaceae 姜科 [MM-737] 全球 (1) 大洲分布及种数(cf. 1)◆北美洲
Brachychilus P. & K. = **Diospyros**
Brachychiton【3】Schott & Endl. 酒瓶树属 ← **Sterculia** Malvaceae 锦葵科 [MD-203] 全球 (1) 大洲分布及种数(22-44)◆大洋洲
Brachychloa【3】S.M.Phillips 非洲矮草属 Poaceae 禾本科 [MM-748] 全球 (1) 大洲分布及种数(2-3)◆非洲
Brachycladia (Lür) Lür = **Epidendrum**
Brachycladium (Lür) Lür = **Lepanthes**
Brachyclados【3】D.Don 短枝菊属 ← **Trichocline** Asteraceae 菊科 [MD-586] 全球 (1) 大洲分布及种数(3)◆南美洲
Brachycodon (Benth.) Progel = **Irlbachia**
Brachycodonia Fed. = **Campanula**
Brachycola Rye = **Brachysola**
Brachycoma Cass. = **Brachycome**
Brachycome【3】Cass. 短叶菊属 ≒ **Matricaria;Astranthium** Asteraceae 菊科 [MD-586] 全球 (1) 大洲分布及种数(1)◆大洋洲(◆澳大利亚)
Brachycorthis Lindl. = **Brachycorythis**
Brachycoryna Schröd. = **Adenosma**
Brachycorys Schröd. = **Tephroseris**
Brachycorythis【3】Lindl. 苞叶兰属 ← **Neobolusia;Platanthera;Peristylus** Orchidaceae 兰科 [MM-723] 全球 (6)大洲分布及种数(39-45;hort.1)非洲:27-29;亚洲:15-18;大洋洲:1-2;欧洲:1;北美洲:1;南美洲:1
Brachyctis Ledeb. = **Brachyactis**
Brachycylix【3】(Harms) R.S.Cowan 艳花短杯豆属 ≒ **Heterostemon** Fabaceae 豆科 [MD-240] 全球 (1) 大洲分布及种数(1)◆南美洲(◆哥伦比亚)
Brachycyrtis Koidz. = **Corchorus**
Brachycyrtus Koidz. = **Tricyrtis**
Brachyderea Cass. = **Youngia**
Brachydinium Fürnr. = **Brachydontium**
Brachydirus C.Presl = **Acystopteris**
Brachydontium【3】Fürnr. 短齿藓属 ≒ **Seligeria** Seligeriaceae 细叶藓科 [B-113] 全球 (6) 大洲分布及种数(8)非洲:1;亚洲:3;大洋洲:1;欧洲:1;北美洲:5;南美洲:2
Brachyelasma Cardot ex I.Hagen = **Brachelyma**
Brachyelyma Cardot ex I.Hagen = **Brachelyma**
Brachyelytrum (K.Schum.) Hack. = **Brachyelytrum**
Brachyelytrum【3】P.Beauv. 短颖草属 ← **Agrostis;Brachypodium;Muhlenbergia** Poaceae 禾本科 [MM-748] 全球 (1) 大洲分布及种数(3-6)◆亚洲
Brachygaster Ambrosi = **Aster**
Brachygera Griff. = **Brachynema**
Brachygeraeus Hustache = **Brachycereus**
Brachyglottis【3】J.R.Forst. & G.Forst. 常春菊属 ← **Cineraria;Olearia** Asteraceae 菊科 [MD-586] 全球 (1) 大洲分布及种数(40)◆大洋洲
Brachygyne (Benth.) Small = **Eriocephalus**
Brachyhelus【-】(Benth.) P. & K. 茄科属 Solanaceae 茄科 [MD-503] 全球 (uc) 大洲分布及种数(uc)
Brachylaena【3】R.Br. 短被菊属 ← **Baccharis;Tarchonanthus;Gastrolobium** Asteraceae 菊科 [MD-586] 全球 (1) 大洲分布及种数(16)◆非洲
Brachylepis【3】C.A.Mey. 苹果萝藦属 ≒ **Philibertia** Amaranthaceae 苋科 [MD-116] 全球 (1) 大洲分布及种数(uc)◆大洋洲
Brachylobus【-】Dulac 十字花科属 ≒ **Melilotus;Rorippa** Brassicaceae 十字花科 [MD-213] 全球 (uc) 大洲分布及种数(uc)
Brachylobus Dulac = **Melilotus**
Brachylobus Link = **Rorippa**
Brachyloma Hanst. = **Brachyloma**
Brachyloma【3】Sond. 瑞香石南属 ← **Gesneria;Kohleria** Epacridaceae 尖苞树科 [MD-391] 全球 (1) 大洲分布及种数(11-22)◆大洋洲(◆澳大利亚)
Brachylophon【3】Oliv. 短脊木属 Malpighiaceae 金虎尾科 [MD-343] 全球 (1) 大洲分布及种数(1-2)◆亚洲
Brachymena Garay = **Brachynema**
Brachymenes de Saussure = **Phymaspermum**
Brachymeniopsis【3】Broth. 拟短月藓属 Funariaceae 葫芦藓科 [B-106] 全球 (1) 大洲分布及种数(1)◆亚洲
Brachymenium (Müll.Hal.) Broth. = **Brachymenium**
Brachymenium【3】Schwägr. 短月藓属 ≒ **Brachypodium;Pohlia** Bryaceae 真藓科 [B-146] 全球 (6) 大洲分

布及种数(121) 非洲:42;亚洲:35;大洋洲:18;欧洲:10;北美洲:39;南美洲:47

Brachymenuiosus【3】 Broth. 短葫芦藓属 Funariaceae 葫芦藓科 [B-106] 全球 (1) 大洲分布及种数(1)◆非洲

Brachymeris【3】 DC. 黏肋菊属 ≒ **Marasmodes;Phymaspermum** Asteraceae 菊科 [MD-586] 全球 (1) 大洲分布及种数(1)◆亚洲

Brachymitrion【2】 Taylor 矮壶藓属 ≒ **Orthomnion** Splachnaceae 壶藓科 [B-143] 全球 (3) 大洲分布及种数(6) 非洲:4;北美洲:3;南美洲:4

Brachymitrium Taylor = **Brachymitrion**

Brachynema【3】 Benth. 短丝铁青树属 ≒ **Sphenodesme** Olacaceae 铁青树科 [MD-362] 全球 (1) 大洲分布及种数(2)◆南美洲

Brachyo L.f. = **Hypericum**

Brachyodon【3】 Fürnr. 细叶藓科属 ≒ **Brachyodus;Brachydontium** Seligeriaceae 细叶藓科 [B-113] 全球 (1) 大洲分布及种数(1)◆南美洲

Brachyodontaceae Schimp. = Seligeriaceae

Brachyodus【-】 Fürnr. ex Nees & Hornsch. 细叶藓科属 ≒ **Brachydontium** Seligeriaceae 细叶藓科 [B-113] 全球 (uc) 大洲分布及种数(uc)

Brachyoglotis Lam. = **Cineraria**

Brachyotum (DC.) Triana = **Brachyotum**

Brachyotum【3】 Triana 锦铃丹属 ← **Arthrostemma;Melastoma;Alifana** Melastomataceae 野牡丹科 [MD-364] 全球 (1) 大洲分布及种数(56-58)◆南美洲

Brachypappus Sch.Bip. = **Senecio**

Brachypelia G.D.Rowley = **Brachypeza**

Brachypelma R.Br. = **Brachystelma**

Brachypeplus Sch.Bip. = **Senecio**

Brachypeza【2】 Garay 短足兰属 ← **Pteroceras;Sarcochilus;Thrixspermum** Orchidaceae 兰科 [MM-723] 全球 (3) 大洲分布及种数(11-13)非洲:2;亚洲:9;大洋洲:6

Brachyphoris Griseb. = **Malpighia**

Brachyphragma (M.E.Jones) Rydb. = **Astragalus**

Brachypo Ledeb. = **Alyssum**

Brachypoda Garay = **Brachypeza**

Brachypodandra Gagnep. = **Vatica**

Brachypodium (Link) Bluff,Nees & Schauer = **Brachypodium**

Brachypodium【3】 P.Beauv. 短柄藓属 ← **Agropyron;Bromus;Elymus** Ptychomitriaceae 缩叶藓科 [B-114] 全球 (6) 大洲分布及种数(15-27;hort.1;cult: 8)非洲:10-20;亚洲:6-21;大洋洲:8;欧洲:7-15;北美洲:6-14;南美洲:1-10

Brachypogon Szadziewski = **Trachypogon**

Brachypremna Gleason = **Ernestia**

Brachypteris Griseb. = **Brachypterys**

Brachypterum (Wight & Arn.) Benth. = **Brachypterum**

Brachypterum【3】 Benth. 亚洲短柄豆属 ≒ **Paraderris** Fabaceae 豆科 [MD-240] 全球 (1) 大洲分布及种数(uc)◆大洋洲

Brachypterys【2】 A.Juss. 老虎尾属 ← **Malpighia;Stigmaphyllon** Malpighiaceae 金虎尾科 [MD-343] 全球 (3) 大洲分布及种数(cf.1) 亚洲;北美洲;南美洲

Brachypteryx Benth. = **Brachypterum**

Brachypus Ledeb. = **Alyssum**

Brachyramphus DC. = **Launaea**

Brachyrhinus Monné & Giesbert = **Diospyros**

Brachyrhynchos Less. = **Senecio**

Brachyris【2】 Nutt. 蛇黄花属 ≒ **Solidago** Asteraceae 菊科 [MD-586] 全球 (2) 大洲分布及种数(3) 北美洲:2;南美洲:1

Brachys Pers. = **Trachys**

Brachyscelus Dulac = **Agrostis**

Brachyscenia Benth. = **Brachystegia**

Brachyscias【3】 J.M.Hart & Henwood 短柄芹属 Apiaceae 伞形科 [MD-480] 全球 (1) 大洲分布及种数(1)◆大洋洲

Brachyscome【3】 Cass. 鹅河菊属 ← **Bellis;Brachycome;Senecio** Asteraceae 菊科 [MD-586] 全球 (6) 大洲分布及种数(69-124;hort.1;cult: 10)非洲:3-5;亚洲:2-4;大洋洲:67-104;欧洲:1-3;北美洲:2;南美洲:2

Brachyscypha Baker = **Aletris**

Brachysema Crisp = **Brachysema**

Brachysema【3】 R.Br. 西澳木属 ≒ **Gastrolobium;Leptosema** Fabaceae3 蝶形花科 [MD-240] 全球 (1) 大洲分布及种数(6-21)◆大洋洲(◆澳大利亚)

Brachysiphon【3】 A.Juss. 巧玲木属 ≒ **Penaea** Penaeaceae 管萼木科 [MD-375] 全球 (1) 大洲分布及种数(5)◆非洲(◆南非)

Brachysola【3】 Rye 荔南苏属 ≒ **Chloanthes** Lamiaceae 唇形科 [MD-575] 全球 (1) 大洲分布及种数(2)◆大洋洲

Brachysorus C.Presl = **Athyrium**

Brachyspatha Schott = **Amorphophallus**

Brachyspiza Garay = **Brachypeza**

Brachysporium P.Beauv. = **Brachypodium**

Brachystachys Klotzsch = **Croton**

Brachystachyum Keng = **Semiarundinaria**

Brachystegia【3】 Benth. 短盖豆属 ← **Cynometra;Macrolobium** Fabaceae 豆科 [MD-240] 全球 (1) 大洲分布及种数(27-55)◆非洲

Brachystele (Garay) Burns-Bal. = **Brachystele**

Brachystele【2】 Schltr. 礼裙兰属 ≒ **Neottia** Orchidaceae 兰科 [MM-723] 全球 (5) 大洲分布及种数(32-34)非洲:1;亚洲:cf.1;大洋洲:2;北美洲:9;南美洲:25-26

Brachystelem Schltr. = **Brachystele**

Brachysteleum (Fürnr.) Schimp. = **Ptychomitrium**

Brachystelma【3】 R.Br. 润肺草属 → **Anisotoma;Stapelia;Tenaris** Apocynaceae 夹竹桃科 [MD-492] 全球 (6) 大洲分布及种数(113-154)非洲:108-129;亚洲:6-22;大洋洲:2-7;欧洲:1;北美洲:3-5;南美洲:1

Brachystelmaria Schltr. = **Brachystelma**

Brachystemma【3】 D.Don 短瓣花属 ← **Arenaria;Stellaria** Caryophyllaceae 石竹科 [MD-77] 全球 (1) 大洲分布及种数(cf. 1)◆亚洲

Brachystemon【-】 P.V.Heath 唇形科属 Lamiaceae 唇形科 [MD-575] 全球 (uc) 大洲分布及种数(uc)

Brachystemum Michx. = **Pycnanthemum**

Brachystephanus【3】 Nees 短冠爵床属 ≒ **Justicia** Acanthaceae 爵床科 [MD-572] 全球 (1) 大洲分布及种数(10-22)◆非洲

Brachystephium Less. = **Vittadinia**

Brachystepis Pritz. = **Oeoniella**

Brachystigma【3】 Pennell 帚地黄属 ← **Agalinis** Orobanchaceae 列当科 [MD-552] 全球 (1) 大洲分布及种数(cf.1) ◆北美洲

Brachystylis E.Mey. ex DC. = **Marasmodes**

Brachystyloma R.Br. = **Brachystelma**
Brachystylus Dulac = **Koeleria**
Brachyteles Schltr. = **Brachystele**
Brachythalamus Gilg = **Gyrinops**
Brachytheciaceae【3】Schimp. 青藓科 [B-187] 全球 (5) 大洲分布和属种数(49/749)亚洲:27/316;大洋洲:18/93;欧洲:22/159;北美洲:29/237;南美洲:27/173
Brachytheciastrum【3】Ignatov & Huttunen 短青藓属 Brachytheciaceae 青藓科 [B-187] 全球 (6) 大洲分布及种数(7) 非洲:4;亚洲:5;大洋洲:2;欧洲:4;北美洲:4;南美洲:2
Brachytheciella【3】Ignatov 墨藓属 Brachytheciaceae 青藓科 [B-187] 全球 (1) 大洲分布及种数(1)◆非洲
Brachytheciites【-】J.P.Frahm 青藓科属 Brachytheciaceae 青藓科 [B-187] 全球 (uc) 大洲分布及种数(uc)
Brachythecium Paramyuria Limpr. = **Brachythecium**
Brachythecium【3】Schimp. 青短藓属 ≒ **Calliergon; Stereophyllum** Brachytheciaceae 青藓科 [B-187] 全球 (6) 大洲分布及种数(252) 非洲:52;亚洲:111;大洋洲:23;欧洲:55;北美洲:94;南美洲:47
Brachythops Rchb. = **Polygala**
Brachythrix【3】H.Wild & G.V.Pope 短毛瘦片菊属 ≒ **Vernonia** Asteraceae 菊科 [MD-586] 全球 (1) 大洲分布及种数(6)◆非洲
Brachytoma Sond. = **Brachyloma**
Brachytome【3】Hook.f. 短萼齿木属 Rubiaceae 茜草科 [MD-523] 全球 (1) 大洲分布及种数(5-8)◆亚洲
Brachytrichia Röhl. = **Orthotrichum**
Brachytrichum Röhl. = **Orthotrichum**
Brachytropis Rchb. = **Polygala**
Brachytrupes Rchb. = **Polygala**
Brachyurophis Rchb. = **Polygala**
Brachyurus C.Presl = **Acystopteris**
Braciliopuntia A.Berger = **Brasiliopuntia**
Bracisepalum【3】J.J.Sm. 马来兰属 Orchidaceae 兰科 [MM-723] 全球 (1) 大洲分布及种数(1-3)◆亚洲
Brackenridgea【3】A.Gray 银莲木属 ≒ **Ochna** Ochnaceae 金莲木科 [MD-104] 全球 (1) 大洲分布及种数(9-15)◆亚洲
Bracon King = **Bhesa**
Braconotia Godr. = **Elytrigia**
Bractean King = **Sarcosperma**
Bracteantha Anderb. = **Xerochrysum**
Bracteanthus Ducke = **Siparuna**
Bractearia DC. ex Steud. = **Brachiaria**
Bracteatus Ducke = **Siparuna**
Bracteocarpus A.V.Bobrov & Melikyan = **Dacrycarpus**
Bracteola Swallen = **Chrysochloa**
Bracteolanthus de Wit = **Bauhinia**
Bracteolaria Hochst. = **Podalyria**
Brada Grube = **Bradea**
Bradburia【3】Torr. & A.Gray 金菀属 ≒ **Echinacea** Asteraceae 菊科 [MD-586] 全球 (1) 大洲分布及种数(2-3)◆北美洲
Bradburya Raf. = **Centrosema**
Braddleya Vell. = **Amphirrhox**
Bradea【3】Standl. 布雷德茜属 ≒ **Braya; Bredia** Rubiaceae 茜草科 [MD-523] 全球 (1) 大洲分布及种数(6-9)◆南美洲
Bradeara auct. = **Rodriguezia**
Bradia Standl. ex Brade = **Bradea**
Bradlaeia Banks ex Gaertn. = **Siler**
Bradlea【-】Adans. 豆科属 ≒ **Apios** Fabaceae 豆科 [MD-240] 全球 (uc) 大洲分布及种数(uc)
Bradleia Banks ex Gaertn. = **Glochidion**
Bradleia Raf. = **Siler**
Bradleja Banks ex Gaertn. = **Glochidion**
Bradleya P. & K. = **Glochidion**
Bradoria Engelm. & A.Gray = **Brazoria**
Bradriguesia R.S.Cowan = **Brodriguesia**
Bradriguezia auct. = **Brassia**
Bradshawara J.M.H.Shaw = **Buchnera**
Bradshawia F.Müll = **Rhamphicarpa**
Bradunia Bruch & Schimp. = **Braunia**
Bradypterum Miq. = **Brachypterum**
Bradypus Ledeb. = **Alyssum**
Bradysia Freeman = **Brandisia**
Braemia【3】Jenny 玄鹤兰属 ← **Houlletia** Orchidaceae 兰科 [MM-723] 全球 (1) 大洲分布及种数(1-4)◆南美洲(◆巴西)
Braga Stadler = **Braya**
Bragaia Esteves,Hofacker & P.J.Braun = **Braunia**
Bragantia Lour. = **Thottea**
Bragantia Vand. = **Gomphrena**
Bragginsella【3】R.M.Schust. 石苔属 Jungermanniaceae 叶苔科 [B-38] 全球 (1) 大洲分布及种数(1)◆非洲
Braginella Siegesb. = **Trichodesma**
Brahea【3】Mart. 石棕属 → **Acoelorrhaphe; Corypha; Serenoa** Arecaceae 棕榈科 [MM-717] 全球 (1) 大洲分布及种数(12-18)◆北美洲
Brainea【3】J.Sm. 苏铁蕨属 ≒ **Browningia** Blechnaceae 乌毛蕨科 [F-46] 全球 (1) 大洲分布及种数(1-2)◆亚洲
Brainia Bruch & Schimp. = **Braunia**
Braithwaitea【3】Lindb. 柏藓属 ≒ **Pterobryella; Hypnodendron** Braithwaiteaceae 柏藓科 [B-155] 全球 (1) 大洲分布及种数(2)◆大洋洲
Braithwaiteaceae【3】N.E.Bell 柏藓科 [B-155] 全球 (1) 大洲分布和属种数(1/1)◆大洋洲
Bramesa J.M.H.Shaw = **Braemia**
Brami Adans. = **Ruellia**
Bramia Lam. = **Bacopa**
Bramiltumnia【-】J.M.H.Shaw 兰科属 Orchidaceae 兰科 [MM-723] 全球 (uc) 大洲分布及种数(uc)
Brana Sternb. & Hoppe = **Braya**
Branchipus Ledeb. = **Alyssum**
Branciona Salisb. = **Albuca**
Brandegea【3】Cogn. 星瓜属 ← **Cyclanthera; Echinopepon** Cucurbitaceae 葫芦科 [MD-205] 全球 (1) 大洲分布及种数(2)◆北美洲
Brandella【3】R.R.Mill. 布雷德草属 Boraginaceae 紫草科 [MD-517] 全球 (1) 大洲分布及种数(1)◆非洲
Brandesia Mart. = **Alternanthera**
Brandisia【3】Hook.f. & Thoms. 来江藤属 ← **Deutzia; Chelonopsis** Orobanchaceae 列当科 [MD-552] 全球 (1) 大洲分布及种数(8-9)◆亚洲
Brandisiana Hook.f. & Thoms. = **Brandisia**
Brandneria Mart. = **Achyranthes**
Brandonia G.Perkins = **Pinguicula**
Brandtia Kunth = **Arundinella**

Brandzeia【3】Baill. 红花翼豆属 Fabaceae 豆科 [MD-240] 全球 (1) 大洲分布及种数(1)◆非洲(◆马达加斯加)
Brania Bruch & Schimp. = **Braunia**
Branica Endl. = **Braunia**
Branicia Andrz. = **Senecio**
Braniella Hartman = **Brandella**
Branta Kunth = **Milium**
Braomea Jenny = **Braemia**
Brapacidium【-】Carpenter,M.O. & Shaw,Julian Mark Hugh 兰科属 Orchidaceae 兰科 [MM-723] 全球 (uc) 大洲分布及种数(uc)
Braparmesa【-】J.M.H.Shaw 兰科属 Orchidaceae 兰科 [MM-723] 全球 (uc) 大洲分布及种数(uc)
Brapasia auct. = **Stachys**
Bras Sternb. & Hoppe = **Braya**
Brasadastele【-】J.M.H.Shaw 兰科属 Orchidaceae 兰科 [MM-723] 全球 (uc) 大洲分布及种数(uc)
Brascidostele【-】J.M.H.Shaw 兰科属 Orchidaceae 兰科 [MM-723] 全球 (uc) 大洲分布及种数(uc)
Brasema Schreb. = **Brasenia**
Brasenia【3】Schreb. 莼菜属 ← **Menyanthes** Cabombaceae 莼菜科 [MD-22] 全球 (6) 大洲分布及种数(2)非洲:1-3;亚洲:1-3;大洋洲:1-3;欧洲:1-3;北美洲:1-3;南美洲:2
Brasicattleya Campacci = **Brassocattleya**
Brasilaelia【3】Campacci 卡特兰属 ≒ **Cattleya** Orchidaceae 兰科 [MM-723] 全球 (1) 大洲分布及种数(uc)◆亚洲
Brasilettia (DC.) P. & K. = **Caesalpinia**
Brasilia G.M.Barroso = **Calea**
Brasilianthus【3】Almeda & Michelang. 厚碟花属 Melastomataceae 野牡丹科 [MD-364] 全球 (1) 大洲分布及种数(cf.1) ◆南美洲
Brasiliastrum Lam. = **Comocladia**
Brasilicactus Backeb. = **Parodia**
Brasilicereus【3】Backeb. 巴西柱属 ← **Cephalocereus; Cereus** Cactaceae 仙人掌科 [MD-100] 全球 (1) 大洲分布及种数(3)◆南美洲
Brasilicia G.M.Barroso = **Calea**
Brasilicroton P.E.Berry & Cordeiro = **Brasiliocroton**
Brasilidium【3】Campacci 文心兰属 ← **Oncidium; Gomesa** Orchidaceae 兰科 [MM-723] 全球 (1) 大洲分布及种数(1)◆南美洲
Brasiliocroton【3】P.E.Berry & Cordeiro 巴西大戟属 Euphorbiaceae 大戟科 [MD-217] 全球 (1) 大洲分布及种数(1-2)◆南美洲(◆巴西)
Brasiliopuntia (K.Schum.) A.Berger = **Brasiliopuntia**
Brasiliopuntia【3】A.Berger 戒尺掌属 ← **Cactus; Opuntia** Cactaceae 仙人掌科 [MD-100] 全球 (1) 大洲分布及种数(1-2)◆北美洲
Brasiliorchis【3】R.B.Singer,S.Köhler & Carnevali 巴西兰属 ← **Bletia;Cymbidium;Maxillaria** Orchidaceae 兰科 [MM-723] 全球 (1) 大洲分布及种数(17)◆南美洲
Brasiliparodia【3】F.Ritter 银绣玉属 ← **Parodia** Cactaceae 仙人掌科 [MD-100] 全球 (1) 大洲分布及种数(uc)◆南美洲(◆巴西)
Brasilium J.F.Gmel. = **Comocladia**
Brasilocactus Frič & Kreuz. = **Notocactus**
Brasilocalamus Nakai = **Merostachys**
Brasilochloa【-】R.P.Oliveira & L.G.Clark 禾本科属 Poaceae 禾本科 [MM-748] 全球 (uc) 大洲分布及种数(uc)
Brasilocycnis【3】G.Gerlach & Whitten 金绣兰属 ≒ **Lueckelia;Polycycnis** Orchidaceae 兰科 [MM-723] 全球 (1) 大洲分布及种数(1)◆南美洲
Brasilorchis R.B.Singer,S.Köhler & Carnevali = **Brasiliorchis**
Brasolia (Rchb.f.) Baranow,Dudek & Szlach. = **Baolia**
Brasophonia【-】Griff. & J.M.H.Shaw 兰科属 Orchidaceae 兰科 [MM-723] 全球 (uc) 大洲分布及种数(uc)
Brassacathron【-】Griff. & J.M.H.Shaw 兰科属 Orchidaceae 兰科 [MM-723] 全球 (uc) 大洲分布及种数(uc)
Brassada auct. = **Ada**
Brassaia Endl. = **Schefflera**
Brassaiopsis【3】Decne. & Planch. 掌叶树属 → **Acanthopanax;Macropanax** Araliaceae 五加科 [MD-471] 全球 (1) 大洲分布及种数(35-57)◆亚洲
Brassatonia Hort. = **Brassavola**
Brassavola Adans. = **Brassavola**
Brassavola【3】R.Br. 修胫兰属 ← **Helenium;Cymbidium** Orchidaceae 兰科 [MM-723] 全球 (1) 大洲分布及种数(20-25)◆南美洲
Brassavolaea P. & K. = **Brassavola**
Brassavolea Spreng. = **Mertensia**
Brassenia Heynh. = **Brassia**
Brassia【3】R.Br. 长萼兰属 → **Ada;Epidendrum;Oncidium** Orchidaceae 兰科 [MM-723] 全球 (1) 大洲分布及种数(74-77)◆南美洲
Brassiantha【3】A.C.Sm. 新几内亚卫矛属 Celastraceae 卫矛科 [MD-339] 全球 (1) 大洲分布及种数(cf. 1)◆东南亚(◆印度尼西亚)
Brassica【3】L. 芸薹属 ≒ **Arabis;Sisymbrium** Brassicaceae 十字花科 [MD-213] 全球 (6) 大洲分布及种数(51-69;hort.1;cult: 13)非洲:29-49;亚洲:28-50;大洋洲:11-31;欧洲:32-53;北美洲:15-36;南美洲:4-24
Brassicaceae【3】Burnett 十字花科 [MD-213] 全球 (6) 大洲分布和属种数(341-365;hort. & cult.111-122)(4287-7523;hort. & cult.618-921)非洲:83-185/604-1841;亚洲: 203-259/2101-3412;大洋洲:60-169/405-1644;欧洲:86-175/1094-2350;北美洲:126-185/1295-2574;南美洲:68-179/607-1853
Brassicaria Pomel = **Brassica**
Brassicastrum Link = **Brassica**
Brassiceae DC. = **Brassica**
Brassicella Fourr. = **Coincya**
Brassicoraphanus【-】Sageret 十字花科属 Brassicaceae 十字花科 [MD-213] 全球 (uc) 大洲分布及种数(uc)
Brassico-raphanus【-】E.Fukush. 十字花科属 Brassicaceae 十字花科 [MD-213] 全球 (uc) 大洲分布及种数(uc)
Brassidiocentrum【-】J.M.H.Shaw 兰科属 Orchidaceae 兰科 [MM-723] 全球 (uc) 大洲分布及种数(uc)
Brassidium Hort. = **Brassia**
Brassidomesa【-】J.M.H.Shaw 兰科属 Orchidaceae 兰科 [MM-723] 全球 (uc) 大洲分布及种数(uc)

Brassioda auct. = **Brassia**
Brassiodendron Allen = **Endiandra**
Brassiophoenix【3】 Burret 三叉羽椰属 ← **Actinophloeus** Arecaceae 棕榈科 [MM-717] 全球 (1) 大洲分布及种数(2)◆北美洲(◆美国)
Brassiopsis (Reichb.f. ex Lindl.) Szlach. & Gorniak = **Brassaiopsis**
Brassocatanthe【-】 J.M.H.Shaw 兰科属 Orchidaceae 兰科 [MM-723] 全球 (uc) 大洲分布及种数(uc)
Brassocattleya【3】 Rolfe 修卡兰属 ← **Cattleya** Orchidaceae 兰科 [MM-723] 全球 (1) 大洲分布及种数(3-5)◆南美洲(◆巴西)
Brasso-cattleya Rolfe = **Brassocattleya**
Brassochilum【-】 J.M.H.Shaw 兰科属 Orchidaceae 兰科 [MM-723] 全球 (uc) 大洲分布及种数(uc)
Brassodiacrium Hort. = **Brassavola**
Brassoepidendrum auct. = **Brassavola**
Brassoepilaelia auct. = **Brassavola**
Brassolaelia Hort. = **Brassavola**
Brassolaeliocattleya auct. = **Brassavola**
Brassomicra【3】 Hort. 赤羽兰属 Orchidaceae 兰科 [MM-723] 全球 (1) 大洲分布及种数(1)◆非洲
Brassoncidopsis【-】 J.M.H.Shaw 兰科属 Orchidaceae 兰科 [MM-723] 全球 (uc) 大洲分布及种数(uc)
Brassonitis【-】 Hort. 兰科属 ≒ **Brassophronitis** Orchidaceae 兰科 [MM-723] 全球 (uc) 大洲分布及种数(uc)
Brassophranthe【-】 J.M.H.Shaw 兰科属 Orchidaceae 兰科 [MM-723] 全球 (uc) 大洲分布及种数(uc)
Brassophronitis【-】 H.Hottinger 兰科属 Orchidaceae 兰科 [MM-723] 全球 (uc) 大洲分布及种数(uc)
Brassopsis (Rchb.f. ex Lindl.) Szlach. & Gorniak = **Brassia**
Brassostele【-】 J.M.H.Shaw 兰科属 Orchidaceae 兰科 [MM-723] 全球 (uc) 大洲分布及种数(uc)
Brassotonia Hort. = **Brassavola**
Brassovolaelia Hort. = **Brassavola**
Brathydium Spach = **Hypericum**
Brathys L.f. = **Hypericum**
Bratonia auct. = **Brassia**
Braunblanquetia Eskuche = **Gratiola**
Braunea Willd. = **Tiliacora**
Brauneria Neck ex Britton = **Echinacea**
Braunfelsia【2】 Paris 高苞藓属 ≒ **Dicranum** Dicranaceae 曲尾藓科 [B-128] 全球 (4) 大洲分布及种数(10) 亚洲:8;大洋洲:4;欧洲:1;北美洲:1
Braunia【2】 Bruch & Schimp. 赤枝藓属 ≒ **Neckera; Dendrocryphaea** Hedwigiaceae 虎尾藓科 [B-138] 全球 (5) 大洲分布及种数(28) 非洲:10;亚洲:7;欧洲:1;北美洲:4;南美洲:15
Brauniella Costantin & Gallaud = **Baroniella**
Braunii Bruch & Schimp. = **Braunia**
Braunina Bruch & Schimp. = **Braunia**
Braunlowia A.DC. = **Brownlowia**
Braunsia【3】 Schwantes 叠碧玉属 ← **Mesembryanthemum;Ruschia** Aizoaceae 番杏科 [MD-94] 全球 (1) 大洲分布及种数(5-7)◆非洲(◆南非)
Bravaisia【3】 DC. 墨爵床属 Acanthaceae 爵床科 [MD-572] 全球 (1) 大洲分布及种数(3)◆北美洲
Bravanthes Cif. & Giacom. = **Gilia**
Bravoa【3】 Lex. 李笛花属 ≒ **Coetocapnia** Asparagaceae 天门冬科 [MM-669] 全球 (1) 大洲分布及种数(1) ◆北美洲
Bravocactus Doweld = **Echinocactus**
Braxilia Raf. = **Pyrola**
Braxipis Raf. = **Cola**
Braxireon Raf. = **Narcissus**
Braxylis Raf. = **Nemopanthus**
Braya【3】 Sternb. & Hoppe 肉叶荠属 → **Aphragmus; Eurycarpus;Pegaeophyton** Brassicaceae 十字花科 [MD-213] 全球 (6) 大洲分布及种数(25-30;hort.1;cult: 5)非洲:5;亚洲:20-25;大洋洲:5;欧洲:5-10;北美洲:11-16;南美洲:4-9
Brayera Kunth = **Acanthophyllum**
Brayodendron Small = **Diospyros**
Brayopsis【3】 Gilg & Muschl. 假肉叶芥属 ≒ **Englerocharis;Draba;Weberbauera** Brassicaceae 十字花科 [MD-213] 全球 (1) 大洲分布及种数(9-10)◆南美洲
Brayulinea Small = **Guilleminea**
Brazilian Raf. = **Pyrola**
Brazoria【3】 Eng. & A.Gray 布拉棱属 ≒ **Warnockia** Lamiaceae 唇形科 [MD-575] 全球 (1) 大洲分布及种数(4-7)◆北美洲(◆美国)
Brazosa Linnavuori & DeLong = **Brazoria**
Brazzeia【3】 Baill. 簇织瓣花属 ← **Rhaptopetalum;Erytropyxis** Lecythidaceae 玉蕊科 [MD-267] 全球 (1) 大洲分布及种数(3)◆非洲
Brebissonia【-】 Grunov 柳叶菜科属 ≒ **Fuchsia** Onagraceae 柳叶菜科 [MD-396] 全球 (uc) 大洲分布及种数(uc)
Brechites Müll.Arg. = **Urechites**
Brecontia Godr. = **Elytrigia**
Bredemeyera【3】 Willd. 澳远志属 ← **Myristica** Polygalaceae 远志科 [MD-291] 全球 (1) 大洲分布及种数(30-35)◆大洋洲(◆澳大利亚)
Bredemeyerae Willd. = **Bredemeyera**
Bredia【3】 Bl. 野海棠属 → **Barthea;Brunia;Phyllagathis** Melastomataceae 野牡丹科 [MD-364] 全球 (1) 大洲分布及种数(19-24)◆亚洲
Bredinia N.Busch = **Borodinia**
Breea Less. = **Cirsium**
Breedlovea H.A.Crum = **Holomitrium**
Brehmia Harv. = **Strychnos**
Brehmia Schrank = **Pavonia**
Brehnia Baker = **Braunia**
Breidleria【2】 Löske 扁灰藓属 ≒ **Pylaisia;Hypnum** Hypnaceae 灰藓科 [B-189] 全球 (4) 大洲分布及种数(4) 非洲:1;亚洲:3;欧洲:1;北美洲:1
Bremekampia【3】 Sreem. 亚洲雨爵床属 ≒ **Justicia** Acanthaceae 爵床科 [MD-572] 全球 (1) 大洲分布及种数(1)◆非洲(◆中非)
Bremeria【3】 Razafim. & Alejandro 伯乐茜属 ≒ **Dimeria** Rubiaceae 茜草科 [MD-523] 全球 (6) 大洲分布及种数(23)非洲:23-24;亚洲:4-5;大洋洲:1;欧洲:1;北美洲:1;南美洲:1
Bremontiera DC. = **Indigofera**
Bremus L. = **Bromus**
Brenan Keay = **Brenania**

Brenandendron【3】 H.Rob. 铁鸠菊属 ← **Vernonia** Asteraceae 菊科 [MD-586] 全球 (1) 大洲分布及种数(3)◆非洲
Brenania【3】 Keay 布雷南属 ← **Randia;Anthocleista** Rubiaceae 茜草科 [MD-523] 全球 (1) 大洲分布及种数(1-3)◆非洲
Brenaniodendron J.Lénard = **Cynometra**
Brenesia【2】 Schltr. 腋花兰属 ≒ **Pleurothallis** Orchidaceae 兰科 [MM-723] 全球 (2) 大洲分布及种数(cf.) 北美洲;南美洲
Brenierea【3】 Humbert 扁竹豆属 Fabaceae 豆科 [MD-240] 全球 (1) 大洲分布及种数(1)◆非洲(◆马达加斯加)
Brenthus Gyllenhal = **Bryanthus**
Breonadia C.E.Ridsdale = **Breonadia**
Breonadia【3】 Ridsdale 柳团花属 ← **Adina;Cephalanthus** Rubiaceae 茜草科 [MD-523] 全球 (1) 大洲分布及种数(1)◆非洲
Breonia【2】 A.Rich. ex DC. 帽团花属 ≒ **Sarcocephalus;Morinda** Rubiaceae 茜草科 [MD-523] 全球 (2) 大洲分布及种数(21-22)非洲:20;亚洲:cf.1
Brescansinara【2】 J.M.H.Shaw 兰科属 Orchidaceae 兰科 [MM-723] 全球 (1) 大洲分布及种数(uc)◆北美洲
Bresilia Eckl. = **Byttneria**
Breteuillia Buc´hoz = **Didelta**
Bretschneidera【3】 Hemsl. 伯乐树属 Akaniaceae 叠珠树科 [MD-417] 全球 (1) 大洲分布及种数(cf. 1)◆亚洲
Bretschneideraceae【3】 Engl. & Gilg 伯乐树科 [MD-360] 全球 (1) 大洲分布和属种数(1;hort. & cult.1)(2-3; hort. & cult.1)◆亚洲
Breutelia【3】 (Bruch & Schimp.) Schimp. 热泽藓属 ≒ **Mnium;Philonotis** Bartramiaceae 珠藓科 [B-142] 全球 (6) 大洲分布及种数(105) 非洲:29;亚洲:13;大洋洲:22;欧洲:12;北美洲:31;南美洲:53
Brevianthaceae【3】(Grolle) J.J.Engel & R.M.Schust. 短片苔科 [B-46] 全球 (1) 大洲分布和属种数(1/1)◆大洋洲:1/1
Brevianthus【3】 (Grolle) J.J.Engel & R.M.Schust. 短片苔属 Brevianthaceae 短片苔科 [B-46] 全球 (1) 大洲分布及种数(1)◆大洋洲(◆澳大利亚)
Breviea【3】 Aubrév. & Pellegr. 长籽山榄属 ← **Chrysophyllum** Sapotaceae 山榄科 [MD-357] 全球 (1) 大洲分布及种数(1)◆非洲
Breviglandium Dulac = **Myriophyllum**
Brevilongium Christenson = **Seppeltia**
Brevinema Aubrév. & Pellegr. = **Breviea**
Brevipodium Á.Löve & D.Löve = **Brachypodium**
Brevoortia Alph.Wood = **Dichelostemma**
Brewcaria【3】 L.B.Sm.,Steyerm. & H.Rob. 刺莲凤梨属 ← **Navia** Bromeliaceae 凤梨科 [MM-715] 全球 (1) 大洲分布及种数(6)◆南美洲
Breweria【3】 R.Br. 伯纳旋花属 ≒ **Stylisma;Astripomoea** Convolvulaceae 旋花科 [MD-499] 全球 (6) 大洲分布及种数(14)非洲:13;亚洲:11;大洋洲:11;欧洲:11;北美洲:2-13;南美洲:14
Brewerimitella【-】 (Engl.) R.A.Folk & Y.Okuyama 虎耳草科属 Saxifragaceae 虎耳草科 [MD-231] 全球 (uc) 大洲分布及种数(uc)
Brewerina A.Gray = **Arenaria**
Breweriopsis Roberty = **Bonamia**
Brewieropsis Roberty = **Bonamia**
Brewstera M.Röm. = **Maripa**
Brewsteria M.Röm. = **Ixonanthes**
Brexia【3】 Noronha ex Thou. 胡桃桐属 ≒ **Schomburgkia** Celastraceae 卫矛科 [MD-339] 全球 (1) 大洲分布及种数(11)◆非洲
Brexiaceae【2】 Loudon 雨湿木科 [MD-278] 全球 (2) 大洲分布和属种数(1;hort. & cult.1)(11;hort. & cult.1)非洲:1/11;北美洲:1/1
Brexiella【3】 H.Perrier 小雨湿木属 ≒ **Euonymus** Celastraceae 卫矛科 [MD-339] 全球 (1) 大洲分布及种数(5)◆非洲(◆马达加斯加)
Brexiopsis H.Perrier = **Drypetes**
Breynia (Bl.) Welzen & Pruesapan = **Breynia**
Breynia【3】 J.R.Forst. & G.Forst. 黑面神属 ≒ **Capparis;Bridelia;Phyllanthus** Euphorbiaceae 大戟科 [MD-217] 全球 (1) 大洲分布及种数(62-89)◆亚洲
Breyniopsis Beille = **Sauropus**
Breza Comm. ex Lam. = **Boea**
Brezia Moq. = **Suaeda**
Brianara Hort. = **Ilex**
Brianella Wilson C.B. = **Brandella**
Brianhuntleya【3】 Chess.,S.A.Hammer & I.Oliv. 翠峰玉属 Aizoaceae 番杏科 [MD-94] 全球 (1) 大洲分布及种数(1)◆非洲(◆南非)
Briardia Lindl. = **Barnardia**
Briba L. = **Briza**
Bribria【-】 Wahlert & H.E.Ballard 堇菜科属 Violaceae 堇菜科 [MD-126] 全球 (uc) 大洲分布及种数(uc)
Bricchettia Pax = **Cocculus**
Brichellia Raf. = **Brickellia**
Brickellia【3】 Elliott 红杉花属 ≒ **Coleanthus;Steviopsis** Asteraceae 菊科 [MD-586] 全球 (6) 大洲分布及种数(95-123;hort.1;cult: 2)非洲:44;亚洲:2-46;大洋洲:44;欧洲:44;北美洲:94-142;南美洲:1-45
Brickelliastrum【3】 R.M.King & H.Rob. 落冠肋泽兰属 ← **Steviopsis** Asteraceae 菊科 [MD-586] 全球 (1) 大洲分布及种数(2)◆北美洲(◆美国)
Bricookea Vleugel = **Brookea**
Bricour Adans. = **Myagrum**
Bridelia Spreng. = **Bridelia**
Bridelia【3】 Willd. 土蜜树属 ← **Amanoa;Andrachne;Breynia** Phyllanthaceae 叶下珠科 [MD-222] 全球 (6) 大洲分布及种数(45-66;hort.1;cult:5)非洲:26-36;亚洲:24-38;大洋洲:13-25;欧洲:5-11;北美洲:5;南美洲:3-8
Bridelieae Müll.Arg. = **Bridelia**
Bridgesia【3】 Bertero ex Cambess. 布里无患子属 ≒ **Neoporteria** Sapindaceae 无患子科 [MD-428] 全球 (1) 大洲分布及种数(1)◆南美洲(◆智利)
Bridsonia【3】 Verstraete & A.E.van Wyk 木蓝属 Rubiaceae 茜草科 [MD-523] 全球 (1) 大洲分布及种数(1)◆非洲
Briedelia Willd. = **Bridelia**
Briegeria Senghas = **Jacquiniella**
Brieya De Wild. = **Piptostigma**
Brigandra【-】 O.Schwarz ex F.Jungnickel 苦苣苔科属 Gesneriaceae 苦苣苔科 [MD-549] 全球 (uc) 大洲分布及种数(uc)
Briggs-buryara【-】 J.M.H.Shaw 兰科属 Orchidaceae

兰科 [MM-723] 全球 (uc) 大洲分布及种数(uc)
Briggsia【3】Craib 粗筒苣苔属 → **Briggsiopsis;Chirita;Oreocharis** Gesneriaceae 苦苣苔科 [MD-549] 全球 (1) 大洲分布及种数(19-21)◆亚洲
Briggsiopsis【3】K.Y.Pan 筒花苣苔属 ← **Briggsia; Didissandra** Gesneriaceae 苦苣苔科 [MD-549] 全球 (1) 大洲分布及种数(cf. 1)◆东亚(◆中国)
Brighamia【3】A.Gray 木油菜属 Campanulaceae 桔梗科 [MD-561] 全球 (1) 大洲分布及种数(2-4)◆北美洲(◆美国)
Brignolia Bertol. = **Kundmannia**
Brignolia DC. = **Isertia**
Brillantaisia【3】P.Beauv. 逐马蓝属 ← **Hygrophila; Synnema;Adenosma** Acanthaceae 爵床科 [MD-572] 全球 (1) 大洲分布及种数(18-21)◆非洲
Brilliandeara【-】auct. 兰科属 Orchidaceae 兰科 [MM-723] 全球 (uc) 大洲分布及种数(uc)
Brimeura【3】Salisb. 紫晶风信属 ← **Hyacinthus;Scilla;** Asparagaceae 天门冬科 [MM-669] 全球 (1) 大洲分布及种数(2-3)◆欧洲
Brimys G.A.Scop. = **Drimys**
Brindonia L.M.A.A.Du Petit-Thouars = **Garcinia**
Brintonia Greene = **Solidago**
Briquetastrum Robyns & Lebrun = **Plectranthus**
Briquetia【3】Hochr. 布里锦葵属 ← **Abutilon;Pseudabutilon;Sida** Malvaceae 锦葵科 [MD-203] 全球 (1) 大洲分布及种数(5-6)◆南美洲
Briquetiastrum【-】Bovini 锦葵科属 Malvaceae 锦葵科 [MD-203] 全球 (uc) 大洲分布及种数(uc)
Briquetina J.F.Macbr. = **Citronella**
Brisegnoa J.Rémy = **Oxytheca**
Briseis Salisb. = **Allium**
Brissonia Neck. = **Indigofera**
Brissus Verrill = **Borassus**
Brithys Mutis ex L.f. = **Hypericum**
Britoa【-】O.Berg 桃金娘科属 ≒ **Campomanesia; Psidium** Myrtaceae 桃金娘科 [MD-347] 全球 (uc) 大洲分布及种数(uc)
Brittenia【3】Cogn. 巴拉圭野牡丹属 Melastomataceae 野牡丹科 [MD-364] 全球 (1) 大洲分布及种数(1)◆亚洲
Britton P. & K. = **Ferocactus**
Brittonamra P. & K. = **Clitoria**
Brittonastrum Briq. = **Nepeta**
Brittonella【3】Rusby 夷金虎尾属 ← **Mionandra** Malpighiaceae 金虎尾科 [MD-343] 全球 (1) 大洲分布及种数(uc)◆亚洲
Brittonia Hort. = **Ferocactus**
Brittonia Houghton ex C.A.Armstr. = **Hamatocactus**
Brittonia P. & K. = **Indigofera**
Brittonrosea Speg. = **Echinocactus**
Brium Hedw. ex Brid. = **Bryum**
Brixia Noronha ex Thou. = **Brexia**
Briza (Desv.) Benth. & Hook. = **Briza**
Briza【3】L. 凌风草属 ← **Agrostis;Festuca** Poaceae 禾本科 [MM-748] 全球 (6) 大洲分布及种数(11-16)非洲:5-11;亚洲:6-13;大洋洲:6-12;欧洲:6-13;北美洲:7-13;南美洲:9-18
Brizochloa【2】(M.Bieb.) Chrtek & Hadač 凌风草属 ≒ **Briza** Poaceae 禾本科 [MM-748] 全球 (2) 大洲分布及种数(cf.1) 亚洲;欧洲
Brizophile Salisb. = **Ornithogalum**
Brizopyrum【2】Link 碱禾属 ≒ **Briza** Poaceae 禾本科 [MM-748] 全球 (3) 大洲分布及种数(2) 非洲:2;亚洲:1;北美洲:1
Brizula Hieron. = **Centrolepis**
Broanthevola【-】J.M.H.Shaw 兰科属 Orchidaceae 兰科 [MM-723] 全球 (uc) 大洲分布及种数(uc)
Brocchia Mauri ex Ten. = **Simmondsia**
Brocchinia【3】Schult.f. 小花凤梨属 → **Ayensua;Navia; Sequencia** Bromeliaceae 凤梨科 [MM-715] 全球 (1) 大洲分布及种数(21)◆南美洲
Brochia Vis. = **Cotula**
Brochis Vis. = **Cotula**
Brochoneura【3】Warb. 寒脂楠属 → **Cephalosphaera; Mauloutchia;Myristica** Myristicaceae 肉豆蔻科 [MD-15] 全球 (1) 大洲分布及种数(3)◆非洲
Brochosiphon Nees = **Peristrophe**
Brochypodium P.Beauv. = **Brachypodium**
Brockmania【3】W.Fitzg. 澳锦葵属 Malvaceae 锦葵科 [MD-203] 全球 (1) 大洲分布及种数(1)◆大洋洲(◆澳大利亚)
Brodiaea R.E.Preston = **Brodiaea**
Brodiaea【3】Sm. 紫灯韭属 → **Androstephium;Nothoscordum;Triteleiopsis** Alliaceae 葱科 [MM-667] 全球 (1) 大洲分布及种数(19-60)◆北美洲
Brodieia Sm. = **Brodiaea**
Brodriguesia【3】R.S.Cowan 飘柔丝蕊豆属 Fabaceae 豆科 [MD-240] 全球 (1) 大洲分布及种数(1)◆南美洲(◆巴西)
Broeckella Raf. = **Brickellia**
Brogniartia Walp. = **Kibara**
Brolaelianthe【-】J.M.H.Shaw 兰科属 Orchidaceae 兰科 [MM-723] 全球 (uc) 大洲分布及种数(uc)
Brolarchilis【-】J.M.H.Shaw 兰科属 Orchidaceae 兰科 [MM-723] 全球 (uc) 大洲分布及种数(uc)
Bromaceae Bercht. & J.Presl = Butomaceae
Brombya F.Müll = **Melicope**
Bromeaceae Bercht. & C.Presl = Bromeliaceae
Bromecanthe【-】J.M.H.Shaw 兰科属 Orchidaceae 兰科 [MM-723] 全球 (uc) 大洲分布及种数(uc)
Bromelia【3】L. 红心凤梨属 → **Aechmea;Pitcairnia; Disteganthus** Bromeliaceae 凤梨科 [MM-715] 全球 (6) 大洲分布及种数(74-80;hort.1;cult: 2)非洲:1-10;亚洲:60-70;大洋洲:9;欧洲:9;北美洲:14-23;南美洲:68-80
Bromeliaceae【3】Juss. 凤梨科 [MM-715] 全球 (6) 大洲分布和属种数(60-66;hort. & cult.31-33)(3622-4360;hort. & cult.397-452)非洲:5-18/19-108;亚洲:10-20/127-220;大洋洲:8-22/61-154;欧洲:2-18/10-99;北美洲:24-32/870-1038;南美洲:55-59/3100-3384
Bromelica (Thurb.) Farw. = **Melissa**
Bromelieae Bercht. & J.Presl = **Bromelia**
Bromelina L. = **Bromelia**
Bromeliophila【2】Gradst. 红鳞苔属 Lejeuneaceae 细鳞苔科 [B-84] 全球 (2) 大洲分布及种数(3)北美洲:1;南美洲:1
Bromfeldia Neck. = **Jatropha**
Bromheadia【3】Lindl. 白苇兰属 ← **Coelogyne;Dilochia;Grammatophyllum** Orchidaceae 兰科 [MM-723] 全

球 (1) 大洲分布及种数(5-31)◆亚洲

Bromidium【3】 Nees & Meyen 凤凰草属 ← **Agrostis;Calamagrostis;Deyeuxia** Poaceae 禾本科 [MM-748] 全球 (1) 大洲分布及种数(3)◆南美洲

Bromilia L. = **Bromelia**

Bromofestuca【3】 Prodan 欧风草属 ≒ **Bromus** Poaceae 禾本科 [MM-748] 全球 (1) 大洲分布及种数(cf. 1)◆欧洲

Bromopsis【3】 (Dum.) Fourr. 小雀麦属 ≒ **Bromus; Festuca** Poaceae 禾本科 [MM-748] 全球 (6) 大洲分布及种数(13-20)非洲:6;亚洲:11-17;大洋洲:6;欧洲:1-7;北美洲:6;南美洲:6

Bromosis (Dum.) Fourr. = **Bromopsis**

Bromuniola【3】 Stapf & C.E.Hubb. 脊稃芒属 Poaceae 禾本科 [MM-748] 全球 (1) 大洲分布及种数(1)◆非洲

Bromus (Coss. & Durieu) Hack. = **Bromus**

Bromus【3】 L. 雀麦属 ≒ **Triticum;Anisantha** Poaceae 禾本科 [MM-748] 全球 (6) 大洲分布及种数(198-234;hort.1;cult: 48)非洲:66-142;亚洲:123-205;大洋洲:50-125;欧洲:77-155;北美洲:100-175;南美洲:46-120

Brongniartara J.M.H.Shaw = **Brongniartia**

Brongniartia Bl. = **Brongniartia**

Brongniartia【2】 Kunth 豌豆树属 ← **Astragalus; Kibara** Fabaceae 豆科 [MD-240] 全球 (3) 大洲分布及种数(63-64)亚洲:cf.1;北美洲:61-62;南美洲:3

Brongniartikentia Becc. = **Clinosperma**

Bronnia Kunth = **Fouquieria**

Bronteopsis Huber = **Browneopsis**

Bronwenia【2】 W.R.Anderson & C.Davis 赤虎尾属 ← **Tetrapterys;Banisteria;Triopterys** Malpighiaceae 金虎尾科 [MD-343] 全球 (2) 大洲分布及种数(10)北美洲:3;南美洲:10

Brookea【3】 Benth. 锥袋木属 Stilbaceae 耀仙木科 [MD-532] 全球 (1) 大洲分布及种数(1-5)◆亚洲

Brooksia Benth. = **Brookea**

Broomella Rehm = **Boronella**

Broscus L. = **Bromus**

Brosimopsis S.Moore = **Brosimum**

Brosimum (Aubl.) C.C.Berg = **Brosimum**

Brosimum【2】 Sw. 蛇桑属 ← **Ficus;Naucleopsis** Moraceae 桑科 [MD-87] 全球 (4) 大洲分布及种数(17-22; hort.1;cult: 1)亚洲:cf.1;大洋洲:1;北美洲:7;南美洲:15-18

Brossaea (Plum.) L. = **Gaultheria**

Brossardia【3】 Boiss. 岩菥蓂属 ← **Noccaea;Nocca** Brassicaceae 十字花科 [MD-213] 全球 (1) 大洲分布及种数(2)◆亚洲

Brossea Cothen. = **Gaultheria**

Brossitonia Hort. = **Brassavola**

Brot (D.Don) Endl. = **Platycladus**

Brotera【3】 Cav. 梅蓝属 ≒ **Pentapetes** Asteraceae 菊科 [MD-586] 全球 (1) 大洲分布及种数(uc)◆亚洲

Broteroa DC. = **Melhania**

Broteroa P. & K. = **Cardopatium**

Brotheas Müll.Hal. = **Brothera**

Brothera【2】 Müll.Hal. 白发藓属 ≒ **Syrrhopodon; Dicranodontium** Leucobryaceae 白发藓科 [B-129] 全球 (3) 大洲分布及种数(2) 非洲:1;亚洲:2;北美洲:1

Brotherella【2】 Löske ex M.Fleisch. 小锦藓属 ≒ **Acanthocladium;Hypnum** Pylaisiadelphaceae 毛锦藓科 [B-191] 全球 (4) 大洲分布及种数(33) 亚洲:26;大洋洲:2;欧洲:1;北美洲:11

Brotherobryum【2】 M.Fleisch. 红尾藓属 Dicranaceae 曲尾藓科 [B-128] 全球 (3) 大洲分布及种数(4) 非洲:1;亚洲:3;大洋洲:4

Brotis P.Br. = **Batis**

Brotobroma H.Karst. & Triana = **Herrania**

Brotula Lour. = **Rotula**

Broughtonia【3】 R.Br. 紫薇兰属 ≒ **Otochilus;Bletia** Orchidaceae 兰科 [MM-723] 全球 (1) 大洲分布及种数(6-12)◆北美洲

Broughtopsis auct. = **Scolopia**

Brousemicha Balansa = **Zoysia**

Brousemichea Balansa = **Zoysia**

Broussaisia【3】 Gaud. 浆果绣球属 Hydrangeaceae 绣球科 [MD-429] 全球 (1) 大洲分布及种数(1)◆北美洲(◆美国)

Broussasia Gaud. = **Broussaisia**

Broussonetia【3】 L´Hér. ex Vent. 构属 ≒ **Sophora** Moraceae 桑科 [MD-87] 全球 (1) 大洲分布及种数(6-9)◆亚洲

Broussonnetii L´Hér. ex Vent. = **Broussonetia**

Brouvalea Adans. = **Browallia**

Brouvalia Adans. = **Browallia**

Brovallia L. = **Nierembergia**

Browalia G.A.Scop. = **Browallia**

Browallia Eubrowallia Miers = **Browallia**

Browallia【3】 L. 蓝英花属 → **Nierembergia;Streptosolen** Solanaceae 茄科 [MD-503] 全球 (6) 大洲分布及种数(17-23)非洲:1-3;亚洲:3-5;大洋洲:2-4;欧洲:2-4;北美洲:4-6;南美洲:15-20

Browallieae Hunz. & Barboza = **Browallia**

Browellia Ruiz & Pav. = **Nierembergia**

Brownaea Jacq. = **Browneopsis**

Brownanthus【3】 Schwantes 藕节柱属 ← **Mesembryanthemum;Trichocyclus** Aizoaceae 番杏科 [MD-94] 全球 (1) 大洲分布及种数(10-14)◆非洲

Brownara auct. = **Xylosma**

Brownea【3】 Jacq. 宝冠木属 → **Browneopsis** Fabaceae 豆科 [MD-240] 全球 (1) 大洲分布及种数(25-32)◆南美洲

Brownei Jacq. = **Brownea**

Brownel Jacq. = **Brownea**

Browneopsis【3】 Huber 拟热木豆属 ← **Brownea** Fabaceae 豆科 [MD-240] 全球 (1) 大洲分布及种数(6-8)◆南美洲

Brownetera A.Rich. = **Phyllocladus**

Browningia【3】 Britton & Rose 群蛇柱属 → **Azureocereus;Cereus** Cactaceae 仙人掌科 [MD-100] 全球 (1) 大洲分布及种数(13-15)◆南美洲

Brownleea【3】 Harv. ex Lindl. 凤仙兰属 ← **Disa** Orchidaceae 兰科 [MM-723] 全球 (1) 大洲分布及种数(8)◆非洲

Brownlowia【3】 Roxb. 杯萼椴属 ← **Columbia;Litsea;Diplodiscus** Malvaceae 锦葵科 [MD-203] 全球 (1) 大洲分布及种数(2-32)◆亚洲

Brownlowiaceae Cheek = Dombeyaceae

Brucea【3】 J.F.Mill. 鸦胆子属 → **Ailanthus;Bouea; Tetradium** Simaroubaceae 苦木科 [MD-424] 全球 (6) 大

洲分布及种数(8-13)非洲:6-17;亚洲:3-16;大洋洲:1-12;欧洲:2-13;北美洲:2-13;南美洲:11

Bruceholstia【-】Morillo 夹竹桃属 Apocynaceae 夹竹桃科 [MD-492] 全球 (uc) 大洲分布及种数(uc)

Brucella (Stephani) E.A.Hodgs. = **Drucella**

Bruchia (Hampe) Broth. = **Bruchia**

Bruchia【3】Schwägr. 小烛藓属 ≒ **Sporledera;Stenothecium** Bruchiaceae 小烛藓科 [B-120] 全球 (6) 大洲分布及种数(23)非洲:4;亚洲:2;大洋洲:3;欧洲:2;北美洲:15;南美洲:6

Bruchiaceae【3】Schimp. 小烛藓科 [B-120] 全球 (6) 大洲分布和属种数(3/115)亚洲:2/20;大洋洲:2/22;欧洲:2/9;北美洲:2/28;南美洲:3/28

Bruchidae Schwägr. = **Bruchia**

Bruchmannia Nutt. = **Beckmannia**

Bruchus Schwägr. = **Bruchia**

Bruckenthalia Rchb. = **Erica**

Bruea【3】Gaud. 木苋菜属 Euphorbiaceae 大戟科 [MD-217] 全球 (1) 大洲分布及种数(cf.1)◆亚洲

Brueckea Klotzsch & H.Karst. = **Aegiphila**

Bruennichia Willd. = **Brunnichia**

Brugmannsia Steud. = **Juanulloa**

Brugmansia【3】Pers. 木曼陀罗属 ← **Datura** Solanaceae 茄科 [MD-503] 全球 (1) 大洲分布及种数(12)◆南美洲

Brugueria Bl. = **Bruguieria**

Bruguiera【3】Lam. 木榄属 → **Ceriops;Conostegia;Lumnitzera** Rhizophoraceae 红树科 [MD-329] 全球 (6) 大洲分布及种数(7-10)非洲:4-7;亚洲:5-10;大洋洲:5-8;欧洲:2-4;北美洲:3-5;南美洲:2

Bruguieria Arn. = **Bruguieria**

Bruguieria【3】Bl. 马达红树属 Rhizophoraceae 红树科 [MD-329] 全球 (1) 大洲分布及种数(cf. 1)◆非洲

Bruinsmania Miq. = **Isertia**

Bruinsmia【3】Börl. & Koord. 歧序安息香属 ← **Styrax** Styracaceae 安息香科 [MD-327] 全球 (1) 大洲分布及种数(1-2)◆亚洲

Brukea J.F.Mill. = **Brucea**

Brukmannia Nutt. = **Beckmannia**

Brumella【-】Mill. 唇形科属 Lamiaceae 唇形科 [MD-575] 全球 (uc) 大洲分布及种数(uc)

Brunelia Pers. = **Zanthoxylum**

Brunella L. = **Prunella**

Brunellia (Pax) Cuatrec. = **Brunellia**

Brunellia【3】Ruiz & Pav. 槽柱花属 ← **Melicope;Zanthoxylum;Pelea** Brunelliaceae 槽柱花科 [MD-252] 全球 (1) 大洲分布及种数(59-63)◆南美洲

Brunelliaceae【3】Engl. 槽柱花科 [MD-252] 全球 (6) 大洲分布和属种数(1/59-74)非洲:1/1;亚洲:1/1-2;大洋洲:1/1;欧洲:1/1;北美洲:1/1-2;南美洲:1/59-63

Bruneria Franch. = **Wolffia**

Brunfelsia【3】L.鸳鸯茉莉属 ≒ **Brunnera** Solanaceae 茄科 [MD-503] 全球 (6) 大洲分布及种数(39-68;hort.1;cult:1)非洲:3-4;亚洲:12-17;大洋洲:1-2;欧洲:1;北美洲:19-35;南美洲:31-35

Brunfelsiopsis Urb. = **Plowmania**

Brunia【3】Lam. 绒球花属 → **Berzelia;Staavia** Bruniaceae 绒球花科 [MD-336] 全球 (1) 大洲分布及种数(35-49)◆非洲(◆南非)

Bruniaceae【3】R.Br. ex DC. 绒球花科 [MD-336] 全球 (1) 大洲分布和属种数(12;hort. & cult.3)(111-155;hort. & cult.8-9)◆非洲

Bruniera Franch. = **Wolffia**

Bruniopsis Beille = **Sauropus**

Brunnera【3】Stev. 蓝珠草属 ≒ **Myosotis;Anchusa** Boraginaceae 紫草科 [MD-517] 全球 (1) 大洲分布及种数(2-3)◆亚洲

Brunneria Saussure = **Brunnera**

Brunnichia【3】Banks ex Gaertn. 黄珊藤属 → **Afrobrunnichia;Fallopia;Polygonum** Polygonaceae 蓼科 [MD-120] 全球 (1) 大洲分布及种数(1-2)◆北美洲

Brunonia【3】R.Br. 蓝针花属 ← **Jasione** Goodeniaceae 草海桐科 [MD-578] 全球 (1) 大洲分布及种数(1)◆大洋洲(◆澳大利亚)

Brunoniaceae【3】Dum. 留粉花科 [MD-584] 全球 (1) 大洲分布和属种数(1;hort. & cult.1)(1-2;hort. & cult.1-2)◆大洋洲

Brunoniana R.Br. = **Brunonia**

Brunoniella【3】Bremek. 半插花属 ← **Hemigraphis** Acanthaceae 爵床科 [MD-572] 全球 (1) 大洲分布及种数(3-6)◆大洋洲

Brunsdonna Tubergen ex Wormley = **Amaryllis**

Brunserine Taub. = **Brunsvigia**

Brunsfelsia L. = **Brunfelsia**

Brunsvia Neck. = **Croton**

Brunsvigia【3】Heist. 花盏属 ← **Amaryllis** Amaryllidaceae 石蒜科 [MM-694] 全球 (1) 大洲分布及种数(24-29)◆非洲

Brunsvigiaceae Horan. = Amaryllidaceae

Bruntonella Bremek. = **Brunoniella**

Brunyera Bubani = **Oenothera**

Bruonansia Pers. = **Brugmansia**

Bruschia Bertol. = **Nyctanthes**

Bruxanelia【3】Dennst. 茼蒿属 ≒ **Chrysanthemum** Rubiaceae 茜草科 [MD-523] 全球 (1) 大洲分布及种数(1)◆亚洲

Brya【2】P.Br. 椰豆木属 ≒ **Patellifolia** Fabaceae3 蝶形花科 [MD-240] 全球 (4) 大洲分布及种数(9) 非洲:1;亚洲:1;北美洲:7;南美洲:1

Brya Vell. = **Brya**

Bryaceae【3】Schwägr. 真藓科 [B-146] 全球 (6) 大洲分布和属种数(33/1444)亚洲:23/346;大洋洲:20/234;欧洲:17/320;北美洲:24/429;南美洲:22/542

Bryales Limpr. = **Hosta**

Bryantea【3】Raf. 黄肉楠属 ← **Actinodaphne;Neolitsea** Lauraceae 樟科 [MD-21] 全球 (1) 大洲分布及种数(80)◆亚洲

Bryantella Peckham = **Bryantiella**

Bryanthus J.G.Gmel. = **Bryanthus**

Bryanthus【3】S.G.Gmel. 线香石南属 ← **Andromeda;Menziesia;Phyllodoce** Ericaceae 杜鹃花科 [MD-380] 全球 (1) 大洲分布及种数(1-3)◆亚洲

Bryantia H.St.-John = **Pandanus**

Bryantiella【3】J.M.Porter 吉莉草属 ≒ **Gilia** Polemoniaceae 花荵科 [MD-481] 全球 (6) 大洲分布及种数(2)非洲:1;亚洲:1;大洋洲:1;欧洲:1;北美洲:1-2;南美洲:1

Bryaspis【3】P.A.Duvign. 满盾豆属 ← **Geissaspis;Soemmeringia** Fabaceae 豆科 [MD-240] 全球 (1) 大洲分

布及种数(3)◆非洲

Bryella Berk. = **Microbryum**

Bryhnia【2】 Kaurin 燕尾藓属 Brachytheciaceae 青藓科 [B-187] 全球 (4) 大洲分布及种数(22) 亚洲:17;欧洲:2;北美洲:5;南美洲:1

Brylkinia【3】 F.Schmidt 扁穗茅属 ← **Ehrharta** Poaceae 禾本科 [MM-748] 全球 (1) 大洲分布及种数(cf. 1)◆亚洲

Brylkinieae Tateoka = **Brylkinia**

Brymela【2】 Crosby & B.H.Allen 小帽藓属 ≒ **Hookeriopsis** Pilotrichaceae 茸帽藓科 [B-166] 全球 (3) 大洲分布及种数(14) 欧洲:1;北美洲:11;南美洲:9

Brymerara【-】 J.M.H.Shaw 兰科属 Orchidaceae 兰科 [MM-723] 全球 (uc) 大洲分布及种数(uc)

Bryoacantholoma W.Schultze-Motel = **Spiridens**

Bryoandersonia【2】 H.Rob. 北美洲囊青藓属 Brachytheciaceae 青藓科 [B-187] 全球 (2) 大洲分布及种数(1) 欧洲:1;北美洲:1

Bryobartlettia W.R.Buck = **Cryphaea**

Bryobartramia【2】 Sainsbury 小线藓属 Encalyptaceae 大帽藓科 [B-105] 全球 (2) 大洲分布及种数(1) 非洲:1;大洋洲:1

Bryobartramiaceae Sainsbury = Bryaceae

Bryobeckettia【3】 Fife 纽葫芦藓属 Funariaceae 葫芦藓科 [B-106] 全球 (1) 大洲分布及种数(1)◆大洋洲

Bryobesia Soják = **Bryodesma**

Bryobia Koch = **Bryonia**

Bryobium【3】 Lindl. 藓兰属 ≒ **Eria;Dendrobium** Orchidaceae 兰科 [MM-723] 全球 (1) 大洲分布及种数(9-28;hort.1)◆亚洲

Bryobrittomia【3】 R.S.Williams 花帽藓属 Encalyptaceae 大帽藓科 [B-105] 全球 (1) 大洲分布及种数(1)◆非洲

Bryobrittonia【2】 R.S.Williams 北美洲大帽藓属 Encalyptaceae 大帽藓科 [B-105] 全球 (2) 大洲分布及种数(1) 欧洲:1;北美洲:1

Bryobrothera【3】 Thér. 花线藓属 ≒ **Rhizogonium** Daltoniaceae 小黄藓科 [B-162] 全球 (1) 大洲分布及种数(1)◆大洋洲

Bryocarpum【3】 Hook.f. & Thoms. 长果报春属 Primulaceae 报春花科 [MD-401] 全球 (1) 大洲分布及种数(cf. 1)◆亚洲

Bryoceuthospora【2】 H.A.Crum & L.E.Anderson 线丛藓属 Pottiaceae 丛藓科 [B-133] 全球 (3) 大洲分布及种数(2) 非洲:1;北美洲:2;南美洲:1

Bryoche Salisb. = **Hosta**

Bryochenea【2】 C.Gao & G.C.Zhang 毛羽藓属 ≒ **Thuidium** Thuidiaceae 羽藓科 [B-184] 全球 (2) 大洲分布及种数(2) 亚洲:2;北美洲:1

Bryocla Salisb. = **Hosta**

Bryocles Salisb. = **Hosta**

Bryocrumia【2】 L.E.Anderson 圆尖藓属 ≒ **Glossadelphus** Hypnaceae 灰藓科 [B-189] 全球 (3) 大洲分布及种数(1) 非洲:1;亚洲:1;北美洲:1

Bryodema Soják = **Bryodesma**

Bryodes【3】 Benth. 马岛透骨草属 ≒ **Lindernia;Psammetes** Plantaginaceae 车前科 [MD-527] 全球 (1) 大洲分布及种数(4)◆非洲

Bryodesma【2】 Soják 石卷柏属 ≒ **Selaginella** Selaginellaceae 卷柏科 [F-6] 全球 (3) 大洲分布及种数(6-17) 非洲:1;亚洲:cf.1;北美洲:3

Bryodixonia Sainsbury = **Ulota**

Bryodusenia H.Rob. = **Ancistrodes**

Bryoerythrophyllum【3】 P.C.Chen 红叶藓属 ≒ **Didymodon;Leptodontium** Pottiaceae 丛藓科 [B-133] 全球 (6) 大洲分布及种数(36) 非洲:10;亚洲:18;大洋洲:6;欧洲:10;北美洲:15;南美洲:17

Bryohaplocladium【2】 R.Watan. & Z.Iwats. 羽藓科属 ≒ **Hypnum;Haplocladium** Thuidiaceae 羽藓科 [B-184] 全球 (3) 大洲分布及种数(5) 非洲:1;亚洲:3;北美洲:3

Bryohumbertia【3】 P.de la Varde & Thér. 小尾藓属 ≒ **Campylopus** Dicranaceae 曲尾藓科 [B-128] 全球 (6) 大洲分布及种数(4) 非洲:2;亚洲:2;大洋洲:2;欧洲:1;北美洲:1;南美洲:2

Bryokalanchoe F.Resende = **Bryophyllum**

Bryokhutuliinia【-】 Ignatov 孢芽藓科属 Sorapillaceae 孢芽藓科 [B-212] 全球 (uc) 大洲分布及种数(uc)

Bryolawtonia【2】 D.H.Norris & Enroth 平藓科属 Neckeraceae 平藓科 [B-204] 全球 (2) 大洲分布及种数(1) 亚洲:1;北美洲:1

Bryoma P.Br. = **Brya**

Bryomaltaea【2】 Goffinet 变齿藓属 Orthotrichaceae 木灵藓科 [B-151] 全球 (4) 大洲分布及种数(1) 亚洲:1;大洋洲:1;北美洲:1;南美洲:1

Bryomanginia【2】 Thér. 小牛毛藓属 Ditrichaceae 牛毛藓科 [B-119] 全球 (2) 大洲分布及种数(1) 北美洲:1;南美洲:1

Bryomnium Cardot = **Tayloria**

Bryomorpha Kar. & Kir. = **Thylacospermum**

Bryomorphe【3】 Harv. 帚藓菊属 → **Dolichothrix;Helichrysum** Asteraceae 菊科 [MD-586] 全球 (1) 大洲分布及种数(1-2)◆非洲(◆南非)

Bryomyces Miq. = **Orthotrichum**

Bryonia Endl. = **Bryonia**

Bryonia【3】 L. 泻根属 → **Abobra;Breynia;Persea** Cucurbitaceae 葫芦科 [MD-205] 全球 (6) 大洲分布及种数(11-22;hort.1;cult: 3)非洲:6-12;亚洲:8-16;大洋洲:5;欧洲:4-10;北美洲:4-9;南美洲:4-9

Bryoniaceae G.Mey. = Begoniaceae

Bryoniastrum Heist. ex Fabr. = **Sicyos**

Bryonoguchia【3】 Z.Iwats. & Inoü 毛羽藓属 ≒ **Tetrastichium** Thuidiaceae 羽藓科 [B-184] 全球 (1) 大洲分布及种数(2) ◆亚洲

Bryonopsis Arn. = **Kedrostis**

Bryonorrisia【-】 L.R.Stark & W.R.Buck 薄罗藓科属 Leskeaceae 薄罗藓科 [B-181] 全球 (uc) 大洲分布及种数(uc)

Bryophila (L.) Salisb. = **Ornithogalum**

Bryophthalmum E.Mey. = **Pyrola**

Bryophyllum【3】 Salisb. 落地生根属 ← **Sedum;Kalanchoe** Crassulaceae 景天科 [MD-229] 全球 (6) 大洲分布及种数(15-17)非洲:11-14;亚洲:7-8;大洋洲:6-7;欧洲:2-3;北美洲:5-6;南美洲:2-3

Bryophylluni Salisb. = **Bryophyllum**

Bryophyta Schimp. = **Parthenium**

Bryoporteria Thér. = **Camptodontium**

Bryopsida【-】 McClatchie 石竹科属 ≒ **Lyallia** Caryophyllaceae 石竹科 [MD-77] 全球 (uc) 大洲分布及

种数(uc)
Bryopsis Reiche = **Reicheella**
Bryoptera Taylor = **Bryopteris**
Bryopteris (Nees) Lindenb. = **Bryopteris**
Bryopteris 【2】 Taylor 小苔属 ≒ **Lejeunea;Fulfordianthus** Lejeuneaceae 细鳞苔科 [B-84] 全球 (3) 大洲分布及种数(3)非洲:2;亚洲:cf.1;南美洲:1
Bryosedgwickia 【-】 Cardot & Dixon 灰藓科属 Hypnaceae 灰藓科 [B-189] 全球 (uc) 大洲分布及种数(uc)
Bryosporis 【-】 Mildenhall,Dallas Clive & Bussell 孢芽藓科属 Sorapillaceae 孢芽藓科 [B-212] 全球 (uc) 大洲分布及种数(uc)
Bryostreimannia 【3】 Ochyra 澳青藓属 Amblystegiaceae 柳叶藓科 [B-178] 全球 (1) 大洲分布及种数(1)◆大洋洲
Bryotestua 【3】 Thér. & P.de la Varde 中非曲尾藓属 Dicranellaceae 小曲尾藓科 [B-122] 全球 (1) 大洲分布及种数(2)◆非洲
Bryotropha Kar. & Kir. = **Thylacospermum**
Bryowijkia 【2】 Nog. 蔓枝藓属 Bryowijkjaceae 多苞藓科 [B-140] 全球 (2) 大洲分布及种数(2) 非洲:1;亚洲:1
Bryowijkiaceae M.Stech & W.Frey = Bryowijkjaceae
Bryowijkjaceae Nog. = Bryowijkjaceae
Bryowijkjaceae 【2】 W.Frey & M.Stech 多苞藓科 [B-140] 全球 (2) 大洲分布和属种数(1/2)非洲:1/1; 亚洲:1/1
Bryoxiphiaceae 【2】 Besch. 虾藓科 [B-112] 全球 (4) 大洲分布和属种数(1/3)亚洲:1/2;欧洲:1/2;北美洲:1/2;南美洲:1/1
Bryoxiphium 【2】 Mitt. 虾藓属 ≒ **Phyllogonium** Bryoxiphiaceae 虾藓科 [B-112] 全球 (4) 大洲分布及种数(3) 亚洲:2;欧洲:2;北美洲:2;南美洲:1
Bryozoa L. = **Bryonia**
Bryum (Müll.Hal.) I.Hagen = **Bryum**
Bryum 【3】 Hedw. 真藓属 ≒ **Cynodon;Philonotis** Bryaceae 真藓科 [B-146] 全球 (6) 大洲分布及种数(687)非洲:172;亚洲:148;大洋洲:112;欧洲:227;北美洲:217;南美洲:219
Bubalina Raf. = **Cephaelis**
Bubbia 【3】 Van Tiegh. 合轴林仙属 ← **Zygogynum** Winteraceae 林仙科 [MD-3] 全球 (1) 大洲分布及种数(18-31)◆大洋洲
Bubon L. = **Athamanta**
Bubonium Hill = **Molinia**
Bubroma Ehrh. = **Guazuma**
Bubyaea DC. = **Dubyaea**
Bucafer Adans. = **Zannichellia**
Bucaniella Ireland = **Buckiella**
Bucanopsis Pomel = **Ononis**
Buccaferrea Bubani = **Potamogeton**
Buccaferrea Mich. ex Petagna = **Ruppia**
Buccella 【3】 Lür 尾萼兰属 ≒ **Elytranthe** Orchidaceae 兰科 [MM-723] 全球 (1) 大洲分布及种数(cf. 1)◆南美洲
Bucco J.C.Wendl. = **Agathosma**
Bucculina Lindl. = **Holothrix**
Bucegia 【2】 Radian 地钱属 Marchantiaceae 地钱科 [B-12] 全球 (2) 大洲分布及种数(2)欧洲:1;北美洲:1
Bucephalandra 【3】 Schott 展苞落檐属 Araceae 天南星科 [MM-639] 全球 (1) 大洲分布及种数(cf. 1)◆亚洲
Bucephalon L. = **Trophis**
Bucephalophora Pau = **Rumex**
Buceragenia 【3】 Greenm. 闭壳骨属 ≒ **Pseuderanthemum** Acanthaceae 爵床科 [MD-572] 全球 (1) 大洲分布及种数(1-2)◆北美洲
Buceras Hall. = **Trigonella**
Buceras P.Br. = **Bucida**
Bucerosia Endl. = **Pseudolithos**
Bucetum Parn. = **Schedonorus**
Buchanania 【3】 Spreng. 山様子属 → **Colebrookea;Semecarpus** Anacardiaceae 漆树科 [MD-432] 全球 (6) 大洲分布及种数(13-32)非洲:2-6;亚洲:11-27;大洋洲:2-9;欧洲:3;北美洲:3;南美洲:3
Buchananiana Spreng. = **Buchanania**
Buchanga Raf. = **Aniseia**
Buchaniana Pierre = **Spondias**
Bucharea Raf. = **Aniseia**
Buchema L. = **Buchnera**
Buchenavia 【2】 Eichler 榄桐属 ← **Bucida** Combretaceae 使君子科 [MD-354] 全球 (3) 大洲分布及种数(26-28)非洲:1;北美洲:1;南美洲:25-26
Buchenavia Stace = **Buchenavia**
Buchenroedera Eckl. & Zeyh. = **Lotononis**
Bucheria Heynh. = **Thryptomene**
Buchheimara 【-】 P.V.Heath 仙人掌科属 Cactaceae 仙人掌科 [MD-100] 全球 (uc) 大洲分布及种数(uc)
Buchholzia 【3】 Engl. 香椰子属 ≒ **Alternanthera** Capparaceae 山柑科 [MD-178] 全球 (1) 大洲分布及种数(2)◆非洲
Buchia D.Dietr. = **Perama**
Buchia Vell. = **Heteranthera**
Buchingera Boiss. & Hohen. = **Cuscuta**
Buchlandia R.Br. = **Bucklandia**
Buchloe 【2】 Engelm.野牛草属←**Anthephora;Melica;Sesleria** Poaceae 禾本科 [MM-748] 全球 (2) 大洲分布及种数(cf.1) 亚洲;北美洲
Buchlomimus C.Reeder,Reeder & Rzed. = **Bouteloua**
Buchnera 【3】 L. 黑草属 → **Agalinis;Priva** Scrophulariaceae 玄参科 [MD-536] 全球 (6) 大洲分布及种数(95-159;hort.1;cult: 2)非洲:69-126;亚洲:11-26;大洋洲:8-21;欧洲:1-9;北美洲:20-31;南美洲:19-32
Buchneraceae Benth. = Myoporaceae
Buchnerina L. = **Buchnera**
Buchnerodendron 【3】 Gürke 齿玫木属 ← **Oncoba** Achariaceae 青钟麻科 [MD-159] 全球 (1) 大洲分布及种数(2)◆非洲
Bucholtzia Meisn. = **Buchholzia**
Bucholzia 【3】 Stadtm. ex Willem. 风车子属 ≒ **Alternanthera** Amaranthaceae 苋科 [MD-116] 全球 (1) 大洲分布及种数(uc)◆亚洲
Buchosia Vell. = **Phrynium**
Buchozia L'Hér. ex Juss. = **Serissa**
Buchozia Pfeiffer = **Heteranthera**
Buchtienia 【3】 Schltr. 锚花兰属 Orchidaceae 兰科 [MM-723] 全球 (1) 大洲分布及种数(4-5)◆南美洲
Bucia L. = **Bucida**
Bucida 【3】 L. 榄檀属 → **Buchenavia;Myrobalanus;Pouteria** Combretaceae 使君子科 [MD-354] 全球 (1) 大洲分布及种数(3-10)◆北美洲

Bucinella Fucini = **Columnea**
Buckia【-】 D.Ramos,M.T.Gallego & J.Guerra 金灰藓科属 Pylaisiaceae 金灰藓科 [B-190] 全球 (uc) 大洲分布及种数(uc)
Buckiella【-】 <unassigned> 灰藓科属 Hypnaceae 灰藓科 [B-189] 全球 (uc) 大洲分布及种数(uc)
Buckiella Ireland = **Buckiella**
Buckinghamia【3】 F.Müll. 曲牙花属 Proteaceae 山龙眼科 [MD-219] 全球 (1) 大洲分布及种数(2)◆大洋洲(◆澳大利亚)
Bucklandia【3】 R.Br. ex Griff. 矮齿藓属 Grimmiaceae 紫萼藓科 [B-115] 全球 (1) 大洲分布及种数(1) 亚洲:1
Bucklandiella Bednarek-Ochyra & Ochyra = **Bucklandiella**
Bucklandiella【3】 Roiv. 矮齿藓属 ≒ **Racomitrium** Grimmiaceae 紫萼藓科 [B-115] 全球 (6) 大洲分布及种数(101) 非洲:36;亚洲:33;大洋洲:25;欧洲:31;北美洲:37;南美洲:42
Buckleya【3】 Torr. 米面蓊属 ← **Borya** Santalaceae 檀香科 [MD-412] 全球 (1) 大洲分布及种数(1-3)◆北美洲(◆美国)
Buckleyia Torr. = **Buckleya**
Bucknera Michx. = **Buchnera**
Buckollia【3】 H.J.T.Venter & R.L.Verhöven 非洲塔卡萝藦属 ≒ **Tacazzea** Apocynaceae 夹竹桃科 [MD-492] 全球 (1) 大洲分布及种数(2)◆非洲
Buckupiella Ireland = **Buckiella**
Bucquetia【3】 DC. 锦龙丹属 Melastomataceae 野牡丹科 [MD-364] 全球 (1) 大洲分布及种数(3)◆南美洲
Bucranion Raf. = **Utricularia**
Bucranium Raf. = **Utricularia**
Buda Adans. = **Spergularia**
Budaia Becc. = **Butia**
Budawangia【3】 I.R.H.Telford 杉石南属 Ericaceae 杜鹃花科 [MD-380] 全球 (1) 大洲分布及种数(uc)属分布及种数(uc)◆大洋洲(◆澳大利亚)
Buddl Adans. = **Spergularia**
Buddleia Houst. ex L. = **Buddleja**
Buddleja (Benth.) E.M.Norman = **Buddleja**
Buddleja【3】 L. 醉鱼草属 → **Nuxia;Clerodendrum;Lepechinia** Scrophulariaceae 玄参科 [MD-536] 全球 (6) 大洲分布及种数(131-152;hort.1;cult: 13)非洲:35-48;亚洲:48-70;大洋洲:14-26;欧洲:15-28;北美洲:56-69;南美洲:71-90
Buddlejaceae【3】 K.Wilh. 醉鱼草科 [MD-515] 全球 (6) 大洲分布和属种数(7;hort. & cult.3)(159-235;hort. & cult.46-68)非洲:4-5/59-76;亚洲:1-3/48-73;大洋洲:2-3/15-30;欧洲:1-3/15-31;北美洲:2-3/58-74;南美洲:3-5/74-96
Buddlejeae Bartl. = **Buddleja**
Buddleya L. = **Buddleja**
Budiopsis Kellogg = **Bahiopsis**
Budleia Houst. ex L. = **Buddleja**
Buechnera L. = **Buchnera**
Buechneria Roth = **Buchnera**
Bueckia A.Rich. = **Ruellia**
Buegeria Fife = **Beeveria**
Buel Meisn. = **Bouea**
Buellia【-】 De Not. 唐松木科属 ≒ **Ruellia;Sideroxylon** Physenaceae 唐松木科 [MD-169] 全球 (uc) 大洲分布及种数(uc)
Buelowia Schumach. = **Smeathmannia**
Buena Cav. = **Gonzalagunia**
Buena Pohl = **Cosmibuena**
Buergeria Miq. = **Yulania**
Buergeria Sieb. & Zucc. = **Magnolia**
Buergeriana Sieb. & Zucc. = **Talauma**
Buergersiochloa【3】 Pilg. 伊里安竺属 Poaceae 禾本科 [MM-748] 全球 (1) 大洲分布及种数(1)◆大洋洲
Buergersiochloeae S.T.Blake = **Buergersiochloa**
Buesia (C.V.Morton) Copel. = **Hymenophyllum**
Buesiella【-】 C.Schweinf. 兰科属 ≒ **Rusbyella** Orchidaceae 兰科 [MM-723] 全球 (uc) 大洲分布及种数(uc)
Buetneria Jacq. = **Byttneria**
Buettnera J.F.Gmel. = **Byttneria**
Buettneria Benth. = **Buettneria**
Buettneria【3】 Löfl. 南美腊梅属 ≒ **Rhopalocarpus** Calycanthaceae 蜡梅科 [MD-12] 全球 (1) 大洲分布及种数(1) ◆南美洲:1
Buffonea W.D.J.Koch = **Bufonia**
Buffonia Adans. = **Bufonia**
Bufonaria L. = **Bufonia**
Bufonia【3】 L. 蟾漆姑属 ≒ **Alsine;Eremogone** Caryophyllaceae 石竹科 [MD-77] 全球 (1) 大洲分布及种数(6-14)◆欧洲
Bufonidae L. = **Bufonia**
Buforrestia【3】 C.B.Clarke 透鞘花属 ← **Amischotolype** Commelinaceae 鸭跖草科 [MM-708] 全球 (1) 大洲分布及种数(1)◆南美洲
Bugainvillaea Brongn. = **Bougainvillea**
Bugenvillea Endl. = (接受名不详) Nyctaginaceae
Buginvillaea Comm. ex Juss. = **Bougainvillea**
Buginvillea J.F.Gmel. = **Bougainvillea**
Buginvillia J.F.Gmel. = **Bougainvillea**
Buglossa Gray = **Lycopsis**
Buglossaceae Hoffmanns. & Link = Cordiaceae
Buglossites Bubani = **Lycopsis**
Buglossites Moris = **Borago**
Buglossoides【2】 Mönch 田紫草属 ← **Lithospermum;Aegonychon** Boraginaceae 紫草科 [MD-517] 全球 (5) 大洲分布及种数(6-9;hort.1;cult:1)非洲:3;亚洲:3-4;大洋洲:1;欧洲:5-8;北美洲:2
Buglossum Adans. = **Anchusa**
Bugranopsis Pomel = **Ononis**
Buguinvillaea Humb. & Bonpl. = **Bougainvillea**
Bugula Mill. = **Sium**
Buhsea【3】 (Trautv.) A.Boriss. 鸟足菜属 ≒ **Gynandropsis** Cleomaceae 白花菜科 [MD-210] 全球 (1) 大洲分布及种数(cf. 1)◆亚洲
Buhsei (Trautv.) A.Boriss. = **Buhsea**
Buhsia Bunge = **Cleome**
Buiara Aubl. = **Banara**
Buillarda R.Hedw. = **Crassula**
Builliarda DC. = **Bryophyllum**
Buinalis Raf. = **Paronychia**
Buiningia Buxb. = **Coleocephalocereus**
Bujacia E.Mey. = **Glycine**
Bukiniczia【3】 Lincz. 贵霜花属 Plumbaginaceae 白花丹科 [MD-227] 全球 (1) 大洲分布及种数(1)◆西亚(◆阿

B

富汗)
Bulbedulis Raf. = **Gonioma**
Bulbihe Gaertn. = **Bulbine**
Bulbilis Raf. = **Sesleria**
Bulbillaria Zucc. = **Anthericum**
Bulbine Gaertn. = **Bulbine**
Bulbine【3】 Wolf 须尾草属 → **Trachyandra;Bulbinella** Asphodelaceae 阿福花科 [MM-649] 全球 (1) 大洲分布及种数(47-88)◆非洲
Bulbinella【2】 Kunth 粗尾草属 ← **Bulbine;Anthericum;Caesia** Asphodelaceae 阿福花科 [MM-649] 全球 (3)大洲分布及种数(15-29;hort.1)非洲:10-21;亚洲:2;大洋洲:6-9
Bulbinopsis【3】 Borzì 须尾草属 ≒ **Bulbine** Xanthorrhoeaceae 黄脂木科 [MM-701] 全球 (1) 大洲分布及种数(uc)◆大洋洲
Bulbisperma Reinw. ex Bl. = **Ophiopogon**
Bulbocapnos Bernh. = **Corydalis**
Bulbocastanum Lag. = **Conopodium**
Bulbocastanum Mill. = **Bunium**
Bulbocastanum Schur = **Carum**
Bulbocodiaceae Salisb. = Amaryllidaceae
Bulbocodium【3】 Ludw. 春水仙属 ≒ **Ixia** Colchicaceae 秋水仙科 [MM-623] 全球 (6) 大洲分布及种数(4)非洲:1-4;亚洲:2-5;大洋洲:2-5;欧洲:3-6;北美洲:3;南美洲:1-4
Bulbophyllaria S.Moore = **Bolbophyllaria**
Bulbophyllopsis Rchb.f. = **Sunipia**
Bulbophyllum (Bl.) Aver. = **Bulbophyllum**
Bulbophyllum【3】 Thou. 石豆兰属 → **Acrochaene;Epidendrum;Mastigion** Orchidaceae 兰科 [MM-723] 全球 (1) 大洲分布及种数(1280-2301)◆东亚(◆中国)
Bulbospermum Bl. = **Peliosanthes**
Bulbostylis DC. = **Bulbostylis**
Bulbostylis【3】 Kunth 球柱草属 ≒ **Chaetospora;Brickellia** Cyperaceae 莎草科 [MM-747] 全球 (1) 大洲分布及种数(49-70)◆亚洲
Bulbulus Swallen = **Rehia**
Bulga P. & K. = **Teucrium**
Bulimus L. = **Butomus**
Bullara Griff. & J.M.H.Shaw = **Bryophyllum**
Bulleidia Schltr. = **Bulleyia**
Bullera Schltr. = **Bulleyia**
Bulleyia【3】 Schltr. 蜂腰兰属 Orchidaceae 兰科 [MM-723] 全球 (1) 大洲分布及种数(1-7)◆东亚(◆中国)
Bullia Peyr. = **Billia**
Bulliarda DC. = **Crassula**
Bulliarda Neck. = **Annona**
Bullis Raf. = **Buchloe**
Bullockia【3】 (Bridson) Razafim.,Lantz & B.Bremer 非洲密茜属 ≒ **Plectronia** Rubiaceae 茜草科 [MD-523] 全球 (1) 大洲分布及种数(6)◆非洲
Bulnesia C.Gay = **Bulnesia**
Bulnesia【3】 Gay 玉檀木属 ← **Zygophyllum** Zygophyllaceae 蒺藜科 [MD-288] 全球 (1) 大洲分布及种数(10-13)◆南美洲
Bulnsia Gay = **Bulnesia**
Bulogites E.Mey. = **Adenium**
Bulowia Hook. = **Smeathmannia**
Bulweria F.Müll = **Canarium**
Bumaida Thunb. = **Staphylea**
Bumalda Thunb. = **Staphylea**
Bumastus Lour. = **Blastus**
Bumbophyllum Thou. = **Bulbophyllum**
Bumelia【3】 Sw. 刺李山榄属 ≒ **Sideroxylon** Sapotaceae 山榄科 [MD-357] 全球 (6) 大洲分布及种数(19)非洲:22;亚洲:22;大洋洲:22;欧洲:22;北美洲:2-24;南美洲:22
Bumeliaceae Barnhart = Bromeliaceae
Bunburia Harv. = **Vincetoxicum**
Bunburya Meisn. ex Hochst. = **Tricalysia**
Bunchosia【3】 Rich. ex Juss. 林咖啡属 → **Acmanthera;Dicella;Niedenzuella** Malpighiaceae 金虎尾科 [MD-343] 全球 (6) 大洲分布及种数(76-97;hort.1;cult: 10)非洲:1;亚洲:6-8;大洋洲:1-2;欧洲:3-4;北美洲:44-60;南美洲:47-51
Bunchosua Rich. ex Juss. = **Bunchosia**
Bungarimba【3】 K.M.Wong 南亚茜属 ← **Porterandia** Rubiaceae 茜草科 [MD-523] 全球 (1) 大洲分布及种数(1-3)◆亚洲
Bungea【3】 C.A.Mey. 本格草属 → **Monochasma;Rhinanthus** Orobanchaceae 列当科 [MD-552] 全球 (1) 大洲分布及种数(1-2)◆亚洲
Bungeana C.A.Mey. = **Bungea**
Bungei C.A.Mey. = **Bungea**
Bunialda Thunb. = **Staphylea**
Bunias【3】 (Tourn.) L. 匙荠属 ≒ **Laelia;Ochthodium** Brassicaceae 十字花科 [MD-213] 全球 (6) 大洲分布及种数(4-6)非洲:1-3;亚洲:3-5;大洋洲:2;欧洲:2-4;北美洲:2-4;南美洲:2
Bunias L. = **Bunias**
Buniella Schischk. = **Bunium**
Bunion St.Lag. = **Bunium**
Bunioseris Jord. = **Lactuca**
Buniotrinia【3】 Stapf & Wettst. ex Stapf 亚洲孜然芹属 Apiaceae 伞形科 [MD-480] 全球 (1) 大洲分布及种数(1)◆亚洲
Bunites Spangler = **Bunias**
Bunium【2】 L.黑孜然芹属 → **Pimpinella;Bupleurum;Ocimum** Apiaceae 伞形科 [MD-480] 全球 (4) 大洲分布及种数(34-58;hort.1;cult:2)非洲:11-13;亚洲:23-38;欧洲:11-13;北美洲:2
Bunnya F.Müll = **Cyanostegia**
Bunocephalus Steindachner = **Bolocephalus**
Bunochilus【3】 D.L.Jones & M.A.Clem. 翅柱兰属 ≒ **Pterostylis** Orchidaceae 兰科 [MM-723] 全球 (1) 大洲分布及种数(1)◆大洋洲
Bunophila Willd. ex Röm. & Schult. = **Machaonia**
Buntonia Salisb. = **Burtonia**
Buonapartea G.Don = **Tillandsia**
Bupariti Duham. = **Thespesia**
Buph Adans. = **Spergularia**
Buphane【3】 Herb. 虎耳兰属 ≒ **Boophone** Amaryllidaceae 石蒜科 [MM-694] 全球 (1) 大洲分布及种数(uc)◆亚洲
Buphone Herb. = **Amaryllis**
Buphtalmum L. = **Buphthalmum**
Buphthalmum【3】 L. 牛眼菊属 → **Anisopappus;Sphagneticola** Asteraceae 菊科 [MD-586] 全球 (1) 大洲

分布及种数(3-6)◆欧洲
Bupleorum L. = **Bupleurum**
Bupleuraceae Bercht. & J.Presl = Scrophulariaceae
Bupleuroides Mönch = **Phyllis**
Bupleurum【3】L. 柴胡属 ≒ **Odontites;Anginon** Apiaceae 伞形科 [MD-480] 全球 (6) 大洲分布及种数(145-250;hort.1;cult:36)非洲:33-61;亚洲:123-194;大洋洲:23-38;欧洲:57-94;北美洲:18-32;南美洲:7-18
Bupon L. = **Athamanta**
Buprestis Spreng. = **Echinophora**
Bupthalmum L. = **Buphthalmum**
Buraeavia Baill. = **Codiaeum**
Burasaia【3】Thou. 马岛睥酒藤属 Menispermaceae 防己科 [MD-42] 全球 (1) 大洲分布及种数(5)◆非洲(◆马达加斯加)
Burasaieae Endl. = **Burasaia**
Burbidgea【3】Hook.f. 短唇姜属 ← **Alpinia;Languas** Zingiberaceae 姜科 [MM-737] 全球 (1) 大洲分布及种数(1-5)◆亚洲
Burbonia Fabr. = **Persea**
Burbula Mill. = **Ajuga**
Burcarda Cothen. = **Burghartia**
Burcardia Duham. = **Piriqueta**
Burcardia Neck. ex Raf. = **Psidium**
Burcardia Raf. = **Campomanesia**
Burcera Cham. & Schltdl. = **Timonius**
Burchardia Duham. = **Burchardia**
Burchardia【3】R.Br. 葱水仙属 ≒ **Callicarpa** Colchicaceae 秋水仙科 [MM-623] 全球 (1) 大洲分布及种数(2-7)◆大洋洲(◆澳大利亚)
Burchardiaceae【3】Takht. 球茎草科 [MM-622] 全球 (1) 大洲分布和属种数(1;hort. & cult.1)(2-7;hort. & cult.1)◆大洋洲
Burchellia【3】R.Br. 布切尔木属 ← **Canephora;Cephaelis;Cinchona** Rubiaceae 茜草科 [MD-523] 全球 (1) 大洲分布及种数(1)◆非洲
Burckella【2】Pierre 大洋榄属 ≒ **Planchonella; Chelonespermum;Madhuca** Sapotaceae 山榄科 [MD-357] 全球 (3) 大洲分布及种数(11-17)非洲:4-6;亚洲:7-8;大洋洲:10-14
Burdachia【3】Mart. ex A.Juss. 巴北木属 ← **Bunchosia;Glandonia** Malpighiaceae 金虎尾科 [MD-343] 全球 (1) 大洲分布及种数(3)◆南美洲
Bureava Baill. = **Combretum**
Bureavella Pierre = **Pouteria**
Bureavia Cav. = **Bursaria**
Burgesia F.Müll = **Brachysema**
Burghartia【-】G.A.Scop. 有叶花科属 ≒ **Piriqueta** Turneraceae 有叶花科 [MD-149] 全球 (uc) 大洲分布及种数(uc)
Burglaria H.L.Wendl. ex Steud. = **Ilex**
Burgmansia Steud. = **Datura**
Burgoa L. = **Bergia**
Burgsdorfia Mönch = **Sideritis**
Burhidgea Hook.f. = **Burbidgea**
Burkartia【3】Crisci 莲座钝柱菊属 ≒ **Perezia** Asteraceae 菊科 [MD-586] 全球 (1) 大洲分布及种数(1)◆南美洲
Burkea【3】Benth. 白奇木属 Fabaceae 豆科 [MD-240] 全球 (1) 大洲分布及种数(1)◆非洲
Burkhardia Benth. & Hook.f. = **Acourtia**
Burkhardtara【-】auct. 兰科属 Orchidaceae 兰科 [MM-723] 全球 (uc) 大洲分布及种数(uc)
Burkillanthus【3】Swingle 柑橘属 ← **Citrus** Rutaceae 芸香科 [MD-399] 全球 (1) 大洲分布及种数(1)◆亚洲
Burkillara auct. = **Ferreyranthus**
Burkilliodendron【3】Sastry 马来布豆属 Fabaceae 豆科 [MD-240] 全球 (1) 大洲分布及种数(1)◆亚洲
Burkinshawara【-】J.M.H.Shaw 兰科属 Orchidaceae 兰科 [MM-723] 全球 (uc) 大洲分布及种数(uc)
Burlemarxia Menezes & Semir = **Vellozia**
Burlingtonia Lindl. = **Rodriguezia**
Burma Böhm. = **Capsella**
Burmabambus Keng f. = **Sinarundinaria**
Burmanni L. = **Burmannia**
Burmannia【3】L. 水玉簪属 Burmanniaceae 水玉簪科 [MM-696] 全球 (6) 大洲分布及种数(39-65)非洲:8-21;亚洲:16-39;大洋洲:6-17;欧洲:7;北美洲:8-15;南美洲:20-27
Burmanniaceae【3】Bl. 水玉簪科 [MM-696] 全球 (6)大洲分布和属种数(12-14/73-209)非洲:3-6/16-56;亚洲:1-5/16-56;大洋洲:1-4/6-31;欧洲:4/21;北美洲:6/13-35;南美洲:9-10/46-67
Burmannieae Miers ex Griseb. = **Burmannia**
Burmannii L. = **Burmannia**
Burmeiste Schickendantz = **Burmeistera**
Burmeistera【3】H.Karst. & Triana 蚋齿花属 ← **Centropogon;Siphocampylus** Campanulaceae 桔梗科 [MD-561] 全球 (1) 大洲分布及种数(93-130)◆南美洲
Burnatastrum Briq. = **Plectranthus**
Burnatia【3】Micheli 微瓣泽泻属 ← **Alisma;Echinodorus** Alismataceae 泽泻科 [MM-597] 全球 (1) 大洲分布及种数(1)◆非洲
Burnettia【3】Lindl. 澳蜥兰属 ← **Caladenia;Lyperanthus;Homalotheciella** Orchidaceae 兰科 [MM-723] 全球 (1) 大洲分布及种数(cf.1) ◆大洋洲
Burneya Cham. & Schltdl. = **Timonius**
Burnsbaloghia Szlach. = **Deiregyne**
Burragea Donn.Sm. & Rose = **Gongylocarpus**
Burrageara auct. = **Cochlioda**
Burretiodendron【3】Rehder 柄翅果属 ← **Craigia; Pentace** Malvaceae 锦葵科 [MD-203] 全球 (1) 大洲分布及种数(5-8)◆亚洲
Burretiokentia【2】Pic.Serm. 裂柄椰属 ← **Cyphosperma** Arecaceae 棕榈科 [MM-717] 全球 (4) 大洲分布及种数(3-6)非洲:1;亚洲:1;大洋洲:2-5;北美洲:1
Burretjodendron Rehder = **Burretiodendron**
Burriela DC. = **Lasthenia**
Burrielia Amphiachaenia Nutt. = **Lasthenia**
Burrillia DC. = **Turrillia**
Burroughsia Moldenke = **Lippia**
Bursa Böhm. = **Capsella**
Bursaia Steud. = **Codiaeum**
Bursa-pastoris Rupp. = **Capsella**
Bursaria【3】Cav. 群心木属 ← **Itea;Cyrilla** Pittosporaceae 海桐科 [MD-448] 全球 (1) 大洲分布及种数(6-12)◆大洋洲
Bursatella Pierre = **Planchonella**
Burse Böhm. = **Capsella**

B

Bursera【3】Jacq. ex L. 裂榄属 ← **Canarium;Bessera; Sorindeia** Burseraceae 橄榄科 [MD-408] 全球 (6) 大洲分布及种数(122-134)非洲:2;亚洲:10-13;大洋洲:2;欧洲:1-4;北美洲:115-123;南美洲:16-22

Burseraceae【3】Kunth 橄榄科 [MD-408] 全球 (6) 大洲分布和属种数(17-21;hort. & cult.8)(441-952;hort. & cult.26-30)非洲:8-14/175-359;亚洲:10-14/90-227;大洋洲:3-9/40-103;欧洲:4-9/11-65;北美洲:8-12/148-193;南美洲:8-12/100-197

Burseranthe【3】Rizzini 玉楝属 Euphorbiaceae 大戟科 [MD-217] 全球 (1) 大洲分布及种数(1)◆南美洲(◆巴西)

Bursereae DC. = **Bursera**

Burseria Jacq. = **Verbena**

Burserites örst. = **Phaulopsis**

Burshia Raf. = **Myriophyllum**

Bursinopetalum Wight = **Mastixia**

Burtonia【3】R.Br. 裂蝶豆属 ≒ **Gompholobium; Latrobea** Fabaceae3 蝶形花科 [MD-240] 全球 (1) 大洲分布及种数(1)◆大洋洲(◆澳大利亚)

Burttdavya Hoyle = **Nauclea**

Burttia【3】Baker f. & Exell 伯特藤属 Connaraceae 牛栓藤科 [MD-284] 全球 (1) 大洲分布及种数(1)◆非洲

Busbeckea Endl. = **Salpichroa**

Busbeckia【-】Hécart 山柑科属 Capparaceae 山柑科 [MD-178] 全球 (uc) 大洲分布及种数(uc)

Busbequia Salisb. = **Hyacinthus**

Buschia【2】Ovcz. 毛茛属 ≒ **Ranunculus** Ranunculaceae 毛茛科 [MD-38] 全球 (2) 大洲分布及种数(2) 非洲;欧洲

Busea Miq. = **Gomphostemma**

Buseria【3】T.Durand 咖啡属 ≒ **Coffea** Rubiaceae 茜草科 [MD-523] 全球 (1) 大洲分布及种数(uc)◆亚洲

Bushia Raf. = **Myriophyllum**

Bushiola Nieuwl. = **Kochia**

Busipho Salisb. = **Aloe**

Bussa Böhm. = **Asta**

Bussea【3】Harms 巴瑟苏木属 ← **Peltophorum** Fabaceae 豆科 [MD-240] 全球 (1) 大洲分布及种数(6-7)◆非洲

Busseria Cramer = **Canarium**

Busseuillia Lesson = **Eriocaulon**

Bustamenta Alam. ex DC. = **Eupatorium**

Bustelina E.Fourn. = **Oxypetalum**

Bustelma E.Fourn. = **Oxypetalum**

Bustia Adans. = **Anthemis**

Bustillosia Clos = **Domeykoa**

Butania Keng f. = **Sinarundinaria**

Butayea De Wild. = **Sclerochiton**

Butea【3】Roxb. ex Willd. 紫矿属 ← **Erythrina;Spatholobus** Fabaceae 豆科 [MD-240] 全球 (1) 大洲分布及种数(6-12)◆亚洲

Buteraea【3】Nees 延苞蓝属 ← **Strobilanthes** Acanthaceae 爵床科 [MD-572] 全球(1)大洲分布及种数(uc)◆大洋洲

Butherium Desv. = **Agrostis**

Buthus L. = **Butomus**

Butia (Becc.) Becc. = **Butia**

Butia【3】Becc. 果冻椰子属 ≒ **Syagrus** Arecaceae 棕榈科 [MM-717] 全球 (1) 大洲分布及种数(28-29)◆南美洲(◆巴西)

Butiarecastrum Prosch. = **Cocos**

Butiinae Saakov = **Conopodium**

Butinia Boiss. = **Conopodium**

Butneria【-】Duham. 蜡梅科属 ≒ **Sinocalycanthus** Calycanthaceae 蜡梅科 [MD-12] 全球 (uc) 大洲分布及种数(uc)

Butneriaceae Barnhart = Calycanthaceae

Butoa Roxb. ex Willd. = **Butea**

Butomaceae【2】Mirb. 花蔺科 [MM-595] 全球 (4) 大洲分布和属种数(1;hort. & cult.1)(2-3;hort. & cult.1)非洲:1/1;亚洲:1/2;欧洲:1/1;北美洲:1/2

Butomissa Salisb. = **Allium**

Butomopsis【3】Kunth 拟花蔺属 ≒ **Tenagocharis** Alismataceae 泽泻科 [MM-597] 全球 (1) 大洲分布及种数(1)◆大洋洲

Butomus【2】L. 花蔺属 → **Butomopsis** Butomaceae 花蔺科 [MM-595] 全球 (4) 大洲分布及种数(3)非洲:1;亚洲:cf.1;欧洲:1;北美洲:2

Butonica Lam. = **Barringtonia**

Buttneria Duham. = **Casasia**

Buttneria Schreb. = **Byttneria**

Buttonia【3】M´Ken ex Benth. 巴顿列当属 Orobanchaceae 列当科 [MD-552] 全球 (1) 大洲分布及种数(2-3)◆非洲

Butumia【3】G.Taylor 河鳞草属 ≒ **Saxicolella** Podostemaceae 川苔草科 [MD-322] 全球 (1) 大洲分布及种数(1)◆非洲

Butyagrus【3】Vorster 南美榄棕属 ≒ **Cocos** Arecaceae 棕榈科 [MM-717] 全球 (1) 大洲分布及种数(1-3)◆南美洲

Butyrospermum【2】Kotschy 牛油果属 ≒ **Vitellariopsis** Sapotaceae 山榄科 [MD-357] 全球 (2) 大洲分布及种数(1) 亚洲:1;大洋洲:1

Buxaceae【3】Dum. 黄杨科 [MD-131] 全球 (6) 大洲分布和属种数(3;hort. & cult.3)(89-161;hort. & cult.22-34)非洲:1-3/19-26;亚洲:3/45-64;大洋洲:1-3/4-9;欧洲:3/10-16;北美洲:3/43-78;南美洲:1-3/5-11

Buxbaumia (Lindb.) Broth. = **Buxbaumia**

Buxbaumia【2】Hedw. 烟杆藓属 ≒ **Diphyscium** Buxbaumiaceae 烟杆藓科 [B-102] 全球 (4) 大洲分布及种数(11) 亚洲:6;大洋洲:6;欧洲:2;北美洲:4

Buxbaumiaceae【3】Schwägr. 烟杆藓科 [B-102] 全球(6)大洲分布和属种数(4/31)亚洲:3/20;大洋洲:2/9;欧洲:2/5;北美洲:2/11;南美洲:2/7

Buxeae Dum. = **Butea**

Buxella Small = **Gaylussacia**

Buxella Van Tiegh. = **Buxus**

Buxiphyllum W.T.Wang & C.Z.Gao = **Paraboea**

Buxns Cav. = **Gonzalagunia**

Buxus (Oliv.) Friis = **Buxus**

Buxus【3】L. 黄杨属 ≒ **Cinchona;Simmondsia** Buxaceae 黄杨科 [MD-131] 全球 (6) 大洲分布及种数(73-116;hort.1;cult: 4)非洲:19-24;亚洲:30-43;大洋洲:4-7;欧洲:6-9;北美洲:37-69;南美洲:5-9

Buyssonara【-】J.M.H.Shaw 兰科属 Orchidaceae 兰科 [MM-723] 全球 (uc) 大洲分布及种数(uc)

Buzasina Raf. = **Monolopia**

Byblidaceae【3】Domin 腺毛草科 [MD-449] 全球 (1)

大洲分布和属种数(1;hort. & cult.1)(3-9;hort. & cult.2-5)◆大洋洲
Byblis【3】 Salisb. 腺毛草属 Byblidaceae 腺毛草科 [MD-449] 全球 (1) 大洲分布及种数(3-9)◆大洋洲(◆澳大利亚)
Bygnonia Barcena = **Brunonia**
Byllis Stål = **Byblis**
Byrnesia Rose = **Echeveria**
Byronia【2】 Endl. 栎属 ≒ **Ilex** Aquifoliaceae 冬青科 [MD-438] 全球 (4) 大洲分布及种数(1) 亚洲:1;大洋洲:1;欧洲:1;北美洲:1
Byrsa P.Br. = **Brya**
Byrsanthes C.Presl = **Siphocampylus**
Byrsanthus【3】 Guill. 西非大风子属 ≒ **Abatia** Salicaceae 杨柳科 [MD-123] 全球 (1) 大洲分布及种数(1)◆非洲
Byrsella【3】 Lür 袋兰属 ≒ **Pleurothallis** Orchidaceae 兰科 [MM-723] 全球 (1) 大洲分布及种数(26)◆南美洲(◆厄瓜多尔)
Byrsocarpus Eubyrsocarpus G.Schellenb. = **Rourea**
Byrsonima【3】 Rich. ex Juss. 栎樱木属 → **Spachea; Malpighia** Malpighiaceae 金虎尾科 [MD-343] 全球 (6) 大洲分布及种数(135-179;hort.1;cult:17)非洲:3-10;亚洲:5-15;大洋洲:1-8;欧洲:1-8;北美洲:29-52;南美洲:129-166
Byrsonina Rich. ex Juss. = **Byrsonima**
Byrsophyllum【3】 Hook.f. 咖啡属 ← **Coffea;Gardenia** Rubiaceae 茜草科 [MD-523] 全球 (1) 大洲分布及种数(2)◆亚洲
Byrsopteris C.V.Morton = **Byrsopteris**
Byrsopteris【3】 Morton 刺鳞毛蕨属 ≒ **Arachniodes** Dryopteridaceae 鳞毛蕨科 [F-49] 全球 (1) 大洲分布及种数(uc)◆亚洲
Byrsopteryx Harris & Holzenthal = **Byrsopteris**
Bysella Lür = **Byrsella**
Byssolejeunea Herzog = **Lejeunea**
Bystropogon【2】 L'Hér. 毕斯特罗木属 ← **Clinopodium; Mentha;Minthostachys** Lamiaceae 唇形科 [MD-575] 全球 (5) 大洲分布及种数(6-17)亚洲:1;大洋洲:4;欧洲:4;北美洲:1;南美洲:1-2
Bythina Cothen. = **Bauhinia**
Bythophyton【3】 Hook.f. 刺母草属 ← **Micranthemum** Plantaginaceae 车前科 [MD-527] 全球 (1) 大洲分布及种数(cf. 1)◆亚洲
Bytneria Jacq. = **Byttneria**
Byttneria Crassipetala Cristóbal = **Byttneria**
Byttneria【3】 Löfl. 刺果藤属 ≒ **Asclepias; Megatritheca** Byttneriaceae 利末花科 [MD-187] 全球 (6) 大洲分布及种数(145-154)非洲:35-36;亚洲:32-35;大洋洲:8-9;欧洲:1;北美洲:18-19;南美洲:88-94
Byttneriaceae【3】 R.Br. 利末花科 [MD-187] 全球 (6) 大洲分布和属种数(1-2/144-195)非洲:1/35-36;亚洲:1/32-35;大洋洲:1-2/8-27;欧洲:1/1;北美洲:1/18-19;南美洲:1/88-94
Byttnerieae DC. = **Byttneria**

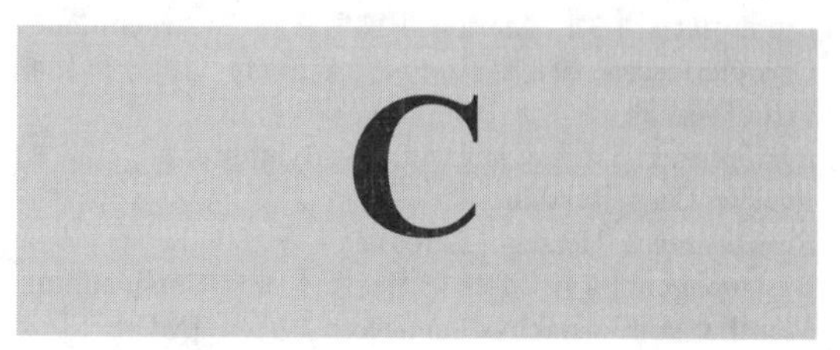

C

Caa【-】 H.A.Keller & Liede 夹竹桃科属 Apocynaceae 夹竹桃科 [MD-492] 全球 (uc) 大洲分布及种数(uc)
Caamembeca (Poir.) J.F.B.Pastore = **Caamembeca**
Caamembeca【3】 J.F.B.Pastore 秘鲁远志属 ≒ **Polygala** Polygalaceae 远志科 [MD-291] 全球 (1) 大洲分布及种数(14)◆南美洲
Caapeba Mill. = **Cissampelos**
Caatinganthus【3】 H.Rob. 芒冠斑鸠菊属 ≒ **Stilpnopappus** Asteraceae 菊科 [MD-586] 全球 (1) 大洲分布及种数(2)◆南美洲
Caballeria Ruiz & Pav. = **Myrsine**
Caballeroa Font Qür = **Saharanthus**
Cabanisia Klotzsch ex Schlecht. = **Eichhornia**
Cabera Lag. = **Airopsis**
Cabi Ducke = **Callaeum**
Cabillus Nocca = **Corylus**
Cabirus L. = **Adenocline**
Cabobanthus【3】 H.Rob. 铁鸠菊属 ← **Vernonia** Asteraceae 菊科 [MD-586] 全球 (1) 大洲分布及种数(2)◆非洲
Cabomba【3】 Aubl. 水盾草属 → **Brasenia** Cabombaceae 莼菜科 [MD-22] 全球 (6) 大洲分布及种数(7-8;hort.1;cult: 1)非洲:2;亚洲:2-4;大洋洲:1-3;欧洲:2;北美洲:5-7;南美洲:5-7
Cabombaceae【3】 Rich. ex A.Rich. 莼菜科 [MD-22] 全球(6)大洲分布和属种数(2;hort. & cult.2)(7-15;hort. & cult.3-6)非洲:1-2/1-5;亚洲:2/3-7;大洋洲:2/2-6;欧洲:1-2/1-5;北美洲:2/6-10;南美洲:1-2/5-9
Cabombeae Gardner = **Cabomba**
Cabra Lag. = **Axonopus**
Cabralea【3】 A.Juss. 权杖楝属 → **Ruagea;Trichilia** Meliaceae 楝科 [MD-414] 全球 (1) 大洲分布及种数(4-6)◆南美洲
Cabralia F.von Paula von Schrank = (接受名不详) Asaraceae
Cabrera Lag. = **Axonopus**
Cabreraea Bonif. = **Axonopus**
Cabreriella【3】 Cuatrec. 光藤菊属 Asteraceae 菊科 [MD-586] 全球 (1) 大洲分布及种数(2)◆南美洲(◆哥伦比亚)
Cabrita L. = **Nyctanthes**
Cabucala Pichon = **Petchia**
Cacabus【3】 Bernh. 南美甲茄属 ≒ **Physalis** Solanaceae 茄科 [MD-503] 全球 (1) 大洲分布及种数(2)◆南美洲
Cacajao Mill. = **Abroma**
Cacalia Burm. = **Cacalia**
Cacalia【3】 L. 甲菊属 ≒ **Emilia;Pentacalia** Asteraceae菊科[MD-586]全球(6)大洲分布及种数(17-122;hort.2;cult:2)非洲:34;亚洲:16-53;大洋洲:34;欧洲:34;北美洲:2-36;南美洲:34
Cacaliopsis【3】 A.Gray 类蟹甲属 ← **Luina** Asteraceae 菊科 [MD-586] 全球 (1) 大洲分布及种数(1)◆北美洲
Cacao Mill. = **Theobroma**
Cacaoaceae Kunth ex Perleb = Cactaceae
Cacara L.M.A.A.Du Petit-Thouars = **Pachyrhizus**
Cacatali Adans. = **Atraphaxis**
Caccinea Savi = **Caccinia**
Caccinia【3】 Savi 卡克草属 ← **Borago** Boraginaceae 紫草科 [MD-517] 全球 (1) 大洲分布及种数(1-5)◆亚洲
Cachris D.Dietr. = **Cachrys**
Cachrydium Link = **Cachrys**
Cachrys DC. = **Cachrys**
Cachrys【3】 L. 绵果芹属 → **Alococarpum;Aegomarathrum;Phlojodicarpus** Apiaceae 伞形科 [MD-480] 全球 (6) 大洲分布及种数(8-12)非洲:2-12;亚洲:5-16;大洋洲:9;欧洲:3-14;北美洲:9;南美洲:9
Cachyris Zumag. = **Cachrys**
Cacia Mill. = **Acacia**
Cacoceria Hull = **Catoferia**
Cacoides Mill. = **Capnoides**
Cacomantis Raf. = **Boltonia**
Caconapea Cham. = **Bacopa**
Caconobea Walp. = **Conobea**
Cacosmanthus Miq. = **Palaquium**
Cacosmia【3】 Kunth 无冠黄安菊属 Asteraceae 菊科 [MD-586] 全球 (1) 大洲分布及种数(3)◆南美洲
Cacotanis Raf. = **Matricaria**
Cacoucia Aubl. = **Combretum**
Cactaceae【3】Juss. 仙人掌科 [MD-100] 全球 (6) 大洲分布和属种数(155-178;hort. & cult.90-115)(3333-5299;hort. & cult.684-1087)非洲:8-62/37-558;亚洲:29-72/103-636;大洋洲:13-61/55-574;欧洲:10-63/57-581;北美洲:77-98/1601-2315;南美洲:103-134/1887-2630
Cactornis Raf. = **Boltonia**
Cactosoma Benth. = **Securidaca**
Cactus【3】 P. & K. 花座掌属 → **Acanthocereus;Maxillaria;Peniocereus** Cactaceae 仙人掌科 [MD-100] 全球 (1) 大洲分布及种数(157-183)◆北美洲
Cacucia J.F.Gmel. = **Combretum**
Cacupira G.A.Black = **Curupira**
Cacuvallum Medik. = **Mucuna**
Cadaba【3】 Forssk. 蛭果柑属 ≒ **Lantana** Capparaceae 山柑科 [MD-178] 全球 (6) 大洲分布及种数(15-32;hort.1)非洲:13-29;亚洲:6-13;大洋洲:2;欧洲:1;北美洲:3-4;南美洲:3-4
Cadalvena Fenzl = **Costus**
Caddo Mill. = **Abroma**
Cadelari Adans. = **Pupalia**
Cadelaria Raf. = **Achyropsis**
Cadelium Medik. = **Phaseolus**
Cadellia【3】 F.Müll. 大洋洲海人树属 ≒ **Guilfoylia** Surianaceae 海人树科 [MD-257] 全球 (1) 大洲分布及种数(3)◆大洋洲
Cadetia【3】 Gaud. 水石斛属 ← **Bulbophyllum; Diplocaulobium** Orchidaceae 兰科 [MM-723] 全球 (6) 大洲分布及种数(27-29)非洲:20-22;亚洲:25-27;大洋洲:22-24;欧

洲:1;北美洲:1;南美洲:1-3
Cadia【3】 Forssk. 风铃豆属 ≒ **Canna;Neoharmsia** Fabaceae 豆科 [MD-240] 全球 (6) 大洲分布及种数(8-9)非洲:7-9;亚洲:1-2;大洋洲:1;欧洲:1-2;北美洲:1-2;南美洲:1
Cadiaeum Small = **Callaeum**
Cadiscus【3】 E.Mey. ex DC. 水漂菊属 Asteraceae 菊科 [MD-586] 全球 (1) 大洲分布及种数(1)◆非洲
Cadlina L. = **Carlina**
Cadlinella Hemsl. = **Androsace**
Cadomia Tromelin = **Croomia**
Cadophora C.Presl = **Caiophora**
Cadrela P.Br. = **Cedrela**
Cadsura Spreng. = **Kadsura**
Caduciella【2】 Enroth 尾枝藓属 ≒ **Homalia** Neckeraceae 平藓科 [B-204] 全球 (4) 大洲分布及种数(2) 非洲:1;亚洲:2;大洋洲:1;欧洲:1
Cadulus W.R.Anderson = **Carolus**
Cadurcia Raeusch. = **Garcia**
Cadus Mill. = **Padus**
Caecina Adans. = **Calepina**
Caecula Roxb. = **Caesulia**
Caeculia L. = **Cacalia**
Caedesia Willd. = **Caldesia**
Caedicia Buch.Ham. ex G.Don = **Pottsia**
Caela Adans. = **Sonneratia**
Caelebogyne J.Sm. = **Alchornea**
Caelestina Cass. = **Ageratum**
Caelia G.Don = **Lindmania**
Caelobogyne N.T.Burb. = **Acmella**
Caelocarpum Moldenke = **Manilkara**
Caelocline Auct. ex Steud. = **Anaxagorea**
Caelodepas Benth. & Hook.f. = **Koilodepas**
Caeloglossum Steud. = **Coeloglossum**
Caelogyne【-】 Lindl. 兰科属 ≒ **Coelogyne** Orchidaceae 兰科 [MM-723] 全球 (uc) 大洲分布及种数(uc)
Caelospermum【3】 Bl. 穴果木属 ≒ **Coelospermum;Gardenia** Rubiaceae 茜草科 [MD-523] 全球 (1) 大洲分布及种数(4-5)◆大洋洲
Caenis Salisb. = **Narcissus**
Caenopteris Bergius = **Asplenium**
Caenotus (Nutt.) Raf. = **Conyza**
Caepha Lesch. ex Rchb. = **Hydrocotyle**
Caepidium J.Agardh = **Ctenidium**
Caeporis L. = **Capparis**
Caesalpina L. = **Caesalpinia**
Caesalpinia (Desf.) Vidal ex Herend. & Zarucchi = **Caesalpinia**
Caesalpinia【3】 L. 云实属 → **Acacia;Peltophorum** Fabaceae2 云实科 [MD-239] 全球 (1) 大洲分布及种数(62-89)◆南美洲(◆巴西)
Caesalpiniaceae R.Br. = Mitrastemonaceae
Caesalpinieae Rchb. = **Caesalpinia**
Caesalpiniodes P. & K. = **Gleditsia**
Caesalpinites P. & K. = **Albizia**
Caesaplinia Blanco = **Caesalpinia**
Caesarea【3】 Cambess. 巍安草属 ≒ **Viviania;Samyda** Vivianiaceae 曲胚科 [MD-283] 全球 (1) 大洲分布及种数(1-2)◆南美洲
Casearia Bl. = **Corybas**
Caesia【3】 R.Br. 草百合属 ≒ **Anthericum;Stypandra;Agrostocrinum** Asphodelaceae 阿福花科 [MM-649] 全球(6)大洲分布及种数(18)非洲:4-16;亚洲:9;大洋洲:6-23;欧洲:9;北美洲:9;南美洲:9
Caesio R.Br. = **Caesia**
Caesulia【3】 Roxb. 腋序菊属 → **Enydra** Asteraceae 菊科 [MD-586] 全球 (1) 大洲分布及种数(2)◆亚洲
Caeta Steud. = **Carya**
Caetangil【-】 L.P.Queiroz 蝶形花科属 Fabaceae3 蝶形花科 [MD-240] 全球 (uc) 大洲分布及种数(uc)
Caetha L. = **Caltha**
Caetrodes Hutch. = **Calathodes**
Cafe Adans. = **Coffea**
Caffea Nor. = **Cavea**
Cafius Blanco = **Streblus**
Caganella Spruce ex Benth. & Hook.f. = **Paullinia**
Cahita H.Karst. = **Oedematopus**
Cahota H.Karst. = **Oedematopus**
Cahuzacara【-】 J.M.H.Shaw 兰科属 Orchidaceae 兰科 [MM-723] 全球 (uc) 大洲分布及种数(uc)
Caica L. = **Carica**
Caidbeja Forssk. = **Forsskaolea**
Cailliea【-】 Guill. & Perr. 豆科属 ≒ **Dichrostachys;Pentaclethra** Fabaceae 豆科 [MD-240] 全球 (uc) 大洲分布及种数(uc)
Cailliella【3】 Jacq.-Fél. 西非野牡丹属 Melastomataceae 野牡丹科 [MD-364] 全球 (1) 大洲分布及种数(1)◆非洲
Cainito Adans. = **Chrysophyllum**
Caio Mill. = **Abroma**
Caiophora【3】 Webb & Berth. ex C.Presl 逸群麻属 → **Blumenbachia;Ocotea** Loasaceae 刺莲花科 [MD-435] 全球 (1) 大洲分布及种数(73-110)◆南美洲
Cairaella V.P.Castro & K.G.Lacerda = **Ada**
Cairina L. = **Canarina**
Cairoa C.Presl = **Amorpha**
Caiza Pancher ex Baill. = **Neuburgia**
Cajan Adans. = **Cajanus**
Cajanum Raf. = **Cajanus**
Cajanus【3】 Adans. 木豆属 → **Atylosia;Stizolobium;Palmijuncus** Fabaceae 豆科 [MD-240] 全球 (6) 大洲分布及种数(28-36;hort.1;cult: 1)非洲:6-10;亚洲:21-26;大洋洲:12-22;欧洲:3;北美洲:2-5;南美洲:3-6
Cajophora (Wedd.) Urb. & Gilg = **Caiophora**
Caju P. & K. = **Styphnolobium**
Cajum【3】 P. & K. 槐属 ≒ **Pongamia** Fabaceae 豆科 [MD-240] 全球 (1) 大洲分布及种数(1)◆亚洲
Cajuputi Adans. = **Bombax**
Caju-puti Adans. = **Melaleuca**
Cakile【3】 Mill. 海滨芥属 ← **Bunias;Crambe** Brassicaceae 十字花科 [MD-213] 全球 (6) 大洲分布及种数(8;hort.1;cult: 4)非洲:1-6;亚洲:5-10;大洋洲:2-7;欧洲:4-9;北美洲:5-10;南美洲:1-6
Cakpethia Britton = **Anemone**
Calaba Mill. = **Symphyopappus**
Calacan Mill. = **Calophyllum**
Calacantha【-】 T.Anders. ex Benth. & Hook.f. 爵床科属 Acanthaceae 爵床科 [MD-572] 全球 (uc) 大洲分布及

C

种数(uc)
Calacanthus P. & K. = **Calacanthus**
Calacanthus【2】T.Anderson ex Benth. & Hook.f. 鳞花草属 ← **Lepidagathis** Acanthaceae 爵床科 [MD-572] 全球 (2) 大洲分布及种数(1-2) 亚洲;北美洲
Calacinum Raf. = **Muehlenbeckia**
Caladenia【3】R.Br. 裂缘兰属 → **Arethusa;Aporostylis;Acianthus** Orchidaceae 兰科 [MM-723] 全球 (1) 大洲分布及种数(302-337)◆大洋洲
Caladenia Szlach. = **Caladenia**
Caladeniastrum (Szlach.) Szlach. = **Mastixiodendron**
Caladiaceae Salisb. = Caricaceae
Caladim Lour. = **Cassytha**
Caladiopsis Engl. = **Chlorospatha**
Caladium【3】Vent. 五彩芋属 → **Aglaonema;Alocasia;Dieffenbachia** Araceae 天南星科 [MM-639] 全球 (1) 大洲分布及种数(22-40)◆南美洲(◆巴西)
Calaeonitis【-】J.M.H.Shaw 兰科属 Orchidaceae 兰科 [MM-723] 全球 (uc) 大洲分布及种数(uc)
Calais Calocalais DC. = **Microseris**
Calalmus L. = **Calamus**
Calamaceae Kunth ex Perleb = Philydraceae
Calamagrostis (Asch. & Graebn.) Honda = **Calamagrostis**
Calamagrostis【3】Adans. 拂子茅属 ≒ **Ammophila** Poaceae 禾本科 [MM-748] 全球 (6) 大洲分布及种数(278-346;hort.1;cult:39)非洲:28-84;亚洲:119-188;大洋洲:36-92;欧洲:39-95;北美洲:67-121;南美洲:112-166
Calamaria【3】Böhm. 苔水韭属 ≒ **Isoetes;Corybas** Isoetaceae 水韭科 [F-7] 全球 (6) 大洲分布及种数(6)非洲:1-4;亚洲:2-5;大洋洲:1-4;欧洲:1-4;北美洲:2-5;南美洲:3
Calamentha Mill. = **Calamintha**
Calamgiostis Adans. = **Calamagrostis**
Calamiana P.Beauv. = **Apluda**
Calamina P.Beauv. = **Apluda**
Calaminae Meisn. = **Apluda**
Calamintha Adans. = **Calamintha**
Calamintha【3】Mill. 新风轮属 ≒ **Melica;Steyermarkochloa** Lamiaceae 唇形科 [MD-575] 全球 (6) 大洲分布及种数(31-68;hort.1;cult: 17)非洲:15;亚洲:14-37;大洋洲:3-18;欧洲:21-39;北美洲:15-30;南美洲:3-18
Calamistrum (L.) P. & K. = **Pilularia**
Calamita P.Beauv. = **Apluda**
Calammophila【3】A.Brand 爪草属 Poaceae 禾本科 [MM-748] 全球 (1) 大洲分布及种数(1-2)◆北美洲(◆美国)
Calamnus Adans. = **Cajanus**
Calamochloe Rchb. = **Arundinella**
Calamodendron A.C.Sm. = **Webera**
Calamogrostis Mönch = **Calamagrostis**
Calamophila【-】O.Schwarz 禾本科属 Poaceae 禾本科 [MM-748] 全球 (uc) 大洲分布及种数(uc)
Calamophyllia Blainville = **Calamophyllum**
Calamophyllum【3】Schwantes 酋矛玉属 ← **Mesembryanthemum** Aizoaceae 番杏科 [MD-94] 全球 (1) 大洲分布及种数(3)◆非洲
Calamopteris Lam. = **Cyrtandra**
Calamopteryx A.C.Sm. = **Calopteryx**
Calamosagus Griff. = **Korthalsia**
Calamoseris A.Gray = **Calycoseris**
Calamostachys D.Don = **Achyranthes**
Calamovilfa【3】(A.Gray) Hack. 沙芦属 ≒ **Calamagrostis** Poaceae 禾本科 [MM-748] 全球 (1) 大洲分布及种数(5)◆北美洲
Calampelis D.Don = **Eccremocarpus**
Calamphoreus【3】Chinnock 喜沙木属 ← **Eremophila** Scrophulariaceae 玄参科 [MD-536] 全球 (1) 大洲分布及种数(1)◆大洋洲
Calamura Böhm. = **Calamaria**
Calamus【3】Auct. ex L. 省藤属 ≒ **Acorus** Arecaceae 棕榈科[MM-717]全球(6)大洲分布及种数(214-576;hort.1)非洲:41-105;亚洲:175-401;大洋洲:15-74;欧洲:16;北美洲:7-24;南美洲:9-26
Calamxnlha Mill. = **Calamintha**
Calanassa Webb & Berth. = **Isoplexis**
Calanchoe Pers. = **Kalanchoe**
Calanda【3】K.Schum. 索马里茜草属 ← **Pentanisia;Taxandria** Rubiaceae 茜草科 [MD-523] 全球 (1) 大洲分布及种数(cf. 1)◆非洲
Calandarium Juss. ex Steud. = **Clandarium**
Calandrinia (Fenzl) Hershk. = **Calandrinia**
Calandrinia【3】Kunth 红娘花属 → **Montiopsis;Calyptridium;Phemeranthus** Portulacaceae 马齿苋科 [MD-85] 全球 (1) 大洲分布及种数(68-109)◆南美洲(◆阿根廷)
Calandrinieae Fenzl = **Calandrinia**
Calandriniopsis E.Franz = **Calandrinia**
Calanoida Jaub. ex Tul. = **Calantica**
Calanthe【3】R.Br. 虾脊兰属 ≒ **Coelogyne;Ania** Orchidaceae 兰科 [MM-723] 全球 (1) 大洲分布及种数(101-199)◆亚洲
Calanthe Verna Kakadzu = **Calanthe**
Calanthea【3】(DC.) Miers 山柑属 ≒ **Capparis** Capparaceae 山柑科 [MD-178] 全球 (1) 大洲分布及种数(cf. 1)◆南美洲
Calanthemum P. & K. = **Ranunculus**
Calanthera Hook. = **Buchloe**
Calanthidium Pfitz. = **Calanthe**
Calanthus örst. = **Alloplectus**
Calanthus P. & K. = **Watsonia**
Calantica【3】Jaub. ex Tul. 非洲大风子属 ≒ **Blakwellia** Salicaceae 杨柳科 [MD-123] 全球 (1) 大洲分布及种数(7-11)◆非洲
Calanticaria【3】(B.L.Rob. & Greenm.) E.E.Schill. & Panero 少花葵属 Asteraceae 菊科 [MD-586] 全球 (1) 大洲分布及种数(5)◆北美洲(◆墨西哥)
Calapodium Holub = **Catapodium**
Calapoecia Venturi = **Hypericum**
Calappa Rumph. = **Cocos**
Calasias Raf. = **Pleurophora**
Calassodia【3】M.A.Clem. 裂缘兰属 ≒ **Caladenia** Orchidaceae 兰科 [MM-723] 全球 (1) 大洲分布及种数(1)◆大洋洲
Calathamus Cothen. = **Carthamus**
Calathea【3】G.F.W.Mey. 肖竹芋属 ≒ **Calanthe;Ataenidia** Marantaceae 竹芋科 [MM-740] 全球 (6) 大洲分布及种数(99-167)非洲:4-12;亚洲:17-26;大洋洲:4-12;欧洲:8;北美洲:42-58;南美洲:81-111

Calathella G.Mey. = **Calathea**
Calathiinae Zuev = **Gentiana**
Calathinus Raf. = **Narcissus**
Calathiops Raf. = **Narcissus**
Calathodes【3】Hook.f. & Thoms. 鸡爪草属 Ranunculaceae 毛茛科 [MD-38] 全球 (1) 大洲分布及种数(5-6)◆亚洲
Calatholejeunea【3】Mizut. 爪鳞苔属 Lejeuneaceae 细鳞苔科 [B-84] 全球 (1) 大洲分布及种数(2)◆大洋洲(◆巴布亚新几内亚)
Calatholejeuneae R.M.Schust. = **Calatholejeunea**
Calathostelma【3】E.Fourn. 篮冠萝藦属 Apocynaceae 夹竹桃科 [MD-492] 全球 (1) 大洲分布及种数(1)◆南美洲
Calathura Kunth. = **Bouteloua**
Calathus örst. = **Besleria**
Calatola【2】Standl. 热美茶茱萸属 Metteniusaceae 水螅花科 [MD-454] 全球 (2) 大洲分布及种数(8-10)北美洲:5;南美洲:4-6
Calatrapis R.Br. = **Calotropis**
Calaunia【-】Grudz. 榆科属 ≒ **Aphananthe** Ulmaceae 榆科 [MD-83] 全球 (uc) 大洲分布及种数(uc)
Calawaya Szlach. & Sitko = **Maxillaria**
Calboa Cav. = **Ipomoea**
Calca Salisb. = **Geitonoplesium**
Calcalia Krock. = **Cacalia**
Calcar P.V.Heath = **Coleus**
Calcaratolobelia【3】Wilbur 铜锤玉带属 ← **Lobelia** Campanulaceae 桔梗科 [MD-561] 全球 (1) 大洲分布及种数(1)◆北美洲
Calcareoboea【3】C.Y.Wu ex H.W.Li 朱红苣苔属 ← **Didymocarpus;Petrocodon** Gesneriaceae 苦苣苔科 [MD-549] 全球 (1) 大洲分布及种数(1)◆亚洲
Calcareopsis Meve & Liede = **Bauhinia**
Calcarina Raf. = **Monochoria**
Calcatrippa Heist. = **Delphinium**
Calcearia Bl. = **Corybas**
Calceola W.R.Anderson & C.Davis = **Calcicola**
Calceolari Löfl. = **Calceolaria**
Calceolaria (Benth.) Kraenzl. = **Calceolaria**
Calceolaria【3】L. 荷包花属 → **Castilleja;Cypripedium;Porodittia** Calceolariaceae 荷包花科 [MD-531] 全球 (6) 大洲分布及种数(284-310;hort.1;cult: 19)非洲:4;亚洲:264-268;大洋洲:7-11;欧洲:9-13;北美洲:24-28;南美洲:280-296
Calceolariaceae【3】Raf. ex Olmstead 荷包花科 [MD-531] 全球 (6) 大洲分布和属种数(1;hort. & cult.1)/283-336;hort. & cult.52-72)非洲:1/4;亚洲:1/264-268;大洋洲:1/7-11;欧洲:1/9-13;北美洲:1/24-28;南美洲:1/280-296
Calceolarieae D.Don = **Calceolaria**
Calceolus Adans. = **Cypripedium**
Calchas P.V.Heath = **Coleus**
Calcicola【3】W.R.Anderson & C.Davis 藤翅果属 ≒ **Hiraea** Malpighiaceae 金虎尾科 [MD-343] 全球 (1) 大洲分布及种数(2)◆北美洲
Calcinus Raf. = **Coccoloba**
Calciopappus Meyen = **Nassauvia**
Calciphila【3】Liede & Meve 鹅绒藤属 ≒ **Cynanchum** Apocynaceae 夹竹桃科 [MD-492] 全球 (1) 大洲分布及种数(1-2)◆非洲
Calciphilopteris【3】Yesilyurt & H.Schneid. 戟叶黑心蕨属 ≒ **Doryopteris** Pteridaceae 凤尾蕨科 [F-31] 全球 (1) 大洲分布及种数(1)◆东亚(◆中国)
Calcitrapa Hall. = **Centaurea**
Calcitrapoides Fabr. = **Centaurea**
Calcoa Salisb. = **Geitonoplesium**
Caldasia Humb. ex Willd. = **Oreomyrrhis**
Caldasia Mutis ex Caldas = **Helosis**
Caldasia Willd. = **Bonplandia**
Caldcluvia【3】D.Don 栎珠梅属 → **Ackama;Weinmannia** Cunoniaceae 合椿梅科 [MD-255] 全球 (1) 大洲分布及种数(1)◆南美洲
Calderonella【3】Soderstr. & H.F.Decker 林轭草属 Poaceae 禾本科 [MM-748] 全球 (1) 大洲分布及种数(1)◆中美洲(◆巴拿马)
Calderonia Standl. = **Simira**
Caldesia【3】Parl. 泽苔草属 ← **Alisma;Caladenia** Alismataceae 泽泻科 [MM-597] 全球 (1) 大洲分布及种数(5)◆亚洲
Calea【3】L. 多鳞菊属 ≒ **Neurolaena;Schomburgkia;Perymenium** Asteraceae 菊科 [MD-586] 全球 (6) 大洲分布及种数(141-191;hort.1;cult: 4)非洲:1-4;亚洲:3;大洋洲:5-9;欧洲:3;北美洲:12-15;南美洲:132-161
Caleacte Cass. = **Neurolaena**
Caleana【3】R.Br. 飞鸭兰属 Orchidaceae 兰科 [MM-723] 全球 (1) 大洲分布及种数(12-21)◆大洋洲
Caleatia Mart. ex Steud. = **Lucuma**
Calebrachys Cass. = **Calea**
Calectasia【3】R.Br. 澳丽花属 Calectasiaceae 篮花木科 [MM-719] 全球 (1) 大洲分布及种数(7-16)◆大洋洲
Calectasiaceae【3】Schnizl. 篮花木科 [MM-719] 全球 (1) 大洲分布和属种数(1;hort. & cult.1)(7-16;hort. & cult.1)◆大洋洲
Caledonia Standl. = **Simira**
Calendella P. & K. = **Caltha**
Calendula【3】L. 金盏花属 ≒ **Calla;Osteospermum** Calendulaceae 金盏花科 [MD-583] 全球 (6) 大洲分布及种数(21-37;hort.1;cult: 2)非洲:12-13;亚洲:12-16;大洋洲:6-7;欧洲:11-12;北美洲:4-5;南美洲:1-2
Calendulaceae【3】Bercht. & J.Presl 金盏花科 [MD-583] 全球 (6) 大洲分布和属种数(1;hort. & cult.1)(33-130;hort. & cult.13-23)非洲:1/12-13;亚洲:1/12-16;大洋洲:1/6-7;欧洲:1/11-12;北美洲:1/4-5;南美洲:1/1-2
Calenduleae Cass. = **Calendula**
Caleniopsis (Stirt.) Lücking & al. = **Goldmanella**
Caleopsis Fedde = **Goldmanella**
Calepina【3】Adans. 白球荠属 ← **Bunias;Myagrum;Cheiranthus** Brassicaceae 十字花科 [MD-213] 全球 (1) 大洲分布及种数(1)◆欧洲
Calepineae Horan. = **Calepina**
Calesia Raf. = **Lannea**
Calesiam Adans. = **Lannea**
Calesium P. & K. = **Commiphora**
Calestania Koso-Pol. = **Peucedanum**
Caletia Baill. = **Trifolium**
Caletieae Müll.Arg. = **Micrantheum**
Caletilla J.M.H.Shaw = **Castilla**
Caleya R.Br. = **Paracaleana**
Caleyana P. & K. = **Caleana**

Cali Terán & Berland. = **Sophora**
Calia Terán & Berland. = **Sophora**
Caliacis DC. = **Microseris**
Calianassa Webb & Berthel. = **Isoplexis**
Calibanus 【3】 Rose 砾丝兰属 ← **Dasylirion** Asparagaceae 天门冬科 [MM-669] 全球 (1) 大洲分布及种数(2)◆北美洲
Calibrachoa 【2】 Cerv. 舞春花属 ≒ **Petunia;Salpiglossis** Solanaceae 茄科 [MD-503] 全球 (3) 大洲分布及种数(32-33;hort.1;cult: 1)大洋洲:7;北美洲:2;南美洲:31-32
Calibrchoa Meisn. = **Calibrachoa**
Calic Terán & Berland. = **Sophora**
Calicera Cav. = **Calycera**
Calicharis 【3】 Meerow 巴拿马石蒜属 ← **Urceolina;Eucharis** Amaryllidaceae 石蒜科 [MM-694] 全球 (1) 大洲分布及种数(1)◆中美洲(◆巴拿马)
Caliciaceae Chevall. = Caricaceae
Caliciella Räsänen = **Aliciella**
Calicorema 【3】 Hook.f. 灰苋木属 ← **Aerva;Sericocoma** Amaranthaceae 苋科 [MD-116] 全球 (1) 大洲分布及种数(2)◆非洲
Calicotome 【3】 Link 刺金雀属 ← **Cytisus** Fabaceae 豆科 [MD-240] 全球 (1) 大洲分布及种数(4-5)◆欧洲
Calid Terán & Berland. = **Sophora**
Calif Terán & Berland. = **Sophora**
Califia Hartman = **Callisia**
California 【3】 Aldasoro,C.Navarro,P.Vargas,L.Sáez & Aedo 牻牛儿苗属 ≒ **Erodium** Geraniaceae 牻牛儿苗科 [MD-318] 全球 (6) 大洲分布及种数(2)非洲:1;亚洲:1;大洋洲:1;欧洲:1;北美洲:1-2;南美洲:1
Caligella Klotzsch = **Agapetes**
Caligodes Hutch. = **Calathodes**
Caligorgia Aldasoro,C.Navarro,P.Vargas,L.Sáez & Aedo = **California**
Caligula Klotzsch = **Agapetes**
Caligus Blanco = **Morus**
Calimeris 【-】 Nees 菊科属 ≒ **Aster;Asterothamnus** Asteraceae 菊科 [MD-586] 全球 (uc) 大洲分布及种数(uc)
Calinaga Aubl. = **Mappia**
Calinea Aubl. = **Doliocarpus**
Calineris Nees = **Aster**
Calinux Raf. = **Scleropyrum**
Caliphaea Fisch. = **Calophaca**
Caliphruria 【3】 Herb. 漏斗水仙属 → **Eucharis;Urceolina** Amaryllidaceae 石蒜科 [MM-694] 全球 (1) 大洲分布及种数(4-5)◆南美洲
Calipogon Raf. = **Ophrys**
Caliroa L. = **Calvoa**
Calisaya Hort. ex Pav. = **Callista**
Calisius Raf. = **Dianthera**
Calispepla 【3】 Vved. 亚洲水蝶花属 ≒ **Argyrolobium** Fabaceae3 蝶形花科 [MD-240] 全球 (1) 大洲分布及种数(uc)◆大洋洲
Calispermum Lour. = **Ilex**
Calista Ritgen = **Callista**
Calistachya Raf. = **Veronicastrum**
Calistephus Cass. = **Callistephus**
Calisto 【3】 Néraud 莎草科属 Cyperaceae 莎草科 [MM-747] 全球 (1) 大洲分布及种数(uc)◆亚洲
Calius Blanco = **Trophis**
Calixnos Raf. = **Crawfurdia**
Calla 【3】 L. 水芋属 → **Aglaonema** Araceae 天南星科 [MM-639] 全球 (6) 大洲分布及种数(2)非洲:1;亚洲:1-2;大洋洲:1;欧洲:1-2;北美洲:1-2;南美洲:1
Callaceae Martinov = Canellaceae
Calladium R.Br. = **Caladium**
Callaeocarpus Miq. = **Castanopsis**
Callaeolepium H.Karst. = **Gonolobus**
Callaescarpus Miq. = **Castanea**
Callaeum 【3】 Small 冠虎尾属 ← **Banisteria;Stigmaphyllon** Malpighiaceae 金虎尾科 [MD-343] 全球 (1) 大洲分布及种数(9-10)◆北美洲
Callaion Raf. = **Calla**
Callarge Raf. = **Aglaonema**
Callaria Raf. = **Convallaria**
Callcosma Müll.Hal. = **Callicosta**
Calledema Steud. = **Platypodium**
Calleida Endl. = **Callerya**
Callene Comm. ex Juss. = **Luzuriaga**
Callerya 【3】 Endl. 鸡血藤属 ≒ **Pterocarpus;Craspedolobium** Fabaceae 豆科 [MD-240] 全球 (6) 大洲分布及种数(30-36)非洲:5-10;亚洲:27-36;大洋洲:4-12;欧洲:5;北美洲:5;南美洲:1-7
Calletaera David W.Taylor = **Colleteria**
Callevopsis Tullgren = **Callopsis**
Callia Galileo & Martiñz = **Calla**
Calliachyris Torr. & A.Gray = **Blepharipappus**
Calliades Cass. = **Heliopsis**
Calliagrostis Ehrh. = **Calamagrostis**
Callialaria 【2】 Ochyra 牛角藓属 Amblystegiaceae 柳叶藓科 [B-178] 全球 (3) 大洲分布及种数(1) 亚洲:1;欧洲:1;北美洲:1
Callianassa P.B.Webb & S.Berthelot = **Isoplexis**
Calliandra (Barneby) E.R.Souza & L.P.Queiroz = **Calliandra**
Calliandra 【3】 Benth. 朱缨花属 → **Abarema; Enterolobium;Mimosa** Fabaceae 豆科 [MD-240] 全球 (1) 大洲分布及种数(124-149)◆北美洲
Calliandropsis 【3】 H.M.Hern. & P.Guinet 合欢草属 ← **Desmanthus** Fabaceae 豆科 [MD-240] 全球 (1) 大洲分布及种数(cf.1) ◆北美洲
Calliani Miq. = **Piper**
Callianidea Gill = **Calliandra**
Callianira Miq. = **Piper**
Callianopsis H.M.Hern. & P.Guinet = **Acacia**
Callianthe 【2】 Donnell 嘉美兰属 ≒ **Abutilon** Malvaceae 锦葵科 [MD-203] 全球 (5) 大洲分布及种数(46-47)非洲:1;亚洲:1;大洋洲:3;北美洲:5;南美洲:41
Callianthemoides 【3】 Tamura 美花草属 ≒ **Callianthemum** Ranunculaceae 毛茛科 [MD-38] 全球 (1) 大洲分布及种数(cf.1) ◆南美洲
Callianthemulus 【-】 Cif. & Giacom. 毛茛科属 Ranunculaceae 毛茛科 [MD-38] 全球 (uc) 大洲分布及种数(uc)
Callianthemum 【3】 C.A.Mey. 美花草属 → **Oxygraphis;Ranunculus** Ranunculaceae 毛茛科 [MD-38] 全球 (6) 大洲分布及种数(11-18)非洲:1;亚洲:10-15;大洋洲:1;

欧洲:3-6;北美洲:1;南美洲:1
Calliarthron Raf. = **Caularthron**
Callias Cass. = **Heliopsis**
Calliaspidia Bremek. = **Justicia**
Calliaspis DC. = **Callilepis**
Calliaxina Miq. = **Piper**
Callibia Löfl. = **Callisia**
Callibrachoa auct. = **Calibrachoa**
Callibryon Zenker & D.Dietr. = **Atrichum**
Callicarpa (Briq.) P´ei & S.L.Chen = **Callicarpa**
Callicarpa【3】 L. 紫珠属 → **Aegiphila;Johnsonia;Pilotrichum** Verbenaceae 马鞭草科 [MD-556] 全球 (1) 大洲分布及种数(90-147)◆亚洲
Callicephalus【-】 C.A.Mey. 菊科属 ≒ **Centaurea** Asteraceae 菊科 [MD-586] 全球 (uc) 大洲分布及种数(uc)
Callichilia【3】 Stapf 丽唇夹竹桃属 ← **Tabernaemontana;Ephippiocarpa** Apocynaceae 夹竹桃科 [MD-492] 全球 (1) 大洲分布及种数(6-7)◆非洲
Callichillia Stapf = **Callichilia**
Callichlamys【3】 Miq. 美苞紫葳属 ← **Bignonia;Delostoma;Tabebuia** Bignoniaceae 紫葳科 [MD-541] 全球 (1) 大洲分布及种数(1)◆南美洲
Callichloe Pfeiff. = **Callirhoe**
Callichloe Willd. ex Steud. = **Elionurus**
Callichloea Spreng. ex Steud. = **Elionurus**
Callichr Link = **Amaryllis**
Callichroa Fisch. & C.A.Mey. = **Harmonia**
Callicladium【2】 H.A.Crum 拟腐木藓属 ≒ **Hypnum** Hypnaceae 灰藓科 [B-189] 全球 (3) 大洲分布及种数(2) 亚洲:2;欧洲:2;北美洲:2
Callicocca Schreb. = **Psychotria**
Callicoma【3】 Andr. 银枫梅属 ← **Codia;Pullea;Aegiphila** Cunoniaceae 合椿梅科 [MD-255] 全球 (1) 大洲分布及种数(1-3)◆大洋洲
Callicomaceae J.Agardh = Stylobasiaceae
Callicomis【-】 Wittst. 合椿梅科属 Cunoniaceae 合椿梅科 [MD-255] 全球 (uc) 大洲分布及种数(uc)
Callicore Link = **Hippeastrum**
Callicornia Burm.f. = **Leysera**
Callicosta【2】 Müll.Hal. 爪帽藓属 ≒ **Pilotrichum** Pilotrichaceae 茸帽藓科 [B-166] 全球 (3) 大洲分布及种数(2) 欧洲:1;北美洲:2;南美洲:1
Callicostella【3】(Müll.Hal.) Mitt. 强肋藓属 ≒ **Hookeria;Cyclodictyon** Pilotrichaceae 茸帽藓科 [B-166] 全球 (6) 大洲分布及种数(102) 非洲:28;亚洲:9;大洋洲:18;欧洲:5;北美洲:31;南美洲:48
Callicostellopsis【3】 Broth. 绒帽藓属 Pilotrichaceae 茸帽藓科 [B-166] 全球 (1) 大洲分布及种数(1) ◆南美洲
Callicysthus Endl. = **Vigna**
Callidula Klotzsch = **Agapetes**
Calliea Salisb. = **Calluna**
Calliergidium【2】 Grout 柳叶藓科属 ≒ **Drepanocladus** Amblystegiaceae 柳叶藓科 [B-178] 全球 (3) 大洲分布及种数(2) 非洲:1;北美洲:1;南美洲:1
Calliergon【3】(Sull.) Kindb. 湿原藓属 ≒ **Limnobium;Pleurozium** Calliergonaceae 湿原藓科 [B-179] 全球 (6) 大洲分布及种数(16)非洲:2;亚洲:3;大洋洲:4;欧洲:6;北美洲:9;南美洲:3
Calliergonaceae【3】(Kanda) Vanderp. 湿原藓科 [B-179] 全球 (6) 大洲分布和属种数(1/7)亚洲:1/2;大洋洲:1/3;欧洲:1/5;北美洲:1/6;南美洲:1/4
Calliergonella (Cardot) Cardot & Broth. = **Calliergonella**
Calliergonella【3】 Löske 大湿原藓属 ≒ **Calliergon** Pylaisiaceae 金灰藓科 [B-190] 全球 (6) 大洲分布及种数 (5) 非洲:2;亚洲:3;大洋洲:2;欧洲:2;北美洲:5;南美洲:3
Calligenia Greene = **Potentilla**
Calliglossa Hook. & Arn. = **Layia**
Calligonaceae Chalk = Polygonaceae
Calligonium L. = **Calligonum**
Calligonum【3】 L. 沙拐枣属 ≒ **Tetracera** Polygonaceae 蓼科 [MD-120] 全球 (6) 大洲分布及种数 (45-68;hort.1;cult: 4)非洲:3-14;亚洲:44-61;大洋洲:8;欧洲:1-9;北美洲:4-12;南美洲:8-16
Callilepes DC. = **Callilepis**
Callilepis【3】 DC. 美鳞菊属 Asteraceae 菊科 [MD-586] 全球 (1) 大洲分布及种数(7)◆非洲
Callilipes DC. = **Callilepis**
Calliodon Summerh. = **Chauliodon**
Callionia Greene = **Potentilla**
Callionima Greene = **Potentilla**
Calliope Link = **Amaryllis**
Calliopea D.Don = **Youngia**
Calliophis Engl. = **Callopsis**
Calliops Rchb. = **Coreopsis**
Calliopsis Rchb. = **Coreopsis**
Calliotropis G.Don = **Pycnarrhena**
Callipara L. = **Callicarpa**
Callipeltis【3】 Steven 美盾茜属 ← **Galium;Valantia;Vochysia** Rubiaceae 茜草科 [MD-523] 全球 (1) 大洲分布及种数(1-2)◆非洲
Calliphora Lindl. = **Nothoscordum**
Calliphyllon Bub. & Penz. = **Epipactis**
Calliphysalis【3】 Whitson 美叶茄属 Solanaceae 茄科 [MD-503] 全球 (1) 大洲分布及种数(cf.1) ◆北美洲
Callipia Oberthür = **Callisia**
Callipo Cass. = **Heliopsis**
Callipotnia Greene = **Potentilla**
Calliprena Salisb. = **Allium**
Calliprora Lindl. = **Nothoscordum**
Callipsy Cass. = **Heliopsis**
Callipsyche Herb. = **Stenomesson**
Callipteris (C.Presl) T.Moore = **Callipteris**
Callipteris【3】 Bory 白沙蕨属 Athyriaceae 蹄盖蕨科 [F-40] 全球 (1) 大洲分布及种数(3)◆东亚(◆中国)
Callirhoe【3】 Nutt. 罂粟葵属 ← **Malva;Sidalcea;Sida** Malvaceae 锦葵科 [MD-203] 全球 (1) 大洲分布及种数 (9-13)◆北美洲
Callirrhoe A.Gray = **Sidalcea**
Calliscarta Kramer = **Callicarpa**
Callischyrus Torr. & A.Gray = **Layia**
Calliscirpus【3】 C.N.Gilmour 锦莎草属 Cyperaceae 莎草科 [MM-747] 全球 (1) 大洲分布及种数(2)◆北美洲 (◆美国)
Callisema Steud. = **Platypodium**
Callisemaea Benth. = **Platypodium**
Callisia【3】 Löfl. 锦竹草属 ≒ **Dichorisandra** Commelinaceae 鸭跖草科 [MM-708] 全球 (1) 大洲分布及种

C

数(23-26)◆南美洲
Callisonara【-】P.V.Heath 仙人掌科属 Cactaceae 仙人掌科 [MD-100] 全球 (uc) 大洲分布及种数(uc)
Callispa Löfl. = **Callisia**
Callisphyris Newman = **Layia**
Callispiza Löfl. = **Callisia**
Callista D.Don = **Callista**
Callista【3】Lour. 极美石南属 ≒ **Callisia** Ericaceae 杜鹃花科 [MD-380] 全球 (1) 大洲分布及种数(2-16)◆大洋洲
Callistachya Raf. = **Veronicastrum**
Callistachya Sm. = **Oxylobium**
Callistachys Heuff. = **Callistachys**
Callistachys【3】Vent. 尖裂豆属 ≒ **Oxylobium** Fabaceae 豆科 [MD-240] 全球 (1) 大洲分布及种数(1)◆大洋洲
Callistanthos【3】Szlach. 蓬兰属 ← **Pteroglossa; Stenorrhynchos** Orchidaceae 兰科 [MM-723] 全球 (1) 大洲分布及种数(cf.1) ◆南美洲
Calliste Lour. = **Callista**
Callistege Mart. = **Callisthene**
Callistemma【-】(Mert. & W.D.J.Koch) Boiss. 菊科属 ≒ **Kalimeris** Asteraceae 菊科 [MD-586] 全球 (uc) 大洲分布及种数(uc)
Callistemon【3】R.Br. 红千层属 → **Kunzea;Melaleuca; Metrosideros** Myrtaceae 桃金娘科 [MD-347] 全球 (6) 大洲分布及种数(33-45;hort.1;cult: 1)非洲:1;亚洲:10-11;大洋洲:32-42;欧洲:4-5;北美洲:14-15;南美洲:9-10
Callistephana Fourr. = **Sesbania**
Callistephus【3】Cass. 翠菊属 ← **Amellus;Pulicaria;Aster** Asteraceae 菊科 [MD-586] 全球 (1) 大洲分布及种数(1-2)◆亚洲
Callisteris Greene = **Gilia**
Callistethus Cass. = **Callistephus**
Callisthene Cataphyllantha Stafleu = **Callisthene**
Callisthene【3】Mart. 木山姜属 ← **Qualea;Vochysia** Vochysiaceae 萼囊花科 [MD-314] 全球 (1) 大洲分布及种数(11)◆南美洲
Callisthenia Spreng. = **Vochysia**
Callistigma【3】Dinter & Schwantes 番杏科属 Aizoaceae 番杏科 [MD-94] 全球 (1) 大洲分布及种数(uc)◆亚洲
Callistopteris【3】Copel. 毛杆蕨属 ≒ **Cephalomanes** Hymenophyllaceae 膜蕨科 [F-21] 全球 (6) 大洲分布及种数(2-4)非洲:1;亚洲:1;大洋洲:1-2;欧洲:1;北美洲:1-2;南美洲:1
Callistylon Pittier = **Coursetia**
Callithamn Baker = **Rauhia**
Callithamna B.D.Jacks. = **Stenomesson**
Callithamnie Herb. = **Stenomesson**
Callithauma Baker = **Rauhia**
Callithea Staudinger = **Calanthea**
Callithomia B.D.Jacks. = **Pancratium**
Callithronum Ehrh. = **Cephalanthera**
Callitrichaceae【3】Link 水马齿科 [MD-459] 全球 (6) 大洲分布和属种数(1;hort. & cult.1)(40-117;hort. & cult.10-12)非洲:1/12-50;亚洲:1/23-51;大洋洲:1/16-46;欧洲:1/15-44;北美洲:1/22-49;南美洲:1/17-41
Callitriche Eucallitriche Hegelm. = **Callitriche**
Callitriche【3】L. 水马齿属 ≒ **Stellaria** Callitrichaceae水马齿科[MD-459]全球(6)大洲分布及种数(41-91;hort.1;cult:2)非洲:12-50;亚洲:23-51;大洋洲:16-46;欧洲:15-44;北美洲:22-49;南美洲:17-41
Callitridaceae Seward = Cupressaceae
Callitris【3】Vent. 澳柏属 → **Actinostrobus;Cupressus;Widdringtonia** Cupressaceae 柏科 [G-17] 全球 (1) 大洲分布及种数(30-39)◆大洋洲
Callitrites Vent. = **Callitris**
Callitropsis Compton = **Callitropsis**
Callitropsis【2】örst. 扁柏属 ≒ **Neocallitropsis** Cupressaceae 柏科 [G-17] 全球 (5) 大洲分布及种数(uc)亚洲;大洋洲;欧洲;北美洲;南美洲
Callixene Comm. ex Juss. = **Luzuriaga**
Callixylon Llanos = **Finlaysonia**
Callizona L. = **Callicoma**
Calllandra Benth. = **Calliandra**
Calloarca Raf. = **Aglaonema**
Callobius Pancher ex Brogn. & Gris = **Spartina**
Callobuxus Panch. ex Brongn. & Gris = **Tristania**
Callogramme Fée = **Syngramma**
Callolophus Labill. = **Calorophus**
Callonaia Greene = **Potentilla**
Callopisma Mart. = **Exacum**
Callopora Lindl. = **Nothoscordum**
Callopsima A.Massal. = **Exacum**
Callopsis【3】Engl. 丽白芋属 ← **Nephthytis** Araceae 天南星科 [MM-639] 全球 (1) 大洲分布及种数(3)◆非洲
Calloria Rehm = **Potentilla**
Calloriopsis (Sacc.) Syd. & P.Syd. = **Coreopsis**
Callornis Engl. = **Callopsis**
Callosmia C.Presl = **Anneslea**
Callostigma Hochst. = **Allostigma**
Callostylis【3】Bl. 美柱兰属 ≒ **Erica** Orchidaceae 兰科 [MM-723] 全球 (1) 大洲分布及种数(cf. 1)◆亚洲
Callothlaspi F.K.Mey. = **Thlaspi**
Callotropis G.Don = **Galega**
Callotroxis G.Don = **Pycnarrhena**
Calltris Vent. = **Callitris**
Callucina Salisb. = **Calluna**
Calluna【3】Salisb. 帚石南属 ← **Erica;Syringodea** Ericaceae 杜鹃花科 [MD-380] 全球 (6) 大洲分布及种数(2)非洲:1-6;亚洲:1-6;大洋洲:1-6;欧洲:1-6;北美洲:1-6;南美洲:5
Callymenia Pers. = **Mirabilis**
Callyntranthele Ndz. = **Blepharandra**
Callyodon Nutt. = **Achnatherum**
Calmnus Adans. = **Cajanus**
Calmonia Greene = **Potentilla**
Caloarethusa【-】auct. 兰科属 Orchidaceae 兰科 [MM-723] 全球 (uc) 大洲分布及种数(uc)
Calobota Eckl. & Zeyh. = **Lebeckia**
Calobotrya Spach = **Ribes**
Calobr Cav. = **Ipomoea**
Calobracon Planch. = **Cordyline**
Calobryum (Stephani) Grolle = **Haplomitrium**
Calobuxus Pancher ex Brongn. & Gris = **Tristania**
Calocapnos Spach = **Dicentra**
Calocaris Meerow = **Calicharis**
Calocarpa L. = **Callicarpa**
Calocarpum (Pierre) Dubard = **Manilkara**

Calocedrus【3】Kurz 翠柏属 ← **Thuja;Libocedrus** Cupressaceae 柏科 [G-17] 全球 (1) 大洲分布及种数(3-4)◆亚洲

Calocephalus【3】R.Br. 美头菊属 → **Gnephosis; Rhodanthe;Craspedia** Asteraceae 菊科 [MD-586] 全球 (1) 大洲分布及种数(17-24)◆大洋洲

Calochilos Spreng. = **Callichilia**

Calochilus Imberborkis Szlach. = **Calochilus**

Calochilus【3】R.Br. 胡须兰属 Orchidaceae 兰科 [MM-723] 全球 (1) 大洲分布及种数(7-32)◆大洋洲

Calochlaena (Maxon) M.D.Turner & R.A.White = **Calochlaena**

Calochlaena【2】Maxon 美囊蕨属 ← **Culcita;Davallia** Dicksoniaceae 蚌壳蕨科 [F-22] 全球 (3) 大洲分布及种数(7)非洲:3;亚洲:4;大洋洲:5

Calochone【3】Keay 丽蔓属 ← **Macrosphyra** Rubiaceae 茜草科 [MD-523] 全球 (1) 大洲分布及种数(1-2)◆非洲

Calochortaceae【3】Dum. 裂果草科 [MM-629] 全球 (1) 大洲分布和属种数(2;hort. & cult.1)(85-125;hort. & cult.58-60)◆北美洲

Calochortus Alph.Wood = **Calochortus**

Calochortus【3】Pursh 仙灯属 ← **Fritillaria;Mariposa** Liliaceae 百合科 [MM-633] 全球 (1) 大洲分布及种数(79-117)◆北美洲

Calochroa Fisch. & C.A.Mey. = **Layia**

Calocitta Lindl. = **Actinidia**

Calocline A.DC. = **Anaxagorea**

Calococcus Kurz ex Teijsm. & Binn. = **Margaritaria**

Calocoma P. & K. = **Callicoma**

Calocomus Kurz ex Teijsm. & Binn. = **Acidoton**

Calocrater【3】K.Schum. 丽杯夹竹桃属 Apocynaceae 夹竹桃科 [MD-492] 全球 (1) 大洲分布及种数(1)◆非洲

Calocybe Singer ex Redhead & Singer = **Goodenia**

Calocysthus Endl. = **Vigna**

Calodecaryia【3】J.F.Leroy 马达楝属 Meliaceae 楝科 [MD-414] 全球 (1) 大洲分布及种数(2)◆非洲(◆马达加斯加)

Calodendrum【3】Thunb. 丽芸木属 ← **Dictamnus** Rutaceae 芸香科 [MD-399] 全球 (1) 大洲分布及种数(1-3)◆非洲

Calodesma Hering = **Caldesia**

Calodexia R.Br. = **Caladenia**

Calodia Lour. = **Cuscuta**

Calodium Lour. = **Dieffenbachia**

Calodon (Fr.) Karst. = **Cynodon**

Calodonta Nutt. = **Tolpis**

Calodracon Planch. = **Dracaena**

Calodryum Desv. = **Turraea**

Caloglossum Schltr. = **Cymbidiella**

Calogonum P. & K. = **Calligonum**

Calogyna P. & K. = **Goodenia**

Calogyne R.Br. = **Goodenia**

Calohypnum【2】Sakurai 灰藓属 ≒ **Hypnum** Hypnaceae 灰藓科 [B-189] 全球 (2) 大洲分布及种数(2)亚洲:2;北美洲:1

Calolepis Stapf & Stent = **Catalepis**

Calolepsis Engl. = **Callopsis**

Calolisianthus (Griseb.) Gilg = **Calolisianthus**

Calolisianthus【3】Gilg 瘤花龙胆属 ≒ **Irlbachia** Gentianaceae 龙胆科 [MD-496] 全球 (1) 大洲分布及种数(4)◆南美洲

Calomecon Spach = **Papaver**

Calomela C.Presl = **Dicranopteris**

Calomelanos (C.Presl) Lindl. = **Calomelanos**

Calomelanos【3】C.Presl 铅背蕨属 ≒ **Pentagramma** Pteridaceae 凤尾蕨科 [F-31] 全球 (1) 大洲分布及种数(1)◆非洲

Calomeria【2】Vent. 苋菊属 → **Acomis;Cassinia; Ozothamnus** Asteraceae 菊科 [MD-586] 全球 (3) 大洲分布及种数(4-7)非洲:2;亚洲:1;大洋洲:1

Calometra L. = **Cynometra**

Calomicta Lindl. = **Actinidia**

Calomniaceae Kindb. = Rhizogoniaceae

Calomnion【2】Hook.f. & Wilson 美灯藓属 ≒ **Gymnostomum;Bryobrothera** Rhizogoniaceae 桧藓科 [B-154]全球 (3) 大洲分布及种数(8) 亚洲:2;大洋洲:7;欧洲:1

Calomnium Hook.f. & Wilson ex Broth. = **Calomnion**

Calomyrtus Bl. = **Myrtus**

Caloncoba【3】Gilg 茶花雀杨属 ← **Camptostylus;Oncoba** Achariaceae 青钟麻科 [MD-159] 全球 (1) 大洲分布及种数(9-10)◆非洲

Calonema【3】(Lindl.) Szlach. 丽兰属 ← **Caladenia** Orchidaceae 兰科 [MM-723] 全球 (1) 大洲分布及种数(uc)◆大洋洲

Calonemorchis Szlach. = **Mastixiodendron**

Calonnea Buc´hoz = **Gaillardia**

Calonyction【2】Choisy 凤旋花属 ← **Ipomoea; Operculina;Bonanox** Convolvulaceae 旋花科 [MD-499] 全球 (4) 大洲分布及种数(1;hort.1) 亚洲;大洋洲;北美洲;南美洲

Caloosia A.Gray = **Calycosia**

Calopappus Meyen = **Nassauvia**

Calopeltis J.Sm. = **Cyclopeltis**

Calopetalon Harv. = **Marianthus**

Calophaca【3】Fisch. 丽豆属 → **Adenocarpus; Chesneya;Colutea** Fabaceae3 蝶形花科 [MD-240] 全球 (1) 大洲分布及种数(6-10)◆亚洲

Calophanes【2】D.Don 距药蓝属 ≒ **Dyschoriste; Apassalus** Acanthaceae 爵床科 [MD-572] 全球 (3) 大洲分布及种数(5) 亚洲:2;北美洲:4;南美洲:1

Calophanoides (C.B.Clarke) Ridl. = **Justicia**

Calophruria P. & K. = **Caliphruria**

Calophthalmum Rchb. = **Wedelia**

Calophya Tuthill = **Clidemia**

Calophylica C.Presl = **Phylica**

Calophyllaceae【3】J.Agardh 红厚壳科 [MD-140] 全球(6)大洲分布和属种数(1;hort. & cult.1)(78-231;hort. & cult.3)非洲:1/33-62;亚洲:1/42-137;大洋洲:1/26-72;欧洲:1/4-5;北美洲:1/9-17;南美洲:1/8-10

Calophylloides Smeathman ex DC. = **Eugenia**

Calophyllum【3】L. 红厚壳属 ≒ **Mammea** Calophyllaceae 红厚壳科 [MD-140] 全球 (6) 大洲分布及种数(79-227;hort.1;cult: 2)非洲:33-62;亚洲:42-137;大洋洲:26-72;欧洲:4-5;北美洲:9-17;南美洲:8-10

Calophysa【-】DC. 野牡丹科属 ≒ **Calligonum; Clidemia** Melastomataceae 野牡丹科 [MD-364] 全球 (uc) 大洲分布及种数(uc)

Calophysa DC. = **Clidemia**
Calophysa P. & K. = **Calligonum**
Caloplectus örst. = **Nematanthus**
Calopogon 【3】 R.Br. 泽红兰属 ← **Bletia;Ophrys** Orchidaceae 兰科 [MM-723] 全球 (1) 大洲分布及种数(7-8)◆北美洲
Calopogonium 【3】 Desv. 毛蔓豆属 ← **Galactia; Pachyrhizus;Vigna** Fabaceae 豆科 [MD-240] 全球 (1) 大洲分布及种数(5-9)◆南美洲(◆巴西)
Calopotilla 【-】 Yannetti & J.M.H.Shaw 兰科属 Orchidaceae 兰科 [MM-723] 全球 (uc) 大洲分布及种数(uc)
Calopsis 【3】 Beauv. ex Juss. 囊薄果草属 → **Apodasmia** Restionaceae 帚灯草科 [MM-744] 全球 (1) 大洲分布及种数(uc)属分布和种数(uc)◆非洲(◆南非)
Calopsyche Herb. = **Eucrosia**
Calopteron A.C.Sm. = **Calopteryx**
Calopteryx 【3】 A.C.Sm. 南美杜鹃属 ← **Thibaudia** Ericaceae 杜鹃花科 [MD-380] 全球 (1) 大洲分布及种数(1)◆南美洲(◆哥伦比亚)
Calopyxis Tul. = **Combretum**
Caloramphus Labill. = **Calorophus**
Calorchis Barb.Rodr. = **Ponthieva**
Calorezia 【3】 Panero 菲律宾菊属 Asteraceae 菊科 [MD-586] 全球 (1) 大洲分布及种数(2)◆亚洲
Calorhabdos Benth. = **Veronicastrum**
Calorhadia Boissev. & C.Davidson = **Sclerocactus**
Calorhahdos Benth. = **Veronicastrum**
Calorhaldos Benth. = **Veronicastrum**
Caloria Comm. ex C.F.Gaertn. = **Sideroxylon**
Calorophus 【3】 Labill. 肋果灯草属 → **Anthochortus; Hypolaena;Mastersiella** Restionaceae 帚灯草科 [MM-744] 全球 (1) 大洲分布及种数(9-10)◆大洋洲
Calosacme Wall. = **Hemiboea**
Calosciadium Endl. = **Anisotome**
Caloscilla Jord. & Fourr. = **Scilla**
Caloscordum Herb. = **Allium**
Caloseris Benth. = **Onoseris**
Calosiphonia P.L.Crouan & H.M.Crouan = **Calycosiphonia**
Calosmon Bercht. & Presl = **Lindera**
Calospath Becc. = **Calamus**
Calospatha Becc. = **Calamus**
Calospermum Pierre = **Pouteria**
Calosphace Raf. = **Hemiboea**
Calospila Jord. & Fourr. = **Muscari**
Calostachys A.Juss. = **Coleostachys**
Calostachys P. & K. = **Callistachys**
Calosteca Desv. = **Calotheca**
Calostelma D.Don = **Schistogyne**
Calostemma 【3】 R.Br. 全能花属 ← **Pancratium; Proiphys;Calystegia** Amaryllidaceae 石蒜科 [MM-694] 全球 (1) 大洲分布及种数(1-3)◆大洋洲
Calostemon P. & K. = **Callistemon**
Calostephane 【3】 Benth. 丽冠菊属 ≒ **Moniera** Asteraceae 菊科 [MD-586] 全球 (1) 大洲分布及种数(6)◆非洲
Calostigma Decne. = **Calostigma**
Calostigma 【3】 Schott 喜林芋属 ≒ **Philodendron** Apocynaceae 夹竹桃科 [MD-492] 全球 (1) 大洲分布及种数(1)◆南美洲
Calostima Raf. = **Urera**
Calostoma Raf. = **Boehmeria**
Calostylis P. & K. = **Eria**
Calotelea D.Don = **Liatris**
Calotesta 【3】 P.O.Karis 白苞鼠麹木属 Asteraceae 菊科 [MD-586] 全球 (1) 大洲分布及种数(1)◆非洲
Calothamnus 【3】 Labill. 网刷树属 → **Beaufortia; Metrosideros;Kunzea** Myrtaceae 桃金娘科 [MD-347] 全球 (1) 大洲分布及种数(18-53)◆大洋洲
Calotheca 【-】 Desv. 禾本科属 ≒ **Aeluropus** Poaceae 禾本科 [MM-748] 全球 (uc) 大洲分布及种数(uc)
Calotheria Steud. = **Pappophorum**
Calothyrium Syd. = **Billia**
Calothyrsus Spach = **Billia**
Calotis 【3】 R.Br. 刺冠菊属 ≒ **Calonema** Asteraceae 菊科 [MD-586] 全球 (6) 大洲分布及种数(25-36)非洲:1;亚洲:4-5;大洋洲:22-29;欧洲:4-5;北美洲:1-2;南美洲:1
Calotomus Cothen. = **Carthamus**
Calotropis Endl. = **Calotropis**
Calotropis 【3】 R.Br. 牛角瓜属 ← **Apocynum** Apocynaceae 夹竹桃科 [MD-492] 全球 (1) 大洲分布及种数(3)◆亚洲
Caloxene Comm. ex Juss. = **Luzuriaga**
Calpandria Bl. = **Camellia**
Calpe Dulac = **Arabis**
Calpicarpum G.Don = **Kopsia**
Calpidia Thou. = **Pisonia**
Calpidisca Barnh. = **Utricularia**
Calpidochlamys Diels = **Trophis**
Calpidosicyos Harms = **Momordica**
Calpigyne Bl. = **Ptychopyxis**
Calpocalyx 【3】 Harms 瓮萼豆属 ← **Erythrophleum; Piptadenia;Pseudoprosopis** Fabaceae 豆科 [MD-240] 全球 (1) 大洲分布及种数(6-12)◆非洲
Calpodes (A.Gray) P. & K. = **Adlumia**
Calpurnea E.Mey. = **Calpurnia**
Calpurnia 【3】 E.Mey. 金雀槐属 ← **Dalbergia;Podalyria;Sophora** Fabaceae 豆科 [MD-240] 全球 (6) 大洲分布及种数(4-9)非洲:3-10;亚洲:1-4;大洋洲:3;欧洲:3;北美洲:3;南美洲:3
Calpurnus E.Mey. = **Calpurnia**
Calsiama Raf. = **Lannea**
Caltha 【3】 L. 金盏花属 ≒ **Aconitum;Psychrophila; Oxygraphis** Ranunculaceae 毛茛科 [MD-38] 全球 (6) 大洲分布及种数(15-23)非洲:10;亚洲:5-15;大洋洲:3-13;欧洲:1-11;北美洲:6-16;南美洲:3-13
Calthaceae Martinov = Helleboraceae
Calthodes Hutch. = **Calathodes**
Calthoides B.Juss. ex DC. = **Othonna**
Caltoris Sw. = **Chloris**
Calucechinus Homb. & Jacq. ex Decne. = **Nothofagus**
Caluera 【3】 Dodson & Determann 卡卢兰属 Orchidaceae 兰科 [MM-723] 全球 (1) 大洲分布及种数(3)◆南美洲
Calusia Bert. ex Steud. = **Caluera**
Calusparassus Homb. & Jacq. ex Decne. = **Nothofagus**
Calvaria C.F.Gaertn. = **Sideroxylon**
Calvatia Fr. = **Sideroxylon**

Calvelia【3】 Moq. 滨藜属 ≒ **Suaeda** Amaranthaceae 苋科 [MD-116] 全球 (1) 大洲分布及种数(uc)◆大洋洲
Calvertia A.St.Hil. = **Salvertia**
Calvoa【3】 Hook.f. 非洲野牡丹属 ← **Amphiblemma** Melastomataceae 野牡丹科 [MD-364] 全球 (1) 大洲分布及种数(11-27)◆非洲
Calybe Lindl. = **Bletia**
Calycacanthus【3】 K.Schum. 新几内亚爵床属 Acanthaceae 爵床科 [MD-572] 全球 (2) 大洲分布及种数(1) 亚洲;大洋洲
Calycadenia【3】 DC. 杯腺菊属 → **Blepharizonia; Hemizonia;Odontadenia** Asteraceae 菊科 [MD-586] 全球 (1) 大洲分布及种数(11-20)◆北美洲
Calycadenis DC. = **Calycadenia**
Calycampa O.Berg = **Myrcia**
Calycandra Lepr. ex A.Rich. = **Paphiopedilum**
Calycanthaceae【3】Lindl. 蜡梅科 [MD-12] 全球 (6) 大洲分布和属种数(2;hort. & cult.2)(10-67;hort. & cult.8-20)非洲:1/2;亚洲:2/10-12;大洋洲:2/3-5;欧洲:1/2-4;北美洲:1/4-6;南美洲:1/2-4
Calycanthemum Klotzsch = **Xenostegia**
Calycanthus【3】 L. 花旗蜡梅属 ≒ **Idiospermum** Calycanthaceae 蜡梅科 [MD-12] 全球 (6) 大洲分布及种数(5-9;hort.1;cult: 2)非洲:2;亚洲:4-6;大洋洲:2-4;欧洲:2-4;北美洲:4-6;南美洲:2-4
Calycella (Quél.) Boud. = **Dicranopteris**
Calycera【3】 Cav. 萼角花属 → **Acicarpha;Boopis** Calyceraceae 萼角花科 [MD-594] 全球 (1) 大洲分布及种数(18-26)◆南美洲(◆智利)
Calyceraceae【3】R.Br. ex Rich. 萼角花科 [MD-594] 全球 (1) 大洲分布和属种数(6;hort. & cult.1)(65-114;hort. & cult.1-2)◆南美洲
Calycia Willd. ex Steud. = **Eriochloa**
Calycidium Stirt. = **Heterotheca**
Calycina Adans. = **Calepina**
Calycium Elliott = **Heterotheca**
Calycobolus【2】 Willd. ex Röm. & Schult. 落萼旋花属 ← **Bonamia;Ipomoea;Baillaudea** Convolvulaceae 旋花科 [MD-499] 全球 (3) 大洲分布及种数(32)非洲:22-26;北美洲:1-2;南美洲:3-4
Calycocarpum【3】 Nutt. ex Torr. & A.Gray 杯子藤属 ← **Menispermum** Menispermaceae 防已科 [MD-42] 全球 (1) 大洲分布及种数(1)◆北美洲(◆美国)
Calycocoelia Kostel. = **Fraxinus**
Calycocorsus F.W.Schmidt = **Chondrilla**
Calycodendron A.C.Sm. = **Psychotria**
Calycodon Nutt. = **Muhlenbergia**
Calycodon Wendl. = **Hyospathe**
Calycogonium【3】 DC. 角绢木属 ← **Clidemia; Ossaea;Melastoma** Melastomataceae 野牡丹科 [MD-364] 全球 (1) 大洲分布及种数(15-47)◆北美洲
Calycolobus Willd. ex Röm. & Schult. = **Calycobolus**
Calycolpus【2】O.Berg 合萼桃木属 ← **Campomanesia; Psidium** Myrtaceae 桃金娘科 [MD-347] 全球 (3) 大洲分布及种数(19-22)亚洲:cf.1;北美洲:7-8;南美洲:15-17
Calycomelia Kostel. = **Fraxinus**
Calycomis Brown,Robert & Nees von Esenbeck,Christian Gottfried Daniel & Sinning,Wilhelm = **Acrophyllum**
Calycomis R.Br. = **Callicoma**
Calycomorphum C.Presl = **Trifolium**
Calycopeplus【3】 Planch. 麻黄戟属 ← **Euphorbia** Euphorbiaceae 大戟科 [MD-217] 全球 (1) 大洲分布及种数(1-5)◆大洋洲
Calycophyllum【3】 DC. 檬檀属 ≒ **Mussaenda;Pogonopus** Rubiaceae 茜草科 [MD-523] 全球 (1) 大洲分布及种数(12)◆南美洲
Calycophysum【3】 (Calycophisum) H.Karst. & Triana 南美葫芦属 ≒ **Calycophyllum** Cucurbitaceae 葫芦科 [MD-205] 全球 (1) 大洲分布及种数(3-4)◆南美洲
Calycoplectus örst. = **Nematanthus**
Calycopteris Lam. = **Getonia**
Calycopteris Rich. ex DC. = **Calycogonium**
Calycopteris Sieb. = **Buckleya**
Calycorecte O.Berg = **Calycorectes**
Calycorectes (Kausel) Mattos = **Calycorectes**
Calycorectes【3】 O.Berg 裂萼番樱属 → **Stereocaryum** Myrtaceae 桃金娘科 [MD-347] 全球 (1) 大洲分布及种数(31-35)◆南美洲
Calycoretes O.Berg = **Calycorectes**
Calycoseris【3】 A.Gray 杯苣属 Asteraceae 菊科 [MD-586] 全球 (1) 大洲分布及种数(2-3)◆北美洲
Calycosia【3】 A.Gray 索岛茜属 ← **Psychotria** Rubiaceae 茜草科 [MD-523] 全球 (1) 大洲分布及种数(5-12)◆大洋洲
Calycosiphonia【3】 (Pierre) Lebrun 咖啡属 ≒ **Coffea** Rubiaceae 茜草科 [MD-523] 全球 (6) 大洲分布及种数(3)非洲:2-3;亚洲:1;大洋洲:1;欧洲:1;北美洲:1;南美洲:1
Calycosorus Endl. = **Chondrilla**
Calycostegia Lem. = **Convolvulus**
Calycostemma Hanst. = **Nephrolepis**
Calycostylis Hort. = **Justicia**
Calycostylis Hort. ex Vilm. = **Beloperone**
Calycothrix【3】 Meisn. 星蜡花属 ≒ **Calytrix** Myrtaceae 桃金娘科 [MD-347] 全球 (1) 大洲分布及种数(uc)◆大洋洲
Calycotome E.Mey. = **Dichilus**
Calycotome Link = **Calicotome**
Calycotomon Hoffmanns. = **Calicotome**
Calycotomus Hoffmanns. = **Conostegia**
Calycotropis【3】 Turcz. 萼脊草属 Caryophyllaceae 石竹科 [MD-77] 全球 (1) 大洲分布及种数(1)◆北美洲
Calyctenium Greene = **Rubus**
Calycularia【2】 Mitt. 苞片苔属 ≒ **Pallavicinia** Allisoniaceae 苞叶苔科 [B-25] 全球 (2) 大洲分布及种数(3)亚洲:cf.1;北美洲:2
Calyculariaceae【-】 He-Nygrén,Juslén,Ahonen,Glenny & Piippo 苞叶苔科属 Allisoniaceae 苞叶苔科 [B-25] 全球 (uc) 大洲分布及种数(uc)
Calyculogygas【3】 Krapov. 手萼锦葵属 Malvaceae 锦葵科 [MD-203] 全球 (1) 大洲分布及种数(2)◆南美洲
Calydemos Ruiz & Pav. = **Calea**
Calydermos (Cass.) DC. = **Nicandra**
Calydermos Lag. = **Calea**
Calydia Thou. = **Boerhavia**
Calydna Hewitson = **Caleana**
Calydon Nutt. = **Achnatherum**
Calydorea【3】 Herb. 堇鸢尾属 ← **Alophia;Nemastylis; Sisyrinchium** Iridaceae 鸢尾科 [MM-700] 全球 (6) 大洲

分布及种数(23-24)非洲:2;亚洲:2;大洋洲:2;欧洲:2;北美洲:5-7;南美洲:21-24

Calygogonium G.Don = **Calopogonium**

Calygonium D.Dietr. = **Calligonum**

Calylophis Spach = **Calylophus**

Calylophus (Torr. & A.Gray) Towner = **Calylophus**

Calylophus【3】 Spach 旱桃草属 ← **Oenothera; Galpinsia** Onagraceae 柳叶菜科 [MD-396] 全球 (1) 大洲分布及种数(9-11)◆北美洲

Calymella C.Presl = **Gleichenia**

Calymene Barneby & Krukoff = **Caryomene**

Calymenia Pers. = **Oxybaphus**

Calymmandra【3】 Torr. & A.Gray 兔烟花属 ≒ **Diaperia** Asteraceae 菊科 [MD-586] 全球 (1) 大洲分布及种数(1)◆北美洲

Calymmanthera【3】 Schltr. 纱药兰属 ← **Chamaeanthus** Orchidaceae 兰科 [MM-723] 全球 (1) 大洲分布及种数(2-12)◆大洋洲

Calymmanthium【3】 F.Ritter 万唤柱属 Cactaceae 仙人掌科 [MD-100] 全球 (1) 大洲分布及种数(2)◆南美洲(◆秘鲁)

Calymmatium【3】 O.E.Schulz 面纱芥属 ≒ **Capsella** Brassicaceae 十字花科 [MD-213] 全球 (1) 大洲分布及种数(2)◆中亚(◆乌兹别克斯坦)

Calymmodon【3】 C.Presl 荷包蕨属 ≒ **Phegopteris;Ctenopterella** Polypodiaceae 水龙骨科 [F-60] 全球 (1) 大洲分布及种数(20)◆亚洲

Calymmostachya Bremek. = **Justicia**

Calymnandra Lindl. = **Filago**

Calymperaceae【3】 Kindb. 花叶藓科 [B-130] 全球 (6) 大洲分布和属种数(14/294)亚洲:13/141;大洋洲:9/115;欧洲:5/40;北美洲:3/52;南美洲:5/64

Calymperastrum【3】 I.G.Stone 澳隐丛藓属 ≒ **Calymperes** Pottiaceae 丛藓科 [B-133] 全球 (1) 大洲分布及种数(1)◆大洋洲

Calymperes (Besch.) Broth. = **Calymperes**

Calymperes【3】 Sw. ex F.Weber 花叶藓属 ≒ **Cryphaea;Streptopogon** Calymperaceae 花叶藓科 [B-130] 全球(6)大洲分布及种数(87)非洲:40;亚洲:41;大洋洲:29;欧洲:16;北美洲:17;南美洲:19

Calymperidium Dozy & Molk. = **Syrrhopodon**

Calymperites【-】 Ignatov & Perkovsky 花叶藓科属 Calymperaceae 花叶藓科 [B-130] 全球 (uc) 大洲分布及种数(uc)

Calymperopsis【2】 (Müll.Hal.) M.Fleisch. 花叶藓科属 ≒ **Syrrhopodon** Calymperaceae 花叶藓科 [B-130] 全球 (3) 大洲分布及种数(8) 非洲:6;亚洲:2;南美洲:1

Calynux Raf. = **Pyrularia**

Calypbrion Miq. = **Noisettia**

Calyphyllum L. = **Calophyllum**

Calyplectus Ruiz & Pav. = **Lafoensia**

Calypogeia Argutae Grolle = **Calypogeia**

Calypogeia【3】 Warnst. 护蒴苔属 ≒ **Kantius;Jungermannia** Calypogeiaceae 护蒴苔科 [B-44] 全球 (6) 大洲分布及种数(40-43)非洲:12-50;亚洲:19-57;大洋洲:1-39;欧洲:8-46;北美洲:13-51;南美洲:19-60

Calypogeiaceae【3】 Warnst. 护蒴苔科 [B-44] 全球 (6) 大洲分布和属种数(4/47-90)非洲:2-3/13-53;亚洲:3/22-62;大洋洲:2-3/3-43;欧洲:1-2/8-48;北美洲:3-4/17-57;南美洲:2-3/21-64

Calypogeja Raddi = **Calypogeia**

Calypso【3】 Salisb. 布袋兰属 ≒ **Anthodon** Orchidaceae 兰科 [MM-723] 全球 (6) 大洲分布及种数(3;hort.1;cult: 1)非洲:1-8;亚洲:1-9;大洋洲:7;欧洲:1-8;北美洲:1-8;南美洲:7

Calypsodium Link = **Calypso**

Calyptella W.B.Cooke & P.H.B.Talbot = **Graffenrieda**

Calypteriopetalon Hassk. = **Croton**

Calypteriopetalum Hassk. = **Croton**

Calypteris Bunge = **Caryopteris**

Calypterium Bernh. = **Onoclea**

Calypthrantes Raeusch. = **Calyptranthes**

Calypthranthes Raeusch. = **Calyptranthes**

Calyptocarpus【3】 Less. 伏金腰箭属 ← **Blainvillea; Zexmenia** Asteraceae 菊科 [MD-586] 全球 (1) 大洲分布及种数(3-4)◆北美洲

Calyptochloa【3】 C.E.Hubb. 昆士兰隐草属 Poaceae 禾本科 [MM-748] 全球 (1) 大洲分布及种数(3)◆大洋洲

Calyptopogon【2】 (Mitt.) Broth. 大洋洲丛藓属 ≒ **Streptopogon;Syntrichia** Pottiaceae 丛藓科 [B-133] 全球 (4) 大洲分布及种数(2) 大洋洲:1;欧洲:1;北美洲:1;南美洲:2

Calyptosepalum S.Moore = **Drypetes**

Calyptospora Kar. & Kir. = **Cryptospora**

Calyptostylis Arènes = **Rhynchophora**

Calyptotheca Gilg = **Calyptrotheca**

Calyptothecium (Broth.) Wijk & Margad. = **Calyptothecium**

Calyptothecium【3】 Mitt. 耳平藓属 ≒ **Meteorium; Neckera** Pterobryaceae 蕨藓科 [B-201] 全球 (6) 大洲分布及种数(43)非洲:10;亚洲:27;大洋洲:15;欧洲:2;北美洲:2;南美洲:5

Calyptracordia Britton = **Varronia**

Calyptraemalva【3】 Krapov. 异锦葵属 Malvaceae 锦葵科 [MD-203] 全球 (1) 大洲分布及种数(1)◆南美洲(◆巴西)

Calyptranthe (Maxim.) Nakai = **Hydrangea**

Calyptranthera【3】 Klack. 马达萝藦属 ← **Toxocarpus** Apocynaceae 夹竹桃科 [MD-492] 全球 (1) 大洲分布及种数(7-11)◆非洲(◆马达加斯加)

Calyptranthes【3】 Sw. 帽矾木属 → **Calyptrogenia; Eugenia;Marlierea** Myrtaceae 桃金娘科 [MD-347] 全球(6)大洲分布及种数(209-221;hort.1;cult:4)非洲:1-6;亚洲:15-20;大洋洲:2-7;欧洲:5;北美洲:118-125;南美洲:116-125

Calyptranthus Bl. = **Calyptranthes**

Calyptranthus Thou. = **Capparis**

Calyptraria Naud. = **Aeginetia**

Calyptrella【3】 Naud. 彩号丹属 ← **Graffenrieda;Meriania;** Melastomataceae 野牡丹科 [MD-364] 全球 (1) 大洲分布及种数(10)◆南美

Calyptridieae (Franz) McNeill = **Calyptridieae**

Calyptridieae【2】 Raf. 锦卷耳属 Montiaceae 水卷耳科 [MD-81] 全球 (2) 大洲分布及种数(cf.1) 亚洲;南美洲

Calyptridiinae Franz = **Calyptridieae**

Calyptridium【3】 Nutt. 穗石薇属 ← **Calandrinia; Spraguea;Cistanthe** Montiaceae 水卷耳科 [MD-81] 全球 (1) 大洲分布及种数(9-20)◆北美洲

Calyptrimalva Juss. = (接受名不详) Malvaceae
Calyptrocalyx【2】 Bl. 隐萼椰属 ← **Areca** Arecaceae 棕榈科 [MM-717] 全球 (5) 大洲分布及种数(18-30)非洲:15-25;亚洲:14-19;大洋洲:15-24;欧洲:1;北美洲:3-4
Calyptrocarpus Rchb. = **Calyptocarpus**
Calyptrocarya【3】 Nees 囊颖茅属 ← **Becquerelia;Dichromena** Cyperaceae 莎草科 [MM-747] 全球 (1) 大洲分布及种数(10)◆南美洲
Calyptrochaeta【3】 Desv. 毛柄藓属 ≒ **Cyathophorum** Daltoniaceae 小黄藓科 [B-162] 全球 (6) 大洲分布及种数(28)非洲:3;亚洲:10;大洋洲:11;欧洲:2;北美洲:3;南美洲:11
Calyptrochaete Wijk = **Calyptrochaeta**
Calyptrochilum【3】 Kraenzl. 冠唇兰属 ← **Angraecum;Campylocentrum;Limodorum** Orchidaceae 兰科 [MM-723] 全球 (1) 大洲分布及种数(3)◆非洲
Calyptroco Miq. = **Baccaurea**
Calyptrocolea R.M.Schust. = **Adelanthus**
Calyptrocoryne Schott = **Theriophonum**
Calyptrogenia【2】 Burret 冠番樱属 ← **Calyptranthes;Mitranthes;Myrceugenia** Myrtaceae 桃金娘科 [MD-347] 全球 (2) 大洲分布及种数(6-7)北美洲:4-5;南美洲:1
Calyptrogenio Burret = **Calyptrogenia**
Calyptrogyne【3】 H.Wendl. 肖椰子属 → **Calyptronoma;Chamaedorea;Pholidostachys** Arecaceae 棕榈科 [MM-717] 全球 (1) 大洲分布及种数(16-17)◆北美洲
Calyptrolepis Steud. = **Rhynchospora**
Calyptronema Wieser = **Calyptronoma**
Calyptronoma【3】 Griseb. 肖椰子属 ← **Calyptrogyne; Chamaedorea** Arecaceae 棕榈科 [MM-717] 全球 (1) 大洲分布及种数(12-16)◆北美洲
Calyptroon Miq. = **Viola**
Calyptrorchis Brieger = **Pleurothallis**
Calyptrosciadium【3】 Rech.f. & Kuber 隐伞芹属 ← **Prangos** Apiaceae 伞形科 [MD-480] 全球 (1) 大洲分布及种数(1-2)◆西亚(◆阿富汗)
Calyptrosicyos Keraudren = **Corallocarpus**
Calyptrospatha Klotzsch ex Baill. = **Adenocline**
Calyptrospermum A.Dietr. = **Bolivaria**
Calyptrostegia C.A.Mey. = **Pimelea**
Calyptrostigma Klotzsch = **Beyeria**
Calyptrostigma Trautv. & Mey. = **Weigela**
Calyptrostylis Nees = **Rhynchospora**
Calyptrotheca【3】 Gilg 缨苋树属 ← **Talinum** Didiereaceae 刺戟木科 [MD-152] 全球 (1) 大洲分布及种数(1-2)◆非洲
Calyptrotheceae McNeill = **Calyptrotheca**
Calysaccion Wight = **Calophyllum**
Calysericos Eckl. & Zeyh. ex Meisn. = **Lachnaea**
Calysphyrum Bunge = **Diervilla**
Calystegia【3】 R.Br. 打碗花属 ← **Convolvulus; Calostemma;Ipomoea** Convolvulaceae 旋花科 [MD-499] 全球 (6) 大洲分布及种数(33-46;hort.6;cult: 6)非洲:7-12;亚洲:11-17;大洋洲:5-11;欧洲:6-11;北美洲:23-30;南美洲:11-18
Calythrix【2】 DC. 星蜡花属 ≒ **Calytrix** Myrtaceae 桃金娘科 [MD-347] 全球 (3) 大洲分布及种数(2) 大洋洲:1;北美洲:1;南美洲:1
Calythropsis C.A.Gardner = **Calytrix**
Calytophus Labill. = **Calylophus**
Calytranthes Sw. = **Calyptranthes**
Calytriplex Ruiz & Pav. = **Bacopa**
Calytrix【3】 Labill. 星蜡花属 ≒ **Chrysothrix** Myrtaceae 桃金娘科 [MD-347] 全球 (1) 大洲分布及种数(68-120)◆大洋洲
Calytrocarya Nees = **Calyptrocarya**
Calyx R.Br. = **Caleana**
Calyxhymenia【3】 Ortega 紫茉莉属 ≒ **Allionia** Nyctaginaceae 紫茉莉科 [MD-107] 全球 (1) 大洲分布及种数(1) ◆南美洲
Camaion Raf. = **Helicteres**
Camalagrostis Adans. = **Calamagrostis**
Camara【3】 Adans. 马缨丹属 ← **Lantana;Lippia** Verbenaceae 马鞭草科 [MD-556] 全球 (1) 大洲分布及种数(5)属分布和种数(uc)◆南美洲
Camarea【3】 A.St.Hil. 拱顶金虎尾属 → **Aspicarpa; Gaudichaudia;Peregrina** Malpighiaceae 金虎尾科 [MD-343] 全球 (1) 大洲分布及种数(10-11)◆南美洲
Camaridium (Höhne) Baumbach = **Camaridium**
Camaridium【3】 Lindl. 伏虎兰属 ← **Cymbidium; Maxillaria;Maxillariella** Orchidaceae 兰科 [MM-723] 全球 (6) 大洲分布及种数(81-91)非洲:4-10;亚洲:3-9;大洋洲:6;欧洲:6;北美洲:72-78;南美洲:38-44
Camarilla Salisb. = **Allium**
Camaroptera Scott-Elliot = **Camarotea**
Camarotea【3】 S.Elliot 拱顶爵床属 ≒ **Forcipella** Acanthaceae 爵床科 [MD-572] 全球 (1) 大洲分布及种数(1-2)◆非洲(◆马达加斯加)
Camarotella (Mont.) K.D.Hyde & P.F.Cannon = **Camarotea**
Camarotis【3】 Lindl. 鬼椒草属 ← **Microtea** Orchidaceae 兰科 [MM-723] 全球 (1) 大洲分布及种数(1)属分布和种数(uc)◆大洋洲(◆美拉尼西亚)
Camasia Lindl. = **Camassia**
Camassia【3】 Lindl. 糠米百合属 ← **Anthericum** Asparagaceae 天门冬科 [MM-669] 全球 (1) 大洲分布及种数(7-11)◆北美洲
Camatopsis (R.Br.) P. & K. = **Codonopsis**
Camax Schreb. = **Diospyros**
Cambajuva【3】 P.L.Viana 须龙草属 Poaceae 禾本科 [MM-748] 全球 (1) 大洲分布及种数(1)◆南美洲
Cambania Comm. ex M.Röm. = **Dysoxylum**
Cambarus Hill = **Eranthis**
Cambderia Lag. = **Dilatris**
Cambea Endl. = **Camarea**
Cambessedea Kunth = **Buchanania**
Cambessedea Wight & Arn. = **Bouea**
Cambessedesia【3】 DC. 须龙丹属 ← **Acisanthera; Microlicia;Pyramia** Melastomataceae 野牡丹科 [MD-364] 全球 (1) 大洲分布及种数(30-39)◆南美洲
Cambessedesii DC. = **Cambessedesia**
Cambogia L. = **Garcinia**
Cambogiaceae Horan. = Calophyllaceae
Camchaya【3】 Gagnep. 凋缨菊属 ≒ **Vernonia** Asteraceae 菊科 [MD-586] 全球 (1) 大洲分布及种数(7-11)◆亚洲
Camdenia G.A.Scop. = **Evolvulus**
Camderia Dum. = **Lachnanthes**

Camegia Adans. = **Caesalpinia**
Camelia DC. = **Comolia**
Camelidae Crantz = **Camelina**
Camelina【3】Crantz 亚麻荠属←**Thlaspi;Commelina; Murdannia** Brassicaceae 十字花科 [MD-213] 全球 (6) 大洲分布及种数(12-14;hort.1;cult: 1)非洲:3-6;亚洲:10-15;大洋洲:4-7;欧洲:7-10;北美洲:4-7;南美洲:3
Camelineae DC. = **Camelina**
Camelinopsis【3】A.G.Mill. 曲柄荠属 Brassicaceae 十字花科 [MD-213] 全球 (1) 大洲分布及种数(1-2)◆亚洲
Camella Cothen. = **Camellia**
Camellaceae Mart. = Canellaceae
Camellia (Bl.) Cohen-Stuart = **Camellia**
Camellia【3】L. 山茶属 ≒ **Castellia;Ageratum** Theaceae 山茶科 [MD-168] 全球 (1) 大洲分布及种数(3-132)◆非洲
Camelliaceae Mirb. = Canellaceae
Camelliastrum Nakai = **Camellia**
Camelostalix Pfitzer = **Pholidota**
Camelus Lour. = **Anamirta**
Camena DC. = **Acmena**
Cameraria Böhm. = **Cameraria**
Cameraria【3】L. 鸭蛋花属→**Adenium; Caperonia; Skytanthus** Apocynaceae 夹竹桃科 [MD-492] 全球 (1) 大洲分布及种数(3-11)◆北美洲
Cameridium Rchb. = **Camaridium**
Camerina Crantz = **Camelina**
Camerium P. & K. = **Vernicia**
Camerunia (Pichon) Boiteau = **Tabernaemontana**
Camforosma Spreng. = **Camphorosma**
Camilla Salisb. = **Allium**
Camillea L. = **Camellia**
Camilleugenia Frapp. ex Cordem. = **Cynorkis**
Caminus L. = **Carpinus**
Camirium C.F.Gaertn. = **Aleurites**
Camissonia (Munz) P.H.Raven = **Camissonia**
Camissonia【3】Link 待晖草属 ← **Oenothera; Holostigma;Eulobus** Onagraceae 柳叶菜科 [MD-396] 全球 (6) 大洲分布及种数(60-63;hort.1)非洲:22;亚洲:22;大洋洲:22;欧洲:22;北美洲:59-84;南美洲:5-27
Camissoniopsis【3】W.L.Wagner & Hoch 海晖草属 Onagraceae 柳叶菜科 [MD-396] 全球 (1) 大洲分布及种数(14)◆北美洲(◆美国)
Cammarum Fourr. = **Eranthis**
Camocladia L. = **Comocladia**
Camoensia【3】Welw. ex Benth. & Hook.f. 西非豆藤属 Fabaceae 豆科 [MD-240] 全球 (1) 大洲分布及种数(1-3)◆非洲
Camolenga P. & K. = **Lagenaria**
Camomilla Gilib. = **Matricaria**
Camonea【-】Raf. 旋花科属 ≒ **Merremia;Ipomoea** Convolvulaceae 旋花科 [MD-499] 全球 (uc) 大洲分布及种数(uc)
Camopis Lour. = **Campsis**
Campaccia Baptista,P.A.Harding & V.P.Castro = **Acacia**
Campages Decne. = **Capanea**
Campamumoea Bl. = **Campanumoea**
Campana P. & K. = **Tecomanthe**
Campane Dulac = **Arabis**
Campanea C.Müller Berol. = **Capanea**
Campanile Gilg & G.Schellenb. = **Linociera**
Campanocalyx【3】Valeton 印尼钟茜草属 Rubiaceae 茜草科 [MD-523] 全球 (1) 大洲分布及种数(1)◆东南亚(◆印度尼西亚)
Campanocolea【2】R.M.Schust. 风萼苔属 Lophocoleaceae 齿萼苔科 [B-74] 全球 (2) 大洲分布及种数(cf.1) 北美洲;南美洲
Campanolea Gilg & G.Schellenb. = **Chionanthus**
Campanopsis (R.Br.) P. & K. = **Wahlenbergia**
Campanula (Buser) P. & K. = **Campanula**
Campanula【3】L. 木风铃属 → **Adenophora; Camptandra;Phyteuma** Campanulaceae 桔梗科 [MD-561] 全球 (6) 大洲分布及种数(342-575;hort.1;cult: 73)非洲:68-120;亚洲:210-330;大洋洲:47-85;欧洲:203-305;北美洲:82-126;南美洲:18-54
Campanulaceae【3】Juss. 桔梗科 [MD-561] 全球 (6) 大洲分布和属种数(74-85;hort. & cult.30-34)(1719-2909; hort. & cult.319-542)非洲:29-57/451-711;亚洲:25-48/458-804;大洋洲:13-42/117-366;欧洲:17-42/329-629;北美洲:28-45/362-633;南美洲:12-39/562-943
Campanulastrum Small = **Campanula**
Campanulina L. = **Campanula**
Campanuloideae Burnett = **Lightfootia**
Campanuloides A.DC. = **Laetia**
Campanulopsis (Roberty) Roberty = **Wahlenbergia**
Campanulorchis【3】Brieger 钟兰属←**Eria;Trichotosia** Orchidaceae 兰科 [MM-723] 全球 (1) 大洲分布及种数(cf. 1)◆亚洲
Campanulotes Hort.Kew. ex A.DC. = **Laetia**
Campanumoea【3】Bl. 金钱豹属←**Codonopsis;Cyclocodon;Coreopsis** Campanulaceae 桔梗科 [MD-561] 全球 (1) 大洲分布及种数(2-5)◆亚洲
Campatonema Hook. & Arn. = **Camptosema**
Campbellia【-】Wight 列当科属 ≒ **Christisonia; Aeginetia** Orobanchaceae 列当科 [MD-552] 全球 (uc) 大洲分布及种数(uc)
Campderia A.Rich. = **Torilis**
Campderia Benth. = **Coccoloba**
Campderia Lag. = **Kundmannia**
Campderis Lag. = **Vellozia**
Campe Dulac = **Neurolaena**
Campecarpus【3】H.Wendl. ex Benth. & Hook.f. 根柱椰属 Arecaceae 棕榈科 [MM-717] 全球 (1) 大洲分布及种数(1)◆大洋洲(◆波利尼西亚)
Campecia Adans. = **Tradescantia**
Campeiostachys【3】Drobow 披碱草属 ≒ **Elymus** Poaceae 禾本科 [MM-748] 全球 (1) 大洲分布及种数(1)◆亚洲
Campelepis Falc = **Periploca**
Campelia【3】Rich. 紫竹梅属 ≒ **Tradescantia** Commelinaceae 鸭跖草科 [MM-708] 全球 (1) 大洲分布及种数(2) ◆北美洲
Campella Link = **Deschampsia**
Campenia Rich. = **Amischotolype**
Campestigma【3】Pierre ex Costantin 曲柱萝藦属 Apocynaceae 夹竹桃科 [MD-492] 全球 (1) 大洲分布及种数(cf. 1)◆亚洲
Camphora【3】(Bauh.) L. 爪樟属 ≒ **Cinnamo-**

mum;Amorpha Lauraceae 樟科 [MD-21] 全球 (6) 大洲分布及种数(6-26)非洲:1;亚洲:4-20;大洋洲:1;欧洲:1;北美洲:1;南美洲:1-2
Camphora Fabr. = **Camphora**
Camphorata Fabr. = **Selago**
Camphorata Tourn. ex Crantz = **Camphorosma**
Camphorina Noronha = **Desmos**
Camphoromoea Nees = **Ocotea**
Camphoromyrtus Schaür = **Brunia**
Camphorosma【3】L. 樟味藜属 ≒ **Selago** Chenopodiaceae 藜科 [MD-115] 全球 (6) 大洲分布及种数(7-9)非洲:2-3;亚洲:5-8;大洋洲:1;欧洲:2-4;北美洲:1-2;南美洲:1
Camphorosmeae Moq. = **Camphorosma**
Camphusia de Vriese = **Scaevola**
Camphyleia Spreng. = **Striga**
Campias Lour. = **Campsis**
Campilopus Brid. ex Henriq. = **Campylopus**
Campilostachys A.Juss. = **Campylostachys**
Campimia【3】Ridl. 野牡丹科属 ≒ **Allomorphia** Melastomataceae 野牡丹科 [MD-364] 全球 (1) 大洲分布及种数(uc)◆大洋洲
Campium C.Presl = **Bolbitis**
Camplothecium Schimp. ex Schur = **Homalothecium**
Campnosperma【3】Thwaites 鸠漆属 ← **Buchanania;Semecarpus;Gymnosperma** Anacardiaceae 漆树科 [MD-432] 全球 (6) 大洲分布及种数(12-21)非洲:6-11;亚洲:4-8;大洋洲:1-5;欧洲:1-2;北美洲:2-3;南美洲:3-4
Campoa A.Rich. & Galeotti = **Cranichis**
Campomanesia (O.Berg) Kiaersk. = **Campomanesia**
Campomanesia【3】Ruiz & Pav. 橘凤榴属 ← **Eugenia;Myrtus;Psidium** Myrtaceae 桃金娘科 [MD-347] 全球 (1) 大洲分布及种数(53-57)◆南美洲
Camponia Gardner = **Championia**
Camposcia Baptista,P.A.Harding & V.P.Castro = **Caesalpinia**
Campose Dulac = **Arabis**
Camposella Cole = **Capsella**
Camposiella Bosser = **Camusiella**
Campothecium Schimp. ex Kindb. = **Camptothecium**
Campovassouria【3】R.M.King & H.Rob. 泽兰属 ← **Eupatorium** Asteraceae 菊科 [MD-586] 全球 (1) 大洲分布及种数(2)◆南美洲
Campsiandra【3】Benth. 卡姆苏木属 Fabaceae 豆科 [MD-240] 全球 (1) 大洲分布及种数(21-22)◆南美洲
Campsidium【3】Seem. 粉花凌霄属 ← **Pandorea;Tecomaria** Bignoniaceae 紫葳科 [MD-541] 全球 (1) 大洲分布及种数(cf.1) ◆南美洲
Campsis【3】Lour. 凌霄属 ← **Bignonia;Tecoma;Paulownia** Bignoniaceae 紫葳科 [MD-541] 全球 (6) 大洲分布及种数(5)非洲:1;亚洲:3-4;大洋洲:4-5;欧洲:1;北美洲:3-4;南美洲:1
Campsoneura Dur. & Jacks = **Compsoneura**
Campsotrichum Sikora = **Lepidopilum**
Camptacra【3】N.T.Burb. 紫菀属 ← **Aster** Asteraceae 菊科 [MD-586] 全球 (1) 大洲分布及种数(2)◆大洋洲
Camptandra【3】Ridl. 弯药姜属 → **Caulokaempferia;Kaempferia** Zingiberaceae 姜科 [MM-737] 全球 (1) 大洲分布及种数(3-4)◆亚洲
Camptederia Lag. = **Adiantum**
Campteria C.Presl = **Pteris**
Campteris Lag. = **Adiantum**
Camptocarpus【3】Decne. 散沫花属 ≒ **Lawsonia** Apocynaceae 夹竹桃科 [MD-492] 全球 (1) 大洲分布及种数(8)◆非洲
Camptoceras A.Rich. = **Martynia**
Camptocercus Decne. = **Camptocarpus**
Camptochaete (Besch.) Broth. = **Camptochaete**
Camptochaete【3】Reichardt 爪藓属 ≒ **Hypnum;Neckera** Lembophyllaceae 船叶藓科 [B-205] 全球 (6) 大洲分布及种数(15) 非洲:2;亚洲:2;大洋洲:13;欧洲:1;北美洲:2;南美洲:2
Camptodium Fée = **Tectaria**
Camptodontium【3】Dusén 南美弯尾藓属 Dicranaceae 曲尾藓科 [B-128] 全球 (1) 大洲分布及种数(2)◆南美洲
Camptogramma Alderw. = **Acrostichum**
Camptolepis【3】Radlk. 弯鳞无患子属 ← **Deinbollia;Haplocoelum;Cryptolepis** Sapindaceae 无患子科 [MD-428] 全球 (1) 大洲分布及种数(4-5)◆非洲
Camptoloma【3】Benth. 雪崖花属 ← **Chaenostoma;Lyperia;Sutera** Scrophulariaceae 玄参科 [MD-536] 全球 (1) 大洲分布及种数(1-5)◆非洲
Camptophytum Pierre ex A.Chev. = **Tarenna**
Camptopleura Nutt. = **Agoseris**
Camptoprium Fée = **Tectaria**
Camptoptera Boiss. = **Aethionema**
Camptopus Hook.f. = **Psychotria**
Camptorrhiza【3】Hutch. 单柱山慈姑属 ← **Iphigenia** Colchicaceae 秋水仙科 [MM-623] 全球 (1) 大洲分布及种数(2)◆非洲
Camptosema【3】Hook. & Arn. 红玉豆属 ≒ **Galactia;Dahlstedtia** Fabaceae 豆科 [MD-240] 全球 (1) 大洲分布及种数(19-21)◆南美洲
Camptosorus【3】Link 过山蕨属 ← **Phyllitis;Asplenium** Aspleniaceae 铁角蕨科 [F-43] 全球 (1) 大洲分布及种数(1-2)◆亚洲
Camptosrus Link = **Camptosorus**
Camptostemon【3】Mast. 曲蕊木棉属 Malvaceae 锦葵科 [MD-203] 全球 (1) 大洲分布及种数(1-2)◆大洋洲
Camptostylus【3】Gilg 弯柱雀杨属 → **Caloncoba;Oncoba** Achariaceae 青钟麻科 [MD-159] 全球 (1) 大洲分布及种数(3)◆非洲
Camptotheca【3】Decne. 喜树属 ← **Cephalanthus** Nyssaceae 蓝果树科 [MD-451] 全球 (1) 大洲分布及种数(cf. 1)◆东亚(◆中国)
Camptotheciaceae Schimp. = Brachytheciaceae
Camptothecium【2】Schimp. 斜蒴藓属 ≒ **Hypnum;Neckera** Brachytheciaceae 青藓科 [B-187] 全球 (4) 大洲分布及种数(10) 亚洲:1;欧洲:2;北美洲:7;南美洲:1
Camptothecum Schimp. = **Camptothecium**
Campuleia Thou. = **Canscora**
Campuloa Desv. = **Campulosus**
Campuloclinium【2】DC. 大头柄泽兰属 ← **Ageratum;Trichogonia;Praxelis** Asteraceae 菊科 [MD-586] 全球 (3) 大洲分布及种数(17-20)非洲:1;北美洲:2-3;南美洲:16-18
Campulosus【3】Desv. 开口草属 ≒ **Campylopus** Poaceae 禾本科 [MM-748] 全球 (1) 大洲分布及种数(uc)◆欧洲
Campy Dulac = **Arabis**

C

Campydorum Salisb. = **Polygonatum**

Campylandra【3】Baker 开口箭属 ← **Chlorophytum;Rohdea** Asparagaceae 天门冬科 [MM-669] 全球 (1) 大洲分布及种数(cf. 1)◆亚洲

Campylanthera Hook. = **Ceiba**

Campylanthera Schott = **Eriodendron**

Campylanthus【2】Roth 弯花婆婆纳属 Plantaginaceae 车前科 [MD-527] 全球 (4) 大洲分布及种数(5-19)非洲:4-9;亚洲:1-11;欧洲:2;北美洲:1

Campylas Lour. = **Tinospora**

Campyleia Spreng. = **Buchnera**

Campylia Lindl. ex Sw. = **Pelargonium**

Campyliaceae (Kanda) W.R.Buck = Ternstroemiaceae

Campyliadelphus【3】(Kindb.) R.S.Chopra 拟细湿藓属 Amblystegiaceae 柳叶藓科 [B-178] 全球 (6) 大洲分布及种数(4) 非洲:2;亚洲:4;大洋洲:2;欧洲:4;北美洲:3;南美洲:3

Campylidium【2】(Kindb.) Ochyra 亚洲柳叶藓属 Hypnaceae 灰藓科 [B-189] 全球 (4) 大洲分布及种数(4) 亚洲:2;欧洲:2;北美洲:1;南美洲:1

Campylium【3】(Sull.) Mitt. 细湿藓属 ≒ **Podperaea** Amblystegiaceae 柳叶藓科 [B-178] 全球 (6) 大洲分布及种数(30) 非洲:1;亚洲:15;大洋洲:1;欧洲:12;北美洲:18;南美洲:6

Campylobotris Hook. = **Hoffmannia**

Campylobotrys Lem. = **Hoffmannia**

Campylocarpus Brid. ex Grout = **Campylopus**

Campylocaryum DC. ex A.DC. = **Lawsonia**

Campylocentron Benth. = **Campylocentrum**

Campylocentrum【3】Benth. 弯距兰属 ← **Aeranthes;Calyptrochilum** Orchidaceae 兰科 [MM-723] 全球 (6) 大洲分布及种数(90-98)非洲:13;亚洲:3;大洋洲:4;欧洲:1;北美洲:22-25;南美洲:78-84

Campylocera Nutt. = **Triodanis**

Campylocercum【3】Van Tiegh. 赛金莲木属 ≒ **Campylospermum** Ochnaceae 金莲木科 [MD-104] 全球 (1) 大洲分布及种数(4)◆亚洲

Campylochaetium【-】Besch. 曲尾藓科属 ≒ **Dicranella** Dicranaceae 曲尾藓科 [B-128] 全球 (uc) 大洲分布及种数(uc)

Campylochinium B.D.Jacks = **Campuloclinium**

Campylochinium Endl. = **Eupatorium**

Campylochiton Welw. ex Hiern = **Combretum**

Campyloclinium Endl. = **Campuloclinium**

Campylodontium【3】Dozy & Molk. 斜齿藓属 ≒ **Anacamptodon** Entodontaceae 绢藓科 [B-195] 全球 (1) 大洲分布及种数(1)◆东亚(◆中国)

Campylogramma Alderw. = **Microsorum**

Campylogyne Welw. ex Hemsl. = **Combretum**

Campylolejeunea (Mitt.) Mizut. = **Cololejeunea**

Campyloneuron C.Presl = **Campyloneurum**

Campyloneurum (R.Br.) T.Moore = **Campyloneurum**

Campyloneurum【3】C.Presl 带蕨属 ≒ **Asclepias** Polypodiaceae 水龙骨科 [F-60] 全球 (1) 大洲分布及种数(74-84)◆南美洲

Campylopelma Rchb. = **Hypericum**

Campylopetalum【3】Forman 枫漆属 Anacardiaceae 漆树科 [MD-432] 全球 (1) 大洲分布及种数(1)◆东南亚(◆泰国)

Campylophyiium (Schimp.) M.Fleisch. = **Campylophyllum**

Campylophyllopsis【-】W.R.Buck 柳叶藓科属 Amblystegiaceae 柳叶藓科 [B-178] 全球 (uc) 大洲分布及种数(uc)

Campylophyllum【2】(Schimp.) M.Fleisch. 偏叶藓属 ≒ **Pterogonium;Chaetomitriopsis** Hypnaceae 灰藓科 [B-189] 全球 (4) 大洲分布及种数(3) 亚洲:3;欧洲:3;北美洲:3;南美洲:1

Campylopodiella【2】Cardot 拟扭柄藓属 ≒ **Paraleucobryum;Campylopus** Leucobryaceae 白发藓科 [B-129] 全球 (5) 大洲分布及种数(7) 非洲:1;亚洲:2;大洋洲:1;北美洲:2;南美洲:3

Campylopodium【3】(Müll.Hal.) Besch. 扭柄藓属 ≒ **Cynodon;Microcampylopus** Dicranellaceae 小曲尾藓科 [B-122] 全球 (6) 大洲分布及种数(11) 非洲:2;亚洲:2;大洋洲:6;欧洲:1;北美洲:3;南美洲:4

Campyloptera Boiss. = **Aethionema**

Campylopterus Boiss. = **Aethionema**

Campylopus (Schwägr. ex Reinw. & Hornsch.) Kindb. = **Campylopus**

Campylopus【3】Spach 曲柄藓属 ← **Hypericum;-Campulosus;Pilopogon** Leucobryaceae 白发藓科 [B-129] 全球 (1) 大洲分布及种数(301)◆南美洲

Campylosiphon【3】St.Lag. 弯玉簪属 ← **Siphocampylus** Burmanniaceae 水玉簪科 [MM-696] 全球 (1) 大洲分布及种数(1)◆南美洲

Campylospermum【3】Van Tiegh. 赛金莲木属 ← **Ouratea;Ochna** Ochnaceae 金莲木科 [MD-104] 全球 (6) 大洲分布及种数(74-82;hort.1;cult: 1)非洲:70-79;亚洲:7-9;大洋洲:1;欧洲:1;北美洲:1;南美洲:5-7

Campylosporus Spach = **Hypericum**

Campylostachys【3】Kunth 垂仙木属 ≒ **Stilbe;Kogelbergia** Stilbaceae 耀仙木科 [MD-532] 全球 (1) 大洲分布及种数(-)◆非洲

Campylosteira Boiss. = **Aethionema**

Campylosteliaceae De Not. = Ptychomitriaceae

Campylostelium【2】Bruch & Schimp. 小缩叶藓属 ≒ **Dicranum;Eobruchia** Ptychomitriaceae 缩叶藓科 [B-114] 全球 (5) 大洲分布及种数(6) 非洲:1;亚洲:3;欧洲:3;北美洲:3;南美洲:2

Campylostemon【3】E.Mey. 曲蕊卫矛属 ≒ **Campylopetalum;Ouratea** Celastraceae 卫矛科 [MD-339] 全球 (1) 大洲分布及种数(7-12)◆非洲

Campylotes Spach = **Campylopus**

Campylotheca Cass. = **Bidens**

Campylotrichum Sikora = **Lepidopilum**

Campylotropis【3】Bunge 笐子梢属 ← **Crotalaria;Desmodium;Lespedeza** Fabaceae 豆科 [MD-240] 全球 (1) 大洲分布及种数(35-52)◆亚洲

Campylus Lour. = **Tinospora**

Campynema【3】Labill. 翠菱花属 ≒ **Campynemanthe** Campynemataceae 翠菱花科 [MM-657] 全球 (1) 大洲分布及种数(1)◆大洋洲

Campynemaceae Dum. = Campynemataceae

Campynemanthe【3】Baill. 翠菱花属 ← **Campynema** Campynemataceae 翠菱花科 [MM-657] 全球 (1) 大洲分布及种数(1-3)◆大洋洲

Campynemataceae【3】Dum. 翠菱花科 [MM-657] 全球

(1) 大洲分布和属种数(1/1)◆大洋洲
Campyneumataceae Dum. = Campynemataceae
Camunium Adans. = **Murraya**
Camusia Lorch = **Acrachne**
Camusiella 【3】 Bosser 狗尾草属 ≒ **Setaria** Poaceae 禾本科 [MM-748] 全球 (1) 大洲分布及种数(1)◆非洲
Camutia Bonat. ex Steud. = **Melampodium**
Canabis Roth = **Musanga**
Canaca Guillaumin = **Codiaeum**
Canace Guillaumin = **Baloghia**
Canacomyrica 【3】 Guillaumin 岛杨梅属 Myricaceae 杨梅科 [MD-82] 全球 (1) 大洲分布及种数(1)◆大洋洲(◆波利尼西亚)
Canacomyricaceae Baum.-Bod. ex Doweld = Montiaceae
Canacorchis Guillaumin = **Bulbophyllum**
Canada Pohl = **Spigelia**
Canadanthus 【3】 G.L.Nesom 沼菀属 ← **Aster; Lepidagathis** Asteraceae 菊科 [MD-586] 全球 (1) 大洲分布及种数(1)◆北美洲
Canagana Fabr. = **Caragana**
Canahia Steud. = **Kanahia**
Canala Pohl = **Spigelia**
Canalia F.W.Schmidt = **Gnidia**
Canalohypopterygium 【2】 W.Frey & Schaepe 爪孔雀藓属 ≒ **Hypopterygium** Hypopterygiaceae 孔雀藓科 [B-160] 全球 (4) 大洲分布及种数(1) 亚洲:1;大洋洲:1;北美洲:1;南美洲:1
Cananga 【3】 (DC.) Hook.f. & Thoms. 依兰属 ≒ **Asimina;Oxandra** Annonaceae 番荔枝科 [MD-7] 全球 (1) 大洲分布及种数(3-12)◆亚洲
Canangium Baill. = **Cananga**
Canapana Fabr. = **Canarina**
Canaria Jim.Mejías & P.Vargas = **Canarina**
Canariastrum 【3】 Engl. 叶下珠科属 Phyllanthaceae 叶下珠科 [MD-222] 全球 (1) 大洲分布及种数(1)◆非洲
Canarielluni Engl. = **Canarium**
Canarina 【3】 L. 莺风铃属 ≒ **Campanula;Michauxia;Cyclocodon** Campanulaceae 桔梗科 [MD-561] 全球 (1) 大洲分布及种数(3-5)◆非洲
Canarion St.Lag. = **Canarina**
Canariopsis Hochr. = **Canarium**
Canariothamnus B.Nord. = **Bethencourtia**
Canarium 【3】 L. 橄榄属 → **Triomma;Caladium; Aphanamixis** Burseraceae 橄榄科 [MD-408] 全球 (6) 大洲分布及种数(87-141;hort.1;cult: 8)非洲:55-79;亚洲:41-78;大洋洲:19-49;欧洲:5-15;北美洲:12-22;南美洲:7-16
Canarlum L. = **Canarium**
Canastra 【3】 (Filg.) Morrone 巴西草属 ≒ **Arthropogon** Poaceae 禾本科 [MM-748] 全球 (1) 大洲分布及种数(2-4)◆南美洲(◆巴西)
Canastra Morrone,Zuloaga,Davidse & Filg. = **Canastra**
Canavali Adans. = **Canavalia**
Canavalia 【3】 Adans. 刀豆属 ≒ **Mucuna** Fabaceae3 蝶形花科[MD-240]全球(6)大洲分布及种数(54-78;hort.1;cult: 2)非洲:10-14;亚洲:17-23;大洋洲:6-15;欧洲:2-5;北美洲:26-44;南美洲:32-36
Canavalia DC. = **Canavalia**
Canavallia Adans. = **Canavalia**
Canbya 【3】 Parry ex A.Gray 矮罂粟属 ≒ **Canna** Papaveraceae 罂粟科 [MD-54] 全球 (1) 大洲分布及种数(2)◆北美洲
Cancellaria (DC.) Mattei = **Pavonia**
Cancellaria Sch. = **Adelostigma**
Cancellus Mill. = **Cypripedium**
Cancilla P.Br. = **Canella**
Cancrinella Tzvelev = **Cancriniella**
Cancrinia 【3】 Kar. & Kir. 小甘菊属 → **Chrysanthemum;Matricaria;Cancriniella** Asteraceae 菊科 [MD-586] 全球 (1) 大洲分布及种数(10-11)◆亚洲
Cancriniella 【3】 Tzvelev 木甘菊属 ← **Brachanthemum** Asteraceae 菊科 [MD-586] 全球 (1) 大洲分布及种数(cf. 1)◆中亚(◆哈萨克斯坦)
Cancrinos Kar. & Kir. = **Cancrinia**
Cancris Roth = **Musanga**
Canda L. = **Canna**
Candarum Rchb. ex Schott & Endl. = **Amorphophallus**
Candeina D´Orbigny = **Canarina**
Candelabre Hochst. = **Bridelia**
Candelabria Hochst. = **Breynia**
Candelabrum Hochst. = **Amanoa**
Candelariac Hochst. = **Bridelia**
Candelarie Hochst. = **Bridelia**
Candid Salisb. = **Allium**
Candidae Ten. = **Baccharoides**
Candidea Ten. = **Baccharoides**
Candidia Salisb. = **Allium**
Candidula Poiret = **Baccharoides**
Candjera Decne. = **Cansjera**
Candoia Torr. = **Canotia**
Candollea Baumg. = **Hibbertia**
Candollea Labill. = **Stylidium**
Candollea Mirb. = **Cyclophorus**
Candollea Steud. = **Agrostis**
Candolleodendron 【3】 R.S.Cowan 巴西坎多豆属 ← **Swartzia** Fabaceae 豆科 [MD-240] 全球 (1) 大洲分布及种数(1)◆南美洲
Candona L. = **Canna**
Candoniella Herzog = **Mandoniella**
Candonopsis Wall. = **Codonopsis**
Canelina Crantz = **Camelina**
Canella 【3】 P.Br. 白樟属 ≒ **Cinnamodendron** Canellaceae 白樟科 [MD-9] 全球 (1) 大洲分布及种数(1-8)◆南美洲
Canellaceae 【3】 Mart. 白樟科 [MD-9] 全球 (6) 大洲分布和属种数(5;hort. & cult.2-3)(18-32;hort. & cult.2-3) 非洲:2-4/5-15;亚洲:1-2/1-10;大洋洲:2/8;欧洲:2/8;北美洲:3/7-17;南美洲:2/8-18
Canellia G.Don = **Castellia**
Canephor Juss. = **Canephora**
Canephora 【3】 Juss. 苇梗茜属 → **Burchellia; Camphora** Rubiaceae 茜草科 [MD-523] 全球 (1) 大洲分布及种数(6-11)◆非洲(◆马达加斯加)
Canephorula Friese = **Canephora**
Canhamo Perini = **Malvaviscus**
Cania L. = **Canna**
Canicidia Vell. = **Connarus**
Canidae Salisb. = **Allium**
Canidia Salisb. = **Prestoea**

C

Caninia Salisb. = **Allium**
Caninophyllum Gaertn. = **Capnophyllum**
Canipylia Lindl. ex Sw. = **Pelargonium**
Canis O.F.Cook = **Aiphanes**
Canistropsis【3】(Mez) Leme 姜黄凤梨属 ← **Canistrum;Neoregelia;Nidularium** Bromeliaceae 凤梨科 [MM-715] 全球 (1) 大洲分布及种数(11)◆南美洲(◆巴西)
Canistrum (Lindm.) Mez = **Canistrum**
Canistrum【3】E.Morren 围苞凤梨属 ← **Aechmea; Guzmania;Canistropsis** Bromeliaceae 凤梨科 [MM-715] 全球 (1) 大洲分布及种数(23-24)◆南美洲
Canizaresia Britton = **Piscidia**
Canjia Torr. = **Canotia**
Cankrienia de Vriese = **Androsace**
Canmea Parry ex A.Gray = **Canbya**
Canna【3】L. 美人蕉属 ≒ **Cadia** Cannaceae 美人蕉科 [MM-739] 全球 (6) 大洲分布及种数(22-25)非洲:5-20;亚洲:10-26;大洋洲:7-22;欧洲:4-19;北美洲:12-27;南美洲:19-35
Cannabaceae【3】Martinov 大麻科 [MD-89] 全球 (6) 大洲分布和属种数(2;hort. & cult.2)(9-22;hort. & cult.4-5)非洲:1-2/1-5;亚洲:2/7-12;大洋洲:2/3-7;欧洲:1-2/3-7;北美洲:2/7-12;南美洲:1-2/1-5
Cannabidaceae Martinov = Cannabaceae
Cannabina Mill. = **Datisca**
Cannabinaceae Martinov = Cannabaceae
Cannabis【3】L. 大麻属 → **Musanga** Cannabaceae 大麻科 [MD-89] 全球 (1) 大洲分布及种数(1-4)◆亚洲
Cannaboides【3】B.E.van Wyk 非洲美芹属 ≒ **Heteromorpha** Apiaceae 伞形科 [MD-480] 全球 (1) 大洲分布及种数(2)◆非洲(◆马达加斯加)
Cannaceae【3】Juss. 美人蕉科 [MM-739] 全球 (6) 大洲分布和属种数(1;hort. & cult.1)(21-71;hort. & cult.8-29)非洲:1/5-20;亚洲:1/10-26;大洋洲:1/7-22;欧洲:1/4-19;北美洲:1/12-27;南美洲:1/19-35
Cannacorus Medik. ex Mill. = **Canna**
Cannacria L. = **Canarina**
Cannaeorchis M.A.Clem. & D.L.Jones = **Dendrobium**
Cannales L. = **Cannabis**
Cannarium Baill. = **Cananga**
Canneae Meisn. = **Canna**
Cannelia G.Don = **Lindmania**
Cannella Schott ex Meisn. = **Ocotea**
Cannomois【3】Beauv. ex Desv. 曜灯草属 ≒ **Thamnochortus** Restionaceae 帚灯草科 [MM-744] 全球 (1) 大洲分布及种数(7-17)◆非洲
Cannonia (Speg.) Joanne E.Taylor & K.D.Hyde = **Hannonia**
Canonanthus G.Don = **Siphocampylus**
Canopholis G.Don = **Conopholis**
Canopodaceae C.Presl = Santalaceae
Canopus C.Presl = **Exocarpos**
Canothus Raf. = **Ceanothus**
Canotia【3】Torr. 刑钉木属 Celastraceae 卫矛科 [MD-339] 全球 (1) 大洲分布及种数(1-3)◆北美洲
Canotis C.Presl = **Burmannia**
Canschi Adans. = **Mallotus**
Canscora Griseb. = **Canscora**
Canscora【3】Lam. 穿心草属 ← **Centaurium;Hippion;Cracosna** Gentianaceae 龙胆科 [MD-496] 全球 (1) 大洲分布及种数(15-25)◆亚洲
Canscorinella【-】Shahina & Nampy 龙胆科属 Gentianaceae 龙胆科 [MD-496] 全球 (uc) 大洲分布及种数(uc)
Cansenia Raf. = **Bauhinia**
Cansiera J.F.Gmel. = **Nogra**
Cansjera【2】Juss. 山柑藤属 ← **Antidesma;Daphne** Opiliaceae 山柚子科 [MD-369] 全球 (3) 大洲分布及种数(5-6)非洲:1;亚洲:4-5;大洋洲:3
Cansjeraceae J.Agardh = Opiliaceae
Cantalea Raf. = **Lycium**
Cantao Perini = **Malvaviscus**
Cantha L. = **Caltha**
Cantharospermum Wight & Arn. = **Atylosia**
Cantharspermum (Benth.) Taub. = **Cajanus**
Canthidium Pfitzer = **Acanthephippium**
Canthiopsis Seem. = **Randia**
Canthium【3】Lam. 猪肚木属 → **Afrocanthium; Diplospora;Lasianthus** Rubiaceae 茜草科 [MD-523] 全球(6)大洲分布及种数(70-125;hort.1)非洲:29-44;亚洲:43-86;大洋洲:8-15;欧洲:1-5;北美洲:3-9;南美洲:4
Canthiumera【3】K.M.Wong & Mahyuni 彩茜草属 Rubiaceae 茜草科 [MD-523] 全球 (1) 大洲分布及种数(uc)◆非洲
Canthopsis Miq. = **Randia**
Canthus Raf. = **Clianthus**
Cantinoa【2】Harley & J.F.B.Pastore 金苓属 ≒ **Hypenia** Lamiaceae 唇形科 [MD-575] 全球 (3) 大洲分布及种数(26-27;hort.1;cult: 1)亚洲:cf.1;北美洲:4;南美洲:24
Cantium Lam. = **Canthium**
Cantleya【3】Ridl. 金檀木属 ← **Platea;Urandra** Stemonuraceae 粗丝木科 [MD-440] 全球 (1) 大洲分布及种数(cf. 1)◆亚洲
Cantua【3】Juss. ex Lam. 魔力花属 → **Collomia; Gilia;Loeselia** Polemoniaceae 花荵科 [MD-481] 全球 (1) 大洲分布及种数(17-23)◆南美洲(◆秘鲁)
Cantuffa【3】J.F.Gmel. 老虎刺属 ← **Caesalpinia;Pterolobium** Fabaceae3 蝶形花科 [MD-240] 全球 (1) 大洲分布及种数(uc)属分布和种数(uc)◆大洋洲
Canularium Beadle,Don A. = **Canarium**
Canvalia Adans. = **Canavalia**
Caobangia【3】A.R.Sm. & X.C.Zhang 高平蕨属 Polypodiaceae 水龙骨科 [F-60] 全球 (1) 大洲分布及种数(cf. 1)◆亚洲
Caopia【3】Adans. 封蜡树属 → **Vismia;Senna** Hypericaceae 金丝桃科 [MD-119] 全球 (1) 大洲分布及种数(cf. 1)◆亚洲
Caoutchoua J.F.Gmel. = **Hevea**
Capaifera L. = **Copaifera**
Capanea【2】Decne. 硕花岩桐属 ← **Kohleria;Besleria** Gesneriaceae 苦苣苔科 [MD-549] 全球 (2) 大洲分布及种数(5-8)北美洲:1;南美洲:4
Capanemia【3】Barb.Rodr. 卡班兰属 ≒ **Quekettia** Orchidaceae 兰科 [MM-723] 全球 (1) 大洲分布及种数(16-17)◆南美洲
Caparia (Tourn) L. = **Capraria**
Caparinia A.St.Hil. = **Caperonia**

Capassa Klotzsch = **Lonchocarpus**
Cape Dulac = **Arabis**
Capelio【3】 B.Nord. 多绒菊属 Asteraceae 菊科 [MD-586] 全球 (1) 大洲分布及种数(2-8)◆非洲
Capella Medik. = **Capsella**
Capellenia Hassk. = **Endospermum**
Capellia Bl. = **Dillenia**
Capeobolus【3】 J.Browning 锥序莎属 ← **Costularia; Tetraria** Cyperaceae 莎草科 [MM-747] 全球 (1) 大洲分布及种数(1)◆非洲(◆南非)
Capeochloa【3】 H.P.Linder & N.P.Barker 南非绒毛草属 Poaceae 禾本科 [MM-748] 全球 (1) 大洲分布及种数(3)◆南非
Caperea Raf. = **Nicotiana**
Capernicia Mart. = **Copernicia**
Caperonia【3】 A.St.Hil. 地榆叶属 ≒ **Croton; Argythamnia** Euphorbiaceae 大戟科 [MD-217] 全球 (6) 大洲分布及种数(32-41)非洲:7-11;亚洲:3-5;大洋洲:1-3;欧洲:1-3;北美洲:6-10;南美洲:29-36
Capethia Britton = **Anemone**
Caphexandra【2】 Iltis & Cornejo 地山柑属 ≒ **Capparis** Capparaceae 山柑科 [MD-178] 全球 (2) 大洲分布及种数(cf.) 亚洲;北美洲
Caphodus (A.Gray) P. & K. = **Adlumia**
Capia Domb. ex Juss. = **Lapageria**
Capillaria Dulac = **Papillaria**
Capillipedium【3】 Stapf 细柄草属 ← **Sorghum** Poaceae 禾本科 [MM-748] 全球 (6) 大洲分布及种数(17-21)非洲:4-5;亚洲:16-22;大洋洲:4-5;欧洲:1;北美洲:2-3;南美洲:1
Capillipediun Stapf = **Capillipedium**
Capillolejeunea S.W.Arnell = **Drepanolejeunea**
Capirona【3】 Spruce 苞檬檀属 ← **Coffea;Pogonopus** Rubiaceae 茜草科 [MD-523] 全球 (1) 大洲分布及种数(2)◆南美洲
Capironia Lour. = **Caperonia**
Capitania Schweinf. ex Penz. = **Plectranthus**
Capitanopsis【3】 S.Moore 鞘蕊花属 ≒ **Coleus** Lamiaceae 唇形科 [MD-575] 全球 (1) 大洲分布及种数(3)◆非洲
Capitanya Gürke = **Plectranthus**
Capitularia Flörke = **Chorizandra**
Capitularina【2】 J.Kern 球穗芒属 Cyperaceae 莎草科 [MM-747] 全球 (2) 大洲分布及种数(1)亚洲,大洋洲
Capnella P.Br. = **Canella**
Capnites Dum. = **Corydalis**
Capnitis E.Mey. = **Ononis**
Capnodes (A.Gray) P. & K. = **Corydalis**
Capnodiaceae【-】 S.F.Gray 山柚子科属 Opiliaceae 山柚子科 [MD-369] 全球 (uc) 大洲分布及种数(uc)
Capnodium Thueih = **Tectaria**
Capnogonium Benth. = **Dicentra**
Capnogorium (L.) Bernh. = **Corydalis**
Capnoides【3】 Mill. 红堇属 → **Adlumia;Corydalis; Fumaria** Papaveraceae 罂粟科 [MD-54] 全球 (6) 大洲分布及种数(5)非洲:7;亚洲:1-8;大洋洲:7;欧洲:7;北美洲:4-11;南美洲:7
Capnophylla Gaertn. = **Capnophyllum**
Capnophyllum【2】 Gaertn. 烟叶草属 ← **Cachrys; Conium;Anthriscus** Apiaceae 伞形科 [MD-480] 全球 (4) 大洲分布及种数(3-5)非洲:2;亚洲:cf.1;大洋洲:1;欧洲:1
Capnorchis Borkh. = **Dicentra**
Capnorea Raf. = **Hesperochiron**
Capoides Dum. = **Corydalis**
Cappafis L. = **Capparis**
Capparaceae【3】Juss. 山柑科 [MD-178] 全球 (6) 大洲分布和属种数(38-44;hort. & cult.8-9)(551-1024;hort. & cult.14-27)非洲:13-26/226-471;亚洲:11-25/126-358;大洋洲:5-20/35-231;欧洲:4-21/14-197;北美洲:15-24/152-353;南美洲:17-30/177-382
Capparicordis【3】 Iltis & Cornejo 白花菜属 ≒ **Morisonia** Capparaceae 山柑科 [MD-178] 全球 (6) 大洲分布及种数(6-21)非洲:2;亚洲:2;大洋洲:2;欧洲:2;北美洲:5-7;南美洲:2
Capparidastrum (DC.) Hutch. = **Capparidastrum**
Capparidastrum【3】 Hutch. 山柑属 ≒ **Monilicarpa** Capparaceae 山柑科 [MD-178] 全球 (1) 大洲分布及种数(1-3)◆南美洲
Capparis (DC.) Eichler = **Capparis**
Capparis【3】 L. 山柑属 ≒ **Cynophalla;Solanum** Capparaceae 山柑科 [MD-178] 全球 (6) 大洲分布及种数(149-270;hort.1;cult: 10)非洲:44-80;亚洲:86-143;大洋洲:30-57;欧洲:8-23;北美洲:33-55;南美洲:52-80
Capparites L. = **Capparis**
Cappeara【-】 J.M.H.Shaw 兰科属 Orchidaceae 兰科 [MM-723] 全球 (uc) 大洲分布及种数(uc)
Capraea Opiz = **Silene**
Capraita (Tourn) L. = **Capraria**
Capraria【3】 (Tourn) L. 羊玄参属 ≒ **Freylinia; Penstemon** Acanthaceae 爵床科 [MD-572] 全球 (1) 大洲分布及种数(6-12)◆北美洲
Capraria L. = **Capraria**
Caprariaceae Martinov = Capparaceae
Capre Opiz = **Salix**
Caprea Opiz = **Salix**
Caprella Herb. = **Cypella**
Caprellina Bl. = **Sherardia**
Caprettia Britton = **Anemone**
Caprificus Gasp. = **Ficus**
Caprifoliaceae【3】Juss. 忍冬科 [MD-510] 全球 (6) 大洲分布和属种数(13-14;hort. & cult.9)(175-682;hort. & cult.91-204)非洲:2-11/2-109;亚洲:11-13/120-307;大洋洲:4-10/8-115;欧洲:2-10/12-119;北美洲:8-11/129-248;南美洲:1-10/3-110
Caprifolium Mill. = **Lonicera**
Capriola Adans. = **Anthericum**
Caprodon (Broth.) Paris & Schimp. ex M.Fleisch. = **Cyptodon**
Capronia A.St.Hil. = **Caperonia**
Caprosma【-】 G.Don 茜草科属 Rubiaceae 茜草科 [MD-523] 全球 (uc) 大洲分布及种数(uc)
Caproxylon Tussac = **Hedwigia**
Capsella【3】 Medik. 荠属 → **Asta;Cypella;Phlegmatospermum** Brassicaceae 十字花科 [MD-213] 全球 (6) 大洲分布及种数(14-16)非洲:2-20;亚洲:9-27;大洋洲:3-21; 欧洲:8-26;北美洲:3-21;南美洲:1-19
Capsicodendron Höhne = **Cinnamodendron**
Capsicophysalis【3】 (Bitter) Averett & M.Martiñz 萨拉

C

茄属 ← **Saracha** Solanaceae 茄科 [MD-503] 全球 (1) 大洲分布及种数(cf.1) ◆北美洲
Capsicum【3】 L. 辣椒属 → **Acnistus;Athenaea** Solanaceae 茄科 [MD-503] 全球 (6) 大洲分布及种数(47-90;hort.1;cult:4)非洲:5-7;亚洲:6-12;大洋洲:3-4;欧洲:4-6;北美洲:11-17;南美洲:44-63
Capsula Medik. = **Capsella**
Capsulea【3】 Yong Wang 荨麻科属 Urticaceae 荨麻科 [MD-91] 全球 (1) 大洲分布及种数(1)◆东亚(◆中国)
Captaincookia N.Hallé = **Ixora**
Captalia Salisb. = **Cacalia**
Capulus Lour. = **Anamirta**
Capura Blanco = **Wikstroemia**
Capurodendron【3】 Aubrév. 卡普山榄属 ≒ **Sideroxylon** Sapotaceae 山榄科 [MD-357] 全球 (1) 大洲分布及种数(26)◆非洲(◆马达加斯加)
Capuronetta Markgr. = **Tabernaemontana**
Capuronia【3】 Lour. 刺薇属 ≒ **Euphorbia** Lythraceae 千屈菜科 [MD-333] 全球 (1) 大洲分布及种数(1)◆非洲(◆马达加斯加)
Capuronianthus【3】 J.F.Leroy 歪瓣楝属 Meliaceae 楝科 [MD-414] 全球 (1) 大洲分布及种数(2)◆非洲(◆马达加斯加)
Capusia Lecomte = **Siphonodon**
Caputia B.Nord. & Pelser = **Raputia**
Caquepiria J.F.Gmel. = **Gardenia**
Caracalla Tod. = **Phaseolus**
Caracasia【3】 Szyszył. 蜜丸花属 ← **Ruyschia;Marcgravia** Marcgraviaceae 蜜囊花科 [MD-170] 全球 (1) 大洲分布及种数(uc)◆亚洲
Carachera Juss. = **Lantana**
Caracolla Tod. = **Phaseolus**
Caradesia Raf. = **Eupatorium**
Caradocia A.DC. = **Globularia**
Caradrina L. = **Canarina**
Caraea Hochst. = **Euryops**
Caragana (Kom.) Y.T.Zhao = **Caragana**
Caragana【3】 Fabr. 锦鸡儿属 ≒ **Aspalathus;Chesneya;Halimodendron** Fabaceae3 蝶形花科 [MD-240] 全球 (6) 大洲分布及种数(82-113;hort.1;cult: 6)非洲:16-32;亚洲:81-114;大洋洲:10;欧洲:11-23;北美洲:23-33;南美洲:11
Caraguata【2】 Lindl. 铁兰属 ≒ **Aechmea** Bromeliaceae 凤梨科 [MM-715] 全球 (3) 大洲分布及种数(6) 亚洲:1;北美洲:3;南美洲:6
Caraipa【2】 Aubl. 南美洲藤黄属 → **Haploclathra;Carlina;Licania** Calophyllaceae 红厚壳科 [MD-140] 全球 (2) 大洲分布及种数(49)北美洲:1;南美洲:43-46
Carajaea (Tul.) Wedd. = **Carajaea**
Carajaea【3】 Wedd. 河钱草属 ≒ **Castelnavia** Podostemaceae 川苔草科 [MD-322] 全球 (1) 大洲分布及种数(cf.1)◆南美洲(◆巴西)
Carajasia R.M.Salas,E.L.Cabral & Dessein = **Ruyschia**
Carales W.R.Anderson = **Carolus**
Carallia【3】 Roxb. 竹节树属 ≒ **Caralluma** Rhizophoraceae 红树科 [MD-329] 全球 (1) 大洲分布及种数(4-8)◆非洲
Carallithos【-】 G.D.Rowley 萝藦科属 Asclepiadaceae 萝藦科 [MD-494] 全球 (uc) 大洲分布及种数(uc)
Carallum Roxb. = **Carallia**
Caralluma (Wight & Arn.) M.G.Gilbert = **Caralluma**
Caralluma【3】 R.Br. 水牛角属 ← **Stapelia;Whitesloanea;Echidnopsis** Asclepiadaceae 萝藦科 [MD-494] 全球 (6) 大洲分布及种数(62-78;hort.1;cult: 2)非洲:43-52;亚洲:23-26;大洋洲:2;欧洲:4-6;北美洲:3-5;南美洲:1-3
Caralophia P.J.Cribb & Hermans = **Paralophia**
Caramanica Tineo = **Taraxacum**
Caramas Rumph. ex Adans. = **Carissa**
Carambola Adans. = **Averrhoa**
Caramuri Aubrév. & Pellegr. = **Pouteria**
Caranavia Szyszył. = **Marcgravia**
Caranda Gaertn. = **Lasianthus**
Carandas (Rumph.) Adans. = **Carissa**
Caranga Juss. = **Picria**
Carangus Rumph. ex Adans. = **Carissa**
Carania Chiov. = **Evolvulus**
Caranthus Raf. = **Azolla**
Caranx Vahl = **Mendoncia**
Carapa【3】 Aubl. 苦油楝属 ← **Guarea;Trichilia;Xylocarpus** Meliaceae 楝科 [MD-414] 全球 (6) 大洲分布及种数(17-30)非洲:8-15;亚洲:1;大洋洲:1;欧洲:1;北美洲:3-6;南美洲:11-16
Carapelia G.D.Rowley = **Stapelia**
Caraphia G.D.Rowley = **Stapelia**
Carapichea【3】 Aubl. 假吐根属 ≒ **Cephaelis;Psychotria;Margaritopsis** Rubiaceae 茜草科 [MD-523] 全球 (1) 大洲分布及种数(24)◆南美洲(◆巴西)
Carara Medik. = **Coronopus**
Carassea L. = **Carissa**
Caraxeron Raf. = **Iresine**
Carbasea Busk = **Euryops**
Carbeni【3】 Adans. 疆矢车菊属 ≒ **Centaurea** Asteraceae 菊科 [MD-586] 全球 (1) 大洲分布及种数(uc)◆大洋洲
Carbenia【3】 Adans. 疆矢车菊属 Passifloraceae 西番莲科 [MD-151] 全球 (6) 大洲分布及种数(1) 非洲:1;亚洲:1;大洋洲:1;欧洲:1;北美洲:1;南美洲:1
Carcelia Parl. = **Albuca**
Carcia Raeusch. = **Garcia**
Carcinia Stadtm. ex Willem. = **Litchi**
Carcinophyllum Ehrh. = **Genista**
Card Dulac = **Veronica**
Carda Aubl. = **Carapa**
Cardamindum Adans. = **Tropaeolum**
Cardamine Cardaminella Prantl = **Cardamine**
Cardamine【3】 L. 弯蕊芥属 ≒ **Alliaria;Cordyline;Parrya** Brassicaceae 十字花科 [MD-213] 全球 (6) 大洲分布及种数(278-330;hort.1;cult:47)非洲:25-84;亚洲:139-202;大洋洲:77-146;欧洲:81-144;北美洲:78-140;南美洲:65-129
Cardamineae Dum. = **Cardamine**
Cardaminopsis【2】 Hayek 拟南芥属 ← **Arabidopsis** Brassicaceae 十字花科 [MD-213] 全球 (4) 大洲分布及种数(3) 非洲:2;亚洲:3;欧洲:3;北美洲:2
Cardaminum Mönch = **Nasturtium**
Cardamomum P. & K. = **Amomum**
Cardamomum Salisb. = **Elettaria**
Cardamon Beck = **Lepidium**

Cardanthera Buch.Ham. ex Voigt = **Hygrophila**
Cardaria【3】Desv. 群心菜属←**Cochlearia;Lepidium** Brassicaceae 十字花科 [MD-213] 全球 (6) 大洲分布及种数(3)非洲:1-4;亚洲:2-5;大洋洲:3;欧洲:3;北美洲:2-5;南美洲:1-4
Cardariocalyx Hassk. = **Codariocalyx**
Cardea Dulac = **Veronica**
Cardemine L. = **Cardamine**
Cardenanthus【3】 R.C.Foster 细柱鸢尾属 ← **Mastigostyla** Iridaceae 鸢尾科 [MM-700] 全球 (1) 大洲分布及种数(7-8)◆南美洲
Cardenariae Rusby = **Bauhinia**
Cardenasia Rusby = **Bauhinia**
Cardenasiodendron【3】 F.A.Barkley 短翅漆属 ← **Loxopterygium** Anacardiaceae 漆树科 [MD-432] 全球 (1) 大洲分布及种数(1)◆南美洲(◆玻利维亚)
Cardepia Besch. ex Cardot = **Cardotia**
Carderina Cass. = **Senecio**
Cardia Dulac = **Veronica**
Cardiaca Mill. = **Stachys**
Cardiacanthus【3】 Nees & Schaür 巧匠花属 ≒ **Tetramerium** Acanthaceae 爵床科 [MD-572] 全球 (1) 大洲分布及种数(uc)属分布和种数(uc)◆北美洲
Cardiagyris【-】 G.L.Nesom 菊科属 Asteraceae 菊科 [MD-586] 全球 (uc) 大洲分布及种数(uc)北美洲
Cardiandra【3】 Sieb. & Zucc. 草绣球属 ← **Hydrangea** Hydrangeaceae 绣球科 [MD-429] 全球 (1) 大洲分布及种数(5-6)◆亚洲
Cardianthera Hance = **Adenosma**
Cardiella V.P.Castro & K.G.Lacerda = **Oncidium**
Cardilia R.Br. = **Diospyros**
Cardinalia Rusby = **Bauhinia**
Cardinalis Fabr. = **Lobelia**
Cardiobatus Greene = **Rubus**
Cardiochilos【3】 P.J.Cribb 心唇兰属 Orchidaceae 兰科 [MM-723] 全球 (1) 大洲分布及种数(1)◆非洲
Cardiochlaena Fée = **Tectaria**
Cardiochlamys【3】 Oliv. 心被藤属 → **Cordisepalum; Poranopsis** Convolvulaceae 旋花科 [MD-499] 全球 (1) 大洲分布及种数(2)◆非洲(◆马达加斯加)
Cardiocrinum【3】 (Endl.) Lindl. 大百合属 ← **Lilium** Liliaceae 百合科 [MM-633] 全球 (1) 大洲分布及种数(cf. 1)◆亚洲
Cardioderma DC. = **Cardionema**
Cardiogyne Bureau = **Maclura**
Cardiolejeunea【3】 (Stephani) R.M.Schust. 心鳞苔属 ≒ **Hygrolejeunea** Lejeuneaceae 细鳞苔科 [B-84] 全球 (1) 大洲分布及种数(cf. 1)◆非洲
Cardiolepis Raf. = **Rhamnus**
Cardiolepis Walk. = **Cardaria**
Cardiolepis Wallr. = **Lepidium**
Cardiolochia Raf. = **Aristolochia**
Cardiolophus Griff. = **Bacopa**
Cardiomanes【3】 C.Presl 蒲扇蕨属 ← **Trichomanes** Hymenophyllaceae 膜蕨科 [F-21] 全球 (1) 大洲分布及种数(uc)属分布和种数(uc)◆密克罗尼西亚
Cardionema【2】 DC. 沙垫花属 ← **Paronychia; Gongylolepis** Illecebraceae 醉人花科 [MD-113] 全球 (2) 大洲分布及种数(9-11)北美洲:3;南美洲:8-10
Cardiopersis Wall. ex Bl. = **Cardiopteris**
Cardiopetalum【3】 Schlecht. 黄蚕木属 ≒ **Froesiodendron** Annonaceae 番荔枝科 [MD-7] 全球 (1) 大洲分布及种数(6-7)◆南美洲
Cardiophorus Palisot DE Beauvois = **Codriophorus**
Cardiophyllum Ehrh. = **Genista**
Cardiopsis Rchb. = **Sida**
Cardiopteridaceae【3】Bl. 心翼果科 [MD-452] 全球 (6) 大洲分布和属种数(1/2-10)非洲:1/1;亚洲:1/2-5;大洋洲:1/1-2;欧洲:1/1;北美洲:1/1;南美洲:1/1
Cardiopterigaceae Bl. = Cardiopteridaceae
Cardiopteris【3】 Wall. 心翼果属 ≒ **Peripterygium; Carpodiptera** Cardiopteridaceae 心翼果科 [MD-452] 全球 (1) 大洲分布及种数(2-3)◆亚洲
Cardiopteryx Engl. = **Cardiopteris**
Cardiospermum【3】 L. 倒地铃属 → **Urvillea;Adenostylis;Serjania** Sapindaceae 无患子科 [MD-428] 全球 (6) 大洲分布及种数(25-26)非洲:5;亚洲:6;大洋洲:4;欧洲:2;北美洲:10;南美洲:15-16
Cardiostegia C.Presl = **Melhania**
Cardiostigma Baker = **Sphenostigma**
Cardioteucris C.Y.Wu = **Caryopteris**
Cardiotheca Ehrenb. ex Steud. = **Antirrhinum**
Cardispermum L. = **Cardiospermum**
Cardita Dulac = **Veronica**
Cardite Dulac = **Veronica**
Carditella Vitt = **Cardotiella**
Cardites Dum. = **Corydalis**
Carditopsis Desv. ex Ham. = **Cordia**
Cardonaea Aristeg.,Maguire & Steyerm. = **Gongylolepis**
Cardopatium【2】 Juss. 蓝丝菊属 ≒ **Carthamus; Cousiniopsis** Asteraceae 菊科 [MD-586] 全球 (2) 大洲分布及种数(3)非洲:1;欧洲:1
Cardosoa S.Ortiz & Paiva = **Leucobryum**
Cardotia【3】 Besch. ex Cardot 白发藓属 ≒ **Leucobryum** Dicranaceae 曲尾藓科 [B-128] 全球 (1) 大洲分布及种数(1)◆非洲
Cardotiella【3】 Vitt 心灵藓属 ≒ **Macromitrium** Orthotrichaceae 木灵藓科 [B-151] 全球 (1) 大洲分布及种数(7)◆非洲
Carduac Mill. = **Leonurus**
Carduaceae【3】Bercht. & J.Presl 飞廉科 [MD-591] 全球(6)大洲分布和属种数(1-2;hort. & cult.1)(141-426;hort. & cult.10-23)非洲:1/34-90;亚洲:1/54-122;大洋洲:1/5-60;欧洲:1/99-154;北美洲:1/18-74;南美洲:1/1-56
Carduelis Parl. = **Albuca**
Carduncellus【3】 Adans. 小飞廉属 ← **Atractylis;-Carthamus** Asteraceae 菊科 [MD-586] 全球 (1) 大洲分布及种数(4-10)◆南欧(◆西班牙)
Carduocirsium E.C.Sennen = **Carduocirsium**
Carduocirsium【3】 Sennen 飞廉属 ≒ **Carduus** Asteraceae 菊科 [MD-586] 全球 (1) 大洲分布及种数(1-6)◆非洲
Carduogalactites【3】 P.Fourn. 乳刺菊属 ← **Galactites** Asteraceae 菊科 [MD-586] 全球 (1) 大洲分布及种数(1-2)◆非洲
Carduus【3】 (Tourn.) L. 飞廉属 ≒ **Arctium;Silybum** Carduaceae 飞廉科 [MD-591] 全球 (6) 大洲分布及种数(142-319;hort.1;cult:73)非洲:34-90;亚洲:54-122;大洋

洲:5-60;欧洲:99-154;北美洲:18-74;南美洲:1-56
Carduus L. = **Carduus**
Cardwellia【3】F.Müll. 北银桦属 Proteaceae 山龙眼科 [MD-219] 全球 (1) 大洲分布及种数(1)◆大洋洲
Carelia Adans. = **Ageratum**
Careliopsis A.G.Mill. = **Camelinopsis**
Carenidium Baptista = **Oncidium**
Carenophila Ridl. = **Geostachys**
Carenzia Ewart = **Cressa**
Caretta L. = **Careya**
Careum Adans. = **Carum**
Carex (Egorova) T.V.Egorova = **Carex**
Carex【3】L.薹草属→**Abildgaardia;Fuirena;Blysmus** Cyperaceae 莎草科 [MM-747] 全球 (6) 大洲分布及种数(1967-2702;hort.1;cult:423)非洲:437-926;亚洲:1295-2021;大洋洲:431-951;欧洲:544-1036;北美洲:894-1388;南美洲:372-830
Careya【3】 Roxb. 榴玉蕊属 ← **Barringtonia;Planchonia** Lecythidaceae 玉蕊科 [MD-267] 全球 (1) 大洲分布及种数(1-7)◆亚洲
Careyoxylon H.Wendl. & Drude = **Carpoxylon**
Cargana Fabr. = **Caragana**
Cargila Raf. = **Melampodium**
Cargilia Hassk. = **Selago**
Cargilla Adans. = **Leontice**
Cargillia R.Br. = **Diospyros**
Cargolia R.Br. = **Diospyros**
Cargyllia Steud. = **Selago**
Cariacus Gaertn. = **Randia**
Cariama Raf. = **Adhatoda**
Caribaeohypnum【2】 Ando & Higuchi 爪灰藓属 ≒ **Hypnum** Hypnaceae 灰藓科 [B-189] 全球 (3) 大洲分布及种数(1) 亚洲:1;北美洲:1;南美洲:1
Caribea【3】 Alain 抱茎茉莉属 ≒ **Vasconcellea** Nyctaginaceae 紫茉莉科 [MD-107] 全球 (1) 大洲分布及种数(2)◆北美洲(◆古巴)
Carica (A.St.Hil.) Solms = **Carica**
Carica【3】 L. 番木瓜属 → **Papaya;Vasconcellea** Caricaceae 番木瓜科 [MD-236] 全球 (1) 大洲分布及种数(13-19)◆南美洲
Caricaceae【3】Dum. 番木瓜科 [MD-236] 全球 (6) 大洲分布和属种数(7;hort. & cult.1)(50-83;hort. & cult.2-7)非洲:1-4/2-9;亚洲:2-3/2-10;大洋洲:2-3/2-9;欧洲:3/7;北美洲:5-6/14-21;南美洲:4/43-54
Cariceae Dum. = **Caribea**
Caricella Ehrh. = **Gleichenia**
Caricina C.H.Hitchc. = **Carex**
Caricinella C.H.Hitchc. = **Carex**
Caricteria G.A.Scop. = **Triumfetta**
Caricula Hopper & A.P.Br. = **Cyanicula**
Caridae Alain = **Caribea**
Caridina St.Lag. = **Abildgaardia**
Carima Raf. = **Justicia**
Carinafolium【3】 R.S.Williams 爪花叶藓属 Calymperaceae 花叶藓科 [B-130] 全球 (1) 大洲分布及种数(1) ◆南美洲
Carinaria Niss. ex L. = **Coriaria**
Carinatina Moç. ex DC. = **Carminatia**
Carinavalva【3】 Ising 大洋洲灰绿芥属 Brassicaceae 十字花科 [MD-213] 全球 (1) 大洲分布及种数(1)◆大洋洲
Cariniana【3】 Casar. 翅玉蕊属 → **Allantoma;Couratari** Lecythidaceae 玉蕊科 [MD-267] 全球 (1) 大洲分布及种数(16)◆南美洲
Carinivalva H.K.Airy Shaw = (接受名不详) Brassicaceae
Carinta W.Wight = **Geophila**
Carionia【3】 Naudin 菲律宾玉牡丹属 Melastomataceae 野牡丹科 [MD-364] 全球 (1) 大洲分布及种数(1)◆东南亚(◆菲律宾)
Carios Schulze = **Carissa**
Caripeta Alain = **Caribea**
Caripia St.Lag. = **Abildgaardia**
Carissa【3】 L. 假虎刺属 → **Acokanthera;Cressa;Petchia** Apocynaceae 夹竹桃科 [MD-492] 全球 (6) 大洲分布及种数(17-22)非洲:15-22;亚洲:8-12;大洋洲:6-10;欧洲:4;北美洲:5-9;南美洲:1-5
Carissaceae Bertol. = Apocynaceae
Carissea Bartl. = **Carissa**
Carissophyllum Pichon = **Tachiadenus**
Carlea C.Presl = **Symplocos**
Carlemannia【3】 Benth. 香茜属 Carlemanniaceae 香茜科 [MD-528] 全球 (1) 大洲分布及种数(1-3)◆亚洲
Carlemanniaceae【3】Airy-Shaw 香茜科 [MD-528] 全球 (1) 大洲分布和属种数(2;hort. & cult.1)(3-5;hort. & cult.1)◆亚洲
Carlephyton【3】 Jum. 灰岩芋属 Araceae 天南星科 [MM-639] 全球 (1) 大洲分布及种数(3-4)◆非洲(◆马达加斯加)
Carlesia【3】 Dunn 山茴香属 ← **Cuminum** Apiaceae 伞形科 [MD-480] 全球 (1) 大洲分布及种数(cf. 1)◆亚洲
Carlia L. = **Carlina**
Carlina【3】 L. 刺苞菊属 ≒ **Chamaeleon;Osteospermum** Asteraceae 菊科 [MD-586] 全球 (6) 大洲分布及种数(31-59;hort.1;cult: 9)非洲:8-9;亚洲:13-14;大洋洲:1;欧洲:25-26;北美洲:1-2;南美洲:1
Carlina Tragacanthifolia Meusel & Kästner = **Carlina**
Carlineae L. = **Carlina**
Carlinoides Vaill. = **Eriosyce**
Carlo C.Presl = **Symplocos**
Carlomohria Greene = **Alniphyllum**
Carlotea Arruda = **Hippeastrum**
Carlotta Arruda ex H.Kost. = **Hippeastrum**
Carlowizia Mönch = **Volutaria**
Carlowrightia【3】 A.Gray 巧匠花属 ≒ **Cardiacanthus;Aphanosperma** Acanthaceae 爵床科 [MD-572] 全球 (1) 大洲分布及种数(29)◆北美洲
Carlquistia【3】 B.G.Baldwin 星盘菊属 ← **Raillardella** Asteraceae 菊科 [MD-586] 全球 (1) 大洲分布及种数(1)◆北美洲(◆美国)
Carludovica【3】 Ruiz & Pav. 巴拿马草属 → **Asplundia;Thoracocarpus** Cyclanthaceae 环花草科 [MM-706] 全球(6)大洲分布及种数(6-18)非洲:1;亚洲:2-3;大洋洲:1-2;欧洲:1;北美洲:4-5;南美洲:4-11
Carlwoodia【-】 Sw. 天门冬科属 Asparagaceae 天门冬科 [MM-669] 全球 (uc) 大洲分布及种数(uc)
Carmelita C.Gay = **Chaetopappa**
Carmenocania Wernham = **Pogonopus**
Carmia Dulac = **Veronica**

Carmichaela R.Br. = **Carmichaelia**
Carmichaelara Hort. = **Carmichaelia**
Carmichaeli R.Br. = **Carmichaelia**
Carmichaelia Hort. = **Carmichaelia**
Carmichaelia【3】R.Br. 扁枝豆属 → **Lotus;Corallospartium;Chordospartium** Fabaceae 豆科 [MD-240] 全球 (1) 大洲分布及种数(10-59)◆大洋洲
Carminatia【3】Moç. ex DC. 羽冠肋泽兰属 ← **Brickellia** Asteraceae 菊科 [MD-586] 全球 (1) 大洲分布及种数(4-5)◆北美洲
Carmispartium【-】G.Hutchins & M.D.Griffiths 蝶形花科属 Fabaceae3 蝶形花科 [MD-240] 全球 (uc) 大洲分布及种数(uc)
Carmona【2】Cav. 基及树属 ← **Ehretia;Rotula** Ehretiaceae 厚壳树科 [MD-501] 全球 (3) 大洲分布及种数(2) 亚洲:1;大洋洲:1;北美洲:1-2
Carmonea Pers. = **Ehretia**
Carmorea A.St.Hil. = **Camarea**
Carnarvonia【3】F.Müll. 红银桦属 Proteaceae 山龙眼科 [MD-219] 全球 (1) 大洲分布及种数(1)◆大洋洲
Carnegia Britton & Rose = **Carnegiea**
Carnegiea【3】Britton & Rose 巨人柱属 ← **Cereus; Neobuxbaumia;Pachycereus** Cactaceae 仙人掌科 [MD-100] 全球 (1) 大洲分布及种数(1-3)◆北美洲
Carnegieodoxa【3】Perkins 巨人柱属 ≒ **Carnegiea** Monimiaceae 玉盘桂科 [MD-20] 全球 (1) 大洲分布及种数(cf.1) ◆大洋洲
Carniella V.P.Castro & K.G.Lacerda = **Oncidium**
Carnoya Roxb. = **Careya**
Carocarpidium S.C.Sand. & G.L.Chu = **Blitum**
Carolara Blietz = **Delpinophytum**
Carolia L.f. = **Pachira**
Carolifritschia P. & K. = **Acanthonema**
Caroli-gmelina G.Gaertn.,B.Mey. & Scherb. = **Rorippa**
Carolinaia L.f. = **Pachira**
Carolinea L.f. = **Pachira**
Carolinella Hemsl. = **Androsace**
Carolofritschia Engl. = **Acanthonema**
Carolus【3】W.R.Anderson 爪虎尾属 ≒ **Tetrapterys; Crocus** Malpighiaceae 金虎尾科 [MD-343] 全球 (6) 大洲分布及种数(7)非洲:3;亚洲:3;大洋洲:3;欧洲:3;北美洲:2-5;南美洲:5-8
Caromba Steud. = **Villarsia**
Carophyllia Opiz = **Aira**
Caropodium Stapf & Wettst. ex Stapf = **Grammosciadium**
Caropsis【3】(Rouy & E.G.Camus) Rauschert 法国芹属 ≒ **Thorella** Apiaceae 伞形科 [MD-480] 全球 (1) 大洲分布及种数(1)◆欧洲
Caropyxis Benth. & Hook.f. = **Combretum**
Caroselinum Griseb. = **Peucedanum**
Carota Rupr. = **Daucus**
Caroxylon【2】Thunb. 浆果猪毛菜属 ≒ **Salsola; Haloxylon** Amaranthaceae 苋科 [MD-116] 全球 (4) 大洲分布及种数(34-127 hort.1)非洲:21-73;亚洲:22-32(IFR 1);欧洲:4-5;北美洲:1
Carpacoce【3】Sond. 尖果茜属 ← **Anthospermum** Rubiaceae 茜草科 [MD-523] 全球 (1) 大洲分布及种数(7)◆非洲
Carpanthea【3】N.E.Br. 斗鱼花属 ≒ **Acrodon** Aizoaceae 番杏科 [MD-94] 全球 (1) 大洲分布及种数(2)◆大洋洲
Carpanthes N.E.Br. = **Coryanthes**
Carpanthus Raf. = **Azolla**
Carparomorchis M.A.Clem. & D.L.Jones = **Bulbophyllum**
Carpe Dulac = **Arabis**
Carpentaria【3】Becc. 木匠椰属 ≒ **Ptychosperma** Arecaceae 棕榈科 [MM-717] 全球 (1) 大洲分布及种数(1)◆大洋洲
Carpenterara auct. = **Carpenteria**
Carpenteria Hort. = **Carpenteria**
Carpenteria【3】Torr. 木银莲属 ≒ **Carpentaria** Hydrangeaceae 绣球科 [MD-429] 全球 (1) 大洲分布及种数(1)◆北美洲
Carpentia Ewart = **Cressa**
Carpentiera Steud. = **Carpenteria**
Carpesium【3】L. 天名精属 → **Eclipta;Artemisia** Asteraceae 菊科 [MD-586] 全球 (1) 大洲分布及种数(20-26)◆亚洲
Carpestium L. = **Eclipta**
Carpezium Gouan = **Eclipta**
Carpha【2】Banks & Sol. ex R.Br. 稻莎属 ≒ **Ficinia; Boopis** Cyperaceae 莎草科 [MM-747] 全球 (4) 大洲分布及种数(12-18)非洲:9-11;亚洲:1;大洋洲:2-3;南美洲:1
Carphalea【3】Juss. 繁星花属 → **Alberta;Bouvardia;Clerodendrum** Rubiaceae 茜草科 [MD-523] 全球 (1) 大洲分布及种数(8)◆非洲
Carphephorus【3】Cass. 托鞭菊属 → **Bebbia; Brickellia;Saussurea** Asteraceae 菊科 [MD-586] 全球 (1) 大洲分布及种数(12-15)◆北美洲
Carphobolus Acuñanguli Sch.Bip. = **Piptocarpha**
Carphochaete【3】A.Gray 毛托菊属 ← **Stevia** Asteraceae 菊科 [MD-586] 全球 (1) 大洲分布及种数(8-10)◆北美洲
Carpholoma D.Don = **Staehelina**
Carphopappus Sch.Bip. = **Iphiona**
Carphostephium Cass. = **Tridax**
Carpias Miller = **Carpinus**
Carpidiopterix H.Karst. = **Vitis**
Carpidopterix H.Karst. = **Thouinia**
Carpinaceae Vest = Betulaceae
Carpinteroa Torr. = **Carpenteria**
Carpinum Raf. = **Ostrya**
Carpinus Betulae C.J.Wang = **Carpinus**
Carpinus【3】L. 鹅耳枥属 → **Ostrya** Betulaceae 桦木科 [MD-79] 全球 (6) 大洲分布及种数(51-60;hort.1;cult: 4)非洲:16;亚洲:49-73;大洋洲:16;欧洲:6-22;北美洲:18-35;南美洲:4-20
Carpiphea Raf. = **Cordia**
Carpites L. = **Carpinus**
Carpobolus Schwein. = **Landolphia**
Carpobrotus【3】N.E.Br. 海榕菜属 → **Sarcozona; Mesembryanthemum** Aizoaceae 番杏科 [MD-94] 全球 (6) 大洲分布及种数(17-18)非洲:11;亚洲:3;大洋洲:10-11;欧洲:5;北美洲:5;南美洲:2
Carpocalymna Zipp. = **Epithema**
Carpoceras A.Rich. = **Martynia**
Carpoceras Link = **Thlaspi**

C

Carpococcus J.Agardh = **Margaritaria**
Carpocoris A.Rich. = **Martynia**
Carpodectes Herb. = **Pancratium**
Carpodetaceae 【3】 Fenzl 腕带花科 [MD-376] 全球 (1) 大洲分布和属种数(1;hort. & cult.1)(3-14;hort. & cult.1)◆大洋洲
Carpodetes Herb. = **Stenomesson**
Carpodetus 【3】 J.R.Forst. & G.Forst. 彩栎花属 ≒ **Landolphia** Rousseaceae 守宫花科 [MD-436] 全球 (1) 大洲分布及种数(3-14)◆大洋洲(◆巴布亚新几内亚)
Carpodinopsis Pichon = **Pleiocarpa**
Carpodinus 【3】 R.Br. ex Sabine 卷枝藤属 ← **Landolphia;Orthopichonia** Apocynaceae 夹竹桃科 [MD-492] 全球 (1) 大洲分布及种数(1)◆非洲
Carpodiptera 【3】 Griseb. 红针椴属 ← **Berrya;Christiana** Malvaceae 锦葵科 [MD-203] 全球 (1) 大洲分布及种数(1-2)◆非洲
Carpodium Zalessky = **Conopodium**
Carpodon 【-】 Spreng. 合椿梅科属 Cunoniaceae 合椿梅科 [MD-255] 全球 (uc) 大洲分布及种数(uc)
Carpodontos Labill. = **Eucryphia**
Carpoecia Venturi = **Campylopus**
Carpoglossum Schltr. = **Cymbidiella**
Carpogon Roxb. = **Calopogon**
Carpogymnia (H.P.Fuchs ex Janch.) Á.Löve & D.Löve = **Gymnocarpium**
Carpolepidum P.Beauv. = **Metzgeria**
Carpolepis (Dawson) J.W.Dawson = **Tristania**
Carpoliza Steud. = **Carpolyza**
Carpolobia 【3】 G.Don 塞拉利昂远志属 → **Atroxima** Polygalaceae 远志科 [MD-291] 全球 (1) 大洲分布及种数(7-9)◆西非(◆塞拉利昂)
Carpolobium P. & K. = **Carpolobia**
Carpolyza 【3】 Salisb. 细石蒜属 → **Hessea;Strumaria** Amaryllidaceae 石蒜科 [MM-694] 全球 (1) 大洲分布及种数(2) ◆非洲(◆南非)
Carpona Cav. = **Carmona**
Carponema (DC.) Eckl. & Zeyh. = **Heliophila**
Carpophaga Klotzsch = **Silene**
Carpophillus L. = **Pereskia**
Carpophora Klotzsch = **Silene**
Carpophyllum Miq. = **Arpophyllum**
Carpophyllum Neck. = **Pereskia**
Carpophyma G.D.Rowley = **Silene**
Carpopodium Eckl. & Zeyh. = **Heliophila**
Carpopogon Roxb. = **Mucuna**
Carpornis Raf. = **Adelia**
Carpothalis E.Mey. = **Sorghum**
Carpotheca Desv. = **Calotheca**
Carpotriche Rchb. = **Carpotroche**
Carpotroche 【3】 Endl. 烟斗树属 ← **Lindackeria;Mayna;Mezia** Achariaceae 青钟麻科 [MD-159] 全球 (1) 大洲分布及种数(14-16)◆南美洲
Carpoxis Raf. = **Forestiera**
Carpoxylon 【3】 H.Wendl. & Drude 硬果椰属 Arecaceae 棕榈科 [MM-717] 全球 (1) 大洲分布及种数(1)◆大洋洲(◆瓦努阿图)
Carptotepala Moldenke = **Syngonanthus**
Carpunya C.Presl = **Piper**
Carradoria A.DC. = **Globularia**
Carrara Garay & H.R.Sw. = **Zuelania**
Carregnoa Boiss. = **Narcissus**
Carrhenes Röber = **Cenarrhenes**
Carria Gardner = **Gordonia**
Carrichtera Adans. = **Vella**
Carrichtera P. & K. = **Corchorus**
Carrichteria G.A.Scop. = **Vella**
Carriella V.P.Castro & K.G.Lacerda = **Ophiorrhiza**
Carriera Garay & H.R.Sw. = **Zuelania**
Carrierea 【3】 Franch. 山羊角树属 → **Itoa** Salicaceae 杨柳科 [MD-123] 全球 (1) 大洲分布及种数(cf. 1)◆东亚(◆中国)
Carrierei Franch. = **Carrierea**
Carrikeria Franch. = **Carrierea**
Carringtonia 【-】 Lindb. 花地钱科属 Corsiniaceae 花地钱科 [B-18] 全球 (uc) 大洲分布及种数(uc)
Carriola Adans. = **Agrostis**
Carrissoa 【3】 Baker f. 鸡头薯属 ← **Eriosema** Fabaceae 豆科 [MD-240] 全球 (1) 大洲分布及种数(1)◆非洲(◆安哥拉)
Carroa C.Presl = **Marina**
Carronia 【3】 F.Müll. 卡罗藤属 Menispermaceae 防己科 [MD-42] 全球 (1) 大洲分布及种数(3-6)◆大洋洲
Carrpaceae Dum. = Caricaceae
Carruanthophyllum 【-】 G.D.Rowley 番杏科属 ≒ **Acrodon** Aizoaceae 番杏科 [MD-94] 全球 (uc) 大洲分布及种数(uc)
Carruanthus 【3】 Schwantes 菊波花属 ≒ **Bergeranthus; Mesembryanthemum;Machairophyllum** Aizoaceae 番杏科 [MD-94] 全球 (1) 大洲分布及种数(2)◆非洲(◆南非)
Carrus L. = **Carduus**
Carruthersia 【2】 Seem. 爪竹桃属 ← **Ichnocarpus; Urceola;Rejoua** Apocynaceae 夹竹桃科 [MD-492] 全球 (2) 大洲分布及种数(2-6)亚洲:1-3;大洋洲:1-3
Carruthia P. & K. = **Seseli**
Carsonia 【3】 Greene 鸟足菜属 ← **Cleome** Cleomaceae 白花菜科 [MD-210] 全球 (1) 大洲分布及种数(cf. 1)◆北美洲
Cartalinia Szov. ex Kunth = **Paris**
Cartea C.Presl = **Barringtonia**
Carterara 【-】 auct. 兰科属 Orchidaceae 兰科 [MM-723] 全球 (uc) 大洲分布及种数(uc)
Carterella 【3】 E.E.Terrell 耳草属 ≒ **Osteospermum** Rubiaceae 茜草科 [MD-523] 全球 (1) 大洲分布及种数(1)◆北美洲
Carterella Terrell = **Carterella**
Carteretia A.Rich. = **Heliotropium**
Carteria Small = **Basiphyllaea**
Carterica Small = **Bletia**
Carterina Small = **Bletia**
Carterothamnus R.M.King = **Hofmeisteria**
Cartesia Cass. = **Stokesia**
Carthamnus L. = **Carthamus**
Carthamodes P. & K. = **Carthamus**
Carthamoides Wolf = **Carduus**
Carthamus 【3】 L. 红花属 → **Acosta;Centaurea; Stokesia** Asteraceae 菊科 [MD-586] 全球 (6) 大洲分布及种数(50-72;hort.1;cult: 8)非洲:37-42;亚洲:20-26;大洋

洲:6-11;欧洲:23-28;北美洲:9-14;南美洲:4-9
Cartiera Greene = **Streptanthus**
Cartleya Raf. = **Cattleya**
Cartodium Sol. ex R.Br. = **Craspedia**
Cartonema【3】 R.Br. 黄剑草属 ≒ **Caladenia** Commelinaceae 鸭跖草科 [MM-708] 全球 (1) 大洲分布及种数(3-7)◆大洋洲
Cartonemataceae【3】Pichon 彩花草科 [MM-709] 全球 (1) 大洲分布和属种数(1/3-7)◆大洋洲
Cartonematoideae【-】 (Pichon) Faden & D.R.Hunt 鸭跖草科属 Commelinaceae 鸭跖草科 [MM-708] 全球 (uc) 大洲分布及种数(uc)
Cartorhium Sol. ex R.Br. = **Craspedia**
Cartrema【2】 Raf. 木樨属 ≒ **Olea** Oleaceae 木樨科 [MD-498] 全球 (2) 大洲分布及种数(6)亚洲:5;北美洲:2
Cartwrightia Cartwright = **Carlowrightia**
Caruelia Pari. = **Ornithogalum**
Caruelina P. & K. = **Ilex**
Carui Mill. = **Carum**
Carum Baill. = **Carum**
Carum【3】 L. 葛缕子属 → **Acronema;Petroselinum** Apiaceae 伞形科 [MD-480] 全球 (6) 大洲分布及种数(32-52;hort.1;cult: 3)非洲:11-31;亚洲:21-47;大洋洲:5-21;欧洲:14-32;北美洲:3-18;南美洲:6-21
Carumbium Kurz = **Sapium**
Carumbium Reinw. = **Homalanthus**
Caruncularia Haw. = **Stapelia**
Carusia Mart ex Niedenzu = **Burdachia**
Carvalhoa【3】 K.Schum. 小钟夹竹桃属 Apocynaceae 夹竹桃科 [MD-492] 全球 (1) 大洲分布及种数(2)◆非洲
Carvi Bernh. = **Selinum**
Carvi Bub. = **Carum**
Carvia【3】 Bremek. 爵床科属 ≒ **Navia** Acanthaceae 爵床科 [MD-572] 全球 (1) 大洲分布及种数(uc)◆大洋洲
Carvifolia C.Bauh. ex Vill. = **Selinum**
Carya Apocarya C.DC. = **Carya**
Carya【3】 Nutt. 山核桃属 → **Annamocarya;Juglans;Canna** Juglandaceae 胡桃科 [MD-136] 全球 (1) 大洲分布及种数(16-35)◆亚洲
Caryanthus Raf. = **Salvinia**
Carybdea Conant = **Caribea**
Carychium Sw. = **Corycium**
Caryella V.P.Castro & K.G.Lacerda = **Clarkella**
Caryinae D.E.Stone & P.S.Manos = **Carlina**
Carylopha Fisch. & Trautv. = **Bothriospermum**
Caryocar【3】 L. 油桃木属 ≒ **Pekea** Caryocaraceae 油桃木科 [MD-111] 全球 (1) 大洲分布及种数(18-19)◆南美洲
Caryocaraceae【2】Voigt 油桃木科 [MD-111] 全球 (3) 大洲分布和属种数(2;hort. & cult.1)(29-31;hort. & cult.5)亚洲:1/1;北美洲:1/2;南美洲:2/29-30
Caryocaris L. = **Caryocar**
Caryochloa【-】 Spreng. 禾本科属 Poaceae 禾本科 [MM-748] 全球 (uc) 大洲分布及种数(uc)
Caryococca Willd. ex Röm. & Schult. = **Rondeletia**
Caryodaphne Bl. ex Nees = **Cryptocarya**
Caryodaphnipsis Airy-Shaw = **Caryodaphnopsis**
Caryodaphnopsis【3】 Airy-Shaw 檬果樟属 ← **Beilschmiedia;Persea** Lauraceae 樟科 [MD-21] 全球 (1) 大洲分布及种数(7-8)◆亚洲
Caryodendron【3】 H.Karst. 榛桐属 ← **Sapium** Euphorbiaceae 大戟科 [MD-217] 全球 (1) 大洲分布及种数(6)◆南美洲
Caryolobis Gaertn. = **Borassus**
Caryolobium Steven = **Astragalus**
Caryom L. = **Caryota**
Caryomene【3】 Barneby & Krukoff 月实藤属 ← **Anomospermum** Menispermaceae 防已科 [MD-42] 全球 (1) 大洲分布及种数(5)◆南美洲
Caryophyllaceae【3】 (Juss.) Rabeler & Bittrich 石竹科 [MD-77] 全球 (6) 大洲分布和属种数(63-78;hort. & cult.34-36)(2805-5314;hort. & cult.432-738)非洲:27-44/462-1085;亚洲:46-60/1573-2622;大洋洲:23-39/267-816;欧洲:36-48/953-1750;北美洲:39-47/633-1217;南美洲:27-41/439-968
Caryophyllaeus L. = **Dianthus**
Caryophyllanae Takht. = **Acomastylis**
Caryophyllata Mill. = **Geum**
Caryophyllea Opiz = **Aira**
Caryophylleae (Juss.) Rabeler & Bittrich = **Aira**
Caryophyllia Opiz = **Aeluropus**
Caryophyllus L. = **Dianthus**
Caryophylus L. = **Dianthus**
Caryopitys Small = **Pinus**
Caryopteris【3】 Bunge 莸属 ← **Callicarpa;Clerodendrum;Pogostemon** Lamiaceae 唇形科 [MD-575] 全球 (6) 大洲分布及种数(15-17;hort.1;cult: 3)非洲:4;亚洲:14-21;大洋洲:1-5;欧洲:1-6;北美洲:3-8;南美洲:4
Caryospermum Bl. = **Desmodium**
Caryota【3】 L. 鱼尾葵属 → **Aiphanes;Drymophloeus** Arecaceae 棕榈科 [MM-717] 全球 (6) 大洲分布及种数(11-21)非洲:2-5;亚洲:9-14;大洋洲:4-8;欧洲:1-3;北美洲:7-10;南美洲:2-4
Caryotaxus Zucc. ex Endl. = **Torreya**
Caryoteae Drude = **Caryomene**
Caryotophora【3】 Leistn. 貌唱花属 Aizoaceae 番杏科 [MD-94] 全球 (1) 大洲分布及种数(1)◆非洲
Casabitoa【3】 Alain 多米尼加大戟属 Euphorbiaceae 大戟科 [MD-217] 全球 (1) 大洲分布及种数(uc)属分布和种数(uc)◆北美洲(◆多米尼加)
Casalea A.St.Hil. = **Ranunculus**
Casama Raf. = **Lannea**
Casanophorum Neck. = **Castanea**
Casare Kunth = **Bauhinia**
Casarea Cambess. = **Caesarea**
Casaresia Gonz.Frag. = **Casasia**
Casarettoa Walp. = **Vitex**
Casasia【3】 A.Rich. 卡萨茜属 ← **Alibertia;Randia;Rondeletia** Rubiaceae 茜草科 [MD-523] 全球 (1) 大洲分布及种数(7-39)◆北美洲(◆美国)
Cascabela【3】 Raf. 松竹桃属 ≒ **Cerbera;Thevetia** Apocynaceae 夹竹桃科 [MD-492] 全球 (1) 大洲分布及种数(2)◆大洋洲
Cascadia【3】 A.M.Johnson 虎耳草属 ← **Saxifraga** Saxifragaceae 虎耳草科 [MD-231] 全球 (1) 大洲分布及种数(1)◆北美洲
Cascadura A.M.Johnson = **Cascadia**
Cascarilla (Endl.) Wedd. = **Cinchona**

C

Cascarilla Adans. = **Croton**
Cascaronia【3】 Griseb. 紫云英豆属 Fabaceae 豆科 [MD-240] 全球 (1) 大洲分布及种数(1)◆南美洲
Cascoelytrum P.Beauv. = **Chascolytrum**
Casearia (A.Rich.) Hook.f. = **Casearia**
Casearia【3】 Griseb. 脚骨脆属 ← **Croton;Lagurus; Nepeta** Salicaceae 杨柳科 [MD-123] 全球 (6) 大洲分布及种数(124-274;hort.1;cult: 3)非洲:18-72;亚洲:42-116;大洋洲:15-80;欧洲:3-14;北美洲:47-71;南美洲:79-104
Casearieae Benth. = **Casearia**
Casebeeria Fée = **Doryopteris**
Caseola Adans. = **Sonneratia**
Caseria Griseb. = **Casearia**
Cashalia Standl. = **Dussia**
Casia Duham. = **Osyris**
Casimira G.A.Scop. = **Melicoccus**
Casimirella【3】 Hassl. 香茶茱萸属 ≒ **Mappia** Icacinaceae 茶茱萸科 [MD-450] 全球 (1) 大洲分布及种数(7)◆南美洲
Casimiroa【2】 La Llave 香肉果属 ≒ **Zanthoxylum; Cervantesia** Rutaceae 芸香科 [MD-399] 全球 (4) 大洲分布及种数(14-18)亚洲:2;大洋洲:1;北美洲:8-12;南美洲:8
Casinaria Demoly = **Acanthophyllum**
Casinga Griseb. = **Laetia**
Casiostega Galeotti = **Buchloe**
Casoara auct. = **Croton**
Casparea Kunth = **Bauhinia**
Caspareopsis Britton & Rose = **Bauhinia**
Casparia【3】 Kunth 北美洲云实豆属 Fabaceae2 云实科 [MD-239] 全球 (1) 大洲分布及种数(1-7)◆北美洲
Caspariopsis (Kurz & Rose) Britton & Rose = **Bauhinia**
Casparya (Hassk.) A.DC. = **Begonia**
Caspia【-】 Galushko 藤黄科属 ≒ **Salsola** Clusiaceae 藤黄科 [MD-141] 全球 (uc) 大洲分布及种数(uc)
Cassandra【3】 D.Don 酒桂属 ← **Lyonia** Ericaceae 杜鹃花科 [MD-380] 全球 (1) 大洲分布及种数(1) ◆非洲
Cassebeera【3】 Kaulf. & Farw. 酒盅蕨属 ← **Cheilanthes;Doryopteris;Pellaea** Pteridaceae 凤尾蕨科 [F-31] 全球 (1) 大洲分布及种数(8)◆南美洲
Cassebeeria Dennst. = **Pellaea**
Cassebera Dennst. = **Adiantum**
Cassebura Link = **Adiantum**
Casselia Dum. = **Casselia**
Casselia【3】 Nees & Mart. 花旗里白属 ≒ **Parodianthus** Verbenaceae 马鞭草科 [MD-556] 全球 (1) 大洲分布及种数(8)◆南美洲
Cassia (Britton & Rose) H.S.Irwin & Barneby = **Cassia**
Cassia【3】 L. 腊肠树属 → **Tachigali;Cassine;Senna** Fabaceae2 云实科 [MD-239] 全球 (6) 大洲分布及种数(90-184;hort.1;cult:9)非洲:25-125;亚洲:22-113;大洋洲:15-105;欧洲:7-94;北美洲:29-118;南美洲:59-153
Cassiaceae Vest = Clusiaceae
Cassiana Raf. = **Cassia**
Cassianella Spruce ex Benth. & Hook.f. = **Paullinia**
Cassicus E.Mey. ex DC. = **Cadiscus**
Cassida Hill = **Scutellaria**
Cassidea Hill = **Scutellaria**
Cassidias Ség. = **Scutellaria**
Cassidispermum【3】 Hemsl. 亚洲麻山榄属 Sapotaceae 山榄科 [MD-357] 全球 (1) 大洲分布及种数(1)◆亚洲
Cassidocarpus C.Presl ex DC. = **Domeykoa**
Cassieae Bronn = **Cassia**
Cassiera Raeusch. = **Cassia**
Cassine【3】 L. 金榄属 ≒ **Freziera;Senna** Celastraceae 卫矛科 [MD-339] 全球 (6) 大洲分布及种数(45-60)非洲:40-50;亚洲:14-29;大洋洲:17-22;欧洲:2-8;北美洲:12-21;南美洲:4-9
Cassinia【3】 R.Br. 滨篱菊属 ≒ **Ozothamnus** Asteraceae 菊科 [MD-586] 全球 (1) 大洲分布及种数(41-46)◆大洋洲
Cassiniola F.Müll = **Syncarpha**
Cassinopis Sond. = **Cassinopsis**
Cassinopsis【3】 Sond. 刺檬木属 ← **Cassine;Nuxia** Icacinaceae 茶茱萸科 [MD-450] 全球 (1) 大洲分布及种数(6-7)◆非洲
Cassiope【3】 D.Don 岩须属 ← **Andromeda;Erica;Pieris** Ericaceae 杜鹃花科 [MD-380] 全球 (1) 大洲分布及种数(16-21)◆亚洲
Cassiopeae H.T.Cox = **Cassiope**
Cassiopeia D.Don = **Cassiope**
Cassiopteris H.Karst. = **Cardiopteris**
Cassiphone Rchb. = **Leucothoe**
Cassipourea (Benth.) Alston = **Cassipourea**
Cassipourea【2】 Aubl. 苏瓣红树属 → **Richea;Weihea** Rhizophoraceae 红树科 [MD-329] 全球 (5) 大洲分布及种数(37-87)非洲:26-66;亚洲:4-5;欧洲:1;北美洲:5-10;南美洲:9-13
Cassipoureaceae J.Agardh = Geissolomataceae
Cassitha Hill = **Cuscuta**
Cassocephalum Mönch = **Crassocephalum**
Cassula L. = **Crassula**
Cassumbium Benth. & Hook.f. = **Cupania**
Cassumunar Colla = **Zingiber**
Cassupa Bonpl. = **Isertia**
Cassupe D.Don = **Cassiope**
Cassutha Des Moul. = **Cuscuta**
Cassuvium P. & K. = **Anacardium**
Cassyma L. = **Cassytha**
Cassyta J.Miller = **Rhipsalis**
Cassyta L. = **Cassytha**
Cassytha Gray = **Cassytha**
Cassytha【3】 L. 无根藤属 ≒ **Spironema;Rhipsalis** Lauraceae 樟科 [MD-21] 全球 (6) 大洲分布及种数(13-34;hort.1;cult:3)非洲:4-9;亚洲:4-9;大洋洲:9-29;欧洲:2;北美洲:1-3;南美洲:1-3
Cassythaceae Bartl. ex Lindl. = Lauraceae
Castagnea Mill. = **Castanea**
Castalia Salisb. = **Nymphaea**
Castaliella Spruce ex Benth. & Hook.f. = **Paullinia**
Castalina Salisb. = **Nuphar**
Castalis Cass. = **Calendula**
Castanea【3】 Mill. 栗属 → **Castanopsis;Fucus;Sloanea** Fagaceae 壳斗科 [MD-69] 全球 (6) 大洲分布及种数(11-16;hort.1;cult: 4)非洲:1-19;亚洲:7-28;大洋洲:1-19;欧洲:6-24;北美洲:9-28;南美洲:4-22
Castaneaceae Adans. = Nothofagaceae
Castanedia【2】 R.M.King & H.Rob. 细柱亮泽兰属 Asteraceae 菊科 [MD-586] 全球 (3) 大洲分布及种数(2)

大洋洲:1;北美洲:1;南美洲:1
Castanella Spruce ex Benth. & Hook.f. = **Paullinia**
Castaneopsis (D.Don) Spach = **Castanopsis**
Castanocarpus Sw. = **Castanospermum**
Castanocasta Cif. & Giacom. = **Castanea**
Castanocastanea【-】P.V.Heath 壳斗科属 Fagaceae 壳斗科 [MD-69] 全球 (uc) 大洲分布及种数(uc)
Castanoclobos【3】(Hatcher ex J.J.Engel) J.J.Engel & Glenny 澳绒苔属 Pseudolepicoleaceae 拟复叉苔科 [B-71] 全球 (1) 大洲分布及种数(cf. 1)◆大洋洲
Castanoclobus【3】(Hatcher ex J.J.Engel) J.J.Engel & Glenny 锥苔属 Trichocoleaceae 绒苔科 [B-62] 全球 (1) 大洲分布及种数(1)◆非洲
Castanola Llanos = **Agelaea**
Castanoleae G.Schellenb. = **Agelaea**
Castanophorum Neck. = **Castanea**
Castanopsis【3】(D.Don) Spach 锥属 ≒ **Quercus;Sloanea** Fagaceae 壳斗科 [MD-69] 全球 (1) 大洲分布及种数(98-171)◆亚洲
Castanospermum【3】A.Cunningham ex R.Mudie 栗豆树属 Fabaceae3 蝶形花科 [MD-240] 全球 (1) 大洲分布及种数(1)◆大洋洲
Castanospora【3】F.Müll. 栗果无患子属 ≒ **Rhetinosperma** Sapindaceae 无患子科 [MD-428] 全球 (1) 大洲分布及种数(2)◆大洋洲
Castela【2】Turp. 爪苦木属 ≒ **Holacantha;Henoonia** Simaroubaceae 苦木科 [MD-424] 全球 (2) 大洲分布及种数(18-22)北美洲:12-15;南美洲:7
Castelaceae J.Agardh = Empetraceae
Castelaria Small = **Castela**
Castelia Cav. = **Pitraea**
Castelia Liebm. = **Castela**
Castellanoa【3】(Traub) Traub 细玉花属 ← **Amaryllis;Chlidanthus** Amaryllidaceae 石蒜科 [MM-694] 全球 (1) 大洲分布及种数(uc)属分布和种数(uc)◆南美洲
Castellanosia【3】Cárdenas 翁龙柱属 Cactaceae 仙人掌科 [MD-100] 全球 (1) 大洲分布及种数(1)◆南美洲
Castelleja Tineo = **Castilleja**
Castellia【2】Tineo 瘤稃茅属 → **Catapodium;Camellia** Poaceae 禾本科 [MM-748] 全球 (4) 大洲分布及种数(2)非洲:1;亚洲:1;大洋洲:1;欧洲:1
Castelnavia【3】Tul. & Wedd. 河钱草属 ← **Podostemum** Podostemaceae 川苔草科 [MD-322] 全球 (1) 大洲分布及种数(8-13)◆南美洲(◆巴西)
Castenedia【3】R.M.King & H.Rob. 哥伦菊属 Asteraceae 菊科 [MD-586] 全球 (1) 大洲分布及种数(uc)属分布和种数(uc)◆南美洲(◆哥伦比亚)
Castiale Cerv. = **Castilla**
Castiglionia Ruiz & Pav. = **Jatropha**
Castilla【3】Cerv. 橡胶桑属 ← **Perebea;Ficus** Moraceae 桑科 [MD-87] 全球 (1) 大洲分布及种数(4-6)◆南美洲
Castilleja【3】Mutis ex L.f. 火焰草属 ← **Bartsia;Euchlora;Calceolaria** Orobanchaceae 列当科 [MD-552] 全球 (6) 大洲分布及种数(243-278;hort.1;cult: 12)非洲:134;亚洲:42-179;大洋洲:4-138;欧洲:6-142;北美洲:226-383;南美洲:51-192
Castilloa Cervant. = **Castilla**
Castor Mill. = **Duranta**
Castorea Mill. = **Duranta**
Castra Vell. = **Alomia**
Castratella【3】Naudin 独龙丹属 ≒ **Rhexia** Melastomataceae 野牡丹科 [MD-364] 全球 (1) 大洲分布及种数(2)◆南美洲
Castrea A.St.Hil. = **Phoradendron**
Castrica L.D.Gómez = **Actinostemma**
Castrilanthemum【3】Vogt & Oberpr. 丁毛菊属 ≒ **Pyrethrum** Asteraceae 菊科 [MD-586] 全球 (1) 大洲分布及种数(1)◆南欧(◆西班牙)
Castroa Guiard = **Oncidium**
Castrodia R.Br. = **Gastrodia**
Castronia Nor. = **Cascaronia**
Castroviejoa【3】(Em.Schmid) Galbany,L.Sáez & Benedí 岛蜡菊属 ≒ **Xeranthemum** Asteraceae 菊科 [MD-586] 全球 (1) 大洲分布及种数(1)◆欧洲
Casuarina Acanthopitys Miq. = **Casuarina**
Casuarina【3】L.Amön. 木麻黄属 → **Allocasuarina; Polytrichum** Casuarinaceae 木麻黄科 [MD-73] 全球 (6) 大洲分布及种数(10-22;hort.1;cult:2)非洲:5-16;亚洲:9-27;大洋洲:7-24;欧洲:3-13;北美洲:4-14;南美洲:3-12
Casuarinaceae【3】R.Br. 木麻黄科 [MD-73] 全球 (6) 大洲分布和属种数(3-4;hort. & cult.2)(63-118;hort. & cult.11-20)非洲:1-2/5-17;亚洲:2-3/21-43;大洋洲:3-4/50-88;欧洲:1-2/3-14;北美洲:1-2/4-15;南美洲:1-2/3-13
Catabrosa (Trin.) Boiss. = **Catabrosa**
Catabrosa【2】P.Beauv. 沿沟草属 ← **Agrostis; Colpodium;Melica** Poaceae 禾本科 [MM-748] 全球 (5) 大洲分布及种数(7-12)非洲:2;亚洲:cf.1;欧洲:1;北美洲:3;南美洲:2
Catabrosella【3】(Tzvelev) Tzvelev 小沿沟草属 ← **Colpodium;Poa** Poaceae 禾本科 [MM-748] 全球 (1) 大洲分布及种数(8-9)◆亚洲
Catabrosia Röm. & Schult. = **Colpodium**
Catac Domb. ex Lam. = **Embothrium**
Catachaenia Griseb. = **Miconia**
Catachaetum Hoffmanns. = **Catasetum**
Catachenia Griseb. = **Miconia**
Catachysis【-】Brill 兰科属 Orchidaceae 兰科 [MM-723] 全球 (uc) 大洲分布及种数(uc)
Catacline Edgew. = **Tephrosia**
Catacolea【3】B.G.Briggs & L.A.S.Johnson 平灯草属 Restionaceae 帚灯草科 [MM-744] 全球 (1) 大洲分布及种数(1)◆大洋洲
Catacoma Walp. = **Bredemeyera**
Catacore Hewitson = **Catacolea**
Catady Domb. ex Lam. = **Embothrium**
Catadysia【3】O.E.Schulz 秘鲁莲座芥属 Brassicaceae 十字花科 [MD-213] 全球 (1) 大洲分布及种数(1)◆南美洲
Catadysis Moyano = **Catadysia**
Catago Mill. = **Theobroma**
Catagoniaceae【3】W.R.Buck & Ireland 弹叶藓科 [B-171] 全球 (6) 大洲分布和属种数(1/6-9)非洲:1/3-6;亚洲:1/5-8;大洋洲:1/1-4;欧洲:1/2-5;北美洲:1/2-5;南美洲:1/4-7
Catagoniopsis【3】Broth. 智利硬叶藓属 Stereophyllaceae 硬叶藓科 [B-172] 全球 (1) 大洲分布及种数(1)◆南美洲
Catagonium【2】Müll.Hal. ex Broth. 弹叶藓属 ≒ **Ca-**

tapodium;Entodon Catagoniaceae 弹叶藓科 [B-171] 全球 (5) 大洲分布及种数(8) 非洲:2;大洋洲:2;欧洲:1;北美洲:3;南美洲:5

Catakidozamia T.Hill = **Lepidozamia**

Catalepidia【3】P.H.Weston 光山龙眼属 Proteaceae 山龙眼科 [MD-219] 全球 (1) 大洲分布及种数(1)◆大洋洲

Catalepis【3】Stapf & Stent 实心草属 Poaceae 禾本科 [MM-748] 全球 (1) 大洲分布及种数(1)◆非洲

Cataleuca K.Koch & Fintelm. = **Onoseris**

Catalina Edgew. = **Cytisus**

Catalium Buch.Ham. ex Wall. = **Carallia**

Catalpa【3】G.A.Scop. 梓属 ← **Bignonia;Tabebuia; Vernonia** Bignoniaceae 紫葳科 [MD-541] 全球 (6) 大洲分布及种数(10-12)非洲:5;亚洲:7-17;大洋洲:3-8;欧洲:4-9;北美洲:8-13;南美洲:4-9

Catalpeae DC. ex Meisn. = **Catalpa**

Catalpium Raf. = **Catalpa**

Catamangis【-】Chen 兰科属 Orchidaceae 兰科 [MM-723] 全球 (uc) 大洲分布及种数(uc)

Catame Domb. ex Lam. = **Embothrium**

Catamixis【3】T.Thoms. 簇黄菊属 Asteraceae 菊科 [MD-586] 全球 (1) 大洲分布及种数(cf.1)◆南亚(◆印度)

Catamodes auct. = **Atractylis**

Catana P.Beauv. ex T.Lestib. = **Scleria**

Catanance St.Lag. = **Catananche**

Catananche【3】L. 蓝苣属 → **Hymenonema** Asteraceae 菊科 [MD-586] 全球 (1) 大洲分布及种数(4-10)◆欧洲

Catanellia【2】L.J.Gillespie & Soreng 禾本科属 Poaceae 禾本科 [MM-748] 全球 (2) 大洲分布及种数(uc) 非洲;亚洲

Catanga Steud. = **Meiogyne**

Catanoches【-】auct. 兰科属 Orchidaceae 兰科 [MM-723] 全球 (uc) 大洲分布及种数(uc)

Catanthera【3】F.Müll. 垂药野牡丹属 Melastomataceae 野牡丹科 [MD-364] 全球 (1) 大洲分布及种数(12-19)◆东南亚(◆马来西亚)

Cataphraetum Poit. = **Anguloa**

Catapion Raf. = **Helicteres**

Catapodium (Gaudin) Maire & Weiller = **Catapodium**

Catapodium【3】Link 硬禾属 ← **Aeluropus;Glyceria;Agropyropsis** Poaceae 禾本科 [MM-748] 全球 (1) 大洲分布及种数(5-6)◆欧洲

Catappa Gaertn. = **Terminalia**

Catapuntia Müll.Arg. = **Ricinus**

Catapиtia Ludw. = **Ricinus**

Catara Mill. = **Nepeta**

Cataria Adans. = **Nepeta**

Catas Domb. ex Lam. = **Embothrium**

Catasandra D.Don = **Andromeda**

Catasellia【-】M.Chen & J.M.H.Shaw 兰科属 Orchidaceae 兰科 [MM-723] 全球 (uc) 大洲分布及种数(uc)

Catasetum【3】Rich. ex Kunth 龙须兰属 ← **Anguloa; Paphiopedilum;Clowesia** Orchidaceae 兰科 [MM-723] 全球 (1) 大洲分布及种数(200-238)◆南美洲

Cataterophora Steud. = **Alopecurus**

Catatherophora Steud. = **Pennisetum**

Catatia【3】Humbert 尖柱鼠麴木属 ≒ **Xatardia** Asteraceae 菊科 [MD-586] 全球 (1) 大洲分布及种数(2)◆非洲(◆马达加斯加)

Catatropis R.Br. = **Calotropis**

Cataulus L. = **Malaisia**

Catazyga P.Beauv. ex T.Lestib. = **Scleria**

Catcattleyella【-】J.M.H.Shaw 兰科属 Orchidaceae 兰科 [MM-723] 全球 (uc) 大洲分布及种数(uc)

Catcaullia【-】J.M.H.Shaw 兰科属 Orchidaceae 兰科 [MM-723] 全球 (uc) 大洲分布及种数(uc)

Catcylaelia【-】J.M.H.Shaw 兰科属 Orchidaceae 兰科 [MM-723] 全球 (uc) 大洲分布及种数(uc)

Catenalis Benth. = **Aeschynomene**

Catenaria Benth. = **Ohwia**

Catenata Medik. = **Aloe**

Catenula Soják = **Catenulina**

Catenulaceae Burnett = Calendulaceae

Catenularia Botsch. = **Catenulina**

Catenulina【2】Soják 塔吉克芥属 Brassicaceae 十字花科 [MD-213] 全球 (3) 大洲分布及种数(cf.) 亚洲;北美洲;南美洲

Catepha Lesch. ex Rchb. = **Hydrocotyle**

Catephia Britton = **Anemone**

Cateria Small = **Bletia**

Catesbaea【3】L. 喇叭茜属 → **Bouvardia;Solena** Rubiaceae 茜草科 [MD-523] 全球 (1) 大洲分布及种数(4-19)◆北美洲

Catesbaeaceae Martinov = Rubiaceae

Catesbaeeae Benth. & Hook.f. = **Catesbaea**

Catesbaei L. = **Catesbaea**

Catevala Medik. = **Haworthia**

Catha【2】Forssk.巧茶属 ≒ **Celastrus;Hartia;Alsophila** Celastraceae 卫矛科 [MD-339] 全球 (4) 大洲分布及种数(3-6)非洲:2-4;亚洲:1-2;大洋洲:1;北美洲:1

Cathaemia Ohwi = **Diospyros**

Cathamus L. = **Carthamus**

Cathanthes Rich. = **Triglochin**

Cathara Chun & Kuang = **Cathaya**

Catharanthus【3】G.Don 长春花属 ← **Vinca;Hottonia** Apocynaceae 夹竹桃科 [MD-492] 全球 (1) 大洲分布及种数(8-9)◆非洲

Catharinea (Brid.) Müll.Hal. = **Catharinea**

Catharinea【2】Ehrh. ex F.Weber & D.Mohr 金发藓科属 ≒ **Steereobryon** Polytrichaceae 金发藓科 [B-101] 全球 (5) 大洲分布及种数(15) 亚洲:3;大洋洲:3;欧洲:1;北美洲:2;南美洲:6

Catharinella (Müll.Hal.) Kindb. = **Pogonatum**

Cathariostachys【3】S.Dransf. 巧草属 ≒ **Nastus** Poaceae 禾本科 [MM-748] 全球 (1) 大洲分布及种数(2)◆非洲(◆马达加斯加)

Catharista Ehrh. ex F.Weber & D.Mohr = **Catharinea**

Catharomnion【3】Hook.f. & Wilson 印度小黄藓属 ≒ **Pterogonium** Hypopterygiaceae 孔雀藓科 [B-160] 全球 (1) 大洲分布及种数(1)◆亚洲

Cathartocarpus Pers. = **Cassia**

Cathartolinum Rchb. = **Linum**

Catharus Lour. = **Actephila**

Cathastrum Turcz. = **Pleurostylia**

Cathaya【3】Chun & Kuang 银杉属 ← **Pseudotsuga; Tsuga** Pinaceae 松科 [G-15] 全球 (1) 大洲分布及种数(cf. 1)◆东亚(◆中国)

Cathayambar (Harms) Nakai = **Liquidambar**
Cathayanthe【3】 Chun 扁蒴苣苔属 Gesneriaceae 苦苣苔科 [MD-549] 全球 (1) 大洲分布及种数(cf. 1)◆东亚(◆中国)
Cathayeia Ohwi = **Idesia**
Cathaysia Ohwi = **Diospyros**
Cathcarthia Hook.f. = **Argemone**
Cathcartia Hook.f. = **Meconopsis**
Cathea Salisb. = **Ophrys**
Cathedra【3】 Miers 椅树属 Olacaceae 铁青树科 [MD-362] 全球 (1) 大洲分布及种数(5)◆南美洲(◆巴西)
Cathedraceae Van Tiegh. = Olacaceae
Cathestecum【3】 J.Presl 假垂穗草属 ← **Bouteloua** Poaceae 禾本科 [MM-748] 全球 (1) 大洲分布及种数(4-5)◆北美洲
Cathestichum J.Presl = **Cathestecum**
Cathetostemma Bl. = **Campyloneurum**
Cathetus Lour. = **Phyllanthus**
Cathexis Lour. = **Actephila**
Cathissa Salisb. = **Catolesia**
Cathormion【3】 Hassk. 项链豆属 ← **Albizia;Mimosa;Pararchidendron** Fabaceae 豆科 [MD-240] 全球 (1) 大洲分布及种数(1)◆亚洲
Cathormium Pittier = **Albizia**
Cathyantha Chun = **Cathayanthe**
Catila【3】 Ravenna 亚洲远鸢尾属 ≒ **Calydorea** Iridaceae 鸢尾科 [MM-700] 全球 (1) 大洲分布及种数(cf. 1)◆南美洲
Catimbium Holtt. = **Alpinia**
Catimbium Juss. = **Renealmia**
Catinella Pers. = **Hymenoxys**
Catinga Aubl. = **Calycorectes**
Catinula Klotzsch = **Agapetes**
Catis O.F.Cook = **Euterpe**
Catjang Adans. = **Cajanus**
Catminichea【-】 J.M.H.Shaw 兰科属 Orchidaceae 兰科 [MM-723] 全球 (uc) 大洲分布及种数(uc)
Catoblastus【3】 H.Wendl. 绳序椰属 ← **Wettinia** Arecaceae 棕榈科 [MM-717] 全球 (1) 大洲分布及种数(cf.1)◆南美洲
Catoblepia D.J.N.Hind = **Catolesia**
Catocephala Mönch = **Ceratocephala**
Catocoma【3】 Benth. 澳远志属 ≒ **Myristica** Polygalaceae 远志科 [MD-291] 全球 (1) 大洲分布及种数(uc)◆亚洲
Catocoryne【3】 Hook.f. 蔓牡丹属 Melastomataceae 野牡丹科 [MD-364] 全球 (1) 大洲分布及种数(2)◆南美洲
Catodiacrum Dulac = **Orobanche**
Catoessa Salisb. = **Ornithogalum**
Catoferia【2】 (Benth.) Benth. 疏蕊无梗花属 ← **Orthosiphon** Lamiaceae 唇形科 [MD-575] 全球 (5) 大洲分布及种数(4-5)非洲:1;亚洲:1;大洋洲:1;北美洲:3-4;南美洲:2
Catolesia【3】 D.J.N.Hind 落苞柄泽兰属 ≒ **Scilla** Asteraceae 菊科 [MD-586] 全球 (1) 大洲分布及种数(1-2)◆南美洲
Catolobus【3】 (C.A.Mey.) Al-Shehbaz 垂果南芥属 ≒ **Arabis** Brassicaceae 十字花科 [MD-213] 全球 (6) 大洲分布及种数(2)非洲:1;亚洲:1-2;大洋洲:1;欧洲:1-2;北美洲:1;南美洲:1
Catonia Mönch = **Symplocos**
Catonia Raf. = **Cordia**
Catonia Vahl = **Erycibe**
Catopheria (Benth.) Benth. = **Catoferia**
Catophractes【3】 D.Don 刺角树属 Bignoniaceae 紫葳科 [MD-541] 全球 (1) 大洲分布及种数(1)◆非洲
Catophyllum Pohl ex Baker = **Mikania**
Catopodium Link = **Catapodium**
Catopra Gaertn. = **Terminalia**
Catops Duftschmidt = **Catopsis**
Catopsis【3】 Griseb. 粉衣凤梨属 ← **Bromelia;Tillandsia** Bromeliaceae 凤梨科 [MM-715] 全球 (1) 大洲分布及种数(23-24)◆北美洲
Catopta Gaertn. = **Anogeissus**
Catoptridium Brid. = **Schistostega**
Catoria Mill. = **Nepeta**
Catoscopiaceae【2】Boulay ex Broth. 垂蒴藓科 [B-109] 全球 (4) 大洲分布和属种数(1/2)亚洲:1/1;欧洲:1/2;北美洲:1/1;南美洲:1/1
Catoscopium【2】 Brid. 垂蒴藓属 Catoscopiaceae 垂蒴藓科 [B-109] 全球 (4) 大洲分布及种数(2) 亚洲:1;欧洲:2;北美洲:1;南美洲:1
Catosperma Benth. = **Catostemma**
Catospermum【3】 Benth. 离根香属 ← **Goodenia;Pentaptilon** Goodeniaceae 草海桐科 [MD-578] 全球 (1) 大洲分布及种数(uc)◆大洋洲
Catostemma【3】 Benth. 垂冠木棉属 → **Scleronema** Bombacaceae 木棉科 [MD-201] 全球 (1) 大洲分布及种数(17-19)◆南美洲
Catostigma O.F.Cook & Doyle = **Wettinia**
Catreus Lour. = **Phyllanthus**
Cattania Kobelt = **Cottonia**
Cattarthrophila【-】 J.M.H.Shaw 兰科属 Orchidaceae 兰科 [MM-723] 全球 (uc) 大洲分布及种数(uc)
Cattendorfia Schult.f. = **Cottendorfia**
Cattimarus P. & K. = **Kleinhovia**
Cattkeria (Benth.) Benth. = **Catoferia**
Cattlassia【-】 auct. 兰科属 Orchidaceae 兰科 [MM-723] 全球 (uc) 大洲分布及种数(uc)
Cattleya【3】 Lindl. 卡特兰属 ← **Bletia;Epidendrum;Sophronitis** Orchidaceae 兰科 [MM-723] 全球 (1) 大洲分布及种数(249-280)◆南美洲(◆巴西)
Cattleychea【-】 J.M.H.Shaw 兰科属 Orchidaceae 兰科 [MM-723] 全球 (uc) 大洲分布及种数(uc)
Cattleyella【3】 Van den Berg & M.W.Chase 卡特兰属 ≒ **Cattleya** Orchidaceae 兰科 [MM-723] 全球 (1) 大洲分布及种数(1)◆非洲
Cattleyodendrum Hort. = **Guarianthe**
Cattleyopsis【3】 Lem. 紫薇兰属 ≒ **Broughtonia** Orchidaceae 兰科 [MM-723] 全球 (1) 大洲分布及种数(1):北美洲(1)
Cattleyopsisgoa【-】 auct. 兰科属 Orchidaceae 兰科 [MM-723] 全球 (uc) 大洲分布及种数(uc)
Cattleyopsistonia【-】 auct. 兰科属 Orchidaceae 兰科 [MM-723] 全球 (uc) 大洲分布及种数(uc)
Cattleytonia【-】 Hort. 兰科属 Orchidaceae 兰科 [MM-723] 全球 (uc) 大洲分布及种数(uc)
Cattlianthe Donnell = **Callianthe**

C

Cattotes【-】auct. 兰科属 Orchidaceae 兰科 [MM-723] 全球 (uc) 大洲分布及种数(uc)
Cattychilis【-】D.A.Walker 兰科属 Orchidaceae 兰科 [MM-723] 全球 (uc) 大洲分布及种数(uc)
Catu-adamboe Adans. = **Lagerstroemia**
Catulus L. = **Adenocline**
Catunaregam【2】Wolf 山石榴属 ← **Benkara;Randia; Raphia** Rubiaceae 茜草科 [MD-523] 全球 (3) 大洲分布及种数(16-17)非洲:8;亚洲:9-10;大洋洲:1
Catu-naregam Adans. = **Catunaregam**
Caturus L. = **Malaisia**
Catutsjeron P. & K. = **Semecarpus**
Catycanthus L. = **Calycanthus**
Catyclia【-】J.M.H.Shaw 兰科属 ≒ **Cratylia** Orchidaceae 兰科 [MM-723] 全球 (uc) 大洲分布及种数(uc)
Catyona Lindl. = **Youngia**
Caucaea【3】Schltr. & Mansf. 高加兰属 ≒ **Rodriguezia** Orchidaceae 兰科 [MM-723] 全球 (1) 大洲分布及种数(18)◆南美洲
Caucaerettia【-】J.M.H.Shaw 兰科属 Orchidaceae 兰科 [MM-723] 全球 (uc) 大洲分布及种数(uc)
Caucalioides Heist. ex Fabr. = **Agrocharis**
Caucaliopsis H.Wolff = **Agrocharis**
Caucalis (Hoffm.) Drude = **Caucalis**
Caucalis【3】L. 钩果芹属 → **Agrocharis;Angoseseli; Anthriscus** Apiaceae 伞形科 [MD-480] 全球 (6) 大洲分布及种数(7-12;hort.1;cult:1)非洲:4-8;亚洲:3-4;大洋洲:1;欧洲:1-2;北美洲:1-2;南美洲:1-2
Caucaloides Heist. ex Fabr. = **Caucalis**
Caucanthus【-】Eriocaucanthus Nied. 金虎尾科属 ≒ **Sterculia** Malpighiaceae 金虎尾科 [MD-343] 全球 (uc) 大洲分布及种数(uc)
Caucasalia【3】B.Nord. 甲菊属 ≒ **Cacalia** Asteraceae 菊科 [MD-586] 全球 (1) 大洲分布及种数(2-5)◆亚洲
Cauchostele【-】J.M.H.Shaw 兰科属 Orchidaceae 兰科 [MM-723] 全球 (uc) 大洲分布及种数(uc)
Caucidium J.M.H.Shaw = **Cercidium**
Caudalejeunea Acaudalejeunea R.M.Schust. = **Caudalejeunea**
Caudalejeunea【3】Stephani 尾鳞苔属 ≒ **Lejeunea** Lejeuneaceae 细鳞苔科 [B-84] 全球 (6) 大洲分布及种数(10-13)非洲:4-8;亚洲:6-8;大洋洲:3-5;欧洲:2;北美洲:1-3;南美洲:2
Caudanthera【2】Plowes 水牛角属 ← **Caralluma; White-sloanea** Apocynaceae 夹竹桃科 [MD-492] 全球 (2) 大洲分布及种数(cf.3-4) 非洲:3,亚洲:2-3
Caudata Schltr. = **Caucaea**
Caudella P.Br. = **Canella**
Caudina Willd. = **Caulinia**
Caudipteryx Engl. = **Cardiopteris**
Caudoleucaena Britton & Rose = **Acacia**
Caudoxalis Small = **Oxalis**
Caulacanthaceae Lindl. = Calycanthaceae
Caulaelia J.M.H.Shaw = **Atriplex**
Caulaeliokeria【-】P.A.Storm 兰科属 Orchidaceae 兰科 [MM-723] 全球 (uc) 大洲分布及种数(uc)
Caulanthus【3】S.Watson 甘蓝花属 ← **Brassica; Turritis;Pleiocardia** Brassicaceae 十字花科 [MD-213] 全球 (1) 大洲分布及种数(16-26)◆北美洲
Caularstedella【-】J.M.H.Shaw 兰科属 Orchidaceae 兰科 [MM-723] 全球 (uc) 大洲分布及种数(uc)
Caularthron【3】Raf. 双角兰属 → **Diacrium;Dimerandra;Epidendrum** Orchidaceae 兰科 [MM-723] 全球 (1) 大洲分布及种数(4-8)◆南美洲
Caulbardendrum【-】Glic. 兰科属 Orchidaceae 兰科 [MM-723] 全球 (uc) 大洲分布及种数(uc)
Caulinia DC. = **Caulinia**
Caulinia【3】Willd. 柱子豆属 ≒ **Fluvialis;Najas** Cymodoceaceae 丝粉藻科 [MM-615] 全球 (6) 大洲分布及种数(25)非洲:3;亚洲:25;大洋洲:19;欧洲:5;北美洲:6;南美洲:8
Caulipsolon【3】Klak 番杏科属 ≒ **Mesembryanthemum** Aizoaceae 番杏科 [MD-94] 全球 (1) 大洲分布及种数(uc)◆亚洲
Caulleriella H.Lév. = **Ryssopterys**
Caullinia Raf. = **Hippuris**
Caulobryon C.DC. = **Piper**
Caulocarpus Baker f. = **Tephrosia**
Caulocattleya【-】Dress 兰科属 Orchidaceae 兰科 [MM-723] 全球 (uc) 大洲分布及种数(uc)
Caulokaempferia【3】K.Larsen 大苞姜属 ← **Camptandra;Roscoea** Zingiberaceae 姜科 [MM-737] 全球 (1) 大洲分布及种数(12-31)◆亚洲
Caulolepis (Dawson) J.W.Dawson = **Metrosideros**
Caulophyllum【2】Michx. 红毛七属 ← **Leontice; Vancouveria** Berberidaceae 小檗科 [MD-45] 全球 (2) 大洲分布及种数(4)亚洲:cf.1;北美洲:3
Caulopsis Fourr. = **Iberis**
Caulostramina【3】Rollins 天蓝菜属 ≒ **Iodanthus** Brassicaceae 十字花科 [MD-213] 全球 (1) 大洲分布及种数(1)◆北美洲
Caulotretus (Vogel) Endl. = **Bauhinia**
Caulrianitis【-】J.M.H.Shaw 兰科属 Orchidaceae 兰科 [MM-723] 全球 (uc) 大洲分布及种数(uc)
Caulrianvola【-】Griff. & J.M.H.Shaw 兰科属 Orchidaceae 兰科 [MM-723] 全球 (uc) 大洲分布及种数(uc)
Caulronleya【-】J.M.H.Shaw 兰科属 Orchidaceae 兰科 [MM-723] 全球 (uc) 大洲分布及种数(uc)
Caultonia Greene = **Potentilla**
Causea G.A.Scop. = **Hirtella**
Causima Raf. = **Adhatoda**
Causonia Raf. = **Cayratia**
Causonis【2】Raf. 乌蔹莓属 ≒ **Cissus** Vitaceae 葡萄科 [MD-403] 全球 (5) 大洲分布及种数(2) 非洲:2;亚洲:2;大洋洲:2;欧洲:1;北美洲:1
Caustis【3】R.Br. 曲秆莎属 ← **Calorophus** Cyperaceae 莎草科 [MM-747] 全球 (1) 大洲分布及种数(6-10)◆大洋洲
Causus R.Br. = **Caustis**
Cautlea Royle = **Roscoea**
Cautleya (Royle ex Benth. & Hook.f.) Hook.f. = **Cautleya**
Cautleya【3】Hook.f. 距药姜属 ≒ **Roscoea** Zingiberaceae 姜科 [MM-737] 全球 (1) 大洲分布及种数(3-5)◆亚洲
Cautonleya Griff. & J.M.H.Shaw = **Cautleya**
Cavacoa【3】J.Lénard 金丝桐属 ← **Grossera** Euphor-

biaceae 大戟科 [MD-217] 全球 (1) 大洲分布及种数(3)◆非洲
Cavalam Adans. = **Sterculia**
Cavalcantia【3】R.M.King & H.Rob. 宽片菊属 ← **Ageratum** Asteraceae 菊科 [MD-586] 全球 (1) 大洲分布及种数(2)◆南美洲
Cavaleriea H.Lév. = **Ribes**
Cavaleriella H.Lév. = **Aspidopterys**
Cavallium H.W.Schott & Endlicher = **Carallia**
Cavanalia Adans. = **Canavalia**
Cavanil J.F.Gmel. = **Pyrenacantha**
Cavanilesia Ruiz & Pav. = **Cavanillesia**
Cavanilla J.F.Gmel. = **Pyrenacantha**
Cavanilla Salisb. = **Stewartia**
Cavanilla Vell. = **Caperonia**
Cavanillea Borkh. = **Diospyros**
Cavanillea Medik. = **Anoda**
Cavanillesia【3】Ruiz & Pav. 纺锤树属 Bombacaceae 木棉科 [MD-201] 全球 (1) 大洲分布及种数(4-5)◆南美洲
Cavanillesii Ruiz & Pav. = **Cavanillesia**
Cavaraea【3】Speg. 阿根廷云实豆属 Fabaceae3 蝶形花科 [MD-240] 全球 (1) 大洲分布及种数(uc)属分布和种数(uc)◆南美洲(◆阿根廷)
Cavaria Steud. = **Smilacina**
Cavariella H.Lév. = **Ryssopterys**
Cavea【3】W.W.Sm. & J.Small 莛菊属 ← **Saussurea** Asteraceae 菊科 [MD-586] 全球 (1) 大洲分布及种数(cf. 1)◆亚洲
Cavellina Crantz = **Camelina**
Cavendishia【3】Lindl. 艳苞莓属 ← **Andromeda; Orthaea;Thibaudia** Ericaceae 杜鹃花科 [MD-380] 全球 (1) 大洲分布及种数(124-136)◆南美洲(◆巴西)
Cavendishia Luteyn = **Cavendishia**
Cavernulina Soják = **Catenulina**
Caviceps Lindl. = **Polygonum**
Cavicularia【3】Stephani 勺苔属 Blasiaceae 壶苞苔科 [B-3] 全球 (1) 大洲分布及种数(cf. 1)◆亚洲
Caviella V.P.Castro & K.G.Lacerda = **Ada**
Cavinium Thou. = **Vaccinium**
Cavinula Klotzsch = **Agapetes**
Cavoliana Raf. = **Najas**
Cavolina Crantz = **Camelina**
Cavolinia Raf. = **Najas**
Caxamarca【3】M.O.Dillon & Sagást. 臭根菊属 Asteraceae 菊科 [MD-586] 全球 (1) 大洲分布及种数(1-2)◆南美洲(◆秘鲁)
Cayaponia【3】Silva Manso 盘腺瓜属 ← **Zehneria; Polyclathra** Cucurbitaceae 葫芦科 [MD-205] 全球 (6) 大洲分布及种数(79-94)非洲:4-9;亚洲:11-15;大洋洲:3-7;欧洲:4-8;北美洲:26-30;南美洲:73-86
Cayaponiacitrullifolia Silva Manso = **Cayaponia**
Caylusea【2】A.St.Hil. 盘樨草属 ← **Reseda** Resedaceae 木樨草科 [MD-196] 全球 (4) 大洲分布及种数(3-4)非洲:2-3;亚洲:cf.1;欧洲:1;北美洲:1
Cayratia (Suess.) C.L.Li = **Cayratia**
Cayratia【3】Juss. 乌蔹莓属 ← **Ampelopsis;Causonis; Cyphostemma** Vitaceae 葡萄科 [MD-403] 全球 (6) 大洲分布及种数(46-71;hort.1;cult: 1)非洲:15-28;亚洲:35-62;大洋洲:12-30;欧洲:2-13;北美洲:3-14;南美洲:11
Cayratis Juss. = **Cayratia**
Cayto Mill. = **Theobroma**
Ccphalanoplos Fourr. = **Cirsium**
Ccylobalanopsis örst. = **Cyclobalanopsis**
Cdjania Chiov. = **Cudrania**
Ceanodius L. = **Ceanothus**
Ceanothus (S.Watson) Weberb. = **Ceanothus**
Ceanothus【3】L. 美洲茶属 → **Adolphia; Pomaderris; Noltea** Rhamnaceae 鼠李科 [MD-331] 全球 (1) 大洲分布及种数(90-134)◆北美洲
Ceaotrochilus Schaür = **Diphylax**
Cearana J.M.Coult. & Rose = **Coaxana**
Cearanthes【3】Ravenna 静石蒜属 Amaryllidaceae 石蒜科 [MM-694] 全球 (1) 大洲分布及种数(2)◆南美洲(◆巴西)
Cearia Dum. = **Proiphys**
Cearinus L. = **Carpinus**
Cebatha Forssk. = **Cocculus**
Cebipira Juss. ex P. & K. = **Bowdichia**
Cebrera L. = **Cerbera**
Cebuella Spix = **Centella**
Cecalyphum P.Beauv. = **Dicranum**
Cecarria【2】Barlow 切卡寄生属 ← **Phrygilanthus** Loranthaceae 桑寄生科 [MD-415] 全球 (4) 大洲分布及种数(2)非洲:1;亚洲:1;大洋洲:1;南美洲:cf.1
Cecchia Chiov. = **Oldfieldia**
Cecicodaphne Nees = **Litsea**
Cecidodaphne Nees = **Cinnamomum**
Cecr L. = **Cicer**
Cecropia【3】Löfl. 号角树属 Cecropiaceae 南美伞科 [MD-88] 全球 (6) 大洲分布及种数(77-93;hort.1;cult: 3)非洲:2;亚洲:2-4;大洋洲:3-5;欧洲:2;北美洲:18-20;南美洲:75-85
Cecropiaceae【3】C.C.Berg 南美伞科 [MD-88] 全球 (6) 大洲分布和属种数(6;hort. & cult.3)(208-254;hort. & cult.5-6)非洲:2-4/8-13;亚洲:4/33-37;大洋洲:2/9-12;欧洲:2/3;北美洲:3/20-23;南美洲:4-5/167-191
Cecropieae Dum. = **Cecropia**
Cecrops Leach = **Cecropia**
Cecropsis Nash = **Anthephora**
Cedraceae Vest = Pinaceae
Cedrela (Endl.) Benth. & Hook.f. = **Cedrela**
Cedrela【3】P.Br. 洋椿属 ← **Baeckea;Cedrus;Luehea** Meliaceae 楝科 [MD-414] 全球 (1) 大洲分布及种数(17-33)◆南美洲(◆巴西)
Cedrelaceae R.Br. = Pinaceae
Cedreleae DC. = **Cedrela**
Cedrelinga【3】Ducke 通灵豆属 ← **Piptadenia** Fabaceae 豆科 [MD-240] 全球 (1) 大洲分布及种数(1)◆南美洲
Cedrella G.A.Scop. = **Cedrela**
Cedrelopsis【3】Baill. 香皮椿属 Rutaceae 芸香科 [MD-399] 全球 (1) 大洲分布及种数(8-10)◆非洲(◆马达加斯加)
Cedreti P.Br. = **Cedrela**
Cedronella【3】Mönch 柠檬草属 ← **Agastache;Dracocephalum** Lamiaceae 唇形科 [MD-575] 全球 (1) 大洲分布及种数(2-5)◆东亚(◆日本)

C

Cedronia 【3】 Cuatrec. 苦杼桐属 ← **Picrolemma** Simaroubaceae 苦木科 [MD-424] 全球 (1) 大洲分布及种数(1)◆南美洲
Cedrostis P. & K. = **Kedrostis**
Cedrota Schreb. = **Aniba**
Cedrus Duham. = **Cedrus**
Cedrus 【3】 Trew 雪松属 ← **Abies;Larix;Luehea** Pinaceae 松科 [G-15] 全球 (6) 大洲分布及种数(4;hort.1; cult: 3)非洲:3-4;亚洲:3-4;大洋洲:3-4;欧洲:3-4;北美洲:3-4;南美洲:3-4
Cedusa Raf. = **Antherotoma**
Ceiba 【3】 Mill. 吉贝属 ≒ **Chorisia;Pinus** Malvaceae 锦葵科 [MD-203] 全球 (1) 大洲分布及种数(8-9)◆大洋洲
Ceidion Bl. = **Cleidion**
Cejpia Adans. = **Caopia**
Cekovia Rodrig. ex Lag. = **Convolvulus**
Cela Vell. = **Croton**
Celaena Wedd. = **Lucilia**
Celaenodendron Standl. = **Piranhea**
Celanthera Thouin = **Comanthera**
Celasine Pritz. = **Gelasine**
Celastraceae 【3】 R.Br. 卫矛科 [MD-339] 全球 (6) 大洲分布和属种数(75-93;hort. & cult.12-14)/1209-2201;hort. & cult.79-136)非洲:38-55/382-676;亚洲:21-39/463-851;大洋洲:15-35/100-362;欧洲:5-24/30-254;北美洲:27-38/243-541;南美洲:26-40/321-578
Celastrus (Maxim.) C.Y.Cheng & T.C.Kao = **Celastrus**
Celastrus 【3】 L. 南蛇藤属 → **Acanthothamnus;Denhamia;Orixa** Celastraceae 卫矛科 [MD-339] 全球 (1) 大洲分布及种数(44-73)◆亚洲
Celebia (L.) Britton = **Apium**
Celebnia L. = **Cleonia**
Celerena Benoist = **Celerina**
Celeri Adans. = **Apium**
Celeria (L.) Britton = **Apium**
Celerina 【3】 Benoist 马爵床属 Acanthaceae 爵床科 [MD-572] 全球 (1) 大洲分布及种数(1-3)◆非洲(◆马达加斯加)
Celes L. = **Celtis**
Celestus L. = **Celastrus**
Celeus Mill. = **Cereus**
Celianella 【3】 Jabl. 苞萼茶属 Phyllanthaceae 叶下珠科 [MD-222] 全球 (1) 大洲分布及种数(1-2)◆南美洲
Celiantha 【3】 Maguire 瘤花龙胆属 ← **Lisianthius** Gentianaceae 龙胆科 [MD-496] 全球 (1) 大洲分布及种数(9)◆南美洲
Cellanthus Montfort = **Caulanthus**
Cellar Vell. = **Celsia**
Cellarina Beneden = **Celerina**
Celly Vell. = **Celsia**
Celmearia 【-】 P.Heenan 兰科属 Orchidaceae 兰科 [MM-723] 全球 (uc) 大洲分布及种数(uc)
Celmisia 【-】 (Kunth) Solbrig 菊科属 ≒ **Erigeron;Oritrophium** Asteraceae 菊科 [MD-586] 全球 (uc) 大洲分布及种数(uc)
Celo Mill. = **Cucumis**
Celome Greene = **Peritoma**
Celonites E.Mey. = **Pachypodium**
Celosia 【3】 L. 青葙属 ≒ **Deeringia;Pfaffia** Amaranthaceae 苋科 [MD-116] 全球 (6) 大洲分布及种数(46-83;hort.1;cult: 3)非洲:19-46;亚洲:21-29;大洋洲:5-13;欧洲:4-11;北美洲:15-25;南美洲:14-23
Celosiaceae Doweld = Euphorbiaceae
Celosiella Planch. & Triana = **Clusiella**
Celotes Edwards = **Celtis**
Celsa Cothen. = **Celsia**
Celsa Vell. = **Casearia**
Celsia 【3】 Heist. ex Fabr. 亚洲苞玄参属 ≒ **Verbascum;Paspalum** Scrophulariaceae 玄参科 [MD-536] 全球 (6) 大洲分布及种数(14):非洲(9);亚洲(11);大洋洲(2);欧洲(5);北美洲(4);南美洲(2)
Celsioverbascum 【3】 Rech.f. & Hub.-Mor. 苞玄参属 ≒ **Verbascum** Scrophulariaceae 玄参科 [MD-536] 全球 (1) 大洲分布及种数(cf. 1)◆亚洲
Celtica 【3】 F.M.Vázqüz & Barkworth 针茅属 ≒ **Stipa** Poaceae 禾本科 [MM-748] 全球 (1) 大洲分布及种数(1)◆欧洲
Celtidaceae 【3】 Endl. 朴科 [MD-90] 全球 (6) 大洲分布和属种数(1;hort. & cult.1)(64-181;hort. & cult.20-25)非洲:1/20-88;亚洲:1/36-102;大洋洲:1/16-83;欧洲:1/10-67;北美洲:1/29-89;南美洲:1/28-86
Celtidopsis Priemer = **Celtis**
Celtis (Endl.) Planch. = **Celtis**
Celtis 【3】 L. 朴属 ≒ **Populus** Celtidaceae 朴科 [MD-90] 全球(6) 大洲分布及种数(65-102;hort.1;cult:9) 非洲:20-88;亚洲:36-102;大洋洲:16-83;欧洲:10-67;北美洲:29-89;南美洲:28-86
Cembra (Spach) Opiz = **Ceiba**
Cembra Opiz = **Pinus**
Cempylotropis Bunge = **Campylotropis**
Cenangium Baill. = **Cananga**
Cenarium L. = **Centaurium**
Cenarrhenes 【3】 Labill. 塔州李属 → **Beaupreopsis; Garnieria** Proteaceae 山龙眼科 [MD-219] 全球 (1) 大洲分布及种数(3)◆大洋洲
Cenaturea L. = **Centaurea**
Cenchropsis Nash = **Cenchrus**
Cenchrus 【3】 L. 蒺藜草属 → **Anthephora;Echinolaena** Poaceae 禾本科 [MM-748] 全球 (1) 大洲分布及种数(56-78)◆亚洲
Cenchrus P. & K. = **Cenchrus**
Cencrus G.A.Scop. = **Cenchrus**
Cenekia Opiz = **Campanula**
Cenesmon Gagnep. = **Cnesmone**
Cenia Comm. ex Juss. = **Cotula**
Ceniosporum Wall. ex Benth. = **Geniosporum**
Cenista Duham. = **Genista**
Cennarrhenes 【-】 Steud. 山龙眼科属 Proteaceae 山龙眼科 [MD-219] 全球 (uc) 大洲分布及种数(uc)
Cenniaceae R.Br. = Cunoniaceae
Cenocentrum 【3】 Gagnep. 大萼葵属 ← **Hibiscus** Malvaceae 锦葵科 [MD-203] 全球 (1) 大洲分布及种数(cf. 1)◆亚洲
Cenocline K.Koch = **Cotula**
Cenolophium 【2】 W.D.J.Koch 空棱芹属 ← **Angelica; Crithmum;Cyclorhiza** Apiaceae 伞形科 [MD-480] 全球 (3) 大洲分布及种数(2)非洲:1;亚洲:cf.1;欧洲:1

Cenolophon Bl. = **Alpinia**
Cenometra L. = **Cynometra**
Cenostigma【3】Tul. 星毛苏木属 ← **Caesalpinia;Lophocarpinia** Fabaceae 豆科 [MD-240] 全球 (1) 大洲分布及种数(15)◆南美洲
Cenothus Raf. = **Ceanothus**
Cenozo Jacq. ex Giseke = **Elaeis**
Cenozosia A.Rich. = **Acanthephippium**
Centandra Eckl. ex Baür = **Cyrtandra**
Centaurea (Fisch. & C.A.Mey. ex DC.) Sosn. = **Centaurea**
Centaurea【3】L. 疆矢车菊属 → **Acosta;Cyathopus; Phalacrachena** Asteraceae 菊科 [MD-586] 全球 (6) 大洲分布及种数(941-1474;hort.1;cult:195)非洲:141-185;亚洲:451-530;大洋洲:57-104;欧洲:590-677;北美洲:70-116;南美洲:45-89
Centaureaceae Bercht. & J.Presl = Asteliaceae
Centaureeae Cass. = **Centaurea**
Centaurella Delarb. = **Centaurium**
Centaurella Michx. = **Bartonia**
Centaureopappus【-】Heydt 菊科属 Asteraceae 菊科 [MD-586] 全球 (uc) 大洲分布及种数(uc)
Centaureum Rupp. = **Centaurium**
Centauria Hill = **Centaurium**
Centauridium Torr. & A.Gray = **Xanthisma**
Centaurion Adans. = **Centaurea**
Centaurium (Griseb.) Ronniger = **Centaurium**
Centaurium【3】Hill 百金花属 ≒ **Erythrina;Amberboa** Gentianaceae 龙胆科 [MD-496] 全球 (6) 大洲分布及种数(50-76;hort.1;cult: 10)非洲:11-30;亚洲:15-34;大洋洲:6-23;欧洲:23-42;北美洲:25-44;南美洲:11-28
Centaurodendron【3】Johow 矢车木属 → **Yunquea;Plectocephalus** Asteraceae 菊科 [MD-586] 全球 (1) 大洲分布及种数(3)◆南美洲(◆智利)
Centaurodes (A.Gray) P. & K. = **Centaurea**
Centauropsis【3】Boj. ex DC. 矢车鸡菊花属 ← **Cacalia;Oliganthes** Asteraceae 菊科 [MD-586] 全球 (1) 大洲分布及种数(8)◆非洲(◆马达加斯加)
Centaurothamnus【3】Wagenitz & Dittr. 小矢车木属 Asteraceae 菊科 [MD-586] 全球 (1) 大洲分布及种数(1)◆亚洲
Centaurserratula Arènes = **Acroptilon**
Centauserratula Arènes = **Serratula**
Centella【3】L. 积雪草属 ≒ **Glyceria;Hydrocotyle** Apiaceae 伞形科 [MD-480] 全球 (6) 大洲分布及种数(43-58)非洲:39-53;亚洲:2;大洋洲:3;欧洲:1;北美洲:2;南美洲:6
Centema【3】Hook.f. 花刺苋属 → **Centemopsis;Neocentema;Eriostylos** Amaranthaceae 苋科 [MD-116] 全球 (1) 大洲分布及种数(1-2)◆非洲
Centemopsis【3】Schinz 红尾苋属 ← **Achyranthes** Amaranthaceae 苋科 [MD-116] 全球 (1) 大洲分布及种数(6-13)◆非洲
Centhriscus Spreng. ex Steud. = **Torilis**
Centinodia (Rich.) Rich. = **Polygonum**
Centinodium Friche-Joset & Montandon = **Polygonum**
Centipeda (Less.) C.B.Clarke = **Centipeda**
Centipeda【3】Lour. 石胡荽属 ← **Artemisia; Dichrocephala** Asteraceae 菊科 [MD-586] 全球 (6) 大洲分布及种数(10-12;hort.1;cult: i)非洲:1;亚洲:2;大洋洲:9-11;欧洲:1;北美洲:1;南美洲:2
Centopodium Burch. = **Rumex**
Centosteca Desv. = **Centotheca**
Centotheca【3】Desv. 酸模芒属 ← **Andropogon; Oplismenus;Poa** Poaceae 禾本科 [MM-748] 全球 (6) 大洲分布及种数(6-8)非洲:4-5;亚洲:4-6;大洋洲:3-4;欧洲:1;北美洲:1;南美洲:1
Centotheceae Ridl. = **Centotheca**
Centrachaena Less. = **Glebionis**
Centrachena Schott = **Glebionis**
Centradenia【3】G.Don 距药花属 ← **Rhexia** Melastomataceae 野牡丹科 [MD-364] 全球 (1) 大洲分布及种数(4-5)◆北美洲
Centradeniastrum【3】Cogn. 小距药花属 Melastomataceae 野牡丹科 [MD-364] 全球 (1) 大洲分布及种数(2)◆南美洲
Centrandra H.Karst. = **Croton**
Centranthera【3】R.Br. 胡麻草属 ≒ **Pleurothallis; Cyrtanthera;Radamaea** Scrophulariaceae 玄参科 [MD-536] 全球 (1) 大洲分布及种数(11-14)◆亚洲
Centrantheropsis【3】Bonati 松蒿属 ≒ **Phtheirospermum** Scrophulariaceae 玄参科 [MD-536] 全球 (1) 大洲分布及种数(uc)◆大洋洲
Centrantherum R.Br. = **Centranthera**
Centranthus【3】DC. 距花属 ← **Valeriana;Valerianella** Caprifoliaceae 忍冬科 [MD-510] 全球 (1) 大洲分布及种数(10-12)◆欧洲
Centrapalus【-】Cass. 菊科属 ≒ **Vernonia** Asteraceae 菊科 [MD-586] 全球 (uc) 大洲分布及种数(uc)
Centratherum【3】Cass. 钮扣花属 ≒ **Gymnanthemum;Phyllocephalum** Asteraceae 菊科 [MD-586] 全球 (1) 大洲分布及种数(2-4)◆亚洲
Centrilla Lindau = **Justicia**
Centriscus Spreng. ex Steud. = **Torilis**
Centrocarpha D.Don = **Acmella**
Centrochilus Schaür = **Platanthera**
Centrochloa【3】Swallen 巴西向心草属 Poaceae 禾本科 [MM-748] 全球 (1) 大洲分布及种数(1)◆南美洲(◆巴西)
Centroclinium D.Don = **Onoseris**
Centrodiscus Müll.Arg. = **Caryodendron**
Centrodora DC. = **Bouvardia**
Centroema (DC.) Benth. = **Centrosema**
Centrogenium Schltr. = **Eltroplectris**
Centroglossa【3】Barb.Rodr. 距舌兰属 ← **Cryptocentrum;Ornithocephalus** Orchidaceae 兰科 [MM-723] 全球 (1) 大洲分布及种数(6-8)◆南美洲
Centrogonia D.Don = **Centronia**
Centrolepidaceae【3】Endl. 刺鳞草科 [MM-745] 全球 (6) 大洲分布和属种数(3;hort. & cult.1)(33-51;hort. & cult.1)非洲:1-2/2-4;亚洲:1-2/6-9;大洋洲:2-3/30-45;欧洲:1/1;北美洲:1/1;南美洲:1/1-2
Centrolepis【2】Labill. 刺鳞草属 → **Devauxia;Aphelia** Centrolepidaceae 刺鳞草科 [MM-745] 全球 (3) 大洲分布及种数(28-40;hort.1)非洲:2;亚洲:6-7;大洋洲:25-35
Centrolobium【2】Mart. ex Benth. 刺荚豆属 ← **Nissolia** Fabaceae 豆科 [MD-240] 全球 (3) 大洲分布及种数(8-9)亚洲:cf.1;北美洲:2;南美洲:7
Centromadia【3】Greene 星刺菊属 ← **Hemizonia**

Asteraceae 菊科 [MD-586] 全球 (1) 大洲分布及种数(4)◆北美洲
Centronia Bl. = **Centronia**
Centronia【3】D.Don 彤号丹属 ← **Aeginetia;Eustegia** Melastomataceae 野牡丹科 [MD-364] 全球 (6) 大洲分布及种数(13-20)非洲:3;亚洲:3;大洋洲:3;欧洲:3;北美洲:1-4;南美洲:12-21
Centronota DC. = **Aeginetia**
Centronotus DC. = **Bouvardia**
Centropappus Hook.f. = **Senecio**
Centropetalum Lindl. = **Fernandezia**
Centrophorum Trin. = **Chrysopogon**
Centrophorus Trin. = **Agrostis**
Centrophyllum Dum. = **Carthamus**
Centrophyta Rchb. = **Astragalus**
Centroplacaceae【3】Doweld & Reveal 安神木科 [MD-172] 全球 (1) 大洲分布和属种数(1/1)◆亚洲
Centroplacus【3】 Pierre 安神木属 ← **Microdesmis** Centroplacaceae 安神木科 [MD-172] 全球 (1) 大洲分布及种数(1)◆非洲
Centropodia【3】 (R.Br.) Rchb. 白霜草属 ← **Avena; Danthonia** Poaceae 禾本科 [MM-748] 全球 (1) 大洲分布及种数(6)◆非洲
Centropodieae P.M.Peterson = **Centropodia**
Centropodium Lindl. = **Rumex**
Centropogon Brevilimbati E.Wimm. = **Centropogon**
Centropogon【3】 C.Presl 蝮齿花属 → **Burmeistera; Laelia;Siphocampylus** Campanulaceae 桔梗科 [MD-561] 全球 (6) 大洲分布及种数(191-265;hort.1;cult: 16)非洲:2;亚洲:6-8;大洋洲:2;欧洲:2-5;北美洲:30-36;南美洲:177-243
Centroporus Trin. = **Agrostis**
Centropsis Endl. = **Kentropsis**
Centrosema【3】 (DC.) Benth. 距瓣豆属 ≒ **Wistaria; Glycine;Clitoria** Fabaceae3 蝶形花科 [MD-240] 全球 (1) 大洲分布及种数(43-52)◆南美洲
Centrosepis R.Hedw. = **Centrolepis**
Centrosia A.Rich. = **Calanthe**
Centrosis Sw. = **Limodorum**
Centrosis Thou. = **Calanthe**
Centrosolenia【3】 Benth. 兜瓣岩桐属 ← **Alloplectus; Nautilocalyx;Paradrymonia** Gesneriaceae 苦苣苔科 [MD-549] 全球 (1) 大洲分布及种数(13)◆北美洲
Centrospermum Kunth = **Acanthospermum**
Centrospermum Spreng. = **Chrysanthemum**
Centrostachys【3】 Wall. 水膝苋属 ← **Achyranthes; Celosia;Pandiaka** Amaranthaceae 苋科 [MD-116] 全球 (6)大洲分布及种数(3-4)非洲:2-5;亚洲:1-4;大洋洲:3;欧洲:3;北美洲:3;南美洲:3
Centrostegia【3】 A.Gray ex Benth. 刺距蓼属 ← **Chorizanthe;Aristocapsa** Polygonaceae 蓼科 [MD-120] 全球 (1) 大洲分布及种数(1-5)◆北美洲
Centrostemma Baill. = **Hoya**
Centrostigma【3】 Schltr. 玉凤花属 ← **Habenaria** Orchidaceae 兰科 [MM-723] 全球 (1) 大洲分布及种数(1-3)◆非洲
Centrostylis Baill. = **Adenochlaena**
Centrotherum Cass. = **Centratherum**
Centrotus Sw. = **Limodorum**
Centrozamia Greene = **Centromadia**
Centruroides (A.Gray) P. & K. = **Bartonia**
Centunculus【2】 L. 谷壳草属 ≒ **Anagallis** Primulaceae 报春花科 [MD-401] 全球 (5) 大洲分布及种数(4) 非洲:3;亚洲:3;欧洲:2;北美洲:3;南美洲:4
Centurio Adans. = **Bartonia**
Ceodes【2】 J.R.Forst. & G.Forst. 胶果木属 ← **Pisonia** Nyctaginaceae 紫茉莉科 [MD-107] 全球 (3) 大洲分布及种数(5) 非洲:4;亚洲:2;大洋洲:3
Cepa Mill. = **Allium**
Cepa P. & K. = **Amaryllis**
Cepaceae Salisb. = Metteniusaceae
Cepaea Caesalp. ex Fourr. = **Sedum**
Cepalaria Raf. = **Cephalaria**
Cepatia Endl. = **Trachymene**
Cepedea Fabr. = **Adromischus**
Cepha Mill. = **Proiphys**
Cephae Standl. & Steyerm. = **Proiphys**
Cephaelis【3】 Sw. 头九节属 → **Burchellia;Ixora; Margaritopsis** Rubiaceae 茜草科 [MD-523] 全球 (6) 大洲分布及种数(73)非洲:6-15;亚洲:1-20;大洋洲:2-9;欧洲:7;北美洲:2-10;南美洲:26-51
Cephaells Sw. = **Cephaelis**
Cephalacanthus【3】 Lindau 头刺爵床属 Acanthaceae 爵床科 [MD-572] 全球 (1) 大洲分布及种数(1)◆南美洲(◆秘鲁)
Cephalandra Schröd. = **Coccinia**
Cephalangraecum Schltr. = **Ancistrorhynchus**
Cephalanophlos Neck. = **Cirsium**
Cephalanoplos Mill. = **Cirsium**
Cephalanthaceae Raf. = Rubiaceae
Cephalanthera【3】 L.C.Rich. 头蕊兰属 ≒ **Pelexia; Bletilla** Orchidaceae 兰科 [MM-723] 全球 (6) 大洲分布及种数(21-29)非洲:4-10;亚洲:18-28;大洋洲:6-11;欧洲:7-14;北美洲:4-9;南美洲:2-7
Cephalanthera Rich. = **Cephalanthera**
Cephalantheropsis【3】 Guillaumin 黄兰属 ← **Alismorchis;Calanthe;Gastrorchis** Orchidaceae 兰科 [MM-723] 全球 (1) 大洲分布及种数(5-8)◆亚洲
Cephalantholejeunea【3】 R.M.Schust. 黄鳞苔属 Lejeuneaceae 细鳞苔科 [B-84] 全球 (1) 大洲分布及种数(1)◆非洲
Cephalanthus【3】 L. 风箱树属 ≒ **Neonauclea** Rubiaceae 茜草科 [MD-523] 全球 (6) 大洲分布及种数(9-13)非洲:1-12;亚洲:5-18;大洋洲:11;欧洲:2-13;北美洲:5-16;南美洲:3-15
Cephalaralia【3】 Harms 湖南参属 ← **Aralia** Araliaceae 五加科 [MD-471] 全球 (1) 大洲分布及种数(cf.1)◆大洋洲
Cephalaria【3】 Schröd. 刺头草属 ← **Scabiosa; Knautia;Crotalaria** Dipsacaceae 川续断科 [MD-545] 全球 (6) 大洲分布及种数(53-109;hort.1;cult: 2)非洲:19-25;亚洲:36-77;大洋洲:2;欧洲:16-23;北美洲:2-4;南美洲:2-4
Cephaleis Vahl = **Cephaelis**
Cephalepipactis E.G.Camus = **Cephalopactis**
Cephalepiphyllum【-】 Mottram 仙人掌科属 Cactaceae 仙人掌科 [MD-100] 全球 (uc) 大洲分布及种数(uc)
Cephalidium A.Rich. = **Breonia**
Cephalina Thonn. = **Nauclea**

Cephalipterum【3】 A.Gray 顶羽鼠曲属 Asteraceae 菊科 [MD-586] 全球 (1) 大洲分布及种数(1)◆大洋洲
Cephalis Vahl = **Webera**
Cephalobembix Rydb. = **Sigesbeckia**
Cephalobus Labill. = **Cephalotus**
Cephalocarpus Eucephalocarpus Gilly = **Cephalocarpus**
Cephalocarpus【3】 Nees 头莎木属 ← **Lagenocarpus;Cryptangium** Cyperaceae 莎草科 [MM-747] 全球 (1) 大洲分布及种数(7-9)◆南美洲
Cephaloceraton (Bory & Dur.) Gennari = **Isoetes**
Cephalocereus (Backeb.) Bravo = **Cephalocereus**
Cephalocereus【3】 Pfeiff. 翁柱属 ← **Cactus;Arrojadoa;Pilosocereus** Cactaceae 仙人掌科 [MD-100] 全球 (1) 大洲分布及种数(28-30)◆南美洲
Cephalocladium Laz. = **Struckia**
Cephalocleistocactus F.Ritter = **Cleistocactus**
Cephalocroton (Hochst.) Radcl.-Sm. = **Cephalocroton**
Cephalocroton【3】 Hochst. 头巴豆属 ← **Acalypha;Cladogynos;Sumbaviopsis** Euphorbiaceae 大戟科 [MD-217] 全球 (1) 大洲分布及种数(3-8)◆非洲
Cephalocrotonopsis【3】 Pax 头巴豆属 ≒ **Cephalocroton** Euphorbiaceae 大戟科 [MD-217] 全球 (1) 大洲分布及种数(1-2)◆亚洲
Cephalode St.Lag. = **Cephalaria**
Cephalodella Warnst. = **Cephaloziella**
Cephalodendron Steyerm. = **Remijia**
Cephalodes St.Lag. = **Cephalaria**
Cephalohibiscus【3】 Ulbr. 李花棉属 ← **Thespesia** Malvaceae 锦葵科 [MD-203] 全球 (1) 大洲分布及种数(1)◆大洋洲
Cephalojonesia【3】 Grolle 非洲大萼苔属 Cephaloziellaceae 拟大萼苔科 [B-53] 全球 (1) 大洲分布及种数(cf. 1)◆非洲
Cephalol Sw. = **Cephaelis**
Cephalolejeunea【3】 Mizut. 亚洲细鳞苔属 Lejeuneaceae 细鳞苔科 [B-84] 全球 (1) 大洲分布及种数(cf. 1)◆亚洲
Cephalolepis Pöpp. ex Rchb. = **Polyachyrus**
Cephalolo Adans. = **Thymus**
Cephalolobus【-】 R.M.Schust. 叶苔科属 ≒ **Andrewsianthus** Jungermanniaceae 叶苔科 [B-38] 全球 (uc) 大洲分布及种数(uc)
Cephaloma Neck. = **Dracocephalum**
Cephalomamillaria Frič = **Mammillaria**
Cephalomammillaria Frič = **Epithelantha**
Cephalomanes【2】 Webb & Berth. ex C.Presl 叉假脉蕨属 ≒ **Haplodictyum;Crepidomanes** Hymenophyllaceae 膜蕨科 [F-21] 全球 (3) 大洲分布及种数(4)亚洲;大洋洲;北美洲
Cephalomappa【3】 Baill. 肥牛树属 Euphorbiaceae 大戟科 [MD-217] 全球 (1) 大洲分布及种数(2-7)◆亚洲
Cephalomedinilla Merr. = **Medinilla**
Cephalomitrion【3】 (Stephani) R.M.Schust. 肥萼苔属 ≒ **Cephalozia** Cephaloziellaceae 拟大萼苔科 [B-53] 全球 (1) 大洲分布及种数(1)◆大洋洲
Cephalomonas C.Presl = **Cephalomanes**
Cephalonema K.Schum. ex Sprague = **Clappertonia**
Cephalonoplos Fourr. = **Cirsium**
Cephalopachus Asch. & Graebn. = **Cephalopactis**
Cephalopactis【3】 Asch. & Graebn. 头花兰属 ← **Limodorum;Helleborine** Orchidaceae 兰科 [MM-723] 全球 (1) 大洲分布及种数(2)◆欧洲
Cephalopappus【3】 Nees & Mart. 毛头钝柱菊属 Asteraceae 菊科 [MD-586] 全球 (1) 大洲分布及种数(1)◆南美洲
Cephalopeltis Asch. & Graebn. = **Cephalopactis**
Cephalopentandra【3】 Chiov. 立布袋属 ← **Coccinia** Cucurbitaceae 葫芦科 [MD-205] 全球 (1) 大洲分布及种数(1)◆非洲
Cephalopha Vollesen = **Bartramia**
Cephalophilon (Meisn.) Börner = **Polygonum**
Cephalophilum (Meissn.) Börner = **Polygonum**
Cephalophilum Börner = **Cephalorhizum**
Cephalophis Vollesen = **Bartramia**
Cephalopholis Vollesen = **Pinckneya**
Cephalophora (Cass.) Less. = **Helenium**
Cephalophorus Lem. = **Cephalocereus**
Cephalophrys Hort. = **Cactus**
Cephalophus Vollesen = **Pinckneya**
Cephalophy Vollesen = **Bartramia**
Cephalophyllum【3】 Haw. 旭峰花属 → **Cheiridopsis;Mesembryanthemum;Leipoldtia** Aizoaceae 番杏科 [MD-94] 全球 (1) 大洲分布及种数(39-45)◆非洲
Cephalophyton Hook.f. ex Baker = **Langsdorffia**
Cephalopoda Korovin = **Cephalopodum**
Cephalopodium Korovin = **Cephalopodum**
Cephalopodum【3】 Korovin 前胡属 ≒ **Peucedanum** Apiaceae 伞形科 [MD-480] 全球 (1) 大洲分布及种数(cf.3)◆亚洲
Cephalops Vollesen = **Bartramia**
Cephalopterus Lem. = **Cactus**
Cephalopyrus Lem. = **Cephalocereus**
Cephalorchis【3】 F.M.Vázqüz 珠藓属 ← **Bartramia** Bartramiaceae 珠藓科 [B-142] 全球 (1) 大洲分布及种数(1)◆欧洲
Cephalorhizum【3】 Popov & Korovin 叠霜花属 Plumbaginaceae 白花丹科 [MD-227] 全球 (1) 大洲分布及种数(2-4)◆亚洲
Cephalorrhizum Popov & Korovin = **Cephalorhizum**
Cephalorrhynchus【3】 Boiss. 头嘴菊属 ← **Cicerbita;Prenanthes;Mulgedium** Asteraceae 菊科 [MD-586] 全球 (1) 大洲分布及种数(3-8)◆亚洲
Cephaloschefflera (Harms) Merr. = **Schefflera**
Cephaloschoenus Nees = **Rhynchospora**
Cephaloscirpus Kurz = **Cephalocarpus**
Cephaloseris Pöpp. ex Rchb. = **Polyachyrus**
Cephalosorus【3】 A.Gray 鳞冠鼠麹草属 ← **Angianthus;Gnephosis** Asteraceae 菊科 [MD-586] 全球 (1) 大洲分布及种数(3)◆大洋洲
Cephalosphaera【3】 Warb. 锥头楠属 ← **Brochoneura** Myristicaceae 肉豆蔻科 [MD-15] 全球 (1) 大洲分布及种数(1)◆非洲
Cephalostachyum【3】 Munro 空竹属 ← **Arundinaria;Schizostachyum** Poaceae 禾本科 [MM-748] 全球 (6) 大洲分布及种数(17-20)非洲:4-5;亚洲:13-17;大洋洲:1;欧洲:1;北美洲:1;南美洲:1
Cephalostemo R.H.Schomb. = **Cephalostemon**
Cephalostemon【3】 R.H.Schomb. 球蔺花属 →

Duckea;Rapatea Rapateaceae 泽蔺花科 [MM-713] 全球 (1) 大洲分布及种数(5)◆南美洲
Cephalostigma A.DC. = **Wahlenbergia**
Cephalostigmaton (Yakovlev) Yakovlev = **Sophora**
Cephalotaceae【3】Dum. 土瓶草科 [MD-270] 全球 (1) 大洲分布和属种数(1;hort. & cult.1)(2;hort. & cult.1)◆大洋洲
Cephalotaxaceae【3】Neger 三尖杉科 [G-11] 全球 (6) 大洲分布和属种数(1;hort. & cult.1)(11-21;hort. & cult.9-11)非洲:1/1;亚洲:1/11-12;大洋洲:1/1;欧洲:1/1;北美洲:1/1;南美洲:1/1
Cephalotaxus【3】Sieb. & Zucc. ex Endl. 三尖杉属 ← **Taxus;Amentotaxus** Taxaceae 红豆杉科 [G-12] 全球 (1) 大洲分布及种数(11-12)◆亚洲
Cephalotes Lehm. = **Cephalotus**
Cephalotomandra【2】Triana 香柔木属 Nyctaginaceae 紫茉莉科 [MD-107] 全球 (2) 大洲分布及种数(1-3)北美洲:1;南美洲:1
Cephalotos Adans. = **Thymus**
Cephalotrophis Bl. = **Trophis**
Cephalotus【3】Labill. 土瓶草属 Cephalotaceae 土瓶草科 [MD-270] 全球 (1) 大洲分布及种数(1)◆大洋洲
Cephaloxis Desv. = **Bartramia**
Cephaloxys Desv. = **Juncus**
Cephalozia (Dum.) Dum. = **Cephalozia**
Cephalozia【3】Warnst. 大萼苔属 ≒ **Lophozia;Paracromastigum** Cephaloziaceae 大萼苔科 [B-52] 全球 (6) 大洲分布及种数(34-37)非洲:9-34;亚洲:17-39;大洋洲:3-25;欧洲:11-33;北美洲:19-41;南美洲:10-32
Cephaloziaceae【3】Warnst. 大萼苔科 [B-52] 全球 (6) 大洲分布和属种数(9-10/58-104)非洲:2-7/11-47;亚洲:8-9/31-64;大洋洲:4-6/6-41;欧洲:4-7/18-51;北美洲:4-7/27-60;南美洲:6-8/18-54
Cephaloziella (Douin & Schiffn.) R.M.Schust. = **Cephaloziella**
Cephaloziella【3】Warnst. 拟大萼苔属 ≒ **Evansia;Sphenolobus** Cephaloziellaceae 拟大萼苔科 [B-53] 全球 (6) 大洲分布及种数(38-50)非洲:11-37;亚洲:18-37;大洋洲:7-27;欧洲:14-32;北美洲:18-36;南美洲:8-27
Cephaloziellaceae【3】Warnst. 拟大萼苔科 [B-53] 全球 (6) 大洲分布和属种数(6/57-95)非洲:4/18-44;亚洲:4/30-49;大洋洲:3/9-29;欧洲:1/14-32;北美洲:4/23-41;南美洲:4/14-34
Cephaloziopsis【2】(S.W.Arnell) Grolle 大头萼苔属 ≒ **Jungermannia** Cephaloziellaceae 拟大萼苔科 [B-53] 全球 (4) 大洲分布及种数(4)非洲:1;亚洲:cf.1;北美洲:1;南美洲:1
Cephalurus Gilbert = **Cephalotus**
Cephatostachyum Munro = **Cephalostachyum**
Cepheliocereus G.D.Rowley = **Cephalocereus**
Cephena Fabr. = **Sedum**
Cephonodes St.Lag. = **Scabiosa**
Cepnalanoplos Fourr. = **Cirsium**
Cepobaculum M.A.Clem. & D.L.Jones = **Dendrobium**
Cepon Mill. = **Allium**
Cepora Mill. = **Allium**
Ceporillia J.M.H.Shaw = **Abarema**
Cerace Lour. = **Dendrobium**
Ceraceopsis Lindl. = **Satyrium**
Ceraclea Hill = **Centaurea**
Ceradenia (Copel.) A.R.Sm. = **Ceradenia**
Ceradenia【2】L.E.Bishop 蜡腺蕨属 ← **Ctenopteris; Polypodium;Cortaderia** Polypodiaceae 水龙骨科 [F-60] 全球 (5) 大洲分布及种数(64-69)非洲:5;亚洲:5;大洋洲:4;北美洲:21-22;南美洲:52-56
Ceradia Lindl. = **Othonna**
Ceragenia L.E.Bishop = **Ceradenia**
Ceraia Lour. = **Dendrobium**
Ceramanthe (Rchb.) Dumort. = **Ceramanthe**
Ceramanthe【3】Dum. 玄参属 ← **Scrophularia** Scrophulariaceae 玄参科 [MD-536] 全球 (1) 大洲分布及种数(1)◆非洲
Ceramanthus (Kunze) Malme = **Phyllanthus**
Ceramanthus Malme = **Philibertia**
Ceramanthus P. & K. = **Adenia**
Ceramanus【2】E.D.Cooper 蜡叶苔属 ≒ **Prunus** Lepidoziaceae 指叶苔科 [B-63] 全球 (2) 大洲分布及种数(cf.1) 亚洲,南美洲
Ceramia D.Don = **Erica**
Ceramiac D.Don = **Erica**
Ceramica D.Don = **Erica**
Ceramicalyx Bl. = **Tristemma**
Ceramidia D.Don = **Acrostemon**
Ceramiocephalum Sch.Bip. = **Youngia**
Ceramiopsis Lindl. = **Satyrium**
Ceramium Bl. = **Miconia**
Ceramocarpium Nees ex Meisn. = **Ocotea**
Ceramonema Reissek ex Endl. = **Cormonema**
Ceramophora Nees ex Meisn. = **Ocotea**
Ceran Ruiz & Pav. = **Cordia**
Ceranthera Beauv. = **Rinorea**
Ceranthera Elliott = **Solanum**
Ceranthus Schreb. = **Linociera**
Cerapadus Buia = **Ceramanus**
Ceraria【-】Pearson & E.L.Stephens 刺戟木科属 ≒ **Portulacaria;Coriaria** Didiereaceae 刺戟木科 [MD-152] 全球 (uc) 大洲分布及种数(uc)
Cerarozamia Brongn. = **Ceratozamia**
Cerasiocarpum Hook.f. = **Kedrostis**
Cerasiocarpus【-】P. & K. 葫芦科属 Cucurbitaceae 葫芦科 [MD-205] 全球 (uc) 大洲分布及种数(uc)
Cerasites Steud. = **Argemone**
Cerasoides Wittst. = **Krascheninnikovia**
Cerasolouiseania【-】Z.N.Lomakin & A.A.Yushev 蔷薇科属 Rosaceae 蔷薇科 [MD-246] 全球 (uc) 大洲分布及种数(uc)
Cerasophora Neck. = **Prunus**
Cerastes Gray = **Argemone**
Cerastiaceae Vest = Caryophyllaceae
Cerastites Gray = **Opuntia**
Cerastium (Fenzl) F.N.Williams = **Cerastium**
Cerastium【3】L. 卷耳属 ≒ **Stephania;Parkinsonia** Caryophyllaceae 石竹科 [MD-77] 全球 (6) 大洲分布及种数(200-307;hort.1;cult: 37)非洲:40-72;亚洲:94-155;大洋洲:34-63;欧洲:99-152;北美洲:56-91;南美洲:59-100
Cerastostigma Bunge = **Ceratostigma**
Cerasus【3】Mill.樱属←**Prunus;Maddenia;Pilocereus** Rosaceae 蔷薇科 [MD-246] 全球 (6) 大洲分布及种数

(79-88;hort.1;cult: 17)非洲:4-37;亚洲:76-131;大洋洲:7-40;欧洲:24-57;北美洲:20-53;南美洲:5-38
Cerat Lour. = **Dendrobium**
Ceratandra【3】 Eckl. ex Baür 叉角兰属 ≒ **Pterygodium** Orchidaceae 兰科 [MM-723] 全球 (1) 大洲分布及种数(6-18)◆非洲
Ceratandropsis Rolfe = **Ceratandra**
Ceratanthera Hornem. = **Globba**
Ceratanthus【3】 F.Müll. 角花属 ≒ **Platostoma** Lamiaceae 唇形科 [MD-575] 全球 (1) 大洲分布及种数(2-3)◆亚洲
Erataphis Lindl. = **Epipogium**
Ceratella Hook.f. = **Euphorbia**
Ceratesa Rothschild = **Abrotanella**
Cerathoteca Endl. = **Ceratotheca**
Cerathyla Michx. = **Ceratiola**
Ceratia Adans. = **Prosopis**
Ceratiala Michx. = **Ceratiola**
Ceratinia L. = **Ceratonia**
Ceratinopsis Lindl. = **Satyrium**
Ceratinula Michx. = **Ceratiola**
Ceratiola【3】 Michx. 沙石南属 ← **Empetrum** Ericaceae 杜鹃花科 [MD-380] 全球 (1) 大洲分布及种数(1-16)◆北美洲(◆美国)
Ceratiosicyos【3】 Nees 青钟藤属 Achariaceae 青钟麻科 [MD-159] 全球 (1) 大洲分布及种数(1-2)◆非洲
Ceratiscus Batalin = **Didymocarpus**
Ceratites【3】 Solander ex Miers 南美青竹桃属 Apocynaceae 夹竹桃科 [MD-492] 全球 (1) 大洲分布及种数(uc)属分布和种数(uc)◆南美洲
Ceratitium Bl. = **Stellaria**
Ceratium Bl. = **Stellaria**
Ceratobium (Lindl.) M.A.Clem. & D.L.Jones = **Dendrobium**
Ceratocalyx Coss. = **Tristemma**
Ceratocanthus Schur = **Delphinium**
Ceratocapnos【3】 Dur. 藤堇属 ≒ **Fumaria** Papaveraceae 罂粟科 [MD-54] 全球 (1) 大洲分布及种数(1-3)◆非洲
Ceratocarpus【2】 Buxb. ex L. 角果藜属 ≒ **Atriplex** Amaranthaceae 苋科 [MD-116] 全球 (2) 大洲分布及种数(2)亚洲:cf.1;欧洲:1
Ceratocaryum【3】 Nees 帚灯草属 ← **Restio;Willdenowia** Restionaceae 帚灯草科 [MM-744] 全球 (1) 大洲分布及种数(8)◆非洲
Ceratocaulos (Bernh.) Rchb. = **Ceratocaulos**
Ceratocaulos【3】 Rchb. 曼陀罗属 ← **Datura** Solanaceae 茄科 [MD-503] 全球 (1) 大洲分布及种数(1)◆非洲
Ceratocentron【3】 Senghas 红头兰属 ← **Tuberolabium** Orchidaceae 兰科 [MM-723] 全球 (1) 大洲分布及种数(1)◆亚洲
Ceratocephala【3】 Mönch 角果毛茛属 ← **Ranunculus** Ranunculaceae 毛茛科 [MD-38] 全球 (1) 大洲分布及种数(2-3)◆欧洲
Ceratocephalus Burm. ex P. & K. = **Ceratocephalus**
Ceratocephalus【3】 Mönch 角毛茛属 ≒ **Spilanthes** Asteraceae 菊科 [MD-586] 全球 (1) 大洲分布及种数(1-5)◆北美洲
Ceratochaete Lunell = **Zizania**
Ceratochilus【3】 Bl. 角唇兰属 ≒ **Trichoglottis;Jejewoodia** Orchidaceae 兰科 [MM-723] 全球 (1) 大洲分布及种数(1-2)◆亚洲
Ceratochloa【3】 DC. & P.Beauv. 显脊雀麦属 ≒ **Bromus** Poaceae 禾本科 [MM-748] 全球 (6) 大洲分布及种数(2)非洲:3;亚洲:3;大洋洲:3;欧洲:3;北美洲:3;南美洲:1-4
Ceratocnemum【3】 Coss. & Balansa 非洲野蔓菁属 ← **Sisymbrium;Trachycnemum** Brassicaceae 十字花科 [MD-213] 全球 (1) 大洲分布及种数(1)◆非洲(◆摩洛哥)
Ceratococca Willd. ex Röm. & Schult. = **Microtea**
Ceratococcus Meisn. = **Plukenetia**
Ceratocoreta【-】 (DC.) Rchb. 锦葵科属 Malvaceae 锦葵科 [MD-203] 全球 (uc) 大洲分布及种数(uc)
Ceratodactylis J.Sm. = **Neopringlea**
Ceratodes P. & K. = **Ceratoides**
Ceratodiscus Batalin = **Corallodiscus**
Ceratodon【3】 Brid. 角齿藓属 ≒ **Lamprophyllum; Meesia** Ditrichaceae 牛毛藓科 [B-119] 全球 (6) 大洲分布及种数(17) 非洲:6;亚洲:1;大洋洲:2;欧洲:7;北美洲:7;南美洲:5
Ceratodus Gagneb. = **Ceratoides**
Ceratognathus Schur = **Delphinium**
Ceratogonon Meisn. = **Oxygonum**
Ceratogonum C.A.Mey. = **Oxygonum**
Ceratograecum【-】 Hort. 兰科属 Orchidaceae 兰科 [MM-723] 全球 (uc) 大洲分布及种数(uc)
Ceratogyna P. & K. = **Crassula**
Ceratogyne【3】 Turcz. 角果菊属 Asteraceae 菊科 [MD-586] 全球 (1) 大洲分布及种数(1)◆大洋洲
Ceratogynum Wight = **Sauropus**
Ceratohyla T.P. & K. = **Crassula**
Ceratoides【3】 Gagneb. 夜香苋属 ≒ **Axyris;Eurotia;Krascheninnikovia** Amaranthaceae 苋科 [MD-116] 全球 (1) 大洲分布及种数(1-6)◆亚洲
Ceratoisis Lindl. = **Satyrium**
Ceratolacis【3】 (Tul.) Wedd. 巴西川苔草属 ≒ **Dicraeia** Podostemaceae 川苔草科 [MD-322] 全球 (1) 大洲分布及种数(2)◆南美洲(◆巴西)
Ceratolacis Wedd. = **Ceratolacis**
Ceratolejeunea (Spruce) J.B.Jack & Steph. = **Ceratolejeunea**
Ceratolejeunea【3】 Taylor ex Lehm. 角萼苔属 ≒ **Pycnolejeunea;Neurolejeunea** Lejeuneaceae 细鳞苔科 [B-84] 全球 (6) 大洲分布及种数(35-45)非洲:2-12;亚洲:34-48;大洋洲:3-8;欧洲:4;北美洲:12-16;南美洲:20-27
Ceratolepis Cass. = **Panphalea**
Ceratolimon【2】 (Girard) M.B.Crespo & Lledó 屈霜花属 ≒ **Limoniastrum** Plumbaginaceae 白花丹科 [MD-227] 全球 (2) 大洲分布及种数(cf.3) 非洲:3,亚洲:1
Ceratolobus【3】 Bl. 角裂藤属 ← **Calamus;Palmijuncus** Arecaceae 棕榈科 [MM-717] 全球 (1) 大洲分布及种数(3-8)◆亚洲
Ceratomya L. = **Ceratonia**
Ceratomysis Hook.f. = **Ceratopyxis**
Ceratoneis L. = **Ceratonia**
Ceratonema Juss. = **Ceratostema**
Ceratonia【3】 L. 长角豆属 → **Prosopis** Fabaceae 豆科 [MD-240] 全球 (1) 大洲分布及种数(1)◆欧洲
Ceratoniac L. = **Ceratonia**

Ceratoniaceae Link = Fagaceae
Ceratonotus Bl. = **Ceratolobus**
Ceratonychia Edgew. = **Cometes**
Ceratopera Lindl. = **Acrolophia**
Ceratoperia (L.) Brongn. = **Ceratopteris**
Ceratopetalorchis Szlach.,Górniak & Tukallo = **Habenaria**
Ceratopetalum【3】Sm. 朱萼梅属 → **Schizomeria** Cunoniaceae 合椿梅科 [MD-255] 全球 (1) 大洲分布及种数(2-9)◆大洋洲
Ceratophillum Neck. = **Ceratophyllum**
Ceratophyllaceae【3】Gray 金鱼藻科 [MD-52] 全球 (6) 大洲分布和属种数(1;hort. & cult.1)(7-14;hort. & cult.4) 非洲:1/3-9;亚洲:1/7-13;大洋洲:1/2-8;欧洲:1/5-11;北美洲:1/5-11;南美洲:1/5-11
Ceratophyllum【3】L. 金鱼藻属 Ceratophyllaceae 金鱼藻科 [MD-52] 全球 (6) 大洲分布及种数(8;hort.1;cult:3)非洲:3-9;亚洲:7-13;大洋洲:2-8;欧洲:5-11;北美洲:5-11;南美洲:5-11
Ceratophytum【2】Pittier 塔纳葳属 ← **Tanaecium** Bignoniaceae 紫葳科 [MD-541] 全球 (2) 大洲分布及种数(cf.1)北美洲,南美洲
Ceratophyus Sond. = **Tetrorchidium**
Ceratopola Michx. = **Ceratiola**
Ceratopria L. = **Ceratonia**
Ceratopsion Lindl. = **Epipogium**
Ceratopsis Lindl. = **Epipogium**
Ceratoptera (L.) Brongn. = **Ceratopteris**
Ceratopteridaceae Maxon = Parkeriaceae
Ceratopteris【3】(L.) Brongn. 青水蕨属 ≒ **Furcaria; Pityrogramma** Parkeriaceae 水蕨科 [F-36] 全球 (6) 大洲分布及种数(6-7;hort.1;cult:1)非洲:3-4;亚洲:5-6;大洋洲:1-2;欧洲:1;北美洲:3-4;南美洲:4-5
Ceratopteris Brongn. = **Ceratopteris**
Ceratopyge Turcz. = **Ceratogyne**
Ceratopyllum L. = **Ceratophyllum**
Ceratopyxis【3】Hook.f. 角果茜草属 ← **Phialanthus; Rondeletia** Rubiaceae 茜草科 [MD-523] 全球 (1) 大洲分布及种数(1)◆北美洲(◆古巴)
Ceratosanthes Adans. = **Ceratosanthes**
Ceratosanthes【3】Burm. ex Adans. 角花葫芦属 ← **Trichosanthes** Cucurbitaceae 葫芦科 [MD-205] 全球 (1) 大洲分布及种数(6-12)◆南美洲
Ceratosanthus Schur = **Delphinium**
Ceratoschocnus Nees = **Rhynchospora**
Ceratoschoenus Nees = **Rhynchospora**
Ceratoscyphus Chun = **Chirita**
Ceratosepalum örst. = **Passiflora**
Ceratosiella【-】J.M.H.Shaw 兰科属 Orchidaceae 兰科 [MM-723] 全球 (uc) 大洲分布及种数(uc)
Ceratospermum Pers. = **Axyris**
Ceratosporium Schwein. = **Eurotia**
Ceratostachys Bl. = **Nyssa**
Ceratostanthus B.D.Jacks = **Delphinium**
Ceratostema【3】Juss. 囊冠莓属 ≒ **Semiramisia; Pellegrinia** Ericaceae 杜鹃花科 [MD-380] 全球 (6) 大洲分布及种数(44-46)非洲:5;亚洲:1-6;大洋洲:5;欧洲:5;北美洲:5;南美洲:42-49
Ceratostema Ruiz & Pav. = **Ceratostema**
Ceratostemma Spreng. = **Pellegrinia**
Ceratostethus Schur = **Delphinium**
Ceratostigma【3】Bunge 蓝雪花属 ← **Plumbago** Plumbaginaceae 白花丹科 [MD-227] 全球 (6) 大洲分布及种数(7-10)非洲:2;亚洲:5-9;大洋洲:2;欧洲:1;北美洲:2;南美洲:1
Ceratostylis【2】Bl. 牛角兰属 ≒ **Appendicula; Dendrochilum** Orchidaceae 兰科 [MM-723] 全球 (5) 大洲分布及种数(16-159;hort.1)非洲:3-73;亚洲:11-101;大洋洲:4-71;北美洲:1;南美洲:1
Ceratosycios【-】Walp. 葫芦科属 Cucurbitaceae 葫芦科 [MD-205] 全球 (uc) 大洲分布及种数(uc)
Ceratot Adans. = **Ceratonia**
Ceratotheca【3】Endl. 角果麻属 ← **Sesamum; Sporledera** Pedaliaceae 芝麻科 [MD-539] 全球 (1) 大洲分布及种数(4-5)◆非洲
Ceratoxalis (Dumort.) Lunell = **Oxalis**
Ceratoz Adans. = **Ceratonia**
Ceratozamia【3】Brongn. 角状铁属 ← **Zamia** Zamiaceae 泽米铁科 [G-2] 全球 (1) 大洲分布及种数(34)◆北美洲
Cerbera【3】L. 海杧果属 ≒ **Ochrosia** Apocynaceae 夹竹桃科 [MD-492] 全球 (6) 大洲分布及种数(6-10)非洲:2-7;亚洲:4-8;大洋洲:3-8;欧洲:1-4;北美洲:3-8;南美洲:3
Cerberaceae Martinov = Gelsemiaceae
Cerberiopsis【3】Vieill. ex Pancher & Sebert 拟海杧果属 ← **Cerbera** Apocynaceae 夹竹桃科 [MD-492] 全球 (1) 大洲分布及种数(2-3)◆大洋洲(◆波利尼西亚)
Cerberus L. = **Cerbera**
Cercamia D.Don = **Erica**
Cerceis L. = **Cercis**
Cercestis【3】Schott 鞭藤芋属 ≒ **Nephthytis** Araceae 天南星科 [MM-639] 全球 (1) 大洲分布及种数(6-18)◆非洲
Cercibis Spix = **Cercis**
Cercideae Bronn = **Haloragis**
Cercidiopsis Britton & Rose = **Caesalpinia**
Cercidiphyllaceae【3】Engl. 连香树科 [MD-51] 全球 (6) 大洲分布和属种数(1;hort. & cult.1)(2-6;hort. & cult.2) 非洲:1/2;亚洲:1/2-4;大洋洲:1/2;欧洲:1/2;北美洲:1/1-3;南美洲:1/2
Cercidiphyllum【3】Sieb. & Zucc. 连香树属 Cercidiphyllaceae 连香树科 [MD-51] 全球 (1) 大洲分布及种数(2-4)◆亚洲
Cercidium J.M.H.Shaw = **Cercidium**
Cercidium【3】Tul. 假紫荆属 ← **Caesalpinia; Coptidium; Parkinsonia** Fabaceae3 蝶形花科 [MD-240] 全球 (6) 大洲分布及种数(4)非洲:7;亚洲:7;大洋洲:1-8;欧洲:7;北美洲:7;南美洲:2-9
Cercis【3】L. 紫荆属 ≒ **Caesalpinia; Dasyphyllum** Fabaceae2 云实科 [MD-239] 全球 (6) 大洲分布及种数(9-11;hort.1;cult: 2)非洲:1-15;亚洲:7-25;大洋洲:1-15;欧洲:3-17;北美洲:6-22;南美洲:2-16
Cercocarpaceae J.Agardh = Rosaceae
Cercocarpus【3】Kunth 山红木属 ≒ **Conchocarpus; Coreocarpus** Rosaceae 蔷薇科 [MD-246] 全球 (1) 大洲分布及种数(15-33)◆北美洲
Cercocoma Miq. = **Strophanthus**
Cercodea Lam. = **Gonocarpus**

Cercodia【3】 Banks ex Murray 亚洲小二仙草属 ≒ **Haloragis** Haloragaceae 小二仙草科 [MD-271] 全球 (1) 大洲分布及种数(1)◆亚洲
Cercodiaceae Juss. = Cephalotaceae
Cercopetalum Gilg = **Pentadiplandra**
Cercophis Blanco = **Acmella**
Cercophora Fuckel = **Canarium**
Cercosperma B.Sutton & Hodges = **Ceriosperma**
Cercostylos Less. = **Gaillardia**
Cercus L. = **Crocus**
Cerdale Ruiz & Pav. = **Cordia**
Cerdana Ruiz & Pav. = **Cordia**
Cerdia【3】 Moç. & Sessé ex DC. 单蕊漆姑属 Caryophyllaceae 石竹科 [MD-77] 全球 (1) 大洲分布及种数(2)◆北美洲(◆墨西哥)
Cerea Schltr. = **Paspalum**
Cereaceae Shimizu & S.Hatt. = Cleveaceae
Cerebella Ces. = **Abrotanella**
Cerefolium Fabr. = **Anthriscus**
Cerenocereus G.Gutte = **Cremnocereus**
Cereopsis Blanco = **Coreopsis**
Cerephyllum Mottram = **Ribes**
Ceresia Pers. = **Paspalum**
Cereus (Britton & Rose) A.Berger = **Cereus**
Cereus【3】 Mill. 仙人柱属 → **Acanthocereus;Cercis; Pilosocereus** Cactaceae 仙人掌科 [MD-100] 全球 (6) 大洲分布及种数(96-245;hort.1;cult:11)非洲:3-50;亚洲:7-60;大洋洲:3-50;欧洲:5-54;北美洲:35-99;南美洲:77-170
Cerevillea【-】 G.D.Rowley 仙人掌科属 Cactaceae 仙人掌科 [MD-100] 全球 (uc) 大洲分布及种数(uc)
Ceriana Ruiz & Pav. = **Cordia**
Cerianthеopsis Kotschy ex Benth. & Hook.f. = **Lindelofia**
Cerianthus Michx. = **Erianthus**
Cericium Tul. = **Cercidium**
Cerinius Gaertn. = **Tarenna**
Cerinthaceae Bercht. & J.Presl = Tetracarpaeaceae
Cerinthe【3】 L. 蜜蜡花属 → **Onosma** Boraginaceae 紫草科 [MD-517] 全球 (1) 大洲分布及种数(4-6)◆欧洲
Cerinthodes P. & K. = **Mertensia**
Cerinthopsis Kotschy ex Benth. & Hook.f. = **Lindelofia**
Ceriodes Rolfe = **Eriodes**
Cerionanthus Schott ex Röm. & Schult. = **Scabiosa**
Ceriops【2】 Arn. 角果木属 ← **Bruguiera;Rhizophora** Rhizophoraceae 红树科 [MD-329] 全球 (3) 大洲分布及种数(5-6)非洲:4;亚洲:3;大洋洲:4
Ceriosperma【3】 (O.E.Schulz) Greuter & Burdet 夜香芥属 Brassicaceae 十字花科 [MD-213] 全球 (1) 大洲分布及种数(cf.2)◆亚洲
Ceriospora Hochst. ex A.Rich. = **Coleochloa**
Ceriscoides【3】 (Benth. & Hook.f.) Tirveng. 木瓜榄属 ← **Gardenia;Genipa;Randia** Rubiaceae 茜草科 [MD-523] 全球 (1) 大洲分布及种数(7-10)◆亚洲
Ceriscus Gaertn. = **Tarenna**
Cerithidium Link = **Aegilops**
Cerithiopsis Jaub. & Spach = **Crithopsis**
Cerium Lour. = **Stellaria**
Cerma Thou. = **Paspalum**
Cermatobius (Lindl.) M.A.Clem. & D.L.Jones = **Dendrobium**
Cernohorskya Á.Löve & D.Löve = **Sagina**
Cernua Mill. = **Cerdia**
Cernue Mill. = **Cereus**
Cernuella Pierre = **Chrysophyllum**
Cerocamptus Hassk. = **Syzygium**
Cerocarpus Colebr. ex Hassk. = **Eugenia**
Cerochilus Lindl. = **Philydrella**
Cerochlamys【3】 N.E.Br. 细鳞玉属 ← **Mesembryanthemum** Aizoaceae 番杏科 [MD-94] 全球 (1) 大洲分布及种数(1-4)◆非洲
Cerococcus örst. = **Duranta**
Cerodon S.A.Hammer = **Ceratodon**
Cerolepis Pierre = **Camptostylus**
Ceromya D.Don = **Acrostemon**
Ceronema Jack = **Peronema**
Ceroniola Michx. = **Ceratiola**
Ceropadus Buia = **Ceramanus**
Ceropegia Amorphorina H.Huber = **Ceropegia**
Ceropegia【3】 L. 吊灯花属 → **Brachystelma;Stapelia; Marsdenia** Asclepiadaceae 萝藦科 [MD-494] 全球 (6) 大洲分布及种数(252-444;hort.1;cult:7)非洲:167-247;亚洲:103-154;大洋洲:5-16;欧洲:4-14;北美洲:11-22;南美洲:5-15
Cerophora Cerocarpa Raf. = **Morella**
Cerophyllum Spach = **Chaerophyllum**
Cerophysa Steven = **Astragalus**
Ceroprgia L. = **Ceropegia**
Ceropteris【-】 Link 凤尾蕨科属 ≒ **Acrostichum; Pentagramma** Pteridaceae 凤尾蕨科 [F-31] 全球 (uc) 大洲分布及种数(uc)
Cerosora【3】 (Baker) Domin 蜡囊蕨属 ≒ **Gymnogramma;Grammitis** Pteridaceae 凤尾蕨科 [F-31] 全球 (1) 大洲分布及种数(2-97)◆亚洲
Cerospora Baker = **Cerosora**
Cerothamnus Tidestr. = **Myrica**
Ceroxylaceae Vines = Arecaceae
Ceroxylon【3】 Humb. & Bonpl. 蜡椰属 → **Allagoptera; Cocos;Iriartea** Arecaceae 棕榈科 [MM-717] 全球 (1) 大洲分布及种数(17)◆南美洲
Cerquieria Benth. = **Gomidesia**
Cerradicola【-】 L.P.Queiroz 蝶形花科属 Fabaceae3 蝶形花科 [MD-240] 全球 (uc) 大洲分布及种数(uc)
Cerradoa Lindl. = **Othonna**
Cerraria Tausch = **Cetraria**
Cerrena L. = **Cerbera**
Cerris Raf. = **Quercus**
Cerstium Lour. = **Stellaria**
Certhiola Michx. = **Ceratiola**
Ceruana【3】 Forssk. 草基黄属 ← **Asteriscus;Buphthalmum** Asteraceae 菊科 [MD-586] 全球 (1) 大洲分布及种数(1)◆非洲
Ceruchis Gaertn. ex Schreb. = **Spilanthes**
Ceruncina Delile = **Codonopsis**
Cervantesia【3】 Ruiz & Pav. 塞檀香属 → **Acanthosyris** Santalaceae 檀香科 [MD-412] 全球 (1) 大洲分布及种数(2)◆南美洲
Cervantesiaceae Nickrent & Der = Santalaceae
Cervantesieae Miers = **Cervantesia**
Cervantesii Ruiz & Pav. = **Cervantesia**

Cervaria L. = **Peucedanum**
Cervia Rodr. ex Lag. = **Convolvulus**
Cervicina Delile = **Codonopsis**
Cervidae Rodrig. ex Lag. = **Convolvulus**
Cervispina Ludw. = **Rhamnus**
Cervonema R.Br. = **Cartonema**
Cervyna Ruiz & Pav. = **Cordia**
Cerylon Grouvelle = **Ceroxylon**
Cesatia Endl. = **Trachymene**
Cesia Gray ex Lindb. = **Cesius**
Cesius【-】Gray 全萼苔科属 ≒ **Nothogymnomitrion** Gymnomitriaceae 全萼苔科 [B-41] 全球 (uc) 大洲分布及种数(uc)
Ceso Vell. = **Celsia**
Cesonia Thunb. = **Cussonia**
Cespa Hill = **Eriocaulon**
Cespedesia【3】Goudot 栾莲木属 ← **Godoya** Ochnaceae 金莲木科 [MD-104] 全球 (1) 大洲分布及种数(4)◆南美洲
Cespedezia Endl. = **Cespedesia**
Cestichis Thou. = **Liparis**
Cestichus Thou. = **Liparis**
Cestium Lour. = **Acnistus**
Cestmm L. = **Cestrum**
Cestorchis Bl. = **Cystorchis**
Cestraceae Schltdl. = Solanaceae
Cestreus Mill. = **Cereus**
Cestrinus Cass. = **Rhaponticum**
Cestron St.Lag. = **Cestrum**
Cestrum (Endl.) Schltdl. = **Cestrum**
Cestrum【3】L. 夜香树属 → **Acnistus;Lyperia;Sessea** Solanaceae 茄科 [MD-503] 全球 (6) 大洲分布及种数(202-303;hort.1;cult:6)非洲:7-13;亚洲:17-21;大洋洲:7-10;欧洲:7-10;北美洲:99-141;南美洲:139-170
Cestum L. = **Cestrum**
Ceterac Adans. = **Neottopteris**
Ceterach Garsault = **Ceterach**
Ceterach【3】Willd. 药蕨属 ← **Asplenium;Grammitis; Paraceterach** Aspleniaceae 铁角蕨科 [F-43] 全球 (6) 大洲分布及种数(3-5)非洲:2;亚洲:2;大洋洲:2;欧洲:2;北美洲:1;南美洲:2
Ceterachopsis【3】(J.Sm.) Ching 苍山蕨属 ← **Asplenium** Aspleniaceae 铁角蕨科 [F-43] 全球 (1) 大洲分布及种数(3-6)◆亚洲
Ceterophyllitis【-】Pic.Serm. 铁角蕨科属 Aspleniaceae 铁角蕨科 [F-43] 全球 (uc) 大洲分布及种数(uc)
Cethosia Raf. = **Convolvulus**
Cetonia Roxb. = **Getonia**
Cetopsidium Wallr. = **Diphylax**
Cetostoma L.A.S.Johnson = **Ceuthostoma**
Cetraria【3】Ach. 腺托草属 ≒ **Stemodia** Caryophyllaceae 石竹科 [MD-77] 全球 (1) 大洲分布及种数(uc)◆欧洲
Cetrariopsis (Schaer.) Randlane & A.Thell = **Tetraria**
Cetraspora Miq. = **Baeckea**
Cetrelia【-】W.L.Culb. & C.F.Culb. 水蕨科属 ≒ **Ammannia** Parkeriaceae 水蕨科 [F-36] 全球 (uc) 大洲分布及种数(uc)
Cetreliopsis Baill. = **Cedrelopsis**
Cettia Endl. = **Platysace**
Ceuthocarpon Starbäck = **Ceuthocarpus**
Ceuthocarpus【3】Aiello 木茜属 ← **Portlandia; Schmidtottia** Rubiaceae 茜草科 [MD-523] 全球 (1) 大洲分布及种数(1)◆北美洲
Ceuthorhynchus Willd. ex Kunth = **Ouratea**
Ceuthosira H.A.Crum & L.E.Anderson = **Bryoceuthospora**
Ceuthospora【-】H.A.Crum & L.E.Anderson 丛藓科属 ≒ **Bryoceuthospora** Pottiaceae 丛藓科 [B-133] 全球 (uc) 大洲分布及种数(uc)
Ceuthostoma【3】L.A.S.Johnson 北木麻黄属 Casuarinaceae 木麻黄科 [MD-73] 全球 (1) 大洲分布及种数(2)◆亚洲
Ceuthotheca【3】Lewinsky 美洲木灵藓属 Orthotrichaceae 木灵藓科 [B-151] 全球 (1) 大洲分布及种数(1)◆北美洲
Ceutorhynchus Willd. ex Kunth = **Ouratea**
Ceutorrhynchus Willd. ex Kunth = **Ouratea**
Cevalia Lag. = **Cevallia**
Cevallia【3】Lag. 蛇星花属 Loasaceae 刺莲花科 [MD-435] 全球 (1) 大洲分布及种数(1-2)◆北美洲
Cevalliaceae Griseb. = Loasaceae
Ceylonia C.Norman = **Dickinsia**
Ceyloria (L.) Britton = **Apium**
Ceytosis Munro = **Crypsis**
Ceyxia Comm. ex Juss. = **Cotula**
Chabaudiella Garay = **Chaubardiella**
Chabertia【-】(Gand.) Gand. 蔷薇科属 Rosaceae 蔷薇科 [MD-246] 全球 (uc) 大洲分布及种数(uc)
Chaboissaea E.Fourn. = **Muhlenbergia**
Chabraea Adans. = **Peplis**
Chabraea DC. = **Leucheria**
Chabrea Raf. = **Peucedanum**
Chabria Raf. = **Peucedanum**
Chabula Raf. = **Peucedanum**
Chacasanum (L.) E.Mey. = **Chascanum**
Chacaya Escal. = **Discaria**
Chaceon Manning & Holthuis = **Chacoa**
Chaco Mill. = **Abroma**
Chacoa【3】R.M.King & H.Rob. 泽兰属 ≒ **Eupatorium** Asteraceae 菊科 [MD-586] 全球 (1) 大洲分布及种数(1)◆南美洲
Chaconia C.Presl = **Ballota**
Chactas Domb. ex Lam. = **Alloxylon**
Chactopsis González-Sponga = **Catopsis**
Chadara Forssk. = **Grewia**
Chadra C.DC. = **Grewia**
Chadsia【3】Boj. 扭瓣豆属 → **Mundulea;Strongylodon;Sylvichadsia** Fabaceae 豆科 [MD-240] 全球 (1) 大洲分布及种数(7-9)◆非洲
Chadwickara【-】G.Monnier & J.M.H.Shaw 兰科属 Orchidaceae 兰科 [MM-723] 全球 (uc) 大洲分布及种数(uc)
Chaelanthus Poir. = **Restio**
Chaelolepis Miq. = **Chaetolepis**
Chaelothilus Beck. = **Gentiana**
Chaemaer Jacq. = **Byttneria**
Chaemaerepes Spreng. = **Chamorchis**

Chaemaesaracha Dammer = **Solanum**
Chaemomeles Lindl. = **Chaenomeles**
Chaenactis (Harv. & A.Gray) A.Gray = **Chaenactis**
Chaenactis【3】DC. 针垫菊属 → **Chamaechaenactis; Hymenopappus;Orochaenactis** Asteraceae 菊科 [MD-586] 全球 (1) 大洲分布及种数(25-56)◆北美洲
Chaenanthe Lindl. = **Comparettia**
Chaenanthera Rich. ex DC. = **Charianthus**
Chaenarrhinum Rich. = **Chaenorhinum**
Chaenesthes Miers = **Iochroma**
Chaenocarpus Juss. = **Spermacoce**
Chaenocephalus【3】Griseb. 寡舌菊属 ← **Monactis; Verbesina** Asteraceae 菊科 [MD-586] 全球 (1) 大洲分布及种数(1)◆南美洲
Chaenogobius Small = **Baccharis**
Chaenolobium Miq. = **Ormosia**
Chaenolobus Baill. = **Pterocaulon**
Chaenomeles Bartl. = **Chaenomeles**
Chaenomeles【3】Lindl. 木瓜海棠属 ← **Cydonia;Pyrus;Pycreus** Rosaceae 蔷薇科 [MD-246] 全球 (1) 大洲分布及种数(9-14)◆亚洲
Chaenophora Rich. ex Crüg. = **Miconia**
Chaenopleura【2】Rich. ex DC. 绢木属 ≒ **Miconia** Melastomataceae 野牡丹科 [MD-364] 全球 (3) 大洲分布及种数(1) 亚洲:1;北美洲:1;南美洲:1
Chaenorhinum【2】(DC.) Rchb. 毛彩雀属 ← **Anarrhinum;Microrrhinum;Cymbalaria** Plantaginaceae 车前科 [MD-527] 全球 (4) 大洲分布及种数(17-28;hort.1;cult: 4) 非洲:7-10;亚洲:7-14;欧洲:13-16;北美洲:3
Chaenorrhinum Lange = **Chaenorhinum**
Chaenostoma【3】Benth. 雪麦花属 ← **Buchnera; Manulea;Sutera** Scrophulariaceae 玄参科 [MD-536] 全球 (6) 大洲分布及种数(33-49;hort.1;cult: 1)非洲:32-34; 亚洲:cf.1;大洋洲:cf.1;欧洲:1;北美洲:1;南美洲:1
Chaenostomum Miers ex Diels = **Menispermum**
Chaenotheca【3】Urb. 土苞树属 → **Chascotheca;Securinega** Phyllanthaceae 叶下珠科 [MD-222] 全球 (1) 大洲分布及种数(6)◆非洲
Chaenothecopsis【2】Titov 毛彩木属 ≒ **Calicium** Physenaceae 唐松木科 [MD-169] 全球 (4) 大洲分布及种数(cf.1) 亚洲;欧洲;北美洲;南美洲
Chaenothorax Rich. ex Crüg. = **Mecranium**
Chaenotropus Kunth = **Agropogon**
Chaeradoplectron Benth. & Hook.f. = **Amitostigma**
Chaerefolium Hall. = **Lindbergia**
Chaerilomma Miers = **Echites**
Chaerophyllastrum Heist. ex Fabr. = **Myrrhis**
Chaerophyllopsis【3】H.Boiss. 滇藏细叶芹属 ← **Pimpinella** Apiaceae 伞形科 [MD-480] 全球 (1) 大洲分布及种数(cf. 1)◆东亚(◆中国)
Chaerophyllum【3】L. 细叶芹属 → **Annesorhiza; Rhynchostylis;Perideridia** Apiaceae 伞形科 [MD-480] 全球 (6) 大洲分布及种数(55-90;hort.1;cult: 2)非洲:13-23;亚洲:29-55;大洋洲:17-27;欧洲:18-32;北美洲:14-24; 南美洲:8-17
Chaeropus Benth. = **Parsonsia**
Chaeta Benth. & Hook.f. = **Calamagrostis**
Chaetacanthus【3】Nees 南非爵床属 ← **Calophanes; Graptophyllum** Acanthaceae 爵床科 [MD-572] 全球 (1) 大洲分布及种数(3-4)◆非洲
Chaetachlaena D.Don = **Onoseris**
Chaetachme【3】Planch. 非洲朴属 ← **Celtis** Cannabaceae 大麻科 [MD-89] 全球 (1) 大洲分布及种数(2)◆非洲
Chaetacis Beauv. = **Andropogon**
Chaetacme Planch. = **Chaetachme**
Chaetadelpha【3】A.Gray ex S.Watson 骨苣属 ← **Stephanomeria** Asteraceae 菊科 [MD-586] 全球 (1) 大洲分布及种数(1)◆北美洲(◆美国)
Chaetadelphia A.Gray ex S.Watson = **Chaetadelpha**
Chaetaea Jacq. = **Byttneria**
Chaetaea P. & K. = **Tacca**
Chaetagastra Crüg. = **Tococa**
Chaetanes Jacq. = **Asclepias**
Chaetang Jacq. = **Byttneria**
Chaetantera Less. = **Chaetopappa**
Chaetanthera Nutt. = **Chaetanthera**
Chaetanthera【2】Ruiz & Pav. 毛冠雏菊属 ≒ **Perezia** Asteraceae 菊科 [MD-586] 全球 (3) 大洲分布及种数(41) 亚洲:1;北美洲:1;南美洲:40
Chaetanthereae D.Don = **Chaetanthera**
Chaetanthus【3】R.Br. 垂薄果草属 ≒ **Leptocarpus; Restio** Restionaceae 帚灯草科 [MM-744] 全球 (1) 大洲分布及种数(2-3)◆大洋洲
Chaetaphora Nutt. = **Chaetopappa**
Chaetaria P.Beauv. = **Aristida**
Chaetaster Less. = **Aster**
Chaetephora Brid. = **Calyptrochaeta**
Chaethymenia Endl. = **Jaumea**
Chaetilia P.Beauv. = **Andropogon**
Chaetium【3】Nees 刚毛草属 ← **Polypogon; Oplismenus** Poaceae 禾本科 [MM-748] 全球 (1) 大洲分布及种数(3-19)◆北美洲
Chaetobolus Nees = **Chaetobromus**
Chaetobromus【3】Nees 南非雀麦属 ← **Avena;Danthonia** Poaceae 禾本科 [MM-748] 全球 (1) 大洲分布及种数(3)◆非洲
Chaetocalyx【3】DC. 鬃萼豆属 ← **Aeschynomene; Nissolia;Hedysarum** Fabaceae 豆科 [MD-240] 全球 (1) 大洲分布及种数(3-4)◆北美洲
Chaetocarpus Schreb. = **Chaetocarpus**
Chaetocarpus【2】Thwaites 刺果树属 ← **Adelia; Pouteria** Peraceae 蚌壳木科 [MD-216] 全球 (5) 大洲分布及种数(17-21;hort.1;cult:1)非洲:2-3;亚洲:5-6;大洋洲:1; 北美洲:5-7;南美洲:6
Chaetocephala Barb.Rodr. = **Myoxanthus**
Chaetoceros C.Shih = **Chaetoseris**
Chaetochilus Vahl = **Schwenckia**
Chaetochlamys【3】Lindau 爵床属 ≒ **Justicia** Acanthaceae 爵床科 [MD-572] 全球 (1) 大洲分布及种数(1)◆南美洲
Chaetochloa (A.Braun) Hitchc. = **Setaria**
Chaetocladium Van Tiegh. & G.Le Monn. = **Chaetoscladium**
Chaetocladus J.Nelson = **Ephedra**
Chaetocnephalia Barb.Rodr. = **Bulbophyllum**
Chaetocolea【3】Spruce 南美拟复叉苔属 Pseudolepicoleaceae 拟复叉苔科 [B-71] 全球 (1) 大洲分布及种数 (cf. 1)◆南美洲

C

Chaetocrater【-】Ruiz & Pav. 杨柳科属 ≒ **Croton** Salicaceae 杨柳科 [MD-123] 全球 (uc) 大洲分布及种数(uc)
Chaetocyperus【3】Nees 莩荠属 ← **Eleocharis** Cyperaceae 莎草科 [MM-747] 全球 (1) 大洲分布及种数(uc)◆亚洲
Chaetodacus Steud. = **Eriocaulon**
Chaetodiscus Steud. = **Eriocaulon**
Chaetodon C.E.Hubb. = **Chaetopoa**
Chaetodus Benth. = **Parsonsia**
Chaetogaster DC. = **Acisanthera**
Chaetogastra DC. = **Tibouchina**
Chaetolepis (DC.) Miq. = **Chaetolepis**
Chaetolepis【2】Miq. 须牡丹属 ≒ **Pilocosta** Melastomataceae 野牡丹科 [MD-364] 全球 (5) 大洲分布及种数(16)非洲:1;亚洲:2;大洋洲:1;北美洲:4;南美洲:9-10
Chaetolimon【3】Lincz. 绣金标属 Plumbaginaceae 白花丹科 [MD-227] 全球 (1) 大洲分布及种数(1-3)◆西亚(◆阿富汗)
Chaetomeris Miq. = **Chaetolepis**
Chaetomidium Dozy & Molk. = **Chaetomitrium**
Chaetomitrella Hampe = **Chaetomitrium**
Chaetomitriopsis【2】M.Fleisch. 灰果藓属 ≒ **Campylophyllum;Macrothamnium** Symphyodontaceae 刺果藓科 [B-196] 全球 (2) 大洲分布及种数(1) 亚洲:1;大洋洲:1
Chaetomitrium【2】Dozy & Molk. 刺柄藓属 ≒ **Hampeella;Orontobryum** Symphyodontaceae 刺果藓科 [B-196] 全球 (4) 大洲分布及种数(66) 非洲:5;亚洲:40;大洋洲:36;北美洲:1
Chaetomys Benth. = **Parsonsia**
Chaetonychia (DC.) R.Sw. = **Chaetonychia**
Chaetonychia【3】Sw. 指甲蓬属 ← **Illecebrum;Paronychia** Caryophyllaceae 石竹科 [MD-77] 全球 (1) 大洲分布及种数(1-2)◆欧洲
Chaetopappa【3】DC. 毛冠雏菊属 → **Aster;Hookeria; Pentachaeta** Asteraceae 菊科 [MD-586] 全球 (1) 大洲分布及种数(14-41)◆北美洲(◆美国)
Chaetopatella Liebm. = **Ulmus**
Chaetopelma Liebm. = **Zelkova**
Chaetophoma Sacc. & P.Syd. = **Chaetophora**
Chaetophora Brid. = **Chaetophora**
Chaetophora【2】Nutt. ex DC. 毛冠藓属 ≒ **setaria** Daltoniaceae 小黄藓科 [B-162] 全球 (4) 大洲分布及种数(4) 大洋洲:2;欧洲:4;北美洲:2;南美洲:2
Chaetophyllopsaceae【3】(Carrington & Pearson) R.M.Schust. ex Hamlin 毛苔科 [B-55] 全球 (1) 大洲分布和属种数(1/1)◆大洋洲
Chaetophyllopsidaceae R.M.Schust. = Chaetophyllopsaceae
Chaetophyllopsis【3】(Carrington & Pearson) R.M. Schust. ex Hamlin 须叶苔属 Chaetophyllopsaceae 毛苔科 [B-55] 全球 (1) 大洲分布及种数(1)◆大洋洲
Chaetoplea Liebm. = **Zelkova**
Chaetopoa【3】C.E.Hubb. 非洲早熟禾属 ≒ **Ficinia** Poaceae 禾本科 [MM-748] 全球 (1) 大洲分布及种数(2-43)◆非洲(◆坦桑尼亚)
Chaetopogon【3】Janch. 鬃颖草属 ← **Agrostis** Poaceae 禾本科 [MM-748] 全球 (1) 大洲分布及种数(2)◆欧洲
Chaetopsina S.F.Blake = **Elephantopus**
Chaetoptelea Liebm. = **Ulmus**
Chaetorhynchus Willd. ex Kunth = **Ouratea**
Chaetoria Beauv. = **Aristida**
Chaetosciadium【3】Boiss. 亚洲毛芹属 ← **Torilis** Apiaceae 伞形科 [MD-480] 全球 (6) 大洲分布及种数(1-2)非洲:1;亚洲:2;大洋洲:1;欧洲:1;北美洲:1;南美洲:1
Chaetoseris【3】C.Shih 景东毛鳞菊属 ← **Chondrilla;Sonchus;Mulgedium** Asteraceae 菊科 [MD-586] 全球 (1) 大洲分布及种数(15-44)◆亚洲
Chaetospermum【-】Sacc. 芸香科属 Rutaceae 芸香科 [MD-399] 全球 (uc) 大洲分布及种数(uc)
Chaetospira S.F.Blake = **Pseudelephantopus**
Chaetospora【3】R.Br. 须莎草属 ← **Schoenus; Blysmus;Rhynchospora** Cyperaceae 莎草科 [MM-747] 全球 (1) 大洲分布及种数(4-7)◆非洲
Chaetostachydium【3】Airy-Shaw 印尼茜草属 Rubiaceae 茜草科 [MD-523] 全球 (1) 大洲分布及种数(3)◆亚洲
Chaetostachys Benth. = **Lavandula**
Chaetostachys Valeton = **Chaetostachydium**
Chaetostemma Rchb. = **Rhexia**
Chaetostichium C.E.Hubb. = **Oropetium**
Chaetostoma【3】DC. 柏龙丹属 ← **Microlicia;Rhexia;** Melastomataceae 野牡丹科 [MD-364] 全球 (1) 大洲分布及种数(19-30)◆南美洲
Chaetostomus Nees = **Chaetobromus**
Chaetostroma DC. = **Chaetostoma**
Chaetosus Benth. = **Parsonsia**
Chaetothylax【3】Nees 哥伦比亚爵床属 ← **Justicia** Acanthaceae 爵床科 [MD-572] 全球 (1) 大洲分布及种数(5-6)◆南美洲
Chaetothylopsis örst. = **Justicia**
Chaetothyriopsis (Syd.) Spooner & P.M.Kirk = **Chaetothylax**
Chaetotropis【3】Kunth 棒头草属 ≒ **Deyeuxia** Poaceae 禾本科 [MM-748] 全球 (1) 大洲分布及种数(uc)◆亚洲
Chaetotropsis D.Dietr. = **Agropogon**
Chaetura Beauv. = **Andropogon**
Chaeturus Host ex Saint-Lager = **Chaetopogon**
Chaeturus Rchb. = **Chaiturus**
Chaetusia Beauv. = **Aristida**
Chaetymenia【3】Hook. & Arn. 碱菊属 ← **Jaumea; Philoglossa** Asteraceae 菊科 [MD-586] 全球 (1) 大洲分布及种数(cf.1) ◆北美洲
Chaffeyopuntia Frič & Kreuz. = **Opuntia**
Chagasia Britton & Rose = **Cactus**
Chailanthes Sw. = **Cheilanthes**
Chailletia DC. = **Dichapetalum**
Chailletiaceae R.Br. = Dichapetalaceae
Chailletiaum DC. = **Dichapetalum**
Chairanthus L. = **Charianthus**
Chaitaea Sol. ex Seem. = **Tacca**
Chaitea Sol. ex Parkinson = **Tacca**
Chaiturus【2】Willd. 鬃尾草属 ← **Leonurus** Lamiaceae 唇形科 [MD-575] 全球 (3) 大洲分布及种数(2)亚洲:cf.1;欧洲:1;北美洲:1
Chaixia Lapeyr. = **Ramonda**
Chaixii Lapeyr. = **Ramonda**
Chajnus Mill. = **Cyanus**

Chakiatella DC. = **Tilesia**
Chakrea Raf. = **Afroligusticum**
Chalara Syd. = **Grewia**
Chalarium DC. = **Eleutheranthera**
Chalarothyrsus【3】 Lindau 柔茎爵床属 Acanthaceae 爵床科 [MD-572] 全球 (1) 大洲分布及种数(1)◆北美洲(◆墨西哥)
Chalarus Poit. ex DC. = **Eclipta**
Chalazocarpus Hiern = **Schumanniophyton**
Chalcanthus【3】 Boiss. 香花芥属 ≒ **Hesperis** Brassicaceae 十字花科 [MD-213] 全球 (1) 大洲分布及种数(uc)属分布和种数(uc)◆亚洲
Chalcas L. = **Murraya**
Chalceus L. = **Murraya**
Chalcis L. = **Murraya**
Chalcoelytrum Lunell = **Chrysopogon**
Chalcophora Nutt. ex DC. = **Chaetophora**
Chalcopteryx Rambur = **Calopteryx**
Chalcosmia C.Presl = **Euryale**
Chaleas L. = **Murraya**
Chalebus Raf. = **Toisusu**
Chalema【3】 Dieterle 聚药瓜属 Cucurbitaceae 葫芦科 [MD-205] 全球 (1) 大洲分布及种数(7)◆南美洲
Chalepoa Hook. = **Tribeles**
Chalepophyllum【3】 Hook.f. 光亮叶属 → **Maguireothamnus;Acanthella** Rubiaceae 茜草科 [MD-523] 全球 (1) 大洲分布及种数(2)◆南美洲
Chalinolobus Small = **Pterocaulon**
Chalinula Klotzsch = **Agapetes**
Chalinus Raf. = **Salix**
Chalmersia F.Müll. ex S.Moore = **Agalmyla**
Chaloupkaea【-】 Niederle 景天科属 Crassulaceae 景天科 [MD-229] 全球 (uc) 大洲分布及种数(uc)
Chalybaea Naudin = **Chalybea**
Chalybea【-】 Naud. 野牡丹科属 ≒ **Pachyanthus** Melastomataceae 野牡丹科 [MD-364] 全球 (uc) 大洲分布及种数(uc)
Cham Salisb. = **Leucadendron**
Chamabaina Benth. & Hook.f. = **Chamabainia**
Chamabainia【3】 Wight 微柱麻属 ← **Boehmeria** Urticaceae 荨麻科 [MD-91] 全球 (1) 大洲分布及种数(1-2)◆亚洲
Chamaealoe【3】 A.Berger 芦荟属 ≒ **Aloe** Asparagaceae 天门冬科 [MM-669] 全球 (1) 大洲分布及种数(uc)◆亚洲
Chamaeangis Schltr. = **Diaphananthe**
Chamaeanthus【3】 Schltr. ex J.J.Sm. 低药兰属 ← **Biermannia** Orchidaceae 兰科 [MM-723] 全球 (1) 大洲分布及种数(1-2)◆亚洲
Chamaearia Mezhenskyj = **Chamaebatia**
Chamaebatia【3】 Benth. 蒿叶梅属 Rosaceae 蔷薇科 [MD-246] 全球 (1) 大洲分布及种数(2)◆北美洲
Chamaebatiaria (Porter ex W.H.Brewer & S.Watson) Maxim. = **Chamaebatiaria**
Chamaebatiaria【3】 Maxim. 蓍叶梅属 Rosaceae 蔷薇科 [MD-246] 全球 (1) 大洲分布及种数(1-3)◆北美洲
Chamaebetula Opiz = **Betula**
Chamaebivia Halda,Malina & Panar. = **Chamaebatia**
Chamaebryum【3】 Thér. & Dixon 南非大孢藓属 Gigaspermaceae 大蒴藓科 [B-108] 全球 (1) 大洲分布及种数(1)◆非洲
Chamaebuxus (DC.) Spach = **Polygala**
Chamaecactus P.V.Heath = **Costus**
Chamaecalamus Meyen = **Deyeuxia**
Chamaecallis【3】 cf.Smedmark 巨苞兰属 Orchidaceae 兰科 [MM-723] 全球 (1) 大洲分布及种数(cf.1)◆亚洲
Chamaecassia Link = **Cassia**
Chamaecereopsis【-】 P.V.Heath 仙人掌科属 Cactaceae 仙人掌科 [MD-100] 全球 (uc) 大洲分布及种数(uc)
Chamaecereus【3】 Britton & Rose 仙人球属 ≒ **Weberbauerocereus** Cactaceae 仙人掌科 [MD-100] 全球 (1) 大洲分布及种数(cf.1)◆南美洲
Chamaeceros Milde = **Notothylas**
Chamaechaenactis【3】 Rydb. 矮针垫菊属 ← **Actinella;Chaenactis** Asteraceae 菊科 [MD-586] 全球 (1) 大洲分布及种数(1)◆北美洲(◆美国)
Chamaecis Medik. = **Iris**
Chamaecissos Lunell = **Glechoma**
Chamaecistus Fabr. = **Rhododendron**
Chamaecistus S.F.Gray = **Loiseleuria**
Chamaecladodia【-】 P.V.Heath 仙人掌科属 Cactaceae 仙人掌科 [MD-100] 全球 (uc) 大洲分布及种数(uc)
Chamaecladon Miq. = **Homalomena**
Chamaeclema Böhm. = **Glechoma**
Chamaeclitandra【3】 (Stapf) Pichon 非洲矮竹桃属 ← **Clitandra;Landolphia** Apocynaceae 夹竹桃科 [MD-492] 全球 (1) 大洲分布及种数(1)◆非洲
Chamaecostus【3】 C.D.Specht & D.W.Stev. 喇叭姜属 ← **Costus** Costaceae 闭鞘姜科 [MM-738] 全球 (1) 大洲分布及种数(8)◆南美洲
Chamaecrista【3】 (L.) Mönch 山扁豆属 ← **Cassia; Senna;Calla** Fabaceae 豆科 [MD-240] 全球 (6) 大洲分布及种数(346-371;hort.1;cult: 5)非洲:61-74;亚洲:35-46;大洋洲:16-34;欧洲:8-19;北美洲:46-64;南美洲:282-298
Chamaecrypta【3】 Schltr. & Diels 小双距花属 Scrophulariaceae 玄参科 [MD-536] 全球 (1) 大洲分布及种数(1)◆非洲
Chamaecyparis【3】 Spach 扁柏属 ← **Cupressus; Callitropsis** Cupressaceae 柏科 [G-17] 全球 (6) 大洲分布及种数(7-8;hort.1;cult: 4)非洲:3-7;亚洲:5-9;大洋洲:3-7;欧洲:4-8;北美洲:6-10;南美洲:4
Chamaecytisus【3】 Link 山雀花属 ≒ **Cytisus; Argyrolobium** Fabaceae 豆科 [MD-240] 全球 (6) 大洲分布及种数(48-57;hort.1;cult: 3)非洲:8-10;亚洲:27-32;大洋洲:12-14;欧洲:40-47;北美洲:12-14;南美洲:2
Chamaedactylis T.F.L.Nees = **Aeluropus**
Chamaedaphne Catesby ex P. & K. = **Chamaedaphne**
Chamaedaphne【3】 Mönch 地桂属 ← **Andromeda; Kalmia;Cassandra** Ericaceae 杜鹃花科 [MD-380] 全球 (6) 大洲分布及种数(3)非洲:1;亚洲:1-2;大洋洲:1;欧洲:1-2;北美洲:2-3;南美洲:1
Chamaedendron【-】 (Kük.) Larridon 莎草科属 Cyperaceae 莎草科 [MM-747] 全球 (uc) 大洲分布及种数(uc)
Chamaedora Willd. = **Chamaedorea**
Chamaedorca Willd. = **Chamaedorea**
Chamaedorea【3】 Willd. 竹节椰属 ≒ **Hyospathe; Calyptronoma** Arecaceae 棕榈科 [MM-717] 全球 (6) 大

洲分布及种数(118-125)非洲:3-16;亚洲:4-17;大洋洲:13;欧洲:13;北美洲:111-124;南美洲:41-54

Chamaedoreaceae Cook = Tetracarpaeaceae

Chamaedoreeae Drude = **Chamaedorea**

Chamaedoris Willd. = **Chamaedorea**

Chamaedrea Adans. = **Chamaedorea**

Chamaedryfolia P. & K. = **Forsskaolea**

Chamaedryfolium【-】P. & K. 荨麻科属 Urticaceae 荨麻科 [MD-91] 全球 (uc) 大洲分布及种数(uc)

Chamaedrys【3】Mill. 唇形科属 ≒ **Spiraea** Lamiaceae 唇形科 [MD-575] 全球 (1) 大洲分布及种数(uc)◆欧洲

Chamaefilix Hill ex Farw. = **Asplenium**

Chamaefistula (DC. ex Collad.) G.Don = **Chamaefistula**

Chamaefistula【3】G.Don 哥伦云实属 ← **Cassia;Senna** Fabaceae3 蝶形花科 [MD-240] 全球 (1) 大洲分布及种数(5-6)◆南美洲

Chamaegastrodia【3】Makino & F.Maek. 叠鞘兰属 ← **Aphyllorchis** Orchidaceae 兰科 [MM-723] 全球 (1) 大洲分布及种数(3-5)◆亚洲

Chamaegeron【3】Schrenk. 矮蓬属 → **Aster;Erigeron** Asteraceae 菊科 [MD-586] 全球 (1) 大洲分布及种数(cf. 1)◆亚洲

Chamaegigas Dinter = **Lindernia**

Chamaegyne Süss. = **Eleocharis**

Chamaeiris Medik. = **Iris**

Chamaejasme Amm. = **Stellera**

Chamaelaucium【3】DC. 风蜡花属 ≒ **Darwinia** Myrtaceae 桃金娘科 [MD-347] 全球 (1) 大洲分布及种数(uc)属分布和种数(uc)◆大洋洲

Chamaele【3】Miq. 羊角芹属 ← **Aegopodium;Carum;Sium** Apiaceae 伞形科 [MD-480] 全球 (1) 大洲分布及种数(1)◆亚洲

Chamaeledon Link = **Loiseleuria**

Chamaeleon【2】Cass. 小狮菊属 Asteraceae 菊科 [MD-586] 全球 (3) 大洲分布及种数(4) 非洲:2;亚洲:3;欧洲:2

Chamaeleorchis Senghas & Lückel = **Oncidium**

Chamaeleptaloe G.D.Rowley = **Aloe**

Chamaelinum Gütt. = **Radiola**

Chamaelinum Host = **Camelina**

Chamaelirium【3】Willd. 仙杖花属 ← **Helonias** Melanthiaceae 藜芦科 [MM-621] 全球 (1) 大洲分布及种数(10-13)◆北美洲

Chamaelobivia【3】Y.Itô 短仙掌属 Cactaceae 仙人掌科 [MD-100] 全球 (1) 大洲分布及种数(3)◆非洲

Chamaemalum Mill. = **Anthemis**

Chamaemeles【3】Lindl. 石楠属 ← **Photinia** Rosaceae 蔷薇科 [MD-246] 全球 (1) 大洲分布及种数(1)◆西欧(◆法国)

Chamaemelis G.Don = **Neottopteris**

Chamaemelum【3】Mill. 果香菊属 ≒ **Anthemis;Pyrethrum** Asteraceae 菊科 [MD-586] 全球 (6) 大洲分布及种数(4-15)非洲:2-3;亚洲:2-3;大洋洲:1-2;欧洲:2-3;北美洲:3-4;南美洲:1-2

Chamaemespilus Medik. = **Sorbus**

Chamaemoraceae Lilja = Tetracarpaeaceae

Chamaemorus Ehrh. = **Rubus**

Chamaenerion Adans. = **Epilobium**

Chamaenerium Spach = **Epilobium**

Chamaenhodos Bunge = **Chamaerhodos**

Chamaepelia G.Don = (接受名不详) Rutaceae

Chamaepentas【3】Bremek. 矮五星花属 ← **Pentas** Rubiaceae 茜草科 [MD-523] 全球 (1) 大洲分布及种数(5)◆非洲

Chamaepericlimenum Asch. & Graebn. = **Chamaepericlymenum**

Chamaepericlymenum【3】Hill 草茱萸属 ≒ **Cornus** Cornaceae 山茱萸科 [MD-457] 全球 (6) 大洲分布及种数(1)非洲:3;亚洲:3;大洋洲:3;欧洲:3;北美洲:3;南美洲:3

Chamaepeuce DC. = **Ptilostemon**

Chamaepeuce Zucc. = **Chamaecyparis**

Chamaephacos Schrenk = **Chamaesphacos**

Chamaepithys Hill = **Ajuga**

Chamaepitys Hill = **Ajuga**

Chamaeplium Wallr. = **Sisymbrium**

Chamaepus G.Wagenitz = **Chamaepus**

Chamaepus【3】Wagenitz 骨苞紫绒草属 Asteraceae 菊科 [MD-586] 全球 (1) 大洲分布及种数(cf. 1)◆西亚(◆阿富汗)

Chamaera Adans. = **Anethum**

Chamaeranthemum【2】Nees 矮爵床属 → **Xantheranthemum** Acanthaceae 爵床科 [MD-572] 全球 (3) 大洲分布及种数(7)大洋洲:1;北美洲:2;南美洲:4

Chamaeraphis【3】R.Br. 短针狗尾草属 ≒ **Cenchrus** Poaceae 禾本科 [MM-748] 全球 (6) 大洲分布及种数(3-4)非洲:2;亚洲:2;大洋洲:2-4;欧洲:2;北美洲:2;南美洲:2

Chamaerepes Spreng. = **Herminium**

Chamaerhodendron Bubani = **Rhododendron**

Chamaerhodiola Nakai = **Rhodiola**

Chamaerhododendron Bubani = **Rhododendron**

Chamaerhododendros【-】Duham. 杜鹃花科属 Ericaceae 杜鹃花科 [MD-380] 全球 (uc) 大洲分布及种数(uc)

Chamaerhodos【2】Bunge 地蔷薇属 ← **Sibbaldia** Rosaceae 蔷薇科 [MD-246] 全球 (3) 大洲分布及种数(10)亚洲:cf.1;欧洲:1;北美洲:2

Chamaeriphe Steck = **Cryosophila**

Chamaeriphes Dill. ex P. & K. = **Hyphaene**

Chamaerops【3】L. 矮棕属 → **Cryosophila;Trachycarpus** Arecaceae 棕榈科 [MM-717] 全球 (1) 大洲分布及种数(1-13)◆欧洲

Chamaesanacha (A.Gray) Benth. & Hook.f. = **Chamaesaracha**

Chamaesaracha【3】(A.Gray) A.Gray 五目茄属 → **Athenaea;Jaltomata;Physalis** Solanaceae 茄科 [MD-503] 全球 (1) 大洲分布及种数(21-28)◆北美洲

Chamaesarachia Fr. & Sav. = **Chamaesaracha**

Chamaeschoenus Ehrh. = **Scirpus**

Chamaesciadium【3】C.A.Mey. 矮伞芹属 → **Trachydium;Dicyclophora** Apiaceae 伞形科 [MD-480] 全球 (1) 大洲分布及种数(4-5)◆亚洲

Chamaescilla【3】F.Müll. ex Benth. 蓝星百合属 ≒ **Caesia;Arthropodium** Asphodelaceae 阿福花科 [MM-649] 全球 (1) 大洲分布及种数(4-5)◆大洋洲

Chamaesenna Pittier = **Cassia**

Chamaesium【3】H.Wolff 矮泽芹属 ← **Sium;Trichopus** Apiaceae 伞形科 [MD-480] 全球 (1) 大洲分布及种

数(cf. 1)◆亚洲
Chamaespartium【3】 Adans. 西班牙豆属 → **Cytisus; Genista** Fabaceae 豆科 [MD-240] 全球 (1) 大洲分布及种数(3)◆欧洲
Chamaesparton Fourr. = **Spartium**
Chamaesphacos【3】 Schrenk 矮刺苏属 → **Thuspeinanta;Tapeinanthus** Lamiaceae 唇形科 [MD-575] 全球 (1) 大洲分布及种数(cf. 1)◆亚洲
Chamaesphaerion A.Gray = **Siloxerus**
Chamaespilus Fourr. = **Sorbus**
Chamaestephanum Willd. = **Sigesbeckia**
Chamaesyce Gray = **Chamaesyce**
Chamaesyce【3】 S.F.Gray 地锦草属 ← **Euphorbia; Euphrasia;Pedilanthus** Euphorbiaceae 大戟科 [MD-217] 全球 (6) 大洲分布及种数(148-157;hort.3;cult: 3)非洲:32-116;亚洲:54-138;大洋洲:26-110;欧洲:13-97;北美洲:85-172;南美洲:35-119
Chamaetaxus Bubani = **Empetrum**
Chamaeteria【-】 Cumming,David M. 芦荟科属 Aloaceae 芦荟科 [MM-668] 全球 (uc) 大洲分布及种数(uc)
Chamaethrinax H.Wendl. ex R.Pfister = **Trithrinax**
Chamaexeros【3】 Benth. 地金花属 ← **Acanthocarpus** Asparagaceae 天门冬科 [MM-669] 全球 (1) 大洲分布及种数(4)◆大洋洲
Chamaexiphium Hochst. = **Coelospermum**
Chamaezelum Link = **Anthemis**
Chamaezicactus【-】 Halda,Malina & Panar. 仙人掌科属 Cactaceae 仙人掌科 [MD-100] 全球 (uc) 大洲分布及种数(uc)
Chamagrostis Borkh. = **Mibora**
Chamaia Eckl. & Zeyh. = **Chamarea**
Chamalium Cass. = **Sium**
Chamalium Juss. = **Cardopatium**
Chamaorchis Rich. = **Chamorchis**
Chamarea【3】 Eckl. & Zeyh. 矮缕子属 ← **Anethum; Carum;Foeniculum** Apiaceae 伞形科 [MD-480] 全球 (1) 大洲分布及种数(2-7)◆非洲
Chamartemisia Rydb. = **Tanacetum**
Chamasaracha (A.Gray) Benth. & Hook.f. = **Chamaesaracha**
Chamasium H.Wolff = **Sium**
Chambardia Rchb.f. = **Chaubardia**
Chamberlainara Griff. & J.M.H.Shaw = **Brachythecium**
Chamberlainia【-】 (Broth.) H.Rob. 青藓科属 ≒ **Brachythecium** Brachytheciaceae 青藓科 [B-187] 全球 (uc) 大洲分布及种数(uc)
Chambeyonia Vieill. = **Chambeyronia**
Chambeyronia【3】 Vieill. 茶梅椰属 → **Cyphokentia; Kentiopsis** Arecaceae 棕榈科 [MM-717] 全球 (1) 大洲分布及种数(1-5)◆大洋洲
Chambriella Bor = **Apocopis**
Chamedrys Mill. = **Spiraea**
Chamelauciaceae DC. ex F.Rudolphi = Myrtaceae
Chamelaucium【3】 Desf. 风蜡花属 ← **Darwinia;Pileanthus;Verticordia** Myrtaceae 桃金娘科 [MD-347] 全球 (1) 大洲分布及种数(12-17)◆大洋洲
Chameleion L.T.Ellis & A.Eddy = **Syrrhopodon**
Chamellum Phil. = **Gladiolus**
Chamelophyton【3】 Garay 步甲兰属 ← **Barbosella;Pleurothallis;Restrepia** Orchidaceae 兰科 [MM-723] 全球 (1) 大洲分布及种数(1-2)◆南美洲
Chamelum【3】 Phil. 春钟花属 ← **Olsynium;Sisyrinchium** Iridaceae 鸢尾科 [MM-700] 全球 (1) 大洲分布及种数(3)◆南美洲
Chameranthemum Juss. = (接受名不详) Acanthaceae
Chamerasia Raf. = **Lonicera**
Chamerion (Raf.) Raf. ex Holub = **Chamerion**
Chamerion【3】 Raf. 柳兰属 ≒ **Epilobium** Onagraceae 柳叶菜科 [MD-396] 全球 (6) 大洲分布及种数(6;hort.1; cult: 1)非洲:3;亚洲:5-8;大洋洲:3;欧洲:2-5;北美洲:3-7;南美洲:3
Chamguava【3】 Landrum 无梗凤榴属 ← **Eugenia; Psidium** Myrtaceae 桃金娘科 [MD-347] 全球 (1) 大洲分布及种数(3)◆北美洲
Chamidae Thunb. = **Chamira**
Chamira【3】 Thunb. 南非角状芥属 ← **Bunias;Heliophila;Primulina** Brassicaceae 十字花科 [MD-213] 全球 (1) 大洲分布及种数(1-3)◆非洲
Chamisme (Raf.) Nieuwl. = **Houstonia**
Chamissoa (Moq.) Sohmer = **Chamissoa**
Chamissoa【2】 Kunth 鸽苋属 ← **Achyranthes; Celosia;Allmania** Amaranthaceae 苋科 [MD-116] 全球 (3) 大洲分布及种数(4;hort.2;cult: 2)亚洲:cf.1;北美洲:2;南美洲:3
Chamissomneia P. & K. = **Dyssodia**
Chamissonia Endl. = **Chamissoa**
Chamissonis Endl. = **Oenothera**
Chamitea (Dumort.) A.Kern. = **Salix**
Chamitis Banks ex Gaertn. = **Aster**
Chamodenia【-】 Hort. 兰科属 Orchidaceae 兰科 [MM-723] 全球 (uc) 大洲分布及种数(uc)
Chamoletta Adans. = **Moraea**
Chamomilla【2】 Gray 春黄菊属 ≒ **Oncosiphon** Asteraceae 菊科 [MD-586] 全球 (2) 大洲分布及种数(1) 欧洲:1;北美洲:1
Chamoni C.Presl = **Moluccella**
Chamorchis【3】 Rich. 矮麝兰属 ← **Aceras;Orchis** Orchidaceae 兰科 [MM-723] 全球 (1) 大洲分布及种数(1-2)◆欧洲
Champaca Adans. = **Michelia**
Champaka Adans. = **Michelia**
Champereia【3】 Griff. 台湾山柚属 ← **Cansjera;Opilia;Melientha** Opiliaceae 山柚子科 [MD-369] 全球 (1) 大洲分布及种数(cf. 1)◆亚洲
Champereya Griff. = **Opilia**
Championella Bremek. = **Strobilanthes**
Championi Gardner = **Championia**
Championia C.B.Clarke = **Championia**
Championia【3】 Gardn. 细蒴苣苔属 ≒ **Leptoboea** Gesneriaceae 苦苣苔科 [MD-549] 全球 (1) 大洲分布及种数(1-2)◆亚洲
Champluviera【-】 I.Darbysh.,T.F.Daniel & Kiel 爵床科属 Acanthaceae 爵床科 [MD-572] 全球 (uc) 大洲分布及种数(uc)
Chamygmaeocereus【-】 Mordhorst 仙人掌科属 Cactaceae 仙人掌科 [MD-100] 全球 (uc) 大洲分布及种数(uc)

Chamyna Hübner = **Chamira**
Chan Y.Wang & S.R.Manchester = **Atylosia**
Chanaium Nees = **Chaetium**
Chancelloria Sch.Bip. ex Oliv. = **Abelmoschus**
Chandlera Decne. = **Antidesma**
Chandonanthus Hirtelli R.M.Schust. = **Chandonanthus**
Chandonanthus【3】 Stephani 广萼苔属 ≒ **Mastigophora;Plicanthus** Anastrophyllaceae 挺叶苔科 [B-60] 全球 (6) 大洲分布及种数(3-4)非洲:1-4;亚洲:2-4;大洋洲:2-4;欧洲:2;北美洲:1-3;南美洲:2
Chandrasekharania【3】 V.J.Nair,V.S.Ramach. & Sreek. 喀拉拉草属 Poaceae 禾本科 [MM-748] 全球 (1) 大洲分布及种数(1-2)◆亚洲
Chanea Gaud. = **Cyanea**
Chanekia Lundell = **Licaria**
Chaneocephalus (Pohl ex Benth.) Harley & J.F.B.Pastore = **Cyanocephalus**
Chaneya Lindl. = **Chesneya**
Changara F.L.Chang = **Grewia**
Changiodendron R.H.Miao = **Gardneria**
Changiostyrax【3】 Tao Chen 秤锤树属 ← **Sinojackia** Styracaceae 安息香科 [MD-327] 全球 (1) 大洲分布及种数(cf.1)◆亚洲
Changium【3】 H.Wolff 明党参属 ← **Conopodium** Apiaceae 伞形科 [MD-480] 全球 (1) 大洲分布及种数(1-2)◆东亚(◆中国)
Changnienia【3】 S.S.Chien 独花兰属 Orchidaceae 兰科 [MM-723] 全球 (1) 大洲分布及种数(cf. 1)◆东亚(◆中国)
Changruicaoia【3】 Z.Y.Zhu 长蕊草属 Lamiaceae 唇形科 [MD-575] 全球 (1) 大洲分布及种数(1)◆亚洲
Channa L. = **Canna**
Chanos R.M.King & H.Rob. = **Chacoa**
Chaoiella Summerh. = **Chaseella**
Chaoxylon A.Juss. = **Claoxylon**
Chaparena Eckl. & Zeyh. = **Chamarea**
Chape Nieuwl. = **Panicum**
Chapeliera Meisn. = **Chapelieria**
Chapelieria【3】 A.Rich. ex DC. 沙普茜属 Rubiaceae 茜草科 [MD-523] 全球 (1) 大洲分布及种数(2-5)◆非洲
Chapelliera Nees = **Machaerina**
Chapmanara J.M.H.Shaw = **Chapmannia**
Chapmania Chapman = **Chapmannia**
Chapmannia J.M.H.Shaw = **Chapmannia**
Chapmannia【3】 Torr. & A.Gray 佛罗里达豆属 ≒ **Arthrocarpum** Fabaceae 豆科 [MD-240] 全球 (1) 大洲分布及种数(4-7)◆北美洲
Chapmanolirion Dinter = **Pancratium**
Chapoda Jacq. = **Cayaponia**
Chaptalia Royle = **Chaptalia**
Chaptalia【3】 Vent. 阳帽菊属 ← **Cacalia;Gerbera; Leibnitzia** Asteraceae 菊科 [MD-586] 全球 (1) 大洲分布及种数(31-73)◆北美洲(◆美国)
Chaquepiria Endl. = **Gardenia**
Chara L. = **Chrysochloa**
Characella Tod. = **Phaseolus**
Charachera Forssk. = **Lantana**
Characias Gray = **Euphorbia**
Charadra G.A.Scop. = **Grewia**
Charadranaetes【3】 Janovec & H.Rob. 裸托千里光属 ≒ **Senecio** Asteraceae 菊科 [MD-586] 全球 (1) 大洲分布及种数(1)◆中美洲(◆哥斯达黎加)
Charadrophila【3】 Marloth 岩桐堇属 Stilbaceae 耀仙木科 [MD-532] 全球 (1) 大洲分布及种数(1)◆非洲
Charaea Adans. = **Peplis**
Charana Adans. = **Peplis**
Charasia E.A.Busch = **Silene**
Chardinia【3】 Desf. 干花菊属 ← **Xeranthemum** Asteraceae 菊科 [MD-586] 全球 (1) 大洲分布及种数(2)◆亚洲
Chardoniella Vitt = **Cardotiella**
Chareis【-】 N.T.Burb. 菊科属 Asteraceae 菊科 [MD-586] 全球 (uc) 大洲分布及种数(uc)
Charesia E.A.Busch = **Silene**
Charia C.DC. = **Grewia**
Charianthus【3】 D.Don 雅花野牡丹属 ← **Melastoma; Cybianthus** Melastomataceae 野牡丹科 [MD-364] 全球 (1) 大洲分布及种数(6-13)◆北美洲
Chariclea Lundell = **Manilkara**
Charidia Baill. = **Amphicarpaea**
Charidion【3】 Bong. 南美金莲国属 ≒ **Chamerion** Ochnaceae 金莲木科 [MD-104] 全球 (1) 大洲分布及种数(2)◆南美洲
Charieis Cass. = **Felicia**
Chariesa L. = **Acokanthera**
Chariessa【3】 Miq. 橘茱萸属 ← **Citronella;Pseudobotrys** Cardiopteridaceae 心翼果科 [MD-452] 全球 (1) 大洲分布及种数(7)◆亚洲
Chariodema Miers = **Achyranthes**
Chariomma Miers = **Echites**
Charistemma Janka = **Brimeura**
Charistena Janka = **Muscari**
Charites Benth. = **Amphidasya**
Charlesworthara【-】 Hort. 兰科属 Orchidaceae 兰科 [MM-723] 全球 (uc) 大洲分布及种数(uc)
Charlieara【-】 auct. 兰科属 Orchidaceae 兰科 [MM-723] 全球 (uc) 大洲分布及种数(uc)
Charlottea Arruda ex H.Kost. = **Hippeastrum**
Charlwoodia Sw. = **Cordyline**
Charoides Fisch. ex Regel = **Bouteloua**
Charonia Auct = **Chironia**
Charonias Gray = **Acalypha**
Charpentiera【3】 Gaud. 炬苋树属 ≒ **Chamissoa;Ixora** Amaranthaceae 苋科 [MD-116] 全球 (1) 大洲分布及种数(3)◆大洋洲
Chartella Hayward & Winston = **Chaseella**
Chartocalyx Regel = **Phlomis**
Chartolepis【3】 Cass. 薄鳞菊属 ← **Centaurea** Asteraceae 菊科 [MD-586] 全球 (6) 大洲分布及种数(2-4)非洲:1;亚洲:1-2;大洋洲:1;欧洲:1;北美洲:1;南美洲:1
Chartoloma【3】 Bunge 薄缘芥属 ← **Isatis** Brassicaceae 十字花科 [MD-213] 全球 (1) 大洲分布及种数(cf. 1)◆亚洲
Charybdis【3】 Speta 银桦百合属 ← **Drimia** Asparagaceae 天门冬科 [MM-669] 全球 (1) 大洲分布及种数(1)◆非洲
Chasalia【3】 Comm. ex DC. 弯管花属 Rubiaceae 茜草科 [MD-523] 全球 (1) 大洲分布及种数(uc)◆亚洲(◆中国)

Chasallia Comm. ex Juss. = **Chassalia**
Chascanum【2】 E.Mey. 胀萼马鞭草属 ← **Bouchea; Verbena;Plexipus** Verbenaceae 马鞭草科 [MD-556] 全球 (2) 大洲分布及种数(27-35;hort.1;cult: 2)非洲:26-30; 亚洲:6-7
Chascolytrum【3】 Desv. 微凌风草属 ← **Briza;Neesiochloa** Poaceae 禾本科 [MM-748] 全球 (1) 大洲分布及种数(26)◆南美洲
Chascotheca【3】 Urb. 土苞树属 ← **Phyllanthus;Securinega;Chaenotheca** Euphorbiaceae 大戟科 [MD-217] 全球 (1) 大洲分布及种数(2)◆北美洲
Chasea Nieuwl. = **Panicum**
Chasechloa A.Camus = **Echinolaena**
Chaseella【3】 Summerh. 松针兰属 Orchidaceae 兰科 [MM-723] 全球 (1) 大洲分布及种数(1)◆非洲
Chaseopsis Szlach. & Sitko = **Camaridium**
Chasmanthe【3】 N.E.Br. 豁裂花属 ≒ **Antholyza;Anapalina** Iridaceae 鸢尾科 [MM-700] 全球 (1) 大洲分布及种数(3)◆大洋洲
Chasmanthera Hochst. = **Tinospora**
Chasmanthieae Brown,Walter Varian & Smith,B.N. & Sánchez-Ken,Jorge Gabriel & Clark,Lynn G. = **Chasmanthe**
Chasmanthium【3】 Link 小盼草属 ← **Eleusine;Poa; Uniola** Poaceae 禾本科 [MM-748] 全球 (1) 大洲分布及种数(5-7)◆北美洲
Chasmatocallis R.C.Foster = **Lapeirousia**
Chasmatophyllum【3】 Dinter & Schwantes 唐锦玉属 ← **Mesembryanthemum** Aizoaceae 番杏科 [MD-94] 全球 (1) 大洲分布及种数(6-8)◆非洲
Chasme Salisb. = **Protea**
Chasmia Schott ex P. & K. = **Arrabidaea**
Chasmodia C.Presl = **Ballota**
Chasmone【-】 E.Mey. 豆科属 ≒ **Argyrolobium** Fabaceae 豆科 [MD-240] 全球 (uc) 大洲分布及种数(uc)
Chasmonia C.Presl = **Moluccella**
Chasmopodium【3】 Stapf 假柄草属 ← **Manisuris;Rottboellia** Poaceae 禾本科 [MM-748] 全球 (1) 大洲分布及种数(2-4)◆非洲
Chassalia【3】 Commers. ex Poir. 弯管花属 ← **Cephaelis;Mussaenda;Gaertnera** Rubiaceae 茜草科 [MD-523] 全球(6)大洲分布及种数(80-118;hort.1)非洲:65-92;亚洲:71-106;大洋洲:3-5;欧洲:2-3;北美洲:5-11;南美洲:7-10
Chasseloupia Vieill. = **Symplocos**
Chastenaea DC. = **Axinaea**
Chastoloma Lindl. = **Chartoloma**
Chataea Endl. = **Tacca**
Chatelania Neck. = **Tolpis**
Chatiakella Cass. = **Tilesia**
Chaubardi Rchb.f. = **Chaubardia**
Chaubardia【3】 Rchb.f. 梳杯兰属 → **Chaubardiella; Maxillaria;Zygopetalum** Orchidaceae 兰科 [MM-723] 全球 (1) 大洲分布及种数(4)◆南美洲
Chaubardianthes【-】 auct. 兰科属 Orchidaceae 兰科 [MM-723] 全球 (uc) 大洲分布及种数(uc)
Chaubardiella【3】 Garay 拟乔巴兰属 ← **Chaubardia;Dodonaea** Orchidaceae 兰科 [MM-723] 全球 (1) 大洲分布及种数(7-8)◆南美洲
Chaubewiczella【-】 J.M.H.Shaw 兰科属 Orchidaceae 兰科 [MM-723] 全球 (uc) 大洲分布及种数(uc)
Chauliodon【3】 Summerh. 翠雀兰属 ← **Angraecum;Microcoelia** Orchidaceae 兰科 [MM-723] 全球 (1) 大洲分布及种数(2-4)◆非洲
Chaulmoogra Roxb. = **Gynocardia**
Chaunanthus【3】 O.E.Schulz 微花菜属 ≒ **Sterigmostemum** Brassicaceae 十字花科 [MD-213] 全球 (1) 大洲分布及种数(4)◆北美洲
Chaunochiton【3】 Benth. 草帽果属 ← **Aptandra** Olacaceae 铁青树科 [MD-362] 全球 (1) 大洲分布及种数 (4)◆南美洲
Chaunochitonaceae Van Tiegh. = Medusandraceae
Chaunostoma【3】 Donn.Sm. 危地马拉芩属 Lamiaceae 唇形科 [MD-575] 全球 (1) 大洲分布及种数(1)◆北美洲
Chaunus Mill. = **Cyanus**
Chautemsia【3】 A.O.Araujo & V.C.Souza 宽喉岩桐属 Gesneriaceae 苦苣苔科 [MD-549] 全球 (1) 大洲分布及种数(1)◆南美洲(◆巴西)
Chauvetia Steud. = **Spartina**
Chauvinia Steud. = **Spartina**
Chauvinie Steud. = **Spartina**
Chavania Gand. = **Rosa**
Chavannesia A.DC. = **Urceola**
Chavesia E.A.Busch = **Agrostemma**
Chavica Miq. = **Piper**
Chavinia (Gand.) Gand. = **Rosa**
Chayamaritia【3】 D.J.Middleton & Mich.Möller 含羞花属 Fabaceae1 含羞草科 [MD-238] 全球 (1) 大洲分布及种数(cf.2)◆亚洲
Chaydaia【3】 Pit. 猫乳属 → **Berchemiella;Rhamnella** Rhamnaceae 鼠李科 [MD-331] 全球 (1) 大洲分布及种数(1)◆亚洲
Chayota Jacq. = **Sechium**
Chazaliella【2】 E.M.A.Petit & Verdc. 须茜属 ← **Canthium;Margaritopsis;Psychotria** Rubiaceae 茜草科 [MD-523] 全球 (3) 大洲分布及种数(15-20)非洲:14-18; 欧洲:1;南美洲:1
Chazara Forssk. = **Grewia**
Chedra Hodges = **Cathedra**
Cheesemania【3】 O.E.Schulz 粗秆芥属 ← **Pachycladon** Brassicaceae 十字花科 [MD-213] 全球 (1) 大洲分布及种数(uc)属分布和种数(uc)◆大洋洲
Cheila Bl. = **Cheilosa**
Cheilanthaceae B.K.Nayar = Sinopteridaceae
Cheilanthes Eucheilanthes T.Moore = **Cheilanthes**
Cheilanthes【3】 Sw. 真碎米蕨属 ← **Adiantopsis; Cheilosoria;Pellaea** Sinopteridaceae 华蕨科 [F-34] 全球 (6) 大洲分布及种数(219-301;hort.1;cult: 20)非洲:47-82; 亚洲:77-118;大洋洲:28-61;欧洲:18-43;北美洲:99-125;南美洲:85-114
Cheilanthopsis【3】 Hieron. 滇蕨属 ← **Woodsia** Woodsiaceae 岩蕨科 [F-47] 全球 (1) 大洲分布及种数(1-3)◆东亚(◆中国)
Cheilaria Hall. = **Callitriche**
Cheiloclinium【3】 Miers 斜唇卫矛属 ≒ **Peritassa** Celastraceae 卫矛科 [MD-339] 全球 (1) 大洲分布及种数 (16-17)◆南美洲
Cheilococca Salisb. ex Sm. = **Chiococca**
Cheilocolpus C.D.Specht = **Cheilocostus**
Cheilocostus【3】 C.D.Specht 指鞘姜属 ← **Amomum;**

C

Costus Costaceae 闭鞘姜科 [MM-738] 全球 (6) 大洲分布及种数(5)非洲:1;亚洲:4;大洋洲:1;欧洲:1;北美洲:2;南美洲:1
Cheilodiscus Triana = **Pectis**
Cheilogramma Maxon = **Pleopeltis**
Cheilogramme【-】(Bl.) Underw. 水龙骨科属 ≒ **Neurodium** Polypodiaceae 水龙骨科 [F-60] 全球 (uc) 大洲分布及种数(uc)
Cheilolejeunea (A.Evans) W.Ye,Gradst. & R.L.Zhu = **Cheilolejeunea**
Cheilolejeunea【3】Vanden Berghen & Jovet-Ast 唇鳞苔属 ≒ **Harpalejeunea;Lejeunea** Lejeuneaceae 细鳞苔科 [B-84] 全球 (6) 大洲分布及种数(100-105)非洲:20-36;亚洲:41-57;大洋洲:28-44;欧洲:1-15;北美洲:13-27;南美洲:33-47
Cheilolepton Fée = **Lomagramma**
Cheilophila S.O.Lindberg ex Broth. = **Cheilothela**
Cheilophyllum【3】Pennell 离药草属 ≒ **Stemodia** Plantaginaceae 车前科 [MD-527] 全球 (1) 大洲分布及种数(1-8)◆北美洲(◆牙买加)
Cheiloplecton【2】Fée 硬旱蕨属 ≒ **Doryopteris** Pteridaceae 凤尾蕨科 [F-31] 全球 (4) 大洲分布及种数(cf.1 hort.1) 亚洲;欧洲;北美洲;南美洲
Cheilopogon Schltr. = **Chilopogon**
Cheiloporina Trevisan = **Cheilosoria**
Cheilopsis Moq. = **Acanthus**
Cheilorheca Hook.f. = **Cheilotheca**
Cheilosa【3】Bl. 铁椤桐属 → **Baliospermum;Trigonostemon** Euphorbiaceae 大戟科 [MD-217] 全球 (1) 大洲分布及种数(1-8)◆亚洲
Cheilosaceae Doweld = Euphorbiaceae
Cheilosandra Griff ex Lindl. = **Rhynchotechum**
Cheiloscyphus Stephani = **Chiloscyphus**
Cheilosia Bl. = **Cheilosa**
Cheilosoria【3】Trevisan 碎米蕨属 ← **Cheilanthes; Notholaena;Adiantum** Sinopteridaceae 华蕨科 [F-34] 全球(6)大洲分布及种数(7-8)非洲:5;亚洲:6-12;大洋洲:1-6;欧洲:5;北美洲:5;南美洲:5
Cheilotheca【3】Hook.f. 假水晶兰属 → **Monotropastrum;Andresia** Ericaceae 杜鹃花科 [MD-380] 全球 (1) 大洲分布及种数(2-6)◆亚洲
Cheilothela【3】Lindb. ex Broth. 厄牛毛藓属 ≒ **Monotropastrum** Ditrichaceae 牛毛藓科 [B-119] 全球 (1) 大洲分布及种数(2)◆南美洲
Cheilotrema Tschudi = **Cheilotheca**
Cheiloxya Bl. = **Cheilosa**
Cheilyctis (Raf.) Spach = **Monarda**
Cheiradenia【3】Lindl. 手腺兰属 Orchidaceae 兰科 [MM-723] 全球 (1) 大洲分布及种数(1)◆南美洲
Cheiranthera【3】A.Cunn. ex Lindl. 指藤莓属 ≒ **Cheirostemon** Pittosporaceae 海桐科 [MD-448] 全球 (1) 大洲分布及种数(8-11)◆大洋洲
Cheiranthesimum【-】Bois 十字花科属 Brassicaceae 十字花科 [MD-213] 全球 (uc) 大洲分布及种数(uc)
Cheiranthodendron Benth. & Hook.f. = **Chiranthodendron**
Cheiranthodendrum Benth. & Hook.f. = **Fremontodendron**
Cheiranthus【3】L. 桂竹香属 → **Anchonium;Heliophila;Phaeonychium** Brassicaceae 十字花科 [MD-213] 全球 (6) 大洲分布及种数(6-12)非洲:1-15;亚洲:2-16;大洋洲:14;欧洲:2-16;北美洲:1-15;南美洲:14
Cheiraster Haw. = **Narcissus**
Cheiri Adans. = **Erysimum**
Cheiri Ludw. = **Cheiranthus**
Cheiridopsis【3】N.E.Br. 虾钳花属 → **Antimima; Deilanthe** Aizoaceae 番杏科 [MD-94] 全球 (1) 大洲分布及种数(77-88)◆非洲
Cheirinia Link = **Erysimum**
Cheirodendron【3】Nutt. ex Seem. 柏叶枫属 ← **Aralia;Polyscias** Araliaceae 五加科 [MD-471] 全球 (6) 大洲分布及种数(6-10;hort.1;cult:1)非洲:1;亚洲:1;大洋洲:3;欧洲:1;北美洲:5-6;南美洲:1
Cheiroglossa【3】C.Presl 掌叶箭蕨属 ≒ **Ophioglossum** Ophioglossaceae 瓶尔小草科 [F-9] 全球 (6) 大洲分布及种数(4)非洲:2-4;亚洲:2;大洋洲:2;欧洲:2;北美洲:1-3;南美洲:2-4
Cheirolaena【3】Benth. 手苞梧桐属 Malvaceae 锦葵科 [MD-203] 全球 (1) 大洲分布及种数(1)◆非洲
Cheirolepis Boiss. = **Centaurea**
Cheiroloma F.Müll = **Calotis**
Cheirolophus【3】Cass. 齿菊木属 ← **Centaurea;Cyanus** Asteraceae 菊科 [MD-586] 全球 (1) 大洲分布及种数(19-20)◆欧洲
Cheiromeles (Decne.) Decne. = **Malus**
Cheironchus L. = **Cheiranthus**
Cheirontophorus【-】S.A.Hammer 番杏科属 Aizoaceae 番杏科 [MD-94] 全球 (uc) 大洲分布及种数(uc)
Cheiropetalum E.Fries = **Silene**
Cheiropleuria【3】C.Presl 燕尾蕨属 ≒ **Selliguea** Dipteridaceae 双扇蕨科 [F-58] 全球 (1) 大洲分布及种数(2-3)◆亚洲
Cheiropleuriaceae【3】Nakai 燕尾蕨科 [F-59] 全球(6)大洲分布和属种数(1/2-4)非洲:1/1;亚洲:1/2-3;大洋洲:1/1;欧洲:1/1;北美洲:1/1;南美洲:1/1
Cheiropsis (DC.) Bercht. ex J.Presl = **Clematis**
Cheiropteris【3】Christ 燕龙骨属 → **Neocheiropteris;Woodwardia** Polypodiaceae 水龙骨科 [F-60] 全球 (1) 大洲分布及种数(1)◆亚洲
Cheiropterocephalus Barb.Rodr. = **Malaxis**
Cheirostemon【3】Humb. & Bonpl. 魔爪花属 ≒ **Fremontodendron** Malvaceae 锦葵科 [MD-203] 全球 (1) 大洲分布及种数(1)◆北美洲
Cheirostylis【3】Bl. 叉柱兰属 ≒ **Cheirostylis; Adenostylis** Orchidaceae 兰科 [MM-723] 全球 (6) 大洲分布及种数(24-59;hort.1)非洲:3-17;亚洲:20-50;大洋洲:2-15;欧洲:1-12;北美洲:11;南美洲:11
Cheirostylus Pritz. = **Cheirostylis**
Cheirysimum【-】E.Janchen 十字花科属 Brassicaceae 十字花科 [MD-213] 全球 (uc) 大洲分布及种数(uc)
Chela Lour. = **Plumbago**
Chelidoniaceae Martinov = Papaveraceae
Chelidonium【3】Tourn. ex L. 白屈菜属 → **Dicranostigma;Hylomecon** Papaveraceae 罂粟科 [MD-54] 全球 (6) 大洲分布及种数(4-5)非洲:1-4;亚洲:3-7;大洋洲:3;欧洲:2-6;北美洲:2-5;南美洲:3
Chelidospermum Zipp. ex Bl. = **Pittosporum**

Chelidurus【3】 Willd. 白山柑属 Capparaceae 山柑科 [MD-178] 全球 (1) 大洲分布及种数(1)◆亚洲
Cheliusia Sch.Bip. = **Vernonia**
Chelmon L. = **Chelone**
Chelodonium Tourn. ex L. = **Chelidonium**
Chelolepas Benth. & Hook.f. = **Adenochlaena**
Chelon L. = **Chelone**
Chelonaceae Martinov = Veronicaceae
Chelonanthera【2】 Bl. 贝母兰属 ← **Coelogyne;Chelonistele** Orchidaceae 兰科 [MM-723] 全球 (2) 大洲分布及种数(1-2)亚洲:cf.1;南美洲:cf.1
Chelonanthus (Griseb.) Gilg = **Chelonanthus**
Chelonanthus【3】 Gilg 龟花龙胆属 ≒ **Helia;Plicanthus** Gentianaceae 龙胆科 [MD-496] 全球 (1) 大洲分布及种数(19)◆南美洲
Chelone【3】 L. 鳖头花属 → **Penstemon;Chionanthus** Plantaginaceae 车前科 [MD-527] 全球 (1) 大洲分布及种数(6-25)◆北美洲
Chelonecarya Pierre = **Rhaphiostylis**
Chelonespermum【3】 Hemsl. 大洋榄属 ← **Burckella;Xantolis** Sapotaceae 山榄科 [MD-357] 全球 (1) 大洲分布及种数(3)◆大洋洲(◆美拉尼西亚)
Chelonia L. = **Chelone**
Chelonistele【3】 Pfitzer & Carr 穹柱兰属 ≒ **Chelonanthera** Orchidaceae 兰科 [MM-723] 全球 (1) 大洲分布及种数(6-10)◆亚洲
Chelonocarya Pierre = **Rhaphiostylis**
Chelonopsis C.Y.Wu & H.W.Li = **Chelonopsis**
Chelonopsis【3】 Miq. 铃子香属 → **Bostrychanthera** Lamiaceae 唇形科 [MD-575] 全球 (1) 大洲分布及种数(19-22)◆亚洲
Chelonpsis Miq. = **Chelonopsis**
Chelonus Viereck = **Chelone**
Chelrostylis Pritz. = **Zeuxine**
Chelychocentrum【-】 J.M.H.Shaw 兰科属 Orchidaceae 兰科 [MM-723] 全球 (uc) 大洲分布及种数(uc)
Chelycidium【-】 J.M.H.Shaw 兰科属 Orchidaceae 兰科 [MM-723] 全球 (uc) 大洲分布及种数(uc)
Chelyella Szlach. & Sitko = **Maxillaria**
Chelyocarpus【3】 Dammer 龟壳棕属 ≒ **Trithrinax** Arecaceae 棕榈科 [MM-717] 全球 (1) 大洲分布及种数(4-5)◆南美洲
Chelyopsis J.M.H.Shaw = **Chelonopsis**
Chelyorchis Dressler & N.H.Williams = **Rossioglossum**
Chemnicia G.A.Scop. = **Strychnos**
Chemnizia Fabr. = **Lagoecia**
Chemnizia Heist. ex Fabr. = **Carum**
Chemnizia Steud. = **Strychnos**
Chen R.H.Zander = **Chenia**
Chenara C.C.Tsai = **Muscari**
Cheneya Lindl. = **Chesneya**
Chengiopanax【3】 C.B.Shang & J.Y.Huang 人参木属 ← **Acanthopanax;Eleutherococcus;Schefflera** Araliaceae 五加科 [MD-471] 全球 (1) 大洲分布及种数(cf. 1)◆东亚(◆中国)
Chenia C.C.Tsai = **Chenia**
Chenia【3】 R.H.Zander 陈氏藓属 ≒ **Funaria** Pottiaceae 丛藓科 [B-133] 全球 (6) 大洲分布及种数(4) 非洲:2;亚洲:1;大洋洲:1;欧洲:1;北美洲:1;南美洲:3
Chenidonium Tourn. ex L. = **Chelidonium**
Cheniella【2】 R.Clark & Mackinder 旱雀豆属 Fabaceae3 蝶形花科 [MD-240] 全球 (2) 大洲分布及种数(9) 亚洲:9;北美洲:1
Chenocarpus Neck. = **Reseda**
Chenolea【3】 Thunb. 海垫藜属 ← **Bassia;Sclerolaena;Malacocera** Chenopodiaceae 藜科 [MD-115] 全球 (1) 大洲分布及种数(4)◆非洲
Chenolea Ulbr. = **Chenolea**
Chenoleoides (Ulbr.) Botsch. = **Chenoleoides**
Chenoleoides【2】 Botsch. 木冰藜属 Amaranthaceae 苋科 [MD-116] 全球 (3) 大洲分布及种数(cf.) 非洲;亚洲;欧洲
Chenopochium L. = **Chenopodium**
Chenopodiaceae【3】 Vent. 藜科 [MD-115] 全球 (6) 大洲分布和属种数(100-112;hort. & cult.24-29)(1527-2739; hort. & cult.86-117)非洲:34-59/384-741;亚洲:63-80/723-1160;大洋洲:28-56/357-712;欧洲:29-54/268-578;北美洲:34-55/342-644;南美洲:12-45/191-483
Chenopodiastrum【2】 (H.W.Kung) Uotila 麻叶藜属 ≒ **Atriplex** Amaranthaceae 苋科 [MD-116] 全球 (5) 大洲分布及种数(cf.7-8 hort.1) 非洲:2(IFR 1);亚洲:6;大洋洲:1;欧洲:2;北美洲:1
Chenopodina【3】 (Moq.) Moq. 小异子蓬属 ≒ **Dysphania** Amaranthaceae 苋科 [MD-116] 全球 (1) 大洲分布及种数(uc)◆大洋洲
Chenopodiopsis【3】 Hilliard 假藜属 ≒ **Selago** Scrophulariaceae 玄参科 [MD-536] 全球 (1) 大洲分布及种数(3)◆非洲
Chenopodium【3】 L. 藜属 → **Monolepis;Chenopodina;Spinacia** Chenopodiaceae 藜科 [MD-115] 全球 (6) 大洲分布及种数(205-297;hort.1;cult:68)非洲:40-95;亚洲:72-132;大洋洲:49-102;欧洲:79-138;北美洲:76-136;南美洲:59-117
Chenorchis Z.J.Liu,K.Wei Liu & L.J.Chen = **Penkimia**
Cheopodium L. = **Chenopodium**
Chepagra Hort. = **Muscari**
Cher Adans. = **Erysimum**
Cherianthus Schreb. = **Erysimum**
Cherina Cass. = **Chaetopappa**
Cherleria Hall. = **Stellaria**
Cherleria L. = **Minuartia**
Chernes C.L.Koch = **Carapichea**
Cherophilum Nocca = **Chaerophyllum**
Chersodoma【3】 Phil. 山绒菊属 ← **Senecio** Asteraceae 菊科 [MD-586] 全球 (1) 大洲分布及种数(10)◆南美洲
Chersydrium Schott = **Dracontium**
Chesmone Bub. = **Chelone**
Chesnea G.A.Scop. = **Psychotria**
Chesneya Bertol. = **Chesneya**
Chesneya【3】 Lindl. 雀儿豆属 ≒ **Spongiocarpella;Astragalus** Fabaceae 豆科 [MD-240] 全球 (1) 大洲分布及种数(17-37)◆亚洲
Chesniella【3】 Boriss. 旱雀豆属 ← **Chesneya** Fabaceae 豆科 [MD-240] 全球 (1) 大洲分布及种数(cf. 1)◆亚洲
Chesnya Lindl. = **Chesneya**
Chetaria Steud. = **Achetaria**
Chetastrum Neck. = **Scabiosa**

Chetocrater Raf. = **Chaetocrater**
Chetone Druce = **Chelone**
Chetronus Raf. = **Acanthophyllum**
Chetropis Raf. = **Sagina**
Chetyson (Michx.) Á.Löve & D.Löve = **Sedum**
Cheus Thurston = **Cereus**
Chevalia Gaudich. ex Beer = **Aechmea**
Chevaliera Gaudich. ex Beer = **Aechmea**
Chevalierella【3】A.Camus 距花黍属 ≒ **Ichnanthus** Poaceae 禾本科 [MM-748] 全球 (1) 大洲分布及种数(1)◆非洲
Chevalieria【3】Gaud. 光萼荷属 ≒ **Aechmea** Bromeliaceae 凤梨科 [MM-715] 全球 (1) 大洲分布及种数(uc)◆亚洲
Chevalierodendron J.F.Leroy = **Streblus**
Chevalliera Carrière = **Acanthostachys**
Chevallieria Gaudich. ex Beer = **Aechmea**
Chevreulia【3】Cass. 钝柱紫绒草属 → **Belloa;Chaptalia;Xeranthemum** Asteraceae 菊科 [MD-586] 全球 (1) 大洲分布及种数(10-13)◆南美洲
Chewara auct. = **Muscari**
Cheynia Harv. = **Balaustion**
Cheyniana【3】Rye 榴岗松属 Myrtaceae 桃金娘科 [MD-347] 全球 (1) 大洲分布及种数(cf.2) ◆大洋洲
Chiangiodendron【3】T.Wendt 墨西哥大风子属 Achariaceae 青钟麻科 [MD-159] 全球 (1) 大洲分布及种数(1)◆北美洲
Chianthemum P. & K. = **Galanthus**
Chiapasia Britton & Rose = **Disocactus**
Chiapasophyllum Doweld = **Selenicereus**
Chiarella Rydb. = **Potentilla**
Chiarinia【3】Chiov. 龙胆属 ← **Gentiana** Sapindaceae 无患子科 [MD-428] 全球 (1) 大洲分布及种数(uc)属分布和种数(uc)◆欧洲
Chiarospermum Bernh. = **Hypecoum**
Chiastocaulon【3】(Nees) Carl 树羽苔属 Plagiochilaceae 羽苔科 [B-73] 全球 (1) 大洲分布及种数(1)◆东亚(◆中国)
Chiastophyllum (Ledeb.) Stapf ex A.Berger = **Chiastophyllum**
Chiastophyllum【3】Stapf 银波木属 ← **Cotyledon** Crassulaceae 景天科 [MD-229] 全球 (1) 大洲分布及种数(1-2)◆亚洲
Chiazospermum Bernh. = **Hypecoum**
Chibaca Bertol.f. = **Dalea**
Chibala Bertol.f. = **Warburgia**
Chibchea C.Presl = **Acropogon**
Chichaea C.Presl = **Sterculia**
Chichahua C.Presl = **Acropogon**
Chicharronia A.Rich. = **Terminalia**
Chichicaste【3】Weigend 白莲花属 Loasaceae 刺莲花科 [MD-435] 全球 (1) 大洲分布及种数(1-2)◆北美洲
Chickrassia A.Juss. = **Chukrasia**
Chiclea Lundell = **Manilkara**
Chicoinaea Comm. ex DC. = **Psychotria**
Chidlowia【3】Hoyle 奇罗维豆属 Fabaceae 豆科 [MD-240] 全球 (1) 大洲分布及种数(1)◆非洲
Chielotheca Hook.f. = **Cheilotheca**
Chienia W.T.Wang = **Delphinium**
Chieniodendron【3】Tsiang & P.T.Li 假鹰爪属 ← **Desmos** Annonaceae 番荔枝科 [MD-7] 全球 (1) 大洲分布及种数(2)◆亚洲
Chieniopteris【3】Ching 长羽狗脊属 Blechnaceae 乌毛蕨科 [F-46] 全球 (1) 大洲分布及种数(2)◆东亚(◆中国)
Chienodoxa Y.S.Sun = **Schnabelia**
Chieranthus L. = **Cheiranthus**
Chigallia Comm. ex Poir. = **Cephaelis**
Chigua D.W.Stev. = **Zamia**
Chihuahuana Urbatsch & R.P.Roberts = **Medranoa**
Chikusichloa【3】Koidz. 山涧草属 Poaceae 禾本科 [MM-748] 全球 (1) 大洲分布及种数(cf. 1)◆亚洲
Chilara Girard = **Clara**
Chilcaia Roiv. = **Eleocharis**
Childsia Childs = **Melampodium**
Childsii Childs = **Melampodium**
Chileaia Backeb. = **Cactus**
Chilechium Pfeiff. = **Buchnera**
Chilelopsis Backeb. = **Cactus**
Chilena Backeb. = **Cactus**
Chilenana Backeb. = **Cactus**
Chilenia Backeb. = **Eriosyce**
Chileniopsis Backeb. = **Eriosyce**
Chilenius Backeb. = **Cactus**
Chilensis D.Don = **Chilopsis**
Chileobryon【3】Enroth 白牛舌藓属 ≒ **Pinnatella** Leskeaceae 薄罗藓科 [B-181] 全球 (1) 大洲分布及种数(1)◆南美洲
Chileorchis Szlach. = **Sobralia**
Chileorebutia F.Ritter = **Eriosyce**
Chileranthemum【3】örst. 智利喜花草属 ← **Jacobinia;Clerodendrum** Acanthaceae 爵床科 [MD-572] 全球 (1) 大洲分布及种数(3)◆北美洲
Chileria Backeb. = **Cactus**
Chilerium Poit. ex DC. = **Eclipta**
Chileuma Backeb. = **Cactus**
Chilia Orcutt = **Mammillaria**
Chiliadenus【2】Cass. 叉枝菊属 ≒ **Jasonia; Allagopappus** Asteraceae 菊科 [MD-586] 全球 (2) 大洲分布及种数(uc)非洲;亚洲
Chiliandra Griff. = **Rhynchotechum**
Chilianthus【3】Burch. 醉鱼草属 ≒ **Nuxia** Scrophulariaceae 玄参科 [MD-536] 全球 (1) 大洲分布及种数(uc)◆大洋洲
Chilidiopsis Backeb. = **Cactus**
Chilina Orcutt = **Mammillaria**
Chilinia Backeb. = **Cactus**
Chiliocephalum【3】Benth. 光果金绒草属 ← **Helichrysum** Asteraceae 菊科 [MD-586] 全球 (1) 大洲分布及种数(1-2)◆非洲
Chiliophyllum【3】Phil. 黄帚菀属 ≒ **Zaluzania** Asteraceae 菊科 [MD-586] 全球 (1) 大洲分布及种数(3)◆南美洲
Chiliorebutia Frič = **Eriosyce**
Chiliotrichiopsis【3】Cabrera 胶帚菀属 ← **Gutierrezia** Asteraceae 菊科 [MD-586] 全球 (1) 大洲分布及种数(5)◆南美洲
Chiliotrichum【3】Cass. 绒帚菀属 ← **Amellus;Aster;**

Nardophyllum Asteraceae 菊科 [MD-586] 全球 (1) 大洲分布及种数(7-9)◆南美洲(◆智利)
Chilips Orcutt = **Mammillaria**
Chilita Orcutt = **Mammillaria**
Chilkaia Roiv. = **Eleocharis**
Chillane Roiv. = **Eleocharis**
Chillanella Butler = **Celianella**
Chillania Roiv. = **Eleocharis**
Chilmarrhis Jacq. = **Chimarrhis**
Chilmoria Buch.Ham. = **Gynocardia**
Chilocalyx Klotzsch = **Cleome**
Chilocalyx Turcz. = **Atalantia**
Chilocardamum【3】 O.E.Schulz 雌足芥属 ≒ **Thelypodium** Brassicaceae 十字花科 [MD-213] 全球 (1) 大洲分布及种数(4)◆南美洲
Chilocarpus 【3】 Bl. 唇果夹竹桃属 ← **Alstonia; Melodinus** Apocynaceae 夹竹桃科 [MD-492] 全球 (1) 大洲分布及种数(6-12)◆亚洲
Chilocentrum 【-】 auct. 兰科属 Orchidaceae 兰科 [MM-723] 全球 (uc) 大洲分布及种数(uc)
Chilochista Lindl. = **Chiloschista**
Chilochium Raf. = **Heliotropium**
Chilochloa P.Beauv. = **Phleum**
Chiloclista Townsend = **Chiloschista**
Chilodia R.Br. = **Prostanthera**
Chilodus R.Br. = **Prostanthera**
Chiloglossa örst. = **Justicia**
Chiloglottis【3】 R.Br. 飞鸟兰属 ≒ **Acianthus;Serapias;Simpliglottis** Orchidaceae 兰科 [MM-723] 全球 (1) 大洲分布及种数(20-30)◆大洋洲
Chilopogon 【3】 Schltr. 白花兰属 ≒ **Appendicula** Orchidaceae 兰科 [MM-723] 全球 (1) 大洲分布及种数(1-4)◆亚洲
Chilopsis 【3】 D.Don 沙楸属 Bignoniaceae 紫葳科 [MD-541] 全球 (1) 大洲分布及种数(1-2)◆北美洲(◆美国)
Chilopteris (C.Presl) Lindl. = **Chilopteris**
Chilopteris 【3】 C.Presl 瓷足蕨属 ≒ **Polypodium** Polypodiaceae 水龙骨科 [F-60] 全球 (1) 大洲分布及种数(1)◆非洲
Chilosa Bl. = **Cheilosa**
Chiloschista 【3】 Lindl. 异型兰属 → **Chroniochilus;Pteroceras;Thrixspermum** Orchidaceae 兰科 [MM-723] 全球 (1) 大洲分布及种数(9-19)◆亚洲
Chiloscyphus (Dum.) Hentschel = **Chiloscyphus**
Chiloscyphus【3】 Stephani 裂萼苔属 ≒ **Clasmatocolea;Lophocolea** Lophocoleaceae 齿萼苔科 [B-74] 全球 (6) 大洲分布及种数(198-213)非洲:18-45;亚洲:40-68;大洋洲:90-125;欧洲:11-36;北美洲:32-57;南美洲:60-86
Chilostigma Hochst. = **Sutera**
Chilota Orcutt = **Mammillaria**
Chiloterus D.L.Jones & M.A.Clem. = **Prasophyllum**
Chilotheca P. & K. = **Monotropastrum**
Chimaera R.Br. ex DC. = **Pyrola**
Chimaerochloa【3】 H.P.Linder 裂萼禾属 Poaceae 禾本科 [MM-748] 全球 (1) 大洲分布及种数(1)◆非洲
Chimantaea【3】 Maguire,Steyerm. & Wurdack 掸菊木属 ← **Stenopadus** Asteraceae 菊科 [MD-586] 全球 (1) 大洲分布及种数(9)◆南美洲
Chimanthus Raf. = **Lauro-cerasus**
Chimaphila【3】 Pursh 喜冬草属 ← **Pyrola;Moneses** Ericaceae 杜鹃花科 [MD-380] 全球 (6) 大洲分布及种数(6-7;hort.1;cult:1)非洲:12;亚洲:5-17;大洋洲:12;欧洲:2-14;北美洲:4-16;南美洲:12
Chimarhis Raf. = **Chimarrhis**
Chimarra R.Br. ex DC. = **Pyrola**
Chimarrhis (Ducke) Delprete = **Chimarrhis**
Chimarrhis【2】 Jacq. 冬流木属 → **Bathysa;Simira; Elaeagia** Rubiaceae 茜草科 [MD-523] 全球 (2) 大洲分布及种数(15-17)北美洲:6-7;南美洲:11-12
Chimaza R.Br ex DC. = **Chimaphila**
Chimborazoa 【3】 H.T.Beck 白患子属 ← **Serjania** Sapindaceae 无患子科 [MD-428] 全球 (1) 大洲分布及种数(1)◆南美洲(◆厄瓜多尔)
Chimerophora 【-】 Y.Itô 仙人掌科属 Cactaceae 仙人掌科 [MD-100] 全球 (uc) 大洲分布及种数(uc)
Chimocarpus Baill. = **Chilocarpus**
Chimonanthaceae Perleb = Calycanthaceae
Chimonanthus 【3】 Lindl. 蜡梅属 ← **Calycanthus; Myxopyrum** Calycanthaceae 蜡梅科 [MD-12] 全球 (1) 大洲分布及种数(6)◆东亚(◆中国)
Chimonobambusa (J.R.Xue & T.P.Yi) T.H.Wen & D.Ohrnberger = **Chimonobambusa**
Chimonobambusa【3】 Makino 月月竹属 → **Ampelocalamus;Arundinaria** Poaceae 禾本科 [MM-748] 全球 (1) 大洲分布及种数(37-45)◆亚洲
Chimonocalamus Hsueh & T.P.Yi = **Chimonocalamus**
Chimonocalamus 【3】 J.R.Xü & T.P.Yi 香竹属 ← **Arundinaria;Semiarundinaria;Sinarundinaria** Poaceae 禾本科 [MM-748] 全球 (1) 大洲分布及种数(16-17)◆亚洲
Chimophila Radius = **Chimaphila**
China Pancher ex Baill. = **Neuburgia**
Chinchona Howard = **Cinchona**
Chingia 【2】 (Bl.) Holttum 仁昌蕨属 ≒ **Cyclosorus** Thelypteridaceae 金星蕨科 [F-42] 全球 (2) 大洲分布及种数(2-8)亚洲:5;大洋洲:1
Chingia Holttum = **Chingia**
Chingiacanthus Hand.Mazz. = **Isoglossa**
Chingithamnaceae Hand.Mazz. = Pinaceae
Chingithamnus Hand.Mazz. = **Euchlora**
Chingyungia Ai = **Melampyrum**
Chinheongara 【-】 C.H.Tan ex J.M.H.Shaw 兰科属 Orchidaceae 兰科 [MM-723] 全球 (uc) 大洲分布及种数(uc)
Chinkovsyara 【-】 Easton 兰科属 Orchidaceae 兰科 [MM-723] 全球 (uc) 大洲分布及种数(uc)北美洲
Chinomobambusa Makino = **Chimonobambusa**
Chinostomum Müll.Hal. ex Crosby & Magill = **Chionostomum**
Chioachne R.Br. = **Chionachne**
Chioccoca P.Br. = **Chiococca**
Chiococca 【3】 P.Br. ex L. 黑鸡纳属 → **Chassalia; Margaritopsis;Tarenna** Rubiaceae 茜草科 [MD-523] 全球(6)大洲分布及种数(28-32;hort.1;cult:2)非洲:6;亚洲:3-9;大洋洲:6;欧洲:6;北美洲:19-27;南美洲:17-23
Chiococceae Benth. & Hook.f. = **Chiococca**
Chiogenes【3】 Salisb. ex Torr. 白珠属 ≒ **Gaultheria**

C

Ericaceae 杜鹃花科 [MD-380] 全球 (1) 大洲分布及种数(1)◆亚洲
Chiomara R.Br. ex DC. = **Pyrola**
Chionachne【3】R.Br. 葫芦草属 → **Cleistochloa;Polytoca;Tripsacum** Poaceae 禾本科 [MM-748] 全球 (6) 大洲分布及种数(9)非洲:2;亚洲:7-10;大洋洲:4-6;欧洲:2;北美洲:2-4;南美洲:2
Chionacne Balansa = **Potentilla**
Chionantha Börner = **Carex**
Chionanthus【3】Gaertn. 流苏树属 ← **Fraxinus;Linociera;Noronhia** Oleaceae 木樨科 [MD-498] 全球 (6) 大洲分布及种数(124-172;hort.1)非洲:27-37;亚洲:79-106;大洋洲:20-28;欧洲:4-11;北美洲:30-41;南美洲:29-36
Chione【3】DC. 雪脂木属 ≒ **Narcissus;Stenostomum** Rubiaceae 茜草科 [MD-523] 全球 (1) 大洲分布及种数(4-23)◆北美洲(◆美国)
Chioneosoma Dixon = **Chionoloma**
Chionice Bunge ex Ledeb. = **Potentilla**
Chionis L. = **Chironia**
Chionobryum Glow. = **Brachythecium**
Chionocharis【3】I.M.Johnst. 垫紫草属 ← **Eritrichium** Boraginaceae 紫草科 [MD-517] 全球 (1) 大洲分布及种数(1-2)◆亚洲
Chionochlaena P. & K. = **Cheirolaena**
Chionochloa【3】Zotov 白穗茅属 ← **Achnatherum;-Cortaderia** Poaceae 禾本科 [MM-748] 全球 (1) 大洲分布及种数(25-27)◆大洋洲
Chionocloa Zotov = **Chionochloa**
Chionodoxa【3】Boiss. 雪百合属 ← **Scilla** Asparagaceae 天门冬科 [MM-669] 全球 (1) 大洲分布及种数(1)◆北美洲(◆美国)
Chionodxa Boiss. = **Chionodoxa**
Chionogentias【3】L.G.Adams 假龙胆属 ← **Gentianella** Gentianaceae 龙胆科 [MD-496] 全球 (1) 大洲分布及种数(1)◆大洋洲
Chionographidaceae【3】Takht. 白丝草科 [MM-626] 全球 (6) 大洲分布和属种数(1;hort. & cult.1)(5-7;hort. & cult.2)非洲:1/1;亚洲:1/5-6;大洋洲:1/1;欧洲:1/1;北美洲:1/1;南美洲:1/1
Chionographis【3】Maxim. 白丝草属 ← **Chamaelirium;Melanthium** Melanthiaceae 藜芦科 [MM-621] 全球 (1) 大洲分布及种数(5-6)◆亚洲
Chionohebe B.G.Briggs & Ehrend. = **Veronica**
Chionolaena【3】DC. 雪衣鼠麹木属 → **Achyrocline;Anaphalis;Helichrysum** Asteraceae 菊科 [MD-586] 全球 (1) 大洲分布及种数(30)◆北美洲
Chionoloma【3】Dixon 白丛藓属 ≒ **Trichostomum** Pottiaceae 丛藓科 [B-133] 全球 (6) 大洲分布及种数(11) 非洲:6;亚洲:8;大洋洲:6;欧洲:4;北美洲:6;南美洲:5
Chionopappus【3】Benth. 羽冠黄安菊属 Asteraceae 菊科 [MD-586] 全球 (1) 大洲分布及种数(1)◆南美洲(◆秘鲁)
Chionophila【3】Benth. 寒钟柳属 ≒ **Boopis;Penstemon** Plantaginaceae 车前科 [MD-527] 全球 (1) 大洲分布及种数(2)◆北美洲(◆美国)
Chionopsis Miq. = **Chelonopsis**
Chionoptera DC. = **Pachylaena**
Chionoscilla Allen,James & Nicholson = **Scilla**
Chionostomum【3】Müll.Hal. 花锦藓属 ≒ **Aptychella** Sematophyllaceae 锦藓科 [B-192] 全球 (1) 大洲分布及种数(5)◆亚洲
Chionothrix【3】Hook.f. 白苋木属 → **Dasysphaera;Sericocoma** Amaranthaceae 苋科 [MD-116] 全球 (1) 大洲分布及种数(2)◆非洲
Chionotria Jack. = **Glycosmis**
Chionstomum Fr. = **Chionostomum**
Chiophila Raf. = **Gentiana**
Chiorchis Carr = **Sarcochilus**
Chiovendaea【3】Speg. 宝锋豆属 ← **Coursetia** Fabaceae3 蝶形花科 [MD-240] 全球 (1) 大洲分布及种数(uc)属分布和种数(uc)◆南美洲
Chira Simon = **Chamira**
Chiranthera P. & K. = **Pentachaeta**
Chiranthodendraceae A.Gray = Grewiaceae
Chiranthodendron【3】Larreat. 魔爪花属 → **Fremontodendron;Fremontia** Sterculiaceae 梧桐科 [MD-189] 全球 (1) 大洲分布及种数(2-3)◆北美洲
Chiranthofremontia【3】J.Henrickson 魔爪桐属 Sterculiaceae 梧桐科 [MD-189] 全球 (1) 大洲分布及种数(uc)属分布和种数(uc)◆北美洲(◆美国)
Chiranthomontodendron【-】Dorr 锦葵科属 Malvaceae 锦葵科 [MD-203] 全球 (uc) 大洲分布及种数(uc)
Chirata G.Don = **Hemiboea**
Chirida Horan. = **Canna**
Chiridiella Braem = **Bletia**
Chiriscus Gaertn. = **Randia**
Chirita (C.B.Clarke) Y.Z.Wang = **Chirita**
Chirita【3】Buch.Ham. 唇柱苣苔属 ← **Aeschynanthus;Didymocarpus;Hemiboea** Gesneriaceae 苦苣苔科 [MD-549] 全球 (6) 大洲分布及种数(107-118)非洲:4-39;亚洲:106-147;大洋洲:2-36;欧洲:34;北美洲:1-35;南美洲:3-37
Chiritopsis【3】W.T.Wang 小花苣苔属 ≒ **Primulina** Gesneriaceae 苦苣苔科 [MD-549] 全球 (1) 大洲分布及种数(11)◆亚洲
Chirocalyx Meisn. = **Erythrina**
Chirochlaena P. & K. = **Chionolaena**
Chirodendrum P. & K. = **Panax**
Chirodota T.P. & K. = **Calotis**
Chirolepis Van Tiegh. = **Centaurea**
Chiroloma P. & K. = **Calotis**
Chirolophius Cass. = **Cheirolophus**
Chirolophus Cass. = **Centaurea**
Chiron Wied = **Chironia**
Chirona Cothen. = **Tarenna**
Chironia【3】L.绮龙花属→**Blackstonia;Centaurium;Gentiana** Gentianaceae 龙胆科 [MD-496] 全球 (6) 大洲分布及种数(19-37;hort.1)非洲:18-34;亚洲:3-7;大洋洲:3;欧洲:3;北美洲:2-6;南美洲:3
Chironiaceae Horan. = Plocospermataceae
Chironieae (G.Don) Endl. = **Chironia**
Chironiella (Chiron & V.P.Castro) Braem = **Cattleya**
Chiropetalum【3】A.Juss. 地杜英属 ≒ **Argithamnia** Euphorbiaceae 大戟科 [MD-217] 全球 (1) 大洲分布及种数(22)◆南美洲
Chiroptera Botsch. = **Choriptera**
Chirostemon Cerv. = **Fremontodendron**

Chirostemum Cerv. = **Fremontodendron**
Chirothecia P. & K. = **Monotropastrum**
Chirripoa Süss. = **Guzmania**
Chisocheton【3】Bl. 溪桫属 ← **Amoora;Guarea;Dysoxylum** Meliaceae 楝科 [MD-414] 全球 (1) 大洲分布及种数(16-45)◆亚洲
Chisochiton Bl. = **Chisocheton**
Chitalpa【3】T.S.Elias & W.Wisura 梓属 ≒ **Tabebuia** Bignoniaceae 紫葳科 [MD-541] 全球 (1) 大洲分布及种数(1)◆北美洲(◆美国)
Chithonanthus Lehm. = **Acacia**
Chitina D.Don = **Zigadenus**
Chitonanthus Lindl. = **Chimonanthus**
Chitonia D.Don = **Zigadenus**
Chitonia Moç. & Sessé = **Morkillia**
Chitonia Salisb. = **Zigadenus**
Chitonidae D.Don = **Zigadenus**
Chitonochilus【3】Schltr. 禾叶兰属 ← **Agrostophyllum** Orchidaceae 兰科 [MM-723] 全球 (1) 大洲分布及种数(uc)◆大洋洲
Chizocheton A.Juss. = **Chisocheton**
Chlaenandra【3】Miq. 被蕊藤属 Menispermaceae 防己科 [MD-42] 全球 (1) 大洲分布及种数(1)◆大洋洲(◆巴布亚新几内亚)
Chlaenanthus P. & K. = **Justicia**
Chlaenobolus Cass. = **Pterocaulon**
Chlaenosciadium【3】C.Norman 篷伞芹属 Apiaceae 伞形科 [MD-480] 全球 (1) 大洲分布及种数(1)◆大洋洲
Chlainanthus Briq. = **Moluccella**
Chlamidacanthus Lindau = **Phaulopsis**
Chlamidium Corda = **Marchantia**
Chlamydacanthus Lindau = **Phaulopsis**
Chlamydanthus C.A.Mey. = **Thymelaea**
Chlamydera Banks ex Gaertn. = **Phormium**
Chlamydes Banks ex Gaertn. = **Phormium**
Chlamydia Banks ex Gaertn. = **Phormium**
Chlamydiales J.R.Drumm. = **Aster**
Chlamydites J.R.Drumm. = **Aster**
Chlamydobalanus (Endl.) Koidz. = **Quercus**
Chlamydoboea Stapf = **Paraboea**
Chlamydocardia【3】Lindau 心被爵床属 ≒ **Justicia** Acanthaceae 爵床科 [MD-572] 全球 (1) 大洲分布及种数(2)◆非洲
Chlamydocarya【3】Baill. 篷果茱萸属 ← **Calycobolus;Polycephalium** Convolvulaceae 旋花科 [MD-499] 全球 (1) 大洲分布及种数(6)◆非洲
Chlamydocola【3】(K.Schum.) M.Bodard 可乐果属 ≒ **Paraboea** Malvaceae 锦葵科 [MD-203] 全球 (1) 大洲分布及种数(cf. 1)◆非洲
Chlamydogramme Holttum = **Tectaria**
Chlamydojatropha【3】Pax and.K.Hoffm. 被桐子属 Euphorbiaceae 大戟科 [MD-217] 全球 (1) 大洲分布及种数(1)◆非洲
Chlamydophila Ehrenb. ex Less. = **Chlamydophora**
Chlamydophora【3】Ehrenb. ex Less. 齿芫荽属 → **Cotula;Aaronsohnia;Matricaria** Asteraceae 菊科 [MD-586] 全球 (6) 大洲分布及种数(2)非洲:1-2;亚洲:1-2;大洋洲:1;欧洲:1-2;北美洲:1;南美洲:1
Chlamydophytum【2】Mildbr. 无苞菰属 Balanophoraceae 蛇菰科 [MD-307] 全球 (2) 大洲分布及种数(1-2)非洲:1;亚洲:cf.1
Chlamydosperma A.Rich. = **Villanova**
Chlamydostachya【3】Mildbr. 篷穗爵床属 ≒ **Dianthera** Acanthaceae 爵床科 [MD-572] 全球 (1) 大洲分布及种数(1)◆非洲
Chlamydostylus Baker = **Nemastylis**
Chlamyphorus【3】Klatt 千日红属 ≒ **Gomphrena** Amaranthaceae 苋科 [MD-116] 全球 (1) 大洲分布及种数(1)◆南美洲
Chlamysperma Less. = **Villanova**
Chlamyspermum F.Müll = **Villanova**
Chlamysporum (Labill.) P. & K. = **Thysanotus**
Chlanidophora Ehrenb. ex Less. = **Chlamydophora**
Chlanis Klotzsch = **Xylotheca**
Chlaotrachelus Hook.f. = **Laggera**
Chlenias Spreng. = **Crenias**
Chleterus Raf. = **Paraboea**
Chliara Kunth = **Clara**
Chlidanthus【2】Herb. 黛玉花属 ← **Amaryllis; Pancratium;Clinanthus** Amaryllidaceae 石蒜科 [MM-694] 全球 (4) 大洲分布及种数(7)非洲:2;大洋洲:2;北美洲:3;南美洲:5
Chlidonium Tourn. ex L. = **Chelidonium**
Chloachne Stapf = **Poecilostachys**
Chloammia Raf. = **Festuca**
Chloamnia Raf. = **Festuca**
Chloanthaceae Hutch. = Chloranthaceae
Chloanthes【3】R.Br. 荔南苏属 → **Dicrastylis;Pityrodia** Lamiaceae 唇形科 [MD-575] 全球 (1) 大洲分布及种数(3-5)◆大洋洲
Chloebia Lindl. = **Arundina**
Chloeia Lindl. = **Arundina**
Chloeria Felder & Felder = **Chloris**
Chloerum Willd. ex Link = **Abolboda**
Chloidia Lindl. = **Tropidia**
Chlomphytum Ker Gawl. = **Chlorophytum**
Chlonanthes Raf. = **Penstemon**
Chlonanthus Raf. = **Rogersonanthus**
Chloopsis Bl. = **Ophiopogon**
Chloothamnus Buse = **Nastus**
Chlopsis Raf. = **Chilopsis**
Chlora【3】Ren. ex Adans. 绮莲花属 ≒ **Lisianthius;-Sabatia** Gentianaceae 龙胆科 [MD-496] 全球 (1) 大洲分布及种数(1)◆欧洲
Chloracantha【3】G.L.Nesom 刺菀属 ≒ **Erigeron** Asteraceae 菊科 [MD-586] 全球 (1) 大洲分布及种数(3)◆北美洲
Chloractis Raf. = **Bouteloua**
Chloradenia Baill. = **Cladogynos**
Chloraea (Gosewijn) Szlach. = **Chloraea**
Chloraea【3】Lindl. 绿丝兰属 ← **Arethusa;Limodorum;Sobralia** Orchidaceae 兰科 [MM-723] 全球 (1) 大洲分布及种数(64-71)◆南美洲
Chloraeeae Rchb.f. = **Chloraea**
Chloranthaceae【3】R.Br. ex Sims 金粟兰科 [MD-31] 全球 (6) 大洲分布和属种数(4;hort. & cult.1)(75-99;hort. & cult.9-10)非洲:1-4/2-8;亚洲:4/26-33;大洋洲:1-4/2-16;欧洲:3/4;北美洲:1-4/18-23;南美洲:1-3/40-44

Chloranthelia【3】 (Stephani) R.M.Schust. 指头苔属 ≒ **Maculia** Lepidoziaceae 指叶苔科 [B-63] 全球 (1) 大洲分布及种数(1)◆大洋洲(◆波利尼西亚)
Chloranthuis Sw. = **Chloranthus**
Chloranthus【3】 Sw. 金粟兰属 → **Ardisia;Cryphaea** Chloranthaceae 金粟兰科 [MD-31] 全球 (1) 大洲分布及种数(18-22)◆亚洲
Chloraster Haw. = **Narcissus**
Chloreae Griseb. = **Chloraea**
Chlorestes Haw. = **Narcissus**
Chloria Bl. = **Chloris**
Chlorida Linné = **Lachenalia**
Chloridaceae Bercht. & J.Presl = Poaceae
Chloridion Stapf = **Stereochlaena**
Chloridium Hook.f. = **Cneoridium**
Chloridopsis Hack. = **Trichloris**
Chlorilis Sw. = **Chloris**
Chlorillus E.Mey. = **Dolichos**
Chlorinae (Griseb.) Griseb. = **Lachenalia**
Chlorinoides Fisch. ex Regel = **Bouteloua**
Chloris (Desf.) Rchb. = **Chloris**
Chloris【3】 Sw. 虎尾草属 → **Bouteloua; Enteropogon; Eustachys** Poaceae 禾本科 [MM-748] 全球 (1) 大洲分布及种数(39-66)◆北美洲(◆美国)
Chlorisia Kunth = **Chorisia**
Chlorissa Sw. = **Chloris**
Chloriza Salisb. = **Aletris**
Chlorocalymma【3】 Clayton 非洲绿苞草属 Poaceae 禾本科 [MM-748] 全球 (1) 大洲分布及种数(1)◆非洲(◆坦桑尼亚)
Chlorocardium【3】 Rohwer,H.G.Richt. & van der Werff 绿心樟属 ≒ **Ocotea** Lauraceae 樟科 [MD-21] 全球 (1) 大洲分布及种数(2)◆南美洲
Chlorocarpa【3】 Alston 绿果木属 Achariaceae 青钟麻科 [MD-159] 全球 (1) 大洲分布及种数(1-2)◆亚洲
Chlorocaulon Klotzsch = **Chiropetalum**
Chlorocharis Rikli = **Andropogon**
Chlorochlamys Miq. = **Marsdenia**
Chlorochorion Puff & Robbr. = **Pentanisia**
Chloroclydon Fourr. = **Acrostemon**
Chlorocodon Fourr. = **Mondia**
Chlorocoris Rikli = **Andropogon**
Chlorocrambe【3】 Rydb. 矛头芥属 ← **Caulanthus; Streptanthus** Brassicaceae 十字花科 [MD-213] 全球 (1) 大洲分布及种数(1)◆北美洲(◆美国)
Chlorocrepis Griseb. = **Hieracium**
Chlorocyathus【3】 Oliv. 澳非萝藦属 ≒ **Raphionacme** Apocynaceae 夹竹桃科 [MD-492] 全球 (1) 大洲分布及种数(2)◆非洲
Chlorocyperus Rikli = **Pycreus**
Chlorocystis Raf. = **Bouteloua**
Chlorodius Fisch. ex Regel = **Bouteloua**
Chlorodynerus Rikli = **Pycreus**
Chlorogalac Kunth = **Chlorogalum**
Chlorogalaceae【3】 Doweld & Reveal 皂百合科 [MM-644]全球(6)大洲分布和属种数(1;hort. & cult.1)(7-9;hort. & cult.2-3)非洲:1/1;亚洲:1/1;大洋洲:1/1;欧洲:1/1;北美洲:1/7-8;南美洲:1/1
Chlorogalum【3】 Kunth 皂百合属 ← **Scilla** Asparagaceae 天门冬科 [MM-669] 全球 (1) 大洲分布及种数(7-8)◆北美洲(◆美国)
Chlorogonium Desv. = **Calopogonium**
Chloroides Fisch. = **Chloris**
Chlorolepis (Nutt.) Nutt. = **Savia**
Chloroleucon【2】 Britton & Rose ex Record 绿苞属 ← **Pithecellobium;Pithecolobium;Acaena** Fabaceae 豆科 [MD-240] 全球 (2) 大洲分布及种数(15-17;hort.1;cult:1)北美洲:7;南美洲:12-13
Chloroluma Baill. = **Chrysophyllum**
Chloromeles (Decne) Decne = **Malus**
Chloromyron Pers. = **Rheedia**
Chloromyrtus Pierre = **Eugenia**
Chloronia Contreras-Ramos = **Chironia**
Chloronotus Venturi = **Crossidium**
Chloropatane Engl. = **Adelia**
Chloropetalum Morillo = **Chiropetalum**
Chlorophora【3】 Gaud. 黄颜木属 ← **Broussonetia; Maclura;Milicia** Moraceae 桑科 [MD-87] 全球 (6) 大洲分布及种数(1-2)非洲:16;亚洲:16;大洋洲:16;欧洲:16;北美洲:16;南美洲:16
Chlorophorus Gaud. = **Chlorophora**
Chlorophyllum Liais = **Chrysophyllum**
Chlorophyta Ker Gawl. = **Chlorophytum**
Chlorophyton Behr = **Chloropyron**
Chlorophytum【3】 Ker Gawl. 吊兰属 ≒ **Acrospira; Anthericum** Liliaceae 百合科 [MM-633] 全球 (6) 大洲分布及种数(143-250;hort.1;cult:3)非洲:130-209;亚洲:34-50;大洋洲:13-16;欧洲:14-18;北美洲:10-12;南美洲:12-18
Chloropsis Hack. ex P. & K. = **Trichloris**
Chloropyron【3】 Behr 天料木属 ← **Homalium; Cordylanthus** Orobanchaceae 列当科 [MD-552] 全球 (1) 大洲分布及种数(4-7)◆北美洲
Chlorosa【3】 Bl. 隐柱兰属 Orchidaceae 兰科 [MM-723] 全球 (1) 大洲分布及种数(1)◆亚洲
Chlorospatha【3】 Engl. 绿苞芋属 ≒ **Caladium** Araceae 天南星科 [MM-639] 全球 (1) 大洲分布及种数(24-70)◆南美洲
Chloroste Haw. = **Narcissus**
Chlorostelma Fourr. = **Asperula**
Chlorostemma (Lange) Fourr. = **Asperula**
Chlorostis Raf. = **Chloris**
Chlorostoma Fourr. = **Anthospermum**
Chlorothrix Hook.f. = **Chionothrix**
Chlorotocus Venturi = **Crossidium**
Chloroxylon【2】 DC. 柿树属 ≒ **Diospyros** Rutaceae 芸香科 [MD-399] 全球 (3) 大洲分布及种数(3) 非洲:3;亚洲:1;北美洲:1
Chloroxylum P. & K. = **Ziziphus**
Chlorus Cigliano & Lange = **Chloris**
Chloryllis E.Mey. = **Dolichos**
Chlosyne R.Br. = **Goodenia**
Chnoanthus Phil. = **Gomphrena**
Chnoophora Kaulf. = **Cyathea**
Chnoospora J.Agardh = **Cyathea**
Choananthus Rendle = **Scadoxus**
Choanephora (Curr.) D.D.Cunn. = **Canephora**
Chocho Adans. = **Sicyos**
Chodanthus Hassl. = **Mansoa**

Chodaphyton【3】 Minod 玄参科属 ≒ **Stemodia** Scrophulariaceae 玄参科 [MD-536] 全球 (1) 大洲分布及种数 (uc)◆非洲
Chodondendron Bosc = **Chondrodendron**
Chodsha-kasiana Rauschert = **Catenulina**
Choenomeles Lindl. = **Chaenomeles**
Choeradodia Herb. = **Libertia**
Choeradodis Herb. = **Amaryllis**
Choeradoplectron Schaür = **Habenaria**
Choerophillum Neck. = **Chaerophyllum**
Choerophyllum L. = **Chaerophyllum**
Choeroseris Link = **Picris**
Choerospondias【3】 B.L.Burtt & A.W.Hill 南酸枣属 ← **Poupartia;Ailanthus** Anacardiaceae 漆树科 [MD-432] 全球 (1) 大洲分布及种数(1-2)◆亚洲
Choetophora Franch. & Sav. = **Calyptrochaeta**
Choia D.Don = **Acrostemon**
Choisya【3】 Kunth 墨西哥橘属 ≒ **Juliania** Rutaceae 芸香科 [MD-399] 全球 (1) 大洲分布及种数(3-8)◆北美洲
Choisyana Kunth = **Choisya**
Choleva Cothen. = **Ilex**
Cholisma Greene = **Polygonella**
Chomaemelum Mill. = **Anthemis**
Chomela Cothen. = **Ilex**
Chomelia【3】 L. 广茜草属 ≒ **Coelia;Pavetta** Rubiaceae 茜草科 [MD-523] 全球 (6) 大洲分布及种数 (90-98;hort.1;cult: 1)非洲:6-11;亚洲:12-15;大洋洲:4-10;欧洲:3;北美洲:29-32;南美洲:70-74
Chomutowia B.Fedtsch. = **Acantholimon**
Chona D.Don = **Erica**
Chonais Salisb. = **Hippeastrum**
Chond D.Don = **Erica**
Chondilophyllum Panch. ex Guillaumin = **Meryta**
Chondodendron Benth. & Hook.f. = **Odontocarya**
Chondodendron Ruiz & Pav. = **Chondrodendron**
Chondrachna P. & K. = **Chorizandra**
Chondrachne R.Br. = **Scirpus**
Chondrachyrum Nees = **Chascolytrum**
Chondradenia Maxim ex Mak. = **Orchis**
Chondranthes【-】 Hort. 兰科属 Orchidaceae 兰科 [MM-723] 全球 (uc) 大洲分布及种数(uc)
Chondriella (Tourn.) L. = **Chondrilla**
Chondrilla【3】 (Tourn.) L. 粉苞菊属 ≒ **Crepis;Sonchus** Asteraceae 菊科 [MD-586] 全球 (6) 大洲分布及种数(29-49;hort.1)非洲:4-17;亚洲:25-44;大洋洲:4-17;欧洲:8-21;北美洲:5-18;南美洲:2-15
Chondrilla L. = **Chondrilla**
Chondrina (Tourn.) L. = **Chondrilla**
Chondriolejeunea【3】 (Tixier) Kis & Pócs 硬鳞苔属 ≒ **Cololejeunea** Lejeuneaceae 细鳞苔科 [B-84] 全球 (1) 大洲分布及种数(2)◆亚洲
Chondriopsis J.Agardh = **Exacum**
Chondrobollea【-】 Hort. 兰科属 Orchidaceae 兰科 [MM-723] 全球 (uc) 大洲分布及种数(uc)
Chondrocarpus Nutt. = **Hydrocotyle**
Chondrocarpus Stev. = **Astragalus**
Chondrochilus Phil. = **Chaetopappa**
Chondrococcus Steyerm. = **Coccochondra**
Chondrodendron【3】 Ruiz & Pav. 茎花毒藤属 → **Ungulipetalum;Odontocarya** Menispermaceae 防己科 [MD-42] 全球 (1) 大洲分布及种数(8-10)◆南美洲
Chondrodera Haw. = **Saxifraga**
Chondrolaena Nees = **Prionanthium**
Chondrolomia Nees = **Scleria**
Chondropetalon Hort. = **Elegia**
Chondropetalum【3】 Rottb. 骨被灯草属 → **Askidiosperma;Dovea;Restio** Restionaceae 帚灯草科 [MM-744] 全球 (1) 大洲分布及种数(10-13)◆非洲
Chondroph Raf. = **Exacum**
Chondrophora Raf. = **Bigelowia**
Chondrophy Raf. = **Exacum**
Chondrophylla (Bunge) A.Nelson = **Gentiana**
Chondrophyllum Herzog = **Herzogobryum**
Chondropis Raf. = **Exacum**
Chondroplea Haw. = **Saxifraga**
Chondropoma Nees = **Scleria**
Chondropsis Raf. = **Exacum**
Chondropyxis【3】 D.A.Cooke 长果鼠麴草属 Asteraceae 菊科 [MD-586] 全球 (1) 大洲分布及种数(1)◆大洋洲
Chondrorhyncha【3】 (Rich.f.) Garay 乌喙兰属 → **Cochleanthes;Stenia;Zygopetalum** Orchidaceae 兰科 [MM-723] 全球 (6) 大洲分布及种数(29-42)非洲:2;亚洲:2;大洋洲:2;欧洲:2;北美洲:8-10;南美洲:24-30
Chondrorrhyncha Lindl. = **Chondrorhyncha**
Chondroscaphe【2】 (Dressler) Senghas & G.Gerlach 厚羚兰属 ← **Chondrorhyncha;Stenia;Zygopetalum** Orchidaceae 兰科 [MM-723] 全球 (2) 大洲分布及种数 (16-18)北美洲:5;南美洲:11
Chondrosea Haw. = **Saxifraga**
Chondrosia Benth. = **Chondrosum**
Chondrosium Desv. = **Chondrosum**
Chondrospermum Wall. = **Myxopyrum**
Chondrostega Haw. = **Saxifraga**
Chondroster Haw. = **Saxifraga**
Chondrostereum Wall. = **Chionanthus**
Chondrostylis【3】 Börl. 野桐属 ← **Mallotus** Euphorbiaceae 大戟科 [MD-217] 全球 (1) 大洲分布及种数(2-3)◆亚洲
Chondrosum【3】 Desv. 侧穗草属 ≒ **Bouteloua** Poaceae 禾本科 [MM-748] 全球 (6) 大洲分布及种数(18) 非洲:5;亚洲:6;大洋洲:2;欧洲:4;北美洲:18;南美洲:1
Chondrula (Tourn.) L. = **Chondrilla**
Chondylophyllum Pancher ex R.Vig. = **Meryta**
Chone Dulac = **Narcissus**
Chonebasis DC. ex Benth. & Hook.f. = **Ursinia**
Chonecolea Grolle = **Chonecolea**
Chonecolea【2】 Udar & Ad.Kumar 鹿角苔属 ≒ **Jungermannia** Chonecoleaceae 鹿角苔科 [B-47] 全球 (4) 大洲分布及种数(4)亚洲:2;大洋洲:1;北美洲:1;南美洲:2
Chonecoleaceae R.M.Schust. ex Grolle = Chonecoleaceae
Chonecoleaceae【2】 Udar & Ad.Kumar 鹿角苔科 [B-47]全球 (4) 大洲分布和属种数(1/3)亚洲:1/2;大洋洲:1/1;北美洲:1/1;南美洲:1/2-2
Chonemomorpha G.Don = **Chonemorpha**
Chonemorpha Abscalyx P.T.Li = **Chonemorpha**
Chonemorpha【3】 G.Don 鹿角藤属 ← **Wrightia;Odontadenia** Apocynaceae 夹竹桃科 [MD-492] 全球 (1)

C

大洲分布及种数(8-15)◆亚洲
Chonetes L. = **Cometes**
Chonetus Herb. = **Hymenocallis**
Chono D.Don = **Acrostemon**
Chonocentrum 【3】 Pierre ex Pax & K.Hoffm. 核果木属 ← **Drypetes** Phyllanthaceae 叶下珠科 [MD-222] 全球 (1) 大洲分布及种数(1)◆南美洲
Chonolea P. & K. = **Chenolea**
Chonopetalum 【3】 Radlk. 隐患子属 Sapindaceae 无患子科 [MD-428] 全球 (1) 大洲分布及种数(cf.1) ◆非洲
Chontalesia Lundell = **Hymenandra**
Chopis Salisb. = **Amaryllis**
Choranthus Sw. = **Chloranthus**
Chordaceae J.Agardh = Cornaceae
Chordaria Kylin = **Coriaria**
Chordariaceae DC. = Coriariaceae
Chordata G.Don = **Aeschynanthus**
Chordifex 【3】 B.G.Briggs & L.A.S.Johnson 纽扣灯草属 ≒ **Hypolaena** Restionaceae 帚灯草科 [MM-744] 全球 (1) 大洲分布及种数(14-20)◆大洋洲
Chordorrhiza Ehrh. = **Carex**
Chordospartium 【3】 Cheeseman 大洋洲蝶花属 ← **Carmichaelia** Fabaceae3 蝶形花科 [MD-240] 全球 (1) 大洲分布及种数(uc)◆大洋洲
Choregia L. = **Chomelia**
Choreonema Jean F.Brunel = **Actephila**
Choretis Herb. = **Pancratium**
Choretrum 【3】 R.Br. 帚寄生属 ← **Acacia** Santalaceae 檀香科 [MD-412] 全球 (1) 大洲分布及种数(3-7)◆大洋洲
Choreutis Herb. = **Pancratium**
Choriantha 【-】 Riedl 紫草科属 Boraginaceae 紫草科 [MD-517] 全球 (uc) 大洲分布及种数(uc)
Choriaster Haw. = **Narcissus**
Choricarpia 【3】 Domin 铁心木属 ← **Metrosideros** Myrtaceae 桃金娘科 [MD-347] 全球 (1) 大洲分布及种数(uc)属分布和种数(uc)◆大洋洲
Choriceras 【3】 Baill. 离角桐属 ← **Dissiliaria** Picrodendraceae 苦皮桐科 [MD-317] 全球 (1) 大洲分布及种数(1-2)◆大洋洲
Chorichlaena 【-】 P. & K. 芸香科属 Rutaceae 芸香科 [MD-399] 全球 (uc) 大洲分布及种数(uc)
Chorigyne 【3】 R.Eriks. 散兜草属 ← **Carludovica;Sphaeradenia** Cyclanthaceae 环花草科 [MM-706] 全球 (1) 大洲分布及种数(7)◆北美洲
Chorilaena 【3】 Endl. 栎南香属 → **Muiria;Muiriantha** Rutaceae 芸香科 [MD-399] 全球 (1) 大洲分布及种数(1-2)◆大洋洲
Chorilia Kunth = **Chorisia**
Chorinea Stichel = **Chorizema**
Chorioluma Baill. = **Xantolis**
Choriophyllum Benth. = **Longetia**
Choriosphaera Melch. = **Tabebuia**
Choriotis Herb. = **Hymenocallis**
Choriozandra R.Br. = **Chorizandra**
Choripetalum A.DC. = **Embelia**
Choriptera 【2】 Botsch. 浆果猪毛菜属 ← **Salsola** Amaranthaceae 苋科 [MD-116] 全球 (2) 大洲分布及种数(cf.1) 亚洲;南美洲
Chorisa Kunth = **Chorisia**
Chorisandra Benth. & Hook.f. = **Phyllanthus**
Chorisandrachne 【3】 Airy-Shaw 雀舌木属 ← **Leptopus** Phyllanthaceae 叶下珠科 [MD-222] 全球 (1) 大洲分布及种数(cf.1)◆亚洲
Chorisanthera örst. = **Gesneria**
Chorisema Fisch. = **Chorisia**
Chorisepalum 【3】 Gleason & Wodehouse 分萼龙胆属 Gentianaceae 龙胆科 [MD-496] 全球 (1) 大洲分布及种数(5)◆南美洲
Chorisia 【2】 Kunth 美人树属 ← **Ceiba;Spirotheca** Malvaceae 锦葵科 [MD-203] 全球 (2) 大洲分布及种数(1-4)北美洲:1;南美洲:cf.1
Chorisis 【2】 DC. 蛇根苣属 ← **Ixeris** Asteraceae 菊科 [MD-586] 全球 (3) 大洲分布及种数(cf.1) 亚洲;欧洲;北美洲
Chorisiva (A.Gray) Rydb. = **Chorisiva**
Chorisiva 【3】 Rydb. 花旗硬菊属 ← **Euphrosyne;Iva** Asteraceae 菊科 [MD-586] 全球 (1) 大洲分布及种数(1)◆北美洲
Chorisma D.Don = **Pelargonium**
Chorismus Lindl. = **Lactuca**
Chorisochora 【2】 Vollesen 去爵床属 ← **Angkalanthus;Ecbolium** Acanthaceae 爵床科 [MD-572] 全球 (2) 大洲分布及种数(4-5)非洲:2-3;亚洲:cf.1
Chorisodontium 【2】 (Mitt.) Broth. 分尾藓属 ≒ **Sarconeurum;Platyneuron** Dicranaceae 曲尾藓科 [B-128] 全球 (5) 大洲分布及种数(18) 非洲:3;亚洲:2;大洋洲:1;北美洲:2;南美洲:16
Chorispora 【2】 R.Br. ex DC. 离子芥属 ← **Cheiranthus;Solms-laubachia;Pseudoclausia** Brassicaceae 十字花科 [MD-213] 全球 (4) 大洲分布及种数(13-14)亚洲:12;大洋洲:1;欧洲:3;北美洲:2
Chorisporeae Ledeb.,C.A.Mey. & Bunge = **Chorispora**
Choristea Thunb. = **Arctotis**
Choristemon 【3】 H.B.Will. 尖苞树属 Ericaceae 杜鹃花科 [MD-380] 全球 (1) 大洲分布及种数(1)◆大洋洲
Choristes Benth. = **Deppea**
Choristigma (Baill.) Baill. = **Tetrastylidium**
Choristodon H.B.Will. = **Choristemon**
Choristosoria Mett. = **Pellaea**
Choristylis 【3】 Harv. 离柱鼠刺属 Iteaceae 鼠刺科 [MD-211] 全球 (1) 大洲分布及种数(1)◆非洲
Choritaenia 【3】 Benth. 分带芹属 Apiaceae 伞形科 [MD-480] 全球 (1) 大洲分布及种数(1)◆非洲
Chorizandra Benth. & Hook.f. = **Chorizandra**
Chorizandra 【3】 R.Br. 球穗芒属 Cyperaceae 莎草科 [MM-747] 全球 (1) 大洲分布及种数(6-9)◆大洋洲
Chorizanthe 【3】 R.Br. ex Benth. 刺花蓼属 → **Systenotheca;Mucronea** Polygonaceae 蓼科 [MD-120] 全球 (1) 大洲分布及种数(49-91)◆北美洲
Chorizema Hirtistylis J.M.Taylor & Crisp = **Chorizema**
Chorizema 【3】 Labill. 橙花豆属 ≒ **Pultenaea;Gastrolobium** Fabaceae3 蝶形花科 [MD-240] 全球 (1) 大洲分布及种数(10-25)◆大洋洲
Chorizia Kunth = **Chorisia**
Chorizonema (Wight) J.F.Brunel = **Phyllanthus**
Chorizopora R.Br. ex DC. = **Chorispora**
Chorizopteris Moore = **Leptochilus**

Chorizotheca Müll.Arg. = **Pseudanthus**
Chormolaena DC. = **Chromolaena**
Chorobanche C.Presl = **Orobanche**
Chorocaris Rikli = **Andropogon**
Choroluma Baill. = **Achras**
Chorosema Brongn. = **Chorizema**
Chorosoma Lindl. = **Pelargonium**
Chorsia Kunth = **Chorisia**
Chortolirion A.Berger = **Haworthia**
Choryzema Bosc = **Chorizema**
Choryzemum Bosc = **Gastrolobium**
Chosenia【2】 Nakai 钻天柳属 ← **Salix;Toisochosenia** Salicaceae 杨柳科 [MD-123] 全球 (3) 大洲分布及种数(2) 亚洲:cf.1;欧洲:1;北美洲:1
Choteckia Opiz & Corda = **Caryopteris**
Chotekia Opiz & Corda = **Caryopteris**
Chouara C.C.Tsai = **Muscari**
Chouardia Speta = **Scilla**
Choulettia Pomel = **Plocama**
Chouxia【3】 Capuron 干序木属 Sapindaceae 无患子科 [MD-428] 全球 (1) 大洲分布及种数(6)◆非洲(◆马达加斯加)
Chranichis Sw. = **Cranichis**
Chresta【3】 Vell. ex DC. 长管菊属 ← **Eremanthus; Minasia;Prestelia** Asteraceae 菊科 [MD-586] 全球 (1) 大洲分布及种数(16-18)◆南美洲(◆巴西)
Chrestienia Montrouz. = **Pseuderanthemum**
Chretomeris Nutt. ex J.G.Sm. = **Allardia**
Chrinephrium【-】 Nakaike 金星蕨科属 Thelypteridaceae 金星蕨科 [F-42] 全球 (uc) 大洲分布及种数(uc)
Chriolepis Hastings & Bortone = **Chrysolepis**
Chrionema Jean F.Brunel = **Phyllanthus**
Chrisanda【-】 J.M.H.Shaw 兰科属 Orchidaceae 兰科 [MM-723] 全球 (uc) 大洲分布及种数(uc)
Chrisanthemum Neck. = **Pyrethrum**
Chrisanthera J.M.H.Shaw = **Fremontodendron**
Chrismatopteris【3】 Quansah & D.S.Edwards 非洲金星蕨属 Thelypteridaceae 金星蕨科 [F-42] 全球 (1) 大洲分布及种数(1)◆非洲
Chrisnetia C.C.Kao = **Christia**
Chrisnopsis (Nutt.) Elliott = **Chrysopsis**
Chrisosplenium Neck. = **Saxifraga**
Christa (L.f.) Bakh.f. = **Christia**
Christannia【3】 C.Presl 牧羊柞属 ≒ **Banara** Salicaceae 杨柳科 [MD-123] 全球 (1) 大洲分布及种数(uc)◆亚洲
Christella【3】 H.Lév. 小毛蕨属 ≒ **Lastrea;Parathelypteris** Thelypteridaceae 金星蕨科 [F-42] 全球 (6) 大洲分布及种数(17-36;hort.1)非洲:9-11;亚洲:8-17;大洋洲:4-6;欧洲:2;北美洲:1-4;南美洲:2
Christendoritis【-】 J.M.H.Shaw 兰科属 Orchidaceae 兰科 [MM-723] 全球 (uc) 大洲分布及种数(uc)
Christensenia【3】 Maxon 天星蕨属 ← **Aspidium** Christenseniaceae 天星蕨科 [F-15] 全球 (1) 大洲分布及种数(3-5)◆亚洲
Christenseniaceae【3】 Ching 天星蕨科 [F-15] 全球 (1) 大洲分布和属种数(1;hort. & cult.1)(3-6;hort. & cult.1)◆非洲
Christensonella (Lindl.) Szlach.,Mytnik,Górniak & šmiszek = **Christensonella**
Christensonella【3】 Szlach. 壶唇兰属 ≒ **Camaridium** Orchidaceae 兰科 [MM-723] 全球 (1) 大洲分布及种数(12)◆南美洲(◆巴西)
Christensonia【3】 Haager 克里兰属 Orchidaceae 兰科 [MM-723] 全球 (1) 大洲分布及种数(cf. 1)◆东南亚(◆越南)
Christia【2】 Mönch 蝙蝠草属 → **Uraria;Hedysarum** Fabaceae 豆科 [MD-240] 全球 (4) 大洲分布及种数(11-14)非洲:2;亚洲:10-13;大洋洲:2-3;北美洲:1-2
Christiana【2】 DC. 银莲椴属 ≒ **Entelea** Tiliaceae 椴树科 [MD-185] 全球 (4) 大洲分布及种数(6)非洲:1;大洋洲:1;北美洲:1;南美洲:4
Christianella【2】 W.R.Anderson 天虎尾属 ≒ **Mascagnia** Malpighiaceae 金虎尾科 [MD-343] 全球 (2) 大洲分布及种数(6)北美洲:1;南美洲:4
Christiania Rchb. = **Banara**
Christiannia Wittst. = **Christannia**
Christianseniaceae Ching = Christenseniaceae
Christianus DC. = **Christiana**
Christieara Hort. = **Christiana**
Christiopteris【3】 Copel. 戟蕨属 ← **Leptochilus; Polypodium;Microsorum** Polypodiaceae 水龙骨科 [F-60] 全球 (1) 大洲分布及种数(cf. 1)◆亚洲
Christisonia【3】 Gardn. 假野菰属 ← **Aeginetia;Orobanche;Gleadovia** Orobanchaceae 列当科 [MD-552] 全球 (1) 大洲分布及种数(14-22)◆亚洲
Christmannia【3】 Dennst. 五层龙属 ≒ **Salacia** Celastraceae 卫矛科 [MD-339] 全球 (1) 大洲分布及种数(1)◆亚洲
Christocentrum【-】 J.M.H.Shaw 兰科属 Orchidaceae 兰科 [MM-723] 全球 (uc) 大洲分布及种数(uc)
Christolea【3】 Cambess. 高原芥属 → **Desideria;Christella;Phaeonychium** Brassicaceae 十字花科 [MD-213] 全球 (1) 大洲分布及种数(2-16)◆亚洲
Christopheria【3】 J.F.Sm. & J.L.Clark 曲丝岩桐属 Gesneriaceae 苦苣苔科 [MD-549] 全球 (1) 大洲分布及种数(1)◆南美洲
Christophoriana Burm. = **Actaea**
Christophoriana P. & K. = **Knowltonia**
Christopteris【-】 Copel. 水龙骨科属 ≒ **Leptochilus** Polypodiaceae 水龙骨科 [F-60] 全球 (uc) 大洲分布及种数(uc)
Christya N.B.Ward & H.Harv. = **Abarema**
Chroestes Benoist = **Chroesthes**
Chroesthes【3】 Benoist 色萼花属 ← **Asystasia;Lepidagathis** Acanthaceae 爵床科 [MD-572] 全球 (1) 大洲分布及种数(1-3)◆亚洲
Chroilema Bernh. = **Ageratina**
Chromanthus Phil. = **Talinum**
Chromastrum Willd. ex Wedd. = **Munnozia**
Chromatolepis Dulac = **Volutaria**
Chromatopogon F.W.Schmidt = **Tragopogon**
Chromatotriccum M.A.Clem. & D.L.Jones = **Dendrobium**
Chromochiton Cass. = **Cassinia**
Chromolaena【3】 DC. 飞机草属 ← **Eupatorium; Centaurea;Praxelis** Asteraceae 菊科 [MD-586] 全球 (1) 大洲分布及种数(64-96)◆北美洲(◆美国)

Chromolampis Benth. = **Chromolepis**
Chromolepida Coquillett = **Chromolepis**
Chromolepis【3】Benth. 彩鳞菊属 ≒ **Tacazzea** Asteraceae 菊科 [MD-586] 全球 (1) 大洲分布及种数(1)◆北美洲(◆墨西哥)
Chromolucuma【3】Ducke 大托叶山榄属 ← **Pouteria** Sapotaceae 山榄科 [MD-357] 全球 (1) 大洲分布及种数(5)◆南美洲
Chronanthos (DC.) K.Koch = **Cytisus**
Chronanthus (Loisel. & Heywood) Frodin & Heywood = **Genista**
Chrone Dulac = **Eupatorium**
Chroniochilus【3】J.J.Sm. 宿唇兰属 ← **Aerides;Thrixspermum** Orchidaceae 兰科 [MM-723] 全球 (1) 大洲分布及种数(3-5)◆亚洲
Chronobasis DC. ex Benth. & Hook.f. = **Ursinia**
Chronopappus【3】DC. 泡叶巴西菊属 → **Heterocoma;Serratula** Asteraceae 菊科 [MD-586] 全球 (1) 大洲分布及种数(1)◆南美洲(◆巴西)
Chrosperma Raf. = **Amianthium**
Chrostosoma Schaus = **Crossosoma**
Chrozophora【3】A.Juss.沙戟属 ≒ **Codiaeum;Croton;Mallotus** Euphorbiaceae 大戟科 [MD-217] 全球 (6) 大洲分布及种数(8-10)非洲:6-7;亚洲:5-8;大洋洲:1-2;欧洲:3-4;北美洲:2-3;南美洲:1
Chrozorrhiza Ehrh. = **Galium**
Chrusanthemum Rchb.f. = **Buphthalmum**
Chrusopsis Nutt. = **Chrysopsis**
Chryaanthemum L. = **Chrysanthemum**
Chrysa Raf. = **Thalictrum**
Chrysaboltonia Arends = **Boltonia**
Chrysactinia【3】A.Gray 金线菊属 ← **Pectis** Asteraceae 菊科 [MD-586] 全球 (1) 大洲分布及种数(6-7)◆北美洲
Chrysactinium (Kunth) Wedd. = **Chrysactinium**
Chrysactinium【3】Wedd. 白冠黑药菊属 ≒ **Liabum;Oritrophium** Asteraceae 菊科 [MD-586] 全球 (1) 大洲分布及种数(7)◆南美洲
Chrysaea Nieuwl. & Lunell = **Chrysoma**
Chrysalidocarpus【3】H.Wendl. 焰轴椰属 ← **Dypsis** Arecaceae 棕榈科 [MM-717] 全球 (1) 大洲分布及种数(2)属分布和种数(uc)◆非洲
Chrysallidosperma H.E.Moore = **Syagrus**
Chrysallis Desv. = **Trifolium**
Chrysamphora Greene = **Desmanthus**
Chrysangia Link = **Musschia**
Chrysanthellina Cass. = **Chrysanthellum**
Chrysanthellinae Ryding & K.Bremer = **Chrysanthellum**
Chrysanthellum【3】Rich. 苏头菊属 ← **Bidens;Plagiocheilus;Verbesina** Asteraceae 菊科 [MD-586] 全球 (6) 大洲分布及种数(25)非洲:2-3;亚洲:2-3;大洋洲:1;欧洲:1;北美洲:11-13;南美洲:6-8
Chrysanthemoachillea【3】Prodan 金叶菊属 ≒ **Chrysanthemum** Asteraceae 菊科 [MD-586] 全球 (1) 大洲分布及种数(2)◆亚洲
Chrysanthemoides【3】Tourn. ex Medik. 核果菊属 → **Garuleum;Osteospermum** Asteraceae 菊科 [MD-586] 全球 (1) 大洲分布及种数(2)◆非洲
Chrysanthemum Benth. & Hook.f. = **Chrysanthemum**
Chrysanthemum【3】L. 茼蒿属 → **Aaronsohnia;Matricaria;Phalacrocarpum** Asteraceae 菊科 [MD-586] 全球 (6) 大洲分布及种数(64-146;hort.1;cult: 12)非洲:2-19;亚洲:54-74;大洋洲:2-18;欧洲:6-22;北美洲:4-21;南美洲:4-20
Chrysantheum L. = **Chrysanthemum**
Chrysanthoglossum【3】B.H.Wilcox,K.Bremer & C.J.Humphries 茼蒿属 ≒ **Glebionis** Asteraceae 菊科 [MD-586] 全球 (1) 大洲分布及种数(2)◆非洲
Chrysaspis Desv. = **Trifolium**
Chrysastrum Willd. ex Wedd. = **Liabum**
Chryseida Cass. = **Centaurea**
Chryseis Cass. = **Centaurea**
Chryseis Lindl. = **Eschscholzia**
Chryselium【-】Urtubey & S.E.Freire 菊科属 Asteraceae 菊科 [MD-586] 全球 (uc) 大洲分布及种数(uc)
Chrysemys Cass. = **Centaurea**
Chrysesthes Benoist = **Chroesthes**
Chrysion Spach = **Vicia**
Chrysiphiala Ker Gawl. = **Stenomesson**
Chrysis DC. = **Helianthus**
Chrysith Spach = **Viola**
Chrysithrix L. = **Chrysitrix**
Chrysitrix【3】L.金毛芒属 ≒ **Chrysothrix** Cyperaceae 莎草科 [MM-747] 全球 (1) 大洲分布及种数(1-3) ◆非洲
Chrysobactron Hook.f. = **Bulbinella**
Chrysobalanaceae Prance = Chrysobalanaceae
Chrysobalanaceae【3】R.Br. 可可李科 [MD-243] 全球 (6)大洲分布和属种数(18-19;hort. & cult.5)(543-671;hort. & cult.8-14)非洲:10-12/81-109;亚洲:9-11/49-82;大洋洲:6-9/18-49;欧洲:2-8/2-24;北美洲:7-10/80-105;南美洲:12-13/442-495
Chrysobalanus【3】L. 可可李属 → **Atuna;Maba;Parinari** Chrysobalanaceae 可可李科 [MD-243] 全球 (6) 大洲分布及种数(5-7;hort.1;cult: 1)非洲:1-6;亚洲:1-6;大洋洲:1-6;欧洲:5;北美洲:2-7;南美洲:3-9
Chrysobaphus Wall. = **Anoectochilus**
Chrysoblastella【3】R.S.Williams 巴西金毛藓属 Ditrichaceae 牛毛藓科 [B-119] 全球 (1) 大洲分布及种数(1)◆南美洲
Chrysobotrya Spach = **Ribes**
Chrysobraya H.Hara = **Lepidostemon**
Chrysocalyx Guill. & Perr. = **Crotalaria**
Chrysocelis Lagerh. & Dietel = **Chrysolepis**
Chrysocephalum【3】Walp.金头菊属 → **Anemocarpa;Helichrysum** Asteraceae 菊科 [MD-586] 全球 (1) 大洲分布及种数(14)◆大洋洲
Chrysocestis Nutt. = **Actaea**
Chrysochamela【3】Boiss. 金角状芥属 ← **Cochlearia;Nasturtium** Brassicaceae 十字花科 [MD-213] 全球 (1) 大洲分布及种数(cf. 1)◆亚洲
Chrysochlamys【2】Pöpp. 金被藤黄属 → **Dystovomita;Tovomitopsis;Clusia** Clusiaceae 藤黄科 [MD-141] 全球 (3) 大洲分布及种数(34-40)亚洲:1-2;北美洲:19-20;南美洲:28-33
Chrysochloa【3】Swallen 金草属 ← **Chloris** Poaceae 禾本科 [MM-748] 全球 (1) 大洲分布及种数(4-6)◆非洲
Chrysochosma (J.Sm.) Kiimm. = **Notholaena**
Chrysocladium Euchrysocladium M.Fleisch. = **Chrysocla-**

dium
Chrysocladium【2】 M.Fleisch. 垂藓属 ≒ **Papillaria; Sinskea** Meteoriaceae 蔓藓科 [B-188] 全球 (2) 大洲分布及种数(6) 亚洲:6;大洋洲:1
Chrysocladiumum M.Fleisch. = **Chrysocladium**
Chrysocoma【3】 L. 金毛菀属 → **Ageratum;Felicia; Senecio** Asteraceae 菊科 [MD-586] 全球 (6) 大洲分布及种数(22-62)非洲:20-31;亚洲:1-10;大洋洲:9;欧洲:3-13;北美洲:9;南美洲:9
Chrysocoptis Nutt. = **Thalictrum**
Chrysocoris Nutt. = **Coptis**
Chrysocoryne Endl. = **Angianthus**
Chrysocyathus Falc. = **Calathodes**
Chrysocychnis Linden & Rchb.f. = **Chrysocycnis**
Chrysocyclus Linden & Rchb.f. = **Chrysocycnis**
Chrysocycnis【3】 Linden & Rchb.f. 金鹅兰属 ← **Camaridium;Cyrtidiorchis;Mormolyca** Orchidaceae 兰科 [MM-723] 全球 (1) 大洲分布及种数(3)◆南美洲
Chrysocyon Casar. = **Plathymenia**
Chrysodendron Teran & Berland. = **Protea**
Chrysodendrum Vaill. ex Meisn. = **Leucadendron**
Chrysodium Fée = **Acrostichum**
Chrysodracon【-】 P.L.Lu & Morden 天门冬科属 Asparagaceae 天门冬科 [MM-669] 全球 (uc) 大洲分布及种数(uc)
Chrysoglossella Hatus. = **Hancockia**
Chrysoglossum【3】 Bl. 金唇兰属 → **Ania;Aira** Orchidaceae 兰科 [MM-723] 全球 (1) 大洲分布及种数(3-5)◆亚洲
Chrysogonum (L.) Baill. = **Chrysogonum**
Chrysogonum【3】 L. & F.Br. 金星菊属 ← **Anisopappus; Oparanthus** Asteraceae 菊科 [MD-586] 全球 (6) 大洲分布及种数(6-10;hort.1)非洲:4-11;亚洲:7;大洋洲:7;欧洲:7;北美洲:1-8;南美洲:7
Chrysogrammitis【3】 Parris 金禾蕨属 ≒ **Polypodium** Polypodiaceae 水龙骨科 [F-60] 全球 (1) 大洲分布及种数(2-3)亚洲
Chrysohypnum【3】 (Hampe) G.Roth 柳叶藓科属 ≒ **Podperaea** Amblystegiaceae 柳叶藓科 [B-178] 全球 (1) 大洲分布及种数(1)◆欧洲
Chryso-hypnum【2】 Hampe 小金灰藓属 ≒ **Mittenothamnium** Hypnaceae 灰藓科 [B-189] 全球 (5) 大洲分布及种数(9) 非洲:6;大洋洲:1;欧洲:2;北美洲:4;南美洲:5
Chrysolaena【3】 H.Rob. 黄毛斑鸠菊属 ← **Cacalia; Conyza** Asteraceae 菊科 [MD-586] 全球 (1) 大洲分布及种数(20)◆南美洲(◆巴西)
Chrysolarix H.E.Moore = **Pseudolarix**
Chrysolepis【3】 Hjelmq. 金鳞栗属 ← **Castanopsis; Castanea** Fagaceae 壳斗科 [MD-69] 全球 (1) 大洲分布及种数(2-4)◆北美洲(◆美国)
Chrysoliga Willd. ex DC. = **Symphonia**
Chrysolinum Fourr. = **Linum**
Chrysolophus Wall. = **Anoectochilus**
Chrysolyga Willd. ex Steud. = **Nesaea**
Chrysom Spach = **Viola**
Chrysoma【3】 Nutt. 木黄花属 ← **Solidago; Xylothamia;Petradoria** Asteraceae 菊科 [MD-586] 全球 (1) 大洲分布及种数(1-17)◆北美洲
Chrysomallum A.Thou. = **Vitex**
Chrysomela Forst. ex A.Gray = **Spondias**
Chrysomelea Tausch = **Coreopsis**
Chrysomelon Forst. ex A.Gray = **Spondias**
Chrysometa Levi = **Coreopsis**
Chrysomus Pers. = **Elaeodendron**
Chrysomyxa J.Schröt. ex Cummins = **Chrysoma**
Chrysonias Benth. ex Steud. = **Aeschynomene**
Chrysopappus Takht. = **Centaurea**
Chrysopelea Tausch = **Coreopsis**
Chrysopelta Tausch = **Tanacetum**
Chrysophae (Drude) Koso-Pol. = **Chrysophae**
Chrysophae【3】 Koso-Pol. 细叶芹属 ≒ **Chaerophyllum** Apiaceae 伞形科 [MD-480] 全球 (1) 大洲分布及种数(cf. 1)◆北美洲
Chrysophaeum Koso-Pol. = **Chrysophae**
Chrysophania Kunth ex Less. = **Zaluzania**
Chrysophora Cham. ex Triana = **Chrozophora**
Chrysophtalmum【3】 Sch.Bip. 马兰属 ← **Kalimeris** Asteraceae 菊科 [MD-586] 全球 (1) 大洲分布及种数(cf.2-3)◆亚洲
Chrysophthalmum Phil. = **Grindelia**
Chrysophyllum (Pierre ex Baill.) Engl. = **Chrysophyllum**
Chrysophyllum【3】 L. 金叶树属 ← **Achras;Gambelia; Pichonia** Sapotaceae 山榄科 [MD-357] 全球 (1) 大洲分布及种数(57-74)◆南美洲(◆巴西)
Chrysopia Nor. ex Thou. = **Symphonia**
Chrysoplenium Neck. = **Saxifraga**
Chrysopogon (Lour.) Roberty = **Chrysopogon**
Chrysopogon【3】 Trin. 金须茅属 ← **Agrostis;Capillipedium;Oplismenus** Poaceae 禾本科 [MM-748] 全球 (6) 大洲分布及种数(42-54)非洲:18-35;亚洲:31-54;大洋洲:19-35;欧洲:4-18;北美洲:13-27;南美洲:8-22
Chrysoprenanthes (Sch.Bip.) Bramwell = **Sonchus**
Chrysopsis【3】 (Nutt.) Elliott 金菀属 ← **Arnica; Diplostephium;Stenotus** Asteraceae 菊科 [MD-586] 全球 (1) 大洲分布及种数(17-93)◆北美洲
Chrysopsora Cham. ex Triana = **Chrozophora**
Chrysopteris Link = **Phlebodium**
Chrysorhoe Lindl. = **Verticordia**
Chrysorrhiza Ehrh. = **Anthospermum**
Chrysosciadium Tamamsch. = **Echinophora**
Chrysoscias E.Mey. = **Rhynchosia**
Chrysosoma Lilja = **Mentzelia**
Chrysospermum Rchb. = **Anthospermum**
Chrysospleniella【-】 Sparre 虎耳草科属 Saxifragaceae 虎耳草科 [MD-231] 全球 (uc) 大洲分布及种数(uc)
Chrysosplenium【3】 L. 金腰属 ≒ **Triplostegia;Saxifraga** Saxifragaceae 虎耳草科 [MD-231] 全球 (6) 大洲分布及种数(53-83;hort.1;cult:7)非洲:10;亚洲:49-78;大洋洲:9;欧洲:3-16;北美洲:10-22;南美洲:4-14
Chrysosplenium Ovalifolia Maxim. = **Chrysosplenium**
Chrysostachys Pöpp. ex Baill. = **Sclerolobium**
Chrysostemma Less. = **Gorteria**
Chrysostemon Klotzsch = **Nothosaerva**
Chrysostemtna Klotzsch = **Coreopsis**
Chrysostola Lilja = **Mentzelia**
Chrysostoma Lilja = **Mentzelia**
Chrysothamnus Diplostephoides Benth. & Hook.f. = **Chrysothamnus**

Chrysothamnus【3】Nutt. 兔黄花属 → **Aster; Brickellia;Linosyris** Asteraceae 菊科 [MD-586] 全球 (1) 大洲分布及种数(47-72)◆北美洲
Chrysothemis【2】Decne. 金红岩桐属 ← **Besleria; Episcia;Nautilocalyx** Gesneriaceae 苦苣苔科 [MD-549] 全球 (3) 大洲分布及种数(12-13)亚洲:cf.1;北美洲:5;南美洲:9-10
Chrysothesium【3】Hendrych 金檀香属 ≒ **Thesium** Santalaceae 檀香科 [MD-412] 全球 (1) 大洲分布及种数(3)属分布和种数(uc)◆亚洲
Chrysothrix【3】Röm. & Schult. 金檀莎草属 ≒ **Chrysitrix;Calytrix** Cyperaceae 莎草科 [MM-747] 全球 (1) 大洲分布及种数(4)◆欧洲
Chrysothynnus Nutt. = **Chrysothamnus**
Chrysotimus Yang = **Chrysothemis**
Chrysotis Cass. = **Centaurea**
Chrysotus Pers. = **Elaeodendron**
Chrysoxylon Casar. = **Pogonopus**
Chrysso Spach = **Anchietea**
Chrystolia Montrouz. ex Beauvis. = **Glycine**
Chrysura Pers. = **Lamarckia**
Chrysurus Pers. = **Lamarckia**
Chrysyme Nutt. = **Chrysoma**
Chrytotheca G.Don = **Symphysodon**
Chryza Raf. = **Thalictrum**
Chthoneis Cass. = **Pectis**
Chthonia Cass. = **Pectis**
Chthonius Cass. = **Pectis**
Chthonocephalus【3】Steetz 对叶鼠麹草属 ← **Siloxerus** Asteraceae 菊科 [MD-586] 全球 (1) 大洲分布及种数(8)◆大洋洲
Chthonos O.P. Cambridge = **Pectis**
Chtoria L. = **Clitoria**
Chu Ludw. = **Valeriana**
Chuanchia Pers. = **Terminalia**
Chuanminshen【3】M.L.Sheh & R.H.Shan 川明参属 Apiaceae 伞形科 [MD-480] 全球 (1) 大洲分布及种数(cf. 1)◆东亚(◆中国)
Chuanyenara【-】auct. 兰科属 Orchidaceae 兰科 [MM-723] 全球 (uc) 大洲分布及种数(uc)
Chuatianara【-】auct. 兰科属 Orchidaceae 兰科 [MM-723] 全球 (uc) 大洲分布及种数(uc)
Chubbia H.T.Chang = **Chunia**
Chucoa【3】Cabrera 黄菊木属 ← **Gochnatia;Paquirea** Asteraceae 菊科 [MD-586] 全球 (1) 大洲分布及种数(2)◆南美洲(◆秘鲁)
Chukrasia【3】A.Juss. 麻楝属 ← **Dysoxylum;Swietenia** Meliaceae 楝科 [MD-414] 全球 (1) 大洲分布及种数(2-3)◆亚洲
Chulusium Raf. = **Polygonum**
Chumsriella Bor = **Germainia**
Chunchoa Pers. = **Terminalia**
Chuncoa Pav. ex Juss. = **Terminalia**
Chunechites Tsiang = **Urceola**
Chunga Hartlaub = **Chunia**
Chunia【3】H.T.Chang 山铜材属 Hamamelidaceae 金缕梅科 [MD-63] 全球 (1) 大洲分布及种数(cf. 1)◆东亚(◆中国)
Chuniella Boriss. = **Chesniella**
Chuniodendron H.H.Hu = **Aphanamixis**
Chuniophoenix【3】Burret 琼棕属 Arecaceae 棕榈科 [MM-717] 全球 (1) 大洲分布及种数(2-3)◆亚洲
Chupalon Adans. = **Cavendishia**
Chupalones Adans. = **Andromeda**
Chuquiraga【3】Juss. 龙菊木属 → **Arnaldoa;Barnadesia;Lychnophora** Asteraceae 菊科 [MD-586] 全球 (1) 大洲分布及种数(34-44)◆南美洲
Chuquiragua Juss. = **Chuquiraga**
Chusana Nevski = **Chusua**
Chusquea (McClure) L.G.Clark = **Chusquea**
Chusquea【3】Kunth 丘竹属 → **Arthrostylidium; Arundinaria** Poaceae 禾本科 [MM-748] 全球 (6) 大洲分布及种数(191-197;hort.1;cult: 2)非洲:1;亚洲:3-4;大洋洲:8-9;欧洲:1;北美洲:53-56;南美洲:155-160
Chusqueeae E.G.Camus = **Chusquea**
Chusua【3】Nevski 丘兰属 ← **Amitostigma;Hemipilia** Orchidaceae 兰科 [MM-723] 全球 (6) 大洲分布及种数(9-10)非洲:2;亚洲:8-10;大洋洲:2;欧洲:2;北美洲:2;南美洲:2
Chydenanthus【3】Miers 繁玉蕊属 ≒ **Barringtonia** Lecythidaceae 玉蕊科 [MD-267] 全球 (1) 大洲分布及种数(cf. 1)◆亚洲
Chyletia auct. = **Adolphia**
Chylisma Nutt. ex Torr. & A.Gray = **Chylismia**
Chylismia【3】(Torr. & A.Gray) Nutt. ex Raim. 待晖草属 ≒ **Camissonia;Oenothera** Onagraceae 柳叶菜科 [MD-396] 全球 (6) 大洲分布及种数(16;hort.1)非洲:3;亚洲:3;大洋洲:3;欧洲:3;北美洲:15-18;南美洲:3
Chylismiella【3】(Munz) W.L.Wagner & Hoch 银晖草属 ≒ **Sphaerostigma** Onagraceae 柳叶菜科 [MD-396] 全球 (1) 大洲分布及种数(1)◆北美洲(◆美国)
Chylocalyx【3】Hassk. 蓼属 ≒ **Persicaria** Polygonaceae 蓼科 [MD-120] 全球 (1) 大洲分布及种数(uc)◆大洋洲
Chylodia Rich ex Cass. = **Tilesia**
Chylogala Fourr. = **Euphorbia**
Chymocarpus D.Don = **Tropaeolum**
Chymococca Meisn. = **Passerina**
Chymocormus Harv. = **Pergularia**
Chymsydia【3】Albov 高加索芹属 ≒ **Agasyllis** Apiaceae 伞形科 [MD-480] 全球 (1) 大洲分布及种数(2)◆亚洲
Chyranthus Baker f. = **Cyrtanthus**
Chyrsidium Fée = **Acrostichum**
Chysis【3】Lindl. 合粉兰属 Orchidaceae 兰科 [MM-723] 全球 (1) 大洲分布及种数(2)◆南美洲
Chysophthalmum Sch.Bip. = **Grindelia**
Chytra C.F.Gaertn. = **Gerardia**
Chytraculia【-】P.Br. 桃金娘科属 ≒ **Calyptranthes; Myrceugenia** Myrtaceae 桃金娘科 [MD-347] 全球 (uc) 大洲分布及种数(uc)
Chytralia Adans. = **Calyptranthes**
Chytranthus【3】Hook.f. 壶花无患子属 → **Laccodiscus;Pancovia;Erioglossum** Sapindaceae 无患子科 [MD-428] 全球 (1) 大洲分布及种数(6-35)◆非洲
Chytroglossa【3】Rchb.f. 合药兰属 → **Rauhiella** Orchidaceae 兰科 [MM-723] 全球 (1) 大洲分布及种数(3)◆南美洲(◆巴西)
Chytroma Miers = **Lecythis**

Chytronia Bremek. = **Margaritopsis**
Chytropsia Bremek. = **Margaritopsis**
Cianitis Reinw. = **Hydrangea**
Ciatus L. = **Cistus**
Cibirhiza【2】Bruyns 囊根萝藦属 Apocynaceae 夹竹桃科 [MD-492] 全球 (2) 大洲分布及种数(1-4)非洲:2;亚洲:cf.1
Cibotarium【3】O.E.Schulz 球碎米荠属 ← **Sphaerocardamum** Brassicaceae 十字花科 [MD-213] 全球 (1) 大洲分布及种数(uc)属分布和种数(uc)◆北美洲
Cibotiaceae Korall = Dicksoniaceae
Cibotium【3】Kaulf. 金毛狗属 ← **Aspidium;Polypodium;Sphaeropteris** Cyatheaceae 桫椤科 [F-23] 全球 (6) 大洲分布及种数(13-19)非洲:1-3;亚洲:5-8;大洋洲:2;欧洲:2;北美洲:9-13;南美洲:2
Cicca【3】L. 叶下珠属 ← **Phyllanthus** Phyllanthaceae 叶下珠科 [MD-222] 全球 (1) 大洲分布及种数(2)属分布和种数(uc)◆北美洲
Cicclidotus P.Beauv. = **Cinclidotus**
Cicendia【3】Adans. 黄绮草属 ≒ **Exaculum;Exacum;Hoppea** Gentianaceae 龙胆科 [MD-496] 全球 (1) 大洲分布及种数(2-3)◆北美洲
Cicendiola Bubani = **Lamium**
Cicendiopsis P. & K. = **Cicendia**
Cicer【3】(Tourn.) L. 鹰嘴豆属 ≒ **Vicia;Crotalaria** Fabaceae 豆科 [MD-240] 全球 (6) 大洲分布及种数(16-48;hort.1)非洲:3-7;亚洲:15-41;大洋洲:4-7;欧洲:3-7;北美洲:1-3;南美洲:1-3
Cicer L. = **Cicer**
Ciceraceae Steele = Cyperaceae
Cicerbita【3】Wallr. 岩参属 → **Cephalorrhynchus;Lactuca;Prenanthes** Asteraceae 菊科 [MD-586] 全球 (6) 大洲分布及种数(39-67;hort.1)非洲:4;亚洲:35-39;大洋洲:4;欧洲:5-9;北美洲:1-5;南美洲:4
Cicercula Medik. = **Lathyrus**
Cicerella DC. = **Arachis**
Ciceronia【3】Urb. 长冠亮泽兰属 Asteraceae 菊科 [MD-586] 全球 (1) 大洲分布及种数(1)◆北美洲(◆古巴)
Cichlanthus (Endl.) Van Tiegh. = **Loranthus**
Cichoriaceae Juss. = Asteraceae
Cichorium (Less.) DC. = **Cichorium**
Cichorium【2】L.菊苣属→**Tolpis;Cyclodium;Aposeris** Asteraceae 菊科 [MD-586] 全球 (5) 大洲分布及种数(9-11;hort.1;cult: 3)非洲:7;亚洲:7;大洋洲:2;欧洲:5;北美洲:2
Cichromena Michx. = **Dichromena**
Cicia L. = **Vicia**
Cicin L. = **Cicer**
Cicindis Bruch = **Cicendia**
Ciclospermum【3】Lag. 细叶旱芹属 Apiaceae 伞形科 [MD-480] 全球 (2) 大洲分布及种数(cf.1) 北美洲;南美洲
Ciconium Sw. = **Pelargonium**
Cicranostigma Hook.f. & Thoms. = **Dicranostigma**
Cicurina Raf. = **Catasetum**
Cicuta【3】(Tourn.) L. 毒芹属 ≒ **Conium;Sium;Phyllanthus** Apiaceae 伞形科 [MD-480] 全球 (6) 大洲分布及种数(8-13;hort.1;cult:1)非洲:16;亚洲:5-21;大洋洲:3-20;欧洲:2-18;北美洲:6-24;南美洲:3-20
Cicutaria Fabr. = **Conium**
Cicutaria Heist. ex Fabr. = **Molospermum**
Cicutaria Lam. = **Cicuta**
Cidoria L. = **Clitoria**
Cieca (Medik.) J.M.MacDougal & Feuillet = **Passiflora**
Cieca Adans. = **Julocroton**
Cienfuegia Willd. = **Cienfuegosia**
Cienfuegosia Articulata Fryxell = **Cienfuegosia**
Cienfuegosia【2】Cav. 蝇棉属 → **Alyogyne;Thespesia;Hibiscus** Malvaceae 锦葵科 [MD-203] 全球 (5) 大洲分布及种数(34-47)非洲:4-8;亚洲:2-4;大洋洲:9-12;北美洲:9-10;南美洲:20
Cienfugosia DC. = **Cienfuegosia**
Cienkowskia【2】Pfeiff. 厚壳树属 ≒ **Ehretia** Boraginaceae 紫草科 [MD-517] 全球 (2) 大洲分布及种数(1) 欧洲:1;南美洲:1
Cienkowskiella Y.K.Kam = **Siphonochilus**
Cienkowskya E.Regel & Rach = **Kaempferia**
Cifsea Cham. & Schltdl. = **Crusea**
Cigaritis Reinw. = **Hydrangea**
Cili Terán & Berland. = **Sophora**
Ciliaria Haw. = **Saxifraga**
Ciliariaceae DC. = Coriariaceae
Cilicia Mont. = **Milicia**
Ciliolejeunea S.W.Arnell = **Lejeunea**
Ciliophora C.Presl = **Caiophora**
Ciliosemina【3】Antonelli 纤翼鸡纳属 ≒ **Remijia** Rubiaceae 茜草科 [MD-523] 全球 (1) 大洲分布及种数(2)◆南美洲(◆巴西)
Cilus L. = **Cissus**
Cimbaria Hill = **Cymbaria**
Cimbus Miers = **Phyllanthus**
Cimex L. = **Cicer**
Cimicifuga【3】L. 升麻属 ≒ **Actaea** Ranunculaceae 毛茛科 [MD-38] 全球 (1) 大洲分布及种数(11-16)◆亚洲
Cimicifugaceae Arn. = Ranunculaceae
Cimifuga Wernisch. = **Cimicifuga**
Ciminalis (Bunge) Zuev = **Gentiana**
Ciminalis Raf. = **Leiphaimos**
Cimitaria N.E.Br. = **Anemone**
Cimomia Torr. = **Croomia**
Cinara (Tourn.) L. = **Cynara**
Cinaria L. ex Benn. = **Cymaria**
Cinchona Endl. = **Cinchona**
Cinchona【3】L. 金鸡纳属 → **Badusa;Exostema;Pimentelia** Rubiaceae 茜草科 [MD-523] 全球 (6) 大洲分布及种数(36-46)非洲:7-12;亚洲:7-12;大洋洲:5;欧洲:5;北美洲:12-17;南美洲:34-41
Cinchonaceae Batsch = Rubiaceae
Cinchonae L. = **Cinchona**
Cinchoneae DC. = **Cinchona**
Cinchonopsis【3】L.Andersson 毛鸡纳属 ← **Cinchona** Rubiaceae 茜草科 [MD-523] 全球 (1) 大洲分布及种数(1)◆南美洲
Cincinalis【-】Desv. 碗蕨科属 ≒ **Paraceterach** Dennstaedtiaceae 碗蕨科 [F-26] 全球 (uc) 大洲分布及种数(uc)
Cincinnobotrys【3】Gilg 卷序牡丹属 ← **Amphiblemma** Melastomataceae 野牡丹科 [MD-364] 全球 (1) 大洲

分布及种数(5-8)◆非洲
Cincinnulus Dum. = **Calypogeia**
Cinclia Hoffmanns. = **Ceropegia**
Cinclidiaceae Kindb. = Mniaceae
Cinclidium 【2】 Sw. 北灯藓属 ≒ **Amblyodon; Cyrtomnium** Mniaceae 提灯藓科 [B-149] 全球 (5) 大洲分布及种数(5) 非洲:1;亚洲:2;欧洲:4;北美洲:5;南美洲:1
Cinclidocarpus Zoll. = **Acacia**
Cinclidotaceae Schimp. = Mniaceae
Cinclidotus (Broth.) Hilp. = **Cinclidotus**
Cinclidotus【3】P.Beauv. 复边藓属 ≒ **Gymnostomum; Tridontium** Pottiaceae 丛藓科 [B-133] 全球 (6) 大洲分布及种数(11)非洲:2;亚洲:7;大洋洲:2;欧洲:8;北美洲:3;南美洲:2
Cinclus Hoffmanns. = **Brachystelma**
Cineraria【3】L. 葵叶菊属 ← **Senecio;Ligularia;Pericallis** Asteraceae 菊科 [MD-586] 全球 (1) 大洲分布及种数(49-58)◆非洲
Cineraris L. = **Cineraria**
Cinetus Buch.Ham. ex D.Don = **Dinetus**
Cingalia Ruiz & Pav. = **Condalia**
Cinglis Hoffmanns. = **Ceropegia**
Cingutriletes【-】 R.L.Pierce 不明藓属 Fam(uc) 全球 (uc) 大洲分布及种数(uc)
Cinhona L. = **Cinna**
Cinlinalis Gled. = **Cincinalis**
Cinna (J.Presl) Rchb. = **Cinna**
Cinna 【3】 L. 单蕊草属 ← **Agrostis;Calamovilfa; Arctagrostis** Poaceae 禾本科 [MM-748] 全球 (6) 大洲分布及种数(8)非洲:10;亚洲:3-13;大洋洲:10;欧洲:3-13;北美洲:5-15;南美洲:3-13
Cinnabaria F.Ritter = **Echinopsis**
Cinnabarinea F.Ritter = **Echinopsis**
Cinnabarinea Fric = **Lobivia**
Cinnadenia 【3】 Kosterm. 须弥樟属 ← **Dodecadenia** Lauraceae 樟科 [MD-21] 全球 (1) 大洲分布及种数(cf. 1)◆亚洲
Cinnagrostis Griseb. = **Calamagrostis**
Cinnamodedron Endl. = **Cinnamodendron**
Cinnamodendron 【3】 Endl. 万灵樟属 ≒ **Canella; Pleodendron** Canellaceae 白樟科 [MD-9] 全球 (6) 大洲分布及种数(10-14)非洲:1;亚洲:1-3;大洋洲:1;欧洲:1;北美洲:3-6;南美洲:7-10
Cinnamomoum Schaeff. = **Cinnamomum**
Cinnamomum Meisn. = **Cinnamomum**
Cinnamomum 【3】 Schaeff. 樟属 → **Acrodiclidium;Lagurus;Phoebe** Lauraceae 樟科 [MD-21] 全球 (1) 大洲分布及种数(106-297)◆亚洲
Cinnamonum Bl. = **Cinnamomum**
Cinnamosma【3】 Baill. 合瓣樟属 Canellaceae 白樟科 [MD-9] 全球 (1) 大洲分布及种数(2-3)◆非洲(◆马达加斯加)
Cinnamumum Schaeff. = **Cinnamomum**
Cinnastrum E.Fourn. = **Cinna**
Cinneae Ohwi = **Cinna**
Cinogasum Neck. = **Croton**
Cinoglossum Neck. = **Cynoglossum**
Cinsania Lavy = **Bauhinia**
Cintia 【3】 K.Kníže & říha 惠毛球属 ≒ **Weingartia** Cactaceae 仙人掌科 [MD-100] 全球 (1) 大洲分布及种数(uc)属分布和种数(uc)◆南美洲
Cinyra L. = **Cinna**
Ciona Monniot & Monniot = **Cinna**
Cionamomum Schaeff. = **Cinnamomum**
Cionandra Griseb. = **Cayaponia**
Cionidium T.Moore = **Tectaria**
Cionisaccus Breda = **Cosmibuena**
Cionomene【3】Krukoff 象牙藤属 ≒ **Elephantomene** Menispermaceae 防己科 [MD-42] 全球 (1) 大洲分布及种数(cf. 1)◆南美洲
Cionosicyos Benth. & Hook.f. = **Cionosicys**
Cionosicys 【3】 Griseb. 奶葫芦属 ≒ **Trichosanthes** Cucurbitaceae 葫芦科 [MD-205] 全球 (1) 大洲分布及种数(4)◆北美洲(◆牙买加)
Cionothrix Hook.f. = **Chionothrix**
Cionura 【2】 Griseb. 拟牛奶菜属 ← **Marsdenia;Pergularia** Apocynaceae 夹竹桃科 [MD-492] 全球 (2) 大洲分布及种数(2)非洲:1;欧洲:1
Cipadessa 【3】 Bl. 浆果楝属 ← **Ekebergia;Rhus; Malleastrum** Meliaceae 楝科 [MD-414] 全球 (6) 大洲分布及种数(3)非洲:2;亚洲:2-6;大洋洲:2;欧洲:2;北美洲:2;南美洲:2
Cipocereus 【3】 F.Ritter 蓝壶柱属 ← **Cephalocereus; Coleocephalocereus** Cactaceae 仙人掌科 [MD-100] 全球 (1) 大洲分布及种数(6)◆南美洲
Cipoia 【3】 C.T.Philbrick,Novelo & Irgang 河芹草属 Podostemaceae 川苔草科 [MD-322] 全球 (1) 大洲分布及种数(3)◆南美洲(◆巴西)
Ciponima Aubl. = **Ilex**
Ciposia Silveira = **Cipoia**
Cipum Rich. = **Cipura**
Cipura 【3】 Aubl. 壶鸢花属 ≒ **Herbertia;Trimezia;-Cypella** Iridaceae 鸢尾科 [MM-700] 全球 (1) 大洲分布及种数(9-16)◆南美洲
Cipuropsis 【3】 Ule 丽穗凤梨属 ← **Vriesea** Bromeliaceae 凤梨科 [MM-715] 全球 (1) 大洲分布及种数(1-12)◆南美洲
Ciraceaster Maxim. = **Circaeaster**
Circae L. = **Circaea**
Circaea Hand.Mazz. = **Circaea**
Circaea 【3】 L. 露珠草属 Onagraceae 柳叶菜科 [MD-396] 全球 (6) 大洲分布及种数(15-22;hort.1;cult: 11)非洲:2-18;亚洲:14-33;大洋洲:16;欧洲:2-18;北美洲:6-23;南美洲:16
Circaeaceae Bercht. & J.Presl = Onagraceae
Circaeaster 【3】 Maxim. 星叶草属 ← **lens** Circaeasteraceae 星叶草科 [MD-58] 全球 (1) 大洲分布及种数(cf. 1)◆亚洲
Circaeasteraceae 【3】 Hutch. 星叶草科 [MD-58] 全球 (1) 大洲分布和属种数(1;hort.& cult.1)(1;hort. & cult.1)◆亚洲
Circaeeae Dum. = **Circaea**
Circaeocarpus C.Y.Wu = **Zippelia**
Circandra【3】N.E.Br. 浴凰花属 ≒ **Mesembryanthemum** Aizoaceae 番杏科 [MD-94] 全球 (1) 大洲分布及种数(1)◆非洲
Circe L. = **Circaea**
Circea Mill. = **Circaea**

Circeaster A.H.Clark = **Circaeaster**
Circina St.Lag. = **Carex**
Circinella St.Lag. = **Abildgaardia**
Circinnus Medik. = **Hymenocarpos**
Circinus Medik. = **Hymenocarpos**
Circis Chapm. = **Cercis**
Circulifolium【2】 S.Olsson 片藓属 ≒ **Thamnium** Neckeraceae 平藓科 [B-204] 全球 (3) 大洲分布及种数(2) 非洲:1;亚洲:2;大洋洲:2
Circulus Haw. = **Saxifraga**
Cirinosum Neck. = **Cereus**
Ciripedium Zumag. = **Cypripedium**
Cirpa L. = **Cinna**
Cirracanthus Mart. ex Nees = **Acanthopale**
Cirrhaea【3】 Lindl. 升龙兰属 ← **Cymbidium;Gongora** Orchidaceae 兰科 [MM-723] 全球 (1) 大洲分布及种数(9-42)◆南美洲
Cirrhopea Hort. = **Cirrhaea**
Cirrhopetalum【3】Lindl. 卷瓣兰属 ← **Bulbophyllum; Sunipia** Orchidaceae 兰科 [MM-723] 全球 (6) 大洲分布及种数(13)非洲:8;亚洲:5-13;大洋洲:1-9;欧洲:8;北美洲:8;南美洲:8
Cirrhophyllum【-】 auct. 兰科属 Orchidaceae 兰科 [MM-723] 全球 (uc) 大洲分布及种数(uc)
Cirriphyllum【2】 Grout 毛尖藓属 ≒ **Cupressina; Amblystegium** Brachytheciaceae 青藓科 [B-187] 全球 (5) 大洲分布及种数(8) 非洲:2;亚洲:6;欧洲:4;北美洲:5;南美洲:1
Cirselium【-】 Brot. 菊科属 Asteraceae 菊科 [MD-586] 全球 (uc) 大洲分布及种数(uc)
Cirsellium Gaertn. = **Carthamus**
Cirsiocarduus P.Fourn. = **Cirsio-carduus**
Cirsio-carduus【3】 P.Fourn. 细花兰属 ≒ **Asarca** Asteraceae 菊科 [MD-586] 全球 (1) 大洲分布及种数(6)◆亚洲
Cirsium (Cass.) Tzvelev = **Cirsium**
Cirsium【3】 Mill. 蓟属 → **Alfredia;Carlina;Silybum** Asteraceae 菊科 [MD-586] 全球 (6) 大洲分布及种数(493-924;hort.1;cult: 164)非洲:29-105;亚洲:331-439;大洋洲:25-101;欧洲:132-216;北美洲:148-231;南美洲:10-85
Cirsone Hoffmanns. ex Steud. = **Silene**
Cis Salisb. = **Acis**
Cischostalix【-】 auct. 兰科属 Orchidaceae 兰科 [MM-723] 全球 (uc) 大洲分布及种数(uc)
Cischweinfia【2】 Dressler & N.H.Williams 西宜兰属 ← **Aspasia;Miltonia;Trichopilia** Orchidaceae 兰科 [MM-723] 全球 (2) 大洲分布及种数(12;hort.1;cult: 1)北美洲:4;南美洲:9
Cischweinidium【-】 J.M.H.Shaw 兰科属 Orchidaceae 兰科 [MM-723] 全球 (uc) 大洲分布及种数(uc)
Cissa Adans. = **Tissa**
Cissaceae Drejer = Cistaceae
Cissampelopsis (DC.) Miq. = **Cissampelopsis**
Cissampelopsis【3】 Miq. 藤菊属 ← **Cacalia;Vernonia** Asteraceae 菊科 [MD-586] 全球 (1) 大洲分布及种数(cf. 1)◆亚洲
Cissampelos【3】 L. 锡生藤属 → **Abuta;Echites; Stephania** Menispermaceae 防己科 [MD-42] 全球 (6) 大洲分布及种数(29-36)非洲:14-19;亚洲:10-15;大洋洲:1-5;欧洲:4;北美洲:7-11;南美洲:16-23
Cissarobryon【3】 Pöpp. 巍安草属 ≒ **Viviania** Vivianiaceae 曲胚科 [MD-283] 全球 (1) 大洲分布及种数(1)◆南美洲
Cissia L. = **Cassia**
Cissodendron F.Müll = **Polyscias**
Cissodendrum P. & K. = **Polyscias**
Cissophyllum Pichon = **Ornichia**
Cissura Griseb. = **Cionura**
Cissus (Juss.) Planch. = **Cissus**
Cissus【3】 L. 白粉藤属 → **Ampelocissus;Costus;Parthenocissus** Vitaceae 葡萄科 [MD-403] 全球 (6) 大洲分布及种数(203-413;hort.1;cult: 6)非洲:90-194;亚洲:49-113;大洋洲:13-39;欧洲:8-17;北美洲:46-62;南美洲:82-101
Cistaceae【3】 Juss. 半日花科 [MD-175] 全球 (6) 大洲分布和属种数(8-9;hort. & cult.7)(275-667;hort. & cult.50-117)非洲:3-6/94-191;亚洲:4-7/65-133;大洋洲:2-5/13-64;欧洲:5-8/155-255;北美洲:5-6/92-147;南美洲:2-5/8-55
Cistanche【2】 Hoffmgg. & Link 肉苁蓉属 ← **Lathraea;Philippia;Orobanche** Orobanchaceae 列当科 [MD-552] 全球 (3) 大洲分布及种数(13-27;hort.1;cult: 4)非洲:5-8;亚洲:12-23;欧洲:4
Cistanthe (Reiche) Carolin ex Hershk. = **Cistanthe**
Cistanthe【3】Spach 石薇花属 ← **Calandrinia;Lewisia** Montiaceae 水卷耳科 [MD-81] 全球 (6) 大洲分布及种数(41-42)非洲:3;亚洲:5;大洋洲:5;欧洲:2;北美洲:21;南美洲:32-33
Cistanthera K.Schum. = **Nesogordonia**
Cistela Bl. = **Arethusa**
Cistella Bl. = **Rosenia**
Cistellaria【-】 Schott 芸香科属 Rutaceae 芸香科 [MD-399] 全球 (uc) 大洲分布及种数(uc)
Cistina Neck. = **Anthodon**
Cistocarpium Fraser-Jenk. = **Alyssoides**
Cistocarpus Kunth = **Balbisia**
Cistopus Bl. = **Pristiglottis**
Cistrum Hill = **Centaurea**
Cistula Bl. = **Maesa**
Cistus【3】 L. 岩蔷薇属 ≒ **Helianthemum;Costus; Pilosocereus** Cistaceae 半日花科 [MD-175] 全球 (6) 大洲分布及种数(25-174;hort.1;cult: 78)非洲:15-53;亚洲:7-30;大洋洲:4-22;欧洲:13-54;北美洲:9-31;南美洲:2-18
Citellus Forssk. = **Citrullus**
Cithareloma【3】 Bunge 对枝菜属 → **Eremobium** Brassicaceae 十字花科 [MD-213] 全球 (1) 大洲分布及种数(cf. 1)◆亚洲
Citharexylon L. = **Citharexylum**
Citharexylum【3】 L. 琴木属 → **Aegiphila;Petitia** Verbenaceae 马鞭草科 [MD-556] 全球 (6) 大洲分布及种数(99-120;hort.1;cult: 10)非洲:3;亚洲:11-14;大洋洲:9-12;欧洲:3-6;北美洲:58-75;南美洲:58-68
Citheronia Weyenbergh = **Ciceronia**
Cithna L. = **Cinna**
Citinus All. = **Cytinus**
Citraceae Roussel = Cistaceae
Citreum Mill. = **Citrus**
Citriobathus A.Juss. = **Citriobatus**
Citriobatus【3】 A.Cunn. ex Loud. 刺海桐属 ← **Pittosporum** Pittosporaceae 海桐科 [MD-448] 全球 (1) 大洲分

布及种数(cf. 1)◆亚洲
Citriosma Pöpp. ex Endl. = **Siparuna**
Citriosma Tul. = **Siparuna**
Citrofortunella J.Ingram & H.E.Moore = **Citrus**
Citronella【3】 D.Don 橘茱萸属 ≒ **Villaresia;Ilex** Icacinaceae 茶茱萸科 [MD-450] 全球 (1) 大洲分布及种数(15-18)◆南美洲
Citrophorum Neck. = **Aegle**
Citropsis (Engl.) Swingle & M.Kellerm. = **Citropsis**
Citropsis【3】 Swingle & Kellerman 野柑橘属 ← **Citrus;Limonia** Rutaceae 芸香科 [MD-399] 全球 (1) 大洲分布及种数(5-13)◆非洲
Citrosena Bosc ex Steud. = **Siparuna**
Citrosma Ruiz & Pav. = **Siparuna**
Citrul L. = **Citrus**
Citrullus Forssk. = **Citrullus**
Citrullus【3】 Schröd. ex Eckl. & Zeyh. 西瓜属 → **Acanthosicyos;Momordica** Cucurbitaceae 葫芦科 [MD-205] 全球 (6) 大洲分布及种数(8-9)非洲:6-8;亚洲:3-4;大洋洲:2-3;欧洲:2-3;北美洲:4-5;南美洲:2-3
Citrus (Hassk.) F.Müll. = **Citrus**
Citrus【3】 L. 柑橘属 ≒ **Littonia;Sphagneticola** Rutaceae 芸香科 [MD-399] 全球 (1) 大洲分布及种数(36-106)◆亚洲
Citta Lour. = **Mucuna**
Cittorhynchus Willd. ex Kunth = **Ouratea**
Citula L. = **Cotula**
Cizara Kunth = **Clara**
Cladandra O.F.Cook = **Chamaedorea**
Cladanthus【2】 Cass. 金凤菊属 ← **Anthemis; Santolina;Cyananthus** Asteraceae 菊科 [MD-586] 全球 (4) 大洲分布及种数(6-8;hort.1;cult: 1)非洲:5;亚洲:cf.1;欧洲:3;北美洲:3
Cladapus Möller = **Cladopus**
Cladastomum【3】 Müll.Hal. 巴西牛毛藓属 ≒ **Pringleella** Ditrichaceae 牛毛藓科 [B-119] 全球 (1) 大洲分布及种数(2)◆南美洲
Claderia【3】 Hook.f. 毛茎兰属 ≒ **Murraya;Caladenia** Orchidaceae 兰科 [MM-723] 全球 (1) 大洲分布及种数(3)◆亚洲
Cladhymenia W.R.Taylor = **Clinhymenia**
Cladiantholejeunea【-】 Herzog 细鳞苔科属 Lejeuneaceae 细鳞苔科 [B-84] 全球 (uc) 大洲分布及种数(uc)
Cladidium【3】 Hafellner 美国野牡丹属 ≒ **Lecanora** Melastomataceae 野牡丹科 [MD-364] 全球 (1) 大洲分布及种数(uc)◆北美洲
Cladieae Nees = **Cladina**
Cladiella Hook.f. = **Clarkella**
Cladina【2】 Torr. ex Fenzl 衣莎草属 ≒ **Cladonia** Cyperaceae 莎草科 [MM-747] 全球 (4) 大洲分布及种数(cf.1) 亚洲;欧洲;北美洲;南美洲
Cladium (Gaudich.) Benth. = **Cladium**
Cladium【3】 P.Br. 一本芒属 ≒ **Isolepis;Caladium** Cyperaceae 莎草科 [MM-747] 全球 (6) 大洲分布及种数(22-29;hort.1;cult: 3)非洲:2-15;亚洲:5-18;大洋洲:14-27;欧洲:1-14;北美洲:9-23;南美洲:4-17
Cladobium Lindl. = **Lankesterella**
Cladocarpa【3】 (H.St.John) H.St.-John 刺果瓜属 ← **Sicyos** Cucurbitaceae 葫芦科 [MD-205] 全球 (1) 大洲分布及种数(cf.10)◆北美洲
Cladocephalus (Pohl ex Benth.) Harley & J.F.B.Pastore = **Cyanocephalus**
Cladoceras【3】 Bremek. 弓枝茜属 ← **Chomelia** Rubiaceae 茜草科 [MD-523] 全球 (1) 大洲分布及种数(1)◆非洲
Cladochaeta【2】 DC. 拟蜡菊属 ← **Helichrysum** Asteraceae 菊科 [MD-586] 全球 (2) 大洲分布及种数(2)非洲:1;大洋洲:1
Cladococcus Kurz ex Teijsm. & Binn. = **Acidoton**
Cladocolea R.M.Schust. = **Cladocolea**
Cladocolea【2】 Van Tiegh. 鞘枝寄生属 ← **Loranthus; Oryctanthus;Struthanthus** Loranthaceae 桑寄生科 [MD-415] 全球 (3) 大洲分布及种数(26-37)非洲:2;北美洲:13-22;南美洲:15-16
Cladoda Poir = **Alchornea**
Cladodea Poir = **Cupania**
Cladoderris Vriese & Lév. = **Onoseris**
Cladodes Lour. = **Alchornea**
Cladodium【3】 Brid. 南美真藓属 ≒ **Ptychostomum; Pohlia;Acidodontium** Bryaceae 真藓科 [B-146] 全球 (1) 大洲分布及种数(1) ◆北美洲
Cladogelonium【3】 Leandri 叶枝桐属 Euphorbiaceae 大戟科 [MD-217] 全球 (1) 大洲分布及种数(1)◆非洲(◆马达加斯加)
Cladogynos【3】 Zipp. ex Span. 白大凤属 → **Adenochlaena;Conceveiba** Euphorbiaceae 大戟科 [MD-217] 全球 (1) 大洲分布及种数(cf. 1)◆亚洲
Cladolejeunea【3】 Zwickel 白鳞苔属 Lejeuneaceae 细鳞苔科 [B-84] 全球 (1) 大洲分布及种数(1)◆非洲
Cladolepis Moq. = **Onoseris**
Cladoles H.A.Möller = **Cladopus**
Cladomischus Klotzsch ex A.DC. = **Begonia**
Cladomnion【3】 Hook.f. & Wilson 组片蒴藓属 ≒ **Spiridens** Ptychomniaceae 棱蒴藓科 [B-159] 全球 (1) 大洲分布及种数(4)◆大洋洲
Cladomniopsis【3】 M.Fleisch. 智利棱蒴藓属 ≒ **Scyphogyne** Ptychomniaceae 棱蒴藓科 [B-159] 全球 (1) 大洲分布及种数(1)◆南美洲
Cladomnium Hook.f. & Wilson = **Cladomnion**
Cladomyza【3】 Danser 枝寄生属 ≒ **Dendromyza** Santalaceae 檀香科 [MD-412] 全球 (1) 大洲分布及种数(1-2)◆大洋洲
Cladonia【2】 Donn ex Willd. 赤紫草属 ≒ **Cladina;Phlebochilus** Boraginaceae 紫草科 [MD-517] 全球 (2) 大洲分布及种数(3) 北美洲:3;南美洲:2
Cladoniaceae Donn ex Willd. = Cunoniaceae
Cladopelma Griff. = **Actinorhytis**
Cladophascum【3】 Dixon 赤发藓属 Polytrichaceae 金发藓科 [B-101] 全球 (1) 大洲分布及种数(1)◆非洲
Cladophora Kützing = **Caiophora**
Cladophyllum Bula-Meyer = **Calophyllum**
Cladopodanthus【2】 Dozy & Molk. 亚洲曲尾藓属 ≒ **Schistomitrium** Leucobryaceae 白发藓科 [B-129] 全球 (2) 大洲分布及种数(3) 亚洲:3;大洋洲:2
Cladopodiella【2】 (Nees) Jörg. 钝叶苔属 ≒ **Jungermannia** Cephaloziaceae 大萼苔科 [B-52] 全球 (3) 大洲分布及种数(3)亚洲:cf.1;欧洲:2;北美洲:2

Cladopogon C.H.Schultz Bip. ex J.G.C.Lehmann & E. Otto = **Senecio**

Cladopus (Spruce) Meyl. = **Cladopus**

Cladopus【3】 H.A.Möller 川苔草属 ≒ **Lecomtea; Alchornea** Podostemaceae 川苔草科 [MD-322] 全球 (1) 大洲分布及种数(6-10)◆亚洲

Cladoraphis【3】 Franch. 硬眉草属 ≒ **Eragrostis;Brizopyrum** Poaceae 禾本科 [MM-748] 全球 (1) 大洲分布及种数(3)◆非洲

Cladorhiza Nutt. = **Corallorhiza**

Cladoseris (Less.) Less. ex Spach = **Onoseris**

Cladosictis Hook.f. = **Melothria**

Cladosicyos Hook.f. = **Melothria**

Cladosperma Griff. = **Pinanga**

Cladostachys D.Don = **Deeringia**

Cladostemon【3】 A.Braun & Vatke 瓠果柑属 ← **Euadenia** Capparaceae 山柑科 [MD-178] 全球 (1) 大洲分布及种数(1)◆非洲

Cladosterigma Pat. = **Cladostigma**

Cladostigma【3】 Radlk. 枝柱头旋花属 Convolvulaceae 旋花科 [MD-499] 全球 (1) 大洲分布及种数(1-3)◆非洲

Cladostyles Humb. & Bonpl. = **Evolvulus**

Cladothamnus【3】 Bong. 夏羽树属 ≒ **Elliottia** Ericaceae 杜鹃花科 [MD-380] 全球 (1) 大洲分布及种数(uc)属分布和种数(uc)◆北美洲

Cladotheca Steud. = **Lagenocarpus**

Cladothele Steud. = **Cephalocarpus**

Cladothrix (Moq.) Nutt. ex Benth. & Hook.f. = **Tidestromia**

Cladotrichium Vogel = **Caesalpinia**

Cladotrichum Vogel = **Acacia**

Cladrastis【3】 Raf. 香槐属 ← **Dalbergia;Maackia; Sophora** Fabaceae3 蝶形花科 [MD-240] 全球 (6) 大洲分布及种数(9-11;hort.1;cult: 2)非洲:2;亚洲:8-12;大洋洲:2;欧洲:2;北美洲:2-5;南美洲:2

Clairisia Abat ex Benth. & Hook.f. = **Clarisia**

Clairvillea DC. = **Cacosmia**

Clamaemelum Mill. = **Chamaemelum**

Clambus Miers = **Phyllanthus**

Clamydanthus Fourr. = **Cladanthus**

Clandarium【2】 (Grolle) R.M.Schust. 南美合叶苔属 ≒ **Blepharidophyllum** Blepharidophyllaceae 睑苔科 [B-59] 全球 (2) 大洲分布及种数(3)大洋洲:cf.1;南美洲:2

Clandestina Hill = **Lathraea**

Clandestinaria (DC.) Spach = **Rorippa**

Clangula Klotzsch = **Agapetes**

Clansena Burm.f. = **Clausena**

Claopodium【2】 (Lesq. & James) Renauld & Cardot 麻羽藓属 ≒ **Leskea;Haplocladium** Leskeaceae 薄罗藓科 [B-181] 全球 (5) 大洲分布及种数(12) 非洲:2;亚洲:10;大洋洲:2;欧洲:1;北美洲:6

Claotrachelus Zoll. = **Serratula**

Claoxylon【3】 A.Juss. 白桐树属 → **Acalypha;Mercurialis;Orfilea** Euphorbiaceae 大戟科 [MD-217] 全球 (6) 大洲分布及种数(49-141;hort.1;cult: 2)非洲:24-56;亚洲:16-68;大洋洲:17-67;欧洲:8;北美洲:1-9;南美洲:7

Claoxylopsis【3】 Leandri 白桐藤属 Euphorbiaceae 大戟科 [MD-217] 全球 (1) 大洲分布及种数(3)◆非洲(◆马达加斯加)

Clappertonia【3】 Meisn. 刺蓟麻属 Malvaceae 锦葵科 [MD-203] 全球 (1) 大洲分布及种数(3)◆非洲

Clappia【3】 A.Gray 盐菊属 ← **Adenophyllum** Asteraceae 菊科 [MD-586] 全球 (1) 大洲分布及种数(1)◆北美洲

Clara J.M.H.Shaw = **Clara**

Clara【3】 Kunth 假薯草属 ← **Chlorophytum;Herreria** Asparagaceae 天门冬科 [MM-669] 全球 (1) 大洲分布及种数(3-6)◆南美洲

Clarazella Pictet & Saussure = **Clarkella**

Clarckia Pursh = **Clarisia**

Clargia Pursh = **Clarkia**

Clarias Raf. = **Dianthera**

Clariona Spreng. = **Acourtia**

Clarionaea Lag. ex DC. = **Acourtia**

Clarionea【3】 Lag. ex DC. 莲座钝柱菊属 ≒ **Perezia** Asteraceae 菊科 [MD-586] 全球 (1) 大洲分布及种数(1)◆北美洲

Clarionella DC. ex Steud. = **Perezia**

Clarionema Phil. = **Perezia**

Clarionia【3】 D.Don 沙牡丹属 ≒ **Acourtia;Perezia** Asteraceae 菊科 [MD-586] 全球 (1) 大洲分布及种数(1)◆南美洲

Clarisia (Allemão) C.C.Berg = **Clarisia**

Clarisia【2】 Ruiz & Pav. 猴果桑属 ← **Anredera; Sorocea** Moraceae 桑科 [MD-87] 全球 (3) 大洲分布及种数(5-6)亚洲:cf.1;北美洲:3;南美洲:3

Clarkea Spreng. = **Clarkia**

Clarkeara Hort. = **Clarkeasia**

Clarkeasia Hort. = **Clarkeasia**

Clarkeasia【3】 J.R.I.Wood 亚洲爵床属 ← **Echinacanthus** Acanthaceae 爵床科 [MD-572] 全球 (1) 大洲分布及种数(cf. 1)◆亚洲

Clarkei Pursh = **Clarkia**

Clarkeia Pursh = **Clarkia**

Clarkeifedia P. & K. = **Patrinia**

Clarkella【3】 Hook.f. 岩上珠属 ← **Ophiorrhiza;Craibella** Rubiaceae 茜草科 [MD-523] 全球 (1) 大洲分布及种数(1-7)◆亚洲

Clarkia (F.H.Lewis & M.E.Lewis) W.L.Wagner & Hoch = **Clarkia**

Clarkia【3】 Pursh 仙女扇属 ≒ **Clara** Onagraceae 柳叶菜科 [MD-396] 全球 (6) 大洲分布及种数(47-48;hort.1;cult: 4)非洲:17;亚洲:5-22;大洋洲:1-18;欧洲:2-19;北美洲:46-64;南美洲:9-26

Clarkus Bastian = **Clarkia**

Clarorivinia Pax & K.Hoffm. = **Ptychopyxis**

Clasmatocolea Amplectentes J.J.Engel = **Clasmatocolea**

Clasmatocolea【3】 Stephani 白萼苔属 ≒ **Plagiochila; Pedinophyllum** Lophocoleaceae 齿萼苔科 [B-74] 全球 (6)大洲分布及种数(12)非洲:2-3;亚洲:4-5;大洋洲:7-8;欧洲:1;北美洲:1-2;南美洲:5-6

Clasmatodon【2】 Hook. & Wilson 花旗异青藓属 Brachytheciaceae 青藓科 [B-187] 全球 (3) 大洲分布及种数(3) 欧洲:1;北美洲:2;南美洲:1

Clasta Comm. ex Vent. = **Casearia**

Clastes Rich. = **Cleistes**

Clastidium Planch. = **Cnestidium**

Clastilix Raf. = **Miconia**

Clastobruym Dozy & Molk. = **Clastobryum**
Clastobryella Eu-clastobryella M.Fleisch. = **Clastobryella**
Clastobryella【2】M.Fleisch. 开山藓属 Sematophyllaceae 锦藓科 [B-192] 全球 (3) 大洲分布及种数(11) 非洲:1;亚洲:7;大洋洲:4
Clastobryophilum【2】M.Fleisch. 金毛藓属 ≒ **Acroporium;Oedicladium** Sematophyllaceae 锦藓科 [B-192] 全球 (4) 大洲分布及种数(3) 非洲:2;亚洲:2;大洋洲:2;南美洲:1
Clastobryopsis【2】M.Fleisch. 拟疣胞藓属 Pylaisiadelphaceae 毛锦藓科 [B-191] 全球 (3) 大洲分布及种数(5) 亚洲:4;大洋洲:2;北美洲:2
Clastobryum【2】Dozy & Molk. 疣胞藓属 ≒ **Hypnum;Stenotheciopsis** Pylaisiadelphaceae 毛锦藓科 [B-191] 全球 (3) 大洲分布及种数(18) 亚洲:14;大洋洲:8;北美洲:1
Clastopus【3】Bunge ex Boiss. 克拉荠属 ← **Alyssum;Straussiella** Brassicaceae 十字花科 [MD-213] 全球 (1) 大洲分布及种数(cf. 1)◆亚洲
Clathrella Decne. = **Adelostemma**
Clathropsis Spach = **Alnus**
Clathrospermum Planch,ex Benth. & Hook,f . = **Monanthotaxis**
Clathrotropis【3】Harms 篱瓣豆属 ← **Bowdichia;Diplotropis;Ormosia** Fabaceae 豆科 [MD-240] 全球 (1) 大洲分布及种数(9)◆南美洲
Claucena Burm.f . = **Clausena**
Claudegayara【-】J.M.H.Shaw 兰科属 Orchidaceae 兰科 [MM-723] 全球 (uc) 大洲分布及种数(uc)
Claudehamiltonara【-】J.M.H.Shaw 兰科属 Orchidaceae 兰科 [MM-723] 全球 (uc) 大洲分布及种数(uc)
Claudia Opiz = **Melica**
Claudopus H.A.Möller = **Cladopus**
Clauseana Burm.f. = **Clausena**
Clausena (Dalzell) J.F.Molina = **Clausena**
Clausena【3】Burm.f. 黄皮属 → **Acronychia;Glycosmis;Murraya** Rutaceae 芸香科 [MD-399] 全球 (6) 大洲分布及种数(27-35;hort.1)非洲:6-10;亚洲:25-34;大洋洲:3-9;欧洲:3-7;北美洲:7-11;南美洲:4-8
Clausenellia Á.Löve & D.Löve = **Sempervivum**
Clausenopsis (Engl.) Engl. = **Vepris**
Clausi O.Böttger = **Clausia**
Clausia Korn.Trotzky = **Clausia**
Clausia【3】Trotzky 香芥属 ← **Cheiranthus;Pseudoclausia** Brassicaceae 十字花科 [MD-213] 全球 (1) 大洲分布及种数(5-9)◆亚洲
Clausii Trotzky = **Clausia**
Clausilia Trotzky = **Clausia**
Clausonia Pomel = **Asphodelus**
Clausospicula【3】Lazarides 闭穗草属 Poaceae 禾本科 [MM-748] 全球 (1) 大洲分布及种数(1)◆大洋洲
Clava Kunth = **Clara**
Clavapetalum Pulle = **Dendrobangia**
Clavaria【2】Steud. 久榄属 ≒ **Sideroxylon** Sapotaceae 山榄科 [MD-357] 全球 (2) 大洲分布及种数(1) 北美洲:1;南美洲:1
Clavariana Steud. = **Achras**
Clavarioidia Frič & Schelle ex Kreuz. = **Opuntia**
Clavelina Herdman = **Camelina**
Clavella Wilson C.B. = **Clarkella**
Clavena DC. = **Carduus**
Clavenna Neck. ex Standl. = **Ammannia**
Claviderma Ivanov & Scheltema = **Gilia**
Claviga Regel = **Clavija**
Clavigera DC. = **Ipomopsis**
Clavija【3】Ruiz & Pav. 香萝桐属 → **Leonia;Theophrasta;Pausandra** Theophrastaceae 假轮叶科 [MD-387] 全球 (1) 大洲分布及种数(61-63)◆南美洲
Clavimyrtus Bl. = **Syzygium**
Clavinodum T.H.Wen = **Arundinaria**
Clavipodium Desv. ex Griming = **Beyeria**
Clavistylus J.J.Sm. ex Koord. & Valeton = **Megistostigma**
Clavitheca【3】O.Werner 亚洲葫芦藓属 Funariaceae 葫芦藓科 [B-106] 全球 (1) 大洲分布及种数(cf.1) 亚洲;大洋洲
Clavula Dum. = **Crotalaria**
Clavulium Desv. = **Crotalaria**
Clavulum G.Don = **Crotalaria**
Clavus Miers = **Actephila**
Clayara J.M.H.Shaw = **Achras**
Clayiella Hook.f. = **Clarkella**
Claytona Cothen. = **Claytonia**
Claytonia (A.Gray) Holm = **Claytonia**
Claytonia【3】L. 春美草属 → **Calandrinia;Phemeranthus** Montiaceae 水卷耳科 [MD-81] 全球 (1) 大洲分布及种数(52-97)◆北美洲
Claytoniella【2】Jurtzev 冰泉草属 ≒ **Montiastrum;Montia** Montiaceae 水卷耳科 [MD-81] 全球 (3) 大洲分布及种数(cf. 1) 亚洲;欧洲;北美洲
Cleachne Rol. ex Steud. = **Paspalum**
Cleandra Nutt. = **Oleandra**
Cleanthe Salisb. = **Aristea**
Cleanthes D.Don = **Holocheilus**
Cleantis Dill. ex L. = **Clematis**
Cleditsia L. = **Gleditsia**
Clegera Adans. = **Cleyera**
Cleghornia【3】Wight 金平藤属 ← **Anodendron;Sindechites** Apocynaceae 夹竹桃科 [MD-492] 全球 (1) 大洲分布及种数(cf. 1)◆亚洲
Cleianthus Lour ex Gomes = **Clerodendrum**
Cleidiocarpon【3】Airy-Shaw 蝴蝶果属 ← **Baccaurea** Euphorbiaceae 大戟科 [MD-217] 全球 (1) 大洲分布及种数(1-2)◆亚洲
Cleidion【2】Bl. 棒柄花属 → **Acalypha;Mallotus;Plukenetia** Euphorbiaceae 大戟科 [MD-217] 全球 (5) 大洲分布及种数(18-41;hort.1)非洲:4-6;亚洲:8-13;大洋洲:7-24;北美洲:2-3;南美洲:7
Cleiemera Raf. = **Xenostegia**
Cleilanthes Sw. = **Limnophila**
Cleioistoma Bl. = **Cleisostoma**
Cleiostoma Raf. = **Xenostegia**
Cleipaticereus【-】G.D.Rowley 仙人掌科属 Cactaceae 仙人掌科 [MD-100] 全球 (uc) 大洲分布及种数(uc)
Cleis Casar. = **Calliandra**
Cleisocalpa【-】auct. 兰科属 Orchidaceae 兰科 [MM-723] 全球 (uc) 大洲分布及种数(uc)
Cleisocentron【3】Brühl 隔距兰属 ← **Cleisostoma**

Orchidaceae 兰科 [MM-723] 全球 (1) 大洲分布及种数(2-7)◆亚洲
Cleisocratera Korth. = **Saprosma**
Cleisodes auct. = **Cleistes**
Cleisofinetia【-】auct. 兰科属 Orchidaceae 兰科 [MM-723] 全球 (uc) 大洲分布及种数(uc)
Cleisomeria【3】Lindl. ex G.Don 隔距兰属 ← **Cleisostoma;Saccolabium** Orchidaceae 兰科 [MM-723] 全球 (1) 大洲分布及种数(1-2)◆亚洲
Cleisonopsis【-】auct. 兰科属 Orchidaceae 兰科 [MM-723] 全球 (uc) 大洲分布及种数(uc)
Cleisoquetia【-】auct. 兰科属 Orchidaceae 兰科 [MM-723] 全球 (uc) 大洲分布及种数(uc)
Cleisostoma (Bl.) Seidenf. = **Cleisostoma**
Cleisostoma【3】Bl. 隔距兰属 ← **Aerides;Campylocentrum** Orchidaceae 兰科 [MM-723] 全球 (6) 大洲分布及种数(79-111;hort.1)非洲:7-21;亚洲:76-97;大洋洲:10-25;欧洲:9;北美洲:5-14;南美洲:5-14
Cleisostomopsis【3】Seidenf. 隔距兰属 ≒ **Cleisostoma** Orchidaceae 兰科 [MM-723] 全球 (1) 大洲分布及种数(cf.2)◆亚洲
Cleisostylis Bl. = **Cheirostylis**
Cleissocratera Korth. = **Amaracarpus**
Cleistaageocereus【-】Mordhorst 仙人掌科属 Cactaceae 仙人掌科 [MD-100] 全球 (uc) 大洲分布及种数(uc)
Cleistachne【3】Benth. 闭壳草属 ← **Miscanthus** Poaceae 禾本科 [MM-748] 全球 (1) 大洲分布及种数(1)◆非洲
Cleistanthes P. & K. = **Cleistanthus**
Cleistanthium Kunze = **Leibnitzia**
Cleistanthium P. & K. = **Gerbera**
Cleistanthopsis Capuron = **Allantospermum**
Cleistanthus【2】Hook.f. ex Planch. 闭花木属 ← **Actephila;Andrachne;Securinega** Phyllanthaceae 叶下珠科 [MD-222] 全球 (5) 大洲分布及种数(58-148;hort.1;cult: 3)非洲:18-42;亚洲:41-72;大洋洲:7-10;欧洲:cf.1;北美洲:cf.1
Cleistegenes Keng = **Cleistogenes**
Cleistes【2】Rich. 美洲朱兰属 ← **Pogonia;Arethusa** Orchidaceae 兰科 [MM-723] 全球 (4) 大洲分布及种数(71-81)亚洲:4;大洋洲:3;北美洲:7;南美洲:68-77
Cleistesiopsis【3】(L.) Pansarin & F.Barros 美髯兰属 ≒ **Arethusa** Orchidaceae 兰科 [MM-723] 全球 (1) 大洲分布及种数(1-4)◆北美洲
Cleisthenes Keng = **Cleistogenes**
Cleistoblechnum Gasper & Salino = **Blechnum**
Cleistoborzicactus【-】G.D.Rowley 仙人掌科属 Cactaceae 仙人掌科 [MD-100] 全球 (uc) 大洲分布及种数(uc)
Cleistocactus【3】Lem. 蛇雪柱属 ≒ **Aporocactus;Stenocereus** Cactaceae 仙人掌科 [MD-100] 全球 (1) 大洲分布及种数(45-51)◆南美洲
Cleistocalyx【3】Bl. 水翁属 ≒ **Eugenia;Syzygium** Cyperaceae 莎草科 [MM-747] 全球 (6) 大洲分布及种数(2)非洲:3;亚洲:1-4;大洋洲:3;欧洲:3;北美洲:3;南美洲:3
Cleistocana【3】G.D.Rowley 水人掌属 Cactaceae 仙人掌科 [MD-100] 全球 (1) 大洲分布及种数(1)◆南美洲
Cleistocarpidium【2】Ochyra & Bednarek-Ochyra 闭蒴藓属 ≒ **Sporledera** Ditrichaceae 牛毛藓科 [B-119] 全球 (3) 大洲分布及种数(1) 亚洲:1;欧洲:1;北美洲:1
Cleistocereus Frič & Kreuz. = **Cleistocactus**
Cleistochamaecereus【-】P.V.Heath 仙人掌科属 Cactaceae 仙人掌科 [MD-100] 全球 (uc) 大洲分布及种数(uc)
Cleistochlamys【3】Oliv. 紫梨木属 ← **Popowia** Annonaceae 番荔枝科 [MD-7] 全球 (1) 大洲分布及种数(1)◆非洲
Cleistochloa【3】C.E.Hubb. 澳隐黍属 ← **Chionachne** Poaceae 禾本科 [MM-748] 全球 (1) 大洲分布及种数(3)◆大洋洲
Cleistoeactus Lem. = **Cleistocactus**
Cleistogenes【3】Keng 隐子草属 ← **Agrostis;Bromus** Poaceae 禾本科 [MM-748] 全球 (6) 大洲分布及种数(16-19)非洲:4-10;亚洲:15-23;大洋洲:6;欧洲:2-8;北美洲:6;南美洲:6
Cleistognes Keng = **Cleistogenes**
Cleistoloranthus Merr. = **Amyema**
Cleistonocereus Frič & Kreuz. = **Cleistocactus**
Cleistoparodia【-】A.Wessner 仙人掌科属 Cactaceae 仙人掌科 [MD-100] 全球 (uc) 大洲分布及种数(uc)
Cleistopetalum H.Okada = **Monoon**
Cleistopholis【3】Pierre ex Engl. 闭盔木属 → **Friesodielsia;polyalthia** Annonaceae 番荔枝科 [MD-7] 全球 (1) 大洲分布及种数(3-4)◆非洲
Cleistopsis Strigl = **Clematis**
Cleistostoma【3】Brid. 网藓属 ≒ **Dendropogonella** Calymperaceae 花叶藓科 [B-130] 全球 (1) 大洲分布及种数(1)◆东亚(◆中国)
Cleistoyucca (Engelm.) Trel. = **Agave**
Cleistoza G.D.Rowley = **Xenostegia**
Cleithria Steud. = **Venidium**
Cleitria Schröd. = **Arctotis**
Clelandia【3】J.M.Black 紫堇菜属 Violaceae 堇菜科 [MD-126] 全球 (1) 大洲分布及种数(uc)属分布和种数(uc)◆大洋洲
Clelia Casar. = **Calliandra**
Clemanthus Klotzsch = **Adenia**
Clematepistephium【3】N.Hallé 美蕉兰属 ≒ **Epistephium** Orchidaceae 兰科 [MM-723] 全球 (1) 大洲分布及种数(1)◆大洋洲
Clematia Dill. ex L. = **Clematis**
Clematicissus【3】Planch. 玉椒藤属 ← **Cissus;Vitis** Vitaceae 葡萄科 [MD-403] 全球 (1) 大洲分布及种数(6)◆大洋洲
Clematidaceae Martinov = Ranunculaceae
Clematis Fruticella Tamura = **Clematis**
Clematis【3】L. 铁线莲属 ← **Anemone;Rhipogonum** Ranunculaceae 毛茛科 [MD-38] 全球 (6) 大洲分布及种数(340-486;hort.1;cult: 50)非洲:54-118;亚洲:322-460;大洋洲:31-100;欧洲:36-82;北美洲:109-160;南美洲:32-76
Clematitaria Bureau = **Pleonotoma**
Clematoclethia (Franch.) Maxim. = **Clematoclethra**
Clematoclethra【3】(Franch.) Maxim. 藤山柳属 ← **Actinidia;Clethra** Actinidiaceae 猕猴桃科 [MD-242] 全球 (1) 大洲分布及种数(2-21)◆东亚(◆中国)
Clematopsis Boj. ex Hook. = **Clematis**
Clemelis Dill. ex L. = **Clematis**

Clemensia Merr. = **Chisocheton**
Clemensiella【3】Schltr. 球兰属 ← **Hoya** Apocynaceae 夹竹桃科 [MD-492] 全球 (1) 大洲分布及种数(uc)属分布和种数(uc)◆亚洲
Clementea Cav = **Angiopteris**
Clementia Rose = **Sedum**
Clementsia Rose = **Sedum**
Clementsiella【3】(Cockerell) M.K.Elias 针茅属 ≒ **Stipa** Poaceae 禾本科 [MM-748] 全球 (6) 大洲分布及种数(1)非洲:1;亚洲:1;大洋洲:1;欧洲:1;北美洲:1;南美洲:1
Clemetis Dill. ex L. = **Clematis**
Cleob L. = **Cleome**
Cleobula【3】Vell. 菜蝶豆属 Fabaceae 豆科 [MD-240] 全球 (1) 大洲分布及种数(cf.1) ◆南美洲
Cleobulia【3】Mart. ex Benth. 克利奥豆属 ← **Dolichos** Fabaceae 豆科 [MD-240] 全球 (1) 大洲分布及种数(4)◆南美洲
Cleochroma Miers = **Lycium**
Cleodora Klotzsch = **Croton**
Cleomac L. = **Cleome**
Cleomaceae【3】Bercht. & J.Presl 白花菜科 [MD-210] 全球 (6) 大洲分布和属种数(4;hort. & cult.1)(67-327;hort. & cult.9-17)非洲:2/ 59-126;亚洲:4/ 5-33;大洋洲:1-2/ 2-31;欧洲:2/ 28;北美洲:3/ 13-58;南美洲:1-2/ 5-35
Cleome (DC.) Baill. = **Cleome**
Cleome【3】L. 鸟足菜属 → **Gynandropsis;Symphyostemon;Peritoma** Cleomaceae 白花菜科 [MD-210] 全球 (1) 大洲分布及种数(57-122)◆非洲
Cleomeae DC. = **Cleome**
Cleomella【3】DC. 群心柑属 ← **Cleome;Physostemon;Wislizenia** Cleomaceae 白花菜科 [MD-210] 全球 (1) 大洲分布及种数(20-35)◆北美洲
Cleomena Röm. & Schult. = **Muhlenbergia**
Cleomis L. = **Cleome**
Cleonia【3】L. 克里昂草属 ← **Prunella** Lamiaceae 唇形科 [MD-575] 全球 (1) 大洲分布及种数(1)◆欧洲
Cleophora Gaertn. = **Livistona**
Cleora Klotzsch = **Acalypha**
Cleoserrata【3】Iltis 洋白花菜属 ← **Cleome;Gynandropsis** Cleomaceae 白花菜科 [MD-210] 全球 (1) 大洲分布及种数(2)◆北美洲
Cleosma Urb. & Ekman ex Sandwith = **Tynanthus**
Clercia Vell. = **Salacia**
Cleretum【3】N.E.Br. 霓花属 → **Aethephyllum;Leipoldtia** Aizoaceae 番杏科 [MD-94] 全球 (1) 大洲分布及种数(11-18)◆非洲
Clerkia Neck. = **Tabernaemontana**
Clermontia (Hillebr.) Lammers = **Clermontia**
Clermontia【3】Gaud. 瓜莲属 ≒ **Cyanea;Delissea** Campanulaceae 桔梗科 [MD-561] 全球 (1) 大洲分布及种数(25-44)◆北美洲
Clerodendranthus【3】Kudo 肾茶属 ← **Clerodendrum;Trichostema** Lamiaceae 唇形科 [MD-575] 全球 (1) 大洲分布及种数(2)◆亚洲
Clerodendron Burm. = **Clerodendrum**
Clerodendrum Apiculata Verdc. = **Clerodendrum**
Clerodendrum【3】L. 大青属 ≒ **Cryptanthus;Phyla** Lamiaceae 唇形科 [MD-575] 全球 (1) 大洲分布及种数(125-242)◆非洲
Clerodenrum L. = **Clerodendrum**
Clerome L. = **Cleome**
Clerota Rupr. = **Daucus**
Clessinia Comm. ex Lam. = **Cossinia**
Cleterus Raf. = **Didymocarpus**
Clethra (Ruiz & Pav.) DC. = **Clethra**
Clethra【3】L. 桤叶树属 → **Viviania** Clethraceae 桤叶树科 [MD-326] 全球 (6) 大洲分布及种数(74-95;hort.1;cult: 2)非洲:3-22;亚洲:18-47;大洋洲:3-22;欧洲:16;北美洲:48-67;南美洲:32-53
Clethraceae【3】Klotzsch 桤叶树科 [MD-326] 全球 (6) 大洲分布和属种数(1;hort. & cult.1)(74-184;hort. & cult.9-14)非洲:1/3-22;亚洲:1/18-47;大洋洲:1/3-22;欧洲:1/16;北美洲:1/48-67;南美洲:1/32-53
Clethropsis Spach = **Alnus**
Clethrosperum Planch. = **Monanthotaxis**
Clevea <unassigned> = **Clevea**
Clevea【3】S.O.Lindberg 星孔苔属 ≒ **Athalamia** Cleveaceae 星孔苔科 [B-15] 全球 (1) 大洲分布及种数(2)◆东亚(◆中国)
Cleveaceae【3】Shimizu & S.Hatt. 星孔苔科 [B-15] 全球 (6) 大洲分布和属种数(2/9-16)非洲:1-2/3-9;亚洲:2/7-13;大洋洲:2/6;欧洲:1-2/2-8;北美洲:1-2/1-7;南美洲:1-2/1-7
Clevelandia Greene ex Brandegee = **Castilleja**
Cleyera Adans. = **Cleyera**
Cleyera【3】Thunb. 红淡比属 → **Adinandra;Ternstroemia** Pentaphylacaceae 五列木科 [MD-215] 全球 (6) 大洲分布及种数(24-27;hort.1;cult: 1)非洲:1;亚洲:20-24;大洋洲:1-2;欧洲:3;北美洲:14-17;南美洲:4-5
Cleyria Neck. = **Dialium**
Clianella Jabl. = **Celianella**
Clianthum Kurz = **Clianthus**
Clianthus【3】Sol. ex Lindl. 鹦喙花属 ≒ **Cyrtanthus;Cybianthus** Fabaceae3 蝶形花科 [MD-240] 全球 (1) 大洲分布及种数(2-3)◆亚洲
Clibadium【3】F.Allam. ex L. 白头菊属 → **Alomia;Eupatorium;Ichthyothere** Asteraceae 菊科 [MD-586] 全球 (1) 大洲分布及种数(11-16)◆北美洲
Clidanthera R.Br. = **Glycyrrhiza**
Clidemia【3】D.Don 毛绢木属 ← **Tococa;Maieta;Ossaea** Melastomataceae 野牡丹科 [MD-364] 全球 (6) 大洲分布及种数(231-302;hort.1;cult:1)非洲:3-7;亚洲:15-20;大洋洲:7-12;欧洲:3-7;北美洲:108-131;南美洲:195-241
Clidemia Naudin = **Clidemia**
Cliffordia Livera = **Christisonia**
Cliffordiochloa B.K.Simon = **Steinchisma**
Cliffortia【3】L. 藤友木属 → **Acaena;Physocarpus** Rosaceae 蔷薇科 [MD-246] 全球 (1) 大洲分布及种数(103-138)◆非洲
Cliffortioides Dryand. ex Hook. = **Nothofagus**
Cliftonaea Banks ex C.F.Gaertn. = **Cliftonia**
Cliftonia【3】Banks ex C.F.Gaertn. 荞麦树属 ≒ **Ptelea** Cyrillaceae 鞣木科 [MD-352] 全球 (1) 大洲分布及种数(1-3)◆北美洲
Climacandra Miq. = **Ardisia**
Climacanthus Nees = **Clinacanthus**
Climacia Parfin & Gurney = **Limacia**

Climaciaceae【2】Kindb. 万年藓科 [B-177] 全球 (4) 大洲分布和属种数(1/5)亚洲:1/4;大洋洲:1/2;欧洲:1/2;北美洲:1/4

Climacium【2】F.Weber & D.Mohr 万年藓属 ≒ **Pterobryon;Homaliodendron** Climaciaceae 万年藓科 [B-177] 全球 (4) 大洲分布及种数(5) 亚洲:4;大洋洲:2;欧洲:2;北美洲:4

Climacodium F.Weber & D.Mohr = **Climacium**

Climacoptera【3】Botsch. 梯翅蓬属 ← **Salsola** Amaranthaceae 苋科 [MD-116] 全球 (1) 大洲分布及种数(21-37)◆亚洲

Climacorachis Hemsl. & Rose = **Aeschynomene**

Climatium Weber & D.Mohr ex W.Gümbel = **Climacium**

Climatius Dill. ex L. = **Clematis**

Climedia Rafarin = **Clidemia**

Clina Greene = **Anemia**

Clinacanthus【3】Nees 鳄嘴花属 → **Isoglossa;Justicia** Acanthaceae 爵床科 [MD-572] 全球 (1) 大洲分布及种数(2-3)◆亚洲

Clinanthus【3】Herb. 斑君兰属 ≒ **Crocopsis** Amaryllidaceae 石蒜科 [MM-694] 全球 (6) 大洲分布及种数(24)非洲:17;亚洲:17;大洋洲:17;欧洲:17;北美洲:17;南美洲:23-40

Clinelymus (Griseb.) Nevski = **Elymus**

Clinelyums Nevski = **Aegilops**

Clinelyurus Nevski = **Aegilops**

Clinglymus Nevski = **Elymus**

Clinhymenia【3】A.Rich. & Galeotti 万年兰属 ≒ **Cryptarrhena** Orchidaceae 兰科 [MM-723] 全球 (1) 大洲分布及种数(uc)◆欧洲

Clinidium Cusson = **Cnidium**

Clinio Günée = **Clivia**

Clinogyne K.Schum. = **Marantochloa**

Clinogyne Salisb. ex Benth. = **Donax**

Clinomicromeria【3】Govaerts 风轮芩属 Lamiaceae 唇形科 [MD-575] 全球 (1) 大洲分布及种数(cf. 1)◆欧洲

Clinophyllum Ség. = **Thesium**

Clinopodium Degen = **Clinopodium**

Clinopodium【3】L. 风轮菜属 ≒ **Melica;Steyermarkochloa** Lamiaceae 唇形科 [MD-575] 全球 (6) 大洲分布及种数(163-193;hort.1;cult: 14)非洲:34-44;亚洲:78-89;大洋洲:15-25;欧洲:46-56;北美洲:58-70;南美洲:57-68

Clinosperma【3】Becc. 斜柱椰属 ← **Clinostigma;Cyphokentia** Arecaceae 棕榈科 [MM-717] 全球 (1) 大洲分布及种数(4)◆大洋洲

Clinostemon Kuhlm. & A.Samp. = **Licaria**

Clinostigma【2】H.Wendl. 斜柱椰属 → **Basselinia; Clinosperma** Arecaceae 棕榈科 [MM-717] 全球 (4) 大洲分布及种数(13-21)亚洲:2-3;大洋洲:12-20;欧洲:2;北美洲:1

Clinostigmopsis Becc. = **Clinostigma**

Clinostomum Müll.Hal. = **Chionostomum**

Clinostylis Hochst. = **Gloriosa**

Clinta Griff. = **Chirita**

Clinteria Raf. = **Clintonia**

Clinto Adans. = **Acronychia**

Clintonia Dougl. ex Lindl. = **Clintonia**

Clintonia【3】Raf. 七筋姑属 ← **Convallaria;Diastatea** Liliaceae 百合科 [MM-633] 全球 (6) 大洲分布及种数(6-7;hort.1;cult: 2)非洲:5;亚洲:3-9;大洋洲:5;欧洲:5;北美洲:5-10;南美洲:1-6

Cliocarpus Miers = **Solanum**

Cliococca【3】Bab. 亚麻属 ≒ **Linum** Linaceae 亚麻科 [MD-315] 全球 (1) 大洲分布及种数(cf. 1)◆南美洲

Clione DC. = **Liabum**

Clipteria Raf. = **Eclipta**

Clistanthocereus Backeb. = **Cleistocactus**

Clistanthus Müll.Arg. = **Clianthus**

Clistanthus P. & K. = **Cleistanthus**

Clistax【3】Mart. 坚冠马蓝属 ← **Justicia** Acanthaceae 爵床科 [MD-572] 全球 (1) 大洲分布及种数(2-3)◆南美洲(◆巴西)

Clistoyucca【3】(Engelm.) Trel. 龙舌兰属 ≒ **Agave** Asparagaceae 天门冬科 [MM-669] 全球 (1) 大洲分布及种数(uc)◆非洲

Clistranthus Poit. ex Baill. = **Pera**

Clitandra【3】Benth. 加蓬夹竹桃属 → **Landolphia;Orthopichonia;Chamaeclitandra** Apocynaceae 夹竹桃科 [MD-492] 全球 (1) 大洲分布及种数(3-4)◆非洲

Clitandropsis S.M.Moore = **Melodinus**

Clitanthes Herb. = **Pancratium**

Clitanthum Benth. & Hook.f. = **Pancratium**

Clitellaria Naudin = **Clidemia**

Clithris L. = **Clitoria**

Cliton L. = **Croton**

Clitoria (Desv.) Baker = **Clitoria**

Clitoria【3】L. 蝶豆属 → **Barbieria;Periandra** Fabaceae2 云实科 [MD-239] 全球 (6) 大洲分布及种数(65-85;hort.1;cult: 11)非洲:9-21;亚洲:13-27;大洋洲:4-14;欧洲:1-10;北美洲:21-31;南美洲:55-68

Clitoriastrum Heist. = **Barbieria**

Clitoriopsis【3】R.Wilczek 苏丹豆属 Fabaceae 豆科 [MD-240] 全球 (1) 大洲分布及种数(1)◆非洲

Cliuelymus Nevski = **Aegilops**

Cliveocharis【-】Hort. 石蒜科属 ≒ **Cliveucharis** Amaryllidaceae 石蒜科 [MM-694] 全球 (uc) 大洲分布及种数(uc)

Cliveucharis【-】Rodigas 石蒜科属 ≒ **Cliveocharis** Amaryllidaceae 石蒜科 [MM-694] 全球 (uc) 大洲分布及种数(uc)

Clivia【3】Lindl. 君子兰属 ← **Haemanthus** Amaryllidaceae 石蒜科 [MM-694] 全球 (1) 大洲分布及种数(5-10)◆非洲

Cloanthe Nees = **Chloanthes**

Cloanthes Lehm. = **Chloanthes**

Cloezia【3】Brongn. & Gris 环珠木属 ← **Baeckea; Nama;Nania** Myrtaceae 桃金娘科 [MD-347] 全球 (1) 大洲分布及种数(10-11)◆大洋洲(◆波利尼西亚)

Clogmia Williston = **Cloezia**

Cloiocladia P.Br. = **Comocladia**

Cloiselia【-】S.Moore 菊科属 ≒ **Dicoma** Asteraceae 菊科 [MD-586] 全球 (uc) 大洲分布及种数(uc)

Clome L. = **Cleome**

Clomena P.Beauv. = **Muhlenbergia**

Clomenocoma Cass. = **Dyssodia**

Clomenolepis【-】Cass. 菊科属 Asteraceae 菊科 [MD-586] 全球 (uc) 大洲分布及种数(uc)

Clomium Adans. = **Carduus**

Clomopanus Steud. = **Lonchocarpus**
Clomophyllum 【-】 M.Chen & J.M.H.Shaw 兰科属 Orchidaceae 兰科 [MM-723] 全球 (uc) 大洲分布及种数 (uc)
Clompanus 【3】 Aubl. 苹婆属 ≒ **Sterculia** Malvaceae 锦葵科 [MD-203] 全球 (1) 大洲分布及种数(1)◆亚洲
Clonodia 【3】 Griseb. 八腺木属 ← **Heteropterys;Hiraea;Mascagnia** Malpighiaceae 金虎尾科 [MD-343] 全球 (1) 大洲分布及种数(3-4)◆南美洲
Clonorchis Lindl. = **Codonorchis**
Clonostachys Klotzsch = **Chrysanthellum**
Clonostylis 【3】 S.Moore 匙蕊戟属 ≒ **Spathiostemon** Euphorbiaceae 大戟科 [MD-217] 全球 (1) 大洲分布及种数(1)◆亚洲
Clopodium Raf. = **Lycopodium**
Clorida J.Rémy = **Perityle**
Cloridopsis Desv. ex Ham. = **Cordia**
Cloritis Herb. = **Hymenocallis**
Clorodendrum L. = **Clerodendrum**
Closaschima Korth. = **Laplacea**
Closia J.Rémy = **Perityle**
Closirospermum Neck. = **Crepis**
Clossiana Raf. = **Cassia**
Closterandra Boiv. ex Bél. = **Papaver**
Closteranthera Walp. = **Papaver**
Clotenia Brongn. & Gris = **Cloezia**
Cloton L. = **Croton**
Cloughara 【-】 Carr,George Francis,Jr. & Shaw,Julian Mark Hugh 兰科属 Orchidaceae 兰科 [MM-723] 全球 (uc) 大洲分布及种数(uc)
Clowesia 【2】 Lindl. 克劳兰属 ← **Catasetum;Cycnoches** Orchidaceae 兰科 [MM-723] 全球 (2) 大洲分布及种数(8) 北美洲:6;南美洲:6
Clowsellia B.Butts & Lefaive = **Cloiselia**
Clozelia A.Chev. = **Clowesia**
Clozella Cheeseman = **Cleomella**
Cltrysopsis (Nutt.) Elliott = **Chrysopsis**
Cluacena Raf. = **Myrtus**
Clueria Raf. = **Eremostachys**
Clugnia Comm. ex DC. = **Sherardia**
Clunio Comm. ex DC. = **Sherardia**
Clusia (Engl.) Pipoly = **Clusia**
Clusia 【3】 L. 书带木属 ≒ **Caesia;Senna** Clusiaceae 藤黄科 [MD-141] 全球 (6) 大洲分布及种数(266-362; hort.1;cult: 1)非洲:4;亚洲:15-20;大洋洲:3-7;欧洲:4;北美洲:73-101;南美洲:239-314
Clusiaceae 【3】 Lindl. 藤黄科 [MD-141] 全球 (6) 大洲分布和属种数(40-45;hort. & cult.13-14)(1562-2526;hort. & cult.117-184)非洲:13-19/248-507;亚洲:16-19/511-916; 大洋洲:7-13/90-288;欧洲:3-11/113-223;北美洲:15-17/ 321-493;南美洲:29-32/ 751-975
Clusianthemum Vieill. = **Mammea**
Clusiella 【2】 Planch. & Triana 小猪胶树属 ← **Clusia;Cohniella** Calophyllaceae 红厚壳科 [MD-140] 全球 (2) 大洲分布及种数(10)北美洲:2;南美洲:8
Clusii L. = **Clusia**
Clusiophyllea Baill. = **Peponidium**
Clusiophyllum Müll.Arg. = **Symphyopappus**
Clutia Börh. ex L. = **Clutia**
Clutia 【2】 L. 铁远志属 → **Breynia;Curtia;Phyllanthus** Peraceae 蚌壳木科 [MD-216] 全球 (4) 大洲分布及种数 (39-62;hort.1;cult:3)非洲:38-57;亚洲:9-11;欧洲:2;北美洲:cf.1
Cluytia Steud. = **Bridelia**
Cluytiandra Müll.Arg. = **Meineckia**
Clybatis Phil. = **Leucheria**
Clycosmis R.Br. ex T.Nees & Sinning = **Atalantia**
Clydonium Brid. = **Cladodium**
Clymenia 【3】 Swingle 多蕊柑属 Rutaceae 芸香科 [MD-399] 全球 (1) 大洲分布及种数(1-2)◆大洋洲(◆巴布亚新几内亚)
Clymenum Mill. = **Lathyrus**
Clypea Bl. = **Stephania**
Clypeoceras Schott & Kotschy = **Adlumia**
Clypeola 【3】 L. 小盾荠属 ≒ **Pterocarpus;Alyssum; Peltaria** Brassicaceae 十字花科 [MD-213] 全球 (6) 大洲分布及种数(10-12)非洲:2-7;亚洲:7-12;大洋洲:5;欧洲:4-9;北美洲:1-7;南美洲:5
Clypeolum L. = **Clypeola**
Clyperia Dochnahl = **Lyperia**
Clypona L. = **Clypeola**
Clysia L. = **Clusia**
Clytia Stokes = **Curtia**
Clytoria J.Presl = **Barbieria**
Clytostoma 【3】 Miers ex Bur. 号角藤属 ← **Bignonia; Cuspidaria;Cydista** Bignoniaceae 紫葳科 [MD-541] 全球 (1) 大洲分布及种数(2-3)◆南美洲
Clytostomanthus Pichon = **Bignonia**
Clytra C.F.Gaertn. = **Micrargeria**
Cnemacanthus D.L.Jones & M.A.Clem. = **Aeranthes**
Cnemalobus DC. = **Cremolobus**
Cnemida Lindl. = **Tropidia**
Cnemidaria 【3】 Webb & Berth. ex C.Presl 矮桫椤属 → **Cyathea;Hemitelia** Cyatheaceae 桫椤科 [F-23] 全球 (6)大洲分布及种数(5-12)非洲:3;亚洲:1-4;大洋洲:3;欧洲:3;北美洲:2-5;南美洲:4-7
Cnemidia Lindl. = **Tropidia**
Cnemidiscus Pierre = **Croton**
Cnemidophacos Rydb. = **Astragalus**
Cnemidophyllum Emsley = **Crepidophyllum**
Cnemidostachys Mart. = **Sebastiania**
Cnenamum Tausch = **Youngia**
Cneoraceae 【3】 Vest 叶柄花科 [MD-397] 全球 (1) 大洲分布和属种数(1-2;hort. & cult.1)(2-4;hort. & cult.2)◆北美洲
Cneoridium 【3】 Hook.f. 小柄花属 ← **Pitavia** Rutaceae 芸香科 [MD-399] 全球 (1) 大洲分布及种数(1-4)◆北美洲
Cneorum 【3】 L. 戟橄榄属 ≒ **Neochamaelea** Cneoraceae 叶柄花科 [MD-397] 全球 (1) 大洲分布及种数(2-3)◆北美洲(◆古巴)
Cneph Mill. = **Proiphys**
Cnesmocarpon 【3】 Adema 三蝶果属 ≒ **Guioa** Sapindaceae 无患子科 [MD-428] 全球 (1) 大洲分布及种数 (4)◆大洋洲
Cnesmon Gagnep. = **Cnesmone**
Cnesmone 【3】 Bl. 粗毛藤属 ← **Alchornea;Megistostigma;Tragia** Euphorbiaceae 大戟科 [MD-217] 全球

(1) 大洲分布及种数(9-11)◆亚洲
Cnesmosa Bl. = **Cnesmone**
Cnestidaceae Endl. = Celtidaceae
Cnestidium【3】 Planch. 小螯毛果属 ≒ **Rourea;Bernardinia;Trichilia** Connaraceae 牛栓藤科 [MD-284] 全球 (1) 大洲分布及种数(3-4)◆南美洲
Cnestis Aequipetalae G.Schellenb. = **Cnestis**
Cnestis【3】 Juss. 螯毛果属 → **Agelaea;Roureopsis;Santaloides** Connaraceae 牛栓藤科 [MD-284] 全球 (6) 大洲分布及种数(14-30)非洲:11-24;亚洲:3-5;大洋洲:2;欧洲:1;北美洲:1;南美洲:1
Cnestrum【2】 I.Hagen 矮尾藓属 ≒ **Cynodontium** Dicranaceae 曲尾藓科 [B-128] 全球 (2) 大洲分布及种数 (3) 欧洲:3;北美洲:3
Cnicaceae Vest = Asteliaceae
Cnicothamnus【3】 Griseb. 橙菊木属 Asteraceae 菊科 [MD-586] 全球 (1) 大洲分布及种数(2)◆南美洲
Cnicus Gaertn. = **Cnicus**
Cnicus【3】L.藏掖花属→**Alfredia;Carduus;Notobasis** Asteraceae 菊科 [MD-586] 全球 (6) 大洲分布及种数(10-56;hort.4;cult: 4)非洲:1-47;亚洲:4-51;大洋洲:1-47;欧洲:2-48;北美洲:5-51;南美洲:1-47
Cnidiocarpa【3】 Pimenov 蛇床属 ≒ **Cnidium** Apiaceae 伞形科 [MD-480] 全球 (1) 大洲分布及种数(2)◆亚洲
Cnidium【3】 Cusson 蛇床属 → **Arracacia;Psilurus;Peucedanum** Apiaceae 伞形科 [MD-480] 全球 (6) 大洲分布及种数(13-21;hort.1)非洲:2;亚洲:11-17;大洋洲:2;欧洲:3-6;北美洲:2-5;南美洲:1-6
Cnidoscolus (Houst.) Pax & K.Hoffm. = **Cnidoscolus**
Cnidoscolus【3】 Pohl 花棘麻属 ≒ **Jatropha;Manihot;Astraea** Euphorbiaceae 大戟科 [MD-217] 全球 (1) 大洲分布及种数(104-113)◆南美洲
Cnidoscoulus Pohl = **Cnidoscolus**
Cnidosculus Pohl = **Cnidoscolus**
Cnopos Raf. = **Polygonum**
Coa Adans. = **Hippocratea**
Coalisia Raf. = **Gynandropsis**
Coalisina Raf. = **Gynandropsis**
Coaxana【3】 J.M.Coult. & Rose 紫美芹属 ← **Arracacia** Apiaceae 伞形科 [MD-480] 全球 (1) 大洲分布及种数(2)◆北美洲
Cobaea (örst.) Peter = **Cobaea**
Cobaea【3】 Neck. 电灯花属 ← **Lonicera** Polemoniaceae 花荵科 [MD-481] 全球 (1) 大洲分布及种数(9-10)◆南美洲
Cobaeaceae【2】D.Don 电灯花科 [MD-476] 全球 (3) 大洲分布和属种数(1;hort. & cult.1)(9-23;hort. & cult.4-6)亚洲:1/1; 大洋洲:1/1; 南美洲:1/9-10
Cobalopsis Sieb. & Zucc. = **Corylopsis**
Cobalus L. = **Corylus**
Cobamba Blanco = **Canscora**
Cobana【3】 Ravenna 短丝鸢尾属 ≒ **Eleutherine** Iridaceae 鸢尾科 [MM-700] 全球 (1) 大洲分布及种数 (1)◆北美洲
Cobananthus【3】 Wiehler 星萼岩桐属 Gesneriaceae 苦苣苔科 [MD-549] 全球 (1) 大洲分布及种数(1-2)◆北美洲
Cobania Ravenna = **Cobana**
Cobbia Planch. = **Thottea**
Cobea Desf. = **Planchonia**
Cobetia Gaud. = **Obetia**
Cobitis Salisb. = **Coptis**
Cobresia Pers. = **Kobresia**
Coburgia【3】 Herb. ex Sims 狭管蒜属 ≒ **Amaryllis** Amaryllidaceae 石蒜科 [MM-694] 全球 (1) 大洲分布及种数(1)◆非洲
Cocalus DC. = **Cocculus**
Coccanthera K.Koch & Hanst. = **Hypocyrta**
Coccinea Wight & Arn. = **Coccinia**
Coccineorchis【3】 Schltr. 绶草属 ← **Spiranthes** Orchidaceae 兰科 [MM-723] 全球 (1) 大洲分布及种数(7)◆南美洲
Coccinia【3】 Wight & Arn. 红瓜属 ← **Bryonia;Melothria;Momordica** Cucurbitaceae 葫芦科 [MD-205] 全球 (6)大洲分布及种数(25-48;hort.1)非洲:23-43;亚洲:3-5;大洋洲:1-2;欧洲:1-3;北美洲:3-5;南美洲:1
Coccinoglottis【-】 Glic. 兰科属 Orchidaceae 兰科 [MM-723] 全球 (uc) 大洲分布及种数(uc)
Coccobryon Klotzsch = **Piper**
Coccoceras Miq. = **Mallotus**
Coccochondra (Steyerm.) C.M.Taylor = **Coccochondra**
Coccochondra【3】 S.Rauschert 脆果茜属 ≒ **Psychotria** Rubiaceae 茜草科 [MD-523] 全球 (1) 大洲分布及种数(4-6)◆南美洲
Coccocipsilum P.Br. = **Coccocypselum**
Coccocypselum【3】 P.Br. 蜂巢茜属 → **Fernelia;Hedyotis;Hoffmannia** Rubiaceae 茜草科 [MD-523] 全球 (1) 大洲分布及种数(29-39)◆南美洲
Coccocypsilum Willd. ex Röm. & Schult. = **Coccocypselum**
Coccoderma Miers = **Blaeria**
Coccoderus Miq. = **Acalypha**
Coccoglochidion K.Schum. = **Glochidion**
Coccoloba L. = **Coccoloba**
Coccoloba【3】 P.Br. 海葡萄属 → **Muehlenbeckia;Erythroxylum** Polygonaceae 蓼科 [MD-120] 全球 (6) 大洲分布及种数(148-236;hort.1;cult:9)非洲:4;亚洲:134-214;大洋洲:3-7;欧洲:1-7;北美洲:95-158;南美洲:95-127
Coccolobeae Dum. = **Coccoloba**
Coccolobis P.Br. = **Coccoloba**
Coccomelia Reinw. = **Baccaurea**
Coccomelia Ridl. = **Licania**
Cocconerion【3】 Baill. 柳轮桐属 Euphorbiaceae 大戟科 [MD-217] 全球 (1) 大洲分布及种数(2)◆大洋洲(◆波利尼西亚)
Cocconia Plum. ex L. = **Bocconia**
Coccoph O.F.Cook = **Calyptronoma**
Coccorella Reinw. = **Cleidiocarpon**
Coccos Gaertn. = **Cocos**
Coccosipsilum Sw. = **Coccocypselum**
Coccosperma Klotzsch = **Erica**
Coccostr Gaertn. = **Cocos**
Coccosypsilum Ham. = **Coccocypselum**
Coccothrinax【3】 Sargent 银棕属 ≒ **Thrinax** Arecaceae 棕榈科 [MM-717] 全球 (1) 大洲分布及种数(50-64)◆北美洲
Coccotr Gaertn. = **Cocos**

Coccoty Gaertn. = **Cocos**
Cocculidium Spach = **Cocculus**
Cocculina Dall = **Matricaria**
Cocculus【3】 DC. 木防己属 ← **Abuta;Diploclisia;Pericampylus** Menispermaceae 防己科 [MD-42] 全球 (6) 大洲分布及种数(27-47;hort.1;cult: 1)非洲:7-16;亚洲:18-31;大洋洲:6-14;欧洲:1-9;北美洲:5-13;南美洲:4-13
Coccus Mill. = **Cocos**
Coccyganthe (Rich.) Rich. = **Lychnis**
Coccygidium Spach = **Abuta**
Coccygus DC. = **Cocculus**
Cochella auct. = **Cornus**
Cochemeia (K.Brandegee) Walton = **Thelocactus**
Cochemiea【3】 (K.Brandegee) Walton 云峰球属 ≒ **Mammillaria** Cactaceae 仙人掌科 [MD-100] 全球 (1) 大洲分布及种数(2)◆北美洲
Cochilus R.Br. = **Calochilus**
Cochinchinochloa【-】 H.N.Nguyen & V.T.Tran 禾本科属 Poaceae 禾本科 [MM-748] 全球 (uc) 大洲分布及种数(uc)
Cochiseia【3】 W.H.Earle 雪花球属 ≒ **Escobaria** Cactaceae 仙人掌科 [MD-100] 全球 (1) 大洲分布及种数(1)◆北美洲
Cochlanthera Choisy = **Oedematopus**
Cochlanthus Balf.f. = **Cryptolepis**
Cochlea【-】 Bl. 兰科属 Orchidaceae 兰科 [MM-723] 全球 (uc) 大洲分布及种数(uc)
Cochleanthes【3】 Raf. 扇贝兰属 → **Benzingia;Bollea;Chondrorhyncha** Orchidaceae 兰科 [MM-723] 全球 (1) 大洲分布及种数(10-11)◆南美洲(◆巴西)
Cochlear L. = **Cochlearia**
Cochlearia【3】 L. 岩荠属 → **Aphragmus;Kernera;Pegaeophyton** Brassicaceae 十字花科 [MD-213] 全球 (6) 大洲分布及种数(18-37;hort.1;cult:1)非洲:12;亚洲:10-23;大洋洲:12;欧洲:10-22;北美洲:6-18;南美洲:1-13
Cochlearia O.E.Schulz = **Cochlearia**
Cochlearidium【-】 Ochyra 黑藓科属 ≒ **Andreaea** Andreaeaceae 黑藓科 [B-98] 全球 (uc) 大洲分布及种数(uc)
Cochlearieae Buchenau = **Cochlearia**
Cochleariopsis Á.Löve & D.Löve = **Yinshania**
Cochlearius L. = **Cochlearia**
Cochleata Medik. = **Medicago**
Cochleatoria Hort. = **Bollea**
Cochlecaste【-】 auct. 兰科属 Orchidaceae 兰科 [MM-723] 全球 (uc) 大洲分布及种数(uc)
Cochlenia【-】 auct. 兰科属 Orchidaceae 兰科 [MM-723] 全球 (uc) 大洲分布及种数(uc)
Cochlepetalum auct. = **Pitcairnia**
Cochlesepalum【-】 Oba & J.M.H.Shaw 兰科属 Orchidaceae 兰科 [MM-723] 全球 (uc) 大洲分布及种数(uc)
Cochlesteinella【-】 J.M.H.Shaw 兰科属 Orchidaceae 兰科 [MM-723] 全球 (uc) 大洲分布及种数(uc)
Cochlezella【-】 J.M.H.Shaw 兰科属 Orchidaceae 兰科 [MM-723] 全球 (uc) 大洲分布及种数(uc)
Cochlezia Glic. = **Cochlearia**
Cochlia Bl. = **Cornus**
Cochlianthus【3】 Benth. 旋花豆属 ← **Mucuna** Fabaceae 豆科 [MD-240] 全球 (1) 大洲分布及种数(cf. 1)◆亚洲
Cochliantus Benth. = **Cochlianthus**
Cochliasanthus【-】 Trew 豆科属 ≒ **phaseolus** Fabaceae 豆科 [MD-240] 全球 (uc) 大洲分布及种数(uc)
Cochlicidichilum【-】 J.M.H.Shaw 兰科属 Orchidaceae 兰科 [MM-723] 全球 (uc) 大洲分布及种数(uc)
Cochlicopa Lindl. = **Cochlioda**
Cochlidiosperma (Rchb.f.) Rchb. = **Veronica**
Cochlidiospermum Opiz = **Veronica**
Cochlidium【3】 Kaulf. 螺叶蕨属 ← **Grammitis;Asplenium;Monogramma** Polypodiaceae 水龙骨科 [F-60] 全球 (6) 大洲分布及种数(17-18)非洲:2-3;亚洲:1-2;大洋洲:1;欧洲:1;北美洲:8-10;南美洲:13-14
Cochliobo Lindl. = **Cochlioda**
Cochliocarpum H.Karst. ex Hampe = **Monoclea**
Cochlioda【3】 Lindl. 蜗牛兰属 → **Cyrtochilum;Mesospinidium;Binotia** Orchidaceae 兰科 [MM-723] 全球 (1) 大洲分布及种数(5-7)◆南美洲
Cochliodon Lindl. = **Cochlioda**
Cochliodopsis【-】 J.M.H.Shaw 兰科属 Orchidaceae 兰科 [MM-723] 全球 (uc) 大洲分布及种数(uc)
Cochliopetalum Beer = **Pitcairnia**
Cochliospermum Lag. = **Axyris**
Cochliostema【3】 Lem. 鹤蕊花属 Commelinaceae 鸭跖草科 [MM-708] 全球 (1) 大洲分布及种数(1-2)◆南美洲
Cochlistele【-】 J.M.H.Shaw 兰科属 Orchidaceae 兰科 [MM-723] 全球 (uc) 大洲分布及种数(uc)
Cochloncopsis【-】 J.M.H.Shaw 兰科属 Orchidaceae 兰科 [MM-723] 全球 (uc) 大洲分布及种数(uc)
Cochlops O.F.Cook = **Calyptronoma**
Cochlospermaceae【2】 Planch. 弯子木科 [MD-156] 全球 (5) 大洲分布和属种数(1;hort. & cult.1)(20-23;hort. & cult.4)非洲:1/8-9;亚洲:1/4;大洋洲:1/7;北美洲:1/8;南美洲:1/9-9
Cochlospermum Diporandra Planch. = **Cochlospermum**
Cochlospermum【2】 Kunth 弯子木属 ≒ **Amoreuxia** Bixaceae 红木科 [MD-176] 全球 (5) 大洲分布及种数(21-23;hort.1)非洲:8-9;亚洲:4;大洋洲:7;北美洲:8;南美洲:9
Cochlostemon P. & K. = **Cochliostema**
Cochlumnia【-】 J.M.H.Shaw 兰科属 Orchidaceae 兰科 [MM-723] 全球 (uc) 大洲分布及种数(uc)
Cochoa Bl. = **Epidendrum**
Cochranea Miers = **Heliotropium**
Cochranella Miers = **Heliotropium**
Ociella Pfitzer = **Cohniella**
Cockaynea Zotov = **Allardia**
Cockeara【-】 P.V.Heath 仙人掌科属 Cactaceae 仙人掌科 [MD-100] 全球 (uc) 大洲分布及种数(uc)
Cocleorchis【3】 Szlach. 玉箫兰属 ← **Cyclopogon** Orchidaceae 兰科 [MM-723] 全球 (1) 大洲分布及种数(cf. 1)◆北美洲
Cococipsilum J.St.Hil. = **Coccocypselum**
Cocoloba Raf. = **Coccoloba**
Coconapea Cham. = **Mecardonia**
Cocoothrinax Griseb. & H.Wendl. = **Colpothrinax**
Cocops O.F.Cook = **Calyptronoma**
Cocos (Mart.) Drude = **Cocos**
Cocos【3】 L. 椰子属 → **Acrocomia;Butia** Arecaceae 棕榈科 [MM-717] 全球 (6) 大洲分布及种数(17-31)非

洲:1-8;亚洲:1-9;大洋洲:1-8;欧洲:1-8;北美洲:1-8;南美洲:16-29

Cocosaceae F.W.Schultz & Sch.Bip. = Philydraceae

Codakia L. ex Benn. = **Chiococca**

Codanthera Raf. = **Salvia**

Codaria L. ex Benn. = **Chiococca**

Codariocalyx【2】 Hassk. 摇摆草属 ← **Desmodium; Codoriocalyx** Fabaceae 豆科 [MD-240] 全球 (4) 大洲分布及种数(3-4)非洲:1;亚洲:2-5;大洋洲:1;北美洲:1

Codarium Sol. ex Vahl = **Dialium**

Codazzia H.Karst. & Triana = **Delostoma**

Coddampuli Adans. = **Garcinia**

Coddampulli Adans. = **Mammea**

Codda-pana Adans. = **Thrinax**

Coddia【3】 Verdc. 栀子属 Rubiaceae 茜草科 [MD-523] 全球 (1) 大洲分布及种数(1)◆非洲

Coddingtonia Bowdich = **Lonicera**

Codia【3】 J.R.Forst. & G.Forst. 岛枫梅属 → **Callicoma;Cordia** Cunoniaceae 合椿梅科 [MD-255] 全球 (1) 大洲分布及种数(4-19)◆大洋洲

Codiaeum【3】 A.Juss. 变叶木属 → **Austrobuxus; Trigonostemon** Euphorbiaceae 大戟科 [MD-217] 全球 (6) 大洲分布及种数(7-22;hort.1;cult: 1)非洲:1-7;亚洲:4-15;大洋洲:3-10;欧洲:1;北美洲:1-3;南美洲:1

Codiaminum Raf. = **Narcissus**

Codilia Raf. = **Achyranthes**

Codinaea Hook.f. = **Corynaea**

Codiocarpus【3】 R.A.Howard 光丝木属 ← **Apodytes;Stemonurus** Stemonuraceae 粗丝木科 [MD-440] 全球 (1) 大洲分布及种数(cf. 1)◆亚洲

Codiopsis Desv. ex Ham. = **Cordia**

Codiphus Raf. = **Triodanis**

Codium J.Stackhouse = **Conium**

Codivalia Raf. = **Pupalia**

Codlogyne Lindl. = **Coelogyne**

Codochisma Raf. = **Aniseia**

Codochonia Dunal = **Atropa**

Codomale Raf. = **Polygonatum**

Codon【3】 L. 刺钟花属 ≒ **Syagrus** Boraginaceae 紫草科 [MD-517] 全球 (1) 大洲分布及种数(2)◆非洲

Codonacanthus【3】 Nees 钟花草属 ← **Asystasia;Leptostachya** Acanthaceae 爵床科 [MD-572] 全球 (1) 大洲分布及种数(2-3)◆亚洲

Codonaceae【3】 Weigend & Hilger 紫花草科 [MD-518] 全球 (1) 大洲分布和属种数(1/2)◆非洲

Codonachne Steud. = **Tetrapogon**

Codonandra H.Karst. = **Calliandra**

Codonanthe【2】 (Mart.) Hanst. 蚁巢岩桐属 ≒ **Hypocyrta;Aeschynanthus;Codonanthopsis** Gesneriaceae 苦苣苔科 [MD-549] 全球 (4) 大洲分布及种数(21-22)亚洲:1;大洋洲:1;北美洲:8;南美洲:17-18

Codonanthemum Klotzsch = **Eremia**

Codonanthes Raf. = **Pitcairnia**

Codonanthopsis【3】 Mansf. 赤车岩桐属 ← **Besleria;Codonanthe** Gesneriaceae 苦苣苔科 [MD-549] 全球 (1) 大洲分布及种数(14-16)◆南美洲

Codonanthus G.Don = **Bonamia**

Codonanthus Hassk. = **Physostelma**

Codonatanthus Hassk. = **Asystasia**

Codonechites Markgr. = **Odontadenia**

Codonemma Miers = **Tabernaemontana**

Codoniaceae H.Klinggr. = Cunoniaceae

Codonium【3】 Vahl 青皮木属 ← **Schoepfia** Schoepfiaceae 青皮木科 [MD-370] 全球 (1) 大洲分布及种数(uc)◆亚洲

Codonoblepharon【3】 Schwägr. 钟灵藓属 Orthotrichaceae 木灵藓科 [B-151] 全球 (6) 大洲分布及种数(97)非洲:22;亚洲:22;大洋洲:10;欧洲:9;北美洲:23;南美洲:57

Codonoblepharum【-】 Dozy & Molk. 花叶藓科属 ≒ **Mitthyridium** Calymperaceae 花叶藓科 [B-130] 全球 (uc) 大洲分布及种数(uc)

Codonoboea【3】 Ridl. 钟花苣苔属 ≒ **Paraboea;Didymocarpus** Gesneriaceae 苦苣苔科 [MD-549] 全球 (1) 大洲分布及种数(122-125)◆亚洲

Codonocalyx Klotzsch ex Baill. = **Croton**

Codonocalyx Miers = **Psychotria**

Codonocarpus【3】 A.Cunn. ex Hook. 葵果木属 ← **Gyrostemon** Gyrostemonaceae 环蕊木科 [MD-198] 全球 (1) 大洲分布及种数(1-4)◆大洋洲

Codonocephalum【3】 Fenzl 旋覆花属 ≒ **Inula** Asteraceae 菊科 [MD-586] 全球 (1) 大洲分布及种数(uc) 属分布和种数(uc)◆亚洲

Codonochlamys Ulbr. = **Pavonia**

Codonocrinum Röm. & Schult. = **Yucca**

Codonocroton E.Mey. ex Engl. & Diels = **Combretum**

Codonophora Lindl. = **Paliavana**

Codonoprasum Rchb. = **Allium**

Codonopsis Erectae Hong = **Codonopsis**

Codonopsis【3】 Wall. 党参属 ≒ **Croton** Campanulaceae 桔梗科 [MD-561] 全球 (1) 大洲分布及种数(55-71)◆亚洲

Codonoraphia örst. = **Gesneria**

Codonorchis【3】 Lindl. 钟瓣兰属 ← **Calopogon;Epipactis;Pogonia** Orchidaceae 兰科 [MM-723] 全球 (1) 大洲分布及种数(2-3)◆南美洲

Codonorhiza【-】 Goldblatt & J.C.Manning 鸢尾科属 Iridaceae 鸢尾科 [MM-700] 全球 (uc) 大洲分布及种数(uc)

Codonosiphon Schltr. = **Bulbophyllum**

Codonostigma Klotzsch ex Benth. = **Erica**

Codonura K.Schum. = **Motandra**

Codoriocalyx【3】 Hassk. 舞草属 ≒ **Codariocalyx;Pseudarthria;Desmodium** Fabaceae 豆科 [MD-240] 全球 (1) 大洲分布及种数(3-5)◆亚洲

Codosiphus Raf. = **Aniseia**

Codringtonia Bowdich = **Lonicera**

Codriophorus (Bednarek-Ochyra) Bednarek-Ochyra = **Codriophorus**

Codriophorus【2】 P.Beauv. 无尖藓属 ≒ **Trichostomum** Grimmiaceae 紫萼藓科 [B-115] 全球 (3) 大洲分布及种数(4) 亚洲:3;北美洲:4;南美洲:1

Codyla Bl. = **Solanum**

Codylis Raf. = **Solanum**

Coea Boj. ex Meisn. = **Colea**

Coecella Rydb. = **Cornus**

Coelachna P. & K. = **Coelachne**

Coelachne【2】 R.Br. & C.E.Hubb. 小丽草属 ←

C

Isachne; Micraira;Paspalum Poaceae 禾本科 [MM-748] 全球 (4) 大洲分布及种数(9-14)非洲:6-8;亚洲:6-9;大洋洲:3;南美洲:1
Coelachyropsis Bor = **Eragrostideae**
Coelachyrum Hochst. & Nees = **Eragrostideae**
Coelambus Miers = **Phyllanthus**
Coelana Comm. ex DC. = **Coccoloba**
Coelandria R.Fitzg. = **Dendrobium**
Coelanthe Borkh. ex Griseb. = **Gentiana**
Coelanthium Sond. = **Pharnaceum**
Coelanthum【3】E.Mey. ex Fenzl 繁缕粟草属 ← **Pharnaceum;Eragrostideae** Molluginaceae 粟米草科 [MD-99] 全球 (1) 大洲分布及种数(3-4)◆非洲
Coelanthus Röm. & Schult. = **Aletris**
Coelaria Raf. = **Cola**
Coelarthron Hook.f. = **Microstegium**
Coelarthrum E.Mey. ex Fenzl = **Coelanthum**
Coelas Dulac = **Potentilla**
Coelast Dulac = **Potentilla**
Coelastraceae R.Br. = Celastraceae
Coelebogyne J.Sm. = **Alchornea**
Coeleione【-】J.M.H.Shaw 兰科属 Orchidaceae 兰科 [MM-723] 全球 (uc) 大洲分布及种数(uc)
Coelestina Cass. = **Amellus**
Coelestinia Endl. = **Erinus**
Coelia【3】Lindl. 凸粉兰属 → **Bifrenaria; Epidendrum;Chomelia** Orchidaceae 兰科 [MM-723] 全球 (1) 大洲分布及种数(5-7)◆北美洲
Coelidia Vog. ex Walp. = **Coelidium**
Coelidiana Raf. = **Antirrhinum**
Coelidium Reichardt = **Coelidium**
Coelidium【3】Vog. ex Walp. 天盛藓属 ≒ **Amphithalea** Amblystegiaceae 柳叶藓科 [B-178] 全球 (1) 大洲分布及种数(1)◆南美洲
Coeligena Berlioz & W.H.Phelps = **Elaeocarpus**
Coelina Nor. = **Elaeocarpus**
Coeliopsis【2】Rchb.f. 拟粉兰属 Orchidaceae 兰科 [MM-723] 全球 (2) 大洲分布及种数(2)北美洲:1;南美洲:1
Coelocarpum【2】Balf.f. 凹果马鞭草属 ≒ **Priva** Verbenaceae 马鞭草科 [MD-556] 全球 (2) 大洲分布及种数(5-9)非洲:4-6;亚洲:cf.1
Coelocaryon【3】Warb. 止血楠属 Myristicaceae 肉豆蔻科 [MD-15] 全球 (1) 大洲分布及种数(1-5)◆非洲
Coelochloa Hochst. ex Steud. = **Coleochloa**
Coelocline A.DC. = **Xylopia**
Coelococcus【3】H.Wendl. 西谷椰属 ← **Metroxylon; Phyllanthus** Arecaceae 棕榈科 [MM-717] 全球 (1) 大洲分布及种数(uc)属分布和种数(uc)◆欧洲
Coelodepas Hassk. = **Koilodepas**
Coelodiscus【3】Baill. 穴盘木属 ← **Mallotus;Croton** Euphorbiaceae 大戟科 [MD-217] 全球 (1) 大洲分布及种数(cf. 1)◆亚洲
Coelodonta Nutt. = **Tolpis**
Coelodopas Hassk. = **Koilodepas**
Coelodus Lour. = **Ardisia**
Coeloglossgymnadenia Druce = **Eurya**
Coeloglosshabenaria Druce = **Dactylodenia**
Coeloglossogymnadenia A.Camus = **Dactylodenia**
Coeloglossorchis【-】(A.Kern.) Guétrot 兰科属 ≒ **Dactylorhiza** Orchidaceae 兰科 [MM-723] 全球 (uc) 大洲分布及种数(uc)
Coeloglossum【2】Hartm. 凹舌兰属 Orchidaceae 兰科 [MM-723] 全球 (5) 大洲分布及种数(2) 非洲:1;亚洲:2;欧洲:2;北美洲:2;南美洲:1
Coelogyne【3】Lindl. 贝母兰属 → **Adrorhizon;Bletilla; Broughtonia** Orchidaceae 兰科 [MM-723] 全球 (6) 大洲分布及种数(72-236;hort.1;cult: 4)非洲:3-12;亚洲:71-207;大洋洲:6-24;欧洲:2-7;北美洲:5-14;南美洲:5-11
Coelonema【3】Maxim. 穴丝荠属 ← **Draba** Brassicaceae 十字花科 [MD-213] 全球 (1) 大洲分布及种数(2)◆亚洲
Coeloneurum【3】Radlk. 凹脉茄属 ← **Jacquinia** Solanaceae 茄科 [MD-503] 全球 (1) 大洲分布及种数(1)◆北美洲
Coelophragmus【3】O.E.Schulz 雌足芥属 ≒ **Dryopetalon** Brassicaceae 十字花科 [MD-213] 全球 (1) 大洲分布及种数(uc)属分布和种数(uc)◆北美洲
Coeloplatanthera【3】Cif. & Giacom. 小高山兰属 ≒ **Coeloglossum** Orchidaceae 兰科 [MM-723] 全球 (1) 大洲分布及种数(1)◆欧洲
Coelopleurum【3】Ledeb. 高山芹属 ← **Angelica; Ligusticum;Archangelica** Apiaceae 伞形科 [MD-480] 全球 (1) 大洲分布及种数(2-8)◆北美洲(◆美国)
Coelopleurus Ledeb. = **Coelopleurum**
Coelopogon Brusse = **Calopogon**
Coelops O.F.Cook = **Calyptronoma**
Coelopteris A.Braun = **Polypodium**
Coelopyrena【3】Valeton 穴茜草属 Rubiaceae 茜草科 [MD-523] 全球 (1) 大洲分布及种数(cf. 1)◆东南亚(◆印度尼西亚)
Coelopyrum Jack = **Campnosperma**
Coelorachis【3】Brongn. 空轴茅属 ← **Andropogon; Mnesithea;Ophiuros** Poaceae 禾本科 [MM-748] 全球 (6) 大洲分布及种数(7-8)非洲:2-7;亚洲:2-7;大洋洲:5;欧洲:5;北美洲:1-6;南美洲:2-7
Coelorhachis Endl. = **Coelorachis**
Coelose Dulac = **Potentilla**
Coelosia Freeman = **Celosia**
Coelosis Blanchard = **Coeliopsis**
Coelospermum【3】Bl. 杯果茜属 ≒ **Synaphea;Angelica** Rubiaceae 茜草科 [MD-523] 全球 (1) 大洲分布及种数(6-8)◆大洋洲
Coelostegia【3】Benth. 杯榴梿属 Malvaceae 锦葵科 [MD-203] 全球 (1) 大洲分布及种数(cf. 1)◆亚洲
Coelostele E.Fourn. = **Matelea**
Coelostelma E.Fourn. = **Apocynum**
Coelostoma E.Fourn. = **Matelea**
Coelostylis (A.Juss.) P. & K. = **Spigelia**
Coemansia【2】Marchal 湖南参属 ≒ **Aralia** Araliaceae 五加科 [MD-471] 全球 (2) 大洲分布及种数(2) 北美洲:2;南美洲:2
Coenadenium (Summerh.) Szlach. = **Saccolabium**
Coenobius Benth. & Hook.f. = **Conyza**
Coenochilus Schltr. = **Coilochilus**
Coenochloris Clifford & Everist = **Cynochloris**
Coenolophium Rchb. = **Cenolophium**
Coenopeus Benth. & Hook.f. = **Conyza**
Coenopteris Leman = **Hemionitis**

Coenosia Stein = **Celosia**
Coenotes Benth. & Hook.f. = **Conyza**
Coenotus Benth. & Hook.f. = **Conyza**
Coenura K.Schum. = **Baissea**
Coenypha L. = **Corypha**
Coerulinia Fourr. = **Veronica**
Coespeletia【3】 Cuatrec. 凹菊属 Asteraceae 菊科 [MD-586] 全球 (1) 大洲分布及种数(10-11)◆南美洲
Coestichis Thou. = **Malaxis**
Coetocapnia【-】 Link & Otto 龙舌兰科属 ≒ **Agave** Agavaceae 龙舌兰科 [MM-698] 全球 (uc) 大洲分布及种数(uc)
Cofer Löfl. = **Ilex**
Coffea (A.Chev.) J.F.Leroy = **Coffea**
Coffea【3】 L. 咖啡属 → **Amaioua;Psychanthus;Sericanthe** Rubiaceae 茜草科 [MD-523] 全球 (6) 大洲分布及种数(80-157;hort.1;cult: 8)非洲:67-126;亚洲:17-27;大洋洲:5-11;欧洲:4-8;北美洲:9-15;南美洲:13-19
Coffeaceae Batsch = Rubiaceae
Cogia J.R.Forst. & G.Forst. = **Codia**
Cogniauxara Garay & H.R.Sw. = **Arachnis**
Cogniauxella Baill. = **Luffa**
Cogniauxia【3】 Baill. 科葫芦属 ← **Luffa** Cucurbitaceae 葫芦科 [MD-205] 全球 (1) 大洲分布及种数(1-2)◆非洲
Cogswellia (Nutt. ex J.M.Coult. & Rose) M.E.Jones = **Cogswellia**
Cogswellia【3】 Spreng. 春欧芹属 ≒ **Peucedanum** Apiaceae 伞形科 [MD-480] 全球 (1) 大洲分布及种数(58)◆北美洲
Cohautia Endl. = **Cornutia**
Cohenella Tindale = **Coveniella**
Cohiba【-】 Raf. 紫草科属 ≒ **Wigandia** Boraginaceae 紫草科 [MD-517] 全球 (uc) 大洲分布及种数(uc)
Cohnia Kunth = **Cordyline**
Cohniella【3】 Pfitzer 星芸兰属 ← **Trichocentrum;Oncidium** Orchidaceae 兰科 [MM-723] 全球 (1) 大洲分布及种数(2-7)◆北美洲
Cohnlophiaris【-】 Cetzal & Balam 兰科属 Orchidaceae 兰科 [MM-723] 全球 (uc) 大洲分布及种数(uc)
Coiladena Raf. = **Caladenia**
Coilantha Borkh. = **Gentiana**
Coilanthera Raf. = **Cordia**
Coilmeroa Endl. = **Flueggea**
Coilocarpus【3】 Domin 沙冰藜属 ≒ **Sclerolaena** Amaranthaceae 苋科 [MD-116] 全球 (1) 大洲分布及种数(uc)◆大洋洲
Coilochilus【3】 Schltr. 空唇兰属 Orchidaceae 兰科 [MM-723] 全球 (1) 大洲分布及种数(1-2)◆大洋洲(◆波利尼西亚)
Coilon Raf. = **Ornithogalum**
Coilonema Foslie = **Coelonema**
Coilonox Raf. = **Ornithogalum**
Coilosperma Raf. = **Cryptotaenia**
Coilostigma Klotzsch = **Erica**
Coilostylis Raf. = **Brassavola**
Coilotapalus P.Br. = **Cecropia**
Coincya【3】 Rouy 星芸薹属 ← **Arabis;brassica;Sisymbrium** Brassicaceae 十字花科 [MD-213] 全球 (1) 大洲分布及种数(7)◆欧洲
Coinochlamys【3】 T.Anderson ex Benth. & Hook.f. 银蔓藤属 ← **Mostuea** Gelsemiaceae 钩吻科 [MD-491] 全球 (1) 大洲分布及种数(uc)属分布和种数(uc)◆非洲
Coinogyne Less. = **Philoglossa**
Coix【3】 L. 薏苡属 → **Chionachne** Poaceae 禾本科 [MM-748] 全球 (1) 大洲分布及种数(3-10)◆亚洲
Cojoba【2】 Britton & Rose 鸡髯豆属 ← **Acacia;Pithecolobium** Fabaceae 豆科 [MD-240] 全球 (2) 大洲分布及种数(21-26;hort.1)北美洲:16-18;南美洲:14
Cola【3】 Schott & Endl. 可乐果属 ← **Sterculia;Calla** Malvaceae 锦葵科 [MD-203] 全球 (6) 大洲分布及种数(43-148)非洲:42-152;亚洲:7-22;大洋洲:3-15;欧洲:1-14;北美洲:5-21;南美洲:5-17
Colacium Bl. = **Collabium**
Colacopsis Rich. = **Geum**
Colacus Martinez = **Coleus**
Colaenis L. = **Coldenia**
Colaetaenia Griseb. = **Coleataenia**
Colania Gagnep. = **Aspidistra**
Colanthelia【3】 McClure & E.W.Sm. 短序竹属 ≒ **Aulonemia** Poaceae 禾本科 [MM-748] 全球 (1) 大洲分布及种数(7)◆南美洲(◆巴西)
Colaria Raf. = **Cola**
Colas Dulac = **Potentilla**
Colasepalum【-】 Hort. 兰科属 Orchidaceae 兰科 [MM-723] 全球 (uc) 大洲分布及种数(uc)
Colaste【-】 auct. 兰科属 Orchidaceae 兰科 [MM-723] 全球 (uc) 大洲分布及种数(uc)
Colastus L. = **Costus**
Colax【3】 Lindl. ex Spreng. 双柄兰属 ≒ **Bifrenaria** Orchidaceae 兰科 [MM-723] 全球 (1) 大洲分布及种数(uc)◆亚洲
Colbergaria H.Wiehler = **Colbergaria**
Colbergaria【3】 Wiehler 鲸鱼花属 ≒ **Columnea** Gesneriaceae 苦苣苔科 [MD-549] 全球 (1) 大洲分布及种数(1)◆非洲
Colbertia Salisb. = **Dillenia**
Colchicaceae【3】DC. 秋水仙科 [MM-623] 全球 (6) 大洲分布和属种数(13;hort. & cult.11-12)(166-446;hort. & cult.54-139)非洲:12-13/120-199;亚洲:7-10/56-130;大洋洲:6-9/19-68;欧洲:6-9/47-96;北美洲:5-9/21-54;南美洲:4-9/6-34
Colchicum【3】 L. 秋水仙属 → **Androcymbium;Bulbocodium** Colchicaceae 秋水仙科 [MM-623] 全球 (6) 大洲分布及种数(61-170;hort.1;cult: 7)非洲:27-49;亚洲:41-81;大洋洲:2;欧洲:35-57;北美洲:12-18;南美洲:1
Coldenia【3】 L. 双柱紫草属 ← **Heliotropium;Galapagoa** Boraginaceae 紫草科 [MD-517] 全球 (6) 大洲分布及种数(8-13)非洲:1-12;亚洲:1-12;大洋洲:1-12;欧洲:11;北美洲:3-15;南美洲:4-16
Colea【3】 Boj. ex Meisn. 鞘葳属 ← **Bignonia;Stereospermum** Bignoniaceae 紫葳科 [MD-541] 全球 (1) 大洲分布及种数(30-36)◆非洲
Coleachyron J.Gay ex Boiss. = **Carex**
Coleactina N.Hallé = **Leptactina**
Coleantheae Husn. = **Coleanthera**
Coleanthera【3】 Stschegl. 锥药石南属 ← **Leucopogon** Ericaceae 杜鹃花科 [MD-380] 全球 (1) 大洲分布

及种数(1-5)◆大洋洲
Coleanthus【2】 Seidl 莎禾属 ≒ **Brickellia** Poaceae 禾本科 [MM-748] 全球 (3) 大洲分布及种数(2)亚洲:cf.1;欧洲:1;北美洲:1
Coleara J.M.H.Shaw = **Clara**
Coleataenia【3】 Griseb. 鞘毛草属 ≒ **Panicum** Poaceae 禾本科 [MM-748] 全球 (6) 大洲分布及种数(11)非洲:1;亚洲:5-6;大洋洲:1;欧洲:1;北美洲:9-10;南美洲:4-5
Colebrockia Steud. = **Buchanania**
Colebrookea【3】 Sm. 羽萼木属 ← **Buchanania** Lamiaceae 唇形科 [MD-575] 全球 (1) 大洲分布及种数(1-2)◆亚洲
Colebrookia Donn = **Globba**
Colebrookia Spreng. = **Colebrookea**
Coleiana R.Br. = **Caleana**
Colema Raf. = **Sarothamnus**
Colensoa Hook.f. = **Lobelia**
Coleocarya【3】 S.T.Blake 鞘果灯草属 Restionaceae 帚灯草科 [MM-744] 全球 (1) 大洲分布及种数(1)◆大洋洲
Coleocephalocereus【3】 Backeb. 银龙柱属 ← **Austrocephalocereus;Micranthocereus;Pilosocereus** Cactaceae 仙人掌科 [MD-100] 全球 (1) 大洲分布及种数(9-13)◆南美洲
Coleocereus【-】 P.V.Heath 仙人掌科属 Cactaceae 仙人掌科 [MD-100] 全球 (uc) 大洲分布及种数(uc)
Coleochaetium【3】 (Besch.) Renauld & Cardot 危地木灵藓属 ≒ **Leiomitrium** Orthotrichaceae 木灵藓科 [B-151] 全球 (1) 大洲分布及种数(1)◆非洲
Coleochlamys C.Presl = **Bignonia**
Coleochloa【3】 Gilly 残鞘茅属 ← **Carpha** Cyperaceae 莎草科 [MM-747] 全球 (1) 大洲分布及种数(6-9)◆非洲
Coleocoma【3】 F.Müll. 宽苞菊属 Asteraceae 菊科 [MD-586] 全球 (1) 大洲分布及种数(1)◆大洋洲
Coleogeton (Rchb.) Les & R.R.Haynes = **Stuckenia**
Coleogynaceae J.Agardh = Tetracarpaeaceae
Coleogyne【3】 Torr. 黑刷树属 Rosaceae 蔷薇科 [MD-246] 全球 (1) 大洲分布及种数(1)◆北美洲(◆美国)
Coleonema【3】 Bartl. & H.L.Wendl. 石南芸木属 ← **Diosma** Rutaceae 芸香科 [MD-399] 全球 (1) 大洲分布及种数(8-9)◆非洲
Coleophoma Höhnel = **Daphnopsis**
Coleophora Miers = **Daphnopsis**
Coleophyllum Klotzsch = **Pancratium**
Coleosachys A.Juss. = **Coleostachys**
Coleosanthus Cass. = **Brickellia**
Coleospadix Becc. = **Acrostichum**
Coleostachys【3】 A.H.L.de Juss. 鞘穗花属 ≒ **Diacidia** Malpighiaceae 金虎尾科 [MD-343] 全球 (1) 大洲分布及种数(1)◆南美洲
Coleostephus【2】 Cass. 鞘冠菊属 ← **Chrysanthemum;Pyrethrum;Glossopappus** Asteraceae 菊科 [MD-586] 全球 (5) 大洲分布及种数(4;hort.1)非洲:3;亚洲:cf.1;欧洲:2;北美洲:1;南美洲:1
Coleostyles Benth. & Hook.f. = **Levenhookia**
Coleostylis【3】 Sond. 唇柱草属 ≒ **Levenhookia** Stylidiaceae 花柱草科 [MD-568] 全球 (1) 大洲分布及种数(uc)◆大洋洲
Coleotropis R.Br. = **Calotropis**
Coleotrype【3】 C.B.Clarke 瓣鞘花属 Commelinaceae 鸭跖草科 [MM-708] 全球 (1) 大洲分布及种数(5-10)◆非洲
Coleottia Hort. = **Mayaca**
Coletia Vell. = **Mayaca**
Coleus Benth. = **Coleus**
Coleus【3】 Lour. 鞘蕊花属 ← **Calamintha;Orthosiphon;Plectranthus** Lamiaceae 唇形科 [MD-575] 全球 (1) 大洲分布及种数(15-22)◆亚洲
Coleusia Trotzky = **Clausia**
Colicodendron【3】 Mart. 南美白花菜属 ← **Capparis;Crateva** Capparaceae 山柑科 [MD-178] 全球 (1) 大洲分布及种数(5-6)◆南美洲(◆巴西)
Colignonia【3】 Endl. 银茉莉属 Nyctaginaceae 紫茉莉科 [MD-107] 全球 (1) 大洲分布及种数(9-11)◆南美洲
Colignonla Endl. = **Colignonia**
Colignononia Endl. = **Colignonia**
Colima【3】 (Ravenna) Aa.Rodr. & Ortiz-Catedral 北美洲鸢尾属 Iridaceae 鸢尾科 [MM-700] 全球 (1) 大洲分布及种数(1)◆北美洲
Colinil Adans. = **Tephrosia**
Coliquea Steud. = **Chusquea**
Colius Lour. = **Coleus**
Colla DC. = **Collaea**
Collabiopsis S.S.Ying = **Collabium**
Collabium【3】 Bl. 吻兰属 ← **Calanthe** Orchidaceae 兰科 [MM-723] 全球 (1) 大洲分布及种数(9-14)◆亚洲
Colladoa Cav. = **Ischaemum**
Colladonia DC. = **Palicourea**
Collaea Bert. ex Colla = **Collaea**
Collaea【2】 DC. 黏乳豆属 ≒ **Glycine;Ardisia** Fabaceae 豆科 [MD-240] 全球 (2) 大洲分布及种数(10-13)亚洲:cf.1;南美洲:9-12
Collandra Lem. = **Columnea**
Collania Broth. ex Sakurai = **Gollania**
Collania Herb. = **Bomarea**
Collania Schult.f. = **Urceolina**
Collare-stuartense Senghas & Bockemühl = **Oncidium**
Collaria Raf. = **Cola**
Collastoma Ponce De Leon & Mane-Garzon = **Comastoma**
Collea Lindl. = **Pelexia**
Collema Adans. ex DC. = **Goodenia**
Collemod W.Anders. ex R.Br. = **Goodenia**
Collemop W.Anders. ex R.Br. = **Goodenia**
Collenucia Chiov. = **Jatropha**
Colleteria【3】 David W.Taylor 黏雪木属 ← **Chione;Psychotria** Rubiaceae 茜草科 [MD-523] 全球 (6) 大洲分布及种数(3)非洲:1-4;亚洲:1-4;大洋洲:3;欧洲:3;北美洲:2-5;南美洲:3
Colletia【3】 Comm. ex Juss. 锚刺棘属 → **Adolphia;Condalia;Aphananthe** Rhamnaceae 鼠李科 [MD-331] 全球 (1) 大洲分布及种数(13-17)◆南美洲
Colletieae Reissek ex Endl. = **Colletia**
Colletoecema【3】 E.M.A.Petit 黏托木属 ≒ **Plectronia** Rubiaceae 茜草科 [MD-523] 全球 (1) 大洲分布及种数(1-3)◆非洲
Colletogyne【3】 Buchet 斑岩芋属 Araceae 天南星科 [MM-639] 全球 (1) 大洲分布及种数(1)◆非洲(◆马达加

斯加)
Colletonema E.M.A.Petit = **Colletoecema**
Collettii G.A.Scop. = **Colletia**
Collierara【-】 J.M.H.Shaw 兰科属 Orchidaceae 兰科 [MM-723] 全球 (uc) 大洲分布及种数(uc)
Collignonia Endl. = **Colignonia**
Colliguaja【3】 Molina 杨柏属 ← **Croton;Stillingia** Euphorbiaceae 大戟科 [MD-217] 全球 (1) 大洲分布及种数(7)◆南美洲
Collinaria Ehrh. = **Collinsia**
Collinia【3】 Raf. 竹节椰属 ≒ **Chamaedorea** Arecaceae 棕榈科 [MM-717] 全球 (1) 大洲分布及种数(uc)◆亚洲
Colliniana Raf. = **Antirrhinum**
Collinsia【3】 Nutt. 锦龙花属 ← **Antirrhinum; Collinsonia;Tonella** Scrophulariaceae 玄参科 [MD-536] 全球 (1) 大洲分布及种数(23-43)◆北美洲
Collinsonia【3】 L. 马香草属 Lamiaceae 唇形科 [MD-575] 全球 (1) 大洲分布及种数(13-14)◆北美洲
Colliuris Geer = **Callitris**
Collococcus P.Br. = **Bourreria**
Collodoa Boj.ms. = **Agrostis**
Collomia Brand = **Collomia**
Collomia【3】 Nutt. 山号草属 ≒ **Felicia;Courtoisia; Navarretia** Polemoniaceae 花荵科 [MD-481] 全球 (6) 大洲分布及种数(16-20)非洲:18;亚洲:5-23;大洋洲:3-21;欧洲:4-22;北美洲:15-34;南美洲:5-26
Collomiastrum【3】 (Brand) S.L.Welsh 山号草属 ≒ **Collomia** Polemoniaceae 花荵科 [MD-481] 全球 (1) 大洲分布及种数(1)◆非洲
Collonia Nutt. = **Collomia**
Collophora Mart. = **Parahancornia**
Collospermum【3】 Skottsb. 树星草属 ← **Astelia** Asteliaceae 聚星草科 [MM-635] 全球 (1) 大洲分布及种数(4-5)◆大洋洲
Collotapalus P.Br. = **Cecropia**
Collumbella Lour. = **Abelmoschus**
Collurio R.Br. = **Coluria**
Collybia Schult.f. = **Colletia**
Collyris【-】 Vahl 夹竹桃科属 ≒ **Dischidia** Apocynaceae 夹竹桃科 [MD-492] 全球 (uc) 大洲分布及种数(uc)
Colmanara【-】 auct. 兰科属 Orchidaceae 兰科 [MM-723] 全球 (uc) 大洲分布及种数(uc)
Colmeiroa F.Müll = **Flueggea**
Colmeiroa Reut. = **Securinega**
Colob Britton & Rose = **Cojoba**
Colobachne P.Beauv. = **Alopecurus**
Colobandra Bartl. = **Prostanthera**
Colobanthera【3】 Humbert 平托菊属 Asteraceae 菊科 [MD-586] 全球 (1) 大洲分布及种数(1)◆非洲(◆马达加斯加)
Colobanthium (Rchb.) G.Taylor = **Sphenopholis**
Colobanthus (Trin.) Spach = **Colobanthus**
Colobanthus【3】 Trin. 南漆姑属 → **Malcolmia;Sagina; Montiopsis** Caryophyllaceae 石竹科 [MD-77] 全球 (6) 大洲分布及种数(10-29;hort.1)非洲:2-4;亚洲:2;大洋洲:6-23;欧洲:1-3;北美洲:2;南美洲:6
Colobatus Walp. = **Ononis**
Colobium Roth = **Leontodon**
Colobocarpos【3】 Esser & Welzen 巴豆属 ≒ **Croton** Euphorbiaceae 大戟科 [MD-217] 全球 (1) 大洲分布及种数(cf.1)◆亚洲
Colobodontium【3】 Herzog 巴西锦藓属 ≒ **Potamium** Sematophyllaceae 锦藓科 [B-192] 全球 (1) 大洲分布及种数(1)◆南美洲
Colobogyne Gagnep. = **Spilanthes**
Colobogynium Schott = **Schismatoglottis**
Colobomatus E.Mey. = **Lotononis**
Colobonema Vanhöffen = **Coleonema**
Colobotus E.Mey. = **Lotononis**
Colobus (C.A.Mey.) Al-Shehbaz = **Catolobus**
Colocasia【3】 Schott 马蹄莲属 → **Alocasia;Caladium** Araceae 天南星科 [MM-639] 全球 (6) 大洲分布及种数(8-19)非洲:10;亚洲:6-24;大洋洲:10;欧洲:10;北美洲:1-11;南美洲:1-12
Colocasia Schott = **Colocasia**
Coloceras Miq. = **Mallotus**
Colococca Raf. = **Cordia**
Colocynthis【3】 Mill. 锦葫芦属 → **Citrullus;Acanthosicyos** Cucurbitaceae 葫芦科 [MD-205] 全球 (1) 大洲分布及种数(cf.1)◆南美洲
Colodes J.R.Forst. & G.Forst. = **Boerhavia**
Coloeasia Kunth = **Cologania**
Cologania【3】 Kunth 热美两型豆属 ← **Amphicarpaea; Clitoria;Glycine** Fabaceae 豆科 [MD-240] 全球 (6) 大洲分布及种数(15-16)非洲:1-5;亚洲:1-5;大洋洲:4;欧洲:4;北美洲:13-17;南美洲:5-9
Cologyne Griff. = **Coelogyne**
Cololabis H.Rob. = **Cololobus**
Cololejeunea Vietnamensium Tixier = **Cololejeunea**
Cololejeunea【3】 Wigginton 疣鳞苔属 ≒ **Leptochloa; Pedinolejeunea** Lejeuneaceae 细鳞苔科 [B-84] 全球 (6) 大洲分布及种数(244-257)非洲:55-86;亚洲:122-155;大洋洲:64-95;欧洲:5-33;北美洲:26-55;南美洲:36-65
Cololobus【3】 H.Rob. 短瓣斑鸠菊属 ← **Cacalia** Asteraceae 菊科 [MD-586] 全球 (1) 大洲分布及种数(4-5)◆南美洲
Colomandra Neck. = **Persea**
Colombiana【3】 Ospina 哥伦比亚兰属 Orchidaceae 兰科 [MM-723] 全球 (1) 大洲分布及种数(2)◆南美洲(◆哥伦比亚)
Colon Cav. = **Colona**
Colona【3】 Cav. 一担柴属 → **Columbia;Grewia** Tiliaceae 椴树科 [MD-185] 全球 (1) 大洲分布及种数(19-35)◆亚洲
Colonella L. = **Coronilla**
Colonia P. & K. = **Colona**
Colonna J.St.Hil. = **Colona**
Colonnea Endl. = **Tetraneuris**
Colons Lour. = **Coleus**
Colophina Conm. ex Kunth = **Canarium**
Colophonia Comm. ex Kunth = **Canarium**
Colophonia P. & K. = **Ipomoea**
Colophospermum【3】 J.Kirk ex Benth. 香漆豆属 ← **Copaifera** Fabaceae 豆科 [MD-240] 全球 (1) 大洲分布及种数(cf.1) ◆非洲
Colophotia Conm. ex Kunth = **Canarium**

C

Coloptera J.M.Coult. & Rose = **Cymopterus**
Colopterus Raf. = **Cymopterus**
Colopteryx A.C.Sm. = **Calopteryx**
Coloradia Boissev. & C.Davidson = **Sclerocactus**
Coloradoa Boissev. & C.Davidson = **Sclerocactus**
Colosocereus【-】G.D.Rowley 仙人掌科属 Cactaceae 仙人掌科 [MD-100] 全球 (uc) 大洲分布及种数(uc)
Colostephanus Ffarv. = **Cynanchum**
Colpias【3】E.Mey. ex Benth. 虎崖花属 ≒ **Plectranthus** Scrophulariaceae 玄参科 [MD-536] 全球 (1) 大洲分布及种数(1-3)◆非洲
Colpites E.Mey. ex Benth. = **Colpias**
Colpius E.Mey. ex Benth. = **Colpias**
Colpodium (Melderis) E.B.Alexeev = **Colpodium**
Colpodium【3】Trin. 拟沿沟草属 ← **Agrostis; Puccinellia;Sporobolus** Poaceae 禾本科 [MM-748] 全球 (6) 大洲分布及种数(13-14)非洲:2-6;亚洲:10-14;大洋洲:4;欧洲:4;北美洲:1-5;南美洲:4
Colpogyne B.L.Burtt = **Streptocarpus**
Colpoma (Pers.) Wallr. = **Collomia**
Colpomeria Tod. = **Vicia**
Colpomya Nutt. = **Collomia**
Colpoon【3】Berg. 扁枝沙针属 ≒ **Osyris** Santalaceae 檀香科 [MD-412] 全球 (1) 大洲分布及种数(1-2)◆非洲
Colpoon P.J.Bergius = **Colpoon**
Colpophyllia Trew = **Duranta**
Colpophyllos Ehret ex C.J.Trew = **Gelsemium**
Colpothrinax【3】Griseb. & H.Wendl. 瓶棕属 ← **Pritchardia** Arecaceae 棕榈科 [MM-717] 全球 (1) 大洲分布及种数(3)◆北美洲
Colquhounia Simplicipili C.Y.Wu & H.W.Li = **Colquhounia**
Colquhounia【3】Wall. 火把花属 → **Caryopteris** Lamiaceae 唇形科 [MD-575] 全球 (1) 大洲分布及种数(5-6)◆亚洲
Colsmannia Lehm. = **Onosma**
Coltonia Wight = **Cottonia**
Coltrichantha H.Wiehler = **Coltrichantha**
Coltrichantha【3】Wiehler 鲸鱼花属 ≒ **Columnea** Gesneriaceae 苦苣苔科 [MD-549] 全球 (1) 大洲分布及种数(1)◆非洲
Coltricia Christ = **Aspidium**
Colubridae Rich. ex Brongn. = **Colubrina**
Colubrina【3】Rich. ex Brongn. 蛇藤属 → **Adolphia; Caesia;Alphitonia** Rhamnaceae 鼠李科 [MD-331] 全球 (6) 大洲分布及种数(40-50;hort.1;cult: 2)非洲:7-12;亚洲:33-41;大洋洲:1-7;欧洲:1-6;北美洲:29-37;南美洲:12-18
Columbea【-】Salisb. 南洋杉科属 ≒ **Araucaria;Pinus** Araucariaceae 南洋杉科 [G-10] 全球 (uc) 大洲分布及种数(uc)
Columbia【3】Pers. 狭叶一担柴属 → **Brownlowia;-Colona;Vandellia** Malvaceae 锦葵科 [MD-203] 全球 (1) 大洲分布及种数(2-10)◆亚洲
Columbiadoria【3】G.L.Nesom 溪黄花属 ← **Haplopappus;Pyrrocoma** Asteraceae 菊科 [MD-586] 全球 (1) 大洲分布及种数(1)◆北美洲(◆美国)
Columbrina Pers. = **Columbia**
Columella Comm. ex DC. = **Cayratia**
Columellea Jacq. = **Nestlera**
Columellia【3】Ruiz & Pav. 弯药树属 Columelliaceae 弯药树科 [MD-482] 全球 (1) 大洲分布及种数(5)◆南美洲
Columelliaceae【3】D.Don 弯药树科 [MD-482] 全球 (1) 大洲分布和属种数(1/5)◆南美洲
Columnae L. = **Columnea**
Columnaris Juss. = **Scabiosa**
Columnea (Benth.) Hanst. = **Columnea**
Columnea【3】L. 鲸鱼花属 → **Achimenes;Alloplectus;Stemodia** Gesneriaceae 苦苣苔科 [MD-549] 全球 (1) 大洲分布及种数(207-238)◆南美洲
Colunmea L. = **Columnea**
Coluppa Adans. = **Gomphrena**
Colura (Dum.) Dum. = **Colura**
Colura【3】Stephani 管叶苔属 ≒ **Lejeunea;Cotula** Lejeuneaceae 细鳞苔科 [B-84] 全球 (6) 大洲分布及种数(35-42)非洲:13-15;亚洲:12-15;大洋洲:11-19;欧洲:2;北美洲:3-5;南美洲:6-8
Colurella Lour. = **Abelmoschus**
Coluria【2】R.Br. 无尾果属 ← **Geum;Potentilla; Laxmannia** Rosaceae 蔷薇科 [MD-246] 全球 (4) 大洲分布及种数(6-7;hort.1;cult:1)亚洲:4-5;欧洲:1;北美洲:1;南美洲:1
Colurieae Rydb. = **Coluria**
Colurnella Rydb. = **Cornus**
Colurolejeunea (Spruce) Schiffn. = **Colurolejeunea**
Colurolejeunea【3】Stephani 管叶苔属 ← **Colura; Lejeunea** Lejeuneaceae 细鳞苔科 [B-84] 全球 (1) 大洲分布及种数(uc)属分布和种数(uc)◆大洋洲
Colus Raeusch. = **Carolus**
Colutea【3】L. 鱼鳔槐属 ← **Astragalus;Sesbania** Fabaceae 豆科 [MD-240] 全球 (6) 大洲分布及种数(19-40;hort.1;cult: 4)非洲:3-12;亚洲:13-31;大洋洲:2-9;欧洲:4-10;北美洲:3-10;南美洲:2-6
Coluteastrum Heist. ex Fabr. = **Lessertia**
Coluteocarpus【3】Boiss. 囊葕蓂属 Brassicaceae 十字花科 [MD-213] 全球 (1) 大洲分布及种数(cf. 1)◆亚洲
Colutia Medik. = **Sutherlandia**
Coluzea (Tourn.) L. = **Colutea**
Colveraia Salisb. = **Dillenia**
Colvillea【3】Boj. 垂花楹属 Fabaceae 豆科 [MD-240] 全球 (1) 大洲分布及种数(1)◆非洲(◆马达加斯加)
Colvilleia Steud. = **Colvillea**
Colwelliaceae D.Don = Columelliaceae
Coly Webb & Berth. ex C.Presl = **Cola**
Colycea Fern.Cañas & Susanna = **Collaea**
Colydium Vog. ex Walp. = **Coelidium**
Colydodes Lour. = **Acalypha**
Colylongchia Stapf = **Pentadiplandra**
Colymbacosta Rauschert = **Centaurea**
Colymbada Hill = **Centaurea**
Colymbea Pers. = **Columbia**
Colymbus Miers = **Phyllanthus**
Colyris Endl. = **Collyris**
Colysis【3】Webb & Berth. ex C.Presl 线蕨属 → **Selliguea;Phymatosorus** Polypodiaceae 水龙骨科 [F-60] 全球 (6) 大洲分布及种数(33-42)非洲:5;亚洲:32-38;大洋洲:5-10;欧洲:1-6;北美洲:5-10;南美洲:5
Colythrum Schott = **Evodia**

Comacephalum Klotzsch = **Conocephalum**
Comacephalus Klotzsch = **Eremia**
Comachlinium Scheidw. & Planch. = **Comaclinium**
Comaclinium【3】Scheidw. & Planch. 山橙菊属 ≒ **Gymnolaena** Asteraceae 菊科 [MD-586] 全球 (1) 大洲分布及种数(1)◆北美洲
Comacum Adans. = **Virola**
Comagaria Büscher & G.H.Loos = **Hunteria**
Comandra【3】Nutt. 柳檀草属 → **Geocaulon;Thesium** Santalaceae 檀香科 [MD-412] 全球 (1) 大洲分布及种数(3-10)◆北美洲
Comandraceae Nickrent & Der = Santalaceae
Comanopsis Rich. = **Geum**
Comanthera Hopper & A.P.Br. = **Comanthera**
Comanthera【3】L.B.Sm. 独蕊谷精属 Eriocaulaceae 谷精草科 [MM-726] 全球 (1) 大洲分布及种数(46-49)◆南美洲(◆巴西)
Comanthosphace【3】S.Moore 绵穗苏属 ← **Elsholtzia;Pogostemon;Leucosceptrum** Lamiaceae 唇形科 [MD-575] 全球 (1) 大洲分布及种数(4-7)◆亚洲
Comanthus Nolte ex A.DC. = **Convolvulus**
Comarella Rydb. = **Potentilla**
Comarobatia Greene = **Rubus**
Comaropsis Rich. = **Waldsteinia**
Comarostaphylis【3】Zucc. 夏冬青属 ← **Arctostaphylos** Ericaceae 杜鹃花科 [MD-380] 全球 (1) 大洲分布及种数(10-12)◆北美洲
Comarostaphylos Zucc. = **Comarostaphylis**
Comarum【2】L. 沼委陵菜属 → **Potentilla** Rosaceae 蔷薇科 [MD-246] 全球 (3) 大洲分布及种数(3-4)亚洲:2-3;欧洲:1;北美洲:2
Comaspermum Pers. = **Bredemeyera**
Comastoma (Wettst.) Toyok. = **Comastoma**
Comastoma【3】Toyokuni 喉毛花属 ← **Cicendia;Gentiana;Gentianella** Gentianaceae 龙胆科 [MD-496] 全球 (1) 大洲分布及种数(17-26)◆亚洲
Comatella Rydb. = **Potentilla**
Comatium Dulac = **Genipa**
Comatocroton H.Karst. = **Croton**
Comatoglossum (Comatoglosum) H.Karst. & Triana = **Talisia**
Comatula L. = **Cotula**
Combera【3】Sandwith 库默茄属 ← **Nicotiana;Petunia** Solanaceae 茄科 [MD-503] 全球 (1) 大洲分布及种数(2)◆南美洲
Combesia A.Rich. = **Tillaea**
Comborhiza【3】Anderb. & K.Bremer 粗根鼠麹木属 ← **Leysera;Relhania** Asteraceae 菊科 [MD-586] 全球 (1) 大洲分布及种数(2)◆非洲
Combretaceae【3】R.Br. 使君子科 [MD-354] 全球 (6) 大洲分布和属种数(14-18;hort. & cult.4-6)(577-965;hort. & cult.31-48)非洲:11-15/282-505;亚洲:8-12/185-268;大洋洲:4-11/116-181;欧洲:4-9/22-65;北美洲:8-12/88-146;南美洲:7-11/156-221
Combretocarpus【3】Hook.f. 风车木属 Anisophylleaceae 异叶木科 [MD-324] 全球 (1) 大洲分布及种数(1)◆亚洲
Combretum (Aubl.) Engl. & Diels = **Combretum**
Combretum【3】Löfl. 风车子属 → **Thiloa;Schousboea;Petersianthus** Combretaceae 使君子科 [MD-354] 全球 (6) 大洲分布及种数(165-349;hort.1;cult: 2)非洲:114-269;亚洲:47-80;大洋洲:11-24;欧洲:13-27;北美洲:32-48;南美洲:52-71
Comelia G.Don = **Coelia**
Comelina Bunge = **Commelina**
Comes Buc´hoz = **Hypocyrta**
Comesa R.Br. = **Gomesa**
Comesoma Toyokuni = **Comastoma**
Comesperma【3】Labill. 雅志属 ← **Bredemeyera;Polygala** Polygalaceae 远志科 [MD-291] 全球 (1) 大洲分布及种数(26-35)◆大洋洲
Cometeae Meisn. = **Cometes**
Cometes【3】L. 彗星花属 Caryophyllaceae 石竹科 [MD-77] 全球 (6) 大洲分布及种数(2-4)非洲:1-5;亚洲:1-4;大洋洲:2;欧洲:2;北美洲:2;南美洲:2
Cometia Thou. ex Baill. = **Thecacoris**
Comeurya Baill. = **Poupartia**
Comi Lour. = **Excoecaria**
Comia Lour. = **Excoecaria**
Comibaena Ruiz & Pav. = **Cosmibuena**
Cominia P.Br. = **Rhus**
Cominsia【3】Hemsl. 柊叶属 ← **Phrynium** Marantaceae 竹芋科 [MM-740] 全球 (1) 大洲分布及种数(uc)属分布和种数(uc)◆大洋洲(◆美拉尼西亚)
Comiphyton【3】Floret 裂瓣红树属 Rhizophoraceae 红树科 [MD-329] 全球 (1) 大洲分布及种数(1)◆非洲
Commarum Schrank = **Comarum**
Commelina Didymoon C.B.Clarke = **Commelina**
Commelina【3】L. 鸭跖草属 ≒ **Aneilema;Burmannia** Commelinaceae 鸭跖草科 [MM-708] 全球 (6) 大洲分布及种数(97-263;hort.1;cult: 13)非洲:49-189;亚洲:46-92;大洋洲:23-56;欧洲:9-35;北美洲:45-90;南美洲:39-77
Commelinaceae【3】Mirb. 鸭跖草科 [MM-708] 全球 (6)大洲分布和属种数(37-43;hort. & cult.18-19)(497-1176;hort. & cult.57-104)非洲:16-24/163-464;亚洲:18-24/193-362;大洋洲:13-18/68-193;欧洲:4-15/13-124;北美洲:17-21/122-291;南美洲:18-23/211-337
Commelinantia Tharp = **Cyphomeris**
Commelineae Dum. = **Commelina**
Commelinidium Stapf = **Acroceras**
Commelinopsis Pichon = **Commelina**
Commelyna Endl. = **Commelina**
Commelyni L. = **Commelina**
Commerco Sonn. = **Barringtonia**
Commercona Sonn. = **Barringtonia**
Commerconia F.Müll. ex Tate = **Commersonia**
Commersona Cothen. = **Barringtonia**
Commersonara J.M.H.Shaw = **Commersonia**
Commersoni J.R.Forst. & G.Forst. = **Commersonia**
Commersonia【3】J.R.Forst. & G.Forst. 山麻树属 → **Polycardia;Ricinus** Sterculiaceae 梧桐科 [MD-189] 全球 (6)大洲分布及种数(27-35;hort.1)非洲:3-5;亚洲:1-3;大洋洲:24-30;欧洲:1-3;北美洲:1-3;南美洲:2
Commersoniana J.R.Forst. & G.Forst. = **Commersonia**
Commersonii J.R.Forst. & G.Forst. = **Commersonia**
Commersonnii J.R.Forst. & G.Forst. = **Commersonia**
Commersorchis Thou. = **Dendrobium**
Commia Lour. = **Excoecaria**

Commianthus Benth. = **Retiniphyllum**
Commicarpus【3】Standl. 黏腺果属 ← **Aclcisanthes** Nyctaginaceae 紫茉莉科 [MD-107] 全球 (6) 大洲分布及种数(33-37;hort.1;cult:1)非洲:23-24;亚洲:17;大洋洲:3;欧洲:1;北美洲:5;南美洲:2
Commicrarpus Standl. = **Commicarpus**
Commidendron Lem. = **Commidendrum**
Commidendrum【3】Burch. ex DC. 胶菀木属 → **Aster;Conyza** Asteraceae 菊科 [MD-586] 全球 (6) 大洲分布及种数(4-5)非洲:1;亚洲:1-2;大洋洲:1;欧洲:1-2;北美洲:3-4;南美洲:2-3
Commilobium Benth. = **Sweetia**
Commiphora【2】Jacq. 没药树属 ← **Amyris;Elaphrium;Platycelyphium** Burseraceae 橄榄科 [MD-408] 全球 (5) 大洲分布及种数(101-229;hort.1;cult: 1)非洲:94-210;亚洲:11-24;欧洲:3-25;北美洲:6-10;南美洲:4-6
Commirhoea Miers = **Dystovomita**
Commitheca Bremek. = **Pauridiantha**
Comnelina Hoffmanns. ex Endl. = **Commelina**
Comocarpa Rydb. = **Cymbocarpa**
Comocephalus R.Br. = **Poikilospermum**
Comocladia【3】P.Br. 冬青漆属 ← **Ilex** Anacardiaceae 漆树科 [MD-432] 全球 (1) 大洲分布及种数(11-28)◆北美洲
Comocladiaceae Martinov = Anacardiaceae
Comolia【3】DC. 腺海棠属 ← **Acisanthera;Sandemania;Tibouchina** Melastomataceae 野牡丹科 [MD-364] 全球 (1) 大洲分布及种数(27-32)◆南美洲
Comoliopsis【3】Wurdack 类腺海棠属 Melastomataceae 野牡丹科 [MD-364] 全球 (1) 大洲分布及种数(1)◆南美洲
Comomyrsine Hook.f. = **Cybianthus**
Comoneura Pierre ex Engl. = **Compsoneura**
Comopycna P. & K. = **Pycnocoma**
Comopyena P. & K. = **Pycnocoma**
Comopyrum (Jaub. & Spach) Á.Löve = **Aegilops**
Comoranthus【3】Knobl. 河樟榄属 ≒ **Chloranthus** Oleaceae 木樨科 [MD-498] 全球 (1) 大洲分布及种数(3)◆非洲
Comoseris K.Koch = **Orchis**
Comosperma Poir. = **Comesperma**
Comospermum【3】Rauschert 圆果吊兰属 ≒ **Anthericum** Asparagaceae 天门冬科 [MM-669] 全球 (1) 大洲分布及种数(1)◆亚洲
Comostemum Nees = **Androtrichum**
Comparettia【3】Pöpp. & Endl. 凹唇兰属 Orchidaceae 兰科 [MM-723] 全球 (1) 大洲分布及种数(86-87)◆南美洲
Comparumnia【-】J.M.H.Shaw 兰科属 Orchidaceae 兰科 [MM-723] 全球 (uc) 大洲分布及种数(uc)
Compelenzia【-】J.M.H.Shaw 兰科属 Orchidaceae 兰科 [MM-723] 全球 (uc) 大洲分布及种数(uc)
Comperia K.Koch = **Orchis**
Compholobium Sm. = **Gompholobium**
Comphoropsis Moq. = **Corchoropsis**
Comphostemma Wall. = **Gomphostemma**
Comphotis Raf. = **Xenostegia**
Comphrena Aubl. = **Gomphrena**
Complanato-hypnum Hampe = **Stereophyllum**
Complaya Strother = **Wedelia**
Composi D.Don = **Tricyrtis**
Compositae Giseke
Compsa D.Don = **Corchorus**
Compsanthus A.Spreng. = **Tricyrtis**
Compsoa D.Don = **Tricyrtis**
Compsoaceae Horan. = Hypoxidaceae
Compsonema Warb. = **Compsoneura**
Compsoneura【3】Warb. 丽脉楠属 ← **Myristica;Virola** Myristicaceae 肉豆蔻科 [MD-15] 全球 (1) 大洲分布及种数(16-24)◆南美洲
Compsopo D.Don = **Tricyrtis**
Compsura D.Don = **Corchorus**
Comptella Baker f. = **Comptonella**
Compteris K.Koch = **Orchis**
Comptoglossum Karatzas = **Talisia**
Comptoma L´Hér. = **Comptonia**
Comptonanthus B.Nord. = **Ifloga**
Comptonella【3】Baker f. 肖长苞杨梅属 ≒ **Evodia** Rutaceae 芸香科 [MD-399] 全球 (1) 大洲分布及种数(5-8)◆大洋洲(◆波利尼西亚)
Comptonia Banks ex Gaertn. = **Comptonia**
Comptonia【3】L´Hér. 杨梅木属 ≒ **Liquidambar;Cottonia** Myricaceae 杨梅科 [MD-82] 全球 (1) 大洲分布及种数(1-5)◆北美洲
Compylocercum Van Tiegh. = **Campylospermum**
Comularia Pichon = **Hunteria**
Comus Salisb. = **Muscari**
Con Medik. = **Vicia**
Conagenia Vand. = **Alectra**
Conala Pohl = **Andira**
Conami Aubl. = **Phyllanthus**
Conamomum【3】Ridl. 豆蔻属 ← **Amomum** Zingiberaceae 姜科 [MM-737] 全球 (1) 大洲分布及种数(cf.2-10) ◆亚洲
Conandrium【3】Mez 合药金牛属 Primulaceae 报春花科 [MD-401] 全球 (1) 大洲分布及种数(1)◆大洋洲(◆巴布亚新几内亚)
Conandron【3】Sieb. & Zucc. 苦苣苔属 ← **Ardisia** Gesneriaceae 苦苣苔科 [MD-549] 全球 (1) 大洲分布及种数(cf. 1)◆亚洲
Conanthera【3】Ruiz & Pav. 野鹳莲属 ≒ **Cummingia;Dianella** Tecophilaeaceae 蓝嵩莲科 [MM-686] 全球 (1) 大洲分布及种数(6)◆南美洲
Conantheraceae Endl. = Antheliaceae
Conanthes Raf. = **Pitcairnia**
Conanthodium A.Gray = **Helichrysum**
Conanthus (A.DC.) S.Watson = **Nama**
Conar Aubl. = **Phyllanthus**
Conardia【2】H.Rob. 列胞藓属 ≒ **Amblystegium** Amblystegiaceae 柳叶藓科 [B-178] 全球 (4) 大洲分布及种数(1) 非洲:1;亚洲:1;欧洲:1;北美洲:1
Conattleya J.M.H.Shaw = **Cattleya**
Conc D.Don = **Erica**
Concana Schaus = **Coaxana**
Conceveiba【3】Aubl. 河桐属 → **Adenophaedra;Alchornea;Cleidion** Euphorbiaceae 大戟科 [MD-217] 全球 (1) 大洲分布及种数(21)◆南美洲
Conceveibastrum Pax & K.Hoffm. = **Conceveiba**

Conceveibum A.Rich. ex A.Juss. = **Conceveiba**
Conchia Sm. = **Hakea**
Conchidium【3】Griff. 蛤兰属 ← **Dendrobium;Eria;Phreatia** Orchidaceae 兰科 [MM-723] 全球 (1) 大洲分布及种数(7-12)◆亚洲
Conchita Sm. = **Hakea**
Conchium Sm. = **Hakea**
Conchocarpus【2】J.C.Mikan 袖笛香属 ≒ **Angostura;Almeidea;Lonchocarpus** Rutaceae 芸香科 [MD-399] 全球 (2) 大洲分布及种数(48)北美洲:4;南美洲:48
Conchocelis Hassk. = **Agrostophyllum**
Conchochilus Hassk. = **Appendicula**
Conchoglossum Breda = **Cyrtosia**
Conchopetalum【3】Radlk. 壳瓣花属 Sapindaceae 无患子科 [MD-428] 全球 (1) 大洲分布及种数(2)◆非洲(◆马达加斯加)
Conchophyllum【3】Bl. 眼树莲属 ← **Dischidia;Marsdenia** Apocynaceae 夹竹桃科 [MD-492] 全球 (1) 大洲分布及种数(6)◆亚洲
Concilium Raf. = **Lightfootia**
Concocidium Romowicz & Szlach. = **Oncidium**
Condaea Steud. = **Conobea**
Condalia【3】Cav. 刺勾儿茶属 ← **Coccocypselum;Zizyphus;Krugiodendron** Rhamnaceae 鼠李科 [MD-331] 全球 (6) 大洲分布及种数(30)非洲:1;亚洲:1-3;大洋洲:1;欧洲:1;北美洲:15-19;南美洲:9-14
Condaliopsis【3】(Weberb.) Süss. 刺勾儿茶属 ≒ **Condalia** Rhamnaceae 鼠李科 [MD-331] 全球 (1) 大洲分布及种数(uc)属分布和种数(uc)◆北美洲(◆美国)
Condaminea【3】DC. 栀绫花属 → **Capirona;Rondeletia;Simira** Rubiaceae 茜草科 [MD-523] 全球 (1) 大洲分布及种数(6)◆南美洲
Condamineeae Benth. & Hook.f. = **Condaminea**
Condea (Epling) Harley & J.F.B.Pastore = **Condea**
Condea【2】Adans. 绫花芩属 ≒ **Clinopodium;Ophiocolea** Lamiaceae 唇形科 [MD-575] 全球 (3) 大洲分布及种数(27) 非洲:1;北美洲:21;南美洲:8
Condgiea Baill. ex Van Tiegh. = **Klainedoxa**
Condylago【3】Lür 银光兰属 ≒ **Stelis** Orchidaceae 兰科 [MM-723] 全球 (1) 大洲分布及种数(cf. 1)◆北美洲(◆巴拿马)
Condylanthus Carlgren = **Cordylanthus**
Condylidium【3】R.M.King & H.Rob. 狭管尖泽兰属 ← **Eupatorium** Asteraceae 菊科 [MD-586] 全球 (1) 大洲分布及种数(1-2)◆南美洲
Condylocarpon【3】Desf. 秘鲁夹竹桃属 → **Anechites;Echites;Hartmannia** Apocynaceae 夹竹桃科 [MD-492] 全球 (1) 大洲分布及种数(7-11)◆南美洲
Condylocarpus Endl. = **Tordylium**
Condylocarpus K.Schum. = **Condylocarpon**
Condylopodium【3】R.M.King & H.Rob. 微腺修泽兰属 ← **Eupatorium;Crossothamnus** Asteraceae 菊科 [MD-586] 全球 (1) 大洲分布及种数(2-6)◆南美洲
Condylostylis【3】Piper 豇豆属 ≒ **Vigna** Fabaceae 豆科 [MD-240] 全球 (1) 大洲分布及种数(3-4)◆南美洲
Conella Rydb. = **Cornus**
Conforata Caesalp. ex Fourr. = **Achillea**
Conga Butler = **Congea**
Congdonia Jeps. = **Sedum**
Congea【3】Roxb. 绒苞藤属 ← **Roscoea;Sphenodesme** Lamiaceae 唇形科 [MD-575] 全球 (1) 大洲分布及种数(5-18)◆亚洲
Congeria Roxb. = **Congea**
Conghas Wall ex Hiern = **Congea**
Congo Roxb. = **Congea**
Congolanthus【3】A.Raynal 康吉龙胆属 ← **Neurotheca** Gentianaceae 龙胆科 [MD-496] 全球 (1) 大洲分布及种数(1)◆非洲
Congrina L. = **Canarina**
Coniandra Schröd. = **Kedrostis**
Coniangium Körb. = **Cananga**
Conicosa N.E.Br. = **Mesembryanthemum**
Conicosia【3】N.E.Br. 锥果玉属 ← **Mesembryanthemum** Aizoaceae 番杏科 [MD-94] 全球 (1) 大洲分布及种数(5-6)◆非洲
Conida Rabenh. = **Condea**
Coniella B.Sutton & Hodges = **Cohniella**
Conifera L. = **Copaifera**
Conilaria Raf. = **Convallaria**
Conilia Raf. = **Athamanta**
Conimitella【3】Rydb. 崖葵草属 ← **Heuchera;Lithophragma;Tellima** Saxifragaceae 虎耳草科 [MD-231] 全球 (1) 大洲分布及种数(1)◆北美洲
Coniogamme Fée = **Coniogramme**
Coniogeton Bl. = **Colebrookea**
Coniogramme【3】Fée 凤了蕨属 ≒ **Syngramma;Hemionitis** Pteridaceae 凤尾蕨科 [F-31] 全球 (1) 大洲分布及种数(52-69)◆亚洲
Coniogrmamme Fée = **Coniogramme**
Coniogrmme Fée = **Coniogramme**
Coniophis L. = **Coreopsis**
Conioselinum【3】Fisch. ex Hoffm. 山芎属 ← **Angelica;Cnidium;Ochotia** Apiaceae 伞形科 [MD-480] 全球 (6) 大洲分布及种数(16-22)非洲:6;亚洲:11-23;大洋洲:6;欧洲:2-8;北美洲:6-12;南美洲:6
Coniothele DC. = **Unxia**
Conirostrum Dulac = **Brassica**
Conisa Desf. ex Steud. = **Mesembryanthemum**
Conisania Lavy = **Bauhinia**
Conites Raf. = **Origanum**
Conium【3】L. 毒参属 → **Arracacia;Ctenium;Pelargonium** Apiaceae 伞形科 [MD-480] 全球 (6) 大洲分布及种数(5-7;hort.1)非洲:3-20;亚洲:1-17;大洋洲:1-17;欧洲:2-18;北美洲:1-17;南美洲:1-17
Coniza Neck. = **Conyza**
Connaraceae【3】R.Br. 牛栓藤科 [MD-284] 全球 (6) 大洲分布和属种数(16/190-459)非洲:12/70-122;亚洲:8-9/62-117;大洋洲:2-7/6-33;欧洲:1-6/1-19;北美洲:2-7/19-41;南美洲:6-9/66-120
Connaropsis Planch. ex Hook.f. = **Sarcotheca**
Connarus【3】L. 牛栓藤属 → **Agelaea;Manotes** Connaraceae 牛栓藤科 [MD-284] 全球 (6) 大洲分布及种数(81-120;hort.1)非洲:8-21;亚洲:17-45;大洋洲:2-13;欧洲:1-6;北美洲:18-25;南美洲:52-60
Connellia【3】N.E.Br. 点头凤梨属 Bromeliaceae 凤梨科 [MM-715] 全球 (1) 大洲分布及种数(6)◆南美洲
Connexia N.E.Br. = **Connellia**
Connorochloa【3】(Buchanan) Barkworth,S.W.L.Jacobs

C

& H.Q.Zhang 披碱草属 ≒ **Elymus** Poaceae 禾本科 [MM-748] 全球 (1) 大洲分布及种数(cf. 1)◆南美洲
Conobaea Aubl. = **Conobea**
Conobaea Bert. ex Steud. = **Muehlenbeckia**
Conobea 【3】 Aubl. 双唇婆婆纳属 ≒ **Bacopa; Schistophragma;Stemodia** Scrophulariaceae 玄参科 [MD-536] 全球 (1) 大洲分布及种数(7)◆北美洲
Conobia D.Don = **Conobea**
Conocalpis Boj. ex Decne = **Gymnema**
Conocalyx 【3】 Benoist 唇爵床属 ≒ **Gonocalyx** Acanthaceae 爵床科 [MD-572] 全球 (1) 大洲分布及种数(cf.1)◆非洲
Conocardium (L.) Webb = **Aethionema**
Conocarpus 【-】 Adans. 使君子科属 ≒ **Leucadendron; Anogeissus** Combretaceae 使君子科 [MD-354] 全球 (uc) 大洲分布及种数(uc)
Conocephalaceae Müll.Frib. ex Grolle = Conocephalaceae
Conocephalaceae 【3】 Vest 蛇苔科 [B-11] 全球 (6) 大洲分布和属种数(1;hort. & cult.1)(7-34;hort. & cult.2-3)非洲:1/18;亚洲:1/3-21;大洋洲:1/18;欧洲:1/18;北美洲:1/18;南美洲:1/18
Conocephalopsis P. & K. = **Iris**
Conocephalum 【3】 Szweyk.Buczkowska & Odrzykoski 蛇苔属 ≒ **Marchantia** Conocephalaceae 蛇苔科 [B-11] 全球 (6) 大洲分布及种数(4)非洲:18;亚洲:3-21;大洋洲:18;欧洲:18;北美洲:18;南美洲:18
Conocephalus 【2】 Bl. 荨麻科属 ≒ **Poikilospermum** Urticaceae 荨麻科 [MD-91] 全球 (3) 大洲分布及种数(5)非洲:2;亚洲:4;北美洲:1
Conochi Adans. = **Mallotus**
Conochilus Skorikov = **Monochilus**
Conocladus L.C.Chia,H.L.Fung & Y.L.Yang = **Bonia**
Conocliniopsis 【3】 R.M.King & H.Rob. 泽兰属 ← **Eupatorium** Asteraceae 菊科 [MD-586] 全球 (1) 大洲分布及种数(1)◆南美洲
Conoclinium 【3】 DC. 锥托泽兰属 → **Ageratina;Bartlettina;Sphaereupatorium** Asteraceae 菊科 [MD-586] 全球 (6) 大洲分布及种数(6-10)非洲:4;亚洲:1-5;大洋洲:4;欧洲:4;北美洲:4-8;南美洲:2-6
Conoclinum DC. = **Conoclinium**
Conodon Jordan & Gilbert = **Cynodon**
Conogyne (R.Br.) Spach = **Coelogyne**
Conohoria 【3】 Aubl. 三角车属 ≒ **Aspidosperma** Violaceae 堇菜科 [MD-126] 全球 (1) 大洲分布及种数(1)◆南美洲
Conolophus Wall. = **Alpinia**
Conomitra 【-】 Fenzl 夹竹桃科属 ≒ **Glossonema** Apocynaceae 夹竹桃科 [MD-492] 全球 (uc) 大洲分布及种数(uc)
Conomitrium (Brid.) Müll.Hal. = **Conomitrium**
Conomitrium 【2】 Mont. 凤尾藓属 ≒ **Fissidens** Fissidentaceae 凤尾藓科 [B-131] 全球 (4) 大洲分布及种数(12) 非洲:1;亚洲:1;北美洲:8;南美洲:3
Conomorpha A.DC. = **Cybianthus**
Conop O.F.Cook = **Calyptronoma**
Conopea Schreb. = **Conobea**
Conophallus Schott = **Amorphophallus**
Conopharyngia G.Don = **Tabernaemontana**
Conopholis 【3】 Wallr. 苞谷列当属 ← **Orobanche** Orobanchaceae 列当科 [MD-552] 全球 (1) 大洲分布及种数(3-4)◆北美洲
Conophora (DC.) Nieuwl. = **Swertia**
Conophyllum 【3】 Schwantes 怪奇玉属 ← **Diplosoma; Mitrophyllum** Aizoaceae 番杏科 [MD-94] 全球 (1) 大洲分布及种数(uc)◆亚洲
Conophyta Schum. ex Hook.f. = **Thonningia**
Conophyton Haw. = **Conophytum**
Conophytum 【3】 N.E.Br. 肉锥花属 → **Ophthalmophyllum;Chlorophytum** Aizoaceae 番杏科 [MD-94] 全球 (1) 大洲分布及种数(103-155)◆非洲
Conopodium 【3】 W.D.J.Koch 栗根芹属 ← **Bunium; Astoma;Perideridia** Apiaceae 伞形科 [MD-480] 全球 (6) 大洲分布及种数(6-18;hort.1;cult: 1)非洲:3-8;亚洲:2-9;大洋洲:3;欧洲:4-14;北美洲:1-5;南美洲:3
Conopops S.A.Hammer = **Coreopsis**
Conops O.F.Cook = **Calyptronoma**
Conopsidium Wallr. = **Platanthera**
Conopsis L. = **Coreopsis**
Conorbis Juss. = **Rinorea**
Conoria Juss. = **Rinorea**
Conorkis Thou. = **Cynorkis**
Conosapium Aluell.Arg. = **Sapium**
Conoscelis R.Br. = **Conostylis**
Conoscyphus 【3】 (Sande Lac.) Schiffner 萨摩亚地萼苔属 Lophocoleaceae 齿萼苔科 [B-74] 全球 (1) 大洲分布及种数(1)◆大洋洲
Conosia Juss. = **Allexis**
Conosilene (Rohrb.) Fourr. = **Silene**
Conosiphon Pöpp. = **Sphinctanthus**
Conosoma Griff. = **Carapa**
Conospermum 【3】 Sm. 彩烟木属 ≒ **Cyclospermum; Corispermum** Proteaceae 山龙眼科 [MD-219] 全球 (1) 大洲分布及种数(9-71)◆大洋洲
Conostalix (Kraenzl.) Brieger = **Dendrobium**
Conostegia 【3】 D.Don 蜗牛木属 → **Tetrazygia; Melastoma;Gonostegia** Melastomataceae 野牡丹科 [MD-364] 全球 (6) 大洲分布及种数(76-87)非洲:4;亚洲:9-13;大洋洲:1-6;欧洲:4;北美洲:67-78;南美洲:36-45
Conostemum Kunth = **Conospermum**
Conostephiopsis Stschegl. = **Conostephium**
Conostephium 【3】 Benth. 梭花石南属 ← **Styphelia** Ericaceae 杜鹃花科 [MD-380] 全球 (1) 大洲分布及种数(5-15)◆大洋洲
Conostesia Thér. = **Costesia**
Conostoma Sw. ex F.Weber & D.Mohr = **Conostomum**
Conostomium 【3】 (Stapf) Cufod. 锥口茜属 ← **Crusea;Pentas;Pentanopsis** Rubiaceae 茜草科 [MD-523] 全球 (1) 大洲分布及种数(4-5)◆非洲
Conostomum 【3】 Sw. ex F.Weber & D.Mohr 箭珠藓属 ≒ **Weissia;Mitreola** Bartramiaceae 珠藓科 [B-142] 全球 (6) 大洲分布及种数(9) 非洲:4;亚洲:1;大洋洲:4;欧洲:1;北美洲:2;南美洲:6
Conostylidaceae 【3】 Takht. 叉毛草科 [MM-720] 全球 (1) 大洲分布和属种数(1;hort. & cult.1)(11-63;hort. & cult.2-3)◆大洋洲
Conostylis 【3】 R.Br. 锥柱草属 Haemodoraceae 血草科 [MM-718] 全球 (1) 大洲分布及种数(11-63)◆大洋洲
Conostylus Pohl ex A.DC. = **Myrsine**

Conothamnus 【3】 Lindl. 黄刷树属 ← **Melaleuca** Myrtaceae 桃金娘科 [MD-347] 全球 (1) 大洲分布及种数(1-3)◆大洋洲
Conothorax Bondar = **Cacalia**
Conotrachelus Hustache = **Cyanthillium**
Conotrichia A.Rich. = **Selago**
Conphronitis 【-】 auct. 兰科属 Orchidaceae 兰科 [MM-723] 全球 (uc) 大洲分布及种数(uc)
Conra Juss. = **Rinorea**
Conrad Raf. = **Conradia**
Conradia 【3】 Raf. 扫苣苔属 ≒ **Macranthera; Pentaraphia** Gesneriaceae 苦苣苔科 [MD-549] 全球 (1) 大洲分布及种数(2)◆北美洲
Conradina 【3】 A.Gray 康拉德草属 ← **Calamintha** Lamiaceae 唇形科 [MD-575] 全球 (1) 大洲分布及种数(7-13)◆北美洲(◆美国)
Conradinae A.Gray = **Conradina**
Conringia 【2】 Heist. ex Fabr. 线果芥属 → **Arabidopsis;Potentilla** Brassicaceae 十字花科 [MD-213] 全球 (5) 大洲分布及种数(8-9)非洲:4;亚洲:7;大洋洲:2;欧洲:4;北美洲:1
Conringieae D.A.Germann & Al-Shehbaz = **Conringia**
Consana Adans. = **Subularia**
Consin Desf. ex Steud. = **Conyza**
Consingis Simon = **Conringia**
Consolea 【3】 Lem. 仙人掌属 ≒ **Opuntia** Cactaceae 仙人掌科 [MD-100] 全球 (1) 大洲分布及种数(3-12)◆北美洲
Consolida (DC.) A.Gray = **Consolida**
Consolida 【3】 Riv. ex Rupp. 飞燕草属 → **Aconitum; Delphinium;Aconitella** Ranunculaceae 毛茛科 [MD-38] 全球 (6) 大洲分布及种数(34-39)非洲:5-7;亚洲:29-33;大洋洲:4-5;欧洲:12-14;北美洲:6-7;南美洲:3-4
Constancea 【3】 B.G.Baldwin 绵菊木属 ← **Eriophyllum** Asteraceae 菊科 [MD-586] 全球 (1) 大洲分布及种数(1)◆北美洲(◆美国)
Constanciaara 【-】 J.M.H.Shaw 兰科属 Orchidaceae 兰科 [MM-723] 全球 (uc) 大洲分布及种数(uc)
Constantia 【3】 Barb.Rodr. 树甲兰属 ← **Sophronitis** Orchidaceae 兰科 [MM-723] 全球 (1) 大洲分布及种数(6-8)◆南美洲(◆巴西)
Constantinea Barb.-Rodr. = **Constantia**
Contarena Adans. = **Corymbium**
Contarenia Vand. = **Alectra**
Contarinia Vand. = **Micrargeria**
Contia Boulenger = **Bontia**
Contortuplicata Medik. = **Astragalus**
Contrarenia J.St.Hil. = **Alectra**
Conuber Aubl. = **Conobea**
Conularia Pichon = **Hunteria**
Conuleum A.Rich. = **Siparuna**
Conulus DC. = **Cocculus**
Conurus L. = **Connarus**
Convalaria Raf. = **Athamanta**
Convallaria 【3】 L. 铃兰属 → **Clintonia;Dracaena; Barnardia** Convallariaceae 铃兰科 [MM-638] 全球 (6) 大洲分布及种数(5-10;hort.1;cult:2)非洲:9;亚洲:4-13;大洋洲:1-10;欧洲:2-11;北美洲:2-11;南美洲:9
Convallariaceae 【3】 Horan. 铃兰科 [MM-638] 全球 (6) 大洲分布和属种数(18-19 ;hort. & cult.16)(349-826;hort. & cult.142-232)非洲:3-16/8-129; 亚洲:16-17/331-523; 大洋洲:2-16/2-125; 欧洲:4-15/16-138; 北美洲:8-15/66-188; 南美洲:2-15/2-123
Convallariae Engl. = **Convallaria**
Convolvulaceae 【3】 Juss. 旋花科 [MD-499] 全球 (6) 大洲分布和属种数(52-60;hort. & cult.14-18)(1978-3036;hort. & cult.95-152)非洲:29-41/453-834;亚洲:30-39/808-1204;大洋洲:19-31/177-466;欧洲:9-27/106-379;北美洲:25-35/597-904;南美洲:23-37/760-1082
Convolvuloides Mönch = **Pharbitis**
Convolvulus 【3】 L. 旋花属 → **Aniseia;Cleisostoma; Phacelia** Convolvulaceae 旋花科 [MD-499] 全球 (6) 大洲分布及种数(304-446;hort.1;cult:24)非洲:87-170;亚洲:161-262;大洋洲:25-89;欧洲:43-110;北美洲:55-127;南美洲:44-116
Convulvulus L. = **Convolvulus**
Conygeron Holub = **Inula**
Conysa Adans. = **Conyza**
Conystylus Pritz. = **Gonystylus**
Conyza 【3】 Less. 香丝草属 ← **Allagopappus;Eupatorium;Phagnalon** Asteraceae 菊科 [MD-586] 全球 (6) 大洲分布及种数(163-265;hort.2;cult:2)非洲:76-100;亚洲:48-81;大洋洲:13-32;欧洲:17-36;北美洲:35-55;南美洲:85-105
Conyzanthus Tamamsch. = **Symphyotrichum**
Conyzella Fabr. = **Erigeron**
Conyzigeron 【2】 Rauschert 小蓬草属 ≒ **Conyza; Erigeron** Asteraceae 菊科 [MD-586] 全球 (2) 大洲分布及种数(cf.2) 亚洲;欧洲
Conyzoides DC. = **Erigeron**
Conyzoides Tourn. ex DC. = **Carpesium**
Conzattia 【3】 Rose 黄花苏木属 ← **Caesalpinia** Fabaceae 豆科 [MD-240] 全球 (1) 大洲分布及种数(3)◆北美洲
Conzya Roxb. = **Congea**
Coobranthus Knobl. = **Comoranthus**
Coockia Batsch = **Kengyilia**
Cooka Cothen. = **Pimelea**
Cookara auct. = **Pimelea**
Cookella Rydb. = **Cornus**
Cookia 【2】 Sonn. 米瑞香属 ≒ **Pimelea** Rutaceae 芸香科 [MD-399] 全球 (2) 大洲分布及种数(2) 亚洲:1;大洋洲:1
Cooksonia D.L.Jones = **Cooktownia**
Cooktownia 【3】 D.L.Jones 谜兰属 Orchidaceae 兰科 [MM-723] 全球 (1) 大洲分布及种数(1)◆大洋洲
Coombea 【3】 P.Royen 大洋洲实芸香属 Rutaceae 芸香科 [MD-399] 全球 (1) 大洲分布及种数(uc)属分布和种数(uc)◆大洋洲
Coona Cav. = **Colona**
Cooperanthes Lancaster = **Cooperia**
Cooperella Kramer = **Brodiaea**
Cooperia 【3】 Herb. 细韭兰属 ← **Pyrolirion;Zephyranthes;Amaryllis** Amaryllidaceae 石蒜科 [MM-694] 全球 (1) 大洲分布及种数(1-10)◆北美洲
Cooperina Herb. = **Cooperia**
Coopernookia 【3】 Carolin 紫鸾花属 ← **Dampiera** Goodeniaceae 草海桐科 [MD-578] 全球 (1) 大洲分布及

种数(4-6)◆大洋洲

Cootes Cabactulan = **Cometes**

Copaiba【-】 Adans. 豆科属 ≒ **Copaifera;Guibourtia** Fabaceae 豆科 [MD-240] 全球 (uc) 大洲分布及种数(uc)

Copaifera【3】 L.香漆豆属←**Cynometra;Hardwickia; Sindoropsis** Fabaceae2 云实科 [MD-239] 全球 (6) 大洲分布及种数(43-58;hort.1;cult:1)非洲:6-8;亚洲:4-6;大洋洲:1;欧洲:1;北美洲:6-9;南美洲:39-48

Copaiva Jacq. = **Copaifera**

Copedesma Gleason = **Miconia**

Copelandiopteris B.C.Stone = **Pteris**

Copernicia【2】 Mart. 蜡棕属 → **Acoelorrhaphe; Brahea;Sabal** Arecaceae 棕榈科 [MM-717] 全球 (2) 大洲分布及种数(22-30;hort.1;cult: 6)北美洲:21-24;南美洲:4

Copianthus【-】 Hill 大戟科属 Euphorbiaceae 大戟科 [MD-217] 全球 (uc) 大洲分布及种数(uc)

Copiapea Britton & Rose = **Copiapoa**

Copiapoa【3】 Britton & Rose 龙爪球属 ← **Cereus; Neoporteria;Rebutia** Cactaceae 仙人掌科 [MD-100] 全球 (1) 大洲分布及种数(52-56)◆南美洲

Copilia Giesbrecht = **Opilia**

Copioglossa Miers = **Ruellia**

Copiphora Jacq. = **Commiphora**

Copisma E.Mey. = **Rhynchosia**

Copodium Raf. = **Lycopodium**

Coppensia【3】 Dum. 岩梅兰属 ← **Oncidium** Orchidaceae 兰科 [MM-723] 全球 (1) 大洲分布及种数(34-36)◆南美洲

Coppensitonia【-】 Campacci 兰科属 Orchidaceae 兰科 [MM-723] 全球 (uc) 大洲分布及种数(uc)

Coppoleria Tod. = **Vicia**

Coprinus L. = **Carpinus**

Copris Say = **Coptis**

Coprosma【3】 J.R.Forst. & G.Forst. 臭叶木属 → **Canthium;Lonicera** Rubiaceae 茜草科 [MD-523] 全球 (6) 大洲分布及种数(70-174;hort.1;cult: 11)非洲:4-15;亚洲:64-165;大洋洲:48-144;欧洲:1-8;北美洲:25-37;南美洲:6-15

Coprosmanthus (Torr.) Kunth = **Smilax**

Coptacra N.T.Burb. = **Camptacra**

Coptera J.J.Sm. = **Costera**

Coptidipteris Nakai & Momose = **Dennstaedtia**

Coptidium (Prantl) Á.Löve & D.Löve ex Tzvelev = **Coptidium**

Coptidium【3】 Nym. 香毛茛属 ≒ **Anemone;Ranunculus;Crepidium** Ranunculaceae 毛茛科 [MD-38] 全球 (6)大洲分布及种数(2)非洲:2;亚洲:2;大洋洲:2;欧洲:2;北美洲:1-3;南美洲:2

Coptis【3】 Salisb. 黄连属 ← **Actaea;Souliea;Thalictrum** Ranunculaceae 毛茛科 [MD-38] 全球 (6) 大洲分布及种数(16-17;hort.1;cult:2)非洲:10;亚洲:11-22;大洋洲:10;欧洲:10;北美洲:7-17;南美洲:2-12

Coptobasis Nevski = **Iris**

Coptocheile【-】 Hoffmanns. 苦苣苔科属 ≒ **Gesneria** Gesneriaceae 苦苣苔科 [MD-549] 全球 (uc) 大洲分布及种数(uc)

Coptochilus Wall. = **Cryptochilus**

Coptodipteris Nakai & Momose = **Dennstaedtia**

Coptodon (Broth.) Paris & Schimp. ex M.Fleisch. = **Cyptodon**

Coptophyllum【-】 Gardner 茜草科属 ≒ **Pomazota; Anemia** Rubiaceae 茜草科 [MD-523] 全球 (uc) 大洲分布及种数(uc)

Coptosapeita Korth. = **Coptosapelta**

Coptosapelta【3】 Korth. 流苏子属 ← **Randia;Tarenna** Rubiaceae 茜草科 [MD-523] 全球 (1) 大洲分布及种数(2-14)◆亚洲

Coptosapelteae Bremek. ex S.P.Darwin = **Coptosapelta**

Coptospelta Dur. & Jacks = **Tarenna**

Coptosperma【3】 Hook.f. 裂籽茜属 ← **Chomelia; Pavetta;Tarenna** Rubiaceae 茜草科 [MD-523] 全球 (1) 大洲分布及种数(19-21)◆非洲

Coptospora【2】 Hook.f. 裂籽茜属 Rubiaceae 茜草科 [MD-523] 全球 (3) 大洲分布及种数(3) 非洲:1;欧洲:1;南美洲:2

Coptostoma Miers ex Bureau = **Clytostoma**

Copurus L. = **Cyperus**

Copytus Salisb. = **Coptis**

Coquebertia Brongn. = **Zollernia**

Coracaea Feuillet = **Carajaea**

Coraceae Bercht. & J.Presl = Cornaceae

Corades Spreng. = **Dolichos**

Corallaria Rumph. = **Clintonia**

Corallina L. = **Quaqua**

Coralliokyphos Fleischmann,H. & Rechinger,Karl = **Platylepis**

Coralliorrhiza Asch. = **Corallorhiza**

Corallium Schott = **Acropogon**

Corallobotrys Hook.f. = **Agapetes**

Corallocarpus【3】 Welw. ex Benth. & Hook.f. 珊瑚果属 ← **Kedrostis** Cucurbitaceae 葫芦科 [MD-205] 全球 (1) 大洲分布及种数(12-15)◆非洲

Corallococcus P.Br. = **Cordia**

Corallodendron Mill. = **Erythrina**

Corallodiscus【3】 Batalin 珊瑚苣苔属 ← **Didymocarpus** Gesneriaceae 苦苣苔科 [MD-549] 全球 (1) 大洲分布及种数(5-16)◆亚洲

Corallophila Gagnebin = **Corallorhiza**

Corallophyllum Kunth = **Lennoa**

Corallorhiza Châtel. = **Corallorhiza**

Corallorhiza【3】 Gagnebin 珊瑚兰属 → **Aplectrum; Neotina** Orchidaceae 兰科 [MM-723] 全球 (6) 大洲分布及种数(12-16;hort.1;cult:6)非洲:18;亚洲:7-25;大洋洲:18;欧洲:1-19;北美洲:11-30;南美洲:3-21

Corallorhizeae Fr. = **Corallorhiza**

Corallorrhiza Châtel. = **Corallorhiza**

Corallospartium【3】 J.B.Armstr. 扁枝豆属 ← **Carmichaelia** Fabaceae3 蝶形花科 [MD-240] 全球 (1) 大洲分布及种数(uc)属分布和种数(uc)◆大洋洲(◆密克罗尼西亚)

Coralluma Schrank ex Haw. = **Caralluma**

Corambe Er.Marcus = **Crambe**

Corasia Becc. = **Corsia**

Coraster Haw. = **Narcissus**

Corazon Löfl. = **Castelnavia**

Corbassona【3】 Aubrév. 红锈榄属 ← **Niemeyera** Sapotaceae 山榄科 [MD-357] 全球 (1) 大洲分布及种数(uc)属分布和种数(uc)◆大洋洲

Corbichonia【3】G.A.Scop. 莲粟草属 ← **Glinus;Orygia** Lophiocarpaceae 黄尾蓬科 [MD-110] 全球 (1) 大洲分布及种数(3)◆非洲
Corbis Tourn. ex L. = **Coris**
Corbula Raf. = **Catasetum**
Corbularia【2】Salisb. 水仙属 ≒ **Narcissus** Amaryllidaceae 石蒜科 [MM-694] 全球 (5) 大洲分布及种数(1) 非洲:1;亚洲:1;大洋洲:1;欧洲:1;北美洲:1
Corchoropsis【3】Sieb. & Zucc. 田麻属 ← **Corchorus** Malvaceae 锦葵科 [MD-203] 全球 (1) 大洲分布及种数(2-3)◆亚洲
Corchorpsis Sieb. & Zucc. = **Corchoropsis**
Corchorua L. = **Corchorus**
Corchorus【3】(Tourn.) L. 黄麻属 ≒ **Corchoropsis** Malvaceae 锦葵科 [MD-203] 全球 (6) 大洲分布及种数(45-105;hort.1;cult: 2)非洲:27-45;亚洲:14-25;大洋洲:14-50;欧洲:5-8;北美洲:10-15;南美洲:14-19
Corchorus DC. = **Corchorus**
Corcopsis L. = **Coreopsis**
Corculum Stuntz = **Antigonon**
Corcynia Wight & Arn. = **Coccinia**
Corda Cothen. = **Cordia**
Cordaea Nees = **Dolichos**
Cordaitaceae R.Br. ex Dum. = Cordiaceae
Cordana Ruiz & Pav. = **Cordia**
Cordanthera L.O.Williams = **Monechma**
Cordata Spreng. = **Dolichos**
Cordeauxia【3】Hemsl. 野合豆属 Fabaceae 豆科 [MD-240] 全球 (1) 大洲分布及种数(1)◆非洲
Cordelia Ard. = **Ammannia**
Cordella Rydb. = **Cornus**
Cordemoya Baill. = **Mallotus**
Cordia【3】L. 破布木属 ≒ **Cortia;Pavonia** Cordiaceae 破布木科 [MD-516] 全球 (6) 大洲分布及种数(274-426;hort.1;cult:6)非洲:54-102;亚洲:64-108;大洋洲:20-45;欧洲:5-29;北美洲:112-160;南美洲:174-252
Cordiaceae【3】R.Br. ex Dum. 破布木科 [MD-516] 全球 (6) 大洲分布和属种数(1;hort. & cult.1)(273-477;hort. & cult.19-27)非洲:1/54-102;亚洲:1/64-108;大洋洲:1/20-45;欧洲:1/5-29;北美洲:1/112-160;南美洲:1/174-252
Cordiada Vell. = **Cordia**
Cordicauda Vell. = **Cordia**
Cordiera【3】A.Rich. 心茜草属 ≒ **Alibertia** Rubiaceae 茜草科 [MD-523] 全球 (1) 大洲分布及种数(24-26)◆南美洲
Cordiereae A.Rich. = **Cordiera**
Cordiglottis【3】J.J.Sm. 白点兰属 ← **Thrixspermum** Orchidaceae 兰科 [MM-723] 全球 (1) 大洲分布及种数(2) 属分布和种数(uc)◆亚洲
Cordillera【-】Sothers & Prance 可可李科属 ≒ **Cordiera** Chrysobalanaceae 可可李科 [MD-243] 全球 (uc) 大洲分布及种数(uc)
Cordiochla Nees = **Alloteropsis**
Cordiochlaena Fée = **Tectaria**
Cordiospermum L. = **Cardiospermum**
Cordisepalum【3】Verdc. 心萼藤属 ← **Cardiochlamys** Convolvulaceae 旋花科 [MD-499] 全球 (1) 大洲分布及种数(1-2)◆亚洲
Cordobia【3】Nied. 克尔金虎尾属 ← **Gaudichaudia;Gallardoa;Aspicarpa** Malpighiaceae 金虎尾科 [MD-343] 全球 (1) 大洲分布及种数(2)◆南美洲
Cordula Raf. = **Cypripedium**
Cordulia Raf. = **Paphiopedilum**
Cordyla【3】Lour. 杧果豆属 ≒ **Dupuya;Nervilia** Fabaceae 豆科 [MD-240] 全球 (1) 大洲分布及种数(3-7)◆非洲
Cordylanthus (A.Gray) Jeps. = **Cordylanthus**
Cordylanthus【3】Nutt. ex Benth. 鸾钩草属 ← **Homalium;Adenostemma** Orobanchaceae 列当科 [MD-552] 全球 (1) 大洲分布及种数(30-56)◆北美洲
Cordylestylis Falc = **Goodyera**
Cordylia Lour. = **Cordyla**
Cordyline【3】Comm. ex R.Br. 朱蕉属 ← **Aletris;Periglossum;Brocchinia** Asparagaceae 天门冬科 [MM-669] 全球 (1) 大洲分布及种数(15-29)◆大洋洲
Cordyloblaste Hensch. ex Mor. = **Symplocos**
Cordylocarpus【3】Desf. 非洲棒果芥属 ← **Erucaria; Fezia;Rapistrum** Brassicaceae 十字花科 [MD-213] 全球 (1) 大洲分布及种数(1-2)◆非洲
Cordylogne Lindl. = **Cordylogyne**
Cordylogyne【3】E.Mey. 心萝藦属 Apocynaceae 夹竹桃科 [MD-492] 全球 (1) 大洲分布及种数(2-3)◆非洲
Cordylophora (Nutt. ex Torr. & A.Gray) Rydb. = **Epilobium**
Cordylophorum (Nutt. ex Torr. & A.Gray) Rydb. = **Epilobium**
Cordylostigma【2】Groeninckx & Dessein 心柱茜属 ≒ **Oldenlandia** Rubiaceae 茜草科 [MD-523] 全球 (3) 大洲分布及种数(11)非洲:10;亚洲:2;大洋洲:1
Core D.Don = **Corema**
Coreanomecon Nakai = **Hylomecon**
Coredia Hook.f. = **Crudia**
Coreius Tourn. ex L. = **Coris**
Corella Rydb. = **Cornus**
Corema Bercht. & J.Presl = **Corema**
Corema【3】D.Don 岩帚兰属 ← **Empetrum** Empetraceae 岩高兰科 [MD-423] 全球 (1) 大洲分布及种数(2)◆北美洲
Coremia D.Don = **Corema**
Coremiella (Berk. & M.A.Curtis) M.B.Ellis = **Cortiella**
Coreocarpus【3】Benth. 虫子菊属 ← **Bidens;Coreopsis** Asteraceae 菊科 [MD-586] 全球 (1) 大洲分布及种数(7-10)◆北美洲
Coreopis Gunnerus = **Coreopsis**
Coreopsidaceae Link = (cf.)Rosaceae
Coreopsis【3】L. 金鸡菊属 → **Acmella;Chrysanthellum; Simsia** Asteraceae 菊科 [MD-586] 全球 (6) 大洲分布及种数(100-138;hort.1;cult:4)非洲:47;亚洲:18-65;大洋洲:3-50;欧洲:3-50;北美洲:62-114;南美洲:42-90
Coreopsls L. = **Coreopsis**
Coreopsoides Mönch = **Coreopsis**
Coreosma Spach = **Ribes**
Coresantha Alef. = **Iris**
Coresanthe Baker = **Chorizanthe**
Coreta P.Br. = **Triumfetta**
Corethamnium【3】R.M.King & H.Rob. 展瓣亮泽兰属 Asteraceae 菊科 [MD-586] 全球 (1) 大洲分布及种数(1)◆南美洲(◆哥伦比亚)

Corethrodendron【3】 Fisch. & Basiner 羊柴属 ≒ **Hedysarum** Fabaceae 豆科 [MD-240] 全球 (1) 大洲分布及种数(6;hort.1)◆亚洲
Corethrogyne【3】 DC. 沙紫菀属 → **Aster;Hazardia;Lessingia** Asteraceae 菊科 [MD-586] 全球 (1) 大洲分布及种数(1-17)◆北美洲
Corethron Vahl = **Bouteloua**
Corethrostyles Benth. & Hook.f. = **Boronia**
Corethrostylis【3】 Endl. 毡麻属 ≒ **Lasiopetalum** Malvaceae 锦葵科 [MD-203] 全球 (1) 大洲分布及种数(uc)◆大洋洲
Corethrum Vahl = **Bouteloua**
Coretltrogyne DC. = **Corethrogyne**
Coreus Mill. = **Cereus**
Coriandraceae Burnett = Santalaceae
Coriandropsis H.Wolff = **Coriandrum**
Coriandrum【3】 L. 芫荽属 ← **Aethusa;Bifora;Physospermum** Apiaceae 伞形科 [MD-480] 全球 (1) 大洲分布及种数(1-4)◆欧洲
Coriaria【3】 Niss. ex L. 马桑属 ≒ **Ceraria** Coriariaceae 马桑科 [MD-277] 全球 (6) 大洲分布及种数(12-21;hort.1;cult:3)非洲:3-5;亚洲:8-12;大洋洲:4-14;欧洲:2-4;北美洲:5-7;南美洲:1-4
Coriariaceae【3】DC. 马桑科 [MD-277] 全球 (6) 大洲分布和属种数(1;hort. & cult.1)(11-27;hort. & cult.8-14)非洲:1/3-5;亚洲:1/8-12;大洋洲:1/4-14;欧洲:1/2-4;北美洲:1/5-7;南美洲:1/1-4
Corida Tourn. ex L. = **Coris**
Coridaceae【3】J.Agardh 麝香草科 [MD-402] 全球 (6) 大洲分布和属种数(1;hort. & cult.1)(1-11;hort. & cult.1-2)非洲:1/1-10;亚洲:1/1-10;大洋洲:1/9;欧洲:1/1-10;北美洲:1/9;南美洲:1/9
Coridochloa Nees = **Alloteropsis**
Coridothymus Rchb. = **Thymus**
Coridus Mill. = **Paullinia**
Coriflora W.A.Weber = **Clematis**
Corilla L. = **Cyrilla**
Corillus Nocca = **Corylus**
Corilus Nocca = **Carolus**
Corimalia Niss. ex L. = **Coriaria**
Corindum Adans. = **Paullinia**
Corindum Mill. = **Cardiospermum**
Coringia C.Presl = **Conringia**
Corinocarpus Lam. = **Corynocarpus**
Coriocella Ehrh. = **Carex**
Coriolopsis Sieb. & Zucc. = **Corylopsis**
Coriolus W.R.Anderson = **Carolus**
Corion Hoffmgg. & Link = **Spergularia**
Coriophyllus【-】 (M.E.Jones) Rydb. 伞形科属 ≒ **Cymopterus** Apiaceae 伞形科 [MD-480] 全球 (uc) 大洲分布及种数(uc)
Coriopsis P. & K. = **Codonopsis**
Coriospermum Sm. = **Conospermum**
Coris【3】 Tourn. ex L. 麝香草属 Primulaceae 报春花科 [MD-401] 全球 (6) 大洲分布及种数(2;hort.1;cult: 1)非洲:1-10;亚洲:1-10;大洋洲:9;欧洲:1-10;北美洲:9;南美洲:9
Corisanthera C.B.Clarke = **Achimenes**
Corisanthes Hook. = **Coryanthes**
Coriscus Gaertn. = **Randia**
Corispermaceae Link = Chenopodiaceae
Corispermeae【-】 Moq. 苋科属 Amaranthaceae 苋科 [MD-116] 全球 (uc) 大洲分布及种数(uc)
Corispermum B.Juss. ex L. = **Corispermum**
Corispermum【3】 L. 虫实属 → **Agriophyllum;Anthochlamys** Amaranthaceae 苋科 [MD-116] 全球 (6) 大洲分布及种数(52-79;hort.1;cult: 3)非洲:3-10;亚洲:50-72;大洋洲:6;欧洲:11-22;北美洲:14-20;南美洲:6
Corisphaera Melch. = **Mansoa**
Coristospermum Bertol. = **Ligusticum**
Corita Clarke = **Cortia**
Corium P. & K. = **Spergularia**
Corizospermum Zipp. ex Bl. = **Casearia**
Cormigonus Raf. = **Bikkia**
Cormonema【3】 Reissek ex Endl. 心鼠李属 ≒ **Rhamnus** Rhamnaceae 鼠李科 [MD-331] 全球 (1) 大洲分布及种数(uc)◆北美洲
Cormophyllum Newman = **Cyathea**
Cormus【3】 Spach 棠楸属 ≒ **Pyrus;Sorbus** Rosaceae 蔷薇科 [MD-246] 全球 (6) 大洲分布及种数(2)非洲:1-2;亚洲:1-2;大洋洲:1-2;欧洲:1-2;北美洲:1;南美洲:1
Corna Schott & Endl. = **Cola**
Cornacchinia Endl. = **Clerodendrum**
Cornaceae【3】Bercht. & J.Presl 山茱萸科 [MD-457] 全球 (6) 大洲分布和属种数(5-6;hort. & cult.1)(66-338;hort. & cult.37-54)非洲:6/123;亚洲:3-6/59-191;大洋洲:1-6/5-128;欧洲:6/123;北美洲:3-6/32-164;南美洲:6/123
Cornalia【3】 Lavy 欧洲山芥属 Brassicaceae 十字花科 [MD-213] 全球 (1) 大洲分布及种数(1)◆欧洲
Corneae Dum. = **Correa**
Cornelia Rydb. = **Ammannia**
Cornella Rydb. = **Phoebe**
Cornera Furtado = **Calamus**
Corneria A.E.Bobrov & Melikyan = **Dacrydium**
Cornia L. = **Cordia**
Cornicephalus Bl. = **Urtica**
Cornicina Boiss. = **Anthyllis**
Cornidia Ruiz & Pav. = **Hydrangea**
Corningara【-】 Griff. & J.M.H.Shaw 兰科属 Orchidaceae 兰科 [MM-723] 全球 (uc) 大洲分布及种数(uc)
Corniola Adans. = **Spartium**
Corniveum Nieuwl. = **Ichtyoselmis**
Cornoathyrium【-】 Nakaike 岩蕨科属 Woodsiaceae 岩蕨科 [F-47] 全球 (uc) 大洲分布及种数(uc)
Cornopteris【3】 Nakai 角蕨属 ← **Acystopteris;Dryopteris** Athyriaceae 蹄盖蕨科 [F-40] 全球 (1) 大洲分布及种数(14-21)◆亚洲
Cornu O.F.Müller = **Cornus**
Cornucopiae【3】 L. 丰角草属 ≒ **Agrostis;Alopecurus** Poaceae 禾本科 [MM-748] 全球 (1) 大洲分布及种数(1-2)◆欧洲
Cornuella Pierre = **Chrysophyllum**
Cornukaempferia【3】 Mood & K.Larsen 角山柰属 Zingiberaceae 姜科 [MM-737] 全球 (1) 大洲分布及种数(1-3)◆亚洲
Cornulaca【2】 Delile 单刺蓬属 ← **Kochia** Amaranthaceae 苋科 [MD-116] 全球 (2) 大洲分布及种数(7-10)

非洲:3;亚洲:6-8
Cornulina Delile = **Cornulaca**
Cornulum Stuntz = **Antigonon**
Cornus【3】L. 山茱萸属 ≒ **Corylus;Parathesis** Cornaceae 山茱萸科 [MD-457] 全球 (1) 大洲分布及种数(56-142)◆亚洲
Cornus Raf. = **Cornus**
Cornuta L. = **Cornutia**
Cornutella Pierre = **Chrysophyllum**
Cornutia【3】L. 石荠荆属 ← **Aegiphila;Premna** Lamiaceae 唇形科 [MD-575] 全球 (6) 大洲分布及种数(6-11;hort.1;cult:1)非洲:3;亚洲:2-6;大洋洲:3;欧洲:1-5;北美洲:2-9;南美洲:4-8
Corocephalus D.Dietr. = **Sorocephalus**
Coroicona Boiss. = **Acmispon**
Corokia【3】A.Cunn. ex Walp. 秋叶果属 Argophyllaceae 雪叶木科 [MD-445] 全球 (1) 大洲分布及种数(1-10)◆大洋洲
Corokiaceae【3】Kapil ex Takht. 宿萼果科 [MD-368] 全球 (1) 大洲分布和属种数(1;hort. & cult.1)(1-12;hort. & cult.1-6)◆非洲
Corollonema【3】Schltr. 小桐竹桃属 ≒ **Oxypetalum** Apocynaceae 夹竹桃科 [MD-492] 全球 (1) 大洲分布及种数(uc)属分布和种数(uc)◆南美洲
Corona Fisch. ex Graham = **Tulipa**
Coronadoara【-】Fuchs,R.F. & Shaw,Julian Mark Hugh 兰科属 Orchidaceae 兰科 [MM-723] 全球 (uc) 大洲分布及种数(uc)
Coronanthera【3】Vieill. ex C.B.Clarke 木岩桐属 → **Depanthus** Gesneriaceae 苦苣苔科 [MD-549] 全球 (1) 大洲分布及种数(11)◆大洋洲
Coronaria【3】Adans. 剪秋罗属 ≒ **Silene** Caryophyllaceae 石竹科 [MD-77] 全球 (1) 大洲分布及种数(uc)◆非洲
Coronas Fisch. ex Graham = **Fritillaria**
Corone Fourr. = **Silene**
Coronella Baill. = **Boronella**
Coronida Manning = **Coronilla**
Coronidium【3】Paul G.Wilson 冠花菊属 ≒ **Helichrysum** Asteraceae 菊科 [MD-586] 全球 (1) 大洲分布及种数(20-21)◆大洋洲
Coronilla【3】L. 小冠花属 → **Sesbania;Artrolobium** Fabaceae3 蝶形花科 [MD-240] 全球 (1) 大洲分布及种数(4-7)◆大洋洲
Coronillaceae Martinov = Fabaceae3
Coronium Vahl = **Elaeodendron**
Coronocarpus Schumach. = **Aspilia**
Coronocephalus Bl. = **Urtica**
Coronopus【3】Zinn 臭荠属 → **Delpinophytum; Lepidium;Brachycarpaea** Brassicaceae 十字花科 [MD-213] 全球 (6) 大洲分布及种数(4)非洲:1;亚洲:1;大洋洲:1;欧洲:cf.1;北美洲:1-3;南美洲:2
Coronura K.Schum. = **Baissea**
Corophium P.Beauv. ex Schwägr. = **Calymperes**
Corosoma Spach = **Ribes**
Corossilla L. = **Coronilla**
Corotha S.Watson = **Acalypha**
Corothamnus C.Presl = **Genista**
Corothamus C.Presl = **Cytisus**
Coroya Pierre = **Dalbergia**
Corozo Jacq. ex Giseke = **Elaeis**
Corpodetes J.R.Forst. & G.Forst. = **Carpodetus**
Corpuscularia Schwantes = **Delosperma**
Corraea【-】Sm. 芸香科属 Rutaceae 芸香科 [MD-399] 全球 (uc) 大洲分布及种数(uc)
Correa【3】Andrews 钟南香属 ≒ **Dialium** Rutaceae 芸香科 [MD-399] 全球 (1) 大洲分布及种数(10-20)◆大洋洲
Correaea P. & K. = **Campylospermum**
Correas Hoffmanns. = **Correa**
Correbia Nied. = **Cordobia**
Correct Andrews = **Correa**
Correia Vand. = **Ouratea**
Correllara J.M.H.Shaw = **Ardisia**
Correllia A.M.Powell = **Myrsine**
Correlliana D´Arcy = **Cybianthus**
Correorchis Szlach. = **Sobralia**
Corrigiola【3】L. 苏甲草属 ≒ **Illecebrum** Molluginaceae 粟米草科 [MD-99] 全球 (6) 大洲分布及种数(11) 非洲:5;亚洲:2;大洋洲:1;欧洲:3;北美洲:2;南美洲:4
Corrigiolaceae (Dum.) Dum. = Caryophyllaceae
Corrigioleae Dum. = **Corrigiola**
Corrinea Wooldridge = **Correa**
Corroea Paxton = **Correa**
Corropsis Rich. = **Corylopsis**
Corryocactus【3】Britton & Rose 潜龙柱属 → **Austrocactus** Cactaceae 仙人掌科 [MD-100] 全球 (1) 大洲分布及种数(35)◆南美洲
Corryocereus Frič & Kreuz. = **Corryocactus**
Corsia【3】Becc. 丽腐草属 ≒ **Corsinia** Corsiaceae 白玉簪科 [MM-705] 全球 (1) 大洲分布及种数(3-26)◆大洋洲
Corsiaceae【2】Becc. 白玉簪科 [MM-705] 全球 (3) 大洲分布和属种数(3/5-28)亚洲:1/1;大洋洲:1/3-26;南美洲:1/1-1
Corsinia【3】(Spreng.) Lindb. 花地钱属 ≒ **Riccia** Corsiniaceae 花地钱科 [B-18] 全球 (6) 大洲分布及种数(2)非洲:1-2;亚洲:1-2;大洋洲:1;欧洲:1-2;北美洲:1;南美洲:1-2
Corsiniaceae【3】Stephani 花地钱科 [B-18] 全球 (6) 大洲分布和属种数(2/3-4)非洲:1/1-2;亚洲:1/1-2;大洋洲:1/1;欧洲:1/1-2;北美洲:1/1;南美洲:2/3-4
Corsiopsis【3】D.X.Zhang,R.M.K.Saunders & C.M.Hu 白玉簪属 Corsiaceae 白玉簪科 [MM-705] 全球 (1) 大洲分布及种数(cf. 1)◆东亚(◆中国)
Cortaderia Bifida Conert = **Cortaderia**
Cortaderia【3】Stapf 蒲苇属 ← **Ampelodesmos; Morella** Poaceae 禾本科 [MM-748] 全球 (6) 大洲分布及种数(29)非洲:6;亚洲:5;大洋洲:9;欧洲:3;北美洲:11;南美洲:22
Cortaderieae Zotov = **Cortaderia**
Cortalaria L. = **Crotalaria**
Cortedaria Stapf = **Cortaderia**
Cortesia Cav. = **Ehretia**
Corthorus L. = **Corchorus**
Corthumia Rchb. = **Pelargonium**
Corthusa Rchb. = **Cortusa**
Cortia【3】DC. 喜峰芹属 ← **Athamanta;Cortiella;**

Schulzia Apiaceae 伞形科 [MD-480] 全球 (1) 大洲分布及种数(2-7)◆亚洲
Corticaria Niss. ex L. = **Coriaria**
Corticea Plötz = **Cortia**
Cortiella【3】C.Norman 栓果芹属 ← **Cortia;Pleurospermum** Apiaceae 伞形科 [MD-480] 全球 (1) 大洲分布及种数(3-4)◆亚洲
Cortona Fisch. ex Graham = **Tulipa**
Cortusa【2】L. 假报春属 ≒ **Androsace;Primula** Primulaceae 报春花科 [MD-401] 全球 (2) 大洲分布及种数(4-5)亚洲:cf.1;欧洲:2-3
Cortusina Eckl. & Zeyh. = **Pelargonium**
Corunastylis【3】R.Fitzg. 矮人兰属 ≒ **Anticheirostylis;Prasophyllum;Corynostylis** Orchidaceae 兰科 [MM-723] 全球 (1) 大洲分布及种数(uc)◆大洋洲
Corunostylis R.Fitzg. = **Corunastylis**
Corunura K.Schum. = **Baissea**
Corvina B.D.Jacks. = **Muricaria**
Corvinia Stadtm. ex Willem. = **Caccinia**
Corvisartia Méat = **Inula**
Corvula Raf. = **Catasetum**
Corvus L. = **Cornus**
Cory (Har.) Kjellm. = **Dalbergia**
Coryanthes【3】Hook. 吊桶兰属 ← **Corybas;Epidendrum;Melittis** Orchidaceae 兰科 [MM-723] 全球 (1) 大洲分布及种数(67-72)◆南美洲
Corybas (Endl.) Szlach. = **Corybas**
Corybas【3】Salisb. 铠兰属 → **Acianthus;Liparis;Gastrosiphon** Orchidaceae 兰科 [MM-723] 全球 (6) 大洲分布及种数(129-174)非洲:46-52;亚洲:33-39;大洋洲:63-76;欧洲:1-2;北美洲:1-2;南美洲:6-8
Corycaeus Zea ex Spreng. = **Ammophila**
Corycarpus Spreng. = **Diarrhena**
Corycera Cav. = **Calycera**
Corycia Sw. = **Corycium**
Corycium【3】Sw. 乌头兰属 ≒ **Coptidium** Orchidaceae 兰科 [MM-723] 全球 (1) 大洲分布及种数(15-38)◆非洲
Corycus (Har.) Kjellm. = **Corylus**
Corydalaceae Vest = Papaveraceae
Corydalis (Bernh.) Endl. = **Corydalis**
Corydalis【3】DC. 紫堇属 → **Adlumia;Dactylicapnos;Dicentra** Papaveraceae 罂粟科 [MD-54] 全球 (6) 大洲分布及种数(475-616;hort.1;cult:27)非洲:13-57;亚洲:451-577;大洋洲:43;欧洲:35-85;北美洲:38-82;南美洲:13-56
Corydallis Asch. = **Corydalis**
Corydandra Rchb. = **Galeandra**
Corydo Jacq. ex Giseke = **Elaeis**
Coryhopea【-】auct. 兰科属 Orchidaceae 兰科 [MM-723] 全球 (uc) 大洲分布及种数(uc)
Corylaceae【3】Mirb. 榛科 [MD-76] 全球 (6) 大洲分布和属种数(4;hort. & cult.4)(80-153;hort. & cult.45-55)非洲:3/30;亚洲:4/75-118;大洋洲:3/30;欧洲:3/17-47;北美洲:3/33-65;南美洲:2-3/5-35
Corylopasania (Hickel & A.Camus) Nakai = **Styrax**
Corylopsis【3】Sieb. & Zucc. 蜡瓣花属 ← **Berchemia;Sinowilsonia** Hamamelidaceae 金缕梅科 [MD-63] 全球 (1) 大洲分布及种数(24-30)◆亚洲
Coryloxylon Casar. = **Plathymenia**
Corylus【3】(Tourn.) L. 榛属 → **Ostryopsis** Betulaceae 桦木科 [MD-79] 全球 (6) 大洲分布及种数(20-26;hort.1;cult:7)非洲:4;亚洲:16-24;大洋洲:4;欧洲:10-14;北美洲:13-17;南美洲:1-5
Corymbia【3】K.D.Hill & L.A.S.Johnson 伞房桉属 ← **Eucalyptus;Metrosideros** Myrtaceae 桃金娘科 [MD-347] 全球 (6) 大洲分布及种数(93-109;hort.1)非洲:15-20;亚洲:19-24;大洋洲:90-105;欧洲:4;北美洲:22-26;南美洲:13-17
Corymbis Thou. = **Corymborkis**
Corymbium【3】L. 绣球菊属 Asteraceae 菊科 [MD-586] 全球 (1) 大洲分布及种数(9-10)◆非洲
Corymborchis Thou. ex Bl. = **Corymborkis**
Corymborkis【3】Thou. 管花兰属 → **Arundina;Neottia;Tropidia** Orchidaceae 兰科 [MM-723] 全球 (6) 大洲分布及种数(10)非洲:4-14;亚洲:5-15;大洋洲:1-11;欧洲:2-12;北美洲:3-13;南美洲:6-16
Corymbostachys Lindau = **Justicia**
Corymbula Raf. = **Polygala**
Corymbulosa Raf. = **Polygala**
Corymorpha A.DC. = **Ardisia**
Corynabutilon【3】(K.Schum.) Kearney 茼麻属 ≒ **Abutilon** Malvaceae 锦葵科 [MD-203] 全球 (1) 大洲分布及种数(7)◆南美洲
Corynaea【3】Hook.f. 棒花菰属 ← **Helosis** Balanophoraceae 蛇菰科 [MD-307] 全球 (1) 大洲分布及种数(2-5)◆南美洲
Corynandra Schröd. ex Spreng. = **Cleome**
Corynanthe【3】Welw. 结春檀属 → **Pausinystalia** Rubiaceae 茜草科 [MD-523] 全球 (1) 大洲分布及种数(8-9)◆非洲
Corynanthelium Kunze = **Mikania**
Corynanthera【3】J.W.Green 黄穗蜡花属 Myrtaceae 桃金娘科 [MD-347] 全球 (1) 大洲分布及种数(1)◆大洋洲
Corynanthes Schlecht. = **Coryanthes**
Coryne Jacq. = **Cyne**
Coryneaceae Bercht. & J.Presl = Cornaceae
Corynelia Rchb. = **Ammannia**
Corynella【2】DC. 赫锋豆属 ≒ **Notodon** Fabaceae3 蝶形花科 [MD-240] 全球 (2) 大洲分布及种数(1) 北美洲:1;南美洲:1
Corynelobos R.Röm. = **Brassica**
Corynemyrtus【2】(Kiaersk.) Mattos 心金娘属 Myrtaceae 桃金娘科 [MD-347] 全球 (2) 大洲分布及种数(cf.1) 亚洲;南美洲
Corynephorus (V.Jirásek & Chrtek) Tzvelev = **Corynephorus**
Corynephorus【3】P.Beauv. 棒芒草属 ← **Aira;Schismus** Poaceae 禾本科 [MM-748] 全球 (6) 大洲分布及种数(7-8)非洲:4-5;亚洲:4;大洋洲:1;欧洲:5;北美洲:2;南美洲:3
Corynephyllum Rose = **Sedum**
Corynia K.D.Hill & L.A.S.Johnson = **Corymbia**
Corynocarpaceae【3】Engl. 毛利果科 [MD-371] 全球 (6) 大洲分布和属种数(1;hort. & cult.1)(7;hort. & cult.1)非洲:1/3;亚洲:1/4;大洋洲:1/7;欧洲:1/2;北美洲:1/3;南美洲:1/2
Corynocarpus【3】J.R.Forst. & G.Forst. 毛利果属

Corynocarpaceae 毛利果科 [MD-371] 全球 (6) 大洲分布及种数(1-6)非洲:3;亚洲:4;大洋洲:7;欧洲:2;北美洲:3;南美洲:2
Corynocephalus Bl. = **Urtica**
Corynophallus Schott = **Amorphophallus**
Corynophilus Schott = **Arisaema**
Corynophora Schröd. ex Spreng. = **Corythophora**
Corynophorus Kunth = **Schismus**
Corynopuntia【3】 F.M.Knuth 白棒掌属 ≒ **Opuntia** Cactaceae 仙人掌科 [MD-100] 全球 (6) 大洲分布及种数(6-7)非洲:7;亚洲:7;大洋洲:7;欧洲:7;北美洲:5-13;南美洲:7
Corynosicyos F.Müll = **Melothria**
Corynostigma C.Presl = **Ludwigia**
Corynostylis【3】 Mart. 盘种堇属 Violaceae 堇菜科 [MD-126] 全球 (1) 大洲分布及种数(4-5)◆南美洲
Corynostylus P. & K. = **Genoplesium**
Corynotheca【3】 F.Müll. ex Benth. 帚藓藓属 Funariaceae 葫芦藓科 [B-106] 全球 (1) 大洲分布及种数(1)◆大洋洲
Corynula Hook.f. = **Leptostigma**
Corynurella Pierre = **Achras**
Corynusa Hook.f. = **Nertera**
Coryopsis Sieb. & Zucc. = **Corylopsis**
Corypha【3】 L. 贝叶棕属 → **Thrinax;Chamaerops;Brahea** Arecaceae 棕榈科 [MM-717] 全球 (1) 大洲分布及种数(3-13)◆亚洲
Coryphaceae F.W.Schultz & Sch.Bip. = Philydraceae
Coryphadenia Morley = **Votomita**
Coryphantha【3】 (Engelm.) Lem. 香蜂球属 ← **Cactus** Cactaceae 仙人掌科 [MD-100] 全球 (1) 大洲分布及种数(63-92)◆北美洲
Coryphasia Rojas Acosta = **Acoelorrhaphe**
Corypheae Mart. = **Corypha**
Coryphomia Rojas Acosta = **Copernicia**
Coryphopteris【3】 Holttum 簇叶蕨属 ← **Lastrea;Thelypteris;Parathelypteris** Thelypteridaceae 金星蕨科 [F-42] 全球 (6) 大洲分布及种数(31-51;hort.1)非洲:15-27;亚洲:12-27;大洋洲:8-20;欧洲:1-7;北美洲:6;南美洲:6
Coryphothamnus【3】 Steyerm. 帕加茜属 ← **Pagamea** Rubiaceae 茜草科 [MD-523] 全球 (1) 大洲分布及种数(1)◆南美洲
Corysadenia Griff. = **Illigera**
Corysanthera Decne. ex Regel = **Rhynchotechum**
Corysanthes Schltr. = **Corybas**
Coryspermum Juss. = **Corispermum**
Corythacanthus Nees = **Justicia**
Corythanthes Lem. = **Coryanthes**
Corythea S.Watson = **Acalypha**
Corytholobium Benth. = **Securidaca**
Corytholoma (Benth.) Decne. = **Corytholoma**
Corytholoma【3】 Decne. 心苣苔属 ← **Sinningia;Rechsteineria;Gesneria** Gesneriaceae 苦苣苔科 [MD-549] 全球 (1) 大洲分布及种数(cf. 1)◆南美洲
Corythophora【3】 R.Knuth 盔玉蕊属 ← **Eschweilera** Lecythidaceae 玉蕊科 [MD-267] 全球 (1) 大洲分布及种数(4)◆南美洲
Corytoplectus【2】 örst. 亮果岩桐属 ← **Alloplectus;Crantzia;Hypocyrta** Gesneriaceae 苦苣苔科 [MD-549] 全球 (2) 大洲分布及种数(12-14;hort.1;cult: 1)北美洲:2;南美洲:10-12
Coryzadenia Griff. = **Illigera**
Cosa Vell. = **Galipea**
Cosaria J.F.Gmel. = **Dorstenia**
Cosbaea Lem. = **Embelia**
Coscimium Colebr. = **Coscinium**
Cosciniopsis Nevski = **Cousiniopsis**
Coscinium【3】 Colebr. 南洋药藤属 ← **Menispermum;Pericampylus** Menispermaceae 防己科 [MD-42] 全球 (1) 大洲分布及种数(cf. 1)◆亚洲
Coscinodon【3】 Spreng. 筛齿藓属 ≒ **Grimmia;Stegonia** Grimmiaceae 紫萼藓科 [B-115] 全球 (6) 大洲分布及种数(17)非洲:2;亚洲:6;大洋洲:1;欧洲:8;北美洲:6;南美洲:1
Coscinodontella【2】 R.S.Williams 南美紫萼藓属 Grimmiaceae 紫萼藓科 [B-115] 全球 (2) 大洲分布及种数(1) 欧洲:1;南美洲:1
Coscoroba Molina = **Coccoloba**
Cosentinia【-】 Tod. 风尾蕨科属 ≒ **Cheilanthes** Pteridaceae 凤尾蕨科 [F-31] 全球 (uc) 大洲分布及种数(uc)
Cosmantha Y.Itô = **Convolvulus**
Cosmanthus Gymnobythus A.DC. = **Phacelia**
Cosmaridium Lindl. = **Camaridium**
Cosmarium Dulac = **Adonis**
Cosme Salisb. = **Leucadendron**
Cosmea Willd. = **Cosmos**
Cosmelia【3】 R.Br. 澳石南属 ← **Epacris** Ericaceae 杜鹃花科 [MD-380] 全球 (1) 大洲分布及种数(cf.1)◆大洋洲
Cosmia Domb. ex Juss. = **Calandrinia**
Cosmianthemum【3】 Bremek. 秋英爵床属 ← **Dianthera;Graptophyllum;Gymnostachyum** Acanthaceae 爵床科 [MD-572] 全球 (1) 大洲分布及种数(4-13)◆亚洲
Cosmibuena【3】 Ruiz & Pav. 黄丁桐属 ≒ **Hillia** Rubiaceae 茜草科 [MD-523] 全球 (1) 大洲分布及种数(5-11)◆北美洲
Cosmidium Nutt. = **Thelesperma**
Cosmiusa Alef. = **Parochetus**
Cosmiza Raf. = **Utricularia**
Cosmocalyx【3】 Standl. 墨茜草属 Rubiaceae 茜草科 [MD-523] 全球 (1) 大洲分布及种数(1)◆北美洲
Cosmodiscus Baill. = **Coelodiscus**
Cosmoeca Willd. = **Cosmos**
Cosmoneuron Pierre = **Octoknema**
Cosmophila Radius = **Chimaphila**
Cosmophyllum K.Koch = **Podachaenium**
Cosmopsis DC. = **Cyamopsis**
Cosmos (DC.) Sherff = **Cosmos**
Cosmos【3】 Cav. 秋英属 ← **Bidens;Coreopsis;Simsia** Asteraceae 菊科 [MD-586] 全球 (1) 大洲分布及种数(41-46)◆北美洲
Cosmostigma【3】 Wight 荟蔓藤属 ← **Asclepias;Tylophora** Apocynaceae 夹竹桃科 [MD-492] 全球 (1) 大洲分布及种数(1-3)◆东亚(◆中国)
Cosmotoma (G.Don) Spach = **Crossotoma**
Cossignea Willd. = **Cossinia**
Cossignia Comm. ex Juss. = **Cossinia**

C

Cossignya Baker = **Cossinia**
Cossinia【3】 Comm. ex Lam. 澳木患属 Sapindaceae 无患子科 [MD-428] 全球 (1) 大洲分布及种数(1-4)◆大洋洲
Cossonia Durieu = **Raffenaldia**
Cossonus de Maisonneuve = **Raphanus**
Cossus L. = **Cissus**
Cossypha L. = **Corypha**
Costa Vell. = **Galipea**
Costaceae【3】 Nakai 闭鞘姜科 [MM-738] 全球 (6) 大洲分布和属种数(7;hort. & cult.3-4)(109-180;hort. & cult.28-37)非洲:3-4/34-72;亚洲:2-4/33-50;大洋洲:3/11-32;欧洲:2/8-15;北美洲:2/42-49;南美洲:5/67-79
Costaclis Cass. = **Calendula**
Costae A.Rich. = **Cenchrus**
Costaea A.Rich. = **Purdiaea**
Costantina Bullock = **Lygisma**
Costaria Harvey,W.H. = **Cristaria**
Costarica L.D.Gómez = **Sicyos**
Costaricaea Schltr. = **Scaphyglottis**
Costaricia Christ = **Dennstaedtia**
Costatrichia Christ = **Aspidium**
Costazia L.D.Gómez = **Actinostemma**
Costea A.Rich. = **Purdiaea**
Costeae Hutch. = **Costera**
Costera【3】 J.J.Sm. 腺叶莓属 ← **Vaccinium;Diplycosia** Ericaceae 杜鹃花科 [MD-380] 全球 (1) 大洲分布及种数(2-13)◆亚洲
Costesia【3】 Thér. 大孢藓属 Gigaspermaceae 大蒴藓科 [B-108] 全球 (1) 大洲分布及种数(2) ◆南美洲
Costia Willk = **Agropyron**
Costria J.F.Gmel. = **Dorstenia**
Costua L. = **Costus**
Costularia【2】 C.B.Clarke 锥序莎属 ≒ **Asterochaete** Cyperaceae 莎草科 [MM-747] 全球 (3) 大洲分布及种数(17-25;hort.1;cult: 1)非洲:13-14;亚洲:1;大洋洲:3-9
Costus (Fenzl) K.Schum. = **Costus**
Costus【3】 L. 西闭鞘姜属 → **Tapeinochilos;Phyla; Alpinia** Costaceae 闭鞘姜科 [MM-738] 全球 (6) 大洲分布及种数(88-123;hort.1)非洲:32-55;亚洲:29-41;大洋洲:8-15;欧洲:7-14;北美洲:40-47;南美洲:51-63
Cota【2】 J.Gay 全黄菊属 ≒ **Anthemis;Cephaelis** Asteraceae 菊科 [MD-586] 全球 (4) 大洲分布及种数(31-38;hort.1;cult: 1)非洲:1;亚洲:cf.1;欧洲:14;北美洲:1
Cote J.Gay = **Cota**
Cotema Britton & P.Wilson = **Spirotecoma**
Cotesia Thér. = **Costesia**
Cothurus L. = **Adenocline**
Cotinga L. = **Cotinus**
Cotinis Mill. = **Cotinus**
Cotinus【3】 Mill. 黄栌属 ≒ **Rhus;Cornus** Anacardiaceae 漆树科 [MD-432] 全球 (6) 大洲分布及种数(9-11)非洲:71;亚洲:6-78;大洋洲:1-72;欧洲:1-72;北美洲:4-75;南美洲:2-73
Cotiuns Mill. = **Cotinus**
Cotocapnia Link & Otto = **Polianthes**
Cotonea Raf. = **Cotoneaster**
Cotoneaste Medik. = **Cotoneaster**
Cotoneaster (Hurus.) G.Klotz = **Cotoneaster**
Cotoneaster【3】 Medik. 栒子属 ≒ **Amelanchier; Photinia** Rosaceae 蔷薇科 [MD-246] 全球 (6) 大洲分布及种数(172-338;hort.1;cult: 18)非洲:14-58;亚洲:152-247;大洋洲:17-60;欧洲:79-132;北美洲:77-127;南美洲:9-49
Cotonopsis Michx. = **Crotonopsis**
Cotopaxia【3】 Mathias & Constance 哥伦草属 Apiaceae 伞形科 [MD-480] 全球 (1) 大洲分布及种数(2)◆南美洲
Cottaea Endl. = **Tacca**
Cottea【3】 Kunth 白衣草属 ← **Enneapogon** Poaceae 禾本科 [MM-748] 全球 (1) 大洲分布及种数(1-2)◆北美洲
Cottendorfia【3】 Schult.f. 繁穗凤梨属 → **Fosterella;Lindmania** Bromeliaceae 凤梨科 [MM-715] 全球 (1) 大洲分布及种数(1-2)◆南美洲
Cottetia (Gand.) Gand. = **Rosa**
Cottonia【3】 Wight 折被兰属 → **Diploprora;Comptonia;Hottonia** Orchidaceae 兰科 [MM-723] 全球 (1) 大洲分布及种数(cf. 1)◆亚洲
Cottoniella R.M.King & H.Rob. = **Critoniella**
Cottsia【3】 Dubard & Dop 北美洲金虎尾属 ≒ **Aspicarpa** Malpighiaceae 金虎尾科 [MD-343] 全球 (1) 大洲分布及种数(3)◆北美洲
Cottus L. = **Costus**
Cotula【3】 L. 山芫荽属 → **Aaronsohnia;Pentzia** Asteraceae 菊科 [MD-586] 全球 (6) 大洲分布及种数(60-93;hort.1)非洲:52-59;亚洲:7-13;大洋洲:16-20;欧洲:12-16;北美洲:8-12;南美洲:11-15
Cotulina Pomel = **Matricaria**
Cotyla L. = **Cotula**
Cotylanthera【3】 Bl. 杯药草属 ← **Exacum** Gentianaceae 龙胆科 [MD-496] 全球 (1) 大洲分布及种数(cf. 1)◆亚洲
Cotylanthes Calest. = **Schefflera**
Cotylaria Raf. = **Cotyledon**
Cotyldeon L. = **Cotyledon**
Cotyle L. = **Cotula**
Cotyledion L. = **Cotyledon**
Cotyledon Gibbiflorae Baker = **Cotyledon**
Cotyledon【3】 L.银波木属 → **Adromischus;Dudleya; Pachyphytum** Crassulaceae 景天科 [MD-229] 全球 (6) 大洲分布及种数(39-81;hort.1;cult: 4)非洲:26-61;亚洲:5-36;大洋洲:1-32;欧洲:5-36;北美洲:12-43;南美洲:5-36
Cotyledonaceae Martinov = Putranjivaceae
Cotylelobiopsis F.Heim = **Copaifera**
Cotylelobium【3】 Pierre 毛药香属 ← **Shorea** Dipterocarpaceae 龙脑香科 [MD-173] 全球 (1) 大洲分布及种数(1-5)◆亚洲
Cotyliphyllum Link = **Cotyledon**
Cotylis L. = **Cotula**
Cotyliscus Desv. = **Delpinophytum**
Cotylodiscus Radlk. = **Plagioscyphus**
Cotylolabium【3】 Garay 绶草属 ≒ **Spiranthes** Orchidaceae 兰科 [MM-723] 全球 (1) 大洲分布及种数(1)◆南美洲
Cotylolobium P. & K. = **Shorea**
Cotylongchia Stapf = **Pentadiplandra**
Cotylonia C.Norman = **Dickinsia**
Cotylonychia Stapf = **Pentadiplandra**

Cotyloplecta Alef. = **Malvaviscus**
Coublandia Aubl. = **Muellera**
Coudada Vell. = **Cordia**
Coudenbergia Marchal = **Aralia**
Couepia【3】Aubl. 玉蕊李属 Chrysobalanaceae 可可李科 [MD-243] 全球 (1) 大洲分布及种数(78-84)◆南美洲
Couhlioda Lindl. = **Cochlioda**
Coula【3】Baill. 檀榛属 Olacaceae 铁青树科 [MD-362] 全球 (1) 大洲分布及种数(1)◆非洲
Coulejia Dennst. = **Antidesma**
Coulterella【-】Van Tiegh. 菊科属 Asteraceae 菊科 [MD-586] 全球 (uc) 大洲分布及种数(uc)
Coulteria【3】Kunth 树实豆属 ≒ **Prosopis** Fabaceae 豆科 [MD-240] 全球 (6) 大洲分布及种数(7)非洲:1;亚洲:1;大洋洲:1;欧洲:1;北美洲:6-7;南美洲:1-2
Coulterina P. & K. = **Physaria**
Coulterophytum【3】B.L.Rob. 考特草属 ← **Arracacia** Apiaceae 伞形科 [MD-480] 全球 (1) 大洲分布及种数(4)◆北美洲(◆墨西哥)
Couma【3】Aubl. 牛奶木属 ← **Cerbera;Parahancornia** Apocynaceae 夹竹桃科 [MD-492] 全球 (1) 大洲分布及种数(6-7)◆南美洲
Coumarouna【3】Aubl. 牛奶豆属 ≒ **Swartzia** Fabaceae3 蝶形花科 [MD-240] 全球 (1) 大洲分布及种数(2)◆南美洲
Couperisporites【-】S.A.J.Pocock 不明藓属 Fam(uc) 全球 (uc) 大洲分布及种数(uc)
Coupia G.Don = **Goupia**
Coupoui Aubl. = **Duroia**
Couralia Splitg. = **Tabebuia**
Courantara Aubl. = **Couratari**
Courantia Lem. = **Echeveria**
Couratari【3】Aubl. 兜玉蕊属 → **Allantoma;Cariniana;Couroupita** Lecythidaceae 玉蕊科 [MD-267] 全球 (1) 大洲分布及种数(21)◆南美洲
Courataria Rchb. = **Couratari**
Couratori【-】Walp. 玉蕊科属 Lecythidaceae 玉蕊科 [MD-267] 全球 (uc) 大洲分布及种数(uc)
Courbari Adans. = **Hymenaea**
Courbaril Mill. = **Hymenaea**
Courbonia Brongn. = **Maerua**
Courimari Aubl. = **Sloanea**
Couringia Adans. = **Conringia**
Courondi Adans. = **Salacia**
Couroupita【2】Aubl. 炮弹树属 ≒ **Couratari; Lecythis;Pekea** Lecythidaceae 玉蕊科 [MD-267] 全球 (3) 大洲分布及种数(6-7)亚洲:cf.1;北美洲:2;南美洲:4
Courrantia Sch.Bip. = **Matricaria**
Coursetia (Baill.) Lavin = **Coursetia**
Coursetia【3】DC. 宝锋豆属 → **Apurimacia;Clitoria; Vicia** Fabaceae 豆科 [MD-240] 全球 (6) 大洲分布及种数(41-43;hort.1;cult:1)非洲:2-3;亚洲:1;大洋洲:1;欧洲:1-2;北美洲:24-25;南美洲:20-21
Coursiana Homolle = **Payera**
Courtenia R.Br. = **Cola**
Courtoisia【2】Rich. 莎草属 ≒ **Collomia** Cyperaceae 莎草科 [MM-747] 全球 (2) 大洲分布及种数(1) 亚洲:1;大洋洲:1
Courtoisina【2】Soják 翅鳞莎属 ← **Mariscus;Courtoisia** Cyperaceae 莎草科 [MM-747] 全球 (4) 大洲分布及种数(3)非洲:2;亚洲:2;大洋洲:1;北美洲:1
Cousarea Aubl. = **Curarea**
Cousinia【3】Cass. 刺头菊属 ← **Alfredia;Olgaea** Asteraceae 菊科 [MD-586] 全球 (1) 大洲分布及种数(505-717)◆亚洲
Cousiniopsis【3】Nevski 蓝刺菊属 ← **Cardopatium;Cupaniopsis** Asteraceae 菊科 [MD-586] 全球 (1) 大洲分布及种数(cf. 1)◆亚洲
Coussapea Aubl. = **Coussapoa**
Coussapoa【3】Aubl. 绞麻树属 → **Brosimum;Poulsenia** Urticaceae 荨麻科 [MD-91] 全球 (1) 大洲分布及种数(60-66)◆南美洲
Coussarea【3】Aubl. 雪蛛檀属 ← **Coffea; Psychotria; Raritebe** Rubiaceae 茜草科 [MD-523] 全球 (1) 大洲分布及种数(120-140)◆南美洲(◆巴西)
Coussareeae Benthem & Hook.f. = **Coussarea**
Coutaportia Urb. = **Coutaportla**
Coutaportla【3】Urb. 美茜树属 ← **Portlandia** Rubiaceae 茜草科 [MD-523] 全球 (1) 大洲分布及种数(3)◆北美洲
Coutarea【3】Aubl. 巴西鸡纳属 ← **Bignonia;Curarea** Rubiaceae 茜草科 [MD-523] 全球 (1) 大洲分布及种数(5-8)◆南美洲
Coutareaceae Martinov = Rubiaceae
Coutareopsis【3】Paudyal & Delprete 美鸡纳属 Rubiaceae 茜草科 [MD-523] 全球 (1) 大洲分布及种数(cf.3) ◆南美洲
Couthovia【2】A.Gray 纽氏马钱属 ≒ **Neuburgia** Loganiaceae 马钱科 [MD-486] 全球 (2) 大洲分布及种数(14) 非洲:13;大洋洲:1
Coutinia Vell. = **Aspidosperma**
Coutoubaea Ham. = **Coutoubea**
Coutoubea【3】Aubl. 库塔龙胆属 → **Bisgoeppertia;Enicostema;Exacum** Gentianaceae 龙胆科 [MD-496] 全球 (1) 大洲分布及种数(6)◆南美洲
Coutoubeaceae Martinov = Plocospermataceae
Coutubea Steud. = **Coutoubea**
Covalia Lindl. = **Coelia**
Covelia Endl. = **Coelia**
Covellia Gasp. = **Ficus**
Coveniella M.D.Tindale = **Coveniella**
Coveniella【3】Tindale 昆士兰蕨属 ← **Dryopter-is; Polypodium** Dryopteridaceae 鳞毛蕨科 [F-49] 全球 (1) 大洲分布及种数(1)◆大洋洲
Covilhamia Korth. = **Stixis**
Covillea A.M.Vail = **Hoffmannseggia**
Covola Medik. = **Salvia**
Covolia Neck. = **Spermacoce**
Cowania【3】D.Don 铁线梅属 ← **Purshia;Cupania** Rosaceae 蔷薇科 [MD-246] 全球 (1) 大洲分布及种数(5-12)◆北美洲(◆美国)
Cowellocassia Britton = **Tachigali**
Cowiea【2】Wernham 林巴戟属 ≒ **Hypobathrum** Rubiaceae 茜草科 [MD-523] 全球 (2) 大洲分布及种数(uc)大洋洲;欧洲
Cowperara【-】J.M.H.Shaw 兰科属 Orchidaceae 兰科 [MM-723] 全球 (uc) 大洲分布及种数(uc)
Coxella Cheeseman = **Clowesia**

Coxeya Cheeseman = **Aciphylla**
Coxia Endl. = **Lysimachia**
Coxii J.R.Forst. & G.Forst. = **Codia**
Coxina Greene = **Anemia**
Cpoton L. = **Croton**
Crabbea 【3】 Harv. 莽银花属 ← **Barleria;Roella** Acanthaceae 爵床科 [MD-572] 全球 (1) 大洲分布及种数(13-18)◆非洲
Crabowskia G.Don = **Grabowskia**
Cracca 【3】 Benth. 大巢菜属 ≒ **Vicia;Podalyria; Sphinctospermum** Fabaceae3 蝶形花科 [MD-240] 全球(6)大洲分布及种数(35-38)非洲:18-33;亚洲:8-23;大洋洲:14-29;欧洲:1-17;北美洲:4-19;南美洲:1-16
Craccina Steven = **Astragalus**
Cracosna 【3】 Gagnep. 亚洲龙胆属 ← **Canscora** Gentianaceae 龙胆科 [MD-496] 全球 (1) 大洲分布及种数(2-3)◆亚洲
Cradamine L. = **Cardamine**
Craepalia Schrank = **Lolium**
Craepaloprumnon 【3】 (H.Karst.) H.Karst. 柞木属 ← **Xylosma** Fabaceae3 蝶形花科 [MD-240] 全球 (1) 大洲分布及种数(cf. 1)◆南美洲
Crafordia Raf. = **Tephrosia**
Craibella 【3】 R.M.K.Saunders,Y.C.F.Su & Chalermglin 玉钩花属 Annonaceae 番荔枝科 [MD-7] 全球 (1) 大洲分布及种数(1)◆亚洲
Craibia 【3】 Dunn 木豌豆属 ← **Dalbergia;Millettia** Fabaceae 豆科 [MD-240] 全球 (1) 大洲分布及种数(6-11)◆非洲
Craibiodendron 【3】 W.W.Sm. 金叶子属 ≒ **Schima** Ericaceae 杜鹃花科 [MD-380] 全球 (1) 大洲分布及种数(4-8)◆亚洲
Craidiodendron W.W.Sm. = **Craibiodendron**
Craigia 【3】 W.W.Sm. & W.E.Evans 滇桐属 → **Burretiodendron** Malvaceae 锦葵科 [MD-203] 全球 (1) 大洲分布及种数(2-3)◆亚洲
Craleva Cothen. = **Crateva**
Craloxylon Bl. = **Cratoxylon**
Crambe 【2】 Tourn. ex L. 两节荠属 → **Cakile; Physoptychis** Brassicaceae 十字花科 [MD-213] 全球 (5) 大洲分布及种数(35-42;hort.1;cult:3)非洲:8;亚洲:33-35;欧洲:20;北美洲:4;南美洲:2
Crambella 【3】 Maire 柱叶荠属 ← **Crambe** Brassicaceae 十字花科 [MD-213] 全球 (1) 大洲分布及种数(1)◆非洲(◆摩洛哥)
Crambessa Maire = **Crambella**
Crambus Miers = **Actephila**
Crameria L. = **Krameria**
Cranchia Sw. = **Cranichis**
Cranfurdia Wall. = **Crawfurdia**
Crangonorchis D.L.Jones & M.A.Clem. = **Pterostylis**
Craniata Mill. = **Cruciata**
Cranichis 【3】 Sw. 盔唇兰属 → **Cyclopogon; Epipactis;Galeola** Orchidaceae 兰科 [MM-723] 全球 (1) 大洲分布及种数(65-75)◆南美洲(◆巴西)
Craniella E.G.Gonç = **Croatiella**
Craniida Schreb. = **Aralia**
Craniolaria 【3】 L. 短角胡麻属 ← **Proboscidea;Martynia** Martyniaceae 角胡麻科 [MD-557] 全球 (1) 大洲分布及种数(3-4)◆南美洲
Craniospermum 【3】 Lehm. 颅果草属 ← **Cynoglossum;Moltkia;Solenanthus** Boraginaceae 紫草科 [MD-517] 全球 (1) 大洲分布及种数(4-8)◆亚洲
Craniotome 【3】 Rchb. 簇序草属 ← **Ajuga;Anisomeles;Nepeta** Lamiaceae 唇形科 [MD-575] 全球 (1) 大洲分布及种数(cf. 1)◆亚洲
Cranocarpus 【3】 Benth. 巴西盔豆属 Fabaceae 豆科 [MD-240] 全球 (1) 大洲分布及种数(3)◆南美洲
Cranopsis Lindl. = **Satyrium**
Cranosina Gagnep. = **Cracosna**
Crantza Cothen. = **Crantzia**
Crantzia (Decne.) Fritsch = **Crantzia**
Crantzia 【3】 G.A.Scop. 山苣苔属 ≒ **Alloplectus; Moricandia** Gesneriaceae 苦苣苔科 [MD-549] 全球 (6) 大洲分布及种数(5-8)非洲:1;亚洲:1;大洋洲:1;欧洲:1;北美洲:1-2;南美洲:4-6
Crantziola F.Müll = **Lilaeopsis**
Cranzia J.F.Gmel. = **Toddalia**
Craphistemma Champ. ex Benth. & Hook.f. = **Graphistemma**
Craraegus L. = **Crataegus**
Craspcdostoma Domke = **Gnidia**
Craspedaria 【2】 (Baker) Hovenkamp 边龙骨属 ≒ **Microgramma** Polypodiaceae 水龙骨科 [F-60] 全球 (3) 大洲分布及种数(cf.1) 亚洲;北美洲;南美洲
Craspedaria Link = **Craspedaria**
Craspedia 【3】 Forst.f. 金槌花属 ≒ **Calocephalus** Asteraceae 菊科 [MD-586] 全球 (1) 大洲分布及种数(24-41)◆大洋洲
Craspedisia Link = **Craspedaria**
Craspedium Lour. = **Elaeocarpus**
Craspedodictyum Copel. = **Syngramma**
Craspedolepis Steud. = **Thamnochortus**
Craspedolobium 【3】 Harms 巴豆藤属 ← **Callerya** Fabaceae 豆科 [MD-240] 全球 (1) 大洲分布及种数(1-2)◆亚洲
Craspedon Forst.f. = **Craspedia**
Craspedoneuron Bosch = **Trichomanes**
Craspedophorus Ching & W.M.Chu = **Craspedosorus**
Craspedophyllum (C.Presl) Copel. = **Craspedophyllum**
Craspedophyllum 【3】 C.Presl 缘膜蕨属 ≒ **Hymenophyllum** Hymenophyllaceae 膜蕨科 [F-21] 全球 (1) 大洲分布及种数(uc)◆大洋洲
Craspedorachis Benth. = **Craspedorhachis**
Craspedorhachis 【3】 Benth. 流苏舌草属 ← **Dinebra;Leptochloa;Willkommia** Poaceae 禾本科 [MM-748] 全球 (1) 大洲分布及种数(2-5)◆非洲
Craspedosorus 【3】 Ching & W.M.Chu 边果蕨属 ≒ **Stegnogramma** Thelypteridaceae 金星蕨科 [F-42] 全球 (1) 大洲分布及种数(1-3)◆东亚(◆中国)
Craspedostoma Domke = **Gnidia**
Craspedum Lour. = **Elaeocarpus**
Craspidospermum 【3】 Bojer ex A.DC. 马达夹竹桃属 ≒ **Gerbera** Apocynaceae 夹竹桃科 [MD-492] 全球 (1) 大洲分布及种数(1) ◆非洲
Crassa Rupp. = **Xysmalobium**
Crassicosta H.A.Crum & Sharp = **Haplocladium**
Crassila L. = **Bryophyllum**

Crassina Scepin = **Zinnia**
Crassiope D.Don = **Cassiope**
Crassipes Swallen = **Sclerochloa**
Crassiphyllum【3】 Ochyra 平藓科属 Neckeraceae 平藓科 [B-204] 全球 (1) 大洲分布及种数(1)◆欧洲
Crassocepahlum Mönch = **Crassocephalum**
Crassocephalum【3】 Mönch 野茼蒿属 → **Blumea;Senecio** Asteraceae 菊科 [MD-586] 全球 (6) 大洲分布及种数(28-35;hort.1;cult: 2)非洲:27-31;亚洲:3-6;大洋洲:1-2;欧洲:1-2;北美洲:3-4;南美洲:1
Crassopetalum Northr. = **Crossopetalum**
Crassothonna【3】 B.Nord. 野茼菊属 Asteraceae 菊科 [MD-586] 全球 (1) 大洲分布及种数(13)◆非洲
Crassouvia Comm. ex DC. = **Bryophyllum**
Crassula Fisher & C.A.Mey = **Crassula**
Crassula【3】 L. 青锁龙属 → **Bryophyllum;Gomara;Sinocrassula** Crassulaceae 景天科 [MD-229] 全球 (6) 大洲分布及种数(209-286;hort.1;cult:21)非洲:181-220;亚洲:33-45;大洋洲:47-68;欧洲:27-39;北美洲:31-42;南美洲:32-45
Crassulaceae 【3】 J.St.Hil. 景天科 [MD-229] 全球 (6) 大洲分布和属种数(39-47;hort. & cult.26-29)(1725-3079;hort. & cult.503-813)非洲:18-30/484-890;亚洲:25-31/606-984;大洋洲:9-24/115-423;欧洲:18-28/312-681;北美洲:24-29/717-1069;南美洲:8-23/106-396
Crassularia Hochst. ex Schweinf. = **Crassula**
Crassuvia Comm. ex Lam. = **Kalanchoe**
Crataego-mespilus【-】 Simon-Louis ex Bellair 蔷薇科属 Rosaceae 蔷薇科 [MD-246] 全球 (uc) 大洲分布及种数(uc)
Crataegosorbus Makino = **Sorbus**
Crataegua L. = **Crataegus**
Crataegue L. = **Crataegus**
Crataegus (Beadle) C.K.Schneid. = **Crataegus**
Crataegus【3】 L. 山楂属 → **Amelanchier;Photinia** Rosaceae 蔷薇科 [MD-246] 全球 (6) 大洲分布及种数(343-718;hort.1;cult: 106)非洲:25-687;亚洲:146-853;大洋洲:8-665;欧洲:92-767;北美洲:263-1137;南美洲:15-677
Crataemespilus E.G.Camus = **Crataemespilus**
Crataemespilus【3】 G.Camus 花楸属 ≒ **Sorbus** Rosaceae 蔷薇科 [MD-246] 全球 (1) 大洲分布及种数(1-2)◆北美洲
Cratae-mespilus E.G.Camus = **Crataemespilus**
Crataerina Pers. = **Casearia**
Crataeva【3】 L. 鱼木属 Capparaceae 山柑科 [MD-178] 全球 (1) 大洲分布及种数(uc)◆亚洲
Cratala Mart. ex Benth. = **Cratylia**
Cratalaria H.Lév. = **Crotalaria**
Crategus【3】 Roxb. 山玫瑰属 Rosaceae 蔷薇科 [MD-246] 全球 (1) 大洲分布及种数(cf. 1)◆北美洲
Crateola Raf. = **Hemigraphis**
Crater Pers. = **Casearia**
Crateranthus【3】 Baker f. 摆裙花属 Lecythidaceae 玉蕊科 [MD-267] 全球 (1) 大洲分布及种数(2-5)◆非洲
Crateria Pers. = **Casearia**
Craterianthus Valeton ex K.Heyne = **Pellacalyx**
Cratericarpium Spach = **Oenothera**
Crateriphytum Scheff. ex Koord. = **Neuburgia**
Craterispermum【3】 Benth. 粥棒树属 ← **Canthium;Coffea;Multidentia** Rubiaceae 茜草科 [MD-523] 全球 (1) 大洲分布及种数(9-26)◆非洲
Crateritecoma Lindl. = **Buchanania**
Craterocapsa【3】 Hilliard & B.L.Burtt 莲风铃属 ≒ **Wahlenbergia** Campanulaceae 桔梗科 [MD-561] 全球 (1) 大洲分布及种数(4-5)◆非洲
Craterogyne Lanj. = **Dorstenia**
Craterosiphon【3】 Engl. & Gilg 瑞薇香属 Thymelaeaceae 瑞香科 [MD-310] 全球 (1) 大洲分布及种数(10)◆非洲
Craterostemma K.Schum. = **Stapelia**
Craterostigma【3】 Hochst. 碗柱草属 → **Crepidorhopalon;Torenia** Linderniaceae 母草科 [MD-534] 全球 (1) 大洲分布及种数(14-25)◆非洲
Craterotecoma Mart. ex DC. = **Lundia**
Crateva【3】 L. 鱼木属 ≒ **Capparis;Ritchiea;Aegle** Capparaceae 山柑科 [MD-178] 全球 (6) 大洲分布及种数(26-29)非洲:10-13;亚洲:10-12;大洋洲:2-4;欧洲:2;北美洲:4-6;南美洲:7-10
Cratevas Cothen. = **Crateva**
Cratinus Steindachner = **Carpinus**
Cratioma Raf. = **Hemigraphis**
Cratiria Pers. = **Croton**
Cratis O.F.Cook = **Aiphanes**
Cratochwilia Neck. = **Clutia**
Cratolarra H.Lév. = **Crotalaria**
Craton L. = **Croton**
Cratoneuraceae Mönk. = Amblystegiaceae
Cratoneurella【3】 H.Rob. 青短藓属 Brachytheciaceae 青藓科 [B-187] 全球 (1) 大洲分布及种数(1)◆亚洲
Cratoneuron【3】 (Sull.) Spruce 牛角藓属 ≒ **Amblystegium;Palustriella** Amblystegiaceae 柳叶藓科 [B-178] 全球 (6) 大洲分布及种数(9) 非洲:3;亚洲:3;大洋洲:1;欧洲:4;北美洲:3;南美洲:3
Cratoneuropsis【2】 (Broth.) M.Fleisch. 山叶藓属 ≒ **Hypnum** Amblystegiaceae 柳叶藓科 [B-178] 全球 (4) 大洲分布及种数(3) 非洲:2;大洋洲:2;欧洲:1;南美洲:2
Cratosia Gagnep. = **Cracosna**
Cratoxylon【3】 Bl. 黄牛木属 ≒ **Cratoxylum** Hypericaceae 金丝桃科 [MD-119] 全球 (1) 大洲分布及种数(1)◆亚洲
Cratoxylum【3】 Bl. 黄牛木属 ← **Hypericum;Cratoxylon** Clusiaceae 藤黄科 [MD-141] 全球 (1) 大洲分布及种数(4-10)◆亚洲
Cratylia【3】 Mart. ex Benth. 灌木豆属 ← **Camptosema** Fabaceae 豆科 [MD-240] 全球 (1) 大洲分布及种数(8-10)◆南美洲
Cratystylis【3】 S.Moore 束柱菊属 → **Aster;Pluchea** Asteraceae 菊科 [MD-586] 全球 (1) 大洲分布及种数(3-5)◆大洋洲
Cravenara【-】 Griff. & J.M.H.Shaw 兰科属 Orchidaceae 兰科 [MM-723] 全球 (uc) 大洲分布及种数(uc)
Crawfurdia【3】 Wall. 蔓龙胆属 ← **Gentiana;Tripterospermum;Paederia** Gentianaceae 龙胆科 [MD-496] 全球 (1) 大洲分布及种数(19-28)◆亚洲
Crawshayara【-】 auct. 兰科属 Orchidaceae 兰科 [MM-723] 全球 (uc) 大洲分布及种数(uc)
Crax L. = **Carex**

Crazia Schreb. = **Toddalia**
Creaghia Scort. = **Mussaendopsis**
Creaghiella【3】 Stapf 印尼垂牡丹属 Melastomataceae 野牡丹科 [MD-364] 全球 (1) 大洲分布及种数(uc)属分布和种数(uc)◆东南亚(◆印度尼西亚)
Creangium H.Wolff = **Changium**
Creatantha Standl. = **Isertia**
Crecentia L. = **Crescentia**
Creciscus Gaertn. = **Randia**
Credneria Moran = **Anacampseros**
Cregya Aubl. = **Crenea**
Crella Rydb. = **Cornus**
Cremamium (Sw.) DC. = **Mecranium**
Cremanium D.Don = **Miconia**
Cremanthodium【3】 Benth. 垂头菊属 ← **Cineraria;Ligularia;Sinosenecio** Asteraceae 菊科 [MD-586] 全球 (1) 大洲分布及种数(76-86)◆亚洲
Cremaspora【3】 Benth. 悬子茜属 → **Argocoffeopsis;Tricalysia;Polysphaeria** Rubiaceae 茜草科 [MD-523] 全球 (1) 大洲分布及种数(1-2)◆非洲
Cremastogyne (H.J.P.Winkl.) Czerep. = **Betula**
Cremastopus Paul G.Wilson = **Cyclanthera**
Cremastosciadium【3】 Rech.f. 阿富汗芹属 Apiaceae 伞形科 [MD-480] 全球 (1) 大洲分布及种数(uc)属分布和种数(uc)◆西亚(◆阿富汗)
Cremastosperma【3】 R.E.Fr. 橘饼木属 ← **Aberemoa;Pseudoxandra** Annonaceae 番荔枝科 [MD-7] 全球 (1) 大洲分布及种数(33-38)◆南美洲
Cremastostemon Jacq. = **Olinia**
Cremastra【3】 Lindl. 杜鹃兰属 ← **Aplectrum;Oreorchis;Pogonia** Orchidaceae 兰科 [MM-723] 全球 (1) 大洲分布及种数(6-7)◆亚洲
Cremastus Miers = **Cuspidaria**
Crematomia Miers = **Bourreria**
Crematopteris (L.) Brongn. = **Ceratopteris**
Crematosperma R.E.Fr. = **Cremastosperma**
Crematospermum Pers. = **Eurotia**
Crematostemon Jacq. = **Sideroxylon**
Cremersia【3】 Feuillet & L.E.Skog 细筒岩桐属 Gesneriaceae 苦苣苔科 [MD-549] 全球 (1) 大洲分布及种数(1)◆南美洲(◆圭亚那)
Cremna Hopffer = **Premna**
Cremnadia C.H.Uhl = **Anacampseros**
Cremneria【3】 Moran 回欢龙属 ← **Anacampseros** Crassulaceae 景天科 [MD-229] 全球 (1) 大洲分布及种数(4)◆欧洲
Cremnocereus【3】 M.Lowry,Winberg & Gut.Romero 细人掌属 Cactaceae 仙人掌科 [MD-100] 全球 (1) 大洲分布及种数(cf.1) ◆南美洲
Cremnophila【3】 Rose 景天属 Crassulaceae 景天科 [MD-229] 全球 (1) 大洲分布及种数(3)◆北美洲
Cremnophyton【3】 Brullo & Pavone 崖滨藜属 Amaranthaceae 苋科 [MD-116] 全球 (1) 大洲分布及种数(uc)属分布和种数(uc)◆欧洲
Cremnosedum Kimnach & G.Lyons = **Sedum**
Cremnothamnus C.F.Puttock = **Cremnothamnus**
Cremnothamnus【3】 Puttock 拟蜡菊属 ≒ **Helichrysum** Asteraceae 菊科 [MD-586] 全球 (1) 大洲分布及种数(1)◆大洋洲
Cremobotrys Beer = **Billbergia**
Cremocarpon【3】 Boiv. ex Baill. 悬果茜属 ← **Psychotria** Rubiaceae 茜草科 [MD-523] 全球 (1) 大洲分布及种数(9)◆非洲
Cremocarpus Benth. = **Cranocarpus**
Cremocephalium Miq. = **Alcimandra**
Cremocephalum Cass. = **Crassocephalum**
Cremochilus Turcz. = **Siphocampylus**
Cremolobus【3】 DC. 双钱荠属 ← **Biscutella** Brassicaceae 十字花科 [MD-213] 全球 (1) 大洲分布及种数(11-12)◆南美洲
Cremophyllum Scheidw. = **Dalechampia**
Cremopyrum Schur = **Agropyron**
Cremosperma【3】 Benth. 膜蒴岩桐属 ← **Besleria** Gesneriaceae 苦苣苔科 [MD-549] 全球 (1) 大洲分布及种数(19-29)◆南美洲
Cremospermopsis【3】 L.E.Skog & L.P.Kvist 浆果岩桐属 ≒ **Besleria** Gesneriaceae 苦苣苔科 [MD-549] 全球 (1) 大洲分布及种数(3)◆南美洲
Cremostachys Tul. = **Trifolium**
Cremsonella【-】 C.H.Uhl 景天科属 Crassulaceae 景天科 [MD-229] 全球 (uc) 大洲分布及种数(uc)
Crena G.A.Scop. = **Crenea**
Crenacantha Standl. = **Guettarda**
Crenamon Raf. = **Taraxacum**
Crenamum Adans. = **Youngia**
Crenea【3】 Aubl. 海薇属 → **Amphiblemma** Lythraceae 千屈菜科 [MD-333] 全球 (1) 大洲分布及种数(3-6)◆南美洲
Crenias A.Spreng. = **Crenias**
Crenias【3】 Spreng. 河苔草属 ≒ **Mniopsis;Podostemum** Podostemaceae 川苔草科 [MD-322] 全球 (1) 大洲分布及种数(1)◆南美洲
Crenidium【3】 Haegi 大洋洲茄属 Solanaceae 茄科 [MD-503] 全球 (1) 大洲分布及种数(2)◆大洋洲
Crenosciadium Boiss. & Heldr. = **Opopanax**
Crenosciadum Boisss. & Heldr. = **Opopanax**
Crenularia Boiss. = **Aethionema**
Crenulluma【3】 Plowes 水牛角属 ≒ **White-sloanea** Apocynaceae 夹竹桃科 [MD-492] 全球 (1) 大洲分布及种数(cf.1) ◆亚洲
Creobius Lour. = **Ardisia**
Creocharis Lindl. = **Oreocharis**
Creochiton【3】 Bl. 肉被野牡丹属 Melastomataceae 野牡丹科 [MD-364] 全球 (1) 大洲分布及种数(1-16)◆亚洲
Creodus Lour. = **Lessertia**
Creolobus Lilja = **Mentzelia**
Creolophus Lilja = **Mentzelia**
Creonana Jeps. = **Oreonana**
Creonus Lour. = **Ardisia**
Creopus Lour. = **Ardisia**
Crepalia Rchb. = **Lolium**
Crepid L. = **Crepis**
Crepidaria Haw. = **Pedilanthus**
Crepidiastrixeris Kitam. = **Crepidiastrum**
Crepidiastrum【3】 Nakai 假还阳参属 ← **Cacalia;Ixeris;Barkhausia** Asteraceae 菊科 [MD-586] 全球 (1) 大洲分布及种数(19-20)◆亚洲
Crepidifolium【3】 Sennikov 假还阳参属 ≒ **Crepidi-**

astrum Asteraceae 菊科 [MD-586] 全球 (1) 大洲分布及种数(cf. 1)◆亚洲
Crepidispermum Fr. = **Hieracium**
Crepidium【3】 Bl. 沼兰属 ≒ **Malaxis;Macrostylis; Colpodium** Orchidaceae 兰科 [MM-723] 全球 (6) 大洲分布及种数(233-311;hort.1)非洲:90-104;亚洲:139-155;大洋洲:105-116;欧洲:2-4;北美洲:9-11;南美洲:8-11
Crepido L. = **Crepis**
Crepidocarpus Klotzsch ex Böckeler = **Scirpus**
Crepidomanes【3】 (C.Presl) C.Presl 假脉蕨属 ≒ **Crepidophyllum;Cephalomanes** Hymenophyllaceae 膜蕨科 [F-21] 全球 (6) 大洲分布及种数(59-67)非洲:14-27;亚洲:40-55;大洋洲:24-36;欧洲:1-13;北美洲:8-20;南美洲:6-18
Crepidophyllum【3】 C.F.Reed 灰藓科属 ≒ **Crepidomanes** Hypnaceae 灰藓科 [B-189] 全球 (1) 大洲分布及种数(1)◆大洋洲
Crepidopsis【3】 Arv.-Touv. 山柳菊属 ← **Hieracium** Asteraceae 菊科 [MD-586] 全球 (1) 大洲分布及种数(1)◆北美洲
Crepidopteris【3】 Benth. 边假脉蕨属 ≒ **Crepidomanes** Hymenophyllaceae 膜蕨科 [F-21] 全球 (1) 大洲分布及种数(1)◆东亚(◆中国)
Crepidorhopalon【3】 Eb.Fisch. 肖蝴蝶草属 ← **Craterostigma** Linderniaceae 母草科 [MD-534] 全球 (1) 大洲分布及种数(13-32)◆非洲
Crepidospermum【3】 Benth. & Hook.f. 悬子榄属 ← **Hedwigia** Burseraceae 橄榄科 [MD-408] 全球 (1) 大洲分布及种数(7)◆南美洲
Crepidotropis Walp. = **Arnebia**
Crepidula Simone,Pastorino & Penchaszadeh = **Centaurea**
Crepi-hieracium P.Fourn. = **Crepis**
Crepine Rchb. = **Rosa**
Crepinella (Marchal) ex Oliver = **Schefflera**
Crepinia (Gand.) Gand. = **Rosa**
Crepinia Rchb. = **Pterotheca**
Crepinodendron (Baill.) Pierre = **Micropholis**
Crepis Ixeridopsis Babc. = **Crepis**
Crepis【3】 L. 还阳参属 → **Youngia;Hedypnois; Picris** Asteraceae 菊科 [MD-586] 全球 (6) 大洲分布及种数(186-341;hort.1;cult: 19)非洲:39-79;亚洲:109-157;大洋洲:5-44;欧洲:75-121;北美洲:46-85;南美洲:39
Crepsis L. = **Crepis**
Crepula Hill = **Phrynium**
Crescentia【3】 L. 葫芦树属 → **Amphitecna;Parmentiera** Bignoniaceae 紫葳科 [MD-541] 全球 (6) 大洲分布及种数(10-20)非洲:3-6;亚洲:5-8;大洋洲:2-5;欧洲:3;北美洲:8-11;南美洲:3-6
Crescentia Miers = **Crescentia**
Crescentiaceae Dum. = Bignoniaceae
Crescentieae DC. = **Crescentia**
Creseis Cass. = **Centaurea**
Cresera L. = **Cerbera**
Cresis L. = **Crepis**
Cresponia J.H.Ross = **Cristonia**
Cressa【3】 L. 盐帚花属 → **Evolvulus** Convolvulaceae 旋花科 [MD-499] 全球 (6) 大洲分布及种数(7-10)非洲:1-9;亚洲:3-11;大洋洲:3-10;欧洲:1-8;北美洲:2-10;南美洲:3-11
Cressaceae Raf. = Convolvulaceae
Cressulaceae J.St.Hil. = Crassulaceae
Creusa P.V.Heath = **Crassula**
Creusia P.V.Heath = **Crassula**
Crewaspara Juss. = **Cremaspora**
Cribbia【3】 K.Senghas 克里布兰属 ≒ **Angraecopsis** Orchidaceae 兰科 [MM-723] 全球 (1) 大洲分布及种数(2)◆非洲
Cribbia Senghas = **Cribbia**
Cribella R.M.K.Saunders,Y.C.F.Su & Chalermglin = **Craibella**
Cribraria Sonn. = **Cristaria**
Cribrella R.M.K.Saunders,Y.C.F.Su & Chalermglin = **Craibella**
Cribrodontium【3】 Herzog 绢毛藓属 Entodontaceae 绢藓科 [B-195] 全球 (1) 大洲分布及种数(1)◆亚洲
Criciuma Soderstr. & Londoño = **Eremocaulon**
Cricome A.Gray = **Pericome**
Cricus Gaertn. = **Crocus**
Crimissa Rchb. = **Pyrrhopappus**
Crimocharis【-】 Lehmiller 石蒜科属 Amaryllidaceae 石蒜科 [MM-694] 全球 (uc) 大洲分布及种数(uc)
Crinaceae Vest = Cornaceae
Crindonna Hort. = **Crinum**
Crinetes Lehmiller = **Crinipes**
Crinia Houtt. = **Pavetta**
Crinipes【3】 Hochst. 毛发草属 ← **Danthonia;Nematopoa;Triraphis** Poaceae 禾本科 [MM-748] 全球 (1) 大洲分布及种数(2)◆非洲
Crinipinae Conert = **Crinitina**
Crinissa Rchb. = **Pyrrhopappus**
Crinita Houtt. = **Pavetta**
Crinita Mönch = **Aster**
Crinitaria【3】 Cass. 文菊属 → **Aster** Asteraceae 菊科 [MD-586] 全球 (1) 大洲分布及种数(5-6)◆亚洲
Crinitaris Cass. = **Crinitaria**
Crinitaxleucophaea Houtt. = **Pavetta**
Crinitina【3】 Soják 麻菀属 ≒ **Chrysocoma** Asteraceae 菊科 [MD-586] 全球 (1) 大洲分布及种数(3-4;hort.1;cult: 2)◆亚洲
Crinocerus Fabr. = **Crioceras**
Crinodendron【3】 Molina 百合木属 ≒ **Tricuspidaria;Aegiphila** Elaeocarpaceae 杜英科 [MD-134] 全球 (1) 大洲分布及种数(4)◆南美洲
Crinodendrum Juss. = **Crinodendron**
Crinodonna Stapf = **Astragalus**
Crinometra Pourtalés = **Cynometra**
Crinonia Bl. = **Hedycarya**
Crinopsis Herb. = **Crinum**
Crinula Hook.f. = **Nertera**
Crinum Clinocrinum M.Röm. = **Crinum**
Crinum【3】 L. 文殊兰属 ≒ **Cuminum;Allium** Amaryllidaceae 石蒜科 [MM-694] 全球 (6) 大洲分布及种数(69-170;hort.1;cult: 10)非洲:48-118;亚洲:22-68;大洋洲:15-59;欧洲:7-35;北美洲:21-61;南美洲:23-63
Crioceras【2】 Pierre 公羊木属 ← **Tabernaemontana** Apocynaceae 夹竹桃科 [MD-492] 全球 (2) 大洲分布及种数(2)非洲:1;亚洲:cf.1
Crioceris Pierre = **Crioceras**

Criodion Nieuwl. & Kaczm. = **Anchietea**
Criogenes【-】Salisb. 兰科属 Orchidaceae 兰科 [MM-723] 全球 (uc) 大洲分布及种数(uc)
Criosanthes【3】Raf. 羊角兰属 ≒ **Cypripedium** Orchidaceae 兰科 [MM-723] 全球 (1) 大洲分布及种数(uc)◆大洋洲
Criptina Raf. = **Linaria**
Criscia【3】Katinas 橙花钝柱菊属 ≒ **Perezia** Asteraceae 菊科 [MD-586] 全球 (1) 大洲分布及种数(1)◆南美洲(◆巴西)
Criscianthus【3】Grossi & J.N.Nakaj. 橙花菊属 Asteraceae 菊科 [MD-586] 全球 (1) 大洲分布及种数(1)◆非洲
Crispiloba【3】Steenis 苏海桐属 ← **Randia** Alseuosmiaceae 岛海桐科 [MD-475] 全球 (1) 大洲分布及种数(1)◆大洋洲
Crista O.F.Cook = **Euterpe**
Crista-galli Rupp. = **Rhinanthus**
Cristaria【3】Cav. 夷葵属 ≒ **Combretum;Sida; Neobaclea** Malvaceae 锦葵科 [MD-203] 全球 (6) 大洲分布及种数(54-65;hort.1)非洲:2;亚洲:2;大洋洲:2;欧洲:3-5;北美洲:1-3;南美洲:51-60
Cristata Sonn. = **Cristaria**
Cristatella【3】Nutt. 冠毛山柑属 ← **Polanisia** Cleomaceae 白花菜科 [MD-210] 全球 (1) 大洲分布及种数(15)◆北美洲
Criste Dulac = **Cystopteris**
Cristi Grosse-Brauckm. = **Criscia**
Cristinia Grosse-Brauckm. = **Cristaria**
Cristobalia【3】Morillo,S.A.Cáceres & H.A.Keller 冠夹竹属 Apocynaceae 夹竹桃科 [MD-492] 全球 (1) 大洲分布及种数(cf.2) ◆南美洲
Cristonia【3】J.H.Ross 波思豆属 Fabaceae 豆科 [MD-240] 全球 (1) 大洲分布及种数(1-3)◆大洋洲
Cristula L. = **Crassula**
Critesion【3】Raf. 芒麦草属 ≒ **Hordeum** Poaceae 禾本科 [MM-748] 全球 (6) 大洲分布及种数(3) 非洲:3;亚洲:3;大洋洲:2;欧洲:3;北美洲:3;南美洲:3
Critesium Endl. = **Arrhenatherum**
Crithe E.Mey. = **Hordeum**
Crithmum【3】L. 海崖芹属 → **Astydamia;Seseli** Apiaceae 伞形科 [MD-480] 全球 (1) 大洲分布及种数(1)◆欧洲
Critho E.Mey. = **Hordeum**
Crithodium Link = **Triticum**
Crithopsis【3】Jaub. & Spach 类大麦属 ← **Agropyron;Elymus;Cyphia** Poaceae 禾本科 [MM-748] 全球 (1) 大洲分布及种数(1)◆非洲
Crithopyrum Hort.Prag. ex Steud. = **Elymus**
Crithote E.Mey. = **Hordeum**
Critonia【2】P.Br. 亮泽兰属 ← **Eupatorium;Piptocarpha;Neurolaena** Asteraceae 菊科 [MD-586] 全球 (3) 大洲分布及种数(38-42)亚洲:6-8;北美洲:32-34;南美洲:10
Critoniadelphus【3】R.M.King & H.Rob. 亮泽兰属 ≒ **Critonia** Asteraceae 菊科 [MD-586] 全球 (1) 大洲分布及种数(2)◆北美洲
Critoniella【3】R.M.King & H.Rob. 柔柱亮泽兰属 ← **Critonia** Asteraceae 菊科 [MD-586] 全球 (1) 大洲分布及种数(6-8)◆南美洲
Critoniopsis J.M.H.Shaw = **Critoniopsis**
Critoniopsis【2】Sch.Bip. 腺瓣落苞菊属 ← **Baccharis; Monosis;Vernonanthura** Asteraceae 菊科 [MD-586] 全球 (5) 大洲分布及种数(90)亚洲:1;大洋洲:3;欧洲:3;北美洲:26;南美洲:68-70
Critta Löfl. = **Trigonella**
Croaspila Raf. = **Chaerophyllum**
Croatiella【3】E.G.Gonç 鞘柄芋属 Araceae 天南星科 [MM-639] 全球 (6) 大洲分布及种数(2)非洲:1;亚洲:1;大洋洲:1;欧洲:1;北美洲:1;南美洲:1-2
Crobylanthe【3】Bremek. 尖叶木属 ← **Urophyllum** Rubiaceae 茜草科 [MD-523] 全球 (1) 大洲分布及种数(1)◆亚洲
Crocaceae Vest = Monocarpaceae
Crocallis E.Mey. = **Crocyllis**
Crocanthemum (Dunal) Janch. = **Crocanthemum**
Crocanthemum【3】Spach 霜石玫属 ≒ **Halimium** Cistaceae 半日花科 [MD-175] 全球 (6) 大洲分布及种数(20)非洲:1;亚洲:7-8;大洋洲:1;欧洲:1;北美洲:19-20;南美洲:2
Crocanthemura Spach = **Crocanthemum**
Crocanthus H.M.L.Bolus = **Malephora**
Crocanthus Klotzsch ex Klatt = **Crocosmia**
Crocias Schur = **Crocus**
Crocidium【3】Hook. 腋绒菊属 Asteraceae 菊科 [MD-586] 全球 (1) 大洲分布及种数(2)◆北美洲
Crocion Nieuwl. = **Viola**
Crociris Schur = **Romulea**
Crociseris (Rchb.) Fourr. = **Senecio**
Crockeria Greene ex A.Gray = **Lasthenia**
Crocodeilanthe【2】Rchb.f. & Warsz. 金鳄兰属 ← **Pleurothallis;Humboldtia** Orchidaceae 兰科 [MM-723] 全球 (3) 大洲分布及种数(41-42)亚洲:cf.1;北美洲:4;南美洲:40-41
Crocodia Planch. = **Crocosmia**
Crocodilina Bubani = **Carthamus**
Crocodilium【2】Juss. 疆矢车菊属 ≒ **Galactites** Asteraceae 菊科 [MD-586] 全球 (4) 大洲分布及种数(6)非洲:6;亚洲:5;欧洲:4;南美洲:1
Crocodilodes Adans. = **Berkheya**
Crocodiloides Adans. = **Berkheya**
Crocodylium Hill = **Crocodilium**
Crocodylus Hill = **Centaurea**
Crocopsis【3】Pax 斑君兰属 ≒ **Clinanthus** Amaryllidaceae 石蒜科 [MM-694] 全球 (1) 大洲分布及种数(1)◆南美洲
Crocopteryx Fenzl = **Crossopteryx**
Crocosma Klatt = **Crocosmia**
Crocosmia【3】Planch. 雄黄兰属 ← **Tritonia;Antholyza;Ixia** Iridaceae 鸢尾科 [MM-700] 全球 (6) 大洲分布及种数(12-13;hort.1;cult:2)非洲:11-14;亚洲:4-9;大洋洲:2-6;欧洲:4-7;北美洲:4-8;南美洲:1-5
Crocoxylon Eckl. & Zeyh. = **Elaeodendron**
Crocus【3】(Tourn.) L. 番红花属 → **Romulea;Cnicus** Iridaceae 鸢尾科 [MM-700] 全球 (1) 大洲分布及种数(3)◆南美洲
Crocyllis【3】E.Mey. 卷毛茜属 ← **Plocama** Rubiaceae 茜草科 [MD-523] 全球 (1) 大洲分布及种数(cf. 1)◆非洲(◆南非)
Crodisperma Poit. ex Cass. = **Tilesia**

Crodispernia Poit. ex Cass. = **Tilesia**
Croftia King & Prain = **Dianthera**
Croixia Pierre = **Xantolis**
Croizatia【3】Steyerm. 微瓣桐属 Phyllanthaceae 叶下珠科 [MD-222] 全球 (1) 大洲分布及种数(5)◆南美洲
Croizatieae G.L.Webster = **Croizatia**
Colocos Raf. = **Salvia**
Cromidon【3】Compton 苞萼玄参属 ← **Manulea; Polycarena** Scrophulariaceae 玄参科 [MD-536] 全球 (1) 大洲分布及种数(12)◆非洲
Cromna Torr. = **Croomia**
Cromophila Rose = **Cremnophila**
Croninia【3】J.M.Powell 沙鞭石南属 Ericaceae 杜鹃花科 [MD-380] 全球 (1) 大洲分布及种数(1)◆大洋洲
Cronisia【3】(Nees) Whittem. & Bischl. 巴西花地钱属 Corsiniaceae 花地钱科 [B-18] 全球 (1) 大洲分布及种数(2)◆南美洲(◆巴西)
Cronius L. = **Crocus**
Cronquistia R.M.King = **Carphochaete**
Cronquistianthus【3】R.M.King & H.Rob. 圆苞亮泽兰属 ← **Eupatorium** Asteraceae 菊科 [MD-586] 全球 (1) 大洲分布及种数(26)◆南美洲
Cronyxium Raf. = **Printzia**
Crookea Small = **Hypericum**
Croomia【3】Torr. 金刚大属 ≒ **Cissampelos** Croomiaceae 金刚大科 [MM-652] 全球 (1) 大洲分布及种数(2)◆北美洲(◆美国)
Croomiaceae【3】Nakai 金刚大科 [MM-652] 全球 (1) 大洲分布和属种数(1;hort. & cult.1)(2-6;hort. & cult.1)◆北美洲
Cropia Adans. = **Caopia**
Cropis L. = **Crepis**
Croptilon【3】Raf. 划雏菊属 ← **Chrysopsis; Aplopappus** Asteraceae 菊科 [MD-586] 全球 (1) 大洲分布及种数(3)◆北美洲
Cros Haw. = **Narcissus**
Crosapila Raf. = **Chaerophyllum**
Crosbya【2】Vitt 巴油藓属 ≒ **Daltonia** Daltoniaceae 小黄藓科 [B-162] 全球 (3) 大洲分布及种数(2) 大洋洲:2;北美洲:1;南美洲:1
Crosperma Raf. = **Amianthium**
Crossandra【3】Salisb. 黑爵床属 → **Aphelandra; Stenandrium;Sclerochiton** Acanthaceae 爵床科 [MD-572] 全球 (6) 大洲分布及种数(42-64;hort.1)非洲:40-63;亚洲:6-9;大洋洲:1-3;欧洲:2-4;北美洲:4-7;南美洲:4-6
Crossandrella【3】C.B.Clarke 非洲爵床属 ← **Acanthus** Acanthaceae 爵床科 [MD-572] 全球 (1) 大洲分布及种数(1-3)◆非洲
Crossangis Schltr. = **Diaphananthe**
Crossidium Holz. & E.B.Bartram = **Crossidium**
Crossidium【3】Jur. 流苏藓属 ≒ **Barbula;Aloina** Pottiaceae 丛藓科 [B-133] 全球 (6) 大洲分布及种数(21) 非洲:10;亚洲:9;大洋洲:3;欧洲:8;北美洲:11;南美洲:5
Crosslandia【3】W.Fitzg. 莎拂草属 Cyperaceae 莎草科 [MM-747] 全球 (1) 大洲分布及种数(1)◆大洋洲
Crossocalyx Meyl. = **Sphenolobus**
Crossocephalum【-】Britten 菊科属 Asteraceae 菊科 [MD-586] 全球 (uc) 大洲分布及种数(uc)
Crossocoma Hook. = **Crossosoma**
Crossoglossa【2】Dressler & Dodson 缨舌兰属 ← **Liparis;Malaxis;Microstylis** Orchidaceae 兰科 [MM-723] 全球 (5) 大洲分布及种数(44-53)亚洲:2;大洋洲:1;欧洲:1;北美洲:10-13;南美洲:35-40
Crossogyna (Grolle) Schljakov = **Syzygiella**
Crossolejeunea Stephani = **Crossotolejeunea**
Crossolepis【3】Less. 长序鼠麹草属 ≒ **Myriocephalus** Asteraceae 菊科 [MD-586] 全球 (1) 大洲分布及种数(1)◆大洋洲
Crossolepsis【-】N.T.Burb. 菊科属 Asteraceae 菊科 [MD-586] 全球 (uc) 大洲分布及种数(uc)
Crossoliparis【2】Marg. 叶兰属 Orchidaceae 兰科 [MM-723] 全球 (2) 大洲分布及种数(cf.1)北美洲:1,南美洲:1
Crossomitrium【2】Müll.Hal. 过帽藓属 Hookeriaceae 油藓科 [B-164] 全球 (3) 大洲分布及种数(14) 欧洲:2;北美洲:10;南美洲:10
Crossonephelis【3】Baill. 金患子属 ← **Glenniea; Melanodiscus** Sapindaceae 无患子科 [MD-428] 全球 (2) 大洲分布及种数(1-2) 非洲;亚洲
Crossopetalon Adans. = **Crossopetalum**
Crossopetalum【3】P.Br. 玉女樱属 ≒ **Gentiana; Gyminda** Celastraceae 卫矛科 [MD-339] 全球 (6) 大洲分布及种数(28-44;hort.1;cult:1)非洲:3-6;亚洲:2-7;大洋洲:2;欧洲:2;北美洲:23-38;南美洲:4-8
Crossophora Link = **Chrozophora**
Crossophorus Klotzsch = **Clethra**
Crossophrys Klotzsch = **Clethra**
Crossopteris Rendle = **Crossopteryx**
Crossopteryx【3】Fenzl 绣晶木属 ← **Chomelia; Tarenna** Rubiaceae 茜草科 [MD-523] 全球 (1) 大洲分布及种数(1)◆非洲
Crossosoma【3】Nutt. 缨子木属 Crossosomataceae 缨子木科 [MD-241] 全球 (1) 大洲分布及种数(3-8)◆北美洲
Crossosomataceae【3】Engl. 缨子木科 [MD-241] 全球 (1) 大洲分布和属种数(3-5;hort. & cult.1)(10-31;hort. & cult.1)◆北美洲
Crossosperma【3】T.G.Hartley 蜜茱萸属 ≒ **Melicope** Rutaceae 芸香科 [MD-399] 全球 (1) 大洲分布及种数(1-2)◆大洋洲
Crossostemma【3】Planch. ex Benth. 草海桐属 ≒ **Scaevola** Passifloraceae 西番莲科 [MD-151] 全球 (1) 大洲分布及种数(1)◆西非(◆塞拉利昂)
Crossostemphium Less. = **Crossostephium**
Crossostephium【3】Less. 芙蓉菊属 ← **Artemisia; Tanacetum** Asteraceae 菊科 [MD-586] 全球 (1) 大洲分布及种数(2)◆亚洲
Crossostigma Spach = **Epilobium**
Crossostomus Spach = **Scaevola**
Crossostylis【3】J.R.Forst. & G.Forst. 桃红树属 Rhizophoraceae 红树科 [MD-329] 全球 (1) 大洲分布及种数(12)◆大洋洲
Crossota Vanhöffen = **Crossotoma**
Crossothamnus【3】R.M.King & H.Rob. 腺果修泽兰属 ← **Eupatorium** Asteraceae 菊科 [MD-586] 全球 (1) 大洲分布及种数(4)◆南美洲
Crossotolejeunea (Spruce) Schiffn. = **Crossotolejeunea**
Crossotolejeunea【2】Stephani 指鳞苔属 → **Lejeunea**

Lejeuneaceae 细鳞苔科 [B-84] 全球 (3) 大洲分布及种数(cf.1) 亚洲;北美洲;南美洲
Crossotoma【3】(G.Don) Spach 叉海桐属 ← **Scaevola** Goodeniaceae 草海桐科 [MD-578] 全球 (1) 大洲分布及种数(2-3)◆大洋洲
Crossotropis Stapf = **Trichoneura**
Crossyne【3】Salisb. 折扇兰属 ≒ **Buphane;Boophone** Amaryllidaceae 石蒜科 [MM-694] 全球 (1) 大洲分布及种数(2)◆非洲
Crotalaria Cytisoides Benth. = **Crotalaria**
Crotalaria【3】L. 猪屎豆属 → **Argyrolobium;Cymbalaria;Priestleya** Fabaceae3 蝶形花科 [MD-240] 全球 (1) 大洲分布及种数(132-242)◆亚洲
Crotalaris L. = **Crotalaria**
Crotalia L. = **Crotalaria**
Crotalopsis Michx. = **Baptisia**
Crotolaria Neck. = **Crotalaria**
Croton (Mart.) G.L.Webster = **Croton**
Croton【3】L. 巴豆属 → **Acalypha;Clutia;Olmediella** Euphorbiaceae 大戟科 [MD-217] 全球 (6) 大洲分布及种数(1065-1449;hort.1;cult: 25)非洲:197-367;亚洲:132-312;大洋洲:69-173;欧洲:9-91;北美洲:275-437;南美洲:685-869
Crotonaceae J.Agardh = Peraceae
Crotonanthus Klotzsch ex Schlechtd. = **Croton**
Crotone (Lév.) Theiss. & Syd. = **Croton**
Crotonogyne【3】Müll.Arg. 巴豆桐属 → **Cyrtogonone** Euphorbiaceae 大戟科 [MD-217] 全球 (1) 大洲分布及种数(11-14)◆非洲
Crotonogynopsis【3】Pax 栎轮桐属 Euphorbiaceae 大戟科 [MD-217] 全球 (1) 大洲分布及种数(1-4)◆非洲
Crotonopsis【3】Michx. 巴豆属 ≒ **Croton** Euphorbiaceae 大戟科 [MD-217] 全球 (1) 大洲分布及种数(4)◆北美洲
Crotularia Medik. = **Crotalaria**
Crotularius Medik. = **Crotalaria**
Croum Gled. = **Ervum**
Croum L. = **Crocus**
Crowea【3】Sm. 柳南香属 ≒ **Eriostemon** Rutaceae 芸香科 [MD-399] 全球 (1) 大洲分布及种数(1-3)◆大洋洲
Crozophora A.Juss. = **Chrozophora**
Crozophyla Raf. = **Codiaeum**
Crucianella【3】L. 欧叶茜属 ≒ **Asperula;Phuopsis** Rubiaceae 茜草科 [MD-523] 全球 (6) 大洲分布及种数(7-37;hort.1;cult:1)非洲:4-12;亚洲:5-30;大洋洲:1;欧洲:5-12; 北美洲:5-8;南美洲:1
Cruciata Gilib. = **Cruciata**
Cruciata【3】Mill. 广茜属 ≒ **Valantia** Rubiaceae 茜草科 [MD-523] 全球 (6) 大洲分布及种数(7-12;hort.1;cult: 2)非洲:5-6;亚洲:6-9;大洋洲:1;欧洲:5-6;北美洲:5-7;南美洲:1
Crucicaryum Brand = **Cynoglossum**
Cruciella Lesch. ex DC. = **Caduciella**
Crucifera E.H.L.Krause = **Aethionema**
Cruciferae Juss.
Crucigera E.H.L.Krause = **Acomastylis**
Crucihimalaya【3】Al-Shehbaz,O´Kane & R.A.Price 须弥芥属 ← **Arabidopsis;Malcolmia;Hesperis** Brassicaceae 十字花科 [MD-213] 全球 (6) 大洲分布及种数(13-14)非洲:2-3;亚洲:10-11;大洋洲:3-4;欧洲:5-6;北美洲:5-6;南美洲:1
Cruciptera E.H.L.Krause = **Acomastylis**
Crucita L. = **Pleurothallis**
Cruciundula Raf. = **Thlaspi**
Cruckshanksia【3】Hook. & Arn. 卧扇花属 ≒ **Solenomelus** Rubiaceae 茜草科 [MD-523] 全球 (1) 大洲分布及种数(7)◆南美洲
Cruckshanksieae Benth. & Hook.f. = **Cruckshanksia**
Cruddasia【3】Prain 亚洲蝶豆属 → **Ophrestia** Fabaceae 豆科 [MD-240] 全球 (1) 大洲分布及种数(cf. 1)◆亚洲
Crudea K.Schum. = **Cynometra**
Crudia【3】Schreb. 库地苏木属 ← **Cynometra;Hirtella** Fabaceae2 云实科 [MD-239] 全球 (6) 大洲分布及种数(24-64)非洲:6-17;亚洲:9-25;大洋洲:1-3;欧洲:1;北美洲:4-5;南美洲:9-11
Crudya Batsch = **Crudia**
Crueldenstaedtia Neck. = **Gueldenstaedtia**
Cruikshanksia Benth. & Hook.f. = **Cruckshanksia**
Crula Nieuwl. = **Acer**
Crumenaria【2】Mart. 袋鼠李属 Rhamnaceae 鼠李科 [MD-331] 全球 (2) 大洲分布及种数(8-10)北美洲:2;南美洲:7-9
Crumia【2】W.B.Schofield 北美洲十字藓属 ≒ **Scopelophila** Pottiaceae 丛藓科 [B-133] 全球 (2) 大洲分布及种数(1) 亚洲:1;北美洲:1
Cruminium Desv. = **Clitoria**
Crumuscus【3】W.R.Buck & Snider 巴西十字藓属 Ditrichaceae 牛毛藓科 [B-119] 全球 (1) 大洲分布及种数(1)◆南美洲
Crunocallis【3】Rydb. 垫卷耳属 ← **Montia** Montiaceae 水卷耳科 [MD-81] 全球 (1) 大洲分布及种数(1-2)◆北美洲
Cruoria Planch. ex Benth. = **Cryptolepis**
Cruoriella Enroth = **Asperula**
Crupina【2】(Pers.) DC. 半毛菊属 ← **Centaurea;Serratula** Asteraceae 菊科 [MD-586] 全球 (5) 大洲分布及种数(5-11)非洲:3;亚洲:3;大洋洲:1;欧洲:4;北美洲:2
Crupinastrum Schur = **Serratula**
Cryptogramma R.Br. = **Cryptogramma**
Curicella Lesch. ex DC. = **Caduciella**
Crusea【3】Cham. ex DC. 碟茜属 ← **Ardisia;Knoxia;Pentanisia** Rubiaceae 茜草科 [MD-523] 全球 (6) 大洲分布及种数(15-16;hort.1)非洲:4-8;亚洲:7-11;大洋洲:4;欧洲:1-5;北美洲:14-19;南美洲:7-11
Cruzea A.Rich. = **Crudia**
Cruzeta Löfl. = **Iresine**
Cruzia Phil. = **Scutellaria**
Cruziana (Pers.) DC. = **Crupina**
Cruzita L. = **Pleurothallis**
Cruznema Löfl. = **Achyranthes**
Cryanthemum Kamelin = **Ajania**
Crybe Lindl. = **Eragrostis**
Crychophragmus Bunge = **Orychophragmus**
Cryomorpha Kar. & Kir. = **Arenaria**
Cryophytum N.E.Br. = **Mesembryanthemum**
Cryosophila【3】Bl. 根刺棕属 ≒ **Trithrinax** Arecaceae 棕榈科 [MM-717] 全球 (1) 大洲分布及种数

(10-12)◆北美洲
Cryosophileae J.Dransf.,N.W.Uhl,Asmussen,W.J.Baker,M.M.Harley & C.E.Lewis = **Cryosophila**
Crypbiantha Eckl. & Zeyh. = **Amphithalea**
Cryphaea【3】Buch.Ham. 隐蒴藓属 ≒ **Chloranthus;Daltonia;Sphaerotheciella** Cryphaeaceae 隐蒴藓科 [B-197] 全球 (6) 大洲分布及种数(50) 非洲:7;亚洲:8;大洋洲:9;欧洲:5;北美洲:15;南美洲:25
Cryphaeaceae【3】Schimp. 隐蒴藓科 [B-197] 全球 (5) 大洲分布和属种数(13/91) 亚洲:6/16;大洋洲:6/19;欧洲:2/6;北美洲:7/24;南美洲:9/44
Cryphaeadelphus (Müll.Hal.) Cardot = **Brachelyma**
Cryphaeophilum【3】M.Fleisch. 南美蔓藓属 ≒ **Cryphaea** Cryphaeaceae 隐蒴藓科 [B-197] 全球 (1) 大洲分布及种数(1)◆南美洲
Cryphaeus Buch.Ham. = **Cryphaea**
Cryphia R.Br. = **Hemigenia**
Cryphiacanthus Nees = **Ruellia**
Cryphiantha Eckl. & Zeyh. = **Cryptantha**
Cryphidium (Mitt.) A.Jaeger = **Cryphaea**
Cryphiospermum P.Beauv. = **Enydra**
Cryphium P.Beauv. ex Schwägr. = **Calymperes**
Cryphula Buch.Ham. = **Cryphaea**
Cryplanthus Poit. ex A.Rich. = **Cyclanthus**
Crypsina E.Fourn. ex Benth. = **Muhlenbergia**
Crypsinna E.Fourn. = **Muhlenbergia**
Crypsinopsis Pic.Serm. = **Selliguea**
Crypsinus【3】C.Presl 隐子蕨属 ← **Selliguea;Pleopeltis;Phymatopteris** Polypodiaceae 水龙骨科 [F-60] 全球 (1) 大洲分布及种数(18-25)◆亚洲
Crypsirina E.Fourn. ex Benth. = **Muhlenbergia**
Crypsis (Host ex Röm.) Rchb. = **Crypsis**
Crypsis【3】Aiton 隐花草属 ← **Agrostis;Muhlenbergia** Poaceae 禾本科 [MM-748] 全球 (6) 大洲分布及种数(9)非洲:2-5;亚洲:7-10;大洋洲:3;欧洲:1-4;北美洲:4-7;南美洲:3
Crypsocalyx Endl. = **Crotalaria**
Crypt Nutt. = **Elatine**
Crypta Nutt. = **Elatine**
Cryptaceae Raf. = Petiveriaceae
Cryptadenia【3】Meisn. 小瑞香属 ← **Gnidia** Thymelaeaceae 瑞香科 [MD-310] 全球 (1) 大洲分布及种数(cf.1)◆非洲
Cryptadia Lindl. ex Endl. = **Gymnarrhena**
Cryptan Nutt. = **Elatine**
Cryptananas【-】Beadle,Don A. 凤梨科属 Bromeliaceae 凤梨科 [MM-715] 全球 (uc) 大洲分布及种数(uc)
Cryptandra【3】Sm. 缩苞木属 → **Blackallia;Spyridium;Trymalium** Rhamnaceae 鼠李科 [MD-331] 全球 (1) 大洲分布及种数(12-96)◆大洋洲
Cryptangium Müll.Hal. = **Cryptangium**
Cryptangium【3】Schröd. ex Nees 隐片莎属 ≒ **Fuirena** Cyperaceae 莎草科 [MM-747] 全球 (1) 大洲分布及种数(1)◆南美洲
Cryptantha (Greene) L.C.Higgins = **Cryptantha**
Cryptantha【3】Lehm. ex Fisch. & C.A.Mey. 隐花紫草属 → **Allocarya;Spyridium** Boraginaceae 紫草科 [MD-517] 全球 (1) 大洲分布及种数(208-302)◆北美洲
Cryptanthe Benth. & Hook.f. = **Cryptantha**
Cryptanthela Gagnep. = **Argyreia**
Cryptanthopsis Ule = **Orthophytum**
Cryptanthus【3】Otto & A.Dietr. 姬凤梨属 ← **Tillandsia;Cryptantha;Bromelia** Bromeliaceae 凤梨科 [MM-715] 全球 (1) 大洲分布及种数(80-88)◆南美洲
Cryptanura Cushman = **Cryptandra**
Cryptarcha Lehm. ex Fisch. & C.A.Mey. = **Cryptantha**
Cryptarius Link = **Lolium**
Cryptarrhena【2】R.Br. 藏蕊兰属 Orchidaceae 兰科 [MM-723] 全球(2)大洲分布及种数(4)北美洲:3;南美洲:3
Cryptbergia Hort. = **Billbergia**
Crypterhonia Hassk. = **Crypteronia**
Crypteria Bl. = **Crypteronia**
Crypteris Nutt. = **Caryopteris**
Crypternonia Bl. = **Crypteronia**
Crypteronia【3】Bl. 隐翼木属 ≒ **Henslowia** Crypteroniaceae 隐翼木科 [MD-372] 全球 (1) 大洲分布及种数(3-8)◆亚洲
Crypteroniaceae【3】A.DC. 隐翼木科 [MD-372] 全球 (1) 大洲分布和属种数(1-4;hort. & cult.1)(3-17;hort. & cult.1)◆亚洲
Crypthotaenia DC. = **Cryptotaenia**
Cryptina Raf. = **Linaria**
Cryptmea Buch.Ham. = **Cryphaea**
Crypto Nutt. = **Elatine**
Cryptobasis Nevski = **Iris**
Cryptobatis Nevski = **Moraea**
Cryptocalyx Benth. = **Lippia**
Cryptocapnos【3】Rech.f. 烟堇属 ← **Fumaria** Papaveraceae 罂粟科 [MD-54] 全球 (1) 大洲分布及种数(cf.1) ◆亚洲
Cryptocaria C.Gay = **Cryptocarya**
Cryptocarpa Steud. = **Cryptocarya**
Cryptocarpa Tayl. ex Tul. = **Tristicha**
Cryptocarpha Cass. = **Acicarpha**
Cryptocarpon Dozy & Molk. = **Desmotheca**
Cryptocarpus Austin = **Cryptocarpus**
Cryptocarpus【3】Kunth 微花茉莉属 ≒ **Boerhavia;Pisonia** Nyctaginaceae 紫茉莉科 [MD-107] 全球 (1) 大洲分布及种数(1-2)◆大洋洲
Cryptocarya Hexanthera Kosterm. = **Cryptocarya**
Cryptocarya【3】R.Br. 厚壳桂属 → **Alseodaphne;Beilschmiedia;Ocotea** Lauraceae 樟科 [MD-21] 全球 (6) 大洲分布及种数(133-417;hort.1;cult:2)非洲:74-187;亚洲:60-216;大洋洲:26-202;欧洲:1-16;北美洲:8-23;南美洲:22-44
Cryptocentrum (Schltr.) A.D.Hawkes = **Cryptocentrum**
Cryptocentrum【3】Benth. 隐距兰属 ← **Aeranthes;Centroglossa;Anthosiphon** Orchidaceae 兰科 [MM-723] 全球 (6) 大洲分布及种数(20-21)非洲:13;亚洲:13;大洋洲:13;欧洲:13;北美洲:10-23;南美洲:17-30
Cryptoceras Schott & Kotschy = **Corydalis**
Cryptocereus Alexander = **Selenicereus**
Cryptochaete Raimondi ex Herrera = **Camptochaete**
Cryptocheilus Wall. = **Cryptochilus**
Cryptochila【2】(Lindenb. & Gottsche) Grolle 大洋洲叶苔属 ≒ **Cryptocolea** Jamesoniellaceae 圆叶苔科 [B-51] 全球 (2) 大洲分布及种数(2)大洋洲:1;南美洲:1
Cryptochilos Spreng. = **Cryptochloa**

Cryptochilus【3】 Wall. 宿苞兰属 → **Eria;Mediocalcar;Porpax** Orchidaceae 兰科 [MM-723] 全球 (1) 大洲分布及种数(6-7)◆亚洲
Cryptochloa【2】 Swallen 隐黍竺属 ← **Olyra** Poaceae 禾本科 [MM-748] 全球 (2) 大洲分布及种数(10)北美洲:7;南美洲:5
Cryptochlora Swallen = **Cryptochloa**
Cryptochloris Benth. = **Tetrapogon**
Cryptocisus Schultz = **Cryptochilus**
Cryptococcus Rchb.f. = **Caucaea**
Cryptocodon【2】 Fed. 短钟花属 ← **Campanula;Phyteuma** Campanulaceae 桔梗科 [MD-561] 全球 (2) 大洲分布及种数(cf.1) 亚洲;北美洲
Cryptocoelus Wall. = **Cryptochilus**
Cryptocolea【-】 R.M.Schust. 叶苔科属 Jungermanniaceae 叶苔科 [B-38] 全球 (uc) 大洲分布及种数(uc)
Cryptocoleopsis【3】 Amakawa 拟隐苞苔属 Jungermanniaceae 叶苔科 [B-38] 全球 (1) 大洲分布及种数(cf. 1) ◆亚洲
Cryptoconus Spreng. = **Cryptolepis**
Cryptocorynaceae J.Agardh = Asaraceae
Cryptocoryne【3】 Fisch. ex Rchb. 隐棒花属 ← **Ambrosina;Arum** Araceae 天南星科 [MM-639] 全球 (1) 大洲分布及种数(23-65)◆亚洲
Cryptocoryneum Fisch. ex Wydl. = **Cryptocoryne**
Cryptoderis Schott & Kotschy = **Cryptomeria**
Cryptodia Sch.Bip. = **Gymnarrhena**
Cryptodicranum【2】 E.B.Bartram 藏尾藓属 ≒ **Leucoloma** Dicranaceae 曲尾藓科 [B-128] 全球 (2) 大洲分布及种数(1) 亚洲:1;大洋洲:1
Cryptodiscus【2】 Schrenk 隐盘芹属 ← **Cachrys;Prangos** Apiaceae 伞形科 [MD-480] 全球 (5) 大洲分布及种数(cf.1) 非洲;亚洲;欧洲;北美洲;南美洲
Cryptodontopsis Dixon = **Cyptodontopsis**
Cryptodrilus Wall. = **Cryptochilus**
Cryptodus Lindl. = **Cryptopus**
Cryptogemma Dall = **Cryptogramma**
Cryptogenis Rich. = **Cryptolepis**
Cryptoglochin Heuff. = **Carex**
Cryptoglottis Bl. = **Podochilus**
Cryptogonium【2】 (Müll.Hal.) Hampe 匿带藓属 Pterobryaceae 蕨藓科 [B-201] 全球 (2) 大洲分布及种数(1) 亚洲:1;大洋洲:1
Cryptogramma Prantl = **Cryptogramma**
Cryptogramma【2】 R.Br. 珠蕨属 ≒ **Onychium** Pteridaceae 凤尾蕨科 [F-31] 全球 (4) 大洲分布及种数(15-19;hort.1;cult:2)亚洲:12-14;欧洲:3;北美洲:7;南美洲:5
Cryptogyne Cass. = **Eriocephalus**
Cryptogynolejeunea R.M.Schust. = **Lejeunea**
Cryptoheros Schott & Kotschy = **Adlumia**
Cryptolappa P. & K. = **Camarea**
Cryptolaria R.Br. = **Cryptocarya**
Cryptolepis Baill. = **Cryptolepis**
Cryptolepis【2】 R.Br. 白叶藤属 → **Atherandra;Pentopetia** Asclepiadaceae 萝藦科 [MD-494] 全球 (5) 大洲分布及种数(29-54)非洲:21-38;亚洲:8-13;大洋洲:4-5;欧洲:1-2;北美洲:2-3
Cryptoleptodon【2】 Renauld & Cardot 藏蕨藓属 ≒ **Pinnatella** Pterobryaceae 蕨藓科 [B-201] 全球 (3) 大洲分布及种数(2) 非洲:1;亚洲:1;欧洲:1
Cryptolluma Plowes = **Caralluma**
Cryptolobus Meisn. ex Steud. = **Amphicarpaea**
Cryptoloma【3】 Hanst. 隐肾苣苔属 → **Nephrolepis** Gesneriaceae 苦苣苔科 [MD-549] 全球 (1) 大洲分布及种数(uc)◆亚洲
Cryptolophocolea【3】 (J.J.Engel) J.J.Engel 藏萼苔属 Lophocoleaceae 齿萼苔科 [B-74] 全球 (1) 大洲分布及种数(1)◆非洲
Cryptomanis Nevski = **Moraea**
Cryptomeria【3】 D.Don 柳杉属 ← **Taxodium;Anthriscus** Cupressaceae 柏科 [G-17] 全球 (1) 大洲分布及种数(1-2)◆亚洲
Cryptomeriaceae Gorozh. = Cupressaceae
Cryptomeriaceae Hay. = Cupressaceae
Cryptomitrium【3】 Perold 薄地钱属 ≒ **Marchantia** Aytoniaceae 疣冠苔科 [B-9] 全球 (6) 大洲分布及种数(3) 非洲:1-2;亚洲:1;大洋洲:1;欧洲:1;北美洲:1-2;南美洲:1-2
Cryptonella Baker f. = **Comptonella**
Cryptonema Turcz. = **Burmannia**
Cryptonemia Turcz. = **Burmannia**
Cryptoneurum【-】 Thér. & P.de la Varde 青藓科属 Brachytheciaceae 青藓科 [B-187] 全球 (uc) 大洲分布及种数(uc)
Cryptonevra Turcz. = **Burmannia**
Cryptopalpus Walker = **Cryptocarpus**
Cryptopapilaria M.Menzel = **Cryptopapillaria**
Cryptopapillaria【2】 M.Menzel 隐松萝藓属 ≒ **Papillaria** Meteoriaceae 蔓藓科 [B-188] 全球 (4) 大洲分布及种数(5) 亚洲:4;大洋洲:2;北美洲:1;南美洲:1
Cryptopetalon Cass. = **Pectis**
Cryptopetalum Hook. & Arn. = **Lepuropetalon**
Cryptophaseolus P. & K. = **Canavalia**
Cryptophialus Darwin = **Cryptochilus**
Cryptophila W.Wolf = **Monotropsis**
Cryptophoranthus Barb.Rodr. = **Zootrophion**
Cryptophragmia Benth. & Hook.f. = **Gymnostachyum**
Cryptophragmium Nees = **Gymnostachyum**
Cryptophragmum Nees = **Gymnostachyum**
Cryptophragnium Nees = **Gymnostachyum**
Cryptophysa Standl. & J.F.Macbr. = **Conostegia**
Cryptopleura Nutt. = **Krigia**
Cryptoplocus Spreng. = **Cryptolepis**
Cryptopodia Röhl. = **Neckera**
Cryptopodium【2】 Brid. 伏桧藓属 ≒ **Rhizogonium;Neckera** Rhizogoniaceae 桧藓科 [B-154] 全球 (4) 大洲分布及种数(2) 非洲:1;大洋洲:1;北美洲:1;南美洲:1
Cryptopus【3】 Lindl. 藏粉兰属 ← **Angraecum;Beclardia;Limodorum** Orchidaceae 兰科 [MM-723] 全球 (1) 大洲分布及种数(3-5)◆非洲
Cryptopylos【3】 Garay 长足兰属 ← **Pteroceras;Sarcochilus** Orchidaceae 兰科 [MM-723] 全球 (1) 大洲分布及种数(uc)属分布和种数(uc)◆亚洲
Cryptopyrum Heynh. = **Triticum**
Cryptorchis Makino = **Vanilla**
Cryptorhiza Urb. = **Pimenta**
Cryptorhynchus Nevski = **Anarthrophyllum**

Cryptorrhynchus Nevski = **Astragalus**
Cryptosaccus Rchb.f. = **Leochilus**
Cryptosanus Scheidw. = **Leochilus**
Cryptosema Meisn. = **Gastrolobium**
Cryptosepalum【3】Benth. 隐萼豆属 ← **Cynometra; Hymenostegia** Fabaceae 豆科 [MD-240] 全球 (1) 大洲分布及种数(6-12)◆非洲
Cryptoseta (Arn.) Hook.f. ex Kitt. = **Cryptopodium**
Cryptosiphonia Miq. = **Rauvolfia**
Cryptosorus Fée = **Grammitis**
Cryptospermum Steud. = **Cryptotaenia**
Cryptospermum T.Young ex Persoon = **Opercularia**
Cryptospira Kar. & Kir. = **Cryptospora**
Cryptospora【3】Kar. & Kir. 隐子芥属 ← **Menonvillea;Neotorularia** Brassicaceae 十字花科 [MD-213] 全球 (1) 大洲分布及种数(2-14)◆亚洲
Cryptosporium Syd. = **Neckera**
Cryptostachys Steud. = **Sporobolus**
Cryptostegia【2】R.Br. 桉叶藤属 Apocynaceae 夹竹桃科 [MD-492] 全球 (5) 大洲分布及种数(3)非洲:2;亚洲:2;大洋洲:2;北美洲:2;南美洲:2
Cryptostemma【3】R.Br. 赛金盏属 ≒ **Arctotheca** Asteraceae 菊科 [MD-586] 全球 (1) 大洲分布及种数(uc)◆大洋洲
Cryptostemon F.Müll. & Miq. = **Darwinia**
Cryptostephane Sch.Bip. = **Dicoma**
Cryptostephanus【3】Welw. ex Baker 小君兰属 ← **Cyrtanthus** Amaryllidaceae 石蒜科 [MM-694] 全球 (1) 大洲分布及种数(3)◆非洲
Cryptostetha R.Br. = **Cryptostegia**
Cryptostigma A.Braun = **Cryptostegia**
Cryptostipula【3】R.M.Schust. 隐萼苔属 Jungermanniaceae 叶苔科 [B-38] 全球 (1) 大洲分布及种数(1)◆非洲
Cryptostoma D.Dietr. = **Moutabea**
Cryptostomum Schreb. = **Moutabea**
Cryptostyli R.Br. = **Cryptostylis**
Cryptostylis【2】R.Br. 隐柱兰属 ≒ **Ceratostylis** Orchidaceae 兰科 [MM-723] 全球 (4) 大洲分布及种数(2-26;hort.1)非洲:1-12;亚洲:1-11;大洋洲:1-15;南美洲:1
Cryptotaenia【3】DC. 鸭儿芹属 ← **Chaerophyllum; Myrrhis;Sium** Apiaceae 伞形科 [MD-480] 全球 (6) 大洲分布及种数(4-8)非洲:2-5;亚洲:2-4;大洋洲:2-3;欧洲:1-2;北美洲:2-3;南美洲:2-3
Cryptotaeniopsis【3】Dunn 隐子伞属 Apiaceae 伞形科 [MD-480] 全球 (1) 大洲分布及种数(uc)◆亚洲
Cryptotania DC. = **Chaerophyllum**
Cryptothallus【3】Malmb. 腐生苔属 Aneuraceae 绿片苔科 [B-86] 全球 (6) 大洲分布及种数(2)非洲:1;亚洲:1;大洋洲:1;欧洲:1;北美洲:1-2;南美洲:1
Cryptotheca Bl. = **Ammannia**
Cryptothele【-】Dozy & Molk. 可可李科属 ≒ **Pyrenopsis** Chrysobalanaceae 可可李科 [MD-243] 全球 (uc) 大洲分布及种数(uc)
Cryptothladia (Bl.) M.J.Cannon = **Morina**
Cryptotonia Tausch = **Sium**
Cryptotylus Stone = **Cryptostylis**
Crypturgus Link = **Lolium**
Crypturus Link = **Lolium**
Crysophila Benth. & Hook.f. = **Monotropsis**
Crystallopollen Steetz = **Laggera**
Csapodya Borhidi = **Deppea**
Csepis L. = **Crepis**
Csmbessedesia DC. = **Cambessedesia**
Ctausena Burm.f. = **Clausena**
Cte Lindl. = **Habenaria**
Cteisium Michx. = **Lygodium**
Ctena Mill. = **Allium**
Ctenadena Prokh. = **Xenostegia**
Ctenagenia Prokh. = **Euphorbia**
Ctenanthe【2】Eichl. 栉花芋属 ← **Calathea;Stromanthe** Marantaceae 竹芋科 [MM-740] 全球 (4) 大洲分布及种数(18)亚洲:5;大洋洲:3;北美洲:11;南美洲:16
Ctenardisia【3】Ducke 短蕊金牛属 ← **Ardisia** Primulaceae 报春花科 [MD-401] 全球 (1) 大洲分布及种数(5)◆南美洲
Ctenidiadelphus【2】M.Fleisch. 泥灰藓属 ≒ **Isopterygium** Hypnaceae 灰藓科 [B-189] 全球 (3) 大洲分布及种数(3) 亚洲:2;大洋洲:1;北美洲:1
Ctenidium【3】(Schimp.) Mitt. 梳藓属 ≒ **Hylocomium** Hylocomiaceae 塔藓科 [B-193] 全球 (6) 大洲分布及种数(31) 非洲:2;亚洲:19;大洋洲:7;欧洲:3;北美洲:7;南美洲:5
Cteniinae【-】P.M.Peterson,Romasch. & Y.Herrera 禾本科属 Poaceae 禾本科 [MM-748] 全球 (uc) 大洲分布及种数(uc)
Ctenilis (C.Chr.) C.Chr. = **Ctenitis**
Ctenitis【3】(C.Chr.) C.Chr. 肋毛蕨属 ≒ **Dictyopteris; Nothoperanema** Dryopteridaceae 鳞毛蕨科 [F-49] 全球 (6) 大洲分布及种数(165-212;hort.1;cult: 4)非洲:51-87;亚洲:53-107;大洋洲:15-51;欧洲:7-37;北美洲:45-81;南美洲:45-81
Ctenitopsis Ching = **Tectaria**
Ctenium C.E.O.Jensen = **Ctenium**
Ctenium【2】Panz. 灰藓科属 ≒ **Monocera; Dactyloctenium** Hypnaceae 灰藓科 [B-189] 全球 (4) 大洲分布及种数(23) 非洲:12;亚洲:6;北美洲:8;南美洲:10
Ctenocladium Airy-Shaw = **Dorstenia**
Ctenocladus Engl. = **Dorstenia**
Ctenodaucus Pomel = **Daucus**
Ctenodiscus Reissek = **Cryptandra**
Ctenodon Baill. = **Aeschynomene**
Ctenodonta Baill. = **Adesmia**
Ctenoides Stuardo = **Capnoides**
Ctenolepis【2】Hook.f. 梳鳞葫芦属 ← **Zehneria;Sicyos** Cucurbitaceae 葫芦科 [MD-205] 全球 (3) 大洲分布及种数(4)非洲:2;亚洲:2-3;北美洲:2
Ctenolophon【2】Oliv. 泥沱树属 Ctenolophonaceae 泥沱树科 [MD-282] 全球 (2) 大洲分布及种数(2-3)非洲:1-2;亚洲:cf.1
Ctenolophonaceae【2】Exell & Mendonça 泥沱树科 [MD-282] 全球 (2) 大洲分布和属种数(1/1-2)非洲:1/1-2;亚洲:1/1
Ctenomeria Harv. = **Tragia**
Ctenopaepale【3】Bremek. 亚洲栉爵床属 Acanthaceae 爵床科 [MD-572] 全球 (1) 大洲分布及种数(uc)属分布和种数(uc)◆亚洲
Ctenoparia Harv. = **Acalypha**

C

Ctenophora Raf. = **Morella**
Ctenophrynium K.Schum. = **Saranthe**
Ctenophyllum 【-】 Rydb. 豆科属 ≒ **Astragalus** Fabaceae 豆科 [MD-240] 全球 (uc) 大洲分布及种数(uc)
Ctenophysis De Not. = **Ctenopsis**
Ctenopleura Rich. ex DC. = **Mecranium**
Ctenopoma Willd. = **Micromeria**
Ctenopsis (Willk.) R.Cotton & Stace = **Ctenopsis**
Ctenopsis 【3】 De Not. 鼠茅属 ≒ **Ctenolepis** Poaceae 禾本科 [MM-748] 全球 (1) 大洲分布及种数(cf. 1)◆非洲
Ctenopterella 【2】 Parris 小蒿蕨属 ≒ **Polypodium** Polypodiaceae 水龙骨科 [F-60] 全球 (3) 大洲分布及种数(8-11)非洲:2;亚洲:3;大洋洲:3
Ctenopteris 【3】 Bl. ex Kunze 蒿叶蕨属 → **Ceradenia; Polygonum;Pecluma** Grammitidaceae 禾叶蕨科 [F-63] 全球 (6) 大洲分布及种数(82-101)非洲:9-15;亚洲:54-61;大洋洲:26-32;欧洲:6;北美洲:4-10;南美洲:6-12
Ctenopteryx Bl. ex Kunze = **Ctenopteris**
Ctenorchis K.Schum. = **Angraecum**
Ctenosperma F.Müll ex Pfeiff. = **Cotula**
Ctenospermum Lehm. ex T.Post & P. & K. = **Pectocarya**
Ctenostoma Benth. = **Chaenostoma**
Ctroton L. = **Croton**
Cttrus Mill. = **Cedrus**
Cualokaempferia K.Larsen = **Caulokaempferia**
Cuassocephalum Mönch = **Crassocephalum**
Cuatrecasanthus 【3】 H.Rob. 单花落苞菊属 ← **Eremanthus;Vernonia** Asteraceae 菊科 [MD-586] 全球 (1) 大洲分布及种数(4-6)◆南美洲
Cuatrecasasiella 【3】 H.Rob. 对叶紫绒草属 Asteraceae 菊科 [MD-586] 全球 (1) 大洲分布及种数(2)◆南美洲
Cuatrecasasiodendron Standl. & Steyerm. = **Arachnothryx**
Cuatrecasea Dugand = **Iriartella**
Cuatresia 【2】 Hunz. 绿酸浆属 ← **Athenaea; Capsicum; Solanum** Solanaceae 茄科 [MD-503] 全球 (2) 大洲分布及种数(14-18)北美洲:6-7;南美洲:12-15
Cuba G.A.Scop. = **Sclerolobium**
Cubacroton Alain = **Croton**
Cubaea Schreb. = **Tachigali**
Cubanola 【3】 A.Aiello 古巴茜属 ← **Portlandia** Rubiaceae 茜草科 [MD-523] 全球 (1) 大洲分布及种数(2)◆北美洲
Cubanthus (DC.) Millsp. = **Cubanthus**
Cubanthus 【3】 Millsp. 红雀珊瑚属 ← **Pedilanthus; Euphorbia** Euphorbiaceae 大戟科 [MD-217] 全球 (1) 大洲分布及种数(cf. 1)◆北美洲
Cubeba Raf. = **Piper**
Cubelin Raf. = **Hybanthus**
Cubelium Raf. = **Hybanthus**
Cubilia 【3】 Bl. 南洋丹属 Sapindaceae 无患子科 [MD-428] 全球 (1) 大洲分布及种数(cf. 1)◆亚洲
Cubitanthus 【3】 Barringer 爆仗竹属 ≒ **Russelia** Gesneriaceae 苦苣苔科 [MD-549] 全球 (1) 大洲分布及种数(1)◆南美洲
Cubonia Bl. = **Cubilia**
Cubospermum Lour. = **Oenothera**
Cucamba Sonn. = **Antirhea**
Cuccoceras Miq. = **Acalypha**
Cuchumatanea 【3】 Seid. & Beaman 危地马拉菊属 Asteraceae 菊科 [MD-586] 全球 (1) 大洲分布及种数(1)◆北美洲(◆危地马拉)
Cucifera Delile = **Medemia**
Cucubalus 【3】 L. 狗筋蔓属 → **Silene;Melandrium** Caryophyllaceae 石竹科 [MD-77] 全球 (1) 大洲分布及种数(1-2)◆亚洲
Cucubertia Juss. = **Citrullus**
Cucularia Raf. = **Callipeltis**
Cuculidae Raf. = **Anguloa**
Cuculina Raf. = **Catasetum**
Cucullifera Nees = **Cannomois**
Cuculligera Mast. = **Cannomois**
Cuculus L. = **Cucubalus**
Cucumella 【3】 Chiov. 黄葫芦属 ← **Cucumis;Melothria** Cucurbitaceae 葫芦科 [MD-205] 全球 (1) 大洲分布及种数(3)◆非洲
Cucumereae Endl. ex M.Röm. = **Cucumeria**
Cucumeria 【3】 Lür 腋花兰属 ← **Pleurothallis** Orchidaceae 兰科 [MM-723] 全球 (1) 大洲分布及种数(1)◆非洲
Cucumeroides Gaertn. = **Trichosanthes**
Cucumeropsis 【3】 Naudin 蔓葫芦属 Cucurbitaceae 葫芦科 [MD-205] 全球 (1) 大洲分布及种数(uc)属分布和种数(uc)◆非洲
Cucumis (Mill.) J.H.Kirkbr. = **Cucumis**
Cucumis 【3】 L. 黄瓜属 → **Acanthosicyos;Sicana** Cucurbitaceae 葫芦科 [MD-205] 全球 (6) 大洲分布及种数(65-77;hort.1;cult:5)非洲:48-58;亚洲:23-33;大洋洲:14-24;欧洲:4-13;北美洲:12-22;南美洲:7-16
Cucurbita 【3】 L. 南瓜属 → **Zehneria;Austrobryo-nia; Peponium** Cucurbitaceae 葫芦科 [MD-205] 全球 (1) 大洲分布及种数(1-12)◆大洋洲
Cucurbitaceae 【3】 Juss. 葫芦科 [MD-205] 全球 (6) 大洲分布和属种数(108-121;hort. & cult.35-44)(1110-1813; hort. & cult.66-94)非洲:39-67/304-533;亚洲:45-62/399-621;大洋洲:17-43/79-258;欧洲:11-42/28-199;北美洲:47-64/278-464;南美洲:34-58/301-521
Cucurbitella 【3】 Walp. 小南瓜属 ← **Cucurbita;Posadaea** Cucurbitaceae 葫芦科 [MD-205] 全球 (1) 大洲分布及种数(1)◆南美洲
Cucurbitula P. & K. = **Zehneria**
Cudicia Buch.Ham. ex Döllwyn = **Vallaris**
Cudoniopsis Speg. = **Codonopsis**
Cudrania 【3】 Trécul 柘属 ← **Maclura;Cunonia** Moraceae 桑科 [MD-87] 全球 (6) 大洲分布及种数(2-4)非洲:7;亚洲:1-8;大洋洲:7;欧洲:7;北美洲:8;南美洲:7
Cudranus Miq. = **Maclura**
Cuellaria 【3】 Ruiz & Pav. 桤叶树属 ≒ **Viviania** Clethraceae 桤叶树科 [MD-326] 全球 (1) 大洲分布及种数(uc)◆亚洲
Cuenotia 【3】 Rizzini 杯爵床属 Acanthaceae 爵床科 [MD-572] 全球 (1) 大洲分布及种数(1)◆南美洲
Cuepia J.F.Gmel. = **Persea**
Cuervea 【2】 Triana ex Miers 小香卫矛属 ← **Hippocratea;Hylenaea;Anthodon** Celastraceae 卫矛科 [MD-339] 全球 (4) 大洲分布及种数(4-9)非洲:2;亚洲:cf.1;北美洲:2-5;南美洲:2
Cufodontia R.E.Woodson = **Aspidosperma**

Cuiavus Trew = **Syzygium**
Cuiete Adans. = **Crescentia**
Cuioa Cav. = **Guioa**
Cuitlacidium 【 - 】 J.M.H.Shaw 兰科属 Orchidaceae 兰科 [MM-723] 全球 (uc) 大洲分布及种数(uc)
Cuitlanzina Lindl. = **Cuitlauzina**
Cuitlauzina 【 3 】 La Llave & Lex. 香花兰属 → **Leochilus;Odontoglossum;Oncidium** Orchidaceae 兰科 [MM-723] 全球 (1) 大洲分布及种数(7)◆北美洲
Cuitlauzinia Rchb. = **Cuitlauzina**
Cuitliodaglossum 【 - 】 J.M.H.Shaw 兰科属 Orchidaceae 兰科 [MM-723] 全球 (uc) 大洲分布及种数(uc)
Cuitlumnia 【 - 】 J.M.H.Shaw 兰科属 Orchidaceae 兰科 [MM-723] 全球 (uc) 大洲分布及种数(uc)
Cujete Auctt. = **Crescentia**
Cujunia Alef. = **Vicia**
Culaea Schreb. = **Arapatiella**
Culcasia 【 3 】 P.Beauv. 网藤芋属 → **Aglaonema** Araceae 天南星科 [MM-639] 全球 (1) 大洲分布及种数(13-30)◆非洲
Culcita 【 2 】 C.Presl 垫囊蕨属 → **Calochlaena;Dicksonia** Dicksoniaceae 蚌壳蕨科 [F-22] 全球 (5) 大洲分布及种数(4-8)亚洲:1;大洋洲:1;欧洲:1;北美洲:1;南美洲:1
Culcitaceae Pic.Serm. = Dicksoniaceae
Culcitium 【 3 】 Humb. & Bonpl. 垂绒菊属 → **Aetheolaena;Pentacalia** Asteraceae 菊科 [MD-586] 全球 (1) 大洲分布及种数(19-22)◆南美洲
Culcitum 【 - 】 N.T.Burb. 菊科属 Asteraceae 菊科 [MD-586] 全球 (uc) 大洲分布及种数(uc)
Culeolus Mill. = **Cypripedium**
Culhamia Forssk. = **Sterculia**
Culicia Buch.Ham. ex G.Don = **Vallaris**
Culicoides Tourn. ex Mönch = **Carum**
Culius Blanco = **Streblus**
Culladia P.Beauv. = **Culcasia**
Cullay Molina ex Steud. = **Cullen**
Cullen 【 3 】 Medik. 补骨脂属 ← **Liparia;Psoralea** Fabaceae 豆科 [MD-240] 全球 (6) 大洲分布及种数(14-40)非洲:7-16;亚洲:7-16;大洋洲:5-32;欧洲:1-7;北美洲:4-14;南美洲:6
Cullenia 【 3 】 Wight 榴梿属 → **Durio;Neesia** Malvaceae 锦葵科 [MD-203] 全球 (1) 大洲分布及种数(1-2)◆亚洲
Cullmannia C.Distefano = **Peniocereus**
Cullomia A.Juss. = **Felicia**
Cullumia 【 3 】 R.Br. 帚叶联苞菊属 ← **Berkheya;Polyarrhena;Gorteria** Asteraceae 菊科 [MD-586] 全球 (1) 大洲分布及种数(19)◆非洲
Cullumiopsis Drake = **Dicoma**
Culpinia Raf. = **Hippuris**
Cuma Schott & Endl. = **Cola**
Cumarinia 【 3 】 (F.M.Knuth) Buxb. 香蜂球属 ≒ **Coryphantha** Cactaceae 仙人掌科 [MD-100] 全球 (1) 大洲分布及种数(cf.1) ◆北美洲
Cumarouma J.F.Gmel. = **Dipteryx**
Cumaruma J.F.Gmel. = **Coumarouna**
Cumaruna J.F.Gmel. = **Dipteryx**
Cumbalu Adans. = **Catalpa**
Cumbata Raf. = **Tabebuia**
Cumbea Desf. = **Careya**
Cumbia 【 3 】 Buch.Ham. 榴玉蕊属 ≒ **Planchonia** Lecythidaceae 玉蕊科 [MD-267] 全球 (1) 大洲分布及种数(uc)◆大洋洲
Cumbula Raf. = **Bignonia**
Cumbulu Adans. = **Catalpa**
Cume Aubl. = **Couma**
Cumelopuntia F.Ritter = **Cumulopuntia**
Cumetea Raf. = **Myrcia**
Cumimum L. = **Cuminum**
Cumingia Kunth = **Conanthera**
Cumingiana Kunth = **Camptostemon**
Cuminia 【 3 】 Colla 卡明木属 ← **Bystropogon;Cuminum** Lamiaceae 唇形科 [MD-575] 全球 (1) 大洲分布及种数(1)◆南美洲
Cuminoides Fabr. = **Lagoecia**
Cuminum 【 2 】 L. 孜然芹属 ≒ **Ammi;Cuminia;Ammodaucus** Apiaceae 伞形科 [MD-480] 全球 (4) 大洲分布及种数(4-7)非洲:1-2;亚洲:3-4;欧洲:2;北美洲:1
Cummin Hill = **Cuminum**
Cummingara (D.M.Cumming) G.D.Rowley = **Dianella**
Cummingia 【 3 】 D.Don 野鹳莲属 ≒ **Conanthera** Tecophilaeaceae 蓝嵩莲科 [MM-686] 全球 (1) 大洲分布及种数(uc)◆亚洲
Cumminsia King ex Prain = **Stylophorum**
Cumulopuntia 【 3 】 F.Ritter 敦丘掌属 ← **Austrocylindropuntia;Tephrocactus;Opuntia** Cactaceae 仙人掌科 [MD-100] 全球 (1) 大洲分布及种数(21-23)◆南美洲
Cuna R.Kiesling = **Puna**
Cuncea Buch.Ham. ex D.Don = **Oldenlandia**
Cuneata Raf. = **Rubus**
Cuneopsis L. = **Coreopsis**
Cuniculina Raf. = **Catasetum**
Cuniculotinus 【 3 】 Urbatsch,R.P.Roberts & Neubig 兔黄花属 ≒ **Chrysothamnus** Asteraceae 菊科 [MD-586] 全球 (1) 大洲分布及种数(1)◆北美洲
Cunila D.Royen ex L. = **Cunila**
Cunila 【 3 】 L. 岩薄荷属 ≒ **Hedeoma;Mosla** Lamiaceae 唇形科 [MD-575] 全球 (1) 大洲分布及种数(14-15)◆南美洲(◆巴西)
Cunina C.Gay = **Hemiphragma**
Cunina Clos = **Nertera**
Cunnighamia Schreb. = **Cunninghamia**
Cunninghamia 【 3 】 R.Br. 杉木属 ≒ **Malanea;Abies;Pinus** Cupressaceae 柏科 [G-17] 全球 (1) 大洲分布及种数(cf. 1)◆亚洲
Cunninghamiaceae Hay. = Cupressaceae
Cunninghamiaceae Sieb. & Zucc. = Cupressaceae
Cunninghamis Schreb. = **Cunninghamia**
Cunninhamia Schreb. = **Cunninghamia**
Cunonia 【 3 】 L. 合椿梅属 ≒ **Oosterdyckia;Astilbe** Cunoniaceae 合椿梅科 [MD-255] 全球 (1) 大洲分布及种数(6-41)◆大洋洲
Cunoniaceae 【 3 】 R.Br. 合椿梅科 [MD-255] 全球 (6) 大洲分布和属种数(18-23;hort. & cult.6)(234-423;hort. & cult.7-12)非洲:3-7/44-60;亚洲:1-5/24-40;大洋洲:13-18/76-239;欧洲:4/10;北美洲:1-5/25-36;南美洲:4-7/102-116
Cunonieae (R.Br.) Schrank & Mart. = **Cunonia**
Cunto Adans. = **Acronychia**

Cunuria【3】Baill. 多柱桐属 ≒ **Podocalyx** Euphorbiaceae 大戟科 [MD-217] 全球 (1) 大洲分布及种数(uc)◆亚洲
Cuorymbium L. = **Corymbium**
Cupadessa Hassk. = **Ekebergia**
Cupameni Adans. = **Acalypha**
Cupamenis Raf. = **Adenocline**
Cupani L. = **Cupania**
Cupania Ellatostachys Bl. = **Cupania**
Cupania【3】L. 野蜜莓属 → **Arytera;Lepiderema; Angostura** Sapindaceae 无患子科 [MD-428] 全球 (6) 大洲分布及种数(88-115)非洲:6-10;亚洲:22-26;大洋洲:29-39;欧洲:3;北美洲:23-33;南美洲:53-64
Cupaniopsis【3】Radlk. 鸮蜜莓属 ← **Arytera;Mischocarpus** Sapindaceae 无患子科 [MD-428] 全球 (1) 大洲分布及种数(13-72)◆大洋洲
Cupanites Dum. = **Corydalis**
Cuparilla Raf. = **Acacia**
Cuphaea Mönch = **Cuphea**
Cuphea (Köhne) Bullock = **Cuphea**
Cuphea【3】P.Br. 萼距花属 ≒ **Parsonsia** Lythraceae 千屈菜科 [MD-333] 全球 (6) 大洲分布及种数(321-379; hort.1;cult:27)非洲:4-14;亚洲:34-46;大洋洲:95-107;欧洲:9-19;北美洲:108-131;南美洲:186-231
Cupheanthus Seem. = **Syzygium**
Cuphocarpus Decne. & Planch. = **Polyscias**
Cuphoea Brongn. ex Neumann = **Cuphea**
Cuphonotus【3】O.E.Schulz 驼缘荠属 ≒ **Phlegmatospermum** Brassicaceae 十字花科 [MD-213] 全球 (1) 大洲分布及种数(2)◆大洋洲
Cuphosis P. & K. = **Cyphia**
Cupi Adans. = **Tarenna**
Cupia (Schult.) DC. = **Aidia**
Cupia DC. = **Randia**
Cupirana Miers = **Duroia**
Cuprella Salmerón-Sánchez,Mota & Fuertes = **Acacia**
Cuprespinnata J.Nelson = **Taxodium**
Cupressaceae【3】Gray 柏科 [G-17] 全球 (6) 大洲分布和属种数(26-28;hort. & cult.25-26)(194-533;hort. & cult. 116-175)非洲:5-14/17-108;亚洲:16-19/126-224;大洋洲:19-22/79-178;欧洲:5-14/25-117;北美洲:13-17/73-166;南美洲:4-14/11-100
Cupressidae Doweld = **Hypnum**
Cupressina Genuinae Müll.Hal. = **Cupressina**
Cupressina【2】Müll.Hal. 灰藓属 ≒ **Ctenidium** Hypnaceae 灰藓科 [B-189] 全球 (2) 大洲分布及种数(2) 亚洲:1;南美洲:1
Cupressinae Eichler = **Hypnum**
Cupresstellata J.Nelson = **Fitzroya**
Cupressus【3】Tourn. ex L. 柏木属 → **Austrocedrus; Callitropsis;Platycladus** Cupressaceae 柏科 [G-17] 全球(6)大洲分布及种数(31-42;hort.1;cult:8)非洲:9-20;亚洲:28-44;大洋洲:8-20;欧洲:12-25;北美洲:16-27;南美洲:8-19
Cuprestellata Carrière = **Fitzroya**
Cuprocyparis Farjon = **Cupressus**
Cupuia Raf. = **Duroia**
Cupulanthus Hutch. = **Gastrolobium**
Cupularia Godr. & Gren. = **Inula**
Cupulissa Raf. = **Bignonia**
Cupulita Raf. = **Anemopaegma**
Curanga Juss. = **Picria**
Curania Röm. & Schult. = **Curarea**
Curare Kunth ex Humb. = **Strychnos**
Curarea【3】Barneby & Krukoff 箭毒藤属 ← **Abuta; Cissampelos;Coutarea** Menispermaceae 防己科 [MD-42] 全球 (1) 大洲分布及种数(9-11)◆南美洲
Curatari J.F.Gmel. = **Couratari**
Curataria Spreng. = **Couratari**
Curatella【3】Löfl. 锡叶树属 → **Davilla;Pinzona** Dilleniaceae 五桠果科 [MD-66] 全球 (1) 大洲分布及种数(1-3)◆南美洲
Curcas (Ortega) Baill. = **Jatropha**
Curcubitella Walp. = **Cucurbitella**
Curculigo【3】Gaertn. 仙茅属 ← **Colchicum;Fabricia** Hypoxidaceae 仙茅科 [MM-695] 全球 (6) 大洲分布及种数(19-35;hort.1)非洲:6-13;亚洲:16-26;大洋洲:3-9;欧洲:5;北美洲:6-11;南美洲:2-7
Curcuma Baker = **Curcuma**
Curcuma【3】L. 姜黄属 → **Amomum;Cistus** Zingiberaceae 姜科 [MM-737] 全球 (1) 大洲分布及种数(59-123)◆亚洲
Curcumaceae Dum. = Zingiberaceae
Curcumorpha A.S.Rao & D.M.Verma = **Boesenbergia**
Curcurna L. = **Curcuma**
Curdiaea Planch. = **Purdiaea**
Curdiea Barneby & Krukoff = **Curarea**
Curetis Herb. = **Pancratium**
Cureuma O.F.Cook = **Aiphanes**
Curicta O.F.Cook = **Bactris**
Curidia Coleman & Barnard = **Curitiba**
Curima O.F.Cook = **Curcuma**
Curimata O.F.Cook = **Bactris**
Curimate O.F.Cook = **Aiphanes**
Curinila Röm. & Schult. = **Taraxacum**
Curio【3】P.V.Heath 仙人笔属 ≒ **Senecio** Asteraceae 菊科 [MD-586] 全球 (1) 大洲分布及种数(8-19)◆非洲
Curitiba【3】Salywon & Landrum 棱凤榴属 ← **Eugenia;Mosiera** Myrtaceae 桃金娘科 [MD-347] 全球 (1) 大洲分布及种数(1)◆南美洲
Curme O.F.Cook = **Aiphanes**
Curmeria André = **Homalomena**
Curnilia Raf. = **Cubilia**
Curondia Raf. = **Salacia**
Currala (Copel.) Tagawa = **Gymnocarpium**
Curranea Copel. = **Gymnocarpium**
Currania Copel. = **Gymnocarpium**
Curraniodendron Merr. = **Quintinia**
Curraria Copel. = **Gymnocarpium**
Curroria Planch. ex Benth. = **Cryptolepis**
Currya Barneby & Krukoff = **Curarea**
Cursonia Nutt. = **Onoseris**
Curtara DeLong = **Curarea**
Curtia【3】Cham. & Schltdl. 库尔特龙胆属 ← **Sabatia;Hippion;Dendrobium** Gentianaceae 龙胆科 [MD-496] 全球 (1) 大洲分布及种数(11-13)◆南美洲
Curticia Aiton = **Curtisia**
Curtisia【3】Aiton 铩木属 ≒ **Zanthoxylum;Relhania;**

Sideroxylon Curtisiaceae 铩木科 [MD-456] 全球 (1) 大洲分布及种数(1)◆非洲
Curtisiaceae【3】Takht. 铩木科 [MD-456] 全球 (1) 大洲分布和属种数(1;hort. & cult.1)(1-2;hort. & cult.1-2)◆非洲
Curtisii Aiton = **Curtisia**
Curtisina Ridl. = **Dacryodes**
Curtoceras Benn. = **Hoya**
Curtogyne Haw. = **Crassula**
Curtoisia Endl. = **Cyrtosia**
Curtonus N.E.Br. = **Crocosmia**
Curtopogon P.Beauv. = **Aristida**
Curu Buch.Ham. ex Wight = **Secamone**
Curucma Thwaites = **Amomum**
Curupira【3】G.A.Black 巴西铁青树属 Olacaceae 铁青树科 [MD-362] 全球 (1) 大洲分布及种数(1)◆南美洲
Curupita J.F.Gmel. = **Lecythis**
Cururu Mill. = **Paullinia**
Curvicladium【3】Enroth 弯枝藓属 ≒ **Thamnium** Neckeraceae 平藓科 [B-204] 全球 (1) 大洲分布及种数(1)◆亚洲
Curviramea【3】H.A.Crum 牛舌藓属 ≒ **Pilotrichum** Hookeriaceae 油藓科 [B-164] 全球 (1) 大洲分布及种数(1)◆北美洲
Curvularia Salisb. = **Narcissus**
Cuscatlania【3】Standl. 睫苞茉莉属 Nyctaginaceae 紫茉莉科 [MD-107] 全球 (1) 大洲分布及种数(1)◆北美洲(◆萨尔瓦多)
Cuscua L. = **Cuscuta**
Cuscuaria Schott = **Scindapsus**
Cuscuta (Des Moul.) Peter = **Cuscuta**
Cuscuta【3】L. 菟丝子属 ≒ **Grammica** Cuscutaceae 菟丝子科[MD-502]全球(6)大洲分布及种数(226-266;hort.1;cult:7)非洲:51-74;亚洲:70-96;大洋洲:25-48;欧洲:34-57;北美洲:113-143;南美洲:85-114
Cuscutaceae【3】Dum. 菟丝子科 [MD-502] 全球 (6) 大洲分布和属种数(1-2;hort. & cult.1)(225-319;hort. & cult.9-11)非洲:1/51-74;亚洲:1/70-96;大洋洲:1/25-48;欧洲:1/34-57;北美洲:1/113-143;南美洲:1/85-114
Cuscuteae Dum. = **Cuscuta**
Cuscutina Pfeiff. = **Cuscuta**
Cusickia【3】M.E.Jones 库西葶苈属 → **Cusickiella** Apiaceae 伞形科 [MD-480] 全球 (1) 大洲分布及种数(1)◆北美洲
Cusickiella【3】Rollins 库西葶苈属 ← **Draba** Brassicaceae 十字花科 [MD-213] 全球 (1) 大洲分布及种数(2)◆北美洲(◆美国)
Cusparia【3】Humb. 北美洲云实豆属 ≒ **Angostura** Rutaceae 芸香科 [MD-399] 全球 (1) 大洲分布及种数(uc)◆亚洲
Cuspidaria (DC.) Besser = **Cuspidaria**
Cuspidaria【3】DC. 杯绢藓属 ← **Adenocalymma;Bignonia;Pedilanthus** Entodontaceae 绢藓科 [B-195] 全球 (1) 大洲分布及种数(16-26)◆南美洲
Cuspidatula【3】(Stephani) K.Feldberg,Váňa, Hentschel & J.Heinrichs 亚洲叶苔属 ≒ **Jungermannia** Jamesoniellaceae 圆叶苔科 [B-51] 全球 (6) 大洲分布及种数(3)非洲:1;亚洲:2-3;大洋洲:1;欧洲:1;北美洲:1;南美洲:1
Cuspidia【3】Gaertn. 杯头联苞菊属 ← **Gorteria;Berkheya** Asteraceae 菊科 [MD-586] 全球 (1) 大洲分布及种数(1-2)◆非洲
Cuspidocarpus Spenn. = **Domeykoa**
Cussambium Buch.Ham. = **Schleichera**
Cussapoa J.St.Hil. = **Brosimum**
Cussarea J.F.Gmel. = **Raritebe**
Cussetia【3】M.Kato 壳川藻属 ≒ **Dalzellia** Podostemaceae 川苔草科 [MD-322] 全球 (1) 大洲分布及种数(cf.2)◆亚洲
Cusso Bruce = **Acronychia**
Cussonia Harms = **Cussonia**
Cussonia【3】Thunb. 甘蓝树属 ≒ **Polyscias** Araliaceae 五加科 [MD-471] 全球 (1) 大洲分布及种数(15-22)◆非洲
Cussutha Benth. & Hook.f. = **Cassytha**
Custenia Neck. ex Steud. = **Salacia**
Custinia Neck. = **Salacia**
Cusucta L. = **Cuscuta**
Cusuma L. = **Curcuma**
Cutandia Eucutandia F.Herrm. = **Cutandia**
Cutandia【3】Willk. 滨硬禾属 ← **Agropyron;Poa;Vulpiella** Poaceae 禾本科 [MM-748] 全球 (1) 大洲分布及种数(6)◆欧洲
Cutarea J.St.Hil. = **Camarea**
Cutaria Brign. = **Camarea**
Cuthbertia Small = **Callisia**
Cuthona D.Don = **Acrostemon**
Cutlera Raf. = **Cuviera**
Cutsis Burns-Bal.,E.W.Greenw. & Gonzales = **Stenorrhynchos**
Cuttera Raf. = **Gentiana**
Cuttsia【3】F.Müll. 澳接骨属 Rousseaceae 守宫花科 [MD-436] 全球 (1) 大洲分布及种数(1)◆大洋洲
Cutubea J.St.Hil. = **Coutoubea**
Cuveraca Jones = **Baeckea**
Cuviera【3】DC. 居维叶茜草属 ≒ **Hordelymus;Canthium** Rubiaceae 茜草科 [MD-523] 全球 (1) 大洲分布及种数(7-26)◆非洲
Cuvierina Janssen = **Cuviera**
Cuyana Ronderos & Capri = **Cobana**
Cuyopsis Fourr. = **Arabidopsis**
Cwangayana Rauschert = **Aralia**
Cyahtea Sm. = **Cyathea**
Cyalobalanopsis örst. = **Cyclobalanopsis**
Cyamella L. = **Cyanella**
Cyamon Sm. = **Nelumbo**
Cyamops DC. = **Cyamopsis**
Cyamopsis【3】DC. 瓜儿豆属 ← **Dolichos;Psoralea;Lupinus** Fabaceae 豆科 [MD-240] 全球 (1) 大洲分布及种数(1-3)◆亚洲
Cyamus Sm. = **Nelumbo**
Cyanaeorchis【3】Barb.Rodr. 蓝青兰属 ← **Eulophia** Orchidaceae 兰科 [MM-723] 全球 (1) 大洲分布及种数(3)◆南美洲
Cyanandrium【3】Stapf 蓝蕊野牡丹属 Melastomataceae 野牡丹科 [MD-364] 全球 (1) 大洲分布及种数(uc)属分布和种数(uc)◆东南亚(◆印度尼西亚)
Cyananthaceae J.Agardh = Cyclanthaceae

Cyananthus (Franch.) Y.S.Lian = **Cyananthus**
Cyananthus【3】Wall. ex Benth. 蓝钟花属 ← **Apocynum;Wahlenbergia;Stauranthera** Campanulaceae 桔梗科 [MD-561] 全球 (6) 大洲分布及种数(19-23;hort.1;cult:1)非洲:9;亚洲:18-30;大洋洲:9;欧洲:9;北美洲:9;南美洲:9
Cyanastrac Cass. = **Cyanastrum**
Cyanastraceae【3】Engl. 蓝星科 [MM-693] 全球 (1) 大洲分布和属种数(2;hort. & cult.1)(2-5;hort. & cult.1-2)◆非洲
Cyanastrum【3】Cass. 蓝星莲属 ≒ **Volutarella** Tecophilaeaceae 蓝嵩莲科 [MM-686] 全球 (1) 大洲分布及种数(1-3)◆非洲
Cyanchum L. = **Cynanchum**
Cyanea【3】Gaud. 樱莲属 ≒ **Clermontia;Delissea;Sphaeropteris** Campanulaceae 桔梗科 [MD-561] 全球 (1) 大洲分布及种数(89-129)◆北美洲
Cyanella【3】L. 美堇莲属 ≒ **Cyanea;Deschampsia** Tecophilaeaceae 蓝嵩莲科 [MM-686] 全球 (6) 大洲分布及种数(7-11;hort.1)非洲:5-8;亚洲:1;大洋洲:2-3;欧洲:1;北美洲:1;南美洲:1-2
Cyanellaceae Salisb. = Canellaceae
Cyanicula【3】(A.S.George) Hopper & A.P.Br. 蓝花兰属 ≒ **Caladenia** Orchidaceae 兰科 [MM-723] 全球 (1) 大洲分布及种数(7-11)◆大洋洲
Cyanicula Hopper & A.P.Br. = **Cyanicula**
Cyanidium Cusson = **Cnidium**
Cyanistes Reinw. = **Hydrangea**
Cyanitis Reinw. = **Hydrangea**
Cyanixia【3】Goldblatt & J.C.Manning 狒狒草属 ≒ **Babiana** Iridaceae 鸢尾科 [MM-700] 全球 (1) 大洲分布及种数(cf.)◆亚洲
Cyanobotrys Zucc. = **Muellera**
Cyanocarpus F.M.Bailey = **Helicia**
Cyanocephalus【3】(Pohl ex Benth.) Harley & J.F.B. Pastore 凸芹属 ≒ **Hyptis** Lamiaceae 唇形科 [MD-575] 全球 (6) 大洲分布及种数(27)非洲:1;亚洲:1;大洋洲:1;欧洲:1;北美洲:1-2;南美洲:25-26
Cyanochlamys Bartl. = **Bignonia**
Cyanococcus【3】(A.Gray) Rydb. 越橘属 ≒ **Vaccinium** Ericaceae 杜鹃花科 [MD-380] 全球 (1) 大洲分布及种数(2)属分布和种数(uc)◆北美洲
Cyanodaphne Bl. = **Dehaasia**
Cyanofis Thou. = **Cyanotis**
Cyanolophocolea【3】(Lindenb. & Gottsche) R.M. Schust. 锦萼苔属 Lophocoleaceae 齿萼苔科 [B-74] 全球 (1) 大洲分布及种数(cf. 1)◆亚洲
Cyanometra L. = **Cynometra**
Cyanoneuron【3】(Valeton) Tange 耳草属 ≒ **Hedyotis** Rubiaceae 茜草科 [MD-523] 全球 (1) 大洲分布及种数(cf.)◆亚洲
Cyanoneuron Tange = **Cyanoneuron**
Cyanophora Raf. = **Acalypha**
Cyanophyceae J.H.Schaffn. = **Miconia**
Cyanopis Bl. = **Cyanthillium**
Cyanopogon Welw. ex C.B.Clarke = **Burmannia**
Cyanopsis Cass. = **Volutaria**
Cyanopsis Endl. = **Vernonia**
Cyanopterus Raf. = **Cymopterus**
Cyanorchis Thou. ex Steud. = **Cyanaeorchis**
Cyanorkis Thou. = **Cyanotis**
Cyanoseris Schur = **Lactuca**
Cyanospermum Wight & Arn. = **Rhynchosia**
Cyanostegia【3】Turcz. 帽南苏属 Lamiaceae 唇形科 [MD-575] 全球 (1) 大洲分布及种数(1-5)◆大洋洲
Cyanostremma Benth. ex Hook. & Arn. = **Vigna**
Cyanothamnus Lindl. = **Boronia**
Cyanothrix Raf. = **Alternanthera**
Cyanothyrsus【3】Harms 菜漆豆属 ≒ **Daniellia** Fabaceae3 蝶形花科 [MD-240] 全球 (1) 大洲分布及种数(1)属分布和种数(uc)◆非洲
Cyanotis【3】D.Don 蓝耳草属 ≒ **Burmannia;Commelina;Belosynapsis** Commelinaceae 鸭跖草科 [MM-708] 全球 (6) 大洲分布及种数(36-60;hort.1)非洲:18-33;亚洲:27-37;大洋洲:7-10;欧洲:1;北美洲:6-11;南美洲:1
Cyanotris Raf. = **Gonioma**
Cyanthera【3】Hopper & A.P.Br. 独蕊谷精属 ← **Comanthera** Eriocaulaceae 谷精草科 [MM-726] 全球 (1) 大洲分布及种数(1)◆大洋洲
Cyanthillium【3】Bl. 夜香牛属 ← **Vernonia** Asteraceae 菊科 [MD-586] 全球 (6) 大洲分布及种数(11-13;hort.1)非洲:8-12;亚洲:5-10;大洋洲:2-6;欧洲:4;北美洲:2-6;南美洲:1-5
Cyanthodium Udar & D.K.Singh = **Cyathodium**
Cyanus Hill = **Cyanus**
Cyanus【3】Mill. 矢车菊属 ≒ **Centaurea;Cajanus** Asteraceae 菊科 [MD-586] 全球 (6) 大洲分布及种数(13-27;hort.1;cult:1)非洲:1-2;亚洲:6-7;大洋洲:2-3;欧洲:5-6;北美洲:2-3;南美洲:1-2
Cyaoglossum Neck. = **Cynoglossum**
Cyathanthera Pohl = **Miconia**
Cyathanthus Engl. = **Scyphosyce**
Cyathea (Bernh.) T.Moore = **Cyathea**
Cyathea【3】Sm. 番桫椤属 ← **Alsophila;Cibotium;Peranema** Cyatheaceae 桫椤科 [F-23] 全球 (1) 大洲分布及种数(422-472)◆南美洲
Cyatheaceae【3】Kaulf. 桫椤科 [F-23] 全球 (6) 大洲分布和属种数(7;hort. & cult.2-3)(859-1450;hort. & cult.18-55)非洲:2-7/155-201;亚洲:6-7/166-216;大洋洲:3-7/114-161;欧洲:1-6/9-45;北美洲:6-7/61-107;南美洲:6-7/605-694
Cyatheeae Gaud. = **Cyathea**
Cyathella Decne. = **Cynanchum**
Cyathicula Lour. = **Cyathula**
Cyathidaria【-】Caluff & Shelton 桫椤科属 Cyatheaceae 桫椤科 [F-23] 全球 (uc) 大洲分布及种数(uc)
Cyathidium Lindl. ex Royle = **Hosta**
Cyathiscus Van Tiegh. = **Barathranthus**
Cyathobasis【3】Aellen 对叶盐蓬属 ≒ **Girgensohnia** Amaranthaceae 苋科 [MD-116] 全球 (1) 大洲分布及种数(1)◆亚洲
Cyathocalyx【3】Champ. ex Hook.f. & Thoms. 杯萼木属 ← **xylopia;Cananga;Monocarpia** Annonaceae 番荔枝科 [MD-7] 全球 (1) 大洲分布及种数(10-37)◆亚洲
Cyathocephalum Nakai = **Saxifraga**
Cyathoceras Benn. = **Hoya**
Cyathochaeta【3】Nees 鞘苞莎属 ← **Carpha** Cypera-

ceae 莎草科 [MM-747] 全球 (1) 大洲分布及种数(3-5)◆大洋洲
Cyathochine Cass. = **Cyathocline**
Cyathocline【3】 Cass. 杯菊属 ← **Artemisia;Dichrocephala;Tanacetum** Asteraceae 菊科 [MD-586] 全球 (1) 大洲分布及种数(cf. 1)◆亚洲
Cyathocnemis Klotzsch = **Begonia**
Cyathocoma【3】 Nees 扁序莎属 ≒ **Tetraria** Cyperaceae 莎草科 [MM-747] 全球 (1) 大洲分布及种数(2-12)◆非洲
Cyathodes【3】Labill. 天冬石南属 ← **Ardisia;Epacris; Stapelia** Epacridaceae 尖苞树科 [MD-391] 全球 (1) 大洲分布及种数(8-36)◆大洋洲
Cyathodiaceae【3】Croft 光苔科 [B-17] 全球 (6) 大洲分布和属种数(1/5-9)非洲:1/1-4;亚洲:1/5-9;大洋洲:1/1-4;欧洲:1/3;北美洲:1/1-4;南美洲:1/1-4
Cyathodiscus Hochst. = **Peddiea**
Cyathodium Kunze ex Lehm. = **Cyathodium**
Cyathodium【3】Udar & D.K.Singh 光苔属 Cyathodiaceae 光苔科 [B-17] 全球 (6) 大洲分布及种数(6-7)非洲:1-4;亚洲:5-9;大洋洲:1-4;欧洲:3;北美洲:1-4;南美洲:1-4
Cyathoglottis Pöpp. & Endl. = **Sobralia**
Cyathogyne Müll.Arg. = **Thecacoris**
Cyatholejeunea Göbel = **Calatholejeunea**
Cyathomiscus Turcz. = **Marianthus**
Cyathomonas S.F.Blake = **Cyathomone**
Cyathomone【3】 S.F.Blake 杯冠菊属 ← **Narvalina** Asteraceae 菊科 [MD-586] 全球 (1) 大洲分布及种数(1)◆南美洲
Cyathopappus F.Müll = **Gnephosis**
Cyathopappus Sch.Bip. = **Elytropappus**
Cyathophora Gray = **Euphorbia**
Cyathophoraceae Kindb. = Hookeriaceae
Cyathophorella【2】 M.Fleisch. 亚洲雉尾藓属 ≒ **Neckera** Hypopterygiaceae 孔雀藓科 [B-160] 全球 (2) 大洲分布及种数(15) 亚洲:13;大洋洲:4
Cyathophorum Eu-cyathophorum Broth. = **Cyathophorum**
Cyathophorum【2】P.Beauv. 雉尾藓属 Hypopterygiaceae 孔雀藓科 [B-160] 全球 (5) 大洲分布及种数(9) 非洲:1;亚洲:6;大洋洲:5;欧洲:1;南美洲:1
Cyathophylla【2】 Bocqüt & Strid 肥皂草属 ← **Saponaria** Caryophyllaceae 石竹科 [MD-77] 全球 (2) 大洲分布及种数(1-2) 亚洲:1-2;欧洲:1
Cyathopoma Nees = **Cyathocoma**
Cyathopora Raf. = **Acalypha**
Cyathopsis【3】 Brongn. & Gris 炽穗石南属 ← **Styphelia** Ericaceae 杜鹃花科 [MD-380] 全球 (6) 大洲分布及种数(1-4)非洲:1;亚洲:1;大洋洲:4;欧洲:1;北美洲:1;南美洲:1
Cyathopus【3】 Stapf 杯禾属 Poaceae 禾本科 [MM-748] 全球 (1) 大洲分布及种数(1-4)◆亚洲
Cyathorhachis Nees ex Steud. = **Polytoca**
Cyathoselinum【3】 Benth. 杯芹属 Apiaceae 伞形科 [MD-480] 全球 (1) 大洲分布及种数(1)◆欧洲
Cyathostegia【3】 (Benth.) Schery 杯豆属 Fabaceae 豆科 [MD-240] 全球 (1) 大洲分布及种数(1-3)◆南美洲
Cyathostelma【3】 E.Fourn. 乔宾萝藦属 ≒ **Jobinia; Orthosia** Apocynaceae 夹竹桃科 [MD-492] 全球 (1) 大洲分布及种数(uc)属分布和种数(uc)◆南美洲
Cyathostemma【3】 Griff. 杯冠木属 ← **Anaxagorea; Melodorum;Uvaria** Annonaceae 番荔枝科 [MD-7] 全球 (1) 大洲分布及种数(4-11)◆亚洲
Cyathostemon【3】 Turcz. 杯蕊梅属 ← **Baeckea** Myrtaceae 桃金娘科 [MD-347] 全球 (1) 大洲分布及种数(7)◆大洋洲
Cyathostyles Schott ex Meisn. = **Cyphomandra**
Cyathothecium【3】 Dixon 杯藓属 Hypnaceae 灰藓科 [B-189] 全球 (1) 大洲分布及种数(1) ◆亚洲
Cyathula【3】 Bl. 杯苋属 ≒ **Achyranthes;Pandiaka** Amaranthaceae 苋科 [MD-116] 全球 (6) 大洲分布及种数(23-35)非洲:18-30;亚洲:11-13;大洋洲:2-3;欧洲:1-2;北美洲:5-6;南美洲:4-5
Cyathus Stapf = **Cyathopus**
Cybbanthera Buch.Ham. ex D.Don = **Limnophila**
Cybebus【3】 Garay 疣兰属 Orchidaceae 兰科 [MM-723] 全球 (1) 大洲分布及种数(1)◆南美洲
Cybele Falc. = **Stenocarpus**
Cybelion Spreng. = **Ionopsis**
Cybianthopsis (Mez) Lundell = **Cybianthus**
Cybianthus (A.DC.) G.Agostini = **Cybianthus**
Cybianthus【3】 Mart. 疣金牛属 ← **Ardisia; Myrsine; Phacelia** Primulaceae 报春花科 [MD-401] 全球 (1) 大洲分布及种数(162-183)◆南美洲(◆巴西)
Cybiostigma Turcz. = **Ayenia**
Cybistax【3】 Mart. ex Meisn. 艳阳花属 ← **Bignonia** Bignoniaceae 紫葳科 [MD-541] 全球 (1) 大洲分布及种数(3)◆南美洲
Cybistetes Milne-Redh. & Schweick. = **Haemanthus**
Cybium E.Mey. ex Benth. = **Cycnium**
Cybocephalus Bl. = **Urtica**
Cycadaceae【3】Pers. 苏铁科 [G-1] 全球 (6) 大洲分布和属种数(1;hort. & cult.1)(66-150;hort. & cult.15-19)非洲:1/10-18;亚洲:1/54-84;大洋洲:1/20-51;欧洲:1/2-7;北美洲:1/12-19;南美洲:1/5-10
Cycadales【-】 Pers. ex Bercht. & J.Presl 孢芽藓科属 Sorapillaceae 孢芽藓科 [B-212] 全球 (uc) 大洲分布及种数(uc)
Cycadopteris Gray = **Acrophorus**
Cycampanula L. = **Campanula**
Cycas【3】 L. 苏铁属 Cycadaceae 苏铁科 [G-1] 全球 (6)大洲分布及种数(67-134;hort.1;cult:7)非洲:10-18;亚洲:54-84;大洋洲:20-51;欧洲:2-7;北美洲:12-19;南美洲:5-10
Cycatonia J.M.H.Shaw = **Ceratonia**
Cycca Batsch = **Phyllanthus**
Cycgalenodes【-】 A.Chen & J.M.H.Shaw 兰科属 Orchidaceae 兰科 [MM-723] 全球 (uc) 大洲分布及种数(uc)
Cyclacanthus【3】 S.Moore 环刺爵床属 Acanthaceae 爵床科 [MD-572] 全球 (1) 大洲分布及种数(1-3)◆亚洲
Cyclachaena Fresen. = **Iva**
Cycladenia【3】 Benth. 蜡布麻属 Apocynaceae 夹竹桃科 [MD-492] 全球 (1) 大洲分布及种数(1-4)◆北美洲(◆美国)
Cyclamen【3】 (Tourn.) L. 仙客来属 Primulaceae 报春花科 [MD-401] 全球 (6) 大洲分布及种数(23-49;hort.1;cult:21)非洲:6-10;亚洲:21-30;大洋洲:4-5;欧洲:12-15;北美洲:9-12;南美洲:1

C

Cyclamen L. = **Cyclamen**
Cyclaminos Heldr. = **Cyclamen**
Cyclaminum Bubani = **Cyclamen**
Cyclaminus Asch. = **Cyclamen**
Cyclandra【3】 Lauterb. 厚皮香属 ≒ **Ternstroemia** Clusiaceae 藤黄科 [MD-141] 全球 (1) 大洲分布及种数(1)◆非洲
Cyclandrophora Hassk. = **Atuna**
Cyclanthaceae【3】Poit. ex A.Rich. 环花草科 [MM-706] 全球 (6) 大洲分布和属种数(12;hort. & cult.2)(214-261;hort. & cult.2-4)非洲:3/6;亚洲:2-3/3-9;大洋洲:2-4/2-8;欧洲:3/6;北美洲:5-7/27-35;南美洲:11/205-233
Cyclanthera (Ernst) Cogn. = **Cyclanthera**
Cyclanthera【3】 Schröd. 小雀瓜属 ← **Momordica; Sicyos;Echinocystis** Cucurbitaceae 葫芦科 [MD-205] 全球 (1) 大洲分布及种数(30-32)◆北美洲
Cyclantheraceae Lilja = Datiscaceae
Cyclantheropsis【3】 Harms 拟小雀瓜属 ← **Gerrardanthus** Cucurbitaceae 葫芦科 [MD-205] 全球 (1) 大洲分布及种数(2-3)◆非洲
Cyclanthura Schröd. = **Cyclanthera**
Cyclanthus【2】 Poit. ex A.Rich. 环花草属 ≒ **Cybianthus** Cyclanthaceae 环花草科 [MM-706] 全球 (2) 大洲分布及种数(3)北美洲:2;南美洲:2
Cyclas Schreb. = **Cynometra**
Cyclea【3】 Arn. ex Wight 轮环藤属 ← **Cissampelos** Menispermaceae 防已科 [MD-42] 全球 (1) 大洲分布及种数(15-37)◆亚洲
Cyclichnium Dulac = **Gaudinia**
Cyclidia Vent. = **Cyclopia**
Cyclidiopsis H.J.Chowdhery = **Acampe**
Cyclidius Oliv. = **Cyclodium**
Cyclium Steud. = **Cycnium**
Cyclobalangopsis örst. = **Cyclobalanopsis**
Cyclobalanopsis【3】 örst. 青冈属 ← **Lithocarpus; Quercus;** Fagaceae 壳斗科 [MD-69] 全球 (6) 大洲分布及种数(87)非洲:23;亚洲:86-115;大洋洲:23;欧洲:23;北美洲:1-24;南美洲:23
Cyclobalanus (Endl.) örst. = **Lithocarpus**
Cyclobalanus örst. = **Quercus**
Cyclobatis Boiss. = **Scandix**
Cyclobothra D.Don = **Calochortus**
Cyclobotrya Engels & Canestraro = **Ribes**
Cyclocaccus Jungh. = **Evodia**
Cyclocampe Benth. & Hook.f. = **Schoenus**
Cyclocarpa【2】 Miq. 球豆属 ≒ **Aeschynomene** Fabaceae 豆科 [MD-240] 全球 (3) 大洲分布及种数(1) 非洲:1;亚洲:1;大洋洲:1
Cyclocarpon Jungh. = **Alseodaphne**
Cyclocarpus C.E.Bertrand = **Evodia**
Cyclocarya【3】 Iljinsk. 青钱柳属 ≒ **Pterocarya** Juglandaceae 胡桃科 [MD-136] 全球 (1) 大洲分布及种数(cf. 1)◆东亚(◆中国)
Cycloceras Miq. = **Acalypha**
Cyclocheilaceae【2】Marais 盘果木科 [MD-555] 全球 (2) 大洲分布和属种数(2/3-4)非洲:2/3-4;亚洲:1/1
Cyclocheilon【3】 Oliv. 圆唇花属 ≒ **Holmskioldia;Asepalum** Cyclocheilaceae 盘果木科 [MD-555] 全球 (1) 大洲分布及种数(2-3)◆非洲
Cyclochlamys C.Presl = **Bignonia**
Cyclocodon【3】 Griff. 轮钟草属 ← **Angianthus;Canarina** Campanulaceae 桔梗科 [MD-561] 全球 (1) 大洲分布及种数(4-5)◆亚洲
Cycloconium Castagne = **Cyclolobium**
Cyclocorus Link = **Cyclosorus**
Cyclocotyla【3】 Stapf 梨莓藤属 ← **Alafia** Apocynaceae 夹竹桃科 [MD-492] 全球 (1) 大洲分布及种数(1)◆非洲
Cycloderma Hochst. = **Rotheca**
Cyclodes Carr,George Francis,Jr. & Shaw,Julian Mark Hugh = **Cycnodes**
Cyclodictyon Convergentes Demaret & P.de la Varde = **Cyclodictyon**
Cyclodictyon【3】 Mitt. 圆网藓属 ≒ **Pterygophyllum** Pilotrichaceae 茸帽藓科 [B-166] 全球 (6) 大洲分布及种数(91) 非洲:22;亚洲:2;大洋洲:4;欧洲:1;北美洲:23;南美洲:56
Cyclodium【3】C.Presl圆蕨属←**Aspidium;Thelypteris; Anisocampium** Dryopteridaceae 鳞毛蕨科 [F-49] 全球 (6)大洲分布及种数(11-13;hort.1)非洲:1;亚洲:1;大洋洲:1-2;欧洲:1;北美洲:5-6;南美洲:10-11
Cyclogramma【3】 (H.Christ) Tagawa 钩毛蕨属 ≒ **Thelypteris** Thelypteridaceae 金星蕨科 [F-42] 全球 (1) 大洲分布及种数(13-14)◆亚洲
Cyclogramma Tagawa = **Cyclogramma**
Cyclographa Tagawa = **Cyclogramma**
Cyclogyne Benth. = **Swainsona**
Cyclogyra Benth. ex Lindl. = **Clianthus**
Cyclolejeunea A.Evans = **Cyclolejeunea**
Cyclolejeunea【2】 Stephani 圆鳞苔属 ≒ **Jungermannia;Acanthocoleus** Lejeuneaceae 细鳞苔科 [B-84] 全球 (3) 大洲分布及种数(9-10)亚洲:cf.1;北美洲:3;南美洲:6-7
Cyclolepis【3】 Gillies ex D.Don 荆菊木属 ≒ **Gochnatia;Aphyllocladus** Asteraceae 菊科 [MD-586] 全球 (1) 大洲分布及种数(1) ◆南美洲
Cyclolobium【3】 Benth. 环裂豆属 → **Poecilanthe** Fabaceae 豆科 [MD-240] 全球 (1) 大洲分布及种数(2-4)◆南美洲
Cycloloma【3】 Moq. 环翅藜属 ← **Chenopodium; Salsola;** Chenopodiaceae 藜科 [MD-115] 全球 (1) 大洲分布及种数(1-5)◆北美洲
Cyclomorium Walp. = **Desmodium**
Cyclomya Vent. = **Cyclopia**
Cycloneda Hochst. = **Clerodendrum**
Cyclonema Hochst. = **Rotheca**
Cyclonenia Benth. = **Cycladenia**
Cyclopeltis【3】 J.Sm. 拟贯众属 ← **Aspidium** Lomariopsidaceae 藤蕨科 [F-52] 全球 (1) 大洲分布及种数(3-7)◆亚洲
Cyclopholus Desv. = **Cyclophorus**
Cyclophora Desv. = **Cyclophorus**
Cyclophorus【2】 Desv. 舟槲蕨属 ≒ **Polypodium** Polypodiaceae 水龙骨科 [F-60] 全球 (4) 大洲分布及种数(3) 非洲:1;亚洲:1;大洋洲:2;南美洲:1
Cyclophotus Desv. = **Cyclophorus**
Cyclophyllum【3】 Hook.f. 圆叶茜属 ← **Canthium; Chiococca;Plectronia** Rubiaceae 茜草科 [MD-523] 全球

(1) 大洲分布及种数(30-44)◆大洋洲
Cyclopia【3】 Vent. 蜜茶豆属 ← **Genista;Gompholobium;Sophora** Fabaceae 豆科 [MD-240] 全球 (1) 大洲分布及种数(11-31)◆非洲
Cyclopina Vent. = **Cyclopia**
Cyclopium C.Presl = **Cyclodium**
Cycloplax Vent. = **Cyclopia**
Cyclopogon (Small) Burns-Bal. = **Cyclopogon**
Cyclopogon【3】 Webb & Berth. ex C.Presl 玉箫兰属 → **Beadlea;Spananthe;Brachystele** Orchidaceae 兰科 [MM-723] 全球 (6) 大洲分布及种数(109-113)非洲:1-4;亚洲:1-5;大洋洲:1-4;欧洲:3;北美洲:26-30;南美洲:98-103
Cyclopoida Vent. = **Cyclopia**
Cyclops Pesta = **Cyclopia**
Cycloptera (R.Br.) Spach = **Cyclopogon**
Cycloptera Nutt. ex A.Gray = **Abronia**
Cyclopteris Gray = **Cystopteris**
Cyclopterus Gray = **Acrophorus**
Cycloptychis【3】 E.Mey. 喜光芥属 ← **Heliophila** Brassicaceae 十字花科 [MD-213] 全球 (1) 大洲分布及种数(2)◆非洲
Cyclopyge Benth. ex Lindl. = **Clianthus**
Cyclorhis M.L.Sheh & R.H.Shan = **Cyclorhiza**
Cyclorhiza【3】 M.L.Sheh & R.H.Shan 环根芹属 ← **Acronema;Cenolophium;Pimpinella** Apiaceae 伞形科 [MD-480] 全球 (1) 大洲分布及种数(2-4)◆东亚(◆中国)
Cycloris Sw. = **Chloris**
Cyclosanthes Pöpp. = **Cyclanthus**
Cyclosemia Benth. = **Achyrospermum**
Cycloseris Gray = **Acrophorus**
Cyclosia Klotzsch = **Mormodes**
Cyclosoma Panzer = **Cycloloma**
Cyclosorus【3】 Link 毛蕨属 → **Abacopteris;Aspidium;Sphaerostephanos** Thelypteridaceae 金星蕨科 [F-42] 全球 (1) 大洲分布及种数(14-37)◆北美洲(◆美国)
Cyclospathe O.F.Cook = **Pseudophoenix**
Cyclospatheae O.F.Cook = **Pseudophoenix**
Cyclospermum【3】 Lag. 细叶旱芹属 ← **Apium;Aethusa** Apiaceae 伞形科 [MD-480] 全球 (1) 大洲分布及种数(1-3)◆北美洲
Cyclospernum Lag. = **Cyclospermum**
Cyclostachya Reeder & C.Reeder = **Bouteloua**
Cyclostegia Benth. = **Elsholtzia**
Cyclostemon Bl. = **Drypetes**
Cyclostigma Hochst. ex Endl. = **Voacanga**
Cyclostigma Klotzsch = **Croton**
Cyclostigma Phil. = **Leptoglossis**
Cyclostoma Hochst. ex Endl. = **Voacanga**
Cyclostrema Hochst. ex Endl. = **Voacanga**
Cyclotaxis Boiss. = **Erodium**
Cyclotella Stapf = **Andropogon**
Cycloteria Stapf = **Oligochaeta**
Cyclotheca Moq. = **Gyrostemon**
Cyclotrema Hochst. = **Rotheca**
Cyclotrichium【3】 Manden. & Scheng. 环毛草属 ≒ **Calamintha;Satureja** Lamiaceae 唇形科 [MD-575] 全球 (1) 大洲分布及种数(9-10)◆亚洲
Cycnandra Hort. = **Cyrtandra**
Cycnea Berk. = **Microbryum**
Cycnia Griff. = **Parinari**
Cycnia Lindl. = **Prinsepia**
Cycniopsis【3】 Engl. 拟鹅参属 ← **Buchnera;Rhamphicarpa;Striga** Orobanchaceae 列当科 [MD-552] 全球 (1) 大洲分布及种数(1-2)◆非洲
Cycnium【3】 E.Mey. ex Benth. 粉墨花属 → **Cycniopsis;Rhamphicarpa** Orobanchaceae 列当科 [MD-552] 全球 (1) 大洲分布及种数(16-20)◆非洲
Cycnoches【2】 Lindl. 天鹅兰属 → **Clowesia;Lueddemannia;Polycycnis** Orchidaceae 兰科 [MM-723] 全球 (2) 大洲分布及种数(34-39;hort.1)北美洲:14;南美洲:26-31
Cycnoderus Endl. = **Hypochaeris**
Cycnodes【3】 Hort. 兰科属 Orchidaceae 兰科 [MM-723] 全球 (1) 大洲分布及种数(uc)◆东亚(◆中国)
Cycnogeton【2】 Endl. 水麦冬属 ← **Triglochin** Juncaginaceae 水麦冬科 [MM-604] 全球 (2) 大洲分布及种数(4-9)非洲:1;大洋洲:3-6
Cycnophyllum M.Chen & J.M.H.Shaw = **Arenaria**
Cycnoseris Endl. = **Hypochoeris**
Cycnus Mill. = **Cyanus**
Cycsellia【-】 auct. 兰科属 Orchidaceae 兰科 [MM-723] 全球 (uc) 大洲分布及种数(uc)
Cydamus Sm. = **Nelumbo**
Cydenis Salisb. = **Narcissus**
Cydilla L. = **Cyrilla**
Cydista【3】 Miers 优紫葳属 ← **Bignonia;Anemopaegma** Bignoniaceae 紫葳科 [MD-541] 全球 (1) 大洲分布及种数(1-7)◆南美洲
Cydnoides Mill. = **Capnoides**
Cydolus Rudenko = **Carolus**
Cydonia DC. = **Cydonia**
Cydonia【3】 Mill. 榅桲属 → **Chaenomeles;Pyrus** Rosaceae 蔷薇科 [MD-246] 全球 (1) 大洲分布及种数(2-7)◆亚洲
Cydoniaceae Schnizl. = Cunoniaceae
Cydoniorchis Senghas = **Xylobium**
Cyelea Arn. ex Wight = **Cyclea**
Cyema D.Don = **Corema**
Cygnicollum【3】 Fife & Magill 南非葫芦藓属 Funariaceae 葫芦藓科 [B-106] 全球 (1) 大洲分布及种数(1)◆非洲
Cygniella【3】 H.A.Crum 墨牛毛藓属 Ditrichaceae 牛毛藓科 [B-119] 全球 (1) 大洲分布及种数(1)◆北美洲
Cygnus Molina = **Cyanus**
Cylactis Raf. = **Rubus**
Cylas Schreb. = **Cynometra**
Cylastis Raf. = **Rubus**
Cylbanida Noronha ex Tul. = **Pittosporum**
Cylicadenia Lem. = **Odontadenia**
Cylicasta Ait. = **Aeschynomene**
Cylichnanthus Dulac = **Dianthus**
Cylichnium Dulac = **Gaudinia**
Cylicia Buch.Ham. ex G.Don = **Pottsia**
Cylicocarpus Lindb. = **Amphidium**
Cylicodaphne Nees = **Litsea**
Cylicodiscus【3】 Harms 杯盘豆属 ≒ **Erythrophleum;Newtonia** Fabaceae2 云实科 [MD-239] 全球 (1) 大洲分布及种数(1)◆非洲

Cylicomorpha【3】 Urb. 肋木瓜属 ← **Jacaratia** Caricaceae 番木瓜科 [MD-236] 全球 (1) 大洲分布及种数(2)◆非洲
Cylidium Raf. = **Cyclodium**
Cylindera Lour. = **Linociera**
Cylindr Lour. = **Linociera**
Cylindra Lour. = **Linociera**
Cylindrantha【-】 Y.Itô 仙人掌科属 Cactaceae 仙人掌科 [MD-100] 全球 (uc) 大洲分布及种数(uc)
Cylindria Lour. = **Linociera**
Cylindrica Lour. = **Linociera**
Cylindrilluma Plowes = **Caralluma**
Cylindritopsis Pierre = **Cylindropsis**
Cylindro Lour. = **Linociera**
Cylindroca Lour. = **Linociera**
Cylindrocalycium【-】 Y.Itô 仙人掌科属 Cactaceae 仙人掌科 [MD-100] 全球 (uc) 大洲分布及种数(uc)
Cylindrocarpa【3】 Regel 锥风铃属 ← **Phyteuma** Campanulaceae 桔梗科 [MD-561] 全球 (1) 大洲分布及种数(4)◆亚洲
Cylindrocarpon Regel = **Cylindrocarpa**
Cylindrocarpus Okamura,K. = **Cylindrocarpa**
Cylindrocerus Benth. = **Angianthus**
Cylindrochilus Thwaites = **Thrixspermum**
Cylindrocline【3】 Cass. 绵背菊属 → **Conyza** Asteraceae 菊科 [MD-586] 全球 (1) 大洲分布及种数(2)◆非洲
Cylindrocolea (Douin) R.M.Schust. = **Cylindrocolea**
Cylindrocolea【2】 D.P.Costa & N.D.Santos 筒萼苔属 Cephaloziellaceae 拟大萼苔科 [B-53] 全球 (4) 大洲分布及种数(11)非洲:4;亚洲:cf.1;北美洲:2;南美洲:3
Cylindrocys Nees = **Scleria**
Cylindrokelupha【3】 Kosterm. 棋子豆属 ← **Archidendron** Fabaceae3 蝶形花科 [MD-240] 全球 (6) 大洲分布及种数(5)非洲:8;亚洲:4-12;大洋洲:8;欧洲:8;北美洲:8;南美洲:1-9
Cylindrolcelupha Kosterm. = **Cylindrokelupha**
Cylindrolepas Böckeler = **Cyperus**
Cylindrolobivia【-】 Y.Itô 仙人掌科属 Cactaceae 仙人掌科 [MD-100] 全球 (uc) 大洲分布及种数(uc)
Cylindrolobus (Bl.) Brieger = **Eria**
Cylindropemus Nees = **Scleria**
Cylindrophis Pierre = **Cylindropsis**
Cylindrophyllum【3】 Schwantes 胜矛玉属 ← **Mesembryanthemum** Aizoaceae 番杏科 [MD-94] 全球 (1) 大洲分布及种数(5-6)◆非洲
Cylindropsis【3】 Pierre 柱状夹竹桃属 ← **Clitandra; Carpodinus** Apocynaceae 夹竹桃科 [MD-492] 全球 (1) 大洲分布及种数(1)◆非洲
Cylindropun Nees = **Scleria**
Cylindropuntia (Eng.) Frič & Schelle ex Kreuz. = **Opuntia**
Cylindropus Nees = **Scleria**
Cylindropyrum (Jaub. & Spach) Á.Löve = **Triticum**
Cylindrorebutia Frič & Kreuz. = **Rebutia**
Cylindrosia Lour. = **Linociera**
Cylindrosolen P. & K. = **Cylindrosolenium**
Cylindrosolenium【3】 Lindau 秘鲁爵床属 Acanthaceae 爵床科 [MD-572] 全球 (1) 大洲分布及种数(cf. 1)◆南美洲
Cylindrosorus Benth. = **Porpax**
Cylindrosperma Ducke = **Microplumeria**
Cylindrothecium Cladorrhizantia Schimp. = **Cylindrothecium**
Cylindrothecium【2】 Schimp. 绢藓属 ≒ **Palamocladium** Entodontaceae 绢藓科 [B-195] 全球 (4) 大洲分布及种数(16) 非洲:4;亚洲:2;欧洲:1;北美洲:11
Cylindrus Nees = **Scleria**
Cyliodaphne Nees = **Litsea**
Cylipogon Raf. = **Dalea**
Cylista Ait. = **Paracalyx**
Cylistella H.Lév. = **Christella**
Cylisus L. = **Cytisus**
Cylixylon Llanos = **Trachelospermum**
Cylizoma Neck. = **Millettia**
Cyllene Planch. = **Blyxa**
Cyllenium Schott = **Eminium**
Cylloceria Stapf = **Mnesithea**
Cyllodes Hort. = **Cycnodes**
Cyllometra L. = **Cynometra**
Cylogramma Tagawa = **Cyclogramma**
Cymaclosetum【-】 Carr,George Francis,Jr. & Shaw,Julian Mark Hugh 兰科属 Orchidaceae 兰科 [MM-723] 全球 (uc) 大洲分布及种数(uc)
Cymakra Benth. = **Cymaria**
Cymanchum L. = **Cynanchum**
Cymaria【3】 Benth. 歧伞花属 ← **Gomphostemma; Phlomis** Lamiaceae 唇形科 [MD-575] 全球 (1) 大洲分布及种数(2-4)◆亚洲
Cymasa L. = **Cycas**
Cymasetum Hort. = **Catasetum**
Cymatioa Spreng. = **Rhynchostele**
Cymation Spreng. = **Rhynchostele**
Cymato Spreng. = **Rhynchostele**
Cymatocarpus【3】 O.E.Schulz 大蒜芥属 ≒ **Sisymbrium** Brassicaceae 十字花科 [MD-213] 全球 (1) 大洲分布及种数(2-3)◆亚洲
Cymatoceras Benn. = **Hoya**
Cymatochloa Schlecht. = **Paspalum**
Cymatophora Raf. = **Acalypha**
Cymatoptera Turcz. = **Menonvillea**
Cymatopus Parent = **Cyathopus**
Cymatriton Spreng. = **Rhynchostele**
Cymba (C.Presl) Dulac = **Cheiroglossa**
Cymba Dulac = **Tofieldia**
Cymba Nor. = **Agalmyla**
Cymbacephalus Klotzsch = **Eremia**
Cymbachne Retz. = **Rottboellia**
Cymbaecarpa Cav. = **Coreopsis**
Cymbalaria【3】 Hill 蔓柳穿鱼属 ← **Linaria;Antirrhinum;Crotalaria** Plantaginaceae 车前科 [MD-527] 全球 (6) 大洲分布及种数(8-18;hort.1)非洲:3-4;亚洲:4-6;大洋洲:1;欧洲:5-14;北美洲:3-5;南美洲:1
Cymbalariella Nappi = **Saxifraga**
Cymbaleria Hill = **Cymbalaria**
Cymballaria Steud. = **Cymbalaria**
Cymbanthes Salisb. = **Androcymbium**
Cymbaria【3】 L. 大黄花属 Orobanchaceae 列当科 [MD-552] 全球 (1) 大洲分布及种数(4-6)◆亚洲
Cymbia (Torr. & A.Gray) Standl. = **Krigia**

Cymbicarpos Steven = **Astragalus**
Cymbidiella【3】 Rolfe 艳唇兰属 ← **Limodorum;Grammangis** Orchidaceae 兰科 [MM-723] 全球 (1) 大洲分布及种数(3-4)◆非洲
Cymbidilophia【-】 A.Chen 兰科属 Orchidaceae 兰科 [MM-723] 全球 (uc) 大洲分布及种数(uc)
Cymbidimangis【-】 Chen 兰科属 Orchidaceae 兰科 [MM-723] 全球 (uc) 大洲分布及种数(uc)
Cymbidium Lindl. = **Cymbidium**
Cymbidium【3】 Sw. 兰属 → **Acampe;Calypso;Acrolophia** Orchidaceae 兰科 [MM-723] 全球 (6) 大洲分布及种数(72-112;hort.1;cult:26)非洲:2-17;亚洲:67-111;大洋洲:12-28;欧洲:15;北美洲:22-37;南美洲:26-44
Cymbidum Sw. = **Cymbidium**
Cymbifoliella【-】 Dixon 绢藓科属 ≒ **Entodon** Entodontaceae 绢藓科 [B-195] 全球 (uc) 大洲分布及种数(uc)
Cymbiglossum Halb. = **Rodriguezia**
Cymbilabia D.K.Liu & Ming H.Li = **Cymbalaria**
Cymbiliorchis【-】 J.M.H.Shaw 兰科属 Orchidaceae 兰科 [MM-723] 全球 (uc) 大洲分布及种数(uc)
Cymbiola Standl. = **Krigia**
Cymbipetalum Benth. = **Cymbopetalum**
Cymbiphyllum【-】 Hort. 兰科属 ≒ **Grammatocymbidium** Orchidaceae 兰科 [MM-723] 全球 (uc) 大洲分布及种数(uc)
Cymbisellia【-】 M.Chen 兰科属 Orchidaceae 兰科 [MM-723] 全球 (uc) 大洲分布及种数(uc)
Cymbispatha Pichon = **Tradescantia**
Cymbocarpa【3】 Miers 水玉舟属 ← **Gymnosiphon** Burmanniaceae 水玉簪科 [MM-696] 全球 (1) 大洲分布及种数(2)◆南美洲
Cymbocarpum【3】 DC. 舟果芹属 ← **Anethum;Kalakia** Apiaceae 伞形科 [MD-480] 全球 (1) 大洲分布及种数(4-6)◆亚洲
Cymbochasma Endl. = **Cymbaria**
Cymbochasmia Endl. = **Cymbaria**
Cymboglossum (J.J.Sm.) Brieger = **Eria**
Cymbolaena【3】 Smoljan. 长柱紫绒草属 ← **Micropus;Stylocline** Asteraceae 菊科 [MD-586] 全球 (1) 大洲分布及种数(cf. 1)◆亚洲
Cymbonotus【3】 Cass. 大洋洲熊耳菊属 ← **Arctotis;Pilopogon** Asteraceae 菊科 [MD-586] 全球 (1) 大洲分布及种数(3-7)◆大洋洲
Cymbopappus【3】 B.Nord. 舟冠菊属 ← **Chrysanthemum;Matricaria** Asteraceae 菊科 [MD-586] 全球 (1) 大洲分布及种数(4)◆非洲
Cymbopetalum【3】 Benth. 添巧木属 ← **Asimina;Porcelia;Uvaria** Annonaceae 番荔枝科 [MD-7] 全球 (6) 大洲分布及种数(29-32;hort.1;cult:1)非洲:1;亚洲:2-3;大洋洲:1;欧洲:1;北美洲:16-17;南美洲:17-20
Cymbophora B.L.Rob. = **Cymophora**
Cymbophyllum F.Müll = **Veronica**
Cymbopogon Citrati Stapf = **Cymbopogon**
Cymbopogon【3】 Spreng. 香茅属 ← **Heteropogon;Festuca;Andropogon** Poaceae 禾本科 [MM-748] 全球 (6)大洲分布及种数(61-70;hort.1;cult:1)非洲:25-36;亚洲:48-61;大洋洲:17-27;欧洲:3-13;北美洲:19-29;南美洲:10-20
Cymbosema【3】 Benth. 淡红豆属 ← **Dioclea** Fabaceae 豆科 [MD-240] 全球 (1) 大洲分布及种数(1)◆南美洲
Cymbosepalum Baker = **Haematoxylum**
Cymboseris Boiss. = **Youngia**
Cymbosetaria Schweick. = **Setaria**
Cymbostemon Spach = **Illicium**
Cymburus Raf. = **Stachytarpheta**
Cymelonema C.Presl = **Urophyllum**
Cymicifuga Rchb. = **Cimicifuga**
Cyminon St.Lag. = **Cuminum**
Cyminosma Gaertn. = **Acronychia**
Cyminum Boiss. = **Microsciadium**
Cyminum Hill = **Cuminum**
Cyminum P. & K. = **Lagoecia**
Cymnocarpium Newman = **Cymbocarpum**
Cymnocladus Lam. = **Gymnocladus**
Cymnopteris Raf. = **Neottopteris**
Cymnosperma Less. = **Campnosperma**
Cymodoce K.D.König = **Cymodocea**
Cymodocea (Asch.) Asch. = **Cymodocea**
Cymodocea【3】 K.D.König 丝粉藻属 → **Amphibolis;Caulinia;Hyacinthus** Cymodoceaceae 丝粉藻科 [MM-615] 全球 (6) 大洲分布及种数(8)非洲:4-8;亚洲:3-7;大洋洲:5-9;欧洲:2-6;北美洲:4-8;南美洲:4
Cymodoceaceae【3】 Vines 丝粉藻科 [MM-615] 全球 (6) 大洲分布和属种数(5/20-37)非洲:3-4/9-19;亚洲:3-5/8-18;大洋洲:4/12-21;欧洲:2-3/3-12;北美洲:3-4/10-19;南美洲:1-3/3-12
Cymodoceeae Benth. & Hook.f. = **Cymodocea**
Cymoglossum Neck. = **Cynoglossum**
Cymonamia (Roberty) Roberty = **Bonamia**
Cymonomus Cass. = **Cymbonotus**
Cymophora【3】 B.L.Rob. 银光菊属 ← **Tridax** Asteraceae 菊科 [MD-586] 全球 (1) 大洲分布及种数(5)◆北美洲
Cymophyllus【3】 Mack. 波缘薹属 ← **Carex;Mapania** Cyperaceae 莎草科 [MM-747] 全球 (1) 大洲分布及种数(1-2)◆北美洲
Cymopteribus Buckley = **Pimpinella**
Cymopteris Raf. = **Cymopterus**
Cymopterus (J.M.Coult. & Rose) M.E.Jones = **Cymopterus**
Cymopterus【3】 Raf. 春欧芹属 → **Aletes;Carum;Uraspermum** Apiaceae 伞形科 [MD-480] 全球 (1) 大洲分布及种数(84-101)◆北美洲
Cymorium Rumph. = **Cynomorium**
Cymosafia (Roberty) Roberty = **Ipomoea**
Cymphiella (Fresl) Spach = **Cyphia**
Cymus Sm. = **Nelumbo**
Cynaeda Vaill. ex L. = **Cynara**
Cynanchaceae Meyer = Asclepiadaceae
Cynanchica Fourr. = **Sherardia**
Cynanchum (A.Gray) Sundell = **Cynanchum**
Cynanchum【3】 L. 鹅绒藤属 → **Adelostemma;Enslenia;Peplonia** Asclepiadaceae 萝藦科 [MD-494] 全球 (1) 大洲分布及种数(11-48)◆欧洲
Cynanthus Wall. ex Benth. = **Cyananthus**
Cynapium Bub. = **Ligusticum**
Cynara【3】 L. 菜蓟属 → **Alfredia;Cirsium;Platycar-**

C

pha Asteraceae 菊科 [MD-586] 全球 (1) 大洲分布及种数(8-13)◆欧洲
Cynaraceae Spenn. = Connaraceae
Cynareae Less. = **Cynara**
Cynaroides (Boiss. ex Walp.) Dostál = **Centaurea**
Cynaropsis P. & K. = **Cynara**
Cynarospermum【3】 Vollesen 百簕花属 ≒ **Blepharis** Acanthaceae 爵床科 [MD-572] 全球 (1) 大洲分布及种数(cf.1) ◆亚洲
Cyne【3】 Danser 犬寄生属 ← **Amylotheca** Loranthaceae 桑寄生科 [MD-415] 全球 (1) 大洲分布及种数(cf. 1)◆东南亚(◆菲律宾)
Cynoches Lindl. = **Cycnoches**
Cynochloris【3】 Clifford & Everist 狗牙禾属 Poaceae 禾本科 [MM-748] 全球 (1) 大洲分布及种数(3)◆大洋洲
Cynocramba Gagneb. = **Theligonum**
Cynocrambaceae【3】cf.Nees 刺爪花科 [MD-484] 全球 (1) 大洲分布和属种数(uc)◆非洲
Cynocrambe Gagneb. = **Theligonum**
Cynocrambe Hill = **Mercurialis**
Cynoctonum E.Mey. = **Mitreola**
Cynodendron Baebni = **Chrysophyllum**
Cynodon Benth. & Hook.f. = **Cynodon**
Cynodon【3】 Rich. 狗牙根属 ≒ **Agrostis;Bryum** Poaceae 禾本科 [MM-748] 全球 (6) 大洲分布及种数(30)非洲:17;亚洲:14;大洋洲:19;欧洲:7;北美洲:16;南美洲:16
Cynodonta Rich. = **Cynodon**
Cynodontiella (Limpr.) Bryhn = **Cynodontium**
Cynodontium【2】 Bruch & Schimp. 狗牙藓属 ≒ **Fissidens;Oncophorus** Oncophoraceae 曲背藓科 [B-124] 全球 (5) 大洲分布及种数(16) 非洲:3;亚洲:6;欧洲:8;北美洲:11;南美洲:2
Cynogeton Kunth = **Triglochin**
Cynoglossi L. = **Cynoglossum**
Cynoglossopsis A.Brand = **Cynoglossum**
Cynoglossospermum P. & K. = **Eritrichium**
Cynoglossospermum Siegesb. = **Echinospermum**
Cynoglossum J.M.H.Shaw = **Cynoglossum**
Cynoglossum【3】 L. 琉璃草属 ≒ **Myosotidium; Pectocarya** Boraginaceae 紫草科 [MD-517] 全球 (6) 大洲分布及种数(72-130;hort.1;cult:13)非洲:28-86;亚洲:39-91;大洋洲:9-47;欧洲:21-59;北美洲:14-47;南美洲:11-45
Cynoglottis【2】 (Gusuleac) M.Vural & Kit Tan 玻璃草属 ← **Anchusa** Boraginaceae 紫草科 [MD-517] 全球 (5) 大洲分布及种数(2)亚洲:2;大洋洲:1;欧洲:1;北美洲:1;南美洲:1
Cynomarathrum Nun. = **Lomatium**
Cynometra (Scheff.) Taub. = **Cynometra**
Cynometra【3】 L. 喃喃果属 → **Maniltoa;Gleditsia; Peltogyne** Fabaceae2 云实科 [MD-239] 全球 (1) 大洲分布及种数(18-62)◆非洲
Cynometreae Benth. = **Cynometra**
Cynomops R.Hedw. = **Maniltoa**
Cynomora R.Hedw. = **Maniltoa**
Cynomorbium Opiz = **Ranunculus**
Cynomoriaceae【3】Endl. ex Lindl. 锁阳科 [MD-309] 全球 (1) 大洲分布和属种数(1-2;hort. & cult.1)(2-3;hort. & cult.1)◆北美洲
Cynomorium【3】 L. 锁阳属 ≒ **Helosis** Cynomoriaceae 锁阳科 [MD-309] 全球 (1) 大洲分布及种数(cf. 1)◆亚洲
Cynomrium Opiz = **Cynomorium**
Cynomyrtus Scrivenor = **Parrya**
Cynontodium【3】 Hedw. 狗毛藓属 ≒ **Didymodon** Ditrichaceae 牛毛藓科 [B-119] 全球 (1) 大洲分布及种数(uc)◆亚洲
Cynopaema Lunell = **Pluchea**
Cynophalla【2】 (DC.) J.C.Presl 艳花菜属 ≒ **Capparis** Capparaceae 山柑科 [MD-178] 全球 (2) 大洲分布及种数(9-16)北美洲:1;南美洲:8
Cynopis Thou. = **Cynorkis**
Cynopoa Ehrh. = **Cynodon**
Cynops O.F.Cook = **Calyptronoma**
Cynopsole Endl. = **Balanophora**
Cynopterus Raf. = **Cymopterus**
Cynorchis Thou. = **Satyrium**
Cynorhiza【3】 Eckl. & Zeyh. 前胡属 ≒ **Peucedanum** Apiaceae 伞形科 [MD-480] 全球 (1) 大洲分布及种数(1-4)◆非洲
Cynorkaria【-】 J.M.H.Shaw 兰科属 Orchidaceae 兰科 [MM-723] 全球 (uc) 大洲分布及种数(uc)
Cynorkis【3】 Thou. 狗兰属 ≒ **Hesperis;Amitostigma** Orchidaceae 兰科 [MM-723] 全球 (1) 大洲分布及种数(135-210)◆非洲
Cynorrhiza Endl. = **Cynorhiza**
Cynorrhynchium Mitch. = **Mimulus**
Cynosbata Rchb. = **Pelargonium**
Cynosciadium【3】 DC. 狗芹属 ← **Aethusa; Limnosciadium;Oenanthe** Apiaceae 伞形科 [MD-480] 全球 (1) 大洲分布及种数(2-3)◆北美洲(◆美国)
Cynosorchis Thou. = **Cynorkis**
Cynosurus (Adans.) Benth. & Hook.f. = **Cynosurus**
Cynosurus【3】 L. 洋狗尾草属 → **Aegopogon; Pygeum;Bouteloua** Poaceae 禾本科 [MM-748] 全球 (6) 大洲分布及种数(17-22)非洲:12-19;亚洲:6-15;大洋洲:3-10;欧洲:9-16;北美洲:3-10;南美洲:3-11
Cynotis Hoffmanns. = **Arctotheca**
Cynotoxicum Vell. = **Connarus**
Cynoxylon (Raf.) Small = **Cornus**
Cynthia D.Don = **Krigia**
Cynthidia Chaudoir = **Krigia**
Cyornis Salisb. = **Narcissus**
Cypa Steck = **Nypa**
Cyparissa L. = **Carissa**
Cyparissia Hoffmanns. = **Callitris**
Cyparium L. = **Canarium**
Cypeda Herb. = **Cypella**
Cypella (Herb.) Ravenna = **Cypella**
Cypella【3】 Herb. 杯鸢花属 ≒ **Marica;Herbertus; Alyssum** Iridaceae 鸢尾科 [MM-700] 全球 (1) 大洲分布及种数(44-48)◆南美洲
Cypellium Desv. = **Styrax**
Cyperaceae (Pax) Chermezon ex T.Koyama = Cyperaceae
Cyperaceae【3】Juss. 莎草科 [MM-747] 全球 (6) 大洲分

布和属种数(111-125;hort. & cult.26-31)(5320-10410;hort. & cult.364-469)非洲:63-89/1997-3829;亚洲:52-80/2586-4641;大洋洲:52-84/1283-3077;欧洲:28-66/802-2300;北美洲:53-77/1927-3509;南美洲:55-80/1532-3137

Cyperella C.H.Hitchc. = **Luzula**

Cyperites Ség. = **Abildgaardia**

Cyperochloa【3】Lazarides & L.Watson 苔草禾属 Poaceae 禾本科 [MM-748] 全球 (1) 大洲分布及种数(1)◆大洋洲

Cyperochloeae L.Watson & Dallwitz = **Cyperochloa**

Cyperocymbidium【-】A.D.Hawkes 兰科属 ≒ **Cymbidium** Orchidaceae 兰科 [MM-723] 全球 (uc) 大洲分布及种数(uc)

Cyperoideae Kostel. = **Carex**

Cyperoides Ség. = **Carex**

Cyperorchis【3】Bl. 莎草兰属 ← **Cymbidium** Orchidaceae 兰科 [MM-723] 全球 (1) 大洲分布及种数(3-5)◆亚洲

Cyperus (Nees) Nakai = **Cyperus**

Cyperus【3】L. 莎草属 ≒ **Hoppea;Androtrichum** Cyperaceae 莎草科 [MM-747] 全球 (6) 大洲分布及种数(834-1218;hort.1;cult:92)非洲:535-823;亚洲:299-505;大洋洲:181-389;欧洲:62-216;北美洲:275-439;南美洲:249-427

Cyphacanthus【3】Leonard 弯刺爵床属 Acanthaceae 爵床科 [MD-572] 全球 (1) 大洲分布及种数(1)◆南美洲(◆哥伦比亚)

Cyphaea Lem. = **Cuphea**

Cyphaleus Vahl = **Cephaelis**

Cyphalophus Wedd. = **Cypholophus**

Cyphanthe Raf. = **Orobanche**

Cyphanthera【3】Miers 驼药茄属 ← **Anthocercis** Solanaceae 茄科 [MD-503] 全球 (1) 大洲分布及种数(3-7)◆大洋洲

Cyphea P. & K. = **Silene**

Cyphella Herb. = **Cypella**

Cyphia【3】P.J.Bergius 腔柱草属 ≒ **Monopsis** Campanulaceae 桔梗科 [MD-561] 全球 (1) 大洲分布及种数(31-72)◆非洲

Cyphiaceae【3】A.DC. 驼曲草科 [MD-564] 全球 (6) 大洲分布和属种数(1;hort. & cult.1)(31-74;hort. & cult.3-4)非洲:1/31-72;亚洲:1/2;大洋洲:1/2;欧洲:1/2;北美洲:1/2;南美洲:1/2

Cyphiella (Fresl) Spach = **Cyphia**

Cyphisia Rizzini = **Justicia**

Cyphium J.F.Gmel. = **Cyphia**

Cyphocalyx C.Presl = **Aspalathus**

Cyphocardamum【3】Hedge 阿富汗白花芥属 Brassicaceae 十字花科 [MD-213] 全球 (1) 大洲分布及种数(cf. 1)◆西亚(◆阿富汗)

Cyphocarpa【3】Lopr. 肿苋属 Amaranthaceae 苋科 [MD-116] 全球 (1) 大洲分布及种数(2-8)◆非洲

Cyphocarpaceae【2】Reveal & Hoogland 弯果草科 [MD-563] 全球 (2) 大洲分布和属种数(2/5-12)非洲:1/2-8;南美洲:1/3-3

Cyphocarpus【3】Miers 苣莲属 ≒ **Cuphocarpus** Campanulaceae 桔梗科 [MD-561] 全球 (1) 大洲分布及种数(3)◆南美洲

Cyphochilus【3】Schltr. 肿兰属 ≒ **Podochilus; Appendicula** Orchidaceae 兰科 [MM-723] 全球 (1) 大洲分布及种数(2-11)◆大洋洲(◆巴布亚新几内亚)

Cyphochlaena【3】Hack. 肿蜀黍属 ≒ **Sclerolaena** Poaceae 禾本科 [MM-748] 全球 (1) 大洲分布及种数(2)◆非洲

Cyphochlaeneae Bosser = **Cyphochlaena**

Cyphoedma Herb. = **Amaryllis**

Cyphokentia【3】Brongn. 瓶椰属 ← **Basselinia;Kentiopsis** Arecaceae 棕榈科 [MM-717] 全球 (1) 大洲分布及种数(5-6)◆大洋洲

Cypholepis【3】Chiov. 禾本科属 Poaceae 禾本科 [MM-748] 全球 (1) 大洲分布及种数(uc)◆亚洲

Cypholophus【2】Wedd. 瘤冠麻属 ← **Boehmeria; Pilea;Urtica** Urticaceae 荨麻科 [MD-91] 全球 (5) 大洲分布及种数(10-39;hort.1)非洲:7-29;亚洲:8-20;大洋洲:8-30;北美洲:4;南美洲:3

Cypholopltus Wedd. = **Cypholophus**

Cypholoron【3】Dressler & Dodson 驼兰属 ← **Pterostemma** Orchidaceae 兰科 [MM-723] 全球 (1) 大洲分布及种数(2-4)◆南美洲

Cyphoma Herb. = **Amaryllis**

Cyphomandra (Bitter) A.Child = **Cyphomandra**

Cyphomandra【3】Mart. ex Sendtn. 树番茄属 ← **Solanum;Pterandra** Solanaceae 茄科 [MD-503] 全球 (6) 大洲分布及种数(25-33)非洲:2;亚洲:2;大洋洲:1;欧洲:1;北美洲:7;南美洲:23-26

Cyphomattia Boiss. = **Rindera**

Cyphomena Herb. = **Amaryllis**

Cyphomenes Giordani Soika = **Cyphomeris**

Cyphomeris【3】Standl. 隆果草属 ← **Boerhavia; Senkenbergia** Nyctaginaceae 紫茉莉科 [MD-107] 全球 (1) 大洲分布及种数(2-9)◆北美洲

Cyphomnadra Mart. ex Sendtn. = **Cyphomandra**

Cyphonanthus【3】Zuloaga & Morrone 肿草属 ≒ **Panicum** Poaceae 禾本科 [MM-748] 全球 (1) 大洲分布及种数(1)◆北美洲

Cyphonema Herb. = **Posoqueria**

Cyphonia Herb. = **Amaryllis**

Cyphophoenix【3】H.Wendl. ex Benth. & Hook.f. 斜柱椰属 ≒ **Clinostigma** Arecaceae 棕榈科 [MM-717] 全球 (1) 大洲分布及种数(3-4)◆大洋洲

Cyphopsis P. & K. = **Cyphia**

Cyphorima Raf. = **Tiquilia**

Cyphosaccus Rchb.f. = **Caucaea**

Cyphosoma Herb. = **Cyrtanthus**

Cyphosperma【3】H.Wendl. ex Benth. & Hook.f. 肿瘤椰属 → **Burretiokentia** Arecaceae 棕榈科 [MM-717] 全球 (1) 大洲分布及种数(4-5)◆大洋洲

Cyphosstemma (Planch.) Alston = **Cyphostemma**

Cyphostemma【2】(Planch.) Alston 葡萄瓮属 ← **Cayratia;Cissus;Vitis** Vitaceae 葡萄科 [MD-403] 全球 (5) 大洲分布及种数(220-278;hort.1;cult: 1)非洲:214-264;亚洲:cf.1;欧洲:4;北美洲:4;南美洲:10

C

Cyphostigma 【3】 Benth. 折花姜属 ← **Amomum; Elettaria;Elettariopsis** Zingiberaceae 姜科 [MM-737] 全球 (1) 大洲分布及种数(cf. 1)◆亚洲

Cyphostyla Gleason = **Allomaieta**

Cyphotheca 【3】 Diels 药囊花属 ← **Oxyspora; Phyllagathis** Melastomataceae 野牡丹科 [MD-364] 全球 (1) 大洲分布及种数(cf. 1)◆亚洲

Cyphus L. = **Cyperus**

Cypraea Opiz = **Toisusu**

Cyprea Andrews = **Correa**

Cypressus Hultén = **Chamaecyparis**

Cyprianthe Spach = **Ranunculus**

Cyprinella M.T.Strong = **Cypringlea**

Cypringlea 【3】 M.T.Strong 墨西哥莎草属 Cyperaceae 莎草科 [MM-747] 全球 (1) 大洲分布及种数(3-4)◆北美洲(◆墨西哥)

Cyprinia 【3】 Browicz 鲤鱼萝藦属 ≒ **Periploca** Apocynaceae 夹竹桃科 [MD-492] 全球 (1) 大洲分布及种数(cf. 1)◆亚洲

Cypripediaceae 【3】 Lindl. 杓兰科 [MM-722] 全球 (6) 大洲分布和属种数(1;hort. & cult.1)(57-305;hort. & cult.36-46)非洲:1/4-43;亚洲:1/48-98;大洋洲:1/3-42;欧洲:1/8-48;北美洲:1/27-71;南美洲:1/39

Cypripedilon St.Lag. = **Cypripedium**

Cypripedilum Asch. = **Cypripedium**

Cypripedium (Raf.) Szlach. = **Cypripedium**

Cypripedium 【3】 L.羊角兰属 ≒ **Criosanthes;Calypso** Cypripediaceae 杓兰科 [MM-722] 全球 (6) 大洲分布及种数(58-218;hort.1;cult:153)非洲:4-43;亚洲:48-98;大洋洲:3-42;欧洲:8-48;北美洲:27-71;南美洲:39

Cyproidea Ség. = **Carex**

Cyprolepis Steud. = **Mariscus**

Cypselea 【3】 Turp. 蜂巢草属 Aizoaceae 番杏科 [MD-94] 全球 (1) 大洲分布及种数(1-2)◆北美洲

Cypselocarpus 【3】 F.Müll. 假二仙草属 ≒ **Threlkeldia** Gyrostemonaceae 环蕊木科 [MD-198] 全球 (1) 大洲分布及种数(1)◆大洋洲

Cypselodontia DC. = **Dicoma**

Cypseloides Ség. = **Abildgaardia**

Cyptocarpa Kunth = **Cyphocarpa**

Cyptodon 【2】 (Broth.) Paris & Schimp. ex M.Fleisch. 大洋洲隐蒴藓属 ≒ **Pilotrichum** Cryphaeaceae 隐蒴藓科 [B-197] 全球 (3) 大洲分布及种数(7) 大洋洲:6;北美洲:1;南美洲:1

Cyptodontopsis 【2】 Dixon 线齿藓属 Cryphaeaceae 隐蒴藓科 [B-197] 全球 (2) 大洲分布及种数(1) 亚洲:1;大洋洲:1

Cyptotaenia DC. = **Cryptotaenia**

Cypturus Link = **Lolium**

Cyrassostele 【-】 J.M.H.Shaw 兰科属 Orchidaceae 兰科 [MM-723] 全球 (uc) 大洲分布及种数(uc)

Cyrbasium Endl. = **Cristatella**

Cyrena Lour. = **Styrax**

Cyrenea 【-】 Allam. 禾本科属 Poaceae 禾本科 [MM-748] 全球 (uc) 大洲分布及种数(uc)

Cyrenia Andrz. ex DC. = **Syrenia**

Cyrethrum Boiss. = **Tanacetum**

Cyrilla Garden = **Cyrilla**

Cyrilla 【3】 L. 鞣木属 ≒ **Achimenes;Andromeda; Ardisia** Cyrillaceae 鞣木科 [MD-352] 全球 (1) 大洲分布及种数(4-12)◆北美洲

Cyrillaceae 【3】 Lindl. 鞣木科 [MD-352] 全球 (6) 大洲分布和属种数(3;hort. & cult.2)(13-31;hort. & cult.2-4)非洲:2/3;亚洲:2/3;大洋洲:2/3;欧洲:2/3;北美洲:3/11-27;南美洲:2-3/3-6

Cyrillopsis 【3】 Kuhlm. 莽鞣木属 ← **Ochthocosmus** Ixonanthaceae 黏木科 [MD-294] 全球 (1) 大洲分布及种数(2)◆南美洲

Cyrilwhitea Ising = **Sclerolaena**

Cyrodon Rich. = **Cynodon**

Cyrolexis Less. = **Anacyclus**

Cyrollaria 【-】 J.Portilla 兰科属 Orchidaceae 兰科 [MM-723] 全球 (uc) 大洲分布及种数(uc)

Cyrta Lour. = **Styrax**

Cyrtacanthus Mart ex Nees = **Ruellia**

Cyrtandra 【3】 J.R.Forst. & G.Forst. 浆果苣苔属 → **Agalmyla;Didissandra;Orthopichonia** Gesneriaceae 苦苣苔科 [MD-549] 全球 (6) 大洲分布及种数(199-983;hort.1;cult:41)非洲:11-148;亚洲:104-366;大洋洲:17-145;欧洲:44;北美洲:158-237;南美洲:43

Cyrtandraceae Jack = Rhamnaceae

Cyrtandroidea 【2】 F.Br. 曲苣苔属 Gesneriaceae 苦苣苔科 [MD-549] 全球 (2) 大洲分布及种数(1) 大洋洲:1;北美洲:1

Cyrtandromoea 【3】 Zoll. 囊萼花属 ← **Chrysothemis; Loxonia** Gesneriaceae 苦苣苔科 [MD-549] 全球 (1) 大洲分布及种数(6-12)◆亚洲

Cyrtandropsis C.B.Clarke ex DC. = **Cyrtandra**

Cyrtanhus Herb. = **Cyrtanthus**

Cyrtanthaceae Jack = Cyclanthaceae

Cyrtanthe Dur. & Jacks = **Cistanthe**

Cyrtantheae (Traub) Traub = **Cistanthe**

Cyrtanthemum örst. = **Besleria**

Cyrtanthera 【3】 Nees 爵床属 ← **Jacobinia;Justicia** Acanthaceae 爵床科 [MD-572] 全球 (1) 大洲分布及种数(4)◆南美洲

Cyrtantherella örst. = **Jacobinia**

Cyrtanthus 【3】 Aiton 曲管花属 ≒ **Amaryllis;Timmia;Cybianthus** Amaryllidaceae 石蒜科 [MM-694] 全球 (1) 大洲分布及种数(51-62)◆非洲

Cyrtellia auct. = **Castellia**

Cyrthandra J.R.Forst. & G.Forst. = **Cyrtandra**

Cyrthanthus Eckl. = **Cyrtanthus**

Cyrtia DC. = **Cortia**

Cyrtidaceae A.Rich. = Cytinaceae

Cyrtidiorchis 【3】 Rauschert 曲兰属 ← **Camaridium; Maxillaria** Orchidaceae 兰科 [MM-723] 全球 (1) 大洲分布及种数(5)◆南美洲

Cyrtidium Schltr. = **Cyrtidiorchis**

Cyrtionopsis 【-】 J.M.H.Shaw 兰科属 Orchidaceae 兰科 [MM-723] 全球 (uc) 大洲分布及种数(uc)

Cyrtobrassidium 【-】 J.M.H.Shaw 兰科属 Orchidaceae

兰科 [MM-723] 全球 (uc) 大洲分布及种数(uc)
Cyrtobrassonia【-】J.M.H.Shaw 兰科属 Orchidaceae 兰科 [MM-723] 全球 (uc) 大洲分布及种数(uc)
Cyrtocarpa【2】Kunth 斜枣属 ← **Tapirira** Anacardiaceae 漆树科 [MD-432] 全球 (2) 大洲分布及种数(6)北美洲:4;南美洲:2
Cyrtocarpus P. & K. = **Symplocos**
Cyrtoceras Benn. = **Hoya**
Cyrtochiloides【2】N.H.Williams & M.W.Chase 齿舌兰属 ← **Odontoglossum;Oncidium** Orchidaceae 兰科 [MM-723] 全球 (2) 大洲分布及种数(3) 北美洲;南美洲
Cyrtochilos Spreng. = **Cyrtochilum**
Cyrtochilum (Lindl. ex Pfitzer) Kraenzl. = **Cyrtochilum**
Cyrtochilum【3】Kunth 凸唇兰属 ≒ **Neodryas** Orchidaceae 兰科 [MM-723] 全球(1)大洲分布及种数(203-213)◆南美洲(◆委内瑞拉)
Cyrtochloa【3】S.Dransf. 曲草属 ≒ **Schizostachyum** Poaceae 禾本科 [MM-748] 全球(1)大洲分布及种数(8)◆亚洲
Cyrtocidistele【-】J.M.H.Shaw 兰科属 Orchidaceae 兰科 [MM-723] 全球 (uc) 大洲分布及种数(uc)
Cyrtocidium J.M.H.Shaw = **Cyrtopodium**
Cyrtocladon Griff. = **Homalomena**
Cyrtococcum【3】Stapf 弓果黍属 ← **Agrostis;Isachne** Poaceae 禾本科 [MM-748] 全球 (6) 大洲分布及种数(12-14;hort.1)非洲:9-12;亚洲:7-8;大洋洲:7-8;欧洲:4-5;北美洲:3-4;南美洲:1
Cyrtocoris Benn. = **Hoya**
Cyrtocymura【3】H.Rob. 曲序斑鸠菊属 ← **Cacalia** Asteraceae 菊科 [MD-586] 全球 (1) 大洲分布及种数(6)◆南美洲
Cyrtodeira Hanst. = **Episcia**
Cyrtodenia Hanst. = **Achimenes**
Cyrtodiscus Batalin = **Didymocarpus**
Cyrtodon (R.Br.) Hook. = **Tayloria**
Cyrtodonta (R.Br.) Hook. = **Tayloria**
Cyrtodontella【-】J.M.H.Shaw 兰科属 Orchidaceae 兰科 [MM-723] 全球 (uc) 大洲分布及种数(uc)
Cyrtodontioda【-】J.M.H.Shaw 兰科属 Orchidaceae 兰科 [MM-723] 全球 (uc) 大洲分布及种数(uc)
Cyrtodontocidium【-】J.M.H.Shaw 兰科属 Orchidaceae 兰科 [MM-723] 全球 (uc) 大洲分布及种数(uc)
Cyrtodontostele【-】J.M.H.Shaw 兰科属 Orchidaceae 兰科 [MM-723] 全球 (uc) 大洲分布及种数(uc)
Cyrtogenius J.Sm. = **Bolbitis**
Cyrtoglossum (J.J.Sm.) Brieger = **Eria**
Cyrtoglottis Schltr. = **Mormolyca**
Cyrtogonellum【3】Ching 柳叶蕨属 ← **Aspidium; Polystichum** Dryopteridaceae 鳞毛蕨科 [F-49] 全球 (1) 大洲分布及种数(8-13)◆亚洲
Cyrtogonium J.Sm. = **Bolbitis**
Cyrtogonone【3】Prain 银背桐属 ← **Crotonogyne; Manniophyton** Euphorbiaceae 大戟科 [MD-217] 全球 (1) 大洲分布及种数(cf.1) ◆非洲
Cyrtogramcymbidium【-】A.Chen 兰科属 Orchidaceae 兰科 [MM-723] 全球 (uc) 大洲分布及种数(uc)
Cyrtogyne Rchb. = **Crassula**
Cyrto-hypnum【2】(Hampe) Hampe & Lorentz 细羽藓属 Thuidiaceae 羽藓科 [B-184] 全球 (5) 大洲分布及种数(21) 非洲:2;亚洲:8;欧洲:2;北美洲:5;南美洲:9
Cyrtolauzina【-】J.M.H.Shaw 兰科属 Orchidaceae 兰科 [MM-723] 全球 (uc) 大洲分布及种数(uc)
Cyrtolejeunea【3】Herzog 细鳞苔科属 ≒ **Oryzolejeunea** Lejeuneaceae 细鳞苔科 [B-84] 全球 (1) 大洲分布及种数(1)◆南美洲
Cyrtolepis Less. = **Anacyclus**
Cyrtolioda【-】J.M.H.Shaw 兰科属 Orchidaceae 兰科 [MM-723] 全球 (uc) 大洲分布及种数(uc)
Cyrtolobium【-】R.Br. 蝶形花科属 Fabaceae3 蝶形花科 [MD-240] 全球 (uc) 大洲分布及种数(uc)
Cyrtolobum R.Br. = **Crotalaria**
Cyrtomaia Bl. = **Cyrtosia**
Cyrtomidictyum【3】Ching 鞭叶蕨属 ← **Aspidium** Dryopteridaceae 鳞毛蕨科 [F-49] 全球 (1) 大洲分布及种数(cf. 1)◆亚洲
Cyrtomium【3】C.Presl 贯众属 ≒ **Phanerophlebia; Polystichum** Dryopteridaceae 鳞毛蕨科 [F-49] 全球 (1) 大洲分布及种数(45-51)◆亚洲
Cyrtomnium【2】Holmen 曲灯藓属 Mniaceae 提灯藓科 [B-149] 全球 (3) 大洲分布及种数(2) 亚洲:1;欧洲:2;北美洲:2
Cyrtomon (R.Br.) Hook. = **Tayloria**
Cyrtomyia Bigot = **Cyrtosia**
Cyrtonaea Glic. = **Kedrostis**
Cyrtoncidopsis【-】J.M.H.Shaw 兰科属 Orchidaceae 兰科 [MM-723] 全球 (uc) 大洲分布及种数(uc)
Cyrtoncidumnia【-】J.M.H.Shaw 兰科属 Orchidaceae 兰科 [MM-723] 全球 (uc) 大洲分布及种数(uc)
Cyrtonema Schröd. = **Kedrostis**
Cyrtoniopsis J.M.H.Shaw = **Critoniopsis**
Cyrtonora J.R.Forst. & G.Forst. = **Cyrtandra**
Cyrtonota Schröd. = **Bryonia**
Cyrtopasia Bl. = **Cyrtosia**
Cyrtopera Lindl. = **Eulophia**
Cyrtophlebium (R.Br.) J.Sm. = **Campyloneurum**
Cyrtophora Raf. = **Acalypha**
Cyrtophyllum Reinw. = **Fagraea**
Cyrtopodaceae M.Fleisch. = Hookeriaceae
Cyrtopodendron【3】M.Fleisch. 曲藓属 Pterobryellaceae 玉柏藓科 [B-157] 全球 (1) 大洲分布及种数(1)◆大洋洲
Cyrtopodion R.Br. = **Cyrtopodium**
Cyrtopodium【3】R.Br. 萼足兰属 ← **Cymbidium; Maxillaria;Tetramicra** Orchidaceae 兰科 [MM-723] 全球 (1) 大洲分布及种数(55-58)◆南美洲
Cyrtopogon Spreng. = **Aristida**
Cyrtopus【2】(Brid.) Hook.f. 曲轴藓属 Hypnodendraceae 树灰藓科 [B-158] 全球 (2) 大洲分布及种数(1) 亚洲:1;大洋洲:1
Cyrtorchis【3】Schltr. 弯萼兰属 ← **Aerangis;Listrostachys;Angraecum** Orchidaceae 兰科 [MM-723] 全球 (1)

C

大洲分布及种数(18-22)◆非洲

Cyrtorhyncha 【2】 Nutt. 毛茛属 ← **Ranunculus** Ranunculaceae 毛茛科 [MD-38] 全球 (2) 大洲分布及种数(1) 亚洲;北美洲

Cyrtosia 【3】 Bl. 肉果兰属 → **Erythrorchis;Galeola** Orchidaceae 兰科 [MM-723] 全球 (1) 大洲分布及种数(5-6)◆亚洲

Cyrtosiphonia F.A.W.Miquel = **Rauvolfia**

Cyrtosoma Bl. = **Cyrtosia**

Cyrtospadix K.Koch = **Dieffenbachia**

Cyrtospenna Griff. = **Cyrtosperma**

Cyrtosperma 【3】 Griff. 曲籽芋属 ← **Alocasia;Podolasia;Urospatha** Araceae 天南星科 [MM-639] 全球 (6) 大洲分布及种数(4-13)非洲:3-11;亚洲:3-6;大洋洲:2-3;欧洲:1;北美洲:1;南美洲:1

Cyrtospermum Benth. = **Cryptotaenia**

Cyrtostachy Bl. = **Cyrtostachys**

Cyrtostachys 【2】 Bl.猩红椰属←**Areca;Ptychosperma** Arecaceae 棕榈科 [MM-717] 全球 (5) 大洲分布及种数(5-15)非洲:3-7;亚洲:3-7;大洋洲:1-10;北美洲:1-2;南美洲:1-2

Cyrtostele 【-】 J.M.H.Shaw 兰科属 Orchidaceae 兰科 [MM-723] 全球 (uc) 大洲分布及种数(uc)

Cyrtostemma (Mert. & Koch) Spach = **Scabiosa**

Cyrtostemma Kunze = **Clerodendrum**

Cyrtostylis 【3】 R.Br. 蚊兰属 ≒ **Acianthus;Caladenia; Chiloglottis** Orchidaceae 兰科 [MM-723] 全球 (1) 大洲分布及种数(4-5)◆大洋洲

Cyrtotoma Schröd. = **Bryonia**

Cyrtotropis Wall. = **Nogra**

Cyrtotylus R.Br. = **Cyrtostylis**

Cyrtozia Bl. = **Cyrtosia**

Cyrtumnia 【-】 J.M.H.Shaw 兰科属 Orchidaceae 兰科 [MM-723] 全球 (uc) 大洲分布及种数(uc)

Cyssopetalum Turcz. = **Oenanthe**

Cystacanthus 【3】 T.Anderson 鳔冠花属 ← **Phlogacanthus;Strobilanthes** Acanthaceae 爵床科 [MD-572] 全球 (1) 大洲分布及种数(13-14)◆亚洲

Cystanche Ledeb. = **Cistanche**

Cystanthe R.Br. = **Craspedia**

Cyste Dulac = **Cystopteris**

Cystea Sm. = **Cystopteris**

Cystestemon Balf.f. = **Cystostemon**

Cysticapnos 【3】 Mill. 南非堇属 ≒ **Capnoides; Corydalis** Papaveraceae 罂粟科 [MD-54] 全球 (1) 大洲分布及种数(4-5)◆非洲

Cysticorydalis Fedde = **Corydalis**

Cystidia Gaertn. = **Cuspidia**

Cystidianthus Hassk. = **Hoya**

Cystidium J.Sm. = **Saccoloma**

Cystidium Lindl. = **Cystodium**

Cystidospermum Prokh. = **Euphorbia**

Cystiphora Lunell = **Astragalus**

Cystistemon I.M.Johnst. = **Trichodesma**

Cystium 【-】 Coulteriana Rydb. 豆科属 ≒ **Astragalus** Fabaceae 豆科 [MD-240] 全球 (uc) 大洲分布及种数(uc)

Cystoathyrium 【3】 Ching 宝兴冷蕨属 Athyriaceae 蹄盖蕨科 [F-40] 全球 (1) 大洲分布及种数(1)◆东亚(◆中国)

Cystocarpum Benth. & Hook.f. = **Alyssoides**

Cystochilum Barb.Rodr. = **Cranichis**

Cystodiac J.Sm. = **Cystodium**

Cystodiaceae Croft = Cyathodiaceae

Cystodiopteris Rauschert = **Cystodium**

Cystodium Fée = **Cystodium**

Cystodium 【2】 J.Sm. 花楸蕨属 Lindsaeaceae 鳞始蕨科 [F-27] 全球 (2) 大洲分布及种数(2-3;hort.1)非洲:1;南美洲:cf.1

Cystogyne Gasp. = **Ficus**

Cystolejeunea 【3】 (Lehm. & Lindenb.) A.Evans 冷鳞苔属 Lejeuneaceae 细鳞苔科 [B-84] 全球 (1) 大洲分布及种数(1)◆北美洲(◆美国)

Cystophora Womersley,H.B.S. = **Cymophora**

Cystopora Lunell = **Astragalus**

Cystoporida Lunell = **Anarthrophyllum**

Cystopsora Lunell = **Astragalus**

Cystopteridaceae Shmakov = Davalliaceae

Cystopteris 【3】 Bernh. 冷蕨属 → **Acrophorus;Athyrium;Stigmatopteris** Davalliaceae 骨碎补科 [F-56] 全球 (1) 大洲分布及种数(20-30)◆亚洲

Cystopus Bl. = **Annesorhiza**

Cystorchis 【3】 Bl. 鳔唇兰属 ← **Epipactis;Hetaeria; Erythrodes** Orchidaceae 兰科 [MM-723] 全球 (1) 大洲分布及种数(1-16)◆亚洲

Cystoseira Welw. = **Achimenes**

Cystostemma 【3】 E.Fourn. 南美岩竹桃属 ← **Oxypetalum** Apocynaceae 夹竹桃科 [MD-492] 全球 (1) 大洲分布及种数(uc)◆亚洲

Cystostemon 【3】 Balf.f. 囊蕊紫草属 ≒ **Trichodesma** Boraginaceae 紫草科 [MD-517] 全球 (1) 大洲分布及种数(3-17)◆西亚(◆也门)

Cystotheca Bl. = **Ammannia**

Cystycordalis Fedde = **Corydalis**

Cytaeis Lindl. = **Collabium**

Cythara Salisb. = **Anthodon**

Cytharexylon Batsch. = **Citharexylum**

Cytharexylum Jacq. = **Citharexylum**

Cytheraea (DC.) Wight & Arn. = **Spondias**

Cythere Salisb. = **Anthodon**

Cytherea Salisb. = **Calypso**

Cythereis Lindl. = **Collabium**

Cytherella Kramer = **Brodiaea**

Cytheretta Salisb. = **Anthodon**

Cytheridea Wight & Arn. = **Spondias**

Cytheris Lindl. = **Nephelaphyllum**

Cytheritis Lindl. = **Collabium**

Cytherois Lindl. = **Collabium**

Cytherura Wight & Arn. = **Spondias**

Cythisus Schrank = **Cytisus**

Cyticus L. = **Cytisus**

Cytidia Rick = **Allium**

Cytidospermum Prokh. = **Euphorbia**

Cytinaceae【3】A.Rich. 岩寄生科 [MD-182] 全球 (6) 大洲分布和属种数(2;hort. & cult.1)(8-16;hort. & cult.1) 非洲:1/5-12;亚洲:1/4;大洋洲:1/4;欧洲:1/4;北美洲:1-2/3-7;南美洲:1/4

Cytinus【3】L. 岩寄生属 ≒ **Cotinus** Cytinaceae 岩寄生科 [MD-182] 全球 (1) 大洲分布及种数(5-12)◆非洲

Cytisaceae A.Rich. = Cytinaceae

Cytisanthus【3】O.Lang 染料木属 ← **Genista** Fabaceae3 蝶形花科 [MD-240] 全球 (1) 大洲分布及种数 (1)属分布和种数(uc)◆欧洲

Cytisogenista Duham. = **Sarothamnus**

Cytiso-genista Duham. = **Sarothamnus**

Cytisophyllum【3】O.Lang 金雀儿叶属 ← **Cytisus** Fabaceae 豆科 [MD-240] 全球 (1) 大洲分布及种数(1)◆欧洲

Cytisopsis【3】Jaub. & Spach 西亚绒毛花属 ← **Caragana;Cytisus** Fabaceae 豆科 [MD-240] 全球 (1) 大洲分布及种数(1-2)◆非洲

Cytisus【3】Desf. 金雀儿属 → **Adenocarpus;Lembotropis;Petteria** Fabaceae3 蝶形花科 [MD-240] 全球 (1) 大洲分布及种数(32-62)◆欧洲

Cytisus W.D.J.Koch = **Cytisus**

Cytococcum Stapf = **Cyrtococcum**

Cytogonellum Ching = **Cyrtogonellum**

Cytogonidium【3】B.G.Briggs & L.A.S.Johnson 帚灯草属 ← **Restio** Restionaceae 帚灯草科 [MM-744] 全球 (1) 大洲分布及种数(1)◆大洋洲

Cytonaema Lunell = **Asclepias**

Cytostemon Balf.f. = **Trichodesma**

Cyttaranthus【3】J.Léonard 潺槁桐属 Euphorbiaceae 大戟科 [MD-217] 全球 (1) 大洲分布及种数(1)◆非洲

Cyttarium Peterm. = **Antennaria**

Cyttopsis Lowe = **Cyathopsis**

Czackia Andrz. = **Diuranthera**

Czekelia Schur = **Muscari**

Czernaevia【2】Turcz. 当归属 ← **Angelica;Archangelica;Conioselinum** Apiaceae 伞形科 [MD-480] 全球 (2) 大洲分布及种数(cf.1) 亚洲;欧洲

Czerniaevia【-】Ledeb. 禾本科属 Poaceae 禾本科 [MM-748] 全球 (uc) 大洲分布及种数(uc)

Czernya C.Presl = **Phragmites**

Czernyola C.Presl = **Arundinaria**

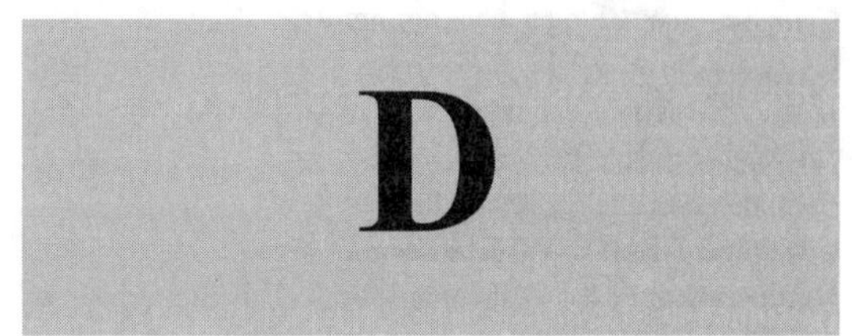

Dabanus P. & K. = **Pometia**
Dabasa All. = **Aegopodium**
Dabeocia K.Koch = **Daboecia**
Daboecia【3】 D.Don 大宝石南属 ← **Andromeda; Menziesia** Ericaceae 杜鹃花科 [MD-380] 全球 (1) 大洲分布及种数(2-6)◆欧洲
Dabtisca L. = **Datisca**
Dacalana Adans. = **Damapana**
Dacelo Adans. = **Phoenix**
Dachel Adans. = **Chrysopogon**
Dachrys L. = **Cachrys**
Dacira J.M.Porter = **Dayia**
Dacnis Royen ex L. = **Dais**
Dacryanthus【3】 (Endl.) Spach 河杉草属 → **Ledermanniella** Ericaceae 杜鹃花科 [MD-380] 全球 (1) 大洲分布及种数(cf. 1)◆非洲
Dacrycarpaceae Melikyan & A.V.Bobrov = Podocarpaceae
Dacrycarpus【2】 (Endl.) de Laub. 鸡毛松属 ≒ **Podocarpus** Podocarpaceae 罗汉松科 [G-13] 全球 (5) 大洲分布及种数(17;hort.1)非洲:5;亚洲:7;大洋洲:11;欧洲:1;北美洲:3
Dacrydium Lamb. = **Dacrydium**
Dacrydium【3】 Sol. ex Forst.f. 陆均松属 → **Acmopyle; Juniperus;Parasitaxus** Podocarpaceae 罗汉松科 [G-13] 全球 (1) 大洲分布及种数(18-20)◆大洋洲
Dacryodes【2】 Vahl 蜡烛橄属 ← **Bursera;Sorindeia** Burseraceae 橄榄科 [MD-408] 全球 (5) 大洲分布及种数(50-76;hort.1;cult:1)非洲:11-20;亚洲:12-23;大洋洲:2;北美洲:5-6;南美洲:31-35
Dacryophyllum【3】 Ireland 掌叶藓属 ≒ **Potentilla** Hypnaceae 灰藓科 [B-189] 全球 (1) 大洲分布及种数(1)◆北美洲
Dacryotrichia【3】 Wild 毛基黄属 Asteraceae 菊科 [MD-586] 全球 (1) 大洲分布及种数(1)◆非洲(◆赞比亚)
Dactilis Neck. = **Dactylis**
Dactilon Vill. = **Cynodon**
Dactimala Raf. = **Chrysophyllum**
Dactiphyllon Raf. = **Trifolium**
Dactiphyllum Raf. = **Trifolium**
Dactyladenia【2】 Welw. 猿猴栗属 ← **Acioa;Griffonia** Chrysobalanaceae 可可李科 [MD-243] 全球 (4) 大洲分布及种数(30-34)非洲:29-33;亚洲:cf.1;北美洲:3;南美洲:4
Dactylaea (Franch.) Farille = **Dactylaea**
Dactylaea【3】 Fedde ex H.Wolff 小芹属 → **Sinocarum** Apiaceae 伞形科 [MD-480] 全球 (1) 大洲分布及种数(2-3)◆亚洲
Dactylaena【2】 Schröd. ex Schult.f. 指被山柑属 ← **Cleome** Cleomaceae 白花菜科 [MD-210] 全球 (2) 大洲分布及种数(5-7)北美洲:1;南美洲:4-5
Dactylanthaceae【3】 Takht. 手指花科 [MD-298] 全球 (1) 大洲分布和属种数(1/1)◆大洋洲
Dactylanthera【-】 P.F.Hunt & Summerh. 兰科属 ≒ **Symphonia** Orchidaceae 兰科 [MM-723] 全球 (uc) 大洲分布及种数(uc)
Dactylanthes Haw. = **Euphorbia**
Dactylanthocactus Y.Itô = **Notocactus**
Dactylanthus【3】 Hook.f. 指花菰属 Balanophoraceae 蛇菰科 [MD-307] 全球 (1) 大洲分布及种数(1)◆大洋洲(◆新西兰)
Dactylaria Fedde ex H.Wolff = **Dactylaea**
Dactylepis Raf. = **Cuscuta**
Dactylethra Ehrh. = **Digitalis**
Dactylethria Ehrh. = **Digitalis**
Dactyleucorchis Soó = **Pseudorhiza**
Dactylhymenium Cardot = **Didymodon**
Dactyliandra【3】 Hook.f. 指蕊瓜属 ← **Coccinia; Ctenolepis;Trochomeria** Cucurbitaceae 葫芦科 [MD-205] 全球 (1) 大洲分布及种数(2)◆非洲
Dactylicapnos【3】 Wall. 紫金龙属 → **Dicentra** Papaveraceae 罂粟科 [MD-54] 全球 (1) 大洲分布及种数(11-14)◆亚洲
Dactylicapons Wall. = **Dactylicapnos**
Dactyliocapnos Spreng. = **Dactylicapnos**
Dactyliophora【3】 Van Tiegh. 桑寄生属 ≒ **Loranthus** Loranthaceae 桑寄生科 [MD-415] 全球 (1) 大洲分布及种数(2-3)◆大洋洲
Dactyliota Bl. = **Melastoma**
Dactylis【3】 L. 鸭茅属 → **Acrachne;Aeluropus;Ammochloa** Poaceae 禾本科 [MM-748] 全球 (1) 大洲分布及种数(3-13)◆亚洲
Dactylitella P.F.Hunt & Summerh. = **Dactylodenia**
Dactylium Griff. = **Erythropalum**
Dactylocamptis【3】 P.F.Hunt & Summerh. 反兰属 ← **Anacamptorchis** Orchidaceae 兰科 [MM-723] 全球 (1) 大洲分布及种数(15-16)◆欧洲
Dactylocardamum【3】 Al-Shehbaz 指碎米荠属 Brassicaceae 十字花科 [MD-213] 全球 (1) 大洲分布及种数(2)◆南美洲(◆秘鲁)
Dactyloceras Garay & H.R.Sw. = **Herminium**
Dactylocladus【3】 Oliv. 落毡木属 Crypteroniaceae 隐翼木科 [MD-372] 全球 (1) 大洲分布及种数(cf. 1)◆亚洲
Dactyloctenium【3】 Willd. 龙爪茅属 → **Acrachne; Harpochloa;Syntherisma** Poaceae 禾本科 [MM-748] 全球 (6) 大洲分布及种数(11-18)非洲:9-13;亚洲:6-8;大洋洲:6-11;欧洲:2-5;北美洲:7-11;南美洲:1-3
Dactylodenia【3】 Garay & H.R.Sw. 万鸟兰属 → **Pseudorhiza;Dactylogymnadenia;Gymnadenia** Orchidaceae 兰科 [MM-723] 全球 (6) 大洲分布及种数(11-28)非洲:2;亚洲:4;大洋洲:1-3;欧洲:10-23;北美洲:2;南美洲:2
Dactylodes P. & K. = **Tripsacum**
Dactyloglossum【3】 P.F.Hunt & Summerh. 掌裂兰属 ≒ **Dactylorhiza** Orchidaceae 兰科 [MM-723] 全球 (1) 大洲分布及种数(2)◆欧洲
Dactylogramma Link = **Muhlenbergia**
Dactylogymnadenia【3】 Soó 万鸟兰属 ≒ **Dactylode-**

nia;Gymnadenia Orchidaceae 兰科 [MM-723] 全球 (1) 大洲分布及种数(1)◆欧洲
Dactylolejeunea 【-】 R.M.Schust. 细鳞苔科属 Lejeuneaceae 细鳞苔科 [B-84] 全球 (uc) 大洲分布及种数(uc)
Dactylon Asch. = **Anthericum**
Dactylopetalum Benth. = **Cassipourea**
Dactylophorella 【3】 R.M.Schust. 掌鳞苔属 ≒ **Lejeunea** Lejeuneaceae 细鳞苔科 [B-84] 全球 (1) 大洲分布及种数(cf. 1)◆南美洲
Dactylophyllum (Benth.) Spach = **Potentilla**
Dactylopius N.E.Br. = **Acrodon**
Dactylopora Van Tiegh. = **Dactyliophora**
Dactylopsila N.E.Br. = **Acrodon**
Dactylopsis N.E.Br. = **Mesembryanthemum**
Dactylopus N.E.Br. = **Acrodon**
Dactylopusia N.E.Br. = **Acrodon**
Dactylorchis 【2】 (Klinge) Verm. 掌裂兰属 ≒ **Amitostigma** Orchidaceae 兰科 [MM-723] 全球 (5) 大洲分布及种数(6) 非洲:6;亚洲:6;欧洲:6;北美洲:3;南美洲:2
Dactylorhiza 【2】 Neck. ex Nevski 掌裂兰属 → **Anacamptis;Dactylaea** Orchidaceae 兰科 [MM-723] 全球 (5) 大洲分布及种数(135-176;hort.1;cult: 120)非洲:20-22;亚洲:132-151;欧洲:111-117;北美洲:9;南美洲:6
Dactylorhynchus Schltr. = **Bulbophyllum**
Dactylorrhiza Neck. = **Dactylorhiza**
Dactylostalix 【3】 Rchb.f. 指脊兰属 ← **Calypso; Cremastra** Orchidaceae 兰科 [MM-723] 全球 (1) 大洲分布及种数(cf. 1)◆亚洲(◆日本)
Dactylostegium Nees = **Dicliptera**
Dactylostelma 【3】 Schltr. 尖瓣藤属 ← **Oxypetalum** Apocynaceae 夹竹桃科 [MD-492] 全球 (1) 大洲分布及种数(uc)◆亚洲
Dactylostemon Klotzsch = **Gymnanthes**
Dactylosternum Nees = **Adhatoda**
Dactylostigma D.F.Austin = **Hildebrandtia**
Dactylostyles Scheidw. = **Zygostates**
Dactylostylis Scheidw. = **Zygostates**
Dactylus Asch. = **Microstegium**
Dactylus Aschers. = **Cynodon**
Dactylus Forssk. = **Diospyros**
Dactyphyllum Endl. = **Dacryophyllum**
Dacus (Tourn.) L. = **Daucus**
Dadaya All. = **Aegopodium**
Dadayella Hack. = **Anthochloa**
Dadia 【3】 Vell. 翅甲菊属 ← **Alomia** Asteraceae 菊科 [MD-586] 全球 (1) 大洲分布及种数(1)◆南美洲
Dadjoua 【3】 A.Parsa 拟翅甲草属 Caryophyllaceae 石竹科 [MD-77] 全球 (1) 大洲分布及种数(1)◆亚洲
Daedalacanthus T.Anderson = **Eranthemum**
Daemia 【3】 R.Br. 棚架藤属 ≒ **Pentatropis;Pergularia** Apocynaceae 夹竹桃科 [MD-492] 全球 (1) 大洲分布及种数(uc)◆大洋洲
Daemomorops Bl. ex Schult.f. = **Daemonorops**
Daemonorhops Bl. ex Schult.f. = **Daemonorops**
Daemonorops 【3】 Bl. ex Schult.f. 黄藤属 ← **Calamus;Korthalsia;Palmijuncus** Arecaceae 棕榈科 [MM-717] 全球 (1) 大洲分布及种数(25-84)◆亚洲
Daenikera 【3】 Hürl. & Stauffer 珊瑚寄生属 Santalaceae 檀香科 [MD-412] 全球 (1) 大洲分布及种数(1)◆大洋洲
Daenikeranthus 【-】 Baum.-Bod. 尖苞树科属 Epacridaceae 尖苞树科 [MD-391] 全球 (uc) 大洲分布及种数(uc)
Dafila J.M.Porter = **Dayia**
Dagon Raf. = **Kundmannia**
Dahlberga Cothen. = **Dalbergia**
Dahlella J.J.Benn. = **Adenocalymma**
Dahlgrenia Steyerm. = **Dictyocaryum**
Dahlgrenodendron J.J.M.van der Merwe & A.E.van Wyk = **Cryptocarya**
Dahlia 【3】 Cav. 大丽花属 → **Bidens;Coreopsis;Dalea** Asteraceae 菊科 [MD-586] 全球 (6) 大洲分布及种数(42-57)非洲:3-6;亚洲:6-11;大洋洲:4-7;欧洲:4-7;北美洲:40-50;南美洲:5-8
Dahliaphyllum 【3】 Constance & Breedlove 指头芹属 Apiaceae 伞形科 [MD-480] 全球 (1) 大洲分布及种数(1)◆北美洲(◆墨西哥)
Dahlstedtia 【3】 Malme 达氏豆属 ← **Camptosema; Muellera** Fabaceae 豆科 [MD-240] 全球 (1) 大洲分布及种数(13-16)◆南美洲
Dahuronia G.A.Scop. = **Licania**
Daiotyla 【2】 Dressler 羊头兰属 Orchidaceae 兰科 [MM-723] 全球 (2) 大洲分布及种数(5)北美洲:2;南美洲:2
Daira Rathbun = **Aira**
Dais 【3】 Royen ex L. 菊瑞香属 → **Diarthron;Lasiosiphon;Phaleria** Thymelaeaceae 瑞香科 [MD-310] 全球 (1) 大洲分布及种数(3-7)◆非洲
Daiswa Raf. = **Paris**
Daknopholis 【3】 Clayton 咬鳞草属 ← **Chloris** Poaceae 禾本科 [MM-748] 全球 (1) 大洲分布及种数(1)◆非洲
Dalanum Dostál = **Galeopsis**
Dalatias Rchb. = **Arctotis**
Dalbergaria Tussac = **Columnea**
Dalbergia (P.Browne) Thoth. = **Dalbergia**
Dalbergia 【3】 L.f. 黄檀属 → **Acosmium;Amerimnon; Pericopsis** Fabaceae3 蝶形花科 [MD-240] 全球 (6) 大洲分布及种数(218-346;hort.1;cult:3)非洲:96-166;亚洲:79-148;大洋洲:8-20;欧洲:5-12;北美洲:44-58;南美洲:63-82
Dalbergieae Bronn ex DC. = **Dalbergia**
Dalbergiella 【3】 Baker f. 小黄檀属 ← **Ostryocarpus** Fabaceae 豆科 [MD-240] 全球 (1) 大洲分布及种数(1-3)◆非洲
Dalea (Cav.) Barneby = **Dalea**
Dalea 【3】 L. 甸苜蓿属 ≒ **Astragalus** Fabaceae3 蝶形花科[MD-240] 全球(6) 大洲分布及种数(190-231; hort.1; cult:4)非洲:56;亚洲:19-78;大洋洲:56;欧洲:4-60;北美洲:169-251;南美洲:47-107
Daleaceae Martinov = Aizoaceae
Dalechampia (Pax & K.Hoffm.) G.L.Webster & Armbr. = **Dalechampia**
Dalechampia 【2】 L. 黄蓉花属 → **Tragiella;Croton** Euphorbiaceae 大戟科 [MD-217] 全球 (5) 大洲分布及种数(128-141;hort.1;cult:3)非洲:26-28;亚洲:9-13;大洋洲:5;北美洲:29;南美洲:98-103
Dalechampsia L. = **Dalechampia**
Dalella A.McMinn & X.Sun = **Dalzellia**

Dalembertia 【3】 Baill. 枫柏属 ← **Euphorbia** Euphorbiaceae 大戟科 [MD-217] 全球 (1) 大洲分布及种数(3-5)◆北美洲
Dalenia 【3】 Korth. 明牡丹属 Melastomataceae 野牡丹科 [MD-364] 全球 (1) 大洲分布及种数(uc)属分布和种数(uc)◆亚洲
Dalhousiea 【3】 Graham ex Benth. 水花槐属 ≒ **Podalyria** Fabaceae 豆科 [MD-240] 全球 (1) 大洲分布及种数(2)◆亚洲
Dalia Endl. = **Dalea**
Dalibarda L. = **Rubus**
Dalima L. = **Tetracera**
Dalium L. = **Dialium**
Dalla Weeks = **Calla**
Dallachya F.Müll = **Rhamnella**
Dallemagneara 【-】 J.M.H.Shaw 兰科属 Orchidaceae 兰科 [MM-723] 全球 (uc) 大洲分布及种数(uc)
Dallia Cav. = **Dahlia**
Dallwatsonia 【3】 B.K.Simon 澳澳禾草属 Poaceae 禾本科 [MM-748] 全球 (1) 大洲分布及种数(1)◆大洋洲(◆澳大利亚)
Dalmatocytisus 【-】 Trinajstič 蝶形花科属 Fabaceae3 蝶形花科 [MD-240] 全球 (uc) 大洲分布及种数(uc)
Dalrympelea 【3】 Roxb. 山香圆属 ≒ **Turpinia; Maurocenia** Staphyleaceae 省沽油科 [MD-407] 全球 (1) 大洲分布及种数(7-9)◆亚洲:cf.1
Dalrymple Roxb. = **Critoniopsis**
Dalrymplea Roxb. = **Dalrympelea**
Dalrymplia Roxb. = **Dalrympelea**
Daltadenia H.Wiehler = **Daltadenia**
Daltadenia 【3】 Wiehler 鲸鱼花属 Gesneriaceae 苦苣苔科 [MD-549] 全球 (1) 大洲分布及种数(1)◆非洲
Daltonia (P.Beauv.) Arn. = **Daltonia**
Daltonia 【3】 Hook. & Taylor 小黄藓属 ≒ **Streptopogon;Pilotrichum** Daltoniaceae 小黄藓科 [B-162] 全球 (6) 大洲分布及种数(61) 非洲:24;亚洲:23;大洋洲:15;欧洲:6;北美洲:20;南美洲:23
Daltoniaceae 【3】 Schimp. 小黄藓科 [B-162] 全球 (5) 大洲分布和属种数(17/314) 亚洲:10/76;大洋洲:10/45;欧洲:7/25;北美洲:10/116;南美洲:14/152
Daltrichantha H.Wiehler = **Daltrichantha**
Daltrichantha 【3】 Wiehler 鲸鱼花属 Gesneriaceae 苦苣苔科 [MD-549] 全球 (1) 大洲分布及种数(1)◆非洲
Dalucum Adans. = **Melica**
Dalyia J.M.Porter = **Dayia**
Dalzellia Hassk. = **Dalzellia**
Dalzellia 【3】 Wight 壳川藻属 → **Belosynapsis;Cyanotis;Terniola** Podostemaceae 川苔草科 [MD-322] 全球 (1) 大洲分布及种数(7-12)◆亚洲
Dalzellii Hassk. = **Dalzellia**
Dalzielia 【3】 Turrill 牛奶菜属 ≒ **Marsdenia** Apocynaceae 夹竹桃科 [MD-492] 全球 (1) 大洲分布及种数(cf.1)◆非洲
Dama L. = **Duma**
Damapana 【2】 Adans. 坡油甘属 → **Kotschya;Smithia** Fabaceae3 蝶形花科 [MD-240] 全球 (4) 大洲分布及种数(cf.1) 非洲;亚洲;大洋洲;南美洲
Damas Comm. ex Vent. = **Danais**
Damasoniaceae Nak. = Polytrichaceae
Damasonium Adans. = **Damasonium**
Damasonium 【3】 Mill. 星果泽泻属 ≒ **Ottelia; Baldellia** Alismataceae 泽泻科 [MM-597] 全球 (6) 大洲分布及种数(8-9)非洲:3-4;亚洲:5-7;大洋洲:3-4;欧洲:5-6;北美洲:2-3;南美洲:1-2
Damaster Miq. = **Pygeum**
Damata Lam. = **Agathis**
Damatras Rchb. = **Arctotis**
Damatrias Rchb. = **Arctotis**
Damatris Cass. = **Haplocarpha**
Damburneya Raf. = **Linostoma**
Dameria Endl. = **Embelia**
Damiria Ravenna = **Trachymene**
Dammara C.Moore = **Agathis**
Dammara Gaertn. = **Protium**
Dammaraceae Link = Araucariaceae
Dammaropsis Warb. = **Ficus**
Dammata Lam. = **Abies**
Dammera K.Schum. & Lauterb. = **Licuala**
Damnacanthus 【3】 C.F.Gaertn. 虎刺属 → **Bridelia; Prismatomeris** Rubiaceae 茜草科 [MD-523] 全球 (1) 大洲分布及种数(16-18)◆亚洲
Damnamenia D.R.Given = **Damnamenia**
Damnamenia 【3】 Given 紫菀属 ≒ **Aster** Asteraceae 菊科 [MD-586] 全球 (1) 大洲分布及种数(1)◆大洋洲
Damnxanthodium 【3】 Strother 毛花菊属 ≒ **Lasianthaea** Asteraceae 菊科 [MD-586] 全球 (1) 大洲分布及种数(1)◆北美洲
Damora Lam. = **Agathis**
Dampiera Angulares Rajput & Carolin = **Dampiera**
Dampiera 【3】 R.Br. 青鸾花属 → **Coopernookia; Scaevola** Goodeniaceae 草海桐科 [MD-578] 全球 (1) 大洲分布及种数(73-81)◆大洋洲(◆澳大利亚)
Dampieri R.Br. = **Dampiera**
Damrongia Kerr ex Craib = **Chirita**
Danaa All. = **Senecio**
Danae 【3】 Medik. 大王桂属 Asparagaceae 天门冬科 [MM-669] 全球 (1) 大洲分布及种数(1-2)◆亚洲
Danaea (C.Presl) T.Moore = **Danaea**
Danaea 【3】 Sm. 多孔蕨属 ≒ **Darea;Aechmea** Marattiaceae 合囊蕨科 [F-13] 全球 (1) 大洲分布及种数(49-61)◆南美洲
Danaeaceae 【3】 C.Agardh 多孔蕨科 [F-14] 全球 (1) 大洲分布和属种数(1;hort. & cult.1)(49-61;hort. & cult.1)◆南美洲
Danaeopsis C.Presl = **Danaea**
Danaida Rchb. = **Semele**
Danaidia Link = **Semele**
Danais 【3】 Comm. ex Vent. 达奈茜属 → **Chassalia;Cinchona;Paederia** Rubiaceae 茜草科 [MD-523] 全球 (1) 大洲分布及种数(34-45)◆非洲
Danala Sm. = **Danaea**
Danalia R.Br. = **Dunalia**
Danatophorus Bl. = **Harpullia**
Danaus Talbot = **Danais**
Danbya Salisb. = **Bomarea**
Dancera Raf. = **Tococa**
Dancus Comm. ex Vent. = **Danais**
Dandya 【3】 H.E.Moore 杯丝韭属 ← **Bloomeria;Muilla**

Asparagaceae 天门冬科 [MM-669] 全球 (1) 大洲分布及种数(4)◆北美洲
Dangervilla Vell. = **Conchocarpus**
Danger-villa Vell. = **Angostura**
Dangila Bernh. = **Martynia**
Danguya【3】Benoist 丹古爵床属 Acanthaceae 爵床科 [MD-572] 全球 (1) 大洲分布及种数(1)◆非洲(◆马达加斯加)
Danguyodrypetes Leandri = **Lingelsheimia**
Danhatchia【3】Garay & Christenson 宽距兰属 ≒ **Yoania** Orchidaceae 兰科 [MM-723] 全球 (1) 大洲分布及种数(1-2)◆大洋洲
Danidii Link = **Danae**
Daniela Mello ex B.Verl. = **Mansoa**
Danielea Mello ex B.Verl. = **Mansoa**
Danielia Corr.Méllo ex Verl. = **Mansoa**
Daniella Benth. = **Mansoa**
Daniellia【3】Benn. 莱漆豆属 Fabaceae 豆科 [MD-240] 全球 (1) 大洲分布及种数(7-10)◆非洲(◆几内亚)
Danilia Mello ex B.Verl. = **Mansoa**
Danionella J.J.Benn. = **Mansoa**
Dankia【3】Gagnep. 山茶属 ← **Camellia** Theaceae 山茶科 [MD-168] 全球 (1) 大洲分布及种数(1)◆亚洲
Dansera【3】Steenis 酸榄豆属 ≒ **Dialium** Fabaceae3 蝶形花科 [MD-240] 全球 (1) 大洲分布及种数(uc)◆大洋洲
Danserella Balle = **Thuspeinanta**
Dansiea【3】Byrnes 异翅苞木属 Combretaceae 使君子科 [MD-354] 全球 (1) 大洲分布及种数(2)◆大洋洲(◆澳大利亚)
Danthia Steud. = **Dantia**
Danthonia (Nees) Benth. & Hook.f. = **Danthonia**
Danthonia【3】DC. 扁芒草属 → **Alloeochaete; Chaetobromus;Arundinella** Poaceae 禾本科 [MM-748] 全球 (6) 大洲分布及种数(48-61;hort.1;cult: 1)非洲:11-28;亚洲:14-29;大洋洲:13-30;欧洲:7-22;北美洲:15-30;南美洲:21-36
Danthoniastrum【3】(Holub) Holub 欧燕穗草属 ≒ **Avena** Poaceae 禾本科 [MM-748] 全球 (1) 大洲分布及种数(2-4)◆欧洲
Danthonidium【3】C.E.Hubb. 扁芒草属 ← **Danthonia** Poaceae 禾本科 [MM-748] 全球 (1) 大洲分布及种数(2)◆亚洲
Danthonieae Nevski = **Danthonia**
Danthoniopsis (J.B.Phipps) J.B.Phipps = **Danthoniopsis**
Danthoniopsis【3】Stapf 拟扁芒草属 ← **Arundinella; Pleioneura** Poaceae 禾本科 [MM-748] 全球 (6) 大洲分布及种数(21-22)非洲:19-22;亚洲:2-4;大洋洲:2;欧洲:2;北美洲:2;南美洲:2
Danthorhiza Ten. = **Helictotrichon**
Danthosieglingia【3】Domin 欧洲扁芒草属 ≒ **Danthonia** Poaceae 禾本科 [MM-748] 全球 (1) 大洲分布及种数(cf. 1)◆欧洲
Dantia【-】Böhm. 柳叶菜科属 ≒ **Oenothera** Onagraceae 柳叶菜科 [MD-396] 全球 (uc) 大洲分布及种数(uc)
Danubiunculus Sailer = **Limosella**
Danxiaorchis【3】J.W.Zhai,F.W.Xing & Z.J.Liu 丹霞兰属 Orchidaceae 兰科 [MM-723] 全球 (1) 大洲分布及种数(2)◆亚洲
Danzleria Bert ex DC. = **Diospyros**
Dapania【3】Korth. 藤阳桃属 ≒ **Sarcococca** Oxalidaceae 酢浆草科 [MD-395] 全球 (6) 大洲分布及种数(3-5)非洲:1-2;亚洲:1-3;大洋洲:1;欧洲:1;北美洲:1;南美洲:1
Daphnaceae Vent. = Cynomoriaceae
Daphnandra【3】Benth. 销枝檫属 ← **Atherosperma** Atherospermataceae 香皮檫科 [MD-19] 全球 (1) 大洲分布及种数(3-7)◆大洋洲
Daphne【3】L. 瑞香属 → **Wikstroemia;Stellera** Thymelaeaceae 瑞香科 [MD-310] 全球 (6) 大洲分布及种数(128-157;hort.1;cult:51)非洲:11-30;亚洲:91-115;大洋洲:15-34;欧洲:54-73;北美洲:45-64;南美洲:3-22
Daphneae Meisn. = **Daphne**
Daphnephyllum Hassk. = **Daphniphyllum**
Daphnicon Pohl = **Hippocratea**
Daphnidium Nees = **Lindera**
Daphnidostaphylis Klotzsch = **Arctostaphylos**
Daphnimorpha Nakai = **Wikstroemia**
Daphniopsis Mart. = **Daphnopsis**
Daphniphyllaceae【3】Müll.Arg. 虎皮楠科 [MD-106] 全球 (6) 大洲分布和属种数(1;hort. & cult.1)(32-45;hort. & cult.11-13)非洲:1/1-6;亚洲:1/32-39;大洋洲:1/2-7;欧洲:1/4;北美洲:1/3-7;南美洲:1/4
Daphniphyllopsis Kurz = **Nyssa**
Daphniphyllum【3】Bl. 虎皮楠属 ≒ **Ricinus;Nyssa** Daphniphyllaceae 虎皮楠科 [MD-106] 全球 (6) 大洲分布及种数(33-36;hort.1;cult:3)非洲:1-6;亚洲:32-39;大洋洲:2-7;欧洲:4;北美洲:3-7;南美洲:4
Daphniphyllun Bl. = **Daphniphyllum**
Daphnitis【3】Spreng. 傲骨漆属 ← **Laurophyllus** Anacardiaceae 漆树科 [MD-432] 全球 (1) 大洲分布及种数(1)◆非洲
Daphnobryon Meisn. = **Kelleria**
Daphnophyllum P. & K. = **Daphniphyllum**
Daphnopsis【3】Mart. 檀薇香属 ≒ **Daphne** Thymelaeaceae 瑞香科 [MD-310] 全球 (6) 大洲分布及种数(76)非洲:7;亚洲:6-13;大洋洲:1-8;欧洲:7;北美洲:42-49;南美洲:40-48
Daprainia H.Ohashi & K.Ohashi = **Dapania**
Dapsilanthus【2】B.G.Briggs & L.A.S.Johnson 薄果草属 ← **Leptocarpus;Restio** Restionaceae 帚灯草科 [MM-744] 全球 (3) 大洲分布及种数(4-5)非洲:1-2;亚洲:3-4;大洋洲:3-4
Daption Raf. = **Kundmannia**
Daptonema G.Don = **Diospyros**
Daraxa B.L.Turner & C.C.Cowan = **Darcya**
Darbya【3】A.Gray 米面蓊属 ← **Buckleya** Santalaceae 檀香科 [MD-412] 全球 (1) 大洲分布及种数(uc)属分布和种数(uc)◆北美洲
Darbyana A.M.Murr. = **Duranta**
Darbyella Schimp. = **Helicodontium**
Darceta B.L.Turner & C.C.Cowan = **Darcya**
Darcya【2】B.L.Turner & C.C.Cowan 指玄参属 Plantaginaceae 车前科 [MD-527] 全球 (2) 大洲分布及种数(4-5)北美洲:2;南美洲:1
Darcyanthus【3】Hunz. 短茄属 ≒ **Brachistus** Solanaceae 茄科 [MD-503] 全球 (1) 大洲分布及种数(1)◆南

D

美洲
Dardanis Raf. = **Talassia**
Dardanus Raf. = **Talassia**
Darea 【3】 Juss. 寒地铁角蕨属 ≒ **Asplenium** Adiantaceae 铁线蕨科 [F-35] 全球 (1) 大洲分布及种数(uc)◆大洋洲
Dargeria Decne. = **Leptorhabdos**
Daria Sm. ex Usteri = **Asplenium**
Daridna Raf. = **Kundmannia**
Darina Raf. = **Ammophila**
Dario Raf. = **Kundmannia**
Darion Raf. = **Kundmannia**
Darlia Parl. = **Anacamptis**
Darlingia 【3】 F.Müll. 榄仁栎属 Proteaceae 山龙眼科 [MD-219] 全球 (1) 大洲分布及种数(1-3)◆大洋洲(◆澳大利亚)
Darlingtonia DC. = **Darlingtonia**
Darlingtonia 【3】 Torr. 眼镜蛇草属 ≒ **Neptunia** Sarraceniaceae 瓶子草科 [MD-208] 全球 (1) 大洲分布及种数(2-3)◆北美洲
Darlingtonii DC. = **Darlingtonia**
Darluca Raf. = **Faramea**
Darmelia Voss = **Darmera**
Darmera A.Voss = **Darmera**
Darmera 【3】 Voss 雨伞草属 ← **Leptarrhena;Saxifraga** Saxifragaceae 虎耳草科 [MD-231] 全球 (1) 大洲分布及种数(1)◆北美洲
Darmonorops Bl. ex Schult.f. = **Daemonorops**
Darniella Maire & Weiller = **Salsola**
Darnilia Maire & Weiller = **Salsola**
Darnis Raf. = **Talassia**
Dartus Lour. = **Rosenia**
Darus Lem. = **Ardisia**
Darwinara auct. = **Darwinia**
Darwinia Dennst. = **Darwinia**
Darwinia 【3】 Rudge 长柱蜡花属 → **Actinodaphne; Sesbania** Myrtaceae 桃金娘科 [MD-347] 全球 (1) 大洲分布及种数(30-73)◆大洋洲
Darwiniella Braas & Lückel = **Trichoceros**
Darwiniera Braas & Lückel = **Telipogon**
Darwinii Rudge = **Darwinia**
Darwiniothamnus 【3】 Harling 达尔文菊属 ← **Erigeron** Asteraceae 菊科 [MD-586] 全球 (1) 大洲分布及种数(3)◆南美洲(◆厄瓜多尔)
Darwinula Rudge = **Darwinia**
Darwynia Rchb. = **Sesbania**
Dasanthera Raf. = **Penstemon**
Dascalia Ortega = **Pascalia**
Dasia DC. = **Melasphaerula**
Dasianthera 【-】 C.Presl 大风子科属 ≒ **Limonia** Flacourtiaceae 大风子科 [MD-142] 全球 (uc) 大洲分布及种数(uc)
Dasillipe Dubard = **Madhuca**
Dasiogyna 【3】 Raf. 华蝶花属 Fabaceae 豆科 [MD-240] 全球 (1) 大洲分布及种数(uc)属分布和种数(uc)◆东亚(◆中国)
Dasiola Raf. = **Festuca**
Dasiops Raf. = **Vulpia**
Dasiorima Raf. = **Solidago**
Dasiphora 【2】 Raf. 金露梅属 ← **Potentilla;Tormentilla; Pentaphylloides** Rosaceae 蔷薇科 [MD-246] 全球 (3) 大洲分布及种数(4-11)亚洲:3-9;欧洲:1;北美洲:1
Dasiphosa Raf. = **Dasiphora**
Dasispermum 【3】 (P.J.Bergius) B.L.Burtt 毛籽芹属 ≒ **Capnophyllum** Apiaceae 伞形科 [MD-480] 全球 (1) 大洲分布及种数(7)◆非洲(◆南非)
Dasistema Raf. = **Dasistoma**
Dasistepha Raf. = **Gentiana**
Dasistoma 【3】 Raf. 毛口列当属 ← **Gerardia;Seymeria** Orobanchaceae 列当科 [MD-552] 全球 (1) 大洲分布及种数(4-12)◆北美洲(◆美国)
Dasoclema 【3】 J.Sinclair 狭瓣玉盘属 ← **Monocarpia** Annonaceae 番荔枝科 [MD-7] 全球 (1) 大洲分布及种数(cf. 1)◆东南亚(◆泰国)
Dasophylla Bl. = **Dysophylla**
Dassovia Neck. = **Xysmalobium**
Dastylepis Raf. = **Cuscuta**
Dasurus Salisb. = **Helonias**
Dasus Lour. = **Gordonia**
Dasya Sande Lac. = **Dozya**
Dasyac DC. = **Saurauia**
Dasyaceae Schimp. = Aizoaceae
Dasyandantha 【3】 H.Rob. 铁鸠菊属 ≒ **Vernonia** Asteraceae 菊科 [MD-586] 全球 (1) 大洲分布及种数(cf.1) ◆南美洲
Dasyanthera Rchb. = **Dasianthera**
Dasyanthes D.Don = **Erica**
Dasyanthina 【3】 H.Rob. 毛瓣斑鸠菊属 ≒ **Vernonia** Asteraceae 菊科 [MD-586] 全球 (1) 大洲分布及种数(2)◆南美洲(◆巴西)
Dasyanthus Bubani = **Gnaphalium**
Dasyatis (Bedd.) Pierre ex Dubard = **Bassia**
Dasyau DC. = **Saurauia**
Dasyaulis (Bedd.) Pierre ex Dubard = **Madhuca**
Dasyaulus Thwaites = **Madhuca**
Dasybatus I.M.Johnst. = **Dasynotus**
Dasybranchus L. = **Gnaphalium**
Dasycalyx 【-】 F.Müll 苋科属 Amaranthaceae 苋科 [MD-116] 全球 (uc) 大洲分布及种数(uc)
Dasycarpus örst. = **Sloanea**
Dasycarya Liebm. = **Cyrtocarpa**
Dasycephala (DC.) Benth. & Hook.f. = **Spermacoce**
Dasycoleum Turcz. = **Chisocheton**
Dasycondylus 【3】 R.M.King & H.Rob. 基节柄泽兰属 ← **Conoclinium;Mikania** Asteraceae 菊科 [MD-586] 全球 (1) 大洲分布及种数(8-9)◆南美洲
Dasycorsa Liebm. = **Cyrtocarpa**
Dasydema Schott = **Apeiba**
Dasydesmus Craib = **Oreocharis**
Dasyglossum 【3】 W.Königer & H.Schildhaür 凸唇兰属 ← **Cyrtochilum** Orchidaceae 兰科 [MM-723] 全球 (1) 大洲分布及种数(uc)◆亚洲
Dasygrammitis 【3】 Parris 毛禾蕨属 Polypodiaceae 水龙骨科 [F-60] 全球 (1) 大洲分布及种数(1)属分布和种数(uc)◆东亚(◆中国)
Dasylepida Oliv. = **Dasylepis**
Dasylepis 【3】 Oliv. 毛鳞大风子属 ← **Rawsonia** Achariaceae 青钟麻科 [MD-159] 全球 (1) 大洲分布及种数

(2-7)◆非洲
Dasylirion (Trel.) B.Ullrich = **Dasylirion**
Dasylirion【3】Zucc. 猬丝兰属 → **Calibanus; Roulinia;Beaucarnea** Asparagaceae 天门冬科 [MM-669] 全球 (1) 大洲分布及种数(24-34)◆北美洲
Dasylobus I.M.Johnst. = **Dasynotus**
Dasyloma DC. = **Oenanthe**
Dasymalla Endl. = **Premna**
Dasymaschalon【3】(Hook.f. & Thoms.) Dalla Torre & Harms 皂帽花属 ≒ **Desmos;Unona** Annonaceae 番荔枝科 [MD-7] 全球 (1) 大洲分布及种数(21-24)◆亚洲
Dasymitrium Lindb. = **Macromitrium**
Dasymor Pilg. = **Poa**
Dasynema Schott = **Sloanea**
Dasynotus【3】I.M.Johnst. 白喉草属 Boraginaceae 紫草科 [MD-517] 全球 (1) 大洲分布及种数(1)◆北美洲(◆美国)
Dasyochloa【3】Willd. ex Steud. 侏绒草属 → **Erioneuron** Poaceae 禾本科 [MM-748] 全球 (1) 大洲分布及种数(1)◆北美洲(◆美国)
Dasyogyne King & Prain = **Agapetes**
Dasyomma DC. = **Annesorhiza**
Dasyop Pilg. = **Poa**
Dasyopa Pilg. = **Wangenheimia**
Dasyopsis Saff. = **Desmopsis**
Dasypetalum Pierre ex A.Chev. = **Scottellia**
Dasyph Pilg. = **Poa**
Dasyphl Pilg. = **Poa**
Dasyphonion (Sims) Raf. = **Aristolochia**
Dasyphyllum【3】Kunth 蛾菊木属 → **Arnaldoa;Barnadesia** Asteraceae 菊科 [MD-586] 全球 (1) 大洲分布及种数(40-42)◆南美洲
Dasypoa Pilg. = **Poa**
Dasypoda Pilg. = **Wangenheimia**
Dasypogon【3】R.Br. 鼓槌草属 Dasypogonaceae 鼓槌草科 [MM-710] 全球 (1) 大洲分布及种数(4)◆大洋洲
Dasypogonaceae【3】Dum. 鼓槌草科 [MM-710] 全球 (1) 大洲分布和属种数(1-2;hort. & cult.1-2)(1-5;hort. & cult.1-2)◆大洋洲
Dasypogonia Rchb. = **Dasypogon**
Dasypolia Pilg. = **Wangenheimia**
Dasypops Pilg. = **Wangenheimia**
Dasypti Pilg. = **Poa**
Dasypy Pilg. = **Poa**
Dasypyrum【3】(Coss. & Dur.) T.Durand 簇毛麦属 ≒ **Hordeum;Eremopyrum** Poaceae 禾本科 [MM-748] 全球 (1) 大洲分布及种数(1-3)◆欧洲
Dasyranthus Raf. ex Steud. = **Gnaphalium**
Dasys Lem. = **Rosenia**
Dasysphaera【3】Volkens 白穗苋属 ≒ **Chionothrix** Amaranthaceae 苋科 [MD-116] 全球 (1) 大洲分布及种数(1-4)◆非洲
Dasyspora Pilg. = **Wangenheimia**
Dasystachys Baker = **Chlorophytum**
Dasystachys örst. = **Chamaedorea**
Dasystemon DC. = **Crassula**
Dasystephana (Kusn.) Zuev = **Gentiana**
Dasystoma Benth. = **Dasistoma**
Dasytropis【3】Urb. 毛肋爵床属 Acanthaceae 爵床科 [MD-572] 全球 (1) 大洲分布及种数(1)◆北美洲(◆古巴)
Datana L. = **Datura**
Datis J.M.Porter = **Datisca**
Datisca【2】L. 野麻属 Datiscaceae 野麻科 [MD-204] 全球 (3) 大洲分布及种数(3)亚洲:cf.1;欧洲:1;北美洲:2
Datiscaceae【2】Dum. 野麻科 [MD-204] 全球 (3) 大洲分布和属种数(1-2;hort. & cult.1-2)(2-4;hort. & cult.2-4)亚洲:1-2/1-2;欧洲:1/1;北美洲:1/2
Datnia Hook. & Taylor = **Daltonia**
Datronia DC. = **Danthonia**
Dattylicapnos Spreng. = **Dactylicapnos**
Datum L. = **Datura**
Datura (Pers.) Bernh. = **Datura**
Datura【3】L. 曼陀罗属 → **Solandra** Solanaceae 茄科 [MD-503] 全球 (1) 大洲分布及种数(9-15)◆亚洲
Daturaceae Bercht. & J.Presl = Aizoaceae
Daturicarpa Stapf = **Tabernanthe**
Daubentona Buc´hoz = **Daubentonia**
Daubentonia【2】DC. 双泡豆属 ← **Diphysa;Sesbania** Fabaceae3 蝶形花科 [MD-240] 全球 (3) 大洲分布及种数(cf.) 亚洲;北美洲;南美洲
Daubentoniopsis Rydb. = **Sesbania**
Daubenya【3】Lindl. 金玉凤属 ≒ **Massonia** Asparagaceae 天门冬科 [MM-669] 全球 (1) 大洲分布及种数(8-9)◆非洲
Daucaceae Martinov = Apiaceae
Daucalis Pomel = **Caucalis**
Dauceria Dennst. = **Embelia**
Daucophyllum (Nutt.) Rydb. = **Musineon**
Daucosma【3】Engelm. & A.Gray 甸伞芹属 ≒ **Discopleura** Apiaceae 伞形科 [MD-480] 全球 (1) 大洲分布及种数(2)◆北美洲(◆美国)
Daucus【3】(Tourn.) L. 胡萝卜属 → **Agrocharis; Laserpitium;Psammogeton** Apiaceae 伞形科 [MD-480] 全球 (6) 大洲分布及种数(56-83;hort.1;cult: 3)非洲:34-53;亚洲:23-42;大洋洲:4-15;欧洲:22-38;北美洲:5-15;南美洲:2-12
Daumaiia Arènes = **Tragopogon**
Daumailia Arènes = **Osmorhiza**
Daun-contu Adans. = **Paederia**
Dauphinea Hedge = **Capitanopsis**
Dauresia【3】B.Nord. & Pelser 白皮菊属 Asteraceae 菊科 [MD-586] 全球 (1) 大洲分布及种数(1-2)◆非洲
Daustinia【3】Buril & A.R.Simões 旋花科属 Convolvulaceae 旋花科 [MD-499] 全球 (1) 大洲分布及种数(1)◆南美洲
Dauthonia Link = **Danthonia**
Dauventonia DC. = **Daubentonia**
Davallia【3】Moore ex Bak. 骨碎补属 → **Araiostegia; Ochropteris;Stenoloma** Davalliaceae 骨碎补科 [F-56] 全球 (6) 大洲分布及种数(95-141;hort.1;cult: 3)非洲:21-29;亚洲:71-89;大洋洲:37-46;欧洲:3-13;北美洲:6-15;南美洲:9-18
Davalliaceae【3】M.R.Schomb. 骨碎补科 [F-56] 全球 (6) 大洲分布和属种数(8-10;hort. & cult.5)(211-406;hort. & cult.26-43)非洲:2-8/22-61;亚洲:8-9/173-232;大洋洲:3-8/62-103;欧洲:1-8/3-44;北美洲:2-8/12-59;南美洲:2-8/12-52

Davallieae Gaud. = **Davallia**
Davalliopsis Bosch = **Trichomanes**
Davallodes (Copel.) Copel. = **Davallodes**
Davallodes【3】Copel. 钻毛蕨属 ← **Acrophorus;Araiostegia** Davalliaceae 骨碎补科 [F-56] 全球 (1) 大洲分布及种数(24-33)◆亚洲
Daveana Willk. ex Maris = **Daveaua**
Daveaua【2】Willk. ex Mariz 母菊属 ← **Matricaria** Asteraceae 菊科 [MD-586] 全球 (2) 大洲分布及种数(2)非洲:1;欧洲:1
Davejonesia M.A.Clem. = **Dendrobium**
Davenportia【-】R.W.Johnson 旋花科属 Convolvulaceae 旋花科 [MD-499] 全球 (uc) 大洲分布及种数(uc)
Davia Spreng. = **Adelobotrys**
Davidhuntara【-】J.Parker & J.M.H.Shaw 兰科属 Orchidaceae 兰科 [MM-723] 全球 (uc) 大洲分布及种数(uc)
Davidia【3】Baill. 珙桐属 Nyssaceae 蓝果树科 [MD-451] 全球 (1) 大洲分布及种数(cf. 1)◆东亚(◆中国)
Davidiaceae【3】H.L.Li 珙桐科 [MD-455] 全球 (1) 大洲分布和属种数(1;hort. & cult.1)(1-2;hort. & cult.1)◆东亚(◆中国)
Davidsea【3】Soderstr. & R.P.Ellis 亚禾草属 Poaceae 禾本科 [MM-748] 全球 (1) 大洲分布及种数(cf. 1)◆南亚(◆斯里兰卡)
Davidsonara J.M.H.Shaw = **Davidsonia**
Davidsonia【3】F.Müll. 红椿李属 Cunoniaceae 合椿梅科 [MD-255] 全球 (1) 大洲分布及种数(2-3)◆大洋洲(◆澳大利亚)
Davidsoniaceae【3】Bange 澳楸科 [MD-250] 全球 (1) 大洲分布和属种数(1;hort. & cult.1)(2-3;hort. & cult.1)◆大洋洲
Daviesia Poir. = **Daviesia**
Daviesia【3】Sm. 澳苦豆属 → **Borya;Fusanus;Aotus** Fabaceae 豆科 [MD-240] 全球 (1) 大洲分布及种数(38-167)◆大洋洲(◆澳大利亚)
Daviesiu【3】Sm. 澳苦豆属 ≒ **Daviesia** Fabaceae 豆科 [MD-240] 全球 (1) 大洲分布及种数(uc)◆大洋洲
Davila Vand. = **Davilla**
Davilanthus【3】E.E.Schill. & Panero 花菊属 ≒ **Encelia** Asteraceae 菊科 [MD-586] 全球 (1) 大洲分布及种数(3-7)◆北美洲(◆墨西哥)
Davilia Mutis = **Paullinia**
Davilla Homalochlaena Kubitzki = **Davilla**
Davilla【3】Vand. 苞萼藤属 ← **Curatella;Tetracera** Dilleniaceae 五桠果科 [MD-66] 全球 (6) 大洲分布及种数(39)非洲:1;亚洲:1;大洋洲:1;欧洲:1;北美洲:5-6;南美洲:36-40
Davillaea P. & K. = (接受名不详) Dilleniaceae
Davillia Baill. = **Davidia**
Davisia Sm. = **Daviesia**
Davya (DC.) Naudin = **Saurauia**
Davyella Hack. = **Anthochloa**
Dawea Spragü ex Dawe = **Dalea**
Dawsonia Burges = **Dawsonia**
Dawsonia【2】R.Br. 指发藓属 ≒ **Polytrichum;Pogonatum** Polytrichaceae 金发藓科 [B-101] 全球 (4) 大洲分布及种数(13) 非洲:1;亚洲:8;大洋洲:13;欧洲:2
Dawsoniaceae Broth. = Polytrichaceae
Dayaoshania【3】W.T.Wang 瑶山苣苔属 Gesneriaceae 苦苣苔科 [MD-549] 全球 (1) 大洲分布及种数(2)◆亚洲:cf.1
Daydonia Britten = **Euryale**
Daye Monier ex Mill. = **Calycanthus**
Dayena Adans. = **Byttneria**
Dayena Monier ex Mill. = **Ayenia**
Dayenia Michaux,André & Jaubert,Hippolyte François & Spach,Édouard = **Biebersteinia**
Dayenia Mill. = **Ayenia**
Dayia【3】J.M.Porter 吉莉草属 ≒ **Gilia** Polemoniaceae 花荵科 [MD-481] 全球 (1) 大洲分布及种数(3-4)◆北美洲
Dazus Lour. = **Mazus**
Dclichogyne DC. = **Aster**
Deadalacanthus T.Anderson = **Eranthemum**
Deamia Britton & Rose = **Selenicereus**
Deanea J.M.Coult. & Rose = **Rhodosciadium**
Deania Britton & Rose = **Cactus**
Deastella Loudon = **Diastella**
Debesia【3】P. & K. 猴面包树属 ← **Acrospira** Asparagaceae 天门冬科 [MM-669] 全球 (1) 大洲分布及种数(1)属分布和种数(uc)◆非洲(◆安哥拉)
Debia【3】Neupane & N.Wikstr. 草鸢尾属 Iridaceae 鸢尾科 [MM-700] 全球 (1) 大洲分布及种数(3)◆亚洲
Debis Spach = **Ribes**
Debraea Röm. & Schult. = **Qualea**
Debregeasia【3】Gaud. 水麻属 → **Archiboehmeria;Boehmeria;Oreocnide** Urticaceae 荨麻科 [MD-91] 全球(6) 大洲分布及种数(11-13;hort.1;cult:1)非洲:1-3;亚洲:9-12;大洋洲:3-5;欧洲:2;北美洲:2;南美洲:2
Debruyneara Hort. = **Ascocentrum**
Debya Salisb. = **Bomarea**
Decabelone【3】Decne. 丽钟角属 Apocynaceae 夹竹桃科 [MD-492] 全球 (1) 大洲分布及种数(uc)属分布和种数(uc)◆非洲
Decaceras Harv. = **Anisotoma**
Decachaena【3】Torr. & A.Gray ex A.Gray 佳露果属 ≒ **Gaylussacia** Ericaceae 杜鹃花科 [MD-380] 全球 (1) 大洲分布及种数(4)◆北美洲
Decachaeta DC. = **Acritopappus**
Decachaeta Gardn. = **Ageratum**
Decadenium Raf. = **Gaylussacia**
Decadia Lour. = **Ilex**
Decadianthe【3】Rchb. 伞形科属 Apiaceae 伞形科 [MD-480] 全球 (1) 大洲分布及种数(uc)◆大洋洲
Decadon G.Don = **Nesaea**
Decadonia Raf. = **Gaylussacia**
Decadontia Griff. = **Sphenodesme**
Decaeurum DC. = **Leucanthemella**
Decagonocarpus【3】Engl. 朱笛香属 ← **Galipea** Rutaceae 芸香科 [MD-399] 全球 (1) 大洲分布及种数(2)◆南美洲
Decaisnea Brongn. = **Decaisnea**
Decaisnea【3】Hook.f. & Thoms. 猫儿屎属 ≒ **Prescottia** Lardizabalaceae 木通科 [MD-33] 全球 (1) 大洲分布及种数(cf. 1)◆亚洲
Decaisneaceae Loconte = Ceratophyllaceae

Decaisneana Brongn. = **Decaisnea**
Decaisnei Brongn. = **Decaisnea**
Decaisnella P. & K. = **Aquilaria**
Decaisnina【3】Van Tiegh. 德卡寄生属 ← **Amyema; Dendrophthoe;Amylotheca** Loranthaceae 桑寄生科 [MD-415] 全球 (6) 大洲分布及种数(21-34)非洲:6-15;亚洲:14-19;大洋洲:11-22;欧洲:2;北美洲:2;南美洲:2
Decal Adans. = **Ammi**
Decalepidanthus【3】Riedl 假滨紫草属 → **Pseudomertensia** Boraginaceae 紫草科 [MD-517] 全球 (1) 大洲分布及种数(9) ◆亚洲
Decalepis Böckeler = **Decalepis**
Decalepis【3】Wight & Arn. 十鳞萝藦属 ≒ **Streptocaulon** Apocynaceae 夹竹桃科 [MD-492] 全球 (1) 大洲分布及种数(2-5)◆南亚(◆印度)
Decaloba (DC.) J.M.MacDougal & Feuillet = **Passiflora**
Decaloba Raf. = **Ipomoea**
Decalobanthus【3】Ooststr. 亚洲旋花草属 Convolvulaceae 旋花科 [MD-499] 全球 (1) 大洲分布及种数(9)属分布和种数(uc)◆亚洲
Decalophium Turcz. = **Chamelaucium**
Decameria Welw. = **Gardenia**
Decamerium Nutt. = **Gaylussacia**
Decanema Decne. = **Cynanchum**
Decanemopsis【3】Costantin & Gallaud 非洲斑鸠竹桃属 Apocynaceae 夹竹桃科 [MD-492] 全球 (1) 大洲分布及种数(uc)◆亚洲
Decaneuron DC. = **Leucanthemella**
Decaneuropsis【3】H.Rob. & Skvarla 斑鸠花属 ≒ **Gymnanthemum** Asteraceae 菊科 [MD-586] 全球 (6) 大洲分布及种数(12-13)非洲:1-2;亚洲:11-12;大洋洲:1;欧洲:1;北美洲:1;南美洲:1
Decaneurum DC. = **Gymnanthemum**
Decaneurum Sch.Bip. = **Leucanthemella**
Decapenta Raf. = **Diodia**
Decaphalangium【3】Melch. 秘金丝桃属 Clusiaceae 藤黄科 [MD-141] 全球 (1) 大洲分布及种数(1)◆南美洲
Decapogon Kunth = **Dichopogon**
Decaprisma Raf. = **Campanula**
Decaptera【2】Turcz. 曲芥属 Brassicaceae 十字花科 [MD-213] 全球 (2) 大洲分布及种数(cf.1) 亚洲;南美洲
Decaraphe Miq. = **Miconia**
Decarhaphe Endl. = **Miconia**
Decarinium Raf. = **Croton**
Decarthron Turcz. = **Diarthron**
Decarya【3】Choux 曲龙木属 ← **Alluaudia** Didiereaceae 刺戟木科 [MD-152] 全球 (1) 大洲分布及种数(1)◆非洲(◆马达加斯加)
Decaryanthus【3】Bonati 曲龙萝藦属 ← **Dictyanthus** Scrophulariaceae 玄参科 [MD-536] 全球 (1) 大洲分布及种数(uc)◆亚洲
Decarydendron【3】Danguy 棋盘桂属 Monimiaceae 玉盘桂科 [MD-20] 全球 (1) 大洲分布及种数(4)◆非洲(◆马达加斯加)
Decaryella【3】A.Camus 小德卡草属 Poaceae 禾本科 [MM-748] 全球 (1) 大洲分布及种数(1)◆非洲(◆马达加斯加)
Decaryia Choux = **Decarya**
Decaryochloa【3】A.Camus 革蕊竹属 Poaceae 禾本科 [MM-748] 全球 (1) 大洲分布及种数(1)◆非洲(◆马达加斯加)
Decaschista Rchb. = **Decaschistia**
Decaschistia【3】Wight & Arn. 十裂葵属 ← **Hibiscus** Malvaceae 锦葵科 [MD-203] 全球 (1) 大洲分布及种数(1-15)◆亚洲
Decaspermum【3】J.R.Forst. & G.Forst. 子楝树属 → **Cloezia;Pilidiostigma** Myrtaceae 桃金娘科 [MD-347] 全球(6)大洲分布及种数(22-42;hort.1)非洲:10-22;亚洲:16-31;大洋洲:13-29;欧洲:6;北美洲:3-10;南美洲:5-11
Decastelma【2】Schltr. 异被藤属 ≒ **Cynanchum** Apocynaceae 夹竹桃科 [MD-492] 全球 (3) 大洲分布及种数(cf.1) 亚洲;北美洲;南美洲
Decastemon Klotzsch = **Gynandropsis**
Decastrophia Griff. = **Erythropalum**
Decastylocarpus【3】Humbert 十肋瘦片菊属 Asteraceae 菊科 [MD-586] 全球 (1) 大洲分布及种数(1)◆非洲(◆马达加斯加)
Decatelia Weise = **Decastelma**
Decatoca【3】F.Müll. 十肋石南属 Ericaceae 杜鹃花科 [MD-380] 全球 (1) 大洲分布及种数(1)◆大洋洲(◆巴布亚新几内亚)
Decatropis【3】Hook.f. 十肋芸香属 ← **Simaba** Rutaceae 芸香科 [MD-399] 全球 (1) 大洲分布及种数(1-3)◆北美洲
Decavenia (Nakai) Koidz. = **Pterostyrax**
Decazesia【3】F.Müll. 膜苞鼠麹草属 Asteraceae 菊科 [MD-586] 全球 (1) 大洲分布及种数(1)◆大洋洲(◆澳大利亚)
Decazyx【3】Pittier & S.F.Blake 墨西哥芸香属 Rutaceae 芸香科 [MD-399] 全球 (1) 大洲分布及种数(2)◆北美洲
Deccania【3】D.D.Tirveng. 戴康茜属 ≒ **Randia** Rubiaceae 茜草科 [MD-523] 全球 (1) 大洲分布及种数(cf.1) ◆亚洲
Deccania Tirveng. = **Deccania**
Decelus Phil. = **Zephyra**
Decemium【3】Raf. 水叶草属 ← **Hydrophyllum; Phacelia** Boraginaceae 紫草科 [MD-517] 全球 (1) 大洲分布及种数(uc)属分布和种数(uc)◆北美洲
Deceptifrons【-】J.J.Engel & Váňa 齿萼苔科属 Lophocoleaceae 齿萼苔科 [B-74] 全球 (uc) 大洲分布及种数(uc)
Deceptor【3】Seidenf. 脆兰属 ← **Acampe** Orchidaceae 兰科 [MM-723] 全球 (1) 大洲分布及种数(1)◆亚洲
Dechampsia Kunth = **Vahlodea**
Decinea Weeks = **Decaisnea**
Deckenia【3】H.Wendl. ex Seem. 华丽刺椰属 ← **Acanthophoenix;Iriartea** Arecaceae 棕榈科 [MM-717] 全球 (1) 大洲分布及种数(1)◆亚洲
Deckera Sch.Bip. = **Picris**
Deckerella Porto & Brade = **Duckeella**
Deckeria H.Karst. = **Iriartea**
Declieuxia【3】Kunth 戴克茜属 → **Arcytophyllum; Houstonia;Pentanisia** Rubiaceae 茜草科 [MD-523] 全球 (1) 大洲分布及种数(29-39)◆南美洲
Decodon【3】J.F.Gmel. 千屈梅属 → **Heimia;Lythrum; Nesaea** Lythraceae 千屈菜科 [MD-333] 全球 (1) 大洲分布及种数(1-3)◆北美洲

Decodontia Haw. = **Stapelia**
Decomia Raf. = **Ziziphus**
Deconica E.Horak = **Didonica**
Decorana Raf. = **Ziziphus**
Decorima Raf. = **Ziziphus**
Decorsea【3】R.Vig. ex Basse 华美豆属 ← **Dolichos;Phaseolus** Fabaceae 豆科 [MD-240] 全球 (1) 大洲分布及种数(6)◆非洲
Decorsella【3】A.Chev. 早裂堇属 ← **Rinorea** Violaceae 堇菜科 [MD-126] 全球 (1) 大洲分布及种数(1-2)◆非洲
Decostea Ruiz & Pav. = **Griselinia**
Dectis Raf. = **Solidago**
Decumaria【2】L. 赤壁木属 → **Schizophragma** Hydrangeaceae 绣球科 [MD-429] 全球 (2) 大洲分布及种数(3)亚洲:cf.1;北美洲:2
Decussocarpus de Laub. = **Nageia**
Dedea Baill. = **Quintinia**
Dedeckera【3】Reveal & J.T.Howell 夏金蓼属 Polygonaceae 蓼科 [MD-120] 全球 (1) 大洲分布及种数(1)◆北美洲(◆美国)
Deeringia P. & K. = **Deeringia**
Deeringia【2】R.Br. 浆果苋属 ← **Achyranthes;Celosia;Cryptotaenia** Amaranthaceae 苋科 [MD-116] 全球 (3) 大洲分布及种数(11-13)非洲:10-11;亚洲:4-6;大洋洲:2-3
Deeringiaceae J.Agardh = Amaranthaceae
Deeringothamnus【3】Small 假鼬木属 ← **Asimina** Annonaceae 番荔枝科 [MD-7] 全球 (1) 大洲分布及种数(2)◆北美洲(◆美国)
Deesfontainia Ruiz & Pav. = **Desfontainia**
Defforgia Lam. = **Forgesia**
Deflersia Gandog. = **Verbascum**
Deflersia Schweinf. ex Penz. = **Erythrococca**
Degarmoara Hort. = **Brassia**
Degelie Aubl. = **Deguelia**
Degeliella Mansf. = **Kegeliella**
Degeneria【3】I.W.Bailey & A.C.Sm. 单心木兰属 Degeneriaceae 单心木兰科 [MD-13] 全球 (1) 大洲分布及种数(2-3)◆大洋洲
Degeneriaceae【3】I.W.Bailey & A.C.Sm. 单心木兰科 [MD-13] 全球 (6) 大洲分布和属种数(1/2-3)非洲:1/1;亚洲:1/1;大洋洲:1/2-3;欧洲:1/1;北美洲:1/1;南美洲:1/1
Degenia【3】Hayek 斑鸠菜属 ← **Lesquerella** Brassicaceae 十字花科 [MD-213] 全球 (1) 大洲分布及种数(1)◆欧洲
Degranvillea【3】Determann 宝簪兰属 Orchidaceae 兰科 [MM-723] 全球 (1) 大洲分布及种数(1)◆南美洲
Deguelia【3】Aubl. 单蝶豆属 → **Aganope;Derris;Millettia** Fabaceae 豆科 [MD-240] 全球 (6) 大洲分布及种数(30)非洲:1-2;亚洲:7-9;大洋洲:2-3;欧洲:1;北美洲:4-5;南美洲:24-25
Dehaasia【3】Bl. 莲桂属 ← **Alseodaphne;Ocotea** Lauraceae 樟科 [MD-21] 全球 (1) 大洲分布及种数(13-40)◆亚洲
Deherainia【3】Decne. 绿萝桐属 ← **Jacquinia;Theophrasta;Neomezia** Primulaceae 报春花科 [MD-401] 全球 (1) 大洲分布及种数(2)◆北美洲
Deia Goldblatt & J.C.Manning = **Devia**
Deianira【3】Cham. & Schltdl. 代亚龙胆属 ← **Exacum** Gentianaceae 龙胆科 [MD-496] 全球 (1) 大洲分布及种数(7)◆南美洲
Deidamia【3】Nor. ex Thou. 掌叶莲属 Passifloraceae 西番莲科 [MD-151] 全球 (1) 大洲分布及种数(5-6)◆非洲
Deilanthe【3】N.E.Br. 虎鲛玉属 ← **Aloinopsis;Cheiridopsis** Aizoaceae 番杏科 [MD-94] 全球 (1) 大洲分布及种数(3)◆非洲(◆南非)
Deilosma (DC.) Besser = **Hesperis**
Deima L. = **Tetracera**
Deina Alef. = **Triticum**
Deinacanthon【3】Mez 尖萼凤梨属 Bromeliaceae 凤梨科 [MM-715] 全球 (1) 大洲分布及种数(1)◆南美洲
Deinandra【3】Greene 星香菊属 ≒ **Hemizonia** Asteraceae 菊科 [MD-586] 全球 (1) 大洲分布及种数(25-28)◆北美洲(◆美国)
Deinanthe【3】Maxim. 叉叶蓝属 → **Nananthus** Hydrangeaceae 绣球科 [MD-429] 全球 (1) 大洲分布及种数(cf. 1)◆东亚(◆中国)
Deinbollia【3】Schumach. & Thonn. 沙木患属 → **Camptolepis;Sapindus;Pometia** Sapindaceae 无患子科 [MD-428] 全球 (1) 大洲分布及种数(19-49)◆非洲
Deinocheilos【3】W.T.Wang 全唇苣苔属 ≒ **Oreocharis** Gesneriaceae 苦苣苔科 [MD-549] 全球 (1) 大洲分布及种数(2)◆亚洲
Deinosmos Raf. = **Pulicaria**
Deinostema【3】T.Yamaz. 泽番椒属 ← **Gratiola** Plantaginaceae 车前科 [MD-527] 全球 (1) 大洲分布及种数(cf. 1)◆亚洲
Deinostigma【3】W.T.Wang & Z.Y.Li 单座苣苔属 ← **Hemiboea** Gesneriaceae 苦苣苔科 [MD-549] 全球 (1) 大洲分布及种数(2-7) ◆亚洲
Deiregyne Pseudodeiregyne Szlach.,Rutk. & Mytnik = **Deiregyne**
Deiregyne【3】Schltr. 蜜囊兰属 ≒ **Kionophyton** Orchidaceae 兰科 [MM-723] 全球 (1) 大洲分布及种数(28-31)◆北美洲
Deiregynopsis (Schltr.) Rauschert = **Deiregyne**
Deiselara【-】auct. 兰科属 Orchidaceae 兰科 [MM-723] 全球 (uc) 大洲分布及种数(uc)
Dejanira Cham. & Schltdl. = **Deianira**
Dekensara Hort. = **Brassavola**
Dekindtia Gilg = **Haloragis**
Dekinia M.Martens & Galeotti = **Lepechinia**
Dekkera H.Karst. = **Iriartea**
Dela Adans. = **Cistus**
Delabechea Lindl. = **Sterculia**
Delaetia【3】Backeb. 极光球属 ≒ **Opuntia** Cactaceae 仙人掌科 [MD-100] 全球 (1) 大洲分布及种数(1)◆南美洲(◆智利)
Delairea【3】Lem. 肉藤菊属 ≒ **Senecio** Asteraceae 菊科 [MD-586] 全球 (1) 大洲分布及种数(1)◆北美洲
Delamarea Vieill. = **Delarbrea**
Delamerea【3】S.Moore 锐苞菊属 Asteraceae 菊科 [MD-586] 全球 (1) 大洲分布及种数(1)◆非洲(◆肯尼亚)
Delaportea Thorel ex Gagnep. = **Acacia**
Delarbre Vieill. = **Delarbrea**
Delarbrea【2】Vieill. 玉果枫属 ← **Aralia;Polyscias**

Myodocarpaceae 裂果枫科 [MD-472] 全球 (4) 大洲分布及种数(6-8;hort.1)非洲:1;亚洲:1-2;大洋洲:5-7;北美洲:2
Delaria Desv. = **Baphia**
Delastrea A.DC. = **Labramia**
Delavaya【3】 Franch. 茶条木属 Sapindaceae 无患子科 [MD-428] 全球 (1) 大洲分布及种数(cf. 1)◆亚洲
Delavayella【3】 Stephani 侧囊苔属 ≒ **Nowellia** Delavayellaceae 合片苔科 [B-58] 全球 (1) 大洲分布及种数(cf. 1)◆亚洲
Delavayellaceae R.M.Schust. = Delavayellaceae
Delavayellaceae【3】Stephani 合片苔科 [B-58] 全球 (1) 大洲分布和属种数(1/1-2)◆亚洲
Delavayelloideae【-】 (R.M.Schust.) Grolle 孢芽藓科属 Sorapillaceae 孢芽藓科 [B-212] 全球 (uc) 大洲分布及种数(uc)
Dele Adans. = **Ammi**
Delena Haw. = **Narcissus**
Delentaria Steenis = **Deltaria**
Delia Dum. = **Delissea**
Delilea P. & K. = **Delissea**
Delilia【2】 Spreng. 圆苞菊属 ≒ **Elvira** Asteraceae 菊科 [MD-586] 全球 (2) 大洲分布及种数(2-3)北美洲:1;南美洲:1
Delilii Spreng. = **Delilia**
Delima L. = **Tetracera**
Delimeae DC. = **Tetracera**
Delimopsis Miq. = **Tetracera**
Delissea【3】 Gaud. 榕莲属 ≒ **Clermontia;Cyanea; Sclerotheca** Campanulaceae 桔梗科 [MD-561] 全球 (1) 大洲分布及种数(28-61)◆北美洲(◆美国)
Delivaria Miq. = **Acanthus**
Delma L. = **Tetracera**
Deloderium Cass. = **Taraxacum**
Delognaea Baill. = **Ampelosycios**
Delognea Cogn. = **Ampelosycios**
Delomeris D.Don = **Diplomeris**
Delongia【-】 Bell,Neil Elliott & Kariyawasam,Isuru U. & Hedderson,Terry Albert John & Hyvönen,Jaakko 金发藓科属 ≒ **Phyllonoma** Polytrichaceae 金发藓科 [B-101] 全球 (uc) 大洲分布及种数(uc)
Delonix (Baill.) Capuron = **Delonix**
Delonix【3】 Raf. 凤凰木属 ← **Poinciana** Fabaceae 豆科 [MD-240] 全球 (1) 大洲分布及种数(10-12)◆非洲
Delopsis Miq. = **Tetracera**
Delopyrum【3】 Small 贴茎蓼属 ← **Polygonella** Polygonaceae 蓼科 [MD-120] 全球 (1) 大洲分布及种数(1)属分布和种数(uc)◆北美洲
Deloripa Desv. = **Podalyria**
Delos Lour. = **Desmos**
Delosia L. = **Celosia**
Delosperma【3】 N.E.Br. 露子花属 → **Drosanthemum; Trichodiadema** Aizoaceae 番杏科 [MD-94] 全球 (1) 大洲分布及种数(156-185)◆非洲
Delospermeae Chess. = **Delosperma**
Delosphyllum G.D.Rowley = **Libocedrus**
Delostoma【3】 D.Don 披风木属 ← **Bignonia** Bignoniaceae 紫葳科 [MD-541] 全球 (1) 大洲分布及种数(5-6)◆南美洲
Delostylis Raf. = **Trillium**
Delouvrexara【-】 J.M.H.Shaw 兰科属 Orchidaceae 兰科 [MM-723] 全球 (uc) 大洲分布及种数(uc)
Delpechea Montrouz. = **Psychotria**
Delphidium Raf. = **Delphinium**
Delphinacanthus Benoist = **Pseudodicliptera**
Delphinastrum (DC.) Spach = **Delphinium**
Delphinella Speg. = **Coronopus**
Delphinia L. = **Delphinium**
Delphiniaceae Brenner = Helleboraceae
Delphinium (Ewan) N.I.Malyutin = **Delphinium**
Delphinium【3】 L. 翠雀属 ≒ **Aconitella** Ranunculaceae 毛茛科 [MD-38] 全球 (6) 大洲分布及种数(408-592;hort.1;cult: 45)非洲:24-84;亚洲:321-475;大洋洲:1-55;欧洲:45-110;北美洲:103-168;南美洲:9-64
Delphyodon K.Schum. = **Parsonsia**
Delpinoa H.Ross = **Agave**
Delpinoella Speg. = **Delpinophytum**
Delpinophytum【3】 Speg. 巴西岩园芥属 Brassicaceae 十字花科 [MD-213] 全球 (1) 大洲分布及种数(1)◆南美洲(◆巴西)
Delpya Pierre ex Bonati = **Paranephelium**
Delpydora A.Chev. = **Delpydora**
Delpydora【3】 Pierre 长被山榄属 ← **Chrysophyllum** Sapotaceae 山榄科 [MD-357] 全球 (1) 大洲分布及种数(2)◆非洲
Delta Dum. = **Spergularia**
Deltaria【3】 Steenis 戟瑞木属 Thymelaeaceae 瑞香科 [MD-310] 全球 (1) 大洲分布及种数(1)◆大洋洲(◆美拉尼西亚)
Deltocarpus L´Hér. ex DC. = **Doliocarpus**
Deltocheilos W.T.Wang = **Chirita**
Delucia DC. = **Bidens**
Deluciris【3】 A.Gil & Lovo 长鸢尾属 Iridaceae 鸢尾科 [MM-700] 全球 (1) 大洲分布及种数(2) ◆南美洲
Delwiensia【3】 W.A.Weber & R.C.Wittmann 长菊属 Asteraceae 菊科 [MD-586] 全球 (1) 大洲分布及种数(cf.1) ◆北美洲
Dematophyllum Griseb. = **Balbisia**
Dematra Raf. = **Euphorbia**
Demavendia【3】 Pimenov 代马草属 ≒ **Peucedanum** Apiaceae 伞形科 [MD-480] 全球 (1) 大洲分布及种数(cf.1)◆亚洲
Demazeria Dum. = **Desmazeria**
Demetria Lag. = **Grindelia**
Demetrocarpus Gagnep. = **Morus**
Demeusea De Wild. & Durand = **Haemanthus**
Demeusia【-】 Willis 石蒜科属 Amaryllidaceae 石蒜科 [MM-694] 全球 (uc) 大洲分布及种数(uc)
Demidium DC. = **Amphidoxa**
Demidofia Dennst. = **Dichondra**
Demidovia Hoffm. = **Tetragonia**
Demn Alef. = **Triticum**
Demnosa Frič = **Cleistocactus**
Democrates DC. = **Aidia**
Democrita【3】 Vell. 凌芸香属 Rutaceae 芸香科 [MD-399] 全球 (1) 大洲分布及种数(cf.1) ◆南美洲
Democritea DC. = **Serissa**
Demoda Casey = **Drymoda**
Demodema Raf. = **Euphorbia**

Demonax Lour. = **Donax**
Demonema Raf. = **Euphorbia**
Demorchis D.L.Jones & M.A.Clem. = **Gastrodia**
Demoscelis Naudin = **Desmoscelis**
Demosthenesia【3】A.C.Sm. 凌霄莓属 ← **Anthopterus;Pellegrinia** Ericaceae 杜鹃花科 [MD-380] 全球 (1) 大洲分布及种数(13-15)◆南美洲
Demosthenia Raf. = **Sideritis**
Denckea Raf. = **Gentiana**
Dendia R.Br.bis = **Pottia**
Dendobrium C.Agardh = **Dendrobium**
Dendopa Britton & Rose = **Denmoza**
Dendraena Raf. = **Afzelia**
Dendragrostis Nees = **Chusquea**
Dendranthema【3】Des Moul. 千里蒿属 ← **Chrysanthemum;Tanacetum;Ajania** Asteraceae 菊科 [MD-586] 全球 (6) 大洲分布及种数(25-30)非洲:1-12;亚洲:24-40;大洋洲:1-12;欧洲:4-15;北美洲:4-16;南美洲:2-13
Dendrema Raf. = **Corypha**
Dendriopoterium Svent. = **Sanguisorba**
Dendrium Desv. = **Schoenus**
Dendroalsia【2】E.Britton ex Broth. 枝隐蒴藓属 ≒ **Daltonia** Leucodontaceae 白齿藓科 [B-198] 全球 (2) 大洲分布及种数(1) 亚洲:1;北美洲:1
Dendroarabis【2】(C.A.Mey. & Bunge) D.A.German & Al-Shehbaz 木南芥属 ≒ **Erysimum** Brassicaceae 十字花科 [MD-213] 全球 (2) 大洲分布及种数(2)亚洲;大洋洲:cf.1
Dendrobangia【3】Rusby 乔茶萸属 Metteniusaceae 水螅花科 [MD-454] 全球 (1) 大洲分布及种数(2)◆南美洲
Dendrobates M.A.Clem. & D.L.Jones = **Dendrobium**
Dendrobazzania【2】(Stephani) R.M.Schust. & W.B.Schofield 木叶苔属 ≒ **Mastigobryum** Lepidoziaceae 指叶苔科 [B-63] 全球 (2) 大洲分布及种数(2)亚洲:cf.1;北美洲:1
Dendrobenthamia【3】Hutch. 山茱萸属 ≒ **Cornus** Cornaceae 山茱萸科 [MD-457] 全球 (6) 大洲分布及种数(11)非洲:3;亚洲:1-4;大洋洲:3;欧洲:3;北美洲:3;南美洲:3
Dendrobianthe (Schltr.) Mytnik = **Stelis**
Dendrobiastes M.A.Clem. & D.L.Jones = **Dendrobium**
Dendrobium (Benth. & Hook.f.) Hook.f. = **Dendrobium**
Dendrobium【3】Sw. 丝球兰属 → **Adrorhizon;Amblyanthus;Cadetia** Orchidaceae 兰科 [MM-723] 全球 (1) 大洲分布及种数(1315-1725)◆东亚(◆中国)
Dendrobrium C.Agardh = **Dendrobium**
Dendrobryon Klotzsch ex Pax = **Algernonia**
Dendrocacalia【3】(Nakai) Nakai 甲菊属 ← **Cacalia** Asteraceae 菊科 [MD-586] 全球 (1) 大洲分布及种数(1)◆亚洲
Dendrocalamopsis【3】(L.C.Chia & H.L.Fung) Keng f. 绿竹属 ← **Bambusa** Poaceae 禾本科 [MM-748] 全球 (6) 大洲分布及种数(3)非洲:1-16;亚洲:2-17;大洋洲:15;欧洲:15;北美洲:1-16;南美洲:1-16
Dendrocalamus (McClure) C.J.Hsueh & D.Z.Li = **Dendrocalamus**
Dendrocalamus【3】Nees 牡竹属 → **Ampelocalamus;Astus;Bambusa** Poaceae 禾本科 [MM-748] 全球 (1) 大洲分布及种数(51-70)◆亚洲
Dendrocatanthe【-】J.M.H.Shaw 兰科属 Orchidaceae 兰科 [MM-723] 全球 (uc) 大洲分布及种数(uc)
Dendrocattleya Hort. = **Sophronitis**
Dendrocereus【3】Britton & Rose 刺萼柱属 ≒ **Acanthocereus** Cactaceae 仙人掌科 [MD-100] 全球 (1) 大洲分布及种数(2) ◆北美洲
Dendroceros Apoceros R.M.Schust. = **Dendroceros**
Dendroceros【3】Stephani 树角苔属 ≒ **Anthoceros; Nothoceros** Dendrocerotaceae 树角苔科 [B-95] 全球 (6) 大洲分布及种数(8-10)非洲:1-19;亚洲:3-20;大洋洲:2-20;欧洲:17;北美洲:1-18;南美洲:2-19
Dendrocerotaceae J.Haseg. = Dendrocerotaceae
Dendrocerotaceae【3】Stephani 树角苔科 [B-95] 全球 (6) 大洲分布和属种数(3/17-45)非洲:1-2/1-26;亚洲:2/4-28;大洋洲:3/6-32;欧洲:2/24;北美洲:2-3/4-28;南美洲:3/7-32
Dendrocharis Miq. = **Urceola**
Dendrochilum【3】Bl. 足柱兰属 ≒ **Dendrobium; Bulbophyllum** Orchidaceae 兰科 [MM-723] 全球 (6) 大洲分布及种数(122-303;hort.1)非洲:1-6;亚洲:120-295;大洋洲:3-8;欧洲:4;北美洲:4-8;南美洲:4
Dendrochirus Bl. = **Dendrochilum**
Dendrochloa C.E.Parkinson = **Schizostachyum**
Dendrocnide【3】Miq. 火麻树属 → **Cypholophus;Urera;Urtica** Urticaceae 荨麻科 [MD-91] 全球 (1) 大洲分布及种数(25-32)◆亚洲
Dendrocoide Miq. = **Dendrocnide**
Dendrocolla Bl. = **Thrixspermum**
Dendroconche Copel. = **Microsorum**
Dendrocoryne【-】(Lindl. & Paxton) Brieger 兰科属 ≒ **Dendrobium** Orchidaceae 兰科 [MM-723] 全球 (uc) 大洲分布及种数(uc)
Dendrocousinsia Millsp. = **Sebastiania**
Dendrocryphaea【2】Paris & Schimp. ex Broth. 树隐蒴藓属 Cryphaeaceae 隐蒴藓科 [B-197] 全球 (3) 大洲分布及种数(8) 大洋洲:1;欧洲:1;南美洲:7
Dendrocyathophorum【2】Dixon 树雉尾藓属 ≒ **Hypopterygium** Hypopterygiaceae 孔雀藓科 [B-160] 全球 (2) 大洲分布及种数(2) 亚洲:2;大洋洲:2
Dendrodaphne Beurl. = **Ocotea**
Dendrodoris Rüppell & Leuckart = **Dendroseris**
Dendrogeria auct. = **Dendroseris**
Dendroglossa【3】C.Presl 树舌蕨属 ← **Leptochilus** Dryopteridaceae 鳞毛蕨科 [F-49] 全球 (1) 大洲分布及种数(uc)属分布和种数(uc)◆亚洲
Dendrogyra Ehrenberg = **Dendromyza**
Dendro-hypnum【3】Hampe 树形藓属 ≒ **Hypnum** Hypnodendraceae 树灰藓科 [B-158] 全球 (1) 大洲分布及种数(4)◆亚洲
Dendrohypopterygium【2】Kruijer 木孔雀藓属 ≒ **Leskea** Hypopterygiaceae 孔雀藓科 [B-160] 全球 (3) 大洲分布及种数(2) 亚洲:1;大洋洲:1;南美洲:1
Dendrokingstonia【3】Rauschert 单心玉盘属 Annonaceae 番荔枝科 [MD-7] 全球 (1) 大洲分布及种数(1-2)◆亚洲
Dendroleandria Arènes = **Helmiopsiella**
Dendrolejeunea【2】(Lindenb. & Gottsche) Lacout. 木鳞苔属 ≒ **Thysananthus** Lejeuneaceae 细鳞苔科 [B-84] 全球 (2) 大洲分布及种数(2)亚洲:1;大洋洲:1

Dendro-leskea Hampe = **Porotrichum**
Dendroligotrichum【2】(Müll.Hal.) Broth. 树金发藓属 Polytrichaceae 金发藓科 [B-101] 全球 (3) 大洲分布及种数(4) 非洲:2;大洋洲:3;南美洲:2
Dendroligotrichun【3】(Müll.Hal.) Broth. 枝金发藓属 Polytrichaceae 金发藓科 [B-101] 全球 (1) 大洲分布及种数(1)◆非洲
Dendrolimus Raf. = **Crescentia**
Dendrolirium Bl. = **Eria**
Dendrolobium (Wight & Arn.) Benth. = **Dendrolobium**
Dendrolobium【2】Benth. 假木豆属 ← **Aeschynomene; Meibomia;Ormocarpum** Fabaceae 豆科 [MD-240] 全球 (3) 大洲分布及种数(10-20;hort.1;cult:2)非洲:2-3;亚洲:7-13;大洋洲:3
Dendrolycopodium (Sw.) A.Haines = **Lycopodium**
Dendromastigophora【3】(Hook.) R.M.Schust. 树须苔属 Mastigophoraceae 须苔科 [B-68] 全球 (1) 大洲分布及种数(1)◆大洋洲(◆澳大利亚)
Dendromecon【3】Benth. 罂粟木属 ≒ **Dendropemon** Papaveraceae 罂粟科 [MD-54] 全球 (1) 大洲分布及种数(2-27)◆北美洲
Dendromyza【3】Danser 米扎树属 ≒ **Cladomyza;Viscum** Santalaceae 檀香科 [MD-412] 全球 (1) 大洲分布及种数(25-30)◆亚洲
Dendronina Fryxell = **Dendrosida**
Dendropaemon Martinez & Pereira = **Dendropemon**
Dendropanax【3】Decne. & Planch. 树参属 ← **Aralia; Gilibertia;Polyscias** Araliaceae 五加科 [MD-471] 全球 (6)大洲分布及种数(93-105)非洲:2-13;亚洲:34-48;大洋洲:3-14;欧洲:11;北美洲:39-53;南美洲:44-61
Dendropemon【3】(Bl.) Schult. & Schult.f. 木桑寄生属 → **Loranthus;Phthirusa;Phoradendron** Loranthaceae 桑寄生科 [MD-415] 全球 (1) 大洲分布及种数(18-52)◆北美洲
Dendropeucon Endl. = **Dendromecon**
Dendrophila Zipp. ex Bl. = **Tecomanthe**
Dendrophora Eichler = **Dendrophthora**
Dendrophorbium【2】(Cuatrec.) C.Jeffrey 番千里木属 ← **Cacalia;Pentacalia;Psacalium** Asteraceae 菊科 [MD-586] 全球 (5) 大洲分布及种数(84-88)非洲:3;亚洲:1;大洋洲:4;北美洲:7;南美洲:82
Dendrophthoaceae Van Tiegh. = Melianthaceae
Dendrophthoe【3】Mart. 五蕊寄生属 → **Amyema; Septulina** Loranthaceae 桑寄生科 [MD-415] 全球 (6) 大洲分布及种数(15-64)非洲:3-11;亚洲:10-49;大洋洲:4-17;欧洲:2-6;北美洲:3-7;南美洲:2-5
Dendrophthora【3】Eichler 单药寄生属 ≒ **Razoumofskya; Phoradendron** Santalaceae 檀香科 [MD-412] 全球 (6) 大洲分布及种数(124-144)非洲:2-3;亚洲:11-13;大洋洲:1;欧洲:1;北美洲:71-76;南美洲:85-100
Dendrophylax【3】Rchb.f. 抱树兰属 ← **Aeranthes; Oeceoclades;Trichocentrum** Orchidaceae 兰科 [MM-723] 全球 (1) 大洲分布及种数(14-18)◆北美洲
Dendrophyllanthus S.Moore = **Phyllanthus**
Dendropicos Balf.f. = **Dendrosicyos**
Dendropogon【2】Raf. 铁兰属 ≒ **Dendropogonella** Bromeliaceae 凤梨科 [MM-715] 全球 (2) 大洲分布及种数(2) 亚洲:1;大洋洲:1
Dendropogonella【2】E.Britton 木隐蒴藓属 Cryphaeaceae 隐蒴藓科 [B-197] 全球 (2) 大洲分布及种数(1) 北美洲:1;南美洲:1
Dendroportulaca Eggli = **Deeringia**
Dendropsis Thou. = **Polystachya**
Dendropthora Eichler = **Dendrophthora**
Dendrorchis【-】Thou. 兰科属 ≒ **Polystachya;Stelis** Orchidaceae 兰科 [MM-723] 全球 (uc) 大洲分布及种数(uc)
Dendrorkis Thou. = **Polystachya**
Dendrornis Thou. = **Bulbophyllum**
Dendrosenecio【3】(Hauman ex Hedberg) B.Nord. 多榔菊属 ≒ **Senecio** Asteraceae 菊科 [MD-586] 全球 (1) 大洲分布及种数(9-12; hort. 1) ◆非洲
Dendroseris【3】D.Don 苦苣木属 ← **Gnaphalium; Phoenicoseris** Asteraceae 菊科 [MD-586] 全球 (1) 大洲分布及种数(11)◆南美洲
Dendrosicus Raf. = **Crescentia**
Dendrosicyos【3】Balf.f. 胡瓜树属 Cucurbitaceae 葫芦科 [MD-205] 全球 (1) 大洲分布及种数(cf. 1)◆亚洲
Dendrosida【3】Fryxell 树锦葵属 ← **Sida** Malvaceae 锦葵科 [MD-203] 全球 (1) 大洲分布及种数(5-6)◆北美洲(◆墨西哥)
Dendrosinus Raf. = **Crescentia**
Dendrosipanea【3】Ducke & Steyerm. 树茜属 Rubiaceae 茜草科 [MD-523] 全球 (1) 大洲分布及种数(3)◆南美洲
Dendrosma【3】Panch. & Sebert 香皮檫属 ≒ **Geijera; Atherosperma** Rutaceae 芸香科 [MD-399] 全球 (1) 大洲分布及种数(1)◆大洋洲
Dendrospartium Spach = **Genista**
Dendrospartum Spach = **Spartium**
Dendrosporium Spach = **Adenocarpus**
Dendrostellera (C.A.Mey.) Tiegh. = **Diarthron**
Dendrostigma Gleason = **Mayna**
Dendrostoma Gleason = **Carpotroche**
Dendrostylis H.Karst. & Triana = **Mayna**
Dendrothrips Esser = **Dendrothrix**
Dendrothrix【3】Esser 枝毛桕属 ← **Sapium;Senefelderopsis** Euphorbiaceae 大戟科 [MD-217] 全球 (1) 大洲分布及种数(4)◆南美洲
Dendrotrophe【3】Miq. 寄生藤属 → **Dendromyza; Osyris;Thesium** Santalaceae 檀香科 [MD-412] 全球 (6) 大洲分布及种数(8-9;hort.1)非洲:1-8;亚洲:8-15;大洋洲:1-8;欧洲:6;北美洲:6;南美洲:6
Dendroviguiera【3】E.E.Schill. & Panero 枝毛菊属 Asteraceae 菊科 [MD-586] 全球 (1) 大洲分布及种数(uc)◆北美洲
Dendryme Raf. = **Intsia**
Denea O.F.Cook = **Howea**
Denekea【3】Dinter 非洲钟花菊属 Asteraceae 菊科 [MD-586] 全球 (1) 大洲分布及种数(1)◆非洲
Denekia【3】Thunb. 青绒草属 Asteraceae 菊科 [MD-586] 全球 (1) 大洲分布及种数(2)◆非洲(◆南非)
Deneranthema (DC.) Des Moul. = **Dendranthema**
Denhamia【3】Meisn. 橙杞木属 ≒ **Culcasia** Celastraceae 卫矛科 [MD-339] 全球 (1) 大洲分布及种数(10-15)◆大洋洲(◆澳大利亚)
Denierella Balle = **Tapinanthus**
Denira Adans. = **Iva**

Denisaea Neck. = **Priva**
Denisara J.M.H.Shaw = **Priva**
Deniseia【3】Neck. ex P. & K. 穿骨草属 Verbenaceae 马鞭草科 [MD-556] 全球 (1) 大洲分布及种数(uc)属分布和种数(uc)◆北美洲
Denisonia F.Müll = **Pityrodia**
Denisophyton R.Vig. = **Doniophyton**
Denisophytum R.Vig. = **Caesalpinia**
Denka O.F.Cook = **Howea**
Denmoza【3】Britton & Rose 栖凤球属 → **Cephalocereus;Pilocereus** Cactaceae 仙人掌科 [MD-100] 全球 (1) 大洲分布及种数(1)◆南美洲
Dennettia【3】Baker f. 单性玉盘属 ← **Uvariopsis** Annonaceae 番荔枝科 [MD-7] 全球 (1) 大洲分布及种数(uc)◆亚洲
Dennisonia F.Müll = **Pityrodia**
Dennstaedtia【3】Bernhardi. 碗蕨属 ← **Aspidium; Lonchitis;Loxsomopsis** Dennstaedtiaceae 碗蕨科 [F-26] 全球 (6) 大洲分布及种数(81-98)非洲:9-18;亚洲:77-96;大洋洲:15-25;欧洲:3-11;北美洲:21-30;南美洲:33-42
Dennstaedtiaceae【3】Lotsy 碗蕨科 [F-26] 全球 (6) 大洲分布和属种数(11-13;hort. & cult.6)(280-399;hort. & cult. 17-22)非洲:7-8/45-72;亚洲:6-9/234-286;大洋洲:7-8/57-81;欧洲:6-7/13-31;北美洲:7-9/46-68;南美洲:8-9/65-87
Denotarisia【2】(De Not.) Grolle 兜叶苔属 ≒ **Jungermannia** Jamesoniellaceae 圆叶苔科 [B-51] 全球 (2) 大洲分布及种数(2)亚洲:1;大洋洲:1
Dens-canis【-】Tourn. ex Rupp. 百合科属 Liliaceae 百合科 [MM-633] 全球 (uc) 大洲分布及种数(uc)
Denscantia【3】E.L.Cabral & Bacigalupo 巴西树茜属 ← **Borreria;Spermacoce;Scandentia** Rubiaceae 茜草科 [MD-523] 全球 (1) 大洲分布及种数(5-6)◆南美洲
Dens-leonis Ség. = **Leontodon**
Denslovia Rydb. = **Platanthera**
Dental O.F.Cook = **Howea**
Dentaria【3】L. 石芥花属 ≒ **Cardamine;Deparia** Brassicaceae 十字花科 [MD-213] 全球 (1) 大洲分布及种数(17)◆北美洲
Dentella【2】J.R.Forst. & G.Forst. 小牙草属 ← **Hedyotis;Helia;Spiradiclis** Rubiaceae 茜草科 [MD-523] 全球 (5) 大洲分布及种数(5-9;hort.1)非洲:1;亚洲:1-2;大洋洲:4-7;北美洲:1;南美洲:cf.1
Dentex O.F.Cook = **Howea**
Denticula Mich. ex Adans. = **Wolffiella**
Denticularia Friche-Joset & Montandon = **Spirodela**
Dentidia Lour. = **Perilla**
Dentillaria P. & K. = **Knoxia**
Dentoceras Small = **Polygonella**
Deois Berg. = **Derris**
Deonia Pierre ex Pax = **Trigonostemon**
Depacarpus【3】N.E.Br. 番杏科属 Aizoaceae 番杏科 [MD-94] 全球 (1) 大洲分布及种数(uc)◆亚洲
Depanthus【3】S.Moore 辐花木岩桐属 ← **Coronanthera** Gesneriaceae 苦苣苔科 [MD-549] 全球 (1) 大洲分布及种数(1-2)◆大洋洲
Deparia【3】Hook. & Grev. 对囊蕨属 ← **Athyrium; Athyriopsis** Athyriaceae 蹄盖蕨科 [F-40] 全球 (6) 大洲分布及种数(98-113;hort.1;cult: 12)非洲:10-18;亚洲:84-115;大洋洲:9-17;欧洲:3-11;北美洲:11-20;南美洲:1-9
Depazea Hooker & Grev. = **Deparia**
Depierrea Anon. ex Schltdl. = **Campanula**
Deplachne Boiss. = **Verticordia**
Deplanchea【2】Vieill. 金盖树属 ≒ **Diplanthera; Halodule** Bignoniaceae 紫葳科 [MD-541] 全球 (3) 大洲分布及种数(7-10)非洲:1-2;亚洲:3-4;大洋洲:5-7
Deppea【3】Cham. & Schltdl. 德普茜属 → **Amphidasya; Omiltemia;Pinarophyllon** Rubiaceae 茜草科 [MD-523] 全球 (1) 大洲分布及种数(38-40)◆北美洲
Deppei Cham. & Schltdl. = **Deppea**
Deppeopsis Borhidi & Strancz. = **Deppea**
Deppia Raf. = **Maxillaria**
Deprea【3】Raf. 盏安茄属 → **Athenaea;Physalis; Withania** Solanaceae 茄科 [MD-503] 全球 (6) 大洲分布及种数(49-54)非洲:1;亚洲:1-2;大洋洲:1;欧洲:1;北美洲:2-3;南美洲:47-52
Depremesnilia F.Müll = **Premna**
Deprinsara【-】De Prins 兰科属 Orchidaceae 兰科 [MM-723] 全球 (uc) 大洲分布及种数(uc)
Deptalia Raf. = **Reseda**
Deracantha Hoffmanns. & Link = **Carthamus**
Deralia Comm. ex DC. = **Schradera**
Dercas Lour. = **Derris**
Dercitus Raf. = **Camellia**
Derderia Jaub. & Spach = **Jurinea**
Derenbergia Schwantes = **Conophytum**
Derenbergiella【3】Schwantes 白冰花属 Aizoaceae 番杏科 [MD-94] 全球 (1) 大洲分布及种数(uc)◆亚洲
Derhamia Géry & Zarske = **Denhamia**
Deringa Adans. = **Cryptotaenia**
Deringia Steud. = **Darlingia**
Deritzia Thunb. = **Deutzia**
Derlinia Néraud = **Gratiola**
Dermaptera Turcz. = **Decaptera**
Dermasea Haw. = **Saxifraga**
Dermatobotrys【3】Bolus 骑师木属 Scrophulariaceae 玄参科 [MD-536] 全球 (1) 大洲分布及种数(1)◆非洲(◆南非)
Dermatocalyx örst. = **Schlegelia**
Dermatodon【3】Hübener 骑丛藓属 ≒ **Tortula** Pottiaceae 丛藓科 [B-133] 全球 (1) 大洲分布及种数(uc)◆南美洲
Dermatolepis Gill = **Leptorhynchos**
Dermatophyllum【2】Scheele 越南槐属 ≒ **Sophora; Stomatochaeta** Fabaceae 豆科 [MD-240] 全球 (2) 大洲分布及种数(5)非洲:1;北美洲:5
Dermea Haw. = **Saxifraga**
Dermonema Raf. = **Euphorbia**
Dermophylla Silva Manso = **Cayaponia**
Dernia【-】Kimnach,J.N.Trager & Tufenkian 夹竹桃科属 Apocynaceae 夹竹桃科 [MD-492] 全球 (uc) 大洲分布及种数(uc)
Deroca Banks ex Gaertn. = **Scleranthus**
Deroemera Rchb.f. = **Holothrix**
Derolus Phil. = **Zephyra**
Derops Lour. = **Derris**
Derosaara【-】Hort. 兰科属 Orchidaceae 兰科 [MM-723] 全球 (uc) 大洲分布及种数(uc)
Derosiphia Raf. = **Tristemma**

Derris (Kunth) N.F.Mattos = **Derris**
Derris【3】Lour. 鱼藤属→**Aganope;Callerya;Millettia** Fabaceae3 蝶形花科 [MD-240] 全球 (6) 大洲分布及种数(65-104;hort.1)非洲:9-28;亚洲:54-90;大洋洲:9-26;欧洲:11;北美洲:2-13;南美洲:17-29
Derwentia Raf. = **Veronica**
Derxena Thunb. = **Maesa**
Derxia Lour. = **Derris**
Desbordesia【3】Pierre 双椿果属←**Irvingia** Irvingiaceae 假杧果科 [MD-313] 全球 (1) 大洲分布及种数(2)◆非洲
Descantaria Schlechtd. = **Tripogandra**
Deschampisa P.Beauv. = **Deschampsia**
Deschampsia (Bluff & Fingerh.) W.D.J.Koch ex Griseb. = **Deschampsia**
Deschampsia【3】P.Beauv. 发草属←**Agrostis; Trisetum;Vahlodea** Poaceae 禾本科 [MM-748] 全球 (1) 大洲分布及种数(30-45)◆南美洲(◆巴西)
Deschampsinae Holub = **Deschampsia**
Descurainia【3】Webb & Berthel. 播娘蒿属← **Arabis;Nasturtium;Smelowskia** Brassicaceae 十字花科 [MD-213] 全球 (6) 大洲分布及种数(51-57;hort.1;cult: 5)非洲:2-10;亚洲:6-15;大洋洲:2-10;欧洲:13-21;北美洲:25-33;南美洲:26-35
Descurainieae Al-Shehbaz,Beilstein & E.A.Kellogg = **Descurainia**
Desdemona【3】S.Moore 爆仗竹属←**Basistemon; Russelia** Plantaginaceae 车前科 [MD-527] 全球 (1) 大洲分布及种数(uc)属分布和种数(uc)◆南美洲
Desemzia Raf. = **Alocasia**
Desfontaena Vell. = **Chiropetalum**
Desfontaina Steud. = **Desfontainia**
Desfontainea Kunth = **Desfontainia**
Desfontainea Rchb. = **Chiropetalum**
Desfontainesia Hoffmanns. = **Fontanesia**
Desfontainia【3】Ruiz & Pav. 枸骨黄属 Desfontainiaceae 离水花科 [MD-483] 全球 (1) 大洲分布及种数(7)◆南美洲
Desfontainiaceae【3】Endl. 离水花科 [MD-483] 全球 (1)大洲分布和属种数(1;hort. & cult.1)(7;hort. & cult.1)◆南美洲
Desforgia Steud. = **Forgesia**
Desideria【3】Pamp. 扇叶芥属≒**Christolea;Solmslaubachia** Brassicaceae 十字花科 [MD-213] 全球 (1) 大洲分布及种数(3-11)◆亚洲
Desisa Raf. = **Carex**
Desmacidon Brid. = **Desmatodon**
Desmanthodium【2】Benth. 梭果菊属←**Clibadium; Flaveria** Asteraceae 菊科 [MD-586] 全球 (2) 大洲分布及种数(9-10)北美洲:6-7;南美洲:2
Desmanthus DC. = **Desmanthus**
Desmanthus【3】Willd. 合欢草属←**Acacia;Mimosa; Neptunia** Fabaceae1 含羞草科 [MD-238] 全球 (6) 大洲分布及种数(25-30;hort.1;cult:1)非洲:6;亚洲:2-10;大洋洲:2-10;欧洲:2-10;北美洲:22-31;南美洲:9-17
Desmaria【3】Van Tiegh. 桑寄生属≒**Loranthus** Loranthaceae 桑寄生科 [MD-415] 全球 (1) 大洲分布及种数(1)◆南美洲
Desmatodon【3】Brid. 芽胞链齿藓属 Pottiaceae 丛藓科 [B-133] 全球 (6) 大洲分布及种数(20) 非洲:2;亚洲:5;大洋洲:2;欧洲:5;北美洲:8;南美洲:4
Desmatodon Eudesmatodon Jur. = **Desmatodon**
Desmazeria (Link) Bonnet & Barratte = **Desmazeria**
Desmazeria【3】Dum. 沙硬禾属←**Briza;Poa; Wangenheimia** Poaceae 禾本科 [MM-748] 全球 (6) 大洲分布及种数(6)非洲:5-6;亚洲:4-5;大洋洲:1;欧洲:4-5;北美洲:1;南美洲:1
Desmella Loudon = **Diastella**
Desmesia Raf. = **Typhonium**
Desmetara【-】J.M.H.Shaw 兰科属 Orchidaceae 兰科 [MM-723] 全球 (uc) 大洲分布及种数(uc)
Desmia D.Don = **Erica**
Desmidium Desv. = **Desmodium**
Desmidochus Rchb. = **Caralluma**
Desmidorchis Aperanthes R.Munster = **Caralluma**
Desmiophyllum Webb & Berthel. = **Boenninghausenia**
Desmiph D.Don = **Erica**
Desmitus Raf. = **Camellia**
Desmocarpus Wall. = **Cleome**
Desmocephalum【3】Hook.f. 簇枝菊属≒**Delilia** Asteraceae 菊科 [MD-586] 全球 (1) 大洲分布及种数(uc)◆亚洲
Desmocephalus Benth. & Hook.f. = **Delilia**
Desmochaeta DC. = **Pupalia**
Desmocladus【3】Nees 簇枝灯草属→**Athroostachys; Hypolaena** Restionaceae 帚灯草科 [MM-744] 全球 (1) 大洲分布及种数(14-23)◆大洋洲(◆澳大利亚)
Desmodema Raf. = **Euphorbia**
Desmodiastrum (Prain) A.Pramanik & Thoth. = **Alysicarpus**
Desmodiocassia Britton & Rose = **Cassia**
Desmodiopsis【3】(Schindl.) H.Ohashi & K.Ohashi 犬茴香属 Asteraceae 菊科 [MD-586] 全球 (1) 大洲分布及种数(1)◆大洋洲
Desmodium (Benth.) Benth. & Hook.f. = **Desmodium**
Desmodium【3】Desv. 山蚂蝗属←**Aeschynomene; Codariocalyx;Phyllodium** Fabaceae3 蝶形花科 [MD-240] 全球 (6) 大洲分布及种数(270-341;hort.1;cult: 25)非洲:49-112;亚洲:104-190;大洋洲:36-108;欧洲:19-72;北美洲:178-240;南美洲:80-140
Desmofischera Holthuis = **Desmodium**
Desmogon King & Prain = **Agapetes**
Desmogymnosiphon【3】Guinea 长柱腐草属 Burmanniaceae 水玉簪科 [MM-696] 全球 (1) 大洲分布及种数(uc)◆亚洲
Desmogyne King & Prain = **Agapetes**
Desmonchus Desf. = **Desmoncus**
Desmoncus Campylacanthium Burret = **Desmoncus**
Desmoncus【3】Mart. 椰藤属←**Bactris** Arecaceae 棕榈科 [MM-717] 全球 (6) 大洲分布及种数(26-39;hort.1)非洲:3;亚洲:3;大洋洲:3;欧洲:3;北美洲:12-19;南美洲:19-30
Desmonema Miers = **Euphorbia**
Desmonota Raf. = **Euphorbia**
Desmophlebiaceae【-】Mynssen,A.Vasco,Sylvestre, R.C.Moran & Rouhan 铁角蕨科属 Aspleniaceae 铁角蕨科 [F-43] 全球 (uc) 大洲分布及种数(uc)
Desmophlebium【2】Mynssen 链脉蕨属 Aspleniaceae

铁角蕨科 [F-43] 全球 (2) 大洲分布及种数(2) 北美洲:1;南美洲:2
Desmophyes Raf. = **Ehretia**
Desmophyla Raf. = **Ehretia**
Desmopleura DC. = **Discopleura**
Desmopodium Desv. = **Desmodium**
Desmopsis【3】Saff. 钳瓣鹰爪属 ← **Annona;Trigynaea;Stenanona** Annonaceae 番荔枝科 [MD-7] 全球 (1) 大洲分布及种数(25-26)◆北美洲
Desmorthis D.L.Jones & M.A.Clem. = **Chamaegastrodia**
Desmos【3】Lour. 假鹰爪属 → **Artabotrys;Monoon;polyalthia** Annonaceae 番荔枝科 [MD-7] 全球 (6) 大洲分布及种数(26-39)非洲:3-6;亚洲:23-36;大洋洲:2-7;欧洲:2;北美洲:2;南美洲:1-3
Desmos Saff. = **Desmos**
Desmoscelis【3】Naudin 索脉野牡丹属 ≒ **Rhexia** Melastomataceae 野牡丹科 [MD-364] 全球 (1) 大洲分布及种数(2)◆南美洲
Desmoschoenus Hook.f. = **Scirpus**
Desmosoma Raf. = **Euphorbia**
Desmostachya (Stapf) Stapf = **Desmostachya**
Desmostachya【3】Stapf 羽穗草属 ← **Briza;Pogonarthria** Poaceae 禾本科 [MM-748] 全球 (1) 大洲分布及种数(1)◆非洲
Desmostachys【3】Planch. ex Miers 佛荐草属 → **Alsodeiopsis;Stephanodaphne** Icacinaceae 茶茱萸科 [MD-450] 全球 (1) 大洲分布及种数(7-9)◆非洲
Desmostemon Thwaites = **Ostodes**
Desmotes【2】J.A.Kallunki 罩衫花属 ≒ **Erythrochiton** Rutaceae 芸香科 [MD-399] 全球 (2) 大洲分布及种数(2) 北美洲:1;南美洲:1
Desmotes Kallunki = **Desmotes**
Desmothamnus Small = **Polygonella**
Desmotheca【2】Lindb. 亚洲木灵藓属 ≒ **Orthotrichum** Orthotrichaceae 木灵藓科 [B-151] 全球 (2) 大洲分布及种数(3) 亚洲:3;大洋洲:1
Desmotrichum Bl. = **Flickingeria**
Desmsia Raf. = **Alocasia**
Despeleza Nieuwl. = **Lespedeza**
Despirus Raf. = **Camellia**
Desplatsia【3】Bocq. 裂托叶椴属 Malvaceae 锦葵科 [MD-203] 全球 (1) 大洲分布及种数(3-7)◆非洲
Despretzia Kunth = **Zeugites**
Dessenia Adans. = **Gnidia**
Dessenia Raf. = **Lasiosiphon**
Destrugesia Gaud. = **Capparis**
Destruguezia Benth. & Hook.f. = **Capparis**
Desvauxia Benth. & Hook.f. = **Centrolepis**
Desvauxia P. & K. = **Devauxia**
Detandra Miers = **Chondrodendron**
Detanra K.Schum. = **Chondrodendron**
Detariaceae Hess = Fabaceae3
Detarium【3】Juss. 甘豆属 ≒ **Crudia;Sindoropsis** Fabaceae 豆科 [MD-240] 全球 (1) 大洲分布及种数(3-10)◆非洲
Dethawia【3】Endl. 藁本属 ← **Ligusticum;Seseli;** Apiaceae 伞形科 [MD-480] 全球 (1) 大洲分布及种数(1)◆欧洲
Detonia Hook. & Taylor = **Daltonia**
Detridium Nees = **Felicia**
Detris Adans. = **Felicia**
Dettmeria Welw. = **Acranthera**
Detzneria【3】Schltr. ex Diels 婆婆纳属 ← **Veronica** Plantaginaceae 车前科 [MD-527] 全球 (1) 大洲分布及种数(uc)◆大洋洲
Deutella Mayer = **Dentella**
Deuterocohnia【3】Mez 刺垫凤梨属 → **Abromeitiella;Lindmania** Bromeliaceae 凤梨科 [MM-715] 全球 (1) 大洲分布及种数(17)◆南美洲
Deuteromallotus Pax & K.Hoffm. = **Hancea**
Deutzia Brevilobae S.M.Hwang = **Deutzia**
Deutzia【3】Thunb. 溲疏属 ← **Philadelphus;Styrax** Hydrangeaceae 绣球科 [MD-429] 全球 (6) 大洲分布及种数(70-90;hort.1;cult:12)非洲:8;亚洲:64-90;大洋洲:2-10;欧洲:5-14;北美洲:21-33;南美洲:1-9
Deutzianthus【3】Gagnep. 东京桐属 Euphorbiaceae 大戟科 [MD-217] 全球 (1) 大洲分布及种数(cf. 1)◆亚洲
Devara DC. = **Deverra**
Devauxia【3】R.Br. 甜茅属 Centrolepidaceae 刺鳞草科 [MM-745] 全球 (1) 大洲分布及种数(uc)◆大洋洲
Devendraea Pusalkar = **Lonicera**
Devereuxara auct. = **Ascocentrum**
Deverra【3】DC. 肖德弗草属 ≒ **Seseli** Apiaceae 伞形科 [MD-480] 全球 (1) 大洲分布及种数(5-8)◆非洲
Devia【3】Goldblatt & J.C.Manning 草鸢尾属 ≒ **Disa** Iridaceae 鸢尾科 [MM-700] 全球 (1) 大洲分布及种数(2)◆非洲(◆南非)
Deviata Küppers,Lopretto & Claps = **Devia**
Devillea【3】Bert. ex Schult.f. 藁本属 ≒ **Podostemum** Podostemaceae 川苔草科 [MD-322] 全球 (1) 大洲分布及种数(cf. 1)◆南美洲
Devogelia【3】Schuit. 彩兰属 Orchidaceae 兰科 [MM-723] 全球 (1) 大洲分布及种数(1-2)◆亚洲
Devriesara【-】J.M.H.Shaw 兰科属 Orchidaceae 兰科 [MM-723] 全球 (uc) 大洲分布及种数(uc)
Dewevrea【3】Micheli 德瓦豆属 Fabaceae 豆科 [MD-240] 全球 (1) 大洲分布及种数(2)◆非洲
Dewevrella【3】De Wild. 德瓦夹竹桃属 Apocynaceae 夹竹桃科 [MD-492] 全球 (1) 大洲分布及种数(1)◆非洲
Deweya【3】Raf. 陶施草属 ≒ **Oreonana** Apiaceae 伞形科 [MD-480] 全球 (1) 大洲分布及种数(4)◆北美洲
Dewildemania【3】O.Hoffm. ex De Wild. 螺叶瘦片菊属 ← **Athrixia;Herderia** Asteraceae 菊科 [MD-586] 全球 (1) 大洲分布及种数(5-7)◆非洲
Dewindtia【3】De Wild. 刚果蝶豆花属 Fabaceae3 蝶形花科 [MD-240] 全球 (1) 大洲分布及种数(1)◆非洲
Dewinterella D. & U.Müler-Doblies = **Hessea**
Dewinteria【3】Van Jaarsv. & A.E.van Wyk 犀角麻属 ≒ **Rogeria** Pedaliaceae 芝麻科 [MD-539] 全球 (1) 大洲分布及种数(1)◆非洲
Dewolfara Garay & H.R.Sw. = **Ascocentrum**
Dexteria Nutt. = **Deltaria**
Deyeuxia【3】Clarion ex P.Beauv. 异颖草属 ≒ **Calamagrostis;Aniselytron;Agrostis** Poaceae 禾本科 [MM-748] 全球 (6) 大洲分布及种数(121-160)非洲:13-56;亚洲:59-106;大洋洲:53-97;欧洲:11-52;北美洲:16-57;南美洲:36-81
Deyeuxia Muticae Keng = **Deyeuxia**

Deza Goldblatt & J.C.Manning = **Devia**
Dhofaria【3】A.G.Mill. 星被山柑属 Capparaceae 山柑科 [MD-178] 全球 (1) 大洲分布及种数(cf. 1)◆西亚(◆阿曼)
Diabelia【3】(Koidz.) Landrein 双六道木属 ≒ **Abelia** Caprifoliaceae 忍冬科 [MD-510] 全球 (1) 大洲分布及种数(4)◆亚洲
Diabelia Hort. = **Diabelia**
Diabroughtonia Hort. = **Broughtonia**
Diacaecarpium Endl. = **Nyssa**
Diacalpe【3】Bl. 红腺蕨属 ← **Peranema;Physematium** Peranemataceae 球盖蕨科 [F-48] 全球 (1) 大洲分布及种数(10-13)◆亚洲:cf.1
Diacantha Lag. = **Chuquiraga**
Diacantha Less. = **Barnadesia**
Diacanthos Lag. = **Chuquiraga**
Diacarpa Sim = **Atalaya**
Diacattleya auct. = **Sophronitis**
Diacecarpium Hassk. = **Nyssa**
Diachea Peck = **Acrachne**
Diacheopsis Pfitzer = **Cymbidium**
Diachroa Nutt. ex Steud. = **Leptochloa**
Diachus L. = **Dianthus**
Diachyrium Griseb. = **Sporobolus**
Diacicarpium Bl. = **Alangium**
Diacidia【3】Griseb. 二裂金虎尾属 ← **Coleostachys** Malpighiaceae 金虎尾科 [MD-343] 全球 (1) 大洲分布及种数(11)◆南美洲
Diacira Fabr. = **Deianira**
Diacles Salisb. = **Megastachya**
Diaclina Raf. = **Diarrhena**
Diacoria Lindl. = **Diacidia**
Diacranthera【3】R.M.King & H.Rob. 光果柄泽兰属 ← **Campuloclinium;Eupatorium** Asteraceae 菊科 [MD-586] 全球 (1) 大洲分布及种数(3)◆南美洲(◆巴西)
Diacria Lindl. = **Pelargonium**
Diacrium (Lindl.) Benth. = **Diacrium**
Diacrium【3】Benth. 二角兰属 ← **Caularthron;Prosthechea** Orchidaceae 兰科 [MM-723] 全球 (1) 大洲分布及种数(1)◆南美洲
Diacro-cattleya Hort. = **Sophronitis**
Diacrodon【3】Spragü 双齿茜属 Rubiaceae 茜草科 [MD-523] 全球 (1) 大洲分布及种数(1)◆南美洲
Diadegma Raf. = **Sida**
Diadema Raf. = **Anoda**
Diadenaria Klotzsch & Garcke = **Pedilanthus**
Diadeniopsis Szlach. = **Systeloglossum**
Diadenium【3】Pöpp. & Endl. 双兰属 Orchidaceae 兰科 [MM-723] 全球 (1) 大洲分布及种数(1)◆南美洲
Diadesma Raf. = **Sida**
Diadesmis Raf. = **Anoda**
Diaethria Nutt. = **Dieteria**
Diakeria Hort. = **Dimeria**
Diakia Christenson = **Dyakia**
Diala (R.H.Anders.) Ulbr. = **Duriala**
Dialaelia auct. = **Diacrium**
Dialaeliocattleya Hort. = **Sophronitis**
Dialaeliopsis auct. = **Diacrium**
Dialanthera Raf. = **Cassia**
Dialesta Kunth = **Oliganthes**
Dialineura Endl. = **Aeschynomene**
Dialion Raf. = **Heliotropium**
Dialiopsis Radlk. = **Zanha**
Dialis【-】M.H.J.van der Meer 仙人掌科属 Cactaceae 仙人掌科 [MD-100] 全球 (uc) 大洲分布及种数(uc)
Dialissa【-】Lindl. 兰科属 Orchidaceae 兰科 [MM-723] 全球 (uc) 大洲分布及种数(uc)
Dialium【3】L. 酸榄豆属 → **Sindoropsis;Dansera; Arouna** Fabaceae 豆科 [MD-240] 全球 (6) 大洲分布及种数(23-51;hort.1)非洲:16-35;亚洲:6-11;大洋洲:1;欧洲:1;北美洲:2;南美洲:2-5
Dialla Lindl. = **Dicella**
Diallobus Raf. = **Cassia**
Diallomus Raf. = **Cassia**
Diallosperma Raf. = **Galega**
Diallosteira Raf. = **Collinsonia**
Dialomia Lour. = **Carallia**
Dialyanthera Warb. = **Otoba**
Dialyceras【3】Capuron 羊角茶属 Sphaerosepalaceae 龙眼茶科 [MD-137] 全球 (1) 大洲分布及种数(3)◆非洲(◆马达加斯加)
Dialypetalae Benth. = **Dialypetalum**
Dialypetalanthaceae【3】Rizzini & Occhioni 毛枝树科 [MD-478] 全球 (1) 大洲分布和属种数(1/1)◆南美洲
Dialypetalanthus【3】Kuhlm. 木兰茜属 Rubiaceae 茜草科 [MD-523] 全球 (1) 大洲分布及种数(1)◆南美洲
Dialypetalum【3】Benth. 离瓣莲属 Campanulaceae 桔梗科 [MD-561] 全球 (1) 大洲分布及种数(5-6)◆非洲(◆马达加斯加)
Dialyssa Lindl. = **Dialissa**
Dialytheca【3】Exell & Mendonça 吊防己属 Menispermaceae 防己科 [MD-42] 全球 (1) 大洲分布及种数(1)◆非洲
Dialytrichia【2】(Schimp.) Limpr. 亚洲丛藓属 ≒ **Didymodon** Pottiaceae 丛藓科 [B-133] 全球 (4) 大洲分布及种数(2) 非洲:1;亚洲:1;欧洲:2;北美洲:1
Diamantina【3】Novelo,C.T.Philbrick & Irgang 掌河苔属 Podostemaceae 川苔草科 [MD-322] 全球 (1) 大洲分布及种数(1)◆南美洲
Diamarips Raf. = **Toisusu**
Diamena【3】Ravenna 管花吊兰属 ← **Anthericum; Paradisea** Asparagaceae 天门冬科 [MM-669] 全球 (1) 大洲分布及种数(1)◆南美洲
Diamonon Raf. = **Solanum**
Diamorpha【3】Nutt. 霞珠景天属 ← **Sedum** Crassulaceae 景天科 [MD-229] 全球 (1) 大洲分布及种数(1-3)◆北美洲(◆美国)
Diana Comm. ex Lam. = **Dianella**
Diancta Link & Otto = **Diascia**
Diandranthus【3】L.Liou 双药芒属 ≒ **Miscanthus** Poaceae 禾本科 [MM-748] 全球 (1) 大洲分布及种数(10)◆东亚(◆中国)
Diandriella Engl. = **Homalomena**
Diandrochloa De Winter = **Eragrostis**
Diandrolyra【3】Stapf 南星竺属 Poaceae 禾本科 [MM-748] 全球 (1) 大洲分布及种数(3-4)◆南美洲(◆巴西)
Diandrostachya (C.E.Hubb.) Jacq.-Fél. = **Loudetiopsis**

Dianella【3】 Lam. ex Juss. 山菅兰属 ← **Anthericum; Dracaena;Astelia** Asphodelaceae 阿福花科 [MM-649] 全球 (6) 大洲分布及种数(22-48;hort.1;cult: 7)非洲:6-14;亚洲:9-15;大洋洲:20-47;欧洲:5;北美洲:6-12;南美洲:5

Dianellaceae【3】Salisb. 山菅兰科 [MM-648] 全球 (6) 大洲分布和属种数(1;hort. & cult.1)(21-54;hort. & cult.7-11)非洲:1/6-14;亚洲:1/9-15;大洋洲:1/20-47;欧洲:1/5;北美洲:1/6-12; 南美洲:1/5

Dianema Lindl. = **Dinema**

Diania Nor. ex Tul. = **Dicoryphe**

Dianthaceae Drude = Berberidopsidaceae

Diantheae Dum. = **Dianthera**

Dianthelia R.M.Schust. = **Gymnomitrion**

Dianthella Clauson ex Pomel = **Petrorhagia**

Dianthera【3】 L. 红唇花属 → **Adhatoda;Himantochilus;Peristrophe** Acanthaceae 爵床科 [MD-572] 全球 (6) 大洲分布及种数(44-51)非洲:5-14;亚洲:3-12;大洋洲:9;欧洲:9;北美洲:23-33;南美洲:26-35

Dianthoseris【3】 Sch.Bip. ex A.Rich. 栓果菊属 ← **Launaea** Asteraceae 菊科 [MD-586] 全球 (1) 大洲分布及种数(uc)属分布和种数(uc)◆非洲

Dianthoveus【3】 Hammel & G.J.Wilder 岩苞草属 Cyclanthaceae 环花草科 [MM-706] 全球 (1) 大洲分布及种数(1)◆南美洲

Dianthron Turcz. = **Diarthron**

Dianthrone Turcz. = **Diarthron**

Dianthus (Boiss.) F.N.Williams = **Dianthus**

Dianthus【3】 L. 石竹属 → **Acanthophyllum;Depanthus;Petrorhagia** Caryophyllaceae 石竹科 [MD-77] 全球 (6) 大洲分布及种数(325-573;hort.1;cult: 67)非洲:57-107;亚洲:170-314;大洋洲:38-86;欧洲:225-314;北美洲:36-81;南美洲:14-54

Dianyuea【3】 C.Shang,S.Liao & Z.X.Zhang 含羞梅属 Fabaceae1 含羞草科 [MD-238] 全球 (1) 大洲分布及种数(cf.1) ◆亚洲

Diap Raf. = **Smilax**

Diapedium K.D.König ex Kuntze = **Dicliptera**

Diapensia Hill = **Diapensia**

Diapensia【3】 L. 岩梅属 Diapensiaceae 岩梅科 [MD-405] 全球 (6) 大洲分布及种数(6)非洲:2;亚洲:5-7;大洋洲:2;欧洲:1-3;北美洲:3-5;南美洲:2

Diapensiaceae【3】Lindl. 岩梅科 [MD-405] 全球 (6) 大洲分布和属种数(6-7;hort. & cult.6)(17-40;hort. & cult.9-14)非洲:4/6;亚洲:4-7/13-26;大洋洲:4/6;欧洲:1-4/1-7;北美洲:4/9-17;南美洲:4/6

Diapenzia Dum. = **Sanicula**

Diaperia【3】 Nutt. 兔烟花属 ≒ **Calymmandra;Filago** Asteraceae 菊科 [MD-586] 全球 (1) 大洲分布及种数(3)◆北美洲(◆美国)

Diaphana Salisb. = **Moraea**

Diaphanangis【-】 auct. 兰科属 Orchidaceae 兰科 [MM-723] 全球 (uc) 大洲分布及种数(uc)

Diaphananthe【3】 Schltr. 透瓣兰属 ← **Aerangis;Angraecopsis** Orchidaceae 兰科 [MM-723] 全球 (1) 大洲分布及种数(32-53)◆非洲

Diaphane Salisb. = **Moraea**

Diaphanodon【2】 Renauld & Cardot 异节藓属 ≒ **Claopodium** Meteoriaceae 蔓藓科 [B-188] 全球 (5) 大洲分布及种数(5)非洲:1;亚洲:4;大洋洲:1;北美洲:1;南美洲:1

Diaphanophyllum Lindb. = **Ditrichum**

Diaphanoptera【3】 Rech.f. 膜翅花属 Caryophyllaceae 石竹科 [MD-77] 全球 (1) 大洲分布及种数(cf. 1)◆亚洲

Diaphora Lour. = **Scleria**

Diaphoranthema Beer = **Tillandsia**

Diaphoranthus Anders. ex Hook.f. = **Polyachyrus**

Diaphorea Lour. = **Scleria**

Diaphorus Lour. = **Scleria**

Diaphractanthus【3】 Humbert 腺果瘦片菊属 Asteraceae 菊科 [MD-586] 全球 (1) 大洲分布及种数(1)◆非洲(◆马达加斯加)

Diaphragmus C.Presl = **Anthospermum**

Diaphycarpus Calest. = **Pimpinella**

Diaphyllum Hoffm. = **Ocotea**

Diapon Raf. = **Heliotropium**

Diapria Torr. = **Draperia**

Diapromorpha Meisn. = **Diplomorpha**

Diarina Raf. = **Vulpia**

Diarrhena (Honda) Tzvelev = **Diarrhena**

Diarrhena【3】P.Beauv. 龙常草属 ← **Ammophila;Vulpia; Festuca** Poaceae 禾本科 [MM-748] 全球 (6) 大洲分布及种数(6)非洲:3;亚洲:4-7;大洋洲:3;欧洲:1-4;北美洲:3-6;南美洲:3

Diarrheneae C.S.Campb. = **Diarrhena**

Diarsia DC. = **Melasphaerula**

Diarthron (C.A.Mey.) Kit Tan = **Diarthron**

Diarthron【3】 Turcz. 草瑞香属 ← **Dais;Passerina; Stelleropsis** Thymelaeaceae 瑞香科 [MD-310] 全球 (1) 大洲分布及种数(cf. 1)◆亚洲

Diartus Lour. = **Ardisia**

Diaschomburgkia auct. = **Diacrium**

Diascia【3】 Link & Otto 双距花属 ← **Alonsoa;Nemesia** Scrophulariaceae 玄参科 [MD-536] 全球 (1) 大洲分布及种数(52-71)◆非洲

Diasia DC. = **Melasphaerula**

Diaskohleria H.Wiehler = **Diaskohleria**

Diaskohleria【3】 Wiehler 尖蒴岩桐属 ← **Diastema** Gesneriaceae 苦苣苔科 [MD-549] 全球 (1) 大洲分布及种数(1)◆非洲

Diaspananthus【3】 Miq. 双花菊属 ≒ **Ainsliaea** Asteraceae 菊科 [MD-586] 全球 (1) 大洲分布及种数(2)◆亚洲:cf.1

Diaspanthus【-】 Kitam. 菊科属 Asteraceae 菊科 [MD-586] 全球 (uc) 大洲分布及种数(uc)

Diaspasis【3】 R.Br. 丝鸾花属 ← **Goodenia;Scaevola** Goodeniaceae 草海桐科 [MD-578] 全球 (1) 大洲分布及种数(1)◆大洋洲(◆澳大利亚)

Diasperus【3】 P. & K. 二大戟属 → **Astrocasia;Phyllanthus;Psychanthus** Phyllanthaceae 叶下珠科 [MD-222] 全球 (6) 大洲分布及种数(110-161)非洲:6-16;亚洲:53-63;大洋洲:33-43;欧洲:10;北美洲:14-24;南美洲:8-18

Diaspis Nied. = **Triaspis**

Diastatea【3】 Scheidw. 膜瓣莲属 ≒ **Typha;Lobelia** Campanulaceae 桔梗科 [MD-561] 全球 (6) 大洲分布及种数(10)非洲:1-8;亚洲:1-8;大洋洲:4-11;欧洲:7;北美洲:6-14;南美洲:3-10

Diastella【3】 Salisb. 丽钵木属 → **Leucospermum; Mimetes** Proteaceae 山龙眼科 [MD-219] 全球 (1) 大洲分

布及种数(9)◆非洲(◆南非)
Diastema【2】Benth.尖蒴岩桐属 ≒ **Dalbergia;Pearcea** Gesneriaceae 苦苣苔科 [MD-549] 全球 (4) 大洲分布及种数(18-25)亚洲:cf.1;欧洲:1;北美洲:7-8;南美洲:16-22
Diastemanthe Desv. = **Stenotaphrum**
Diastemation C.Müll. = **Diastema**
Diastemella【3】örst. 尖蒴岩桐属 ≒ **Diastema** Gesneriaceae 苦苣苔科 [MD-549] 全球 (1) 大洲分布及种数(uc)◆亚洲
Diastemenanthe Steud. = **Stenotaphrum**
Diastemma Lindl. = **Diastema**
Diastoma Benth. = **Diastema**
Diastrophis Fisch. & C.A.Mey. = **Aethionema**
Diastrophus Fisch. & C.A.Mey. = **Aethionema**
Diatassa R.Br. = **Ditassa**
Diateinacanthus Lindau = **Odontonema**
Diatelia Demoly = **Diastella**
Diatenopterix Radlk. = **Diatenopteryx**
Diatenopteryx【3】Radlk. 回无患子属 ← **Thouinia** Sapindaceae 无患子科 [MD-428] 全球 (1) 大洲分布及种数(2)◆南美洲
Diatoma Bory = **Carallia**
Diatomys Lour. = **Carallia**
Diatonta Walp. = **Coreopsis**
Diatora Lour. = **Carallia**
Diatosperma C.Müll. = **Ceratogyne**
Diatraea Raf. = **Xenostegia**
Diatrema Raf. = **Xenostegia**
Diatremis Raf. = **Xenostegia**
Diatripe Dum. = **Bupleurum**
Diatropa Dum. = **Ocotea**
Diaxulon Raf. = **Cytisus**
Diazeuxis D.Don = **Lycoseris**
Diazia Phil. = **Calandrinia**
Dibamus S.G.Gmel. = **Calodendrum**
Diberara Baill. = **Nebelia**
Diblemma【3】J.Sm. 南洋水龙骨属 ← **Polypodium** Polypodiaceae 水龙骨科 [F-60] 全球 (1) 大洲分布及种数(uc)属分布和种数(uc)◆东南亚(◆菲律宾)
Dibothrospermum Knaf = **Tripleurospermum**
Dibrachia (Sw.) Eckl. & Zeyh. = **Pelargonium**
Dibrachion Regel = **Homalanthus**
Dibrachion Tul. = **Diplotropis**
Dibrachionostylus【3】Bremek. 双枝茜属 ← **Oldenlandia** Rubiaceae 茜草科 [MD-523] 全球 (1) 大洲分布及种数(1)◆非洲
Dibrachium Walp. = **Diplotropis**
Dibrachya (Sw.) Eckl. & Zeyh. = **Pelargonium**
Dicaelosperma Pax = **Cucumis**
Dicaelospermum C.B.Clarke = **Cucumis**
Dicalina Raf. = **Diarrhena**
Dicalix【2】Lour. 山矾属 ≒ **Eriobotrya** Pentaphylacaceae 五列木科 [MD-215] 全球 (5) 大洲分布及种数(3) 亚洲:3;大洋洲:3;欧洲:1;北美洲:2;南美洲:3
Dicalymma Lem. = **Verbesina**
Dicalyx Poir. = **Ilex**
Dicardiotis Raf. = **Gentiana**
Dicarpa Sim = **Cupania**
Dicarpaea C.Presl = **Limeum**
Dicarpellum【3】(Lös.) A.C.Sm. 五层龙属 ≒ **Salacia** Celastraceae 卫矛科 [MD-339] 全球 (1) 大洲分布及种数(3-4)◆大洋洲
Dicarpidium【3】F.Müll. 双果梧桐属 Malvaceae 锦葵科 [MD-203] 全球 (1) 大洲分布及种数(1)◆大洋洲(◆澳大利亚)
Dicarpophora Speg. = **Cynanchum**
Dicaryum Willd. = **Geissanthus**
Dicella【3】Griseb. 二室金虎尾属 ← **Bunchosia;Tetrapterys;Thryallis** Malpighiaceae 金虎尾科 [MD-343] 全球 (1) 大洲分布及种数(8-10)◆南美洲
Dicellandra【3】Hook.f. 二室蕊属 ← **Amphiblemma;Ochthocharis;Phaeoneuron** Melastomataceae 野牡丹科 [MD-364] 全球 (1) 大洲分布及种数(3)◆非洲
Dicellostyles【3】Benth. 双锦葵属 ← **Kydia;Nayariophyton** Malvaceae 锦葵科 [MD-203] 全球 (1) 大洲分布及种数(cf. 1)◆亚洲
Dicentra【3】Bernh. 马裤花属 → **Ichtyoselmis;Corydalis;Dactylicapnos** Papaveraceae 罂粟科 [MD-54] 全球 (6) 大洲分布及种数(10-11)非洲:4;亚洲:6-11;大洋洲:1-5;欧洲:3-7;北美洲:7-11;南美洲:4
Dicentranthcra T.Anderson = **Asystasia**
Dicentranthera T.Anderson = **Asystasia**
Dicera Forst. = **Elaeocarpus**
Dicera Zipp. ex Bl. = **Gironniera**
Dicerandra【3】Benth. 双角雄属 Lamiaceae 唇形科 [MD-575] 全球 (1) 大洲分布及种数(10-13)◆北美洲(◆美国)
Diceras P. & K. = **Elaeocarpus**
Diceratella【2】Boiss. 双钝角芥属 ← **Matthiola;Notoceras** Brassicaceae 十字花科 [MD-213] 全球 (2) 大洲分布及种数(11-12)非洲:9;亚洲:3-4
Diceratium Boiss. = **Notoceras**
Diceratostele【3】Summerh. 双角柱兰属 Orchidaceae 兰科 [MM-723] 全球 (1) 大洲分布及种数(1)◆非洲
Dicercoclados【3】C.Jeffrey & Y.L.Chen 歧笔菊属 Asteraceae 菊科 [MD-586] 全球 (1) 大洲分布及种数(cf.1)◆东亚(◆中国)
Dicercolados C.Jeffrey & Y.L.Chen = **Dicercoclados**
Dicerma【3】DC. 双角豆属 ≒ **Phyllodium** Fabaceae3 蝶形花科 [MD-240] 全球 (1) 大洲分布及种数(3)◆亚洲
Dicerocaryum【3】Boj. 刺靴麻属 ≒ **Martynia** Pedaliaceae 芝麻科 [MD-539] 全球 (1) 大洲分布及种数(2-3)◆非洲(◆南非)
Diceroclados C.Jeffrey & Y.L.Chen = **Dicercoclados**
Dicerolepis Bl. = **Trachelospermum**
Diceros Bl. = **Lindernia**
Diceros Lour. = **Limnophila**
Diceros Pers. = **Artanema**
Dicerospermum【3】Bakh.f. 野牡丹科属 Melastomataceae 野牡丹科 [MD-364] 全球 (1) 大洲分布及种数(uc)◆大洋洲
Dicerostylis【3】Bl. 双臂兰属 ← **Hylophila** Orchidaceae 兰科 [MM-723] 全球 (1) 大洲分布及种数(cf. 1)◆亚洲
Dicerothamnus【3】(L.f.) Kök. 南非复菊属 ≒ **Stoebe** Asteraceae 菊科 [MD-586] 全球 (1) 大洲分布及种数(2)◆非洲(◆南非)
Dicersos Lour. = **Lindernia**

Dichaea (Knowles & Westc.) Senghas = **Dichaea**
Dichaea【2】Lindl.篦叶兰属←**Cymbidium;Maxillaria; Pachyphyllum** Orchidaceae 兰科 [MM-723] 全球 (4) 大洲分布及种数(123-132;hort.1;cult: 1)亚洲:8;大洋洲:3;北美洲:52-53;南美洲:94-101
Dichaelia【3】Harv. 润肺草属 ← **Brachystelma** Apocynaceae 夹竹桃科 [MD-492] 全球 (1) 大洲分布及种数(10)◆非洲
Dichaeopsis Pfitzer = **Dichaea**
Dichaeta Nutt. = **Macvaughiella**
Dichaeta Sch.Bip. = **Schaetzellia**
Dichaetanthera【3】Endl. 二毛药属 ← **Melastoma** Melastomataceae 野牡丹科 [MD-364] 全球 (1) 大洲分布及种数(33-37)◆非洲
Dichaetaria【3】Nees ex Steud. 匍匐木根草属 ← **Aristida;Gymnopogon** Poaceae 禾本科 [MM-748] 全球 (1) 大洲分布及种数(cf. 1)◆亚洲
Dichaetophora【3】A.Gray 田雏菊属 ← **Boltonia** Asteraceae 菊科 [MD-586] 全球 (1) 大洲分布及种数(1-2)◆北美洲
Dichalachne Endl. = **Dichelachne**
Dichanthelium【3】(Hitchc. & Chase) Gould 莲座黍属 ← **Brachiaria;Panicum;Setaria** Poaceae 禾本科 [MM-748] 全球 (6) 大洲分布及种数(101;hort.1;cult: 2)非洲:5;亚洲:47-52;大洋洲:5;欧洲:5;北美洲:77-82;南美洲:42-47
Dichanthidium (Hitchc. & Chase) Gould = **Dichanthelium**
Dichanthium (P. & K.) Roberty = **Dichanthium**
Dichanthium【3】Willem. 双花草属 ← **Sorghum;Dichanthelium;Bothriochloa** Poaceae 禾本科 [MM-748] 全球 (6) 大洲分布及种数(24-28;hort.1;cult: 1)非洲:7-10;亚洲:16-21;大洋洲:11-13;欧洲:3-5;北美洲:7-9;南美洲:2-4
Dichapetalaceae【3】Baill. 毒鼠子科 [MD-202] 全球 (6) 大洲分布和属种数(3/121-244)非洲:2/77-143;亚洲:2/3-15;大洋洲:1/2-10;欧洲:1/8;北美洲:2-3/14-22;南美洲:2-3/38-55
Dichapetalum【3】Thou.毒鼠子属←**Ceanothus;Elaeocarpus;Ellipanthus** Dichapetalaceae 毒鼠子科 [MD-202] 全球 (1) 大洲分布及种数(69-130)◆非洲
Dichasianthus【2】Ovcz. & Junussov 异蕊芥属 ← **Dontostemon;Neotorularia** Brassicaceae 十字花科 [MD-213] 全球 (4) 大洲分布及种数(3) 非洲:1;亚洲:3;欧洲:1;南美洲:1
Dichasium (A.Braun) Fée = **Dryopteris**
Dichazothece【3】Lindau 巴东爵床属 Acanthaceae 爵床科 [MD-572] 全球 (1) 大洲分布及种数(1)◆南美洲
Dichelachne【3】Endl. 齿稃茅属 ← **Agrostis;Muhlenbergia;Austrostipa** Poaceae 禾本科 [MM-748] 全球 (1) 大洲分布及种数(10-11)◆大洋洲(◆澳大利亚)
Dichelactina Hance = **Phyllanthus**
Dichelodontium【3】Hook.f. & Wilson ex Broth. 鳞片藓属 ≒ **Leucodon** Ptychomniaceae 棱蒴藓科 [B-159] 全球 (1) 大洲分布及种数(1)◆大洋洲
Dichelostamma Kunth = **Dichelostemma**
Dichelostemma【3】Kunth 蓝壶韭属 ≒ **Brodiaea; Stropholirion** Asparagaceae 天门冬科 [MM-669] 全球 (1) 大洲分布及种数(7-10)◆北美洲
Dichelostylis Bl. = **Dicerostylis**
Dichelyma【2】Myrin 弯刀藓属 ≒ **Neckera; Warnstorfia** Fontinalaceae 水藓科 [B-169] 全球 (3) 大洲分布及种数(8) 亚洲:1;欧洲:4;北美洲:6
Dichelymaceae Schimp. = Fontinalaceae
Dichelyne Myrin = **Dichelyma**
Dicheranthus【3】Webb 灰甲蓬属 Caryophyllaceae 石竹科 [MD-77] 全球 (1) 大洲分布及种数(1)◆南欧(◆西班牙)
Dichetophora A.Gray = **Dichaetophora**
Dichilanthe【3】Thwaites 二唇茜属 Rubiaceae 茜草科 [MD-523] 全球 (1) 大洲分布及种数(cf. 1)◆亚洲
Dichiloboea Stapf = **Trisepalum**
Dichilus【3】DC. 二分豆属 → **Argyrolobium;Spartium** Fabaceae3 蝶形花科 [MD-240] 全球 (1) 大洲分布及种数(3-6)◆非洲
Dichismus Raf. = **Scirpus**
Dichiton【2】(Lindb.) H.Buch 花旗拟大萼苔属 Cephaloziaceae 大萼苔科 [B-52] 全球 (4) 大洲分布及种数(cf.1) 非洲;亚洲;欧洲;北美洲
Dichobune Laws. ex Salisb. = **Watsonia**
Dichocarpum (Tamura & Lauener) Tamura = **Dichocarpum**
Dichocarpum【3】W.T.Wang & Hsiao 人字果属 ← **Isopyrum** Ranunculaceae 毛茛科 [MD-38] 全球 (1) 大洲分布及种数(cf. 1)◆亚洲
Dichochaete (C.E.Hubb.) Phipps = **Zonotriche**
Dichodium Sw. = **Pterostylis**
Dichodon (Bartl. ex Rchb.) Rchb. = **Cerastium**
Dichodontium【3】Schimp. 裂齿藓属 ≒ **Cynodontium; Oncophorus** Aongstroemiaceae 昂氏藓科 [B-121] 全球 (6) 大洲分布及种数(10) 非洲:1;亚洲:3;大洋洲:5;欧洲:3;北美洲:4;南美洲:4
Dichoespermum Wight = **Herrania**
Dichogama Benth. = **Chorizema**
Dichoglottis Fisch. & C.A.Mey. = **Gypsophila**
Dichome Laws. ex Salisb. = **Watsonia**
Dichomera Michx. = **Dichromena**
Dichomeris Busck = **Diplomeris**
Dichon Laws. ex Salisb. = **Watsonia**
Dichondra【3】J.R.Forst. & G.Forst. 马蹄金属 ≒ **Sibthorpia** Convolvulaceae 旋花科 [MD-499] 全球 (6) 大洲分布及种数(19-20;hort.1;cult:1)非洲:2-5;亚洲:18-21;大洋洲:4-7;欧洲:1-4;北美洲:12-15;南美洲:12-15
Dichondraceae Dum. = Oleaceae
Dichondropsis Brandegee = **Dichondra**
Dichone Laws ex Salisb. = **Tritonia**
Dichonema Benth. = **Chorizema**
Dichopetalum F.Müll = **Dichapetalum**
Dichophyllum Klotzsch & Garcke = **Acalypha**
Dichopogon【3】Kunth 糖馨百合属 ← **Anthericum** Asparagaceae 天门冬科 [MM-669] 全球 (1) 大洲分布及种数(4-9)◆大洋洲
Dichopsis Thwaites = **Palaquium**
Dichopteris C.Presl = **Dictyopteris**
Dichopus Bl. = **Dendrobium**
Dichorexia C.Presl = **Cyathea**
Dichorisandra【3】J.C.Mikan 鸳鸯草属 ← **Aneilema; Tradescantia;Callisia** Commelinaceae 鸭跖草科 [MM-708] 全球 (1) 大洲分布及种数(61-62)◆南美洲
Dichorisandreae Dum. = **Dichorisandra**

Dichoropetalum Fenzl = **Johrenia**
Dichosciadium【3】 Domin 银莲芹属 Apiaceae 伞形科 [MD-480] 全球 (1) 大洲分布及种数(1)◆大洋洲(◆澳大利亚)
Dichosma DC. ex Loudon = **Diosma**
Dichospermum C.Müll. = **Aneilema**
Dichostachys C.Krauss = **Acacia**
Dichostemma【3】 Pierre 异杯戟属 Euphorbiaceae 大戟科 [MD-217] 全球 (1) 大洲分布及种数(1-2)◆非洲
Dichostereum C.Müll = **Tripogandra**
Dichostylis【2】 P.Beauv. ex T.Lestib. 飘拂草属 ≒ **Fimbristylis** Cyperaceae 莎草科 [MM-747] 全球 (2) 大洲分布及种数(1) 亚洲:1;南美洲:1
Dichoth Laws. ex Salisb. = **Watsonia**
Dichotoma Sch.Bip. = **Sclerocarpus**
Dichotomanthes【3】 Kurz 牛筋条属 Rosaceae 蔷薇科 [MD-246] 全球 (1) 大洲分布及种数(cf. 1)◆东亚(◆中国)
Dichotomanthus Kurz = **Dichromanthus**
Dichotophyllum Mönch = **Ceratophyllum**
Dichotrichum S.Moore = **Agalmyla**
Dichroa【3】 Lour. 常山属 ← **Hydrangea;Amalia;Anabasis** Hydrangeaceae 绣球科 [MD-429] 全球 (1) 大洲分布及种数(8-14)◆亚洲
Dichroanthus P.B.Webb & Berthelot = **Erysimum**
Dichrocephala【3】 L'Hér. ex DC. 鱼眼草属 ← **Centipeda;Cyathocline;Myriactis** Asteraceae 菊科 [MD-586] 全球 (6) 大洲分布及种数(5-8;hort.1;cult: 1)非洲:3-5;亚洲:3-6;大洋洲:1-3;欧洲:2-4;北美洲:2;南美洲:1-3
Dichrolepis Welw. = **Eriocaulon**
Dichroma Cav. = **Ourisia**
Dichroma Pers. = **Dichromena**
Dichromanthus【3】 Garay 丹绶草属 ← **Stenorrhynchos;Ophrys** Orchidaceae 兰科 [MM-723] 全球 (1) 大洲分布及种数(4)◆北美洲
Dichromarrhynchos【-】 Glic. 兰科属 Orchidaceae 兰科 [MM-723] 全球 (uc) 大洲分布及种数(uc)
Dichromena【3】 Michx. 白鹭莞属 → **Bisboeckelera;Bulbostylis;Pleurostachys** Cyperaceae 莎草科 [MM-747] 全球 (1) 大洲分布及种数(2-11)◆南美洲(◆巴西)
Dichromend Michx. = **Dichromena**
Dichromenia Michx. = **Dichromena**
Dichrometra Michx. = **Dichromena**
Dichromochlamys【3】 Dunlop 异色层菀属 ← **Pterigeron** Asteraceae 菊科 [MD-586] 全球 (1) 大洲分布及种数(1)◆大洋洲(◆澳大利亚)
Dichromoglottis【-】 Glic. 兰科属 Orchidaceae 兰科 [MM-723] 全球 (uc) 大洲分布及种数(uc)
Dichromus Schlechtd. = **Paspalum**
Dichronema Baker = **Dichromena**
Dichrophyllum Klotzsch & Garcke = **Euphorbia**
Dichrospermum Bremek. = **Spermacoce**
Dichrostachys【3】 (DC.) Wight & Arn. 代儿茶属 ← **Acacia;Desmanthus** Fabaceae 豆科 [MD-240] 全球 (6) 大洲分布及种数(16-19;hort.1)非洲:14-15;亚洲:1-4;大洋洲:2-4;欧洲:1;北美洲:1-2;南美洲:1-3
Dichrotrichium【3】 Benth. & Hook.f. 代苣苔属 ≒ **Dichrotrichum** Gesneriaceae 苦苣苔科 [MD-549] 全球 (1) 大洲分布及种数(1)◆非洲
Dichrotrichum【3】 Reinw. ex de Vriese 弯筒苣苔属 ≒ **Agalmyla** Gesneriaceae 苦苣苔科 [MD-549] 全球 (1) 大洲分布及种数(1)◆亚洲
Dichrozona Michx. = **Dichromena**
Dichylium Britton = **Euphorbia**
Dichynchosia Bl. = **Caldcluvia**
Dichynchosia C.Müll = **Spiraeopsis**
Dickasonia【3】 L.O.Williama 合唇兰属 ≒ **Dicksonia** Orchidaceae 兰科 [MM-723] 全球 (1) 大洲分布及种数(1-2)◆亚洲
Dickeya Maguire = **Duckea**
Dickia G.A.Scop. = **Adenosma**
Dickinsia【3】 Franch. 马蹄芹属 Apiaceae 伞形科 [MD-480] 全球 (1) 大洲分布及种数(1-4)◆东亚(◆中国)
Dickinsis Franch. = **Dickinsia**
Dickromena Michx. = **Dichromena**
Dicksonia【3】 L'Hér. 蚌壳蕨属 → **Calochlaena;Dickasonia;Nephrolepis** Dicksoniaceae 蚌壳蕨科 [F-22] 全球 (6) 大洲分布及种数(28-65;hort.1;cult: 1)非洲:1-10;亚洲:8-21;大洋洲:8-25;欧洲:3;北美洲:3-10;南美洲:15-22
Dicksoniaceae【3】 M.R.Schomb. 蚌壳蕨科 [F-22] 全球 (6) 大洲分布和属种数(6;hort. & cult.5-6)(52-117;hort. & cult.17-30)非洲:3/5-16;亚洲:4/18-34;大洋洲:3-4/14-33;欧洲:3/6;北美洲:4/14-25;南美洲:4-5/20-29
Dicksonieae Gaud. = **Dicksonia**
Dicksoninae Hook. = **Dicksonia**
Dicladanthera【3】 F.Müll. 拉轮蕊花属 Acanthaceae 爵床科 [MD-572] 全球 (1) 大洲分布及种数(1-2)◆大洋洲(◆澳大利亚)
Dicladdiella W.R.Buck = **Dicladiella**
Dicladia Lour. = **Barringtonia**
Dicladiella【2】 W.R.Buck 亚洲蔓藓属 Meteoriaceae 蔓藓科 [B-188] 全球 (4) 大洲分布及种数(2) 亚洲:2;大洋洲:1;北美洲:1;南美洲:1
Dicladolejeunea【3】 (Stephani) R.M.Schust. 巴西细鳞苔属 ≒ **Taxilejeunea** Lejeuneaceae 细鳞苔科 [B-84] 全球 (1) 大洲分布及种数(cf. 1)◆南美洲
Diclidanthera【3】 Mart. 折药花属 Polygalaceae 远志科 [MD-291] 全球 (1) 大洲分布及种数(5-7)◆南美洲
Diclidantherac Mart. = **Diclidanthera**
Diclidantheraceae【3】 J.Agardh 轮蕊花科 [MD-276] 全球 (1) 大洲分布和属种数(1/5-7)◆南美洲
Diclidium Schröd. ex Nees = **Cyperus**
Diclidocarpus A.Gray = **Trichospermum**
Diclidopteris Brack. = **Vaginularia**
Diclidostigma Kunze = **Melothria**
Diclinanoa Diels = **Diclinanona**
Diclinanona【3】 Diels 指瓣树属 ← **Xylopia** Annonaceae 番荔枝科 [MD-7] 全球 (1) 大洲分布及种数(4)◆南美洲
Diclinothrys Endl. = **Helonias**
Diclinotris Raf. = **Helonias**
Diclinotrys Raf. = **Chamaelirium**
Dicliptera【3】 Juss. 狗肝菜属 ← **Adhatoda;Hypoestes;Peristrophe** Acanthaceae 爵床科 [MD-572] 全球 (6) 大洲分布及种数(162-269;hort.1;cult:1)非洲:52-103;亚洲:43-72;大洋洲:14-31;欧洲:6-15;北美洲:45-60;南美洲:66-105
Diclipteria Raf. = **Peristrophe**
Diclis【3】 Benth. 伏龙花属 ← **Anarrhinum;Dias-**

cia;Linaria Scrophulariaceae 玄参科 [MD-536] 全球 (1) 大洲分布及种数(7-10)◆非洲
Diclisodon Moore = **Dryopteris**
Diclythra Raf. = **Dicentra**
Diclytra Borkh. = **Dicentra**
Dicneckeria Vell. = **Euplassa**
Dicnemoloma Renauld = **Sclerodontium**
Dicnemon (Duby ex Besch.) B.H.Allen = **Dicnemon**
Dicnemon【2】 Schwägr. 圆藓属 ≒ **Pulchrinodus** Dicranaceae 曲尾藓科 [B-128] 全球 (2) 大洲分布及种数(15) 亚洲:1;大洋洲:15
Dicnemonaceae Broth. = Dicranaceae
Dicocca Thou. = **Dicoria**
Dicoccum Thou. = **Dicoria**
Dicodon Ehrb. = **Decodon**
Dicoelia【3】 Benth. 兜帽木属 Phyllanthaceae 叶下珠科 [MD-222] 全球 (1) 大洲分布及种数(1-3)◆亚洲
Dicoelosia Benth. = **Dicoelia**
Dicoelospermum C.B.Clarke = **Cucumis**
Dicolus Phil. = **Zephyra**
Dicoma【3】 Cass. 鳞苞菊属 ← **Achillea;Pteronia; Agathosma** Asteraceae 菊科 [MD-586] 全球 (6) 大洲分布及种数(32-49;hort.1;cult:1)非洲:30-37;亚洲:3-6;大洋洲:3;欧洲:3;北美洲:3;南美洲:3
Dicomopsis【3】 S.Ortiz 鳞片菊属 Asteraceae 菊科 [MD-586] 全球 (1) 大洲分布及种数(1)◆非洲
Diconangia Adans. = **Itea**
Dicoria【3】 Torr. & A.Gray 双虫菊属 Asteraceae 菊科 [MD-586] 全球 (1) 大洲分布及种数(5-13)◆北美洲
Dicorynea Benth. = **Dicorynia**
Dicorynia【3】 Benth. 棒蕊豆属 Fabaceae 豆科 [MD-240] 全球 (1) 大洲分布及种数(4)◆南美洲
Dicorypha R.Hedw. = **Dicoryphe**
Dicoryphe【3】 Thou. 李榄梅属 → **Schizolaena** Hamamelidaceae 金缕梅科 [MD-63] 全球 (1) 大洲分布及种数(13-14)◆非洲
Dicotylophyllum Spenn. = **Acomastylis**
Dicraea Tul. = **Podostemum**
Dicraeanthus【3】 Engl. 河鹿草属 → **Ledermanniella;Macropodiella** Podostemaceae 川苔草科 [MD-322] 全球 (1) 大洲分布及种数(3)◆非洲
Dicraeia【3】 Thou. 河苔草属 ← **Podostemum;Ledermanniella;Polypleurum** Podostemaceae 川苔草科 [MD-322] 全球 (1) 大洲分布及种数(1-2) ◆南美洲
Dicraeopetalum【3】 Harms 二叉豆属 ← **Acosmium** Fabaceae 豆科 [MD-240] 全球 (1) 大洲分布及种数(3)◆非洲
Dicrairus【-】 Hook.f. 苋科属 Amaranthaceae 苋科 [MD-116] 全球 (uc) 大洲分布及种数(uc)
Dicrama C.Koch ex F.W.Klatt = **Ixia**
Dicranacanthus örst. = **Phaulopsis**
Dicranaceae【3】Schimp. 曲尾藓科 [B-128] 全球 (5) 大洲分布和属种数(72/1147)亚洲:44/346;大洋洲:37/261;欧洲:33/178;北美洲:38/308;南美洲:49/371
Dicrananthera C.Presl = **Acisanthera**
Dicranella (Bruch & Schimp.) Müll.Hal. = **Dicranella**
Dicranella【3】Schimp. 小曲尾藓属 ≒ **Dichodontium; Oncophorus** Dicranellaceae 小曲尾藓科 [B-122] 全球 (6) 大洲分布及种数(201) 非洲:43;亚洲:60;大洋洲:33;欧洲:25; 北美洲:64;南美洲:69
Dicranellaceae【3】 M.Stech 小曲尾藓科 [B-122] 全球 (6) 大洲分布和属种数(5/169-222)非洲:3-4/56-83;亚洲:4/46-71;大洋洲:3/28-54;欧洲:1-3/10-33;北美洲:3-4/41-65;南美洲:4/62-88
Dicranema Schimp. = **Dicranella**
Dicranidion Béhéré = **Dicranodon**
Dicranites【2】 G.A.Klebs 曲尾藓科属 ≒ **Hypnodontopsis** Dicranaceae 曲尾藓科 [B-128] 全球 (uc) 大洲分布及种数(1)
Dicranocarpus【3】A.Gray 草耙菊属 ← **Heterosperma** Asteraceae 菊科 [MD-586] 全球 (1) 大洲分布及种数(1)◆北美洲
Dicranodon【3】 Béhéré 鸡尾尾藓属 ≒ **Cynodontium** Dicranaceae 曲尾藓科 [B-128] 全球 (1) 大洲分布及种数(1) ◆欧洲
Dicranodontium【3】 Bruch & Schimp. 青毛藓属 ≒ **Dicranoloma;Paraleucobryum** Leucobryaceae 白发藓科 [B-129] 全球 (6) 大洲分布及种数(22) 非洲:5;亚洲:15;大洋洲:4;欧洲:5;北美洲:6;南美洲:3
Dicranoglossum【3】 J.Sm. 二叉舌蕨属 ≒ **Taenitis; Neurodium** Polypodiaceae 水龙骨科 [F-60] 全球 (1) 大洲分布及种数(5)◆南美洲
Dicranolejeunea (R.M.Schust.) Kruijt = **Dicranolejeunea**
Dicranolejeunea【2】 Stephani 丝鳞苔属 ≒ **Lejeunea; Spruceanthus** Lejeuneaceae 细鳞苔科 [B-84] 全球 (3) 大洲分布及种数(2)非洲:cf.1;北美洲:1;南美洲:1
Dicranolepis【3】 Planch. 栀薇香属 ≒ **Sticherus** Thymelaeaceae 瑞香科 [MD-310] 全球 (1) 大洲分布及种数(20-21)◆非洲
Dicranoloma【3】 (Renauld) Renauld 锦叶藓属 ≒ **Dicranum;Cryptodicranum** Dicranaceae 曲尾藓科 [B-128] 全球 (6) 大洲分布及种数(95) 非洲:13;亚洲:30;大洋洲:63;欧洲:8;北美洲:11;南美洲:26
Dicranopetalum C.Presl = **Toulicia**
Dicranophlebia (Mart.) Lindl. = **Alsophila**
Dicranopsis Pfitzer = **Dichaea**
Dicranopteris (Diels) Holttum = **Dicranopteris**
Dicranopteris【3】 Bernh. 芒萁属 → **Diplopterygium; Hicriopteris;Sticherus** Gleicheniaceae 里白科 [F-18] 全球 (6) 大洲分布及种数(36-48;hort.1;cult: 6)非洲:6-7;亚洲:18-25;大洋洲:4-8;欧洲:1-2;北美洲:8-10;南美洲:15-17
Dicranopygium Adenotepalum Harling = **Dicranopygium**
Dicranopygium【2】 Harling 束苞草属 ← **Carludovica** Cyclanthaceae 环花草科 [MM-706] 全球 (3) 大洲分布及种数(56)大洋洲:1;北美洲:13-15;南美洲:49-54
Dicranostachys Trec. = **Myrianthus**
Dicranostegia【3】 (A.Gray) Pennell 鸢钩草属 ≒ **Cordylanthus** Orobanchaceae 列当科 [MD-552] 全球 (1) 大洲分布及种数(1)◆北美洲
Dicranostigma【3】 Hook.f. & Thoms. 秃疮花属 ≒ **Glaucium** Papaveraceae 罂粟科 [MD-54] 全球 (1) 大洲分布及种数(4-7)◆亚洲
Dicranostyles (Barroso) D.F.Austin = **Dicranostyles**
Dicranostyles【3】 Benth. 双旋花属 ≒ **Maripa** Convolvulaceae 旋花科 [MD-499] 全球 (1) 大洲分布及种数(17)◆南美洲
Dicranotaenia Finet = **Solenangis**
Dicranoweisia【3】 Lindb. ex Milde 卷毛藓属 ≒

Holomitrium;Oncophorus Oncophoraceae 曲背藓科 [B-124] 全球 (6) 大洲分布及种数(27) 非洲:9;亚洲:6;大洋洲:10;欧洲:6;北美洲:6;南美洲:13
Dicranum (Brid.) Müll.Hal. = **Dicranum**
Dicranum【3】 Hedw. 曲尾藓属 ≒ **Dicranodontium; Phyllodrepanium** Dicranaceae 曲尾藓科 [B-128] 全球 (1) 大洲分布及种数(1)◆东亚(◆中国)
Dicraspeda Standl. = **Dicraspidia**
Dicraspidia【3】 Standl. 排钱麻属 Muntingiaceae 文定果科 [MD-193] 全球 (1) 大洲分布及种数(1)◆北美洲
Dicrastyles Benth. = **Dicrastylis**
Dicrastylidaceae 【2】 J.Drumm. ex Harv. 离柱花科 [MD-571] 全球(2) 大洲分布和属种数(2/14-38)大洋洲:1/13-37;北美洲:1/1
Dicrastylis【3】 Drumm. ex Harv. 石南苏属 ← **Chloanthes;Pityrodia** Lamiaceae 唇形科 [MD-575] 全球 (1) 大洲分布及种数(13-37)◆大洋洲(◆澳大利亚)
Dicraurus【3】 Hook.f. 血苋属 ≒ **Iresine** Amaranthaceae 苋科 [MD-116] 全球 (1) 大洲分布及种数(2)◆北美洲
Dicreanthus Engl. = **Dacryanthus**
Dicrobotryon Endl. = **Antirhea**
Dicrobotryum Willd. ex Röm. & Schult. = **Guettarda**
Dicrocaulon【3】 N.E.Br. 银杯玉属 ← **Meyerophytum; Schwantesia** Aizoaceae 番杏科 [MD-94] 全球 (1) 大洲分布及种数(8)◆非洲(◆南非)
Dicrocephala【-】 Royle 菊科属 ≒ **Dichrocephala; Myriactis** Asteraceae 菊科 [MD-586] 全球 (uc) 大洲分布及种数(uc)
Dicroceras Hook.f. = **Dittoceras**
Dicroglossum (Harv.) A.Millar & Huisman = **Theobroma**
Dicroid Torr. & A.Gray = **Dicoria**
Dicroloma R.Br. = **Microloma**
Dicrophyla Raf. = **Neottia**
Dicrosperma H.Wendland & Drude ex W.Watson = **Rubus**
Dicrossus Ladiges = **Tagetes**
Dicru Reinw. = **Voacanga**
Dicrurus【-】 P. & K. 苋科属 Amaranthaceae 苋科 [MD-116] 全球 (uc) 大洲分布及种数(uc)
Dicrus Reinw. = **Voacanga**
Dicrypta Lindl. = **Heterotaxis**
Dictamnaceae Schimp. = Dicranaceae
Dictamnus【2】 L. 白鲜属 ≒ **Aquilegia** Rutaceae 芸香科 [MD-399] 全球 (4) 大洲分布及种数(3)非洲:1;亚洲:cf.1;欧洲:1;北美洲:2
Dictamus S.G.Gmel. = **Dictamnus**
Dictilis Raf. = **Phlomis**
Dictiptera Raf. = **Peristrophe**
Dictuodroma Ching = **Dictyodroma**
Dictya J.Sm. = **Dictymia**
Dictyaloma Walp. = **Dictyoloma**
Dictyandra【3】 Welw. ex Benth. & Hook.f. 网蕊茜属 ← **Leptactina** Rubiaceae 茜草科 [MD-523] 全球 (1) 大洲分布及种数(2)◆非洲
Dictyanthes Raf. = **Aristolochia**
Dictyanthus【3】 Decne. 双萝藦属 ← **Cynanchum; Matelea;Vincetoxicum** Apocynaceae 夹竹桃科 [MD-492] 全球 (1) 大洲分布及种数(15)◆北美洲
Dictymia【3】 J.Sm. 澳带蕨属 ≒ **Polypodium** Polypodiaceae 水龙骨科 [F-60] 全球 (1) 大洲分布及种数(2-6)◆大洋洲
Dictymoearpus Wight = **Abutilon**
Dictyocarpus Wight = **Sida**
Dictyocaryum【3】 H.Wendl. 金椰属 ← **Iriartea;Socratea** Arecaceae 棕榈科 [MM-717] 全球 (1) 大洲分布及种数(4-6)◆南美洲
Dictyocha E.G.Camus = **Bromus**
Dictyochloa (Murb.) E.G.Camus = **Ammochloa**
Dictyocline Moore = **Thelypteris**
Dictyodaphne Bl. = **Mezilaurus**
Dictyodes P. & K. = **Anthephora**
Dictyodroma【3】 Ching 棒囊蕨属 ≒ **Deparia** Athyriaceae 蹄盖蕨科 [F-40] 全球 (1) 大洲分布及种数(4)◆亚洲
Dictyoglossum J.Sm. = **Elaphoglossum**
Dictyogramma Fée = **Coniogramme**
Dictyogramme Fée = **Coniogramme**
Dictyolimon【3】 Rech.f. 驼舌草属 ≒ **Statice** Plumbaginaceae 白花丹科 [MD-227] 全球 (1) 大洲分布及种数(2-3)◆亚洲
Dictyoloma【3】 A.Juss. 醉鱼枫属 Rutaceae 芸香科 [MD-399] 全球 (1) 大洲分布及种数(2)◆南美洲
Dictyolus Burm.f. = **Microstegium**
Dictyone Laws. ex Salisb. = **Watsonia**
Dictyoneura【3】 Bl. 网脉无患子属 ← **Cupania** Sapindaceae 无患子科 [MD-428] 全球 (1) 大洲分布及种数(1-3)◆亚洲
Dictyopetalum【3】 Fisch. & C.A.Mey. 月见草属 ≒ **Oenothera** Onagraceae 柳叶菜科 [MD-396] 全球 (1) 大洲分布及种数(1)◆非洲
Dictyophleba【3】 Pierre 双夹竹桃属 ← **Carpodinus;Landolphia** Apocynaceae 夹竹桃科 [MD-492] 全球 (1) 大洲分布及种数(5-6)◆非洲
Dictyophlebia Pierre = **Dictyophleba**
Dictyophragmus【3】 O.E.Schulz 网篱芭属 ← **Sisymbrium** Brassicaceae 十字花科 [MD-213] 全球 (1) 大洲分布及种数(3)◆南美洲
Dictyophyllaria Garay = **Vanilla**
Dictyophyllum Spenn. = **Acomastylis**
Dictyoploca A.Juss. = **Dictyoloma**
Dictyopsis Harv. ex Hook.f. = **Behnia**
Dictyopteris【2】 C.Presl 薄脉蕨属 ≒ **Sticherus** Dryopteridaceae 鳞毛蕨科 [F-49] 全球 (5) 大洲分布及种数(uc)亚洲;大洋洲;欧洲;北美洲;南美洲
Dictyosperma【3】 H.Wendl. & Drude 飓风椰属 ≒ **Dictyospermum;Dypsis** Arecaceae 棕榈科 [MM-717] 全球 (6) 大洲分布及种数(2;hort.1)非洲:1-3;亚洲:1-3;大洋洲:2;欧洲:2;北美洲:1-3;南美洲:2
Dictyospermum【3】 Wight 网籽草属 ← **Aneilema; Asplenium** Commelinaceae 鸭跖草科 [MM-708] 全球 (1) 大洲分布及种数(6-17)◆亚洲
Dictyosporium Wight = **Dictyospermum**
Dictyostega【2】 Miers 水玉壶属 ← **Apteria;Gymnosiphon** Burmanniaceae 水玉簪科 [MM-696] 全球 (2) 大洲分布及种数(1)北美洲:1;南美洲:1
Dictyostegia Benth. & Hook.f. = **Dictyostega**
Dictyota W.R.Taylor = **Lycaste**
Dictyoxiphium【2】 Hook. 双叉蕨属 ≒ **Pleuroderris**

D

Dryopteridaceae 鳞毛蕨科 [F-49] 全球 (2) 大洲分布及种数(cf.1) 北美洲;南美洲
Dictysperma Raf. = **Rubus**
Dictystegia Benth. & Hook.f. = **Dictyostega**
Dicyclophora【3】Boiss. 双环梗属 ← **Aspidium** Apiaceae 伞形科 [MD-480] 全球 (1) 大洲分布及种数(1)◆亚洲
Dicyema Naudin = **Clidemia**
Dicyma Cass. = **Dicoma**
Dicymanthes Danser = **Amyema**
Dicymbe【3】Spruce ex Benth. & Hook.f. 天篷豆属 → **Arapatiella;Thylacanthus** Fabaceae 豆科 [MD-240] 全球 (1) 大洲分布及种数(20)◆南美洲
Dicymbopsis【3】Ducke 天篷豆属 ← **Dicymbe** Fabaceae3 蝶形花科 [MD-240] 全球 (1) 大洲分布及种数(uc)◆亚洲
Dicypellium【3】Nees 丁香桂属 ← **Acrodiclidium; Persea** Lauraceae 樟科 [MD-21] 全球 (1) 大洲分布及种数(2-3)◆南美洲
Dicyphonia Griff. = **Aglaia**
Dicyphus Schltr. = **Discyphus**
Dicyrta Regel = **Artanema**
Didacna Comm. ex Lam. = **Dianella**
Didactyle Lindl. = **Bulbophyllum**
Didactylon Zoll. & Mor. = **Dimeria**
Didactylus【3】(Lür) Lür 腋花兰属 ← **Pleurothallis;Acianthera** Orchidaceae 兰科 [MM-723] 全球 (1) 大洲分布及种数(1)◆非洲
Didaste E.Mey. ex Harv. & Sond. = **Acrosanthes**
Dide L. = **Sida**
Didelotia【3】Baill. 代德苏木属 ≒ **Zingania** Fabaceae 豆科 [MD-240] 全球 (1) 大洲分布及种数(7-12)◆非洲
Didelta【3】L´Hér. 离苞菊属 ← **Arctotis;Xylosteon; Cuspidia** Asteraceae 菊科 [MD-586] 全球 (1) 大洲分布及种数(3-4)◆非洲(◆南非)
Dideopsis Roberty = **Dinetus**
Diderota Comm. ex A.DC. = **Ochrosia**
Diderotia Baill. = **Discocleidion**
Didesmandra【3】Stapf 双袖花属 Dilleniaceae 五桠果科 [MD-66] 全球 (1) 大洲分布及种数(1)◆亚洲
Didesmus【3】Desv. 迪德匕果芥属 ≒ **Myagrum; Trachymene** Brassicaceae 十字花科 [MD-213] 全球 (6) 大洲分布及种数(3-4)非洲:2-3;亚洲:1-3;大洋洲:1;欧洲:1-2;北美洲:1;南美洲:1
Didiciea【3】King & Prain 软叶兰属 ← **Tipularia** Orchidaceae 兰科 [MM-723] 全球 (1) 大洲分布及种数(uc)◆亚洲(◆中国)
Didiclis (L.) P.Beauv. ex J.St.Hil. = **Selaginella**
Didiera P. & K. = **Sacoglottis**
Didierea【3】Baill. 刺戟木属 → **Alluaudia;Alluaudiopsis** Didiereaceae 刺戟木科 [MD-152] 全球 (1) 大洲分布及种数(2)◆非洲(◆马达加斯加)
Didiereaceae【3】Radlk. 刺戟木科 [MD-152] 全球 (1) 大洲分布和属种数(4;hort. & cult.4)(11-12;hort. & cult.10-11)◆非洲(◆南非)
Didimeria J.Lindley = **Dialium**
Didimodon Hedw. ex P.Beauv. = **Didymodon**
Didion Raf. = **Heliotropium**
Didiplis【3】Raf. 水篱草属 ← **Peplis** Lythraceae 千屈菜科 [MD-333] 全球 (1) 大洲分布及种数(1)◆北美洲(◆美国)
Didiscus DC. = **Trachymene**
Didissandra【3】C.B.Clarke 肋蒴苣苔属 → **Ancylostemon; Oreocharis** Gesneriaceae 苦苣苔科 [MD-549] 全球 (6) 大洲分布及种数(14-22)非洲:1;亚洲:13-19;大洋洲:1;欧洲:1;北美洲:1;南美洲:1
Didonica【3】Luteyn & Wilbur 羊乳莓属 Ericaceae 杜鹃花科 [MD-380] 全球 (1) 大洲分布及种数(4)◆北美洲
Didonis Luteyn & Wilbur = **Didonica**
Didothion Raf. = **Brassavola**
Didrangea【-】J.M.H.Shaw 绣球科属 Hydrangeaceae 绣球科 [MD-429] 全球 (uc) 大洲分布及种数(uc)
Didxscus DC. = **Trachymene**
Didymaea【3】Hook.f. 双球茜属 ← **Nertera** Rubiaceae 茜草科 [MD-523] 全球 (1) 大洲分布及种数(5)◆北美洲
Didymandra Willd. = **Lacistema**
Didymanthus【3】Endl. 南美榛属 ← **Euplassa** Amaranthaceae 苋科 [MD-116] 全球 (1) 大洲分布及种数(1)◆大洋洲
Didymaotus【3】N.E.Br. 灵石花属 ← **Mesembryanthemum** Aizoaceae 番杏科 [MD-94] 全球 (1) 大洲分布及种数(1)◆非洲(◆南非)
Didymaria F.Stevens & Solheim = **Dialium**
Didymelaceae【3】Leandri 双颊果科 [MD-75] 全球 (1) 大洲分布和属种数(1/3-8)◆非洲(◆南非)
Didymelales Takhtajan = **Didymeles**
Didymeles【3】Thou. 双蕊花属 Buxaceae 黄杨科 [MD-131] 全球 (1) 大洲分布及种数(3-8)◆非洲(◆马达加斯加)
Didymeria Lindl. = **Correa**
Didymia Phil. = **Cyperus**
Didymiandrum【3】Gilly 木秆茅属 ← **Everardia** Cyperaceae 莎草科 [MM-747] 全球 (1) 大洲分布及种数(1-2)◆南美洲
Didymium Yamash. = **Didymodon**
Didymocarpaceae D.Don = Polypremaceae
Didymocarpus (C.B.Clarke) Chun = **Didymocarpus**
Didymocarpus【3】Wall. 长蒴苣苔属 → **Agalmyla; Petrocodon** Gesneriaceae 苦苣苔科 [MD-549] 全球 (6) 大洲分布及种数(48-129;hort.1)非洲:2-14;亚洲:47-119;大洋洲:1-9;欧洲:7;北美洲:7;南美洲:9
Didymochaeta Steud. = **Bromidium**
Didymocheton【3】Bl. 米仔兰属 → **Dysoxylum; Aglaia** Meliaceae 楝科 [MD-414] 全球 (1) 大洲分布及种数(2) ◆非洲
Didymochiton Spreng. = **Leucas**
Didymochlaena【3】Desv. 翼囊蕨属 ← **Aspidium; Anogramma** Dryopteridaceae 鳞毛蕨科 [F-49] 全球 (6) 大洲分布及种数(4)非洲:3-6;亚洲:1-4;大洋洲:1-4;欧洲:3;北美洲:1-4;南美洲:1-4
Didymochlamya Hook.f. = **Didymochlaena**
Didymochlamys【3】Hook.f. 双被茜属 ≒ **Didymochlaena** Rubiaceae 茜草科 [MD-523] 全球 (1) 大洲分布及种数(2)◆南美洲
Didymocistus【3】Kuhlm. 双囊茶属 Phyllanthaceae 叶下珠科 [MD-222] 全球 (1) 大洲分布及种数(1)◆南美洲
Didymococcus Bl. = **Sapindus**
Didymocolpus S.C.Chen = **Acanthochlamys**

Didymocystis Kuhlm. = **Didymocistus**
Didymodon (Brid.) Ångstr. = **Didymodon**
Didymodon【3】Hedw. 对齿藓属 ≒ **Pollia;Pilopogon** Pottiaceae 丛藓科 [B-133] 全球 (6) 大洲分布及种数(171) 非洲:35;亚洲:63;大洋洲:17;欧洲:40;北美洲:63;南美洲:73
Didymodoxa【3】E.Mey. ex Wedd. 裸单蕊麻属 ← **Australina;Parietaria;Urtica** Urticaceae 荨麻科 [MD-91] 全球 (1) 大洲分布及种数(3)◆非洲
Didymodum Hedw. ex P.Beauv. = **Didymodon**
Didymoecium Bremek. = **Morinda**
Didymoglossum【3】Desv. 毛边蕨属 ≒ **Crepidomanes; Vandenboschia;Abrodictyum** Hymenophyllaceae 膜蕨科 [F-21] 全球 (6) 大洲分布及种数(34-39)非洲:9-11;亚洲:10-12;大洋洲:5-7;欧洲:2;北美洲:4-7;南美洲:12-14
Didymogonyx【3】(L.G.Clark & Londoño) C.D.Tyrrell, L.G.Clark & Londoño 南美复禾属 Poaceae 禾本科 [MM-748] 全球 (1) 大洲分布及种数(2) ◆南美洲
Didymogyne Wedd. = **Urtica**
Didymomeles Spreng. = **Didymeles**
Didymonema C.Presl = **Gahnia**
Didymopanax【3】Decne. & Planch. 蛇荚黄芪属 ← **Schefflera;Astragalus** Araliaceae 五加科 [MD-471] 全球 (1) 大洲分布及种数(2)◆南美洲
Didymopelta Regel & Schmalh. = **Astragalus**
Didymophysa【3】Boiss. 双球芥属 Brassicaceae 十字花科 [MD-213] 全球 (1) 大洲分布及种数(cf. 1)◆亚洲
Didymoplexiella【3】Garay 锚柱兰属 → **Didymoplexiopsis;Didymoplexis** Orchidaceae 兰科 [MM-723] 全球 (1) 大洲分布及种数(6-7)◆亚洲
Didymoplexiopsis【3】Seidenf. 拟锚柱兰属 ← **Didymoplexiella** Orchidaceae 兰科 [MM-723] 全球 (1) 大洲分布及种数(cf. 1)◆东亚(◆中国)
Didymoplexis【2】Griff. 双唇兰属 ← **Arethusa; Nervilia;Pogonia** Orchidaceae 兰科 [MM-723] 全球 (3) 大洲分布及种数(9-22)非洲:4-8;亚洲:5-12;大洋洲:3-4
Didymopogon【3】Bremek. 尖叶木属 ← **Urophyllum** Rubiaceae 茜草科 [MD-523] 全球 (1) 大洲分布及种数 (1)◆亚洲
Didymoprium Bremek. = **Morinda**
Didymosalpinx【3】Keay 蔓钟木属 ← **Gardenia;Petitiocodon** Rubiaceae 茜草科 [MD-523] 全球 (1) 大洲分布及种数(4-5)◆非洲
Didymosella Regel & Schmalh. = **Astragalus**
Didymosperma【2】H.Wendl. & Drude ex Hook.f. 双子棕属 ← **Arenga;Wallichia;Blancoa** Arecaceae 棕榈科 [MM-717] 全球 (3) 大洲分布及种数(1) 亚洲:1;大洋洲:1;北美洲:1
Didymostigma【3】W.T.Wang 双片苣苔属 ← **Chirita; Didymocarpus** Gesneriaceae 苦苣苔科 [MD-549] 全球 (1) 大洲分布及种数(2-3)◆东亚(◆中国)
Didymotheca Hook.f. = **Gyrostemon**
Didymotis N.E.Br. = **Didymaotus**
Didymotoca E.Mey. = **Urtica**
Didymozoum Hedw. ex P.Beauv. = **Didymodon**
Didyplosandra【3】Wight 延苞蓝属 ≒ **Strobilanthes** Acanthaceae 爵床科 [MD-572] 全球 (1) 大洲分布及种数(uc)属分布和种数(uc)◆南亚(◆印度)
Didytnanthus Endl. = **Euplassa**
Diectomis【2】Kunth 须芒草属 ≒ **Andropogon** Poaceae 禾本科 [MM-748] 全球 (3) 大洲分布及种数(2) 非洲:1;北美洲:1;南美洲:1
Diedamia Noronha ex Thou. = **Deidamia**
Diedickea King & Prain = **Limodorum**
Diedrocephala Young = **Dichrocephala**
Diedropetala Galushko = **Delphinium**
Dieffenbachia【3】Schott 黛粉芋属 ← **Arum** Araceae 天南星科 [MM-639] 全球 (6) 大洲分布及种数(67-140) 非洲:5;亚洲:7-14;大洋洲:5;欧洲:1-6;北美洲:33-40;南美洲:53-129
Diegodendraceae【3】Capuron 地果莲木科 [MD-165] 全球 (1) 大洲分布和属种数(1/1)◆非洲(◆南非)
Diegodendron【3】Capuron 基柱木属 Bixaceae 红木科 [MD-176] 全球 (1) 大洲分布及种数(1)◆非洲(◆马达加斯加)
Diehroa Lour. = **Dichroa**
Dielasma Hook.f. = **Atalaya**
Dielitzia【3】P.S.Short 层苞鼠麹草属 Asteraceae 菊科 [MD-586] 全球 (1) 大洲分布及种数(1)◆大洋洲(◆澳大利亚)
Diella Griseb. = **Dicella**
Diellia【3】Brack. 岛铁角蕨属 ← **Asplenium** Aspleniaceae 铁角蕨科 [F-43] 全球 (1) 大洲分布及种数 (9-14)◆北美洲
Dielsantha【3】E.Wimm. 丝柱莲属 ← **Lobelia** Campanulaceae 桔梗科 [MD-561] 全球 (1) 大洲分布及种数 (1)◆非洲
Dielsia【3】Gilg 狭穗灯草属 ≒ **Plectranthus** Restionaceae 帚灯草科 [MM-744] 全球 (1) 大洲分布及种数(1)◆大洋洲(◆澳大利亚)
Dielsina P. & K. = **Polyceratocarpus**
Dielsiocharis【3】O.E.Schulz 中亚庭芥属 Brassicaceae 十字花科 [MD-213] 全球 (1) 大洲分布及种数(cf. 1)◆亚洲
Dielsiochloa【3】Pilg. 多须茅属 ← **Bromus;Trisetum** Poaceae 禾本科 [MM-748] 全球 (1) 大洲分布及种数 (1)◆南美洲
Dielsiodoxa【3】Albr. 柽柳石南属 Ericaceae 杜鹃花科 [MD-380] 全球 (1) 大洲分布及种数(2-5)◆大洋洲(◆澳大利亚)
Dielsiothamnus【3】R.E.Fr. 展玉盘属 ← **Uvaria** Annonaceae 番荔枝科 [MD-7] 全球 (1) 大洲分布及种数 (1)◆非洲
Dielsiris M.B.Crespo,Mart.-Azorín & Mavrodiev = **Iris**
Dielytra Cham. & Schltdl. = **Dicentra**
Diemenia Korth. = **Parastemon**
Diemisa Raf. = **Carex**
Diena Rchb. = **Malaxis**
Dieneckeria Vell. = **Euplassa**
Dienia【2】Lindl. 无耳沼兰属 ≒ **Crepidium** Orchidaceae 兰科 [MM-723] 全球 (2) 大洲分布及种数(8-11)亚洲:6-7;大洋洲:2
Dierama【3】K.Koch 漏斗鸢尾属 ← **Ixia;Sparaxis** Iridaceae 鸢尾科 [MM-700] 全球 (1) 大洲分布及种数 (29-52)◆非洲
Dierbachia Spreng. = **Dunalia**
Diervilla【3】Mill. 黄锦带属 ≒ **Weigela** Diervillaceae 黄忍冬科 [MD-511] 全球 (6) 大洲分布及种数(4-9)非

D

洲:10;亚洲:3-16;大洋洲:10;欧洲:1-13;北美洲:3-15;南美洲:10
Diervillaceae 【3】 A.Backlund & N.Pyck 夷忍冬科 [MD-511] 全球 (6) 大洲分布和属种数(1;hort. & cult.1)(3-20;hort. & cult.3-5)非洲:1/10;亚洲:1/3-16;大洋洲:1/10;欧洲:1/1-13;北美洲:1/3-15;南美洲:1/10
Diervillea Bartl. = **Urvillea**
Dierviileae Baill. = **Diervilla**
Diesingia Endl. = **Psophocarpus**
Dietelia Demoly = **Abelia**
Dieteria 【3】 Nutt. 灰菀属 ≒ **Machaeranthera** Asteraceae 菊科 [MD-586] 全球 (1) 大洲分布及种数(4-6)◆北美洲
Dieterica Ser. = **Caldcluvia**
Dieterichia Giseke = **Zingiber**
Dieterlea 【3】 E.J.Lott 迪特葫芦属 ← **Ibervillea** Cucurbitaceae 葫芦科 [MD-205] 全球 (1) 大洲分布及种数(1-2)◆北美洲
Dietes 【3】 Salisb. ex Klatt 离被鸢尾属 ← **Ferraria;Moraea** Iridaceae 鸢尾科 [MM-700] 全球 (1) 大洲分布及种数(6-7)◆非洲
Dietrichia Giseke = **Zingiber**
Dietta Griseb. = **Ditta**
Dietzia Regel = **Achimenes**
Dieudonnaea Cogn. = **Psiguria**
Differa 【-】 M.H.J.van der Meer 仙人掌科属 Cactaceae 仙人掌科 [MD-100] 全球 (uc) 大洲分布及种数(uc)
Diflugossa Bremek. = **Strobilanthes**
Digaster Miq. = **Pygeum**
Digastrium (Hack.) A.Camus = **Ischaemum**
Digbyana A.M.Murr. = **Duranta**
Digenea Forssk. = **Digera**
Digenia Horik. & Ando = **Dixonia**
Digera 【3】 Forssk. 长序苋属 ≒ **Celosia** Amaranthaceae 苋科 [MD-116] 全球 (6) 大洲分布及种数(2;hort.1)非洲:1-2;亚洲:1-2;大洋洲:1;欧洲:1;北美洲:1-2;南美洲:1-2
Digitacalia 【3】 Pippen 指蟹甲属 ← **Cacalia;Senecio; Roldana** Asteraceae 菊科 [MD-586] 全球 (1) 大洲分布及种数(6)◆北美洲(◆墨西哥)
Digitalidaceae Martinov = Veronicaceae
Digitalis 【3】 L. 毛地黄属 → **Adenosma;Digitaria; Paspalum** Plantaginaceae 车前科 [MD-527] 全球 (6) 大洲分布及种数(23-53;hort.1;cult:21)非洲:8-11;亚洲:10-15;大洋洲:1-2;欧洲:16-21;北美洲:8-10;南美洲:4-5
Digitalis Lindl. = **Digitalis**
Digitaria 【3】 Hall. 马唐属 ≒ **Andropogon;Axonopus** Poaceae 禾本科 [MM-748] 全球 (6) 大洲分布及种数(258-308;hort.1;cult:8)非洲:130-191;亚洲:245-316;大洋洲:76-113;欧洲:24-55;北美洲:111-143;南美洲:92-123
Digitaria Pennatae Stapf = **Digitaria**
Digitarieae J.J.Schmitz & Regel = **Digitaria**
Digitariella De Winter = **Digitaria**
Digitariopsis C.E.Hubb. = **Digitaria**
Digitavia Heist. ex Fabr. = **Digitaria**
Digiteriopsis C.E.Hubb. = **Digitaria**
Digitorebutia Frič Alberto Vojtech & Kreuzinger,Kurt G. & Buining,Albert Frederik Hendrik = **Rebutia**
Digitostigma Velazco & Nevárez = **Astrophytum**
Diglosselis Raf. = **Aristolochia**
Diglossophyllum (Michx.) H.Wendl. ex Drude = **Serenoa**
Diglossopis Raf. = **Aristolochia**
Diglossus Cass. = **Tagetes**
Diglottis Nees & Mart. = **Conchocarpus**
Diglyphis Bl. = **Diglyphosa**
Diglyphosa 【3】 Bl. 密花兰属 ≒ **Chrysoglossum** Orchidaceae 兰科 [MM-723] 全球 (1) 大洲分布及种数(1-2)◆亚洲
Diglyphys Spach = **Diglyphosa**
Dignathe Lindl. = **Cuitlauzina**
Dignathia 【2】 Stapf 合宜草属 Poaceae 禾本科 [MM-748] 全球 (2) 大洲分布及种数(4-6)非洲:3-5;亚洲:2-3
Digomphia 【3】 Benth. 二叉蕊属 ← **Jacaranda** Bignoniaceae 紫葳科 [MD-541] 全球 (1) 大洲分布及种数(3)◆南美洲
Digomphotis Raf. = **Gennaria**
Digoniopterys 【3】 Arènes 二节翅属 Malpighiaceae 金虎尾科 [MD-343] 全球 (1) 大洲分布及种数(1)◆非洲(◆马达加斯加)
Digonocarpus Vell. = **Cupania**
Digrammaria C.Presl = **Diplazium**
Digrammia C.Presl = **Diplazium**
Digraphis Trin. = **Baldingera**
Diguetia Mello-Leitôo = **Duguetia**
Digyroloma 【3】 Turcz. 爵床科属 Acanthaceae 爵床科 [MD-572] 全球 (1) 大洲分布及种数(1)◆亚洲
Diheteropogon (Hack.) Stapf = **Diheteropogon**
Diheteropogon 【3】 Stapf 非洲须芒草属 ← **Andropogon;Heteropogon** Poaceae 禾本科 [MM-748] 全球 (1) 大洲分布及种数(5-6)◆非洲
Diholcos 【-】 Rydb. 豆科属 ≒ **Astragalus** Fabaceae 豆科 [MD-240] 全球 (uc) 大洲分布及种数(uc)
Dihoplus Phil. = **Zephyra**
Dijocaria Hook. = **Discaria**
Dikrella Young = **Dianella**
Dikwa Lörz & Coleman = **Dilkea**
Dikylikostigma Kraenzl. = **Discyphus**
Dila Raf. = **Smilax**
Dilaena Dum. = **Diplolaena**
Dilaenaceae (Macvicar) Warnst. = Dilleniaceae
Dilamus S.G.Gmel. = **Dictamnus**
Dilanthes Salisb. = **Arthropodium**
Dilar Raf. = **Smilax**
Dilasia Raf. = **Tradescantia**
Dilatridaceae M.Röm. = Avetraceae
Dilatris 【3】 Berg. 伞血草属 Haemodoraceae 血草科 [MM-718] 全球 (1) 大洲分布及种数(4-6)◆非洲(◆南非)
Dilatris P.J.Bergius = **Dilatris**
Dilax Raf. = **Smilax**
Dilazium L. = **Dialium**
Dilectus 【-】 M.H.J.van der Meer 仙人掌科属 Cactaceae 仙人掌科 [MD-100] 全球 (uc) 大洲分布及种数(uc)
Dilema Griff. = **Sherardia**
Dilepis 【3】 Süss. & Merxm. 委内复菊属 Asteraceae 菊科 [MD-586] 全球 (1) 大洲分布及种数(uc)属分布和种数(uc)◆南美洲(◆委内瑞拉)
Dileptium Raf. = **Lepidium**
Dilepyrum Michx. = **Oryzopsis**

Dileucaden (Raf.) Steud. = **Panicum**
Dilicaria T.Anderson = **Acanthus**
Dilipa Mast. = **Dilkea**
Dilivaria 【3】 Juss. 老鼠簕属 ≒ **Acanthopsis** Acanthaceae 爵床科 [MD-572] 全球 (1) 大洲分布及种数(uc)◆大洋洲
Dilkea【3】Mast. 管托莲属 → **Mitostemma;Passiflora** Passifloraceae 西番莲科 [MD-151] 全球 (1) 大洲分布及种数(10-15)◆南美洲
Dillandia 【3】 V.A.Funk & H.Rob. 羽脉黄安菊属 ← **Munnozia** Asteraceae 菊科 [MD-586] 全球 (1) 大洲分布及种数(3)◆南美洲
Dillena Cothen. = (接受名不详) Dilleniaceae
Dillenia Heist. ex Fabr. = **Dillenia**
Dillenia 【3】 L. 五桠果属 ≒ **Dienia;Licania** Dilleniaceae 五桠果科 [MD-66] 全球 (6) 大洲分布及种数(27-73)非洲:8-18;亚洲:21-59;大洋洲:15-38;欧洲:3-6;北美洲:4-7;南美洲:3-5
Dilleniaceae【3】Salisb. 五桠果科 [MD-66] 全球 (6) 大洲分布和属种数(9-12;hort. & cult.4-5)(468-707;hort. & cult.14-21)非洲:3-6/35-55;亚洲:4-8/74-133;大洋洲:3-7/284-356;欧洲:2-5/5-18;北美洲:5-6/38-52;南美洲:7/129-152
Dillonara Hort. = **Brassavola**
Dillonia Sacleux = **Celastrus**
Dillwinia Poir. = **Rothia**
Dillwynia Roth = **Dillwynia**
Dillwynia【3】Sm. 鹦花豆属 → **Almaleea;Pultenaea; Eutaxia** Fabaceae3 蝶形花科 [MD-240] 全球 (6) 大洲分布及种数(14-32)非洲:1;亚洲:2-3;大洋洲:13-21;欧洲:2-3;北美洲:1-2;南美洲:1
Dilobeia 【3】 Thou. 鹿角木属 Proteaceae 山龙眼科 [MD-219] 全球 (1) 大洲分布及种数(2)◆非洲(◆马达加斯加)
Dilochia【3】Lindl. 蔗兰属 ← **Arundina;Bromheadia** Orchidaceae 兰科 [MM-723] 全球 (1) 大洲分布及种数(4-7)◆亚洲
Dilochiopsis 【3】 Brieger 毛兰属 ≒ **Eria** Orchidaceae 兰科 [MM-723] 全球 (1) 大洲分布及种数(2) ◆亚洲
Dilochus Miq. = **Dilochia**
Dilodendron 【3】 Radlk. 热美无患子属 Sapindaceae 无患子科 [MD-428] 全球 (1) 大洲分布及种数(4)◆南美洲
Diloma Raf. = **Gentiana**
Dilomilis 【3】 Raf. 印巴兰属 ← **Bletia;Epidendrum; Octomeria** Orchidaceae 兰科 [MM-723] 全球 (1) 大洲分布及种数(5-7)◆北美洲
Dilophia 【3】 T.Thoms. 双脊荠属 ≒ **Pegaeophyton** Brassicaceae 十字花科 [MD-213] 全球 (1) 大洲分布及种数(2-4)◆亚洲
Dilophotriche (C.E.Hubb.) Jacq.-Fél. = **Loudetiopsis**
Dilsea Mast. = **Dilkea**
Dilwinia Jacq. = **Dillenia**
Dilwynia Pers. = **Rothia**
Dimacria Lindl. = **Pelargonium**
Dimades Haw. = **Narcissus**
Dimanisa Raf. = **Justicia**
Dimant Comm. ex Lam. = **Dianella**
Dimarella Walker = **Dianella**
Dimeiandra Raf. = **Acroglochin**
Dimeianthus Raf. = **Acanthochiton**
Dimeiostemon Raf. = **Andropogon**
Dimeium Raf. = **Zanthoxylum**
Dimela Lour. = **Canarium**
Dimenops Raf. = **Krameria**
Dimenostemma Steud. = **Dimerostemma**
Dimerandra 【3】 Schltr. 裂床兰属 ← **Caularthron; Isochilus** Orchidaceae 兰科 [MM-723] 全球 (1) 大洲分布及种数(7)◆南美洲
Dimerella 【-】 Trevis. 菊科属 Asteraceae 菊科 [MD-586] 全球 (uc) 大洲分布及种数(uc)
Dimeresia【3】A.Gray 对双菊属 Asteraceae 菊科 [MD-586] 全球 (1) 大洲分布及种数(1)◆北美洲(◆美国)
Dimereza Labill. = **Sapindus**
Dimeria (J.Presl) Rchb. = **Dimeria**
Dimeria【3】R.Br. 雁茅属 ← **Andropogon; Saccharum; Arthraxon** Poaceae 禾本科 [MM-748] 全球 (6) 大洲分布及种数(47-71;hort.1;cult:2)非洲:4-12;亚洲:44-62;大洋洲:11-18;欧洲:1-3;北美洲:2-4;南美洲:2
Dimerina Syd. = **Dimeria**
Dimerocarpus Gagnep. = **Streblus**
Dimerocostus 【3】 P. & K. 双室姜属 ← **Costus** Costaceae 闭鞘姜科 [MM-738] 全球 (1) 大洲分布及种数(6)◆南美洲
Dimerodiscus Gagnep. = **Ipomoea**
Dimerodon Spragü = **Diacrodon**
Dimerodontium 【2】 Mitt. 圆碎米藓属 ≒ **Hypnum; Myrinia** Fabroniaceae 碎米藓科 [B-173] 全球 (2) 大洲分布及种数(9) 非洲:3;南美洲:8
Dimerostemma【3】Cass. 双冠菊属 ← **Aspilia;Oyedaea; Wedelia** Asteraceae 菊科 [MD-586] 全球 (1) 大洲分布及种数(30-37)◆南美洲(◆巴西)
Dimersia Labill. = **Dimeria**
Dimesia Raf. = **Hierochloe**
Dimesus Raf. = **Aira**
Dimetia (Wight & Arn.) Meisn. = **Hedyotis**
Dimetopia DC. = **Trachymene**
Dimetra 【3】 Kerr 逢春花属 Oleaceae 木樨科 [MD-498] 全球 (1) 大洲分布及种数(cf. 1)◆东南亚(◆泰国)
Dimia Raf. = **Ditta**
Dimitopia D.Dietr. = **Trachymene**
Dimitria Ravenna = **Trachymene**
Dimocarpus 【3】 Lour. 肖韶子属 → **Arytera;Nephelium;Xerospermum** Sapindaceae 无患子科 [MD-428] 全球 (1) 大洲分布及种数(8-10)◆亚洲
Dimorcarpus Lour. = **Dimocarpus**
Dimorpha D.Dietr. = **Eperua**
Dimorphanda J.M.H.Shaw = **Dimorphandra**
Dimorphandra【3】Schott 松塔豆属 → **Mora;Parkia** Fabaceae 豆科 [MD-240] 全球 (1) 大洲分布及种数(28-29)◆南美洲
Dimorphandreae Benth. = **Dimorphandra**
Dimorphantera Schott = **Dimorphanthera**
Dimorphanthera 【3】 (Drude) J.J.Sm. 异药莓属 ← **Vaccinium;Agapetes** Ericaceae 杜鹃花科 [MD-380] 全球 (1) 大洲分布及种数(23-80)◆东南亚(◆菲律宾)
Dimorphanthes Cass. = **Conyza**
Dimorphanthus Miq. = **Aralia**
Dimorphella (Müll.Hal.) Renauld & Cardot = **Rhacopi-**

lopsis
Dimorphia Schreb. = **Diamorpha**
Dimorphocalyx 【2】 Thw. 异萼木属 ≒ **Ostodes;Actephila** Euphorbiaceae 大戟科 [MD-217] 全球 (4) 大洲分布及种数(10-21;hort.1)非洲:1;亚洲:9-16;大洋洲:1;北美洲:1
Dimorphocarpa【3】 Rollins 异果荠属 ← **Biscutella;Dithyrea** Brassicaceae 十字花科 [MD-213] 全球 (1) 大洲分布及种数(5)◆北美洲
Dimorphochlamys Hook.f. = **Momordica**
Dimorphochloa S.T.Blake = **Cleistochloa**
Dimorphocladium Britton = **Phyllanthus**
Dimorphocladon【2】Dixon 亚洲油藓属 Symphyodontaceae 刺果藓科 [B-196] 全球 (2) 大洲分布及种数(2) 亚洲:2;大洋洲:1
Dimorphoclamys Hook.f. = **Momordica**
Dimorphocoma 【3】 F.Müll. & Tate 异冠层菀属 Asteraceae 菊科 [MD-586] 全球 (1) 大洲分布及种数(1)◆大洋洲(◆澳大利亚)
Dimorpholepis A.Gray = **Helipterum**
Dimorphopalpa Rollins = **Dimorphocarpa**
Dimorphopetalum Bertero = **Tetilla**
Dimorphopteris Tagawa & K.Iwats. = **Thelypteris**
Dimorphorchis Rolfe = **Arachnis**
Dimorphosciadium 【3】 Pimenov 矮伞芹属 ≒ **Chamaesciadium** Apiaceae 伞形科 [MD-480] 全球 (1) 大洲分布及种数(1-2) ◆亚洲
Dimorphostachys E.Fourn. = **Paspalum**
Dimorphostemon Kitag. = **Dontostemon**
Dimorphotheca【3】 Mönch 异果菊属 ← **Osteospermum** Asteraceae 菊科 [MD-586] 全球 (1) 大洲分布及种数(18-19)◆非洲
Dimorphothece Mönch = **Dimorphotheca**
Dimorphylia (Benth.) Côrtesi = **Rhacopilopsis**
Dina Salisb. = **Adina**
Dinacria Harv. = **Crassula**
Dinacrusa G.Krebbs = **Althaea**
Dinaeba Defile = **Dinebra**
Dinanthe P. & K. = **Nananthus**
Dinaspis Nied. = **Triaspis**
Dinckleria 【3】 (Hook.f. & Taylor) J.J.Engel & J.Heinrichs 澳双羽苔属 ≒ **Jungermannia** Plagiochilaceae 羽苔科 [B-73] 全球 (1) 大洲分布及种数(1)◆大洋洲(◆澳大利亚)
Dineba Delile ex P.Beauv. = **Dinebra**
Dinebra DC. = **Dinebra**
Dinebra【3】 Jacq. 弯穗草属 ≒ **Agrostis;Bouteloua** Poaceae 禾本科 [MM-748] 全球 (6) 大洲分布及种数(18-20;hort.1)非洲:6-11;亚洲:14-20;大洋洲:4-9;欧洲:3-8;北美洲:12-17;南美洲:2-7
Dineclia J.M.H.Shaw = **Diellia**
Dinema 【3】 Lindl. 双丝兰属 ≒ **Epidendrum** Orchidaceae 兰科 [MM-723] 全球 (1) 大洲分布及种数(1-3)◆北美洲
Dinemagonum【3】 A.Juss. 双曲蕊属 Malpighiaceae 金虎尾科 [MD-343] 全球 (1) 大洲分布及种数(1)◆南美洲(◆智利)
Dinemandra【3】 A.Juss. ex Endl. 双雄金虎尾属 Malpighiaceae 金虎尾科 [MD-343] 全球 (1) 大洲分布及种数(1)◆南美洲
Dinematura A.Juss. = **Dinemandra**
Dinetia (Wight & Arn.) Meisn. = **Hedyotis**
Dinetopsis Roberty = **Dinetus**
Dinetus 【3】 Buch.Ham. ex D.Don 飞蛾藤属 ← **Porana;Poranopsis;Porina** Convolvulaceae 旋花科 [MD-499] 全球 (1) 大洲分布及种数(8-11)◆亚洲
Dineutus Buch.Ham. ex D.Don = **Dinetus**
Dinghoua【3】 R.H.Archer 侯定木属 Celastraceae 卫矛科 [MD-339] 全球 (1) 大洲分布及种数(1)◆南美洲
Dinia Walker = **Dienia**
Diniella J.J.Benn. = **Mansoa**
Dinizia【3】 Ducke 双豆属 Fabaceae 豆科 [MD-240] 全球 (1) 大洲分布及种数(1-2)◆南美洲
Dinklagea Gilg = **Manotes**
Dinklageanthus 【3】 Melch. ex Mildbr. 非洲紫葳属 Bignoniaceae 紫葳科 [MD-541] 全球 (1) 大洲分布及种数(uc)◆亚洲
Dinklageella【3】 Mansf. 攀根兰属 ← **Solenangis** Orchidaceae 兰科 [MM-723] 全球 (1) 大洲分布及种数(4)◆非洲
Dinklageodoxa 【3】 Heine & Sandwith 丁克紫葳属 Bignoniaceae 紫葳科 [MD-541] 全球 (1) 大洲分布及种数(1)◆非洲(◆利比里亚)
Dinno Rchb. = **Macrozamia**
Dinobdella Small = **Diodella**
Dinocanthium Bremek. = **Pyrostria**
Dinocereus 【-】 M.H.J.van der Meer 仙人掌科属 Cactaceae 仙人掌科 [MD-100] 全球 (uc) 大洲分布及种数(uc)
Dinochloa 【3】 Buse 藤竹属 ← **Schizostachyum;Chusquea;Bambusa** Poaceae 禾本科 [MM-748] 全球 (1) 大洲分布及种数(24-33)◆亚洲
Dinocoris Griseb. = **Dinoseris**
Dinodes O.F.Cook = **Sabal**
Dinomischus Dulac = **Aeluropus**
Dinophora 【3】 Benth. 旋梗野牡丹属 ← **Ochthocharis;Phaeoneuron** Melastomataceae 野牡丹科 [MD-364] 全球 (1) 大洲分布及种数(1)◆非洲
Dinophyllum C.F.Innes = **Disophyllum**
Dinophyton Wedd. = **Doniophyton**
Dinopium R.Br. = **Dipodium**
Dinopodophyllum T.S.Ying = **Sinopodophyllum**
Dinoseris 【3】 Griseb. 钟苞琉菊木属 ≒ **Hyaloseris** Asteraceae 菊科 [MD-586] 全球 (1) 大洲分布及种数(1)◆南美洲
Dinosperma 【3】 T.G.Hartley 厚壳桂属 ≒ **Cryptocarya** Rutaceae 芸香科 [MD-399] 全球 (1) 大洲分布及种数(1-5)◆大洋洲
Dinotrema Raf. = **Xenostegia**
Dintera【3】 Stapf 迪恩玄参属 Plantaginaceae 车前科 [MD-527] 全球 (1) 大洲分布及种数(1)◆非洲
Dinteracanthus【3】 C.B.Clarke ex Schinz 非洲复爵床属 ≒ **Ruellia** Acanthaceae 爵床科 [MD-572] 全球 (1) 大洲分布及种数(2-5) ◆非洲
Dinteranthus【3】 Schwantes 春桃玉属 ← **Lithops;Mesembryanthemum;Lapidaria** Aizoaceae 番杏科 [MD-94] 全球 (1) 大洲分布及种数(6-7)◆非洲
Dinterops【-】 S.A.Hammer 番杏科属 Aizoaceae 番杏

科 [MD-94] 全球 (uc) 大洲分布及种数(uc)
Dioaceae Doweld = Zamiaceae
Dioales Kunth = **Dioclea**
Diobelon Hampe = **Dicranella**
Diobelonella【2】Ochyra 回尾藓属 Aongstroemiaceae 昂氏藓科 [B-121] 全球 (3) 大洲分布及种数(1) 亚洲:1;欧洲:1;北美洲:1
Diochus Raf. = **Aconogonon**
Diocirea【3】Chinnock 白雀舌属 Scrophulariaceae 玄参科 [MD-536] 全球 (1) 大洲分布及种数(4)◆大洋洲(◆澳大利亚)
Dioclea (Benth.) R.H.Maxwell = **Dioclea**
Dioclea【3】H.B.&K.迪奥豆属 ≒ **Arnebia;Canavalia; Oxyrhynchus** Fabaceae 豆科 [MD-240] 全球 (6) 大洲分布及种数(65)非洲:4-7;亚洲:4-12;大洋洲:3-6;欧洲:3;北美洲:15-20;南美洲:52-65
Diocophora Miers = **Discophora**
Dioctes Raf. = **Aconogonon**
Dioctis Raf. = **Polygonum**
Diodeilis Raf. = **Calamintha**
Diodella【3】Small 回茜草属 ← **Diodia;Dianella** Rubiaceae 茜草科 [MD-523] 全球 (1) 大洲分布及种数(8-9)◆南美洲(◆巴西)
Diodia DC. = **Diodia**
Diodia【3】L. 双角草属 ≒ **Triodia;Phylohydrax** Rubiaceae 茜草科 [MD-523] 全球 (6) 大洲分布及种数(15-46;hort.1;cult: 1)非洲:6-25;亚洲:5-18;大洋洲:2-15;欧洲:13;北美洲:10-29;南美洲:10-29
Diodioides Löfl. = **Spermacoce**
Diodois Pohl = **Psyllocarpus**
Diodonopsis【2】Pridgeon & M.W.Chase 细瓣兰属 ≒ **Pteroon** Orchidaceae 兰科 [MM-723] 全球 (2) 大洲分布及种数(7)北美洲:2;南美洲:6
Diodonta Nutt. = **Coreopsis**
Diodontium【3】F.Müll. 双齿菊属 ≒ **Glossogyne** Asteraceae 菊科 [MD-586] 全球 (1) 大洲分布及种数(1)◆大洋洲(◆澳大利亚)
Diodorea L. = **Dioscorea**
Diodosperma H.Wendl. = **Trithrinax**
Dioecrescis【3】Tirveng. 栀子属 ← **Gardenia** Rubiaceae 茜草科 [MD-523] 全球 (1) 大洲分布及种数(1)◆亚洲
Diogenesia【3】Sleum. 桂叶莓属 ← **Rusbya;Themistoclesia** Ericaceae 杜鹃花科 [MD-380] 全球 (1) 大洲分布及种数(12-17)◆南美洲
Diogoa【3】Exell & Mendonça 迪奥戈木属 ← **Strombosia** Olacaceae 铁青树科 [MD-362] 全球 (1) 大洲分布及种数(2)◆非洲
Dioicodendron【3】Steyerm. 异株绫花属 ← **Chimarrhis** Rubiaceae 茜草科 [MD-523] 全球 (1) 大洲分布及种数(1)◆南美洲
Diolena【2】Naud. 回野牡丹属 ≒ **Triolena; Macrocentrum** Melastomataceae 野牡丹科 [MD-364] 全球 (2) 大洲分布及种数(4-5)北美洲:cf.1;南美洲:3
Diolis Raf. = **Achillea**
Diomedea Bert. ex Colla = **Helianthus**
Diomedella Cass. = **Borrichia**
Diomedes Haw. = **Diodia**
Diomedia Haw. = **Diodia**
Diomma Engl ex Harms = **Spathelia**
Dion Lindl. = **Dioon**
Dion Müll.Arg. = **Glochidion**
Dionaea【3】J.Ellis 捕蝇草属 ← **Drosera** Droseraceae 茅膏菜科 [MD-261] 全球 (1) 大洲分布及种数(1)◆北美洲(◆美国)
Dionaeaceae C.Agardh = Droseraceae
Dioncophyllac Airy-Shaw = **Dioncophyllum**
Dioncophyllaceae【3】Airy-Shaw 双钩叶科 [MD-139] 全球 (1) 大洲分布和属种数(3/4)◆非洲
Dioncophyllum【3】Baill. 双钩叶属 ≒ **Triphyophyllum** Dioncophyllaceae 双钩叶科 [MD-139] 全球 (1) 大洲分布及种数(2)◆非洲
Dionea Raf. = **Drosera**
Dioneidon E.D.Merrill = **Diodia**
Dionicha Triana = **Dionycha**
Dionycha【3】Naud. 双距野牡丹属 → **Amphorocalyx** Melastomataceae 野牡丹科 [MD-364] 全球 (1) 大洲分布及种数(3-4)◆非洲(◆马达加斯加)
Dionychastrum【3】A.Fern. & R.Fern. 垫牡丹属 Melastomataceae 野牡丹科 [MD-364] 全球 (1) 大洲分布及种数(1)◆亚洲
Dionychia Benth. & Hook.f. = **Dionycha**
Dionysia【3】Fenzl 垫报春属 ← **Androsace;Primula** Primulaceae 报春花科 [MD-401] 全球 (1) 大洲分布及种数(10-56)◆亚洲
Dioon【3】Lindl. 双子铁属 ← **Macrozamia;Zamia** Zamiaceae 泽米铁科 [G-2] 全球 (1) 大洲分布及种数(18-24)◆北美洲
Diopa Ravenna = **Diora**
Diopogon A.J.Jord. & Fourr. = **Jovibarba**
Diopogone Jord. & Fourr. = **Jovibarba**
Diopyros L. = **Diospyros**
Diora【3】P.Ravenna 秘鲁吊兰属 ≒ **Anthericum;Agathosma** Asparagaceae 天门冬科 [MM-669] 全球 (1) 大洲分布及种数(1-2)◆南美洲
Diora Ravenna = **Diora**
Diorchidium Rchb. = **Anchietea**
Diorchis D.L.Jones & M.A.Clem. = **Chamaegastrodia**
Diorhina Raf. = **Ammophila**
Diorimasperma Raf. = **Gynandropsis**
Dioryktandra Hassk. = **Rinorea**
Dioryktandra Hassk. ex Bakh. = **Diospyros**
Diosanthos St.Lag. = **Dianthus**
Dioscerea L. = **Dioscorea**
Diosconea L. = **Dioscorea**
Dioscoraea Mönch = **Dioscorea**
Dioscorea (Hochst.) Uline = **Dioscorea**
Dioscorea【3】L. 薯蓣属 ≒ **Luzuriaga;Brunnichia** Dioscoreaceae 薯蓣科 [MM-691] 全球 (6) 大洲分布及种数(571-731;hort.1;cult: 9)非洲:87-126;亚洲:129-220;大洋洲:32-61;欧洲:14-31;北美洲:177-204;南美洲:350-390
Dioscoreaceae【3】R.Br. 薯蓣科 [MM-691] 全球 (6) 大洲分布和属种数(2;hort. & cult.1)(573-814;hort. & cult. 18-32)非洲:1-2/87-131;亚洲:1-2/129-225;大洋洲:1-2/32-66;欧洲:1-2/14-36;北美洲:2/180-213;南美洲:1-2/350-395
Dioscoreeae Bercht. & J.Presl = **Dioscorea**
Dioscoreophyllum【3】Engl. 应乐果属 Menispermaceae 防己科 [MD-42] 全球 (1) 大洲分布及种数(2-5)◆非洲

D

Dioscoreopsis P. & K. = **Dioscoreophyllum**
Dioscorida St.Lag. = **Dioscorea**
Diosdoridesa Cothen. = **Dioscorea**
Diosma 【3】 L. 逸香木属 → **Acmadenia;Dinema; Spermacoce** Rutaceae 芸香科 [MD-399] 全球 (1) 大洲分布及种数(53-59)◆非洲(◆南非)
Diosmaceae Brown,Robert & Bartling,Friedrich Gottlieb = Rutaceae
Diospermum Hook.f. = **Aquilaria**
Diosphaera Buser = **Campanula**
Diosphaera Feer = **Trachelium**
Diospyraceae Vest = Cyrillaceae
Diospyros 【3】 L. 柿树属 ≒ **Irvingia;Annona** Ebenaceae 柿科 [MD-353] 全球 (6) 大洲分布及种数(468-852;hort.1;cult:16)非洲:217-335;亚洲:194-434;大洋洲:56-147;欧洲:22-44;北美洲:82-117;南美洲:121-172
Diostea 【3】 Miers 双核草属 ← **Baillonia;Lippia; Mulguraea** Verbenaceae 马鞭草科 [MD-556] 全球 (1) 大洲分布及种数(1)◆南美洲(◆智利)
Dioszegia Raf. = **Distegia**
Diotacanthus 【3】 Benth. 爵床科属 Acanthaceae 爵床科 [MD-572] 全球 (1) 大洲分布及种数(uc)◆大洋洲
Diothonaea Lindl. = **Brassavola**
Diothonea 【3】 Lindl. 树兰属 ← **Epidendrum;Scaphyglottis;Sertifera** Orchidaceae 兰科 [MM-723] 全球 (1) 大洲分布及种数(uc)属分布和种数(uc)◆南美洲
Dioticarpus Dunn = **Symplocos**
Diotis Desf. = **Achillea**
Diotis Schreb. = **Eurotia**
Diotocarpus Hochst. = **Pentanisia**
Diotocranus Bremek. = **Mitrasacmopsis**
Diotolotus Tausch = **Lotononis**
Diotosperma 【3】 A.Gray 角果菊属 ≒ **Ceratogyne** Asteraceae 菊科 [MD-586] 全球 (1) 大洲分布及种数(uc)◆大洋洲
Diotostemon Salm-Dyck = **Pachyphytum**
Diotostephus Cass. = **Leontice**
Diototheca Raf. = **Lippia**
Diovallia J.M.H.Shaw = **Davallia**
Dioxippe M.Röm. = **Glycosmis**
Dioxys Schreb. = **Eurotia**
Dipaenae Seem. = **Aralia**
Dipanax Seem. = **Tetraplasandra**
Dipcacii Thunb. = **Dipcadi**
Dipcadi 【2】 Medik. 尾风信子属 ≒ **Lachenalia;Albuca** Hyacinthaceae 风信子科 [MM-679] 全球 (3) 大洲分布及种数(29-47;hort.1)非洲:20-28;亚洲:10-15;欧洲:3-4
Dipcadioides Medik. = **Lachenalia**
Dipelta Maxim. = **Dipelta**
Dipelta 【3】 Regel & Schmalh. 双盾木属 ← **Astragalus** Caprifoliaceae 忍冬科 [MD-510] 全球 (1) 大洲分布及种数(3-4)◆东亚(◆中国)
Dipentaplandra P. & K. = **Pentadiplandra**
Dipentium Raf. = **Lepidium**
Dipentoden Dunn = **Dipentodon**
Dipentodon 【3】 Dunn 十齿花属 Dipentodontaceae 十齿花科 [MD-233] 全球 (1) 大洲分布及种数(1-2)◆亚洲
Dipentodontaceae 【3】 Merr. 十齿花科 [MD-233] 全球 (6) 大洲分布和属种数(1;hort. & cult.1)(1-3;hort. & cult.1) 非洲:1/1;亚洲:1/1-2;大洋洲:1/1;欧洲:1/1;北美洲:1/1;南美洲:1/1
Dipentopon Dunn = **Dipentodon**
Dipera Spreng. = **Disperis**
Diperis Wight = **Pterostylis**
Diperium Desv. = **Mnesithea**
Dipetalia Raf. = **Oligomeris**
Dipetalon Raf. = **Cuphea**
Dipetalum Dalzell = **Vepris**
Diphaca Lour. = **Ormocarpum**
Diphalangium 【3】 Schaür 北美洲葱属 Amaryllidaceae 石蒜科 [MM-694] 全球 (1) 大洲分布及种数(uc)◆非洲
Diphalocereus 【-】 M.H.J.van der Meer 仙人掌科属 Cactaceae 仙人掌科 [MD-100] 全球 (uc) 大洲分布及种数(uc)
Diphananthe Schltr. = **Diaphananthe**
Diphas Raf. = **Diphyscium**
Diphascum D.Mohr ex Eaton = **Diphyscium**
Diphasia 【3】 Pierre 白铁木属 ← **Vepris** Rutaceae 芸香科 [MD-399] 全球 (1) 大洲分布及种数(uc)◆亚洲
Diphasiastrum 【3】 Holub 扁枝石松属 ≒ **Lycopodium** Lycopodiaceae 石松科 [F-4] 全球 (6) 大洲分布及种数(18-20)非洲:2-5;亚洲:12-16;大洋洲:6-9;欧洲:4-7;北美洲:8-11;南美洲:3-6
Diphasiopsis 【3】 Holub 白铁木属 ← **Vepris** Rutaceae 芸香科 [MD-399] 全球 (1) 大洲分布及种数(uc)◆亚洲
Diphasium 【3】 Rothm. 南扁石松属 → **Diphasiastrum; Lycopodium** Lycopodiaceae 石松科 [F-4] 全球 (1) 大洲分布及种数(1)◆北美洲
Diphelypaea 【3】 D.H.Nicolson 红野菰属 ≒ **Phelypaea** Orobanchaceae 列当科 [MD-552] 全球 (1) 大洲分布及种数(cf. 1)◆亚洲
Dipherocarpus Llanos = **Dipterocarpus**
Diphlogaena R.Br. = **Diplolaena**
Dipholis 【3】 A.DC. 桃榄属 ≒ **Sideroxylon** Sapotaceae 山榄科 [MD-357] 全球 (1) 大洲分布及种数(uc)◆非洲
Diphorea Raf. = **Sagittaria**
Diphragmus C.Presl = **Spermacoce**
Diphryllum Raf. = **Genista**
Diphtherocome Fisch. & C.A.Mey. = **Dipterocome**
Diphy Spix = **Diphysa**
Diphyes Bl. = **Bulbophyllum**
Diphylax 【3】 Hook.f. 尖药兰属 ← **Habenaria;Platanthera** Orchidaceae 兰科 [MM-723] 全球 (1) 大洲分布及种数(4-5)◆亚洲
Diphyllarium 【3】 Gagnep. 双苞豆属 Fabaceae 豆科 [MD-240] 全球 (1) 大洲分布及种数(1-2)◆亚洲
Diphylleia 【2】 Michx. 山荷叶属 Berberidaceae 小檗科 [MD-45] 全球 (2) 大洲分布及种数(4)亚洲:cf.1;北美洲:1
Diphylleiaceae F.W.Schultz & Sch.Bip. = Berberidaceae
Diphyllocalyx 【-】 (Griseb.) Greuter & R.Rankin 马鞭草科属 Verbenaceae 马鞭草科 [MD-556] 全球 (uc) 大洲分布及种数(uc)
Diphyllum Raf. = **Listera**
Diphysa 【3】 Jacq. 双泡豆属 ← **Aeschynomene;Ormocarpum;Daubentonia** Fabaceae 豆科 [MD-240] 全球 (1) 大洲分布及种数(22-23)◆北美洲
Diphysciaceae 【3】 M.Fleisch. 短颈藓科 [B-103] 全球 (1) 大洲分布和属种数(1/1)◆亚洲

Diphyscium【3】 D.Mohr 短颈藓属 ≒ **Neohymenopogon** Diphysciaceae 短颈藓科 [B-103] 全球 (6) 大洲分布及种数(17) 非洲:2;亚洲:12;大洋洲:3;欧洲:3;北美洲:7;南美洲:6
Diphystema Neck. = **Amasonia**
Diphysterna Neck. = **Amasonia**
Dipidax【3】 Laws. 獐牙花属 ≒ **Aletris** Colchicaceae 秋水仙科 [MM-623] 全球 (1) 大洲分布及种数(uc)◆亚洲
Diplacella Opiz = **Scabiosa**
Diplachine P.Beauv. = **Diplachne**
Diplachna P. & K. & T.Post = **Diplachne**
Diplachne (Phil.) McNeill = **Diplachne**
Diplachne【3】 Beauv. 双稃草属 ≒ **Verticordia;Leptochloa;Bewsia** Myrtaceae 桃金娘科 [MD-347] 全球 (1) 大洲分布及种数(5-16)◆非洲
Diplachyrium Nees = **Muhlenbergia**
Diplacodes Bl. = **Aframomum**
Diplacorchis Schltr. = **Brachycorythis**
Diplacrum (Böckeler) T.Koyama = **Diplacrum**
Diplacrum【2】 R.Br. 裂颖茅属 → **Bisboeckelera;Scleria** Cyperaceae 莎草科 [MM-747] 全球 (5) 大洲分布及种数(11)非洲:2;亚洲:7;大洋洲:3;北美洲:5;南美洲:3
Diplactis Raf. = **Aster**
Diplacus【3】 Nutt. 狗面花属 ≒ **Mimulus;Hemichaena** Phrymaceae 透骨草科 [MD-559] 全球 (1) 大洲分布及种数(46-58)◆北美洲
Dipladenia A.DC. = **Mandevilla**
Diplandrorchis【3】 S.C.Chen 双蕊兰属 ← **Neottia** Orchidaceae 兰科 [MM-723] 全球 (1) 大洲分布及种数(cf. 1)◆东亚(◆中国)
Diplanoma Raf. = **Abelmoschus**
Diplanthera【2】 Gled. 舌唇兰属 ≒ **Halodule** Bignoniaceae 紫葳科 [MD-541] 全球 (4) 大洲分布及种数(1) 亚洲:1;欧洲:1;北美洲:1;南美洲:1
Diplapsis Hook.f. = **Diplasia**
Diplarche【3】 Hook.f. & Thoms. 杉叶杜属 Ericaceae 杜鹃花科 [MD-380] 全球 (1) 大洲分布及种数(cf. 1)◆亚洲
Diplaria Raf. ex DC. = **Diplasia**
Diplarinum Raf. = **Actinoscirpus**
Diplarinus Raf. = **Scirpus**
Diplarpea【3】 Triana 重野牡丹属 Melastomataceae 野牡丹科 [MD-364] 全球 (1) 大洲分布及种数(1)◆南美洲
Diplarrena【3】 Labill. 澳菖蒲属 ← **Moraea** Iridaceae 鸢尾科 [MM-700] 全球 (1) 大洲分布及种数(2)◆大洋洲(◆澳大利亚)
Diplarrhena Labill. = **Diarrhena**
Diplarrhinus Endl. = **Actinoscirpus**
Diplasanthera Gled. = **Tecomella**
Diplasanthum Desv. = **Dichanthium**
Diplasia【3】 Rich. 梭穗芒属 ≒ **Fimbristylis;Mapania;Scirpus** Cyperaceae 莎草科 [MM-747] 全球 (6) 大洲分布及种数(2-3)非洲:3;亚洲:3;大洋洲:3;欧洲:3;北美洲:1-4;南美洲:1-4
Diplasieae Frye & L.Clark = **Diplasia**
Diplasiolejeunea (Spruce) Schiffn. = **Diplasiolejeunea**
Diplasiolejeunea【3】 Tixier 双鳞苔属 ≒ **Lejeunea;Drepanolejeunea** Lejeuneaceae 细鳞苔科 [B-84] 全球 (6) 大洲分布及种数(44)非洲:22-23;亚洲:4-5;大洋洲:4-5;欧洲:1;北美洲:14-15;南美洲:14-15
Diplaspis【3】 Hook.f. 花娜芹属 ≒ **Huanaca** Apiaceae 伞形科 [MD-480] 全球 (1) 大洲分布及种数(1)◆大洋洲
Diplatia【3】 Van Tiegh. 桉寄生属 ≒ **Amyema;Papuanthes** Loranthaceae 桑寄生科 [MD-415] 全球 (1) 大洲分布及种数(1-4)◆大洋洲
Diplax Sol. ex Benn. = **Ehrharta**
Diplaziapsis C.Chr. = **Diplaziopsis**
Diplaziopsidaceae X.C.Zhang & Christenh. = Woodsiaceae
Diplaziopsis【3】 C.Chr. 肠蕨属 ← **Allantodia;Athyrium;Diplazium** Woodsiaceae 岩蕨科 [F-47] 全球 (1) 大洲分布及种数(5-33)◆亚洲
Diplazium (Bory) R.Wei & X.C.Zhang = **Diplazium**
Diplazium【3】 Sw. 双盖蕨属 → **Allantodia;Hemionitis;Monomelangium** Woodsiaceae 岩蕨科 [F-47] 全球 (6) 大洲分布及种数(489-668;hort.1;cult:24)非洲:61-78;亚洲:277-330;大洋洲:51-65;欧洲:11-19;北美洲:131-147;南美洲:152-171
Diplazon Cronquist = **Diploon**
Diplazoptilon【3】 Y.Ling 重羽菊属 ← **Dolomiaea;Jurinea;Himalaiella** Asteraceae 菊科 [MD-586] 全球 (1) 大洲分布及种数(1-2)◆东亚(◆中国)
Diplecosia G.Don = **Diplycosia**
Diplectanum Pers. = **Satyrium**
Diplecthrum Pers. = **Satyrium**
Diplectra Rchb. = **Diplectria**
Diplectraden Raf. = **Habenaria**
Diplectria【3】 (Wallich ex C.B.Clarke) Franken & M.C.Roos 藤牡丹属 ≒ **Melastoma** Melastomataceae 野牡丹科 [MD-364] 全球 (1) 大洲分布及种数(9-13)◆亚洲
Diplectrum Endl. = **Satyrium**
Diplegnon Rusby = **Corytoplectus**
Dipleina Raf. = **Tetracera**
Diplemium Raf. = **Erigeron**
Diplerisma Planch. = **Melianthus**
Diplerys Wight = **Dipteris**
Diplesthes Harv. = **Salacia**
Dipleura Spreng. = **Arethusa**
Dipliathus Raf. = **Phoebe**
Diplicosia Endl. = **Diplycosia**
Diplima Raf. = **Toisusu**
Diplisca Raf. = **Ceanothus**
Diploba Raf. = **Gentiana**
Diplobatis DC. = **Diplotaxis**
Diploblechnum【3】 Hayata 矮树蕨属 ≒ **Blechnum** Blechnaceae 乌毛蕨科 [F-46] 全球 (1) 大洲分布及种数(1)◆亚洲
Diplobryum【3】 C.Cusset 喙瀑草属 Podostemaceae 川苔草科 [MD-322] 全球 (1) 大洲分布及种数(2)◆亚洲
Diplocaly Spreng. = **Mitraria**
Diplocalymma Spreng. = **Gardenia**
Diplocalymna【-】 J.D.Choisy 旋花科属 Convolvulaceae 旋花科 [MD-499] 全球 (uc) 大洲分布及种数(uc)
Diplocalyx A.Rich. = **Schoepfia**
Diplocalyx C.Presl = **Mitraria**
Diplocarex Hayata = **Carex**
Diplocaulobium【3】 (Rchb.f.) Kraenzl. 流星兰属 ← **Bulbophyllum;Dendrobium;Grastidium** Orchidaceae 兰

科 [MM-723] 全球 (6) 大洲分布及种数(78)非洲:56-57;亚洲:77-78;大洋洲:63-64;欧洲:1-2;北美洲:2-3;南美洲:1
Diplocea Raf. = **Triplasis**
Diploceleba P. & K. = **Diplokeleba**
Diplocentrum【3】 Lindl. 双距兰属 Orchidaceae 兰科 [MM-723] 全球 (1) 大洲分布及种数(cf. 1)◆亚洲
Diploceras Meisn. = **Parolinia**
Diplochaete Nees = **Rhynchospora**
Diplocheila DC. = **Diplochita**
Diplochila DC. = **Diplochita**
Diplochilus Lindl. = **Diplomeris**
Diplochita【2】 DC. 绢木属 ← **Melastoma;Miconia** Melastomataceae 野牡丹科 [MD-364] 全球 (2) 大洲分布及种数(cf.) 北美洲;南美洲
Diplochiton Spreng. = **Miconia**
Diplochlaena Spreng. = **Diplolaena**
Diplochlamys Müll.Arg. = **Mallotus**
Diplochonium Fenzl = **Trianthema**
Diplocisia Miers = **Diploclisia**
Diplocladium (Link) Massee = **Begonia**
Diploclinium Lindl. = **Begonia**
Diploclisia【3】 Miers 秤钩风属 ← **Menispermum;Cocculus** Menispermaceae 防己科 [MD-42] 全球 (1) 大洲分布及种数(cf. 1)◆亚洲
Diplocnema P. & K. = **Diplocolea**
Diplococcium Schaür = **Appendicula**
Diplocoea Rchb. = **Diplocolea**
Diplocolea【3】 Amakawa 钩叶苔属 Jungermanniaceae 叶苔科 [B-38] 全球 (1) 大洲分布及种数(1)◆非洲
Diplocolon R.Br. = **Diplopogon**
Diplocoma D.Don = **Chrysopsis**
Diplocomium F.Weber & D.Mohr = **Meesia**
Diploconchium Schaür = **Appendicula**
Diplocos Bureau = **Streblus**
Diplocrater Benth. = **Tricalysia**
Diplocrepis R.Br. = **Diplolepis**
Diplocyatha【-】 N.E.Br. 夹竹桃科属 ≒ **Stapelia** Apocynaceae 夹竹桃科 [MD-492] 全球 (uc) 大洲分布及种数(uc)
Diplocyathium H.Schmidt = **Euphorbia**
Diplocyathus K.Schum. = **Diplocyatha**
Diplocyclos【2】 (Endl.) T.P. & K. 毒瓜属 ← **Bryonia;Coccinia** Cucurbitaceae 葫芦科 [MD-205] 全球 (4) 大洲分布及种数(4-6;hort.1)非洲:3-4;亚洲:1;大洋洲:1;北美洲:1
Diplocyclus (Endl.) P. & K. = **Diplocyclos**
Diplocyelos Lindl. = **Diplomeris**
Diploderma G.Don = **Euclea**
Diplodesma G.Don = **Euclea**
Diplodiella W.R.Buck = **Dicladiella**
Diplodiscus【3】 Turcz. 独子椴属 ← **Brownlowia** Malvaceae 锦葵科 [MD-203] 全球 (1) 大洲分布及种数(5-12)◆亚洲
Diplodium Sw. = **Pterostylis**
Diplodon DC. = **Pemphis**
Diplodonta H.Karst. = **Saussurea**
Diplodontias H.Karst. = **Clidemia**
Diplodus Sw. = **Pterostylis**
Diploen Cronquist = **Diploon**
Diplofatsia Nakai = **Fatsia**
Diplogama Opiz = **Silene**
Diplogastra Welw. ex Rchb.f. = **Platylepis**
Diplogatha N.E.Br. ex K.Schum. = **Platylepis**
Diplogenea Lindl. = **Medinilla**
Diploglossis Benth. & Hook.f. = **Diploglottis**
Diploglossus Meisn. = **Adelostemma**
Diploglottis【3】 Hook.f. 罗望子属 ← **Cupania;Stadmannia;Ratonia** Sapindaceae 无患子科 [MD-428] 全球 (1) 大洲分布及种数(3-12)◆大洋洲(◆澳大利亚)
Diplogon Poir. = **Pityopsis**
Diplogramma Opiz = **Silene**
Diplogyra Opiz = **Silene**
Diploharpus Cass. = **Adenophyllum**
Diplokeleba【3】 N.E.Br. 双杯无患子属 Sapindaceae 无患子科 [MD-428] 全球 (1) 大洲分布及种数(2)◆南美洲
Diploknema【3】 Pierre 藏榄属 ≒ **Madhuca** Sapotaceae 山榄科 [MD-357] 全球 (1) 大洲分布及种数(4-7)◆亚洲
Diplolabellum Maek. = **Oreorchis**
Diplolaena Dum. = **Diplolaena**
Diplolaena【3】 R.Br. 荷南香属 Rutaceae 芸香科 [MD-399] 全球 (1) 大洲分布及种数(5-18)◆大洋洲(◆澳大利亚)
Diplolaenaceae Breidl. = Rutaceae
Diplolaenia R.Br. = **Diplolaena**
Diplolegnon Rusby = **Corytoplectus**
Diplolenis D.Don = **Diplomeris**
Diplolepis【3】 R.Br. 双鳞藤属 ≒ **Astephanus;Tylophora;Vincetoxicum** Apocynaceae 夹竹桃科 [MD-492] 全球 (6) 大洲分布及种数(7-15)非洲:1;亚洲:2-3;大洋洲:1;欧洲:1;北美洲:1;南美洲:6-15
Diplolobium F.Müll = **Vicia**
Diploloma Schrenk = **Solenanthus**
Diplolophium【3】 Turcz. 双冠芹属 ← **Cachrys;Physotrichia** Apiaceae 伞形科 [MD-480] 全球 (1) 大洲分布及种数(2-7)◆非洲
Diploma Raf. = **Gentiana**
Diplomeris【3】 D.Don 合柱兰属 → **Amitostigma;Diplolepis** Orchidaceae 兰科 [MM-723] 全球 (1) 大洲分布及种数(2-21)◆亚洲
Diplomorpha Griff. = **Diplomorpha**
Diplomorpha【3】 Meisn. 毛荛花属 ≒ **Sauropus** Phyllanthaceae 叶下珠科 [MD-222] 全球 (1) 大洲分布及种数(1-3; hort.1; cult:1)◆亚洲
Diplomys Bureau = **Morus**
Diplonaevia (Lib.) B.Hein = **Diplotaenia**
Diplonema G.Don = **Euclea**
Diploneuron【3】 E.B.Bartram 牙买毛帽藓属 ≒ **Harpophyllum** Pilotrichaceae 茸帽藓科 [B-166] 全球 (1) 大洲分布及种数(2)◆北美洲
Diplonevra G.Don = **Diospyros**
Diplonix Raf. = **Delonix**
Diplonopsis auct. = **Diodonopsis**
Diplonyx Raf. = **Wisteria**
Diploon【3】 Cronquist 缺蕊山榄属 ← **Chrysophyllum** Sapotaceae 山榄科 [MD-357] 全球 (1) 大洲分布及种数(1)◆南美洲

Diploophyllum Bosch = **Hymenophyllum**
Diploophyllum V.D.Bosch = **Mecodium**
Diplopanax【3】Hand.Mazz. 马蹄参属 Nyssaceae 蓝果树科 [MD-451] 全球 (1) 大洲分布及种数(2-3)◆亚洲
Diplopanda J.M.H.Shaw = **Diplopanax**
Diplopappus Cass. = **Aster**
Diplopapus Raf. = **Aster**
Diplopelma G.Don = **Euclea**
Diplopelta Alef. = **Abelmoschus**
Diplopeltis【3】Endl. 灿椒木属 ← **Dodonaea** Sapindaceae 无患子科 [MD-428] 全球 (1) 大洲分布及种数(4-5)◆大洋洲(◆澳大利亚)
Diplopenta Alef. = **Pavonia**
Diplopetalon Spreng. = **Cupania**
Diplophal Raf. = **Salix**
Diplophallus Lehm. = **Diplophyllum**
Diplophos Bureau = **Morus**
Diplophractum Desf. = **Colona**
Diplophracturn Desf. = **Colona**
Diplophrag (Wight & Arn.) Meisn. = **Hedyotis**
Diplophragma (Wight & Arn.) Meisn. = **Hedyotis**
Diplophylleia C.E.O.Jensen = **Diplophyllum**
Diplophyllum【3】Lehm. 折叶苔属 ≒ **Veronica; Scapania** Scapaniaceae 合叶苔科 [B-57] 全球 (6) 大洲分布及种数(16-17)非洲:8;亚洲:8-16;大洋洲:6-14;欧洲:3-11;北美洲:6-14;南美洲:4-12
Diplophyllum Protodiplophyllum R.M.Schust. = **Diplophyllum**
Diplopia Raf. = **Saussurea**
Diplopilosa【3】Dvorak 十字花科属 ≒ **Erysimum** Brassicaceae 十字花科 [MD-213] 全球 (1) 大洲分布及种数(uc)◆大洋洲
Diplopoda Hook.f. = **Diploprora**
Diplopodia Raf. = **Toisusu**
Diplopogon【3】R.Br. 澳双芒草属 ≒ **Amphipogon** Poaceae 禾本科 [MM-748] 全球 (1) 大洲分布及种数(1)◆大洋洲(◆澳大利亚)
Diploppapus Cass. = **Adenophyllum**
Diploprion【-】Viv. 蝶形花科属 ≒ **Medicago** Fabaceae3 蝶形花科 [MD-240] 全球 (uc) 大洲分布及种数(uc)
Diploprora【3】Hook.f. 蛇舌兰属 ← **Cottonia;Luisia;Stauropsis** Orchidaceae 兰科 [MM-723] 全球 (1) 大洲分布及种数(cf. 1)◆亚洲
Diplopterygium【3】(Diels) Nakai 里白属 ← **Dicranopteris;Mertensia** Gleicheniaceae 里白科 [F-18] 全球 (1) 大洲分布及种数(24-27)◆亚洲
Diplopterys【3】A.Juss. 双翅金虎尾属 ← **Mezia;Banisteria;Triopterys** Malpighiaceae 金虎尾科 [MD-343] 全球 (1) 大洲分布及种数(31)◆南美洲
Diplopyramis Welw. = **Polygonum**
Diplora【3】Baker 对开蕨属 ← **Phyllitis** Aspleniaceae 铁角蕨科 [F-43] 全球 (1) 大洲分布及种数(1)◆亚洲
Diplorhynchus【3】Welw. ex Ficalho & Hiern 角素馨属 ← **Aspidosperma** Apocynaceae 夹竹桃科 [MD-492] 全球 (1) 大洲分布及种数(1)◆非洲
Diplorrhiza Ehrh. = **Satyrium**
Diplosastera Tausch = **Coreopsis**
Diploschema P. & K. = **Diploknema**
Diploscyphus De Not. = **Scleria**
Diplosiphon Decne. = **Blyxa**
Diplosoma【3】Schwantes 怪奇玉属 ≒ **Mitrophyllum; Conophyllum** Aizoaceae 番杏科 [MD-94] 全球 (1) 大洲分布及种数(1-2)◆非洲(◆南非)
Diplospora (Thoth.) M.Gangop. & Chakrab. = **Diplospora**
Diplospora【3】DC. 狗骨柴属 ≒ **Tricalysia;Coffea** Rubiaceae 茜草科 [MD-523] 全球 (1) 大洲分布及种数(1-25)◆非洲
Diplosporopsis Wernham = **Coffea**
Diplospots DC. = **Diplospora**
Diplostachyum (Hieron. ex Small) Small = **Selaginella**
Diploste Raf. = **Tetracera**
Diplostegium D.Don = **Tococa**
Diplostelma A.Gray = **Chaetopappa**
Diplostemma DC. = **Amasonia**
Diplostemma Hochst. & Steud. ex DC. = **Geigeria**
Diplostemon Candolle,Augustin Pyramus de & Miquel, Friedrich Anton Wilhelm = **Amasonia**
Diplostemones A.Juss. = **Amasonia**
Diplostephium Crassifolia Cuatrec. = **Diplostephium**
Diplostephium【3】Kunth 长冠菀属 → **Archibaccharis;Aster;Pentacalia** Asteraceae 菊科 [MD-586] 全球 (1) 大洲分布及种数(83-86)◆非洲(◆南非)
Diplostichum Mont. = **Eustichia**
Diplostigma【3】K.Schum. 双扇竹桃属 Apocynaceae 夹竹桃科 [MD-492] 全球 (1) 大洲分布及种数(1)◆非洲
Diplostylis H.Karst. & Triana = **Rochefortia**
Diplostylis Sond. = **Adenocline**
Diplosyphon Matsum. = **Blyxa**
Diplotaenia【3】Boiss. 前胡属 ≒ **Peucedanum** Apiaceae 伞形科 [MD-480] 全球 (1) 大洲分布及种数(1-5)◆亚洲
Diplotax Raf. = **Tachigali**
Diplotaxis【3】DC. 二行芥属 ≒ **Erysimum;Sisymbrium** Brassicaceae 十字花科 [MD-213] 全球 (1) 大洲分布及种数(18)◆欧洲
Diplotegium D.Don = **Acisanthera**
Diploter Raf. = **Tetracera**
Diplotheca Hochst. = **Astragalus**
Diplothemium Mart. = **Allagoptera**
Diplothenium Voigt = **Allagoptera**
Diplothorax Gagnep. = **Streblus**
Diplothria Walp. = **Zinnia**
Diplothrix DC. = **Zinnia**
Diplothyra Gagnep. = **Morus**
Diploto Bureau = **Streblus**
Diplotropis【3】Benth. 双龙瓣豆属 ← **Bowdichia;Ormosia;Tachigali** Fabaceae3 蝶形花科 [MD-240] 全球 (1) 大洲分布及种数(13)◆南美洲
Diplousodon Meisn. = **Diplusodon**
Diplukion Raf. = **Lycium**
Diplusion Raf. = **Toisusu**
Diplusodon【3】Pohl 莲薇属 ← **Pemphis;Lythrum; Physocalymma** Lythraceae 千屈菜科 [MD-333] 全球 (1) 大洲分布及种数(98-105)◆南美洲
Diplycosia【3】Bl. 簇白珠属 → **Costera;Diplectria** Ericaceae 杜鹃花科 [MD-380] 全球 (1) 大洲分布及种数(22-124)◆亚洲

D

Dipo Pers. = **Antiaris**
Dipodium【2】R.Br. 风信兰属 ← **Corallorhiza;Megastylis;Sunipia** Orchidaceae 兰科 [MM-723] 全球 (4) 大洲分布及种数(11-41;hort.1)非洲:1-5;亚洲:7-13;大洋洲:5-15;南美洲:1
Dipogon【3】Willd. ex Steud. 甘扁豆属 ← **Adlumia;Sorghastrum** Fabaceae 豆科 [MD-240] 全球 (6) 大洲分布及种数(2)非洲:1-3;亚洲:1-3;大洋洲:1-3;欧洲:2;北美洲:1-3;南美洲:1-3
Dipogonia P.Beauv. = **Diplopogon**
Dipoma【3】Franch. 蛇头荠属 ← **Eutrema;Taphrospermum** Brassicaceae 十字花科 [MD-213] 全球 (1) 大洲分布及种数(1-2)◆东亚(◆中国)
Diponthus Bruner,L. = **Depanthus**
Diporidium H.L.Wendl. = **Ochna**
Diporochna Van Tiegh. = **Ochna**
Diposis【3】DC. 双夫草属 ≒ **Dypsis** Apiaceae 伞形科 [MD-480] 全球 (1) 大洲分布及种数(2-4)◆南美洲
Dipsacaceae【3】Juss. 川续断科 [MD-545] 全球 (6) 大洲分布和属种数(12;hort. & cult.7)(305-688;hort. & cult. 63-117)非洲:8/47-98;亚洲:9/122-248;大洋洲:2-5/6-36;欧洲:10/209-285;北美洲:7-8/20-49;南美洲:4-6/9-38
Dipsacella Opiz = **Scabiosa**
Dipsacozamia Lehm. = **Ceratozamia**
Dipsacus【3】L. 川续断属 ← **Scabiosa;Disa** Caprifoliaceae 忍冬科 [MD-510] 全球 (6) 大洲分布及种数(29-40)非洲:5-11;亚洲:25-32;大洋洲:4-10;欧洲:8-14;北美洲:7-11;南美洲:3-7
Dipsaeus L. = **Dipsacus**
Dipseudochorion Buchenau = **Limnophyton**
Diptanthera Schrank ex Steud. = **Diuranthera**
Diptera Borkh. = **Saxifraga**
Dipteracanthus Meiophanes Engelm. & A.Gray = **Dipteracanthus**
Dipteracanthus【3】Nees 楠草属 → **Apassalus;Ulleria** Acanthaceae 爵床科 [MD-572] 全球 (1) 大洲分布及种数(5-16)◆北美洲
Dipteranthemum【3】F.Müll. 鱼眼苋属 Amaranthaceae 苋科 [MD-116] 全球 (1) 大洲分布及种数(uc)◆大洋洲
Dipteranthus【3】Barb.Rodr. 双翅兰属 ← **Notylia** Orchidaceae 兰科 [MM-723] 全球 (1) 大洲分布及种数(4)◆南美洲
Dipteridaceae【2】Seward & E.Dale 双扇蕨科 [F-58] 全球 (2) 大洲分布和属种数(1;hort. & cult.1)(9-21;hort. & cult.1-3)亚洲:1/9-10;大洋洲:1/1
Dipteris Eudipteris T.Moore = **Dipteris**
Dipteris【3】Reinw. 双扇蕨属 → **Niphidium;Polypodium** Dipteridaceae 双扇蕨科 [F-58] 全球 (1) 大洲分布及种数(9-10)◆亚洲
Dipterix Willd. = **Dipteryx**
Dipterocalyx Cham. = **Lippia**
Dipterocarpaceae【3】Bl. 龙脑香科 [MD-173] 全球 (6) 大洲分布和属种数(13-18;hort. & cult.5-8)(472-825;hort. & cult.13-24)非洲:1-7/4-37;亚洲:11-13/464-623;大洋洲:1-6/1-34;欧洲:6/33;北美洲:1-6/5-39;南美洲:1-8/1-35
Dipterocarpus C.F.Gaertn. = **Dipterocarpus**
Dipterocarpus【3】Gaertn.f. 龙脑香属 → **Anisoptera;Shorea;Vatica** Dipterocarpaceae 龙脑香科 [MD-173] 全球 (6) 大洲分布及种数(17-69)非洲:2;亚洲:16-45;大洋洲:1-3;欧洲:2;北美洲:5-8;南美洲:2
Dipterocome【3】Fisch. & C.A.Mey. 双角菊属 Asteraceae 菊科 [MD-586] 全球 (1) 大洲分布及种数(3)◆亚洲
Dipterocypsela【3】S.F.Blake 独行菊属 Asteraceae 菊科 [MD-586] 全球 (1) 大洲分布及种数(1)◆南美洲(◆哥伦比亚)
Dipterodendron Radlk. = **Dilodendron**
Dipteronia【3】Oliv. 金钱槭属 ← **Acer** Sapindaceae 无患子科 [MD-428] 全球 (1) 大洲分布及种数(3-4)◆东亚(◆中国)
Dipteropeltis【3】Hallier f. 双翅盾属 Convolvulaceae 旋花科 [MD-499] 全球 (1) 大洲分布及种数(1-3)◆非洲
Dipterosiphon Huber = **Campylosiphon**
Dipterosiphonia C.W.Schneid. = **Campylosiphon**
Dipterosperma Griff. = **Tecoma**
Dipterospermum Griff. = **Gordonia**
Dipterostele Schltr. = **Telipogon**
Dipterostemon Rydb. = **Triteleiopsis**
Dipterotheca Sch.Bip. = **Aspilia**
Dipterygia【3】Presl ex DC. 多梅草属 ← **Asteriscium;Eremocharis** Apiaceae 伞形科 [MD-480] 全球 (1) 大洲分布及种数(cf. 1)◆南美洲
Dipterygium【3】Decne. 翅果柑属 Cleomaceae 白花菜科 [MD-210] 全球 (1) 大洲分布及种数(1)◆非洲
Dipteryx【2】Schreb. 香豆树属 ≒ **Coumarouna** Fabaceae3 蝶形花科 [MD-240] 全球 (3) 大洲分布及种数(15-20)亚洲:cf.1;北美洲:3;南美洲:13-14
Diptilon Raf. = **Lythrum**
Diptychandra【3】Tul. 小黄花苏木属 ≒ **Leptolobium** Fabaceae 豆科 [MD-240] 全球 (1) 大洲分布及种数(2)◆南美洲
Diptychocarpus【3】Trautv. 异果芥属 ← **Clausia;Matthiola;Raphanus** Brassicaceae 十字花科 [MD-213] 全球 (1) 大洲分布及种数(cf. 1)◆亚洲
Diptychum Dulac = **Sesleria**
Diptychus Dulac = **Aeluropus**
Dipurena Hook. = **Dipyrena**
Dipus Reinw. = **Voacanga**
Dipylidium Schröd. ex Nees = **Cyperus**
Dipyrena【3】Hook. 荷南桐属 → **Baillonia;Verbena;Mulguraea** Verbenaceae 马鞭草科 [MD-556] 全球 (1) 大洲分布及种数(3-4)◆南美洲
Dipyrenis Hook. = **Dipyrena**
Dirachma【3】Schweinf. ex Balf.f. 八瓣果属 Dirachmaceae 八瓣果科 [MD-265] 全球 (1) 大洲分布及种数(1-2)◆西亚(◆也门)
Dirachmaceae【3】Hutch. 八瓣果科 [MD-265] 全球 (1) 大洲分布和属种数(1/1-2)◆亚洲
Diracodes Bl. = **Amomum**
Dirca【3】L. 韦木属 Thymelaeaceae 瑞香科 [MD-310] 全球 (1) 大洲分布及种数(4)◆北美洲
Dircaea Decne. = **Corytholoma**
Dircella Griseb. = **Dicella**
Dircema Schweinf. ex Balf.f. = **Dirachma**
Diret Raf. = **Commelina**
Diretmus Woods = **Didesmus**
Dirhacodes Bl. = **Aframomum**
Dirhamphis【3】Krapov. 双钩锦葵属 Malvaceae 锦葵科 [MD-203] 全球 (1) 大洲分布及种数(2)◆南美洲

Dirhynchosia Bl. = **Caldcluvia**
Dirichletia 【3】 Klotzsch 双茜属 ← **Carphalea;Triainolepis** Rubiaceae 茜草科 [MD-523] 全球 (1) 大洲分布及种数(3)◆非洲
Dirtea Raf. = **Commelina**
Disa 【3】 P.J.Bergius 萼距兰属 ← **Serapias;Herschelia;Brownleea** Orchidaceae 兰科 [MM-723] 全球 (6) 大洲分布及种数(153-209;hort.1;cult:4)非洲:152-202;亚洲:12-21;大洋洲:2-10;欧洲:7-16;北美洲:8;南美洲:1-9
Disaccanthus 【3】 Greene 扭花芥属 ← **Streptanthus** Brassicaceae 十字花科 [MD-213] 全球 (1) 大洲分布及种数(1) ◆北美洲
Disadena Miq. = **Voyria**
Disakisperma 【-】 Steud. 禾本科属 ≒ **Leptochloa** Poaceae 禾本科 [MM-748] 全球 (uc) 大洲分布及种数(uc)
Disandra L. = **Schisandra**
Disanthaceae Nakai = Berberidopsidaceae
Disanthus 【3】 Maxim. 双花木属 Hamamelidaceae 金缕梅科 [MD-63] 全球 (1) 大洲分布及种数(cf. 1)◆亚洲
Disarrenum Labill. = **Hierochloe**
Disarrhenum Labill. = **Hierochloe**
Disaster Gilli = **Polycardia**
Disberocereus 【-】 E.Meier 仙人掌科属 Cactaceae 仙人掌科 [MD-100] 全球 (uc) 大洲分布及种数(uc)
Discalis Raf. = **Acalypha**
Discalma Baill. = **Planchonella**
Discalyxia Markgr. = **Alyxia**
Discanthera Torr. & A.Gray = **Cyclanthera**
Discanthus Spruce = **Cyclanthus**
Discaria (Pöpp. ex Endl.) Suess. = **Discaria**
Discaria 【3】 Hook. 连叶棘属 ← **Colletia;Scutia;Kentrothamnus** Rhamnaceae 鼠李科 [MD-331] 全球 (1) 大洲分布及种数(10-13)◆南美洲
Disceliaceae 【2】 Schimp. 细蒴藓科 [B-107] 全球 (3) 大洲分布及属种数(1/1) 亚洲:1/1; 欧洲:1/1; 北美洲:1/1
Discelium 【2】 Brid. 叉藓属 ≒ **Weissia** Disceliaceae 细蒴藓科 [B-107] 全球 (3) 大洲分布及种数(1) 亚洲:1;欧洲:1;北美洲:1
Discella Salisb. = **Dicella**
Dischanthium Kunth = **Dichanthium**
Dischema J.O.Voigt = **Stachyphrynium**
Dischidanthus 【3】 Tsiang 马兰藤属 ← **Marsdenia** Apocynaceae 夹竹桃科 [MD-492] 全球 (1) 大洲分布及种数(cf. 1)◆亚洲
Dischides R.Br. = **Dischidia**
Dischidia 【3】 R.Br.眼树莲属 → **Biondia;Dischidiopsis;Hoya** Apocynaceae 夹竹桃科 [MD-492] 全球 (6) 大洲分布及种数(26-127;hort.1)非洲:5-24;亚洲:25-99;大洋洲:4-30;欧洲:1-6;北美洲:2-9;南美洲:4
Dischidiopsis 【3】 Schltr. 牛奶菜属 ≒ **Marsdenia** Apocynaceae 夹竹桃科 [MD-492] 全球 (1) 大洲分布及种数(2-7)◆亚洲
Dischidium (Ging.) Opiz = **Viola**
Dischimia Rchb. = **Dischisma**
Dischisma 【3】 Choisy 裂掌花属 ← **Hebenstretia** Scrophulariaceae 玄参科 [MD-536] 全球 (1) 大洲分布及种数(11)◆非洲
Dischistocalyx 【-】 Lindau 爵床科属 ≒ **Ruellia;Acanthopale** Acanthaceae 爵床科 [MD-572] 全球 (uc) 大洲分布及种数(uc)
Dischizolaena (Baill.) Van Tiegh. = **Tapura**
Dischlis Phil = **Distichlis**
Dischoriste D.Dietr. = **Dyschoriste**
Discina Raf. = **Ammophila**
Disciphania (K.Schum.) Barneby = **Disciphania**
Disciphania 【2】 Eichler 盘金藤属 ← **Chondrodendron;Odontocarya;Dioscorea** Menispermaceae 防己科 [MD-42] 全球 (2) 大洲分布及种数(29)北美洲:8;南美洲:22-23
Discipiper Trel. & Stehlé = **Piper**
Discoc O.F.Cook = **Chamaedorea**
Discoca O.F.Cook = **Chamaedorea**
Discocactus 【3】 Pfeiff. 红尾令箭属 → **Disocactus;Pseudorhipsalis** Cactaceae 仙人掌科 [MD-100] 全球 (1) 大洲分布及种数(14)◆南美洲
Discocalyx 【3】 Mez 盘金牛属 ← **Ardisia;Fittingia** Primulaceae 报春花科 [MD-401] 全球 (6) 大洲分布及种数(7-57)非洲:2-12;亚洲:4-39;大洋洲:3-18;欧洲:2;北美洲:1;南美洲:1
Discocapnos 【3】 Cham. & Schltdl. 烟堇属 ← **Fumaria** Papaveraceae 罂粟科 [MD-54] 全球 (1) 大洲分布及种数(1)◆非洲(◆南非)
Discocapnus Cham. & Schltdl. = **Discocarpus**
Discocarpus 【3】 Klotzsch 头碟木属 ≒ **Discocnide;Laportea;Fumaria** Phyllanthaceae 叶下珠科 [MD-222] 全球 (1) 大洲分布及种数(4-5)◆南美洲
Discoclaoxylon 【3】 Pax & K.Hoffm. 盘桐树属 ← **Claoxylon** Euphorbiaceae 大戟科 [MD-217] 全球 (1) 大洲分布及种数(4)◆非洲
Discocleidion (Müll.Arg.) Pax & K.Hoffm. = **Discocleidion**
Discocleidion 【3】 Pax & K.Hoffm. 丹麻秆属 ← **Acalypha;Cleidion** Euphorbiaceae 大戟科 [MD-217] 全球 (1) 大洲分布及种数(2-3)◆亚洲
Discocnide 【3】 Chew 盘果麻属 ← **Laportea** Urticaceae 荨麻科 [MD-91] 全球 (1) 大洲分布及种数(1)◆北美洲
Discocoffea A.Chev. = **Tricalysia**
Discocrania (Harms) Krai = **Cornus**
Discodoris (Endl.) P. & K. = **Gochnatia**
Discoglypremna 【3】 Prain 南蛇桐属 ← **Alchornea** Euphorbiaceae 大戟科 [MD-217] 全球 (1) 大洲分布及种数(1)◆非洲
Discogyne Schltr. = **Ixonanthes**
Discolampa Baill. = **Pouteria**
Discolenta Raf. = **Polygonum**
Discolobium 【3】 Benth. 盘豆属 Fabaceae 豆科 [MD-240] 全球 (1) 大洲分布及种数(7-8)◆南美洲
Discoluma Baill. = **Pouteria**
Discoma O.F.Cook = **Chamaedorea**
Discomela Raf. = **Helianthus**
Discomor O.F.Cook = **Chamaedorea**
Discomya O.F.Cook = **Chamaedorea**
Discomyza O.F.Cook = **Chamaedorea**
Disconema Raf. = **Euphorbia**
Discophora 【3】 Miers 毛盘木属 ← **Lasianthera;Spathelia** Icacinaceae 茶茱萸科 [MD-450] 全球 (1) 大洲分布及种数(2-3)◆南美洲

D

Discophorus Bréthes = **Discophora**
Discophyllum【3】Mitt. 油藓科属 Hookeriaceae 油藓科 [B-164] 全球 (1) 大洲分布及种数(1)◆大洋洲
Discophytum Miers = **Scabiosa**
Discoplax Raf. = **Mercurialis**
Discoplea DC. = **Discopleura**
Discopleura【3】DC. 圆盘芹属 ≒ **Apiastrum** Apiaceae 伞形科 [MD-480] 全球 (1) 大洲分布及种数(3)◆北美洲
Discopleurus DC. = **Discopleura**
Discoplis Raf. = **Mercurialis**
Discopodium【3】Hochst. 三肋莎属 ≒ **Schoenus** Solanaceae 茄科 [MD-503] 全球 (1) 大洲分布及种数(1-2)◆非洲
Discopsis Raf. = **Mercurialis**
Discopteris (Endl.) P. & K. = **Gochnatia**
Discopyge Schltr. = **Ixonanthes**
Discorbis Raf. = **Acalypha**
Discorea Miq. = **Dioscorea**
Discors O.F.Cook = **Chamaedorea**
Discos O.F.Cook = **Chamaedorea**
Discose O.F.Cook = **Chamaedorea**
Discoseris (Endl.) P. & K. = **Gochnatia**
Discosia Hook. = **Discaria**
Discosoma Duchassaing & Michelotti = **Diplosoma**
Discospermum Dalzell = **Diplospora**
Discosphaera Feer = **Adenophora**
Discostegia C.Presl = **Marattia**
Discostella C.Presl = **Marattia**
Discostigma Hassk. = **Mammea**
Discostroma Hassk. = **Mammea**
Discosura Baill. = **Planchonella**
Discovium Raf. = **Aethionema**
Discretitheca【3】P.D.Cantino 尼泊尔莸属 ≒ **Caryopteris** Lamiaceae 唇形科 [MD-575] 全球 (1) 大洲分布及种数(cf. 1)◆南亚(◆尼泊尔)
Discula Schur = **Sisymbrium**
Discurainia Walp. = **Descurainia**
Discurea Schur = **Descurainia**
Discus Deshayes = **Dipsacus**
Discyphus【2】Schltr. 茸帚兰属 ← **Spiranthes; Cyclopogon** Orchidaceae 兰科 [MM-723] 全球 (2) 大洲分布及种数(1)北美洲:1;南美洲:1
Disecocarpus Hassk. = **Commelina**
Disella Greene = **Sida**
Diselma【3】Hook.f. 寒寿柏属 ≒ **Fitzroya** Cupressaceae 柏科 [G-17] 全球 (1) 大洲分布及种数(1)◆大洋洲
Diselmaceae A.V.Bobrov & Melikyan = Cupressaceae
Diselvia【-】M.H.J.van der Meer 仙人掌科属 Cactaceae 仙人掌科 [MD-100] 全球 (uc) 大洲分布及种数(uc)
Disemma【-】(Labill.) J.M.MacDougal & Feuillet 西番莲科属 ≒ **Passiflora** Passifloraceae 西番莲科 [MD-151] 全球 (uc) 大洲分布及种数(uc)
Disepalum【3】Hook.f. 异萼花属 ← **Polyalthia; Uvaria** Annonaceae 番荔枝科 [MD-7] 全球 (1) 大洲分布及种数(3-9)◆亚洲
Disepta Miers = **Zephyra**
Diseris Wight = **Pterostylis**
Diserneston Jaub. & Spach = **Dorema**
Disersus Wight = **Arethusa**
Disgrega Hassk. = **Tripogandra**
Disheliocereus【-】G.D.Rowley 仙人掌科属 Cactaceae 仙人掌科 [MD-100] 全球 (uc) 大洲分布及种数(uc)
Disinstylis Raf. = **Moronobea**
Disiphon Schltr. = **Vaccinium**
Disisocactus Doweld = **Disocactus**
Disisorhipsalis Doweld = **Disocactus**
Disivia【-】M.H.J.van der Meer 仙人掌科属 Cactaceae 仙人掌科 [MD-100] 全球 (uc) 大洲分布及种数(uc)
Diskion Raf. = **Saracha**
Diskyphogyne D.L.Szlachetko & R.González = **Brachystele**
Dismophyla Raf. = **Drosera**
Disocactus (Britton & Rose) Barthlott = **Disocactus**
Disocactus【3】Lindl. 红尾令箭属 → **Aporocactus; Cactus;Cereus** Cactaceae 仙人掌科 [MD-100] 全球 (1) 大洲分布及种数(18)◆北美洲
Disocereus Frič & Kreuz. = **Disocactus**
Disochia G.D.Rowley = **Dilochia**
Disocorea Chinnock = **Dioscorea**
Disodea Pers. = **Paederia**
Disodia Dum. = **Paederia**
Disolocereus E.Meier = **Cactus**
Disoma O.F.Cook = **Chamaedorea**
Disomene A.DC. = **Gunnera**
Disonopsis G.D.Rowley = **Disporopsis**
Disoon A.DC. = **Bontia**
Disophyllum【3】C.F.Innes 昙花令箭属 Cactaceae 仙人掌科 [MD-100] 全球 (1) 大洲分布及种数(1)◆亚洲
Disopyros L. = **Diospyros**
Disoquipa【-】M.H.J.van der Meer 仙人掌科属 Cactaceae 仙人掌科 [MD-100] 全球 (uc) 大洲分布及种数(uc)
Disoselenicereus【-】E.Meier 仙人掌科属 Cactaceae 仙人掌科 [MD-100] 全球 (uc) 大洲分布及种数(uc)
Disoxy A.DC. = **Myoporum**
Disoxylon Rchb. = **Dysoxylum**
Disoxylum A.Juss. = **Dysoxylum**
Dispara Raf. = **Polanisia**
Disparago【3】Gaertn. 多头帚鼠麹属 ← **Stoebe;Myrovernix** Asteraceae 菊科 [MD-586] 全球 (1) 大洲分布及种数(5-8)◆非洲
Disparella Opiz = **Scabiosa**
Dispeltophorus Lehm. = **Menonvillea**
Disperanthoceros Mytnik & Szlach. = **Stelis**
Disperis【3】Sw. 双袋兰属 ← **Arethusa;Ophrys; Pterostylis** Orchidaceae 兰科 [MM-723] 全球 (6) 大洲分布及种数(65-101;hort.1)非洲:58-90;亚洲:5-12;大洋洲:3-8;欧洲:1-5;北美洲:4-9;南美洲:11-16
Disperma C.B.Clarke = **Mitchella**
Dispermotheca Beauverd = **Parentucellia**
Disphenia C.Presl = **Cyathea**
Disphyllum C.F.Innes = **Disophyllum**
Disphyma【2】N.E.Br. 圆棒玉属 ← **Mesembryanthemum** Aizoaceae 番杏科 [MD-94] 全球 (3) 大洲分布及种数(3-5;hort.1)非洲:2;大洋洲:1-3;欧洲:1
Displaspis Klatt = **Dunalia**
Disporocarpa A.Rich. = **Tillaea**
Disporopsis【3】Hance 竹根七属 ≒ **Polygonatum** As-

paragaceae 天门冬科 [MM-669] 全球 (1) 大洲分布及种数(11-23)◆亚洲
Disporum 【3】 Salisb. 万寿竹属 → **Disporopsis** Colchicaceae 秋水仙科 [MM-623] 全球 (6) 大洲分布及种数(21-29;hort.1;cult: 3)非洲:25;亚洲:20-50;大洋洲:25;欧洲:25;北美洲:25;南美洲:25
Disquamia Lem. = **Tillandsia**
Dissanthclium Trin. = **Dissanthelium**
Dissanthelium 【3】 Trin. 卧燕草属 ← **Airopsis;Melica;Poa** Poaceae 禾本科 [MM-748] 全球 (6) 大洲分布及种数(10)非洲:1-3;亚洲:1-3;大洋洲:1-3;欧洲:1-3;北美洲:1-3;南美洲:9-11
Dissecocarpus Hassk. = **Commelina**
Dissema J.F.Gmel. = **Diselma**
Dissiliaria 【3】 F.Müll. 卫矛桐属 Picrodendraceae 苦皮桐科 [MD-317] 全球 (1) 大洲分布及种数(6)◆大洋洲(◆澳大利亚)
Disso A.DC. = **Myoporum**
Dissocarpus 【3】 F.Müll. 刺被澳藜属 ≒ **Sclerolaena** Amaranthaceae 苋科 [MD-116] 全球 (1) 大洲分布及种数(4)◆大洋洲(◆澳大利亚)
Dissochaeta 【3】 Bl. 双野牡丹属 → **Barthea;Neodissochaeta;Cyathula** Melastomataceae 野牡丹科 [MD-364] 全球 (1) 大洲分布及种数(15-57)◆亚洲
Dissochaetus Bl. = **Dissochaeta**
Dissochondrus 【3】 P. & K. 狗尾草属 ← **Setaria** Poaceae 禾本科 [MM-748] 全球 (1) 大洲分布及种数(1)◆北美洲
Dissodium Desv. = **Desmodium**
Dissodon (Hornsch.) Bruch & Schimp. = **Dissodon**
Dissodon 【2】 Grev. & Arn. 小壶藓属 ≒ **Tayloria** Splachnaceae 壶藓科 [B-143] 全球 (4) 大洲分布及种数(5) 亚洲:2;大洋洲:1;北美洲:1;南美洲:1
Dissolaena Lour. = **Rauvolfia**
Dissomeria 【3】 Hook.f. ex Benth. 非洲刺篱木属 Salicaceae 杨柳科 [MD-123] 全球 (1) 大洲分布及种数(2)◆非洲
Dissona O.F.Cook = **Chamaedorea**
Dissopetalum Miers = **Cissampelos**
Dissorhynchium Schaür = **Habenaria**
Dissosperma Soják = **Fumaria**
Dissothrix 【3】 A.Gray 甜叶菊属 ← **Stevia** Asteraceae 菊科 [MD-586] 全球 (1) 大洲分布及种数(1-7)◆南美洲
Dissotis 【3】 Benth. 非洲棯属 → **Antherotoma;Melastoma;Rhexia** Melastomataceae 野牡丹科 [MD-364] 全球 (1) 大洲分布及种数(60-112)◆非洲
Distasis 【3】 DC.毛冠雏菊属 ≒ **Chaetopappa;Erigeron** Asteraceae 菊科 [MD-586] 全球 (1) 大洲分布及种数(1)◆北美洲
Distaxia C.Presl = **Blechnum**
Disteganthus 【3】 Lem. 卧花凤梨属 ← **Aechmea;Pitcairnia;Bromelia** Bromeliaceae 凤梨科 [MM-715] 全球 (1) 大洲分布及种数(6)◆南美洲
Distegia Klatt = **Distegia**
Distegia 【3】 Raf. 离苞菊属 ← **Didelta;Lonicera** Asteraceae 菊科 [MD-586] 全球 (1) 大洲分布及种数(cf.1)◆非洲
Distegocarpus Sieb. & Zucc. = **Carpinus**
Disteira Raf. = **Martynia**
Distemma Lem. = **Disemma**
Distemon Bouche = **Canna**
Distemon Bouché = **Neodistemon**
Distemon Ehrenb. ex Asch. = **Anticharis**
Distemonanthus 【3】 Benth. 双蕊苏木属 Fabaceae 豆科 [MD-240] 全球 (1) 大洲分布及种数(1)◆非洲
Distephana (Juss. ex DC.) Juss. ex M.Röm. = **Passiflora**
Distephania Gagnep. = **Indosinia**
Distephanus 【3】 Cass. 黄鸠菊属 ← **Cacalia;Vernonia** Asteraceae 菊科 [MD-586] 全球 (6) 大洲分布及种数(37-47)非洲:33-44;亚洲:4-6;大洋洲:2-4;欧洲:1-3;北美洲:2;南美洲:3-5
Distephia Salisb. ex DC. = **Passiflora**
Disterepta Raf. = **Cassia**
Disterigma 【2】 Nied. ex Drude 拟越橘属 ← **Ceratostema;Sphyrospermum** Ericaceae 杜鹃花科 [MD-380] 全球 (4) 大洲分布及种数(45-47)亚洲:cf.1;欧洲:2;北美洲:13;南美洲:39-40
Disti Schreb. = **Eurotia**
Distiacanthus Baker = **Bromelia**
Disticheia Ehrh. = **Distichlis**
Distichella Van Tiegh. = **Dendrophthora**
Distichia (Buchenau) P. & K. = **Distichia**
Distichia 【-】 <unassigned> 灯芯草科属 Juncaceae 灯芯草科 [MM-733] 全球 (uc) 大洲分布及种数(uc)
Distichiaceae Schimp. = Juncaceae
Distichilis 【2】 Raf. 禾本科属 Poaceae 禾本科 [MM-748] 全球 (5) 大洲分布及种数(1) 亚洲:1;大洋洲:1;欧洲:1;北美洲:1;南美洲:1
Distichirhops 【2】 Haegens 双大戟属 Phyllanthaceae 叶下珠科 [MD-222] 全球 (3) 大洲分布及种数(1-4)非洲:3;亚洲:2;大洋洲:2
Distichis Thou. ex Lindl. = **Malaxis**
Distichium 【3】 Bruch & Schimp. 对叶藓属 ≒ **Didymodon;Ditrichum** Ditrichaceae 牛毛藓科 [B-119] 全球 (6) 大洲分布及种数(6) 非洲:2;亚洲:4;大洋洲:1;欧洲:3;北美洲:3;南美洲:4
Distichlis 【3】 Raf. 碱禾属 → **Aeluropus;Agropyron;Megastachya** Poaceae 禾本科 [MM-748] 全球 (6) 大洲分布及种数(12)非洲:4;亚洲:3-7;大洋洲:3-7;欧洲:3-7;北美洲:6-10;南美洲:9-13
Distichmus Endl. = **Distichlis**
Distichochlamys 【3】 M.F.Newman 歧苞姜属 Zingiberaceae 姜科 [MM-737] 全球 (1) 大洲分布及种数(2-5)◆亚洲
Disticholiparis Marg. & Szlach. = **Liparis**
Distichophyllidium 【2】 M.Fleisch. 黄圆藓属 ≒ **Distichophyllum** Daltoniaceae 小黄藓科 [B-162] 全球 (3) 大洲分布及种数(5) 非洲:1;亚洲:3;大洋洲:3
Distichophyllum 【3】 Dozy & Molk. 黄藓属 ≒ **Hookeria;Leskeodon** Daltoniaceae 小黄藓科 [B-162] 全球 (6) 大洲分布及种数(111) 非洲:8;亚洲:52;大洋洲:47;欧洲:1;北美洲:6;南美洲:23
Distichorchis M.A.Clem. & D.L.Jones = **Dendrobium**
Distichoselinum García-Martín & Silvestre = **Thapsia**
Distichostemon 【3】 F.Müll. 二列蕊属 ≒ **Dodonaea** Sapindaceae 无患子科 [MD-428] 全球 (1) 大洲分布及种数(1-6)◆大洋洲(◆澳大利亚)
Distichum Bruch & Schimp. ex Bayrh. = **Distichium**

D

Distictella P. & K. = **Amphilophium**
Distictis【2】Mart. ex Meisn. 红钟藤属 ≒ **Brachylepis; Pithecoctenium;Arrabidaea** Bignoniaceae 紫葳科 [MD-541] 全球 (3) 大洲分布及种数(10) 非洲:2;北美洲:2;南美洲:10
Distigma Klotzsch ex Walp. = **Polanisia**
Distigocarpus Sarg. = **Carpinus**
Distimake Raf. = **Xenostegia**
Distimum Steud. = **Distichium**
Distimus Raf. = **Pycreus**
Distoecha Phil. = **Hypochoeris**
Distoechus Phil. = **Hypochaeris**
Distolaca Spenn. = **Neottia**
Distoma Lour. = **Carallia**
Distomaea Spenn. = **Neottia**
Distomischus Dulac = **Vulpia**
Distomomischus (L.) Dulac = **Vulpia**
Distoneura Bl. = **Dictyoneura**
Distrepta Miers = **Tecophilaea**
Distreptus Cass. = **Pseudelephantopus**
Distrianthes【3】Danser 桑寄生属 ← **Loranthus** Loranthaceae 桑寄生科 [MD-415] 全球 (1) 大洲分布及种数(2)◆亚洲
Districhopsis Broth. = **Ditrichopsis**
Distyium Sieb. & Zucc. = **Distylium**
Distyliopsis【3】P.K.Endress 假蚊母属 ← **Distylium; Sycopsis** Hamamelidaceae 金缕梅科 [MD-63] 全球 (1) 大洲分布及种数(5-6)◆亚洲
Distylis Gaud. = **Goodenia**
Distylium【3】Sieb. & Zucc. 蚊母树属 → **Distyliopsis;Eustigma;Molinadendron** Hamamelidaceae 金缕梅科 [MD-63] 全球 (1) 大洲分布及种数(13-16)◆亚洲
Distylodon【3】Summerh. 双齿柱兰属 Orchidaceae 兰科 [MM-723] 全球 (1) 大洲分布及种数(uc)属分布和种数(uc)◆非洲
Disuntia【-】M.H.J.van der Meer 仙人掌科属 Cactaceae 仙人掌科 [MD-100] 全球 (uc) 大洲分布及种数(uc)
Disymocarpus Klotzsch = **Discocarpus**
Disynanthes Rchb. = **Antennaria**
Disynanthus Raf. = **Antennaria**
Disynapheia Steud. = **Eupatorium**
Disynaphia【3】DC. 泽兰属 ← **Eupatorium** Asteraceae 菊科 [MD-586] 全球 (1) 大洲分布及种数(14)◆南美洲
Disynia Raf. = **Toisusu**
Disynoma Raf. = **Aethionema**
Disynstemon【3】R.Vig. 马岛豆属 → **Lonchocarpus** Fabaceae 豆科 [MD-240] 全球 (1) 大洲分布及种数(1)◆非洲(◆马达加斯加)
Disyphonia Griff. = **Dysoxylum**
Dita Clarke = **Ditta**
Ditassa【3】R.Br. 南美地萝藦属 ← **Asclepias;Minaria;Tassadia** Apocynaceae 夹竹桃科 [MD-492] 全球 (1) 大洲分布及种数(121-142)◆南美洲
Ditaxia Endl. = **Ditaxis**
Ditaxis (A.St.Hil.) Baill. = **Ditaxis**
Ditaxis【3】Vahl ex A.Juss. 地银柴属 ≒ **Argithamnia; Apera;Philyra** Euphorbiaceae 大戟科 [MD-217] 全球 (6) 大洲分布及种数(52-54;hort.1;cult:1)非洲:2-8;亚洲:2-8;大洋洲:6;欧洲:6;北美洲:29-35;南美洲:28-36
Diteilis Raf. = **Liparis**
Ditelesia Raf. = **Tradescantia**
Ditepalanthus【3】Fagerl. 盾片蛇菰属 ← **Rhopalocnemis** Balanophoraceae 蛇菰科 [MD-307] 全球 (1) 大洲分布及种数(2)◆非洲(◆马达加斯加)
Ditereia Raf. = **Evolvulus**
Ditha Griseb. = **Ditta**
Ditheca Miq. = **Ammannia**
Dithrichum DC. = **Verbesina**
Dithrix【3】Schlech. ex Brummitt 肖怒江兰属 ≒ **Gennaria** Orchidaceae 兰科 [MM-723] 全球 (1) 大洲分布及种数(uc)属分布和种数(uc)◆亚洲
Dithyraea Endl. = **Dithyrea**
Dithyrea【3】Harv. 奇果荠属 ← **Biscutella; Dimorphocarpa** Brassicaceae 十字花科 [MD-213] 全球 (1) 大洲分布及种数(2-5)◆北美洲
Dithyria Benth. = **Swartzia**
Dithyridanthus Garay = **Schiedeella**
Dithyrocarpus Kunth = **Floscopa**
Dithyrostegia【3】A.Gray 舟苞鼠麹草属 ← **Angianthus;Gamozygis** Asteraceae 菊科 [MD-586] 全球 (1) 大洲分布及种数(2)◆大洋洲(◆澳大利亚)
Diti Garn.-Jones & P.N.Johnson = **Cardamine**
Ditinnia A.Chev. = **Remusatia**
Ditiola Berk. & Broome = **Aeluropus**
Ditmaria Lühnem. = **Swartzia**
Ditoca Banks & Soland. ex Gaertn. = **Scleranthus**
Ditomostrophe Turcz. = **Thomasia**
Ditopella Small = **Diodella**
Ditoxia Raf. = **Ornithogalum**
Ditramexa Britton & Rose = **Cassia**
Ditrema Raf. = **Xenostegia**
Ditremexa Raf. = **Cassia**
Ditria Raf. = **Ditta**
Ditrichaceae【3】Limpr. 牛毛藓科 [B-119] 全球 (5) 大洲分布和属种数(31/248)亚洲:18/67;大洋洲:15/65;欧洲:13/45;北美洲:21/73;南美洲:23/96
Ditrichanthus Borhidi,E.Martínez & Ramos = **Palicourea**
Ditrichopsis【3】Broth. 拟牛毛藓属 Ditrichaceae 牛毛藓科 [B-119] 全球 (1) 大洲分布及种数(3) ◆亚洲
Ditrichospermum【3】Bremek. 双爵床属 Acanthaceae 爵床科 [MD-572] 全球 (1) 大洲分布及种数(cf. 1)◆亚洲
Ditrichum (Lindb.) Kindb. = **Ditrichum**
Ditrichum【3】Cass. 牛毛藓属 ≒ **Aschistodon; Campylopus;Pilopogon** Ditrichaceae 牛毛藓科 [B-119] 全球 (6) 大洲分布及种数(86) 非洲:24;亚洲:29;大洋洲:24;欧洲:21;北美洲:23;南美洲:36
Ditricium【3】Cass. 牛绒藓属 ≒ **Ditrichum** Ditrichaceae 牛毛藓科 [B-119] 全球 (1) 大洲分布及种数(1)◆非洲
Ditrisynia Raf. = **Ditrysinia**
Ditrita Griseb. = **Ditta**
Ditritra Raf. = **Euphorbia**
Ditroche E.Mey. ex Moq. = **Limeum**
Ditrysinia【3】Raf. 漆杨桃属 ≒ **Sebastiania** Euphorbiaceae 大戟科 [MD-217] 全球 (1) 大洲分布及种数(1-2)◆北美洲
Ditta【3】Griseb. 杨梅桐属 ≒ **Sida** Euphorbiaceae 大

戟科 [MD-217] 全球 (1) 大洲分布及种数(1-13)◆北美洲
Dittelasma Hook.f. = **Sapindus**
Dittoceras【3】 Hook.f. 回萝藦属 ← **Dregea;Marsdenia** Apocynaceae 夹竹桃科 [MD-492] 全球 (1) 大洲分布及种数(1-4)◆亚洲
Dittostigma【3】 Phil. 萝藦茄属 ≒ **Nicotiana** Solanaceae 茄科 [MD-503] 全球 (1) 大洲分布及种数(1)◆南美洲(◆智利)
Dittrichia【2】 Greuter 臭蓬属 ← **Apuleia;Chrysocoma;Conyza** Asteraceae 菊科 [MD-586] 全球 (5) 大洲分布及种数(3;hort.1)非洲:2;亚洲:2;大洋洲:2;欧洲:2;北美洲:2
Dituilis Raf. = **Liparis**
Ditulima Raf. = **Dendrobium**
Ditulium Raf. = **Diascia**
Ditylum Raf. = **Alonsoa**
Ditylus Burm.f. = **Diospyros**
Dityospermum【-】 Dalzell 茜草科属 Rubiaceae 茜草科 [MD-523] 全球 (uc) 大洲分布及种数(uc)
Diuranthera【3】 Hemsl. 鹭鸶草属 ← **Chlorophytum;Ornithogalum** Asparagaceae 天门冬科 [MM-669] 全球 (1) 大洲分布及种数(cf. 1)◆亚洲
Diuratea Van Tiegh. = **Ouratea**
Diuris【2】 Sm. 双尾兰属 → **Orthoceras** Orchidaceae 兰科 [MM-723] 全球 (2) 大洲分布及种数(46-121;hort.1;cult: 3)亚洲:1-2;大洋洲:45-115
Diuroglossum Turcz. = **Guazuma**
Diurospermum Edgew. = **Utricularia**
Diversiarum J.Murata & Ohi-Toma = **Typhonium**
Divilia Brack. = **Diellia**
Dixa L. = **Bixa**
Dixonia【3】 Horik. & Ando 狄氏藓属 Neckeraceae 平藓科 [B-204] 全球 (1) 大洲分布及种数(2)◆亚洲
Dixuanara【-】 How,W.R. 兰科属 Orchidaceae 兰科 [MM-723] 全球 (uc) 大洲分布及种数(uc)
Dixus Reinw. = **Voacanga**
Diyaminauclea【3】 C.E.Ridsdale 乌檀属 ≒ **Nauclea** Rubiaceae 茜草科 [MD-523] 全球 (1) 大洲分布及种数(2)◆亚洲
Dizonium Willd. ex Schltdl. = **Geigeria**
Dizygandra Meisn. = **Ruellia**
Dizygostemon【3】 Radlk. ex Wettst. 二对蕊属 Plantaginaceae 车前科 [MD-527] 全球 (1) 大洲分布及种数(4)◆南美洲(◆巴西)
Dizygotheca【2】 N.E.Br. 孔雀木属 ← **Aralia; Plerandra** Araliaceae 五加科 [MD-471] 全球 (2) 大洲分布及种数(cf.1) 亚洲;南美洲
Djaloniella【3】 P.Taylor 几内亚龙胆属 Gentianaceae 龙胆科 [MD-496] 全球 (1) 大洲分布及种数(1)◆非洲
Djeratonia Pierre = **Willughbeia**
Djinga【3】 C.Cusset 水石花属 Podostemaceae 川苔草科 [MD-322] 全球 (1) 大洲分布及种数(1-2)◆非洲(◆喀麦隆)
Dlchelostemma Kunth = **Dichelostemma**
Dmitria Ravenna = **Thelypodium**
Dnidium Cusson = **Cnidium**
Dobera【2】 Juss. 苏丹香属 ≒ **Dombeya** Salvadoraceae 刺茉莉科 [MD-425] 全球 (2) 大洲分布及种数(3)非洲:2;亚洲:1-2
Doberia Pfeiff. = **Dobera**
Dobinaea Spreng. = **Dobinea**
Dobinea【3】 Buch.Ham. ex D.Don 九子母属 Anacardiaceae 漆树科 [MD-432] 全球 (1) 大洲分布及种数(2-3)◆亚洲
Doboisia Garay & H.R.Sw. = **Anthocercis**
Dobrowskia A.DC. = **Monopsis**
Docalidia Klotzsch = **Begonia**
Docanthe O.F.Cook = **Chamaedorea**
Dochafa Schott = **Arisaema**
Docidium Schröd. ex Nees = **Cyperus**
Docjonesia【-】 J.M.H.Shaw 兰科属 Orchidaceae 兰科 [MM-723] 全球 (uc) 大洲分布及种数(uc)
Dockrillia【3】 Brieger 丝球兰属 ≒ **Dendrobium** Orchidaceae 兰科 [MM-723] 全球 (1) 大洲分布及种数(7)◆大洋洲
Dockrilobium【-】 J.M.H.Shaw 兰科属 Orchidaceae 兰科 [MM-723] 全球 (uc) 大洲分布及种数(uc)
Doco Crantz = **Dracaena**
Docosia Edwards = **Ducrosia**
Docynia【3】 Decne. 移依属 ← **Cotoneaster;Cydonia; Malus** Rosaceae 蔷薇科 [MD-246] 全球 (1) 大洲分布及种数(3-4)◆亚洲
Docyniopsis (C.K.Schneid.) Koidz. = **Malus**
Dodara J.M.H.Shaw = **Dodartia**
Dodarta Cothen. = **Dodartia**
Dodartia【3】 L. 野胡麻属 → **Anarrhinum;Galvezia** Malvaceae 锦葵科 [MD-203] 全球 (1) 大洲分布及种数(cf. 1)◆亚洲
Dodartii L. = **Dodartia**
Doddiella Hort. = **Cleisostoma**
Dodecadenia【3】 Nees 单花木姜子属 ≒ **Actinodaphne;Cinnadenia;Litsea** Lauraceae 樟科 [MD-21] 全球 (1) 大洲分布及种数(cf. 1)◆亚洲
Dodecadia Lour. = **Pygeum**
Dodecahema【3】 Reveal & Hardham 角刺蓼属 ← **Centrostegia;Chorizanthe** Polygonaceae 蓼科 [MD-120] 全球 (1) 大洲分布及种数(1)◆北美洲(◆美国)
Dodecas L. = **Amphiblemma**
Dodecasperma Raf. = **Bomarea**
Dodecaspermum G.A.Scop. = **Decaspermum**
Dodecastemon Hassk. = **Drypetes**
Dodecastigma【3】 Ducke 多柱桐属 ≒ **Anomalocalyx;Pausandra** Euphorbiaceae 大戟科 [MD-217] 全球 (1) 大洲分布及种数(3)◆南美洲
Dodecatheon【3】 L. 流星报春属 ≒ **Primula** Primulaceae 报春花科 [MD-401] 全球 (6) 大洲分布及种数(23-25;hort.1;cult:5)非洲:32;亚洲:32;大洋洲:32;欧洲:32;北美洲:22-56;南美洲:32
Dodonaea【3】 Mill. 车桑子属 → **Comocladia;Stenia; Wimmeria** Sapindaceae 无患子科 [MD-428] 全球 (6) 大洲分布及种数(21-81;hort.1;cult:2)非洲:2-12;亚洲:6-19;大洋洲:18-55;欧洲:9;北美洲:1-11;南美洲:2-11
Dodonaeaceae Kunth ex Small = Sapindaceae
Dodonaei Mill. = **Dodonaea**
Dodonsaa Mill. = **Dodonaea**
Dodoon Baill. = **Dobinea**
Dodsonia【3】 Ackerman 车桑子属 ← **Stenia;Dodonaea** Orchidaceae 兰科 [MM-723] 全球 (1) 大洲分布及种数

(cf. 1)◆南美洲
Doellia【3】 Sch.Bip. 小蓬草属 ≒ **Blumea;Erigeron** Asteraceae 菊科 [MD-586] 全球 (1) 大洲分布及种数(1-2)◆非洲
Doelligeria Nees = **Doellingeria**
Doellingeria (Kitam.) G.L.Nesom = **Doellingeria**
Doellingeria【3】 Nees 白头菀属 → **Aster;Chrysopsis;Solidago** Asteraceae 菊科 [MD-586] 全球 (1) 大洲分布及种数(7-11)◆亚洲
Doellochloa P. & K. = **Gymnopogon**
Doelomiaea DC. = **Dolomiaea**
Doemia【-】 R.Br. 夹竹桃科属 ≒ **Pergularia** Apocynaceae 夹竹桃科 [MD-492] 全球 (uc) 大洲分布及种数(uc)
Doerpfeldia【3】 Urb. 古巴鼠李属 Rhamnaceae 鼠李科 [MD-331] 全球 (1) 大洲分布及种数(1)◆北美洲(◆古巴)
Doerriena Borkh. = **Cerastium**
Doerrienia Dennst. = **Genlisea**
Doerriera Borkh. = **Stellaria**
Dofia Adans. = **Dirca**
Doga (Baill.) Baill. ex Nakai = **Donax**
Dogania R.Br. = **Logania**
Dohmophyllum Webb & Berthel. = **Ruta**
Doichos L. = **Dolichos**
Doicladiella W.R.Buck = **Dicladiella**
Doidixodon Hedw. ex P.Beauv. = **Didymodon**
Doidyxodon Hedw. = **Didymodon**
Doina Alef. = **Triticum**
Doinara Hort. = **Acacallis**
Dokophyllum Link = **Drosophyllum**
Dolabrifolia (Pfitzer) Szlach. & Romowicz = **Angraecum**
Dolia【2】 Lindl. 假茄属 ≒ **Solidago** Solanaceae 茄科 [MD-503] 全球 (4) 大洲分布及种数(4) 非洲:1;亚洲:1;北美洲:1;南美洲:4
Dolianthus C.H.Wright = **Amaracarpus**
Dolichandra【3】 Cham. 长蕊紫葳属 ← **Bignonia;Tecoma;Stizophyllum** Bignoniaceae 紫葳科 [MD-541] 全球 (1) 大洲分布及种数(7-9)◆南美洲
Dolichandrone【3】 (Fenzl) Seem. 银角树属 ← **Bignonia;Stereospermum** Bignoniaceae 紫葳科 [MD-541] 全球 (1) 大洲分布及种数(11-17)◆亚洲
Dolichlasium【3】 Lag. 白头菊属 ≒ **Clibadium** Asteraceae 菊科 [MD-586] 全球 (1) 大洲分布及种数(1)◆南美洲
Dolichocar Brade = **Dolichoura**
Dolichocarpus Santesson,R. = **Doliocarpus**
Dolichocentrum【-】 (Schltr.) Brieger 兰科属 Orchidaceae 兰科 [MM-723] 全球 (uc) 大洲分布及种数(uc)
Dolichochaete (C.E.Hubb.) J.B.Phipps = **Tristachya**
Dolichodeira Hanst. = **Achimenes**
Dolichodelphys【3】 K.Schum. 高房栀属 ← **Rustia** Rubiaceae 茜草科 [MD-523] 全球 (1) 大洲分布及种数(1)◆南美洲
Dolichoderia Benth. & Hook.f. = **Amalophyllon**
Dolichoglottis【3】 B.Nord. 千里光属 ← **Senecio** Asteraceae 菊科 [MD-586] 全球 (1) 大洲分布及种数(2) 大洋洲:2
Dolichogyna DC. = **Aster**
Dolichogyne DC. = **Nardophyllum**
Dolichokentia A.W.Hill = **Basselinia**
Dolicholagus Medik. = **Dolicholus**
Dolicholana D.Fang & W.T.Wang = **Dolicholoma**
Dolicholasium Spreng. = **Trixis**
Dolicholobium【2】 A.Gray 滨茉莉属 ← **Guettarda** Rubiaceae 茜草科 [MD-523] 全球 (3) 大洲分布及种数(6-29)非洲:2-15;亚洲:2-8;大洋洲:4-24
Dolicholoma【3】 D.Fang & W.T.Wang 长檐苣苔属 ≒ **Petrocodon** Gesneriaceae 苦苣苔科 [MD-549] 全球 (1) 大洲分布及种数(2)◆亚洲
Dolicholus【3】 Medik. 长豆属 ≒ **Rhynchosia** Fabaceae3 蝶形花科 [MD-240] 全球 (6) 大洲分布及种数(3)非洲:1-13;亚洲:1-13;大洋洲:1-13;欧洲:12;北美洲:1-13;南美洲:12
Dolichometra【3】 K.Schum. 长腹茜属 Rubiaceae 茜草科 [MD-523] 全球 (1) 大洲分布及种数(1)◆非洲(◆坦桑尼亚)
Dolichomitra【3】 Broth. 船叶藓属 ≒ **Porotrichum** Lembophyllaceae 船叶藓科 [B-205] 全球 (1) 大洲分布及种数(2) 亚洲:2
Dolichomitriopsis【3】 S.Okamura 拟船叶藓属 ≒ **Okamuraea** Lembophyllaceae 船叶藓科 [B-205] 全球 (1) 大洲分布及种数(4) 亚洲:4
Dolichonema Nees = **Columnea**
Dolichonemia Nees = **Columnea**
Dolichoneura K.Schum. = **Dolichometra**
Dolichopentas【2】 Kårehed & B.Bremer 素馨栀属 ≒ **Heinsia** Rubiaceae 茜草科 [MD-523] 全球 (2) 大洲分布及种数(uc)非洲;北美洲
Dolichopetalum【3】 Tsiang 金凤藤属 Apocynaceae 夹竹桃科 [MD-492] 全球 (1) 大洲分布及种数(cf. 1)◆东亚(◆中国)
Dolichopeza Nees = **Ecastaphyllum**
Dolichopsis【3】 Hassl. 菜豆属 ≒ **phaseolus** Fabaceae 豆科 [MD-240] 全球 (1) 大洲分布及种数(3)◆南美洲
Dolichopterys Kosterm. = **Lophopterys**
Dolichorhynchus Hedge & Kit Tan = **Couepia**
Dolichorrhiza【3】 (Pojark.) Galushko 葵叶菊属 ← **Cineraria** Asteraceae 菊科 [MD-586] 全球 (1) 大洲分布及种数(1-4)◆亚洲
Dolichos (E.Mey.) Verdc. = **Dolichos**
Dolichos【3】 L. 镰扁豆属 → **Adenodolichos; Lablab; Phaseolus** Fabaceae 豆科 [MD-240] 全球 (6) 大洲分布及种数(27-123;hort.1)非洲:18-97;亚洲:9-35;大洋洲:1-19;欧洲:1-17;北美洲:2-19;南美洲:3-27
Dolichosiphon Phil. = **Jaborosa**
Dolichostachys【3】 Benoist 长爵床属 Acanthaceae 爵床科 [MD-572] 全球 (1) 大洲分布及种数(1)◆非洲(◆马达加斯加)
Dolichostegia Schltr. = **Epigeneium**
Dolichostemon【3】 Bonati 长玄参属 Scrophulariaceae 玄参科 [MD-536] 全球 (1) 大洲分布及种数(cf. 1)◆亚洲
Dolichostylis Cass. = **Draba**
Dolichosus L. = **Dolichopsis**
Dolichotheca【3】 Cass. 灰藓科属 ≒ **Sharpiella** Hypnaceae 灰藓科 [B-189] 全球 (1) 大洲分布及种数(1)◆亚洲

Dolichothele (K.Schum.) Britton & Rose = **Mammillaria**
Dolichothrips Hilliard & B.L.Burtt = **Dolichothrix**
Dolichothrix【3】Hilliard & B.L.Burtt 黄花帚鼠麹属 ≒ **Gnaphalium;Stevia** Asteraceae 菊科 [MD-586] 全球 (1) 大洲分布及种数(1-8)◆非洲
Dolichoura【3】Brade 长尾野牡丹属 Melastomataceae 野牡丹科 [MD-364] 全球 (1) 大洲分布及种数(1-2)◆南美洲(◆巴西)
Dolichovigna Hayata = **Dolichos**
Dolichus E.Mey. = **Lablab**
Dolicokentia Becc. = **Basselinia**
Dolicopterys Kosterm. = **Lophopterys**
Dolicotheca Benth. & Hook.f. = **Herzogiella**
Doliocarpus Eichler = **Doliocarpus**
Doliocarpus【3】Rol. 蕴水藤属 → **Mappia;Curatella;Pinzona** Dilleniaceae 五桠果科 [MD-66] 全球 (6) 大洲分布及种数(60-68;hort.1)非洲:4;亚洲:4;大洋洲:4;欧洲:4;北美洲:14-19;南美洲:58-68
Dollina Endl. = **Desmodium**
Dollineca Endl. = **Desmodium**
Dollinera Endl. = **Desmodium**
Dollineria Saut. = **Draba**
Dolomedes Haw. = **Narcissus**
Dolomiaea【3】DC. 川木香属 → **Diplazoptilon;Jurinea;Himalaiella** Asteraceae 菊科 [MD-586] 全球 (1) 大洲分布及种数(16-18)◆亚洲
Dolomitia DC. = **Dolomiaea**
Dolophragma Fenzl = **Arenaria**
Dolophyllum Salisb. = **Thujopsis**
Doloria Desv. = **Podalyria**
Dolosanthus Klatt = **Laggera**
Dolotortula【3】R.H.Zander 巴西丛藓属 Pottiaceae 丛藓科 [B-133] 全球 (1) 大洲分布及种数(1)◆南美洲
Dolpojestella【-】Farille & Lachard 伞形科属 Apiaceae 伞形科 [MD-480] 全球 (uc) 大洲分布及种数(uc)
Doma Lam. = **Medemia**
Dombeia Raeusch. = **Dombeya**
Dombeya (Arènes) Appleq. = **Dombeya**
Dombeya【3】Cav. 非洲芙蓉属 ≒ **Amasonia;Pinus** Dombeyaceae 铃铃科 [MD-191] 全球 (6) 大洲分布及种数(185-210;hort.1;cult:2)非洲:183-208;亚洲:12-21;大洋洲:6;欧洲:6;北美洲:3-9;南美洲:6
Dombeyaceae【3】Desf. 铃铃科 [MD-191] 全球 (6) 大洲分布和属种数(1;hort. & cult.1)(184-227;hort. & cult.6-10)非洲:1/183-208;亚洲:1/12-21;大洋洲:1/6;欧洲:1/6;北美洲:1/3-9;南美洲:1/6
Dombeyeae Kunth ex DC. = **Dombeya**
Dombeyi L´Hér. = **Dombeya**
Domeykoa【3】Phil. 多梅草属 Apiaceae 伞形科 [MD-480] 全球 (1) 大洲分布及种数(5-9)◆南美洲
Domeykos Phil. = **Domeykoa**
Domindendrum Moir = **Domingoa**
Domindesmia auct. = **Domingoa**
Dominella【3】E.Wimm. 卧盖莲属 ← **Lysipomia** Campanulaceae 桔梗科 [MD-561] 全球 (1) 大洲分布及种数(1)◆南美洲
Domingleya【-】J.M.H.Shaw 兰科属 Orchidaceae 兰科 [MM-723] 全球 (uc) 大洲分布及种数(uc)
Domingoa【3】Schltr. 幡唇兰属 ← **Dilomilis** Orchidaceae 兰科 [MM-723] 全球 (1) 大洲分布及种数(6-9)◆北美洲
Domingoella E.Wimm. = **Lysipomia**
Dominia Fedde = **Trachymene**
Domintonia【-】Moir 兰科属 Orchidaceae 兰科 [MM-723] 全球 (uc) 大洲分布及种数(uc)
Domkeocarpa Markgr. = **Tabernaemontana**
Domliopsis auct. = **Domingoa**
Domohinea Leandri = **Tannodia**
Donacium Fr. = **Donax**
Donacodes Bl. = **Amomum**
Donacopsis Gagnep. = **Eulophia**
Donaestelaara【-】J.M.H.Shaw 兰科属 Orchidaceae 兰科 [MM-723] 全球 (uc) 大洲分布及种数(uc)
Donaldia Klotzsch = **Begonia**
Donaldina Klotzsch = **Begonia**
Donaldsonia Baker = **Moringa**
Donatia【2】J.R.Forst. & G.Forst. 寒莲花属 ← **Avicennia;Polycarpon** Donatiaceae 陀螺果科 [MD-439] 全球 (2) 大洲分布及种数(3)大洋洲:1;南美洲:1
Donatiaceae【2】B.Chandler 陀螺果科 [MD-439] 全球 (2) 大洲分布和属种数(1/2)大洋洲:1/1;南美洲:1/1-1
Donatophorus Zipp. = **Harpullia**
Donax【3】Lour. 竹叶蕉属 ≒ **Phrynium;Arundo** Marantaceae 竹芋科 [MM-740] 全球 (1) 大洲分布及种数(2-23)◆亚洲
Doncklaeria Hort. ex Loudon = **Dinckleria**
Doncollinara【-】auct. 兰科属 Orchidaceae 兰科 [MM-723] 全球 (uc) 大洲分布及种数(uc)
Dondia【3】Adans. 黑鸡纳属 ≒ **Salsola** Amaranthaceae 苋科 [MD-116] 全球 (6) 大洲分布及种数(6) 非洲:3;亚洲:5;大洋洲:1;欧洲:1;北美洲:6;南美洲:3
Dondisia DC. = **Raphanus**
Dondisia Rchb. = **Dondia**
Dondodia【2】Lür 竹蕉兰属 ≒ **Acianthera** Orchidaceae 兰科 [MM-723] 全球 (2) 大洲分布及种数(cf.) 北美洲;南美洲
Donella【3】Pierre ex Baill. 金叶树属 ≒ **Chrysophyllum** Sapotaceae 山榄科 [MD-357] 全球 (1) 大洲分布及种数(16-17)◆非洲
Donepea Airy-Shaw = (接受名不详) Brassicaceae
Donia G. & D.Don = **Clianthus**
Donia G.Don & D.Don = **Oxyria**
Donia Nutt. = **Aster**
Donia R.Br. = **Grindelia**
Doniana Raf. = **Kalimeris**
Donianum Raf. = **Grindelia**
Donidsia G.Don = **Chiococca**
Donii R.Br. = **Oxyria**
Donilia Mello ex B.Verl. = **Mansoa**
Doniophyton【3】Wedd. 羽刺菊属 ← **Chuquiraga** Asteraceae 菊科 [MD-586] 全球 (1) 大洲分布及种数(2)◆南美洲
Doniophytum Wedd. = **Doniophyton**
Donkelaaria hort. ex Lem. = **Guettarda**
Donnellia Austin = **Donnellia**
Donnellia【2】C.B.Clarke ex Donn.Sm. 刚果藓属 ≒ **Potamium;Tripogandra** Sematophyllaceae 锦藓科 [B-192] 全球 (4) 大洲分布及种数(6) 非洲:3;欧洲:1;北美

D

洲:1;南美洲:4
Donnellsmithia【3】 J.M.Coult. & Rose 道斯芹属 ← **Cnidium;Pimpinella** Apiaceae 伞形科 [MD-480] 全球 (1) 大洲分布及种数(17-19)◆北美洲
Donnellyanthus【3】 Borhidi 西方茜属 Rubiaceae 茜草科 [MD-523] 全球 (1) 大洲分布及种数(cf.1) ◆北美洲
Donningia A.Gray = **Downingia**
Donrichardsia【2】 H.A.Crum & L.E.Anderson 华柳叶藓属 Brachytheciaceae 青藓科 [B-187] 全球 (2) 大洲分布及种数(4) 亚洲:2;北美洲:3
Donrichardsiaceae Ochyra = Amblystegiaceae
Dontospcrmum Sch.Bip. = **Asteriscus**
Dontospermum Sch.Bip. = **Asteriscus**
Dontostemon【3】 Andrz. ex C.A.Mey. 异蕊芥属 → **Torularia;Erysimum;Oreoloma** Brassicaceae 十字花科 [MD-213] 全球 (1) 大洲分布及种数(13-17)◆亚洲
Donus Lour. = **Ailanthus**
Donzellia【3】 M.Tenore 刺篱木属 ≒ **Flacourtia** Euphorbiaceae 大戟科 [MD-217] 全球 (1) 大洲分布及种数(1)◆南美洲
Dooabia R.Br. = **Doodia**
Doodia【3】 R.Br. 锉蕨属 → **Uraria;Woodwardia** Blechnaceae 乌毛蕨科 [F-46] 全球 (6) 大洲分布及种数(13-20)非洲:4;亚洲:2-8;大洋洲:10-20;欧洲:1-5;北美洲:2-6;南美洲:2-6
Doodya Link = **Uraria**
Doona【3】 Thw. 糖棕属 ≒ **Borassus;Askidiosperma** Dipterocarpaceae 龙脑香科 [MD-173] 全球 (1) 大洲分布及种数(11)◆亚洲
Doornia de Vriese = **Pandanus**
Doosera Roxb. ex Wight & Arn. = **Drosera**
Dopatricum Buch.Ham. ex Benth. = **Dopatrium**
Dopatrium【2】 Buch.Ham. 虻眼属 ← **Didymocarpus;Stemodia** Plantaginaceae 车前科 [MD-527] 全球 (4) 大洲分布及种数(4-18)非洲:2-12;亚洲:2-5;大洋洲:1;北美洲:1
Doraena Thunb. = **Maesa**
Doranthera Steud. = **Anticharis**
Doraster Miq. = **Pygeum**
Doratanthera Benth. ex Endl. = **Anticharis**
Doratanthes【-】 Lem. 石蒜科属 Amaryllidaceae 石蒜科 [MM-694] 全球 (uc) 大洲分布及种数(uc)
Doratium Sol. ex J.St.Hil. = **Zanthoxylum**
Doratolepis (Benth.) Schltdl. = **Leptorhynchos**
Doratometra Klotzsch = **Begonia**
Doratoptera Klotzsch = **Begonia**
Doratospora Lem. = **Doryphora**
Doratoxylon【3】 Thou.sec.Boj. ex Benth. & Hook.f. 矛木患属 Sapindaceae 无患子科 [MD-428] 全球 (1) 大洲分布及种数(5)◆非洲
Dorcacerus Bunge = **Didymocarpus**
Dorcadion【-】 Adans. ex Lindb. 木灵藓科属 ≒ **Orthotrichum** Orthotrichaceae 木灵藓科 [B-151] 全球 (uc) 大洲分布及种数(uc)
Dorcapteris C.Presl = **Olfersia**
Dorcoceras Bunge = **Boea**
Dorea D.Don = **Dorema**
Doredirea【-】 J.M.H.Shaw 兰科属 Orchidaceae 兰科 [MM-723] 全球 (uc) 大洲分布及种数(uc)
Doreenhuntara【-】 Hort. 兰科属 Orchidaceae 兰科 [MM-723] 全球 (uc) 大洲分布及种数(uc)
Dorella Bubani = **Camelina**
Dorema【3】 D.Don 氨胶芹属 ← **Angelica;Eleutherospermum;Senecio** Apiaceae 伞形科 [MD-480] 全球 (1) 大洲分布及种数(8-12)◆亚洲
Doreyana A.M.Murr. = **Duranta**
Dorhitis Lindl. = **Doritis**
Doria Adans. = **Solidago**
Doria Thunb. = **Senecio**
Doriana A.Chev. = **Babiana**
Doricentrum auct. = **Ascocentrum**
Doricera Verdc. = **Ixora**
Doricha Verdc. = **Aidia**
Doriclea Raf. = **Leucas**
Doridium Garay & H.R.Sw. = **Sciaphila**
Doriella auct. = **Schradera**
Doriellaopsis auct. = **Doritis**
Doriena Endl. = **Downingia**
Dorifinetia auct. = **Doritis**
Doriglossum auct. = **Ascoglossum**
Dorilas Lindl. = **Doritis**
Doriopsis Holttum & P.J.Edwards = **Dryopsis**
Doris Tourn. ex L. = **Coris**
Dorisia Gillespie = **Mastixiodendron**
Doristylis auct. = **Goodenia**
Doritaenopsis Guillaumin = **Doritis**
Doritis【3】 Lindl. 象鼻兰属 ← **Cleisostoma;Nothodoritis;Dendrobium** Orchidaceae 兰科 [MM-723] 全球 (1) 大洲分布及种数(7-10)◆亚洲
Doritopsis Krackow = **Doritis**
Dormanara【-】 J.M.H.Shaw 兰科属 Orchidaceae 兰科 [MM-723] 全球 (uc) 大洲分布及种数(uc)
Dornera Heuff. ex Schur = **Carex**
Dorobaea【2】 Cass. 羽莲菊属 ← **Senecio** Asteraceae 菊科 [MD-586] 全球 (3) 大洲分布及种数(4)亚洲:cf.1;北美洲:1;南美洲:3
Doroboea DC. = **Senecio**
Doroceras Steud. = **Boea**
Dorometra Klotzsch = **Begonia**
Doroncium Mill. = **Dorycnium**
Doronicum【3】 L. 多榔菊属 ≒ **Dendrosenecio;Pentanema** Asteraceae 菊科 [MD-586] 全球 (6) 大洲分布及种数(36-61;hort.1;cult:8)非洲:5-9;亚洲:28-39;大洋洲:9-13;欧洲:22-26;北美洲:8-11;南美洲:3
Dorophyllum Jur. ex Luisier = **Echinodium**
Dorosoma DC. = **Senecio**
Dorothea【3】 Wernham 萼茜草属 ← **Aulacocalyx** Rubiaceae 茜草科 [MD-523] 全球 (1) 大洲分布及种数(uc)◆亚洲
Dorotheanthus【3】 Schwantes 彩虹花属 ← **Cleretum** Aizoaceae 番杏科 [MD-94] 全球 (1) 大洲分布及种数(5-7)◆非洲
Dorrienia Endl. = **Dorstenia**
Dorrienia Engl. = **Genlisea**
Dorstenia【3】 L. 琉桑属 ≒ **Microstylis;Hullettia** Moraceae桑科[MD-87]全球(6)大洲分布及种数(135-157;hort.1; cult:5)非洲:73-77;亚洲:9;大洋洲:6;欧洲:3;北美洲:24-25;南美洲:44-50
Dorsteniaceae Chevall. = Hydnoraceae

Dorstenieae Dum. = **Dorstenia**
Dortania A.Chev. = **Diastatea**
Dorthera auct. = **Doritis**
Dortiguea Bubani = **Erinus**
Dortmania A.Chev. = **Diastatea**
Dortmanna Hill = **Lobelia**
Dortmannaceae Rupr. = Campanulaceae
Dortmannia Hill = **Diastatea**
Dorvalia Comm. ex DC. = **Fuchsia**
Dorvalla Comm. ex Lam. = **Fuchsia**
Dorvallia Comm. ex Juss. = **Davallia**
Dorvil Fabr. = **Solidago**
Doryalis【2】 Comm. ex DC. 锡兰莓属 → **Dovyalis** Onagraceae 柳叶菜科 [MD-396] 全球 (5) 大洲分布及种数(3) 非洲:2;亚洲:2;大洋洲:2;北美洲:2;南美洲:2
Doryanthaceae 【3】 R.Dahlgren & Clifford 矛花科 [MM-689] 全球 (1) 大洲分布和属种数(1;hort. & cult.1)(2-3;hort. & cult.2-3)◆大洋洲
Doryanthes 【3】 Corrêa 矛花属 ← **Furcraea** Doryanthaceae 矛花科 [MM-689] 全球 (1) 大洲分布及种数(2)◆大洋洲(◆澳大利亚)
Dorycheile Rchb. = **Cephalanthera**
Dorychnium Brongn. = **Psoralea**
Dorycnium【3】 Mill. 矛豆属 ← **Anthyllis;Astragalus** Fabaceae3 蝶形花科 [MD-240] 全球 (1) 大洲分布及种数(8-9)◆欧洲
Dorycnopsis【2】 Boiss. 黑心豆属 Fabaceae 豆科 [MD-240] 全球 (3) 大洲分布及种数(2) 非洲:2;亚洲:1;欧洲:1
Doryctandra Hassk. = **Rinorea**
Dorydium Salisb. = **Anthericum**
Dorylaea Cass. = **Dorobaea**
Dorymenia Salvini-Plawen = **Dorstenia**
Doryopteris Eudorypteris Klotzsch = **Doryopteris**
Doryopteris 【3】 J.Sm. 黑心蕨属 → **Aleuritopteris; Cheiloplecton;Sphaerostephanos** Pteridaceae 凤尾蕨科 [F-31] 全球 (6) 大洲分布及种数(60-81)非洲:7-12;亚洲:12-14;大洋洲:6-9;欧洲:2;北美洲:11-14;南美洲:48-55
Doryphora 【3】 Endl. 矛蕊檫属 ← **Atherosperma; Nemuaron** Atherospermataceae 香皮檫科 [MD-19] 全球 (1) 大洲分布及种数(2-4)◆大洋洲
Dorystaechas【3】 Boiss. & Heldr. ex Benth. 黑心芹属 Lamiaceae 唇形科 [MD-575] 全球 (1) 大洲分布及种数(1) ◆亚洲
Dorystephania【3】 Warb. 亚洲黑竹桃属 Apocynaceae 夹竹桃科 [MD-492] 全球 (1) 大洲分布及种数(uc)属分布和种数(uc)◆亚洲
Dorystigma Gaud. = **Pandanus**
Dorystigma Miers = **Jaborosa**
Doryxylon【3】 Zoll. 刺杨桐属 ← **Adelia;Sumbaviopsis** Euphorbiaceae 大戟科 [MD-217] 全球 (1) 大洲分布及种数(2)◆亚洲
Dosima Ellis & Solander = **Zosima**
Dossifluga 【3】 Bremek. 延苞蓝属 ← **Strobilanthes** Acanthaceae 爵床科 [MD-572] 全球 (1) 大洲分布及种数(1)◆亚洲
Dossinia 【3】 C.Morr. 玛瑙兰属 ← **Anoectochilus; Cheirostylis;Hetaeria** Orchidaceae 兰科 [MM-723] 全球 (1) 大洲分布及种数(9)◆亚洲
Dossinochilus 【-】 Glic. & J.M.H.Shaw 兰科属 Orchidaceae 兰科 [MM-723] 全球 (uc) 大洲分布及种数(uc)
Dossinodes【-】 Glic. 兰科属 Orchidaceae 兰科 [MM-723] 全球 (uc) 大洲分布及种数(uc)
Dossinyera 【-】 Glic. & J.M.H.Shaw 兰科属 Orchidaceae 兰科 [MM-723] 全球 (uc) 大洲分布及种数(uc)
Dossisia Garay & H.R.Sw. = **Dossinia**
Dothilis Raf. = **Sobralia**
Dothilophis Raf. = **Barkeria**
Dottulis (Lindl.) Raf. = **Spiranthes**
Douepea 【2】 Cambess. 堇娘芥属 ≒ **Moricandia** Brassicaceae 十字花科 [MD-213] 全球 (2) 大洲分布及种数(3) 非洲;亚洲
Douepia Hook.f. & Thoms. = **Douepea**
Douglasdeweya【-】 C.Yen 禾本科属 Poaceae 禾本科 [MM-748] 全球 (uc) 大洲分布及种数(uc)
Douglasia【3】 Lindl. 卧地梅属 ← **Androsace;Vitaliana;Primula** Primulaceae 报春花科 [MD-401] 全球 (1) 大洲分布及种数(8-11)◆北美洲
Douglasii Lindl. = **Douglasia**
Douglassia Adans. = **Aiouea**
Douglassia Heist. = **Nerine**
Douglassia Mill. = **Clerodendrum**
Douglassia Rchb. = **Douglasia**
Douinia【3】 (C.E.O.Jensen) H.Buch 北美洲合叶苔属 ≒ **Jungermannia** Scapaniaceae 合叶苔科 [B-57] 全球 (6) 大洲分布及种数(2)非洲:1;亚洲:1;大洋洲:1;欧洲:1;北美洲:1-2;南美洲:1
Douma Poir. = **Medemia**
Doumetia Gaud. = **Chamabainia**
Doupea D.Dietr. = **Couepia**
Douradoa 【3】 Sleumer 杜拉木属 Olacaceae 铁青树科 [MD-362] 全球 (1) 大洲分布及种数(1)◆南美洲(◆巴西)
Dovea【3】 Kunth 膜苞灯草属 → **Askidiosperma;Restio** Restionaceae 帚灯草科 [MM-744] 全球 (1) 大洲分布及种数(2)属分布和种数(uc)◆非洲
Dovyalis【3】 E.Mey. 锡兰莓属 ≒ **Rumea;Olmediella** Salicaceae 杨柳科 [MD-123] 全球 (6) 大洲分布及种数(21-26)非洲:20-25;亚洲:4-5;大洋洲:4-5;欧洲:1;北美洲:3-4;南美洲:3-4
Dowea Steud. = **Askidiosperma**
Dowingia Torr. = **Downingia**
Downingia 【3】 Torr. 布纹莲属 ← **Lobelia;Clintonia** Campanulaceae 桔梗科 [MD-561] 全球 (1) 大洲分布及种数(6-9)◆南美洲(◆智利)
Downsara auct. = **Otostylis**
Doxantha Miers = **Martinella**
Doxanthes Raf. = **Zingiber**
Doxema Raf. = **Ipomoea**
Doxoda Miers = **Barringtonia**
Doxomma Miers = **Barringtonia**
Doxosma Raf. = **Polystachya**
Doyerea【3】 Grosourdy ex Bello 珊瑚瓜属 Cucurbitaceae 葫芦科 [MD-205] 全球 (1) 大洲分布及种数(2)◆北美洲
Doyleanthus【3】 Sauqüt 疏花寒楠属 Myristicaceae 肉豆蔻科 [MD-15] 全球 (1) 大洲分布及种数(1)◆非洲(◆

马达加斯加)
Dozya【3】 Sande Lac. 单齿藓属 ≒ **Doona;Saurauia** Leucodontaceae 白齿藓科 [B-198] 全球 (1) 大洲分布及种数(2) ◆亚洲
Dozyeae Manül = **Dozya**
Dozyia Sande Lac. = **Dozya**
Draba Chrysodraba DC. = **Draba**
Draba【3】 L. 葶苈属 ≒ **Brahea;Petrocallis** Brassicaceae 十字花科[MD-213] 全球(6) 大洲分布及种数(406-505; hort.1;cult:49)非洲:25-87;亚洲:185-255;大洋洲:23-85;欧洲:94-159;北美洲:181-246;南美洲:101-165
Drabaceae Martinov = Tetracarpaeaceae
Drabastrum【3】 O.E.Schulz 亚高山葶苈属 ← **Blennodia;Sisymbrium** Brassicaceae 十字花科 [MD-213] 全球 (1) 大洲分布及种数(1)◆大洋洲(◆澳大利亚)
Drabella (DC.) Fourr. = **Draba**
Drabella Nabelek = **Thylacodraba**
Drabopsis【3】 K.Koch 假葶苈属 → **Arabidopsis; Olimarabidopsis** Brassicaceae 十字花科 [MD-213] 全球 (1) 大洲分布及种数(2)◆亚洲
Drabovia Heist. ex Fabr. = **Artemisia**
Dracaana Raf. = **Dracaena**
Dracadinteria【-】 S.A.Hammer 番杏科属 Aizoaceae 番杏科 [MD-94] 全球 (uc) 大洲分布及种数(uc)
Dracaena Jankalski = **Dracaena**
Dracaena【3】 Vand. 龙血树属 ≒ **Aloe;Beaucarnea** Dracaenaceae 龙血树科 [MM-665] 全球 (6) 大洲分布及种数(172-227;hort.1;cult:6)非洲:130-156;亚洲:58-77;大洋洲:14-25;欧洲:6-15;北美洲:28-36;南美洲:4-11
Dracaenaceae【3】 Salisb. 龙血树科 [MM-665] 全球 (6) 大洲分布和属种数(5;hort. & cult.4-5)(299-457;hort. & cult.44-73)非洲:3-4/216-272;亚洲:3-4/99-141;大洋洲:3-4/24-57;欧洲:2-4/9-40;北美洲:5/84-116;南美洲:2-4/9-38
Dracaeneae Dum. = **Dracaena**
Dracaenopsis Planch. = **Dracaena**
Dracamine Nieuwl. = **Cardamine**
Draco Crantz = **Dracaena**
Dracocephalium Hassk. = **Dracocephalum**
Dracocephalon L. = **Dracocephalum**
Dracocephalum Dolichodracontes SchiscHook. = **Dracocephalum**
Dracocephalum【3】 L. 青兰属 → **Agastache; Physostegia** Lamiaceae 唇形科 [MD-575] 全球 (6) 大洲分布及种数(58-94;hort.1;cult: 1)非洲:5-13;亚洲:52-88;大洋洲:5-11;欧洲:15-23;北美洲:15-22;南美洲:6
Dracocephalus Asch. = **Dracocephalum**
Dracocophalum L. = **Dracocephalum**
Dracoglossum【3】 Christenh. 红囊藤蕨属 Lomariopsidaceae 藤蕨科 [F-52] 全球 (1) 大洲分布及种数(2)◆南美洲
Dracomonticola【3】 H.P.Linder & Kurzweil 新波鲁兰属 ← **Neobolusia** Orchidaceae 兰科 [MM-723] 全球 (1) 大洲分布及种数(cf.1) ◆非洲
Draconanthes【3】 (Lür) Lür 龙花兰属 ← **Lepanthes** Orchidaceae 兰科 [MM-723] 全球 (1) 大洲分布及种数(2)◆南美洲
Draconema (Lür) Lür = **Dracontia**
Draconetta (Lür) Lür = **Dracontia**
Draconia Heist. ex Fabr. = **Artemisia**
Draconopteris【2】 Li Bing Zhang & Liang Zhang 叉龙蕨属 Aspidiaceae 叉蕨科 [F-50] 全球 (2) 大洲分布及种数(cf.2) 北美洲:1;南美洲:1
Dracont (Lür) Lür = **Dracontia**
Dracontia【3】 (Lür) Lür 波龙兰属 ← **Stelis** Orchidaceae 兰科 [MM-723] 全球 (1) 大洲分布及种数(5)◆北美洲
Dracontiaceae Salisb. = Asaraceae
Dracontioides【3】 Engl. 孔叶龙莲属 ← **Urospatha** Araceae 天南星科 [MM-639] 全球 (1) 大洲分布及种数(2)◆南美洲
Dracontium Hill = **Dracontium**
Dracontium【3】 L. 龙莲属 → **Amorphophallus; Dracunculus;Lasia** Araceae 天南星科 [MM-639] 全球 (6)大洲分布及种数(28-31)非洲:5;亚洲:5-10;大洋洲:1-6;欧洲:5;北美洲:11-17;南美洲:26-32
Dracontocephalium Hassk. = **Dracocephalum**
Dracontomelon【2】 Bl. 人面子属 ← **Poupartia; Lagurus;Dacryodes** Anacardiaceae 漆树科 [MD-432] 全球 (4) 大洲分布及种数(5-11)非洲:1-2;亚洲:3-7;大洋洲:3-5;北美洲:2
Dracontomelou Bl. = **Dracontomelon**
Dracontomelum auct. = **Dracontomelon**
Dracontopsis Lem. = **Rudbeckia**
Dracophilus【3】 Dinter & Schwantes 龙幻玉属 ← **Juttadinteria** Aizoaceae 番杏科 [MD-94] 全球 (1) 大洲分布及种数(4)◆非洲(◆南非)
Dracophyllum (R.Br.) Benth. & Hook.f. = **Dracophyllum**
Dracophyllum【3】 Labill. 龙血石南属 ← **Epacris; Prionotes;Sphenotoma** Epacridaceae 尖苞树科 [MD-391] 全球 (1) 大洲分布及种数(24-88)◆大洋洲
Dracopis (Cass.) Cass. = **Rudbeckia**
Dracopsis L. = **Rudbeckia**
Dracosciadium【3】 Hilliard & B.L.Burtt 散叶芹属 Apiaceae 伞形科 [MD-480] 全球 (1) 大洲分布及种数(2)◆非洲(◆南非)
Dracoscirpoides【3】 Muasya 龙山莎属 Cyperaceae 莎草科 [MM-747] 全球 (1) 大洲分布及种数(3)◆非洲
Dracula (Lür) Lür = **Dracula**
Dracula【3】 C.A.Lür 小龙兰属 ← **Masdevallia** Orchidaceae 兰科 [MM-723] 全球 (6) 大洲分布及种数(138-152;hort.1;cult: 3)非洲:1;亚洲:1;大洋洲:1;欧洲:1;北美洲:14-15;南美洲:128-140
Dracunculus Adans. = **Dracunculus**
Dracunculus【3】 Mill. 龙木芋属 → **Typhonium;Arum; Calla** Araceae 天南星科 [MM-639] 全球 (1) 大洲分布及种数(3)◆欧洲
Dracuvallia【-】 Lür 兰科属 Orchidaceae 兰科 [MM-723] 全球 (uc) 大洲分布及种数(uc)
Drakaea【3】 Lindl. 槌唇兰属 → **Arthrochilus; Spiculaea** Orchidaceae 兰科 [MM-723] 全球 (1) 大洲分布及种数(2-11)◆大洋洲(◆澳大利亚)
Drakaina Raf. = **Dracaena**
Drakea Endl. = **Spiculaea**
Drakebrockmania A.C.White & B.Sloane = **Brachychloa**
Drake-brockmania Stapf = **Dinebra**
Drakensteinia DC. = **Ecastaphyllum**
Drakenstenia Neck. = **Ecastaphyllum**
Drakonorchis【3】 (Hopper & A.P.Br.) D.L.Jones &

M.A.Clem. 裂缘兰属 ← **Caladenia** Orchidaceae 兰科 [MM-723] 全球 (1) 大洲分布及种数(cf. 1)◆大洋洲

Dransfieldia【2】 W.J.Baker & Zona 异苞椰属 ≒ **Heterospathe** Arecaceae 棕榈科 [MM-717] 全球 (2) 大洲分布及种数(1)亚洲;大洋洲

Draparnalda Montr. = **Xanthostemon**

Draparnandia Montrouz. = **Metrosideros**

Draperia【3】 Torr. 堇瑣花属 ← **Nama** Boraginaceae 紫草科 [MD-517] 全球 (1) 大洲分布及种数(1)◆北美洲(◆美国)

Drapetes Banks ex Lam. = **Drapetes**

Drapetes【3】 Lam. 垫瑞香属 → **Kelleria** Thymelaeaceae 瑞香科 [MD-310] 全球 (1) 大洲分布及种数(2-4)◆大洋洲

Drapiezia Bl. = **Disporum**

Draytonia A.Gray = **Saurauia**

Drebbelia Zoll. = **Spatholobus**

Dregea (Hochst.) K.Schum. = **Dregea**

Dregea【3】 E.Mey. 麻前胡属 ← **Apocynum; Peucedanum** Asclepiadaceae 萝藦科 [MD-494] 全球 (6) 大洲分布及种数(8-14;hort.1)非洲:2-3;亚洲:5-6;大洋洲:1;欧洲:1;北美洲:1;南美洲:1

Dregeana E.Mey. = **Dregea**

Dregei E.Mey. = **Dregea**

Dregeochloa【3】 Conert 玉指草属 ← **Danthonia** Poaceae 禾本科 [MM-748] 全球 (1) 大洲分布及种数(2)◆非洲

Drejera【3】 Nees 火唇花属 ≒ **Jacobinia;Anisacanthus** Acanthaceae 爵床科 [MD-572] 全球 (1) 大洲分布及种数(1)◆南美洲

Drejerella【3】 Lindau 爵床属 ← **Adhatoda;Justicia** Acanthaceae 爵床科 [MD-572] 全球 (1) 大洲分布及种数(uc)属分布和种数(uc)◆亚洲

Drepachenia Raf. = **Sagittaria**

Drepadenium Raf. = **Croton**

Drepananthus Maingay ex Hook.f. = **Cyathocalyx**

Drepania Juss. = **Tolpis**

Drepanicus C.E.O.Jensen = **Hypnum**

Drepanium (Schimp.) G.Roth = **Drepanium**

Drepanium【2】 C.E.O.Jensen 灰藓属 ≒ **Ctenidium** Hypnaceae 灰藓科 [B-189] 全球 (2) 大洲分布及种数(2)欧洲:2;北美洲:1

Drepanocarpus【3】 G.F.W.Mey. 镰果豆属 ← **Machaerium;Paramachaerium** Fabaceae3 蝶形花科 [MD-240] 全球 (1) 大洲分布及种数(9-11)◆南美洲(◆巴西)

Drepanocaryum【3】 Pojark. 镰果草属 ← **Glechoma; Nepeta** Lamiaceae 唇形科 [MD-575] 全球 (1) 大洲分布及种数(cf. 1)◆亚洲

Drepanocladus【3】 (Müll.Hal.) G.Roth 镰刀藓属 ≒ **Hormidium;Sphagnum** Amblystegiaceae 柳叶藓科 [B-178] 全球 (6) 大洲分布及种数(29) 非洲:9;亚洲:7;大洋洲:6;欧洲:13;北美洲:14;南美洲:12

Drepano-hypnum【-】 Hampe 柳叶藓科属 ≒ **Drepanocladus;Hypnum** Amblystegiaceae 柳叶藓科 [B-178] 全球 (uc) 大洲分布及种数(uc)

Drepanolejeunea (Herzog) Grolle & R.L.Zhu = **Drepanolejeunea**

Drepanolejeunea【3】 Zwickel 角鳞苔属 ≒ **Jungermannia;Stenolejeunea** Lejeuneaceae 细鳞苔科 [B-84] 全球(6)大洲分布及种数(60-76)非洲:7-24;亚洲:31-46;大洋洲:9-26;欧洲:13;北美洲:5-18;南美洲:19-37

Drepano-lejeunea Stephani = **Drepanolejeunea**

Drepanophyllaria【2】 Müll.Hal. 牛角藓属 ≒ **Cratoneuron** Amblystegiaceae 柳叶藓科 [B-178] 全球 (2) 大洲分布及种数(2) 非洲:1;亚洲:1

Drepanophyllum【-】 Hook. 叶藓科属 ≒ **Apium; Phyllodrepanium** Phyllodrepaniaceae 叶藓科 [B-147] 全球 (uc) 大洲分布及种数(uc)

Drepanospermum Benth. = **Semecarpus**

Drepanostachyum【3】 Keng f. 镰序竹属 ← **Ampelocalamus** Poaceae 禾本科 [MM-748] 全球 (1) 大洲分布及种数(12-20)◆亚洲

Drepanostemma Jum. & H.Perrier = **Cynanchum**

Drepanura Juss. = **Tolpis**

Drepaphyla Raf. = **Acacia**

Drepilia Raf. = **Thermopsis**

Drescheria Dodson = **Dressleria**

Dresslerara auct. = **Dressleria**

Dresslerella【3】 Lür 小玉兔兰属 ≒ **Restrepiella** Orchidaceae 兰科 [MM-723] 全球 (6) 大洲分布及种数(17-18)非洲:2;亚洲:2;大洋洲:2;欧洲:2;北美洲:9-11;南美洲:12-15

Dressleria【2】 Dodson 香鲨兰属 ← **Catasetum** Orchidaceae 兰科 [MM-723] 全球 (2) 大洲分布及种数(14)北美洲:6;南美洲:10

Dressleriella Brieger = **Jacquiniella**

Dressleriopsis Dwyer = **Lasianthus**

Dresslerothamnus【2】 H.Rob. 红丝菊属 ≒ **Senecio** Asteraceae 菊科 [MD-586] 全球 (2) 大洲分布及种数(5-6)北美洲:4;南美洲:1

Drewettara【-】 J.M.H.Shaw 兰科属 Orchidaceae 兰科 [MM-723] 全球 (uc) 大洲分布及种数(uc)

Dreypetes Vahl = **Drypetes**

Driessenia【3】 Korth. 德里野牡丹属 → **Gonostegia;Triuranthera** Melastomataceae 野牡丹科 [MD-364] 全球 (1) 大洲分布及种数(cf. 1)◆亚洲

Drimia【3】 Jacq. ex Willd. 银桦百合属 ← **Albuca; Scilla;Dipcadi** Hyacinthaceae 风信子科 [MM-679] 全球(6)大洲分布及种数(106-128;hort.1)非洲:97-144;亚洲:17-50;大洋洲:5-38;欧洲:13-46;北美洲:3-36;南美洲:33

Drimiopsis【3】 Lindl. ex Paxton 豹叶百合属 ← **Drimia;Resnova;Scilla** Asparagaceae 天门冬科 [MM-669] 全球 (1) 大洲分布及种数(8-11)◆非洲

Drimophyllum Nutt. = **Umbellularia**

Drimopogon Raf. = **Jovibarba**

Drimya Lemaire = **Drimia**

Drimycarpus【3】 Hook.f. 辛果漆属 ← **Holigarna;Semecarpus** Anacardiaceae 漆树科 [MD-432] 全球 (1) 大洲分布及种数(3-5)◆亚洲

Drimyidaceae Baill. = Magnoliaceae

Drimyphyllum Burch. ex DC. = **Petrobium**

Drimys (Murray) DC. = **Drimys**

Drimys【3】 J.R.Forst. & G.Forst. 林仙属 → **Zygogynum;Tasmannia;Ledebouria** Winteraceae 林仙科 [MD-3] 全球 (1) 大洲分布及种数(28-33)◆大洋洲

Drimyspermum Reinw. = **Phaleria**

Drina Alef. = **Triticum**

Drino Crantz = **Dracaena**
Driopteris Raf. = **Dryopteris**
Drobeta L. = **Drosera**
Drobowskia Brongn. = **Monopsis**
Drobrowskia Brongn. = **Monopsis**
Droceloncia【3】J.Léonard 银鹃桐属 ← **Pycnocoma; Argomuellera** Euphorbiaceae 大戟科 [MD-217] 全球 (1) 大洲分布及种数(1)◆非洲
Drogouetia Steud. = **Droguetia**
Droguetia【2】Gaud. 单蕊麻属 ← **Boehmeria; Pouzolzia;Urtica** Urticaceae 荨麻科 [MD-91] 全球 (2) 大洲分布及种数(8-10;hort.1)非洲:7-9;亚洲:cf.1
Dromia Edwards = **Drimia**
Dromophylla Lindl. = **Cayaponia**
Droogmansia【3】De Wild. 德罗豆属 ← **Desmodium** Fabaceae 豆科 [MD-240] 全球 (1) 大洲分布及种数(5-26)◆非洲
Dropteris Adans. = **Dipteris**
Drosace A.Nelson = **Androsace**
Drosanthe Spach = **Hypericum**
Drosanthem Spach = **Vismia**
Drosanthemopsis【3】Rauschert 白鸽玉属 ≒ **Jacobsenia** Aizoaceae 番杏科 [MD-94] 全球 (1) 大洲分布及种数(4)◆非洲
Drosanthemum【3】Schwantes 弥生花属 ← **Delosperma** Aizoaceae 番杏科 [MD-94] 全球 (6) 大洲分布及种数(102-123)非洲:101-112;亚洲:1;大洋洲:3-4;欧洲:4-5;北美洲:3-4;南美洲:1-2
Drosanthus R.Br ex Planch. = **Byblis**
Drosera (DC.) Diels = **Drosera**
Drosera【3】L. 茅膏菜属 ≒ **Morella;Androsace** Droseraceae 茅膏菜科 [MD-261] 全球 (6) 大洲分布及种数(190-284;hort.1;cult:20)非洲:33-51;亚洲:27-43;大洋洲:124-191;欧洲:9-18;北美洲:25-35;南美洲:46-60
Droseraceae【3】Salisb. 茅膏菜科 [MD-261] 全球 (6) 大洲分布和属种数(3;hort. & cult.3)(191-312;hort. & cult. 73-108)非洲:2/34-52;亚洲:2/28-44;大洋洲:2/125-192;欧洲:2/10-19;北美洲:3/27-37;南美洲:1/46-60
Drosocarpium Fourr. = **Hypericum**
Drosodendron M.Röm. = **Brunia**
Drosophorus R.Br ex Planch. = **Byblis**
Drosophyllaceae【3】Chrtek & al. 露松科 [MD-262] 全球 (1) 大洲分布和属种数(1;hort. & cult.1)(1;hort. & cult.1)◆非洲
Drosophyllum【3】Link 露松属 ≒ **Drosera** Drosophyllaceae 露松科 [MD-262] 全球 (1) 大洲分布及种数(1)◆欧洲
Drossera Gled. = **Drosera**
Drouetia Gaud. = **Droguetia**
Drouguetia Endl. = **Droguetia**
Drozia Cass. = **Trixis**
Druce E.A.Hodgs. = **Arenaria**
Drucella【3】(Stephani) E.A.Hodgs. 澳指木叶苔属 ≒ **Lepidozia** Lepidoziaceae 指叶苔科 [B-63] 全球 (1) 大洲分布及种数(1-4)◆大洋洲(◆澳大利亚)
Drucelleae Bösen = **Drucella**
Drucia L. = **Mendoncia**
Drucina L. = **Picria**
Drudea Griseb. = **Pycnophyllum**
Drudeophytum J.M.Coult. & Rose = **Oreonana**
Druentia Raf. = **Veronica**
Drugera Forssk. = **Digera**
Drulia Bedd. = **Bambusa**
Drummondia【2】DC. 木衣藓属 ≒ **Orthotrichum; Macromitrium** Drummondiaceae 木衣藓科 [B-111] 全球 (3) 大洲分布及种数(7) 亚洲:4;北美洲:4;南美洲:1
Drummondiaceae【3】(Vitt) Goffinet 木衣藓科 [B-111] 全球 (5) 大洲分布和属种数(1/14) 亚洲:1/5;大洋洲:1/1;欧洲:1/3;北美洲:1/4;南美洲:1/7
Drummondii DC. = **Drummondia**
Drummondita【3】Harv. 蓬南香属 ← **Philotheca** Rutaceae 芸香科 [MD-399] 全球 (1) 大洲分布及种数(6-9)◆大洋洲(◆澳大利亚)
Drupadia Clairv. = **Prunus**
Druparia Clairv. = **Prunus**
Druparia S.Manso = **Cayaponia**
Drupatris Lour. = **Ilex**
Drupifera Raf. = **Camellia**
Drupina L. = **Mendoncia**
Drupinia L. = **Picria**
Drusa【3】DC. 结晶草属 ≒ **Bowlesia;Sicyos** Apiaceae 伞形科 [MD-480] 全球 (6) 大洲分布及种数(2)非洲:1-15;亚洲:14;大洋洲:14;欧洲:1-15;北美洲:14;南美洲:14
Dryadaceae Gray = Tetracarpaeaceae
Dryadaea P. & K. = **Drakaea**
Dryadales Link = **Drakaea**
Dryadanthe Endl. = **Sibbaldia**
Dryadea Raf. = **Geum**
Dryadeae Lam. & DC. = **Drakaea**
Dryadella【2】C.A.Lür 雉斑兰属 ≒ **Pleurothallis** Orchidaceae 兰科 [MM-723] 全球 (3) 大洲分布及种数(58-63)大洋洲:2;北美洲:14;南美洲:51-55
Dryadella Lür = **Dryadella**
Dryades【2】Groppo,Kallunki & Pirani 芸香科属 Rutaceae 芸香科 [MD-399] 全球 (uc) 大洲分布及种数(uc)
Dryadodaphne【3】S.Moore 锥果檫属 ← **Daphnandra** Atherospermataceae 香皮檫科 [MD-19] 全球 (1) 大洲分布及种数(1-3)◆大洋洲
Dryadorchis【3】Schltr. 澳兰属 ← **Chamaeanthus** Orchidaceae 兰科 [MM-723] 全球 (1) 大洲分布及种数(3-5)◆大洋洲
Dryadula L. = **Dryadella**
Dryandia Thunb. = **Dryandra**
Dryandra【3】R.Br. 蓟序木属 ≒ **Aleurites** Proteaceae 山龙眼科 [MD-219] 全球 (1) 大洲分布及种数(85-91)◆大洋洲(◆澳大利亚)
Dryandri Thunb. = **Dryandra**
Dryaphila Juss. = **Drymophila**
Dryas【3】L. 仙女木属 ≒ **Geum;Donax** Rosaceae 蔷薇科 [MD-246] 全球 (6) 大洲分布及种数(15-20;hort.1;cult: 6)非洲:6;亚洲:7-14;大洋洲:6;欧洲:4-10;北美洲:8-14;南美洲:6
Drymaria J.A.Duke = **Drymaria**
Drymaria【3】Willd. ex Röm. & Schult. 荷莲豆草属 ← **Alsine;Arenaria;Stellaria** Caryophyllaceae 石竹科 [MD-77] 全球 (6) 大洲分布及种数(64-72;hort.1;cult: 2) 非洲:3-9;亚洲:5-12;大洋洲:1-7;欧洲:2-8;北美洲:44-54;南美洲:31-38

Drymarieae F.N.Williams = **Drymaria**
Drymeia Ehrh. = **Carex**
Drymiphila Juss. = **Drymophila**
Drymis Juss. = **Drimys**
Drymispermum Rchb. = **Phaleria**
Drymoanthus【3】Nicholls 丝带兰属←**Chamaeanthus;Thrixspermum** Orchidaceae 兰科 [MM-723] 全球 (1) 大洲分布及种数(2-4)◆大洋洲
Drymocallis【3】Fourr. ex Rydb. 路边青属 ← **Potentilla;Sibbaldia** Rosaceae 蔷薇科 [MD-246] 全球 (6) 大洲分布及种数(17-24;hort.1)非洲:1-18;亚洲:4-22;大洋洲:17;欧洲:3-23;北美洲:12-30;南美洲:17
Drymochloa【2】Holub 石陵草属 ≒ **Schedonorus** Poaceae 禾本科 [MM-748] 全球 (2) 大洲分布及种数(cf.) 欧洲;北美洲
Drymocodon Fourr. = **Campanula**
Drymoda【3】Lindl. 栖林兰属←**Bulbophyllum;Monomeria** Orchidaceae 兰科 [MM-723] 全球 (1) 大洲分布及种数(cf. 1)◆亚洲
Drymogaria J.M.H.Shaw = **Drymaria**
Drymoglossum【3】C.Presl 抱树莲属←**Lemmaphyllum;Pteropsis;Neurodium** Polypodiaceae 水龙骨科 [F-60] 全球 (1) 大洲分布及种数(5)◆亚洲
Drymonactes Ehrh. = **Agropyron**
Drymonaetes Ehrh. = **Festuca**
Drymonema C.Presl = **Machaerina**
Drymonia Alloplectoideae Hanst. = **Drymonia**
Drymonia【2】Mart. 彩苞岩桐属 ← **Achimenes;Nautilocalyx;Paradrymonia** Gesneriaceae 苦苣苔科 [MD-549] 全球 (2) 大洲分布及种数(74-80)北美洲:40;南美洲:56-62
Drymophila【3】R.Br. 林珠草属 Alstroemeriaceae 六出花科 [MM-676] 全球 (1) 大洲分布及种数(6)◆大洋洲(◆澳大利亚)
Drymophloeus【3】Zipp. 木果椰属 → **Acrostichum;Areca** Arecaceae 棕榈科 [MM-717] 全球 (1) 大洲分布及种数(12-14)◆大洋洲
Drymopogon Fabr. = **Aruncus**
Drymopogon Raf. = **Spiraea**
Drymornis Eyton = **Drymonia**
Drymoscias Koso-Pol. = **Notopterygium**
Drymospartum C.Presl = **Genista**
Drymosphace (Benth.) Opiz = **Salvia**
Drymotaenium【3】Makino. 丝带蕨属 ← **Taenitis** Polypodiaceae 水龙骨科 [F-60] 全球 (1) 大洲分布及种数(1)属分布和种数(uc)◆亚洲
Drymusa Labarque & Ramírez = **Drusa**
Drymys Vell. = **Drimys**
Drynaria【3】(Bory) J.Sm. 槲蕨属 ← **Aglaomorpha;Phlebodium** Polypodiaceae 水龙骨科 [F-60] 全球 (6) 大洲分布及种数(49-63)非洲:13-15;亚洲:37-44;大洋洲:11-12;欧洲:3-4;北美洲:4-5;南美洲:2-3
Drynariaceae【3】Ching 槲蕨科 [F-61] 全球 (6) 大洲分布和属种数(3-4 ;hort. & cult.2)(60-99;hort. & cult.8-14)非洲:1-3/13-18; 亚洲:3-4/49-60; 大洋洲:1-3/11-15; 欧洲:1-3/3-7; 北美洲:1-3/4-8; 南美洲:1-3/2-6
Drynarieae Chandra = **Drynaria**
Drynariopsis【3】(Copel.) Ching 类槲蕨属 Polypodiaceae 水龙骨科 [F-60] 全球 (1) 大洲分布及种数(cf. 1)◆亚洲
Dryoathyrium Ching = **Deparia**
Dryobalanops【3】C.F.Gaertn. 冰片香属→**Anisoptera;Vatica;Hoya** Dipterocarpaceae 龙脑香科 [MD-173] 全球 (1) 大洲分布及种数(3-8)◆亚洲
Dryomenis Fée = **Tectaria**
Dryopaeia Thou. = **Disperis**
Dryopeia Thou. = **Disperis**
Dryopetalon【3】A.Gray 北美洲岩芥属 ← **Arabis;Iodanthus** Brassicaceae 十字花科 [MD-213] 全球 (1) 大洲分布及种数(10-11)◆北美洲
Dryopetalum Benth. & Hook.f. = **Dryopetalon**
Dryoph Vickery = **Dryopoa**
Dryophila Quèl. = **Drymophila**
Dryophyllum Salisb. = **Bryophyllum**
Dryophystichum Copel. = **Dryopolystichum**
Dryopoa【3】Vickery 桉林茅属 ← **Festuca;Poa** Poaceae 禾本科 [MM-748] 全球 (1) 大洲分布及种数(1)◆大洋洲(◆澳大利亚)
Dryopolystichum【3】Copel. 南方蕨属←**Aspidium** Dryopteridaceae 鳞毛蕨科 [F-49] 全球 (1) 大洲分布及种数(2)◆亚洲
Dryopria Thou. = **Drymophila**
Dryopsila Raf. = **Quercus**
Dryopsis【3】Holttum & P.J.Edwards 轴鳞蕨属 ← **Aspidium** Dryopteridaceae 鳞毛蕨科 [F-49] 全球 (6) 大洲分布及种数(21-22)非洲:1-5;亚洲:20-26;大洋洲:4;欧洲:4;北美洲:1-5;南美洲:3-7
Dryopteridaceae Ching = Dryopteridaceae
Dryopteridaceae【3】Herter 鳞毛蕨科 [F-49] 全球 (6) 大洲分布和属种数(38-40;hort. & cult.15-16)(1987-3480;hort. & cult.166-253)非洲:12-20/226-398;亚洲:30-32/1244-1647;大洋洲:15-21/229-422;欧洲:6-16/83-243;北美洲:22-26/382-592;南美洲:19-24/439-656
Dryopteris (Bl.) C.Chr. = **Dryopteris**
Dryopteris【3】Adans. 鳞毛蕨属 → **Acrorumohra;Davallia;Phanerophlebiopsis** Pteridaceae 凤尾蕨科 [F-31] 全球 (6) 大洲分布及种数(773-1272;hort.1;cult: 136) 非洲:84-146;亚洲:495-662;大洋洲:134-204;欧洲:51-118;北美洲:145-223;南美洲:106-182
Dryorchis Thou. = **Pterostylis**
Dryorkis Thou. = **Pterostylis**
Dryornis Thou. = **Arethusa**
Dryostachium J.Sm. = **Aglaomorpha**
Dryostachyum J.Sm. = **Aglaomorpha**
Dryostichum W.H.Wagner = **Aglaomorpha**
Drypeteae Hurus. = **Drypetes**
Drypetes (Müll.Arg.) P.T.Li = **Drypetes**
Drypetes【3】Vahl 核果木属 → **Uapaca;Bessera;Keayodendron** Putranjivaceae 核果木科 [MD-228] 全球 (6) 大洲分布及种数(145-238;hort.1)非洲:74-114;亚洲:68-127;大洋洲:16-36;欧洲:3-16;北美洲:20-39;南美洲:32-49
Drypis【3】Mich. ex L. 刺繁缕属 Caryophyllaceae 石竹科 [MD-77] 全球 (1) 大洲分布及种数(2)◆欧洲
Drypopteris Adans. = **Dryopteris**
Drypsis Duch. = **Dypsis**
Drypto Mich. ex L. = **Drypis**
Dryptodon (Bruch & Schimp.) Ochyra & Åearnowiec =

D

Dryptodon
Dryptodon【 - 】<unassigned>紫萼藓科属 Grimmiaceae 紫萼藓科 [B-115] 全球 (uc) 大洲分布及种数(uc)
Dryptus Vahl = **Drypetes**
Dsmodium Schindl. = **Desmodium**
Duabanga【 3 】Buch.Ham. 八宝树属 ← **Lagerstroemia** Lythraceae 千屈菜科 [MD-333] 全球 (1) 大洲分布及种数(2-5)◆亚洲
Duabangaceae【 3 】Takht. 八宝树科 [MD-334] 全球 (6) 大洲分布和属种数(1;hort. & cult.1)(2-9;hort. & cult.1-2) 非洲:1/2;亚洲:1/2-5;大洋洲:1/2;欧洲:1/2;北美洲:1/2;南美洲:1/2
Dualanga Buch.Ham. = **Duabanga**
Dualina Raf. = **Ammophila**
Duania Noronha = **Tanacetum**
Duarctopoa Soreng & L.J.Gillespie = **Dupoa**
Dubaea Steud. = **Danaea**
Dubanus P. & K. = **Pometia**
Dubardella H.J.Lam. = **Adinandra**
Dubautia【 3 】Gaud. 轮菊属 → **Argyroxiphium; Railliardia** Asteraceae 菊科 [MD-586] 全球 (1) 大洲分布及种数(33-50)◆北美洲(◆美国)
Dubiella Schimp. = **Helicodontium**
Duboisa R.Br. = **Duboisia**
Duboisia H.Karst. = **Duboisia**
Duboisia【 3 】R.Br. 软木茄属 ← **Anthocercis; Myoxanthus** Solanaceae 茄科 [MD-503] 全球 (1) 大洲分布及种数(5)◆大洋洲
Dubois-reymondia H.Karst. = **Myoxanthus**
Duboscia【 3 】Bocq. 全缘椴属 Malvaceae 锦葵科 [MD-203] 全球 (1) 大洲分布及种数(1-2)◆非洲
Dubouzetia【 3 】Pancher ex Brongn. & Griseb. 迪布木属 ← **Elaeocarpus** Elaeocarpaceae 杜英科 [MD-134] 全球 (1) 大洲分布及种数(2-12)◆大洋洲
Dubreuilia Decne. = **Pilea**
Dubrueilia Gaud. = **Pilea**
Dubyaea【 3 】DC. 厚喙菊属 ← **Aeschynanthus;Hieracium;Paraixeris** Asteraceae 菊科 [MD-586] 全球 (1) 大洲分布及种数(19-23)◆亚洲
Dubyella Schimp. = **Helicodontium**
Ducampopinus A.Chev. = **Pinus**
Ducetia Gaud. = **Chamabainia**
Duchanania Spreng. = **Buchanania**
Duchartrea Decne. = **Gesneria**
Duchartrella P. & K. = **Aristolochia**
Duchassaingia Walp. = **Erythrina**
Duchekia Kostel. = **Palisota**
Duchenea Sm. = **Duchesnea**
Duchesnea【 3 】Sm. 蛇莓属 ≒ **Potentilla** Rosaceae 蔷薇科 [MD-246] 全球 (1) 大洲分布及种数(3-5)◆亚洲
Duchesnia Cass. = **Pulicaria**
Duchola Adans. = **Omphalea**
Duckea【 3 】Maguire 头蔺花属 ← **Cephalostemon; Monotrema** Rapateaceae 泽蔺花科 [MM-713] 全球 (1) 大洲分布及种数(4)◆南美洲
Duckeanthus【 3 】R.E.Fr. 华心木属 Annonaceae 番荔枝科 [MD-7] 全球 (1) 大洲分布及种数(1)◆南美洲(◆巴西)
Duckeella【 3 】Porto & Brade 伸翅兰属 Orchidaceae 兰科 [MM-723] 全球 (1) 大洲分布及种数(4)◆南美洲
Duckeodendrac Kuhlm. = **Duckeodendron**
Duckeodendraceae【 3 】Kuhlm. 羽柱果科 [MD-505] 全球 (1) 大洲分布和属种数(1/1)◆南美洲
Duckeodendron【 3 】Kuhlm. 核果茄属 Solanaceae 茄科 [MD-503] 全球 (1) 大洲分布及种数(1)◆南美洲(◆巴西)
Duckeola Porto & Brade = **Duckeella**
Duckesia【 3 】Cuatrec. 疣核木属 ← **Sacoglottis; Sarcoglottis** Humiriaceae 香膏木科 [MD-348] 全球 (1) 大洲分布及种数(1)◆南美洲(◆巴西)
Duckittara【 - 】Duckitt 兰科属 Orchidaceae 兰科 [MM-723] 全球 (uc) 大洲分布及种数(uc)
Ducosia Vieill. ex Guillaumin = **Dubouzetia**
Ducroisia Endl. = **Ducrosia**
Ducrosia【 3 】Boiss. 迪克罗草属 ← **Peucedanum;Kalakia** Apiaceae 伞形科 [MD-480] 全球 (1) 大洲分布及种数(2-7)◆亚洲
Ducula Lour. ex Gomes = **Atalantia**
Dudleveria【 3 】G.D.Rowley 石莲花属 ≒ **Dudleya;Echeveria** Crassulaceae 景天科 [MD-229] 全球 (1) 大洲分布及种数(1-2)◆非洲
Dudley Britton & Rose = **Dudleya**
Dudleya【 3 】Britton & Rose 仙女杯属 ← **Cotyledon** Crassulaceae 景天科 [MD-229] 全球 (1) 大洲分布及种数(56-106)◆北美洲
Dudua Maekawa = **Vigna**
Dufourea Ach. = **Tristicha**
Dufourea Gren. = **Arenaria**
Dufourea Kunth = **Breweria**
Dufrenoya Chatin = **Dendrotrophe**
Dufrenoyia Chatin = **Dendrotrophe**
Dufresnea Meisn. = **Valerianella**
Dufresnia DC. = **Valerianella**
Dugagelia Gaud. = **Piper**
Dugaldia【 3 】Cass. 旋覆花属 ≒ **Actinea** Asteraceae 菊科 [MD-586] 全球 (1) 大洲分布及种数(2)◆北美洲
Dugandia Britton & Killip = **Acacia**
Dugandiodendron【 3 】Lozano 南美盖裂木属 ← **Magnolia** Magnoliaceae 木兰科 [MD-1] 全球 (1) 大洲分布及种数(6)◆南美洲
Duganella Lam. ex Juss. = **Dianella**
Duge Dwyer = **Raritebe**
Dugesia【 3 】A.Gray 绿纹菊属 Asteraceae 菊科 [MD-586] 全球 (1) 大洲分布及种数(1-3)◆北美洲(◆墨西哥)
Dugetia A.St.Hil. = **Duguetia**
Dugezia Montr. = **Lysimachia**
Duggena【 3 】Vahl 西印度茜属 ← **Rondeletia; Gonzalagunia** Rubiaceae 茜草科 [MD-523] 全球 (1) 大洲分布及种数(22)◆北美洲
Duggerara【 - 】auct. 兰科属 Orchidaceae 兰科 [MM-723] 全球 (uc) 大洲分布及种数(uc)
Duggeua Boiss. & Reut. = **Rondeletia**
Duglassia Houst. = **Clerodendrum**
Dugonia L. = **Hugonia**
Dugortia G.A.Scop. = **Parinari**
Duguetia (R.E.Fr.) R.E.Fr. = **Duguetia**
Duguetia【 3 】A.St.Hil. 端心木属 ← **Aberemoa; Naucleopsis** Annonaceae 番荔枝科 [MD-7] 全球 (6) 大洲

分布及种数(97-100)非洲:6-7;亚洲:1;大洋洲:1-2;欧洲:1;北美洲:10-11;南美洲:90-93
Duguldea Meisn. = **Inula**
Duhaldea【3】DC. 羊耳菊属 ← **Blumea;Conyza;Inula** Asteraceae 菊科 [MD-586] 全球 (1) 大洲分布及种数(12-13)◆亚洲
Duhaldia Sch.Bip. = **Duhaldea**
Duhamela Raf. = **Amaioua**
Duhamelia【2】Domb. ex Lam. 阿迈茜属 ≒ **Myrsine** Primulaceae 报春花科 [MD-401] 全球 (4) 大洲分布及种数(2) 亚洲:2;欧洲:1;北美洲:2;南美洲:2
Duidaea【3】S.F.Blake 杉菊木属 Asteraceae 菊科 [MD-586] 全球 (1) 大洲分布及种数(4)◆南美洲
Duidania【3】Standl. 委内茜属 Rubiaceae 茜草科 [MD-523] 全球 (1) 大洲分布及种数(1)◆南美洲
Dukea Dwyer = **Raritebe**
Dulacia【3】Neck. 百合犀属 Olacaceae 铁青树科 [MD-362] 全球 (1) 大洲分布及种数(14)◆南美洲
Dulcamara Hill. = **Solanum**
Dules Dwyer = **Bertiera**
Dulia Adans. = **Ledum**
Dulichium【3】Pers. 芦莎属 ← **Cyperus;Scirpus;Websteria** Cyperaceae 莎草科 [MM-747] 全球 (1) 大洲分布及种数(1)◆北美洲
Dulongia Kunth = **Phyllonoma**
Dulongiaceae【3】cf.J.G.Agardh. 假茶藨科 [MD-392] 全球 (1) 大洲分布和属种数(uc)◆非洲
Duma【3】T.M.Schust. 沙棘蓼属 ≒ **Muehlenbeckia** Polygonaceae 蓼科 [MD-120] 全球 (6) 大洲分布及种数(3)非洲:1;亚洲:1-2;大洋洲:3-4;欧洲:1;北美洲:1;南美洲:1
Dumaniana【3】Yıld. & B.Selvi 沙棘芹属 Apiaceae 伞形科 [MD-480] 全球 (1) 大洲分布及种数(1)◆非洲
Dumartroya Gaud. = **Trophis**
Dumasia【3】DC. 山黑豆属 ← **Apios;Erythrina;Rhynchosia** Fabaceae 豆科 [MD-240] 全球 (6) 大洲分布及种数(11-13;hort.1)非洲:1-2;亚洲:10-13;大洋洲:1;欧洲:1;北美洲:1;南美洲:1
Dumerilia Lag. ex DC. = **Perezia**
Dumetia (Wight & Arn.) Meisn. = **Hedyotis**
Dumoria A.Chev. = **Tieghemella**
Dumortiera <unassigned> = **Dumortiera**
Dumortiera【3】Nees 毛地钱属 ≒ **Marchantia;Wiesnerella** Dumortieraceae 毛地钱科 [B-13] 全球 (6) 大洲分布及种数(4)非洲:1-10;亚洲:2-11;大洋洲:2-11;欧洲:9;北美洲:1-10;南美洲:1-10
Dumortieraceae <unassigned> = Dumortieraceae
Dumortieraceae【3】D.G.Long 毛地钱科 [B-13] 全球 (6) 大洲分布和属种数(1;hort. & cult.1)(3-13;hort. & cult.1)非洲:1/1-10;亚洲:1/2-11;大洋洲:1/2-11;欧洲:1/9;北美洲:1/1-10;南美洲:1/1-10
Dumreichera Hochst. & Steud. = **Senra**
Dumula Lour ex Gomes = **Atalantia**
Dunalia【3】Kunth杜纳尔茄属→**Acnistus;Grabowskia;Ammannia** Solanaceae 茄科 [MD-503] 全球 (6) 大洲分布及种数(14-19)非洲:1;亚洲:2;大洋洲:1;欧洲:1;北美洲:3;南美洲:13-15
Dunaliella F.Heim = **Dipterocarpus**
Dunantia DC. = **Ageratum**
Dunbaria Hort. = **Dunbaria**
Dunbaria【2】Wight & Arn. 野扁豆属 ≒ **Atylosia;Dolichos;Rhynchosia** Fabaceae 豆科 [MD-240] 全球 (4) 大洲分布及种数(16-30)非洲:3-4;亚洲:15-28;大洋洲:2-3;南美洲:cf.1
Duncania Rchb. = **Vepris**
Duncanula Rchb. = **Aralia**
Dungsara Chiron & V.P.Castro = **Dungsia**
Dungsia【3】Chiron & V.P.Castro 凸兰属 ← **Cattleya;Sophronitis** Orchidaceae 兰科 [MM-723] 全球 (1) 大洲分布及种数(3)◆南美洲(◆巴西)
Dunkelbergerara【2】J.Kaeding & J.M.H.Shaw 兰科属 Orchidaceae 兰科 [MM-723] 全球 (1) 大洲分布及种数(uc)◆北美洲
Dunnara auct. = **Dunbaria**
Dunnaria Rushforth = **Dunbaria**
Dunnia【3】Tutch. 绣球茜属 → **Neohymenopogon** Rubiaceae 茜草科 [MD-523] 全球 (1) 大洲分布及种数(cf. 1)◆东亚(◆中国)
Dunnieae Rydin & B.Bremer = **Dunnia**
Dunniella Rauschert = **Pilea**
Dunstervillea【3】Garay 邓斯兰属 Orchidaceae 兰科 [MM-723] 全球 (1) 大洲分布及种数(1)◆南美洲
Dunstervilleara Garay = **Dunstervillea**
Duomitus Raf. = **Camellia**
Duosperma【3】Dayton苞爵床属←**Ruellia;Nomaphila;Delosperma** Acanthaceae 爵床科 [MD-572] 全球 (1) 大洲分布及种数(11-26)◆非洲
Duparquetia【3】Baill. 山姜豆属 Fabaceae 豆科 [MD-240] 全球 (1) 大洲分布及种数(1)◆非洲
Dupatya Vell. = **Paepalanthus**
Duperrea【3】Pierre ex Pit. 长柱山丹属 ← **Ixora;Mussaenda** Rubiaceae 茜草科 [MD-523] 全球 (1) 大洲分布及种数(cf. 1)◆亚洲
Duperreya Gaud. = **Porana**
Dupineta Raf. = **Tristemma**
Dupinia G.A.Scop. = **Ternstroemia**
Duplicaria T.Anders. = **Acanthopsis**
Duplipetala【3】Thiv 穿心草属 ≒ **Canscora** Gentianaceae 龙胆科 [MD-496] 全球 (1) 大洲分布及种数(2)◆亚洲
Duplophyllum Lehm. = **Diplophyllum**
Dupoa【3】J.Cay. & Darbysh. 美恋草属 ≒ **Poa** Poaceae 禾本科 [MM-748] 全球 (1) 大洲分布及种数(1)◆北美洲
Dupontara J.M.H.Shaw = **Dupontia**
Dupontia【3】R.Br. 恋极草属 ← **Graphephorum;Poa** Poaceae 禾本科 [MM-748] 全球 (1) 大洲分布及种数(2-8)◆北美洲
Dupontieae Á.Löve & D.Löve = **Dupontia**
Dupontiopsis【3】Soreng 恋极禾属 Poaceae 禾本科 [MM-748] 全球 (1) 大洲分布及种数(cf.1) ◆亚洲
Dupontopoa【-】Prob. 禾本科属 Poaceae 禾本科 [MM-748] 全球 (uc) 大洲分布及种数(uc)
Dupratzia Raf. = **Eustoma**
Dupuisia A.Rich. = **Trichoscypha**
Dupuya【3】J.H.Kirkbr. 杧果豆属 ← **Cordyla** Fabaceae 豆科 [MD-240] 全球 (1) 大洲分布及种数(2)◆非洲
Duquetia G.Don = **Duguetia**
Durabaculum M.A.Clem. & D.L.Jones = **Dendrobium**

D

Durandea Delarb. = **Durandea**
Durandea【3】Planch. 岛麻藤属 → **Raphanus;Ancistrocladus;Philbornea** Linaceae 亚麻科 [MD-315] 全球 (1) 大洲分布及种数(1-12)◆大洋洲
Durandeeldea P. & K. = **Geonoma**
Durandia Böck. = **Selenia**
Durandoa Pomel = **Carthamus**
Durania Böck. = **Narcissus**
Duranta【3】L. 假连翘属 ≒ **Myrtus;Mertensia** Verbenaceae 马鞭草科 [MD-556] 全球 (6) 大洲分布及种数(26-35;hort.1;cult:5)非洲:10;亚洲:4-14;大洋洲:1-11;欧洲:10;北美洲:8-20;南美洲:21-33
Durantaceae J.Agardh = Verbenaceae
Durantara C.Barnes = **Duranta**
Durantea Cothen. = **Duranta**
Duravia (S.Watson) Greene = **Polygonum**
Duretia Gaud. = **Pouzolzia**
Durgoa Exell & Mendonça = **Diogoa**
Duria G.A.Scop. = **Durio**
Duriaeaceae Debat = Durionaceae
Duriala【3】(R.H.Anders.) Ulbr. 澳地肤属 ≒ **Maireana** Amaranthaceae 苋科 [MD-116] 全球 (1) 大洲分布及种数(cf. 1)◆亚洲
Duriet Boiss. & Reut. = **Daucus**
Durietzia Gaud. = **Chamabainia**
Durieu Adans. = **Durio**
Durieua Boiss. & Reut. = **Rondeletia**
Durieui Boiss. & Reut. = **Agrocharis**
Durio【3】Adans. 榴梿属 → **Neesia** Malvaceae 锦葵科 [MD-203] 全球 (1) 大洲分布及种数(8-33)◆亚洲
Durionaceae【3】Cheek 榴梿科 [MD-200] 全球 (6) 大洲分布和属种数(1;hort. & cult.1)(9-36;hort. & cult.1)非洲:1/1;亚洲:1/8-33;大洋洲:1/1;欧洲:1/1;北美洲:1/1;南美洲:1/1
Durium Boiss. & Reut. = **Agrocharis**
Duroia【2】L.f. 杜氏茜属 → **Alibertia;Amaioua** Rubiaceae 茜草科 [MD-523] 全球 (2) 大洲分布及种数(42-46;hort.1;cult: 1)北美洲:3;南美洲:39-40
Duroniella Maire & Weiller = **Salsola**
Durringtonia【3】R.J.F.Hend. & Guymer 杜灵茜属 Rubiaceae 茜草科 [MD-523] 全球 (1) 大洲分布及种数(1)◆大洋洲(◆澳大利亚)
Durutyara auct. = **Maxillaria**
Duschekia【2】Opiz 桤木属 ≒ **Alnus** Betulaceae 桦木科 [MD-79] 全球 (5) 大洲分布及种数(cf.1) 非洲;亚洲;大洋洲;欧洲;北美洲
Dusenia【2】O.Hoffm. ex Dusén 残齿藓属 ≒ **Pireella** Leucodontaceae 白齿藓科 [B-198] 全球 (2) 大洲分布及种数(2) 亚洲:1;南美洲:1
Duseniella【3】K.Schum. 玉石菊属 ≒ **Ancistrodes** Asteraceae 菊科 [MD-586] 全球 (1) 大洲分布及种数(1)◆南美洲
Dussia【3】Krug & Urb. 杜西豆属 ≒ **Ormosia** Fabaceae 豆科 [MD-240] 全球 (1) 大洲分布及种数(10-11)◆北美洲
Duta T.M.Schust. = **Duma**
Dutailliopsis【3】T.G.Hartley 山芸香属 Rutaceae 芸香科 [MD-399] 全球 (1) 大洲分布及种数(1)◆大洋洲(◆美拉尼西亚)
Dutaillyea【3】Baill. 迪塔芸香属 → **Comptonella;Sarcomelicope** Rutaceae 芸香科 [MD-399] 全球 (1) 大洲分布及种数(1-3)◆大洋洲(◆美拉尼西亚)
Duthia Brand = **Huthia**
Duthiastrum de Vos = **Duthiastrum**
Duthiastrum【3】M.P.de Vos 假毛蕊草属 ← **Duthiella** Iridaceae 鸢尾科 [MM-700] 全球 (1) 大洲分布及种数(1)◆非洲(◆南非)
Duthiea【3】Hack. ex Procop.-Procop. 毛蕊草属 ← **Arrhenatherum;Urginea;Drimia** Poaceae 禾本科 [MM-748] 全球 (1) 大洲分布及种数(3-5)◆亚洲
Duthieeae Röser & Jul.Schneid. = **Duthiea**
Duthiella【2】M.P.de Vos 绿锯藓属 → **Duthiastrum** Meteoriaceae 蔓藓科 [B-188] 全球 (2) 大洲分布及种数(14) 亚洲:14;大洋洲:1
Dutoitia R.Br. = **Dupontia**
Dutra Bernh. ex Steud. = **Duma**
Duttonia F.Müll = **Helipterum**
Duvalara Haw. = **Duvalia**
Duvalia Bonpl. = **Duvalia**
Duvalia【3】Haw. 玉牛角属 ← **Huernia;Boucerosia;Stapelia** Apocynaceae 夹竹桃科 [MD-492] 全球 (1) 大洲分布及种数(16-20)◆非洲
Duvaliandra【3】M.G.Gilbert 钝牛角属 Apocynaceae 夹竹桃科 [MD-492] 全球 (1) 大洲分布及种数(cf. 1)◆西亚(◆也门)
Duvaliaranthus Bruyns = **Duvalia**
Duvaliella Borbás = **Dipterocarpus**
Duvalii Haw. = **Duvalia**
Duvaljouvea Palla = **Cyperus**
Duval-jouvea Palla = **Cyperus**
Duvaua【2】Kunth 肖乳香属 ≒ **Mauria** Anacardiaceae 漆树科 [MD-432] 全球 (5) 大洲分布及种数(1) 非洲:1;亚洲:1;欧洲:1;北美洲:1;南美洲:1
Duvaucelia Bowdich = **Kohautia**
Duvaucellia Bowdich = **Kohautia**
Duvernaya Desp. ex DC. = **Silene**
Duvernoia【3】Nees 爵床属 ≒ **Adhatoda** Acanthaceae 爵床科 [MD-572] 全球 (1) 大洲分布及种数(2-12)◆非洲
Duvernoya E.Mey. = **Adhatoda**
Duvigneaudia J.Lénard = **Gymnanthes**
Duvivierara【-】J.M.H.Shaw 兰科属 Orchidaceae 兰科 [MM-723] 全球 (uc) 大洲分布及种数(uc)
Duvoa Hook. & Arn. = **Schinus**
Dyakanthus N.F.Lee & J.M.H.Shaw = **Acanthophyllum**
Dyakia【3】Christenson 戴克兰属 ≒ **Ascocentrum** Orchidaceae 兰科 [MM-723] 全球 (1) 大洲分布及种数(1-2)◆亚洲
Dyanthus P.Br. = **Dianthus**
Dyasia Christenson = **Dyakia**
Dyaster【3】H.Rob. & V.A.Funk 双星菊属 Asteraceae 菊科 [MD-586] 全球 (1) 大洲分布及种数(uc)◆南美洲
Dybowskia Stapf = **Hyparrhenia**
Dychia Schult.f. = **Dyckia**
Dychotria Raf. = **Psychotria**
Dyckcohnia【-】Anderson,George H. & Grant,Jason Randall 凤梨科属 Bromeliaceae 凤梨科 [MM-715] 全球 (uc) 大洲分布及种数(uc)
Dyckia D.A.Beadle = **Dyckia**
Dyckia【2】Schult.f. 雀舌兰属 → **Connellia;Navia;Neoglaziovia** Bromeliaceae 凤梨科 [MM-715] 全球 (3) 大

洲分布及种数(188-193;hort.1;cult: 4)大洋洲:7;北美洲:9;南美洲:185-187
Dycktia Beadle,Don A. = **Dyckia**
Dycladia Lour. = **Barringtonia**
Dyctiogramme C.Presl = **Coniogramme**
Dyctioloma DC. = **Dictyoloma**
Dyctiospora Reinw. ex Korth. = **Hedyotis**
Dyctisperma Raf. = **Rorippa**
Dyctosperma H.Wendl. = **Dictyosperma**
Dydactylon Röm. & Schult. = **Andropogon**
Dyera【3】Hook.f. 大糖胶树属 ← **Alstonia** Apocynaceae 夹竹桃科 [MD-492] 全球 (1) 大洲分布及种数(1-2)◆亚洲
Dyerella F.Heim = **Vateria**
Dyerocycas Nakai = **Cycas**
Dyerophyton Dalla Torre & Harms = **Calla**
Dyerophytum【3】P. & K. 黛萼花属 ← **Plumbago** Plumbaginaceae 白花丹科 [MD-227] 全球 (1) 大洲分布及种数(1)◆非洲
Dyllwinia Nees = **Dillwynia**
Dymczewiczia Horan. = **Zingiber**
Dymondia【3】Compton 垫状灰毛菊属 Asteraceae 菊科 [MD-586] 全球 (1) 大洲分布及种数(1)◆非洲(◆南非)
Dynamena McCrady = **Diamena**
Dyneba Lag. = **Myriostachya**
Dynomene A.DC. = **Gunnera**
Dynopsylla Bl. = **Dysophylla**
Dyopteris Adans. = **Dipteris**
Dyospyros Dum. = **Diospyros**
Dyplecosia G.Don = **Diplycosia**
Dyplostylis H.Karst. & Triana = **Mercurialis**
Dyplotaxis DC. = **Chisocheton**
Dypontia Dietr. ex Steud. = **Dupontia**
Dypsidium Baill. = **Dypsis**
Dypsis【3】Nor. ex Mart. 焰轴椰属 ≒ **Areca** Arecaceae 棕榈科 [MM-717] 全球 (1) 大洲分布及种数(150-174)◆非洲(◆马达加斯加)
Dypterygia C.Gay = **Dipterygia**
Dyropteris Adans. = **Dryopteris**
Dysaster【3】H.Rob. & V.A.Funk 金果菊属 Asteraceae 菊科 [MD-586] 全球 (1) 大洲分布及种数(cf.1)◆南美洲
Dyschoriste【3】Nees 距药蓝属 → **Apassalus; Dipteracanthus** Acanthaceae 爵床科 [MD-572] 全球 (6) 大洲分布及种数(65-101;hort.1;cult:3)非洲:23-39;亚洲:13-19;大洋洲:2-5;欧洲:3;北美洲:21-32;南美洲:19-23
Dyscia Dognin = **Diascia**
Dyscolia Cav. = **Dyssodia**
Dyscolus Phil. = **Tecophilaea**
Dyscophus Schltr. = **Discyphus**
Dyscritogyne R.M.King & H.Rob. = **Steviopsis**
Dyscritothamnus【3】B.L.Rob. 亮光菊属 Asteraceae 菊科 [MD-586] 全球 (1) 大洲分布及种数(2)◆北美洲(◆墨西哥)
Dysdera Keyserling = **Dyera**
Dysemone Sol. ex G.Forst. = **Gunnera**
Dysgonia Cav. = **Dyssodia**
Dysinanthus DC. = **Antennaria**
Dysmea Lour. = **Serissa**
Dysmicodon (Endl.) Nutt. = **Triodanis**
Dysoda Lour. = **Serissa**
Dysodia DC. = **Dyssodia**
Dysodiopsis (A.Gray) Rydb. = **Dysodiopsis**
Dysodiopsis【3】Rydb. 犬茴香属 ← **Dyssodia** Asteraceae 菊科 [MD-586] 全球 (1) 大洲分布及种数(1)◆北美洲
Dysodium Rich. = **Melampodium**
Dysodius Rich. = **Melampodium**
Dysolobium (Benth.) Prain = **Dysolobium**
Dysolobium【3】Prain 镰瓣豆属 ← **Canavalia;Vigna** Fabaceae 豆科 [MD-240] 全球 (1) 大洲分布及种数(4-6)◆亚洲
Dysomma Ginsburg = **Dysosma**
Dysophlla Bl. = **Dysophylla**
Dysophylla【3】Bl. 水蜡烛属 ≒ **Pogostemon** Lamiaceae 唇形科 [MD-575] 全球 (6) 大洲分布及种数(10)非洲:1;亚洲:9-10;大洋洲:1-2;欧洲:1;北美洲:1-2;南美洲:1
Dysophyllo Bl. = **Dysophylla**
Dysopis Baill. = **Dysopsis**
Dysopsis【3】Baill. 地血丹属 ← **Hydrocotyle** Euphorbiaceae 大戟科 [MD-217] 全球 (1) 大洲分布及种数(3)◆南美洲
Dysoptus Baill. = **Dysopsis**
Dysosma【3】R.E.Woodson 鬼臼属 ← **Podophyllum** Berberidaceae 小檗科 [MD-45] 全球 (1) 大洲分布及种数(9-15)◆亚洲
Dysosmia【3】M.Röm. 西番莲属 ≒ **Passiflora** Passifloraceae 西番莲科 [MD-151] 全球 (1) 大洲分布及种数(1)◆非洲
Dysosmon Raf. = **Sesamum**
Dysoxylon Bartl. = **Dysoxylum**
Dysoxylum【3】Bl. 樫木属 ← **Aglaia;Epicharis; Anthocarapa** Meliaceae 楝科 [MD-414] 全球 (1) 大洲分布及种数(32-83)◆亚洲
Dyspemptemorion Bremek. = **Justicia**
Dysphaea R.Br. = **Dysphania**
Dysphania (Aellen & Iljin) Mosyakin & Clemants = **Dysphania**
Dysphania【3】R.Br. 香藜属 ← **Atriplex;Chenopodium** Amaranthaceae 苋科 [MD-116] 全球 (6) 大洲分布及种数(43-48;hort.1;cult:4)非洲:14-16;亚洲:16-17;大洋洲:20-21;欧洲:9-11;北美洲:14-15;南美洲:15-16
Dysphaniaceae【3】Pax 澳藜科 [MD-78] 全球 (6) 大洲分布和属种数(1/42-51)非洲:1/14-16;亚洲:1/16-17;大洋洲:1/20-21;欧洲:1/9-11;北美洲:1/14-15;南美洲:1/15-16
Dyspteris Hübner = **Dryopteris**
Dyssochroma【3】Miers 三尖茄属 ≒ **Trianaea** Solanaceae 茄科 [MD-503] 全球 (1) 大洲分布及种数(3)◆南美洲
Dyssodia【3】Cav. 金毛菊属 → **Adenophyllum;Aster; Schizotrichia** Asteraceae 菊科 [MD-586] 全球 (1) 大洲分布及种数(7-39)◆北美洲
Dystaenia【3】Kitag. 藁本属 ≒ **Ligusticum** Apiaceae 伞形科 [MD-480] 全球 (1) 大洲分布及种数(2-3)◆亚洲
Dysteria Reinw. = **Arundina**
Dystovomita【2】(Engl.) D´Arcy 热美藤黄属 ← **Chrysochlamys;Rheedia** Clusiaceae 藤黄科 [MD-141] 全球 (2) 大洲分布及种数(4)北美洲:1;南美洲:3
Dytaster Miq. = **Pygeum**
Dytiscus DC. ex Hook. = **Platysace**
Dzieduszyckia Rehmann = **Zannichellia**

D

Eadospermum Endl. = **Endospermum**
Eana Brign. = **Euchlaena**
Eaplosia Raf. = **Baptisia**
Eardenia J.Ellis = **Gardenia**
Earina【3】Lindl. 悬树兰属 ← **Agrostophyllum;Cymbidium;Malaxis** Orchidaceae 兰科 [MM-723] 全球 (1) 大洲分布及种数(22)◆大洋洲
Eariodes Rolfe = **Eriodes**
Earlandia Hance = **Aidia**
Earleocassia Britton = **Cassia**
Earlia F.Müll = **Graptophyllum**
Earliella S.Moore = **Emiliella**
Earophila DC. = **Erophila**
Eastonara auct. = **Ascocentrum**
Eastwoodia【3】Brandegee 黄菀木属 Asteraceae 菊科 [MD-586] 全球 (1) 大洲分布及种数(1)◆北美洲(◆美国)
Eastwoodiae Brandegee = **Eastwoodia**
Eatonella【3】A.Gray 银绒菊属 ← **Monolopia** Asteraceae 菊科 [MD-586] 全球 (1) 大洲分布及种数(1-14)◆北美洲(◆美国)
Eatonia Raf. = **Panicum**
Eatoniopteris Bommer = **Sphaeropteris**
Ebandoua Pellegr. = **Jollydora**
Ebelia Rchb. = **Rhynchospora**
Ebelingia Rchb. = **Harrisonia**
Ebenaceae【3】Gürcke 柿科 [MD-353] 全球 (6) 大洲分布和属种数(3;hort. & cult.1-2)(485-988;hort. & cult.21-34)非洲:2-3/231-357;亚洲:3/199-445;大洋洲:1-3/56-152;欧洲:1-3/22-48;北美洲:2-3/85-124;南美洲:1-3/121-176
Ebenidium Jaub. & Spach = **Ebenus**
Ebenopsis【3】Britton & Rose 番乌木豆属 ≒ **Siderocarpos;Mimosa** Fabaceae 豆科 [MD-240] 全球 (1) 大洲分布及种数(3)◆北美洲(◆美国)
Ebenoxylon Spreng. = **Diospyros**
Ebenoxylum Lour. = **Maba**
Ebenus【3】L. 乌木豆属 → **Maba;Lindackeria** Fabaceae 豆科 [MD-240] 全球 (6) 大洲分布及种数(17-25;hort.1)非洲:2-3;亚洲:12-18;大洋洲:1;欧洲:2;北美洲:1;南美洲:2
Eberhardtia【3】Lecomte 梭子果属 ← **Planchonella** Sapotaceae 山榄科 [MD-357] 全球 (1) 大洲分布及种数(2-4)◆亚洲
Eberlanzia【3】Schwantes 霜玉树属 ← **Mesembryanthemum;Ruschia** Aizoaceae 番杏科 [MD-94] 全球 (1) 大洲分布及种数(14-21)◆非洲
Eberlea Riddell ex Nees = **Hygrophila**
Ebermaiera Nees = **Staurogyne**
Ebermayera Endl. = **Staurogyne**
Ebermeyera Endl. = **Staurogyne**
Ebermiera Endl. = **Staurogyne**
Ebertia Speta = **Drimia**
Ebertidia Speta = **Albuca**
Ebingeria Chrtek & Křísa = **Brodiaea**
Ebnerella Buxb. = **Mammillaria**
Ebracteola【3】Dinter & Schwantes 青须玉属 ← **Bergeranthus** Aizoaceae 番杏科 [MD-94] 全球 (1) 大洲分布及种数(5)◆非洲
Ebraxis Raf. = **Silene**
Ebulum【-】Garcke 忍冬科属 ≒ **Sambucus** Caprifoliaceae 忍冬科 [MD-510] 全球 (uc) 大洲分布及种数(uc)
Eburia Saalas = **Abarema**
Eburna Raf. = **Abarema**
Eburnax Raf. = **Abarema**
Eburnea Raf. = **Mimosa**
Eburopetalum Becc. = **Cyathostemma**
Ebusus Garcke = **Sambucus**
Ecastaphyllum Adans. = **Ecastaphyllum**
Ecastaphyllum【2】P.Br. 南美喷蝶豆属 ≒ **Dalbergia** Fabaceae3 蝶形花科 [MD-240] 全球 (3) 大洲分布及种数(1-2) 非洲;北美洲;南美洲
Ecastophyllum Desv. = **Dalbergia**
Ecbalium DC. = **Ecballium**
Ecballion W.D.J.Koch = **Momordica**
Ecballium【3】A.Rich. 喷瓜属 ← **Bryonia;Cucumis; Momordica** Cucurbitaceae 葫芦科 [MD-205] 全球 (6) 大洲分布及种数(3;hort.1)非洲:1;亚洲:cf.1;大洋洲:cf.1;欧洲:1;北美洲:2;南美洲:cf.1
Ecbolium【3】Kurz 爵床属 ← **Adhatoda; Eranthemum;Justicia** Acanthaceae 爵床科 [MD-572] 全球 (6) 大洲分布及种数(11-25;hort.1)非洲:8-20;亚洲:1-7;大洋洲:3;欧洲:3;北美洲:3;南美洲:1-4
Ecclimusa Mart. ex A.DC. = **Ecclinusa**
Ecclinusa (Mart. & Eichler) Baill. = **Ecclinusa**
Ecclinusa【3】Mart. 外倾山榄属 ← **Chrysophyllum; Synsepalum;Pouteria** Sapotaceae 山榄科 [MD-357] 全球 (1) 大洲分布及种数(13)◆南美洲
Eccoilopus Steud. = **Spodiopogon**
Eccoptocarpha【3】Launert 稃柄草属 Poaceae 禾本科 [MM-748] 全球 (1) 大洲分布及种数(1)◆非洲
Eccremanthus Thwaites = **Pometia**
Eccremidiium【3】E.H.Wilson 裂囊藓属 Ditrichaceae 牛毛藓科 [B-119] 全球 (1) 大洲分布及种数(1)◆东亚(◆中国)
Eccremidium【2】E.H.Wilson 裂蒴藓属 Ditrichaceae 牛毛藓科 [B-119] 全球 (5) 大洲分布及种数(7) 非洲:1;亚洲:3;大洋洲:6;北美洲:1;南美洲:2
Eccremis【3】Baker 蒴萼兰属 ≒ **Anthericum; Stypandra** Anthericaceae 猴面包科 [MM-643] 全球 (1) 大洲分布及种数(1)◆南美洲
Eccremocactus【3】Britton & Rose 月林令箭属 ≒ **Weberocereus** Cactaceae 仙人掌科 [MD-100] 全球 (1) 大洲分布及种数(1) ◆北美洲
Eccremocarpus (D.Don) A.DC. = **Eccremocarpus**
Eccremocarpus【3】Ruiz & Pav. 悬果藤属 ←

Dombeya Bignoniaceae 紫葳科 [MD-541] 全球 (1) 大洲分布及种数(6)◆南美洲
Eccremocereus Frič & Kreuz. = **Weberocereus**
Ecdeiocolea【3】 F.Müll. 沟秆草属 Ecdeiocoleaceae 沟秆草科 [MM-746] 全球 (1) 大洲分布及种数(2)◆大洋洲(◆澳大利亚)
Ecdeiocoleaceae【3】D.F.Cutler & Airy-Shaw 沟秆草科 [MM-746] 全球 (1) 大洲分布和属种数(2/3)◆大洋洲
Ecdysanthera Hook. & Arn. = **Urceola**
Echaltium Wight = **Melodinus**
Echeandia Mscavea Cruden = **Echeandia**
Echeandia【2】 Orteg. 锥灯吊兰属 ← **Anthericum; Eichhornia** Asparagaceae 天门冬科 [MM-669] 全球 (4) 大洲分布及种数(84-86)非洲:7;大洋洲:1;北美洲:78;南美洲:12-13
Echemus Raf. = **Amethystea**
Echen St.Lag. = **Echium**
Echenais Cass. = **Cirsium**
Echeneis Temminck & Schlegel = **Cirsium**
Echenesia DC. = **Echeveria**
Echephytum Gossot = **Pachyphytum**
Echetrosis Phil. = **Parthenium**
Echeveria (Baker) Berger = **Echeveria**
Echeveria【3】 DC. 石莲花属 → **Adromischus; Cotyledon;Sedum** Crassulaceae 景天科 [MD-229] 全球 (1) 大洲分布及种数(191-224)◆北美洲
Echeverria Lindl. & Paxton = **Echeveria**
Echiaceae Raf. = Boraginaceae
Echidiocarya A.Gray = **Plagiobothrys**
Echidna St.Lag. = **Amsinckia**
Echidnium Schott = **Dracontium**
Echidno St.Lag. = **Echium**
Echidnocerus Engelm. = **Echinocereus**
Echidnopsis【2】 Hook.f. 青龙角属 ← **Caralluma; Notechidnopsis;Stapeliopsis** Apocynaceae夹竹桃科 [MD-492] 全球 (4) 大洲分布及种数(18-41;hort.1)非洲:15-29;亚洲:3-13;欧洲:cf.1;北美洲:1
Echinaageocereus【-】 Mordhorst 仙人掌科属 Cactaceae 仙人掌科 [MD-100] 全球 (uc) 大洲分布及种数(uc)
Echinacanthus【3】 Nees 恋岩花属 → **Clarkeasia; Strobilanthes;Adenosma** Acanthaceae 爵床科 [MD-572] 全球 (1) 大洲分布及种数(3-5)◆亚洲
Echinacea【3】 Mönch 松果菊属 ← **Rudbeckia; Iostephane** Asteraceae 菊科 [MD-586] 全球 (1) 大洲分布及种数(15-17)◆北美洲
Echinalysium Trin. = **Elytrophorus**
Echinant K.Koch = **Cirsium**
Echinanthus Cerv. & Cord. = **Echinops**
Echinaria【3】 Desf. 猬禾属 ≒ **Cenchrus;Echeveria** Poaceae 禾本科 [MM-748] 全球 (1) 大洲分布及种数(1)◆非洲
Echinariaceae Link = Echinodiaceae
Echinarinae Link = **Echinaria**
Echinauris Heist. ex Fabr. = **Echinaria**
Echinella Ach. = **Pleurothallis**
Echinichloa P.Beauv. = **Echinochloa**
Echiniscus Benth. = **Aganope**
Echinobergia Mottram = **Agnorhiza**
Echinobiva【-】 G.D.Rowley 仙人掌科属 Cactaceae 仙人掌科 [MD-100] 全球 (uc) 大洲分布及种数(uc)
Echinobivia G.D.Rowley = **Echinopsis**
Echinobutia Frič & Kreuz. = **Echinocactus**
Echinocactus (Britton) D.J.Ferguson = **Echinocactus**
Echinocactus【3】 Link & Otto 太平球属 ← **Cactus; Cereus;Parodia** Cactaceae 仙人掌科 [MD-100] 全球 (1) 大洲分布及种数(59-135)◆北美洲
Echinocalyx Benth. = **Sindora**
Echinocana【2】 Mordhorst 仙人掌科属 Cactaceae 仙人掌科 [MD-100] 全球 (uc) 大洲分布及种数(uc)
Echinocarpus Bl. = **Sloanea**
Echinocassia Britton & Rose = **Cassia**
Echinocaulon Spach = **Polygonum**
Echinocaulos【3】 Hassk. 蓼属 ← **Polygonum** Polygonaceae 蓼科 [MD-120] 全球 (1) 大洲分布及种数(1)◆亚洲
Echinocephalum【3】 Gardn. 卤地菊属 ← **Synedrella; Melanthera** Asteraceae 菊科 [MD-586] 全球 (1) 大洲分布及种数(1)◆南美洲
Echinocephalus Gardn. = **Sericocoma**
Echinoceras Engelm. = **Echinocereus**
Echinocereopsis【-】 P.V.Heath 仙人掌科属 Cactaceae 仙人掌科 [MD-100] 全球 (uc) 大洲分布及种数(uc)
Echinocereus (Bravo) W.Blum,Mich.Lange & Rutow = **Echinocereus**
Echinocereus【3】 Engelm. 鹿角柱属 → **Austrocactus; Thelocactus;Wilcoxia** Cactaceae 仙人掌科 [MD-100] 全球 (6) 大洲分布及种数(85-102;hort.1;cult: 9)非洲:29;亚洲:3-32;大洋洲:29;欧洲:29;北美洲:82-114;南美洲:12-42
Echinochilon Spach = **Echinochloa**
Echinochlaena Spreng. = **Echinolaena**
Echinochloa Hispidulae S.L.Chen & Y.X.Jin = **Echinochloa**
Echinochloa【3】 P.Beauv. 稗属 → **Acroceras;Brachiaria;Digitaria** Poaceae 禾本科 [MM-748] 全球 (6) 大洲分布及种数(36-42)非洲:25-34;亚洲:18-28;大洋洲:19-33;欧洲:9-18;北美洲:21-31;南美洲:13-22
Echinochloae P.Beauv. = **Echinochloa**
Echinocitrus【3】 Tanaka 飘拂草属 ≒ **Fimbristylis** Rutaceae 芸香科 [MD-399] 全球 (1) 大洲分布及种数(uc)属分布和种数(uc)◆大洋洲(◆巴布亚新几内亚)
Echinocodon【3】 D.Y.Hong 刺萼参属 ← **Campanula** Campanulaceae 桔梗科 [MD-561] 全球 (1) 大洲分布及种数(cf. 1)◆东亚(◆中国)
Echinocodonia【-】 Kolak. 桔梗科属 Campanulaceae 桔梗科 [MD-561] 全球 (uc) 大洲分布及种数(uc)
Echinocolea【2】 Mizut. & Grolle 刺细鳞苔属 ≒ **Trachylejeunea** Lejeuneaceae 细鳞苔科 [B-84] 全球 (3) 大洲分布及种数(cf.1) 亚洲;北美洲;南美洲
Echinocolea R.M.Schust. = **Echinocolea**
Echinocoryne【3】 H.Rob. 刺毛斑鸠菊属 ≒ **Vernonia** Asteraceae 菊科 [MD-586] 全球 (1) 大洲分布及种数(7)◆南美洲(◆巴西)
Echinocotyle H.Rob. = **Echinocoryne**
Echinocoxia P.V.Heath = **Echinocolea**
Echinocroton F.Müll = **Mallotus**
Echinocylindra【-】 Y.Itô 仙人掌科属 Cactaceae 仙人掌科 [MD-100] 全球 (uc) 大洲分布及种数(uc)

E

Echinocystis【3】 Torr. & A.Gray 刺囊瓜属 → **Brandegea;Sicyos;Cyclanthera** Cucurbitaceae 葫芦科 [MD-205] 全球 (6) 大洲分布及种数(4-5)非洲:9;亚洲:1-10;大洋洲:9;欧洲:9;北美洲:3-12;南美洲:9

Echinodendrum A.Rich. = **Scolosanthus**

Echinoderes Lang = **Echinocereus**

Echinodiaceae【3】 Broth. 缘边拟平藓科 [B-207] 全球 (5) 大洲分布和属种数(4/18) 亚洲:1/1;大洋洲:2/7;欧洲:2/6;北美洲:1/3;南美洲:1/2

Echinodiopsis【3】 S.Olsson,Enroth & D.Quandt 平边藓属 ≒ **Sciaromium** Neckeraceae 平藓科 [B-204] 全球 (1) 大洲分布及种数(2)◆大洋洲

Echinodiscus Benth. = **Pterocarpus**

Echinodium Jur. = **Echinodium**

Echinodium【2】 Poit. ex Cass. 刺藓属 ← **Acanthospermum;Sciaromium** Echinodiaceae 缘边拟平藓科 [B-207] 全球 (2) 大洲分布及种数(7) 大洋洲:4;欧洲:5

Echinodorus【3】 Rich. 肋果慈姑属 ≒ **Helanthium; Alisma** Alismataceae 泽泻科 [MM-597] 全球 (6) 大洲分布及种数(38-47)非洲:4;亚洲:8-12;大洋洲:1-5;欧洲:4-8;北美洲:25-29;南美洲:35-40

Echinoferocactus【-】 P.V.Heath 仙人掌科属 Cactaceae 仙人掌科 [MD-100] 全球 (uc) 大洲分布及种数(uc)

Echinofossulocactus【3】 Lawr. 多棱球属 ≒ **Ferocactus;Stenocactus** Cactaceae 仙人掌科 [MD-100] 全球 (1) 大洲分布及种数(3-5)◆北美洲

Echinoglochin【3】 A.Brand 米花草属 ≒ **Plagiobothrys** Boraginaceae 紫草科 [MD-517] 全球 (1) 大洲分布及种数(4)◆北美洲

Echinoglossa Rchb. = **Cleisostoma**

Echinoglossum Rchb. = **Cleisostoma**

Echinogobius Desv. = **Hedysarum**

Echinolaena【3】 Desv. 刺衣黍属 ← **Cenchrus;Oplismenus;Pseudechinolaena** Poaceae 禾本科 [MM-748] 全球 (1) 大洲分布及种数(3)◆非洲(◆马达加斯加)

Echinolejeunea【3】 R.M.Schust. 刺衣苔属 ≒ **Lejeunea** Lejeuneaceae 细鳞苔科 [B-84] 全球 (1) 大洲分布及种数(cf. 1)◆亚洲

Echinolema J.Jacq. ex DC. = **Moschopsis**

Echinolitrum Steud. = **Abildgaardia**

Echinolobium Desv. = **Hedysarum**

Echinoloma J.Jacq. ex DC. = **Boopis**

Echinolysium Benth. = **Dactylis**

Echinolytrum Desv. = **Fimbristylis**

Echinomastus【3】 Britton & Rose 鱼钩球属 ← **Echinocactus;Neolloydia;Hamatocactus** Cactaceae 仙人掌科 [MD-100] 全球 (1) 大洲分布及种数(7-14)◆北美洲

Echinomeria Nutt. = **Helianthus**

Echinomitrion (L.) Corda = **Metzgeria**

Echinomma J.Jacq. ex DC. = **Boopis**

Echinoneus Leske = **Echinops**

Echinonotocactus【-】 P.V.Heath 仙人掌科属 Cactaceae 仙人掌科 [MD-100] 全球 (uc) 大洲分布及种数(uc)

Echinonyctanthus Lem. = **Echinopsis**

Echinopaceae Bercht. & J.Presl = Echinodiaceae

Echinopaepale【3】 Bremek. 香脂爵床属 Acanthaceae 爵床科 [MD-572] 全球 (1) 大洲分布及种数(1)◆亚洲

Echinopalxochia【-】 P.V.Heath 仙人掌科属 Cactaceae 仙人掌科 [MD-100] 全球 (uc) 大洲分布及种数(uc)

Echinopanax【3】 Decne. & Planch. 蓝五加属 → **Oplopanax** Araliaceae 五加科 [MD-471] 全球 (1) 大洲分布及种数(1)◆亚洲

Echinoparodia【-】 Mottram 仙人掌科属 Cactaceae 仙人掌科 [MD-100] 全球 (uc) 大洲分布及种数(uc)

Echinopepon【3】 Naudin 香脂瓜属 → **Apatzingania; Echinocystis;Sicyos** Cucurbitaceae 葫芦科 [MD-205] 全球(6)大洲分布及种数(23)非洲:3;亚洲:3;大洋洲:3;欧洲:3;北美洲:19-22;南美洲:3-6

Echinophora【3】 L. 刺梗芹属 → **Anisosciadium** Apiaceae 伞形科 [MD-480] 全球 (6) 大洲分布及种数(10-15)非洲:1-6;亚洲:8-17;大洋洲:4;欧洲:3-8;北美洲:4;南美洲:4

Echinophoria L. = **Echinophora**

Echinophyllum【2】 T.J.O´Brien 刺羽藓属 ≒ **Elodium** Thuidiaceae 羽藓科 [B-184] 全球 (2) 大洲分布及种数(1) 亚洲:1;北美洲:1

Echinopogon【3】 P.Beauv. 蛐蜒茅属 ← **Agrostis;Cinna; Calamagrostis** Poaceae 禾本科 [MM-748] 全球 (1) 大洲分布及种数(7)◆大洋洲

Echinopora L. = **Echinophora**

Echinoporia L. = **Echinophora**

Echinops【3】 L.蓝刺头属 ≒ **Gymnocybe** Asteraceae 菊科 [MD-586] 全球 (6) 大洲分布及种数(171-260;hort.1;cult: 8)非洲:41-48;亚洲:140-196;大洋洲:10-17;欧洲:20-27;北美洲:8-15;南美洲:7

Echinopsilon Moq. = **Bassia**

Echinopsis Backeb. = **Echinopsis**

Echinopsis【3】 Zucc. 仙人球属 → **Weberbauerocereus;Echinocactus;Oreocereus** Cactaceae 仙人掌科 [MD-100] 全球 (1) 大洲分布及种数(128-152)◆南美洲

Echinopsus St.Lag. = **Echinops**

Echinopteris Lindl. = **Echinopterys**

Echinopterys【3】 A.Juss. 刺翼果属 ← **Bunchosia** Malpighiaceae 金虎尾科 [MD-343] 全球 (1) 大洲分布及种数(2-3)◆北美洲(◆墨西哥)

Echinopus Mill. = **Echinops**

Echinorebutia Frič & Kreuz. = **Rebutia**

Echinorhyncha【3】 Dressler 棘羚兰属 Orchidaceae 兰科 [MM-723] 全球 (1) 大洲分布及种数(4-5)◆南美洲

Echinorhynchus Dressler = **Echinorhyncha**

Echinoschoenus Nees & Meyen = **Rhynchospora**

Echinosciadium Zohary = **Echinophora**

Echinosepala【2】 Pridgeon & M.W.Chase 刺萼兰属 ≒ **Kraenzlinella** Orchidaceae 兰科 [MM-723] 全球 (2) 大洲分布及种数(15)北美洲:11;南美洲:11

Echinosicyos Kamner & A.Topa = **Sicyos**

Echinosophora Nakai = **Sophora**

Echinospartum【3】 (Spach) Fourr. 海胆染料木属 ≒ **Genista;Stauracanthus** Fabaceae 豆科 [MD-240] 全球 (1) 大洲分布及种数(6-7)◆欧洲

Echinospermum【3】 Sw. ex Lehm. 冠紫草属 ≒ **Lappula;Paracaryum** Boraginaceae 紫草科 [MD-517] 全球(6) 大洲分布及种数(18)非洲:18;亚洲:1-19;大洋洲:18;欧洲:18;北美洲:3-21;南美洲:18

Echinospora L. = **Echinophora**

Echinostachys Brongn. = **Pycnostachys**

Echinostephia【3】 (Diels) Domin 千金藤属 ← **Stephania** Menispermaceae 防己科 [MD-42] 全球 (1) 大

洲分布及种数(1)◆大洋洲
Echinostomum Müll.Hal. ex Crosby & Magill = **Chionostomum**
Echinothamn Engl. = **Pilea**
Echinothamnus Engl. = **Pilea**
Echinotriton F.Müll = **Acalypha**
Echinulocactus Mottram = **Echinocactus**
Echinus【3】 Lour. 铁苋菜属 → **Braunsia;Macaranga** Aizoaceae 番杏科 [MD-94] 全球 (1) 大洲分布及种数(uc)属分布和种数(uc)◆大洋洲(◆密克罗尼西亚)
Echiochilon【2】 Desf. 彗紫草属 ← **Buchnera;Echinochloa** Boraginaceae 紫草科 [MD-517] 全球 (2) 大洲分布及种数(6-19)非洲:4-13;亚洲:3-9
Echiochilopsis【3】 Caball. 非洲紫草属 Boraginaceae 紫草科 [MD-517] 全球 (1) 大洲分布及种数(uc)属分布和种数(uc)◆非洲(◆阿尔及利亚)
Echiochilus P. & K. = **Heliotropium**
Echioglossum Bl. = **Heliotropium**
Echioides Desf. = **Nonea**
Echioides Fabr. = **Lycopsis**
Echioides Mönch = **Myosotis**
Echion St.Lag. = **Echium**
Echiopsis Rchb. = **Buchnera**
Echiostachys【3】 Levyns 刺紫草属 ← **Lobostemon; Echium** Boraginaceae 紫草科 [MD-517] 全球 (1) 大洲分布及种数(3)◆非洲(◆南非)
Echiostoma Boiv. ex Baill. = **Coffea**
Echiothrix Cass. = **Eriothrix**
Echirospermum【-】 Saldanha 蝶形花科属 Fabaceae3 蝶形花科 [MD-240] 全球 (uc) 大洲分布及种数(uc)
Echis P.Br. = **Echites**
Echiteae Bartl. = **Echites**
Echitella Pichon = **Mascarenhasia**
Echites (Miers) Baill. = **Echites**
Echites【3】 P.Br. 胶藤属 ← **Achyranthes;Parsonsia** Apocynaceae 夹竹桃科 [MD-492] 全球 (6) 大洲分布及种数(25-82)非洲:1-22;亚洲:4-24;大洋洲:17;欧洲:1-18;北美洲:20-45;南美洲:12-43
Echithes Thunb. = **Achyranthes**
Echitonium Poit. ex Cass. = **Echinodium**
Echium【3】 Tourn. ex L. 蓝蓟属 → **Amsinckia; Symphytum;Arnebia** Boraginaceae 紫草科 [MD-517] 全球 (6) 大洲分布及种数(65-119;hort.1;cult:11)非洲:34-62;亚洲:53-100;大洋洲:11-23;欧洲:47-82;北美洲:15-30;南美洲:4-16
Echthronema Herb. = **Sisyrinchium**
Echtrosis Phil. = **Parthenium**
Echtrus Lour. = **Argemone**
Echveria Regel = **Gloxinia**
Echyrosia R.Br. = **Ectrosia**
Echyrospermum【-】 H.W.Schott 蝶形花科属 Fabaceae3 蝶形花科 [MD-240] 全球 (uc) 大洲分布及种数(uc)
Eckardia Endl. = **Peristeria**
Eckartia Rchb. = **Promenaea**
Eckebergia Batsch = **Ekebergia**
Ecklonea Steud. = **Trianoptiles**
Ecklonia Hornem. = **Trianoptiles**
Eclecticus【3】 P.O´Byrne 醴柱兰属 Orchidaceae 兰科 [MM-723] 全球 (1) 大洲分布及种数(cf.1) ◆亚洲
Eclipta【3】 L. 鳢肠属 → **Acmella;Buphthalmum; Astranthium** Asteraceae 菊科 [MD-586] 全球 (6) 大洲分布及种数(14;hort.1;cult:1)非洲:2-11;亚洲:4-13;大洋洲:3-12;欧洲:9;北美洲:3-12;南美洲:8-17
Eclipteae K.Koch = **Eclipta**
Ecliptera L. = **Eclipta**
Ecliptica Rumph. = **Blainvillea**
Ecliptinae Less. = **Eclipta**
Ecliptostelma【3】 Brandegee 北美洲鳢竹桃属 ≒ **Marsdenia** Apocynaceae 夹竹桃科 [MD-492] 全球 (1) 大洲分布及种数(uc)属分布和种数(uc)◆北美洲
Eclotoripa Raf. = **Digera**
Eclypta E.Mey. = **Eclipta**
Ecpoma【3】 K.Schum. 贝尔茜属 ← **Bertiera;Mycetia** Rubiaceae 茜草科 [MD-523] 全球 (1) 大洲分布及种数(1)属分布和种数(uc)◆非洲
Ectadiopsis Benth. = **Cryptolepis**
Ectadium【3】 E.Mey. 凸萝藦属 ≒ **Cryptolepis** Apocynaceae 夹竹桃科 [MD-492] 全球 (1) 大洲分布及种数(1-3)◆非洲
Ectaetia Rchb. = **Acineta**
Ectasis D.Don = **Erica**
Ecteinanthus T.Anderson = **Isoglossa**
Ectemis Raf. = **Cordia**
Ectemnius Raf. = **Cordia**
Ectima Raf. = **Populus**
Ectinocladus Benth. = **Alafia**
Ectocarpus Zanardini = **Exocarpos**
Ectopopterys【3】 W.R.Anderson 异翅金虎尾属 Malpighiaceae 金虎尾科 [MD-343] 全球 (1) 大洲分布及种数(1)◆南美洲
Ectosperma Swallen = **Swallenia**
Ectotropis N.E.Br. = **Delosperma**
Ectozoma Miers = **Juanulloa**
Ectropis N.E.Br. = **Delosperma**
Ectropodon Dixon = **Anacamptodon**
Ectropotheciella【2】 M.Fleisch. 短菱藓属 ≒ **Taxithelium** Hypnaceae 灰藓科 [B-189] 全球 (2) 大洲分布及种数(2) 亚洲:2;大洋洲:1
Ectropotheciopsis【2】 (Broth.) M.Fleisch. 亚洲短灰藓属 Hypnaceae 灰藓科 [B-189] 全球 (2) 大洲分布及种数(1) 亚洲:1;大洋洲:1
Ectropothecium (M.Fleisch.) Sakurai = **Ectropothecium**
Ectropothecium【3】 Mitt. 偏蒴藓属 ≒ **Taeniophyllum; Stereodontopsis** Hypnaceae 灰藓科 [B-189] 全球 (6) 大洲分布及种数(250) 非洲:58;亚洲:124;大洋洲:99;欧洲:6;北美洲:24;南美洲:15
Ectrosia【3】 R.Br. 兔迹草属 → **Ectrosiopsis** Poaceae 禾本科 [MM-748] 全球 (1) 大洲分布及种数(5-16)◆大洋洲
Ectrosiopsis【3】 (Ohwi) Jansen 偏禾草属 ← **Ectrosia; Eragrostis** Poaceae 禾本科 [MM-748] 全球 (1) 大洲分布及种数(1)◆大洋洲(◆澳大利亚)
Ecua【3】 D.J.Middleton 厄竹桃属 Apocynaceae 夹竹桃科 [MD-492] 全球 (1) 大洲分布及种数(1-2)◆非洲
Ecuadendron【3】 D.A.Neill 厄蝶豆属 Fabaceae 豆科 [MD-240] 全球 (1) 大洲分布及种数(1)◆南美洲(◆厄瓜多尔)

E

Ecuadorella【3】 Dodson & G.A.Romero 厄兰属 ≒ **Otoglossum** Orchidaceae 兰科 [MM-723] 全球 (1) 大洲分布及种数(1)◆南美洲
Ecuadoria【3】 C.H.Dodson & Dressler 寒蛇兰属 Orchidaceae 兰科 [MM-723] 全球 (1) 大洲分布及种数(1)◆南美洲(◆厄瓜多尔)
Edanthe O.F.Cook & Doyle = **Chamaedorea**
Edanyoa Copel. = **Bolbitis**
Edara Hort. = **Aerides**
Edbakeria R.Vig. = **Pearsonia**
Eddya Torr. & A.Gray = **Coldenia**
Edeara auct. = **Arachnis**
Edechi Löfl. = **Guettarda**
Edechia Löfl. = **Guettarda**
Edemias Raf. = **Eschenbachia**
Edenoceras Rchb. & Zoll. ex Baill. = **Macaranga**
Edentella Müll.Hal. ex Wijk,Margad. & Florsch. = **Weissia**
Edgaria【3】 C.B.Clarke 三棱瓜属 Cucurbitaceae 葫芦科 [MD-205] 全球 (1) 大洲分布及种数(1-2)◆亚洲
Edgeworthia Falc. = **Edgeworthia**
Edgeworthia【3】 Meisn. 结香属 ← **Daphne;Sideroxylon** Thymelaeaceae 瑞香科 [MD-310] 全球 (1) 大洲分布及种数(5-6)◆亚洲
Edgworthia Lindl. = **Edgeworthia**
Edisonia Small = **Gonolobus**
Editeles Raf. = **Lythrum**
Editha Standl. = **Edithea**
Edithcolea【3】 N.E.Br. 巨龙角属 Apocynaceae 夹竹桃科 [MD-492] 全球 (1) 大洲分布及种数(cf. 1)◆西亚(◆也门)
Edithea【3】 Standl. 巨茜草属 ← **Deppea** Rubiaceae 茜草科 [MD-523] 全球 (1) 大洲分布及种数(4)◆北美洲(◆墨西哥)
Edmondia【3】 Cass. 白苞紫绒草属 ≒ **Calycophysum** Asteraceae 菊科 [MD-586] 全球 (1) 大洲分布及种数(3)◆非洲
Edmonstonia Seem. = **Tetrathylacium**
Edmundoa【3】 Leme 围苞凤梨属 ← **Canistrum** Bromeliaceae 凤梨科 [MM-715] 全球 (1) 大洲分布及种数(1)◆南美洲
Edosmia Nutt. = **Carum**
Edostoma Boiv. ex Baill. = **Tricalysia**
Edouardia Corr.Mello = **Dolichandra**
Edraianthus (A.DC.) A.DC. = **Edraianthus**
Edraianthus【3】 A.DC. 岩风铃属 ← **Wahlenbergia; Campanula;Saccharum** Campanulaceae 桔梗科 [MD-561] 全球 (1) 大洲分布及种数(19-22)◆欧洲
Edrastenia Raf. = **Oldenlandia**
Edrastima Raf. = **Hedyotis**
Edritria Raf. = **Carex**
Edru Salisb. = **Trillium**
Eduandrea【3】 Leme,W.Till,G.K.Br.,J.R.Grant & Govaerts 鸟巢凤梨属 ≒ **Nidularium** Bromeliaceae 凤梨科 [MM-715] 全球 (1) 大洲分布及种数(1)◆南美洲
Eduardoregelia Popov = **Tulipa**
Edusaron Medik. = **Desmodium**
Edusarum Medik. = **Aeschynomene**
Edwar Hort. = **Arachnis**
Edwardia Raf. = **Cola**
Edwardsia【3】 Salisb. 越南槐属 ≒ **Sophora** Asteraceae 菊科 [MD-586] 全球 (1) 大洲分布及种数(1)◆亚洲
Edwarsia Dum. = **Bidens**
Edwartiothamnus【-】 Anderb. 菊科属 Asteraceae 菊科 [MD-586] 全球 (uc) 大洲分布及种数(uc)
Edwinia【3】 A.Heller 岩绣梅属 ≒ **Jamesia** Hydrangeaceae 绣球科 [MD-429] 全球 (1) 大洲分布及种数(uc)◆北美洲(◆美国)
Edwynia A.Heller = **Fendlerella**
Edyt Torr. & A.Gray = **Coldenia**
Edythea H.S.Jacks. & Holw. = **Edithea**
Eeheveria DC. = **Echeveria**
Eeldea T.Durand = **Weldenia**
Eenia Hiern & S.Moore = **Anisopappus**
Efferia Macquart = **Egeria**
Effusiella【3】 Lür 委内兰属 ← **Pleurothallis;Stelis** Orchidaceae 兰科 [MM-723] 全球 (1) 大洲分布及种数(27-28)◆南美洲(◆委内瑞拉)
Efossus Orcutt = **Stenocactus**
Efulensia C.H.Wright = **Deidamia**
Egaenus Griseb. = **Halenia**
Egania J.Rémy = **Chaetopappa**
Egena Raf. = **Clerodendrum**
Egenolfia【3】 Schott 长耳刺蕨属 → **Bolbitis;Polybotrya;Acrostichum** Lomariopsidaceae 藤蕨科 [F-52] 全球 (1) 大洲分布及种数(13-15)◆亚洲
Egenolfla Schott = **Egenolfia**
Egenus L. = **Ebenus**
Egeria【3】 Neraud 水蕴草属 ≒ **Elodea** Hydrocharitaceae 水鳖科 [MM-599] 全球 (1) 大洲分布及种数(3-6)◆南美洲(◆巴西)
Egeria Planch. = **Egeria**
Egernia Vis = **Egeria**
Eggelingia【3】 Summerh. 彗星兰属 ← **Angraecum** Orchidaceae 兰科 [MM-723] 全球 (1) 大洲分布及种数(3)◆非洲
Eggerella Pierre = **Planchonella**
Eggersia Hook.f. = **Neea**
Egides Rolfe = **Eriodes**
Egila Blanco = **Berchemia**
Egilina Raf. = **Aniseia**
Egleria【3】 L.T.Eiten 须薦草属 ← **Eleocharis** Cyperaceae 莎草科 [MM-747] 全球 (1) 大洲分布及种数(1)◆南美洲
Eglerodendron Aubrév. & Pellegr. = **Pouteria**
Egletes【3】 Cass. 热雏菊属 → **Aphanostephus; Cotula; Matricaria** Asteraceae 菊科 [MD-586] 全球 (6) 大洲分布及种数(8-14)非洲:2;亚洲:2;大洋洲:2;欧洲:2-4;北美洲:4-6;南美洲:6-9
Egracina Lindl. = **Erycina**
Egre Champ. ex Benth. = **Turpinia**
Egretta Eckl. = **Watsonia**
Ehorbia L. = **Euphorbia**
Ehrardia Benth. & Hook.f. = **Everardia**
Ehrartha P.Beauv. = **Tristachya**
Ehrartia Benth. = **Ehrharta**
Ehre Champ. ex Benth. = **Turpinia**
Ehrenbergia Man. = **Kallstroemia**
Ehrenbergia Mart. = **Tribulus**

Ehrenbergia Spreng. = **Amaioua**
Ehrenbergiana Spreng. = **Tribulopis**
Ehrenbergii Spreng. = **Tribulopis**
Ehrendorferia【3】T.Fukuhara & Lidén 耳坠花属 ← **Dicentra** Papaveraceae 罂粟科 [MD-54] 全球 (1) 大洲分布及种数(1-2)◆北美洲
Ehretia【3】P.Br. 厚壳树属 ≒ **Cienkowskia;Premna** Ehretiaceae 厚壳树科 [MD-501] 全球 (6) 大洲分布及种数(47-81;hort.1)非洲:18-45;亚洲:28-55;大洋洲:7-23;欧洲:3-17;北美洲:9-23;南美洲:8-24
Ehretiaceae【3】Mart. 厚壳树科 [MD-501] 全球 (6) 大洲分布和属种数(1-2;hort. & cult.1)(46-105;hort. & cult.9-12)非洲:1-2/18-48;亚洲:1-2/28-58;大洋洲:1-2/7-26;欧洲:1-2/3-20;北美洲:1-2/9-26;南美洲:1-2/8-27
Ehretiana Collinson = **Ehretia**
Ehrhardia G.A.Scop. = **Persea**
Ehrhardta R.Hedw. = **Ehrharta**
Ehrharta Nees = **Ehrharta**
Ehrharta【3】Thunb. 皱稃草属 ← **Aira;Brylkinia; Tristachya** Poaceae 禾本科 [MM-748] 全球 (6) 大洲分布及种数(36-43;hort.1)非洲:31-38;亚洲:6-8;大洋洲:12-15;欧洲:6-10;北美洲:5-7;南美洲:3-4
Ehrharteae Nevski = **Ehrharta**
Ehrhartia F.H.Wigg. = **Leersia**
Ehrhartia P. & K. = **Aiouea**
Ehrlichia Seem. = **Erblichia**
Eia Lunell = **Triticum**
Eichhornia【3】Kunth 凤眼莲属 ← **Pontederia;Echeandia** Pontederiaceae 雨久花科 [MM-711] 全球 (1) 大洲分布及种数(7-9)◆南美洲
Eichlerago Carrick = **Prostanthera**
Eichleria M.M.Hartog = **Labourdonnaisia**
Eichlerodendron Briq. = **Xymalos**
Eichornia A.Rich. = **Eichhornia**
Eichwaldi Ledeb. = **Reaumuria**
Eichwaldia Ledeb. = **Reaumuria**
Eidolon Salisb. = **Strumaria**
Eidothea【3】A.W.Douglas & B.Hyland 攀鼠栎属 Proteaceae 山龙眼科 [MD-219] 全球 (1) 大洲分布及种数(2)◆大洋洲(◆澳大利亚)
Eigia【3】Soják 肥皂草属 ≒ **Saponaria** Brassicaceae 十字花科 [MD-213] 全球 (1) 大洲分布及种数(2) ◆亚洲
Eiglera【3】K.Schum. & Lauterb. 瑞士野牡丹属 ≒ **Lecanora** Melastomataceae 野牡丹科 [MD-364] 全球 (1) 大洲分布及种数(cf. 1)◆欧洲
Eilemanthus Hochst. = **Indigofera**
Eimomenia Meisn. = **Aristolochia**
Einadia【3】Raf. 浆果藜属 ← **Achimenes;Rhagodia** Amaranthaceae 苋科 [MD-116] 全球 (1) 大洲分布及种数(cf. 1)◆非洲
Einnia L. = **Einadia**
Einomeia Raf. = **Aristolochia**
Einomeria Rchb. = **Aristolochia**
Einsteinia Ducke = **Kutchubaea**
Eionitis【3】Bremek. 蛇舌草属 ← **Oldenlandia** Rubiaceae 茜草科 [MD-523] 全球 (1) 大洲分布及种数(2)◆非洲
Eipgenium Gagnep. = **Epigeneium**
Eirmocephala【2】H.Rob. 翼柄斑鸠菊属 ← **Cacalia; Vernonia** Asteraceae 菊科 [MD-586] 全球 (2) 大洲分布及种数(4-5)北美洲:1;南美洲:3
Eise Medik. = **Asparagus**
Eisenmannia Sch.Bip. = **Blainvillea**
Eisocreochiton【3】Quisumb. & Merr. 菲律宾野牡丹属 Melastomataceae 野牡丹科 [MD-364] 全球 (1) 大洲分布及种数(uc)属分布和种数(uc)◆东南亚(◆菲律宾)
Eitenia【3】R.M.King & H.Rob. 肋毛泽兰属 Asteraceae 菊科 [MD-586] 全球 (1) 大洲分布及种数(2)◆南美洲
Eithea【3】Ravenna 紫鹃莲属 ≒ **Hippeastrum** Amaryllidaceae 石蒜科 [MM-694] 全球 (1) 大洲分布及种数(1)◆南美洲(◆巴西)
Eizaguirrea J.Rémy = **Leucheria**
Eizia【3】Standl. 埃兹茜属 Rubiaceae 茜草科 [MD-523] 全球 (1) 大洲分布及种数(1)◆北美洲
Ekebergia【3】Sparrm. 犬李属 → **Cipadessa;Trichilia; Lepidotrichilia** Meliaceae 楝科 [MD-414] 全球 (1) 大洲分布及种数(5-8)◆非洲(◆南非)
Ekimia【3】H.Duman & M.F.Watson 隐盘芹属 ← **Prangos** Apiaceae 伞形科 [MD-480] 全球 (1) 大洲分布及种数(2-3)◆亚洲
Ekmania【3】Gleason 多鳞落苞菊属 ← **Vernonia** Asteraceae 菊科 [MD-586] 全球 (1) 大洲分布及种数(1)◆北美洲(◆古巴)
Ekmanianthe【3】Urb. 埃克曼紫葳属 ← **Tabebuia; Tecoma** Bignoniaceae 紫葳科 [MD-541] 全球 (1) 大洲分布及种数(2)◆北美洲
Ekmaniocharis【3】Urb. 麦克野牡丹属 ≒ **Ossaea** Melastomataceae 野牡丹科 [MD-364] 全球 (1) 大洲分布及种数(2)◆北美洲(◆美国)
Ekmaniopappus【3】Borhidi 盘花藤菊属 ≒ **Herodotia** Asteraceae 菊科 [MD-586] 全球 (1) 大洲分布及种数(1)◆北美洲
Ekmanochloa【3】Hitchc. 古巴竺属 Poaceae 禾本科 [MM-748] 全球 (1) 大洲分布及种数(2)◆北美洲(◆古巴)
Elacate L. = **Chamaerops**
Elachanthemum【3】Y.Ling & Y.R.Ling 紊蒿属 ← **Artemisia;Stilpnolepis** Asteraceae 菊科 [MD-586] 全球 (1) 大洲分布及种数(2)◆亚洲:cf.1
Elachanthera F.Müll = **Luzuriaga**
Elachanthus【3】F.Müll. 小花层菀属 Asteraceae 菊科 [MD-586] 全球 (1) 大洲分布及种数(3)◆大洋洲(◆澳大利亚)
Elachia DC. = **Chaetopappa**
Elachiptera A.C.Sm. = **Elachyptera**
Elachocroton F.Müll = **Sebastiania**
Elacholoma【3】F.Mull. & Tate 伏沟漆姑属 Phrymaceae 透骨草科 [MD-559] 全球 (1) 大洲分布及种数(1-2)◆大洋洲(◆澳大利亚)
Elachothamnos DC. = **Olearia**
Elachyptera【2】A.C.Sm. 小翅卫矛属 → **Reissantia; Tontelea** Celastraceae 卫矛科 [MD-339] 全球 (3) 大洲分布及种数(8-9)非洲:4-5;北美洲:1;南美洲:4
Eladia Raf. = **Einadia**
Elae L. = **Phoenix**
Elaeagea Wedd. = **Elaeagia**
Elaeagia【2】Wedd. 蜡锦树属 ← **Bathysa;Warszewiczia;Stilpnophyllum** Rubiaceae 茜草科 [MD-523] 全球

E

(2) 大洲分布及种数(24-30;hort.2;cult: 2)北美洲:9-10;南美洲:20-24
Elaeagnaceae【3】Juss. 胡颓子科 [MD-356] 全球 (6) 大洲分布和属种数(3;hort. & cult.3)(107-193;hort. & cult. 20-24)非洲:1-2/3-18;亚洲:2-3/101-142;大洋洲:1-2/4-19;欧洲:2-3/9-24;北美洲:3/19-35;南美洲:2/15
Elaeagnus【3】L. 胡颓子属 → **Shepherdia;Hippophae** Elaeagnaceae 胡颓子科 [MD-356] 全球 (6) 大洲分布及种数(95-122;hort.1;cult:11)非洲:3-16;亚洲:92-128;大洋洲:4-17;欧洲:8-21;北美洲:14-27;南美洲:13
Elaeagrus J.F.Gmel. = **Shepherdia**
Elaeagus L. = **Elaeagnus**
Elaecocarpus L. = **Elaeocarpus**
Elaegnus L. = **Elaeagnus**
Elaeis【3】Jacq. 油棕属 ≒ **Calyptronoma** Arecaceae 棕榈科 [MM-717] 全球 (1) 大洲分布及种数(2-4)◆南美洲(◆巴西)
Elaeocarpaceae【3】Juss. 杜英科 [MD-134] 全球 (6) 大洲分布和属种数(9-10;hort. & cult.5)(358-976;hort. & cult. 13-21)非洲:2-3/46-175;亚洲:3-4/149-451;大洋洲:7/94-389;欧洲:2-4/2-28;北美洲:3-4/69-98;南美洲:5-6/131-163
Elaeocarpus【3】L. 杜英属 → **Aceratium;Acronychia;Sloanea** Elaeocarpaceae 杜英科 [MD-134] 全球 (6) 大洲分布及种数(133-571;hort.1;cult:1)非洲:28-134;亚洲:103-384;大洋洲:36-262;欧洲:19;北美洲:10-32;南美洲:9-23
Elaeocarpus Mast. = **Elaeocarpus**
Elaeocaspus L. = **Elaeocarpus**
Elaeocharis Brongn. = **Andropogon**
Elaeochlora Ducke = **Mallotus**
Elaeochytris Fenzl = **Peucedanum**
Elaeococca Comm. ex A.Juss. = **Vernicia**
Elaeococcus Spreng. = **Vernicia**
Elaeocyma Baill. = **Elaeoluma**
Elaeodema Baill. = **Elaeoluma**
Elaeodendron【3】Jacq. 福榄属 → **Allocassine;Sideroxylon** Celastraceae 卫矛科 [MD-339] 全球 (1) 大洲分布及种数(27-32)◆非洲(◆南非)
Elaeogene Miq. = **Vatica**
Elaeoluma【3】Baill. 巴西山榄属 ← **Chrysophyllum;Pouteria;Vitellaria** Sapotaceae 山榄科 [MD-357] 全球 (1) 大洲分布及种数(4)◆南美洲
Elaeophora Ducke = **Plukenetia**
Elaeophorbia Stapf = **Euphorbia**
Elaeopleurum Korovin = **Seseli**
Elaeosticta【2】Fenzl 斑驳芹属 ← **Conopodium** Apiaceae 伞形科 [MD-480] 全球 (2) 大洲分布及种数(19-27)亚洲:18-25;欧洲:1
Elainea L. = **Elatine**
Elaiocarpus P. & K. = **Elaeocarpus**
Elais L. = **Elaeis**
Elamena Raf. = **Bauhinia**
Elanella Opiz = **Elatine**
Elaph L. = **Phoenix**
Elaphandra【2】Strother 鹿菊属 ← **Aspilia;Wedelia** Asteraceae 菊科 [MD-586] 全球 (2) 大洲分布及种数(14-15)北美洲:2-3;南美洲:13
Elaphanthera【3】N.Hallé 鹿药檀香属 ≒ **Exocarpos** Santalaceae 檀香科 [MD-412] 全球 (1) 大洲分布及种数(1)◆大洋洲(◆美拉尼西亚)
Elaphe L. = **Chamaerops**
Elaphoboscum Rupr. = **Pastinaca**
Elaphoglossaceae【3】Pic.Serm. 舌蕨科 [F-53] 全球 (6) 大洲分布和属种数(1;hort. & cult.1)(738-940;hort. & cult.8-12)非洲:1/88-136; 亚洲:1/94-134; 大洋洲:1/65-85; 欧洲:1/9-11; 北美洲:1/303-315; 南美洲:1/490-534
Elaphoglossum (Christ) Mickel & L.Atehortúa = **Elaphoglossum**
Elaphoglossum【3】Schott ex J.Sm. 舌蕨属 ≒ **Microstaphyla;Peltapteris** Elaphoglossaceae 舌蕨科 [F-53] 全球 (6) 大洲分布及种数(739-922;hort.1;cult:11)非洲:88-136;亚洲:94-134;大洋洲:65-85;欧洲:9-11;北美洲:303-315;南美洲:490-534
Elaphria Schaus = **Elaphrium**
Elaphrium【3】Jacq. 橄榄木属 ← **Amyris;Protium** Burseraceae 橄榄科 [MD-408] 全球 (1) 大洲分布及种数(4-7)◆北美洲
Elasis【3】D.R.Hunt 须花草属 ← **Tradescantia** Commelinaceae 鸭跖草科 [MM-708] 全球 (1) 大洲分布及种数(1)◆南美洲
Elasmatium Dulac = **Cosmibuena**
Elasmocarpus Hochst. ex Chiov. = **Elaeocarpus**
Elasmostoma Wight = **Boehmeria**
Elate L. = **Phoenix**
Elater L. = **Chamaerops**
Elateriopsis【3】Ernst 委内葫芦属 ← **Cyclanthera;Sechium** Cucurbitaceae 葫芦科 [MD-205] 全球 (1) 大洲分布及种数(6)◆南美洲
Elateriospermum【3】Bl. 豆桐属 → **Blumeodendron** Euphorbiaceae 大戟科 [MD-217] 全球 (1) 大洲分布及种数(cf. 1)◆亚洲
Elaterium Adans. = **Ecballium**
Elaterium Jacq. = **Rytidostylis**
Elates L. = **Chamaerops**
Elati L. = **Phoenix**
Elatinaceae【3】Dum. 沟繁缕科 [MD-129] 全球 (6) 大洲分布和属种数(2;hort. & cult.1)(48-83;hort. & cult.4)非洲:2/23-39;亚洲:2/16-26;大洋洲:2/12-29;欧洲:2/16-28;北美洲:2/15-26;南美洲:2/13-25
Elatine Hill = **Elatine**
Elatine【3】L. 沟繁缕属 ← **Alsine;Cymbalaria** Elatinaceae 沟繁缕科 [MD-129] 全球 (6) 大洲分布及种数(29-35)非洲:10-16;亚洲:10-15;大洋洲:6-13;欧洲:12-18;北美洲:11-17;南美洲:12-18
Elatinella Opiz = **Elatine**
Elatinoides【-】(Chav.) Wettst. 玄参科属 ≒ **Linaria** Scrophulariaceae 玄参科 [MD-536] 全球 (uc) 大洲分布及种数(uc)
Elatinopsis Clav. = **Linaria**
Elatosema Franch. & Sav. = **Elatostema**
Elatostema【3】J.R.Forst. & G.Forst. 楼梯草属 ← **Boehmeria;Procris;Pellionia** Urticaceae 荨麻科 [MD-91] 全球 (6) 大洲分布及种数(325-691;hort.1;cult: 9)非洲:15-111;亚洲:311-565;大洋洲:16-148;欧洲:20;北美洲:2-25;南美洲:1-18
Elatostematoides【3】C.B.Rob. 楼梯草属 ← **Elatostema** Urticaceae 荨麻科 [MD-91] 全球 (1) 大洲分布及种数(4-12) ◆亚洲

Elatostemma Endl. = **Elatostema**
Elatostemoides C.B.Rob. = **Elatostema**
Elatostemon P. & K. = **Procris**
Elatostoma Wight = **Procris**
Elattoma Raf. = **Agrostemma**
Elattosis Gagnep. = **Butomopsis**
Elattospermum Soler. = **Breonia**
Elattostachys【2】(Bl.) Radlk. 小穗无患子属 ← **Cupania** Sapindaceae 无患子科 [MD-428] 全球 (3) 大洲分布及种数(9-24)非洲:1-8;亚洲:4-7;大洋洲:6-21
Elaver L. = **Chamaerops**
Elayuna Raf. = **Bauhinia**
Elbella Evans = **Eloyella**
Elbunis Raf. = **Marrubium**
Elburzia Hedge = **Didymophysa**
Elcaja Forssk. = **Trichilia**
Elcana Blanco = **Cerbera**
Elcania Blanco = **Thevetia**
Elcismia B.L.Rob. = **Oritrophium**
Elcomarhiza【3】Barb.-Rodr. 牛奶菜属 ← **Marsdenia** Apocynaceae 夹竹桃科 [MD-492] 全球 (1) 大洲分布及种数(uc)属分布和种数(uc)◆南美洲
Eleagnus Hill = **Shepherdia**
Elearethusa【-】Hort. 兰科属 Orchidaceae 兰科 [MM-723] 全球 (uc) 大洲分布及种数(uc)
Elecalthusa【-】Hort. 兰科属 Orchidaceae 兰科 [MM-723] 全球 (uc) 大洲分布及种数(uc)
Electra (Electtra) Nor. = **Schismus**
Electra DC. = **Coreopsis**
Electranthera【3】Mesfin,D.J.Crawford & Pruski 竹灯菊属 Asteraceae 菊科 [MD-586] 全球 (1) 大洲分布及种数(uc) ◆北美洲
Electrophorus L. = **Elytrophorus**
Electrosperma F.Müll = **Eriocaulon**
Elegatis Raf. = **Tetracera**
Elegia【3】L. 竹灯草属 → **Cannomois;Restio; Chondropetalum** Restionaceae 帚灯草科 [MM-744] 全球 (1) 大洲分布及种数(19-58)◆非洲(◆南非)
Elegiaceae Raf. = Lyginiaceae
Eleginus Nees = **Andropogon**
Eleiastis Raf. = **Tetracera**
Eleiodoxa【3】(Becc.) Burret 蛇皮果属 ← **Salacca** Arecaceae 棕榈科 [MM-717] 全球 (1) 大洲分布及种数(1)◆亚洲
Eleiosina Raf. = **Spiraea**
Eleiotis【3】DC. 姊妹豆属 ← **Desmodium;Hedysarum** Fabaceae 豆科 [MD-240] 全球 (1) 大洲分布及种数(1-10)◆亚洲
Elekmania【2】B.Nord. 千里光属 ≒ **Senecio** Asteraceae 菊科 [MD-586] 全球 (3) 大洲分布及种数(9)非洲;亚洲;北美洲
Elelis Raf. = **Salvia**
Elemanthus Schlecht. = **Indigofera**
Elemi Adans. = **Amyris**
Elemifera Burm. = **Amyris**
Elengi Adans. = **Mimusops**
Elentherococcus Maxim. = **Eleutherococcus**
Eleocaris Sanguin. = **Eleocharis**
Eleocharis (Beauverd) Svenson = **Eleocharis**
Eleocharis【3】R.Br. 荸荠属 ← **Andropogon;Chaetocyperus;Bulbostylis** Cyperaceae 莎草科 [MM-747] 全球 (6) 大洲分布及种数(273-377;hort.1;cult: 36)非洲:84-152;亚洲:126-198;大洋洲:73-138;欧洲:42-92;北美洲:135-199;南美洲:156-219
Eleodendron Meisn. = **Allocassine**
Eleogenus Nees = **Eleocharis**
Eleogiton Link = **Isolepis**
Eleomarrhiza Barb.Rodr. = **Marsdenia**
Eleorchis【3】Maekawa 旭兰属 ← **Arethusa** Orchidaceae 兰科 [MM-723] 全球 (1) 大洲分布及种数(cf. 1)◆亚洲
Eleotis【-】Ver.-Lib. & R.D.Stone 野牡丹科属 Melastomataceae 野牡丹科 [MD-364] 全球 (uc) 大洲分布及种数(uc)
Elephandra Strother = **Elaphandra**
Elephantella Rydb. = **Pedicularis**
Elephantina Bertol. = **Rhynchocorys**
Elephantodon Salisb. = **Dioscorea**
Elephantomene【3】Barneby & Krukoff 象牙藤属 Menispermaceae 防己科 [MD-42] 全球 (1) 大洲分布及种数(1)◆南美洲
Elephantopsis (Sch.Bip.) C.F.Baker = **Elephantopus**
Elephantopus (Less.) Sch.Bip. = **Elephantopus**
Elephantopus【3】L. 地胆草属 ≒ **Scabiosa; Orthopappus** Asteraceae 菊科 [MD-586] 全球 (6) 大洲分布及种数(28-32;hort.1;cult:2)非洲:9-13;亚洲:8-13;大洋洲:2-6;欧洲:1-5;北美洲:11-15;南美洲:17-21
Elephantorrhiza【3】Benth. 象根豆属 ← **Acacia; Paraserianthes** Fabaceae 豆科 [MD-240] 全球 (1) 大洲分布及种数(4-9)◆非洲
Elephantosis Less. = **Elephantopus**
Elephantusia Willd. = **Phytelephas**
Elephas Mill. = **Rhynchocorys**
Elepogon Hort. = **Epipogium**
Elettaria【3】Maton 绿豆蔻属 ≒ **Alpinia;Aframomum** Zingiberaceae 姜科 [MM-737] 全球 (1) 大洲分布及种数(6-13)◆亚洲
Elettariopsis【3】Baker 地豆蔻属 ← **Amomum;Cyphostigma** Zingiberaceae 姜科 [MM-737] 全球 (1) 大洲分布及种数(8-11)◆亚洲
Eleusine【3】Gaertn.䅟属→**Acrachne;Dactyloctenium** Poaceae 禾本科 [MM-748] 全球 (6) 大洲分布及种数(12)非洲:11-16;亚洲:5-10;大洋洲:3-8;欧洲:4-9;北美洲:4-9;南美洲:4-9
Eleusis Gaertn. = **Eleusine**
Eleutera Stuntz = **Neckera**
Eleutharrhena【3】Forman 藤枣属 ← **Pycnarrhena** Menispermaceae 防己科 [MD-42] 全球 (1) 大洲分布及种数(cf. 1)◆东亚(◆中国)
Eleutherandra【3】Slooten 离蕊木属 Achariaceae 青钟麻科 [MD-159] 全球 (1) 大洲分布及种数(1-2)◆亚洲
Eleutheranthera【3】Poit. 离药菊属 ← **Eclipta; Wedelia;Melampodium** Asteraceae 菊科 [MD-586] 全球 (1) 大洲分布及种数(1)◆北美洲(◆墨西哥)
Eleutherine【3】Herb. 红葱属 ← **Marica;Sisyrinchium;Antholyza** Iridaceae 鸢尾科 [MM-700] 全球 (1) 大洲分布及种数(1-4)◆亚洲
Eleutherocarpum Schlecht. = **Osteomeles**

E

Eleutherocercus Maxim. = **Eleutherococcus**
Eleutherococcus【3】Maxim. 五加属 ← **Acanthopanax;Aralia** Araliaceae 五加科 [MD-471] 全球 (1) 大洲分布及种数(33-40)◆亚洲
Eleutherocoecus Maxim. = **Eleutherococcus**
Eleutheroglossum【3】(Schltr.) M.A.Clem. & D.L. Jones 耳垂石斛属 Orchidaceae 兰科 [MM-723] 全球 (1) 大洲分布及种数(1-6)◆大洋洲
Eleutheropetalum (H.Wendl.) H.Wendl. ex örst. = **Chamaedorea**
Eleutherospermum【3】K.Koch 离籽芹属 ← **Hladnikia;Smyrnium;Ligusticum** Apiaceae 伞形科 [MD-480] 全球 (1) 大洲分布及种数(cf. 1)◆亚洲
Eleutherostemon Herzog = **Diogenesia**
Eleutherostemon Klotzsch = **Philippia**
Eleutherosthylis Burret = **Eleutherostylis**
Eleutherostigma Pax & K.Hoffm. = **Plukenetia**
Eleutherostylis【2】Burret 舟叶椴属 Malvaceae 锦葵科 [MD-203] 全球 (3) 大洲分布及种数(1-2)非洲:1;亚洲:1;大洋洲:1
Eleuthrantheron Steud. = **Eleutheranthera**
Eleuthranthes【3】F.Müll. ex Benth. 盖茜属 ≒ **Opercularia** Rubiaceae 茜草科 [MD-523] 全球 (1) 大洲分布及种数(1)◆大洋洲
Elga Böhm. = **Posidonia**
Elharveya【3】H.A.Crum 墨西哥油藓属 Hookeriaceae 油藓科 [B-164] 全球 (1) 大洲分布及种数(1)◆北美洲
Eliaea Cambess. = **Eliea**
Eliara Cambess. = **Eliea**
Elibia Hutch. = **Polyscias**
Elichrysum Mill. = **Helichrysum**
Elictotrichon Bess ex Andrz. = **Helictotrichon**
Elide Medik. = **Asparagus**
Elidurandia Buckley = **Cienfuegosia**
Eliea【3】Cambess. 埃利木属 ≒ **Kobresia** Hypericaceae 金丝桃科 [MD-119] 全球 (1) 大洲分布及种数(1-4)◆非洲(◆马达加斯加)
Eligia Dum. = **Elegia**
Eligma Buchenau = **Alisma**
Eligmocarpus【3】Capuron 折扇豆属 Fabaceae 豆科 [MD-240] 全球 (1) 大洲分布及种数(1)◆非洲(◆马达加斯加)
Eligmus L. = **Elymus**
Elimus Mocca = **Allardia**
Elina E.Mey. = **Ononis**
Elingamita【3】G.T.S.Baylis 瑞金牛属 Primulaceae 报春花科 [MD-401] 全球 (1) 大洲分布及种数(1)◆大洋洲
Elinopsis Coss. & Durieu ex Munby = **Carum**
Elinora O.F.Cook = **Attalea**
Eliokarmos Raf. = **Ornithogalum**
Eliomys Nocca = **Elymus**
Elionurus【3】Humb. & Bonpl. ex Willd. 香鳞草属 → **Phacelurus;Schizachyrium;Urelytrum** Poaceae 禾本科 [MM-748] 全球 (6) 大洲分布及种数(20-23)非洲:15;亚洲:7;大洋洲:4;欧洲:1;北美洲:4;南美洲:11
Eliopia Raf. = **Heliotropium**
Eliosina Raf. = **Spiraea**
Eliotia Raf. = **Heliotropium**
Eliottia Steud. = **Elliottia**
Elisabetha Bronner = **Elizabetha**
Elisanthe (Fenzl ex Endl.) Rchb. = **Silene**
Elisarrhena Benth. & Hook.f. = **Habroneuron**
Elisena【3】Herb. 狭管蒜属 Amaryllidaceae 石蒜科 [MM-694] 全球 (1) 大洲分布及种数(1) ◆南美洲
Elisia Milano = **Brugmansia**
Elisie Milano = **Datura**
Elisma Buchen. = **Luronium**
Elius L. = **Elymus**
Elixiac Milano = **Datura**
Elixota Adans. = **Securidaca**
Elizabetha【3】Schomb. ex Benth. 伊丽豆属 Fabaceae 豆科 [MD-240] 全球 (1) 大洲分布及种数(11)◆南美洲
Elizaldia Willk. = **Nonea**
Elkaja M.Röm. = **Pouzolzia**
Elkania Schlecht. ex Wedd. = **Pouzolzia**
Elleanthus【3】Webb & Berth. ex C.Presl 托塔兰属 → **Adeneleuterophora;Bletia** Orchidaceae 兰科 [MM-723] 全球 (6) 大洲分布及种数(121-140)非洲:1;亚洲:3-5;大洋洲:1;欧洲:1;北美洲:41-45;南美洲:102-116
Ellebocarpus Brongn. = **Asplenium**
Elleborus Vill. = **Helleborus**
Elleimataenia Koso-Pol. = **Washingtonia**
Ellenbergia【3】Cuatrec. 外腺菊属 ← **Piqueria** Asteraceae 菊科 [MD-586] 全球 (1) 大洲分布及种数(1)◆南美洲(◆秘鲁)
Ellenia Ulbr. = **Noaea**
Ellertonia【3】Wight 单竹桃属 ← **Plectaneia;Carruthersia;Petchia** Apocynaceae 夹竹桃科 [MD-492] 全球 (1) 大洲分布及种数(uc)◆欧洲
Ellicium L. = **Illicium**
Ellimia Nutt. = **Oligomeris**
Elliotia Spach = **Ellisia**
Elliotii Muhl. ex Elliott = **Elliottia**
Elliottia【3】Muhl. ex Elliott 夏羽树属 ≒ **Cladothamnus** Ericaceae 杜鹃花科 [MD-380] 全球 (1) 大洲分布及种数(3-5)◆北美洲
Elliottii Muhl. ex Elliott = **Elliottia**
Ellipanthus【2】Hook.f. 单叶豆属 ← **Connarus;Pseudellipanthus;Vismianthus** Connaraceae 牛栓藤科 [MD-284] 全球 (3) 大洲分布及种数(9-12)非洲:2-3;亚洲:6-9;大洋洲:1
Ellipeia【3】Hook.f. & Thoms. 矩柱玉盘属 ≒ **Polyalthia** Annonaceae 番荔枝科 [MD-7] 全球 (1) 大洲分布及种数(4)◆亚洲
Ellipeiopsis【3】R.E.Fr. 单核玉盘属 ← **Ellipeia** Annonaceae 番荔枝科 [MD-7] 全球 (1) 大洲分布及种数(1-3)◆亚洲
Ellisia (Nutt.) A.Gray = **Ellisia**
Ellisia【3】L. 斑蝶花属 ≒ **Eucrypta;Pholistoma** Hydrophyllaceae 水叶草科 [MD-513] 全球 (1) 大洲分布及种数(2-25)◆北美洲
Ellisiana Garden = **Bignonia**
Ellisiophyllaceae【3】Honda 幌菊科 [MD-521] 全球 (1) 大洲分布和属种数(1;hort. & cult.1)(1-2;hort. & cult.1)◆南美洲
Ellisiophyllum【3】Maxim. 幌菊属 ≒ **Mazus** Plantaginaceae 车前科 [MD-527] 全球 (1) 大洲分布及种数(cf.1)◆亚洲

Ellisiopsis R.E.Fr. = **Ellipeiopsis**
Ellisochloa【3】 P.M.Peterson & N.P.Barker 单草属 ≒ **Danthonia** Poaceae 禾本科 [MM-748] 全球 (1) 大洲分布及种数(2)◆非洲
Ellobium Lilja = **Fuchsia**
Ellobius Lilja = **Schradera**
Ellobocarpus Kaulf. = **Ceratopteris**
Ellobum Bl. = **Vandellia**
Ellopia Raf. = **Heliotropium**
Elmas L. = **Elymus**
Elmera【3】 Rydb. 钟秀草属 ← **Heuchera;Tellima** Saxifragaceae 虎耳草科 [MD-231] 全球 (1) 大洲分布及种数(1)◆北美洲
Elmeria Ridl. = **Alpinia**
Elmerillia Dandy = **Magnolia**
Elmerina Ridl. = **Renealmia**
Elmeriobryum【-】 Broth. 灰藓科属 Hypnaceae 灰藓科 [B-189] 全球 (uc) 大洲分布及种数(uc)
Elmerrillia Dandy = **Magnolia**
Elmidae Medik. = **Asparagus**
Elmigera Rchb. = **Penstemon**
Elminia A.Heller = **Fendlerella**
Elo Mill. = **Cucumis**
Elobium Lilja = **Fuchsia**
Elodea【3】 Juss. 水蕴藻属 → **Cratoxylum;Udora; Apalanthe** Hydrocharitaceae 水鳖科 [MM-599] 全球 (6) 大洲分布及种数(11-13)非洲:1-27;亚洲:3-29;大洋洲:1-27;欧洲:2-28;北美洲:6-32;南美洲:6-32
Elodeaceae Dum. = Hydrocharitaceae
Elodes【3】 Adans. 金丝桃属 ≒ **Elodea;Cratoxylum** Clusiaceae 藤黄科 [MD-141] 全球 (1) 大洲分布及种数(1)◆亚洲
Elodium【3】 (Sull.) Austin 沼羽藓属 ≒ **Helodium** Thuidiaceae 羽藓科 [B-184] 全球 (1) 大洲分布及种数(1)◆东亚(◆中国)
Elogenus Nees = **Eleocharis**
Elogiton Link = **Isolepis**
Elongatia【2】 (Lür) Lür 腋花兰属 ← **Pleurothallis; Stelis** Orchidaceae 兰科 [MM-723] 全球 (2) 大洲分布及种数(cf.1) 北美洲;南美洲
Elopium Schott = **Philodendron**
Elosia L. = **Celosia**
Eloyella【2】 P.Ortiz 水蕴兰属 ← **Phymatidium** Orchidaceae 兰科 [MM-723] 全球 (3) 大洲分布及种数(10-11)亚洲:cf.1;北美洲:1;南美洲:9-10
Elphegea Cass. = **Psiadia**
Elphegea Less. = **Felicia**
Elpidia Raf. = **Blackstonia**
Elsbolzia Rchb. = **Elsholtzia**
Elschotzia Brongn. = **Elsholtzia**
Elseya Rydb. = **Kelseya**
Elshoitzia Willd. = **Elsholtzia**
Elsholtia W.D.J.Koch = **Elsholtzia**
Elsholtzia Benth. = **Elsholtzia**
Elsholtzia【3】 Willd. 香薷属 → **Achyrospermum; Nepeta** Lamiaceae 唇形科 [MD-575] 全球 (6) 大洲分布及种数(37-50;hort.1;cult:7)非洲:3-12;亚洲:36-55;大洋洲:2-10;欧洲:1-9;北美洲:5-13;南美洲:6-15
Elsholzia Mönch = **Couroupita**
Elshotzia Raf. = **Eschscholzia**
Elshotzia Roxb. = **Elsholtzia**
Elsiea F.M.Leight. = **Ornithogalum**
Elsota Adans. = **Securidaca**
Elssholzia Garcke = **Elsholtzia**
Eltroplectris【2】 Raf. 唇距兰属 ← **Neottia;Ochyrella** Orchidaceae 兰科 [MM-723] 全球 (2) 大洲分布及种数(18-20)北美洲:3;南美洲:17
Eltropterolexia【-】 Glic. 兰科属 Orchidaceae 兰科 [MM-723] 全球 (uc) 大洲分布及种数(uc)
Elusa Milano = **Datura**
Eluteria Steud. = **Croton**
Eluthe L. = **Phoenix**
Elvasia (Planch.) Planch. = **Elvasia**
Elvasia【3】 DC. 硬果莲木属 ← **Ouratea;Perissocarpa** Ochnaceae 金莲木科 [MD-104] 全球 (1) 大洲分布及种数(16-18)◆南美洲
Elvasieae Engl. = **Elvasia**
Elvendia Boiss. = **Carum**
Elvina Steud. = **Delilia**
Elvira Cass. = **Delilia**
Elwendia Boiss. = **Carum**
Elwertia Raf. = **Oedematopus**
Elwesara【-】 Griff. & J.M.H.Shaw 兰科属 Orchidaceae 兰科 [MM-723] 全球 (uc) 大洲分布及种数(uc)
Elwesia Boiss. = **Carum**
Elychrysum Mill. = **Helichrysum**
Elyhordeum【3】 Mansf. 鞘足麦属 ≒ **Elymordeum; Agrohordeum** Poaceae 禾本科 [MM-748] 全球 (6) 大洲分布及种数(1-19)非洲:3;亚洲:18;大洋洲:3;欧洲:3;北美洲:12;南美洲:3
Elylemus L. = **Elymus**
Elyleymus【3】 B.R.Baum 披碱茅属 ≒ **Elymus; Agroelymus** Poaceae 禾本科 [MM-748] 全球 (1) 大洲分布及种数(1-4)◆北美洲(◆美国)
Elymandra【3】 Stapf 箭袋草属 ← **Andropogon** Poaceae 禾本科 [MM-748] 全球 (1) 大洲分布及种数(6)◆非洲
Elymopyrum Cif. & Giacom. = **Elymus**
Elymordeum【2】 Lepage 鞘足草属 ← **Hordeum** Poaceae 禾本科 [MM-748] 全球 (2) 大洲分布及种数(cf.) 亚洲;北美洲
Elymostachys【2】 Tzvelev 新麦草属 ← **Psathyrostachys** Poaceae 禾本科 [MM-748] 全球 (2) 大洲分布及种数(cf.) 亚洲;欧洲
Elymotrigia【3】 Hylander 鞘足茅属 ≒ **Elymus** Poaceae 禾本科 [MM-748] 全球 (1) 大洲分布及种数(1-10)◆大洋洲
Elymotriticum P.Fourn. = **Elymus**
Elymus (Desv.) Melderis = **Elymus**
Elymus【3】 L. 披碱草属 ≒ **Elytrigia;Agrohordeum** Poaceae 禾本科 [MM-748] 全球 (1) 大洲分布及种数(194-298)◆亚洲
Elyna Schröd. = **Scirpus**
Elynanthus Beauv. ex T.Lestib. = **Tetraria**
Elyneae Nees ex Wight & Arn. = **Kobresia**
Elyonorus Bartl. = **Elionurus**
Elyonurus Humb. & Bonpl. ex Willd. = **Elionurus**
Elysia Munian & Ortea = **Selysia**

E

Elysitanion【3】 Bowden 美国舟叶草属 ≒ **Elymus** Poaceae 禾本科 [MM-748] 全球 (1) 大洲分布及种数(2)◆北美洲
Elysius L. = **Elymus**
Elytesion Barkworth & D.R.Dewey = **Hordeum**
Elytha Schröd. = **Kobresia**
Elythodia【-】 auct. 兰科属 Orchidaceae 兰科 [MM-723] 全球 (uc) 大洲分布及种数(uc)
Elythranthe Rchb. = **Elythranthera**
Elythranthera【3】 (Endl.) A.S.George 珐琅兰属 ≒ **Caladenia** Orchidaceae 兰科 [MM-723] 全球 (1) 大洲分布及种数(3)◆大洋洲(◆澳大利亚)
Elythraria D.Dietr. = **Elytraria**
Elythrophorus Dum. = **Elytrophorus**
Elythrospermum C.A.Mey. = **Actinoscirpus**
Elythrostamna Boj. = **Ipomoea**
Elytranthaceae Van Tiegh. = Meliaceae
Elytranthe【3】(Bl.) Bl. 大苞鞘花属 → **Alepis;Buccella;Sogerianthe** Loranthaceae 桑寄生科 [MD-415] 全球 (6)大洲分布及种数(18-31)非洲:8-12;亚洲:17-34;大洋洲:12-19;欧洲:3;北美洲:3;南美洲:3
Elytranthinae【-】 Engl. 桑寄生科属 Loranthaceae 桑寄生科 [MD-415] 全球 (uc) 大洲分布及种数(uc)
Elytraria【3】 Michx. 鳞堇花属 → **Dicliptera;Verbena;Etlingera** Acanthaceae 爵床科 [MD-572] 全球 (6) 大洲分布及种数(12-25;hort.1)非洲:5-11;亚洲:3-6;大洋洲:2;欧洲:2;北美洲:7-17;南美洲:6-9
Elytrigia (Á.Löve) Tzvelev = **Elytrigia**
Elytrigia【3】 Desv. 偃麦草属 ← **Agropyron;Aegilops** Poaceae 禾本科 [MM-748] 全球 (6) 大洲分布及种数(23-31;hort.1;cult:4)非洲:10-17;亚洲:20-30;大洋洲:2-9;欧洲:9-16;北美洲:7-14;南美洲:7
Elytrigium Benth. = **Elytrigia**
Elytroblepharum (Steud.) Schlechtd. = **Digitaria**
Elytropachys McClure = **Elytrostachys**
Elytropappus【3】 Cass. 鞘冠帚鼠麴属 ← **Gnaphalium;Dicerothamnus;Stoebe** Asteraceae 菊科 [MD-586] 全球 (1) 大洲分布及种数(4-5)◆非洲(◆南非)
Elytrophagus P.Beauv. = **Elytrophorus**
Elytrophora P.Beauv. = **Elytrophorus**
Elytrophorum Poir. = **Sesleria**
Elytrophorus【2】 P.Beauv. 总苞草属 ← **Dactylis;Phleum;Sesleria** Poaceae 禾本科 [MM-748] 全球 (3) 大洲分布及种数(3)非洲:2;亚洲:1;大洋洲:1
Elytropus【3】 Müll.Arg. 鞘足夹竹桃属 ← **Echites;Macropharynx** Apocynaceae 夹竹桃科 [MD-492] 全球 (1) 大洲分布及种数(1)◆南美洲
Elytrordeum【-】 Hyl. 禾本科属 Poaceae 禾本科 [MM-748] 全球 (uc) 大洲分布及种数(uc)
Elytrospermum【3】 C.A.Mey. 藨草属 ≒ **Schoenoplectus** Cyperaceae 莎草科 [MM-747] 全球 (1) 大洲分布及种数(uc)◆亚洲
Elytrostachys【2】 McClure 甲稃竹属 Poaceae 禾本科 [MM-748] 全球 (3) 大洲分布及种数(3)亚洲:cf.1;北美洲:2;南美洲:2
Elytrostamna Choisy = **Xenostegia**
Elzalia Kunth = **Eulalia**
Emarhendia【3】 Kiew,A.Weber & B.L.Burtt 腺唇苣苔属 Gesneriaceae 苦苣苔科 [MD-549] 全球 (1) 大洲分布及种数(1)◆亚洲
Emathia DC. = **Psychotria**
Emathis Salisb. = **Eranthis**
Embadium【-】 J.M.Black 紫草科属 Boraginaceae 紫草科 [MD-517] 全球 (uc) 大洲分布及种数(uc)
Embelia (A.DC.) Mez = **Embelia**
Embelia【3】 Burm.f. 酸藤子属 ← **Antidesma;Pothos;Myrsine** Primulaceae 报春花科 [MD-401] 全球 (6) 大洲分布及种数(70-159;hort.1)非洲:21-71;亚洲:53-130;大洋洲:5-44;欧洲:2-27;北美洲:6-30;南美洲:4-29
Embeliaceae J.Agardh = Theophrastaceae
Embelica Boj. = **Phyllanthus**
Embergeria【3】 Boulos 纽锥花菊属 ≒ **Sonchus** Asteraceae 菊科 [MD-586] 全球 (1) 大洲分布及种数(1)◆大洋洲
Emberiza Burm.f. = **Embelia**
Emblemantha【3】 B.C.Stone 瓮金牛属 Primulaceae 报春花科 [MD-401] 全球 (1) 大洲分布及种数(cf. 1)◆东南亚(◆印度尼西亚)
Emblemia Burm.f. = **Embelia**
Emblica【3】 Gaertn. 叶下珠属 ← **Phyllanthus** Phyllanthaceae 叶下珠科 [MD-222] 全球 (1) 大洲分布及种数(1)◆亚洲
Emblicn Gaertn. = **Emblica**
Emblingia【3】 F.Müll. 丝履花属 Emblingiaceae 丝履花科 [MD-218] 全球 (1) 大洲分布及种数(1)◆大洋洲(◆澳大利亚)
Emblingiaceae【3】Airy-Shaw 丝履花科 [MD-218] 全球 (1) 大洲分布和属种数(1/1)◆大洋洲
Embolanthera【3】 Merr. 活塞花属 Hamamelidaceae 金缕梅科 [MD-63] 全球 (1) 大洲分布及种数(cf. 1)◆亚洲
Embothrium【3】 J.R.Forst. & G.Forst. 筒瓣花属 → **Alloxylon;Stenocarpus** Proteaceae 山龙眼科 [MD-219] 全球 (6) 大洲分布及种数(3-4)非洲:1;亚洲:1;大洋洲:1-3;欧洲:1;北美洲:1-2;南美洲:2-3
Embotrium Ruiz & Pav. = **Oreocallis**
Embreea【3】 Dodson 鳍唇兰属 ← **Stanhopea** Orchidaceae 兰科 [MM-723] 全球 (1) 大洲分布及种数(2)◆南美洲
Embryogonia Bl. = **Combretum**
Embryopteris Gaertn. = **Diospyros**
Emelia Wight = **Emilia**
Emelianthe【3】 Danser 伞蕊寄生属 ← **Loranthus;Pedistylis** Loranthaceae 桑寄生科 [MD-415] 全球 (1) 大洲分布及种数(1)◆非洲
Emelista Raf. = **Cassia**
Emeorhiza【3】 Pohl 南美根茜属 ≒ **Withania** Rubiaceae 茜草科 [MD-523] 全球 (1) 大洲分布及种数(uc)◆亚洲
Emericia Röm. & Schult. = **Euphorbia**
Emerimnum Boj. = **Amerimnon**
Emerita Raf. = **Cassia**
Emerus【2】 Mill. 双泡豆属 ← **Coronilla;Diphysa;Sesbania** Fabaceae3 蝶形花科 [MD-240] 全球 (6) 大洲分布及种数(cf.1) 非洲;亚洲;大洋洲;欧洲;北美洲;南美洲
Emerus P. & K. = **Emerus**
Emex【3】 Campd. 角刺酸模属 ← **Rumex;Eria** Polygonaceae 蓼科 [MD-120] 全球 (6) 大洲分布及种数

(3)非洲:2-8;亚洲:2-8;大洋洲:2-8;欧洲:1-7;北美洲:2-9;南美洲:1-7
Emicocarpus【3】 K.Schum. & Schltr. 东南非萝藦属 Apocynaceae 夹竹桃科 [MD-492] 全球 (1) 大洲分布及种数(1)◆非洲
Emilia【3】(Cass.)Cass. 一点红属←**Cacalia;Othonna;Sonchus** Asteraceae 菊科 [MD-586] 全球 (6) 大洲分布及种数(96-122;hort.1;cult:2)非洲:84-101;亚洲:16-20;大洋洲:2-4;欧洲:1;北美洲:3-5;南美洲:2-4
Emiliella【3】 S.Moore 一点紫属 Asteraceae 菊科 [MD-586] 全球 (1) 大洲分布及种数(5-8)◆非洲
Emiliomarcelia T.Durand & H.Durand = **Trichoscypha**
Emiluvia Cass. = **Emilia**
Emilythwaitesara【-】J.M.H.Shaw 兰科属 Orchidaceae 兰科 [MM-723] 全球 (uc) 大洲分布及种数(uc)
Eminia【3】 Taub. 鹿藿属 ← **Rhynchosia** Fabaceae 豆科 [MD-240] 全球 (1) 大洲分布及种数(3-4)◆非洲
Eminium【2】 Schott 黑苞芋属 ← **Arum** Araceae 天南星科 [MM-639] 全球 (2) 大洲分布及种数(7-9;hort.1) 非洲:1;亚洲:6-8
Emmelia Burm.f. = **Embelia**
Emmelina Raf. = **Jacquemontia**
Emmenanthe (A.DC.) A.Gray = **Emmenanthe**
Emmenanthe【3】Benth. 风铎花属 → **Miltitzia;Phacelia** Boraginaceae 紫草科 [MD-517] 全球 (1) 大洲分布及种数(1-8)◆北美洲
Emmenanthes Hook.f. & Arn. = **Emmenanthe**
Emmenanthus Hook. & Arn. = **Ixonanthes**
Emmenopterys【3】 Oliv. 香果树属 ← **Mussaenda;Schizomussaenda** Rubiaceae 茜草科 [MD-523] 全球 (1) 大洲分布及种数(cf. 1)◆东亚(◆中国)
Emmenosperma【3】 F.Müll. 细革果属 ≒ **Colubrina** Rhamnaceae 鼠李科 [MD-331] 全球 (1) 大洲分布及种数(2-6)◆大洋洲
Emmenospermum Benth. = **Phtheirospermum**
Emmenospermum F.Müll = **Emmenosperma**
Emmeorhiza【3】 Endl. 南美根茜属 ← **Borreria;Endlicheria** Rubiaceae 茜草科 [MD-523] 全球 (1) 大洲分布及种数(1-3)◆南美洲
Emmotaceae Van Tiegh. = Icacinaceae
Emmotium Meisn. = **Emmotum**
Emmotum Brevistyla Engl. = **Emmotum**
Emmotum【3】 Ham. 埃莫藤属 Icacinaceae 茶茱萸科 [MD-450] 全球 (1) 大洲分布及种数(14-15)◆南美洲
Emodiopteris Ching & S.K.Wu = **Dennstaedtia**
Emoea Bl. = **Omoea**
Emoia Peters & Doria = **Emorya**
Emorya【3】 Torr. 金蛇花属 Scrophulariaceae 玄参科 [MD-536] 全球 (1) 大洲分布及种数(2-3)◆北美洲
Emorycactus Doweld = **Echinocactus**
Empedoclea A.St.Hil. = **Tetracera**
Empedoclesia Sleumer = **Orthaea**
Empedoclia Raf. = **Thibaudia**
Empetraceae【3】Hook. & Lindl. 岩高兰科 [MD-423] 全球 (6) 大洲分布和属种数(3-4;hort. & cult.2)(9-33;hort. & cult.5-6)非洲:1-3/1-20;亚洲:1-3/4-23;大洋洲:3/19;欧洲:1-3/3-22;北美洲:3-4/8-27;南美洲:1-3/3-22
Empetrum【3】 L. 岩高兰属 → **Ceratiola;Corema** Ericaceae 杜鹃花科 [MD-380] 全球 (6) 大洲分布及种数(7-8;hort.1;cult:2)非洲:1-4;亚洲:4-7;大洋洲:3;欧洲:3-6;北美洲:5-8;南美洲:3-6
Emphysopus Hook.f. = **Calendula**
Emplectanthus【3】 N.E.Br. 南非萝藦属 Apocynaceae 夹竹桃科 [MD-492] 全球 (1) 大洲分布及种数(2-3)◆非洲(◆南非)
Emplectocladus【3】 Torr. 沙棘桃属 ← **Amygdalus;Prunus** Rosaceae 蔷薇科 [MD-246] 全球 (6) 大洲分布及种数(2-3)非洲:1;亚洲:1;大洋洲:1;欧洲:1;北美洲:1-2;南美洲:1
Empleuridium【3】 Sond. & Harv. ex Harv. 柏荚木属 Celastraceae 卫矛科 [MD-339] 全球 (1) 大洲分布及种数(1)◆非洲(◆南非)
Empleurosma Bartl. = **Comocladia**
Empleurum Aiton = **Empleurum**
Empleurum【3】 Sol. 畔芸木属 ≒ **Diosma** Rutaceae 芸香科 [MD-399] 全球 (1) 大洲分布及种数(4-5)◆非洲(◆南非)
Empodisma【3】 L.A.S.Johnson & D.F.Cutler 折叶灯草属 ← **Calorophus;Hypolaena;Restio** Restionaceae 帚灯草科 [MM-744] 全球 (1) 大洲分布及种数(3)◆大洋洲
Empodium【3】 Salisb. 小仙梅草属 ← **Curculigo;Hypoxis** Hypoxidaceae 仙茅科 [MM-695] 全球 (1) 大洲分布及种数(8)◆非洲
Empogona (Robbr.) Tosh & Robbr. = **Empogona**
Empogona【3】 Hook.f. 猪肚木属 ≒ **Tricalysia** Rubiaceae 茜草科 [MD-523] 全球 (1) 大洲分布及种数(28)◆非洲
Empusa Lindl. = **Liparis**
Empusaria Rchb. = **Liparis**
Empusella【3】 (Lür) Lür 仙梅兰属 Orchidaceae 兰科 [MM-723] 全球 (1) 大洲分布及种数(cf. 1)◆北美洲
Emularia Raf. = **Justicia**
Emulina Raf. = **Aniseia**
Emurtia Raf. = **Eugenia**
Emys Neck. = **Emex**
Ena Ravenna = **Aristea**
Enaeta Falc. = **Scabiosa**
Enaimon Raf. = **Olea**
Enal Neck. = **Inula**
Enalcida Cass. = **Tagetes**
Enallagma【2】(Miers) Baill. 葫芦树属 ≒ **Amphitecna** Bignoniaceae 紫葳科 [MD-541] 全球 (4) 大洲分布及种数(cf.1) 亚洲;欧洲;北美洲;南美洲
Enalus Asch. & Garcke = **Enhalus**
Enanthleya【-】J.M.H.Shaw 兰科属 Orchidaceae 兰科 [MM-723] 全球 (uc) 大洲分布及种数(uc)
Enantia Falc. = **Sabia**
Enantiophylla【3】 J.M.Coult. & Rose 反叶草属 Apiaceae 伞形科 [MD-480] 全球 (1) 大洲分布及种数(1)◆北美洲
Enantiosparton K.Koch = **Spartium**
Enantiotrichum E.Mey. ex DC. = **Euryops**
Enarganthe【3】N.E.Br. 辉玉树属 ← **Mesembryanthemum** Aizoaceae 番杏科 [MD-94] 全球 (1) 大洲分布及种数(1)◆非洲(◆南非)
Enargea Banks & Sol. ex Gaertn. = **Luzuriaga**
Enartea Steud. = **Luzuriaga**
Enarthrocarpus【2】 Labill. 羚角芥属 ← **Brassica;**

E

Raphanus;Eremophyton Brassicaceae 十字花科 [MD-213] 全球 (3) 大洲分布及种数(6)非洲:5;亚洲:cf.1;欧洲:3
Enartocarpus Poir. = **Enarthrocarpus**
Enaulophyton【3】Steenis 野牡丹科属 Melastomataceae 野牡丹科 [MD-364] 全球 (1) 大洲分布及种数(uc)◆大洋洲
Encabarcenia【3】Archila & Szlach. 大帽兰属 Orchidaceae 兰科 [MM-723] 全球 (1) 大洲分布及种数(cf.1)◆北美洲
Encalypta (Kindb.) Broth. = **Encalypta**
Encalypta【3】Hedw. 大帽藓属 ≒ **Leersia;Leptodontium** Encalyptaceae 大帽藓科 [B-105] 全球 (6) 大洲分布及种数(44)非洲:13;亚洲:14;大洋洲:6;欧洲:23;北美洲:27;南美洲:11
Encalyptaceae【3】Schimp. 大帽藓科 [B-105] 全球 (5)大洲分布和属种数(2/45)亚洲:1/14;大洋洲:1/6;欧洲:2/24;北美洲:2/28;南美洲:1/11
Encarsia Webb & Berth. ex C.Presl = **Burmeistera**
Enceladus Nutt. ex Hook. = **Alsinidendron**
Encelia (A.Gray & Engelm.) A.Gray = **Encelia**
Encelia【3】Adans. 脆菊木属 ← **Coreopsis;Verbesina;Simsia** Asteraceae 菊科 [MD-586] 全球 (6) 大洲分布及种数(22-38;hort.1;cult: 4)非洲:9;亚洲:9;大洋洲:9;欧洲:9;北美洲:20-32;南美洲:4-13
Enceliopsis【3】A.Nelson 光线菊属 ← **Encelia;Helianthella** Asteraceae 菊科 [MD-586] 全球 (1) 大洲分布及种数(4-9)◆北美洲
Encephalartaceae Schimp. & Schenk = Zamiaceae
Encephalartos【3】Lehm. 非洲铁属 ← **Cycas;Zamia;Macrozamia** Zamiaceae 泽米铁科 [G-2] 全球 (1) 大洲分布及种数(54-76)◆非洲
Encephallartes Endl. = **Encephalartos**
Encephalocarpus A.Berger = **Pelecyphora**
Encephalosphaera【3】Lindau 内球爵床属 ← **Aphelandra** Acanthaceae 爵床科 [MD-572] 全球 (1) 大洲分布及种数(3)◆南美洲
Encheila O.F.Cook = **Chamaedorea**
Encheiridion【-】Summerh. 兰科属 ≒ **Microcoelia** Orchidaceae 兰科 [MM-723] 全球 (uc) 大洲分布及种数(uc)
Enchelidium Mart. ex Schult.f. = **Encholirium**
Enchelion Müll.Arg. = **Trigonostemon**
Encheliophis Müller = **Enceliopsis**
Enchelya Lem. = **Encelia**
Enchidion Müll.Arg. = **Trigonostemon**
Enchidium Jack = **Trigonostemon**
Encholirion【3】Benth. & Hook.f. 雀舌兰属 ≒ **Encholirium;Dyckia** Bromeliaceae 凤梨科 [MM-715] 全球 (1) 大洲分布及种数(uc)属分布和种数(uc)◆南美洲
Encholirium【3】Mart. ex Schult. 刺矛凤梨属 → **Connellia;Puya** Bromeliaceae 凤梨科 [MM-715] 全球 (1) 大洲分布及种数(39-42)◆南美洲
Enchosanthera【3】King & Stapf ex Guillaumin 野牡丹科属 Melastomataceae 野牡丹科 [MD-364] 全球 (1) 大洲分布及种数(uc)◆大洋洲
Enchydra F.Müll = **Enydra**
Enchylaena【3】R.Br. 红珠澳藜属 → **Maireana;Suaeda** Amaranthaceae 苋科 [MD-116] 全球 (1) 大洲分布及种数(2)◆大洋洲
Enchylium Jack = **Trigonostemon**
Enchylus Rich. = **Enhalus**
Enchysia C.Presl = **Lobelia**
Encilia Rchb. = **Encyclia**
Enckea【3】Kunth 胡椒属 ≒ **Piper** Piperaceae 胡椒科 [MD-39] 全球 (1) 大洲分布及种数(uc)◆亚洲
Enckianthus Desf. = **Zenobia**
Enckleia Pfeiff. = **Enkleia**
Encliandra Zucc. = **Fuchsia**
Encoelia Pennell = **Encopella**
Encollia Hook. = **Encyclia**
Encopa Griseb. = **Encopella**
Encopella【3】Pennell 凹玄参属 Plantaginaceae 车前科 [MD-527] 全球 (1) 大洲分布及种数(1)◆北美洲(◆古巴)
Encopia Benth. & Hook.f. = **Encopella**
Encrinus L. = **Erinus**
Encurea Walp. = **Paullinia**
Encyanthus Spreng. = **Zenobia**
Encyarthrolia【-】J.M.H.Shaw 兰科属 Orchidaceae 兰科 [MM-723] 全球 (uc) 大洲分布及种数(uc)
Encycla Benth. = **Encyclia**
Encyclia (Lindl.) Dressler = **Encyclia**
Encyclia【3】Hook. 围柱兰属 ≒ **Polystachya;Epidendrum;Amoana** Orchidaceae 兰科 [MM-723] 全球 (6) 大洲分布及种数(217-254;hort.1;cult:23)非洲:10;亚洲:27-37;大洋洲:13-23;欧洲:10;北美洲:130-149;南美洲:125-140
Encyclium Neumann = **Encyclia**
Encylaelia Archila & Szlach. = **Cratylia**
Encyleyvola【-】J.M.H.Shaw 兰科属 Orchidaceae 兰科 [MM-723] 全球 (uc) 大洲分布及种数(uc)
Encymon Raf. = **Olea**
Encytonavola【-】J.M.H.Shaw 兰科属 Orchidaceae 兰科 [MM-723] 全球 (uc) 大洲分布及种数(uc)
Encyvola【-】J.M.H.Shaw 兰科属 Orchidaceae 兰科 [MM-723] 全球 (uc) 大洲分布及种数(uc)
Endacanthus Baill. = **Pyrenacantha**
Endadenium L.C.Leach = **Euphorbia**
Endallex Raf. = **Phalaroides**
Endalus Hustache = **Enhalus**
Endammia Raf. = **Sarothamnus**
Endecaria Raf. = **Cuphea**
Endeis Raf. = **Dendrobium**
Endeisa Raf. = **Dendrobium**
Endeius Raf. = **Dendrobium**
Endelus Raf. = **Phacelia**
Endema Pritz. = **Eudema**
Endera Regel = **Taccarum**
Enderopogon Nees = **Enteropogon**
Endertia【3】Steenis & de Wit 彤仪花属 Fabaceae 豆科 [MD-240] 全球 (1) 大洲分布及种数(cf. 1)◆亚洲
Endespermum Bl. = **Dalbergia**
Endiandra【2】R.Br. 土楠属 → **Dehaasia;Mezilaurus;Acrodiclidium** Lauraceae 樟科 [MD-21] 全球 (5) 大洲分布及种数(20-139)非洲:4-52;亚洲:11-48;大洋洲:11-106;北美洲:3;南美洲:2
Endiplus Raf. = **Phacelia**
Endiusa Alef. = **Vicia**

Endivia Hill = **Tolpis**
Endlichera C.Presl = **Emmeorhiza**
Endlicherara J.M.H.Shaw = **Endlicheria**
Endlicheri Nees = **Endlicheria**
Endlicheria J.M.H.Shaw = **Endlicheria**
Endlicheria【3】 Nees 锥钓樟属 ← **Aiouea;Phrynium;Ocotea** Lauraceae 樟科 [MD-21] 全球 (1) 大洲分布及种数(65-103)◆南美洲
Endocarpa Raf. = **Persea**
Endocaulos【3】C.Cusset 河仙菜属 ← **Inversodicraea; Sphaerothylax** Podostemaceae 川苔草科 [MD-322] 全球 (1) 大洲分布及种数(1)◆非洲(◆马达加斯加)
Endocellion N.Turcz. ex F.von Herder = **Petasites**
Endoceras Raf. = **Flemingia**
Endocladia Turcz. = **Manettia**
Endocles Salisb. = **Amianthium**
Endocodon Raf. = **Goeppertia**
Endocoma Raf. = **Trichopetalum**
Endocomia【3】 W.J.de Wilde 内毛楠属 ← **Horsfieldia** Myristicaceae 肉豆蔻科 [MD-15] 全球 (1) 大洲分布及种数(cf. 1)◆亚洲
Endodaca Schlecht. = **Corydalis**
Endodeca Raf. = **Aristolochia**
Endodesma Benth. = **Endodesmia**
Endodesmia【3】 Benth. 内索藤黄属 Calophyllaceae 红厚壳科 [MD-140] 全球 (1) 大洲分布及种数(1)◆非洲
Endodia Raf. = **Leersia**
Endodonta Raf. = **Arthropodium**
Endogemma【-】 Konstant.,Vilnet & A.V.Troitsky 红厚壳科属 Calophyllaceae 红厚壳科 [MD-140] 全球 (uc) 大洲分布及种数(uc)
Endogemmataceae J.Agardh = Calophyllaceae
Endogona Raf. = **Arthropodium**
Endogonia (Turcz.) Lindl. = **Trigonotis**
Endoisila Raf. = **Euphorbia**
Endolasia Turcz. = **Manettia**
Endolepis Ton. ex A.Gray = **Atriplex**
Endoleuca Cass. = **Planea**
Endolimna Raf. = **Heteranthera**
Endoloma Raf. = **Amphilophium**
Endomallus Gagnep. = **Cajanus**
Endomelas Raf. = **Gardenia**
Endomia Raf. = **Leersia**
Endonema【3】 A.Juss. 叉苞木属 → **Glischrocolla;Penaea** Penaeaceae 管萼木科 [MD-375] 全球 (1) 大洲分布及种数(2)◆非洲
Endopappus Sch.Bip. = **Glebionis**
Endophyton Nieuwl. = **Utricularia**
Endopleura【3】 Cuatrec. 肋核木属 ← **Sacoglottis** Humiriaceae 香膏木科 [MD-348] 全球 (1) 大洲分布及种数(1)◆南美洲
Endopogon Nees = **Strobilanthes**
Endopogon Raf. = **Pagesia**
Endoptera DC. = **Crepis**
Endorima Raf. = **Phrynium**
Endos Raf. = **Allium**
Endosamara【3】 R.Geesink 崖豆藤属 ≒ **Millettia** Fabaceae 豆科 [MD-240] 全球 (1) 大洲分布及种数(cf.1)◆亚洲
Endosiphon【3】 T.Anderson ex Benth. & Hook.f. 大洋洲爵床属 ≒ **Ruellia** Acanthaceae 爵床科 [MD-572] 全球 (1) 大洲分布及种数(uc)◆亚洲
Endospermum【2】 Benth. 黄桐属 ≒ **Melanolepis; Macaranga** Euphorbiaceae 大戟科 [MD-217] 全球 (3) 大洲分布及种数(6-16)非洲:1-4;亚洲:5-12;大洋洲:2-7
Endospora Hochst. ex A.Rich. = **Coleochloa**
Endosteira【3】 Turcz. 桐红树属 ≒ **Mitragyna** Malvaceae 锦葵科 [MD-203] 全球 (1) 大洲分布及种数(uc)属分布和种数(uc)◆亚洲
Endostelium Turcz. = **Angostura**
Endostemon Leucosphaeri A.J.Paton,Harley & M.M.Harley = **Endostemon**
Endostemon【2】 N.E.Br. 内蕊草属 ≒ **Plectranthus** Lamiaceae 唇形科 [MD-575] 全球 (2) 大洲分布及种数(15-24)非洲:14-20;亚洲:5-6
Endostephium Turcz. = **Peltostigma**
Endot Raf. = **Allium**
Endotheca Raf. = **Aristolochia**
Endothia Shear & N.E.Stevens = **Aristolochia**
Endothyra Raf. = **Aristolochia**
Endotis Raf. = **Allium**
Endotriche (Bunge) Steud. = **Gentianella**
Endotrichella【2】 Müll.Hal. 亚洲蕨藓属 ≒ **Endotrichum;Garovaglia** Pterobryaceae 蕨藓科 [B-201] 全球 (2) 大洲分布及种数(15) 亚洲:11;大洋洲:6
Endotrichellopsis【3】 During 仪藓属 Ptychomniaceae 棱蒴藓科 [B-159] 全球 (1) 大洲分布及种数(1) ◆亚洲
Endotrichum【2】 (Mitt.) M.Fleisch. 拟蕨藓属 ≒ **Oedicladium** Pterobryaceae 蕨藓科 [B-201] 全球 (3) 大洲分布及种数(12) 非洲:1;亚洲:10;大洋洲:1
Endotro Raf. = **Allium**
Endotropis Endl. = **Rhamnus**
Endrachium Juss. = **Humbertia**
Endrachlum Juss. = **Humbertia**
Endresiella Schltr. = **Trevoria**
Endressia【3】 J.Gay 藁本属 ≒ **Ligusticum** Apiaceae 伞形科 [MD-480] 全球 (1) 大洲分布及种数(2)◆欧洲
Endropogon Nees = **Andropogon**
Endrosis Raf. = **Allium**
Endusa Miers = **Minquartia**
Endusia Benth. = **Vicia**
Endymion【3】 Dum. 蓝瑰花属 ← **Hyacinthoides;Scilla** Asparagaceae 天门冬科 [MM-669] 全球 (1) 大洲分布及种数(uc)属分布和种数(uc)◆非洲
Endysa P. & K. = **Dendrobium**
Enekbatus【3】 Trudgen & Rye 仪金娘属 Myrtaceae 桃金娘科 [MD-347] 全球 (1) 大洲分布及种数(10)◆大洋洲
Enemion【3】 Raf. 拟扁果草属 ← **Isopyrum** Ranunculaceae 毛茛科 [MD-38] 全球 (1) 大洲分布及种数(2-3)◆亚洲
Enemium Steud. = **Isopyrum**
Enemosyne Lehm. = **Eremosyne**
Eneodon Raf. = **Leucas**
Eneoptera DC. = **Crepis**
Enetephyton Nieuwl. = **Utricularia**
Enetophyton Nieuwl. = **Utricularia**
Enge Walp. = **Piper**

Engelhardia (örst.) DC. = **Engelhardia**
Engelhardia【3】Lesch. ex Bl. 烟包树属 ≒ **Gyrocarpus** Juglandaceae 胡桃科 [MD-136] 全球 (1) 大洲分布及种数(12-19;hort.1;cult: 2)◆亚洲
Engelhardtia【3】Lesch. ex Bl. 烟包木属 → **Alfaroa; Shorea** Dipterocarpaceae 龙脑香科 [MD-173] 全球 (6) 大洲分布及种数(2-3)非洲:6;亚洲:1-7;大洋洲:6;欧洲:6;北美洲:6;南美洲:6
Engelhardtiaceae Reveal & Doweld = Lophiraceae
Engelia H.Karst. ex Nees = **Mendoncia**
Engelmanni A.Gray ex Nutt. = **Engelmannia**
Engelmannia【3】A.Gray ex Nutt. 梳脉菊属 ≒ **Cuscuta;Croton** Asteraceae 菊科 [MD-586] 全球 (1) 大洲分布及种数(3-6)◆北美洲
Engenia L. = **Eugenia**
Engete Bruce ex Horan. = **Ensete**
Engkhiamara【-】auct. 兰科属 Orchidaceae 兰科 [MM-723] 全球 (uc) 大洲分布及种数(uc)
Engl Neck. = **Inula**
Englehardtia Lesch. ex Bl. = **Engelhardia**
Englemannia A.Gray & ex Nutt. = **Engelmannia**
Englenopthytum K.Krause = **Englerophytum**
Englera Van Tiegh. = **Englerina**
Englerarum【3】Nauheimer & P.C.Boyce 窄南星属 Araceae 天南星科 [MM-639] 全球 (1) 大洲分布及种数(cf.1) ◆亚洲
Englerastrum【3】Briq. 马刺花属 ← **Plectranthus** Lamiaceae 唇形科 [MD-575] 全球 (1) 大洲分布及种数(uc)◆亚洲
Englerella Pierre = **Pouteria**
Engleria【3】O.Hoffm. 窄翅菀属 Asteraceae 菊科 [MD-586] 全球 (1) 大洲分布及种数(2)◆非洲
Englerina【2】Van Tiegh. 卷蕊寄生属 ← **Loranthus; Tapinanthus** Loranthaceae 桑寄生科 [MD-415] 全球 (3) 大洲分布及种数(26)非洲:20-26;亚洲:1;大洋洲:3
Englerocharis【3】Muschl. 恩格勒芥属 → **Brayopsis** Brassicaceae 十字花科 [MD-213] 全球 (1) 大洲分布及种数(5-6)◆南美洲
Englerodaphne【3】Gilg 非洲瑞香属 ← **Gnidia;Wikstroemia** Thymelaeaceae 瑞香科 [MD-310] 全球 (1) 大洲分布及种数(3)◆非洲
Englerodendron【3】Harms 恩格勒豆属 ← **Anthonotha** Fabaceae 豆科 [MD-240] 全球 (1) 大洲分布及种数(1-4)◆非洲
Englerodoxa Hörold = **Ceratostema**
Englerophoenix P. & K. = **Attalea**
Englerophytum【3】K.Krause 蜜乳榄属 → **Afrosersalisia;Pouteria** Sapotaceae 山榄科 [MD-357] 全球 (1) 大洲分布及种数(17-23)◆非洲
Engomegoma【3】Breteler 加蓬铁青树属 Olacaceae 铁青树科 [MD-362] 全球 (1) 大洲分布及种数(1)◆非洲
Engsoonara【-】J.M.H.Shaw 兰科属 Orchidaceae 兰科 [MM-723] 全球 (uc) 大洲分布及种数(uc)
Engysiphon G.J.Lewis = **Geissorhiza**
Enhalaceae Nakai = Hydrocharitaceae
Enhalus【3】Rich. 海菖蒲属 ← **Stratiotes;Vallisneria** Hydrocharitaceae 水鳖科 [MM-599] 全球 (6) 大洲分布及种数(2)非洲:1-2;亚洲:1-2;大洋洲:1-2;欧洲:1;北美洲:1;南美洲:1
Enhydra DC. = **Enydra**
Enhydria Kanitz = **Caesulia**
Enhydrias【3】Ridl. 水筛属 ≒ **Blyxa** Hydrocharitaceae 水鳖科 [MM-599] 全球 (1) 大洲分布及种数(uc)◆大洋洲
Enhydrus Ridl. = **Blyxa**
Enicmus Nocca = **Aegilops**
Enicosanthellum Ban = **Disepalum**
Enicosanthum【3】Becc. 韦暗罗属 ← **Guatteria; Uvaria;Meiogyne** Annonaceae 番荔枝科 [MD-7] 全球 (1) 大洲分布及种数(6-17)◆亚洲
Enicostema【2】Bl. 南美单蕊龙胆属 ← **Centaurium; Gentiana** Gentianaceae 龙胆科 [MD-496] 全球 (4) 大洲分布及种数(4-5)非洲:3;亚洲:cf.1;北美洲:2;南美洲:2
Enicostemma Steud. = **Enicostema**
Enidae Raf. = **Salvia**
Enigmella【3】G.A.M.Scott & K.G.Beckm. 大洋洲顶苞苔属 Acrobolbaceae 顶苞苔科 [B-43] 全球 (1) 大洲分布及种数(cf. 1)◆大洋洲
Enipea Raf. = **Salvia**
Enipo Raf. = **Salvia**
Enispa Raf. = **Salvia**
Enispe Raf. = **Salvia**
Enispia Raf. = **Heliotropium**
Enkea Walp. = **Piper**
Enkianthus【3】Lour. 吊钟花属 ← **Andromeda;Zenobia;Poraqueiba** Ericaceae 杜鹃花科 [MD-380] 全球 (1) 大洲分布及种数(11-22)◆亚洲
Enkleia【3】Griff. 翼薇香属 ← **Linostoma;Lasiosiphon** Thymelaeaceae 瑞香科 [MD-310] 全球 (1) 大洲分布及种数(cf. 1)◆亚洲
Enkyanthus DC. = **Zenobia**
Enkylia Griff. = **Gynostemma**
Enkylista Benth. & Hook.f. = **Pogonopus**
Enlychnia Phil. = **Eulychnia**
Enneacanthus Baill. ex Grandid. = **Pyrenacantha**
Enneadynamis Bubani = **Parnassia**
Enneagonum Poir. = **Melicope**
Ennealophus【3】N.E.Br. 锥鸢花属 ← **Trimezia** Iridaceae 鸢尾科 [MM-700] 全球 (1) 大洲分布及种数(7)◆南美洲
Enneapogon Desv. ex P.Beauv. = **Enneapogon**
Enneapogon【3】P.Beauv. 九顶草属 ← **Agrostis;Pappophorum;Enteropogon** Poaceae 禾本科 [MM-748] 全球(6)大洲分布及种数(24-30;hort.1;cult:1)非洲:11-15;亚洲:9-14;大洋洲:13-23;欧洲:2-6;北美洲:4-8;南美洲:3-7
Ennearina Raf. = **Pleea**
Enneastemon【3】Exell 九蕊莓藤属 ≒ **Popowia; Monanthotaxis** Annonaceae 番荔枝科 [MD-7] 全球 (1) 大洲分布及种数(1)◆非洲
Enneatypus Herzog = **Ruprechtia**
Ennepta Raf. = **Nemopanthus**
Ennya Neck. = **Inula**
Enochoria Baker f. = **Schefflera**
Enodium Gaudin = **Molinia**
Enomegra A.Nelson = **Argemone**
Enomeia Spach = **Enkleia**
Enopla Neck. = **Inula**
Enoplus Raf. = **Convolvulus**

Enosis Hook.f. = **Epidendrum**
Enothrea Raf. = **Octomeria**
Enourea【3】Aubl. 醒神藤属 ≒ **Paullinia** Sapindaceae 无患子科 [MD-428] 全球 (1) 大洲分布及种数(uc)◆亚洲
Enrila Blanco = **Ventilago**
Enriquebeltrania 【3】 J.Rzedowski 齿柑桐属 Euphorbiaceae 大戟科 [MD-217] 全球 (1) 大洲分布及种数(2-4)◆北美洲
Enriquebeltrania Rzed. = **Enriquebeltrania**
Enrycles Salisb. = **Eurycles**
Enryspermum Salisb. = **Leucadendron**
Ensete 【3】 Bruce ex Horan. 象腿蕉属 → **Musella** Musaceae 芭蕉科 [MM-727] 全球 (6) 大洲分布及种数(9-10;hort.1)非洲:6-7;亚洲:4-5;大洋洲:2-3;欧洲:1;北美洲:1-2;南美洲:1
Ensiculus L. = **Billia**
Enskide Raf. = **Utricularia**
Enslenia 【3】 Raf. 北美洲玄参属 ≒ **Ampelamus** Apocynaceae 夹竹桃科 [MD-492] 全球 (1) 大洲分布及种数(1) ◆北美洲
Ensolenanthe Schott = **Alocasia**
Enstoma A.Juss. = **Eustoma**
Entada (Britton) Brenan = **Entada**
Entada 【3】 Adans. 榼藤属 ← **Acacia;Adenanthera; Pentaclethra** Fabaceae1 含羞草科 [MD-238] 全球 (6) 大洲分布及种数(25-44;hort.1)非洲:17-28;亚洲:8-15;大洋洲:4;欧洲:1-3;北美洲:6;南美洲:6-8
Entadopsis【3】Britton 榼藤属 ← **Entada;Adenopodia** Fabaceae3 蝶形花科 [MD-240] 全球 (1) 大洲分布及种数(cf.1)◆非洲
Entagonum Poir. = **Melicope**
Entalis Banks & Sol. ex Hook.f. = **Maytenus**
Entandophragma C.DC. = **Entandrophragma**
Entandrophragma【3】C.DC. 天马楝属 → **Pseudocedrela;Swietenia;** Meliaceae 楝科 [MD-414] 全球 (1) 大洲分布及种数(9-13)◆非洲
Entasicum S.F.Gray = **Trepocarpus**
Entasikom Raf. = **Trepocarpus**
Entasikon Raf. = **Trepocarpus**
Entaticus Gray = **Dactylorhiza**
Entelea 【3】 R.Br. 浮标麻属 ← **Apeiba;Christiana; Corchorus** Malvaceae 锦葵科 [MD-203] 全球 (1) 大洲分布及种数(1)◆南美洲
Enterocola Baker = **Enterosora**
Enterolobium【3】Mart.象耳豆属 ← **Acacia;Feuilleea; Albizia** Fabaceae 豆科 [MD-240] 全球 (6) 大洲分布及种数(14-18)非洲:2-3;亚洲:2-3;大洋洲:1-2;欧洲:1;北美洲:4-5;南美洲:13-16
Enteropogon 【3】 Nees 肠须草属 ≒ **Leptochloa** Poaceae 禾本科 [MM-748] 全球 (6) 大洲分布及种数(16-20;hort.1)非洲:10-11;亚洲:8-11;大洋洲:7-8;欧洲:4;北美洲:9;南美洲:2
Enteropogonopsis Wipff & Shaw = **Tetrapogon**
Enterosora 【2】 Baker 肠囊蕨属 ← **Ctenopteris; Polypodium** Polypodiaceae 水龙骨科 [F-60] 全球 (3) 大洲分布及种数(14)非洲:3;北美洲:10;南美洲:8
Enterospermum Hiern = **Coptosperma**
Enthomanthus Moç. & Sessé ex Ramirez = **Lopezia**
Entimus Nocca = **Aegilops**
Entocladia Stapf = **Entolasia**
Entoderma Vogel = **Erioderma**
Entodon (Hampe) Müll.Hal. = **Entodon**
Entodon 【3】 Müll.Hal. 绢藓属 ≒ **Bruchia; Palamocladium** Entodontaceae 绢藓科 [B-195] 全球 (6) 大洲分布及种数(137)非洲:23;亚洲:66;大洋洲:9;欧洲:6;北美洲:34;南美洲:40
Entodontaceae【3】Kindb. 绢藓科 [B-195] 全球 (5) 大洲分布和属种数(13/59)亚洲:10/24;大洋洲:5/7;欧洲:3/3;北美洲:6/19;南美洲:5/13
Entodontella 【3】 Broth. ex M.Fleisch. 喀麦隆灰藓属 Hypnaceae 灰藓科 [B-189] 全球 (1) 大洲分布及种数(1)◆非洲
Entodontopsis【3】Broth. 拟绢藓属 ≒ **Stereophyllum** Stereophyllaceae 硬叶藓科 [B-172] 全球 (6) 大洲分布及种数(15) 非洲:4;亚洲:7;大洋洲:1;欧洲:3;北美洲:6;南美洲:6
Entoganum Banks ex Gaertn. = **Melicope**
Entogonia Lindl. = **Trigonotis**
Entolasia【3】Stapf灌丛草属 → **Cleistochloa;Panicum** Poaceae 禾本科 [MM-748] 全球 (6) 大洲分布及种数(5-7)非洲:4-5;亚洲:1;大洋洲:2-5;欧洲:2-3;北美洲:4-5;南美洲:1
Entolium Kurz = **Ecbolium**
Entoloma Quél. = **Amphilophium**
Entomelas Raf. = **Flemingia**
Entomophobia 【3】 de Vogel 石仙桃属 ≒ **Pholidota** Orchidaceae 兰科 [MM-723] 全球 (1) 大洲分布及种数(1-2)◆亚洲
Entonaema A.Juss. = **Endonema**
Entoplocamia 【3】 Stapf 假穗草属 ← **Tetrachne** Poaceae 禾本科 [MM-748] 全球 (1) 大洲分布及种数(1)◆非洲
Entorrhiza Becc. = **Clinostigma**
Entosiphon Bedd. = **Atuna**
Entosolenia Benth. & Hook.f. = **Eriosolena**
Entosthodon (S.Hatt. & Mizut.) R.M.Schust. = **Entosthodon**
Entosthodon 【3】 Schwägr. 梨蒴藓属 ≒ **Brachymenium;Physcomitrium** Funariaceae 葫芦藓科 [B-106] 全球 (6) 大洲分布及种数(91) 非洲:30;亚洲:21;大洋洲:16;欧洲:18;北美洲:32;南美洲:30
Entosthymenium 【-】 Brid. 丛藓科属 Pottiaceae 丛藓科 [B-133] 全球 (uc) 大洲分布及种数(uc)
Entothrix Cass. = **Eriothrix**
Entrochium Raf. = **Eutrochium**
Entylia Griff. = **Alsomitra**
Enula Böhm. = **Inula**
Enurea J.F.Gmel. = **Paullinia**
Enyalus Rich. = **Enhalus**
Enydra 【2】 Lour. 沼菊属 ← **Caesulia;Eclipta** Asteraceae 菊科 [MD-586] 全球 (5) 大洲分布及种数(11-13)非洲:4;亚洲:2;大洋洲:1;北美洲:3;南美洲:10
Enydria 【3】 Vell. 狐尾藻属 ≒ **Myriophyllum** Haloragaceae 小二仙草科 [MD-271] 全球 (6) 大洲分布及种数(1) 非洲:1;亚洲:1;大洋洲:1;欧洲:1;北美洲:1;南美洲:1
Enydrinae H.Rob. = **Myriophyllum**
Enymion Raf. = **Isopyrum**

Eobania Cham. = **Desideria**
Eobia O.F.Cook = **Chamaedorea**
Eobruchia【3】W.R.Buck 拟小烛藓属 Bruchiaceae 小烛藓科 [B-120] 全球 (1) 大洲分布及种数(2) ◆南美洲
Eocalypogeia【3】(S.Hatt. & Mizut.) R.M.Schust. 北美洲护蒴苔属 Calypogeiaceae 护蒴苔科 [B-44] 全球 (1) 大洲分布及种数(1)◆北美洲
Eocardia Standl. = **Merendera**
Eocaria Müll.Arg. = **Excoecaria**
Eocoelia Adans. = **Encelia**
Eocyptera Nutt. ex Torr. & A.Gray = **Aletes**
Eoglandula【-】G.L.Nesom 菊科属 Asteraceae 菊科 [MD-586] 全球 (uc) 大洲分布及种数(uc)
Eohypopterygiopsis【-】J.P.Frahm 孔雀藓科属 Hypopterygiaceae 孔雀藓科 [B-160] 全球 (uc) 大洲分布及种数(uc)
Eoisotachis【3】R.M.Schust. 护袋苔属 Balantiopsaceae 直蒴苔科 [B-37] 全球 (1) 大洲分布及种数(1)◆非洲
Eokochia Freitag & G.Kadereit = **Neokochia**
Eoleucodon【3】H.A.Mill. & H.Whittier 太平洋白齿藓属 ≒ **Leucodon** Leucodontaceae 白齿藓科 [B-198] 全球 (1) 大洲分布及种数(1)◆大洋洲
Eomatucana【3】F.Ritter 山仙玉属 ← **Matucana** Cactaceae 仙人掌科 [MD-100] 全球 (1) 大洲分布及种数(uc) 属分布和种数(uc)◆南美洲
Eomecon【3】Hance 血水草属 Papaveraceae 罂粟科 [MD-54] 全球 (1) 大洲分布及种数(1-2)◆东亚(◆中国)
Eontia L. = **Bontia**
Eophonia Mart. = **Euphronia**
Eophylon A.Gray = **Exacum**
Eophyton Benth. & Hook.f. = **Eriophyton**
Eopleurozia <unassigned> = **Eopleurozia**
Eopleurozia【3】Schuster 亚洲紫叶苔属 ≒ **Pleurozia** Pleuroziaceae 紫叶苔科 [B-85] 全球 (1) 大洲分布及种数(1)◆东亚(◆中国)
Eopolytrichum【-】Konopka,Herend.,G.L.Merr. & P.Crane 金发藓科属 Polytrichaceae 金发藓科 [B-101] 全球 (uc) 大洲分布及种数(uc)
Eora O.F.Cook = **Tragiella**
Eosanthe【3】Urb. 晓花茜属 Rubiaceae 茜草科 [MD-523] 全球 (1) 大洲分布及种数(1)◆北美洲
Eosipho Salisb. = **Cyrtanthus**
Eosphagnum【-】A.J.Shaw 泥炭藓科属 Sphagnaceae 泥炭藓科 [B-97] 全球 (uc) 大洲分布及种数(uc)
Eotaiwania Yendo = **Taiwania**
Eotrichocolea【3】R.M.Schust. 新西兰绒苔属 ≒ **Jungermannia** Trichocoleaceae 绒苔科 [B-62] 全球 (1) 大洲分布及种数(cf. 1)◆大洋洲
Eousia Milano = **Brugmansia**
Epacridaceae【3】R.Br. 尖苞树科 [MD-391] 全球 (6) 大洲分布和属种数(23-34;hort. & cult.11-18)(157-956;hort. & cult.29-82)非洲:2-12/2-32;亚洲:2-12/2-34;大洋洲:20-32/153-869;欧洲:11/30;北美洲:1-11/1-31;南美洲:1-12/1-31
Epacris【3】Cav. 澳石南属 ≒ **Leucopogon;Pentachondra** Ericaceae 杜鹃花科 [MD-380] 全球 (1) 大洲分布及种数(17-97)◆大洋洲
Epactium Willd. ex J.A. & J.H.Schultes = **Ludwigia**
Epaetius Willd. ex Schult. = **Oenothera**
Epallage DC. = **Anisopappus**
Epallageiton Koso-Pol. = **Cymopterus**
Epalpus Walker = **Epaltes**
Epaltes (F.Müll) F.Müll = **Epaltes**
Epaltes【2】Cass. 球菊属 → **Conyza;Ethulia;Artemisia** Asteraceae 菊科 [MD-586] 全球 (5) 大洲分布及种数(9-14)非洲:3;亚洲:2-4;大洋洲:3-5;北美洲:3-4;南美洲:1
Epalthes Walp. = **Ethulia**
Epamera Rydb. = **Elmera**
Eparmatostigma Garay = **Vanda**
Epatitis【3】Raf. 欧蟹甲属 ≒ **Adenostyles** Asteraceae 菊科 [MD-586] 全球 (1) 大洲分布及种数(1)◆亚洲
Epectasis D.Don = **Acrostemon**
Epeolus Raf. = **Acroglochin**
Eperua【3】Aubl. 镰荚豆属 → **Afzelia** Fabaceae1 含羞草科 [MD-238] 全球 (1) 大洲分布及种数(15-17)◆南美洲
Epetetiorhiza Steud. = **Emmeorhiza**
Epetorhiza Pohl = **Physalis**
Ephaiola Raf. = **Atropa**
Ephebe【3】Fr. 麻李属 Chrysobalanaceae 可可李科 [MD-243] 全球 (1) 大洲分布及种数(uc）◆非洲
Ephebopogon Nees & Meyen ex Steud. = **Oplismenus**
Ephedra【3】Tourn. ex L. 麻黄属 Ephedraceae 麻黄科 [G-7] 全球 (6) 大洲分布及种数(55-81;hort.1;cult: 10)非洲:10-23;亚洲:34-56;大洋洲:1-9;欧洲:10-19;北美洲:30-39;南美洲:15-23
Ephedraceae【3】Dum. 麻黄科 [G-7] 全球 (6) 大洲分布和属种数(1;hort. & cult.1)(54-107;hort. & cult.19-31)非洲:1/10-23;亚洲:1/34-56;大洋洲:1/1-9;欧洲:1/10-19;北美洲:1/30-39;南美洲:1/15-23
Ephedranthus【3】S.Moore 长梗辕木属 → **Pseudephedranthus** Annonaceae 番荔枝科 [MD-7] 全球 (1) 大洲分布及种数(9)◆南美洲
Ephedrides【-】G.L.Nesom 菊科属 Asteraceae 菊科 [MD-586] 全球 (uc) 大洲分布及种数(uc)
Ephemera Mill. = **Ephemerum**
Ephemeraceae Griffith,John William & Henfrey,Arthur = Ephemeraceae
Ephemeraceae【2】Schimp. 夭命藓科 [B-135] 全球 (3) 大洲分布和属种数(1/4)大洋洲:1/2;北美洲:1/1;南美洲:1/2
Ephemerantha P.F.Hunt & Summerh. = **Dendrobium**
Ephemerella Müll.Hal. = **Ephemerum**
Ephemerellaceae Schimp. = Ephemeraceae
Ephemeridium Kindb. = **Ephemerum**
Ephemeron Mill. = **Ephemerum**
Ephemeropsis【2】K.I.Göbel 夭油藓属 Daltoniaceae 小黄藓科 [B-162] 全球 (2) 大洲分布及种数(2) 亚洲:1;大洋洲:2
Ephemeropteris【-】R.C.Moran & Sundue 蹄盖蕨科属 Athyriaceae 蹄盖蕨科 [F-40] 全球 (uc) 大洲分布及种数(uc)
Ephemerum (Limpr.) Broth. = **Ephemerum**
Ephemerum【3】Mill. 夭命藓属 ≒ **Tradescantia; Nanomitrium** Ephemeraceae 夭命藓科 [B-135] 全球 (6) 大洲分布及种数(34)非洲:10;亚洲:6;大洋洲:9;欧洲:12;北美洲:8;南美洲:11
Ephialis Banks & Sol. ex A.Cunn. = **Vitex**
Ephielis Banks & Sol. ex Seem. = **Matayba**
Ephielis Schreb. = **Ratonia**

Ephimia H.Duman & M.F.Watson = **Ekimia**
Ephippiandra【3】Decne. 非洲桂属 ← **Mollinedia; Tambourissa** Monimiaceae 玉盘桂科 [MD-20] 全球 (1) 大洲分布及种数(7)◆非洲
Ephippianthus【3】Rchb.f. 羊耳蒜属 ← **Liparis** Orchidaceae 兰科 [MM-723] 全球 (1) 大洲分布及种数(3)◆亚洲
Ephippiocarpa【3】Markgr. 丽唇夹竹桃属 ≒ **Callichilia** Apocynaceae 夹竹桃科 [MD-492] 全球 (1) 大洲分布及种数(2)◆非洲
Ephippiorhynchium Nees = **Rhynchospora**
Ephippiorhynchus Nees = **Actinoschoenus**
Ephippium Bl. = **Cirrhopetalum**
Ephydra Coquillett = **Ephedra**
Ephynes Raf. = **Monochaetum**
Ephyra D.Don = **Zephyra**
Epia Schaus = **Chrysogonum**
Epiactis Carlgren = **Epipactis**
Epiadena Raf. = **Salvia**
Epialtus H.Milne Edwards = **Epaltes**
Epiamomum【-】A.D.Poulsen & Škorničk. 姜科属 Zingiberaceae 姜科 [MM-737] 全球 (uc) 大洲分布及种数(uc)
Epiandra Benth. & Hook.f. = **Endiandra**
Epibarkiella【-】auct. 兰科属 Orchidaceae 兰科 [MM-723] 全球 (uc) 大洲分布及种数(uc)
Epibaterium Forst. = **Cocculus**
Epibatherium J.R.Forst. & G.Forst. = **Abuta**
Epibator【3】Lür 虫首兰属 ← **Zootrophion** Orchidaceae 兰科 [MM-723] 全球 (1) 大洲分布及种数(uc)属分布和种数(uc)◆南美洲
Epibiastrum G.A.Scop. = **Cocculus**
Epiblastus【2】Schltr. 上枝兰属 ← **Bulbophyllum** Orchidaceae 兰科 [MM-723] 全球 (4) 大洲分布及种数(4-26;hort.1)非洲:2-18;亚洲:9;大洋洲:19;欧洲:1
Epiblema【3】R.Br. 摇篮兰属 Orchidaceae 兰科 [MM-723] 全球 (1) 大洲分布及种数(19)◆大洋洲(◆澳大利亚)
Epibrassavola Hort. = **Brassavola**
Epibrassonitis auct. = **Brassavola**
Epibroughtonia auct. = **Broughtonia**
Epibryon Maguire = **Epidryos**
Epicactus Ritgen = **Parodia**
Epicadus Nutt. = **Epifagus**
Epicampes【3】J.Presl 乱子草属 → **Muhlenbergia; Sporobolus** Poaceae 禾本科 [MM-748] 全球 (1) 大洲分布及种数(cf.1) ◆北美洲
Epicarpura Hassk. = **Trophis**
Epicarpurus Bl. = **Streblus**
Epicarpus Wight = **Morus**
Epicatanthe【-】J.M.H.Shaw 兰科属 Orchidaceae 兰科 [MM-723] 全球 (uc) 大洲分布及种数(uc)
Epicatarthron【-】J.M.H.Shaw 兰科属 Orchidaceae 兰科 [MM-723] 全球 (uc) 大洲分布及种数(uc)
Epicatcyclia【-】J.M.H.Shaw 兰科属 Orchidaceae 兰科 [MM-723] 全球 (uc) 大洲分布及种数(uc)
Epicatechea【-】J.M.H.Shaw 兰科属 Orchidaceae 兰科 [MM-723] 全球 (uc) 大洲分布及种数(uc)
Epicatonia auct. = **Erigenia**
Epicattleya【3】Rolfe 哥丽兰属 Orchidaceae 兰科 [MM-723] 全球 (1) 大洲分布及种数(cf.)◆北美洲
Epicedia Vell. = **Styrax**
Epicephala Backeb. = **Parodia**
Epicereus Mottram = **Eriocereus**
Epicharis【3】Bl. 米仔兰属 ≒ **Aglaia** Meliaceae 楝科 [MD-414] 全球 (1) 大洲分布及种数(uc)属分布和种数(uc)◆大洋洲(◆美拉尼西亚)
Epichile J.M.H.Shaw = **Euchile**
Epichroxantha Eckl. & Zeyh. ex Meisn. = **Gnidia**
Epichysianthus Voigt = **Wrightia**
Epicion (Griseb.) Small = **Vincetoxicum**
Epicladium Small = **Brassavola**
Epiclastopelma【3】Lindau 并蒂马蓝属 ≒ **Mimulopsis** Acanthaceae 爵床科 [MD-572] 全球 (1) 大洲分布及种数(cf. 1)◆非洲
Epicoila Raf. = **Psittacanthus**
Epicranthes Bl. = **Bulbophyllum**
Epicrianthes Bl. = **Bulbophyllum**
Epicycas de Laub. = **Cycas**
Epicyclia Hook. = **Encyclia**
Epicyta Schltr. = **Epilyna**
Epidanthus L.O.Williams = **Epidendrum**
Epideira Raf. = **Glochidion**
Epidella auct. = **Brassavola**
Epidelus Hort. = **Brassavola**
Epidendroideae Kostel. = **Myrmecodia**
Epidendroides Britten = **Myrmecodia**
Epidendron Finet = **Epidendrum**
Epidendropsis Garay & Dunst. = **Brassavola**
Epidendrum (L.O.Williams) Barringer = **Epidendrum**
Epidendrum【3】L. 树兰属 → **Acampe;Brassavola; Appendicula** Orchidaceae 兰科 [MM-723] 全球 (1) 大洲分布及种数(529-601)◆北美洲(◆美国)
Epidiacrium Hort. = **Diacrium**
Epidomingoleya【-】Glic. 兰科属 Orchidaceae 兰科 [MM-723] 全球 (uc) 大洲分布及种数(uc)
Epidominkeria【-】J.M.H.Shaw 兰科属 Orchidaceae 兰科 [MM-723] 全球 (uc) 大洲分布及种数(uc)
Epidorchis P. & K. = **Mystacidium**
Epidorkis Thou. = **Trichoglottis**
Epidryopteris【-】Rojas Acosta 水龙骨科属 Polypodiaceae 水龙骨科 [F-60] 全球 (uc) 大洲分布及种数(uc)
Epidryos【2】Maguire 树蔺花属 ≒ **Stegolepis** Rapateaceae 泽蔺花科 [MM-713] 全球 (2) 大洲分布及种数(5)北美洲:1;南美洲:4
Epierstedella【-】J.M.H.Shaw 兰科属 Orchidaceae 兰科 [MM-723] 全球 (uc) 大洲分布及种数(uc)
Epierus Raf. = **Peucedanum**
Epifagus【3】Nutt. 青冈寄生属 ← **Orobanche** Orobanchaceae 列当科 [MD-552] 全球 (1) 大洲分布及种数(1-3)◆北美洲
Epiforis Thou. = **Oeonia**
Epigaea (L.) DC. = **Epigaea**
Epigaea【3】L. 岩梨属 ≒ **Gaultheria** Ericaceae 杜鹃花科 [MD-380] 全球 (1) 大洲分布及种数(1-5)◆亚洲
Epigamia Gravier = **Epigaea**
Epigeneiu Gagnep. = **Epigeneium**

Epigeneium【3】Gagnep. 厚唇兰属 ← **Bulbophyllum;Pleione** Orchidaceae 兰科 [MM-723] 全球 (1) 大洲分布及种数(33-37)◆亚洲
Epigenia Veli. = **Styrax**
Epigeueium Gagnep. = **Epigeneium**
Epiglenea Vell. = **Styrax**
Epigloea Hort. = **Epigaea**
Epiglos Hort. = **Domingoa**
Epiglossum (Hook.f. & Harv.) Kütz. = **Erioglossum**
Epiglottis【-】auct. 兰科属 Orchidaceae 兰科 [MM-723] 全球 (uc) 大洲分布及种数(uc)
Epigo Hort. = **Domingoa**
Epigoa Hort. = **Domingoa**
Epigynanthus Bl. = **Ixia**
Epigynium Klotzsch = **Vaccinium**
Epigynum【3】Wight 思茅藤属 ← **Anodendron;Chonemorpha;Sindechites** Apocynaceae 夹竹桃科 [MD-492] 全球 (1) 大洲分布及种数(4-7)◆亚洲
Epikeros Raf. = **Peucedanum**
Epilaelia【-】auct. 兰科属 Orchidaceae 兰科 [MM-723] 全球 (uc) 大洲分布及种数(uc)
Epilaeliocattleya Hort. = **Cattleya**
Epilasia【3】Benth. & Hook.f. 鼠毛菊属 ← **Scorzonera** Asteraceae 菊科 [MD-586] 全球 (1) 大洲分布及种数(cf. 1)◆亚洲
Epilatoria Comm. ex Steud. = **Psiadia**
Epilepis Benth. = **Coreopsis**
Epilepsis【-】Lindl. 菊科属 Asteraceae 菊科 [MD-586] 全球 (uc) 大洲分布及种数(uc)
Epileptovola【-】Hort. 兰科属 Orchidaceae 兰科 [MM-723] 全球 (uc) 大洲分布及种数(uc)
Epileya G.Hansen = **Epilyna**
Epilinella Pfeiff. = **Cuscuta**
Epilithes Bl. = **Ixia**
Epilithos Hassk. = **Laurembergia**
Epilobiaceae Vent. = Oxalidaceae
Epilobium (C.Presl) P.H.Raven = **Epilobium**
Epilobium【3】L.柳叶菜属→**Boisduvalia;Epipogium;Jussiaea** Onagraceae 柳叶菜科 [MD-396] 全球 (6) 大洲分布及种数(197-411;hort.1;cult:100)非洲:29-94;亚洲:101-185;大洋洲:40-140;欧洲:87-165;北美洲:86-151;南美洲:42-109
Epilopsis Hort. = **Eriopsis**
Epiluma Baill. = **Pouteria**
Epilyna【3】Schltr. 厄花兰属 ← **Elleanthus** Orchidaceae 兰科 [MM-723] 全球 (1) 大洲分布及种数(3)◆南美洲
Epilytrum Schröd. ex Nees = **Hypolytrum**
Epimecis Walker = **Coreopsis**
Epimediaceae Menge = Berberidaceae
Epimedium【3】(Tourn.) L. 淫羊藿属 ≒ **Epidendrum;Lepanthes** Berberidaceae 小檗科 [MD-45] 全球 (6) 大洲分布及种数(68-87;hort.1;cult: 11)非洲:1-2;亚洲:66-89;大洋洲:1-2;欧洲:13-17;北美洲:29-33;南美洲:1
Epimedium L. = **Epimedium**
Epimela Lour. = **Canarium**
Epimenia Vell. = **Styrax**
Epimenidion Raf. = **Scilla**
Epimeredi【2】Adans. 藿薷属 → **Anisomeles** Lamiaceae 唇形科 [MD-575] 全球 (3) 大洲分布及种数(7) 非洲;亚洲;大洋洲
Epimeria Ridl. = **Renealmia**
Epimicra【-】Hort. 兰科属 Orchidaceae 兰科 [MM-723] 全球 (uc) 大洲分布及种数(uc)
Epinetrum Hiern = **Albertisia**
Epineuron Nash = **Erioneuron**
Epinidema【-】J.M.H.Shaw 兰科属 Orchidaceae 兰科 [MM-723] 全球 (uc) 大洲分布及种数(uc)
Epione Schott & Endl. = **Bombax**
Epionix Raf. = **Baeometra**
Epiopsis auct. = **Eriopsis**
Epipactis Böhm. = **Epipactis**
Epipactis【3】Zinn 火烧兰属 → **Acianthus;Goodyera;Limodorum** Orchidaceae 兰科 [MM-723] 全球 (6) 大洲分布及种数(88-115;hort.1;cult:37)非洲:11-37;亚洲:75-116;大洋洲:10-37;欧洲:58-97;北美洲:16-42;南美洲:26
Epipactum Ritg. = **Epipactis**
Epipetrum Phil. = **Dioscorea**
Epiphanes Bl. = **Gastrodia**
Epiphanes Rchb.f. = **Didymoplexis**
Epiphejus Walp. = **Epifagus**
Epiphloea Lindl. = **Bulbophyllum**
Epiphora Lindl. = **Stelis**
Epiphorella Mytnik & Szlach. = **Stelis**
Epiphronitella A.D.Hawkes = **Epidendrum**
Epiphronitis【-】A.D.Hawkes 兰科属 Orchidaceae 兰科 [MM-723] 全球 (uc) 大洲分布及种数(uc)
Epiphyllanthus A.Berger = **Schlumbergera**
Epiphyllopsis【3】A.Berger 猿恋苇属 ≒ **Hatiora** Cactaceae 仙人掌科 [MD-100] 全球 (1) 大洲分布及种数(1)◆南美洲
Epiphyllum【3】Haw. 昙花属 ≒ **Hariota;Heliocereus** Cactaceae 仙人掌科 [MD-100] 全球 (1) 大洲分布及种数(16-29)◆北美洲(◆美国)
Epiphystis Trin. = **Cyperus**
Epiphyton Bornem. = **Epidryos**
Epipo Hort. = **Domingoa**
Epipogion St.Lag. = **Epipogium**
Epipogium Borkh. = **Epipogium**
Epipogium【3】Ehrh. 虎舌兰属 ≒ **Epipactis** Orchidaceae 兰科 [MM-723] 全球 (6) 大洲分布及种数(7-9)非洲:3-5;亚洲:6-9;大洋洲:3-4;欧洲:1-2;北美洲:1;南美洲:1
Epipogon Ledeb. = **Epipogium**
Epipogum Rich. = **Epipogium**
Epipona Lindl. = **Bulbophyllum**
Epipremnopsis Engl. = **Amydrium**
Epipremnum【3】Schott 麒麟叶属 → **Amydrium;Philodendron** Araceae 天南星科 [MM-639] 全球 (6) 大洲分布及种数(9-17)非洲:3-7;亚洲:8-14;大洋洲:3-9;欧洲:2;北美洲:3-5;南美洲:1-2
Epipremum T.Durand = **Epipremnum**
Epiprenmum Schott = **Epipremnum**
Epiprinus【3】Griff. 苞轮桐属 → **Adenochlaena;Cephalocroton;Symphyllia** Euphorbiaceae 大戟科 [MD-217] 全球 (1) 大洲分布及种数(4-7)◆亚洲
Epipristis Trin. = **Cyperus**
Epipsestis Trin. = **Cyperus**

Epipterygium 【3】 Lindb. 小叶藓属 ≒ **Mnium** Mniaceae 提灯藓科 [B-149] 全球 (6) 大洲分布及种数(15) 非洲:3;亚洲:3;大洋洲:3;欧洲:2;北美洲:5;南美洲:6
Epirhizanthes Benth. & Hook.f. = **Epirixanthes**
Epirhizanthus Endl. = **Salomonia**
Epirhynanthe 【-】 J.M.H.Shaw 兰科属 Orchidaceae 兰科 [MM-723] 全球 (uc) 大洲分布及种数(uc)
Epirixanthes 【2】 Bl. 鳞叶草属 ← **Salomonia** Polygalaceae 远志科 [MD-291] 全球 (3) 大洲分布及种数(3-8)非洲:2;亚洲:2-6;大洋洲:1
Epirizanthe Bl. = **Epirixanthes**
Epirizanthes Baill. = **Epirixanthes**
Epirrhizanthes Chod. = **Salomonia**
Episcaphium Kunth = **Epistephium**
Epischoenus 【3】 C.B.Clarke 长序莎属 ← **Tetraria** Cyperaceae 莎草科 [MM-747] 全球 (1) 大洲分布及种数(cf. 1)◆非洲(◆南非)
Episcia (Hanst.) Benth. = **Episcia**
Episcia 【3】 Mart. 喜荫花属 ← **Achimenes;Columnea; Napeanthus** Gesneriaceae 苦苣苔科 [MD-549] 全球 (6) 大洲分布及种数(12-22)非洲:2-13;亚洲:2-14;大洋洲:2-13;欧洲:11;北美洲:7-19;南美洲:8-24
Episcopia Moritz ex Klotzsch = **Themistoclesia**
Episcothamnus H.Rob. = **Lychnophoriopsis**
Episcynia Mart. = **Episcia**
Episimus Raf. = **Uncaria**
Episiphis Raf. = **Hypericum**
Episiphon Watson = **Eusiphon**
Episoma Mart. = **Episcia**
Episphales Bl. = **Chamaegastrodia**
Episteira Raf. = **Phyllanthus**
Epistemma 【3】 D.V.Field & J.B.Hall 显冠萝藦属 Apocynaceae 夹竹桃科 [MD-492] 全球 (1) 大洲分布及种数(7)◆非洲
Epistemum Walp. = **Epipremnum**
Epistenia Girault = **Epistemma**
Epistephium 【2】 Kunth 美蕉兰属 ← **Cleistes;Bletia** Orchidaceae 兰科 [MM-723] 全球 (2) 大洲分布及种数(27-33)北美洲:4;南美洲:26-32
Epistoma auct. = **Eustoma**
Epistylis Sw. = **Phyllanthus**
Epistylium Sw. = **Phyllanthus**
Episyzygium Süss. & A.Ludw. = **Eugenia**
Epitaberna K.Schum. = **Bergia**
Epiterygium Lindb. = **Epipterygium**
Epitheca Knowles & Westc. = **Brassavola**
Epithechavola 【-】 J.M.H.Shaw 兰科属 Orchidaceae 兰科 [MM-723] 全球 (uc) 大洲分布及种数(uc)
Epithechea J.M.H.Shaw = **Prosthechea**
Epithecia Knowles & Westc. = **Prosthechea**
Epithecium Benth. & Hook.f. = **Prosthechea**
Epithelantha 【3】 F.A.C.Weber ex Britton & Rose 清影球属 ← **Mammillaria** Cactaceae 仙人掌科 [MD-100] 全球 (1) 大洲分布及种数(7-9)◆北美洲
Epithele Bl. = **Epithema**
Epitheles Raf. = **Lythrum**
Epithema 【3】 Bl. 盾座苣苔属 ≒ **Gratiola** Gesneriaceae 苦苣苔科 [MD-549] 全球 (6) 大洲分布及种数(12-25)非洲:2-7;亚洲:10-25;大洋洲:5;欧洲:3;北美洲:3;南美洲:3
Epithinia Jack = **Scyphiphora**
Epithymum 【-】 Opiz 旋花科属 ≒ **Cuscuta** Convolvulaceae 旋花科 [MD-499] 全球 (uc) 大洲分布及种数(uc)
Epitonanthe 【-】 Griff. & J.M.H.Shaw 兰科属 Orchidaceae 兰科 [MM-723] 全球 (uc) 大洲分布及种数(uc)
Epitonia Hort. = **Erigenia**
Epitrachys (DC. ex Duby) K.Koch = **Cirsium**
Epitragus Nutt. = **Epifagus**
Epitriche 【3】 Turcz. 无冠鼠麹草属 ← **Angianthus; Skirrhophorus** Asteraceae 菊科 [MD-586] 全球 (1) 大洲分布及种数(2)◆大洋洲(◆澳大利亚)
Epivia 【-】 M.H.J.van der Meer 仙人掌科属 Cactaceae 仙人掌科 [MD-100] 全球 (uc) 大洲分布及种数(uc)
Epivola Hort. = **Brassavola**
Epixanthus L.O.Williams = **Brassavola**
Epixiphium (Engelm. ex A.Gray) Munz = **Epixiphium**
Epixiphium 【3】 Munz 堇桐花属 ≒ **Asarina** Plantaginaceae 车前科 [MD-527] 全球 (1) 大洲分布及种数(1)◆北美洲
Epixochia G.D.Rowley = **Epiphyllum**
Epizoanthus L.O.Williams = **Brassavola**
Eplateia Raf. = **Withania**
Epleienda Raf. = **Eugenia**
Eplingia 【3】 L.O.Williams 北美洲唇形属 Lamiaceae 唇形科 [MD-575] 全球 (1) 大洲分布及种数(uc)属分布和种数(uc)◆北美洲
Eplingiella 【3】 Harley & J.F.B.Pastore 独香蕎属 ≒ **Hyptis** Lamiaceae 唇形科 [MD-575] 全球 (1) 大洲分布及种数(3)◆南美洲(◆巴西)
Epocilla Fourr. = **Pocilla**
Epora O.F.Cook = **Dalechampia**
Eppia Raf. = **Lycaste**
Eptingium Neck. = **Eryngium**
Epurga Fourr. = **Euphorbia**
Epygynum Wight = **Epigynum**
Epymenia W.R.Taylor = **Styrax**
Equilabium 【3】 Mwany.,A.J.Paton & Culham 木香蕎属 Lamiaceae 唇形科 [MD-575] 全球 (1) 大洲分布及种数(uc)◆非洲
Equisetaceae 【3】 Michx. ex DC. 木贼科 [F-8] 全球 (6) 大洲分布和属种数(1;hort. & cult.1)(34-100;hort. & cult.13-19)非洲:1/13-29;亚洲:1/23-44;大洋洲:1/12-28;欧洲:1/20-36;北美洲:1/26-45;南美洲:1/14-30
Equisetoideae 【-】 Eaton 木贼科属 Equisetaceae 木贼科 [F-8] 全球 (uc) 大洲分布及种数(uc)
Equisetum (Milde) Baker = **Equisetum**
Equisetum 【3】 L. 木贼属 ≒ **Hippochaete** Equisetaceae 木贼科 [F-8] 全球 (6) 大洲分布及种数(35-56;hort.1;cult: 33)非洲:13-29;亚洲:23-44;大洋洲:12-28;欧洲:20-36;北美洲:26-45;南美洲:14-30
Equula Rupp. = **Acalypha**
Eraclissa Forssk. = **Andrachne**
Eraclyssa 【-】 G.A.Scop. 大戟科属 Euphorbiaceae 大戟科 [MD-217] 全球 (uc) 大洲分布及种数(uc)
Eracon DC. = **Erato**
Eragrosites Wolf = **Eragrostis**

Eragrostia Wolf = **Eragrostis**
Eragrostidaceae Herter = Poaceae
Eragrostideae【3】Stapf 非洲画眉草属 ≒ **Coleochloa** Poaceae 禾本科[MM-748] 全球(1) 大洲分布及种数(cf.1)◆非洲(◆阿尔及利亚)
Eragrostiella【2】Bor 细画眉草属 ← **Catapodium;Poa** Poaceae 禾本科 [MM-748] 全球 (3) 大洲分布及种数(7;hort.1)非洲:2;亚洲:6;大洋洲:1
Eragrostis (Benth.) Benth. & Hook.f. = **Eragrostis**
Eragrostis【3】Wolf 画眉草属 → **Megastachya; Calotheca;Briza** Poaceae 禾本科 [MM-748] 全球 (6) 大洲分布及种数(366-492;hort.1;cult:20)非洲:197-341;亚洲:348-508;大洋洲:104-163;欧洲:75-131;北美洲:131-185;南美洲:113-171
Eraina Clarke = **Earina**
Eramopogon Stapf = **Dichanthium**
Erana Brign. = **Euchlaena**
Erangelia Reneaulme = **Streptanthus**
Eranna Phil. = **Tristagma**
Eranthemum【3】L. 喜花草属 → **Oplonia;Pigafetta** Acanthaceae 爵床科 [MD-572] 全球 (1) 大洲分布及种数(39-54)◆亚洲
Eranthis【2】Salisb. 菟葵属 ← **Helleborus** Ranunculaceae 毛茛科 [MD-38] 全球 (3) 大洲分布及种数(7-12;hort.1;cult: 2)亚洲:6-10;欧洲:1;北美洲:1-2
Eranthus Dum. = **Eranthis**
Erasanthe【3】P.J.Cribb 气花兰属 ≒ **Aeranthes** Orchidaceae 兰科 [MM-723] 全球 (1) 大洲分布及种数(1)◆非洲
Erasma R.Br. = **Lonchostoma**
Erasmia Miq. = **Peperomia**
Erastia Miq. = **Peperomia**
Erastria Miq. = **Peperomia**
Erat L. = **Phoenix**
Erato【3】DC. 绿背黑药菊属 ← **Liabum;Munnozia; Linum** Asteraceae 菊科 [MD-586] 全球 (1) 大洲分布及种数(3-5)◆北美洲
Eratobotrys Fenzl ex Endl. = **Scilla**
Eratoidea Griff. = **Dendrobium**
Eratopsis Lindl. = **Epipogium**
Erax Neck. = **Emex**
Erblichia【3】Seem. 火蝶花属 ← **Piriqueta;Arboa** Passifloraceae 西番莲科 [MD-151] 全球 (1) 大洲分布及种数(2)◆北美洲
Ercaia Lindl. = **Eria**
Ercilia Endl. = **Ercilla**
Ercilla【3】A.Juss. 七索藤属 ≒ **Galvezia** Phytolaccaceae 商陆科 [MD-125] 全球 (1) 大洲分布及种数(2-6)◆南美洲
Ercurialis L. = **Mercurialis**
Erdisia【3】Britton & Rose 潜龙柱属 ← **Anemopaegma;Corryocactus** Cactaceae 仙人掌科 [MD-100] 全球 (1) 大洲分布及种数(cf. 1)◆南美洲
Erebennus Alef. = **Malvaviscus**
Erebinthus Mitch. = **Tephrosia**
Erebochlora Schaus = **Eremochloa**
Erechites Raf. = **Arrhenechthites**
Erechthites Less. = **Sonchus**
Erechtia Stokes = **Ehretia**
Erechtites Goyazenses Belcher = **Erechtites**
Erechtites【3】Raf. 菊芹属 → **Arrhenechthites; Sonchus;Senecio** Asteraceae 菊科 [MD-586] 全球 (6) 大洲分布及种数(28-38;hort.1;cult:3)非洲:4-13;亚洲:5-15;大洋洲:21-30;欧洲:4-13;北美洲:9-19;南美洲:12-21
Erectorostrata Brieger = **Pleurothallis**
Ereicoctis【-】(DC.) P. & K. 茜草科属 ≒ **Oldenlandia** Rubiaceae 茜草科 [MD-523] 全球 (uc) 大洲分布及种数(uc)
Eremaea Ebracteata Hnatiuk = **Eremaea**
Eremaea【3】Lindl. 火刷树属 ← **Metrosideros** Myrtaceae 桃金娘科 [MD-347] 全球 (1) 大洲分布及种数(2-15)◆大洋洲(◆澳大利亚)
Eremaeopsis【3】P. & K. 桃金娘科属 Myrtaceae 桃金娘科 [MD-347] 全球 (1) 大洲分布及种数(uc)◆大洋洲
Eremalche【3】Greene 沙葵属 ← **Malvastrum; Sphaeralcea** Malvaceae 锦葵科 [MD-203] 全球 (1) 大洲分布及种数(4-5)◆北美洲
Eremanthe Spach = **Hypericum**
Eremanthus (Less.) Baker = **Eremanthus**
Eremanthus【3】Less. 巴西菊属 ≒ **Erismanthus; Monosis;Saccharum** Asteraceae 菊科 [MD-586] 全球 (1) 大洲分布及种数(30-33)◆南美洲
Eremia【3】D.Don 单籽石南属 → **Acrostemon; Arachnocalyx;Pinalia** Ericaceae 杜鹃花科 [MD-380] 全球 (1) 大洲分布及种数(3-5)◆非洲(◆南非)
Eremiaphila R.Br. = **Eremophila**
Eremiastrum【3】A.Gray 沙星菊属 ← **Monoptilon** Asteraceae 菊科 [MD-586] 全球 (1) 大洲分布及种数(1)◆北美洲
Eremiella【3】Compton 蜜岭石南属 ≒ **Erica** Ericaceae 杜鹃花科 [MD-380] 全球 (1) 大洲分布及种数(uc)◆亚洲
Ereminula Greene = **Dimeresia**
Eremiolirion【3】J.C.Manning & F.Forest 沙堇莲属 Tecophilaeaceae 蓝嵩莲科 [MM-686] 全球 (1) 大洲分布及种数(1)◆非洲
Eremiopsis N.E.Br. = **Eremia**
Eremiris (Spach) Rodion. = **Moraea**
Eremites Benth. = **Eremitis**
Eremitilla【3】Yatsk. & see Contreras 墨西哥列当属 Orobanchaceae 列当科 [MD-552] 全球 (1) 大洲分布及种数(1)◆北美洲(◆墨西哥)
Eremitis【3】Döll 地花竺属 ← **Pariana** Poaceae 禾本科 [MM-748] 全球 (1) 大洲分布及种数(5)◆南美洲
Eremium Seberg & Linde-Laursen = **Leymus**
Eremnophila Pérez = **Cremnophila**
Eremobium【3】Boiss. 沙生芥属 ← **Cithareloma; Malcolmia;Matthiola** Brassicaceae 十字花科 [MD-213] 全球 (1) 大洲分布及种数(1)◆非洲
Eremobius Gould = **Eremobium**
Eremoblastus【3】Botsch. 旱花芥属 Brassicaceae 十字花科 [MD-213] 全球 (1) 大洲分布及种数(1)◆亚洲
Eremocallis R.A.Salisbury ex S.F.Gray = **Erica**
Eremocarpus【-】Benth. 大戟科属 ≒ **Croton** Euphorbiaceae 大戟科 [MD-217] 全球 (uc) 大洲分布及种数(uc)
Eremocarya【3】Greene 隐花紫草属 ← **Cryptantha** Boraginaceae 紫草科 [MD-517] 全球 (1) 大洲分布及种

数(uc)◆北美洲

Eremocaulon【3】Soderstr. & Londoño 巴西簕竹属 ← **Schizostachyum** Poaceae 禾本科 [MM-748] 全球 (1) 大洲分布及种数(6)◆南美洲

Eremocharis【3】R.Br. 荒野草属 ← **Asteriscium** Apiaceae 伞形科 [MD-480] 全球 (1) 大洲分布及种数(9-10)◆南美洲

Eremochion【3】Gilli 亚洲荒苋属 Amaranthaceae 苋科 [MD-116] 全球 (1) 大洲分布及种数(uc)属分布和种数(uc)◆亚洲

Eremochlaena K.Schum. = **Eremolaena**

Eremochlamys Peter = **Tricholaena**

Eremochloa【3】Buse 蜈蚣草属 ← **Aegilops;Nardus; Blepharidachne** Poaceae 禾本科 [MM-748] 全球 (6) 大洲分布及种数(14)非洲:3-5;亚洲:13-16;大洋洲:6-8;欧洲:2;北美洲:4-6;南美洲:2

Eremocitrus Swingle = **Citrus**

Eremocrinum【3】M.E.Jones 沙吊兰属 ≒ **Hesperantha** Asparagaceae 天门冬科 [MM-669] 全球 (1) 大洲分布及种数(2-3)◆北美洲(◆美国)

Eremodaucus【3】Bunge 沙萝卜属 ← **Trachydium** Apiaceae 伞形科[MD-480]全球(1)大洲分布及种数(cf.1)◆亚洲

Eremodon (R.Br.) Endl. = **Eremodon**

Eremodon【2】Brid. 无壶藓属 ≒ **Aplodon** Splachnaceae 壶藓科 [B-143] 全球 (2) 大洲分布及种数(2) 欧洲:1;南美洲:1

Eremodraba【3】O.E.Schulz 旱葶苈属 ← **Draba** Brassicaceae 十字花科 [MD-213] 全球 (1) 大洲分布及种数(3)◆南美洲

Eremogeton【3】Standl. & L.O.Williams 变色虾脊兰属 ≒ **Ghiesbreghtia** Scrophulariaceae 玄参科 [MD-536] 全球 (1) 大洲分布及种数(1)◆北美洲

Eremogone【3】Fenzl 老牛筋属 ≒ **Alsine;Arenaria** Caryophyllaceae 石竹科 [MD-77] 全球 (6) 大洲分布及种数(85-104;hort.1)非洲:2-3;亚洲:69-72;大洋洲:1;欧洲:7-8;北美洲:15-18;南美洲:1

Eremohadena Baill. = **Eremolaena**

Eremolaena【3】Baill. 领杯花属 → **Perrierodendron; Rhodolaena** Sarcolaenaceae 苞杯花科 [MD-153] 全球 (1) 大洲分布及种数(3)◆非洲(◆马达加斯加)

Eremoleon Rambur = **Eremogeton**

Eremolepidaceae【2】Van Tiegh. ex Nakai 房底珠科 [MD-418] 全球 (2) 大洲分布和属种数(4/17)北美洲:2/3;南美洲:4/17-17

Eremolepis【2】Griseb. 穗寄生属 ≒ **Antidaphne** Santalaceae 檀香科 [MD-412] 全球 (2) 大洲分布及种数(cf.1) 北美洲;南美洲

Eremolimon Lincz. = **Limonium**

Eremolirion【-】Nic.García 石蒜科属 Amaryllidaceae 石蒜科 [MM-694] 全球 (uc) 大洲分布及种数(uc)

Eremolithia Jeps. = **Scopulophila**

Eremolobium Boiss. = **Eremobium**

Eremoluma Baill. = **Pouteria**

Eremomastax【3】Lindau 单口爵床属 ← **Ruellia** Acanthaceae 爵床科 [MD-572] 全球 (1) 大洲分布及种数(1)◆非洲

Eremonanus I.M.Johnst. = **Eriophyllum**

Eremonotus【3】(Carrington) Pearson 湿生苔属 Gymnomitriaceae 全萼苔科 [B-41] 全球 (6) 大洲分布及种数(2)非洲:1;亚洲:1-2;大洋洲:1;欧洲:1-2;北美洲:1-2;南美洲:1

Eremopanax Baill. = **Arthrophyllum**

Eremopappus Takht. = **Centaurea**

Eremophea【3】Paul G.Wilson 沙冰藜属 ← **Bassia** Amaranthaceae 苋科 [MD-116] 全球 (1) 大洲分布及种数(2)◆大洋洲

Eremophila【3】R.Br. 喜沙木属 ← **Cryptandra; Pholidia;Myoporum** Myoporaceae 苦槛蓝科 [MD-566] 全球(1) 大洲分布及种数(46-273)◆大洋洲(◆澳大利亚)

Eremophyton【3】Bég. 非洲旱芥属 Brassicaceae 十字花科 [MD-213] 全球 (1) 大洲分布及种数(1)◆非洲

Eremopoa【3】Roshev. 旱禾属 ← **Aira;Nephelochloa;Poa** Poaceae 禾本科 [MM-748] 全球 (6) 大洲分布及种数(3-4)非洲:4;亚洲:2-6;大洋洲:4;欧洲:4;北美洲:4;南美洲:4

Eremopodium Trevis. = **Asplenium**

Eremopogon【2】Stapf 双花草属 Poaceae 禾本科 [MM-748] 全球 (2) 大洲分布及种数(1) 亚洲:1;大洋洲:1

Eremopyrum (Ledeb.) Jaub. & Spach = **Eremopyrum**

Eremopyrum【3】Jaub. & Spach 旱麦草属 ← **Agropyron;Hordeum** Poaceae 禾本科 [MM-748] 全球 (1) 大洲分布及种数(3)◆大洋洲

Eremopyxis Baill. = **Thryptomene**

Eremorchis D.L.Jones & M.A.Clem. = **Pterostylis**

Eremosemium Greene = **Atriplex**

Eremosis (DC.) Gleason = **Vernonia**

Eremosparton【3】Fisch. & C.A.Mey. 无叶豆属 → **Spartium;Smirnowia** Fabaceae 豆科 [MD-240] 全球 (1) 大洲分布及种数(2-4)◆东亚(◆中国)

Eremospartum Fisch. & C.A.Mey. = **Eremosparton**

Eremospatha【3】Mann & H.Wendl. 单苞藤属 ← **Calamus;Palmijuncus** Arecaceae 棕榈科 [MM-717] 全球 (1) 大洲分布及种数(6-11)◆非洲

Eremosperma Chiov. = **Hewittia**

Eremosporus Spach = **Hypericum**

Eremostachys (Bunge) Makhm. = **Eremostachys**

Eremostachys【3】Bunge 沙穗属 → **Pseuderemostachys;Phlomoides** Lamiaceae 唇形科 [MD-575] 全球 (1) 大洲分布及种数(16-31)◆亚洲

Eremosyce Steud. = **Eremosyne**

Eremosynaceae【3】Dandy 寄奴花科 [MD-422] 全球 (1) 大洲分布和属种数(1/1)◆大洋洲

Eremosyne【3】Endl. 沙甘松属 Escalloniaceae 南鼠刺科 [MD-447] 全球 (1) 大洲分布及种数(1)◆大洋洲(◆澳大利亚)

Eremothamnus【3】O.Hoffm. 橙菀属 ≒ **Pteronia** Asteraceae 菊科 [MD-586] 全球 (1) 大洲分布及种数(1)◆非洲

Eremothera【3】(P.H.Raven) W.L.Wagner & Hoch 沙宵草属 Onagraceae 柳叶菜科 [MD-396] 全球 (1) 大洲分布及种数(7)◆北美洲(◆美国)

Eremotropa【3】H.Andres 沙晶兰属 ← **Monotropastrum** Ericaceae 杜鹃花科 [MD-380] 全球 (1) 大洲分布及种数(cf.1) ◆亚洲

Eremscrinum M.E.Jones = **Eremocrinum**

Eremurus【3】M.Bieb. 独尾草属 ← **Asphodelus;Aster** Asphodelaceae 阿福花科 [MM-649] 全球 (1) 大洲分布及

E

种数(46-59)◆亚洲
Erenna Phil. = **Tristagma**
Erepsia Crassifoliae Liede = **Erepsia**
Erepsia【3】N.E.Br.群蝶花属≒**Mesembryanthemum; Smicrostigma** Aizoaceae 番杏科 [MD-94] 全球 (1) 大洲分布及种数(37-43)◆非洲(◆南非)
Eresda Spach = **Reseda**
Eresidae Spach = **Reseda**
Eresimus Raf. = **Uncaria**
Eresus Raf. = **Uncaria**
Eretia J.Stokes = **Ehretia**
Eretris (Spach) Rodion. = **Moraea**
Ereweria R.Br. = **Breweria**
Erginus L. = **Erinus**
Ergocarpon【3】 C.C.Towns. 刺梗芹属←**Echinophora** Apiaceae 伞形科 [MD-480] 全球 (1) 大洲分布及种数(2) ◆亚洲
Erhaia Lindl. = **Eria**
Erharta Juss. = **Tristachya**
Erhetia Hill = **Ehretia**
Eria (Bl.) Lindl. = **Eria**
Eria【3】 Lindl. 毛兰属←**Aerides;Appendicula** Orchidaceae 兰科 [MM-723] 全球 (1) 大洲分布及种数(58-233)◆亚洲
Eriachaenium【3】 Sch.Bip. 败育菊属 Asteraceae 菊科 [MD-586] 全球 (1) 大洲分布及种数(1)◆南美洲
Eriachna P. & K. = **Eriachne**
Eriachne Phil. = **Eriachne**
Eriachne【3】 R.Br. 鹧鸪草属←**Aira;Megalachne; Panicum** Poaceae 禾本科 [MM-748] 全球 (6) 大洲分布及种数(52;hort.1;cult:2)非洲:11-14;亚洲:13-16;大洋洲:50-53;欧洲:3;北美洲:6-9;南美洲:3
Eriachneae Eck-Boorsb. = **Eriachne**
Eriadenia Miers = **Mandevilla**
Eriandra【3】 P.Royen & Steenis 强蕊远志属 Polygalaceae 远志科 [MD-291] 全球 (1) 大洲分布及种数(1)◆大洋洲
Eriandrostachys Baill. = **Macphersonia**
Erianthecium Parodi = **Chascolytrum**
Erianthemum【3】 Van Tiegh. 蛛花寄生属←**Dendrophthoe;Loranthus;Amyema** Loranthaceae 桑寄生科 [MD-415] 全球 (1) 大洲分布及种数(12-18)◆非洲
Erianthera【-】 Benth. 唇形科属≒**Alajja;Andrographis** Lamiaceae 唇形科 [MD-575] 全球 (uc) 大洲分布及种数(uc)
Erianthera Benth. = **Alajja**
Erianthera Nees = **Andrographis**
Erianthus (Trin.) Henrard = **Erianthus**
Erianthus【3】 Michx. 蔗茅属→**Bothriochloa;Miscanthus;Saccharum** Poaceae 禾本科 [MM-748] 全球 (6) 大洲分布及种数(4-9)非洲:12;亚洲:3-15;大洋洲:12;欧洲:12;北美洲:14;南美洲:12
Eriastrum【3】 Wooton & Standl. 绵星花属←**Gilia;Navarretia** Polemoniaceae 花荵科 [MD-481] 全球 (1) 大洲分布及种数(16-23)◆北美洲
Eriathera B.D.Jacks. = **Alajja**
Eriathera Nees = **Andrographis**
Eriaxis【3】Rchb.f.绒珊兰属←**Epistephium;Galeola;** Orchidaceae 兰科 [MM-723] 全球 (1) 大洲分布及种数(1)◆大洋洲(◆美拉尼西亚)
Eriborus Fée = **Eriosorus**
Eribroma Pierre = **Sterculia**
Erica Böhm. = **Erica**
Erica【3】L.欧石南属→**Acrostemon;Callista;Pinalia** Ericaceae 杜鹃花科 [MD-380] 全球 (6) 大洲分布及种数(852-1168;hort.1;cult:51)非洲:830-999;亚洲:71-94;大洋洲:40-60;欧洲:88-111;北美洲:19-38;南美洲:47-68
Ericaceae【3】Juss. 杜鹃花科 [MD-380] 全球 (6) 大洲分布和属种数(97-107;hort. & cult.55-61)(2172-3756;hort. & cult.320-508)非洲:16-69(915-1497;亚洲:39-73/362-1043;大洋洲:17-67/94-516;欧洲:19-68/123-528;北美洲:55-84/354-789;南美洲:38-79/843-1291
Ericala Gray = **Gentiana**
Ericales Bercht. & J.Presl = **Gentiana**
Ericalluna【3】 Krüssm. 帚石南属←**Erica** Ericaceae 杜鹃花科 [MD-380] 全球 (1) 大洲分布及种数(1)◆欧洲
Ericameria (A.Gray) L.C.Anderson = **Ericameria**
Ericameria【3】 Nutt. 金菀木属←**Aster;Machaeranthera;Aplopappus** Asteraceae 菊科 [MD-586] 全球 (1) 大洲分布及种数(49-56)◆北美洲
Ericaulon Lour. = **Eriocaulon**
Ericeia Nutt. = **Erigenia**
Ericentrodea【3】 S.F.Blake & Sherff 坛果菊属←**Bidens** Asteraceae 菊科 [MD-586] 全球 (1) 大洲分布及种数(7)◆南美洲
Ericerus Riccob. = **Eriocereus**
Erichsenella Hopper & A.P.Br. = **Ericksonella**
Erichsenia【3】 Hemsl. 澳钩豆属 Fabaceae 豆科 [MD-240] 全球 (1) 大洲分布及种数(1)◆大洋洲(◆澳大利亚)
Ericia L. = **Erica**
Ericilla Steud. = **Ercilla**
Ericinella Klotzsch = **Erica**
Ericksonella【3】 Hopper & A.P.Br. 糖馨兰属 Orchidaceae 兰科 [MM-723] 全球 (1) 大洲分布及种数(1)◆大洋洲(◆澳大利亚)
Ericmodes Rolfe = **Eriodes**
Erico P. & K. = **Erica**
Ericodes P. & K. = **Erica**
Ericoides Böhm. = **Erica**
Ericoiides Heist. ex Fabr. = **Erica**
Ericoila Borkh. = **Gentiana**
Ericoma Vasey = **Erica**
Ericomyrtus Turcz. = **Brunia**
Eridelia Willd. = **Bridelia**
Eridites Hort. = **Acampe**
Erigenia【3】 Nutt. 报春芹属←**Ligusticum;Sison** Apiaceae 伞形科 [MD-480] 全球 (1) 大洲分布及种数(1-8)◆北美洲
Erigerodes P. & K. = **Epaltes**
Erigeron (Alexander) G.L.Nesom & S.D.Sundb. = **Erigeron**
Erigeron【3】L.小蓬草属→**Achaetogeron;Doronicum; Pertya** Asteraceae 菊科 [MD-586] 全球 (6) 大洲分布及种数(508-816;hort.1;cult:64)非洲:28-157;亚洲:153-302;大洋洲:32-159;欧洲:77-206;北美洲:314-477;南美洲:135-283
Erigerum L. = **Erigeron**
Erigone Salisb. = **Crinum**

Erigonia A.Juss. = **Erigenia**
Erigonidium Lindl. = **Trigonidium**
Erigonum Michx. = **Eriogonum**
Erimatalia Röm. & Schult. = **Neuropeltis**
Erina Lindl. = **Earina**
Erinacea【3】(Tourn.) Adans. 猬豆属 ≒ **Anthyllis** Fabaceae 豆科 [MD-240] 全球 (1) 大洲分布及种数(1-2)◆欧洲
Erinacea Adans. = **Erinacea**
Erinaceae Duvau = Ebenaceae
Erinacella (Rech.f.) Dostál = **Centaurea**
Eringium Neck. = **Eryngium**
Erinia Noulet = **Campanula**
Erinna Phil. = **Tristagma**
Erinocarpus【3】Nimmo ex J.Graham 野秋葵属 ≒ **Croton** Malvaceae 锦葵科 [MD-203] 全球 (1) 大洲分布及种数(1-2)◆亚洲
Erinosma Herb. = **Leucojum**
Erinus【3】L. 狐地黄属 → **Adenosma;Stemodia** Scrophulariaceae 玄参科 [MD-536] 全球 (1) 大洲分布及种数(1)◆欧洲
Erioblastus Honda = **Deschampsia**
Eriobotrya【3】Lindl. 枇杷属 ← **Crataegus;Symplocos;Photinia** Rosaceae 蔷薇科 [MD-246] 全球 (1) 大洲分布及种数(28-37)◆亚洲
Eriobroma Pierre = **Sterculia**
Eriobtrya Lindl. = **Eriobotrya**
Eriocacms Backeb. = **Parodia**
Eriocactus Backeb. = **Parodia**
Eriocalia【3】Sm. 绒苞芹属 ≒ **Actinotus** Apiaceae 伞形科 [MD-480] 全球 (1) 大洲分布及种数(uc)◆大洋洲
Eriocalyx Endl. = **Aspalathus**
Eriocapitella Nak. = **Anemone**
Eriocarpaea Bertol. = **Onobrychis**
Eriocarpha Cass. = **Montanoa**
Eriocarpha Lag. ex DC. = **Lasiospermum**
Eriocarpum Nutt. = **Haplopappus**
Eriocarpus P. & K. = **Haplopappus**
Eriocaulaceae【3】Martinov 谷精草科 [MM-726] 全球 (6) 大洲分布和属种数(12;hort. & cult.2)(540-1614;hort. & cult.4-5)非洲:4-9/79-265;亚洲:3-8/102-333;大洋洲:2-8/26-144;欧洲:2-9/7-69;北美洲:4-8/60-143;南美洲:11-12/365-862
Eriocaulon【3】L. 谷精草属 → **Actinocephalus; Bulbostylis** Eriocaulaceae 谷精草科 [MM-726] 全球 (6) 大洲分布及种数(230-551;hort.1;cult:22)非洲:51-183;亚洲:100-296;大洋洲:25-109;欧洲:6-34;北美洲:37-78;南美洲:82-130
Eriocephala Backeb. = **Notocactus**
Eriocephalaxsericea Backeb. = **Parodia**
Eriocephalus【2】L. 野迷菊属 → **Achillea;Hippia** Asteraceae 菊科 [MD-586] 全球 (5) 大洲分布及种数(41-47;hort.1)非洲:39-40;亚洲:cf.1;大洋洲:1;北美洲:1;南美洲:cf.1
Eriocereopsis【-】Doweld 仙人掌科属 Cactaceae 仙人掌科 [MD-100] 全球 (uc) 大洲分布及种数(uc)
Eriocereus【3】Riccob. 卧龙柱属 ← **Harrisia;Monvillea** Cactaceae 仙人掌科 [MD-100] 全球 (1) 大洲分布及种数(1-3)◆南美洲
Eriochaeta Fig. & De Not. = **Pennisetum**
Eriochaeta Torr. ex Steud. = **Rhynchospora**
Eriochasma (J.Sm.) Hereman = **Pennisetum**
Eriochilos Spreng. = **Eriochilus**
Eriochilum Ritgen = **Eriochilus**
Eriochilus【3】R.Br. 兔兰属 ← **Epipactis;Leporella; Serapias** Orchidaceae 兰科 [MM-723] 全球 (1) 大洲分布及种数(5-13)◆大洋洲(◆澳大利亚)
Eriochirus R.Br. = **Eriochilus**
Eriochiton【3】(R.H.Anderson) A.J.Scott 大洋洲藜属 ≒ **Bassia** Amaranthaceae 苋科 [MD-116] 全球 (1) 大洲分布及种数(1)◆大洋洲(◆澳大利亚)
Eriochlaena Spreng. = **Burretiodendron**
Eriochlamys【3】Sond. & F.Müll. 腺鼠麴属 Asteraceae 菊科 [MD-586] 全球 (1) 大洲分布及种数(3-4)◆大洋洲(◆澳大利亚)
Eriochloa【3】Kunth 野黍属 ≒ **Axonopus** Poaceae 禾本科 [MM-748] 全球 (6) 大洲分布及种数(37-42;hort.1;cult: 3)非洲:11-19;亚洲:11-18;大洋洲:10-20;欧洲:6-15;北美洲:20-29;南美洲:24-31
Eriochroma J.M.H.Shaw = **Eriochloa**
Eriochrysis【2】P.Beauv. 金毛蔗属 → **Miscanthus; Saccharum;Panicum** Poaceae 禾本科 [MM-748] 全球 (4) 大洲分布及种数(12;hort.1;cult: 1)非洲:3;亚洲:cf.1;北美洲:1;南美洲:8
Eriochylus Steud. = **Eriochilus**
Eriocladium (Müll.Hal.) Dusén = **Aerobryopsis**
Erioclepis Fourr. = **Cirsium**
Eriocne Schott & Endl. = **Ceiba**
Eriocnema【3】Naudin 绵龙丹属 ≒ **Tricholaena** Melastomataceae 野牡丹科 [MD-364] 全球 (1) 大洲分布及种数(5-6)◆南美洲
Eriococcus Hassk. = **Phyllanthus**
Eriocoelum【3】Hook.f. 毛腹无患子属 Sapindaceae 无患子科 [MD-428] 全球 (1) 大洲分布及种数(1-12)◆非洲
Eriocoma Kunth = **Oryzopsis**
Eriocoryne Wall. = **Saussurea**
Eriocycla【3】Lindl. 绒果芹属 ← **Pimpinella;Pituranthos;Petrophytum** Apiaceae 伞形科 [MD-480] 全球 (1) 大洲分布及种数(4-5)◆亚洲
Eriocyclax Neck. = **Eriocycla**
Eriodaphus Nees = **Agrimonia**
Eriodendron【3】DC. 木棉属 ≒ **Spirotheca** Bombacaceae 木棉科 [MD-201] 全球 (1) 大洲分布及种数(1) ◆大洋洲
Erioderma【2】Vogel 轴花菜属 Brassicaceae 十字花科 [MD-213] 全球 (5) 大洲分布及种数(1) 非洲;亚洲;欧洲;北美洲;南美洲
Eriodes【3】Rolfe 毛梗兰属 ← **Coelogyne;Tainia** Orchidaceae 兰科 [MM-723] 全球 (1) 大洲分布及种数(cf.1)◆亚洲
Eriodesmia D.Don = **Erica**
Eriodictyon【3】Benth. 宜降木属 ← **Wigandia;Nama** Boraginaceae 紫草科 [MD-517] 全球 (1) 大洲分布及种数(10-16)◆北美洲
Eriodon【3】Mont. 锦青藓属 ≒ **Helicodontium; Lindigia** Brachytheciaceae 青藓科 [B-187] 全球 (1) 大洲分布及种数(3) ◆南美洲

Eriodrys Raf. = **Quercus**
Eriodyction Benth. = **Eriodictyon**
Eriofhyllum Lag. = **Eriophyllum**
Eriogenia Raf. = **Kelseya**
Erioglossum【3】Bl. 赤才属 ← **Lepisanthes;Moulinsia** Sapindaceae 无患子科 [MD-428] 全球 (1) 大洲分布及种数(1-2)◆亚洲
Eriogonaceae Benth. = Polygonaceae
Eriogonella Goodman = **Chorizanthe**
Eriogonum (Benth.) Reveal = **Eriogonum**
Eriogonum【3】Michx. 苞蓼属 → **Oxytheca; Stenogonum;Sidotheca** Polygonaceae 蓼科 [MD-120] 全球 (1) 大洲分布及种数(260-491)◆北美洲
Eriogyna Raf. = **Spiraea**
Eriogynia【3】Hook. 鸡爪梅属 ≒ **Petrophytum** Rosaceae 蔷薇科 [MD-246] 全球 (1) 大洲分布及种数(4)◆北美洲
Eriohhorum L. = **Eriophorum**
Erioidea Griff. = **Dendrobium**
Erioides Heist. ex Fabr. = **Erica**
Eriolaena【3】DC. 火绳树属 → **Burretiodendron; Wallichia;Reevesia** Sterculiaceae 梧桐科 [MD-189] 全球 (1) 大洲分布及种数(7-11)◆亚洲
Eriolarynx【3】(Hunz.) Hunz. 轴花茄属 ≒ **Vassobia** Solanaceae 茄科 [MD-503] 全球 (1) 大洲分布及种数(2-3)◆南美洲
Eriolepis Cass. = **Cirsium**
Eriolithis【3】Gaertn. 南美玫瑰属 Rosaceae 蔷薇科 [MD-246] 全球 (1) 大洲分布及种数(cf.1) ◆南美洲
Eriolobus (DC.) M.Röm. = **Eriolobus**
Eriolobus【3】M.Röm. 枫棠属 ← **Sorbus;Artemisia** Rosaceae 蔷薇科 [MD-246] 全球 (1) 大洲分布及种数(2-4)◆欧洲
Eriolopha【3】Ridl. 艳山姜属 ≒ **Alpinia** Zingiberaceae 姜科 [MM-737] 全球 (1) 大洲分布及种数(cf.1) ◆非洲
Eriolytrum Desv. ex Kunth = **Panicum**
Erione Schott & Endl. = **Ceiba**
Erionema Naudin = **Eriocnema**
Erioneuron【3】Nash 密丛草属 ← **Tridens;Uralepis** Poaceae 禾本科 [MM-748] 全球 (1) 大洲分布及种数(4-7)◆北美洲
Erionia Raf. = **Ocimum**
Eriopappus Arn. = **Layia**
Eriopappus Hort. ex Loud. = **Eupatorium**
Eriope【3】Humb. & Bonpl. ex Benth. 毛口草属 → **Eriopidion;Hyptis;Ocimum** Lamiaceae 唇形科 [MD-575] 全球 (1) 大洲分布及种数(35-36)◆南美洲
Eriopetalum Wight = **Stapelia**
Eriopexis (Schltr.) Brieger = **Dendrobium**
Eriopezia (Schltr.) Brieger = **Dendrobium**
Eriopha Hill = **Centaurea**
Eriophila Rchb. = **Erophila**
Eriophorella Holub = **Trichophorum**
Eriophoropsis Palla = **Eriophorum**
Eriophorum (Palla) Raymond = **Eriophorum**
Eriophorum【3】L. 羊胡子草属 → **Androtrichum; Scirpus** Cyperaceae 莎草科 [MM-747] 全球 (6) 大洲分布及种数(27-39;hort.1;cult:19)非洲:6-26;亚洲:22-47;大洋洲:20;欧洲:13-35;北美洲:25-46;南美洲:3-24
Eriophorus Vaill. ex DC. = **Andryala**
Eriophyllum (DC.) A.Gray = **Eriophyllum**
Eriophyllum【3】Lag. 绵叶菊属 ≒ **Bahia;Trichophyllum;Picradeniopsis** Asteraceae 菊科 [MD-586] 全球 (1) 大洲分布及种数(40-74)◆北美洲
Eriophytom Benth. = **Eriophyton**
Eriophyton【3】Benth. 绵参属 → **Alajja** Lamiaceae 唇形科 [MD-575] 全球 (1) 大洲分布及种数(cf. 1)◆亚洲
Eriopidion【3】Harley 水苏芹属 ← **Eriope** Lamiaceae 唇形科 [MD-575] 全球 (1) 大洲分布及种数(1)◆南美洲(◆巴西)
Eriopodium Hochst. = **Andropogon**
Eriopsia Van Der Ham & Vonk = **Eriopsis**
Eriopsis Hort. = **Eriopsis**
Eriopsis【3】Lindl. 类毛兰属 ← **Cyrtopodium** Orchidaceae 兰科 [MM-723] 全球 (1) 大洲分布及种数(5-6)◆南美洲
Erioptera Say = **Crepis**
Eriopterella Holub = **Trichophorum**
Eriopus【2】D.Don 毛柄藓属 ≒ **Trichocline** Hookeriaceae 油藓科 [B-164] 全球 (5) 大洲分布及种数(24) 非洲:2;亚洲:7;大洋洲:9;北美洲:2;南美洲:8
Eriopyga Schaus = **Centaurea**
Eriorhaphe Miq. = **Dombeya**
Eriosciadium【3】F.Müll. 非洲伞芹属 Apiaceae 伞形科 [MD-480] 全球 (1) 大洲分布及种数(uc)◆大洋洲
Erioscirpus【3】Palla 岩胡子草属 ← **Eriophorum; Trichophorum** Cyperaceae 莎草科 [MM-747] 全球 (1) 大洲分布及种数(cf. 1)◆亚洲
Eriosella Romasch. = **Eriosema**
Eriosema【3】(DC.) Desv. 鸡头薯属 → **Cracca;Rhynchosia;Pearsonia** Fabaceae 豆科 [MD-240] 全球 (6) 大洲分布及种数(86-212;hort.1;cult:10)非洲:42-155;亚洲:10-12;大洋洲:5;欧洲:3;北美洲:18-19;南美洲:46-49
Eriosemopsis【3】Robyns 拟鸡头薯属 Rubiaceae 茜草科 [MD-523] 全球 (1) 大洲分布及种数(1)◆非洲(◆南非)
Eriosermum Thunb. = **Anthericum**
Eriosma (DC.) Desv. = **Eriosema**
Eriosolena【3】Bl. 毛花瑞香属 ← **Daphne;Antirhea** Thymelaeaceae 瑞香科 [MD-310] 全球 (1) 大洲分布及种数(cf. 1)◆亚洲
Eriosolenia Benth. & Hook.f. = **Eriosolena**
Eriosoma Boiv. ex Baill. = **Coffea**
Eriosonia【2】Pic.Serm. 铜星蕨属 ≒ **Hemionitis** Pteridaceae 凤尾蕨科 [F-31] 全球 (2) 大洲分布及种数(2)北美洲;南美洲
Eriosorus【3】Fée 栗发蕨属 ≒ **Gymnogramma; Pityrogramma** Adiantaceae 铁线蕨科 [F-35] 全球 (1) 大洲分布及种数(2)◆南美洲
Eriospermaceae【3】Lem. 洋莎草科 [MM-677] 全球 (6) 大洲分布和属种数(1;hort. & cult.1)(72-154;hort. & cult.4)非洲:1/72-142;亚洲:1/1;大洋洲:1/1;欧洲:1/1;北美洲:1/1;南美洲:1/1
Eriospermum (Salisb.) P.L.Perry = **Eriospermum**
Eriospermum【3】Jacq. 雾冰玉属 Asparagaceae 天门冬科 [MM-669] 全球 (1) 大洲分布及种数(72-142)◆非洲
Eriosphaera F.Dietr. = **Lasiospermum**

Eriospora Berk. & Broome = **Coleochloa**
Eriosporella Holub = **Trichophorum**
Eriostax Raf. = **Tillandsia**
Eriostemma【3】(Schltr.) Kloppenb. & Gilding 蜡竹桃属 ≒ **Eriosema** Asclepiadaceae 萝藦科 [MD-494] 全球 (1) 大洲分布及种数(1-7)◆南美洲
Eriostemon【3】Sm. 蜡南香属 ≒ **Phebalium** Rutaceae 芸香科 [MD-399] 全球 (6) 大洲分布及种数(9-12)非洲:4;亚洲:4;大洋洲:8-13;欧洲:4;北美洲:4;南美洲:4
Eriostemum Colla ex Steud. = **Elaeocarpus**
Eriostemum Poir. = **Eriostemon**
Eriostemum Steud. = **Stachys**
Eriostoma Boiv. ex Baill. = **Tricalysia**
Eriostomum Hoffmanns. & Link = **Stachys**
Eriostrobilus【3】Bremek. 轴花爵属 ≒ **Strobilanthes** Acanthaceae 爵床科 [MD-572] 全球 (1) 大洲分布及种数(cf. 1)◆东南亚(◆泰国)
Eriostylis【-】(R.Br.) Spach 山龙眼科属 Proteaceae 山龙眼科 [MD-219] 全球 (uc) 大洲分布及种数(uc)
Eriostylos【3】C.C.Towns. 花刺苋属 ≒ **Centema** Amaranthaceae 苋科 [MD-116] 全球 (1) 大洲分布及种数(1)◆非洲
Eriosyce (A.Berger) Katt. = **Eriosyce**
Eriosyce【3】Phil. 极光球属 ← **Cactus;Opuntia;Thelocephala** Cactaceae 仙人掌科 [MD-100] 全球 (1) 大洲分布及种数(40-46)◆南美洲
Eriosynaphe【3】DC. 绒毛芹属 ← **Ferula** Apiaceae 伞形科 [MD-480] 全球 (1) 大洲分布及种数(1)◆亚洲
Eriotheca【3】Schott & Endl. 小瓜栗属 ≒ **Bombax;Ceiba** Malvaceae 锦葵科 [MD-203] 全球 (1) 大洲分布及种数(26-30)◆南美洲
Eriothrix【3】Cass. 毛里求斯菊属 Asteraceae 菊科 [MD-586] 全球 (6) 大洲分布及种数(3)非洲:2-3;亚洲:1;大洋洲:1;欧洲:1;北美洲:1;南美洲:1
Eriothymus【3】J.A.Schmidt 甘薄荷属 ≒ **Keithia;Hedeoma** Lamiaceae 唇形科 [MD-575] 全球 (1) 大洲分布及种数(1)◆南美洲
Eriotrichium Lem. = **Eritrichium**
Eriotrichum St.Lag. = **Eritrichium**
Eriotrix【-】Cass. 菊科属 ≒ **Baccharis** Asteraceae 菊科 [MD-586] 全球 (uc) 大洲分布及种数(uc)
Erioxantha Raf. = **Androsace**
Erioxylum Rose & Standl. = **Gossypium**
Eriozamia Hort. ex J.Schust. = **Ceratozamia**
Eriphia P.Br. = **Besleria**
Eriphilema Herb. = **Sisyrinchium**
Eriphlema Baker = **Aristea**
Eriphus Chevrolat = **Erinus**
Erisimum Neck. = **Erysimum**
Erisma【3】Rudge 落囊花属 ← **Qualea;Eria** Vochysiaceae 萼囊花科 [MD-314] 全球 (1) 大洲分布及种数(17-23)◆南美洲
Erismadelphus【3】Mildbr. 宿囊花属 Vochysiaceae 萼囊花科 [MD-314] 全球 (1) 大洲分布及种数(2)◆非洲
Erismanthus【3】Wall. 轴花木属 → **Moultonianthus** Euphorbiaceae 大戟科 [MD-217] 全球 (1) 大洲分布及种数(1-2)◆亚洲
Erismeae Dum. = **Erisma**
Erissus L. = **Erinus**
Eristalis P.Br. = **Erithalis**
Erithalia Bunge ex Steud. = **Gentiana**
Erithalis G.Forst. = **Erithalis**
Erithalis【3】P.Br. 埃利茜属 → **Chiococca;Palicourea;Timonius** Rubiaceae 茜草科 [MD-523] 全球 (6) 大洲分布及种数(7-13;hort.1)非洲:1;亚洲:1-3;大洋洲:1;欧洲:1;北美洲:6-12;南美洲:3-4
Eritheis Gray = **Inula**
Erithraea Neck. = **Centaurium**
Erithraea Schur = **Erythraea**
Eritrichium【3】Schröd. 齿缘草属 ≒ **Hackelia;Oreocarya** Boraginaceae 紫草科 [MD-517] 全球 (6) 大洲分布及种数(78-130;hort.1;cult:3)非洲:43;亚洲:72-135;大洋洲:2-45;欧洲:4-47;北美洲:17-60;南美洲:19-63
Eritrichum Schröd. = **Eritrichium**
Eritronium G.A.Scop. = **Erythronium**
Eriudaphus Nees = **Limonia**
Erlagea Sch.Bip. = **Erlangea**
Erlangea【3】Sch.Bip. 瘦片菊属 → **Bothriocline;Cacalia;Cyanthillium** Asteraceae 菊科 [MD-586] 全球 (1) 大洲分布及种数(15-16)◆非洲
Ermania Cham. = **Christolea**
Ermaniopsis H.Hara = **Desideria**
Ermannia Endl. = **Hermannia**
Ernassa Salisb. = **Abies**
Erndelia Neck. = **Passiflora**
Erndlia Giseke = **Curcuma**
Ernestara auct. = **Phalaenopsis**
Ernestia【3】DC. 欧野牡丹属 ← **Rhexia** Melastomataceae 野牡丹科 [MD-364] 全球 (1) 大洲分布及种数(15-18)◆南美洲
Ernestimeyera P. & K. = **Alberta**
Ernodea【3】Sw. 芽茜属 → **Isidorea;Knoxia;Plocama** Rubiaceae 茜草科 [MD-523] 全球 (1) 大洲分布及种数(2-9)◆北美洲
Ernstia V.M.Badillo = **Talauma**
Ernstii DC. = **Ernestia**
Ernstingia G.A.Scop. = **Matayba**
Erobathos Spach = **Nigella**
Erobatos (DC.) Rchb. = **Nigella**
Erocallis Rydb. = **Lewisia**
Erocarpa Spach = **Scaevola**
Erocha L. = **Erica**
Erochloa Steud. = **Eremochloa**
Erochloe Raf. = **Eragrostis**
Erodendron Meisn. = **Bombax**
Erodendrum【2】Salisb. 帝王花属 ≒ **Prosthechea** Proteaceae 山龙眼科 [MD-219] 全球 (4) 大洲分布及种数(3) 非洲:2;亚洲:1;北美洲:3;南美洲:2
Erodia L´Hér. = **Erodium**
Erodiaceae Horan. = Erpodiaceae
Erodiophyllum【3】F.Müll. 琴菀属 Asteraceae 菊科 [MD-586] 全球 (1) 大洲分布及种数(1-2)◆大洋洲(◆澳大利亚)
Erodium Hort. = **Erodium**
Erodium【3】L´Hér. 牻牛儿苗属 ← **Geranium;Monsonia;Pelargonium** Geraniaceae 牻牛儿苗科 [MD-318] 全球 (1) 大洲分布及种数(35-77)◆亚洲
Erodona St.Lag. = **Geranium**

Eroeda Levyns = **Dracaena**
Eroessa Guérin-Meneville = **Oedera**
Eronema Raf. = **Cuscuta**
Eronia Corrêa = **Feronia**
Erophaca Boiss. = **Astragalus**
Erophila【3】DC. 绮春属 ≒ **Bassia** Brassicaceae 十字花科 [MD-213] 全球 (1) 大洲分布及种数(1-5)◆欧洲
Erora O.F.Cook = **Tragiella**
Eros Haw. = **Narcissus**
Erosa Summers & Burgess = **Rosa**
Erosaria Gaertn. = **Erucaria**
Erosia R.Br. = **Ectrosia**
Erosida Lunell = **Megastachya**
Erosion Lunell = **Eragrostis**
Erosma Booth = **Ficus**
Erosmia A.Juss. = **Duranta**
Eroteum Blanco = **Trichospermum**
Eroteum Sw. = **Freziera**
Erothecum Sw. = **Belotia**
Erotia Adans. = **Eurotia**
Erotium L´Hér. = **Erpodium**
Eroum L. = **Ervum**
Erpetion Candolle,Augustin Pyramus de & Sweet,Robert = **Viola**
Erpodiaceae【3】Broth. 树生藓科 [B-126] 全球 (5) 大洲分布和属种数(6/39)亚洲:4/16;大洋洲:5/10;欧洲:2/2;北美洲:4/13;南美洲:3/10
Erpodiopsis Müll.Hal. = **Bryum**
Erpodium【3】(Brid.) Brid. 树生藓属 ≒ **Schistidium;Solmsiella** Erpodiaceae 树生藓科 [B-126] 全球 (6) 大洲分布及种数(22) 非洲:12;亚洲:5;大洋洲:5;欧洲:1;北美洲:8;南美洲:7
Erporchis P. & K. = **Platylepis**
Erporkis Thou. = **Platylepis**
Erpornis Thou. = **Platylepis**
Errazurizia (Rydb.) Barneby = **Errazurizia**
Errazurizia【2】Phil. 异烟树属 ← **Dalea;Psoralea** Fabaceae 豆科 [MD-240] 全球 (2) 大洲分布及种数(5)北美洲:3;南美洲:1
Errinopsis Cairns = **Echinopsis**
Erruca Mill. = **Eruca**
Ersaea Lindl. = **Eremaea**
Ersilia Raf. = **Phlomis**
Ertela【3】Adans. 覆笛草属 ≒ **Molineria** Rutaceae 芸香科 [MD-399] 全球 (1) 大洲分布及种数(2)◆南美洲
Ertelia Steud. = **Ertela**
Eruca【2】Mill. 芝麻菜属 → **Barbarea;Erica;Sinapis** Brassicaceae 十字花科 [MD-213] 全球 (5) 大洲分布及种数(8)非洲:7;亚洲:2;大洋洲:2;欧洲:2;北美洲:1
Erucago Mill. = **Bunias**
Erucaria【3】Gaertn. 芝麻芥属 ← **Brassica;Didesmus;Morisia** Brassicaceae 十字花科 [MD-213] 全球 (1) 大洲分布及种数(7-20)◆亚洲
Erucastrum【3】Webb & Berth. ex C.Presl 异芝麻芥属 ← **Brassica;Eruca;Sinapis** Brassicaceae 十字花科 [MD-213] 全球 (1) 大洲分布及种数(28-36)◆南欧(◆罗马尼亚)
Erupa Mill. = **Eruca**
Erussica G.H.Loos = **Brassica**
Ervatamia【3】(A.DC.) Stapf 山辣椒属 ← **Rauvolfia** Apocynaceae 夹竹桃科 [MD-492] 全球 (1) 大洲分布及种数(54)属分布和种数(uc)◆亚洲
Ervatarmia (A.DC.) Stapf = **Ervatamia**
Ervilia (Koch) Opiz = **Vicia**
Ervsimum Neck. = **Erysimum**
Ervum【3】L. 小巢菜属 ← **Astragalus;Vicia** Fabaceae3 蝶形花科 [MD-240] 全球 (6) 大洲分布及种数(2-11)非洲:4;亚洲:5;大洋洲:4;欧洲:1-5;北美洲:1-5;南美洲:1-10
Erxlebenia Opiz = **Pyrola**
Erxlebia Medik. = **Commelina**
Erybathos Fourr. = **Nigella**
Erycibaceae Endl. ex Meisn. = Convolvulaceae
Erycibe【3】Roxb. 丁公藤属 → **Neuropeltis** Convolvulaceae 旋花科 [MD-499] 全球 (1) 大洲分布及种数(67-88)◆亚洲
Erycidae Roxb. = **Erycibe**
Erycina【3】Lindl.埃利兰属←**Cymbidium;Oncidium;Tolumnia** Orchidaceae 兰科 [MM-723] 全球 (1) 大洲分布及种数(7)◆北美洲
Erydium (Brid.) Brid. = **Erpodium**
Erylus Stev. = **Anarthrophyllum**
Eryma Meyer = **Eremia**
Erymesa【-】J.M.H.Shaw 兰科属 Orchidaceae 兰科 [MM-723] 全球 (uc) 大洲分布及种数(uc)
Erymophyllum【3】Paul G.Wilson 丝叶彩鼠麹属 ← **Helichrysum;Helipterum** Asteraceae 菊科 [MD-586] 全球 (1) 大洲分布及种数(2-5)◆大洋洲(◆澳大利亚)
Erymus L. = **Elymus**
Eryngiaceae Bercht. & J.Presl = Scrophulariaceae
Eryngiophyllum【3】Greenm. 苏头菊属 ← **Chrysanthellum** Asteraceae 菊科 [MD-586] 全球 (1) 大洲分布及种数(uc)属分布和种数(uc)◆北美洲
Eryngium【3】L. 刺芹属 → **Alepidea;Asteriscium** Apiaceae 伞形科 [MD-480] 全球 (6) 大洲分布及种数(210-299;hort.1;cult:16)非洲:14-54;亚洲:37-91;大洋洲:11-46; 欧洲:25-72;北美洲:85-119;南美洲:110-144
Erynia Noulet = **Campanula**
Eryocycla Pritz. = **Pituranthos**
Eryodyction Benth. = **Eriodictyon**
Eryon Schott & Endl. = **Ceiba**
Eryophyton Benth. = **Eriophyton**
Eryrgium L. = **Eryngium**
Erysi G.Don = **Erycibe**
Erysibe G.Don = **Neuropeltis**
Erysimaceae Martinov = Grossulariaceae
Erysimastrum F.J.Ruprecht = **Erysimum**
Erysimum Bracteatum K.C.Kuan = **Erysimum**
Erysimum【3】L. 糖芥属 → **Matthiola;Diplopilosa;Sisymbrium** Brassicaceae 十字花科 [MD-213] 全球 (6) 大洲分布及种数(306-356;hort.1;cult:13)非洲:30-72;亚洲:202-256;大洋洲:25-67;欧洲:131-177;北美洲:57-101;南美洲:9-51
Erysiphe G.Don = **Neuropeltis**
Eryssimum Opiz = **Erysimum**
Erythe S.Watson = **Erythea**
Erythea【3】S.Watson 糖棕榈属 ← **Brahea;Sabal** Arecaceae 棕榈科 [MM-717] 全球 (1) 大洲分布及种数

(1)◆北美洲
Erytheremia Endl. = **Stephanomeria**
Erythorchis Bl. = **Erythrorchis**
Erythracanthus Nees = **Staurogyne**
Erythradenia【2】(B.L.Rob.) R.M.King & H.Rob. 短冠菊属 ≒ **Acritopappus** Asteraceae 菊科 [MD-586] 全球 (2) 大洲分布及种数(cf.1) 非洲;北美洲
Erythraea【3】Renealm. ex Borkh. 甜龙胆属 ≒ **Hippion;Kreodanthus** Gentianaceae 龙胆科 [MD-496] 全球(6) 大洲分布及种数(18) 非洲:3;亚洲:4;大洋洲:5;欧洲:4;北美洲:17;南美洲:4
Erythranthe【3】Spach 狗面花属 ≒ **Mimulus** Phrymaceae 透骨草科 [MD-559] 全球 (1) 大洲分布及种数(83-125; hort. 1;cult: 1)◆北美洲
Erythranthera Zotov = **Rytidosperma**
Erythranthus örst. ex Hanst. = **Alloplectus**
Erythremia Nutt. = **Stephanomeria**
Erythrina (Hassk.) Krukoff = **Erythrina**
Erythrina【3】L. 刺桐属 → **Butea;Erythraea; Neorudolphia** Fabaceae3 蝶形花科 [MD-240] 全球 (6) 大洲分布及种数(112-151;hort.1;cult:19)非洲:40-62;亚洲:35-47;大洋洲:11-23;欧洲:7-16;北美洲:67-92;南美洲:41-52
Erythrobalanus (örst.) O.Schwarz = **Quercus**
Erythrobarbula【3】Steere 丛藓科属 ≒ **Erythrophyllum** Pottiaceae 丛藓科 [B-133] 全球 (1) 大洲分布及种数(1) ◆大洋洲
Erythroblepharum Schltdl. = **Digitaria**
Erythrocarpus Bl. = **Suregada**
Erythrocarpus M.Röm. = **Suregada**
Erythrocephalum【3】Benth. 红头菊属 ← **Inula** Asteraceae 菊科 [MD-586] 全球 (1) 大洲分布及种数(14)◆非洲
Erythrochaeta Sieb. & Zucc. = **Ligularia**
Erythrochaete Sieb. & Zucc. = **Ligularia**
Erythrochilus Reinw. = **Claoxylon**
Erythrochiton (Baill.) Engl. = **Erythrochiton**
Erythrochiton【3】Nees & Mart. 罩衫花属 ← **Ternstroemia;Desmotes** Rutaceae 芸香科 [MD-399] 全球 (1) 大洲分布及种数(10-12)◆南美洲
Erythrochlamys【3】Gürke 内蕊草属 → **Endostemon;Ocimum** Lamiaceae 唇形科 [MD-575] 全球 (1) 大洲分布及种数(uc)◆亚洲
Erythrochylus Reinw. = **Mercurialis**
Erythrocles Bl. = **Erythrodes**
Erythrococca【3】Benth. 红桐树属 ← **Adelia;Claoxylon;Micrococca** Euphorbiaceae 大戟科 [MD-217] 全球 (1) 大洲分布及种数(27-44)◆非洲
Erythrocolon DC. = **Metalasia**
Erythrocoma【3】Greene 岩车木属 ← **Sieversia** Rosaceae 蔷薇科 [MD-246] 全球 (1) 大洲分布及种数 (1)◆北美洲
Erythrodanum Thou. = **Hemiphragma**
Erythrodermis N.Kilian & Gemeinholzer = **Erythroseris**
Erythrodes【3】Bl. 钳唇兰属 → **Aspidogyne; Platythelys** Orchidaceae 兰科 [MM-723] 全球 (1) 大洲分布及种数(8-22)◆亚洲
Erythrodontium【2】Hampe 赤齿藓属 ≒ **Leptohymenium;Platygyriella** Entodontaceae 绢藓科 [B-195] 全球 (5) 大洲分布及种数(17) 非洲:11;亚洲:5;大洋洲:3;北美洲:2;南美洲:6
Erythrogyne Vis. = **Ficus**
Erythrolaena Sw. = **Cnicus**
Erythroniaceae Martinov = Liliaceae
Erythronium【3】L. 猪牙花属 ≒ **Fritillaria** Liliaceae 百合科 [MM-633] 全球 (6) 大洲分布及种数(30-37;hort.1;cult:5)非洲:13;亚洲:10-25;大洋洲:13;欧洲:2-16;北美洲:27-42;南美洲:1-14
Erythropalaceae【3】Planch. ex Miq. 赤苍藤科 [MD-325] 全球 (1) 大洲分布和属种数(1/1-3)◆亚洲
Erythropalium Bl. = **Erythropalum**
Erythropalla Hassk. = **Erythropalum**
Erythropalum【3】Bl. 赤苍藤属 ≒ **Alsomitra** Erythropalaceae 赤苍藤科 [MD-325] 全球 (1) 大洲分布及种数 (cf. 1)◆亚洲
Erythropetalum Bl. = **Erythropalum**
Erythrophila Am. = **Erythrophysa**
Erythrophlaeum Afzel. ex R.Br. = **Erythrophleum**
Erythrophleum【2】Afzel. ex R.Br. 格木属 ← **Albizia; Cylicodiscus** Fabaceae2 云实科 [MD-239] 全球 (3) 大洲分布及种数(9-14)非洲:6-8;亚洲:6-10;大洋洲:3
Erythrophliocum Benth. = **Erythrophleum**
Erythrophloem Afzel. ex R.Br. = **Erythrophleum**
Erythrophloeum Benth. = **Erythrophleum**
Erythrophyllastrum【3】R.H.Zander 厄瓜丛藓属 Pottiaceae 丛藓科 [B-133] 全球 (1) 大洲分布及种数(1)◆南美洲
Erythrophyllopsis【2】Broth. 南美丛藓属 ≒ **Tortula** Pottiaceae 丛藓科 [B-133] 全球 (2) 大洲分布及种数(4) 欧洲:1;南美洲:4
Erythrophyllum【2】(Lindb.) Löske 红叶藓属 ≒ **Erythrobarbula** Pottiaceae 丛藓科 [B-133] 全球 (3) 大洲分布及种数(5) 亚洲:3;欧洲:1;南美洲:1
Erythrophysa【3】E.Mey. 红栾属 Sapindaceae 无患子科 [MD-428] 全球 (1) 大洲分布及种数(8-9)◆非洲
Erythrophysopsis Verdc. = **Erythrophysa**
Erythropogon DC. = **Planea**
Erythrops Lindl. = **Firmiana**
Erythropsis【3】Lindl. 梧桐属 ≒ **Hildegardia** Malvaceae 锦葵科 [MD-203] 全球 (1) 大洲分布及种数 (3)◆东亚(◆中国)
Erythropyxis Engl. = **Brazzeia**
Erythrorchis【3】Bl. 倒吊兰属 ← **Cyrtosia;Dendrobium;Galeola** Orchidaceae 兰科 [MM-723] 全球 (1) 大洲分布及种数(1-2)◆亚洲
Erythrorhipsalis【3】A.Berger 丝苇属 ≒ **Rhipsalis** Cactaceae 仙人掌科 [MD-100] 全球 (1) 大洲分布及种数 (uc)◆亚洲
Erythrorhiza Michx. = **Galax**
Erythroropalum Bl. = **Erythropalum**
Erythroselinum【3】Chiov. 红亮蛇床属 Apiaceae 伞形科 [MD-480] 全球 (1) 大洲分布及种数(2)◆非洲
Erythroseris【3】N.Kilian & Gemeinholzer 猪牙菊属 Asteraceae 菊科 [MD-586] 全球 (1) 大洲分布及种数 (1)◆非洲
Erythrospermaceae Doweld = Ancistrocladaceae
Erythrospermum【3】Thou. 红子木属 ← **Casearia** Achariaceae 青钟麻科 [MD-159] 全球 (1) 大洲分布及种

数(1-3)◆大洋洲
Erythrostaphyle Hance = **Iodes**
Erythrostemon【2】 Klotzsch 云实属 ≒ **Caesalpinia** Fabaceae 豆科 [MD-240] 全球 (4) 大洲分布及种数(33)非洲:1-2;亚洲:1-2;北美洲:1-26;南美洲:2-8
Erythrostictus D.F.L.Schlechtendal = **Androcymbium**
Erythrostigma Hassk. = **Connarus**
Erythrotis Hook.f. = **Burmannia**
Erythrotric Hook.f. = **Cyanotis**
Erythroxylaceae 【3】 Kunth 古柯科 [MD-319] 全球 (6) 大洲分布和属种数(4;hort. & cult.1)(270-338;hort. & cult.2-4)非洲:4/61-82;亚洲:1/22-35;大洋洲:1/7-17;欧洲:1/3-9;北美洲:1/57-64;南美洲:1/195-214
Erythroxylon L. = **Erythroxylum**
Erythroxylum 【3】 P.Br. 古柯属 ≒ **Coccoloba; Setaria;Pinacopodium** Erythroxylaceae 古柯科 [MD-319] 全球 (6) 大洲分布及种数(260-318;hort.1;cult: 13)非洲:50-69;亚洲:22-35;大洋洲:7-17;欧洲:3-9;北美洲:57-64;南美洲:195-214
Erythroyglon L. = **Erythroxylum**
Erythrymenia (B.L.Rob.) R.M.King & H.Rob. = **Erythradenia**
Erytrochilus Bl. = **Claoxylon**
Erytronium G.A.Scop. = **Erythronium**
Erytropyxis 【-】 Pierre 玉蕊科属 ≒ **Brazzeia** Lecythidaceae 玉蕊科 [MD-267] 全球 (uc) 大洲分布及种数(uc)
Eryx Thunb. = **Eurya**
Esblichia Rose = **Erblichia**
Escallonia 【3】 Mutis ex L.f. 南鼠刺属 ← **Baeckea** Escalloniaceae 南鼠刺科 [MD-447] 全球 (6) 大洲分布及种数(46-56;hort.1;cult:10)非洲:2;亚洲:2;大洋洲:7-9;欧洲:6-8;北美洲:10-12;南美洲:42-48
Escallonia P. & K. = **Escallonia**
Escalloniaceae【3】R.Br. ex Dum. 南鼠刺科 [MD-447] 全球 (6) 大洲分布和属种数(2;hort. & cult.2)(47-71;hort. & cult.15-28)非洲:1/2;亚洲:1/2;大洋洲:2/9-11;欧洲:1/6-8;北美洲:1/10-12;南美洲:1/42-48
Escallonieae R.Br. ex DC. = **Escallonia**
Escallontaceae R.Br. ex Dum. = Escalloniaceae
Escalonia Mutis ex L.f. = **Escallonia**
Eschara Regel = **Gloxinia**
Escharina Regel = **Achimenes**
Eschatogramme Trevis. ex C.Chr. = **Dicranoglossum**
Eschecholzia Cham. = **Eschscholzia**
Eschenbachia 【3】 Mönch 白酒草属 ≒ **Erigeron; Laennecia** Asteraceae 菊科 [MD-586] 全球 (1) 大洲分布及种数(6)◆亚洲
Escheria Regel = **Gloxinia**
Eschholtzia Rchb. = **Eschscholzia**
Eschholzia Cham. = **Eschscholzia**
Escholtzia Dum. = **Eschscholzia**
Eschscholtzia Bernh. = **Eschscholzia**
Eschscholzia 【3】 Cham. 花菱草属 ← **Chelidonium** Papaveraceae 罂粟科 [MD-54] 全球 (1) 大洲分布及种数(27-120)◆北美洲
Eschscholziaceae Ser. = Papaveraceae
Eschscholziana Cham. = **Eschscholzia**
Eschsholzia DC. = **Eschscholzia**
Eschweilera【3】 Mart. ex DC. 帽玉蕊属 → **Corythophora;Cymbopetalum** Lecythidaceae 玉蕊科 [MD-267] 全球 (1) 大洲分布及种数(108-111)◆南美洲
Eschweileria Zipp. ex Börl. = **Osmoxylon**
Eschwielera Mart. ex DC. = **Eschweilera**
Esclerona Raf. = **Acacia**
Escobaria【3】 Britton & Rose 雪花球属 ← **Thelocactus;Cochemiea;Coryphantha** Cactaceae 仙人掌科 [MD-100] 全球 (1) 大洲分布及种数(26-39)◆北美洲
Escobariopsis Doweld = **Mammillaria**
Escobedia【3】 Ruiz & Pav. 埃斯列当属 ← **Buchnera; Lisianthius** Orobanchaceae 列当科 [MD-552] 全球 (1) 大洲分布及种数(6-7)◆南美洲
Escobesseya Hest. = **Escobaria**
Escobrittonia Doweld = **Coryphantha**
Escontria【3】 Rose 仙人柱属 ← **Cereus;Pachycereus** Cactaceae 仙人掌科 [MD-100] 全球 (1) 大洲分布及种数(1)◆北美洲
Esculus L. = **Aesculus**
Esdra Salisb. = **Trillium**
Esembeckia Barb.Rodr. = **Esenbeckia**
Esenbeckia【3】 H.B. & K. 类香藓属 ≒ **Neesia;Galipea** Pterobryaceae 蕨藓科 [B-201] 全球 (1) 大洲分布及种数(34-37)◆南美洲
Esera Neck. = **Drosera**
Esfandia Charif & Aellen = **Anabasis**
Esfandiari Charif & Aellen = **Anabasis**
Esfandiaria【-】Charif&Aellen藜科属 Chenopodiaceae 藜科 [MD-115] 全球 (uc) 大洲分布及种数(uc)
Eskemukerjea 【3】 Malick & Sengupta 荞麦属 ← **Fagopyrum** Polygonaceae 蓼科 [MD-120] 全球 (1) 大洲分布及种数(cf.1) ◆亚洲
Esmarchia Rchb. = **Stellaria**
Esmenanthera Garay & H.R.Sw. = **Esmeralda**
Esmeralda 【3】 Rchb.f. 花蜘蛛兰属 → **Euanthe; Arachnis** Orchidaceae 兰科 [MM-723] 全球 (1) 大洲分布及种数(cf. 1)◆亚洲
Esmeraldia E.Fourn. = **Metastelma**
Esmeranda Hort. = **Arachnis**
Esmeropsis【-】 J.M.H.Shaw 兰科属 Orchidaceae 兰科 [MM-723] 全球 (uc) 大洲分布及种数(uc)
Esmerstylis【-】 J.M.H.Shaw 兰科属 Orchidaceae 兰科 [MM-723] 全球 (uc) 大洲分布及种数(uc)
Esola Rupp. = **Euphorbia**
Esopon Raf. = **Prenanthes**
Espadaea【3】 A.Rich. 古巴印茄树属 Solanaceae 茄科 [MD-503] 全球 (1) 大洲分布及种数(1)◆北美洲
Espejoa【3】 DC. 碱菊属 ≒ **Jaumea** Asteraceae 菊科 [MD-586] 全球 (1) 大洲分布及种数(1)◆北美洲
Espeletia Humb. & Bonpl. = **Wyethia**
Espeletiopsis Cuatrec. = **Helenium**
Espera Willd. = **Berrya**
Esperia Willd. = **Berrya**
Esperonara 【-】 Sauleda 兰科属 Orchidaceae 兰科 [MM-723] 全球 (uc) 大洲分布及种数(uc)
Esperua Aubl. = **Eperua**
Espeson DC. = **Espejoa**
Espinhassoa 【-】 Salazar & J.A.N.Bat. 兰科属 Orchidaceae 兰科 [MM-723] 全球 (uc) 大洲分布及种数

(uc)
Espinosa Lag. = **Oxytheca**
Espocana【-】P.V.Heath 仙人掌科属 Cactaceae 仙人掌科 [MD-100] 全球 (uc) 大洲分布及种数(uc)
Espostingia【-】G.D.Rowley 仙人掌科属 Cactaceae 仙人掌科 [MD-100] 全球 (uc) 大洲分布及种数(uc)
Espostoa【3】Britton,Rose & W.T.Marshall 老乐柱属 ≒ **Neoraimondia** Cactaceae 仙人掌科 [MD-100] 全球 (1) 大洲分布及种数(21-23)◆南美洲
Espostoopsis【3】Buxb. 丽翁柱属 ≒ **Coleocephalocereus** Cactaceae 仙人掌科 [MD-100] 全球 (1) 大洲分布及种数(1)◆南美洲(◆巴西)
Esquirolia H.Lév. = **Ligustrum**
Esquiroliella H.Lév. = **Eutrema**
Essenhardtia Sw. = **Eysenhardtia**
Estelara【-】Hort. 兰科属 Orchidaceae 兰科 [MM-723] 全球 (uc) 大洲分布及种数(uc)
Esterha Neck. = **Drosera**
Esterhazia Bartl. = **Esterhazya**
Esterhazya J.C.Mikan = **Esterhazya**
Esterhazya【3】Mikan 艾什列当属 → **Agalinis;Tecoma** Scrophulariaceae 玄参科 [MD-536] 全球 (1) 大洲分布及种数(6)◆南美洲
Esterhuysenia【3】L.Bolus 崖丽花属 ← **Lampranthus** Aizoaceae 番杏科 [MD-94] 全球 (1) 大洲分布及种数(1-6)◆非洲
Estevesia【3】P.J.Braun 苹果柱属 ≒ **Harrisia** Cactaceae 仙人掌科 [MD-100] 全球 (1) 大洲分布及种数(cf.) ◆南美洲
Estheria Regel = **Achimenes**
Estola Rupp. = **Acalypha**
Esula (Pers.) Haw. = **Euphorbia**
Etaballia【3】Benth. 栗檀属 ← **Inocarpus** Fabaceae 豆科 [MD-240] 全球 (1) 大洲分布及种数(cf. 1)◆南美洲
Etaeria Bl. = **Hetaeria**
Etanna Phil. = **Leucocoryne**
Etapteris Newman = **Pteris**
Ete Lindl. = **Habenaria**
Etelis Valenciennes = **Stelis**
Eteone Schott & Endl. = **Bombax**
Etericius【3】Desv. 恒茜属 Rubiaceae 茜草科 [MD-523] 全球 (1) 大洲分布及种数(1)◆南美洲
Eteriscus【-】Steud. 茜草科属 Rubiaceae 茜草科 [MD-523] 全球 (uc) 大洲分布及种数(uc)
Ethalia Rupr. = **Acanthophyllum**
Ethanium Salisb. = **Renealmia**
Etheiranthus Kostel. = **Muscari**
Ethelema R.Br. = **Phaulopsis**
Etheosanthes Raf. = **Tradescantia**
Etheria Endl. = **Hetaeria**
Ethesia Raf. = **Ornithogalum**
Ethionema Brongn. = **Aethionema**
Ethmia Raf. = **Ornithogalum**
Ethulia【3】L. 都丽菊属 → **Adenostemma;Hoehnelia;Oiospermum** Asteraceae 菊科 [MD-586] 全球 (6) 大洲分布及种数(12-21;hort.1)非洲:11-17;亚洲:2-8;大洋洲:1-4;欧洲:3;北美洲:3;南美洲:2-5
Ethuliopsis F.Müll = **Epaltes**
Ethusa Lindl. = **Aethusa**
Ethusina Sm. = **Ornithogalum**
Etiella Hort. = **Brassavola**
Etisodes Rolfe = **Eriodes**
Etlingera【3】Giseke 茴香砂仁属 ≒ **Hornstedtia** Zingiberaceae 姜科 [MM-737] 全球 (1) 大洲分布及种数(60-89)◆亚洲
Etorloba Raf. = **Rafinesquia**
Etornotus Raf. = **Antirrhinum**
Etoxoe Raf. = **Astrantia**
Etriplex E.H.Zacharias = **Axyris**
Etro O.F.Cook = **Dalechampia**
Ettlia R.Br. ex DC. = **Ammannia**
Ettliella S.Moore = **Emiliella**
Ettlingera Giseke = **Etlingera**
Etubila Raf. = **Dendrophthoe**
Etusa Roy. ex Steud. = **Aethusa**
Euacer Opiz = **Acer**
Euadenia【3】Oliv. 良腺山柑属 → **Cladostemon** Capparaceae 山柑科 [MD-178] 全球 (1) 大洲分布及种数(3-5)◆非洲
Eualcida Hemsl. = **Tagetes**
Euanemus L. = **Euonymus**
Euantha Schltr. = **Euanthe**
Euanthe【3】Schltr. 万灵兰属 ← **Esmeralda** Orchidaceae 兰科 [MM-723] 全球 (1) 大洲分布及种数(cf. 1)◆亚洲
Euarachnides Garay & H.R.Sw. = **Ferreyranthus**
Euaraliopsis【3】Hutchinson 掌叶树属 ≒ **Merrilliopanax** Araliaceae 五加科 [MD-471] 全球 (6) 大洲分布及种数(8) 非洲:8;亚洲:8;大洋洲:8;欧洲:8;北美洲:4;南美洲:1
Euaresta Benn. = **Euchresta**
Euarthrocarpus Endl. = **Raphanus**
Euastrum Ehrenberg ex Ralfs = **Erucastrum**
Eubalaena Schröd. = **Euchlaena**
Eubasis Salisb. = **Aucuba**
Eubazus Salisb. = **Aucuba**
Eubela Adans. = **Ertela**
Eubergia Sparrm. = **Ekebergia**
Eubolia Burm.f. = **Embelia**
Eubothryoides (Nakai) Hara = **Eubotryoides**
Eubotryoides【3】(Nakai) Hara 串白珠属 ← **Leucothoe** Ericaceae 杜鹃花科 [MD-380] 全球 (1) 大洲分布及种数(2)◆亚洲
Eubotrys Nutt. = **Eubotrys**
Eubotrys【3】Raf. 蓝壶花属 ← **Leucothoe;Muscari** Ericaceae 杜鹃花科 [MD-380] 全球 (1) 大洲分布及种数(2-5)◆北美洲
Eubrachion【3】Hook.f. 鳞穗寄生属 Santalaceae 檀香科 [MD-412] 全球 (1) 大洲分布及种数(3)◆南美洲
Eubryales M.Fleisch. = **Proiphys**
Eubulus Steven = **Anarthrophyllum**
Eucaerus Rikli = **Cyperus**
Eucalia Raeusch. = **Encelia**
Eucallias Raf. = **Tillandsia**
Eucalliax Raf. = **Billbergia**
Eucalypton St.Lag. = **Eucalyptus**
Eucalyptopsis【3】C.T.White 假桉属 Myrtaceae 桃金娘科 [MD-347] 全球 (1) 大洲分布及种数(2)◆大洋洲(◆巴布亚新几内亚)

E

Eucalyptus【3】L´Hér. 桉属 ≒ **Corymbia** Myrtaceae 桃金娘科 [MD-347] 全球 (1) 大洲分布及种数(366-998)◆大洋洲
Eucalyptus Orbifoliae Brooker & Hopper = **Eucalyptus**
Eucalyx【-】(Lindb.) Breidl. 叶苔科属 Jungermanniaceae 叶苔科 [B-38] 全球 (uc) 大洲分布及种数(uc)
Eucampia Oliv. = **Eucommia**
Eucamptodon Blepharacis Müll.Hal. = **Eucamptodon**
Eucamptodon【2】Mont. 银泽藓属 ≒ **Leucodon;Parisia** Dicranaceae 曲尾藓科 [B-128] 全球 (5) 大洲分布及种数(9) 亚洲:1;大洋洲:6;欧洲:1;北美洲:1;南美洲:1
Eucamptodontopsis【2】Broth. 银尾藓属 Dicranaceae 曲尾藓科 [B-128] 全球 (3) 大洲分布及种数(5) 欧洲:1;北美洲:3;南美洲:4
Eucapnia Raf. = **Nicotiana**
Eucapnos Bernh. = **Raputia**
Eucarpha Spach = **Evodia**
Eucarya【3】T.L.Mitch. ex Spragü & Summerh. 山檀香属 ≒ **Fusanus** Santalaceae 檀香科 [MD-412] 全球 (1) 大洲分布及种数(uc)◆大洋洲
Eucatagonium M.Fleisch. ex Broth. = **Catagonium**
Eucentrum Garay & H.R.Sw. = **Ascocentrum**
Eucephalus【3】Nutt. 紫菀属 → **Aster;Solidago** Asteraceae 菊科 [MD-586] 全球 (1) 大洲分布及种数(13-17)◆北美洲
Eucer Opiz = **Acer**
Eucera Mart. = **Euceraea**
Euceraea【3】Mart. 良角木属 Salicaceae 杨柳科 [MD-123] 全球 (1) 大洲分布及种数(3)◆南美洲
Euceras P. & K. = **Euceraea**
Euceriodes P. & K. = **Symplocos**
Euchaeta Bartl. & H.L.Wendl. = **Euchaetis**
Euchaetis【3】Bartl. & H.L.Wendl. 南非芸香属 ≒ **Acmadenia;Disa** Rutaceae 芸香科 [MD-399] 全球 (1) 大洲分布及种数(26)◆非洲(◆南非)
Euchalcia Dulac = **Lonicera**
Eucharia Planch. & Linden = **Eucharis**
Eucharidium Fisch. & C.A.Mey. = **Clarkia**
Eucharis【3】Planch. & Linden 南美水仙属 ← **Caliphruria;Urceocharis** Amaryllidaceae 石蒜科 [MM-694] 全球 (1) 大洲分布及种数(20-24)◆南美洲
Euchelia Dulac = **Dendrophthoe**
Eucheuma Nutt. = **Bartsia**
Euchidium Endl. = **Trigonostemon**
Euchile【3】(Dressler & G.E.Pollard) Withner 笼唇兰属 ≒ **Prosthechea** Orchidaceae 兰科 [MM-723] 全球 (1) 大洲分布及种数(2)◆北美洲(◆墨西哥)
Euchilopsis【3】F.Müll. 唇豆属 Fabaceae 豆科 [MD-240] 全球 (1) 大洲分布及种数(1)◆大洋洲(◆澳大利亚)
Euchilos Spreng. = **Pultenaea**
Euchilus R.Br. = **Pultenaea**
Euchiton【2】Cass. 匍茎鼠麹草属 ← **Aidia;Raoulia;Argyrotegium** Asteraceae 菊科 [MD-586] 全球 (5) 大洲分布及种数(21)非洲:4;亚洲:7;大洋洲:19;欧洲:1;北美洲:6
Euchitonia Cass. = **Euchiton**
Euchla Dulac = **Lonicera**
Euchlaena【2】Schröd. 类蜀黍属 ← **Zea** Poaceae 禾本科 [MM-748] 全球 (4) 大洲分布及种数(cf.1) 非洲;亚洲;北美洲;南美洲
Euchlaeneae Nakai = **Euchlaena**
Euchlaezea Bor = **Euchlaena**
Euchlanis Hauer = **Eucharis**
Euchloa L. = **Euclea**
Euchloe Engelm. = **Buchloe**
Euchlora【2】Eckl. & Zeyh. 罗顿豆属 ≒ **Lotononis** Fabaceae 豆科 [MD-240] 全球 (5) 大洲分布及种数(1-2) 非洲;亚洲;大洋洲;欧洲;北美洲
Euchloris D.Don = **Helichrysum**
Euchlscna Schröd. = **Euchlaena**
Euchone Schltr. = **Eurychone**
Euchorium【3】Ekman & Radlk. 良膜无患子属 Sapindaceae 无患子科 [MD-428] 全球 (1) 大洲分布及种数(1)◆北美洲(◆古巴)
Euchresta【3】Benn. 山豆根属 ← **Andira;Maackia** Fabaceae 豆科 [MD-240] 全球 (1) 大洲分布及种数(cf.1)◆亚洲
Euchroma Nutt. = **Castilleja**
Euchromia Nutt. = **Bartsia**
Euchylaena Spreng. = **Enchylaena**
Euchylia Dulac = **Lonicera**
Euchylus Poir. = **Anisotome**
Euciroa Nutt. = **Bartsia**
Euclades【-】Hort. 兰科属 Orchidaceae 兰科 [MM-723] 全球 (uc) 大洲分布及种数(uc)
Eucladium【3】Bruch & Schimp. 艳枝藓属 ≒ **Weissia;Hymenostylium** Pottiaceae 丛藓科 [B-133] 全球 (1) 大洲分布及种数(4)◆大洋洲
Eucladus Nutt. ex Hook. = **Eucladium**
Euclasta【3】Franch. 拟须芒草属 ← **Andropogon;Bothriochloa;Sorghum** Poaceae 禾本科 [MM-748] 全球 (1) 大洲分布及种数(cf. 1)◆亚洲
Euclaste Dur. & Jacks. = **Euclasta**
Euclea【3】L.海柿属→**Diospyros;Maba;Gymnosporia** Ebenaceae 柿科 [MD-353] 全球 (6) 大洲分布及种数(15-23;hort.1)非洲:14-20;亚洲:4-8;大洋洲:3;欧洲:2;北美洲:2;南美洲:2
Euclera L. = **Euclea**
Eucliandra G.A.Scop. = **Schradera**
Euclidium【3】W.T.Aiton 鸟头荠属 ← **Anastatica;Myagrum;Litwinowia** Brassicaceae 十字花科 [MD-213] 全球 (6) 大洲分布及种数(2)非洲:4;亚洲:1-5;大洋洲:1-5;欧洲:1-5;北美洲:1-5;南美洲:4
Euclinia【2】Salisb. 吊盏栀属 ← **Gardenia;Randia** Rubiaceae 茜草科 [MD-523] 全球 (4) 大洲分布及种数(3-4)非洲:2-3;亚洲:1;大洋洲:1-2;南美洲:1
Euclisia【-】(Nutt. ex Torr. & A.Gray) Greene 十字花科属 ≒ **Streptanthus** Brassicaceae 十字花科 [MD-213] 全球 (uc) 大洲分布及种数(uc)
Eucnemia Rchb. = **Eucnemis**
Eucnemis【-】Lindl. 兰科属 ≒ **Govenia** Orchidaceae 兰科 [MM-723] 全球 (uc) 大洲分布及种数(uc)
Eucnide【3】Zucc. 沙岩麻属←**Mentzelia;Sympetaleia** Loasaceae 刺莲花科 [MD-435] 全球 (1) 大洲分布及种数(13-18)◆北美洲
Eucochlospermum Planch. = **Suaeda**
Eucodonella【-】Roalson & Boggan 苦苣苔科属 Gesneriaceae 苦苣苔科 [MD-549] 全球 (uc) 大洲分布及

种数(uc)
Eucodonia【3】 Hanst. 绵毛岩桐属 ≒ **Achimenes** Gesneriaceae 苦苣苔科 [MD-549] 全球 (1) 大洲分布及种数(2)◆北美洲(◆墨西哥)
Eucodonopsis【3】 Van Houtte 长筒花属 ← **Achimenes** Gesneriaceae 苦苣苔科 [MD-549] 全球 (1) 大洲分布及种数(1)◆非洲
Eucoelium Salisb. = **Gloxinia**
Eucolum Salisb. = **Gloxinia**
Eucolus Salisb. = **Gloxinia**
Eucome Sol. ex Salisb. = **Eucomis**
Eucomea Sol. ex Salisb. = **Eucomis**
Eucomidaceae Engl. = Eucommiaceae
Eucomis【3】 L′Hér. 凤梨百合属 ← **Asphodelus;Ornithogalum** Asparagaceae 天门冬科 [MM-669] 全球 (1) 大洲分布及种数(11-16)◆非洲
Eucommia【3】 Oliv. 杜仲属 ≒ **Aethionema** Eucommiaceae 杜仲科 [MD-254] 全球 (1) 大洲分布及种数(1-2)◆东亚(◆中国)
Eucommiaceae【3】Engl. 杜仲科 [MD-254] 全球 (1) 大洲分布和属种数(1;hort. & cult.1)(1-3;hort. & cult.1)◆东亚(◆中国)
Eucopella Pennell = **Encopella**
Eucorydia Stapf = **Eucorymbia**
Eucorymbia【3】 Stapf 良序夹竹桃属 Apocynaceae 夹竹桃科 [MD-492] 全球 (1) 大洲分布及种数(cf. 1)◆亚洲
Eucosia【3】 Bl. 开唇兰属 ≒ **Anoectochilus** Orchidaceae 兰科 [MM-723] 全球 (1) 大洲分布及种数(uc)属分布和种数(uc)◆大洋洲
Eucosmia Benth. = **Phaleria**
Eucranta Monro = **Euclasta**
Eucriphia Pers. = **Eucryphia**
Eucrosia【3】 Ker Gawl. 龙须石蒜属 Amaryllidaceae 石蒜科 [MM-694] 全球 (1) 大洲分布及种数(7-8)◆南美洲
Eucryphia【2】 Cav. 银香茶属 ← **Fagus** Cunoniaceae 合椿梅科 [MD-255] 全球 (4) 大洲分布及种数(4-13;hort.1;cult: 4)亚洲:1;大洋洲:1-6;北美洲:2;南美洲:2-3
Eucryphiac Cav. = **Eucryphia**
Eucryphiaceae【2】Gay 船形果科 [MD-235] 全球 (4) 大洲分布和属种数(1;hort. & cult.1)(3-13;hort. & cult.3-7)亚洲:1/1;大洋洲:1/1-6;北美洲:1/2;南美洲:1/2-3
Eucrypta【3】 Nutt. 菊蝶花属 ← **Ellisia;Phacelia** Boraginaceae 紫草科 [MD-517] 全球 (1) 大洲分布及种数(3-5)◆北美洲
Eucta Link = **Abies**
Eucycla Nutt. = **Oxytheca**
Eucyperus M.Rikli = **Cyperus**
Eucypris Rikli = **Cyperus**
Eudamus Raf. = **Amethystea**
Eudela Bonpl. = **Eudema**
Eudema【3】 Humb. & Bonpl. 南纬岩芥属 → **Aschersoniodoxa;Sisymbrium;Xerodraba** Brassicaceae 十字花科 [MD-213] 全球 (1) 大洲分布及种数(8-10)◆南美洲
Eudemis Raf. = **Colchicum**
Euderus Mill. = **Emerus**
Eudesia R.Br. = **Eucalyptus**
Eudesme R.Br. = **Angophora**
Eudesmia R.Br. = **Carum**
Eudesmis Raf. = **Exomis**
Eudianthe【2】 Rchb. 蝇子草属 ← **Silene** Caryophyllaceae 石竹科 [MD-77] 全球 (2) 大洲分布及种数(3-4) 非洲:3;欧洲:2-3
Eudigona Raf. = **Arthropodium**
Eudipetala Raf. = **Commelina**
Eudiplex Raf. = **Tamarix**
Eudisanthema Neck. ex P. & K. = **Mertensia**
Eudocima D.Don ex G.Don = **Gentiana**
Eudodeca Steud. = **Aristolochia**
Eudoia D.Don ex G.Don = **Pandanus**
Eudol Salisb. = **Strumaria**
Eudolon Salisb. = **Libertia**
Eudolops Salisb. = **Amaryllis**
Eudonax Fr. = **Donax**
Eudor Cass. = **Senecio**
Eudorus Cass. = **Senecio**
Eudoxia D.Don ex G.Don = **Gentiana**
Eudoxia Klotzsch = **Acalypha**
Eudoxus D.Don ex G.Don = **Gentiana**
Eudromia R.Br. = **Angophora**
Eudryas Thunb. = **Eurya**
Euduxia Walp. = **Pandanus**
Eudyaria C.B.Clarke = **Edgaria**
Euehresta Benn. = **Euchresta**
Eueomis Raf. = **Colchicum**
Euephemerum Limpr. ex Hillier = **Ephemerum**
Euforbia Ten. = **Euphorbia**
Eufournia Reeder = **Sohnsia**
Eufragia Griseb. = **Parentucellia**
Eugasmia Miq. = **Peperomia**
Euge Salisb. = **Gloriosa**
Eugeissona【3】 Griff. 刺果椰属 Arecaceae 棕榈科 [MM-717] 全球 (1) 大洲分布及种数(cf. 1)◆亚洲
Eugeissoneae W.J.Baker & J.Dransf. = **Eugeissona**
Eugenia (Bl.) Duthie = **Eugenia**
Eugenia【3】 L. 番樱桃属 → **Acca;Egeria;Pimenta** Myrtaceae 桃金娘科 [MD-347] 全球 (6) 大洲分布及种数(1149-1443;hort.1;cult:4)非洲:164-293;亚洲:166-255;大洋洲:177-270;欧洲:26-88;北美洲:416-557;南美洲:717-825
Eugeniodes P. & K. = **Symplocos**
Eugenioides L. = **Symplocos**
Eugeniupsis O.Berg = **Marlierea**
Eugenysa L. = **Eugenia**
Eugerda L. = **Eugenia**
Euglenopsis O.Berg = **Marlierea**
Euglypha【3】 Chodat & Hassl. 马兜铃属 ≒ **Aristolochia** Aristolochiaceae 马兜铃科 [MD-56] 全球 (1) 大洲分布及种数(1)◆南美洲
Euglyphis Schaus = **Euglypha**
Eugoa Salisb. = **Gloriosa**
Eugone Salisb. = **Gloriosa**
Eugonus Salisb. = **Gloriosa**
Euhaynaldia【-】 Borbás 桔梗科属 Campanulaceae 桔梗科 [MD-561] 全球 (uc) 大洲分布及种数(uc)
Euhemerus Raf. = **Lycopus**
Euhemus Raf. = **Lycopus**
Euhresta Benn. = **Euchresta**

E

Euhybus Sm. = **Eulobus**
Euhydrobryum (Tul.) Koidzumi = **Pogostemon**
Euilus Steven = **Astragalus**
Euker Opiz = **Acer**
Euklastaxon Steud. = **Andropogon**
Euklisia (Nutt. ex Torr. & A.Gray) Greene = **Streptanthus**
Euklisia Rydb. ex Small = **Streptanthus**
Eukrania Raf. = **Cornus**
Eukrohnia Raf. = **Cornus**
Eukylista【3】Benth. 檬檀属 ≒ **Calycophyllum** Rubiaceae 茜草科 [MD-523] 全球 (1) 大洲分布及种数(uc)◆亚洲
Eula Rupp. = **Euphorbia**
Eulacophyllum【2】M.Chen 北美洲硬叶藓属 Stereophyllaceae 硬叶藓科 [B-172] 全球 (2) 大洲分布及种数(1) 北美洲:1;南美洲:1
Eulaimus Nocca = **Elymus**
Eulalia (Hack.) Ohwi = **Eulalia**
Eulalia【3】Kunth 黄金茅属 ≒ **Miscanthus;Pollia; Andropogon** Poaceae 禾本科 [MM-748] 全球 (6) 大洲分布及种数(35-39)非洲:10-15;亚洲:31-38;大洋洲:8-13;欧洲:5;北美洲:3-8;南美洲:5-10
Eulaliopsis【3】Honda 拟金茅属 ← **Andropogon;Spodiopogon** Poaceae 禾本科 [MM-748] 全球 (1) 大洲分布及种数(2-3)◆亚洲
Eulejeunea Steph. = **Lejeunea**
Eulenburgia Pax = **Momordica**
Euleria【2】Urb. 毛漆树属 ≒ **Picrasma** Anacardiaceae 漆树科 [MD-432] 全球 (3) 大洲分布及种数(cf.1) 亚洲;北美洲;南美洲
Euleucum Raf. = **Sarothamnus**
Euli Rupp. = **Euphorbia**
Eulidia Bourcier = **Eulalia**
Eulina Raf. = **Aniseia**
Eulobus【3】Nutt. ex Torr. & A.Gray 帚晖草属 ≒ **Camissonia** Onagraceae 柳叶菜科 [MD-396] 全球 (1) 大洲分布及种数(4)◆北美洲(◆美国)
Eulocymbidiella【-】auct. 兰科属 Orchidaceae 兰科 [MM-723] 全球 (uc) 大洲分布及种数(uc)
Eulomangis【-】J.M.H.Shaw 兰科属 Orchidaceae 兰科 [MM-723] 全球 (uc) 大洲分布及种数(uc)
Eulophia (Hedw.) C.Agardh = **Eulophia**
Eulophia【3】R.Br. 紫花美冠兰属 ≒ **Dendrobium; Acrolophia** Orchidaceae 兰科 [MM-723] 全球 (6) 大洲分布及种数(43) 非洲:25;亚洲:24;大洋洲:22;欧洲:10;北美洲:19;南美洲:11
Eulophidae R.Br. = **Eulophia**
Eulophidium【2】Pfitz. 美僧兰属 Orchidaceae 兰科 [MM-723] 全球 (2) 大洲分布及种数(cf.1) 非洲;南美洲
Eulophiella【3】Rolfe 拟美冠兰属 ← **Eulophia; Grammatophyllum** Orchidaceae 兰科 [MM-723] 全球 (1) 大洲分布及种数(5-7)◆非洲(◆马达加斯加)
Eulophiopsis Pfitzer = **Graphorkis**
Eulophis R.Br. = **Eulophia**
Eulophus Nutt. ex DC. = **Eulophia**
Eulophyllum Chen = **Eulacophyllum**
Eulosellia【-】Chen 兰科属 Orchidaceae 兰科 [MM-723] 全球 (uc) 大洲分布及种数(uc)
Eulychnia【3】Phil. 绿竹柱属 → **Austrocactus;Cereus;Echinopsis** Cactaceae 仙人掌科 [MD-100] 全球 (1) 大洲分布及种数(9)◆南美洲
Eulychnocactus Backeb. = **Corryocactus**
Eumachia DC. = **Psychotria**
Eumannia Brongn. = **Pitcairnia**
Eumarcia DC. = **Aidia**
Eumastia DC. = **Psychotria**
Eumathes Spreng. = **Xanthophyllum**
Eumecanthus Klotzsch & Garcke = **Euphorbia**
Eumecon Hance = **Eomecon**
Eumedonia Hanst. = **Eucodonia**
Eumela (Speg.) M.L.Farr = **Ertela**
Eumenia L. = **Eugenia**
Eumitria Raf. = **Carex**
Eumolpe Decaisne,Joseph & Jacques,Henri Antoine & Hérincq,François = **Gloxinia**
Eumorpha Eckl. & Zeyh. = **Pelargonium**
Eumorphanthus A.C.Sm. = **Psychotria**
Eumorphia【3】DC. 秀菊木属 Asteraceae 菊科 [MD-586] 全球 (1) 大洲分布及种数(5-6)◆非洲
Eumorphus R.Br. = **Perideridia**
Eumyurium【3】Nog. 拟金毛藓属 Myuriaceae 金毛藓科 [B-208] 全球 (1) 大洲分布及种数(1) ◆亚洲
Eunannos P.Campos Porto & A.C.Brade = **Sophronitis**
Eunanus【2】Benth. 狗面花属 ≒ **Mimulus** Phrymaceae 透骨草科 [MD-559] 全球 (2) 大洲分布及种数(21) 北美洲:21;南美洲:1
Eunicentrus C.Presl = **Cassine**
Eunicida Hemsl. = **Tagetes**
Eunochis Raf. = **Lactuca**
Eunoe Salisb. = **Gloriosa**
Eunomia DC. = **Aethionema**
Eunoxis Raf. = **Lactuca**
Euodia【3】J.R.Forst. & G.Forst. 洋茱萸属 → **Acronychia;Evodia;Orixa** Rutaceae 芸香科 [MD-399] 全球 (6) 大洲分布及种数(11-16)非洲:3-14;亚洲:6-16;大洋洲:2-11;欧洲:9;北美洲:9;南美洲:1-10
Euodice J.R.Forst. & G.Forst. = **Euodia**
Euodis J.R.Forst. & G.Forst. = **Euodia**
Euomphalus Nutt. = **Eucephalus**
Euomymus L. = **Euonymus**
Euonymaceae Bercht. & J.Presl = Hypseocharitaceae
Euonymoides Medik. = **Alectryon**
Euonymus (Turcz.) Nakai = **Euonymus**
Euonymus【3】L. 卫矛属 ← **Cassine; Hippocratea; Ochna** Celastraceae 卫矛科 [MD-339] 全球 (6) 大洲分布及种数(139-177;hort.1;cult:15)非洲:11-126;亚洲:126-278;大洋洲:9-130;欧洲:17-132;北美洲:41-160;南美洲:4-119
Euonyum L. = **Euonymus**
Euopis Bartl. = **Eriosyce**
Euosma【3】Andr. 蜂窝子属 ≒ **Logania** Loganiaceae 马钱科 [MD-486] 全球 (1) 大洲分布及种数(2)◆大洋洲
Euosmia【3】Humb. & Bonpl. 星罗木属 ≒ **Hoffmannia** Rubiaceae 茜草科 [MD-523] 全球 (1) 大洲分布及种数(uc)◆亚洲
Euosmolejeunea (Spruce) Steph. = **Euosmolejeunea**
Euosmolejeunea【2】P.C.Chen & P.C.Wu 唇鳞苔属 ← **Cheilolejeunea;Lejeunea;Hygrolejeunea** Lejeuneaceae

细鳞苔科 [B-84] 全球 (5) 大洲分布及种数(cf.1) 非洲;亚洲;大洋洲;北美洲;南美洲
Euosmus (Nutt.) Rchb. = **Lindera**
Euothonaea Rchb.f. = **Scaphyglottis**
Euotia Adans. = **Eurotia**
Eupapilanda Garay & H.R.Sw. = **Euanthe**
Euparaea Steud. = **Stellaria**
Euparea Banks & Sol. ex Gaertn. = **Anagallis**
Euparia Gaertn. = **Anagallis**
Euparorium L. = **Eupatorium**
Eupatolium L. = **Eupatorium**
Eupatoriaceae 【3】 Bercht. & J.Presl 泽兰科 [MD-588] 全球 (6) 大洲分布和属种数(1;hort. & cult.1)(271-841;hort. & cult.18-44)非洲:1/4-95;亚洲:1/50-154;大洋洲:1/7-98;欧洲:1/12-103;北美洲:1/98-210;南美洲:1/198-332
Eupatoriadelphus R.M.King & H.Rob. = **Eupatorium**
Eupatoriastrum【3】 Greenm. 肖泽兰属 ← **Carphephorus;Bulbostylis;Idiothamnus** Asteraceae 菊科 [MD-586] 全球 (1) 大洲分布及种数(9)◆北美洲
Eupatorieae Cass. = **Eupatorina**
Eupatorina【3】 R.M.King & H.Rob. 泽兰属 ≒ **Eupatorium** Asteraceae 菊科 [MD-586] 全球 (1) 大洲分布及种数(1)◆亚洲
Eupatoriophalacron Adans. = **Eclipta**
Eupatoriophalacron Mill. = **Verbesina**
Eupatoriopsis【3】 Hieron. 辐泽兰属 Asteraceae 菊科 [MD-586] 全球 (1) 大洲分布及种数(1)◆南美洲(◆巴西)
Eupatorium (Cass.) Cabrera = **Eupatorium**
Eupatorium【3】 L. 泽兰属 → **Agrimonia;Critonia;Pertya** Asteraceae 菊科 [MD-586] 全球 (6) 大洲分布及种数(272-704;hort.1;cult: 44)非洲:4-95;亚洲:50-154;大洋洲:7-98;欧洲:12-103;北美洲:98-210;南美洲:198-332
Eupelia R.Br. ex DC. = **Ammannia**
Eupelmus Raf. = **Amethystea**
Eupera Willd. = **Berrya**
Eupetalum Lindl. = **Begonia**
Euphastia L. = **Euphrasia**
Euphemus Raf. = **Lycopus**
Euphlebium 【-】 (Kraenzl.) Brieger 兰科属 ≒ **Dendrobium** Orchidaceae 兰科 [MM-723] 全球 (uc) 大洲分布及种数(uc)
Eupho Griff. = **Aglaia**
Euphoebe Bl. ex Meisn. = **Alseodaphne**
Euphora Griff. = **Hibbertia**
Euphorba Cothen. = **Persea**
Euphorbi L. = **Euphorbia**
Euphorbia (Boiss.) Baikov = **Euphorbia**
Euphorbia【3】 L. 麻黄戟属 → **Acalypha;Cybianthus;Pedilanthus** Euphorbiaceae 大戟科 [MD-217] 全球 (6) 大洲分布及种数(1531-2312;hort.1;cult:105)非洲:702-1266;亚洲:484-739;大洋洲:162-330;欧洲:219-382;北美洲:514-695;南美洲:267-445
Euphorbiaceae 【3】 G.L.Webster 大戟科 [MD-217] 全球 (6) 大洲分布和属种数(278-325;hort. & cult.49-56)(7074-12662;hort. & cult.328-458)非洲:121-182/ 2234-4089;亚洲:110-163/ 1990-3862;大洋洲:73-141/916-2454;欧洲:24-103/351-1242;北美洲:84-129/1783-2949;南美洲:97-161/ 2513-3638
Euphorbiastrum Klotzsch & Garcke = **Euphorbia**
Euphorbieae Pax & K.Hoffm. = **Euphorbia**
Euphorbiodendron Millsp. = **Euphorbia**
Euphorbion St.Lag. = **Euphorbia**
Euphorbiopsis H.Lév. = **Canscora**
Euphorbium Hill = **Euphorbia**
Euphoria Comm. ex Juss. = **Litchi**
Euphorianthus【3】 Radlk. 良梗花属 ← **Dysoxylum** Sapindaceae 无患子科 [MD-428] 全球 (1) 大洲分布及种数(cf. 1)◆亚洲
Euphornia L. = **Euphorbia**
Euphorona L. = **Euphorbia**
Euphr Griff. = **Aglaia**
Euphranta L. = **Euphrasia**
Euphrasia【3】 L. 小米草属 → **Sopubia;Parentucellia;Phtheirospermum** Orobanchaceae 列当科 [MD-552] 全球 (6) 大洲分布及种数(160-378;hort.1;cult: 32)非洲:14-44;亚洲:54-153;大洋洲:21-61;欧洲:112-158;北美洲:24-41;南美洲:24-40
Euphrasiaceae Martinov = Myoporaceae
Euphroboscis Griff. = **Eria**
Euphrona 【3】 Vell. 银鹃芸香属 Rutaceae 芸香科 [MD-399] 全球 (1) 大洲分布及种数(cf.1)◆南美洲
Euphronia【3】 Mart. 银鹃木属 Euphroniaceae 银鹃木科 [MD-273] 全球 (1) 大洲分布及种数(4)◆南美洲
Euphroniaceae【3】 Marc.-Berti 银鹃木科 [MD-273] 全球 (1) 大洲分布和属种数(1/4)◆南美洲
Euphrosine Allamand = **Euphrosyne**
Euphrosinia Rchb. = **Ambrosia**
Euphrosyne【3】 DC. 欢乐菊属 ← **Ambrosia;Leuciva;Oxytenia** Asteraceae 菊科 [MD-586] 全球 (1) 大洲分布及种数(5-10)◆北美洲
Euphyia Raf. = **Aletris**
Euphyleia Raf. = **Dracaena**
Euphylieu Raf. = **Aletris**
Euphyllia Raf. = **Aletris**
Euphysa Griff. = **Aglaia**
Euphysora Griff. = **Aegle**
Euplassa 【3】 Salisb. 南美榛属 ≒ **Didymanthus;Gevuina** Proteaceae 山龙眼科 [MD-219] 全球 (1) 大洲分布及种数(21-26)◆南美洲
Euplexia Steven = **Astragalus**
Euplica Rehder = **Euploca**
Euploca【3】 Nutt. 天芥菜属 ≒ **Heliotropium;Phacelia** Boraginaceae 紫草科 [MD-517] 全球 (1) 大洲分布及种数(32-36)◆北美洲
Euploea Stoll = **Euploca**
Euplusia Salisb. = **Euplassa**
Eupodia Raf. = **Chironia**
Eupodium 【3】 J.Sm. 杯囊蕨属 ← **Marattia;Maranta** Marattiaceae 合囊蕨科 [F-13] 全球 (1) 大洲分布及种数(3)◆北美洲
Eupogon Desv. = **Zygodon**
Eupogonium Choisy = **Exogonium**
Eupolia Raf. = **Blackstonia**
Eupomatia 【3】 R.Br. 帽花木属 → **Galbulimima** Eupomatiaceae 帽花木科 [MD-5] 全球 (1) 大洲分布及种数(3)◆大洋洲
Eupomatiaceae【3】 Orb. 帽花木科 [MD-5] 全球 (1) 大

洲分布和属种数(1;hort. & cult.1)(3;hort. & cult.1)◆大洋洲
Eupomatus R.Br. = **Eupomatia**
Euporphyranda Garay & H.R.Sw. = **Euanthe**
Euporteria Kreuz. & Buining = **Cephalocereus**
Euprepes Steven = **Astragalus**
Euprepia Steven = **Astragalus**
Euprepina Steven = **Anarthrophyllum**
Euprepis Newman = **Pteris**
Eupritchardia P. & K. = **Washingtonia**
Euproboscis Griff. = **Thelasis**
Euprymna Wight & Arn. = **Urophyllum**
Eupsilia Raf. = **Pterocephalus**
Euptelea【3】 Sieb. & Zucc. 领春木属 Eupteleaceae 领春木科 [MD-49] 全球 (1) 大洲分布及种数(1-6)◆亚洲
Eupteleaceae【3】K.Wilh. 领春木科 [MD-49] 全球 (6) 大洲分布和属种数(1;hort. & cult.1)(1-8;hort. & cult.1-3) 非洲:1/4;亚洲:1/1-6;大洋洲:1/4;欧洲:1/4;北美洲:1/4;南美洲:1/4
Euptelia Sieb. & Zucc. = **Euptelea**
Eupteris Newm. = **Pteridium**
Eupteron Miq. = **Polyscias**
Eupterote Miq. = **Polyscias**
Eupteryx Newman = **Pteridium**
Euptil Raf. = **Pterocephalus**
Euptilia Raf. = **Scabiosa**
Euptilota Lindauer = **Scabiosa**
Euptychia Schimp. = **Euptychium**
Euptychium Crassisubulata During = **Euptychium**
Euptychium【2】 Schimp. 澳银藓属 ≒ **Garovaglia** Ptychomniaceae 棱蒴藓科 [B-159] 全球 (2) 大洲分布及种数(10) 亚洲:2;大洋洲:9
Eupyra Wight & Arn. = **Urophyllum**
Eupyrena Wight & Arn. = **Timonius**
Eurachnis Bok Choon = **Arachnis**
Euranthemum Nees ex Steud. = **Eranthemum**
Euraphis (Trin.) P. & K. = **Pentaschistis**
Eurata Herrich-Schäffer = **Exarata**
Euratia Adans. = **Eurotia**
Eurebutia (Backeb.) G.Vande Weghe = **Rebutia**
Euregelia P. & K. = **Phyteuma**
Eureiandra【2】 Hook.f. 热非瓜属 ← **Momordica; Peponium** Cucurbitaceae 葫芦科 [MD-205] 全球 (2) 大洲分布及种数(2-9)非洲:1-7;亚洲:cf.1
Eurhaphis Trin. ex Steud. = **Pappophorum**
Eurhinus Hustache,A. = **Erinus**
Eurhodia Mooi = **Euodia**
Eurhotia Neck. = **Margaritopsis**
Eurhynchiadelphu【3】 Ignatov,Huttunen & T.J.Kop. 银青藓属 Brachytheciaceae 青藓科 [B-187] 全球 (1) 大洲分布及种数(1)◆非洲
Eurhynchiadelphus【3】 Ignatov 亚洲银根藓属 Brachytheciaceae 青藓科 [B-187] 全球 (1) 大洲分布及种数(1)◆亚洲
Eurhynchiastrum【2】 Ignatov & Huttunen 北美洲根藓属 ≒ **Rhynchostegium** Brachytheciaceae 青藓科 [B-187] 全球 (5) 大洲分布及种数(1) 非洲:1;亚洲:1;欧洲:1;北美洲:1;南美洲:1
Eurhynchiella【2】 M.Fleisch. 青银藓属 ≒ **Hypnum; Rhynchostegiella** Brachytheciaceae 青藓科 [B-187] 全球 (3) 大洲分布及种数(6) 非洲:2;亚洲:2;南美洲:4
Eurhynchium (Lindb.) Limpr. = **Eurhynchium**
Eurhynchium【3】 Schimp. 美喙藓属 ≒ **Oxyrrhynchium** Brachytheciaceae 青藓科 [B-187] 全球 (6) 大洲分布及种数(71) 非洲:17;亚洲:25;大洋洲:16;欧洲:16;北美洲:25;南美洲:18
Eurhyncium Schimp. = **Eurhynchium**
Euriandra G.A.Scop. = **Schradera**
Euricania Klotzsch = **Agapetes**
Euricoa Jack = **Eurycoma**
Eurila Endl. = **Pyrenaria**
Euriosma Desv. = **Eriosema**
Euriples Raf. = **Salvia**
Euripus Raf. = **Salvia**
Euritea Adans. = **Eurotia**
Eurmorphanthus A.C.Sm. = **Psychotria**
Eurohypnum【3】 Ando 亚洲真根藓属 Hypnaceae 灰藓科 [B-189] 全球 (1) 大洲分布及种数(1)◆亚洲
Eurois Adans. = **Eurotia**
Euromoia Adans. = **Eurotia**
Europ (Cass.) Cass. = **Euryops**
Euroschinus【3】 Hook.f. 条纹漆属 ← **Sorindeia; Spondias** Anacardiaceae 漆树科 [MD-432] 全球 (1) 大洲分布及种数(1-9)◆大洋洲
Eurostorhiza【3】 G.Don ex Steud. 酸浆属 ≒ **Caustis** Cyperaceae 莎草科 [MM-747] 全球 (1) 大洲分布及种数(uc)◆大洋洲
Eurostorrhiza Benth. & Hook.f. = **Withania**
Eurota Adans. = **Eurotia**
Eurotia【2】 Adans. 优若藜属 ≒ **Kranikofa;Krascheninnikovia** Amaranthaceae 苋科 [MD-116] 全球 (2) 大洲分布及种数(2) 非洲:1;亚洲:1
Eurotium B.D.Jacks = **Erodium**
Euroto Adans. = **Eurotia**
Eurrhynchium Bruch & Schimp. ex I.Hagen = **Eurhynchium**
Eurya (Willd.) Melch. = **Eurya**
Eurya【3】 Thunb. 柃属 → **Adinandra;Gymplatanthera;Pinalia** Theaceae 山茶科 [MD-168] 全球 (1) 大洲分布及种数(96-146)◆亚洲
Euryachora B.G.Briggs & L.A.S.Johnson = **Eurychorda**
Euryades Lucas = **Euryale**
Euryalaceae【3】J.Agardh 芡实科 [MD-28] 全球 (6) 大洲分布和属种数(1;hort. & cult.1)(1-8;hort. & cult.1)非洲:1/3;亚洲:1/1-5;大洋洲:1/3;欧洲:1/3;北美洲:1/3;南美洲:1/3
Euryale【3】 Salisb. 芡属 → **Anneslea;Victoria** Euryalaceae 芡实科 [MD-28] 全球 (1) 大洲分布及种数(1-5)◆亚洲
Euryalea Salisb. = **Euryale**
Euryales Steud. = **Euryale**
Euryalona D.Don = **Xenostegia**
Euryandra Forst. = **Tetracera**
Euryandra Hook.f. = **Eureiandra**
Euryangis auct. = **Talassia**
Euryangium Hort. = **Talassia**
Euryanthe Cham. & Schltdl. = **Amoreuxia**
Eurybia【3】 (Cass.) Cass. 北美洲紫菀属 ≒ **Olearia**

Asteraceae 菊科 [MD-586] 全球 (6) 大洲分布及种数(35-45;hort.1;cult:1)非洲:5;亚洲:17-22;大洋洲:7-12;欧洲:7-12;北美洲:30-35;南美洲:8-13
Eurybiopsis【-】DC. 菊科属 ≒ **Minuria** Asteraceae 菊科 [MD-586] 全球 (uc) 大洲分布及种数(uc)
Euryblema【3】Dressler 兜羚兰属 Orchidaceae 兰科 [MM-723] 全球 (1) 大洲分布及种数(3)◆亚洲
Eurycarpus【3】Botsch. 宽果芥属 ← **Braya;Christolea** Brassicaceae 十字花科 [MD-213] 全球 (1) 大洲分布及种数(cf. 1)◆亚洲
Eurycaulis M.A.Clem. & D.L.Jones = **Dendrobium**
Eurycentrum【3】Schltr. 宝石兰属 ← **Cystorchis;Hetaeria** Orchidaceae 兰科 [MM-723] 全球 (1) 大洲分布及种数(1-7)◆大洋洲
Eurycephalus Nutt. = **Eucephalus**
Euryceraea Mart. = **Euceraea**
Eurychaenia Griseb. = **Miconia**
Eurychanes Nees = **Ruellia**
Eurychiton Graham = **Luronium**
Eurychone【3】Schltr. 漏斗兰属 Orchidaceae 兰科 [MM-723] 全球 (1) 大洲分布及种数(2-3)◆非洲
Eurychorda【3】B.G.Briggs & L.A.S.Johnson 帚灯草属 ← **Restio** Restionaceae 帚灯草科 [MM-744] 全球 (1) 大洲分布及种数(1-2)◆大洋洲
Eurycies Salisb. = **Eurycles**
Eurycles【2】Salisb. ex J.A.Schultes & J.H.Schultes 全能花属 ← **Proiphys** Amaryllidaceae 石蒜科 [MM-694] 全球 (2) 大洲分布及种数(2) 亚洲:1;大洋洲:1
Eurycoma【3】Jack 马来参属 ← **Evodia** Simaroubaceae 苦木科 [MD-424] 全球 (1) 大洲分布及种数(1-3)◆亚洲
Eurycorymbus【3】Hand.Mazz. 伞花木属 ← **Rhus** Sapindaceae 无患子科 [MD-428] 全球 (1) 大洲分布及种数(cf. 1)◆亚洲
Eurydictyon (Cardot) Horik. & Nog. = **Dendrocyathophorum**
Eurydochus【3】Maguire & Wurdack 莲菊木属 ≒ **Gongylolepis** Asteraceae 菊科 [MD-586] 全球 (1) 大洲分布及种数(2)◆南美洲
Eurygania Klotzsch = **Thibaudia**
Eurygraecum【-】auct. 兰科属 Orchidaceae 兰科 [MM-723] 全球 (uc) 大洲分布及种数(uc)
Eurylepis D.Don = **Mesanthemum**
Eurylobium Hochst. = **Campylostachys**
Euryloma D.Don = **Erica**
Euryloma Raf. = **Ipomoea**
Eurylomata D.Don = **Xenostegia**
Eurymera Nutt. ex Torr. & A.Gray = **Aletes**
Eurymerus Rikli = **Cyperus**
Eurynema Endl. = **Melochia**
Euryneura Endl. = **Melochia**
Eurynoma Jack = **Eurycoma**
Eurynome DC. = **Coprosma**
Eurynotia R.C.Foster = **Ennealophus**
Euryodendron【3】Hung T.Chang 猪血木属 Pentaphylacaceae 五列木科 [MD-215] 全球 (1) 大洲分布及种数(cf. 1)◆东亚(◆中国)
Euryomma F.Schmitz = **Eurycoma**
Euryomyrtus【3】Schaür 岗松属 ≒ **Baeckea** Myrtaceae 桃金娘科 [MD-347] 全球 (1) 大洲分布及种数(3-7;hort.1)◆大洋洲
Euryops【3】(Cass.) Cass. 黄蓉菊属 ← **Cineraria;Mikania;Othonna** Asteraceae 菊科 [MD-586] 全球 (6) 大洲分布及种数(98-111;hort.1)非洲:96-100;亚洲:6-7;大洋洲:3-4;欧洲:3-4;北美洲:10-11;南美洲:1
Euryosma Jack = **Eurycoma**
Eurypelma Dressler = **Euryblema**
Eurypetalum【3】Harms 贝壳豆属 Fabaceae 豆科 [MD-240] 全球 (1) 大洲分布及种数(2-3)◆非洲
Euryptera Nutt. ex Torr. & A.Gray = **Lomatium**
Eurypterus Rikli = **Cyperus**
Euryscopa Jack = **Eurycoma**
Eurysodon Prain = **Eurysolen**
Eurysolen【3】Prain 宽管花属 Lamiaceae 唇形科 [MD-575] 全球 (1) 大洲分布及种数(cf. 1)◆亚洲
Euryspermum Salisb. = **Protea**
Eurystemon【3】Alexander 沼车前属 ← **Heteranthera** Pontederiaceae 雨久花科 [MM-711] 全球 (1) 大洲分布及种数(uc)属分布和种数(uc)◆北美洲
Eurysthea S.Watson = **Erythea**
Eurystheus Bouche = **Canna**
Eurystigma【3】L.Bolus 黄霄花属 Aizoaceae 番杏科 [MD-94] 全球 (1) 大洲分布及种数(uc)◆亚洲
Eurystomus Bouche = **Canna**
Eurystyla Wawra = **Eurystyles**
Eurystyles (Höhne) Szlach. = **Eurystyles**
Eurystyles【3】Wawra 奶油兰属 ≒ **Spiranthes** Orchidaceae 兰科 [MM-723] 全球 (6) 大洲分布及种数(24-26)非洲:1;亚洲:1;大洋洲:1-2;欧洲:1-3;北美洲:10-12;南美洲:20-22
Eurystylus Bouché = **Canna**
Eurystylus P. & K. = **Eurystyles**
Euryta Thunb. = **Eurya**
Eurytaenia【3】Torr. & A.Gray 宽翅芹属 ≒ **Erythraea** Apiaceae 伞形科 [MD-480] 全球 (1) 大洲分布及种数(2)◆北美洲(◆美国)
Eurythalia D.Don = **Gentiana**
Eurythenes Nees = **Ruellia**
Eurytium T.Durand & B.D.Jacks. = **Geranium**
Eurytoma Girault = **Eurycoma**
Eurytrochus Maguire & Wurdack = **Eurydochus**
Eusarcops Raf. = **Hippeastrum**
Eusarcus Raf. = **Amaryllis**
Euscaphia Stapf = **Evodia**
Euscaphis【3】Sieb. & Zucc. 野鸦椿属 ← **Euodia;Evodia;Sambucus** Staphyleaceae 省沽油科 [MD-407] 全球 (1) 大洲分布及种数(1-3)◆亚洲
Eusemia R.Br. = **Eustegia**
Eusideroxylon【3】Teijsm. & Binn. 铁樟属 ← **Cryptocarya;Potoxylon** Lauraceae 樟科 [MD-21] 全球 (1) 大洲分布及种数(cf. 1)◆亚洲
Eusipho Salisb. = **Posoqueria**
Eusiphon【3】Benoist 秀管爵床属 ← **Ruellia** Acanthaceae 爵床科 [MD-572] 全球 (1) 大洲分布及种数(1-2)◆非洲(◆马达加斯加)
Eusirus Thoms. = **Senecio**
Eusmia Humb. & Bonpl. = **Duranta**
Eusmilia Cass. = **Emilia**

E

Eusolenanthe Benth. & Hook.f. = **Alocasia**
Eusophus R.Br. = **Perideridia**
Eustachia (Brid.) Brid. = **Eustichia**
Eustachya Raf. = **Veronica**
Eustachys【3】 Desv. 真穗草属 ≒ **Ornithogalum; Cynodon** Poaceae 禾本科 [MM-748] 全球 (6) 大洲分布及种数(18-19;hort.1)非洲:2-3;亚洲:8-9;大洋洲:5-6;欧洲:3-4;北美洲:12-13;南美洲:15-16
Eustala Raf. = **Veronica**
Eustathes Spreng. = **Xanthophyllum**
Eustaxia Raf. = **Veronica**
Eustegia【3】R.Br.良盖萝藦属 ≒ **Apocynum;Pogonanthera** Apocynaceae 夹竹桃科 [MD-492] 全球 (1) 大洲分布及种数(7)◆非洲(◆南非)
Eustelaris Raf. = **Pogostemon**
Eustema Schaus = **Eustoma**
Eustephia【3】 Cav. 垂筒石蒜属 ← **Amaryllis;Phaedranassa;Hieronymiella** Amaryllidaceae 石蒜科 [MM-694] 全球 (1) 大洲分布及种数(6-7)◆南美洲
Eustephieae Hutch. = **Eustephia**
Eustephiopsis R.E.Fr. = **Hieronymiella**
Eusteralis Raf. = **Pogostemon**
Eustichia【2】 (Brid.) Brid. 壮藓属 Eustichiaceae 东虾藓科 [B-118] 全球 (4) 大洲分布及种数(6) 非洲:1;欧洲:1;北美洲:3;南美洲:6
Eustichiaceae【2】Broth. 东虾藓科 [B-118] 全球 (3) 大洲分布和属种数(2/8)欧洲:2/2;北美洲:2/5;南美洲:2/7
Eustichium Bruch & Schimp. = **Bryoxiphium**
Eustigma【3】 Gardner & Champ. 秀柱花属 ← **Distylium** Hamamelidaceae 金缕梅科 [MD-63] 全球 (1) 大洲分布及种数(cf. 1)◆亚洲
Eustoma【3】 Salisb. 洋桔梗属 ← **Erythraea; Lisianthius** Gentianaceae 龙胆科 [MD-496] 全球 (1) 大洲分布及种数(4-9)◆北美洲
Eustrephaceae V.S.Chupov = Johnsoniaceae
Eustrephia D.Dietr. = **Eustrephus**
Eustrephus【3】 R.Br. 袋熊果属 ← **Luzuriaga** Asparagaceae 天门冬科 [MM-669] 全球 (1) 大洲分布及种数(1-2)◆大洋洲
Eustrotia Adans. = **Eurotia**
Eustylis Engelm. & A.Gray = **Nemastylis**
Eustylis Hook.f. = **Anisotome**
Eustylus Baker = **Aciphylla**
Eusynaxis Griff. = **Pyrenaria**
Eusynetra Raf. = **Columnea**
Eutacta Link = **Araucaria**
Eutassa Salisb. = **Araucaria**
Eutaxia【3】 R.Br. 大洋洲铁扫帚属 ← **Dillwynia; Gastrolobium;Nemcia** Fabaceae 豆科 [MD-240] 全球 (1) 大洲分布及种数(6-30)◆大洋洲(◆澳大利亚)
Eutaxin R.Br. = **Eutaxia**
Euteleia R.Br. ex DC. = **Ammannia**
Eutelia R.Br ex DC. = **Ammannia**
Euteline Raf. = **Spartium**
Eutelisca R.Br. ex DC. = **Ammannia**
Euterebra Raf. = **Amorphophallus**
Eutereia Raf. = **Dracontium**
Euterpe【3】 Mart. 菜椰属 ← **Aiphanes;Oncosperma; Prestoea** Arecaceae 棕榈科 [MM-717] 全球 (6) 大洲分布及种数(12-15;hort.1)非洲:3;亚洲:3;大洋洲:3;欧洲:3;北美洲:4-7;南美洲:10-14
Euterpeae J.Dransf.,N.W.Uhl,Asmussen,W.J.Baker,M.M. Harley & C.E.Lewis = **Euterpe**
Euterpina Raf. = **Amorphophallus**
Eutetras【3】 A.Gray 四鳞菊属 Asteraceae 菊科 [MD-586] 全球 (1) 大洲分布及种数(2)◆北美洲(◆墨西哥)
Euthale de Vriese = **Euryale**
Euthales F.G.Dietr. = **Velleia**
Euthalia F.J.Ruprecht = **Sagina**
Euthalis Banks & Sol. ex Hook.f. = **Maytenus**
Euthamia (Nutt.) Cass. = **Solidago**
Euthamneus Schltr. = **Aeschynanthus**
Euthamnus Schltr. = **Aeschynanthus**
Euthemidaceae Van Tiegh. = Medusagynaceae
Euthemis【3】 Jack 泽莲木属 → **Gomphia** Ochnaceae 金莲木科 [MD-104] 全球 (1) 大洲分布及种数(cf. 1)◆亚洲
Euthemisto Jack = **Euthemis**
Eutheta【3】 Standl. 茄科属 ≒ **Melasma** Solanaceae 茄科 [MD-503] 全球 (1) 大洲分布及种数(uc)◆亚洲
Euthodon Griff. = **Vallaris**
Euthon Raf. = **Talinum**
Euthonaea Rchb.f. = **Scaphyglottis**
Euthora Griff. = **Aegle**
Euthorax Salisb. = **Paris**
Euthore Hagen = **Paris**
Euthrixia D.Don = **Chaetopappa**
Euthryptochloa Cope = **Phaenosperma**
Euthynnus Schltr. = **Chirita**
Euthyra Salisb. = **Paris**
Euthystachys【3】 A.DC. 光仙木属 ← **Campylostachys** Stilbaceae 耀仙木科 [MD-532] 全球 (1) 大洲分布及种数(1)◆非洲
Eutidium W.T.Aiton = **Euclidium**
Eutmon Raf. = **Talinum**
Euto Raf. = **Talinum**
Eutoca R.Br. = **Phacelia**
Eutocaceae Horan. = Linnaeaceae
Eutocus R.Br. = **Convolvulus**
Eutomia Harv. = **Eucommia**
Eutralia (Raf.) B.D.Jacks. = **Rumex**
Eutraphis Walp. = **Evodia**
Eutrema Archeutrema O.E.Schulz = **Eutrema**
Eutrema【3】 R.Br. 山萮菜属 ← **Alliaria;Aphragmus; Arabidopsis** Brassicaceae 十字花科 [MD-213] 全球 (1) 大洲分布及种数(41-56)◆亚洲
Eutremeae Al-Shehbaz,Beilstein & E.A.Kellogg = **Eutrema**
Eutreptia Klotzsch = **Acalypha**
Eutresis Staudinger = **Euthemis**
Eutriana Endl. = **Bouteloua**
Eutrias Trin. = **Bouteloua**
Eutrigla Trin. = **Bouteloua**
Eutrioza Trin. = **Bouteloua**
Eutrochium【3】 Raf. 喇叭泽兰属 Asteraceae 菊科 [MD-586] 全球 (1) 大洲分布及种数(5)◆北美洲
Eutrogia Klotzsch = **Croton**
Eutropha Klotzsch = **Croton**

Eutropia Klotzsch = **Croton**
Eutropis Falc. = **Pentatropis**
Eutropius Klotzsch = **Croton**
Eutropus Falc. = **Elytropus**
Eutypa Thunb. = **Eurya**
Eutyx Thunb. = **Eurya**
Euvelia R.Br. ex DC. = **Ammannia**
Euvira Comm. ex Juss. = **Spondias**
Euvola Hort. = **Brassavola**
Euxanthe Ridl. = **Prismatomeris**
Euxena Calest. = **Iberis**
Euxenia Cham. = **Podanthus**
Euxenura Calest. = **Arabidopsis**
Euxesta Calest. = **Arabidopsis**
Euxina Calest. = **Arabis**
Euxoa R.Br. = **Convolvulus**
Euxoga Calest. = **Arabidopsis**
Euxolus (Raf.) Moq. = **Acroglochin**
Euxommia Oliv. = **Eucommia**
Euxylophora【3】 Huber 嘉黄木属 Rutaceae 芸香科 [MD-399] 全球 (1) 大洲分布及种数(1)◆南美洲(◆巴西)
Euzomodendron Coss. = **Coincya**
Euzomum Link = **Eruca**
Euzone Salisb. = **Gloriosa**
Euzonia L. = **Eugenia**
Euzygodon Jur. = **Zygodon**
Evacanthus Baill. ex Grandid. = **Chlamydocarya**
Evacidium【3】 Pomel 海鼠麹属 ← **Filago** Asteraceae 菊科 [MD-586] 全球 (1) 大洲分布及种数(1)◆非洲
Evacopsis Pomel = **Micropus**
Evactoma Nieuwl. = **Silene**
Evaiezoa Raf. = **Saxifraga**
Evallaria Neck. = **Polygonatum**
Evalthe Raf. = **Chironia**
Evandra【3】 R.Br. 多蕊莎属 Cyperaceae 莎草科 [MM-747] 全球 (1) 大洲分布及种数(2)◆大洋洲(◆澳大利亚)
Evanesca Raf. = **Pimenta**
Evania Bréthes = **Iris**
Evaniella B.L.Linden = **Evodiella**
Evansia【-】 Douin & Schiffn. 拟大萼苔科属 ≒ **Iris;Cephaloziella** Cephaloziellaceae 拟大萼苔科 [B-53] 全球 (uc) 大洲分布及种数(uc)
Evansianthus【3】 (Gottsche) R.M.Schust. & J.J.Engel 智利地萼苔属 ≒ **Lophocolea** Lophocoleaceae 齿萼苔科 [B-74] 全球 (1) 大洲分布及种数(1)◆南美洲(◆智利)
Evansiolejeunea【3】 Vanden Berghen 萼鳞苔属 Lejeuneaceae 细鳞苔科 [B-84] 全球 (1) 大洲分布及种数(1)◆非洲
Evax Gaertn. = **Filago**
Evea Aubl. = **Psychotria**
Evedia Lam. = **Evodia**
Eveltria Raf. = **Orthrosanthus**
Evelyna【3】 Pöpp. & Endl. 木姜子属 ≒ **Litsea** Orchidaceae 兰科 [MM-723] 全球 (1) 大洲分布及种数(1)◆南美洲
Everardia (Gilly) T.Koyama & Maguire = **Everardia**
Everardia【3】 Ridl. ex Oliv. 锥莎木属 → **Didymiandrum** Cyperaceae 莎草科 [MM-747] 全球 (1) 大洲分布及种数(14)◆南美洲
Everettiodendron Merr. = **Baccaurea**
Everhartia Lecomte = **Eberhardtia**
Everion Raf. = **Kobresia**
Everistia【3】 S.T.Reynolds & R.J.F.Hend. 澳茜木属 ← **Canthium** Rubiaceae 茜草科 [MD-523] 全球 (1) 大洲分布及种数(1)◆大洋洲(◆澳大利亚)
Everniop Raf. = **Alternanthera**
Eversmanni Bunge = **Eversmannia**
Eversmannia【3】 Bunge 刺枝豆属 ← **Hedysarum** Fabaceae 豆科 [MD-240] 全球 (1) 大洲分布及种数(1-2)◆亚洲
Eversonara【-】 P.V.Heath 仙人掌科属 Cactaceae 仙人掌科 [MD-100] 全球 (uc) 大洲分布及种数(uc)
Evia Comm. ex Bl. = **Spondias**
Evippa Comm. ex Juss. = **Spondias**
Evius Comm. ex Juss. = **Spondias**
Evocoa Yeates,Irwin & Wiegmann = **Evodia**
Evodea Kunth = **Melicope**
Evodia Gaertn. = **Evodia**
Evodia【3】 Lam. 茱萸属 ← **Acronychia;Euodia; Streblus** Rutaceae 芸香科 [MD-399] 全球 (6) 大洲分布及种数(29)非洲:36;亚洲:2-44;大洋洲:36;欧洲:36;北美洲:36;南美洲:36
Evodianthus【2】 örst. 香绳草属 ← **Carludovica; Ludovia;** Cyclanthaceae 环花草科 [MM-706] 全球 (2) 大洲分布及种数(1)北美洲:1;南美洲:1
Evodiella【2】 B.L.Linden 红茱萸属 ← **Acronychia; Euodia** Rutaceae 芸香科 [MD-399] 全球 (5) 大洲分布及种数(3)非洲:1;亚洲:1;大洋洲:2;北美洲:1;南美洲:cf.1
Evodiopanax (Harms) Nakai = **Gamblea**
Evoista Raf. = **Lycium**
Evolvolus【-】 Sw. 旋花科属 ≒ **Evolvulus** Convolvulaceae 旋花科 [MD-499] 全球 (uc) 大洲分布及种数(uc)
Evolvulus Alsinoidei Meisn. = **Evolvulus**
Evolvulus【3】 L. 土丁桂属 → **Bonamia;Evolvolus; Merremia** Convolvulaceae 旋花科 [MD-499] 全球 (6) 大洲分布及种数(115-127;hort.1;cult: 6)非洲:6-18;亚洲:12-25;大洋洲:7-18;欧洲:1-12;北美洲:33-46;南美洲:98-114
Evonima Lam. = **Evodia**
Evonimus Neck. = **Euonymus**
Evonyme Tourn. ex L. = **Cassine**
Evonymodaphne Nees = **Phoebe**
Evonymoides Isnard ex Medik. = **Celastrus**
Evonymopsis【3】 H.Perrier 马达土卫矛属 Celastraceae 卫矛科 [MD-339] 全球 (1) 大洲分布及种数(4)◆非洲(◆马达加斯加)
Evonymus L. = **Euonymus**
Evonynas Raf. = **Cassine**
Evonyxis Raf. = **Melanthium**
Evopis Cass. = **Eriosyce**
Evosma Kunth = **Hemiphragma**
Evosmia Bonpl. = **Hoffmannia**
Evosmus Kunth = **Lindera**
Evota【3】 Rolfe 叉角兰属 ← **Melicope;Ceratandra** Orchidaceae 兰科 [MM-723] 全球 (1) 大洲分布及种数(uc)◆非洲
Evotella【3】 Kurzweil & H.P.Linder 乌头兰属 ≒

E

Corycium Orchidaceae 兰科 [MM-723] 全球 (1) 大洲分布及种数(2)◆非洲(◆南非)
Evotrochis Raf. = **Primula**
Evrar O.F.Cook = **Dalechampia**
Evrardia Adans. = **Hetaeria**
Evrardiana (Gagnep.) Aver. = **Odontochilus**
Evrardianthe【3】 Rauschert 土桂兰属 Orchidaceae 兰科 [MM-723] 全球 (1) 大洲分布及种数(1)◆非洲
Evrardiella Gagnep. = **Aspidistra**
Ewaldia Klotzsch = **Begonia**
Ewartia【3】 Beauverd 湿鼠曲草属 ← **Gnaphalium** Asteraceae 菊科 [MD-586] 全球 (1) 大洲分布及种数(2-4)◆大洋洲(◆澳大利亚)
Ewartiothamnus【3】 Anderb. 银苞紫绒草属 ≒ **Gnaphalium** Asteraceae 菊科 [MD-586] 全球 (1) 大洲分布及种数(1)◆大洋洲
Ewyckia Bl. = **Pternandra**
Exacaceae Daniel & Sabnis = Ericaceae
Exaceae Colla = Plocospermataceae
Exacon Adans. = **Exacum**
Exaculum【2】 Carül 小红管属 ← **Artemisia;Microcala** Gentianaceae 龙胆科 [MD-496] 全球 (4) 大洲分布及种数(2)非洲:1;大洋洲:1;欧洲:1;北美洲:1
Exacum Klack. = **Exacum**
Exacum【3】 L. 藻百年属 → **Sebaea;Canscora; Coutoubea** Gentianaceae 龙胆科 [MD-496] 全球 (6) 大洲分布及种数(64-80;hort.1;cult:1)非洲:45-57;亚洲:24-46;大洋洲:4-16;欧洲:10;北美洲:1-12;南美洲:10
Exadenus Griseb. = **Halenia**
Exagrostis Steud. = **Megastachya**
Exalaria【3】 Garay & G.A.Romero 盔唇兰属 ≒ **Cranichis** Orchidaceae 兰科 [MM-723] 全球 (1) 大洲分布及种数(uc)属分布和种数(uc)◆南美洲
Exallage Bremek. = **Hedyotis**
Exallias Raf. = **Billbergia**
Exallosis Raf. = **Xenostegia**
Exallosperma【3】 De Block 盔茜属 Rubiaceae 茜草科 [MD-523] 全球 (1) 大洲分布及种数(1)◆非洲
Exandra Standl. = **Simira**
Exaoecaria L. = **Excoecaria**
Exapion Adans. = **Exacum**
Exarata【3】 A.H.Gentry 樟萼桐属 Schlegeliaceae 钟萼桐科 [MD-538] 全球 (1) 大洲分布及种数(1)◆南美洲
Exarrhena (A.DC.) O.D.Nikif. = **Myosotis**
Exbucklandia【3】 R.W.Br. 马蹄荷属 ≒ **Bucklandia;Liquidambar** Hamamelidaceae 金缕梅科 [MD-63] 全球 (1) 大洲分布及种数(3-4)◆亚洲
Exbucklandiaceae Reveal & Doweld = Berberidopsidaceae
Excaecaria Baill. = **Excoecaria**
Excavatia【3】 Markgr. 玫瑰树属 ≒ **Ochrosia** Apocynaceae 夹竹桃科 [MD-492] 全球 (1) 大洲分布及种数(1)◆大洋洲(◆美拉尼西亚)
Excentradenia【3】 W.R.Anderson 巴西半虎尾属 ← **Hiraea** Malpighiaceae 金虎尾科 [MD-343] 全球 (1) 大洲分布及种数(4)◆南美洲
Excentrodendron【3】 H.T.Chang & R.H.Miao 蚬木属 ← **Burretiodendron** Malvaceae 锦葵科 [MD-203] 全球 (1) 大洲分布及种数(2-4)◆亚洲
Excoecaria【3】 L. 海漆属 → **Actephila;Croton; Shirakiopsis** Euphorbiaceae 大戟科 [MD-217] 全球 (6) 大洲分布及种数(34-55;hort.1;cult:2)非洲:12-22;亚洲:13-27;大洋洲:5-13;欧洲:1-6;北美洲:7-12;南美洲:3-8
Excoecariopsis Pax = **Excoecaria**
Excremis Baker = **Eccremis**
Exechiopsis Rchb. = **Buchnera**
Exechostylus K.Schum. = **Pavetta**
Exeirs Raf. = **Eria**
Exelastis Raf. = **Tetracera**
Exellia【3】 Boutiqü 嘉陵花属 ≒ **Popowia** Annonaceae 番荔枝科 [MD-7] 全球 (1) 大洲分布及种数(uc)◆亚洲
Exellodendron【3】 Prance 苞谷李属 ← **Parinari** Chrysobalanaceae 可可李科 [MD-243] 全球 (1) 大洲分布及种数(5)◆南美洲
Exemix Raf. = **Lychnis**
Exeria Raf. = **Androsace**
Exhalimolobos【2】 Al-Shehbaz & C.D.Bailey 红花菜属 ≒ **Halimolobos** Brassicaceae 十字花科 [MD-213] 全球 (2) 大洲分布及种数(10)北美洲:5;南美洲:5
Exidia Raf. = **Dodecatheon**
Exilia Raf. = **Polygala**
Exinia Raf. = **Ocimum**
Exioxylon Raf. = **Echiochilon**
Exiteles Miers = **Maranthes**
Exitelia Bl. = **Maranthes**
Exoacantha【2】 Labill. 外刺芹属 Apiaceae 伞形科 [MD-480] 全球 (2) 大洲分布及种数(1-2)亚洲:cf.1;北美洲:1
Exobryum R.H.Zander = **Husnotiella**
Exocaria Müll.Arg. = **Excoecaria**
Exocarpaceae J.Agardh = Kirkiaceae
Exocarpos【3】 Labill. 罗汉檀属 → **Dendrotrophe; Mida;Phylloxylon** Santalaceae 檀香科 [MD-412] 全球 (6) 大洲分布及种数(10-29)非洲:20;亚洲:3-22;大洋洲:6-40;欧洲:15;北美洲:3-19;南美洲:15
Exocarpus Labill. = **Exocarpos**
Exocarya【2】 Benth. 黑曜芒属 ← **Cladium;Scleria** Cyperaceae 莎草科 [MM-747] 全球 (2) 大洲分布及种数(2)非洲:1;大洋洲:1
Exocentrus C.Presl = **Cassine**
Exochaenium Griseb. = **Sebaea**
Exochaeta Fig. & De Not. = **Alopecurus**
Exochanthus M.A.Clem. & D.L.Jones = **Dendrobium**
Exochogyne【3】 C.B.Clarke & Tutin 珍珠茅属 ← **Lagenocarpus** Cyperaceae 莎草科 [MM-747] 全球 (1) 大洲分布及种数(4)◆南美洲
Exochorda【3】 Lindl. 白鹃梅属 ← **Amelanchier;Spiraea;** Rosaceae 蔷薇科 [MD-246] 全球 (1) 大洲分布及种数(4-6)◆亚洲
Exochordeae Schulze-Menz = **Exochorda**
Exocora Raf. = **Xenostegia**
Exocroa Raf. = **Xenostegia**
Exodeconus【2】 Raf. 肖酸浆属 ≒ **Physalis** Solanaceae 茄科 [MD-503] 全球 (2) 大洲分布及种数(8)欧洲:1;南美洲:7
Exodiclis Raf. = **Rhexia**
Exodictyon【2】 Cardot 围网藓属 ≒ **Octoblepharum; Exostratum** Calymperaceae 花叶藓科 [B-130] 全球 (3) 大洲分布及种数(14) 亚洲:5;大洋洲:13;欧洲:1

Exodokidium Cardot = **Bartramia**
Exogone Salisb. = **Amaryllis**
Exogonium【3】Choisy 虎掌藤属 ← **Ipomoea** Acanthaceae 爵床科 [MD-572] 全球 (1) 大洲分布及种数(4)◆北美洲
Exohebea R.C.Foster = **Tritoniopsis**
Exolobus E.Fourn. = **Gonolobus**
Exomicrum【3】Van Tiegh. 赛金莲木属 ≒ **Ouratea;Monelasmum** Ochnaceae 金莲木科 [MD-104] 全球 (1) 大洲分布及种数(2)◆非洲
Exomiocarpon【3】Lawalrée 斑果菊属 ← **Eleutheranthera** Asteraceae 菊科 [MD-586] 全球 (1) 大洲分布及种数(1)◆非洲
Exomis【3】Fenzl ex Moq. 柱苞滨藜属 ← **Atriplex;Pinalia** Amaranthaceae 苋科 [MD-116] 全球 (1) 大洲分布及种数(1-3)◆非洲
Exophi Raf. = **Encyclia**
Exophoma Raf. = **Bletia**
Exophya Raf. = **Polystachya**
Exophyl Raf. = **Encyclia**
Exophyla Raf. = **Encyclia**
Exora L. = **Ixora**
Exorhopala【3】Steenis 红头菰属 ← **Rhopalocnemis** Balanophoraceae 蛇菰科 [MD-307] 全球 (1) 大洲分布及种数(uc)属分布和种数(uc)◆亚洲
Exorista Raf. = **Acnistus**
Exormotheca【3】Stephani 短托苔属 ≒ **Cronisia** Exormothecaceae 短托苔科 [B-16] 全球 (1) 大洲分布及种数(cf. 1)◆亚洲
Exormothecaccac Grolle = Exormothecaceae
Exormothecaceae【3】Stephani 短托苔科 [B-16] 全球 (1) 大洲分布和属种数(1/1-2)◆亚洲
Exorrhiza Becc. = **Clinostigma**
Exosolenia Baill. ex Drake = **Genipa**
Exospermum【3】Van Tiegh. 合林仙属 ← **Zygogynum** Winteraceae 林仙科 [MD-3] 全球 (1) 大洲分布及种数(uc)◆大洋洲
Exostegia Boj. ex Decne = **Cynanchum**
Exostema【3】(Pers.) Bonpl. 白茜草属 → **Acunaeanthus;Macrocnemum** Rubiaceae 茜草科 [MD-523] 全球 (6) 大洲分布及种数(22-42;hort.1)非洲:3-5;亚洲:7-12;大洋洲:2;欧洲:2;北美洲:19-35;南美洲:9-12
Exostigma【3】G.Sancho 白茜菊属 Asteraceae 菊科 [MD-586] 全球(1)大洲分布及种数(2) ◆南美洲
Exostratum【2】L.T.Ellis 拟外网藓属 ≒ **Syrrhopodon** Calymperaceae 花叶藓科 [B-130] 全球 (2) 大洲分布及种数(4) 亚洲:3;大洋洲:4
Exostyles【3】Schott ex Spreng. 巴西外柱豆属 Fabaceae 豆科 [MD-240] 全球 (1) 大洲分布及种数(4)◆南美洲
Exostylis G.Don = **Exostyles**
Exotanthera Turcz. = **Rinorea**
Exothamnus D.Don ex Hook. = **Haplopappus**
Exothea【3】Macfad. 墨木患属 ← **Hypelate;Melicoccus** Sapindaceae 无患子科 [MD-428] 全球 (1) 大洲分布及种数(3)◆北美洲
Exotheca【3】Anderss. 埃塞逐草属 ≒ **Cymbopogon** Poaceae 禾本科 [MM-748] 全球 (1) 大洲分布及种数(1)◆非洲
Exothostemon G.Don = **Laubertia**
Expedicula Lür = **Trichosalpinx**
Exsertanthera Pichon = **Lundia**
Exsertotheca【2】S.Olsson 突蒴藓属 Neckeraceae 平藓科 [B-204] 全球 (3) 大洲分布及种数(2) 非洲:1;亚洲:1;欧洲:2
Exsula Rupp. = **Euphorbia**
Extriplex【3】E.H.Zacharias 滨藜属 ← **Axyris;Atriplex** Amaranthaceae 苋科 [MD-116] 全球 (1) 大洲分布及种数(2) ◆北美洲
Exydra Endl. = **Glyceria**
Eydisanthema Neck. = **Otomeria**
Eydouxia Gaud. = **Pandanus**
Eylais L. = **Calyptronoma**
Eylesia S.Moore = **Buchnera**
Eypocactus Backeb. = **Parodia**
Eyrea Champ ex Benth. = **Turpinia**
Eyrea F.Müll = **Pluchea**
Eyrena Champ. ex Benth. = **Critoniopsis**
Eyriesia S.Moore = **Buchnera**
Eyrythalia Borkh. = **Gentiana**
Eysenhardtia【3】Kunth 肾豆木属 → **Apoplanesia;Psoralea** Fabaceae3 蝶形花科 [MD-240] 全球 (1) 大洲分布及种数(13-16)◆北美洲
Eysenhartia Kunth = **Eysenhardtia**
Eystathes Lour. = **Xanthophyllum**
Eythroxylum P.Br. = **Erythroxylum**
Ezehlsia Lour ex Gomes = **Cordyline**
Ezeria Raf. = **Villarsia**
Ezoloba B.E.van Wyk & Boatwr. = **Rafinesquia**
Ezosciadium【3】B.L.Burtt 非洲伞芹属 Apiaceae 伞形科 [MD-480] 全球 (1) 大洲分布及种数(1)◆非洲(◆南非)

E

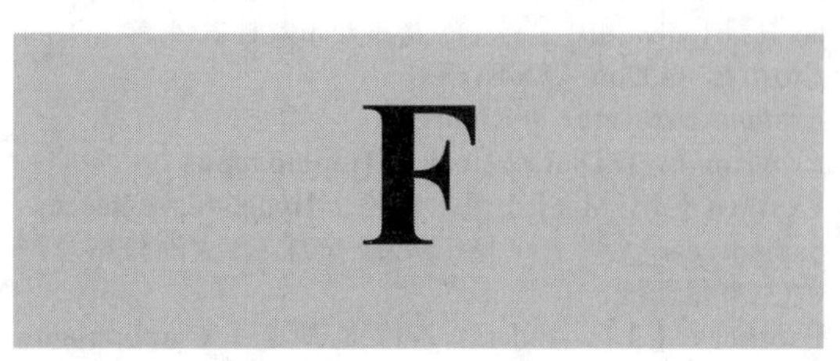

Faba【3】 Mill. 野豌豆属 → **Vicia** Fabaceae3 蝶形花科 [MD-240] 全球 (1) 大洲分布及种数(1)属分布和种数(uc)◆大洋洲(◆密克罗尼西亚)

Fabaceae1【3】Dum. 含羞草科 [MD-238] 全球 (6) 大洲分布和属种数(98-107;hort. & cult.21-25)(557-948;hort. & cult.27-37)非洲:66-76/326-507;亚洲:18-26/55-145;大洋洲:4-16/6-61;欧洲:2-15/2-51;北美洲:11-21/32-82;南美洲:26-34/172-237

Fabaceae2【3】Dum. 云实科 [MD-239] 全球 (6) 大洲分布和属种数(126-135;hort. & cult.44-45)(4657-7542;hort. & cult.333-502)非洲:55-79/631-1469;亚洲:54-69/962-1788;大洋洲:43-71/1237-2003;欧洲:17-50/112-671;北美洲:62-73/1352-2058;南美洲:80-91/2247-3047

Fabaceae3【3】Dum. 蝶形花科 [MD-240] 全球 (6) 大洲分布和属种数(484-555;hort. & cult.164-194)(12087-25443;hort. & cult.924-1548)非洲:210-327/3237-7494;亚洲:221-311/4633-10007;大洋洲:158-286/1526-5155;欧洲:93-238/1081-3991;北美洲:191-276/3478-6434;南美洲:193-313/2902-5639

Fabago Mill. = **Zygophyllum**

Fabanae R.Dahlgren ex Reveal = **Fabiana**

Fabbronia Raddi ex Lindb. = **Fabronia**

Fabeae Rchb. = **Vicia**

Fabella Dall = **Faberia**

Fabera Sch.Bip. = **Hypochoeris**

Faberia【3】 Hemsl. ex Forb. & Hemsl. 假花佩菊属 ← **Crepis;Prenanthes;Youngia** Asteraceae 菊科 [MD-586] 全球 (1) 大洲分布及种数(9-11)◆亚洲

Faberiopsis C.Shih & Y.L.Chen = **Faberia**

Fabia E.Mey. = **Acanthopale**

Fabiana【3】 Ruiz & Pav. 柏枝花属 → **Calibrachoa; Nicotiana** Solanaceae 茄科 [MD-503] 全球 (1) 大洲分布及种数(16-21)◆南美洲

Fabraea Thunb. = **Fagraea**

Fabrasia Adans. = **Fabricia**

Fabrenia Nor. = **Fabronia**

Fabria E.Mey. = **Ruellia**

Fabricia【3】 Adans. 含金娘属 ≒ **Leptospermum;Pauridia** Asparagaceae 天门冬科 [MM-669] 全球 (1) 大洲分布及种数(2)◆非洲

Fabritia Medik. = **Leptospermum**

Fabroleskea Best = **Lindbergia**

Fabronia (Brid.) Müll.Hal. = **Fabronia**

Fabronia【3】 Raddi 碎米藓属 ≒ **Ischyrodon** Fabroniaceae 碎米藓科 [B-173] 全球 (6) 大洲分布及种数(85) 非洲:32;亚洲:25;大洋洲:10;欧洲:3;北美洲:12;南美洲:20

Fabroniaceae【3】 Schimp. 碎米藓科 [B-173] 全球 (5) 大洲分布和属种数(17/165) 亚洲:9/49;大洋洲:4/14;欧洲:7/12;北美洲:8/24;南美洲:8/49

Fabronidium【2】 Müll.Hal. 北美洲薄罗藓属 Leskeaceae 薄罗藓科 [B-181] 全球 (2) 大洲分布及种数(2) 北美洲:1;南美洲:1

Fabroniella Lorentz ex Müll.Hal. = **Juratzkaea**

Facchinia【-】 Rchb. 石竹科属 ≒ **Sagina;Arenaria** Caryophyllaceae 石竹科 [MD-77] 全球 (uc) 大洲分布及种数(uc)

Facelina Cass. = **Facelis**

Facelis【3】 Cass. 疏头紫绒草属 ≒ **Lucilia** Asteraceae 菊科 [MD-586] 全球 (1) 大洲分布及种数(4-5)◆南美洲

Facheiroa【3】 Britton & Rose 红翁柱属 → **Cephalocereus;Zehntnerella** Cactaceae 仙人掌科 [MD-100] 全球 (1) 大洲分布及种数(5)◆南美洲

Facolos Raf. = **Carex**

Factorovskya Eig = **Medicago**

Fadenchoda【-】 J.M.H.Shaw 兰科属 Orchidaceae 兰科 [MM-723] 全球 (uc) 大洲分布及种数(uc)

Fadenfinanda【-】 J.M.H.Shaw 兰科属 Orchidaceae 兰科 [MM-723] 全球 (uc) 大洲分布及种数(uc)

Fadenia【3】 Aellen & C.C.Towns. 浆果猪毛菜属 ≒ **Salsola** Amaranthaceae 苋科 [MD-116] 全球 (1) 大洲分布及种数(cf.)◆非洲

Fadgenia Lindl. = **Fadenia**

Fadogia【3】 Schweinf. 茶骨木属 ≒ **Vangueria;Ancylanthos** Rubiaceae 茜草科 [MD-523] 全球 (1) 大洲分布及种数(28-46)◆非洲

Fadogiella【3】 Robyns 非洲钩茜草属 ≒ **Ancylanthos** Rubiaceae 茜草科 [MD-523] 全球 (1) 大洲分布及种数(2-3)◆非洲

Fadyenia Endl. = **Fadyenia**

Fadyenia【3】 Hook. 叉囊蕨属 ≒ **Garrya** Dryopteridaceae 鳞毛蕨科 [F-49] 全球 (1) 大洲分布及种数(1) ◆北美洲

Faeniculum Hill = **Foeniculum**

Faetidia Comm. ex Juss. = **Foetidia**

Fagaceae【3】 Dum. 壳斗科 [MD-69] 全球 (6) 大洲分布和属种数(10-11;hort. & cult.7)(1089-2348;hort. & cult.200-245)非洲:2-7/60-361;亚洲:8-9/853-1416;大洋洲:4-7/48-349;欧洲:3-7/123-434;北美洲:8/419-764;南美洲:3-7/49-352

Fagales Engl. = **Selaginella**

Faganae Duham. = **Zanthoxylum**

Fagara Duham. = **Zanthoxylum**

Fagaras Burm. ex P. & K. = **Zanthoxylum**

Fagarastrum G.Don = **Clausena**

Fagaropsis【3】 Mildbr. 拟崖椒属 ← **Clausena;Vepris** Rutaceae 芸香科 [MD-399] 全球 (1) 大洲分布及种数(4)◆非洲

Fagaster Spach = **Nothofagus**

Fageia Schwencke = **Fagelia**

Fagelia DC. = **Fagelia**

Fagelia【3】 Schwencke 南美豆属 ≒ **Jovellana** Calceolariaceae 荷包花科 [MD-531] 全球 (1) 大洲分布及种数(1)◆南美洲

Fagerlindea Tirveng. = **Fagerlindia**

Fagerlindi Tirveng. = **Fagerlindia**

Fagerlindia【2】 D.D.Tirveng. 鸡爪簕属 ≒ **Benkara** Rubiaceae 茜草科 [MD-523] 全球 (4) 大洲分布及种数(7) 非洲:2;亚洲:7;大洋洲:2;南美洲:2
Fagerlindia Tirveng. = **Fagerlindia**
Fagerlineia Tirveng. = **Fagerlindia**
Fagesia Franch. = **Fargesia**
Fagiaea Reinw. = **Fatraea**
Fagoides Banks & Sol. ex A.Cunn. = **Alseuosmia**
Fagonia【3】 L. 蔓刺玫属 → **Zygophyllum;Mannia; Salta** Zygophyllaceae 蒺藜科 [MD-288] 全球 (6) 大洲分布及种数(27-36;hort.1;cult: 2)非洲:16-29;亚洲:15-24;大洋洲:6;欧洲:2-8;北美洲:11-17;南美洲:3-9
Fagopyrum【3】 Mill. 荞麦属 → **Coccoloba;Polygonum** Polygonaceae 蓼科 [MD-120] 全球 (1) 大洲分布及种数(22-32)◆亚洲
Fagotriticum【-】 L. 蓼科属 Polygonaceae 蓼科 [MD-120] 全球 (uc) 大洲分布及种数(uc)
Fagraea【3】 Thunb. 灰莉属 → **Aidia;Ixia;Alyxia** Loganiaceae 马钱科 [MD-486] 全球 (6) 大洲分布及种数(33-100;hort.1)非洲:8-27;亚洲:26-80;大洋洲:10-34;欧洲:1-5;北美洲:5-10;南美洲:2-6
Fagraeeae Meisn. = **Fagraea**
Faguetia【3】 March. 镰果漆属 Anacardiaceae 漆树科 [MD-432] 全球 (1) 大洲分布及种数(1)◆非洲(◆马达加斯加)
Fagus【3】 L. 水青冈属 ≒ **Ficus;Nothofagus** Fagaceae 壳斗科 [MD-69] 全球 (6) 大洲分布及种数(15-21;hort.1;cult:6)非洲:6;亚洲:12-18;大洋洲:3-9;欧洲:4-10;北美洲:9-15;南美洲:2-8
Fahranheitis (Thwaites) H.K.Airy-Shaw = **Ostodes**
Fahrenheitia【3】 Rchb.f. & Zoll. 叶轮木属 ≒ **Paracroton** Euphorbiaceae 大戟科 [MD-217] 全球 (1) 大洲分布及种数(uc)◆大洋洲
Faidherbia【3】 A.Chev. 环荚合欢属 ← **Acacia** Fabaceae 豆科 [MD-240] 全球 (1) 大洲分布及种数(1)◆非洲
Faika【3】 Phil. 榕檫属 Monimiaceae 玉盘桂科 [MD-20] 全球 (1) 大洲分布及种数(1)◆非洲
Fairchildia【-】 Britton & Rose 豆科属 ≒ **Swartzia** Fabaceae 豆科 [MD-240] 全球 (uc) 大洲分布及种数(uc)
Fakeloba Raf. = **Anthyllis**
Falagonia L. = **Fagonia**
Falagria Fabr. = **Falcaria**
Falana Adans. = **Cynosurus**
Falcaria【3】 Fabr. 镰叶芹属 ≒ **Apium;Grammosciadium;Oenanthe** Apiaceae 伞形科 [MD-480] 全球 (1) 大洲分布及种数(4-8)◆亚洲
Falcata【2】 J.F.Gmel. 两型豆属 → **Amphicarpaea** Fabaceae3 蝶形花科 [MD-240] 全球 (3) 大洲分布及种数(cf.1) 亚洲;北美洲;南美洲
Falcataria【3】 (I.C.Nielsen) Barneby & J.W.Grimes 南洋楹属 ← **Adenanthera;Paraserianthes** Fabaceae 豆科 [MD-240] 全球 (1) 大洲分布及种数(4)◆北美洲
Falcatifoliaceae Melikyan & A.V.Bobrov = Podocarpaceae
Falcatifolium【3】 de Laub. 镰叶杉属 ≒ **Podocarpus;Nageia** Podocarpaceae 罗汉松科 [G-13] 全球 (1) 大洲分布及种数(1-4)◆亚洲
Falcatula Brot. = **Trifolium**
Falckia Thunb. = **Falkia**
Falconera Salisb. = **Falconeria**
Falconeri Royle = **Falconeria**
Falconeria Hook.f. = **Falconeria**
Falconeria【3】 Royle 美洲柏属 ≒ **Kashmiria** Euphorbiaceae 大戟科 [MD-217] 全球 (1) 大洲分布及种数(2)◆亚洲
Falconina Wight = **Sapium**
Faldermannia Trautv. = **Ziziphora**
Falimiria Besser ex Rchb. = **Gaudinia**
Falkea Cothen. = **Begonia**
Falkia【3】 Thunb. 银毯藤属 Convolvulaceae 旋花科 [MD-499] 全球 (1) 大洲分布及种数(2-3)◆非洲
Falkla Karling = **Falkia**
Falklandia Schiapelli & Gerschman = **Franklandia**
Fallaciella【2】 H.A.Crum 南美灰藓属 Lembophyllaceae 船叶藓科 [B-205] 全球 (2) 大洲分布及种数(2) 大洋洲:2;南美洲:1
Fallania J.M.H.Shaw = **Frullania**
Fallisia Löfl. = **Callisia**
Fallopia (Houtt.) Ronse Decr. = **Fallopia**
Fallopia【3】 Adans. 何首乌属 ≒ **Polygonum; Polygonatum;Microcos** Polygonaceae 蓼科 [MD-120] 全球 (6) 大洲分布及种数(17-22;hort.1;cult: 2)非洲:6-10;亚洲:16-26;大洋洲:5-9;欧洲:6-10;北美洲:11-15;南美洲:4
Fallugia【3】 Endl. 岩车木属 ← **Sieversia** Rosaceae 蔷薇科 [MD-246] 全球 (1) 大洲分布及种数(1)◆北美洲(◆美国)
Faloaria Fabr. = **Falcaria**
Falona Adans. = **Cynosurus**
Falopia Steud. = **Fallopia**
Faltala Oman = **Falcata**
Falya Desc. = **Carpolobia**
Famarea Vitman = **Faramea**
Famatina【3】 Ravenna 管顶红属 ≒ **Phycella** Amaryllidaceae 石蒜科 [MM-694] 全球 (1) 大洲分布及种数(uc)属分布和种数(uc)◆南美洲
Famatinantheae【-】 S.E.Freire,Ariza & Panero 菊科属 Asteraceae 菊科 [MD-586] 全球 (uc) 大洲分布及种数(uc)
Famatinanthoideae【-】 S.E.Freire,Ariza & Panero 菊科属 Asteraceae 菊科 [MD-586] 全球 (uc) 大洲分布及种数(uc)
Famatinanthus【3】 Ariza & S.E.Freire 崖菊木属 Asteraceae 菊科 [MD-586] 全球 (1) 大洲分布及种数(cf.1) ◆南美洲
Famelica Raf. = **Alpinia**
Fangula Mill. = **Frangula**
Fanis L. = **Fagus**
Fannia Shannon & Ponte = **Mannia**
Fanninia【3】 Harv. 法宁萝藦属 Apocynaceae 夹竹桃科 [MD-492] 全球 (1) 大洲分布及种数(1)◆非洲(◆南非)
Faradaya【3】 F.Müll. 阳芋藤属 Lamiaceae 唇形科 [MD-575] 全球 (1) 大洲分布及种数(5-10)◆大洋洲
Faramea【3】 Aubl. 高蛛檀属 → **Cephaelis;Coussarea** Rubiaceae 茜草科 [MD-523] 全球 (6) 大洲分布及种数(192-236;hort.1;cult:1)非洲:1;亚洲:6-7;大洋洲:1-3;欧洲:1;北美洲:53-57;南美洲:169-207
Fardenia Aellen & C.C.Towns. = **Fadenia**
Fareinhetia Baill. = **Ostodes**

F

Farfara Gilib. = **Tussilago**
Farfugium【3】 Lindl. 大吴风草属 ← **Ligularia;Tussilago** Asteraceae 菊科 [MD-586] 全球 (1) 大洲分布及种数(2-3)◆亚洲
Fargeisa Franch. = **Fargesia**
Fargesia Ampullares T.P.Yi = **Fargesia**
Fargesia【3】 Franch. 箭竹属 ← **Arundinaria** Poaceae 禾本科 [MM-748] 全球 (1) 大洲分布及种数(91-111)◆亚洲
Fargoa Welw. = **Faroa**
Fari E.Mey. = **Ruellia**
Farina Liebm. = **Marina**
Farinopsis Chrtek & Soják = **Comarum**
Farisia J.M.H.Shaw = **Parisia**
Farmeria【3】 Willis ex Hook.f. 河苔草属 ← **Podostemum** Podostemaceae 川苔草科 [MD-322] 全球 (1) 大洲分布及种数(3)◆亚洲
Farnesia Fabr. = **Persea**
Farnesia Gasp. = **Acacia**
Farnesiana Fabr. = **Persea**
Faroa【3】 Welw. 法鲁龙胆属 → **Sebaea;Pycnosphaera** Gentianaceae 龙胆科 [MD-496] 全球 (1) 大洲分布及种数(2-20)◆非洲
Farobaea Schrank ex Colla = **Senecio**
Farquharia【3】 Hilsenb. & Boj. ex Boj. 法夸尔木属 ← **Alafia** Apocynaceae 夹竹桃科 [MD-492] 全球 (1) 大洲分布及种数(1)◆非洲
Farragininae【-】 P.M.Peterson,Romasch. & Y.Herrera 禾本科属 Poaceae 禾本科 [MM-748] 全球 (uc) 大洲分布及种数(uc)
Farrago【3】 Clayton 假穗序草属 Poaceae 禾本科 [MM-748] 全球 (1) 大洲分布及种数(1)◆非洲(◆坦桑尼亚)
Farrania Raddi = **Fabronia**
Farrea Harv. = **Faurea**
Farrella Besch. = **Fauriella**
Farreria I.B.Balf. & W.W.Sm. = **Daphne**
Farringtonia Gleason = **Siphanthera**
Farrowia Decne. = **Pergularia**
Farsetia【2】 Turra 巨茴香芥属 ← **Alyssum; Pterygostemon** Brassicaceae 十字花科 [MD-213] 全球 (2) 大洲分布及种数(28-30;hort.1)非洲:20;亚洲:cf.1
Fartis Adans. = **Zizania**
Fartsia Franch. = **Fargesia**
Fartugium Lindl. = **Farfugium**
Fascicularia【3】 Mez 束花凤梨属 ← **Billbergia;Hechtia** Bromeliaceae 凤梨科 [MM-715] 全球 (1) 大洲分布及种数(3)◆南美洲
Fasciculatus Dulac = **Spergularia**
Fasciculochloa B.K.Simon & C.M.Weiller = **Steinchisma**
Fasciculus Dulac = **Spergularia**
Fasciella Guillaumin = **Franciella**
Faskia Lour ex Gomes = **Strophanthus**
Faterna Noronha ex A.DC. = **Willughbeia**
Fatioa DC. = **Lagerstroemia**
Fatoua【3】 Gaud. 水蛇麻属 ≒ **Fleurya;Urtica** Moraceae 桑科 [MD-87] 全球 (6) 大洲分布及种数(4)非洲:3-4;亚洲:2-3;大洋洲:2-3;欧洲:1;北美洲:1-2;南美洲:1
Fatraea【3】 Thou. 榄仁属 ≒ **Terminalia** Combretaceae 使君子科 [MD-354] 全球 (1) 大洲分布及种数(1)◆非洲
Fatrea Juss. = **Fatoua**
Fatshedera【2】 Guillaumin 湖南参属 ← **Aralia** Araliaceae 五加科 [MD-471] 全球 (2) 大洲分布及种数(cf.1) 亚洲;北美洲
Fatsia【3】 Decne. & Planch. 八角金盘属 ← **Aralia;Panax;Trevesia** Araliaceae 五加科 [MD-471] 全球 (1) 大洲分布及种数(3-7)◆亚洲
Faucaria【3】 Schwantes 虎腭花属 ← **Mesembryanthemum** Aizoaceae 番杏科 [MD-94] 全球 (1) 大洲分布及种数(10-11)◆非洲(◆南非)
Fauchcrea Lecomte = **Faucherea**
Faucherea【3】 Lecomte 福谢山榄属 ← **Labourdonnaisia;Manilkara;Achras** Sapotaceae 山榄科 [MD-357] 全球 (6) 大洲分布及种数(13)非洲:12-16;亚洲:2-6;大洋洲:1-5;欧洲:4;北美洲:3-7;南美洲:2-6
Faucibarba Dulac = **Nepeta**
Fauerea Lecomte = **Faucherea**
Faujasia【3】 Cass. 留菊属 → **Conyza;Hubertia;Senecio** Asteraceae 菊科 [MD-586] 全球 (1) 大洲分布及种数(4-5)◆非洲
Faujasiopsis【3】 C.Jeffrey 甲菊属 ≒ **Faujasia** Asteraceae 菊科 [MD-586] 全球 (1) 大洲分布及种数(3)属分布和种数(uc)◆非洲
Faulia Raf. = **Ligustrum**
Faumatium【-】 S.A.Hammer 番杏科属 Aizoaceae 番杏科 [MD-94] 全球 (uc) 大洲分布及种数(uc)
Faunis Raf. = **Chionanthus**
Faunus L. = **Fagus**
Faurea【3】 Harv. 柳绵木属 ← **Leucospermum; Trichostachys** Proteaceae 山龙眼科 [MD-219] 全球 (1) 大洲分布及种数(9-18)◆非洲
Fauria Franch. = **Nephrophyllidium**
Fauriella【2】 Besch. 粗疣藓属 ≒ **Trichosteleum** Heterocladiaceae 异枝藓科 [B-185] 全球 (2) 大洲分布及种数(5) 亚洲:5;大洋洲:1
Faustia Font Qür & Rothm. = **Astragalus**
Faustula Cass. = **Ozothamnus**
Fauvelia Schwencke = **Fagelia**
Favella S.F.Blake = **Selloa**
Favia Esper = **Navia**
Favonium Gaertn. = **Arctotis**
Favrati Feer = **Favratia**
Favratia【3】 Feer 木风铃属 ≒ **Campanula** Campanulaceae 桔梗科 [MD-561] 全球 (1) 大洲分布及种数(1)◆欧洲
Fawcettia【3】 F.Müll. 大洋洲防已属 ≒ **Tinospora** Menispermaceae 防已科 [MD-42] 全球 (1) 大洲分布及种数(uc)◆大洋洲
Faxonanthus Greenm. = **Leucophyllum**
Faxonia【3】 Brandegee 微舌菊属 Asteraceae 菊科 [MD-586] 全球 (1) 大洲分布及种数(1)◆北美洲(◆墨西哥)
Faya Neck. = **Crenea**
Faya Webb & Berth. = **Myrica**
Fayana Raf. = **Myricaria**
Fazia Pit. ex Batt. = **Fezia**
Fcacia Mill. = **Acacia**

Feaea Spreng. = **Gymnosperma**
Feaella S.F.Blake = **Selloa**
Feastara【-】P.V.Heath 仙人掌科属 Cactaceae 仙人掌科 [MD-100] 全球 (uc) 大洲分布及种数(uc)
Fecenia Aellen & C.C.Towns. = **Fadenia**
Feddea【3】Urb. 古藤菊属 Asteraceae 菊科 [MD-586] 全球 (1) 大洲分布及种数(1)◆北美洲(◆古巴)
Feddeeae Pruski,John Francis & Herrera Oliver,Pedro Pablo & Anderberg,Arne A. & Francisco-Ortega,Javier = **Feddea**
Fedia Adans. = **Fedia**
Fedia【3】Gaertn. 败酱属 → **Patrinia;Valerianella; Astrephia** Valerianaceae 败酱科 [MD-537] 全球 (6) 大洲分布及种数(1-5)非洲:7;亚洲:7;大洋洲:7;欧洲:7;北美洲:7;南美洲:7
Fedieae Dum. = **Fedia**
Fedorouia (Dunn) Yakovlev = **Fedorovia**
Fedorovia Kolak. = **Fedorovia**
Fedorovia【3】Yakovlev 异红豆树属 ← **Ormosia** Campanulaceae 桔梗科 [MD-561] 全球 (1) 大洲分布及种数(2-3)◆亚洲
Fedtschenkiella (C.B.Clarke ex Hook.f.) Kudô. = **Dracocephalum**
Fedtschenkoa Regel & Schmalh. ex Regel = **Strigosella**
Feea【2】Bory 膜片蕨属 ≒ **Trichomanes** Hymenophyllaceae 膜蕨科 [F-21] 全球 (2) 大洲分布及种数(cf.1) 北美洲;南美洲
Feedia Hornem. = **Valerianella**
Feemingia Roxb. ex Rottler = **Flemingia**
Feeria【3】Buser 疗喉草属 ← **Trachelium** Campanulaceae 桔梗科 [MD-561] 全球 (1) 大洲分布及种数(1)◆非洲
Fegimanra【3】Pierre ex Engl. 单蕊漆属 ← **Mangifera** Anacardiaceae 漆树科 [MD-432] 全球 (1) 大洲分布及种数(1-3)◆非洲
Feidanthus Steven = **Astragalus**
Feigeria Buser = **Feeria**
Feijoa【2】O.Berg 番樱桃属 ≒ **Acca** Myrtaceae 桃金娘科 [MD-347] 全球 (4) 大洲分布及种数(1) 非洲:1;亚洲:1;大洋洲:1;欧洲:1
Feiranisia Raf. = **Cassia**
Felaniella Swingle = **Feroniella**
Feldstonia【3】P.S.Short 亮鼠麹属 Asteraceae 菊科 [MD-586] 全球 (1) 大洲分布及种数(1)◆大洋洲
Felicia【3】Cass. 蓝菊属 ← **Amellus;Microglossa;Senecio** Asteraceae 菊科 [MD-586] 全球 (1) 大洲分布及种数(88-98)◆非洲
Feliciadamia【3】Bullock 绢木属 ← **Miconia** Melastomataceae 野牡丹科 [MD-364] 全球 (1) 大洲分布及种数(cf.1) ◆非洲
Feliciana Benth. & Hook.f. = **Felicia**
Felicianea Cambess. = **Myrrhinium**
Feliciinae G.L.Nesom = **Myrrhinium**
Feliciotis【-】Ver.Lib. & G.Kadereit 野牡丹科属 Melastomataceae 野牡丹科 [MD-364] 全球 (uc) 大洲分布及种数(uc)
Felimida Bergh = **Felicia**
Feliopsis Pers. = **Heliopsis**
Felipponea【2】Broth. 篮齿藓属 ≒ **Pterogoniadelphus** Leucodontaceae 白齿藓科 [B-198] 全球 (2) 大洲分布及种数(1) 北美洲:1;南美洲:1
Felipponia Hicken = **Mangonia**
Felipponiella Hicken = **Mangonia**
Fellaniella H.A.Crum = **Fallaciella**
Fellia R.M.Schust. = **Pellia**
Feltia Delile = **Feretia**
Femeniasia Susanna = **Carthamus**
Fendlera【3】Engelm. & A.Gray 岩爪梅属 ≒ **Fendlerella** Hydrangeaceae 绣球科 [MD-429] 全球 (1) 大洲分布及种数(5-12)◆北美洲(◆美国)
Fendlerella (Greene) A.Heller = **Fendlerella**
Fendlerella【3】A.A.Heller 沙黛梅属 ← **Fendlera** Hydrangeaceae 绣球科 [MD-429] 全球 (1) 大洲分布及种数(4-5)◆北美洲
Fendleri Steud. = **Achnatherum**
Fendleria Steud. = **Achnatherum**
Fenelonia Raf. = **Printzia**
Feneriva Diels = **Fenerivia**
Fenerivia【3】Diels 盘梁木属 ← **Polyalthia;Unona** Annonaceae 番荔枝科 [MD-7] 全球 (1) 大洲分布及种数(9)◆非洲(◆马达加斯加)
Fenestraja Garman = **Fenestraria**
Fenestralia N.E.Br. = **Fenestraria**
Fenestraria【3】N.E.Br. 窗玉属 Aizoaceae 番杏科 [MD-94] 全球 (1) 大洲分布及种数(1-2)◆非洲(◆南非)
Fenestratarum【-】P.C.Boyce & S.Y.Wong 天南星科属 Araceae 天南星科 [MM-639] 全球 (uc) 大洲分布及种数(uc)
Fenghwaia【3】G.T.Wang & R.J.Wang 鼠李科属 Rhamnaceae 鼠李科 [MD-331] 全球 (1) 大洲分布及种数(1) ◆东亚(◆中国)
Feniculum Gihb. = **Foeniculum**
Fenixanthes Raf. = **Salvia**
Fenixia【3】Merr. 双舌菊属 Asteraceae 菊科 [MD-586] 全球 (1) 大洲分布及种数(cf. 1)◆东南亚(◆菲律宾)
Fennellia Nieuwl. = **Pennellia**
Fentonia Raf. = **Tulipa**
Fentzlia Rchb. = **Kania**
Fenugraecum Adans. = **Trigonella**
Fenzlia【3】Benth. 长隔水桉属 ≒ **Myrtella** Myrtaceae 桃金娘科 [MD-347] 全球 (1) 大洲分布及种数(2)◆北美洲
Fenzlii Endl. = **Gilia**
Feracacia Britton & León = **Acacia**
Ferbabdoa Welw. ex Seem. = **Fernandoa**
Ferberia G.A.Scop. = **Althaea**
Ferdinanda Benth. & Hook.f. = **Zaluzania**
Ferdinandea Pohl = **Macrocnemum**
Ferdinandia Seem = **Fernandoa**
Ferdinandoa Seem. = **Fernandoa**
Ferdinandusa【2】Pohl 翡丁香属 ← **Macrocnemum; Gomphosia** Rubiaceae 茜草科 [MD-523] 全球 (2) 大洲分布及种数(23-25)北美洲:1;南美洲:22-24
Ferecuppa Dulac = **Tozzia**
Fereira Rchb. = **Halesia**
Fereiria Vell. ex Vand. = **Hillia**
Ferenocactus Doweld = **Ferocactus**
Feresa Gray = **Feretia**

F

Feretia【3】Delile 血楂木属 ← **Canthium;Pavetta; Sericanthe** Rubiaceae 茜草科 [MD-523] 全球 (1) 大洲分布及种数(2-3)◆非洲
Fergania【3】M.G.Pimenov 阿魏属 ≒ **Ferula** Apiaceae 伞形科 [MD-480] 全球 (1) 大洲分布及种数(2) ◆亚洲
Fergania Pimenov = **Fergania**
Ferganiella Swingle = **Feroniella**
Fergusonara auct. = **Brassavola**
Fergusonia【3】Hook.f. 丰花草属 ← **Borreria** Rubiaceae 茜草科 [MD-523] 全球 (1) 大洲分布及种数(1)◆亚洲
Ferkeria Röwer = **Farmeria**
Ferna Panz. = **Agropyron**
Fernaldia R.E.Woodson = **Fernaldia**
Fernaldia【2】Woodson 花饼藤属 ← **Urechites;Echites** Apocynaceae 夹竹桃科 [MD-492] 全球 (2) 大洲分布及种数(2)亚洲:cf.1;北美洲:cf.1
Fernandezia Lindl. = **Fernandezia**
Fernandezia【2】Ruiz & Pav. 栉叶兰属 ≒ **Pachyphyllum** Orchidaceae 兰科 [MM-723] 全球 (3) 大洲分布及种数(64-66)大洋洲:1;北美洲:7;南美洲:61
Fernandezina Ruiz & Pav. = **Fernandezia**
Fernandia Baill. = **Fernandoa**
Fernandoa【3】Welw. ex Seem. 厚膜树属 ← **Bignonia;Radermachera;Spathodea** Bignoniaceae 紫葳科 [MD-541] 全球 (6) 大洲分布及种数(14-16)非洲:6-8;亚洲:8-9;大洋洲:1-2;欧洲:1;北美洲:1;南美洲:2-3
Fernelia【3】Comm. ex Lam. 费内尔茜属 ← **Coccocypselum;Manettia** Rubiaceae 茜草科 [MD-523] 全球 (1) 大洲分布及种数(1-4)◆非洲
Fernseea【3】Baker 高山凤梨属 ← **Aechmea** Bromeliaceae 凤梨科 [MM-715] 全球 (1) 大洲分布及种数(2)◆南美洲
Ferobergia【-】Glass 仙人掌科属 Cactaceae 仙人掌科 [MD-100] 全球 (uc) 大洲分布及种数(uc)
Ferocactus【3】Britton & Rose 日出球属 ≒ **Echinofossulocactus;Hamatocactus** Cactaceae 仙人掌科 [MD-100] 全球 (1) 大洲分布及种数(32-43)◆北美洲
Ferofossulocactus【-】G.D.Rowley 仙人掌科属 Cactaceae 仙人掌科 [MD-100] 全球 (uc) 大洲分布及种数(uc)
Ferolia (Aubl.) P. & K. = **Parinari**
Feronia【2】Corrêa 木橘属 ← **Limonia;Aegle** Rutaceae 芸香科 [MD-399] 全球 (2) 大洲分布及种数(1)亚洲:1;大洋洲:1
Feroniella【3】Swingle 厚壳橘属 ← **Harrisonia** Rutaceae 芸香科 [MD-399] 全球 (6) 大洲分布及种数(1-2)非洲:1;亚洲:2;大洋洲:1;欧洲:1;北美洲:1;南美洲:1
Feroniola Swingle = **Feroniella**
Feronlella Swingle = **Feroniella**
Ferrandia Gaud. = **Cocculus**
Ferraria【3】Burm. ex Mill. 魔星兰属 → **Cypella;Eleutherine** Iridaceae 鸢尾科 [MM-700] 全球 (1) 大洲分布及种数(18-28)◆非洲
Ferreiraella S.F.Blake = **Ferreyrella**
Ferreirea Allemão = **Luetzelburgia**
Ferreola Kön. ex Roxb. = **Diospyros**
Ferretia Pritz. = **Feretia**
Ferreyranthus【3】H.Rob. & Brettell 鞘柄黄安菊属 ≒ **Liabum** Asteraceae 菊科 [MD-586] 全球 (1) 大洲分布及种数(8)◆南美洲
Ferreyrella【3】S.F.Blake 柄腺菊属 Asteraceae 菊科 [MD-586] 全球 (1) 大洲分布及种数(2)◆南美洲
Ferriera Bubani = **Erophila**
Ferrieria Bubani = **Paronychia**
Ferriola Roxb. = **Diospyros**
Ferrocalamus【3】Hsüh & P.J.Keng 铁竹属 ← **Indocalamus** Poaceae 禾本科 [MM-748] 全球 (1) 大洲分布及种数(cf. 1)◆东亚(◆中国)
Ferrum-equinum Medik. = **Hippocrepis**
Ferruminaria Garay,Hamer & Siegerist = **Epidendrum**
Ferula Dorematoides Korovin = **Ferula**
Ferula【3】L. 阿魏属 → **Talassia;Ferulago;Parinari** Apiaceae 伞形科 [MD-480] 全球 (1) 大洲分布及种数(96-221)◆亚洲
Ferulaceae Sacc. = Scrophulariaceae
Ferulago【2】W.D.J.Koch 肖阿魏属 → **Dorema; Peucedanum** Apiaceae 伞形科 [MD-480] 全球 (4) 大洲分布及种数(15-50;hort.1)非洲:2-6;亚洲:9-36;欧洲:9-19;北美洲:2-3
Ferulopsis【3】Kitag. 假阿魏属 ← **Peucedanum** Apiaceae 伞形科 [MD-480] 全球 (1) 大洲分布及种数(1-2)◆亚洲
Fessia【3】Speta 石瑰花属 ← **Hyacinthus;Scilla;** Asparagaceae 天门冬科 [MM-669] 全球 (1) 大洲分布及种数(cf. 1)◆亚洲
Festania Raf. = **Rhus**
Festella Pobed. = **Wikstroemia**
Festuca (Bluff,Nees & Schauer) Asch. & Graebn. = **Festuca**
Festuca【3】L. 羊茅属 → **Aeluropus;Colpodium; Arundinella** Poaceae 禾本科 [MM-748] 全球 (6) 大洲分布及种数(619-807;hort.1;cult:74)非洲:145-248;亚洲:236-379;大洋洲:85-185;欧洲:245-398;北美洲:158-257;南美洲:185-278
Festucaceae Spreng. = Poaceae
Festucaria Heist. = **Festuca**
Festuceae Dum. = **Festuca**
Festucella E.B.Alekseev = **Austrofestuca**
Festucopsis (C.E.Hubb.) Melderis = **Festucopsis**
Festucopsis【3】Melderis 类羊茅属 ← **Elymus;Agropyron** Poaceae 禾本科 [MM-748] 全球 (1) 大洲分布及种数(1)◆欧洲
Festulolium【3】Asch. & Graebn. 羊茅禾属 ← **Glyceria** Poaceae 禾本科 [MM-748] 全球 (1) 大洲分布及种数(2)◆欧洲
Festulpia【2】Melderis ex Stace & R.Cotton 鼠茅属 ≒ **Festuca;Vulpia** Poaceae 禾本科 [MM-748] 全球 (2) 大洲分布及种数(cf.) 欧洲;南美洲
Feuillaea Gled. = **Fevillea**
Feuillea Gled. = **Fevillea**
Feuilleea Cothen. = **Feuilleea**
Feuilleea【3】P. & K. 化毒藤属 ≒ **Paraserianthes** Fabaceae 豆科 [MD-240] 全球 (1) 大洲分布及种数(8)◆南美洲
Fevillaea Vell. = **Albizia**
Fevillea (Silva Manso) G.Rob. & Wunderlin = **Fevillea**
Fevillea【3】L. 化毒藤属 → **Alsomitra;Pararchiden-**

dron Cucurbitaceae 葫芦科 [MD-205] 全球 (1) 大洲分布及种数(15-24)◆南美洲
Fezia【3】Pit. ex Batt. 摩洛哥芥属 ← **Cordylocarpus** Brassicaceae 十字花科 [MD-213] 全球 (1) 大洲分布及种数(1)◆非洲(◆摩洛哥)
Fialaara【-】auct. 兰科属 Orchidaceae 兰科 [MM-723] 全球 (uc) 大洲分布及种数(uc)
Fialaris Raf. = **Myrsine**
Fibigia【3】Medik. 单盾荠属 ≒ **Farsetia** Brassicaceae 十字花科 [MD-213] 全球 (6) 大洲分布及种数(18;hort.1;cult: 1)非洲:3-4;亚洲:17-18;大洋洲:1;欧洲:3-4;北美洲:1;南美洲:1
Fibra J.Colden ex Schöpf = **Coptis**
Fibraurea Colden ex Sm. = **Fibraurea**
Fibraurea【3】Lour. 天仙藤属 → **Cocculus;Menispermum;Tinospora** Menispermaceae 防己科 [MD-42] 全球 (1) 大洲分布及种数(2-3)◆亚洲
Fibraureae Diels = **Fibraurea**
Fibraureeae Diels = **Fibraurea**
Fibraureopsis Yamam. = **Fibraurea**
Fibristylis Vahl = **Fimbristylis**
Fibrocentrum Pierre ex Glaz. = **Chrysophyllum**
Fibularia Holub = **Cotyledon**
Fibulia Burton = **Fibigia**
Ficaceae Bercht. & J.Presl = Fagaceae
Ficalhoa【3】Hiern 裂果柃属 Sladeniaceae 肋果茶科 [MD-166] 全球 (1) 大洲分布及种数(1)◆非洲
Ficaria Adans. = **Ficaria**
Ficaria【2】Hall. 毛茛属 ≒ **Oxygraphis** Ranunculaceae 毛茛科 [MD-38] 全球 (4) 大洲分布及种数(2) 非洲;亚洲;欧洲;北美洲
Fichtea Sch.Bip. = **Nothocalais**
Ficicis Schröd. = **Ficinia**
Ficimia Schröd. = **Ficinia**
Ficindica St.Lag. = **Opuntia**
Ficineae Schröd. = **Ficinia**
Ficinia【3】Schröd.球莎属 ≒ **Baeothryon;Abildgaardia** Cyperaceae 莎草科 [MM-747] 全球 (1) 大洲分布及种数(54-98)◆非洲(◆南非)
Ficoidac Mill. = **Acrodon**
Ficoidaceae Klotzsch = Aizoaceae
Ficoides Mill. = **Acrodon**
Ficopsis Neck. = **Lawsonia**
Ficrasma Bl. = **Picrasma**
Ficula L. = **Ficus**
Ficus (Corner) C.C.Berg = **Ficus**
Ficus【3】Tourn. ex L. 榕属 → **Antiaris;Artocarpus;Omphalea** Moraceae 桑科 [MD-87] 全球 (6) 大洲分布及种数(699-1188;hort.1;cult: 50)非洲:235-457;亚洲:643-1159;大洋洲:190-448;欧洲:58-144;北美洲:194-296;南美洲:253-394
Fidelia Sch.Bip. = **Taraxacum**
Fidena Rottb. = **Fuirena**
Fidonia Cöm. = **Fittonia**
Fiebera Opiz = **Chaerophyllum**
Fieberiella Farw. ex Butzin = **Platanthera**
Fiebrigia Fritsch = **Seemannia**
Fiebrigiella【3】Harms 细豆属 Fabaceae 豆科 [MD-240] 全球 (1) 大洲分布及种数(1)◆南美洲
Fiedleria【-】Rabenh. 丛藓科属 ≒ **Petrorhagia** Pottiaceae 丛藓科 [B-133] 全球 (uc) 大洲分布及种数(uc)
Fieldia【3】A.Cunn. ex Walp. 藤木岩桐属 ≒ **Coddia;Basileophyta;Rhynchostylis** Gesneriaceae 苦苣苔科 [MD-549] 全球 (1) 大洲分布及种数(2)◆大洋洲
Fifea【3】H.A.Crum 絮床藓属 ← **Filetia** Lembophyllaceae 船叶藓科 [B-205] 全球 (1) 大洲分布及种数(1) 大洋洲
Figaraea Viv. = **Neurada**
Filaginella Opiz = **Achyrocline**
Filago (Cass.) Gren. = **Filago**
Filago【3】L. 絮菊属 ≒ **Evax;Achillea** Asteraceae 菊科 [MD-586] 全球 (6) 大洲分布及种数(62-85;hort.1;cult: 6)非洲:30-40;亚洲:30-40;大洋洲:2-11;欧洲:37-48;北美洲:19-28;南美洲:9
Filagopsis (Batt.) Rouy = **Micropus**
Filaria Hall. = **Ficaria**
Filarum【3】Nicolson 丝芒芋属 Araceae 天南星科 [MM-639] 全球(1) 大洲分布及种数(1)◆南美洲(◆秘鲁)
Filetia【3】Miq. 菲尔特爵床属 ← **Asystasia** Acanthaceae 爵床科 [MD-572] 全球 (1) 大洲分布及种数(1-9)◆东南亚(◆马来西亚)
Filfia Holub = **Fifea**
Filgueirasia【3】Guala 菲尔竹属 ≒ **Arundinaria** Poaceae 禾本科 [MM-748] 全球 (1) 大洲分布及种数(2)◆南美洲
Filicirna Raf. = **Drosera**
Filicium【3】Thw. 齿木患属 ≒ **Phyllarthron** Sapindaceae 无患子科 [MD-428] 全球 (1) 大洲分布及种数(3)◆非洲
Filicula Ség. = **Cystopteris**
Filifolium【3】Kitam. 线叶菊属 ≒ **Artemisia** Asteraceae 菊科 [MD-586] 全球 (1) 大洲分布及种数(cf. 1)◆亚洲
Filinia Hutchinson = **Ficinia**
Filipedium Raizada & Jain = **Capillipedium**
Filipendula (T.Shimizu) Schanzer = **Filipendula**
Filipendula【3】Tourn. ex L. 蚊子草属 ← **Spiraea** Rosaceae 蔷薇科 [MD-246] 全球 (6) 大洲分布及种数(23-24;hort.1;cult: 10)非洲:1-2;亚洲:20-21;大洋洲:1-2;欧洲:7-8;北美洲:10-11;南美洲:1
Filipeudula Mill. = **Filipendula**
Filix【-】Adans. 鳞毛蕨科属 ≒ **Cystopteris;Dryopteris** Dryopteridaceae 鳞毛蕨科 [F-49] 全球 (uc) 大洲分布及种数(uc)
Filix Adans. = **Cystopteris**
Filix Farw. = **Dryopteris**
Filix-femina Hill = **Filix-foemina**
Filix-foemina【3】Hill ex Farw. 飘碗蕨属 ← **Pteridium** Dennstaedtiaceae 碗蕨科 [F-26] 全球 (1) 大洲分布及种数(uc)属分布和种数(uc)◆亚洲
Filix-mas Hill = **Dryopteris**
Fillaca Guill. & Perr. = **Erythrophleum**
Fillaea Guill. & Perr. = **Erythrophleum**
Fillaeopsis【3】Harms 非洲云实豆属 Fabaceae 豆科 [MD-240] 全球 (1) 大洲分布及种数(1)◆非洲
Filodes Mill. = **Acrodon**
Fimaria Schaeff. = **Ficaria**
Fimbraria【-】Brachyblepharis Gottsche,Lindenb. &

F

Nees 疣冠苔科属 ≒ **Asterella** Aytoniaceae 疣冠苔科 [B-9] 全球 (uc) 大洲分布及种数(uc)
Fimbriaria A.Juss. = **Janusia**
Fimbribambusa【2】 Widjaja 孝顺竹属 ← **Erythrorchis;Bambusa** Poaceae 禾本科 [MM-748] 全球 (2) 大洲分布及种数(2) 非洲:1;亚洲:1
Fimbriella Farw. ex Butzin = **Platanthera**
Fimbrillaria Cass. = **Conyza**
Fimbripetalum (Turcz.) Ikonn. = **Stellaria**
Fimbristemma Turcz. = **Gonolobus**
Fimbristilis Ritgen = **Fimbristylis**
Fimbristima Raf. = **Aster**
Fimbristyles Schult. = **Fimbristylis**
Fimbristylis (Bertol.) Ts.Tang & F.T.Wang = **Fimbristylis**
Fimbristylis【3】 Vahl 飘拂草属 ≒ **Abildgaardia;Cyperus;Actinoschoenus** Cyperaceae 莎草科 [MM-747] 全球 (6) 大洲分布及种数(190-379;hort.1;cult: 24)非洲:63-142;亚洲:119-280;大洋洲:83-157;欧洲:15-71;北美洲:41-98;南美洲:36-95
Fimbrolina Raf. = **Besleria**
Fimbrorchis Szlach. = **Habenaria**
Fimbrystylis D.Dietr. = **Fimbristylis**
Finckea Klotzsch = **Eremia**
Finckia Muhl. ex Willd. = **Lumnitzera**
Findlaya Bowdich = **Plumbago**
Finella Gagnep. = **Aerides**
Finetia Gagnep. = **Neofinetia**
Fingalia Schrank = **Eleutheranthera**
Fingardia Szlach. = **Crepidium**
Fingerhuthia【3】 Nees ex Lehm. 弗氏草属 Poaceae 禾本科 [MM-748] 全球 (1) 大洲分布及种数(3-5)◆非洲
Finkia Phil. = **Fonkia**
Finlaysonia【3】 Wall. 亚洲萝藦属 → **Atherolepis;Secamone;Meladerma** Apocynaceae 夹竹桃科 [MD-492] 全球 (1) 大洲分布及种数(5-7)◆亚洲
Finschia【3】 Warb. 核果银桦属 ← **Helicia;Grevillea** Proteaceae 山龙眼科 [MD-219] 全球 (1) 大洲分布及种数(3-5)◆大洋洲
Fintelmannia Kunth = **Trilepis**
Fiona H.A.Crum = **Fifea**
Fioria【3】 Mattei 玉盘葵属 ← **Hibiscus** Malvaceae 锦葵科 [MD-203] 全球 (1) 大洲分布及种数(1-2)◆非洲
Fiorina Parl. = **Aira**
Fiorinia Pari. = **Aira**
Firaitia Merr. = **Siraitia**
Firensia G.A.Scop. = **Cordia**
Firenzia DC. = **Cordia**
Firkea Raf. = **Clusia**
Firmiana【3】 Marsili 梧桐属 → **Cola;Hibiscus;Hildegardia** Malvaceae 锦葵科 [MD-203] 全球 (1) 大洲分布及种数(11-21)◆亚洲
Firmitma Marsili = **Firmiana**
Fischera Spreng. = **Platysace**
Fischera Sw. = **Leiophyllum**
Fischeri DC. = **Fischeria**
Fischeria【2】 DC. 费氏萝藦属 ← **Cynanchum;Matelea;Gonolobus** Apocynaceae 夹竹桃科 [MD-492] 全球 (3) 大洲分布及种数(10-13)亚洲:cf.1;北美洲:7-8;南美洲:6-7
Fischerii DC. = **Fischeria**
Fisherara【-】 J.M.H.Shaw 兰科属 Orchidaceae 兰科 [MM-723] 全球 (uc) 大洲分布及种数(uc)
Fisheria DC. = **Cynanchum**
Fishlockia Britton & Rose = **Acacia**
Fisquetia Gaud. = **Pandanus**
Fissendocarpa【-】 (Haines) Bennet 柳叶菜科属 ≒ **Ludwigia** Onagraceae 柳叶菜科 [MD-396] 全球 (uc) 大洲分布及种数(uc)
Fissia【2】 (Lür) Lür 尾萼兰属 ≒ **Masdevallia** Orchidaceae 兰科 [MM-723] 全球 (2) 大洲分布及种数(cf.1) 北美洲;南美洲
Fissicalyx【3】 Benth. 裂萼豆属 → **Monopteryx** Fabaceae 豆科 [MD-240] 全球 (1) 大洲分布及种数(1)◆南美洲
Fissidens (Brid.) Broth. = **Fissidens**
Fissidens【3】 Hedw. 凤尾藓属 ≒ **Hypnum;Phyllodrepanium** Fissidentaceae 凤尾藓科 [B-131] 全球 (6) 大洲分布及种数(729) 非洲:262;亚洲:244;大洋洲:178;欧洲:100;北美洲:135;南美洲:170
Fissidentaceae【3】Schimp. 凤尾藓科 [B-131] 全球 (5) 大洲分布和属种数(6/754)亚洲:3/246;大洋洲:2/179;欧洲:1/100;北美洲:3/144;南美洲:4/177
Fissidentella Cardot = **Fissidens**
Fissilabia Comm. ex Juss. = **Olax**
Fissilia Comm. ex Juss. = **Dulacia**
Fissipes Small = **Cypripedium**
Fissipetalum Merr. = **Erycibe**
Fissistigma【3】 Griff. 瓜馥木属 → **Ancana;Annona;Mitrella** Annonaceae 番荔枝科 [MD-7] 全球 (6) 大洲分布及种数(41-77)非洲:2;亚洲:36-69;大洋洲:6-9;欧洲:2;北美洲:1-3;南美洲:1-3
Fissistima Griff. = **Fissistigma**
Fistularia P. & K. = **Rhinanthus**
Fitchia【2】 Hook.f. 舌头菊属 ≒ **Grevillea** Asteraceae 菊科 [MD-586] 全球 (2) 大洲分布及种数(7) 大洋洲:7;北美洲:1
Fittingia【2】 Mez 软金牛属 ← **Discocalyx** Primulaceae 报春花科 [MD-401] 全球 (3) 大洲分布及种数(7-10)非洲:6-9;亚洲:1;大洋洲:4-7
Fittonia【3】 Cöm. 网纹草属 ≒ **Gymnostachyum** Acanthaceae 爵床科 [MD-572] 全球 (1) 大洲分布及种数(2)◆南美洲
Fitzalania【3】 F.Müll. 靛玉盘属 ≒ **Uraria** Annonaceae 番荔枝科 [MD-7] 全球 (1) 大洲分布及种数(1-2)◆大洋洲(◆澳大利亚)
Fitzgeraldia F.Müll = **Peristeranthus**
Fitzroya【3】 Hook. ex Lindl. 智利乔柏属 ≒ **Libocedrus;Pinus** Cupressaceae 柏科 [G-17] 全球 (1) 大洲分布及种数(1)◆北美洲(◆加拿大)
Fitz-roya Hook.f. ex Lindl. = **Fitzroya**
Fitzroyaceae A.V.Bobrov & Melikyan = Cupressaceae
Fitzroyia Hook.f. ex Lindl. = **Fitzroya**
Fitzwillia【3】 P.S.Short 盐鼠麹属 ← **Angianthus** Asteraceae 菊科 [MD-586] 全球 (1) 大洲分布及种数(1)◆大洋洲(◆澳大利亚)
Fiva Steud. = **Actinodaphne**
Fivaldia Walp. = **Microglossa**
Fiwa J.F.Gmel. = **Litsea**
Fkankoa Rchb. = **Francoa**

Fla Szlach. = **Habenaria**
Flabellaria【3】 Cav. 非洲金虎尾属 ← **Hiraea;Triaspis;Triopterys** Malpighiaceae 金虎尾科 [MD-343] 全球 (1) 大洲分布及种数(1)◆非洲
Flabellariopsis【3】 R.Wilczek 丛宝兰属 ← **Triaspis;Limodorum** Malpighiaceae 金虎尾科 [MD-343] 全球 (1) 大洲分布及种数(cf.1) ◆非洲:1
Flabellidium【3】 Herzog 玻利青藓属 Brachytheciaceae 青藓科 [B-187] 全球 (1) 大洲分布及种数(1)◆南美洲
Flacourta Cothen. = **Flacourtia**
Flacourtia【3】 (Comm.) L´Her. 刺篱木属 ≒ **Donzellia;Gmelina;Ludia** Flacourtiaceae 大风子科 [MD-142] 全球 (6) 大洲分布及种数(15-39)非洲:7-14;亚洲:12-24;大洋洲:6-16;欧洲:1-4;北美洲:6-9;南美洲:2-6
Flacourtia Comm. ex L´Her. = **Flacourtia**
Flacourtiac L´Hér. = **Flacourtia**
Flacourtiaceae【3】 Rich. ex DC. 大风子科 [MD-142] 全球 (6) 大洲分布和属种数(61-72;hort. & cult.13)(669-1181;hort. & cult.27-34)非洲:28-38/ 258-437;亚洲:21-32/ 200-377;大洋洲:8-21/100-260;欧洲:4-18/5-104;北美洲:19-29/ 87-230;南美洲:21-32/ 157-279
Flacourtieae DC. = **Flacourtia**
Flacurtia Comm. ex Juss. = **Flacourtia**
Fladermannia Endl. = **Ziziphora**
Flagelaria L. = **Flagellaria**
Flagellaria Chortodes Hook.f. = **Flagellaria**
Flagellaria【2】 L. 须叶藤属 → **Pothos;Joinvillea** Flagellariaceae 须叶藤科 [MM-724] 全球 (4) 大洲分布及种数(6-9;hort.1;cult:1)非洲:2;亚洲:2-3;大洋洲:5-7;北美洲:1
Flagellariaceae【2】Dum. 须叶藤科 [MM-724] 全球 (4) 大洲分布和属种数(1;hort. & cult.1)(5-10;hort. & cult.2) 非洲:1/2;亚洲:1/2-3;大洋洲:1/5-7;北美洲:1/1
Flagellarisaema Nakai = **Arisaema**
Flagellomnium Laz. = **Trachycystis**
Flagenium【3】 Baill. 肋果茜属 ← **Bertiera;Sabicea;Triosteum** Rubiaceae 茜草科 [MD-523] 全球 (1) 大洲分布及种数(3-6)◆非洲
Flakea P.Br. = **Blakea**
Flamaria Raf. = **Fumaria**
Flaminia Fr. = **Aira**
Flammara Hill = **Anemone**
Flammula (Fr.) P.Kumm. = **Ranunculus**
Flanagania Schltr. = **Cynanchum**
Flata J.F.Gmel. = **Falcata**
Flatbergiaceae【-】 A.J.Shaw 泥炭藓科属 Sphagnaceae 泥炭藓科 [B-97] 全球 (uc) 大洲分布及种数(uc)
Flatbergium【2】 A.J.Shaw 泥炭藓科属 Sphagnaceae 泥炭藓科 [B-97] 全球 (2) 大洲分布及种数(1) 亚洲:1;大洋洲:1
Flatida Heist. = **Anthoxanthum**
Flatula Brot. = **Trifolium**
Flaveria【3】 Juss. 黄顶菊属 ≒ **Gymnosperma;Ophryosporus** Asteraceae 菊科 [MD-586] 全球 (6) 大洲分布及种数(22-27)非洲:5;亚洲:5-10;大洋洲:1-6;欧洲:5;北美洲:20-25;南美洲:2-7
Flavia Heist. = **Anthoxanthum**
Flavicoma Raf. = **Hyptis**
Flavoparmelia【2】 Hale 香蕨属 ≒ **Pseudoparmelia** Parkeriaceae 水蕨科 [F-36] 全球 (3) 大洲分布及种数(1) 亚洲:1;欧洲:1;南美洲:1
Fleischeri Steud. & Hochst. ex Endl. = **Abutilon**
Fleischeria Steud. & Hochst. ex Endl. = **Sida**
Fleischerobryum【3】 Löske 长柄藓属 ≒ **Philonotis** Bartramiaceae 珠藓科 [B-142] 全球 (1) 大洲分布及种数 (2) ◆亚洲
Fleischmania Sch.Bip. = **Fleischmannia**
Fleischmannia【3】 Sch.Bip. 光泽兰属 ← **Ageratina;Koanophyllon** Asteraceae 菊科 [MD-586] 全球 (1) 大洲分布及种数(63-68)◆北美洲
Fleischmanniopsis【3】 R.M.King & H.Rob. 细毛亮泽兰属 ← **Eupatorium** Asteraceae 菊科 [MD-586] 全球 (1) 大洲分布及种数(4-5)◆北美洲
Flemiengia Roxb. ex Rottler = **Flemingia**
Flemingia Hunter ex Ridl. = **Flemingia**
Flemingia【3】 Roxb. ex Rottler 千斤拔属 ≒ **Crotalaria** Fabaceae 豆科 [MD-240] 全球 (6) 大洲分布及种数 (32-56;hort.1;cult: 2)非洲:4-11;亚洲:31-53;大洋洲:7-15;欧洲:2;北美洲:4-7;南美洲:2
Flemmingia Walp. = **Thunbergia**
Fleroya【3】 Y.F.Deng 泽帽蕊木属 ≒ **Mitragyna** Rubiaceae 茜草科 [MD-523] 全球 (1) 大洲分布及种数(1-2)◆非洲
Flessera Adans. = **Nepeta**
Fletcherara【-】 J.M.H.Shaw 兰科属 Orchidaceae 兰科 [MM-723] 全球 (uc) 大洲分布及种数(uc)
Fletcheria Steud. & Hochst. ex Endl. = **Abutilon**
Fleura Steud. = **Fleurya**
Fleurotia Rchb. = **Platysace**
Fleurya【3】Gaud.红小麻属→**Dendrocnide;Laportea** Moraceae 桑科 [MD-87] 全球 (6) 大洲分布及种数(2-4) 非洲:cf.1;亚洲:cf.1;大洋洲:cf.1;欧洲:1;北美洲:1;南美洲:cf.1
Fleurydora【3】 A.Chev. 凹叶莲木属 Ochnaceae 金莲木科 [MD-104] 全球 (1) 大洲分布及种数(1)◆非洲(◆几内亚)
Fleuryopsis Opiz = **Laportea**
Flexanthera Rusby = **Simira**
Flexitrichum【-】 Ignatov & Fedosov 牛毛藓科属 Ditrichaceae 牛毛藓科 [B-119] 全球 (uc) 大洲分布及种数(uc)
Flexularia【3】 Raf. 北美洲光禾草属 Poaceae 禾本科 [MM-748] 全球 (1) 大洲分布及种数(1)◆北美洲
Flichingeria A.D.Hawkes = **Flickingeria**
Flickingeri A.D.Hawkes = **Flickingeria**
Flickingeria【3】 A.D.Hawkes 金石斛属 ≒ **Callista** Orchidaceae 兰科 [MM-723] 全球 (1) 大洲分布及种数 (57-68)◆亚洲
Flindersia【2】 R.Br. 巨盘木属 Rutaceae 芸香科 [MD-399] 全球 (5) 大洲分布及种数(10-21)非洲:6-8;亚洲:5-8;大洋洲:8-17;北美洲:3;南美洲:1
Flindersiaceae C.T.White ex Airy-Shaw = Meliaceae
Flipanta Raf. = **Salvia**
Floerkea Raf. = **Floerkea**
Floerkea【3】 Willd. 沼堇花属 → **Adenophora** Limnanthaceae 沼沫花科 [MD-433] 全球 (1) 大洲分布及种数(1-5)◆北美洲
Floerkia Willd. = **Floerkea**

F

Flominia Fr. = **Scolochloa**

Flomosia Raf. = **Dasyphyllum**

Flora Adans. = **Exacum**

Florbella【-】C.E.Schnell 野牡丹科属 Melastomataceae 野牡丹科 [MD-364] 全球 (uc) 大洲分布及种数(uc)

Florestina【3】Cass. 双修菊属 ← **Stevia;Polypteris; Palafoxia** Asteraceae 菊科 [MD-586] 全球 (1) 大洲分布及种数(9)◆北美洲

Floribunda F.Ritter = **Cipocereus**

Floribundaria Capillidium Broth. = **Floribundaria**

Floribundaria【3】M.Fleisch. 丝带藓属 ≒ **Sinskea** Meteoriaceae 蔓藓科 [B-188] 全球 (6) 大洲分布及种数(22) 非洲:10;亚洲:13;大洋洲:6;欧洲:2;北美洲:5;南美洲:4

Florida Noronha ex Endl. = **Elaeodendron**

Florinda Noronha ex Endl. = **Polycardia**

Floriscopa F.Müll = **Coccocypselum**

Florkea Raf. = **Floerkea**

Florschuetzia【-】Crosby 烟杆藓科属 ≒ **Muscoflorschuetzia** Buxbaumiaceae 烟杆藓科 [B-102] 全球 (uc) 大洲分布及种数(uc)

Florschuetziella【3】Vitt 墨西哥木灵藓属 Orthotrichaceae 木灵藓科 [B-151] 全球 (1) 大洲分布及种数(2)◆北美洲

Floscaldasia【3】Cuatrec. 匍枝菀属 Asteraceae 菊科 [MD-586] 全球 (1) 大洲分布及种数(3)◆南美洲

Floscopa【2】Lour. 聚花草属 → **Aneilema;Callisia** Commelinaceae 鸭跖草科 [MM-708] 全球 (5) 大洲分布及种数(14-25;hort.1)非洲:5-16;亚洲:4;大洋洲:1;北美洲:3;南美洲:7-8

Floscuculi Opiz = **Lychnis**

Flosmutisia【3】Cuatrec. 寒莲菀属 Asteraceae 菊科 [MD-586] 全球 (1) 大洲分布及种数(1)◆南美洲(◆哥伦比亚)

Flotoiva Spreng. = **Dasyphyllum**

Flotovia Spreng. = **Dasyphyllum**

Flotowia Endl. = **Dasyphyllum**

Flourensia Cambess. = **Flourensia**

Flourensia【2】DC. 焦油菊属 ← **Encelia;Helianthus** Asteraceae 菊科 [MD-586] 全球 (2) 大洲分布及种数(33-35)北美洲:16;南美洲:19-20

Flowersia【2】D.G.Griff. & W.R.Buck 花珠藓属 Bartramiaceae 珠藓科 [B-142] 全球 (4) 大洲分布及种数(4) 非洲:1;亚洲:1;北美洲:2;南美洲:2

Flox Adans. = **Lychnis**

Floxopa Lour. = **Floscopa**

Floydia【3】L.A.S.Johnson & B.G.Briggs 山龙眼属 ≒ **Helicia** Proteaceae 山龙眼科 [MD-219] 全球 (1) 大洲分布及种数(1-2)◆大洋洲

Floyera Neck. = **Exacum**

Floyeria Neck. = **Exacum**

Fluc Adans. = **Sebaea**

Flucggeopsis K.Schum. = **Phyllanthus**

Fluckigera Rusby = **Ladenbergia**

Fluckigeria Rusby = **Columnea**

Fluctua (Malme) Marbach = **Lepidaploa**

Flueckigera P. & K. = **Ledenbergia**

Flueggea Rich. = **Flueggea**

Flueggea【3】Willd. 白饭树属 ← **Acidoton;Adelia; Phyllanthus** Euphorbiaceae 大戟科 [MD-217] 全球 (6) 大洲分布及种数(16-20;hort.1;cult: 1)非洲:8-11;亚洲:12-17;大洋洲:8-11;欧洲:2-5;北美洲:6-10;南美洲:5-8

Flueggeopsis (Müll.Arg.) K.Schum. = **Phyllanthus**

Flueggia Benth. & Hook.f. = **Flueggea**

Flufordiella Hässel de Menéndez = **Fulfordiella**

Flugea Raf. = **Flueggea**

Fluggea Willd. = **Flueggea**

Fluminaria【3】N.G.Bergh 水茅属 Poaceae 禾本科 [MM-748] 全球 (1) 大洲分布及种数(1)◆非洲

Fluminea Fr. = **Scolochloa**

Fluminia Fr. = **Scolochloa**

Flustra Raf. = **Aster**

Flustula Raf. = **Piptocarpha**

Fluvialis【-】Mich. ex Adans. 茨藻科属 ≒ **Caulinia** Najadaceae 茨藻科 [MM-607] 全球 (uc) 大洲分布及种数(uc)

Fluxinella Mill. = **Dictamnus**

Flymus L. = **Elymus**

Flyriella【3】R.M.King & H.Rob. 疏序肋泽兰属 ← **Brickellia** Asteraceae 菊科 [MD-586] 全球 (1) 大洲分布及种数(4)◆北美洲

Fobea Fric = **Escobaria**

Fockea【3】Endl. 水根藤属 ← **Brachystelma;Pergularia** Apocynaceae 夹竹桃科 [MD-492] 全球 (1) 大洲分布及种数(8)◆非洲

Fockeanthus【3】Wehrh. 木风铃属 ← **Campanula** Campanulaceae 桔梗科 [MD-561] 全球 (1) 大洲分布及种数(1)◆欧洲

Fockei Endl. = **Fockea**

Fodina Meisn. = **Jodina**

Foeniculum【3】Mill. 茴香属 ← **Anethum;Ligusticum;Ridolfia** Apiaceae 伞形科 [MD-480] 全球 (1) 大洲分布及种数(2-5)◆欧洲

Foenjculum Gilib. = **Foeniculum**

Foenodorum E.H.L.Krause = **Anthoxanthum**

Foenugraecum Ludw. = **Trigonella**

Foenum-graecum Hill = **Trigonella**

Foersteria G.A.Scop. = **Breynia**

Foerstia T.C.E.Fr. = **Fuerstia**

Foetataxus J.G.Nelson = **Torreya**

Foetidia【3】Comm. ex Lam. 玉海桑属 → **Anneslea** Lecythidaceae 玉蕊科 [MD-267] 全球 (1) 大洲分布及种数(17-19)◆非洲

Foetidiaceae【3】Airy-Shaw 藏蕊花科 [MD-268] 全球 (1) 大洲分布和属种数(1;hort. & cult.1)(17-19;hort. & cult.1)◆非洲

Foetidieae Knuth = **Foetidia**

Foicilla Griseb. = **Matelea**

Fokiena A.Henry & H.H.Thomas = **Fokienia**

Fokienia【3】A.Henry & H.H.Thomas 福建柏属 ← **Chamaecyparis** Cupressaceae 柏科 [G-17] 全球 (1) 大洲分布及种数(cf. 1)◆亚洲

Foleyola【3】Maire 涩树属 ≒ **Stryphnodendron** Brassicaceae 十字花科 [MD-213] 全球 (1) 大洲分布及种数(1)◆非洲

Folianthera Raf. = **Mimosa**

Folinia Schrank = **Molinia**

Folioceros <unassigned> = **Folioceros**

Folioceros【2】D.C.Bharadw. 褐角苔属 ≒ **Anthoceros;**

Aspiromitus Foliocerotaceae 褐角苔科 [B-92] 全球 (3) 大洲分布及种数(14)亚洲:10;大洋洲:4;南美洲:1
Foliocerotaceae 【2】 Hässel 褐角苔科 [B-92] 全球 (3) 大洲分布和属种数(1/13)亚洲:1/10;大洋洲:1/4;南美洲:1/1-1
Folis Dulac = **Calanthe**
Folliculigera Pasq. = **Trigonella**
Follicullgera Pasq. = **Trigonella**
Folomfis Raf. = **Miconia**
Folotsia Costantin & Bois = **Cynanchum**
Fomes【-】(Fr.) Fr. 水龙骨科属 Polypodiaceae 水龙骨科 [F-60] 全球 (uc) 大洲分布及种数(uc)
Fometica Raf. = **Lachnanthes**
Fonc Adans. = **Phlox**
Foniculum Mill. = **Anethum**
Fonkia【3】 Phil. 水八角属 ≒ **Gratiola** Scrophulariaceae 玄参科 [MD-536] 全球 (1) 大洲分布及种数(1)◆南美洲
Fonna Adans. = **Phlox**
Fontainea 【3】 Heckel 茶梅桐属 ← **Baloghia** Euphorbiaceae 大戟科 [MD-217] 全球 (1) 大洲分布及种数(2-9)◆大洋洲
Fontainesia P. & K. = **Fontanesia**
Fontanella Kluk ex Besser = **Isopyrum**
Fontanesia【3】 Labill. 雪柳属 Oleaceae 木樨科 [MD-498] 全球 (1) 大洲分布及种数(4-5)◆亚洲
Fontanesiana Labill. = **Fontanesia**
Fontanesii Labill. = **Fontanesia**
Fontbrunea Pierre = **Sideroxylon**
Fontecilla Walp. = **Fosterella**
Fontellaea 【3】 Morillo 皂竹桃属 ≒ **Philibertia** Apocynaceae 夹竹桃科 [MD-492] 全球 (1) 大洲分布及种数(1-2)◆南美洲
Fontenella Walp. = **Fosterella**
Fontenellea A.St.Hil. & Tul. = **Quillaja**
Fontinalaceae【3】Schimp. 水藓科 [B-169] 全球 (5) 大洲分布和属种数(3/54) 亚洲:3/8;大洋洲:1/1;欧洲:2/23;北美洲:3/37;南美洲:1/6
Fontinaliaceae Vitt = Fontinalaceae
Fontinalis Angustifoliae Kindb. = **Fontinalis**
Fontinalis 【3】 Hedw. 水藓属 ≒ **Rhynchostegium; Hygrohypnum** Fontinalaceae 水藓科 [B-169] 全球 (6) 大洲分布及种数(45) 非洲:7;亚洲:6;大洋洲:1;欧洲:19;北美洲:30;南美洲:6
Fontquera Maire = **Perralderia**
Fontqueriella Rothm. = **Pseudotsuga**
Fontunella Kluk ex Besser = **Isopyrum**
Foonchewia【3】 R.J.Wang 宽昭木属 Rubiaceae 茜草科 [MD-523] 全球 (1) 大洲分布及种数(1)◆东亚(◆中国)
Foonchewieae R.J.Wang = **Foonchewia**
Foquiera Hemsl. = **Fouquieria**
Foraminisporis【-】 Krutzsch 不明藓属 Fam(uc) 全球 (uc) 大洲分布及种数(uc)
Forbesia Eckl. ex Nel = **Curculigo**
Forbesina Raf. = **Verbesina**
Forbestra Eckl. = **Curculigo**
Forbicina Ség. = **Bidens**
Force Steud. = **Crepis**
Forcepia Thiele = **Froriepia**
Forchhammera P. & K. = **Gymnanthes**
Forchhammeri Liebm. = **Forchhammeria**
Forchhammeria Euforchhammeria Standl. = **Forchhammeria**
Forchhammeria【3】 Liebm. 福希木属 ← **Drypetes; Gymnanthes** Resedaceae 木樨草科 [MD-196] 全球 (1) 大洲分布及种数(13-17)◆北美洲
Forchhmmeria Liebm. = **Forchhammeria**
Forcipella 【3】 Baill. 钳爵床属 ≒ **Paronychia** Acanthaceae 爵床科 [MD-572] 全球 (1) 大洲分布及种数(6)◆非洲(◆马达加斯加)
Fordia【3】 Hemsl. 干花豆属 ≒ **Cordia** Fabaceae 豆科 [MD-240] 全球 (1) 大洲分布及种数(9-18)◆亚洲
Fordiophyton Repentia C.Chen = **Fordiophyton**
Fordiophyton 【3】 Stapf 无距花属 ← **Blastus;Phyllagathis** Melastomataceae 野牡丹科 [MD-364] 全球 (1) 大洲分布及种数(13-16)◆亚洲
Fordyceara【-】 Hort. 兰科属 Orchidaceae 兰科 [MM-723] 全球 (uc) 大洲分布及种数(uc)
Foreanells Dixon & P.de la Varde = **Foreauella**
Foreauella 【3】 Dixon & P.de la Varde 曲枝藓属 ≒ **Rhaphidostegium** Hypnaceae 灰藓科 [B-189] 全球 (1) 大洲分布及种数(1) ◆亚洲
Forestiera 【3】 Poir. 泽蜡树属 ← **Adelia;Borya** Oleaceae 木樨科 [MD-498] 全球 (1) 大洲分布及种数(25-43)◆北美洲
Forestieraceae Meisn. = Saccifoliaceae
Forexeta Raf. = **Carex**
Forfasadis Raf. = **Euphorbia**
Forfe Steud. = **Crepis**
Forfexia González-Sponga = **Forgesia**
Forficaria Lindl. = **Serapias**
Forgerouxa Neck. = **Rhamnus**
Forgerouxia Raf. = **Rhamnus**
Forgeruxia Neck. ex Raf. = **Rhamnus**
Forgesia 【3】 Comm. ex Juss. 玫铃木属 ≒ **Freesia** Escalloniaceae 南鼠刺科 [MD-447] 全球 (1) 大洲分布及种数(2)◆非洲(◆毛里求斯)
Forgetara Hort. = **Stachys**
Forgetina Bocquill. ex Baill. = **Sloanea**
Forma Adans. = **Phlox**
Formandendron Nixon & Crepet = **Formanodendron**
Formania【3】W.W.Sm. & J.Small 复芒菊属 Asteraceae 菊科 [MD-586] 全球 (1) 大洲分布及种数(2)◆亚洲
Formanodendron 【3】 Nixon & Crepet 三棱栎属 ← **Trigonobalanus** Fagaceae 壳斗科 [MD-69] 全球 (1) 大洲分布及种数(2)◆亚洲
Formosa Pichon = **Anodendron**
Formosana Pichon = **Aganosma**
Formosania Pichon = **Aganosma**
Formosia Pichon = **Anodendron**
Formosina Pichon = **Anodendron**
Fornasinia Bertol. = **Millettia**
Fornea Steud. = **Crepis**
Fornelia Comm. ex Lam. = **Monstera**
Forneum Adans. = **Andryala**
Fornicaria Raf. = **Salmea**
Fornicia Muesebeck = **Salmea**
Fornicium Cass. = **Centaurea**

Forreria G.Mey. = **Borreria**
Forres Steud. = **Crepis**
Forrestia A.Rich. = **Amischotolype**
Forrestia Raf. = **Ceanothus**
Forsakhlia Ball. = **Forsskaolea**
Forsebia Comm. ex Juss. = **Forgesia**
Forsellesia【3】 Greene 枳缨木属 ← **Glossopetalon** Crossosomataceae 缨子木科 [MD-241] 全球 (1) 大洲分布及种数(6)◆北美洲
Forsgardia Vell. = **Combretum**
Forshohlea Batsch = **Forsskaolea**
Forskaohlia Webb & Berthel. = **Forsskaolea**
Forskohlea L. = **Forsskaolea**
Forskolea【-】 L. 荨麻科属 Urticaceae 荨麻科 [MD-91] 全球 (uc) 大洲分布及种数(uc)
Forsskalea L. = **Forsskaolea**
Forsskaolea【2】 L. 石谷麻属 → **Droguetia** Urticaceae 荨麻科 [MD-91] 全球 (3) 大洲分布及种数(6-8)非洲:5;亚洲:3-4;欧洲:1-2
Forsstroemia Euforsströmia Nog. = **Forsstroemia**
Forsstroemia【3】 Lindb. 残齿藓属 ≒ **Lasia; Neolindbergia** Neckeraceae 平藓科 [B-204] 全球 (6) 大洲分布及种数(22) 非洲:4;亚洲:13;大洋洲:2;欧洲:2;北美洲:5;南美洲:7
Forstera【3】 L.f. 蝇柱草属 ≒ **Phyllachne;Forestiera** Stylidiaceae 花柱草科 [MD-568] 全球 (1) 大洲分布及种数(2-20)◆大洋洲
Forsterara J.M.H.Shaw = **Forstera**
Forsteria Neck. = **Breynia**
Forsteronia Casar. ex K.Schum. = **Forsteronia**
Forsteronia【3】 G.F.W.Mey. 犬乳藤属 ← **Apocynum; Parsonsia;Pinochia** Apocynaceae 夹竹桃科 [MD-492] 全球(6)大洲分布及种数(54)非洲:3;亚洲:3;大洋洲:3;欧洲:3;北美洲:7-11;南美洲:41-50
Forsteropsis Sond. = **Stylidium**
Forsythi Walter = **Forsythia**
Forsythia【3】 Vahl 连翘属 ≒ **Decumaria;Syringa** Oleaceae 木樨科 [MD-498] 全球 (6) 大洲分布及种数(12-16)非洲:3;亚洲:11-16;大洋洲:4;欧洲:6-10;北美洲:8-12;南美洲:3
Forsythiopsis【3】 Baker 凤阁花属 ← **Oplonia** Acanthaceae 爵床科 [MD-572] 全球 (1) 大洲分布及种数(5)◆非洲(◆马达加斯加)
Forsythmajoria Kraenzl. ex Schlechter = **Cynorkis**
Fortanesia Labill. = **Fontanesia**
Fortiea Umezaki,I. = **Fordia**
Fortula Hedw. ex De Not. = **Priva**
Fortunaea Lindl. = **Platycarya**
Fortunatia【2】 J.F.Macbr. 圣泪百合属 ≒ **Clinanthus** Amaryllidaceae 石蒜科 [MM-694] 全球 (2) 大洲分布及种数(cf.1) 北美洲;南美洲
Fortunci Poit. = **Platycarya**
Fortunea Naudin = **Platycarya**
Fortunearia【3】 Rehder & E.H.Wilson 牛鼻栓属 Hamamelidaceae 金缕梅科 [MD-63] 全球 (1) 大洲分布及种数(cf. 1)◆东亚(◆中国)
Fortunei Poit. = **Platycarya**
Fortunella【3】 Swingle 金橘属 ← **Atalantia;Glycosmis** Rutaceae 芸香科 [MD-399] 全球 (1) 大洲分布及种数(2-6)◆亚洲
Fortuneua Poit. = **Platycarya**
Fortuynia【3】 Shuttlew. ex Boiss. 曲序芥属 ≒ **Peltaria** Brassicaceae 十字花科 [MD-213] 全球 (1) 大洲分布及种数(cf. 1)◆亚洲
Forysthia Franch. & Sav. = **Forsythia**
Forzzaea【3】 Leme,S.Heller & Zizka 曲羞草属 Fabaceae1 含羞草科 [MD-238] 全球 (1) 大洲分布及种数(3) ◆南美洲
Fosbergia【3】 Tirveng. & Sastre 大果茜属 ← **Aidia;Randia;Vidalasia** Rubiaceae 茜草科 [MD-523] 全球 (1) 大洲分布及种数(3-4)◆亚洲
Foscarena R.Hedw. = **Randia**
Foscarenia Vand. = **Randia**
Fossarella L.B.Sm. = **Fosterella**
Fosselina Medik. = **Clypeola**
Fosselinia G.A.Scop. = **Clypeola**
Fossombronia Metafossombronia R.M.Schust. = **Fossombronia**
Fossombronia【3】 Taylor 小叶苔属 ≒ **Jungermannia** Fossombroniaceae 小叶苔科 [B-23] 全球 (6) 大洲分布及种数(46-63)非洲:21-34;亚洲:7-15;大洋洲:17-34;欧洲:4-11;北美洲:11-18;南美洲:5-12
Fossombroniaceae Hazsl. = Fossombroniaceae
Fossombroniaceae【3】Taylor 小叶苔科 [B-23] 全球 (6) 大洲分布和属种数(1;hort. & cult.1)(45-69;hort. & cult.1) 非洲:1/21-34;亚洲:1/7-15;大洋洲:1/17-34;欧洲:1/4-11;北美洲:1/11-18;南美洲:1/5-12
Fossula Raf. = **Dendrobium**
Fostefella Walp. = **Fosterella**
Fosterella【2】 L.B.Sm. 卷药凤梨属 ← **Catopsis; Pitcairnia** Bromeliaceae 凤梨科 [MM-715] 全球 (3) 大洲分布及种数(32-33;hort.1)欧洲:3;北美洲:3;南美洲:31-32
Fosteria【3】 Molseed 挺柱鸢尾属 Iridaceae 鸢尾科 [MM-700] 全球 (1) 大洲分布及种数(1-7)◆北美洲(◆墨西哥)
Foterghillia Dum. = **Fothergilla**
Fothergilla Aubl. = **Fothergilla**
Fothergilla【3】 L. 银刷树属 → **Miconia;Paropsiopsis; Parrotiopsis** Hamamelidaceae 金缕梅科 [MD-63] 全球 (1) 大洲分布及种数(4-7)◆北美洲
Fothergillaceae Nutt. = Berberidopsidaceae
Fothergillia Spreng. = **Miconia**
Fothergillii L. = **Fothergilla**
Fougeria Mönch = **Calea**
Fougerouxia Cass. = **Baltimora**
Fouha Pomel = **Colchicum**
Fouilloya Benth. & Hook.f. = **Pandanus**
Foullioya Gaud. = **Pandanus**
Fountainea Heckel = **Fontainea**
Fouquiera Spreng. = **Fouquieria**
Fouquieria (Kellogg) Henrickson = **Fouquieria**
Fouquieria【3】 Kunth 福桂树属 Fouquieriaceae 福桂树科 [MD-308] 全球 (1) 大洲分布及种数(9-11)◆北美洲
Fouquieriaceae【3】DC. 福桂树科 [MD-308] 全球 (1) 大洲分布和属种数(1-2;hort. & cult.1-2)(9-15;hort. & cult. 5-7)◆北美洲
Fouquierieae Rchb. = **Fouquieria**
Foura Pomel = **Colchicum**

Fouragea Greuter & Burdet = **Acomastylis**
Fourcroea Haw. = **Furcraea**
Fourcroya Spreng. = **Furcraea**
Fourneaua Pierre ex Pax & Hoffm. = **Grossera**
Fournefortia L. = **Tournefortia**
Fourniera Bommer = **Bouteloua**
Fourniera Scribner = **Bouteloua**
Fournierara Bommer = **Bouteloua**
Fourraea Gandog. = **Arabis**
Foveolaria (Choisy ex DC.) Meisn. = **Styrax**
Foveolina【3】 (Thell.) Källersjö 微肋菊属 ← **Tanacetum;Matricaria** Asteraceae 菊科 [MD-586] 全球 (1) 大洲分布及种数(4-5)◆非洲
Fowlerara【-】 J.M.H.Shaw 兰科属 Orchidaceae 兰科 [MM-723] 全球 (uc) 大洲分布及种数(uc)
Fowlieara【-】 J.M.H.Shaw 兰科属 Orchidaceae 兰科 [MM-723] 全球 (uc) 大洲分布及种数(uc)
Foxia Pari. = **Hyacinthus**
Foxita Parl. = **Hyacinthus**
Fracastora Adans. = **Teucrium**
Fractiunguis Schltr. = **Scaphyglottis**
Fradinia Pomel = **Anthemis**
Fraga Lapeyr. = **Frankenia**
Fragaria DC. = **Fragaria**
Fragaria【3】 L. 草莓属 ≒ **Comarum;Potentilla** Rosaceae 蔷薇科 [MD-246] 全球 (6) 大洲分布及种数(51-69;hort.1;cult:12)非洲:7-12;亚洲:29-40;大洋洲:1-6;欧洲:20-26;北美洲:23-32;南美洲:7-12
Fragariaceae Nestl. = Rosaceae
Fragariastrum (Ser. ex DC.) Schur = **Potentilla**
Fragariaxananassa L. = **Fragaria**
Fragariopsis A.St.Hil. = **Plukenetia**
Frageria Delile ex Steud. = **Bertolonia**
Fragilaria L. = **Fragaria**
Fragilariopsis A.St.Hil. = **Mallotus**
Fragmosa Raf. = **Erigeron**
Fragosa【3】 Ruiz & Pav. 卧芹属 ≒ **Azorella** Apiaceae 伞形科 [MD-480] 全球 (1) 大洲分布及种数(uc)◆亚洲
Fragrosa R.Hedw. = **Azorella**
Fragum Lapeyr. = **Acomastylis**
Frahmiella【3】 Ignatov 巴西青藓属 Brachytheciaceae 青藓科 [B-187] 全球 (1) 大洲分布及种数(cf. 1)◆南美洲
Frailea【3】 Britton & Rose 天惠球属 ← **Astrophytum;Echinocactus;Parodia** Cactaceae 仙人掌科 [MD-100] 全球 (1) 大洲分布及种数(23-26)◆南美洲
Fraileeae B.P.R.Chéron = **Frailea**
Franc Böhm. = **Frankenia**
Franca Böhm. = **Frankenia**
Francastora Adans. = **Achyrospermum**
Franceia Baill. = **Uncaria**
Francfleurya A.Chev. & Gagnep. = **Araujia**
Franchatella Pierre = **Planchonella**
Franchetella P. & K. = **Lucuma**
Francheti Baill. = **Breonia**
Franchetia Baill. = **Breonia**
Franchetiana Baill. = **Uncaria**
Franciella【2】 Guillaumin 新喀藓属 Hypnodendraceae 树灰藓科 [B-158] 全球 (2) 大洲分布及种数(1) 大洋洲:1;欧洲:1
Franciscea Pohl = **Brunfelsia**
Franciscodendron【3】 B.Hyland & Steenis 甘蓝桐属 ← **Sterculia** Malvaceae 锦葵科 [MD-203] 全球 (1) 大洲分布及种数(1)◆非洲
Franciscoia Pohl = **Plowmania**
Francisella Guillaumin = **Franciella**
Francisia Endl. = **Sesbania**
Francoa【3】 Cav. 新妇花属 ← **Gunnera** Francoaceae 新妇花科 [MD-269] 全球 (1) 大洲分布及种数(3)◆南美洲
Francoaceae【3】A.Juss. 新妇花科 [MD-269] 全球 (1) 大洲分布和属种数(1;hort. & cult.1)(3-4;hort. & cult.3-4)◆南美洲
Francoeuria Cass. = **Pulicaria**
Frangula【3】 Mill. 裸芽鼠李属 ← **Rhamnus** Rhamnaceae 鼠李科 [MD-331] 全球 (6) 大洲分布及种数(59-62;hort.1;cult: 2)非洲:1-3;亚洲:18-20;大洋洲:2;欧洲:11-13;北美洲:41-43;南美洲:14-16
Frangulaceae DC. = Opiliaceae
Franka Steud. = **Frankenia**
Frankena Cothen. = **Frankenia**
Frankenia【3】 L. 瓣鳞花属 ≒ **Coldenia;Ambrosia** Frankeniaceae 瓣鳞花科 [MD-160] 全球 (6) 大洲分布及种数(53-98;hort.1;cult: 3)非洲:13-20;亚洲:18-22;大洋洲:26-56;欧洲:8-12;北美洲:11-14;南美洲:14-15
Frankeniaceae【3】Desv.S.Gérardin de Mirecourt & N.A.Desvaux 瓣鳞花科 [MD-160] 全球 (6) 大洲分布和属种数(1;hort. & cult.1)(52-103;hort. & cult.5-6)非洲:1/13-20;亚洲:1/18-23;大洋洲:1/26-56;欧洲:1/8-12;北美洲:1/11-14;南美洲:1/14-15
Frankia Bert. ex Steud. = **Gymnarrhena**
Franklandia【3】 R.Br. 羊脂木属 Proteaceae 山龙眼科 [MD-219] 全球 (1) 大洲分布及种数(2)◆大洋洲(◆澳大利亚)
Franklina J.F.Gmel. = **Franklinia**
Franklinia【3】 Bartr. ex Marsh. 洋木荷属 ← **Gordonia** Theaceae 山茶科 [MD-168] 全球 (1) 大洲分布及种数(1-23)◆北美洲(◆美国)
Frankoa Rchb. = **Gunnera**
Frankoeria Steud. = **Pulicaria**
Franquevillea Zoll. ex Miq. = **Colchicum**
Franquevillia R.A.Salisbury ex S.F.Gray = **Centaurium**
Franseria Ambrosidium Nutt. = **Franseria**
Franseria【3】 Cav. 木豚草属 ← **Ambrosia** Asteraceae 菊科 [MD-586] 全球 (6) 大洲分布及种数(4-25)非洲:19;亚洲:19;大洋洲:19;欧洲:19;北美洲:1-20;南美洲:2-21
Frantzia (Pittier) Wunderlin = **Sechium**
Frappieria Cordem. = **Psiadia**
Frasera【3】 Walter 轮叶龙胆属 ← **Swertia** Gentianaceae 龙胆科 [MD-496] 全球 (1) 大洲分布及种数(18-32)◆北美洲
Fraseri Walter = **Frasera**
Fraseria Bat. & Peres = **Franseria**
Fraunhofera【3】 Mart. 坚杞木属 Celastraceae 卫矛科 [MD-339] 全球 (1) 大洲分布及种数(1)◆南美洲(◆巴西)
Fraxima Raf. = **Xenostegia**
Fraximus L. = **Fraxinus**
Fraxinaceae Vest = Oleaceae

Fraxinella Mill. = **Dictamnus**
Fraxinellaceae Nees & Mart. = Rutaceae
Fraxinoides Medik. = **Fraxinus**
Fraxinus (Coss. & Durieu) Z.Wei = **Fraxinus**
Fraxinus【3】 L.梣属 ≒ **Chionanthus** Oleaceae 木樨科 [MD-498] 全球 (6) 大洲分布及种数(77-106;hort.1;cult: 16)非洲:18-67;亚洲:52-108;大洋洲:9-58;欧洲:19-69;北美洲:44-98;南美洲:9-58
Fraxjnus L. = **Fraxinus**
Frcycinetia Gaud. = **Freycinetia**
Fredclarkeara【-】 Clarke,F.W. & Shaw,Julian Mark Hugh 兰科属 Orchidaceae 兰科 [MM-723] 全球 (uc) 大洲分布及种数(uc)
Frederica Mart. = **Fridericia**
Fredericia G.Don = **Vitex**
Fredolia (Coss. & Durieu ex Bunge) Ulbr. = **Anabasis**
Fredschechterara【-】 F.Schechter & J.M.H.Shaw 兰科属 Orchidaceae 兰科 [MM-723] 全球 (uc) 大洲分布及种数(uc)
Freedara auct. = **Ascoglossum**
Freemania Boj. ex DC. = **Helichrysum**
Freemannia Steud. = **Helichrysum**
Freeria Merr. = **Pyrenacantha**
Freesia【3】 Eckl. ex Klatt 香雪兰属 ≒ **Forgesia** Iridaceae 鸢尾科 [MM-700] 全球 (1) 大洲分布及种数(15-17)◆非洲
Fregata Rchb.f. = **Bletia**
Fregea Rchb.f. = **Sobralia**
Fregetta Rchb.f. = **Bletia**
Fregirandia Dunal = **Acnistus**
Fregirardia Dunal = **Cestrum**
Freira C.Gay = **Freziera**
Freirea Gaud. = **Parietaria**
Freireodendron Müll.Arg. = **Drypetes**
Fremon Brongn. & Gris = **Eugenia**
Fremontia【3】 Torr. 花旗梧桐属 Malvaceae 锦葵科 [MD-203] 全球 (1) 大洲分布及种数(3)◆北美洲
Fremontodendron【3】 Coville 绵绒树属 ← **Chiranthodendron;Cheirostemon** Malvaceae 锦葵科 [MD-203] 全球 (1) 大洲分布及种数(2-5)◆北美洲
Fremya Brongn. & Gris = **Freya**
Frenanthes L. = **Prenanthes**
Frenela【3】 Mirb. 澳柏属 ≒ **Actinostrobus** Cupressaceae 柏科 [G-17] 全球 (1) 大洲分布及种数(1)◆大洋洲
Frenulina Chrtek & Slavíková = **Drosera**
Frerea【3】 Dalzell 水牛角属 ≒ **Caralluma** Apocynaceae 夹竹桃科 [MD-492] 全球 (1) 大洲分布及种数(cf. 1)◆亚洲
Frernia Barad ex Kimnach & J.N.Trager = **Freesia**
Fresenia【3】 DC. 蓝菊属 ← **Felicia;Pegolettia** Asteraceae 菊科 [MD-586] 全球 (1) 大洲分布及种数(2)分布◆非洲
Fresiera Mirb. = **Freziera**
Fresnelia Steud. = **Fernelia**
Freuchenia Eckl. = **Moraea**
Frevillea L. = **Fevillea**
Freya Badillo = **Freya**
Freya【3】 V.M.Badillo 委内菊属 Asteraceae 菊科 [MD-586] 全球 (1) 大洲分布及种数(1)◆南美洲
Freycinetia (B.C.Stone) Huynh = **Freycinetia**
Freycinetia【3】 Gaud. 藤露兜树属 ← **Pandanus** Pandanaceae 露兜树科 [MM-703] 全球 (6) 大洲分布及种数(59-351;hort.1;cult:3)非洲:23-150;亚洲:22-130;大洋洲:21-212;欧洲:1-2;北美洲:3-10;南美洲:1
Freycinetiaceae Brongn. ex Le Maout & Decne. = Iridaceae
Freyeira G.A.Scop. = **Freziera**
Freyella Mirb. = **Actinostrobus**
Freyera【3】 Rchb. 细叶芹属 ← **Chaerophyllum** Apiaceae 伞形科 [MD-480] 全球 (1) 大洲分布及种数(uc)属分布和种数(uc)◆欧洲
Freyeria G.A.Scop. = **Haloragis**
Freylenia Brongn. = **Freylinia**
Freylinia【3】 Colla 蜜铃木属 ← **Capraria** Scrophulariaceae 玄参科 [MD-536] 全球 (1) 大洲分布及种数(6-9)◆非洲
Frezeria Merr. = **Pyrenacantha**
Freziera Sw. ex Willd. = **Freziera**
Freziera【2】 Willd. 美杨桐属 ← **Cassine;Taonabo; Adinandra** Theaceae 山茶科 [MD-168] 全球 (5) 大洲分布及种数(61-72;hort.1;cult: 1)非洲:1;亚洲:9;大洋洲:1-3;北美洲:16-17;南美洲:52-62
Frezierara J.M.H.Shaw = **Freziera**
Fricara【-】 P.V.Heath 仙人掌科属 Cactaceae 仙人掌科 [MD-100] 全球 (uc) 大洲分布及种数(uc)
Fricia Pierre = **Oricia**
Fridericia【3】 Mart. 弗里紫葳属 → **Adenocalymma; Martinella;Arrabidaea** Bignoniaceae 紫葳科 [MD-541] 全球 (1) 大洲分布及种数(29-88)◆南美洲(◆巴西)
Friedaara【-】 Duckitt 兰科属 Orchidaceae 兰科 [MM-723] 全球 (uc) 大洲分布及种数(uc)
Friederichsthalia A.DC. = **Friedrichsthalia**
Friedericia Rchb. = **Fridericia**
Friedlandia Cham. & Schltdl. = **Diplusodon**
Friedmannia Kocyan & Wiland = **Diplusodon**
Friedrichsthalia【-】 Fenzl 紫草科属 ≒ **Trichodesma** Boraginaceae 紫草科 [MD-517] 全球 (uc) 大洲分布及种数(uc)
Friesea Rchb. = **Aristotelia**
Friesia【3】 Spreng. 酒果属 ≒ **Neoporteria** Cactaceae 仙人掌科 [MD-100] 全球 (1) 大洲分布及种数(uc)◆大洋洲
Friesodielsia【2】 Steenis 尖花藤属 ← **Cleistopholis; Richea** Annonaceae 番荔枝科 [MD-7] 全球 (3) 大洲分布及种数(17-57)非洲:5-12;亚洲:14-49;大洋洲:1
Frigga Lapeyr. = **Acomastylis**
Frigidorchis【3】 (K.Y.Lang & D.S.Deng) Z.J.Liu & S.C.Chen J.Fairylake 冷兰属 ≒ **Peristylus** Orchidaceae 兰科 [MM-723] 全球 (1) 大洲分布及种数(2)◆亚洲
Friona Adans. = **Cynosurus**
Fripterospermum Bl. = **Tripterospermum**
Frisca Spach = **Thesium**
Frisilia Comm. ex Juss. = **Olax**
Frithia【3】 N.E.Br. 晃玉属 ← **Mesembryanthemum** Aizoaceae 番杏科 [MD-94] 全球 (1) 大洲分布及种数(2)◆非洲(◆南非)
Fritillar L. = **Fritillaria**
Fritillar Salisb. = **Fritillaria**
Fritillaria Eufritillaria Baker = **Fritillaria**

F

Fritillaria【3】L.囊瓣贝母属 ≒ **Pedalium;Calochortus** Liliaceae 百合科 [MM-633] 全球 (6) 大洲分布及种数(108-171;hort.1;cult:11)非洲:14-41;亚洲:82-147;大洋洲:26;欧洲:29-67;北美洲:35-64;南美洲:3-29
Fritillariaceae Salisb. = Liliaceae
Fritschia Walp. = **Fritzschia**
Fritschiantha P. & K. = **Seemannia**
Frittillaria G.A.Scop. = **Fritillaria**
Fritzia O.P.Cambridge = **Frithia**
Fritzschia【3】Cham. 弗里野牡丹属 ← **Marcetia** Melastomataceae 野牡丹科 [MD-364] 全球 (1) 大洲分布及种数(9-10)◆南美洲(◆巴西)
Frivaldia Endl. = **Microglossa**
Frivaldzkia Rchb. = **Microglossa**
Frizellia D.M.Bates = **Fryxellia**
Frocris Comm. ex Juss. = **Procris**
Frodinia【2】Lowry & G.M.Plunkett 五加科属 Araliaceae 五加科 [MD-471] 全球 (2) 大洲分布及种数(2) 北美洲;南美洲
Froebelara Griff. & J.M.H.Shaw = **Acrotriche**
Froebelia【3】Regel 顶毛石南属 ≒ **Acrotriche** Ericaceae 杜鹃花科 [MD-380] 全球 (1) 大洲分布及种数(uc)◆大洋洲
Froehlichia D.Dietr. = **Froelichia**
Froehlichia Pfeiff. = **Kobresia**
Froelichia【3】Mönch 蛇棉苋属 ← **Aerva;Alternanthera** Rubiaceae 茜草科 [MD-523] 全球 (6) 大洲分布及种数(17-18;hort.1;cult: 1)非洲:5;亚洲:2-7;大洋洲:4-9;欧洲:3-8;北美洲:10-15;南美洲:9-15
Froelichiella【3】R.E.Fr. 灰棉苋属 ← **Gomphrena** Amaranthaceae 苋科 [MD-116] 全球 (1) 大洲分布及种数(1)◆南美洲(◆巴西)
Froesia J.M.Pires = **Froesia**
Froesia【3】Pires 巨鸦椿属 Ochnaceae 金莲木科 [MD-104] 全球 (1) 大洲分布及种数(5)◆南美洲
Froesiochloa【3】G.A.Black 格兰马竺属 Poaceae 禾本科 [MM-748] 全球 (1) 大洲分布及种数(1)◆南美洲
Froesiodendron【3】R.E.Fr. 黄蚕木属 ≒ **Cardiopetalum** Annonaceae 番荔枝科 [MD-7] 全球 (1) 大洲分布及种数(3)◆南美洲
Frolovia (DC.) Lipsch. = **Frolovia**
Frolovia【3】Ledeb. ex DC. 齿冠菊属 ← **Saussurea;Himalaiella** Asteraceae 菊科 [MD-586] 全球 (1) 大洲分布及种数(7-8)◆亚洲
Fromia H.Wolff = **Frommia**
Frommeella Ignatov = **Frahmiella**
Frommia【3】H.Wolff 弗罗姆草属 Apiaceae 伞形科 [MD-480] 全球 (1) 大洲分布及种数(1)◆非洲
Frondaria【3】Lür 弗龙兰属 Orchidaceae 兰科 [MM-723] 全球 (1) 大洲分布及种数(1)◆南美洲
Frontina Bert. ex Guill. = **Apodanthes**
Fropiera Bouton ex Hook.f. = **Psiloxylon**
Froriepia【3】C.Koch 土耳其芹属 ≒ **Petroselinum** Apiaceae 伞形科 [MD-480] 全球 (1) 大洲分布及种数(1-3)◆亚洲
Froriepia K.Koch = **Froriepia**
Froscula Raf. = **Dendrobium**
Frostia Bert. ex Guill. = **Pilostyles**
Frostius Bert. ex Guill. = **Apodanthes**
Fructesca DC. = **Gaertnera**
Frullania R.M.Schust. = **Frullania**
Frullania【3】Yuzawa,Müs & S.Hatt. 耳叶苔属 ≒ **Steerea;Neohattoria** Frullaniaceae 耳叶苔科 [B-82] 全球 (6) 大洲分布及种数(303-389)非洲:37-186;亚洲:136-265;大洋洲:84-235;欧洲:15-133;北美洲:57-176;南美洲:74-209
Frullaniaceae Lorch = Frullaniaceae
Frullaniaceae【3】Yuzawa,Müs & S.Hatt. 耳叶苔科 [B-82] 全球 (6) 大洲分布和属种数(1/302-515)非洲:1/37-186; 亚洲:1/136-265; 大洋洲:1/84-235; 欧洲:1/15-133; 北美洲:1/57-176; 南美洲:1/74-209
Frullanoides【3】Raddi 褶瓣耳叶苔属 ≒ **Jungermannia** Lejeuneaceae 细鳞苔科 [B-84] 全球 (6) 大洲分布及种数(8)非洲:2-3;亚洲:1;大洋洲:1-2;欧洲:1;北美洲:5-6;南美洲:5-6
Frumentum E.H.L.Krause = **Triticum**
Frutesca DC. ex A.DC. = **Gaertnera**
Fruticicola【2】(Schltr.) M.A.Clem. & D.L.Jones 石豆兰属 ≒ **Bulbophyllum** Orchidaceae 兰科 [MM-723] 全球 (3) 大洲分布及种数(cf.1) 亚洲;大洋洲;南美洲
Frutillaria L. = **Fritillaria**
Fryeella D.M.Bates = **Fryxellia**
Fryeria Merr. = **Pyrenacantha**
Fryxellia【3】D.M.Bates 弗氏锦葵属 ← **Anoda** Malvaceae 锦葵科 [MD-203] 全球 (1) 大洲分布及种数(1-2)◆北美洲
Fucaceae Brongn. = Fagaceae
Fuchouia L. = **Fuchsia**
Fuchsara Fuchs,R.F. & Shaw,Julian Mark Hugh = **Fuchsia**
Fuchsia (J.R.Forst. & G.Forst.) DC. = **Fuchsia**
Fuchsia【3】L. 倒挂金钟属 ≒ **Brebissonia** Onagraceae 柳叶菜科 [MD-396] 全球 (6) 大洲分布及种数(131-151;hort.1;cult:11)非洲:1-6;亚洲:15-22;大洋洲:12-17;欧洲:6-11;北美洲:34-40;南美洲:112-123
Fuchsiaceae Lilja = Oxalidaceae
Fuchsieae DC. = **Fuchsia**
Fuchsii L. = **Fuchsia**
Fucus【3】C.Wright 壳斗科属 ≒ **Nothofagus** Fagaceae 壳斗科 [MD-69] 全球 (6) 大洲分布及种数(5) 非洲:2;亚洲:5;大洋洲:3;欧洲:1;北美洲:5;南美洲:2
Fuernrohria【3】K.Koch 亚芹属 Apiaceae 伞形科 [MD-480] 全球 (1) 大洲分布及种数(1)◆亚洲
Fuerstia【3】T.C.E.Fr. 富斯草属 ← **Ocimum;Orthosiphon** Lamiaceae 唇形科 [MD-575] 全球 (1) 大洲分布及种数(3-10)◆非洲
Fuertesia【3】Urb. 钩星花属 Loasaceae 刺莲花科 [MD-435] 全球 (1) 大洲分布及种数(1)◆北美洲(◆多米尼加)
Fuertesiella【3】Schltr. 富氏兰属 ← **Cranichis** Orchidaceae 兰科 [MM-723] 全球 (1) 大洲分布及种数(1-2)◆北美洲
Fuertesimalva【2】Fryxell 丝锦葵属 ← **Malva;Urocarpidium;Malvastrum** Malvaceae 锦葵科 [MD-203] 全球 (3) 大洲分布及种数(16-17)欧洲:2;北美洲:2;南美洲:14
Fugosia【2】Juss. 蝇棉属 ≒ **Alyogyne** Malvaceae 锦葵科 [MD-203] 全球 (3) 大洲分布及种数(1) 大洋洲:1;北美洲:1;南美洲:1

Fuirena (C.B.Clarke) Cherm. = **Fuirena**
Fuirena【3】Rottb. 芙兰草属 ← **Carex;Machaerina;Tetraria** Cyperaceae 莎草科 [MM-747] 全球 (6) 大洲分布及种数(41-64;hort.1;cult:4)非洲:23-43;亚洲:19-30;大洋洲:3-14;欧洲:3-10;北美洲:15-22;南美洲:8-16
Fuisa Raf. = **Patrinia**
Fujioara auct. = **Ascocentrum**
Fujiwaraara Hort. = **Brassavola**
Fujiwarara auct. = **Brassavola**
Fulaichangara【-】J.M.H.Shaw 兰科属 Orchidaceae 兰科 [MM-723] 全球 (uc) 大洲分布及种数(uc)
Fulcaldea【3】Poir. 桂菊木属 ← **Barnadesia;Critoniopsis** Asteraceae 菊科 [MD-586] 全球 (1) 大洲分布及种数(2-8)◆南美洲
Fulchironia Lesch. = **Chrysopogon**
Fulcinia Schröd. = **Ficinia**
Fulfordianthus【2】(Spruce) Gradst. 桂鳞苔属 ≒ **Thysananthus** Lejeuneaceae 细鳞苔科 [B-84] 全球 (2) 大洲分布及种数(3)北美洲:2;南美洲:1
Fulfordiella【3】Hässel de Menéndez 杉叉苔属 Pseudolepicoleaceae 拟复叉苔科 [B-71] 全球 (1) 大洲分布及种数(uc)◆南美洲
Fulica Raf. = **Amaryllis**
Fullartonia DC. = **Doronicum**
Fulvia Heist. ex Fabr. = **Alopecurus**
Fumago L. = **Fumana**
Fumana (Dunal) Spach = **Fumana**
Fumana【2】Spach 杉石玫属 ← **Cistus;Corydalis** Cistaceae 半日花科 [MD-175] 全球 (3) 大洲分布及种数(15-31;hort.1;cult: 3)非洲:9-15;亚洲:7-12;欧洲:12-18
Fumanopsis Pomel = **Fumana**
Fumaria Hedw. ex Luehm. = **Fumaria**
Fumaria【3】L. 烟堇属 → **Adlumia;Pachypleuria** Papaveraceae 罂粟科 [MD-54] 全球 (6) 大洲分布及种数(42-83;hort.1;cult: 10)非洲:25-55;亚洲:19-31;大洋洲:14-18;欧洲:27-50;北美洲:14-18;南美洲:9-12
Fumariaceae【3】Marquis 紫堇科 [MD-59] 全球 (1) 大洲分布和属种数(3;hort. & cult.3)(45-100;hort. & cult.11-16)◆北美洲
Fumarieae Dum. = **Fumaria**
Fumarioideae【3】M.L.Zhang 烟罂粟属 Papaveraceae 罂粟科 [MD-54] 全球 (1) 大洲分布及种数(1)◆非洲
Fumariola【3】Korsh. 紫堇属 ≒ **Corydalis** Papaveraceae 罂粟科 [MD-54] 全球 (1) 大洲分布及种数(1)◆亚洲
Funa R.Kiesling = **Puna**
Funalia R.Br. = **Dunalia**
Funaria (Müll.Hal.) Broth. = **Funaria**
Funaria【3】Hedw. 葫芦藓属 ≒ **Physcomitrium** Funariaceae 葫芦藓科 [B-106] 全球 (6) 大洲分布及种数(139)非洲:38;亚洲:28;大洋洲:17;欧洲:18;北美洲:22;南美洲:63
Funariaceae【3】Schwägr. 葫芦藓科 [B-106] 全球 (6) 大洲分布和属种数(20/333) 亚洲:10/77;大洋洲:8/54;欧洲:9/52;北美洲:7/75;南美洲:4/123
Funariella【2】Sérgio 欧葫芦藓属 Funariaceae 葫芦藓科 [B-106] 全球 (3) 大洲分布及种数(1) 非洲:1;亚洲:1;欧洲:1
Funarioideae Broth. = **Fumarioideae**
Funariophyscomitrella【-】F.Wettst. 葫芦藓科属 Funariaceae 葫芦藓科 [B-106] 全球 (uc) 大洲分布及种数(uc)
Funastrum【3】E.Fourn. 扭绳藤属 ← **Astephanus;Sarcostemma;Seutera** Apocynaceae 夹竹桃科 [MD-492] 全球 (1) 大洲分布及种数(10-19)◆南美洲
Funckia Dennst. = **Lumnitzera**
Funckia Dum. = **Funkia**
Funckia Willd. = **Astelia**
Funckiella Schltr. = **Funkiella**
Fundella Schaus = **Funkiella**
Fungus L. = **Fagus**
Funicularia【3】Stephani 花地钱科属 ≒ **Cronisia** Corsiniaceae 花地钱科 [B-18] 全球 (1) 大洲分布及种数(uc)◆亚洲
Funifera【3】Andrews ex C.A.Mey. 丝薇香属 ← **Daphne;Lagetta;Daphnopsis** Thymelaeaceae 瑞香科 [MD-310] 全球 (1) 大洲分布及种数(4)◆南美洲(◆巴西)
Funium Willem. = **Furcraea**
Funkia【2】Spreng. 亚洲天冬属 ≒ **Saussurea;Hosta** Asparagaceae 天门冬科 [MM-669] 全球 (3) 大洲分布及种数(8) 亚洲:8;欧洲:5;北美洲:5
Funkiaceae【3】Schwägr. 紫萼玉簪科 [MM-663] 全球 (1) 大洲分布和属种数◆非洲
Funkiella (Burns-Bal.) Szlach. = **Funkiella**
Funkiella【3】Schltr. 北美洲北美洲兰属 ≒ **Cyclopogon** Orchidaceae 兰科 [MM-723] 全球 (1) 大洲分布及种数(8-9)◆北美洲(◆美国)
Funtumia【3】Stapf 丝胶树属 ← **Kibatalia** Apocynaceae 夹竹桃科 [MD-492] 全球 (1) 大洲分布及种数(2)◆非洲
Furarium Rizzini = **Phthirusa**
Furcaria【3】Desv. 木槿属 ≒ **Croton** Euphorbiaceae 大戟科 [MD-217] 全球 (1) 大洲分布及种数(uc)属分布和种数(uc)◆非洲
Furcata Vent. = **Furcraea**
Furcatella Baum.Bod. = **Psychotria**
Furcraea Rözlia Baker = **Furcraea**
Furcraea【3】Vent. 巨麻属 ← **Agave;Ruellia** Asparagaceae 天门冬科 [MM-669] 全球 (6) 大洲分布及种数(28-33;hort.1)非洲:6-10;亚洲:8-13;大洋洲:7-11;欧洲:8-12;北美洲:24-32;南美洲:15-20
Furcroea DC. = **Furcraea**
Furcroya Raf. = **Furcraea**
Furera Adans. = **Pycnanthemum**
Furera Bub. = **Corrigiola**
Furiolobivia Y.Itô = **Echinopsis**
Furnrohria K.Koch = **Fuernrohria**
Furtadoa【3】M.Hotta 千年健属 ← **Homalomena** Araceae 天南星科 [MM-639] 全球 (1) 大洲分布及种数(1-3)◆亚洲
Fusaea (Baill.) Saff. = **Fusaea**
Fusaea【3】Safford 山番荔枝属 ← **Aberemoa** Annonaceae 番荔枝科 [MD-7] 全球 (1) 大洲分布及种数(3-4)◆南美洲(◆巴西)
Fusanus【3】Murr. 山檀香属 ≒ **Mida;Daviesia** Santalaceae 檀香科 [MD-412] 全球 (1) 大洲分布及种数(uc)◆大洋洲
Fusariella Sérgio = **Funariella**
Fusarina Raf. = **Uncinia**

F

Fuschia Schwantes = **Ruschia**
Fuscobryum R.H.Zander = **Didymodon**
Fuscocephaloziopsis【2】 Fulford 山萼苔属 Cephaloziaceae 大萼苔科 [B-52] 全球 (2) 大洲分布及种数(cf.1) 北美洲;南美洲
Fusiconia【-】 P.Beauv. 皱蒴藓科属 ≒ **Aulacomnium** Aulacomniaceae 皱蒴藓科 [B-153] 全球 (uc) 大洲分布及种数(uc)
Fusidium Raf. = **Fusifilum**
Fusifilum【3】 Raf. 海葱属 ≒ **Urginea;Eccremis** Asparagaceae 天门冬科 [MM-669] 全球 (1) 大洲分布及种数(2)◆非洲
Fusispermum【3】 Cuatrec. 异子堇属 Violaceae 堇菜科 [MD-126] 全球 (1) 大洲分布及种数(3-4)◆南美洲
Fusisporium Cuatrec. = **Fusispermum**
Fusoma Saff. = **Aira**
Fussia Schur = **Aira**
Fusticus Raf. = **Broussonetia**
Fustis Raf. = **Maclura**
Fuziifilix Nak. & Momose = **Dennstaedtia**
Fysonia Kashyap = **Pontederia**

G

Gabala Baill. = **Pycnarrhena**
Gabbiella Broth. = **Gammiella**
Gabertia Gaud. = **Grammatophyllum**
Gabianus Rumph. ex P. & K. = **Gajanus**
Gabila Baill. = **Pycnarrhena**
Gabonita K.Schum. = **Alafia**
Gabonius【3】 Mackinder & Wieringa 蝶多花属 Fabaceae 豆科 [MD-240] 全球 (1) 大洲分布及种数(1)◆非洲
Gabunia K.Schum. = **Tabernaemontana**
Gackstroemia【2】 (Stephani) Grolle 多孢苔属 ≒ **Lepidolaena** Lepidolaenaceae 多囊苔科 [B-77] 全球 (3) 大洲分布及种数(7)亚洲:1;大洋洲:2;南美洲:4
Gadella Schulkina = **Campanula**
Gadellia Schulkina = **Campanula**
Gadila Baill. = **Pycnarrhena**
Gadoria Güemes & Mota = **Graderia**
Gadus Mill. = **Padus**
Gaedawakka P. & K. = **Pouteria**
Gaeodendrum P. & K. = **Phrygilanthus**
Gaeola Lour. = **Galeola**
Gaerdtia Klotzsch = **Begonia**
Gaertnera (Arn.) Benth. = **Gaertnera**
Gaertnera【3】 Lam. 拟九节属 ≒ **Sphenoclea** Rubiaceae 茜草科 [MD-523] 全球 (1) 大洲分布及种数(1)◆南美洲
Gaertneria Medik. = **Gentiana**
Gaertneriana Medik. = **Ambrosia**
Gaetdtia Klotzsch = **Begonia**
Gafraium Gren. & Godr. = **Lactuca**
Gafrarium L. = **Lactuca**
Gaga【3】 Pryer 廊盖蕨属 Pteridaceae 凤尾蕨科 [F-31] 全球 (6) 大洲分布及种数(5)非洲:2;亚洲:2;大洋洲:2;欧洲:2;北美洲:4-6;南美洲:1-3
Gagea Raddi = **Gagea**
Gagea【3】 Salisb. 顶冰花属 → **Amana;Galega;Guarea** Liliaceae 百合科 [MM-633] 全球 (6) 大洲分布及种数(123-252;hort.1;cult:17)非洲:25-40;亚洲:101-193;大洋洲:1-8;欧洲:42-73;北美洲:3-10;南美洲:7
Gagernia Klotzsch = **Galenia**
Gagia St.Lag. = **Gaura**
Gagnebina【3】 Neck. 加涅豆属 ← **Acacia;Prosopis** Fabaceae 豆科 [MD-240] 全球 (1) 大洲分布及种数(6)◆非洲
Gagnebinia P. & K. = **Manettia**
Gagnebinia Spreng. = **Gagnebina**
Gagnepainia【3】 K.Schum. 玉凤姜属 Zingiberaceae 姜科 [MM-737] 全球 (1) 大洲分布及种数(cf. 1)◆亚洲
Gagria M.Král = **Thlaspi**
Gahinia P.Beauv. = **Gaudinia**
Gahnea Cothen. = (接受名不详) Cyperaceae
Gahnia (R.Br.) C.B.Clarke = **Gahnia**
Gahnia【3】 J.R.Forst. & G.Forst. 黑莎草属 ≒ **Phacellanthus;Baumea** Cyperaceae 莎草科 [MM-747] 全球 (6) 大洲分布及种数(22-54;hort.1;cult: 2)非洲:3-14;亚洲:7-19;大洋洲:20-54;欧洲:1-9;北美洲:7-16;南美洲:7
Gaiadendraceae Van Tiegh. ex Nakai = Loranthaceae
Gaiadendron【3】 G.Don 金桂檀属 → **Phrygilanthus;Loranthus** Loranthaceae 桑寄生科 [MD-415] 全球 (1) 大洲分布及种数(4)◆南美洲
Gaianthus Greene = **Agianthus**
Gaidendron Endl. = **Gaiadendron**
Gaillarda Fougeroux = **Tetraneuris**
Gaillardia Austroamericana Peten. & Ariza = **Gaillardia**
Gaillardia【3】 Foug. 天人菊属 → **Tetraneuris; Helenium** Asteraceae 菊科 [MD-586] 全球 (6) 大洲分布及种数(23-33;hort.1;cult: 4)非洲:2-25;亚洲:6-29;大洋洲:3-26;欧洲:3-26;北美洲:19-42;南美洲:9-32
Gaillardja St.Lag. = **Gaillardia**
Gaillionia Endl. = **Neogaillonia**
Gaillonia A.Rich. = **Neogaillonia**
Gaimarda Juss. = **Zoysia**
Gaimardia【3】 Gaud. 针垫草属 ← **Centrolepis** Centrolepidaceae 刺鳞草科 [MM-745] 全球 (6) 大洲分布及种数(2-6)非洲:2;亚洲:2;大洋洲:4;欧洲:1;北美洲:1;南美洲:1-2
Gaiodendron Endl. = **Gaiadendron**
Gaissenia Raf. = **Trollius**
Gajanus【2】 P. & K. 头铁豆属 ← **Bocoa** Fabaceae3 蝶形花科 [MD-240] 全球 (1) 大洲分布及种数(cf.1)◆大洋洲
Gajati Adans. = **Aeschynomene**
Gajium Mill. = **Galium**
Gakenia Fabr. = **Matthiola**
Galabstia J.M.H.Shaw = **Galactia**
Galacaceae D.Don = Cupressaceae
Galactanthus Lem. = **Galanthus**
Galactea P.Br. = **Galactia**
Galactella B.D.Jacks. = **Galatella**
Galactia (Benth.) Burkart = **Galactia**
Galactia【3】 P.Br. 乳豆属 → **Barbieria;Clitoria;Nogra** Fabaceae3 蝶形花科 [MD-240] 全球 (6) 大洲分布及种数(96-153;hort.1;cult:11)非洲:6-20;亚洲:24-50;大洋洲:6-20;欧洲:1-13;北美洲:59-110;南美洲:53-76
Galactinia P.Br. = **Galactia**
Galaction St.Lag. = **Galactia**
Galactites【3】 Mönch 乳刺菊属 ← **Centaurea;Carduus** Asteraceae 菊科 [MD-586] 全球 (1) 大洲分布及种数(6-10)◆欧洲
Galactodendron Rchb. = **Brosimum**
Galactodendrum【3】 Kunth ex Humb. & Bonpl. 蛇桑属 ≒ **Brosimum** Moraceae 桑科 [MD-87] 全球 (1) 大洲分布及种数(uc)◆亚洲
Galactodenia【2】 Sundü & Labiak 岩山蕨属 ≒ **Grammitis** Polypodiaceae 水龙骨科 [F-60] 全球 (2) 大洲分布及种数(6)北美洲:3;南美洲:4
Galactoglychia Miq. = **Ficus**

Galactophora R.E.Woodson = **Galactophora**
Galactophora【3】 Woodson 乳梗木属 Apocynaceae 夹竹桃科 [MD-492] 全球 (1) 大洲分布及种数(6-7)◆南美洲
Galactoxylon【3】 Pierre 胶木属 ≒ **Palaquium** Sapotaceae 山榄科 [MD-357] 全球 (1) 大洲分布及种数(uc)◆大洋洲
Galactoxylum Pierre = **Aulandra**
Galagania Lipsky = **Cyclospermum**
Galago Noronha = **Renealmia**
Galanthaceae G.Mey. = Cyanastraceae
Galantharum【-】 P.C.Boyce & S.Y.Wong 天南星科属 Araceae 天南星科 [MM-639] 全球 (uc) 大洲分布及种数(uc)
Galantheae Parl. = **Neomarica**
Galanthus【3】 L. 雪滴花属 ≒ **Chrysanthemum;Acis** Amaryllidaceae 石蒜科 [MM-694] 全球 (6) 大洲分布及种数(14-29;hort.1;cult: 7)非洲:5;亚洲:10-23;大洋洲:5;欧洲:9-16;北美洲:4-9;南美洲:5
Galapagoa【3】 Hook.f. 双柱紫草属 ≒ **Tiquilia** Boraginaceae 紫草科 [MD-517] 全球 (1) 大洲分布及种数(uc)◆亚洲
Galapagosus【-】 Kovachev 苋科属 Amaranthaceae 苋科 [MD-116] 全球 (uc) 大洲分布及种数(uc)
Galardia Lam. = **Gaillardia**
Galarhaeus Baill. = **Acalypha**
Galarhoeus【3】 Haw. 麻黄戟属 ≒ **Euphorbia** Euphorbiaceae 大戟科 [MD-217] 全球 (6) 大洲分布及种数(2) 非洲:1;亚洲:2;大洋洲:1;欧洲:1;北美洲:1;南美洲:1
Galarrhaeus Fourr. = **Acalypha**
Galarrhoeus Rchb. = **Acalypha**
Galasa Mart. ex DC. = **Mecranium**
Galasia Koch = **Scorzonera**
Galasia Sch.Bip. = **Microseris**
Galatea (Cass.) Less. = **Nerine**
Galatea Cass. = **Aster**
Galatea Salisb. = **Eleutherine**
Galatella (Rchb.f.) Tzvelev = **Galatella**
Galatella【3】 Cass. 乳菀属 → **Aster;Crinitina;Sericocarpus** Asteraceae 菊科 [MD-586] 全球 (6) 大洲分布及种数(27-59;hort.1;cult: 5)非洲:4-8;亚洲:23-35;大洋洲:2-6;欧洲:11-17;北美洲:8-12;南美洲:4
Galathaea Steud. = **Neomarica**
Galathea Liebm. = **Neomarica**
Galathea Steud. = **Nerine**
Galathenium Nutt. = **Lactuca**
Galax L. = **Galax**
Galax【3】 Sims 岩穗属 → **Nemophila;Pyrola** Diapensiaceae 岩梅科 [MD-405] 全球 (1) 大洲分布及种数(2-4)◆北美洲
Galaxia【3】Thunb. 谷鸢尾属→**Aristea;Ixia;Tapeinia** Hypoxidaceae 仙茅科 [MM-695] 全球 (1) 大洲分布及种数(7)属分布和种数(uc)◆非洲
Galaxiaceae Raf. = Aizoaceae
Galba L. = **Galega**
Galbanon Adans. = **Athamanta**
Galbanum D.Don = **Athamanta**
Galbula Vieillot = **Galeola**
Galbulimima【3】 F.M.Bailey 瓣蕊花属 ← **Eupomatia** Himantandraceae 瓣蕊花科 [MD-4] 全球 (1) 大洲分布及种数(2)◆大洋洲
Galdieria Dubard & Dop = **Gallienia**
Gale【3】 Tourn. ex Adans. 香杨梅属 ← **Myrica** Myricaceae 杨梅科 [MD-82] 全球 (2) 大洲分布及种数(1) 北美洲;南美洲
Galea L. = **Galega**
Galeagra Lindl. = **Galeandra**
Galeana【3】 La Llave 软翅菊属 ← **Villanova;Unxia** Asteraceae 菊科 [MD-586] 全球 (1) 大洲分布及种数(2-12)◆北美洲(◆美国)
Galeandra【2】 Lindl. 盔药兰属 ← **Orchis;Phaius** Orchidaceae 兰科 [MM-723] 全球 (3) 大洲分布及种数(33-50)亚洲:cf.1;北美洲:8-9;南美洲:28-40
Galeansellia【-】 auct. 兰科属 Orchidaceae 兰科 [MM-723] 全球 (uc) 大洲分布及种数(uc)
Galearia C.Presl = **Galearia**
Galearia【3】 Zoll. & Mor. 山篱木属 ≒ **Antidesma;Moraea** Pandaceae 小盘木科 [MD-234] 全球 (1) 大洲分布及种数(3-12)◆亚洲
Galearis【3】 Raf. 无距兰属 ← **Gymnadenia;Chusua** Orchidaceae 兰科 [MM-723] 全球 (6) 大洲分布及种数(13-14)非洲:3;亚洲:12-16;大洋洲:3;欧洲:1-4;北美洲:2-5;南美洲:3
Galeata【3】 J.C.Wendl. 亚洲蔓旋花属 Convolvulaceae 旋花科 [MD-499] 全球 (1) 大洲分布及种数(cf.1) ◆亚洲
Galeatella【2】 (E.Wimm.) O.Deg. & I.Deg. 铜锤玉带属 ← **Scaevola;Lobelia** Campanulaceae 桔梗科 [MD-561] 全球 (2) 大洲分布及种数(1) 北美洲:1;南美洲:1
Galedragon Gray = **Scabiosa**
Galedupa Lam. = **Sindora**
Galedupaceae Martinov = Fagaceae
Galega【3】 L. 山羊豆属 ← **Aspalathus;Poitea** Fabaceae 豆科 [MD-240] 全球 (6) 大洲分布及种数(6-19) 非洲:3-11;亚洲:2-13;大洋洲:7;欧洲:1-11;北美洲:1-8;南美洲:7
Galegeae Dum. = **Galega**
Galena Cothen. = **Galium**
Galene L. = **Galenia**
Galenia【3】 L. 小叶番杏属 ≒ **Aizoon;Gardenia;Aphananthe** Aizoaceae 番杏科 [MD-94] 全球 (1) 大洲分布及种数(1-3)◆欧洲
Galeniaceae Raf. = Aizoaceae
Galenopsis L. = **Galeopsis**
Galeobdolo Adans. = **Galeobdolon**
Galeobdolon【2】 Adans. 黄野芝麻属 ← **Lamium;Leonurus;Matsumurella** Lamiaceae 唇形科 [MD-575] 全球 (2) 大洲分布及种数(6)亚洲:cf.1;北美洲:1
Galeodes【-】 Levy,R. & Shaw,Julian Mark Hugh 兰科属 Orchidaceae 兰科 [MM-723] 全球 (uc) 大洲分布及种数(uc)
Galeoglossa C.Presl = **Pyrrosia**
Galeoglossum【3】 A.Rich. & Galeotti 假宝石兰属 ≒ **Prescottia;Porphyrostachys** Orchidaceae 兰科 [MM-723] 全球 (1) 大洲分布及种数(3-6)◆北美洲(◆墨西哥)
Galeola【3】 Lour. 山珊瑚属 → **Cephalanthera;Cyrtosia;Erythrorchis** Orchidaceae 兰科 [MM-723] 全球 (6) 大洲分布及种数(5-11)非洲:1-5;亚洲:4-11;大洋洲:1-6;欧洲:3;北美洲:3;南美洲:3

G

Galeolaria Blainville = **Galearia**
Galeomma【3】 Rauschert 独毛金绒草属 ← **Gnaphalium** Asteraceae 菊科 [MD-586] 全球 (1) 大洲分布及种数(2)◆非洲
Galeonisia【-】 G.Monnier & J.M.H.Shaw 兰科属 Orchidaceae 兰科 [MM-723] 全球 (uc) 大洲分布及种数(uc)
Galeopsis Adans. = **Galeopsis**
Galeopsis【3】 L. 鼬瓣花属 ≒ **Stachys** Lamiaceae 唇形科 [MD-575] 全球 (6) 大洲分布及种数(18-30;hort.1;cult:9)非洲:6-12;亚洲:9-16;大洋洲:5;欧洲:17-23;北美洲:5-10;南美洲:5
Galeorchis Rydb. = **Galearis**
Galeotiella Schltr. = **Galeottiella**
Galeotti Rupr. ex Galeotti = **Galeottia**
Galeottia【3】 Rupr. ex Galeotti 缟狸兰属 ← **Batemannia;Glockeria** Orchidaceae 兰科 [MM-723] 全球 (1) 大洲分布及种数(12-13)◆南美洲
Galeottiella (Garay) Szlach. = **Galeottiella**
Galeottiella【3】 Schltr. 玉绶草属 ≒ **Brachystele; Gyrostachys** Orchidaceae 兰科 [MM-723] 全球 (1) 大洲分布及种数(2)◆北美洲
Galera Bl. = **Satyrium**
Galeropsis Singer = **Galeopsis**
Galeruca Lam. = **Sindora**
Galesia Casar. = **Gallesia**
Galesus Spreng. = **Acalypha**
Galeus Spreng. = **Adenocline**
Galiaceae Lindl. = Aizoaceae
Galian St.Lag. = **Galium**
Galianora Maddison = **Galeandra**
Galianthe (Rchb.) E.L.Cabral & Bacigalupo = **Galianthe**
Galianthe【3】 Griseb. 丰花草属 ≒ **Spermacoce;Borreria** Rubiaceae 茜草科 [MD-523] 全球 (1) 大洲分布及种数(51-52)◆南美洲
Galiasperula【3】 Ronniger 拉拉藤属 ← **Galium** Rubiaceae 茜草科 [MD-523] 全球 (1) 大洲分布及种数(1)◆欧洲
Galiastrum Fabr. = **Mollugo**
Galiczella J.M.H.Shaw = **Aster**
Galieae A.Rich. ex Dumort. = **Galipea**
Galilea Pari. = **Cyperus**
Galimbia Endl. = **Palimbia**
Galiniera【3】 Delile 加利茜属 ← **Pouchetia** Rubiaceae 茜草科 [MD-523] 全球 (1) 大洲分布及种数(2)◆非洲
Galinsoga【3】 Ruiz & Pav. 牛膝菊属 ← **Ageratum; Montanoa;Tridax** Asteraceae 菊科 [MD-586] 全球 (1) 大洲分布及种数(12-19)◆南美洲(◆巴西)
Galinsogaea Himpel = **Galinsoga**
Galinsogea Kunth = **Galinsoga**
Galinsogeopsis Sch.Bip. = **Pericome**
Galinsoja Roth = **Galinsoga**
Galinzoga【-】 Dum. 菊科属 Asteraceae 菊科 [MD-586] 全球 (uc) 大洲分布及种数(uc)
Galion St.Lag. = **Galium**
Galiopsis Fourr. = **Galeopsis**
Galipea【3】 Aubl. 玉笛香属 → **Angostura;Conchocarpus;Peltostigma** Rutaceae 芸香科 [MD-399] 全球 (1) 大洲分布及种数(19)◆南美洲
Galipeeae Kallunki = **Galipea**
Galisongea Willd. = **Galinsoga**
Galitzkya【3】 V.V.Botschantz. 翅籽荠属 ← **Alyssum;Berteroa;Clypeola** Brassicaceae 十字花科 [MD-213] 全球 (1) 大洲分布及种数(cf. 1)◆亚洲
Galiulm Mill. = **Galium**
Galium Affrena Ostapko = **Galium**
Galium【3】 L. 拉拉藤属 ← **Anthospermum;Galiasperula;Asperula** Rubiaceae 茜草科 [MD-523] 全球 (6) 大洲分布及种数(440-784;hort.1;cult:60)非洲:107-227;亚洲:213-422;大洋洲:91-201;欧洲:164-347;北美洲:162-256;南美洲:125-205
Galiziola Raf. = **Cyathodes**
Gallapagoa Hook.f. = **Heliotropium**
Gallardoa【3】 Hicken 克尔金虎尾属 ← **Cordobia** Malpighiaceae 金虎尾科 [MD-343] 全球 (1) 大洲分布及种数(1)◆南美洲
Gallardoia Hicken = **Gallardoa**
Gallaria Schrank ex Endl. = **Gallesia**
Gallasia Mart. ex DC. = **Gallesia**
Gallea Parl. = **Cyperus**
Gallesia【3】 Casar. 蒜香木属 ← **Thouinia;Crateva** Petiveriaceae 蒜香草科 [MD-128] 全球 (1) 大洲分布及种数(2-3)◆南美洲
Gallesioa M.Röm. = **Clausena**
Gallia Alef. = **Juglans**
Galliaria Bubani = **Amaranthus**
Gallienia【3】 Dubard & Dop 马达茜草属 Rubiaceae 茜草科 [MD-523] 全球 (1) 大洲分布及种数(1)◆非洲(◆马达加斯加)
Gallinsoga J.St.Hil. = **Galinsoga**
Gallion Pohl = **Galium**
Gallitrichum【3】 Fourr. 鼠尾草属 ← **Salvia** Lamiaceae 唇形科 [MD-575] 全球 (1) 大洲分布及种数(2)◆非洲
Gallium Mill. = **Galium**
Galloa Hassk. = **Cocculus**
Gallus Spreng. = **Adenocline**
Galoglychia Gasp. = **Ficus**
Galoncus Raf. = **Polygonum**
Galophthalmum Nees & Mart. = **Blainvillea**
Galopina【3】 Thunb. 加洛茜属 ← **Anthospermum; Phyllis** Rubiaceae 茜草科 [MD-523] 全球 (1) 大洲分布及种数(4-6)◆非洲
Galopoina Thunb. = **Galopina**
Galordia Raeusch. = **Gaillardia**
Galorhoeus Endl. = **Euphorbia**
Galphimia【3】 Cav. 金英属 → **Byrsonima; Malpighia; Thryallis** Malpighiaceae 金虎尾科 [MD-343] 全球 (6) 大洲分布及种数(29-30)非洲:3-4;亚洲:2-3;大洋洲:2-3;欧洲:1;北美洲:25-26;南美洲:15-16
Galphinia Poir. = **Galphimia**
Galpinia【3】 N.E.Br. 野银薇属 Lythraceae 千屈菜科 [MD-333] 全球 (1) 大洲分布及种数(1)◆非洲
Galpinsia【3】 Britton 月见草属 ≒ **Oenothera** Onagraceae 柳叶菜科 [MD-396] 全球 (1) 大洲分布及种数(2)属分布和种数(uc)◆北美洲
Galstronema Herb. = **Amaryllis**
Galtiera Raf. = **Andromeda**
Galtonia【3】 Decne. 夏风信子属 ← **Ornithogalum;**

Pseudogaltonia Asparagaceae 天门冬科 [MM-669] 全球 (1) 大洲分布及种数(3)◆非洲
Galumpita Bl. = **Streblus**
Galurus Spreng. = **Adenocline**
Galvania Vand. = **Psychotria**
Galvesia J.F.Gmel. = **Galvezia**
Galvezia【3】Domb. ex Juss. 卡尔维西木属 ≒ **Pitavia; Russelia** Scrophulariaceae 玄参科 [MD-536] 全球 (1) 大洲分布及种数(8-12)◆南美洲
Galypola Nieuwl. = **Polygala**
Galzinia Dubard & Dop = **Gaudinia**
Gama La Llave = **Matricaria**
Gamakia Raf. = **Disa**
Gamanthera【3】van der Werff 聚药桂属 Lauraceae 樟科 [MD-21] 全球 (1) 大洲分布及种数(1-2)◆北美洲
Gamanthus【2】Bunge 合苞蓬属 ← **Halanthium;Salsola** Amaranthaceae 苋科 [MD-116] 全球 (2) 大洲分布及种数(3-8)非洲:1;亚洲:2-4
Gamaria Raf. = **Disa**
Gamasida Raf. = **Disa**
Gamasoides D.R.Hunt = **Gibasoides**
Gamazygis Pritz. = **Porpax**
Gambea Nutt. = **Gambelia**
Gambelia【3】Nutt. 火曜花属 ← **Antirrhinum** Plantaginaceae 车前科 [MD-527] 全球 (1) 大洲分布及种数(4-6)◆北美洲
Gambeya Boivinella Pierre ex Baill. = **Chrysophyllum**
Gambeyobotrys Aubrév. = **Chrysophyllum**
Gamblea【3】C.B.Clarke 萸叶五加属 ← **Acanthopanax;Pentapanax** Araliaceae 五加科 [MD-471] 全球 (1) 大洲分布及种数(4-6)◆亚洲
Gambleola Lour. = **Galeola**
Gambu La Llave = **Matricaria**
Gamelia Walker = **Gambelia**
Gamelythrum Nees = **Amphipogon**
Gamelytrum Nees = **Amphipogon**
Gametus Corrêa = **Arenga**
Gamiella Broth. ex M.Fleisch. = **Gammiella**
Gamma Salisb. = **Gagea**
Gammaropsis Warb. = **Cystopteris**
Gammiella【2】Broth. 厚角藓属 ≒ **Hypnum** Hypnaceae 灰藓科 [B-189] 全球 (2) 大洲分布及种数(7) 非洲:1;亚洲:7
Gamocarpha【3】DC. 萼苞花属 ← **Boopis;Moschopsis** Calyceraceae 萼角花科 [MD-594] 全球 (1) 大洲分布及种数(7-10)◆南美洲
Gamochaeta【3】Wedd. 合冠鼠曲属 ← **Belloa;Gnaphalium;Pseudognaphalium** Asteraceae 菊科 [MD-586] 全球 (6) 大洲分布及种数(71-73)非洲:9;亚洲:14;大洋洲:11;欧洲:8;北美洲:22;南美洲:62
Gamochaetium Trevis. = **Chiloscyphus**
Gamochaetopsis【3】Anderb. & S.E.Freire 棕绒草属 Asteraceae 菊科 [MD-586] 全球 (1) 大洲分布及种数(uc) 属分布和种数(uc)◆南美洲
Gamochilum Walp. = **Lotononis**
Gamochilus T.Lestib. = **Hedychium**
Gamochlamys Baker = **Spathantheum**
Gamogyne N.E.Br. = **Schismatoglottis**
Gamolepis【3】Less. 黄窄叶菊属 ≒ **Steirodiscus;Euryops** Asteraceae 菊科 [MD-586] 全球 (1) 大洲分布及种数(3)◆非洲
Gamoplexis Falc. = **Gastrodia**
Gamopoda Baker = **Rhaptonema**
Gamosepalum【2】Hausskn. 绥草属 ≒ **Alyssum** Brassicaceae 十字花科 [MD-213] 全球 (2) 大洲分布及种数(cf.1) 亚洲;欧洲
Gamotopea Bremek. = **Psychotria**
Gamozygis【3】Turcz. 盐鼠麹属 ≒ **Angianthus** Asteraceae 菊科 [MD-586] 全球 (1) 大洲分布及种数(uc)◆大洋洲
Gampoceras Steven = **Ranunculus**
Gampola Nieuwl. = **Polygala**
Gampsocera Steven = **Ranunculus**
Gampsocoris Steven = **Ranunculus**
Gamsia H.Wendl. = **Gaussia**
Gamun Pierre ex Dubard = **Madhuca**
Gamwellia Baker f. = **Pearsonia**
Ganaphalium L. = **Gnaphalium**
Gandaca Raf. = **Acmispon**
Gandasulium P. & K. = **Hedychium**
Gandasulum Rumph. = **Hedychium**
Gandola Moq. = **Basella**
Gandriloa Steud. = **Lipandra**
Ganeria Perrier = **Gardneria**
Ganesa Salisb. = **Gagea**
Ganesha Decne. = **Aganosma**
Gangila Bernh. = **Martynia**
Gangra Bernh. = **Martynia**
Ganguelia【3】Robbr. 文殊栀属 ≒ **Oxyanthus** Rubiaceae 茜草科 [MD-523] 全球 (1) 大洲分布及种数(1)◆非洲
Ganguleea【3】R.H.Zander 印度丛藓属 Pottiaceae 丛藓科 [B-133] 全球 (1) 大洲分布及种数(1)◆亚洲
Gangus Pierre ex Dubard = **Madhuca**
Ganisa Bernh. = **Martynia**
Ganitrum Raf. = **Elaeocarpus**
Ganitrus Gaertn. = **Elaeocarpus**
Ganja (DC.) Rchb. = **Corchorus**
Ganodes Lindl. = **Brassavola**
Ganon Raf. = **Callicarpa**
Ganophyllum【3】Bl. 甘欧属 ← **Dictyoneura** Sapindaceae 无患子科 [MD-428] 全球 (1) 大洲分布及种数(2)◆非洲
Ganosma Decne. = **Aganosma**
Gansb Pierre ex Dubard = **Madhuca**
Gansbium Adans. = **Draba**
Gansblum Adans. = **Erophila**
Gansia H.Wendl. = **Gaussia**
Gansus Pierre ex Dubard = **Madhuca**
Gantelbua【3】Bremek. 爵床科属 ≒ **Hemigraphis** Acanthaceae 爵床科 [MD-572] 全球 (1) 大洲分布及种数(uc)◆大洋洲
Ganua Pierre ex Dubard = **Madhuca**
Ganymedes Salisb. = **Narcissus**
Ganyra Godart = **Gaura**
Gaoligongshania【3】D.Z.Li 贡山竹属 ≒ **Yushania** Poaceae 禾本科 [MM-748] 全球 (1) 大洲分布及种数(cf.1)◆东亚(◆中国)
Garacium Gren. & Godr. = **Lactuca**

G

Garaeus Sch.Bip. = **Dimorphotheca**
Garaleum Sch.Bip. = **Osteospermum**
Garapatica H.Karst. = **Cordiera**
Garardinia Gaud. = **Laportea**
Garaventia【3】 Looser 雪星韭属 ≒ **Tristagma** Amaryllidaceae 石蒜科 [MM-694] 全球 (1) 大洲分布及种数(uc)◆亚洲
Garaya Szlach. = **Stenorrhynchos**
Garayanthus Szlach. = **Cleisostoma**
Garayara G.W.Dillon = **Arachnis**
Garayella Brieger = **Restrepia**
Garberia【3】 A.Gray 粉香菊属 ← **Cacalia;Leptoclinium** Asteraceae 菊科 [MD-586] 全球 (6) 大洲分布及种数(2)非洲:1;亚洲:1;大洋洲:1;欧洲:1;北美洲:1-2;南美洲:1-2
Garcia【3】 Rohr 构桐属 ≒ **Ligusticum** Euphorbiaceae 大戟科 [MD-217] 全球 (1) 大洲分布及种数(2-12)◆北美洲
Garciadelia【3】 Jestrow & Jiménez Rodr. 北美洲金大戟属 ≒ **Leucocroton** Euphorbiaceae 大戟科 [MD-217] 全球 (1) 大洲分布及种数(1-4)◆北美洲
Garciamedinea【-】 (Benth.) Côrtesi 玄参科属 Scrophulariaceae 玄参科 [MD-536] 全球 (uc) 大洲分布及种数(uc)
Garciana Lour. = **Philydrum**
Garcibarrigoa【3】 Cuatrec. 显脉千里光属 ← **Pseudogynoxys;Senecio** Asteraceae 菊科 [MD-586] 全球 (1) 大洲分布及种数(2-3)◆南美洲
Garcilassa【3】 Pöpp. & Endl. 南美千里菊属 Asteraceae 菊科 [MD-586] 全球 (1) 大洲分布及种数(cf. 1)◆南美洲
Garcina Müll.Hal. = **Garckea**
Garcinia【3】 L. 藤黄属 ≒ **Mammea;Gardenia;Solena** Clusiaceae 藤黄科 [MD-141] 全球 (6) 大洲分布及种数(138-482;hort.1;cult:3)非洲:61-188;亚洲:56-287;大洋洲:32-132;欧洲:1-12;北美洲:18-62;南美洲:19-36
Garciniaceae Bartl. = Calophyllaceae
Garckea【3】 Müll.Hal. 荷包藓属 ≒ **Grimmia** Ditrichaceae 牛毛藓科 [B-119] 全球 (6) 大洲分布及种数(9) 非洲:8;亚洲:4;大洋洲:3;欧洲:2;北美洲:1;南美洲:1
Gardena Adans. = **Gardenia**
Gardenia Benth. & Hook.f. = **Gardenia**
Gardenia【3】 J.Ellis 栀子属 → **Acranthera;Genipa;Sherbournia** Rubiaceae 茜草科 [MD-523] 全球 (6) 大洲分布及种数(61-186;hort.1;cult: 4)非洲:17-54;亚洲:56-177;大洋洲:16-80;欧洲:2-10;北美洲:12-26;南美洲:3-21
Gardeniaceae DC. = Goodeniaceae
Gardenieae A.Rich. ex DC. = **Gardenia**
Gardeniola Cham. = **Agave**
Gardeniopsis【3】 Miq. 栀子茜属 Rubiaceae 茜草科 [MD-523] 全球 (1) 大洲分布及种数(cf. 1)◆亚洲
Gardenria J.Ellis = **Gardenia**
Gardineria Wall. = **Gardneria**
Gardinia Bertero = **Brodiaea**
Gardiocrinum (Endl.) Lindl. = **Cardiocrinum**
Gardnera Wall. = **Gardneria**
Gardneri Wall. = **Gardneria**
Gardneria F.Müll = **Gardneria**
Gardneria【3】 Wall. 蓬莱葛属 ← **Fagraea;Paederia;Alomia** Loganiaceae 马钱科 [MD-486] 全球 (1) 大洲分布及种数(5-7)◆亚洲
Gardneriaceae Wall. ex Perleb = Potaliaceae
Gardnerina【3】 R.M.King & H.Rob. 修泽兰属 ≒ **Alomia** Asteraceae 菊科 [MD-586] 全球 (1) 大洲分布及种数(1)◆南美洲
Gardnerodoxa Sandwith = **Neojobertia**
Gardoquia Ruiz & Pav. = **Clinopodium**
Gareilassa Walp. = **Hymenostephium**
Gargamella Brieger = **Barbosella**
Gargenna J.Ellis = **Gardenia**
Garhadiolus【3】 Jaub. & Spach 小疮菊属 ← **Rhagadiolus;Crepis** Asteraceae 菊科 [MD-586] 全球 (1) 大洲分布及种数(cf. 1)◆亚洲
Gari Mörch = **Garcia**
Garidelia Spreng. = **Nigella**
Garidella L. = **Nigella**
Garlippara【-】 J.M.H.Shaw 兰科属 Orchidaceae 兰科 [MM-723] 全球 (uc) 大洲分布及种数(uc)
Garnia J.R.Forst. & G.Forst. = **Gahnia**
Garniera Brongn. & Gris = **Garnieria**
Garnieria【3】 Brongn. & Gris 银钗木属 ← **Cenarrhenes** Proteaceae 山龙眼科 [MD-219] 全球 (1) 大洲分布及种数(1)◆大洋洲
Garnotia【3】 Brongn. 耳稃草属 ← **Andropogon;Muhlenbergia;Phaenosperma** Poaceae 禾本科 [MM-748] 全球 (1) 大洲分布及种数(21-29)◆亚洲
Garnotieae Tateoka = **Garnotia**
Garnotiella Stapf = **Asthenochloa**
Garosmos【3】 Mitch. 柳叶菜科属 Onagraceae 柳叶菜科 [MD-396] 全球 (1) 大洲分布及种数(uc)◆非洲
Garovaglia (During) W.R.Buck,C.J.Cox,A.J.Shaw & Goffinet = **Garovaglia**
Garovaglia【2】 Endl. 绳藓属 ≒ **Endotrichella;Jaegerina** Ptychomniaceae 棱蒴藓科 [B-159] 全球 (5) 大洲分布及种数(28)非洲:1;亚洲:20;大洋洲:17;欧洲:1;北美洲:1
Garovagliaceae (M.Fleisch.) W.R.Buck & Vitt = Pterobryaceae
Garra Douglas ex Lindl. = **Garrya**
Garrelia Gaud. = **Dyckia**
Garreta Welw. = **Guarea**
Garretia Welw. = **Khaya**
Garrettia【3】 H.R.Fletcher 辣莸属 ← **Vitex** Lamiaceae 唇形科 [MD-575] 全球 (1) 大洲分布及种数(cf. 1)◆亚洲
Garrielia Gaud. = **Garnieria**
Garrielia P. & K. = **Dyckia**
Garrodia Gould = **Gastrodia**
Garrupa Douglas ex Lindl. = **Garrya**
Garrya (Endl.) Dahling = **Garrya**
Garrya【3】 Douglas ex Lindl. 丝缨花属 ≒ **Gaura;Madhuca** Garryaceae 丝缨花科 [MD-446] 全球 (1) 大洲分布及种数(21-25)◆北美洲
Garryaceae【3】Lindl. 丝缨花科 [MD-446] 全球 (6) 大洲分布和属种数(1;hort. & cult.1)(21-25;hort. & cult.10) 非洲:1/4;亚洲:1/4;大洋洲:1/4;欧洲:1/4;北美洲:1/21-25;南美洲:1/4
Garthia Rohr = **Garcia**

G

Garuga【3】Roxb.嘉榄属←**Boswellia;Bursera;Jagera** Burseraceae 橄榄科 [MD-408] 全球 (1) 大洲分布及种数(7)◆亚洲
Garugandra Griseb. = **Acacia**
Garuleum【3】Cass. 紫盏花属 ← **Dimorphotheca;Osteospermum;Chrysanthemoides** Asteraceae 菊科 [MD-586] 全球 (1) 大洲分布及种数(8-11)◆非洲
Garulium Bartl. = **Osteospermum**
Garum N.E.Br. = **Gearum**
Garumbium Bl. = **Tanacetum**
Garysmithia【-】Steere 羽藓科属 ≒ **Leptopterigynandrum** Thuidiaceae 羽藓科 [B-184] 全球 (uc) 大洲分布及种数(uc)
Gaseranthus Poit. ex Meisn. = **Maripa**
Gashternia Duval = **Gasteria**
Gaslauminia【-】P.V.Heath 芦荟科属 Aloaceae 芦荟科 [MM-668] 全球 (uc) 大洲分布及种数(uc)
Gaslondia Vieill. = **Syzygium**
Gasoub Adans. = **Mesembryanthemum**
Gasoul Adans. = **Acrodon**
Gasparrinia Bertol. = **Seseli**
Gassoloma D.Dietr. = **Glossoloma**
Gasteraloe Guillaumin = **Gastrolea**
Gasteranthopsis örst. = **Besleria**
Gasteranthus【2】Benth. 肉蒴岩桐属 ← **Alloplectus;Besleria** Gesneriaceae 苦苣苔科 [MD-549] 全球 (2) 大洲分布及种数(41-44;hort.1)北美洲:7;南美洲:38-40
Gasterclychnis Fenzl ex Rchb. = **Gastrolychnis**
Gasterhaworthia Guillaumin = **Gasteria**
Gasteria (Haw.) van Jaarsv. = **Gasteria**
Gasteria【2】Duval 鲨鱼掌属 ← **Aloe;Alona** Asphodelaceae 阿福花科 [MM-649] 全球 (4) 大洲分布及种数(25-47;hort.1;cult: 3)非洲:24-31;亚洲:cf.1;欧洲:1;北美洲:1
Gasterlychnis Rupr. = **Silene**
Gasterogrimmia (Schimp.) Buyss. = **Grimmia**
Gasterolea E.Walther = **Gastrolea**
Gasterolychnis Fenzl ex Rchb. = **Gastrolychnis**
Gasteronema Lodd. ex Steud. = **Posoqueria**
Gasterophilus D.Don = **Gastrochilus**
Gastisia auct. = **Bumelia**
Gastisocalpa【-】auct. 兰科属 Orchidaceae 兰科 [MM-723] 全球 (uc) 大洲分布及种数(uc)
Gastonia Comm. ex Lam. = **Polyscias**
Gastoniella【2】Li Bing Zhang & Liang Zhang 鲨尾蕨属 Pteridaceae 凤尾蕨科 [F-31] 全球 (2) 大洲分布及种数(3) 北美洲:2;南美洲:1
Gastorchis Thou. = **Corryocactus**
Gastorkis A.Thou. = **Corryocactus**
Gastranthus F.Müll = **Parsonsia**
Gastridium Bl. = **Gastridium**
Gastridium【3】P.Beauv. 腹颖草属 ← **Agrostis;Milium;Callista** Poaceae 禾本科 [MM-748] 全球 (1) 大洲分布及种数(2-3)◆亚洲
Gastrilia Raf. = **Daphnopsis**
Gastritis auct. = **Daphnopsis**
Gastrocalanthe A.D.Hawkes = **Calanthe**
Gastrocarpha D.Don = **Ajuga**
Gastrochilus【3】D.Don 盆距兰属 → **Abdominea;Aerides;Boesenbergia** Orchidaceae 兰科 [MM-723] 全球 (1) 大洲分布及种数(57-79)◆亚洲
Gastrococos【3】Morales 刺瓶椰子属 ← **Acrocomia** Arecaceae 棕榈科 [MM-717] 全球 (1) 大洲分布及种数(cf. 1)◆北美洲
Gastrocotyle【2】Bunge 腹脐草属 ← **Anchusa** Boraginaceae 紫草科 [MD-517] 全球 (4) 大洲分布及种数(3-4)非洲:1;亚洲:1-2;欧洲:1;北美洲:1
Gastrodia【3】R.Br. 天麻属 → **Chamaegastrodia;Cheirostylis;Epipogium** Orchidaceae 兰科 [MM-723] 全球 (6)大洲分布及种数(43-94)非洲:5-11;亚洲:34-59;大洋洲:6-20;欧洲:2;北美洲:2;南美洲:2
Gastrodium Dum. = **Gastrodia**
Gastroglottis Bl. = **Malaxis**
Gastrolea【3】E.Walther 芦荟属 ← **Aloe** Liliaceae 百合科 [MM-633] 全球 (1) 大洲分布及种数◆东亚(◆中国)
Gastrolepis【3】Van Tiegh. 膨丝木属 ← **Lasianthera** Stemonuraceae 粗丝木科 [MD-440] 全球 (1) 大洲分布及种数(2-3)◆大洋洲(◆美拉尼西亚)
Gastrolirion【3】E.Walther 南非芦荟属 ≒ **Chortolirion** Xanthorrhoeaceae 黄脂木科 [MM-701] 全球 (1) 大洲分布及种数(1)◆非洲(◆南非)
Gastroloba Cumming,David M. = **Astroloba**
Gastrolobium【3】R.Br. 毒羊豆属 ≒ **Brachysema;Mirbelia** Fabaceae 豆科 [MD-240] 全球 (1) 大洲分布及种数(111-120)◆大洋洲(◆澳大利亚)
Gastrolychnis【3】Fenzl ex Rchb. 囊萼蝇草属 ← **Lychnis;Melandrium;Silene** Caryophyllaceae 石竹科 [MD-77] 全球 (6) 大洲分布及种数(7-10)非洲:5;亚洲:5-10;大洋洲:5;欧洲:5;北美洲:2-7;南美洲:5
Gastromeria D.Don = **Melasma**
Gastromermis D.Don = **Alectra**
Gastronema Herb. = **Posoqueria**
Gastronychia Small = **Erophila**
Gastrophaius【-】A.D.Hawkes 兰科属 Orchidaceae 兰科 [MM-723] 全球 (uc) 大洲分布及种数(uc)
Gastropila (Lév.) Homrich & J.E.Wright = **Gastrodia**
Gastropoda E.Walther = **Aloe**
Gastropodium Lindl. = **Brassavola**
Gastropyrum (Jaub. & Spach) Á.Löve = **Aegilops**
Gastrorchis【3】Schltr. 鹤腹兰属 ← **Bletia;Cephalantheropsis;Alismorchis** Orchidaceae 兰科 [MM-723] 全球 (1) 大洲分布及种数(9-10)◆非洲
Gastrorkis Schltr. = **Corryocactus**
Gastrosarcochilus auct. = **Boesenbergia**
Gastroserica D.Don = **Melasma**
Gastrosiphon【2】(Schltr.) M.A.Clem. & D.L.Jones 膨丝兰属 ≒ **Corybas** Orchidaceae 兰科 [MM-723] 全球 (2) 大洲分布及种数(13-14)亚洲:2;大洋洲:10
Gastrostoma【-】Hort. 兰科属 Orchidaceae 兰科 [MM-723] 全球 (uc) 大洲分布及种数(uc)
Gastrostylum Sch.Bip. = **Matricaria**
Gastrostylus P. & K. = **Pitavia**
Gastrosulum Sch.Bip. = **Matricaria**
Gastrothera【-】auct. 兰科属 Orchidaceae 兰科 [MM-723] 全球 (uc) 大洲分布及种数(uc)
Gastrozona D.M.Cumming = **Gastrolea**
Gatesia A.Gray = **Yeatesia**
Gatesia Bertol. = **Petalostemon**

Gatnaia Gagnep. = **Cleidiocarpon**
Gattendorfia Medik. = **Moraea**
Gattenhoffia Neck. = **Dimorphotheca**
Gattenhofia Medik. = **Iris**
Gattya Kunth = **Gaya**
Gatyona【2】 Cass. 还阳参属 ≒ **Crepis** Asteraceae 菊科 [MD-586] 全球 (3) 大洲分布及种数(1) 非洲:1;亚洲:1;欧洲:1
Gaubaea Reichard = **Guarea**
Gaucha Röwer = **Gaura**
Gaudichaudia Erostratae Chodat = **Gaudichaudia**
Gaudichaudia【2】 Kunth 麻柳藤属 ≒ **Banisteria;Peregrina** Malpighiaceae 金虎尾科 [MD-343] 全球 (3) 大洲分布及种数(17-27)亚洲:1-2;北美洲:14-24;南美洲:5
Gaudichaudieae Horan. = **Gaudichaudia**
Gaudichaudii Kunth = **Gaudichaudia**
Gaudina St.Lag. = **Gaudinia**
Gaudini P.Beauv. = **Gaudinia**
Gaudinia (Link) Rchb. = **Gaudinia**
Gaudinia【3】 Beauv. 脆燕麦属 ≒ **Limeum;Girardinia;Atractocarpus** Poaceae 禾本科 [MM-748] 全球 (1) 大洲分布及种数(3-5)◆欧洲
Gaudinieae Rouy = **Gaudinia**
Gaudinopsis (Boiss.) Eig = **Gaudinopsis**
Gaudinopsis【3】 Eig 别离草属 ≒ **Ventenata** Poaceae 禾本科 [MM-748] 全球 (1) 大洲分布及种数(2)◆亚洲
Gaujonia Dognin = **Galtonia**
Gaulettia【3】 Sothers & Prance 钓竿李属 Chrysobalanaceae 可可李科 [MD-243] 全球 (1) 大洲分布及种数(9)◆南美洲
Gaulnettya Marchant = **Gaultheria**
Gaulokaempferia K.Larsen = **Caulokaempferia**
Gaulteria Adans. = **Gaultheria**
Gaultheria (Airy Shaw) D.J.Middleton = **Gaultheria**
Gaultheria【3】 L. 白珠属 ≒ **Andromeda;Agarista;Pernettya** Ericaceae 杜鹃花科 [MD-380] 全球 (1) 大洲分布及种数(72-87)◆南美洲
Gaulthettya Camp = **Gaultheria**
Gaulthiera Cothen. = **Gaultheria**
Gaulthieria Klotzsch = **Gaultheria**
Gaumerocassia Britton = **Cassia**
Gaunia G.A.Scop. = **Gouinia**
Gauntlettara auct. = **Broughtonia**
Gaura (Spach) Endl. = **Gaura**
Gaura【3】 L.山桃草属 ≒ **Lechea;Guarea;Stenosiphon** Onagraceae 柳叶菜科 [MD-396] 全球 (6) 大洲分布及种数(27)非洲:2-23;亚洲:5-26;大洋洲:1-22;欧洲:4-25;北美洲:25-46;南美洲:8-29
Gaurax L. = **Gaura**
Gaurea Reichard = **Guarea**
Gaurella【3】 Small 月见草属 ← **Oenothera** Onagraceae 柳叶菜科 [MD-396] 全球 (1) 大洲分布及种数(uc)属分布和种数(uc)◆北美洲
Gauridium Spach = **Gaura**
Gauropsis (Torr. & Frem.) Cockerell = **Clarkia**
Gausia L. = **Gaura**
Gaussenia A.V.Bobrov & Melikyan = **Dacrydium**
Gaussia【3】 H.Wendl. 玛雅椰属 ← **Chamaedorea;Pseudophoenix;Aidia** Arecaceae 棕榈科 [MM-717] 全球 (1) 大洲分布及种数(5)◆北美洲
Gautiera Raf. = **Gaultheria**
Gautieri Raf. = **Andromeda**
Gavarretia Baill. = **Conceveiba**
Gavesia Walp. = **Gravesia**
Gavia Schult.f. = **Navia**
Gavilea【3】 Pöpp. 鹦喙兰属 ← **Chloraea;Serapias** Orchidaceae 兰科 [MM-723] 全球 (1) 大洲分布及种数(20-21)◆南美洲
Gavillea Pöpp. & Endl. ex Steud. = **Gavilea**
Gavirga Pöpp. = **Gavilea**
Gavnia Pfeiff. = **Gahnia**
Gaya Gaudin = **Gaya**
Gaya【3】 H.B. & K. 盖伊锦葵属 ≒ **Cristaria;Oenothera** Malvaceae 锦葵科 [MD-203] 全球 (6) 大洲分布及种数(41-46)非洲:1;亚洲:1;大洋洲:4-6;欧洲:1;北美洲:6-7;南美洲:36-41
Gayanum D.Don = **Athamanta**
Gayanus Rumph. ex P. & K. = **Gajanus**
Gayella Pierre = **Pouteria**
Gayenna Pierre = **Planchonella**
Gaylordia Vieill. = **Syzygium**
Gaylussacia【3】 Kunth 佳露果属 ← **Vaccinium;Agarista;Agapetes** Ericaceae 杜鹃花科 [MD-380] 全球 (6) 大洲分布及种数(66-72;hort.1;cult:8)非洲:1;亚洲:7-8;大洋洲:1;欧洲:1;北美洲:13-14;南美洲:55-58
Gayoides (Endl.) Small = **Seringia**
Gayophytum【3】 A.Juss. 地烟花属 → **Boisduvalia;Camissonia;Oenothera** Onagraceae 柳叶菜科 [MD-396] 全球 (6) 大洲分布及种数(12)非洲:4;亚洲:4;大洋洲:4;欧洲:4;北美洲:9-15;南美洲:5-9
Gaytania Miinter = **Pimpinella**
Gaza Terán & Berland = **Ehretia**
Gazachloa J.B.Phipps = **Danthoniopsis**
Gazalina Gaertn. = **Gazania**
Gazania【3】 Gaertn. 勋章菊属 ← **Arctotheca;Arctotis;Moraea** Asteraceae 菊科 [MD-586] 全球 (1) 大洲分布及种数(19-21)◆非洲
Gazaniopsis【3】 C.Huber 栀子菊属 Asteraceae 菊科 [MD-586] 全球 (1) 大洲分布及种数(uc)属分布和种数(uc)◆北美洲
Gazella Pierre = **Planchonella**
Gazza Terán & Berland = **Ehretia**
Geanthemum (R.E.Fr.) Saff. = **Duguetia**
Geanthia Raf. = **Weldenia**
Geanthus Phil. = **Speea**
Geanthus Raf. = **Crocus**
Geanthus Reinw. = **Hornstedtia**
Gearum【3】 N.E.Br. 巴西魔芋属 Araceae 天南星科 [MM-639] 全球 (1) 大洲分布及种数(1)◆南美洲
Geastrum Pers. = **Gearum**
Geaya Costantin & Poiss. = **Kalanchoe**
Geayia Viets = **Grayia**
Gebia Hutch. = **Aralia**
Geboscon Raf. = **Nothoscordum**
Gebus L. = **Geum**
Gecus L. = **Geum**
Gedania Hemsl. = **Godmania**
Geeria Bl. = **Paullinia**

Geerinckia Mytnik & Szlach. = **Stelis**
Geesinkorchis【3】de Vogel 穹柱兰属 ≒ **Chelonistele** Orchidaceae 兰科 [MM-723] 全球 (1) 大洲分布及种数(1-5)◆亚洲
Geheebia【2】Schimp. 大扭口藓属 Pottiaceae 丛藓科 [B-133] 全球 (4) 大洲分布及种数(cf.1) 亚洲;欧洲;北美洲;南美洲
Geigeria【3】Griessel. 翼茎菊属 ≒ **Triplocephalum;Pentaraphia** Asteraceae 菊科 [MD-586] 全球 (1) 大洲分布及种数(37-39)◆非洲
Geijera【3】Schott ex Schott 钩瓣常山属 ≒ **Zanthoxylum** Rutaceae 芸香科 [MD-399] 全球 (1) 大洲分布及种数(3-8)◆大洋洲
Geiossois Labill. = **Geissois**
Geisarina Raf. = **Myrica**
Geiseleria Klotzsch = **Croton**
Geiseleria Kunth = **Anticlea**
Geisenia Endl. = **Calathodes**
Geisorrhiza Rchb. = **Geissorhiza**
Geissanthera Schltr. = **Microtatorchis**
Geissanthus【3】Hook.f. 繁金牛属 ← **Ardisia** Primulaceae 报春花科 [MD-401] 全球 (1) 大洲分布及种数(44-58)◆南美洲
Geissapsis Baker = **Geissaspis**
Geissaspis【3】Wight & Arn. 睫苞豆属 ← **Aeschynomene;Hedysarum** Fabaceae 豆科 [MD-240] 全球 (1) 大洲分布及种数(1-2;hort.1)◆亚洲
Geissleria Klotzsch = **Acalypha**
Geissois【3】Labill. 红荆梅属 → **Vesselowskya; Weinmannia** Cunoniaceae 合椿梅科 [MD-255] 全球 (1) 大洲分布及种数(4-24)◆大洋洲
Geissolepis【3】B.L.Rob. 肉菀属 Asteraceae 菊科 [MD-586] 全球 (1) 大洲分布及种数(2)◆北美洲(◆墨西哥)
Geissoloma【3】Lindl. ex Kunth 四轮梅属 ← **Penaea** Geissolomataceae 四轮梅科 [MD-328] 全球 (1) 大洲分布及种数(1)◆非洲(◆南非)
Geissolomataceae【3】A.DC. 四轮梅科 [MD-328] 全球 (1) 大洲分布和属种数(1/1-2)◆非洲(◆南非)
Geissomeria【2】Lindl. 热美爵床属 ← **Aphelandra; Salpixantha** Acanthaceae 爵床科 [MD-572] 全球 (4) 大洲分布及种数(4-10)非洲:cf.1;亚洲:cf.1;北美洲:1;南美洲:2-6
Geissopappus【3】Benth. 多鳞菊属 ≒ **Calea** Asteraceae 菊科 [MD-586] 全球 (1) 大洲分布及种数(uc)◆亚洲
Geissorhiza【2】Ker Gawl. 酒杯花属 ← **Gladiolus; Lapeirousia;Romulea** Iridaceae 鸢尾科 [MM-700] 全球 (2) 大洲分布及种数(80-104)非洲:79-89;大洋洲:1
Geissoriza Klatt = **Geissorhiza**
Geissorrhiza D.Dietr. = **Geissorhiza**
Geissospermum【3】Allemão 常山梨属 ← **Aspidosperma;Tabernaemontana** Apocynaceae 夹竹桃科 [MD-492] 全球 (1) 大洲分布及种数(5-7)◆南美洲
Geitonoplesiaceae【3】R.Dahlgren ex Conran 马拔契科 [MM-632] 全球 (6) 大洲分布和属种数(1/1-4)非洲:1/1-3;亚洲:1/3;大洋洲:1/1-3;欧洲:1/2;北美洲:1/2;南美洲:1/2
Geitonoplesium【3】A.Cunn. ex R.Br. 爬百合属 ≒ **Luzuriaga;Medeola** Asphodelaceae 阿福花科 [MM-649] 全球(6)大洲分布及种数(2-3)非洲:1-3;亚洲:3;大洋洲:1-3;欧洲:2;北美洲:2;南美洲:2
Gel Lour. = **Acronychia**
Gela Lour. = **Saxifraga**
Gelagna Rumphius = **Tragopogon**
Gelasia Cass. = **Scorzonera**
Gelasine【3】Herb. 笑面鸢尾属 ≒ **Alophia;Nemastylis;Tigridia** Iridaceae 鸢尾科 [MM-700] 全球 (1) 大洲分布及种数(4-9)◆南美洲
Geleia Hutch. = **Polyscias**
Geleznowia【3】Turcz. 彩南香属 ← **Eriostemon** Rutaceae 芸香科 [MD-399] 全球 (1) 大洲分布及种数(1)◆大洋洲(◆澳大利亚)
Gelibia Hutch. = **Polyscias**
Gelidium J.V.Lamour. = **Gelonium**
Gelidocalamus【3】T.H.Wen 短枝竹属 ← **Arundinaria; Pleioblastus;Yushania** Poaceae 禾本科 [MM-748] 全球 (1) 大洲分布及种数(11-14)◆亚洲
Gelonium【3】Gaertn. 大洋洲无患子属 ← **Cupania; Suregada;Pelargonium** Euphorbiaceae 大戟科 [MD-217] 全球 (6) 大洲分布及种数(2-3)非洲:5;亚洲:1-6;大洋洲:5;欧洲:5;北美洲:5;南美洲:5
Gelpkea Bl. = **Syzygium**
Gelrebia【3】Schimp. 大扭口藓属 Pottiaceae 丛藓科 [B-133] 全球 (1) 大洲分布及种数(7)◆非洲
Gelria Neck. = **Paullinia**
Gelsemiaceae【3】Struwe & V.A.Albert 钩吻科 [MD-491] 全球 (6) 大洲分布和属种数(1;hort. & cult.1)(3-9; hort. & cult.3)非洲:1/3;亚洲:1/3-6;大洋洲:1/1-4;欧洲:1/3;北美洲:1/3-6;南美洲:1/1-4
Gelsemieae【-】G.Don 钩吻科属 Gelsemiaceae 钩吻科 [MD-491] 全球 (uc) 大洲分布及种数(uc)
Gelseminum Juss. = **Tecoma**
Gelseminum Pursh = **Gelsemium**
Gelsemium【3】Juss. 钩吻属 ← **Bignonia;Pandorea** Gelsemiaceae 钩吻科 [MD-491] 全球 (6) 大洲分布及种数(4)非洲:3;亚洲:3-6;大洋洲:1-4;欧洲:3;北美洲:3-6;南美洲:1-4
Gelsemiun Juss. = **Gelsemium**
Gelsimium Juss. = **Gelsemium**
Gembanga Bl. = **Thrinax**
Gemella Hill = **Bidens**
Gemella Lour. = **Allophylus**
Gemellaria Pinel ex Lem. = **Wittrockia**
Gemicia【3】Yildirim 天门冬科属 Asparagaceae 天门冬科 [MM-669] 全球 (1) 大洲分布及种数(1)◆西亚(◆土耳其)
Geminaria Raf. = **Phyllanthus**
Geminocarpus Skottsberg = **Antidesma**
Gemma Totten = **Marsilea**
Gemmabryum (Podp.) J.R.Spence = **Gemmabryum**
Gemmabryum【3】J.R.Spence & H.P.Ramsay 网真藓属 ≒ **Brachymenium** Mniaceae 提灯藓科 [B-149] 全球 (6) 大洲分布及种数(9) 非洲:1;亚洲:2;大洋洲:8;欧洲:1;北美洲:2;南美洲:2
Gemmaria Noronha = **Tetracera**
Gemmaria Salisb. = **Hessea**
Gemmifera Raf. = **Acacia**
Gemmingia Fabr. = **Ixia**
Gemmula Hill = **Acmella**

Gemn Lour. = **Acronychia**
Gemu Lour. = **Acomastylis**
Gena Raf. = **Clerodendrum**
Genatra Nakai = **Cassine**
Gendarussa Nees = **Justicia**
Genea (Dum.) Dum. = **Bromus**
Genersicbia Heuff. = **Carex**
Genersichia Heuff. = **Carex**
Genesiphyla Raf. = **Phyllanthus**
Genesiphylla L´Hér. = **Phyllanthus**
Genetyllis DC. = **Sesbania**
Genianthus Brachyblastus Klack. = **Genianthus**
Genianthus【3】Hook.f. 须花藤属 ← **Asclepias;Pachycarpus;Toxocarpus** Apocynaceae 夹竹桃科 [MD-492] 全球 (1) 大洲分布及种数(9-21)◆亚洲
Genio L. = **Genipa**
Geniosporum【3】Wall. ex Benth. 网萼木属 ← **Melissa;Ocimum** Lamiaceae 唇形科 [MD-575] 全球 (1) 大洲分布及种数(1-4)◆非洲
Geniostema J.R.Forst. & G.Forst. = **Geniostoma**
Geniostemon【3】Engelm. & A.Gray 毛蕊龙胆属 Gentianaceae 龙胆科 [MD-496] 全球 (1) 大洲分布及种数(6-7)◆北美洲(◆墨西哥)
Geniostephanus Fenzl ≒ **Trichilia**
Geniostoma【3】J.R.Forst. & G.Forst. 髯管花属 ≒ **Anasser** Loganiaceae 马钱科 [MD-486] 全球 (6) 大洲分布及种数(37-79;hort.1;cult: 2)非洲:5-18;亚洲:3-18;大洋洲:18-59;欧洲:2-12;北美洲:17-30;南美洲:11
Geniostomaceae【3】Struwe & V.A.Albert 髯管花科 [MD-490] 全球 (6) 大洲分布和属种数(1;hort. & cult.1)(36-89;hort. & cult.1)非洲:1/5-18;亚洲:1/3-18;大洋洲:1/18-59;欧洲:1/2-12;北美洲:1/17-30;南美洲:1/11
Genipa【3】L. 靛榄属 → **Agouticarpa;Garcinia;Sphinctanthus** Rubiaceae 茜草科 [MD-523] 全球 (6) 大洲分布及种数(12-17)非洲:2-7;亚洲:3-5;大洋洲:1-4;欧洲:2;北美洲:2-4;南美洲:6-9
Genipella A.Rich. ex DC. = **Alibertia**
Genista Aureospartum Vals. = **Genista**
Genista【3】L. 染料木属 → **Adenocarpus;Spartium;Petteria** Fabaceae3 蝶形花科 [MD-240] 全球 (1) 大洲分布及种数(53-132)◆欧洲
Genista-spartium Duham. = **Ulex**
Genisteae Dum. = **Genista**
Genistella Gomez-Ortega = **Chamaespartium**
Genistella Tourn. ex Rupp. = **Genista**
Genistidium【3】I.M.Johnst. 灰帚豆属 Fabaceae 豆科 [MD-240] 全球 (1) 大洲分布及种数(1)◆北美洲
Genistoides Mönch = **Genista**
Genitia Nakai = **Euonymus**
Genlisa Raf. = **Scilla**
Genlisea A.St.Hil. = **Genlisea**
Genlisea【2】Benth. & Hook.f. 旋刺草属 ← **Utricularia** Lentibulariaceae 狸藻科 [MD-570] 全球 (4) 大洲分布及种数(21-33;hort.1)非洲:3-9;欧洲:1;北美洲:3;南美洲:17-23
Genlisia Rchb. = **Aristea**
Gennaria【3】Parl. 怒江兰属 ← **Coeloglossum** Orchidaceae 兰科 [MM-723] 全球 (1) 大洲分布及种数(1-2)◆亚洲
Genoplesium Plesiogenum Szlach. = **Genoplesium**
Genoplesium【3】R.Br. 侏儒兰属 ≒ **Prasophyllum** Orchidaceae 兰科 [MM-723] 全球 (1) 大洲分布及种数(22-24)◆大洋洲
Genorchis Schltr. = **Genyorchis**
Genoria Pers. = **Heimia**
Genosiris【2】Labill. 侏鸢尾属 ≒ **Patersonia** Iridaceae 鸢尾科 [MM-700] 全球 (2) 大洲分布及种数(12) 亚洲:1;大洋洲:12
Genotia Nakai = **Cassine**
Genre (Dum.) Dum. = **Bromus**
Gensilea A.St.Hil. = **Genlisea**
Genthia Bayrh. = **Physcomitrella**
Gentiana【3】L. 龙胆属 ≒ **Crossopetalum;Paederia** Gentianaceae 龙胆科 [MD-496] 全球 (6) 大洲分布及种数(469-612;hort.1;cult: 67)非洲:27-111;亚洲:368-533;大洋洲:25-111;欧洲:64-149;北美洲:104-195;南美洲:58-142
Gentiana T.N.Ho = **Gentiana**
Gentianaceae【3】Juss. 龙胆科 [MD-496] 全球 (6) 大洲分布和属种数(82-91;hort. & cult.25-26)(1899-3177;hort. & cult.247-376)非洲:25-48/273-594;亚洲:29-42/831-1276;大洋洲:15-35/103-379;欧洲:9-32/137-405;北美洲:29-42/395-697;南美洲:37-57/629-929
Gentianales Juss. ex Bercht. & J.Presl = **Gentiana**
Gentianalla Mönch = **Gentianella**
Gentianar L. = **Gentiana**
Gentianeae Colla = **Gentiana**
Gentianella (Gaudin) J.M.Gillett = **Gentianella**
Gentianella【3】Mönch 假龙胆属 ← **Gentiana;Comastoma** Gentianaceae 龙胆科 [MD-496] 全球 (6) 大洲分布及种数(324-365;hort.1;cult:20)非洲:11-17;亚洲:58-75;大洋洲:51-63;欧洲:36-45;北美洲:38-49;南美洲:222-238
Gentianodes Á.Löve & D.Löve = **Gentiana**
Gentianopsis【3】Ma 扁蕾属 ≒ **Hippion;Gentiana** Gentianaceae 龙胆科 [MD-496] 全球 (6) 大洲分布及种数(24;hort.1;cult:3)非洲:1-3;亚洲:18-21;大洋洲:2-4;欧洲:4-6;北美洲:15-17;南美洲:2
Gentianothamnus【3】Humbert 马岛龙胆木属 Gentianaceae 龙胆科 [MD-496] 全球 (1) 大洲分布及种数(1)◆非洲(◆马达加斯加)
Gentianusa Pohl = **Gentiana**
Gentilia A.Chev. & Beille = **Bridelia**
Gentingia【3】J.T.Johanss. & K.M.Wong 南山花属 ← **Prismatomeris** Rubiaceae 茜草科 [MD-523] 全球 (1) 大洲分布及种数(2)◆亚洲
Gentlea【3】Lundell 长丝金牛属 ← **Ardisia;Stylogyne** Primulaceae 报春花科 [MD-401] 全球 (1) 大洲分布及种数(5)◆北美洲
Gentrya Breedlove & Heckard = **Castilleja**
Genu Pierre ex Dubard = **Madhuca**
Genus L. = **Geum**
Genussa Druce = **Genista**
Genyorchis【3】Schltr. 石腭兰属 ← **Bulbophyllum** Orchidaceae 兰科 [MM-723] 全球 (1) 大洲分布及种数(2-8)◆非洲
Geobalanus Small = **Licania**
Geobina Raf. = **Goodyera**
Geobla Lour. = **Acronychia**

Geoblasta【3】 Barb.Rodr. 地蕴兰属 ← **Chloraea; Asarca** Orchidaceae 兰科 [MM-723] 全球 (1) 大洲分布及种数(2)◆南美洲
Geoblasteae Barb.Rodr. = **Geoblasta**
Geoborus Jacks. = **Geodorum**
Geoca Costantin & Poiss. = **Kalanchoe**
Geocallis Horan. = **Amomum**
Geocalpa Brieger = **Pleurothallis**
Geocalycaceae H.Klinggr. = Geocalycaceae
Geocalycaceae 【3】 Vanderp.A.Schäfer-Verwimp & D.G.Long 地萼苔科 [B-49] 全球 (6) 大洲分布和属种数(4/17-24)非洲:1/1;亚洲:4/12-15;大洋洲:1-2/4-7;欧洲:1-2/1-2;北美洲:3-4/5-6;南美洲:2/4-5
Geocalyx Nees = **Geocalyx**
Geocalyx 【2】 Stephani 地萼苔属 ≒ **Lophocolea; Heteroscyphus** Geocalycaceae 地萼苔科 [B-49] 全球 (4) 大洲分布及种数(3-5)亚洲:2-3;大洋洲:2;欧洲:1;北美洲:1
Geocardia Standl. = **Geophila**
Geocarpon 【3】 Mack. 侏漆姑属 Caryophyllaceae 石竹科 [MD-77] 全球 (1) 大洲分布及种数(1)◆北美洲(◆美国)
Geocaryum Coss. = **Carum**
Geocaulon 【3】 Fernald 雀檀草属 ← **Comandra; Hamiltonia** Santalaceae 檀香科 [MD-412] 全球 (1) 大洲分布及种数(1)◆北美洲
Geocharis【3】 (K.Schum.) Ridl. 齿丝姜属 ← **Alpinia** Zingiberaceae 姜科 [MM-737] 全球 (1) 大洲分布及种数(5-7)◆亚洲
Geochloa 【3】 H.P.Linder & N.P.Barker 地宝草属 Poaceae 禾本科 [MM-748] 全球 (1) 大洲分布及种数(3)◆非洲(◆南非)
Geochorda【3】 Cham. & Schltdl. 巴西玄参属 Plantaginaceae 车前科 [MD-527] 全球 (1) 大洲分布及种数(1)◆南美洲
Geoclades【-】 A.Chen 兰科属 Orchidaceae 兰科 [MM-723] 全球 (uc) 大洲分布及种数(uc)
Geococcus 【3】 J.Drumm. ex Harv. 地果芥属 Brassicaceae 十字花科 [MD-213] 全球 (1) 大洲分布及种数(1)◆大洋洲(◆澳大利亚)
Geocoris (K.Schum.) Ridl. = **Geocharis**
Geocyclus Kuetzing,F.T. = **Geococcus**
Geodinella (H.E.Moore) Roalson & Boggan = **Gloxinella**
Geodorum【3】 Jacks. 地宝兰属 ← **Arethusa;Epidendrum;Cymbidium** Orchidaceae 兰科 [MM-723] 全球 (1) 大洲分布及种数(6-13)◆亚洲
Geoffraea L. = **Andira**
Geoffraya【3】 Bonati 老挝玄参属 ≒ **Lindernia** Linderniaceae 母草科 [MD-534] 全球 (1) 大洲分布及种数(uc)属分布和种数(uc)◆东南亚(◆老挝)
Geoffroea 【3】 Jacq. 乔弗豆属 → **Andira;Dussia; Euchresta** Fabaceae 豆科 [MD-240] 全球 (6) 大洲分布及种数(5-8)非洲:2;亚洲:1;大洋洲:1;欧洲:1;北美洲:3-5;南美洲:4-6
Geogenanthus【3】 Ule 银波草属 ← **Dichorisandra; Peperomia** Commelinaceae 鸭跖草科 [MM-708] 全球 (1) 大洲分布及种数(4)◆南美洲
Geoherpum Willd. ex Schult. = **Mitchella**
Geohintonia【3】 Glass & Fitz Maurice 太平球属 ← **Echinocactus** Cactaceae 仙人掌科 [MD-100] 全球 (1) 大洲分布及种数(1)◆北美洲
Geolobus Raf. = **Vigna**
Geomitra【3】 Becc. 水玉帽属 Burmanniaceae 水玉簪科 [MM-696] 全球 (1) 大洲分布及种数(1-2)◆亚洲
Geonoma【2】Willd. 苇椰属 → **Asterogyne;Martinella; Calyptronoma** Arecaceae 棕榈科 [MM-717] 全球 (4) 大洲分布及种数(92-120;hort.1)亚洲:2;大洋洲:1;北美洲:31;南美洲:81-100
Geonomataceae O.F.Cook = Philydraceae
Geopanax Hemsl. = **Schefflera**
Geopatera【-】 Pau 蔷薇科属 Rosaceae 蔷薇科 [MD-246] 全球 (uc) 大洲分布及种数(uc)
Geophila Berg. = **Geophila**
Geophila【3】 D.Don 爱地草属 ≒ **Mapouria;Ophiorrhiza** Rubiaceae 茜草科 [MD-523] 全球 (1) 大洲分布及种数(10-17)◆非洲
Geophis Gasc = **Geophila**
Geoplana Hemsl. = **Schefflera**
Geopora (Lév.) Kers = **Geonoma**
Geoppertia Meisn. = **Goeppertia**
Geoprumnon Rydb. = **Astragalus**
Georchis Lindl. = **Goodyera**
Georgeantha【3】 B.G.Briggs & L.A.S.Johnson 脱鞘草属 Ecdeiocoleaceae 沟秆草科 [MM-746] 全球 (1) 大洲分布及种数(1)◆大洋洲
Georgeblackara【-】 Hort. 兰科属 Orchidaceae 兰科 [MM-723] 全球 (uc) 大洲分布及种数(uc)
Georgia【-】 (Hedw.) Braithw. 四齿藓科属 ≒ **Cosmos; Dahlia** Tetraphidaceae 四齿藓科 [B-100] 全球 (uc) 大洲分布及种数(uc)
Georgiaceae Lindb. = Tetraphidaceae
Georgina Willd. = **Dahlia**
Geosiridaceae【3】Jonker 地蜂草科 [MM-702] 全球 (1) 大洲分布和属种数(1/2-3)◆非洲(◆南非)
Geosiris【3】 Baill. 地鸢尾属 Iridaceae 鸢尾科 [MM-700] 全球 (1) 大洲分布及种数(2-3)◆非洲
Geostachys (Baker) Ridl. = **Geostachys**
Geostachys【3】 Ridl. 地穗姜属 ← **Alpinia** Zingiberaceae 姜科 [MM-737] 全球 (1) 大洲分布及种数(6-25)◆亚洲
Geotaenium (Hemsl.) F.Maek. = **Asarum**
Geothallus【3】 Campb. 地果苔属 Sphaerocarpaceae 囊果苔科 [B-4] 全球 (1) 大洲分布及种数(1)◆北美洲(◆美国)
Geothamnus【2】 G.L.Nesom 菊科属 Asteraceae 菊科 [MD-586] 全球 (uc) 大洲分布及种数(uc)◆北美洲
Geotoga Willd. = **Geonoma**
Geotomus Raf. = **Vigna**
Geracium Rchb. = **Crepis**
Geraea【3】 Torr. & A.Gray 沙向日葵属 ← **Encelia; Simsia** Asteraceae 菊科 [MD-586] 全球 (1) 大洲分布及种数(2-29)◆北美洲
Gerageum Soják = **Geranium**
Geralius L. = **Geranium**
Gerania Cogn. = **Gurania**
Geraniaceae【3】Juss. 牻牛儿苗科 [MD-318] 全球 (6) 大洲分布和属种数(6;hort. & cult.5)(787-1369;hort. & cult. 289-444)非洲:4-6/480-618;亚洲:4-5/549-763;大洋洲:3-4/78-179;欧洲:3-5/120-210;北美洲:4/198-298;南美洲:3-

G

5/162-244
Geranion St.Lag. = **Geranium**
Geraniopsis Chrtek = **Geranium**
Geraniospermum P. & K. = **Pelargonium**
Geranium【3】L. 老鹳草属 ≒ **Erodium;Pelargonium** Geraniaceae 牻牛儿苗科 [MD-318] 全球 (6) 大洲分布及种数(327-467;hort.1;cult:44)非洲:76-155;亚洲:137-250;大洋洲:42-117;欧洲:77-143;北美洲:128-199;南美洲:129-190
Geranium Palustria R.Knuth = **Geranium**
Gerarda St.Lag. = **Gerardoa**
Gerardi L. = **Gerardia**
Gerardia Benth. = **Gerardia**
Gerardia【3】L. 地爵床属 → **Stenandrium;Agalinis; Parasopubia** Acanthaceae 爵床科 [MD-572] 全球 (6) 大洲分布及种数(24-43)非洲:34;亚洲:1-35;大洋洲:34;欧洲:34;北美洲:22-58;南美洲:2-37
Gerardiana Engl. = **Gerardiina**
Gerardianella Klotzsch = **Micrargeria**
Gerardiina【3】Engl. 杰寄生属 ≒ **Girardinia** Orobanchaceae 列当科 [MD-552] 全球 (1) 大洲分布及种数(1-2)◆非洲
Gerardinia Gaud. = **Gerardiina**
Gerardoa【3】Lür 北美洲兰属 Orchidaceae 兰科 [MM-723] 全球 (1) 大洲分布及种数(1-2)◆北美洲
Gerardusara【-】J.M.H.Shaw 兰科属 Orchidaceae 兰科 [MM-723] 全球 (uc) 大洲分布及种数(uc)
Gerascanthos Steud. = **Cordia**
Gerascanthus P.Br. = **Cordia**
Geraschanthus Lindl. = **Cordia**
Gerastium L. = **Cerastium**
Gerbera【3】L. 火石花属 ← **Arnica;Perdicium** Asteraceae 菊科 [MD-586] 全球 (6) 大洲分布及种数(37-48;hort.1;cult: 1)非洲:25-38;亚洲:13-27;大洋洲:1-14;欧洲:1-14;北美洲:5-18;南美洲:6-19
Gerberara Hort. = **Quararibea**
Gerbereae Lindl. = **Gerbera**
Gerberi L. = **Bartsia**
Gerberia Cass. = **Quararibea**
Gerberia Stell. ex Choisy = **Lagotis**
Gerberinae Benth. & Hook.f. = **Quararibea**
Gerda Neck. = **Adinandra**
Gereaua【3】Bürki & Callm. 单腔无患子属 ≒ **Haplocoelum** Sapindaceae 无患子科 [MD-428] 全球 (1) 大洲分布及种数(1)◆非洲
Gerhildiella【3】Grolle 布袋苔属 Lophoziaceae 裂叶苔科 [B-56] 全球 (1) 大洲分布及种数(1)◆非洲
Gerlachia【3】Szlach. 三角螳臂兰属 ≒ **Stanhopea** Orchidaceae 兰科 [MM-723] 全球 (1) 大洲分布及种数(1)◆南美洲
Germainea Benth. & Hook.f. = **Germainia**
Germainia【2】Balansa & Poit. 筒穗草属 ← **Apocopis** Poaceae 禾本科 [MM-748] 全球 (3) 大洲分布及种数(9-10)非洲:2;亚洲:6-8;大洋洲:3
Germanea Lam. = **Plectranthus**
Germania Hook.f. = **Germainia**
Germaria C.Presl = **Pygeum**
Germariopsis Chrtek = **Geranium**
Gerocephalus F.Ritter = **Espostoopsis**
Gerontogea Cham. & Schltdl. = **Oldenlandia**
Geropogon L. = **Tragopogon**
Gerostemum Steud. = **Tromotriche**
Gerrardanthus【3】Harv. ex Benth. & Hook. 睡布袋属 → **Cyclantheropsis** Cucurbitaceae 葫芦科 [MD-205] 全球 (1) 大洲分布及种数(3-5)◆非洲
Gerrardi Oliv. = **Gerrardina**
Gerrardiana Oliv. = **Gerrardina**
Gerrardina【3】Oliv. 柳红莓属 Gerrardinaceae 柳红莓科 [MD-158] 全球 (1) 大洲分布及种数(1-2)◆非洲
Gerrardinaceae【3】M.H.Alford 柳红莓科 [MD-158] 全球 (1) 大洲分布和属种数(1/1-2)◆非洲(◆南非)
Gerrardinia Oliv. = **Gerrardina**
Gerres Torr. & A.Gray = **Geraea**
Gerri Neck. = **Paullinia**
Gerris Lour. = **Derris**
Gerritea【3】F.O.Zuloaga,O.Morrone & T.Killeen 地禾属 Poaceae 禾本科 [MM-748] 全球 (1) 大洲分布及种数(1)◆南美洲
Gertia Gaud. = **Bromheadia**
Gertianella (Griseb. ex Gilg) T.N.Ho & S.W.Liu = **Gentianella**
Gertrudia【3】K.Schum. 穗藓属 ≒ **Ryparosa** Pottiaceae 丛藓科 [B-133] 全球 (1) 大洲分布及种数(1)◆南美洲
Gertrudiella【3】Broth. 南美网丛藓属 Pottiaceae 丛藓科 [B-133] 全球 (1) 大洲分布及种数(3)◆南美洲
Geruma【3】Forssk. 马松子属 ← **Melochia;Geum** Malvaceae 锦葵科 [MD-203] 全球 (1) 大洲分布及种数(1)◆亚洲
Gervasia Raf. = **Poterium**
Gervillia Knight = **Cyrtanthus**
Geryon Schrank ex Hoppe = **Saxifraga**
Geryonia Schrank ex Hoppe = **Saxifraga**
Geryonidae Schrank ex Hoppe = **Saxifraga**
Gesaia Costantin & Poiss. = **Bryophyllum**
Geschollia Speta = **Drimia**
Gesnera【2】Plum. ex Adans. 月岩桐属 ≒ **Sinningia** Gesneriaceae 苦苣苔科 [MD-549] 全球 (2) 大洲分布及种数(1) 北美洲:1;南美洲:1
Gesneria【3】L. 岛岩桐属 → **Achimenes;Heppiella; Pentaraphia** Gesneriaceae 苦苣苔科 [MD-549] 全球 (6) 大洲分布及种数(42-75;hort.1;cult: 1)非洲:2-6;亚洲:9-13;大洋洲:4;欧洲:4-8;北美洲:38-66;南美洲:5-10
Gesneriac L. = **Gesneria**
Gesneriaceae【3】Rich. & Juss. 苦苣苔科 [MD-549] 全球 (6) 大洲分布和属种数(144-174;hort. & cult.57-69) (2808-5239;hort. & cult.317-479)非洲:13-60/205-609;亚洲:74-100/1379-2314;大洋洲:11-59/43-405;欧洲:7-56/17-272;北美洲:40-81/468-813;南美洲:59-97/969-1401
Gesnouinia【3】Gaud. 苞麻树属 ← **Boehmeria;Parietaria;Urtica** Urticaceae 荨麻科 [MD-91] 全球 (1) 大洲分布及种数(1-2)◆欧洲
Gessneria Dum. = **Gesneria**
Gessois Labill. = **Geissois**
Gesta Plötz = **Genista**
Gestroa Becc. = **Rawsonia**
Gethosyne Salisb. = **Asphodelus**
Gethyllidaceae Raf. = Amaryllidaceae

Gethyllis 【3】 L. 独秀花属 → **Apodolirion** Haemodoraceae 血草科 [MM-718] 全球 (1) 大洲分布及种数(30-52)◆非洲
Gethyra Salisb. = **Villarsia**
Gethyum Phil. = **Solaria**
Getonia 【3】 Roxb. 萼翅藤属 Combretaceae 使君子科 [MD-354] 全球 (1) 大洲分布及种数(1-5)◆亚洲
Getuonis Raf. = **Allium**
Geum 【3】 L. 路边青属 → **Acomastylis;Coluria;Sieversia** Rosaceae 蔷薇科 [MD-246] 全球 (1) 大洲分布及种数(41-72)◆亚洲
Geunsia Bl. = **Hypoestes**
Geunsia Moç. & Sessé = **Calandrinia**
Geunsia Neck. ex Raf. = **Dicliptera**
Geunsia Raf. = **Geum**
Geunzia Neck. = **Samyda**
Geusibia Hutch. = **Polyscias**
Geversia 【-】 Dostál 蔷薇科属 Rosaceae 蔷薇科 [MD-246] 全球 (uc) 大洲分布及种数(uc)
Gevina Lam. = **Gevuina**
Gevuina 【3】 Molina 智利榛属 → **Bleasdalea** Proteaceae 山龙眼科 [MD-219] 全球 (1) 大洲分布及种数(1)◆南美洲
Geyeria Miq. = **Beyeria**
Ghaphalium L. = **Gnaphalium**
Ghaznianthus Lincz. = **Acantholimon**
Ghesaembilla Adans. = **Embelia**
Ghiesbrechtia Lindl. = **Agave**
Ghiesbreghtia 【3】 A.Rich. & Galeotti 变色虾脊兰属 ≒ **Agave** Asparagaceae 天门冬科 [MM-669] 全球 (1) 大洲分布及种数(uc)◆非洲
Ghiesebreghtia Lindl. = **Agave**
Ghikaea 【3】 Volkens & Schweinf. 地铃草属 ← **Graderia** Orobanchaceae 列当科 [MD-552] 全球 (1) 大洲分布及种数(1)◆非洲
Ghillanyara 【-】 J.M.H.Shaw 兰科属 Orchidaceae 兰科 [MM-723] 全球 (uc) 大洲分布及种数(uc)
Ghrysactinia A.Gray = **Chrysactinia**
Giadotrum Pichon = **Cleghornia**
Giantochloa Kurz = **Gigantochloa**
Giardia C.Gerber = **Thymelaea**
Gibasis Heterobasis D.R.Hunt = **Gibasis**
Gibasis 【3】 Raf. 新娘草属 ← **Aneilema;Tripogandra** Commelinaceae 鸭跖草科 [MM-708] 全球 (6) 大洲分布及种数(16;hort.1)非洲:2-5;亚洲:3-6;大洋洲:2-5;欧洲:2-5;北美洲:15-18;南美洲:4-7
Gibasoides 【3】 D.R.Hunt 紫竹梅属 ≒ **Tradescantia** Commelinaceae 鸭跖草科 [MM-708] 全球 (1) 大洲分布及种数(1)◆北美洲
Gibbaeophyllum 【-】 G.D.Rowley 番杏科属 Aizoaceae 番杏科 [MD-94] 全球 (uc) 大洲分布及种数(uc)
Gibbaeum (N.E.Br.) P.V.Heath = **Gibbaeum**
Gibbaeum 【3】 Haw. ex N.E.Br. 藻玲玉属 ← **Anemone;Antegibbaeum** Aizoaceae 番杏科 [MD-94] 全球 (1) 大洲分布及种数(18-22)◆非洲(◆南非)
Gibbago Adans. = **Agrostemma**
Gibbaotus 【-】 S.A.Hammer 番杏科属 Aizoaceae 番杏科 [MD-94] 全球 (uc) 大洲分布及种数(uc)
Gibbaria 【3】 Cass. 银盏花属 → **Nephrotheca; Osteospermum** Asteraceae 菊科 [MD-586] 全球 (1) 大洲分布及种数(2-4)◆非洲(◆南非)
Gibbesia Small = **Paronychia**
Gibbsia 【3】 Rendle 盘柱麻属 Urticaceae 荨麻科 [MD-91] 全球 (1) 大洲分布及种数(3)◆亚洲
Gibezara 【-】 J.M.H.Shaw 兰科属 Orchidaceae 兰科 [MM-723] 全球 (uc) 大洲分布及种数(uc)
Gibsoni Stocks = **Tetracera**
Gibsonia Stocks = **Tetracera**
Gibsoniela Stocks = **Tetracera**
Gibsoniothamnus 【3】 L.O.Williams 掌萼桐属 Schlegeliaceae 钟萼桐科 [MD-538] 全球 (1) 大洲分布及种数(13)◆北美洲
Giddingsara G.W.Dillon = **Cypella**
Gieiocarpon Mack. = **Geocarpon**
Gieseckia Rchb. = **Gisekia**
Giesekia C.Agardh = **Gisekia**
Giesleria Regel = **Nephrolepis**
Giflifa Chrtek & Holub = **Logfia**
Gifola Cass. = **Filago**
Gifolaria Cosson ex Pomel = **Micropus**
Gigachilon (Dorof. & Migush.) Á.Löve = **Triticum**
Gigalobium P.Br. = **Entada**
Gigantabies J.Nelson = **Sequoia**
Gigantocalamus 【-】 K.M.Wong 禾本科属 Poaceae 禾本科 [MM-748] 全球 (uc) 大洲分布及种数(uc)
Gigantochloa 【3】 Kurz 巨竹属 ← **Schizostachyum; Bambusa** Poaceae 禾本科 [MM-748] 全球 (1) 大洲分布及种数(40-59)◆亚洲
Gigara Hort. = **Acidoton**
Gigasiphon <unassigned> = **Bauhinia**
Gigaspermaceae Broth. = Gigaspermaceae
Gigaspermaceae 【3】 Lindb. 大蒴藓科 [B-108] 全球 (5) 大洲分布和属种数(6/14) 亚洲:1/2;大洋洲:1/1;欧洲:2/2;北美洲:3/3;南美洲:3/9
Gigaspermum 【2】 Lindb. 大蒴藓属 ≒ **Hedwigia; Lorentziella** Gigaspermaceae 大蒴藓科 [B-108] 全球 (5) 大洲分布及种数(3) 非洲:3;亚洲:2;大洋洲:1;欧洲:1;北美洲:1
Gigliolia Barb.Rodr. = **Octomeria**
Gigotorcya 【-】 Buc´hoz 蝶形花科属 Fabaceae3 蝶形花科 [MD-240] 全球 (uc) 大洲分布及种数(uc)
Gijefa P. & K. = **Kedrostis**
Gilberta 【3】 Turcz. 万头菊属 ≒ **Myriocephalus** Asteraceae 菊科 [MD-586] 全球 (1) 大洲分布及种数(1)◆大洋洲
Gilbertella Boutiqü = **Gilbertiella**
Gilbertiella 【3】 Boutiqü 西莓藤属 Annonaceae 番荔枝科 [MD-7] 全球 (1) 大洲分布及种数(1)◆非洲(◆刚果〔金〕)
Gilbertiodendron 【3】 J.Léonard 大瓣苏木属 ← **Berlinia;Vouapa** Fabaceae 豆科 [MD-240] 全球 (1) 大洲分布及种数(32-40)◆非洲
Gilesia 【3】 F.Müll. 密钟木属 ≒ **Hermannia** Malvaceae 锦葵科 [MD-203] 全球 (1) 大洲分布及种数(1)◆大洋洲
Gilgella Roalson & J.C.Hall = **Cleome**
Gilgia Pax = **Odontanthera**
Gilgiochloa 【3】 Pilg. 吉草属 Poaceae 禾本科 [MM-748] 全球 (1) 大洲分布及种数(1)◆非洲

G

Gilgiodaphne Domke = **Synandrodaphne**
Gilia (Greene) Milliken = **Gilia**
Gilia【3】Ruiz & Pav. 吉莉草属 → **Cyclorhiza; Navarretia** Polemoniaceae 花荵科 [MD-481] 全球 (1) 大洲分布及种数(111-292)◆北美洲
Giliastrum【2】(Brand) Rydb. 蓝钵花属 ← **Gilia; Navarretia** Polemoniaceae 花荵科 [MD-481] 全球 (2) 大洲分布及种数(10)北美洲:9;南美洲:2
Giliberta Cothen. = **Tonina**
Giliberta St.Lag. = **Gilibertia**
Gilibertia【2】J.F.Gmel. 大果树参属 ≒ **Schefflera; Polyscias** Araliaceae 五加科 [MD-471] 全球 (3) 大洲分布及种数(6) 亚洲:1;北美洲:5;南美洲:1
Gilipus Raf. = **Uncaria**
Gilla Endl. = **Gilia**
Gillbeea【3】F.Müll. 翅珠梅属 Cunoniaceae 合椿梅科 [MD-255] 全球 (1) 大洲分布及种数(3)◆大洋洲
Gillenia【3】Mönch 星草梅属 Rosaceae 蔷薇科 [MD-246] 全球 (1) 大洲分布及种数(2-3)◆北美洲
Gillespiea【3】A.C.Sm. 吉来茜属 Rubiaceae 茜草科 [MD-523] 全球 (1) 大洲分布及种数(1)◆大洋洲
Gilletiella【3】De Wild. & T.Durand 爵床科属 Acanthaceae 爵床科 [MD-572] 全球 (1) 大洲分布及种数(uc)◆亚洲
Gilletiodendron【3】Vermösen 愈疮豆属 ← **Brachystegia;Cynometra** Fabaceae 豆科 [MD-240] 全球 (1) 大洲分布及种数(3-5)◆非洲
Gillettia Rendle = **Aneilema**
Gillia Endl. = **Cyclorhiza**
Gilliesia【3】Lindl. 蜂花韭属 ≒ **Miersia** Amaryllidaceae 石蒜科 [MM-694] 全球 (1) 大洲分布及种数(13)◆南美洲
Gilliesiaceae Lindl. = Johnsoniaceae
Gilliesieae Baker = **Gilliesia**
Gilliesii Lindl. = **Gilliesia**
Gillisia Lindl. = **Gilliesia**
Gillonia A.Juss. = **Clethra**
Gillotia Syd. & P.Syd. = **Youngia**
Gilmania【3】Coville 金垫蓼属 ← **Eriogonum** Polygonaceae 蓼科 [MD-120] 全球 (1) 大洲分布及种数(1)◆北美洲(◆美国)
Gilmourara Garay & H.R.Sw. = **Aerides**
Gilruthia【3】Ewart 寡头鼠麴草属 ← **Calocephalus** Asteraceae 菊科 [MD-586] 全球 (1) 大洲分布及种数(1)◆大洋洲(◆澳大利亚)
Gimbernatea Ruiz & Pav. = **Gimbernatia**
Gimbernatia【3】Ruiz & Pav. 榄仁属 ≒ **Terminalia** Combretaceae 使君子科 [MD-354] 全球 (1) 大洲分布及种数(cf. 1)◆亚洲
Ginaldia Schrank = **Grimaldia**
Ginalloa【3】Korth. 飘穗寄生属 Santalaceae 檀香科 [MD-412] 全球 (1) 大洲分布及种数(1-9)◆亚洲
Ginalloaceae Van Tiegh. = Loranthaceae
Gingid J.R.Forst. & G.Forst. = **Gingidia**
Gingidia【3】J.W.Dawson 纽草属 ← **Aciphylla; Anisotome;Seseli** Apiaceae 伞形科 [MD-480] 全球 (1) 大洲分布及种数(8-13)◆大洋洲
Gingidium F.Müll = **Ammi**
Gingidium Forst. = **Angelica**
Ginginsia DC. = **Pharnaceum**
Gingko K.Richt. = **Ginkgo**
Gingkyo Mayr = **Ginkgo**
Ginkgo【3】L. 银杏属 Ginkgoaceae 银杏科 [G-5] 全球 (1) 大洲分布及种数(1-4)◆东亚(◆中国)
Ginkgoaceae【3】Engl. 银杏科 [G-5] 全球 (1) 大洲分布和属种数(1;hort. & cult.1)(1-8;hort. & cult.1)◆东亚(◆中国)
Ginkgoales【-】Gorozh. 银杏科属 Ginkgoaceae 银杏科 [G-5] 全球 (uc) 大洲分布及种数(uc)
Ginko Thunb. = **Ginkgo**
Ginkyo Mägd. = **Ginkgo**
Ginnala M.Röm. = **Turraea**
Ginnania M.Röm. = **Turraea**
Ginora L. = **Ginoria**
Ginorea Jacq. = **Ginoria**
Ginoria ex DC. = **Ginoria**
Ginoria【3】Jacq. 棠薇属 → **Heimia;Haitia** Lythraceae 千屈菜科 [MD-333] 全球 (1) 大洲分布及种数(6-20)◆北美洲
Ginsa Ruiz & Pav. = **Gilia**
Ginsen Adans. = **Panax**
Ginseng A.Wood = **Opopanax**
Ginura S.Vidal = **Gynura**
Gioia Ruiz & Pav. = **Gilia**
Giorgia Clarke = **Dahlia**
Giorgiella De Wild. = **Deidamia**
Gioriosa L. = **Gloriosa**
Giraldia Baroni = **Atractylodes**
Giraldiella【3】Damm. 丝合藓属 ← **Lloydia** Sematophyllaceae 锦藓科 [B-192] 全球 (1) 大洲分布及种数(1)◆亚洲
Girardi Baroni = **Atractylodes**
Girardinia【3】Gaud. 蝎子草属 ≒ **Laportea;Urera; Urtica** Urticaceae 荨麻科 [MD-91] 全球 (6) 大洲分布及种数(4-6;hort.1)非洲:1-5;亚洲:3-7;大洋洲:1-4;欧洲:3;北美洲:3;南美洲:3
Girardotia Gaud. = **Girardinia**
Girasia O.F.Cook = **Areca**
Gireoudia Klotzsch = **Begonia**
Girgensohnia (Lindb.) Kindb. = **Girgensohnia**
Girgensohnia【3】Bunge 对叶盐蓬属 ← **Anabasis; Pleuroziopsis** Amaranthaceae 苋科 [MD-116] 全球 (1) 大洲分布及种数(2-6)◆亚洲
Giroa Steud. = **Sapindus**
Gironniera【3】Gaud. 白颜树属 ← **Antidesma; Aphananthe** Ulmaceae 榆科 [MD-83] 全球 (6) 大洲分布及种数(4-13)非洲:1-17;亚洲:3-22;大洋洲:19;欧洲:13;北美洲:13;南美洲:1-15
Gironniereae Lazarev = **Gironniera**
Gironnlera Gaud. = **Gironniera**
Girtanneria Neck. = **Rhamnus**
Gisania Ehrenb. ex Moldenke = **Verbena**
Gisechia L. = **Gisekia**
Giseckia Schult. = **Gisekia**
Gisekia【3】L. 针晶粟草属 ≒ **Glinus** Gisekiaceae 针晶粟草科 [MD-97] 全球 (6) 大洲分布及种数(5-11;hort.1) 非洲:3-9;亚洲:4-6;大洋洲:1;欧洲:1;北美洲:1-2;南美洲:1
Gisekiaceae【3】Nakai 针晶粟草科 [MD-97] 全球 (6)

大洲分布和属种数(1/4-14)非洲:1/3-9;亚洲:1/4-6;大洋洲:1/1;欧洲:1/1;北美洲:1/1-2;南美洲:1/1
Gisopteris Bernh. = **Lygodium**
Gisortia Griff. = **Givotia**
Gissanthe 【-】 Salisb. 闭鞘姜科属 ≒ **Amomum** Costaceae 闭鞘姜科 [MM-738] 全球 (uc) 大洲分布及种数(uc)
Gissipium Medik. = **Gossypium**
Gissonia R.A.Salisbury ex Knight = **Weinmannia**
Gitanopsis Schwantes = **Titanopsis**
Gitara 【2】 Pax & K.Hoffm. 刺药桐属 ← **Acidoton** Euphorbiaceae 大戟科 [MD-217] 全球 (2) 大洲分布及种数(cf.1) 北美洲:1;南美洲:1
Githago Adans. = **Agrostemma**
Githopsis 【3】 Nutt. 蓝杯草属 ← **Legousia** Campanulaceae 桔梗科 [MD-561] 全球 (1) 大洲分布及种数(5-9)◆北美洲
Giton Steud. = **Arytera**
Giueia Ruiz & Pav. = **Gilia**
Giulianettia 【3】 Rolfe 小巴布亚兰属 ≒ **Glomera** Orchidaceae 兰科 [MM-723] 全球 (1) 大洲分布及种数(cf. 1)◆大洋洲(◆美拉尼西亚)
Giurus C.Presl = **Pothos**
Givotia 【3】 Griff. 杨巴豆属 ← **Croton;Guizotia** Euphorbiaceae 大戟科 [MD-217] 全球 (6) 大洲分布及种数(5)非洲:3-4;亚洲:1-2;大洋洲:1;欧洲:1;北美洲:1;南美洲:1
Gjellerupia 【3】 Lauterb. 岛象牙檀属 Opiliaceae 山柚子科 [MD-369] 全球 (1) 大洲分布及种数(1)◆亚洲
Glabraria 【3】 L. 印度樟属 ≒ **Litsea;Tetratheca; Cryptocarya** Lauraceae 樟科 [MD-21] 全球 (1) 大洲分布及种数(cf. 1)◆南亚(◆印度)
Glabrella 【3】 Mich.,Möller & W.H.Chen 月见草属 Gesneriaceae 苦苣苔科 [MD-549] 全球 (1) 大洲分布及种数(3)◆亚洲
Glaciella Raf. = **Galatella**
Glacium Mill. = **Glaucium**
Gladanthera J.Garitty = **Gladiolus**
Gladiolaceae Martinov = Iridaceae
Gladiolimon Mobayen = **Acantholimon**
Gladiolus 【3】 (Tourn.) L. 唐菖蒲属 ≒ **Antholyza; Hedera** Iridaceae 鸢尾科 [MM-700] 全球 (1) 大洲分布及种数(176-330)◆非洲(◆南非)
Gladiolus Pers. = **Gladiolus**
Gladiopappus 【3】 Humbert 剑冠菊属 Asteraceae 菊科 [MD-586] 全球 (1) 大洲分布及种数(1)◆非洲(◆马达加斯加)
Gladysyeeara 【-】 Hort. 兰科属 Orchidaceae 兰科 [MM-723] 全球 (uc) 大洲分布及种数(uc)
Glandiloba (Raf.) Steud. = **Eriochloa**
Glandina L. = **Guilandina**
Glandonia 【3】 Griseb. 格朗东草属 ← **Burdachia;Lithospermum** Malpighiaceae 金虎尾科 [MD-343] 全球 (1) 大洲分布及种数(3)◆南美洲
Glandora 【2】 D.C.Thomas & al. 格朗东草属 ← **Glandonia** Boraginaceae 紫草科 [MD-517] 全球 (2) 大洲分布及种数(uc) 非洲:2;欧洲:7
Glandula Medik. = **Astragalus**
Glandularia (Schauer) Tronc. = **Glandularia**
Glandularia 【3】 J.F.Gmel. 美女樱属 ← **Verbena; Lantana;Junellia** Verbenaceae 马鞭草科 [MD-556] 全球 (6)大洲分布及种数(92-100)非洲:7-11;亚洲:12-16;大洋洲:14-18;欧洲:6-10;北美洲:38-46;南美洲:76-80
Glandulicactus 【3】 Backeb. 长钩玉属 ≒ **Hamatocactus** Cactaceae 仙人掌科 [MD-100] 全球 (1) 大洲分布及种数(2)◆北美洲
Glandulicereus 【-】 Guiggi 仙人掌科属 Cactaceae 仙人掌科 [MD-100] 全球 (uc) 大洲分布及种数(uc)
Glandulifera (Salm-Dyck) Frič = **Coryphantha**
Glandulifolia J.C.Wendl. = **Adenandra**
Glandulina Medik. = **Anarthrophyllum**
Glandulosa Medik. = **Astragalus**
Glanidium Lütken = **Glaucidium**
Glans L. = **Glinus**
Glaphiria Jack = **Thibaudia**
Glaphylopteridopsis Ching = **Cyclosorus**
Glaphyria Jack = **Vaccinium**
Glaphyropteridopsis Ching = **Cyclosorus**
Glaphyropteris (Fée) C.Presl ex Fée = **Thelypteris**
Glaphyrus Jack = **Thibaudia**
Glaribraya H.Hara = **Taphrospermum**
Glastaria 【3】 Boiss. 岩盾荠属 ≒ **Peltaria** Brassicaceae 十字花科 [MD-213] 全球 (1) 大洲分布及种数(1)◆亚洲
Glau L. = **Glaux**
Glaucena Vitman = **Kengyilia**
Glaucidiaceae 【3】 Tamura 白根葵科 [MD-48] 全球 (1) 大洲分布和属种数(1;hort. & cult.1)(3;hort. & cult.1)◆亚洲
Glaucidium 【3】 Sieb. & Zucc. 白根葵属 Ranunculaceae 毛茛科 [MD-38] 全球 (1) 大洲分布及种数(3)◆亚洲
Glaucium 【3】 Mill. 海罂粟属 ← **Chelidonium** Papaveraceae 罂粟科 [MD-54] 全球 (6) 大洲分布及种数(15-29;hort.1;cult:2)非洲:4-5;亚洲:14-28;大洋洲:2-3;欧洲:3-4;北美洲:2-4;南美洲:1
Glaucocarpum 【3】 Rollins 海白菜属 ≒ **Iodanthus** Brassicaceae 十字花科 [MD-213] 全球 (1) 大洲分布及种数(1)◆北美洲
Glaucocochlearia (O.E.Schulz) Pobed. = **Cochlearia**
Glaucodipsis K.F.Schimp. = **Leucobryum**
Glaucoides Rupp. = **Astragalus**
Glauconia Griseb. = **Glandonia**
Glaucosciadium 【3】 B.L.Burtt & P.H.Davis 灰伞芹属 ≒ **Siler** Apiaceae 伞形科 [MD-480] 全球 (1) 大洲分布及种数(1-2)◆亚洲
Glaucothea O.F.Cook = **Brahea**
Glaucus Mill. = **Glaucium**
Glaux Hill = **Glaux**
Glaux 【3】 L. 海乳草属 ≒ **Astragalus;Nitrophila** Primulaceae 报春花科 [MD-401] 全球 (1) 大洲分布及种数(2)◆亚洲
Glayphyria G.Don = **Vaccinium**
Glazi Terán & Berland = **Ehretia**
Glaziella Broth. ex M.Fleisch. = **Gammiella**
Glaziocharis Taub. = **Thismia**
Glaziophyton 【3】 Franch. 灯芯竺属 ← **Arundinaria** Poaceae 禾本科 [MM-748] 全球 (1) 大洲分布及种数(1)◆南美洲(◆巴西)
Glaziostelma E.Fourn. = **Tassadia**

G

Glaziova 【3】 Bur. 格拉紫葳属 ≒ **Lytocaryum** Bignoniaceae 紫葳科 [MD-541] 全球 (1) 大洲分布及种数(uc)◆亚洲
Glaziovanthus G.M.Barroso = **Chresta**
Glaziovia Benth. & Hook.f. = **Glaziova**
Glaziovianthus G.M.Barroso = **Chresta**
Gleadovia 【3】 Gamble & Prain 藨寄生属 ← **Christisonia** Orobanchaceae 列当科 [MD-552] 全球 (1) 大洲分布及种数(2-4)◆亚洲
Gleasonia 【3】 Standl. 格利森茜属 Rubiaceae 茜草科 [MD-523] 全球 (1) 大洲分布及种数(5)◆南美洲
Glebionis 【3】 Cass. 茼蒿属 ≒ **Arctanthemum** Asteraceae 菊科 [MD-586] 全球 (6) 大洲分布及种数(6)非洲:3;亚洲:6-9;大洋洲:2;欧洲:2;北美洲:4-5;南美洲:cf.1
Glechoma 【3】 L. 活血丹属 → **Calamintha;Hedera; Stachys** Lamiaceae 唇形科 [MD-575] 全球 (6) 大洲分布及种数(40-43;hort.1;cult:1)非洲:11-19;亚洲:32-43;大洋洲:1-9;欧洲:17-25;北美洲:9-17;南美洲:8
Glechomaceae Martinov = Thomandersiaceae
Glechon 【3】 Spreng. 格莱薄荷属 → **Hesperozygis; Thymus** Lamiaceae 唇形科 [MD-575] 全球 (1) 大洲分布及种数(7-8)◆南美洲
Glechonion St.Lag. = **Glechoma**
Glecoma L. = **Glechoma**
Gleditschia 【2】 Clayton ex L. 皂荚属 ≒ **Parkia** Fabaceae3 蝶形花科 [MD-240] 全球 (4) 大洲分布及种数(1) 亚洲:1;欧洲:1;北美洲:1;南美洲:1
Gleditsia J.Clayton = **Gleditsia**
Gleditsia 【3】 L. 皂荚属 → **Acacia;Gleditschia;Parkia** Fabaceae2 云实科 [MD-239] 全球 (6) 大洲分布及种数(11-14;hort.1;cult:3)非洲:1-6;亚洲:9-17;大洋洲:3-8;欧洲:6-11;北美洲:5-11;南美洲:5-10
Gleditzia J.St.Hil. = **Gleditsia**
Glehnia 【3】 F.Schmidt 珊瑚菜属 ← **Cymopterus** Apiaceae 伞形科 [MD-480] 全球 (6) 大洲分布及种数(2;hort.1;cult:1)非洲:1;亚洲:1-2;大洋洲:1;欧洲:1;北美洲:1-2;南美洲:1
Gleichenella 【2】 Ching 梳芒萁属 ≒ **Dicranopteris; Sticherus** Gleicheniaceae 里白科 [F-18] 全球 (2) 大洲分布及种数(2)北美洲:1;南美洲:1
Gleichenia (C.Presl) T.Moore = **Gleichenia**
Gleichenia 【3】 Sm. 珊瑚蕨属 → **Dicranopteris;Diplopterygium;Sticherus** Gleicheniaceae 里白科 [F-18] 全球 (6) 大洲分布及种数(60-98;hort.1;cult: 4)非洲:6-10;亚洲:58-83;大洋洲:21-30;欧洲:1;北美洲:7-10;南美洲:13-18
Gleicheniaceae【3】C.Presl 里白科 [F-18] 全球 (6) 大洲分布和属种数(7-8;hort. & cult.2)(225-341;hort. & cult.5-8)非洲:3-5/27-55;亚洲:6/128-186;大洋洲:4-6/44-84;欧洲:2-5/3-28;北美洲:5-6/50-84;南美洲:4-6/89-123
Gleicheniastrum C.Presl = **Gleichenia**
Gleichenieae J.Presl & Gaudich. = **Gleichenia**
Glekia 【3】 Hilliard 非洲山玄参属 ← **Phyllopodium** Scrophulariaceae 玄参科 [MD-536] 全球 (1) 大洲分布及种数(1)◆非洲
Gleniea Trimen = **Croton**
Glenniea 【3】 Hook.f. 孪荔枝属 ← **Croton;Crossonephelis** Sapindaceae 无患子科 [MD-428] 全球 (1) 大洲分布及种数(8-9)◆亚洲
Glenoglossa C.Presl = **Pyrrosia**
Glensine Herb. = **Gelasine**
Glia 【3】 Sond. 胶芹属 ← **Annesorhiza;Oenanthe; Peucedanum** Apiaceae 伞形科 [MD-480] 全球 (1) 大洲分布及种数(1-2)◆非洲(◆南非)
Glibertia Dum. = **Libertia**
Glicensteinara 【-】 J.M.H.Shaw 兰科属 Orchidaceae 兰科 [MM-723] 全球 (uc) 大洲分布及种数(uc)
Glicirrhiza Nocca = **Andira**
Glicophyllum 【-】 R.F.Almeida 金虎尾科属 Malpighiaceae 金虎尾科 [MD-343] 全球 (uc) 大洲分布及种数(uc)欧洲
Glinaceae Mart. = Sesuviaceae
Glinus 【3】 Löfl. ex L. 星粟草属 → **Corbichonia; Plenckia** Molluginaceae 粟米草科 [MD-99] 全球 (6) 大洲分布及种数(8-13;hort.1)非洲:6-8;亚洲:4;大洋洲:2-4;欧洲:2;北美洲:3;南美洲:2
Glionnetia 【3】 Tirveng. 龙船花属 ← **Ixora** Rubiaceae 茜草科 [MD-523] 全球 (1) 大洲分布及种数(1)◆非洲
Gliopsis 【-】 Rauschert 伞形科属 Apiaceae 伞形科 [MD-480] 全球 (uc) 大洲分布及种数(uc)
Gliricidia 【2】 H.B. & K. 藩篱豆属 ≒ **Yucaratonia; Muellera** Fabaceae 豆科 [MD-240] 全球 (4) 大洲分布及种数(6-7)亚洲:1;大洋洲:1;北美洲:4;南美洲:3-4
Glironia Mill. = **Casearia**
Glischrocaryon 【3】 Endl. 蓼花草属 ≒ **Loudonia** Haloragaceae 小二仙草科 [MD-271] 全球 (1) 大洲分布及种数(3-8)◆大洋洲(◆澳大利亚)
Glischrocolla 【3】 A.DC. 胭苞木属 ← **Endonema** Penaeaceae 管萼木科 [MD-375] 全球 (1) 大洲分布及种数(1)◆非洲(◆南非)
Glischrothamnus 【3】 Pilg. 腺粟木属 Molluginaceae 粟米草科 [MD-99] 全球 (1) 大洲分布及种数(1)◆南美洲(◆巴西)
Glissanthe Steud. = **Gissanthe**
Globa L. = **Globba**
Globba 【3】 L. 舞花姜属 ≒ **Hura;Alpinia** Zingiberaceae 姜科 [MM-737] 全球 (6) 大洲分布及种数(29-112;hort.1;cult: 2)非洲:5;亚洲:28-108;大洋洲:4;欧洲:3;北美洲:2-8;南美洲:4
Globeria Raf. = **Aletris**
Globeris André = **Aletris**
Globifera J.F.Gmel. = **Micranthemum**
Globimetula 【3】 Van Tiegh. 菌帽寄生属 ← **Elytranthe;Loranthus** Loranthaceae 桑寄生科 [MD-415] 全球 (1) 大洲分布及种数(12-13)◆非洲
Globocarpus Carül = **Oenanthe**
Globularia 【2】 L. 地团花属 ≒ **Lobularia** Plantaginaceae 车前科 [MD-527] 全球 (4) 大洲分布及种数(16-42;hort.1;cult: 4)非洲:1-11;亚洲:7-16;欧洲:15-26;北美洲:4
Globulariaceae【2】DC. 球花科 [MD-558] 全球 (4) 大洲分布和属种数(1-2;hort. & cult.1)(15-51;hort. & cult.11-27)非洲:1/1-11;亚洲:1-2/7-17;欧洲:1/15-26;北美洲:1/4
Globulariopsis【3】Compton 团杉花属 Scrophulariaceae 玄参科 [MD-536] 全球 (1) 大洲分布及种数(4-7)◆非洲(◆南非)
Globulea Haw. = **Crassula**

Globulifera J.F.Gmel. = **Micranthemum**
Globulina【3】(Müll.Hal.) Broth. 舌藓属 ≒ **Globulinella** Pottiaceae 丛藓科 [B-133] 全球 (1) 大洲分布及种数(1)◆南美洲
Globulinella【2】Steere 舌藓属 ≒ **Seligeria** Pottiaceae 丛藓科 [B-133] 全球 (2) 大洲分布及种数(4) 北美洲:2;南美洲:3
Globulostylis【3】Wernham 居维叶茜草属 ← **Cuviera** Rubiaceae 茜草科 [MD-523] 全球 (1) 大洲分布及种数(6-7) ◆非洲
Globulus Haw. = **Crassula**
Glocbidotheca Fenzl = **Caucalis**
Glocheria Pritz. = **Stenostephanus**
Glochidinium J.R.Forst. & G.Forst. = **Glochidion**
Glochidinopsis Steud. = **Glochidion**
Glochidion【3】J.R.Forst. & G.Forst. 算盘子属 ≒ **Agyneia;Breutelia;Phyllanthus** Euphorbiaceae 大戟科 [MD-217] 全球 (6) 大洲分布及种数(92-324;hort.1;cult:4)非洲:16-88;亚洲:66-219;大洋洲:40-178;欧洲:3-24;北美洲:10-33;南美洲:7-27
Glochidionopsis Bl. = **Glochidion**
Glochidium J.R.Forst. & G.Forst. = **Glochidion**
Glochidocaryum W.T.Wang = **Actinocarya**
Glochidopleurum K.Pol. = **Bupleurum**
Glochidotheca Fenzl = **Caucalis**
Glochihion Miq. = **Glochidion**
Glochisandra Wight = **Glochidion**
Glockeria【3】Nees 巴拿马爵床属 ≒ **Hansteinia; Stenostephanus** Acanthaceae 爵床科 [MD-572] 全球 (1) 大洲分布及种数(2)◆北美洲
Glocodonia【-】Wiehler 苦苣苔科属 Gesneriaceae 苦苣苔科 [MD-549] 全球 (uc) 大洲分布及种数(uc)
Gloechoma L. = **Glechoma**
Gloeocalyx Benth. = **Gonocalyx**
Gloeocarpus【3】Radlk. 胶果无患子属 ← **Cupaniopsis** Sapindaceae 无患子科 [MD-428] 全球 (1) 大洲分布及种数(cf. 1)◆东南亚(◆菲律宾)
Gloeosoma Schreb. = **Votomita**
Gloeospermum【3】Triana & Planch. 胶子堇属 ← **Alsodeia;Rinorea;Leonia** Violaceae 堇菜科 [MD-126] 全球 (1) 大洲分布及种数(12-41)◆南美洲
Gloeosporium Triana & Planch. = **Gloeospermum**
Gloeotaenium (Hemsl.) F.Maek. = **Asarum**
Gloiospermum Benth. & Hook.f. = **Gloeospermum**
Glokohleria H.Wiehler = **Glokohleria**
Glokohleria【3】Wiehler 胶苣苔属 ≒ **Gloxinia** Gesneriaceae 苦苣苔科 [MD-549] 全球 (1) 大洲分布及种数(1)◆非洲
Glomera【3】Bl. 球序兰属 ≒ **Agrostophyllum; Glossorhyncha** Orchidaceae 兰科 [MM-723] 全球 (6) 大洲分布及种数(99-168)非洲:90-140;亚洲:10-44;大洋洲:39-96;欧洲:1-6;北美洲:2;南美洲:3
Glomeraria Cav. = **Acroglochin**
Glomeris Bl. = **Glomera**
Glomeropitcairnia (Mez) Mez = **Glomeropitcairnia**
Glomeropitcairnia【2】Mez 雨蛙凤梨属 ≒ **Tillandsia** Bromeliaceae 凤梨科 [MM-715] 全球 (2) 大洲分布及种数(3)北美洲:2;南美洲:2
Glon St.Lag. = **Galium**
Gloniopsis Starbäck = **Gloxiniopsis**
Glonium Speg. = **Gelonium**
Gloriosa【3】L. 嘉兰属 → **Sandersonia;Reptonia** Colchicaceae 秋水仙科 [MM-623] 全球 (6) 大洲分布及种数(15-17)非洲:14-21;亚洲:5-10;大洋洲:1-6;欧洲:2-7;北美洲:2-7;南美洲:3-8
Glosarithys Rizzini = **Saglorithys**
Glosocomia D.Don = **Codonopsis**
Glossadelphus【2】M.Fleisch. 扁锦藓属 ≒ **Isopterygium;Phyllodon** Hypnaceae 灰藓科 [B-189] 全球 (5) 大洲分布及种数(40) 非洲:9;亚洲:22;大洋洲:9;北美洲:7;南美洲:2
Glossanthus J.G.Klein ex Benth. = **Geissanthus**
Glossarion【3】Maguire & Wurdack 红莲菊木属 ≒ **Guaicaia** Asteraceae 菊科 [MD-586] 全球 (1) 大洲分布及种数(2)◆南美洲
Glossarrhen Mart. = **Schweiggeria**
Glossaspis Spreng. = **Geissaspis**
Glossaulax Lindl. = **Habenaria**
Glossocalycoidea Thorne = (接受名不详) Siparunaceae
Glossocalycoideae Thorne ex Philipson = (接受名不详) Siparunaceae
Glossocalyx【3】Benth. 玉爵桂属 Siparunaceae 坛罐花科 [MD-17] 全球 (1) 大洲分布及种数(1)◆非洲
Glossocardia【2】Cass. 鹿角草属 ← **Bidens;Zinnia** Asteraceae 菊科 [MD-586] 全球 (3) 大洲分布及种数(9-13)非洲:2;亚洲:8-10;大洋洲:1
Glossocaris Cass. = **Glossocardia**
Glossocarya【2】N.Wall. ex Griff. 舌果马鞭草属 ← **Clerodendrum** Lamiaceae 唇形科 [MD-575] 全球 (3) 大洲分布及种数(2-11)非洲:1;亚洲:1-9;大洋洲:1-4
Glossocentrum Crüg. = **Miconia**
Glossochilopsis Szlach. = **Malaxis**
Glossochilus【3】Nees 舌唇爵床属 Acanthaceae 爵床科 [MD-572] 全球 (1) 大洲分布及种数(2)◆非洲(◆南非)
Glossocoma Endl. = **Votomita**
Glossocomia Rchb. = **Codonopsis**
Glossodia【3】R.Br. 蜡唇兰属 ≒ **Caladenia; Elythranthera** Orchidaceae 兰科 [MM-723] 全球 (1) 大洲分布及种数(1-3)◆大洋洲(◆澳大利亚)
Glossodium Nyl. = **Glossodia**
Glossogyne【3】Cass. 舌蕊菊属 ← **Bidens;Diodontium; Glossocardia** Asteraceae 菊科 [MD-586] 全球 (1) 大洲分布及种数(1)◆大洋洲(◆密克罗尼西亚)
Glossoloma【2】Hanst. 舌苣苔属 ← **Alloplectus; Besleria;Crantzia** Gesneriaceae 苦苣苔科 [MD-549] 全球 (2) 大洲分布及种数(29-30)北美洲:9;南美洲:27-28
Glossoma Schreb. = **Votomita**
Glossonema【2】Decne. 舌蕊萝藦属 ← **Cynanchum; Odontanthera;Conomitra** Apocynaceae 夹竹桃科 [MD-492] 全球 (2) 大洲分布及种数(4-6)非洲:2-4;亚洲:cf.1
Glossopappus【2】Kunze 舌冠菊属 ← **Chrysanthemum;Coleostephus;Leucanthemum** Asteraceae 菊科 [MD-586] 全球 (2) 大洲分布及种数(1)非洲:1;欧洲:1
Glossopetalon【3】A.Gray 枳缨木属 ≒ **Forsellesia** Crossosomataceae 缨子木科 [MD-241] 全球 (1) 大洲分布及种数(6-10)◆北美洲
Glossopetalum Benth. & Hook.f. = **Goupia**
Glossopholis Pierre = **Tiliacora**

G

Glossophyllum【-】(Müll.Hal.) Hampe 硬叶藓科属 ≒ **Ranunculus;Stereophyllum** Stereophyllaceae 硬叶藓科 [B-172] 全球 (uc) 大洲分布及种数(uc)
Glossopteris Brongn. = **Neottopteris**
Glossorhyncha【3】Ridl. 舌蕊兰花属 ← **Glomera; Ceratochilus** Orchidaceae 兰科 [MM-723] 全球 (1) 大洲分布及种数(27-33)◆大洋洲
Glossorrhyncha Ridl. = **Glossorhyncha**
Glossoschima Walp. = **Laplacea**
Glossospermum Wall. = **Melochia**
Glossostelma【3】Schltr. 锈杯花属 ← **Asclepias** Apocynaceae 夹竹桃科 [MD-492] 全球 (1) 大洲分布及种数(8-12)◆非洲
Glossostemon【3】Desf. 非洲芙蓉属 ≒ **Dombeya** Malvaceae 锦葵科 [MD-203] 全球 (1) 大洲分布及种数(1-2)◆亚洲
Glossostemum Steud. = **Glossostemon**
Glossostigma【3】Wight & Arn. 舌柱草属 ← **Limosella;Lobelia** Scrophulariaceae 玄参科 [MD-536] 全球 (6) 大洲分布及种数(2-7)非洲:1-6;亚洲:1-6;大洋洲:1-11;欧洲:5;北美洲:1-7;南美洲:5
Glossostipula D.H.Lorence = **Glossostipula**
Glossostipula【3】Lorence 舌叶茜属 ≒ **Randonia** Rubiaceae 茜草科 [MD-523] 全球 (1) 大洲分布及种数(3)◆北美洲
Glossostoma Schltr. = **Glossostelma**
Glossostylus Cham. & Schltdl. = **Melasma**
Glossula Lindl. = **Habenaria**
Glossula Rchb. = **Aristolochia**
Glossus Lindl. = **Habenaria**
Glottes Medik. = **Astragalus**
Glottidia Desv. = **Sesbania**
Glottidium Desv. = **Sesbania**
Glottiphyllum【3】Haw. 舌叶花属 → **Malephora; Mesembryanthemum** Aizoaceae 番杏科 [MD-94] 全球 (1) 大洲分布及种数(23)◆非洲(◆南非)
Glottis Medik. = **Astragalus**
Glottisarcon【-】Szlach. & Kolan. 兰科属 Orchidaceae 兰科 [MM-723] 全球 (uc) 大洲分布及种数(uc)
Gloveria【3】Jordaan 巧茶属 ← **Catha;Celastrus;Gymnosporia** Celastraceae 卫矛科 [MD-339] 全球 (1) 大洲分布及种数(uc)◆亚洲
Gloximannia【-】Roalson & Boggan 苦苣苔科属 Gesneriaceae 苦苣苔科 [MD-549] 全球 (uc) 大洲分布及种数(uc)
Gloxinantha Lee = **Gloxinantha**
Gloxinantha【3】R.E.Lee 卷苣苔属 ≒ **Gloxinia** Gesneriaceae 苦苣苔科 [MD-549] 全球 (1) 大洲分布及种数(1)◆非洲
Gloxinella【3】(H.E.Moore) Roalson & Boggan 小岩桐属 ≒ **Gloxinia** Gesneriaceae 苦苣苔科 [MD-549] 全球 (1) 大洲分布及种数(1)◆南美洲
Gloxinera Hort. ex Weathers = **Gloxinella**
Gloxinia Hemiloba DC. = **Gloxinia**
Gloxinia【3】L´Hér. 小岩桐属 → **Achimenes;Gloxiniopsis;Pentaraphia** Gesneriaceae 苦苣苔科 [MD-549] 全球 (6) 大洲分布及种数(7-16)非洲:1;亚洲:1-2;大洋洲:1;欧洲:1;北美洲:2-3;南美洲:6-8
Gloxiniopsis【3】Roalson & Boggan 小岩桐属 ≒ **Gloxinia** Gesneriaceae 苦苣苔科 [MD-549] 全球 (1) 大洲分布及种数(1-3)◆南美洲
Gloxinistema【-】Roalson & Boggan 苦苣苔科属 Gesneriaceae 苦苣苔科 [MD-549] 全球 (uc) 大洲分布及种数(uc)
Gloxinopyle【-】Wiehler 苦苣苔科属 Gesneriaceae 苦苣苔科 [MD-549] 全球 (uc) 大洲分布及种数(uc)
Gltcyrrhiza Longileguminaris X.Y.Li = **Glycyrrhiza**
Gluch (Casper) Roccia = **Alyssum**
Glumea Rchb. = **Blumia**
Glumicalyx【3】Hiern 管槌花属 ≒ **Zaluzianskya** Scrophulariaceae 玄参科 [MD-536] 全球 (1) 大洲分布及种数(6)◆非洲
Glumosia Herb. = **Sisyrinchium**
Gluta【2】L. 胶漆树属 → **Melanorrhoea;Penaea** Anacardiaceae 漆树科 [MD-432] 全球 (5) 大洲分布及种数(2-36)非洲:1-3;亚洲:1-34;大洋洲:1;北美洲:3;南美洲:1
Glutago Comm. ex Poir. = **Phthirusa**
Glutinaria Fabr. = **Salvia**
Gluvia Sond. = **Glia**
Gluviopsis Becc. = **Hydriastele**
Glyaspermum Zoll. & Mor. = **Pittosporum**
Glycanthes Raf. = **Columnea**
Glyce Lindl. = **Lobularia**
Glyceria (Dum.) Dum. = **Glyceria**
Glyceria【3】R.Br. 甜茅属 → **Arctophila; Briza;Catabrosa** Poaceae 禾本科 [MM-748] 全球 (6) 大洲分布及种数(46-60;hort.1;cult: 14)非洲:10-30;亚洲:45-70;大洋洲:13-32;欧洲:15-35;北美洲:23-42;南美洲:13-32
Glyceridae R.Br. = **Glyceria**
Glycerieae Link ex Endl. = **Glyceria**
Glycesia R.Br. = **Glyceria**
Glycia L. = **Glycine**
Glycicarpus Benth. & Hook.f. = **Pegia**
Glycideras DC. = **Psiadia**
Glycine L. = **Glycine**
Glycine【3】Willd. 大豆属 ← **Abrus;Apios;Shuteria** Fabaceae3 蝶形花科 [MD-240] 全球 (6) 大洲分布及种数(15-59;hort.1;cult: 2)非洲:4-35;亚洲:8-41;大洋洲:9-54;欧洲:3-28;北美洲:7-36;南美洲:3-30
Glycinopsis (DC.) P. & K. = **Periandra**
Glyciphylla Raf. = **Gaultheria**
Glycocystis【3】Chinnock 香霉木属 Scrophulariaceae 玄参科 [MD-536] 全球 (1) 大洲分布及种数(1)◆大洋洲(◆澳大利亚)
Glycorchis D.L.Jones & M.A.Clem. = **Ericksonella**
Glycosma Nutt. = **Myrrhis**
Glycosmis【3】Corrêa 山小橘属 ≒ **Atalantia;Limonia;Murraya** Rutaceae 芸香科 [MD-399] 全球 (1) 大洲分布及种数(26-54)◆亚洲
Glycoxylon Ducke = **Pradosia**
Glycoxylum Ducke = **Pradosia**
Glycycarpus Dalzell = **Pegia**
Glycydendron【3】Ducke 甜桐属 Euphorbiaceae 大戟科 [MD-217] 全球 (1) 大洲分布及种数(2)◆南美洲
Glycyderas Cass. = **Psiadia**
Glycymeris Pilsbry & Olsson = **Psiadia**
Glycyphylla Spach = **Astragalus**
Glycyphyllus Steven = **Gaultheria**

G

Glycyrhiza Tourn. ex L. = **Glycyrrhiza**
Glycyrrhisa Regel = **Glycyrrhiza**
Glycyrrhiza【3】 Tourn. ex L. 甘草属 → **Andira; Periandra** Fabaceae3 蝶形花科 [MD-240] 全球 (6) 大洲分布及种数(35-46;hort.1;cult: 3)非洲:3-5;亚洲:34-42;大洋洲:2-7;欧洲:6-12;北美洲:3-5;南美洲:4-6
Glycyrrhizopsis Boiss. = **Glycyrrhiza**
Glypha Lour ex Endl. = **Scaevola**
Glyphaea【3】 Hook.f. 牛轭麻属 ← **Capparis;Grewia** Malvaceae 锦葵科 [MD-203] 全球 (1) 大洲分布及种数(1-2)◆非洲
Glyphea Hook.f. = **Glyphaea**
Glyphia Cass. = **Psiadia**
Glyphium (Grev.) H.Zogg = **Psiadia**
Glyphocarpa R.Br. = **Bartramia**
Glyphocarpus (Bruch & Schimp.) A.Jaeger = **Bartramia**
Glyphochloa【3】 Clayton 塑草属 ≒ **Rottboellia** Poaceae 禾本科 [MM-748] 全球 (1) 大洲分布及种数(11-12)◆南亚(◆印度)
Glyphomitriaceae M.Z.Wang = Ptychomitriaceae
Glyphomitrium (Fürnr.) Schimp. = **Glyphomitrium**
Glyphomitrium【3】 Brid. 高领藓属 ≒ **Ptychomitrium; Hyophila** Oncophoraceae 曲背藓科 [B-124] 全球 (6) 大洲分布及种数(21) 非洲:2;亚洲:9;大洋洲:1;欧洲:1;北美洲:4;南美洲:4
Glyphosperma S.Wats. = **Gentiana**
Glyphospermum G.Don = **Gentiana**
Glyphostylus Gagnep. = **Excoecaria**
Glyphotaenium【3】 J.Sm. 槲枝蕨属 ≒ **Polypodium** Grammitidaceae 禾叶蕨科 [F-63] 全球 (1) 大洲分布及种数(1)◆南美洲
Glyphotheciopsis【3】 N.Pedersen & A.E.Newton 棱槲藓属 Ptychomniaceae 棱蒴藓科 [B-159] 全球 (1) 大洲分布及种数(1)◆非洲
Glyphothecium【2】 Hampe 直棱藓属 ≒ **Glyptothecium; Hampeella** Ptychomniaceae 棱蒴藓科 [B-159] 全球 (4) 大洲分布及种数(3) 亚洲:1;大洋洲:2;欧洲:1;南美洲:2
Glyphus Cass. = **Psiadia**
Glypphotheciopsis【3】 N.Pedersen & A.E.Newton 沟蒴藓属 Ptychomniaceae 棱蒴藓科 [B-159] 全球 (1) 大洲分布及种数(1)◆非洲
Glypphothecium【3】 Hampe 凹蒴藓属 ≒ **Cladomnion** Ptychomniaceae 棱蒴藓科 [B-159] 全球 (1) 大洲分布及种数(1)◆东亚(◆中国)
Glypta L. = **Gluta**
Glyptocarpa H.H.Hu = **Camellia**
Glyptocaryopsis【3】 Brand 米花草属 ← **Plagiobothrys** Boraginaceae 紫草科 [MD-517] 全球 (1) 大洲分布及种数(uc)◆亚洲
Glyptopetalum【3】 Thw. 沟瓣木属 ≒ **Hippocratea** Celastraceae 卫矛科 [MD-339] 全球 (1) 大洲分布及种数(19-41)◆亚洲
Glyptopleura【3】 D.C.Eaton 割脉苣属 Asteraceae 菊科 [MD-586] 全球 (1) 大洲分布及种数(2)◆北美洲(◆美国)
Glyptostrobus【3】 Endl. 水松属 ← **Cupressus;Thuya** Cupressaceae 柏科 [G-17] 全球 (1) 大洲分布及种数(1-3)◆亚洲
Glyptothecium【-】 Hampe ex Broth. 棱蒴藓科属 ≒ **Glyphothecium;Hampeella** Ptychomniaceae 棱蒴藓科 [B-159] 全球 (uc) 大洲分布及种数(uc)
Glyscosmis D.Dietr. = **Glycosmis**
Gmelina J.M.H.Shaw = **Gmelina**
Gmelina【3】 L. 石梓属 → **Lantana;Vitex** Lamiaceae 唇形科 [MD-575] 全球 (6) 大洲分布及种数(20-37; hort.1; cult:7)非洲:6-17;亚洲:12-21;大洋洲:11-21;欧洲:3;北美洲:3-7;南美洲:3-7
Gmelinia Spreng. = **Lantana**
Gnaphaliaceae Link ex F.Rudolphi = Asteliaceae
Gnaphalimn Lowe = **Phagnalon**
Gnaphalinm Lowe = **Phagnalon**
Gnaphalion St.Lag. = **Gnaphalium**
Gnaphaliothamnus Kirp. = **Chionolaena**
Gnaphalium【3】 L. 湿鼠曲草属 → **Achyrocline; Otanthus;Pentzia** Asteraceae 菊科 [MD-586] 全球 (6) 大洲分布及种数(136-249;hort.1;cult:7)非洲:36-91;亚洲:29-85;大洋洲:20-75;欧洲:15-69;北美洲:32-88;南美洲:72-138
Gnaphalodes【3】 Mill. 棉子菊属 ← **Micropus; Siloxerus** Asteraceae 菊科 [MD-586] 全球 (1) 大洲分布及种数(uc)◆大洋洲
Gnaphalon Lowe = **Phagnalon**
Gnaphalopsis DC. = **Thymophylla**
Gnaphalum L. = **Gnaphalium**
Gnaphlium L. = **Gnaphalium**
Gnaphosa Alef. = **Arachis**
Gnathia Bayrh. = **Physcomitrella**
Gnemon P. & K. = **Gnetum**
Gneorum G.Don = **Gnetum**
Gnephosis【3】 Cass. 长序鼠麹草属 ← **Angianthus; Trichanthodium** Asteraceae 菊科 [MD-586] 全球 (1) 大洲分布及种数(22-26)◆大洋洲(◆澳大利亚)
Gnetaceae【3】Bl. 买麻藤科 [G-9] 全球 (6) 大洲分布和属种数(1;hort. & cult.1)(34-70;hort. & cult.2-4)非洲:1/9-21;亚洲:1/27-41;大洋洲:1/5-14;欧洲:1/9;北美洲:1/8-17;南美洲:1/8-17
Gnetum【3】 L. 买麻藤属 ≒ **Geum** Gnetaceae 买麻藤科 [G-9] 全球 (6) 大洲分布及种数(35-47;hort.1;cult: 6)非洲:9-21;亚洲:27-41;大洋洲:5-14;欧洲:9;北美洲:8-17;南美洲:8-17
Gnidia【3】 L. 夜薇香属 ≒ **Cacalia;Lonchostoma** Thymelaeaceae 瑞香科 [MD-310] 全球 (6) 大洲分布及种数(150-175;hort.1;cult:3)非洲:148-161;亚洲:9-12;大洋洲:1-4;欧洲:7-10;北美洲:3;南美洲:23-28
Gnidium G.Don = **Ammi**
Gnomonia Ces. & De Not. = **Festuca**
Gnomoniac Lunell = **Festuca**
Gnomonie Lunell = **Festuca**
Gnomoniop Lunell = **Festuca**
Gnomophalium【2】 Greuter 垫头鼠曲属 ≒ **Homognaphalium** Asteraceae 菊科 [MD-586] 全球 (2) 大洲分布及种数(2)非洲:1;亚洲:cf.1
Gnophos Raf. = **Aconogonon**
Gnoteris Raf. = **Hyptis**
Gnula L. = **Inula**
Gnypeta L. = **Nepeta**
Goadbyella R.S.Rogers = **Microtis**
Goaxis Salisb. = **Amaryllis**

Gobiella T.Lestib. = **Lysimachia**
Gobiosoma Elmer = **Geniostoma**
Gobius Lour. = **Ailanthus**
Gochnatea Steud. = **Gochnatia**
Gochnatia【3】Kunth 绒菊木属 → **Acourtia;Onoseris** Asteraceae 菊科 [MD-586] 全球 (6) 大洲分布及种数(35-51;hort.1;cult:1)非洲:1-3;亚洲:5-9;大洋洲:2;欧洲:2;北美洲:9-13;南美洲:21-24
Gochnatieae Rydb. = **Gochnatia**
Gochnotia Steud. = **Gochnatia**
Gockia【3】Bronner 绒葡萄属 Vitaceae 葡萄科 [MD-403] 全球 (1) 大洲分布及种数(cf.1) ◆欧洲
Godefroya Gagnep. = **Securinega**
Godetia Hort. = **Clarkia**
Godia Steud. = **Goupia**
Godiaeum Boj. = **Codiaeum**
Godinella Spach = **Lysimachia**
Godmania【3】Hemsl. 巴西金紫葳属 ← **Bignonia; Tabebuia** Bignoniaceae 紫葳科 [MD-541] 全球 (1) 大洲分布及种数(2)◆南美洲
Godonia J.Ellis = **Gordonia**
Godovia Pers. = **Rhytidanthera**
Godoya【3】Ruiz & Pav. 决明莲木属 → **Blastemanthus;Cespedesia;Rhytidanthera** Ochnaceae 金莲木科 [MD-104] 全球 (1) 大洲分布及种数(3-5)◆南美洲
Godronia (Fuckel) Rehm = **Adinandra**
Godwinia Seem. = **Dracontium**
Goebelia Bunge ex Boiss. = **Vexibia**
Goebeliella【3】Stephani 地生苔属 Goebeliellaceae 地生苔科 [B-79] 全球 (1) 大洲分布及种数(1)◆大洋洲
Goebeliellaceae【3】Stephani 地生苔科 [B-79] 全球 (1) 大洲分布和属种数(1/1)◆非洲
Goebelielloideae【-】(Verd.) Hamlin 地生苔科属 Goebeliellaceae 地生苔科 [B-79] 全球 (uc) 大洲分布及种数(uc)
Goebelobryum【3】(Stephani) Grolle 澳顶苞苔属 Acrobolbaceae 顶苞苔科 [B-43] 全球 (1) 大洲分布及种数(2)◆大洋洲(◆澳大利亚)
Goeldiella Urb. = **Acroglochin**
Goeldinia Huber = **Allantoma**
Goeppertia【-】Griseb. 竹芋科属 ≒ **Aydendron;Ocotea** Marantaceae 竹芋科 [MM-740] 全球 (uc) 大洲分布及种数(uc)
Goerkemia【3】Yild. 一担菜花属 Brassicaceae 十字花科 [MD-213] 全球 (1) 大洲分布及种数(cf.1) ◆亚洲
Goerziella Urb. = **Amaranthus**
Goesella Hill = **Acmella**
Goethalsia【3】Pittier 白一担柴属 ← **Luehea** Malvaceae 锦葵科 [MD-203] 全球 (1) 大洲分布及种数(1)◆北美洲
Goethartia Herzog = **Pouzolzia**
Goethea Nees = **Pavonia**
Goetzea Rchb. = **Rothia**
Goetzeac Rchb. = **Rothia**
Goetzeaceae【3】Miers 印茄树科 [MD-509] 全球 (1) 大洲分布和属种数(1-3/1-3)◆非洲
Goetzia Miers = **Mibora**
Goezeella Urb. = **Acroglochin**
Goffara auct. = **Dysoxylum**
Gohartia auct. = **Australina**
Gohoria Neck. = **Pouzolzia**
Golaea【3】Chiov. 莽银花属 ← **Crabbea** Acanthaceae 爵床科 [MD-572] 全球 (1) 大洲分布及种数(uc)属分布和种数(uc)◆南美洲
Golatta Raf. = **Pleurospermum**
Goldbachia【3】DC. 四棱荠属 ≒ **Arundinella; Raphanus** Brassicaceae 十字花科 [MD-213] 全球 (1) 大洲分布及种数(cf. 1)◆亚洲
Goldenia Raeusch. = **Gollania**
Goldfussia Nees = **Strobilanthes**
Goldmanella【3】Greenm. 斜叶菊属 Asteraceae 菊科 [MD-586] 全球 (1) 大洲分布及种数(1)◆北美洲
Goldmania Greenm. = **Goldmanella**
Goldnerara【-】Dunkelb. 兰科属 Orchidaceae 兰科 [MM-723] 全球 (uc) 大洲分布及种数(uc)
Goldschmidtia Dammer = **Dendrobium**
Golema Raf. = **Empetrum**
Golenkinianthe K.Pol. = **Chaerophyllum**
Golfingia Williams = **Acanthophyllum**
Golia Adans. = **Soldanella**
Golinca Adans. = **Soldanella**
Golionema【3】S.Wats. 显脉菊属 Asteraceae 菊科 [MD-586] 全球 (1) 大洲分布及种数(cf. 1)◆北美洲
Golizia Mutis = **Goyazia**
Gollania【2】Broth. 粗枝藓属 ≒ **Hylocomium;Andinia** Hypnaceae 灰藓科 [B-189] 全球 (4) 大洲分布及种数(25)非洲:1;亚洲:24;大洋洲:1;北美洲:1
Gollaniella Steph. = **Clevea**
Golona Cav. = **Colona**
Golowninia Maxim. = **Crawfurdia**
Golubiopsis Becc. ex Martelli = **Hydriastele**
Golumnia J.M.H.Shaw = **Tolumnia**
Gomada Hort. = **Gomesa**
Gomadachtia【-】J.M.H.Shaw 兰科属 Orchidaceae 兰科 [MM-723] 全球 (uc) 大洲分布及种数(uc)
Gomara【3】Adans. 青锁龙属 ≒ **Crassula** Crassulaceae 景天科 [MD-229] 全球 (1) 大洲分布及种数(uc)◆亚洲
Gomaranthus Rauschert = **Sanango**
Gomaria Spreng. = **Gomara**
Gombrassiltonia【-】J.M.H.Shaw 兰科属 Orchidaceae 兰科 [MM-723] 全球 (uc) 大洲分布及种数(uc)
Gomcidumnia【-】J.M.H.Shaw 兰科属 Orchidaceae 兰科 [MM-723] 全球 (uc) 大洲分布及种数(uc)
Gomenkoa【-】J.M.H.Shaw 兰科属 Orchidaceae 兰科 [MM-723] 全球 (uc) 大洲分布及种数(uc)
Gomera Bl. = **Glomera**
Gomesa【3】R.Br. 宫美兰属 → **Notylia;Rodriguezia; Binotia** Orchidaceae 兰科 [MM-723] 全球 (1) 大洲分布及种数(144-151)◆南美洲(◆巴西)
Gomesochiloglossum【-】J.M.H.Shaw 兰科属 Orchidaceae 兰科 [MM-723] 全球 (uc) 大洲分布及种数(uc)
Gomesochilum【-】J.M.H.Shaw 兰科属 Orchidaceae 兰科 [MM-723] 全球 (uc) 大洲分布及种数(uc)
Gomessiastele【-】J.M.H.Shaw 兰科属 Orchidaceae 兰科 [MM-723] 全球 (uc) 大洲分布及种数(uc)
Gomestele【-】J.M.H.Shaw 兰科属 Orchidaceae 兰科

G

[MM-723] 全球 (uc) 大洲分布及种数(uc)
Gomeza Lindl. = **Gomesa**
Gomezia【3】 Mutis 宫美兰属 ≒ **Gomesa** Orchidaceae 兰科 [MM-723] 全球 (1) 大洲分布及种数(1)◆南美洲
Gomezina J.M.H.Shaw = **Gmelina**
Gomidesia【3】 O.Berg 毛矾木属 ← **Myrcia** Myrtaceae 桃金娘科 [MD-347] 全球 (1) 大洲分布及种数(35-40)◆南美洲
Gomidezia Benth. = **Pimenta**
Gomiltidium【-】 J.M.H.Shaw 兰科属 Orchidaceae 兰科 [MM-723] 全球 (uc) 大洲分布及种数(uc)
Gomiltlauzina【-】 J.M.H.Shaw 兰科属 Orchidaceae 兰科 [MM-723] 全球 (uc) 大洲分布及种数(uc)
Gomiltostele【-】 J.M.H.Shaw 兰科属 Orchidaceae 兰科 [MM-723] 全球 (uc) 大洲分布及种数(uc)
Gomiophlebium C.Presl = **Goniophlebium**
Gomocentrum【-】 J.M.H.Shaw 兰科属 Orchidaceae 兰科 [MM-723] 全球 (uc) 大洲分布及种数(uc)
Gomochilus auct. = **Goniochilus**
Gomoglossum auct. = **Sievekingia**
Gomon Rumph. = **Gnetum**
Gomoncidochilum【-】 J.M.H.Shaw 兰科属 Orchidaceae 兰科 [MM-723] 全球 (uc) 大洲分布及种数(uc)
Gomonia E.Fourn. ex Benth. & Hook.f. = **Gouinia**
Gomoniopcidium【-】 J.M.H.Shaw 兰科属 Orchidaceae 兰科 [MM-723] 全球 (uc) 大洲分布及种数(uc)
Gomortega【3】 Ruiz & Pav. 奎乐果属 ≒ **Adenostemum;Adenostemma** Gomortegaceae 奎乐果科 [MD-10] 全球 (1) 大洲分布及种数(1)◆南美洲
Gomortegaceae【3】Reiche 奎乐果科 [MD-10] 全球 (1) 大洲分布和属种数(1;hort. & cult.1)(1;hort. & cult.1)◆亚洲
Gomoscypha Baker. = **Tupistra**
Gomosia Lam. = **Hemiphragma**
Gomotriche Turcz. = **Gomphrena**
Gomozia【3】 Mutis ex L.f. 薄柱草属 ≒ **Nertera** Rubiaceae 茜草科 [MD-523] 全球 (1) 大洲分布及种数(uc)◆亚洲
Gomp La Llave = **Matricaria**
Gompassia J.M.H.Shaw = **Macrocnemum**
Gomphandra【3】 Wall. 粗丝木属 ≒ **Stemonurus;Lasianthera** Stemonuraceae 粗丝木科 [MD-440] 全球 (1) 大洲分布及种数(12-42)◆亚洲
Gomphia【3】 Schreb. 光莲木属 → **Brackenridgea;Campylospermum;Ouratea** Ochnaceae 金莲木科 [MD-104] 全球 (1) 大洲分布及种数(3-11)◆亚洲
Gomphiaceae Candolle,Augustin Pyramus de & Schnizlein,Adalbert Carl (Karl) Friedrich Hellwig Conrad = Goupiaceae
Gomphiches Lindl. = **Gomphichis**
Gomphichis【3】 Lindl. 棒兰属 ← **Cranichis;Stenoptera** Orchidaceae 兰科 [MM-723] 全球 (1) 大洲分布及种数(35-39)◆南美洲
Gomphidae Schreb. = **Gomphia**
Gomphidia Schreb. = **Gomphia**
Gomphillaceae DC. ex Schnizl. = Goupiaceae
Gomphiluma Baill. = **Pouteria**
Gomphima Raf. = **Monochoria**
Gomphina Schreb. = **Gomphia**
Gomphipus Raf. = **Stemodia**
Gomphocalyx【3】 Baker 非洲茜木属 Rubiaceae 茜草科 [MD-523] 全球 (1) 大洲分布及种数(1)◆非洲
Gomphocarpus【3】 R.Br. 钉头果属 ← **Apocynum;Onistis;Stenostelma** Asclepiadaceae 萝藦科 [MD-494] 全球(6) 大洲分布及种数(36-49;hort.1;cult: 1)非洲:35-53;亚洲:5-15;大洋洲:3-11;欧洲:2-10;北美洲:4-12;南美洲:1-9
Gomphogyne【3】 Griff. 锥形果属 ← **Alsomitra;Hemsleya;Zanonia** Cucurbitaceae 葫芦科 [MD-205] 全球 (1) 大洲分布及种数(5-9)◆亚洲
Gompholobium【3】 Sm. 楔豆属 → **Burtonia;Cyclopia;Piptomeris** Fabaceae 豆科 [MD-240] 全球 (1) 大洲分布及种数(13-68)◆大洋洲
Gomphonema Hassk. = **Cymaria**
Gomphopetalum Turcz. = **Angelica**
Gomphosia【3】 Wedd. 翡丁香属 ≒ **Macrocnemum** Rubiaceae 茜草科 [MD-523] 全球 (1) 大洲分布及种数(uc)◆亚洲
Gomphostema Hassk. = **Gomphostemma**
Gomphostemma Benth. = **Gomphostemma**
Gomphostemma【3】 Wall. 锥花属 → **Cymaria;Phlomis** Lamiaceae 唇形科 [MD-575] 全球 (1) 大洲分布及种数(21-44)◆亚洲
Gomphostemon Wall. = **Gomphostemma**
Gomphostylis Raf. = **Coelogyne**
Gomphosus Raf. = **Xenostegia**
Gomphotis Raf. = **Xenostegia**
Gomphraena Jacq. = **Gomphrena**
Gomphrema L. = **Achyranthes**
Gomphrena【3】 L. 千日红属 ≒ **Achyranthes;Pfaffia** Amaranthaceae 苋科 [MD-116] 全球 (6) 大洲分布及种数(117-174;hort.1;cult: 16)非洲:9-10;亚洲:9-14;大洋洲:16-47;欧洲:2-3;北美洲:22-25;南美洲:99-122
Gomphrenaceae Raf. = Amaranthaceae
Gomphus Singer = **Xenostegia**
Gompohandra Wall. = **Gomphandra**
Gomstelettia【-】 J.M.H.Shaw 兰科属 Orchidaceae 兰科 [MM-723] 全球 (uc) 大洲分布及种数(uc)
Gon Medik. = **Vicia**
Gonada Nutt. ex DC. = **Gratiola**
Gonancylis Raf. = **Nogra**
Gonaporus Engl. = **Gonatopus**
Gonataanthus Klotzsch = **Remusatia**
Gonatacanthus Klotzsch = **Remusatia**
Gonatandra Schlechtd. = **Tradescantia**
Gonatanthus Klotzsch = **Remusatia**
Gonatas Nutt. ex DC. = **Gratiola**
Gonathocarpus Cothen. = **Haloragis**
Gonatia Nutt. ex DC. = **Gratiola**
Gonatidae Nutt. ex DC. = **Gratiola**
Gonatium Stokes = **Polygonum**
Gonato Nutt. ex DC. = **Gratiola**
Gonatocarpus Schreb. = **Gonocarpus**
Gonatocerus Schreb. = **Haloragis**
Gonatogyne【3】 Klotzsch ex Müll.Arg. 花碟木属 ≒ **Savia;Amanoa** Phyllanthaceae 叶下珠科 [MD-222] 全球 (1) 大洲分布及种数(1)◆南美洲
Gonatonema (Endl.) Decne. = **Gongronema**
Gonatopus【3】 Engl. 肿足芋属 ← **Zamioculcas;**

G

Gonolobus Araceae 天南星科 [MM-639] 全球 (1) 大洲分布及种数(4-6)◆非洲
Gonatostemon Regel = **Hemiboea**
Gonatostylis【3】Schltr. 长序翻唇兰属 ≒ **Rhamphidia** Orchidaceae 兰科 [MM-723] 全球 (1) 大洲分布及种数(1-2)◆大洋洲
Gonaxis Nutt. ex DC. = **Gratiola**
Gonema Raf. = **Ossaea**
Gonghia Schreb. = **Gongora**
Gonginia E.Fourn. ex Benth. & Hook.f. = **Gouinia**
Gongora (Lindl.) Jenny = **Gongora**
Gongora【3】Ruiz & Pav. 爪唇兰属 → **Cirrhaea;Maxillaria;Renanthera** Orchidaceae 兰科 [MM-723] 全球 (1) 大洲分布及种数(62-96)◆南美洲
Gongorhaea【-】R.Vacherot 兰科属 Orchidaceae 兰科 [MM-723] 全球 (uc) 大洲分布及种数(uc)
Gongorra Jenny = **Gongora**
Gongrodiscus【3】Radlk. 鳗鱼盘属 Sapindaceae 无患子科 [MD-428] 全球 (1) 大洲分布及种数(3)◆大洋洲(◆美拉尼西亚)
Gongronella (Endl.) Decne. = **Gongronema**
Gongronema【3】(Endl.) Decne. 纤冠藤属 → **Biondia;Marsdenia** Apocynaceae 夹竹桃科 [MD-492] 全球 (6) 大洲分布及种数(9-16;hort.1)非洲:3-5;亚洲:7-14;大洋洲:1;欧洲:1;北美洲:1;南美洲:1
Gongronia I.Hagen = **Cynodontium**
Gongrosira Kützing = **Cynodontium**
Gongrospermum【3】Radlk. 鳗籽木属 Sapindaceae 无患子科 [MD-428] 全球 (1) 大洲分布及种数(1)◆亚洲
Gongrostylus【3】R.M.King & H.Rob. 宽柱尖泽兰属 Asteraceae 菊科 [MD-586] 全球 (1) 大洲分布及种数(1-2)◆北美洲
Gongrothamnus Steetz = **Distephanus**
Gongrothanus Steetz = **Distephanus**
Gongy Lour. = **Brucea**
Gongylanthus Nees = **Gongylanthus**
Gongylanthus【3】Underw. ex Steph. 对叶苔属 ≒ **Gymnomitrion** Arnelliaceae 阿氏苔科 [B-72] 全球 (6) 大洲分布及种数(12-14)非洲:3;亚洲:4;大洋洲:1;欧洲:1;北美洲:4;南美洲:4-5
Gongylia【-】Körb. 中文名称不详 Fam(uc) 全球 (uc) 大洲分布及种数(uc)
Gongylis Theophr. ex Molinari & Sánchez Och. = **Gongylia**
Gongylocarpus【3】Cham. & Schltdl. 瘿序草属 ← **Gaura** Onagraceae 柳叶菜科 [MD-396] 全球 (1) 大洲分布及种数(2)◆北美洲
Gongylolepis R.H.Schomb. = **Gongylolepis**
Gongylolepis【3】Schomb. 莲菊木属 ← **Stifftia;Eurydochus** Asteraceae 菊科 [MD-586] 全球 (1) 大洲分布及种数(14)◆南美洲
Gongylosciadium【3】Rech.f. 镰叶芹属 ≒ **Falcaria** Apiaceae 伞形科 [MD-480] 全球 (1) 大洲分布及种数(cf.1) ◆亚洲
Gongylosperma King & Gamble = **Finlaysonia**
Gongylotaxis【3】Pimenov & Kljuykov 黑孜然芹属 ≒ **Bunium** Apiaceae 伞形科 [MD-480] 全球 (1) 大洲分布及种数(cf.1) ◆亚洲
Goni Lour. = **Brucea**
Goniadella Gilib. ex Steud. = **Actaea**
Gonialoe【3】(Baker) Boatwr. & J.C.Manning 玉芦荟属 Aloaceae 芦荟科 [MM-668] 全球 (1) 大洲分布及种数(3)◆非洲
Gonianthes A.Rich. = **Portlandia**
Gonianthes Bl. = **Burmannia**
Goniasma E.Mey. = **Gonioma**
Goniaticum Stokes = **Polygonum**
Gonilia Raf. = **Centaurium**
Gonimara Gideon F.Sm. & Molteno = **Gomara**
Gonioanthela【3】Malme 大萝藦属 ≒ **Macroditassa;Peplonia** Apocynaceae 夹竹桃科 [MD-492] 全球 (1) 大洲分布及种数(1)属分布和种数(uc)◆南美洲
Goniobryum【2】Lindb. 南美桧藓属 ≒ **Trachyloma;Philonotis** Rhizogoniaceae 桧藓科 [B-154] 全球 (2) 大洲分布及种数(1) 大洋洲:1;南美洲:1
Goniocarpus K.D.König = **Gonocarpus**
Goniocaulon【3】Cass. 棱枝菊属 ← **Athanasia;Serratula** Asteraceae 菊科 [MD-586] 全球 (1) 大洲分布及种数(cf. 1)◆亚洲
Goniocheton Bl. = **Dysoxylum**
Goniochilus【3】M.W.Chase 蜜唇兰属 ← **Leochilus;Mesospinidium;Hybochilus** Orchidaceae 兰科 [MM-723] 全球 (1) 大洲分布及种数(1-2)◆北美洲
Goniochiton Bl. = **Aglaia**
Goniocladia Burret = **Cyphokentia**
Goniocladus Burret = **Physokentia**
Goniodiscus【3】Kuhlm. 棱盘卫矛属 Celastraceae 卫矛科 [MD-339] 全球 (1) 大洲分布及种数(1)◆南美洲
Goniodium【-】Kunze ex Rchb. 瑞香科属 Thymelaeaceae 瑞香科 [MD-310] 全球 (uc) 大洲分布及种数(uc)
Goniodoma E.Mey. = **Gonioma**
Goniogyna DC. = **Crotalaria**
Goniogyne Benth. & Hook.f. = **Gonatogyne**
Goniolimon【3】Boiss. 驼舌草属 → **Ikonnikovia;Dictyolimon;Statice** Plumbaginaceae 白花丹科 [MD-227] 全球 (6) 大洲分布及种数(13-24;hort.1;cult: 1)非洲:2-4;亚洲:10-19;大洋洲:1-3;欧洲:5-13;北美洲:2;南美洲:2
Goniolobium von Mannagetta = **Conringia**
Gonioma【3】E.Mey. 黄杨榄属 ← **Tabernaemontana** Apocynaceae 夹竹桃科 [MD-492] 全球 (1) 大洲分布及种数(2)◆非洲
Goniomitrium【2】Hook.f. & Wilson 非洲金丛藓属 ≒ **Physcomitrium** Funariaceae 葫芦藓科 [B-106] 全球 (3) 大洲分布及种数(5) 非洲:3;大洋洲:2;欧洲:1
Goniomya E.Mey. = **Gonioma**
Gonionchus Raf. = **Aconogonon**
Goniophlebium【2】C.Presl 棱脉蕨属 ≒ **Phymatosorus** Polypodiaceae 水龙骨科 [F-60] 全球 (5) 大洲分布及种数(23-50;hort.1;cult:1) 亚洲;大洋洲;欧洲;北美洲;南美洲
Goniopogon Turcz. = **Calotis**
Goniopsis Latreille = **Gunniopsis**
Goniopteris【3】C.Presl 角毛蕨属 → **Abacopteris;Phegopteris;Nephrodium** Thelypteridaceae 金星蕨科 [F-42] 全球 (6) 大洲分布及种数(9-25)非洲:1;亚洲:1;大洋洲:2;欧洲:1;北美洲:4-6;南美洲:4-5

Goniorrhachis【3】 Taub. 角刺豆属 Fabaceae 豆科 [MD-240] 全球 (1) 大洲分布及种数(1)◆南美洲(◆巴西)
Gonioscheton G.Don = **Dysoxylum**
Ronioscypha Baker = **Tupistra**
Goniosperma Burret = **Physokentia**
Goniostachyum (Schau.) Small = **Lippia**
Goniostemma【3】 Wight 勐腊藤属 ≒ **Toxocarpus** Apocynaceae 夹竹桃科 [MD-492] 全球 (1) 大洲分布及种数(cf. 1)◆东亚(◆中国)
Goniostoma Elmer = **Geniostoma**
Gonioterma Busck = **Goniostemma**
Goniothalamus【3】 (Bl.) Hook.f. & Thoms. 哥纳香属 ← **Uvaria;Guatteria;Papualthia** Annonaceae 番荔枝科 [MD-7] 全球 (1) 大洲分布及种数(32-123)◆亚洲
Goniotriche Turcz. = **Gomphrena**
Goniotrichum Turcz. = **Gomphrena**
Goniozus C.Presl = **Amydrium**
Gonipia Raf. = **Centaurium**
Gonistum Raf. = **Piper**
Gonistylus Baill. = **Aquilaria**
Gonitis Nutt. ex DC. = **Gratiola**
Gonium L. = **Conium**
Goniurus C.Presl = **Pothos**
Gonobolus Michx. = **Gonolobus**
Gonocalyx【2】 Planch. & Linden 栒莓属 ← **Cavendishia;Vaccinium** Ericaceae 杜鹃花科 [MD-380] 全球 (3) 大洲分布及种数(15)欧洲:1;北美洲:13;南美洲:4
Gonocarpus Ham. = **Gonocarpus**
Gonocarpus【3】 Thunb. 小二仙草属 ← **Combretum; Asclepias** Haloragaceae 小二仙草科 [MD-271] 全球 (6) 大洲分布及种数(33-45;hort.1;cult: 1)非洲:5-6;亚洲:8-10;大洋洲:31-40;欧洲:1-2;北美洲:1-2;南美洲:1-2
Gonocarymn Miq. = **Gonocaryum**
Gonocaryum【3】 Miq. 琼榄属 ← **Anemone;Sphenostemon** Cardiopteridaceae 心翼果科 [MD-452] 全球 (1) 大洲分布及种数(2-11)◆亚洲
Gonocitrus Kurz = **Atalantia**
Gonocormus【3】 Bosch 团扇蕨属 ← **Crepidomanes; Sphaerocionium** Hymenophyllaceae 膜蕨科 [F-21] 全球 (6) 大洲分布及种数(2-3)非洲:1-6;亚洲:5;大洋洲:5;欧洲:5;北美洲:5;南美洲:5
Gonocrypta (Baill.) Costantin & Gallaud = **Pentopetia**
Gonocytisus Spach = **Cytisus**
Gonodentea【-】 P.V.Heath 萝藦科属 Asclepiadaceae 萝藦科 [MD-494] 全球 (uc) 大洲分布及种数(uc)
Gonodes Fourr. = **Brodiaea**
Gonodon Raf. = **Allium**
Gonogala Link = **Anoectochilus**
Gonogona Link = **Cosmibuena**
Gonohoria G.Don = **Rinorea**
Gonokeros Raf. = **Scabiosa**
Gonolobium R.Hedw. = **Gonolobus**
Gonolobus【3】 Michx. 角荚藤属 → **Ampelamus;Asclepias;Marsdenia** Asclepiadaceae 萝藦科 [MD-494] 全球 (1) 大洲分布及种数(52-84)◆南美洲
Gonoloma Raf. = **Cissus**
Gonon Lour. = **Brucea**
Gononcus Raf. = **Polygonum**
Gononema (Skottsberg) Kuckuck & Skottsberg = **Gongronema**
Gonophlebium Presl ex Hitchcock = **Campyloneurum**
Gonophora Turcz. = **Zygophyllum**
Gonophylla Eckl. & Zeyh. ex Meisn. = **Lachnaea**
Gonoptera Turcz. = **Zygophyllum**
Gonopterodendron (Griseb.) Godoy-Bürki = **Plectrocarpa**
Gonopyrum Fisch. & C.A.Mey. = **Diospyros**
Gonora Walker = **Gongora**
Gonospermum【3】 Less. 棱子菊属 ← **Achillea; Tanacetum;Hymenolepis** Asteraceae 菊科 [MD-586] 全球 (1) 大洲分布及种数(2-3)◆欧洲(◆西班牙)
Gonost Lour. = **Brucea**
Gonostapelia【-】 P.V.Heath 萝藦科属 Asclepiadaceae 萝藦科 [MD-494] 全球 (uc) 大洲分布及种数(uc)
Gonostegia【3】 Turcz. 雾水葛属 ← **Pouzolzia;Urtica** Urticaceae 荨麻科 [MD-91] 全球 (1) 大洲分布及种数(4-7)◆亚洲
Gonostelma P.V.Heath = **Gyrostelma**
Gonostemma Spreng. = **Goniostemma**
Gonostemon (Endl.) P.V.Heath = **Stapelia**
Gonosuke Raf. = **Ficus**
Gonotheca Bl. ex DC. = **Tetragonotheca**
Gonotriche P.V.Heath = **Zonotriche**
Gonsii Adans. = **Tetrapleura**
Gontarella Gilib. ex Steud. = **Isopyrum**
Gontscharovia【3】 Boriss. 新姜草属 ← **Micromeria** Lamiaceae 唇形科 [MD-575] 全球 (1) 大洲分布及种数(cf. 1)◆亚洲
Gonufas Raf. = **Iresine**
Gonuris Phil. = **Onuris**
Gonus Loud. = **Brucea**
Gonyanera【3】 Korth. 亚洲膝柱茜属 Rubiaceae 茜草科 [MD-523] 全球 (1) 大洲分布及种数(1)◆亚洲
Gonyanthes Nees = **Burmannia**
Gonyclisia Dulac = **Cochlearia**
Gonyosoma Raf. = **Cissus**
Gonypetalum Ule = **Tapura**
Gonystylaceae【3】 Van Tiegh. 膝柱花科 [MD-275] 全球(1) 大洲分布和属种数(1;hort. & cult.1)(32;hort. & cult.1)◆东南亚
Gonystylus【3】 Teijsm. & Binn. 膝柱木属 ← **Aquilaria; Amyxa** Thymelaeaceae 瑞香科 [MD-310] 全球 (1) 大洲分布及种数(cf.1) ◆亚洲
Gonzalagunea P. & K. = **Gonzalagunia**
Gonzalagunia【2】 Ruiz & Pav. 西印度茜属 → **Arachnothryx;Rondeletia** Rubiaceae 茜草科 [MD-523] 全球(2)大洲分布及种数(35-42)北美洲:15-17;南美洲:26-29
Gonzalea Pers. = **Gonzalagunia**
Gonzalezia【3】 E.E.Schill. & Panero 北美洲菊属 Asteraceae 菊科 [MD-586] 全球 (1) 大洲分布及种数(3)◆北美洲
Goodaleara auct. = **Brassia**
Goodalia Sm. = **Goodmania**
Goodallia【3】 Benth. 栌薇香属 ≒ **Goodmania** Thymelaeaceae 瑞香科 [MD-310] 全球 (1) 大洲分布及种数(1)◆南美洲
Goodenia (Benth.) Carolin = **Goodenia**
Goodenia【3】Sm.离根香属←**Lobelia;Catospermum;**

Polyspora Goodeniaceae 草海桐科 [MD-578] 全球 (6) 大洲分布及种数(67-272;hort.1;cult:6)非洲:1-24;亚洲:12-47;大洋洲:62-281;欧洲:20;北美洲:1-26;南美洲:9-36

Goodeniaceae【3】R.Br. 草海桐科 [MD-578] 全球 (6) 大洲分布和属种数(11-14;hort. & cult.4-6)(330-683;hort. & cult.16-30)非洲:2-4/12-47;亚洲:2-4/42-97;大洋洲:11-13/305-609;欧洲:1-4/1-31;北美洲:2-4/30-71;南美洲:2-4/18-57

Goodenniaceae R.Br. = Goodeniaceae

Goodenoviaceae R.Br. = Goodeniaceae

Goodgeria Sm. = **Goodenia**

Goodia【3】Salisb. 谷豆属 ≒ **Hoodia** Fabaceae 豆科 [MD-240] 全球 (1) 大洲分布及种数(2-6)◆大洋洲(◆澳大利亚)

Goodiera W.D.J.Koch = **Goodyera**

Goodingia Williams = **Arenaria**

Goodisachilus【-】Glic. & J.M.H.Shaw 兰科属 Orchidaceae 兰科 [MM-723] 全球 (uc) 大洲分布及种数(uc)

Goodisia Glic. & J.M.H.Shaw = **Goodenia**

Goodmania J.L.Reveal & B.J.Ertter = **Goodmania**

Goodmania【3】Reveal & Ertter 黄刺蓼属 ← **Eriogonum;Oxytheca;Hibiscus** Polygonaceae 蓼科 [MD-120] 全球 (1) 大洲分布及种数(1)◆北美洲(◆美国)

Goodsonara【-】Griff. & J.M.H.Shaw 兰科属 Orchidaceae 兰科 [MM-723] 全球 (uc) 大洲分布及种数(uc)

Goodyera【3】R.Br. 斑叶兰属 ≒ **Anoectochilus** Orchidaceae 兰科 [MM-723] 全球 (6) 大洲分布及种数(71-122;hort.1;cult: 5)非洲:12-42;亚洲:47-91;大洋洲:13-42;欧洲:4-22;北美洲:21-45;南美洲:9-29

Gooringia F.N.Williams = **Arenaria**

Gopha Schreb. = **Gomphia**

Gophia Schreb. = **Gomphia**

Goplana L. = **Helinus**

Gorakia Bolle = **Copaifera**

Gorceixia【3】Baker 翅莛菊属 Asteraceae 菊科 [MD-586] 全球 (1) 大洲分布及种数(1)◆南美洲(◆巴西)

Gordlinia Fantz = **Gordonia**

Gordona Cothen. = **Gordonia**

Gordonella T.Lestib. = **Lysimachia**

Gordonia Ellis = **Gordonia**

Gordonia【3】J.Ellis 湿地茶属 → **Adinandra; Hypericum;Sherbournia** Theaceae 山茶科 [MD-168] 全球 (6) 大洲分布及种数(25-62)非洲:14;亚洲:5-76;大洋洲:14;欧洲:14;北美洲:17-31;南美洲:7-21

Gordoniaceae DC. = Ternstroemiaceae

Gordonieae DC. = **Gordonia**

Gorenia Meisn. = **Maxillaria**

Gorgasia O.F.Cook = **Roystonea**

Gorgoglossum (Rolfe) F.Lehm. ex Schltr. = **Sievekingia**

Gorgonidia Schott = **Gorgonidium**

Gorgonidium【3】Schott 蛇芋属 ← **Asterostigma; Taccarum** Araceae 天南星科 [MM-639] 全球 (1) 大洲分布及种数(7-8)◆南美洲

Gormania【3】Britton 景天属 ≒ **Sedum** Crassulaceae 景天科 [MD-229] 全球 (2) 大洲分布及种数(11) 北美洲;南美洲

Gorodkovia【3】Botsch. & Karav. 无柱芥属 ≒ **Smelowskia** Brassicaceae 十字花科 [MD-213] 全球 (1) 大洲分布及种数(1)◆亚洲

Gorostemum Steud. = **Tromotriche**

Gorskia Bolle = **Cynometra**

Gortera Hill = **Gorteria**

Gorteria【3】L. 黑斑菊属 → **Berkheya;Gazania; Cuspidia** Asteraceae 菊科 [MD-586] 全球 (6) 大洲分布及种数(11)非洲:2-8;亚洲:2;大洋洲:1-4;欧洲:2;北美洲:2;南美洲:2

Gosela【3】Choisy 绵烛木属 Scrophulariaceae 玄参科 [MD-536] 全球 (1) 大洲分布及种数(1)◆非洲(◆南非)

Gossampianus Buch.Ham. = **Bombax**

Gossampinus Buch.Ham. = **Bombax**

Gossania Walp. = **Gouania**

Gossea Bigelow = **Gossia**

Gosseara【-】J.M.H.Shaw 兰科属 Orchidaceae 兰科 [MM-723] 全球 (uc) 大洲分布及种数(uc)

Gossia【3】N.Snow & Guymer 斑桃木属 Myrtaceae 桃金娘科 [MD-347] 全球 (1) 大洲分布及种数(1-10)◆大洋洲

Gossweilera【3】S.Moore 守泽菊属 Asteraceae 菊科 [MD-586] 全球 (1) 大洲分布及种数(2)◆非洲(◆安哥拉)

Gossweilerochloa Renvoize = **Tridens**

Gossweilerodendron【3】Harms 红桃豆属 ≒ **Oxymitra** Fabaceae 豆科 [MD-240] 全球 (1) 大洲分布及种数(2)◆非洲

Gossypianthus【3】Hook. 棉花苋属 ← **Gomphrena; Guilleminea;Hebanthe** Amaranthaceae 苋科 [MD-116] 全球 (1) 大洲分布及种数(1-4)◆北美洲

Gossypioides【3】Skovsted 叉柱棉属 ← **Gossypium** Malvaceae 锦葵科 [MD-203] 全球 (1) 大洲分布及种数(2)◆非洲

Gossypiosperma Urb. = **Gossypiospermum**

Gossypiospermum【3】Urb. 脚骨脆属 ← **Casearia** Salicaceae 杨柳科 [MD-123] 全球 (1) 大洲分布及种数(cf. 1)◆南美洲

Gossypium (Fryxell) Fryxell = **Gossypium**

Gossypium【3】L. 棉属 → **Cienfuegosia;Ingenhouzia; Gossypioides** Malvaceae 锦葵科 [MD-203] 全球 (1) 大洲分布及种数(30-46)◆北美洲(◆美国)

Gothofreda Vent. = **Oxypetalum**

Gotokoa【-】J.M.H.Shaw 兰科属 Orchidaceae 兰科 [MM-723] 全球 (uc) 大洲分布及种数(uc)

Gottoara【-】J.M.H.Shaw 兰科属 Orchidaceae 兰科 [MM-723] 全球 (uc) 大洲分布及种数(uc)

Gottschea (R.M.Schust.) Grolle & Zijlstra = **Gottschea**

Gottschea【2】Mont. 狭瓣苔属 ≒ **Jungermannia; Pachyschistochila** Treubiaceae 陶氏苔科 [B-1] 全球 (5) 大洲分布及种数(18) 非洲:6;亚洲:4;大洋洲:14;欧洲:2;北美洲:1

Gottschelia【3】Grolle,D.B.Schill & D.G.Long 戈氏苔属 ≒ **Tylimanthus** Lophoziaceae 裂叶苔科 [B-56] 全球 (6) 大洲分布及种数(3)非洲:2;亚洲:1-3;大洋洲:2-4;欧洲:2;北美洲:2;南美洲:2

Gouana L. = **Gouania**

Gouani Jacq. = **Gouania**

Gouania【3】Jacq. 咀签属 ← **Helinus;Rhamnus; Banisteria** Rhamnaceae 鼠李科 [MD-331] 全球 (6) 大洲分布及种数(77-108;hort.1;cult: 1)非洲:15-29;亚洲:21-29;

G

大洋洲:1-13;欧洲:2-7;北美洲:34-39;南美洲:34-43
Gouaniaceae Raf. = Opiliaceae
Gouanieae Rchb. = **Gouania**
Gouarea R.Hedw. = **Guarea**
Goudaea【2】 Chiov. 莽银花属 Acanthaceae 爵床科 [MD-572] 全球 (2) 大洲分布及种数(2) 北美洲:1;南美洲:2
Goudenia Vent. = **Gouinia**
Goudotia Decne. = **Patosia**
Gouffeia Robill. & Cast,ex DC. = **Arenaria**
Goughia Wight = **Daphniphyllum**
Gouinia【2】 E.Fourn. ex Benth. & Hook.f. 格维木草属 → **Arundinaria;Sinningia** Poaceae 禾本科 [MM-748] 全球 (4) 大洲分布及种数(14)非洲:5;大洋洲:3;北美洲:8;南美洲:8
Goulardia Husn. = **Elymus**
Gouldia【3】 A.Gray 九节属 ≒ **Kadua** Rubiaceae 茜草科 [MD-523] 全球 (1) 大洲分布及种数(2)属分布和种数(uc)◆北美洲
Gouldochloa J.Valdés R.,C.W.Morden & S.L.Hatch = **Chasmanthium**
Gouotia Decne. = **Distichia**
Gouphia Benth. = **Daphniphyllum**
Goupia【3】 Aubl. 尾瓣桂属 → **Dichapetalum** Goupiaceae 尾瓣桂科 [MD-384] 全球 (1) 大洲分布及种数(1-2)◆南美洲
Goupiaceae【3】Miers 尾瓣桂科 [MD-384] 全球 (1) 大洲分布和属种数(1/1-2)◆南美洲
Gourl Buch.Ham. ex Wight = **Secamone**
Gourliea Gillies ex Hook. = **Geoffroea**
Gourmania A.Chev. = **Goodmania**
Gourmannia【3】 A.Chev. 瓣梧桐属 Malvaceae 锦葵科 [MD-203] 全球 (1) 大洲分布及种数(uc)属分布和种数(uc)◆南美洲
Gourretia Ruiz & Pav. = **Cavanillesia**
Govana All. = **Gouania**
Govania Raddi = **Gouania**
Govania Wall. = **Givotia**
Govantesia F.A.Llanos = **Opilia**
Govenia【3】 Lindl. 虾钳兰属 ← **Cymbidium;Maxillaria;Manilkara** Orchidaceae 兰科 [MM-723] 全球 (6) 大洲分布及种数(32-33)非洲:1-3;亚洲:2-4;大洋洲:2;欧洲:2;北美洲:25-27;南美洲:15-17
Govindooia Wight = **Tropidia**
Govindovia C.Müll. = **Corymborkis**
Gowenia Lindl. = **Govenia**
Goyazana Magalhãös & Türkay = **Goyazia**
Goyazia【3】 Taub. 细茎岩桐属 ← **Achimenes;Gloxinia;Ligeria** Gesneriaceae 苦苣苔科 [MD-549] 全球 (1) 大洲分布及种数(3)◆南美洲
Goyazianthus【3】 R.M.King & H.Rob. 泽兰属 ≒ **Eupatorium** Asteraceae 菊科 [MD-586] 全球 (1) 大洲分布及种数(1)◆南美洲
Goydera【3】 Liede 非洲金萝藦属 Apocynaceae 夹竹桃科 [MD-492] 全球 (1) 大洲分布及种数(1)◆非洲
Goydirola【3】 A.O.Araujo & M.Peixoto 苦苣苔科属 Gesneriaceae 苦苣苔科 [MD-549] 全球 (1) 大洲分布及种数(1)◆南美洲(◆巴西)
Grabowskia【3】 Schltdl. 刺茄属 ← **Dunalia;Lycium** Solanaceae 茄科 [MD-503] 全球 (1) 大洲分布及种数(12)◆南美洲
Grabowsklia Schltdl. = **Grabowskia**
Grabowskya Endl. = **Grabowskia**
Grabuskia Raf. = **Grabowskia**
Gracea King = **Sarcosperma**
Graciela Rzed. = **Strotheria**
Gracielanthus【3】 R.González & Szlach. 地铃兰属 Orchidaceae 兰科 [MM-723] 全球 (1) 大洲分布及种数(1)◆北美洲
Graciemoriana【-】 Morillo 夹竹桃科属 Apocynaceae 夹竹桃科 [MD-492] 全球 (uc) 大洲分布及种数(uc)
Gracilea Kön. ex Rottl. = **Melanocenchris**
Graderia【2】 Benth. 地铃草属 ← **Melasma;Sopubia** Scrophulariaceae 玄参科 [MD-536] 全球 (3) 大洲分布及种数(3-5)非洲:2;亚洲:1-2;大洋洲:1
Gradsteinia【3】 Ochyra 哥伦柳叶藓属 Amblystegiaceae 柳叶藓科 [B-178] 全球 (1) 大洲分布及种数(2)◆南美洲
Gradsteinianthus【-】 R.L.Zhu & Jian Wang 细鳞苔科属 Lejeuneaceae 细鳞苔科 [B-84] 全球 (uc) 大洲分布及种数(uc)
Gradyana【3】 Athiê-Souza,A.L.Melo & M.F.Sales 柳大戟属 Euphorbiaceae 大戟科 [MD-217] 全球 (1) 大洲分布及种数(cf.1) ◆南美洲
Graecobolanthus【2】 Madhani & Rabeler 彩石竹属 Caryophyllaceae 石竹科 [MD-77] 全球 (2) 大洲分布及种数(6) 亚洲:1;欧洲:5
Graeffea Seem. = **Trichospermum**
Graeffenrieda D.Dietr. = **Graffenrieda**
Graefferi Seem. = **Belotia**
Graellsia【3】 Boiss. 格赖芥属 ← **Cochlearia;Draba; Sobolewskia** Brassicaceae 十字花科 [MD-213] 全球 (1) 大洲分布及种数(cf. 1)◆亚洲
Graelsii Boiss. = **Graellsia**
Graemia Hook. = **Inula**
Graeserara【-】 Mordhorst 仙人掌科属 Cactaceae 仙人掌科 [MD-100] 全球 (uc) 大洲分布及种数(uc)
Graevia Neck. = **Grewia**
Grafara J.M.H.Shaw = **Grafia**
Graffenrieda【2】 DC. 彩号丹属 ← **Meriania;Rhexia; Calyptrella** Melastomataceae 野牡丹科 [MD-364] 全球 (5) 大洲分布及种数(62-73;hort.1)非洲:1;亚洲:2;大洋洲:2-3;北美洲:14-16;南美洲:57-65
Graffenriedera Rchb. = **Graffenrieda**
Graffenriedia Spreng. = **Rhexia**
Grafia A.D.Hawkes = **Grafia**
Grafia【3】 Rchb. 彩花兰属 ← **Pleurospermum** Apiaceae 伞形科 [MD-480] 全球 (1) 大洲分布及种数(1)◆欧洲
Graham Allgen = **Grahamia**
Grahamia (Brandegee) G.D.Rowley = **Grahamia**
Grahamia【2】 Spreng. 马齿藤属 ← **Anacampseros; Talinopsis;Helenium** Anacampserotaceae 回欢草科 [MD-274] 全球 (3) 大洲分布及种数(7-8)大洋洲:1;北美洲:3-4;南美洲:3
Grahamiana Spreng. = **Grahamia**
Grahamii Spreng. = **Grahamia**
Grahamius Allgen = **Grahamia**

G

Graireara【-】 J.M.H.Shaw 兰科属 Orchidaceae 兰科 [MM-723] 全球 (uc) 大洲分布及种数(uc)
Grais L. = **Grias**
Grajalesia【3】 Miranda 翼果柔木属 ← **Pisonia** Nyctaginaceae 紫茉莉科 [MD-107] 全球 (1) 大洲分布及种数(1)◆北美洲
Gramcymbimangis【-】 A.Chen 兰科属 Orchidaceae 兰科 [MM-723] 全球 (uc) 大洲分布及种数(uc)
Gramcymbiphia【-】 A.Chen 兰科属 Orchidaceae 兰科 [MM-723] 全球 (uc) 大洲分布及种数(uc)
Gramen E.H.L.Krause = **Secale**
Gramerium Desv. = **Digitaria**
Graminastrum E.H.L.Krause = **Poa**
Gramineae Juss.
Graminella Broth. ex M.Fleisch. = **Gammiella**
Gramitis Sw. = **Grammitis**
Grammadenia【2】 Benth. 树金牛属 ← **Cybianthus** Primulaceae 报春花科 [MD-401] 全球 (2) 大洲分布及种数(3-4)北美洲:1;南美洲:1
Grammandium【-】 Shao Li 兰科属 Orchidaceae 兰科 [MM-723] 全球 (uc) 大洲分布及种数(uc)
Grammangis【3】 Rchb.f. 斑唇兰属 → **Cymbidiella;Grammatophyllum** Orchidaceae 兰科 [MM-723] 全球 (1) 大洲分布及种数(2)◆非洲(◆马达加斯加)
Grammanthes DC. = **Crassula**
Grammartheon Rchb. = **Doronicum**
Grammarthron Cass. = **Doronicum**
Grammatocymbidium【-】 Hort. 兰科属 Orchidaceae 兰科 [MM-723] 全球 (uc) 大洲分布及种数(uc)
Grammatoheadia【-】 Hort. 兰科属 Orchidaceae 兰科 [MM-723] 全球 (uc) 大洲分布及种数(uc)
Grammatomangis【-】 J.M.H.Shaw & M.Chen 兰科属 Orchidaceae 兰科 [MM-723] 全球 (uc) 大洲分布及种数 (uc)
Grammatonotus Regel = **Tectaria**
Grammatophyllum【2】 Bl. 斑被兰属 → **Bromheadia;Vanda;Dipodium** Orchidaceae 兰科 [MM-723] 全球 (5) 大洲分布及种数(3-16;hort.1;cult: 1)非洲:2-5;亚洲:2-11;大洋洲:1-6;北美洲:1-3;南美洲:1-2
Grammatopodium【-】 auct. 兰科属 Orchidaceae 兰科 [MM-723] 全球 (uc) 大洲分布及种数(uc)
Grammatopteridium【3】 Alderw. 比槲蕨属 ≒ **Selliguea** Polypodiaceae 水龙骨科 [F-60] 全球 (1) 大洲分布及种数(uc)◆大洋洲
Grammatopteris Alderw. = **Selliguea**
Grammatosorus Regel = **Tectaria**
Grammatotheca【3】 C.Presl 铜锤玉带属 ← **Lobelia** Campanulaceae 桔梗科 [MD-561] 全球 (1) 大洲分布及种数(cf.1) ◆大洋洲
Grammeionium Rchb. = **Viola**
Grammica【-】 Lour. 旋花科属 ≒ **Cuscuta** Convolvulaceae 旋花科 [MD-499] 全球 (uc) 大洲分布及种数(uc)
Grammistes Sw. = **Grammitis**
Grammitidaceae Ching = Grammitidaceae
Grammitidaceae【3】Newman 禾叶蕨科 [F-63] 全球 (6) 大洲分布和属种数(9-10;hort. & cult.1)(732-886;hort. & cult.1)非洲:2-3/162-202;亚洲:5/207-244;大洋洲:3-4/118-155;欧洲:1-2/1-10;北美洲:3-4/172-184;南美洲:4-5/289-308
Grammitidoideae【-】 Link 禾叶蕨科属 Grammitidaceae 禾叶蕨科 [F-63] 全球 (uc) 大洲分布及种数(uc)
Grammitis (J.Sm.) R.M.Tryon & A.F.Tryon = **Grammitis**
Grammitis【3】 Sw. 禾叶蕨属 → **Anogramma;Cochlidium;Stenogrammitis** Polypodiaceae 水龙骨科 [F-60] 全球 (6) 大洲分布及种数(675-794;hort.1;cult: 3)非洲:160-196;亚洲:180-211;大洋洲:114-147;欧洲:1-6;北美洲:161-169;南美洲:268-283
Grammocarpus (Ser.) Gasp. = **Trigonella**
Grammoceras Steven = **Ranunculus**
Grammoglottis【-】 Wing 兰科属 Orchidaceae 兰科 [MM-723] 全球 (uc) 大洲分布及种数(uc)
Grammopetalum C.A.Mey. ex Meinsh. = **Graptopetalum**
Grammosciadium【3】 DC. 文字芹属 ← **Chaerophyllum;Falcaria** Apiaceae 伞形科 [MD-480] 全球 (1) 大洲分布及种数(2) ◆亚洲
Grammosciadum DC. = **Grammosciadium**
Grammosolen【3】 Haegi 纹茄属 ← **Anthocercis** Solanaceae 茄科 [MD-503] 全球 (1) 大洲分布及种数(1-2)◆大洋洲(◆澳大利亚)
Grammosperma【3】 O.E.Schulz 肉葶苈属 ≒ **Sarcodraba** Brassicaceae 十字花科 [MD-213] 全球 (1) 大洲分布及种数(cf. 1)◆南美洲
Granadilla Mill. = **Adenia**
Granadilla Rupp. = **Passiflora**
Granaria Cham. = **Bacopa**
Granaster Studer = **Miyamayomena**
Granatum【-】 P. & K. 楝科属 ≒ **Carapa;Punica** Meliaceae 楝科 [MD-414] 全球 (uc) 大洲分布及种数(uc)
Granatum P. & K. = **Carapa**
Granatum St.Lag. = **Punica**
Grandicentrum【-】 J.M.H.Shaw 兰科属 Orchidaceae 兰科 [MM-723] 全球 (uc) 大洲分布及种数(uc)
Grandicidium【-】 J.M.H.Shaw 兰科属 Orchidaceae 兰科 [MM-723] 全球 (uc) 大洲分布及种数(uc)
Grandidiera【3】 Jaub. 格兰大风子属 ← **Abatia** Achariaceae 青钟麻科 [MD-159] 全球 (1) 大洲分布及种数 (1)◆非洲
Grandiera Lef. ex Baill. = **Sindora**
Grandinia P.Karst. = **Girardinia**
Grandiphyllum【3】 Docha Neto 大叶兰属 ← **Oncidium;Lopidium** Orchidaceae 兰科 [MM-723] 全球 (1) 大洲分布及种数(12)◆南美洲
Grangea【2】 Adans. 田基黄属 ← **Artemisia;Dichrocephala;Microtrichia** Asteraceae 菊科 [MD-586] 全球 (3) 大洲分布及种数(8-10)非洲:7-8;亚洲:cf.1;南美洲:cf.1
Grangeopsis【3】 Humbert 翅果田基黄属 Asteraceae 菊科 [MD-586] 全球 (1) 大洲分布及种数(1)◆非洲(◆马达加斯加)
Grangeria【3】 Comm. ex Juss. 沙枣李属 ← **Hirtella** Chrysobalanaceae 可可李科 [MD-243] 全球 (1) 大洲分布及种数(2-3)◆非洲
Graniera Mand. & Wedd. ex Benth. & Hook.f. = **Abatia**
Granigyra Mand. & Wedd. ex Benth. & Hook.f. = **Abatia**
Granila L. = **Gratiola**
Granitites【3】 B.L.Rye 拟麦珠子属 Rhamnaceae 鼠李科 [MD-331] 全球 (1) 大洲分布及种数(1)◆大洋洲
Granitites Rye = **Granitites**

Granium L. = **Geranium**
Grantia Boiss. = **Colobanthera**
Grantia Griff. ex Voigt = **Wolffia**
Grantilla Mill. = **Adenia**
Granula Fourr. = **Adonis**
Granularia J.F.Gmel. = **Glandularia**
Graphandra【3】J.B.Imlay 泰国爵床属 Acanthaceae 爵床科 [MD-572] 全球 (1) 大洲分布及种数(cf. 1)◆东南亚(◆泰国)
Graphardisia (Mez) Lundell = **Ardisia**
Graphea Schaus = **Grangea**
Graphephorum (Link) Benth. & Hook.f. = **Graphephorum**
Graphephorum【3】Desv. 紫喙草属 ← **Agrostis; Trisetum;Arctophila** Poaceae 禾本科 [MM-748] 全球 (6) 大洲分布及种数(3)非洲:1-4;亚洲:3;大洋洲:1-4;欧洲:1-4;北美洲:2-5;南美洲:3
Graphiella【-】auct. 兰科属 Orchidaceae 兰科 [MM-723] 全球 (uc) 大洲分布及种数(uc)
Graphiola Pat. = **Gratiola**
Graphiosa Alef. = **Lathyrus**
Graphistemma【3】Champ. ex Benth. & Hook.f. 天星藤属 ≒ **Holostemma** Apocynaceae 夹竹桃科 [MD-492] 全球 (1) 大洲分布及种数(cf. 1)◆亚洲
Graphistylis【3】B.Nord. 笔柱菊属 ← **Senecio** Asteraceae 菊科 [MD-586] 全球 (1) 大洲分布及种数(9)◆南美洲(◆巴西)
Graphorchis Thou. = **Graphorkis**
Graphorkis【3】Thou. 画兰属 → **Acrolophia;Angraecum;Oeceoclades** Orchidaceae 兰科 [MM-723] 全球 (1) 大洲分布及种数(17-19)◆非洲
Graphothecium Hampe = **Glyphothecium**
Graphsphorum Desv. = **Graphephorum**
Grapsonella【-】G.D.Rowley 景天科属 Crassulaceae 景天科 [MD-229] 全球 (uc) 大洲分布及种数(uc)
Graptephyllum Nees = **Graptophyllum**
Graptoladia【-】C.H.Uhl 景天科属 Crassulaceae 景天科 [MD-229] 全球 (uc) 大洲分布及种数(uc)
Graptopetalum【3】Rose 风车莲属 ← **Echeveria; Sedum** Crassulaceae 景天科 [MD-229] 全球 (1) 大洲分布及种数(16-25)◆北美洲
Graptophyllum Gossot = **Graptophyllum**
Graptophyllum【3】Nees 彩叶木属 ← **Aphelandra; Eranthemum;Cosmianthemum** Acanthaceae 爵床科 [MD-572] 全球 (6) 大洲分布及种数(6-17)非洲:2-6;亚洲:1-4;大洋洲:5-15;欧洲:1;北美洲:1-2;南美洲:1-2
Graptophytum Gossot = **Graptophyllum**
Graptosedum【-】G.D.Rowley 景天科属 Crassulaceae 景天科 [MD-229] 全球 (uc) 大洲分布及种数(uc)
Graptostylus T.P. & K. = **Chaunochiton**
Graptoveria【3】G.D.Rowley 风车莲属 ≒ **Graptopetalum** Crassulaceae 景天科 [MD-229] 全球 (1) 大洲分布及种数(1)◆非洲
Grastidium【3】Bl. 双花石斛属 ≒ **Callista** Orchidaceae 兰科 [MM-723] 全球 (1) 大洲分布及种数(2-4)◆亚洲
Gratiana Boheman = **Gentiana**
Gratiola (Raf.) Pennell = **Gratiola**
Gratiola【3】L. 水八角属 ≒ **Stemodia** Plantaginaceae 车前科 [MD-527] 全球 (6) 大洲分布及种数(41-56)非洲:4-17;亚洲:24-38;大洋洲:9-26;欧洲:4-17;北美洲:25-38;南美洲:6-20
Gratiolaceae【3】Martinov 水八角科 [MD-533] 全球(6) 大洲分布和属种数(2;hort. & cult.1)(41-71;hort. & cult.3-4)非洲:1/4-17;亚洲:1/24-38;大洋洲:1/9-26;欧洲:1/4-17;北美洲:1/25-38;南美洲:2/7-21
Gratocarpus (Ser.) Gasp. = **Haloragis**
Gratrixara【-】J.M.H.Shaw 兰科属 Orchidaceae 兰科 [MM-723] 全球 (uc) 大洲分布及种数(uc)
Gratwickia【3】F.Müll. 单毛金绒草属 ≒ **Helichrysum** Asteraceae 菊科 [MD-586] 全球 (1) 大洲分布及种数(1)◆大洋洲(◆澳大利亚)
Grauanthus【3】Fayed 鱼眼草属 ≒ **Dichrocephala** Asteraceae 菊科 [MD-586] 全球 (1) 大洲分布及种数(1-2)◆非洲
Graumuellera Rchb. = **Hyacinthus**
Graus Philippi = **Grias**
Grausa Weigend & R.H.Acuña = **Grafia**
Gravendeelia【3】Bogarín & Karremans 灌丛兰属 Orchidaceae 兰科 [MM-723] 全球 (1) 大洲分布及种数(cf.1) ◆南美洲
Gravenhorstia Nees = **Passerina**
Gravesia【3】Naudin 灌丛野牡丹属 ← **Bertolonia; Medinilla;Veprecella** Melastomataceae 野牡丹科 [MD-364] 全球 (1) 大洲分布及种数(113-116)◆非洲
Gravia Steud. = **Gravesia**
Gravisia【2】Mez 光萼荷属 ← **Aechmea** Bromeliaceae 凤梨科 [MM-715] 全球 (3) 大洲分布及种数(1) 亚洲:1;北美洲:1;南美洲:1
Graya Arn. ex Steud. = **Grayia**
Grayara G.W.Dillon = **Grayia**
Grayemma Hook. = **Inula**
Grayi Hook. & Arn. = **Grayia**
Grayia【3】Hook. & Arn. 刺壤藜属 ← **Atriplex; Chenopodium** Chenopodiaceae 藜科 [MD-115] 全球 (1) 大洲分布及种数(5)◆北美洲
Grayii Hook. & Arn. = **Grayia**
Graysonia Hort.Nicolai. ex K.Schum. = **Grusonia**
Graziela (G.M.Barroso) R.M.King & H.Rob. = **Gratiola**
Grazielanthus【3】Peixoto & Per.Moura 榕盘桂属 Monimiaceae 玉盘桂科 [MD-20] 全球 (1) 大洲分布及种数(1)◆南美洲
Grazielia【3】R.M.King & H.Rob. 等苞泽兰属 ← **Eupatorium** Asteraceae 菊科 [MD-586] 全球 (1) 大洲分布及种数(12)◆南美洲
Grazielodendron【3】H.C.Lima 巴西紫檀属 Fabaceae 豆科 [MD-240] 全球 (1) 大洲分布及种数(3)◆南美洲(◆巴西)
Greatwoodara Garay & H.R.Sw. = **Ascocentrum**
Greenea【3】Wight & Arn. 格林茜属 ← **Hedyotis; Wendlandia** Rubiaceae 茜草科 [MD-523] 全球 (1) 大洲分布及种数(8-16)◆亚洲
Greeneina P. & K. = **Helicostylis**
Greenella A.Gray = **Gutierrezia**
Greeneocharis【2】Gürke & Harms 隐花紫草属 ← **Cryptantha** Boraginaceae 紫草科 [MD-517] 全球 (2) 大洲分布及种数(uc) 北美洲:2;南美洲:1
Greeneothallus【3】Hässel de Menéndez 南桑带叶苔属 Pallaviciniaceae 带叶苔科 [B-30] 全球 (1) 大洲分布及

G

种数(cf. 1)◆欧洲

Greenia【3】Nutt. 棉属 ≒ **Cienfuegosia** Poaceae 禾本科 [MM-748] 全球 (1) 大洲分布及种数(1)◆北美洲

Greenii Nutt. = **Limnodea**

Greeniopsis【3】Merr. 拟格林茜属 → **Mussaendopsis** Rubiaceae 茜草科 [MD-523] 全球 (1) 大洲分布及种数 (cf. 1)◆东南亚(◆菲律宾)

Greenmania Hieron. = **Villanova**

Greenmaniella【3】W.M.Sharp 微芒菊属 ← **Zaluzania** Asteraceae 菊科 [MD-586] 全球 (1) 大洲分布及种数 (1)◆北美洲(◆墨西哥)

Greenonia P. & K. = **Brosimum**

Greenonium【3】G.D.Rowley 绿玉杯属 Crassulaceae 景天科 [MD-229] 全球 (1) 大洲分布及种数(1)◆欧洲

Greenovia Webb = **Sempervivum**

Greenowia Webb = **Aeonium**

Greenwaya Giseke = **Amomum**

Greenwayodendron【3】Verdc. 梁栋木属 Annonaceae 番荔枝科 [MD-7] 全球 (1) 大洲分布及种数(5)◆非洲

Greenwoodia【3】Burns-Bal. 砥柱兰属 ← **Deiregyne** Orchidaceae 兰科 [MM-723] 全球 (1) 大洲分布及种数 (uc)属分布和种数(uc)◆北美洲

Greenwoodiella【3】Salazar,Hern.López & J.Sharma 梁兰属 Orchidaceae 兰科 [MM-723] 全球 (1) 大洲分布及种数(uc) ◆北美洲

Greevesia F.Müll = **Pavonia**

Gregarina Duby = **Androsace**

Gregbrownia【3】W.Till & Barfuss 梁凤梨属 Bromeliaceae 凤梨科 [MM-715] 全球 (1) 大洲分布及种数(4) ◆南美洲

Greggia【3】Gaertn. 番樱桃属 ≒ **Nerisyrenia** Brassicaceae 十字花科 [MD-213] 全球 (1) 大洲分布及种数(2) ◆北美洲

Gregoria Duby = **Dionysia**

Greigia【2】Reg. 头花凤梨属 ← **Aechmea;Nidularium** Bromeliaceae 凤梨科 [MM-715] 全球 (3) 大洲分布及种数(38-40;hort.1)大洋洲:1;北美洲:10;南美洲:31-33

Grenacheria【3】Mez 管藤子属 ← **Embelia** Primulaceae 报春花科 [MD-401] 全球 (1) 大洲分布及种数(1-12)◆亚洲

Greniera J.Gay = **Sagina**

Grenocarpus Thunb. = **Gonocarpus**

Grenvillea Sw. = **Pelargonium**

Grepidomanes C.Presl = **Crepidomanes**

Greslania【3】Balansa 单秆竹属 Poaceae 禾本科 [MM-748] 全球 (1) 大洲分布及种数(4)◆大洋洲(◆美拉尼西亚)

Greswia Hook. & Harv. = **Grewia**

Greta Baill. = **Grevea**

Greuia Stokes = **Grewia**

Greuteria【3】Amirahm. & Kaz.Osaloo 瓶头豆属 Fabaceae 豆科 [MD-240] 全球 (1) 大洲分布及种数(1-2)◆非洲

Grevea【3】Baill. 瓶头李属 ← **Arenaria** Montiniaceae 瓶头梅科 [MD-463] 全球 (1) 大洲分布及种数(1-3)◆非洲

Grevellina Baill. = **Turraea**

Grevia L. = **Grewia**

Grevilla R.Br. ex Knight = **Grevillea**

Grevillea【3】R.Br. ex Knight 银桦属 ← **Embothrium;Kermadecia** Proteaceae 山龙眼科 [MD-219] 全球 (6) 大洲分布及种数(101-402;hort.1;cult:9)非洲:3-6;亚洲:74-227;大洋洲:96-330;欧洲:1-4;北美洲:3-6;南美洲:2-5

Grevilleanum【3】L.C.Beck & Emmons 美姿眼属 ← **Timmia;Grevillea** Proteaceae 山龙眼科 [MD-219] 全球 (1) 大洲分布及种数(cf.1)◆北美洲

Grevillia Knight = **Cyrtanthus**

Grewa Cothen. = **Grewia**

Grewia【3】L. 扁担杆属 ≒ **Glyphaea;Alangium** Grewiaceae 扁担杆科 [MD-192] 全球 (6) 大洲分布及种数(214-371;hort.1;cult: 2)非洲:156-261;亚洲:90-154;大洋洲:27-56;欧洲:10-25;北美洲:19-32;南美洲:7-17

Grewiaceae【3】Doweld & Reveal 扁担杆科 [MD-192] 全球 (6) 大洲分布和属种数(1;hort. & cult.1)(213-405;hort. & cult.10-11)非洲:1/ 156-261;亚洲:1/ 90-154;大洋洲:1/ 27-56;欧洲:1/ 10-25;北美洲:1/ 19-32;南美洲:1/ 7-17

Grewieae Endl. = **Grewia**

Grewiella P. & K. = **Desplatsia**

Grewiopsis De Wild & Durand = **Desplatsia**

Greyia【3】Hook. & Harv. 红鹃木属 Francoaceae 新妇花科 [MD-269] 全球 (1) 大洲分布及种数(3)◆非洲(◆南非)

Greyiaceae【3】Hutch. 鞘叶树科 [MD-321] 全球 (1) 大洲分布和属种数(1;hort. & cult.1)(3;hort. & cult.2)◆非洲(◆南非)

Grias【3】L. 玉杧果属 → **Gustavia;Pouteria** Lecythidaceae 玉蕊科 [MD-267] 全球 (6) 大洲分布及种数(11-14)非洲:1;亚洲:1;大洋洲:1;欧洲:1;北美洲:1-2;南美洲:10-14

Grielaceae Martinov = Foetidiaceae

Grielum【3】L. 黄沙莓属 ← **Geranium** Neuradaceae 沙莓草科 [MD-281] 全球 (1) 大洲分布及种数(4)◆非洲

Griersonia【-】G.L.Nesom 菊科属 Asteraceae 菊科 [MD-586] 全球 (uc) 大洲分布及种数(uc)北美洲

Griesebachia Endl. = **Eremia**

Grieselinia Endl. = **Griselinia**

Griffinia【3】Ker Gawl. 孤挺蓝属 ← **Amaryllis;Crinum;Hippeastrum** Amaryllidaceae 石蒜科 [MM-694] 全球 (1) 大洲分布及种数(23-24)◆南美洲

Griffitharia【-】Rushforth 茜草科属 Rubiaceae 茜草科 [MD-523] 全球 (uc) 大洲分布及种数(uc)

Griffithella (Tul.) Warm. = **Cladopus**

Griffithia J.M.Black = **Rhodanthe**

Griffithia Maingay ex King = **Enicosanthum**

Griffithia Wight & Arn. = **Randia**

Griffithiella Warm. = **Cladopus**

Griffithsochloa G.J.Pierce = **Bouteloua**

Griffonia【3】Hook.f. 怡心豆属 ← **Acioa;Dactyladenia;Schotia** Fabaceae3 蝶形花科 [MD-240] 全球 (1) 大洲分布及种数(4)◆非洲

Grifola Gray = **Filago**

Griggsia Brongn. = **Briggsia**

Grimaldia Raddi = **Grimaldia**

Grimaldia【2】Schrank 胶冠苔属 → **Mannia;Marchantia** Aytoniaceae 疣冠苔科 [B-9] 全球 (5) 大洲分布及种数(cf.1) 非洲;亚洲;欧洲;北美洲;南美洲

Grimaldiaceae (Rchb. ex Rabenh.) K.Müller = Aytoniaceae

Grimmeodendron【3】Urb. 合丝桕属 ← **Excoecaria;**

Stillingia Euphorbiaceae 大戟科 [MD-217] 全球 (1) 大洲分布及种数(1-2)◆北美洲
Grimmia (Brid.) Lindb. = **Grimmia**
Grimmia【3】 Hedw. 紫萼藓属 ≒ **Anodon;Pilopogon** Grimmiaceae 紫萼藓科 [B-115] 全球 (6) 大洲分布及种数(178) 非洲:59;亚洲:59;大洋洲:31;欧洲:65;北美洲:90;南美洲:55
Grimmiaceae【3】Arn. 紫萼藓科 [B-115] 全球 (5) 大洲分布和属种数(15/474)亚洲:10/138;大洋洲:8/78;欧洲:9/170;北美洲:11/211;南美洲:13/161
Grindelia【3】 Willd. 胶菀属 → **Aster;Kalimeris** Asteraceae 菊科 [MD-586] 全球 (1) 大洲分布及种数(63-114)◆北美洲
Grindeliopsis Sch.Bip. = **Anthocephalus**
Grindellia Willd. = **Grindelia**
Gripidea Miers = **Caiophora**
Grischowia H.Karst. = **Monochaetum**
Grisea L. = **Combretum**
Grisebachia Drude & H.Wendl. = **Grisebachia**
Grisebachia【3】 Klotzsch 扁蒴石南属 ← **Eremia; Howea** Arecaceae 棕榈科 [MM-717] 全球 (1) 大洲分布及种数(7)◆非洲(◆南非)
Grisebachianthus【2】 R.M.King & H.Rob. 飞机草属 ≒ **Chromolaena** Asteraceae 菊科 [MD-586] 全球 (2) 大洲分布及种数(7) 亚洲;北美洲
Grisebachiella Lorentz = **Diplolepis**
Griselea Bakh.f. = **Combretum**
Griselinia【2】 G.A.Scop. 南茱萸属 → **Maytenus; Scopolia** Griseliniaceae 南茱萸科 [MD-465] 全球 (4) 大洲分布及种数(8)亚洲:3;大洋洲:4;北美洲:2;南美洲:5
Griseliniaceae【2】J.R.Forst. & G.Forst. ex A.Cunn. 南茱萸科 [MD-465] 全球 (4) 大洲分布和属种数(1;hort. & cult.1)(7-9;hort. & cult.6-8)亚洲:1/3;大洋洲:1/4;北美洲:1/2;南美洲:1/5-5
Griseocereus【-】 (P.V.Heath) P.V.Heath 仙人掌科属 Cactaceae 仙人掌科 [MD-100] 全球 (uc) 大洲分布及种数(uc)
Grisia Brongn. = **Bikkia**
Grislea L. = **Pehria**
Grisleya Cothen. = **Combretum**
Grisollea【3】 Baill. 潮汐木属 Stemonuraceae 粗丝木科 [MD-440] 全球 (1) 大洲分布及种数(1-3)◆非洲
Grisseea Baker f. & Bakh.f. = **Parsonsia**
Grisulatocereus【-】 P.V.Heath 仙人掌科属 Cactaceae 仙人掌科 [MD-100] 全球 (uc) 大洲分布及种数(uc)
Grobya【3】 Lindl. 格罗兰属 Orchidaceae 兰科 [MM-723] 全球 (1) 大洲分布及种数(5)◆南美洲
Groelandia Fourr. = **Groenlandia**
Groenbladia J.Gay = **Groenlandia**
Groenlandia【2】 J.Gay 河蜈蚣属 ← **Potamogeton** Potamogetonaceae 眼子菜科 [MM-606] 全球 (2) 大洲分布及种数(2)非洲:1;欧洲:1
Groganara【-】 J.M.H.Shaw 兰科属 Orchidaceae 兰科 [MM-723] 全球 (uc) 大洲分布及种数(uc)
Grollea【3】 R.M.Schust. 智利韧苔属 Grolleaceae 韧苔科 [B-70] 全球 (1) 大洲分布及种数(cf. 1)◆南美洲
Grolleaceae【3】R.M.Schust. 韧苔科 [B-70] 全球 (1) 大洲分布和属种数(cf. 1)◆南美洲
Gromovia Regel = **Omphalea**
Gromphaena St.Lag. = **Gomphrena**
Grona【2】 Lour. 土黄芪属 ≒ **Nogra** Fabaceae3 蝶形花科 [MD-240] 全球 (5) 大洲分布及种数(38) 非洲:18;亚洲:16;大洋洲:11;北美洲:4;南美洲:6
Grone Lour. = **Aeschynomene**
Gronophyllum【2】 Scheff. 水柱椰属 ≒ **Hydriastele** Arecaceae 棕榈科 [MM-717] 全球 (3) 大洲分布及种数(1) 亚洲:1;大洋洲:1;北美洲:1
Gronotoma Raf. = **Cissus**
Gronova Cothen. = **Gronovia**
Gronovia Blanco = **Gronovia**
Gronovia【3】 L. 刺星花属 → **Illigera** Loasaceae 刺莲花科 [MD-435] 全球 (1) 大洲分布及种数(2)◆北美洲
Gronoviaceae (Rchb.) Endl. = Loasaceae
Gronovieae Rchb. = **Gronovia**
Gronovii L. = **Gronovia**
Grosourdya【3】 Rchb.f. 火炬兰属 ← **Aerides;Sarcochilus** Orchidaceae 兰科 [MM-723] 全球 (1) 大洲分布及种数(16-20)◆亚洲
Grosowidya Rchb.f. = **Pteroceras**
Grossera Cavaco = **Grossera**
Grossera【3】 Pax 宿苞桐属 → **Cavacoa** Euphorbiaceae 大戟科 [MD-217] 全球 (1) 大洲分布及种数(8-10)◆非洲
Grossheimia Sosn. & Takht. = **Centaurea**
Grossostylis Pers. = **Crossostylis**
Grossularia Adans. = **Grossularia**
Grossularia【3】 Mill. 醋栗属 ← **Ribes** Grossulariaceae 茶藨子科 [MD-212] 全球 (6) 大洲分布及种数(6)非洲:34;亚洲:34;大洋洲:34;欧洲:1-35;北美洲:5-39;南美洲:34
Grossulariaceae【3】DC. 茶藨子科 [MD-212] 全球 (6) 大洲分布和属种数(2;hort. & cult.1)(211-401;hort. & cult.63-86)非洲:1-2/13-109;亚洲:1-2/112-218;大洋洲:1-2/11-107;欧洲:2/40-140;北美洲:2/117-221;南美洲:1-2/56-161
Grosvenoria【3】 R.M.King & H.Rob. 肋苞亮泽兰属 ← **Eupatorium;Oliganthes** Asteraceae 菊科 [MD-586] 全球 (1) 大洲分布及种数(6-7)◆南美洲
Grotea Thunb. = **Protea**
Grotefendia Seem. = **Polyscias**
Grotenfendia Seem. = **Polyscias**
Groutia Broth. = **Opilia**
Groutiella【3】 Steere 小蓑藓属 ≒ **Schlotheimia** Orthotrichaceae 木灵藓科 [B-151] 全球 (6) 大洲分布及种数(15) 非洲:5;亚洲:2;大洋洲:1;欧洲:6;北美洲:11;南美洲:11
Grubbia【3】 Berg. 愚人莓属 ≒ **Taxus** Grubbiaceae 愚人莓科 [MD-410] 全球 (1) 大洲分布及种数(3-4)◆非洲(◆南非)
Grubbia P.J.Bergius = **Grubbia**
Grubbiaceae【3】Endl. ex Meisn. 愚人莓科 [MD-410] 全球 (1) 大洲分布和属种数(1/3-4)◆非洲(◆南非)
Grubea P.J.Bergius = **Grubbia**
Grubovia Freitag & G.Kadereit = **Gronovia**
Gruenera Opiz = **Gunnera**
Gruhlmania Neck. = **Spermacoce**
Grulhmannia Neck. ex Raf. = **Spermacoce**
Grumelia A.DC. = **Pectocarya**

G

Grumilea Gaertn. = **Psychotria**
Grumilia Gaertn. = **Psychotria**
Grundlea Steud. = **Psychotria**
Grunilea Poir. = **Psychotria**
Gruntea Poir. = **Psychotria**
Grushvitzkya Skvortsova & Aver. = **Brassaiopsis**
Grusonia F.Rchb. & K.Schum. = **Grusonia**
Grusonia【3】Hort.Nicolai. ex K.Schum. 青珊掌属 ← **Cereus;Opuntia;Pereskiopsis** Cactaceae 仙人掌科 [MD-100] 全球 (1) 大洲分布及种数(19-22)◆北美洲
Grussia M.Wolff = **Gossia**
Gruvelia A.DC. = **Pectocarya**
Grymania C.Presl = **Couepia**
Gryphaea Buch.Ham. = **Cryphaea**
Grypocarpha【3】Greenm. 单芒菊属 ≒ **Philactis** Asteraceae 菊科 [MD-586] 全球 (1) 大洲分布及种数(uc) 属分布和种数(uc)◆北美洲
Grypoceras Steven = **Ranunculus**
Grypothrix【3】(Holttum) S.E.Fawc. & A.R.Sm. 金星蕨科属 Thelypteridaceae 金星蕨科 [F-42] 全球 (1) 大洲分布及种数(uc)◆大洋洲
Gryptotaenia DC. = **Cryptotaenia**
Guacamaya【3】Maguire 辐蔺花属 Rapateaceae 泽蔺花科 [MM-713] 全球 (1) 大洲分布及种数(1)◆南美洲
Guachamaca De Gross = **Pavonia**
Guaco Liebm. = **Aristolochia**
Guade Kunth = **Guadua**
Guadua【3】Kunth 瓜多竹属 → **Arthrostylidium;Guazuma;Bambusa** Poaceae 禾本科 [MM-748] 全球 (1) 大洲分布及种数(38-39)◆南美洲
Guaduella【3】Franch. 豆蔻竺属 ≒ **Puelia** Poaceae 禾本科 [MM-748] 全球 (1) 大洲分布及种数(5)◆非洲
Guaduelleae Soderstr. & R.P.Ellis = **Guaduella**
Guagnebina Vell. = **Manettia**
Guagua Kunth = **Guazuma**
Guaiabara Mill. = **Coccoloba**
Guaiacanaceae Juss. = Ebenaceae
Guaiacon Adans. = **Guaiacum**
Guaiacum【3】L. 愈疮木属 → **Bulnesia** Zygophyllaceae 蒺藜科 [MD-288] 全球 (1) 大洲分布及种数(7-10)◆北美洲
Guaiava Adans. = **Psidium**
Guaicai Maguire = **Guaicaia**
Guaicaia【-】Maguire 菊科属 ≒ **Glossarion** Asteraceae 菊科 [MD-586] 全球 (uc) 大洲分布及种数(uc)
Guairea F.Allam. ex L. = **Guarea**
Guajacum L. = **Guaiacum**
Guajava Mill. = **Psidium**
Gualteria Duham. = **Gaultheria**
Gualtheria J.F.Gmel. = **Gaultheria**
Guamatela【3】Donn.Sm. 马拉花属 Guamatelaceae 马拉花科 [MD-263] 全球 (1) 大洲分布及种数(1)◆北美洲
Guamatelaceae【3】S.H.Oh & D.Potter 马拉花科 [MD-263] 全球 (1) 大洲分布和属种数(1/1)◆非洲
Guamia【3】Merr. 暗罗属 ≒ **Polyalthia** Annonaceae 番荔枝科 [MD-7] 全球 (1) 大洲分布及种数(1)◆大洋洲
Guanabanus Mill. = **Annona**
Guanabarea Mill. = **Muehlenbeckia**
Guancha Raf. = **Helinus**
Guanchezia【3】G.A.Romero & Carnevali 关丽兰属 ← **Bifrenaria** Orchidaceae 兰科 [MM-723] 全球 (1) 大洲分布及种数(1)◆南美洲
Guandiola Steud. = **Guardiola**
Guania Raf. = **Gouania**
Guapea Aubl. = **Guapira**
Guapeba Gomes = **Pouteria**
Guapebeira Gomes = **Pouteria**
Guapina Steud. = **Diospyros**
Guapira【2】Aubl. 鹑胸木属 → **Conyza;Neea;Pisonia** Nyctaginaceae 紫茉莉科 [MD-107] 全球 (4) 大洲分布及种数(81)非洲:3-4;欧洲:2-3;北美洲:29-36;南美洲:58-59
Guapurium Juss. = **Eugenia**
Guapurum J.F.Gmel. = **Eugenia**
Guara F.Allam. ex L. = **Guarea**
Guarania Wedd. ex Baill. = **Richeria**
Guaranilia Wedd. ex Baill. = **Richeria**
Guaranita Wedd. ex Baill. = **Richeria**
Guaranius Wedd. ex Baill. = **Richeria**
Guararibea Cav. = **Quararibea**
Guarcholia【-】Griff. & J.M.H.Shaw 兰科属 Orchidaceae 兰科 [MM-723] 全球 (uc) 大洲分布及种数(uc)
Guarcyclinitis【-】J.M.H.Shaw 兰科属 Orchidaceae 兰科 [MM-723] 全球 (uc) 大洲分布及种数(uc)
Guardiola【3】Cerv. ex Bonpl. 毛丝菊属 Asteraceae 菊科 [MD-586] 全球 (1) 大洲分布及种数(10-14)◆北美洲(◆美国)
Guarea【3】F.Allam. ex L. 驼峰楝属 → **Carapa;Khaya; Neoguarea** Meliaceae 楝科 [MD-414] 全球 (6) 大洲分布及种数(89-109;hort.1;cult:1)非洲:7-10;亚洲:3-6;大洋洲:3;欧洲:1-4;北美洲:38-44;南美洲:65-73
Guarechea【-】J.M.H.Shaw 兰科属 Orchidaceae 兰科 [MM-723] 全球 (uc) 大洲分布及种数(uc)
Guaria Dum. = **Guarea**
Guarianthe【2】Dressler & W.E.Higgins 哥丽兰属 ← **Broughtonia;Cattleya;Laelia** Orchidaceae 兰科 [MM-723] 全球 (3) 大洲分布及种数(7-8)亚洲:cf.1;北美洲:6;南美洲:6
Guariburgkia【-】J.M.H.Shaw 兰科属 Orchidaceae 兰科 [MM-723] 全球 (uc) 大洲分布及种数(uc)
Guaricatophila【-】J.M.H.Shaw 兰科属 Orchidaceae 兰科 [MM-723] 全球 (uc) 大洲分布及种数(uc)
Guaricattonia【-】J.M.H.Shaw 兰科属 Orchidaceae 兰科 [MM-723] 全球 (uc) 大洲分布及种数(uc)
Guaricyclia【-】J.M.H.Shaw 兰科属 Orchidaceae 兰科 [MM-723] 全球 (uc) 大洲分布及种数(uc)
Guaridendrum【-】J.M.H.Shaw 兰科属 Orchidaceae 兰科 [MM-723] 全球 (uc) 大洲分布及种数(uc)
Guariencychea【-】J.M.H.Shaw 兰科属 Orchidaceae 兰科 [MM-723] 全球 (uc) 大洲分布及种数(uc)
Guarilaeliarthron【-】J.M.H.Shaw 兰科属 Orchidaceae 兰科 [MM-723] 全球 (uc) 大洲分布及种数(uc)
Guarilaelivola【-】J.M.H.Shaw 兰科属 Orchidaceae 兰科 [MM-723] 全球 (uc) 大洲分布及种数(uc)
Guarimicra【-】J.M.H.Shaw 兰科属 Orchidaceae 兰科 [MM-723] 全球 (uc) 大洲分布及种数(uc)
Guariruma Cass. = **Mutisia**
Guarisophilia【-】J.M.H.Shaw 兰科属 Orchidaceae 兰

科 [MM-723] 全球 (uc) 大洲分布及种数(uc)
Guarisophleya【-】J.M.H.Shaw 兰科属 Orchidaceae 兰科 [MM-723] 全球 (uc) 大洲分布及种数(uc)
Guaritonia【-】J.M.H.Shaw 兰科属 Orchidaceae 兰科 [MM-723] 全球 (uc) 大洲分布及种数(uc)
Guaritoniclia【-】J.M.H.Shaw 兰科属 Orchidaceae 兰科 [MM-723] 全球 (uc) 大洲分布及种数(uc)
Guarlaeliopsis【-】J.M.H.Shaw 兰科属 Orchidaceae 兰科 [MM-723] 全球 (uc) 大洲分布及种数(uc)
Guaronilia【-】J.M.H.Shaw 兰科属 Orchidaceae 兰科 [MM-723] 全球 (uc) 大洲分布及种数(uc)
Guarophidendrum【-】J.M.H.Shaw 兰科属 Orchidaceae 兰科 [MM-723] 全球 (uc) 大洲分布及种数(uc)
Guaropsis C.Presl = **Clarkia**
Guarthroleya【-】J.M.H.Shaw 兰科属 Orchidaceae 兰科 [MM-723] 全球 (uc) 大洲分布及种数(uc)
Guarthron【-】J.M.H.Shaw 兰科属 Orchidaceae 兰科 [MM-723] 全球 (uc) 大洲分布及种数(uc)
Guartonichea【-】J.M.H.Shaw 兰科属 Orchidaceae 兰科 [MM-723] 全球 (uc) 大洲分布及种数(uc)
Guarvolclia【-】J.M.H.Shaw 兰科属 Orchidaceae 兰科 [MM-723] 全球 (uc) 大洲分布及种数(uc)
Guascaia Maguire = **Guaicaia**
Guatateria Ruiz & Pav. = **Gaultheria**
Guatemala A.W.Hill = **Guamatela**
Guatteria【3】Ruiz & Pav. 索木属 ← **Convolvulus; Pernettya** Annonaceae 番荔枝科 [MD-7] 全球 (1) 大洲分布及种数(251-321)◆南美洲(◆巴西)
Guatteriella R.E.Fr. = **Guatteria**
Guatteriopsis R.E.Fr. = **Guatteria**
Guatteropsis R.E.Fr. = **Guatteria**
Guavina Aubl. = **Guapira**
Guayaba Noronha = **Syzygium**
Guayabi R.M.King & H.Rob. = **Guayania**
Guayabilla Moç. & Sessé = **Samyda**
Guayania【3】R.M.King & H.Rob. 光托泽兰属 ← **Conoclinium;Eupatorium** Asteraceae 菊科 [MD-586] 全球 (1) 大洲分布及种数(5)◆南美洲
Guaymasia Britton & Rose = **Caesalpinia**
Guazuma【3】Plum. ex Adans. 瘤果麻属 ≒ **Theobroma** Sterculiaceae 梧桐科 [MD-189] 全球 (1) 大洲分布及种数(4-5)◆南美洲
Gubleria Gaud. = **Nolana**
Gudrunia Braem = **Oncidium**
Gudusia Braem = **Oncidium**
Guedea K.Schum. = **Baissea**
Gueinzia Sond. ex Schott = **Stylochiton**
Gueldenstaedtia Fisch. = **Gueldenstaedtia**
Gueldenstaedtia【3】Neck. 米口袋属 ← **Astragalus;Chesneya** Fabaceae3 蝶形花科 [MD-240] 全球 (1) 大洲分布及种数(6-16)◆亚洲
Gueldenstaedtiana Neck. = **Gueldenstaedtia**
Gueldeustaedtia Neck. = **Gueldenstaedtia**
Guembelia (Hook.) Müll.Hal. = **Grimmia**
Guenetia Sagot ex Benoist = **Catostemma**
Guenthera【3】Andrz. ex Besser 知母茜草属 ≒ **Anthocephalus** Brassicaceae 十字花科 [MD-213] 全球 (1) 大洲分布及种数(1)◆欧洲
Guentheria Spreng. = **Gaillardia**
Guentherus Andrz. ex Besser = **Guenthera**
Guerinia J.Sm. = **Lindsaea**
Guerkea K.Schum. = **Motandra**
Guernea K.Schum. = **Baissea**
Guerramontesia【3】M.J.Cano 丛藓科属 Pottiaceae 丛藓科 [B-133] 全球 (1) 大洲分布及种数(1)◆南美洲
Guerreroia Merr. = **Glossocardia**
Guersentia Raf. = **Chrysophyllum**
Guesmelia Walp. = **Ronnbergia**
Guestia Sagot ex Benoist = **Scleronema**
Guestieria Spreng. = **Gaillardia**
Guetardella Benth. = **Antirhea**
Guettarda【3】L. 海岸桐属 → **Antirhea;Stenostomum** Rubiaceae 茜草科 [MD-523] 全球 (6) 大洲分布及种数(88-182;hort.1;cult: 6)非洲:5-13;亚洲:12-22;大洋洲:8-31;欧洲:1-10;北美洲:46-117;南美洲:53-78
Guettardaceae Batsch = Naucleaceae
Guettardeae DC. = **Guettarda**
Guettardella Benth. = **Antirhea**
Guetzlaffia Walp. = **Strobilanthes**
Guevaria【3】R.M.King & H.Rob. 微片菊属 ← **Piqueria** Asteraceae 菊科 [MD-586] 全球 (1) 大洲分布及种数(5)◆南美洲
Guevina Benth. = **Gevuina**
Guevinia Endl. = **Celastrus**
Guexella Hill = **Acmella**
Guiabara Adans. = **Muehlenbeckia**
Guiacum L. = **Guaiacum**
Guiana Crüg. = **Quiina**
Guianodendron【3】Sch.Rodr. & A.M.G.Azevêdo 圭豆属 Fabaceae 豆科 [MD-240] 全球 (1) 大洲分布及种数(1)◆南美洲
Guibortia Benn. = **Guibourtia**
Guibourtia【2】Benn. 鼓琴木属 ← **Copaifera; Cynometra** Fabaceae 豆科 [MD-240] 全球 (4) 大洲分布及种数(13-17)非洲:10-13;欧洲:1;北美洲:1;南美洲:4
Guichenotia【3】J.Gay 滨毡麻属 ≒ **Thomasia** Malvaceae 锦葵科 [MD-203] 全球 (1) 大洲分布及种数(2-19)◆大洋洲(◆澳大利亚)
Guidonia【2】Mill. 美天料木属 ≒ **Laetia** Salicaceae 杨柳科 [MD-123] 全球 (4) 大洲分布及种数(1) 亚洲:1;大洋洲:1;北美洲:1;南美洲:1
Guienzia Benth. & Hook.f. = **Stylochiton**
Guienzia L.Rico & M.Sousa = **Guinetia**
Guiera【3】Adans. ex Juss. 回元茶属 ← **Combretum** Combretaceae 使君子科 [MD-354] 全球 (1) 大洲分布及种数(1)◆非洲
Guiglia Ruiz & Pav. = **Gilia**
Guihaia【3】J.Dransf.S.K.Lee & F.N.Wei 石山棕属 ← **Rhapis;Trachycarpus** Arecaceae 棕榈科 [MM-717] 全球 (1) 大洲分布及种数(cf. 1)◆亚洲
Guihaiothamnus【3】H.S.Lo 桂海木属 Rubiaceae 茜草科 [MD-523] 全球 (1) 大洲分布及种数(cf. 1)◆东亚(◆中国)
Guiina Crüg. = **Ilex**
Guilandia P.Br. = **Guilandina**
Guilandina【3】L. 鹰叶刺属 ≒ **Acacia;Caesalpinia; Sindora** Fabaceae 豆科 [MD-240] 全球 (1) 大洲分布及种

数(12-15)◆北美洲
Guildingia Hook. = **Eugenia**
Guilelma Link = **Bactris**
Guilfoylia【3】F.Müll. 吉福树属 ≒ **Cadellia** Surianaceae 海人树科 [MD-257] 全球 (1) 大洲分布及种数(1)◆大洋洲(◆澳大利亚)
Guilielma【2】Mart. 桃果椰子属 ≒ **Bactris** Arecaceae 棕榈科 [MM-717] 全球 (3) 大洲分布及种数(2) 亚洲:2;北美洲:2;南美洲:2
Guillainia【3】Vieill. 艳山姜属 ≒ **Alpinia** Zingiberaceae 姜科 [MM-737] 全球 (1) 大洲分布及种数(1)◆非洲
Guillandina (L.) Fleming = **Guilandina**
Guillandinodes P. & K. = **Schotia**
Guillauminara A.Bertrand = **Aloe**
Guillauminia【3】A.Bertrand 芦荟属 ≒ **Aloe** Asparagaceae 天门冬科 [MM-669] 全球 (1) 大洲分布及种数(uc)◆亚洲
Guilleminea【2】Kunth 席苋属 ← **Achyranthes;Illecebrum;Alternanthera** Amaranthaceae 苋科 [MD-116] 全球 (4) 大洲分布及种数(9)非洲:1;大洋洲:1;北美洲:4;南美洲:6-7
Guilleminia Neck. = **Votomita**
Guilleminia Rchb. = **Guilleminea**
Guillenia【3】Greene 野卷心菜属 ← **Arabis;Streptanthella** Brassicaceae 十字花科 [MD-213] 全球 (1) 大洲分布及种数(2-4)◆北美洲
Guillimia Rchb. = **Magnolia**
Guillonea Coss. = **Laserpitium**
Guinardia Gaud. = **Gaimardia**
Guincula Raf. = **Quincula**
Guindilia【3】Gillies ex Hook. & Arn. 桂登木属 Sapindaceae 无患子科 [MD-428] 全球 (1) 大洲分布及种数(3)◆南美洲
Guinetia【3】L.Rico & M.Sousa 墨蝶豆属 Fabaceae 豆科 [MD-240] 全球 (1) 大洲分布及种数(1)◆北美洲(◆墨西哥)
Guinotia L.Rico & M.Sousa = **Guinetia**
Guinusia L. = **Guinetia**
Guioa【3】Cav. 三蝶果属 → **Arytera;Atalaya;Sapindus** Sapindaceae 无患子科 [MD-428] 全球 (1) 大洲分布及种数(13-79)◆大洋洲
Guira Adans. ex Juss. = **Guiera**
Guiraca Coss. = **Guiraoa**
Guiraoa【3】Coss. 西班牙芥属 Brassicaceae 十字花科 [MD-213] 全球 (1) 大洲分布及种数(1)◆欧洲(◆西班牙)
Guirea Steud. = **Guarea**
Guiterrezia C.H.Schultz Bip = **Solidago**
Guitierrezia Lag. = **Gutierrezia**
Guivillea R.Br. ex Knight = **Grevillea**
Guizhouia Cass. = **Guizotia**
Guizotia【3】Cass. 小葵子属 ← **Anthemis;Heliopsis** Asteraceae 菊科 [MD-586] 全球 (1) 大洲分布及种数(4-7)◆非洲
Gularia Garay = **Schiedeella**
Guldaenstedtia A.Juss. = **Gueldenstaedtia**
Guldenstaedtia Dum. = **Gueldenstaedtia**
Gulielma Spreng. = **Bactris**
Gulingia R.Br. = **Rulingia**
Gulubia Becc. = **Hydriastele**
Gulubiopsis Becc. = **Hydriastele**
Gumara Hort. = **Acidoton**
Gumbelina L. = **Gmelina**
Gumifera Raf. = **Acacia**
Gumillea【3】Ruiz & Pav. 秘鲁合椿梅属 Simaroubaceae 苦木科 [MD-424] 全球 (1) 大洲分布及种数(cf.1)◆南美洲
Gumsia Buch.Ham. ex Wall. = **Eriolaena**
Gumteolis Buch.Ham. ex D.Don = **Pleurothallis**
Gumuia Rumph. ex Hassk. = **Callicarpa**
Gundelia【3】L. 风滚菊属 Asteraceae 菊科 [MD-586] 全球 (1) 大洲分布及种数(13-15)◆亚洲
Gundlachia【3】A.Gray 金黄花属 ← **Chrysoma** Asteraceae 菊科 [MD-586] 全球 (1) 大洲分布及种数(6)◆北美洲
Gung Buch.Ham. ex Wight = **Secamone**
Guniea L. = **Gunnera**
Gunillaea【3】Thulin 多子风铃属 Campanulaceae 桔梗科 [MD-561] 全球 (1) 大洲分布及种数(2)◆非洲
Gunisanthus A.DC. = **Diospyros**
Gunnarella【2】Senghas 纱药兰属 ≒ **Calymmanthera** Orchidaceae 兰科 [MM-723] 全球 (2) 大洲分布及种数(4-5)亚洲;大洋洲
Gunnaria S.C.Chen ex Z.J.Liu & L.J.Chen = **Gunnera**
Gunnarorchis Brieger = **Eria**
Gunnera (Comm. ex Juss.) Schindl. = **Gunnera**
Gunnera【3】L. 大叶草属 Gunneraceae 大叶草科 [MD-280] 全球 (1) 大洲分布及种数(26-28)◆亚洲
Gunneraceae【3】Meisn. 大叶草科 [MD-280] 全球 (6) 大洲分布和属种数(1;hort. & cult.1)(26-79;hort. & cult.5-23)非洲:1/1;亚洲:1/26-28;大洋洲:1/1;欧洲:1/1;北美洲:1/4-6;南美洲:1/1
Gunneroideaea【3】Schindl. 大二仙草属 Haloragaceae 小二仙草科 [MD-271] 全球 (1) 大洲分布及种数(1)◆非洲
Gunneropsis örst. = **Gunnera**
Gunnessia【3】P.I.Forst. 昆士兰萝藦属 Apocynaceae 夹竹桃科 [MD-492] 全球 (1) 大洲分布及种数(1)◆大洋洲
Gunnia F.Müll = **Sarcochilus**
Gunniopsis【3】Pax 蓬番杏属 ← **Aizoon;Sesuvium** Aizoaceae 番杏科 [MD-94] 全球 (1) 大洲分布及种数(15)◆大洋洲(◆澳大利亚)
Gunthera Regel = **Guenthera**
Guntheria Benth. & Hook.f. = **Tetraneuris**
Gupa J.St.Hil. = **Gaya**
Gupia J.St.Hil. = **Gaya**
Guppya Frapp. ex Cordem. = **Uapaca**
Gurania (Schltdl.) Cogn. = **Gurania**
Gurania【3】Cogn. 蝶瓜属 ← **Momordica;Psiguria;Gazania** Cucurbitaceae 葫芦科 [MD-205] 全球 (1) 大洲分布及种数(57-77)◆南美洲
Guraniopsis【3】Cogn. 知母葫芦属 Cucurbitaceae 葫芦科 [MD-205] 全球 (1) 大洲分布及种数(cf. 1)◆南美洲
Guringalia B.G.Briggs & L.A.S.Johnson = **Chordifex**
Gurltia Klotzsch = **Begonia**
Gurneya Cham. & Schltdl. = **Urophyllum**
Gurneyara【-】J.M.H.Shaw 兰科属 Orchidaceae 兰科

[MM-723] 全球 (uc) 大洲分布及种数(uc)
Guroa F.Allam. ex L. = **Guarea**
Guru Buch.Ham. ex Wight = **Secamone**
Gurua Buch.Ham. ex Wight = **Finlaysonia**
Gusmania J.Rémy = **Erigeron**
Gusmannia Juss. = **Guzmania**
Gusso Bruce = **Acronychia**
Gussonea A.Rich. = **Microcoelia**
Gussonea J. & C.Presl = **Fimbristylis**
Gussonia D.Dietr. = **Schefflera**
Gussonia Spreng = **Solenangis**
Gussonia Spreng. = **Actinostemon**
Gustavia Grandibracteata S.A.Mori = **Gustavia**
Gustavia【3】 L. 莲玉蕊属 → **Eschweilera;Lecythis;Planchonia** Lecythidaceae 玉蕊科 [MD-267] 全球 (1) 大洲分布及种数(48-51)◆南美洲
Gustaviaceae Burnett = Onagraceae
Gutenbergia【3】 Sch.Bip. 毛瓣瘦片菊属 ≒ **Ageratina;Ethulia;Senecio** Asteraceae 菊科 [MD-586] 全球 (1) 大洲分布及种数(22-26)◆非洲
Guthnickia Regel = **Achimenes**
Guthriea【3】 Bolus 青钟堇属 Achariaceae 青钟麻科 [MD-159] 全球 (1) 大洲分布及种数(1)◆非洲
Gutierrezia【3】 Lag. 蛇黄花属 → **Amphiachyris;Bahia;Solidago** Asteraceae 菊科 [MD-586] 全球 (6) 大洲分布及种数(34-61;hort.1)非洲:22;亚洲:22;大洋洲:22;欧洲:1-23;北美洲:23-45;南美洲:12-37
Guttenbergia Zoll. & Mor. = **Gynochthodes**
Guttiferae Juss.
Gutzlaffia Hance = **Strobilanthes**
Guya Frapp. ex Cordem. = **Drypetes**
Guyan Frapp. ex Cordem. = **Drypetes**
Guynesomia【3】 Bonif. & G.Sancho 苏头菊属 ≒ **Chrysanthellum** Asteraceae 菊科 [MD-586] 全球 (1) 大洲分布及种数(1)◆南美洲
Guynia Naudin = **Guyonia**
Guyo Frapp. ex Cordem. = **Drypetes**
Guyonia【3】 Naudin 居永野牡丹属 ≒ **Gurania** Melastomataceae 野牡丹科 [MD-364] 全球 (1) 大洲分布及种数(11-12)◆非洲
Guyotia Schmidle,W. = **Guyonia**
Guzmania【3】 Ruiz & Pav. 星花凤梨属 ← **Aechmea;Vriesea;Devillea** Bromeliaceae 凤梨科 [MM-715] 全球 (1) 大洲分布及种数(67-71)◆北美洲
Guzmannia F.Phil. = **Erigeron**
Guzvriesea【3】 Dutrie ex M.B.Foster 星花凤梨属 ← **Vriesea;Guzmania** Bromeliaceae 凤梨科 [MM-715] 全球 (1) 大洲分布及种数(1)◆南美洲
Gxieldenstaedtiana Neck. = **Gueldenstaedtia**
Gyaladenia Schltr. = **Brachycorythis**
Gyalanthos Szlach. & Marg. = **Pabstiella**
Gyalocephalus Schwägr. = **Aulacomnium**
Gyas Salisb. = **Eragrostis**
Gyaxis Salisb. = **Haemanthus**
Gybianthus Pritz. = **Cybianthus**
Gycosmis Corrêa = **Glycosmis**
Gygis Desv. = **Calamintha**
Gylossogyne Cass. = **Glossogyne**
Gymapsis【3】 Bremek. 爵床科属 Acanthaceae 爵床科 [MD-572] 全球 (1) 大洲分布及种数(uc)◆大洋洲
Gyminda【3】 Sarg. 巫婆樱属 ← **Crossopetalum;Rhacoma** Celastraceae 卫矛科 [MD-339] 全球 (1) 大洲分布及种数(2-4)◆北美洲
Gymleucorchis F.Hanb. = **Pseudadenia**
Gymnabicchia E.G.Camus = **Pseudorchis**
Gymnacamptis Chitt. = **Gymnanacamptis**
Gymnacanthus Nees = **Ruellia**
Gymnachaena Rchb. ex A.DC. = **Stoebe**
Gymnachirus Bl. = **Goodyera**
Gymnachne Parodi = **Chascolytrum**
Gymnaconitum【3】 (Stapf) Wei Wang & Z.D.Chen 露蕊乌头属 Ranunculaceae 毛茛科 [MD-38] 全球 (1) 大洲分布及种数(cf.1) ◆亚洲
Gymnacranthaera Warb. = **Gymnacranthera**
Gymnacranthera【3】 (Warb.) J.Sinclair Gard. 露药楠属 → **Knema;Myristica** Myristicaceae 肉豆蔻科 [MD-15] 全球 (1) 大洲分布及种数(7-12)◆亚洲
Gymnactis Cass. = **Glossogyne**
Gymnactis Pfeiff. = **Glossocardia**
Gymnadenia【3】 R.Br. 手参属 → **Amitostigma;Habenaria;Brachycorythis** Orchidaceae 兰科 [MM-723] 全球 (6) 大洲分布及种数(38-60;hort.1;cult: 15)非洲:6-19;亚洲:20-36;大洋洲:4-16;欧洲:30-43;北美洲:6-19;南美洲:12
Gymnadeniopsis Rydb. = **Platanthera**
Gymnadeniorchis A.D.Hawkes = **Orchigymnadenia**
Gymnagathis Schaür = **Melaleuca**
Gymnaglossum【3】 Rolfe 柃属 ≒ **Gymnadenia;Eurya** Orchidaceae 兰科 [MM-723] 全球 (1) 大洲分布及种数(uc)属分布和种数(uc)◆欧洲
Gymnalypha Griseb. = **Acalypha**
Gymnamblosis Pfeiff. = **Croton**
Gymnanacamptis【3】 Asch. & Graebn. 手参属 ≒ **Gymnadenia** Orchidaceae 兰科 [MM-723] 全球 (1) 大洲分布及种数(4)◆欧洲
Gymnandra Pall. = **Lagotis**
Gymnandropogon (Nees) Munro ex Duthie = **Bothriochloa**
Gymnantha Y.Itô = **Gymnocalycium**
Gymnanthe【3】 (Taylor) Taylor ex Lehm. 顶苞苔科属 ≒ **Notoscyphus;Andrewsianthus** Acrobolbaceae 顶苞苔科 [B-43] 全球 (1) 大洲分布及种数(uc)◆大洋洲
Gymnanthemum【2】 Cass. 斑鸠菊属 ≒ **Vernonia;Phyllocephalum** Asteraceae 菊科 [MD-586] 全球 (3) 大洲分布及种数(32-37)非洲:29;亚洲:cf.1;南美洲:2
Gymnanthera【3】 R.Br. 海岛藤属 → **Finlaysonia;Jasminum** Apocynaceae 夹竹桃科 [MD-492] 全球 (1) 大洲分布及种数(2-3)◆大洋洲
Gymnanthes【3】 Sw. 裸花树属 → **Actinostemon;Ateramnus;Stillingia** Euphorbiaceae 大戟科 [MD-217] 全球 (1) 大洲分布及种数(15-16)◆南美洲
Gymnanthocereus【3】 Backeb. 花冠柱属 ← **Borzicactus;Browningia** Cactaceae 仙人掌科 [MD-100] 全球 (1) 大洲分布及种数(cf. 1)◆南美洲
Gymnanthus Endl. = **Trochodendron**
Gymnaplatanthera Rottb. = **Dactylodenia**
Gymnapogon P.Beauv. = **Gymnopogon**
Gymnarrhea Steud. = **Gymnarrhena**

Gymnarrhena【3】 Desf. 异头菊属 Asteraceae 菊科 [MD-586] 全球 (1) 大洲分布及种数(1)◆非洲
Gymnartocarpus【3】 Börl. 裸桑属 Moraceae 桑科 [MD-87] 全球 (1) 大洲分布及种数(uc)属分布和种数(uc)◆亚洲
Gymnaster Kitam. = **Miyamayomena**
Gymnasteria Greene = **Gymnosteris**
Gymnasura Pall. = **Lagotis**
Gymneala (Benth.) Harley & J.F.B.Pastore = **Gymneia**
Gymneia【2】 (Benth.) Harley & J.F.B.Pastore 匙苓属 ≒ **Hyptis** Lamiaceae 唇形科 [MD-575] 全球 (2) 大洲分布及种数(8)亚洲:cf.1;南美洲:7
Gymnelaea (Endl.) Spach = **Osmanthus**
Gymnema【3】 R.Br. 匙羹藤属 ← **Asclepias;Apocynum;Sphaerocodon** Asclepiadaceae 萝藦科 [MD-494] 全球 (1) 大洲分布及种数(17-46)◆亚洲
Gymnemopsis【3】 Costantin 牛奶菜属 ← **Marsdenia** Apocynaceae 夹竹桃科 [MD-492] 全球 (1) 大洲分布及种数(uc)属分布和种数(uc)◆亚洲
Gymnetis Thoms. = **Glossocardia**
Gymnia Buch.Ham. = **Gahnia**
Gymnigritella【3】 E.G.Camus 手参属 ≒ **Gymnadenia** Orchidaceae 兰科 [MM-723] 全球 (1) 大洲分布及种数(uc)属分布和种数(uc)◆欧洲
Gymnites Fourr. = **Brodiaea**
Gymnoas Fourr. = **Luzula**
Gymnobalanus Nees & Mart. = **Ocotea**
Gymnobarbula【3】 Jan Kučera 丛匙藓属 ≒ **Streblotrichum** Pottiaceae 丛藓科 [B-133] 全球 (1) 大洲分布及种数(1)◆欧洲
Gymnobothrus Wall. ex Baill. = **Sapium**
Gymnobothrys Wall ex Baill. = **Sapium**
Gymnobotrys Wall. ex Baill. = **Alchornea**
Gymnobutia Doweld = **Gymnocalycium**
Gymnocactus【3】 Backeb. 天晃玉属 ← **Thelocactus;Gymnocalycium** Cactaceae 仙人掌科 [MD-100] 全球 (1) 大洲分布及种数(1)属分布和种数(uc)◆北美洲
Gymnocalycium【3】 Pfeiff. 新天玉属 ← **Cactus;Parodia;Uebelmannia** Cactaceae 仙人掌科 [MD-100] 全球 (1) 大洲分布及种数(93-111)◆南美洲(◆巴西)
Gymnocampus Lesch. ex Pfeiff. = **Levenhookia**
Gymnocarpium【3】 Newman 羽节蕨属 Thelypteridaceae 金星蕨科 [F-42] 全球 (6) 大洲分布及种数(13-16;hort.1;cult:4)非洲:2-3;亚洲:7-9;大洋洲:2-3;欧洲:4-5;北美洲:10-11;南美洲:1-2
Gymnocarpon Pers. = **Gymnocarpos**
Gymnocarpos【2】 Forssk. 裸果木属 Caryophyllaceae 石竹科 [MD-77] 全球 (2) 大洲分布及种数(6-12)非洲:3-4;亚洲:5-9
Gymnocarpum DC. = **Gymnocarpos**
Gymnocarpus Juss. = **Uapaca**
Gymnocaulus Phil. = **Scabiosa**
Gymnocephalus【-】 Schwägr. 皱蒴藓科属 ≒ **Aulacomnium;Zygodon** Aulacomniaceae 皱蒴藓科 [B-153] 全球 (uc) 大洲分布及种数(uc)
Gymnocereus Backeb. = **Browningia**
Gymnocerus Backeb. = **Browningia**
Gymnochaeta Steud. = **Schoenus**
Gymnochaete Benth. & Hook.f. = **Actinoschoenus**
Gymnochilus Bl. = **Cheirostylis**
Gymnochinopsis【-】 P.V.Heath 仙人掌科属 Cactaceae 仙人掌科 [MD-100] 全球 (uc) 大洲分布及种数(uc)
Gymnocladus【3】 Lam. 肥皂荚属 → **Erythrophleum;Gleditsia;Guilandina** Fabaceae 豆科 [MD-240] 全球 (1) 大洲分布及种数(2)◆北美洲
Gymnocline Cass. = **Tanacetum**
Gymnococca C.A.Mey. = **Pimelea**
Gymnocodium Rolfe = **Gymnopodium**
Gymnocolea (Dum.) Dum. = **Gymnocolea**
Gymnocolea【3】 Potemkin 花旗叶苔属 ≒ **Lophozia;Gymnocoleopsis** Lophoziaceae 裂叶苔科 [B-56] 全球 (1) 大洲分布及种数(2-4)◆北美洲(◆美国)
Gymnocoleopsis【3】 (R.M.Schust.) R.M.Schust. 玻叶苔属 Lophoziaceae 裂叶苔科 [B-56] 全球 (1) 大洲分布及种数(1)◆南美洲(◆玻利维亚)
Gymnocoma N.E.Br. = **Gymnolomia**
Gymnocondylus【3】 R.M.King & H.Rob. 泽兰属 ≒ **Eupatorium** Asteraceae 菊科 [MD-586] 全球 (1) 大洲分布及种数(1)◆南美洲
Gymnocoronis【3】 DC. 裸冠菊属 ← **Adenostemma;Alomia;Piqueria** Asteraceae 菊科 [MD-586] 全球 (1) 大洲分布及种数(4)◆南美洲
Gymnocranthera (Warb.) J.Sinclair Gard. = **Gymnacranthera**
Gymnocybe【-】 Fr. 皱蒴藓科属 ≒ **Aulacomnium;Echinops** Aulacomniaceae 皱蒴藓科 [B-153] 全球 (uc) 大洲分布及种数(uc)
Gymnode Fourr. = **Luzula**
Gymnodes (Griseb.) Fourr. = **Luzula**
Gymnodia Fourr. = **Luzula**
Gymnodiscus【3】 Less. 裸盘菊属 ← **Othonna** Asteraceae 菊科 [MD-586] 全球 (1) 大洲分布及种数(3)◆非洲
Gymnogonia (L.) R.Br. ex Steud. = **Cleome**
Gymnogonum Parry = **Goodmania**
Gymnogramma (Fée) T.Moore = **Hemionitis**
Gymnogramme Desv. = **Hemionitis**
Gymnogrammitidaceae【3】 Ching 雨蕨科 [F-57] 全球 (1) 大洲分布和属种数(1/1-3)◆亚洲
Gymnogrammitis【3】 Griff. 雨蕨属 → **Araiostegia;Polypodium** Polypodiaceae 水龙骨科 [F-60] 全球 (1) 大洲分布及种数(cf. 1)◆亚洲
Gymnographa Desv. = **Hemionitis**
Gymnogyne (Didr.) Didr. = **Cotula**
Gymnogynum【-】 P.Beauv. 卷柏科属 Selaginellaceae 卷柏科 [F-6] 全球 (uc) 大洲分布及种数(uc)
Gymnogyps Steetz = **Cotula**
Gymnolaena (DC.) Rydb. = **Gymnolaena**
Gymnolaena【3】 Rydb. 裸被菊属 ← **Dyssodia** Asteraceae 菊科 [MD-586] 全球 (1) 大洲分布及种数(3)◆北美洲(◆墨西哥)
Gymnoleima Decne. = **Lithodora**
Gymnoloma Ker Gawl. = **Gymnolomia**
Gymnolomia【3】 Kunth 锥花菊属 → **Aldama;Zaluzania;Smallanthus** Asteraceae 菊科 [MD-586] 全球 (1) 大洲分布及种数(2-13)◆南美洲
Gymnoluma Baill. = **Elaeoluma**
Gymnomerus Backeb. = **Browningia**
Gymnomesium Schott = **Arum**

Gymnomitriaceae H.Klinggr. = Gymnomitriaceae
Gymnomitriaceae【3】W.E.Nicholson 全萼苔科 [B-41] 全球 (6) 大洲分布和属种数(6-8/39-95)非洲:2-4/2-46;亚洲:4-5/28-75;大洋洲:4-5/8-52;欧洲:3/14-59;北美洲:3/17-62;南美洲:3-5/7-51
Gymnomitriella M.Fleisch. ex Sakurai = **Gymnostomiella**
Gymnomitrion (Lindb.) Schljakov = **Gymnomitrion**
Gymnomitrion【3】W.E.Nicholson 全萼苔属 ≒ **Sarcocyphos;Solenostoma** Gymnomitriaceae 全萼苔科 [B-41] 全球 (6) 大洲分布及种数(12)非洲:18;亚洲:6-24;大洋洲:3-21;欧洲:2-20;北美洲:3-21;南美洲:4-22
Gymnomitrium Mitt. = **Gymnomitrion**
Gymnomyosotis【-】(A.DC.) O.D.Nikif. 紫草科属 Boraginaceae 紫草科 [MD-517] 全球 (uc) 大洲分布及种数(uc)
Gymnonychium Bartl. = **Diosma**
Gymnopentzia【3】Benth. 对叶杯子菊属 ← **Athanasia** Asteraceae 菊科 [MD-586] 全球 (1) 大洲分布及种数(1)◆非洲
Gymnopetalum【3】Arn. 金瓜属 ← **Benincasa** Cucurbitaceae 葫芦科 [MD-205] 全球 (6) 大洲分布及种数(4-5)非洲:1-2;亚洲:3-5;大洋洲:1-2;欧洲:1;北美洲:1;南美洲:2-3
Gymnophora【-】P.V.Heath 番杏科属 Aizoaceae 番杏科 [MD-94] 全球 (uc) 大洲分布及种数(uc)
Gymnophragma【3】Lindau 巴布亚裸爵床属 Acanthaceae 爵床科 [MD-572] 全球 (1) 大洲分布及种数(1)◆大洋洲
Gymnophyton【3】Clos 裸芹属 ≒ **Asteriscium;Mulinum** Apiaceae 伞形科 [MD-480] 全球 (1) 大洲分布及种数(6)◆南美洲
Gymnopilus Singer = **Cheirostylis**
Gymnopis Fourr. = **Brodiaea**
Gymnopodium【3】Rolfe 木酸模属 ≒ **Millspaughia** Polygonaceae 蓼科 [MD-120] 全球 (1) 大洲分布及种数(2)◆北美洲
Gymnopogon (Döll) Pilg. = **Gymnopogon**
Gymnopogon【3】P.Beauv. 骨架草属 ← **Agrostis; Stipa;Andropogon** Poaceae 禾本科 [MM-748] 全球 (6) 大洲分布及种数(15-16;hort.1;cult:1)非洲:9;亚洲:5-14;大洋洲:9;欧洲:9;北美洲:7-16;南美洲:11-20
Gymnopogoninae【-】P.M.Peterson,Romasch. & Y.Herrera 禾本科属 Poaceae 禾本科 [MM-748] 全球 (uc) 大洲分布及种数(uc)
Gymnopoma【3】N.E.Br. 番杏科属 Aizoaceae 番杏科 [MD-94] 全球 (1) 大洲分布及种数(uc)◆亚洲
Gymnopremnon Lindig = **Ctenitis**
Gymnopsis DC. = **Eleutheranthera**
Gymnopteris Bernhardi.Conf.Woynar = **Gymnopteris**
Gymnopteris【3】C.Presl 川西金毛裸蕨属 ← **Hemionitis; Paraceterach** Hemionitidaceae 裸子蕨科 [F-37] 全球 (1) 大洲分布及种数(6-9)◆北美洲(◆哥斯达黎加)
Gymnopyrenium Dulac = **Cotoneaster**
Gymnorchis Osvacil = **Pseudadenia**
Gymnorebutia Doweld = **Weingartia**
Gymnoreima Decne. = **Lithodora**
Gymnorinorea Keay = **Rinorea**
Gymnoschoenus【3】Nees 短毛莎属 ≒ **Mesomelaena** Cyperaceae 莎草科 [MM-747] 全球 (1) 大洲分布及种数(5)◆大洋洲(◆澳大利亚)
Gymnosciadium【3】Hochst. 茴芹属 ← **Pimpinella** Apiaceae 伞形科 [MD-480] 全球 (1) 大洲分布及种数(2)◆非洲
Gymnoscyphus【-】Corda 叶苔科属 Jungermanniaceae 叶苔科 [B-38] 全球 (uc) 大洲分布及种数(uc)
Gymnosiphon【3】Bl. 腐草属 ≒ **Burmannia** Burmanniaceae 水玉簪科 [MM-696] 全球 (1) 大洲分布及种数(17-21)◆南美洲
Gymnosparia (Wight & Arn.) Benth. & Hook.f. = **Gymnosporia**
Gymnosperma【3】Less. 胶头菊属 ← **Baccharis; Flaveria;Selloa** Asteraceae 菊科 [MD-586] 全球 (1) 大洲分布及种数(1-4)◆北美洲
Gymnospermae Prantl = **Gymnosperma**
Gymnospermium【3】Spach 牡丹草属 ← **Leontice; Gymnosperma** Berberidaceae 小檗科 [MD-45] 全球 (1) 大洲分布及种数(8-11)◆亚洲
Gymnosphaera Bl. = **Cyathea**
Gymnosphaesa Bl. = **Cyathea**
Gymnospora (Chodat) J.F.B.Pastore = **Gymnosporia**
Gymnosporia【3】(Wight & Arn.) Benth. & Hook.f. 美登木属 ≒ **Maytenus;Haydenoxylon** Celastraceae 卫矛科 [MD-339] 全球 (6) 大洲分布及种数(77-140;hort.1;cult:4)非洲:48-83;亚洲:34-67;大洋洲:5-20;欧洲:3-15;北美洲:4-17;南美洲:6-17
Gymnosporium Berk. & M.A.Curtis = **Gymnospermium**
Gymnostachium Rchb. = **Gymnostachyum**
Gymnostachys【3】R.Br. 石柑属 ← **Pothos** Araceae 天南星科 [MM-639] 全球 (1) 大洲分布及种数(1)◆大洋洲(◆澳大利亚)
Gymnostachyum【3】Nees 裸柱草属 ≒ **Andrographis;Pothos** Acanthaceae 爵床科 [MD-572] 全球 (1) 大洲分布及种数(14-53)◆亚洲
Gymnostechyum Spach = **Gymnostephium**
Gymnostemma Aubrév. & Pellegr. = **Gymnostemon**
Gymnostemon【3】Aubrév. & Pellegr. 疣冠木属 Simaroubaceae 苦木科 [MD-424] 全球 (1) 大洲分布及种数(1)◆非洲
Gymnostephium【3】Less. 突果菀属 → **Aster; Osteospermum;Felicia** Asteraceae 菊科 [MD-586] 全球 (1) 大洲分布及种数(8)◆非洲(◆南非)
Gymnosteris【3】Greene 地花簪属 ← **Collomia; Navarretia** Polemoniaceae 花荵科 [MD-481] 全球 (1) 大洲分布及种数(2-6)◆北美洲(◆美国)
Gymnostichum Schreb. = **Hystrix**
Gymnostillingia Müll.Arg. = **Stillingia**
Gymnostoma【3】L.A.S.Johnson 方木麻黄属 ← **Casuarina** Casuarinaceae 木麻黄科 [MD-73] 全球 (1) 大洲分布及种数(12-14)◆亚洲
Gymnostomiella【2】M.Fleisch. 疣壶藓属 ≒ **Splachnobryum** Pottiaceae 丛藓科 [B-133] 全球 (5) 大洲分布及种数(8) 非洲:6;亚洲:6;大洋洲:1;北美洲:1;南美洲:1
Gymnostomum【3】Nees & Hornsch. 净口藓属 ≒ **Physcomitrium** Pottiaceae 丛藓科 [B-133] 全球 (6) 大洲分布及种数(48) 非洲:15;亚洲:14;大洋洲:4;欧洲:14;北美洲:11;南美洲:11
Gymnostyles【2】Juss. 山芫荽属 ≒ **Soliva** Asteraceae

G

菊科 [MD-586] 全球 (2) 大洲分布及种数(2) 北美洲:1;南美洲:1
Gymnostylia Brauer & Bergenstamm = **Pluchea**
Gymnostylis Raf. = **Gymnostyles**
Gymnoterpe Salisb. = **Narcissus**
Gymnotheca【3】C.Presl 裸蒴属 ≒ **Marattia;Saururus** Saururaceae 三白草科 [MD-35] 全球 (1) 大洲分布及种数(cf. 1)◆亚洲
Gymnothorax Spreng. = **Alopecurus**
Gymnothrix Spreng. = **Pennisetum**
Gymnotraunsteinera【3】Cif. & Giacom. 红门兰属 ← **Orchis** Orchidaceae 兰科 [MM-723] 全球 (1) 大洲分布及种数(1-2)◆非洲
Gymnotrix P.Beauv. = **Pennisetum**
Gymnotus Fourr. = **Brodiaea**
Gymnoxis Steud. = **Eleutheranthera**
Gymnstomum【3】Nees & Hornsch. 裸丛藓属 Pottiaceae 丛藓科 [B-133] 全球 (1) 大洲分布及种数(1)◆东亚(◆中国)
Gymnura Cass. = **Gynura**
Gymostyles Willd. = **Soliva**
Gymplatanthera【3】L.C.Lamb. 万鸟兰属 → **Dactylodenia;Eurya** Orchidaceae 兰科 [MM-723] 全球 (1) 大洲分布及种数(2)◆欧洲(◆瑞士)
Gymradenia R.Br. = **Gymnadenia**
Gynactis Cass. = **Glossogyne**
Gynaecia Hassk. = **Gynura**
Gynaecocephalium Hassk. = **Phytocrene**
Gynaecopachys Hassk. = **Randia**
Gynaecura Hassk. = **Gynura**
Gynaion A.DC. = **Cordia**
Gynamblosis Torr. = **Croton**
Gynampsis Raf. = **Tecoma**
Gynandriris【2】Parl. 阴阳兰属 ← **Iris** Iridaceae 鸢尾科 [MM-700] 全球 (4) 大洲分布及种数(4-7)非洲:3;亚洲:cf.1;欧洲:cf.1;北美洲:cf.1
Gynandropris Parl. = **Gynandriris**
Gynandropsis【3】DC. 羊角菜属 ← **Cleome; Podandrogyne** Cleomaceae 白花菜科 [MD-210] 全球 (6) 大洲分布及种数(8-15)非洲:2-4;亚洲:1-3;大洋洲:2-5;欧洲:2;北美洲:3-7;南美洲:5-9
Gynaphanes Steetz = **Epaltes**
Gynapteina (Bl.) Spach = **Schefflera**
Gynastrum Neck. = **Pisonia**
Gynatrix Alef. = **Plagianthus**
Gyndes Fourr. = **Brodiaea**
Gynema Raf. = **Pluchea**
Gynerium【3】Humb. & Bonpl. 野苇属 ← **Aira; Saccharum;Arundo** Poaceae 禾本科 [MM-748] 全球 (6) 大洲分布及种数(4;hort.1)非洲:1;亚洲:1-2;大洋洲:1;欧洲:1;北美洲:1-2;南美洲:3-4
Gynestum Poit. = **Geonoma**
Gynetera Raf. = **Tetracera**
Gyneteria Spreng. = **Tessaria**
Gynetra B.D.Jacks. = **Tessaria**
Gynetra Raf. = **Tetracera**
Gynheteria Willd. = **Tessaria**
Gynizodon Raf. = **Miltonia**
Gynocampus Lesch. ex DC. = **Gonocarpus**
Gynocardia【3】Roxb. 马蛋果属 Achariaceae 青钟麻科 [MD-159] 全球 (1) 大洲分布及种数(cf. 1)◆亚洲
Gynocephala Benth. & Hook.f. = **Phytocrene**
Gynocephalium Endl. = **Phytocrene**
Gynocephalum Bl. = **Phytocrene**
Gynochthodes【3】Bl. 羊角藤属 ← **Canthium;Morinda** Rubiaceae 茜草科 [MD-523] 全球 (1) 大洲分布及种数(65-67)◆亚洲
Gynochtodes Bl. = **Gynochthodes**
Gynoco Raf. = **Allium**
Gynocraterium【3】Bremek. 杯蕊爵床属 Acanthaceae 爵床科 [MD-572] 全球 (1) 大洲分布及种数(1)◆南美洲
Gynodon Raf. = **Allium**
Gynoglottis【3】J.J.Sm. 虾脊兰属 ≒ **Calanthe** Orchidaceae 兰科 [MM-723] 全球 (1) 大洲分布及种数(1)◆亚洲
Gynoisa Raf. = **Ipomoea**
Gynoisia Raf. = **Xenostegia**
Gynomphis Raf. = **Tococa**
Gynoon A.Juss. = **Glochidion**
Gynopachis【-】Bl. 茜草科属 ≒ **Aidia** Rubiaceae 茜草科 [MD-523] 全球 (uc) 大洲分布及种数(uc)
Gynopachys Bl. = **Gynopachis**
Gynophoraria Rydb. = **Astragalus**
Gynophorea【3】Gilli 香花芥属 ← **Hesperis** Brassicaceae 十字花科 [MD-213] 全球 (1) 大洲分布及种数(cf.1) ◆亚洲
Gynophyge Gilli = **Caucalis**
Gynopleura Cav. = **Malesherbia**
Gynostegia Bl. = **Gynostemma**
Gynostemma【3】Bl. 绞股蓝属 → **Alsomitra;Neoalsomitra** Cucurbitaceae 葫芦科 [MD-205] 全球 (1) 大洲分布及种数(19-31)◆亚洲
Gynotroches【3】Bl. 谷红树属 → **Blepharistemma** Rhizophoraceae 红树科 [MD-329] 全球 (1) 大洲分布及种数(cf. 1)◆亚洲
Gynoxis Rchb. = **Gynoxys**
Gynoxys【3】Cass. 绒安菊属 → **Aequatorium;Cacalia; Pentacalia** Asteraceae 菊科 [MD-586] 全球 (1) 大洲分布及种数(121-136)◆南美洲
Gynura【3】Cass. 菊三七属 ← **Crassocephalum; Cacalia;Senecio** Asteraceae 菊科 [MD-586] 全球 (6) 大洲分布及种数(54-77;hort.1)非洲:19-24;亚洲:41-51;大洋洲:6-12;欧洲:5;北美洲:9-14;南美洲:1-6
Gypothamnium【3】Phil. 脂菊木属 ← **Plazia** Asteraceae 菊科 [MD-586] 全球 (1) 大洲分布及种数(1)◆南美洲
Gypsacanthus【3】E.J.Lott,V.Jaram. & Rzed. 刺石爵床属 Acanthaceae 爵床科 [MD-572] 全球 (1) 大洲分布及种数(1)◆北美洲(◆墨西哥)
Gypsocallis R.A.Salisbury ex S.F.Gray = **Erica**
Gypsophila (Boiss.) Barkoudah = **Gypsophila**
Gypsophila【3】L. 石头花属 → **Acanthophyllum;Petrorhagia** Caryophyllaceae 石竹科 [MD-77] 全球 (1) 大洲分布及种数(74-160)◆亚洲
Gypsophilla Medik. = **Gypsophila**
Gypsophyla B.Juss. ex Juss. = **Gypsophila**
Gypsophytum Adans. = **Gypsophila**
Gypsus Cass. = **Gyptis**
Gyptidium【3】R.M.King & H.Rob. 泽兰属 ← **Eupa-**

torium Asteraceae 菊科 [MD-586] 全球 (1) 大洲分布及种数(2)◆南美洲
Gyptis【3】Cass. 柄泽兰属 ← **Eupatorium** Asteraceae 菊科 [MD-586] 全球 (1) 大洲分布及种数(8-10)◆南美洲
Gyracanthus E.J.Lott,V.Jaram. & Rzed. = **Gypsacanthus**
Gyrandra Griseb. = **Centaurium**
Gyrandra Moq. = **Tersonia**
Gyrandra Wall. = **Daphniphyllum**
Gyranthera【2】Pittier 圆药木棉属 Malvaceae 锦葵科 [MD-203] 全球 (2) 大洲分布及种数(3-4)北美洲:1;南美洲:2-3
Gyrenia Knowles & Westc. ex Loudon = **Herpestis**
Gyri Buch.Ham. ex Wight = **Secamone**
Gyrinea Knowles & Westc. ex Loudon = **Milla**
Gyrinodon Raf. = **Aspasia**
Gyrinops【3】Gaertn. 续断香属 ← **Aquilaria** Thymelaeaceae 瑞香科 [MD-310] 全球 (1) 大洲分布及种数(cf. 1)◆亚洲
Gyrinopsis Decne. = **Aquilaria**
Gyriosoma Wild = **Gyrodoma**
Gyro Buch.Ham. ex Wight = **Secamone**
Gyrocarpac Jacq. = **Gyrocarpus**
Gyrocarpaceae【2】Dum. 圆果树科 [MD-30] 全球 (5) 大洲分布和属种数(1;hort. & cult.1)(8;hort. & cult.1)非洲:1/4;亚洲:1/3;大洋洲:1/2;北美洲:1/3;南美洲:1/1-1
Gyrocarpos Pers. = **Gyrocarpus**
Gyrocarpus【2】Jacq. 旋翼果属 → **Engelhardtia** Hernandiaceae 莲叶桐科 [MD-24] 全球 (5) 大洲分布及种数(9;hort.1;cult:1)非洲:4;亚洲:3;大洋洲:2;北美洲:3;南美洲:1
Gyrocaryum【3】Valdés 西班牙紫草属 Boraginaceae 紫草科 [MD-517] 全球 (1) 大洲分布及种数(cf.1) ◆欧洲
Gyrocephalium Endl. = **Phytocrene**
Gyrocheilos【3】W.T.Wang 圆唇苣苔属 ← **Didymocarpus** Gesneriaceae 苦苣苔科 [MD-549] 全球 (1) 大洲分布及种数(6-8)◆东亚(◆中国)
Gyrodes Fourr. = **Brodiaea**
Gyrodoma【3】Wild 雏菊属 ≒ **Bellis** Asteraceae 菊科 [MD-586] 全球 (1) 大洲分布及种数(1)◆非洲
Gyrodon Raf. = **Allium**
Gyrogyne【3】W.T.Wang 圆果苣苔属 Gesneriaceae 苦苣苔科 [MD-549] 全球 (1) 大洲分布及种数(cf. 1)◆东亚(◆中国)
Gyromia Nutt. = **Medeola**
Gyrophaena St.Lag. = **Achyranthes**
Gyrophyllum Dozy & Molk. = **Symblepharis**
Gyroptera【3】Botsch. 圆藜属 ← **Salsola** Amaranthaceae 苋科 [MD-116] 全球 (1) 大洲分布及种数(cf. 1)◆非洲
Gyropteris K.U.Kramer = **Xyropteris**
Gyrosine W.T.Wang = **Gyrogyne**
Gyrosorium C.Presl = **Pyrrosia**
Gyrospermum Jacq. = **Myrospermum**
Gyrostachis Pers. = **Gyrostachys**
Gyrostachys【3】Pers. 圆兰属 ≒ **Spiranthes; Brachystele** Orchidaceae 兰科 [MM-723] 全球 (6) 大洲分布及种数(1-2)非洲:17;亚洲:17;大洋洲:17;欧洲:17;北美洲:17;南美洲:17
Gyrostelma【3】E.Fourn. 圆萝藦属 ← **Matelea** Apocynaceae 夹竹桃科 [MD-492] 全球 (1) 大洲分布及种数(1-3)◆南美洲
Gyrostemon【3】Desf. 环蕊木属 → **Codonocarpus; Tersonia;** Gyrostemonaceae 环蕊木科 [MD-198] 全球 (1) 大洲分布及种数(6-20)◆大洋洲(◆澳大利亚)
Gyrostemonaceae【3】A.Juss. 环蕊木科 [MD-198] 全球 (1) 大洲分布和属种数(3-5;hort. & cult.1-2)(8-31;hort. & cult.1-2)◆大洋洲
Gyrostemum Steud. = **Tromotriche**
Gyrostephium Turcz. = **Siloxerus**
Gyrostipula【3】J.F.Leroy 红芽团花属 ← **Neonauclea** Rubiaceae 茜草科 [MD-523] 全球 (1) 大洲分布及种数(2-3)◆非洲
Gyrostoma G.Mey. = **Vitex**
Gyrostomum【-】Fr. 丛藓科属 Pottiaceae 丛藓科 [B-133] 全球 (uc) 大洲分布及种数(uc)
Gyrotaenia【3】Griseb. 唇被麻属 ← **Procris;Urera** Urticaceae 荨麻科 [MD-91] 全球 (1) 大洲分布及种数(2-5)◆北美洲
Gyrotheca Morong = **Lachnanthes**
Gyrothrix Spreng. = **Alopecurus**
Gyrothyra【3】M.Howe 圆萼苔属 Gyrothyraceae 圆萼苔科 [B-48] 全球 (1) 大洲分布及种数(1)◆北美洲(◆美国)
Gyrothyraceae【3】M.Howe 圆萼苔科 [B-48] 全球 (1) 大洲分布和属种数(1/1)◆北美洲
Gyrotrema Kalb = **Burmannia**
Gyroweisia【3】Schimp. 圆口藓属 ≒ **Luisierella** Pottiaceae 丛藓科 [B-133] 全球 (6) 大洲分布及种数(11)非洲:4;亚洲:2;大洋洲:2;欧洲:3;北美洲:5;南美洲:2
Gyroxys Cass. = **Gynoxys**
Gytonanthus Raf. = **Patrinia**

G

Haagea Frič = **Begonia**
Haageocactus【-】 Backeb. 仙人掌科属 Cactaceae 仙人掌科 [MD-100] 全球 (uc) 大洲分布及种数(uc)
Haageocana【-】 Mordhorst 仙人掌科属 Cactaceae 仙人掌科 [MD-100] 全球 (uc) 大洲分布及种数(uc)
Haageocereus【3】 Backeb. 毛花柱属 ← **Trichocereus;Loxanthocereus** Cactaceae 仙人掌科 [MD-100] 全球 (1) 大洲分布及种数(6-7)◆南美洲
Haagespostoa【3】 G.D.Rowley 南美银仙人掌属 ← **Trichocereus** Cactaceae 仙人掌科 [MD-100] 全球 (1) 大洲分布及种数(3)◆南美洲
Haania Nees = **Dehaasia**
Haanina Ridsdale = **Haldina**
Haarera Hutch. & E.A.Bruce = **Erlangea**
Haasea Klotzsch = **Mammillaria**
Haasia Bl. = **Dehaasia**
Haaslundia Schumach. = **Hoslundia**
Haastia【3】 Hook.f. 密垫菊属 ← **Raoulia;Achyrocline** Asteraceae 菊科 [MD-586] 全球 (1) 大洲分布及种数(6)◆大洋洲(◆密克罗尼西亚)
Haasus Nees = **Dehaasia**
Habenara Hort. = **Habenaria**
Habenaria (Rolfe) P.F.Hunt = **Habenaria**
Habenaria【3】 Willd. 玉凤花属 → **Burretiokentia; Bonamia;Amitostigma** Orchidaceae 兰科 [MM-723] 全球 (1) 大洲分布及种数(146-355)◆亚洲
Habenariorchis Rolfe = **Gymnadenia**
Habenari-orchis Rolfe = **Habenaria**
Habenella【-】 Small 兰科属 Orchidaceae 兰科 [MM-723] 全球 (uc) 大洲分布及种数(uc)
Habenesia Willd. = **Habenaria**
Habenorchis Thou. = **Hemipiliopsis**
Habenorkis Thou. = **Habenaria**
Haberlea【3】 Friv. 假臭草属 ≒ **Eupatorium;Praxelis** Gesneriaceae 苦苣苔科 [MD-549] 全球 (1) 大洲分布及种数(1)◆欧洲
Haberlia Dennst. = **Commiphora**
Habernaria Willd. = **Habenaria**
Habershamia Raf. = **Bacopa**
Hablitzia【3】 M.Bieb. 菠菜藤属 Amaranthaceae 苋科 [MD-116] 全球 (1) 大洲分布及种数(1-2)◆亚洲
Hablitzlia Rchb. = **Hablitzia**
Hablizia Spreng. = **Hablitzia**
Hablizlia Pritz. = **Hablitzia**
Habracanthus【2】 Nees 小刺爵床属 → **Hansteinia; Stenostephanus** Acanthaceae 爵床科 [MD-572] 全球 (2) 大洲分布及种数(22-56)北美洲:5-6;南美洲:18-48
Habranthus【3】 Herb. 美花莲属 ≒ **Hippeastrum;Hybanthus;Aidema** Amaryllidaceae 石蒜科 [MM-694] 全球 (1) 大洲分布及种数(63-80)◆南美洲
Habrantus Dum. = **Habranthus**
Habrochloa【3】 C.E.Hubb. 美草属 Poaceae 禾本科 [MM-748] 全球 (1) 大洲分布及种数(1)◆非洲
Habrodictyon Bosch = **Abrodictyum**
Habrodon【3】 Schimp. 柔齿藓属 ≒ **Haplodon;Iwatsukiella** Habrodontaceae 柔齿藓科 [B-176] 全球 (1) 大洲分布及种数(1)◆亚洲
Habrodontaceae【3】 Schimp. 柔齿藓科 [B-176] 全球 (6)大洲分布和属种数(1/1-4)非洲:1/3;亚洲:1/1-4;大洋洲:1/3;欧洲:1/3;北美洲:1/3;南美洲:1/3
Habroneuron【3】 Standl. 雅脉茜属 ← **Lindenia** Rubiaceae 茜草科 [MD-523] 全球 (1) 大洲分布及种数(1)◆北美洲(◆墨西哥)
Habropetalum【3】 Airy-Shaw 沙钩叶属 Dioncophyllaceae 双钩叶科 [MD-139] 全球 (1) 大洲分布及种数(1)◆非洲(◆塞拉利昂)
Habrosia【3】 Fenzl 刺萼漆姑属 ≒ **Alsine** Caryophyllaceae 石竹科 [MD-77] 全球 (1) 大洲分布及种数(1)◆亚洲
Habrothamnus Endl. = **Cestrum**
Habrothrix Hook.f. = **Hydrothrix**
Habrurus Hochst. = **Urelytrum**
Habsburgia Mart. = **Skytanthus**
Habsia Steud. = **Harmsia**
Habzelia A.DC. = **Unona**
Hachenbachia D.Dietr. = **Hagenbachia**
Hachettea【3】 Baill. 膜苞菰属 Balanophoraceae 蛇菰科 [MD-307] 全球 (1) 大洲分布及种数(1)◆大洋洲
Hachetteaceae Doweld = Balanophoraceae
Hackela Pohl = **Hackelia**
Hackelia【3】 Opiz 假鹤虱属 → **Actinocarya; Paracaryum** Boraginaceae 紫草科 [MD-517] 全球 (6) 大洲分布及种数(56-66;hort.1;cult: 1)非洲:2;亚洲:13-18;大洋洲:1-3;欧洲:3-5;北美洲:45-50;南美洲:4-7
Hackelochloa【3】 P. & K. 球穗草属 ← **Burmannia** Poaceae 禾本科 [MM-748] 全球 (1) 大洲分布及种数(2-3)◆亚洲
Hackerara Hort. = **Cleisostoma**
Hacleya Hook. = **Harveya**
Hacquetia【3】 Neck. ex DC. 瓣苞芹属 ← **Astrantia** Apiaceae 伞形科 [MD-480] 全球 (1) 大洲分布及种数(1)◆欧洲
Hadongia Gagnep. = **Aegiphila**
Hadra Schröd. = **Hakea**
Hadrocattleya【3】 V.P.Castro & Chiron 卡特兰属 ≒ **Cattleya** Orchidaceae 兰科 [MM-723] 全球 (1) 大洲分布及种数(1)◆南美洲
Hadrodemas H.E.Moore = **Callisia**
Hadrodemius H.E.Moore = **Callisia**
Hadrolaelia【3】 (Schltr.) Chiron & V.P.Castro 异胚兰属 ← **Cattleya;Sophronitis** Orchidaceae 兰科 [MM-723] 全球 (1) 大洲分布及种数(19)◆南美洲
Hadronema H.E.Moore = **Callisia**
Hadrurus Hochst. ex Hack. = **Phacelurus**
Hadzia Klotzsch = **Begonia**
Haeckeria【3】 F.Müll. 无冠鼠麹木属 ≒ **Humea** Asteraceae 菊科 [MD-586] 全球 (1) 大洲分布及种数

H

(3)◆大洋洲(◆澳大利亚)
Haegiela【3】P.S.Short & Paul G.Wilson 球菊属 ≒ **Epaltes** Asteraceae 菊科 [MD-586] 全球 (1) 大洲分布及种数(1)◆大洋洲
Haemacanthus【3】S.Moore 血花爵床属 Acanthaceae 爵床科 [MD-572] 全球 (1) 大洲分布及种数(uc)◆欧洲
Haemadiction Steud. = **Pavonia**
Haemadictyon Lindl. = **Laubertia**
Haemadyctyon Steud. = **Apocynum**
Haemalea Lindl. = **Anoectochilus**
Haemanthaceae Salisb. = Haptanthaceae
Haemanthus【2】(Tourn.) L. 虎耳兰属 ≒ **Brunsvigia; Amaryllis** Amaryllidaceae 石蒜科 [MM-694] 全球 (5) 大洲分布及种数(24-34;hort.1;cult: 2)非洲:23-27;亚洲:cf.1;欧洲:3-4;北美洲:2-3;南美洲:1-2
Haemanthus L. = **Haemanthus**
Haemaria【3】Lindl. 亚洲胚兰属 ≒ **Goodyera; Anoectochilus** Orchidaceae 兰科 [MM-723] 全球 (1) 大洲分布及种数(uc)◆亚洲(◆中国)
Haemarthria Munro = **Saccharum**
Haematera Fabr. = **Hagsatera**
Haematocarpus【3】Miers 血果藤属 ← **Fibraurea** Menispermaceae 防已科 [MD-42] 全球 (1) 大洲分布及种数(2)◆亚洲
Haematodendron【3】Capuron 异株寒楠属 Myristicaceae 肉豆蔻科 [MD-15] 全球 (1) 大洲分布及种数(1)◆非洲(◆马达加斯加)
Haematodes Raf. = **Salvia**
Haematoides Raf. = **Salvia**
Haematolepis C.Presl = **Cytinus**
Haematorchis Bl. = **Galeola**
Haematospermum Wall. = **Lacistema**
Haematostaphis【3】Hook.f. 樱枣属 → **Pseudospondias** Anacardiaceae 漆树科 [MD-432] 全球 (1) 大洲分布及种数(1)◆非洲
Haematostemon【3】Pax & K.Hoffm. 血蕊桐属 ← **Astrococcus** Euphorbiaceae 大戟科 [MD-217] 全球 (1) 大洲分布及种数(2)◆南美洲
Haematostereum (Alb. & Schwein.) Pouzar = **Adelia**
Haematoxyllum G.A.Scop. = **Haematoxylum**
Haematoxylon L. = **Haematoxylum**
Haematoxylum【3】L. 采木属 Fabaceae 豆科 [MD-240] 全球 (6) 大洲分布及种数(5-7)非洲:1-3;亚洲:1;大洋洲:1;欧洲:1;北美洲:4;南美洲:2
Haemax E.Mey. = **Microloma**
Haemocarpus Nor. ex Thou. = **Harungana**
Haemocharis Salisb. ex Mart. = **Laplacea**
Haemodora Sm. = **Haemodorum**
Haemodoraceae【3】R.Br. 血草科 [MM-718] 全球 (6) 大洲分布和属种数(13;hort. & cult.5-7)(39-98;hort. & cult. 15-27)非洲:3-7/10-30;亚洲:5/20;大洋洲:7-10/25-73;欧洲:1-6/1-21;北美洲:3-6/5-25;南美洲:3-8/3-23
Haemodoron Rchb. = **Haemodorum**
Haemodorum【3】Sm. 血草属 → **Hagenbachia; Chlorophytum** Haemodoraceae 血草科 [MM-718] 全球 (1) 大洲分布及种数(7-27)◆大洋洲(◆澳大利亚)
Haemonchus Rudolphi = **Haemanthus**
Haemospermum Reinw. = **Geniostoma**
Haemulopsis Grudz. = **Humulus**
Haenckea A.Juss. = **Zinowiewia**
Haenelia Walp. = **Amellus**
Haenianthus【3】Griseb. 鳞瓣榄属 ← **Chionanthus; Linociera** Oleaceae 木樨科 [MD-498] 全球 (1) 大洲分布及种数(2-3)◆北美洲
Haeniantus Griseb. = **Haenianthus**
Haenkaea Usteri = **Zinowiewia**
Haenkea【3】F.W.Schmidt 马齿苋树属 ≒ **Portulacaria** Celastraceae 卫矛科 [MD-339] 全球 (1) 大洲分布及种数(uc)◆亚洲
Haenschiella C.Presl = **Illigera**
Haenselera Boiss. ex DC. = **Rothmaleria**
Haenselera Lag. = **Physospermum**
Haenseleria Rchb. = **Aegopodium**
Haenslera Steud. = **Pleurospermum**
Haesselia【3】Grolle & Gradst. 南美大萼苔属 Cephaloziaceae 大萼苔科 [B-52] 全球 (1) 大洲分布及种数(cf. 1)◆南美洲
Haetera L. = **Hedera**
Haeupleria【3】G.H.Loos 血禾属 ≒ **Triosteum** Poaceae 禾本科 [MM-748] 全球 (1) 大洲分布及种数(uc)属分布和种数(uc)◆欧洲
Hafnia Chiov. = **Sphaerocoma**
Hafotra【-】Dorr 梧桐科属 Sterculiaceae 梧桐科 [MD-189] 全球 (uc) 大洲分布及种数(uc)
Hafunia Chiov. = **Sphaerocoma**
Hagaea Vent. = **Polycarpaea**
Hagea Pers. = **Saponaria**
Hagenbachia【3】Nees & Mart. 小果吊兰属 ← **Anthericum;Chlorophytum** Asparagaceae 天门冬科 [MM-669] 全球 (1) 大洲分布及种数(5-7)◆南美洲
Hagenia J.F.Gmel. = **Saponaria**
Hageniella【2】Broth. 拟小锦藓属 ≒ **Trichosteleum** Hylocomiaceae 塔藓科 [B-193] 全球 (4) 大洲分布及种数(3) 亚洲:3;欧洲:1;北美洲:1;南美洲:1
Hagenius J.F.Gmel. = **Saponaria**
Hagerara auct. = **Sophronitis**
Hagia J.F.Gmel. = **Saponaria**
Hagidryas Griseb. = **Hamadryas**
Hagioseris Boiss. = **Picris**
Haglundia (Speg.) Gamundí = **Hoslundia**
Hagnothesium P. & K. = **Thesidium**
Hagsatera【3】R.González 短柱兰属 ← **Encyclia** Orchidaceae 兰科 [MM-723] 全球 (1) 大洲分布及种数(2)◆北美洲
Hagsavola【-】J.M.H.Shaw 兰科属 Orchidaceae 兰科 [MM-723] 全球 (uc) 大洲分布及种数(uc)
Hagsechea【-】J.M.H.Shaw 兰科属 Orchidaceae 兰科 [MM-723] 全球 (uc) 大洲分布及种数(uc)
Hahnia Medik. = **Sorbus**
Hahrothamnus Endl. = **Cestrum**
Haimea Schröd. = **Hakea**
Hainanecio【3】Ying Liu & Q.E.Yang 海南菊属 ≒ **Senecio** Asteraceae 菊科 [MD-586] 全球 (1) 大洲分布及种数(cf. 1)◆东亚(◆中国)
Hainania Merr. = **Diplodiscus**
Hainardia【3】Greuter 针穗草属 ← **Lepturus; Hainardiopholis** Poaceae 禾本科 [MM-748] 全球 (6) 大洲分布及种数(2)非洲:1;亚洲:1;大洋洲:1;欧洲:1;北美

H

洲:1;南美洲:1
Hainardieae Greuter = **Hainardia**
Hainardiopholis【3】Castrov. 针穗草属 ← **Hainardia** Poaceae 禾本科 [MM-748] 全球 (1) 大洲分布及种数(cf.)◆欧洲
Haine Buch.Ham. = **Wallichia**
Hainesia Petr. = **Alniphyllum**
Haitia【3】Urb. 璧薇属 ≒ **Ginoria** Lythraceae 千屈菜科 [MD-333] 全球 (1) 大洲分布及种数(1-2)◆北美洲
Haitiella L.H.Bailey = **Coccothrinax**
Haitimimosa Britton = **Mimosa**
Hakea【3】Schröd. 荣桦属 ← **Banksia;Grevillea; Pimelea** Proteaceae 山龙眼科 [MD-219] 全球 (1) 大洲分布及种数(28-213)◆大洋洲
Hakoneaste Maek. = **Ephippianthus**
Hakonechloa【3】Makino 箱根草属 ≒ **Phragmites** Poaceae 禾本科 [MM-748] 全球 (1) 大洲分布及种数(1)◆北美洲
Halacarus Bartsch = **Halocarpus**
Halacsya【3】Dörfl. 哈拉草属 Boraginaceae 紫草科 [MD-517] 全球 (1) 大洲分布及种数(1)◆欧洲(◆阿尔巴尼亚)
Halacsyella Janch. = **Edraianthus**
Halaea Garden = **Berchemia**
Halaea Jacq. = **Hiraea**
Halanthium【3】C.Koch 盐花蓬属 Amaranthaceae 苋科 [MD-116] 全球 (1) 大洲分布及种数(1-5)◆亚洲
Halanthium K.Koch = **Halanthium**
Halarchon【3】Bunge 合苞蓬属 ≒ **Halocharis** Amaranthaceae 苋科 [MD-116] 全球 (1) 大洲分布及种数(cf.1)◆亚洲
Halconia Merr. = **Trichospermum**
Haldina C.E.Ridsdale = **Haldina**
Haldina【3】Ridsdale 心叶木属 ← **Adina** Rubiaceae 茜草科 [MD-523] 全球 (1) 大洲分布及种数(1-3)◆亚洲
Halea L. ex Sm. = **Tetragonotheca**
Halec Rumph. ex Raf. = **Croton**
Halecia Borkh. = **Halenia**
Halecium Spach = **Halimium**
Halecus Raf. = **Croton**
Halei Borkh. = **Halenia**
Halenbergia【3】Dinter 银须玉属 Aizoaceae 番杏科 [MD-94] 全球 (1) 大洲分布及种数(uc)◆亚洲
Halenea Wight = **Halenia**
Halenia【3】Borkh. 花锚属 ← **Gentiana;Swertia; Halleria** Gentianaceae 龙胆科 [MD-496] 全球 (1) 大洲分布及种数(24-29)◆北美洲
Haleniaq Borkh. = **Halenia**
Halenis Borkh. = **Halenia**
Halerpestes【2】Greene 碱毛茛属 ← **Ranunculus** Ranunculaceae 毛茛科 [MD-38] 全球 (4) 大洲分布及种数(10;hort.1)亚洲:7;大洋洲:2;北美洲:1;南美洲:4
Halesia【3】J.Ellis ex L. 银钟花属 → **Alniphyllum; Nania;Phaleria** Styracaceae 安息香科 [MD-327] 全球 (6) 大洲分布及种数(6)非洲:3;亚洲:4-7;大洋洲:3;欧洲:3;北美洲:5-8;南美洲:3
Halesiaceae D.Don = Styracaceae
Haletta Tul. = **Helietta**
Halfordia【3】F.Müll. 柑南香属 Rutaceae 芸香科 [MD-399] 全球 (1) 大洲分布及种数(1-3)◆大洋洲
Halgania【3】Gaud. 蓝茄木属 Boraginaceae 紫草科 [MD-517] 全球 (1) 大洲分布及种数(19)◆大洋洲(◆澳大利亚)
Halgerda L. = **Halleria**
Halia St.Lag. = **Homalia**
Haliaetus Fr. = **Arenaria**
Halianthium Fr. = **Arenaria**
Halianthus Fr. = **Arenaria**
Halibrexia Miers = **Nolana**
Halicacabum (Bunge) Nevski = **Astragalus**
Halicacabus (Bunge) Nevski = **Astragalus**
Halicampus C.J.Quinn = **Halocarpus**
Halictus Rumph. ex Raf. = **Acalypha**
Halimiocistus【3】Janch. & Dans. 小岩蔷薇属 ≒ **Cistus** Cistaceae 半日花科 [MD-175] 全球 (1) 大洲分布及种数(1-6)◆北美洲
Halimione【3】Aellen 轴藜属 ← **Atriplex;Obione** Amaranthaceae 苋科 [MD-116] 全球 (1) 大洲分布及种数(1)属分布和种数(uc)◆亚洲
Halimiphyllum (Engl.) Boriss. = **Zygophyllum**
Halimium (Dunal) Grosser = **Halimium**
Halimium【3】Spach 海蔷薇属 ← **Cistus;Helianthemum;Crocanthemum** Cistaceae 半日花科 [MD-175] 全球 (1) 大洲分布及种数(17-22)◆欧洲
Halimocnemis【3】C.A.Mey. 盐蓬属 ≒ **Halotis; Petrosimonia** Amaranthaceae 苋科 [MD-116] 全球 (1) 大洲分布及种数(12-34)◆亚洲
Halimocnemum Lindem. = **Halopeplis**
Halimodendron【3】Fisch. ex DC. 铃铛刺属 ← **Caragana;Robinia** Fabaceae3 蝶形花科 [MD-240] 全球 (1) 大洲分布及种数(cf. 1)◆亚洲
Halimolobos【3】Tausch 瘦鼠耳芥属 ← **Arabis; Mancoa** Brassicaceae 十字花科 [MD-213] 全球 (1) 大洲分布及种数(14-21)◆北美洲
Halimolobus O.E.Schulz = **Halimolobos**
Halimum Löfl. ex Hiern = **Sesuvium**
Halimus P. & K. = **Sesuvium**
Halimus P.Br. = **Portulaca**
Halimus Wallr. = **Atriplex**
Haliotis Swainson = **Halotis**
Haliporus G.D.Rowley = **Heliocereus**
Halipteris C.Presl = **Haplopteris**
Haliseris Okamura = **Gochnatia**
Halistemma Endl. = **Scirpus**
Hallaxa J.F.Leroy = **Mitragyna**
Hallea J.F.Leroy = **Halleria**
Halleophyton A.DC. = **Haplophyton**
Halleorchis【3】Szlach. & Olszewski 玫菱兰属 Orchidaceae 兰科 [MM-723] 全球 (1) 大洲分布及种数(1)◆非洲
Hallera Cothen. = **Halleria**
Halleri L. = **Halleria**
Halleria【3】L. 挂钟木属 Stilbaceae 耀仙木科 [MD-532] 全球 (1) 大洲分布及种数(4-6)◆非洲
Halleriaceae Link = Styracaceae
Hallesia G.A.Scop. = **Alniphyllum**
Hallia J.St.Hil. = **Arenaria**
Hallianthus【3】H.E.K.Hartmann 旭峰花属 ← **Cephalophyllum;Mesembryanthemum** Aizoaceae 番杏

科 [MD-94] 全球 (1) 大洲分布及种数(1)◆非洲(◆南非)
Hallieracantha【3】 Stapf 折舌爵床属 ← **Ptyssiglottis;Justicia** Acanthaceae 爵床科 [MD-572] 全球 (1) 大洲分布及种数(7)◆东南亚
Halliophytum I.M.Johnst. = **Leptopus**
Hallomuellera P. & K. = **Alloplectus**
Halloschulzia P. & K. = **Stenomeris**
Halme J.F.Leroy = **Mitragyna**
Halmia M.Röm. = **Crataegus**
Halmoorea J.Dransf. & N.W.Uhl = **Orania**
Halmyra Herb. = **Pancratium**
Haloba J.F.Leroy = **Mitragyna**
Halobaena Gmelin = **Hyalolaena**
Halobates Eschscholtz = **Hylebates**
Halocarpaceae Melikyan & A.V.Bobrov = Podocarpaceae
Halocarpus【3】 C.J.Quinn 白袍杉属 ≒ **Podocarpus** Podocarpaceae 罗汉松科 [G-13] 全球 (1) 大洲分布及种数(1-7)◆北美洲
Halocarpus Quinn = **Halocarpus**
Haloceras Hassk. = **Bassia**
Halocharis【3】 Bieb. ex DC. 疆矢车菊属 ≒ **Centaurea;Halarchon** Amaranthaceae 苋科 [MD-116] 全球 (1) 大洲分布及种数(6-8)◆亚洲
Halocharis Moq. = **Halocharis**
Halochlamys A.Gray = **Angianthus**
Halochloa Griseb. = **Monanthochloe**
Halocnemon Spreng. = **Halocnemum**
Halocnemum【2】 M.Bieb. 盐节木属 → **Halopeplis;Sclerostegia;Kalidium** Amaranthaceae 苋科 [MD-116] 全球 (5) 大洲分布及种数(11-12)非洲:2;亚洲:4;大洋洲:6;欧洲:2;南美洲:1
Halococcus Kurz ex Teijsm. & Binn. = **Acidoton**
Halocypris Dana = **Halocharis**
Halodendron DC. = **Halimodendron**
Halodendron Röm. & Schult. = **Avicennia**
Halodendrum Thou. = **Avicennia**
Halodiscus Nees = **Hypodiscus**
Halodora Benth. & Hook.f. = **Cymodocea**
Halodula Benth. & Hook.f. = **Halodule**
Halodule【3】 Endl. 二药藻属 ← **Cymodocea; Deplanchea** Cymodoceaceae 丝粉藻科 [MM-615] 全球 (6) 大洲分布及种数(9-11)非洲:4-5;亚洲:4-5;大洋洲:3-4;欧洲:1-2;北美洲:5-6;南美洲:3-4
Halogeton【3】 C.A.Mey. ex Ledeb. 蛛丝蓬属 ← **Anabasis;Girgensohnia;Ofaiston** Amaranthaceae 苋科 [MD-116] 全球 (6) 大洲分布及种数(6-10)非洲:2-4;亚洲:5-7;大洋洲:2;欧洲:1-3;北美洲:3-5;南美洲:2
Halolachna Endl. = **Reaumuria**
Halongia J.Jeanplong = **Thysanotus**
Halopegia【3】 K.Schum. 异萼竹芋属 ≒ **Phrynium** Marantaceae 竹芋科 [MM-740] 全球 (6) 大洲分布及种数(3-4)非洲:2-4;亚洲:1-2;大洋洲:1;欧洲:1;北美洲:1-2;南美洲:1-2
Halopeplis【3】 Bunge ex Ung.Sternb. 盐千屈菜属 → **Allenrolfea** Amaranthaceae 苋科 [MD-116] 全球 (6) 大洲分布及种数(4)非洲:2-3;亚洲:3-4;大洋洲:1;欧洲:1-2;北美洲:1;南美洲:1
Halopetalum Steud. = **Homalopetalum**
Halophila【3】 Thou. 喜盐草属 ≒ **Caulinia** Hydrocharitaceae 水鳖科 [MM-599] 全球 (6) 大洲分布及种数(14-22;hort.1;cult: 1)非洲:6-13;亚洲:9-21;大洋洲:8-16;欧洲:3-10;北美洲:7-15;南美洲:4-11
Halophilaceae【3】 J.Agardh 喜盐草科 [MM-601] 全球 (6) 大洲分布和属种数(1/13-32)非洲:1/6-13;亚洲:1/9-21;大洋洲:1/8-16;欧洲:1/3-10;北美洲:1/7-15;南美洲:1/4-11
Halophytaceae【3】 A.Soriano 南荒蓬科 [MD-118] 全球 (1) 大洲分布和属种数(1/1)◆南美洲
Halophytum【3】 Speg. 南荒蓬属 ≒ **Tetragonia** Halophytaceae 南荒蓬科 [MD-118] 全球 (1) 大洲分布及种数(1)◆南美洲(◆阿根廷)
Halopitys Hill = **Hypopitys**
Halopteris C.Presl = **Haplopteris**
Halopyrum【3】 Stapf 盐麦草属 ← **Brachypodium; Triticum** Poaceae 禾本科 [MM-748] 全球 (1) 大洲分布及种数(1-2)◆亚洲
Halora J.R.Forst. & G.Forst. = **Hatiora**
Haloragaceae【3】 R.Br. 小二仙草科 [MD-271] 全球 (6) 大洲分布和属种数(7-9;hort. & cult.4-5)(124-270;hort. & cult.9-17)非洲:3-5/19-30;亚洲:4-5/44-62;大洋洲:6-9/83-128;欧洲:2-4/8-18;北美洲:4/27-37;南美洲:4-5/13-24
Haloragidaceae Roxb. = Haloragaceae
Haloragis【3】 J.R.Forst. & G.Forst. 南二仙草属 → **Laurembergia;Gonocarpus** Haloragaceae 小二仙草科 [MD-271] 全球 (6) 大洲分布及种数(3-40;hort.1;cult: 4)非洲:2;亚洲:1-5;大洋洲:1-9;欧洲:2;北美洲:1-3;南美洲:1-3
Haloragodendron【3】 Orchard 蓼花木属 Haloragaceae 小二仙草科 [MD-271] 全球 (1) 大洲分布及种数(4)◆大洋洲
Haloragoideae【2】 Beilschm. 银钟二仙草属 Haloragaceae 小二仙草科 [MD-271] 全球 (2) 大洲分布及种数(cf.1) 亚洲;北美洲
Halorhagis Forst. = **Haloragis**
Halorrhagaceae R.Br. = Haloragaceae
Halorrhagis Maiden & Betche = **Haloragis**
Halorrhena Elmer = **Holarrhena**
Halosarcia【3】 P.G.Wilson 肉苞海蓬属 ≒ **Arthrocnemum** Amaranthaceae 苋科 [MD-116] 全球 (1) 大洲分布及种数(5)◆大洋洲(◆澳大利亚)
Halosarcinae G.L.Chu & S.C.Sand. = **Halosarcia**
Haloschoenus Nees = **Rhynchospora**
Haloscias Fr. = **Ligusticum**
Halosciastrum【3】 Koidz. 春欧芹属 ← **Cymopterus;Ostericum;Pimpinella** Apiaceae 伞形科 [MD-480] 全球 (1) 大洲分布及种数(2)◆亚洲
Haloselinum【3】 Pimenov 盐葫伞属 Apiaceae 伞形科 [MD-480] 全球 (1) 大洲分布及种数(cf.1) ◆亚洲
Halosicyos Crovetto = **Halosicyos**
Halosicyos【3】 Mart. 盐葫芦属 Cucurbitaceae 葫芦科 [MD-205] 全球 (1) 大洲分布及种数(1)◆南美洲(◆阿根廷)
Halostachys【3】 C.A.Mey. 盐穗木属 → **Allenrolfea; Arthrocnemum;Salicornia** Amaranthaceae 苋科 [MD-116] 全球 (1) 大洲分布及种数(1-2)◆亚洲
Halostemma Benth. & Hook.f. = **Hypolytrum**
Halothamnus【3】 Jaub. & Spach 新疆藜属 ← **Plagianthus;Salsola** Amaranthaceae 苋科 [MD-116] 全球 (6)大洲分布及种数(22-26;hort.1)非洲:2-3;亚洲:19-23;大

H

洋洲:1;欧洲:1;北美洲:1;南美洲:1

Halothrix Rich. = **Holothrix**

Halotis【2】Bunge 盐蓬属 ← **Halimocnemis** Amaranthaceae 苋科 [MD-116] 全球 (3) 大洲分布及种数(cf.1) 亚洲;大洋洲;南美洲

Haloxanthium Ulbr. = **Axyris**

Haloxylon【2】Bunge 梭梭属 ← **Anabasis; Halogeton; Iljinia** Amaranthaceae 苋科 [MD-116] 全球 (3) 大洲分布及种数(14-18;hort.1;cult: 1)非洲:7;亚洲:cf.1;欧洲:3

Halpe Schlecht. = **Hampea**

Halphophyllum Mansf. = **Besleria**

Halsesia P.Br. = **Halesia**

Halsopyrum Stapf = **Halopyrum**

Halter J.F.Leroy = **Mitragyna**

Halticus Rumph. ex Raf. = **Acalypha**

Haltxnocnemis C.A.Mey. = **Halimocnemis**

Halurus Spreng. = **Acalypha**

Halyme Wahlenb. = **Sesuvium**

Halymus Wahlenb. = **Sesuvium**

Halyseris Griseb. = **Hyaloseris**

Hamacantha Ridley & Dendy = **Holacantha**

Hamadryas【3】Comm. ex Juss. 单性毛茛属 ← **Adonis;Oreithales;Anemone** Ranunculaceae 毛茛科 [MD-38] 全球 (1) 大洲分布及种数(5-6)◆南美洲

Hamalium Hemsl. = **Hamulium**

Hamamelidaceae【3】R.Br. 金缕梅科 [MD-63] 全球 (6) 大洲分布和属种数(22-28;hort. & cult.15)(110-186;hort. & cult.31-40)非洲:2-10/17-41;亚洲:17-21/81-118;大洋洲:2-12/2-27;欧洲:1-9/2-24;北美洲:5-11/15-41;南美洲:9/22

Hamamelis Gronov. ex L. = **Hamamelis**

Hamamelis【3】L. 金缕梅属 → **Loropetalum;Parrotia** Hamamelidaceae 金缕梅科 [MD-63] 全球 (6) 大洲分布及种数(10-15;hort.1;cult:6)非洲:4;亚洲:6-11;大洋洲:4;欧洲:2-6;北美洲:5-12;南美洲:4

H

Hamaria Fourr. = **Astragalus**

Hamartus Salisb. = **Dioscorea**

Hamaspora C.T.White = **Hexaspora**

Hamatocactus【3】Britton & Rose 长钩玉属 ≒ **Ferocactus** Cactaceae 仙人掌科 [MD-100] 全球 (1) 大洲分布及种数(3)◆北美洲

Hamatocaulis【2】Hedenäs 钩茎藓属 Scorpidiaceae 蝎尾藓科 [B-180] 全球 (5) 大洲分布及种数(2) 非洲:1;亚洲:2;欧洲:2;北美洲:2;南美洲:1

Hamatostrepta【3】Váňa & D.G.Long 拟卷叶苔属 Anastrophyllaceae 挺叶苔科 [B-60] 全球 (1) 大洲分布及种数(cf.1)◆亚洲

Hamatris Salisb. = **Myriaspora**

Hambergera G.A.Scop. = **Combretum**

Hamela Cothen. = **Megastachya**

Hamelella Müll.Hal. = **Hampeella**

Hamelia Amphituba T.S.Elias = **Hamelia**

Hamelia【3】Jacq. 长隔木属 → **Amaioua; Bertiera; Helia** Rubiaceae 茜草科 [MD-523] 全球 (6) 大洲分布及种数(16-20)非洲:1;亚洲:2-3;大洋洲:1-2;欧洲:2-3;北美洲:15-18;南美洲:10-12

Hamelieae A.Rich. ex DC. = **Hamelia**

Hamelinia A.Rich. = **Astelia**

Hamellia L. = **Hamelia**

Hamerara J.M.H.Shaw = **Cleisostoma**

Hamilcoa【3】Prain 聚蕊藤属 ← **Plukenetia** Euphorbiaceae 大戟科 [MD-217] 全球 (1) 大洲分布及种数(1)◆非洲

Hamiltonara Hort. = **Hamiltonia**

Hamiltonia【3】Muhl. ex Willd. 香叶木属 ≒ **Spermadictyon** Rubiaceae 茜草科 [MD-523] 全球 (1) 大洲分布及种数(2) ◆亚洲

Hamiltonii Muhl. ex Willd. = **Hamiltonia**

Hamlinia A.Rich. = **Astelia**

Hammada【3】Iljin 矮梭梭属 ≒ **Haloxylon** Amaranthaceae 苋科 [MD-116] 全球 (1) 大洲分布及种数(3-5)◆亚洲

Hammarbya【-】P. & K. 兰科属 ≒ **Malaxis;Epipactis** Orchidaceae 兰科 [MM-723] 全球 (uc) 大洲分布及种数(uc)

Hammatocaulis Tausch = **Ferula**

Hammatolobium【3】Fenzl 哈马豆属 ← **Lotus** Fabaceae 豆科 [MD-240] 全球 (1) 大洲分布及种数(1)◆非洲

Hammeria【3】Burgoyne 红舫花属 ← **Mesembryanthemum** Aizoaceae 番杏科 [MD-94] 全球 (1) 大洲分布及种数(1-3)◆非洲(◆南非)

Hamodactylus Mill. = **Iris**

Hamolocenchrus G.A.Scop. = **Homalocenchrus**

Hamoloeenchrus G.A.Scop. = **Homalocenchrus**

Hamosa (A.Gray) Rydb. = **Astragalus**

Hampea Fryxell = **Hampea**

Hampea【3】Schlecht. 鼠棉属 ← **Hibiscus;Thespesia** Malvaceae 锦葵科 [MD-203] 全球 (6) 大洲分布及种数(24-25)非洲:5;亚洲:5;大洋洲:5;欧洲:5;北美洲:22-27;南美洲:4-10

Hampeella【2】Müll.Hal. 汉氏藓属 ≒ **Lepidopilum** Ptychomniaceae 棱蒴藓科 [B-159] 全球 (2) 大洲分布及种数(3) 亚洲:1;大洋洲:3

Hampeohypnum W.R.Buck = **Sclerohypnum**

Hamptonia Muhl. ex Willd. = **Hamiltonia**

Hamularia Aver. & Averyanova = **Bulbophyllum**

Hamulia Raf. = **Utricularia**

Hamulium【-】Cass. 菊科属 ≒ **Verbesina** Asteraceae 菊科 [MD-586] 全球 (uc) 大洲分布及种数(uc)

Hanabusaya【3】Nakai 金刚风铃属 Campanulaceae 桔梗科 [MD-561] 全球 (1) 大洲分布及种数(1)◆亚洲

Hanburia【3】Seem. 汉布瓜属 Cucurbitaceae 葫芦科 [MD-205] 全球 (1) 大洲分布及种数(3)◆北美洲

Hanburyara【-】J.M.H.Shaw 兰科属 Orchidaceae 兰科 [MM-723] 全球 (uc) 大洲分布及种数(uc)

Hanburyophyton Bureau = **Mansoa**

Hancea Hemsl. = **Hancea**

Hancea【2】Seem. 粗毛野桐属 ≒ **Boutonia; Siphocranion** Euphorbiaceae 大戟科 [MD-217] 全球 (3) 大洲分布及种数(17-19)非洲:6-7;亚洲:16-18;大洋洲:1

Hanceola Exsertae C.Y.Wu & H.W.Li = **Hanceola**

Hanceola【3】Kudo 四轮香属 Lamiaceae 唇形科 [MD-575] 全球 (1) 大洲分布及种数(8-9)◆东亚(◆中国)

Hancockia【3】Rolfe 滇兰属 Orchidaceae 兰科 [MM-723] 全球 (1) 大洲分布及种数(cf. 1)◆亚洲

Hancockii Rolfe = **Hancockia**

Hancola Kudô = **Hanceola**

Hanconia Rolfe = **Hancockia**

Hancornia【3】Gomes 萌甲果属 ← **Echites;Parahan-**

cornia Apocynaceae 夹竹桃科 [MD-492] 全球 (1) 大洲分布及种数(1-2)◆南美洲

Handelia【3】Heimerl 天山蓍属 ← **Achillea** Asteraceae 菊科 [MD-586] 全球 (1) 大洲分布及种数(cf. 1)◆亚洲

Handelie Heimerl = **Handelia**

Handeliobryum【3】Broth. 拟厚边藓属 ≒ **Neckera** Neckeraceae 平藓科 [B-204] 全球 (1) 大洲分布及种数(2)◆亚洲

Handeliodendron【3】Rehder 平舟木属 ← **Sideroxylon** Sapindaceae 无患子科 [MD-428] 全球 (1) 大洲分布及种数(cf. 1)◆东亚(◆中国)

Handellodendron Rehder = **Handeliodendron**

Handelobryum Broth. = **Handeliobryum**

Handroanthus【2】Mattos 风铃木属 ≒ **Tecoma** Bignoniaceae 紫葳科 [MD-541] 全球 (4) 大洲分布及种数(39-41;hort.1)亚洲:3;大洋洲:2;北美洲:7;南美洲:37

Hanesara auct. = **Bletia**

Hanghomia【3】Gagnep. & Thenint 风铃竹桃属 Apocynaceae 夹竹桃科 [MD-492] 全球 (1) 大洲分布及种数(uc)◆大洋洲

Hanguana【3】Bl. 钵子草属 ≒ **Veratrum** Hanguanaceae 钵子草科 [MM-697] 全球 (1) 大洲分布及种数(10-19)◆亚洲

Hanguanaceae【3】Airy-Shaw 钵子草科 [MM-697] 全球 (1) 大洲分布和属种数(1/10-19)◆东南亚

Haniffia【3】Holttum 马来姜属 ← **Elettariopsis;Kaempferia** Zingiberaceae 姜科 [MM-737] 全球 (1) 大洲分布及种数(1-3)◆亚洲

Hanipha Kunth = **Manihot**

Hannaea Kolak. = **Campanula**

Hannaella Kudô = **Haraella**

Hannafordia【3】F.Müll. 灰毡麻属 Malvaceae 锦葵科 [MD-203] 全球 (1) 大洲分布及种数(5)◆大洋洲(◆澳大利亚)

Hannemania Alzuet & Mauri = **Hunnemannia**

Hannoa Planch. = **Quassia**

Hannonia【3】Braun-Blanq. & Maire 夕对莲属 ← **Vagaria** Amaryllidaceae 石蒜科 [MM-694] 全球 (1) 大洲分布及种数(1)◆非洲

Hanowia Sond. = **Hannonia**

Hansa Schindl. = **Meibomia**

Hansalia Schott = **Amorphophallus**

Hansemannia K.Schum. = **Pithecellobium**

Hansenia【3】Turcz. 藁本属 ≒ **Ligusticum** Apiaceae 伞形科 [MD-480] 全球 (1) 大洲分布及种数(1-5)◆亚洲

Hanseniella【3】C.Cusset 鳞瀑草属 Podostemaceae 川苔草科 [MD-322] 全球 (1) 大洲分布及种数(2)◆东南亚(◆越南)

Hansenisca Turcz. = **Hansenia**

Hansenula Turcz. = **Hansenia**

Hanslia【2】Schindl. 凹叶山蚂蝗属 ← **Meibomia** Fabaceae 豆科 [MD-240] 全球 (3) 大洲分布及种数(cf.1) 非洲:1;亚洲:1;大洋洲:1

Hansreia Fabr. = **Hansenia**

Hansteinia【3】örst. 巴拿马爵床属 ≒ **Stenostephanus** Acanthaceae 爵床科 [MD-572] 全球 (1) 大洲分布及种数(7-8)◆北美洲

Hanuala Bl. = **Hanguana**

Hapalanthus【3】Jacq. 锦竹草属 ≒ **Callisia** Commelinaceae 鸭跖草科 [MM-708] 全球 (1) 大洲分布及种数(uc)◆亚洲

Hapale Schott = **Hapaline**

Hapaline【3】Schott 细柄芋属 Araceae 天南星科 [MM-639] 全球 (1) 大洲分布及种数(2-9)◆亚洲

Hapalips Schott = **Hapaline**

Hapalocarpum Miq. = **Ammannia**

Hapaloceras Hassk. = **Payena**

Hapalochilus【3】(Schltr.) K.Senghas 石豆兰属 ≒ **Bulbophyllum** Orchidaceae 兰科 [MM-723] 全球 (1) 大洲分布及种数(cf. 1)◆大洋洲(◆美拉尼西亚)

Hapalochlamys P. & K. = **Cassinia**

Hapalochlamys Rchb. = **Apalochlamys**

Hapalorchis【3】Schltr. 纹箫兰属 ← **Cyclopogon** Orchidaceae 兰科 [MM-723] 全球 (1) 大洲分布及种数(16-20)◆南美洲

Hapalosa Edgew. & Hook.f. = **Polycarpon**

Hapalosia Wall. = **Polycarpon**

Hapalosoma Wall. = **Polycarpon**

Hapalostephium D.Don = **Youngia**

Hapalus Endl. = **Unxia**

Haplachne J.Presl = **Dimeria**

Haplanthera Hochst. = **Ruttya**

Haplanthera P. & K. = **Globba**

Haplanthodes【3】P. & K. 宽丝爵床属 ≒ **Andrographis** Acanthaceae 爵床科 [MD-572] 全球 (1) 大洲分布及种数(uc) ◆亚洲

Haplanthoides H.W.Li = **Andrographis**

Haplanthus Nees = **Andrographis**

Haplaria Aver. & Averyanova = **Bulbophyllum**

Haplo Schott = **Hapaline**

Haplocalymma S.F.Blake = **Hymenostephium**

Haplocar Phil. = **Nolana**

Haplocarpha【3】Less. 单托菊属 ← **Arctotis** Asteraceae 菊科 [MD-586] 全球 (1) 大洲分布及种数(12-13)◆非洲(◆南非)

Haplocarpum Miq. = **Ammannia**

Haplocarya Phil. = **Aplocarya**

Haploceras Hassk. = **Bassia**

Haplocheilus Endl. = **Zeuxine**

Haplochilus Endl. = **Zeuxine**

Haplochiton A.DC. = **Haplophyton**

Haplochorema【3】K.Schum. 凹唇姜属 ← **Boesenbergia;Kaempferia;Scaphochlamys** Zingiberaceae 姜科 [MM-737] 全球 (1) 大洲分布及种数(6)◆亚洲

Haplocladium【2】(Müll.Hal.) Müll.Hal. 微羽藓属 ≒ **Hypnum;Cratoneuron** Thuidiaceae 羽藓科 [B-184] 全球 (5) 大洲分布及种数(22) 非洲:2;亚洲:18;欧洲:3;北美洲:4;南美洲:4

Haploclathra【3】Benth. 单格藤黄属 ← **Caraipa** Calophyllaceae 红厚壳科 [MD-140] 全球 (1) 大洲分布及种数(4)◆南美洲

Haplocoelopsis【3】F.G.Davies 独患子属 Sapindaceae 无患子科 [MD-428] 全球 (1) 大洲分布及种数(1)◆非洲

Haplocoelum Capuron = **Haplocoelum**

Haplocoelum【3】Radlk. 单腔无患子属 ← **Camptolepis;Lecaniodiscus** Sapindaceae 无患子科 [MD-428] 全球 (1) 大洲分布及种数(3-10)◆非洲

Haplodasya Parsons,M.J. = **Nolana**

H

Haplodictyum【3】Webb & Berth. ex C.Presl 一星蕨属 ≒ **Dryopteris** Hymenophyllaceae 膜蕨科 [F-21] 全球 (1) 大洲分布及种数(cf. 1)◆东南亚

Haplodina I.Hagen = **Aplodon**

Haplodiscus【3】(Benth.) Phil. 单冠菊属 ≒ **Haplopappus** Asteraceae 菊科 [MD-586] 全球 (1) 大洲分布及种数(uc)◆亚洲

Haplodon【-】Brown,Robert & Hagen,Ingebrigt Severin 壶藓科属 ≒ **Aplodon** Splachnaceae 壶藓科 [B-143] 全球 (uc) 大洲分布及种数(uc)

Haplodontium Euhaplodontium Broth. = **Haplodontium**

Haplodontium【2】Hampe 带灯藓属 ≒ **Weissia** Bryaceae 真藓科 [B-146] 全球 (4) 大洲分布及种数(17) 非洲:4;亚洲:1;北美洲:3;南美洲:9

Haplodrilus Endl. = **Zeuxine**

Haplodypsis Baill. = **Dypsis**

Haploesthes【3】A.Gray 黄帚菊属 ← **Haplopappus; Aplopappus** Asteraceae 菊科 [MD-586] 全球 (1) 大洲分布及种数(4)◆北美洲

Haplohymenium【3】Dozy & Molk. 多枝藓属 ≒ **Leskea;Anomodon** Anomodontaceae 牛舌藓科 [B-209] 全球 (6) 大洲分布及种数(8) 非洲:2;亚洲:7;大洋洲:2;欧洲:2;北美洲:2;南美洲:1

Haplolejeunea【2】Grolle 独鳞苔属 Lejeuneaceae 细鳞苔科 [B-84] 全球 (2) 大洲分布及种数(3)非洲:2;南美洲:1

Haplolepis Bernh. = **Hypolepis**

Haplolobus【3】H.J.Lam 宿萼榄属 ≒ **Santiria** Burseraceae 橄榄科 [MD-408] 全球 (1) 大洲分布及种数(2-30)◆亚洲

Haplolophium Cham. = **Amphilophium**

Haplomitriaceae Dědeček = Haplomitriaceae

Haplomitriaceae【3】Spruce 裸蒴苔科 [B-2] 全球 (6) 大洲分布和属种数(1/7-11)非洲:1/2;亚洲:1/4-6;大洋洲:1/3-6;欧洲:1/2;北美洲:1/1-3;南美洲:1/2-4

Haplomitrium (R.M.Schust.) J.J.Engel = **Haplomitrium**

Haplomitrium【3】R.M.Schust. 裸蒴苔属 ≒ **Holomitrium** Haplomitriaceae 裸蒴苔科 [B-2] 全球 (6) 大洲分布及种数(8-9)非洲:2;亚洲:4-6;大洋洲:3-6;欧洲:2;北美洲:1-3;南美洲:2-4

Haplomyza Danser = **Dendrotrophe**

Haplopappus (Benth. & Hook.f.) S.F.Blake = **Haplopappus**

Haplopappus【3】Cass. 单冠菊属 → **Acamptopappus; Stenotus** Asteraceae 菊科 [MD-586] 全球 (1) 大洲分布及种数(42-121)◆北美洲

Haplopapus Cass. = **Haplopappus**

Haplopetalon【3】A.Gray 桃红树属 Rhizophoraceae 红树科 [MD-329] 全球 (1) 大洲分布及种数(uc)属分布和种数(uc)◆大洋洲(◆美拉尼西亚)

Haplopetalum Miq. = **Agatea**

Haplophaedia Pichon = **Angadenia**

Haplophandra Pichon = **Odontadenia**

Haplophleba Baill. = **Dypsis**

Haplophlebia【-】(Mart.) Lindl. 桫椤科属 Cyatheaceae 桫椤科 [F-23] 全球 (uc) 大洲分布及种数(uc)

Haplophloga Baill. = **Dypsis**

Haplophragma Dop = **Fernandoa**

Haplophyllophora (Brenan) A.Fern. & R.Fern. = **Dicellandra**

Haplophyllum【3】A.Juss. 拟芸香属 ≒ **Ruta** Rutaceae 芸香科 [MD-399] 全球 (6) 大洲分布及种数(71-104;hort.1;cult: 1)非洲:8-10;亚洲:62-87;大洋洲:1;欧洲:13-17;北美洲:1;南美洲:1

Haplophyton【3】A.DC. 除蟑草属 ← **Echites; Rhodocalyx** Apocynaceae 夹竹桃科 [MD-492] 全球 (1) 大洲分布及种数(2)◆北美洲

Haploporus H.J.Lam. = **Haplolobus**

Haplopteris【3】C.Presl 书带蕨属 ← **Pteris;Vittaria** Pteridaceae 凤尾蕨科 [F-31] 全球 (6) 大洲分布及种数(33-38)非洲:9-10;亚洲:28-31;大洋洲:4-5;欧洲:1;北美洲:1-2;南美洲:1

Haplorchis Szlach. & Olszewski = **Hapalorchis**

Haplorhus【3】Engl. 大角漆属 Anacardiaceae 漆树科 [MD-432] 全球 (1) 大洲分布及种数(1)◆南美洲

Haplormosia【3】Harms 单叶红豆属 ← **Crudia** Fabaceae 豆科 [MD-240] 全球 (1) 大洲分布及种数(1)◆非洲

Haplosciadium【3】Hochst. 瘤果芹属 ← **Trachydium** Apiaceae 伞形科 [MD-480] 全球 (1) 大洲分布及种数(cf.1) ◆非洲

Haploseseli【3】H.Wolff & Hand.Mazz. 滇芎属 ← **Physospermopsis** Apiaceae 伞形科 [MD-480] 全球 (1) 大洲分布及种数(cf. 1)◆亚洲

Haplosphaera【3】Hand.Mazz. 单球芹属 Apiaceae 伞形科 [MD-480] 全球 (1) 大洲分布及种数(cf. 1)◆亚洲

Haplospondias【3】Kosterm. 单叶槟榔青属 ≒ **Spondias** Anacardiaceae 漆树科 [MD-432] 全球 (1) 大洲分布及种数(2)◆亚洲

Haplostachys【3】Hillebr. 绉唇苏属 ← **Phyllostegia** Lamiaceae 唇形科 [MD-575] 全球 (1) 大洲分布及种数(5)◆北美洲(◆美国)

Haplostelis Rchb. = **Nervilia**

Haplostellis Endl. = **Nervilia**

Haplostemma Endl. = **Scirpus**

Haplostemum Endl. = **Actinoscirpus**

Haplostephium【3】Mart. ex DC. 灯头菊属 ← **Crepis** Asteraceae 菊科 [MD-586] 全球 (1) 大洲分布及种数(1)◆南美洲

Haplosticha Phil. = **Senecio**

Haplostichanthus【3】F.Müll. 合暗罗属 ≒ **Polyalthia** Annonaceae 番荔枝科 [MD-7] 全球 (1) 大洲分布及种数(2-8)◆大洋洲

Haplostichia Phil. = **Senecio**

Haplostigma F.Müll = **Restio**

Haplostylis Nees = **Rhynchospora**

Haplostylis P. & K. = **Cuscuta**

Haplostylus Nees = **Rhynchospora**

Haplosyllis Nees = **Actinoschoenus**

Haplotaxida Endl. = **Cavea**

Haplotaxis Endl. = **Hosta**

Haplothismia【3】Airy-Shaw 簇玉杯属 Burmanniaceae 水玉簪科 [MM-696] 全球 (1) 大洲分布及种数(1-2)◆亚洲

Haplous Engl. = **Haplorhus**

Haploxylon Komarov = **Pinus**

Haplozia Roll = **Aplozia**

Happia Neck. ex DC. = **Mappia**

Haptanthac Goldberg & C.Nelson = **Haptanthus**

Haptanthaceae【3】C.Nelson 无知果科 [MD-130] 全球 (1) 大洲分布和属种数(1/1)◆北美洲(◆洪都拉斯)
Haptanthus【3】Goldberg & C.Nelson 无知果属 Buxaceae 黄杨科 [MD-131] 全球 (1) 大洲分布及种数(1)◆北美洲(◆洪都拉斯)
Haptocarpum【3】Ule 系果属 Cleomaceae 白花菜科 [MD-210] 全球 (1) 大洲分布及种数(1)◆南美洲(◆巴西)
Haptophyllum Vis. & Panc. = **Haplophyllum**
Haptotrichion【3】Paul G.Wilson 尖柱鼠麴草属 ← **Waitzia** Asteraceae 菊科 [MD-586] 全球 (1) 大洲分布及种数(1-2)◆大洋洲(◆澳大利亚)
Haptymenium Arn. ex Fürnr. = **Pterigynandrum**
Haquetia D.Dietr. = **Hacquetia**
Haradjania【3】Rech.f. 菊科属 Asteraceae 菊科 [MD-586] 全球 (1) 大洲分布及种数(uc)◆亚洲
Haraea Kudô = **Harveya**
Haraella【3】Kudo 香兰属 ← **Gastrochilus** Orchidaceae 兰科 [MM-723] 全球 (1) 大洲分布及种数(1-2)◆亚洲
Haraenopsis【-】Z.Chen 兰科属 Orchidaceae 兰科 [MM-723] 全球 (uc) 大洲分布及种数(uc)
Haral Mill. = **Peganum**
Haraldia E.C.Oliveira = **Havardia**
Harashuteria【3】K.Ohashi & H.Ohashi 亚香兰属 Orchidaceae 兰科 [MM-723] 全球 (1) 大洲分布及种数(cf.1)◆亚洲
Harbotrya J.M.Coult. & Rose = **Harbouria**
Harbouria【3】J.M.Coult. & Rose 小帚芹属 ← **Thaspium** Apiaceae 伞形科 [MD-480] 全球 (1) 大洲分布及种数(1)◆北美洲(◆美国)
Hardenbergia【3】Benth. 一叶豆属 ← **Glycine; Kennedia;Vandasina** Fabaceae 豆科 [MD-240] 全球 (1) 大洲分布及种数(2-8)◆大洋洲(◆澳大利亚)
Hardengergia Benth. = **Hardenbergia**
Hardeum L. = **Hordeum**
Hardingia Docha Neto & Baptista = **Miconia**
Hardwickia【3】Roxb. 鼓簧木属 ≒ **Oxystigma;Prioria** Fabaceae 豆科 [MD-240] 全球 (1) 大洲分布及种数(cf. 1)◆亚洲
Hardwyckia Roxb. = **Hardwickia**
Harfordia【3】Greene & Parry 大荠蓼属 ← **Pterostegia** Polygonaceae 蓼科 [MD-120] 全球 (1) 大洲分布及种数(1)◆北美洲
Hargasseria A.Rich. = **Daphnopsis**
Harina Buch.Ham. = **Urophyllum**
Hariota【3】Adans. 猿恋苇属 ≒ **Rhipsalis;Lepismium** Cactaceae 仙人掌科 [MD-100] 全球 (1) 大洲分布及种数(1-2)◆南美洲
Hariotiella (C.Massal. & Besch.) Besch. & C.Massal. = **Gackstroemia**
Harlandia Hance = **Posoqueria**
Harlanlewisia Epling = **Scutellaria**
Harleya【3】S.F.Blake 无冠斑鸠菊属 ← **Oliganthes** Asteraceae 菊科 [MD-586] 全球 (1) 大洲分布及种数(1)◆北美洲(◆墨西哥)
Harleyodendron【3】R.S.Cowan 巴西单叶豆属 Fabaceae 豆科 [MD-240] 全球 (1) 大洲分布及种数(1)◆南美洲
Harlmannia Spach = **Hartmannia**
Harmala Mill. = **Peganum**
Harmandia【3】Pierre ex Baill. 毡帽果属 Olacaceae 铁青树科 [MD-362] 全球 (1) 大洲分布及种数(1-2)◆东南亚
Harmandiaceae Van Tiegh. = Hernandiaceae
Harmandiella【3】Costantin 南美银竹桃属 Apocynaceae 夹竹桃科 [MD-492] 全球 (1) 大洲分布及种数(uc)属分布和种数(uc)◆亚洲
Harmochirus Nees = **Harpochilus**
Harmogia【3】Schaür 密叶岗松属 ← **Baeckea; Agathosma** Myrtaceae 桃金娘科 [MD-347] 全球 (1) 大洲分布及种数(1-2)◆大洋洲(◆澳大利亚)
Harmomima Schaür = **Harmogia**
Harmonia【3】B.G.Baldwin 星黄菊属 ← **Blepharipappus;Madia** Asteraceae 菊科 [MD-586] 全球 (1) 大洲分布及种数(5-10)◆北美洲(◆美国)
Harmsia【3】K.Schum. 哈姆斯梧桐属 Malvaceae 锦葵科 [MD-203] 全球 (1) 大洲分布及种数(1-2)◆非洲
Harmsiella Briq. = **Phlomis**
Harmsiodoxa【3】O.E.Schulz 澳旱芥属 ← **Blennodia; Sisymbrium** Brassicaceae 十字花科 [MD-213] 全球 (1) 大洲分布及种数(3)◆大洋洲(◆澳大利亚)
Harmsiopanax【3】Warb. 哈姆参属 ← **Horsfieldia** Araliaceae 五加科 [MD-471] 全球 (1) 大洲分布及种数(1-2)◆亚洲
Harnackia【3】Urb. 三裂藤菊属 Asteraceae 菊科 [MD-586] 全球 (1) 大洲分布及种数(1)◆北美洲(◆古巴)
Harnieria Solms = **Justicia**
Haroldia Bonif. = **Harfordia**
Haroldiella J.Florence = **Hartliella**
Haronga Thou. = **Harungana**
Harpachaena Bunge = **Acanthocephalus**
Harpachne A.Rich. = **Harpachne**
Harpachne【2】Hochst. 镰稃草属 ← **Eragrostis** Poaceae 禾本科 [MM-748] 全球 (2) 大洲分布及种数(4)非洲:2;亚洲:cf.1
Harpaecarpus【3】Nutt. 黏菊属 ≒ **Madia** Asteraceae 菊科 [MD-586] 全球 (1) 大洲分布及种数(1)◆北美洲
Harpagocarpus【3】Hutch. & Dandy 钩荞麦属 ← **Fagopyrum** Polygonaceae 蓼科 [MD-120] 全球 (1) 大洲分布及种数(1)◆非洲
Harpagonella【3】A.Gray 钩弋草属 Boraginaceae 紫草科 [MD-517] 全球 (1) 大洲分布及种数(2)◆北美洲
Harpagonia Noronha = **Dysoxylum**
Harpagophytum【3】DC. ex Meisn. 爪钩草属 ≒ **Uncaria** Pedaliaceae 芝麻科 [MD-539] 全球 (1) 大洲分布及种数(2)◆非洲
Harpalejeunea (Spruce) Schiffn. = **Harpalejeunea**
Harpalejeunea【3】Tixier 镰叶苔属 ≒ **Strepsilejeunea** Lejeuneaceae 细鳞苔科 [B-84] 全球 (6) 大洲分布及种数(28)非洲:1;亚洲:2;大洋洲:3;欧洲:1;北美洲:3;南美洲:20
Harpalium (Cass.) Cass. = **Helianthus**
Harpalyce Brasilianae Arroyo = **Harpalyce**
Harpalyce【2】DC. 猎豆属 ≒ **Prenanthes** Fabaceae 豆科 [MD-240] 全球 (2) 大洲分布及种数(36)北美洲:27;南美洲:11
Harpanema Decne. = **Nonea**
Harpanthaceae Arnell = Haptanthaceae
Harpanthus【2】(Taylor) Grolle 镰萼苔属 ≒ **Jungermannia** Geocalycaceae 地萼苔科 [B-49] 全球 (2) 大洲分布及种数(4)亚洲:cf.1;北美洲:3

H

Harpechloa Kunth = **Harpochloa**
Harpelema J.Jacq. = **Mibora**
Harpella Lichtw. & Arenas = **Haraella**
Harpephora Endl. = **Aspilia**
Harpephyllum【3】 Bernh. ex Krauss 镰枣属 Anacardiaceae 漆树科 [MD-432] 全球 (1) 大洲分布及种数(1)◆非洲
Harperella Rose = **Ptilimnium**
Harperia【3】 R.Fitzg. 宿鞘灯草属 ≒ **Ptilimnium;Restio** Apiaceae 伞形科 [MD-480] 全球 (1) 大洲分布及种数(1-7)◆大洋洲(◆澳大利亚)
Harperocallis【2】 McDaniel 金菱花属 Tofieldiaceae 岩菖蒲科 [MM-617] 全球 (2) 大洲分布及种数(11-12)北美洲:1;南美洲:9-10
Harpidium【-】 (Sull.) Spruce 湿原藓科属 ≒ **Drepanocladus;Cratoneuron** Calliergonaceae 湿原藓科 [B-179] 全球 (uc) 大洲分布及种数(uc)
Harpinia Docha Neto & Baptista = **Mecranium**
Harpocarpus Endl. = **Acanthocephalus**
Harpocarpus P. & K. = **Harpaecarpus**
Harpochilus【3】 Nees 镰唇爵床属 ← **Justicia** Acanthaceae 爵床科 [MD-572] 全球 (1) 大洲分布及种数(3-6)◆南美洲(◆巴西)
Harpochloa【3】 Kunth 毛虫草属 ≒ **Cynosurus** Poaceae 禾本科 [MM-748] 全球 (1) 大洲分布及种数(2)◆非洲
Harpolyce P. & K. = **Harpalyce**
Harpophora Klotzsch = **Silene**
Harpophyllum【3】 P. & K. 枣藓属 ≒ **Harpephyllum** Hookeriaceae 油藓科 [B-164] 全球 (1) 大洲分布及种数(1)◆北美洲
Harpula Roxb. = **Harpullia**
Harpulia G.Don = **Harpullia**
Harpullia【3】 Roxb. 假山罗属 → **Boniodendron;Cupania;Tina** Sapindaceae 无患子科 [MD-428] 全球 (6) 大洲分布及种数(41-47)非洲:20-23;亚洲:14-17;大洋洲:32-37;欧洲:2;北美洲:4-7;南美洲:3-6
Harpyia R.Fitzg. = **Harperia**
Harrachia J.Jacq. = **Crossandra**
Harrera Macfad. = **Harveya**
Harricereus【-】 (Cactac.) G.D.Rowley 仙人掌科属 Cactaceae 仙人掌科 [MD-100] 全球 (uc) 大洲分布及种数(uc)
Harrimanella【3】 Coville 藓石南属 ← **Cassiope** Ericaceae 杜鹃花科 [MD-380] 全球 (1) 大洲分布及种数(2)◆北美洲
Harrisara Griff. & J.M.H.Shaw = **Harrisia**
Harrisella【3】 Fawc. & Rendle 铃实兰属 ≒ **Campylocentrum** Orchidaceae 兰科 [MM-723] 全球 (1) 大洲分布及种数(1)◆北美洲
Harrisia【3】 Britton 苹果柱属 ← **Cactus;Stenocereus** Cactaceae 仙人掌科 [MD-100] 全球 (1) 大洲分布及种数(19-22)◆南美洲
Harrisianella Coville = **Harrimanella**
Harrisiella Fawc. & Rendle = **Harrisella**
Harrisinopsis【-】 G.D.Rowley 仙人掌科属 Cactaceae 仙人掌科 [MD-100] 全球 (uc) 大洲分布及种数(uc)
Harrisonia (Bruch & Schimp.) Hampe = **Harrisonia**
Harrisonia【3】 R.Br. ex A.Juss. 牛筋果属 ← **Xeranthemum;Paliurus;Hedwigidium** Simaroubaceae 苦木科 [MD-424] 全球 (6) 大洲分布及种数(5-7)非洲:1-2;亚洲:4-6;大洋洲:1;欧洲:1;北美洲:1;南美洲:1-2
Harrysmithia【3】 H.Wolff 细裂芹属 ← **Carum** Apiaceae 伞形科 [MD-480] 全球 (1) 大洲分布及种数(2-3)◆东亚(◆中国)
Hartara auct. = **Broughtonia**
Harthamnus H.Rob. = **Plazia**
Hartia【3】 Dunn 折柄茶属 ← **Stewartia** Theaceae 山茶科 [MD-168] 全球 (1) 大洲分布及种数(1-13)◆亚洲
Hartiana Raf. = **Anemone**
Hartighsea【-】 A.Juss. 楝科属 ≒ **Aglaia** Meliaceae 楝科 [MD-414] 全球 (uc) 大洲分布及种数(uc)
Hartigia Miq. = **Miconia**
Hartigsea Steud. = **Hartighsea**
Hartleya【3】 Sleum. 帽丝木属 Stemonuraceae 粗丝木科 [MD-440] 全球 (1) 大洲分布及种数(1)◆大洋洲(◆巴布亚新几内亚)
Hartliella【3】 Eb.Fisch. 陌上菜属 ≒ **Lindernia** Linderniaceae 母草科 [MD-534] 全球 (1) 大洲分布及种数(3-4)◆非洲
Hartmaniella【3】 Costantin 石竹科属 Caryophyllaceae 石竹科 [MD-77] 全球 (1) 大洲分布及种数(2)◆北美洲
Hartmannia DC. = **Hartmannia**
Hartmannia【3】 Spach 槌果草属 ← **Oenothera** Asteraceae 菊科 [MD-586] 全球 (1) 大洲分布及种数(2-10)◆北美洲
Hartmanthus【3】 S.A.Hammer 露子花属 ← **Delosperma** Aizoaceae 番杏科 [MD-94] 全球 (1) 大洲分布及种数(1-2) ◆非洲
Hartoghia Schaür = **Harmogia**
Hartogia Hochst. = **Cassinopsis**
Hartogia L. = **Agathosma**
Hartogiella Codd = **Elaeodendron**
Hartogiopsis【3】 H.Perrier 马达弯卫矛属 Celastraceae 卫矛科 [MD-339] 全球 (1) 大洲分布及种数(1)◆非洲
Harttiella Eb.Fisch. = **Hartliella**
Hartwcgii Nees = **Nageliella**
Hartwegia Lindl. = **Nageliella**
Hartwegia Nees = **Chlorophytum**
Hartwegiella O.E.Schulz = **Mancoa**
Hartwegii Nees = **Nageliella**
Hartwrightia【3】 A.Gray ex S.Watson 五肋菊属 Asteraceae 菊科 [MD-586] 全球 (1) 大洲分布及种数(1)◆北美洲(◆美国)
Harungana【3】 Lam. 合掌树属 ≒ **Podospermum** Hypericaceae 金丝桃科 [MD-119] 全球 (1) 大洲分布及种数(3)◆非洲
Harutaea Hort. = **Otochilus**
Harvella G.B.Sowerby I = **Haraella**
Harvey Hook. = **Harveya**
Harveya【2】 Hook. 彩列当属 ≒ **Peddiea;Cycnium;Alectra** Orobanchaceae 列当科 [MD-552] 全球 (2) 大洲分布及种数(36-48)非洲:35-44;亚洲:cf.1
Harveyana Hook. = **Harveya**
Harveyella Rose = **Ptilimnium**
Harwaya Steud. = **Peddiea**
Harwegia Nees = **Nageliella**
Hasegawaara【-】 auct. 兰科属 Orchidaceae 兰科

H

[MM-723] 全球 (uc) 大洲分布及种数(uc)
Haselhoffia【3】 Lindau 非洲阔爵床属 ≒ **Physacanthus** Acanthaceae 爵床科 [MD-572] 全球 (1) 大洲分布及种数(cf. 1)◆非洲
Haseltonia Backeb. = **Cereus**
Haseltonis Backeb. = **Cereus**
Hasemania K.Schum. = **Pithecellobium**
Haslea J.F.Leroy = **Adina**
Hassallia Hieronymus,G. = **Bisgoeppertia**
Hasseanthus【3】 Rose 仙女杯属 ≒ **Dudleya** Crassulaceae 景天科 [MD-229] 全球 (1) 大洲分布及种数(6)属分布和种数(uc)◆北美洲
Hasseleya J.M.H.Shaw = **Hasseltia**
Hasselquistia L. = **Tordylium**
Hasseltia Bl. = **Hasseltia**
Hasseltia【2】 Kunth 骨柞属 ← **Banara;Neosprucea** Salicaceae 杨柳科 [MD-123] 全球 (2) 大洲分布及种数(5-8)北美洲:3;南美洲:3-6
Hasseltiopsis【2】 Sleum. 多蕊骨柞属 ← **Banara; Pleuranthodendron** Salicaceae 杨柳科 [MD-123] 全球 (2) 大洲分布及种数(2)北美洲:1;南美洲:cf.1
Hasskarlia Baill. = **Turpinia**
Hasskarlia Walp. = **Pandanus**
Hasskarlii Meisn. = **Bisgoeppertia**
Hasslerella Chodat = **Polypremum**
Hassleria Briq. ex Moldenke = **Hasseltia**
Hastasia Nees = **Dehaasia**
Hasteola【3】 Raf. 戟叶菊属 ← **Cacalia;Senecio; Parasenecio** Asteraceae 菊科 [MD-586] 全球 (1) 大洲分布及种数(2-8)◆亚洲
Hastifolia Ehrh. = **Scutellaria**
Hastingia【-】 K.D.König ex Sm. 唇形科属 ≒ **Abroma;Holmskioldia** Lamiaceae 唇形科 [MD-575] 全球 (uc) 大洲分布及种数(uc)
Hastingsia【3】 S.Wats. 灯草百合属 ← **Schoenolirion** Asparagaceae 天门冬科 [MM-669] 全球 (1) 大洲分布及种数(5-6)◆北美洲(◆美国)
Hatasia Nees = **Dehaasia**
Hatbergera G.A.Scop. = **Combretum**
Hatiora【3】 Britton & Rose 猿恋苇属 ← **Rhipsalis;Schlumbergera;Lymanbensonia** Cactaceae 仙人掌科 [MD-100] 全球 (1) 大洲分布及种数(8-13)◆南美洲
Hatschbachia L.B.Sm. = **Napeanthus**
Hatschbachiella【3】 R.M.King & H.Rob. 泽兰属 ≒ **Eupatorium** Asteraceae 菊科 [MD-586] 全球 (1) 大洲分布及种数(2)◆南美洲
Hattoria Hort. = **Hattoria**
Hattoria【3】 R.M.Schust. 服部苔属 ≒ **Neohattoria** Jamesoniellaceae 圆叶苔科 [B-51] 全球 (6) 大洲分布及种数(2)非洲:1;亚洲:1-2;大洋洲:1;欧洲:1;北美洲:1;南美洲:1
Hattorianthus【3】 (Stephani) R.M.Schust. & Inoü 拟带叶苔属 ≒ **Pallavicinia** Moerckiaceae 莫氏苔科 [B-29] 全球 (1) 大洲分布及种数(cf. 1)◆亚洲
Hattoriara auct. = **Hattoria**
Hattoriella (Inoue) Inoue = **Lophozia**
Hattorioceros【3】 (J.Haseg.) J.Haseg. 服角苔属 Notothyladaceae 短角苔科 [B-93] 全球 (1) 大洲分布及种数(cf. 1)◆亚洲
Hattoriolejeunea【3】 Mizut. 细角苔属 Lejeuneaceae 细鳞苔科 [B-84] 全球 (1) 大洲分布及种数(1)◆非洲
Hauerina Buch.Ham. = **Arenga**
Haumania【3】 J.Lénard 宿苞竹芋属 ← **Trachyphrynium** Marantaceae 竹芋科 [MM-740] 全球 (1) 大洲分布及种数(2-3)◆非洲
Haumaniastrum【3】 P.A.Duvign. & Plancke 豪曼草属 ← **Acrocephalus** Lamiaceae 唇形科 [MD-575] 全球 (1) 大洲分布及种数(34-43)◆非洲
Hausermannara【-】 auct. 兰科属 Orchidaceae 兰科 [MM-723] 全球 (uc) 大洲分布及种数(uc)
Haussknechtia【3】 Boiss. 氨胶芹属 ≒ **Dorema** Apiaceae 伞形科 [MD-480] 全球 (1) 大洲分布及种数(1)◆西亚(◆伊朗)
Haute ex DC. = **Hauya**
Hauya【3】 DC. 待宵木属 ≒ **Heladena;Oenothera** Onagraceae 柳叶菜科 [MD-396] 全球 (1) 大洲分布及种数(2)◆北美洲
Havardia【2】Small 哈瓦豆属←**Pithecellobium;Zygia** Fabaceae 豆科 [MD-240] 全球 (3) 大洲分布及种数(9-10)大洋洲:1;北美洲:8;南美洲:7
Havetia【3】 Kunth 阿韦猪胶树属 ← **Clusia;Stewartia** Clusiaceae 藤黄科 [MD-141] 全球 (1) 大洲分布及种数(2-3)◆南美洲
Havetiopsis【3】 Planch. & Triana 猪胶树属 ← **Clusia;Havetia** Clusiaceae 藤黄科 [MD-141] 全球 (1) 大洲分布及种数(3-4)◆南美洲
Havilandia Stapf = **Trigonotis**
Hawaiarca Hort. = **Aerides**
Hawaiia Hort. = **Aerides**
Hawaiian Hort. = **Aerides**
Hawaiiara Hort. = **Renanthera**
Hawiopsis G.D.Rowley = **Heliopsis**
Hawkesara auct. = **Sophronitis**
Hawkesiophyton【2】 Hunz. 霍克斯茄属 ← **Markea** Solanaceae 茄科 [MD-503] 全球 (2) 大洲分布及种数(4-5)北美洲:1;南美洲:3
Hawkinsara auct. = **Bletia**
Haworthia【3】 Duval 珠纹卷属 ← **Aloe;Adicea;Astroloba** Asphodelaceae 阿福花科 [MM-649] 全球 (1) 大洲分布及种数(107-133)◆非洲
Haworthiopsis【-】 G.D.Rowley 阿福花科属 Asphodelaceae 阿福花科 [MM-649] 全球 (uc) 大洲分布及种数(uc)
Haxtonia A.Cunn. ex Walp. = **Olearia**
Haya【3】 Balf.f. 石轮草属 Caryophyllaceae 石竹科 [MD-77] 全球 (1) 大洲分布及种数(1)◆西亚(◆也门)
Hayata【3】 Aver. 倒地铃属 ← **Cardiospermum** Orchidaceae 兰科 [MM-723] 全球 (1) 大洲分布及种数(uc)属分布和种数(uc)◆亚洲
Hayataella Masam. = **Ophiorrhiza**
Hayatiella Masam. = **Ophiorrhiza**
Haydenia【2】 M.P.Simmons 美洲裸实属 ≒ **Haydenoxylon** Celastraceae 卫矛科 [MD-339] 全球 (3) 大洲分布及种数(cf.1) 亚洲;北美洲;南美洲
Haydenoxylon【2】 M.P.Simmons 美洲裸实属 ≒ **Haydenia** Celastraceae 卫矛科 [MD-339] 全球 (2) 大洲分布及种数(5-6)北美洲:1;南美洲:3
Haydonia R.Wilczek = **Vigna**

H

Haylockia 【3】 Herb. 葱莲属 ← **Zephyranthes; Clinanthus** Amaryllidaceae 石蒜科 [MM-694] 全球 (1) 大洲分布及种数(6)◆南美洲
Haynaldia Kanitz = **Agropyron**
Haynaldoticum【3】Cif. & Giacom. 须根草属 ≒ **Triticum** Poaceae 禾本科 [MM-748] 全球 (1) 大洲分布及种数(1-3)◆欧洲
Haynea Rchb. = **Pacourina**
Haynea Schumach. & Thonn. = **Fleurya**
Haywoodara 【-】 Griff. & J.M.H.Shaw 兰科属 Orchidaceae 兰科 [MM-723] 全球 (uc) 大洲分布及种数(uc)
Hazardia 【3】 Greene 毛菀木属 ← **Corethrogyne; Haplopappus;Aplopappus** Asteraceae 菊科 [MD-586] 全球 (1) 大洲分布及种数(14-17)◆北美洲
Hazomalania【3】 Capuron 莲叶桐属 ← **Hernandia** Hernandiaceae 莲叶桐科 [MD-24] 全球 (1) 大洲分布及种数(cf. 1)◆非洲
Hazunta Pichon = **Tabernaemontana**
Hcloseris Rchb. ex Steud. = **Senecio**
Hcroptilon Raf. = **Croptilon**
Healdia M.Král = **Adromischus**
Hearnia【3】F.Müll. 米仔兰属 ≒ **Aglaia** Burseraceae 橄榄科 [MD-408] 全球 (1) 大洲分布及种数(uc)◆大洋洲
Hebanthe 【3】 Mart. 藤棉苋属 ← **Celosia;Pfaffia; Iresine** Amaranthaceae 苋科 [MD-116] 全球 (6) 大洲分布及种数(12-16;hort.1;cult: 2)非洲:1;亚洲:1;大洋洲:1;欧洲:1;北美洲:4-6;南美洲:10-11
Hebanthodes【3】 Pedersen 秘鲁苋属 Amaranthaceae 苋科 [MD-116] 全球 (1) 大洲分布及种数(1)◆南美洲(◆秘鲁)
Hebantia 【3】 G.L.Merr. 智利金发藓属 ≒ **Oligotrichum** Polytrichaceae 金发藓科 [B-101] 全球 (1) 大洲分布及种数(1)◆南美洲
Hebascus L. = **Hibiscus**
Hebe 【3】 Comm. ex Juss. 长阶花属 ← **Veronica; Mitrasacme** Plantaginaceae 车前科 [MD-527] 全球 (1) 大洲分布及种数(44-78)◆大洋洲(◆澳大利亚)
Hebea 【3】 (Pers.) R.Hedw. 非洲鸢尾属 ≒ **Heynea; Antholyza** Iridaceae 鸢尾科 [MM-700] 全球 (1) 大洲分布及种数(3)◆非洲
Hebeandra Bonpl. = **Monnina**
Hebeanthe Rchb. = **Pfaffia**
Hebecarpa 【3】 (Chodat) J.R.Abbott 玻利远志属 Polygalaceae 远志科 [MD-291] 全球 (1) 大洲分布及种数(4-5)◆南美洲(◆玻利维亚)
Hebecladus 【3】 Miers 岩茄属 ≒ **Jaltomata** Solanaceae 茄科 [MD-503] 全球 (1) 大洲分布及种数(4-5)◆南美洲
Hebeclinium【2】DC. 毛泽兰属 ← **Ageratum;Bartlettina;Critoniella** Asteraceae 菊科 [MD-586] 全球 (3) 大洲分布及种数(25-30)大洋洲:1-2;北美洲:9;南美洲:20-25
Hebecocca Beurl. = **Omphalea**
Hebecoccus【3】 Radlk. 菲无患子属 Sapindaceae 无患子科 [MD-428] 全球 (1) 大洲分布及种数(1)属分布和种数(uc)◆东南亚(◆菲律宾)
Hebejeebie Heads = **Veronica**
Hebelia C.C.Gmel. = **Anthericum**
Hebella C.C.Gmel. = **Anthericum**
Hebenstreitia L. = **Hebenstretia**
Hebenstretia【3】L. 翘掌花属 → **Dischisma** Scrophulariaceae 玄参科 [MD-536] 全球 (1) 大洲分布及种数(25-28)◆非洲
Hebenstretiaceae Horan. = Phrymaceae
Hebepetalum【3】 Benth. 沙麻木属 ← **Roucheria** Linaceae 亚麻科 [MD-315] 全球 (1) 大洲分布及种数(6)◆南美洲
Heberdenia【2】 Banks ex A.DC. 铁仔属 ≒ **Myrsine** Primulaceae 报春花科 [MD-401] 全球 (2) 大洲分布及种数(1-2) 北美洲;南美洲
Hebestigma 【3】 Urb. 假刺槐属 ← **Gliricidia; Lonchocarpus;Robinia** Fabaceae 豆科 [MD-240] 全球 (1) 大洲分布及种数(1)◆北美洲
Hebetica Goding = **Herpetica**
Hebococcus P. & K. = **Omphalea**
Hebokia Raf. = **Euscaphis**
Hebomoia Raf. = **Euscaphis**
Hebonga Radlk. = **Ailanthus**
Hebradendron Graham = **Garcinia**
Hecabe Raf. = **Phaius**
Hecale Raf. = **Tarenna**
Hecalus Raf. = **Codonopsis**
Hecaste Sol. ex Schum. = **Cyperus**
Hecastocleis【3】 A.Gray 银刺头属 Asteraceae 菊科 [MD-586] 全球 (1) 大洲分布及种数(1)◆北美洲(◆美国)
Hecastophyllum Kunth = **Dalbergia**
Hecatactis【3】 F.Müll. 莲座菀属 ≒ **Keysseria;Lagenophora** Asteraceae 菊科 [MD-586] 全球 (1) 大洲分布及种数(1)◆非洲
Hecatandra Raf. = **Acacia**
Hecatea Thou. = **Omphalea**
Hecaterium Kunze ex Rchb. = **Omphalea**
Hecatonia【3】 Lour. 毛茛属 ≒ **Heliconia** Ranunculaceae 毛茛科 [MD-38] 全球 (6) 大洲分布及种数(1) 非洲:1;亚洲:1;大洋洲:1;欧洲:1;北美洲:1;南美洲:1
Hecatoscleis A.Gray = **Hecastocleis**
Hecatostemon【3】 S.F.Blake 百蕊木属 ← **Laetia** Salicaceae 杨柳科 [MD-123] 全球 (1) 大洲分布及种数(1)◆南美洲
Hecatounia Lour. = **Ranunculus**
Hecatris Salisb. = **Asparagus**
Hechcohnia 【-】 Anderson,George H. & Grant,Jason Randall 凤梨科属 Bromeliaceae 凤梨科 [MM-715] 全球 (uc) 大洲分布及种数(uc)
Hechtia 【3】 Klotzsch 刺齿凤梨属 → **Ochagavia; Dasylirion;Bromelia** Bromeliaceae 凤梨科 [MM-715] 全球 (1) 大洲分布及种数(73-90)◆北美洲
Hecistopteris【3】 J.Sm. 微带蕨属 ← **Vittaria** Pteridaceae 凤尾蕨科 [F-31] 全球 (1) 大洲分布及种数(4)◆南美洲
Hecke Raf. = **Phaius**
Heckeldora【3】 Pierre 围盘楝属 ← **Guarea** Meliaceae 楝科 [MD-414] 全球 (1) 大洲分布及种数(5-7)◆非洲
Heckelia K.Schum. = **Smilax**
Heckeria【3】 Raf. 大胡椒属 ≒ **Pothomorphe** Piperaceae 胡椒科 [MD-39] 全球 (1) 大洲分布及种数(uc)◆亚洲
Hectorea DC. = **Chrysopsis**
Hectorella 【3】 Hook.f. 寒寿蓬属 ← **Lyallia**

Montiaceae 水卷耳科 [MD-81] 全球 (1) 大洲分布及种数(1)◆大洋洲
Hectorellaceae【3】Phil. & Skipw. 异石竹科 [MD-86] 全球 (6) 大洲分布和属种数(1-3;hort. & cult.2)(1-13;hort. & cult.2)非洲:1/7;亚洲:1/7;大洋洲:3/9;欧洲:1/7;北美洲:1/7; 南美洲:1/1-8
Hecuba Raf. = **Phaius**
Hecubaea【3】DC. 堆心菊属 ← **Helenium** Asteraceae 菊科 [MD-586] 全球 (1) 大洲分布及种数(2)◆北美洲
Hedaroma Lindl. = **Sesbania**
Hedbergia【3】Molau 绯铃草属 Orobanchaceae 列当科 [MD-552] 全球 (1) 大洲分布及种数(3)◆非洲
Hedcarya J.R.Forst. & G.Forst. = **Hedycarya**
Heddaea【-】Bronner 葡萄科属 Vitaceae 葡萄科 [MD-403] 全球 (uc) 大洲分布及种数(uc)
Hedenaesia【3】Huttunen & Ignatov 纽青藓属 ≒ **Hypnum** Brachytheciaceae 青藓科 [B-187] 全球 (1) 大洲分布及种数(2)◆大洋洲
Hedenasiastrum【-】Ignatov & Vanderp. 青藓科属 Brachytheciaceae 青藓科 [B-187] 全球 (uc) 大洲分布及种数(uc)
Hedeoma Benth. = **Hedeoma**
Hedeoma【3】Pers. 甘薄荷属 ← **Clinopodium; Hesperozygis;Mosla** Lamiaceae 唇形科 [MD-575] 全球 (6) 大洲分布及种数(38-50;hort.1;cult: 1)非洲:30;亚洲:2-32;大洋洲:30;欧洲:30;北美洲:32-73;南美洲:10-41
Hedeomoides【-】(A.Gray) Briq. 唇形科属 ≒ **Pogogyne** Lamiaceae 唇形科 [MD-575] 全球 (uc) 大洲分布及种数(uc)
Hedera【3】L. 常春藤属 ← **Aralia;Cissus; Parthenocissus** Araliaceae 五加科 [MD-471] 全球 (6) 大洲分布及种数(15-27;hort.1;cult:5)非洲:5-12;亚洲:9-16;大洋洲:2-7;欧洲:8-16;北美洲:8-14;南美洲:2-8
Hederaceae Giseke = Araliaceae
Hederanthum Steud. = **Phyteuma**
Hederella Stapf = **Catanthera**
Hederopsis C.B.Clarke = **Macropanax**
Hederorchis Thou. = **Hederorkis**
Hederorkis【3】Thou. 洋萝兰属 ≒ **Neottia** Orchidaceae 兰科 [MM-723] 全球 (1) 大洲分布及种数(1-2)◆非洲(◆塞舌尔)
Hedicago L. = **Medicago**
Hedingia Ostenf. = **Hedinia**
Hedinia【3】Ostenf. 藏荠属 ← **Capsella;Hutchinsia; Smelowskia** Brassicaceae 十字花科 [MD-213] 全球 (1) 大洲分布及种数(2-3)◆亚洲
Hediniopsis Botsch. & Petrovsky = **Hedinia**
Hediosma L. ex B.D.Jacks. = **Hedeoma**
Hediosmum Poir. = **Coccoloba**
Hedisarum Neck. = **Hedysarum**
Hedlundia【2】Sennikov & Kurtto 苦莓草属 Rosaceae 蔷薇科 [MD-246] 全球 (3) 大洲分布及种数(34) 亚洲:6;欧洲:33;北美洲:2
Hedona Lour. = **Lychnis**
Hedosyne【3】Strother 愉悦菊属 ← **Cyclachaena; Euphrosyne;Iva** Asteraceae 菊科 [MD-586] 全球 (1) 大洲分布及种数(1)◆北美洲
Hedraeanthus Griseb. = **Wahlenbergia**
Hedraianthera【3】F.Müll. 小南瓜属 ≒ **Cucurbitella** Celastraceae 卫矛科 [MD-339] 全球 (1) 大洲分布及种数(1)◆大洋洲(◆澳大利亚)
Hedraianthus A.DC. = **Wahlenbergia**
Hedraiophyllum (Less.) Spach = **Gochnatia**
Hedraiostylus Hassk. = **Plukenetia**
Hedranthera (Stapf) Pichon = **Callichilia**
Hedranthus Rupr. = **Wahlenbergia**
Hedreanthus【-】Wettst. 桔梗科属 Campanulaceae 桔梗科 [MD-561] 全球 (uc) 大洲分布及种数(uc)
Hedstromia【3】A.C.Sm. 斐济茜属 Rubiaceae 茜草科 [MD-523] 全球 (1) 大洲分布及种数(1)◆大洋洲
Hedusa Raf. = **Dissotis**
Hedwigia (Bruch & Schimp.) Lindb. = **Hedwigia**
Hedwigia【3】Sw. 虎尾藓属 → **Crepidospermum; Tetragastris;Pogonatum** Hedwigiaceae 虎尾藓科 [B-138] 全球 (6) 大洲分布及种数(15) 非洲:5;亚洲:5;大洋洲:3;欧洲:6;北美洲:7;南美洲:4
Hedwigiaceae【3】Schimp. 虎尾藓科 [B-138] 全球 (5) 大洲分布和属种数(6/66)亚洲:4/14;大洋洲:4/11;欧洲:4/9;北美洲:5/17;南美洲:5/34
Hedwigidium【3】Bruch & Schimp. 棕尾藓属 Hedwigiaceae 虎尾藓科 [B-138] 全球 (6) 大洲分布及种数(6):非洲:1;亚洲:1;大洋洲:3;欧洲:1;北美洲:2;南美洲:3
Hedyachras【3】Radlk. 李荔枝属 ← **Glenniea** Sapindaceae 无患子科 [MD-428] 全球 (1) 大洲分布及种数(uc)◆亚洲
Hedycapnos Planch. = **Ichtyoselmis**
Hedycaria【3】L.f. 蜜盘桂属 ≒ **Hedycarya** Monimiaceae 玉盘桂科 [MD-20] 全球 (1) 大洲分布及种数(uc)◆大洋洲
Hedycarix J.R.Forst. & G.Forst. = **Hedycarya**
Hedycarpus Jack = **Cleidiocarpon**
Hedycarya【2】Forst. 蜜盘桂属 → **Kibara** Monimiaceae 玉盘桂科 [MD-20] 全球 (3) 大洲分布及种数(1-26)亚洲:1;大洋洲:24;北美洲:2
Hedycaryopsis Danguy = **Ephippiandra**
Hedychium Brachychilum R.Br. ex Wall. = **Hedychium**
Hedychium【3】J.König 姜花属 → **Alpinia;Kaempferia; Nanochilus** Zingiberaceae 姜科 [MM-737] 全球 (6) 大洲分布及种数(54-112;hort.1;cult: 2)非洲:9-10;亚洲:52-96;大洋洲:6;欧洲:6-7;北美洲:10;南美洲:6
Hedychloa Raf. = **Kyllinga**
Hedychloe Raf. = **Kyllinga**
Hedycrea Schreb. = **Licania**
Hedylopsis C.B.Clarke = **Macropanax**
Hedyosma P. & K. = **Cunila**
Hedyosmaceae Carül = Chloranthaceae
Hedyosmon Spreng. = **Hedyosmum**
Hedyosmos Mitch. = **Cunila**
Hedyosmum (Solms) Todzia = **Hedyosmum**
Hedyosmum【3】Sw. 雪香兰属 ← **Coccoloba;Tafalla** Chloranthaceae 金粟兰科 [MD-31] 全球 (6) 大洲分布及种数(50-51;hort.1;cult: 1)非洲:1;亚洲:3-4;大洋洲:1;欧洲:1;北美洲:18-19;南美洲:40-41
Hedyotidaceae Dum. = Naucleaceae
Hedyotis (DC.) Torr. & A.Gray = **Hedyotis**
Hedyotis【3】L. 耳草属 → **Agathisanthemum;Cyanoneuron;Pentodon** Rubiaceae 茜草科 [MD-523] 全球 (6) 大洲分布及种数(214-376;hort.1;cult:13)非洲:16-69;亚

洲:160-301;大洋洲:21-84;欧洲:3-44;北美洲:59-107;南美洲:4-54
Hedyphylla Steven = **Astragalus**
Hedypnois【2】 Mill. 蒲公英属 ≒ **Taraxacum;Picris** Asteraceae 菊科 [MD-586] 全球 (3) 大洲分布及种数(3-9) 非洲;亚洲;欧洲
Hedysa P. & K. = **Dissotis**
Hedysaraceae Bercht. & J.Presl = Fabaceae3
Hedysarum【3】 L. 岩黄芪属 → **Adesmia;Corethrodendron;Phyllodium** Fabaceae3 蝶形花科 [MD-240] 全球 (6) 大洲分布及种数(123-287;hort.1;cult: 11)非洲:3-49;亚洲:111-260;大洋洲:2-45;欧洲:11-63;北美洲:20-70;南美洲:4-44
Hedyscepe【3】 H.Wendl. & Drude 翅蝶豆属 Arecaceae 棕榈科 [MM-717] 全球 (1) 大洲分布及种数(1)◆大洋洲(◆澳大利亚)
Hedythyrsus【3】 Bremek. 香花茜属 ← **Oldenlandia** Rubiaceae 茜草科 [MD-523] 全球 (1) 大洲分布及种数(2-3)◆非洲
Heeria【3】 Meisn. 银背漆属 ≒ **Ozoroa;Huberia; Sideroxylon** Anacardiaceae 漆树科 [MD-432] 全球 (6) 大洲分布及种数(7)非洲:1-4;亚洲:1;大洋洲:1;欧洲:1;北美洲:1-2;南美洲:1
Hegemone Bunge ex Ledeb. = **Trollius**
Hegetschweilera Heer & Regel = **Dendrolobium**
Hegira Oman = **Helia**
Hegleria L.T.Eiten = **Egleria**
Hegnera【3】 Schindl. 亚洲奇花豆属 ← **Desmodium; Meibomia;Uraria** Fabaceae 豆科 [MD-240] 全球 (1) 大洲分布及种数(cf. 1)◆亚洲
Hehecladus Miers = **Hebecladus**
Hehoa Lour. = **Lychnis**
Heilipus Trin. = **Eriochloa**
Heimansia DC. = **Heinsia**
Heimbra Stage & Snelling = **Heimia**
Heimerlia【-】 Skottsb. 紫茉莉科属 Nyctaginaceae 紫茉莉科 [MD-107] 全球 (uc) 大洲分布及种数(uc)
Heimerliodendron Skottsb. = **Centaurea**
Heimia【3】 Link 黄薇属 ← **Decodon;Helicia;Nesaea** Lythraceae 千屈菜科 [MD-333] 全球 (1) 大洲分布及种数(1-3)◆北美洲
Heimodendron Sillans = **Swietenia**
Heinchenia K.Schum. = **Lotus**
Heinekenia Webb ex Benth. & Hook.f. = **Lotus**
Heinrichia Ehrenb. = **Commiphora**
Heinsenia【3】 K.Schum. 锦带栀属 ← **Aulacocalyx** Rubiaceae 茜草科 [MD-523] 全球 (1) 大洲分布及种数(1)◆非洲
Heinsia【3】 DC. 素馨栀属 ← **Bergia;Gordonia;Leptactina** Rubiaceae 茜草科 [MD-523] 全球 (1) 大洲分布及种数(6-7)◆非洲
Heintzia H.Karst. = **Alloplectus**
Heintzia Steud. = **Coumarouna**
Heinzelia Nees = **Chaetothylax**
Heinzelmannia Neck. = **Andira**
Heinzia G.A.Scop. = **Coumarouna**
Heiseria E.E.Schill. & Panero = **Heisteria**
Heistera P. & K. = **Heisteria**
Heisteria【2】 Jacq. 折帽果属 → **Chaunochiton; Muraltia** Olacaceae 铁青树科 [MD-362] 全球 (4) 大洲分布及种数(38-43;hort.1;cult:1)非洲:3;大洋洲:1;北美洲:10;南美洲:31-33
Heisteriaceae Van Tiegh. = Olacaceae
Hekaterosachne Steud. = **Oplismenus**
Hekeria DC. = **Huberia**
Hekistocarpa【3】 Hook.f. 非洲茜属 Rubiaceae 茜草科 [MD-523] 全球 (1) 大洲分布及种数(1)◆非洲
Hekkingia【3】 H.E.Ballard & Munzinger 大苞堇属 Violaceae 堇菜科 [MD-126] 全球 (1) 大洲分布及种数(uc) 属分布和种数(uc)◆南美洲
Hekorima Kunth = **Convallaria**
Helacleum L. = **Heracleum**
Heladena【3】 A.Juss. 爪腺金虎尾属 ← **Bunchosia; Malpigiantha;Hauya** Malpighiaceae 金虎尾科 [MD-343] 全球 (1) 大洲分布及种数(2-7)◆南美洲
Heladenia Rchb. = **Heladena**
Helanthium【3】 Eng. ex Benth. & Hook.f. 链剑草属 ← **Alisma;Helianthus;Astelia** Alismataceae 泽泻科 [MM-597] 全球 (1) 大洲分布及种数(3-4)◆北美洲
Helava Mart. = **Helia**
Helcia【3】 Lindl. 伽兰属 ≒ **Trichopilia** Orchidaceae 兰科 [MM-723] 全球 (1) 大洲分布及种数(3)◆南美洲
Helcococcus T.L.Mitch. = **Andromeda**
Heldreichia【3】 Boiss. 赫尔芥属 ← **Lepidium;Winklera** Brassicaceae 十字花科 [MD-213] 全球 (1) 大洲分布及种数(cf. 1)◆亚洲
Heleastrum DC. = **Aster**
Heleiotis Hassk. = **Heterotis**
Helemonium Steud. = **Wedelia**
Helena Haw. = **Narcissus**
Helenadamsara【-】 J.M.H.Shaw 兰科属 Orchidaceae 兰科 [MM-723] 全球 (uc) 大洲分布及种数(uc)
Heleneum Buckley = **Inula**
Heleniaceae【3】Raf. 堆心菊科 [MD-581] 全球 (6) 大洲分布和属种数(1;hort. & cult.1)(46-98;hort. & cult.8-10) 非洲:1/24;亚洲:1/12-36;大洋洲:1/4-28;欧洲:1/7-31;北美洲:1/34-61;南美洲:1/15-40
Heleniastrum Fabr. = **Helenium**
Helenieae Lindl. = **Helenium**
Helenina Haw. = **Narcissus**
Heleniopsis Baker = **Heloniopsis**
Helenium【3】 L. 堆心菊属 ≒ **Inula;Actinea;Amblyolepis** Asteraceae 菊科 [MD-586] 全球 (6) 大洲分布及种数(47-67;hort.1;cult:2)非洲:24;亚洲:12-36;大洋洲:4-28;欧洲:7-31;北美洲:34-61;南美洲:15-40
Helenomoium Willd. = **Heliopsis**
Heleobia Fourr. = **Callitriche**
Heleocharis【3】 P.Beauv. ex T.Lestib. 密毛莎属 ← **Eleocharis** Cyperaceae 莎草科 [MM-747] 全球 (6) 大洲分布及种数(4)非洲:28;亚洲:3-31;大洋洲:28;欧洲:28;北美洲:28;南美洲:28
Heleochloa【2】 Host 鼠尾粟属 ≒ **Glyceria** Poaceae 禾本科 [MM-748] 全球 (4) 大洲分布及种数(1) 非洲:1;亚洲:1;欧洲:1;北美洲:1
Heleogiton Schult. = **Scirpus**
Heleonastes Ehrh. = **Carex**
Heleophila Schult. = **Halophila**
Heleophyla <unassigned> = **Scirpus**

Heleophyla not_stated = **Actinoscirpus**
Heleophylax Beauv. ex T.Lestib. = **Scirpus**
Helepta Raf. = **Heliopsis**
Heleropappus Less. = **Heteropappus**
Heletiium L. = **Helenium**
Helferella A.D.Hawkes = **Helleriella**
Helia【3】Mart. 美龙胆属 ≒ **Ozoroa** Gentianaceae 龙胆科 [MD-496] 全球 (1) 大洲分布及种数(8-12)◆南美洲
Heliabravoa Backeb. = **Polaskia**
Heliacme Ravenna = **Colchicum**
Heliamphora【3】Benth. 卷瓶子草属 ← **Sarracenia** Sarraceniaceae 瓶子草科 [MD-208] 全球 (1) 大洲分布及种数(22)◆南美洲
Heliamphoraceae Chrtek = Moringaceae
Helianthaceae【3】Bercht. & J.Presl 向日葵科 [MD-579] 全球 (1) 大洲分布和属种数(2;hort. & cult.2)(126-320;hort. & cult.29-38)◆北美洲
Helianthea Lour. = **Helixanthera**
Heliantheae Cass. = **Helianthus**
Helianthella【3】Torr. & A.Gray 小向日葵属 ← **Encelia;Helianthus;Phoebanthus** Asteraceae 菊科 [MD-586] 全球 (1) 大洲分布及种数(12-25)◆北美洲
Helianthemaceae Adans. ex G.Mey. = Tetrameristaceae
Helianthemoides Medik. = **Talinum**
Helianthemon St.Lag. = **Helianthemum**
Helianthemum【3】Mill. 半日花属 ≒ **Helianthus; Simsia** Cistaceae 半日花科 [MD-175] 全球 (6) 大洲分布及种数(156-270;hort.1;cult: 56)非洲:70-106;亚洲:44-66;大洋洲:9-25;欧洲:96-124;北美洲:35-49;南美洲:6-19
Helianthermum Mill. = **Helianthemum**
Helianthium Britton = **Helanthium**
Helianthium J.G.Sm. = **Echinodorus**
Helianthocereus Backeb. = **Trichocereus**
Helianthopsis H.Rob. = **Pappobolus**
Helianthostylis【3】Baill. 辐柱桑属 Moraceae 桑科 [MD-87] 全球 (1) 大洲分布及种数(2)◆南美洲
Helianthum Engelm. ex Britton = **Helianthus**
Helianthum Prain = **Helanthium**
Helianthus【3】L. 向日葵属 → **Agnorhiza;Encelia; Perezia** Asteraceae 菊科 [MD-586] 全球 (1) 大洲分布及种数(114-262)◆北美洲
Heliaporus G.D.Rowley = **Heliocereus**
Heliara【-】M.H.J.van der Meer 仙人掌科属 Cactaceae 仙人掌科 [MD-100] 全球 (uc) 大洲分布及种数(uc)
Helicana Hook. & Arn. = **Aganosma**
Helicandra Hook. & Arn. = **Parsonsia**
Helicanthera Röm. & Schult. = **Helixanthera**
Helicanthes【3】Danser 桑寄生属 ← **Loranthus** Loranthaceae 桑寄生科 [MD-415] 全球 (1) 大洲分布及种数(1)◆亚洲
Helicarion Fée = **Aspidium**
Helicella Moq. = **Atriplex**
Helicferes L. = **Helicteres**
Helichroa Raf. = **Echinacea**
Helichrysaceae Link = (cf.)Rosaceae
Helichrysam Mill. = **Helichrysum**
Helichrysopsis【3】Kirp. 白苞金绒草属 ← **Anaxeton;Gnaphalium** Asteraceae 菊科 [MD-586] 全球 (1) 大洲分布及种数(1)◆非洲
Helichrysu Mill. = **Helichrysum**
Helichrysum (R.Br.) Benth. = **Helichrysum**
Helichrysum【3】Mill. 拟蜡菊属 ≒ **Cremnothamnus;Phagnalon** Asteraceae 菊科 [MD-586] 全球 (1) 大洲分布及种数(483-549)◆非洲
Helichryusum Mill. = **Helichrysum**
Helichysum Phil. = **Helichrysum**
Helicia【3】Lour. 山龙眼属 → **Alseodaphne;Beilschmiedia;Parsonsia** Proteaceae 山龙眼科 [MD-219] 全球 (6) 大洲分布及种数(129-161)非洲:1-2;亚洲:75-91;大洋洲:71-79;欧洲:1;北美洲:1;南美洲:2-5
Helicidae Lour. = **Helicia**
Helicilla Moq. = **Atriplex**
Helicina Lour. = **Helicia**
Heliciopsis【3】Sleumer 假山龙眼属 ← **Helicia** Proteaceae 山龙眼科 [MD-219] 全球 (1) 大洲分布及种数(cf. 1)◆亚洲
Helicobia L. = **Heliconia**
Helicoblepharum【3】(Spruce ex Mitt.) Broth. 南美奇帽藓属 Pilotrichaceae 茸帽藓科 [B-166] 全球 (1) 大洲分布及种数(4)◆南美洲
Helicocercus Britton & Rose = **Heliocereus**
Helicodea Lem. = **Billbergia**
Helicodendron Fisch. ex DC. = **Halimodendron**
Helicodiceros【3】Schott 腐蝇芋属 ← **Arum;Dracunculus** Araceae 天南星科 [MM-639] 全球 (1) 大洲分布及种数(1)◆欧洲
Helicodontiadelphus【3】Dixon 青藓科属 Brachytheciaceae 青藓科 [B-187] 全球 (1) 大洲分布及种数(1)◆大洋洲
Helicodontium【2】(Mitt.) A.Jaeger 旋齿藓属 ≒ **Hypnum;Myuroclada** Brachytheciaceae 青藓科 [B-187] 全球 (5) 大洲分布及种数(29) 非洲:4;亚洲:6;欧洲:3;北美洲:3;南美洲:16
Helicoen Lem. = **Billbergia**
Helicoma M.B.Ellis = **Heliconia**
Helicominopsis Miq. = **Heliconia**
Heliconema【3】(Mitt.) L.T.Ellis & A.Eddy 网藓属 ≒ **Heliconia** Calymperaceae 花叶藓科 [B-130] 全球 (1) 大洲分布及种数(1)◆亚洲
Heliconia (Baker) K.Schum. = **Heliconia**
Heliconia【3】L. 蝎尾蕉属 ≒ **Hemigenia;Bihai** Heliconiaceae 蝎尾蕉科 [MM-730] 全球 (6) 大洲分布及种数(178-227;hort.1;cult: 10)非洲:11-25;亚洲:29-42;大洋洲:9-25;欧洲:12;北美洲:101-115;南美洲:136-188
Heliconiaceae Nakai = Heliconiaceae
Heliconiaceae【3】Vines 蝎尾蕉科 [MM-730] 全球 (6) 大洲分布和属种数(2;hort. & cult.1)(179-265;hort. & cult.24-27)非洲:1-2/11-36;亚洲:1-2/29-53;大洋洲:1-2/9-36;欧洲:2/23;北美洲:2/102-127;南美洲:2/137-200
Heliconiopsis Miq. = **Heliconia**
Heliconisa L. = **Heliconia**
Helicophyllaceae【2】Broth. 螺叶藓科 [B-141] 全球 (2) 大洲分布和属种数(1/5) 北美洲:1/4;南美洲:1/2
Helicophyllum Brid. = **Helicophyllum**
Helicophyllum【2】Schott 螺叶藓属 ≒ **Schistidium; Powellia** Helicophyllaceae 螺叶藓科 [B-141] 全球 (2) 大洲分布及种数(5) 北美洲:4;南美洲:2
Helicopis Seitz = **Heliciopsis**

Helicostyla Trécul = **Helicostylis**
Helicostylis Olmediastrum C.C.Berg = **Helicostylis**
Helicostylis【3】Trec. 金球桑属 ← **Brosimum;Trymatococcus** Moraceae 桑科 [MD-87] 全球 (1) 大洲分布及种数(8-10)◆南美洲
Helicotrichum Bess. ex Rich. = **Helictotrichon**
Helicotrichum Besser ex Rchb. = **Avena**
Helicotropis【2】A.Delgado 向日豆属 ≒ **Phaseolus** Fabaceae 豆科 [MD-240] 全球 (2) 大洲分布及种数(4)北美洲:2;南美洲:2
Helicrysum Mill. = **Helichrysum**
Helicta Cass. = **Borrichia**
Helicteraceae【3】J.Agardh 山芝麻科 [MD-188] 全球 (6) 大洲分布和属种数(1;hort. & cult.1)(74-96;hort. & cult.2-3)非洲:1/3;亚洲:1/21-25;大洋洲:1/17-20;欧洲:1/3-6;北美洲:1/16-19;南美洲:1/40-44
Helictereae Schott & Endl. = **Helicteres**
Helicteres (C.Presl) Cristóbal = **Helicteres**
Helicteres【3】L. 山芝麻属 ≒ **Sterculia;Icosinia** Helicteraceae 山芝麻科 [MD-188] 全球 (6) 大洲分布及种数(75-81;hort.1;cult:1)非洲:3;亚洲:21-25;大洋洲:17-20;欧洲:3-6;北美洲:16-19;南美洲:40-44
Helicterodes P. & K. = **Caiophora**
Helicteropsis【3】Hochr. 木槿属 ← **Hibiscus** Malvaceae 锦葵科 [MD-203] 全球 (1) 大洲分布及种数(1)◆非洲(◆马达加斯加)
Helictochloa【2】Romero Zarco 向日草属 ≒ **Avenula** Poaceae 禾本科 [MM-748] 全球 (4) 大洲分布及种数(26-27;hort.1;cult: 1)非洲:17;亚洲:cf.1;欧洲:21;北美洲:4
Helictonema Pierre = **Hippocratea**
Helictonia Ehrh. = **Spiranthes**
Helictorichon Besser = **Helictotrichon**
Helictosperma【3】De Block 蝇子草属 Rubiaceae 茜草科 [MD-523] 全球 (1) 大洲分布及种数(2)◆非洲
Helictotrichen Besser = **Helictotrichon**
Helictotrichon (Dumort.) Tzvelev = **Helictotrichon**
Helictotrichon【3】Besser 异燕麦属 → **Amphibromus; Shorea;Arrhenatherum** Poaceae 禾本科 [MM-748] 全球 (6) 大洲分布及种数(72-85;hort.1;cult: 8)非洲:36-41;亚洲:42-51;大洋洲:12-16;欧洲:31-38;北美洲:20-24;南美洲:8-12
Helie M.Röm. = **Atalantia**
Helieae Gilg = **Helia**
Heliehrysum Mill. = **Helichrysum**
Heliella Regel = **Heppiella**
Helietta【2】Tul. 赫利芸香属 → **Balfourodendron; Ptelea;Evodia** Rutaceae 芸香科 [MD-399] 全球 (3) 大洲分布及种数(10-14)欧洲:1;北美洲:6-9;南美洲:5
Heligma Benth. & Hook.f. = **Helia**
Heligme Bl. = **Parsonsia**
Helina Snyder = **Helia**
Helinella Moq. = **Atriplex**
Helinus【3】E.Mey. ex Endl. 皂藤属 ← **Colubrina; Rhamnus;Gouania** Rhamnaceae 鼠李科 [MD-331] 全球 (6) 大洲分布及种数(6-7;hort.1;cult: 1)非洲:4-18;亚洲:2-16;大洋洲:14;欧洲:14;北美洲:14;南美洲:14
Heliocactus Janse = **Heliocarpus**
Heliocarpos L. = **Heliocarpus**
Heliocarpus【2】L. 光芒果属 → **Trichospermum** Malvaceae 锦葵科 [MD-203] 全球 (3) 大洲分布及种数(18-19)欧洲:1;北美洲:16-17;南美洲:3
Heliocarya Bunge = **Caccinia**
Heliocausus L. = **Heliocarpus**
Heliocauta C.J.Humphries = **Heliocauta**
Heliocauta【3】Humphries 白纽扣属 ≒ **Anacyclus** Asteraceae 菊科 [MD-586] 全球 (1) 大洲分布及种数(1)◆非洲
Heliocereopsis【-】P.V.Heath 仙人掌科属 Cactaceae 仙人掌科 [MD-100] 全球 (uc) 大洲分布及种数(uc)
Heliocereus【3】Britton & Rose 牡丹柱属 ← **Cactus** Cactaceae 仙人掌科 [MD-100] 全球 (6) 大洲分布及种数(5-9)非洲:2;亚洲:2;大洋洲:2;欧洲:2;北美洲:4-6;南美洲:3-5
Heliocharis Lindl. = **Andropogon**
Heliochia【3】G.D.Rowley 牡丹柱属 ← **Heliocereus** Cactaceae 仙人掌科 [MD-100] 全球 (1) 大洲分布及种数(2)◆南美洲
Heliochroa A.Gray = **Echinacea**
Heliocidaris Lindl. = **Eleocharis**
Heliocopris Lindl. = **Andropogon**
Heliodis Benth. = **Heterotis**
Heliodiscus Haeckel = **Holodiscus**
Heliogenes Benth. = **Scirpus**
Heliohebe【3】Garn.Jones 长阶花属 ≒ **Hebe** Plantaginaceae 车前科 [MD-527] 全球 (1) 大洲分布及种数(1)◆大洋洲
Heliomata Humphries = **Heliocauta**
Heliomeris【3】Nutt. 假金目菊属 ← **Viguiera** Asteraceae 菊科 [MD-586] 全球 (1) 大洲分布及种数(10-12)◆北美洲
Helionopsis Franch. & Sav. = **Heloniopsis**
Heliopais Pers. = **Heliopsis**
Heliopetes Reakirt = **Jaegeria**
Heliophila【3】Burm.f. ex L. 喜光芥属 → **Aplanodes; Brachycarpaea** Brassicaceae 十字花科 [MD-213] 全球 (1) 大洲分布及种数(96-112)◆非洲
Heliophorus G.D.Rowley = **Heliocereus**
Heliophthalmum Raf. = **Rudbeckia**
Heliophyla Neck. = **Heliophila**
Heliophylax T.Lestib. ex Steud. = **Actinoscirpus**
Heliophylla G.A.Scop. = **Heliophila**
Heliophytum (Cham.) A.DC. = **Heliophytum**
Heliophytum【3】DC. 向日紫草属 Boraginaceae 紫草科 [MD-517] 全球 (1) 大洲分布及种数(2)◆大洋洲
Heliopsis J.M.H.Shaw = **Heliopsis**
Heliopsis【3】Pers. 赛菊芋属 ≒ **Acmella;Philactis; Wedelia** Asteraceae 菊科 [MD-586] 全球 (6) 大洲分布及种数(17-23;hort.1;cult: 1)非洲:2;亚洲:3-5;大洋洲:2;欧洲:2;北美洲:14-17;南美洲:3-5
Helioptropium L. = **Heliotropium**
Helioreos Raf. = **Pectis**
Heliornis Pers. = **Heliopsis**
Heliosciadium Bluff & Fing. = **Apium**
Helioseleniphyllum【-】Doweld 仙人掌科属 Cactaceae 仙人掌科 [MD-100] 全球 (uc) 大洲分布及种数(uc)
Helioselenius G.D.Rowley = **Heliocereus**
Heliosocereus Glass & R.A.Foster = **Heliocereus**
Heliosperma (Rich.) Rich. = **Silene**

Heliospora Hook.f. = **Urophyllum**
Heliostemma【3】 Woodson 墨西哥萝藦属 Apocynaceae 夹竹桃科 [MD-492] 全球 (1) 大洲分布及种数(uc)属分布和种数(uc)◆北美洲(◆墨西哥)
Heliothrix Nees = **Actinoschoenus**
Heliothryx Nees = **Actinoschoenus**
Heliotropiaceae【3】Schröd. 天芥菜科 [MD-519] 全球 (6) 大洲分布和属种数(1;hort. & cult.1)(404-618;hort. & cult.10-12)非洲:1/78-132;亚洲:1/156-244;大洋洲:1/128-174;欧洲:1/27-71;北美洲:1/71-128;南美洲:1/128-192
Heliotropium Cham. = **Heliotropium**
Heliotropium【3】 L. 天芥菜属 ≒ **Anchusa; Lithospermum;Phacelia** Boraginaceae 紫草科 [MD-517] 全球 (6) 大洲分布及种数(405-530;hort.1;cult: 8)非洲:78-132;亚洲:156-244;大洋洲:128-174;欧洲:27-71;北美洲:71-128;南美洲:128-192
Heliotxopium Molina = **Heliotropium**
Heliphila Lindl. = **Halophila**
Heliphyllum G.D.Rowley = **Heliocereus**
Helipteron St.Lag. = **Helipterum**
Helipterum【3】 DC. ex Lindl. 小麦秆菊属 → **Anemocarpa;Helichrysum;Myriocephalus** Asteraceae 菊科 [MD-586] 全球 (1) 大洲分布及种数(10)◆大洋洲
Helisanthera Raf. = **Helixanthera**
Heliscus E.Mey. ex Endl. = **Helinus**
Helisoma Ehrenb. ex Benth. = **Acrotome**
Helittophyllum Bl. = **Helicia**
Helius Alexander = **Helinus**
Helix Dum. ex Steud. = **Salix**
Helixanthera【3】 Lour. 离瓣寄生属 ← **Loranthus** Loranthaceae 桑寄生科 [MD-415] 全球 (6) 大洲分布及种数(36-52)非洲:10-18;亚洲:26-37;大洋洲:3-9;欧洲:2-7;北美洲:5;南美洲:5
Helixira Salisb. = **Moraea**
Helixyra【3】 Salisb. 肖鸢尾属 ≒ **Gynandriris** Iridaceae 鸢尾科 [MM-700] 全球 (1) 大洲分布及种数(uc)◆亚洲
Helladia M.Kral = **Sempervivum**
Hellanthemum Mill. = **Helianthemum**
Hellchrysum Mill. = **Helichrysum**
Helleboraceae【3】Vest 铁筷子科 [MD-37] 全球 (6) 大洲分布和属种数(1;hort. & cult.1)(12-59;hort. & cult.8-27) 非洲:1/3;亚洲:1/7-15;大洋洲:1/3;欧洲:1/12-18;北美洲:1/5-10;南美洲:1/2
Helleboraster Fabr. = **Helleborus**
Helleboreae DC. = **Helleborine**
Helleborine【3】 Mill. 铁筷兰属 ≒ **Epipactis;Amesia** Orchidaceae 兰科 [MM-723] 全球 (6) 大洲分布及种数(3) 非洲:10;亚洲:2-12;大洋洲:10;欧洲:1-11;北美洲:10;南美洲:10
Helleborodes P. & K. = **Phyllocladus**
Helleboroides Adans. = **Eranthis**
Helleborus (Spach) K.Werner & F.Ebel = **Helleborus**
Helleborus【3】 L. 铁筷子属 Helleboraceae 铁筷子科 [MD-37] 全球 (6) 大洲分布及种数(13-42;hort.1;cult: 17) 非洲:3;亚洲:7-15;大洋洲:3;欧洲:12-18;北美洲:5-10;南美洲:2
Hellenia Retz. = **Alpinia**
Hellenocarum【3】 H.Wolff 葛缕子属 ≒ **Carum** Apiaceae 伞形科 [MD-480] 全球 (1) 大洲分布及种数(1-3)◆欧洲
Hellera Döll = **Raddia**
Helleranthus Small = **Verbena**
Helleria E.Fourn. = **Festuca**
Helleria Nees & Mart. = **Vantanea**
Helleriella【3】 A.D.Hawkes 黑勒兰属 Orchidaceae 兰科 [MM-723] 全球 (1) 大洲分布及种数(2)◆北美洲
Hellerochloa Rauschert = **Festuca**
Hellerorchis A.D.Hawkes = **Gomesa**
Hellica Raf. = **Actephila**
Hellinsia DC. = **Heinsia**
Hellmuthia【3】 Steud. 头穗芒属 ← **Ficinia;Isolepis; Scirpus** Cyperaceae 莎草科 [MM-747] 全球 (1) 大洲分布及种数(1)◆非洲(◆南非)
Hellwigia Warb. = **Zingiber**
Helmentia J.St.Hil. = **Picris**
Helmholtzia <unassigned> = **Philydrum**
Helmia Kunth = **Dioscorea**
Helmingia Willd. = **Helwingia**
Helminta Willd. = **Picris**
Helminth Willd. = **Picris**
Helminthia【2】 Juss. 毛连菜属 ≒ **Picris** Asteraceae 菊科 [MD-586] 全球 (3) 大洲分布及种数(3) 非洲:3;亚洲:2;欧洲:3
Helminthion St.Lag. = **Picris**
Helminthiop St.Lag. = **Picris**
Helminthocarpon【-】 A.Rich. 豆科属 ≒ **Odontosoria** Fabaceae 豆科 [MD-240] 全球 (uc) 大洲分布及种数(uc)
Helminthocarpum A.Rich. = **Odontosoria**
Helminthospermum (Torr.) Durand = **Phacelia**
Helminthospermum Thw. = **Gironniera**
Helminthostachyaceae【3】Ching 七指蕨科 [F-11] 全球 (6) 大洲分布和属种数(1;hort. & cult.1)(11;hort. & cult.1) 非洲:1/3;亚洲:1/5;大洋洲:1/4;欧洲:1/3;北美洲:1/3;南美洲:1/3
Helminthostachys【3】 Kaulf. 七指蕨属 ≒ **Japanobotrychum;Osmunda** Ophioglossaceae 瓶尔小草科 [F-9] 全球 (1) 大洲分布及种数(3)◆北美洲
Helminthoteca Vaill. ex Juss. = **Helwingia**
Helminthotheca Vaill. ex Böhm. = **Helminthotheca**
Helminthotheca【3】 Zinn 牛舌苣属 ≒ **Picris** Asteraceae 菊科 [MD-586] 全球 (1) 大洲分布及种数(5-6)◆非洲
Helmintia Juss. = **Helwingia**
Helmintocarpon A.Rich. = **Odontosoria**
Helmiopsiella【3】 Arènes 鲁伊斯梧桐属 ← **Dombeya; Ruizia** Malvaceae 锦葵科 [MD-203] 全球 (1) 大洲分布及种数(4)◆非洲
Helmiopsis【3】 H.Perrier 非洲向梧桐属 ← **Trochetia** Malvaceae 锦葵科 [MD-203] 全球 (1) 大洲分布及种数(10-12)◆非洲
Helmontia【3】 Cogn. 黑尔葫芦属 Cucurbitaceae 葫芦科 [MD-205] 全球 (1) 大洲分布及种数(4)◆南美洲
Helmsia Bosw. = **Leptostomum**
Helnfinthostachys Kaulf. = **Helminthostachys**
Helo Mill. = **Cucumis**
Helochora Sherwood = **Echinacea**
Helodea Carül = **Elodea**
Helodea P. & K. = **Hypericum**

H

Helodes Adans. = **Helosis**
Helodes St.Lag. = **Hypericum**
Helodiaceae Ochyra = Helosaceae
Helodium 【2】 Dum. 沼羽藓属 ≒ **Amblystegium** Thuidiaceae 羽藓科 [B-184] 全球 (3) 大洲分布及种数(4) 亚洲:3;欧洲:2;北美洲:3
Helogale Sundevall = **Hofmeisteria**
Helogenes Salisb. = **Ledebouria**
Helogyne Benth. = **Hofmeisteria**
Helohyus Trin. = **Eriochloa**
Helonema 【3】 Süss. 荸荠属 ← **Andropogon;Helonoma** Cyperaceae 莎草科 [MM-747] 全球 (1) 大洲分布及种数(uc)◆亚洲
Heloniadaceae 【3】 J.Agardh 胡麻花科 [MM-625] 全球 (1) 大洲分布和属种数(1;hort. & cult.1)(10-19;hort. & cult.1-2)◆北美洲
Helonias Adans. = **Helonias**
Helonias 【3】 L. 沼红花属 ≒ **Veratrum;Amianthium** Melanthiaceae 藜芦科 [MM-621] 全球 (1) 大洲分布及种数(10-16)◆北美洲(◆美国)
Heloniopsis 【3】 A.Gray 胡麻花属 Melanthiaceae 藜芦科 [MM-621] 全球 (1) 大洲分布及种数(1-5)◆亚洲
Helonoma 【3】 Garay 箭爪兰属 ← **Beadlea;Helonema** Orchidaceae 兰科 [MM-723] 全球 (1) 大洲分布及种数(11)◆南美洲
Helophilus Dalz. = **Diospyros**
Helophorus G.D.Rowley = **Heliocereus**
Helophy Trin. = **Eriochloa**
Helophyllum Hook.f. = **Phyllachne**
Helophytum Eckl. & Zeyh. = **Tillaea**
Helops Trin. = **Eriochloa**
Helopus Trin. = **Eriochloa**
Helorchis Schltr. = **Cynorkis**
Helorus Trin. = **Eriochloa**
Helosaceae 【3】 Bromhead 盾苞菰科 [MD-305] 全球 (1) 大洲分布和属种数(1/4-6)◆南美洲
Heloschiadium Bluff & Fing. = **Aegopodium**
Heloscia 【-】 Dum. 伞形科属 Apiaceae 伞形科 [MD-480] 全球 (uc) 大洲分布及种数(uc)
Helosciadium DC. = **Apium**
Heloseaceae (Schott & Endl.) Tiegh. ex Reveal & Hoogland = Helosaceae
Heloseiadium Bluff & Fing. = **Aegopodium**
Heloseris Rchb. ex Steud. = **Hyaloseris**
Helosis 【3】 Rich. 双柱蛇菰属 ≒ **Corynaea** Helosaceae 盾苞菰科 [MD-305] 全球 (1) 大洲分布及种数(4-5)◆南美洲
Helospora Jack = **Timonius**
Helostoma Cuvier = **Delostoma**
Helothrix Nees = **Schoenus**
Helotiella Rehm = **Ptychomitrium**
Helotium Dum. = **Helodium**
Helpilia auct. = **Hemipilia**
Helvingia Adans. = **Laetia**
Helwingia 【3】 Willd. 青荚叶属 ← **Mallotus; Osyris; Stemona** Helwingiaceae 青荚叶科 [MD-469] 全球 (1) 大洲分布及种数(4-5)◆亚洲
Helwingiaceae 【3】 Decne. 青荚叶科 [MD-469] 全球 (1) 大洲分布和属种数(1;hort. & cult.1)(4-9;hort. & cult.3-4)◆亚洲
Helxine (L.) Raf. = **Soleirolia**
Helxine Bub. = **Parietaria**
Helxine L. = **Fagopyrum**
Helyga Bl. = **Parsonsia**
Helygia Bl. = **Parsonsia**
Hemandradenia 【3】 Stapf 血腺蕊属 ← **Ellipanthus** Connaraceae 牛栓藤科 [MD-284] 全球 (1) 大洲分布及种数(1-2)◆非洲
Hemaris Salisb. = **Dioscorea**
Hemarthria 【3】 R.Br. 牛鞭草属 ← **Andropogon; Mnesithea;Saccharum** Poaceae 禾本科 [MM-748] 全球 (6) 大洲分布及种数(15)非洲:7;亚洲:13;大洋洲:5;欧洲:3;北美洲:3;南美洲:1
Hemasodes Raf. = **Salvia**
Hematites Raf. = **Salvia**
Hematodes Raf. = **Salvia**
Hematophyla Raf. = **Columnea**
Hemecyclia 【-】 Wight & Arn. 核果木科属 ≒ **Drypetes** Putranjivaceae 核果木科 [MD-228] 全球 (uc) 大洲分布及种数(uc)
Hemenaea G.A.Scop. = **Hymenaea**
Hemerocalis L. = **Hosta**
Hemerocallidaceae 【3】 R.Br. 萱草科 [MM-656] 全球 (6) 大洲分布和属种数(1;hort. & cult.1)(21-56;hort. & cult. 14-26)非洲:1/3; 亚洲:1/21-28; 大洋洲:1/1-4; 欧洲:1/5-8; 北美洲:1/12-16; 南美洲:1/3
Hemerocallis 【3】 L. 萱草属 → **Hosta;Gloriosa; Hymenocallis** Hemerocallidaceae 萱草科 [MM-656] 全球 (6) 大洲分布及种数(22-34;hort.1;cult: 12)非洲:3;亚洲:21-28;大洋洲:1-4;欧洲:5-8;北美洲:12-16;南美洲:3
Hemerochallis L. = **Hemerocallis**
Hemeroeallis Murray = **Hemerocallis**
Hemesteum H.Lév. = **Polystichum**
Hemestheum 【-】 Newman 金星蕨科属 ≒ **Thelypteris** Thelypteridaceae 金星蕨科 [F-42] 全球 (uc) 大洲分布及种数(uc)
Hemiachyris DC. = **Scaevola**
Hemiadelphis Nees = **Adenosma**
Hemiagraphis T.Anders. = **Hemigraphis**
Hemiambrosia Delpino = **Ambrosina**
Hemiandra 【3】 R.Br. 蛇南苏属 ≒ **Hemigenia** Lamiaceae 唇形科 [MD-575] 全球 (1) 大洲分布及种数(3-9)◆大洋洲(◆澳大利亚)
Hemiandrina Hook.f. = **Agelaea**
Hemianemia 【3】 (Prantl) C.F.Reed 三白草科属 ≒ **Anemia** Saururaceae 三白草科 [MD-35] 全球 (1) 大洲分布及种数(4) ◆非洲
Hemiangium 【2】 A.C.Sm. 半腋生卫矛属 ≒ **Semialarium** Celastraceae 卫矛科 [MD-339] 全球 (2) 大洲分布及种数(cf.1) 北美洲;南美洲
Hemianthus 【3】 Nutt. 卵萼毛麝香属 ≒ **Micranthemum; Herpestis** Plantaginaceae 车前科 [MD-527] 全球 (2) 大洲分布及种数(cf.1) 大洋洲;北美洲
Hemiarrhena 【3】 Benth. 长蒴母草属 ← **Vandellia** Linderniaceae 母草科 [MD-534] 全球 (1) 大洲分布及种数(1)◆大洋洲(◆澳大利亚)
Hemiarthron 【-】 (Eichler) Van Tiegh. 桑寄生科属 ≒ **Loranthus** Loranthaceae 桑寄生科 [MD-415] 全球 (uc)

大洲分布及种数(uc)
Hemibaccharis S.F.Blake = **Archibaccharis**
Hemiboea【3】 C.B.Clarke 单座苣苔属 → **Chirita;Lysionotus** Gesneriaceae 苦苣苔科 [MD-549] 全球 (1) 大洲分布及种数(36-44)◆亚洲
Hemiboeopsis【3】 W.T.Wang 密序苣苔属 ← **Lysionotus** Gesneriaceae 苦苣苔科 [MD-549] 全球 (1) 大洲分布及种数(cf. 1)◆亚洲
Hemibromus Steud. = **Glyceria**
Hemicaranx Benth. = **Carex**
Hemicardia Fée = **Cyclopeltis**
Hemicardion Fée = **Cyclopeltis**
Hemicardium Fée = **Cyclopeltis**
Hemicarex Benth. = **Scirpus**
Hemicarpha Nees = **Scirpus**
Hemicarpurus Nees = **Pinellia**
Hemicarpus F.Müll = **Trachymene**
Hemicera R.Br. = **Hemichroa**
Hemiceras L.f. = **Hemimeris**
Hemichaena【3】 Benth. 金猴木属 ≒ **Diplacus** Phrymaceae 透骨草科 [MD-559] 全球 (1) 大洲分布及种数(5)◆北美洲
Hemicharis Salisb. ex DC. = **Scaevola**
Hemichlaena Schröd. = **Cyperus**
Hemichoriste Nees = **Justicia**
Hemichoruste Nees = **Justicia**
Hemichroa【3】 R.Br. 多节蓬属 Amaranthaceae 苋科 [MD-116] 全球 (1) 大洲分布及种数(1-4)◆大洋洲(◆澳大利亚)
Hemicicca Baill. = **Phyllanthus**
Hemiclidia R.Br. = **Dryandra**
Hemicoa auct. = **Suksdorfia**
Hemicrambe【3】 Webb 半两节芥属 Brassicaceae 十字花科 [MD-213] 全球 (1) 大洲分布及种数(cf. 1)◆西亚(◆也门)
Hemicrepidospermum Swart = **Crepidospermum**
Hemicyatheon (Domin) Copel. = **Hymenophyllum**
Hemicyclia Wight & Arn. = **Drypetes**
Hemideina Blanchard = **Hemigenia**
Hemidemus Dum. = **Hemidesmus**
Hemidesma Raf. = **Finlaysonia**
Hemidesmas Raf. = **Periploca**
Hemidesmus【3】 R.Br. 代菝葜属 → **Finlaysonia;Periploca** Asclepiadaceae 萝藦科 [MD-494] 全球 (1) 大洲分布及种数(2)◆亚洲
Hemidia Raf. = **Hemieva**
Hemidictyaceae Christenh. & H.Schneid. = Aspleniaceae
Hemidictyum【3】 C.Presl 半网蕨属 ← **Asplenium** Aspleniaceae 铁角蕨科 [F-43] 全球 (1) 大洲分布及种数(1)◆南美洲
Hemidiodia K.Schum. = **Spermacoce**
Hemidiscus R.Br. = **Hemidesmus**
Hemidistichophyllum Koidz. = **Cladopus**
Hemiercus Raf. = **Tulipa**
Hemierium Raf. = **Printzia**
Hemieva【3】 Raf. 堇蓬草属 ≒ **Suksdorfia** Saxifragaceae 虎耳草科 [MD-231] 全球 (1) 大洲分布及种数(1)◆北美洲
Hemifuchsia【-】 Herrera 柳叶菜科属 Onagraceae 柳叶菜科 [MD-396] 全球 (uc) 大洲分布及种数(uc)
Hemigenia【3】 R.Br. 柳南苏属 ≒ **Microcorys; Prostanthera;Anemia** Lamiaceae 唇形科 [MD-575] 全球 (1) 大洲分布及种数(17-63)◆大洋洲(◆澳大利亚)
Hemiglochidion K.Schum. = **Glochidion**
Hemigobius Welw. = **Apodytes**
Hemigramma【3】 Christ 沙皮蕨属 ← **Tectaria; Leptochilus** Adiantaceae 铁线蕨科 [F-35] 全球 (6) 大洲分布及种数(3-4)非洲:1;亚洲:2-3;大洋洲:1;欧洲:1;北美洲:1;南美洲:1
Hemigrapha (Müll.Arg.) R.Sant. ex D.Hawksw. = **Hemigraphis**
Hemigraphis【3】 Nees 半插花属 ← **Barleria;Dyschoriste;Pararuellia** Acanthaceae 爵床科 [MD-572] 全球 (6) 大洲分布及种数(50-73)非洲:16-28;亚洲:36-60;大洋洲:12-22;欧洲:2-10;北美洲:4-13;南美洲:8-16
Hemigrapsus Dana = **Hemigraphis**
Hemigymnia Griff. = **Ottochloa**
Hemigymnus Griff. = **Digitaria**
Hemigyrosa Bl. = **Deinbollia**
Hemihabenaria Finet = **Platanthera**
Hemileia Kudo = **Ceratanthus**
Hemilepis Kunze = **Leontodon**
Hemilobium Welw. = **Apodytes**
Hemilophia【3】 Franch. 半脊荠属 ← **Draba** Brassicaceae 十字花科 [MD-213] 全球 (1) 大洲分布及种数(cf. 1)◆东亚(◆中国)
Hemilophus Franch. = **Hemilophia**
Hemimeridaceae Doweld = Veronicaceae
Hemimeris【3】 L.f. 金面花属 ≒ **Alonsoa** Scrophulariaceae 玄参科 [MD-536] 全球 (1) 大洲分布及种数(6-9)◆非洲(◆南非)
Hemimetis L.f. = **Hemimeris**
Hemimunroa (Parodi) Parodi = **Munroa**
Hemine Raf. = **Tripogandra**
Heminema Raf. = **Tripogandra**
Hemineura Raf. = **Tripogandra**
Heminonitis L. = **Hemionitis**
Hemiodon Raf. = **Stachys**
Hemiodopsis W.T.Wang = **Hemiboeopsis**
Hemionitidaceae【3】 Pic.Serm. 裸子蕨科 [F-37] 全球 (6)大洲分布和属种数(3;hort. & cult.2-3)(156-547;hort. & cult.3-10)非洲:1-3/2-9;亚洲:1-3/3-13;大洋洲:1-3/1-7;欧洲:1-3/1-7;北美洲:3/19-95;南美洲:2-3/147-155
Hemionitis【3】 L. 铜星蕨属 → **Anogramma;Gymnopteris;Paraceterach** Pteridaceae 凤尾蕨科 [F-31] 全球 (1) 大洲分布及种数(142-147)◆南美洲
Hemiorchis Kurz = **Lindenbergia**
Hemipapaya A.DC. = **Vasconcellea**
Hemipappus K.Koch = **Tanacetum**
Hemiperis Frapp. ex Cordem. = **Cynorkis**
Hemiphlebium C.Presl = **Trichomanes**
Hemipholis C.E.Hubb. = **Homopholis**
Hemiphora【3】 (F.Müll.) F.Müll. 蓬南苏属 Lamiaceae 唇形科 [MD-575] 全球 (1) 大洲分布及种数(5)◆大洋洲(◆澳大利亚)
Hemiphractum Turcz. = **Vatica**
Hemiphragma【3】 Wall. 鞭打绣球属 ← **Logania** Plantaginaceae 车前科 [MD-527] 全球 (1) 大洲分布及种

H

数(cf. 1)◆亚洲
Hemiphues 【3】 Hook.f. 绒苞芹属 ≒ **Actinotus** Apiaceae 伞形科 [MD-480] 全球 (1) 大洲分布及种数(uc)◆大洋洲
Hemiphylacus 【3】 S.Watson 沙箭草属 Asparagaceae 天门冬科 [MM-669] 全球 (1) 大洲分布及种数(5)◆北美洲(◆墨西哥)
Hemiphyllum Rowley = **Heliocereus**
Hemipilia 【3】 Lindl. 舌喙兰属 → **Amitostigma;Orchis;Ponerorchis** Orchidaceae 兰科 [MM-723] 全球 (1) 大洲分布及种数(9-16)◆亚洲
Hemipiliopsis 【3】 Y.B.Luo & S.C.Chen 紫斑兰属 ← **Habenaria** Orchidaceae 兰科 [MM-723] 全球 (1) 大洲分布及种数(cf. 1)◆亚洲
Hemipliopsis Y.B.Luo & S.C.Chen = **Hemipiliopsis**
Hemipodia K.Schum. = **Anthospermum**
Hemipogon 【3】 Decne. 半毛萝藦属 ← **Astephanus;Metastelma;Melinia** Apocynaceae 夹竹桃科 [MD-492] 全球 (1) 大洲分布及种数(14-15)◆南美洲
Hemiptelea 【3】 Planch. 刺榆属 ← **Planera;Zelkova** Ulmaceae 榆科 [MD-83] 全球 (1) 大洲分布及种数(cf. 1)◆亚洲
Hemiptera Planch. = **Hemiptelea**
Hemipteris Rosenst. = **Pteris**
Hemipterisca Rosenst. = **Pteris**
Hemiptilium A.Gray = **Stephanomeria**
Hemiragis 【3】 (Brid.) Besch. 垂蔓藓属 ≒ **Leskea;Harpephyllum** Pilotrichaceae 茸帽藓科 [B-166] 全球 (1) 大洲分布及种数(1)◆大洋洲
Hemisacris Steud. = **Schismus**
Hemisandra Scheidw. = **Aphelandra**
Hemisantiria H.J.Lam in Merrill = **Dacryodes**
Hemiscleria Lindl. = **Scleria**
Hemiscola 【-】 Raf. 山柑科属 ≒ **Podandrogyne** Capparaceae 山柑科 [MD-178] 全球 (uc) 大洲分布及种数(uc)
Hemiscolopia 【3】 Slooten 异篱柊属 Salicaceae 杨柳科 [MD-123] 全球 (1) 大洲分布及种数(cf.1) ◆亚洲
Hemiseuma (Bisch.) H.Klinggr. = **Ricciocarpos**
Hemisiphonia 【3】 Urb. 牙买加泥玄参属 Plantaginaceae 车前科 [MD-527] 全球 (1) 大洲分布及种数(uc)属分布和种数(uc)◆北美洲(◆牙买加)
Hemisodon Raf. = **Stachys**
Hemisorghum 【3】 C.E.Hubb. 半蜀黍属 ← **Andropogon;Blumenbachia** Poaceae 禾本科 [MM-748] 全球 (1) 大洲分布及种数(cf. 1)◆亚洲
Hemispadon Endl. = **Indigofera**
Hemisphace (Benth.) Opiz = **Salvia**
Hemisphaera Kolak. = **Campanula**
Hemisphaerocarya 【3】 Brand 隐花紫草属 ← **Cryptantha** Boraginaceae 紫草科 [MD-517] 全球 (1) 大洲分布及种数(1)◆北美洲(◆美国)
Hemisphaerota Kolak. = **Adenophora**
Hemistachyum (Copel.) Ching = **Drynaria**
Hemistegia C.Presl = **Hemistegia**
Hemistegia 【2】 Raf. 鼠桫椤属 ← **Salvia;Cyathea** Cyatheaceae 桫椤科 [F-23] 全球 (3) 大洲分布及种数(cf.) 欧洲;北美洲;南美洲
Hemisteirus F.Müll = **Gomphrena**
Hemistema 【3】 Thou. 五桠果科属 ≒ **Leucas** Dilleniaceae 五桠果科 [MD-66] 全球 (1) 大洲分布及种数(uc)◆大洋洲
Hemistemma DC. = **Leucas**
Hemistemma Juss. ex Thouars = **Hibbertia**
Hemistemon F.Müll = **Dicrastylis**
Hemistephanus Drum. ex Harv. = **Dillenia**
Hemistephia Steud. = **Hemistegia**
Hemistephus Drum. ex Harv. = **Hibbertia**
Hemistepta Bunge = **Saussurea**
Hemisteptia Bunge ex Fisch. & C.A.Mey. = **Hemisteptia**
Hemisteptia 【3】 Fisch. & C.A.Mey. 泥胡菜属 ← **Saussurea;Cnicus** Asteraceae 菊科 [MD-586] 全球 (1) 大洲分布及种数(1)◆亚洲
Hemistoma Ehrenb. ex Benth. = **Leucas**
Hemistomia Ehrenb. ex Benth. = **Leucas**
Hemistylis Walp. = **Hemistylus**
Hemistylus 【3】 Benth. 孪果麻属 Urticaceae 荨麻科 [MD-91] 全球 (1) 大洲分布及种数(4-5)◆南美洲
Hemisynapsium Brid. = **Bryum**
Hemitelia (C.Presl) T.Moore = **Hemitelia**
Hemitelia 【3】 R.Br. 小桫椤属 ≒ **Alsophila;Cyathea;Sphaeropteris** Cyatheaceae 桫椤科 [F-23] 全球 (6) 大洲分布及种数(11-72)非洲:1;亚洲:6-7;大洋洲:1-2;欧洲:1;北美洲:3-4;南美洲:8-9
Hemithelia Brongn. = **Ctenitis**
Hemithrinax Hook.f. = **Thrinax**
Hemitome Nees = **Stenandrium**
Hemitomes 【3】 A.Gray 松球兰属 ≒ **Newberrya** Ericaceae 杜鹃花科 [MD-380] 全球 (1) 大洲分布及种数(1-4)◆北美洲
Hemitomus L´Hér. ex Desf. = **Hemitomes**
Hemitragus (Brid.) Besch. = **Hemiragis**
Hemitrema Raf. = **Tripogandra**
Hemitria 【-】 Raf. 桑寄生科属 Loranthaceae 桑寄生科 [MD-415] 全球 (uc) 大洲分布及种数(uc)
Hemitrichia Ehrenb. = **Euphorbia**
Hemiultragossypium Roberty = **Gossypium**
Hemiuratea Van Tiegh. = **Ouratea**
Hemixanthidium Delpino = **Ambrosina**
Hemizonella (A.Gray) A.Gray = **Hemizonella**
Hemizonella 【3】 A.Gray 星对菊属 ← **Melampodium;Harpaecarpus** Asteraceae 菊科 [MD-586] 全球 (1) 大洲分布及种数(1-2)◆北美洲
Hemizonia A.Gray = **Hemizonia**
Hemizonia 【3】 DC. 星带菊属 → **Blepharizonia;Calycadenia;Deinandra** Asteraceae 菊科 [MD-586] 全球 (1) 大洲分布及种数(20-67)◆北美洲
Hemizygia (Benth.) Briq. = **Hemizygia**
Hemizygia 【3】 Briq. 半轭草属 ← **Ocimum** Lamiaceae 唇形科 [MD-575] 全球 (1) 大洲分布及种数(29-30)◆非洲(◆南非)
Hemlsleya Cogn. ex Forb. & Hemsl. = **Alsomitra**
Hemmantia Whiffin = **Helwingia**
Hemolepis Hort. ex E.Vilm. = **Heliopsis**
Hemprichia Ehrenb. = **Commiphora**
Hemrinium L. = **Herminium**
Hemslea Cogn. ex Forb. & Hemsl. = **Alsomitra**
Hemsleya 【3】 Cogn. ex Forb. & Hemsl. 雪胆属 → **Al-**

somitra;Neoalsomitra Cucurbitaceae 葫芦科 [MD-205] 全球 (1) 大洲分布及种数(31-39)◆亚洲
Hemsleyna P. & K. = **Thryallis**
Hemyphyes Endl. = **Actinotus**
Henalowia Wall. = **Henslowia**
Henckelia 【3】 Spreng. 南洋苣苔属 → **Chirita; Didymocarpus;Paraboea** Gesneriaceae 苦苣苔科 [MD-549] 全球 (6) 大洲分布及种数(99-132)非洲:2-4;亚洲:98-127;大洋洲:4-6;欧洲:1-3;北美洲:1-3;南美洲:2
Hendecandra Eschsch. = **Croton**
Hendecandras Eschsch. = **Croton**
Henfrey Lindl. = **Asystasia**
Henfreya Lindl. = **Asystasia**
Henicodium 【2】 (Müll.Hal.) Kindb. 野蕨藓属 ≒ **Leucodon** Pterobryaceae 蕨藓科 [B-201] 全球 (5) 大洲分布及种数(1) 非洲:1;亚洲:1;欧洲:1;北美洲:1;南美洲:1
Henicosanthum Dalla Torre & Harms = **Enicosanthum**
Henicostemma Endl. = **Enicostema**
Henisia Walp. = **Bergia**
Henkelia Rchb. = **Hickelia**
Henlea Griseb. = **Rustia**
Henleophytum 【3】 H.Karst. 亨勒木属 Malpighiaceae 金虎尾科 [MD-343] 全球 (1) 大洲分布及种数(1)◆北美洲(◆古巴)
Henna Böhm. = **Lawsonia**
Hennecartia 【3】 J.Poiss. 大青桂属 Monimiaceae 玉盘桂科 [MD-20] 全球 (1) 大洲分布及种数(1)◆南美洲
Hennecartieae Phil. = **Hennecartia**
Hennedia R.Br.bis = **Hennediella**
Hennediella G.Roth = **Hennediella**
Hennediella 【3】 Paris 细齿藓属 ≒ **Bryum** Pottiaceae 丛藓科 [B-133] 全球 (6) 大洲分布及种数(22) 非洲:6;亚洲:1;大洋洲:8;欧洲:4;北美洲:7;南美洲:16
Hennedya Harvey,W.H. = **Hennediella**
Henningia Kar. & Kir. = **Eremurus**
Henningsia Kar. & Kir. = **Asphodelus**
Henningsocarpum P. & K. = **Neopringlea**
Hennonia Moq. = **Hannonia**
Henoglossum Hook. = **Gladiolus**
Henonia 【3】 Moq. 帚青葙属 ≒ **Henophyton** Amaranthaceae 苋科 [MD-116] 全球 (1) 大洲分布及种数(1)◆非洲(◆马达加斯加)
Henoniella Duby = **Ptychomitrium**
Henonix Hook.f. = **Scilla**
Henoonia 【3】 Griseb. 海努印茄树属 Solanaceae 茄科 [MD-503] 全球 (1) 大洲分布及种数(1)◆北美洲
Henophyton 【3】 Coss. & Durieu 帚青葙属 ≒ **Henonia** Brassicaceae 十字花科 [MD-213] 全球 (1) 大洲分布及种数(2)◆非洲
Henosis Hook.f. = **Bulbophyllum**
Henrardia 【3】 C.E.Hubb. 鞭麦草属 ← **Lepturus;Rottboellia** Poaceae 禾本科 [MM-748] 全球 (1) 大洲分布及种数(cf. 1)◆亚洲
Henribaillonia P. & K. = **Drypetes**
Henricea Lem.Lis. = **Swertia**
Henricia Cass. = **Psiadia**
Henricia L.Bolus = **Neohenricia**
Henricksonia 【3】 B.L.Turner 纹果菊属 Asteraceae 菊科 [MD-586] 全球 (1) 大洲分布及种数(1)◆北美洲(◆墨西哥)
Henricus Lem.Lis. = **Swertia**
Henrietella Naudin = **Henriettella**
Henrietia Rchb. = **Henriettea**
Henrietta Macfad. = **Henriettea**
Henriettea 【3】 DC. 亨里特野牡丹属 ≒ **Calycogonium;Ossaea;Loreya** Melastomataceae 野牡丹科 [MD-364] 全球 (1) 大洲分布及种数(72-79)◆南美洲
Henrietteeae Penneys = **Henriettea**
Henriettella 【2】 Naudin 苞牡丹属 ← **Calycogonium; Melastoma;Ossaea** Melastomataceae 野牡丹科 [MD-364]全球(3)大洲分布及种数(21-34)亚洲:cf.1;北美洲:12;南美洲:17
Henrincquia Benth. & Hook.f. = **Achimenes**
Henriqueara R.Romero = **Henriquezia**
Henriquezia 【3】 Spruce ex Benth. 腺柄茜属 ← **Platycarpum** Rubiaceae 茜草科 [MD-523] 全球 (1) 大洲分布及种数(3)◆南美洲
Henriqueziaceae 【3】 Brcmck. 巴西木科 [MD-525] 全球 (1) 大洲分布和属种数(1/3)◆南美洲
Henriquezieae Benth. & Hook.f. = **Henriquezia**
Henrlettella Naudin = **Henriettella**
Henrya 【3】 Nees 高蛛檀属 → **Tetramerium;Tylophora** Acanthaceae 爵床科 [MD-572] 全球 (1) 大洲分布及种数(1-4)◆亚洲
Henryastrum Happ = **Tylophora**
Henryi Nees = **Henrya**
Henschelia C.Presl = **Illigera**
Hensl Böhm. = **Lawsonia**
Henslovia A.Juss. = **Crypteronia**
Hensloviaceae Lindl. = Crypteroniaceae
Henslowia 【2】 Wall. 伞花寄生藤属 ≒ **Crypteronia** Santalaceae 檀香科 [MD-412] 全球 (2) 大洲分布及种数(3) 亚洲:3;大洋洲:1
Henslowiaceae Lindl. = Burseraceae
Hensmania 【3】 W.Fitzg. 尖苞草属 Anthericaceae 猴面包科 [MM-643] 全球 (1) 大洲分布及种数(1-5)◆大洋洲(◆澳大利亚)
Hentigia Kar. & Kir. = **Eremurus**
Heocarphus Phil. = **Ayenia**
Heorta Vell. = **Leonia**
Heortia Vand. = **Hortia**
Hepatella Regel = **Heppiella**
Hepatica 【3】 Mill. 獐耳细辛属 ← **Anemone** Ranunculaceae 毛茛科 [MD-38] 全球 (6) 大洲分布及种数(8-11;hort.1;cult: 7)非洲:3;亚洲:7-11;大洋洲:3;欧洲:1-4;北美洲:3-6;南美洲:3
Hepaticae Mill. = **Hepatica**
Hepaticina 【-】 Müll.Hal. 油藓科属 ≒ **Pterygophyllum;Achrophyllum** Hookeriaceae 油藓科 [B-164] 全球 (uc) 大洲分布及种数(uc)
Hepatostolonophora 【2】 (Stephani) Hässel de Menéndez 耳萼苔属 ≒ **Plagiochila** Lophocoleaceae 齿萼苔科 [B-74] 全球 (3) 大洲分布及种数(5)亚洲:1;大洋洲:2;南美洲:2
Hepatus Sw. = **Aechmea**
Hepetis Sw. = **Pitcairnia**
Hepetospermum Spach = **Heterosperma**
Hepialus Endl. = **Bidens**

Hepiella Regel = **Heppiella**

Heppiantha【3】 H.E.Moore 岛岩桐属 ≒ **Heppiella;Gesneria** Gesneriaceae 苦苣苔科 [MD-549] 全球 (1) 大洲分布及种数(1-2)◆非洲

Heppiella【3】 Regel 离蕊岩桐属 ← **Achimenes; Gesneria** Gesneriaceae 苦苣苔科 [MD-549] 全球 (1) 大洲分布及种数(4-5)◆南美洲

Heppigloxinia H.Wiehler = **Heppigloxinia**

Heppigloxinia【3】 Wiehler 小岩桐属 ≒ **Gloxinia** Gesneriaceae 苦苣苔科 [MD-549] 全球 (1) 大洲分布及种数(1)◆非洲

Heppimannia【-】 Roalson & Boggan 苦苣苔科属 Gesneriaceae 苦苣苔科 [MD-549] 全球 (uc) 大洲分布及种数(uc)

Heppimenes Batcheller = **Artanema**

Heptaca Lour. = **Xylotheca**

Heptacarpus Conz. = **Bejaria**

Heptacodium【3】 Rehder 七子花属 Caprifoliaceae 忍冬科 [MD-510] 全球 (1) 大洲分布及种数(cf. 1)◆东亚(◆中国)

Heptacyclum Engl. = **Penianthus**

Heptagenia Raf. = **Aconogonon**

Heptallon Raf. = **Croton**

Heptame Lour. = **Oncoba**

Heptameria (Durieu & Mont.) Sacc. = **Hetaeria**

Heptanis Raf. = **Croton**

Heptanthus【3】 Griseb. 七菊花属 Asteraceae 菊科 [MD-586] 全球 (1) 大洲分布及种数(7)◆北美洲(◆古巴)

Heptantra O.F.Cook = **Attalea**

Heptapleurum【2】 Gaertn. 南鹅掌柴属 ≒ **Polyscias** Araliaceae 五加科 [MD-471] 全球 (2) 大洲分布及种数(10) 亚洲:10;北美洲:1

Heptaptera【3】 Marg. & Reut. 七翅芹属 ← **Prangos** Apiaceae 伞形科 [MD-480] 全球 (6) 大洲分布及种数(2-9)非洲:2;亚洲:1-7;大洋洲:2;欧洲:6;北美洲:2;南美洲:2

Heptarina Raf. = **Polygonum**

Heptarinia Raf. = **Polygonum**

Heptas Meisn. = **Herpestis**

Heptaseta Koidz. = **Imperata**

Heptaster Marg. & Reut. = **Heptaptera**

Hepteireca Raf. = **Caesia**

Heptocereus P.V.Heath = **Leptocereus**

Heptoneurum Hassk. = **Schefflera**

Heptoseta Koidz. = **Agrostis**

Heptospermum J.R.Forst. & G.Forst. = **Leptospermum**

Heptrilis Raf. = **Leucas**

Heracantha Hoffmanns. & Link = **Carthamus**

Herackum L. = **Heracleum**

Heraclea Hill = **Centaurea**

Heracleum【3】 L. 独活属 ≒ **Pastinaca;Pilosella** Apiaceae 伞形科 [MD-480] 全球 (1) 大洲分布及种数(93-126)◆亚洲

Heracula Hill = **Centaurea**

Heranthemum Spach = **Xeranthemum**

Herberta M.Fleisch. = **Herbertus**

Herbertaceae Müll.Frib. ex Fulford & Hatcher = Herbertaceae

Herbertaceae【3】Stephani 剪叶苔科 [B-69] 全球 (6) 大洲分布和属种数(2/57-96)非洲:1/3-26;亚洲:2/42-70;大洋洲:2/11-35;欧洲:2/6-29;北美洲:2/14-37;南美洲:2/13-37

Herbertara auct. = **Sophronitis**

Herberti Sw. = **Herbertia**

Herbertia【3】 Sw. 瓶鸢花属 → **Alophia;Herpestis** Iridaceae 鸢尾科 [MM-700] 全球 (6) 大洲分布及种数(11-13)非洲:3;亚洲:3;大洋洲:1-4;欧洲:3;北美洲:3-6;南美洲:10-15

Herbertus Cirriherbertus H.A.Mill. = **Herbertus**

Herbertus【3】 Stephani 剪叶苔属 ≒ **Jungermannia; Cypella** Herbertaceae 剪叶苔科 [B-69] 全球 (6) 大洲分布及种数(54-58)非洲:3-26;亚洲:41-65;大洋洲:10-34;欧洲:5-28;北美洲:13-36;南美洲:9-33

Herbichia Zaw. = **Senecio**

Herbita Sohmer = **Herbstia**

Herbstia【3】 Sohmer 鸽苋属 ≒ **Herbertia** Amaranthaceae 苋科 [MD-116] 全球 (1) 大洲分布及种数(1)◆南美洲

Herculia Raf. = **Metastachydium**

Herderia【3】 Cass. 匍茎瘦片菊属 ≒ **Vernonia;Cyanthillium** Asteraceae 菊科 [MD-586] 全球 (1) 大洲分布及种数(1)◆非洲

Herdeum L. = **Hordeum**

Here Comm. ex Juss. = **Hebe**

Heremoa (Schwantes) Dinter & Schwantes = **Hereroa**

Hereroa【3】 (Schwantes) Dinter & Schwantes 龙骨角属 ← **Aridaria** Aizoaceae 番杏科 [MD-94] 全球 (1) 大洲分布及种数(28-30)◆非洲

Hererolandia【3】 Gagnon & G.P.Lewis 银羞草属 Fabaceae1 含羞草科 [MD-238] 全球 (1) 大洲分布及种数(1)◆非洲

Heretiera G.Don = **Heritiera**

Hericia Cass. = **Neohenricia**

Hericinia Fourr. = **Ranunculus**

Herina Buch.Ham. = **Arenga**

Herincquia Decaisne,Joseph & Hérincq,François = **Gesneria**

Heringia K.Schum. = **Helwingia**

Herissanthia Steud. = **Herissantia**

Herissantia【3】 Medik. 脬果苘属 ← **Abutilon** Malvaceae 锦葵科 [MD-203] 全球 (1) 大洲分布及种数(5)◆南美洲

Herissantla Medik. = **Herissantia**

Heritera Stokes = **Heritiera**

Heriteria Dum. = **Lachnanthes**

Heriteria Schrank = **Tofieldia**

Heritiera【2】 Aiton 银叶树属 ≒ **Lachnanthes; Amygdalus** Sterculiaceae 梧桐科 [MD-189] 全球 (4) 大洲分布及种数(35-46)非洲:7-8;亚洲:28-33;大洋洲:8-9;北美洲:3

Heritieria Bosc = **Heritiera**

Hermania L. = **Hermannia**

Hermanna Cothen. = **Hermannia**

Hermannia【3】 L. 密钟木属 ≒ **Melochia;Lasianthus** Sterculiaceae 梧桐科 [MD-189] 全球 (6) 大洲分布及种数(193-256)非洲:186-205;亚洲:3-8;大洋洲:1-5;欧洲:21-25;北美洲:8-12;南美洲:3-7

Hermanniaceae Marquis = Sterculiaceae

Hermannieae DC. = **Hermannia**
Hermanschwartzia 【-】 Plowes 夹竹桃科属 Apocynaceae 夹竹桃科 [MD-492] 全球 (uc) 大洲分布及种数(uc)
Hermansia Szlach. = **Hermannia**
Hermas【3】L. 火绒芹属 ≒ **Bebbia;Bupleurum** Apiaceae 伞形科 [MD-480] 全球 (1) 大洲分布及种数(9-11)◆非洲
Hermbstaedia Rchb. = **Celosia**
Hermbstaedtia 【3】 Rchb. 南非青葙属 ← **Celosia; Berzelia** Amaranthaceae 苋科 [MD-116] 全球 (1) 大洲分布及种数(14-20)◆非洲
Hermella Kudô = **Haraella**
Hermenia Humb. & Bonpl. = **Alchornea**
Hermentia Cogn. = **Helmontia**
Hermesia Humb. & Bonpl. = **Alchornea**
Hermesias Löfl. = **Brownea**
Hermetia Humb. & Bonpl. = **Acalypha**
Hermibicchia E.G.Camus & A.Camus = **Pseudinium**
Hermidium S.Watson = **Mirabilis**
Hermileucorchis Cif. & Giacom. = **Pseudinium**
Herminiera Guill. & Perr. = **Aeschynomene**
Herminiorchis Förster = **Herminium**
Herminium 【3】 Gütt. 角盘兰属 → **Aceras;Monorchis;Androcorys** Orchidaceae 兰科 [MM-723] 全球 (1) 大洲分布及种数(48-58)◆亚洲
Herminorchis 【-】 E.Fourn. 兰科属 ≒ **Pseudinium** Orchidaceae 兰科 [MM-723] 全球 (uc) 大洲分布及种数(uc)
Hermione Salisb. = **Narcissus**
Hermitia Sohmer = **Herbstia**
Hermoara 【-】 J.M.H.Shaw 兰科属 Orchidaceae 兰科 [MM-723] 全球 (uc) 大洲分布及种数(uc)
Hermodactylon Mill. = **Iris**
Hermodactylos Rchb. = **Colchicum**
Hermodactylum Bartl. = **Iris**
Hermodactylus【2】 Mill. 鸢尾属 ≒ **Iris** Iridaceae 鸢尾科 [MM-700] 全球 (4) 大洲分布及种数(1) 非洲:1;亚洲:1;欧洲:1;北美洲:1
Hermstaedtia Steud. = **Hermbstaedtia**
Hermupoa Löfl. = **Steriphoma**
Hernandaria Sørensen = **Hernandia**
Hernandezia Hoffmanns. = **Hernandia**
Hernandezii Hoffmanns. = **Hernandia**
Hernandia (C.T.White) Kubitzki = **Hernandia**
Hernandia【3】L. 莲叶桐属 ≒ **Hermannia** Hernandiaceae 莲叶桐科 [MD-24] 全球 (6) 大洲分布及种数(18-33; hort.1;cult:1)非洲:7-10;亚洲:5-7;大洋洲:7-16;欧洲:1-3;北美洲:7-13;南美洲:5-6
Hernandiaceae【3】Bl. 莲叶桐科 [MD-24] 全球 (6) 大洲分布和属种数(3;hort. & cult.2)(55-87;hort. & cult.3-5) 非洲:2/11-17;亚洲:2/25-35;大洋洲:2/10-22;欧洲:1-2/1-4;北美洲:1-2/7-14;南美洲:2-3/20-23
Hernandiopsis Meisn. = **Hernandia**
Hernandria L. = **Hernandia**
Herniaria【3】 L. 治疝草属 → **Paronychia** Caryophyllaceae 石竹科 [MD-77] 全球 (6) 大洲分布及种数(39-81; hort.1;cult: 3)非洲:15-34;亚洲:16-24;大洋洲:2;欧洲:13-34;北美洲:6-8;南美洲:4
Herniariaceae Martinov = Caryocaraceae
Hernimium S.Watson = **Herminium**
Herochloa C.E.Hubb. = **Harpochloa**
Herodia K.Schum. = **Melicope**
Herodium Rchb. = **Pelargonium**
Herodotia【3】 Urb. & Ekman 盘花藤菊属 Asteraceae 菊科 [MD-586] 全球 (1) 大洲分布及种数(2-3)◆北美洲
Herodotius Urb. & Ekman = **Herodotia**
Heroina Vell. = **Curatella**
Heroion Raf. = **Anthericum**
Heromeulenia P.Delforge = **Anacamptis**
Herona Lour. = **Lychnis**
Heronia Vell. = **Curatella**
Herorchis D.Tyteca & E.Klein = **Anacamptis**
Herotium Steud. = **Micropus**
Herpestes Kunth = **Herpestis**
Herpestis【3】 C.F.Gaertn. 卵萼毛麝香属 ≒ **Bacopa; Hemianthus;Stemodia** Scrophulariaceae 玄参科 [MD-536] 全球 (6) 大洲分布及种数(3-11)非洲:1-8;亚洲:1-8;大洋洲:7;欧洲:7;北美洲:7;南美洲:1-9
Herpetacanthus【2】Moric. 虫刺爵床属 ← **Dicliptera; Juruasia** Acanthaceae 爵床科 [MD-572] 全球 (2) 大洲分布及种数(15-24)北美洲:2;南美洲:12-21
Herpethophytum (Schltr.) Brieger = **Herpetophytum**
Herpetica Cook & Collins = **Herpetica**
Herpetica【3】 Raf. 腊肠树属 ← **Cassia;Senna** Fabaceae3 蝶形花科 [MD-240] 全球 (1) 大洲分布及种数(cf. 1)◆南美洲
Herpetineuron 【2】 (Müll.Hal.) Cardot 羊角藓属 ≒ **Anomodon** Anomodontaceae 牛舌藓科 [B-209] 全球 (5) 大洲分布及种数(3) 非洲:1;亚洲:2;大洋洲:1;北美洲:2;南美洲:1
Herpetium Nees = **Viola**
Herpetophytum 【3】 (Schltr.) Brieger 蛇鞭石斛属 Orchidaceae 兰科 [MM-723] 全球 (1) 大洲分布及种数(1-10)◆亚洲
Herpetospermum 【3】 Wall. 波棱瓜属 ← **Bryonia** Cucurbitaceae 葫芦科 [MD-205] 全球 (1) 大洲分布及种数(cf.1)◆亚洲
Herpocladium Mitt. = **Herbertus**
Herpodiscus (Lindauer) South = **Hypodiscus**
Herpodium Brid. ex Wittst. = **Erpodium**
Herpolirion 【3】 Hook.f. 昊百合属 ← **Caesia** Asphodelaceae 阿福花科 [MM-649] 全球 (1) 大洲分布及种数(1)◆大洋洲
Herponema Decne. = **Camptocarpus**
Herpothamnus Small = **Vaccinium**
Herpysma【3】Lindl. 爬兰属 ← **Erythrodes;Physurus** Orchidaceae 兰科 [MM-723] 全球 (1) 大洲分布及种数(cf. 1)◆亚洲
Herpyza C.Wright = **Herpyza**
Herpyza 【3】 Sauvalle 软荚豆属 ← **Teramnus** Fabaceae 豆科 [MD-240] 全球 (1) 大洲分布及种数(1)属分布和种数(uc)◆北美洲
Herrania【3】Goudot 猴可可属 ← **Abroma;Theobroma;Hermannia** Sterculiaceae 梧桐科 [MD-189] 全球 (1) 大洲分布及种数(20)◆南美洲
Herraria Ritgen = **Clara**
Herrea 【3】 Schwantes 指苏花属 Aizoaceae 番杏科

H

[MD-94] 全球 (1) 大洲分布及种数(16)◆非洲(◆南非)
Herreanthus【3】Schwantes 美翼玉属 Aizoaceae 番杏科 [MD-94] 全球 (1) 大洲分布及种数(1)◆非洲(◆南非)
Herrera Adans. = **Herreria**
Herreraara J.M.H.Shaw = **Bletia**
Herreranthus【3】B.Nord. 千里光属 ≒ **Senecio** Asteraceae 菊科 [MD-586] 全球 (1) 大洲分布及种数(cf.1) ◆北美洲
Herreria【3】Ruiz & Pav. 假薯蓣属 → **Clara;Vahlia** Asparagaceae 天门冬科 [MM-669] 全球 (1) 大洲分布及种数(10-57)◆南美洲(◆巴西)
Herreriac Ruiz & Pav. = **Herreria**
Herreriaceae【3】Kunth 异菝葜科 [MM-670] 全球 (6) 大洲分布和属种数(3;hort. & cult.1)(14-66;hort. & cult.1) 非洲:1-3/1-50;亚洲:2/49;大洋洲:2/49;欧洲:2/49;北美洲:2/49;南美洲:2/13-63
Herreriopsis【3】H.Perrier 囊被假薯蓣属 Asparagaceae 天门冬科 [MM-669] 全球 (1) 大洲分布及种数(1)◆非洲(◆马达加斯加)
Herrickia【3】Wooton & Standl. 腺叶绿顶菊属 → **Aster;Tonestus** Asteraceae 菊科 [MD-586] 全球 (1) 大洲分布及种数(4-5)◆北美洲
Herrmannia Link & Otto = **Hermannia**
Herschelia【3】Bowdich 非洲兰属 ≒ **Henckelia;Disa** Orchidaceae 兰科 [MM-723] 全球 (1) 大洲分布及种数(4)◆非洲
Herschelia Lindl. = **Herschelia**
Herschelianthe Rauschert = **Disa**
Herscheliodisa H.P.Linder = **Disa**
Herschellia Bartl. = **Disa**
Hersilea Klotzsch = **Aster**
Hersilia Raf. = **Phlomis**
Hersiliola Raf. = **Phlomis**
Herteli Neck. = **Hernandia**
Hertelia Neck. = **Hernandia**
Hertelia P. & K. = **Ertela**
Hertelidea Neck. = **Hernandia**
Hertensteinara【-】J.M.H.Shaw 兰科属 Orchidaceae 兰科 [MM-723] 全球 (uc) 大洲分布及种数(uc)
Hertia【3】Neck. 黄肉菊属 ≒ **Othonna;Stewartia** Asteraceae 菊科 [MD-586] 全球 (1) 大洲分布及种数(8-10)◆非洲(◆南非)
Hertrichocereus Backeb. = **Stenocereus**
Hervia Rodrig. ex Lag. = **Convolvulus**
Herya【3】Cordem. 欧洲卫矛属 Celastraceae 卫矛科 [MD-339] 全球 (1) 大洲分布及种数(uc)◆亚洲
Herycarya S.Moore = **Hedycarya**
Herzogia K.Schum. = **Melicope**
Herzogiant K.Schum. = **Melicope**
Herzogianthus【3】R.M.Schust. 毛苔属 Chaetophyllopsaceae 毛苔科 [B-55] 全球 (1) 大洲分布及种数(cf.1)◆亚洲
Herzogiaria【3】(Stephani) Fulford ex Hässel de Menéndez 南美叉苔属 ≒ **Lepicolea** Pseudolepicoleaceae 拟复叉苔科 [B-71] 全球 (1) 大洲分布及种数(1)◆南美洲
Herzogiella【3】Broth. 长灰藓属 ≒ **Plagiothecium** Plagiotheciaceae 棉藓科 [B-170] 全球 (6) 大洲分布及种数(9) 非洲:3;亚洲:6;大洋洲:1;欧洲:3;北美洲:6;南美洲:3
Herzogobryum【2】Grolle 密萼苔属 ≒ **Jungermannia** Gymnomitriaceae 全萼苔科 [B-41] 全球 (3) 大洲分布及种数(4-5)亚洲:cf.1;大洋洲:2;南美洲:2
Hesioda Vell. = **Heisteria**
Hesiodia Mönch = **Sideritis**
Hesione Salisb. = **Narcissus**
Hespera Willd. = **Berrya**
Hesperalbizia Barneby & J.W.Grimes = **Albizia**
Hesperalcea Greene = **Sidalcea**
Hesperaloe【3】Engelm. 草丝兰属 ← **Agave;Yucca** Asparagaceae 天门冬科 [MM-669] 全球 (1) 大洲分布及种数(8-9)◆北美洲
Hesperandra Ker Gawl. = **Hesperantha**
Hesperantha【3】Ker Gawl. 夜鸢尾属 ← **Tritonia; Antholyza;Lapeirousia** Iridaceae 鸢尾科 [MM-700] 全球 (1) 大洲分布及种数(72-101)◆非洲
Hesperanthemum (Endl.) P. & K. = **Oplonia**
Hesperanthes S.Watson = **Arthropodium**
Hesperanthus Salisb. = **Tritonia**
Hesperaster Cockerell = **Mentzelia**
Hesperastragalus (A.Gray) Rydb. = **Astragalus**
Hesperelaea【3】A.Gray 爪瓣榄属 Oleaceae 木樨科 [MD-498] 全球 (1) 大洲分布及种数(1)◆北美洲
Hespererhusa Tanaka = **Hesperethusa**
Hesperethusa【3】M.Röm. 芸柑果属 ← **Limonia** Rutaceae 芸香科 [MD-399] 全球 (1) 大洲分布及种数(cf. 1)◆亚洲
Hesperevax (A.Gray) A.Gray = **Hesperevax**
Hesperevax【3】A.Gray 棉子菊属 ≒ **Evax;Micropus** Asteraceae 菊科 [MD-586] 全球 (1) 大洲分布及种数(3)◆北美洲
Hesperhodos Cockerell = **Rosa**
Hesperia L. = **Hesperis**
Hesperidanthus【3】(B.L.Rob.) Rydb. 微花菜属 ≒ **Iodanthus** Brassicaceae 十字花科 [MD-213] 全球 (1) 大洲分布及种数(5)◆北美洲
Hesperideae【-】Prantl 十字花科属 Brassicaceae 十字花科 [MD-213] 全球 (uc) 大洲分布及种数(uc)
Hesperidium Beck = **Hesperis**
Hesperidopsis (DC.) P. & K. = **Dontostemon**
Hesperis【3】L. 香花芥属 ≒ **Pennellia** Brassicaceae 十字花科[MD-213]全球(6)大洲分布及种数(56-94; hort.1;cult:7)非洲:4-11;亚洲:52-61;大洋洲:1-8;欧洲:19-27;北美洲:1-8;南美洲:1-8
Hesperocallidaceae【3】(Traub) Traub 夷百合科 [MM-664] 全球 (1) 大洲分布和属种数(1;hort. & cult.1)(1;hort. & cult.1)◆北美洲
Hesperocallis【3】A.Gray 夕丽花属 Asparagaceae 天门冬科 [MM-669] 全球 (1) 大洲分布及种数(1)◆北美洲
Hesperocharis Bartel & R.A.Price = **Hesperocyparis**
Hesperochiron【3】S.Watson 素玄花属 ← **Nicotiana; Villarsia** Boraginaceae 紫草科 [MD-517] 全球 (1) 大洲分布及种数(4-13)◆北美洲
Hesperochloa【3】Rydb. 獐毛属 ← **Leucopoa;Aeluropus** Poaceae 禾本科 [MM-748] 全球 (1) 大洲分布及种数(1)◆非洲
Hesperocidaris Bartel & R.A.Price = **Hesperocyparis**
Hesperocles Salisb. = **Nothoscordum**
Hesperocnide【3】Torr. 西海麻属 ≒ **Urtica** Urticaceae 荨麻科 [MD-91] 全球 (1) 大洲分布及种数(2)◆北美洲

H

Hesperocodon Eddie & Cupido = **Heterocodon**
Hesperocordum Lindl. = **Brodiaea**
Hesperocyparis【3】 Bartel & R.A.Price 美洲柏木属 ≒ **Cupressus** Cupressaceae 柏科 [G-17] 全球 (1) 大洲分布及种数(17)◆北美洲(◆美国)
Hesperodoria Greene = **Haplopappus**
Hesperogenia J.M.Coult. & Rose = **Tauschia**
Hesperogeton Koso-Pol. = **Sanicula**
Hesperogreigia Skottsb. = **Greigia**
Hesperolaburnum【3】 Maire 宽荚豆属 ← **Cytisus** Fabaceae 豆科 [MD-240] 全球 (1) 大洲分布及种数(1)◆非洲
Hesperolinon【3】 (A.Gray) Small 加州麻属 ← **Linum** Linaceae 亚麻科 [MD-315] 全球 (1) 大洲分布及种数(13-14)◆北美洲
Hesperomannia【3】 A.Gray 单殖菊属 Asteraceae 菊科 [MD-586] 全球 (1) 大洲分布及种数(3-6)◆北美洲(◆美国)
Hesperomecon【3】 Greene 金银罂粟属 ≒ **Platystigma;Hesperolinon** Papaveraceae 罂粟科 [MD-54] 全球 (6) 大洲分布及种数(1-2)非洲:7;亚洲:7;大洋洲:7;欧洲:7;北美洲:7;南美洲:7
Hesperomeles【3】 Lindl. 夜棠属 ← **Cotoneaster;Mespilus;Osteomeles** Rosaceae 蔷薇科 [MD-246] 全球 (1) 大洲分布及种数(15-17)◆南美洲
Hesperonia【3】 Standl. 紫茉莉属 ≒ **Mirabilis** Nyctaginaceae 紫茉莉科 [MD-107] 全球 (1) 大洲分布及种数(4)◆北美洲
Hesperonix Rydb. = **Astragalus**
Hesperonoe Engelm. = **Hesperaloe**
Hesperonomia Standl. = **Hesperonia**
Hesperopeuce (Engelm.) Lemmon = **Tsuga**
Hesperoscordium Baker = **Muilla**
Hesperoscordon Hook. = **Brodiaea**
Hesperoscordum【3】 Lindl. 紫灯韭属 ≒ **Brodiaea** Asparagaceae 天门冬科 [MM-669] 全球 (1) 大洲分布及种数(3) ◆北美洲
Hesperoseris Skottsb. = **Dendroseris**
Hesperostipa【3】 (M.K.Elias) M.E.Barkworth 西针茅属 ← **Stipa;Sticta** Poaceae 禾本科 [MM-748] 全球 (1) 大洲分布及种数(3-6)◆北美洲
Hesperothamnus【3】 Brandegee 骨豆花属 ← **Coursetia;Selerothamnus** Fabaceae 豆科 [MD-240] 全球 (1) 大洲分布及种数(5)◆北美洲(◆墨西哥)
Hesperotropsis【3】 Garland & Gerry Moore 北美洲花柏属 Cupressaceae 柏科 [G-17] 全球 (1) 大洲分布及种数(1)◆北美洲
Hesperoxalis Small = **Oxalis**
Hesperoxiphion【3】 Baker 夕刀鸢尾属 ← **Cypella** Iridaceae 鸢尾科 [MM-700] 全球 (1) 大洲分布及种数(5-6)◆南美洲
Hesperoyucca【3】 (Engelm.) Baker 西丝兰属 ← **Yucca** Asparagaceae 天门冬科 [MM-669] 全球 (1) 大洲分布及种数(2-4)◆北美洲
Hesperozygis【3】 Epling 西芩属 ← **Glechon;Keithia** Lamiaceae 唇形科 [MD-575] 全球 (1) 大洲分布及种数(7)◆南美洲
Hespersthusa M.Röm. = **Hesperethusa**
Hesperus L. = **Hesperis**
Hespezaster Cockerell = **Mentzelia**
Hessea (D.Müll.Doblies & U.Müll.Doblies) Snijman = **Hessea**
Hessea【3】 Berg. ex Schltdl. 细石蒜属 ≒ **Amaryllis** Amaryllidaceae 石蒜科 [MM-694] 全球 (1) 大洲分布及种数(3-4)◆非洲
Hestia【3】 (Ridl.) S.Y.Wong & P.C.Boyce 獐南星属 ≒ **Schismatoglottis** Araceae 天南星科 [MM-639] 全球 (6) 大洲分布及种数(1)非洲:2;亚洲:2;大洋洲:2;欧洲:2;北美洲:2;南美洲:2
Hesus Raf. = **Antherotoma**
Hetaeria【3】 Bl. 翻唇兰属 ≒ **Philydrella;Monochilus;Adenostylis** Orchidaceae 兰科 [MM-723] 全球 (6) 大洲分布及种数(16-38)非洲:6-17;亚洲:11-32;大洋洲:4-17;欧洲:1-6;北美洲:5;南美洲:5
Hetaerina Selys = **Hetaeria**
Hetcrochaenia A.DC. = **Heterochaenia**
Heteracantha Link = **Carthamus**
Heteracanthia Nees & Mart. = **Heteranthia**
Heteracea Steud. = **Heteracia**
Heterachaena Fres. = **Pimpinella**
Heterachne【3】 Benth. 异草属 ← **Eragrostis;Poa** Poaceae 禾本科 [MM-748] 全球 (1) 大洲分布及种数(2-3)◆大洋洲(◆澳大利亚)
Heterachthes Kunze = **Amischotolype**
Heterachthia Kunze = **Tradescantia**
Heteracia【3】 Fisch. & C.A.Mey. 异喙菊属 Asteraceae 菊科 [MD-586] 全球 (1) 大洲分布及种数(cf. 1)◆亚洲
Heteractis DC. = **Osteospermum**
Heteradelphia【3】 Lindau 异爵床属 Acanthaceae 爵床科 [MD-572] 全球 (1) 大洲分布及种数(1-2)◆非洲
Heterakis Schrank = **Heterotis**
Heteralepas Cass. = **Arnica**
Heteralex Steud. = **Heteracia**
Heterandra Beauv. = **Phrynium**
Heterandria Beauv. = **Commelina**
Heteranthelium【3】 Hochst. ex Jaub. & Spach 冰草属 ← **Agropyron** Poaceae 禾本科 [MM-748] 全球 (1) 大洲分布及种数(2)◆亚洲
Heteranthemis【2】 Schott 黏黄菊属 ← **Chrysanthemum** Asteraceae 菊科 [MD-586] 全球 (4) 大洲分布及种数(3)非洲:2;亚洲:cf.1;欧洲:2;北美洲:2
Heteranthera【3】 Ruiz & Pav. 沼车前属 ← **Eichhornia;Lunania** Pontederiaceae 雨久花科 [MM-711] 全球 (6) 大洲分布及种数(16-17)非洲:2-5;亚洲:3-7;大洋洲:3-6;欧洲:2-5;北美洲:11-15;南美洲:13-16
Heterantheraceae J.Agardh = Dasypogonaceae
Heteranthia【3】 Nees & Mart. 沼玄参属 ≒ **Vrolikia** Solanaceae 茄科 [MD-503] 全球 (1) 大洲分布及种数(1)◆南美洲(◆巴西)
Heteranthocidium Szlach.,Mytnik & Romowicz = **Oncidium**
Heteranthoecia【3】 Stapf 异穗垫箬属 ← **Dinebra** Poaceae 禾本科 [MM-748] 全球 (1) 大洲分布及种数(1)◆非洲
Heteranthus Bonpl. = **Perezia**
Heteranthus Bonpl. ex Cass. = **Ventenata**
Heterapithmos Turcz. = **Meliosma**
Heterarithmos Turcz. = **Meliosma**

H

Heterarthrus Borkh. = **Avena**
Heteraspidia Rizzini = **Justicia**
Heteraster Cockerell = **Mentzelia**
Heterelytron Jungh. = **Themeda**
Heterescyphus Schiffner = **Heteroscyphus**
Heterias F.Müller = **Hetaeria**
Heterina Raf. = **Saxifraga**
Heterisia Raf. = **Saxifraga**
Heterispa Boheman = **Saxifraga**
Heteroaridarum 【3】 M.Hotta 类疆南星属 ← **Aridarum** Araceae 天南星科 [MM-639] 全球 (1) 大洲分布及种数(1)◆亚洲
Heteroarisaema 【3】 Nakai 天南星属 ← **Arisaema** Araceae 天南星科 [MM-639] 全球 (1) 大洲分布及种数(1)◆大洋洲
Heterocalycium Rauschert = **Xylophragma**
Heterocalymnantha Domin = **Sauropus**
Heterocalyx Gagnep. = **Wetria**
Heterocampa Stapf & C.E.Hubb. = **Bouteloua**
Heterocanscora (Griseb.) C.B.Clarke = **Canscora**
Heterocapsa Stapf & C.E.Hubb. = **Dinebra**
Heterocardia Stapf & C.E.Hubb. = **Bouteloua**
Heterocarpaea Scheele = **Clitoria**
Heterocarpha Stapf & C.E.Hubb. = **Dinebra**
Heterocarpus Phil. = **Galactia**
Heterocarpus Wight = **Commelina**
Heterocaryum 【3】 A.DC. 异果鹤虱属 ← **Lappula; Myosotis** Boraginaceae 紫草科 [MD-517] 全球 (1) 大洲分布及种数(cf. 1)◆亚洲
Heteroce Steud. = **Heteracia**
Heterocella Desv. = **Andropogon**
Heterocentron 【3】 Hook. & Arn. 四瓣果属 ← **Arthrostemma** Melastomataceae 野牡丹科 [MD-364] 全球 (1) 大洲分布及种数(17)◆北美洲
Heterocentrum Hemsl. = **Heterocentron**
Heterocercus Wight = **Barbieria**
Heterocerus Wight = **Barbieria**
Heterochactas Besser = **Erigeron**
Heterochaenia 【3】 A.DC. 木风铃属 ≒ **Wahlenbergia** Campanulaceae 桔梗科 [MD-561] 全球 (1) 大洲分布及种数(1-4)◆非洲
Heterochaeta Bess,ex Röm. & Schult. = **Aster**
Heterochaete Besser = **Erigeron**
Heterochiton Graebn. & Mattf. = **Herniaria**
Heterochlamys Turcz. = **Croton**
Heterochloa Desv. = **Andropogon**
Heterochroa Bunge = **Gypsophila**
Heterochroma Bunge = **Acanthophyllum**
Heterocirrus Wight = **Galactia**
Heterocladia Bruch & Schimp. = **Heterocladium**
Heterocladiaceae Decne. = Heterocladiaceae
Heterocladiaceae 【3】 Ignatov & Ignatova 异枝藓科 [B-185] 全球 (6) 大洲分布和属种数(2/13-22)非洲:2/9;亚洲:2/12-21;大洋洲:2/9;欧洲:1-2/3-12;北美洲:1-2/4-13;南美洲:1-2/1-10
Heterocladiella 【-】 Ignatov & Fedosov 锦藓科属 Sematophyllaceae 锦藓科 [B-192] 全球 (uc) 大洲分布及种数(uc)
Heterocladium 【2】 Bruch & Schimp. 异枝藓属 ≒ **Hypnum;Lindbergia** Heterocladiaceae 异枝藓科 [B-185] 全球 (5) 大洲分布及种数(14) 非洲:2;亚洲:7;欧洲:5;北美洲:6;南美洲:1
Heterocladus Turcz. = **Coriaria**
Heteroclita Raf. = **Canscora**
Heterocodon 【3】 Nutl. 异钟花属 ≒ **Homocodon** Campanulaceae 桔梗科 [MD-561] 全球 (1) 大洲分布及种数(1)◆北美洲
Heterocoma 【3】 DC. & Toledo 刺瓣叉毛菊属 ← **Cephalosphaera;Serratula** Asteraceae 菊科 [MD-586] 全球 (1) 大洲分布及种数(4-6)◆南美洲
Heterocompsa Martiñz = **Heterocoma**
Heterocondylus 【3】 R.M.King & H.Rob. 藤本尖泽兰属 ≒ **Ayapanopsis;Chrysocoma** Asteraceae 菊科 [MD-586] 全球 (1) 大洲分布及种数(15-16)◆南美洲
Heteroconium C.Presl = **Heterogonium**
Heterocroton S.Moore = **Croton**
Heteroctenia A.DC. = **Heterochaenia**
Heterocyathus C.Presl = **Achyronia**
Heterocypsela 【3】 H.Rob. 异果斑鸠菊属 Asteraceae 菊科 [MD-586] 全球 (1) 大洲分布及种数(1)◆南美洲(◆巴西)
Heterodanaea C.Presl = **Danaea**
Heterodendrum 【3】 Desf. 山患子属 ≒ **Alectryon** Sapindaceae 无患子科 [MD-428] 全球 (1) 大洲分布及种数(1)◆大洋洲(◆密克罗尼西亚)
Heteroderis 【3】 Boiss. 异果苣属 ← **Chondrilla;Crepis;** Asteraceae 菊科 [MD-586] 全球 (1) 大洲分布及种数(cf. 1)◆亚洲
Heterodon 【-】 Meisn. 凤尾藓科属 ≒ **Fissidens** Fissidentaceae 凤尾藓科 [B-131] 全球 (uc) 大洲分布及种数(uc)
Heterodonax L. = **Fissidens**
Heterodonta Nutt. ex Benth. & Hook.f. = **Coreopsis**
Heterodontus Nutt. ex Benth. & Hook.f. = **Acmella**
Heterodraba Greene = **Athysanus**
Heteroflorum 【3】 M.Sousa 墨西哥云实属 Fabaceae 豆科 [MD-240] 全球 (1) 大洲分布及种数(1)◆北美洲(◆墨西哥)
Heterogaura Rothr. = **Clarkia**
Heterogemma 【2】 (Jørg.) Konstant. & Vilnet 北美洲叶苔属 ≒ **Heteronoma** Lophoziaceae 裂叶苔科 [B-56] 全球 (6) 大洲分布及种数(cf.1) 非洲;亚洲;大洋洲;欧洲;北美洲;南美洲
Heterogomphus Ohaus = **Psephellus**
Heterogonium 【3】 C.Presl 亚异蕨属 ← **Aspidium** Dryopteridaceae 鳞毛蕨科 [F-49] 全球 (1) 大洲分布及种数(13-16)◆亚洲
Heterographa Stapf & C.E.Hubb. = **Dinebra**
Heterokalimeris 【3】 Kitam. 狗娃花属 ← **Heteropappus** Asteraceae 菊科 [MD-586] 全球 (1) 大洲分布及种数(1)◆亚洲
Heterolaena (Endl.) C.A.Mey. = **Pimelea**
Heterolaena Sch.Bip. ex Benth. & Hook.f. = **Chromolaena**
Heterolamium 【3】 C.Y.Wu 异野芝麻属 ≒ **Plectranthus** Lamiaceae 唇形科 [MD-575] 全球 (1) 大洲分布及种数(cf. 1)◆东亚(◆中国)
Heterolathus C.Presl = **Aspalathus**
Heterolejeunea 【-】 Schiffn. 细鳞苔科属 Lejeuneaceae

细鳞苔科 [B-84] 全球 (uc) 大洲分布及种数(uc)
Heterolepis Cass. = **Senecio**
Heterolepis Ehrenb. ex Boiss. = **Chloris**
Heterolobium Peter = **Gonatopus**
Heterolocha Desv. = **Andropogon**
Heteroloma Desv. ex Rchb. = **Adesmia**
Heterolophus Cass. = **Psephellus**
Heterolytron Hack. = **Themeda**
Heteromastus Bl. = **Acca**
Heteromeles【3】M.Röm. 柳石楠属 ← **Crataegus;Photinia** Rosaceae 蔷薇科 [MD-246] 全球 (1) 大洲分布及种数(2-3)◆北美洲
Heteromera【3】Pomel 龙须榄属 ← **Chrysanthemum;Tripleurospermum;Leptostylis** Asteraceae 菊科 [MD-586] 全球 (1) 大洲分布及种数(2)◆非洲
Heteromeris Spach = **Helianthemum**
Heterometrus Spach = **Helianthus**
Heteromma【3】Benth. 柔冠田基黄属 ← **Chrysocoma;Senecio** Asteraceae 菊科 [MD-586] 全球 (1) 大洲分布及种数(3)◆非洲
Heteromorpha【3】Cham. & Schltdl. 异形芹属 ≒ **Andriana** Apiaceae 伞形科 [MD-480] 全球 (1) 大洲分布及种数(9-16)◆非洲
Heteromyces Müll.Arg. = **Heteromeles**
Heteromyrtus Bl. = **Blepharocalyx**
Heteroncidium (Pöpp. & Endl.) Szlach.Mytnik & Romowicz = **Oncidium**
Heteronema Rchb. = **Heterogemma**
Heteronereis Spach = **Helianthus**
Heteroneuron Fée = **Loreya**
Heteroneurum【3】C.Presl 鹧鸪藤蕨属 Dryopteridaceae 鳞毛蕨科 [F-49] 全球 (1) 大洲分布及种数(cf. 1)◆东南亚(◆菲律宾)
Heteronevron Fée = **Bolbitis**
Heteronoma【3】DC. 獐牡丹属 ≒ **Arthrostema;Jungermannia;Arthrostemma** Melastomataceae 野牡丹科 [MD-364] 全球 (1) 大洲分布及种数(1)◆南美洲
Heteropanax【3】Seem. 幌伞枫属 ← **Aralia** Araliaceae 五加科 [MD-471] 全球 (1) 大洲分布及种数(7-9)◆亚洲
Heteropappus【3】Less. 狗娃花属 → **Aster;Brachyactis;Kalimeris** Asteraceae 菊科 [MD-586] 全球 (6) 大洲分布及种数(8-11;hort.1;cult: 1)非洲:1-10;亚洲:7-18;大洋洲:9;欧洲:9;北美洲:2-11;南美洲:9
Heteropetalum Benth. = **Guatteria**
Heteropeuce Lemmon = **Tsuga**
Heteropexis C.C.Chang = **Heteropyxis**
Heterophaena A.DC. = **Heterochaenia**
Heterophlebium Fée = **Pteris**
Heterophlias C.E.Hubb. = **Heteropholis**
Heteropholis【3】C.E.Hubb. 异蛇尾草属 ← **Manisuris** Poaceae 禾本科 [MM-748] 全球 (6) 大洲分布及种数(4-6;hort.1)非洲:2-4;亚洲:1-3;大洋洲:2;欧洲:2;北美洲:2;南美洲:2
Heterophotus C.E.Hubb. = **Heteropholis**
Heterophragma【3】DC. 异膜楸属 ← **Bignonia;Spathodea;Stereospermum** Bignoniaceae 紫葳科 [MD-541] 全球 (1) 大洲分布及种数(cf. 1)◆亚洲
Heterophyllaea【3】Hook.f. 互叶茜属 ← **Hindsia** Rubiaceae 茜草科 [MD-523] 全球 (1) 大洲分布及种数(2)◆南美洲
Heterophylleia Turcz. = **Coriaria**
Heterophyllia Turcz. = **Coriaria**
Heterophyllium【2】(Schimp.) Kindb. 腐木藓属 ≒ **Sematophyllum;Hypnum** Pylaisiadelphaceae 毛锦藓科 [B-191] 全球 (5) 大洲分布及种数(25) 非洲:11;亚洲:11;欧洲:2;北美洲:8;南美洲:2
Heterophyllon Kindb. = **Heterophyllium**
Heterophyllum【-】Boj. ex Hook. 锦藓科属 ≒ **Byttneria;Heterophyllium** Sematophyllaceae 锦藓科 [B-192] 全球 (uc) 大洲分布及种数(uc)
Heteroplegma Sch.Bip. = **Andryala**
Heteropleura Sch.Bip. = **Hieracium**
Heteroplexis【3】C.C.Chang 异裂菊属 ≒ **Heteropyxis** Asteraceae 菊科 [MD-586] 全球 (1) 大洲分布及种数(6)◆亚洲
Heteropoda L. = **Heteronoma**
Heteropogon【3】Pers. 黄茅属 → **Agenium;Andropogon** Poaceae 禾本科 [MM-748] 全球 (6) 大洲分布及种数(7)非洲:3-5;亚洲:6-8;大洋洲:3-5;欧洲:1-3;北美洲:2-4;南美洲:2-4
Heteropolygonatum【3】M.N.Tamura & Ogisu 异黄精属 ← **Polygonatum;Smilacina** Asparagaceae 天门冬科 [MM-669] 全球 (1) 大洲分布及种数(cf.1)◆东亚(◆中国)
Heterops Kunth = **Heteropsis**
Heteropsis【3】Kunth 贴柄芋属 ← **Anthurium;Dracontium** Araceae 天南星科 [MM-639] 全球 (1) 大洲分布及种数(20-23)◆南美洲
Heteroptera Steud. = **Prangos**
Heteropteris Fée = **Heteropterys**
Heteropterna Kunth = **Heteropterys**
Heteropterys (C.V.Morton) C.V.Morton = **Heteropterys**
Heteropterys【3】Kunth 异翅藤属 → **Acridocarpus;Banisteria;Peixotoa** Malpighiaceae 金虎尾科 [MD-343] 全球 (6) 大洲分布及种数(182-210;hort.1;cult: 37)非洲:9-11;亚洲:10-14;大洋洲:2;欧洲:2-5;北美洲:37-40;南美洲:172-191
Heteroptilis【3】E.Mey. ex Meisn. 前胡属 ← **Selinum;Peucedanum** Apiaceae 伞形科 [MD-480] 全球 (1) 大洲分布及种数(cf. 1)◆非洲
Heteropyxidaceae【3】Engl. & Gilg 异裂果科 [MD-367] 全球 (1) 大洲分布和属种数(1;hort. & cult.1)(3;hort. & cult.1)◆南美洲
Heteropyxis Griff. = **Heteropyxis**
Heteropyxis【3】Harv. 薰衣树属 ≒ **Heteroplexis** Myrtaceae 桃金娘科 [MD-347] 全球 (1) 大洲分布及种数(3)◆非洲
Heterorachis Sch.Bip. = **Eriosyce**
Heterorhachis【3】Sch.Bip. ex Walp. 隐果联苞菊属 ← **Berkheya;Carlina** Asteraceae 菊科 [MD-586] 全球 (1) 大洲分布及种数(1-2)◆非洲(◆南非)
Heterorthis Benth. = **Heterotis**
Heterosalenia Boiss. = **Conopodium**
Heterosamara【2】P. & K. 异翅果属 ≒ **Polygala** Polygalaceae 远志科 [MD-291] 全球 (2) 大洲分布及种数(8-9)非洲:4-5;亚洲:cf.1
Heterosavia【3】(Urb.) Petra Hoffm. 北美洲铁大戟

H

属 ≒ **Shawia** Phyllanthaceae 叶下珠科 [MD-222] 全球 (1) 大洲分布及种数(4)◆北美洲
Heterosciadium DC. = **Struchium**
Heteroscyphus (Grolle) J.J.Engel & R.M.Schust. = **Heteroscyphus**
Heteroscyphus【3】 Schiffner 异萼苔属 ≒ **Leptoscyphus** Lophocoleaceae 齿萼苔科 [B-74] 全球 (6) 大洲分布及种数(62-63)非洲:2-7;亚洲:23-28;大洋洲:32-37;欧洲:5;北美洲:2-7;南美洲:11-16
Heterosicyos Cockerell = **Trochomeria**
Heterosmilax【3】 Kunth 线菝葜属 ← **Smilax** Liliaceae 百合科 [MM-633] 全球 (1) 大洲分布及种数(10-16)◆亚洲
Heterosoma Guill. = **Heterotoma**
Heterospathe【3】 Scheff. 异苞椰属 Arecaceae 棕榈科 [MM-717] 全球 (6) 大洲分布及种数(21-45;hort.1)非洲:11-17;亚洲:8-19;大洋洲:11-28;欧洲:1-2;北美洲:3-4;南美洲:1-2
Heterosperma【3】 Cav. 异子菊属 ≒ **Heteromorpha** Asteraceae 菊科 [MD-586] 全球 (6) 大洲分布及种数(16)非洲:10;亚洲:10;大洋洲:10;欧洲:10;北美洲:9-19;南美洲:10-21
Heterospermum Cav. = **Heterosperma**
Heterosporium Cav. = **Heterosperma**
Heterostachys【3】 Ung.-Sternb. 鼠穗木属 ← **Halocnemum** Chenopodiaceae 藜科 [MD-115] 全球 (1) 大洲分布及种数(2)◆南美洲
Heterostalis Schott = **Typhonium**
Heterosteca Desv. = **Bouteloua**
Heterostega Kunth = **Bouteloua**
Heterostegane Kunth = **Bouteloua**
Heterostegina Kunth = **Bouteloua**
Heterostegon Schwein. ex Hook.f. = **Heterostemon**
Heterostemma【3】 Wight & Arn. 醉魂藤属 → **Gongronema;Vincetoxicum;Pentasacme** Apocynaceae 夹竹桃科 [MD-492] 全球 (1) 大洲分布及种数(17-30)◆亚洲
Heterostemon【3】 Desf. 红花异蕊豆属 ≒ **Oenothera** Fabaceae 豆科 [MD-240] 全球 (1) 大洲分布及种数(7-8)◆南美洲
Heterostemon Harms = **Heterostemon**
Heterostemum Steud. = **Oenothera**
Heterostigma Gaud. = **Pandanus**
Heterostroma Wight & Arn. = **Heterostemma**
Heterostylaceae Hutch. = Maundiaceae
Heterostylus Hook. = **Lilaea**
Heterotaenia Boiss. = **Conopodium**
Heterotarsus Wight = **Galactia**
Heterotaxis【2】 Lindl. 羞花兰属 ≒ **Maxillaria; Mammillaria** Orchidaceae 兰科 [MM-723] 全球 (2) 大洲分布及种数(10-14)亚洲:cf.1;南美洲:9
Heterotemna Brulle = **Heterostemma**
Heterothalamulopsis Deble = **Heterothalamus**
Heterothalamus【3】 Less. 单性紫菀属 ← **Baccharis;Marshallia** Asteraceae 菊科 [MD-586] 全球 (1) 大洲分布及种数(2-3)◆南美洲
Heterotheca (Nutt.) V.L.Harms = **Heterotheca**
Heterotheca【3】 Cass. 假金菀属 → **Chrysopsis; Pimelea** Asteraceae 菊科 [MD-586] 全球 (1) 大洲分布及种数(34-56)◆北美洲
Heterothrix【-】 (B.L.Rob.) Rydb. 十字花科属 ≒ **Echites;Pennellia** Brassicaceae 十字花科 [MD-213] 全球 (uc) 大洲分布及种数(uc)
Heterotis【3】 Benth. 湿地棯属 ≒ **Dissotis;Solanum** Melastomataceae 野牡丹科 [MD-364] 全球 (6) 大洲分布及种数(11-18)非洲:10-11;亚洲:1-2;大洋洲:1-2;欧洲:1;北美洲:2-3;南美洲:1-2
Heterotoma【3】 Zucc. 蟋尾花属 ← **Lobelia** Campanulaceae 桔梗科 [MD-561] 全球 (1) 大洲分布及种数(2-4)◆北美洲
Heterotricha Freeman = **Heterotrichum**
Heterotrichon M.Bieb. = **Heterotrichum**
Heterotrichum DC. = **Heterotrichum**
Heterotrichum【3】 M.Bieb. 异毛野牡丹属 ≒ **Melastoma;Maieta** Asteraceae 菊科 [MD-586] 全球 (1) 大洲分布及种数(3)◆南美洲
Heterotristicha【3】 Tobl. 鹧鸪川苔草属 Podostemaceae 川苔草科 [MD-322] 全球 (1) 大洲分布及种数(1)◆南美洲(◆乌拉圭)
Heterotropa【3】 C.Morr. & Decne. 马兜铃属 ≒ **Aristolochia** Aristolochiaceae 马兜铃科 [MD-56] 全球 (1) 大洲分布及种数(2)◆亚洲
Heteroxenia Boiss. = **Conopodium**
Heterozeuxine T.Hashim. = **Hetaeria**
Heterozostera【3】 (Setchell) den Hartog 木带藻属 ← **Zostera** Zosteraceae 大叶藻科 [MM-612] 全球 (1) 大洲分布及种数(3)◆南美洲(◆智利)
Heterozygis Bunge = **Hesperozygis**
Heterspathe Scheff. = **Heterospathe**
Heterudea Steud. = **Heteracia**
Heterura Raf. = **Phacelia**
Heteryta Raf. = **Phacelia**
Hetevopaphus Less. = **Heteropappus**
Hethingeria Neck. ex Raf. = **Rhamnus**
Heticonia L. = **Heliconia**
Hetreotrichum M.Bieb. = **Heterotrichum**
Hetrepta Raf. = **Leucas**
Hettlingeria Neck. = **Rhamnus**
Heuchera【3】 L. 矾根属 → **Conimitella;Tiarella** Saxifragaceae 虎耳草科 [MD-231] 全球 (1) 大洲分布及种数(57-110)◆北美洲
Heucherella Wehrh. = **Tiarella**
Heudelotia A.Rich. = **Commiphora**
Heudusa E.Mey. = **Amphithalea**
Heuffelia Opiz = **Helictotrichon**
Heuffelii Schur = **Helictotrichon**
Heurckia Müll.Arg. = **Rauvolfia**
Heurlinia Raf. = **Myrsine**
Heurnia R.Br. & ex K.Schum. = **Huernia**
Hevea【3】 Aubl. 橡胶树属 ≒ **Heynea;Oreopanax** Euphorbiaceae 大戟科 [MD-217] 全球 (6) 大洲分布及种数(17-21;hort.1;cult: 6)非洲:3-5;亚洲:7-9;大洋洲:6-8;欧洲:1-3;北美洲:5-7;南美洲:16-20
Hewardia【3】 J.Sm. 百线蕨属 ≒ **Adiantum** Adiantaceae 铁线蕨科 [F-35] 全球 (1) 大洲分布及种数(4)◆南美
Hewetia Pritz. = **Hewittia**
Hewitda Pritz. = **Hewittia**
Hewittia【3】 Wight & Arn. 猪菜藤属 ← **Convolvulus;**

H

Shutereia Convolvulaceae 旋花科 [MD-499] 全球 (6) 大洲分布及种数(3)非洲:2-12;亚洲:2-12;大洋洲:10;欧洲:10;北美洲:1-11;南美洲:10
Hexabolus Steud. = **Uvaria**
Hexabunus Steud. = **Cardiopetalum**
Hexacadica Raf. = **Nemopanthus**
Hexacentris Nees = **Flemingia**
Hexachlamys Macrohexachlamys Mattos = **Hexachlamys**
Hexachlamys【3】O.Berg 五萼番樱属 ← **Eugenia;Luma** Myrtaceae 桃金娘科 [MD-347] 全球 (1) 大洲分布及种数(16)◆南美洲
Hexacinia Fourr. = **Ranunculus**
Hexacladia Raf. = **Nemopanthus**
Hexacolus Hagedorn = **Hexalobus**
Hexactina Willd. ex Schlecht. = **Amaioua**
Hexacyrtis【3】Dinter 距百合属 Colchicaceae 秋水仙科 [MM-623] 全球 (1) 大洲分布及种数(1)◆非洲
Hexadella Raf. = **Phyllanthus**
Hexadena Raf. = **Phyllanthus**
Hexadenia Klotzsch & Garcke = **Pedilanthus**
Hexades Raf. = **Phyllanthus**
Hexadesmia Brongn. = **Scaphyglottis**
Hexadesmus Loomis = **Hemidesmus**
Hexadica Lour. = **Nemopanthus**
Hexagenia Klotzsch & Garcke = **Euphorbia**
Hexaglochin Nieuwl. = **Triglochin**
Hexaglottis【3】Vent. 肖鸢尾属 Iridaceae 鸢尾科 [MM-700] 全球 (1) 大洲分布及种数(uc)◆东亚(◆中国)
Hexagonia Torrend = **Pedilanthus**
Hexagonotheca Turcz. = **Berrya**
Hexale Raf. = **Codonopsis**
Hexalectris【3】Raf. 冠珊兰属 ← **Arethusa; Bletia; Neottia** Orchidaceae 兰科 [MM-723] 全球 (1) 大洲分布及种数(9-11)◆北美洲
Hexaletris Raf. = **Hexalectris**
Hexalobus【3】A.DC. 刚李木属 → **Cardiopetalum;Isolona;Uvaria** Annonaceae 番荔枝科 [MD-7] 全球 (1) 大洲分布及种数(6)◆非洲
Hexameria R.Br. = **Podochilus**
Hexameria Torr. & A.Gray = **Echinocystis**
Hexametra R.Br. = **Agrostophyllum**
Hexaneurocarpon Dop = **Fernandoa**
Hexanthus Lour. = **Litsea**
Hexaphoma Raf. = **Saxifraga**
Hexaphora Raf. = **Saxifraga**
Hexaphylla【-】(Klokov) P.Caputo & Del Guacchio 茜草科属 Rubiaceae 茜草科 [MD-523] 全球 (uc) 大洲分布及种数(uc)
Hexaplectris Raf. = **Aristolochia**
Hexapora【3】Hook.f. 肉药樟属 Lauraceae 樟科 [MD-21] 全球 (1) 大洲分布及种数(1-2)◆亚洲
Hexaptera【3】Hook. 梅农芥属 ← **Menonvillea** Brassicaceae 十字花科 [MD-213] 全球 (2) 大洲分布及种数(13) 南美洲;北美洲
Hexapterella【3】Urb. 水玉盘属 ← **Gymnosiphon** Burmanniaceae 水玉簪科 [MM-696] 全球 (1) 大洲分布及种数(2)◆南美洲
Hexapus Trin. = **Eriochloa**
Hexasepalum Bartl. ex DC. = **Diodia**
Hexaspermum Domin = **Phyllanthus**
Hexaspora【3】C.T.White 六子卫矛属 Celastraceae 卫矛科 [MD-339] 全球 (1) 大洲分布及种数(2)◆大洋洲(◆澳大利亚)
Hexastemon Klotzsch = **Eremia**
Hexastylis【-】Raf. 马兜铃科属 ≒ **Asarum** Aristolochiaceae 马兜铃科 [MD-56] 全球 (uc) 大洲分布及种数(uc)
Hexatheca【3】F.Müll. 水垫藻属 ≒ **Lepilaena;Althenia** Gesneriaceae 苦苣苔科 [MD-549] 全球 (1) 大洲分布及种数(4)◆亚洲
Hexatoma Raf. = **Saxifraga**
Hexepta Raf. = **Coffea**
Hexinia【3】H.L.Yang 河西菊属 ← **Chondrilla; Launaea;Scorzonera** Asteraceae 菊科 [MD-586] 全球 (1) 大洲分布及种数(cf. 1)◆亚洲
Hexisea Lindl. = **Scaphyglottis**
Hexocenia Calest. = **Astrotricha**
Hexodontia Urb. & Ekman = **Herodotia**
Hexodontocarpus Dulac = **Stachytarpheta**
Hexonix Raf. = **Heloniopsis**
Hexonychia Salisb. = **Allium**
Hexopea Steud. = **Hopea**
Hexopetion Burret = **Astrocaryum**
Hexopia【3】Bateman ex Lindl. 碗唇兰属 Orchidaceae 兰科 [MM-723] 全球 (1) 大洲分布及种数(uc)◆亚洲
Hexorima Raf. = **Convallaria**
Hexorina Bateman ex Lindl. = **Convallaria**
Hexostemon Raf. = **Lythrum**
Hexostoma Ehrenb. ex Benth. = **Leucas**
Hexotria Raf. = **Ilex**
Hexuris Miers = **Peltophyllum**
Heydeiia K.Koch = **Calocedrus**
Heydenia M.P.Simmons = **Haydenia**
Heydera K.Koch = **Calocedrus**
Heyderia K.Koch = **Thuja**
Heydia Dennst. = **Scleropyrum**
Heydrichia Boiss. = **Heldreichia**
Heydusa Walp. = **Amphithalea**
Heyerostemma Wight & Arn. = **Heterostemma**
Heyfeldera Sch.Bip. = **Chrysopsis**
Heylandia DC. = **Crotalaria**
Heylygia G.Don = **Parsonsia**
Heymassoli Aubl. = **Ximenia**
Heymia Dennst. = **Hedyotis**
Heynea【3】Roxb. 鹧鸪花属 ≒ **Trichilia;Ladenbergia** Meliaceae 楝科 [MD-414] 全球 (1) 大洲分布及种数(4-13)◆亚洲
Heynella【3】Backer 爪哇萝藦属 Apocynaceae 夹竹桃科 [MD-492] 全球 (1) 大洲分布及种数(1)◆非洲(◆摩洛哥)
Heynia Roxb. = **Balaustion**
Heynichia Kunth = **Trichilia**
Heynickia C.DC. = **Aster**
Heynigia Kar. & Kir. = **Asphodelus**
Heywoodia【3】Sim 显瓣木属 Phyllanthaceae 叶下珠科 [MD-222] 全球 (1) 大洲分布及种数(1)◆非洲
Heywoodiella E.R.Sventenius & D.Bramwell = **Hypochaeris**

Heza Mart. = **Helia**
Hgrobiella【3】 (Hook.) Spruce 显萼苔属 ≒ **Jungermannia** Cephaloziaceae 大萼苔科 [B-52] 全球 (1) 大洲分布及种数(1)◆东亚(◆中国)
Hiatea Menzies = **Hottea**
Hiattara Hort. = **Barkeria**
Hibanobambusa【2】 Maruy. & H.Okamura 阴阳竹属 Poaceae 禾本科 [MM-748] 全球 (2) 大洲分布及种数(1) 亚洲;北美洲
Hibanthus D.Dietr. = **Hybanthus**
Hibbertia【2】 Andrews 束蕊花属 ← **Dillenia;Senecio** Dilleniaceae 五桠果科 [MD-66] 全球 (3) 大洲分布及种数(256-354;hort.1;cult: 4)非洲:2;亚洲:4;大洋洲:255-288
Hibbertiaceae J.Agardh = Humbertiaceae
Hibiscaceae J.Agardh = Malvaceae
Hibiscadelphus【3】 Rock 岳槿属 Malvaceae 锦葵科 [MD-203] 全球 (1) 大洲分布及种数(7-10)◆北美洲(◆美国)
Hibiscorchis Archila & Vinc.Bertolini = **Dendrobium**
Hibiscos St.Lag. = **Hibiscus**
Hibiscus (A.Juss.) Mast. = **Hibiscus**
Hibiscus【3】 L. 木槿属 ≒ **Fioria;Pavonia** Malvaceae 锦葵科 [MD-203] 全球 (6) 大洲分布及种数(461-670;hort.1;cult: 23)非洲:196-310;亚洲:142-194;大洋洲:128-175;欧洲:27-65;北美洲:101-149;南美洲:96-146
Hicarya Raf. = **Hicoria**
Hicetia A.Camus = **Hickelia**
Hickelia【3】 A.Camus 异颖竹属 Poaceae 禾本科 [MM-748] 全球 (1) 大洲分布及种数(4-5)◆非洲
Hickelieae A.Camus = **Hickelia**
Hickenia Britton & Rose = **Parodia**
Hickoria A.Camus = **Hickelia**
Hicksbeachia【3】 F.Müll. 红玫李属 ≒ **Helicia** Proteaceae 山龙眼科 [MD-219] 全球 (1) 大洲分布及种数(2)◆大洋洲(◆澳大利亚)
Hicoria【3】 Raf. 花旗胡桃属 ← **Carya;Hicorius** Juglandaceae 胡桃科 [MD-136] 全球 (1) 大洲分布及种数(4-12)◆北美洲(◆美国)
Hicorius【-】 Raf. 胡桃科属 ≒ **Carya;Hicoria** Juglandaceae 胡桃科 [MD-136] 全球 (uc) 大洲分布及种数(uc)
Hicorya Raf. = **Hicoria**
Hicrioptcris C.Presl = **Hicriopteris**
Hicriopteris【3】 C.Presl 赤芒萁属 ≒ **Dicranopteris** Gleicheniaceae 里白科 [F-18] 全球 (6) 大洲分布及种数(3)非洲:20;亚洲:2-22;大洋洲:20;欧洲:20;北美洲:20;南美洲:20
Hicropteris C.Presl = **Hicriopteris**
Hidalgoa【3】 La Llav. 黑足菊属 ≒ **Melampodium** Asteraceae 菊科 [MD-586] 全球 (1) 大洲分布及种数(3)◆北美洲
Hideophyllum Schltr. = **Hippeophyllum**
Hidrocotile Neck. = **Hydrocotyle**
Hidrosia E.Mey. = **Rhynchosia**
Hiepia【2】 V.T.Pham & Aver. 鱼眼草属 ≒ **Dichrocephala** Apocynaceae 夹竹桃科 [MD-492] 全球 (2) 大洲分布及种数(cf.) 亚洲;南美洲
Hieraceum Hoppe = **Hieracium**
Hierachium Hill = **Hypochoeris**
Hieraciastrum Heist. ex Fabr. = **Picris**
Hieraciodes P. & K. = **Crepidiastrum**
Hieracioides Fabr. = **Crepis**
Hieracioides Mönch = **Hieracium**
Hieracion St.Lag. = **Hieracium**
Hieracium (Arv.Touv. ex Peter) Zahn = **Hieracium**
Hieracium【3】 L. 山柳菊属 ≒ **Cacalia;Picris** Asteraceae 菊科 [MD-586] 全球 (6) 大洲分布及种数(3921-8565;hort.1;cult:272)非洲:49-108;亚洲:282-524;大洋洲:189-249;欧洲:3708-3954;北美洲:117-176;南美洲:118-174
Hieranthemum Spach = **Heliotropium**
Hieranthes Raf. = **Tecoma**
Hierapicra P. & K. = **Cnicus**
Hierbotana Briq. = **Hierobotana**
Hiericontis Adans. = **Euclidium**
Hieris【3】 Steenis 粉花凌霄属 ← **Pandorea** Bignoniaceae 紫葳科 [MD-541] 全球 (1) 大洲分布及种数(2)◆东南亚
Hiernia【3】 S.Moore 希尔列当属 ≒ **Huernia** Orobanchaceae 列当科 [MD-552] 全球 (1) 大洲分布及种数(1)◆非洲
Hierobotana【3】 Briq. 神圣草属 ← **Verbena** Verbenaceae 马鞭草科 [MD-556] 全球 (1) 大洲分布及种数(1)◆南美洲
Hierochloa P.Beauv. = **Hierochloe**
Hierochloe (R.Br.) Benth. = **Hierochloe**
Hierochloe【3】 R.Br. 茅香属 ← **Aira;Anthoxanthum** Poaceae 禾本科 [MM-748] 全球 (6) 大洲分布及种数(25-26;hort.3;cult: 3)非洲:2-9;亚洲:11-18;大洋洲:9-16;欧洲:3-10;北美洲:6-14;南美洲:8-15
Hierochontis Medik. = **Euclidium**
Hierocontis Adans. = **Euclidium**
Hieronia Vell. = **Davilla**
Hieronima Allemão = **Hieronyma**
Hieronyma【2】 Allemão 铁塔木属 ← **Antidesma; Hyeronima** Phyllanthaceae 叶下珠科 [MD-222] 全球 (5) 大洲分布及种数(16-28;hort.2;cult: 2)非洲:1;亚洲:cf.1;欧洲:1;北美洲:7-16;南美洲:14
Hieronymia Tul. = **Hieronyma**
Hieronymiella【3】 Pax 长管水仙属 Amaryllidaceae 石蒜科 [MM-694] 全球 (1) 大洲分布及种数(10-12)◆南美洲
Hieronymusia【3】 Engl. 虎耳草属 ≒ **Saxifraga** Saxifragaceae 虎耳草科 [MD-231] 全球 (1) 大洲分布及种数(1)◆南美洲
Hierophyllus Raf. = **Nemopanthus**
Hiesingera Endl. = **Xymalos**
Higashiara【-】 auct. 兰科属 Orchidaceae 兰科 [MM-723] 全球 (uc) 大洲分布及种数(uc)
Higena Haw. = **Narcissus**
Higgensia Steud. = **Hypobathrum**
Higginbothamia Uline = **Dioscorea**
Higginsia Bl. = **Hypobathrum**
Higginsia Pers. = **Hoffmannia**
Higinbothamia Uline = **Dioscorea**
Hijmania【3】 M.D.M.Vianna 宿苞竹芋属 Marantaceae 竹芋科 [MM-740] 全球 (1) 大洲分布及种数(4)◆非洲
Hilacium Steud. = **Hieracium**
Hilairella【3】 Van Tiegh. 管莲木属 ≒ **Luxemburgia**

Ochnaceae 金莲木科 [MD-104] 全球 (1) 大洲分布及种数(cf.1)◆南美洲(◆巴西)
Hilairia DC. = **Onoseris**
Hilara Collin = **Hilaria**
Hilaria (Torr.) Columbus = **Hilaria**
Hilaria【3】 H.B. & K. 蛇矛草属 Poaceae 禾本科 [MM-748] 全球 (1) 大洲分布及种数(10-12)◆北美洲
Hilariophyton Pichon = **Sanhilaria**
Hilbertia Andrews = **Hibbertia**
Hildaara auct. = **Broughtonia**
Hildaea C.Silva & R.P.Oliveira = **Hiraea**
Hildatia Kunth = **Hilaria**
Hildebrandia Vatke = **Hildebrandtia**
Hildebrandtia【3】 Vatke 希尔德木属 ≒ **Panderia** Convolvulaceae 旋花科 [MD-499] 全球 (1) 大洲分布及种数(7-14)◆非洲
Hildebrandtiella【2】 Müll.Hal. 须蕨藓属 ≒ **Neckera** Pterobryaceae 蕨藓科 [B-201] 全球 (4) 大洲分布及种数(7) 非洲:6;欧洲:1;北美洲:1;南美洲:1
Hildegardia【2】 Schott & Endl. 闭果桐属 ≒ **Erythropsis** Malvaceae 锦葵科 [MD-203] 全球 (4) 大洲分布及种数(11-13)非洲:7-8;亚洲:5;大洋洲:1;北美洲:2
Hildewintera【3】 F.Ritter ex G.D.Rowley 南美仙人掌属 Cactaceae 仙人掌科 [MD-100] 全球 (1) 大洲分布及种数(1)属分布和种数(uc)◆南美洲
Hildmannia Kreuz. & Buining = **Eriosyce**
Hilgeria【3】 Förther 北美洲波紫草属 ≒ **Euploca; Heliotropium** Boraginaceae 紫草科 [MD-517] 全球 (1) 大洲分布及种数(1)◆北美洲
Hilleaceae Nakai = Styracaceae
Hillebrandia【3】 Oliv. 夏海棠属 Begoniaceae 秋海棠科 [MD-195] 全球 (1) 大洲分布及种数(1)◆北美洲
Hillera P. & K. = **Malcolmia**
Hilleria【3】 Vell. 合被珊瑚属 ← **Rivina** Phytolaccaceae 商陆科 [MD-125] 全球 (1) 大洲分布及种数(5-6)◆南美洲
Hilleriaceae Nakai = Juglandaceae
Hillia【2】 Jacq. 缨子桐属 ≒ **Helia;Posoqueria** Rubiaceae 茜草科 [MD-523] 全球 (2) 大洲分布及种数(27-28;hort.1)北美洲:15;南美洲:20-21
Hilliardia【3】 B.Nord. 藤芫荽属 ← **Matricaria** Asteraceae 菊科 [MD-586] 全球 (1) 大洲分布及种数(1)◆非洲(◆南非)
Hilliardiella【3】 H.Rob. 铁鸠菊属 ← **Vernonia** Asteraceae 菊科 [MD-586] 全球 (1) 大洲分布及种数(8-12)◆非洲
Hilliella【3】 (O.E.Schulz) Y.H.Zhang & H.W.Li 弯蕊芥属 ≒ **Yinshania** Brassicaceae 十字花科 [MD-213] 全球 (1) 大洲分布及种数(2)◆亚洲
Hillyardina B.Nord. = **Hilliardia**
Hilon Nadeaud = **Ixora**
Hilpertia【2】 R.H.Zander 卵叶藓属 ≒ **Tortula** Pottiaceae 丛藓科 [B-133] 全球 (4) 大洲分布及种数(1) 非洲:1;亚洲:1;欧洲:1;北美洲:1
Hilsa Jacq. = **Hillia**
Hilsenbergia Boj. = **Hilsenbergia**
Hilsenbergia【3】 Tausch ex Rich. 虎躯木属 ≒ **Dombeya** Boraginaceae 紫草科 [MD-517] 全球 (1) 大洲分布及种数(3)◆非洲
Hima Salisb. = **Aletris**
Himalacodon【3】 D.Y.Hong & Qiang Wang 须弥参属 Campanulaceae 桔梗科 [MD-561] 全球 (1) 大洲分布及种数(cf.1) ◆亚洲
Himalaiella【3】 Raab-Straube 须弥菊属 ≒ **Frolovia** Asteraceae 菊科 [MD-586] 全球 (1) 大洲分布及种数(cf. 1)◆亚洲
Himalayacalamus【3】 Keng f. 须弥筱竹属 ← **Thamnocalamus;Fargesia;Drepanostachyum** Poaceae 禾本科 [MM-748] 全球 (6) 大洲分布及种数(7-10)非洲:1;亚洲:6-10;大洋洲:1-2;欧洲:1;北美洲:2-3;南美洲:1
Himalayopteris【3】 W.Shao & S.G.Lu 锡金假瘤蕨属 ≒ **Goniophlebium** Polypodiaceae 水龙骨科 [F-60] 全球 (1) 大洲分布及种数(cf. 1)◆亚洲
Himalrandia【3】 T.Yamaz. 须弥茜树属 ← **Aidia; Randia** Rubiaceae 茜草科 [MD-523] 全球 (1) 大洲分布及种数(cf. 1)◆亚洲
Himanrocladium (Mitt.) M.Fleisch. = **Himantocladium**
Himantandraceae【3】Diels 瓣蕊花科 [MD-4] 全球 (1) 大洲分布和属种数(1/2)◆亚洲
Himanthophyllum D.Dietr. = **Clivia**
Himantochilus【3】 T.Anderson ex Benth. 千屈菜属 ≒ **Lythrum** Acanthaceae 爵床科 [MD-572] 全球 (1) 大洲分布及种数(uc)属分布和种数(uc)◆非洲
Himantocladium【2】 (Mitt.) M.Fleisch. 波叶藓属 ≒ **Thamnium;Pinnatella** Neckeraceae 平藓科 [B-204] 全球 (3) 大洲分布及种数(17) 非洲:3;亚洲:9;大洋洲:11
Himantoglossum【2】 Spreng. 蜥蜴兰属 ← **Aceras; Neottianthe;Satyrium** Orchidaceae 兰科 [MM-723] 全球 (3) 大洲分布及种数(9-13;hort.1;cult: 3)非洲:4;亚洲:7-9;欧洲:6-7
Himantophyllum Spreng. = **Rhammatophyllum**
Himantostemma A.Gray = **Matelea**
Himas Sahsb. = **Lachenalia**
Himatandra【-】 Diels 番荔枝科属 Annonaceae 番荔枝科 [MD-7] 全球 (uc) 大洲分布及种数(uc)
Himatandraceae Diels = Himantandraceae
Himatanthus【3】 Willd. ex Röm. & Schult. 斗花属 ≒ **Plumeria;Pouteria** Apocynaceae 夹竹桃科 [MD-492] 全球 (1) 大洲分布及种数(13-14)◆南美洲
Hime Salisb. = **Lachenalia**
Himenanthus Steud. = **Salpichroa**
Himeranthus Endl. = **Jaborosa**
Himgiria Pusalkar & D.K.Singh = **Hilgeria**
Himipilia Lindl. = **Hemipilia**
Hincksia Benth. = **Hindsia**
Hindsia【3】 Benth. 海因兹茜属 ← **Cinchona;Heterophyllaea;Rondeletia** Rubiaceae 茜草科 [MD-523] 全球 (1) 大洲分布及种数(13-17)◆南美洲
Hinganella Ames = **Hintonella**
Hingcha Roxb. = **Enydra**
Hinghstonia Steud. = **Verbesina**
Hingstonia Raf. = **Verbesina**
Hingtsha Roxb. = **Enydra**
Hinia Schreb. = **Cardamine**
Hinnites Ettingsh. = **Hypnites**
Hinterhubera Sch.Bip. = **Chrysanthellum**
Hintonella【3】 Ames 欣氏兰属 Orchidaceae 兰科 [MM-723] 全球 (1) 大洲分布及种数(1)◆北美洲(◆墨

H

西哥)

Hintonia【3】 Bullock 欣氏茜属 ← **Coutarea;Osa** Rubiaceae 茜草科 [MD-523] 全球 (1) 大洲分布及种数(4-5)◆北美洲

Hionanthera【3】A.Fern. & Diniz 堇水苋属 Lythraceae 千屈菜科 [MD-333] 全球 (1) 大洲分布及种数(cf. 1)◆非洲(◆莫桑比克)

Hiorthia Neck ex Less. = **Anacyclus**

Hiortia Juss. = **Anacyclus**

Hiosciamus Neck. = **Hyoscyamus**

Hipecoum Vill. = **Hypecoum**

Hipericum Neck. = **Hypericum**

Hipochaeris Nocca = **Hypochoeris**

Hipochoeris Neck. = **Hypochoeris**

Hipocrepis Neck. = **Hippocrepis**

Hippacris L. = **Hippuris**

Hippagrostis P. & K. = **Oplismenus**

Hipparchia Thou. = **Satyrium**

Hipparion Raf. = **Aegopodium**

Hipparis L. = **Hippuris**

Hippaton Raf. = **Seseli**

Hippeastmm Herb. = **Hippeastrum**

Hippeastrum【3】 Herb. 朱顶红属 ← **Amaryllis;Crinum;Zephyranthes** Amaryllidaceae 石蒜科 [MM-694] 全球 (1) 大洲分布及种数(127-138)◆南美洲

Hippeophyllum【3】 Schltr. 套叶兰属 ← **Oberonia** Orchidaceae 兰科 [MM-723] 全球 (1) 大洲分布及种数(1-9)◆亚洲

Hippeutis Ruiz & Pav. = **Hippotis**

Hippia【3】 L. 平果菊属 ← **Cotula;Plagiocheilus;Phyla** Asteraceae 菊科 [MD-586] 全球 (1) 大洲分布及种数(12)◆非洲

Hippieae Griseb. = **Hippia**

Hippion【-】 F.W.Schmidt 龙胆科属 ≒ **Curtia** Gentianaceae 龙胆科 [MD-496] 全球 (uc) 大洲分布及种数(uc)

Hippionum P. & K. = **Canscora**

Hippobroma【3】 G.Don 马醉草属 → **Hippobromus;Laurentia** Campanulaceae 桔梗科 [MD-561] 全球 (1) 大洲分布及种数(1)◆北美洲

Hippobromus【3】 Eckl. & Zeyh. 马木患属 → **Doratoxylon;Rhus** Sapindaceae 无患子科 [MD-428] 全球 (1) 大洲分布及种数(1)◆非洲(◆南非)

Hippocastanaceae【3】A.Rich. 七叶树科 [MD-430] 全球 (1) 大洲分布和属种数(1/1-2)◆亚洲

Hippocastanum Mill. = **Aesculus**

Hippochaete【3】 Milde 木贼草属 ≒ **Equisetum** Equisetaceae 木贼科 [F-8] 全球 (1) 大洲分布及种数(1)◆东亚(◆中国)

Hippocistis Mill. = **Cytinus**

Hippocratea (Miers) Lös. = **Hippocratea**

Hippocratea【3】 L. 化风藤属 ≒ **Pristimera;Peritassa** Hippocrateaceae 翅子藤科 [MD-350] 全球 (6) 大洲分布及种数(44-69)非洲:19-30;亚洲:24-26;大洋洲:5-7;欧洲:2;北美洲:3-6;南美洲:3-8

Hippocrateaceae【3】Juss. 翅子藤科 [MD-350] 全球 (6) 大洲分布和属种数(2;hort. & cult.1)(47-85;hort. & cult.3)非洲:2/21-32;亚洲:1/24-26;大洋洲:1/5-7;欧洲:1/2;北美洲:1/3-6;南美洲:1/3-8

Hippocrateeae Rchb. = **Hippocratea**

Hippocratesa Cothen. = **Hippocratea**

Hippocratia St.Lag. = **Hippocratea**

Hippocrepandra J.Müller Arg. = **Monotaxis**

Hippocrepi L. = **Hippocrepis**

Hippocrepis【3】 L. 马蹄豆属 → **Aeschynomene** Fabaceae3 蝶形花科 [MD-240] 全球 (1) 大洲分布及种数(21-39)◆欧洲

Hippocris Raf. = **Hippocrepis**

Hippodamia【3】 Decne. 长筒岩桐属 ← **Solenophora** Gesneriaceae 苦苣苔科 [MD-549] 全球 (1) 大洲分布及种数(cf. 1)◆北美洲

Hippodium Gaud. = **Erpodium**

Hippoglossum Breda = **Mertensia**

Hippoglossum Hill = **Ruscus**

Hippolais Ruiz & Pav. = **Hippotis**

Hippolytia Anthodesma C.Shih = **Hippolytia**

Hippolytia【3】 P.Poljakov 女蒿属 ≒ **Tanacetum;Ajania** Asteraceae 菊科 [MD-586] 全球 (1) 大洲分布及种数(16-20)◆亚洲

Hippomanaceae J.Agardh = Euphorbiaceae

Hippomane【2】 L. 毒疮树属 Euphorbiaceae 大戟科 [MD-217] 全球 (2) 大洲分布及种数(uc) 北美洲;南美洲

Hippomaneae A.Juss. ex Spach = **Hippomane**

Hippomaneeae Bartl. = **Hippomane**

Hippomanes St.Lag. = **Hippomane**

Hippomanica Molina = **Pernettya**

Hippomaninae Griseb. = **Pernettya**

Hippomarathrum G.Gaertn.,B.Mey. & Scherb. = **Seseli**

Hippophae【2】 L. 沙棘属 ≒ **Elaeagnus;Osyris;Shepherdia** Elaeagnaceae 胡颓子科 [MD-356] 全球 (3) 大洲分布及种数(11-12;hort.1;cult:1)亚洲:9-12;欧洲:1;北美洲:2

Hippophaeaceae G.F.W.Mey. = Corynocarpaceae

Hippophaes Asch. = **Hippophae**

Hippophaestum Gray = **Centaurea**

Hipporchis Thou. = **Satyrium**

Hipporkis Thou. = **Satyrium**

Hipposelinum Britton & Rose = **Selinum**

Hipposeris Cass. = **Onoseris**

Hippothronia Benth. = **Condea**

Hippotis【3】 Ruiz & Pav. 胆瓶果属 ← **Coprosma;Duroia;Phitopis** Rubiaceae 茜草科 [MD-523] 全球 (1) 大洲分布及种数(15-22)◆南美洲

Hippotrema G.Don = **Hippobroma**

Hippoxylon Raf. = **Pinus**

Hippuridaceae【3】Vest 杉叶藻科 [MD-461] 全球 (6) 大洲分布和属种数(1;hort. & cult.1)(4-10;hort. & cult.2)非洲:1/2;亚洲:1/3-6;大洋洲:1/2;欧洲:1/2-4;北美洲:1/4-6;南美洲:1/1-3

Hippuris【3】 L. 杉叶藻属 Hippuridaceae 杉叶藻科 [MD-461] 全球 (6) 大洲分布及种数(5-7)非洲:2;亚洲:3-6;大洋洲:2;欧洲:2-4;北美洲:4-6;南美洲:1-3

Hiptage【3】 Gaertn. 风筝果属 ← **Carlina;Gaertnera;Photinia** Malpighiaceae 金虎尾科 [MD-343] 全球 (6) 大洲分布及种数(39-58;hort.1)非洲:1-2;亚洲:38-40;大洋洲:1-3;欧洲:1;北美洲:1-2;南美洲:1

Hiraea Bertero ex DC. = **Hiraea**

Hiraea【3】Jacq.藤翅果属→**Aspidopterys;Banisteria;**

Niedenzuella Malpighiaceae 金虎尾科 [MD-343] 全球 (1) 大洲分布及种数(94-107)◆南美洲(◆巴西)
Hiraeeae Benth. & Hook.f. = **Hiraea**
Hirania【3】Thulin 无患果属 ← **Jubelina** Sapindaceae 无患子科 [MD-428] 全球 (1) 大洲分布及种数(1)◆非洲
Hirayamaara【-】Hirayama,Seishi & Shaw,Julian Mark Hugh 兰科属 Orchidaceae 兰科 [MM-723] 全球 (uc) 大洲分布及种数(uc)
Hircinia Fourr. = **Ranunculus**
Hirculus【-】Haw. 虎耳草科属 ≒ **Saxifraga** Saxifragaceae 虎耳草科 [MD-231] 全球 (uc) 大洲分布及种数(uc)
Hirilcus Kormilev = **Hibiscus**
Hirnellia Cass. = **Hirtella**
Hiroa Nadeaud = **Ixora**
Hirpicium【3】Cass. 联苞菊属 → **Athrixia;Gorteria;Oedera** Asteraceae 菊科 [MD-586] 全球 (1) 大洲分布及种数(13)◆非洲
Hirschfeldia【3】Mönch 地中海芥属 ← **Brassica;Erucastrum;Sinapis** Brassicaceae 十字花科 [MD-213] 全球 (1) 大洲分布及种数(1-9)◆非洲
Hirschia Baker = **Iphiona**
Hirschtia K.Schum. ex Schwartz = **Pontederia**
Hirsheldia Mönch = **Hirschfeldia**
Hirstia K.Schum. ex Schwartz = **Eichhornia**
Hirsutella Speare = **Hirtella**
Hirsutia K.Schum. ex Schwartz = **Eichhornia**
Hirsutiarum J.Murata & Ohi-Toma = **Typhonium**
Hirtella Afrohirtella Hauman = **Hirtella**
Hirtella【3】L. 猫须李属 → **Acioa;Couepia** Chrysobalanaceae 可可李科 [MD-243] 全球 (6) 大洲分布及种数(111-125;hort.1)非洲:4-8;亚洲:8-12;大洋洲:4;欧洲:4;北美洲:16-21;南美洲:102-117
Hirtellaceae Horan. = Droseraceae
Hirtellia Dum. = **Hirtella**
Hirtellina【3】Cass. 迷迭菊属 ≒ **Staehelina** Asteraceae 菊科 [MD-586] 全球 (1) 大洲分布及种数(1)◆欧洲
Hirtzia【3】Dodson 希施兰属 ← **Pterostemma** Orchidaceae 兰科 [MM-723] 全球 (1) 大洲分布及种数(2-3)◆南美洲
Hisingera Hell. = **Xylosma**
Hispaniella Braem = **Oncidium**
Hispaniolanthus【3】Cornejo & Iltis 小山柑属 Capparaceae 山柑科 [MD-178] 全球 (1) 大洲分布及种数(1)◆非洲
Hispidella【3】Barnad. ex Lam. 无冠山柳菊属 ← **Arctotis** Asteraceae 菊科 [MD-586] 全球 (1) 大洲分布及种数(1)◆欧洲
Hissopus Nocca = **Hyssopus**
Histiopteris (Agardh) J.Sm. = **Histiopteris**
Histiopteris【3】J.Sm. 栗蕨属 ← **Pteris** Dennstaedtiaceae 碗蕨科 [F-26] 全球 (6) 大洲分布及种数(15-16)非洲:4-5;亚洲:14-16;大洋洲:4-5;欧洲:1-2;北美洲:1-2;南美洲:1-2
Histiopterus J.Sm. = **Histiopteris**
Histopteris J.Sm. = **Histiopteris**
Histura Schreb. = **Chaunochiton**
Hisutsua DC. = **Matricaria**
Hitchcockella【3】A.Camus 脊颖竹属 Poaceae 禾本科 [MM-748] 全球 (1) 大洲分布及种数(1)◆非洲(◆马达加斯加)
Hitchenia【3】Wall. 姜黄花属 ← **Curcuma** Zingiberaceae 姜科 [MM-737] 全球 (1) 大洲分布及种数(1-2)◆亚洲
Hitcheniopsis (Baker) Ridl. = **Hitcheniopsis**
Hitcheniopsis【3】Ridl. ex Valeton 姜黄属 ≒ **Curcuma** Zingiberaceae 姜科 [MM-737] 全球 (1) 大洲分布及种数(1) ◆亚洲
Hitchinia Hook.f. = **Hitchenia**
Hito Nadeaud = **Ixora**
Hitoa Nadeaud = **Ixora**
Hitobia Nadeaud = **Ixora**
Hitzera Klotzsch = **Commiphora**
Hitzeria Klotzsch = **Malcolmia**
Hiya【-】H.Shang 碗蕨科属 Dennstaedtiaceae 碗蕨科 [F-26] 全球 (uc) 大洲分布及种数(uc)
Hladnickia Meisn. = **Carum**
Hladnickia Steud. = **Hladnikia**
Hladnikia【3】Rich. 葛缕子属 ← **Carum;Athamanta** Apiaceae 伞形科 [MD-480] 全球 (1) 大洲分布及种数(1)◆欧洲
Hlubeckia【-】Bronner 葡萄科属 Vitaceae 葡萄科 [MD-403] 全球 (uc) 大洲分布及种数(uc)
Hoarea Sw. = **Pelargonium**
Hochenwartia Crantz = **Rhododendron**
Hochestetteria Spach = **Achillea**
Hochreutinera【2】Krapov. 苘麻属 ← **Abutilon;Sida;** Malvaceae 锦葵科 [MD-203] 全球 (2) 大洲分布及种数(3)北美洲:1;南美洲:1
Hochstettera Spach = **Pteronia**
Hochstetteri DC. = **Dicoma**
Hochstetteria DC. = **Dicoma**
Hockea Lindl. = **Hopea**
Hockeria Sm. = **Hookeria**
Hockinia【3】Gardn. 霍钦龙胆属 Gentianaceae 龙胆科 [MD-496] 全球 (1) 大洲分布及种数(1)◆南美洲(◆巴西)
Hocquartia Dum. = **Aristolochia**
Hodgesia P.J.Cribb = **Angraecopsis**
Hodgkinsonia【3】F.Müll. 霍奇茜属 Rubiaceae 茜草科 [MD-523] 全球 (1) 大洲分布及种数(2)◆大洋洲(◆澳大利亚)
Hodgsonia F.Müll = **Hodgsonia**
Hodgsonia【2】Hook.f. & Thoms. 油渣果属 ≒ **Trichosanthes;Neohodgsonia** Cucurbitaceae 葫芦科 [MD-205] 全球 (3) 大洲分布及种数(3)亚洲:cf.1;大洋洲:cf.1;北美洲:1
Hodgsoniola【3】F.Müll. 蛇鞭百合属 ≒ **Hodgsonia** Xanthorrhoeaceae 黄脂木科 [MM-701] 全球 (1) 大洲分布及种数(1)◆大洋洲(◆澳大利亚)
Hoeckia Engl. & Graebn. = **Triplostegia**
Hoeffnagelia Neck. = **Trigonia**
Hoehnea【3】Epling 赫内草属 ← **Hedeoma;Keithia** Lamiaceae 唇形科 [MD-575] 全球 (1) 大洲分布及种数(5)◆南美洲
Hoehneella【3】Ruschi 梳碟兰属 ← **Chaubardia;Warczewiczella** Orchidaceae 兰科 [MM-723] 全球 (1) 大洲分布及种数(2)◆南美洲(◆巴西)
Hoehnelia【3】Schweinf. ex Engl. 都丽菊属 ← **Ethu-**

lia Asteraceae 菊科 [MD-586] 全球 (1) 大洲分布及种数(1)◆亚洲
Hoehneophytum Cabrera = **Hoehnephytum**
Hoehnephytum【3】Cabrera 蓖叶蟹甲草属 ≒ **Senecio** Asteraceae 菊科 [MD-586] 全球 (1) 大洲分布及种数(3)◆南美洲(◆巴西)
Hoekia Engl. & Graebn. ex Diels = **Triplostegia**
Hoelselia Juss. = **Swartzia**
Hoelzelia Neck. = **Swartzia**
Hoepfneria Vatke = **Glycine**
Hoernesia Humb. & Bonpl. = **Acalypha**
Hoferia G.A.Scop. = **Ternstroemia**
Hoffmannanthus【3】H.Rob. 星罗菊属 Asteraceae 菊科 [MD-586] 全球 (1) 大洲分布及种数(1)◆非洲
Hoffmanncyclia Chiron & V.P.Castro = **Cratylia**
Hoffmannella Klotzsch ex A.DC. = **Begonia**
Hoffmannia【3】Sw. 星罗木属 ≒ **Psilotum;Evodia; Pinarophyllon** Rubiaceae 茜草科 [MD-523] 全球 (1) 大洲分布及种数(87-97)◆北美洲
Hoffmanniella【3】Schltr. ex Lawalrée 黄林菊属 Asteraceae 菊科 [MD-586] 全球 (1) 大洲分布及种数(1)◆非洲
Hoffmannola Stearns = **Hoffmannia**
Hoffmannseggella【3】H.G.Jones 巴西灯芯兰属 ← **Cattleya;Laelia;Sophronitis** Orchidaceae 兰科 [MM-723] 全球 (1) 大洲分布及种数(47-48)◆南美洲(◆巴西)
Hoffmannseggia【3】Cav. 灯芯豆属 ← **Caesalpinia; Pomaria;Larrea** Fabaceae 豆科 [MD-240] 全球 (6) 大洲分布及种数(30-33;hort.1;cult: 1)非洲:5;亚洲:5;大洋洲:5;欧洲:2-7;北美洲:17-22;南美洲:22-28
Hoffmannsegia Bronn = **Hoffmannseggia**
Hoffmanseggia Cav. = **Hoffmannseggia**
Hofmannara J.M.H.Shaw = **Hoffmannia**
Hofmannia Heist. ex Fabr. = **Hoffmannia**
Hofmeistera Rchb.f. = **Telipogon**
Hofmeisterella【3】Rchb.f. 毛顶兰属 ≒ **Telipogon** Orchidaceae 兰科 [MM-723] 全球 (1) 大洲分布及种数(2)◆南美洲
Hofmeisteria【3】Walp. 孤泽兰属 ≒ **Pleurocoronis** Asteraceae 菊科 [MD-586] 全球 (1) 大洲分布及种数(13-18)◆北美洲
Hohenackeri Fisch. & C.A.Mey. = **Hohenackeria**
Hohenackeria【3】Fisch. & C.A.Mey. 霍赫草属 ← **Fedia;Valerianella** Apiaceae 伞形科 [MD-480] 全球 (1) 大洲分布及种数(3)◆非洲
Hohenbergia Euhohenbergia Mez = **Hohenbergia**
Hohenbergia【3】Schult.f. 松塔凤梨属 → **Acanthostachys;Aechmea;Nidularium** Bromeliaceae 凤梨科 [MM-715] 全球 (6) 大洲分布及种数(73;hort.1)非洲:1;亚洲:7-8;大洋洲:1-2;欧洲:1;北美洲:22-23;南美洲:54-55
Hohenbergiopsis【3】L.B.Sm. & Read 密头凤梨属 Bromeliaceae 凤梨科 [MM-715] 全球 (1) 大洲分布及种数(1)◆北美洲
Hohenmea【3】B.R.Silva & L.F.Sousa 松塔光萼荷属 Bromeliaceae 凤梨科 [MM-715] 全球 (1) 大洲分布及种数(1-2)◆非洲
Hohentea Beadle,Don A. = **Hohenmea**
Hohenwartha Vest = **Saponaria**
Hoheria【3】A.Cunn. ex Walp. 绶带木属 ← **Gaya; Plagianthus;Sida** Malvaceae 锦葵科 [MD-203] 全球 (1) 大洲分布及种数(4-8)◆大洋洲
Hoiokula【3】S.E.Fawc. & A.R.Sm. 金星蕨科属 Thelypteridaceae 金星蕨科 [F-42] 全球 (1) 大洲分布及种数(uc)◆大洋洲
Hoiriri Adans. = **Aechmea**
Hoita【3】Rydb. 麻根豆属 ≒ **Otholobium** Fabaceae 豆科 [MD-240] 全球 (6) 大洲分布及种数(4)非洲:3;亚洲:3;大洋洲:3;欧洲:3;北美洲:3-6;南美洲:3
Hoitzia Juss. = **Loeselia**
Holacantha【3】A.Gray 麻苦木属 ← **Castela** Simaroubaceae 苦木科 [MD-424] 全球 (1) 大洲分布及种数(2)◆北美洲
Holacanthus S.Moore = **Adhatoda**
Holalafia Stapf = **Alafia**
Holandrea Reduron = **Hollandaea**
Holanthus A.Agassiz = **Bolanthus**
Holargidium Turcz. = **Draba**
Holarrhena【3】R.Br. 止泻木属 ← **Alafia; Anodendron;Nerium** Apocynaceae 夹竹桃科 [MD-492] 全球 (6) 大洲分布及种数(4-10)非洲:3-9;亚洲:3-6;大洋洲:1-3;欧洲:2;北美洲:1-4;南美洲:2
Holascus L. = **Holcus**
Holboellia【3】Hook. 八月瓜属 ≒ **Lopholepis; Stauntonia** Lardizabalaceae 木通科 [MD-33] 全球 (1) 大洲分布及种数(11-14)◆亚洲
Holcanthera Garay = **Holcoglossum**
Holcenda【-】J.M.H.Shaw 兰科属 Orchidaceae 兰科 [MM-723] 全球 (uc) 大洲分布及种数(uc)
Holcocentrum Garay = **Ascocentrum**
Holcocerus T.Moore = **Polypodium**
Holcoderus T.Moore = **Polypodium**
Holcodirea【-】J.M.H.Shaw 兰科属 Orchidaceae 兰科 [MM-723] 全球 (uc) 大洲分布及种数(uc)
Holcofinetia【-】Glic. 兰科属 Orchidaceae 兰科 [MM-723] 全球 (uc) 大洲分布及种数(uc)
Holcoglossum【3】Schltr. 假囊距兰属 ← **Aerides;Papilionanthe;Ascocentrum** Orchidaceae 兰科 [MM-723] 全球 (1) 大洲分布及种数(18-22)◆亚洲
Holcolemma【2】Stapf & C.E.Hubb. 鞘狗尾草属 ← **Aira** Poaceae 禾本科 [MM-748] 全球 (3) 大洲分布及种数(5)非洲:4;亚洲:1;大洋洲:2
Holconopsis Garay = **Holcoglossum**
Holcophacos Rydb. = **Astragalus**
Holcophalstylis【2】J.M.H.Shaw 兰科属 Orchidaceae 兰科 [MM-723] 全球 (1) 大洲分布及种数(uc)◆北美洲
Holcopsis Garay = **Aerides**
Holcorides Garay = **Ferreyranthus**
Holcosia J.M.H.Shaw = **Bathysa**
Holcosorus T.Moore = **Polypodium**
Holcostylis Garay = **Holcoglossum**
Holcosus T.Moore = **Polypodium**
Holcus Benth. & Hook. = **Holcus**
Holcus【3】L. 绒毛草属 ≒ **Coleus;Bothriochloa** Poaceae 禾本科 [MM-748] 全球 (6) 大洲分布及种数(12-20;hort.1;cult: 2)非洲:5-12;亚洲:3-9;大洋洲:5-12;欧洲:6-14;北美洲:7-12;南美洲:1-5
Holfordara【-】J.M.H.Shaw 兰科属 Orchidaceae 兰科 [MM-723] 全球 (uc) 大洲分布及种数(uc)

Holigarna【3】Buch.Ham. ex Roxb. 墨胶漆属 → **Drimycarpus;Mangifera;Semecarpus** Anacardiaceae 漆树科 [MD-432] 全球 (1) 大洲分布及种数(3-9)◆亚洲
Holisus L. = **Holcus**
Hollandaea【3】F.Müll. 垂山龙眼属 ≒ **Helicia** Proteaceae 山龙眼科 [MD-219] 全球 (1) 大洲分布及种数(3-6)◆大洋洲(◆澳大利亚)
Hollardia Withner & P.A.Harding = **Prosthechea**
Hollboellia Meisn. = **Holboellia**
Hollenbergia Boj. = **Hilsenbergia**
Hollerhena R.Br. = **Holarrhena**
Hollermayera【3】O.E.Schulz 森林芥属 ← **Armoracia** Brassicaceae 十字花科 [MD-213] 全球 (1) 大洲分布及种数(1)◆南美洲(◆智利)
Hollia Endl. = **Noltea**
Hollinella (O.E.Schulz) Y.H.Zhang & H.W.Li = **Hilliella**
Hollingtonara【-】Griff. & J.M.H.Shaw 兰科属 Orchidaceae 兰科 [MM-723] 全球 (uc) 大洲分布及种数(uc)
Hollisteria【3】S.Watson 绵刺蓼属 Polygonaceae 蓼科 [MD-120] 全球 (1) 大洲分布及种数(1)◆北美洲(◆美国)
Hollrungia【3】K.Schum. 南番莲属 ≒ **Passiflora** Passifloraceae 西番莲科 [MD-151] 全球 (1) 大洲分布及种数(2-3)◆亚洲
Holmara C.Holm & J.M.H.Shaw = **Carex**
Holmbergeria Hicken = **Holmbergia**
Holmbergia【3】Hicken 藤藜属 ← **Rhagodia** Amaranthaceae 苋科 [MD-116] 全球 (1) 大洲分布及种数(2)◆南美洲
Holmbergiana Ringuelet = **Holmbergia**
Holmesia P.J.Cribb = **Warszewiczia**
Holmesina P.J.Cribb = **Aeranthes**
Holmgrenanthe【3】Elisens 岩丽花属 ← **Maurandella;Maurandya** Plantaginaceae 车前科 [MD-527] 全球 (1) 大洲分布及种数(1)◆北美洲(◆美国)
Holmgrenia【3】W.L.Wagner & Hoch 灰石藓属 ≒ **Orthothecium** Hypnaceae 灰藓科 [B-189] 全球 (1) 大洲分布及种数(1)◆北美洲
Holmophyllum Merino = **Blechnum**
Holmskidia Dum. = **Holmskioldia**
Holmskioldia【3】Retz. 冬红属 → **Karomia** Verbenaceae 马鞭草科 [MD-556] 全球 (6) 大洲分布及种数(2-5)非洲:1-2;亚洲:1-2;大洋洲:1-2;欧洲:1;北美洲:1-2;南美洲:1-2
Holoblepharum Dozy & Molk. = **Chaetomitrium**
Holobus Nutt. = **Homalobus**
Holocalyx【3】Micheli 全萼豆属 Fabaceae 豆科 [MD-240] 全球 (1) 大洲分布及种数(1-2)◆南美洲
Holocarpa Baker = **Pentanisia**
Holocarpha【3】Greene 星全菊属 ← **Hemizonia** Asteraceae 菊科 [MD-586] 全球 (1) 大洲分布及种数(4)◆北美洲(◆美国)
Holocarya M.Micheli = **Holocalyx**
Holocentrum Garay = **Aerides**
Holocentrus Garay = **Aerides**
Holocheila【3】(Kudô) S.Chow 全唇花属 ← **Teucrium** Lamiaceae 唇形科 [MD-575] 全球 (1) 大洲分布及种数(cf. 1)◆东亚(◆中国)
Holocheilus【3】Cass. 双冠钝柱菊属 ← **Cacalia;Perdicium;Trixis** Asteraceae 菊科 [MD-586] 全球 (1) 大洲分布及种数(7)◆南美洲
Holochiloma Hochst. = **Premna**
Holochilus Dalz. = **Holocheilus**
Holochlamys【3】Engl. 枯苞芋属 ← **Spathiphyllum** Araceae 天南星科 [MM-639] 全球 (1) 大洲分布及种数(1)◆大洋洲(◆巴布亚新几内亚)
Holochloa Nutt. = **Heuchera**
Holochlora Nutt. ex Torr. & A.Gray = **Heuchera**
Holochoenus Link = **Scirpus**
Holoclema Stapf & C.E.Hubb. = **Holcolemma**
Holodictyum【3】Maxon 铁硬蕨属 ≒ **Asplenium** Aspleniaceae 铁角蕨科 [F-43] 全球 (1) 大洲分布及种数(uc)属分布和种数(uc)◆北美洲
Holodiscus【3】(C.Koch) Maxim. 绣珠梅属 ≒ **Spiraea** Rosaceae 蔷薇科 [MD-246] 全球 (1) 大洲分布及种数(10-14)◆北美洲
Holodontium【2】(Mitt.) Broth. 全藓属 ≒ **Dicranum** Oncophoraceae 曲背藓科 [B-124] 全球 (3) 大洲分布及种数(5) 非洲:1;大洋洲:3;南美洲:3
Hologamium Nees = **Sehima**
Holographis【3】Nees 全饰爵床属 ≒ **Stenandrium** Acanthaceae 爵床科 [MD-572] 全球 (1) 大洲分布及种数(18)◆北美洲
Hologymne Bartl. = **Lasthenia**
Hologyne Pfitzer = **Coelogyne**
Hologyra Pfitzer = **Coelogyne**
Hololachna【3】Ehrenb. 琵琶柴属 Tamaricaceae 柽柳科 [MD-162] 全球 (1) 大洲分布及种数(2)◆亚洲
Hololachne (Benth.) P. & K. = **Homalachne**
Hololafia K.Schum. = **Alafia**
Hololeion【3】Kitam. 全光菊属 ← **Hieracium; Prenanthes** Asteraceae 菊科 [MD-586] 全球 (1) 大洲分布及种数(3-6)◆亚洲
Hololeius Kitam. = **Hololeion**
Hololepida DC. = **Hololepis**
Hololepis【3】DC. 铁鸠菊属 ≒ **Vernonia** Asteraceae 菊科 [MD-586] 全球 (1) 大洲分布及种数(2)◆南美洲
Hololepta Oliv. = **Hololepis**
Holometra Miers = **Cocculus**
Holomitriopsis【3】H.Rob. 南美全尾藓属 Leucobryaceae 白发藓科 [B-129] 全球 (1) 大洲分布及种数(1)◆南美洲
Holomitrium【3】Brid. 苞领藓属 ≒ **Weissia; Macrodictyum** Dicranaceae 曲尾藓科 [B-128] 全球 (6) 大洲分布及种数(57)非洲:13;亚洲:13;大洋洲:14;欧洲:6;北美洲:18;南美洲:24
Holopea Miers = **Abuta**
Holopedia Miers = **Abuta**
Holopeira Miers = **Cocculus**
Holopella Planch. = **Holoptelea**
Holopetala Wight = **Hymenocardia**
Holopetalon Rchb. = **Heteropterys**
Holopetalum Turcz. = **Reseda**
Holophris Rich. = **Holothrix**
Holopleura E.Regel = **Hyalolaena**
Holopogon【3】Komarov & Nevski 鸟巢兰属 → **Archineottia;Listera** Orchidaceae 兰科 [MM-723] 全球 (1) 大洲分布及种数(1)◆南美洲

Holoprion Komarov & Nevski = **Neottia**
Holops L. = **Holcus**
Holoptelaea Planch. = **Holoptelea**
Holoptelea【3】 Planch. 全叶榆属 ← **Hymenocardia** Ulmaceae 榆科 [MD-83] 全球 (1) 大洲分布及种数(1-2)◆非洲
Holoptolaea Planch. = **Holoptelea**
Holopyxidium Ducke = **Lecythis**
Holoregmia【3】 Nees 角胡麻属 ≒ **Martynia** Martyniaceae 角胡麻科 [MD-557] 全球 (1) 大洲分布及种数(1)◆南美洲
Holoschkuhria【3】 H.Rob. 棕药菊属 Asteraceae 菊科 [MD-586] 全球 (1) 大洲分布及种数(1-3)◆南美洲(◆秘鲁)
Holoschoenus Link = **Scirpus**
Holosepalum Fourr. = **Hypericum**
Holosetum Steud. = **Alloteropsis**
Holostachys Greene = **Haplostachys**
Holostachyum (Copel.) Ching = **Drynaria**
Holostema Bl. = **Asclepias**
Holostemma【-】 Graphistemma Champ. ex Benth. 夹竹桃科属 ≒ **Holostyla;Cynanchum** Apocynaceae 夹竹桃科 [MD-492] 全球 (uc) 大洲分布及种数(uc)
Holostephanus Harv. = **Cynanchum**
Holosteum【2】 Dill. ex L. 硬骨草属 ≒ **Alsine; Spergularia** Caryophyllaceae 石竹科 [MD-77] 全球 (5) 大洲分布及种数(6-11;hort.1;cult:1)非洲:1;亚洲:4-5;大洋洲:1;欧洲:1-2;北美洲:2
Holostigma【3】 G.Don 月见草属 ≒ **Oenothera** Campanulaceae 桔梗科 [MD-561] 全球 (1) 大洲分布及种数(uc)◆亚洲
Holostigmateia Rchb. = **Scaevola**
Holostyla【3】 Endl. 铰剪藤属 ≒ **Holostemma** Rubiaceae 茜草科 [MD-523] 全球 (1) 大洲分布及种数(uc)◆大洋洲
Holostylis【3】 Rich. 马兜铃属 ≒ **Aristolochia** Aristolochiaceae 马兜铃科 [MD-56] 全球 (1) 大洲分布及种数(uc)◆亚洲
Holostylon【3】 Robyns & Lebrun 马刺花属 ← **Plectranthus** Lamiaceae 唇形科 [MD-575] 全球 (1) 大洲分布及种数(2)属分布和种数(uc)◆非洲
Holoteleia Planch. = **Holoptelea**
Holothrix【3】 Rich. ex Lindl. 绒凤兰属 ← **Benthamia; Peristylus** Orchidaceae 兰科 [MM-723] 全球 (6) 大洲分布及种数(30-51)非洲:29-58;亚洲:4-17;大洋洲:12;欧洲:12;北美洲:12;南美洲:2-15
Holotome (Benth.) Endl. = **Actinotus**
Holoxea Schindl. = **Dendrolobium**
Holozonia【3】 Greene 星白菊属 ← **Hemizonia; Lagophylla** Asteraceae 菊科 [MD-586] 全球 (1) 大洲分布及种数(1-2)◆北美洲(◆美国)
Holstia Pax = **Tannodia**
Holstianthus【3】 Steyerm. 玉仙茜草属 Rubiaceae 茜草科 [MD-523] 全球 (1) 大洲分布及种数(1)◆南美洲
Holtonia Standl. = **Elaeagia**
Holttumara auct. = **Arachnis**
Holttumia【3】 Copel. 玉尾兰属 ≒ **Polypodium** Orchidaceae 兰科 [MM-723] 全球 (1) 大洲分布及种数(uc)属分布和种数(uc)◆亚洲
Holttumiella Copel. = **Taenitis**
Holttumochloa【3】 K.M.Wong 孝顺竹属 ← **Bambusa** Poaceae 禾本科 [MM-748] 全球 (1) 大洲分布及种数(3-4)◆亚洲
Holtzea Schindl = **Dendrolobium**
Holtzendorffia Klotzsch & H.Karst. ex Nees = **Ruellia**
Holubia Á.Löve & D.Löve = **Holubia**
Holubia【3】 Oliv. 风车麻属 ← **Gentiana** Pedaliaceae 芝麻科 [MD-539] 全球 (1) 大洲分布及种数(1)◆非洲
Holubiella Škoda = **Helminthostachys**
Holungara【-】 Micael Liu 兰科属 Orchidaceae 兰科 [MM-723] 全球 (uc) 大洲分布及种数(uc)欧洲
Holzneria【3】 Speta 毛彩雀属 ← **Chaenorhinum** Plantaginaceae 车前科 [MD-527] 全球 (1) 大洲分布及种数(1-2) ◆亚洲
Homahum Jacq. = **Homalium**
Homaid Adans. = **Biarum**
Homaida Raf. = **Arisarum**
Homalachne【2】 (Benth.) P. & K. 竹节草属 ← **Holcus;Suaeda** Poaceae 禾本科 [MM-748] 全球 (2) 大洲分布及种数(2)亚洲:cf.1;欧洲:1
Homaladenia Miers = **Mandevilla**
Homalanthus (Guillaumin) Airy Shaw = **Homalanthus**
Homalanthus【3】 A.Juss. 澳杨属 ≒ **Malva** Euphorbiaceae 大戟科 [MD-217] 全球 (1) 大洲分布及种数(4-14)◆亚洲
Homalepis Chase = **Homolepis**
Homalia【3】 Brid. 扁枝藓属 ≒ **Arisarum;Hypnum; Pendulothecium** Neckeraceae 平藓科 [B-204] 全球 (6) 大洲分布及种数(24) 非洲:5;亚洲:15;大洋洲:5;欧洲:5;北美洲:6;南美洲:2
Homaliaceae R.Br. = Flacourtiaceae
Homaliadelphus【2】 Dixon & P.de la Varde 拟扁枝藓属 ≒ **Neckeropsis;Neckera** Neckeraceae 平藓科 [B-204] 全球 (2) 大洲分布及种数(3) 亚洲:3;北美洲:1
Homalieae Dum. = **Homalia**
Homalilum Jacq. = **Homalium**
Homaliodendron Circulifolia M.Fleisch. = **Homaliodendron**
Homaliodendron【3】 M.Fleisch. 树平藓属 ≒ **Pilotrichum; Neckeropsis** Neckeraceae 平藓科 [B-204] 全球 (6) 大洲分布及种数(28) 非洲:2;亚洲:24;大洋洲:6;欧洲:1;北美洲:5;南美洲:3
Homaliopsis【-】 Dixon & P.de la Varde 平藓科属 ≒ **Lophostemon;Tristania** Neckeraceae 平藓科 [B-204] 全球 (uc) 大洲分布及种数(uc)
Homalispa Brid. = **Homalia**
Homalium【3】 Jacq. 天料木属 ← **Weinmannia;Pineda** Flacourtiaceae 大风子科 [MD-142] 全球 (6) 大洲分布及种数(168-227;hort.1;cult: 1)非洲:70-109;亚洲:68-85;大洋洲:42-71;欧洲:2-11;北美洲:4-13;南美洲:6-16
Homalobus Bourgoviani Rydb. = **Homalobus**
Homalobus【3】 Nutt. 天料豆属 ≒ **Astragalus** Fabaceae3 蝶形花科 [MD-240] 全球 (1) 大洲分布及种数(18)◆北美洲
Homalocalyx【3】 F.Müll. 苞蜡花属 Myrtaceae 桃金娘科 [MD-347] 全球 (1) 大洲分布及种数(8-11)◆大洋洲(◆澳大利亚)
Homalocarpus【3】 Hook. & Arn. 平果芹属 ≒

Bowlesia;Anemone Apiaceae 伞形科 [MD-480] 全球 (1) 大洲分布及种数(6)◆南美洲(◆智利)
Homalocenchrus【3】Mieg. ex Hall. 扁盘草属 Poaceae 禾本科 [MM-748] 全球 (6) 大洲分布及种数(1) 非洲:1;亚洲:1;大洋洲:1;欧洲:1;北美洲:1;南美洲:1
Homalocephala Britton & Rose = **Echinocactus**
Homalocheilos【3】J.K.Morton 香茶菜属 ≒ **Isodon** Lamiaceae 唇形科 [MD-575] 全球 (1) 大洲分布及种数(uc)属分布和种数(uc)◆非洲
Homalocladium (F.J.Müll.) L.H.Bailey = **Homalocladium**
Homalocladium【3】L.H.Bailey 竹节蓼属 ← **Coccoloba;Muehlenbeckia** Polygonaceae 蓼科 [MD-120] 全球 (1) 大洲分布及种数(1)◆北美洲
Homaloclados Hook.f. = **Faramea**
Homalocline Rchb. = **Youngia**
Homalocranium L.H.Bailey = **Homalocladium**
Homalodera Schott = **Homalomena**
Homalodiscus【-】Bunge ex Boiss. 木樨草科属 ≒ **Ochradenus** Resedaceae 木樨草科 [MD-196] 全球 (uc) 大洲分布及种数(uc)
Homaloeladium L.H.Bailey = **Homalocladium**
Homaloladium L.H.Bailey = **Homalocladium**
Homalolejeunea【3】(Spruce) Lacout. 巴布亚细鳞苔属 ≒ **Archilejeunea** Lejeuneaceae 细鳞苔科 [B-84] 全球 (1)大洲分布及种数(uc)属分布和种数(uc)◆大洋洲(◆巴布亚新几内亚)
Homalolepis Turcz. = **Simaba**
Homalomena【3】Schott 千年健属 ← **Zantedeschia;Caladium;Aglaonema** Araceae 天南星科 [MM-639] 全球 (6) 大洲分布及种数(63-173)非洲:14-27;亚洲:45-105;大洋洲:11-19;欧洲:1;北美洲:11-12;南美洲:14-19
Homalonema Endl. = **Homalomena**
Homalopetalum【3】Rolfe 平瓣兰属 ← **Bletia;Brassavola** Orchidaceae 兰科 [MM-723] 全球 (1) 大洲分布及种数(9)◆北美洲
Homalosche Ehrh. = **Lycopodium**
Homalosciadium【3】Domin 天胡荽属 ≒ **Hydrocotyle** Apiaceae 伞形科 [MD-480] 全球 (1) 大洲分布及种数(1)◆大洋洲
Homalosorus【-】Pic.Serm. 岩蕨科属 ≒ **Diplazium** Woodsiaceae 岩蕨科 [F-47] 全球 (uc) 大洲分布及种数(uc)
Homalospermum Schaür = **Leptospermum**
Homalostoma Shchegl. = **Andersonia**
Homalota Brid. = **Homalia**
Homalotes Endl. = **Tanacetum**
Homalotheca Rchb. = **Omalotheca**
Homalotheciella【2】(Cardot) Broth. 拟同蒴藓属 ≒ **Hypnum** Brachytheciaceae 青藓科 [B-187] 全球 (2) 大洲分布及种数(2) 亚洲:1;北美洲:1
Homalothecium (Broth.) H.Rob. = **Homalothecium**
Homalothecium【3】Schimp. 同蒴藓属 ≒ **Hypnella;Palamocladium** Brachytheciaceae 青藓科 [B-187] 全球 (6) 大洲分布及种数(23) 非洲:6;亚洲:13;大洋洲:2;欧洲:7;北美洲:13;南美洲:2
Homalotrichon【3】Banfi 欧禾草属 Poaceae 禾本科 [MM-748] 全球 (1) 大洲分布及种数(cf. 1)◆欧洲
Homanthis Kunth = **Perezia**
Hombak Adans. = **Capparis**
Hombertia Vent. = **Hibbertia**
Hombronia Gaud. = **Pandanus**
Homeoplitis Endl. = **Pogonatherum**
Homeria【3】Vent. 金香鸢尾属 ← **Moraea;Morina** Iridaceae 鸢尾科 [MM-700] 全球 (6) 大洲分布及种数(24-28)非洲:23;亚洲:cf.1;大洋洲:cf.1;欧洲:cf.1;北美洲:cf.1;南美洲:cf.1
Homilacanthus S.Moore = **Peristrophe**
Homiphragma Wall. = **Hemiphragma**
Homochaete Benth. = **Macowania**
Homochroma【3】DC. 曲毛菀属 ← **Mairia** Asteraceae 菊科 [MD-586] 全球 (1) 大洲分布及种数(1)◆非洲
Homocnemia Miers = **Steriphoma**
Homocodon【3】D.Y.Hong 同钟花属 ← **Heterocodon;Wahlenbergia** Campanulaceae 桔梗科 [MD-561] 全球 (1) 大洲分布及种数(3-4)◆东亚(◆中国)
Homocolleticon (Summerh.) Szlach. & Olszewski = **Cyrtorchis**
Homod Adans. = **Biarum**
Homodela Arènes = **Homollea**
Homoeantherum Steud. = **Andropogon**
Homoeanthus Spreng. = **Trixis**
Homoeotelus C.Presl = **Trichomanes**
Homoeotes C.Presl = **Trichomanes**
Homogalax Ingram = **Gladiolus**
Homogenia Bigot = **Hemigenia**
Homoglad Ingram = **Gladiolus**
Homoglossum【3】Salisb. 兰花鸢尾属 → **Tritoniopsis; Gladiolus;Antholyza** Iridaceae 鸢尾科 [MM-700] 全球 (1) 大洲分布及种数(3)属分布和种数(uc)◆非洲
Homognaphalium【-】Kirp. 菊科属 ≒ **Gnaphalium** Asteraceae 菊科 [MD-586] 全球 (uc) 大洲分布及种数(uc)
Homogyne【3】Cass. 山雏菊属 ← **Tussilago** Asteraceae 菊科 [MD-586] 全球 (1) 大洲分布及种数(2-3)◆欧洲
Homoiachne Pilg. = **Holcus**
Homoianthus【2】Bonpl. ex DC. 莲座钝柱菊属 ≒ **Perdicium** Asteraceae 菊科 [MD-586] 全球 (2) 大洲分布及种数(2) 北美洲:1;南美洲:1
Homoioceltis Bl. = **Microtea**
Homola Guinot & Richer de Forges = **Homollea**
Homolepis【3】Chase 多变黍属 ← **Ichnanthus;Panicum** Poaceae 禾本科 [MM-748] 全球 (1) 大洲分布及种数(6)◆南美洲
Homollea【3】Arènes 奥莫勒茜属 Rubiaceae 茜草科 [MD-523] 全球 (1) 大洲分布及种数(5-6)◆非洲(◆马达加斯加)
Homolliella Arènes = **Paracephaelis**
Homolobus Nutt. = **Homalobus**
Homolostachys Böckeler = **Abildgaardia**
Homolostyles Wall ex Wight = **Tylophora**
Homolostyles Wall. ex Wight = **Asclepias**
Homomallium【2】(Schimp.) Löske 毛灰藓属 ≒ **Leskea;Oedicladium** Pylaisiaceae 金灰藓科 [B-190] 全球 (4) 大洲分布及种数(15) 非洲:1;亚洲:11;欧洲:2;北美洲:6
Homonoia【3】Lour. 水柳属 ← **Adelia;Lasiococca** Euphorbiaceae 大戟科 [MD-217] 全球 (1) 大洲分布及种数(2-6)◆亚洲

H

Homonoma Bello = **Rhexia**
Homonotus Oliv. = **Ornithopus**
Homonoya Lour. = **Homonoia**
Homopappus Actinaphoria Nutt. = **Haplopappus**
Homopholis 【3】 C.E.Hubb. 匍匐光节草属 ← **Panicum** Poaceae 禾本科 [MM-748] 全球 (1) 大洲分布及种数(2)◆大洋洲(◆澳大利亚)
Homophyllum Merino = **Blechnum**
Homoplitis Trin. = **Pogonatherum**
Homopogon Stapf = **Trachypogon**
Homoptera Kitag. = **Aciphylla**
Homopteryx Kitag. = **Angelica**
Homoranthus 【3】 A.Cunn. ex Schaür 缨蜡花属 ← **Chamelaucium;Darwinia;Verticordia** Myrtaceae 桃金娘科 [MD-347] 全球 (1) 大洲分布及种数(8-32)◆大洋洲(◆澳大利亚)
Homostolus Wall. ex Hook.f. = **Tylophora**
Homostyles Wall ex Hook.f. = **Tylophora**
Homostylium Nees = **Conyza**
Homotoma Bello = **Aciotis**
Homotropium Nees = **Ruellia**
Homozeugos 【3】 Stapf 霍草属 ← **Pogonatherum** Poaceae 禾本科 [MM-748] 全球 (1) 大洲分布及种数(4-6)◆非洲
Honckeneja Maxim. = **Honckenya**
Honckeneya Ehrh. ex Steud. = **Honckenya**
Honckenia Pers. = **Honckenya**
Honckenya Bartl. = **Honckenya**
Honckenya 【3】 Ehrh. 冰漆姑属 ≒ **Clappertonia** Caryophyllaceae 石竹科 [MD-77] 全球 (6) 大洲分布及种数(4;hort.1)非洲:1;亚洲:2-3;大洋洲:1;欧洲:1-2;北美洲:3-4;南美洲:1-2
Honckenyeae Kozh. = **Honckenya**
Honckneya Spach = **Honckenya**
Hondaella 【2】 Dixon & Sakurai 拟灰藓属 ≒ **Hypnum** Hypnaceae 灰藓科 [B-189] 全球 (2) 大洲分布及种数(4)亚洲:4;大洋洲:1
Hondbesseion P. & K. = **Paederia**
Hondbessen Adans. = **Paederia**
Hondurodendron 【3】 C.Ulloa,Nickrent,Whitef. & D.L.Kelly 匪帽果属 Olacaceae 铁青树科 [MD-362] 全球 (1) 大洲分布及种数(1)◆北美洲
Honkeneja Endl. = **Arenaria**
Honkenya Ehrh. = **Spergula**
Honorius Gray = **Ornithogalum**
Hontalia Brid. = **Homalia**
Hoodia (N.E.Br.) Bruyns = **Hoodia**
Hoodia 【3】 Sw. ex Decne. 丽杯角属 ← **Piaranthus; Stapelia;Trichocaulon** Apocynaceae 夹竹桃科 [MD-492] 全球 (1) 大洲分布及种数(20-21)◆非洲
Hoodiapelia G.D.Rowley = **Piaranthus**
Hoodiocaulon 【-】 Bruyns ex G.D.Rowley 萝藦科属 Asclepiadaceae 萝藦科 [MD-494] 全球 (uc) 大洲分布及种数(uc)
Hoodiopsis 【2】 C.A.Lückh. 魔星阁属 Apocynaceae 夹竹桃科 [MD-492] 全球 (2) 大洲分布及种数(2)非洲:1;欧洲:1
Hoodiorbea 【-】 G.D.Rowley 萝藦科属 Asclepiadaceae 萝藦科 [MD-494] 全球 (uc) 大洲分布及种数(uc)
Hoodiostemon 【-】 P.V.Heath 萝藦科属 Asclepiadaceae 萝藦科 [MD-494] 全球 (uc) 大洲分布及种数(uc)
Hoodiotriche 【-】 G.D.Rowley 萝藦科属 Asclepiadaceae 萝藦科 [MD-494] 全球 (uc) 大洲分布及种数(uc)
Hoogenia Balls = **Hookeria**
Hooglandia 【3】 McPherson & Lowry 扁椿李属 Cunoniaceae 合椿梅科 [MD-255] 全球 (1) 大洲分布及种数(1)◆大洋洲
Hookeia Sm. = **Hookeria**
Hookera Salisb. = **Triteleiopsis**
Hookerara auct. = **Brassavola**
Hookeri Sm. = **Hookeria**
Hookeria (Brid.) Mitt. = **Hookeria**
Hookeria 【3】 Sm. 油藓属 ≒ **Pterygophyllum; Philophyllum** Hookeriaceae 油藓科 [B-164] 全球 (6) 大洲分布及种数(91) 非洲:11;亚洲:9;大洋洲:9;欧洲:2;北美洲:19;南美洲:51
Hookeriaceae 【3】 Schimp. 油藓科 [B-164] 全球 (5) 大洲分布和属种数(47/834) 亚洲:27/190;大洋洲:28/194;欧洲:18/34;北美洲:27/187;南美洲:29/355
Hookeriana P. & K. = **Heteranthera**
Hookerina P. & K. = **Hydrothrix**
Hookeriopsis 【3】 (Besch.) A.Jaeger 拟油藓属 ≒ **Callicostella;Phyllodon** Pilotrichaceae 茸帽藓科 [B-166] 全球 (6) 大洲分布及种数(91) 非洲:12;亚洲:8;大洋洲:1;欧洲:1;北美洲:27;南美洲:58
Hookerixgrandiflora Sm. = **Hookeria**
Hookerochloa 【3】 E.B.Alexeev 南羊茅属 ← **Austrofestuca** Poaceae 禾本科 [MM-748] 全球 (1) 大洲分布及种数(2)◆大洋洲
Hookia Neck. = **Hoya**
Hooleya L.Bolus = **Wooleya**
Hoopesia Buckley = **Cercidium**
Hoopesii Buckley = **Acacia**
Hoorebeckia Steud. = **Grindelia**
Hoorebekia 【3】 Corneliss. 胶菀属 ≒ **Nestotus** Asteraceae 菊科 [MD-586] 全球 (1) 大洲分布及种数(1)◆北美洲
Hooveria D.W.Taylor & D.J.Keil = **Hookeria**
Hoozania Greene = **Holozonia**
Hopea Garden ex L. = **Hopea**
Hopea 【3】 Roxb. 坡垒属 ≒ **Hovea;Neobalanocarpus** Dipterocarpaceae 龙脑香科 [MD-173] 全球 (1) 大洲分布及种数(95-115)◆亚洲
Hopeoides Cretz = **Tristachya**
Hopia 【3】 Zuloaga & Morrone 求米草属 ≒ **Bisboeckelera** Poaceae 禾本科 [MM-748] 全球 (1) 大洲分布及种数(1)◆北美洲
Hopkinsia 【3】 R.Fitzg. 髯柱草属 ← **Lepyrodia; Anarthria** Restionaceae 帚灯草科 [MM-744] 全球 (1) 大洲分布及种数(2-3)◆大洋洲(◆澳大利亚)
Hopkinsiaceae 【3】 B.G.Briggs & L.A.S.Johnson 澳帚草科 [MM-742] 全球 (1) 大洲分布和属种数(1/2-3)◆大洋洲
Hopkirkia DC. = **Otopappus**
Hopkirkia Spreng. = **Salmea**
Hoplestigma 【3】 Pierre 干戈花属 Boraginaceae 紫草科 [MD-517] 全球 (1) 大洲分布及种数(2)◆非洲

Hoplestigmataceae【3】Gilg 单柱花科 [MD-468] 全球 (1) 大洲分布和属种数(1/2)◆非洲
Hoplismenus Hassk. = **Oplismenus**
Hoplites Ettingsh. = **Hypnites**
Hoplitis Trin. = **Andropogon**
Hoplocryptanthus【3】(Mez) Leme,S.Heller & Zizka 含羞蕾属 Fabaceae1 含羞草科 [MD-238] 全球 (1) 大洲分布及种数(8) ◆南美洲
Hoplophyllum【3】DC. 武叶菊属 Asteraceae 菊科 [MD-586] 全球 (1) 大洲分布及种数(2)◆非洲(◆南非)
Hoplophytum Beer = **Platyaechmea**
Hoplopleura Regel & Schmalh. = **Bunium**
Hoplopteryx Kitag. = **Angelica**
Hoplostelis Nees = **Actinoschoenus**
Hoplotheca Spreng. = **Kobresia**
Hoppea Endl. = **Hoppea**
Hoppea【3】Willd. 霍珀龙胆属 ≒ **Cyperus** Gentianaceae 龙胆科 [MD-496] 全球 (6) 大洲分布及种数(2-4)非洲:1-2;亚洲:1-3;大洋洲:1;欧洲:1;北美洲:1;南美洲:1
Hoppia Nees = **Bisboeckelera**
Hoppia Spreng. = **Hoppea**
Horaella Kudô = **Haraella**
Horaga Vand. = **Hortia**
Horaiella Kudô = **Haraella**
Horakia Garay = **Horvatia**
Horaninovia【3】Fisch. & C.A.Mey. 对节刺属 Amaranthaceae 苋科 [MD-116] 全球 (1) 大洲分布及种数(6-8)◆亚洲
Horanthes Raf. = **Helianthemum**
Horanthus Lour. = **Ferula**
Horau Adans. = **Laguncularia**
Horcias Vand. = **Hortia**
Hord Adans. = **Laguncularia**
Hordaceae Martinov = Poaceae
Hordale Cif. & Giacom. = **Hordeum**
Hordeaceae Bercht. & J.Presl = Mayacaceae
Hordeanthos Szlach. = **Epidendrum**
Hordeeae【-】Kunth ex Spenn. 禾本科属 Poaceae 禾本科 [MM-748] 全球 (uc) 大洲分布及种数(uc)
Hordelymus【2】(Jess.) Jess. ex Harz 三柄麦属 ≒ **Elymordeum;Globulostylis** Poaceae 禾本科 [MM-748] 全球 (2) 大洲分布及种数(2)非洲:1;欧洲:1
Hordeopyron Simonet = **Hordeum**
Hordeopyrum Simonet = **Hordeum**
Horderoegneria Tzvelev = **Roegneria**
Hordeum (Döll) Nevski = **Hordeum**
Hordeum【3】L. 芒麦草属 → **Arrhenatherum; Critesion** Poaceae 禾本科 [MM-748] 全球 (6) 大洲分布及种数(49-60;hort.1;cult: 12)非洲:22-45;亚洲:26-62;大洋洲:8-32;欧洲:27-50;北美洲:29-53;南美洲:30-55
Horea Roxb. ex C.F.Gaertn. = **Shorea**
Horia Vand. = **Hortia**
Horichia【3】Jenny 牛头兰属 Orchidaceae 兰科 [MM-723] 全球 (1) 大洲分布及种数(1)◆北美洲(◆巴拿马)
Horikawae Nog. = **Horikawaea**
Horikawaea【3】Nog. 兜叶藓属 ≒ **Neckera** Pterobryaceae 蕨藓科 [B-201] 全球 (1) 大洲分布及种数(5) ◆亚洲
Horikawaella【3】C.Gao & Y.J.Yi 疣叶苔属 ≒ **Anastrophyllum** Jungermanniaceae 叶苔科 [B-38] 全球 (6) 大洲分布及种数(3)非洲:1;亚洲:2-3;大洋洲:1;欧洲:1;北美洲:1;南美洲:1
Horikawaiella S.Hatt. & Amakawa = **Horikawaella**
Horiopleura Regel & Schmalh. = **Hyalolaena**
Horismenus Walker = **Oplismenus**
Horkelia【-】(Rydb.) Ertter & Reveal 蔷薇科属 ≒ **Potentilla;Wolffia** Rosaceae 蔷薇科 [MD-246] 全球 (uc) 大洲分布及种数(uc)
Horkelia (Rydb.) Ertter & Reveal = **Wolffia**
Horkelia Cham. & Schltdl. = **Potentilla**
Horkeliella【3】(Rydb.) Rydb. 木瓜玫属 ≒ **Ivesia** Rosaceae 蔷薇科 [MD-246] 全球 (1) 大洲分布及种数(2)◆北美洲(◆美国)
Hormat Adans. = **Laguncularia**
Hormathia McMurrich = **Horvatia**
Hormathophylla Cullen & T.R.Dudley = **Galitzkya**
Hormetica Saussure & Zehntner = **Herpetica**
Hormidium【3】Lindl. ex Heynh. 风吹兰属 ≒ **Erodendrum;Androcorys** Orchidaceae 兰科 [MM-723] 全球 (1) 大洲分布及种数(1)◆欧洲
Horminum【3】L. 囊萼苏属 ≒ **Lepechinia** Lamiaceae 唇形科 [MD-575] 全球 (1) 大洲分布及种数(1)◆非洲
Hormiphora Chun = **Hemiphora**
Hormocalyx Gleason = **Tococa**
Hormocarpus P. & K. = **Chapmannia**
Hormocarpus Spreng. = **Ormocarpum**
Hormogyne A.DC. = **Planchonella**
Hormonema (Dennis & Buhagiar) Herm.Nijh. = **Cormonema**
Hormopetalum Lauterb. = **Sericolea**
Hormungia Bernh. = **Hornungia**
Hormuzakia Guşul. = **Anchusa**
Hornara J.M.H.Shaw = **Canavalia**
Hornea Baker = **Paropsia**
Hornemannia【2】Willd. 檐冠莓属 ≒ **Lindernia** Ericaceae 杜鹃花科 [MD-380] 全球 (4) 大洲分布及种数(1) 非洲:1;欧洲:1;北美洲:1;南美洲:1
Hornera Jungh. = **Neolitsea**
Hornera Neck. = **Mucuna**
Hornogyne Pfitzer = **Coelogyne**
Hornschuchia Bl. = **Hornschuchia**
Hornschuchia【2】Spreng. 玉仙木属 → **Bocagea** Annonaceae 番荔枝科 [MD-7] 全球 (2) 大洲分布及种数(13-14)亚洲:cf.1;南美洲:11-12
Hornschuchiaceae J.Agardh = Illiciaceae
Hornstedia Juss. = **Hornstedtia**
Hornstedtia【3】Retz. 大豆蔻属 ≒ **Albizia;Alpinia** Zingiberaceae 姜科 [MM-737] 全球 (1) 大洲分布及种数(21-35)◆亚洲
Hornstedtia Ridl. = **Hornstedtia**
Hornun Adans. = **Laguncularia**
Hornungia Bernh. = **Hornungia**
Hornungia【3】Rich. 薄果荠属 ≒ **Astus** Brassicaceae 十字花科 [MD-213] 全球 (6) 大洲分布及种数(6-9;hort.1) 非洲:2-6;亚洲:3-7;大洋洲:1-5;欧洲:5-9;北美洲:2-6;南美洲:4
Horostedtia Retz. = **Hornstedtia**

H

Horovitzia 【3】 V.M.Badillo 番木瓜属 ≒ **Carica** Caricaceae 番木瓜科 [MD-236] 全球 (1) 大洲分布及种数(cf.1) ◆北美洲
Horridocactus 【3】 Backeb. 登阳球属 ≒ **Neoporteria** Cactaceae 仙人掌科 [MD-100] 全球 (1) 大洲分布及种数(2)◆南美洲(◆智利)
Horridohypnum 【-】 W.R.Buck 锦藓科属 Sematophyllaceae 锦藓科 [B-192] 全球 (uc) 大洲分布及种数(uc)
Horridonia J.Sowerby = **Harrisonia**
Hors Adans. = **Laguncularia**
Horsfielda Pers. = **Horsfieldia**
Horsfieldia Bl. ex DC. = **Horsfieldia**
Horsfieldia 【3】 Willd. 风吹楠属 → **Chirita; Monophyllaea;Myristica** Myristicaceae 肉豆蔻科 [MD-15] 全球 (6) 大洲分布及种数(105-135;hort.1)非洲:19-28;亚洲:103-134;大洋洲:28-38;欧洲:1-9;北美洲:4-13;南美洲:1-12
Horsfieldii Willd. = **Horsfieldia**
Horsfordia 【3】 A.Gray 绒叶苘属 ← **Abutilon;Sida** Malvaceae 锦葵科 [MD-203] 全球 (1) 大洲分布及种数(4-5)◆北美洲
Horstia Fabr. = **Salvia**
Horstia Garay = **Horvatia**
Horstiella Pers. = **Chirita**
Horstrissea 【3】 Greuter 克里特草属 Apiaceae 伞形科 [MD-480] 全球 (1) 大洲分布及种数(1)◆欧洲
Horta Thunb. ex Steud. = **Clavija**
Hortaea Ten. = **Iochroma**
Hortegia L. = **Agathosma**
Hortensia Comm. ex Juss. = **Hydrangea**
Hortensiaceae Martinov = Coriariaceae
Hortia 【3】 Vand. 锦霞木属 Rutaceae 芸香科 [MD-399] 全球 (1) 大洲分布及种数(10-14)◆南美洲
Hortonia 【3】 Wight ex Arn. 八角桂属 Monimiaceae 玉盘桂科 [MD-20] 全球 (1) 大洲分布及种数(cf. 1)◆亚洲
Hortoniaceae A.C.Sm. = Atherospermataceae
Hortsmania Miq. = **Condylocarpon**
Hortsmannia Pfeiff. = **Hartmannia**
Horvatia 【3】 Garay 安山兰属 Orchidaceae 兰科 [MM-723] 全球 (1) 大洲分布及种数(1)◆南美洲
Horwoodia 【3】 Turrill 霍伍德芥属 Brassicaceae 十字花科 [MD-213] 全球 (1) 大洲分布及种数(cf. 1)◆亚洲
Hosackia 【3】 Douglas ex Benth. 千兰豆属 → **Acmispon;Lotus** Fabaceae3 蝶形花科 [MD-240] 全球 (1) 大洲分布及种数(33-68)◆北美洲
Hosea 【3】 Dennst. 橙苞藤属 ← **Clerodendrum** Lamiaceae 唇形科 [MD-575] 全球 (1) 大洲分布及种数(5)◆亚洲
Hoseanthus Merr. = **Hosea**
Hoshiarpuria 【-】 Hajra,P.Daniel & Philcox 千屈菜科属 Lythraceae 千屈菜科 [MD-333] 全球 (uc) 大洲分布及种数(uc)
Hosiea 【3】 Hemsl. & E.H.Wilson 无须藤属 ← **Natsiatum;Hosta** Icacinaceae 茶茱萸科 [MD-450] 全球 (1) 大洲分布及种数(cf. 1)◆东亚(◆中国)
Hoslunda Röm. & Schult. = **Hoslundia**
Hoslundia Sennikov & Kurtto = **Hoslundia**
Hoslundia 【3】 Vahl 苦莓草属 → **Orthosiphon;Premna** Lamiaceae 唇形科 [MD-575] 全球 (1) 大洲分布及种数(2)◆非洲
Hosta (Salisb.) Engl. = **Hosta**
Hosta 【3】 Tratt. 玉簪属 ≒ **Hopea;Cornutia** Asparagaceae 天门冬科 [MM-669] 全球 (1) 大洲分布及种数(20-40)◆亚洲
Hostaceae 【3】 B.Mathew 玉簪科 [MM-658] 全球 (6) 大洲分布和属种数(1;hort. & cult.1)(20-80;hort. & cult.14-55)非洲:1/5;亚洲:1/20-40;大洋洲:1/5;欧洲:1/5;北美洲:1/3-8;南美洲:1/5
Hostana Pers. = **Hosta**
Hostea Willd. = **Apocynum**
Hostia Mönch = **Crepis**
Hostia P. & K. = **Matelea**
Hostmannia Planch. = **Elvasia**
Hostmannia Steud. ex Naud. = **Comolia**
Hoteia C.Morr. & Decne = **Astilbe**
Hotnima A.Chev. = **Manihot**
Hottarum 【3】 Bogner & Nicolson 落檐属 ← **Schismatoglottis** Araceae 天南星科 [MM-639] 全球 (1) 大洲分布及种数(1)◆亚洲
Hottea 【3】 Urb. 异瓣番樱属 ← **Calycorectes; Eugenia;Psidium** Myrtaceae 桃金娘科 [MD-347] 全球 (1) 大洲分布及种数(6-9)◆北美洲
Hottonia 【3】 L. 水堇属 ≒ **Myriophyllum;Limnophila** Primulaceae 报春花科 [MD-401] 全球 (1) 大洲分布及种数(3-4)◆北美洲
Hottuynia Cram. = **Zantedeschia**
Houchera L. = **Heuchera**
Houdetota Dup.Th. = **Uvaria**
Houhopea Glic. = **Houpoea**
Houlletia 【3】 Brongn. 花豹兰属 → **Braemia;Maxillaria** Orchidaceae 兰科 [MM-723] 全球 (1) 大洲分布及种数(9-11)◆南美洲
Houllora 【-】 auct. 兰科属 Orchidaceae 兰科 [MM-723] 全球 (uc) 大洲分布及种数(uc)
Houmiri Aubl. = **Humiria**
Houmiria Juss. = **Humiria**
Houmiry Duplessy = **Schistostemon**
Hounea Baill. = **Paropsia**
Houpoea 【3】 N.H.Xia & C.Y.Wu 厚朴属 ≒ **Magnolia** Magnoliaceae 木兰科 [MD-1] 全球 (1) 大洲分布及种数(4)◆亚洲
Houssayanthus 【2】 Hunz. 奥赛花属 ← **Cardiospermum** Sapindaceae 无患子科 [MD-428] 全球 (2) 大洲分布及种数(6-7)北美洲:2;南美洲:3
Houstonia (DC.) Terrell = **Houstonia**
Houstonia 【3】 L. 美耳草属 → **Amphiasma;Hedyotis; Stenaria** Rubiaceae 茜草科 [MD-523] 全球 (6) 大洲分布及种数(36-43;hort.1;cult:6)非洲:20;亚洲:7-27;大洋洲:20;欧洲:20;北美洲:34-56;南美洲:4-24
Houstoniaceae Raf. = Atherospermataceae
Houtouynia Pers. = **Houttuynia**
Houttea Decne. = **Houttea**
Houttea 【3】 Heynh. 红岩桐属 ← **Vanhouttea; Achimenes;Gesneria** Gesneriaceae 苦苣苔科 [MD-549] 全球 (1) 大洲分布及种数(1)◆南美洲
Houttinia Neck. = **Zantedeschia**
Houttouynia Batsch = **Zantedeschia**

Houttugnia Cram. = **Houttuynia**
Houttuyna Cothen. = **Zantedeschia**
Houttuynia Houtt. = **Houttuynia**
Houttuynia 【3】 Thunb. 蕺菜属 → **Anemopsis;Ixia** Saururaceae 三白草科 [MD-35] 全球 (1) 大洲分布及种数(1-2)◆亚洲
Houtuynia Cothen. = **Houttuynia**
Houzeaubambus (Mattei) Mattei = **Oreobambos**
Hovanella 【2】 A.Weber & B.L.Burtt 长蒴苣苔属 ≒ **Didymocarpus** Gesneriaceae 苦苣苔科 [MD-549] 全球 (2) 大洲分布及种数(cf.1) 非洲;亚洲
Hovea 【3】 R.Br. 紫彗豆属 → **Phusicarpos;Hakea; Hopea** Fabaceae3 蝶形花科 [MD-240] 全球 (1) 大洲分布及种数(7-40)◆大洋洲(◆澳大利亚)
Hovena Cothen. = **Ziziphus**
Hovenia 【3】 Thunb. 枳椇属 ← **Ziziphus** Rhamnaceae 鼠李科 [MD-331] 全球 (1) 大洲分布及种数(4)◆亚洲
Hovenis Thunb. = **Hovenia**
Hovenkampia 【3】 Li Bing Zhang & X.M.Zhou 天龙骨属 Polypodiaceae 水龙骨科 [F-60] 全球 (1) 大洲分布及种数(3)◆非洲
Hoverdenia 【3】 Nees 墨西哥爵床属 Acanthaceae 爵床科 [MD-572] 全球 (1) 大洲分布及种数(1)◆北美洲(◆墨西哥)
Howardara Lehmiller = **Calycophyllum**
Howardia Klotzsch = **Aristolochia**
Howardia Wedd. = **Pogonopus**
Howea 【3】 Becc. 豪爵椰属 ≒ **Grisebachia;Hosta** Arecaceae 棕榈科 [MM-717] 全球 (1) 大洲分布及种数(1-5)◆大洋洲(◆澳大利亚)
Howeara auct. = **Scirpus**
Howeia Becc. = **Howea**
Howella A.Gray = **Howellia**
Howellanthus 【3】 (Constance) Walden & R.Patt. 岳铃花属 Boraginaceae 紫草科 [MD-517] 全球 (1) 大洲分布及种数(1-2)◆北美洲(◆美国)
Howellia 【3】 A.Gray 浮枝莲属 → **Legenere** Campanulaceae 桔梗科 [MD-561] 全球 (1) 大洲分布及种数(1-3)◆北美洲(◆美国)
Howelliella 【3】 Rothm. 金鱼草属 ← **Antirrhinum** Plantaginaceae 车前科 [MD-527] 全球 (1) 大洲分布及种数(cf.1) ◆北美洲
Howethoa Rauschert = **Lepisanthes**
Howiea B.D.Jacks = **Howea**
Howisonia Hook.f. & Thoms. = **Hodgsonia**
Howittia 【3】 F.Müll. 蓝桉葵属 Malvaceae 锦葵科 [MD-203] 全球 (1) 大洲分布及种数(1)◆大洋洲
Hoya (Bl.) Kloppenb. = **Hoya**
Hoya 【3】 R.Br. 球兰属 → **Absolmsia;Hopea** Asclepiadaceae 萝藦科 [MD-494] 全球 (1) 大洲分布及种数(215-370)◆亚洲
Hoyella Ridl. = **Dischidia**
Hoyopsis H.Lév. = **Tylophora**
Hrubyara 【-】 J.M.H.Shaw 兰科属 Orchidaceae 兰科 [MM-723] 全球 (uc) 大洲分布及种数(uc)
Hsuara F.L.Chang = **Hura**
Hsuehochloa 【3】 D.Z.Li & Y.X.Zhang 球兰草属 Poaceae 禾本科 [MM-748] 全球 (1) 大洲分布及种数(cf.1) ◆亚洲
Hteris Adans. = **Viscaria**
Hua 【3】 Pierre ex De Wild. 蒜树属 Huaceae 蒜树科 [MD-150] 全球 (1) 大洲分布及种数(1-2)◆非洲
Huaca Cav. = **Huanaca**
Huaceae 【3】 A.Chev. 蒜树科 [MD-150] 全球 (1) 大洲分布和属种数(1-2/1-5)◆非洲
Hualania Phil. = **Bredemeyera**
Huales Doweld = **Hyalis**
Huanaca 【2】 Cav. 花娜芹属 ≒ **Spananthe** Apiaceae 伞形科 [MD-480] 全球 (3) 大洲分布及种数(6-11)大洋洲:2;北美洲:1;南美洲:5-8
Huangara Garay & H.R.Sw. = **Huanaca**
Huangtcia 【3】 H.Ohashi & K.Ohashi 花娜兰属 Orchidaceae 兰科 [MM-723] 全球 (1) 大洲分布及种数(cf.2) ◆亚洲
Huaniopanax C.J.Qi & T.R.Cao = **Acanthopanax**
Huanuca Raf. = **Huanaca**
Huarpe Barnard & Clark = **Huarpea**
Huarpea 【-】 Cabrera 菊科属 Asteraceae 菊科 [MD-586] 全球 (uc) 大洲分布及种数(uc)
Hubbardia 【3】 Bor 伊乐藻状禾属 Poaceae 禾本科 [MM-748] 全球 (1) 大洲分布及种数(cf. 1)◆南亚(◆印度)
Hubbardieae C.E.Hubb. = **Hubbardia**
Hubbardochloa 【3】 Auquier 细乱子草属 Poaceae 禾本科 [MM-748] 全球 (1) 大洲分布及种数(1)◆非洲
Hubbesia DC. = **Huberia**
Hubbsia Follmann = **Huberia**
Hubera 【2】 Chaowasku 休伯野牡丹属 Annonaceae 番荔枝科 [MD-7] 全球 (5) 大洲分布及种数(2) 非洲:1;亚洲:2;大洋洲:2;欧洲:1;北美洲:1
Huberantha 【2】 Chaowasku 细基丸属 Annonaceae 番荔枝科 [MD-7] 全球 (3) 大洲分布及种数(cf.2-34) 非洲:1-16,亚洲:1-8,大洋洲:6
Huberia 【3】 DC. 休伯野牡丹属 ≒ **Rhexia;Heeria** Melastomataceae 野牡丹科 [MD-364] 全球 (1) 大洲分布及种数(16-18)◆南美洲
Huberodaphne Ducke = **Endlicheria**
Huberodendron 【2】 Ducke 休伯木棉属 ← **Bernoullia** Malvaceae 锦葵科 [MD-203] 全球 (2) 大洲分布及种数(5)北美洲:1;南美洲:3
Huberopappus 【3】 Pruski 领冠落苞菊属 Asteraceae 菊科 [MD-586] 全球 (1) 大洲分布及种数(1)◆南美洲
Hubertia 【3】 Bory 千里光属 → **Faujasia;Senecio** Asteraceae 菊科 [MD-586] 全球 (1) 大洲分布及种数(1)属分布和种数(uc)◆大洋洲
Hudsonema Navás = **Hudsonia**
Hudsonia A.Rob. ex Lunan = **Hudsonia**
Hudsonia 【3】 L. 金石玫属 ≒ **Hugonia** Cistaceae 半日花科 [MD-175] 全球 (1) 大洲分布及种数(3-11)◆北美洲
Hueblia 【2】 Speta 亚洲箭玄参属 ≒ **Misopates** Plantaginaceae 车前科 [MD-527] 全球 (3) 大洲分布及种数(2)非洲:1;亚洲:cf.1;欧洲:1
Huebneria Rchb. = **Orleanesia**
Huegelia Benth. & Hook.f. = **Trachymene**
Huegelia P. & K. = **Hugelia**
Huegueninia Rchb. = **Hugueninia**
Huemia Link = **Heimia**
Huenefeldia 【3】 Walp. 刺冠菊属 ≒ **Calotis** Asteraceae 菊科 [MD-586] 全球 (1) 大洲分布及种数(1)◆大洋洲

H

Huenia R.Br. = **Huernia**
Huerelii Rchb. = **Trachymene**
Huerianthus Barad = **Haenianthus**
Huernelia Barad = **Orleanesia**
Huernia【3】 R.Br. 剑龙角属 → **Duvalia;Stapelia; Angolluma** Asclepiadaceae 萝藦科 [MD-494] 全球 (6) 大洲分布及种数(54-102;hort.1;cult:1)非洲:45-82;亚洲:9-21;大洋洲:1;欧洲:1;北美洲:3-5;南美洲:1-2
Huernialluma【-】 G.D.Rowley 萝藦科属 Asclepiadaceae 萝藦科 [MD-494] 全球 (uc) 大洲分布及种数(uc)
Huernianthus Barad = **Haenianthus**
Huerniopsis【3】 N.E.Br. 剑笋角属 ← **Piaranthus** Apocynaceae 夹竹桃科 [MD-492] 全球 (1) 大洲分布及种数(1)◆非洲
Huerniorbea【-】G.D.Rowley 萝藦科属 Asclepiadaceae 萝藦科 [MD-494] 全球 (uc) 大洲分布及种数(uc)
Huernivalia【-】 Bruyns ex G.D.Rowley 萝藦科属 Asclepiadaceae 萝藦科 [MD-494] 全球 (uc) 大洲分布及种数(uc)
Huerta J.St.Hil. = **Huertea**
Huertaea J.C.Mutis = **Huertea**
Huertea【3】 Ruiz & Pav. 腺椒树属 Tapisciaceae 瘿椒树科 [MD-426] 全球 (1) 大洲分布及种数(3)◆南美洲
Huerteaceae Doweld = Julianiaceae
Huertia G.Don = **Huertea**
Huertia Mutis = **Swartzia**
Huetia Boiss. = **Carum**
Huetiana Raf. = **Anemone**
Hueylihara Garay = **Holcoglossum**
Hufelandia Nees = **Beilschmiedia**
Hugelia Benth. = **Hugelia**
Hugelia【3】 DC. 北美洲香花荵属 ≒ **Welwitschia** Polemoniaceae 花荵科 [MD-481] 全球 (1) 大洲分布及种数(2-7)◆北美洲(◆美国)
Hugeria【3】 Small 越橘属 ≒ **Vaccinium** Ericaceae 杜鹃花科 [MD-380] 全球 (1) 大洲分布及种数(1)◆亚洲
Hughesia【3】 R.M.King & H.Rob. 落苞亮泽兰属 Asteraceae 菊科 [MD-586] 全球 (1) 大洲分布及种数(1)◆南美洲(◆秘鲁)
Hughesinia J.C.Lindq. & Gamundí = **Hugueninia**
Hugoesia DC. = **Hugelia**
Hugona Cav. = **Ophioglossum**
Hugonia【2】 L. 亚麻藤属 Linaceae 亚麻科 [MD-315] 全球 (3) 大洲分布及种数(26-54)非洲:19-33;亚洲:2-7;大洋洲:4-10
Hugoniaceae【2】Arn. 亚麻藤科 [MD-311] 全球 (3) 大洲分布和属种数(1/25-53)非洲:1/19-33; 亚洲:1/2-7; 大洋洲:1/4-10
Hugueninia【3】 Rchb. 菊蒿叶芥属 → **Descurainia; Erysimum;Sisymbrium** Brassicaceae 十字花科 [MD-213] 全球 (1) 大洲分布及种数(1)◆欧洲
Huidobria C.Gay = **Huidobria**
Huidobria【3】 Gay 刺莲花属 ≒ **Loasa** Loasaceae 刺莲花科 [MD-435] 全球 (1) 大洲分布及种数(2)◆南美洲
Huilaea【3】 Wurdack 坛碟花属 Melastomataceae 野牡丹科 [MD-364] 全球 (1) 大洲分布及种数(4-9)◆南美洲
Huilkia Serna de Esteban & Moretto = **Huilaea**
Hulemacanthus【3】 S.Moore 南爵床属 Acanthaceae 爵床科 [MD-572] 全球 (1) 大洲分布及种数(1-2) ◆亚洲; 大洋洲
Huleria Urb. = **Euleria**
Hulletia Brongn. = **Houlletia**
Hullettia【3】 King ex Hook.f. 光球桑属 ← **Dorstenia** Moraceae 桑科 [MD-87] 全球 (1) 大洲分布及种数(1-2)◆亚洲
Hullsia【3】 P.S.Short 黏生菀属 Asteraceae 菊科 [MD-586] 全球 (1) 大洲分布及种数(1)◆大洋洲
Hulsea【3】 Torr. & A.Gray 寒金菊属 Asteraceae 菊科 [MD-586] 全球 (1) 大洲分布及种数(8-15)◆北美洲
Hultemia Brongn. = **Rhaphiolepis**
Hultenia Rchb. = **Rosa**
Hulteniella【3】 Tzvelev 全叶菊属 Asteraceae 菊科 [MD-586] 全球 (1) 大洲分布及种数(1)◆北美洲
Hulthemia Dum. = **Abrus**
Hulthemosa【3】 Juz. 寒蔷薇属 ≒ **Rosa** Rosaceae 蔷薇科 [MD-246] 全球 (1) 大洲分布及种数(1-2)◆非洲
Hulthenia Brongn. = **Rosa**
Hultholia【3】 Gagnon & G.P.Lewis 蔷薇属 Rosaceae 蔷薇科 [MD-246] 全球 (1) 大洲分布及种数(1)◆亚洲
Humaria Rehm = **Fumaria**
Humata (Fée) T.Moore = **Humata**
Humata【3】 Cav. 阴石蕨属 → **Araiostegia;Davallia; Pachypleuria** Davalliaceae 骨碎补科 [F-56] 全球 (6) 大洲分布及种数(46-58)非洲:1-9;亚洲:30-41;大洋洲:24-33;欧洲:8;北美洲:8;南美洲:3-11
Humbertacalia【3】 C.Jeffrey 耳藤菊属 ← **Cacalia; Mikania** Asteraceae 菊科 [MD-586] 全球 (1) 大洲分布及种数(10)◆非洲
Humbertia【3】 Lam. 茶鹃木属 ≒ **Thouinia** Humbertiaceae 马旋花科 [MD-500] 全球 (1) 大洲分布及种数(1)◆非洲
Humbertiac Lam. = **Humbertia**
Humbertiaceae【3】 Pichon 马旋花科 [MD-500] 全球 (1) 大洲分布和属种数(1/1-4)◆非洲(◆南非)
Humbertianthus Hochr. = **Macrostelia**
Humbertiella【3】 Hochr. 小亨伯特锦葵属 Malvaceae 锦葵科 [MD-203] 全球 (1) 大洲分布及种数(4)◆非洲(◆马达加斯加)
Humbertina Buchet = **Arophyton**
Humbertiodendron【3】 Leandri 三翼果属 Trigoniaceae 三角果科 [MD-316] 全球 (1) 大洲分布及种数(1)◆非洲(◆马达加斯加)
Humbertioturraea【3】 J.F.Leroy 灯笼楝属 ← **Turraea** Meliaceae 楝科 [MD-414] 全球 (1) 大洲分布及种数(6-8)◆非洲(◆马达加斯加)
Humbertochloa【3】 A.Camus & Stapf 苞轴草属 Poaceae 禾本科 [MM-748] 全球 (1) 大洲分布及种数(1-2)◆非洲
Humbertodendron Leandri = **Humbertiodendron**
Humblotia Baill. = **Drypetes**
Humblotidendron Engl. = **Vepris**
Humblotiella Tardieu = **Lindsaea**
Humblotii Baill. = **Drypetes**
Humblotiodendron Engl. = **Vepris**
Humboldia Rchb. = **Humboldtia**
Humboldtara J.M.H.Shaw = **Humboldtia**
Humboldtia J.M.H.Shaw = **Humboldtia**
Humboldtia【3】 Vahl 蚁穴豆属 → **Leonardoxa;**

Specklinia Fabaceae2 云实科 [MD-239] 全球 (1) 大洲分布及种数(6-11)◆南亚(◆印度)
Humboldtiella Harms = **Coursetia**
Humboldtii Vahl = **Humboldtia**
Humboltia Ruiz & Pav. = **Stelis**
Humea 【2】 Sm. 越南椴树属 ≒ **Oxiphoeria;Ozothamnus** Malvaceae 锦葵科 [MD-203] 全球 (2) 大洲分布及种数(2) 亚洲:1;大洋洲:2
Humeocline【3】Anderb. 苋菊属 ≒ **Calomeria** Asteraceae 菊科 [MD-586] 全球 (1) 大洲分布及种数(1)◆非洲
Humiria (Aubl.) Baill. = **Humiria**
Humiria 【3】 J.St.Hil. 香膏木属 ≒ **Houmiri;Humiriastrum** Humiriaceae 香膏木科 [MD-348] 全球 (1) 大洲分布及种数(7-9)◆南美洲
Humiriaceae 【2】A.Juss. 香膏木科 [MD-348] 全球 (4) 大洲分布和属种数(8;hort. & cult.1)(75-90;hort. & cult.1) 非洲:1/1;大洋洲:1/1;北美洲:2/8;南美洲:8/70-75
Humirianthera Huber = **Casimirella**
Humiriastrum 【3】 (Urb.) Cuatrec. 香榄木属 ← **Humiria;Sacoglottis** Humiriaceae 香膏木科 [MD-348] 全球 (1) 大洲分布及种数(17-18)◆南美洲
Humirieae Rchb. = **Humiria**
Humirium A.Rich. ex Mart. = **Humiria**
Hummelara auct. = **Humularia**
Humococcus T.L.Mitch. = **Arctostaphylos**
Humularia Auriculatae P.A.Duvign. = **Humularia**
Humularia【3】Duvign. 大地豆属 ← **Aeschynomene;Geissaspis;Smithia** Fabaceae 豆科 [MD-240] 全球 (1) 大洲分布及种数(23-37)◆非洲
Humulopsis Grudz. = **Humulus**
Humulus【3】L. 葎草属 Cannabaceae 大麻科 [MD-89] 全球 (6) 大洲分布及种数(9)非洲:1-3;亚洲:6-8;大洋洲:2-4;欧洲:3-5;北美洲:6-9;南美洲:1-3
Hunaniopanax C.J.Qi & T.R.Cao = **Aralia**
Hunata Cav. = **Humata**
Hunefeldia Lindl. = **Calotis**
Hunemannia A.Juss. = **Pithecellobium**
Hunga【3】Panch. ex Guillaumin 大洋李属 ≒ **Licania** Chrysobalanaceae 可可李科 [MD-243] 全球 (1) 大洲分布及种数(6-11)◆大洋洲
Hunnemania G.Don = **Hunnemannia**
Hunnemannia【3】 Sw. 金杯罂粟属 Papaveraceae 罂粟科 [MD-54] 全球 (1) 大洲分布及种数(2)◆北美洲
Hunnemannieae Bernh. = **Hunnemannia**
Hunsteinia Lauterb. = **Myrsine**
Huntara Garay & H.R.Sw. = **Otochilus**
Hunteria【3】(Moç. & Sessé) ex DC. 仔榄树属 ≒ **Porophyllum;Picralima;Pleiocarpa** Apocynaceae 夹竹桃科 [MD-492] 全球 (6) 大洲分布及种数(9-15)非洲:8-15;亚洲:1-3;大洋洲:1-2;欧洲:1-2;北美洲:1;南美洲:1
Huntleanthes auct. = **Zygopetalum**
Huntleya 【2】 Bateman ex Lindl. 丝刺兰属 ← **Batemannia;Zygopetalum;Bollea** Orchidaceae 兰科 [MM-723] 全球 (2) 大洲分布及种数(13-16)北美洲:4;南美洲:12-15
Hunzella 【-】 J.M.H.Shaw 兰科属 Orchidaceae 兰科 [MM-723] 全球 (uc) 大洲分布及种数(uc)
Hunzikeria 【2】 D´Arcy 杯茄属 ← **Leptoglossis** Solanaceae 茄科 [MD-503] 全球 (2) 大洲分布及种数(4) 北美洲:2;南美洲:1
Huodendron【3】Rehder 山茉莉属 ← **Styrax;Hypnodendron** Styracaceae 安息香科 [MD-327] 全球 (1) 大洲分布及种数(5-7)◆亚洲
Huolir Montrouz. = **Acronychia**
Huolirion Wang & Tang ex P.C.Kuo = **Lloydia**
Huonia Montrouz. = **Acronychia**
Huperzia (Baker ex E.Pritz.) Rothm. = **Huperzia**
Huperzia 【3】 Bernh. 石杉属 ≒ **Lycopodium;Phlegmariurus** Lycopodiaceae 石松科 [F-4] 全球 (6) 大洲分布及种数(332-394;hort.1;cult:11)非洲:56-75;亚洲:87-108;大洋洲:34-52;欧洲:3-20;北美洲:76-101;南美洲:155-174
Huperziaceae 【3】Rothm. 石杉科 [F-3] 全球 (6) 大洲分布和属种数(1;hort. & cult.1)(331-434;hort. & cult.2)非洲:1/56-75; 亚洲:1/87-108; 大洋洲:1/34-52; 欧洲:1/3-20; 北美洲:1/76-101; 南美洲:1/155-174
Hura J.König = **Hura**
Hura 【3】 L. 响盒子属 ≒ **Phyla;Sphaerocarpos** Euphorbiaceae 大戟科 [MD-217] 全球 (1) 大洲分布及种数(2-3)◆南美洲(◆巴西)
Hurdannia Royle = **Murdannia**
Hureae Dum. = **Hura**
Huria Hérincq = **Achimenes**
Hurstara Garay & H.R.Sw. = **Broughtonia**
Husemannia F.Müll = **Carronia**
Husnotia【3】E.Fourn. 南美香竹桃属 Apocynaceae 夹竹桃科 [MD-492] 全球 (1) 大洲分布及种数(uc)属分布和种数(uc)◆南美洲
Husnotiella【2】Cardot 对齿藓属 ≒ **Didymodon** Pottiaceae 丛藓科 [B-133] 全球 (2) 大洲分布及种数(4) 非洲:2;南美洲:2
Hussonia Boiss. = **Enarthrocarpus**
Huszia Klotzsch = **Begonia**
Hutchinia Wight & Arn. = **Caralluma**
Hutchinsia 【2】 W.T.Aiton 欧洲芥菜属 ≒ **Phlegmatospermum** Brassicaceae 十字花科 [MD-213] 全球 (4) 大洲分布及种数(2) 非洲:2;亚洲:2;欧洲:2;北美洲:1
Hutchinsiella O.E.Schulz = **Hornungia**
Hutchinsonia 【2】 Robyns 蔓琼梅属 ≒ **Rytigynia** Rubiaceae 茜草科 [MD-523] 全球 (2) 大洲分布及种数(3) 欧洲;北美洲
Hutera Porta = **Coincya**
Huthamnus Tsiang = **Jasminanthes**
Huthia【3】Brand 魔力花属 ≒ **Cantua** Polemoniaceae 花荵科 [MD-481] 全球 (1) 大洲分布及种数(cf. 1)◆南美洲
Hutschinia D.Dietr. = **Hutchinsia**
Hutschinsia W.T.Aiton = **Hutchinsia**
Huttia Drumm. ex Harv. = **Hibbertia**
Huttia Preiss ex Hook. = **Calectasia**
Huttonaea 【3】 Harv. 喙柱兰属 Orchidaceae 兰科 [MM-723] 全球 (1) 大洲分布及种数(5)◆非洲
Huttonella Kirk = **Carmichaelia**
Huttonia Bolus = **Buttonia**
Huttum Adans. = **Barringtonia**
Huxleya Ewart = **Clerodendrum**
Huynhia【-】Greuter 紫草科属 Boraginaceae 紫草科 [MD-517] 全球 (uc) 大洲分布及种数(uc)

H

Hyachelia J.L.Barnard = **Hackelia**
Hyacinthaceae【3】Batsch ex Borkh. 风信子科 [MM-679] 全球 (6) 大洲分布和属种数(41-44 ;hort. & cult.29-32)(864-1727;hort. & cult.266-495)非洲:30-37/649-974; 亚洲:17-24/223-445;大洋洲:9-17/46-184;欧洲:12-19/146-318;北美洲:12-18/66-207; 南美洲:4-18/20-161
Hyacinthella【3】Schur 小风信子属 ← **Hyacinthus; Bellevalia** Hyacinthaceae 风信子科 [MM-679] 全球 (6) 大洲分布及种数(12-20;hort.1)非洲:1-2;亚洲:10-18;大洋洲:1;欧洲:2-5;北美洲:1;南美洲:1
Hyacinthella Wendelbo = **Hyacinthella**
Hyacinthoides【3】Medik. 玉慵花属 → **Ornithogalum;Endymion;** Asparagaceae 天门冬科 [MM-669] 全球 (1) 大洲分布及种数(10-13 hort. 1;cult: 3)◆欧洲
Hyacinthorchis Bl. = **Pogonia**
Hyacinthus【3】(Tourn.) L. 风信子属 ≒ **Strangea; Alrawia** Hyacinthaceae 风信子科 [MM-679] 全球 (6) 大洲分布及种数(10-15;hort.1;cult: 1)非洲:5-14;亚洲:7-15;大洋洲:3-11;欧洲:3-11;北美洲:2-10;南美洲:8
Hyacinthus L. = **Hyacinthus**
Hyaena Haw. = **Narcissus**
Hyaenanche【3】Lamb. 海角桐属 ← **Jatropha** Picrodendraceae 苦皮桐科 [MD-317] 全球 (1) 大洲分布及种数(1)◆非洲(◆南非)
Hyaenodon Hook.f. & Wilson = **Hymenodon**
Hyala L´Hér. ex DC. = **Polycarpaea**
Hyalaea Benth. & Hook.f. = **Hyalea**
Hyalaena C.Müll. = **Hyalolaena**
Hyalea【2】Jaub. & Spach 琉苞菊属 Asteraceae 菊科 [MD-586] 全球 (2) 大洲分布及种数(1) 亚洲:1;大洋洲:1
Hyalenna Schaus = **Hyalea**
Hyalina Champ. = **Sciaphila**
Hyalinea Champ. = **Sciaphila**
Hyalinia Rehm = **Halenia**
Hyalis【3】Salisb. 粉菊木属 ≒ **Plazia;Aphyllocladus** Asteraceae 菊科 [MD-586] 全球 (1) 大洲分布及种数(3)◆南美洲
Hyalisma Champ. = **Sciaphila**
Hyalocalyx【3】Rolfe 琉萼花属 Passifloraceae 西番莲科 [MD-151] 全球 (1) 大洲分布及种数(1)◆非洲
Hyalocereus (A.Berger) Britton & Rose = **Hylocereus**
Hyalochaete【3】Dittrich & Rech.f. 迷迭菊属 ← **Staehelina** Asteraceae 菊科 [MD-586] 全球 (1) 大洲分布及种数(uc)属分布和种数(uc)◆亚洲
Hyalochlamys【3】A.Gray 卵果鼠麹草属 ← **Angianthus** Asteraceae 菊科 [MD-586] 全球 (1) 大洲分布及种数(1)◆大洋洲(◆澳大利亚)
Hyalocladium L.H.Bailey = **Homalocladium**
Hyalocystis【3】Hallier f. 埃塞旋花草属 Convolvulaceae 旋花科 [MD-499] 全球 (1) 大洲分布及种数(2)◆非洲(◆埃塞俄比亚)
Hyalodiscus Bunge ex Boiss. = **Ochradenus**
Hyalolaena【3】A.Bunge 斑膜芹属 ≒ **Bunium** Apiaceae 伞形科 [MD-480] 全球 (1) 大洲分布及种数(10-15)◆亚洲
Hyalolaena Bunge = **Hyalolaena**
Hyalolepidozia【3】(C.Massal.) S.W.Arnell ex Grolle 智利指叶苔属 ≒ **Paracromastigum** Lepidoziaceae 指叶苔科 [B-63] 全球 (1) 大洲分布及种数(1)◆南美洲(◆智利)
Hyalolepis DC. = **Myriocephalus**
Hyalolepis Kunze = **Belvisia**
Hyalomma Rolfe = **Bulbophyllum**
Hyalomya (Tzvelev) Tzvelev = **Hyalopoa**
Hyalonema Rolfe = **Bulbophyllum**
Hyalophyllum【-】Warnst. 丛藓科属 ≒ **Stegonia** Pottiaceae 丛藓科 [B-133] 全球 (uc) 大洲分布及种数(uc)
Hyalopoa【3】(Tzvelev) Tzvelev 拟沿沟草属 ≒ **Colpodium** Poaceae 禾本科 [MM-748] 全球 (1) 大洲分布及种数(2-8)◆亚洲
Hyalopodium【2】Röser & Tkach,禾本科属 Poaceae 禾本科 [MM-748] 全球 (2) 大洲分布及种数(uc) 亚洲;欧洲
Hyalopsora (Tzvelev) Tzvelev = **Hyalopoa**
Hyalopus L. = **Hyssopus**
Hyaloscia Rolfe = **Bulbophyllum**
Hyalosema Rolfe = **Bulbophyllum**
Hyalosepalum【3】Troupin 青牛胆属 ≒ **Tinospora** Menispermaceae 防已科 [MD-42] 全球 (1) 大洲分布及种数(cf.5) ◆非洲
Hyaloseris【3】Griseb. 琉菊木属 ← **Gochnatia** Asteraceae 菊科 [MD-586] 全球 (1) 大洲分布及种数(8)◆南美洲
Hyalosigma Rolfe = **Bulbophyllum**
Hyalosira Rolfe = **Bulbophyllum**
Hyalosperma【3】Steetz 丝叶蜡菊属 ← **Helichrysum; Helipterum** Asteraceae 菊科 [MD-586] 全球 (1) 大洲分布及种数(10-11)◆大洋洲(◆澳大利亚)
Hyalosphaera Rossman = **Haplosphaera**
Hyalostemma Wall. = **Miliusa**
Hyalotricha Copel. = **Polypodium**
Hyalotrichopteris L.D.Gómez = **Campyloneurum**
Hyas Salisb. = **Arethusa**
Hyattella Masam. = **Argostemma**
Hybanthera Endl. = **Tylophora**
Hybanthopsis【3】Paula-Souza 藤鼠鞭堇属 Violaceae 堇菜科 [MD-126] 全球 (1) 大洲分布及种数(1)◆南美洲(◆巴西)
Hybanthus (Schulze-Menz) M.Seo,Sanso & Xifreda = **Hybanthus**
Hybanthus【3】Jacq. 鼠鞭堇属 ≒ **Acentra;Pappobolus** Violaceae 堇菜科 [MD-126] 全球 (6) 大洲分布及种数(93-115;hort.1;cult:11)非洲:12-20;亚洲:10-17;大洋洲:17-24;欧洲:6-11;北美洲:34-43;南美洲:50-56
Hybericum Schrank = **Hypericum**
Hybiscus Dum. = **Malvaviscus**
Hyblaea J.F.Morales = **Hylaea**
Hybochilus【3】Schltr. 驼背兰属 → **Goniochilus; Rodriguezia** Orchidaceae 兰科 [MM-723] 全球 (1) 大洲分布及种数(1-3)◆北美洲
Hybocodon Hartlaub = **Homocodon**
Hybomidium Fourr. = **Centranthus**
Hybophrynium K.Schum. = **Trachyphrynium**
Hybopsis (Kindb.) Podp. = **Pleurozium**
Hybosa Harms = **Hybosema**
Hybosema【3】Harms 北美洲蝶花豆属 ← **Gliricidia** Fabaceae3 蝶形花科 [MD-240] 全球 (1) 大洲分布及种数(2)◆北美洲
Hybosperma Urb. = **Adolphia**

Hybridella【-】 Cass. 菊科属 ≒ **Zaluzania** Asteraceae 菊科 [MD-586] 全球 (uc) 大洲分布及种数(uc)
Hybusa Raf. = **Antherotoma**
Hycelia DC. = **Hickelia**
Hydastilus R.A.Salisb. ex E.Bickn. = **Hydastylus**
Hydastylis Dryand. ex Salisb. = **Hydastylus**
Hydastylus【3】 Dryand. ex Salisb. 庭菖蒲属 ≒ **Sisyrinchium** Iridaceae 鸢尾科 [MM-700] 全球 (1) 大洲分布及种数(5)◆北美洲
Hydatella【3】 Diels 孤蕊草属 Hydatellaceae 独蕊草科 [MM-707] 全球 (1) 大洲分布及种数(2)◆大洋洲
Hydatellaceae【3】 U.Hamann 独蕊草科 [MM-707] 全球 (1) 大洲分布和属种数(1-2/4-14)◆大洋洲
Hydatica【-】 Neck. 虎耳草科属 ≒ **Saxifraga** Saxifragaceae 虎耳草科 [MD-231] 全球 (uc) 大洲分布及种数 (uc)
Hydatina Lightfoot = **Saxifraga**
Hydatophylax L.f. = **Hydrophylax**
Hydera L. = **Hedera**
Hydnaceae Chevall. = Hypnaceae
Hydnocarpus【3】 Gaertn. 龙角属 → **Drypetes;Heliocarpus** Achariaceae 青钟麻科 [MD-159] 全球 (1) 大洲分布及种数(54-60)◆亚洲
Hydnocera Bl. = **Hydrocera**
Hydnochaete Dittrich & Rech.f. = **Jurinea**
Hydnocystis C.A.Mey. = **Cheilanthopsis**
Hydnodon Müll.Hal. = **Rhachithecium**
Hydnophora Viv. ex Coss. = **Pituranthos**
Hydnophytum【3】 Jack 蚁茜属 ≒ **Myrmecodia;Psychotria;Squamellaria** Rubiaceae 茜草科 [MD-523] 全球 (1) 大洲分布及种数(5-43)◆亚洲
Hydnora【3】 Thunb. 鞭寄生属 → **Prosopanche** Aristolochiaceae 马兜铃科 [MD-56] 全球 (1) 大洲分布及种数(4-8)◆非洲
Hydnoraceae【2】 C.Agardh 菌花科 [MD-72] 全球 (3) 大洲分布和属种数(2/10-15)非洲:1/4-8;北美洲:1/2;南美洲:1/4-4
Hydnostachyon Liebm. = **Spathiphyllum**
Hydnum L. = **Hypnum**
Hydracara Bl. = **Hydrocera**
Hydraea L. = **Hydrangea**
Hydraena Müll.Berol. = **Bunium**
Hydragonum P. & K. = **Chamaedaphne**
Hydrangea (Maxim.) C.K.Schneid. = **Hydrangea**
Hydrangea【3】 L. 绣球属 → **Cardiandra;Dichroa** Hydrangeaceae 绣球科 [MD-429] 全球 (6) 大洲分布及种数(84-101;hort.1;cult:11)非洲:2-17;亚洲:74-94;大洋洲:2-17;欧洲:6-21;北美洲:30-46;南美洲:16-31
Hydrangeaceae【3】Dum. 绣球科 [MD-429] 全球 (6) 大洲分布和属种数(14-16;hort. & cult.12-13)(196-350;hort. & cult.78-107)非洲:1-9/2-42;亚洲:8-14/166-233;大洋洲:3-10/5-45;欧洲:2-9/11-52;北美洲:9-12/68-113;南美洲:2-9/17-57
Hydrangeeae DC. = **Hydrangea**
Hydrangia L. = **Hydrangea**
Hydrania Koidz. = **Hydrobryum**
Hydranthelium【2】 Kunth 假马齿苋属 ≒ **Bacopa** Plantaginaceae 车前科 [MD-527] 全球 (3) 大洲分布及种数(2) 非洲:1;北美洲:2;南美洲:2
Hydranthus Kuhl & Hasselt ex Rchb.f. = **Dipodium**
Hydras Besser = **Elodea**
Hydraspis Boulenger = **Hydrastis**
Hydrastidaceae【3】 Martinov 黄毛茛科 [MD-41] 全球 (1) 大洲分布和属种数(1;hort. & cult.1)(1-3;hort. & cult.1)◆北美洲
Hydrastis【3】 J.Ellis 黄根葵属 Ranunculaceae 毛茛科 [MD-38] 全球 (1) 大洲分布及种数(1-3)◆北美洲
Hydrastylis J.Ellis = **Hydrastis**
Hydrellia Rich. = **Hydrilla**
Hydriastele【3】 H.Wendl. & Drude 水柱椰属 ≒ **Areca** Arecaceae 棕榈科 [MM-717] 全球 (6) 大洲分布及种数(50-56)非洲:20-23;亚洲:24-27;大洋洲:28-34;欧洲:1-2;北美洲:8-10;南美洲:4-5
Hydrilla【3】 Rich. 黑藻属 ← **Blyxa;Hydrolea** Hydrocharitaceae 水鳖科 [MM-599] 全球 (6) 大洲分布及种数(3)非洲:1-7;亚洲:1-7;大洋洲:2-8;欧洲:1-7;北美洲:1-7;南美洲:1-7
Hydrillaceae Prantl = Hydroleaceae
Hydro Besser = **Elodea**
Hydroanzia Koidz. = **Hydrobryum**
Hydrobia L. = **Hydrolea**
Hydrobrium Endl. = **Hydrobryum**
Hydrobryopsis【3】 Engl. 水石衣属 ← **Hydrobryum** Podostemaceae 川苔草科 [MD-322] 全球 (1) 大洲分布及种数(1)◆亚洲
Hydrobryum【3】 Endl. 水石衣属 ≒ **Odostemon** Podostemaceae 川苔草科 [MD-322] 全球 (1) 大洲分布及种数(24-25)◆亚洲
Hydroc Besser = **Elodea**
Hydrocalyx Triana = **Hyalocalyx**
Hydrocarpus D.Dietr. = **Hydnocarpus**
Hydrocera【3】 Bl. ex Wight & Arn. 水角属 ≒ **Impatiens;Hydrolea** Balsaminaceae 凤仙花科 [MD-434] 全球 (1) 大洲分布及种数(cf. 1)◆亚洲
Hydroceraceae R.Br. ex Edwards = Hydroleaceae
Hydroceras Hook.f. & Thoms. = **Hydrocera**
Hydroceratophyllon Ség. = **Ceratophyllum**
Hydrochaerus L. = **Hydrocharis**
Hydrocharella Benth. & Hook.f. = **Limnobium**
Hydrocharis【3】 L. 水鳖属 ≒ **Sagittaria** Hydrocharitaceae 水鳖科 [MM-599] 全球 (6) 大洲分布及种数(6)非洲:3-4;亚洲:3-5;大洋洲:2-3;欧洲:2-3;北美洲:4-5;南美洲:1-2
Hydrocharitaceae【3】Juss. 水鳖科 [MM-599] 全球 (6) 大洲分布和属种数(13-16;hort. & cult.7-9)(78-184;hort. & cult.11-17)非洲:9-13/44-112;亚洲:9-13/32-102;大洋洲:10-12/21-86;欧洲:7-12/18-84;北美洲:8-11/22-87;南美洲:8-12/17-82
Hydrochiasis L. = **Hydrocharis**
Hydrochloa Hartin. = **Glyceria**
Hydrochoe Barneby & J.W.Grimes = **Hydrochorea**
Hydrochoeris L. = **Hydrocharis**
Hydrochorea【3】 Barneby & J.W.Grimes 巴西蝶花豆属 ≒ **Feuilleea;Abarema** Fabaceae 豆科 [MD-240] 全球 (1) 大洲分布及种数(4-6)◆南美洲
Hydrochus D.L.Jones & M.A.Clem. = **Epipactis**
Hydrocleis Rchb. = **Hydrocleys**
Hydrocleys【3】 Rich. 水金英属 ← **Limnocharis;Sag-**

H

ittaria Alismataceae 泽泻科 [MM-597] 全球 (1) 大洲分布及种数(5-6)◆南美洲
Hydroclis P. & K. = **Sagittaria**
Hydrococcus Rabenhorst,L. = **Andromeda**
Hydrocoleus Rich. = **Hydrocleys**
Hydrocoryne L. = **Hydrocotyle**
Hydrocotile Crantz = **Hydrocotyle**
Hydrocotlye L. = **Hydrocotyle**
Hydrocotylaceae【3】Bercht. & J.Presl 天胡荽科 [MD-479] 全球 (6) 大洲分布和属种数(1;hort. & cult.1)(77-171;hort. & cult.26-32)非洲:1/14-58;亚洲:1/65-114;大洋洲:1/17-64;欧洲:1/12-55;北美洲:1/25-70;南美洲:1/17-61
Hydrocotyle【3】L. 天胡荽属 ≒ **Geophila;Pimpinella** Hydrocotylaceae 天胡荽科 [MD-479] 全球 (6) 大洲分布及种数(185-231;hort.1;cult: 6)非洲:29-49;亚洲:41-66;大洋洲:66-99;欧洲:10-27;北美洲:20-41;南美洲:94-122
Hydrocotyleae Spreng. = **Hydrocotyle**
Hydrocryphaea【3】Dixon 湿隐藓属 Neckeraceae 平藓科 [B-204] 全球 (1) 大洲分布及种数(1)◆亚洲
Hydroctyle L. = **Hydrocotyle**
Hydrodea【3】N.E.Br. 斗鱼花属 → **Acrodon** Aizoaceae 番杏科 [MD-94] 全球 (1) 大洲分布及种数(uc)◆亚洲
Hydrodictyon Bosch = **Trichomanes**
Hydrodiscus Nees = **Hypodiscus**
Hydrodyssodia B.L.Turner = **Hydropectis**
Hydrogaster【3】Kuhlm. 胃液椴属 Malvaceae 锦葵科 [MD-203] 全球 (1) 大洲分布及种数(1)◆南美洲
Hydrogeton Lour. = **Potamogeton**
Hydrogeton Pers. = **Potamogeton**
Hydroglossum Willd. = **Lygodium**
Hydrogonium【3】(Müll.Hal.) A.Jaeger 钝叶石灰藓属 Pottiaceae 丛藓科 [B-133] 全球 (6) 大洲分布及种数(291) 非洲:47;亚洲:76;大洋洲:43;欧洲:36;北美洲:72;南美洲:106
Hydrogrimmia【2】(I.Hagen) Löske 紫片藓属 Grimmiaceae 紫萼藓科 [B-115] 全球 (3) 大洲分布及种数(cf.1) 亚洲;欧洲;北美洲
Hydroidea【3】P.O.Karis 疏毛鼠麹木属 ← **Atrichantha** Asteraceae 菊科 [MD-586] 全球 (1) 大洲分布及种数(1) ◆非洲(◆南非)
Hydrolaea Dum. = **Hydrolea**
Hydrolea (Aubl.) Brand = **Hydrolea**
Hydrolea【3】L. 田基麻属 ≒ **Campanula;Nama** Hydroleaceae 田基麻科 [MD-514] 全球 (6) 大洲分布及种数(14-24;hort.1;cult: 2)非洲:6-12;亚洲:3-6;大洋洲:2-5;欧洲:3;北美洲:9-15;南美洲:7-10
Hydroleaceae【3】R.Br. ex Edwards 田基麻科 [MD-514] 全球 (6) 大洲分布和属种数(1/13-35)非洲:1/6-12;亚洲:1/3-6;大洋洲:1/2-5;欧洲:1/3;北美洲:1/9-15;南美洲:1/7-10
Hydrolia Thou. = **Hydrolea**
Hydrolirion H.Lév. = **Sagittaria**
Hydrolithon H.Lév. = **Alisma**
Hydrolythrum Hook.f. = **Rotala**
Hydromestes Benth. & Hook.f. = **Adhatoda**
Hydromestus Scheidw. = **Aphelandra**
Hydromistria Bartl. = **Limnobium**
Hydromya L. = **Hydrolea**
Hydromystria【3】G.Mey. 水蛛花属 ≒ **Limnobium** Hydrocharitaceae 水鳖科 [MM-599] 全球 (1) 大洲分布及种数(uc)◆亚洲
Hydropectis【3】Rydb. 水梳齿菊属 ← **Pectis** Asteraceae 菊科 [MD-586] 全球 (1) 大洲分布及种数(3)◆北美洲(◆墨西哥)
Hydropeltidaceae【3】Dum. 盾叶莲科 [MD-25] 全球 (1) 大洲分布和属种数(uc)◆欧洲
Hydropeltis【3】Michx. 北美洲莼菜属 Cabombaceae 莼菜科 [MD-22] 全球 (1) 大洲分布及种数(1)◆北美洲
Hydrophaca Hall. = **Wolffiella**
Hydrophace Hall. = **Lemna**
Hydrophidae Ehrh. ex House = **Tillaea**
Hydrophilus【3】H.P.Linder 溪灯草属 ← **Leptocarpus** Restionaceae 帚灯草科 [MM-744] 全球 (1) 大洲分布及种数(7)◆非洲
Hydrophylacaceae R.Br. = Hydrophyllaceae
Hydrophylax【3】L.f. 水茜属 ← **Diodia** Rubiaceae 茜草科 [MD-523] 全球 (1) 大洲分布及种数(2-3)◆非洲
Hydrophylla L. = **Hydrophyllum**
Hydrophyllaceae【3】R.Br. 水叶草科 [MD-513] 全球 (6) 大洲分布和属种数(16-17;hort. & cult.11)(338-637;hort. & cult.35-39)非洲:1-14/1-210;亚洲:3-15/16-226;大洋洲:2-15/5-214;欧洲:1-14/14-223;北美洲:16-17/329-609;南美洲:3-15/36-248
Hydrophyllax Raf. = **Hydrophylax**
Hydrophyllum【3】L.水叶草属→**Phacelia;Decemium** Hydrophyllaceae 水叶草科 [MD-513] 全球 (1) 大洲分布及种数(10-21)◆北美洲
Hydrophytum auct. = **Hydnophytum**
Hydrophytum Eschweiler = **Artemisia**
Hydropiper (Endl.) Fourr. = **Hydropiper**
Hydropiper【3】Buxb. ex Fourr. 沟繁缕属 ≒ **Elatine** Elatinaceae 沟繁缕科 [MD-129] 全球 (1) 大洲分布及种数(1)◆非洲
Hydropityon C.F.Gaertn. = **Limnophila**
Hydropityum Steud. = **Mimulus**
Hydropoa (Dum.) Dum. = **Glyceria**
Hydropogon【3】Brid. 淋锦藓属 Sematophyllaceae 锦藓科 [B-192] 全球 (1) 大洲分布及种数(2)◆南美洲
Hydropogonaceae W.H.Welch = Sematophyllaceae
Hydropogonella【3】Cardot ex Le Jolis 水锦藓属 Sematophyllaceae 锦藓科 [B-192] 全球 (1) 大洲分布及种数(1)◆南美洲
Hydroporus Link = **Zizaniopsis**
Hydropus L. = **Hyssopus**
Hydropyrum Link = **Zizania**
Hydropyxis Raf. = **Bacopa**
Hydrorchis D.L.Jones & M.A.Clem. = **Microtis**
Hydrornis D.L.Jones & M.A.Clem. = **Microtis**
Hydroschoenus Zoll. & Mor. = **Cyperus**
Hydrosera Bl. = **Hydrocera**
Hydrosia A.Juss. = **Rhynchosia**
Hydrosma L. = **Hydrolea**
Hydrosme Schott = **Amorphophallus**
Hydrosome Schott = **Amorphophallus**
Hydrospondylus Hassk. = **Ixia**
Hydrostachyaceae【3】Engl. 水穗草科 [MD-474] 全球 (1) 大洲分布和属种数(1/19-30)◆非洲
Hydrostachydaceae Engl. = Hydrostachyaceae

Hydrostachys【3】 Thou. 水穗草属 Hydrostachyaceae 水穗草科 [MD-474] 全球 (1) 大洲分布及种数(19-24)◆非洲
Hydrostemma【3】 Wall. 合瓣莲属 ≒ **Barclaya; Nymphaea** Nymphaeaceae 睡莲科 [MD-27] 全球 (1) 大洲分布及种数(2)◆北美洲
Hydrostis Rchb. = **Sagittaria**
Hydrotaea Lindl. = **Alophia**
Hydrotaenia Lindl. = **Tigridia**
Hydrothauma【3】 C.E.Hubb. 水奇草属 Poaceae 禾本科 [MM-748] 全球 (1) 大洲分布及种数(1)◆非洲
Hydrothrix【3】 Hook.f. 花问荆属 ← **Heteranthera** Pontederiaceae 雨久花科 [MM-711] 全球 (1) 大洲分布及种数(1)◆南美洲
Hydrotriche【3】 Zucc. 水玄参属 Plantaginaceae 车前科 [MD-527] 全球 (1) 大洲分布及种数(3-4)◆非洲(◆马达加斯加)
Hydrotrida Willd. ex Schlechtd. & Cham. = **Bacopa**
Hydrotrophus C.B.Clarke = **Blyxa**
Hydrurus Hochst. ex Hack. = **Elionurus**
Hyeara Hort. = **Caucaea**
Hyedecromara【-】 J.M.H.Shaw 兰科属 Orchidaceae 兰科 [MM-723] 全球 (uc) 大洲分布及种数(uc)
Hyella Raf. = **Helia**
Hyellococcus Schmidle,W. = **Andromeda**
Hyeronima【3】 Allemão 根大戟属 Euphorbiaceae 大戟科 [MD-217] 全球 (1) 大洲分布及种数(1)◆南美洲(◆厄瓜多尔)
Hyetussa Salisb. = **Watsonia**
Hygea【3】 Klotzsch 多荚草属 ≒ **Polycarpon** Gesneriaceae 苦苣苔科 [MD-549] 全球 (1) 大洲分布及种数(1)◆南美洲
Hygia P.Br. = **Zygia**
Hygranda【-】 J.M.H.Shaw 兰科属 Orchidaceae 兰科 [MM-723] 全球 (uc) 大洲分布及种数(uc)
Hygroamblystegium【3】 Löske 湿柳藓属 ≒ **Hypnum; Palustriella** Amblystegiaceae 柳叶藓科 [B-178] 全球 (6) 大洲分布及种数(19) 非洲:8;亚洲:7;大洋洲:3;欧洲:5;北美洲:7;南美洲:12
Hygroaster Kuhlm. = **Hydrogaster**
Hygrobiella【2】 (Hook.) Spruce 长胞苔属 ≒ **Lembidium** Cephaloziaceae 大萼苔科 [B-52] 全球 (4) 大洲分布及种数(cf.1) 亚洲;欧洲;北美洲;南美洲
Hygrobiellaceae【-】 Konstant. & Vilnet 大萼苔科属 Cephaloziaceae 大萼苔科 [B-52] 全球 (uc) 大洲分布及种数(uc)
Hygrobielleae Jørg. = **Hygrobiella**
Hygrocenda【-】 J.M.H.Shaw 兰科属 Orchidaceae 兰科 [MM-723] 全球 (uc) 大洲分布及种数(uc)
Hygrocharis Hochst. ex A.Rich. = **Rhynchospora**
Hygrochilus【3】 Pfitzer 湿唇兰属 → **Sedirea;Vanda;Hygrophila** Orchidaceae 兰科 [MM-723] 全球 (1) 大洲分布及种数(cf. 1)◆亚洲
Hygrochloa【3】 Lazarides 北澳水禾属 Poaceae 禾本科 [MM-748] 全球 (1) 大洲分布及种数(2)◆大洋洲(◆澳大利亚)
Hygrodicranum【3】 Cardot 水曲尾藓属 Dicranaceae 曲尾藓科 [B-128] 全球 (1) 大洲分布及种数(-)◆南美洲
Hygrodirea【-】 J.M.H.Shaw 兰科属 Orchidaceae 兰科 [MM-723] 全球 (uc) 大洲分布及种数(uc)
Hygrohypnella【2】 Ignatov & Ignatova 水蝎尾藓属 Scorpidiaceae 蝎尾藓科 [B-180] 全球 (3) 大洲分布及种数(3) 亚洲:1;欧洲:2;北美洲:2
Hygrohypnum Dilatatae Szafran ex Ochyra = **Hygrohypnum**
Hygrohypnum【3】 Lindb. 水灰藓属 ≒ **Brachythecium; Hypnum** Amblystegiaceae 柳叶藓科 [B-178] 全球 (6) 大洲分布及种数(33) 非洲:2;亚洲:17;大洋洲:1;欧洲:15;北美洲:20;南美洲:8
Hygrolejeunea (Spruce) Schiffn. = **Hygrolejeunea**
Hygrolejeunea【2】 Stephani 细鳞苔属 → **Lejeunea; Phaeolejeunea** Lejeuneaceae 细鳞苔科 [B-84] 全球 (6) 大洲分布及种数(cf.1) 非洲;亚洲;大洋洲;欧洲;北美洲;南美洲
Hygrolembidium【2】 R.M.Schust. & J.J.Engel 水指叶苔属 Lepidoziaceae 指叶苔科 [B-63] 全球 (3) 大洲分布及种数(9)非洲:3;亚洲:3;大洋洲:4
Hygrophila【3】 R.Br. 毛麝香属 ≒ **Adenosma;Aphelandra** Acanthaceae 爵床科 [MD-572] 全球 (1) 大洲分布及种数(18-31)◆亚洲
Hygropyla Taylor = **Hygrophila**
Hygrorhiza Benth. = **Leersia**
Hygroryza【3】 Nees 水禾属 ← **Leersia** Poaceae 禾本科 [MM-748] 全球 (1) 大洲分布及种数(cf. 1)◆亚洲
Hylacium P.Beauv. = **Psychotria**
Hylaea【3】 J.F.Morales 桐竹桃属 ≒ **Prestonia;Aspidopterys** Apocynaceae 夹竹桃科 [MD-492] 全球 (1) 大洲分布及种数(4)◆南欧(◆安道尔)
Hylaeaicum【3】 (Ule ex Mez) Leme,Forzza,Zizka & Aguirre-Santoro 凤梨科属 Bromeliaceae 凤梨科 [MM-715] 全球 (1) 大洲分布及种数(uc) ◆南美洲
Hylaeanthe A.M.E.Jonker & Jonker = **Hylaeanthe**
Hylaeanthe【3】 Jonker 干鞘竹芋属 ← **Maranta; Thalia** Marantaceae 竹芋科 [MM-740] 全球 (1) 大洲分布及种数(5)◆南美洲
Hylaeorchis【2】 Carnevali & G.A.Romero 非兰属 ← **Bifrenaria;Maxillaria** Orchidaceae 兰科 [MM-723] 全球 (2) 大洲分布及种数(2)北美洲:1;南美洲:1
Hylandia【3】 Airy-Shaw 绒瓣桐属 Euphorbiaceae 大戟科 [MD-217] 全球 (1) 大洲分布及种数(1)◆大洋洲
Hylandra Á.Löve = **Arabidopsis**
Hylas Bigel. = **Myriophyllum**
Hylax (Willd.) Raf. = **Selaginella**
Hylebates【3】 Chippind. 林倾草属 ← **Panicum** Poaceae 禾本科 [MM-748] 全球 (1) 大洲分布及种数(2)◆非洲
Hylebia Fourr. = **Callitriche**
Hylemya Danser = **Dendrotrophe**
Hylenaea【3】 Miers 翅籽卫矛属 ≒ **Cuervea;Salacia** Celastraceae 卫矛科 [MD-339] 全球 (1) 大洲分布及种数(3)◆南美洲
Hylephila Plötz = **Hylophila**
Hylethale Link = **Prenanthes**
Hyline【3】 Herb. 孤挺白属 ← **Griffinia** Amaryllidaceae 石蒜科 [MM-694] 全球 (1) 大洲分布及种数(2)◆南美洲(◆巴西)
Hylocarpa【3】 Cuatrec. 香梭木属 ← **Sacoglottis** Humiriaceae 香膏木科 [MD-348] 全球 (1) 大洲分布及种数(1)◆南美洲(◆巴西)

H

Hylocereus【3】 Britton & Rose 量天尺属 ← **Cactus; Selenicereus** Cactaceae 仙人掌科 [MD-100] 全球 (1) 大洲分布及种数(15-21)◆北美洲(◆美国)
Hylocharis Miq. = **Oxyspora**
Hylocharis Tiling ex Regel & Šilićg = **Clintonia**
Hylococcus R.Br. ex Benth. = **Arctostaphylos**
Hylocomiaceae 【3】 M.Fleisch. 塔藓科 [B-193] 全球 (5) 大洲分布和属种数(14/49) 亚洲:13/37;大洋洲:5/8;欧洲:7/13;北美洲:10/18;南美洲:6/10
Hylocomiadelphus【3】 Ochyra & Stebel 欧洲塔藓属 Hylocomiaceae 塔藓科 [B-193] 全球 (1) 大洲分布及种数 (1)◆欧洲
Hylocomiastrum【2】 M.Fleisch. ex Broth. 星塔藓属 ≒ **Pleurozium** Hylocomiaceae 塔藓科 [B-193] 全球 (3) 大洲分布及种数(3) 亚洲:3;欧洲:2;北美洲:2
Hylocomiopsis【2】 Cardot 拟塔藓属 ≒ **Lescuraea** Thuidiaceae 羽藓科 [B-184] 全球 (2) 大洲分布及种数(3) 非洲:2;亚洲:1
Hylocomium (Broth.) Nog. = **Hylocomium**
Hylocomium【3】 Schimp. 塔藓属 ≒ **Dicranum; Plasteurhynchium** Hylocomiaceae 塔藓科 [B-193] 全球 (6) 大洲分布及种数(10) 非洲:1;亚洲:8;大洋洲:1;欧洲:3;北美洲:2;南美洲:2
Hylodendron【3】 Taub. 刺芸豆属 Fabaceae 豆科 [MD-240] 全球 (1) 大洲分布及种数(1)◆非洲
Hylodesma H.Ohashi & R.R.Mill. = **Hylodesmum**
Hylodesmum【3】 H.Ohashi & R.R.Mill. 长柄山蚂蝗属 ← **Aeschynomene;Meibomia;Shuteria** Fabaceae 豆科 [MD-240] 全球 (6) 大洲分布及种数(15-16;hort.1;cult: 2)非洲:3-5;亚洲:14-17;大洋洲:3-5;欧洲:2;北美洲:4-6;南美洲:2
Hylogeton Salisb. = **Allium**
Hylogyne Knight = **Telopea**
Hylomanes Salisb. = **Scilla**
Hylomecon【3】 Maxim. 荷青花属 ← **Chelidonium** Papaveraceae 罂粟科 [MD-54] 全球 (1) 大洲分布及种数 (4-5)◆亚洲
Hylomenes Salisb. = **Scilla**
Hylomesa Danser = **Dendrotrophe**
Hylomyrma Danser = **Dendrotrophe**
Hylomys Danser = **Dendrotrophe**
Hylomyza Danser = **Dendrotrophe**
Hylonome P.B.Webb & S.Berthelot = **Behnia**
Hylopetes Salisb. = **Ledebouria**
Hylophila【2】Lindl.袋唇兰属→**Zeuxine;Dicerostylis; Adenostylis** Orchidaceae 兰科 [MM-723] 全球 (3) 大洲分布及种数(3-8)非洲:1;亚洲:2-6;大洋洲:2
Hylorhipsalis Doweld = **Rhipsalis**
Hylostachys J.M.H.Shaw = **Halostachys**
Hylotelephium【3】 H.Ohba 八宝属←**Anacampseros; Sedum** Crassulaceae 景天科 [MD-229] 全球 (6) 大洲分布及种数(32-37;hort.1;cult: 3)非洲:2;亚洲:30-32;大洋洲:2;欧洲:8-10;北美洲:8-10;南美洲:2
Hylotelophium H.Ohba = **Hylotelephium**
Hylotelphium H.Ohba = **Hylotelephium**
Hymanthoglossum Tod. = **Satyrium**
Hymenachne【3】 P.Beauv. 膜稃草属 ← **Agrostis; Sacciolepis** Poaceae 禾本科 [MM-748] 全球 (6) 大洲分布及种数(11-14)非洲:3-9;亚洲:7-13;大洋洲:2-7;欧洲:1-6;北美洲:3-8;南美洲:5-11
Hymenaea (Hayne) Baill. = **Hymenaea**
Hymenaea【3】 L. 孪叶豆属 ≒ **Cynometra;Peltogyne** Fabaceae1 含羞草科 [MD-238] 全球 (6) 大洲分布及种数 (20-29;hort.1)非洲:1-4;亚洲:4-7;大洋洲:3;欧洲:1-4;北美洲:2-6;南美洲:17-28
Hymenancora Thiele = **Hymenandra**
Hymenandra (A.DC.) Spach = **Hymenandra**
Hymenandra【3】 A.DC. ex Spach 管药金牛属 ← **Ardisia** Primulaceae 报春花科 [MD-401] 全球 (1) 大洲分布及种数(11-17)◆亚洲
Hymenanthera【3】 R.Br. 蜜花堇属 ← **Melicytus; Heteranthera** Violaceae 堇菜科 [MD-126] 全球 (1) 大洲分布及种数(1)◆大洋洲(◆密克罗尼西亚)
Hymenantherum Cass. = **Hymenatherum**
Hymenanthes Bl. = **Rhododendron**
Hymenanthus D.Dietr. = **Rhododendron**
Hymenasplenium Hayata = **Asplenium**
Hymenatherum【3】 Cass. 丝叶菊属 ← **Dyssodia; Adenophyllum** Asteraceae 菊科 [MD-586] 全球 (1) 大洲分布及种数(14)◆北美洲
Hymendocarpum Pierre ex Pit. = **Nostolachma**
Hymeneliac DC. = **Minuartia**
Hymenella (Moç. & Sessé) DC. = **Minuartia**
Hymeneria【3】 (Lindl.) M.A.Clem. & D.L.Jones 毛兰属 ← **Eria** Orchidaceae 兰科 [MM-723] 全球 (2) 大洲分布及种数(cf.1) 亚洲;大洋洲
Hymenesthes Miers = **Cordia**
Hymenetron Salisb. = **Libertia**
Hymenia Griff. = **Hymenaea**
Hymenicoides Plum. ex Adans. = **Ascyrum**
Hymenidiru Lindl. = **Hymenidium**
Hymenidium【3】 Lindl. 棱子芹属 ≒ **Pleurospermum** Apiaceae 伞形科 [MD-480] 全球 (1) 大洲分布及种数(30-40)◆亚洲
Hymenitis Endl. = **Hymenoxis**
Hymenlaena L. = **Hymenaea**
Hymenocallis (L.) Şerb. = **Hymenocallis**
Hymenocallis【3】 Salisb. 水鬼蕉属 ← **Pancratium; Clinanthus;Hemerocallis** Amaryllidaceae 石蒜科 [MM-694] 全球 (1) 大洲分布及种数(82-108)◆南美洲
Hymenocalyx Houllet = **Hymenocallis**
Hymenocapsa J.M.Black = **Hermannia**
Hymenocardia【3】 Wall. 心翼茶属 ← **Mallotus** Phyllanthaceae 叶下珠科 [MD-222] 全球 (1) 大洲分布及种数(3-6)◆非洲
Hymenocardiaceae Airy-Shaw = Emblingiaceae
Hymenocarpos G.Savi = **Hymenocarpos**
Hymenocarpos【3】 Savi 膜心豆属 ← **Anthyllis** Fabaceae 豆科 [MD-240] 全球 (1) 大洲分布及种数(4-5)◆欧洲(◆西班牙)
Hymenocarpus Rchb. = **Hymenocarpos**
Hymenocentron Cass. = **Centaurea**
Hymenocephalus Jaub. & Spach = **Centaurea**
Hymenochaeta P.Beauv. ex T.Lestib. = **Scirpus**
Hymenocharis (Körn.) Salisb. ex P. & K. = **Ischnosiphon**
Hymenochilus【3】 D.L.Jones & M.A.Clem. 翅柱兰属 ≒ **Pterostylis** Orchidaceae 兰科 [MM-723] 全球 (1) 大洲分布及种数(uc)属分布和种数(uc)◆大洋洲
Hymenochlaena Bremek. = **Strobilanthes**

Hymenochlaena P. & K. = **Hymenolaena**
Hymenoclea【3】Torr. & A.Gray 豚草属 ← **Ambrosia** Asteraceae 菊科 [MD-586] 全球 (1) 大洲分布及种数(7)◆北美洲
Hymenocleiston【3】Duby 膜壶藓属 Splachnaceae 壶藓科 [B-143] 全球 (1) 大洲分布及种数(uc)◆南美洲
Hymenoclonium Benth. = **Hymenolobium**
Hymenocnemis Hook.f. = **Gaertnera**
Hymenocoleus Gynandrocryptus Robbr. = **Hymenocoleus**
Hymenocoleus【3】Robbr. 膜鞘茜属 ← **Geophila;Psychotria** Rubiaceae 茜草科 [MD-523] 全球 (1) 大洲分布及种数(7-13)◆非洲
Hymenocrater【3】Fisch. & C.A.Mey. 膜杯草属 Lamiaceae 唇形科 [MD-575] 全球 (1) 大洲分布及种数(3-12)◆亚洲
Hymenocyclus Dinter & Schwantes = **Malephora**
Hymenocystis C.A.Mey. = **Woodsia**
Hymenodea L. = **Hymenaea**
Hymenodecton DC. = **Hymenodictyon**
Hymenodictyon【3】Wall. 土连翘属 ← **Cinchona; Exostema** Rubiaceae 茜草科 [MD-523] 全球 (6) 大洲分布及种数(16-26;hort.1)非洲:12-21;亚洲:4-7;大洋洲:1-2;欧洲:1;北美洲:1;南美洲:1-2
Hymenodium Fée = **Elaphoglossum**
Hymenodon Euhymenodon Müll.Hal. = **Hymenodon**
Hymenodon【2】Hook.f. & Wilson 皮桧藓属 ≒ **Rhizogonium** Orthodontiaceae 直齿藓科 [B-152] 全球 (4) 大洲分布及种数(8) 亚洲:3;大洋洲:6;北美洲:2;南美洲:1
Hymenodontopsis【2】Herzog 膜桧藓属 ≒ **Rhizogonium** Aulacomniaceae 皱蒴藓科 [B-153] 全球 (5) 大洲分布及种数(4) 非洲:1;亚洲:1;大洋洲:3;北美洲:1;南美洲:1
Hymenodora Viv. ex Coss. = **Pituranthos**
Hymenodyction DC. = **Hymenodictyon**
Hymenoglossum C.Presl = **Hymenophyllum**
Hymenogonium Rich. ex Lebel = **Hymenolobium**
Hymenogyne【3】Haw. 风唱花属 ← **Mesembryanthemum** Aizoaceae 番杏科 [MD-94] 全球 (1) 大洲分布及种数(2)◆非洲(◆南非)
Hymenolaena【3】DC. 棱子芹属 ← **Pleurospermum;Physospermopsis** Apiaceae 伞形科 [MD-480] 全球 (1) 大洲分布及种数(4)◆亚洲
Hymenolepis【2】Cass. 永菊属 ≒ **Athanasia** Asteraceae 菊科 [MD-586] 全球 (4) 大洲分布及种数(3) 非洲:2;亚洲:2;大洋洲:1;欧洲:3
Hymenolepsis Cass. = **Hymenolepis**
Hymenolobium【3】Benth. 膜荚豆属 ≒ **Platymiscium** Fabaceae 豆科 [MD-240] 全球 (1) 大洲分布及种数(16-17)◆南美洲
Hymenolobus【2】Nutt. 薄果荠属 ≒ **Hornungia** Brassicaceae 十字花科 [MD-213] 全球 (5) 大洲分布及种数(4) 非洲:3;亚洲:3;大洋洲:1;欧洲:3;北美洲:3
Hymenoloma (Broth.) Broth. = **Hymenoloma**
Hymenoloma【3】Dusén 微叶藓属 Oncophoraceae 曲背藓科 [B-124] 全球 (6) 大洲分布及种数(14) 非洲:7;亚洲:5;大洋洲:1;欧洲:3;北美洲:4;南美洲:7
Hymenolomopsis【3】Thér. 古巴细叶藓属 Seligeriaceae 细叶藓科 [B-113] 全球 (1) 大洲分布及种数(1)◆北美洲
Hymenolophus Börl. = **Urceola**
Hymenolopsis Thér. ex E.B.Bartram = **Hymenolomopsis**
Hymenolyma【2】Korovin 膜片芹属 ← **Hyalolaena; Seseli** Apiaceae 伞形科 [MD-480] 全球 (2) 大洲分布及种数(2) 亚洲:2;大洋洲:2
Hymenolytrum Schröd. ex Nees = **Scleria**
Hymenonema【3】Cass. 缘膜苣属 ← **Catananche;Microseris;Scorzonera** Asteraceae 菊科 [MD-586] 全球 (1) 大洲分布及种数(2-3)◆欧洲
Hymenop Griff. = **Hymenaea**
Hymenopappus【3】L'Hér. 膜冠菊属 ≒ **Palafoxia** Asteraceae 菊科 [MD-586] 全球 (1) 大洲分布及种数(19-64)◆北美洲
Hymenophora Viv. ex Coss. = **Pituranthos**
Hymenophy C.A.Mey. = **Lepidium**
Hymenophyllaceae【3】Mart. 膜蕨科 [F-21] 全球 (6) 大洲分布和属种数(13-15;hort. & cult.3)(652-1230;hort. & cult.16-25)非洲:7-13/102-217;亚洲:8-13/388-532;大洋洲:8-14/138-266;欧洲:2-13/8-116;北美洲:8-13/119-246;南美洲:8-13/183-298
Hymenophyllopsida K.I.Göbel = **Hymenophyllopsis**
Hymenophyllopsidaceae Pic.Serm. = Hymenophyllaceae
Hymenophyllopsis【3】K.I.Göbel 膜叶桫椤属 ← **Hymenophyllum** Hymenophyllaceae 膜蕨科 [F-21] 全球 (1) 大洲分布及种数(8-10)◆南美洲
Hymenophyllum (C.Presl) C.Chr. = **Hymenophyllum**
Hymenophyllum【3】Sm. 膜蕨属 ≒ **Vesicaria; Sphaerocionium** Hymenophyllaceae 膜蕨科 [F-21] 全球 (6) 大洲分布及种数(330-414;hort.1;cult: 16)非洲:72-93;亚洲:143-180;大洋洲:90-126;欧洲:7-23;北美洲:80-100;南美洲:135-157
Hymenophyllumsporites Sm. = **Hymenophyllum**
Hymenophysa C.A.Mey. = **Lepidium**
Hymenophytaceae【3】(Labill.) Dum. 膜片苔科 [B-31] 全球 (1) 大洲分布和属种数(1/1)◆大洋洲
Hymenophyton【3】(Labill.) Dum. 膜片苔属 ≒ **Jungermannia;Podomitrium** Hymenophytaceae 膜片苔科 [B-31] 全球 (1) 大洲分布及种数(1)◆大洋洲
Hymenopogon P.Beauv. ex P.Beauv. = **Neohymenopogon**
Hymenopogum P.Beauv. = **Diphyscium**
Hymenopsis Thér. ex E.B.Bartram = **Hymenolomopsis**
Hymenoptera Viv. ex Coss. = **Pituranthos**
Hymenopteris【-】Kaulf. 铁角蕨科属 Aspleniaceae 铁角蕨科 [F-43] 全球 (uc) 大洲分布及种数(uc)
Hymenopus【-】(Benth.) Sothers & Prance 可可李科属 ≒ **Hymenoxys** Chrysobalanaceae 可可李科 [MD-243] 全球 (uc) 大洲分布及种数(uc)
Hymenopyramis【3】Wall. 膜萼藤属 Lamiaceae 唇形科 [MD-575] 全球 (1) 大洲分布及种数(1-7)◆亚洲
Hymenorchis【3】Schltr. 僧兰属 ← **Oeceoclades** Orchidaceae 兰科 [MM-723] 全球 (2) 大洲分布及种数(3-13) 亚洲;大洋洲
Hymenorebulobivia Frič = **Lobivia**
Hymenorebutia Frič = **Echinopsis**
Hymenosicyos Chiov. = **Cucumis**
Hymenospermum Benth. = **Alectra**
Hymenosporum【3】R.Br. ex F.Müll. 香荫树属 Pittosporaceae 海桐科 [MD-448] 全球 (1) 大洲分布及种数(1)◆大洋洲(◆澳大利亚)
Hymenospron Spreng. = **Dioclea**

H

Hymenostachys Bory = **Trichomanes**
Hymenostegia【3】Harms 膜苞豆属 → **Tetraberlinia; Bikinia;Neochevalierodendron** Fabaceae 豆科 [MD-240] 全球 (1) 大洲分布及种数(11-19)◆非洲
Hymenostemma【3】Kunze ex Willk. 长莛菊属 ← **Chrysanthemum;Prolongoa;** Asteraceae 菊科 [MD-586] 全球 (1) 大洲分布及种数(1)◆欧洲
Hymenostephium【2】Benth. 冠膜菊属 ≒ **Wulffia** Asteraceae 菊科 [MD-586] 全球 (2) 大洲分布及种数(21-25)北美洲:15-17;南美洲:10-12
Hymenostigma Hochst. = **Moraea**
Hymenostoma【‥】Griff. 大帽藓科属 ≒ **Hymenoloma** Encalyptaceae 大帽藓科 [B-105] 全球 (uc) 大洲分布及种数(uc)
Hymenostomum (Hampe) A.L.Andrews = **Hymenostomum**
Hymenostomum【2】R.Br. 丛藓科属 ≒ **Gymnostomum;Hyophila** Pottiaceae 丛藓科 [B-133] 全球 (5) 大洲分布及种数(38) 非洲:6;亚洲:4;大洋洲:10;北美洲:5;南美洲:14
Hymenostyliella【2】E.B.Bartram 膜丛藓属 ≒ **Timmiella** Pottiaceae 丛藓科 [B-133] 全球 (2) 大洲分布及种数(3) 亚洲:2;南美洲:1
Hymenostylilium Brid. = **Hymenostylium**
Hymenostylium【3】Brid. 立膜藓属 ≒ **Hymenophyllum;Hymenostyliella** Pottiaceae 丛藓科 [B-133] 全球 (6) 大洲分布及种数(34) 非洲:14;亚洲:18;大洋洲:2;欧洲:4;北美洲:9;南美洲:7
Hymenotheca (F.Müll) F.Müll = **Ottelia**
Hymenothecium Lag. = **Amphipogon**
Hymenothrix【3】A.Gray 环头菊属 ← **Florestina; Hymenopappus** Asteraceae 菊科 [MD-586] 全球 (1) 大洲分布及种数(11-14)◆北美洲
Hymenotomia Gaud. = **Hymenoloma**
Hymenoxis【-】Endl. 菊科属 Asteraceae 菊科 [MD-586] 全球 (uc) 大洲分布及种数(uc)
Hymenoxys (A.Gray) Bierner = **Hymenoxys**
Hymenoxys【3】Cass. 尖膜菊属 ← **Helenium;Actinea** Asteraceae 菊科 [MD-586] 全球 (1) 大洲分布及种数(39-56)◆北美洲
Hymenphysa C.A.Mey. = **Lepidium**
Hyobanche【3】L. 赤列当属 Scrophulariaceae 玄参科 [MD-536] 全球 (1) 大洲分布及种数(6)◆非洲
Hyocomiella【-】(Müll.Hal.) Kindb. 灰藓科属 Hypnaceae 灰藓科 [B-189] 全球 (uc) 大洲分布及种数(uc)
Hyocomium【3】Bruch & Schimp. 水梳藓属 ≒ **Andinia** Hypnaceae 灰藓科 [B-189] 全球 (6) 大洲分布及种数(8) 非洲:1;亚洲:4;大洋洲:1;欧洲:1;北美洲:1;南美洲:3
Hyocyamus G.Don = **Hyoscyamus**
Hyogeton Steud. = **Ilyogeton**
Hyonia Montrouz. = **Hypenia**
Hyonthus Jacq. = **Hybanthus**
Hyopeltis Michaux,André & Hitchcock,Albert Spear = **Polystichum**
Hyophila【3】Brid. 湿地藓属 ≒ **Gymnostomum; Plaubelia** Pottiaceae 丛藓科 [B-133] 全球 (6) 大洲分布及种数(90) 非洲:28;亚洲:27;大洋洲:9;欧洲:4;北美洲:17;南美洲:22
Hyophilaceae Hampe = Hydrocharitaceae
Hyophiladelphus【3】(Müll.Hal.) R.H.Zander 古巴丛藓属 ≒ **Barbula** Pottiaceae 丛藓科 [B-133] 全球 (1) 大洲分布及种数(1)◆北美洲
Hyophileae M.Fleisch. = **Hyophila**
Hyophilopsis【3】J.Cardot & Dixon 丛藓科属 Pottiaceae 丛藓科 [B-133] 全球 (1) 大洲分布及种数(1)◆亚洲
Hyophorbe【2】Gaertn. 酒瓶椰属 ← **Areca** Arecaceae 棕榈科 [MM-717] 全球 (4) 大洲分布及种数(4-6)非洲:2-4;亚洲:cf.1;北美洲:2;南美洲:2
Hyophorbeae Drude = **Hyophorbe**
Hyororyza Nees = **Hygroryza**
Hyoscarpus Dulac = **Hyoscyamus**
Hyoschyamus Zumag. = **Hyoscyamus**
Hyosciamus Neck. = **Hyoscyamus**
Hyosciurus Neck. = **Hyoscyamus**
Hyoscyamaceae Vest = Solanaceae
Hyoscyamus【3】(Tourn.) L. 天仙子属 ≒ **Physochlaina** Solanaceae 茄科 [MD-503] 全球 (6) 大洲分布及种数(14-40)非洲:10-14;亚洲:12-33;大洋洲:3-5;欧洲:7-9;北美洲:4-6;南美洲:3-5
Hyoscyamus L. = **Hyoscyamus**
Hyoseris【3】L. 翼果苣属 → **Microseris;Aposeris; Arnoseris** Asteraceae 菊科 [MD-586] 全球 (1) 大洲分布及种数(16-25)◆欧洲
Hyosicamus Hill = **Hyoscyamus**
Hyospathe【3】Mart. 薄鞘椰属 ← **Chamaedorea; Hyophorbe;Prestoea** Arecaceae 棕榈科 [MM-717] 全球 (1) 大洲分布及种数(7-9)◆南美洲
Hyotissa Salisb. = **Watsonia**
Hypacanthium【3】Juz. 灰背虎头蓟属 ← **Cousinia** Asteraceae 菊科 [MD-586] 全球 (1) 大洲分布及种数(cf. 1)◆中亚(◆乌兹别克斯坦)
Hypaelyptum Vahl = **Scirpus**
Hypaelytrum Poir. = **Mapania**
Hypaelytum Vahl = **Hypolytrum**
Hypagophytum【3】A.Berger 三合龙属 ≒ **Sempervivum** Crassulaceae 景天科 [MD-229] 全球 (1) 大洲分布及种数(1)◆非洲(◆埃塞俄比亚)
Hypanthera S.Manso = **Fevillea**
Hypaphorus Hassk. = **Erythrina**
Hyparete Raf. = **Hermbstaedtia**
Hyparrhenia (Gren. & Godr.) Clayton = **Hyparrhenia**
Hyparrhenia【3】Anderss. 苞茅属 ← **Andropogon; Cymbopogon** Poaceae 禾本科 [MM-748] 全球 (6) 大洲分布及种数(57-60;hort.1;cult: 2)非洲:56-58;亚洲:21-22;大洋洲:12;欧洲:4;北美洲:13;南美洲:7
Hypechusa Alef. = **Vicia**
Hypecoaceae【2】Willk. & Lange 角茴香科 [MD-55] 全球 (5) 大洲分布和属种数(1;hort. & cult.1)(17-25;hort. & cult.5)非洲:1/10-14;亚洲:1/14-19;大洋洲:1/1;欧洲:1/7-10;北美洲:1/3
Hypecoon L. = **Hypecoum**
Hypecoum【2】L. 角茴香属 Papaveraceae 罂粟科 [MD-54] 全球 (5) 大洲分布及种数(18-24;hort.1;cult: 2) 非洲:10-14;亚洲:14-19;大洋洲:1;欧洲:7-10;北美洲:3
Hypelate【3】P.Br. 白木患属 ≒ **Amyris** Sapindaceae 无患子科 [MD-428] 全球 (1) 大洲分布及种数(1-3)◆北美洲
Hypelichrysum Kirp. = **Gnaphalium**
Hypelythrum D.Dietr. = **Hypolytrum**
Hypelytrum Poir. = **Hypolytrum**

Hypenanthe Bl. = **Medinilla**
Hypenetes Ettingsh. = **Hypnites**
Hypenia【3】Mart. ex Benth. 角唇草属 ≒ **Hyptis; Physominthe** Lamiaceae 唇形科 [MD-575] 全球 (6) 大洲分布及种数(26)非洲:33;亚洲:33;大洋洲:33;欧洲:33;北美洲:2-35;南美洲:24-57
Hypera Miers = **Hypserpa**
Hyperacanthus【3】E.Mey. 刺栀子属 ≒ **Gardenia; Solena** Rubiaceae 茜草科 [MD-523] 全球 (1) 大洲分布及种数(10-11)◆非洲
Hyperanthera Forssk. = **Moringa**
Hyperantherac Forssk. = **Moringa**
Hyperantheraceae Link = Pontederiaceae
Hyperaspis Briq. = **Ocimum**
Hyperaxis Briq. = **Ocimum**
Hyperbaena【3】Miers ex Benth. 越被藤属 ← **Abuta; Anomospermum** Menispermaceae 防已科 [MD-42] 全球 (6) 大洲分布及种数(37)非洲:2;亚洲:2-5;大洋洲:2;欧洲:2;北美洲:18-31;南美洲:7-10
Hyperbaeneae Diels = **Hyperbaena**
Hyperbaenus Karny = **Hyperbaena**
Hyperetis E.Mey. ex Fenzl = **Hypertelis**
Hypericaceae【3】Juss. 金丝桃科 [MD-119] 全球 (6) 大洲分布和属种数(1-2;hort. & cult.1)(8-84;hort. & cult.2)非洲:2/2;亚洲:2/8;大洋洲:2/2;欧洲:2/2;北美洲:1-2/8-11;南美洲:2/2
Hypericoides Adans. = **Ascyrum**
Hypericon J.F.Gmel. = **Hypericum**
Hypericophyllum【3】Steetz 钩毛菊属 ← **Jaumea** Asteraceae 菊科 [MD-586] 全球 (1) 大洲分布及种数(12)◆非洲
Hypericopsis Boiss. = **Frankenia**
Hypericopsis Opiz = **Hypericum**
Hypericum (Mutis ex L.f.) N.Robson = **Hypericum**
Hypericum【3】L. 金丝桃属 → **Vismia;Cratoxylon; Cratoxylum** Hypericaceae 金丝桃科 [MD-119] 全球 (6) 大洲分布及种数(579-717;hort.1;cult:37)非洲:77-145;亚洲:358-474;大洋洲:44-103;欧洲:111-182;北美洲:155-224;南美洲:147-205
Hyperioides Plum. ex Adans. = **Ascyrum**
Hyperocarpa【3】(Uline) G.M.Barroso,E.F.Guim. & Sucre 薯蓣属 ≒ **Dioscorea** Dioscoreaceae 薯蓣科 [MM-691] 全球 (1) 大洲分布及种数(cf. 1)◆南美洲
Hyperogyne Salisb. = **Diuranthera**
Hypertelis【3】E.Mey. ex Fenzl 漆姑粟草属 ← **Mollugo;Pharnaceum** Molluginaceae 粟米草科 [MD-99] 全球 (1) 大洲分布及种数(12-13)◆非洲
Hyperthelia【2】Clayton 三生草属 ← **Andropogon; Cymbopogon** Poaceae 禾本科 [MM-748] 全球 (3) 大洲分布及种数(5-8)非洲:4-7;北美洲:1;南美洲:1
Hyperum C.Presl = **Balbisia**
Hyperus L. = **Cyperus**
Hypestes Ettingsh. = **Hypoestes**
Hypha L. = **Typha**
Hyphaene【3】Gaertn. 叉茎棕属 ← **Borassus;Medemia** Arecaceae 棕榈科 [MM-717] 全球 (6) 大洲分布及种数(10-14)非洲:8-14;亚洲:3-9;大洋洲:5;欧洲:5;北美洲:2-7;南美洲:5
Hyphear Danser = **Bakerella**
Hyphelia Mart. ex Benth. = **Hypenia**
Hyphipus Raf. = **Psittacanthus**
Hyphoderma Rchb. = **Cypripedium**
Hyphoporus Nees = **Scleria**
Hyphydra Schreb. = **Tonina**
Hyphydrus Schreb. = **Eriocaulon**
Hypna Talbot = **Hypenia**
Hypnaceae【3】Schimp. 灰藓科 [B-189] 全球 (5) 大洲分布和属种数(66/1401)亚洲:49/563;大洋洲:29/253;欧洲:26/146;北美洲:39/305;南美洲:28/265
Hypnaea Miers = **Hylenaea**
Hypnale Schott = **Hapaline**
Hypnales Ettingsh. = **Hypnites**
Hypneac Danser = **Bakerella**
Hypneaceae Schimp. = Hypnaceae
Hypnella【2】(Müll.Hal.) A.Jaeger 毛帽藓属 ≒ **Phyllodon** Pilotrichaceae 茸帽藓科 [B-166] 全球 (4) 大洲分布及种数(10) 亚洲:2;欧洲:2;北美洲:4;南美洲:10
Hypnelus (Müll.Hal.) A.Jaeger = **Hypnella**
Hypnideus Ettingsh. = **Hypnites**
Hypnites【3】Ettingsh. 芦莉藓属 ≒ **Ruellia** Amblystegiaceae 柳叶藓科 [B-178] 全球 (1) 大洲分布及种数(3)◆北美洲
Hypnobartlettia【-】Ochyra 柳叶藓科属 Amblystegiaceae 柳叶藓科 [B-178] 全球 (uc) 大洲分布及种数(uc)
Hypnobartlettiaceae Ochyra = Amblystegiaceae
Hypnodendraceae【2】Broth. 树灰藓科 [B-158] 全球 (5) 大洲分布和属种数(4/49) 亚洲:4/19;大洋洲:4/40;欧洲:2/4;北美洲:1/5;南美洲:1/3
Hypnodendron【2】(Müll.Hal.) Lindb. ex Mitt. 树灰藓属 ≒ **Pleuroziopsis** Hypnodendraceae 树灰藓科 [B-158] 全球 (5) 大洲分布及种数(31) 亚洲:11;大洋洲:29;欧洲:3;北美洲:5;南美洲:3
Hypnodon【-】Müll.Hal. 刺藓科属 ≒ **Rhachithecium** Rhachitheciaceae 刺藓科 [B-125] 全球 (uc) 大洲分布及种数(uc)
Hypnodontopsis【2】Z.Iwats. & Nog. 刺藓属 ≒ **Muscites** Rhachitheciaceae 刺藓科 [B-125] 全球 (2) 大洲分布及种数(4) 亚洲:2;北美洲:1
Hypnofabronia【3】Dixon 刺米藓属 Fabroniaceae 碎米藓科 [B-173] 全球 (1) 大洲分布及种数(1)◆非洲
Hypnopsis (Kindb.) Podp. = **Pleurozium**
Hypnum Hampe = **Hypnum**
Hypnum【3】Hedw. 灰藓属 ≒ **Drepanium;Philonotis** Hypnaceae 灰藓科 [B-189] 全球 (6) 大洲分布及种数(364) 非洲:52;亚洲:133;大洋洲:45;欧洲:85;北美洲:99;南美洲:78
Hypoaspis Briq. = **Ocimum**
Hypobathrum【3】Bl. 林巴戟属 ← **Coffea;Feretia** Rubiaceae 茜草科 [MD-523] 全球 (1) 大洲分布及种数(25-31)◆亚洲
Hypoborus E.Fourn. = **Hypolobus**
Hypobrichia M.A.Curtis ex Torr. & A.Gray = **Didiplis**
Hypobythius Raf. = **Hypopitys**
Hypocaccus T.L.Mitch. = **Arctostaphylos**
Hypocalymma【3】(Endl.) Endl. 桃花岗松属 ← **Baeckea;Leptospermum;Rinzia** Myrtaceae 桃金娘科 [MD-347] 全球 (1) 大洲分布及种数(9-36)◆大洋洲(◆澳大利亚)
Hypocalymna Endl. = **Hypocalymma**
Hypocalyptus【3】Thunb. 青葙豆属 ← **Crotalaria; Podalyria;Loddigesia** Fabaceae 豆科 [MD-240] 全球 (1) 大洲分布及种数(2-3)◆非洲(◆南非)

H

Hypocarpus A.DC. = **Dulacia**
Hypochaeris【3】 L. 猫耳菊属 → **Hypochoeris; Hieracium;Picris** Asteraceae 菊科 [MD-586] 全球 (6) 大洲分布及种数(96-135;hort.1;cult: 9)非洲:19-29;亚洲:16-25;大洋洲:6-14;欧洲:18-28;北美洲:13-23;南美洲:80-97
Hypochilus Schltr. = **Hybochilus**
Hypochlamys Fée = **Athyrium**
Hypochoeris【3】 L. 孔雀菊属 ≒ **Picris** Asteraceae 菊科 [MD-586] 全球 (6) 大洲分布及种数(3-11)非洲:6;亚洲:1-8;大洋洲:7;欧洲:8;北美洲:6;南美洲:1-14
Hypocistis Adans. = **Cytinus**
Hypocoton Urb. = **Bonania**
Hypocrypta Mart. = **Hypocyrta**
Hypocuma Raf. = **Cleomella**
Hypocylix Woł. = **Salsola**
Hypocyrta CoDoğanthe Mart. = **Hypocyrta**
Hypocyrta【3】 Mart. 鱼篮苣苔属 ← **Besleria;Codonanthe;Nematanthus** Gesneriaceae 苦苣苔科 [MD-549] 全球 (1) 大洲分布及种数(4-14)◆南美洲
Hypodaeurus A.Braun = **Tripsacum**
Hypodaphis Stapf = **Hypodaphnis**
Hypodaphnis【3】 Stapf 棠桂属 ← **Ocotea** Lauraceae 樟科 [MD-21] 全球 (1) 大洲分布及种数(1)◆非洲
Hypode Rchb. = **Cypripedium**
Hypodec Rchb. = **Cypripedium**
Hypodectes Nitzsch = **Hypoestes**
Hypodema Rchb. = **Cypripedium**
Hypodematiac Kunze = **Hypodematium**
Hypodematiaceae【3】Ching 肿足蕨科 [F-29] 全球 (6) 大洲分布和属种数(1/12-26)非洲:1/2-6;亚洲:1/11-20;大洋洲:1/3;欧洲:1/1-4;北美洲:1/1-4;南美洲:1/1-4
Hypodematium【3】 Kunze 肿足蕨属 ← **Aspidium; Nephrodium;Spermacoce** Hypodematiaceae 肿足蕨科 [F-29] 全球 (6) 大洲分布及种数(13-21;hort.1)非洲:2-6;亚洲:11-20;大洋洲:3;欧洲:1-4;北美洲:1-4;南美洲:1-4
Hypoder Rchb. = **Cypripedium**
Hypoderma Rchb. = **Cypripedium**
Hypodermataceae Ching = Hypodematiaceae
Hypoderris【3】 R.Br. 葶盖蕨属 ≒ **Pleuroderris** Dryopteridaceae 鳞毛蕨科 [F-49] 全球 (1) 大洲分布及种数(3)◆北美洲
Hypodiscus【3】 Nees 肉梗灯草属 ≒ **Thamnochortus** Restionaceae 帚灯草科 [MM-744] 全球 (1) 大洲分布及种数(8-22)◆非洲(◆南非)
Hypodmatium Kunze = **Hypodematium**
Hypodontiaceae【3】M.Stech 烂齿藓科 [B-134] 全球 (1) 大洲分布和属种数(1/2)◆亚洲
Hypodontium【2】 Müll.Hal. 非洲丛藓属 ≒ **Weissia** Hypodontiaceae 烂齿藓科 [B-134] 全球 (4) 大洲分布及种数(2) 非洲:2;亚洲:1;欧洲:1;南美洲:1
Hypodoxa Rchb. = **Cypripedium**
Hypoelytrum Kunth = **Hypolytrum**
Hypoestes【3】 Sol. ex R.Br. 枪刀药属 ← **Ruellia; Peristrophe** Acanthaceae 爵床科 [MD-572] 全球 (1) 大洲分布及种数(110-122)◆非洲
Hypoestis Sol. ex R.Br. = **Cytinus**
Hypogena R.Br. = **Hypolaena**
Hypoglossum Hill = **Ruscus**
Hypoglottis Fourr. = **Astragalus**
Hypogomphia【3】 Bunge 拟金莲草属 Lamiaceae 唇形科 [MD-575] 全球 (1) 大洲分布及种数(1-3)◆亚洲
Hypogon Raf. = **Collinsonia**
Hypogymnia【-】 (Nyl.) Nyl. 水蕨科属 ≒ **Parmelia** Parkeriaceae 水蕨科 [F-36] 全球 (uc) 大洲分布及种数(uc)
Hypogynium【2】 Nees 须芒草属 ← **Barbula;Andropogon** Poaceae 禾本科 [MM-748] 全球 (3) 大洲分布及种数(cf.1) 非洲;北美洲;南美洲
Hypoisotachis【3】 (Lindenb. & Gottsche) R.M.Schust. ex J.J.Engel & G.L.Merr. 孔雀蒴苔属 ≒ **Jungermannia** Balantiopsaceae 直蒴苔科 [B-37] 全球 (1) 大洲分布及种数(1)◆南美洲(◆巴西)
Hypolaena【3】 R.Br. 厚果草属 → **Anthochortus;Calorophus;Mastersiella** Restionaceae 帚灯草科 [MM-744] 全球 (1) 大洲分布及种数(8-11)◆大洋洲(◆澳大利亚)
Hypoleepis Bernh. = **Hypolepis**
Hypolepidaceae【2】Pic.Serm. 蹄覆蕨科 [F-41] 全球 (2) 大洲分布和属种数(14)亚洲;南美洲
Hypolepis Nees = **Hypolepis**
Hypolepis【2】Pers. 粗姬蕨属 ≒ **Cheilanthes;Aspidotis** Hypolepidaceae 蹄覆蕨科 [F-41] 全球 (2) 大洲分布及种数(14)亚洲;南美洲
Hypolestes Sol. ex R.Br. = **Hypoestes**
Hypolobus【3】 E.Fourn. 耳萝藦属 Apocynaceae 夹竹桃科 [MD-492] 全球 (1) 大洲分布及种数(1)◆南美洲
Hypolythrum Walp. = **Hypolytrum**
Hypolytrum【3】 Rich. ex Pers. 割鸡芒属 ← **Mapania;Scirpus;Calyptrocarya** Cyperaceae 莎草科 [MM-747] 全球 (6) 大洲分布及种数(51-72;hort.1)非洲:18-35;亚洲:45-68;大洋洲:7-14;欧洲:3-9;北美洲:7-13;南美洲:29-34
Hypolytrum T.Koyama = **Hypolytrum**
Hyponema Raf. = **Cleomella**
Hyponotum Nees = **Scleria**
Hypopeltis【-】 Michx. 鳞毛蕨科属 ≒ **Oleandra** Dryopteridaceae 鳞毛蕨科 [F-49] 全球 (uc) 大洲分布及种数(uc)
Hypophae Medik. = **Hippophae**
Hypophaea Medik. = **Elaeagnus**
Hypophialium Nees = **Coelospermum**
Hypophyes Asch. = **Hippophae**
Hypophyl Medik. = **Hippophae**
Hypophyllanthus【3】 Regel 锦葵科属 Malvaceae 锦葵科 [MD-203] 全球 (1) 大洲分布及种数(uc)◆亚洲
Hypophyllum T.P. & K. = **Stegonia**
Hypopithis Raf. = **Hypopitys**
Hypopithydes G.A.Scop. = **Hypopitys**
Hypopithys Adans. = **Monotropa**
Hypopithys G.A.Scop. = **Hypopitys**
Hypopitia Hill = **Hypopitys**
Hypopityaceae Klotzch = Myrsinaceae
Hypopityo Hill = **Hypopitys**
Hypopitys【2】Hill 松下兰属 ≒ **Hypoestes;Monotropa** Monotropaceae 水晶兰科 [MD-390] 全球 (3) 大洲分布及种数(3) 亚洲:3;欧洲:2;北美洲:2
Hypoplectis Michx. = **Hypopeltis**
Hypopogon Turcz. = **Ilex**
Hypoporum Nees = **Scleria**
Hypoprion Turcz. = **Symplocos**
Hypopta Medik. = **Elaeagnus**

Hypopterygiaceae【2】Mitt. 孔雀藓科 [B-160] 全球 (3) 大洲分布和属种数(2/3)亚洲:1/1;大洋洲:1/1;南美洲:2/2
Hypopterygiopsis Sakurai = **Selaginella**
Hypopterygium (Hook.f. & Wilson) Bosch & Sande Lac. = **Hypopterygium**
Hypopterygium【3】Schlecht. 孔雀藓属 ≒ **Amphipterygium;Juliania** Hypopterygiaceae 孔雀藓科 [B-160] 全球 (6) 大洲分布及种数(26) 非洲:7;亚洲:11;大洋洲:16;欧洲:3;北美洲:5;南美洲:10
Hypopythis Raf. = **Hypopitys**
Hyposidra F.Friedmann = **Hypoxidia**
Hypotanthus Saylor = **Hypocyrta**
Hypothronia Schrank = **Hyptis**
Hypotrix Mönch = **Hystrix**
Hypoxanthus Rich. ex DC. = **Miconia**
Hypoxidaceae【3】R.Br. 仙茅科 [MM-695] 全球 (6) 大洲分布和属种数(8-9;hort. & cult.6-7)(181-299;hort. & cult.34-45)非洲:8/153-209;亚洲:3/29-51;大洋洲:4/14-38;欧洲:2-3/6-23;北美洲:3/25-44;南美洲:3/20-38
Hypoxideae Bernh. = **Hypoxidia**
Hypoxidia【3】F.Friedmann 仙茅属 ≒ **Curculigo** Hypoxidaceae 仙茅科 [MM-695] 全球 (1) 大洲分布及种数(1)◆亚洲
Hypoxidopsis Steud. ex Baker = **Lithomyrtus**
Hypoxis Forssk. = **Hypoxis**
Hypoxis【3】L. 小金梅草属 ← **Aletris;Hyptis** Hypoxidaceae 仙茅科 [MM-695] 全球 (6) 大洲分布及种数(88-150;hort.1;cult: 2)非洲:72-117;亚洲:10-20;大洋洲:8-24;欧洲:5-15;北美洲:17-29;南美洲:16-27
Hyppochaeris Biv. = **Hypochoeris**
Hypsa C.Presl = **Lobelia**
Hypsela C.Presl = **Lobelia**
Hypselandra【3】Pax & K.Hoffm. 牧羊柑属 ≒ **Meeboldia;Boscia** Capparaceae 山柑科 [MD-178] 全球 (1) 大洲分布及种数(cf.1) ◆亚洲
Hypselodelphys【3】(K.Schum.) Milne-Redh. 攀柊叶属 ← **Donax;Trachyphrynium** Marantaceae 竹芋科 [MM-740] 全球 (1) 大洲分布及种数(6-8)◆非洲
Hypseloderma Radlk. = **Camptolepis**
Hypseocharis【3】J.Rémy 安山草属 Geraniaceae 牻牛儿苗科 [MD-318] 全球 (1) 大洲分布及种数(8)◆南美洲
Hypseocharitaceae【3】Wedd. 高柱花科 [MD-338] 全球 (1) 大洲分布和属种数(1;hort. & cult.1)(8-9;hort. & cult.2-3)◆南美洲
Hypseochloa【3】C.E.Hubb. 岳剪草属 Poaceae 禾本科 [MM-748] 全球 (1) 大洲分布及种数(1-2)◆非洲
Hypserpa【3】Miers 夜花藤属 ≒ **Limacia** Menispermaceae 防已科 [MD-42] 全球 (1) 大洲分布及种数(10-12)◆亚洲
Hypserpeae Miers = **Hypserpa**
Hypsicomus Hill = **Anisodus**
Hypsipetes Miq. = **Anamirta**
Hypsipodes Miq. = **Tinospora**
Hypsophila【3】F.Müll. 高地卫矛属 Celastraceae 卫矛科 [MD-339] 全球 (1) 大洲分布及种数(5)◆大洋洲(◆澳大利亚)
Hyptiandra Hook.f. = **Quassia**
Hyptianthera【3】Wight & Arn. 藏药木属 ← **Canthium;Rondeletia;Nargedia** Rubiaceae 茜草科 [MD-523] 全球 (1) 大洲分布及种数(cf. 1)◆亚洲
Hyptidendron Harley = **Hyptidendron**
Hyptidendron【3】R.M.Harley 疏伞柱基木属 ← **Hyptis** Lamiaceae 唇形科 [MD-575] 全球 (1) 大洲分布及种数(19)◆南美洲
Hyptiodaphne Urb. = **Daphnopsis**
Hyptiotes Ettingsh. = **Hypnites**
Hyptis (Benth.) Epling = **Hyptis**
Hyptis【3】Jacq. 吊球草属 ← **Agastache;Ballota;Elsholtzia** Lamiaceae 唇形科 [MD-575] 全球 (1) 大洲分布及种数(225-251)◆南美洲
Hyptissa Salisb. = **Watsonia**
Hypudaerus A.Braun = **Tripsacum**
Hypudaeurus Rchb. = **Anthephora**
Hyria Klotzsch = **Ceratostema**
Hyriopsis Pers. = **Heliopsis**
Hyrtanandra【3】Miq. 雾水葛属 ← **Pouzolzia** Urticaceae 荨麻科 [MD-91] 全球 (1) 大洲分布及种数(2)◆亚洲
Hyserpa Miers = **Hypserpa**
Hyssaria Kolak. = **Campanula**
Hyssia Kolak. = **Campanula**
Hyssopus Angustifolii Boriss. = **Hyssopus**
Hyssopus【2】L. 神香草属 → **Agastache;Nepeta** Lamiaceae 唇形科 [MD-575] 全球 (5) 大洲分布及种数(7-9;hort.1)非洲:1;亚洲:6-8;欧洲:3;北美洲:1;南美洲:cf.1
Hysteria Reinw. = **Corymborkis**
Hysteriaceae Van Tiegh. = Olacaceae
Hystericina Steud. = **Ancistragrostis**
Hysterionica【3】Willd. 黄酒草属 → **Chrysopsis;Haplopappus** Asteraceae 菊科 [MD-586] 全球 (1) 大洲分布及种数(18-20)◆南美洲
Hysterobaeckea【3】(Nied.) Rye 莲金娘属 Myrtaceae 桃金娘科 [MD-347] 全球 (1) 大洲分布及种数(uc）◆大洋洲
Hysterocarpus Langsd. = **Didymochlaena**
Hysteronica Endl. = **Hysterionica**
Hysterophorus Adans. = **Parthenium**
Hysteropsis Kunth = **Heteropsis**
Hystrichophora【3】Mattf. 莲座瘦片菊属 Asteraceae 菊科 [MD-586] 全球 (1) 大洲分布及种数(1)◆亚洲
Hystringium Steud. = **Triticum**
Hystrix【3】Mönch 猬草属 ≒ **Barleria;Asperella** Poaceae 禾本科 [MM-748] 全球 (6) 大洲分布及种数(9;hort.1;cult:1)非洲:5;亚洲:7-12;大洋洲:2-7;欧洲:2-7;北美洲:2-7;南美洲:5
Hytelephium H.Ohba = **Hylotelephium**

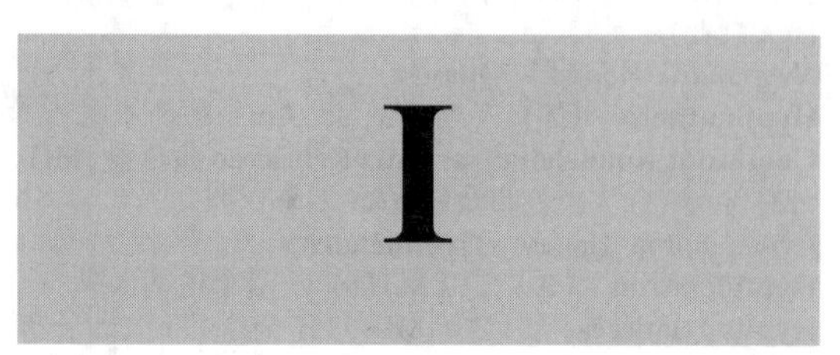

Ia Klotzsch = **Bia**
Iacaranda Nees = **Jacaranda**
Iacovielloara【-】auct. 兰科属 Orchidaceae 兰科 [MM-723] 全球 (uc) 大洲分布及种数(uc)
Iaera Copel. = **Costera**
Iais Winkler = **Dais**
Ialapa Crantz = **Allionia**
Ianara M.Clark = **Ilex**
Ianclarkara【-】J.M.H.Shaw 兰科属 Orchidaceae 兰科 [MM-723] 全球 (uc) 大洲分布及种数(uc)
Ianhedgea【3】Al-Shehbaz & O´Kane 葶芥属 ← **Guillenia;Hesperis;Sisymbrium** Brassicaceae 十字花科 [MD-213] 全球 (1) 大洲分布及种数(cf. 1)◆亚洲
Iantha Hook. = **Xylosma**
Ianthe Pfeiff. = **Hypoxis**
Ianthella Clauson ex Pomel = **Petrorhagia**
Ianthopappus【3】Roqü & D.J.N.Hind 驴菊木属 ≒ **Onoseris** Asteraceae 菊科 [MD-586] 全球 (1) 大洲分布及种数(1)◆南美洲
Ianthopsis Miq. = **Randia**
Iaravaea G.A.Scop. = **Microlicia**
Iasione Mönch = **Jasione**
Iatropha Stokes = **Jatropha**
Ibarra Lundell = **Alangium**
Ibarraea Lundell = **Ardisia**
Ibatia【3】Decne. 毛口萝藦属 ← **Matelea; Pseudibatia;Lachnostoma** Apocynaceae 夹竹桃科 [MD-492] 全球 (1) 大洲分布及种数(14-28)◆南美洲(◆委内瑞拉)
Ibatiria W.E.Cooper = **Ibatia**
Ibbertsonia Sims = **Genista**
Ibbetsonia Sims = **Sophora**
Iberidella Boiss. = **Aethionema**
Iberis【3】L. 屈曲花属 → **Aethionema;Lepidium; Moraea** Brassicaceae 十字花科 [MD-213] 全球 (1) 大洲分布及种数(29-32)◆欧洲
Iberodes【2】M.Serrano,R.Carbajal & S.Ortiz 屈紫草属 Boraginaceae 紫草科 [MD-517] 全球 (3) 大洲分布及种数(uc) 非洲:1;欧洲:5;南美洲:1
Ibervillea【3】Greene 笑布袋属 ← **Bryonia** Cucurbitaceae 葫芦科 [MD-205] 全球 (1) 大洲分布及种数(9)◆北美洲
Ibetralia Bremek. = **Kutchubaea**
Ibettsonia Sims = **Genista**
Ibicella【3】(Stapf) Van Eselt. 羊角麻属 ← **Martynia** Martyniaceae 角胡麻科 [MD-557] 全球 (1) 大洲分布及种数(3-6)◆南美洲
Ibidion Salisb. = **Spiranthes**
Ibidium Salisb. = **Spiranthes**
Ibina Nor. = **Iria**
Ibiscus L. = **Hibiscus**
Ibla J.Braun & K.Schum. = **Tabernanthe**
Iboga J.Braun & K.M.Schumann = **Tabernanthe**
Ibota (D.Don) Endl. = **Platycladus**
Iboza N.E.Br. = **Tetradenia**
Icacina【3】A.Juss. 茶茱萸属 → **Apodytes** Icacinaceae 茶茱萸科 [MD-450] 全球 (1) 大洲分布及种数(2-5)◆非洲
Icacinaceae【3】Miers 茶茱萸科 [MD-450] 全球 (6) 大洲分布和属种数(43-48;hort. & cult.4-6)(237-457;hort. & cult.5-10)非洲:13-26/76-157;亚洲:20-28/84-188;大洋洲:5-23/13-62;欧洲:1-15/1-37;北美洲:6-18/25-62;南美洲:10-21/55-97
Icacineae Benth. = **Icacina**
Icacinopsis Roberty = (接受名不详) Icacinaceae
Icaco Adans. = **Chrysobalanus**
Icacorea【2】Aubl. 紫金牛属 → **Ardisia;Badula; Stylogyne** Primulaceae 报春花科 [MD-401] 全球 (3) 大洲分布及种数(cf.1) 亚洲;北美洲;南美洲
Icaia DeLong = **Icaria**
Icaranda Pers. = **Jacaranda**
Icaria【3】J.F.Macbr. 秘鲁野牡丹属 ≒ **Miconia** Melastomataceae 野牡丹科 [MD-364] 全球 (1) 大洲分布及种数(1)◆南美洲
Icaricia J.F.Macbr. = **Icaria**
Icarus Gasper & Salino = **Icaria**
Ichmanthus P.Beauv. = **Ichnanthus**
Ichnanthus Appendiculata Pilg. = **Ichnanthus**
Ichnanthus【3】P.Beauv. 距花黍属 ← **Apluda; Isachne;Olyra** Poaceae 禾本科 [MM-748] 全球 (6) 大洲分布及种数(39-41;hort.1;cult: 2)非洲:4-5;亚洲:6-7;大洋洲:2-3;欧洲:1;北美洲:13-14;南美洲:37-38
Ichnocarpus【3】R.Br. 腰骨藤属 → **Aganosma; Gardenia;Papuechites** Apocynaceae 夹竹桃科 [MD-492] 全球 (1) 大洲分布及种数(5-10)◆亚洲
Ichoria J.F.Macbr. = **Icaria**
Ichthyomethia P. & K. = **Piscidia**
Ichthyophora Baehni = **Pouteria**
Ichthyosma Schltdl. = **Sarcophyte**
Ichthyostoma【3】Hedrén & Vollesen 非洲黄爵床属 Acanthaceae 爵床科 [MD-572] 全球 (1) 大洲分布及种数(1)◆非洲
Ichthyostomum D.L.Jones,M.A.Clem. & Molloy = **Epidendrum**
Ichthyothera Klotzsch = **Ichthyothere**
Ichthyothere【3】Mart. 白苞菊属 Asteraceae 菊科 [MD-586] 全球 (1) 大洲分布及种数(31-36)◆南美洲
Ichtyoselmis【3】Lidén & T.Fukuhara 黄药属 ← **Dicentra** Papaveraceae 罂粟科 [MD-54] 全球 (1) 大洲分布及种数(cf. 1)◆亚洲
Ichtyosma Schltdl. = **Sarcophyte**
Ichtyothere DC. = **Ichthyothere**
Icianthus Greene = **Streptanthus**
Icica Aubl. = **Protium**
Icicariba M.Gómez = **Bursera**
Icicaster Ridl. = **Santiria**
Icicopsis Engl. = **Protium**

Icma Phil. = **Baccharis**
Icmane Raf. = **Hakea**
Icochilus R.Br. = **Isochilus**
Icochroma Benth. = **Iochroma**
Icomum 【3】 Hua 几内亚芩属 ≒ **Aeollanthus; Orthosiphon** Lamiaceae 唇形科 [MD-575] 全球 (1) 大洲分布及种数(uc)属分布和种数(uc)◆非洲
Icosandra Phil. = **Cryptocarya**
Icosinia 【-】 Raf. 锦葵科属 ≒ **Helicteres** Malvaceae 锦葵科 [MD-203] 全球 (uc) 大洲分布及种数(uc)
Icostegia Raf. = **Clusia**
Icteria J.F.Macbr. = **Icaria**
Icterus Raf. = **Physocarpus**
Icthyoctonum Boiv. ex Baill. = **Lonchocarpus**
Icthyothere Baker = **Ichthyothere**
Ictinus Cass. = **Gorteria**
Ictodes Bigel. = **Symplocarpus**
Icuria 【3】 Wieringa 山靛豆属 Fabaceae 豆科 [MD-240] 全球 (1) 大洲分布及种数(1)◆非洲(◆莫桑比克)
Ida 【3】 A.Ryan & Oakeley 南捧心兰属 ← **Sudamerlycaste;Lycaste** Orchidaceae 兰科 [MM-723] 全球 (1) 大洲分布及种数(1)◆南美洲
Idahoa 【3】 A.Nelson & J.F.Macbr. 爱达荷荠属 Brassicaceae 十字花科 [MD-213] 全球 (1) 大洲分布及种数(1-13)◆北美洲
Idalia Raf. = **Aniseia**
Idamoorea 【-】 W.Jasen 兰科属 Orchidaceae 兰科 [MM-723] 全球 (uc) 大洲分布及种数(uc)
Idana A.Nelson & J.F.Macbr. = **Idahoa**
Idaneum P. & K. & Post = **Pachypodium**
Idanthisa 【3】 Raf. 亚洲心爵床属 Acanthaceae 爵床科 [MD-572] 全球 (1) 大洲分布及种数(1)◆亚洲
Idea L. = **Itea**
Ideleria Kunth = **Tetraria**
Idenburgia Gibbs = **Sphenostemon**
Ideopsis Kunth = **Ionopsis**
Idertia 【3】 Farron 光莲木属 ≒ **Gomphia** Ochnaceae 金莲木科 [MD-104] 全球 (1) 大洲分布及种数(1)◆非洲
Idesia 【3】 Maxim. 山桐子属 Salicaceae 杨柳科 [MD-123] 全球 (1) 大洲分布及种数(2)◆亚洲
Idianthes Desv. = **Youngia**
Idicium Neck. = **Quararibea**
Idimanthus 【3】 E.G.Gonç. 扭花芥属 Araceae 天南星科 [MM-639] 全球 (1) 大洲分布及种数(1)◆南美洲
Idiocephalopsis S.Bunwong & H.Rob. = **Iodocephalopsis**
Idiogramma 【-】 S.R.Ghosh 铁线蕨科属 Adiantaceae 铁线蕨科 [F-35] 全球 (uc) 大洲分布及种数(uc)
Idiopappus 【3】 H.Rob. & Panero 奇冠菊属 ← **Verbesina** Asteraceae 菊科 [MD-586] 全球 (1) 大洲分布及种数(1)◆南美洲(◆厄瓜多尔)
Idiopteris 【3】 T.G.Walker 特立蕨属 ≒ **Pteris** Pteridaceae 凤尾蕨科 [F-31] 全球 (1) 大洲分布及种数(uc)◆大洋洲
Idiospermaceae 【3】 S.T.Blake 澳樟科 [MD-11] 全球 (1) 大洲分布和属种数(1;hort. & cult.1)(1;hort. & cult.1)◆大洋洲
Idiospermum 【3】 S.T.Blake 奇子树属 ← **Calycanthus** Calycanthaceae 蜡梅科 [MD-12] 全球 (1) 大洲分布及种数(1)◆大洋洲(◆澳大利亚)
Idiostoma D.Dietr. = **Hippobroma**
Idiothamnus 【3】 R.M.King & H.Rob. 奇菊木属 ← **Eupatoriastrum** Asteraceae 菊科 [MD-586] 全球 (1) 大洲分布及种数(4)◆南美洲
Idolia Lam. = **Berchemia**
Idotea Kunth = **Albuca**
Idothea Kunth = **Drimia**
Idothearia C.Presl = **Drimia**
Idria 【3】 Kellogg 观峰玉属 ≒ **Iria** Fouquieriaceae 福桂树科 [MD-308] 全球 (1) 大洲分布及种数(3)◆北美洲
Idris Kellogg = **Idria**
Idusa Richardson = **Idesia**
Idyla Raf. = **Convolvulus**
Iebine Raf. = **Liparis**
Iericontis Adans. = **Euclidium**
Ifdregea 【-】 Steud. 伞形科属 ≒ **Peucedanum** Apiaceae 伞形科 [MD-480] 全球 (uc) 大洲分布及种数(uc)
Ifloga 【3】 Cass. 散绒菊属 ← **Chrysocoma** Asteraceae 菊科 [MD-586] 全球 (1) 大洲分布及种数(16)◆非洲
Ifuon Raf. = **Ornithogalum**
Igene Kornicker = **Ismene**
Igernella Süss. = **Irenella**
Ighermia 【3】 Wiklund 金币花属 ≒ **Asteriscus** Asteraceae 菊科 [MD-586] 全球 (1) 大洲分布及种数(cf. 1)◆非洲
Igidia Speta = **Albuca**
Ignata L.f. = **Strychnos**
Ignatia L.f. = **Strychnos**
Ignatiana Lour. = **Strychnos**
Ignurbia 【3】 B.Nord. 千里光属 ≒ **Senecio** Asteraceae 菊科 [MD-586] 全球 (1) 大洲分布及种数(cf.1) ◆北美洲
Iguanara Rchb. = **Iguanura**
Iguanura 【3】 Bl. 彩果椰属 ← **Areca** Arecaceae 棕榈科 [MM-717] 全球 (1) 大洲分布及种数(6-32)◆亚洲
Ihlea Forskål = **Ilex**
Ihlenfeldtia 【3】 H.E.K.Hartmann 虾钳花属 ← **Cheiridopsis** Aizoaceae 番杏科 [MD-94] 全球 (1) 大洲分布及种数(uc)属分布和种数(uc)◆非洲(◆南非)
Ihlenopsis 【-】 S.A.Hammer 番杏科属 Aizoaceae 番杏科 [MD-94] 全球 (uc) 大洲分布及种数(uc)
Ihsanalshehbazia 【2】 T.Ali & Thines 瑕刀菜属 Brassicaceae 十字花科 [MD-213] 全球 (2) 大洲分布及种数(cf.1) 非洲:1;欧洲:1
Iiiigera Bl. = **Illigera**
Iilipe F.Müll. = **Madhuca**
Iitchi Sonn. = **Litchi**
Ikonnikovia 【3】 Lincz. 伊犁花属 ← **Goniolimon;Limonium** Plumbaginaceae 白花丹科 [MD-227] 全球 (1) 大洲分布及种数(cf. 1)◆亚洲
Ildefonsia 【3】 Gardner 荨麻属 ≒ **Urtica** Plantaginaceae 车前科 [MD-527] 全球 (1) 大洲分布及种数(1)◆南美洲
Ilea Lindl. = **Pilea**
Iledon Samüls & J.D.Rogers = **Isodon**
Ileocarpus Miers = **Steriphoma**
Ileostylus 【3】 Van Tiegh. 离瓣寄生属 ← **Helixanthera; Loranthus** Loranthaceae 桑寄生科 [MD-415] 全球 (1) 大洲分布及种数(cf.1) ◆大洋洲

I

Ilex 【3】 (Tourn.) L. 冬青属 ≒ **Quercus;Chomelia; Perrottetia** Aquifoliaceae 冬青科 [MD-438] 全球 (6) 大洲分布及种数(632-786;hort.1;cult:83)非洲:32-84;亚洲:387-485;大洋洲:34-90;欧洲:23-73;北美洲:155-227;南美洲:277-364

Ilia Adans. = **Callicarpa**

Ilia L. = **Itea**

Iliamna 【3】 Greene 野蜀葵属 ← **Malva;Sphaeralcea** Malvaceae 锦葵科 [MD-203] 全球 (1) 大洲分布及种数(9)◆北美洲

Iliana Greene = **Iliamna**

Ilicaceae Bercht. & J.Presl = Treubiaceae

Iliciodes P. & K. = **Nemopanthus**

Ilicioides Dum.Cours. = **Nemopanthus**

Iliogeton Benth. = **Ilyogeton**

Ilisia Milano = **Datura**

Iljinia 【3】 Korovin & Korovin 戈壁藜属 ← **Arthrophytum** Amaranthaceae 苋科 [MD-116] 全球 (1) 大洲分布及种数(1-2)◆东亚(◆中国)

Illa Adans. = **Aegiphila**

Illairea Lenne & C.Koch = **Loasa**

Illana Adans. = **Callicarpa**

Illecebraceae 【3】 R.Br. 醉人花科 [MD-113] 全球 (6) 大洲分布和属种数(14-18;hort. & cult.7-8)(225-381;hort. & cult.24-40)非洲:6-12/52-117;亚洲:7-14/83-139;大洋洲:4-11/19-58;欧洲:5-12/67-133;北美洲:9-13/54-97;南美洲:5-12/56-93

Illecebraria Hampe = **Aongstroemia**

Illecebrella P. & K. = **Alternanthera**

Illecebrum 【2】 L. 苏甲草属 ≒ **Alternanthera;Corrigiola;Paronychia** Caryophyllaceae 石竹科 [MD-77] 全球 (5) 大洲分布及种数(5-17)非洲:3-6;亚洲:1;大洋洲:1;欧洲:2;北美洲:1

Illeis Haw. = **Narcissus**

Illex Verany = **Ilex**

Illgera Bl. = **Illigera**

Illice F.Müll = **Bassia**

Illiciaceae A.C.Sm. = Illiciaceae

Illiciaceae 【3】 Bercht. & J.Presl 八角科 [MD-6] 全球 (6) 大洲分布和属种数(1;hort. & cult.1)(30-59;hort. & cult.8-11)非洲:1/3;亚洲:1/29-40;大洋洲:1/4;欧洲:1/3;北美洲:1/6-13;南美洲:1/3

Illicium (Spach) A.C.Sm. = **Illicium**

Illicium 【3】 L. 八角属 ≒ **Ternstroemia** Schisandraceae 五味子科 [MD-8] 全球 (6) 大洲分布及种数(31-42;hort.1;cult: 3)非洲:3;亚洲:29-40;大洋洲:4;欧洲:3;北美洲:6-13;南美洲:3

Illieium L. = **Illicium**

Illigera 【3】 Bl. 青藤属 Hernandiaceae 莲叶桐科 [MD-24] 全球 (6) 大洲分布及种数(24-35)非洲:4-7;亚洲:20-28;大洋洲:3-6;欧洲:1;北美洲:1;南美洲:1

Illigeraceae Bl. = Cynomoriaceae

Illipe F.Müll = **Madhuca**

Illus Haw. = **Narcissus**

Ilmu Adans. = **Romulea**

Ilocania Merr. = **Diplocyclos**

Ilogeton A.Juss. = **Ilyogeton**

Ilon Medik. = **Vicia**

Ilonara J.M.H.Shaw = **Cleome**

Iltisia 【3】 S.F.Blake 矮匍菊属 Asteraceae 菊科 [MD-586] 全球 (1) 大洲分布及种数(2)◆北美洲

Ilyodon Eigenmann = **Isodon**

Ilyogethos Endl. = **Ilyogeton**

Ilyogeton 【3】 Endl. 长蒴母草属 ≒ **Antirrhinum** Scrophulariaceae 玄参科 [MD-536] 全球 (1) 大洲分布及种数(uc)◆大洋洲

Ilyphilos Lunell = **Elatine**

Ilysanthes 【3】 Raf. 线母草属 → **Lindernia** Linderniaceae 母草科 [MD-534] 全球 (1) 大洲分布及种数(1-6)◆北美洲

Ilysanthes Urb. = **Ilysanthes**

Ilysanthis Raf. = **Ilysanthes**

Ilysanthos St.Lag. = **Lindernia**

Ilysia G.A.Scop. = **Idesia**

Ilythuria Raf. = **Calamagrostis**

Imantina Hook.f. = **Gynochthodes**

Imantophyllum Hook. = **Clivia**

Imatophyllum Hook. = **Haemanthus**

Imbralyx R.Geesink = **Fordia**

Imbribryum 【2】 N.Pedersen 白真藓属 ≒ **Mnium** Bryaceae 真藓科 [B-146] 全球 (4) 大洲分布及种数(5) 非洲:1;亚洲:1;大洋洲:5;南美洲:2

Imbricaria (Schreb.) Michx. = **Mimusops**

Imbricaria Sm. = **Baeckea**

Imbutis Raf. = **Capparis**

Imelda Felder = **Imeria**

Imeria 【3】 R.M.King & H.Rob. 宽柱亮泽兰属 ← **Eupatorium** Asteraceae 菊科 [MD-586] 全球 (1) 大洲分布及种数(1)◆南美洲

Imerinaea 【3】 Schltr. 小马岛兰属 ← **Phaius** Orchidaceae 兰科 [MM-723] 全球 (1) 大洲分布及种数(1)◆非洲(◆马达加斯加)

Imerinia Schltr. = **Imerinaea**

Imerinorchis Szlach. = **Satyrium**

Imhofia Heist. = **Rinorea**

Imitaria N.E.Br. = **Gibbaeum**

Imma Mill. = **Inga**

Impatians L. = **Impatiens**

Impatiens 【3】 L. 凤仙花属 Balsaminaceae 凤仙花科 [MD-434] 全球 (6) 大洲分布及种数(904-1277;hort.1;cult:21)非洲:236-397;亚洲:699-832;大洋洲:27-52;欧洲:18-42;北美洲:35-61;南美洲:6-29

Impatientaceae Lem. = Balsaminaceae

Impatientella H.Perrier = **Impatiens**

Imperata 【3】 Cirillo 白茅属 → **Miscanthus; Saccharum; Erianthus** Poaceae 禾本科 [MM-748] 全球 (6) 大洲分布及种数(14)非洲:2-8;亚洲:11-18;大洋洲:8-14;欧洲:5-11;北美洲:8-14;南美洲:8-14

Imperateae Gren. & Godr. = **Imperata**

Imperatia Mönch = **Petrorhagia**

Imperatoria L. = **Peucedanum**

Imperatoriaceae Martinov = Aizoaceae

Imperialis Adans. = **Tulipa**

Impia Bluff & Fingerh. = **Filago**

Inactis Naegeli,C. = **Atractylis**

Inara Dennst. = **Ardisia**

Incadendron 【3】 K.Wurdack & Farfán 芋大戟属 Euphorbiaceae 大戟科 [MD-217] 全球 (1) 大洲分布及种

I

数(cf.1)◆南美洲
Incaea【3】Lür 夷萼兰属 ← **Phloeophila** Orchidaceae 兰科 [MM-723] 全球 (1) 大洲分布及种数(cf. 1)◆南美洲(◆玻利维亚)
Incaia Lür = **Incaea**
Incalia Raf. = **Convolvulus**
Incania Merr. = **Bryonia**
Incarum【3】E.G.Gonç. 星柱芋属 ≒ **Asterostigma** Araceae 天南星科 [MM-639] 全球 (1) 大洲分布及种数(1)◆南美洲
Incarvillaea A.D.Orb. = **Chirita**
Incarvillea【3】Juss. 角蒿属 → **Aeschynanthus;Chirita;Paulownia** Bignoniaceae 紫葳科 [MD-541] 全球 (1) 大洲分布及种数(18-22)◆亚洲
Incarvilleeae Horan. = **Incarvillea**
Incarviuea Juss. = **Incarvillea**
Inclica Aubl. = **Bursera**
Incolea Lür = **Incaea**
Indagator【3】Halford 澳椴树属 Malvaceae 锦葵科 [MD-203] 全球 (1) 大洲分布及种数(1)◆大洋洲(◆澳大利亚)
Index O.F.Cook = **Sabal**
Indgofera L. = **Indigofera**
India【-】A.N.Rao 兰科属 Orchidaceae 兰科 [MM-723] 全球 (uc) 大洲分布及种数(uc)
Indianthus Suksathan & Borchs. = **Iodanthus**
Indiaster Sch.Bip. ex Hochst. = **Pentanema**
Indigastrum【3】Jaub. & Spach 木蓝属 ≒ **Indigofera** Fabaceae 豆科 [MD-240] 全球 (1) 大洲分布及种数(8)属分布和种数(uc)◆非洲
Indigo Adans. = **Indigofera**
Indigofera (Baker f.) Schrire = **Indigofera**
Indigofera【3】L. 木蓝属 ≒ **Galega;Otholobium** Fabaceae3 蝶形花科 [MD-240] 全球 (6) 大洲分布及种数(361-887;hort.1;cult: 11)非洲:222-650;亚洲:135-260;大洋洲:53-123;欧洲:9-51;北美洲:84-135;南美洲:36-88
Indobanalia【3】A.N.Henry & B.Roy 巴豆属 Amaranthaceae 苋科 [MD-116] 全球 (1) 大洲分布及种数(cf.1)◆亚洲
Indocalamus【3】Nakai 箬竹属 → **Acidosasa;Pseudosasa;Ampelocalamus** Poaceae 禾本科 [MM-748] 全球 (1) 大洲分布及种数(30-42)◆亚洲
Indo-china Bor = **Euclasta**
Indochloa Bor = **Euclasta**
Indocourtoisia Bennet & Raizada = **Courtoisina**
Indocypraea【3】Orchard 箬菊属 Asteraceae 菊科 [MD-586] 全球 (1) 大洲分布及种数(cf.1)◆亚洲
Indodalzellia【-】Koi & M.Kato 川苔草科属 Podostemaceae 川苔草科 [MD-322] 全球 (uc) 大洲分布及种数(uc)
Indofevillea【3】Chatterjee 藏瓜属 Cucurbitaceae 葫芦科 [MD-205] 全球 (1) 大洲分布及种数(cf. 1)◆亚洲
Indofevilleeae H.Schaef. & S.S.Renner = **Indofevillea**
Indogofera L. = **Indigofera**
Indokingia Hemsl. = **Polyscias**
Indolophus Spach = **Polygala**
Indomelothria【3】W.J.de Wilde & Duyfjes 亚洲葫芦属 Cucurbitaceae 葫芦科 [MD-205] 全球 (1) 大洲分布及种数(1-3)◆亚洲
Indoneesiella【3】Sreem. 葫爵床属 Acanthaceae 爵床科 [MD-572] 全球 (1) 大洲分布及种数(uc)属分布和种数(uc)◆南亚(◆印度)
Indonenia J.E.Vidal = **Indosinia**
Indopiptadenia【3】Brenan 印度落腺豆属 ← **Adenanthera;Piptadenia** Fabaceae 豆科 [MD-240] 全球 (1) 大洲分布及种数(cf. 1)◆亚洲
Indopoa【3】Bor 印度早熟禾属 ← **Tripogon** Poaceae 禾本科 [MM-748] 全球 (1) 大洲分布及种数(2)◆亚洲
Indopolysolenia Bennet = **Leptomischus**
Indopottia【3】A.E.D.Daniels 蔟藓属 Pottiaceae 丛藓科 [B-133] 全球 (1) 大洲分布及种数(2)◆亚洲
Indorouchera【3】Hallier f. 脂麻藤属 ← **Roucheria** Linaceae 亚麻科 [MD-315] 全球 (1) 大洲分布及种数(1-2)◆亚洲
Indoryza A.N.Henry & B.Roy = **Porteresia**
Indosasa【3】McClure 大节竹属 → **Acidosasa;Sinobambusa** Poaceae 禾本科 [MM-748] 全球 (1) 大洲分布及种数(17-20)◆亚洲
Indoschulzia【3】Pimenov & Kljuykov 瘤果芹属 ≒ **Trachydium** Apiaceae 伞形科 [MD-480] 全球 (1) 大洲分布及种数(uc)属分布和种数(uc)◆亚洲
Indosinia【3】J.E.Vidal 南越莲木属 Ochnaceae 金莲木科 [MD-104] 全球 (1) 大洲分布及种数(cf. 1)◆亚洲
Indothuidium A.Touw = **Indothuidium**
Indothuidium【3】Touw 南羽藓属 Thuidiaceae 羽藓科 [B-184] 全球 (1) 大洲分布及种数(1) ◆亚洲
Indotristicha【3】P.Royen 杯川藻属 ← **Dalzellia** Podostemaceae 川苔草科 [MD-322] 全球 (1) 大洲分布及种数(1-2)◆亚洲
Indovethia【3】Börl. 金莲木科属 Ochnaceae 金莲木科 [MD-104] 全球 (1) 大洲分布及种数(uc)◆大洋洲
Indra Raf. = **Thlaspi**
Indurgia Speta = **Drimia**
Indusiella【2】Broth. & Müll.Hal. 旱藓属 Ptychomitriaceae 缩叶藓科 [B-114] 全球 (4) 大洲分布及种数(2) 非洲:1;亚洲:1;北美洲:1;南美洲:2
Inezia【3】E.Phillips 角芫荽属 ← **Lidbeckia** Asteraceae 菊科 [MD-586] 全球 (1) 大洲分布及种数(1-2)◆非洲(◆南非)
Infantea J.Rémy = **Amblyopappus**
Inflatolejeunea S.W.Arnell = **Lejeunea**
Inga (J.León) T.D.Penn. = **Inga**
Inga【3】Mill. 印加树属 ≒ **Trichocline;Affonsea;Peltophorum** Fabaceae 豆科 [MD-240] 全球 (1) 大洲分布及种数(172-282)◆北美洲(◆美国)
Ingaderia Raf. = **Abarema**
Ingaria Raf. = **Abarema**
Ingeae Benth. & Hook.f. = **Inga**
Ingeara【-】R.Romero 兰科属 Orchidaceae 兰科 [MM-723] 全球 (uc) 大洲分布及种数(uc)
Ingenhousia Endl. = **Vitis**
Ingenhousia P. & K. = **Ingenhouzia**
Ingenhousia Steud. = **Amphithalea**
Ingenhoussia Dennst. = **Vitis**
Ingenhoussia E.Mey. = **Amphithalea**
Ingenhoussia Rchb. = **Ingenhouzia**
Ingenhouszia Meisn. = **Wendtia**
Ingenhouzia【-】Bert. ex Dc. 杜香果科属 Ledocarpaceae 杜香果科 [MD-287] 全球 (uc) 大洲分布

I

及种数(uc)
Ingenhusia Vell. = **Richterago**
Ingonia M.Bodard = **Cola**
Ingramara【-】 J.M.H.Shaw 兰科属 Orchidaceae 兰科 [MM-723] 全球 (uc) 大洲分布及种数(uc)
Ingria Pierre ex M.Bodard = **Cola**
Ingura Mill. = **Inga**
Ingvarie Raf. = **Inga**
Inhambanella (Engl.) Dubard = **Inhambanella**
Inhambanella【3】 Dubard 全果山榄属 ≒ **Vitellariopsis;Lecomtedoxa** Sapotaceae 山榄科 [MD-357] 全球 (1) 大洲分布及种数(2)◆非洲
Inhuma L. = **Inula**
Inkaliabum【3】 D.G.Gut. 全果菊属 Asteraceae 菊科 [MD-586] 全球 (1) 大洲分布及种数(cf.1) ◆南美洲
Inna L. = **Cinna**
Innesara【-】 P.V.Heath 仙人掌科属 Cactaceae 仙人掌科 [MD-100] 全球 (uc) 大洲分布及种数(uc)
Ino Medik. = **Vicia**
Inobulbon Schltr. & Kraenzl. = (接受名不详) Orchidaceae
Inobulbum Schltr. & Kraenzl. = **Bulbophyllum**
Inocarpaceae Zoll. = Fabaceae3
Inocarpus【3】 J.R.Forst. & G.Forst. 栗檀属 ≒ **Bocoa** Fabaceae3 蝶形花科 [MD-240] 全球 (1) 大洲分布及种数(4-7)◆大洋洲
Inocutis Raf. = **Capparis**
Inodaphnis Miq. = **Inocarpus**
Inode O.F.Cook = **Sabal**
Inodes O.F.Cook = **Sabal**
Inome O.F.Cook = **Sabal**
Inomeria Naegeli,C. = **Aristolochia**
Inophloeum Pittier = **Poulsenia**
Inopsidium Walp. = **Ionopsidium**
Inopsis Steud. = **Ionopsis**
Inouela L. = **Inula**
Inouethuidium【3】 R.Watan. 全叶藓属 Thuidiaceae 羽藓科 [B-184] 全球 (1) 大洲分布及种数(1)◆大洋洲
Interulobites【-】 P.P.Phillips 不明藓属 Fam(uc) 全球 (uc) 大洲分布及种数(uc)
Inthocephalus A.Rich. = **Anthocephalus**
Inthybus F.von Herder = **Crepis**
Inti【3】 M.A.Blanco 北美洲连兰属 ≒ **Trigonidium** Orchidaceae 兰科 [MM-723] 全球 (1) 大洲分布及种数(2)◆南美洲
Intrusaria Raf. = **Asystasia**
Intsia【2】 Thou. 印茄属 ← **Afzelia;Eperua;Sindora** Fabaceae 豆科 [MD-240] 全球 (4) 大洲分布及种数(6-10;hort.1)非洲:4-6;亚洲:2-3;大洋洲:1-4;北美洲:2-3
Intutis Raf. = **Capparis**
Intybellia Cass. = **Crepis**
Intybus E.M.Fries = **Crepis**
Intybus Zinn = **Hieracium**
Inula【3】 L. 旋覆花属 ≒ **Dugaldia;Pegolettia** Inulaceae 旋覆花科 [MD-585] 全球 (6) 大洲分布及种数(126-221;hort.1;cult: 26)非洲:42-75;亚洲:69-112;大洋洲:14-39;欧洲:56-90;北美洲:22-51;南美洲:13-42
Inulac L. = **Inula**
Inulaceae【3】Bercht. & J.Presl 旋覆花科 [MD-585] 全球 (6) 大洲分布和属种数(1;hort. & cult.1)(125-285;hort. & cult.22-37)非洲:1/42-75; 亚洲:1/69-112; 大洋洲:1/14-39; 欧洲:1/56-90; 北美洲:1/22-51; 南美洲:1/13-42
Inulanthera【3】 (Thell.) Källersjö 旋覆菊属 ← **Athanasia** Asteraceae 菊科 [MD-586] 全球 (1) 大洲分布及种数(10)◆非洲
Inulaster Sch.Bip. = **Inula**
Inuleae【-】 Cass. 菊科属 Asteraceae 菊科 [MD-586] 全球 (uc) 大洲分布及种数(uc)
Inuloideae Lindl. = **Inuloides**
Inuloides【3】 B.Nord. 金盏花属 ← **Calendula** Asteraceae 菊科 [MD-586] 全球 (1) 大洲分布及种数(cf. 1)◆非洲
Inulopsis【3】 O.Hoffm. 旋覆菀属 → **Aster** Asteraceae 菊科 [MD-586] 全球 (1) 大洲分布及种数(3-4)◆南美洲
Inusia Thou. = **Intsia**
Inuus L. = **Inula**
Inversodicraea【3】 Engl. ex R.E.Fr. 非洲川苔草属 ← **Dicraeanthus;Sphaerothylax** Podostemaceae 川苔草科 [MD-322] 全球 (1) 大洲分布及种数(23-29)◆非洲
Inversodicraeia J.B.Hall = **Inversodicraea**
Invisocaulis【3】 R.M.Schust. 叶茎苔属 Jungermanniaceae 叶苔科 [B-38] 全球 (1) 大洲分布及种数(1)◆非洲
Involucrana (J.Agardh) Baldock & Womersley = **Trichosanthes**
Involucraria Ser. = **Trichosanthes**
Involucrella【3】 (Benth. & Hook.f.) Neupane & N. Wikstr. 叶茎茜属 Rubiaceae 茜草科 [MD-523] 全球 (1) 大洲分布及种数(2) ◆亚洲
Inyonia M.E.Jones = **Peucephyllum**
Io【3】 B.Nord. 千里光属 ≒ **Senecio** Asteraceae 菊科 [MD-586] 全球 (1) 大洲分布及种数(1)◆非洲
Ioackima Ten. = **Phleum**
Ioannea Spreng. = **Chuquiraga**
Iocaste【3】 E.Mey. ex DC. 瘤子菊属 ≒ **Phymaspermum** Asteraceae 菊科 [MD-586] 全球 (1) 大洲分布及种数(1)◆非洲
Iocaulon Raf. = **Crotalaria**
Iocenes B.Nord. = **Senecio**
Iochroma【3】 Benth. 紫铃花属 ← **Acnistus;Lycium;Larnax** Solanaceae 茄科 [MD-503] 全球 (1) 大洲分布及种数(43-59)◆南美洲
Iodanthus (Torr. & A.Gray) Rchb. = **Iodanthus**
Iodanthus【3】 Torr. & A.Gray 微花菜属 ≒ **Hesperidanthus** Brassicaceae 十字花科 [MD-213] 全球 (1) 大洲分布及种数(8-9)◆北美洲
Iodes【3】 Bl. 微花藤属 → **Natsiatum;Vitis;Ivodea** Icacinaceae 茶茱萸科 [MD-450] 全球 (6) 大洲分布及种数(23-32;hort.1)非洲:8-23;亚洲:15-25;大洋洲:3-11;欧洲:9;北美洲:8;南美洲:8
Iodina【3】 Hook. & Arn. 菱叶寄生属 → **Jodina** Santalaceae 檀香科 [MD-412] 全球 (1) 大洲分布及种数(uc)◆亚洲
Iodocephalis Thorel ex Gagnep. = **Iodocephalus**
Iodocephalopsis【3】 Bunwong & H.Rob. 齿叶菊属 Asteraceae 菊科 [MD-586] 全球 (1) 大洲分布及种数(2) ◆亚洲
Iodocephalus【3】 Thorel ex Gagnep. 泰国菊属 Asteraceae 菊科 [MD-586] 全球 (1) 大洲分布及种数(cf. 1)◆东南亚(◆泰国)

Ioedes Bl. = **Iodes**
Iogeton 【3】 Strother 毛花菊属 ≒ **Lasianthaea** Asteraceae 菊科 [MD-586] 全球 (1) 大洲分布及种数(1)◆北美洲
Iolana L.f. = **Nolana**
Ion Medik. = **Viola**
Ionacanthus【3】Benoist 堇刺爵床属 Acanthaceae 爵床科 [MD-572] 全球 (1) 大洲分布及种数(1-2)◆非洲(◆马达加斯加)
Ionactis 【3】 Greene 踝菀属 → **Aster;Chaetopappa** Asteraceae 菊科 [MD-586] 全球 (6) 大洲分布及种数(6-8)非洲:1;亚洲:1-2;大洋洲:1;欧洲:2-3;北美洲:5-7;南美洲:1
Ioncidium Sw. = **Oncidium**
Ioncomelos B.D.Jacks = **Ornithogalum**
Ioncomelos Raf. = **Scilla**
Iondra Raf. = **Thlaspi**
Iondraba Rchb. = **Brassica**
Ione【3】Lindl. 石豆兰属 ≒ **Bulbophyllum** Orchidaceae 兰科 [MM-723] 全球 (1) 大洲分布及种数(1)属分布和种数(uc)◆亚洲
Ionella Bonnier = **Donella**
Ionema R.Br. = **Isonema**
Ionettia auct. = **Rodriguezia**
Ionia Pers. ex Steud. = **Ixia**
Ionidiaceae Mert. & W.J.Koch = Phytolaccaceae
Ionidiopsis Walp. = **Noisettia**
Ionidium Vent. = **Hybanthus**
Ioniris Baker = **Moraea**
Ionmesa 【-】 J.M.H.Shaw 兰科属 Orchidaceae 兰科 [MM-723] 全球 (uc) 大洲分布及种数(uc)
Ionmesettia【-】J.M.H.Shaw 兰科属 Orchidaceae 兰科 [MM-723] 全球 (uc) 大洲分布及种数(uc)
Ionocentrum 【-】 J.M.H.Shaw 兰科属 Orchidaceae 兰科 [MM-723] 全球 (uc) 大洲分布及种数(uc)
Ionocidium auct. = **Ionopsis**
Ionopsidium【3】Rchb. 钻石花属 → **Bivonaea** Brassicaceae 十字花科 [MD-213] 全球 (1) 大洲分布及种数(5-8)◆欧洲
Ionopsis 【3】 Kunth 新堇兰属 → **Comparettia;Ipomopsis** Orchidaceae 兰科 [MM-723] 全球 (1) 大洲分布及种数(5-12)◆南美洲
Ionorchis Beck = **Limodorum**
Ionosmanthus Jord. & Fourr. = **Ranunculus**
Ionoxalis Small = **Oxalis**
Ionparettichilum【-】J.M.H.Shaw 兰科属 Orchidaceae 兰科 [MM-723] 全球 (uc) 大洲分布及种数(uc)
Ionthlaspi Adans. = **Clypeola**
Ionumnia 【-】 J.M.H.Shaw 兰科属 Orchidaceae 兰科 [MM-723] 全球 (uc) 大洲分布及种数(uc)
Iops Bl. = **Iodes**
Iosotoma Griseb. = **Lysipomia**
Iostephane 【3】 Benth. 彩日葵属 ← **Coreopsis; Rudbeckia** Asteraceae 菊科 [MD-586] 全球 (1) 大洲分布及种数(4)◆北美洲
Iot Medik. = **Vicia**
Iotasperma 【3】 G.L.Nesom 小蓬草属 ← **Erigeron** Asteraceae 菊科 [MD-586] 全球 (1) 大洲分布及种数(1-2)◆大洋洲(◆澳大利亚)
Iothia Warén,Nakano & Sellanes = **Rothia**
Iotoxalis Small = **Oxalis**
Ioxylon Raf. = **Procris**
Iozelia J.M.H.Shaw = **Argyranthemum**
Iozosmene Lindl. = **Litsea**
Iozoste Nees = **Litsea**
Ipanema Barnard & Thomas = **Isonema**
Ipecacuana Arruda = **Clethra**
Ipecacuanha Arruda = **Psychotria**
Ipecacuanha Gars. = **Gillenia**
Ipheion 【3】 Raf. 春星韭属 ← **Milla** Amaryllidaceae 石蒜科 [MM-694] 全球 (1) 大洲分布及种数(9)◆南美洲
Iphigenia 【3】 Kunth 山慈姑属 ≒ **Camptorrhiza** Colchicaceae 秋水仙科 [MM-623] 全球 (6) 大洲分布及种数(8-19)非洲:6-16;亚洲:2-15;大洋洲:2-8;欧洲:6;北美洲:1-7;南美洲:1-7
Iphigeniopsis Buxb. = **Lithomyrtus**
Iphimedia Watling & Holman = **Iphigenia**
Iphiona【2】Cass. 短尾菊属 → **Anisothrix;Chrysocoma;Pegolettia** Asteraceae 菊科 [MD-586] 全球 (2) 大洲分布及种数(12-21)非洲:6-9;亚洲:7-12
Iphione Kinberg = **Amorphophallus**
Iphionopsis【3】Anderb. 短尾菊属 ≒ **Iphiona** Asteraceae 菊科 [MD-586] 全球 (1) 大洲分布及种数(2-3)◆非洲
Iphisa Wight & Arn. = **Asclepias**
Iphisia Wight & Arn. = **Tylophora**
Iphita Wight & Arn. = **Tylophora**
Iphygenia Kunth = **Iphigenia**
Ipidia Speta = **Albuca**
Ipnum Phil. = **Disakisperma**
Ipo Pers. = **Antiaris**
Ipocia All. = **Xenostegia**
Ipomaea Burm.f. = **Ipomoea**
Ipomaeella A.Chev. = **Aniseia**
Ipomea All. = **Ipomoea**
Ipomeria Nutt. = **Gilia**
Ipomoca L. = **Ipomoea**
Ipomoea (Baker & Rendle) D.F.Austin = **Ipomoea**
Ipomoea【3】L. 虎掌藤属 → **Xenostegia;Convolvulus; Pharbitis** Convolvulaceae 旋花科 [MD-499] 全球 (6) 大洲分布及种数(759-901;hort.1;cult:52)非洲:195-312;亚洲:167-241;大洋洲:80-152;欧洲:40-103;北美洲:306-377;南美洲:395-475
Ipomopsis (A.Gray) V.E.Grant = **Ipomopsis**
Ipomopsis 【3】 Michx. 红杉花属 ← **Gilia;Cantua; Aliciella** Polemoniaceae 花荵科 [MD-481] 全球 (1) 大洲分布及种数(34-38)◆北美洲
Iposues Raf. = **Rhododendron**
Ips Pers. = **Artocarpus**
Ipsea【3】Lindl. 水仙兰属 → **Ancistrochilus; Pachystoma; Tainia** Orchidaceae 兰科 [MM-723] 全球 (1) 大洲分布及种数(3)◆亚洲
Ipseglottis 【-】 Kumar,P.C.Suresh & Sathish Kumar,C. 兰科属 Orchidaceae 兰科 [MM-723] 全球 (uc) 大洲分布及种数(uc)
Ipsiura Comm. ex Poir. = **Ceropegia**
Ipterocarpus Hance = **Vatica**
Iquitoa 【-】 Dodson 兰科属 Orchidaceae 兰科 [MM-723] 全球 (uc) 大洲分布及种数(uc)
Ira L. = **Aira**

I

Iraga Lapeyr. = **Potentilla**
Iranecio【3】B.Nord. 葵叶菊属 ≒ **Senecio** Asteraceae 菊科 [MD-586] 全球 (1) 大洲分布及种数(4) ◆亚洲
Irania【3】Hadač & Chrtek 单盾荠属 ← **Fibigia** Brassicaceae 十字花科 [MD-213] 全球 (1) 大洲分布及种数(5) ◆亚洲
Iranoaster【-】Kaz.Osaloo,Farhani & Mozaff. 菊科属 Asteraceae 菊科 [MD-586] 全球 (uc) 大洲分布及种数(uc)
Iranophyllum Hook. = **Clivia**
Irasekia Gray = **Anagallis**
Iraupalos Raf. = **Viburnum**
Irelandia【-】W.R.Buck 灰藓科属 Hypnaceae 灰藓科 [B-189] 全球 (uc) 大洲分布及种数(uc)
Irencis Moq. = **Iresine**
Irenea【3】Szlach.,Mytnik,Górniak & Romowicz 金血兰属 ← **Cyrtochilum;Dasyglossum** Orchidaceae 兰科 [MM-723] 全球 (1) 大洲分布及种数(2-6)◆南美洲(◆巴拉圭)
Ireneis Moq. = **Iresine**
Irenella【3】Süss. 金血苋属 Amaranthaceae 苋科 [MD-116] 全球 (1) 大洲分布及种数(1)◆南美洲
Irenepharsus【3】Hewson 和平芥属 Brassicaceae 十字花科 [MD-213] 全球 (1) 大洲分布及种数(3)◆大洋洲(◆澳大利亚)
Irenia Clarke = **Prenia**
Irenina Stev.var.laevis F.Stevens & Roldan = **Iresine**
Irenodendron【3】M.H.Alford & Dement 天料树属 Samydaceae 天料木科 [MD-148] 全球 (1) 大洲分布及种数(3) ◆南美洲
Ireon Burm.f. = **Roridula**
Ireon G.A.Scop. = **Lightfootia**
Ireon Raf. = **Prismatocarpus**
Iresia Swallen = **Piresia**
Iresine【3】P.Br. 血苋属 ← **Achyranthes; Illecebrum; Pfaffia** Amaranthaceae 苋科 [MD-116] 全球 (6) 大洲分布及种数(58-85;hort.1;cult: 7)非洲:2;亚洲:11-16;大洋洲:5-7;欧洲:2-4;北美洲:41-54;南美洲:22-34
Ireum Burm.f. = **Cleome**
Iria【3】(Pers.) R.Hedw. 鸢尾莎属 ≒ **Amyris; Bulbostylis** Cyperaceae 莎草科 [MM-747] 全球 (6) 大洲分布及种数(16) 非洲:2;亚洲:7;大洋洲:9;欧洲:2;北美洲:3;南美洲:3
Iriartea (H.Karst.) Drude = **Iriartea**
Iriartea【3】Ruiz & Pav. 南美椰属 → **Ceroxylon;Drymophloeus;Socratea** Arecaceae 棕榈科 [MM-717] 全球 (1) 大洲分布及种数(2-8)◆南美洲
Iriarteaceae O.F.Cook & Doyle = Philydraceae
Iriarteeae Drude = **Iriartea**
Iriartella【3】H.Wendl. 毛鞘椰属 Arecaceae 棕榈科 [MM-717] 全球 (1) 大洲分布及种数(2)◆南美洲
Iriastrum Heist. ex Fabr. = **Iris**
Iridaceae【3】Juss. 鸢尾科 [MM-700] 全球 (6) 大洲分布和属种数(79-89;hort. & cult.46-56)(2182-3996;hort. & cult.725-1165)非洲:43-62/1282-1899;亚洲:17-43/304-670;大洋洲:23-49/137-454;欧洲:9-42/125-438;北美洲:31-53/478-813;南美洲:31-57/368-718
Iridisperma Raf. = **Polygala**
Iridodictyum【3】Rodion. 鸢尾属 ≒ **Iris** Iridaceae 鸢尾科 [MM-700] 全球 (1) 大洲分布及种数(2)◆大洋洲
Iridopsis Welw. ex Baker = **Moraea**
Iridorchis Bl. = **Cymbidium**
Iridorchis Thou. = **Oberonia**
Iridorkis Thou. = **Stelis**
Iridornis Thou. = **Cymbidium**
Iridosma【3】Aubrév. & Pellegr. 疣冠材属 ≒ **Mannia** Simaroubaceae 苦木科 [MD-424] 全球 (1) 大洲分布及种数(uc)◆亚洲
Iriha P. & K. = **Fimbristylis**
Irillium Kunth = **Trillium**
Irina Bl. = (接受名不详) Sapindaceae
Irina Nor. Ex Bl. = **Pometia**
Irine【-】Hassk. 无患子科属 Sapindaceae 无患子科 [MD-428] 全球 (uc) 大洲分布及种数(uc)
Irio (DC.) Fourr. = **Sisymbrium**
Iripa Adans. = **Maniltoa**
Iris【3】Tourn.exL.鸢尾属→**Moraea;Iberis;Calydorea** Iridaceae 鸢尾科 [MM-700] 全球 (6) 大洲分布及种数(334-458;hort.1;cult: 54)非洲:46-115;亚洲:223-339;大洋洲:19-86;欧洲:73-145;北美洲:154-226;南美洲:18-85
Irium (Pers.) R.Hedw. = **Iria**
Irlbachia Elegans Maguire = **Irlbachia**
Irlbachia【3】Mart. 美龙胆属 ← **Lisianthius;Tetrapollinia;Helia** Gentianaceae 龙胆科 [MD-496] 全球 (1) 大洲分布及种数(22-28)◆南美洲
Irma Bouton ex A.DC. = **Iris**
Irmischia Schltdl. = **Metastelma**
Iron P.Br. = **Sauvagesia**
Irona Lour. = **Aeschynomene**
Iroucana Aubl. = **Casearia**
Irsiola P.Br. = **Vitis**
Irulia Bedd. = **Nastus**
Irura Bedd. = **Melocanna**
Irvingara auct. = **Irvingia**
Irvingbaileya【3】R.A.Howard 蛇丝木属 ← **Medusanthera** Stemonuraceae 粗丝木科 [MD-440] 全球 (1) 大洲分布及种数(1)◆大洋洲(◆澳大利亚)
Irvingel Van Tiegh. = **Irvingia**
Irvingia F.Müll = **Irvingia**
Irvingia【3】Hook.f. 假杧果属 → **Desbordesia;Mangifera;Parinari** Irvingiaceae 假杧果科 [MD-313] 全球 (6) 大洲分布及种数(5-10)非洲:4-10;亚洲:4-11;大洋洲:3;欧洲:1-4;北美洲:3;南美洲:2-5
Irvingiaceae【3】Exell & Mendonça 假杧果科 [MD-313] 全球 (6) 大洲分布和属种数(2-3;hort. & cult.2)(6-19;hort. & cult.2)非洲:2-3/6-17;亚洲:1-2/4-14;大洋洲:2/6;欧洲:1-2/1-7;北美洲:2/6;南美洲:1-2/2-8
Irvingieae Engl. = **Irvingia**
Irwinia【3】G.M.Barroso 微毛落苞菊属 Asteraceae 菊科 [MD-586] 全球 (1) 大洲分布及种数(1)◆南美洲(◆巴西)
Iryanthera (A.DC.) Warb. = **Iryanthera**
Iryanthera【3】Warb. 臀果楠属 ≒ **Myristica;Osteophloeum** Myristicaceae 肉豆蔻科 [MD-15] 全球 (1) 大洲分布及种数(24-27)◆南美洲
Isabelia【3】Barb.Rodr. 树贞兰属 ≒ **Meiracyllium** Orchidaceae 兰科 [MM-723] 全球 (1) 大洲分布及种数(4)◆南美洲

Isacanthus Nees = **Sclerochiton**
Isachne Albentes V.Prakash & S.K.Jain = **Isachne**
Isachne【3】R.Br. 柳叶箬属 ← **Agrostis; Milium; Panicum** Poaceae 禾本科 [MM-748] 全球 (6) 大洲分布及种数(106-116;hort.1)非洲:29-42;亚洲:83-93;大洋洲:17-26;欧洲:4-13;北美洲:19-27;南美洲:12-20
Isachneae Benth. = **Isachne**
Isacia Cuvier = **Isatis**
Isactis Dum. = **Cakile**
Isadendrum【-】J.M.H.Shaw 兰科属 Orchidaceae 兰科 [MM-723] 全球 (uc) 大洲分布及种数(uc)
Isaloa Humbert = **Barleria**
Isalus J.B.Phipps = **Tristachya**
Isandra【3】Salisb. 异蕊草属 ≒ **Thysanotus** Solanaceae 茄科 [MD-503] 全球 (1) 大洲分布及种数(uc)◆大洋洲
Isandraea Rauschert = **Isandraea**
Isandraea【3】S.Rauschert 尾花茄属 → **Symonanthus; Anthocercis** Solanaceae 茄科 [MD-503] 全球 (1) 大洲分布及种数(uc)◆大洋洲
Isandrina【3】Raf. 腊肠树属 ← **Cassia;Senna** Fabaceae3 蝶形花科 [MD-240] 全球 (1) 大洲分布及种数(cf. 1)◆北美洲
Isanitella【3】Leinig 菘兰属 Orchidaceae 兰科 [MM-723] 全球 (1) 大洲分布及种数(1)◆南美洲(◆巴西)
Isanthera Nees = **Rhynchotechum**
Isanthina Rchb. = **Commelina**
Isanthus DC. = **Perezia**
Isaoara auct. = **Thysanotus**
Isapis L. = **Isatis**
Isariella Leinig = **Isanitella**
Isartia Dum. = **Isatis**
Isaster Gilli = **Commersonia**
Isatis【3】L. 菘蓝属 → **Cakile** Brassicaceae 十字花科 [MD-213] 全球 (1) 大洲分布及种数(76-78)◆亚洲
Isaura Comm. ex Poir. = **Stephanotis**
Isaurica Comm. ex Poir. = **Stephanotis**
Isauxis Rchb. = **Vatica**
Ischadium Raf. = **Ischaemum**
Ischaemon Hill = **Luzula**
Ischaemopogon Griseb. = **Ischaemum**
Ischaemum Aristata Honda = **Ischaemum**
Ischaemum【3】L. 鸭嘴草属 ≒ **Agrostis; Polymnia; Andropogon** Poaceae 禾本科 [MM-748] 全球 (6) 大洲分布及种数(78-108)非洲:20-38;亚洲:65-103;大洋洲:26-44;欧洲:5-19;北美洲:12-27;南美洲:12-27
Ischarum (Bl.) Rchb. = **Eminium**
Ischasia DC. ex Meisn. = **Ischnia**
Ischina Walp. = **Ischnia**
Ischiodon Müll.Hal. = **Ischyrodon**
Ischnanthus (Engl.) Van Tiegh. = **Ichnanthus**
Ischnanthus Van Tiegh. = **Loranthus**
Ischnea【3】F.Müll. 细叶垫菊属 Asteraceae 菊科 [MD-586] 全球 (1) 大洲分布及种数(5-6)◆大洋洲
Ischnia【3】DC. ex Meisn. 鸦帚草属 Verbenaceae 马鞭草科 [MD-556] 全球 (1) 大洲分布及种数(uc)◆欧洲
Ischnocarpus O.E.Schulz = **Pachycladon**
Ischnocentrum Schltr. = **Glomera**
Ischnocentrus Schltr. = **Agrostophyllum**
Ischnochloa Hook.f. = **Microstegium**
Ischnogyne【3】Schltr. 瘦房兰属 ← **Coelogyne** Orchidaceae 兰科 [MM-723] 全球 (1) 大洲分布及种数(1-2)◆东亚(◆中国)
Ischnolepis【3】Jum. & H.Perrier 隐节萝藦属 ← **Pentopetia** Apocynaceae 夹竹桃科 [MD-492] 全球 (1) 大洲分布及种数(2)◆非洲
Ischnosiphon【3】Körn. 细穗竹芋属 ← **Calathea; Maranta;Thalia** Marantaceae 竹芋科 [MM-740] 全球 (6) 大洲分布及种数(40-48;hort.1)非洲:1;亚洲:1;大洋洲:1-2;欧洲:1;北美洲:8-9;南美洲:39-45
Ischnostemma【3】King & Gamble 鹅绒藤属 ≒ **Cynanchum** Apocynaceae 夹竹桃科 [MD-492] 全球 (1) 大洲分布及种数(cf. 1)◆亚洲
Ischnura Balf.f. = **Parapholis**
Ischnurges Balf.f. = **Parapholis**
Ischnurus Balf.f. = **Parapholis**
Ischnus Balf.f. = **Parapholis**
Ischyrodon【2】Müll.Hal. 非洲碎米藓属 ≒ **Brachythecium** Fabroniaceae 碎米藓科 [B-173] 全球 (3) 大洲分布及种数(2) 非洲:2;大洋洲:2;南美洲:1
Ischyrolepis【3】Steud. 帚灯草属 ← **Ficinia** Restionaceae 帚灯草科 [MM-744] 全球 (1) 大洲分布及种数(1)属分布和种数(uc)◆非洲(◆南非)
Ischyrus Balf.f. = **Parapholis**
Iseia【3】O´Donell 伊赛旋花属 ← **Ipomoea; Jacquemontia** Convolvulaceae 旋花科 [MD-499] 全球 (1) 大洲分布及种数(1)◆南美洲(◆巴西)
Iseilema【3】Andersson 香枝草属 ← **Andropogon; Cymbopogon;Themeda** Poaceae 禾本科 [MM-748] 全球 (1) 大洲分布及种数(8-17)◆大洋洲
Iserta Batsch = **Isertia**
Isertia【3】Schreb. 皂金花属 ← **Guettarda;Psychotria** Rubiaceae 茜草科 [MD-523] 全球 (1) 大洲分布及种数(16-17)◆南美洲
Isexima Raf. = **Ipomoea**
Isexina Raf. = **Gynandropsis**
Isgarum Raf. = **Salsola**
Ishibaea Broth. & S.Okamura = **Lescuraea**
Isias De Not. = **Serapicamptis**
Isica Mönch = **Lonicera**
Isidella (Stapf) Van Eselt. = **Ibicella**
Isidium Salisb. = **Psidium**
Isidodendron【3】Fern.Alonso 三翅果属 Trigoniaceae 三角果科 [MD-316] 全球 (1) 大洲分布及种数(1)◆南美洲(◆哥伦比亚)
Isidorea【3】A.Rich. ex DC. 伊西茜属 ← **Ernodea** Rubiaceae 茜草科 [MD-523] 全球 (1) 大洲分布及种数(7-17)◆北美洲
Isidroa Greuter & R.Rankin = **Isidorea**
Isidrogalvia【3】Ruiz & Pav. 穗菱花属 ≒ **Tofieldia** Tofieldiaceae 岩菖蒲科 [MM-617] 全球 (1) 大洲分布及种数(9) ◆南美洲
Isidus De Not. = **Serapias**
Isigonia Pierre ex M.Bodard = **Cola**
Isika Adans. = **Lonicera**
Isinia Rchb.f. = **Lavandula**
Isiphia Raf. = **Aristolochia**
Isis L. = **Ixia**

I

Iskandera【3】N.Busch 紫罗兰属 ≒ **Matthiola** Brassicaceae 十字花科 [MD-213] 全球 (1) 大洲分布及种数(2)◆亚洲

Islaya【3】Backeb. 暗光球属 ← **Eriosyce;Neoporteria** Cactaceae 仙人掌科 [MD-100] 全球 (1) 大洲分布及种数(11)◆南美洲

Ismaria Raf. = **Ipomopsis**

Ismelia【3】Cass. 木茼蒿属 ≒ **Chrysanthemum; Argyranthemum** Asteraceae 菊科 [MD-586] 全球 (1) 大洲分布及种数(2-3)◆非洲(◆摩洛哥)

Ismene【2】Salisb. 绿鬼蕉属 → **Hymenocallis;Narcissus;Elisena** Amaryllidaceae 石蒜科 [MM-694] 全球 (3) 大洲分布及种数(12)非洲:1;亚洲:cf.1;南美洲:11

Isnarda Cothen. = **Ludwigia**

Isnardia【3】L. 丁香蓼属 ≒ **Ludwigia** Lythraceae 千屈菜科 [MD-333] 全球 (6) 大洲分布及种数(1) 非洲:1;亚洲:1;大洋洲:1;欧洲:1;北美洲:1;南美洲:1

Isnardiaceae Martinov = Onagraceae

Iso Pers. = **Artocarpus**

Isoberlinia【3】Craib & Stapf 准鞋木属 ← **Berlinia;Afzelia** Fabaceae 豆科 [MD-240] 全球 (1) 大洲分布及种数(3-5)◆非洲

Isocardia L. = **Isnardia**

Isocarpha (DC.) Griseb. = **Isocarpha**

Isocarpha【3】R.Br. 藿香蓟属 ← **Ageratum;Acmella; Teixeiranthus** Asteraceae 菊科 [MD-586] 全球 (1) 大洲分布及种数(6-7)◆南美洲(◆巴西)

Isocaulon (Eichler) Van Tiegh. = **Loranthus**

Isocephalus Thorel ex Gagnep. = **Iodocephalus**

Isocheles Stimpson = **Isochilus**

Isochilos Spreng. = **Isochilus**

Isochilostachya【3】Mytnik & Szlach. 禾穗兰属 ← **Polystachya** Orchidaceae 兰科 [MM-723] 全球 (1) 大洲分布及种数(uc)属分布和种数(uc)◆非洲(◆坦桑尼亚)

Isochilus【3】R.Br. 等唇兰属 ≒ **Dendrobium; Jacquiniella** Orchidaceae 兰科 [MM-723] 全球 (6) 大洲分布及种数(12-15)非洲:2;亚洲:2-5;大洋洲:2;欧洲:2;北美洲:11-14;南美洲:4-7

Isochoriste【3】Miq. 十万错属 ← **Asystasia** Acanthaceae 爵床科 [MD-572] 全球 (1) 大洲分布及种数(uc)属分布和种数(uc)◆东南亚

Isochrysidaceae F.A.Barkley = Isophysidaceae

Isociona Engl. = **Isolona**

Isocla Mill. = **Helicteres**

Isocladiella【2】Dixon 鞭枝藓属 ≒ **Warburgiella** Pylaisiadelphaceae 毛锦藓科 [B-191] 全球 (2) 大洲分布及种数(3) 亚洲:2;大洋洲:1

Isocladiellopsis【3】B.Tan 锦鞭藓属 Sematophyllaceae 锦藓科 [B-192] 全球 (1) 大洲分布及种数(1) ◆亚洲

Isocladus Lindb. = **Sphagnum**

Isocoma【3】Nutt. 无舌黄菀属 → **Aster** Asteraceae 菊科 [MD-586] 全球 (1) 大洲分布及种数(23-32)◆北美洲

Isodeca Raf. = **Leucas**

Isodendrion【3】A.Gray 茎花堇属 Violaceae 堇菜科 [MD-126] 全球 (1) 大洲分布及种数(14-15)◆北美洲(◆美国)

Isodendron Leveille = **Misodendrum**

Isodesmia Gardner = **Nissolia**

Isodichyophorus Briq. ex A.Chev. = **Coleus**

Isodictyophorus Briq. = **Calamintha**

Isodon【3】Schröd. ex Benth. 香茶菜属 → **Amethystanthus;Plectranthus;Siphocranion** Lamiaceae 唇形科 [MD-575] 全球 (6) 大洲分布及种数(119-124;hort.1;cult: 12)非洲:20-34;亚洲:115-131;大洋洲:5-19;欧洲:14;北美洲:14;南美洲:14

Isodrepanium【2】(Mitt.) E.Britton 独平藓属 ≒ **Hookeria** Neckeraceae 平藓科 [B-204] 全球 (4) 大洲分布及种数(1) 非洲:1;欧洲:1;北美洲:1;南美洲:1

Isoe Durieu = **Helicteres**

Isoetaceae Dum. = Isoetaceae

Isoetaceae【3】Rchb. 水韭科 [F-7] 全球 (6) 大洲分布和属种数(1/5-42)非洲:1/1-4;亚洲:1/2-23;大洋洲:1/1-4;欧洲:1/1-4;北美洲:1/2-5;南美洲:1/3

Isoetales Prantl = **Isoetes**

Isoeteae Duby = **Isoetes**

Isoetella (Bory) Gennari = **Isoetes**

Isoetes (A.Braun) Panigrahi = **Isoetes**

Isoetes【3】L. 东方水韭属 Isoetaceae 水韭科 [F-7] 全球 (1) 大洲分布及种数(8)

Isoetopsis【3】Turcz. 水韭菊属 Asteraceae 菊科 [MD-586] 全球 (1) 大洲分布及种数(1)◆大洋洲(◆澳大利亚)

Isoglossa【2】örst. 叉序草属 ← **Adhatoda;Justicia; Peristrophe** Acanthaceae 爵床科 [MD-572] 全球 (4) 大洲分布及种数(43-85;hort.1)非洲:35-71;亚洲:8-9;大洋洲:2;南美洲:1-2

Isolatocereus (Backeb.) Backeb. = **Isolatocereus**

Isolatocereus【3】Backeb. 仙人柱属 ≒ **Cereus** Cactaceae 仙人掌科 [MD-100] 全球 (1) 大洲分布及种数(1)◆北美洲

Isolda Hartmann-Schröder = **Isoloba**

Isolembidium【3】(Rodway) Grolle 澳独叶苔属 ≒ **Lembidium** Lepidoziaceae 指叶苔科 [B-63] 全球 (1) 大洲分布及种数(1)◆大洋洲(◆澳大利亚)

Isolepis (C.B.Clarke) Muasya = **Isolepis**

Isolepis【3】R.Br. 细莞属 → **Actinoscirpus; Bulbostylis;Carex** Cyperaceae 莎草科 [MM-747] 全球 (6) 大洲分布及种数(84-101;hort.1;cult: 1)非洲:55-76;亚洲:27-47;大洋洲:49-68;欧洲:14-33;北美洲:22-41;南美洲:16-37

Isoleucas【3】O.Schwartz 肖绣球防风属 ← **Ballota** Lamiaceae 唇形科 [MD-575] 全球 (1) 大洲分布及种数(1-2)◆亚洲

Isoloba【3】Raf. 北美洲狸藻属 ≒ **Pinguicula** Lentibulariaceae 狸藻科 [MD-570] 全球 (6) 大洲分布及种数(2-3)非洲:2;亚洲:2;大洋洲:2;欧洲:2;北美洲:1-3;南美洲:2

Isolobus A.DC. = **Scaevola**

Isoloma Decne. = **Isoloma**

Isoloma【3】J.Jay Sm. 菲鳞始蕨属 ≒ **Schizoloma; Pearcea** Lindsaeaceae 鳞始蕨科 [F-27] 全球 (6) 大洲分布及种数(10)非洲:1;亚洲:5;大洋洲:2;欧洲:1;北美洲:3;南美洲:4

Isolona【3】Engl. 同瓣香属 ← **Hexalobus;Monodora** Annonaceae 番荔枝科 [MD-7] 全球 (1) 大洲分布及种数(14-23)◆非洲

Isolophus Spach = **Polygala**

Isomacrolobium【3】Aubrév. & Pellegr. 巨瓣苏木属 ≒ **Anthonotha** Fabaceae3 蝶形花科 [MD-240] 全球 (1) 大洲分布及种数(11-12)◆非洲

Isomeria D.Don ex DC. = **Conyza**
Isomeris【3】Nutt. 囊果柑属 ← **Cleome;Peritoma** Capparaceae 山柑科 [MD-178] 全球 (1) 大洲分布及种数(1)◆北美洲
Isomerium【-】(R.Br.) Spach 山龙眼科属 Proteaceae 山龙眼科 [MD-219] 全球 (uc) 大洲分布及种数(uc)
Isometrum【3】Craib 金盏苣苔属 ≒ **Ancylostemon;Oreocharis** Gesneriaceae 苦苣苔科 [MD-549] 全球 (1) 大洲分布及种数(2-15)◆亚洲
Isonandra【3】Wight 无梗山榄属 → **Burckella;Bassia;Payena** Sapotaceae 山榄科 [MD-357] 全球 (1) 大洲分布及种数(9-15)◆亚洲
Isonema Cass. = **Isonema**
Isonema【3】R.Br. 等丝夹竹桃属 ← **Vernonia** Apocynaceae 夹竹桃科 [MD-492] 全球 (1) 大洲分布及种数(2-4)◆非洲
Isopaches【2】(Schmidel) H.Buch 挺叶苔科属 ≒ **Jungermannia;Anastrophyllum** Anastrophyllaceae 挺叶苔科 [B-60] 全球 (3) 大洲分布及种数(2) 亚洲:1;欧洲:2;北美洲:2
Isopappus Torr. & A.Gray = **Haplopappus**
Isopara J.M.H.Shaw = **Cleomella**
Isoperla Raf. = **Cleome**
Isopetalum Eckl. & Zeyh. = **Pelargonium**
Isophya Raf. = **Cleome**
Isophyllaria【2】(Rodway) E.A.Hodgs. 南美复叉苔属 ≒ **Isotachis** Pseudolepicoleaceae 拟复叉苔科 [B-71] 全球 (2) 大洲分布及种数(2)大洋洲:1;南美洲:1
Isophyllum Höffm. = **Bupleurum**
Isophyllum Spach = **Ascyrum**
Isophysidaceae【3】F.A.Barkley 剑叶兰科 [MM-641] 全球 (1) 大洲分布和属种数(1;hort. & cult.1)(1;hort. & cult.1)◆大洋洲
Isophysis【3】T.Moore 沙鸢尾属 Iridaceae 鸢尾科 [MM-700] 全球 (1) 大洲分布及种数(1)◆大洋洲(◆澳大利亚)
Isoplesion Raf. = **Echium**
Isoplexis【3】(Lindl.) Loud. 木地黄属 ≒ **Digitalis** Plantaginaceae 车前科 [MD-527] 全球 (1) 大洲分布及种数(3-7)◆欧洲
Isopoda Raf. = **Isoloba**
Isopogon【3】R.Br. ex Knight 鼓槌木属 → **Dryandra** Proteaceae 山龙眼科 [MD-219] 全球 (1) 大洲分布及种数(7-59)◆大洋洲(◆澳大利亚)
Isops Raf. = **Aesculus**
Isopsera Scheffer ex Burck = **Shorea**
Isoptera Scheff. ex Burck = **Shorea**
Isopteris Klotzsch = **Trigoniastrum**
Isopterum Craib = **Isometrum**
Isopterygiella【-】Ignatov & Ignatova 棉藓科属 Plagiotheciaceae 棉藓科 [B-170] 全球 (uc) 大洲分布及种数(uc)
Isopterygiopsis【3】Z.Iwats. 拟同叶藓属 ≒ **Orthothecium** Plagiotheciaceae 棉藓科 [B-170] 全球 (6) 大洲分布及种数(3) 非洲:2;亚洲:2;大洋洲:1;欧洲:3;北美洲:3;南美洲:1
Isopterygium (Lindb.) A.Jaeger = **Isopterygium**
Isopterygium【3】Mitt. 同叶藓属 ≒ **Microthamnium; Plagiothecium** Pylaisiadelphaceae 毛锦藓科 [B-191] 全球 (6) 大洲分布及种数(182) 非洲:67;亚洲:53;大洋洲:31;欧洲:7;北美洲:33;南美洲:28
Isopteryx Klotzsch = **Trigoniastrum**
Isopyrum (Pachom.) Tamura = **Isopyrum**
Isopyrum【3】L.北扁果草属 ≒ **Enemion;Paraquilegia** Ranunculaceae 毛茛科 [MD-38] 全球 (6) 大洲分布及种数(8-16;hort.1;cult:2)非洲:1-7;亚洲:6-13;大洋洲:6;欧洲:2-8;北美洲:1-7;南美洲:6
Isora Adans. = **Helicteres**
Isorium Raf. = **Buchnera**
Isoschoenus Nees = **Schoenus**
Isostigma【3】Less. 等柱菊属 ← **Bidens;Thelesperma;Tragoceros** Asteraceae 菊科 [MD-586] 全球 (1) 大洲分布及种数(18-22)◆南美洲
Isostoma D.Dietr. = **Lysipomia**
Isostylis (R.Br.) Spach = **Cuphea**
Isostylis Spach = **Banksia**
Isotachidaceae Hatcher = Balantiopsaceae
Isotachidinae【-】(Hatcher) J.J.Engel & G.L.Merr. 孢芽藓科属 Sorapillaceae 孢芽藓科 [B-212] 全球 (uc) 大洲分布及种数(uc)
Isotachis R.M.Schust. = **Isotachis**
Isotachis【3】Stephani 直蒴苔属 ≒ **Sendtnera; Neesioscyphus** Balantiopsaceae 直蒴苔科 [B-37] 全球 (6) 大洲分布及种数(14-21)非洲:1-6;亚洲:5-9;大洋洲:3-7;欧洲:3;北美洲:1-4;南美洲:7-14
Isoth Mill. = **Helicteres**
Isotheca P. & K. = **Leucas**
Isotheciadelphus Dixon & Thér. = **Dolichomitriopsis**
Isotheciopsis Broth. = **Gollania**
Isothecium (Lindb.) Boulay = **Isothecium**
Isothecium【3】Brid. 猫尾藓属 ≒ **Hypnum; Pilotrichum** Lembophyllaceae 船叶藓科 [B-205] 全球 (6) 大洲分布及种数(48) 非洲:8;亚洲:13;大洋洲:7;欧洲:17;北美洲:19;南美洲:10
Isothylax Baill. = **Sphaerothylax**
Isotoma【3】(R.Br.) Lindl. 长星花属 ≒ **Laurentia; Lobelia** Campanulaceae 桔梗科 [MD-561] 全球 (1) 大洲分布及种数(13-14)◆大洋洲
Isotrema【3】Raf. 马兜铃属 ← **Aristolochia** Aristolochiaceae 马兜铃科 [MD-56] 全球 (1) 大洲分布及种数(1) 属分布和种数(uc)◆亚洲
Isotria【3】Raf. 神须兰属 ← **Arethusa;Pogonia** Orchidaceae 兰科 [MM-723] 全球 (1) 大洲分布及种数(2-10)◆北美洲
Isotropis【3】Benth. 澳龙骨豆属 Fabaceae 豆科 [MD-240] 全球 (1) 大洲分布及种数(5-19)◆大洋洲(◆澳大利亚)
Isotypus Kunth = **Onoseris**
Isquierda Willd. = **Geissanthus**
Isquierdia Poir. = **Myrsine**
Issoca Raf. = **Silene**
Issoria Philippi = **Isotria**
Isturgia Speta = **Drimia**
Isyndus Raf. = **Xenostegia**
Isypus Raf. = **Ipomoea**
Itaballia Benth. = **Etaballia**
Itaculumia Höhne = **Hemipiliopsis**
Itagonia Pierre ex M.Bodard = **Cola**

Itaobimia Rizzini = **Riedeliella**
Itasina【3】 Raf. 伊塔草属 ← **Oenanthe;Seseli** Apiaceae 伞形科 [MD-480] 全球 (1) 大洲分布及种数(1-2)◆非洲
Itatiaia【3】 Ule 巴西金牡丹属 Melastomataceae 野牡丹科 [MD-364] 全球 (1) 大洲分布及种数(1)◆南美洲(◆巴西)
Itatiella【3】 G.L.Sm. 巴西金发藓属 ≒ **Catharinea** Polytrichaceae 金发藓科 [B-101] 全球 (1) 大洲分布及种数(-)◆南美洲
Itaya【3】 H.E.Moore 秘鲁棕属 Arecaceae 棕榈科 [MM-717] 全球 (1) 大洲分布及种数(1)◆南美洲
Itea【3】 L. 鼠刺属 ≒ **Kurrimia;Sloanea** Iteaceae 鼠刺科 [MD-211] 全球 (1) 大洲分布及种数(20-27)◆亚洲
Iteaceae【3】J.Agardh 鼠刺科 [MD-211] 全球 (6) 大洲分布和属种数(3-5;hort. & cult.2)(22-43;hort. & cult.6-7) 非洲:1-3/1-10;亚洲:1/20-27;大洋洲:2/8;欧洲:1/7;北美洲:1/1-8;南美洲:1-2/1-9
Iteadaphne【3】 Bl. 香面叶属 ← **Alseodaphne;Lindera;** Lauraceae 樟科 [MD-21] 全球 (1) 大洲分布及种数(cf. 1)◆亚洲
Iteiluma Badl. = **Xantolis**
Iteodaphne P. & K. = **Lindera**
Iteria Hort. = **Vernonia**
Iteroloba【-】 G.L.Nesom 菊科属 Asteraceae 菊科 [MD-586] 全球 (uc) 大洲分布及种数(uc)北美洲
Ites L. = **Itea**
Itheta Raf. = **Carex**
Ithycaulon Copel. = **Saccoloma**
Iti Garn.Jones & P.N.Johnson = **Cardamine**
Itia Molina = **Lonicera**
Iticania Raf. = **Loranthus**
Itoa【3】 Hemsl. 栀子皮属 ← **Carrierea;Poliothyrsis;Sloanea** Salicaceae 杨柳科 [MD-123] 全球 (1) 大洲分布及种数(cf. 1)◆亚洲
Itoasia P. & K. = **Corynaea**
Ittelia Pers. = **Ottelia**
Ittnera C.C.Gmel. = **Najas**
Ituterion Raf. = **Ampelopsis**
Itysa Ravenna = **Calydorea**
Itzaea【2】 Standl. & Steyerm. 中美旋花属 ← **Bonamia;Lysiostyles** Convolvulaceae 旋花科 [MD-499] 全球 (2) 大洲分布及种数(2)北美洲:1;南美洲:1
Iuga L. = **Itea**
Iulus Salisb. = **Allium**
Iungia Böhm. = **Inga**
Iurus Salisb. = **Allium**
Iva【2】 L. 假豚草属 ≒ **Oxytenia** Asteraceae 菊科 [MD-586] 全球(4) 大洲分布及种数(23) 亚洲:5;大洋洲:1;欧洲:2;北美洲:23
Ivalia Raf. = **Convolvulus**
Ivania【3】 O.E.Schulz 弯蕊芥属 ≒ **Cardamine** Brassicaceae 十字花科 [MD-213] 全球 (1) 大洲分布及种数(1-2)◆南美洲(◆智利)
Ivanjohnstonia【3】 Kazmi 印度紫草属 Boraginaceae 紫草科 [MD-517] 全球 (1) 大洲分布及种数(1)◆南亚(◆印度)
Iveae Lindl. = **Itea**
Ivesia (Baill.) Ertter & Reveal = **Ivesia**
Ivesia【3】 Torr. & A.Gray ex Torr. 爱夫花属 ← **Potentilla** Rosaceae 蔷薇科 [MD-246] 全球 (1) 大洲分布及种数(36-46)◆北美洲
Ivira【3】 Aubl. 苹婆属 ≒ **Sterculia** Malvaceae 锦葵科 [MD-203] 全球 (1) 大洲分布及种数(uc)◆亚洲
Ivodea【3】 Capuron 马岛芸香属 ≒ **Iodes** Rutaceae 芸香科 [MD-399] 全球 (1) 大洲分布及种数(28-30)◆非洲
Ivonia【3】 Vell. 芸香兰属 Orchidaceae 兰科 [MM-723] 全球 (1) 大洲分布及种数(cf.1) ◆南美洲
Iwanagara【-】 Hort. 兰科属 Orchidaceae 兰科 [MM-723] 全球 (uc) 大洲分布及种数(uc)
Iwatsukia【3】 (Stephani) N.Kitag. 绮萼苔属 Cephaloziaceae 大萼苔科 [B-52] 全球 (1) 大洲分布及种数(cf. 1)◆亚洲
Iwatsukiella【2】 W.R.Buck & H.A.Crum 小柔齿藓属 Heterocladiaceae 异枝藓科 [B-185] 全球 (2) 大洲分布及种数(1) 亚洲:1;北美洲:1
Ixalis L. = **Oxalis**
Ixalma G.Forst. = **Spinifex**
Ixanthus【3】 Griseb. 绮丹花属 ← **Gentiana;Exacum** Gentianaceae 龙胆科 [MD-496] 全球 (1) 大洲分布及种数(1)◆南欧(◆西班牙)
Ixauchenus Cass. = **Calendula**
Ixchelia【3】 H.E.Ballard & Wahlert 花旗堇属 Violaceae 堇菜科 [MD-126] 全球 (1) 大洲分布及种数(2) ◆北美洲
Ixerba【3】 A.Cunn. ex Walp. 龙柱花属 Strasburgeriaceae 栓皮果科 [MD-143] 全球 (1) 大洲分布及种数(1)◆大洋洲(◆新西兰)
Ixerbaceae【3】Griseb. ex Doweld & Reveal 西兰木科 [MD-289] 全球 (1) 大洲分布和属种数(1/1)◆大洋洲
Ixeridium【3】 (A.Gray) Tsvel. 小苦荬属 ← **Youngia;Ixeris;Crepidiastrum** Asteraceae 菊科 [MD-586] 全球 (1) 大洲分布及种数(17-23)◆亚洲
Ixeris【3】 (Cass.) Cass. 苦荬菜属 ≒ **Chondrilla;Paraprenanthes** Asteraceae 菊科 [MD-586] 全球 (1) 大洲分布及种数(20-30)◆亚洲
Ixerra Pritz. = **Ixerba**
Ixia (Ker Gawl.) Pax = **Ixia**
Ixia【3】 L. 谷鸢尾属 ≒ **Hydrilla;Ixora;Antholyza** Iridaceae 鸢尾科 [MM-700] 全球 (6) 大洲分布及种数(71-139;hort.1)非洲:69-92;亚洲:5-12;大洋洲:13-20;欧洲:9-16;北美洲:7-14;南美洲:7
Ixiaceae Horan. = Phyllonomaceae
Ixianthes【3】 Benth. 溪袋木属 Stilbaceae 耀仙木科 [MD-532] 全球 (1) 大洲分布及种数(1)◆非洲(◆南非)
Ixiauchenus Less. = **Lagenophora**
Ixidia Speta = **Albuca**
Ixidium【3】 Eichl. 番樱寄生属 ≒ **Antidaphne** Santalaceae 檀香科 [MD-412] 全球 (1) 大洲分布及种数(1)◆南美洲
Ixieae Dum. = **Ixia**
Ixina Raf. = **Krameria**
Ixine Hill = **Krameria**
Ixiochlamys【3】 F.Müll. ex Sond. 喙果层菀属 ≒ **Podocoma** Asteraceae 菊科 [MD-586] 全球 (1) 大洲分布及种数(4)◆大洋洲(◆澳大利亚)
Ixiolaena【3】 Benth. 单头金绒草属 → **Leiocarpa; Podotheca** Asteraceae 菊科 [MD-586] 全球 (1) 大洲分布及种数(2)◆大洋洲(◆澳大利亚)

Ixioliriaceae Schult.f. = Ixiolirionaceae
Ixiolirion【3】Fisch. ex Şerb. 鸢尾蒜属 Amaryllidaceae 石蒜科 [MM-694] 全球 (1) 大洲分布及种数(3-4)◆亚洲
Ixiolirionaceae【3】Nakai 鸢尾韭科 [MM-683] 全球 (1) 大洲分布和属种数(1;hort. & cult.1)(3-9;hort. & cult.1-3)◆亚洲
Ixionanthes Endl. = **Ixonanthes**
Ixiosporum F.Müll = **Citriobatus**
Ixo Pers. = **Antiaris**
Ixoca【-】Raf. 石竹科属 ≒ **Silene** Caryophyllaceae 石竹科 [MD-77] 全球 (uc) 大洲分布及种数(uc)
Ixocactus【3】Rizzini 粘掌寄生属 ← **Loranthus** Loranthaceae 桑寄生科 [MD-415] 全球 (1) 大洲分布及种数(5)◆南美洲
Ixocaulon Raf. = **Silene**
Ixodes Neumann = **Iodes**
Ixodia【3】R.Br. 山地菊属 ≒ **Ammobium** Asteraceae 菊科 [MD-586] 全球 (1) 大洲分布及种数(1-3)◆大洋洲(◆澳大利亚)
Ixodidae R.Br. = **Ixodia**
Ixodonerium【3】Pit. 胶夹竹桃属 Apocynaceae 夹竹桃科 [MD-492] 全球 (1) 大洲分布及种数(cf. 1)◆亚洲
Ixoides Bl. = **Iodes**
Ixonanthaceae【3】Planch. ex Miq. 黏木科 [MD-294] 全球(6) 大洲分布和属种数(5/27-36)非洲:2-3/4-7;亚洲: 1-3/12-15;大洋洲:1/1;欧洲:1/1;北美洲:1/1;南美洲:3-4/13-16
Ixonanthes【3】Jack 黏木属 ≒ **Lindernia** Ixonanthaceae 黏木科 [MD-294] 全球 (1) 大洲分布及种数(12-13)◆亚洲
Ixophorus【3】Nash 空轴实心草属 ≒ **Panicum** Poaceae 禾本科 [MM-748] 全球 (1) 大洲分布及种数(1)◆北美洲
Ixora【3】L. 龙船花属 → **Aidia;Coffea;Pavetta** Rubiaceae 茜草科 [MD-523] 全球 (6) 大洲分布及种数(228-656;hort.1;cult:4)非洲:66-170;亚洲:115-378;大洋洲:55-157;欧洲:9-22;北美洲:43-63;南美洲:77-108
Ixoreae Benth. & Hook.f. = **Ixora**
Ixorhea【3】Fenzl 阿根廷紫草属 Boraginaceae 紫草科 [MD-517] 全球 (1) 大洲分布及种数(1)◆南美洲
Ixtlania M.E.Jones = **Justicia**
Ixulus Salisb. = **Allium**
Ixyophora【3】Dressler 鸟喙兰属 ← **Chondrorhyncha** Orchidaceae 兰科 [MM-723] 全球 (1) 大洲分布及种数(5-6) ◆南美洲
Ixyoungia【3】Kitam. 苦荬菜属 ← **Ixeris** Asteraceae 菊科 [MD-586] 全球 (1) 大洲分布及种数(2)◆亚洲
Iyengaria Raf. = **Inga**
Izabalaea Lundell = **Agonandra**
Izia Standl. = **Eizia**
Izozogia【3】G.Navarro 玻利蒺藜属 Zygophyllaceae 蒺藜科 [MD-288] 全球 (1) 大洲分布及种数(1)◆南美洲(◆玻利维亚)
Izquierdia【3】Ruiz & Pav. 枸冬青属 ← **Myrsine; Nemopanthus** Aquifoliaceae 冬青科 [MD-438] 全球 (2) 大洲分布及种数(cf.1) 大洋洲;南美洲
Izqulerdia Ruiz & Pav. = **Izquierdia**

I

J

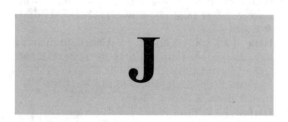

Jablonskia【3】 G.L.Webster 密头茶属 ← **Acidoton; Phyllanthus;Securinega** Phyllanthaceae 叶下珠科 [MD-222] 全球 (1) 大洲分布及种数(1)◆南美洲
Jaborosa【2】 (Dunal) Wettst. 春茄属 ← **Salpichroa; Trechonaetes;Homoranthus** Solanaceae 茄科 [MD-503] 全球 (4) 大洲分布及种数(27-31;hort.1)亚洲:cf.1;欧洲:3;北美洲:2;南美洲:26
Jabotapita Adans. = **Ochna**
Jabronella Stoj. & Stef. = **Campanula**
Jabrosa Steud. = **Salpichroa**
Jacaima【3】 Rendle 番萝藦属 ← **Matelea** Apocynaceae 夹竹桃科 [MD-492] 全球 (1) 大洲分布及种数(uc)属分布和种数(uc)◆南美洲
Jacaranda【3】 Juss. 蓝花楹属 → **Adenocalymma; Bignonia;Zeyheria** Bignoniaceae 紫葳科 [MD-541] 全球 (6)大洲分布及种数(58-69;hort.1;cult:1)非洲:3-5;亚洲:13-15;大洋洲:4-7;欧洲:1-4;北美洲:15-18;南美洲:52-60
Jacaratia【2】 A.DC. 异木瓜属 ← **Carica;Papaya** Caricaceae 番木瓜科 [MD-236] 全球 (2) 大洲分布及种数(9)北美洲:6;南美洲:7
Jacea Hall. = **Centaurea**
Jacea Opiz = **Viola**
Jaceacosta Rauschert = **Centaurea**
Jaceitrapa【-】 Rauschert 菊科属 Asteraceae 菊科 [MD-586] 全球 (uc) 大洲分布及种数(uc)
Jackfowlieara【-】 J.M.H.Shaw 兰科属 Orchidaceae 兰科 [MM-723] 全球 (uc) 大洲分布及种数(uc)
Jackia【3】 Wall. 黄叶树属 ← **Xanthophyllum;Populus** Malvaceae 锦葵科 [MD-203] 全球 (1) 大洲分布及种数(uc)属分布和种数(uc)◆亚洲
Jackiella【3】 Schiffner 甲克苔属 Jackiellaceae 甲克苔科 [B-54] 全球 (6) 大洲分布及种数(2)非洲:3;亚洲:1-4;大洋洲:1-4;欧洲:3;北美洲:3;南美洲:3
Jackiellaceae R.M.Schust. = Jackiellaceae
Jackiellaceae【3】 Schiffner 甲克苔科 [B-54] 全球 (6) 大洲分布和属种数(1/1-5)非洲:1/3;亚洲:1/1-4;大洋洲:1/1-4;欧洲:1/3;北美洲:1/3;南美洲:1/3
Jackiopsis【3】 Ridsdale 杨属 ≒ **Jackia;Populus** Rubiaceae 茜草科 [MD-523] 全球 (1) 大洲分布及种数(1)◆亚洲
Jacksonia【3】 Raf. 怪味豆属 ← **Jasminum;Polanisia** Fabaceae 豆科 [MD-240] 全球 (1) 大洲分布及种数(39-80)◆大洋洲(◆澳大利亚)
Jacmaia【3】 B.Nord. 灰毛尾药菊属 ≒ **Senecio** Asteraceae 菊科 [MD-586] 全球 (1) 大洲分布及种数(1)◆北美洲
Jacobaea【2】 Mill. 千里光属 ≒ **Senecio** Asteraceae 菊科 [MD-586] 全球 (5) 大洲分布及种数(52-78;hort.1;cult:8)非洲:8;亚洲:32-34;欧洲:29-32;北美洲:2-3;南美洲:1
Jacobaeastrum P. & K. = **Euryops**
Jacobanthus Fourr. = **Senecio**
Jacobea Thunb. = **Senecio**
Jacobinia【3】 Moric. 花旗爵床属 → **Ancistranthus; Drejera;Odontonema** Acanthaceae 爵床科 [MD-572] 全球 (6) 大洲分布及种数(20-31)非洲:3;亚洲:1-4;大洋洲:3;欧洲:3;北美洲:13-18;南美洲:11-17
Jacobsenia【3】 L.Bolus & Schwantes 白鸽玉属 ≒ **Mesembryanthemum** Aizoaceae 番杏科 [MD-94] 全球 (1) 大洲分布及种数(2-3)◆非洲(◆南非)
Jaconecio【-】 P.V.Heath 菊科属 Asteraceae 菊科 [MD-586] 全球 (uc) 大洲分布及种数(uc)
Jacoona Thunb. = **Senecio**
Jacophyllum【-】 S.A.Hammer 番杏科属 Aizoaceae 番杏科 [MD-94] 全球 (uc) 大洲分布及种数(uc)
Jacoraria P.V.Heath = **Papaya**
Jacosta DC. = **Phymaspermum**
Jacquemontia【3】 Choisy 小牵牛属 → **Aniseia; Ipomoea;Odonellia** Convolvulaceae 旋花科 [MD-499] 全球 (6) 大洲分布及种数(112-131;hort.1;cult: 8)非洲:7-11;亚洲:90-102;大洋洲:3-7;欧洲:1-5;北美洲:37-47;南美洲:93-110
Jacquesfelixia J.B.Phipps = **Danthoniopsis**
Jacqueshuberia【3】 Ducke 黑水豆属 Fabaceae 豆科 [MD-240] 全球 (1) 大洲分布及种数(7)◆南美洲
Jacquina Cothen. = **Jacquinia**
Jacquinara J.M.H.Shaw = **Jacquinia**
Jacquini L. = **Jacquinia**
Jacquinia【3】 L. 钟萝桐属 ≒ **Prockia;Chrysophyllum; Deherainia** Primulaceae 报春花科 [MD-401] 全球 (1) 大洲分布及种数(39-45)◆北美洲
Jacquiniana L. = **Jacquinia**
Jacquiniella【2】 Schltr. 束刀兰属 Orchidaceae 兰科 [MM-723] 全球 (3) 大洲分布及种数(12-14)非洲:1;北美洲:10;南美洲:7-9
Jacquinii L. = **Jacquinia**
Jacquinotia Homb. & Jacq. ex Decne. = **Jacquinia**
Jacuanga T.Lestib. = **Costus**
Jacularia Raf. = **Malanea**
Jadelotia【-】 Buc´hoz 蔷薇科属 Rosaceae 蔷薇科 [MD-246] 全球 (uc) 大洲分布及种数(uc)
Jadunia【3】 Lindatt 雅顿爵床属 ≒ **Strobilanthes** Acanthaceae 爵床科 [MD-572] 全球 (1) 大洲分布及种数(1-2)◆大洋洲(◆巴布亚新几内亚)
Jaegera Giseke = **Zingiber**
Jaegeria【2】 Kunth 膜苞菊属 ← **Acmella; Anthemis; Sphagneticola** Asteraceae 菊科 [MD-586] 全球 (3) 大洲分布及种数(11-12)亚洲:cf.1;北美洲:9;南美洲:3-4
Jaegerina【3】 Müll.Hal. 蕨紫藓属 ≒ **Pilotrichum** Pterobryaceae 蕨藓科 [B-201] 全球 (6) 大洲分布及种数(10) 非洲:8;亚洲:2;大洋洲:1;欧洲:1;北美洲:6;南美洲:2
Jaegerinopsis【3】 Broth. 蕨藓科属 ≒ **Jaegerina** Pterobryaceae 蕨藓科 [B-201] 全球 (1) 大洲分布及种数(1)◆南美洲
Jaeggia Schinz = **Pilea**
Jaeropsis Asch. & Graebn. = **Agrostis**
Jaeschkea【3】 Kurz 口药花属 ← **Gentiana** Gentiana-

ceae 龙胆科 [MD-496] 全球 (1) 大洲分布及种数(3-4)◆亚洲
Jaffrea 【3】 H.C.Hopkins & Pillon 缨鼠李属 Rhamnaceae 鼠李科 [MD-331] 全球 (1) 大洲分布及种数(2) ◆大洋洲
Jaffueliobryum 【2】 Thér. 缨齿藓属 Ptychomitriaceae 缩叶藓科 [B-114] 全球 (3) 大洲分布及种数(5) 亚洲:2;北美洲:3;南美洲:3
Jafnea Spreng. = **Arnaldoa**
Jagera 【3】 Bl. 雨沫树属 ← **Tina;Cupania** Sapindaceae 无患子科 [MD-428] 全球 (1) 大洲分布及种数(2-3)◆大洋洲
Jagrantia 【2】 Barfuss & W.Till 雨含羞属 Fabaceae1 含羞草科 [MD-238] 全球 (2) 大洲分布及种数(cf.1) 北美洲:1;南美洲:1
Jaguinia L. = **Jacquinia**
Jahipha Löfl. = **Manihot**
Jahnia 【3】 Pittier & S.F.Blake 委内省沽油属 Staphyleaceae 省沽油科 [MD-407] 全球 (1) 大洲分布及种数(uc)属分布和种数(uc)◆南美洲(◆委内瑞拉)
Jailoloa 【-】 Heatubun & W.J.Baker 棕榈科属 Arecaceae 棕榈科 [MM-717] 全球 (uc) 大洲分布及种数(uc)
Jaimehintonia 【3】 B.L.Turner 白虎韭属 Asparagaceae 天门冬科 [MM-669] 全球 (1) 大洲分布及种数(1)◆北美洲(◆墨西哥)
Jaimenostia Guinea & Gómez Mor. = **Typhonium**
Jainia N.P.Balakr. = **Anemia**
Jakkia Bl. = **Xanthophyllum**
Jalambica Raf. = **Pinillosia**
Jalambicea Cerv. = **Limnobium**
Jalapa Mill. = **Mirabilis**
Jalapaceae Adans. = Nyctaginaceae
Jalappa Burm. = **Butia**
Jalcophila 【3】 M.O.Dillon & Sagást. 紫藓菊属 ← **Gamochaeta** Asteraceae 菊科 [MD-586] 全球 (1) 大洲分布及种数(2-3)◆南美洲
Jalicsoa S.Watson = **Jaliscoa**
Jaliscoa 【3】 S.Watson 托泽兰属 Asteraceae 菊科 [MD-586] 全球 (1) 大洲分布及种数(4)◆北美洲(◆墨西哥)
Jalombicea Cerv. = **Limnobium**
Jaltomata 【2】 Schlecht. 轮钟茄属 ≒ **Saracha;Solanum** Solanaceae 茄科 [MD-503] 全球 (4) 大洲分布及种数(52-78)亚洲:4;大洋洲:3;北美洲:12-13;南美洲:46-65
Jaltonia Steud. = **Saracha**
Jamaiciella Braem = **Oncidium**
Jambolana Adans. = **Acronychia**
Jambolifera Houtt. = **Syzygium**
Jambolifera L. = **Acronychia**
Jamboliferaceae Martinov = Rutaceae
Jambosa 【3】 Adans. 蒲桃属 ≒ **Pilidiostigma** Myrtaceae 桃金娘科 [MD-347] 全球 (1) 大洲分布及种数(16)◆亚洲
Jambus J.F.Gmel. = **Ampelocalamus**
Jamesbrittenia 【3】 P. & K. 雨地花属 ← **Buchnera; Sutera** Scrophulariaceae 玄参科 [MD-536] 全球 (1) 大洲分布及种数(86-87)◆非洲
Jamesia Nees = **Jamesia**
Jamesia 【3】 Torr. & A.Gray 岩绣梅属 ← **Dalea; Edwinia;Lygodesmia** Hydrangeaceae 绣球科 [MD-429] 全球 (1) 大洲分布及种数(3-4)◆北美洲
Jamesianthus 【3】 S.F.Blake & Sherff 战帽菊属 Asteraceae 菊科 [MD-586] 全球 (1) 大洲分布及种数(1)◆北美洲(◆美国)
Jamesii Raf. = **Jamesia**
Jamesonara J.M.H.Shaw = **Jamesonia**
Jamesonia 【3】 Hook. & Grev. 天梯蕨属 ≒ **Pteris; Polystichum** Pteridaceae 凤尾蕨科 [F-31] 全球 (1) 大洲分布及种数(63-66)◆南美洲
Jamesoniella (Spruce) Carrington = **Jamesoniella**
Jamesoniella 【3】 Stephani 圆叶苔属 ≒ **Jungermannia;Odontoschisma** Jamesoniellaceae 圆叶苔科 [B-51] 全球 (6) 大洲分布及种数(10)非洲:4-12;亚洲:4-12;大洋洲:2-10;欧洲:8;北美洲:8;南美洲:4-12
Jamesoniellaceae He-Nygrén,Juslén,Ahonen,Glenny & Piippo = Jamesoniellaceae
Jamesoniellaceae 【3】 Stephani 圆叶苔科 [B-51] 全球 (6) 大洲分布和属种数(8/47-60)非洲:2-4/7-19;亚洲:5/24-36;大洋洲:4-6/9-21;欧洲:1-4/1-13;北美洲:1-4/11-23;南美洲:5-7/26-38
Jaminia N.P.Balakr. = **Argostemma**
Jana Schult. & Schult.f. = **Baeometra**
Janacetum L. = **Tanacetum**
Janaira J.Joseph & V.Chandras. = **Decalepis**
Janakia J.Joseph & V.Chandras. = **Decalepis**
Janasia Raf. = **Phlogacanthus**
Janaua Miq. = **Drypetes**
Jancaea 【-】 Boiss. 苦苣苔科属 ≒ **Lygodium** Gesneriaceae 苦苣苔科 [MD-549] 全球 (uc) 大洲分布及种数(uc)
Jandinea Steud. = **Jardinea**
Janetia J.F.Leroy = **Janotia**
Janetiella Rydb. = **Astragalus**
Jangaraca Raf. = **Hamelia**
Jania Schult. & Schult.f. = **Baeometra**
Janiodes Möhr. ex P. & K. = **Brodiaea**
Janipes Kunth = **Manihot**
Janipha Kunth = **Manihot**
Jankaea 【-】 Boiss. 海金沙科属 Lygodiaceae 海金沙科 [F-20] 全球 (uc) 大洲分布及种数(uc)
Jankaeberlea 【-】 Halda 苦苣苔科属 Gesneriaceae 苦苣苔科 [MD-549] 全球 (uc) 大洲分布及种数(uc)
Jankaendron 【-】 Halda 苦苣苔科属 Gesneriaceae 苦苣苔科 [MD-549] 全球 (uc) 大洲分布及种数(uc)
Jankaessandra 【-】 Halda 苦苣苔科属 Gesneriaceae 苦苣苔科 [MD-549] 全球 (uc) 大洲分布及种数(uc)
Janotia 【3】 J.F.Leroy 大托团花属 ← **Neonauclea** Rubiaceae 茜草科 [MD-523] 全球 (1) 大洲分布及种数(1-2)◆非洲(◆马达加斯加)
Janraia Adans. = **Rajania**
Jansaella Bor = **Jansenella**
Jansenella 【3】 Bor 紫穗草属 ← **Arundinella** Poaceae 禾本科 [MM-748] 全球 (1) 大洲分布及种数(cf. 1)◆亚洲
Jansenia Barb.Rodr. = **Plectrophora**
Jansia A.Juss. = **Janusia**
Jansonia Kipp. = **Gastrolobium**
Janssenara 【-】 J.M.H.Shaw 兰科属 Orchidaceae 兰科 [MM-723] 全球 (uc) 大洲分布及种数(uc)
Jantha Steud. = **Ionopsis**

J

Janthe Griseb. = **Ornithogalum**
Janthina Steud. = **Comparettia**
Janua Pierre ex Dubard = **Madhuca**
Janusia 【2】 A.Juss. 朱那木属 → **Aspicarpa; Peregrina;Schwannia** Malpighiaceae 金虎尾科 [MD-343] 全球 (4) 大洲分布及种数(24-25)非洲:1;亚洲:cf.1;北美洲:4-5;南美洲:20
Japanobotrychium (L.) M.Nishida = **Botrychium**
Japanobotrychum 【3】 Masam. 瓶指蕨属 ≒ **Helminthostachys** Ophioglossaceae 瓶尔小草科 [F-9] 全球 (1) 大洲分布及种数(uc)属分布和种数(uc)◆亚洲
Japarandiba Adans. = **Gustavia**
Jape Mill. = **Centaurea**
Japonasarum Nakai = **Asarum**
Japonia Small = **Jepsonia**
Japonicalia 【3】 C.Ren & Q.E.Yang 短含羞属 Fabaceae1 含羞草科 [MD-238] 全球 (1) 大洲分布及种数(3) ◆亚洲
Japonoliriaceae 【3】 Takht. 短柱草科 [MM-610] 全球 (1) 大洲分布和属种数(1;hort. & cult.1)(1;hort. & cult.1) ◆大洋洲
Japonolirion 【3】 Nakai 尾濑草属 Petrosaviaceae 无叶莲科 [MM-614] 全球 (1) 大洲分布及种数(1-2)◆亚洲
Japotapita Adans. = **Ochna**
Jaquemontia Choisy = **Jacquemontia**
Jaquinia L. = **Jacquinia**
Jaquinotia L. = **Jacquinia**
Jaracatia Marcg. ex Endl. = **Jacaratia**
Jaramilloa 【3】 R.M.King & H.Rob. 黄粒菊属 Asteraceae 菊科 [MD-586] 全球 (1) 大洲分布及种数(1-2)◆南美洲(◆哥伦比亚)
Jarandersonia Kosterm. = **Berrya**
Jarapha Steud. = **Jarava**
Jaraphaea Neck. = **Cambessedesia**
Jarava 【3】 Ruiz & Pav. 稻针茅属 ← **Stipa;Sida** Poaceae 禾本科 [MM-748] 全球 (6) 大洲分布及种数(44-51)非洲:1;亚洲:1;大洋洲:1-2;欧洲:1;北美洲:6-7;南美洲:41-42
Jaravaea Neck. = **Rhexia**
Jardinea 【2】 Steud. 稻针颖属 ← **Thelepogon; Rhytachne;Andropogon** Poaceae 禾本科 [MM-748] 全球 (1) 大洲分布及种数(1-3) ◆大洋洲
Jardinia Benth. & Hook.f. = **Erlangea**
Jare Mill. = **Centaurea**
Jarilla 【3】 Rusby 番粟瓜属 ← **Papaya** Caricaceae 番木瓜科 [MD-236] 全球 (1) 大洲分布及种数(3)◆北美洲
Jarrilla I.M.Johnst. = **Jarilla**
Jarxia Ruiz & Pav. = **Jarava**
Jasarum 【3】 G.S.Bunting 黑水芋属 Araceae 天南星科 [MM-639] 全球 (1) 大洲分布及种数(1)◆南美洲
Jasenara 【-】 W.Jasen 兰科属 Orchidaceae 兰科 [MM-723] 全球 (uc) 大洲分布及种数(uc)北美洲
Jasionaceae Dum. = Oleaceae
Jasione 【3】 L. 伤愈草属 ≒ **Campanula;Phyteuma; Alepidea** Campanulaceae 桔梗科 [MD-561] 全球 (1) 大洲分布及种数(17-23)◆欧洲
Jasionella Stoj. & Stef. = **Jasione**
Jasminaceae Juss. = Oleaceae
Jasminanthes 【3】 Bl. 黑鳗藤属 ← **Apocynum;Toxocarpus;Stephanotis** Apocynaceae 夹竹桃科 [MD-492] 全球 (1) 大洲分布及种数(cf. 1)◆亚洲
Jasminium Dum. = **Jasminum**
Jasminocereus 【3】 Britton & Rose 麝香柱属 ← **Cereus** Cactaceae 仙人掌科 [MD-100] 全球 (1) 大洲分布及种数(2)◆南美洲
Jasminochyla (Stapf) Pichon = **Landolphia**
Jasminonerium V.Wolf = **Carissa**
Jasminum 【3】 (Tourn.) L. 素馨属 ≒ **Melodinus** Oleaceae 木樨科 [MD-498] 全球 (6) 大洲分布及种数(129-249;hort.1;cult:14)非洲:60-106;亚洲:88-182;大洋洲:30-73;欧洲:15-36;北美洲:22-48;南美洲:18-39
Jasonella Stoj. & Stef. = **Jasione**
Jasonia 【3】 Cass. 块茎菊属 → **Allagopappus;Vieraea;Anthemis** Asteraceae 菊科 [MD-586] 全球 (1) 大洲分布及种数(1)◆欧洲
Jassa Houtt. = **Davilla**
Jasus Lour. = **Adinandra**
Jateorhiza 【3】 Miers 药根藤属 ← **Cocculus;Menispermum** Menispermaceae 防已科 [MD-42] 全球 (1) 大洲分布及种数(2)◆非洲
Jathropha L. = **Jatropha**
Jatropa G.A.Scop. = **Jatropha**
Jatropha (Adans.) Griseb. = **Jatropha**
Jatropha 【3】 L. 麻风树属 ≒ **Croton;Astrocasia** Euphorbiaceae 大戟科 [MD-217] 全球 (6) 大洲分布及种数(177-216;hort.1;cult: 3)非洲:82-99;亚洲:25-43;大洋洲:11-20;欧洲:7-17;北美洲:77-88;南美洲:57-72
Jatropheae Pax = **Jatropha**
Jatrops Rottb. = **Marcgraviastrum**
Jatrorhiza Miers ex Planch. = **Jateorhiza**
Jatrorrhiza Prantl = **Jateorhiza**
Jatus P. & K. = **Tectona**
Jaubertia Guill. = **Dipterocome**
Jauella Ramam. & Sebastine = **Arum**
Jaumea 【3】 Pers. 碱菊属 → **Bartlettina;Philoglossa; Kleinia** Asteraceae 菊科 [MD-586] 全球 (6) 大洲分布及种数(6-12)非洲:2-6;亚洲:1-5;大洋洲:4;欧洲:4;北美洲:2-6;南美洲:1-5
Jaumeopsis Hieron. = **Philoglossa**
Jaundea 【3】 Gilg 红叶藤属 ≒ **Rourea** Connaraceae 牛栓藤科 [MD-284] 全球 (1) 大洲分布及种数(uc)◆亚洲
Jauravia Spreng. = **Saurauia**
Javieria Archila,Chiron & Szlach. = **Brassavola**
Javorkaea Borhidi & Jarai-Koml. = **Rondeletia**
Jaxea Mill. = **Centaurea**
Jeaneara G.Monnier & J.M.H.Shaw = **Aerides**
Jeanneret Gaud. = **Pandanus**
Jeanneretia Gaud. = **Pandanus**
Jeannerettia Gaud. = **Pandanus**
Jedda 【3】 J.R.Clarkson 帚薇香属 Thymelaeaceae 瑞香科 [MD-310] 全球 (1) 大洲分布及种数(1)◆大洋洲(◆澳大利亚)
Jefea 【3】 Strother 小叶苞菊属 ≒ **Zexmenia** Asteraceae 菊科 [MD-586] 全球 (1) 大洲分布及种数(5)◆北美洲(◆美国)
Jeffersonia 【3】 Bart. 二叶鲜黄连属 ≒ **Gelsemium; Plagiorhegma** Berberidaceae 小檗科 [MD-45] 全球 (1) 大洲分布及种数(1-3)◆北美洲

Jeffreya 【3】 Wild 鹅河菊属 ≒ **Brachyscome** Asteraceae 菊科 [MD-586] 全球 (1) 大洲分布及种数(2)◆非洲
Jeffreycia 【-】 H.Rob.,S.C.Keeley & Skvarla 菊科属 Asteraceae 菊科 [MD-586] 全球 (uc) 大洲分布及种数(uc)
Jehlia 【2】 Hort.Germ. ex Planch. 舞凤花属 ← **Lopezia** Onagraceae 柳叶菜科 [MD-396] 全球 (2) 大洲分布及种数(cf.1) 北美洲;南美洲
Jehlius Hort.Germ. ex Planch. = **Jehlia**
Jejewoodia 【3】 Szlach. 角唇兰属 ≒ **Ceratochilus** Orchidaceae 兰科 [MM-723] 全球 (1) 大洲分布及种数(6)◆亚洲
Jejosephia A.N.Rao & K.J.Mani = **Bulbophyllum**
Jellyella Lückel & Fessel = **Jennyella**
Jenkin B.G.Baldwin = **Jensia**
Jenkinsia Griff. = **Myriopteron**
Jenkinsia Hook. = **Bolbitis**
Jenkinsonia Sw. = **Pelargonium**
Jenmania Rolfe = **Palmorchis**
Jenmaniella 【3】 Engl. 领河苔属 ← **Marathrum** Podostemaceae 川苔草科 [MD-322] 全球 (1) 大洲分布及种数(7)◆南美洲
Jennyella 【3】 Lückel & Fessel 素珠兰属 Orchidaceae 兰科 [MM-723] 全球 (1) 大洲分布及种数(2)◆南美洲(◆秘鲁)
Jensenia 【3】 (Nees) Grolle 小带叶苔属 ≒ **Mittenia** Pallaviciniaceae 带叶苔科 [B-30] 全球 (6) 大洲分布及种数(10)非洲:2-3;亚洲:3-4;大洋洲:1-2;欧洲:1;北美洲:1-2;南美洲:3-4
Jensenobotrya 【3】 A.G.J.Herre 琅华木属 Aizoaceae 番杏科 [MD-94] 全球 (1) 大洲分布及种数(1-2)◆非洲
Jensia 【3】 B.G.Baldwin 星紫菊属 ← **Anisocarpus; Madia** Asteraceae 菊科 [MD-586] 全球 (1) 大洲分布及种数(2)◆北美洲(◆美国)
Jensoa Raf. = **Cymbidium**
Jenynsia Hook. = **Egenolfia**
Jepsonia 【3】 Small 秋方草属 ← **Saxifraga** Saxifragaceae 虎耳草科 [MD-231] 全球 (1) 大洲分布及种数(4-6)◆北美洲
Jerdonia 【3】 Wight 天竺苣苔属 Gesneriaceae 苦苣苔科 [MD-549] 全球 (1) 大洲分布及种数(cf.1) ◆亚洲
Jeronia Pritz. = **Limonia**
Jessea 【3】 H.Rob. & Cuatrec. 髓菊木属 Asteraceae 菊科 [MD-586] 全球 (1) 大洲分布及种数(4)◆北美洲
Jessenia 【2】 F.Müll. ex Sond. 油果椰属 ≒ **Oenocarpus** Arecaceae 棕榈科 [MM-717] 全球 (3) 大洲分布及种数(2) 大洋洲:1;北美洲:1;南美洲:1
Jessiana H.Wendl. = **Syagrus**
Jessica Mello-Leitôo = **Jessea**
Jewellara 【-】 auct. 兰科属 Orchidaceae 兰科 [MM-723] 全球 (uc) 大洲分布及种数(uc)
Jezabel Banks ex R.A.Salisbury = **Tillandsia**
Jiia N.P.Balakr. = **Argostemma**
Jimenezara auct. = **Broughtonia**
Jimensia Raf. = **Bletilla**
Jinia N.P.Balakr. = **Argostemma**
Jiraseckia Dum. = **Anagallis**
Jirasekia F.W.Schmidt = **Anagallis**
Jirawongsea Picheans. = **Caulokaempferia**
Jisooara 【-】 J.M.H.Shaw 兰科属 Orchidaceae 兰科 [MM-723] 全球 (uc) 大洲分布及种数(uc)
Jium L. = **Tium**
Joachima Ten. = **Beckmannia**
Joachimea Benth. & Hook.f. = **Cynosurus**
Joachimia Ten. ex Röm. & Schult. = **Beckmannia**
Joannara auct. = **Renanthera**
Joannea Spreng. = **Chuquiraga**
Joannegria Chiov. = **Lintonia**
Joannesia Pers. = **Joannesia**
Joannesia 【3】 Vell. 鹦鹉桐属 ≒ **Panda** Euphorbiaceae 大戟科 [MD-217] 全球 (1) 大洲分布及种数(2)◆南美洲
Joannisiella Rydb. = **Anarthrophyllum**
Jobalboa Chiov. = **Rhaphiostylis**
Jobaphes Phil. = **Plazia**
Jobinia 【3】 E.Fourn. 乔宾萝藦属 ≒ **Cynanchum; Metastelma;Cyathostelma** Apocynaceae 夹竹桃科 [MD-492] 全球 (1) 大洲分布及种数(25-28)◆南美洲
Jocaste Kunth = **Maianthemum**
Jocaste Meisn. = **Phymaspermum**
Jocayena Raf. = **Tocoyena**
Jochenia 【-】 Hedenäs,Schlesak & D.Quandt 绢藓科属 Entodontaceae 绢藓科 [B-195] 全球 (uc) 大洲分布及种数(uc)
Jodanthus Prantl = **Iodanthus**
Jodina Hook. & Arn. ex Meisn. = **Jodina**
Jodina 【3】 Meisn. 菱叶寄生属 Santalaceae 檀香科 [MD-412] 全球 (1) 大洲分布及种数(2-11)◆南美洲(◆巴西)
Jodrellia 【3】 Baijnath 须尾草属 ≒ **Bulbine** Asphodelaceae 阿福花科 [MM-649] 全球 (1) 大洲分布及种数(uc)属分布和种数(uc)◆非洲
Joergensenia Turcz. = **Bejaria**
Joeropsis Schltr. = **Comparettia**
Johanneshowellia 【3】 Reveal 石蓉蓼属 ← **Eriogonum** Polygonaceae 蓼科 [MD-120] 全球 (1) 大洲分布及种数(2)◆北美洲(◆美国)
Johannesia Endl. = **Joannesia**
Johannesteijsmannia 【3】 H.E.Moore 菱叶棕属 Arecaceae 棕榈科 [MM-717] 全球 (1) 大洲分布及种数(1-5)◆亚洲
Johannia Willd. = **Chuquiraga**
Johansonia (G.Winter) Sacc. = **Johnsonia**
Johnara Hort. = **Aerides**
Johnia J.M.H.Shaw = **Salacia**
Johnia Wight & Arn. = **Glycine**
Johnkellyara 【-】 auct. 兰科属 Orchidaceae 兰科 [MM-723] 全球 (uc) 大洲分布及种数(uc)
Johnlagerara 【-】 J.M.H.Shaw 兰科属 Orchidaceae 兰科 [MM-723] 全球 (uc) 大洲分布及种数(uc)
Johnson Mill. = **Johnsonia**
Johnsonara J.M.H.Shaw = **Johnsonia**
Johnsonia Adans. = **Johnsonia**
Johnsonia 【3】 R.Br. 苞花草属 ≒ **Stawellia;Callicarpa** Asphodelaceae 阿福花科 [MM-649] 全球 (1) 大洲分布及种数(5-6)◆大洋洲(◆澳大利亚)
Johnsoniaceae 【3】 Lotsy 红箭花科 [MM-642] 全球 (1) 大洲分布和属种数(1/5-7)◆大洋洲

J

Johnsonieae Benth. = **Johnsonia**
Johnstonalia【3】Tortosa 咀签属 ≒ **Gouania** Rhamnaceae 鼠李科 [MD-331] 全球 (1) 大洲分布及种数(cf.1) ◆南美洲
Johnstonella【2】Brand 隐花紫草属 ← **Cryptantha** Boraginaceae 紫草科 [MD-517] 全球 (2) 大洲分布及种数(uc) 北美洲:10-11;南美洲:2
Johnstonia Tortosa = **Acridocarpus**
Johnyeeara【-】auct. 兰科属 Orchidaceae 兰科 [MM-723] 全球 (uc) 大洲分布及种数(uc)
Johoralia【3】C.K.Lim 舌含羞属 Fabaceae1 含羞草科 [MD-238] 全球 (1) 大洲分布及种数(cf.1) ◆亚洲
Johowia Ephng & Looser = **Cuminia**
Johrenia【2】DC. 苞花芹属 ≒ **Coriandrum** Apiaceae 伞形科 [MD-480] 全球 (2) 大洲分布及种数(2-16)亚洲:1-13;欧洲:3
Johreniopsis【-】Pimenov 伞形科属 Apiaceae 伞形科 [MD-480] 全球 (uc) 大洲分布及种数(uc)
Joinvillea【3】Gaudich. ex Brongn. & Gris 拟苇属 ← **Flagellaria** Joinvilleaceae 拟苇科 [MM-728] 全球 (1) 大洲分布及种数(3-4)◆亚洲
Joinvilleac Gaudich. ex Brongn. & Gris = **Joinvillea**
Joinvilleaceae【3】Tolm. & A.C.Sm. 拟苇科 [MM-728] 全球(6)大洲分布和属种数(1/3-5)非洲:1/1;亚洲:1/3-4;大洋洲:1/1;欧洲:1/1;北美洲:1/1-2;南美洲:1/1
Joira Meisn. = **Jodina**
Joliffia Boj. ex Delile = **Telfairia**
Jollas Pierre ex Baill. = **Magodendron**
Jollya Pierre = **Pycnandra**
Jollydora【3】Pierre ex Gilg 光瓣牛栓藤属 ← **Connarus** Connaraceae 牛栓藤科 [MD-284] 全球 (1) 大洲分布及种数(4-5)◆非洲
Jollydoreae Lemmens = **Jollydora**
Jolyara【-】J.M.H.Shaw 兰科属 Orchidaceae 兰科 [MM-723] 全球 (uc) 大洲分布及种数(uc)
Jolyna S.M.Guim. = **Magodendron**
Jonas Adans. = **Lonas**
Joncquetia Schreb. = **Tapirira**
Jondraba【2】Medik. 双盾荠属 ≒ **Biscutella** Brassicaceae 十字花科 [MD-213] 全球 (3) 大洲分布及种数(1) 非洲:1;欧洲:1;北美洲:1
Jonesia Bizot,R.B.Pierrot & Pócs = **Jonesia**
Jonesia【3】Roxb. 非洲藓属 ≒ **Intsia** Funariaceae 葫芦藓科 [B-106] 全球 (1) 大洲分布及种数(1)◆非洲
Jonesiella Rydb. = **Astragalus**
Jonesiobryum【3】Bizot & Pócs ex B.H.Allen & Pursell 巴西光刺藓属 Rhachitheciaceae 刺藓科 [B-125] 全球 (1) 大洲分布及种数(2)◆南美洲
Jonesiopchis J.M.H.Shaw = **Caladenia**
Jonesiopsis Szlach. = **Mastixiodendron**
Jonettia Guédès = **Jovetia**
Jonga Lem. = **Billbergia**
Jonghea Lem. = **Billbergia**
Jonia Steud. = **Bonia**
Jonidiopsis C.Presl = **Noisettia**
Jonidium Kunth = **Hybanthus**
Joniris (Spach) Klatt = **Iris**
Jonopsidium【-】Rchb. 十字花科属 Brassicaceae 十字花科 [MD-213] 全球 (uc) 大洲分布及种数(uc)
Jonopsis Schltr. = **Ionopsis**
Jonorchis Beck = **Limodorum**
Jonquilla Haw. = **Narcissus**
Jonquillia Endl. = **Narcissus**
Jonsonia Garden = **Jensenia**
Jontanea Raf. = **Coccocypselum**
Jonthlaspi All. = **Clypeola**
Joosia【3】Karst. 光鸡纳属 ≒ **Ladenbergia** Rubiaceae 茜草科 [MD-523] 全球 (1) 大洲分布及种数(18-19)◆南美洲
Joosia Sectocalyx Steyerm. = **Joosia**
Jora O.F.Cook = **Dalechampia**
Jordaaniella【3】H.E.K.Hartmann 金绳玉属 ← **Cephalophyllum;Mesembryanthemum** Aizoaceae 番杏科 [MD-94] 全球 (1) 大洲分布及种数(4-7)◆非洲(◆南非)
Jordani Boiss. = **Acanthophyllum**
Jordania Boiss. = **Gypsophila**
Jordanita Boiss. = **Gypsophila**
Jorina Meisn. = **Jodina**
Jortula Roxb. ex Willd. = **Tortula**
Joseanthus【3】H.Rob. 全裂落苞菊属 ← **Vernonia** Asteraceae 菊科 [MD-586] 全球 (1) 大洲分布及种数(5)◆南美洲
Josepha Benth. & Hook.f. = **Bougainvillea**
Josephara J.M.H.Shaw = **Josephinia**
Josephia R.Br. ex Knight = **Sirhookera**
Josephia Salisb. = **Dryandra**
Josephia Steud. = **Bougainvillea**
Josephina Pers. = **Josephinia**
Josephinia【2】Vent. 刺球麻属 Pedaliaceae 芝麻科 [MD-539] 全球 (3) 大洲分布及种数(2-5)非洲:1;亚洲:1;大洋洲:3
Jossinia Comm. ex DC. = **Eugenia**
Jostia Lür = **Stelis**
Jouvea【3】E.Fourn. 尾盾草属 ← **Agropyron;Poa;Triticum** Poaceae 禾本科 [MM-748] 全球 (1) 大洲分布及种数(2)◆北美洲
Jouveae Pilg. = **Jouvea**
Jouyella Szlach. = **Chloraea**
Jovellana【2】Ruiz & Pav. 茶杯花属 ← **Boea;Porodittia** Calceolariaceae 荷包花科 [MD-531] 全球 (4) 大洲分布及种数(4-7)大洋洲:cf.1;欧洲:1;北美洲:1;南美洲:3
Jovetastella【3】Tixier 新喀澳鳞苔属 Lejeuneaceae 细鳞苔科 [B-84] 全球 (1) 大洲分布及种数(cf. 1)◆大洋洲
Jovetia【3】Guédès 霍韦茜属 Rubiaceae 茜草科 [MD-523] 全球 (1) 大洲分布及种数(1)◆非洲(◆马达加斯加)
Jovibarba【3】(DC.) Opiz 神须草属 ← **Sempervivum** Crassulaceae 景天科 [MD-229] 全球 (1) 大洲分布及种数(4)◆欧洲
Jovivum【-】G.D.Rowley 景天科属 Crassulaceae 景天科 [MD-229] 全球 (uc) 大洲分布及种数(uc)
Joxylon Steud. = **Maclura**
Joycea【3】H.P.Linder 澳光禾属 ← **Rytidosperma** Poaceae 禾本科 [MM-748] 全球 (1) 大洲分布及种数(2)◆大洋洲(◆澳大利亚)
Joyceara H.P.Linder = **Joycea**
Jozoste P. & K. = **Litsea**
Jrillium Raf. = **Tidestromia**

J

Jryaghedi P. & K. = **Harmsiopanax**
Juan Drude = **Juno**
Juania【3】Drude 胡安椰属 ≒ **Nunnezharia** Arecaceae 棕榈科 [MM-717] 全球 (1) 大洲分布及种数(1)◆南美洲(◆智利)
Juanulloa【3】Ruiz & Pav. 棱瓶花属 → **Brugmansia; Iochroma;Markea** Solanaceae 茄科 [MD-503] 全球 (1) 大洲分布及种数(9-15)◆北美洲
Juanulloeae Hunz. = **Juanulloa**
Jubaea【3】Kunth 智利椰子属 ← **Cocos;Molinaea** Arecaceae 棕榈科 [MM-717] 全球 (1) 大洲分布及种数(1)◆南美洲
Jubaeopsis【3】Becc. 南非椰子属 Arecaceae 棕榈科 [MM-717] 全球 (1) 大洲分布及种数(1)◆非洲(◆南非)
Jubautia Demoly = **Dubautia**
Jubelina【3】A.Juss. 朱布金虎尾属 → **Callaeum;Diplopterys;Hiraea** Malpighiaceae 金虎尾科 [MD-343] 全球 (1) 大洲分布及种数(6)◆南美洲
Jubelinia Endl. = **Triopterys**
Jubilaria Mez = **Loheria**
Jubistylis Rusby = **Diplopterys**
Jububa Bubani = **Ziziphus**
Jubula Dum. = **Jubula**
Jubula【3】Stephani 毛耳苔属 ≒ **Lepidolaena** Jubulaceae 毛耳苔科 [B-83] 全球 (6) 大洲分布及种数(5)非洲:4;亚洲:4-8;大洋洲:4;欧洲:1-5;北美洲:2-6;南美洲:1-5
Jubulaceae【3】Stephani 毛耳苔科 [B-83] 全球 (6) 大洲分布和属种数(2/6-11)非洲:1/4;亚洲:2/6-11;大洋洲:1/4;欧洲:1/1-5;北美洲:1/2-6;南美洲:1/1-5
Jubulopsaceae【3】(Hamlin) R.M.Schust. 绒耳苔科 [B-78] 全球 (1) 大洲分布和属种数(1)◆非洲
Jubulopsidaceae R.M.Schust. = Jubulopsaceae
Jubulopsis【3】R.M.Schust. 绒耳苔属 Jubulopsaceae 绒耳苔科 [B-78] 全球 (1) 大洲分布及种数(1)◆非洲
Jubus L. = **Rubus**
Juchia M.Röm. = **Solena**
Juchia Neck. = **Lobelia**
Jucunda Cham. = **Miconia**
Juelia Aspl. = **Ombrophytum**
Juergensenia Schlecht. = **Bejaria**
Juergensia Spreng. = **Rinorea**
Juga Griseb. = **Abarema**
Jugastrum Miers = **Eschweilera**
Juglandaceae【3】DC. ex Perleb 胡桃科 [MD-136] 全球 (6) 大洲分布和属种数(11-12;hort. & cult.7)(101-259;hort. & cult.30-44)非洲:1-7/1-57;亚洲:8-9/62-132;大洋洲:1-7/3-59;欧洲:2-7/9-66;北美洲:6-9/58-131;南美洲:3-8/15-72
Juglandicarya E.Reid & M.Chandler = **Carya**
Juglans Cardiocaryon Dode = **Juglans**
Juglans【3】L.胡桃属 → **Annamocarya;Picrodendron** Juglandaceae 胡桃科 [MD-136] 全球 (6) 大洲分布及种数(43-63;hort.1;cult:8)非洲:1-16;亚洲:19-41;大洋洲:3-18;欧洲:6-21;北美洲:27-45;南美洲:10-26
Juglaus L. = **Juglans**
Jujuba Bubani = **Ziziphus**
Julbernardia【3】Pellegr. 热非豆属 ← **Berlinia;Michelsonia;Tetraberlinia** Fabaceae 豆科 [MD-240] 全球 (1) 大洲分布及种数(10-11)◆非洲
Juliaca Young = **Juliania**
Juliana Rchb. = **Juliania**
Julianaceae Hemsl. = Julianiaceae
Juliania【-】La Llave 孔雀藓科属 ≒ **Amphipterygium** Hypopterygiaceae 孔雀藓科 [B-160] 全球 (uc) 大洲分布及种数(uc)
Julianiaceae【2】Hemsl. 三柱草科 [MD-421] 全球 (2) 大洲分布和属种数(2/6)北美洲:1/5;南美洲:1/1-1
Julocroton【3】Mart. 巴豆属 ≒ **Passiflora** Euphorbiaceae 大戟科 [MD-217] 全球 (1) 大洲分布及种数(2)属分布和种数(uc)◆南美洲
Julostyles Benth. & Hook.f. = **Julostylis**
Julostylis【3】Thwaites 斯里兰卡锦葵属 Malvaceae 锦葵科 [MD-203] 全球 (1) 大洲分布及种数(1-4)◆亚洲
Julus L. = **Juncus**
Jumanthes【-】auct. 兰科属 Orchidaceae 兰科 [MM-723] 全球 (uc) 大洲分布及种数(uc)
Jumellea【3】Schltr. 矛唇兰属 ← **Aeranthes; Angraecum** Orchidaceae 兰科 [MM-723] 全球 (6) 大洲分布及种数(45-66;hort.1)非洲:44-65;亚洲:1;大洋洲:1;欧洲:4;北美洲:1;南美洲:cf.1
Jumelleanthus【3】Hochr. 琼氏锦葵属 Malvaceae 锦葵科 [MD-203] 全球 (1) 大洲分布及种数(1)◆非洲
Jumillera Schltr. = **Jumellea**
Junago Tourn. ex Mönch = **Triglochin**
Juncaceae Durande = Juncaceae
Juncaceae【3】Juss. 灯芯草科 [MM-733] 全球 (6) 大洲分布和属种数(8;hort. & cult.2-3)(462-892;hort. & cult.84-97)非洲:3/114-241;亚洲:3/273-453;大洋洲:2/137-296;欧洲:3/167-300;北美洲:3/227-360;南美洲:6/123-258
Juncaginaceae【3】Rich. 水麦冬科 [MM-604] 全球 (6) 大洲分布和属种数(3;hort. & cult.1)(26-89;hort. & cult.2)非洲:1-2/8-20;亚洲:1/4-16;大洋洲:2/16-54;欧洲:1/6-15;北美洲:1/7-18;南美洲:2/5-18
Juncago Ség. = **Triglochin**
Juncales Dum. = **Luzula**
Juncastrum Fourr. = **Thalassia**
Juncastrum Heist. = **Juncus**
Juncella F.Müll. ex Hieron. = **Trithuria**
Juncellus【3】C.B.Clarke 水莎草属 ← **Cyperus;Pyrus** Cyperaceae 莎草科 [MM-747] 全球 (1) 大洲分布及种数(1-5)◆南美洲
Juncinella Fourr. = **Marsippospermum**
Junco Tratt. = **Juno**
Juncodes P. & K. = **Luzula**
Juncoides (Griseb.) P. & K. = **Juncoides**
Juncoides【3】Ség. 地杨梅属 ≒ **Brodiaea** Juncaceae 灯芯草科 [MM-733] 全球 (6) 大洲分布及种数(7) 非洲:2;亚洲:5;大洋洲:2;欧洲:3;北美洲:7;南美洲:4
Juncus【3】(Tourn.) L. 灯芯草属 ≒ **Brodiaea** Juncaceae 灯芯草科 [MM-733] 全球 (6) 大洲分布及种数(328-454;hort.1;cult:52)非洲:92-202;亚洲:212-370;大洋洲:107-240;欧洲:107-221;北美洲:173-290;南美洲:79-194
Juncus Membranacea Novikov = **Juncus**
Junellia (Phil.) Botta = **Junellia**
Junellia【2】Moldenke 居内马鞭草属 ← **Aloysia; Verbena;Mulguraea** Verbenaceae 马鞭草科 [MD-556] 全球 (4) 大洲分布及种数(50-52;hort.1;cult: 1)大洋洲:13;欧洲:9;北美洲:4;南美洲:49

J

Jungermannia 【3】 (Mitt.) Amakawa 叶苔属 ≒ **Frullania;Patarola** Jungermanniaceae 叶苔科 [B-38] 全球 (6) 大洲分布及种数(79-100)非洲:12-77;亚洲:43-107;大洋洲:22-90;欧洲:16-77;北美洲:20-81;南美洲:11-77
Jungermanniaceae Rchb. = Jungermanniaceae
Jungermanniaceae【3】Y.H.Wu & C.Gao 叶苔科 [B-38] 全球 (6) 大洲分布和属种数(9-11/159-335)非洲:5-8/21-149;亚洲:8-9/111-238;大洋洲:4-8/26-155;欧洲:2-7/20-142;北美洲:5-7/33-155;南美洲:2-7/14-141
Junghansia J.F.Gmel. = **Apostasia**
Junghuhnia Miq. = **Salomonia**
Jungia 【2】 L.f. 肾瓣麻属 ≒ **Acourtia** Asteraceae 菊科 [MD-586] 全球 (2) 大洲分布及种数(31) 北美洲:5;南美洲:30
Jungieae D.Don = **Jungia**
Junia 【3】 Raf. 桤叶树属 ≒ **Clethra** Saxifragaceae 虎耳草科 [MD-231] 全球 (1) 大洲分布及种数(1)◆北美洲
Junipems L. = **Juniperus**
Juniperaceae Bercht. & J.Presl = Cupressaceae
Juniperis L. = **Juniperus**
Juniperus 【3】 L. 刺柏属 → **Widdringtonia;Cupressus;Pilgerodendron** Cupressaceae 柏科 [G-17] 全球 (1) 大洲分布及种数(68-102)◆亚洲
Junjagia Neiburg = **Ayenia**
Junkia Ritgen = **Hosta**
Juno 【3】 Tratt. 飞鸢尾属 ← **Iris** Iridaceae 鸢尾科 [MM-700] 全球 (6) 大洲分布及种数(14-37)非洲:3;亚洲:13-16;大洋洲:3;欧洲:3;北美洲:3;南美洲:3
Junodia Pax = **Glaucium**
Junopsis Wern.Schulze = **Moraea**
Junquilla Fourn. = **Narcissus**
Jupiaba Raf. = **Abolboda**
Jupica Raf. = **Xyris**
Juppia Merr. = **Zanonia**
Jupunba Britton & Rose = **Abarema**
Juratzkaea 【2】 Lorentz 无毛藓属 ≒ **Stereophyllum;Juratzkaeella** Stereophyllaceae 硬叶藓科 [B-172] 全球 (4) 大洲分布及种数(6) 非洲:1;亚洲:2;大洋洲:1;南美洲:2
Juratzkaeella【3】W.R.Buck 拟无毛藓属 Brachytheciaceae 青藓科 [B-187] 全球 (1) 大洲分布及种数(cf. 1)◆东亚(◆中国)
Jurgensenia Turcz. = **Bejaria**
Jurgensia Benth. & Hook.f. = **Spermacoce**
Jurighas P. & K. = **Filicium**
Jurinea (Galushko & Nemirova) Tscherneva = **Jurinea**
Jurinea【3】Cass. 苓菊属 ← **Carduus;Pilostemon** Asteraceae 菊科 [MD-586] 全球 (1) 大洲分布及种数(104-203)◆亚洲
Jurinella Jaub. & Spach = **Dolomiaea**
Jurpinia Cass. = **Critoniopsis**
Juruasia 【3】 Lindau 巴西爵床属 ← **Herpetacanthus** Acanthaceae 爵床科 [MD-572] 全球 (1) 大洲分布及种数(cf. 1)◆南美洲
Jusficia Cothen. = **Justicia**
Jussi Adans. = **Oenothera**
Jussia Adans. = **Oenothera**
Jussiaea 【3】 L. 水龙属 → **Camissonia;Ludwigia;Ammannia** Onagraceae 柳叶菜科 [MD-396] 全球 (6) 大洲分布及种数(4-36;hort.5;cult: 5)非洲:2-15;亚洲:1-14;大洋洲:13;欧洲:1-14;北美洲:2-15;南美洲:1-14
Jussiaeaceae Martinov = Oxalidaceae
Jussiaeeae Dum. = **Jussiaea**
Jussiaeia Hill = **Lumnitzera**
Jussiaeinae Meisn. = **Lumnitzera**
Jussiea L. ex Sm. = **Jussiaea**
Jussiena Rchb. = **Cnidoscolus**
Jussieua L. = **Jussiaea**
Jussieuaea DC. = **Lumnitzera**
Jussieui Houst. = **Cnidoscolus**
Jussieuia Houst. = **Jussiaea**
Jussieva Gled. = **Jussiaea**
Jussievia Rchb. = **Cnidoscolus**
Justago 【3】 P. & K. 羊角菜属 ← **Gynandropsis** Cleomaceae 白花菜科 [MD-210] 全球 (1) 大洲分布及种数(cf. 1)◆大洋洲(◆密克罗尼西亚)
Justenia Hiern = **Bertiera**
Justica Neck. = **Justicia**
Justicea Cothen. = **Justicia**
Justichia (Brid.) Brid. = **Eustichia**
Justicia (Hilsenb.) Hilsenb. = **Justicia**
Justicia【3】Houst.exL.爵床属→**Adhatoda;Dianthera;Peristrophe** Acanthaceae 爵床科 [MD-572] 全球 (6) 大洲分布及种数(1049-1336;hort.1;cult:11)非洲:366-459;亚洲:297-355;大洋洲:39-75;欧洲:13-49;北美洲:240-310;南美洲:418-512
Justiciaceae Raf. = Dicrastylidaceae
Juttadinteria 【3】 Schwantes 飞凤玉属 → **Dracophilus;Mesembryanthemum** Aizoaceae 番杏科 [MD-94] 全球 (1) 大洲分布及种数(8)◆非洲
Juzepczukia Chrshan. = **Rosa**

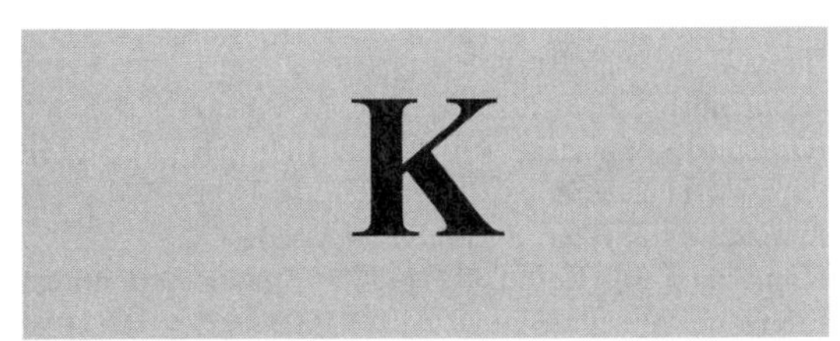

Kaala H.Karst. & Triana = **Evodia**
Kablikia Opiz = **Kaolakia**
Kabulia 【3】 Bor & C.E.C.Fisch. 丝茎蓼属 Caryophyllaceae 石竹科 [MD-77] 全球 (1) 大洲分布及种数(cf.1) ◆亚洲
Kabulianthe 【-】 (Rech.f.) Ikonn. 石竹科属 Caryophyllaceae 石竹科 [MD-77] 全球 (uc) 大洲分布及种数(uc)
Kabuyea 【3】 Brummitt 白星莲属 ≒ **Cyanastrum** Tecophilaeaceae 蓝嵩莲科 [MM-686] 全球 (1) 大洲分布及种数(1)◆非洲
Kadakia Raf. = **Pontederia**
Kadali Adans. = **Tristemma**
Kadalia Raf. = **Dissotis**
Kadaras Raf. = **Cuscuta**
Kadenia 【3】 Lavrova & V.N.Tikhom. 毒欧芹属 ← **Aethusa** Apiaceae 伞形科 [MD-480] 全球 (1) 大洲分布及种数(1)◆欧洲
Kadenicarpus Doweld = **Turbinicarpus**
Kadsura 【3】 Kaempf. ex Juss. 冷饭藤属 ≒ **Uvaria** Schisandraceae 五味子科 [MD-8] 全球 (1) 大洲分布及种数(19-30)◆亚洲
Kadsuraceae Radogizky = Magnoliaceae
Kadua 【3】 Cham. & Schltdl. 冷茜属 ← **Hedyotis; Gouldia;Oldenlandia** Rubiaceae 茜草科 [MD-523] 全球 (6) 大洲分布及种数(16-32;hort.5;cult: 5)非洲:7;亚洲:8-17;大洋洲:3-10;欧洲:7;北美洲:12-30;南美洲:7
Kadula Raf. = **Cuscuta**
Kadurias Raf. = **Cuscuta**
Kaedingara 【-】 J.Kaeding 兰科属 Orchidaceae 兰科 [MM-723] 全球 (uc) 大洲分布及种数(uc)北美洲
Kaeleria Boiss. = **Melica**
Kaempfera Cothen. = **Tamonea**
Kaempfera Spreng. = **Kaempferia**
Kaempferi L. = **Kaempferia**
Kaempferia 【3】 L. 山柰属 → **Alpinia;Monolophus; Boesenbergia** Zingiberaceae 姜科 [MM-737] 全球 (6) 大洲分布及种数(32-52)非洲:3;亚洲:31-53;大洋洲:3;欧洲:3;北美洲:3-7;南美洲:3
Kaernbachia P. & K. = **Lethedon**
Kaernbachia Schltr. = **Turpinia**
Kafirnigania 【2】 Kamelin & Kinzik. 西班牙伞芹属 ≒ **Peucedanum** Apiaceae 伞形科 [MD-480] 全球 (2) 大洲分布及种数(2)非洲:1;欧洲:1
Kagawara auct. = **Ascocentrum**
Kagenackia Steud. = **Osteomeles**
Kageneckia 【3】 Ruiz & Pav. 桐梅属 → **Osteomeles** Rosaceae 蔷薇科 [MD-246] 全球 (1) 大洲分布及种数(4-5)◆南美洲
Kahiria Forssk. = **Ethulia**
Kai A.W.B.Powell = **Salsola**
Kaieteurea Dwyer = **Ouratea**
Kaieteuria Dwyer = **Campylospermum**
Kailarsenia 【3】 Tirveng. 缅泰茜树属 ← **Gardenia; Gordonia** Rubiaceae 茜草科 [MD-523] 全球 (1) 大洲分布及种数(cf. 1)◆亚洲
Kailashia 【-】 Pimenov & Kljuykov 伞形科属 Apiaceae 伞形科 [MD-480] 全球 (uc) 大洲分布及种数(uc)
Kairoa 【3】 Phil. 葛缕子属 ≒ **Carum** Monimiaceae 玉盘桂科 [MD-20] 全球 (1) 大洲分布及种数(4)◆南美洲
Kairothamnus 【3】 Airy-Shaw 黄杨桐属 ← **Austrobuxus** Picrodendraceae 苦皮桐科 [MD-317] 全球 (1) 大洲分布及种数(1)◆非洲
Kaisupeea 【3】 B.L.Burtt 悬蒴苣苔属 Gesneriaceae 苦苣苔科 [MD-549] 全球 (1) 大洲分布及种数(1-3)◆亚洲
Kaitoa R.H.Zander = **Saitobryum**
Kajewskia Guillaumin = **Veitchia**
Kajewskiella 【3】 Merr. & L.M.Perry 悬茜草属 Rubiaceae 茜草科 [MD-523] 全球 (1) 大洲分布及种数(2)◆大洋洲
Kajuputi Adans. = **Melaleuca**
Kakile Desf. = **Cakile**
Kakosmanthus Hassk. = **Payena**
Kal Mill. = **Salsola**
Kalabotis Raf. = **Allium**
Kalaharia 【3】 Baill. 非洲马鞭草属 ← **Clerodendrum** Lamiaceae 唇形科 [MD-575] 全球 (1) 大洲分布及种数(1-2)◆非洲
Kalakauara 【-】 Carr,George Francis,Jr. & Shaw,Julian Mark Hugh 兰科属 Orchidaceae 兰科 [MM-723] 全球 (uc) 大洲分布及种数(uc)
Kalakia 【3】 Alava 伊朗芹属 ≒ **Ducrosia** Apiaceae 伞形科 [MD-480] 全球 (1) 大洲分布及种数(1-3)◆亚洲
Kalamopsis Rehder = **Kalmiopsis**
Kalanchoe 【3】 Adans. 伽蓝菜属 → **Bryophyllum; Crassula;Acacia** Crassulaceae 景天科 [MD-229] 全球 (6) 大洲分布及种数(168-205;hort.1;cult: 8)非洲:149-169;亚洲:44-54;大洋洲:12-15;欧洲:7-10;北美洲:28-31;南美洲:17-20
Kalappia 【3】 Kosterm. 苏拉威西盘豆属 Fabaceae 豆科 [MD-240] 全球 (1) 大洲分布及种数(1)◆亚洲
Kalawael Adans. = **Santaloides**
Kalbfussia 【3】 Sch.Bip. 狮牙苣属 ← **Leontodon** Asteraceae 菊科 [MD-586] 全球 (1) 大洲分布及种数(3)◆非洲
Kalbi Mill. = **Salsola**
Kalbreyera Burret = **Geonoma**
Kalbreyeracanthus Wassh. = **Habracanthus**
Kalbreyeriella 【3】 Lindau 冷爵床属 Acanthaceae 爵床科 [MD-572] 全球 (1) 大洲分布及种数(3-4)◆南美洲
Kalenchoe Haw. = **Kalanchoe**
Kaleria Adans. = **Silene**
Kali Mill. = **Salsola**
Kalidiopsis 【3】 Aellen 猪毛苋属 ≒ **Kalidium** Amaranthaceae 苋科 [MD-116] 全球 (1) 大洲分布及种数(cf.1) ◆亚洲

Kalidium【2】 Moq. 盐爪爪属 ← **Halocnemum;Salicornia** Amaranthaceae 苋科 [MD-116] 全球 (3) 大洲分布及种数(8-11)非洲:1;亚洲:cf.1;欧洲:2

Kalimantanorchis【-】 Tsukaya,M.Nakaj. & H.Okada 兰科属 Orchidaceae 兰科 [MM-723] 全球 (uc) 大洲分布及种数(uc)

Kalimares Raf. = **Aster**

Kalimeria (Cass.) Cass. = **Kalimeris**

Kalimeris【3】 (Cass.) Cass. 马兰属 ≒ **Aster;Callistephus** Asteraceae 菊科 [MD-586] 全球 (6) 大洲分布及种数(9-11)非洲:2-3;亚洲:8-9;大洋洲:1-2;欧洲:1;北美洲:4-5;南美洲:1-2

Kalimpongia Pradhan = **Dickasonia**

Kalinia【3】 H.L.Bell & Columbus 马兰草属 Poaceae 禾本科 [MM-748] 全球 (6) 大洲分布及种数(2)非洲:3;亚洲:3;大洋洲:3;欧洲:3;北美洲:1-4;南美洲:3

Kaliphora【3】 Hook.f. 荷包果属 Montiniaceae 瓶头梅科 [MD-463] 全球 (1) 大洲分布及种数(1)◆非洲(◆马达加斯加)

Kaliphoraceae【3】Takht. 扁果树科 [MD-61] 全球 (1) 大洲分布和属种数(1/1)◆非洲(◆南非)

Kalkoma Cothen. = (接受名不详) Ericaceae

Kallias【-】 (Cass.) Cass. 菊科属 ≒ **Anthemis** Asteraceae 菊科 [MD-586] 全球 (uc) 大洲分布及种数(uc)

Kallima L. = **Kalmia**

Kallophyllon Pohl ex Baker = **Symphyopappus**

Kallstroemia【3】 G.A.Scop. 番蒺藜属 → **Tribulus;Tribulopis** Zygophyllaceae 蒺藜科 [MD-288] 全球 (6) 大洲分布及种数(28-29)非洲:6;亚洲:2-8;大洋洲:10-16;欧洲:1-7;北美洲:15-21;南美洲:10-16

Kalma Cothen. = (接受名不详) Ericaceae

Kalmia【3】 L. 山月桂属 → **Chamaedaphne;Ledum;Litothamnus** Ericaceae 杜鹃花科 [MD-380] 全球 (1) 大洲分布及种数(11-40)◆北美洲

Kalmiaceae Durande = Xanthorrhoeaceae

Kalmiella【2】 Small 山月桂属 ← **Kalmia** Ericaceae 杜鹃花科 [MD-380] 全球 (4) 大洲分布及种数(cf.1) 非洲;亚洲;欧洲;北美洲

Kalmiopsis【3】 Rehder 桃花杜鹃属 ← **Rhodothamnus** Ericaceae 杜鹃花科 [MD-380] 全球 (1) 大洲分布及种数(1-2)◆北美洲(◆美国)

Kalmiothamnus【-】 Starling 杜鹃花科属 Ericaceae 杜鹃花科 [MD-380] 全球 (uc) 大洲分布及种数(uc)

Kalmusia L. = **Kalmia**

Kalomikta Regel = **Actinidia**

Kalonymus (Beck) Prokh. = **Euonymus**

Kalopanax【3】 Miq. 刺楸属 ≒ **Acanthopanax;Tetrapanax** Araliaceae 五加科 [MD-471] 全球 (1) 大洲分布及种数(cf. 1)◆亚洲

Kalopternix Garay & Dunst. = **Epidendrum**

Kalorochea J.H.Veitch = **Rochea**

Kalosanthes Haw. = **Crassula**

Kaloula Raf. = **Cuscuta**

Kalpandria Walp. = **Camellia**

Kaluhaburunghos P. & K. = **Bridelia**

Kamaena Raf. = **Afrocanthium**

Kamaka Raf. = **Sterculia**

Kamatella Vassilcz. = **Medicago**

Kambala【-】 Raf. 海桑科属 ≒ **Sonneratia** Sonneratiaceae 海桑科 [MD-335] 全球 (uc) 大洲分布及种数(uc)

Kamelia Steud. = **Bruguiera**

Kamelinia【3】 F.O.Khass. & I.I.Malzev 冷芹属 ≒ **Korshinskia** Apiaceae 伞形科 [MD-480] 全球 (1) 大洲分布及种数(1-2)◆亚洲

Kamemotoara Garay & H.R.Sw. = **Aerides**

Kamettia【3】Kostel. 单竹桃属 → **Aganosma;Echites;Ellertonia** Apocynaceae 夹竹桃科 [MD-492] 全球 (1) 大洲分布及种数(1-2)◆亚洲

Kamiella Vassilcz. = **Medicago**

Kamiesbergia Snijman = **Hessea**

Kampmania (Walter) Raf. = **Zanthoxylum**

Kampmannia Raf. = **Phragmites**

Kampochloa【3】 Clayton 短叶草属 Poaceae 禾本科 [MM-748] 全球 (1) 大洲分布及种数(1)◆非洲

Kampranthus N.E.Br. = **Lampranthus**

Kamptzia Nees = **Syncarpia**

Kanahia【3】 R.Br. 非洲萝藦属 ← **Asclepias;Gomphocarpus** Apocynaceae 夹竹桃科 [MD-492] 全球 (1) 大洲分布及种数(2-3)◆非洲

Kanaka Raf. = **Sterculia**

Kanakomyrtus【3】 N.Snow 番樱桃属 ≒ **Eugenia** Myrtaceae 桃金娘科 [MD-347] 全球 (1) 大洲分布及种数(1-6) ◆大洋洲

Kanaloa【3】 D.H.Lorence & K.R.Wood 卡那豆属 Fabaceae 豆科 [MD-240] 全球 (1) 大洲分布及种数(1)◆北美洲(◆美国)

Kanapia Arriola & Alejandro = **Kanahia**

Kandaharia【3】 R.Alava 康达草属 Apiaceae 伞形科 [MD-480] 全球 (1) 大洲分布及种数(1)◆西亚(◆阿富汗)

Kandelia【3】 (DC.) Wight & Arn. 秋茄树属 ← **Bruguiera;Rhizophora** Rhizophoraceae 红树科 [MD-329] 全球 (1) 大洲分布及种数(cf. 1)◆亚洲

Kandena Raf. = **Canthium**

Kandis Adans. = **Lepidium**

Kandyca Raf. = **Canthium**

Kanetsunaara【-】 Kanetsuna & Gauda 兰科属 Orchidaceae 兰科 [MM-723] 全球 (uc) 大洲分布及种数(uc)

Kangiella Rolfe = **Phalaenopsis**

Kania【3】 Schltr. 长隔水桉属 ← **Backhousia;Metrosideros;Leptospermum** Myrtaceae 桃金娘科 [MD-347] 全球 (6) 大洲分布及种数(4-7)非洲:2-7;亚洲:3-9;大洋洲:2-5;欧洲:3;北美洲:3;南美洲:3

Kaniaceae Nakai = Myrtaceae

Kanilia Bl. = **Camellia**

Kanilia Gütt. = **Bruguiera**

Kanimia Gardner = **Mikania**

Kaniska Schltr. = **Kania**

Kanjarum【-】 Ramam. 爵床科属 Acanthaceae 爵床科 [MD-572] 全球 (uc) 大洲分布及种数(uc)

Kanopikon Raf. = **Euphorbia**

Kantemon Raf. = **Lonicera**

Kantia Lindb. = **Cleistogenes**

Kantius Gray = **Kantius**

Kantius【3】 Spruce 护蒴苔科属 Calypogeiaceae 护蒴苔科 [B-44] 全球 (1) 大洲分布及种数(uc)◆亚洲

K

Kantou Aubrév. & Pellegr. = **Inhambanella**
Kanzerara【-】 auct. 兰科属 Orchidaceae 兰科 [MM-723] 全球 (uc) 大洲分布及种数(uc)
Kaokochloa【3】 De Winter 非洲草属 Poaceae 禾本科 [MM-748] 全球 (1) 大洲分布及种数(1)◆非洲
Kaolakia【-】 Heinrichs,Reiner-Drehwald,K.Feldberg,Von Konrat & A.R.Schmidt 耳叶苔科属 ≒ **Omphalogramma** Frullaniaceae 耳叶苔科 [B-82] 全球 (uc) 大洲分布及种数(uc)
Kapal Tourn. ex Raf. = **Allium**
Kappia Venter,A.Dold & R.L.Verh. = **Raphionacme**
Kara-angolam Adans. = **Nyssa**
Karaka Raf. = **Sterculia**
Karalla Raf. = **Sterculia**
Karamyschovia Fisch. & C.A.Mey. = **Oldenlandia**
Karana Raf. = **Acropogon**
Karangolum P. & K. = **Nyssa**
Karatas【3】 (Plum.) Mill. 苦油楝属 ≒ **Bromelia;Tillandsia** Bromeliaceae 凤梨科 [MM-715] 全球 (1) 大洲分布及种数(2)属分布和种数(uc)◆南美洲
Karatavia【3】 M.G.Pimenov & T.V.Lavrova 卡拉塔草属 Apiaceae 伞形科 [MD-480] 全球 (1) 大洲分布及种数(cf.1) ◆亚洲
Karawata【-】 J.R.Maciel & G.M.Sousa 凤梨科属 Bromeliaceae 凤梨科 [MM-715] 全球 (uc) 大洲分布及种数(uc)
Kardanoglyphos Schltdl. = **Rorippa**
Kardomia【3】 Peter G.Wilson 岗松属 ≒ **Baeckea** Myrtaceae 桃金娘科 [MD-347] 全球 (1) 大洲分布及种数(1-7)◆大洋洲
Karekandel Adans. ex v.Wolf = **Carallia**
Kare-kandel Adans. = **Carallia**
Karekandelia P. & K. = **Carallia**
Karelinia【3】 Less. 花花柴属 ← **Pluchea;Serratula** Asteraceae 菊科 [MD-586] 全球 (1) 大洲分布及种数(cf. 1)◆亚洲
Karima【3】 Raf. 鸭嘴花属 Acanthaceae 爵床科 [MD-572] 全球 (1) 大洲分布及种数(1)◆非洲
Karimbolea Desc. = **Cynanchum**
Karina【3】 Boutiqü 扎伊尔龙胆属 Gentianaceae 龙胆科 [MD-496] 全球 (1) 大洲分布及种数(1)◆非洲
Karinia【3】 Reznicek & McVaugh 复莎属 ≒ **Kleinia** Cyperaceae 莎草科 [MM-747] 全球 (1) 大洲分布及种数(1)◆北美洲(◆墨西哥)
Karivia Arn. = **Zehneria**
Karkandela Raf. = **Musa**
Karkinetron Raf. = **Muehlenbeckia**
Karlea Pierre = **Maesopsis**
Karnataka【3】 P.K.Mukh. & Constance 花花芹属 ≒ **Schulzia** Apiaceae 伞形科 [MD-480] 全球 (1) 大洲分布及种数(cf. 1)◆南亚(◆印度)
Karokia Dop = **Karomia**
Karomia Cyclonemoides R.Fern. = **Karomia**
Karomia【3】 Dop 笠桐属 ← **Holmskioldia** Lamiaceae 唇形科 [MD-575] 全球 (1) 大洲分布及种数(8-9)◆亚洲
Karoowia Hale,M.E. = **Karomia**
Karpatiosorbus【2】 Sennikov & Kurtto 复蔷薇属 Rosaceae 蔷薇科 [MD-246] 全球 (3) 大洲分布及种数(85) 非洲:1,亚洲:1,欧洲:77
Karpinskya Zucc. = **Karwinskia**
Karroochloa【3】 Conert & Turpe 扁芒草属 ← **Danthonia** Poaceae 禾本科 [MM-748] 全球 (1) 大洲分布及种数(1)◆非洲
Karsthia Raf. = **Oenanthe**
Kartalinia Brullo,C.Brullo,Cambria,Acar,Salmeri & Giusso = **Karelinia**
Karthemia Sch.Bip. = **Iphiona**
Karvandarina【3】 Rech.f. 无叶菊属 Asteraceae 菊科 [MD-586] 全球 (1) 大洲分布及种数(1-2)◆亚洲
Karwinskia【3】 Zucc. 腺勾儿茶属 → **Rhamnidium; Rhamnus** Rhamnaceae 鼠李科 [MD-331] 全球 (6) 大洲分布及种数(16-23)非洲:1;亚洲:1;大洋洲:1;欧洲:1;北美洲:15-22;南美洲:2-4
Kasailo Dennst. = **Ambelania**
Kaschgaria【3】 Poljakov 喀什菊属 ← **Tanacetum** Asteraceae 菊科 [MD-586] 全球 (1) 大洲分布及种数(cf. 1) ◆亚洲
Kaseria Löfl. = **Krameria**
Kashmiria【3】 D.Y.Hong 喀什克尔婆婆纳属 ≒ **Falconeria** Plantaginaceae 车前科 [MD-527] 全球 (1) 大洲分布及种数(1)◆亚洲
Kastnera Sch.Bip. = **Liabum**
Katafa Costantin & Poiss. = **Cedrelopsis**
Katakidozamia Haage & Schmidt ex Regel = **Cycas**
Katapsuxis Raf. = **Selinum**
Katarsis Aledik. = **Gypsophila**
Katharina A.D.Hawkes = **Dendrobium**
Katharinea A.D.Hawkes = **Dendrobium**
Katherinea A.D.Hawkes = **Dendrobium**
Katinasia【3】 Bonif. 马兰菊属 Asteraceae 菊科 [MD-586] 全球 (1) 大洲分布及种数(1)◆南美洲(◆阿根廷)
Katoella Fraser-Jenk. = **Medicago**
Katoutheka【3】 Adans. 天冬石南属 → **Ardisia;Cyathodes** Primulaceae 报春花科 [MD-401] 全球 (1) 大洲分布及种数(1)◆非洲
Katouthexa Steud. = **Katoutheka**
Katoutsjeroe Adans. = **Holigarna**
Katou-tsjeroe Adans. = **Semecarpus**
Katubala Adans. = **Canna**
Kaufmannia【3】 Regel 假报春属 ← **Cortusa** Primulaceae 报春花科 [MD-401] 全球 (1) 大洲分布及种数(1)◆亚洲
Kaukenia P. & K. = **Mimusops**
Kaulfussia Bl. = **Xanthophyllum**
Kaulinia B.K.Nayar = **Microsorum**
Kaunea R.M.King & H.Rob. = **Kaunia**
Kaunia【2】 R.M.King & H.Rob. 密泽兰属 ← **Ageratina** Asteraceae 菊科 [MD-586] 全球 (2) 大洲分布及种数(16-17)大洋洲:1;南美洲:15
Kaurorchis【2】 D.L.Jones & M.A.Clem. 蔓脆兰属 Orchidaceae 兰科 [MM-723] 全球 (2) 大洲分布及种数(2) 亚洲:1;大洋洲:1
Kautskyara【-】 J.M.H.Shaw 兰科属 Orchidaceae 兰科 [MM-723] 全球 (uc) 大洲分布及种数(uc)
Kavalama【-】 Raf. 锦葵科属 ≒ **Sterculia** Malvaceae 锦葵科 [MD-203] 全球 (uc) 大洲分布及种数(uc)
Kavinia Reznicek & McVaugh = **Karinia**
Kaviria【2】 Akhani & Roalson 紫罗兰属 ← **Matthiola**

K

Amaranthaceae 苋科 [MD-116] 全球 (2) 大洲分布及种数(uc) 非洲:2;亚洲:8
Kawamotoara auct. = **Aerides**
Kawanishiara Garay & H.R.Sw. = **Euanthe**
Kawas Nieuwl. & Lunell = **Acronema**
Kayea【2】Wall. 凯木属 ← **Mesua;Plinia** Clusiaceae 藤黄科 [MD-141] 全球 (3) 大洲分布及种数(3-18)非洲:1;亚洲:2-15;大洋洲:1
Kearnemalvastrum【3】D.M.Bates 草绳葵属 ← **Malva;Sphaeralcea** Malvaceae 锦葵科 [MD-203] 全球 (1) 大洲分布及种数(2)◆北美洲
Keayodendron【3】Leandri 土盘树属 ← **Drypetes** Phyllanthaceae 叶下珠科 [MD-222] 全球 (1) 大洲分布及种数(1)◆非洲
Kebirita【3】Kramina & D.D.Sokoloff 绒豆属 ≒ **Acmispon** Fabaceae 豆科 [MD-240] 全球 (1) 大洲分布及种数(1)◆非洲
Keckia Glocker = **Penstemon**
Keckiella【3】Straw 凯克婆婆纳属 ← **Penstemon** Plantaginaceae 车前科 [MD-527] 全球 (1) 大洲分布及种数(7)◆北美洲
Kedarnatha【3】P.K.Mukh. & Constance 喜峰芹属 ≒ **Cortia** Apiaceae 伞形科 [MD-480] 全球 (1) 大洲分布及种数(1-6)◆亚洲
Kedhalia【3】C.K.Lim 非洲棯属 Melastomataceae 野牡丹科 [MD-364] 全球 (1) 大洲分布及种数(1)◆亚洲
Kedrastis Medik. = **Kedrostis**
Kedrostis Gilgina Cogn. = **Kedrostis**
Kedrostis【3】Medik. 狒狒瓜属 ← **Bryonia;Brunia; Corallocarpus** Cucurbitaceae 葫芦科 [MD-205] 全球 (1) 大洲分布及种数(9-10)◆亚洲
Keenania【3】Hook.f. 溪楠属 → **Leptomischus;Myrioneuron** Rubiaceae 茜草科 [MD-523] 全球 (1) 大洲分布及种数(2-5)◆亚洲
Keerlia A.Gray & Engelm. = **Aphanostephus**
Keetia【3】E.P.Phillips 基特茜属 ← **Canthium** Rubiaceae 茜草科 [MD-523] 全球 (1) 大洲分布及种数(34-35)◆非洲
Keferanthes【-】auct. 兰科属 Orchidaceae 兰科 [MM-723] 全球 (uc) 大洲分布及种数(uc)
Keferella E.E.Michel,Glic. & J.M.H.Shaw = **Gentiana**
Kefericzella【-】J.M.H.Shaw 兰科属 Orchidaceae 兰科 [MM-723] 全球 (uc) 大洲分布及种数(uc)
Keferollea【-】J.M.H.Shaw 兰科属 Orchidaceae 兰科 [MM-723] 全球 (uc) 大洲分布及种数(uc)
Kefersteinia【3】Rchb.f. 钩盘兰属 → **Chaubardiella;Chondrorhyncha;Zygopetalum** Orchidaceae 兰科 [MM-723] 全球 (1) 大洲分布及种数(62-72)◆南美洲
Keforea【-】Hort. 兰科属 Orchidaceae 兰科 [MM-723] 全球 (uc) 大洲分布及种数(uc)
Keftorella【-】J.M.H.Shaw 兰科属 Orchidaceae 兰科 [MM-723] 全球 (uc) 大洲分布及种数(uc)
Kegelia Rchb.f. = **Kegeliella**
Kegelia Sch.Bip. = **Eleutheranthera**
Kegeliella【2】Mansf. 克格兰属 Orchidaceae 兰科 [MM-723] 全球(2) 大洲分布及种数(5)北美洲:3;南美洲:3
Keilmeyera Mart. & Zucc. = **Kielmeyera**
Keiria【3】Bowdich 紫罗兰属 ≒ **Matthiola** Oleaceae 木樨科 [MD-498] 全球 (1) 大洲分布及种数(uc)◆亚洲
Keiskea【3】Miq. 香简草属 ← **Collinsonia** Lamiaceae 唇形科 [MD-575] 全球 (1) 大洲分布及种数(cf. 1)◆东亚(◆中国)
Keiskeana Miq. = **Keiskea**
Keithia【3】Spreng. 益母草属 ≒ **Leonurus** Capparaceae 山柑科 [MD-178] 全球 (1) 大洲分布及种数(1)◆南美洲
Keitia Regel = **Sisyrinchium**
Kelissa【3】P.Ravenna 丝鸢花属 Iridaceae 鸢尾科 [MM-700] 全球(1) 大洲分布及种数(1)◆南美洲(◆巴西)
Kelissa Ravenna = **Kelissa**
Kelita A.R.Bean = **Kelissa**
Kellaua A.DC. = **Euclea**
Kelleria【3】Endl. 稻薇香属 ← **Drapetes** Thymelaeaceae 瑞香科 [MD-310] 全球 (1) 大洲分布及种数(11)◆大洋洲
Kelleronia【3】Schinz 木蒺藜属 Zygophyllaceae 蒺藜科 [MD-288] 全球 (1) 大洲分布及种数(3)◆非洲
Kellettia Seem. = **Prockia**
Kellochloa Lizarazu,M.V.Nicola & Scataglini = **Kellochloa**
Kellochloa【2】Melderis 拟沿沟草属 Poaceae 禾本科 [MM-748] 全球 (2) 大洲分布及种数(2) 亚洲:1;北美洲:2
Kelloggia【2】Torr. ex Hook.f. 钩毛果属 ← **Galium** Rubiaceae 茜草科 [MD-523] 全球 (2) 大洲分布及种数(3) 亚洲:cf.1;北美洲:1
Kellogia Torr. ex Hook.f. = **Kelloggia**
Kelseya (S.Watson) Rydb. & C.L.Hitchc. = **Kelseya**
Kelseya【3】Rydb. 莲座梅属 ≒ **Spiraea** Rosaceae 蔷薇科 [MD-246] 全球 (1) 大洲分布及种数(1)◆北美洲(◆美国)
Kelussia Mozaff. = **Kelissa**
Kemandradenia Stapf = **Hemandradenia**
Kemelia Raf. = **Camellia**
Kemiorchis Kurz = **Lindenbergia**
Kemispadon Endl. = **Indigofera**
Kemoxis Raf. = **Cissus**
Kempfera Adans. = **Tamonea**
Kemphyra Adans. = **Tamonea**
Kemulariella【3】Tamamsch. 粉菀属 Asteraceae 菊科 [MD-586] 全球 (1) 大洲分布及种数(4-5)◆亚洲
Kendima Packer = **Cleistogenes**
Kendrickia【3】Hook.f. 肯德野牡丹属 Melastomataceae 野牡丹科 [MD-364] 全球 (1) 大洲分布及种数(cf. 1)◆亚洲
Kengia Packer = **Cleistogenes**
Kengyilia【3】C.Yen & J.L.Yang 以礼草属 ← **Agropyron;Elymus;Roegneria** Poaceae 禾本科 [MM-748] 全球 (1) 大洲分布及种数(cf. 1)◆亚洲
Keniochloa Melderis = **Colpodium**
Kenmeierara【-】Glic. 兰科属 Orchidaceae 兰科 [MM-723] 全球 (uc) 大洲分布及种数(uc)
Kennedia【3】Vent. 藤珊豆属 → **Camptosema; Vandasina;Kennedya** Fabaceae 豆科 [MD-240] 全球 (1) 大洲分布及种数(10-31)◆大洋洲
Kennedya【3】Vent. 藤珊豆属 ≒ **Najas** Fabaceae3 蝶形花科 [MD-240] 全球 (6) 大洲分布及种数(1) 非洲:1;亚洲:1;大洋洲:1;欧洲:1;北美洲:1;南美洲:1
Kennedynella Steud. = **Glycine**
Kennetia Raf. = **Sporobolus**

K

Kennyeda F.Müll = **Kennedia**
Kenophyllum Rose = **Lenophyllum**
Kenopia Packer = **Cleistogenes**
Kensitia【3】Fedde 日中花属 ← **Mesembryanthemum** Aizoaceae 番杏科 [MD-94] 全球 (1) 大洲分布及种数(uc)◆亚洲
Kentia Adans. = **Trigonella**
Kentia Bl. = **Polyalthia**
Kentia Steud. = **Fagraea**
Kentiopsis【3】Brongn. 茶梅椰属 → **Chambeyronia;Actinokentia;Drymophloeus** Arecaceae 棕榈科 [MM-717] 全球 (1) 大洲分布及种数(2-4)◆大洋洲
Kentranthus【-】Neck. 忍冬科属 ≒ **Centranthus** Caprifoliaceae 忍冬科 [MD-510] 全球 (uc) 大洲分布及种数(uc)
Kentrochrosia K.Schum. & Lauterb. = **Kopsia**
Kentrophora (J.Agardh) S.M.Wilson & Kraft = **Anarthrophyllum**
Kentrophyllum Neck. ex DC. = **Carthamus**
Kentrophyta【2】Nutt. 蛇荚黄芪属 ≒ **Astragalus** Fabaceae3 蝶形花科 [MD-240] 全球 (3) 大洲分布及种数(1) 亚洲:1;欧洲:1;北美洲:1
Kentropsis【-】Moq. 苋科属 ≒ **Sclerolaena** Amaranthaceae 苋科 [MD-116] 全球 (uc) 大洲分布及种数(uc)
Kentrosiphon N.E.Br. = **Gladiolus**
Kentrosphaera Volkens = **Volkensinia**
Kentrothamnus【3】Süss. & Overkott 落被棘属 ← **Colletia;Trevoa** Rhamnaceae 鼠李科 [MD-331] 全球 (1) 大洲分布及种数(1)◆南美洲
Kenyacanthus【-】I.Darbysh. & Kiel 爵床科属 Acanthaceae 爵床科 [MD-572] 全球 (uc) 大洲分布及种数(uc)
Kepa Raf. = **Allium**
Keppleria Mart. ex Endl. = **Oncosperma**
Keracia (Coss.) Calest. = **Keracia**
Keracia【3】Calest. 莲座伞属 Apiaceae 伞形科 [MD-480] 全球 (1) 大洲分布及种数(1)◆非洲
Keramanthus Hook.f. = **Pilea**
Keramocarpus Fenzl = **Coriandrum**
Kerandrenia Steud. = **Keraudrenia**
Keranthus Lour ex Endl. = **Dendrobium**
Keraselma (Neck. ex Rchb.) Neck. ex Juss. = **Euphorbia**
Keraskomion Raf. = **Cicuta**
Keratella Neck. = **Euphorbia**
Keratephorus Hassk. = **Payena**
Keratochlaena【3】Morrone & Zuloaga 莲座草属 ≒ **Sclerochlamys** Poaceae 禾本科 [MM-748] 全球 (1) 大洲分布及种数(1)◆南美洲(◆巴西)
Keratococcus Meisn. = **Plukenetia**
Keratolepis Rose & Fröd. = **Sedum**
Keratophorus Hassk. = **Bassia**
Keraudrenia【3】J.Gay 火树麻属 ← **Rulingia** Malvaceae 锦葵科 [MD-203] 全球 (1) 大洲分布及种数(1-4)◆非洲(◆马达加斯加)
Keraunea【3】R.M.King & H.Rob. 密泽兰属 Asteraceae 菊科 [MD-586] 全球 (1) 大洲分布及种数(2)◆南美洲
Keraymonia【3】Farille 尼泊尔草属 Apiaceae 伞形科 [MD-480] 全球 (1) 大洲分布及种数(cf. 1)◆亚洲
Kerbera【3】E.Fourn. 苹果萝藦属 ≒ **Melinia** Apocynaceae 夹竹桃科 [MD-492] 全球 (1) 大洲分布及种数(1)◆南美洲
Kerchovea Joriss. = **Stromanthe**
Keria Spreng. = **Kerria**
Kerianthera【3】J.H.Kirkbr. 巢药扇花属 Rubiaceae 茜草科 [MD-523] 全球 (1) 大洲分布及种数(1-2)◆南美洲(◆巴西)
Kerigomnia P.Royen = **Phreatia**
Keringa Raf. = **Conyza**
Kerinozoma Steud. ex Zoll. = **Xerochloa**
Kermadecia【3】Brongn. & Griseb. 红锈李属 ← **Bleasdalea;Macadamia** Proteaceae 山龙眼科 [MD-219] 全球 (1) 大洲分布及种数(1-8)◆大洋洲
Kermana Adans. = **Hypericum**
Kermesia Humb. & Bonpl. = **Alchornea**
Kermia Rehder = **Kerria**
Kernera【-】Medik. 十字花科属 ≒ **Myagrum;Cymodocea;Cochlearia** Brassicaceae 十字花科 [MD-213] 全球 (uc) 大洲分布及种数(uc)
Kernera Medik. = **Cochlearia**
Kernera Schrank = **Tozzia**
Kernera Willd. = **Posidonia**
Kerneria Mönch = **Bidens**
Kerodon (L.) Raf. = **Conioselinum**
Kerrdora Gagnep. = **Cryptocarya**
Kerria【3】DC. 棣棠属 ← **Corchorus** Rosaceae 蔷薇科 [MD-246] 全球 (1) 大洲分布及种数(1-5)◆亚洲
Kerrieae Focke = **Kerria**
Kerriochloa【3】C.E.Hubb. 鸭嘴草属 ← **Ischaemum** Poaceae 禾本科 [MM-748] 全球 (1) 大洲分布及种数(2)◆亚洲
Kerriodoxa【3】J.Dransf. 泰棕属 Arecaceae 棕榈科 [MM-717] 全球 (1) 大洲分布及种数(cf. 1)◆亚洲
Kerriothyrsus【3】C.Hansen 四蕊野牡丹属 Melastomataceae 野牡丹科 [MD-364] 全球 (1) 大洲分布及种数(1)◆东南亚(◆老挝)
Kersia Roalson & J.C.Hall = **Cleistocactus**
Kerstania Rchb.f. = **Astragalus**
Kerstingia K.Schum. = **Coffea**
Kerstingiella【3】Harms 大豆属 ← **Glycine;Macrotyloma** Fabaceae3 蝶形花科 [MD-240] 全球 (1) 大洲分布及种数(1)属分布和种数(uc)◆非洲
Ketampa Mill. = **Abelmoschus**
Keteleefia Carrière = **Keteleeria**
Keteleeria【3】Carrière 油杉属 ← **Abies;Pinus;Tsuga** Pinaceae 松科 [G-15] 全球 (1) 大洲分布及种数(5-9)◆亚洲
Kethosia Raf. = **Hewittia**
Ketmia Mill. = **Hibiscus**
Ketmiastrum Helst. = **Hibiscus**
Kettmia Medik. = **Hibiscus**
Ketupa Tourn. ex Raf. = **Pancratium**
Keulia Molina = **Gomortega**
Keura Forssk. = **Pandanus**
Keurva Endl. = **Gomortega**
Kewa【3】Christenh. 蓬粟草属 Molluginaceae 粟米草科 [MD-99] 全球 (1) 大洲分布及种数(5)◆非洲
Kewaceae Christenh. = Molluginaceae
Keyesara【-】J.M.H.Shaw 兰科属 Orchidaceae 兰科

[MM-723] 全球 (uc) 大洲分布及种数(uc)
Keyserlingia【3】Bunge ex Boiss. 越南槐属 ≒ **Sophora** Fabaceae3 蝶形花科 [MD-240] 全球 (1) 大洲分布及种数(cf. 1)◆亚洲
Keysseria【3】Lauterb. 莲座菀属 ← **Lagenophora** Asteraceae 菊科 [MD-586] 全球 (1) 大洲分布及种数(2-6)◆大洋洲
Keysserlingia Bunge ex Boiss. = **Keyserlingia**
Kha Rheede ex Medik. = **Curcuma**
Khadia【3】N.E.Br. 尖刀玉属 ← **Mesembryanthemum** Aizoaceae 番杏科 [MD-94] 全球 (1) 大洲分布及种数(5-7)◆非洲(◆南非)
Khaosokia【3】D.A.Simpson,Chayam. & J.Parn. 苔莎属 Cyperaceae 莎草科 [MM-747] 全球 (1) 大洲分布及种数(cf. 1)◆东南亚(◆泰国)
Khasia N.E.Br. = **Khadia**
Khasiaclunea【3】Ridsdale 印缅团花属 ← **Adina** Rubiaceae 茜草科 [MD-523] 全球 (1) 大洲分布及种数(cf. 1)◆亚洲
Khasianthus H.Rob. & Skvarla = **Vernonia**
Khasiella Vassilcz. = **Medicago**
Khaya【3】A.Juss. 非洲楝属 ← **Guarea;Swietenia; Kayea** Meliaceae 楝科 [MD-414] 全球 (1) 大洲分布及种数(6-7)◆非洲
Khayea Planch. & Triana = **Mesua**
Khmeriosicyos【3】W.J.de Wilde & Duyfjes 团葫芦属 Cucurbitaceae 葫芦科 [MD-205] 全球 (1) 大洲分布及种数(cf.1) ◆亚洲
Khytiglossa Nees = **Rhytiglossa**
Kiaeria【3】I.Hagen 凯氏藓属 Dicranaceae 曲尾藓科 [B-128] 全球 (6) 大洲分布及种数(6) 非洲:1;亚洲:5;大洋洲:1;欧洲:5;北美洲:5;南美洲:3
Kiairia I.Hagen ex Culm. = **Kiaeria**
Kiangsiella Rolfe = **Phalaenopsis**
Kiapasia Woronow ex Grossh. = **Vernonia**
Kibara【2】Endl. 榄桂属 ← **Hedycarya; Mollinedia; Wilkiea** Monimiaceae 玉盘桂科 [MD-20] 全球 (5) 大洲分布及种数(3-61)非洲:1-25;亚洲:2-19;大洋洲:1-32;北美洲:1;南美洲:2
Kibaropsis Vieill. ex Guillaumin = **Hedycarya**
Kibatalia【2】G.Don 倒缨木属 → **Funtumia;Vallaris** Apocynaceae 夹竹桃科 [MD-492] 全球 (2) 大洲分布及种数(13-19)非洲:1;亚洲:12-17
Kibera【-】Adans. 十字花科属 ≒ **Sisymbrium** Brassicaceae 十字花科 [MD-213] 全球 (uc) 大洲分布及种数(uc)
Kibessia【3】DC. 缨牡丹属 Melastomataceae 野牡丹科 [MD-364] 全球 (1) 大洲分布及种数(2)◆亚洲
Kibunemuscus Toyama = **Rhachithecium**
Kickxia Bl. = **Kickxia**
Kickxia【3】Dum. 银鱼草属 ≒ **Linaria;Lunaria; Kibatalia** Scrophulariaceae 玄参科 [MD-536] 全球 (6) 大洲分布及种数(33-47;hort.1;cult:2)非洲:15-18;亚洲:29-37;大洋洲:3-5;欧洲:6-10;北美洲:3-4;南美洲:1
Kiefera Willd. = **Cytisus**
Kiehlia DC. = **Kigelia**
Kielboul Adans. = **Aristida**
Kielmeyera【3】Mart. & Zucc. 基尔木属 → **Bonnetia** Clusiaceae 藤黄科 [MD-141] 全球 (1) 大洲分布及种数(55-63)◆南美洲
Kielmiera G.Don = **Bonnetia**
Kierschlegeria Spach = **Fuchsia**
Kiersera Dur. & Jacks = **Bonnetia**
Kiersera P. & K. = **Tephrosia**
Kiesera P. & K. = **Tephrosia**
Kieseria Nees = **Tephrosia**
Kieslingia【-】Faúndez,Saldivia & A.E.Martic. 菊科属 Asteraceae 菊科 [MD-586] 全球 (uc) 大洲分布及种数(uc)
Kigelia【3】DC. 吊灯树属 ← **Bignonia;Tecoma** Bignoniaceae 紫葳科 [MD-541] 全球 (1) 大洲分布及种数(1-3)◆非洲
Kigelianthe Baill. = **Fernandoa**
Kigelja DC. = **Kigelia**
Kigelkeia Raf. = **Tecoma**
Kigellaria Endl. = **Kiggelaria**
Kiggelaria【3】L. 蒴桃木属 Achariaceae 青钟麻科 [MD-159] 全球 (1) 大洲分布及种数(1)◆非洲
Kiggelariaceae【3】Warb. 野桃科 [MD-190] 全球 (1) 大洲分布和属种数(1;hort. & cult.1)(1;hort. & cult.1)◆亚洲
Kiggellaria G.A.Scop. = **Kiggelaria**
Kihansia【3】Cheek 秃穗霉草属 Triuridaceae 霉草科 [MM-616] 全球 (1) 大洲分布及种数(1-2)◆非洲
Kiharapyrum Á.Löve = **Aegilops**
Kikuyuochloa【3】H.Scholz 非洲颖属 Poaceae 禾本科 [MM-748] 全球 (1) 大洲分布及种数(1)◆非洲
Kilbera Fourr. = **Tephrosia**
Kili Mill. = **Salsola**
Kiliana Sch.Bip. ex Hochst. = **Pulicaria**
Kiliania Sch.Bip. ex Benth. & Hook.f. = **Pulicaria**
Kilianina Sch.Bip. ex Benth. & Hook.f. = **Orchis**
Kilifia Signoret = **Killipia**
Kiliophora Hook.f. = **Kaliphora**
Killickia【3】Bräuchler,Heubl & Doroszenko 姜味草属 ≒ **Micromeria** Lamiaceae 唇形科 [MD-575] 全球 (1) 大洲分布及种数(4)◆非洲
Killinga Adans. = **Kyllinga**
Killingia Juss. = **Kyllinga**
Killipia【3】Gleason 基利普野牡丹属 Melastomataceae 野牡丹科 [MD-364] 全球 (1) 大洲分布及种数(4-6)◆南美洲
Killipiella【3】A.C.Sm. 拟越橘属 ← **Disterigma** Ericaceae 杜鹃花科 [MD-380] 全球 (1) 大洲分布及种数(cf. 1)◆南美洲
Killipiodendron【3】Kobuski 坡杨桐属 Pentaphylacaceae 五列木科 [MD-215] 全球 (1) 大洲分布及种数(uc)属分布和种数(uc)◆南美洲
Killyngia Ham. = **Kyllinga**
Kimballara【-】Griff. & J.M.H.Shaw 兰科属 Orchidaceae 兰科 [MM-723] 全球 (uc) 大洲分布及种数(uc)
Kimnachia S.Arias & N.Korotkova = **Pseudorhipsalis**
Kinabaluchloa【3】K.M.Wong 孝顺竹属 ← **Bambusa** Poaceae 禾本科 [MM-748] 全球 (1) 大洲分布及种数(1-2)◆亚洲
Kindbergia【3】Ochyra 异叶藓属 ≒ **Stokesiella** Brachytheciaceae 青藓科 [B-187] 全球 (6) 大洲分布及种数(6) 非洲:1;亚洲:3;大洋洲:1;欧洲:1;北美洲:3;南美洲:2

K

Kindia【3】 Cheek 亚洲印度兰属 Rubiaceae 茜草科 [MD-523] 全球 (1) 大洲分布及种数(1)◆非洲
Kinepetalum Schltr. = (接受名不详) Apocynaceae
Kinetochilus (Schltr.) Brieger = **Dendrobium**
Kinetostigma Damm. = **Chamaedorea**
Kingdoawardia C.Marquand = **Swertia**
Kingdoneardia C.Marquand = **Swertia**
Kingdonia【3】 Balf.f. & W.W.Sm. 独叶草属 Circaeasteraceae 星叶草科 [MD-58] 全球 (1) 大洲分布及种数(cf. 1)◆东亚(◆中国)
Kingdoniaceae【3】A.S.Foster ex Airy-Shaw 独叶草科 [MD-36] 全球 (1) 大洲分布和属种数(1/1)◆东亚(◆中国)
Kingdonwardia C.Marquand = **Swertia**
Kingdon-wardia C.Marquand = **Swertia**
Kingella【-】 Van Tiegh. 桑寄生科属 ≒ **Loranthus** Loranthaceae 桑寄生科 [MD-415] 全球 (uc) 大洲分布及种数(uc)
Kinghamia【3】 C.Jeffrey 折瓣瘦片菊属 ≒ **Vernonia** Asteraceae 菊科 [MD-586] 全球 (1) 大洲分布及种数(5)◆非洲
Kingia【3】 R.Br. 蓬草树属 ≒ **Krigia** Dasypogonaceae 鼓槌草科 [MM-710] 全球 (1) 大洲分布及种数(1)◆大洋洲(◆澳大利亚)
Kingiaceae Engl. ex Schnizl. = Kirkiaceae
Kingianthus【3】 H.Rob. 方果菊属 ← **Monactis** Asteraceae 菊科 [MD-586] 全球 (1) 大洲分布及种数(2)◆南美洲(◆厄瓜多尔)
Kingidium【-】 (H.R.Sweet) O.Gruss & Röllke 兰科属 ≒ **Aerides;Biermannia;Phalaenopsis** Orchidaceae 兰科 [MM-723] 全球 (uc) 大洲分布及种数(uc)
Kingiella Rolfe = **Phalaenopsis**
Kinginda P. & K. = **Mitrephora**
Kingiobryum【-】 H.Rob. 曲尾藓科属 Dicranaceae 曲尾藓科 [B-128] 全球 (uc) 大洲分布及种数(uc)
Kingiodendron【2】 Harms 曲胚豆属 ≒ **Prioria** Fabaceae 豆科 [MD-240] 全球 (2) 大洲分布及种数(2)亚洲:cf.1;大洋洲:cf.1
Kingiolejeunea H.Rob. = **Lepidolejeunea**
Kingistylis【-】 C.Y.Kao 兰科属 Orchidaceae 兰科 [MM-723] 全球 (uc) 大洲分布及种数(uc)
Kingsboroughia Liebm. = **Meliosma**
Kingstonia S.F.Gray = **Dendrokingstonia**
Kinia【3】 Raf. 百合科属 Liliaceae 百合科 [MM-633] 全球 (1) 大洲分布及种数(1)◆非洲
Kinkina Adans. = **Cinchona**
Kinostemon【3】 Kudo 动蕊花属 ← **Orthosiphon; Teucrium** Lamiaceae 唇形科 [MD-575] 全球 (1) 大洲分布及种数(3-5)◆亚洲
Kinugasa Tatew. & Suto = **Paris**
Kionophyton【3】 Garay 砥柱兰属 ≒ **Deiregyne** Orchidaceae 兰科 [MM-723] 全球 (1) 大洲分布及种数(2-3)◆北美洲
Kiosmina Raf. = **Salvia**
Kippenara【-】 Hort. 兰科属 Orchidaceae 兰科 [MM-723] 全球 (uc) 大洲分布及种数(uc)
Kippistia F.Müll = **Cheiloclinium**
Kippistia Miers = **Hippocratea**
Kirchara Hort. = **Sophronitis**
Kirchnera Opiz = **Astragalus**
Kirchneria Opiz = **Anarthrophyllum**
Kirchnerie Opiz = **Astragalus**
Kirengeshoma【3】 Yatabe 黄山梅属 Hydrangeaceae 绣球科 [MD-429] 全球 (1) 大洲分布及种数(cf. 1)◆亚洲
Kirengeshomaceae Nakai = Coriariaceae
Kirganelia【3】 Juss. 叶下珠属 ≒ **Phyllanthus** Euphorbiaceae 大戟科 [MD-217] 全球 (1) 大洲分布及种数(uc)◆亚洲
Kirganella J.F.Gmel. = **Phyllanthus**
Kirganellia Dum. = **Phyllanthus**
Kirilovia Lindl. = **Kirilowia**
Kirilowia【3】 Bunge 棉藜属 ← **Axyris** Chenopodiaceae 藜科 [MD-115] 全球 (1) 大洲分布及种数(cf. 1)◆亚洲
Kirilowiana Bunge = **Kirilowia**
Kirilowii Bunge = **Kirilowia**
Kirkbridea【3】 J.J.Wurdack 柯克野牡丹属 Melastomataceae 野牡丹科 [MD-364] 全球 (1) 大洲分布及种数(2)◆南美洲(◆哥伦比亚)
Kirkbridea Wurdack = **Kirkbridea**
Kirkia【3】 Oliv. 四合椿属 ← **Commiphora** Kirkiaceae 四合椿科 [MD-411] 全球 (1) 大洲分布及种数(6-7)◆非洲
Kirkiaceae【3】Takht. 四合椿科 [MD-411] 全球 (1) 大洲分布和属种数(1;hort. & cult.1)(6-9;hort. & cult.1)◆亚洲
Kirkianella Allan = **Sonchus**
Kirkophytum (Harms) Allan = **Stilbocarpa**
Kirpicznikovia Á.Löve & D.Löve = **Rhodiola**
Kirschlegera Rchb. = **Fuchsia**
Kirschlegeria Rchb. = **Fuchsia**
Kisaura Comm. ex Poir. = **Stephanotis**
Kissenia【3】 R.Br. ex T.Anders. 细舫花属 Loasaceae 刺莲花科 [MD-435] 全球 (1) 大洲分布及种数(1-2)◆非洲
Kissodendron Seem. = **Arthrophyllum**
Kita【3】 A.Chev. 毛麝香属 ≒ **Adenosma** Acanthaceae 爵床科 [MD-572] 全球 (1) 大洲分布及种数(2)◆非洲
Kitagawia【3】 Pimenov 前胡属 ← **Peucedanum** Apiaceae 伞形科 [MD-480] 全球 (1) 大洲分布及种数(3-9:hort. 1)◆亚洲
Kitagcwia Pimenov = **Afroligusticum**
Kitaibela【3】 Batsch 玉杯葵属 ≒ **Kitaibelia** Malvaceae 锦葵科 [MD-203] 全球 (1) 大洲分布及种数(1)◆亚洲
Kitaibelia【2】 Willd. 玉杯葵属 Malvaceae 锦葵科 [MD-203] 全球(2) 大洲分布及种数(1-2) 亚洲:1-2;欧洲:1
Kitamuraea Rauschert = **Miyamayomena**
Kitamuraster Soják = **Miyamayomena**
Kitchingia Baker = **Kalanchoe**
Kitigorchis F.Maek. = **Oreorchis**
Kittelia Rchb. = **Cyanea**
Kittelocharis Alef. = **Reinwardtia**
Kixia Bl. = **Kickxia**
Kjellbergia【3】 Bremek. 印尼黄爵床属 Acanthaceae 爵床科 [MD-572] 全球 (1) 大洲分布及种数(uc)属分布和种数(uc)◆东南亚(◆印度尼西亚)
Kjellbergiodendron【3】 Burret 金桃柳属 ≒ **Tristania** Myrtaceae 桃金娘科 [MD-347] 全球 (1) 大洲分布及种数(1)◆东南亚(◆印度尼西亚)
Klaber Cass. = **Klasea**
Klackenbergia【3】 Kissling 小黄管属 ≒ **Sebaea** Gentianaceae 龙胆科 [MD-496] 全球 (1) 大洲分布及种数(1-2)◆非洲

K

Kladnia Schur = **Hesperis**

Klaineanthus【3】 Pierre 非洲桐属 Euphorbiaceae 大戟科 [MD-217] 全球 (1) 大洲分布及种数(1-2)◆非洲

Klaineastrum【3】 Pierre ex A.Chev. 谷木属 ← **Memecylon** Melastomataceae 野牡丹科 [MD-364] 全球 (1) 大洲分布及种数(1)◆非洲

Klainedoxa【3】 Pierre ex Engl. 野象果属 ← **Irvingia** Irvingiaceae 假杧果科 [MD-313] 全球 (1) 大洲分布及种数(2-5)◆非洲

Klais Salisb. = **Amaryllis**

Klamelia Raf. = **Camellia**

Klanderia F.Müll = **Prostanthera**

Klaprothia【3】 Kunth 萼镖花属 → **Blumenbachia** Loasaceae 刺莲花科 [MD-435] 全球 (1) 大洲分布及种数(2)◆南美洲

Klarobelia【2】Chatrou 石蚕木属 ← **Cremastosperma; Malmea;Malva** Annonaceae 番荔枝科 [MD-7] 全球 (2) 大洲分布及种数(13)北美洲:3;南美洲:11

Klasea【2】 Cass. 麻花头属 ≒ **Serratula;Jurinea** Asteraceae 菊科 [MD-586] 全球(4) 大洲分布及种数(45-62;hort.1;cult: 1)非洲:3;亚洲:36-45;欧洲:12-13;北美洲:1

Klaseopsis L.Martiñz = **Rhaponticum**

Klattia【3】 Baker 彩木鸢尾属 ← **Witsenia** Iridaceae 鸢尾科 [MM-700] 全球 (1) 大洲分布及种数(3)◆非洲

Klausea Endl. = **Serratula**

Kleberiella V.P.Castro & Cath. = **Oncidium**

Klebsiella V.P.Castro & Cath. = **Oncidium**

Klehmara【-】 auct. 兰科属 Orchidaceae 兰科 [MM-723] 全球 (uc) 大洲分布及种数(uc)

Kleinerara【-】 P.V.Heath 仙人掌科属 Cactaceae 仙人掌科 [MD-100] 全球 (uc) 大洲分布及种数(uc)

Kleinhofia Gisek. = **Kleinhovia**

Kleinhovea Roxb. = **Kleinhovia**

Kleinhovia【3】 L. 鹧鸪麻属 Sterculiaceae 梧桐科 [MD-189] 全球 (1) 大洲分布及种数(1)◆亚洲

Kleinhowia Brongn. = **Kleinhovia**

Kleinia【3】 Mill. 仙人笔属 ← **Senecio;Cacalia** Asteraceae 菊科 [MD-586] 全球 (6) 大洲分布及种数(64-82;hort.1;cult: 4)非洲:55-58;亚洲:14-17;大洋洲:2;欧洲:2;北美洲:3-5;南美洲:2

Kleinii Mill. = **Kleinia**

Kleinodendron L.B.Sm. & Downs = **Savia**

Kleioweisiopsis【3】 Dixon 非洲牛毛藓属 Ditrichaceae 牛毛藓科 [B-119] 全球 (1) 大洲分布及种数(1)◆非洲

Kleistrocalyx Steud. = **Rhynchospora**

Klelnhovia L. = **Kleinhovia**

Klemachloa R.Parker = **Dendrocalamus**

Klingia Schönland = **Gethyllis**

Klonion (Raf.) Raf. = **Eryngium**

Klopstockia H.Karst. = **Ceroxylon**

Klossia【3】 Ridl. 云茜草属 Rubiaceae 茜草科 [MD-523] 全球 (1) 大洲分布及种数(cf. 1)◆东南亚(◆马来西亚)

Klotschia Endl. = **Klotzschia**

Klotzsch Cham. = **Klotzschia**

Klotzschia【3】 Cham. 克洛草属 Apiaceae 伞形科 [MD-480] 全球(1) 大洲分布及种数(4)◆南美洲(◆巴西)

Klotzschiphytum Baill. = **Croton**

Klugara J.M.H.Shaw = **Rhynchoglossum**

Klugia J.M.H.Shaw = **Rhynchoglossum**

Klugiodendron Britton & Killip = **Pithecellobium**

Klukia Andrz. ex DC. = **Kirkia**

Kmeria【3】 Dandy 单性木兰属 ≒ **Talauma** Magnoliaceae 木兰科 [MD-1] 全球 (6) 大洲分布及种数(2-3)非洲:1;亚洲:1-2;大洋洲:1;欧洲:1;北美洲:1;南美洲:1

Knafia Opiz = **Knautia**

Knantia Hill = **Knautia**

Knappara auct. = **Mibora**

Knauta Cothen. = **Knautia**

Knauthia Heist. ex Fabr. = **Scleranthus**

Knautia【2】 L. 孀草属 → **Cephalaria;Cordylostigma** Caprifoliaceae 忍冬科 [MD-510] 全球 (5) 大洲分布及种数(68-131;hort.1;cult: 19)非洲:8;亚洲:15-16;欧洲:60-69;北美洲:2;南美洲:3

Knavel Adans. = **Scleranthus**

Knebelara【-】 P.V.Heath 仙人掌科属 Cactaceae 仙人掌科 [MD-100] 全球 (uc) 大洲分布及种数(uc)

Kneiffa Spach = **Kneiffia**

Kneiffia【3】 Spach 月见草属 ← **Oenothera** Onagraceae 柳叶菜科 [MD-396] 全球 (1) 大洲分布及种数(20)◆北美洲

Kneifia Spach = **Kneiffia**

Knema【3】 Lour. 红光树属 ← **Gymnacranthera; Myristica** Myristicaceae 肉豆蔻科 [MD-15] 全球 (1) 大洲分布及种数(97-106)◆亚洲

Knesebeckia Klotzsch = **Begonia**

Knifa Adans. = **Hypericum**

Kniffa Vent. = **Hypericum**

Knightia【3】R.Br.蜜汁树属→**Darlingia;Embothrium** Proteaceae 山龙眼科 [MD-219] 全球 (1) 大洲分布及种数(1-3)◆大洋洲

Kniphofia【3】 Mönch 火把莲属 ← **Terminalia; Trigonia;Aloe** Xanthorrhoeaceae 黄脂木科 [MM-701] 全球 (6) 大洲分布及种数(66-87;hort.1;cult: 7)非洲:65-76;亚洲:2-4;大洋洲:1;欧洲:1;北美洲:1;南美洲:1

Knorria (Moç. & Sessé) DC. = **Bursera**

Knorringia【3】 (Czukav.) N.N.Tsvel. 西伯利亚蓼属 ← **Polygonum** Polygonaceae 蓼科 [MD-120] 全球 (1) 大洲分布及种数(2-3;hort.1)◆亚洲

Knowlesara J.M.H.Shaw = **Amischotolype**

Knowlesia Hassk = **Tradescantia**

Knowltonia【3】 Salisb. 火叶莲属 ← **Adonis;Anemone** Ranunculaceae 毛茛科 [MD-38] 全球 (1) 大洲分布及种数(11)◆非洲

Knoxia【3】 L. 红芽大戟属 ≒ **Ernodea;Kohautia; Pentanisia** Rubiaceae 茜草科 [MD-523] 全球 (6) 大洲分布及种数(14-20;hort.1)非洲:6-9;亚洲:11-17;大洋洲:4-7;欧洲:3;北美洲:3;南美洲:2-5

Knoxieae Benth. & Hook.f. = **Knoxia**

Knudsenara【-】 J.M.H.Shaw 兰科属 Orchidaceae 兰科 [MM-723] 全球 (uc) 大洲分布及种数(uc)

Knudsonara【-】 auct. 兰科属 Orchidaceae 兰科 [MM-723] 全球 (uc) 大洲分布及种数(uc)

Koanophyllon【2】 Arruda 光柱泽兰属 ≒ **Eupatorium;Piqueria;Critonia** Asteraceae 菊科 [MD-586] 全球 (4)大洲分布及种数(138)大洋洲:1;欧洲:2;北美洲:118-

K

119;南美洲:34
Koanophyllum Arruda ex H.Kost. = **Koanophyllon**
Kobayasia H.Rob. = **Koyamasia**
Kobiosis Raf. = **Euphorbia**
Kobre Kaempf. ex Salisb. = **Magnolia**
Kobresia (Benth.) C.B.Clarke = **Kobresia**
Kobresia 【3】 Willd. 嵩草属 ← **Carex;Scirpus; Froelichia** Cyperaceae 莎草科 [MM-747] 全球 (6) 大洲分布及种数(49-62)非洲:2-31;亚洲:47-96;大洋洲:5-34;欧洲:6-35;北美洲:11-40;南美洲:3-32
Kobresiaceae Gilly = Cyperaceae
Kobria St.Lag. = **Kobresia**
Kobus Kaempf. ex Salisb. = **Magnolia**
Kochia F.Müll = **Kochia**
Kochia 【3】 Roth 地肤属 ← **Atriplex;Kopsia;Panderia** Chenopodiaceae 藜科 [MD-115] 全球 (6) 大洲分布及种数(19-32)非洲:5-9;亚洲:10-15;大洋洲:7-11;欧洲:3-7;北美洲:4-8;南美洲:1-5
Kochii Roth = **Kochia**
Kochummenia 【3】 K.M.Wong 亚洲马来茜属 ← **Gardenia;Randia;Rothmannia** Rubiaceae 茜草科 [MD-523] 全球 (1) 大洲分布及种数(2-3)◆亚洲
Kocuria Roth = **Kochia**
Kodala Raf. = **Dissotis**
Kodalyodendron 【-】 Borhidi & Acuña 芸香科属 Rutaceae 芸香科 [MD-399] 全球 (uc) 大洲分布及种数(uc)
Koddampuli Adans. = **Mammea**
Kodda-pail Adans. = **Pistia**
Kodda-pana Adans. = **Thrinax**
Koeberlinia 【3】 Zucc. 刺枝木属 Koeberliniaceae 刺枝木科 [MD-183] 全球 (1) 大洲分布及种数(3-4)◆北美洲
Koeberliniaceae 【3】 Engl. 刺枝木科 [MD-183] 全球 (1) 大洲分布和属种数(1/3-4)◆北美洲
Koechlea Endl. = **Staehelina**
Koehleria Benth. & Hook.f. = **Kohleria**
Koehlreutera 【-】 Grindel 葫芦藓科属 ≒ **Grindelia** Funariaceae 葫芦藓科 [B-106] 全球 (uc) 大洲分布及种数(uc)
Koehnea F.Müll = **Hoehnea**
Koehneago P. & K. = **Duranta**
Koehneola 【3】 Urb. 辐花佳乐菊属 Asteraceae 菊科 [MD-586] 全球 (1) 大洲分布及种数(1)◆北美洲(◆古巴)
Koehneria 【3】 S.A.Graham 猫虾花属 ≒ **Pemphis** Lythraceae 千屈菜科 [MD-333] 全球 (1) 大洲分布及种数(1)◆南美洲
Koeiea Rchb.f. = **Arabis**
Koelera St.Lag. = **Xylosma**
Koeleria (Domin) A.Quintanar & Castrov. = **Koeleria**
Koeleria 【3】 Pers. 茜草属 ≒ **Adina;Aeluropus** Poaceae 禾本科 [MM-748] 全球 (6) 大洲分布及种数(61-83;hort.1;cult:6)非洲:19-37;亚洲:29-55;大洋洲:19-35;欧洲:32-53;北美洲:14-29;南美洲:16-31
Koelerieae Schur = **Koeleria**
Koellea Biria = **Eranthis**
Koellensteinia 【3】 Rchb.f. 绣唇兰属 ← **Aganisia;Zygopetalum;Paradisanthus** Orchidaceae 兰科 [MM-723] 全球 (1) 大洲分布及种数(18-20)◆南美洲
Koellenstenia Rchb.f. = **Koellensteinia**
Koellia 【3】 Mönch 山薄荷属 → **Pycnanthemum** Lamiaceae 唇形科 [MD-575] 全球 (1) 大洲分布及种数(22)◆北美洲
Koellikeria 【3】 Regel 长序岩桐属 ← **Achimenes; Monopyle** Gesneriaceae 苦苣苔科 [MD-549] 全球 (1) 大洲分布及种数(2)◆北美洲
Koellikohleria 【3】 Wiehler 蝎苣苔属 ≒ **Koellikeria** Gesneriaceae 苦苣苔科 [MD-549] 全球 (1) 大洲分布及种数(1-2)◆非洲
Koeloeria Pari. = **Koeleria**
Koelpinia 【2】 G.A.Scop. 蝎尾菊属 ← **Acronychia; Lapsana** Asteraceae 菊科 [MD-586] 全球 (3) 大洲分布及种数(4-9)非洲:2;亚洲:3-5;欧洲:1
Koelpinia Pall. = **Koelpinia**
Koelreuteria F.K.Medikus = **Koelreuteria**
Koelreuteria 【2】 Laxm. 栾属 ≒ **Marsdenia;Sapindus** Sapindaceae 无患子科 [MD-428] 全球 (5) 大洲分布及种数(6-7;hort.1;cult: 1)亚洲:5;大洋洲:2;欧洲:1;北美洲:3;南美洲:3
Koelreuteriaceae J.Agardh = Sapindaceae
Koelzella M.Hirö = **Prangos**
Koena Rech.f. = **Arabis**
Koenania 【-】 H.S.Lo 茜草科属 Rubiaceae 茜草科 [MD-523] 全球 (uc) 大洲分布及种数(uc)
Koeniga Benth. & Hook.f. = **Ptilotrichum**
Koenigia (Meisn.) T.M.Schust. & Reveal = **Koenigia**
Koenigia 【2】 L. 冰岛蓼属 ≒ **Polygonum** Polygonaceae 蓼科 [MD-120] 全球 (4) 大洲分布及种数(33-36;hort.1)亚洲:30-31;欧洲:4;北美洲:5;南美洲:2
Koernickanthe 【3】 L.Andersson 橙苞竹芋属 ← **Ischnosiphon;Maranta** Marantaceae 竹芋科 [MM-740] 全球 (1) 大洲分布及种数(1)◆南美洲
Koernickea Klotzsch = **Paullinia**
Koernickea Regel = **Achimenes**
Koevia Krestovsk. = **Koellia**
Kogelbergia 【3】 Rourke 绒仙木属 ← **Stilbe** Stilbaceae 耀仙木科 [MD-532] 全球 (1) 大洲分布及种数(2)◆非洲(◆南非)
Kohautia 【3】 Cham. & Schltdl. 颤顶草属 ≒ **Palicourea** Rubiaceae 茜草科 [MD-523] 全球 (6) 大洲分布及种数(33)非洲:24-30;亚洲:11;大洋洲:8-9;欧洲:4;北美洲:5;南美洲:2
Kohleria (Regel) Fritsch = **Kohleria**
Kohleria 【3】 Regel 艳斑岩桐属 ← **Achimenes; Isoloma;Pearcea** Gesneriaceae 苦苣苔科 [MD-549] 全球 (1) 大洲分布及种数(44-48)◆南美洲
Kohlerianthus Fritsch = **Columnea**
Kohleriella 【-】 Roalson & Boggan 苦苣苔科属 Gesneriaceae 苦苣苔科 [MD-549] 全球 (uc) 大洲分布及种数(uc)
Kohlrauschia 【2】 Kunth 膜萼花属 ≒ **Petrorhagia** Caryophyllaceae 石竹科 [MD-77] 全球 (4) 大洲分布及种数(1) 非洲:1;亚洲:1;欧洲:1;北美洲:1
Koilodepas 【3】 Hassk. 白茶树属 → **Adenochlaena; Claoxylon;Ptychopyxis** Euphorbiaceae 大戟科 [MD-217] 全球 (1) 大洲分布及种数(7-11)◆亚洲
Kokabus Raf. = **Atropa**
Kokera Adans. = **Chamissoa**

Kokia【3】Lewton 木果棉属 ← **Gossypium** Malvaceae 锦葵科 [MD-203] 全球 (1) 大洲分布及种数(4-5)◆北美洲(◆美国)
Kokkia Zipp. ex Bl. = **Kokia**
Kokonoria Keng & K.H.Keng = **Lagotis**
Kokoona【3】Thwaites 亮金木属 ← **Ardisia** Celastraceae 卫矛科 [MD-339] 全球 (1) 大洲分布及种数(cf. 1)◆亚洲
Kokoschkinia Turcz. = **Tecoma**
Kolbea D.F.L.Schlechtendal = **Blaeria**
Kolbea Rchb. = **Blaeria**
Kolbea Schlechtd. = **Baeometra**
Kolbia Adans. = **Blaeria**
Kolbia Beauv. = **Blaeria**
Kolerma Raf. = **Carex**
Koliella Small = **Kalmiella**
Kolkwitzia【3】Graebn. 猬实属 Caprifoliaceae 忍冬科 [MD-510] 全球 (1) 大洲分布及种数(cf. 1)◆东亚(◆中国)
Kolla Cothen. = **Polla**
Kolleria C.Presl = **Galenia**
Kolobochilus【3】Lindau 巴拿马爵床属 ← **Hansteinia** Acanthaceae 爵床科 [MD-572] 全球 (1) 大洲分布及种数(uc)属分布和种数(uc)◆北美洲
Kolobopetalum【3】Engl. 损瓣藤属 → **Rhigiocarya;Leptoterantha** Menispermaceae 防已科 [MD-42] 全球 (1) 大洲分布及种数(4-5)◆非洲
Kolofonia Raf. = **Xenostegia**
Kolomikta Regel ex Dippel = **Actinidia**
Kolopetalum Chev. = **Reseda**
Kolowratia【3】C.Presl 艳山姜属 ≒ **Alpinia** Zingiberaceae 姜科 [MM-737] 全球 (1) 大洲分布及种数(1)◆亚洲
Kolpakowskia Regel = **Ixiolirion**
Kolpakowskiana Regel = **Ixiolirion**
Kolrauschia Jord. = **Petrorhagia**
Komana Adans. = **Hypericum**
Komaroffia【3】P. & K. 毛茛科属 Ranunculaceae 毛茛科 [MD-38] 全球 (1) 大洲分布及种数(uc)◆大洋洲
Komarovia【3】Korovin 考氏草属 Apiaceae 伞形科 [MD-480] 全球 (1) 大洲分布及种数(1)◆亚洲
Komaroviopsis【-】Doweld 伞形科属 Apiaceae 伞形科 [MD-480] 全球 (uc) 大洲分布及种数(uc)亚洲
Komkrisara auct. = **Ascocentrum**
Komma L. = **Pupalia**
Kommia Ehrenb. ex Schweinf. = **Kalmia**
Kompitsia Costantin & Gallaud = **Pentopetia**
Konantzia【3】Dodson & N.H.Williams 新堇兰属 ← **Ionopsis** Orchidaceae 兰科 [MM-723] 全球 (1) 大洲分布及种数(cf. 1)◆南美洲
Konanzia Dodson & N.Williams = **Ionopsis**
Konig Adans. = **Lobularia**
Koniga【3】R.Br. 香雪球属 ≒ **Lobularia** Brassicaceae 十字花科 [MD-213] 全球 (1) 大洲分布及种数(uc)◆亚洲
Konigia Comm. ex Cav. = **Koenigia**
Kontumia【3】S.K.Wu & P.K.Lôc 昆嵩蕨属 Polypodiaceae 水龙骨科 [F-60] 全球 (1) 大洲分布及种数(1)◆亚洲
Konxikas Raf. = **Lathyrus**
Koockia Moq. = **Kochia**
Kookia Pers. = **Kengyilia**
Koompassia【3】Maingay ex Benth. 凤眼木属 Fabaceae 豆科 [MD-240] 全球 (1) 大洲分布及种数(1-3)◆亚洲
Koon Gaertn. = **Schleichera**
Koordersina P. & K. = **Agropyron**
Koordersiochloa【2】Merr. 黄鸽枣属 ≒ **Bromus** Anacardiaceae 漆树科 [MD-432] 全球 (2) 大洲分布及种数(3)非洲:1;亚洲:cf.1
Koordersiodendron【2】Engl. ex Koord. 漆树柴属 Anacardiaceae 漆树科 [MD-432] 全球 (3) 大洲分布及种数(1) 亚洲;大洋洲;北美洲
Koponenia【3】Ochyra 南美柳叶藓属 ≒ **Sciaromium** Amblystegiaceae 柳叶藓科 [B-178] 全球 (1) 大洲分布及种数(1)◆南美洲
Koponeniella【3】Huttunen & Ignatov 柳蔓藓属 Brachytheciaceae 青藓科 [B-187] 全球 (1) 大洲分布及种数(1)◆非洲
Koponobryum【3】Arts 柳丛藓属 ≒ **Kopononobryum** Pottiaceae 丛藓科 [B-133] 全球 (1) 大洲分布及种数(1)◆非洲
Kopononobryum【-】Arts 丛藓科属 ≒ **Koponobryum** Pottiaceae 丛藓科 [B-133] 全球 (uc) 大洲分布及种数(uc)
Kopsia【3】Bl. 蕊木属 → **Ochrosia;Tabernaemontana; Orobanche** Apocynaceae 夹竹桃科 [MD-492] 全球 (1) 大洲分布及种数(8-29)◆亚洲
Kopsiopsis【3】(Beck) Beck 拟蕊木属 ← **Boschniakia** Orobanchaceae 列当科 [MD-552] 全球 (1) 大洲分布及种数(2)◆北美洲
Koratia H.E.Moore = **Basselinia**
Kordelestris Arruda = **Jacaranda**
Kordia L. = **Cordia**
Kormickia Steph. = **Paullinia**
Kornasia Szlach. = **Dorstenia**
Korolkowia Regel = **Tulipa**
Kororia Steud. = **Malaxis**
Korosvel Adans. = **Tetracera**
Korovinia【3】Nevski & Vved. 毒欧芹属 ≒ **Aethusa** Apiaceae 伞形科 [MD-480] 全球 (1) 大洲分布及种数(1)◆亚洲
Korovinta Nevski & Vved. = **Korovinia**
Korsaria Steud. = **Dorstenia**
Korshinskia【3】Lipsky 黑孜然芹属 ≒ **Kamelinia** Apiaceae 伞形科 [MD-480] 全球 (1) 大洲分布及种数(1-5)◆亚洲
Korshinskya (Korov.) M.G.Pimenov & E.V.Klyuikov = **Physospermum**
Korthalsella【3】Van Tiegh. 栗寄生属 ≒ **Viscum** Santalaceae 檀香科 [MD-412] 全球 (6) 大洲分布及种数(31-35;hort.1;cult: 2)非洲:6-15;亚洲:12-21;大洋洲:19-30;欧洲:9;北美洲:5-14;南美洲:11
Korthalsia【3】Bl. 蚁藤属 ← **Daemonorops** Arecaceae 棕榈科 [MM-717] 全球 (1) 大洲分布及种数(6-28)◆亚洲
Korupodendron【3】Litt & Cheek 异宿囊花属 Vochysiaceae 萼囊花科 [MD-314] 全球 (1) 大洲分布及种数(1)◆非洲

K

Korycarpus Zea = **Vulpia**
Kosaria Forssk. = **Dorstenia**
Kosmosiphon【3】Lindau 管饰爵床属 Acanthaceae 爵床科 [MD-572] 全球 (1) 大洲分布及种数(1)◆非洲
Kosopoljanskia【3】Korovin 帕米尔芹属 Apiaceae 伞形科 [MD-480] 全球 (1) 大洲分布及种数(uc)属分布和种数(uc)◆亚洲
Kosteletskya Brongn. = **Hibiscus**
Kosteletzkya【3】C.Presl 盐沼槿属 ← **Hibiscus** Malvaceae 锦葵科 [MD-203] 全球 (6) 大洲分布及种数(28-36)非洲:14-22;亚洲:8-10;大洋洲:2;欧洲:2-4;北美洲:13-15;南美洲:4-6
Kosteltzkya C.Presl = **Kosteletzkya**
Kostermansia【3】Sög. 短瓣榴梿属 Malvaceae 锦葵科 [MD-203] 全球 (1) 大洲分布及种数(1)◆东南亚(◆马来西亚)
Kostermanthus【3】Prance 爪萼李属 ← **Acioa;Parinari** Chrysobalanaceae 可可李科 [MD-243] 全球 (1) 大洲分布及种数(2-3)◆亚洲
Kostyczewa Korsh. = **Chesneya**
Kotchubaea【3】Regel ex Benth. & Hook.f. 螺茜草属 ← **Alibertia** Rubiaceae 茜草科 [MD-523] 全球 (1) 大洲分布及种数(uc)◆非洲
Kotchubea Ducke = **Kutchubaea**
Kotschya【3】Endl. 螺序豆属 ← **Damapana;Smithia** Fabaceae 豆科 [MD-240] 全球 (1) 大洲分布及种数(28-30)◆非洲
Kotschyella F.K.Mey. = **Thlaspi**
Kotschyi Endl. = **Kotschya**
Kotsjiletti Adans. = **Xyris**
Kotsjilletti Adans. = **Abolboda**
Kovalevskiella Kamelin = **Lactuca**
Kowala H.Karst. & Triana = **Evodia**
Kowalevskia Turcz. = **Clethra**
Kowalewskia Turcz. = **Clethra**
Kowalewskie Turcz. = **Clethra**
Kowalewskiella Krabbe = **Lactuca**
Koyamacalia H.Rob. & Brettell = **Cacalia**
Koyamaea【3】W.W.Thomas & Davidse 绒穗茅属 Cyperaceae 莎草科 [MM-747] 全球 (1) 大洲分布及种数(1-2)◆南美洲
Koyamaeae W.W.Thomas & Davidse = **Koyamaea**
Koyamasia【3】H.Rob. 凋缨菊属 ≒ **Camchaya** Asteraceae 菊科 [MD-586] 全球 (1) 大洲分布及种数(2)◆亚洲
Koyna Adans. = **Hypericum**
Kozakia Alava = **Kalakia**
Kozlovia【3】Lipsky 鳞苞芹属 ≒ **Krasnovia** Apiaceae 伞形科 [MD-480] 全球 (1) 大洲分布及种数(4)◆亚洲
Kozlowia Lipsky = **Krasnovia**
Kozola Raf. = **Heloniopsis**
Kraemeria Löfl. = **Krameria**
Kraenzlinara Garay & H.R.Sw. = **Trichoglottis**
Kraenzlinella【3】P. & K. 刺兰属 ← **Pleurothallis;Echinosepala** Orchidaceae 兰科 [MM-723] 全球 (1) 大洲分布及种数(7)◆南美洲
Kraenzlinorchis Szlach. = **Habenaria**
Kraftia L. = **Klattia**
Krainzia Backeb. = **Mammillaria**
Kralikella Coss. & Durieu = **Tripogon**
Kralikia Coss. & Durieu = **Chiliocephalum**
Kralikiella Batt. & Trab. = **Tripogon**
Kramera Cothen. = **Krameria**
Kramerana DeLong & Thambimuttu = **Krameria**
Krameria【3】Löfl. 刺球果属 Krameriaceae 刺球果科 [MD-293] 全球 (6) 大洲分布及种数(22-23)非洲:4;亚洲:1-5;大洋洲:4;欧洲:4;北美洲:14-18;南美洲:10-14
Krameriaceae【3】Dum. 刺球果科 [MD-293] 全球 (6) 大洲分布和属种数(1/21-26)非洲:1/4;亚洲:1/1-5;大洋洲:1/4;欧洲:1/4;北美洲:1/14-18;南美洲:1/10-14
Kramerieae Rchb. ex Spach = **Krameria**
Kranikofa【-】Raf. 苋科属 ≒ **Eurotia** Amaranthaceae 苋科 [MD-116] 全球 (uc) 大洲分布及种数(uc)
Kranikovia Raf. = **Kranikofa**
Kraniopsis Raf. = **Oraniopsis**
Krapfia DC. = **Ranunculus**
Krapovickasia【3】Fryxell 克拉锦葵属 ← **Sida** Malvaceae 锦葵科 [MD-203] 全球 (1) 大洲分布及种数(5)◆南美洲
Kraschenikova Cothen. = **Krascheninnikovia**
Krascheninikowia Güldenst. = **Krascheninnikovia**
Krascheninnikovia (Aellen) Mosyakin = **Krascheninnikovia**
Krascheninnikovia【3】Güldenst. 驼绒藜属 ← **Achyranthes;Axyris** Amaranthaceae 苋科 [MD-116] 全球 (6) 大洲分布及种数(7-8;hort.1;cult: 1)非洲:1-2;亚洲:6-8;大洋洲:1;欧洲:1-2;北美洲:3-4;南美洲:1
Krascheninnikowia (Fr.) Maxim. = **Pseudostellaria**
Krasilnikovia Raf. = **Eurotia**
Kraskella Coss. & Durieu = **Avena**
Krasnikovia Raf. = **Eurotia**
Krasnovia【3】Popov ex Schischk. 块茎芹属 ← **Chaerophyllum;Sphallerocarpus;Kozlovia** Apiaceae 伞形科 [MD-480] 全球 (1) 大洲分布及种数(2)◆亚洲
Krassera【3】O.Schwartz 野牡丹科属 Melastomataceae 野牡丹科 [MD-364] 全球 (1) 大洲分布及种数(uc)◆大洋洲
Kratzmannia Opiz = **Agropyron**
Krauhnia Sch.Bip. = **Kraussia**
Kraunhia【3】Raf. 紫藤属 → **Wisteria;Millettia;Rehsonia** Fabaceae3 蝶形花科 [MD-240] 全球 (1) 大洲分布及种数(1)属分布和种数(uc)◆北美洲
Kraunia Bruch & Schimp. = **Braunia**
Krauseella Müll.Hal. = **Tetraplodon**
Krausella【3】H.J.Lam 山榄属 ≒ **Planchonella** Sapotaceae 山榄科 [MD-357] 全球 (1) 大洲分布及种数(uc)属分布和种数(uc)◆大洋洲(◆美拉尼西亚)
Krauseola【3】Pax & K.Hoffm. 莲被草属 Caryophyllaceae 石竹科 [MD-77] 全球 (1) 大洲分布及种数(2)◆非洲
Kraussara auct. = **Kraussia**
Kraussia【3】Barv. 灵犀木属 ≒ **Amellus;Psychotria** Rubiaceae 茜草科 [MD-523] 全球 (6) 大洲分布及种数(5-6)非洲:4-5;亚洲:1-2;大洋洲:1;欧洲:1;北美洲:1;南美洲:1
Kraussiana Sch.Bip. = **Kraussia**

K

Kraussii Sch.Bip. = **Kraussia**
Krebsia【-】Eckl. & Zeyh. 夹竹桃科属 ≒ **Lotononis; Stenostelma** Apocynaceae 夹竹桃科 [MD-492] 全球 (uc) 大洲分布及种数(uc)
Krebsia Eckl. & Zeyh. = **Lotononis**
Krebsia Harv. = **Stenostelma**
Kreczetoviczia Tzvelev = **Trichophorum**
Krei Mill. = **Salsola**
Kreidek Adans. = **Scoparia**
Kreidion Raf. = **Conioselinum**
Kreidon (L.) Raf. = **Ligusticum**
Kreme Adans. = **Trianthema**
Kremeriella【3】Maire 小克雷芥属 Brassicaceae 十字花科 [MD-213] 全球 (1) 大洲分布及种数(1)◆非洲
Krenakia【3】S.M.Costa 莎草科属 Cyperaceae 莎草科 [MM-747] 全球 (1) 大洲分布及种数(uc)◆南美洲(◆巴西)
Kreodanthus【2】Garay 克莱兰属 ≒ **Aspidogyne; Erythraea;Goodyera** Orchidaceae 兰科 [MM-723] 全球 (2) 大洲分布及种数(13-15)北美洲:7;南美洲:5-7
Kreysigia【3】Rchb. 澳百合属 → **Kuntheria** Colchicaceae 秋水仙科 [MM-623] 全球 (1) 大洲分布及种数(uc)属分布和种数(uc)◆大洋洲(◆密克罗尼西亚)
Kriegerara【-】Hort. 兰科属 Orchidaceae 兰科 [MM-723] 全球 (uc) 大洲分布及种数(uc)
Kriegeria Bres. = **Jacquiniella**
Krigia【3】Schreb. 双冠苣属 ← **Hyoseris;Microseris; Kingia** Asteraceae 菊科 [MD-586] 全球 (6) 大洲分布及种数(11-14;hort.1;cult: 4)非洲:76;亚洲:6-82;大洋洲:76;欧洲:76;北美洲:10-87;南美洲:76
Krigia Torr. & A.Gray = **Krigia**
Krimi Schreb. = **Krigia**
Kripa Tourn. ex Raf. = **Allium**
Krisna Schreb. = **Krigia**
Krobia Urb. = **Eugenia**
Krockeria Mönch = **Xylopia**
Krockeria Steud. = **Lotus**
Kroenleinia【3】Lodé 双人掌属 Cactaceae 仙人掌科 [MD-100] 全球 (1) 大洲分布及种数(cf.1) ◆北美洲
Krogia Schreb. = **Kingia**
Krohnia Urb. = **Eugenia**
Krokia (Urb.) Borhidi & O.Muñiz = **Pimenta**
Krombholtzia Benth. = **Zeugites**
Krombholzia Rupr. ex E.Fourn. = **Zeugites**
Kromon Raf. = **Allium**
Kroswia Urb. = **Eugenia**
Krotovia Schischk. = **Rhinactinidia**
Kroyerina Mönch = **Acmispon**
Krubera【-】Hoffm. 伞形科属 ≒ **Capnophyllum; Monochaetum** Apiaceae 伞形科 [MD-480] 全球 (uc) 大洲分布及种数(uc)
Kruegeria G.A.Scop. = **Afzelia**
Krugella Pierre = **Pouteria**
Krugia Urb. = **Marlierea**
Krugiodendron【3】Urb. 铁勾儿茶属 ← **Ceanothus; Rhamnidium;Ziziphus** Rhamnaceae 鼠李科 [MD-331] 全球 (1) 大洲分布及种数(2)◆北美洲
Kruhsea E.Regel = **Convallaria**
Krukoviella【3】A.C.Sm. 蔓莲木属 ← **Godoya; Planchonella** Ochnaceae 金莲木科 [MD-104] 全球 (1) 大洲分布及种数(1)◆南美洲
Krusa Röwer = **Drusa**
Krusella H.J.Lam. = **Planchonella**
Krylovia Schischk. = **Rhinactinidia**
Krynitzkia【2】Fisch. & C.A.Mey. 隐花紫草属 ≒ **Oreocarya** Boraginaceae 紫草科 [MD-517] 全球 (2) 大洲分布及种数(26) 北美洲:26;南美洲:2
Kryptostoma【3】(Summerh.) D.Geerinck 玉凤花属 ≒ **Habenaria** Orchidaceae 兰科 [MM-723] 全球 (1) 大洲分布及种数(uc)◆欧洲
Ktenosachne Steud. = **Rostraria**
Ktenospermum Lehm. = **Pectocarya**
Kua Medik. = **Curcuma**
Kuala H.Karst. & Triana = **Neesia**
Kubitzkia【3】H.van der Werff 管蕊桂属 ≒ **Systemonodaphne** Lauraceae 樟科 [MD-21] 全球 (1) 大洲分布及种数(2)◆南美洲
Kubitzkia van der Werff = **Kubitzkia**
Kudoa Masam. = **Gentiana**
Kudoacanthus【3】Hosok. 银脉爵床属 ← **Codonacanthus** Acanthaceae 爵床科 [MD-572] 全球 (1) 大洲分布及种数(cf. 1)◆东亚(◆中国)
Kudriaschevia Pojark. = **Nepeta**
Kudrjaschevia Pojark. = **Nepeta**
Kuehneola Urb. = **Koehneola**
Kuehnia B.G.Briggs & L.A.S.Johnson = **Kulinia**
Kuenckelia F.Heim = **Vatica**
Kuepferia Adr. = **Kaempferia**
Kuerschneria【-】Ochyra & Bednarek-Ochyra 锦藓科属 Sematophyllaceae 锦藓科 [B-192] 全球 (uc) 大洲分布及种数(uc)
Kuestera Regel = **Monechma**
Kuhitangia Ovcz. = **Acanthophyllum**
Kuhlhasseltia【3】J.J.Sm. 旗唇兰属 ← **Anoectochilus; Zeuxine;Erythrodes** Orchidaceae 兰科 [MM-723] 全球 (1) 大洲分布及种数(6-12)◆亚洲
Kuhlia Kunth = **Banara**
Kuhlmannia J.C.Gomes = **Pleonotoma**
Kuhlmanniella Barroso = **Dicranostyles**
Kuhlmanniodendron【3】Fiaschi & Groppo 烟斗树属 ≒ **Carpotroche** Achariaceae 青钟麻科 [MD-159] 全球 (1) 大洲分布及种数(1-2)◆南美洲
Kuhnia L. = **Brickellia**
Kuhniastera P. & K. = **Microdon**
Kuhniodes P. & K. = **Carphephorus**
Kuhnistera【3】Lam. 银蝶豆属 ≒ **Petalostemon** Fabaceae3 蝶形花科 [MD-240] 全球 (6) 大洲分布及种数(5)非洲:5;亚洲:5;大洋洲:5;欧洲:5;北美洲:5;南美洲:5
Kuhnistra Endl. = **Kuhnistera**
Kukkala H.Karst. & Triana = **Evodia**
Kukolis Raf. = **Hebecladus**
Kulinia【3】B.G.Briggs & L.A.S.Johnson 绒灯草属 ≒ **Kyllinga** Restionaceae 帚灯草科 [MM-744] 全球 (1) 大洲分布及种数(1)◆大洋洲(◆澳大利亚)
Kumanoa Medik. = **Aloe**
Kumara J.M.H.Shaw = **Aloe**

Kumaria Raf. = **Haworthia**
Kumataia Raf. = **Haworthia**
Kumbaya Endl. ex Steud. = **Gardenia**
Kumlienia Greene = **Ranunculus**
Kummeria Mart. = **Discophora**
Kummerovia (Thunb.) Schindl. = **Kummerowia**
Kummerowia【3】 Schindl. 鸡眼草属 ← **Desmodium;Lespedeza** Fabaceae 豆科 [MD-240] 全球 (1) 大洲分布及种数(2)◆亚洲
Kun Rheede ex Medik. = **Curcuma**
Kunckelia F.Heim = **Vateria**
Kunda Raf. = **Amorphophallus**
Kundmannia【3】 G.A.Scop. 昆得曼芹属 ← **Sium** Apiaceae 伞形科 [MD-480] 全球 (1) 大洲分布及种数(1)◆欧洲
Kungia【3】 K.T.Fu 孔岩草属 ← **Crassula;Orostachys;Sedum** Crassulaceae 景天科 [MD-229] 全球 (1) 大洲分布及种数(2-14)◆东亚(◆中国)
Kunhardtia【3】 Maguire 塔蔺花属 ← **Schoenocephalium** Rapateaceae 泽蔺花科 [MM-713] 全球 (1) 大洲分布及种数(2)◆南美洲
Kuniria Raf. = **Dicliptera**
Kuniwatskia Pic.Serm. = **Anisocampium**
Kuniwatsukia Pic.Serm. = **Anisocampium**
Kunkeliella【3】 Stearn 孔克檀香属 Santalaceae 檀香科 [MD-412] 全球 (1) 大洲分布及种数(1)◆欧洲
Kunoara J.M.H.Shaw = **Aloe**
Kunokale Raf. = **Fagopyrum**
Kunsia Winge = **Kungia**
Kunstlera King = **Chondrostylis**
Kunstleria【3】 Prain ex King. 孔斯豆属 → **Austrosteenisia** Fabaceae 豆科 [MD-240] 全球 (1) 大洲分布及种数(2-10)◆亚洲
Kunstlerodendron Ridl. = **Chondrostylis**
Kuntheria【3】 Conran & Clifford 宝蒴草属 ← **Schelhammera;Kreysigia** Colchicaceae 秋水仙科 [MM-623] 全球 (1) 大洲分布及种数(1)◆大洋洲(◆澳大利亚)
Kunthia Bonpl. = **Chamaedorea**
Kunthia Dennst. = **Garuga**
Kuntia Dum. = **Kunzea**
Kuntze Rchb. = **Kunzea**
Kunzea【3】 Rchb. 雪茶木属 → **Agonis;Metrosideros;Leptospermum** Myrtaceae 桃金娘科 [MD-347] 全球 (1) 大洲分布及种数(38-67)◆大洋洲
Kunzeana Rchb. = **Kunzea**
Kunzia Spreng. = **Purshia**
Kunzmannia Klotzsch & Schomb. = **Kundmannia**
Kunzspermum【-】 W.Harris 桃金娘科属 Myrtaceae 桃金娘科 [MD-347] 全球 (uc) 大洲分布及种数(uc)
Kupea【3】 Cheek & S.A.Williams 穗霉草属 Triuridaceae 霉草科 [MM-616] 全球 (1) 大洲分布及种数(1-2)◆非洲(◆喀麦隆)
Kupeantha【3】 Cheek 霉茜属 Rubiaceae 茜草科 [MD-523] 全球 (1) 大洲分布及种数(5)◆非洲
Kur Rheede ex Medik. = **Curcuma**
Kuramosciadium【3】 Pimenov,Kljuykov & Tojibaev 霉伞属 Apiaceae 伞形科 [MD-480] 全球 (1) 大洲分布及种数(cf.1) ◆亚洲
Kurarua Hochst. & Steud. = **Hymenodictyon**
Kurites Raf. = **Selago**
Kuritis Raf. = **Selago**
Kurkas Adans. = **Jatropha**
Kurkas Raf. = **Croton**
Kurohimehypnum【-】 Sakurai 青藓科属 Brachytheciaceae 青藓科 [B-187] 全球 (uc) 大洲分布及种数(uc)
Kurramiana Omer & Qaiser = **Gentiana**
Kurria Hochst. & Steud. = **Hymenodictyon**
Kurrimia【3】 Wall. 大叶鼠刺属 ≒ **Itea** Centroplacaceae 安神木科 [MD-172] 全球 (1) 大洲分布及种数(uc)◆亚洲(◆中国)
Kurtia Schaus = **Curtia**
Kurtus Raf. = **Camphorosma**
Kurtzamra【3】 P. & K. 唇形科属 Lamiaceae 唇形科 [MD-575] 全球 (1) 大洲分布及种数(uc)◆亚洲
Kurtzia McLean & Poorman = **Kurzia**
Kuruna【3】 Attigala,Kathriar. & L.G.Clark 指叶苔科属 Lepidoziaceae 指叶苔科 [B-63] 全球 (1) 大洲分布及种数(7)◆亚洲
Kurzamra【3】 P. & K. 铺地草属 ← **Micromeria** Lamiaceae 唇形科 [MD-575] 全球 (1) 大洲分布及种数(1)◆南美洲
Kurzia (Fulford) J.J.Engel ex R.M.Schust. = **Kurzia**
Kurzia【3】 King ex Hook.f. 细指苔属 ≒ **Houlletia;Lepidozia** Lepidoziaceae 指叶苔科 [B-63] 全球 (1) 大洲分布及种数(14-17)◆亚洲
Kurziella【3】 H.Rob. & Bunwong 细指菊属 Asteraceae 菊科 [MD-586] 全球 (1) 大洲分布及种数(cf.1) ◆亚洲
Kurzinda P. & K. = **Ventilago**
Kurziodendron Balakrishnan = **Trigonostemon**
Kuschakcwiczia Regel & Smirn. = **Solenanthus**
Kuschakewiczia E.Regel & Smirow = **Solenanthus**
Kusibabella Szlach. = **Habenaria**
Kustera Benth. & Hook.f. = **Adhatoda**
Kutchubaea【2】 Fisch. ex DC. 屈奇茜属 ≒ **Alibertia** Rubiaceae 茜草科 [MD-523] 全球 (2) 大洲分布及种数(15)北美洲:1;南美洲:14
Kvania Schltr. = **Kania**
Kyberia Neck. = **Bellis**
Kydia【3】 Roxb. 翅果麻属 → **Nayariophyton;Dicellostyles** Malvaceae 锦葵科 [MD-203] 全球 (1) 大洲分布及种数(2-3)◆亚洲
Kyhosia【3】 B.G.Baldwin 星腺菊属 Asteraceae 菊科 [MD-586] 全球(1) 大洲分布及种数(1)◆北美洲(◆美国)
Kylicanthe【3】 Descourv.,Stévart & Droissart 蜈蚣兰属 Orchidaceae 兰科 [MM-723] 全球 (1) 大洲分布及种数(7)◆非洲
Kylindria Lour. = **Linociera**
Kylinga Röm. & Schult. = **Kyllinga**
Kylingia Stokes = **Kyllinga**
Kyliniella Skuja = **Kyllingiella**
Kylix Sowerby I = **Kydia**
Kyllinga (Kük.) Kukkonen = **Kyllinga**
Kyllinga【3】 Rottb. 水蜈蚣属 → **Ascolepis;Carex;Mariscus** Cyperaceae 莎草科 [MM-747] 全球 (6) 大洲分布及种数(51-65;hort.4;cult: 4)非洲:42-53;亚洲:20-29;大洋洲:12-19;欧洲:7;北美洲:19-26;南美洲:18-25

K

Kyllingia L.f. = **Kyllinga**
Kyllingia P. & K. = **Athamanta**
Kyllingiella【3】 R.W.Haines & Lye 小水蜈蚣属 ← **Isolepis;Scirpus;Cyperus** Cyperaceae 莎草科 [MM-747] 全球 (1) 大洲分布及种数(2)◆非洲
Kymapleura (Nutt.) Nutt. = **Krigia**
Kymatocalyx Herzog = **Kymatocalyx**
Kymatocalyx【2】 Váňa & Wigginton 突萼苔属 Cephaloziellaceae 拟大萼苔科 [B-53] 全球 (4) 大洲分布及种数(6-7)非洲:2;亚洲:cf.1;北美洲:2;南美洲:2-3
Kymatolejeunea【3】 Grolle 纽细鳞苔属 Lejeuneaceae 细鳞苔科 [B-84] 全球(1) 大洲分布及种数(cf. 1)◆大洋洲
Kyphocarpa【3】 Schinz 突果苋属 ← **Cyathula; Trichinium;Sericocoma** Amaranthaceae 苋科 [MD-116] 全球 (1) 大洲分布及种数(3)◆非洲
Kyrstenia Neck. = **Eupatorium**
Kyrsteniopsis【3】 R.M.King & H.Rob. 展毛修泽兰属 ← **Eupatorium** Asteraceae 菊科 [MD-586] 全球 (1) 大洲分布及种数(9-10)◆北美洲
Kyrtandra J.F.Gmel. = **Cyrtandra**
Kyrtanthus J.F.Gmel. = **Posoqueria**

K

Labatia Mart. = **Labatia**
Labatia【3】Sw. 桃榄属 ≒ **Nemopanthus** Sapotaceae 山榄科 [MD-357] 全球 (1) 大洲分布及种数(1) ◆南美洲
Labdia Comm. ex Juss. = **Mussaenda**
Labia Lour. = **Lasia**
Labiatae Juss.
Labiatiflorae【-】DC. 蝶形花科属 Fabaceae3 蝶形花科 [MD-240] 全球 (uc) 大洲分布及种数(uc)
Labichea【3】Gaud. ex DC. 澳豆属 Fabaceae 豆科 [MD-240] 全球 (1) 大洲分布及种数(17)◆大洋洲(◆澳大利亚)
Labidostelma Schltr. = **Polystemma**
Labillardiera Röm. & Schult. = **Billardiera**
Labiosa Lindl. = **Labisia**
Labisia【3】Lindl. 草金牛属 ← **Ardisia** Primulaceae 报春花科 [MD-401] 全球 (1) 大洲分布及种数(2-7)◆亚洲
Labium L. = **Lamium**
Lablab【3】Adans. 扁豆属 ≒ **Dolichos** Fabaceae 豆科 [MD-240] 全球 (6) 大洲分布及种数(3) 非洲:3;亚洲:2;大洋洲:1;欧洲:2;北美洲:1;南美洲:1
Lablavia D.Don = **Vigna**
Labordea Benth. = **Labordia**
Labordia【3】Gaud. 顶髯管花属 ← **Geniostoma** Loganiaceae 马钱科 [MD-486] 全球 (1) 大洲分布及种数(25-34)◆北美洲(◆美国)
Laboucheria F.Müll = **Albizia**
Labourdonnaisia【3】Boj. 洋香榄属 Sapotaceae 山榄科 [MD-357] 全球 (1) 大洲分布及种数(6-7)◆非洲
Labourdonneia Boj. = **Mimusops**
Labradia Swed. = **Mucuna**
Labraea Lindl. = **Lathraea**
Labramia【3】A.DC. 拉夫山榄属 ← **Mimusops;Manilkara** Sapotaceae 山榄科 [MD-357] 全球 (1) 大洲分布及种数(9)◆非洲
Labrella Braas = **Libyella**
Labrenzia Moq. = **Lagrezia**
Labrus Adans. = **Abrus**
Laburnocytisus C.K.Schneid. = **Cytisus**
Laburnum Fabr. = **Laburnum**
Laburnum【3】L. 毒豆属 → **Cytisus;Petteria** Fabaceae 豆科 [MD-240] 全球 (1) 大洲分布及种数(4-8)◆欧洲
Labus L. = **Laurus**
Labyrinthus E.Mey. = **Lagarinthus**
Lacadonia E.Martřínez & Ramos = **Lacandonia**
Lacaena【3】Lindl. 拉西纳兰属 ≒ **Acineta;Bifrenaria;Peristeria** Orchidaceae 兰科 [MM-723] 全球 (1) 大洲分布及种数(3)◆非洲
Lacaitaea Brand = **Trichodesma**
Lacandonia【3】E.Martřínez & Ramos 两性霉草属 Triuridaceae 霉草科 [MM-616] 全球 (1) 大洲分布及种数(2)◆北美洲(◆墨西哥)
Lacandoniaceae E.Martřínez & Ramos = Cymodoceaceae
Lacanthis Raf. = **Euphorbia**
Lacara Raf. = **Campanula**
Lacara Spreng. = **Bauhinia**
Lacaris Buch.Ham. ex Pfeiff. = **Liparis**
Lacathea Salisb. = **Franklinia**
Lacazella Pouzar & Slavříková = **Galeopsis**
Laccodiscus【3】Radlk. 亮盘无患子属 ← **Chytranthus;Cupania;** Sapindaceae 无患子科 [MD-428] 全球 (1) 大洲分布及种数(6)◆非洲
Laccopetalum【3】Ulbr. 巨灯毛茛属 ≒ **Ranunculus** Ranunculaceae 毛茛科 [MD-38] 全球 (1) 大洲分布及种数(1)◆南美洲(◆秘鲁)
Laccoptera Andrz. ex DC. = **Aethionema**
Laccospadix【3】Drude & H.Wendl. 白轴椰属 ≒ **Calyptrocalyx;Linospadix** Arecaceae 棕榈科 [MM-717] 全球 (1) 大洲分布及种数(2)◆大洋洲(◆澳大利亚)
Laccosperma【3】Drude 漆子藤属 Arecaceae 棕榈科 [MM-717] 全球 (1) 大洲分布及种数(7-8)◆非洲
Lacellia Bubani = **Laserpitium**
Lacellina Viv. = **Laserpitium**
Lacepedea Kunth = **Turpinia**
Lacera Spreng. = **Campanula**
Lacerna Jullien = **Lacaena**
Lacerpitium Thunb. = **Laserpitium**
Lacerta Spreng. = **Campanula**
Lachancea (Legakis) Kurtzman = **Lachnaea**
Lachanodes DC. = **Senecio**
Lachanostachys Endl. = **Lachnostachys**
Lachara Spreng. = **Campanula**
Lachelinara【-】J.M.H.Shaw 兰科属 Orchidaceae 兰科 [MM-723] 全球 (uc) 大洲分布及种数(uc)
Lachemilla (Focke) Rydb. = **Lachemilla**
Lachemilla【2】Rydb. 云衣草属 ← **Alchemilla** Rosaceae 蔷薇科 [MD-246] 全球 (4) 大洲分布及种数(62-64)亚洲:cf.1;欧洲:2;北美洲:20;南美洲:54-55
Lachenalia【3】J.Jacq. 纳金花属 ← **Aletris;Perebea;Dipcadi** Hyacinthaceae 风信子科 [MM-679] 全球 (1) 大洲分布及种数(127-174)◆非洲(◆南非)
Lachenaliaceae Salisb. = Johnsoniaceae
Lachesiodendron【2】P.G.Ribeiro,L.P.Qüiroz & Luckow 绵薇兰属 Orchidaceae 兰科 [MM-723] 全球 (2) 大洲分布及种数(cf.1) 北美洲:1;南美洲:1
Lachnaea【3】L. 绵薇香属 → **Cryptadenia;Passerina** Thymelaeaceae 瑞香科 [MD-310] 全球 (1) 大洲分布及种数(43-48)◆非洲(◆南非)
Lachnagrostis【3】Trin. 沙剪草属 ← **Agrostis;Calamagrostis;Triplachne** Poaceae 禾本科 [MM-748] 全球 (1) 大洲分布及种数(39-43)◆大洋洲(◆澳大利亚)
Lachnanthes【3】Elliott 绒血草属 ← **Dilatris;Heritiera;Alternanthera** Haemodoraceae 血草科 [MM-718] 全球 (1) 大洲分布及种数(2-15)◆北美洲
Lachnastoma Korth. = **Coffea**
Lachnea L. = **Lacaena**
Lachnia Baill. = **Durio**

Lachnocapsa【3】 Balf.f. 匙绵荠属 Brassicaceae 十字花科 [MD-213] 全球 (1) 大洲分布及种数(cf. 1)◆西亚(◆也门)
Lachnocaulon【3】 Kunth 裸谷精属 ← **Eriocaulon** Eriocaulaceae 谷精草科 [MM-726] 全球 (1) 大洲分布及种数(5-11)◆北美洲
Lachnocephala Turcz. = **Dicranostyles**
Lachnocephalus Turcz. = **Dicrastylis**
Lachnochloa【3】 Steud. 裸谷草属 Poaceae 禾本科 [MM-748] 全球 (1) 大洲分布及种数(1)◆非洲
Lachnocistus Duchass. ex Linden & Planch. = **Cochlospermum**
Lachnolepis Miq. = **Gyrinops**
Lachnoloma【3】 Bunge 绵果荠属 Brassicaceae 十字花科 [MD-213] 全球 (1) 大洲分布及种数(cf. 1)◆亚洲
Lachnophyllum【3】 Bunge 绵菀属 ← **Erigeron** Asteraceae 菊科 [MD-586] 全球 (1) 大洲分布及种数(cf. 1)◆亚洲
Lachnopodium Bl. = **Otanthera**
Lachnopylis Hochst. = **Nuxia**
Lachnorhiza【3】 A.Rich. 莲座糙毛菊属 ← **Vernonia** Asteraceae 菊科 [MD-586] 全球 (1) 大洲分布及种数(3)◆北美洲(◆古巴)
Lachnosiphonium Hochst. = **Catunaregam**
Lachnospermum【3】 Willd. 骨苞帚鼠麹属 → **Metalasia;Staehelina;Gnaphalium** Asteraceae 菊科 [MD-586] 全球 (1) 大洲分布及种数(5)◆非洲(◆南非)
Lachnostachys【3】 Hook. 绒南苏属 → **Newcastelia** Lamiaceae 唇形科 [MD-575] 全球 (1) 大洲分布及种数(1-6)◆大洋洲(◆澳大利亚)
Lachnostoma【3】 H.B. & K. 毛口萝藦属 ≒ **Gonolobus;Pherotrichis** Apocynaceae 夹竹桃科 [MD-492] 全球 (1) 大洲分布及种数(15)◆南美洲
Lachnostylis【3】 Turcz. 石炭木属 ← **Clutia;Discocarpus;Nuxia** Phyllanthaceae 叶下珠科 [MD-222] 全球 (1) 大洲分布及种数(3)◆非洲(◆南非)
Lachnothalamus F.Müll = **Siloxerus**
Lachryma Medik. = **Coix**
Lachryma-job Noronha = **Coix**
Lachryma-jobi Ort. = **Coix**
Lachrymaria Heisl. = **Coix**
Laciala P. & K. = **Synedrella**
Lacimaria Hill = **Lacunaria**
Lacinaria【2】 Hill 蛇鞭菊属 ≒ **Liatris** Asteraceae 菊科 [MD-586] 全球 (2) 大洲分布及种数(23) 亚洲:4;北美洲:23
Lacinia Raf. = **Baptisia**
Laciniaria Hill = **Liatris**
Lacis Dulac = **Trinia**
Lacis Lindl. = **Tulasneantha**
Lacis Schreb. = **Mourera**
Lacistema【3】 Sw. 荷包柳属 ≒ **Logania;Lozania** Lacistemataceae 荷包柳科 [MD-138] 全球 (1) 大洲分布及种数(14-19)◆南美洲
Lacistemataceae【3】 Mart. 荷包柳科 [MD-138] 全球 (6) 大洲分布和属种数(2/17-28)非洲:1/1;亚洲:1/1-2;大洋洲:1/1;欧洲:1/1;北美洲:1/2-4;南美洲:2/17-25
Lacistemma Sw. = **Lacistema**
Lacistemon P. & K. = **Lacistema**
Lacistemopsis Kuhlm. = **Qualea**
Lackeya【2】 Fortunato 迪奥豆属 ≒ **Dioclea** Fabaceae 豆科 [MD-240] 全球 (2) 大洲分布及种数(cf.1) 亚洲:1;北美洲:1
Lacmellea (Müll.Arg.) Markgr. = **Lacmellea**
Lacmellea【3】 H.Karst. 拉克夹竹桃属 ← **Hancornia** Apocynaceae 夹竹桃科 [MD-492] 全球 (1) 大洲分布及种数(26-27)◆南美洲
Lacmellia Viv. = **Lacmellea**
Lacoea Bosch = **Lacostea**
Lacomucinaea【3】 cf.Nickrent & M.A.García 夹竹兰属 Orchidaceae 兰科 [MM-723] 全球 (1) 大洲分布及种数(1)◆非洲
Lacon Schreb. = **Anginon**
Lacosoma Schaus = **Lacostea**
Lacostea【3】 Bosch 短膜蕨属 ≒ **Crepidomanes** Hymenophyllaceae 膜蕨科 [F-21] 全球 (1) 大洲分布及种数(uc)◆亚洲
Lacosteopsis (Prantl) Nakaike = **Crepidomanes**
Lacrima Medik. = **Coix**
Lacryma Medik. = **Coix**
Lacrymaria (Pers.) Konrad & Maubl. = **Coix**
Lactaria【3】 Raf. 玫瑰树属 ← **Ochrosia** Apocynaceae 夹竹桃科 [MD-492] 全球 (1) 大洲分布及种数(uc)属分布和种数(uc)◆大洋洲
Lactarius Singer = **Ochrosia**
Lactina Lindl. = **Lacaena**
Lactomamillara【3】 Frič 云峰球属 ← **Mammillaria** Cactaceae 仙人掌科 [MD-100] 全球 (1) 大洲分布及种数(1)◆北美洲
Lactomamillaria Fric = **Mammillaria**
Lactoria Rendahl = **Lactoris**
Lactoridaceae【3】Engl. 短蕊花科 [MD-18] 全球 (6) 大洲分布和属种数(1/1-6)非洲:1/5;亚洲:1/5;大洋洲:1/5;欧洲:1/5;北美洲:1/5;南美洲:1/1-6
Lactoris【3】 Phil. 囊粉花属 ≒ **Ochrosia** Lactoridaceae 短蕊花科 [MD-18] 全球 (1) 大洲分布及种数(1-6)◆南美洲
Lactuca【3】 L. 莴苣属 ≒ **Leontodon;Paraprenanthes** Lactucaceae 莴苣科 [MD-593] 全球 (6) 大洲分布及种数(137-211;hort.1;cult:19)非洲:51-82;亚洲:92-140;大洋洲:15-46;欧洲:34-68;北美洲:30-65;南美洲:8-39
Lactucaceae【3】Drude 莴苣科 [MD-593] 全球 (6) 大洲分布和属种数(2-3;hort. & cult.1)(167-356;hort. & cult.13-22)非洲:1-3/51-84;亚洲:2-3/123-175;大洋洲:1-3/15-48;欧洲:1-3/34-70;北美洲:1-3/30-67;南美洲:1-3/8-41
Lactuceae Cass. = **Lactuca**
Lactucella Nazarova = **Lactuca**
Lactucopsis Sch.Bip. ex Vis. = **Lactuca**
Lactucosonchus【3】 (Sch.Bip.) Svent. 苦苣莱属 ← **Sonchus** Asteraceae 菊科 [MD-586] 全球 (1) 大洲分布及种数(1)◆非洲
Lacuna Cav. = **Hibiscus**
Lacunaria【3】 Ducke 雉斑木属 ← **Quiina;Touroulia;Ainsliaea** Ochnaceae 金莲木科 [MD-104] 全球 (1) 大洲分布及种数(11)◆南美洲
Lacuris Buch.Ham. = **Lactoris**
Lacydonia E.Martřínez & Ramos = **Lacandonia**
Ladakiella【-】 D.A.Germann & Al-Shehbaz 十字花科

L

属 Brassicaceae 十字花科 [MD-213] 全球 (uc) 大洲分布及种数(uc)
Ladane Gilib. = **Galeopsis**
Ladanella Pouzar & Slavíková = **Stachys**
Ladanium Spach = **Cistus**
Ladantola Pouzar & Slavříková = **Lamium**
Ladanum Gilib. = **Galeopsis**
Ladanum Raf. = **Cistus**
Ladeania【3】A.N.Egan & Reveal 张萼豆属 Fabaceae 豆科 [MD-240] 全球 (1) 大洲分布及种数(2)◆北美洲(◆美国)
Ladenbergia【2】Klotzsch 大籽鸡纳属 ≒ **Cosmibuena;Macrocnemum** Rubiaceae 茜草科 [MD-523] 全球 (2) 大洲分布及种数(42-43)北美洲:9;南美洲:39-40
Ladinella Pouzar & Slavříková = **Galeopsis**
Ladoicea Comm. ex J.St.Hil. = **Lodoicea**
Ladrosia Salisb. = **Drosophyllum**
Lady Bubani = **Lapsana**
Ladyginia Lipsky = **Ferula**
Laea Brongn. = **Leea**
Laechhardtia Archer ex Gordon = **Callitris**
Laecospadix Drude & H.Wendl. = **Laccospadix**
Laegoa Rhodeh. & J.M.H.Shaw = **Laelia**
Laelia Adans. = **Laelia**
Laelia【3】Lindl. 蕾丽兰属 ← **Bunias;Layia** Orchidaceae 兰科 [MM-723] 全球 (6) 大洲分布及种数(36-74;hort.1;cult: 29)非洲:2;亚洲:2;大洋洲:2;欧洲:2;北美洲:14-16;南美洲:28-37
Laelianthe【-】J.M.H.Shaw 兰科属 Orchidaceae 兰科 [MM-723] 全球 (uc) 大洲分布及种数(uc)
Laelichilis【-】Sauleda 兰科属 Orchidaceae 兰科 [MM-723] 全球 (uc) 大洲分布及种数(uc)
Laelidendranthe【-】J.M.H.Shaw 兰科属 Orchidaceae 兰科 [MM-723] 全球 (uc) 大洲分布及种数(uc)
Laeliocatanthe【-】J.M.H.Shaw 兰科属 Orchidaceae 兰科 [MM-723] 全球 (uc) 大洲分布及种数(uc)
Laeliocatarthron【-】J.M.H.Shaw 兰科属 Orchidaceae 兰科 [MM-723] 全球 (uc) 大洲分布及种数(uc)
Laeliocatonia auct. = **Broughtonia**
Laeliocattkeria【-】auct. 兰科属 Orchidaceae 兰科 [MM-723] 全球 (uc) 大洲分布及种数(uc)
Laeliocattleya【3】Rolfe 蕾嘉兰属 ≒ **Hadrocattleya;Cattleya** Orchidaceae 兰科 [MM-723] 全球 (1) 大洲分布及种数(5-9)◆南美洲(◆巴西)
Laelio-cattleya (hort.) Sander = **Laeliocattleya**
Laeliodendrum【-】G.Mantin 兰科属 Orchidaceae 兰科 [MM-723] 全球 (uc) 大洲分布及种数(uc)
Laeliokeria auct. = **Barkeria**
Laeliopleya auct. = **Sophronitis**
Laeliopsis【3】Lindl. ex Paxton 紫薇兰属 ≒ **Broughtonia** Orchidaceae 兰科 [MM-723] 全球 (1) 大洲分布及种数(uc)◆非洲
Laelirhynchos【-】J.M.H.Shaw 兰科属 Orchidaceae 兰科 [MM-723] 全球 (uc) 大洲分布及种数(uc)
Laelonia Hort. = **Broughtonia**
Laemellea Pfeiff. = **Lacmellea**
Laemellia Pfeiff. = **Lacmellea**
Laemon Mill. = **Citrus**
Laemonema (F.Müll.) Paul G.Wilson = **Leionema**
Laenecia C.H.Schultz Bip. ex Walpers = **Conyza**
Laennecia【2】Cass. 腺果层菀属 → **Conyza;Eschenbachia;Gamochaetopsis** Asteraceae 菊科 [MD-586] 全球 (2) 大洲分布及种数(20-21)北美洲:13-14;南美洲:13
Laenopsonia【-】J.M.H.Shaw 兰科属 Orchidaceae 兰科 [MM-723] 全球 (uc) 大洲分布及种数(uc)
Laeops Hort. = **Linum**
Laeopsis auct. = **Linum**
Laerianchea【-】Griff. & J.M.H.Shaw 兰科属 Orchidaceae 兰科 [MM-723] 全球 (uc) 大洲分布及种数(uc)
Laertia Gromov = **Leersia**
Laestadia Auersw. = **Laestadia**
Laestadia【3】Kunth ex Less. 紫垫菀属 ≒ **Lagenophora** Asteraceae 菊科 [MD-586] 全球 (6) 大洲分布及种数(6-7)非洲:8;亚洲:8;大洋洲:8;欧洲:8;北美洲:3-12;南美洲:4-13
Laetia【2】Löfl. ex L. 利蒂木属 → **Azara;Samyda;Pouteria** Flacourtiaceae 大风子科 [MD-142] 全球 (2) 大洲分布及种数(10-14)北美洲:4-5;南美洲:8-10
Laetji Osb. ex Steud. = **Laetia**
Lafoea Fraser = **Petalostelma**
Lafoensia Endl. = **Lafoensia**
Lafoensia【3】Vand. 丽薇属 Lythraceae 千屈菜科 [MD-333] 全球 (1) 大洲分布及种数(11-14)◆南美洲
Lafoesia Vand. = **Lafoensia**
Lafuentea【2】Lag. 拉富婆婆纳属 Plantaginaceae 车前科 [MD-527] 全球 (2) 大洲分布及种数(1-4)非洲:2;欧洲:1
Lafuentia Benth. = **Larentia**
Lagansa Rumph. ex Raf. = **Polanisia**
Laganum Gilib. = **Galeopsis**
Lagarinthus【3】E.Mey. 南非夹竹桃属 ≒ **Schizoglossum;Stenostelma** Apocynaceae 夹竹桃科 [MD-492] 全球 (1) 大洲分布及种数(16)◆非洲(◆南非)
Lagaropyxis Miq. = **Stereospermum**
Lagarosiphon【2】Harv. 卷蕴藻属 ← **Hydrilla;Nechamandra;Udora** Hydrocharitaceae 水鳖科 [MM-599] 全球 (4) 大洲分布及种数(7-10)非洲:6-9;亚洲:1;大洋洲:2;欧洲:2
Lagarosolen【3】W.T.Wang 细筒苣苔属 ≒ **Petrocodon** Gesneriaceae 苦苣苔科 [MD-549] 全球 (1) 大洲分布及种数(2)◆亚洲
Lagarostobos Quinn = **Lagarostrobos**
Lagarostrobos【3】Quinn 泣松属 ← **Dacrydium;Lepidothamnus** Podocarpaceae 罗汉松科 [G-13] 全球 (1) 大洲分布及种数(2)◆大洋洲(◆澳大利亚)
Lagasca Cav. = **Lagascea**
Lagascea【3】Cav. 绸叶菊属 ≒ **Nocca** Asteraceae 菊科 [MD-586] 全球 (1) 大洲分布及种数(10-12)◆北美洲
Lagedium【2】Soják 山莴苣属 ← **Mulgedium;Lactuca** Asteraceae 菊科 [MD-586] 全球 (2) 大洲分布及种数(cf.1) 亚洲;欧洲
Lagenandra【3】Dalzell 瓶苞芋属 ← **Arisarum;Caladium;Cryptocoryne** Araceae 天南星科 [MM-639] 全球 (1) 大洲分布及种数(6-16)◆亚洲
Lagenantha【3】Chiov. 浆果猪毛菜属 ← **Salsola** Amaranthaceae 苋科 [MD-116] 全球 (1) 大洲分布及种数(2)◆亚洲

Lagenanthus【3】Gilg 长药茜属 Gentianaceae 龙胆科 [MD-496] 全球 (1) 大洲分布及种数(1)◆南美洲
Lagenaria【3】Ser. 葫芦属 ≒ **Liatris** Cucurbitaceae 葫芦科 [MD-205] 全球 (6) 大洲分布及种数(10-12)非洲:8-9;亚洲:1-2;大洋洲:1-2;欧洲:1-2;北美洲:1-2;南美洲:3-4
Lagenavia (A.DC.) Reichenbach = **Lagunaria**
Lagenia E.Fourn. = **Araujia**
Lagenias E.Mey. = **Sebaea**
Lagenicula Lour. = **Ampelopsis**
Lagenifera【3】Cass. 瓶头草属 ≒ **Lagenophora;Keysseria** Asteraceae 菊科 [MD-586] 全球 (1) 大洲分布及种数(30)◆亚洲
Lagenip E.Fourn. = **Araujia**
Lagenithrix【3】G.L.Nesom 小蓬草属 ← **Pappochroma;Erigeron** Asteraceae 菊科 [MD-586] 全球 (1) 大洲分布及种数(uc)◆大洋洲
Lagenocarpus (C.B.Clarke) T.Koyama = **Lagenocarpus**
Lagenocarpus【2】Nees 三棱茅属 ← **Scleria;Scouleria;Aporosa** Cyperaceae 莎草科 [MM-747] 全球 (4) 大洲分布及种数(41-49;hort.4;cult: 4)非洲:2;大洋洲:2;北美洲:3-4;南美洲:40-44
Lagenocypsela【3】Swenson & K.Bremer 瓶果菊属 ← **Ischnea** Asteraceae 菊科 [MD-586] 全球 (1) 大洲分布及种数(cf. 1)◆东南亚(◆印度尼西亚)
Lagenopappus G.L.Nesom = **Erigeron**
Lagenophora【3】Cass. 瓶头草属 → **Aster;Bellis;Myriactis** Asteraceae 菊科 [MD-586] 全球 (6) 大洲分布及种数(18-46)非洲:3;亚洲:5-8;大洋洲:14-22;欧洲:3;北美洲:3;南美洲:3-6
Lagensndra Dalzell = **Lagenandra**
Lagenula Lour. = **Cayratia**
Lagerara Hort. = **Stachys**
Lagerophora Domin = **Lateropora**
Lagerstroemia (Turcz.) Furtado & Srisuko = **Lagerstroemia**
Lagerstroemia【3】L. 紫薇属 Lythraceae 千屈菜科 [MD-333] 全球 (6) 大洲分布及种数(74-83;hort.1;cult: 1)非洲:9-12;亚洲:69-77;大洋洲:10-13;欧洲:2-5;北美洲:14-17;南美洲:6-9
Lagerstroemiaceae J.Agardh = Quintiniaceae
Lagetta【3】Juss. 岛薇香属 ≒ **Cansjera;Daphne** Thymelaeaceae 瑞香科 [MD-310] 全球 (1) 大洲分布及种数(3)◆北美洲
Laggem Hochst. = **Laggera**
Laggera【3】Hochst. 六棱菊属 ← **Blumea;Nicolasia** Asteraceae 菊科 [MD-586] 全球 (6) 大洲分布及种数(14-18)非洲:11-13;亚洲:6-8;大洋洲:1;欧洲:1;北美洲:1;南美洲:1
Laggeria【-】Gand. 蔷薇科属 Rosaceae 蔷薇科 [MD-246] 全球 (uc) 大洲分布及种数(uc)
Lagiobothrys Fisch. & C.A.Mey. = **Plagiobothrys**
Lagis Schreb. = **Anginon**
Lagisca Schlecht. = **Cephalocarpus**
Lagoa【3】T.Durand 巴西盾萝藦属 ≒ **Pavonia** Apocynaceae 夹竹桃科 [MD-492] 全球 (1) 大洲分布及种数(uc)◆亚洲
Lagocephalus L. = **Lasiocephalus**
Lagocheirus Linné = **Lagochilus**
Lagochilium Nees = **Aphelandra**
Lagochilopsis Knorring = **Lagochilus**
Lagochilus【3】Bunge ex Benth. 兔唇花属 ← **Moluccella** Lamiaceae 唇形科 [MD-575] 全球 (1) 大洲分布及种数(24-54)◆亚洲
Lagocodes Raf. = **Scilla**
Lagocyclus Bunge ex Benth. = **Lagochilus**
Lagoecia【3】L. 拉高草属 ≒ **Carum** Apiaceae 伞形科 [MD-480] 全球 (1) 大洲分布及种数(1-2)◆南美洲
Lagomorpha Schott = **Lasimorpha**
Lagonychium【3】M.Bieb. 牧豆树属 ← **Prosopis** Fabaceae3 蝶形花科 [MD-240] 全球 (1) 大洲分布及种数(1)◆亚洲
Lagopezus Hill = **Trifolium**
Lagophylla【3】Nutt. 兔菊属 ← **Calycadenia;Holozonia** Asteraceae 菊科 [MD-586] 全球 (1) 大洲分布及种数(5-8)◆北美洲(◆美国)
Lagopsis【3】(Bunge ex Benth.) Bunge 夏至草属 ≒ **Marrubium** Lamiaceae 唇形科 [MD-575] 全球 (1) 大洲分布及种数(4-8)◆亚洲
Lagoptera Andrz. ex DC. = **Lepidium**
Lagopus Bernh. = **Trifolium**
Lagopus Fourr. = **Plantago**
Lagoseriopsis【3】Kirp. 类兔苣属 Asteraceae 菊科 [MD-586] 全球 (1) 大洲分布及种数(cf.1) ◆亚洲
Lagoseris【3】M.Bieb. 兔苣属 ≒ **Crepis** Asteraceae 菊科 [MD-586] 全球 (1) 大洲分布及种数(7)◆亚洲
Lagothamnus Nutt. = **Tetradymia**
Lagotia C.Müll. = **Sagotia**
Lagotis Acaules Maxim. = **Lagotis**
Lagotis【3】Gaertn. 兔耳草属 ← **Bartsia;Anthospermum** Scrophulariaceae 玄参科 [MD-536] 全球 (6) 大洲分布及种数(27-37;hort.1;cult: 1)非洲:2;亚洲:26-38;大洋洲:2;欧洲:1-5;北美洲:2-4;南美洲:2
Lagrezia【3】Moq. 青葙苋属 ← **Celosia;Anthochlamys** Amaranthaceae 苋科 [MD-116] 全球 (1) 大洲分布及种数(10-11)◆非洲
Laguna【2】Cav. 木槿属 ← **Hibiscus;Abelmoschus** Malvaceae 锦葵科 [MD-203] 全球 (2) 大洲分布及种数(cf.1) 亚洲;北美洲
Lagunaea C.Agardh = **Hibiscus**
Lagunaena Ritgen = **Polygonum**
Lagunaria【2】(A.DC.) Reichenbach 蜜源葵属 → **Alyogyne;Hibiscus** Malvaceae 锦葵科 [MD-203] 全球 (5) 大洲分布及种数(4)非洲:1;亚洲:2;大洋洲:3;欧洲:1;北美洲:2
Laguncuaria (A.DC.) Reichenbach = **Lagunaria**
Laguncula Lour. = **Ampelopsis**
Laguncularia【2】C.F.Gaertn. 对叶榄李属 ← **Combretum;Lumnitzera** Combretaceae 使君子科 [MD-354] 全球 (4) 大洲分布及种数(3)非洲:1;亚洲:cf.1;北美洲:1;南美洲:2
Lagunculariee Engl. & Diels = **Laguncularia**
Lagunea Lour. = **Polygonum**
Lagunea Pers. = **Hibiscus**
Lagunezia G.A.Scop. = **Weinmannia**
Lagunizia G.A.Scop. = **Lagunaria**
Lagunoa Poir. = **Llagunoa**
Lagurinae【-】Link 禾本科属 Poaceae 禾本科 [MM-748] 全球 (uc) 大洲分布及种数(uc)

L

Lagurostemon Cass. = **Saussurea**
Lagurus【3】 L. 兔尾草属 → **Cymbopogon;Laurus; Cyperus** Poaceae 禾本科 [MM-748] 全球 (1) 大洲分布及种数(1-7)◆欧洲
Lagusia Durand = **Legousia**
Laguvia E.Fourn. = **Araujia**
Lagynias E.Mey. = **Vangueria**
Lahaya Röm. & Schult. = **Polycarpaea**
Lahayea Raf. = **Polycarpaea**
Lahia Hassk. = **Durio**
Laides Salisb. = **Hippeastrum**
Laimella Fourr. = **Ajugoides**
Lain Salisb. = **Hippeastrum**
Laingia (Yamada) Yamada = **Celosia**
Laipenchihara【-】 Hort. 兰科属 Orchidaceae 兰科 [MM-723] 全球 (uc) 大洲分布及种数(uc)
Lairesseara【-】 J.M.H.Shaw 兰科属 Orchidaceae 兰科 [MM-723] 全球 (uc) 大洲分布及种数(uc)
Lais Salisb. = **Hippeastrum**
Laius Salisb. = **Hippeastrum**
Lakshmia【-】 Veldkamp 禾本科属 Poaceae 禾本科 [MM-748] 全球 (uc) 大洲分布及种数(uc)
Lalage Lindl. = **Bossiaea**
Lalda Bubani = **Lapsana**
Lalexia Lür = **Pleurothallis**
Lalldhwojia【3】 Farille 拉尔德草属 Apiaceae 伞形科 [MD-480] 全球 (1) 大洲分布及种数(4)◆南亚(◆尼泊尔)
Lallemandia Walp. = **Zornia**
Lallemantia【2】 Fisch. & C.A.Mey. 扁柄草属 ← **Dracocephalum;Nepeta;Zornia** Lamiaceae 唇形科 [MD-575] 全球 (4) 大洲分布及种数(3-6)非洲:2;亚洲:2-5;欧洲:3;北美洲:1
Lama A.Gray = **Luma**
Lamanonia【3】 Vell. 番荆梅属 ≒ **Belangera** Cunoniaceae 合椿梅科 [MD-255] 全球 (1) 大洲分布及种数(9-10)◆南美洲(◆巴西)
Lamarchea【3】 Gaud. 管刷树属 Myrtaceae 桃金娘科 [MD-347] 全球 (1) 大洲分布及种数(2)◆大洋洲(◆澳大利亚)
Lamarckea Steud. = **Lamarckia**
Lamarckia【3】 Mönch 金顶草属 Poaceae 禾本科 [MM-748] 全球 (1) 大洲分布及种数(1-3)◆欧洲
Lamarkea Pers. = **Markea**
Lamarkea Rchb. = **Lamarchea**
Lamasa Danser = **Lampas**
Lamatopodium Fisch. & C.A.Mey. = **Aegopodium**
Lambara K.Emig & D.Emig = **Cirsium**
Lambeauara【-】 J.M.H.Shaw 兰科属 Orchidaceae 兰科 [MM-723] 全球 (uc) 大洲分布及种数(uc)
Lambertia【3】 Sm. 灿忍冬属 Proteaceae 山龙眼科 [MD-219] 全球 (1) 大洲分布及种数(1-15)◆大洋洲(◆澳大利亚)
Lambia Lour. = **Lasia**
Lambis Danser = **Lampas**
Lambro Lindl. ex DC. = **Weldenia**
Lambrus L. = **Lagurus**
Lamechites Markgr. = **Ichnocarpus**
Lamellaria Welw. = **Bauhinia**
Lamellisepalum【3】 Engl. 埃塞鼠李属 Rhamnaceae 鼠李科 [MD-331] 全球 (1) 大洲分布及种数(uc)属分布和种数(uc)◆非洲(◆埃塞俄比亚)
Lamellocolea【3】 (Stephani) J.J.Engel 纽片萼苔属 Lophocoleaceae 齿萼苔科 [B-74] 全球 (1) 大洲分布及种数(1)◆大洋洲(◆新西兰)
Lamenia E.Fourn. = **Araujia**
Lametila Raf. = **Atalantia**
Lamia Endl. = **Portulaca**
Lamiacanthus【2】 P. & K. 亚洲帚爵床属 Acanthaceae 爵床科 [MD-572] 全球 (2) 大洲分布及种数(uc)亚洲;南美洲
Lamiaceae【3】 Martinov 唇形科 [MD-575] 全球 (6) 大洲分布和属种数(211-229;hort. & cult.88-104)(5360-11600;hort. & cult.870-1503)非洲:68-133/1212-2471;亚洲:133-177/2558-4668;大洋洲:56-122/406-1550;欧洲:50-116/947-2048;北美洲:91-131/1357-2674;南美洲:64-133/1248-2255
Lamiastrum【3】 Heist. ex Fabr. 黄野芝麻属 → **Galeobdolon;Lamium** Lamiaceae 唇形科 [MD-575] 全球 (1) 大洲分布及种数(1)◆欧洲
Lamiella Fourr. = **Lamium**
Laminariaceae Bory = Lanariaceae
Laminifera Cass. = **Aster**
Laminum L. = **Lamium**
Lamiodendron【3】 Steenis 芝麻树属 Bignoniaceae 紫葳科 [MD-541] 全球 (1) 大洲分布及种数(1)◆大洋洲(◆巴布亚新几内亚)
Lamiofrutex Lauterb. = **Beilschmiedia**
Lamiophlomis【3】 Kudo 独一味属 ← **Phlomis;Phlomoides** Lamiaceae 唇形科 [MD-575] 全球 (1) 大洲分布及种数(1)◆亚洲
Lamiopsis (Dum.) Opiz = **Lamium**
Lamiostachys Krestovsk. = **Stachys**
Lamiostoma Schreb. = **Strychnos**
Lamium Gorschk. = **Lamium**
Lamium【3】 L. 野芝麻属 → **Ajugoides;Paraphlomis** Lamiaceae 唇形科 [MD-575] 全球 (6) 大洲分布及种数(21-51;hort.1;cult: 9)非洲:11-23;亚洲:18-41;大洋洲:3-12;欧洲:11-25;北美洲:7-18;南美洲:2-12
Lamna L. = **Lemna**
Lamottea Pomel = **Psoralea**
Lamottei Pomel = **Psoralea**
Lamourouxia Adelphidion W.R.Ernst = **Lamourouxia**
Lamourouxia【2】 Kunth 拉穆列当属 ← **Bartsia; Gerardia** Orobanchaceae 列当科 [MD-552] 全球 (2) 大洲分布及种数(26-29;hort.1)北美洲:23-24;南美洲:3
Lampadaria【3】 Feuillet & L.E.Skog 双腺岩桐属 Gesneriaceae 苦苣苔科 [MD-549] 全球 (1) 大洲分布及种数(1)◆南美洲(◆圭亚那)
Lampadena Raf. = **Acalypha**
Lampadopsis Steud. = **Axonopus**
Lampanac Mill. = **Lapsana**
Lampanella Pouzar & Slavříková = **Lamium**
Lampas【3】 Danser 桑寄生属 ← **Loranthus** Loranthaceae 桑寄生科 [MD-415] 全球 (1) 大洲分布及种数(1-2)◆亚洲
Lampasopsis Steud. = **Axonopus**
Lampaya Phil. ex Murillo = **Lampayo**

L

Lampayo【3】 Phil. 亮马鞭属 Verbenaceae 马鞭草科 [MD-556] 全球 (1) 大洲分布及种数(4-5)◆南美洲
Lampe Dulac = **Arabis**
Lampetia J.König = **Mollugo**
Lampetia M.Röm. = **Atalantia**
Lampetis Raf. = **Atalantia**
Lampetra Raf. = **Mollugo**
Lampocarpa R.Br. = **Gahnia**
Lampocarpya R.Br. = **Gahnia**
Lampocarya R.Br. = **Gahnia**
Lampornis D.Don = **Acrostemon**
Lampra Benth. = **Weldenia**
Lampra Lindl. ex DC. = **Trachymene**
Lamprachaenium【3】 Benth. 钮扣花属 ≒ **Amphere-phis** Asteraceae 菊科 [MD-586] 全球 (1) 大洲分布及种数(uc)属分布和种数(uc)◆亚洲
Lampranthus【3】 N.E.Br. 松叶菊属 ← **Erepsia; Loranthus** Aizoaceae 番杏科 [MD-94] 全球 (6) 大洲分布及种数(228-238)非洲:227-229;亚洲:10;大洋洲:11;欧洲:9;北美洲:10;南美洲:8
Lamprima Lindl. ex DC. = **Weldenia**
Lampris D.Don = **Acrostemon**
Lamprocapnos【3】 Endl. 荷包牡丹属 ≒ **Dicentra** Papaveraceae 罂粟科 [MD-54] 全球 (1) 大洲分布及种数(1)◆北美洲(◆美国)
Lamprocarpus Bl. = **Rhopalephora**
Lamprocarya Nees = **Gahnia**
Lamprocaulos【3】 Mast. 竹灯草属 ≒ **Elegia** Restionaceae 帚灯草科 [MM-744] 全球 (1) 大洲分布及种数(2)属分布和种数(uc)◆非洲
Lamprocephalus【3】 B.Nord. 亮头菊属 Asteraceae 菊科 [MD-586] 全球(1) 大洲分布及种数(1)◆非洲(◆南非)
Lamprococcus Beer = **Aechmea**
Lamprococcyx Beer = **Aechmea**
Lamproconus Lem. = **Pitcairnia**
Lamprocoris Lem. = **Pitcairnia**
Lamprocorpus Bl. = **Amischotolype**
Lamprodithyros Hassk. = **Herrania**
Lamprolepis Steud. = **Kyllinga**
Lamprolobium【3】 Benth. 澳光明豆属 ← **Galactia** Fabaceae 豆科 [MD-240] 全球 (1) 大洲分布及种数(2)◆大洋洲(◆澳大利亚)
Lampronotus Lem. = **Aechmea**
Lampropappus【3】 (O.Hoffm.) H.Rob. 铁鸠菊属 ≒ **Vernonia** Asteraceae 菊科 [MD-586] 全球 (1) 大洲分布及种数(3)◆非洲
Lamprophragma O.E.Schulz = **Pennellia**
Lamprophyllum【-】 Lindb. 油藓科属 ≒ **Rheedia;Pohlia** Hookeriaceae 油藓科 [B-164] 全球 (uc) 大洲分布及种数(uc)
Lamprops D.Don = **Acrostemon**
Lamprostus D.Don = **Erica**
Lamprotes D.Don = **Acrostemon**
Lamprothamnium Wood,R.D. = **Lamprothamnus**
Lamprothamnus【3】 Hiern 亮灌茜属 ← **Morelia** Rubiaceae 茜草科 [MD-523] 全球 (1) 大洲分布及种数(1)◆非洲
Lamprothyrsus【3】 Pilg. 银丽草属 ← **Danthonia;Triraphis** Poaceae 禾本科 [MM-748] 全球 (1) 大洲分布及种数(2)◆南美洲
Lamprotis D.Don = **Erica**
Lampruna Lindl. ex DC. = **Platysace**
Lampsana Mill. = **Lapsana**
Lampsanaceae Martinov = Asteliaceae
Lampujang J.König = **Zingiber**
Lampusia Raf. = **Atalantia**
Lamyra (Cass.) Tzvelev = **Ptilostemon**
Lamyropappus【3】 Knorring & Tamamsch. 蓟属 ≒ **Cirsium** Asteraceae 菊科 [MD-586] 全球 (1) 大洲分布及种数(1)◆亚洲
Lamyropsis【3】 (Kharadze) Dittrich 银背蓟属 ← **Cnicus;Cirsium** Asteraceae 菊科 [MD-586] 全球 (1) 大洲分布及种数(3)◆欧洲
Lanaria【3】 Aiton 雪绒兰属 ← **Gypsophila;Augea** Lanariaceae 雪绒兰科 [MM-681] 全球 (1) 大洲分布及种数(1-5)◆非洲(◆南非)
Lanariaceae【3】 H.Huber ex R.Dahlgren 雪绒兰科 [MM-681] 全球 (6) 大洲分布和属种数(2/2-19)非洲:1-2/1-17;亚洲:2/16;大洋洲:2/16;欧洲:2/16;北美洲:2/16;南美洲:1-2/1-17
Lancea【3】 Hook.f. & Thoms. 肉果草属 Malvaceae 锦葵科 [MD-203] 全球 (1) 大洲分布及种数(2-3)◆亚洲
Lancebirkara【-】 auct. 兰科属 Orchidaceae 兰科 [MM-723] 全球 (uc) 大洲分布及种数(uc)
Lancicula Mich. ex Adans. = **Wolffiella**
Lancretia Dehle = **Bergia**
Landenbergia Klotzsch = **Ladenbergia**
Landerolaria【-】 G.L.Nesom 菊科属 Asteraceae 菊科 [MD-586] 全球 (uc) 大洲分布及种数(uc)北美洲
Landersia Macfad. = **Zehneria**
Landesia P. & K. = **Leidesia**
Landia Comm. ex Juss. = **Mussaenda**
Landiopsis【3】 Capuron ex Bosser 马达陆茜属 Rubiaceae 茜草科 [MD-523] 全球 (1) 大洲分布及种数(1)◆非洲(◆马达加斯加)
Lando Comm. ex Juss. = **Mussaenda**
Landolfia D.Dietr. = **Landolphia**
Landolphia【3】 P.Beauv. 卷枝藤属 → **Alstonia;Willughbeia;Ancylobothrys** Apocynaceae 夹竹桃科 [MD-492] 全球 (1) 大洲分布及种数(65-68)◆非洲
Landoltia【2】 Les & D.J.Crawford 斑萍属 ← **Lemna; Spirodela** Araceae 天南星科 [MM-639] 全球 (5) 大洲分布及种数(2)非洲:1;亚洲:1;大洋洲:1;北美洲:1;南美洲:1
Landonia Eigenmann & Henn = **Glandonia**
Landouria Les & D.J.Crawford = **Landoltia**
Landrum Corrêa = **Lansium**
Landsburgia J.Agardh = **Cypella**
Landtia【3】 Less. 单托菊属 ≒ **Haplocarpha** Asteraceae 菊科 [MD-586] 全球 (1) 大洲分布及种数(uc)◆亚洲
Landukia Planch. = **Parthenocissus**
Lanea Wight = **Lancea**
Laneasagum Bedd. = **Drypetes**
Lanessania Baill. = **Trymatococcus**
Langdaia Comm. ex Juss. = **Acranthera**
Langebergia【3】 Anderb. 紫花鼠麹木属 ← **Anaxeton** Asteraceae 菊科 [MD-586] 全球 (1) 大洲分布及种数(1)◆非洲(◆南非)
Langefeldia Gaud. = **Boehmeria**

Langerstroemia Cram. = **Lagerstroemia**
Langeveldia Gaud. = **Elatostema**
Langevinia Jacq.Fél. = **Mapania**
Langia Endl. = **Hermbstaedtia**
Langlassea H.Wolff = **Prionosciadium**
Langleia G.A.Scop. = **Casearia**
Langloisia【3】 Greene 针罗花属 ← **Gilia;Navarretia** Polemoniaceae 花荵科 [MD-481] 全球 (1) 大洲分布及种数(3-5)◆北美洲
Langsdorff Mart. = **Langsdorffia**
Langsdorffia【2】 Mart. 管花菰属 Balanophoraceae 蛇菰科 [MD-307] 全球 (5) 大洲分布及种数(4-6)非洲:2;亚洲:cf.1;大洋洲:1;北美洲:1;南美洲:1-2
Langsdorffiaceae 【2】 Van Tiegh. ex Pilg. 管花菰科 [MD-306] 全球 (4) 大洲分布和属种数(1/3-5)非洲:1/2;大洋洲:1/1;北美洲:1/1;南美洲:1/1-2
Langsdorfia C.Agardh = **Zanthoxylum**
Langsdorfia Pfeiff. = **Langsdorffia**
Langsdorfia Raf. = **Nicotiana**
Langsdorfia Willd. ex Less. = **Lycoseris**
Langsdorfii Leandro = **Zanthoxylum**
Languas【3】 J.König 艳山姜属 ≒ **Alpinia** Zingiberaceae 姜科 [MM-737] 全球 (1) 大洲分布及种数(3) ◆亚洲
Lanice McIntosh = **Lancea**
Laninia Raf. = **Crotalaria**
Lanio Comm. ex Juss. = **Acranthera**
Lanipila Burch. = **Lasiospermum**
Lanium (Lindl.) Lindl. ex Benth. = **Lanium**
Lanium【3】 Lindl. ex Benth. 绒花兰属 ← **Epidendrum** Orchidaceae 兰科 [MM-723] 全球 (1) 大洲分布及种数(1-5)◆南美洲(◆巴西)
Lankesterella【3】 Ames 斯特兰属 ← **Stenorrhynchos** Orchidaceae 兰科 [MM-723] 全球 (1) 大洲分布及种数(10-12)◆南美洲
Lankesteria【3】 Lindl. 兰克爵床属 ← **Eranthemum;Justicia;Physacanthus** Acanthaceae 爵床科 [MD-572] 全球 (1) 大洲分布及种数(7)◆非洲
Lankesteriana【3】 Karremans 厚皮兰属 ≒ **Anathallis** Orchidaceae 兰科 [MM-723] 全球 (1) 大洲分布及种数(cf.1) ◆北美洲
Lanna Wight = **Lancea**
Lannaria (A.DC.) Reichenbach = **Lagunaria**
Lannea【2】 A.Rich. 厚皮树属 ← **Commiphora;Pomaria** Anacardiaceae 漆树科 [MD-432] 全球 (3) 大洲分布及种数(42-54;hort.1)非洲:38-44;亚洲:cf.1;大洋洲:cf.1
Lanneoma Delile = **Commiphora**
Lanonia A.J.Hend. & C.D.Bacon = **Zanonia**
Lansbergia de Vriese = **Trimezia**
Lansium【3】 Corrêa 龙宫果属 ← **Aglaia** Meliaceae 楝科 [MD-414] 全球 (1) 大洲分布及种数(cf. 1)◆亚洲
Lantana 【3】 L. 马缨丹属 → **Aloysia;Phyla** Verbenaceae 马鞭草科 [MD-556] 全球 (6) 大洲分布及种数(103-184;hort.1;cult:43)非洲:27-53;亚洲:30-53;大洋洲:15-32;欧洲:6-26;北美洲:49-85;南美洲:75-114
Lantanaceae Martinov = Cyclocheilaceae
Lantanopsis 【3】 C.Wright ex Griseb. 马缨菊属 ← **Clibadium** Asteraceae 菊科 [MD-586] 全球 (1) 大洲分布及种数(3-4)◆北美洲
Lanthanus C.Presl = **Helixanthera**
Lanthorus C.Presl = **Helixanthera**
Lantus N.Robson = **Lianthus**
Lanugia N.E.Br. = **Mascarenhasia**
Lanugothamnus Deble = **Baccharis**
Lanxangia【3】 M.F.Newman & Škorničk. 马缨姜属 Zingiberaceae 姜科 [MM-737] 全球 (1) 大洲分布及种数(8) ◆亚洲
Lanzana Stokes = **Colebrookea**
Lanzia Phil. = **Lenzia**
Laoberdes Raf. = **Apium**
Laodicea Comm. ex J.St.Hil. = **Lodoicea**
Laoma O.F.Cook = **Dictyosperma**
Laosanthus 【3】 K.Larsen & Jenjitt. 禾叶姜属 Zingiberaceae 姜科 [MM-737] 全球 (1) 大洲分布及种数(cf. 1)◆东南亚(◆老挝)
Laothoe Raf. = **Chlorogalum**
Laothus N.Robson = **Lianthus**
Lapa Vell. = **Petiveria**
Lapaea 【-】 Scatigna & V.C.Souza 车前科属 Plantaginaceae 车前科 [MD-527] 全球 (uc) 大洲分布及种数(uc)
Lapageria 【3】 Ruiz & Pav. 智利钟花属 ← **Philesia** Philesiaceae 金钟木科 [MM-645] 全球 (1) 大洲分布及种数(1)◆南美洲(◆智利)
Lapageriaceae Kunth = Asteliaceae
Lapanthus【3】 Louzada & Versieux 荆芥属 ≒ **Nepeta** Bromeliaceae 凤梨科 [MM-715] 全球 (1) 大洲分布及种数(2)◆南美洲
Laparus L. = **Lagurus**
Lapasathus C.Presl = **Aspalathus**
Lapathon Raf. = **Rumex**
Lapathum Adans. = **Rumex**
Lapazia Röwer = **Lopezia**
Lapeirousia 【3】 Pourr. 长管鸢尾属 ≒ **Acidanthera; Aristea** Iridaceae 鸢尾科 [MM-700] 全球 (6) 大洲分布及种数(41-48;hort.1;cult: 1)非洲:40-61;亚洲:21;大洋洲:21;欧洲:21;北美洲:21;南美洲:21
Lapethus Louzada & Versieux = **Lapanthus**
Lapeyrousa Poir. = **Lapeirousia**
Lapeyrousia Pourr. = **Lapeirousia**
Lapeyrousia Spreng. = **Tritonia**
Laphamia【3】 A.Gray 岩雏菊属 ← **Perityle** Asteraceae 菊科 [MD-586] 全球 (1) 大洲分布及种数(20)◆北美洲
Laphangium 【2】 (Hilliard & B.L.Burtt) Tzvelev 湿鼠曲草属 ≒ **Gnaphalium** Asteraceae 菊科 [MD-586] 全球 (3) 大洲分布及种数(cf.1) 非洲;亚洲;欧洲
Laphria Adans. = **Lanaria**
Lapidaria 【3】 Dinter & Schwantes 魔玉属 ← **Dinteranthus** Aizoaceae 番杏科 [MD-94] 全球 (1) 大洲分布及种数(1)◆非洲
Lapiderma S.A.Hammer = **Lapiedra**
Lapidia Roque & S.C.Ferreira = **Lapidaria**
Lapiedra 【3】 Lag. 箭药莲属 ← **Crinum;Narcissus; Traubia** Amaryllidaceae 石蒜科 [MM-694] 全球 (1) 大洲分布及种数(1)◆非洲
Lapitha Griseb. = **Lapithea**
Lapithea 【3】 Griseb. 稻槎胆属 ≒ **Sabbatia** Gentianaceae 龙胆科 [MD-496] 全球 (1) 大洲分布及种数(2)◆北美洲(◆美国)

L

Laplacea【2】Kunth 柃茶属 ← **Gordonia** Theaceae 山茶科 [MD-168] 全球 (5) 大洲分布及种数(11-29)非洲:1;亚洲:5-6;欧洲:2;北美洲:4-7;南美洲:1-5
Laportea (Gaudich.) Chew = **Laportea**
Laportea【3】Gaud. 艻草属 → **Dendrocnide;Pilea;Pimelea** Urticaceae 荨麻科 [MD-91] 全球 (6) 大洲分布及种数(35-57;hort.1;cult: 2)非洲:16-23;亚洲:19-33;大洋洲:9-16;欧洲:2-6;北美洲:8-12;南美洲:1-5
Lappa Rupp. = **Arctium**
Lappagaceae Link = Naucleaceae
Lappago Schreb. = **Tragus**
Lappagopsis Steud. = **Axonopus**
Lappagopsos Steud. = **Axonopus**
Lapparia Heist. = **Liparia**
Lappula【3】Fabr. 鹤虱属 ← **Anchusa;Myosotis;Plagiobothrys** Boraginaceae 紫草科 [MD-517] 全球 (6) 大洲分布及种数(77-112;hort.1;cult:5)非洲:10-52;亚洲:66-129;大洋洲:3-45;欧洲:9-51;北美洲:17-60;南美洲:3-46
Lappularia Pomel = **Caucalis**
Lappulla Mönch = **Lappula**
Laprius Hassk. = **Lasia**
Laps Salisb. = **Hippeastrum**
Lapsana【3】L. 多肋稻槎菜属 ≒ **Crepis;Arnoseris** Asteraceae 菊科 [MD-586] 全球 (6) 大洲分布及种数(4-6;hort.1;cult: 2)非洲:5;亚洲:3-8;大洋洲:1-6;欧洲:1-6;北美洲:1-6;南美洲:5
Lapsanastrum【3】Pak & K.Bremer 稻槎菜属 ← **Lactuca** Asteraceae 菊科 [MD-586] 全球 (1) 大洲分布及种数(cf. 1)◆亚洲
Lapsias Simon = **Lasia**
Lapsoyoungia Hiyama = **Lapsana**
Lapsyoungia Hiyama = **Lapsana**
Lapthops N.E.Br. = **Lithops**
Lapula Gilib. = **Luzula**
Lapulla Mönch = **Lappula**
Laranda Llanos = **Barringtonia**
Larbraea Fourr. = **Lathraea**
Larbrea A.St.Hil. = **Stellaria**
Larcasia Raf. = **Leucas**
Lardizabala【3】Ruiz & Pav. 南美木通属 → **Boquila** Lardizabalaceae 木通科 [MD-33] 全球 (1) 大洲分布及种数(1)◆南美洲(◆智利)
Lardizabalaceae【3】R.Br. 木通科 [MD-33] 全球 (6) 大洲分布和属种数(8-9;hort. & cult.6-7)(55-84;hort. & cult.18-24)非洲:2/9;亚洲:6/53-64;大洋洲:2/10;欧洲:2/9;北美洲:1-3/1-11;南美洲:2-4/2-11
Larentia【2】Klatt 开鸢尾属 ≒ **Cypella;Laurentia** Iridaceae 鸢尾科 [MM-700] 全球 (2) 大洲分布及种数(4)北美洲:2;南美洲:1
Larephes Raf. = **Echium**
Laretia【3】Gill & Hook. 拉雷草属 ≒ **Selinum** Apiaceae 伞形科 [MD-480] 全球 (1) 大洲分布及种数(1)◆南美洲
Large Ortega = **Larrea**
Largerstroemia L. = **Lagerstroemia**
Lariaceae Martinov = Lamiaceae
Lariadenia Schlecht. = **Lasiadenia**
Laricopsis A.H.Kent = **Pseudolarix**
Laricorchis Szlach. = **Ornithidium**
Larimus Raf. = **Amaryllis**
Laringa Raf. = **Ficus**
Larinopsis Chrtek & Soják = **Comarum**
Lariospermum Raf. = **Xenostegia**
Larix【3】Mill. 落叶松属 ≒ **Abies;Prunus** Pinaceae 松科 [G-15] 全球 (6) 大洲分布及种数(18-25;hort.1;cult: 9)非洲:6-8;亚洲:15-19;大洋洲:2;欧洲:8-10;北美洲:12-14;南美洲:2
Larnaca Miers = **Larnax**
Larnalles Raf. = **Commelina**
Larnandra Raf. = **Brassavola**
Larnastyra Raf. = **Salvia**
Larnaudia Raf. = **Epidendrum**
Larnax【2】Miers 轮安茄属 ← **Athenaea;Physalis;Withania** Solanaceae 茄科 [MD-503] 全球 (3) 大洲分布及种数(28-42)大洋洲:1;北美洲:4;南美洲:27-38
Larochea Pers. = **Crassula**
Larradia Leman = **Brunia**
Larrainia【-】W.R.Buck 柳叶藓科属 ≒ **Lavrania** Amblystegiaceae 柳叶藓科 [B-178] 全球 (uc) 大洲分布及种数(uc)
Larrea【3】Cav. 灯芯豆属 ≒ **Mimosa;Pomaria** Zygophyllaceae 蒺藜科 [MD-288] 全球 (1) 大洲分布及种数(10)◆南美洲
Larryleachia【3】Plowes 佛头玉属 Apocynaceae 夹竹桃科 [MD-492] 全球 (1) 大洲分布及种数(10)◆非洲(◆南非)
Larsenaikia【3】Tirveng. 栀子属 ≒ **Gardenia** Rubiaceae 茜草科 [MD-523] 全球 (1) 大洲分布及种数(3)◆大洋洲
Larsenia【3】Bremek. 爵床科属 Acanthaceae 爵床科 [MD-572] 全球 (1) 大洲分布及种数(uc)◆亚洲
Larsenianthus【3】W.J.Kress & Mood 窄唇姜属 Zingiberaceae 姜科 [MM-737] 全球 (1) 大洲分布及种数(4)◆亚洲
Larsonia L. = **Lawsonia**
Las Salisb. = **Hippeastrum**
Lasaia Weeks = **Lasia**
Lasallea【3】Greene 紫菀属 ≒ **Aster** Asteraceae 菊科 [MD-586] 全球 (1) 大洲分布及种数(1)◆非洲
Lascadium Raf. = **Croton**
Lasconotus D.Don = **Lysionotus**
Lascoria Buc´hoz = **Alcimandra**
Lascrpifium L. = **Laserpitium**
Lasea Cass. = **Klasea**
Laseguea A.DC. = **Mandevilla**
Lasemia Raf. = **Salvia**
Laser【3】Borck. ex Gaertn.Mey. & Scherb. 拉色芹属 Apiaceae 伞形科 [MD-480] 全球 (6) 大洲分布及种数(3-8)非洲:2;亚洲:2-5;大洋洲:2;欧洲:3;北美洲:2;南美洲:2
Laserocarpum【-】Spalik & Wojew. 伞形科属 Apiaceae 伞形科 [MD-480] 全球 (uc) 大洲分布及种数(uc)
Laserpicium Rivin. ex Asch. = **Laserpitium**
Laserpitium【3】L. 脂胶芹属 → **Astydamia;Peucedanum** Apiaceae 伞形科 [MD-480] 全球 (1) 大洲分布及种数(7-72)◆欧洲

Lasia【3】Lour. 刺芋属 → **Cyrtosperma;Dracontium; Podolasia** Araceae 天南星科 [MM-639] 全球 (1) 大洲分布及种数(2) ◆欧洲
Lasiacis【3】(Griseb.) Hitchc. 小芦苇属 → **Acroceras** Poaceae 禾本科 [MM-748] 全球 (1) 大洲分布及种数(16)◆南美洲
Lasiadena Benth. = **Lasiadenia**
Lasiadenia【3】Benth. 肋花瑞香属 → **Linodendron** Thymelaeaceae 瑞香科 [MD-310] 全球 (1) 大洲分布及种数(3)◆南美洲
Lasiagrostis【3】Link 针茅属 ≒ **Stipa;Achnatherum** Poaceae 禾本科 [MM-748] 全球 (1) 大洲分布及种数(4)◆亚洲
Lasiake Raf. = **Verbascum**
Lasiandra Angustifoliae Naudin = **Tibouchina**
Lasiandros St.Lag. = **Tibouchina**
Lasianthaea【3】DC. 毛花菊属 ← **Calea;Tithonia; Zexmenia** Asteraceae 菊科 [MD-586] 全球 (1) 大洲分布及种数(17-19)◆北美洲
Lasianthea Endl. = **Bidens**
Lasianthera【3】Beauv. 驱疡木属 → **Discophora; Gomphandra;Gastrolepis** Stemonuraceae 粗丝木科 [MD-440] 全球 (1) 大洲分布及种数(1)◆非洲
Lasianthus Adans. = **Lasianthus**
Lasianthus【3】Jack 湿地茶属 ≒ **Hermannia; Spermadictyon** Rubiaceae 茜草科 [MD-523] 全球 (6) 大洲分布及种数(64) 非洲:24;亚洲:60;大洋洲:56;欧洲:35;北美洲:26;南美洲:4
Lasiarrhenum【3】I.M.Johnst. 滇紫草属 ← **Onosma** Boraginaceae 紫草科 [MD-517] 全球 (1) 大洲分布及种数(1)◆北美洲
Lasierpa Torr. = **Gaultheria**
Lasimorpha【3】Schott 巨刺芋属 ≒ **Cyrtosperma** Araceae 天南星科 [MM-639] 全球 (1) 大洲分布及种数(1)◆非洲
Lasingrostis Link = **Stipa**
Lasinia Raf. = **Baptisia**
Lasiobema (Korth.) Miq. = **Lasiobema**
Lasiobema【3】Miq. 龙须藤属 ← **Bauhinia;Phanera** Fabaceae 豆科 [MD-240] 全球 (1) 大洲分布及种数(3-11)◆亚洲
Lasiocarphus Pohl ex Baker = **Xiphochaeta**
Lasiocarpus【3】Liebm. 毛果金虎尾属 ← **Acaena; Sloanea** Malpighiaceae 金虎尾科 [MD-343] 全球 (1) 大洲分布及种数(2-4)◆北美洲
Lasiocaryum【3】I.M.Johnst. 毛果草属 ← **Eritrichium;Microcaryum;Setulocarya** Boraginaceae 紫草科 [MD-517] 全球 (1) 大洲分布及种数(4-5)◆亚洲
Lasiocephalus【3】Willd. ex Schltdl. 绵头菊属 → **Aetheolaena;Culcitium;Gnaphalium** Asteraceae 菊科 [MD-586] 全球 (1) 大洲分布及种数(13-21)◆南美洲
Lasiocereus【3】F.Ritter 光芒柱属 ≒ **Haageocereus** Cactaceae 仙人掌科 [MD-100] 全球 (1) 大洲分布及种数(2)◆南美洲
Lasiochlamys F.Pax & K.Hoffm. = **Lasiochlamys**
Lasiochlamys【3】Pax & K.Hoffm. 毛被大风子属 Salicaceae 杨柳科 [MD-123] 全球 (1) 大洲分布及种数(4-15)◆大洋洲
Lasiochloa【3】Kunth 画眉草属 ≒ **Festuca** Poaceae 禾本科 [MM-748] 全球 (1) 大洲分布及种数(1)◆非洲
Lasiocladus【3】Boj. ex Nees 毛枝爵床属 ← **Hypoestes** Acanthaceae 爵床科 [MD-572] 全球 (1) 大洲分布及种数(7)◆非洲(◆马达加斯加)
Lasiococca【3】Hook.f. 轮叶戟属 ← **Euonymus;Mallotus** Euphorbiaceae 大戟科 [MD-217] 全球 (1) 大洲分布及种数(3-5)◆亚洲
Lasiococcus Small = **Gaylussacia**
Lasiocoma Bolus = **Euryops**
Lasiocorys Benth. = **Acrotome**
Lasiocroton【3】Griseb. 绵柑桐属 ← **Bernardia; Croton;Leucocroton** Euphorbiaceae 大戟科 [MD-217] 全球 (1) 大洲分布及种数(2-7)◆北美洲
Lasiodiscus【3】Hook.f. 红毛茶属 ← **Colubrina** Rhamnaceae 鼠李科 [MD-331] 全球 (1) 大洲分布及种数(13-15)◆非洲
Lasiodontium Ochyra = **Daltonia**
Lasiogyne Klotzsch = **Croton**
Lasiolaena【3】R.M.King & H.Rob. 绵被菊属 ← **Eupatorium** Asteraceae 菊科 [MD-586] 全球 (1) 大洲分布及种数(7)◆南美洲(◆巴西)
Lasiolepis Benn. = **Harrisonia**
Lasiolepis Böck. = **Eriocaulon**
Lasiolepsis Böck. = **Harrisonia**
Lasiolytrum Steud. = **Arthraxon**
Lasiome Raf. = **Verbascum**
Lasiomerus Champion = **Lasiocereus**
Lasionema D.Don = **Macrocnemum**
Lasiopera Hoffmanns. & Link = **Microseris**
Lasiopetalaceae Rchb. = Muntingiaceae
Lasiopetalum【3】Sm. 毡麻属 ≒ **Boronia;Seringia** Sterculiaceae 梧桐科 [MD-189] 全球 (1) 大洲分布及种数(7-65)◆大洋洲(◆澳大利亚)
Lasiophyton Hook. & Arn. = **Micropsis**
Lasiopoa Ehrh. = **Bromus**
Lasiopogon【2】Cass. 密毛紫绒草属 ← **Gnaphalium; Leysera;Ifloga** Asteraceae 菊科 [MD-586] 全球 (3) 大洲分布及种数(10)非洲:9;亚洲:cf.1;欧洲:1
Lasiopser Andrz. ex DC. = **Lepidium**
Lasiopsermum H.Bol.unpubl.herb.name = **Lasiospermum**
Lasioptera Andrz. ex DC. = **Lepidium**
Lasiopus Cass. = **Gerbera**
Lasiopus D.Don = **Eriopus**
Lasiorhachis (Hack.) Stapf = **Saccharum**
Lasiorhiza P. & K. = **Leucheria**
Lasiorrhachis Stapf = **Saccharum**
Lasiorrhiza Lag. = **Leucheria**
Lasiosiphon【3】Fresen. 小瑞香属 → **Atemnosiphon; Gnidia;Cryptadenia** Thymelaeaceae 瑞香科 [MD-310] 全球 (1) 大洲分布及种数(38)◆非洲
Lasiospermum【3】Fisch. 绵子菊属 ← **Matricaria;Scorzonera;Lithospermum** Asteraceae 菊科 [MD-586] 全球 (1) 大洲分布及种数(9)◆非洲
Lasiospora【3】Cass. 鸦葱属 ≒ **Scorzonera** Asteraceae 菊科 [MD-586] 全球 (1) 大洲分布及种数(1-2)◆亚洲
Lasioste Rupr. ex Benth. = **Buchloe**
Lasiostega Benth. = **Sesleria**
Lasiostelma【3】Benth. 润肺草属 ← **Brachystelma** Apocynaceae 夹竹桃科 [MD-492] 全球 (1) 大洲分布及

L

种数(2-3)◆非洲
Lasiostemma Benth. = **Stapelia**
Lasiostemon Benth. & Hook.f. = **Angostura**
Lasiostemon Schott ex Endl. = **Esterhazya**
Lasiostemum Nees & C.Mart. = **Conchocarpus**
Lasiostola Schreb. = **Strychnos**
Lasiostoma Benth. = **Strychnos**
Lasiostoma Spreng. = **Hydnophytum**
Lasiostomum Zipp. ex Bl. = **Geniostoma**
Lasiostroma Schreb. = **Strychnos**
Lasiostyles C.Presl = **Cleidion**
Lasiotrichos Lehm. = **Fingerhuthia**
Lasipana Raf. = **Mallotus**
Lasippa Torr. = **Gaultheria**
Lasiurus【3】Boiss. 髯毛茅属 ← **Coelorachis;Rottboellia;Saccharum** Poaceae 禾本科 [MM-748] 全球 (6) 大洲分布及种数(3)非洲:2-6;亚洲:1-5;大洋洲:4;欧洲:4;北美洲:1-5;南美洲:4
Lasius Hassk. = **Forsstroemia**
Lasjia P.H.Weston & A.R.Mast. = **Forsstroemia**
Lasmenia F.K.Mey. = **Aethionema**
Lass【-】Adans. 锦葵科属 ≒ **Pavonia** Malvaceae 锦葵科 [MD-203] 全球 (uc) 大洲分布及种数(uc)
Lassa P. & K. = **Pavonia**
Lassertia Sm. = **Lessertia**
Lassia Baill. = **Tragia**
Lassonia Buc´hoz = **Magnolia**
Lastarriaca J.Rémy = **Lastarriaea**
Lastarriaea【2】J.Rémy 灯台蓼属 ≒ **Chorizanthe** Polygonaceae 蓼科 [MD-120] 全球 (2) 大洲分布及种数(5-6)北美洲:3-4;南美洲:3
Lasthenia (Bartl.) Nutt. = **Lasthenia**
Lasthenia【3】Cass. 金原菊属 ← **Eriophyllum;Monolopia;Tagetes** Asteraceae 菊科 [MD-586] 全球 (6) 大洲分布及种数(24-28;hort.1)非洲:12;亚洲:5-17;大洋洲:12;欧洲:12;北美洲:21-33;南美洲:2-14
Lastila Alef. = **Lathyrus**
Laston【-】C.Pau 禾本科属 Poaceae 禾本科 [MM-748] 全球 (uc) 大洲分布及种数(uc)
Lastrea (Adans.) T.Moore = **Lastrea**
Lastrea【3】Bory 节蕨属 ← **Aspidium;Larrea;Parathelypteris** Thelypteridaceae 金星蕨科 [F-42] 全球 (6) 大洲分布及种数(9-57)非洲:17;亚洲:4-21;大洋洲:17;欧洲:17;北美洲:2-19;南美洲:2-19
Lastrella (H.Itô) Nak. = **Thelypteris**
Lastreopsis【3】Ching 节毛蕨属 ≒ **Ctenitis;Dryopteris;Arachniodes** Dryopteridaceae 鳞毛蕨科 [F-49] 全球 (6) 大洲分布及种数(43-64)非洲:16-22;亚洲:15-16;大洋洲:18-30;欧洲:2-3;北美洲:7-8;南美洲:11-12
Latace Phil. = **Leucocoryne**
Latana Robin = **Lantana**
Latania【3】Comm. ex Juss. 红脉葵属 ← **Chamaerops;Livistona** Arecaceae 棕榈科 [MM-717] 全球 (1) 大洲分布及种数(2-6)◆非洲
Laterifissum Dulac = **Montia**
Lateristachys Holub = **Lycopodiella**
Laternea L. = **Lathraea**
Laternula Lour. = **Ampelopsis**
Lateropora【3】A.C.Sm. 侧孔莓属 ← **Symphysia** Ericaceae 杜鹃花科 [MD-380] 全球 (1) 大洲分布及种数(3)◆北美洲
Lathirus Neck. = **Lathyrus**
Lathraea【3】L. 齿鳞草属 → **Boschniakia;Lithraea** Scrophulariaceae 玄参科 [MD-536] 全球 (6) 大洲分布及种数(4-7)非洲:1;亚洲:2-3;大洋洲:1;欧洲:3-5;北美洲:1;南美洲:1
Lathraena L. = **Lathraea**
Lathraeocarpa【3】Bremek. 三尖鳞茜草属 ← **Triainolepis** Rubiaceae 茜草科 [MD-523] 全球 (1) 大洲分布及种数(2)◆非洲
Lathraeocarpus Bremek. = **Lathraeocarpa**
Lathraeophila Hook.f. = **Helosis**
Lathriogyna【3】Eckl. & Zeyh. 南非蝶豆花属 Fabaceae3 蝶形花科 [MD-240] 全球 (1) 大洲分布及种数(uc)属分布和种数(uc)◆非洲(◆南非)
Lathrisia Sw. = **Bartholina**
Lathrobium Bong. = **Lithobium**
Lathrocasis【3】L.A.Johnson 藏娇草属 ← **Allophyllum;Gilia;Navarretia** Polemoniaceae 花荵科 [MD-481] 全球 (1) 大洲分布及种数(1)◆北美洲
Lathrophytum【3】Eichl. 盾苞菰属 Balanophoraceae 蛇菰科 [MD-307] 全球 (1) 大洲分布及种数(1)◆南美洲(◆巴西)
Lathrys (Tourn.) L. = **Lathyrus**
Lathyraceae J.St.Hil. = Lythraceae
Lathyraea Gled. = **Lathraea**
Lathyris Trew = **Euphorbia**
Lathyroides Heist. ex Fabr. = **Lathyrus**
Lathyropteris Christ = **Pteris**
Lathyros St.Lag. = **Lathyrus**
Lathyrus【3】(Tourn.) L. 山黧豆属 ≒ **Ervum;Pisum** Fabaceae3 蝶形花科 [MD-240] 全球 (6) 大洲分布及种数(151-229;hort.1;cult: 28)非洲:31-78;亚洲:81-156;大洋洲:27-65;欧洲:54-107;北美洲:84-120;南美洲:62-98
Lathyrus Articulati Czefr. = **Lathyrus**
Laticola Raf. = **Amaryllis**
Laticoma Raf. = **Nerine**
Latilus Kunth = **Isochilus**
Latipes Kunth = **Leptothrium**
Latonopsis Sars = **Lantanopsis**
Latouchea【3】Franch. 匙叶草属 Gentianaceae 龙胆科 [MD-496] 全球 (1) 大洲分布及种数(1-2)◆东亚(◆中国)
Latourea Benth. & Hook.f. = **Dendrobium**
Latouria【3】(Endl.) Lindl. 丝球兰属 ≒ **Dendrobium** Goodeniaceae 草海桐科 [MD-578] 全球 (1) 大洲分布及种数(uc)◆大洋洲
Latourorchis Brieger = **Dendrobium**
Latoushea Franch. = **Latouchea**
Latraeophila Leandro ex A.St.Hil. = **Helosis**
Latraeophilaceae【2】Leandro ex A.St.Hil. 异蛇菰科 [MD-304] 全球 (uc) 大洲分布和属种数(uc)
Latreillea DC. = **Ichthyothere**
Latrienda Raf. = **Xenostegia**
Latris Gaertn. ex Schreb. = **Liatris**
Latrobea【3】Meisn. 澳棒枝豆属 ← **Burtonia;Daviesia** Fabaceae 豆科 [MD-240] 全球 (1) 大洲分布及种数(1-11)◆大洋洲(◆澳大利亚)
Lattsomia Ruiz & Pav. = **Lettsomia**

L

Latua【3】 Phil. 智利茄属 Solanaceae 茄科 [MD-503] 全球 (1) 大洲分布及种数(1-2)◆南美洲
Latueae Hunz. & Barboza = **Latua**
Latus L. = **Latua**
Latyrus Gren. = **Lathyrus**
Lauara auct. = **Adenophora**
Laubenfelsia A.V.Bobrov & Melikyan = **Dacrycarpus**
Laubertia【3】 A.DC. 劳氏夹竹桃属 ← **Apocynum;Odontadenia;Prestonia** Apocynaceae 夹竹桃科 [MD-492] 全球 (1) 大洲分布及种数(3)◆南美洲
Lauce R.Br. = **Leucas**
Lauceria Philippi = **Echinophora**
Lauchea Klotzsch = **Begonia**
Laucothoe D.Don = **Leucothoe**
Laudakia Ridsdale = **Ludekia**
Laudonia【-】 Nees 小二仙草科属 Haloragaceae 小二仙草科 [MD-271] 全球 (uc) 大洲分布及种数(uc)
Laudosia A.Rich. = **Ludisia**
Laufeia Juss. = **Laurelia**
Laugeria【3】 L. 硬茜属 ≒ **Stenostomum** Rubiaceae 茜草科 [MD-523] 全球 (1) 大洲分布及种数(uc)◆亚洲
Laugieria Jacq. = **Guettarda**
Laumoniera Noot. = **Brucea**
Launaea【3】 Cass. 栓果菊属 ← **Chondrilla;Paramicrorhynchus;Youngia** Asteraceae 菊科 [MD-586] 全球 (6) 大洲分布及种数(57-72;hort.1;cult:1)非洲:37-39;亚洲:38-42;大洋洲:1-2;欧洲:9-11;北美洲:4-6;南美洲:4-6
Launaya P. & K. = **Launaea**
Launea Endl. = **Launaea**
Launzan Buch.Ham. = **Buchanania**
Launzea Endl. = **Chondrilla**
Lauraceae【3】Juss. 樟科 [MD-21] 全球 (6) 大洲分布和属种数(61-66;hort. & cult.17-22)(2341-4826;hort. & cult.78-124)非洲:14-36/342-838;亚洲:35-47/977-2039;大洋洲:14-33/137-783;欧洲:4-31/11-260;北美洲:23-37/390-691;南美洲:33-44/977-1440
Laurea Gaud. = **Bagassa**
Laurelia【2】 Juss. 月桂檫属 ← **Pavonia** Monimiaceae 玉盘桂科 [MD-20] 全球 (3) 大洲分布及种数(2-5)亚洲:1;大洋洲:1-2;南美洲:1
Laureliopsis【3】 Schodde 月桂檫属 ≒ **Laurelia** Atherospermataceae 香皮檫科 [MD-19] 全球 (1) 大洲分布及种数(1)◆南美洲
Lauremberga Cothen. = **Laurembergia**
Laurembergia【2】 Baill. 单室仙草属 ← **Haloragis;Orfilea** Haloragaceae 小二仙草科 [MD-271] 全球 (4) 大洲分布及种数(15-19)非洲:3-4;亚洲:10-11;大洋洲:3;南美洲:1-2
Laurencella Neumann = **Helichrysum**
Laurencellia Neumann = **Lawrencella**
Laurenta Medik. = **Lobelia**
Laurentia (R.Br.) E.Wimm. = **Laurentia**
Laurentia【3】 Adans. 紫桔梗属 → **Centropogon;Solenopsis** Campanulaceae 桔梗科 [MD-561] 全球 (1) 大洲分布及种数(11-19)◆大洋洲(◆澳大利亚)
Laureola Hill = **Skimmia**
Laureola Rupp. = **Daphne**
Laurera Rchb. = **Pseudoconyza**
Laureria Schlechtd. = **Echinophora**
Lauria da Costa = **Mauria**
Lauridae Eckl. & Zeyh. = **Lauridia**
Lauridia【3】 Eckl. & Zeyh. 福榄属 ≒ **Elaeodendron** Celastraceae 卫矛科 [MD-339] 全球 (1) 大洲分布及种数(1)◆非洲
Laurinium Raf. = **Luronium**
Lauriphyllum Thunb. = **Laurophyllus**
Laurocerasus【3】 (Tourn.) M.Röm. 桂樱属 → **Cerasus;Padus** Rosaceae 蔷薇科 [MD-246] 全球 (6) 大洲分布及种数(5)非洲:4;亚洲:3-22;大洋洲:4;欧洲:4;北美洲:2-6;南美洲:4
Lauro-cerasus【3】 Duham. 山樱属 ← **Padus;Peumus** Rosaceae 蔷薇科 [MD-246] 全球 (1) 大洲分布及种数(8)◆亚洲
Laurocertasus Duham. = **Lauro-cerasus**
Lauroerrillia C.K.Allen = **Beilschmiedia**
Lauromerrilia C.K.Allen = **Beilschmiedia**
Lauromerrillia C.K.Allen = **Beilschmiedia**
Laurophillus Röm. & Schult. = **Laurophyllus**
Laurophyllum Thunb. = **Laurophyllus**
Laurophyllus【3】 Thunb. 傲骨漆属 ≒ **Daphnitis** Anacardiaceae 漆树科 [MD-432] 全球 (1) 大洲分布及种数(1-3)◆非洲
Laurus【3】 L. 月桂属 → **Actinodaphne;Persea** Lauraceae 樟科 [MD-21] 全球 (1) 大洲分布及种数(3-35)◆欧洲
Lausonia Juss. = **Lawsonia**
Lauta F.Br. = **Corokia**
Lautarus F. = **Laurus**
Laute Endl. = **Corokia**
Lautea F.Br. = **Corokia**
Lautembergia Baill. = **Orfilea**
Lauterbachia【3】 Perkins 幕榕桂属 Monimiaceae 玉盘桂科 [MD-20] 全球 (2) 大洲分布及种数(cf.1) 非洲;大洋洲
Lavandula【3】 L. 薰衣草属 → **Anisochilus;Bystropogon** Lamiaceae 唇形科 [MD-575] 全球 (6) 大洲分布及种数(43-68;hort.1;cult: 23)非洲:21-29;亚洲:24-43;大洋洲:6-7;欧洲:28-33;北美洲:8-10;南美洲:4-5
Lavanga Buch.Ham. ex Wall. = **Luvunga**
Lavardia Glaz. = **Havardia**
Lavatera DC. = **Lavatera**
Lavatera【3】 L. 花葵属 → **Abutilon;Althaea;Anisodontea** Malvaceae 锦葵科 [MD-203] 全球 (6) 大洲分布及种数(32-47)非洲:13-26;亚洲:11-19;大洋洲:3-11;欧洲:16-29;北美洲:9-18;南美洲:6
Lavauxia【3】 Spach 月见草属 ← **Oenothera** Onagraceae 柳叶菜科 [MD-396] 全球 (2) 大洲分布及种数(cf.1) 大洋洲;北美洲
Lavend Raf. = **Apium**
Lavenia Sw. = **Adenostemma**
Lavera Raf. = **Apium**
Lavidia Phil. = **Trichocline**
Lavigeria【3】 Pierre 非洲茱萸属 ← **Icacina** Icacinaceae 茶茱萸科 [MD-450] 全球 (1) 大洲分布及种数(1)◆非洲
Lavigeriea P. & K. = **Lavigeria**
Lavoiseria Spreng. = **Trembleya**
Lavoisiera【3】 DC.杉龙丹属←**Microlicia;Trembleya;**

L

Rhexia Melastomataceae 野牡丹科 [MD-364] 全球 (1) 大洲分布及种数(60-89)◆南美洲(◆巴西)
Lavoixia H.E.Moore = **Clinostigma**
Lavradia【3】Vell. ex Vand. 蒴莲木属 ≒ **Sauvagesia** Ochnaceae 金莲木科 [MD-104] 全球 (1) 大洲分布及种数(uc)◆亚洲
Lavrania (A.C.White & B.Sloane) Bruyns = **Lavrania**
Lavrania【3】D.C.H.Plowes 亚罗汉属 ← **Trichocaulon** Apocynaceae 夹竹桃科 [MD-492] 全球 (1) 大洲分布及种数(1)◆非洲
Lavrihara【-】J.M.H.Shaw 兰科属 Orchidaceae 兰科 [MM-723] 全球 (uc) 大洲分布及种数(uc)
Lawana L. = **Lantana**
Lawara M.H.Law = **Campanula**
Lawea Hook.f. & Thoms. = **Lancea**
Lawia Griff. ex Tul. = **Mycetia**
Lawiella Koidz. = **Cladopus**
Lawlessara【-】J.M.H.Shaw 兰科属 Orchidaceae 兰科 [MM-723] 全球 (uc) 大洲分布及种数(uc)
Lawrenceara J.M.H.Shaw = **Lawrencella**
Lawrencella J.M.H.Shaw = **Lawrencella**
Lawrencella【3】Lindl. 对叶蜡菊属 ← **Helichrysum** Asteraceae 菊科 [MD-586] 全球 (1) 大洲分布及种数(1-3)◆大洋洲(◆澳大利亚)
Lawrencia Hook. = **Plagianthus**
Law-schofieldara【-】Griff. & J.M.H.Shaw 兰科属 Orchidaceae 兰科 [MM-723] 全球 (uc) 大洲分布及种数(uc)
Lawsonia【3】L. 散沫花属 ≒ **Cynanchum** Lythraceae 千屈菜科 [MD-333] 全球 (6) 大洲分布及种数(4)非洲:1-4;亚洲:2-8;大洋洲:3;欧洲:1-4;北美洲:2-5;南美洲:3
Lawsoniaceae Farl. & Setch = Violaceae
Lawsoniana L. = **Lawsonia**
Laxanon Raf. = **Microseris**
Laxella Fourr. = **Ajugoides**
Laxmanni J.R.Forst. & G.Forst. = **Laxmannia**
Laxmannia Fisch. = **Laxmannia**
Laxmannia【3】R.Br. 灯丝兰属 ≒ **Acronychia** Laxmanniaceae 澳铁科 [MM-661] 全球 (1) 大洲分布及种数(8-16)◆大洋洲(◆澳大利亚)
Laxmanniaceae【3】Bubani 澳铁科 [MM-661] 全球 (1) 大洲分布和属种数(1/8-17)◆大洋洲
Laxopetalum Pohl ex Baker = **Erismanthus**
Laxoplumeria【3】Markgr. 母乳树属 ≒ **Tonduzia** Apocynaceae 夹竹桃科 [MD-492] 全球 (1) 大洲分布及种数(6)◆南美洲
Laya Endl. = **Blepharipappus**
Laycockara【-】Hort. 兰科属 Orchidaceae 兰科 [MM-723] 全球 (uc) 大洲分布及种数(uc)
Layia【3】Hook. & Arn. ex DC. 雪顶菊属 ← **Blepharipappus;Ormosia** Asteraceae 菊科 [MD-586] 全球 (6) 大洲分布及种数(18-22;hort.1)非洲:11;亚洲:10;大洋洲:10;欧洲:1-12;北美洲:17-28;南美洲:10
Lazarenkia【-】M.F.Boiko 锦藓科属 Sematophyllaceae 锦藓科 [B-192] 全球 (uc) 大洲分布及种数(uc)
Lazarolus Medik. = **Sorbus**
Lazarum A.Hay = **Typhonium**
Lconurus L. = **Leonurus**
Lcptoclinium Endl. = **Garberia**
Ldesia G.A.Scop. = **Idesia**
Lea Stokes = **Leea**
Leachia Cass. = **Acmella**
Leachiella【3】D.C.H.Plowes 丽杯角属 ≒ **Hoodia** Apocynaceae 夹竹桃科 [MD-492] 全球 (1) 大洲分布及种数(cf. 1)◆北美洲
Leachiella Plowes = **Leachiella**
Leacopoa Griseb. = **Leucopoa**
Leaeba Forssk. = **Cocculus**
Leaena Forssk. = **Abuta**
Lean Raf. = **Vestia**
Leander Medik. = **Adenium**
Leandra【3】Raddi 星绢木属 → **Aciotis;Melastoma; Oleandra** Melastomataceae 野牡丹科 [MD-364] 全球 (1) 大洲分布及种数(88-91)◆北美洲
Leandriella【3】Benoist 里恩爵床属 Acanthaceae 爵床科 [MD-572] 全球 (1) 大洲分布及种数(2)◆非洲(◆马达加斯加)
Leania Raf. = **Leea**
Leanira Kinberg = **Leandra**
Leantria Raddi = **Leandra**
Leantria Sol. ex G.Forst. = **Myrtus**
Leaoa Schlechter,Friedrich Richard Rudolf & Porto,Paulo Campos = **Scaphyglottis**
Leavenworthia【3】Torr. 莱温芥属 ← **Cardamine** Brassicaceae 十字花科 [MD-213] 全球 (1) 大洲分布及种数(8)◆北美洲
Lebaja Schlechter & C.Porto = **Camaridium**
Lebaudyara【-】Griff. & J.M.H.Shaw 兰科属 Orchidaceae 兰科 [MM-723] 全球 (uc) 大洲分布及种数(uc)
Lebbiea【3】Cheek 兰科属 Orchidaceae 兰科 [MM-723] 全球 (1) 大洲分布及种数(1)◆非洲
Lebeckia【3】Thunb. 金松豆属 ← **Aspalathus;Polhillia;Tephrosia** Fabaceae3 蝶形花科 [MD-240] 全球 (1) 大洲分布及种数(32-48)◆非洲
Lebeda D.Royen ex L. = **Leea**
Lebetanthus【3】Endl. 青姬木属 ≒ **Andromeda** Ericaceae 杜鹃花科 [MD-380] 全球 (1) 大洲分布及种数(cf.1) ◆南美洲
Lebethanthus Endl. = **Andromeda**
Lebetina Cass. = **Adenophyllum**
Lebia Hill = **Zinnia**
Lebianthus K.Schum. = **Helianthus**
Lebidia Thou. = **Sherardia**
Lebidibia Griseb. = **Acacia**
Lebidiera Baill. = **Cleistanthus**
Lebidieropsis Müll.Arg. = **Cleistanthus**
Lebordea Delile = **Ononis**
Lebretonia Schranck = **Pavonia**
Lebretonnia Brongn. = **Pavonia**
Lebronnecia【2】Foaberg & Sachet 南木果棉属 Malvaceae 锦葵科 [MD-203] 全球 (3) 大洲分布及种数(1-2)非洲:1;大洋洲:1;北美洲:1
Lebrunia【3】Staner 热非藤黄属 Calophyllaceae 红厚壳科 [MD-140] 全球 (1) 大洲分布及种数(cf.1) ◆非洲
Lebruniodendron【3】J.Léonard 喃喃果属 ← **Cynometra** Fabaceae 豆科 [MD-240] 全球 (1) 大洲分布及种数(cf.1) ◆非洲

Lecananthus【3】Jack 皿花茜属 ≒ **Lucinaea** Rubiaceae 茜草科 [MD-523] 全球 (1) 大洲分布及种数(1-3)◆亚洲
Lecandonia E.Martřínez & Ramos = **Lacandonia**
Lecania【2】(Baker f.) Prance 金套果属 ≒ **Catillaria;Licania** Chrysobalanaceae 可可李科 [MD-243] 全球 (6) 大洲分布及种数(cf.1)非洲;亚洲;大洋洲;欧洲;北美洲;南美洲
Lecanid Reinwardt = **Trichomanes**
Lecanidium Reinwardt = **Asplenium**
Lecaniodiscus【3】Planch. ex Benth. 河荔枝属 → **Haplocoelum** Sapindaceae 无患子科 [MD-428] 全球 (1) 大洲分布及种数(2-3)◆非洲
Lecanium C.Presl = **Lecanopteris**
Lecanocarpus Nees = **Acroglochin**
Lecanocnide Bl. = **Maoutia**
Lecanolepis Pic.Serm. = **Trichomanes**
Lecanophora【3】Speg. 夷葵属 ≒ **Cristaria** Malvaceae 锦葵科 [MD-203] 全球 (1) 大洲分布及种数(5-7)◆南美洲
Lecanopteris【3】Reinw. 蚁蕨属 → **Phymatodes;Pleopeltis;Polypodium** Polypodiaceae 水龙骨科 [F-60] 全球(6) 大洲分布及种数(11-22)非洲:3-5;亚洲:9-29;大洋洲:2-4;欧洲:2;北美洲:1-3;南美洲:2
Lecanora【2】Ach. 蚁牡丹属 ≒ **Pertusaria** Melastomataceae 野牡丹科 [MD-364] 全球 (2) 大洲分布及种数(3) 大洋洲:1;南美洲:2
Lecanorchis【3】Bl. 盂兰属 Orchidaceae 兰科 [MM-723] 全球 (1) 大洲分布及种数(11-23)◆亚洲
Lecanosperma Rusby = **Hindsia**
Lecanthus【2】Wedd. 假楼梯草属 ← **Elatostema;Procris;Meniscogyne** Urticaceae 荨麻科 [MD-91] 全球 (3) 大洲分布及种数(5;hort.1)非洲:1;亚洲:3-4;大洋洲:2
Lecardia【3】Poiss. ex Guillaumin 新喀卫矛属 Celastraceae 卫矛科 [MD-339] 全球 (1) 大洲分布及种数(uc)属分布和种数(uc)◆大洋洲
Lecariocalyx【3】Bremek. 针垫茜属 Rubiaceae 茜草科 [MD-523] 全球 (1) 大洲分布及种数(cf. 1)◆亚洲
Leccinum Reinwardt = **Asplenium**
Lechea【3】L. 帚石玫属 → **Bergia;Leskea** Cistaceae 半日花科 [MD-175] 全球 (1) 大洲分布及种数(26-35)◆北美洲
Lechenaultia【3】R.Br. 彩鸾花属 ≒ **Anthotium;Leschenaultia** Goodeniaceae 草海桐科 [MD-578] 全球 (1) 大洲分布及种数(27-31)◆大洋洲(◆澳大利亚)
Lechidium Spach = **Bergia**
Lechlera Griseb. = **Solenomelus**
Lechlera Steud. = **Relchela**
Lechleria Phil. = **Huanaca**
Lecidea【2】Ach. 生日花属 ≒ **Pilophorus** Cistaceae 半日花科 [MD-175] 全球 (2) 大洲分布及种数(1) 北美洲:1;南美洲:1
Leciscium C.F.Gaertn. = **Memecylon**
Lecocarpus【3】Decne. 领果菊属 ← **Acanthospermum** Asteraceae 菊科 [MD-586] 全球 (1) 大洲分布及种数(4)◆南美洲(◆厄瓜多尔)
Lecockia Meisn. = **Lecania**
Lecohuia DC. = **Lecokia**
Lecointea【3】Ducke 南美单叶豆属 ≒ **Zollernia** Fabaceae 豆科 [MD-240] 全球 (1) 大洲分布及种数(6-7)◆南美洲
Lecokia【3】DC. 里克草属 ← **Athamanta;Cachrys** Apiaceae 伞形科 [MD-480] 全球 (1) 大洲分布及种数(1)◆南欧(◆希腊)
Lecomtea【3】Pierre ex Van Tiegh. 川苔草属 ≒ **Cladopus** Podostemaceae 川苔草科 [MD-322] 全球 (1) 大洲分布及种数(uc)◆大洋洲
Lecomtedoxa (Pierre ex Engl.) Dubard = **Lecomtedoxa**
Lecomtedoxa【3】Dubard 互蕊山榄属 → **Inhambanella;Neolemonniera** Sapotaceae 山榄科 [MD-357] 全球 (1) 大洲分布及种数(4-6)◆非洲
Lecomtella【3】A.Camus 竹状草属 Poaceae 禾本科 [MM-748] 全球 (1) 大洲分布及种数(1)◆非洲(◆马达加斯加)
Lecomtelleae Pilg. = **Lecomtella**
Lecontea【3】A.Rich. 鸡屎藤属 ≒ **Paederia** Rubiaceae 茜草科 [MD-523] 全球 (1) 大洲分布及种数(uc)◆亚洲
Lecontia W.Cooper ex Torr. = **Phyllanthus**
Lecoquia Carül = **Lecosia**
Lecosia【3】Pedersen 巴拉圭苋属 ≒ **Lewisia** Amaranthaceae 苋科 [MD-116] 全球 (1) 大洲分布及种数(2-7)◆南美洲
Lecostemon (Moç. & Sessé) DC. = **Sloanea**
Lecostomon DC. = **Sloanea**
Lecostomum Steud. = **Sloanea**
Lecteria Alexander = **Leitneria**
Lecticula Barnhart = **Utricularia**
Lecythidaceae【3】A.Rich. 玉蕊科 [MD-267] 全球 (6) 大洲分布和属种数(15-16;hort. & cult.9)(264-313;hort. & cult.13)非洲:3-6/4-15;亚洲:5-8/7-25;大洋洲:1-4/1-10;欧洲:3/7;北美洲:2-4/3-10;南美洲:11-12/258-277
Lecythis Corrugata S.A.Mori = **Lecythis**
Lecythis【3】Löfl. 猴钵树属 → **Bertholletia;Couratari** Lecythidaceae 玉蕊科 [MD-267] 全球 (1) 大洲分布及种数(37-40)◆南美洲
Lecythopsis Schrank = **Couratari**
Leda【3】C.B.Clarke 马来爵床属 ≒ **Lemna** Acanthaceae 爵床科 [MD-572] 全球 (1) 大洲分布及种数(2-5)◆东南亚(◆马来西亚)
Ledaceae J.F.Gmel. = Gesneriaceae
Ledargia Speta = **Albuca**
Ledaspis R.Br. = **Leptaspis**
Ledebouria【3】Roth 油点百合属 ≒ **Drimys;Drimiopsis** Asparagaceae 天门冬科 [MM-669] 全球 (1) 大洲分布及种数(56-62)◆非洲
Ledebouriana Roth = **Ledebouria**
Ledebouriella【3】H.Wolff 防风属 → **Saposhnikovia** Apiaceae 伞形科 [MD-480] 全球 (1) 大洲分布及种数(cf.1) ◆亚洲
Ledebourii Roth = **Ledebouria**
Ledeburia Link = **Pimpinella**
Ledelia Raf. = **Trymalium**
Ledenbergia【3】Klotzsch ex Moq. 清辉木属 ← **Ladenbergia** Petiveriaceae 蒜香草科 [MD-128] 全球 (1) 大洲分布及种数(2)◆南美洲
Lederbouria Roth = **Ledebouria**
Lederia F.Müll = **Cephalanthera**

L

Ledermaniella Engl. = **Ledermanniella**
Ledermannia Mildbr. & Biuret = **Desplatsia**
Ledermanniella【3】Engl. 河杉草属 ← **Dicraeanthus; Podostemum;Sphaerothylax** Podostemaceae 川苔草科 [MD-322] 全球 (1) 大洲分布及种数(11-44)◆非洲
Ledgeria F.Müll = **Galeola**
Ledienara【-】J.M.H.Shaw 兰科属 Orchidaceae 兰科 [MM-723] 全球 (uc) 大洲分布及种数(uc)
Ledocarpaceae【3】Meyen 杜香果科 [MD-287] 全球(6) 大洲分布和属种数(2;hort. & cult.1-2)(12-19;hort. & cult. 1-2)非洲:1/2;亚洲:1/2;大洋洲:1/2;欧洲:1/2;北美洲:1/1-3;南美洲:2/12-16
Ledocarpon【3】Desf. 寒露梅属 ≒ **Balbisia** Vivianiaceae 曲胚科 [MD-283] 全球 (1) 大洲分布及种数(1)◆南美洲
Ledocarpum DC. = **Balbisia**
Ledodendron de Vos = **Uapaca**
Ledonia Spach = **Cistus**
Ledothamnus【3】Meisn. 千屈石南属 Ericaceae 杜鹃花科 [MD-380] 全球 (1) 大洲分布及种数(7)◆南美洲
Ledropsis Zipp. = **Utricularia**
Ledum【3】L. 杜香属 ≒ **Lemna** Ericaceae 杜鹃花科 [MD-380] 全球 (6) 大洲分布及种数(7-9)非洲:1-5;亚洲:5-9;大洋洲:1-5;欧洲:2-6;北美洲:4-8;南美洲:4
Ledurgia Speta = **Drimia**
Leea【3】D.Royen ex L. 火筒树属 ≒ **Aralia** Vitaceae 葡萄科 [MD-403] 全球 (6) 大洲分布及种数(45-63)非洲:15-18;亚洲:36-40;大洋洲:16-19;欧洲:4-6;北美洲:5-7;南美洲:10-12
Leeaceae【3】Dum. 火筒树科 [MD-404] 全球 (6) 大洲分布和属种数(1;hort. & cult.1)(44-75;hort. & cult.4-5)非洲:1/15-18;亚洲:1/36-40;大洋洲:1/16-19;欧洲:1/4-6;北美洲:1/5-7;南美洲:1/10-12
Leeania Raf. = **Leea**
Leeara Hort. = **Campanula**
Leemannara【-】Griff. & J.M.H.Shaw 兰科属 Orchidaceae 兰科 [MM-723] 全球 (uc) 大洲分布及种数(uc)
Leeria Steud. = **Sideritis**
Leersia (Müll.Hal.) Braithw. = **Leersia**
Leersia【3】Sw. 大帽藓科属 ≒ **Pyrus;Arthraxon** Encalyptaceae 大帽藓科 [B-105] 全球 (6) 大洲分布及种数(20) 非洲:16;亚洲:10;大洋洲:3;欧洲:6;北美洲:10;南美洲:6
Leeuwenbergia【3】Letouzey & N.Hallé 合萼桐属 Euphorbiaceae 大戟科 [MD-217] 全球 (1) 大洲分布及种数(2)◆非洲
Leeuwenhockia Steud. = **Melhania**
Leeuwenhoeckia E.Mey. ex Endl. = **Dombeya**
Leeuwenhoekia Spreng. = **Levenhookia**
Leeuwenhookia Rchb. = **Levenhookia**
Leeuwinhookia Sond. = **Levenhookia**
Lefeburea Endl. = **Lefebvrea**
Lefeburia Lindl. = **Lefebvrea**
Lefebvrea【3】A.Rich. 勒菲草属 ← **Malabaila;Pastinaca;Peucedanum** Apiaceae 伞形科 [MD-480] 全球 (1) 大洲分布及种数(5-7)◆非洲
Lefebvria Endl. = **Malabaila**
Lefrovia Franch. = **Cnicothamnus**
Leganosperma Rusby = **Hindsia**
Legazpia【3】Blanco 三翅萼属 ← **Torenia** Linderniaceae 母草科 [MD-534] 全球 (1) 大洲分布及种数(cf. 1)◆亚洲
Legenere【3】McVaugh 挺枝莲属 ← **Lobelia;Howellia** Campanulaceae 桔梗科 [MD-561] 全球 (1) 大洲分布及种数(1-2)◆北美洲
Legnea O.F.Cook = **Chamaedorea**
Legnephora【3】Miers 木防己属 ≒ **Pericampylus;Tinospora** Menispermaceae 防己科 [MD-42] 全球 (1) 大洲分布及种数(1-5)◆大洋洲
Legnophora Forman,L.L. = **Lecanophora**
Legnotis Sw. = **Cassipourea**
Legocia Livera = **Christisonia**
Legouixia Heurck & Müll,Arg. = **Epigynum**
Legousia【3】Durand 神鉴花属 ← **Campanula; Specularia;Pentagonia** Campanulaceae 桔梗科 [MD-561] 全球 (6) 大洲分布及种数(8-11)非洲:6-11;亚洲:6-11;大洋洲:4;欧洲:7-11;北美洲:2-6;南美洲:4
Legrandia【3】Kausel 番樱桃属 ← **Eugenia** Myrtaceae 桃金娘科 [MD-347] 全球 (1) 大洲分布及种数(1)◆南美洲
Lehmaniella Gilg = **Lehmanniella**
Lehmanna Cassebeer & Theobald = **Gentiana**
Lehmannia Jacq. ex Jacq.f. = **Nicotiana**
Lehmannia Tratt. = **Potentilla**
Lehmanniana Spreng. = **Bouchetia**
Lehmanniella【3】Gilg 黄精胆属 ← **Lisianthius** Gentianaceae 龙胆科 [MD-496] 全球 (1) 大洲分布及种数(2)◆南美洲
Leia Lane = **Chrysogonum**
Leiachenis Raf. = **Aster**
Leiacherus Raf. = **Adenophyllum**
Leiandra Raf. = **Tradescantia**
Leianthostemon (Griseb.) Miq. = **Voyria**
Leianthus Griseb. = **Lisianthius**
Leiaster Fisher = **Leucaster**
Leibergia J.M.Coult. & Rose = **Lomatium**
Leibnitia Cass. = **Leibnitzia**
Leibnitzia【2】Cass. 大丁草属 ← **Gerbera;Hieracium; Arnica** Asteraceae 菊科 [MD-586] 全球 (3) 大洲分布及种数(10-12)亚洲:6-7;欧洲:1;北美洲:3
Leiboldia Schlechtd. ex Gleason = **Vernonia**
Leicesteria Pritz. = **Leycesteria**
Leichardtia【3】R.Br. 大洋洲萝藦属 ← **Marsdenia** Apocynaceae 夹竹桃科 [MD-492] 全球 (1) 大洲分布及种数(4)◆大洋洲
Leichhardtia F.Müll = **Callitris**
Leichhardtia R.Br. = **Marsdenia**
Leichtlini H.Ross = **Agave**
Leichtlinia H.Ross = **Agave**
Leidesia【3】Müll.Arg. 刺毛靛属 ← **Seidelia;Mercurialis** Euphorbiaceae 大戟科 [MD-217] 全球 (1) 大洲分布及种数(1)◆非洲
Leidon Shuttlew. ex Sherff = **Coreopsis**
Leiella Freeman = **Lepidaria**
Leiena Raf. = **Thamnochortus**
Leifsonia Bert. ex Hook. & Arn. = **Alepidea**
Leighia Cass. = **Viguiera**

L

Leighia G.A.Scop. = **Ethulia**
Leimanisa Raf. = **Gentianella**
Leimanthemum【-】Ritgen 百合科属 Liliaceae 百合科 [MM-633] 全球 (uc) 大洲分布及种数(uc)
Leimanthium Willd. = **Melanthium**
Leinckeria Neck. = **Embothrium**
Leinkeria G.A.Scop. = **Roupala**
Leioanthum M.A.Clem. & D.L.Jones = **Dendrobium**
Leiocalyx Planch. ex Hook. = **Loxocalyx**
Leiocarpa【2】Paul G.Wilson 平果鼠麹草属 ← **Chrysocephalum;Gnaphalium;Helichrysum** Asteraceae 菊科 [MD-586] 全球(3) 大洲分布及种数(10)非洲:2;亚洲:cf.1;大洋洲:10
Leiocarpaea【3】(C.A.Mey.) D.A.German & Al-Shehbaz 川苔草属 Brassicaceae 十字花科 [MD-213] 全球 (1) 大洲分布及种数(1)◆非洲
Leiocarpus Bl. = **Baccaurea**
Leiocarya Hochst. = **Trichodesma**
Leiocephalus Lag. = **Scabiosa**
Leiochilus Benth. = **Leochilus**
Leioclema Jörg. = **Leiocolea**
Leioclusia Baill. = **Carissa**
Leiocolea (Müll.Frib.) H.Buch = **Leiocolea**
Leiocolea【3】Jörg. 无褶苔属 ≒ **Jungermannia;Acrobolbus** Lophoziaceae 裂叶苔科 [B-56] 全球 (6) 大洲分布及种数(9)非洲:3-8;亚洲:4-9;大洋洲:5;欧洲:6-11;北美洲:6-11;南美洲:5
Leiodon Shuttlew. ex Sherff = **Coreopsis**
Leiodontium【3】Broth. 平齿藓属 Hypnaceae 灰藓科 [B-189] 全球 (1) 大洲分布及种数(3) ◆亚洲
Leiogramma J.Sm. = **Loxogramme**
Leiogyna Bureau ex T.P. & K. = **Lepidogyna**
Leiogyne K.Schum. = **Amphilophium**
Leiolejeunea【3】A.Evans 绒鳞苔属 Lejeuneaceae 细鳞苔科 [B-84] 全球 (1) 大洲分布及种数(1)◆非洲
Leiolepis S.O.Lindberg = **Leucolepis**
Leioligo Raf. = **Solidago**
Leiolobium Benth. = **Rorippa**
Leioluma Baill. = **Pouteria**
Leiomela【3】(Mitt.) Broth. 细珠藓属 ≒ **Cryptopodium** Bartramiaceae 珠藓科 [B-142] 全球 (6) 大洲分布及种数(16) 非洲:3;亚洲:2;大洋洲:2;欧洲:2;北美洲:4;南美洲:14
Leiomitra【2】Spruce 绒柔苔属 Trichocoleaceae 绒苔科 [B-62] 全球 (3) 大洲分布及种数(4)亚洲:cf.1;大洋洲:2;南美洲:2
Leiomitrium【2】Mitt. 危地木灵藓属 ≒ **Orthotrichum** Orthotrichaceae 木灵藓科 [B-151] 全球 (2) 大洲分布及种数(5) 非洲:4;北美洲:1
Leiomylia【3】(Hook.) J.J.Engel & Braggins 北美洲小萼苔属 ≒ **Leptoscyphus** Myliaceae 小萼苔科 [B-39] 全球 (1) 大洲分布及种数(1)◆北美洲
Leionema【3】(F.Müll.) Paul G.Wilson 须南香属 ≒ **Eriostemon** Rutaceae 芸香科 [MD-399] 全球 (1) 大洲分布及种数(24-28)◆大洋洲
Leiophaca Lindau = **Pithecellobium**
Leiophyllum (Pers.) Elliott = **Leiophyllum**
Leiophyllum【3】Ehrh. 黄杨杜鹃属 ← **Schoenus** Ericaceae 杜鹃花科 [MD-380] 全球 (1) 大洲分布及种数(2-3)◆北美洲
Leiopoa Ohwi = **Festuca**
Leioptyx Pierre ex De Wild. = **Swietenia**
Leiopus Melzer = **Leptopus**
Leiopyxis Miq. = **Securinega**
Leiosandra Raf. = **Verbascum**
Leioscapheus Stephani = **Leioscyphus**
Leioscyphus Mitt. = **Leioscyphus**
Leioscyphus【3】Stephani 地萼苔科属 ≒ **Plagiochila;Pedinophyllopsis** Geocalycaceae 地萼苔科 [B-49] 全球 (1) 大洲分布及种数(uc)◆亚洲
Leiospermum D.Don = **Weinmannia**
Leiospermum Wall. = **Psilotrichum**
Leiospora【3】(C.A.Mey.) F.Dvořák 光籽芥属 ← **Parrya** Brassicaceae 十字花科 [MD-213] 全球 (1) 大洲分布及种数(7-8)◆亚洲
Leiosporoceros【3】(Stephani) Hässel de Menéndez 平苞角苔属 Leiosporocerotaceae 平苞角苔科 [B-90] 全球 (1) 大洲分布及种数(1)◆北美洲
Leiosporocerotaceae【3】(Stephani) Hässel de Menéndez 平苞角苔科 [B-90] 全球 (1) 大洲分布和属种数(1/1)◆北美洲
Leiostegia Benth. = **Tibouchina**
Leiostemon【3】Raf. 钓钟柳属 ← **Penstemon** Plantaginaceae 车前科 [MD-527] 全球 (1) 大洲分布及种数(1)◆北美洲
Leiostoma (Mitt.) Paris = **Macromitrium**
Leiotealia Raf. = **Aegopodium**
Leiotelis Raf. = **Seseli**
Leiothamnus Griseb. = **Tetrapollinia**
Leiotheca【3】Brid. 木衣藓属 ≒ **Macrocoma** Orthotrichaceae 木灵藓科 [B-151] 全球 (1) 大洲分布及种数(1)◆大洋洲
Leiothris Ruhland = **Leiothrix**
Leiothrix【3】Ruhland 长柱谷精属 ≒ **Eriocaulon;Syngonanthus** Eriocaulaceae 谷精草科 [MM-726] 全球 (1) 大洲分布及种数(57-68)◆南美洲
Leiothylax【3】Warm. 柄河杉属 Podostemaceae 川苔草科 [MD-322] 全球 (1) 大洲分布及种数(2-4)◆非洲
Leiotulus【-】Ehrenb. 伞形科属 ≒ **Malabaila** Apiaceae 伞形科 [MD-480] 全球 (uc) 大洲分布及种数(uc)
Leiperia Chapm. = **Leitneria**
Leiphaimos【3】Schltdl. & Cham. 沃伊龙胆属 ≒ **Voyria** Gentianaceae 龙胆科 [MD-496] 全球 (1) 大洲分布及种数(2)◆非洲
Leipoa Ohwi = **Leucopoa**
Leipoldtia【3】L.Bolus 紫霄木属 ← **Cephalophyllum;Rhopalocyclus** Aizoaceae 番杏科 [MD-94] 全球 (1) 大洲分布及种数(19-22)◆非洲
Leirgebia Eichler = **Sauvagesia**
Leistes Rich. = **Cleistes**
Leitneria【3】Chapm. 塞子木属 ← **Myrica** Simaroubaceae 苦木科 [MD-424] 全球 (1) 大洲分布及种数(1-2)◆北美洲(◆美国)
Leitneriac Chapm. = **Leitneria**
Leitneriaceae【3】Benth. & Hook.f. 塞子木科 [MD-225] 全球 (1) 大洲分布和属种数(1;hort. & cult.1)(1-2;hort. & cult.1)◆北美洲
Leiuris Buch.Ham. = **Amaryllis**
Lejeunea (Herzog) Grolle = **Lejeunea**

Lejeunea【3】 Taylor 细鳞苔属 ≒ **Macrolejeunea;Pedinolejeunea** Lejeuneaceae 细鳞苔科 [B-84] 全球 (6) 大洲分布及种数(184-210)非洲:33-118;亚洲:60-154;大洋洲:27-116;欧洲:8-91;北美洲:41-124;南美洲:77-167
Lejeuneaceae Cavers = Lejeuneaceae
Lejeuneaceae【3】 Zwickel 细鳞苔科 [B-84] 全球 (6) 大洲分布和属种数(70-78/1107-1538)非洲:29-35/216-503;亚洲:42-46/465-765;大洋洲:34-40/250-548;欧洲:5-29/16-277;北美洲:38-43/182-444;南美洲:56-60/379-664
Lejeuneeae Dum. = **Lejeunea**
Lejica DC. = **Zinnia**
Lejogyna【-】 P. & K. 紫葳科属 Bignoniaceae 紫葳科 [MD-541] 全球 (uc) 大洲分布及种数(uc)
Leleba Rumph. = **Bambusa**
Lelecella Rich. ex Baill. = **Sciaphila**
Lelita A.R.Bean = **Alophia**
Lellingeria【3】 A.R.Sm. & R.C.Moran 莱利蕨属 ← **Ctenopteris;Xiphopteris;Stenogrammitis** Polypodiaceae 水龙骨科 [F-60] 全球 (6) 大洲分布及种数(49-58)非洲:3;亚洲:7-10;大洋洲:3;欧洲:3;北美洲:20-26;南美洲:39-48
Leloutrea Gaud. = **Nolana**
Leloutria Gaud. = **Nolana**
Lelstotheca Schwägr. = **Leptotheca**
Lelya【3】 Bremek. 莱利茜属 ← **Spermacoce** Rubiaceae 茜草科 [MD-523] 全球 (1) 大洲分布及种数(1)◆非洲
Lemaireocereus【3】 Britton & Rose 群戟柱属 → **Armatocereus;Cereus;Pachycereus** Cactaceae 仙人掌科 [MD-100] 全球 (1) 大洲分布及种数(4)◆北美洲(◆墨西哥)
Lemapteris Raf. = **Pteris**
Lembeja P.V.Heath = **Aloe**
Lembertia Greene = **Monolopia**
Lembidium Mitt. = **Lembidium**
Lembidium【2】 Stephani 细叶苔属 ≒ **Lepidium;Notoscyphus** Lepidoziaceae 指叶苔科 [B-63] 全球 (3) 大洲分布及种数(5-8)亚洲:1;大洋洲:4;南美洲:1-4
Lembocarpus【3】 Leeuwenb. 舟果岩桐属 Gesneriaceae 苦苣苔科 [MD-549] 全球 (1) 大洲分布及种数(1)◆南美洲
Lemboglossum Halb. = **Amparoa**
Lembophyllaceae【3】 Broth. 船叶藓科 [B-205] 全球 (5) 大洲分布和属种数(13/99)亚洲:8/27;大洋洲:5/26;欧洲:4/22;北美洲:5/27;南美洲:6/27
Lembophyllum (E.B.Bartram) Ochyra & Bednarek-Ochyra = **Lembophyllum**
Lembophyllum【2】 Lindb. 倒叶藓属 ≒ **Isothecium;Pleurozium** Lembophyllaceae 船叶藓科 [B-205] 全球 (3) 大洲分布及种数(4) 大洋洲:3;欧洲:1;南美洲:1
Lembotropis【3】 Griseb. 金雀儿属 ← **Cytisus** Fabaceae 豆科 [MD-240] 全球 (1) 大洲分布及种数(1)属分布和种数(uc)◆南欧(◆意大利)
Lemecarpus Leeuwenb. = **Lembocarpus**
Lemeea P.V.Heath = **Aloe**
Lemeltonia【2】 Barfuss & W.Till 伏凤梨属 Bromeliaceae 凤梨科 [MM-715] 全球 (2) 大洲分布及种数(cf.7) 北美洲:1;南美洲:7
Lemia Vand. = **Portulaca**
Leminia P.V.Heath = **Eminia**
Lemma【-】 Adans. 蘋科属 ≒ **Marsilea;Lemna** Marsileaceae 蘋科 [F-65] 全球 (uc) 大洲分布及种数(uc)
Lemmaphyllum【3】 C.Presl 伏石蕨属 ≒ **Drymoglossum** Polypodiaceae 水龙骨科 [F-60] 全球 (1) 大洲分布及种数(10-13)◆亚洲
Lemmatium DC. = **Calea**
Lemmermanniella Engl. = **Ledermanniella**
Lemmonia A.Gray = **Nama**
Lemna (Rchb.) Endl. = **Lemna**
Lemna【3】 L. 浮萍属 → **Wolffiella;Luma;Spirodela** Araceae 天南星科 [MM-639] 全球 (6) 大洲分布及种数(18-20)非洲:4-15;亚洲:12-24;大洋洲:10-21;欧洲:6-17;北美洲:12-23;南美洲:11-22
Lemnaceae【3】 Gray 浮萍科 [MM-647] 全球 (6) 大洲分布和属种数(5;hort. & cult.5)(43-99;hort. & cult.9-10)非洲:5/18-39;亚洲:5/27-51;大洋洲:4-5/17-38;欧洲:3-4/9-30;北美洲:5/29-51;南美洲:5/24-46
Lemnaphila Lizarralde de Grosso = **Limnophila**
Lemneae Rich. ex A.Rich. = **Lemna**
Lemnescia Willd. = **Licania**
Lemnia Pers. = **Ravenia**
Lemnis Pers. = **Ravenia**
Lemniscia Schreb. = **Vantanea**
Lemnopsis Zipp. = **Utricularia**
Lemnopsis Zoll. = **Halophila**
Lemon Mill. = **Citrus**
Lemonia Lindl. = **Ravenia**
Lemonia Pers. = **Watsonia**
Lemonias Pers. = **Raputia**
Le-monniera Lecomte = **Neolemonniera**
Lemooria【3】 P.S.Short 盐鼠麹属 ≒ **Angianthus** Asteraceae 菊科 [MD-586] 全球 (1) 大洲分布及种数(1)◆大洋洲
Lemotris Raf. = **Gonioma**
Lemotrys Raf. = **Gonioma**
Lemphoria O.E.Schulz = **Arabidella**
Lemur L. = **Leymus**
Lemurangis (Garay) Szlach.,Mytnik & Grochocka = **Angraecum**
Lemuranthe Schltr. = **Cynorkis**
Lemurella【3】 Schltr. 小鬼兰属 ← **Angraecum** Orchidaceae 兰科 [MM-723] 全球 (1) 大洲分布及种数(1-4)◆非洲
Lemurodendron【3】 Villiers & P.Guinet 勒米豆属 ← **Piptadenia** Fabaceae 豆科 [MD-240] 全球 (1) 大洲分布及种数(1)◆非洲(◆马达加斯加)
Lemurophoenix【3】 J.Dransf. 狐猴椰属 Arecaceae 棕榈科 [MM-717] 全球 (1) 大洲分布及种数(2)◆非洲(◆马达加斯加)
Lemuropisum【3】 H.Perrier 狐猴豆属 Fabaceae 豆科 [MD-240] 全球 (1) 大洲分布及种数(uc)属分布和种数(uc)◆非洲(◆马达加斯加)
Lemurorchis【3】 Kraenzl. 鬼兰属 Orchidaceae 兰科 [MM-723] 全球 (1) 大洲分布及种数(1)◆非洲(◆马达加斯加)
Lemurosicyos【3】 Keraudren 丝瓜属 ← **Luffa** Cucurbitaceae 葫芦科 [MD-205] 全球 (1) 大洲分布及种数(cf.1)◆非洲:1
Lemyrea【3】 (A.Chev.) A.Chev. & Beille 勒米尔茜属 ≒ **Coffea** Rubiaceae 茜草科 [MD-523] 全球 (1) 大洲分布

及种数(3-10)◆非洲(◆马达加斯加)
Lenaptopetalum G.D.Rowley = **Leptopetalum**
Lenbrassia G.W.Gillett = **Fieldia**
Lencymmoea【3】C.Presl 沙金娘属 Myrtaceae 桃金娘科 [MD-347] 全球 (1) 大洲分布及种数(cf.1) ◆亚洲
Lenda Koidz. = **Sagenia**
Lendneria【3】Minod 离药草属 ≒ **Stemodia** Plantaginaceae 车前科 [MD-527] 全球 (1) 大洲分布及种数(uc)◆非洲
Lengraptophyllum【-】G.D.Rowley 景天科属 Crassulaceae 景天科 [MD-229] 全球 (uc) 大洲分布及种数(uc)
Lenidia Thou. = **Dillenia**
Lennea【3】Klotzsch 伦内豆属 ← **Robinia; Lonchocarpus** Fabaceae 豆科 [MD-240] 全球 (1) 大洲分布及种数(3)◆北美洲
Lennoa【3】Lex. 沙菰属 → **Pholisma** Boraginaceae 紫草科 [MD-517] 全球 (1) 大洲分布及种数(1)◆北美洲
Lennoaceae【3】Solms 盖裂寄生科 [MD-477] 全球 (1) 大洲分布和属种数(2/5-8)◆北美洲
Lenophyllum【3】Rose 玻璃景天属 ← **Cotyledon** Crassulaceae 景天科 [MD-229] 全球 (1) 大洲分布及种数(7-8)◆北美洲
Lenophytum C.H.Uhl = **Lenophyllum**
Lenormandia Steud = **Chrysopogon**
Lenormandiop Steud. = **Chrysopogon**
Lenoveria C.H.Uhl = **Stemodia**
Lens【2】Mill. 兵豆属 ≒ **Entada;Vicia** Fabaceae 豆科 [MD-240] 全球 (5) 大洲分布及种数(7-9;hort.1)非洲:4;亚洲:6;大洋洲:1;欧洲:5;北美洲:3
Lensia Phil. = **Lenzia**
Lentago Raf. = **Viburnum**
Lentaria M.Röm. = **Dentaria**
Lentibularia Adans. = **Utricularia**
Lentibulariaceae【3】Rich. 狸藻科 [MD-570] 全球 (6) 大洲分布和属种数(4-5;hort. & cult.2)(370-504;hort. & cult.80-100)非洲:3-4/65-107;亚洲:2-3/104-144;大洋洲:1-3/86-119;欧洲:3-4/40-84;北美洲:4/134-182;南美洲:3-4/145-190
Lenticeras (R.Br.) Lindl. = **Leptoceras**
Lenticul Mich. ex Adans. = **Lemna**
Lenticula Hill = **Lemna**
Lenticularia Friche-Joset & Montandon = **Spirodela**
Lenticulina Mich. ex Adans. = **Wolffiella**
Lentinula Mich. ex Adans. = **Wolffiella**
Lentinus Mill. = **Pistacia**
Lentiscaceae Horan. = Leonticaceae
Lentiscus P. & K. = **Pistacia**
Lento Lex. = **Lennoa**
Lentzia Schinz = **Lenzia**
Lenwebbia【3】N.Snow & Guymer 斑桃木属 ≒ **Austromyrtus** Myrtaceae 桃金娘科 [MD-347] 全球 (1) 大洲分布及种数(2)◆大洋洲
Lenzia【3】Phil. 黄松草属 Montiaceae 水卷耳科 [MD-81] 全球 (1) 大洲分布及种数(1-2)◆南美洲
Leobardia Pomel = **Atalaya**
Leobordea【2】Delile 罗顿豆属 ≒ **Lotononis** Fabaceae3 蝶形花科 [MD-240] 全球 (3) 大洲分布及种数(43) 非洲:43;亚洲:1;欧洲:1
Leocereus【3】Britton & Rose 刺蔓柱属 → **Arthrocereus;Lophocereus** Cactaceae 仙人掌科 [MD-100] 全球 (1) 大洲分布及种数(4)◆南美洲
Leochilumnia【-】J.M.H.Shaw 兰科属 Orchidaceae 兰科 [MM-723] 全球 (uc) 大洲分布及种数(uc)
Leochilus【3】Knowles & Westc. 光唇兰属 → **Caucaea;Epidendrum;Rodriguezia** Orchidaceae 兰科 [MM-723] 全球 (1) 大洲分布及种数(13-20)◆北美洲(◆美国)
Leocidium Hort. = **Rodriguezia**
Leocidmesa【-】auct. 兰科属 Orchidaceae 兰科 [MM-723] 全球 (uc) 大洲分布及种数(uc)
Leocidpasia【-】auct. 兰科属 Orchidaceae 兰科 [MM-723] 全球 (uc) 大洲分布及种数(uc)
Leocidumnia【-】J.M.H.Shaw 兰科属 Orchidaceae 兰科 [MM-723] 全球 (uc) 大洲分布及种数(uc)
Leococoryne Rostratae Grau = **Leucocoryne**
Leocus【3】A.Chev. 马刺花属 ≒ **Plectranthus** Lamiaceae 唇形科 [MD-575] 全球 (1) 大洲分布及种数(1)属分布和种数(uc)◆非洲
Leodia Leske = **Leonia**
Leodice L. = **Leontice**
Leodora Klotzsch = **Acalypha**
Leogolumnia【-】J.M.H.Shaw 兰科属 Orchidaceae 兰科 [MM-723] 全球 (uc) 大洲分布及种数(uc)
Leokoa J.M.H.Shaw = **Leonia**
Leomesezia【-】J.M.H.Shaw 兰科属 Orchidaceae 兰科 [MM-723] 全球 (uc) 大洲分布及种数(uc)
Leonara J.M.H.Shaw = **Salvia**
Leonardendron【3】Aubrév. 针垫豆属 ≒ **Macrolobium** Fabaceae3 蝶形花科 [MD-240] 全球 (1) 大洲分布及种数(1)◆非洲
Leonardia Urb. = **Thouinia**
Leonardoxa【3】Aubrév. 狮威豆属 ← **Humboldtia; Cynometra** Fabaceae 豆科 [MD-240] 全球 (1) 大洲分布及种数(3)◆非洲
Leonardus L. = **Leonurus**
Leonaspis R.Br. = **Leptaspis**
Leonia【3】Ruiz & Pav. 坚果堇属 → **Amphirrhox; Theophrasta** Violaceae 堇菜科 [MD-126] 全球 (1) 大洲分布及种数(24-26)◆南美洲
Leoniaceae Ser. = Lowiaceae
Leonicenia G.A.Scop. = **Miconia**
Leonieae Meisn. = **Leonia**
Leonis【3】B.Nord. 千里光属 ≒ **Senecio** Asteraceae 菊科 [MD-586] 全球 (1) 大洲分布及种数(cf.1)◆北美洲
Leonitis Spach = **Leonotis**
Leonocassia Britton = **Cassia**
Leonohebe【3】Heads 长阶花属 ≒ **Critoniopsis** Scrophulariaceae 玄参科 [MD-536] 全球 (1) 大洲分布及种数(cf.1) 亚洲;大洋洲
Leonotis (Pers.) R.Br. = **Leonotis**
Leonotis【3】R.Br. 狮耳花属 ← **Stachys;Phlomis** Lamiaceae 唇形科 [MD-575] 全球 (6) 大洲分布及种数(18-20;hort.1)非洲:13-14;亚洲:17-18;大洋洲:3-4;欧洲:1-2;北美洲:2-3;南美洲:3-4
Leonotopodium R.Br. ex Cass. = **Leontopodium**
Leontia Rchb. = **Ludia**
Leonticaceae【3】Airy-Shaw 狮足草科 [MD-44] 全

L

球 (6) 大洲分布和属种数(1;hort. & cult.1)(8-15;hort. & cult.2-3)非洲:1/1-5;亚洲:1/7-11;大洋洲:1/4;欧洲:1/3-7;北美洲:1/4;南美洲:1/4

Leontice【3】L.囊果草属→**Gymnospermium;Achlys** Leonticaceae 狮足草科 [MD-44] 全球 (6) 大洲分布及种数(9-11)非洲:1-5;亚洲:7-11;大洋洲:4;欧洲:3-7;北美洲:4;南美洲:4

Leontinia Heynh. = **Helichrysum**

Leontochir Phil. = **Bomarea**

Leontodon Adans. = **Leontodon**

Leontodon【3】L. 狮牙苣属 → **Agoseris;Taraxacum;Picris** Asteraceae 菊科 [MD-586] 全球 (1) 大洲分布及种数(42-57)◆欧洲

Leontodonm L. = **Agoseris**

Leontoglossum Hance = **Tetracera**

Leontondon Robin = **Taraxacum**

Leontonix Heynh. = **Helichrysum**

Leontonyx【3】Cass. 拟蜡菊属 ≒ **Helichrysum** Asteraceae 菊科 [MD-586] 全球 (1) 大洲分布及种数(2)◆非洲

Leontopetaloides Böhm. = **Tacca**

Leontopetalon Mill. = **Leontice**

Leontophthalmum Willd. = **Calea**

Leontopodion St.Lag. = **Leontopodium**

Leontopodium【3】(Pers.) R.Br. 火绒草属 → **Anaphalis;Gnaphalium;Antennaria** Asteraceae 菊科 [MD-586] 全球 (1) 大洲分布及种数(71-90)◆东亚(◆中国)

Leontoposium R.Br. ex Cass. = **Leontopodium**

Leontoroides B.Bock = **Ballota**

Leonura Usteri ex Steud. = **Salvia**

Leonuroides Rauschert = **Panzerina**

Leonuros St.Lag. = **Leonurus**

Leonurus (C.Y.Wu & H.W.Li) Krestovsk. = **Leonurus**

Leonurus【3】L. 益母草属 ≒ **Leonotis;Stachys;Phlomoides** Lamiaceae 唇形科 [MD-575] 全球 (6) 大洲分布及种数(26-32;hort.1;cult: 3)非洲:7-13;亚洲:25-31;大洋洲:7-13;欧洲:5-11;北美洲:8-15;南美洲:1-7

Leopardanthus Bl. = **Sunipia**

Leopoldia Herb. = **Leopoldia**

Leopoldia【3】Parl. 恋壶花属 ← **Muscari;Eubotrys;Bellevalia** Hyacinthaceae 风信子科 [MM-679] 全球 (6) 大洲分布及种数(14-17;hort.1)非洲:7-8;亚洲:10-13;大洋洲:2-3;欧洲:10-11;北美洲:3-4;南美洲:1

Leopoldinia【3】Mart. 膜苞椰属 Arecaceae 棕榈科 [MM-717] 全球 (1) 大洲分布及种数(3)◆南美洲

Leopoldinieae J.Dransf.,N.W.Uhl,Asmussen,W.J.Baker,M.M.Harley & C.E.Lewis = **Leopoldinia**

Leotia Broth. & Paris = **Leratia**

Lepachis Raf. = **Rudbeckia**

Lepachys【3】Raf. 草光菊属 ≒ **Rudbeckia** Asteraceae 菊科 [MD-586] 全球 (1) 大洲分布及种数(2)◆北美洲

Lepadantbus Ridl. = **Ornithoboea**

Lepadanthus Ridl. = **Ornithoboea**

Lepade Raf. = **Euphorbia**

Lepadena Raf. = **Sarcostemma**

Lepanopsis Ames = **Lepanthopsis**

Lepantes Sw. = **Lepanthes**

Lepanthanthe (Schltr.) Szlach. = **Epidendrum**

Lepanthes Amplectentes Luer = **Lepanthes**

Lepanthes【3】Sw. 婴靴兰属 ← **Epidendrum;Pleurothallopsis;Andinia** Orchidaceae 兰科 [MM-723] 全球 (6) 大洲分布及种数(887-1217;hort.1;cult: 5)非洲:1;亚洲:22-34;大洋洲:7-40;欧洲:1;北美洲:294-435;南美洲:628-815

Lepanthopsis (Cogn.) Ames = **Lepanthopsis**

Lepanthopsis【2】Ames 微靴兰属 → **Trichosalpinx;Humboldtia** Orchidaceae 兰科 [MM-723] 全球 (4) 大洲分布及种数(44-49)大洋洲:1;欧洲:4;北美洲:24-28;南美洲:27-28

Lepanthos St.Lag. = **Lepianthes**

Lepanus L. = **Lupinus**

Lepargochloa Launert = **Loxodera**

Lepargyraea Raf. = **Elaeagnus**

Lepargyrea Raf. = **Shepherdia**

Lepatdenia Raf. = **Euphorbia**

Lepdidium Hook.f. & Wilson = **Lopidium**

Lepechinella Popov = **Lepechiniella**

Lepechinia Glomeratae Epling = **Lepechinia**

Lepechinia【3】Willd. 囊萼苏属 ← **Agastache;Stachys** Lamiaceae 唇形科 [MD-575] 全球 (1) 大洲分布及种数(39-45)◆南美洲

Lepechiniella【3】Popov 齿缘草属 ≒ **Lappula** Boraginaceae 紫草科 [MD-517] 全球 (1) 大洲分布及种数(9-10)◆亚洲

Lepedera Raf. = **Lespedeza**

Lepeocercis Trin. = **Dichanthium**

Lepeostegeres (Bl.) Bl. = **Lepeostegeres**

Lepeostegeres【3】Bl. 鳞盖寄生属 → **Loranthus** Loranthaceae 桑寄生科 [MD-415] 全球 (1) 大洲分布及种数(15-19)◆亚洲

Leperiza Herb. = **Urceolina**

Leperoma【3】(Hook.) Bastow 纽复叉苔属 Pseudolepicoleaceae 拟复叉苔科 [B-71] 全球 (2) 大洲分布及种数(cf.1) 大洋洲;南美洲

Lepervenchea Cordem. = **Angraecum**

Lepeta L. = **Nepeta**

Lephantes Sw. = **Lepianthes**

Lepia Desv. = **Zinnia**

Lepiactis Raf. = **Utricularia**

Lepiaglaia Pierre = **Aglaia**

Lepianthes【3】Raf. 鳞胡椒属 ≒ **Peperomia** Piperaceae 胡椒科 [MD-39] 全球 (1) 大洲分布及种数(uc)◆亚洲

Lepicaulon Raf. = **Anthericum**

Lepicaune Lapeyr. = **Crepis**

Lepicephalus Lag. = **Cephalaria**

Lepicline Less. = **Acanthocladium**

Lepicochlea N.Rojas Acosta = **Coronopus**

Lepicolea Dum. = **Lepicolea**

Lepicolea【3】Stephani 复叉苔属 ≒ **Sendtnera** Lepicoleaceae 复叉苔科 [B-67] 全球 (6) 大洲分布及种数(12-15)非洲:1-2;亚洲:11-15;大洋洲:4-6;欧洲:1;北美洲:1-2;南美洲:8-11

Lepicoleaceae【3】Stephani 复叉苔科 [B-67] 全球 (6) 大洲分布和属种数(1/11-15)非洲:1/1-2;亚洲:1/11-15;大洋洲:1/4-6;欧洲:1/1;北美洲:1/1-2;南美洲:1/8-11

Lepicystis (J.Sm.) J.Smith = **Polypodium**

Lepidacanthus【3】C.Presl 南美簪爵床属 Acanthaceae 爵床科 [MD-572] 全球 (1) 大洲分布及种数(2)◆南美洲

Lepidadenia Nees = **Litsea**

Lepidagasthis Kameyama = **Lepidagathis**

L

Lepidagathis 【3】 Willd. 鳞花草属 ← **Acanthus;Barleria;Ruellia** Acanthaceae 爵床科 [MD-572] 全球 (6) 大洲分布及种数(142-176;hort.1;cult:2)非洲:55-73;亚洲:70-86;大洋洲:6-12;欧洲:5;北美洲:7-12;南美洲:26-33
Lepidaglaia Dyer = **Aglaia**
Lepidanche Engelm. = **Cuscuta**
Lepidanthemum Klotzsch = **Rhexia**
Lepidanthus Nees = **Matricaria**
Lepidanthus Nutt = **Andrachne**
Lepidaploa 【3】 Cass. 无梗斑鸠菊属 ← **Cacalia;Conyza;Piptocarpha** Asteraceae 菊科 [MD-586] 全球 (6) 大洲分布及种数(159)非洲:19;亚洲:20;大洋洲:16;欧洲:9;北美洲:58;南美洲:125-127
Lepidaria 【3】 Van Tiegh. 鳞寄生属 ← **Loranthus;Lepidella** Loranthaceae 桑寄生科 [MD-415] 全球 (1) 大洲分布及种数(2-3)◆亚洲
Lepideilema Trin. = **Streptochaeta**
Lepidella 【-】 Van Tiegh. 桑寄生科属 ≒ **Leskeella** Loranthaceae 桑寄生科 [MD-415] 全球 (uc) 大洲分布及种数(uc)
Lepiderema 【3】 Radlk. 鳞皮无患子属 ≒ **Cupania** Sapindaceae 无患子科 [MD-428] 全球 (1) 大洲分布及种数(1-8)◆大洋洲
Lepidiberis Fourr. = **Lepidium**
Lepidion St.Lag. = **Lepidium**
Lepidiopsis Valeton = **Lepiniopsis**
Lepidiota (Pers.) A.Gray = **Phaseolus**
Lepidium DC. = **Lepidium**
Lepidium 【3】 L. 独行菜属 → **Aethionema;Draba;Sphaerocardamum** Brassicaceae 十字花科 [MD-213] 全球 (6) 大洲分布及种数(258-330;hort.1;cult: 14)非洲:57-95;亚洲:98-137;大洋洲:80-118;欧洲:45-84;北美洲:79-117;南美洲:81-122
Lepido Rosenblatt & Wilson = **Chrysogonum**
Lepidobolus 【3】 Nees 刺苞灯草属 ≒ **Hookeriopsis** Restionaceae 帚灯草科 [MM-744] 全球 (1) 大洲分布及种数(3-10)◆大洋洲(◆澳大利亚)
Lepidobotryaceae 【2】 J.Léonard 鳞球穗科 [MD-297] 全球 (2) 大洲分布和属种数(2/2)非洲:1/1;南美洲:1/1-1
Lepidobotrys 【3】 Engl. 鳞球穗属 Lepidobotryaceae 鳞球穗科 [MD-297] 全球 (1) 大洲分布及种数(1)◆非洲
Lepidocarpa Korth. = **Parinari**
Lepidocarpaceae F.W.Schultz & Sch.Bip. = Philydraceae
Lepidocarpon Desf. = **Ledocarpon**
Lepidocarpus Adans. = **Leucadendron**
Lepidocarpus P. & K. = **Parinari**
Lepidocarya Korth. ex Miq. = **Parinari**
Lepidocaryaceae Mart. = Emblingiaceae
Lepidocaryeae Mart. ex Dumort. = **Parinari**
Lepidocaryon Spreng. = **Lepidocaryum**
Lepidocaryum 【3】 Mart. 鳞果棕属 ← **Mauritia** Arecaceae 棕榈科 [MM-717] 全球 (1) 大洲分布及种数(2)◆南美洲
Lepidocaulon Copel. = **Histiopteris**
Lepidocephalus Lag. = **Cephalaria**
Lepidoceras 【3】 Hook.f. 对穗寄生属 ≒ **Viscum;Antidaphne** Santalaceae 檀香科 [MD-412] 全球 (1) 大洲分布及种数(3)◆南美洲
Lepidocerataceae Nakai = Loranthaceae
Lepidococca Turcz. = **Caperonia**
Lepidococcus H.Wendl. & Drude = **Mauritiella**
Lepidocoll Jungh. = **Flemingia**
Lepidocoma Jungh. = **Flemingia**
Lepidocordia 【3】 Ducke 鳞心紫草属 Boraginaceae 紫草科 [MD-517] 全球 (1) 大洲分布及种数(2-3)◆南美洲
Lepidocoryphantha Backeb. = **Coryphantha**
Lepidocyclus H.Wendl. & Drude = **Mauritia**
Lepidocyrtus Adans. = **Parinari**
Lepidoderma Labill. = **Lepidosperma**
Lepidodesma Klotzsch = **Austrobuxus**
Lepidogrammis Ching = **Lepidogrammitis**
Lepidogrammitis 【3】 Ching 骨牌蕨属 ← **Goniophlebium;Lemmaphyllum;Polypodium** Polypodiaceae 水龙骨科 [F-60] 全球 (1) 大洲分布及种数(cf. 1)◆亚洲
Lepidogyna 【3】 (Hook.) R.M.Schust. 南美多囊苔属 ≒ **Lepidolaena;Lepidozia** Lepidolaenaceae 多囊苔科 [B-77] 全球 (6) 大洲分布及种数(2)非洲:2;亚洲:2;大洋洲:2;欧洲:2;北美洲:2;南美洲:1-3
Lepidogyne 【3】 Bl. 鸟巢兰属 ← **Neottia** Orchidaceae 兰科 [MM-723] 全球 (1) 大洲分布及种数(1)◆亚洲
Lepidolaena Berggrenaria Grolle = **Lepidolaena**
Lepidolaena 【3】 Stephani 多囊苔属 ≒ **Lepidogyna** Lepidolaenaceae 多囊苔科 [B-77] 全球 (1) 大洲分布及种数(6)◆大洋洲
Lepidolaenaceae 【3】 Stephani 多囊苔科 [B-77] 全球 (6) 大洲分布和属种数(4/14-20)非洲:2/6;亚洲:2-3/2-8;大洋洲:2-4/8-14;欧洲:2/6;北美洲:2/6;南美洲:2-3/5-11
Lepidolejeunea (H.Rob.) R.M.Schust. = **Lepidolejeunea**
Lepidolejeunea 【2】 B.Thiers 指鳞苔属 ≒ **Lejeunea** Lejeuneaceae 细鳞苔科 [B-84] 全球 (5) 大洲分布及种数(18-19)非洲:1;亚洲:4;大洋洲:5;北美洲:3;南美洲:9
Lepidolopha 【3】 C.Winkl. 菊蒿属 ← **Tanacetum** Asteraceae 菊科 [MD-586] 全球 (1) 大洲分布及种数(3-8)◆亚洲
Lepidolopsis 【3】 Poljakov 菊属 ← **Chrysanthemum;Pseudohandelia** Asteraceae 菊科 [MD-586] 全球 (1) 大洲分布及种数(1-3)◆亚洲
Lepidomicrosorium 【3】 Ching & K.H.Shing 表面星蕨属 ← **Leptochilus;Microsorum;Polypodium** Polypodiaceae 水龙骨科 [F-60] 全球 (1) 大洲分布及种数(8-10)◆亚洲
Lepidomicrosorum Ching & Z.Y.Liu = **Lepidomicrosorium**
Lepidomys P.Beauv. = **Lycopodium**
Lepidonema Fisch. & C.A.Mey. = **Nothocalais**
Lepidoneuron (Willd.) Fée = **Nephrolepis**
Lepidonevron Fée = **Nephrolepis**
Lepidonia 【3】 S.F.Blake 层冠单毛菊属 ← **Cacalia;Lepidozia** Asteraceae 菊科 [MD-586] 全球 (1) 大洲分布及种数(9)◆北美洲
Lepidopa Taylor = **Lepidozia**
Lepidopappus Moç. & Sessé ex DC. = **Stevia**
Lepidopelma Klotzsch = **Myrsine**
Lepidopetalum 【3】 Bl. 鳞瓣无患子属 ≒ **Arytera** Sapindaceae 无患子科 [MD-428] 全球 (1) 大洲分布及种数(1-9)◆亚洲
Lepidopharynx Rusby = **Hippeastrum**
Lepidophora Zoll. ex Miq. = **Arnebia**

L

Lepidophorum【3】 Neck. 春黄菊属 ≒ **Anthemis** Asteraceae 菊科 [MD-586] 全球 (1) 大洲分布及种数(cf.1) ◆欧洲
Lepidophyllum【3】 Cass. 柏菀属 ≒ **Conyza; Parastrephia** Asteraceae 菊科 [MD-586] 全球 (1) 大洲分布及种数(1-3) 非洲,南美洲
Lepidophyma Klotzsch = **Austrobuxus**
Lepidophyton Benth. & Hook.f. = **Lophophytum**
Lepidophytum Hook.f. = **Lophophytum**
Lepidopilidium【2】 (Müll.Hal.) Broth. 细帽藓属 ≒ **Lepidopilum** Pilotrichaceae 茸帽藓科 [B-166] 全球 (5) 大洲分布及种数(30) 非洲:15;亚洲:1;欧洲:3;北美洲:4;南美洲:15
Lepidopilum【3】(Brid.) Brid. 细白藓属 ≒ **Lepisorus; Actinodontium** Pilotrichaceae 茸帽藓科 [B-166] 全球 (6) 大洲分布及种数(96) 非洲:14;亚洲:4;大洋洲:4;欧洲:6;北美洲:34;南美洲:66
Lepidopironia A.Rich. = **Tetrapogon**
Lepidoploa Sch.Bip. = **Lepidaploa**
Lepidopteris Gibbs = **Leptopteris**
Lepidopus Rosenblatt & Wilson = **Lepisorus**
Lepidopyronia Benth. = **Tetrapogon**
Lepidorrhachis【3】 (H.Wendl. & Drude) O.F.Cook 斜柱椰属 ← **Clinostigma** Arecaceae 棕榈科 [MM-717] 全球 (1) 大洲分布及种数(1)◆大洋洲(◆澳大利亚)
Lepidorthis P.Beauv. ex Mirb. = **Lycopodium**
Lepidoseris (Rchb.) Fourr. = **Crepis**
Lepidosis P.Beauv. = **Lycopodium**
Lepidospartum (A.Gray) A.Gray = **Lepidospartum**
Lepidospartum【3】 A.Gray 帚蟹甲属 ← **Carphephorus;Linosyris;Tetradymia** Asteraceae 菊科 [MD-586] 全球 (1) 大洲分布及种数(3-5)◆北美洲
Lepidosperma【2】 Labill. 鳞籽莎属 ≒ **Chaetospora; Baumea** Cyperaceae 莎草科 [MM-747] 全球 (4) 大洲分布及种数(28-89;hort.1;cult:1)非洲:1;亚洲:1;大洋洲:26-84;南美洲:1
Lepidospora (F.Müll) F.Müll = **Lepidospora**
Lepidospora【3】 F.Müll. 帚蟹莎草属 Cyperaceae 莎草科 [MM-747] 全球 (1) 大洲分布及种数(uc)◆大洋洲
Lepidostachys Wall. = **Aporosa**
Lepidostemon【3】 Hook.f. & Thoms. 鳞蕊芥属 ← **Christolea;Draba** Brassicaceae 十字花科 [MD-213] 全球 (1) 大洲分布及种数(cf. 1)◆亚洲
Lepidostephanus Bartl. = **Achyrachaena**
Lepidostephium【3】 Oliv. 齿缘紫绒草属 ← **Athrixia; Printzia** Asteraceae 菊科 [MD-586] 全球 (1) 大洲分布及种数(2)◆非洲(◆南非)
Lepidostola Shannon = **Lepidostoma**
Lepidostoma【3】 Bremek. 鳞孔草属 Rubiaceae 茜草科 [MD-523] 全球 (1) 大洲分布及种数(cf. 1)◆亚洲
Lepidotes P.Beauv. ex Mirb. = **Lycopodium**
Lepidoth P.Beauv. ex Mirb. = **Lycopodium**
Lepidothamnaceae Melikyan & A.V.Bobrov = Podocarpaceae
Lepidothamnus【2】 Phil. 沼银松属 ≒ **Dacrydium** Podocarpaceae 罗汉松科 [G-13] 全球 (2) 大洲分布及种数(4)大洋洲:2;南美洲:1
Lepidotheca Nutt. = **Matricaria**
Lepidothrix Todd = **Leiothrix**
Lepidotis (Baker ex E.Pritz.) Rothm. = **Lycopodium**
Lepidotosperma Röm. & Schult. = **Schoenus**
Lepidotrichilia【3】 (Harms) J.F.Leroy 鳞帚木属 ← **Ekebergia;Trichilia** Meliaceae 楝科 [MD-414] 全球 (1) 大洲分布及种数(4)◆非洲
Lepidotrichum Velen. & Bornm. = **Aurinia**
Lepidotu P.Beauv. ex Mirb. = **Lycopodium**
Lepidoturus Baill. = **Alchornea**
Lepidoturus Boj. = **Acalypha**
Lepidozamia【3】 Regel 鳞木铁属 ← **Encephalartos; Lepidozia** Zamiaceae 泽米铁科 [G-2] 全球 (1) 大洲分布及种数(3)◆大洋洲(◆澳大利亚)
Lepidozia (Dum.) Dum. = **Lepidozia**
Lepidozia【3】 Taylor 指叶苔属 ≒ **Sprucella; Paracromastigum** Lepidoziaceae 指叶苔科 [B-63] 全球 (6)大洲分布及种数(58-92)非洲:5-41;亚洲:31-65;大洋洲:32-78;欧洲:2-35;北美洲:8-41;南美洲:15-65
Lepidoziaceae Limpr. = Lepidoziaceae
Lepidoziaceae【3】Taylor 指叶苔科 [B-63] 全球 (6) 大洲分布和属种数(20-24;hort. & cult.1)(387-526;hort. & cult.1)非洲:4-10/28-99;亚洲:11-16/179-250;大洋洲:14-18/179-262;欧洲:3-9/12-78;北美洲:7-13/37-103;南美洲:12-16/84-176
Lepidura Dasch = **Lepidaria**
Lepidurus Janch. = **Parapholis**
Lepigonum (Fr.) Wahlb. = **Spergularia**
Lepilaena【3】 J.Drum. ex Harv. 水垫藻属 ← **Althenia** Zannichelliaceae 角茨藻科 [MM-613] 全球 (1) 大洲分布及种数(5-6)◆大洋洲
Lepimenes Raf. = **Cuscuta**
Lepinema Raf. = **Enicostema**
Lepinia【3】 Decne. 鳞桃木属 Apocynaceae 夹竹桃科 [MD-492] 全球 (1) 大洲分布及种数(cf. 1)◆东亚(◆中国)
Lepiniopsis【3】 Valeton 拟鳞桃木属 Apocynaceae 夹竹桃科 [MD-492] 全球 (1) 大洲分布及种数(cf. 1)◆亚洲
Lepionopsis Valeton = **Lepiniopsis**
Lepionurus【3】 Bl. 鳞尾木属 → **Urobotrya;Paraphlomis** Opiliaceae 山柚子科 [MD-369] 全球 (1) 大洲分布及种数(cf. 1)◆亚洲
Lepiostegeres Benth. & Hook.f. = **Lepeostegeres**
Lepiota【-】 (Pers.) A.Gray 豆科属 Fabaceae 豆科 [MD-240] 全球 (uc) 大洲分布及种数(uc)
Lepiphaia Raf. = **Celosia**
Lepipogon G.Bertol. = **Tricalysia**
Lepirhiza P. & K. = **Urceolina**
Lepirodia Juss. = **Lepyrodia**
Lepironia (Hassk.) Miq. = **Lepironia**
Lepironia【3】 Rich. 石龙刍属 → **Chorizandra; Mapania;Scirpus** Cyperaceae 莎草科 [MM-747] 全球 (1) 大洲分布及种数(3-4)◆大洋洲
Lepisanthes【3】 Bl. 鳞花木属 ≒ **Guioa;Anathallis** Sapindaceae 无患子科 [MD-428] 全球 (1) 大洲分布及种数(45-50)◆亚洲
Lepiscline Cass. = **Helichrysum**
Lepisia C.Presl = **Tetraria**
Lepisiota C.Presl = **Mariscus**
Lepisma E.Mey. = **Annesorhiza**
Lepismium (K.Schum.) Barthlott = **Lepismium**

Lepismium【3】Pfeiff. 蚯蚓苇属 → **Rhipsalis; Spergularia** Cactaceae 仙人掌科 [MD-100] 全球 (6) 大洲分布及种数(13-17)非洲:1;亚洲:1;大洋洲:1;欧洲:1;北美洲:3-4;南美洲:12-13
Lepisorus【3】(J.Sm.) Ching 瓦韦属 ← **Drynaria; Pleopeltis** Polypodiaceae 水龙骨科 [F-60] 全球 (6) 大洲分布及种数(115-132;hort.1;cult: 4)非洲:16-32;亚洲:104-133;大洋洲:8-21;欧洲:3-17;北美洲:9-22;南美洲:7-21
Lepista Singer = **Phaseolus**
Lepistachya Zipp. ex Miq. = **Mapania**
Lepistemon【3】Bl. 鳞蕊藤属 ← **Convolvulus;Vallaris** Convolvulaceae 旋花科 [MD-499] 全球 (6) 大洲分布及种数(13-15;hort.1)非洲:7-8;亚洲:5-8;大洋洲:6-7;欧洲:1;北美洲:1;南美洲:1
Lepistemonopsis【3】Dammer 类鳞蕊藤属 Convolvulaceae 旋花科 [MD-499] 全球 (1) 大洲分布及种数(1)◆非洲
Lepistemum Rchb. = **Lepistemon**
Lepistoma Bl. = **Cryptolepis**
Lepitoma Steud. = **Pleuropogon**
Lepiurus Dum. = **Lepturus**
Leplaea【-】Vermösen 楝科属 ≒ **Guarea** Meliaceae 楝科 [MD-414] 全球 (uc) 大洲分布及种数(uc)
Lepochilus Garay & H.R.Sw. = **Leochilus**
Lepophidium Rich. = **Lophidium**
Leporella【3】A.S.George 莱波兰属 ← **Caladenia; Leptoceras** Orchidaceae 兰科 [MM-723] 全球 (1) 大洲分布及种数(1)◆大洋洲
Leportea Pierre ex Van Tiegh. = **Dendrocnide**
Leposma Bl. = **Dontostemon**
Leposorus Schlecht. = **Pleopeltis**
Lepostegeres Van Tiegh. = **Lepeostegeres**
Lepralia Raf. = **Fraxinus**
Leprosis Hoffmanns. = **Anthemis**
Lepsia Klotzsch = **Begonia**
Lepta Lour. = **Melicope**
Leptacanthus【3】Nees 延苞蓝属 ← **Strobilanthes** Acanthaceae 爵床科 [MD-572] 全球 (1) 大洲分布及种数(uc)◆大洋洲
Leptacis Raf. = **Heuchera**
Leptactina【3】Hook.f. 沙星花属 → **Dictyandra;Mussaenda;Randia** Rubiaceae 茜草科 [MD-523] 全球 (1) 大洲分布及种数(18-32)◆非洲
Leptactinia Hook.f. = **Leptactina**
Leptadenia【2】R.Br. 火鞭麻属 ← **Asclepias; Microloma;Sarcostemma** Apocynaceae 夹竹桃科 [MD-492] 全球 (4) 大洲分布及种数(10)非洲:5-8;亚洲:3-4;大洋洲:1;北美洲:1
Leptaena R.Br. = **Leptadenia**
Leptagrostis【3】C.E.Hubb. 刺毛叶草属 ← **Calamagrostis** Poaceae 禾本科 [MM-748] 全球 (1) 大洲分布及种数(1)◆非洲(◆埃塞俄比亚)
Leptalea D.Don ex Hook. & Arn. = **Gnaphalium**
Leptaleum【3】DC. 丝叶芥属 ← **Erysimum;Lepidium;Sisymbrium** Brassicaceae 十字花科 [MD-213] 全球 (1) 大洲分布及种数(cf. 1)◆亚洲
Leptalis Raf. = **Fraxinus**
Leptalium G.Don = **Leptaleum**
Leptalix Raf. = **Fraxinus**
Leptaloe Stapf = **Aloe**
Leptaloinella G.D.Rowley = **Aloinella**
Leptamnium Raf. = **Epifagus**
Leptandra【3】Nutt. 婆婆纳属 ≒ **Ossaea** Plantaginaceae 车前科 [MD-527] 全球 (1) 大洲分布及种数(2)◆北美洲
Leptandria Nutt. = **Leptandra**
Leptangium Mont. = **Erpodium**
Leptanthe Klotzsch = **Diplazium**
Leptanthes Wight ex Wall. = **Lepanthes**
Leptanthura Michx. = **Commelina**
Leptanthus Michx. = **Heteranthera**
Leptargyreia Schlecht. = **Shepherdia**
Leptarrhena【3】R.Br. 檀郎草属 → **Darmera; Saxifraga** Saxifragaceae 虎耳草科 [MD-231] 全球 (1) 大洲分布及种数(2)◆北美洲
Leptasea【-】Haw. 虎耳草科属 ≒ **Saxifraga** Saxifragaceae 虎耳草科 [MD-231] 全球 (uc) 大洲分布及种数(uc)
Leptaspis【3】R.Br. 囊稃竺属 ← **Pharus;Scrotochloa** Poaceae 禾本科 [MM-748] 全球 (6) 大洲分布及种数(4)非洲:3-5;亚洲:2-4;大洋洲:3-5;欧洲:2;北美洲:2;南美洲:2
Leptastacus G.Mey. = **Leptochloa**
Leptastrea Haw. = **Saxifraga**
Leptatherum Nees = **Microstegium**
Leptaulaceae【3】Van Tiegh. 瘦茱萸科 [MD-453] 全球 (6) 大洲分布和属种数(1/6-10)非洲:1/6-9;亚洲:1/2;大洋洲:1/2;欧洲:1/2;北美洲:1/2;南美洲:1/2
Leptaulus【3】Benth. 瘦弱茱萸属 → **Icacina;Alsodeiopsis** Cardiopteridaceae 心翼果科 [MD-452] 全球 (1) 大洲分布及种数(6-9)◆非洲
Leptauminia B.Makin ex G.D.Rowley = **Aloe**
Leptaxinus Raf. = **Heuchera**
Leptaxis Raf. = **Tolmiea**
Leptea Pimenov = **Leutea**
Leptecophylla【3】C.M.Weiller 杜松石南属 Ericaceae 杜鹃花科 [MD-380] 全球 (1) 大洲分布及种数(11)◆大洋洲
Lepteiris Raf. = **Tetranema**
Leptemon Raf. = **Crotonopsis**
Lepteranthus Neck ex Cass. = **Centaurea**
Lepteria N.E.Br. = **Erica**
Lepterica N.E.Br. = **Erica**
Lepthyaena Thou. = **Leptolaena**
Leptica DC. = **Quararibea**
Leptidium【-】C.Presl 蝶形花科属 ≒ **Lepidium** Fabaceae3 蝶形花科 [MD-240] 全球 (uc) 大洲分布及种数(uc)
Leptilix Raf. = **Anthericum**
Leptilon Raf. = **Erigeron**
Leptinaria Van Tiegh. = **Lepidaria**
Leptinella【3】Cass. 异柱菊属 ← **Cotula;Plagiocheilus** Asteraceae 菊科 [MD-586] 全球 (6) 大洲分布及种数(32-38;hort.1)非洲:7-8;亚洲:3-4;大洋洲:27-30;欧洲:4-5;北美洲:3-4;南美洲:5-6
Leptinia Juel = **Lepinia**
Leptis E.Mey. ex Eckl. & Zeyh. = **Lotononis**
Lepto Lour. = **Phaseolus**
Leptoarachniodes【3】Nakaike 疏毛蕨属 Dryopterida-

L

ceae 鳞毛蕨科 [F-49] 全球 (1) 大洲分布及种数(1)◆亚洲
Leptobaea【3】 Benth. 细蒴苣苔属 Gesneriaceae 苦苣苔科 [MD-549] 全球 (1) 大洲分布及种数(2)◆亚洲
Leptobalanus【3】 (Benth.) Sothers & Prance 疏蒴李属 Chrysobalanaceae 可可李科 [MD-243] 全球 (1) 大洲分布及种数(uc)◆非洲
Leptobarbula【2】 Schimp. 疏丛藓属 ≒ **Streblotrichum** Pottiaceae 丛藓科 [B-133] 全球 (4) 大洲分布及种数(1) 非洲:1;亚洲:1;欧洲:1;北美洲:1
Leptobasis Dulac = **Sisymbrium**
Leptoboea (C.B.Clarke) Gamble ex C.B.Clarke = **Leptoboea**
Leptoboea【3】 Benth. 细蒴苣苔属 ≒ **Leptobaea; Championia** Gesneriaceae 苦苣苔科 [MD-549] 全球 (1) 大洲分布及种数(1-2)◆亚洲
Leptobotrys Baill. = **Tragia**
Leptobrama J.Jay Sm. = **Leptogramma**
Leptobryum【3】 (Schimp.) Wilson 薄囊藓属 ≒ **Leucobryum** Meesiaceae 寒藓科 [B-144] 全球 (6) 大洲分布及种数(4) 非洲:2;亚洲:1;大洋洲:2;欧洲:1;北美洲:2;南美洲:3
Leptobyrsa Hook.f. = **Leptothyrsa**
Leptoc Lour. = **Phaseolus**
Leptocallis G.Don = **Ipomoea**
Leptocallisia【3】 (Benth. & Hook.f.) Pichon 锦竹草属 ≒ **Callisia** Commelinaceae 鸭跖草科 [MM-708] 全球 (1) 大洲分布及种数(1)◆非洲
Leptocanna L.C.Chia & H.L.Fung = **Schizostachyum**
Leptocarpaea DC. = **Sisymbrium**
Leptocarpha DC. = **Helenium**
Leptocarpus【3】 R.Br. 穗薄果草属 ≒ **Apodasmia** Restionaceae 帚灯草科 [MM-744] 全球 (1) 大洲分布及种数(18-23)◆大洋洲(◆澳大利亚)
Leptocarpydion Hochst. ex Benth. & Hook.f. = **Leptocarydion**
Leptocarydion【3】 Hochst. ex Benth. & Hook.f. 小颖果草属 ← **Diplachne** Poaceae 禾本科 [MM-748] 全球 (1) 大洲分布及种数(1)◆非洲
Leptocaulis Nutt. ex DC. = **Apium**
Leptocentrum Schltr. = **Aerangis**
Leptocentrus Schltr. = **Aerangis**
Leptocephalus Lag. = **Scabiosa**
Leptocera (R.Br.) Lindl. = **Leptoceras**
Leptoceras【3】 (R.Br.) Lindl. 野兔兰属 ≒ **Leporella; Caladenia** Orchidaceae 兰科 [MM-723] 全球 (1) 大洲分布及种数(1-2)◆南美洲
Leptocercus Raf. = **Lepturus**
Leptocereus【3】 Britton & Rose 细角柱属 ← **Cactus;Cereus** Cactaceae 仙人掌科 [MD-100] 全球 (1) 大洲分布及种数(7-16)◆北美洲
Leptoch E.Mey. ex DC. = **Gerbera**
Leptochaete Benth. = **Pseudolepicolea**
Leptochela Bate = **Leptochloa**
Leptochelia P.Beauv. = **Leptochloa**
Leptochilus【3】 Kaulfuss. 薄唇蕨属 ← **Acrostichum; Steenisioblechnum** Polypodiaceae 水龙骨科 [F-60] 全球 (6) 大洲分布及种数(42-99;hort.1;cult: 3)非洲:8-18;亚洲:33-50;大洋洲:7-17;欧洲:10;北美洲:8-18;南美洲:2-13
Leptochiton【3】 Sealy 纹鬼蕉属 ← **Hymenocallis;Pamianthe;Trichoneura** Amaryllidaceae 石蒜科 [MM-694] 全球 (1) 大洲分布及种数(2)◆南美洲
Leptochlaena【3】 Spreng. 真藓科属 ≒ **Leptolaena** Bryaceae 真藓科 [B-146] 全球 (1) 大洲分布及种数(2)◆南美洲
Leptochloa (Jacq.) Nees = **Leptochloa**
Leptochloa【3】 P.Beauv. 千金子属 → **Acrachne; Agrostis;Megastachya** Poaceae 禾本科 [MM-748] 全球 (6) 大洲分布及种数(42-46;hort.1;cult: 3)非洲:17-39;亚洲:16-38;大洋洲:14-36;欧洲:2-24;北美洲:24-46;南美洲:16-38
Leptochlon Link = **Megastachya**
Leptochloopsis【3】 H.O.Yates 小盼草属 ≒ **Chasmanthium** Poaceae 禾本科 [MM-748] 全球 (1) 大洲分布及种数(cf.1)◆北美洲(◆美国)
Leptochloris P. & K. = **Eustachys**
Leptocionium【3】 C.Presl 华东膜蕨属 ← **Hymenophyllum** Hymenophyllaceae 膜蕨科 [F-21] 全球 (1) 大洲分布及种数(1)◆亚洲
Leptocladia【3】 Buxb. 栗属 ≒ **Mammillaria** Cactaceae 仙人掌科 [MD-100] 全球 (1) 大洲分布及种数(1)◆北美洲
Leptocladiella【2】 M.Fleisch. 薄壁藓属 Hylocomiaceae 塔藓科 [B-193] 全球 (2) 大洲分布及种数(3) 亚洲:2;大洋洲:1
Leptocladium【3】 Broth. 薄羽藓属 Leskeaceae 薄罗藓科 [B-181] 全球 (1) 大洲分布及种数(1)◆亚洲
Leptocladodia Buxb. = **Leucothoe**
Leptocladus Oliv. = **Mostuea**
Leptocldiella M.Fleisch. = **Leptocladiella**
Leptoclinium【3】 (Nutt.) A.Gray 粉香菊属 ≒ **Garberia** Asteraceae 菊科 [MD-586] 全球 (1) 大洲分布及种数(1)◆南美洲
Leptoclinum Benth. = **Leptoclinium**
Leptocnemia Nutt. ex Torr. & A.Gray = **Leptonema**
Leptocnide Bl. = **Pouzolzia**
Leptocodon【3】 Lem. 细钟花属 ← **Codonopsis; Treichelia** Campanulaceae 桔梗科 [MD-561] 全球 (1) 大洲分布及种数(cf. 1)◆亚洲
Leptocolea (Spruce) A.Evans = **Leptocolea**
Leptocolea【2】 Stephani 残叶苔属 ← **Cololejeunea; Lophocolea;Pedinolejeunea** Lejeuneaceae 细鳞苔科 [B-84] 全球 (5) 大洲分布及种数(cf.1) 非洲;亚洲;大洋洲;北美洲;南美洲
Leptocoma Less. = **Rhynchospermum**
Leptocoryphium【3】 Nees 绢鳞草属 ≒ **Anthaenantia** Poaceae 禾本科 [MM-748] 全球 (1) 大洲分布及种数(1)◆北美洲
Leptocotis Hoffmanns. = **Ursinia**
Leptocuma Sars = **Leptonema**
Leptocyamus Benth. = **Glycine**
Leptocypris Harley & J.F.B.Pastore = **Leptohyptis**
Leptodactylon【3】 Hook. & Arn. 刺叶麻属 ← **Gilia; Navarretia;Acanthogilia** Polemoniaceae 花荵科 [MD-481] 全球 (1) 大洲分布及种数(7-25)◆北美洲
Leptodaphne Nees = **Ocotea**
Leptodea Say = **Leptoboea**
Leptodendrum auct. = **Aeranthes**
Leptoderma Wall. = **Leptodermis**

L

Leptodermis【3】 Wall. 野丁香属 ≒ **Hamiltonia; Serissa** Rubiaceae 茜草科 [MD-523] 全球 (1) 大洲分布及种数(42-57)◆亚洲
Leptoderris【3】 Dunn 小花豆属 ← **Deguelia** Fabaceae 豆科 [MD-240] 全球 (1) 大洲分布及种数(26-28)◆非洲
Leptodesmia【3】 Benth. 小束豆属 ← **Desmodium** Fabaceae 豆科 [MD-240] 全球 (1) 大洲分布及种数(3-5)◆非洲
Leptodictya (Schimp.) Warnst. = **Leptodictyum**
Leptodictyum【3】 (Schimp.) Warnst. 薄网藓属 ≒ **Skitophyllum;Amblystegium** Amblystegiaceae 柳叶藓科 [B-178] 全球 (6) 大洲分布及种数(14) 非洲:1;亚洲:6;大洋洲:1;欧洲:3;北美洲:7;南美洲:5
Leptodomus Schlecht. = **Pontederia**
Leptodon【3】 D.Mohr 瘦齿藓属 ≒ **Hookeria;Neckera** Neckeraceae 平藓科 [B-204] 全球 (6) 大洲分布及种数(6) 非洲:3;亚洲:2;大洋洲:2;欧洲:4;北美洲:1;南美洲:1
Leptodontaceae Schimp. = Neckeraceae
Leptodontella R.H.Zander & E.H.Hegew. = **Leptodontiella**
Leptodontidium (Müll.Hal.) Hampe ex Lindb. = **Leptodontium**
Leptodontiella【2】 R.H.Zander & E.H.Hegew. 墨丛藓属 Pottiaceae 丛藓科 [B-133] 全球 (2) 大洲分布及种数(1) 北美洲:1;南美洲:1
Leptodontiopsis【2】 Broth. 非洲木灵藓属 ≒ **Zygodon** Orthotrichaceae 木灵藓科 [B-151] 全球 (2) 大洲分布及种数(4) 非洲:3;亚洲:1
Leptodontium【3】 (Müll.Hal.) Hampe ex Lindb. 薄齿藓属 ≒ **Neckera;Amphoridium** Pottiaceae 丛藓科 [B-133] 全球 (6) 大洲分布及种数(65) 非洲:22;亚洲:16;大洋洲:8;欧洲:7;北美洲:21;南美洲:43
Leptodrymus Cope = **Leptormus**
Leptoecia Chamberlin = **Leptolepia**
Leptofeddea Diels = **Leptoglossis**
Leptogium【3】 (Ach.) A.Gray 细桔梗属 ≒ **Polychidium;Spergularia** Campanulaceae 桔梗科 [MD-561] 全球 (6) 大洲分布及种数(1)非洲:24;亚洲:24;大洋洲:24;欧洲:24;北美洲:24;南美洲:24
Leptoglossis【3】 Benth. 细舌茄属 → **Hunzikeria; Nierembergia;Salpiglossis** Solanaceae 茄科 [MD-503] 全球 (1) 大洲分布及种数(9-11)◆南美洲
Leptoglottis【3】 DC. 无刺含羞草属 ≒ **Schrankia; Mimosa** Fabaceae3 蝶形花科 [MD-240] 全球 (1) 大洲分布及种数(9)◆北美洲
Leptogonum【3】 Benth. 海地蓼属 Polygonaceae 蓼科 [MD-120] 全球 (1) 大洲分布及种数(1-2)◆北美洲
Leptogramma【3】 J.Jay Sm. 茯蕨属 → **Cyclogramma; Thelypteris;Cornopteris** Thelypteridaceae 金星蕨科 [F-42] 全球 (6) 大洲分布及种数(11-12)非洲:4;亚洲:10-15;大洋洲:4;欧洲:1-5;北美洲:1-5;南美洲:4
Leptoguarianthe【-】 J.M.H.Shaw 兰科属 Orchidaceae 兰科 [MM-723] 全球 (uc) 大洲分布及种数(uc)
Leptogyne Less. = **Cotula**
Leptohymenium Julacea Besch. = **Leptohymenium**
Leptohymenium【2】 Schwägr. 薄膜藓属 ≒ **Palamocladium** Hylocomiaceae 塔藓科 [B-193] 全球 (4) 大洲分布及种数(10) 非洲:2;亚洲:5;欧洲:1;北美洲:3
Leptohyptis【3】 Harley & J.F.B.Pastore 簪芩属 Lamiaceae 唇形科 [MD-575] 全球 (1) 大洲分布及种数(5)◆南美洲
Leptoischyrodon【3】 Dixon 非洲锦藓属 Fabroniaceae 碎米藓科 [B-173] 全球 (1) 大洲分布及种数(1)◆非洲
Leptojulis Nutt. ex DC. = **Apium**
Leptokeria auct. = **Leptolepia**
Leptolaelia auct. = **Laelia**
Leptolaena (Baker) Cavaco = **Leptolaena**
Leptolaena【3】 Thou. 薄杯花属 → **Mediusella;Sarcolaena** Sarcolaenaceae 苞杯花科 [MD-153] 全球 (1) 大洲分布及种数(12-14)◆非洲
Leptolebias Prantl = **Leptolepia**
Leptolejeunea (Spruce) Steph. = **Leptolejeunea**
Leptolejeunea【3】 Zwickel 薄鳞苔属 ≒ **Pycnolejeunea; Ophthalmolejeunea** Lejeuneaceae 细鳞苔科 [B-84] 全球 (6)大洲分布及种数(22-25)非洲:2-17;亚洲:11-25;大洋洲:4-17;欧洲:13;北美洲:3-16;南美洲:10-23
Leptolepia【3】 Mettenius. ex Kuhn 鳞足蕨属 → **Oenotrichia** Dennstaedtiaceae 碗蕨科 [F-26] 全球 (1) 大洲分布及种数(6-8)◆大洋洲(◆澳大利亚)
Leptolepidium【3】 K.H.Shing & S.K.Wu 薄鳞蕨属 ≒ **Aleuritopteris** Pteridaceae 凤尾蕨科 [F-31] 全球 (1) 大洲分布及种数(3-4)◆亚洲
Leptolepis Böck. = **Scirpus**
Leptolinea Börner = **Abildgaardia**
Leptolobium Benth. = **Leptolobium**
Leptolobium【2】 Vog. 斯威豆属 ≒ **Ormosia** Fabaceae 豆科 [MD-240] 全球 (2) 大洲分布及种数(13)北美洲:1;南美洲:12
Leptoloma【3】 Chase 摩擦草属 ← **Digitaria** Poaceae 禾本科 [MM-748] 全球 (1) 大洲分布及种数(3)属分布和种数(uc)◆北美洲
Leptomeria Endl. = **Leptomeria**
Leptomeria【3】 R.Br. 薦果寄生属 ≒ **Choretrum; Exocarpos;Omphacomeria** Santalaceae 檀香科 [MD-412] 全球 (1) 大洲分布及种数(5-35)◆大洋洲(◆澳大利亚)
Leptometria R.Br. = **Leptomeria**
Leptomias Hoffmanns. = **Ursinia**
Leptomischus【3】 Drake 多管花属 Rubiaceae 茜草科 [MD-523] 全球 (1) 大洲分布及种数(cf. 1)◆亚洲
Leptomon Steud. = **Leptodon**
Leptomysis Dulac = **Sisymbrium**
Leptonchus Thou. = **Leptorchis**
Leptoncyhia Bedd. = **Leptonychia**
Leptonema【3】 A.Juss. 萩叶茶属 ≒ **Acalypha** Phyllanthaceae 叶下珠科 [MD-222] 全球 (6) 大洲分布及种数(3)非洲:2-3;亚洲:1;大洋洲:1;欧洲:1;北美洲:1-2;南美洲:1
Leptonereis Monro = **Leptocereus**
Leptoniella Cass. = **Leptinella**
Leptonium Griff. = **Spergularia**
Leptonotus Schlecht. = **Pontederia**
Leptonychia【2】 Turcz. 细爪梧桐属 ← **Grewia** Malvaceae 锦葵科 [MD-203] 全球 (2) 大洲分布及种数(40)非洲:24-36;亚洲:cf.1
Leptonychiopsis【3】 Ridl. 锦葵科属 Malvaceae 锦葵科 [MD-203] 全球 (1) 大洲分布及种数(uc)◆大洋洲
Leptopaetia Harv. = **Periploca**
Leptopelis Günther = **Leptopteris**

L

Leptopelma Klotzsch = **Austrobuxus**
Leptopeltus Cass. = **Leysera**
Leptopenus Moseley = **Leptopus**
Leptopetalum 【2】 Hook. & Arn. 蛇舌草属 ≒ **Oldenlandia** Rubiaceae 茜草科 [MD-523] 全球 (3) 大洲分布及种数(5) 非洲:1;亚洲:3;大洋洲:3
Leptopetion Schott = **Eminium**
Leptopha O.E.Schulz = **Nephrolepis**
Leptopharyngia (Stapf) Boiteau = **Tabernaemontana**
Leptopharynx 【3】 Rydb. 岩雏菊属 ← **Perityle; Laphamia** Asteraceae 菊科 [MD-586] 全球 (1) 大洲分布及种数(2)◆北美洲(◆美国)
Leptophascum 【2】 (Müll.Hal.) J.Gürra & M.J.Cano 纤丛藓属 Pottiaceae 丛藓科 [B-133] 全球 (2) 大洲分布及种数(uc) 非洲;亚洲
Leptophobia Kirby = **Helenium**
Leptophoenix Becc. = **Pinanga**
Leptophora Raf. = **Leptopoda**
Leptophycis Cass. = **Leysera**
Leptophyllochloa 【3】 C.E.Calderón 纤细草属 ≒ **Trisetum** Poaceae 禾本科 [MM-748] 全球 (1) 大洲分布及种数(cf.)◆南美洲
Leptophyllopsis 【2】 (Stephani) J.J.Engel 南美地萼苔属 ≒ **Lophocolea** Lophocoleaceae 齿萼苔科 [B-74] 全球 (2) 大洲分布及种数(2)大洋洲:cf.1;南美洲:1
Leptophyllum Ehrh. = **Arenaria**
Leptophyllum Lindb. = **Anogramma**
Leptophysa Hook.f. = **Leptothyrsa**
Leptophytus Cass. = **Leysera**
Leptopisa Decne. = **Leptopus**
Leptoplax O.E.Schulz = **Nephrolepis**
Leptopleuria C.Presl = **Nephrolepis**
Leptopoda 【-】 Nutt. 菊科属 ≒ **Inula** Asteraceae 菊科 [MD-586] 全球 (uc) 大洲分布及种数(uc)
Leptopodia Nutt. = **Leptopoda**
Leptopogon Borzì = **Andropogon**
Leptoporus Decne. = **Leptopus**
Leptopsis Steud. = **Rhytachne**
Leptopterigynandrum 【2】 Müll.Hal. 叉羽藓属 ≒ **Pterigynandrum** Leskeaceae 薄罗藓科 [B-181] 全球 (4) 大洲分布及种数(12) 非洲:1;亚洲:9;北美洲:3;南美洲:5
Leptopterigynandtum Müll.Hal. = **Leptopterigynandrum**
Leptopteris Bl. = **Leptopteris**
Leptopteris 【2】 C.Presl 膜紫萁属 Osmundaceae 紫萁科 [F-16] 全球 (2) 大洲分布及种数(7) 非洲:2;大洋洲:7
Leptopterygynandrum Müll.Hal. ex Broth. = **Leptopterigynandrum**
Leptoptygma Arn. = **Leptostigma**
Leptopus 【3】 Decne. 雀舌木属 ≒ **Euphorbia;Chorisandrachne;Phyllanthus** Phyllanthaceae 叶下珠科 [MD-222] 全球 (6) 大洲分布及种数(10-13)非洲:12;亚洲:9-23;大洋洲:1-13;欧洲:12;北美洲:12;南美洲:12
Leptopyrum 【3】 Raf. 蓝堇草属 Ranunculaceae 毛茛科 [MD-38] 全球 (1) 大洲分布及种数(cf. 1)◆亚洲
Leptorchis 【3】 Thou. 篳子兰属 ≒ **Liparis;Leptonychiopsis;Bolbitis** Orchidaceae 兰科 [MM-723] 全球 (6) 大洲分布及种数(6-7)非洲:1;亚洲:1;大洋洲:5-6;欧洲:1;北美洲:1;南美洲:1
Leptordermis DC. = **Leptoderris**

Leptorhabdos 【3】 Schrenk 方茎草属 Orobanchaceae 列当科 [MD-552] 全球 (1) 大洲分布及种数(cf. 1)◆亚洲
Leptorhachis (Harv.) Müll.Arg. = **Tragia**
Leptorhachys Meisn. = **Acalypha**
Leptorhaphis 【-】 Kâňšâňâörb. 大戟科属 Euphorbiaceae 大戟科 [MD-217] 全球 (uc) 大洲分布及种数(uc)
Leptorhoeo C.B.Clarke = **Callisia**
Leptorhoes C.B.Clarke = **Callisia**
Leptorhynchos 【3】 Less. 薄喙金绒草属 ← **Chrysocoma;Podolepis;Rhodanthe** Asteraceae 菊科 [MD-586] 全球 (1) 大洲分布及种数(10-11)◆大洋洲(◆澳大利亚)
Leptorhynchus F.Müll = **Leptorhynchos**
Leptorkis Thou. = **Liparis**
Leptormus 【3】 Eckl. & Zeyh. 喜光芥属 ← **Heliophila** Brassicaceae 十字花科 [MD-213] 全球 (1) 大洲分布及种数(cf.1)◆非洲
Leptorrhyncho-hypnum Hampe = **Trichosteleum**
Leptorrhynchus F.Müll = **Rhodanthe**
Leptorumohra (H.Itô) H.Itô = **Leptorumohra**
Leptorumohra 【3】 H.Itô 毛枝蕨属 ≒ **Arachniodes; Dryopteris** Dryopteridaceae 鳞毛蕨科 [F-49] 全球 (6) 大洲分布及种数(6)非洲:1;亚洲:5-7;大洋洲:1;欧洲:1;北美洲:1;南美洲:1
Leptosaccharum (Hack.) A.Camus = **Eriochrysis**
Leptosalenia C.Presl = **Leptosolena**
Leptosca Hook.f. = **Leptoscela**
Leptoscarus Quoy & Gaimard = **Leptocarpus**
Leptoscela 【3】 Hook.f. 细脉茜属 Rubiaceae 茜草科 [MD-523] 全球 (1) 大洲分布及种数(1)◆南美洲
Leptoscelis Hook.f. = **Leptoscela**
Leptoschoenus Nees = **Rhynchospora**
Leptoschoinus Nees = **Actinoschoenus**
Leptoscyphopsis 【-】 R.M.Schust. 地萼苔科属 Geocalycaceae 地萼苔科 [B-49] 全球 (uc) 大洲分布及种数(uc)
Leptoscyphus (R.M.Schust.) R.M.Schust. = **Leptoscyphus**
Leptoscyphus 【3】 Vanderp.A.Schäfer-Verwimp & D.G.Long 薄萼苔属 ≒ **Leioscyphus** Lophocoleaceae 齿萼苔科 [B-74] 全球 (6) 大洲分布及种数(24)非洲:4-6;亚洲:3-5;大洋洲:6-8;欧洲:1-3;北美洲:2-4;南美洲:14-16
Leptosema 【3】 Benth. 缎带豆属 ← **Brachysema** Fabaceae 豆科 [MD-240] 全球 (1) 大洲分布及种数(1-15)◆大洋洲(◆澳大利亚)
Leptoseris Nutt = **Malacothrix**
Leptoserolis Nutt. = **Atrichoseris**
Leptosiaphos Tornier = **Leptosiphon**
Leptosilene Fourr. = **Leptosolena**
Leptosiphon 【3】 Benth. 福禄麻属 ← **Gilia;Navarretia; Linanthus** Polemoniaceae 花荵科 [MD-481] 全球 (6) 大洲分布及种数(32-39)非洲:1;亚洲:1;大洋洲:1;欧洲:1;北美洲:31-37;南美洲:1-2
Leptosiphonia (Thuret) Kylin = **Leptosiphon**
Leptosiphonium 【3】 F.Müll. 拟地皮消属 Acanthaceae 爵床科 [MD-572] 全球 (1) 大洲分布及种数(10)◆亚洲
Leptoskela Hook.f. = **Leptoscela**
Leptosolena 【3】 C.Presl 细管姜属 ≒ **Alpinia** Zingiberaceae 姜科 [MM-737] 全球 (1) 大洲分布及种数(cf.1) ◆亚洲
Leptosomus D.F.L.Schlechtendal = **Eichhornia**

L

Leptosophrocattleya【-】 J.M.H.Shaw 兰科属 Orchidaceae 兰科 [MM-723] 全球 (uc) 大洲分布及种数(uc)
Leptospartion Griff. = **Lagerstroemia**
Leptospermaceae Bercht. & J.Presl = Psiloxylaceae
Leptospermopsis S.Moore = **Leptospermum**
Leptospermum【3】 J.R.Forst. & G.Forst. 鱼柳梅属 → **Agonis;Kunzea;Nania** Myrtaceae 桃金娘科 [MD-347] 全球 (1) 大洲分布及种数(30-122)◆大洋洲
Leptospron【3】 (Benth. & Hook.f.) A.Delgado 纤细豆属 ≒ **phaseolus** Fabaceae 豆科 [MD-240] 全球 (1) 大洲分布及种数(2)◆北美洲
Leptostachia Adans. = **Phryma**
Leptostachya Benth. & Hook.f. = **Leptostachya**
Leptostachya【3】 Nees 纤穗爵床属 ← **Justicia; Ptyssiglottis** Acanthaceae 爵床科 [MD-572] 全球 (6) 大洲分布及种数(5-8)非洲:2;亚洲:4-6;大洋洲:2;欧洲:2;北美洲:2;南美洲:2
Leptostachys Ehrh. = **Leptochloa**
Leptostegia D.Don = **Onychium**
Leptostegia Zipp. = **Polypodium**
Leptostegna D.Don = **Dendrobium**
Leptostelma【3】 D.Don 小蓬草属 ≒ **Erigeron** Asteraceae 菊科 [MD-586] 全球 (1) 大洲分布及种数(7-8)◆南美洲
Leptostemma Bl. = **Dischidia**
Leptostictolejeunea (R.M.Schust.) R.M.Schust. = **Stictolejeunea**
Leptostigma【3】 Arn. 细柱茜属 ← **Coprosma;Nertera; Oldenlandia** Rubiaceae 茜草科 [MD-523] 全球 (6) 大洲分布及种数(7-8)非洲:1;亚洲:1-2;大洋洲:3-5;欧洲:1;北美洲:1;南美洲:4-5
Leptostomaceae Schwägr. = Leptostomataceae
Leptostomataceae【2】 Schwägr. 圈藓科 [B-150] 全球 (3) 大洲分布和属种数(1/7-10)亚洲:1/2-3; 大洋洲:1/6; 南美洲:1/2-3
Leptostomopsis【2】 (Müll.Hal. ex Broth.) J.R.Spence & H.P.Ramsay 墨西哥真藓属 Bryaceae 真藓科 [B-146] 全球 (2) 大洲分布及种数(2)北美洲:cf.1;南美洲:1
Leptostomum【2】 R.Br. 圈藓属 ≒ **Leptodontium** Leptostomataceae 圈藓科 [B-150] 全球 (4) 大洲分布及种数(15) 亚洲:6;大洋洲:9;欧洲:2;南美洲:3
Leptostroma Sacc.var.majus Trail = **Leptostigma**
Leptostylis【3】 Benth. 龙须榄属 Sapotaceae 山榄科 [MD-357] 全球 (1) 大洲分布及种数(8)◆大洋洲
Leptosyne DC. = **Coreopsis**
Leptotaenia【3】 Nutt. ex Torr. & A.Gray 细芹属 ← **Ferula;Cogswellia;Cymopterus** Apiaceae 伞形科 [MD-480] 全球 (1) 大洲分布及种数(2-10)◆北美洲
Leptotarsus Young & Gelhaus = **Leptocarpus**
Leptoterantha【3】 Louis ex Troupin 柔花藤属 ← **Kolobopetalum** Menispermaceae 防己科 [MD-42] 全球 (1) 大洲分布及种数(1)◆非洲
Leptotes【3】 Lindl. 筒叶兰属 → **Loefgrenianthus;Tetramicra;Leptopus** Orchidaceae 兰科 [MM-723] 全球 (1) 大洲分布及种数(9-12)◆南美洲
Leptotheca Euleptotheca Thér. = **Leptotheca**
Leptotheca【2】 Schwägr. 大洋洲细桧藓属 ≒ **Bryum** Orthodontiaceae 直齿藓科 [B-152] 全球 (5) 大洲分布及种数(3) 非洲:1;大洋洲:1;欧洲:1;北美洲:2;南美洲:2
Leptotherium D.Dietr. = **Leptothrium**
Leptotherium Royle = **Microstegium**
Leptothrips Kunth = **Leptothrium**
Leptothrium【3】 Kunth 薄草属 ≒ **Isochilus;Tragus; Bischofia** Poaceae 禾本科 [MM-748] 全球(6) 大洲分布及种数(4)非洲:2-6;亚洲:1-5;大洋洲:4;欧洲:4;北美洲:1-5;南美洲:1-5
Leptothrix (Dum.) Dum. = **Elymus**
Leptothyra Hook.f. = **Leptothyrsa**
Leptothyrium Kunth = **Leptothrium**
Leptothyrsa【3】 Hook.f. 银簪木属 Rutaceae 芸香科 [MD-399] 全球 (1) 大洲分布及种数(1)◆南美洲
Leptotila Hoffmanns. = **Anthemis**
Leptotis Hoffmanns. = **Ursinia**
Leptotodus Schlecht. = **Eichhornia**
Leptotrichella【2】 (M.Fleisch.) Ochyra 纤毛藓属 Dicranellaceae 小曲尾藓科 [B-122] 全球 (5) 大洲分布及种数(34) 非洲:7;亚洲:7;大洋洲:7;北美洲:5;南美洲:12
Leptotrichum (Bruch & Schimp.) Mitt. = **Leptotrichum**
Leptotrichum【3】 Hampe ex Müll.Hal. 秋藓属 ≒ **Anisothecium** Ditrichaceae 牛毛藓科 [B-119] 全球 (6) 大洲分布及种数(18) 非洲:2;亚洲:2;大洋洲:4;欧洲:2;北美洲:4;南美洲:5
Leptotrichus Hampe ex Müll.Hal. = **Bischofia**
Leptovola auct. = **Leptocolea**
Leptovolanthe【-】 J.Rumrill 兰科属 Orchidaceae 兰科 [MM-723] 全球 (uc) 大洲分布及种数(uc)
Leptoxylum Raf. = **Leptopyrum**
Leptoyne Less. = **Acmella**
Leptranthus Steud. = **Centaurea**
Leptrina【-】 Raf. 水卷耳科属 ≒ **Montia** Montiaceae 水卷耳科 [MD-81] 全球 (uc) 大洲分布及种数(uc)
Leptrinia Fenzl = **Leptrina**
Leptrochia Raf. = **Polygala**
Leptunis【3】 Steven 乐土草属 ≒ **Asperula** Rubiaceae 茜草科 [MD-523] 全球 (1) 大洲分布及种数(2)◆亚洲
Leptura R.Br. = **Lepturus**
Lepturaceae Herter = Poaceae
Lepturella Stapf = **Oropetium**
Lepturidium【3】 Hitchc. & Ekman 古巴柔毛草属 Poaceae 禾本科 [MM-748] 全球 (1) 大洲分布及种数(1)◆北美洲(◆古巴)
Lepturopetium【3】 Morat 库尼耶岛草属 Poaceae 禾本科 [MM-748] 全球 (1) 大洲分布及种数(2)◆大洋洲
Lepturophis Steud. = **Rhytachne**
Lepturopsis Steud. = **Rhytachne**
Lepturus (Dumort.) P. & K. = **Lepturus**
Lepturus【3】 R.Br. 细穗草属 → **Hainardia;lolium; Parapholis** Poaceae 禾本科 [MM-748] 全球 (6) 大洲分布及种数(14-22;hort.1)非洲:8-14;亚洲:5-13;大洋洲:3-15;欧洲:2-8;北美洲:1-7;南美洲:6
Lepurandra J.Graham = **Antiaris**
Lepuropetalaceae【3】 Nakai 微形草科 [MD-264] 全球 (1) 大洲分布和属种数(1/1)◆南美洲
Lepuropetalon【3】 Ell. 地精草属 ≒ **Pyxidanthera; Leptarrhena** Lepuropetalaceae 微形草科 [MD-264] 全球 (1) 大洲分布及种数(1)◆南美洲
Lepyrodia【3】 R.Br. 纹鞘灯草属 ← **Calorophus; Lepidozia;Hopkinsia** Restionaceae 帚灯草科 [MM-744]

全球 (1) 大洲分布及种数(11-23)◆大洋洲
Lepyrodichis Fenzl ex Endl. = **Lepyrodiclis**
Lepyrodiclis【3】 Fenzl ex Endl. 薄蒴草属 ← **Arenaria** Caryophyllaceae 石竹科 [MD-77] 全球 (1) 大洲分布及种数(4-5)◆亚洲
Lepyrodon【2】 Hampe 北美洲绢藓属 ≒ **Leucodon;Myurium** Lepyrodontaceae 鳞片藓科 [B-206] 全球 (5) 大洲分布及种数(10) 非洲:1;亚洲:1;大洋洲:3;北美洲:2;南美洲:8
Lepyrodontaceae【2】Broth. 鳞片藓科 [B-206] 全球 (4)大洲分布和属种数(1/10)亚洲:1/1;大洋洲:1/3;北美洲:1/2;南美洲:1/8
Lepyrodontopsis【2】 Broth. 细蔓藓属 ≒ **Taxicaulis** Brachytheciaceae 青藓科 [B-187] 全球 (2) 大洲分布及种数(1) 北美洲:1;南美洲:1
Lepyronia T.Lestib. = **Scirpus**
Lepyropsis Steud. = **Rhytachne**
Lepyroxis Beauv. ex Fourn. = **Muhlenbergia**
Lequeetia Bubani = **Limodorum**
Leratia【3】 Broth. & Paris 疣毛藓属 ≒ **Leratiella** Orthotrichaceae 木灵藓科 [B-151] 全球 (1) 大洲分布及种数(1)◆亚洲
Leratiella【-】 Broth. & P.Syd. ex P.Syd. 木灵藓科属 ≒ **Leratia** Orthotrichaceae 木灵藓科 [B-151] 全球 (uc) 大洲分布及种数(uc)
Lerchea【3】 L. 多轮草属 ← **Chiococca;Chenopodium** Rubiaceae 茜草科 [MD-523] 全球 (1) 大洲分布及种数(3-13)◆亚洲
Lerchenfeldia Schur = **Vahlodea**
Lerchia Endl. = **Lerchea**
Lerchia Hall. ex Zinn = **Suaeda**
Lerchia Rchb. = **Coreopsis**
Lerema Sm. = **Leretia**
Lereschia【-】 Boiss. 伞形科属 ≒ **Pimpinella** Apiaceae 伞形科 [MD-480] 全球 (uc) 大洲分布及种数(uc)
Leretia【3】 Vell. 小茶茱萸属 ≒ **Mappia;Icacina;Sericanthe** Icacinaceae 茶茱萸科 [MD-450] 全球 (6) 大洲分布及种数(2)非洲:6;亚洲:1-7;大洋洲:6;欧洲:6;北美洲:1-7;南美洲:1-7
Leria【3】 DC. 毒马草属 ≒ **Pinalia** Asteraceae 菊科 [MD-586] 全球 (1) 大洲分布及种数(1)◆南美洲
Lerisca Schlecht. = **Cryptangium**
Lerneca Schlecht. = **Cephalocarpus**
Lerodea L. = **Lerchea**
Lerouxia Méat = **Lysimachia**
Leroya Cavaco = **Pyrostria**
Leroyia Cavaco = **Leratia**
Lerrouxia【-】 Caball. 白花丹科属 ≒ **Saharanthus** Plumbaginaceae 白花丹科 [MD-227] 全球 (uc) 大洲分布及种数(uc)
Lesbia Raf. = **Salvia**
Lescaillea【3】 Griseb. 木贼菊属 Asteraceae 菊科 [MD-586] 全球 (1) 大洲分布及种数(1)◆北美洲(◆古巴)
Leschenaultia【3】 R.Br. 豪猪花属 ≒ **Anthotium** Goodeniaceae 草海桐科 [MD-578] 全球 (1) 大洲分布及种数(1-4)◆大洋洲
Lescuraea (Bruch & Schimp.) E.Lawton = **Lescuraea**
Lescuraea【3】 Schimp. 多毛藓属 ≒ **Leskea;Leskeella** Pseudoleskeaceae 拟薄罗藓科 [B-182] 全球 (6) 大洲分布及种数(20) 非洲:1;亚洲:9;大洋洲:2;欧洲:7;北美洲:11;南美洲:2
Lesemia Raf. = **Salvia**
Lesia【3】 J.L.Clark & J.F.Sm. 银珠岩桐属 Gesneriaceae 苦苣苔科 [MD-549] 全球 (1) 大洲分布及种数(1-2)◆南美洲
Leskea Hampe = **Leskea**
Leskea【3】 Hedw. 薄罗藓属 ≒ **Leutea;Pelekium** Leskeaceae 薄罗藓科 [B-181] 全球 (6) 大洲分布及种数(59) 非洲:8;亚洲:22;大洋洲:6;欧洲:7;北美洲:16;南美洲:10
Leskeaceae【3】Schimp. 薄罗藓科 [B-181] 全球 (5) 大洲分布和属种数(19/205)亚洲:14/96;大洋洲:6/15;欧洲:7/29;北美洲:12/63;南美洲:10/25
Leskeadelphus【3】 Herzog 南美薄罗藓属 Leskeaceae 薄罗藓科 [B-181] 全球 (1) 大洲分布及种数(1)◆南美洲
Leskeella【2】 (Limpr.) Löske 细罗藓属 ≒ **Leskea** Leskeaceae 薄罗藓科 [B-181] 全球 (3) 大洲分布及种数(5) 亚洲:4;欧洲:1;北美洲:2
Leskeodon【2】 Broth. 细黄藓属 ≒ **Distichophyllum** Daltoniaceae 小黄藓科 [B-162] 全球 (5) 大洲分布及种数(23) 非洲:1;亚洲:5;大洋洲:6;北美洲:10;南美洲:15
Leskeodontopsis【2】 Zanten 印尼小黄藓属 Daltoniaceae 小黄藓科 [B-162] 全球 (2) 大洲分布及种数(1) 亚洲:1;大洋洲:1
Leskeopsis Broth. = **Leptopterigynandrum**
Lesleya Bremek. = **Lelya**
Lesliea【3】 G.Seidenfaden 蝴蝶兰属 ≒ **Phalaenopsis** Orchidaceae 兰科 [MM-723] 全球 (1) 大洲分布及种数(1) 属分布和种数(uc)◆亚洲
Lesliegraecum【3】 Szlach.,Mytnik & Grochocka 囊距兰属 ← **Angraecum** Orchidaceae 兰科 [MM-723] 全球 (1) 大洲分布及种数(1)◆非洲
Lesourdia E.Fourn. = **Scleropogon**
Lespedeza Lespedezariae Torr. & A.Gray = **Lespedeza**
Lespedeza【3】 Michx. 胡枝子属 ← **Anthyllis;Campylotropis;Medicago** Fabaceae3 蝶形花科 [MD-240] 全球 (6) 大洲分布及种数(60-82;hort.1;cult: 22)非洲:1-26;亚洲:49-92;大洋洲:4-29;欧洲:7-34;北美洲:36-64;南美洲:8-33
Lespedezia Spreng. = **Medicago**
Lesquerella【3】 S.Wats. 斑鸠菜属 ← **Alyssum;Myagrum;Physaria** Brassicaceae 十字花科 [MD-213] 全球 (1) 大洲分布及种数(6-98)◆北美洲
Lesquereuxia【-】 Boiss. & Reut. 薄罗藓科属 ≒ **Siphonostegia** Leskeaceae 薄罗藓科 [B-181] 全球 (uc) 大洲分布及种数(uc)
Lessertia【3】 DC. 气球豆属 ← **Colutea;Indigofera;Sutherlandia** Fabaceae3 蝶形花科 [MD-240] 全球 (1) 大洲分布及种数(62-78)◆非洲(◆南非)
Lessingia【3】 Cham. 无舌沙紫菀属 → **Benitoa;Corethrogyne** Asteraceae 菊科 [MD-586] 全球 (1) 大洲分布及种数(14-34)◆北美洲
Lessingianthus【3】 H.Rob. 大头斑鸠菊属 ← **Piptolepis;Veronica** Asteraceae 菊科 [MD-586] 全球 (1) 大洲分布及种数(153-158)◆南美洲
Lessingii Cham. = **Lessingia**
Lessonia Bert. ex Hook. & Arn. = **Eryngium**
Lessoniac Bert. ex Hook. & Arn. = **Eryngium**

Lessoniaceae Lindl. = Violaceae
Lessoniop Bert. ex Hook. & Arn. = **Eryngium**
Lestadia Spach = **Laestadia**
Lestes Hedw. = **Leskea**
Lestibodea Neck. = **Osteospermum**
Lestibondesia Rchb. = **Celosia**
Lestiboudesia Rchb. = **Celosia**
Lestibudaea Juss. = **Osteospermum**
Lestibudesia Thou. = **Celosia**
Lesticus Mill. = **Pistacia**
Lestidium C.Presl = **Lotononis**
Lestremia Raf. = **Salvia**
Lestrolepis Böck. = **Scirpus**
Lesueurara 【-】 Griff. & J.M.H.Shaw 兰科属 Orchidaceae 兰科 [MM-723] 全球 (uc) 大洲分布及种数(uc)
Letana Raf. = **Vestia**
Letchena Benth. = **Leucaena**
Letestua 【3】 Lecomte 石山榄属 ← **Pierreodendron** Sapotaceae 山榄科 [MD-357] 全球 (1) 大洲分布及种数(1)◆非洲
Letestudoxa 【3】 Pellegr. 帽萼藤属 ← **Pachypodanthium** Annonaceae 番荔枝科 [MD-7] 全球 (1) 大洲分布及种数(3)◆非洲
Letestuella 【3】 G.Taylor 光河杉属 Podostemaceae 川苔草科 [MD-322] 全球 (1) 大洲分布及种数(2)◆非洲
Letharia 【-】 (Th.Fr.) Zahlbr. 水蕨科属 ≒ **Linaria** Parkeriaceae 水蕨科 [F-36] 全球 (uc) 大洲分布及种数(uc)
Lethata Duckworth = **Lethia**
Lethea Noronha = **Fritillaria**
Lethedon 【3】 Biehler 裂薇木属 ← **Phyllanthus** Thymelaeaceae 瑞香科 [MD-310] 全球 (1) 大洲分布及种数(16)◆大洋洲
Lethia 【3】 P.Ravenna 莱斯鸢尾属 Iridaceae 鸢尾科 [MM-700] 全球 (1) 大洲分布及种数(1)◆南美洲(◆巴西)
Lethia Ravenna = **Lethia**
Lethocolea 【2】 (Spruce) Grolle 智利顶苞苔属 Acrobolbaceae 顶苞苔科 [B-43] 全球 (2) 大洲分布及种数(3)大洋洲:cf.1;南美洲:2
Lethocoleaceae Müll.Hal. = Lophocoleaceae
Leto 【3】 Phil. 孤泽兰属 ≒ **Hofmeisteria** Asteraceae 菊科 [MD-586] 全球 (1) 大洲分布及种数(cf. 1)◆南美洲
Letochilum 【-】 J.M.H.Shaw 兰科属 Orchidaceae 兰科 [MM-723] 全球 (uc) 大洲分布及种数(uc)
Letsomia Rchb. = **Lettsomia**
Lettowia H.Rob. & Skvarla = **Lettsomia**
Lettowianthus 【3】 Diels 星依兰属 Annonaceae 番荔枝科 [MD-7] 全球 (1) 大洲分布及种数(1)◆非洲
Lettsomia 【3】 Ruiz & Pav. 簕桑藤属 ≒ **Convolvulus;Phaleria** Convolvulaceae 旋花科 [MD-499] 全球 (1) 大洲分布及种数(1)◆亚洲
Leucacantha Nieuwl. & Lunell = **Centaurea**
Leucactinia 【3】 Rydb. 白线菊属 ← **Dyssodia;Pectis** Asteraceae 菊科 [MD-586] 全球 (1) 大洲分布及种数(1)◆北美洲(◆墨西哥)
Leucadendron P. & K. = **Leucadendron**
Leucadendron 【3】 R.Br. 木百合属 ← **Aulax;Protea; Serruria** Proteaceae 山龙眼科 [MD-219] 全球 (6) 大洲分布及种数(90-135)非洲:89-103;亚洲:2-3;大洋洲:1-2;欧洲:4-5;北美洲:4-5;南美洲:1
Leucadendrum Salisb. = **Protea**
Leucadenia Klotzsch ex Baill. = **Pseudadenia**
Leucadenium Klotzsch ex Baill. = **Croton**
Leucadia Raf. = **Leucas**
Leucaena 【3】 Benth. 银合欢属 ← **Acacia;Mimosa; Parkia** Fabaceae 豆科 [MD-240] 全球 (6) 大洲分布及种数(29-30;hort.1)非洲:6-9;亚洲:8-11;大洋洲:1-4;欧洲:3;北美洲:26-29;南美洲:9-12
Leucaeria DC. = **Bertolonia**
Leucalepis Brade ex Ducke = **Loricalepis**
Leucaltis Brade ex Ducke = **Loricalepis**
Leucampyx A.Gray = **Palafoxia**
Leucandra Klotzsch = **Tragia**
Leucandron L. = **Leucadendron**
Leucandrum Neck. = **Leucadendron**
Leucanella Schltr. = **Gymnadenia**
Leucania Raf. = **Acrotome**
Leucanitis Jack = **Leuconotis**
Leucanopsis Baker = **Leucopsis**
Leucanotis D.Dietr. = **Leuconotis**
Leucant Benth. = **Leucaena**
Leucantanacetum Rauschert = **Pyrethrum**
Leucantha Gray = **Centaurea**
Leucanthea Scheele = **Bouchetia**
Leucanthemella 【3】 Tzvelev 小滨菊属 ← **Chrysanthemum;Tanacetum** Asteraceae 菊科 [MD-586] 全球 (1) 大洲分布及种数(1)◆欧洲
Leucanthemopsis 【2】 (Giroux) Heywood 类滨菊属 ← **Chamaemelum** Asteraceae 菊科 [MD-586] 全球 (4) 大洲分布及种数(9;hort.1)非洲:3;亚洲:cf.1;欧洲:7;北美洲:1
Leucanthemum 【3】 Burm. 滨菊属 Asteraceae 菊科 [MD-586] 全球 (6) 大洲分布及种数(31-78;hort.1;cult: 4)非洲:1-4;亚洲:9-15;大洋洲:1-5;欧洲:29-48;北美洲:3-7;南美洲:3
Leucanthera Gray = **Centaurea**
Leucanthus Wedd. = **Lecanthus**
Leucas Astrodon Benth. = **Leucas**
Leucas 【3】 R.Br.绣球防风属→**Acrotome;Hemistema; Otostegia** Lamiaceae 唇形科 [MD-575] 全球 (6) 大洲分布及种数(80-130;hort.1;cult: 2)非洲:53-87;亚洲:40-94;大洋洲:16-36;欧洲:5-25;北美洲:4-24;南美洲:5-25
Leucasia Raf. = **Leucas**
Leucaster 【3】 Choisy 白星藤属 ← **Reichenbachia** Nyctaginaceae 紫茉莉科 [MD-107] 全球 (1) 大洲分布及种数(1-2)◆南美洲
Leuce Opiz = **Leucas**
Leucea C.Presl = **Rhaponticum**
Leucelene 【3】 Greene 毛冠雏菊属 ≒ **Ionactis** Asteraceae 菊科 [MD-586] 全球 (1) 大洲分布及种数(2)◆北美洲
Leuceres Calest. = **Ligusticum**
Leuceria D.Don = **Leucheria**
Leucerminium 【-】 Hort. 兰科属 ≒ **Pseudinium; Gymnadenia** Orchidaceae 兰科 [MM-723] 全球 (uc) 大洲分布及种数(uc)
Leucesteria Meisn. = **Leucostegia**
Leucetta Jenkin = **Leucheria**

L

Leuchaeria Less. = **Leucheria**
Leucheria【3】 Lag. 单冠钝柱菊属 → **Bertolonia;Perezia** Asteraceae 菊科 [MD-586] 全球 (1) 大洲分布及种数(57-82)◆南美洲
Leuchtenbergia【3】 Hook. 光山玉属 Cactaceae 仙人掌科 [MD-100] 全球 (1) 大洲分布及种数(1)◆北美洲(◆墨西哥)
Leuchtenbergua Hook. = **Leuchtenbergia**
Leuchtenfera【-】 Arakawa & Y.Itô 仙人掌科属 Cactaceae 仙人掌科 [MD-100] 全球 (uc) 大洲分布及种数(uc)
Leucia Raf. = **Leucas**
Leucidia Eckl. & Zeyh. = **Lauridia**
Leucippa H.Milne Edwards = **Leucopoa**
Leucippus Raf. = **Ceanothus**
Leucipus Raf. = **Ceanothus**
Leuciris Calest. = **Ligusticum**
Leuciscus Mill. = **Pistacia**
Leuciva【3】 Rydb. 欢乐菊属 ← **Euphrosyne;Iva** Asteraceae 菊科 [MD-586] 全球 (1) 大洲分布及种数(1)◆北美洲
Leucobarleria【3】 Lindau 针刺爵床属 ≒ **Neuracanthus** Acanthaceae 爵床科 [MD-572] 全球 (1) 大洲分布及种数(uc)◆亚洲
Leucoblepharis Arn. = **Blepharispermum**
Leucobryaceae【3】 Schimp. 白发藓科 [B-129] 全球 (5) 大洲分布和属种数(5/419)亚洲:3/114;大洋洲:3/98;欧洲:3/64;北美洲:4/124;南美洲:3/191
Leucobryum (Dozy & Molk.) Müll.Hal. = **Leucobryum**
Leucobryum【3】 Hampe 白发藓属 ≒ **Sphagnum;Octoblepharum** Leucobryaceae 白发藓科 [B-129] 全球 (6) 大洲分布及种数(95) 非洲:40;亚洲:24;大洋洲:25;欧洲:13;北美洲:24;南美洲:32
Leucocalantha Barb.Rodr. = **Pachyptera**
Leucocalanthe K.Schum. = **Tanaecium**
Leucocarpon Endl. = **Leucocarpus**
Leucocarpum A.Rich. = **Denhamia**
Leucocarpus【3】 D.Don 白珠果属 ← **Conobea;Mimulus** Phrymaceae 透骨草科 [MD-559] 全球 (1) 大洲分布及种数(1)◆南美洲
Leucocasia Schott = **Colocasia**
Leucocephala Roxb. = **Eriocaulon**
Leucocephalon Roxb. = **Eriocaulon**
Leucocera Turcz. = **Scabiosa**
Leucochlamys Pöpp. ex Engl. = **Urospatha**
Leucochloron【3】 Barneby & J.W.Grimes 白豆属 ≒ **Mimosa** Fabaceae 豆科 [MD-240] 全球 (1) 大洲分布及种数(5)◆南美洲
Leucochrysa Rendle = **Acroceras**
Leucochrysum【3】 (DC.) Paul G.Wilson 爪苞彩鼠麹属 Asteraceae 菊科 [MD-586] 全球 (1) 大洲分布及种数(6)◆大洋洲(◆澳大利亚)
Leucochyle B.D.Jacks = **Trichopilia**
Leucocnide Miq. = **Debregeasia**
Leucocnides Miq. = **Debregeasia**
Leucococcus Liebm. = **Pouzolzia**
Leucocodon【3】 Gardner 白钟草属 Rubiaceae 茜草科 [MD-523] 全球 (1) 大洲分布及种数(1-2)◆南亚
Leucocoma Ehrh. = **Leucocoma**
Leucocoma【3】 Nieuwl. 白莎草属 ≒ **Thalictrum** Cyperaceae 莎草科 [MM-747] 全球 (6) 大洲分布及种数(3)非洲:1;亚洲:1;大洋洲:1;欧洲:1;北美洲:2-3;南美洲:1
Leucocomphalos (Harms) Breteler = **Leucomphalos**
Leucocoryne (Phil.) Grau = **Leucocoryne**
Leucocoryne【3】 Lindl. 辉熠花属 ← **Brodiaea;Nothoscordum;Tristagma** Alliaceae 葱科 [MM-667] 全球 (1) 大洲分布及种数(16-53)◆南美洲
Leucocraspedum Rydb. = **Swertia**
Leucocrinum【3】 Nutt. ex A.Gray 沙百合属 Asparagaceae 天门冬科 [MM-669] 全球 (1) 大洲分布及种数(1)◆北美洲(◆美国)
Leucocroton【3】 Griseb. 白柑桐属 ← **Adelia;Bernardia;Croton** Euphorbiaceae 大戟科 [MD-217] 全球 (1) 大洲分布及种数(2-26)◆北美洲
Leucocyclus【-】 Boiss. 菊科属 ≒ **Anacyclus** Asteraceae 菊科 [MD-586] 全球 (uc) 大洲分布及种数(uc)
Leucodendrum P. & K. = **Rangaeris**
Leucodermis Planch. = **Ilex**
Leucodesmis Raf. = **Haemanthus**
Leucodictyon Dalzell = **Clitoria**
Leucodon (Dixon & Thér.) Nog. = **Leucodon**
Leucodon【3】 Schwägr. 白齿藓属 ≒ **Hypnum;Myurium** Leucodontaceae 白齿藓科 [B-198] 全球 (6) 大洲分布及种数(52) 非洲:9;亚洲:30;大洋洲:3;欧洲:5;北美洲:8;南美洲:9
Leucodoniopsis【-】 Renauld & Cardot ex Renauld & Cardot 白齿藓科属 Leucodontaceae 白齿藓科 [B-198] 全球 (uc) 大洲分布及种数(uc)
Leucodonium (Rchb.) Opiz = **Cerastium**
Leucodontaceae【3】 Schimp. 白齿藓科 [B-198] 全球 (5)大洲分布和属种数(18/124)亚洲(12/64)大洋洲:5/8;欧洲:7/15;北美洲:11/40;南美洲:6/22
Leucodontella Nog. = **Leucodon**
Leucodontopsis【3】 Renauld & Cardot 蕨藓科属 Pterobryaceae 蕨藓科 [B-201] 全球 (1) 大洲分布及种数(1)◆非洲
Leucodyction【-】 Dalzell 豆科属 Fabaceae 豆科 [MD-240] 全球 (uc) 大洲分布及种数(uc)
Leucogenes【3】 Beauverd 多头金绒草属 ← **Gnaphalium;Achyrocline** Asteraceae 菊科 [MD-586] 全球 (1) 大洲分布及种数(4)◆大洋洲(◆新西兰)
Leucoglochin (Dumort.) Heuff. = **Carex**
Leucoglossum B.H.Wilcox,K.Bremer & Humphries = **Mauranthemum**
Leucohyle【3】 Klotzsch 白珠兰属 → **Cischweinfia;Cymbidium** Orchidaceae 兰科 [MM-723] 全球 (1) 大洲分布及种数(1)◆北美洲(◆牙买加)
Leucoium Mill. = **Matthiola**
Leucojaceae Batsch = Leucomiaceae
Leucojum【3】 L. 雪片莲属 → **Strumaria;Acis** Amaryllidaceae 石蒜科 [MM-694] 全球 (6) 大洲分布及种数(3-6;hort.1;cult:1)非洲:1;亚洲:2-3;大洋洲:2-3;欧洲:2-3;北美洲:2-3;南美洲:1-3
Leucolaena【3】 R.Br. 黄伞草属 ≒ **Pentapeltis** Orchidaceae 兰科 [MM-723] 全球 (1) 大洲分布及种数(uc)◆大洋洲
Leucolejeunea (R.M.Schust.) Grolle & Piippo = **Leucol-**

L

ejeunea

Leucolejeunea【3】 Verd. 弯叶白鳞苔属 ← **Cheilolejeunea** Lejeuneaceae 细鳞苔科 [B-84] 全球 (6) 大洲分布及种数(5-8)非洲:2;亚洲:2-5;大洋洲:1-3;欧洲:2;北美洲:2-4;南美洲:3-7

Leucolena Ridl. = **Didymoplexiella**

Leucolepis【3】 Lindb. 花旗提灯藓属 ≒ **Bryum** Mniaceae 提灯藓科 [B-149] 全球 (1) 大洲分布及种数(1)◆北美洲

Leucolinum Fourr. = **Leucomium**

Leucoloma (Besch.) Renauld = **Leucoloma**

Leucoloma【3】 Brid. 白锦藓属 ≒ **Dicranum; Cryptodicranum** Dicranaceae 曲尾藓科 [B-128] 全球 (6) 大洲分布及种数(134) 非洲:83;亚洲:20;大洋洲:15;欧洲:6;北美洲:17;南美洲:20

Leucolophus【3】 Bremek. 尖叶木属 ≒ **Urophyllum** Rubiaceae 茜草科 [MD-523] 全球 (1) 大洲分布及种数(2-4)◆亚洲

Leucoma B.D.Jacks = **Eriophorum**

Leucomalla Phil. = **Evolvulus**

Leucomeris【3】 D.Don 白菊木属 ← **Gochnatia;Pertya** Asteraceae 菊科 [MD-586] 全球 (1) 大洲分布及种数(cf. 1)◆亚洲

Leucomiaceae【3】 Broth. 白藓科 [B-165] 全球 (5) 大洲分布和属种数(1/8)亚洲:1/2;大洋洲:1/3;欧洲:1/1;北美洲:1/1;南美洲:1/2

Leucomium【3】 Mitt. 白藓属 ≒ **Lepidopilum** Leucomiaceae 白藓科 [B-165] 全球 (6) 大洲分布及种数(8) 非洲:7;亚洲:2;大洋洲:3;欧洲:1;北美洲:1;南美洲:2

Leucomnium Mitt. ex Müll.Hal. = **Leucomium**

Leucomphalos【3】 Benth. 白藤豆属 ← **Baphia;Baphiastrum;Bowringia** Fabaceae 豆科 [MD-240] 全球 (1) 大洲分布及种数(2-5)◆非洲

Leucomphalus Benth. = **Leucomphalos**

Leuconia Thou. = **Ceanothus**

Leuconocarpus Spruce ex Planch. & Triana = **Leucocarpus**

Leuconoe Fourr. = **Leucothoe**

Leuconopsis Rehder = **Leuconotis**

Leuconotis【3】 Jack 白耳夹竹桃属 ← **Melodinus** Apocynaceae 夹竹桃科 [MD-492] 全球 (1) 大洲分布及种数(1-6)◆亚洲

Leuconymphaea P. & K. = **Nymphaea**

Leucoperichaetium【3】 Magill 白萼藓属 Grimmiaceae 紫萼藓科 [B-115] 全球 (1) 大洲分布及种数(1)◆非洲(◆南非)

Leucopha Webb & Berthel. = **Sideritis**

Leucophaea Webb & Berthel. = **Ballota**

Leucophaneae Cardot = **Leucophanes**

Leucophanella (Besch.) M.Fleisch. ex Cardot = **Syrrhopodon**

Leucophanes (Müll.Hal.) N.Salazar = **Leucophanes**

Leucophanes【3】 Brid. 白睫藓属 ≒ **Octoblepharum; Arthrocormus** Calymperaceae 花叶藓科 [B-130] 全球 (6) 大洲分布及种数(20)非洲:9;亚洲:10;大洋洲:13;欧洲:2;北美洲:5;南美洲:2

Leucophasia Schott = **Zantedeschia**

Leucophoba Ehrh. = **Leucopoa**

Leucopholis Gardn. = **Chionolaena**

Leucophora B.D.Jacks. = **Leucospora**

Leucophora Ehrh. = **Luzula**

Leucophoyx Rendle = **Acroceras**

Leucophrys Rendle = **Brachiaria**

Leucophyllum (Greenm.) Henrickson & Flyr = **Leucophyllum**

Leucophyllum【3】 Humb. & Bonpl. 玉芙蓉属 Scrophulariaceae 玄参科 [MD-536] 全球 (1) 大洲分布及种数(17-30)◆北美洲(◆美国)

Leucophylon Lowe = **Heberdenia**

Leucophysalis【3】 Rydb. 地酸浆属 ← **Chamaesaracha; Physalis;Physaliastrum** Solanaceae 茄科 [MD-503] 全球 (1) 大洲分布及种数(3-5)◆北美洲

Leucophyta【3】 R.Br. 美头菊属 ≒ **Calocephalus** Asteraceae 菊科 [MD-586] 全球 (1) 大洲分布及种数(3-4)◆大洋洲(◆澳大利亚)

Leucopis Lindb. = **Leucolepis**

Leucopitys Nieuwl. = **Pinus**

Leucoplocus Endl. = **Hypodiscus**

Leucoploeus Nees = **Hypodiscus**

Leucopoa【3】 Griseb. 银穗草属 ← **Festuca;Schedonorus** Poaceae 禾本科 [MM-748] 全球 (1) 大洲分布及种数(9)◆欧洲

Leucopodon Benth. & Hook.f. = **Chevreulia**

Leucopogon【3】 R.Br. 须石南属 ≒ **Astroloma; Epacris;Styphelia** Ericaceae 杜鹃花科 [MD-380] 全球 (1) 大洲分布及种数(31-273)◆大洋洲

Leucoporus Maire = **Hypodiscus**

Leucopremna Standl. = **Jacaratia**

Leucopria Griseb. = **Leucopoa**

Leucopsar Raf. = **Cephalaria**

Leucopsidium Charpent. ex DC. = **Aphanostephus**

Leucopsila Raf. = **Scabiosa**

Leucopsis【3】 Baker 旋覆菀属 ≒ **Noticastrum** Asteraceae 菊科 [MD-586] 全球 (1) 大洲分布及种数(1)◆南美洲

Leucopsora Raf. = **Cephalaria**

Leucoptera【3】 B.Nord. 白翅菊属 ← **Arctotis** Asteraceae 菊科 [MD-586] 全球 (1) 大洲分布及种数(3)◆非洲(◆南非)

Leucopterum Small = **Rhynchosia**

Leucopyrethrum【-】 Dostál 菊科属 Asteraceae 菊科 [MD-586] 全球 (uc) 大洲分布及种数(uc)

Leucorchis Bl. = **Didymoplexis**

Leucorchis E.Mey. = **Pseudorchis**

Leucorhaphis Nees = **Brillantaisia**

Leucororchis Cif. & Giacom. = **Pseudorhiza**

Leucorrhaphis Nees = **Synnema**

Leucosalpa【3】 Scott-Elliot 白鱼列当属 ← **Radamaea** Orobanchaceae 列当科 [MD-552] 全球 (1) 大洲分布及种数(3)◆非洲(◆马达加斯加)

Leucosceptrum【3】 Sm. 米团花属 → **Bridelia;Teucrium** Lamiaceae 唇形科 [MD-575] 全球 (1) 大洲分布及种数(2-3)◆亚洲

Leucosedum Fourr. = **Sempervivum**

Leucoseris【-】 Fourr. 菊科属 ≒ **Malacothrix;Senecio** Asteraceae 菊科 [MD-586] 全球 (uc) 大洲分布及种数(uc)

Leucoseris Fourr. = **Senecio**

Leucoseris Nutt. = **Malacothrix**
Leucosia Thou. = **Dichapetalum**
Leucosidea【3】Eckl. & Zeyh. 龙牙木属 Rosaceae 蔷薇科 [MD-246] 全球 (1) 大洲分布及种数(1)◆非洲
Leucosigma Druce = **Leucosidea**
Leucosiidae Eckl. & Zeyh. = **Leucosidea**
Leucosinapis Spach = **Brassica**
Leucosmia Benth. = **Phaleria**
Leucosomus Schlecht. = **Eichhornia**
Leucospermum【3】R.Br. 针垫花属 → **Faurea;Protea** Proteaceae 山龙眼科 [MD-219] 全球 (1) 大洲分布及种数(58-62)◆非洲
Leucosphaera【3】Gilg 北绢苋属 ≒ **Sericocomopsis** Amaranthaceae 苋科 [MD-116] 全球 (1) 大洲分布及种数(1)◆非洲
Leucospidae Eckl. & Zeyh. = **Leucosidea**
Leucospora【3】Nutt. 白籽婆婆纳属 ← **Capraria; Stemodia;Sutera** Plantaginaceae 车前科 [MD-527] 全球 (1) 大洲分布及种数(1-2)◆北美洲
Leucostachys Hoffmanns. = **Goodyera**
Leucoste Backeb. = **Echinopsis**
Leucostegane【3】Prain 无忧花属 ← **Saraca** Fabaceae 豆科 [MD-240] 全球 (1) 大洲分布及种数(2)◆亚洲
Leucostegia【3】Webb & Berth. ex C.Presl 大膜盖蕨属 ≒ **Oenotrichia** Hypodematiaceae 肿足蕨科 [F-29] 全球 (1) 大洲分布及种数(7-8)◆亚洲
Leucostele Backeb. = **Weberbauerocereus**
Leucostemma Benth. = **Mesostemma**
Leucostemma D.Don = **Helichrysum**
Leucostomon G.Don = **Buchnera**
Leucosyke【2】Zoll. & Mor. 四脉麻属 ← **Boehmeria; Debregeasia;Maoutia** Urticaceae 荨麻科 [MD-91] 全球 (4) 大洲分布及种数(35-44)非洲:1;亚洲:31-33; 大洋洲:6-7; 南美洲:1
Leucosyris【-】Greene 菊科属 ≒ **Adenophyllum** Asteraceae 菊科 [MD-586] 全球 (uc) 大洲分布及种数(uc)
Leucotella Schltr. = **Pseuditella**
Leucothamnus Lindl. = **Thomasia**
Leucothauma【3】Ravenna 火韭兰属 ← **Pyrolirion; Zephyranthes** Amaryllidaceae 石蒜科 [MM-694] 全球 (1) 大洲分布及种数(cf.1) ◆南美洲
Leucothea Moç. & Sessé ex DC. = **Saurauia**
Leucothoe (D.Don ex G.Don) Drude = **Leucothoe**
Leucothoe【3】D.Don 木藜芦属 ≒ **Agarista; Andromeda;Agauria** Ericaceae 杜鹃花科 [MD-380] 全球 (6) 大洲分布及种数(12-22;hort.1)非洲:13;亚洲:9-24; 大洋洲:2-15;欧洲:3-16;北美洲:8-22;南美洲:4-18
Leucothrinax【3】C.Lewis & Zona 白豆棕属 ≒ **Thrinax** Arecaceae 棕榈科 [MM-717] 全球 (1) 大洲分布及种数(1)◆北美洲(◆美国)
Leucothrix C.Lewis & Zona = **Leucothrinax**
Leucotmemis Walker = **Leucomeris**
Leucotrichia Labiak = **Leucotrichum**
Leucotrichum【3】(Copel.) Labiak 白须蕨属 ≒ **Grammitis** Polypodiaceae 水龙骨科 [F-60] 全球 (1) 大洲分布及种数(uc)属分布和种数(uc)◆非洲
Leucotrichum Labiak = **Leucotrichum**
Leucoxyla Rojas = **Leucohyle**
Leucoxylon G.Don = **Tabebuia**
Leucoxylum Bl. = **Diospyros**
Leucoxylum E.Mey. = **Ilex**
Leucoxylum Soland. ex Lowe = **Heberdenia**
Leucrinis Raf. = **Leucocrinum**
Leuctodon auct. = **Taraxacum**
Leucula Sw. = **Luculia**
Leuculopsis Baker = **Leucopsis**
Leuenbergeria【2】Lodé 北美洲巨人掌属 ≒ **Pereskia** Cactaceae 仙人掌科 [MD-100] 全球 (2) 大洲分布及种数(9)北美洲:7;南美洲:3
Leuenbergerioideae【-】Mayta & Molinari 仙人掌科属 Cactaceae 仙人掌科 [MD-100] 全球 (uc) 大洲分布及种数(uc)
Leueosceptrum Sm. = **Leucosceptrum**
Leukeria Endl. = **Bertolonia**
Leukoma Ehrh. = **Androtrichum**
Leukosyke Endl. = **Maoutia**
Leunisia【3】Phil. 大苞钝柱菊属 Asteraceae 菊科 [MD-586] 全球(1) 大洲分布及种数(1)◆南美洲(◆智利)
Leuradia Poir. = **Brunia**
Leuranthus Knobl. = **Olea**
Leuritus Raf. = **Ceanothus**
Leurocline【3】S.Moore 彗紫草属 ← **Echiochilon** Boraginaceae 紫草科 [MD-517] 全球 (1) 大洲分布及种数(uc)◆亚洲
Leutea【3】M.G.Pimenov 莱乌草属 ≒ **Ferula;Leskea** Apiaceae 伞形科 [MD-480] 全球 (1) 大洲分布及种数(2-9)◆亚洲
Leutea Pimenov = **Leutea**
Leuvenia Sw. = **Adenostemma**
Leuwenhoekia Bartl. = **Levenhookia**
Leuwenockia Juss. = **Levenhookia**
Leuzea DC. = **Rhaponticum**
Leva Bureau ex Baill. = **Bignonia**
Levana Raf. = **Vestia**
Leveillea Vaniot = **Talauma**
Leveillella (Lév.) Theiss. & Syd. = **Blumea**
Leveillia Vaniot = **Blumea**
Leveillula (Lév.) G.Arnaud = **Blumea**
Levenea Taylor = **Lejeunea**
Levenhoekia Steud. = **Levenhookia**
Levenhookia【3】R.Br. 唇柱草属 ≒ **Coleostylis** Stylidiaceae 花柱草科 [MD-568] 全球 (1) 大洲分布及种数(1-11)◆大洋洲(◆澳大利亚)
Levenworthia Torr. = **Leavenworthia**
Leverella Müll.Hal. = **Levierella**
Levierella【2】Müll.Hal. 白翼藓属 Fabroniaceae 碎米藓科 [B-173] 全球 (3) 大洲分布及种数(5) 非洲:4;亚洲:3; 北美洲:1
Levieria【3】Becc. 折盘桂属 Monimiaceae 玉盘桂科 [MD-20] 全球 (1) 大洲分布及种数(1-10)◆大洋洲
Levina Adans. = **Prasium**
Levisia Steud. = **Leersia**
Levisticum【2】Hill 欧当归属 → **Ligusticum; Selinum;Astydamia** Apiaceae 伞形科 [MD-480] 全球 (4) 大洲分布及种数(2-8)亚洲:cf.1;欧洲:1;北美洲:1;南美洲:1
Levretonia Rchb. = **Laurelia**

L

Levringia Cham. = **Lessingia**
Levya Bureau ex Baill. = **Bignonia**
Lewia (Desm.) M.E.Barr & E.G.Simmons = **Loewia**
Lewinskya【 - 】F.Lara,Garilleti & Goffinet 木灵藓科属 Orthotrichaceae 木灵藓科 [B-151] 全球 (uc) 大洲分布及种数(uc)
Lewisara auct. = **Ferreyranthus**
Lewiseae Torr. & A.Gray ex Walp. = **Lewisia**
Lewisia【 3 】Pursh 露薇花属 → **Calandrinia;Talinum** Montiaceae 水卷耳科 [MD-81] 全球 (1) 大洲分布及种数(22-38)◆北美洲
Lewisiopsis【 3 】Govaerts 露薇花属 ← **Lewisia** Montiaceae 水卷耳科 [MD-81] 全球 (1) 大洲分布及种数(cf.1) ◆北美洲
Lexarza La Llave = **Quararibea**
Lexarzanthe Diego & Calderón = **Romanschulzia**
Lexipyretum Dulac = **Gentiana**
Lexodera Launert = **Loxodera**
Leycephyllum Piper = **Rhynchosia**
Leycestera Rchb. = **Leycesteria**
Leycesteria【 3 】Wall. 鬼吹箫属 ← **Lonicera** Caprifoliaceae 忍冬科 [MD-510] 全球 (1) 大洲分布及种数(8-9)◆亚洲
Leycesteris Wall. = **Leycesteria**
Leycestria Endl. = **Lonicera**
Leydeum【 3 】Barkworth 杜香属 ← **Ledum** Poaceae 禾本科 [MM-748] 全球 (1) 大洲分布及种数(1)◆北美洲
Leydigia Hampe = **Lindigia**
Leymopyron Tzvelev = **Agropyron**
Leymostachys【 2 】Tzvelev 小赖禾草属 ≒ **Leymus** Poaceae 禾本科 [MM-748] 全球 (2) 大洲分布及种数(cf.) 亚洲;欧洲
Leymotrigia【 2 】Tzvelev 偃麦草属 ← **Elytrigia; Hordeum** Poaceae 禾本科 [MM-748] 全球 (3) 大洲分布及种数(cf.) 亚洲;欧洲;北美洲
Leymus (Griseb.) Tzvelev = **Leymus**
Leymus【 3 】Hochst. 赖草属 ← **Agropyron;Elymus; Triticum** Poaceae 禾本科 [MM-748] 全球 (6) 大洲分布及种数(69-76;hort.1;cult: 4)非洲:2;亚洲:57-60;大洋洲:5-7;欧洲:11-13;北美洲:29-32;南美洲:10-12
Leysera【 2 】L. 羽冠鼠麴木属 ← **Amellus;Asteropterus;Printzia** Asteraceae 菊科 [MD-586] 全球 (2) 大洲分布及种数(9-12)非洲:8-9;欧洲:2
Leyseria Neck. = **Leysera**
Leytesion Barkworth = **Arrhenatherum**
Lhodra Endl. = **Symplocos**
Lhotskya【 3 】Schaür 星蜡花属 ≒ **Calytrix** Myrtaceae 桃金娘科 [MD-347] 全球 (1) 大洲分布及种数(uc)◆大洋洲
Lhotzkyella【 3 】Rauschert 番萝藦属 ≒ **Apocynum** Apocynaceae 夹竹桃科 [MD-492] 全球 (1) 大洲分布及种数(cf. 1)◆欧洲
Liabellum Cabrera = **Microliabum**
Liabium L. = **Lamium**
Liabum【 3 】Adans. 黄安菊属 ← **Amellus;Diplostephium; Neomirandea** Asteraceae 菊科 [MD-586] 全球 (1) 大洲分布及种数(15-18)◆北美洲
Liachirus Neck. = **Arachis**
Liag Mill. = **Syringa**
Liagara Spreng. = **Campanula**
Lialosia Blanco = **Ternstroemia**
Lianthus【 3 】N.Robson 惠林花属 ← **Hypericum** Hypericaceae 金丝桃科 [MD-119] 全球 (1) 大洲分布及种数(cf. 1)◆东亚(◆中国)
Liaopsis Hort. = **Lagopsis**
Liara Lour. ex Gomes = **Liparis**
Liathris C.Müll. = **Liatris**
Liatris【 3 】Gaertn. ex Schreb. 蛇鞭菊属 → **Ainsliaea; Liparis** Asteraceae 菊科 [MD-586] 全球 (1) 大洲分布及种数(59-110)◆北美洲
Libadion Bubani = **Centaurium**
Libanothamnus【 3 】Ernst 骡耳菊属 ≒ **Wyethia** Asteraceae 菊科 [MD-586] 全球 (1) 大洲分布及种数(12-13)◆南美洲
Libanotis【 3 】Hall. ex Zinn 岩风属 ≒ **Peucedanum; Pilopleura** Apiaceae 伞形科 [MD-480] 全球 (6) 大洲分布及种数(23-38)非洲:4;亚洲:22-26;大洋洲:4;欧洲:4;北美洲:4;南美洲:4
Libanotus STäckh. = **Boswellia**
Libanus Colebr. = **Boswellia**
Liberatia【 3 】Rizzini 冠穗爵床属 ≒ **Lophostachys** Acanthaceae 爵床科 [MD-572] 全球 (1) 大洲分布及种数(1-5)◆南美洲
Libertia Dum. = **Libertia**
Libertia【 3 】Spreng. 丽白花属 ≒ **Liberatia;Bromus** Iridaceae 鸢尾科 [MM-700] 全球 (6) 大洲分布及种数(14-20)非洲:2;亚洲:2-4;大洋洲:8-15;欧洲:2;北美洲:5-8;南美洲:8-10
Libi D.Löve & D.Löve = **Minuartia**
Libidibia【 3 】(DC.) Schltdl. 豹云实属 ≒ **Caesalpinia; Accara** Fabaceae 豆科 [MD-240] 全球 (1) 大洲分布及种数(7)◆南美洲(◆巴西)
Libinhania【 3 】N.Kilian,Galbany,Oberpr. & A.G.Mill. 豹云菊属 Asteraceae 菊科 [MD-586] 全球 (1) 大洲分布及种数(13)◆非洲
Libinia Lem. = **Amaryllis**
Libnetis Rich. = **Spartina**
Libnotes Hill = **Libanotis**
Libocedraceae Doweld = Cupressaceae
Libocedrus【 3 】Endl. 甜柏属 → **Austrocedrus;Calocedrus;Pilgerodendron** Cupressaceae 柏科 [G-17] 全球 (1) 大洲分布及种数(3-7)◆大洋洲
Libonia K.Koch = **Jacobinia**
Libonia Lem = **Griffinia**
Librevillea【 3 】Hoyle 加蓬豆属 Fabaceae 豆科 [MD-240] 全球 (1) 大洲分布及种数(1)◆非洲
Librita Evans = **Libertia**
Libyella【 3 】Pamp. 矮沙禾属 ← **Mibora;Poa** Poaceae 禾本科 [MM-748] 全球 (1) 大洲分布及种数(1)◆非洲(◆利比亚)
Licania (Aubl.) Prance = **Licania**
Licania【 3 】Aubl. 桂樱李属 ≒ **Acioa;Couepia; Parastemon** Chrysobalanaceae 可可李科 [MD-243] 全球 (6) 大洲分布及种数(219-238;hort.1;cult: 2)非洲:5;亚洲:16-23;大洋洲:1-6;欧洲:5;北美洲:50-57;南美洲:200-217
Licaniaceae Martinov = Loganiaceae
Licaria【 3 】Aubl. & Hallier f. 土壳楠属 ← **Phoebe;**

L

Acrodiclidium;Picria Lauraceae 樟科 [MD-21] 全球 (1) 大洲分布及种数(32-42)◆北美洲
Licea A.Dietr. = **Picea**
Liceaceae Shipunov ex Reveal = Limeaceae
Licendia Adans. = **Cicendia**
Lichanura Wight = **Aspidistra**
Lichas Crantz = **Agrostemma**
Lichen Schreb. = **Quassia**
Lichenastrum Dill. ex C.Stewart = **Jungermannia**
Lichenoides【-】Lindl. 钱苔科属 Ricciaceae 钱苔科 [B-22] 全球 (uc) 大洲分布及种数(uc)
Lichenora Wight = **Aspidistra**
Lichinaceae Nyl. = Chrysobalanaceae
Lichiniza H.B.Holl ex Nyl. = **Eria**
Lichinod Wight = **Eria**
Lichinora Wight = **Eria**
Lichnia Aubl. = **Licania**
Lichniops Crantz = **Agrostemma**
Lichnis Crantz = **Lychnis**
Lichnus Crantz = **Agrostemma**
Lichtara【-】auct. 兰科属 Orchidaceae 兰科 [MM-723] 全球 (uc) 大洲分布及种数(uc)
Lichtensteinia【3】Cham. & Schltdl. 李氏芹属 ≒ **Glia** Apiaceae 伞形科 [MD-480] 全球 (1) 大洲分布及种数(8-12)◆非洲(◆南非)
Lichterveldia Lem. = **Cuitlauzina**
Licina Raf. = **Arthropodium**
Licinia Raf. = **Arthropodium**
Licopersicum Neck. = **Lycopersicon**
Licopolia Rippa = **Xylosma**
Licopsis Neck. = **Lycopsis**
Licopus Neck. = **Lycopus**
Licornus Neck. = **Amethystea**
Lictorella P.J.Bergius = **Littorella**
Licual Wurmb = **Licuala**
Licuala Thunb. = **Licuala**
Licuala【3】Wurmb. 轴榈属 ← **Corypha;Korthalsia;Rhapis** Arecaceae 棕榈科 [MM-717] 全球 (1) 大洲分布及种数(22-83)◆亚洲
Lidaceae DC. ex Perleb = Linaceae
Lidbeckia【3】Berg. 木芫荽属 ≒ **Cotula** Asteraceae 菊科 [MD-586] 全球 (1) 大洲分布及种数(4-5)◆非洲(◆南非)
Lidia Á.Löve & D.Löve = **Minuartia**
Liebea Regel = **Quesnelia**
Lieberkuehna Rchb. = **Chaptalia**
Lieberkuehnia Rchb. = **Chaptalia**
Lieberkuhna【3】Cass. 阳帽菊属 ≒ **Chaptalia** Asteraceae 菊科 [MD-586] 全球 (1) 大洲分布及种数(1)◆北美洲
Lieberkuhnia Less. = **Lieberkuhna**
Liebichia Opiz = **Ribes**
Liebigia Endl. = **Chirita**
Liebmanara【-】auct. 兰科属 Orchidaceae 兰科 [MM-723] 全球 (uc) 大洲分布及种数(uc)
Liebmannia Spreng. = **Nicotiana**
Liebrechtsia De Wild. = **Vigna**
Liechea L. = **Lechea**
Liedea【2】W.D.Stevens 异被藤属 ≒ **Metastelma** Apocynaceae 夹竹桃科 [MD-492] 全球 (2) 大洲分布及种数(cf.1) 北美洲;南美洲
Liesneria【3】Fern.Casas 厄瓜度量草属 ≒ **Spigelia** Loganiaceae 马钱科 [MD-486] 全球 (1) 大洲分布及种数(1)◆南美洲(◆厄瓜多尔)
Lietzia Regel = **Sinningia**
Lieutautia Buc´hoz = **Miconia**
Lievena Regel = **Quesnelia**
Lifago【3】Schweinf. & Muschl. 绵绒菊属 Asteraceae 菊科 [MD-586] 全球 (1) 大洲分布及种数(1)◆非洲
Ligaria【3】Van Tiegh. 红钗寄生属 ≒ **Loranthus;Psittacanthus;Licaria** Loranthaceae 桑寄生科 [MD-415] 全球 (1) 大洲分布及种数(2-3)◆南美洲
Ligarinae Nickrent & Vidal-Russell = **Ligaria**
Ligdus Rumph. = **Linum**
Ligea【3】Poit. ex Tul. 河缎草属 ≒ **Mourera** Podostemaceae 川苔草科 [MD-322] 全球 (1) 大洲分布及种数(uc)◆亚洲
Ligeophila【3】Garay 水兰属 ≒ **Aspidogyne;Physaria** Orchidaceae 兰科 [MM-723] 全球 (1) 大洲分布及种数(14-15)◆南美洲
Ligeria【-】Decne. 苦苣苔科属 ≒ **Sinningia** Gesneriaceae 苦苣苔科 [MD-549] 全球 (uc) 大洲分布及种数(uc)
Lighfootia Sw. = **Lightfootia**
Lightfoatia Sw. = **Lightfootia**
Lightfootia L´Hér. = **Lightfootia**
Lightfootia【3】Sw. 非洲桔梗属 ← **Laetia;Aphloia** Aphloiaceae 脱皮檀科 [MD-124] 全球 (1) 大洲分布及种数(25-28)◆非洲
Lightia R.H.Schomb. = **Herrania**
Lightiodendron【3】Rauschert 圭亚那银鹃木属 Euphroniaceae 银鹃木科 [MD-273] 全球 (1) 大洲分布及种数(uc)◆南美洲(◆巴西)
Ligia Fasano = **Thymelaea**
Lignariella【3】Baehni 弯梗芥属 ← **Aphragmus** Brassicaceae 十字花科 [MD-213] 全球 (1) 大洲分布及种数(2)◆亚洲
Lignieria A.Chev. = **Rhexia**
Lignocarpa【3】J.W.Dawson 木果芹属 ← **Anisotome** Apiaceae 伞形科 [MD-480] 全球 (1) 大洲分布及种数(2)◆大洋洲(◆新西兰)
Lignonia G.A.Scop. = **Paypayrola**
Lignopsis Rchb. = **Linum**
Lignum Rumph. = **Linum**
Ligtfoota Cothen. = **Lightfootia**
Ligtu Adans. = **Bomarea**
Liguaria Duval = **Ligularia**
Ligularia【3】Cass. 虎耳草属 ← **Cremanthodium;Farfugium;Arnica** Asteraceae 菊科 [MD-586] 全球 (6) 大洲分布及种数(158-180;hort.1;cult: 9)非洲:5;亚洲:157-180;大洋洲:5;欧洲:6-12;北美洲:2-7;南美洲:5
Ligulariopsis【3】Y.L.Chen 假橐吾属 ← **Cacalia** Asteraceae 菊科 [MD-586] 全球 (1) 大洲分布及种数(cf.1)◆东亚(◆中国)
Ligulina Müll.Hal. = **Plagiothecium**
Ligusticella J.M.Coult. & Rose = **Podistera**
Ligusticopsis【3】Leute 裂苞藁本属 ← **Cnidium;Ligusticum** Apiaceae 伞形科 [MD-480] 全球 (1) 大洲分布

及种数(12-19)◆亚洲

Ligusticum 【3】 L. 藁本属 → **aciphylla;Garcia; Physospermum** Apiaceae 伞形科 [MD-480] 全球 (1) 大洲分布及种数(75-120)◆亚洲

Ligustraceae G.F.W.Mey. = Gentianaceae

Ligustridium Spach = **Syringa**

Ligustrina Rupr. = **Syringa**

Ligustrum【3】(Tourn.)L.女贞属 ≒ **Chionanthus;Olea** Oleaceae 木樨科 [MD-498] 全球 (6) 大洲分布及种数(43-61;hort.1;cult: 11)非洲:8-24;亚洲:39-63;大洋洲:7-26;欧洲:13-29;北美洲:17-33;南美洲:11-27

Ligustrum L. = **Ligustrum**

Ligyra Van Tiegh. = **Ligaria**

Lihengia【3】 Y.S.Chen & R.Ke 菊科属 Asteraceae 菊科 [MD-586] 全球 (1) 大洲分布及种数(uc)◆东亚(◆中国)

Lijndenia 【3】 Zoll. & Mor. 谷木属 ≒ **Memecylon** Melastomataceae 野牡丹科 [MD-364] 全球 (1) 大洲分布及种数(11)◆非洲

Lilac Mill. = **Syringa**

Lilaca【-】 Raf. 木樨科属 Oleaceae 木樨科 [MD-498] 全球 (uc) 大洲分布及种数(uc)

Lilacaceae Juss. = Liliaceae

Lilaea【3】 Bonpl. 花水韭属 ← **Anthericum;Linnaea** Juncaginaceae 水麦冬科 [MM-604] 全球 (6) 大洲分布及种数(2)非洲:2;亚洲:2;大洋洲:1-3;欧洲:1-3;北美洲:1-3;南美洲:1-3

Lilaeaceae【3】Dum. 异柱草科 [MM-605] 全球 (6) 大洲分布和属种数(1/1-3)非洲:1/2;亚洲:1/2;大洋洲:1/1-3;欧洲:1/1-3;北美洲:1/1-3;南美洲:1/1-3

Lilaeopsis 【3】 Greene 水毯草属 Apiaceae 伞形科 [MD-480] 全球 (6) 大洲分布及种数(19-22;hort.1)非洲:2;亚洲:2-4;大洋洲:9-12;欧洲:1-2;北美洲:7-8;南美洲:8-9

Lilavia Raf. = **Bomarea**

Lile Bonpl. = **Lilaea**

Lilertia Dum. = **Libertia**

Lilia Masam. & Tomiya = **Castanopsis**

Liliaceae【3】Juss. 百合科 [MM-633] 全球 (6) 大洲分布和属种数(19-24;hort. & cult.13-14)(663-1504;hort. & cult.276-536)非洲:7-16/190-399;亚洲:16-20/457-797;大洋洲:4-15/25-149;欧洲:6-15/118-282;北美洲:11-16/153-287;南美洲:4-15/33-160

Liliacum P.Renault = **Syringa**

Liliago C.Presl = **Amaryllis**

Liliaslrum Ortega = **Paradisea**

Liliastrum Fabr. = **Notholirion**

Liliastrum Link = **Paradisea**

Lilicella Rich ex Baill. = **Sciaphila**

Lilioasphodelus Fabr. = **Hosta**

Liliogladiolus Trew = **Watsonia**

Lilio-gladiolus Trew = **Watsonia**

Liliohyacinthus Ort. = **Scilla**

Lilio-hyacinthus Ort. = **Scilla**

Lilionarcissus Trew = **Ammocharis**

Lilio-narcissus Trew = **Ammocharis**

Liliope Lour. = **Liriope**

Liliorhiza Kellogg = **Tulipa**

Lilium 【3】 L. 百合属 → **Cardiocrinum;Lamium; Fritillaria** Liliaceae 百合科 [MM-633] 全球 (6) 大洲分布及种数(118-155;hort.1;cult: 27)非洲:17-37;亚洲:101-134;大洋洲:10-30;欧洲:29-51;北美洲:54-79;南美洲:17-37

Lilium-convallium Mönch = **Convallaria**

Lillium Hill = **Lilium**

Lilloa Speg. = **Synandrospadix**

Lilpopia L. = **Lippia**

Limac Mill. = **Syringa**

Limacella (Müll.Hal.) Broth. = **Limbella**

Limacia F.Dietr. = **Limacia**

Limacia【3】 Lour. 丽麻藤属 → **Cocculus;Hypserpa; Tinospora** Menispermaceae 防己科 [MD-42] 全球 (6) 大洲分布及种数(2-5)非洲:1;亚洲:1-5;大洋洲:1;欧洲:1;北美洲:1;南美洲:1

Limacidae Lour. = **Limacia**

Limacieae Prantl = **Limacia**

Limaciopsis 【3】 Engl. 粉绿藤属 ← **Pachygone** Menispermaceae 防己科 [MD-42] 全球 (1) 大洲分布及种数(1)◆亚洲

Limacodes Lindl. = **Thunia**

Limacorachis Hemsl. & Rose = **Adesmia**

Limacus L. = **Limacia**

Limadendron 【3】 Meireles & A.M.G.Azevedo 弓子豆属 Fabaceae 豆科 [MD-240] 全球 (1) 大洲分布及种数(cf.2)◆南美洲

Limahlania 【3】 K.M.Wong & Sugumaran 刺灰莉属 Gentianaceae 龙胆科 [MD-496] 全球 (1) 大洲分布及种数(cf.1)◆亚洲

Limara Hort. = **Ptilostemon**

Limaria Aubl. = **Licaria**

Limatodes Lindl. = **Phaius**

Limatodis Bl. = **Phaius**

Limax Lür = **Lomax**

Limbarda 【3】 Adans. 海崖菊属 ← **Inula** Asteraceae 菊科 [MD-586] 全球 (1) 大洲分布及种数(cf. 1)◆亚洲

Limbella 【3】 (Müll.Hal.) Broth. 花旗柳叶藓属 ≒ **Neckera** Amblystegiaceae 柳叶藓科 [B-178] 全球 (1) 大洲分布及种数(3)◆北美洲

Limborchia G.A.Scop. = **Coutoubea**

Limboria A.Massal. = **Coutoubea**

Limeac L. = **Limeum**

Limeaceae 【3】 Shipunov ex Reveal 麻粟草科 [MD-109] 全球 (6) 大洲分布和属种数(1/31-49)非洲:1/29-32;亚洲:1/2-3;大洋洲:1/1;欧洲:1/1;北美洲:1/1;南美洲:1/1

Limenitis Rich. = **Bouteloua**

Limeum【3】 L. 麻粟草属 ≒ **Semonvillea** Limeaceae 麻粟草科 [MD-109] 全球 (6) 大洲分布及种数(32-38)非洲:29-32;亚洲:2-3;大洋洲:1;欧洲:1;北美洲:1;南美洲:1

Limia Vand. = **Vitex**

Limidae Vand. = **Vitex**

Limlia Masam. & Tomiya = **Castanopsis**

Limmophila R.Br. = **Limnophila**

Limnactis Kuetzing,F.T. = **Bouteloua**

Limnadia Lour. = **Limacia**

Limnaea L. = **Linnaea**

Limnalsine Rydb. = **Heliocarpus**

Limnanthaceae 【3】 R.Br. 沼沫花科 [MD-433] 全球 (1) 大洲分布和属种数(2;hort. & cult.1-2)(10-21;hort. & cult.2-3)◆北美洲

Limnanthales Stokes = **Limnanthes**

Limnanthemum (F.H.Wigg.) Griseb. = **Limnanthemum**

L

Limnanthemum 【3】 S.P.Gmel. 土睡菜属 ≒ **Nymphoides** Menyanthaceae 睡菜科 [MD-526] 全球 (6) 大洲分布及种数(4-14)非洲:1-4;亚洲:3-8;大洋洲:1;欧洲:1;北美洲:1-2;南美洲:1
Limnanthes Inflexae C.T.Mason = **Limnanthes**
Limnanthes【3】 R.Br. 沼沫花属 ≒ **Limnanthemum; Piper** Limnanthaceae 沼沫花科 [MD-433] 全球 (1) 大洲分布及种数(9-14)◆北美洲
Limnanthus Neck. = **Limnanthes**
Limnas (P. & K.) Ehrh. ex House = **Limnas**
Limnas 【3】 Ehrh. 林麦娘属 ≒ **Ophrys;Limnodea** Poaceae 禾本科 [MM-748] 全球 (1) 大洲分布及种数(cf. 1)◆亚洲
Limnatis Rich. = **Bouteloua**
Limnebius Rich. = **Limnobium**
Limneria Stirt. = **Didymodon**
Limnesia Stirt. = **Didymodon**
Limnesiella (Müll.Hal.) Müll.Hal. = **Taxithelium**
Limnetis Rich. = **Spartina**
Limnia 【3】 Haw. 小春美草属 ← **Claytonia;Montia** Montiaceae 水卷耳科 [MD-81] 全球 (1) 大洲分布及种数(2-14)◆北美洲
Limniboza R.E.Fr. = **Platostoma**
Limnirion (Rchb.) Opiz = **Iris**
Limniris (Tausch) Rchb. = **Iris**
Limnobaris Hustache = **Limnocharis**
Limnobdella (Müll.Hal.) Müll.Hal. = **Taxithelium**
Limnobiella (Müll.Hal.) Müll.Hal. = **Taxithelium**
Limnobium 【2】 Rich. 水蛛藓属 ≒ **Trianaea;Calliergon** Amblystegiaceae 柳叶藓科 [B-178] 全球 (2) 大洲分布及种数(2) 亚洲:1;欧洲:1
Limnobotrya 【3】 Rydb. 茶藨子属 ← **Ribes** Grossulariaceae 茶藨子科 [MD-212] 全球 (1) 大洲分布及种数(uc)◆非洲
Limnobryum Rabenh. = **Aulacomnium**
Limnocarpus Leeuwenb. = **Lembocarpus**
Limnocharis 【3】 Humb. & Bonpl. 黄花蔺属 ← **Alisma** Alismataceae 泽泻科 [MM-597] 全球 (6) 大洲分布及种数(4)非洲:1;亚洲:3-4;大洋洲:1;欧洲:1;北美洲:2-3;南美洲:3-4
Limnocharitaceae 【3】 Takht. ex Cronquist 沼鳖科 [MM-596] 全球 (6) 大洲分布和属种数(3-4;hort. & cult.1)(9-20;hort. & cult.1-2)非洲:1/1;亚洲:2/4-5;大洋洲:2-3/2-3;欧洲:1/1;北美洲:2/3-4;南美洲:2/8-10
Limnocitrus Swingle = **Pleiospermium**
Limnocoris Humb. & Bonpl. = **Limnocharis**
Limnocrepis Fourr. = **Crepis**
Limnodea 【3】 Dewey ex J.M.Coult. 南风茅属 ← **Cinna;Sida** Poaceae 禾本科 [MM-748] 全球 (1) 大洲分布及种数(1)◆北美洲
Limnogenneton Sch.Bip. = **Sigesbeckia**
Limnogeton Edgew. = **Zannichellia**
Limnomysis Klotzsch = **Pistia**
Limnonesis Klotzsch = **Pistia**
Limnoperla Navás = **Limnophila**
Limnopeuce Adans. = **Hippuris**
Limnopeuce Ség. = **Ceratophyllum**
Limnophila 【3】 R.Br. 石龙尾属 ≒ **Adenosma; Mimulus;Stemodia** Scrophulariaceae 玄参科 [MD-536] 全球(6) 大洲分布及种数(61-72;hort.1;cult:2)非洲:11-23;亚洲:50-67;大洋洲:16-29;欧洲:1-12;北美洲:12-25;南美洲:4-15
Limnophilus R.Br. = **Limnophila**
Limnophita R.Br. = **Limnophila**
Limnophlia R.Br. = **Limnophila**
Limnophora Malloch = **Limnophila**
Limnophylla Griff. = **Limnophila**
Limnophysa R.Br. = **Limnophila**
Limnophyton【2】 Miq. 圆果慈姑属 ← **Alisma;Caldesia;Sagittaria** Alismataceae 泽泻科 [MM-597] 全球 (2) 大洲分布及种数(4)非洲:3;亚洲:cf.1
Limnopityaceae Hayata = Cupressaceae
Limnopoa 【3】 C.E.Hubb. 泻湖禾属 ≒ **Coelachne** Poaceae 禾本科 [MM-748] 全球 (1) 大洲分布及种数(cf. 1)◆南亚(◆印度)
Limnorchis Rydb. = **Platanthera**
Limnoria Stirt. = **Didymodon**
Limnornis Rydb. = **Platanthera**
Limnosciadium 【3】 Mathias & Constance 沼泽芹属 ← **Cynosciadium;Oenanthe** Apiaceae 伞形科 [MD-480] 全球 (1) 大洲分布及种数(2)◆北美洲(◆美国)
Limnoseris Peterm. = **Crepis**
Limnosipanea 【3】 Hook.f. 沼茜属 ← **Perama;Sipanea** Rubiaceae 茜草科 [MD-523] 全球 (1) 大洲分布及种数(3)◆南美洲
Limnoxeranthemum Salzm. ex Steud. = **Paepalanthus**
Limodoraceae Horan. = Cypripediaceae
Limodoron St.Lag. = **Limodorum**
Limodorum (Zinn) Ludw. ex P. & K. = **Limodorum**
Limodorum【3】 Böhm. 丛宝兰属 ≒ **Epipactis;Flabellariopsis;Bletilla** Orchidaceae 兰科 [MM-723] 全球 (6) 大洲分布及种数(9-18;hort.1;cult: 2)非洲:2-12;亚洲:2-14;大洋洲:10;欧洲:2-12;北美洲:2-12;南美洲:4-15
Limois L. = **Limonia**
Limon Mill. = **Citrus**
Limonaetes Ehrh. = **Carex**
Limonanthus Benth. = **Linanthus**
Limonia 【3】 L. 象橘属 → **Citropsis;Glycosmis; Skimmia** Limoniaceae 补血草科 [MD-226] 全球 (6) 大洲分布及种数(9-20)非洲:3-11;亚洲:5-15;大洋洲:2-10;欧洲:8;北美洲:8;南美洲:8
Limoniaceae 【3】 Ser. 补血草科 [MD-226] 全球 (6) 大洲分布和属种数(1;hort. & cult.1)(8-40;hort. & cult.1)非洲:1/3-11;亚洲:1/5-15;大洋洲:1/2-10;欧洲:1/8;北美洲:1/8;南美洲:1/8
Limonias Ehrh. = **Gentianopsis**
Limoniastrum 【3】 Heist. ex Fabr. 屈霜花属 ≒ **Limonium** Plumbaginaceae 白花丹科 [MD-227] 全球 (6) 大洲分布及种数(2-7)非洲:1-3;亚洲:1;大洋洲:1;欧洲:1-2;北美洲:1;南美洲:1
Limoniopsis【3】 Lincz. 繁霜花属 ≒ **Statice** Plumbaginaceae 白花丹科 [MD-227] 全球 (1) 大洲分布及种数(1-2)◆亚洲
Limonium (Boiss.) Pignatti = **Limonium**
Limonium【3】 Mill. 补血草属 → **Afrolimon;Statice** Plumbaginaceae 白花丹科 [MD-227] 全球 (6) 大洲分布及种数(349-732;hort.1;cult: 26)非洲:96-149;亚洲:81-117;大洋洲:14-24;欧洲:203-315;北美洲:33-41;南美洲:8-13

L

Limonoseris Peterm. = **Youngia**
Limopsis Rchb. = **Linum**
Limoptera Colla = **Achimenes**
Limosa L. = **Mimosa**
Limosella【3】L. 水茫草属 → **Bacopa** Scrophulariaceae 玄参科 [MD-536] 全球 (6) 大洲分布及种数(21-23)非洲:14-18;亚洲:6-10;大洋洲:6-10;欧洲:4-8;北美洲:5-9;南美洲:3-7
Limosellaceae J.Agardh = Veronicaceae
Limostella Ledeb. = **Limosella**
Limprichtia【2】Löske 柳叶藓科属 Amblystegiaceae 柳叶藓科 [B-178] 全球 (4) 大洲分布及种数(4) 亚洲:3;欧洲:2;北美洲:3;南美洲:2
Linaceae【3】DC. ex Perleb 亚麻科 [MD-315] 全球 (6) 大洲分布和属种数(12;hort. & cult.4)(245-396;hort. & cult.35-64)非洲:1-2/47-70;亚洲:6/95-141;大洋洲:3/20-52;欧洲:2-3/45-87;北美洲:4-5/90-107;南美洲:3-4/45-64
Linagrostis Gütt. = **Eriophorum**
Linales Baskerville = **Linum**
Linania Cav. = **Linaria**
Linanthastrum【3】Ewan 银禄麻属 ≒ **Leptosiphon** Polemoniaceae 花荵科 [MD-481] 全球 (1) 大洲分布及种数(cf. 1)◆北美洲
Linanthus【3】Benth. 车叶麻属 ← **Gilia;Gymnosteris; Navarretia** Polemoniaceae 花荵科 [MD-481] 全球 (1) 大洲分布及种数(52-88)◆北美洲
Linara C.C.Tsai = **Linaria**
Linaresia Mill. = **Linaria**
Linaria DC. = **Linaria**
Linaria【3】Mill. 柳穿鱼属 → **Anarrhinum;Hasseltia; Sinningia** Scrophulariaceae 玄参科 [MD-536] 全球 (6) 大洲分布及种数(201-341;hort.1;cult:24)非洲:48-84;亚洲:83-138;大洋洲:15-32;欧洲:119-176;北美洲:26-45;南美洲:11-23
Linariaceae Bercht. & J.Presl = Lanariaceae
Linariantha【3】B.L.Burtt & R.M.Sm. 线花爵床属 Acanthaceae 爵床科 [MD-572] 全球 (1) 大洲分布及种数(1-2)◆亚洲
Linariopsis【3】Welw. 瘤果麻属 Pedaliaceae 芝麻科 [MD-539] 全球 (1) 大洲分布及种数(1-4)◆非洲
Linca Alonso de Pina = **Vinca**
Lincania G.Don = **Licania**
Linckia Perrier = **Linaria**
Linconia【3】L. 麦娘花属 → **Pseudobaeckea;Neillia** Bruniaceae 绒球花科 [MD-336] 全球 (1) 大洲分布及种数(4-7)◆非洲(◆南非)
Linconieae Quint & Class.-Bockh. = **Linconia**
Lincus L. = **Linum**
Lindackera Sieber ex Endl. = **Lindackeria**
Lindackeria【2】C.Presl 雀杨属 → **Carpotroche; Ebenus;Oncoba** Achariaceae 青钟麻科 [MD-159] 全球 (4) 大洲分布及种数(17-23)非洲:10-14;亚洲:cf.1;北美洲:1;南美洲:7-8
Lindauea Rendle = **Lepidagathis**
Lindauella Ames & C.Schweinf. = **Bletia**
Lindbergella【3】Bor 画眉禾属 ← **Lindbergia** Poaceae 禾本科 [MM-748] 全球 (1) 大洲分布及种数(cf. 1)◆西亚(◆塞浦路斯)
Lindbergia【2】Bor 细枝藓属 → **Lindbergella; Dimerodontium** Leskeaceae 薄罗藓科 [B-181] 全球 (5) 大洲分布及种数(19) 非洲:4;亚洲:10;大洋洲:2;北美洲:3;南美洲:2
Lindbladia Fr. = **Habenaria**
Lindblomia Fr. = **Platanthera**
Lindelofia【2】Lehm. 长柱琉璃草属 ← **Cynoglossum; Paracaryum** Boraginaceae 紫草科 [MD-517] 全球 (2) 大洲分布及种数(10-12;hort.1)亚洲:9-11;北美洲:2
Lindemania Mez = **Lindmania**
Lindenbergia【3】Lehm. 钟萼草属 ← **Adenosma; Stemodia;Lindbergia** Scrophulariaceae 玄参科 [MD-536] 全球 (6) 大洲分布及种数(24-29)非洲:7-10;亚洲:19-28;大洋洲:1;欧洲:1;北美洲:1;南美洲:1
Lindenbergiaceae Doweld = Myoporaceae
Lindenia【2】Benth. 画眉茉莉属 ≒ **Cyphomeris** Rubiaceae 茜草科 [MD-523] 全球 (3) 大洲分布及种数(1) 大洋洲:1;北美洲:1;南美洲:1
Lindeniopiper【3】Trel. 苞序椒木属 Piperaceae 胡椒科 [MD-39] 全球 (1) 大洲分布及种数(2)◆北美洲(◆墨西哥)
Lindera Adans. = **Lindera**
Lindera【3】Thunb. 山胡椒属 → **Actinodaphne;Laurus;Stemodia** Lauraceae 樟科 [MD-21] 全球 (1) 大洲分布及种数(65-114)◆亚洲
Linderina All. = **Lindera**
Lindernia (Benth.) Pennell = **Lindernia**
Lindernia【3】All. 陌上菜属 ← **Antirrhinum; Conobea;Stemodia** Linderniaceae 母草科 [MD-534] 全球(6) 大洲分布及种数(159-187;hort.1;cult:1)非洲:62-82;亚洲:92-110;大洋洲:32-46;欧洲:7-19;北美洲:30-42;南美洲:18-30
Linderniaceae【3】Borsch 母草科 [MD-534] 全球 (6) 大洲分布和属种数(3;hort. & cult.1)(169-250;hort. & cult.5)非洲:3/73-100;亚洲:1/92-110;大洋洲:1/32-46;欧洲:1/7-19;北美洲:1/30-42;南美洲:1/18-30
Lindernieae Rchb. = **Lindernia**
Linderniella【3】Eb.Fisch. 细母草属 Linderniaceae 母草科 [MD-534] 全球 (1) 大洲分布及种数(8-16)◆非洲
Lindesa Adans. = **Lindera**
Lindheimera【3】A.Gray & Engelm. 星菊属 Asteraceae 菊科 [MD-586] 全球 (1) 大洲分布及种数(2)◆北美洲
Lindheimeri A.Gray & Engelm. = **Lindheimera**
Lindholmia Fr. = **Habenaria**
Lindi Cav. = **Persoonia**
Lindigia Genucaulis Müll.Hal. = **Lindigia**
Lindigia【2】Hampe 青藓科属 ≒ **Papillaria** Brachytheciaceae 青藓科 [B-187] 全球 (2) 大洲分布及种数(1) 北美洲:1;南美洲:1
Lindigianthus【3】(Gottsche) Kruijt & Gradst. 彩鳞苔属 Lejeuneaceae 细鳞苔科 [B-84] 全球 (1) 大洲分布及种数(1)◆南美洲(◆厄瓜多尔)
Lindigina Gottsche = **Gongylanthus**
Lindleya【3】Kunth 脚骨脆属 ≒ **Laplacea;Lindera** Rosaceae 蔷薇科 [MD-246] 全球 (1) 大洲分布及种数(1)◆北美洲
Lindleyaceae J.Agardh = Guamatelaceae
Lindleyalis【3】Lür 委内瑞拉兰属 ≒ **Humboldtia; Specklinia** Orchidaceae 兰科 [MM-723] 全球 (1) 大洲分布及种数(3)◆南美洲(◆委内瑞拉)

L

Lindleyana Nees = **Lindleya**
Lindleyara Garay & H.R.Sw. = **Renanthera**
Lindleyella Rydb. = **Lindleya**
Lindleyella Schltr. = **Rudolfiella**
Lindmania【3】Mez 光彩凤梨属 ← **Tillandsia;Lindernia;Deuterocohnia** Bromeliaceae 凤梨科 [MM-715] 全球 (1) 大洲分布及种数(39-41)◆南美洲
Lindnera Fuss = **Lindera**
Lindnera Rchb. = **Tilia**
Lindneria T.Durand & Lubbers = **Pseudogaltonia**
Lindra Draudt = **Lindera**
Lindrer Adans. = **Lindera**
Lindsaea【3】Dryand. ex Sm. 鳞始蕨属 ← **Acrophorus;Asplenium;Sphenomeris** Lindsaeaceae 鳞始蕨科 [F-27] 全球 (6) 大洲分布及种数(165-253;hort.1;cult: 10) 非洲:36-65;亚洲:71-109;大洋洲:42-68;欧洲:12-29;北美洲:25-44;南美洲:75-94
Lindsaeaceae【3】C.Presl ex M.R.Schomb. 鳞始蕨科 [F-27] 全球 (6) 大洲分布和属种数(7;hort. & cult.3)(233-422;hort. & cult.6-8)非洲:5-7/ 51-111;亚洲:6/ 103-177;大洋洲:4-6/ 71-125;欧洲:3-5/ 18-59;北美洲:3-5/ 39-85;南美洲:4-5/ 92-135
Lindsaeeae Hook. = **Lindsaea**
Lindsaenium Fée = **Lindsaea**
Lindsaeosoria【3】W.H.Wagner 美国碗蕨属 Dennstaedtiaceae 碗蕨科 [F-26] 全球 (1) 大洲分布及种数(1)◆北美洲(◆美国)
Lindsaya Kaulf. = **Lindsaea**
Lindsayella Ames & C.Schweinf. = **Sobralia**
Lindsaynium Fée = **Lindsaea**
Lindsayoides (Desv.) Nakai = **Arthropteris**
Lindsayomyrtus【3】B.P.M.Hyland & C.G.G.J.van Steenis 番樱桃属 ← **Eugenia** Myrtaceae 桃金娘科 [MD-347] 全球 (2) 大洲分布及种数(1) 亚洲;大洋洲
Lindsayopsis Kuhn = **Odontosoria**
Lindsea J.St.Hil. = **Lindsaea**
Lindseae Dryand. ex Sm. = **Lindsaea**
Lineae Rchb. = **Linnaea**
Linealia【-】G.L.Nesom 菊科属 Asteraceae 菊科 [MD-586] 全球 (uc) 大洲分布及种数(uc)北美洲
Lineola O.F.Cook = **Areca**
Linga Dall = **Inga**
Lingelsheimia【3】Pax 裂珠木属 Phyllanthaceae 叶下珠科 [MD-222] 全球 (1) 大洲分布及种数(6)◆非洲
Lingnania McClure = **Bambusa**
Lingoum【-】Adans. 豆科属 ≒ **Pterocarpus** Fabaceae 豆科 [MD-240] 全球 (uc) 大洲分布及种数(uc)
Linguella D.L.Jones & M.A.Clem. = **Pterostylis**
Linharea Arruda = **Ocotea**
Linharia Arruda ex H.Kost. = **Linaria**
Linhartia Mill. = **Linaria**
Link Cav. = **Carapa**
Linkagrostis【3】Romero García,Blanca & C.Morales 剪股颖属 ≒ **Agrostis** Poaceae 禾本科 [MM-748] 全球 (1) 大洲分布及种数(cf. 1)◆欧洲
Linkia Cav. = **Persoonia**
Linkia Pers. = **Desfontainia**
Linmophila R.Br. = **Limnophila**
Linnaea (R.Br.) A.Braun & Vatke = **Linnaea**
Linnaea【3】L. 北极花属 → **Abelia;Obolaria;Odontosoria** Linnaeaceae 北极花科 [MD-512] 全球 (6) 大洲分布及种数(39-41;hort.1;cult: 1)非洲:8;亚洲:17-25;大洋洲:8;欧洲:19-27;北美洲:8-17;南美洲:1-9
Linnaeaceae【3】A.Backlund & N.Pyck 北极花科 [MD-512] 全球 (6) 大洲分布和属种数(1;hort. & cult.1)(38-48;hort. & cult.1)非洲:1/8;亚洲:1/17-25;大洋洲:1/8;欧洲:1/19-27;北美洲:1/8-17;南美洲:1/1-9
Linnaeobreynia Hutch. = **Capparis**
Linnaeopsis Engl. = **Streptocarpus**
Linnaeosicyos【3】H.Schaef. & Kocyan 栝楼属 ≒ **Trichosanthes** Cucurbitaceae 葫芦科 [MD-205] 全球 (1) 大洲分布及种数(cf.1)◆北美洲
Linnania McClure = **Bambusa**
Linnanthemum S.P.Gmel. = **Limnanthemum**
Linnea Cothen. = **Abelia**
Linneara Adans. = **Lindera**
Linneusia Raf. = **Linnaea**
Lino O.F.Cook = **Dictyosperma**
Linocalix【-】Lindau 爵床科属 Acanthaceae 爵床科 [MD-572] 全球 (uc) 大洲分布及种数(uc)
Linocalyx【-】Lindau 爵床科属 Acanthaceae 爵床科 [MD-572] 全球 (uc) 大洲分布及种数(uc)
Linocarpon Desf. = **Ledocarpon**
Linoch O.F.Cook = **Dictyosperma**
Linochilus Benth. = **Diplostephium**
Linochora Sw. ex Schreb. = **Linociera**
Linociera【3】Sw. ex Schreb. 李榄属 ← **Chionanthus;Thouinia;Olea** Oleaceae 木樨科 [MD-498] 全球 (6) 大洲分布及种数(14-30;hort.1;cult:1)非洲:13;亚洲:12-35;大洋洲:2-15;欧洲:11;北美洲:11;南美洲:1-12
Linociria Neck. = **Gonocarpus**
Linodendron【3】Griseb. 古巴瑞香属 ≒ **Lasiadenia;Liriodendron** Thymelaeaceae 瑞香科 [MD-310] 全球 (1) 大洲分布及种数(4)◆北美洲
Linodes P. & K. = **Radiola**
Linoeiera Sw. ex Schreb. = **Linociera**
Linoides Rupp. = **Radiola**
Linoma O.F.Cook = **Rubus**
Linon Mill. = **Citrus**
Linonema Laubenfels = **Leionema**
Linonium Mill. = **Limonium**
Linophyllum Bubani = **Thesium**
Linopsis Rchb. = **Linum**
Linosp O.F.Cook = **Dictyosperma**
Linospa O.F.Cook = **Dictyosperma**
Linospadicinae【-】Hook.f. 棕榈科属 Arecaceae 棕榈科 [MM-717] 全球 (uc) 大洲分布及种数(uc)
Linospadix【2】H.Wendl. & Drude 槟榔属 ≒ **Calyptrocalyx** Arecaceae 棕榈科 [MM-717] 全球 (4) 大洲分布及种数(2-8) 非洲;亚洲;大洋洲;北美洲
Linosparton Adans. = **Lygeum**
Linospartum Steud. = **Lygeum**
Linospora Speg. = **Tinospora**
Linostachys Klotzsch ex Schlechtd. = **Acalypha**
Linostoma Endl. = **Linostoma**
Linostoma【3】Wall. 翅薇香属 → **Enkleia;Nectandra** Thymelaeaceae 瑞香科 [MD-310] 全球 (1) 大洲分布及种数(4-6)◆亚洲

L

Linostrophum Schrank = **Camelina**
Linostylis Fenzl ex Sond. = **Dyschoriste**
Linosyris【3】 Ludw. 薇肋菊属 ≒ **Thesium;Aster** Asteraceae 菊科 [MD-586] 全球 (6) 大洲分布及种数(17)非洲:19;亚洲:19;大洋洲:19;欧洲:19;北美洲:1-20;南美洲:19
Linota O.F.Cook = **Areca**
Linsaea Dryand. ex Sm. = **Lindsaea**
Linschotenia de Vriese = **Weinmannia**
Linschottia Comm. ex Juss. = **Homalium**
Linscotia Adans. = **Limeum**
Linsecomia Buckley = **Helianthus**
Linsia Cav. = **Persoonia**
Linthia Stapf = **Lintonia**
Lintibularia Friche-Joset & Montandon = **Spirodela**
Lintonia【3】 Stapf 林托草属 ≒ **Negria;Gloriosa** Poaceae 禾本科 [MM-748] 全球 (1) 大洲分布及种数(2)◆非洲
Lintricula Mich. ex Adans. = **Wolffiella**
Linum (Rchb.) C.M.Rogers = **Linum**
Linum【3】 L. 亚麻属 ≒ **Cliococca;Phemeranthus** Linaceae 亚麻科 [MD-315] 全球 (6) 大洲分布及种数(208-301;hort.1;cult:17)非洲:47-69;亚洲:84-126;大洋洲:18-38;欧洲:44-85;北美洲:75-90;南美洲:34-48
Linus Trin. = **Glinus**
Linzia【3】 Sch.Bip. 铁鸠菊属 ≒ **Vernonia** Asteraceae 菊科 [MD-586] 全球 (1) 大洲分布及种数(uc) ◆非洲
Liocephalus Willd. ex Schltdl. = **Lasiocephalus**
Liochlaena【3】 Nees 狭叶苔属 Jungermanniaceae 叶苔科 [B-38] 全球 (1) 大洲分布及种数(cf. 1)◆东亚(◆中国)
Liodendron H.Keng = **Putranjiva**
Lioloma O.F.Cook = **Areca**
Liom O.F.Cook = **Dictyosperma**
Liomera H.Milne Edwards = **Lindera**
Liomma Engl. ex Harms = **Spathelia**
Liopasia Juss. = **Pelozia**
Liopilus【-】 D.Mohr ex F.Weber 孢芽藓科属 Sorapillaceae 孢芽藓科 [B-212] 全球 (uc) 大洲分布及种数(uc)
Lioponia Hort. = **Lintonia**
Lioptera Andrz. ex DC. = **Lepidium**
Liostomia (Mitt.) Paris = **Macromitrium**
Liot Mill. = **Citrus**
Lioydia Neck ex Rchb. = **Printzia**
Lipandra【-】 Moq. 苋科属 ≒ **Chenopodium** Amaranthaceae 苋科 [MD-116] 全球 (uc) 大洲分布及种数(uc)
Lipanella Greenm. = **Lozanella**
Lipaphis Rich. = **Liparis**
Lipara Lour ex Gomes = **Liparis**
Liparena Poit. ex Léman = **Drypetes**
Liparene Poit. ex Baill. = **Drypetes**
Liparia【3】 L. 大丽槐属 ← **Crotalaria;Linaria; Priestleya** Fabaceae 豆科 [MD-240] 全球 (1) 大洲分布及种数(20-21)◆非洲
Liparidaceae Vines = Veronicaceae
Liparis (Ridl.) Garay & Romero = **Liparis**
Liparis【3】 Rich. 羊耳蒜属 ≒ **Microsteris;Callostylis** Orchidaceae 兰科 [MM-723] 全球 (6) 大洲分布及种数(313-511;hort.1;cult: 6)非洲:107-180;亚洲:156-262;大洋洲:64-118;欧洲:5-33;北美洲:34-60;南美洲:40-69
Liparophyllum【3】 Hook.f. 滑子荇菜属 ← **Menyanthes;Nymphoides;Villarsia** Menyanthaceae 睡菜科 [MD-526] 全球 (1) 大洲分布及种数(7-8)◆大洋洲(◆澳大利亚)
Lipastrum Mosyakin = **Paradisea**
Lipeocercis Nees = **Andropogon**
Liphochaeta Benth. = **Pseudolepicolea**
Liphonoglossa örst. = **Siphonoglossa**
Liphyra Lour. ex Gomes = **Liparis**
Lipoblepharis【2】 Orchard 睡菊属 Asteraceae 菊科 [MD-586] 全球 (2) 大洲分布及种数(uc) 亚洲:3;大洋洲:2
Lipocarpha Acuatae Cherm. = **Lipocarpha**
Lipocarpha【3】 R.Br. 湖瓜草属 → **Alinula;Cyperus; Mariscus** Cyperaceae 莎草科 [MM-747] 全球 (6) 大洲分布及种数(36-37)非洲:25-37;亚洲:14-26;大洋洲:5-17;欧洲:1-13;北美洲:14-26;南美洲:11-23
Lipochaeta【3】 DC. 缺毛菊属 → **Angelphytum; Bidens;Wedelia** Asteraceae 菊科 [MD-586] 全球 (1) 大洲分布及种数(17-49)◆北美洲
Lipochaete Benth. = **Pseudolepicolea**
Lipocheilus Benth. = **Diplostephium**
Lipogomphus Jungh. = **Rhopalocnemis**
Lipon Mill. = **Citrus**
Liponema R.Hertwig = **Leptonema**
Liponeuron Schott,Nyman & Kotschy = **Korthalsella**
Liponeurum H.W.Schott = **Korthalsella**
Lipophragma Schott & Kotschy ex Boiss. = **Thlaspi**
Lipophyllum Miers = **Oedematopus**
Lipostoma【3】 D.Don 蜂巢茜属 ≒ **Coccocypselum; Standleya** Rubiaceae 茜草科 [MD-523] 全球 (1) 大洲分布及种数(1)◆南美洲
Lipotactes (Bl.) Rchb. = **Phthirusa**
Lipotriche Less. = **Lipochaeta**
Lipotriches R.Br. = **Lipochaeta**
Lipozygis E.Mey. = **Lotononis**
Lippa Cothen. = **Lippia**
Lippaya Endl. = **Hedyotis**
Lippayaceae Meisn. = Naucleaceae
Lippia (Paláu) Schau = **Lippia**
Lippia【3】 L.牛至木属→**Acantholippia;Hippia;Phyla** Verbenaceae 马鞭草科 [MD-556] 全球 (1) 大洲分布及种数(35-57)◆北美洲(◆加拿大)
Lippomuellera P. & K. = **Carex**
Lipschitziella【3】 Kamelin 土菊属 ≒ **Saussurea** Asteraceae 菊科 [MD-586] 全球 (1) 大洲分布及种数(cf. 1)◆亚洲
Lipskya Nevski = **Schrenkia**
Lipskyella【3】 Juz. 刺头菊属 ← **Cousinia** Asteraceae 菊科 [MD-586] 全球 (1) 大洲分布及种数(uc)◆大洋洲
Lipsothrix (Dum.) Dum. = **Aegilops**
Liptena Regel = **Aechmea**
Lipusa Alef. = **Phaseolus**
Liquidamba L. = **Liquidambar**
Liquidambar Harms = **Liquidambar**
Liquidambar【3】 L. 枫香树属 → **Exbucklandia;Acer** Altingiaceae 蕈树科 [MD-65] 全球 (1) 大洲分布及种数

L

(11-15)◆亚洲
Liquidamber Bl. = **Liquidambar**
Liquiritia Medik. = **Glycyrrhiza**
Liratella Broth. & P.Syd. ex P.Syd. = **Leratia**
Lirayea Pierre = **Mendoncia**
Lirellaria Welw. = **Bauhinia**
Liriac D.Löve & D.Löve = **Minuartia**
Liriaceae Batsch = Liriaceae
Liriaceae【2】Raf. 百合花科 [MM-659] 全球 (uc) 大洲分布和属种数(uc)
Liriactis Raf. = **Spartina**
Liriamus Raf. = **Crinum**
Lirianthe【3】Spach 夜香木兰属 ≒ **Magnolia; Liriodendron;Seseli** Magnoliaceae 木兰科 [MD-1] 全球 (1) 大洲分布及种数(cf. 1)◆东亚(◆中国)
Liriodendraceae F.A.Barkley = Magnoliaceae
Liriodendron【3】L. 鹅掌楸属 ≒ **Michelia; Linodendron;Seseli** Magnoliaceae 木兰科 [MD-1] 全球 (6)大洲分布及种数(3-4)非洲:3;亚洲:2-6;大洋洲:3;欧洲:1-4;北美洲:2-5;南美洲:3
Liriodendrum【-】L. 木兰科属 Magnoliaceae 木兰科 [MD-1] 全球 (uc) 大洲分布及种数(uc)
Liriope Herb. = **Liriope**
Liriope【3】Lour. 山麦冬属 ≒ **Convallaria;Ismene** Asparagaceae 天门冬科 [MM-669] 全球 (1) 大洲分布及种数(7-9)◆亚洲
Liriopogon Raf. = **Tulipa**
Liriopsida Rchb. = **Michelia**
Liriopsis Rchb. = **Michelia**
Liriosma Pöpp. = **Dulacia**
Liriothaminus Schltr. = **Bulbinella**
Liriothamnus Schltr. = **Trachyandra**
Liris L. = **Iris**
Lirium G.A.Scop. = **Lilium**
Liroetis Rich. = **Spartina**
Liropus L. = **Lycopus**
Lirularia Cass. = **Ligularia**
Lis Salisb. = **Hippeastrum**
Lisaea【3】Boiss. 里萨草属 ← **Caucalis** Apiaceae 伞形科 [MD-480] 全球 (1) 大洲分布及种数(cf. 1)◆亚洲
Lisarea Röwer = **Lisaea**
Lisea Starbäck = **Listera**
Lisianthius (G.Don) Benth. = **Lisianthius**
Lisianthius【2】P.Br. 黄精胆属 ≒ **Ornichia** Gentianaceae 龙胆科 [MD-496] 全球 (5) 大洲分布及种数(43-80)非洲:4;亚洲:4;大洋洲:1-2;北美洲:33-38;南美洲:10-14
Lisianthus L. = **Lisianthius**
Lisimachia Neck. = **Lysimachia**
Lisionotus Rchb. = **Lysionotus**
Lisowskia Szlach. = **Malaxis**
Lispinus L. = **Lupinus**
Lissa Adans. = **Tissa**
Lissanthe【3】R.Br. 黄精石南属 → **Brachyloma; Cyathodes;Styphelia** Epacridaceae 尖苞树科 [MD-391] 全球 (1) 大洲分布及种数(5-16)◆大洋洲(◆澳大利亚)
Lissera Adans. ex Fourr. = **Listera**
Lissocarpa【3】Benth. 棠柿属 ← **Diospyros** Ebenaceae 柿科 [MD-353] 全球 (1) 大洲分布及种数(8)◆南美洲
Lissocarpaceae【3】Gilg 尖药科 [MD-323] 全球 (1) 大洲分布和属种数(1/8)◆南美洲
Lissocarpus P. & K. = **Lissocarpa**
Lissocharis Warren = **Limnocharis**
Lissochilos Bartl. = **Eulophia**
Lissochilus R.Br. = **Eulophia**
Lissocricus R.Br. = **Eulophia**
Lissonia Salisb. = **Aulax**
Lissoscarta Young = **Lissocarpa**
Lissoschilus【-】Hornsch. 兰科属 Orchidaceae 兰科 [MM-723] 全球 (uc) 大洲分布及种数(uc)
Lissospermum【3】Bremek. 延苞蓝属 ≒ **Strobilanthes** Acanthaceae 爵床科 [MD-572] 全球 (1) 大洲分布及种数(uc)◆大洋洲
Lissostylis (R.Br.) Spach = **Cleidion**
Liste Adans. = **Listera**
Listea Gamble = **Listera**
Listera Adans. = **Listera**
Listera【3】R.Br. 对叶兰属 ← **Acianthus;Lindera** Orchidaceae 兰科 [MM-723] 全球 (6) 大洲分布及种数(15-19)非洲:2-31;亚洲:14-48;大洋洲:2-31;欧洲:1-30;北美洲:9-38;南美洲:1-30
Listerella Thér. & P.de la Varde = **Luisierella**
Listeri Spreng. = **Oldenlandia**
Listeria Cav. = **Maurandya**
Listeria Dennst. = **Acalypha**
Listeria Neck ex Raf. = **Oldenlandia**
Listeria Spreng. = **Listera**
Listerinae Lindl. ex Meisn. = **Oldenlandia**
Listia【2】E.Mey. 罗顿豆属 ≒ **Lotononis** Fabaceae3 蝶形花科 [MD-240] 全球 (3) 大洲分布及种数(1-7) 非洲:1-4;亚洲:1;大洋洲:1
Listrobanthes【3】Bremek. 对爵床属 Acanthaceae 爵床科 [MD-572] 全球 (1) 大洲分布及种数(cf.1) ◆南亚(◆印度)
Listrocarpus Bl. = **Lithocarpus**
Listrostachys【3】Rchb.f. 铲穗兰属 → **Ancistrorhynchus** Orchidaceae 兰科 [MM-723] 全球 (1) 大洲分布及种数(1)◆非洲
Lisyanthus Aubl. = **Tetrapollinia**
Lita Schreb. = **Voyria**
Litanthes Lindl. = **Limnanthes**
Litanthus【3】Harv. 银桦百合属 Asparagaceae 天门冬科 [MM-669] 全球 (1) 大洲分布及种数(uc)◆亚洲
Litanum Nieuwl. = **Talinum**
Litchi【3】Sonn. 荔枝属 ← **Nephelium** Sapindaceae 无患子科 [MD-428] 全球 (1) 大洲分布及种数(2-4)◆亚洲
Lithachne【2】P.Beauv. 石稃竺属 ← **Olyra;Stipa** Poaceae 禾本科 [MM-748] 全球 (2) 大洲分布及种数(5) 北美洲:3;南美洲:2
Lithacne Poir. = **Lithachne**
Lithagrostis Gaertn. = **Coix**
Lithanthus Pfeiff. = **Lianthus**
Litharaea Miers = **Lithraea**
Litharca G.B.Sowerby I = **Lithraea**
Lithobium【3】Bong. 岩龙丹属 Melastomataceae 野牡丹科 [MD-364] 全球 (1) 大洲分布及种数(1-6)◆南美洲
Lithocadrium (Cham.) P. & K. = **Cordia**
Lithocardium【-】P. & K. 紫草科属 ≒ **Bourreria;**

Cordia Boraginaceae 紫草科 [MD-517] 全球 (uc) 大洲分布及种数(uc)
Lithocarpos O.Targ.Tozz. = **Attalea**
Lithocarpus【3】Bl. 烟斗柯属 ≒ **Notholithocarpus; Cyclobalanopsis** Fagaceae 壳斗科 [MD-69] 全球 (1) 大洲分布及种数(265-389)◆亚洲
Lithocaulon P.R.O.Bally = **Pseudolithos**
Lithocharis Humb. & Bonpl. = **Limnocharis**
Lithocnide Raf. = **Urtica**
Lithocnides Raf. = **Rousselia**
Lithococca Small ex Rydb. = **Heliotropium**
Lithodes O.F.Cook = **Coccothrinax**
Lithodia Bl. = **Grubbia**
Lithodora【3】Griseb. 木紫草属 ← **Lithospermum** Boraginaceae 紫草科 [MD-517] 全球 (1) 大洲分布及种数(2-5)◆亚洲
Lithodoras Griseb. = **Lithodora**
Lithodraba【3】Bölcke 干葶苈属 ≒ **Xerodraba** Brassicaceae 十字花科 [MD-213] 全球 (1) 大洲分布及种数(1)◆南美洲
Lithofragma Nutt. = **Lithophragma**
Lithomyrtus【3】F.Müll. 石桃木属 ≒ **Myrtella** Myrtaceae 桃金娘科 [MD-347] 全球 (1) 大洲分布及种数(4-11)◆大洋洲(◆澳大利亚)
Lithoon Nevski = **Astragalus**
Lithopera Griseb. = **Lithodora**
Lithopermum Luce = **Lithospermum**
Lithophila【3】Sw. 安石苋属 ← **Alternanthera;Blutaparon;Iresine** Amaranthaceae 苋科 [MD-116] 全球 (1) 大洲分布及种数(1-2)◆北美洲
Lithophragma【3】(Nutt.) Torr. & A.Gray 林星花属 → **Conimitella** Saxifragaceae 虎耳草科 [MD-231] 全球 (1) 大洲分布及种数(10-35)◆北美洲
Lithophyl Sw. = **Lithophila**
Lithophyllum Ség. = **Thesium**
Lithophytum Brandegee = **Plocosperma**
Lithoplis Raf. = **Rhamnus**
Lithops【3】N.E.Br. 生石花属 → **Dinteranthus; Mesembryanthemum** Aizoaceae 番杏科 [MD-94] 全球 (1) 大洲分布及种数(31-40)◆非洲
Lithosanthes Bl. = **Gordonia**
Lithosciadium【3】Turcz. 石蛇床属 ← **Cnidium; Selinum** Apiaceae 伞形科 [MD-480] 全球 (1) 大洲分布及种数(cf. 1)◆东亚(◆中国)
Lithospermum【3】L. 紫草属 → **Tiquilia;Lithodora; Onosmodium** Boraginaceae 紫草科 [MD-517] 全球 (6) 大洲分布及种数(119-155;hort.1;cult:4)非洲:21-51;亚洲:22-54;大洋洲:4-33;欧洲:21-50;北美洲:73-106;南美洲:13-50
Lithostegia【3】Ching 石盖蕨属 ← **Aspidium;Polystichum** Dryopteridaceae 鳞毛蕨科 [F-49] 全球 (1) 大洲分布及种数(cf. 1)◆亚洲
Lithostpermum Luce = **Lithospermum**
Lithothamn Zipp. ex Span. = **Trachyandra**
Lithothamnus Zipp. ex Span. = **Ehretia**
Lithotis Raf. = **Rhamnus**
Lithotoma E.B.Knox = **Lithodora**
Lithoxylon Endl. = **Cleidion**
Lithraea【2】Miers ex Hook. & Arn. 白饼木属 ← **Rhus** Anacardiaceae 漆树科 [MD-432] 全球 (4) 大洲分布及种数(7;hort.1)非洲:1;亚洲:cf.1;北美洲:1;南美洲:6
Lithrea【3】Hook. 白饼木属 ≒ **Lithraea** Anacardiaceae 漆树科 [MD-432] 全球 (1) 大洲分布及种数(1)◆南美洲
Lithrum Huds. = **Lythrum**
Litiopa N.E.Br. = **Lithops**
Litobrochia (Fée) T.Moore = **Pteris**
Litocarpon Targ.Tozz. ex Steud. = **Attalea**
Litocarpus L.Bolus = **Mesembryanthemum**
Litochrus L.Bolus = **Acrodon**
Litogyne Harv. = **Epaltes**
Litolobium Newman = **Dennstaedtia**
Litonia Pritz. = **Lyonia**
Litonotus STäckh. = **Boswellia**
Litophila Sw. = **Ligeophila**
Litoralia Asch. = **Littorella**
Litorella Asch. = **Littorella**
Litoria Günther = **Clitoria**
Litosanthes Bl. = **Lasianthus**
Litosiphon Harv. = **Lovoa**
Litostigma【3】Y.G.Wei,F.Wen & Mich.Möller 凹柱苣苔属 Gesneriaceae 苦苣苔科 [MD-549] 全球 (1) 大洲分布及种数(1-3)◆亚洲
Litothamnus【3】R.M.King & H.Rob. 滨菊木属 ← **Mikania;Kalmia** Asteraceae 菊科 [MD-586] 全球 (1) 大洲分布及种数(2-3)◆南美洲(◆巴西)
Litrea Phil. = **Schinus**
Litria G.Don = **Lithraea**
Litrisa【-】Small 菊科属 ≒ **Carphephorus** Asteraceae 菊科 [MD-586] 全球 (uc) 大洲分布及种数(uc)
Lits Schreb. = **Voyria**
Litsaea Pers. = **Litsea**
Litsea Conodaphne Benth. & Hook.f. = **Litsea**
Litsea【3】Lam. 木姜子属 → **Actinodaphne;Beilschmiedia;Cinnamomum** Lauraceae 樟科 [MD-21] 全球 (6) 大洲分布及种数(175-516;hort.1;cult:13)非洲:18-79;亚洲:157-325;大洋洲:32-143;欧洲:17;北美洲:18-44;南美洲:11-31
Littaea Tagl. = **Agave**
Littanella Roth = **Littorella**
Littledalea【3】Hemsl. 扇穗茅属 ← **Bromus** Poaceae 禾本科 [MM-748] 全球 (1) 大洲分布及种数(4-6)◆东亚(◆中国)
Littledaleeae Soreng & J.I.Davis = **Littledalea**
Littledalia Hemsl. = **Littledalea**
Littonia【3】Hook. 黄嘉兰属 ← **Gloriosa;Citrus** Colchicaceae 秋水仙科 [MM-623] 全球 (1) 大洲分布及种数(2-8)◆非洲
Littorella【2】P.J.Bergius 海车前属 Plantaginaceae 车前科 [MD-527] 全球 (5) 大洲分布及种数(4)非洲:1;亚洲:cf.1;欧洲:1;北美洲:2;南美洲:2
Littorellaceae Gray = Menyanthaceae
Lituola (Tourn.) Rupp. = **Oligomeris**
Litvinovia Woronow = **Litwinowia**
Litwinowia【3】Woronow 脱喙荠属 ← **Euclidium** Brassicaceae 十字花科 [MD-213] 全球 (1) 大洲分布及种数(2)◆亚洲
Liuguishania Z.J.Liu & J.N.Zhang = **Cymbidium**

L

Lium A.Gray = **Lamium**
Lius Alef. = **Phaseolus**
Livendula L. = **Lavandula**
Livistona【3】R.Br. 蒲葵属 → **Brahea;Washingtonia; Maxburretia** Arecaceae 棕榈科 [MM-717] 全球 (6) 大洲分布及种数(15-46)非洲:3-14;亚洲:10-29;大洋洲:8-38;欧洲:3-11;北美洲:5-15;南美洲:4-13
Livistoneae J.Dransf.,N.W.Uhl,Asmussen,W.J.Baker,M.M. Harley & C.E.Lewis = **Livistona**
Livstona R.Br. = **Livistona**
Lixus Alef. = **Phaseolus**
Liza Schreb. = **Exacum**
Lizo Mill. = **Citrus**
Lizonia Rehm = **Limonia**
Lizzia Roth = **Draba**
Ljonicera L. = **Lonicera**
Llagunoa【3】Ruiz & Pav. 利亚无患子属 Sapindaceae 无患子科 [MD-428] 全球 (1) 大洲分布及种数(3)◆南美洲
Llanosia Blanco = **Ternstroemia**
Llavea【3】Lag. 金萁属 → **Meliosma;Neopringlea** Pteridaceae 凤尾蕨科 [F-31] 全球 (1) 大洲分布及种数(1)◆北美洲
Llaveia Lag. = **Llavea**
Llerasia【3】Triana 点腺菀属 ← **Aplopappus;Moquinia** Asteraceae 菊科 [MD-586] 全球 (1) 大洲分布及种数(16)◆南美洲
Llewelynia Pittier = **Henriettea**
Llex L. = **Ulex**
Lloydia Delile = **Lloydia**
Lloydia【3】Salisb. ex Rchb. 洼瓣花属 ← **Tulipa; Macrohymenium;Iphigenia** Liliaceae 百合科 [MM-633] 全球 (6) 大洲分布及种数(9-12)非洲:2-7;亚洲:8-16;大洋洲:1-6;欧洲:2-7;北美洲:1-6;南美洲:5
Lloyidia Steud. = **Lloydia**
Lndocalamus Nakai = **Indocalamus**
Loasa【3】Adans. 刺莲花属 → **Aosa;Nasa;Scyphanthus** Loasaceae 刺莲花科 [MD-435] 全球 (1) 大洲分布及种数(88-92)◆南美洲
Loasaceae【3】Juss. 刺莲花科 [MD-435] 全球 (6) 大洲分布和属种数(17-22;hort. & cult.5-6)(420-601;hort. & cult.16-23)非洲:1-12/1-120;亚洲:3-11/3-121;大洋洲:11/118;欧洲:1-11/2-120;北美洲:8-15/125-264;南美洲:11-16/297-424
Loasella Baill. = **Mentzelia**
Loba O.F.Cook = **Chamaedorea**
Lobactis Raf. = **Coreopsis**
Lobadium Raf. = **Rhus**
Lobake Raf. = **Aniseia**
Lobanilia【3】Radcl.Sm. 白桐树属 ≒ **Claoxylon** Euphorbiaceae 大戟科 [MD-217] 全球 (1) 大洲分布及种数(7)◆非洲
Lobaria (Schreb.) Hoffm. = **Saxifraga**
Lobariaceae Chevall. = Lanariaceae
Lobatiricardia【3】Furuki & D.G.Long 半片苔属 Aneuraceae 绿片苔科 [B-86] 全球 (1) 大洲分布及种数(1)◆东亚(◆中国)
Lobatiriccardia (Mizut. & S.Hatt.) Furuki = **Lobatiriccardia**
Lobatiriccardia【3】Furuki & D.G.Long 宽片苔属 Aneuraceae 绿片苔科 [B-86] 全球 (2) 大洲分布及种数(cf.1) 亚洲;大洋洲
Lobatus L. = **Lotus**
Lobbara J.M.H.Shaw = **Saxifraga**
Lobbia Planch. = **Thottea**
Lobeira Alexander = **Nopalxochia**
Lobelia【3】L. 铜锤玉带属 → **Burmeistera;Grammatotheca;Petromarula** Campanulaceae 桔梗科 [MD-561] 全球 (6) 大洲分布及种数(393-526;hort.1;cult: 47)非洲:160-237;亚洲:106-179;大洋洲:82-164;欧洲:16-69;北美洲:169-257;南美洲:69-133
Lobeliaceae【3】Juss. 山梗菜科 [MD-567] 全球 (6) 大洲分布和属种数(3;hort. & cult.3)(409-729;hort. & cult. 52-78)非洲:2/162-273; 亚洲:3/109-217; 大洋洲:2-3/95-212; 欧洲:2/17-104; 北美洲:1-2/169-291; 南美洲:1-2/69-167
Lobelis Raf. = **Hamamelis**
Lobeza Schaus = **Lobelia**
Lobia O.F.Cook = **Chamaedorea**
Lobiona Dulac = **Ramonda**
Lobiopa Dulac = **Ramonda**
Lobirota Dulac = **Ramonda**
Lobivia (Frič ex Buining) J.Ullmann = **Lobivia**
Lobivia【2】Britton & Rose 丽花球属 ≒ **Echinopsis; Siphocampylus** Cactaceae 仙人掌科 [MD-100] 全球 (5) 大洲分布及种数(67-121;hort.11;cult:11)非洲:2;亚洲:cf.1;欧洲:3;北美洲:7;南美洲:65-67
Lobiviopsis Frič ex Kreuz. = **Weberbauerocereus**
Lobizon Raf. = **Pueraria**
Lobocarpus Wight & Arn. = **Glochidion**
Loboco Raf. = **Amphicarpaea**
Lobodon Hombron & Jacquinot = **Chaptalia**
Loboglossa Solier = **Lyroglossa**
Lobogyne Schltr. = **Appendicula**
Lobomo Raf. = **Amphicarpaea**
Lobomon Raf. = **Pueraria**
Lobomonas Raf. = **Pueraria**
Lobonotus STäckh. = **Garuga**
Loboparius Wight & Arn. = **Glochidion**
Lobophra (Lomouroux) Womersley = **Achimenes**
Lobophyllum F.Müll = **Coldenia**
Lobopogon Schlechtd. = **Brachyloma**
Loboptera Colla = **Columnea**
Lobostema Spreng. = **Buchnera**
Lobostemon【3】Lehm. 睡裤木属 ← **Buchnera;Echium** Boraginaceae 紫草科 [MD-517] 全球 (1) 大洲分布及种数(34-52)◆非洲
Lobostephanus【3】N.E.Br. 莫桑比克萝藦属 Apocynaceae 夹竹桃科 [MD-492] 全球 (1) 大洲分布及种数(uc)属分布和种数(uc)◆非洲(◆莫桑比克)
Lobularia【3】Desv. 香雪球属 ← **Alyssum;Ptilotrichum** Brassicaceae 十字花科 [MD-213] 全球 (1) 大洲分布及种数(3-4)◆欧洲
Locally Van Tiegh. = **Taxillus**
Locan Adans. = **Quassia**
Locandi Adans. = **Quassia**
Locardi Steud. = **Quassia**
Locastra Riv. ex Medik. = **Valerianella**

L

Locellaria Welw. = **Bauhinia**
Lochemia Arn. = **Melochia**
Locheria Neck. = **Verbesina**
Locheria【-】Regel 苦苣苔科属 ≒ **Achimenes; Verbesina** Gesneriaceae 苦苣苔科 [MD-549] 全球 (uc) 大洲分布及种数(uc)
Locheria Regel = **Achimenes**
Locheuma Scudder,S.H. = **Verbesina**
Lochia【3】Balf.f. 裸果木属 Caryophyllaceae 石竹科 [MD-77] 全球 (1) 大洲分布及种数(2)◆亚洲
Lochmias Arn. = **Melochia**
Lochmocydia Mart. ex DC. = **Cuspidaria**
Lochnera【3】Rchb. 长春花属 ≒ **Catharanthus** Apocynaceae 夹竹桃科 [MD-492] 全球 (1) 大洲分布及种数(1)◆非洲
Lochneria Fabr. = **Elaeocarpus**
Lockcidium【-】auct. 兰科属 Orchidaceae 兰科 [MM-723] 全球 (uc) 大洲分布及种数(uc)
Lockcidmesa【-】Hort. 兰科属 Orchidaceae 兰科 [MM-723] 全球 (uc) 大洲分布及种数(uc)
Lockhartia【3】Hook. 杉叶兰属 ← **Epidendrum;Oncidium;Neobennettia** Orchidaceae 兰科 [MM-723] 全球 (1) 大洲分布及种数(28-37)◆南美洲
Lockhartiopsis【-】Archila 兰科属 Orchidaceae 兰科 [MM-723] 全球 (uc) 大洲分布及种数(uc)
Lockia Aver. = **Gockia**
Lockochilettia【-】auct. 兰科属 Orchidaceae 兰科 [MM-723] 全球 (uc) 大洲分布及种数(uc)
Lockoglossum J.M.H.Shaw = **Loroglossum**
Lockogochilus【-】auct. 兰科属 Orchidaceae 兰科 [MM-723] 全球 (uc) 大洲分布及种数(uc)
Lockopilia【-】auct. 兰科属 Orchidaceae 兰科 [MM-723] 全球 (uc) 大洲分布及种数(uc)
Lockostalix【-】auct. 兰科属 Orchidaceae 兰科 [MM-723] 全球 (uc) 大洲分布及种数(uc)
Lockumnia【-】Glic. 兰科属 Orchidaceae 兰科 [MM-723] 全球 (uc) 大洲分布及种数(uc)
Locusta Delarbre = **Valerianella**
Loddigesia【3】Sims 水花槐属 ≒ **Podalyria** Fabaceae3 蝶形花科 [MD-240] 全球 (1) 大洲分布及种数(1)◆非洲
Loddiggesia Rchb. = **Crotalaria**
Lodesia Fisch. & C.A.Mey. = **Londesia**
Lodhra Guill. = **Symplocos**
Lodia Mosco & Zanov. = **Loasa**
Lodicularia P.Beauv. = **Hemarthria**
Lodoicea【3】Comm. ex J.St.Hil. 巨子棕属 ← **Borassus;Cocos** Arecaceae 棕榈科 [MM-717] 全球 (1) 大洲分布及种数(1-2)◆东南亚(◆缅甸)
Loefflingia Neck. = **Loeflingia**
Loefgrenianthus【3】Höhne 勒夫兰属 ← **Leptotes** Orchidaceae 兰科 [MM-723] 全球 (1) 大洲分布及种数(2)◆南美洲(◆巴西)
Loefiingia L. = **Loeflingia**
Loeflinga R.Hedw. = **Loeflingia**
Loeflingia【3】L. 沙鼓钉属 → **Drymaria;Polycarpon** Caryophyllaceae 石竹科 [MD-77] 全球 (1) 大洲分布及种数(3-9)◆北美洲
Loeflingii L. = **Loeflingia**
Loentopodium R.Br. ex Cass. = **Leontopodium**
Loepa Urb. = **Loewia**
Loerzingia Airy-Shaw = **Deutzianthus**
Loeselia Giliopsis A.Gray = **Loeselia**
Loeselia【3】L. 堇罗花属 ≒ **Lobelia;Acanthogilia** Polemoniaceae 花荵科 [MD-481] 全球 (1) 大洲分布及种数(19-26)◆北美洲
Loeseliastrum【3】(Brand) S.Timbrook 罗纹花属 ← **Gilia;Langloisia;Navarretia** Polemoniaceae 花荵科 [MD-481] 全球 (1) 大洲分布及种数(3)◆北美洲
Loesenefiella A.C.Sm. = **Loeseneriella**
Loesenera【3】Harms 非洲豆属 Fabaceae 豆科 [MD-240] 全球 (1) 大洲分布及种数(4)◆非洲
Loeseneriella【3】A.C.Sm. 翅子藤属 ← **Pristimera; Simirestis** Celastraceae 卫矛科 [MD-339] 全球 (1) 大洲分布及种数(cf. 1)◆亚洲
Loeskea Hedw. ex M.Fleisch. = **Leskea**
Loeskeobryum【2】M.Fleisch. ex Broth. 假蔓藓属 ≒ **Hylocomium** Hylocomiaceae 塔藓科 [B-193] 全球 (5) 大洲分布及种数(3) 非洲:1;亚洲:2;欧洲:1;北美洲:1;南美洲:1
Loeskypnum【2】H.K.G.Paul 偏头藓属 ≒ **Amblystegium** Calliergonaceae 湿原藓科 [B-179] 全球 (3) 大洲分布及种数(3) 欧洲:1;北美洲:3;南美洲:1
Loethainia Heynh. = **Porroglossum**
Loevigia H.Karst. & Triana = **Monochaetum**
Loewia【3】Urb. 石棒花属 Passifloraceae 西番莲科 [MD-151] 全球 (1) 大洲分布及种数(1-7)◆非洲
Loezelia Adans. = **Loeselia**
Logania【3】R.Br. 蜂窝子属 → **Hemiphragma; Souroubea** Loganiaceae 马钱科 [MD-486] 全球 (1) 大洲分布及种数(16-46)◆大洋洲
Loganiaceae【3】R.Br. ex Mart. 马钱科 [MD-486] 全球 (6) 大洲分布和属种数(10-14;hort. & cult.3-5)(135-372;hort. & cult.3-5)非洲:4-8/34-78;亚洲:5-7/43-135;大洋洲:5-9/37-176;欧洲:1-5/1-24;北美洲:4-5/38-65;南美洲:4-7/15-38
Loganius Hagedorn = **Logania**
Logfia【3】Cass. 绒菊属 ← **Filago;Gnaphalium** Asteraceae 菊科 [MD-586] 全球 (1) 大洲分布及种数(6-11)◆北美洲
Loghania G.A.Scop. = **Souroubea**
Logia Mutis = **Loasa**
Logilvia Britton & Rose = **Lobivia**
Loheria【3】Merr. 苞金牛属 → **Tapeinosperma;Plagiogyria** Primulaceae 报春花科 [MD-401] 全球 (1) 大洲分布及种数(2-8)◆亚洲
Loicera L. = **Lonicera**
Loiseaubryum【2】Bizot 非洲葫芦藓属 Funariaceae 葫芦藓科 [B-106] 全球 (2) 大洲分布及种数(1) 非洲:1;亚洲:1
Loiselaria Desv. ex Loisel. = **Loiseleuria**
Loiseleria Rchb. = **Loiseleuria**
Loiseleuria【3】Desv. 蔓山鹃属 ≒ **Kalmia** Ericaceae 杜鹃花科 [MD-380] 全球 (1) 大洲分布及种数(cf. 1)◆南亚(◆印度)
Loium L. = **Lilium**
Lojaconoa Bobrov = **Festuca**
Lojanus Colebr. = **Garuga**
Lojkania Mutis ex Caldas = **Lozania**

Loktanella Greenm. = **Lozanella**
Lola Schott & Endl. = **Cola**
Lolanara Raf. = **Portlandia**
Loliaceae Batsch ex Borkh. = Liriaceae
Loliam L. = **Lolium**
Loliola Dubois = **Lophiola**
Loliolum Krecz. & Bobr. = **Loliolum**
Loliolum【3】 V.I.Krecz. & Bobrov 燕鼠茅属 ≒ **Festuca** Poaceae 禾本科 [MM-748] 全球 (1) 大洲分布及种数(3)◆北美洲
Lolium (P.Beauv.) Darbysh. = **Lolium**
Lolium【3】 L. 黑麦草属 → **Agropyropsis; Lycium;Hainardia** Poaceae 禾本科 [MM-748] 全球 (6) 大洲分布及种数(28-46;hort.1;cult: 6)非洲:16-26;亚洲:19-30;大洋洲:8-15;欧洲:17-27;北美洲:10-18;南美洲:4-11
Loma Lür = **Lomax**
Lomagramma【3】 J.Sm. 网藤蕨属 ← **Acrostichum; Nephrodium** Dryopteridaceae 鳞毛蕨科 [F-49] 全球 (1) 大洲分布及种数(8-20)◆亚洲
Lomake Raf. = **Stachys**
Lomandra【3】 Labill. 多须草属 → **Acanthocarpus; Lomanodia;Chamaexeros** Asparagaceae 天门冬科 [MM-669] 全球 (1) 大洲分布及种数(21-57)◆大洋洲
Lomandraceae【2】Lotsy 点柱花科 [MM-680] 全球 (3) 大洲分布和属种数(3-4;hort. & cult.1-2)(23-76;hort. & cult.3-7)非洲:1/1;亚洲:1/1;大洋洲:3-4/23-73
Lomanodia【3】 Raf. 九里香属 ← **Murraya;Astronia** Melastomataceae 野牡丹科 [MD-364] 全球 (1) 大洲分布及种数(1)◆北美洲
Lomanthera Raf. = **Tetrazygia**
Lomanthes Raf. = **Phyllanthus**
Lomanthus【3】 B.Nord. & Pelser 南美根菊属 ≒ **Senecio** Asteraceae 菊科 [MD-586] 全球 (6) 大洲分布及种数(20-21)非洲:1;亚洲:1;大洋洲:1;欧洲:1;北美洲:1;南美洲:19-21
Lomantrisuloara【-】 J.M.H.Shaw 兰科属 Orchidaceae 兰科 [MM-723] 全球 (uc) 大洲分布及种数(uc)
Lomaphlebia J.Sm. = **Grammitis**
Lomaphyllum Willd. = **Aloe**
Lomaresis Raf. = **Ornithogalum**
Lomargramma J.Sm. = **Lomagramma**
Lomaria (C.Presl) J.Sm. = **Lomaria**
Lomaria【2】Willd. 鱼骨蕨属 ≒ **Lunaria;Stenochlaena** Blechnaceae 乌毛蕨科 [F-46] 全球 (4) 大洲分布及种数(1)亚洲;大洋洲;北美洲;南美洲
Lomaridium C.Presl = **Blechnum**
Lomariobotrys Fée = **Stenochlaena**
Lomariocycas (J.Sm.) Gasper & V.A.O.Dittrich = **Blechnum**
Lomariopsidaceae【3】Alston 藤蕨科 [F-52] 全球 (6) 大洲分布和属种数(5-6;hort. & cult.1)(24-88;hort. & cult.1)非洲:1-4/1-7;亚洲:3-5/18-24;大洋洲:1-3/1-7;欧洲:3/6;北美洲:1-3/1-10;南美洲:2-3/6-12
Lomariopsis【3】 Fée 藤蕨属 ← **Teratophyllum;Lomatia;Stenochlaena** Lomariopsidaceae 藤蕨科 [F-52] 全球 (1) 大洲分布及种数(16-18)◆亚洲
Lomaspora (DC.) Steud. = **Arabis**
Lomastelma Raf. = **Eugenia**
Lomataloe Guillaumin = **Aloe**
Lomateria Guillaumin = **Gasteria**
Lomatia【2】 R.Br. 扭瓣花属 ← **Embothrium;Orites;** Proteaceae 山龙眼科 [MD-219] 全球 (4) 大洲分布及种数(16-25;hort.1;cult: 1)大洋洲:14-19;欧洲:1;北美洲:2-3;南美洲:3
Lomatium【3】 Raf. 饼根芹属 → **Aletes;Cogswellia; Peucedanum** Apiaceae 伞形科 [MD-480] 全球 (1) 大洲分布及种数(103-153)◆北美洲
Lomatocarpa【3】M.G.Pimenov 藁本属 ≒ **Ligusticum** Apiaceae 伞形科 [MD-480] 全球 (1) 大洲分布及种数(1-5)◆欧洲
Lomatocarpa Pimenov = **Lomatocarpa**
Lomatocarum Fisch. & C.A.Mey. = **Carum**
Lomatogoniopsis【3】 T.N.Ho & S.W.Liu 辐花属 Gentianaceae 龙胆科 [MD-496] 全球 (1) 大洲分布及种数(cf. 1)◆东亚(◆中国)
Lomatogonium (Wettst.) Á.Löve & D.Löve = **Lomatogonium**
Lomatogonium【3】 A.Braun 肋柱花属 → **Comastoma;Swertia;Pleurogyna** Gentianaceae 龙胆科 [MD-496] 全球 (1) 大洲分布及种数(27-38)◆亚洲
Lomatolepis Cass. = **Launaea**
Lomatophyllum Willd. = **Aloe**
Lomatopodium Fisch. & C.A.Mey. = **Seseli**
Lomatozona【3】 Baker 缘泽兰属 Asteraceae 菊科 [MD-586] 全球 (1) 大洲分布及种数(5)◆南美洲(◆巴西)
Lomax【3】 Lür 银光兰属 ← **Stelis** Orchidaceae 兰科 [MM-723] 全球 (1) 大洲分布及种数(cf. 1)◆北美洲
Lomaxeta Raf. = **Stevia**
Lombardochloa B.Rosengurtt & B.R.Arrill. = **Chascolytrum**
Lomelosia【2】 Raf. 蓝盆花属 ≒ **Scabiosa** Caprifoliaceae 忍冬科 [MD-510] 全球 (4) 大洲分布及种数(20-64;hort.1;cult: 1)非洲:4-13;亚洲:16-45;欧洲:9-16;北美洲:1
Lomelosieae V.Mayer & Ehrend. = **Lomelosia**
Lomenia Pourr. = **Byttneria**
Lomentaria Salisb. = **Crinum**
Lomeria Raf. = **Cestrum**
Lomilis Raf. = **Scaevola**
Lomiogramme (Bl.) C.Presl = **Loxogramme**
Lomis Raf. = **Loropetalum**
Lomoplis Raf. = **Mimosa**
Lomoporotrichum Müll.Hal. = **Neckeropsis**
Lonas【3】 Adans. 黄藿香属 ← **Achillea;Athanasia;Santolina** Asteraceae 菊科 [MD-586] 全球 (1) 大洲分布及种数(1-4)◆欧洲
Loncera L. = **Lonicera**
Lonchanthera Less. ex Baker = **Lophanthera**
Lonchestigma Dunal = **Jaborosa**
Lonchitis【2】 L. 番茄兰属 ≒ **Blotiella** Orchidaceae 兰科 [MM-723] 全球 (3) 大洲分布及种数(4-6)非洲:2;北美洲:1;南美洲:1
Lonchitis-aspera Hill = **Blechnum**
Lonchocarpus (Benth.) M.Sousa = **Lonchocarpus**
Lonchocarpus【3】 Kunth 醉鱼豆属 ← **Amerimnon; Derris;Philenoptera** Fabaceae3 蝶形花科 [MD-240] 全球(6) 大洲分布及种数(181-221;hort.1)非洲:9-22;亚洲:11-

L

17; 大洋洲:4-8;欧洲:1-6;北美洲:136-155;南美洲:63-76

Lonchophaca Rydb. = **Astragalus**

Lonchophora Durieu = **Matthiola**

Lonchophylla Ehrh. = **Acrolophia**

Lonchophyllum Ehrh. = **Serapias**

Lonchopteris Raf. = **Abildgaardia**

Lonchostephus 【3】 Tul. 河裙草属 ≒ **Mourera** Podostemaceae 川苔草科 [MD-322] 全球 (1) 大洲分布及种数(cf. 1)◆南美洲

Lonchostoma 【3】 Wikstr. 管球花属 ← **Passerina** Bruniaceae 绒球花科 [MD-336] 全球 (1) 大洲分布及种数(5-6)◆非洲

Lonchostylis Torr. = **Rhynchospora**

Loncodilis Raf. = **Ornithogalum**

Loncomelos Raf. = **Ornithogalum**

Loncoperis Raf. = **Carex**

Loncostemon Raf. = **Allium**

Loncovilius Raf. = **Alstonia**

Loncoxis Raf. = **Ornithogalum**

Londesboroughara 【-】 J.M.H.Shaw 兰科属 Orchidaceae 兰科 [MM-723] 全球 (uc) 大洲分布及种数(uc)

Londesia 【3】 Fisch. & C.A.Mey. 绒藜属 ≒ **Kirilowia** Chenopodiaceae 藜科 [MD-115] 全球 (1) 大洲分布及种数(2)◆亚洲

Loneura Usteri ex Steud. = **Salvia**

Longchampia Willd. = **Leysera**

Longetia 【3】 Baill. 秋茄桐属 Picrodendraceae 苦皮桐科 [MD-317] 全球 (1) 大洲分布及种数(uc)◆大洋洲

Longostachys Pohl = **Lophostachys**

Longuas Adans. = **Lonas**

Lonicer L. = **Lonicera**

Lonicera Adans. = **Lonicera**

Lonicera 【3】 L. 忍冬属 → **Dendrophthoe;Elytranthe;Phlogacanthus** Caprifoliaceae 忍冬科 [MD-510] 全球 (1) 大洲分布及种数(90-165)◆北美洲

Loniceraceae Vest = Caprifoliaceae

Loniceroides 【-】 Bullock 夹竹桃科属 Apocynaceae 夹竹桃科 [MD-492] 全球 (uc) 大洲分布及种数(uc)

Lonidium Vent. = **Lopidium**

Lonopsis Kunth = **Ionopsis**

Lontanus Adans. = **Borassus**

Lontarus Adans. = **Borassus**

Lontra Medik. = **Acmispon**

Loosa Jacq. = **Nasa**

Looseria 【3】 (Thér.) D.Quandt 偏蔓藓属 ≒ **Weymouthia** Meteoriaceae 蔓藓科 [B-188] 全球 (1) 大洲分布及种数(1)◆南美洲

Lopadocalyx Klotzsch = **Dulacia**

Lopadostoma (Fr.) Traverso = **Lepidostoma**

Lopanthus Vitman = **Lophanthus**

Lopesia Juss. = **Pelozia**

Lopezia (C.Presl) Plitmann,P.H.Raven & Breedlove = **Lopezia**

Lopezia 【3】 Cav. 舞凤花属 → **Pelozia** Onagraceae 柳叶菜科 [MD-396] 全球 (1) 大洲分布及种数(21-30)◆北美洲

Lopeziaceae Lilja = Oxalidaceae

Lophacme 【3】 Stapf 糙脊草属 ← **Enteropogon** Poaceae 禾本科 [MM-748] 全球 (1) 大洲分布及种数(2-3)◆非洲

Lophactis Raf. = **Coreopsis**

Lophalix Raf. = **Alloplectus**

Lophandra D.Don = **Erica**

Lophanthera 【2】 A.Juss. 乳金英属 ≒ **Parasopubia** Malpighiaceae 金虎尾科 [MD-343] 全球 (2) 大洲分布及种数(5-7)北美洲:2;南美洲:3-5

Lophantherum Raf. = **Lophatherum**

Lophanthus 【3】 Adans. 扭藿香属 ≒ **Waltheria;Hyssopus;Nepeta** Lamiaceae 唇形科 [MD-575] 全球 (1) 大洲分布及种数(19-28)◆亚洲

Lophanthus Benth. = **Lophanthus**

Lopharina Neck. = **Erica**

Lophatherum 【3】 Brongn. 淡竹叶属 → **Poecilostachys** Poaceae 禾本科 [MM-748] 全球 (1) 大洲分布及种数(2-3)◆亚洲

Lopherina Juss. = **Erica**

Lophiarella 【3】 Szlach. & al. 舞袖兰属 ≒ **Trichocentrum** Orchidaceae 兰科 [MM-723] 全球 (1) 大洲分布及种数(1)◆非洲

Lophiaris 【-】 Raf. 兰科属 ≒ **Blechnum** Orchidaceae 兰科 [MM-723] 全球 (uc) 大洲分布及种数(uc)

Lophidiaceae Rodway = Lophoziaceae

Lophidium Brid. ex Rodway = **Lophidium**

Lophidium 【3】 Rich. 莎草蕨科属 ≒ **Lepidium** Schizaeaceae 莎草蕨科 [F-19] 全球 (1) 大洲分布及种数(uc)◆非洲

Lophiocarpaceae 【3】 Doweld & Reveal 黄尾蓬科 [MD-110] 全球 (1) 大洲分布和属种数(1/6-10)◆非洲(◆南非)

Lophiocarpus (Kunth) Miq. = **Lophiocarpus**

Lophiocarpus 【3】 Turcz. 黄尾蓬属 ← **Microtea;Lonchocarpus** Lophiocarpaceae 黄尾蓬科 [MD-110] 全球 (1) 大洲分布及种数(6)◆非洲

Lophiodes Hook.f. & Wilson = **Verbesina**

Lophiodon 【3】 Hook.f. & Wilson 马鞭藓属 ≒ **Verbesina** Ditrichaceae 牛毛藓科 [B-119] 全球 (1) 大洲分布及种数(1)◆大洋洲

Lophiola 【3】 Ker Gawl. 绒金花属 ≒ **Conostylis** Nartheciaceae 沼金花科 [MM-618] 全球 (1) 大洲分布及种数(2-5)◆北美洲

Lophiolaceae Nakai = Eriospermaceae

Lophiolepis (Cass.) Cass. = **Cirsium**

Lophion Spach = **Viola**

Lophiost Ker Gawl. = **Lophiola**

Lophira 【3】 Banks ex C.F.Gaertn. 铁莲木属 Ochnaceae 金莲木科 [MD-104] 全球 (1) 大洲分布及种数(3-6)◆非洲

Lophiraceae 【3】 Loudon 异金莲木科 [MD-135] 全球 (6) 大洲分布和属种数(1;hort. & cult.1)(3-6;hort. & cult.1) 非洲:1/3-6;亚洲:1/3;大洋洲:1/3;欧洲:1/3;北美洲:1/3;南美洲:1/3

Lophium Steud. = **Lopidium**

Lophius Ribeiro = **Viola**

Lophobios Raf. = **Euphorbia**

Lophocalyx Klotzsch = **Olax**

Lophocarpinia 【3】 Burkart 冠果豆属 Fabaceae 豆科 [MD-240] 全球 (1) 大洲分布及种数(1)◆南美洲

Lophocarya Nutt. ex Moq. = **Loxocarya**

Lophocereus 【3】 Britton & Rose 云阁柱属 ≒

L

Pachycereus Cactaceae 仙人掌科 [MD-100] 全球 (1) 大洲分布及种数(3-4)◆北美洲
Lophochaete【-】(Herzog) R.M.Schust. 冠叉苔属 ≒ **Blepharostoma** Pseudolepicoleaceae 拟复叉苔科 [B-71] 全球 (uc) 大洲分布及种数(1)
Lophochaete R.M.Schust. = **Lophochaete**
Lophochlaena Nees = **Pleuropogon**
Lophochlaena P. & K. = **Lopholaena**
Lophochloa【3】Rchb. 三毛草属 ← **Phalaris;Rostraria;Trisetum** Poaceae 禾本科 [MM-748] 全球 (1) 大洲分布及种数(uc)属分布和种数(uc)◆欧洲
Lophoclinium Endl. = **Podotheca**
Lophocolea (Dum.) Dum. = **Lophocolea**
Lophocolea【3】Stephani 刺毛裂萼苔属 ≒ **Lophozia;Stolonivector** Lophocoleaceae 齿萼苔科 [B-74] 全球 (6) 大洲分布及种数(31-54)非洲:10-34;亚洲:7-28;大洋洲:8-41;欧洲:2-22;北美洲:2-22;南美洲:16-37
Lophocoleaceae【3】Stephani 齿萼苔科 [B-74] 全球 (6) 大洲分布和属种数(12/332-434)非洲:5/36-95;亚洲:6/78-135;大洋洲:9/148-224;欧洲:3-5/14-67;北美洲:5/39-92;南美洲:9/111-166
Lophocoleeae Jørg. = **Lophocolea**
Lophoderma Raf. = **Achyranthes**
Lophodium【-】Newman 鳞毛蕨科属 ≒ **Polystichum;Urostachys** Dryopteridaceae 鳞毛蕨科 [F-49] 全球 (uc) 大洲分布及种数(uc)
Lophodonta Turcz. = **Nothofagus**
Lophoglotis Raf. = **Sophronitis**
Lophogorgia C.Presl = **Lophosoria**
Lophogyne【3】Tul. 齿河苔属 ≒ **Marathrum** Podostemaceae 川苔草科 [MD-322] 全球 (1) 大洲分布及种数(1)◆南美洲
Lopholaena【3】DC. 柔冠菊属 ← **Othonna;Curio** Asteraceae 菊科 [MD-586] 全球 (1) 大洲分布及种数(16-20)◆非洲
Lopholejeunea (Spruce) Steph. = **Lopholejeunea**
Lopholejeunea【3】Verd. 冠鳞苔属 ≒ **Mastigolejeunea;Phaeolejeunea** Lejeuneaceae 细鳞苔科 [B-84] 全球 (6) 大洲分布及种数(30-36)非洲:6-18;亚洲:13-25;大洋洲:14-29;欧洲:11;北美洲:5-16;南美洲:4-15
Lopho-lejeunea Stephani = **Lopholejeunea**
Lopholepis (J.Sm.) J.Sm. = **Lopholepis**
Lopholepis【3】Decne. 喙颖草属 ≒ **Microgramma;Holboellia** Poaceae 禾本科 [MM-748] 全球 (1) 大洲分布及种数(cf. 1)◆亚洲
Lopholoma Cass. = **Centaurea**
Lophome Stapf = **Lophacme**
Lophomerum Å.Löve = **Agropyron**
Lophomyrtus【3】Burret 彩桃木属 ← **Eugenia** Myrtaceae 桃金娘科 [MD-347] 全球 (1) 大洲分布及种数(1-4)◆大洋洲
Lophonardia【2】R.M.Schust. 彩叶苔属 Gymnomitriaceae 全萼苔科 [B-41] 全球 (2) 大洲分布及种数(cf.1) 欧洲;南美洲
Lophopappus【3】Rusby 羽冠钝柱菊属 ← **Gochnatia** Asteraceae 菊科 [MD-586] 全球 (1) 大洲分布及种数(6)◆南美洲
Lophopetalum【3】Wight ex Arn. 天香木属 ← **Euonymus;Solenospermum;Oldenlandia** Celastraceae 卫矛科 [MD-339] 全球 (1) 大洲分布及种数(1-31)◆亚洲
Lophophora【3】J.M.Coult. 乌羽玉属 ← **Echinocactus;Mammillaria** Cactaceae 仙人掌科 [MD-100] 全球 (1) 大洲分布及种数(7-10)◆北美洲
Lophophyllum Griff. = **Cyclea**
Lophophytaceae【3】Bromhead 裸花菰科 [MD-302] 全球 (1) 大洲分布和属种数(1/6-13)◆南美洲
Lophophytum【3】Schott & Endl. 裸花菰属 Balanophoraceae 蛇菰科 [MD-307] 全球 (1) 大洲分布及种数(6-13)◆南美洲
Lophopogon【3】Hack. 印马冠草属 ← **Andropogon;Apocopis;Saccharum** Poaceae 禾本科 [MM-748] 全球 (1) 大洲分布及种数(cf. 1)◆亚洲
Lophopteris Griseb. = **Lophopterys**
Lophopterys【3】A.Juss. 蛉翅果属 Malpighiaceae 金虎尾科 [MD-343] 全球 (1) 大洲分布及种数(7-12)◆南美洲
Lophopteryx A.Juss. = **Lophopterys**
Lophoptilon Gagnep. = (接受名不详) Asteliaceae
Lophopyrum (Nevski) Á.Löve = **Elytrigia**
Lophopyxidaceae【3】H.Pfeiff. 五翼果科 [MD-286] 全球 (1) 大洲分布和属种数(1/5)◆亚洲
Lophopyxis【3】Hook.f. 五翼果属 Lophopyxidaceae 五翼果科 [MD-286] 全球 (1) 大洲分布及种数(cf. 1)◆亚洲
Lophoschoenus【3】Stapf 锥序莎属 ≒ **Costularia** Cyperaceae 莎草科 [MM-747] 全球 (1) 大洲分布及种数(uc)属分布和种数(uc)◆大洋洲
Lophosciadium【3】DC. 肖阿魏属 ← **Ferulago** Apiaceae 伞形科 [MD-480] 全球 (1) 大洲分布及种数(2)◆欧洲
Lophosoria【3】Webb & Berth. ex C.Presl 毛囊蕨属 ← **Alsophila;Polypodium** Dicksoniaceae 蚌壳蕨科 [F-22] 全球 (1) 大洲分布及种数(3)◆南美洲
Lophosoriaceae【-】Pic.Serm. 山龙眼科属 ≒ **Protea** Proteaceae 山龙眼科 [MD-219] 全球 (uc) 大洲分布及种数(uc)
Lophospatha Burret = **Salacca**
Lophospermum (Zucc. ex Otto & A.Dietr.) Elisens = **Lophospermum**
Lophospermum【3】D.Don 冠子藤属 Plantaginaceae 车前科 [MD-527] 全球 (1) 大洲分布及种数(10)◆北美洲
Lophostachys【3】Pohl 冠穗爵床属 → **Beloperone;Lepidagathis** Acanthaceae 爵床科 [MD-572] 全球 (1) 大洲分布及种数(7-13)◆南美洲
Lophostemon【3】Schott 红胶木属 ← **Melaleuca;Tristania** Myrtaceae 桃金娘科 [MD-347] 全球 (1) 大洲分布及种数(4)◆大洋洲
Lophostephus Harv. = **Brachystelma**
Lophostigma【3】Engl. & Prantl 冠柱无患子属 ← **Serjania** Sapindaceae 无患子科 [MD-428] 全球 (1) 大洲分布及种数(2)◆南美洲
Lophostoma【3】(Meisn.) Meisn. 毛薇香属 ← **Linostoma** Thymelaeaceae 瑞香科 [MD-310] 全球 (1) 大洲分布及种数(4-21)◆南美洲
Lophostylis Hochst. = **Securidaca**
Lophotaenia Griseb. = **Pleurospermum**
Lophoteles O.F.Cook = **Chamaedorea**
Lophothecium Rizzini = **Justicia**

Lophothele O.F.Cook = **Chamaedorea**
Lophotocarpus T.Durand = **Sagittaria**
Lophotoearpus T.Durand = **Alisma**
Lophoxera Raf. = **Celosia**
Lophozia (Dum.) Dum. = **Lophozia**
Lophozia【3】 Stephani 裂叶苔属 ≒ **Sphenolobus; Neoorthocaulis** Lophoziaceae 裂叶苔科 [B-56] 全球 (6) 大洲分布及种数(35-36)非洲:38;亚洲:28-66;大洋洲:38;欧洲:16-54;北美洲:17-55;南美洲:5-43
Lophoziaceae【3】Stephani 裂叶苔科 [B-56] 全球 (6) 大洲分布和属种数(8/64-118)非洲:2-7/7-59;亚洲:6-7/42-94;大洋洲:2-7/7-59;欧洲:4-6/27-79;北美洲:4-6/30-82;南美洲:3-8/7-59
Lophoziopsis【3】 (R.M.Schust.) Konstant. & Vilnet 冠叶苔属 Lophoziaceae 裂叶苔科 [B-56] 全球 (6) 大洲分布及种数(3)非洲:3;亚洲:1-4;大洋洲:3;欧洲:3;北美洲:2-5;南美洲:3
Lophozonia Turcz. = **Nothofagus**
Lophyra Banks ex C.F.Gaertn. = **Lophira**
Lophyroides Heist. ex Fabr. = **Lathyrus**
Lopidiaceae Rodway = Lophoziaceae
Lopidium【2】 Hook.f. & Wilson 雀尾藓属 ≒ **Hypopterygium** Hypopterygiaceae 孔雀藓科 [B-160] 全球 (4) 大洲分布及种数(9) 非洲:4;亚洲:3;大洋洲:4;南美洲:1
Lopima Dochnahl = **Lopimia**
Lopimia【2】 Mart. 孔雀葵属 ≒ **Pavonia** Malvaceae 锦葵科 [MD-203] 全球 (2) 大洲分布及种数(cf.1) 亚洲;南美洲
Lopinus Cav. = **Lupinus**
Lopriorea【3】 Schinz 耳叶苋属 Amaranthaceae 苋科 [MD-116] 全球 (1) 大洲分布及种数(cf.1)◆非洲
Lopsana L. = **Lapsana**
Lora O.F.Cook = **Tragiella**
Lorandersonia【3】 Urbatsch,R.P.Roberts & Neubig 兔菊木属 ≒ **Aplopappus** Asteraceae 菊科 [MD-586] 全球 (1) 大洲分布及种数(7)◆北美洲(◆美国)
Lorantea Steud. = **Sanvitalia**
Loranthaceae【3】Juss. 桑寄生科 [MD-415] 全球 (6) 大洲分布和属种数(65-76;hort. & cult.5-6)(925-1598;hort. & cult.7-8)非洲:31-37/241-355;亚洲:26-37/239-420;大洋洲:17-32/70-199;欧洲:3-17/6-78;北美洲:6-20/38-151;南美洲:20-32/418-564
Loranthea Steud. = **Saprosma**
Loranthos St.Lag. = **Gaiadendron**
Loranthus【3】 Jacq. 桑寄生属 → **Actinanthella;Psittacanthus;Phoradendron** Loranthaceae 桑寄生科 [MD-415] 全球 (6) 大洲分布及种数(40-171;hort.1;cult: 3)非洲:4-23;亚洲:20-58;大洋洲:15-33;欧洲:2-19;北美洲:2-21;南美洲:6-23
Lorantus Bertero = **Saprosma**
Lordhowea【3】 B.Nord. 千里光属 ← **Senecio** Asteraceae 菊科 [MD-586] 全球 (1) 大洲分布及种数(1)◆大洋洲(◆澳大利亚)
Loreia Raf. = **Campanula**
Lorenara Batchman = **Portlandia**
Lorencea Borhidi = **Coutaportla**
Lorentea【2】 Orteg. 小千里蓟属 ≒ **Pectis** Asteraceae 菊科 [MD-586] 全球 (3) 大洲分布及种数(3) 欧洲:1;北美洲:3;南美洲:3
Lorentia G.Don = **Acmella**
Lorentzia【3】 Griseb. 微冠菊属 ≒ **Pelekium** Asteraceae 菊科 [MD-586] 全球 (1) 大洲分布及种数(uc)◆亚洲
Lorentzianthus【3】 R.M.King & H.Rob. 泽兰属 ≒ **Eupatorium** Asteraceae 菊科 [MD-586] 全球 (1) 大洲分布及种数(1)◆南美洲
Lorentziella【2】 Müll.Hal. 北美洲大孢藓属 ≒ **Acaulon** Gigaspermaceae 大蒴藓科 [B-108] 全球 (2) 大洲分布及种数(5) 北美洲:1;南美洲:5
Lorenzanea Liebm. = **Meliosma**
Lorenzeana Liebm. = **Meliosma**
Lorenzella Müll.Hal. = **Lorentziella**
Lorenzia【3】 E.G.Gonç. 亮南星属 Araceae 天南星科 [MM-639] 全球 (1) 大洲分布及种数(cf.1)◆南美洲
Lorenzochloa Reeder & C.Reeder = **Ortachne**
Loreta Duval-Jouve = **Aeluropus**
Loretia Duval-Jouve = **Vulpia**
Loretoa Standl. = **Capirona**
Loreya【2】 DC. 洛里野牡丹属 ≒ **Lobelia** Melastomataceae 野牡丹科 [MD-364] 全球 (2) 大洲分布及种数(5-6)北美洲:1;南美洲:4
Loria Raf. = **Campanula**
Loricalepis【3】 Brade 鳞甲野牡丹属 Melastomataceae 野牡丹科 [MD-364] 全球 (1) 大洲分布及种数(1)◆南美洲
Loricaria【3】 Wedd. 内卷鼠麹木属 ← **Baccharis; Tafalla** Asteraceae 菊科 [MD-586] 全球 (1) 大洲分布及种数(23-24)◆南美洲
Lorinsera Opiz = **Torilis**
Lorinseria C.Presl = **Woodwardia**
Loripes Kunth = **Isochilus**
Loritis J.M.H.Shaw = **Doritis**
Lorma O.F.Cook = **Archontophoenix**
Loroglorchis E.G.Camus = **Orchis**
Lorogl-orchis A.Camus = **Orchis**
Loroglossum【2】 L.C.Rich. 倒距兰属 ≒ **Aceras; Anacamptis** Orchidaceae 兰科 [MM-723] 全球 (3) 大洲分布及种数(1) 非洲:1;亚洲:1;欧洲:1
Loroma O.F.Cook = **Archontophoenix**
Loropetalum【3】 R.Br. 四药门花属 ← **Hamamelis** Hamamelidaceae 金缕梅科 [MD-63] 全球 (1) 大洲分布及种数(3-4)◆亚洲
Lorostelma E.Fourn. = **Stenomeria**
Lorostemon【3】 Ducke 带蕊藤黄属 Clusiaceae 藤黄科 [MD-141] 全球 (1) 大洲分布及种数(7)◆南美洲
Lorryia Livshitz = **Loreya**
Lortetia Ser. = **Passiflora**
Lortia Rendle = **Pilea**
Loryma O.F.Cook = **Archontophoenix**
Losiolytrum Steud. = **Arthraxon**
Lospedeza Michx. = **Lespedeza**
Lossa Adans. = **Loasa**
Lotaceae Oken = Loasaceae
Lotea Medik. = **Lotus**
Loteae DC. = **Lotus**
Lotella Van Tiegh. = **Bakerella**
Lothiania Kraenzl. = **Porroglossum**
Lotobia Planch. = **Thottea**
Lotodes【3】 P. & K. 罗豆属 ← **Psoralea;Bituminaria;**

Pediomelum Fabaceae3 蝶形花科 [MD-240] 全球 (6) 大洲分布及种数(16)非洲:2-17;亚洲:15;大洋洲:14-29;欧洲:1-16;北美洲:15;南美洲:15
Lotonis (DC.) Eckl. & Zeyh. = **Lotononis**
Lotononis 【3】 (DC.) Eckl. & Zeyh. 罗顿豆属 ← **Ononis;Celastrus;Pearsonia** Fabaceae3 蝶形花科 [MD-240] 全球 (1) 大洲分布及种数(166-224)◆非洲(◆南非)
Lotophyllus Link = **Lotononis**
Lotos L. = **Lotus**
Lotoxalis Small = **Oxalis**
Lotulus Raf. = **Lotus**
Lotus 【3】 (Tourn.) L. 百脉根属 → **Acmispon; Trigonella;Sesbania** Fabaceae3 蝶形花科 [MD-240] 全球 (6) 大洲分布及种数(127-211;hort.1;cult: 7)非洲:55-141;亚洲:53-130;大洋洲:14-70;欧洲:45-114;北美洲:63-122;南美洲:16-71
Lotzea Klotzsch & H.Karst. = **Diplazium**
Loudetia 【2】 Hochst. ex Steud. 劳德草属 ← **Arundinella;Stipa;Tristachya** Poaceae 禾本科 [MM-748] 全球 (3) 大洲分布及种数(32-33)非洲:31;亚洲:cf.1;南美洲:3
Loudetiopsis (C.E.Hubb.) Conert = **Loudetiopsis**
Loudetiopsis 【2】 Conert 拟劳德草属 ← **Tristachya** Poaceae 禾本科 [MM-748] 全球 (2) 大洲分布及种数(15-18)非洲:14;南美洲:3
Loudonia 【3】 Lindl. 二仙草属 Haloragaceae 小二仙草科 [MD-271] 全球 (1) 大洲分布及种数(uc)◆大洋洲
Louichea L´Hér. = **Pteranthus**
Louiscappeara 【-】 J.M.H.Shaw 兰科属 Orchidaceae 兰科 [MM-723] 全球 (uc) 大洲分布及种数(uc)
Louise Rchb.f. = **Luisia**
Louiseania 【3】 Carrière 榆叶梅属 ≒ **Prunus** Rosaceae 蔷薇科 [MD-246] 全球 (1) 大洲分布及种数(1)◆亚洲
Louisia H.G.Reichenbach = **Luisia**
Louisiella 【3】 C.E.Hubb. & J.Léonard 海绵杆属 Poaceae 禾本科 [MM-748] 全球 (1) 大洲分布及种数(1)◆非洲
Louradia Leman = **Brunia**
Lourdesia Hochst. = **Loudetia**
Lourea J.St.Hil. = **Christia**
Lourea Kunth = **Bagassa**
Loureira Cav. = **Jatropha**
Loureira Meisn. = **Glycosmis**
Loureira Raeusch. = **Cassine**
Lourelia L. = **Loeselia**
Lourteigia 【3】 R.M.King & H.Rob. 毛背柄泽兰属 ← **Eupatorium;Conoclinium** Asteraceae 菊科 [MD-586] 全球 (1) 大洲分布及种数(11-12)◆南美洲
Lourtella 【3】 S.A.Graham,Baas & H.Tobe 胶虾花属 Lythraceae 千屈菜科 [MD-333] 全球 (1) 大洲分布及种数(1-9)◆南美洲
Lourya Baill. = **Peliosanthes**
Louteridium 【3】 S.Wats. 卢太爵床属 Acanthaceae 爵床科 [MD-572] 全球 (1) 大洲分布及种数(11-15)◆北美洲
Louvelia Jum. & H.Perrier = **Ravenea**
Lovanafia M.Peltier = **Dicraeopetalum**
Lovelessara 【-】 J.M.H.Shaw 兰科属 Orchidaceae 兰科 [MM-723] 全球 (uc) 大洲分布及种数(uc)
Lovenella Fraser = **Lozanella**
Lovenia A.Agassiz = **Govenia**
Lovoa 【3】 Harms 虎斑楝属 Meliaceae 楝科 [MD-414] 全球 (1) 大洲分布及种数(2)◆非洲
Lowara Hort. = **Brassavola**
Lowea Lindl. = **Rosa**
Loweina Lindl. = **Rosa**
Lowellia A.Gray = **Thymophylla**
Lowepo Lindl. = **Rosa**
Lowia Hook.f. = **Orchidantha**
Lowiaceae 【3】 Ridl. 兰花蕉科 [MM-729] 全球 (1) 大洲分布和属种数(1;hort. & cult.1)(6-23;hort. & cult.1)◆北美洲
Lowianthus Becc. = **Lophanthus**
Lowiorchis Szlach. = **Satyrium**
Lowryanthus Pruski = **Loranthus**
Lowsutongara 【-】 J.M.H.Shaw 兰科属 Orchidaceae 兰科 [MM-723] 全球 (uc) 大洲分布及种数(uc)
Lox Adans. = **Sebaea**
Loxandrus Nees = **Cystacanthus**
Loxanisa Raf. = **Carex**
Loxanthera (Bl.) Bl. = **Loxanthera**
Loxanthera 【3】 Bl. 斜药桑寄生属 → **Loranthus; Macrosolen** Loranthaceae 桑寄生科 [MD-415] 全球 (1) 大洲分布及种数(cf. 1)◆亚洲
Loxanthes Raf. = **Nerine**
Loxanthocereus 【3】 Backeb. 花簪柱属 ← **Borzicactus;Cleistocactus;Matucana** Cactaceae 仙人掌科 [MD-100] 全球 (1) 大洲分布及种数(16)◆南美洲(◆秘鲁)
Loxanthus Nees = **Phlogacanthus**
Loxia Parl. = **Hyacinthus**
Loxidium Vent. = **Vicia**
Loxocalyx 【3】 Hemsl.斜萼草属←**Lamium;Leonurus; Paraphlomis** Lamiaceae 唇形科 [MD-575] 全球 (1) 大洲分布及种数(2-3)◆东亚(◆中国)
Loxocarpus 【3】 R.Br. 长蒴苣苔属 ≒ **Didymocarpus;Lonchocarpus** Gesneriaceae 苦苣苔科 [MD-549] 全球 (1) 大洲分布及种数(10)属分布和种数(uc)◆亚洲
Loxocarya 【3】 R.Br. 斜果灯草属 → **Desmocladus; Restio;Calorophus** Restionaceae 帚灯草科 [MM-744] 全球 (1) 大洲分布及种数(3-6)◆大洋洲(◆澳大利亚)
Loxocera Launert = **Loxodera**
Loxococcus 【3】 H.Wendl. & Drude 射叶椰属 ← **Ptychosperma** Arecaceae 棕榈科 [MM-717] 全球 (1) 大洲分布及种数(cf.2) ◆亚洲
Loxodera 【3】 Launert 曲芒草属 ← **Elionurus;Lonicera** Poaceae 禾本科 [MM-748] 全球 (1) 大洲分布及种数(6)◆非洲
Loxodiscus 【3】 Hook.f. 斜盘无患子属 Sapindaceae 无患子科 [MD-428] 全球 (1) 大洲分布及种数(1)◆大洋洲
Loxodon Cass. = **Chaptalia**
Loxodora Launert = **Loxodera**
Loxogramma J.Sm. = **Loxogramme**
Loxogrammaceae 【3】 Ching ex Pic.Serm. 剑蕨科 [F-64] 全球 (6) 大洲分布和属种数(1;hort. & cult.1)(33-56; hort. & cult.2)非洲:1/6-13; 亚洲:1/28-43; 大洋洲:1/3-8; 欧洲:1/1-5; 北美洲:1/2-9; 南美洲:1/4
Loxogramme 【3】 (Bl.) C.Presl 剑蕨属 ≒ **Anarthropteris;Grammitis;Pleopeltis** Polypodiaceae 水龙骨科 [F-60] 全球 (6) 大洲分布及种数(34-53)非洲:6-13;亚洲:28-

44;大洋洲:3-8;欧洲:1-5;北美洲:2-9;南美洲:4

Loxogrammeae R.M.Tryon & A.F.Tryon = **Loxogramme**

Loxoma【2】 Garay 柱囊兰属 ← **Smithsonia;Aerides** Orchidaceae 兰科 [MM-723] 全球 (1) 大洲分布及种数(uc)◆大洋洲

Loxomataceae C.Presl = Meliaceae

Loxomopsis Christ = **Loxsomopsis**

Loxomorchis Rauschert = **Sarcochilus**

Loxonema Raf. = **Carex**

Loxonia【3】 Jack 钩毛苣苔属 ≒ **Cyrtandromoea** Gesneriaceae 苦苣苔科 [MD-549] 全球 (1) 大洲分布及种数(3)◆东南亚(◆印度尼西亚)

Loxophlebia Schaus = **Grammitis**

Loxops Gmelin = **Rhynchoglossum**

Loxoptera O.E.Schulz = **Cremolobus**

Loxopterygium【3】 Hook.f. 偏翅漆属 → **Cardenasiodendron;Cyrtocarpa;Apterokarpos** Anacardiaceae 漆树科 [MD-432] 全球 (1) 大洲分布及种数(4-7)◆南美洲

Loxornis R.Br. ex Benth. = **Rhynchoglossum**

Loxoscaphe【2】 Moore 斜舟蕨属 ≒ **Asplenium** Aspleniaceae 铁角蕨科 [F-43] 全球 (4) 大洲分布及种数(1) 非洲:1;亚洲:1;北美洲:1;南美洲:1

Loxospermum Hochst. = **Trifolium**

Loxospora【-】 A.Massal. 十字花科属 ≒ **Arabis** Brassicaceae 十字花科 [MD-213] 全球 (uc) 大洲分布及种数(uc)

Loxostachys Peter = **Pseudechinolaena**

Loxostemon Hook.f. & Thoms. = **Cardamine**

Loxostigma【3】 C.B.Clarke 紫花苣苔属 → **Briggsia;Staurogyne** Gesneriaceae 苦苣苔科 [MD-549] 全球 (1) 大洲分布及种数(cf. 1)◆亚洲

Loxostomum Steud. = **Buchnera**

Loxostylis【3】 Spreng. ex Rchb. 焦油漆属 Anacardiaceae 漆树科 [MD-432] 全球 (1) 大洲分布及种数(1-2)◆非洲(◆南非)

Loxothylacus B.L.Rob. = **Loxothysanus**

Loxothysanus【3】 B.L.Rob. 斜苏菊属 ← **Bahia** Asteraceae 菊科 [MD-586] 全球 (1) 大洲分布及种数(2)◆北美洲(◆墨西哥)

Loxotis【-】 R.Br. ex Benth. 蔓藓科属 ≒ **Toloxis;Leonotis** Meteoriaceae 蔓藓科 [B-188] 全球 (uc) 大洲分布及种数(uc)

Loxotrema【-】 Raf. 莎草科属 ≒ **Carex** Cyperaceae 莎草科 [MM-747] 全球 (uc) 大洲分布及种数(uc)

Loxsoma【3】 R.Br. ex A.Cunn. 柱囊蕨属 Hymenophyllaceae 膜蕨科 [F-21] 全球 (1) 大洲分布及种数(1)◆大洋洲

Loxsomataceae C.Presl = Meliaceae

Loxsomopsis【2】 Christ 毛柱囊蕨属 Dennstaedtiaceae 碗蕨科 [F-26] 全球 (2) 大洲分布及种数(2) 北美洲:1;南美洲:2

Loxura Usteri ex Steud. = **Salvia**

Loydia Delile = **Pennisetum**

Lozanella【3】 Greenm. 山赤麻属 ← **Trema** Cannabaceae 大麻科 [MD-89] 全球 (6) 大洲分布及种数(3)非洲:1;亚洲:1;大洋洲:1;欧洲:1;北美洲:1-2;南美洲:2-3

Lozania【3】 Mutis ex Caldas 禾串柳属 ← **Lacistema** Lacistemataceae 荷包柳科 [MD-138] 全球 (6) 大洲分布及种数(4-6)非洲:1;亚洲:1-2;大洋洲:1;欧洲:1;北美洲:2-4;南美洲:3-6

Lozanis Schult. = **Qualea**

Lozogrammaceae Ching ex Pic.Serm. = Loxogrammaceae

Lpomoea L. = **Ipomoea**

Lptochloa P.Beauv. = **Leptochloa**

Lriartea Ruiz & Pav. = **Iriartea**

Lsocoma O.F.Cook = **Archontophoenix**

Lsoglossa Schltr. = **Lyroglossa**

Lsometrum Craib = **Isometrum**

Luascotia auct. = **Ascocentrum**

Lubania Girard = **Lozania**

Lubaria【3】 Pittier 鸾钗木属 ← **Raputia** Rutaceae 芸香科 [MD-399] 全球 (1) 大洲分布及种数(1-11)◆南美洲

Lubinia Comm. ex Vent. = **Lysimachia**

Lucaea Kunth = **Arthraxon**

Lucasara【-】 J.M.H.Shaw 兰科属 Orchidaceae 兰科 [MM-723] 全球 (uc) 大洲分布及种数(uc)

Lucasius Hassk. = **Lasia**

Lucaya Britton & Rose = **Acacia**

Luchea auct. = **Luehea**

Luchia Steud. = **Elodea**

Luchuena Höck = **Luehea**

Luciae DC. = **Schradera**

Lucianea Endl. = **Croton**

Lucida L. = **Bucida**

Lucilia【3】 Cass. 长毛紫绒草属 ← **Baccharis;Novenia;Serratula** Asteraceae 菊科 [MD-586] 全球 (1) 大洲分布及种数(25-36)◆南美洲

Luciliocline【3】 Anderb. & S.E.Freire 尾药紫绒草属 Asteraceae 菊科 [MD-586] 全球 (1) 大洲分布及种数(1)◆南美洲

Luciliopsis Wedd. = **Cuatrecasasiella**

Lucinaea【3】 DC. 施拉茜属 ≒ **Astraea** Rubiaceae 茜草科 [MD-523] 全球 (1) 大洲分布及种数(2)◆非洲

Luciniola Sm. = **Brodiaea**

Lucinoma O.F.Cook = **Areca**

Lucinopsis Rchb. = **Linum**

Lucio Sm. = **Brodiaea**

Luciocephalus Willd. ex Schltdl. = **Lasiocephalus**

Luciola Sm. = **Luzula**

Luckhoffia【3】 A.C.White & B.Sloane 蛋黄竹桃属 Apocynaceae 夹竹桃科 [MD-492] 全球 (1) 大洲分布及种数(uc)◆亚洲

Luctusa Molina = **Lucuma**

Luculia【3】 Sw. 滇丁香属 ← **Cinchona;Mussaenda** Rubiaceae 茜草科 [MD-523] 全球 (1) 大洲分布及种数(3-4)◆亚洲

Luculieae Rydin & B.Bremer = **Luculia**

Lucuma (Baill.) Engl. = **Lucuma**

Lucuma【3】 Molina 蛋黄果属 ← **Pouteria;Pichonia** Sapotaceae 山榄科 [MD-357] 全球 (6) 大洲分布及种数(11-19;hort.1)非洲:3;亚洲:3;大洋洲:3;欧洲:3;北美洲:1-4;南美洲:9-12

Lucya【3】 DC. 露西茜属 Rubiaceae 茜草科 [MD-523] 全球 (1) 大洲分布及种数(1)◆北美洲

Luddemania Rchb.f. = **Lueddemannia**

Ludekia【3】 Ridsdale 新乌檀属 ← **Neonauclea** Rubiaceae 茜草科 [MD-523] 全球 (1) 大洲分布及种数(2-3)◆亚洲

L

Ludia【3】 Comm. ex Juss. 卢迪木属 ← **Flacourtia;Myrceugenia** Salicaceae 杨柳科 [MD-123] 全球 (6) 大洲分布及种数(24-28)非洲:23-30;亚洲:1-7;大洋洲:6;欧洲:1-7;北美洲:6;南美洲:6

Ludisia【3】 A.Rich. 血叶兰属 ≒ **Anoectochilus;Neottia;Macodes** Orchidaceae 兰科 [MM-723] 全球 (1) 大洲分布及种数(cf. 1)◆亚洲

Ludlowara【-】 J.M.H.Shaw 兰科属 Orchidaceae 兰科 [MM-723] 全球 (uc) 大洲分布及种数(uc)

Ludochilus Garay & H.R.Sw. = **Anoectochilus**

Ludolfia Adans. = **Tetragonia**

Ludolfia Willd. = **Arundinaria**

Ludolphia (Nees) A.Dietr. = **Arundinaria**

Ludorugbya【3】 Hedd. & R.H.Zander 露生藓属 Pottiaceae 丛藓科 [B-133] 全球 (1) 大洲分布及种数(1)◆非洲

Ludovia【3】 Brongn. 单肋草属 ≒ **Carludovica;Asplundia** Cyclanthaceae 环花草科 [MM-706] 全球 (1) 大洲分布及种数(3)◆南美洲

Ludovica Bronner = **Bikkia**

Ludovicea Buc´hoz = **Veltheimia**

Ludovix Brongn. = **Ludovia**

Ludwighia Burm.f. = **Oenothera**

Ludwigia (DC.) Munz = **Ludwigia**

Ludwigia【3】 L. 丁香蓼属 ≒ **Adenosma;Oldenlandia** Onagraceae 柳叶菜科 [MD-396] 全球 (6) 大洲分布及种数(95-114;hort.1;cult: 13)非洲:37-54;亚洲:45-68;大洋洲:18-35;欧洲:16-32;北美洲:62-82;南美洲:62-79

Ludwigiantha【3】 (Torr. & A.Gray) Small 丁香蓼属 ≒ **Ludwigia** Onagraceae 柳叶菜科 [MD-396] 全球 (1) 大洲分布及种数(2)◆北美洲

Lueckelia【3】 Jenny 卢克兰属 ≒ **Brasilocycnis;Polycycnis** Orchidaceae 兰科 [MM-723] 全球 (1) 大洲分布及种数(1)◆南美洲

Lueddemannia【3】 Rchb.f. 卢氏兰属 ← **Acineta;Cycnoches;Lacaena** Orchidaceae 兰科 [MM-723] 全球 (1) 大洲分布及种数(2-4)◆南美洲

Luederitzia K.Schum. = **Pavonia**

Luehea F.W.Schmidt = **Luehea**

Luehea【3】 Willd. 马鞭麻属 → **Lueheopsis;Swietenia;Stilbe** Tiliaceae 椴树科 [MD-185] 全球 (6) 大洲分布及种数(21-27)非洲:1;亚洲:1-2;大洋洲:1;欧洲:1;北美洲:6-7;南美洲:20-26

Lueheopsis【3】 Burret 桃花麻属 ← **Luehea** Malvaceae 锦葵科 [MD-203] 全球 (1) 大洲分布及种数(7-8)◆南美洲

Lueranthos【3】 Szlach. & Marg. 甘蓝兰属 ← **Andinia** Orchidaceae 兰科 [MM-723] 全球 (1) 大洲分布及种数(cf. 1)◆南美洲

Luercus L. = **Quercus**

Luerella【3】 Braas 夷萼兰属 ≒ **Besseya** Orchidaceae 兰科 [MM-723] 全球 (1) 大洲分布及种数(cf. 1)◆南美洲

Luerssenia Kuhn = **Cuminum**

Luerssenidendron【3】 Domin 澳芸橘属 Rutaceae 芸香科 [MD-399] 全球 (1) 大洲分布及种数(uc)属分布和种数(uc)◆大洋洲(◆澳大利亚)

Luerssenii Kuhn = **Cuminum**

Luetkea【3】 Bong. 鸡爪梅属 → **Kelseya; Petrophytum;Spiraea** Rosaceae 蔷薇科 [MD-246] 全球 (1) 大洲分布及种数(2-3)◆北美洲

Luetkenia Jenny = **Lueckelia**

Luetzelburgia【3】 Harms 破斧檀属 ← **Bowdichia;Vatairea** Fabaceae 豆科 [MD-240] 全球 (1) 大洲分布及种数(12-15)◆南美洲

Luffa【3】 Mill. 丝瓜属 ≒ **Bryonia;Ludia;Peponium** Cucurbitaceae 葫芦科 [MD-205] 全球 (6) 大洲分布及种数(17-18)非洲:7;亚洲:10;大洋洲:6;欧洲:5;北美洲:7;南美洲:6-7

Lugaion Raf. = **Genista**

Lugoa DC. = **Tanacetum**

Lugonia Wedd. = **Philibertia**

Luhea A.DC. = **Luehea**

Luia Comm. ex Juss. = **Ludia**

Luicentrum【-】 auct. 兰科属 Orchidaceae 兰科 [MM-723] 全球 (uc) 大洲分布及种数(uc)

Luichilus auct. = **Leochilus**

Luiciliopsis Wedd. = **Cuatrecasasiella**

Luina【3】 Benth. 覆旋花属 → **Cacaliopsis;Rainiera** Asteraceae 菊科 [MD-586] 全球 (1) 大洲分布及种数(2-5)◆北美洲

Luinetia auct. = **Luisia**

Luinopsis auct. = **Luisia**

Luisa Endl. = **Luma**

Luisanda Hort. = **Luisia**

Luisanthera G.M.Pradhan = **Lasianthera**

Luisedda J.M.H.Shaw = **Cleisostoma**

Luiserides F.Maek. = **Ferreyranthus**

Luisia【2】 Gaud. 钗子股属 ← **Cleisostoma; Vanda; Diploprora** Orchidaceae 兰科 [MM-723] 全球 (4) 大洲分布及种数(15-50)非洲:1;亚洲:14-42;大洋洲:1-5;北美洲:1-3

Luisierella【2】 Thér. & P.de la Varde 芦氏藓属 ≒ **Trichostomum** Pottiaceae 丛藓科 [B-133] 全球 (5) 大洲分布及种数(2) 非洲:1;亚洲:1;大洋洲:1;北美洲:2;南美洲:1

Luisiopsis C.S.Kumar & P.C.S.Kumar = **Boesenbergia**

Luisma【3】 M.T.Murillo & A.R.Sm. 锁囊蕨属 Polypodiaceae 水龙骨科 [F-60] 全球 (1) 大洲分布及种数(1)◆南美洲(◆哥伦比亚)

Luistylis【-】 auct. 兰科属 Orchidaceae 兰科 [MM-723] 全球 (uc) 大洲分布及种数(uc)

Luitkea Auct. ex Steud. = **Luetkea**

Luivanetia auct. = **Cleisostoma**

Lukinia Commerson ex Ventenat = **Anagallis**

Lulavia Raf. = **Alstroemeria**

Lulia【3】 Zardini 毛丁草属 ≒ **Trichocline** Asteraceae 菊科 [MD-586] 全球 (1) 大洲分布及种数(1)◆南美洲

Luma【3】 A.Gray 龙袍木属 → **Blepharocalyx;Myrtus;Myrcianthes** Myrtaceae 桃金娘科 [MD-347] 全球 (1) 大洲分布及种数(7-11)◆南美洲

Lumanaja Blanco = **Homonoia**

Lumaria Heist. ex Fabr. = **Eriophorum**

Lumbricaria Vell. = **Andira**

Lumbricidae Vell. = **Aganope**

Lumbricidia Vell. = **Andira**

Lumnitzera J.Jacq. & Spreng. = **Lumnitzera**

Lumnitzera【3】 Willd. 榄李属 → **Isodon;Laguncularia;Ocimum** Combretaceae 使君子科 [MD-354] 全球 (6) 大洲分布及种数(10-13)非洲:2-3;亚洲:3-4;大洋洲:8-9;欧

L

洲:1-2;北美洲:2-3;南美洲:1-2
Lumnitzeria Willd. = **Lumnitzera**
Lunaia Raf. = **Lunania**
Lunanaea Endl. = **Cola**
Lunanea DC. = **Cola**
Lunania 【3】 Hook. 卢南木属 → **Bartholomaea** Salicaceae 杨柳科 [MD-123] 全球 (6) 大洲分布及种数(4-17)非洲:1;亚洲:1-4;大洋洲:1;欧洲:1;北美洲:3-17;南美洲:1-3
Lunarca L. = **Lunaria**
Lunaria【2】 L. 银扇草属 ← **Alyssum** Brassicaceae 十字花科 [MD-213] 全球 (5) 大洲分布及种数(5-10)亚洲:2;大洋洲:1;欧洲:3;北美洲:2;南美洲:3
Lunarieae Dum. = **Lunaria**
Lunasia 【3】 Blanco 大洋洲月芸香属 ≒ **Lundia** Rutaceae 芸香科 [MD-399] 全球 (1) 大洲分布及种数(5)◆亚洲
Lunathyrium 【3】 Koidz. 蛾眉蕨属 → **Athyriopsis;Diplazium;Asplenium** Athyriaceae 蹄盖蕨科 [F-40] 全球 (1) 大洲分布及种数(31-35)◆亚洲
Lundellia Leonard = **Holographis**
Lundellianthus 【3】 H.Rob. 联托菊属 ≒ **Oyedaea** Asteraceae 菊科 [MD-586] 全球 (1) 大洲分布及种数(9)◆北美洲
Lundia 【2】 DC. 伦紫葳属 ≒ **Oncoba;Lunasia; Arrabidaea** Bignoniaceae 紫葳科 [MD-541] 全球 (2) 大洲分布及种数(16-19)北美洲:3;南美洲:15-17
Lundinia 【3】 B.Nord. 千里光属 ≒ **Senecio** Asteraceae 菊科 [MD-586] 全球 (1) 大洲分布及种数(cf.1)◆北美洲
Lunellia Nieuwl. = **Wulfenia**
Lungia Comm. ex Juss. = **Ludia**
Luntia Neck. = **Ludia**
Lunularia Adans. = **Lunularia**
Lunularia【3】 Batsch 半月苔属 Lunulariaceae 半月苔科 [B-8] 全球 (1) 大洲分布及种数(1)◆南美洲
Lunulariaceae【3】Torr. & A.Gray 半月苔科 [B-8] 全球 (1) 大洲分布和属种数(1/1-2)◆南美洲
Lunulidia Adans. = **Lunularia**
Lunzia Phil. = **Lenzia**
Luorea Neck. ex J.St.Hil. = **Bagassa**
Lupella Braas = **Luerella**
Lupinaster Buxb. ex Heist. = **Trifolium**
Lupinophyllum Hutch. = **Tephrosia**
Lupinus Formosi A.Heller = **Lupinus**
Lupinus【3】 L. 羽扇豆属 ≒ **Crotalaria** Fabaceae 豆科 [MD-240] 全球 (6) 大洲分布及种数(671-828;hort.1;cult:20)非洲:25-312;亚洲:47-333;大洋洲:14-292;欧洲:39-322;北美洲:293-677;南美洲:412-725
Luponia Wedd. = **Philibertia**
Lupparia Opiz = **Medicago**
Lupraea Vermösen = **Leplaea**
Lupsia Neck. = **Galactites**
Lupulaceae F.W.Schultz & Sch.Bip. = Celtidaceae
Lupularia Opiz = **Medicago**
Lupulina Noulet = **Medicago**
Lupulus P. & K. = **Humulus**
Lurchea F.W.Schmidt = **Luehea**
Luria Stearns = **Ludia**
Luronium【3】 Raf. 欧泽泻属 ← **Alisma;Echinodorus** Alismataceae 泽泻科 [MM-597] 全球 (1) 大洲分布及种数(1)◆欧洲
Luscadium Raf. = **Croton**
Luscinia Raf. = **Adhatoda**
Lusekia Opiz = **Ludekia**
Lushius Hassk. = **Forsstroemia**
Lusia Blanco = **Luma**
Lussa P. & K. = **Tetradium**
Lussacia Spreng. = **Gaylussacia**
Lustrinia Raf. = **Justicia**
Lusura Rumph. = **Ailanthus**
Lusuriaga Pers. = **Geitonoplesium**
Luteola Mill. = **Reseda**
Luteolejeunea【3】 (Buchloh) Piippo 北美洲鳞苔属 ≒ **Stictolejeunea** Lejeuneaceae 细鳞苔科 [B-84] 全球 (1) 大洲分布及种数(1)◆北美洲(◆哥斯达黎加)
Lutera Roth = **Sutera**
Luthera Sch.Bip. = **Krigia**
Lutherara auct. = **Phalaenopsis**
Lutheria【2】 P.Br. 云楝属 Meliaceae 楝科 [MD-414] 全球 (2) 大洲分布及种数(4) 北美洲:2;南美洲:4
Luticola Juss. = **Luziola**
Lutkea Steud. = **Luetkea**
Lutrostylis G.Don = **Ehretia**
Lutterlohara【-】 P.V.Heath 仙人掌科属 Cactaceae 仙人掌科 [MD-100] 全球 (uc) 大洲分布及种数(uc)
Lutzia Gand. = **Alyssoides**
Luutia Comm. ex Juss. = **Ludia**
Luvunga【3】 Buch.Ham. ex Wight & Arn. 三叶藤橘属 ← **Atalantia** Rutaceae 芸香科 [MD-399] 全球 (1) 大洲分布及种数(10-11)◆亚洲
Luxembergia P.J.Bergius = **Laurembergia**
Luxemburgia 【3】 A.St.Hil. 管莲木属 → **Philacra; Periblepharis** Ochnaceae 金莲木科 [MD-104] 全球 (1) 大洲分布及种数(24-31)◆南美洲
Luxemburgiaceae Soler. = Ochnaceae
Luxemburgieae Horan. = **Luxemburgia**
Luxilus Mill. = **Humulus**
Luzama【3】 Lür 尾萼兰属 ← **Masdevallia** Orchidaceae 兰科 [MM-723] 全球 (1) 大洲分布及种数(cf. 1)◆南美洲
Luzara Lür = **Luzama**
Luzea DC. = **Luehea**
Luziola (Trin.) Hack. = **Luziola**
Luziola 【3】 Juss. 漂筏菰属 ← **Milium;Zizania; Caryochloa** Poaceae 禾本科 [MM-748] 全球 (6) 大洲分布及种数(14)非洲:1;亚洲:1-2;大洋洲:1;欧洲:1;北美洲:7-8;南美洲:12-13
Luzola Sang. = **Brodiaea**
Luzonia【3】 Elmer 吕宋豆属 Fabaceae 豆科 [MD-240] 全球 (1) 大洲分布及种数(cf. 1)◆东南亚(◆菲律宾)
Luzula (Chrtek & Křísa) Novikov = **Luzula**
Luzula 【3】 DC. 地杨梅属 → **Brodiaea;Juncoides** Juncaceae 灯芯草科 [MM-733] 全球 (6) 大洲分布及种数(123-174;hort.1;cult:18)非洲:21-37;亚洲:60-82;大洋洲:30-56;欧洲:58-77;北美洲:53-69;南美洲:34-51
Luzuriaga (R.Br. ex Hook.) Hallier f. = **Luzuriaga**
Luzuriaga【3】 Ruiz & Pav. 宝珠木属 ← **Asparagus; Spiranthera;Dioscorea** Luzuriagaceae 菝葜木科 [MM-

L

627] 全球 (6) 大洲分布及种数(5-6)非洲:3;亚洲:1-3;大洋洲:1-3;欧洲:2;北美洲:2;南美洲:3-5
Luzuriagaceae【3】Lotsy 菝葜木科 [MM-627] 全球 (6) 大洲分布和属种数(1;hort. & cult.1)(4-7;hort. & cult.3)非洲:1/3;亚洲:1/1-3;大洋洲:1/1-3;欧洲:1/2;北美洲:1/2;南美洲:1/3-5
Luzuriageae Benth. & Hook.f. = **Luzuriaga**
Lxeris Cass. = **Ixeris**
Lxora L. = **Ixora**
Lyallia【3】Hook.f. 寒球蓬属 → **Hectorella** Montiaceae 水卷耳科 [MD-81] 全球 (1) 大洲分布及种数(1)◆大洋洲
Lybia O.F.Cook = **Chamaedorea**
Lycabstia【-】J.M.H.Shaw 兰科属 Orchidaceae 兰科 [MM-723] 全球 (uc) 大洲分布及种数(uc)
Lycaea Kunth = **Arthraxon**
Lycanisia David Morris = **Agrostemma**
Lycapsis Spach = **Alomia**
Lycapsus【3】Phil. 细裂菊属 ← **Alomia;Anchusa** Asteraceae 菊科 [MD-586] 全球 (1) 大洲分布及种数(1)◆南美洲
Lycas L. = **Cycas**
Lycasle Lindl. = **Lycaste**
Lycaste Aromaticae Oakeley = **Lycaste**
Lycaste【2】Lindl. 捧心兰属 ← **Anguloa;Maxillaria; Batemannia** Orchidaceae 兰科 [MM-723] 全球 (2) 大洲分布及种数(55-82;hort.1;cult:8)北美洲:40-47;南美洲:31-36
Lycastenaria Colman = **Xylobium**
Lycasteria【-】Hort. 兰科属 ≒ **Lyfrenaria** Orchidaceae 兰科 [MM-723] 全球 (uc) 大洲分布及种数(uc)
Lycastiella【-】J.M.H.Shaw 兰科属 Orchidaceae 兰科 [MM-723] 全球 (uc) 大洲分布及种数(uc)
Lycastis Lindl. = **Lycaste**
Lycazella【-】J.M.H.Shaw 兰科属 Orchidaceae 兰科 [MM-723] 全球 (uc) 大洲分布及种数(uc)
Lychas (Tourn.) L. = **Lychnis**
Lychnanthos S.G.Gmel. = **Silene**
Lychnanthos S.Gmel. = **Cucubalus**
Lychnanthus C.C.Gmel. = **Agrostemma**
Lychnidaceae Döll = Caryophyllaceae
Lychnidea Burm.f. = **Phlox**
Lychnideae Fenzl = **Manulea**
Lychnidia Pomel = **Lychnis**
Lychnidinae Janch. = **Lychnis**
Lychniothyrsus【3】Lindau 猩红爵床属 ← **Ruellia** Acanthaceae 爵床科 [MD-572] 全球 (1) 大洲分布及种数(1)◆南美洲(◆巴西)
Lychnis【3】(Tourn.) L. 剪秋罗属 → **Agrostemma; Silene** Caryophyllaceae 石竹科 [MD-77] 全球 (6) 大洲分布及种数(15-39;hort.1;cult: 6)非洲:2-14;亚洲:10-27;大洋洲:1-13;欧洲:5-18;北美洲:5-22;南美洲:2-16
Lychniscabiosa Fabr. = **Scabiosa**
Lychnisilene【-】Cif. & Giacom. 石竹科属 Caryophyllaceae 石竹科 [MD-77] 全球 (uc) 大洲分布及种数(uc)
Lychnitis【-】(Benth.) Fourr. 玄参科属 ≒ **Silene** Scrophulariaceae 玄参科 [MD-536] 全球 (uc) 大洲分布及种数(uc)
Lychnocephaliopsis Sch.Bip. ex Baker = **Lychnophora**
Lychnocephalus Mart. ex DC. = **Lychnophora**
Lychnodiscus【3】Radlk. 灯盘无患子属 Sapindaceae 无患子科 [MD-428] 全球 (1) 大洲分布及种数(7)◆非洲
Lychnophora【3】Mart. 灯头菊属 ← **Cacalia;Piptolepis** Asteraceae 菊科 [MD-586] 全球 (1) 大洲分布及种数(44-48)◆南美洲
Lychnophorella【-】Löuille,Semir & Pirani 菊科属 Asteraceae 菊科 [MD-586] 全球 (uc) 大洲分布及种数(uc)
Lychnophoriopsis【3】Sch.Bip. 穗序灯头菊属 ← **Lychnophora** Asteraceae 菊科 [MD-586] 全球 (1) 大洲分布及种数(4)◆南美洲(◆巴西)
Lychnorhiza Haeckel = **Lachnorhiza**
Lycia Willd. ex Steud. = **Eriochloa**
Lyciaceae Raf. = Solanaceae
Lycianthes (Dunal) Hassl. = **Lycianthes**
Lycianthes【3】(Dunal) Hassl. 红丝线属 ≒ **Bassovia; Solanum** Solanaceae 茄科 [MD-503] 全球 (6) 大洲分布及种数(157-187;hort.1;cult:1)非洲:24-27;亚洲:35-39;大洋洲:24-27;欧洲:9-12;北美洲:77-88;南美洲:71-89
Lycida【3】Oakeley 鸫茄属 ← **Lycium** Orchidaceae 兰科 [MM-723] 全球 (1) 大洲分布及种数(1)◆非洲
Lycidice Hance = **Lysidice**
Lycimna Hance = **Alyxia**
Lycimnia Hance = **Melodinus**
Lycioplesium Miers = **Acnistus**
Lyciopsis Schweinf. = **Fuchsia**
Lycioptesium Miers = **Acnistus**
Lycioserissa Röm. & Schult. = **Canthium**
Lycisca Schlecht. = **Cephalocarpus**
Lycium【3】L. 枸杞属 → **Acnistus;Grabowskia;Serissa** Solanaceae 茄科 [MD-503] 全球 (6) 大洲分布及种数(137-196;hort.1;cult:10)非洲:41-56;亚洲:32-50;大洋洲:11-25;欧洲:20-34;北美洲:39-59;南美洲:65-86
Lycobyana【3】Archila & Chiron 危地马拉兰属 ≒ **Lycaste** Orchidaceae 兰科 [MM-723] 全球 (1) 大洲分布及种数(cf. 1)◆北美洲(◆危地马拉)
Lycocarpus【3】O.E.Schulz 松芥属 ← **Hesperis; Sisymbrium** Brassicaceae 十字花科 [MD-213] 全球 (1) 大洲分布及种数(1-6)◆欧洲
Lycochloa【3】Sam. 狼川草属 Poaceae 禾本科 [MM-748] 全球 (1) 大洲分布及种数(cf. 1)◆亚洲
Lycoctenus Fourr. = **Aconitum**
Lycoctonum Fourr. = **Aconitum**
Lycogala Heist. ex Fabr. = **Solanum**
Lycomela Fabr. = **Lycopersicon**
Lycomormium【3】Rchb.f. 狼花兰属 ← **Anguloa; Peristeria** Orchidaceae 兰科 [MM-723] 全球 (1) 大洲分布及种数(5-6)◆南美洲
Lycomysis L. = **Lycopsis**
Lycoperdon Pers. = **Solanum**
Lycopersicon【3】Mill. 番茄属 ← **Solanum** Solanaceae 茄科 [MD-503] 全球 (6) 大洲分布及种数(10-11)非洲:1;亚洲:7;大洋洲:1;欧洲:4;北美洲:5;南美洲:7
Lycopersicum Hill = **Lycopersicon**
Lycopinae【-】B.T.Drew & Sytsma 唇形科属 Lamiaceae 唇形科 [MD-575] 全球 (uc) 大洲分布及种数(uc)
Lycopis L. = **Lycopsis**
Lycopodiaceae【3】P.Beauv. ex Mirb. 石松科 [F-4] 全球

(6) 大洲分布和属种数(7-9;hort. & cult.2)(322-655;hort. & cult.11-21)非洲:4-7/14-81;亚洲:6-7/242-321;大洋洲:5-6/28-96;欧洲:2-6/7-74;北美洲:6-7/96-171;南美洲:7-8/170-237

Lycopodiales DC. ex Bercht. & J.Presl = **Lycopodioides**

Lycopodiastrum Holub = **Lycopodium**

Lycopodiella (Holub) B.Øllg. = **Lycopodiella**

Lycopodiella【3】Holub 小石松属 ← **Lycopodium;Palhinhaea;Pseudolycopodiella** Lycopodiaceae 石松科 [F-4] 全球 (6) 大洲分布及种数(46-47;hort.1;cult: 6)非洲:8-10;亚洲:14-16;大洋洲:9-11;欧洲:3-5;北美洲:24-27;南美洲:30-32

Lycopodiodes【-】(Baker) P. & K. 卷柏科属 ≒ **Selaginella** Selaginellaceae 卷柏科 [F-6] 全球 (uc) 大洲分布及种数(uc)

Lycopodioideae W.H.Wagner & Beitel ex B.Øllg. = **Lycopodioides**

Lycopodioides【3】Böhm. 卷柏属 ≒ **Lycopodium** Lycopodiaceae 石松科 [F-4] 全球 (1) 大洲分布及种数(uc)◆大洋洲

Lycopodium (C.Presl ex Rothm.) B.Øllg. = **Lycopodium**

Lycopodium【3】L. 石松属 ≒ **Bernhardia;Phlegmariurus** Lycopodiaceae 石松科 [F-4] 全球 (1) 大洲分布及种数(76-136)◆亚洲

Lycopsis【3】L. 狼紫草属 ≒ **Lycapsus;Nonea** Boraginaceae 紫草科 [MD-517] 全球 (6) 大洲分布及种数(2-10)非洲:1-3;亚洲:1-3;大洋洲:1-3;欧洲:1-3;北美洲:1-3;南美洲:1-3

Lycoptera Colla = **Achimenes**

Lycopus【3】Tourn. ex L. 地笋属 ≒ **Amethystea;Mosla** Lamiaceae 唇形科 [MD-575] 全球 (6) 大洲分布及种数(20-29;hort.1;cult: 7)非洲:1-13;亚洲:14-31;大洋洲:2-14;欧洲:5-17;北美洲:16-29;南美洲:2-15

Lycoris【3】Herb. 石蒜属 ← **Amaryllis;Hippeastrum;Nerine** Amaryllidaceae 石蒜科 [MM-694] 全球 (1) 大洲分布及种数(18-30)◆亚洲

Lycorus Loud. = **Lycopus**

Lycoseris【3】Cass. 狼菊木属 → **Aster;Onoseris** Asteraceae 菊科 [MD-586] 全球 (6) 大洲分布及种数(11-15)非洲:1;亚洲:1-2;大洋洲:1-2;欧洲:1-2;北美洲:5-6;南美洲:9-12

Lycospora Nutt. = **Leucospora**

Lycosula Heist. ex Fabr. = **Solanum**

Lycotis Hoffmanns. = **Arctotis**

Lyctus Tourn. ex L. = **Lycopus**

Lycula Sw. = **Luculia**

Lycurus【3】Kunth 狼尾禾属 ← **Elionurus** Poaceae 禾本科 [MM-748] 全球 (6) 大洲分布及种数(4)非洲:1;亚洲:1;大洋洲:1;欧洲:1;北美洲:3-4;南美洲:3-4

Lydaea Molina = **Lilaea**

Lydea Molina = **Lilaea**

Lydenburgia【3】N.Robson 南巧茶属 ← **Catha** Celastraceae 卫矛科 [MD-339] 全球 (1) 大洲分布及种数(1-2)◆非洲(◆南非)

Lydenia Miq. = **Memecylon**

Lydia Delile = **Pennisetum**

Lydiaea Laz. = **Microbryum**

Lydipta Laz. = **Microbryum**

Lyellia【2】R.Br. 异蒴藓属 ≒ **Pogonatum;Alophosia** Polytrichaceae 金发藓科 [B-101] 全球 (2) 大洲分布及种数(3) 亚洲:2;北美洲:1

Lyeoris Herb. = **Lycoris**

Lyfrenaria【-】Hort. 兰科属 ≒ **Lycasteria** Orchidaceae 兰科 [MM-723] 全球 (uc) 大洲分布及种数(uc)

Lygaion Raf. = **Adenocarpus**

Lygeum【3】Löfl. ex L. 小纫草属 ≒ **Pygeum** Poaceae 禾本科 [MM-748] 全球 (1) 大洲分布及种数(1)◆欧洲

Lygia C.A.Mey. = **Daphne**

Lyginia【3】R.Br. 管丝草属 ≒ **Leptocarpus** Restionaceae 帚灯草科 [MM-744] 全球 (1) 大洲分布及种数(3-5)◆大洋洲

Lyginiaceae【3】B.G.Briggs & L.A.S.Johnson 澳灯草科 [MM-743] 全球 (1) 大洲分布和属种数(1/3-5)◆大洋洲

Lyginodendron Griseb. = **Linodendron**

Lygisma【3】Hook.f. 折冠藤属 ≒ **Tylophora** Fabaceae2 云实科 [MD-239] 全球 (1) 大洲分布及种数(5-8)◆亚洲

Lygistum P.Br. = **Manettia**

Lygnia【-】Dum. 帚灯草科属 Restionaceae 帚灯草科 [MM-744] 全球 (uc) 大洲分布及种数(uc)

Lygodesma D.Don = **Lygodesmia**

Lygodesmia (Nutt.) Torr. & A.Gray = **Lygodesmia**

Lygodesmia【3】D.Don 紫苘苣属 → **Stephanomeria;Prenanthes;Shinnersoseris** Asteraceae 菊科 [MD-586] 全球 (1) 大洲分布及种数(8-18)◆北美洲

Lygodiaceae【3】M.Röm. 海金沙科 [F-20] 全球 (6) 大洲分布和属种数(1;hort. & cult.1)(39-73;hort. & cult.7-8)非洲:1/11-22;亚洲:1/24-42;大洋洲:1/10-25;欧洲:1/6-16;北美洲:1/14-23;南美洲:1/13-23

Lygodictyon J.Sm. = **Lygodium**

Lygodisodea【3】Ruiz & Pav. 鸡屎藤属 ≒ **Paederia** Rubiaceae 茜草科 [MD-523] 全球 (1) 大洲分布及种数(uc)◆亚洲

Lygodisodeaceae Bartl. = Rubiaceae

Lygodisodia Ruiz & Pav. = **Paederia**

Lygodium Flexuosa Prantl = **Lygodium**

Lygodium【3】Sw. 海金沙属 ← **Ophioglossum;Eugenia** Lygodiaceae 海金沙科 [F-20] 全球 (6) 大洲分布及种数(40-57)非洲:11-22;亚洲:24-42;大洋洲:10-25;欧洲:6-16;北美洲:14-23;南美洲:13-23

Lygophis Raf. = **Adenocarpus**

Lygoplis Raf. = **Spartium**

Lygos【3】Adans. 欧洲豆属 ← **Genista;Spartium** Fabaceae3 蝶形花科 [MD-240] 全球 (1) 大洲分布及种数(2)◆欧洲

Lygosoma Hook.f. = **Lygisma**

Lygris Herb. = **Lycoris**

Lygurus D.Dietr. = **Laurus**

Lygustrum Gilib. = **Ligustrum**

Lygynia Raf. = **Lyonia**

Lylhrum L. = **Lythrum**

Lymanara auct. = **Ferreyranthus**

Lymanbensonia【3】Kimnach 露舞蔓属 ≒ **Hatiora** Cactaceae 仙人掌科 [MD-100] 全球 (1) 大洲分布及种数(4)◆南美洲

Lymania【3】R.W.Read 棱萼凤梨属 ← **Aechmea** Bromeliaceae 凤梨科 [MM-715] 全球 (1) 大洲分布及种数(9-21)◆南美洲

L

Lymingtonia Steenis = **Exbucklandia**
Lymnophila Bl. = **Limnophila**
Lynbya Cham. & Schltdl. = **Melasma**
Lyncea Cham. & Schltdl. = **Melasma**
Lynceus Cham. & Schltdl. = **Alectra**
Lynchnorhiza A.Rich. = **Lachnorhiza**
Lyncina Cham. & Schltdl. = **Melasma**
Lyncodon Fourr. = **Adenophora**
Lyndenia Miq. = **Memecylon**
Lynkiella Rydb. = **Diphylax**
Lynnyella Raf. = **Atraphaxis**
Lyonara Hort. = **Trichoglottis**
Lyonella Raf. = **Polygonella**
Lyonetia Willk. = **Anthemis**
Lyonettia Endl. = **Cota**
Lyonia (D.Don) K.Koch = **Lyonia**
Lyonia【3】Nutt. 珍珠花属 ≒ **Pieris** Ericaceae 杜鹃花科 [MD-380] 全球 (6) 大洲分布及种数(46-49;hort.1;cult: 4)非洲:12;亚洲:18-33;大洋洲:7-19;欧洲:2-14;北美洲:39-51;南美洲:17-29
Lyonnetia【3】Cass. 春黄菊属 ≒ **Anacyclus** Asteraceae 菊科 [MD-586] 全球 (1) 大洲分布及种数(1)◆欧洲
Lyonothamnus【3】A.Gray 散叶梅属 Rosaceae 蔷薇科 [MD-246] 全球 (1) 大洲分布及种数(1-3)◆北美洲(◆美国)
Lyonsia R.Br. = **Lyonia**
Lyonsiella Rydb. = **Diphylax**
Lyopora Hort. = **Acampe**
Lyothermia Greene = **Ardisia**
Lyperanthus【3】R.Br. 喙兰属 → **Caladenia; Megastylis;Burnettia** Orchidaceae 兰科 [MM-723] 全球 (1) 大洲分布及种数(2)◆大洋洲
Lyperia【2】Benth. 伞烛花属 ≒ **Camptoloma; Priestleya** Scrophulariaceae 玄参科 [MD-536] 全球 (3) 大洲分布及种数(6-10)非洲:5-7;亚洲:cf.1;欧洲:cf.1
Lypha Aldrich = **Typha**
Lyprolepis Steud. = **Kyllinga**
Lyraea Lindl. = **Epidendrum**
Lyridium J.M.H.Shaw = **Lygodium**
Lyriloma Benth. = **Lysiloma**
Lyriochlamys Pax & K.Hoffm. = **Lasiochlamys**
Lyriodendron DC. = **Michelia**
Lyrionotus K.Schiun. = **Lysionotus**
Lyrocarpa【3】Hook. & Harv. 琴果芥属 Brassicaceae 十字花科 [MD-213] 全球 (1) 大洲分布及种数(3-6)◆北美洲
Lyrocarpus P. & K. = **Lyrocarpa**
Lyrochilus Szlach. = **Stenorrhynchos**
Lyroda Lindl. = **Epidendrum**
Lyroglossa【3】Schltr. 美琴兰属 ← **Cyclopogon; Stenorrhynchos** Orchidaceae 兰科 [MM-723] 全球 (1) 大洲分布及种数(2)◆北美洲
Lyrolepis Rchb.f. = **Carlina**
Lysakia【3】Esmailbegi & Al-Shehbaz 新乌檀属 Brassicaceae 十字花科 [MD-213] 全球 (1) 大洲分布及种数(1)◆亚洲
Lysana Schaus = **Lysiana**
Lysanthe Salisb. = **Timmia**
Lysapsus Phil. = **Lycapsus**
Lysiana【3】Van Tiegh. 驳骨鞘花属 ← **Amyema** Loranthaceae 桑寄生科 [MD-415] 全球 (1) 大洲分布及种数(1-10)◆大洋洲(◆澳大利亚)
Lysianthius Adans. = **Tetrapollinia**
Lysias G.Salisb. ex Rydb. = **Platanthera**
Lysicarpus【3】F.Müll. 铁心木属 ≒ **Metrosideros** Myrtaceae 桃金娘科 [MD-347] 全球 (1) 大洲分布及种数(1-2) 亚洲;大洋洲
Lysichiton【3】Schott 沼芋属 ← **Symplocarpus; Dracontium** Araceae 天南星科 [MM-639] 全球 (1) 大洲分布及种数(2-4)◆北美洲
Lysichitum Hitchc. = **Lysichiton**
Lysichlamys Compton = **Euryops**
Lysiclesia A.C.Sm. = **Orthaea**
Lysidice【3】Hance 仪花属 Fabaceae 豆科 [MD-240] 全球 (1) 大洲分布及种数(cf. 1)◆亚洲
Lysiella Rydb. = **Platanthera**
Lysilla Rydb. = **Diphylax**
Lysiloma【3】Benth. 假酸豆属 ← **Acacia;Mimosa; Zapoteca** Fabaceae 豆科 [MD-240] 全球 (1) 大洲分布及种数(8-14)◆北美洲
Lysima Medik. = **Lysiloma**
Lysimachia【3】(Tourn.) L. 珍珠菜属 ≒ **Anagallis; Glaux;Pelletiera** Primulaceae 报春花科 [MD-401] 全球 (6) 大洲分布及种数(298-343;hort.1;cult: 18)非洲:50-80;亚洲:240-288;大洋洲:28-58;欧洲:34-64;北美洲:64-101;南美洲:22-52
Lysimachiaceae A.Juss. = Primulaceae
Lysimachusa Pohl = **Lysimachia**
Lysimandra (Endl.) Rchb. = **Lysimachia**
Lysimelia Rydb. = **Platanthera**
Lysimnia Raf. = **Mertensia**
Lysinema【3】R.Br. 蕊木石南属 ← **Epacris;Lysiloma** Ericaceae 杜鹃花科 [MD-380] 全球 (1) 大洲分布及种数(6)◆大洋洲(◆澳大利亚)
Lysinotus H.Low = **Lysionotus**
Lysionothus D.Dietr. = **Lysionotus**
Lysionotis G.Don = **Lysionotus**
Lysionotus【3】D.Don 吊石苣苔属 → **Aeschynanthus;Trichosporum;Anna** Gesneriaceae 苦苣苔科 [MD-549] 全球 (1) 大洲分布及种数(26-36)◆亚洲
Lysiopetalum K.Schum. = **Lysiosepalum**
Lysiosepalum【3】F.Müll. 翘毡麻属 Malvaceae 锦葵科 [MD-203] 全球 (1) 大洲分布及种数(4)◆大洋洲
Lysiostyles【3】Benth. 巴西旋花属 ≒ **Dicranostyles;Itzaea;Maripa** Convolvulaceae 旋花科 [MD-499] 全球 (1) 大洲分布及种数(1)◆南美洲
Lysiphyllum【2】(Benth.) de Wit 蝶叶豆属 ← **Bauhinia;Phanera** Fabaceae 豆科 [MD-240] 全球 (3) 大洲分布及种数(8-9)非洲:1;亚洲:4;大洋洲:4
Lysipoma Spreng. = **Lysipomia**
Lysipomia (C.Presl) A.DC. = **Lysipomia**
Lysipomia【3】Kunth 卧盖莲属 ≒ **Lobelia** Campanulaceae 桔梗科 [MD-561] 全球 (1) 大洲分布及种数(37-42)◆南美洲
Lysis (Baudo) P. & K. = **Lysimachia**
Lysisepalum P. & K. = **Lysiosepalum**
Lysistemma Steetz = **Conyza**
Lysistigma Schott = **Taccarum**

Lyssa L. = **Nyssa**
Lyssanthe D.Dietr. = **Lissanthe**
Lyssanthe Endl. = **Grevillea**
Lystrenia Raf. = **Adhatoda**
Lysudamuloa【-】 J.M.H.Shaw 兰科属 Orchidaceae 兰科 [MM-723] 全球 (uc) 大洲分布及种数(uc)
Lytantholobularia【-】 Svent. 球花科属 Globulariaceae 球花科 [MD-558] 全球 (uc) 大洲分布及种数(uc)
Lytanthus R.V.Wettstein = **Globularia**
Lyteba Forssk. = **Abuta**
Lythastrum Hill = **Lythrum**
Lythospermum Luce = **Lithospermum**
Lythraceae【3】J.St.Hil. 千屈菜科 [MD-333] 全球 (6) 大洲分布和属种数(26-28;hort. & cult.13)(920-1312;hort. & cult.86-116)非洲:12-20/190-317;亚洲:11-17/197-315;大洋洲:8-16/147-249;欧洲:7-16/47-144;北美洲:12-17/186-302;南美洲:16-22/348-487
Lythron St.Lag. = **Lythrum**
Lythrum【3】 L. 千屈菜属 ≒ **Ammannia;Parsonsia** Lythraceae 千屈菜科 [MD-333] 全球 (6) 大洲分布及种数(58-83;hort.1;cult: 5)非洲:20-34;亚洲:23-41;大洋洲:14-25;欧洲:22-37;北美洲:29-41;南美洲:9-21
Lytoagrus【-】 Hodel 棕榈科属 Arecaceae 棕榈科 [MM-717] 全球 (uc) 大洲分布及种数(uc)
Lytocarpus O.E.Schulz = **Lycocarpus**
Lytocaryum【3】 Toledo 小穴椰子属 ← **Syagrus; Glaziova** Arecaceae 棕榈科 [MM-717] 全球 (1) 大洲分布及种数(4-9)◆南美洲(◆巴西)
Lytoceras (R.Br.) Lindl. = **Leptoceras**
Lytoneuron【-】 (Klotzsch) Yesilyurt 凤尾蕨科属 Pteridaceae 凤尾蕨科 [F-31] 全球 (uc) 大洲分布及种数(uc)
Lytrum Spreng. = **Lythrum**

L

M

Maackia【3】Rupr. 马鞍树属 ← **Cladrastis;Euchresta** Fabaceae 豆科 [MD-240] 全球 (1) 大洲分布及种数(8-10)◆亚洲
Maaiana Rumph. = **Calamintha**
Maana Rumph. = **Coleus**
Maasa Röm. & Schult. = **Maesa**
Maasia【3】Mols 暗罗属 ≒ **Dehaasia** Annonaceae 番荔枝科 [MD-7] 全球 (1) 大洲分布及种数(3)◆非洲
Mab J.R.Forst. & G.Forst. = **Maba**
Maba【3】J.R.Forst. & G.Forst. 象牙树属 ← **Diospyros;Ebenus;Phymosia** Ebenaceae 柿科 [MD-353] 全球 (6) 大洲分布及种数(5-6)非洲:2;亚洲:1-3;大洋洲:2;欧洲:2;北美洲:3-5;南美洲:2
Mabea【3】Aubl. 绒果桕属 ≒ **Maprounea;Omphalea;Maesa** Euphorbiaceae 大戟科 [MD-217] 全球 (6) 大洲分布及种数(43-48;hort.1;cult: 1)非洲:1;亚洲:1;大洋洲:1;欧洲:1;北美洲:12-13;南美洲:39-45
Mabola Raf. = **Diospyros**
Mabrya【3】Elisens 马布里玄参属 ← **Antirrhinum** Plantaginaceae 车前科 [MD-527] 全球 (1) 大洲分布及种数(6-13)◆北美洲
Mabuia Maas = **Maburea**
Maburea【3】Maas 南美铁青树属 Olacaceae 铁青树科 [MD-362] 全球 (1) 大洲分布及种数(1)◆南美洲
Maburnia Thou. = **Burmannia**
Macaca Aubl. = **Mayaca**
Macacus J.F.Gmel. = **Nemopanthus**
Macadamia【3】F.Müll. 大洋洲坚果属 ≒ **Kermadecia;Macaranga** Proteaceae 山龙眼科 [MD-219] 全球 (6) 大洲分布及种数(13-18)非洲:2-3;亚洲:4-5;大洋洲:11-17;欧洲:1;北美洲:3-4;南美洲:4-5
Macadamieae Venkata Rao = **Macadamia**
Macaglia Rich ex Vahl = **Aspidosperma**
Macahanea【-】Aubl. 卫矛科属 ≒ **Anthodon** Celastraceae 卫矛科 [MD-339] 全球 (uc) 大洲分布及种数(uc)
Macairae DC. = **Macairea**
Macairea【3】DC. 马卡野牡丹属 ← **Acisanthera;Pterolepis;Tibouchina** Melastomataceae 野牡丹科 [MD-364] 全球 (1) 大洲分布及种数(28)◆南美洲
Macalla Rich. ex Vahl = **Bignonia**
Macananga Rchb. = **Macaranga**
Macanea Juss. = **Salacia**
Macanopsis C.B.Clarke = **Hypolytrum**
Macaranga Ferrugineae Leandri = **Macaranga**
Macaranga【3】Thou. 血桐属 → **Acalypha;Cleidion;Alchornea** Euphorbiaceae 大戟科 [MD-217] 全球 (6) 大洲分布及种数(122-324;hort.1;cult:4)非洲:68-158;亚洲:50-119;大洋洲:25-61;欧洲:11;北美洲:3-12;南美洲:10
Macarenia【3】P.Royen 丝河苔属 Podostemaceae 川苔草科 [MD-322] 全球 (1) 大洲分布及种数(1)◆南美洲
Macarisia【3】Thou. 岛红树属 → **Anopyxis** Rhizophoraceae 红树科 [MD-329] 全球 (1) 大洲分布及种数(4)◆非洲
Macarisiaceae J.Agardh = Geissolomataceae
Macarthuria【3】Endl. 灯粟草属 Limeaceae 麻粟草科 [MD-109] 全球 (1) 大洲分布及种数(9)◆大洋洲(◆澳大利亚)
Macarthuriaceae Christenh. = Limeaceae
Macbridea【3】Ell. ex Nutt. 麦克草属 ≒ **Cynanchum;Melittis;Lyonia** Lamiaceae 唇形科 [MD-575] 全球 (1) 大洲分布及种数(2-6)◆北美洲
Macbrideara J.M.H.Shaw = **Macbridea**
Macbrideina【3】Standl. 栀锦树属 Rubiaceae 茜草科 [MD-523] 全球 (1) 大洲分布及种数(1)◆南美洲
Macbridella Elliott = **Macbridea**
Macbrideola Elliott = **Macbridea**
Macclellandia Wight = **Pemphis**
Maccolmara Hort. = **Acampe**
Maccorquodaleara【-】Ross Tucker 兰科属 Orchidaceae 兰科 [MM-723] 全球 (uc) 大洲分布及种数(uc)
Maccoya F.Müll = **Hackelia**
Maccoyara auct. = **Ferreyranthus**
Maccoyella Neck. = **Adolphia**
Maccraithara C.Halls & J.M.H.Shaw = **Dendrobium**
Maccraithea M.A.Clem. & D.L.Jones = **Dendrobium**
Maccullyara【-】McCully 兰科属 Orchidaceae 兰科 [MM-723] 全球 (uc) 大洲分布及种数(uc)
Macdonaldia Gunn ex Lindl. = **Thelymitra**
Macdougallara【-】P.V.Heath 仙人掌科属 Cactaceae 仙人掌科 [MD-100] 全球 (uc) 大洲分布及种数(uc)
Macekara Arn. = **Mackaya**
Macfadyena【2】A.DC. 猫爪藤属 ← **Adenocalymma;Martinella;Stizophyllum** Bignoniaceae 紫葳科 [MD-541] 全球 (4) 大洲分布及种数(2-7)亚洲:cf.1;大洋洲:cf.1;北美洲:1-2;南美洲:5
Macfilus Nees = **Machilus**
Macgregorella【2】E.B.Bartram 亚洲碎米藓属 Myriniaceae 拟光藓科 [B-174] 全球 (2) 大洲分布及种数(1) 亚洲:1;大洋洲:1
Macgregoria【3】F.Müll. 雪烛花属 Celastraceae 卫矛科 [MD-339] 全球 (1) 大洲分布及种数(1)◆大洋洲(◆澳大利亚)
Macgregorianthus Merr. = **Enkleia**
Macha Raf. = **Mancoa**
Machadoa Welw. ex Benth. & Hook.f. = **Pilea**
Machaeorophorus Schltdl. = **Mathewsia**
Machaeranthera (A.Gray) B.L.Turner & D.B.Horne = **Machaeranthera**
Machaeranthera【3】Nees 蒿菀属 ≒ **Aster** Asteraceae 菊科 [MD-586] 全球 (1) 大洲分布及种数(56-102)◆北美洲
Machaerina T.Koyama = **Machaerina**
Machaerina【3】Vahl 剑叶莎属 ≒ **Conium;Baumea** Cyperaceae 莎草科 [MM-747] 全球 (6) 大洲分布及种数(57-64;hort.1)非洲:17-44;亚洲:24-51;大洋洲:41-69;欧

洲:2-29;北美洲:15-43;南美洲:15-42
Machaerium (Benth.) Taub. = **Machaerium**
Machaerium【3】Pers. 军刀豆属 ← **Dalbergia;Nissolia;Tipuana** Fabaceae 豆科 [MD-240] 全球 (1) 大洲分布及种数(5-7)◆亚洲
Machaerocarpus Small = **Ottelia**
Machaerocereus Britton & Rose = **Stenocereus**
Machaerophorus Schlechtd. = **Mathewsia**
Machairophyllum【3】Schwantes 剑叶玉属 ← **Bergeranthus;Mesembryanthemum** Aizoaceae 番杏科 [MD-94] 全球 (1) 大洲分布及种数(10)◆非洲(◆南非)
Machanaea Aubl. ex Steud. = **Macahanea**
Machaonia【2】Humb. & Bonpl. 马雄草属 → **Allenanthus;Borreria;Spermacoce** Rubiaceae 茜草科 [MD-523] 全球 (3) 大洲分布及种数(21-37;hort.2;cult: 2) 亚洲:5-6;北美洲:15-31;南美洲:12
Macharina Steud. = **Machaerina**
Macharisia Planch. ex Hook.f. = **Macarisia**
Machilis Nees = **Machilus**
Machilus Bombycinae S.K.Lee = **Machilus**
Machilus【3】Nees 润楠属 ≒ **Persea;Ocotea** Lauraceae 樟科 [MD-21] 全球 (1) 大洲分布及种数(110-144)◆亚洲
Machima Spach = **Selago**
Machimia Sang. = **Malcomia**
Machlis DC. = **Cotula**
Machura Steud. = **Procris**
Macielia【3】Vand. 破布木属 ≒ **Cordia** Boraginaceae 紫草科 [MD-517] 全球 (1) 大洲分布及种数(1)◆南美洲
Macintyria F.Müll = **Xanthophyllum**
Mackaya【2】Harv. 号角花属 ← **Asystasia** Acanthaceae 爵床科 [MD-572] 全球 (4) 大洲分布及种数(5)非洲:1;亚洲:4;大洋洲:1;南美洲:1
Mackenia Harv. = **Xysmalobium**
Mackenziea【3】Nees & Bremek. 延苞蓝属 ← **Strobilanthes** Acanthaceae 爵床科 [MD-572] 全球 (1) 大洲分布及种数(1)◆亚洲
Mackinlaya【2】F.Müll. 蓝伞木属 ≒ **Polyscias** Apiaceae 伞形科 [MD-480] 全球 (3) 大洲分布及种数(4-6)非洲:2-3;亚洲:2-3;大洋洲:3-5
Mackinlayaceae【2】Doweld 参棕科 [MD-473] 全球 (3) 大洲分布和属种数(1/3-5)非洲:1/2-3;亚洲:1/2-3;大洋洲:1/3-5
Mackleya Walp. = **Macleaya**
Macklottia Korth. = **Leptospermum**
Maclaudia【3】Venter,A.P.Dold & R.L.Verh. 蜂夹竹属 Apocynaceae 夹竹桃科 [MD-492] 全球 (1) 大洲分布及种数(1)◆非洲
Maclaya Bernh. = **Macleaya**
Macleania【3】Hook. 蜂鸟花属 ← **Ceratostema;Psammisia;Malania** Ericaceae 杜鹃花科 [MD-380] 全球 (1) 大洲分布及种数(38-39)◆南美洲
Macleania Luteyn = **Macleania**
Macleaya【3】R.Br. 博落回属 ← **Bocconia** Papaveraceae 罂粟科 [MD-54] 全球 (1) 大洲分布及种数(2)◆亚洲
Mac-leaya Benth. & Hook.f. = **Macleaya**
Macleayia Montrouz. ex Beauvis. = **Macleania**
Macledium【3】Cass. 帝王菊属 ≒ **Dicoma** Asteraceae 菊科 [MD-586] 全球 (1) 大洲分布及种数(19)◆非洲(◆南非)
Maclelandia Hook. = **Macleania**
Macleya Rchb. = **Maclura**
Macludrania【3】André 山桑属 Moraceae 桑科 [MD-87] 全球 (1) 大洲分布及种数(1)◆南美洲
Maclura (Bureau) Corner = **Maclura**
Maclura【3】Nutt. 橙桑属 ← **Broussonetia;Morus;Batis** Moraceae 桑科 [MD-87] 全球 (1) 大洲分布及种数(4-16)◆非洲
Maclureae W.L.Clement & Weiblen = **Maclura**
Maclurochloa【3】K.M.Wong 孝顺竹属 ← **Bambusa;Dinochloa** Poaceae 禾本科 [MM-748] 全球 (1) 大洲分布及种数(1-3)◆亚洲
Maclurodendron【3】T.G.Hartley 贡甲属 ← **Acronychia** Rutaceae 芸香科 [MD-399] 全球 (1) 大洲分布及种数(3-5)◆亚洲
Maclurolyra【3】C.E.Calderón & Soderstr. 卷柱竺属 Poaceae 禾本科 [MM-748] 全球 (1) 大洲分布及种数(1)◆北美洲(◆巴拿马)
Macmeekinara【-】J.M.H.Shaw 兰科属 Orchidaceae 兰科 [MM-723] 全球 (uc) 大洲分布及种数(uc)
Macnabia【3】Benth. 非洲直杜鹃属 Ericaceae 杜鹃花科 [MD-380] 全球 (1) 大洲分布及种数(1)◆非洲
Macnemaraea Willem. = **Hydrangea**
Macodes【3】(Bl.) Lindl. 长唇兰属 ← **Anoectochilus;Dossinia** Orchidaceae 兰科 [MM-723] 全球 (1) 大洲分布及种数(4-14)◆亚洲
Macodisia Garay & H.R.Sw. = **Macromeria**
Macomaria Rolfe = **Macromeria**
Macoubea【3】Aubl. & Hallier f. 鹦鹉果属 ← **Parahancornia;Tabernaemontana;Malouetia** Apocynaceae 夹竹桃科 [MD-492] 全球 (1) 大洲分布及种数(4)◆南美洲
Macoucoua【-】Aubl. 冬青科属 ≒ **Nemopanthus** Aquifoliaceae 冬青科 [MD-438] 全球 (uc) 大洲分布及种数(uc)
Macouniella Kindb. = **Antitrichia**
Macowania【3】Oliv. 单头鼠麹木属 ← **Antithrixia;Arrowsmithia** Asteraceae 菊科 [MD-586] 全球 (1) 大洲分布及种数(12)◆非洲
Macphersonia【3】Bl. 麦克无患子属 Sapindaceae 无患子科 [MD-428] 全球 (1) 大洲分布及种数(6)◆非洲
Macquartia Hassk. = **Pandanus**
Macquinia Steud. = **Moquinia**
Macrachaenium【3】Hook.f. 鞘叶钝柱菊属 Asteraceae 菊科 [MD-586] 全球 (1) 大洲分布及种数(1)属分布和种数(uc)◆南美洲(◆智利)
Macradenia【2】R.Br. 长盘兰属 → **Oeoniella;Trichopilia;Warmingia** Orchidaceae 兰科 [MM-723] 全球 (2) 大洲分布及种数(15)北美洲:2;南美洲:14
Macradesa auct. = **Rodriguezia**
Macraea【3】Lindl. 麦克雷菊属 ≒ **Trigonopterum;Phyllanthus** Asteraceae 菊科 [MD-586] 全球 (1) 大洲分布及种数(1-2)◆南美洲
Macraeightia A.DC. = **Diospyros**
Macrandria (Wight & Arn.) Meisn. = **Hedyotis**
Macranga Thou. = **Macaranga**
Macrangraecum Costantin = **Angraecum**
Macranthera Nutt. ex Benth. = **Macranthera**
Macranthera【3】Torr. ex Benth. 大药玄参属 ←

M

Russelia Scrophulariaceae 玄参科 [MD-536] 全球 (1) 大洲分布及种数(2-3)◆北美洲(◆美国)
Macranthisiphon Bureau ex K.Schum. = **Bignonia**
Macranthus Lour. = **Mucuna**
Macrauchenium【-】 Brid. 真藓科属 Bryaceae 真藓科 [B-146] 全球 (uc) 大洲分布及种数(uc)
Macrcoma (Hornsch. ex Müll.Hal.) Grout = **Macrocoma**
Macreightia A.DC. = **Maba**
Macria (E.Mey.) Spach = **Selago**
Macria Tenore = **Cordia**
Macrinus Schenkel = **Mycerinus**
Macrobalanus (örst.) O.Schwarz = **Quercus**
Macroberlinia (Harms) Hauman = **Berlinia**
Macrobia【3】 (Webb & Berthelot) G.Kunkel 金阳木属 ≒ **Aichryson** Crassulaceae 景天科 [MD-229] 全球 (1) 大洲分布及种数(cf. 1)◆亚洲
Macrobiotus Harms = **Argyrolobium**
Macroblepharus Phil. = **Eragrostis**
Macrobriza (Tzvelev) Tzvelev = **Briza**
Macrobrochis C.Presl = **Microbrochis**
Macrocalamus Franch. = **Microcalamus**
Macrocapnos Royle ex Lindl. = **Dicentra**
Macrocarpaea【2】 (Griseb.) Gilg 大果龙胆属 ← **Lisianthius;Microcarpaea** Gentianaceae 龙胆科 [MD-496] 全球 (3) 大洲分布及种数(127)大洋洲:1;北美洲:12-14;南美洲:109-120
Macrocarphus Nutt. = **Chaenactis**
Macrocarpium (Spach) Nakai = **Cornus**
Macrocarpus Wight ex Arn. = **Acrocarpus**
Macrocatalpa (Griseb.) Britton = **Catalpa**
Macrocaulon【-】 N.E.Br. 番杏科属 ≒ **Mesembryanthemum;Acrodon** Aizoaceae 番杏科 [MD-94] 全球 (uc) 大洲分布及种数(uc)
Macrocavia Miq. = **Macrozamia**
Macrocenia R.Br. = **Macradenia**
Macrocentrum【3】 Hook.f. 大距野牡丹属 ≒ **Habenaria;Salpinga** Melastomataceae 野牡丹科 [MD-364] 全球 (1) 大洲分布及种数(28)◆南美洲
Macrocentrus Hook.f. = **Macrocentrum**
Macrocephalus Lindl. = **Orochaenactis**
Macrocera Freeman = **Macromeria**
Macroceratides Raddi = **Mucuna**
Macrochaeta Steud. = **Pennisetum**
Macrochaetium Steud. = **Cyathocoma**
Macrochaetus Steud. = **Cyathocoma**
Macrocheles C.Presl = **Clermontia**
Macrochilus C.Presl = **Cyanea**
Macrochilus Knowles & Westc. = **Miltonia**
Macrochiton (Bl.) M.Röm. = **Dysoxylum**
Macrochlaena Hand.Mazz. = **Nothosmyrnium**
Macrochlamis Decne. = **Besleria**
Macrochlamys Decne. = **Alloplectus**
Macrochloa【2】 Kunth 大纫草属 ≒ **Stipa** Poaceae 禾本科 [MM-748] 全球 (2) 大洲分布及种数(2)非洲:2;欧洲:1
Macrochordion de Vriese = **Aechmea**
Macrochordium Beer = **Aechmea**
Macrocladus Griff. = **Orania**
Macroclamys Decne. = **Alloplectus**
Macroclinidium【3】 Maxim. 帚菊属 ≒ **Pertya** Asteraceae 菊科 [MD-586] 全球 (1) 大洲分布及种数(1-4)◆亚洲
Macroclinium【3】 Barb.Rodr. ex Pfltz. 茧柱兰属 ≒ **Ornithocephalus;Notylia** Orchidaceae 兰科 [MM-723] 全球(6) 大洲分布及种数(44-49)非洲:1;亚洲:1;大洋洲:1;欧洲:1;北美洲:17-18;南美洲:27-30
Macrocnemum【3】 P.Br. 褐鸡纳属 → **Bathysa;Cinchona;Mussaenda** Rubiaceae 茜草科 [MD-523] 全球 (6)大洲分布及种数(6-13)非洲:1-2;亚洲:1;大洋洲:1;欧洲:1;北美洲:2-4;南美洲:5-8
Macrocneumum Vand. = **Remijia**
Macrococculus【3】 Becc. 直防已属 Menispermaceae 防已科 [MD-42] 全球 (2) 大洲分布及种数(1) 亚洲;大洋洲
Macrocolura【3】 (Stephani) R.M.Schust. 大鳞苔属 Lejeuneaceae 细鳞苔科 [B-84] 全球 (1) 大洲分布及种数(2)◆北美洲
Macrocoma【2】 (Hornsch. ex Müll.Hal.) Grout 直叶藓属 ≒ **Gymnostomum** Orthotrichaceae 木灵藓科 [B-151] 全球(5) 大洲分布及种数(13) 非洲:5;亚洲:4;大洋洲:2;北美洲:6;南美洲:9
Macrocroton Klotzsch = **Croton**
Macrocymbium Walp. = **Erythrina**
Macrocyrtus Miq. = **Syzygium**
Macrodendron Taub. = **Quiina**
Macroderma D.Don = **Macromeria**
Macrodes Günée = **Macodes**
Macrodictyum【2】 (Broth.) E.H.Hegew. 巨尾藓属 Dicranaceae 曲尾藓科 [B-128] 全球 (2) 大洲分布及种数(2) 北美洲:2;南美洲:1
Macrodiervilla Nakai = **Weigela**
Macrodiplophyllum【3】 (Lindb.) Potemkin 大褶叶苔属 Scapaniaceae 合叶苔科 [B-57] 全球 (1) 大洲分布及种数(1)◆东亚(◆中国)
Macrodiscus Bureau = **Amphilophium**
Macroditassa【3】 Malme 大萝藦属 ← **Blepharodon;Ditassa;Roulinia** Apocynaceae 夹竹桃科 [MD-492] 全球 (1) 大洲分布及种数(14)◆南美洲
Macrodon Arn. = **Leucoloma**
Macrogalea C.Presl = **Abrodictyum**
Macroglena (C.Presl) Copel. = **Abrodictyum**
Macroglossum【2】 Copel. 刺叶莲座蕨属 ≒ **Marattia;Tisserantiella** Marattiaceae 合囊蕨科 [F-13] 全球 (2) 大洲分布及种数(cf.1) 亚洲;欧洲
Macrogyne Link & Otto = **Aspidistra**
Macrogyrus Miq. = **Syzygium**
Macrohasseltia【3】 L.O.Williams 羊角骨柞属 ← **Hasseltia** Salicaceae 杨柳科 [MD-123] 全球 (1) 大洲分布及种数(1)◆北美洲
Macrohymenium【2】 Müll.Hal. 巨薄罗藓属 ≒ **Regmatodon** Sematophyllaceae 锦藓科 [B-192] 全球 (3) 大洲分布及种数(6) 非洲:5;亚洲:5;大洋洲:4
Macrohystrix【-】 (Tzvelev) Tzvelev & Prob. 禾本科属 Poaceae 禾本科 [MM-748] 全球 (uc) 大洲分布及种数(uc)
Macrolampis A.Rich. = **Epidendrum**
Macrolejeunea【3】 (Steph.) Herzog 巨鳞苔属 ≒ **Lejeunea** Lejeuneaceae 细鳞苔科 [B-84] 全球 (1) 大洲分布及种数(3)◆南美洲
Macrolenes【3】 Naudin ex Miq. 大毛野牡丹属 Melastomataceae 野牡丹科 [MD-364] 全球 (1) 大洲分布及种

数(1-14)◆亚洲
Macrolepi A.Rich. = **Bulbophyllum**
Macrolepis A.Rich. = **Epidendrum**
Macrolinium B.D.Jacks. = **Notylia**
Macrolinum Klotzsch = **Simocheilus**
Macrolinum Rchb. = **Reinwardtia**
Macrolium Barb.Rodr. = **Macrolobium**
Macrolobium【2】 Schreb. 巨瓣苏木属 ≒ **Afzelia;Pellegriniodendron** Fabaceae1 含羞草科 [MD-238] 全球 (3)大洲分布及种数(78-88;hort.1;cult: 1)非洲:3-4;北美洲:13-14;南美洲:73-78
Macrolomia Schröd. ex Nees = **Scleria**
Macrolotus Harms = **Argyrolobium**
Macroma (Hornsch. ex Müll.Hal.) Grout = **Macrocoma**
Macromeles Koidz. = **Eriolobus**
Macromeria【3】 D.Don 硕铃草属 ← **Lithospermum;Echium** Boraginaceae 紫草科 [MD-517] 全球 (1) 大洲分布及种数(11)◆北美洲
Macromerum Burch. = **Macrohymenium**
Macromesus Turcz. = **Aeschynomene**
Macromidia J.Drumm. ex Harv. = **Macropidia**
Macromischa Turcz. = **Adesmia**
Macromiscus Turcz. = **Aeschynomene**
Macromitriaceae S.P.Churchill = Orthotrichaceae
Macromitrium【3】 Brid. 蓑藓属 ≒ **Syrrhopodon** Orthotrichaceae 木灵藓科 [B-151] 全球 (6) 大洲分布及种数(381) 非洲:66;亚洲:120;大洋洲:115;欧洲:16;北美洲:72;南美洲:146
Macromitrium Diplohymenium M.Fleisch. = **Macromitrium**
Macromyrtus Miq. = **Syzygium**
Macronax Raf. = **Arundinaria**
Macronema【-】 Eugymna Nutt. 菊科属 Asteraceae 菊科 [MD-586] 全球 (uc) 大洲分布及种数(uc)
Macronemum P.Br. = **Macrocnemum**
Macronous Perkins = **Macrotorus**
Macronus Dalzell = **Tephrosia**
Macronyx Dalzell = **Tephrosia**
Macroolithus C.Presl = **Acrostichum**
Macropalpus Perkins = **Macropeplus**
Macropanax【3】 Miq. 大参属 → **Acanthopanax;Brassaiopsis;Metapanax** Araliaceae 五加科 [MD-471] 全球 (1) 大洲分布及种数(10-20)◆亚洲
Macropelma【-】 K.Schum. 夹竹桃科属 Apocynaceae 夹竹桃科 [MD-492] 全球 (uc) 大洲分布及种数(uc)
Macropeplus【3】 Perkins 巴西榕桂属 ← **Mollinedia** Monimiaceae 玉盘桂科 [MD-20] 全球 (1) 大洲分布及种数(4-5)◆南美洲
Macropertya Honda = **Pertya**
Macropetalum【3】 Burch. ex Decne. 非洲直竹桃属 Apocynaceae 夹竹桃科 [MD-492] 全球 (1) 大洲分布及种数(1)◆非洲(◆莫桑比克)
Macropharynx【3】 Rusby 大喉夹竹桃属 → **Asketanthera;Echites** Apocynaceae 夹竹桃科 [MD-492] 全球 (1) 大洲分布及种数(15)◆南美洲
Macrophloga Becc. = **Dypsis**
Macrophom Raf. = **Passiflora**
Macrophoma Raf. = **Macrocoma**
Macrophomina (Tassi) Goid. = **Macropodina**
Macrophora Raf. = **Passiflora**
Macrophra Raf. = **Passiflora**
Macrophthalma Gasp. = **Ficus**
Macrophthalmus Gasp. = **Antiaris**
Macrophya Hook.f. = **Macrosphyra**
Macrophyes Brescovit = **Microphyes**
Macropidia Harv. = **Macropidia**
Macropidia【3】 J.Drumm. ex Harv. 黑袋鼠爪属 ← **Anigozanthos;Microlepia** Haemodoraceae 血草科 [MM-718] 全球 (1) 大洲分布及种数(3-6)◆大洋洲(◆澳大利亚)
Macropinna Chapman = **Macropidia**
Macropiper【3】 Miq. 洋椒木属 ← **Piper** Piperaceae 胡椒科 [MD-39] 全球 (1) 大洲分布及种数(3-9)◆大洋洲
Macropis Breda = **Actaea**
Macroplatis【-】 Triana 野牡丹科属 Melastomataceae 野牡丹科 [MD-364] 全球 (uc) 大洲分布及种数(uc)
Macroplectrum Pfitzer = **Angraecum**
Macroplethus C.Presl = **Belvisia**
Macropleura Lag. = **Micropleura**
Macropodandra Gilg = **Buxus**
Macropodanthus【3】 L.O.Williams 长梗花兰属 ← **Aerides;Pteroceras** Orchidaceae 兰科 [MM-723] 全球 (1) 大洲分布及种数(cf. 1)◆亚洲
Macropodia Benth. = **Anigozanthos**
Macropodiella【3】 Engl. 河鹿草属 Podostemaceae 川苔草科 [MD-322] 全球 (1) 大洲分布及种数(2-7)◆非洲(◆几内亚)
Macropodina【3】 R.M.King & H.Rob. 宽柄泽兰属 ← **Eupatorium** Asteraceae 菊科 [MD-586] 全球 (1) 大洲分布及种数(3)◆南美洲
Macropodium【3】 R.Br. 长柄芥属 ← **Brassica;Cardamine;Thelypodium** Brassicaceae 十字花科 [MD-213] 全球 (1) 大洲分布及种数(2-16)◆亚洲
Macropophora Raf. = **Adenia**
Macropore Raf. = **Passiflora**
Macropsidium Bl. = **Myrtus**
Macropsis Pomel = **Anisomeles**
Macropsychanthus【3】 Harms 大蝶花豆属 ← **Dioclea** Fabaceae 豆科 [MD-240] 全球 (6) 大洲分布及种数(2)非洲:2;亚洲:2;大洋洲:2;欧洲:1;北美洲:1;南美洲:1
Macropteranthes【3】 F.Müll. 翅苞木属 Combretaceae 使君子科 [MD-354] 全球 (1) 大洲分布及种数(5)◆大洋洲(◆澳大利亚)
Macropterygium Spruce ex Reimers = **Micropterygium**
Macroptilium【3】 (Benth.) Urb. 大翼豆属 ← **Phaseolus;Sigmoidotropis** Fabaceae 豆科 [MD-240] 全球 (6)大洲分布及种数(22-24)非洲:3-5;亚洲:4-6;大洋洲:4-6;欧洲:2-4;北美洲:12-15;南美洲:19-21
Macropygium R.Br. = **Macropodium**
Macropyxis Duby = **Anagallis**
Macrora (Kraenzl.) Szlach. & Sawicka = **Habenaria**
Macrorhamnus【3】 Baill. 非洲鼠李属 → **Bathiorhamnus** Rhamnaceae 鼠李科 [MD-331] 全球 (1) 大洲分布及种数(uc)◆亚洲
Macrorhynchia Less. = **Krigia**
Macrorhynchus Less. = **Krigia**
Macrornis Breda = **Cimicifuga**
Macrorrhyncus Brongn. = **Microseris**

M

Macrorungia C.B.Clarke = **Anisotes**
Macrosamanea【3】Britton & Rose ex Britton & Killip 大雨豆属 ← **Samanea;Abarema** Fabaceae 豆科 [MD-240] 全球 (1) 大洲分布及种数(12-13)◆南美洲(◆巴西)
Macroscapa Kellogg = **Dichelostemma**
Macroscapha Kellogg ex Curran = **Dichelostemma**
Macroscepis【3】Kunth 大苞萝藦属 ← **Cynanchum; Microsteris;Oxypetalum** Apocynaceae 夹竹桃科 [MD-492] 全球 (1) 大洲分布及种数(17-19)◆南美洲
Macroselinum Schur = **Peucedanum**
Macrosema Steven = **Astragalus**
Macrosemia Steven = **Astragalus**
Macrosepalum E.Regel & Schmalhausen = **Sempervivum**
Macrosete Steven = **Astragalus**
Macrosetella Dana = **Macrostelia**
Macrosiphon Hochst. = **Rhamphicarpa**
Macrosiphon Miq. = **Hindsia**
Macrosiphonia【-】Eumacrosiphonia Woodson 夹竹桃科属 ≒ **Mandevilla** Apocynaceae 夹竹桃科 [MD-492] 全球 (uc) 大洲分布及种数(uc)
Macrosolen (Bl.) Bl. = **Macrosolen**
Macrosolen【2】Bl. 鞘花属 → **Elytranthe** Loranthaceae 桑寄生科 [MD-415] 全球 (3) 大洲分布及种数(48-58)非洲:2;亚洲:47-50;大洋洲:3
Macrospermum Jacq. = **Myrospermum**
Macrosphyra【3】Hook.f. 大槌茜属 → **Oxyanthus;Randia;Calochone** Rubiaceae 茜草科 [MD-523] 全球 (1) 大洲分布及种数(3-5)◆非洲
Macrosporiella Dixon & Thér. = **Leucodon**
Macrosporium Thüm. = **Macropodium**
Macrosporum DC. = **Microsorum**
Macrostachya A.Rich. = **Chloris**
Macroste Pierce = **Ormosia**
Macrostegia Nees = **Pimelea**
Macrostelia【3】Hochr. 大柱锦葵属 ← **Hibiscus; Crepidium** Malvaceae 锦葵科 [MD-203] 全球 (1) 大洲分布及种数(1-3)◆非洲(◆马达加斯加)
Macrostema Pers. = **Ipomoea**
Macrostemma (Cav.) Pers. = **Fuchsia**
Macrostepis Thou. = **Macrostelia**
Macrostigma Hook. = **Tupistra**
Macrostigmatella Rauschert = **Saponaria**
Macrostola Hochr. = **Macrostelia**
Macrostoma Griff. = **Macrocoma**
Macrostomias DC. = **Macrotomia**
Macrostomium Bl. = **Dendrobium**
Macrostomum Benth. & Hook.f. = **Dendrobium**
Macrostomum Holttum = **Macroglossum**
Macrostomus Bl. = **Dendrobium**
Macrostylis【3】Bartl. & Wendl.f. 大柱芸木属 ≒ **Acmadenia** Rutaceae 芸香科 [MD-399] 全球 (1) 大洲分布及种数(10-12)◆非洲
Macrosyphonia Duby = **Dionysia**
Macrosyringion【3】Rothm. 疗齿草属 ≒ **Odontites** Orobanchaceae 列当科 [MD-552] 全球 (1) 大洲分布及种数(uc)属分布和种数(uc)◆南欧(◆西班牙)
Macrotel Breda = **Cimicifuga**
Macroth Breda = **Cimicifuga**
Macrothamniella【3】M.Fleisch. 大灰藓属 Hypnaceae 灰藓科 [B-189] 全球 (1) 大洲分布及种数(3)◆亚洲
Macrothamnium (M.Fleisch.) Nog. = **Macrothamnium**
Macrothamnium【2】M.Fleisch. 南木藓属 ≒ **Chaetomitriopsis;Orontobryum** Hylocomiaceae 塔藓科 [B-193] 全球 (4) 大洲分布及种数(6) 亚洲:6;大洋洲:3;北美洲:1;南美洲:1
Macrothe Breda = **Cimicifuga**
Macrothecium Brid. = **Acidodontium**
Macrothelypteris【3】(H.Itô) Ching 针毛蕨属 ← **Lastrea** Thelypteridaceae 金星蕨科 [F-42] 全球 (6) 大洲分布及种数(15-20)非洲:3;亚洲:13-14;大洋洲:6;欧洲:1;北美洲:4;南美洲:5
Macrothemis M.H.Alford = **Macrothumia**
Macrothepteris (H.Itô) Ching = **Macrothelypteris**
Macrotherium Brid. = **Acidodontium**
Macrothumia Alford = **Macrothumia**
Macrothumia【3】M.H.Alford 牧羊柞属 ≒ **Banara** Salicaceae 杨柳科 [MD-123] 全球 (1) 大洲分布及种数(1)◆南美洲
Macrothyrsus Spach = **Aesculus**
Macrotis Breda = **Cimicifuga**
Macrotoma DC. = **Macrotomia**
Macrotomia【3】DC. 黄花软紫草属 ← **Arnebia;Nonea** Boraginaceae 紫草科 [MD-517] 全球 (6) 大洲分布及种数(1)非洲:2;亚洲:2;大洋洲:2;欧洲:2;北美洲:2;南美洲:2
Macrotonica Steud. = **Macrotomia**
Macrotorus【3】Perkins 囊榕桂属 Ranunculaceae 毛茛科 [MD-38] 全球 (1) 大洲分布及种数(1-6)◆南美洲
Macrotropis DC. = **Ormosia**
Macrotrys Raf. = **Macrotorus**
Macrotybus Dulac = **Macrotorus**
Macrotyloma【2】(Wight & Arn.) Verdc. 硬皮豆属 ← **Clitoria;Dolichos** Fabaceae 豆科 [MD-240] 全球 (5) 大洲分布及种数(26;hort.1)非洲:24;亚洲:7;大洋洲:3;欧洲:1;北美洲:5
Macrotys Dulac = **Cimicifuga**
Macroule Pierce = **Ormosia**
Macroura (Kraenzl.) Szlach. & Sawicka = **Habenaria**
Macroxus Breda = **Actaea**
Macrozamia【3】Miq. 大洋洲铁属 → **Ceratozamia; Dioon;Zamia** Zamiaceae 泽米铁科 [G-2] 全球 (1) 大洲分布及种数(28-47)◆大洋洲
Macrozanonia (Cogn.) Cogn. = **Alsomitra**
Macrura (Kraenzl.) Szlach. & Sawicka = **Habenaria**
Macrurus (Kraenzl.) Szlach. & Sawicka = **Habenaria**
Macrymenum Müll.Hal. ex I.Hagen = **Macrohymenium**
Mactrella Pers. = **Agrostis**
Macubea J.St.Hil. = **Macoubea**
Macucua J.F.Gmel. = **Nemopanthus**
Macuillamia Raf. = **Bacopa**
Maculia【3】(Herzog) E.A.Hodgs. 指叶苔科属 ≒ **Chloranthelia** Lepidoziaceae 指叶苔科 [B-63] 全球 (1) 大洲分布及种数(uc)◆大洋洲
Macuna Marcgr. ex G.A.Scop. = **Mucuna**
Macvaughiella【3】R.M.King & H.Rob. 对角菊属 ← **Eupatorium** Asteraceae 菊科 [MD-586] 全球 (1) 大洲分布及种数(4)◆北美洲
Macvicaria【3】W.E.Nicholson 多瓣苔属 ≒ **Madotheca** Porellaceae 光萼苔科 [B-80] 全球 (6) 大洲分

布及种数(2)非洲:1;亚洲:1-2;大洋洲:1;欧洲:1;北美洲:1;南美洲:1
Mada Lindl. = **Ada**
Madacarpus Wight = **Senecio**
Madagasikaria 【3】 C.Davis 马达金虎尾属 Malpighiaceae 金虎尾科 [MD-343] 全球 (1) 大洲分布及种数(1)◆非洲(◆马达加斯加)
Madagaster【3】G.L.Nesom 马岛菀属 ← **Aster;Diplostephium;Rochonia** Asteraceae 菊科 [MD-586] 全球 (1) 大洲分布及种数(5)◆非洲
Madaractis DC. = **Senecio**
Madaraglossa Hook. = **Blepharipappus**
Madaria DC. = **Madia**
Madariopsis Nutt. = **Madia**
Madaroglossa (Fisch. & C.A.Mey.) Nutt. = **Layia**
Madarosperma【3】 Benth. 热美萝藦属 ← **Tassadia** Apocynaceae 夹竹桃科 [MD-492] 全球 (1) 大洲分布及种数(uc)属分布和种数(uc)◆南美洲
Maddenia【3】 Hook.f. & Thoms. 臭樱属 Rosaceae 蔷薇科 [MD-246] 全球 (1) 大洲分布及种数(cf. 1)◆亚洲
Madea Sol. ex DC. = **Boltonia**
Madhuca Ham. ex J.F.Gmel. = **Madhuca**
Madhuca【3】 J.F.Gmel. 紫荆木属 ≒ **Isonandra;Payena** Sapotaceae 山榄科 [MD-357] 全球 (1) 大洲分布及种数(73-128)◆亚洲
Madhuea Pierre = **Manilkara**
Madia【3】Molina 黏菊属 → **Adenothamnus;Harpaecarpus;Sisyrinchium** Asteraceae 菊科 [MD-586] 全球 (1) 大洲分布及种数(11-28)◆北美洲
Madiaceae A.Heller = Malvaceae
Madieae Jeps. = **Madia**
Madiinae【3】 Benth. & Hook.f. 紫荆菊属 Asteraceae 菊科 [MD-586] 全球 (1) 大洲分布及种数(1)◆非洲
Madiola A.St.Hil. = **Modiola**
Madisonia【3】 Lür 星兰属 Orchidaceae 兰科 [MM-723] 全球 (1) 大洲分布及种数(1-6)◆南美洲(◆巴西)
Madlabium【3】 Hedge 马达芩属 Lamiaceae 唇形科 [MD-575] 全球 (1) 大洲分布及种数(1)◆非洲(◆马达加斯加)
Madorella Nutt. = **Madia**
Madorius (Rumph.) P. & K. = **Calotropis**
Madotheca Dum. = **Madotheca**
Madotheca【3】 W.E.Nicholson 耳坠苔属 ≒ **Porella** Porellaceae 光萼苔科 [B-80] 全球 (1) 大洲分布及种数(3)◆东亚(◆中国)
Madracis Wells = **Senecio**
Madronella Greene = **Monardella**
Madtsoia Lür = **Madisonia**
Madvigia Liebm. = **Cryptanthus**
Maecharanthera Pritz. = **Machaeranthera**
Maechtleara【-】 G.Monnier & J.M.H.Shaw 兰科属 Orchidaceae 兰科 [MM-723] 全球 (uc) 大洲分布及种数(uc)
Maedleriella Dusén = **Muelleriella**
Maekawaea【-】 H.Ohashi & K.Ohashi 蝶形花科属 Fabaceae3 蝶形花科 [MD-240] 全球 (uc) 大洲分布及种数(uc)
Maelenia Dum. = **Cattleya**
Maenola Raf. = **Diospyros**
Maeonia A.St.Hil. = **Magonia**
Maeota Simon = **Maerua**
Maeranthus Benth. & Hook.f. = **Micranthus**
Maerklinia【-】 Bronner 葡萄科属 Vitaceae 葡萄科 [MD-403] 全球 (uc) 大洲分布及种数(uc)
Maerlensia Vell. = **Corchorus**
Maeropanax Miq. = **Acanthopanax**
Maerua Eumaerua Baill. = **Maerua**
Maerua【2】 Forssk. 忧花属 → **Bachmannia;Capparis;Ritchiea** Capparaceae 山柑科 [MD-178] 全球 (5)大洲分布及种数(90-95;hort.1;cult:1)非洲:83-86;亚洲:16-17;欧洲:4;北美洲:5;南美洲:4
Maesa (Thunb.) Nakai = **Maesa**
Maesa【3】 Forssk. 杜茎山属 → **Ardisia;Pieris** Maesaceae 杜茎山科 [MD-386] 全球 (6) 大洲分布及种数(56-221;hort.1;cult:5)非洲:15-61;亚洲:44-128;大洋洲:7-70;欧洲:2-11;北美洲:7-15;南美洲:5-12
Maesaceae【3】Anderb. & al. 杜茎山科 [MD-386] 全球 (6) 大洲分布和属种数(1;hort. & cult.1)(55-244;hort. & cult.5-8)非洲:1/15-61;亚洲:1/44-128;大洋洲:1/7-70;欧洲:1/2-11;北美洲:1/7-15;南美洲:1/5-12
Maeseae A.DC. = **Maesa**
Maesia B.D.Jacks = **Meesia**
Maesia Gaertn. = **Paesia**
Maesobotrya【3】 Benth. 杜茎茶属 ← **Antidesma;Baccaurea;Protomegabaria** Phyllanthaceae 叶下珠科 [MD-222] 全球 (1) 大洲分布及种数(20-22)◆非洲
Maesopsis【3】 Engl. 杜茎李属 Rhamnaceae 鼠李科 [MD-331] 全球 (1) 大洲分布及种数(1)◆非洲
Maeura Forssk. = **Maerua**
Maevia Gaertn. = **Paesia**
Maeviella【3】 Rossow 卵萼毛麝香属 ≒ **Herpestis** Plantaginaceae 车前科 [MD-527] 全球 (1) 大洲分布及种数(cf. 1)◆南美洲
Mafekingia Baill. = **Pentanisia**
Maferria C.Cusset = **Podostemum**
Mafureira Bertol. = **Trichilia**
Maga【3】 Urb. 桐棉属 ← **Thespesia** Malvaceae 锦葵科 [MD-203] 全球 (2) 大洲分布及种数(2) 北美洲;南美洲
Magadania【3】 Pimenov & Lavrova 蛇床属 ← **Cnidium** Apiaceae 伞形科 [MD-480] 全球 (1) 大洲分布及种数(2) ◆亚洲
Magallana【3】 Cav. 旱金莲属 ≒ **Tropaeolum** Tropaeolaceae 旱金莲科 [MD-355] 全球 (1) 大洲分布及种数(uc)◆亚洲
Magasella J.C.Gomes = **Manaosella**
Magastachya P.Beauv. = **Megastachya**
Magdalenaea【3】 Brade 马格寄生属 Orobanchaceae 列当科 [MD-552] 全球 (1) 大洲分布及种数(1)◆南美洲(◆巴西)
Magdalis Raf. = **Angelica**
Magellana Poir. = **Tropaeolum**
Magellania Comm. ex Lam. = **Drimys**
Magellianira Comm. ex Lam. = **Drimys**
Magelona Poir. = **Tropaeolum**
Maghania Steud. = **Meehania**
Maglietia Bl. = **Manglietia**
Magnastigma Hook.f. = **Megastigma**
Magnilia L. = **Magnolia**

Magnistipula (Hauman) Prance = **Magnistipula**
Magnistipula【2】Engl. 大托李属←**Couepia;Hirtella; Parinari** Chrysobalanaceae 可可李科 [MD-243] 全球 (3) 大洲分布及种数(17;hort.1)非洲:16;北美洲:1;南美洲:3
Magnolia Axilliflora B.Z.Ding & T.B.Chao = **Magnolia**
Magnolia【3】L. 北美洲木兰属 → **Alcimandra; Annona;Seseli** Magnoliaceae 木兰科 [MD-1] 全球 (6) 大洲分布及种数(297-376;hort.1;cult:13)非洲:8-39;亚洲:172-238;大洋洲:13-44;欧洲:15-49;北美洲:106-148;南美洲:66-114
Magnoliaceae【3】Juss. 木兰科 [MD-1] 全球 (6) 大洲分布和属种数(15-16;hort. & cult.4-6)(427-851;hort. & cult.95-152)非洲:1-8/8-80;亚洲:14/294-426;大洋洲:2-8/14-86;欧洲:2-8/16-91;北美洲:4-8/114-197;南美洲:2-9/72-161
Magnolieae DC. = **Magnolia**
Magnusia Klotzsch = **Begonia**
Magodendron【3】Vink 新几内亚山榄属 ≒ **Achradotypus** Sapotaceae 山榄科 [MD-357] 全球 (1) 大洲分布及种数(1-2)◆大洋洲
Magonaea G.Don = **Magonia**
Magonia【3】A.St.Hil. 无患子科属 ≒ **Mahonia** Sapindaceae 无患子科 [MD-428] 全球 (1) 大洲分布及种数(1)◆南美洲
Magoniella【3】Adr.Sanchez 南美蓼属 ≒ **Ruprechtia** Polygonaceae 蓼科 [MD-120] 全球 (1) 大洲分布及种数(1)◆南美洲
Magonlia G.Don = **Magnolia**
Magostan Adans. = **Mammea**
Maguire A.D.Hawkes = **Dieffenbachia**
Maguirea A.D.Hawkes = **Dieffenbachia**
Maguireanthus【3】Wurdack 马圭尔野牡丹属 Melastomataceae 野牡丹科 [MD-364] 全球 (1) 大洲分布及种数(1)◆南美洲
Maguireella【-】W.R.Buck 锦藓科属 ≒ **Potamium** Sematophyllaceae 锦藓科 [B-192] 全球 (uc) 大洲分布及种数(uc)
Maguireocharis【3】Steyerm. 雾鸡纳属 Rubiaceae 茜草科 [MD-523] 全球 (1) 大洲分布及种数(1)◆南美洲
Maguireothamnus【3】Steyerm. 鸡纳茜属 ← **Chalepophyllum** Rubiaceae 茜草科 [MD-523] 全球 (1) 大洲分布及种数(2)◆南美洲
Magulla K.Koch = **Jaegeria**
Magydaris【3】W.D.J.Koch ex DC. 马吉草属 ≒ **Prangos** Apiaceae 伞形科 [MD-480] 全球 (1) 大洲分布及种数(1-4)◆欧洲
Mahafalia Jum. & H.Perrier = **Cynanchum**
Mahagoni Adans. = **Swietenia**
Mahagonl Adans. = **Swietenia**
Maharanga A.DC. = **Maharanga**
Maharanga【3】DC. 胀萼紫草属 ← **Onosma** Boraginaceae 紫草科 [MD-517] 全球 (1) 大洲分布及种数(8-10)◆亚洲
Mahawoa【3】Schltr. 亚洲竹桃属 Apocynaceae 夹竹桃科 [MD-492] 全球 (1) 大洲分布及种数(1)◆亚洲
Mahea Pierre = **Manilkara**
Mahernia L. = **Hermannia**
Mahinda Böhm. = **Sida**
Mahoberberis【3】C.K.Schneid. 两型小檗属 Berberidaceae 小檗科 [MD-45] 全球 (1) 大洲分布及种数(2)◆北美洲
Mahoe Hillebr. = **Terminalia**
Mahoma Löfl. = **Mahonia**
Mahometa DC. = **Pluchea**
Mahonia【3】Nutt. 十大功劳属←**Berberis;Odostemon** Berberidaceae 小檗科 [MD-45] 全球 (6) 大洲分布及种数(56-75;hort.1;cult: 2)非洲:10;亚洲:42-66;大洋洲:5-15;欧洲:1-11;北美洲:18-35;南美洲:1-11
Mahua【3】W.R.Buck 王公藓属 Sematophyllaceae 锦藓科 [B-192] 全球 (1) 大洲分布及种数(1)◆南美洲
Mahurea【3】Aubl. 马胡藤黄属 → **Bonnetia** Calophyllaceae 红厚壳科 [MD-140] 全球 (1) 大洲分布及种数(2)◆南美洲
Mahya Cordem. = **Lepechinia**
Maia Salisb. = **Maianthemum**
Maianthemum (Baker) H.Li = **Maianthemum**
Maianthemum【3】F.H.Wigg. 舞鹤草属 ≒ **Tovaria; Eriocaulon** Convallariaceae 铃兰科 [MM-638] 全球 (6) 大洲分布及种数(42-44;hort.1;cult: 4)非洲:9;亚洲:30-40;大洋洲:9;欧洲:2-11;北美洲:27-36;南美洲:9
Maianthenum F.H.Wigg. = **Maianthemum**
Maidenia Domin = **Vallisneria**
Maierocactus E.C.Rost = **Astrophytum**
Maieta【3】Aubl. 五月花属 → **Clidemia;Tococa; Mabea** Melastomataceae 野牡丹科 [MD-364] 全球 (1) 大洲分布及种数(6-9)◆南美洲
Maietta Alexander = **Maieta**
Maihuenia (Phil. ex F.A.C.Weber) Phil. ex K.Schum. = **Maihuenia**
Maihuenia【3】Phil. 卧麒麟属 ← **Opuntia;Pereskia** Cactaceae 仙人掌科 [MD-100] 全球 (1) 大洲分布及种数(2)◆南美洲
Maihueniopsis (R.Kiesling) Stuppy = **Maihueniopsis**
Maihueniopsis【2】Speg. 卧云掌属 ← **Opuntia** Cactaceae 仙人掌科 [MD-100] 全球 (2) 大洲分布及种数(30)北美洲:3;南美洲:29
Maikottia Korth. = **Leptospermum**
Mailamaiara【-】auct. 兰科属 Orchidaceae 兰科 [MM-723] 全球 (uc) 大洲分布及种数(uc)
Mailelou Adans. = **Vitex**
Maillea【3】Parl. 番萝藦属 ≒ **Phleum** Poaceae 禾本科 [MM-748] 全球 (1) 大洲分布及种数(cf. 1)◆欧洲
Mails Lour. = **Mazus**
Mainea Vell. = **Trigonia**
Maingaya【3】Oliv. 马来檵木属 Hamamelidaceae 金缕梅科 [MD-63] 全球 (1) 大洲分布及种数(cf. 1)◆亚洲
Mainitia Giseke = **Globba**
Mainsia Godr. = **Boreava**
Maiorana Zinn = **Arctous**
Maireana【3】Moq. 澳地肤属 ≒ **Duriala** Amaranthaceae 苋科 [MD-116] 全球 (6) 大洲分布及种数(59-61;hort.1)非洲:3-5;亚洲:4-6;大洋洲:58-61;欧洲:2;北美洲:10-12;南美洲:1-3
Maireella H.Lév. = **Anisodus**
Maireina Moq. = **Maireana**
Mairella H.Lév. = **Mandragora**
Maireola Thér. & Trab. = **Ditrichum**
Maireria G.A.Scop. = **Maripa**

Mairetis【3】I.M.Johnst. 蝎尾花属 ← **Lithospermum** Boraginaceae 紫草科 [MD-517] 全球 (1) 大洲分布及种数(cf.1) ◆非洲
Mairia【3】Nees 曲毛菀属 ← **Arnica;Gerbera** Asteraceae 菊科 [MD-586] 全球 (1) 大洲分布及种数(11-17)◆非洲
Mairrania Neck ex Desv. = **Arctostaphylos**
Mais Adans. = **Zea**
Maizilla Schlecht. = **Paspalum**
Maj Klotzsch = **Cuphea**
Maja Klotzsch = **Pterygopappus**
Maja P. & K. = **Maianthemum**
Majana P. & K. = **Coleus**
Majanthemum P. & K. = **Maianthemum**
Majepea P. & K. = **Haloragis**
Majera Karst. ex Peter = **Evolvulus**
Majeta Mart. = **Tococa**
Majidae J.Kirk ex Oliv. = **Majidea**
Majidea【3】J.Kirk ex Oliv. 风目栾属 ← **Harpullia;Cossinia** Sapindaceae 无患子科 [MD-428] 全球 (1) 大洲分布及种数(5)◆非洲
Majorana Mill. = **Origanum**
Majoranamaracus Rchb.f. = **Origanum**
Majovskya【3】Sennikov & Kurtto 欧洲玫属 Rosaceae 蔷薇科 [MD-246] 全球 (1) 大洲分布及种数(5) ◆欧洲
Maka J.R.Forst. & G.Forst. = **Maba**
Makaira Aubl. = **Maquira**
Makednothallus Verd. = **Jensenia**
Makinoa【3】(Stephani) Miyake 南溪苔属 ≒ **Pellia;Octolepis** Makinoaceae 南溪苔科 [B-26] 全球 (6) 大洲分布及种数(2)非洲:3;亚洲:1-4;大洋洲:3;欧洲:3;北美洲:3;南美洲:3
Makinoaceae【3】(Stephani) Miyake 南溪苔科 [B-26] 全球(6) 大洲分布和属种数(1/1-4)非洲:1/3;亚洲:1/1-4;大洋洲:1/3;欧洲:1/3;北美洲:1/3;南美洲:1/3
Makokoa Baill. = **Octolepis**
Malabaila【3】Hoffm. 马拉巴草属 ≒ **Ferula;Tordylium;Parinari** Apiaceae 伞形科 [MD-480] 全球 (6) 大洲分布及种数(2-11)非洲:4;亚洲:1-6;大洋洲:1;欧洲:1-3;北美洲:1;南美洲:1
Malabathris Raf. = **Otanthera**
Malacantha【3】Pierre 红山榄属 ≒ **Pouteria** Sapotaceae 山榄科 [MD-357] 全球 (6) 大洲分布及种数(1-2)非洲:1;亚洲:1;大洋洲:1;欧洲:1;北美洲:1;南美洲:1
Malacanthus Bloch = **Calacanthus**
Malacaria Raf. = **Maranta**
Malacarya Raf. = **Loranthus**
Malaccina Fr. = **Stellaria**
Malaccotristicha【3】C.Cusset & G.Cusset 枝川藻属 ≒ **Tristicha** Podostemaceae 川苔草科 [MD-322] 全球 (1) 大洲分布及种数(uc)属分布和种数(uc)◆大洋洲(◆密克罗尼西亚)
Malaceae【3】Small 苹果科 [MD-249] 全球 (6) 大洲分布和属种数(2;hort. & cult.1)(59-149;hort. & cult.29-45)非洲:2/8-32;亚洲:2/52-93;大洋洲:2/3-26;欧洲:2/25-49;北美洲:1-2/40-67;南美洲:1-2/7-30
Malacha Hassk. = **Malva**
Malachadenia Lindl. = **Epidendrum**
Malache【-】B.Vog. 锦葵科属 ≒ **Peltaea** Malvaceae 锦葵科 [MD-203] 全球 (uc) 大洲分布及种数(uc)
Malachia E.M.Fries = **Stellaria**
Malachium Fr. ex Rchb. = **Stellaria**
Malachius FRIES = **Myosoton**
Malachochaete Benth. & Hook.f. = **Pterolepis**
Malachodendron Mitch. = **Stewartia**
Malachra【3】L. 马葵属 ← **Malva;Urena;Pavonia** Malvaceae 锦葵科 [MD-203] 全球 (1) 大洲分布及种数(7-27)◆北美洲
Malacmaea Griseb. = **Bunchosia**
Malacocarpus【3】Fisch. & C.A.Mey. 红茄蓬属 ≒ **Pilocereus;Parodia** Cactaceae 仙人掌科 [MD-100] 全球 (1) 大洲分布及种数(1-3)◆南美洲
Malacocephalus Tausch = **Centaurea**
Malacocera【3】R.H.Anderson 角果澳藜属 ← **Bassia** Amaranthaceae 苋科 [MD-116] 全球 (1) 大洲分布及种数(4-5)◆大洋洲
Malacoceros R.H.Anderson = **Malacocera**
Malacochaeta Nees = **Pterolepis**
Malacochaete Nees = **Pterolepis**
Malacoides Fabr. = **Malope**
Malacolepis A.A.Heller = **Malacothrix**
Malacomeles【3】(Decne.) Engl. 假唐棣属 ≒ **Amelanchier** Rosaceae 蔷薇科 [MD-246] 全球 (1) 大洲分布及种数(5)◆北美洲
Malacomeris Nutt. = **Malacothrix**
Malaconema Hollenb. = **Malacocera**
Malacothamnus【3】Greene 木蜀葵属 ← **Sphaeralcea** Malvaceae 锦葵科 [MD-203] 全球 (1) 大洲分布及种数(16-20)◆北美洲
Malacothrix (A.Gray) A.Gray = **Malacothrix**
Malacothrix【3】DC. 沙蒲公英属 → **Atrichoseris;Crepis;Munzothamnus** Asteraceae 菊科 [MD-586] 全球 (1) 大洲分布及种数(20-37)◆北美洲
Malacoxylum Jacq. = **Zanthoxylum**
Malacurus Nevski = **Leymus**
Malafilix Li Bing Zhang & Schüttp. = **Draconopteris**
Malagasia【3】L.A.S.Johnson & B.G.Briggs 桐山龙眼属 ← **Macadamia** Proteaceae 山龙眼科 [MD-219] 全球 (1) 大洲分布及种数(1)◆非洲(◆马达加斯加)
Malagoniella Adr.Sanchez = **Magoniella**
Malaisa Blanco = **Malaisia**
Malaisea Blanco = **Malaisia**
Malaisia【3】Blanco 牛筋藤属 ← **Trophis;Citrus** Moraceae 桑科 [MD-87] 全球 (1) 大洲分布及种数(cf. 1)◆亚洲
Malaisius Blanco = **Malaisia**
Malaleuca L. = **Melaleuca**
Malaloleuca【-】Gand. 桃金娘科属 Myrtaceae 桃金娘科 [MD-347] 全球 (uc) 大洲分布及种数(uc)
Malanea【2】Aubl. 马拉茜属 → **Antirhea;Chomelia;Stenostomum** Rubiaceae 茜草科 [MD-523] 全球 (2) 大洲分布及种数(41-44)北美洲:5;南美洲:40-42
Malania【3】Chun & S.K.Lee 蒜头果属 ≒ **Macleania** Olacaceae 铁青树科 [MD-362] 全球 (1) 大洲分布及种数(cf. 1)◆东亚(◆中国)
Malanthos Stapf = **Catanthera**
Malaparius Miq. = **Pterocarpus**
Malapoenna【3】Adans. 山鸡椒属 → **Litsea;Neolitsea;**

M

Persea Lauraceae 樟科 [MD-21] 全球 (6) 大洲分布及种数(3)非洲:4;亚洲:4;大洋洲:4;欧洲:4;北美洲:2-6;南美洲:4
Malasaurus Nevski = **Leymus**
Malasma G.A.Scop. = **Melasma**
Malaspinaea C.Presl = **Aegiceras**
Malaxis【3】 Sol. ex Sw. 原沼兰属 ≒ **Macrostylis;Brassia** Orchidaceae 兰科 [MM-723] 全球 (6) 大洲分布及种数(207-250;hort.1;cult: 7)非洲:19-53;亚洲:47-87;大洋洲:32-68;欧洲:3-37;北美洲:101-149;南美洲:57-93
Malbranchea Neck. = **Bernardinia**
Malbrancia Neck. = **Rourea**
Malchomia Sang. = **Malcomia**
Malcolmcampbellara【-】 Hort. 兰科属 Orchidaceae 兰科 [MM-723] 全球 (uc) 大洲分布及种数(uc)
Malcolmia Spreng. = **Malcolmia**
Malcolmia【3】 W.T.Aiton 希腊芥属 → **Braya;Sisymbrium** Brassicaceae 十字花科 [MD-213] 全球 (6) 大洲分布及种数(32-34;hort.1;cult:4)非洲:4-5;亚洲:26-28;大洋洲:3-4;欧洲:7-8;北美洲:2-3;南美洲:1-2
Malcomia【3】 R.Br. 直雪芥属 ≒ **Sisymbrium** Brassicaceae 十字花科 [MD-213] 全球 (6) 大洲分布及种数(1)非洲:1;亚洲:1;大洋洲:1;欧洲:1;北美洲:1;南美洲:1
Maldane Malmgren = **Malanea**
Maldivia J.Rémy = **Valdivia**
Malea Lundell = **Vaccinium**
Maleae Small = **Vaccinium**
Maleastrum (Baill.) J.F.Leroy = **Malleastrum**
Malenella Jaub. & Spach = **Malvella**
Malephora【3】 N.E.Br. 蔓舌花属 ≒ **Mesembryanthemum** Aizoaceae 番杏科 [MD-94] 全球 (1) 大洲分布及种数(16-17)◆非洲
Malesherbia【3】 Ruiz & Pav. 王冠花属 Passifloraceae 西番莲科 [MD-151] 全球 (1) 大洲分布及种数(35-38)◆南美洲
Malesherbiaceae【3】 D.Don 玉冠草科 [MD-154] 全球 (1) 大洲分布和属种数(1;hort. & cult.1)(35-38;hort. & cult.2)◆南美洲
Maleslerbia Ruiz & Pav. = **Malesherbia**
Malicope Vitman = **Melicope**
Malidra Raf. = **Eugenia**
Maliga L. = **Malva**
Maliga Raf. = **Allium**
Maligia Raf. = **Allium**
Malinvaudia E.Fourn. = **Apocynum**
Maliortea W.Wats. = **Reinhardtia**
Mallada A.Juss. = **Ekebergia**
Mallea A.Juss. = **Cipadessa**
Malleastrum【3】 (Baill.) J.F.Leroy 小浆果楝属 ← **Cipadessa** Meliaceae 楝科 [MD-414] 全球 (1) 大洲分布及种数(23-24)◆非洲
Malleco A.Juss. = **Ekebergia**
Malleola【3】 J.J.Sm. & Schltr. ex Schltr. 槌柱兰属 → **Abdominea;Cleisostoma** Orchidaceae 兰科 [MM-723] 全球 (1) 大洲分布及种数(17-25)◆亚洲
Malleostemon【3】 J.W.Green 槌蕊蜡花属 ← **Micromyrtus;Thryptomene** Myrtaceae 桃金娘科 [MD-347] 全球 (1) 大洲分布及种数(12-14)◆大洋洲(◆澳大利亚)
Malletiella Pichon = **Trachelospermum**
Mallingtonia Willd. = **Meliosma**
Mallinoa J.M.Coult. = **Eupatorium**
Mallo A.Juss. = **Cipadessa**
Malloc A.Juss. = **Cipadessa**
Mallocera Berg. = **Malacocera**
Mallococca Forst. = **Grewia**
Mallococcus J.R.Forst. & G.Forst. = **Grewia**
Mallodon Linné = **Leucoloma**
Mallogonum (Fenzl) Rchb. = **Psammotropha**
Mallomus Lour. = **Mallotus**
Mallophora【3】 Endl. 石南苏属 → **Dicrastylis** Lamiaceae 唇形科 [MD-575] 全球 (1) 大洲分布及种数(2)◆大洋洲
Mallophyton【3】 Wurdack 委内野牡丹属 Melastomataceae 野牡丹科 [MD-364] 全球 (1) 大洲分布及种数(1)◆南美洲
Mallosoma H.Karst. = **Mallostoma**
Mallostoma【3】 H.Karst. 马达茜属 ≒ **Rachicallis;Arcytophyllum** Rubiaceae 茜草科 [MD-523] 全球 (1) 大洲分布及种数(uc)◆亚洲
Mallota L. = **Ballota**
Mallotium Lour. = **Mallotus**
Mallotonia (Griseb.) Britton = **Heliotropium**
Mallotopus Franch. & Sav. = **Doronicum**
Mallotus Bl.odendron Müll.Arg. = **Mallotus**
Mallotus【3】 Lour. 野桐属 → **Acalypha;Macaranga;Melanolepis** Euphorbiaceae 大戟科 [MD-217] 全球 (6) 大洲分布及种数(84-136;hort.1;cult: 4)非洲:18-36;亚洲:75-133;大洋洲:21-43;欧洲:12;北美洲:9-21;南美洲:9-21
Malmea【2】R.E.Fr. 石镶木属 ← **Duguetia;Mosannona** Annonaceae 番荔枝科 [MD-7] 全球 (2) 大洲分布及种数(12-13)北美洲:3;南美洲:11
Malmeanthus【3】 R.M.King & H.Rob. 羽脉亮泽兰属 ← **Eupatorium** Asteraceae 菊科 [MD-586] 全球 (1) 大洲分布及种数(3)◆南美洲
Malmiana Hill = **Silybum**
Malnaregam Adans. = **Atalantia**
Malnerega Raf. = **Atalantia**
Malo Mill. = **Cucumis**
Malocchia Savi = **Canavalia**
Malocopsis Walp. = **Lavatera**
Malope【3】 L. 心萼葵属 → **Palaua** Malvaceae 锦葵科 [MD-203] 全球 (1) 大洲分布及种数(3-6)◆欧洲
Malortiea H.Wendl. = **Reinhardtia**
Malortieaceae O.F.Cook = Philydraceae
Malosma【3】 (Nutt.) Abrams 盐麸木属 ≒ **Rhus** Anacardiaceae 漆树科 [MD-432] 全球 (1) 大洲分布及种数(1)◆北美洲
Malosorbus Browicz = **Malus**
Malostachys C.A.Mey. = **Halostachys**
Malotigena【3】 Niederle 桂番杏属 Aizoaceae 番杏科 [MD-94] 全球 (1) 大洲分布及种数(1)◆非洲
Malouetia【2】 A.DC. 鱼鳃木属 ← **Alafia;Trachelospermum;Parahancornia** Apocynaceae 夹竹桃科 [MD-492] 全球 (5) 大洲分布及种数(34)非洲:6;亚洲:1;大洋洲:2;北美洲:3-5;南美洲:26-29
Malouetiella Pichon = **Malouetia**
Maloutchia Warb. = **Mauloutchia**

Malperia 【3】 S.Watson 棕巾菊属 ← **Hofmeisteria** Asteraceae 菊科 [MD-586] 全球 (1) 大洲分布及种数(1)◆北美洲
Malphigia L. = **Malpighia**
Malpigha Cothen. = **Malpighia**
Malpighia (Cav.) Pers. = **Malpighia**
Malpighia 【3】 L. 老虎尾属 → **Acridocarpus; Stigmaphyllon** Malpighiaceae 金虎尾科 [MD-343] 全球 (6) 大洲分布及种数(139-147;hort.1;cult: 4)非洲:1-5;亚洲:13-17;大洋洲:4;欧洲:5-9;北美洲:132-139;南美洲:13-18
Malpighiaceae 【3】 Juss. 金虎尾科 [MD-343] 全球 (6) 大洲分布和属种数(79-81;hort. & cult.16-18)(1574-1980;hort. & cult.26-34)非洲:21-35/154-264;亚洲:19-33/137-226;大洋洲:9-27/25-93;欧洲:5-24/14-80;北美洲:28-40/416-542;南美洲:57-61/1097-1263
Malpighiales Juss. ex Bercht. & J.Presl = **Malpighiodes**
Malpighieae DC. = **Malpighia**
Malpighiodes 【3】 Nied. 巴西芹属 ≒ **Diplopterys; Niedenzuella** Malpighiaceae 金虎尾科 [MD-343] 全球 (1) 大洲分布及种数(5)◆南美洲(◆巴西)
Malpigia (Nied.) F.K.Mey. = **Malpighia**
Malpigiantha 【3】 Rojas 爪腺金虎尾属 ← **Heladena** Malpighiaceae 金虎尾科 [MD-343] 全球 (1) 大洲分布及种数(1)◆南美洲
Maltea B.Boivin = **Puccinellia**
Maltebrunia 【3】 Kunth 林菰属 ← **Leersia;Potamophila** Poaceae 禾本科 [MM-748] 全球 (1) 大洲分布及种数(7)◆非洲
Malteburnia Steud. = **Potamophila**
Malthewsia Steud. & Hochst. ex Steud. = **Mathewsia**
Malthodes Hutch. = **Calathodes**
Malthopsis C.Presl = **Anisodontea**
Malupa Miers = **Viburnum**
Malurus Spreng. = **Adenocline**
Malus (Decne.) Rehder = **Malus**
Malus 【3】 Mill. 苹果属 ≒ **Docynia;Phymosia** Rosaceae 蔷薇科 [MD-246] 全球 (6) 大洲分布及种数(59-75;hort.1;cult: 17)非洲:7-30;亚洲:51-91;大洋洲:2-24;欧洲:24-47;北美洲:40-66;南美洲:7-29
Malva (DC.) Paiva & I.Nogueira = **Malva**
Malva 【3】 L. 锦葵属 → **Abutilon;Malus;Pavonia** Malvaceae 锦葵科 [MD-203] 全球 (6) 大洲分布及种数(84-124;hort.1;cult: 7)非洲:38-68;亚洲:37-71;大洋洲:17-46;欧洲:50-82;北美洲:27-58;南美洲:16-45
Malvacarpus Wight = **Senecio**
Malvaceae 【3】 Juss. 锦葵科 [MD-203] 全球 (6) 大洲分布和属种数(111-121;hort. & cult.39-44)(2601-4149;hort. & cult.191-277)非洲:27-61/502-1033;亚洲:38-61/517-1025;大洋洲:30-62/352-789;欧洲:20-52/177-576;北美洲:65-78/799-1251;南美洲:59-84/1300-1799
Malvalthaea 【3】 Iljin 药葵属 ≒ **Malva;Althaea** Malvaceae 锦葵科 [MD-203] 全球 (1) 大洲分布及种数(2)◆亚洲
Malvanae Aubl. = **Malanea**
Malvastmm A.Gray = **Malvastrum**
Malvastrum 【3】 A.Gray 赛葵属 → **Acaulimalva;Modiolastrum;Sida** Malvaceae 锦葵科 [MD-203] 全球 (1) 大洲分布及种数(46-91)◆南美洲
Malvatrum A.Gray = **Malvastrum**
Malvaviscus Cav. = **Malvaviscus**
Malvaviscus 【3】 Dill. ex Adans. 悬铃花属 → **Abelmoschus;Hibiscus;Pavonia** Malvaceae 锦葵科 [MD-203] 全球 (1) 大洲分布及种数(13-22)◆北美洲(◆美国)
Malvavistrum A.Gray = **Malvastrum**
Malveae C.Presl = **Malmea**
Malvella 【2】 Jaub. & Spach 碱桧属 ← **Sida;Malva** Malvaceae 锦葵科 [MD-203] 全球 (5) 大洲分布及种数(4-5)亚洲:1;大洋洲:1;欧洲:1-2;北美洲:3;南美洲:1
Malvinda Böhm. = **Sida**
Malvinella Rossow = **Maeviella**
Malvinia Ség. = **Salvinia**
Malvoideae 【-】 Burnett 锦葵科属 Malvaceae 锦葵科 [MD-203] 全球 (uc) 大洲分布及种数(uc)
Malya Opiz = **Ventenata**
Mamboga Blanco = **Mitragyna**
Mamea Aubl. = **Maieta**
Mamei Mill. = **Rheedia**
Mametella Svent. = **Sanguisorba**
Mamilla Schlecht. = **Paspalum**
Mamillaria Rchb. = **Mammillaria**
Mamillariella 【2】 Laz. 亚洲薄罗藓属 Leskeaceae 薄罗藓科 [B-181] 全球 (0) 大洲分布及种数(1)
Mamillopsis 【3】 (E.Morren) F.A.C.Weber ex Britton & Rose 云峰球属 ≒ **Mammillaria** Cactaceae 仙人掌科 [MD-100] 全球 (1) 大洲分布及种数(cf. 1)◆北美洲
Mammaria Rolfe = **Macromeria**
Mammea 【3】 L. 南美杏属 ← **Rheedia;Jambosa** Calophyllaceae 红厚壳科 [MD-140] 全球 (6) 大洲分布及种数(39-60;hort.1)非洲:20-37;亚洲:22-25;大洋洲:7-14;欧洲:1-3;北美洲:5-7;南美洲:2-4
Mammilaria Torr. & A.Gray = **Mammillaria**
Mammilla Schlecht. = **Airopsis**
Mammillaria 【3】 Haw. 云峰球属 → **Ariocarpus; Mamillopsis;Pediocactus** Cactaceae 仙人掌科 [MD-100] 全球 (1) 大洲分布及种数(432-507)◆北美洲
Mammillaria K.Brandegee = **Mammillaria**
Mammilloydia 【3】 Buxb. 云峰球属 ← **Mammillaria** Cactaceae 仙人掌科 [MD-100] 全球 (1) 大洲分布及种数(1)◆北美洲(◆墨西哥)
Mammnillaria Rchb. = **Mammillaria**
Mammut L. = **Mammea**
Mamorea de la Sota = **Thismia**
Mampata Adans. ex Steud. = **Parinari**
Manabaea R.Hedw. = **Manabea**
Manabea 【-】 Aubl. 唇形科属 ≒ **Aegiphila** Lamiaceae 唇形科 [MD-575] 全球 (uc) 大洲分布及种数(uc)
Manacus Raf. = **Bauhinia**
Manaelia Bowdich = **Manekia**
Managa 【3】 Aubl. 五层龙属 ← **Salacia** Celastraceae 卫矛科 [MD-339] 全球 (1) 大洲分布及种数(1-2)◆南美洲
Manangula Blanco = **Quassia**
Mananthes 【3】 Bremek. 爵床属 Acanthaceae 爵床科 [MD-572] 全球 (6) 大洲分布及种数(3)非洲:2-19;亚洲:2-19;大洋洲:17;欧洲:17;北美洲:17;南美洲:17
Mananthus G.P.Lewis & A.Delgado = **Mysanthus**
Manaos Aubl. = **Managa**
Manaosella 【3】 J.C.Gomes 宽松紫葳属 ← **Stizophyllum** Bignoniaceae 紫葳科 [MD-541] 全球 (1) 大洲分布及

M

种数(2)◆南美洲
Manaosia Woodland = **Maasia**
Manarotes Hiern = **Manotes**
Manastigma Hook.f. ex Benthem & Hook. = **Megastigma**
Manataria Hopffer = **Manicaria**
Mancani J.F.Gmel. = **Ziziphus**
Mancanilla Mill. = **Hippomane**
Mancinella Tussac = **Sapium**
Mancoa Raf. = **Mancoa**
Mancoa 【3】 Wedd. 矮人芥属 ← **Halimolobos** Brassicaceae 十字花科 [MD-213] 全球 (6) 大洲分布及种数(11)非洲:1;亚洲:1;大洋洲:1;欧洲:1;北美洲:6-7;南美洲:4-5
Mancttia Böhm. = **Manettia**
Mandarus Raf. = **Bauhinia**
Manddenia Hook.f. & Thoms. = **Maddenia**
Mandelorna Steud. = **Chrysopogon**
Mandenovia Alava = **Tordylium**
Mandevilla (G.Don) Woodson = **Mandevilla**
Mandevilla 【3】 Lindl. 飘香藤属 → **Allomarkgrafia;Echites;Trachelospermum** Apocynaceae 夹竹桃科 [MD-492] 全球 (6) 大洲分布及种数(189-216)非洲:8;亚洲:14;大洋洲:7-8;欧洲:5;北美洲:60-63;南美洲:167-189
Mandioca Link = **Manihot**
Mandirola 【3】 Decne. 长筒花属 ≒ **Achimenes** Gesneriaceae 苦苣苔科 [MD-549] 全球 (1) 大洲分布及种数(4-5)◆南美洲
Mandonia 【3】 Wedd. 羽芒菊属 ≒ **Hieracium** Commelinaceae 鸭跖草科 [MM-708] 全球 (1) 大洲分布及种数(1)◆北美洲
Mandoniella 【3】 Herzog 南美青藓属 Brachytheciaceae 青藓科 [B-187] 全球 (1) 大洲分布及种数(1)◆南美洲
Mandragora 【3】 L. 茄参属 → **Anisodus;Przewalskia** Solanaceae 茄科 [MD-503] 全球 (6) 大洲分布及种数(7-9)非洲:1-3;亚洲:3-6;大洋洲:1;欧洲:5-7;北美洲:1;南美洲:1
Mandragoreae (Wettst.) Hunz. & Barboza = **Mandragora**
Manduca Link = **Jatropha**
Manducus Raf. = **Bauhinia**
Manekia 【3】 Trel. 鞭胡椒属 ≒ **Sarcorhachis** Piperaceae 胡椒科 [MD-39] 全球 (1) 大洲分布及种数(5)◆北美洲
Manema Dulac = **Valerianella**
Manettia (P.Browne) DC. = **Manettia**
Manettia 【3】 Mutis ex L. 蔓炎花属 ≒ **Arcytophyllum;Pentas** Rubiaceae 茜草科 [MD-523] 全球 (6) 大洲分布及种数(121-140;hort.1;cult: 2)非洲:7-13;亚洲:107-129;大洋洲:4-10;欧洲:2-8;北美洲:20-30;南美洲:113-130
Manfreda 【3】 Salisb. 龙香玉属 ≒ **Agave;Bravoa** Asparagaceae 天门冬科 [MM-669] 全球 (1) 大洲分布及种数(34-38)◆北美洲(◆美国)
Manga Nor. = **Mabea**
Manganaroa Speg. = **Acacia**
Mangas Adans. = **Mangifera**
Mangave D.Klein = **Mabea**
Mangenotia 【3】 Pichon 芒热诺草属 ≒ **Cryptolepis** Apocynaceae 夹竹桃科 [MD-492] 全球 (1) 大洲分布及种数(uc)◆亚洲
Mangenotiella 【3】 M.Schmid 杧春花属 Primulaceae 报春花科 [MD-401] 全球 (1) 大洲分布及种数(cf.1)◆大洋洲
Manghas Burm. = **Cerbera**
Mangiaceae Raf. = Malvaceae
Mangifem Rumph. ex G.A.Scop. = **Rhizophora**
Mangifera (Marchand) Kosterm. = **Mangifera**
Mangifera 【3】 L. 杧果属 → **Bouea;Sorindeia** Anacardiaceae 漆树科 [MD-432] 全球 (1) 大洲分布及种数(62-94)◆亚洲
Mangiifera L. = **Mangifera**
Mangilia Salisb. = **Polyxena**
Mangiliella Juss. = **Myrsine**
Mangina Schott = **Mangonia**
Mangium Rumph. ex G.A.Scop. = **Rhizophora**
Mangle Adans. = **Rhizophora**
Mangles L. = **Rhizophora**
Manglesia Endl. = **Beaufortia**
Mangleticornia 【3】 P.W.Ball,G.Kadereit & Cornejo 木莲苋属 Amaranthaceae 苋科 [MD-116] 全球 (1) 大洲分布及种数(cf.1)◆南美洲
Manglicola Juss. = **Myrsine**
Manglieliastrum Y.W.Law = **Magnolia**
Manglietia 【3】 Bl. 香木莲属 ≒ **Pachylarnax** Magnoliaceae 木兰科 [MD-1] 全球 (1) 大洲分布及种数(27-46)◆东亚(◆中国)
Manglietiastrum Y.W.Law = **Pachylarnax**
Manglilla Juss. = **Myrsine**
Mangonia 【3】 Schott 小苞芋属 ≒ **Daubenya** Araceae 天南星科 [MM-639] 全球 (1) 大洲分布及种数(1-4)◆南美洲
Mangostana (Rumph.) Gaertn. = **Garcinia**
Mangusta J.Ellis = **Gardenia**
Manicaria 【3】 Gaertn. 袖苞椰属 ≒ **Zygopetalum** Arecaceae 棕榈科 [MM-717] 全球 (6) 大洲分布及种数(3)非洲:4;亚洲:4;大洋洲:4;欧洲:4;北美洲:1-5;南美洲:2-6
Manicariaceae O.F.Cook = Asteraceae
Manicarieae J.Dransf.,N.W.Uhl,Asmussen,W.J.Baker,M.M.Harley & C.E.Lewis = **Manicaria**
Manicina Giseke = **Alpinia**
Maniho Mill. = **Manihot**
Manihot Adans. = **Manihot**
Manihot 【3】 Mill. 木薯属 ≒ **Jatropha;Aleurites** Euphorbiaceae 大戟科 [MD-217] 全球 (1) 大洲分布及种数(150-153)◆南美洲(◆巴西)
Manihotites D.J.Rogers & Appan = **Jatropha**
Manihotoides D.J.Rogers & Appan = **Manihot**
Manikara Adans. = **Manilkara**
Manilkara (Dubard) Gilly = **Manilkara**
Manilkara 【3】 Adans. 铁线子属 → **Bassia;Magnolia;Mormolyca** Sapotaceae 山榄科 [MD-357] 全球 (1) 大洲分布及种数(18-22)◆北美洲(◆美国)
Manilkariopsis (Gilly) Lundell = **Manilkara**
Maniltoa 【3】 Scheff. 纶巾豆属 ← **Cynometra** Fabaceae2 云实科 [MD-239] 全球 (1) 大洲分布及种数(1-5)◆大洋洲(◆澳大利亚)
Manis Illiger = **Mannia**
Manisuris 【3】 L. 高臭草属 ≒ **Chasmopodium;Coelorachis** Poaceae 禾本科 [MM-748] 全球 (1) 大洲分布及种数(1-11)◆亚洲

Manitia Giseke = **Alpinia**
Manitobia Giseke = **Alpinia**
Manjekia【3】 W.J.Baker & Heatubun 高棕属 Arecaceae 棕榈科 [MM-717] 全球 (1) 大洲分布及种数(1)◆非洲
Mankyua【3】 B.Y.Sun,M.H.Kim & C.H.Kim 仙指蕨属 Ophioglossaceae 瓶尔小草科 [F-9] 全球 (1) 大洲分布及种数(1-2)◆亚洲
Manlilia Salisb. = **Aletris**
Manna D.Don = **Alhagi**
Mannagettaea【3】 Harry Sm. 豆列当属 ← **Gleadovia** Orobanchaceae 列当科 [MD-552] 全球 (1) 大洲分布及种数(3)◆亚洲
Mannaphorus Raf. = **Ornus**
Mannaria Heist. = **Fraxinus**
Mannia (C.Massal.) Grolle = **Mannia**
Mannia【3】 Hook.f. 疣冠苔属 → **Pierreodendron;Justicia** Aytoniaceae 疣冠苔科 [B-9] 全球 (6) 大洲分布及种数(12-13)非洲:5-29;亚洲:11-35;大洋洲:23;欧洲:6-29;北美洲:7-30;南美洲:1-24
Manniella【3】 Rchb.f. 曼尼兰属 → **Helonoma** Orchidaceae 兰科 [MM-723] 全球 (1) 大洲分布及种数(1-2)◆非洲
Manningia L. = **Muntingia**
Manniophyton【3】 Müll.Arg. 索皮藤属 ≒ **Crotonogyne;Cyrtogonone** Euphorbiaceae 大戟科 [MD-217] 全球 (1) 大洲分布及种数(1)◆非洲
Mannopappus B.D.Jacks. = **Helichrysum**
Manoao B.P.J.Molloy = **Manoao**
Manoao【3】 Molloy 白银松属 ≒ **Dacrydium** Podocarpaceae 罗汉松科 [G-13] 全球 (1) 大洲分布及种数(1)◆大洋洲(◆新西兰)
Manochlaenia (McClure) Börner = **Carex**
Manochlamys【3】 Aellen 非洲雪藜属 Amaranthaceae 苋科 [MD-116] 全球 (1) 大洲分布及种数(1)◆非洲
Manoelia【3】 Bowdich 珍珠菜属 ← **Lysimachia** Solanaceae 茄科 [MD-503] 全球 (1) 大洲分布及种数(1)◆非洲
Manoellia Rchb. = **Manniella**
Manogea C.L.Koch = **Managa**
Manongarivea Choux = **Lepisanthes**
Manonida Schott = **Mangonia**
Manopap Molloy = **Manoao**
Manopappus (Less.) Sch.Bip. = **Helichrysum**
Manostachya【3】 Bremek. 松穗茜属 ← **Oldenlandia** Rubiaceae 茜草科 [MD-523] 全球 (1) 大洲分布及种数(3)◆非洲
Manota Schltr. = **Anota**
Manoteae Lemmens = **Manotes**
Manotes (Gilg) G.Schellenb. = **Manotes**
Manotes【3】 Sol. ex Planch. 宽耳藤属 ← **Cnestis;Monotes** Connaraceae 牛栓藤科 [MD-284] 全球 (1) 大洲分布及种数(6-12)◆非洲
Manothrix【3】 Miers 巴西雪竹桃属 Apocynaceae 夹竹桃科 [MD-492] 全球 (1) 大洲分布及种数(2)◆南美洲
Manouria Aubl. = **Mapouria**
Mansana J.F.Gmel. = **Ziziphus**
Mansoa【3】 DC. 蒜香藤属 → **Adenocalymma;Tabebuia;Arrabidaea** Bignoniaceae 紫葳科 [MD-541] 全球 (1) 大洲分布及种数(19-24)◆南美洲
Mansonia Drummond,James Ramsey & Prain,David = **Mansonia**
Mansonia【2】 J.R.Drumm. 香白桐属 → **Burretiodendron** Malvaceae 锦葵科 [MD-203] 全球 (2) 大洲分布及种数(3-6)非洲:2-3;亚洲:cf.1
Mantagnaea【3】 DC. 白银菊属 Asteraceae 菊科 [MD-586] 全球 (1) 大洲分布及种数(cf. 1)◆北美洲
Mantalania【3】 R.Cap. ex J.F.Leroy 曼塔茜属 ≒ **Pseudomantalania** Rubiaceae 茜草科 [MD-523] 全球 (1) 大洲分布及种数(2-3)◆非洲(◆马达加斯加)
Manteia Raf. = **Rubus**
Mantellina Wolf = **Mutellina**
Mantenus Molina = **Maytenus**
Manteria Goffinet = **Matteria**
Mantinara【-】 J.M.H.Shaw 兰科属 Orchidaceae 兰科 [MM-723] 全球 (uc) 大洲分布及种数(uc)
Mantiqueira【-】 L.P.Queiroz 蝶形花科属 Fabaceae3 蝶形花科 [MD-240] 全球 (uc) 大洲分布及种数(uc)
Mantisalca【3】 Cass. 落刺菊属 ← **Centaurea;Cirsium** Asteraceae 菊科 [MD-586] 全球 (1) 大洲分布及种数(8)◆非洲
Mantisia【3】 Sims 螳螂姜属 ← **Globba** Zingiberaceae 姜科 [MM-737] 全球 (1) 大洲分布及种数(1-2)◆亚洲
Mantodda Adans. = **Smithia**
Mantodea Adans. = **Aeschynomene**
Mantoida Raf. = **Rubus**
Mantra Giseke = **Globba**
Mantruda Salisb. = **Manfreda**
Manuelia Pritz. = **Manekia**
Manulea【3】 L. 剪烛花属 → **Adenosma;Sutera;Phyllopodium** Scrophulariaceae 玄参科 [MD-536] 全球 (1) 大洲分布及种数(47-93)◆非洲
Manuleopsis【3】 Thell. 雪烛木属 ≒ **Antherothamnus** Scrophulariaceae 玄参科 [MD-536] 全球 (1) 大洲分布及种数(1)◆非洲(◆南非)
Manungala Blanco = **Quassia**
Manyonia H.Rob. = **Conyza**
Manzonia Schott = **Mangonia**
Maotunia Wedd. = **Maoutia**
Maoutia【2】 Wedd. 水丝麻属 → **Astrothalamus;Boehmeria;Oxera** Urticaceae 荨麻科 [MD-91] 全球 (4) 大洲分布及种数(11-15)非洲:3;亚洲:7-9;大洋洲:4-5;北美洲:1
Map Vell. = **Petiveria**
Mapa Vell. = **Petiveria**
Mapania (C.B.Clarke) C.B.Clarke = **Mapania**
Mapania【3】 Aubl. 擂鼓芳属 → **Hypolytrum;Guettarda** Cyperaceae 莎草科 [MM-747] 全球 (6) 大洲分布及种数(96-118;hort.1;cult: 1)非洲:42-46;亚洲:41-48;大洋洲:14-18;欧洲:2-6;北美洲:9-13;南美洲:24-28
Mapaniaceae Shipunov = Cyperaceae
Mapaniopsis C.B.Clarke = **Mapania**
Mapeta Walker = **Maieta**
Mapinguari【2】 Carnevali & R.B.Singer 地懒兰属 ← **Maxillaria** Orchidaceae 兰科 [MM-723] 全球 (2) 大洲分布及种数(5)北美洲:2;南美洲:4
Mapingucaste【-】 J.M.H.Shaw 兰科属 Orchidaceae 兰科 [MM-723] 全球 (uc) 大洲分布及种数(uc)
Mapira Adans. = **Olyra**

Mapo Vell. = **Petiveria**
Mapourea Maas = **Maprounea**
Mapouria (D.Don) Müll.Arg. = **Mapouria**
Mapouria【3】Aubl. 鸽九节属 ≒ **Psychotria;Simira** Rubiaceae 茜草科 [MD-523] 全球 (1) 大洲分布及种数(22-30)◆南美洲(◆巴西)
Mapourie J.F.Gmel. = **Webera**
Mappa A.Juss. = **Macaranga**
Mappia Hablitz ex Ledeb. = **Mappia**
Mappia【3】Jacq. 马普木属 ≒ **Icacina;Nothapodytes** Icacinaceae 茶茱萸科 [MD-450] 全球 (1) 大洲分布及种数(13-16)◆北美洲
Mappianthus【3】Hand.Mazz. 定心藤属 Icacinaceae 茶茱萸科 [MD-450] 全球 (1) 大洲分布及种数(cf. 1)◆亚洲
Maprounea【2】Aubl. 头序柏属 ← **Excoecaria;Stillingia;Mabea** Euphorbiaceae 大戟科 [MD-217] 全球 (3) 大洲分布及种数(7;hort.1;cult: 1)非洲:3;北美洲:2;南美洲:4
Maprounia Ham. = **Maprounea**
Maprunea J.F.Gmel. = **Maprounea**
Mapuria J.F.Gmel. = **Psychotria**
Maquira (Ducke) C.C.Berg = **Maquira**
Maquira【3】Aubl. 轻箭毒木属 → **Helicostylis;Perebea;Pseudolmedia** Moraceae 桑科 [MD-87] 全球 (6) 大洲分布及种数(5)非洲:2;亚洲:2;大洋洲:2;欧洲:2;北美洲:1-3;南美洲:5-7
Maraca Hebard = **Mayaca**
Maracanthus【2】Kuijt 青葙属 ≒ **Phthirusa** Loranthaceae 桑寄生科 [MD-415] 全球 (2) 大洲分布及种数(3) 北美洲:1,南美洲:2
Marah【3】Kellogg 壮臂瓜属 ← **Echinocystis;Sicyos** Cucurbitaceae 葫芦科 [MD-205] 全球 (1) 大洲分布及种数(12-15)◆北美洲
Marahuacaea【3】Maguire 耳蔺花属 ← **Amphiphyllum** Rapateaceae 泽蔺花科 [MM-713] 全球 (1) 大洲分布及种数(1)◆南美洲
Maralia Thou. = **Polyscias**
Marama Raf. = **Graptophyllum**
Maraniona【3】C.E.Hughes 海豆属 Fabaceae 豆科 [MD-240] 全球 (1) 大洲分布及种数(1)◆南美洲
Maranta【3】L. 竹芋属 → **Calathea;Marattia** Marantaceae 竹芋科 [MM-740] 全球 (6) 大洲分布及种数(50-73)非洲:1-4;亚洲:9-15;大洋洲:4-7;欧洲:3;北美洲:8-12;南美洲:48-63
Marantaceae【3】R.Br. 竹芋科 [MM-740] 全球 (6) 大洲分布和属种数(28-29;hort. & cult.15-16)(382-745;hort. & cult.48-118)非洲:13-19/56-134;亚洲:15-18/69-154;大洋洲:6-12/17-85;欧洲:1-11/2-65;北美洲:14-18/96-170;南美洲:14-19/280-397
Maranteae Meisn. = **Maranta**
Marantha L. = **Maranta**
Maranthes【3】Bl. 海豆李属 ← **Couepia;Parinari** Chrysobalanaceae 可可李科 [MD-243] 全球 (6) 大洲分布及种数(13;hort.1)非洲:12;亚洲:1;大洋洲:2;欧洲:1;北美洲:4;南美洲:4
Maranthus Rchb. = **Maranthes**
Marantochloa【2】Brongn. ex Gris 芦竹芋属 ≒ **Donax** Marantaceae 竹芋科 [MM-740] 全球 (4) 大洲分布及种数(18-23;hort.1)非洲:17-21;亚洲:cf.1;北美洲:6;南美洲:5
Marantodes【-】(A.DC.) P. & K. 报春花科属 ≒ **Labisia** Primulaceae 报春花科 [MD-401] 全球 (uc) 大洲分布及种数(uc)
Marantopsis Körn. = **Stromanthe**
Marara H.Karst. = **Aiphanes**
Marasmodes【3】DC. 黏肋菊属 → **Cymbopappus** Asteraceae 菊科 [MD-586] 全球 (1) 大洲分布及种数(8-16)◆非洲(◆南非)
Marathraceae Dum. = Marattiaceae
Marathrum【2】Humb. & Bonpl. 齿河苔属 ≒ **Podostemum** Podostemaceae 川苔草科 [MD-322] 全球 (2) 大洲分布及种数(24)北美洲:15;南美洲:17
Marattia【3】Sw. 银珠蕨属 → **Eupodium;Muraltia** Marattiaceae 合囊蕨科 [F-13] 全球 (6) 大洲分布及种数(36-50)非洲:6-11;亚洲:19-26;大洋洲:8-13;欧洲:2-6;北美洲:9-13;南美洲:8-12
Marattiaceae【3】Kaulf. 合囊蕨科 [F-13] 全球 (6) 大洲分布和属种数(4;hort. & cult.1)(72-110;hort. & cult.2-7)非洲:2-3/24-33;亚洲:3/32-44;大洋洲:2-3/16-26;欧洲:1-2/2-10;北美洲:2-3/12-20;南美洲:1-2/8-16
Marattieae Bory ex Dumort. = **Marattia**
Maravalia Greene = **Taravalia**
Marcania【3】J.B.Imlay 亚洲同爵床属 ≒ **Mascagnia** Acanthaceae 爵床科 [MD-572] 全球 (1) 大洲分布及种数(1)◆亚洲
Marcanilla Mill. = **Sapium**
Marcanodendron【3】Doweld 锦葵科属 Malvaceae 锦葵科 [MD-203] 全球 (1) 大洲分布及种数(uc)◆南美洲(◆委内瑞拉)
Marcanthus Lour. = **Mucuna**
Marcelia Cass. = **Cota**
Marcellia Baill. = **Marcelliopsis**
Marcellia Mart. ex Choisy = **Exogonium**
Marcelliopsis【3】Schinz 绢尾苋属 ≒ **Kyphocarpa** Amaranthaceae 苋科 [MD-116] 全球 (1) 大洲分布及种数(3)◆非洲
Marcetella Svent. = **Sanguisorba**
Marcetia【3】DC. 马尔塞野牡丹属 → **Fritzschia;Ossaea;Rhexia** Melastomataceae 野牡丹科 [MD-364] 全球 (1) 大洲分布及种数(16-20)◆北美洲(◆美国)
Marcgraavia Griseb. = **Marcgravia**
Marcgrafia Gled. = **Marcgraviastrum**
Marcgravia【3】L. 附生藤属 → **Marcgraviastrum;Caracasia;Monstera** Marcgraviaceae 蜜囊花科 [MD-170] 全球 (6) 大洲分布及种数(64-77;hort.1)非洲:1;亚洲:7-8;大洋洲:1;欧洲:1;北美洲:27-34;南美洲:53-59
Marcgraviaceae【3】Bercht. & J.Presl 蜜囊花科 [MD-170] 全球 (6) 大洲分布和属种数(8;hort. & cult.3)(148-179;hort. & cult.4)非洲:3/4;亚洲:1-4/7-11;大洋洲:1-3/1-3;欧洲:3/3;北美洲:6/50-59;南美洲:8/129-148
Marcgraviastrum【2】(Wittm. ex Szyszył.) de Roon & S.Dressler 垂囊花属 ← **Marcgravia;Norantea;Ruyschia** Marcgraviaceae 蜜囊花科 [MD-170] 全球 (2) 大洲分布及种数(13-16)北美洲:3;南美洲:12-15
Marcgravieae Dum. = **Marcgravia**
Marchantia (Corda) Bischl. = **Marchantia**
Marchantia【3】Stephani ex Bonner 同地钱属 ≒

M

Preissia Marchantiaceae 地钱科 [B-12] 全球 (6) 大洲分布及种数(23-25)非洲:6-44;亚洲:15-54;大洋洲:5-43;欧洲:3-41;北美洲:8-46;南美洲:7-45
Marchantiaceae Lindl. = Marchantiaceae
Marchantiaceae【3】Stephani ex Bonner 地钱科 [B-12] 全球 (6) 大洲分布和属种数(2-3;hort. & cult.1-2)(23-70;hort. & cult.2-5)非洲:1-2/6-47;亚洲:1-2/15-57;大洋洲:1-2/5-46;欧洲:2-3/4-45;北美洲:2-3/9-50;南美洲:1-2/7-48
Marchantiopsida Cronquist,Arthur John & Takhtajan, Armen Leonovich & Zimmermann,Walter Max = **Marchantiopsis**
Marchantiopsis【3】C.Gao & G.C.Zhang 地钱科属 Marchantiaceae 地钱科 [B-12] 全球 (1) 大洲分布及种数(1)◆东亚(◆中国)
Marchasta【-】E.O.Campb. 地钱科属 Marchantiaceae 地钱科 [B-12] 全球 (uc) 大洲分布及种数(uc)
Marchesinia Gray = **Marchesinia**
Marchesinia【3】Stephani 同鳞苔属 ≒ **Dicranolejeunea;Neurolejeunea** Lejeuneaceae 细鳞苔科 [B-84] 全球 (6) 大洲分布及种数(6-7)非洲:3-4;亚洲:2-5;大洋洲:1;欧洲:1;北美洲:1-2;南美洲:2-4
Marcia Rohr = **Garcia**
Marcielia Steud. = **Cordia**
Marcka F.J.Müll. = **Marina**
Marckea A.Rich. = **Markea**
Marcocarpaea R.Br. = **Microcarpaea**
Marconia Mattei = **Pavonia**
Marcorella Neck. = **Adolphia**
Marcouia Mattei = **Abelmoschus**
Marcuccia Becc. = **Enicosanthum**
Marcusia Gilg = **Marquesia**
Marcus-kochia【2】Al-Shehbaz 同鳞菜属 Brassicaceae 十字花科 [MD-213] 全球 (2) 大洲分布及种数(3) 非洲:3;欧洲:3
Mardara H.Karst. = **Aiphanes**
Mare Aubl. = **Mabea**
Mareba Baill. = **Mareya**
Mareca L. = **Areca**
Mareda Baill. = **Mareya**
Marela Baill. = **Mareya**
Marenga Endl. = **Moringa**
Marenopuntia Backeb. = **Corynopuntia**
Marenopuntiae Backeb. = **Corynopuntia**
Marenteria Noronha ex A.Thouars = **Uvaria**
Maresia【2】Pomel 梅尔芥属 ← **Hesperis;Sisymbrium** Brassicaceae 十字花科 [MD-213] 全球 (3) 大洲分布及种数(4-6)非洲:2;亚洲:cf.1;欧洲:2
Mareya【3】Baill. 山柳桐属 ← **Acalypha;Mareyopsis** Euphorbiaceae 大戟科 [MD-217] 全球 (1) 大洲分布及种数(4)◆非洲
Mareyopsis【3】Pax & K.Hoffm. 山槲桐属 ← **Mareya** Euphorbiaceae 大戟科 [MD-217] 全球 (1) 大洲分布及种数(2)◆非洲
Margacola Buckley = **Trichocoronis**
Margaranthus【3】Schlecht. 网球茄属 ← **Physalis** Solanaceae 茄科 [MD-503] 全球 (6) 大洲分布及种数(4-5)非洲:1;亚洲:1;大洋洲:1;欧洲:1;北美洲:3-5;南美洲:1
Margare DC. = **Symphoricarpos**
Margaretia Oliv. = **Margaretta**
Margaretta【3】Oliv. 铃瑰花属 ← **Pachycarpus** Apocynaceae 夹竹桃科 [MD-492] 全球 (1) 大洲分布及种数(1-3)◆非洲
Margaripes DC. ex Steud. = **Anaphalis**
Margaris DC. = **Symphoricarpos**
Margaris Griseb. = **Margaritopsis**
Margaritaria【3】L.f. 蓝子木属 ≒ **Anaphalis;Flueggea** Phyllanthaceae 叶下珠科 [MD-222] 全球 (6) 大洲分布及种数(13-17;hort.1;cult: 2)非洲:7-11;亚洲:6-10;大洋洲:3-8;欧洲:1-5;北美洲:6-10;南美洲:3-7
Margarites DC. = **Chiococca**
Margaritolobium【3】Harms 委珠豆属 ← **Gliricidia;Muellera** Fabaceae 豆科 [MD-240] 全球 (1) 大洲分布及种数(uc)◆亚洲
Margaritopsis【3】C.Wright 珍珠茜属 ≒ **Mapouria** Rubiaceae 茜草科 [MD-523] 全球 (1) 大洲分布及种数(12)◆北美洲
Margaro DC. = **Symphoricarpos**
Margarocarpus Wedd. = **Pouzolzia**
Margarodes Schmutterer = **Anaphalis**
Margarops DC. = **Chiococca**
Margay Kellogg = **Marah**
Margbensonia【2】A.V.Bobrov & Melikyan 竹柏属 ≒ **Nageia** Podocarpaceae 罗汉松科 [G-13] 全球 (5) 大洲分布及种数(cf.1) 非洲;亚洲;大洋洲;欧洲;北美洲
Margelana Poir. = **Tropaeolum**
Margelliantha【3】P.J.Cribb 银珠兰属 ← **Angraecopsis;Mystacidium;Rhipidoglossum** Orchidaceae 兰科 [MM-723] 全球 (1) 大洲分布及种数(4)◆非洲
Marggravia Willd. = **Marcgraviastrum**
Marginaria【2】Bory 边龙蕨属 ≒ **Polypodium; Myrciaria** Polypodiaceae 水龙骨科 [F-60] 全球 (3) 大洲分布及种数(15) 非洲;北美洲;南美洲
Marginariopsis C.Chr. = **Pleopeltis**
Marginariopsis T.Moore = **Polypodium**
Marginatocereus (Backeb.) Backeb. = **Pachycereus**
Margirycarpus Ruiz & Pav. = **Empetrum**
Margotia Boiss. = **Thapsia**
Margrethia Jespersen & Tåning = **Martretia**
Margyracaena【3】Bitter 同花蔷薇属 ≒ **Acaena** Rosaceae 蔷薇科 [MD-246] 全球 (1) 大洲分布及种数(1)◆南美洲(◆智利)
Margyricarpus【3】Ruiz & Pav. 银珠果属 ← **Empetrum;Tetraglochin** Rosaceae 蔷薇科 [MD-246] 全球 (1) 大洲分布及种数(7-9)◆南美洲
Margyrocarpus Pers. = **Empetrum**
Maria-antonia Pari. = **Crotalaria**
Mariacantha Bubani = **Silybum**
Mariacris DC. = **Chiococca**
Marialva【-】Vand. 藤黄科属 ≒ **Tovomita** Clusiaceae 藤黄科 [MD-141] 全球 (uc) 大洲分布及种数(uc)
Marialvaea Mart. = **Marialva**
Marialvea Spreng. = **Tovomita**
Mariana Hill = **Alfredia**
Marianiae Comm. ex Kunth = **Protium**
Marianna Sonn. = **Marina**
Mariannaea Mart. = **Bertolonia**
Marianthemum Schrank = **Campanula**

M

Marianthus 【3】 Hügel 炽酪藤属 ← **Billardiera; Melianthus** Pittosporaceae 海桐科 [MD-448] 全球 (1) 大洲分布及种数(9-27)◆大洋洲(◆澳大利亚)
Marianum Hill = **Silybum**
Mariarisqueta Guinea = **Cheirostylis**
Marica Ker Gawl. = **Marica**
Marica 【3】 Schreb. 同鸢尾属 ← **Cipura;Bobartia; Cypella** Iridaceae 鸢尾科 [MM-700] 全球 (1) 大洲分布及种数(1-10)◆南美洲
Mariera Walp. = **Lepidium**
Marignia Comm. ex Kunth = **Protium**
Marikellia Bubani = **Melampyrum**
Marila P.F.Stevens = **Marila**
Marila 【3】 Sw. 同花木属 ≒ **Mauritia** Calophyllaceae 红厚壳科 [MD-140] 全球 (6) 大洲分布及种数(16-31)非洲:1;亚洲:1;大洋洲:1;欧洲:1;北美洲:7-12;南美洲:14-27
Marilaunidium P. & K. = **Nama**
Marilia Flint = **Marila**
Marilynia Weiser = **Martynia**
Marimeara Esperon = **Aethionema**
Marina (C.Presl) Barneby = **Marina**
Marina 【3】 Liebm. 沙苜蓿属 ← **Dalea;Parosela; Psoralea** Fabaceae 豆科 [MD-240] 全球 (1) 大洲分布及种数(41-46)◆北美洲(◆美国)
Marinella Baill. = **Martinella**
Marinellia Bubani = **Melampyrum**
Marionina Mattei = **Abelmoschus**
Mariopteris Fée = **Myriopteris**
Mariosousa 【3】 Seigler & Ebinger 儿茶属 ≒ **Senegalia** Fabaceae 豆科 [MD-240] 全球 (1) 大洲分布及种数(12)◆北美洲
Mariottia Guiggi = **Hydnocarpus**
Maripa (Aubl.) D.F.Austin = **Maripa**
Maripa 【3】 Aubl. 马利旋花属 → **Bonamia;Odonellia;Operculina** Convolvulaceae 旋花科 [MD-499] 全球 (1) 大洲分布及种数(21)◆南美洲
Mariposa 【3】 (Alph.Wood) Hoover 仙灯属 ≒ **Calochortus** Liliaceae 百合科 [MM-633] 全球 (1) 大洲分布及种数(4)◆北美洲
Mariscopsis Cherm. = **Queenslandiella**
Marisculus Götgh. = **Alinula**
Mariscus (C.B.Clarke) C.B.Clarke = **Mariscus**
Mariscus 【3】 Vahl 砖子苗属 ← **Cyperus;Jaumea; Angraecum** Cyperaceae 莎草科 [MM-747] 全球 (6) 大洲分布及种数(65-88;hort.1;cult: 1)非洲:33-91;亚洲:17-76;大洋洲:21-78;欧洲:2-59;北美洲:16-73;南美洲:9-66
Marissa L. = **Carissa**
Maritimocereus Akers & Buining = **Borzicactus**
Maritinocereus Akers & Buining = **Cleistocactus**
Marivita Gand. = **Matricaria**
Marizia Gand. = **Daveaua**
Marjorana G.Don = **Origanum**
Markara J.M.H.Shaw = **Aiphanes**
Markea (Donn.Sm.) Cuatrec. = **Markea**
Markea 【3】 Rich. 马尔茄属 → **Hawkesiophyton; Juanulloa** Solanaceae 茄科 [MD-503] 全球 (1) 大洲分布及种数(26-37)◆南美洲
Markhamia 【3】 Seem. ex Baill. 猫尾木属 ← **Bignonia; Dolichandrone** Bignoniaceae 紫葳科 [MD-541] 全球 (6) 大洲分布及种数(10-11)非洲:8-10;亚洲:9-11;大洋洲:1-3;欧洲:2;北美洲:4-6;南美洲:3-5
Markia Rich. = **Markea**
Markleya Bondar = **Attalea**
Marlattiella H.Wolff = **Marlothiella**
Marlea Roxb. = **Alangium**
Marliera D.Dietr. = **Marlierea**
Marlierea 【3】 Cambess. ex A.St.Hil. 裂萼矾木属 → **Calyptranthes;Plinia;Siphoneugena** Myrtaceae 桃金娘科 [MD-347] 全球 (1) 大洲分布及种数(100-101)◆南美洲
Marlieria Benth. = **Marlierea**
Marlieriopsis Kiaersk. = **Blepharocalyx**
Marlothia Engl. = **Helinus**
Marlothiella 【3】 H.Wolff 马劳斯草属 Apiaceae 伞形科 [MD-480] 全球 (1) 大洲分布及种数(1)◆非洲(◆南非)
Marlothistella 【3】 Schwantes 蛇矛玉属 Aizoaceae 番杏科 [MD-94] 全球 (1) 大洲分布及种数(1)◆非洲(◆南非)
Marm Raf. = **Graptophyllum**
Marma Raf. = **Aphelandra**
Marmarina Raf. = **Manicaria**
Marmaroxylon 【3】 Killip ex Record 蟹豆属 ≒ **Abarema** Fabaceae 豆科 [MD-240] 全球 (1) 大洲分布及种数(cf. 1)◆南美洲
Marmorites Benth. = **Marmoritis**
Marmoritis 【3】 Benth. 扭连钱属 ← **Dracocephalum;Nepeta** Lamiaceae 唇形科 [MD-575] 全球 (1) 大洲分布及种数(7-9)◆亚洲
Marniera 【3】 Backeb. 昙花属 ≒ **Selenicereus** Cactaceae 仙人掌科 [MD-100] 全球 (1) 大洲分布及种数(1)◆北美洲
Marogna Salisb. = **Amomum**
Marojejya 【3】 Humbert 玛瑙椰属 Arecaceae 棕榈科 [MM-717] 全球 (1) 大洲分布及种数(2)◆非洲(◆马达加斯加)
Maromba Raf. = **Aphelandra**
Maron Adans. = **Zantedeschia**
Maronea 【-】 A.Massal. 兰科属 ≒ **Camaridium** Orchidaceae 兰科 [MM-723] 全球 (uc) 大洲分布及种数(uc)
Maronella Steiner,M. = **Monardella**
Maropsis Pomel = **Sobolewskia**
Marottia Raf. = **Hydnocarpus**
Marpissa (Alph.Wood) Hoover = **Mariposa**
Marptusa Benth. & Hook.f. = **Barbieria**
Marquartia Hassk. = **Pandanus**
Marquartia Vog. = **Millettia**
Marquesia 【3】 Gilg 柄蕊香属 ← **Monotes** Dipterocarpaceae 龙脑香科 [MD-173] 全球 (1) 大洲分布及种数(4)◆非洲
Marquisia A.Rich. = **Coprosma**
Marrattia Sw. = **Marattia**
Marriottara 【-】 J.M.H.Shaw 兰科属 Orchidaceae 兰科 [MM-723] 全球 (uc) 大洲分布及种数(uc)
Marrubiastrum Mönch = **Sideritis**
Marrubium 【3】 Tourn. ex L. 欧夏至草属 → **Anisomeles;Lagopsis** Lamiaceae 唇形科 [MD-575] 全球 (6) 大洲分布及种数(23-61;hort.1;cult: 3)非洲:9-21;亚洲:20-54;大洋洲:4-6;欧洲:14-22;北美洲:3-6;南美洲:1-2
Mars Mill. = **Zea**

Marsana Sonn. = **Murraya**
Marschallia Bartl. = **Athanasia**
Marschallii Schreb. = **Marshallia**
Marsdenia【3】R.Br. 牛奶菜属 ≒ **Hoya;Pergularia** Asclepiadaceae 萝藦科 [MD-494] 全球 (1) 大洲分布及种数(90-129)◆亚洲
Marsdenia Sineriostoma Tsiang & P.T.Li = **Marsdenia**
Marsea Adans. = **Baccharis**
Marseniopsis J.M.Coult. & Rose = **Museniopsis**
Marsesina Raf. = **Capparis**
Marshallfieldia J.F.Macbr. = **Adelobotrys**
Marshallia【3】Schreb. 芭拉扣属 ← **Athanasia;Heterothalamus;Persoonia** Asteraceae 菊科 [MD-586] 全球 (1) 大洲分布及种数(16-22)◆北美洲
Marshalljohnstonia【3】Henrickson 肉叶苣属 Asteraceae 菊科 [MD-586] 全球 (1) 大洲分布及种数(1)◆北美洲(◆墨西哥)
Marshallocereus Backeb. = **Pachycereus**
Marshara J.M.H.Shaw = **Bactris**
Marsiglia Raf. = **Marsilea**
Marsilea Adans. = **Marsilea**
Marsilea【3】L. 蘋属 ≒ **Lemma** Marsileaceae 蘋科 [F-65] 全球 (6) 大洲分布及种数(58-86;hort.1;cult: 3)非洲:31-50;亚洲:13-28;大洋洲:19-37;欧洲:3-18;北美洲:15-30;南美洲:9-22
Marsileaceae【3】Mirb. 蘋科 [F-65] 全球 (6) 大洲分布和属种数(3;hort. & cult.3)(61-109;hort. & cult.4-14)非洲:2/32-52;亚洲:2/15-31;大洋洲:2/20-38;欧洲:2/4-20;北美洲:3/17-32;南美洲:3/11-24
Marsileaceaephyllum N.S.Nagalingum = Marsileaceae
Marsileales【-】Bartl. 蘋科属 Marsileaceae 蘋科 [F-65] 全球 (uc) 大洲分布及种数(uc)
Marsileeae Duby = **Marsilea**
Marsileoideae【-】Eaton 蘋科属 Marsileaceae 蘋科 [F-65] 全球 (uc) 大洲分布及种数(uc)
Marsilla Raf. = **Marsilea**
Marsipella Stephani ex Bonner = **Marsupella**
Marsippospermum【3】Desv. 筐蔺属 ← **Juncus;Rostkovia** Juncaceae 灯芯草科 [MM-733] 全球 (1) 大洲分布及种数(3)◆南美洲
Marsppopetalum Scheff. = **Marsypopetalum**
Marssonia H.Karst. = **Napeanthus**
Marssonina H.Karst. = **Napeanthus**
Marstenia L. = **Martynia**
Marsupella (Grolle) R.M.Schust. = **Marsupella**
Marsupella【3】Stephani ex Bonner 钱袋苔属 ≒ **Gymnomitrion** Gymnomitriaceae 全萼苔科 [B-41] 全球 (6)大洲分布及种数(19-20)非洲:1-26;亚洲:16-43;大洋洲:2-27;欧洲:11-37;北美洲:13-39;南美洲:25
Marsupellopsis (Schiffn.) Berggr. = **Acrobolbus**
Marsupianthes Rchb. = **Marsypianthes**
Marsupiaria Höhne = **Heterotaxis**
Marsupidium【3】Mitt. 囊蒴苔属 ≒ **Adelanthus; Acrobolbus** Acrobolbaceae 顶苞苔科 [B-43] 全球 (6) 大洲分布及种数(3)非洲:2;亚洲:1-3;大洋洲:1-3;欧洲:2;北美洲:2;南美洲:2-4
Marsyas Baill. = **Mareya**
Marsypianthes【3】Mart. ex Benth. 同芩属 ← **Clinopodium;Hyptis** Lamiaceae 唇形科 [MD-575] 全球 (1) 大洲分布及种数(5-6)◆南美洲
Marsypianthus Bartl. = **Marsypianthes**
Marsypocarpus Neck. = **Capsella**
Marsypopetalum【3】Scheff. 弯瓣木属 ← **Guatteria;Monoon** Annonaceae 番荔枝科 [MD-7] 全球 (1) 大洲分布及种数(1-4)◆亚洲
Marsyrocarpus Pers. = **Asta**
Martagon (Rchb.) Opiz = **Lilium**
Martellidendron【3】(Pic.Serm.) Callm. & Chassot 对柱露兜属 ← **Pandanus** Pandanaceae 露兜树科 [MM-703] 全球 (1) 大洲分布及种数(7)◆非洲
Martensia Giseke = **Zingiber**
Martensianthus【3】Borhidi & Lozada-Pérez 对茜属 Rubiaceae 茜草科 [MD-523] 全球 (1) 大洲分布及种数(cf.)◆北美洲
Martensii Giseke = **Alpinia**
Martesia Giseke = **Renealmia**
Martha F.J.Müll. = **Posoqueria**
Marthana Sonn. = **Murraya**
Marthella【3】Urb. 黄玉簪属 ← **Gymnosiphon** Burmanniaceae 水玉簪科 [MM-696] 全球 (1) 大洲分布及种数(1-3)◆北美洲(◆特立尼达和多巴哥)
Marthula Urb. = **Marthella**
Martia Benth. = **Hypericum**
Martia Lacerda ex J.A.Schmidt = **Brunfelsia**
Martia Leandro = **Clitoria**
Martia Valeton = **Pleurisanthes**
Martialia Thou. = **Aralia**
Martiana Raf. = **Anemone**
Martianthus【3】Harley & J.F.B.Pastore ex Benth. 同花芩属 Lamiaceae 唇形科 [MD-575] 全球 (1) 大洲分布及种数(4)◆南美洲
Marticorenia【3】Crisci 雪片菊属 Asteraceae 菊科 [MD-586] 全球 (1) 大洲分布及种数(cf.1)◆南美洲
Martinella【3】Baill. 马丁紫葳属 ← **Anemopaegma;Macfadyena;Polypodium** Bignoniaceae 紫葳科 [MD-541] 全球 (1) 大洲分布及种数(5-6)◆南美洲
Martinellia Carrington = **Scapania**
Martinellius【-】Gray 合叶苔科属 Scapaniaceae 合叶苔科 [B-57] 全球 (uc) 大洲分布及种数(uc)
Martineria Bory = **Balbisia**
Martineria Pfeiff. = **Kielmeyera**
Martinezia【3】Ruiz & Pav. 巨槟榔属 → **Aiphanes** Arecaceae 棕榈科 [MM-717] 全球 (1) 大洲分布及种数(cf. 1)◆北美洲
Martinia Vaniot = **Kalimeris**
Martiniera Guill. = **Wendtia**
Martinieria Vell. = **Balbisia**
Martinieria Walp. = **Wendtia**
Martininia Vell. = **Balbisia**
Martinius Vaniot = **Adenophyllum**
Martinsia Godr. = **Boreava**
Martiodendron Excelsae R.C.Köppen = **Martiodendron**
Martiodendron【3】Gleason 南美马蹄豆属 ≒ **Martiusia** Fabaceae 豆科 [MD-240] 全球 (1) 大洲分布及种数(5)◆南美洲
Martiusa Benth. & Hook.f. = **Barbieria**
Martiusara J.M.H.Shaw = **Barbieria**
Martiusella Pierre = **Chrysophyllum**

M

Martiusia【3】 Schult. 南美马蹄豆属 ≒ **Martiodendron** Fabaceae3 蝶形花科 [MD-240] 全球 (1) 大洲分布及种数(1)◆南美洲
Martrasia Lag. = **Jungia**
Martretia【3】 Beille 蝶须果属 Phyllanthaceae 叶下珠科 [MD-222] 全球 (1) 大洲分布及种数(1-2)◆非洲
Martyna Cothen. = **Strobilanthes**
Martynia【3】 L. 角胡麻属 ≒ **Craniolaria;Sinningia** Martyniaceae 角胡麻科 [MD-557] 全球 (6) 大洲分布及种数(8-11)非洲:2-7;亚洲:3-8;大洋洲:1-6;欧洲:5;北美洲:4-9;南美洲:3-10
Martyniaceae【3】Horan. 角胡麻科 [MD-557] 全球 (6) 大洲分布和属种数(2;hort. & cult.1)(8-19;hort. & cult.1)非洲:1/2-7;亚洲:1/3-8;大洋洲:1/1-6;欧洲:1/5;北美洲:1/4-9;南美洲:2/4-11
Martynieae Horan. = **Martynia**
Marubium Roth = **Marrubium**
Maruca Schreb. = **Marica**
Marulea Schröd. ex Moldenke = **Marsilea**
Marum Mill. = **Origanum**
Marumia Bl. = **Saurauia**
Marungala Blanco = **Quassia**
Marupa Miers = **Viburnum**
Marurang Adans. = **Clerodendrum**
Maruta (Cass.) Cass. = **Anthemis**
Marvingerberara【-】 Gerber,M. & Gerber,R. 兰科属 Orchidaceae 兰科 [MM-723] 全球 (uc) 大洲分布及种数(uc)
Marywildea A.V.Bobrov & Melikyan = **Araucaria**
Marzaria Raf. = **Manicaria**
Mas Mill. = **Zea**
Masakia (Nakai) Nakai = **Euonymus**
Masaris Raf. = **Angelica**
Mascagnea Bert. ex Colla = **Mascagnia**
Mascagnia (Bertero ex DC.) Bertero = **Mascagnia**
Mascagnia【3】 Bertero 蝶翅藤属 ← **Triopterys;Marcania;Niedenzuella** Malpighiaceae 金虎尾科 [MD-343] 全球 (1) 大洲分布及种数(71-82)◆南美洲
Mascalomthus Schultz ex Léman = **Pterigynandrum**
Mascarena L.H.Bailey = **Hyophorbe**
Mascarenhasia【3】 A.DC. 马氏夹竹桃属 ← **Alafia;Echites;Holarrhena** Apocynaceae 夹竹桃科 [MD-492] 全球 (1) 大洲分布及种数(9)◆非洲
Maschalanthe Bl. = **Urospatha**
Maschalanthus【-】 Nutt. 腋苞藓科属 ≒ **Phyllanthus** Pterigynandraceae 腋苞藓科 [B-175] 全球 (uc) 大洲分布及种数(uc)
Maschalocarpus Spreng. = **Pterigynandrum**
Maschalocephalus【3】 Gilg & K.Schum. 禾蔺花属 Rapateaceae 泽蔺花科 [MM-713] 全球 (1) 大洲分布及种数(1)◆非洲
Maschalocorymbus【3】 Bremek. 空序茜属 Rubiaceae 茜草科 [MD-523] 全球 (1) 大洲分布及种数(cf. 1)◆亚洲
Maschalodesme【3】 K.Schum. & Lauterb. 豺咖啡属 ← **Tricalysia** Rubiaceae 茜草科 [MD-523] 全球 (1) 大洲分布及种数(2)◆亚洲
Maschalosorus Bosch = **Trichomanes**
Maschalostachys【3】 Löuille & Roqü 空链菊属 Asteraceae 菊科 [MD-586] 全球 (1) 大洲分布及种数(2)◆南美洲
Masdesvalia Ruiz & Pav. = **Masdevallia**
Masdevallia (Rchb.f.) H.J.Veitch = **Masdevallia**
Masdevallia【3】 Ruiz & Pav. 尾萼兰属 → **Acinopetala; Mandevilla;Barbosella** Orchidaceae 兰科 [MM-723] 全球 (6) 大洲分布及种数(597-724;hort.1;cult: 17)非洲:1;亚洲:1-2;大洋洲:8-19;欧洲:3-4;北美洲:61-68;南美洲:559-646
Masdevalliantha【3】 (Lür) Szlach. & Marg. 尾瓣兰萼属 Orchidaceae 兰科 [MM-723] 全球 (1) 大洲分布及种数(1)◆南美洲(◆厄瓜多尔)
Masema Dulac = **Valerianella**
Masicera Raf. = **Habenaria**
Masmenia F.K.Mey. = **Thlaspi**
Maso DC. = **Mansoa**
Masoala Hort. = **Masoala**
Masoala【3】 Jum. 多梗苞椰属 Arecaceae 棕榈科 [MM-717] 全球 (1) 大洲分布及种数(2)◆非洲(◆马达加斯加)
Masonara auct. = **Masoala**
Maspeton Raf. = **Pastinaca**
Massaenda L. = **Mussaenda**
Massalongoa【3】 Stephani 凸冠苔属 Aytoniaceae 疣冠苔科 [B-9] 全球 (1) 大洲分布及种数(cf. 1)◆亚洲
Massangea E.Morren = **Guzmania**
Massangeara J.M.H.Shaw = **Guzmania**
Massangia Benth. & Hook.f. = **Mascagnia**
Massaria (K.Schum.) Hoyle = **Massia**
Massartina【3】 Maire 梗苞紫草属 Boraginaceae 紫草科 [MD-517] 全球 (1) 大洲分布及种数(uc)属分布和种数(uc)◆非洲(◆阿尔及利亚)
Masseea Rehm = **Typha**
Masseltia Kunth = **Hasseltia**
Massia【2】 Balansa 密鞭草属 ≒ **Bassia** Poaceae 禾本科 [MM-748] 全球 (4) 大洲分布及种数(cf.1) 非洲;欧洲;北美洲;南美洲
Massilia Thunb. ex Houtt. = **Massonia**
Massoia Becc. = **Cryptocarya**
Massoni Thunb. ex Houtt. = **Massonia**
Massonia【3】 Thunb. ex Houtt. 白玉凤属 → **Whiteheadia;Monsonia;Aletris** Asparagaceae 天门冬科 [MM-669] 全球 (1) 大洲分布及种数(12-13)◆非洲
Massounia Thunb. = **Mansonia**
Massovia Benth. & Hook.f. = **Spathiphyllum**
Massula【-】 (C.E.O.Jensen) Schljakov 叶苔科属 ≒ **Typha** Jungermanniaceae 叶苔科 [B-38] 全球 (uc) 大洲分布及种数(uc)
Massularia【3】 (K.Schum.) Hoyle 块茜属 ← **Gardenia;Randia** Rubiaceae 茜草科 [MD-523] 全球 (1) 大洲分布及种数(2)◆非洲
Mastacanthus Endl. = **Caryopteris**
Masteria Duval = **Gasteria**
Mastersi Benth. = **Mastersia**
Mastersia【3】 Benth. 闭荚藤属 ← **Mucuna** Fabaceae 豆科 [MD-240] 全球 (1) 大洲分布及种数(1-2)◆亚洲
Mastersiella【3】 Gilg-Ben. 锥序灯草属 ≒ **Hypolaena;Calorophus;Anthochortus** Restionaceae 帚灯草科 [MM-744] 全球 (1) 大洲分布及种数(3)◆非洲
Mastersii Benth. = **Mastersia**
Mastichina Adans. = **Thymus**

Mastichodendron (Engl.) H.J.Lam = **Sideroxylon**
Mastigion【3】 Garay,Hamer & Siegerist 石豆兰属 ≒ **Bulbophyllum** Orchidaceae 兰科 [MM-723] 全球 (1) 大洲分布及种数(1)◆非洲(◆中非)
Mastigloscleria B.D.Jacks = **Scleria**
Mastigobryum (Nees) Nees = **Mastigobryum**
Mastigobryum【3】Stephani 鞭苔属 ← **Bazzania;Acromastigum** Lepidoziaceae 指叶苔科 [B-63] 全球 (1) 大洲分布及种数(1)◆北美洲
Mastigochirus Cass. = **Nassauvia**
Mastigolejeunea【3】 Stephani 鞭鳞苔属 ≒ **Lopholejeunea;Spruceanthus** Lejeuneaceae 细鳞苔科 [B-84] 全球 (6) 大洲分布及种数(15)非洲:4-17;亚洲:8-22;大洋洲:8-21;欧洲:13;北美洲:3-16;南美洲:3-16
Mastigolejeunea Trigonolejeunea R.M.Schust. = **Mastigolejeunea**
Mastigopelma【3】 (De Not.) Grolle 印度指叶苔属 ≒ **Mastigobryum** Lepidoziaceae 指叶苔科 [B-63] 全球 (6) 大洲分布及种数(2)非洲:3;亚洲:1-4;大洋洲:3;欧洲:3;北美洲:3;南美洲:3
Mastigophora Eomastigophora R.M.Schust. = **Mastigophora**
Mastigophora【3】Stephani 须苔属 ≒ **Chandonanthus** Mastigophoraceae 须苔科 [B-68] 全球 (6) 大洲分布及种数(6)非洲:2-9;亚洲:4-11;大洋洲:4-11;欧洲:1-8;北美洲:2-9;南美洲:2-9
Mastigophoraceae R.M.Schust. = Mastigophoraceae
Mastigophoraceae【3】Stephani 须苔科 [B-68] 全球 (1) 大洲分布和属种数(2/6-14)◆大洋洲
Mastigopsis Sande Lac. ex Lacout. = **Bazzania**
Mastigoptila I.M.Johnst. = **Mastigostyla**
Mastigosciadium【3】 Rech.f. & Kuber 阿富汗伞芹属 Apiaceae 伞形科 [MD-480] 全球 (1) 大洲分布及种数(1)◆西亚(◆阿富汗)
Mastigoscleria Nees = **Scleria**
Mastigostyla【3】 I.M.Johnst. 鞭柱鸢尾属 → **Cardenanthus** Iridaceae 鸢尾科 [MM-700] 全球 (1) 大洲分布及种数(27-30)◆南美洲
Mastixia【3】 Bl. 单室茱萸属 ≒ **Vitex** Nyssaceae 蓝果树科 [MD-451] 全球 (1) 大洲分布及种数(9-21)◆亚洲
Mastixiaceae【3】Calest. 单室茱萸科 [MD-458] 全球 (6) 大洲分布和属种数(1/9-26)非洲:1/1;亚洲:1/9-21;大洋洲:1/1;欧洲:1/1;北美洲:1/1;南美洲:1/1
Mastixiodendron【3】 Melch. 茱萸茜属 ← **Canthium;Plectronia** Rubiaceae 茜草科 [MD-523] 全球 (1) 大洲分布及种数(9-15)◆大洋洲
Mastixua Bl. = **Mastixia**
Masto G.Don = **Mazus**
Mastophyma Cardot = **Mastopoma**
Mastopoma【2】Cardot 雪锦藓属 ≒ **Rhaphidostegium** Pylaisiadelphaceae 毛锦藓科 [B-191] 全球 (3) 大洲分布及种数(16) 亚洲:15;大洋洲:4;南美洲:1
Mastostigma Stocks = **Odontanthera**
Mastosuke Raf. = **Ficus**
Mastranzo Löfl. = **Marrubium**
Mastrucium Cass. = **Serratula**
Mastrus G.Don = **Ellisiophyllum**
Mastrutium Endl. = **Serratula**
Masturcium Kitag. = **Campanula**
Mastutium Endl. = **Thlaspi**
Mastyxia Spach = **Mastixia**
Masus G.Don = **Ellisiophyllum**
Matacothrix DC. = **Malacothrix**
Mataeocephalus Tausch = **Centaurea**
Mataiba R.Hedw. = **Matayba**
Matalbatzia【-】 Archila 兰科属 Orchidaceae 兰科 [MM-723] 全球 (uc) 大洲分布及种数(uc)
Matalea A.Gray = **Maillea**
Matamoria La Llave = **Pseudelephantopus**
Mataxa Spreng. = **Lasiospermum**
Matayba【3】 Aubl. 红鹦果属 → **Averrhoidium;Cupania;Sapindus** Sapindaceae 无患子科 [MD-428] 全球 (6) 大洲分布及种数(52-59;hort.4;cult: 4)非洲:4;亚洲:3-7;大洋洲:3-7;欧洲:4;北美洲:15-20;南美洲:44-51
Mateatia Vell. = **Sterculia**
Matelea (Decne.) Woodson = **Matelea**
Matelea【3】 Aubl. 番萝藦属 ≒ **Macroscepis;Pherotrichis** Apocynaceae 夹竹桃科 [MD-492] 全球 (1) 大洲分布及种数(297-350)◆南美洲
Matelia Goffinet = **Matteria**
Matella Bartl. = **Malvella**
Mathaea Vell. = **Leptoglossis**
Mathania Gagnep. = **Mangifera**
Mathea Steud. = **Schwenckia**
Mathewsara J.M.H.Shaw = **Mathewsia**
Mathewsia【3】 Hook. & Arn. 马修芥属 ← **Sisymbrium** Brassicaceae 十字花科 [MD-213] 全球 (1) 大洲分布及种数(10)◆南美洲
Mathiasella【3】 Constance & C.L.Hitchc. 马赛厄斯草属 Apiaceae 伞形科 [MD-480] 全球 (1) 大洲分布及种数(1)◆北美洲(◆墨西哥)
Mathieua【3】 Klotzsch 偏钟石蒜属 ≒ **Eucharis** Amaryllidaceae 石蒜科 [MM-694] 全球 (1) 大洲分布及种数(1)◆南美洲
Mathiolaria Chevall. = **Matthiola**
Mathurina【3】 Balf.f. 蛛花桐属 Passifloraceae 西番莲科 [MD-151] 全球 (1) 大洲分布及种数(1)◆非洲(◆毛里求斯)
Matisia【3】 Bonpl. 无隔囊木棉属 → **Patinoa;Quararibea** Malvaceae 锦葵科 [MD-203] 全球 (1) 大洲分布及种数(55-72)◆南美洲
Matonia【2】 Sm. 罗伞蕨属 ≒ **Phanerosorus** Gymnogrammitidaceae 雨蕨科 [F-57] 全球 (2) 大洲分布及种数(2) 非洲:1;亚洲:2
Matoniaceae C.Presl = Gymnogrammitidaceae
Matourea【-】 Aubl. 玄参科属 ≒ **Stemodia** Scrophulariaceae 玄参科 [MD-536] 全球 (uc) 大洲分布及种数(uc)
Matpania Gagnep. = **Mangifera**
Matrella Pers. = **Zoysia**
Matricaria【3】 L. 母菊属 → **Aaronsohnia;Anthemis;Pentzia** Asteraceae 菊科 [MD-586] 全球 (6) 大洲分布及种数(21-54;hort.1;cult:4)非洲:6-11;亚洲:15-23;大洋洲:4-9;欧洲:9-14;北美洲:6-12;南美洲:1-7
Matricariaceae F.Voigt = Philydraceae
Matricarioides Spach = **Tanacetum**
Matrichamomilla Rauschert = **Matricaria**
Matriearia L. = **Matricaria**

Matsubaraea S.Okamura = **Duthiella**
Matsudaara【-】 auct. 兰科属 Orchidaceae 兰科 [MM-723] 全球 (uc) 大洲分布及种数(uc)
Matsumuraea S.Okamura = **Duthiella**
Matsumurella【3】 Makino 小野芝麻属 ≒ **Galeobdolon** Lamiaceae 唇形科 [MD-575] 全球 (1) 大洲分布及种数(cf. 1)◆东亚(◆中国)
Matsumuria Hemsl. = **Titanotrichum**
Matteria【3】 Goffinet 南美木灵藓属 ≒ **Armeria** Orthotrichaceae 木灵藓科 [B-151] 全球 (1) 大洲分布及种数(2)◆南美洲
Matteuccia【3】 Tod. 荚果蕨属 ← **Onoclea;Pteretis** Onocleaceae 球子蕨科 [F-45] 全球 (6) 大洲分布及种数(4)非洲:1;亚洲:3-5;大洋洲:1;欧洲:1-2;北美洲:1-2;南美洲:1
Mattfeldanthus【3】 H.Rob. & R.M.King 尾药斑鸠菊属 ≒ **Vernonia** Asteraceae 菊科 [MD-586] 全球 (1) 大洲分布及种数(3)◆南美洲(◆巴西)
Mattfeldia【3】 Urb. 三脉藤菊属 Asteraceae 菊科 [MD-586] 全球 (1) 大洲分布及种数(1)◆北美洲(◆海地)
Matthaea【3】 Bl. 北榕桂属 Monimiaceae 玉盘桂科 [MD-20] 全球 (1) 大洲分布及种数(cf. 1)◆亚洲
Matthewsia Rchb. = **Mathewsia**
Matthi Schult. = **Rindera**
Matthiola L. = **Matthiola**
Matthiola【3】 R.Br. 紫罗兰属 → **Anchonium;Bobea; Antirhea** Brassicaceae 十字花科 [MD-213] 全球 (6) 大洲分布及种数(66-72;hort.1;cult: 6)非洲:23-31;亚洲:47-57;大洋洲:6-14;欧洲:16-24;北美洲:5-13;南美洲:1-9
Matthiolaria (L.) Chevall. = **Guettarda**
Matthisonia Lindl. = **Schwenckia**
Matthissonia Raddi = **Schwenckia**
Mattia Schult. = **Rindera**
Mattiastrum (Boiss.) Brand = **Mattiastrum**
Mattiastrum【3】 Brand 盘果草属 ← **Lappula; Sphaeralcea** Boraginaceae 紫草科 [MD-517] 全球 (1) 大洲分布及种数(42-45)◆亚洲
Mattiola Sang. = **Guettarda**
Mattuschkaea【3】 Schreb. 佩茜属 ≒ **Perama** Rubiaceae 茜草科 [MD-523] 全球 (1) 大洲分布及种数(uc)◆亚洲
Mattuschkea Batsch = **Perama**
Mattuschkia J.F.Gmel. = **Piper**
Mattuskea Raf. = **Perama**
Matucana【3】 Britton & Rose 山仙玉属 ≒ **Borzicactus;Echinocactus** Cactaceae 仙人掌科 [MD-100] 全球 (1) 大洲分布及种数(37)◆南美洲
Matucena Raf. = **Gomesa**
Matudacalamus F.Maek. = **Aulonemia**
Matudaea【3】 Lundell 蚊母桂属 Hamamelidaceae 金缕梅科 [MD-63] 全球 (1) 大洲分布及种数(2-3)◆北美洲
Matudanthus【2】 D.R.Hunt 紫竹梅属 ≒ **Tradescantia** Commelinaceae 鸭跖草科 [MM-708] 全球 (2) 大洲分布及种数(1)大洋洲;北美洲
Matudina R.M.King & H.Rob. = **Eupatoriastrum**
Matueana Lundell = **Matudaea**
Matula Medik. = **Solanum**
Maturna Raf. = **Gomesa**
Maturoya P.V.Heath = **Adenosma**
Matuta Raf. = **Notylia**
Maua W.R.Buck = **Mahua**
Maublancia Neck. = **Bernardinia**
Mauchartia Neck. = **Marchantia**
Mauchia P. & K. = **Chrysopsis**
Mauduyta Comm. ex Endl. = **Quassia**
Maughania J.Saint-Hilaire = **Diplosoma**
Maughania J.St.Hil. = **Flemingia**
Maughania N.E.Br. = **Maughaniella**
Maughaniella【3】 L.Bolus 妖奇玉属 Aizoaceae 番杏科 [MD-94] 全球 (1) 大洲分布及种数(1)◆非洲
Mauhlia Dahl = **Agapanthus**
Maukscbia Heuff. = **Carex**
Maukschia Heuff. = **Carex**
Maulisia Cambess. = **Moulinsia**
Maulli Dahl = **Agapanthus**
Maullinia I.Maier,E.R.Parodi,Westermeier & D.G.Müll. = **Paullinia**
Mauloutchia【3】 (Baill.) O.Warburg 饰果楠属 → **Brochoneura;Myristica** Myristicaceae 肉豆蔻科 [MD-15] 全球 (1) 大洲分布及种数(6-9)◆非洲(◆马达加斯加)
Maumeneara【-】 J.M.H.Shaw 兰科属 Orchidaceae 兰科 [MM-723] 全球 (uc) 大洲分布及种数(uc)
Maunderara【-】 Hort. 兰科属 Orchidaceae 兰科 [MM-723] 全球 (uc) 大洲分布及种数(uc)
Maundia【3】 F.Müll. 花香蒲属 ≒ **Triglochin** Maundiaceae 花香蒲科 [MM-608] 全球 (1) 大洲分布及种数(1)◆大洋洲
Maundiaceae【3】Nakai 花香蒲科 [MM-608] 全球 (1) 大洲分布和属种数(uc)◆大洋洲
Mauneia Thou. = **Aphloia**
Mauotia L.f. = **Maundia**
Maupasia Viguier = **Maasia**
Maurandella【3】 (A.Gray) Rothm. 小蔓桐花属 ← **Antirrhinum;Holmgrenanthe** Plantaginaceae 车前科 [MD-527] 全球 (1) 大洲分布及种数(1-2)◆北美洲
Maurandia Jacq. = **Maurandya**
Maurandya (A.Gray) I.M.Johnst. = **Maurandya**
Maurandya【3】 Ortega 蔓桐花属 ← **Asarina; Maurandella** Scrophulariaceae 玄参科 [MD-536] 全球 (6)大洲分布及种数(11)非洲:1;亚洲:1;大洋洲:3-4;欧洲:1-2;北美洲:10-11;南美洲:5-6
Mauranthe O.F.Cook = **Chamaedorea**
Mauranthemum【3】 R.Vogt & C.Oberprieler 白晶菊属 ≒ **Chrysanthemum** Asteraceae 菊科 [MD-586] 全球 (1) 大洲分布及种数(5)◆非洲
Mauria【3】 Kunth 黑心漆属 ≒ **Mairia** Anacardiaceae 漆树科 [MD-432] 全球 (1) 大洲分布及种数(17-21)◆南美洲
Mauriceara【-】 J.M.H.Shaw 兰科属 Orchidaceae 兰科 [MM-723] 全球 (uc) 大洲分布及种数(uc)
Maurilia L.f. = **Mauritia**
Mauritia【3】 L.f. 湿地棕属 → **Lepidocaryum;Marila** Arecaceae 棕榈科 [MM-717] 全球 (6) 大洲分布及种数(4-5)非洲:3;亚洲:3;大洋洲:3;欧洲:1-4;北美洲:1-4;南美洲:3-7
Mauritiella【3】 Burret 南美棕属 ← **Mauritia;Muretia** Arecaceae 棕榈科 [MM-717] 全球 (1) 大洲分布及种

M

数(4)◆南美洲
Mauritiiella Burret = **Mauritiella**
Maurocena Adans. = **Cassine**
Maurocenia【3】Mill. 鹫樱属 ← **Cassine;Sideroxylon** Celastraceae 卫矛科 [MD-339] 全球 (1) 大洲分布及种数(1)◆非洲(◆南非)
Maurocenias O.Yano & Gradst. = **Fossombronia**
Maurocenius Gray = **Fossombronia**
Mausolea【3】Bunge ex Poljakov 绵果蒿属 ← **Artemisia** Asteraceae 菊科 [MD-586] 全球 (1) 大洲分布及种数(cf. 1)◆亚洲
Mavaelia Trimen = **Pogostemon**
Mavia G.Bertol. = **Albizia**
Mavrina Liebm. = **Marina**
Mawsonia R.Br. = **Dawsonia**
Maxburretia【3】Furtado 隐药棕属 ← **Livistona** Arecaceae 棕榈科 [MM-717] 全球 (1) 大洲分布及种数(2-3)◆亚洲
Maxia Ö.Nilsson = **Heliocarpus**
Maxidium【-】J.M.H.Shaw 兰科属 Orchidaceae 兰科 [MM-723] 全球 (uc) 大洲分布及种数(uc)
Maxillacaste auct. = **Lycaste**
Maxillaria (Benth.) Schuit. & M.W.Chase = **Maxillaria**
Maxillaria【3】Ruiz & Pav. 腭唇兰属 ← **Batemannia;Bifrenaria;Cymbidium** Orchidaceae 兰科 [MM-723] 全球 (6) 大洲分布及种数(656-760;hort.1;cult: 3)非洲:16-25;亚洲:14-18;大洋洲:5-10;欧洲:3;北美洲:227-239;南美洲:555-633
Maxillarieae Pfitzer = **Maxillaria**
Maxillariella【2】M.A.Blanco & Carnevali 小腭唇兰属 ← **Broughtonia;Maxillaria;Ponera** Orchidaceae 兰科 [MM-723] 全球 (4) 大洲分布及种数(44)非洲:5;亚洲:cf.1;北美洲:23;南美洲:37
Maxillyca【-】J.M.H.Shaw 兰科属 Orchidaceae 兰科 [MM-723] 全球 (uc) 大洲分布及种数(uc)
Maxilobium【-】auct. 兰科属 Orchidaceae 兰科 [MM-723] 全球 (uc) 大洲分布及种数(uc)
Maximbignya Glassman = **Attalea**
Maximiliana Mart. = **Attalea**
Maximilianea Mart. = **Cochlospermum**
Maximilianea Rchb. = **Cochlospermum**
Maximilliana Mart. = **Attalea**
Maximoviczia A.P.Khokhr. = **Scirpus**
Maximovitzia Benth. & Hook.f. = **Ibervillea**
Maximowasia P. & K. = **Neotorularia**
Maximowiczia【3】Rupr. 五味子属 ≒ **Ibervillea** Cucurbitaceae 葫芦科 [MD-205] 全球 (1) 大洲分布及种数(3)◆北美洲
Maximowicziella A.P.Khokhr. = **Scirpus**
Maximowiczii Rupr. = **Bryonia**
Maxonia【3】Christensen 宿盖汝蕨属 ← **Dennstaedtia;Polystichum** Dryopteridaceae 鳞毛蕨科 [F-49] 全球 (6) 大洲分布及种数(2-3;hort.1)非洲:4;亚洲:4;大洋洲:4;欧洲:4;北美洲:1-5;南美洲:1-5
Maxwellia【3】Baill. 马梧桐属 Malvaceae 锦葵科 [MD-203] 全球 (1) 大洲分布及种数(1)◆大洋洲
Mayaca【3】Aubl. 花水藓属 ≒ **Obetia** Mayacaceae 花水藓科 [MM-714] 全球 (6) 大洲分布及种数(6-9)非洲:4;亚洲:2-5;大洋洲:1-4;欧洲:3;北美洲:3-6;南美洲:5-8
Mayacaceae【3】Kunth 花水藓科 [MM-714] 全球 (6) 大洲分布和属种数(1/5-12)非洲:1/4;亚洲:1/2-5;大洋洲:1/1-4;欧洲:1/3;北美洲:1/3-6;南美洲:1/5-8
Mayamaea Lundell = **Mayanaea**
Mayanaea【3】Lundell 瘤果堇属 ≒ **Orthion** Violaceae 堇菜科 [MD-126] 全球 (1) 大洲分布及种数(cf. 1)◆北美洲
Mayanthemum DC. = **Maianthemum**
Mayara Garay & H.R.Sw. = **Papilionanthe**
Mayariochloa【3】Salariato 北美洲堇草属 ≒ **Alloteropsis** Poaceae 禾本科 [MM-748] 全球 (1) 大洲分布及种数(1)◆北美洲(◆古巴)
Maycockia A.DC. = **Condylocarpon**
Maydaceae Kunth = Mayacaceae
Maydeae Adans. = **Zea**
Maydinae Harv. = **Madiinae**
Mayella Pierre = **Planchonella**
Mayepea Aubl. = **Linociera**
Mayere Aubl. = **Linociera**
Mayeta Juss. = **Tococa**
Maymena Aubl. = **Mayna**
Maymoirara【-】auct. 兰科属 Orchidaceae 兰科 [MM-723] 全球 (uc) 大洲分布及种数(uc)
Mayna【2】Aubl. 美猴木属 ≒ **Meyna;Brosimum;Oncoba** Achariaceae 青钟麻科 [MD-159] 全球 (2) 大洲分布及种数(10-12)北美洲:3;南美洲:9-10
Maynea Norman = **Mayna**
Mayodendron【3】Kurz 火烧花属 ← **Radermachera** Bignoniaceae 紫葳科 [MD-541] 全球 (1) 大洲分布及种数(cf. 1)◆亚洲
Mayrinia Lilja = **Myrinia**
Mays Mill. = **Zea**
Maysara (D.M.Cumming) D.M.Cumming = **Mayaca**
Maytemus Molina = **Maytenus**
Maytenus【3】Molina 牛杞木属 → **Zinowiewia;Haenkea;Haydenoxylon** Celastraceae 卫矛科 [MD-339] 全球 (6) 大洲分布及种数(221-278;hort.1;cult: 5)非洲:46-71;亚洲:42-67;大洋洲:17-39;欧洲:7-29;北美洲:53-105;南美洲:139-176
Mayzea Raf. = **Zea**
Mazaceae Reveal = Malvaceae
Mazaea【3】Krug & Urb. 马萨茜属 → **Acunaeanthus;Suberanthus;Moraea** Rubiaceae 茜草科 [MD-523] 全球 (6) 大洲分布及种数(3)非洲:2;亚洲:1-3;大洋洲:2;欧洲:2;北美洲:2-4;南美洲:2
Mazax Krug & Urb. = **Mazaea**
Mazeutoxeron Labill. = **Correa**
Mazia Schwacke ex Engl. & Prantl = **Mezia**
Mazinna Spach = **Jatropha**
Mazus Annuae Bonati = **Mazus**
Mazus【3】Lour. 通泉草属 → **Ellisiophyllum;Lobelia;Malus** Scrophulariaceae 玄参科 [MD-536] 全球 (6) 大洲分布及种数(37-49;hort.1;cult: 5)非洲:1-7;亚洲:36-45;大洋洲:2-12;欧洲:2-7;北美洲:5-10;南美洲:5
Mazzettia Iljin = **Dolomiaea**
Mazzia Chabaud,Navone & Bain = **Maasia**
Mcateella Pers. = **Agrostis**
Mcdadea E.A.Tripp & I.Darbysh. = **Boltonia**
Mcliadelpha Radlk. = **Dysoxylum**
Mclongena Mill. = **Solanum**

Mcneillia 【3】 Dillenb. & Kadereit 禾叶漆姑属 Caryophyllaceae 石竹科 [MD-77] 全球 (1) 大洲分布及种数(uc) ◆欧洲
Mcrostylis Nutt. = **Microstylis**
Mcteorus Lour. = **Barringtonia**
Mcvaughia 【3】 W.R.Anderson 麦克木属 Malpighiaceae 金虎尾科 [MD-343] 全球 (1) 大洲分布及种数(2)◆南美洲(◆巴西)
Meadia Mill. = **Dodecatheon**
Meadii Catesby ex Mill. = **Dodecatheon**
Meara Sol. ex Seem. = **Aralia**
Mearnsia Merr. = **Metrosideros**
Mearnsiana Merr. = **Metrosideros**
Measuresara 【-】 J.M.H.Shaw 兰科属 Orchidaceae 兰科 [MM-723] 全球 (uc) 大洲分布及种数(uc)
Mebora Steud. = **Mibora**
Meborea Aubl. = **Phyllanthus**
Mecardonia 【3】 Ruiz & Pav. 伏胁花属 ← **Bacopa** Scrophulariaceae 玄参科 [MD-536] 全球 (6) 大洲分布及种数(14;hort.1)非洲:8;亚洲:2-10;大洋洲:1-9;欧洲:2-10;北美洲:5-13;南美洲:10-18
Mecaster Harv. = **Anisotoma**
Mechowia 【3】 Schinz 八宝苋属 Amaranthaceae 苋科 [MD-116] 全球 (1) 大洲分布及种数(1-2)◆非洲
Mecidea J.Kirk ex Oliv. = **Majidea**
Mecinus Benn. = **Mecopus**
Mecistostylus Klotzsch = **Kalanchoe**
Meckelia (A.Juss.) Griseb. = **Spachea**
Meclatis Spach = **Clematis**
Mecoderus Klotzsch = **Acrostichum**
Mecodium (Copel.) C.Presl ex Copel. = **Mecodium**
Mecodium 【3】 C.Presl 蕗蕨属 ≒ **Hymenophyllum** Hymenophyllaceae 膜蕨科 [F-21] 全球 (6) 大洲分布及种数(20-44)非洲:29;亚洲:14-44;大洋洲:4-33;欧洲:29;北美洲:1-30;南美洲:29
Mecomischus 【3】 Coss. ex Benth. & Hook.f. 星毛菊属 ← **Anthemis** Asteraceae 菊科 [MD-586] 全球 (1) 大洲分布及种数(2)◆非洲
Meconella 【3】 Nutt. 仙罂粟属 ≒ **Platystigma; Hesperomecon** Papaveraceae 罂粟科 [MD-54] 全球 (1) 大洲分布及种数(4-18)◆北美洲
Meconia Hook.f. & Thoms. = **Meconella**
Meconopsis 【3】 Vig. 绿绒蒿属 ← **Argemone;Papaver; Stylophorum** Papaveraceae 罂粟科 [MD-54] 全球 (6) 大洲分布及种数(61-79;hort.1;cult: 9)非洲:8;亚洲:60-82;大洋洲:8;欧洲:8;北美洲:12-20;南美洲:8
Meconostigma Schott = **Philodendron**
Meconposis Vig. = **Meconopsis**
Mecopodum D.L.Jones & M.A.Clem. = **Prasophyllum**
Mecoptera Raf. = **Liparis**
Mecopus 【3】 Benn. 长柄荚属 ← **Uraria** Fabaceae 豆科 [MD-240] 全球 (1) 大洲分布及种数(cf. 1)◆亚洲
Mecosa Bl. = **Platanthera**
Mecoschistum Dulac = **Scaevola**
Mecosorus Kl. = **Microgramma**
Mecostylis Kurz ex Teijsm. & Binn. = **Macaranga**
Mecranium 【3】 Hook.f. 麦克野牡丹属 ← **Clidemia; Melastoma;Ossaea** Melastomataceae 野牡丹科 [MD-364] 全球 (1) 大洲分布及种数(23-25)◆北美洲
Mecrocoecia Hook.f. = **Delilia**
Mecynodon Hampe = **Mesonodon**
Medea Klotzsch = **Croton**
Medeala L. = **Medeola**
Medeliocereus Frič & Kreuz. = **Cactus**
Medemia 【3】 Würt. ex H.Wendl. 阔叶棕属 ← **Areca** Arecaceae 棕榈科 [MM-717] 全球 (1) 大洲分布及种数(1-2)◆非洲
Medeola 【3】 L. 巫女花属 ≒ **Asparagus** Liliaceae 百合科 [MM-633] 全球 (1) 大洲分布及种数(1-3)◆北美洲
Medeolaceae 【3】 Takht. 美地科 [MM-634] 全球 (1) 大洲分布和属种数(1;hort. & cult.1)(1-4;hort. & cult.1-2)◆北美洲
Medeoleae Benth. & Hook.f. ex Benth. & Hook.f. = **Medeola**
Medetera Giseke = **Amomum**
Mediaria Pimenov = **Mediasia**
Mediasia 【3】 Pimenov 西风芹属 ≒ **Seseli** Apiaceae 伞形科 [MD-480] 全球 (1) 大洲分布及种数(cf.2) ◆亚洲
Medica Cothen. = **Tourrettia**
Medicago (Ser.) E.Small = **Medicago**
Medicago 【3】 L. 青海苜蓿属 ≒ **Lespedeza** Fabaceae3 蝶形花科 [MD-240] 全球 (6) 大洲分布及种数(72-149;hort.1;cult:18)非洲:31-83;亚洲:64-124;大洋洲:22-58;欧洲:42-95;北美洲:27-71;南美洲:10-43
Medicasia Willk. = **Picris**
Medicia G.Gardner & Champion = **Gelsemium**
Medicosma 【3】 Hook.f. 橘香木属 ← **Acronychia; Evodia;Melicope** Rutaceae 芸香科 [MD-399] 全球 (1) 大洲分布及种数(7-27)◆大洋洲
Medicula Medik. = **Medicago**
Medicusia Mönch = **Picris**
Medinella Nutt. = **Meconella**
Medinilla 【3】 Gaud. 酸脚杆属 ≒ **Allomorphia; Ochthocharis** Melastomataceae 野牡丹科 [MD-364] 全球 (6) 大洲分布及种数(387-498;hort.1;cult: 1)非洲:166-185;亚洲:260-334;大洋洲:103-132;欧洲:2-8;北美洲:7-16;南美洲:2-9
Medinillaea P. & K. = (接受名不详) Melastomataceae
Mediocactus Britton & Rose = **Hylocereus**
Mediocalcar 【3】 J.J.Sm. 金铃兰属 ← **Cryptochilus** Orchidaceae 兰科 [MM-723] 全球 (1) 大洲分布及种数(2-26)◆大洋洲
Mediocereus Frič & Kreuz. = **Hylocereus**
Medioilobivia Backeb. = **Rebutia**
Mediolobivia Backeb. = **Rebutia**
Mediomastus Britton & Rose = **Cactus**
Medium Fisch. ex A.DC. = **Campanula**
Mediusella 【3】 (Cavaco) Hutch. 玉杯花属 ← **Leptolaena** Sarcolaenaceae 苞杯花科 [MD-153] 全球 (1) 大洲分布及种数(2)◆非洲(◆马达加斯加)
Medlerola L. = **Medeola**
Medlinia Decne. = **Melinia**
Medonia Spach = **Cistus**
Medora Kunth = **Maianthemum**
Medranoa 【3】 Urbatsch & R.P.Roberts 多枝木黄花属 Asteraceae 菊科 [MD-586] 全球 (1) 大洲分布及种数(1-5)◆北美洲
Medusa Lour. = **Rinorea**

Medusaea Rchb. = **Euphorbia**
Medusagynaceae【3】Engl. & Gilg 水母柱科 [MD-103] 全球 (1) 大洲分布和属种数(1/1)◆欧洲
Medusagyne【3】Baker 水母树属 Ochnaceae 金莲木科 [MD-104] 全球 (1) 大洲分布及种数(1)◆非洲
Medusandra【3】Brenan 茴芹属 ≒ **Pimpinella** Peridiscaceae 围盘树科 [MD-98] 全球 (1) 大洲分布及种数(2)◆非洲(◆喀麦隆)
Medusandraceae【3】Brenan 毛丝花科 [MD-361] 全球 (1) 大洲分布和属种数(2/8-9)◆非洲
Medusantha【2】Harley & J.F.B.Pastore ex Benth. 蛇丝苓属 Lamiaceae 唇形科 [MD-575] 全球 (2) 大洲分布及种数(8)亚洲:cf.1;南美洲:8
Medusanthera【2】Seem. 蛇丝木属 → **Gomphandra** Stemonuraceae 粗丝木科 [MD-440] 全球 (3) 大洲分布及种数(8-14)非洲:1-3;亚洲:4-6;大洋洲:6-10
Medusather P.Candargy = **Hordelymus**
Medusea Haw. = **Euphorbia**
Medusogyna P. & K. = **Medusagyne**
Medusorchis Szlach. = **Hemipiliopsis**
Medusula Pers. = **Rinorea**
Medyphylla Opiz = **Astragalus**
Meeboldia【3】H.Wolff 蓍叶滇芹属 → **Physospermopsis;Pimpinella** Apiaceae 伞形科 [MD-480] 全球 (1) 大洲分布及种数(2-3)◆亚洲
Meeboldina【3】Süss. 毛薄果草属 ← **Leptocarpus;Restio** Restionaceae 帚灯草科 [MM-744] 全球 (1) 大洲分布及种数(4-5)◆大洋洲(◆澳大利亚)
Meechaiara【-】Hort. 兰科属 Orchidaceae 兰科 [MM-723] 全球 (uc) 大洲分布及种数(uc)
Meehania【3】Britton ex Small & Vail 龙头草属 ← **Cedronella;Dracocephalum** Lamiaceae 唇形科 [MD-575] 全球 (1) 大洲分布及种数(7-9)◆东亚(◆中国)
Meekella Schindl. = **Meziella**
Meerburgia Mönch = **Galeobdolon**
Meesea Hedw. ex Müll.Hal. = **Meesia**
Meesia【3】Gaertn. 寒藓属 → **Barbula;Ceratodon;Philonotis** Meesiaceae 寒藓科 [B-144] 全球 (6) 大洲分布及种数(13) 非洲:1;亚洲:3;大洋洲:8;欧洲:5;北美洲:4;南美洲:5
Meesiaceae【3】Schimp. 寒藓科 [B-144] 全球 (5) 大洲分布和属种数(6/18)亚洲:3/5;大洋洲:1/8;欧洲:5/9;北美洲:3/6;南美洲:3/7
Megacarpaea【3】DC. 高河菜属 ← **Biscutella** Brassicaceae 十字花科 [MD-213] 全球 (1) 大洲分布及种数(cf. 1)◆亚洲
Megacarpha Hochst. = **Randia**
Megacarpus P. & K. = **Megacarpaea**
Megacaryon Boiss. = **Echium**
Megace Haw. = **Bergenia**
Megaceros Australoceros J.Haseg. = **Megaceros**
Megaceros【3】Stephani 大角苔属 ≒ **Nothoceros** Dendrocerotaceae 树角苔科 [B-95] 全球 (6) 大洲分布及种数(5-7)非洲:7;亚洲:1-8;大洋洲:3-11;欧洲:7;北美洲:7;南美洲:1-9
Megaclinium Lindl. = **Bulbophyllum**
Megacodon【3】(Hemsl.) Harry Sm. 大钟花属 ← **Gentiana** Gentianaceae 龙胆科 [MD-496] 全球 (1) 大洲分布及种数(3)亚洲:2-3
Megacorax【3】S.González & W.L.Wagner 倚凤花属 Onagraceae 柳叶菜科 [MD-396] 全球 (1) 大洲分布及种数(1)◆北美洲(◆墨西哥)
Megadendron Miers = **Barringtonia**
Megadenia【3】Maxim. 双果荠属 ≒ **Mentzelia** Brassicaceae 十字花科 [MD-213] 全球 (1) 大洲分布及种数(1-6)◆亚洲
Megadenus Raf. = **Andropogon**
Megaderus Raf. = **Andropogon**
Megadesmus Raf. = **Andropogon**
Megaginus Raf. = **Andropogon**
Megahertzia【3】A.S.George & B.Hyland 耳叶银桦属 Proteaceae 山龙眼科 [MD-219] 全球 (1) 大洲分布及种数(1)◆大洋洲
Megajanus Raf. = **Andropogon**
Megala Haw. = **Bergenia**
Megalachne【3】Steud. 岛羊茅属 ≒ **Eriachne;Bromus** Poaceae 禾本科 [MM-748] 全球 (1) 大洲分布及种数(3)◆南美洲
Megalaema Hook.f. = **Senecio**
Megalangium Brid. = **Acidodontium**
Megalastrum【2】Holttum 根茎肋毛蕨属 ← **Aspidium;Lastrea;Malvastrum** Dryopteridaceae 鳞毛蕨科 [F-49] 全球 (5) 大洲分布及种数(78-117;hort.1;cult: 1)非洲:9;亚洲:6;大洋洲:2-3;北美洲:35-42;南美洲:61-86
Megalec Haw. = **Bergenia**
Megalembidium【3】R.M.Schust. 大叶苔属 ≒ **Kurzia** Lepidoziaceae 指叶苔科 [B-63] 全球 (2) 大洲分布及种数(cf.1) 亚洲;大洋洲
Megaleranthis【3】Ohwi 大菟葵属 Ranunculaceae 毛茛科 [MD-38] 全球 (1) 大洲分布及种数(1)◆亚洲
Megaliabum Rydb. = **Sinclairia**
Megaligia Raf. = **Allium**
Megalo Mill. = **Cucumis**
Megalocalyx (Damboldt) Kolak. = **Campanula**
Megalochlamys【3】Lindau 大被爵床属 ← **Dianthera** Acanthaceae 爵床科 [MD-572] 全球 (1) 大洲分布及种数(10)◆非洲
Megalodonta【3】Greene 鬼针草属 ← **Bidens** Asteraceae 菊科 [MD-586] 全球 (6) 大洲分布及种数(1) 非洲:3;亚洲:3;大洋洲:3;欧洲:3;北美洲:3;南美洲:3
Megalomys Garay = **Megalotus**
Megalonium【3】(A.Berger) G.Kunkel 西班牙景天属 ≒ **Sempervivum** Crassulaceae 景天科 [MD-229] 全球 (1) 大洲分布及种数(cf. 1)◆欧洲
Megalopa K.Schum. = **Webera**
Megalopanax Ekman = **Aralia**
Megalopinus K.Schum. = **Webera**
Megaloprotachne【3】C.E.Hubb. 红褐长毛草属 Poaceae 禾本科 [MM-748] 全球 (1) 大洲分布及种数(1)◆非洲
Megalops K.Schum. = **Webera**
Megalopta K.Schum. = **Webera**
Megalopus K.Schum. = **Psychotria**
Megalorchis【3】H.Perrier 大兰属 ← **Habenaria** Orchidaceae 兰科 [MM-723] 全球 (1) 大洲分布及种数(1)◆非洲
Megalostoma【3】Leonard 爵床属 ≒ **Justicia** Acanthaceae 爵床科 [MD-572] 全球 (1) 大洲分布及种数

(cf. 1)◆北美洲
Megalostylis S.Moore = **Dalechampia**
Megalostylium【3】 Dozy & Molk. 锦叶藓属 Dicranaceae 曲尾藓科 [B-128] 全球 (1) 大洲分布及种数(uc)◆亚洲
Megalostylus S.Moore = **Tragiella**
Megalotheca F.Müll = **Restio**
Megalotheca Welw. ex O.Hoffm. = **Erythrocephalum**
Megalotomus Garay = **Megalotus**
Megalotremis Griff. = **Erythrina**
Megalotropis Griff. = **Erythrina**
Megalotus【3】 Garay 大耳兰属 ← **Gastrochilus;Saccolabium** Orchidaceae 兰科 [MM-723] 全球 (1) 大洲分布及种数(cf. 1)◆东南亚(◆菲律宾)
Megaluropus K.Schum. = **Psychotria**
Megalurus Link = **Aeluropus**
Megamecus Raf. = **Eleocharis**
Meganostoma Leonard = **Megalostoma**
Megaphrynium【3】 Milne-Redh. 巨柊叶属 ← **Phrynium;Sarcophrynium** Marantaceae 竹芋科 [MM-740] 全球 (1) 大洲分布及种数(5)◆非洲
Megaphyllaca Hemsl. = **Chisocheton**
Megaphyllaea Hemsl. = **Chisocheton**
Megaphyllum Spruce ex Baill. = **Pentagonia**
Megapleilis Raf. = **Gesneria**
Megaprynium Milne-Redh. = **Megaphrynium**
Megapterium【-】 Spach 柳叶菜科属 ≒ **Oenothera** Onagraceae 柳叶菜科 [MD-396] 全球 (uc) 大洲分布及种数(uc)
Megarachne Steud. = **Megalachne**
Megaris Raf. = **Aciphylla**
Megarrhiza Torr. & A.Gray = **Marah**
Megascelis Schltr. = **Megastylis**
Megase Haw. = **Bergenia**
Megasea Haw. = **Bergenia**
Megashachia P.Beauv. = **Megastachya**
Megaskepasma【3】 Lindau 赤苞花属 Acanthaceae 爵床科 [MD-572] 全球 (1) 大洲分布及种数(1)◆南美洲
Megast Haw. = **Bergenia**
Megastachya【3】 P.Beauv. 巨穗芒属 → **Arundinella;Centotheca;Eragrostis** Poaceae 禾本科 [MM-748] 全球 (6) 大洲分布及种数(3)非洲:2-13;亚洲:11;大洋洲:11;欧洲:11;北美洲:11;南美洲:11
Megastegia G.Don = **Kibara**
Megaster Haw. = **Bergenia**
Megastigma【3】 Hook.f. 大柱头芸香属 ≒ **Leandra** Rutaceae 芸香科 [MD-399] 全球 (1) 大洲分布及种数(4-5)◆北美洲
Megastoma (Benth. & Hook.f.) Bonnet & Barratte = **Eritrichium**
Megastylis【3】 Schltr. 大柱兰属 → **Rimacola** Orchidaceae 兰科 [MM-723] 全球 (1) 大洲分布及种数(7-8)◆大洋洲
Megathyrsus【3】 (Pilg.) B.K.Simon & S.W.L.Jacobs 大序黍属 ← **Panicum;Urochloa** Poaceae 禾本科 [MM-748] 全球 (1) 大洲分布及种数(2)◆大洋洲
Megatritheca【3】 Cristobal 非洲梧桐木属 ← **Byttneria** Malvaceae 锦葵科 [MD-203] 全球 (1) 大洲分布及种数(2)◆非洲
Megatropis Griff. = **Butea**
Megaxinus Raf. = **Eleocharis**
Megema【3】 Lür 岩园兰属 Orchidaceae 兰科 [MM-723] 全球 (1) 大洲分布及种数(4)◆南美洲
Megisba Fourr. = **Physalis**
Megista Fourr. = **Physalis**
Megistias Fourr. = **Withania**
Megistostegium【3】 Hochr. 大盖锦葵属 ← **Hibiscus** Malvaceae 锦葵科 [MD-203] 全球 (1) 大洲分布及种数(1-5)◆非洲(◆马达加斯加)
Megistostigma【3】 Hook.f. 大柱藤属 ← **Sphaerostylis;Tragia** Euphorbiaceae 大戟科 [MD-217] 全球 (1) 大洲分布及种数(cf. 1)◆亚洲
Megninia Fua ex Hook.f. = **Phlogacanthus**
Megniniella Harms = **Medinilla**
Megokris Raf. = **Actaea**
Megoleria Sond. = **Metzleria**
Megonostoma Leonard = **Megalostoma**
Megophrys Raf. = **Actaea**
Megopis Raf. = **Utricularia**
Megopiza B.D.Jacks. = **Utricularia**
Megotigea Raf. = **Helicodiceros**
Megotris Raf. = **Macrotorus**
Megotrys Raf. = **Cimicifuga**
Megoz Mill. = **Cucumis**
Megozipa (Le Conte) Raf. = **Utricularia**
Megyathus Raf. = **Salvia**
Mehania Schult. = **Melhania**
Meialisa Raf. = **Planea**
Meiandra Markgr. = **Alloneuron**
Meiapinon Raf. = **Linum**
Meibomia (Benth. & Hook.f.) Rose & Standl. = **Meibomia**
Meibomia【3】 Fabr. 凹叶山蚂蝗属 ≒ **Codariocalyx;Phyllodium** Fabaceae3 蝶形花科 [MD-240] 全球 (6) 大洲分布及种数(52-63)非洲:6-28;亚洲:12-35;大洋洲:10-32;欧洲:1-23;北美洲:18-42;南美洲:15-39
Meibornia Heist. ex Fabr. = **Meibomia**
Meibroma Heist. ex Fabr. = **Meibomia**
Meibromia Heist. ex Fabr. = **Meibomia**
Meiemianthera Raf. = **Cytisus**
Meiena Raf. = **Amyema**
Meierara【-】 P.V.Heath 仙人掌科属 Cactaceae 仙人掌科 [MD-100] 全球 (uc) 大洲分布及种数(uc)
Meigenia Nees = **Meyenia**
Meillia D.Don = **Neillia**
Meimuna Raf. = **Amyema**
Meineckia【3】 Baill. 丝梗木属 ← **Acidoton;Securinega** Phyllanthaceae 叶下珠科 [MD-222] 全球 (1) 大洲分布及种数(24-25)◆非洲
Meinertia Baill. = **Meineckia**
Meinungeria【3】 Frank Müll. 茸叶苔属 Lepidoziaceae 指叶苔科 [B-63] 全球 (1) 大洲分布及种数(1)◆非洲
Meiocardia Pennell = **Mecardonia**
Meiocarpidium【3】 Engl. & Diels 毛桃木属 ≒ **Unona** Annonaceae 番荔枝科 [MD-7] 全球 (1) 大洲分布及种数(2)◆非洲
Meioceras Raf. = **Adenia**
Meiodiscus Raf. = **Cryptotaenia**
Meiodorus Klotzsch = **Acrostichum**

Meiogyne 【3】 Miq. 鹿茸木属 ≒ **Ancana;Mitrephora;Oncodostigma** Annonaceae 番荔枝科 [MD-7] 全球 (1) 大洲分布及种数(13-17)◆亚洲
Meioluma Baill. = **Micropholis**
Meiomeria Standl. = **Chenopodium**
Meionandra Gauba = **Valantia**
Meionectes 【3】 R.Br. 南二仙草属 ≒ **Haloragis** Haloragaceae 小二仙草科 [MD-271] 全球 (1) 大洲分布及种数(uc)属分布和种数(uc)◆大洋洲
Meionectis Walp. = **Haloragis**
Meioneta Raf. = **Utricularia**
Meionula Raf. = **Utricularia**
Meioperis Raf. = **Sceptridium**
Meiosperma Raf. = **Justicia**
Meiostemon 【3】 Exell & Stace 四蕊车木属 ← **Combretum** Combretaceae 使君子科 [MD-354] 全球 (1) 大洲分布及种数(2)◆非洲
Meiostemones A.Juss. = **Meiostemon**
Meiota O.F.Cook = **Chamaedorea**
Meiotheciella 【3】 B.C.Tan 新喀锦藓属 Sematophyllaceae 锦藓科 [B-192] 全球 (1) 大洲分布及种数(1)◆大洋洲
Meiotheciopsis 【2】 Broth. 锦藓科属 Sematophyllaceae 锦藓科 [B-192] 全球 (2) 大洲分布及种数(2) 非洲:1;亚洲:1
Meiothecium Eu-meiothecium Broth. = **Meiothecium**
Meiothecium 【3】 Mitt. 野锦藓属 ≒ **Isopterygium;Potamium** Sematophyllaceae 锦藓科 [B-192] 全球 (6) 大洲分布及种数(37) 非洲:9;亚洲:11;大洋洲:15;欧洲:2;北美洲:1;南美洲:6
Meiotrichum 【2】 (G.L.Sm.) G.L.Merr. 北美洲金发藓属 ≒ **Polytrichum** Polytrichaceae 金发藓科 [B-101] 全球 (2) 大洲分布及种数(1) 北美洲:1;南美洲:1
Meiracyllium 【3】 Rchb.f. 伏兰属 → **Isabelia** Orchidaceae 兰科 [MM-723] 全球 (1) 大洲分布及种数(2)◆北美洲
Meirmosesara 【-】 J.M.H.Shaw 兰科属 Orchidaceae 兰科 [MM-723] 全球 (uc) 大洲分布及种数(uc)
Meisneria DC. = **Siphanthera**
Meissneria Fée = **Siphanthera**
Meistera Cothen. = **Amomum**
Meisteria G.A.Scop. = **Poraqueiba**
Meisteria Sieb. & Zucc. = **Enkianthus**
Meizotropis J.O.Voigt = **Butea**
Mekistus Lour ex Gomes = **Quisqualis**
Mel Mill. = **Cucumis**
Melachne Schröd. ex Schult. & Schult.f. = **Gahnia**
Melachone 【3】 Gilli 黑皮茜属 Rubiaceae 茜草科 [MD-523] 全球 (1) 大洲分布及种数(1)◆非洲
Meladendron Molina = **Melaleuca**
Meladenia Turcz. = **Psoralea**
Meladerma 【3】 Kerr 黑皮萝藦属 ← **Finlaysonia** Apocynaceae 夹竹桃科 [MD-492] 全球 (1) 大洲分布及种数(cf. 1)◆亚洲
Meladryum Röhl. = **Melandrium**
Melaenacranis Röm. & Schult. = **Ficinia**
Melalema Hook.f. = **Senecio**
Melalenca L. = **Melaleuca**
Melaleuca 【3】 L. 白千层属 → **Agonis;Nania** Myrtaceae 桃金娘科 [MD-347] 全球 (6) 大洲分布及种数(291-465; hort.1;cult: 8)非洲:9-17;亚洲:20-31;大洋洲:285-445;欧洲:9-18;北美洲:24-51;南美洲:10-19
Melaleucaceae Vest = Myrtaceae
Melaleucon St.Lag. = **Bombax**
Melamphaes Raf. = **Albuca**
Melampirum Neck. = **Melampyrum**
Melampodium (Cass.) DC. = **Melampodium**
Melampodium 【3】 L. 黑足菊属 → **Acanthospermum; Hidalgoa** Asteraceae 菊科 [MD-586] 全球 (6) 大洲分布及种数(48-64)非洲:5;亚洲:6-11;大洋洲:5;欧洲:1-6;北美洲:46-61;南美洲:9-15
Melampsoraceae Rich. ex Hook. & Lindl. = Myoporaceae
Melampus Raf. = **Xenostegia**
Melampydium L. = **Melampodium**
Melampyraceae Rich. ex Hook. & Lindl. = Spielmanniaceae
Melampyrum 【3】 (Tourn.) L. 山罗花属 ≒ **Scutellaria; Acanthospermum** Orobanchaceae 列当科 [MD-552] 全球 (6) 大洲分布及种数(54-69;hort.1;cult: 11)非洲:4-8;亚洲:23-32;大洋洲:3;欧洲:41-48;北美洲:7-11;南美洲:3
Melampyrum L. = **Melampyrum**
Melan Syd. = **Antirhea**
Melanacranis Rchb. = **Ficinia**
Melananthera Michx. = **Melanthera**
Melananthus 【3】 Walp. 黑花茄属 ← **Schwenckia** Solanaceae 茄科 [MD-503] 全球 (6) 大洲分布及种数(7-9)非洲:2;亚洲:2;大洋洲:2;欧洲:2;北美洲:2-5;南美洲:6-10
Melanchrysum Cass. = **Gazania**
Melancium 【3】 Naudin 巴东南葫芦属 Cucurbitaceae 葫芦科 [MD-205] 全球 (1) 大洲分布及种数(1-4)◆南美洲
Melanconis Petr. = **Ficinia**
Melanconium Vestergr. = **Melancium**
Melancranis Vahl = **Ficinia**
Melandrium 【3】 Röhl. 女娄菜属 → **Gastrolychnis; Silene;Lychnis** Caryophyllaceae 石竹科 [MD-77] 全球 (6)大洲分布及种数(9-31;hort.6;cult: 6)非洲:7;亚洲:8-18;大洋洲:7;欧洲:1-8;北美洲:2-9;南美洲:7
Melandrum Blytt = **Melandrium**
Melandryum Rchb. = **Melandrium**
Melanea Pers. = **Malanea**
Melanenthera Link = **Synedrella**
Melaniella Harms = **Medinilla**
Melanitis G.A.Scop. = **Macbridea**
Melanium P.Br. = **Cuphea**
Melanix Raf. = **Toisusu**
Melanobaris Decne. = **Melanoseris**
Melanobatus Greene = **Rubus**
Melanocarpum Hook.f. = **Pleuropetalum**
Melanocarpus Hook.f. = **Pleuropetalum**
Melanocarya Turcz. = **Euonymus**
Melanocenchris 【3】 Nees 黑黍草属 ← **Amphipogon; Pommereulla** Poaceae 禾本科 [MM-748] 全球 (6) 大洲分布及种数(3-4)非洲:2-4;亚洲:2-5;大洋洲:2;欧洲:2;北美洲:2;南美洲:2
Melanocetus Greene = **Rubus**
Melanochyla 【3】 Hook.f. 红毛漆属 Anacardiaceae 漆树科 [MD-432] 全球 (1) 大洲分布及种数(1-23)◆亚洲

M

Melanococca Bl. = **Rhus**
Melanocommia【3】Ridl. 漆树科属 Anacardiaceae 漆树科 [MD-432] 全球 (1) 大洲分布及种数(uc)◆大洋洲
Melanodendron【3】DC. 黑菀木属 Asteraceae 菊科 [MD-586] 全球 (1) 大洲分布及种数(1)◆非洲(◆圣赫勒拿岛)
Melanodiscus【3】Radlk. 金患子属 ← **Crossonephelis;Glenniea** Sapindaceae 无患子科 [MD-428] 全球 (1) 大洲分布及种数(uc)属分布和种数(uc)◆非洲
Melanolagus Greene = **Rubus**
Melanolepis【3】Rchb. & Zoll. 墨鳞属 ← **Adelia** Euphorbiaceae 大戟科 [MD-217] 全球 (1) 大洲分布及种数(2-3)◆亚洲
Melanoleuce St.Lag. = **Melaleuca**
Melanoleucos St.Lag. = **Agonis**
Melanoloma Cass. = **Centaurea**
Melanolorna Cass. = **Centaurea**
Melanoneura Raf. = **Utricularia**
Melanophila Baker = **Melanophylla**
Melanophylla【3】Baker 穗茱萸属 Torricelliaceae 鞘柄木科 [MD-466] 全球 (1) 大洲分布及种数(7)◆非洲(◆马达加斯加)
Melanophyllaceae【3】Takht. ex Airy-Shaw 番茱萸科 [MD-464] 全球 (1) 大洲分布和属种数(1/7)◆南美洲
Melanopodium Colla = **Melanopsidium**
Melanopsidium【3】Colla 巴西密茜属 ≒ **Viviania** Rubiaceae 茜草科 [MD-523] 全球 (1) 大洲分布及种数(1)◆南美洲(◆巴西)
Melanopsis Vig. = **Meconopsis**
Melanopteris J.Sm. = **Moranopteris**
Melanopus (Mont.) Pat. = **Psychotria**
Melanorrhoea【3】Wall. 乌汁漆属 ← **Gluta** Anacardiaceae 漆树科 [MD-432] 全球 (1) 大洲分布及种数(cf.1)◆亚洲
Melanortocarya【2】Selvi,Bigazzi,Hilger & Papini 天芥花属 Boraginaceae 紫草科 [MD-517] 全球 (2) 大洲分布及种数(cf.1) 亚洲:1;欧洲:1
Melanoschoenos Ség. = **Schoenus**
Melanosciadium【3】H.Boiss. 紫伞芹属 ← **Angelica; Pimpinella** Apiaceae 伞形科 [MD-480] 全球 (1) 大洲分布及种数(4)◆亚洲
Melanosciadum Boiss. = **Melanosciadium**
Melanoselinum【3】Hoffm. 毒胡萝卜属 ≒ **Thapsia** Apiaceae 伞形科 [MD-480] 全球 (1) 大洲分布及种数(1)◆非洲
Melanoseris【3】Decne. 毛鳞菊属 ≒ **Lactuca** Asteraceae 菊科 [MD-586] 全球 (1) 大洲分布及种数(31-32)◆亚洲
Melanosinapis K.F.Schimp. & Spenn. = **Brassica**
Melanosoma Cass. = **Centaurea**
Melanospermum【3】Hilliard 墨子玄参属 ← **Polycarena** Scrophulariaceae 玄参科 [MD-536] 全球 (1) 大洲分布及种数(1-6)◆非洲
Melanostachya【3】B.G.Briggs & L.A.S.Johnson 帚灯草属 ← **Restio** Restionaceae 帚灯草科 [MM-744] 全球 (1) 大洲分布及种数(1)◆大洋洲(◆澳大利亚)
Melanosticta DC. = **Hoffmannseggia**
Melanostricta DC. = **Hoffmannseggia**
Melanotis【-】Sw. ex Decne. 夹竹桃科属 Apocynaceae 夹竹桃科 [MD-492] 全球 (uc) 大洲分布及种数(uc)
Melanotus Greene = **Rubus**
Melanoxerus【3】Kainul. & B.Bremer 黑茜草属 Rubiaceae 茜草科 [MD-523] 全球 (1) 大洲分布及种数(1)◆非洲
Melanoxy Raf. = **Salix**
Melanoxylon【3】Schott 黑苏木属 ≒ **Recordoxylon** Fabaceae 豆科 [MD-240] 全球 (1) 大洲分布及种数(1)◆南美洲(◆巴西)
Melanoxylum【3】H.W.Schott 南美蝶豆花属 → **Recordoxylon** Fabaceae 豆科 [MD-240] 全球 (1) 大洲分布及种数(cf.1) ◆南美洲
Melanthera【3】Rohr 卤地菊属 → **Acmella; Eclipta; Philactis** Asteraceae 菊科 [MD-586] 全球 (6) 大洲分布及种数(42-45)非洲:17-27;亚洲:17-28;大洋洲:2-12;欧洲:1-11;北美洲:20-31;南美洲:9-20
Melanthes Hassk. = **Breynia**
Melanthesa Bl. = **Breynia**
Melanthesiopsis Benth. & Hook.f. = **Breynia**
Melanthesopsis Müll.Arg. = **Breynia**
Melanthiaceae【3】Batsch ex Borkh. 藜芦科 [MM-621] 全球 (6) 大洲分布和属种数(16-17;hort. & cult.11-12)(143-308;hort. & cult.41-74)非洲:3-12/16-103;亚洲:8-13/70-166;大洋洲:1-13/1-89;欧洲:3-12/12-100;北美洲:11-14/83-178;南美洲:4-14/14-101
Melanthium【3】L. 爪藜芦属 ≒ **Zigadenus; Melanthera;Aletris** Asparagaceae 天门冬科 [MM-669] 全球 (6) 大洲分布及种数(6-8)非洲:2-11;亚洲:4-12;大洋洲:8;欧洲:3-11;北美洲:5-13;南美洲:8
Melaphe Schröd. = **Gahnia**
Melaplexis R.Br. = **Metaplexis**
Melargyra Raf. = **Spergularia**
Melarhiza Kellogg = **Wyethia**
Melasanthus Pohl = **Stachytarpheta**
Melascus Raf. = **Bonanox**
Melasma【3】Berg. 柄黑蒴属 ≒ **Physocalyx;Alectra** Scrophulariaceae 玄参科 [MD-536] 全球 (6) 大洲分布及种数(7)非洲:2-12;亚洲:2-12;大洋洲:10;欧洲:10;北美洲:2-12;南美洲:3-13
Melasma P.J.Bergius = **Melasma**
Melasmia P.J.Bergius = **Melasma**
Melasphaerula【3】Ker Gawl. 尖瓣菖蒲属 ← **Gladiolus** Iridaceae 鸢尾科 [MM-700] 全球 (6) 大洲分布及种数(3)非洲:2-11;亚洲:9;大洋洲:9;欧洲:9;北美洲:9;南美洲:9
Melaspilea【-】Nyl. 孢芽藓科属 Sorapillaceae 孢芽藓科 [B-212] 全球 (uc) 大洲分布及种数(uc)
Melastiza (W.G.Sm.) Boud. = **Melastoma**
Melastoma Burm. ex L. = **Melastoma**
Melastoma【3】L. 野牡丹属 → **Tristemma;Alifana; Ossaea** Melastomataceae 野牡丹科 [MD-364] 全球 (6) 大洲分布及种数(119-287;hort.1)非洲:17-27;亚洲:91-109;大洋洲:10-23;欧洲:1-11;北美洲:11-24;南美洲:24-43
Melastomastrum【3】Naudin 非洲密牡丹属 ← **Dissotis;Melastoma;Tristemma** Melastomataceae 野牡丹科 [MD-364] 全球 (1) 大洲分布及种数(5-7)◆非洲
Melastomataceae【3】Juss. 野牡丹科 [MD-364] 全球 (6) 大洲分布和属种数(154-184;hort. & cult.26)(5210-7795;hort. & cult.58-82)非洲:36-82/621-980;亚洲:41-86/1074-1569;大

洋洲:17-65/237-488;欧洲:8-60/19-217;北美洲:48-80/1170-1644;南美洲:99-125/3102-3895
Melastomeae Bartl. = **Melastoma**
Melastonmataceae Juss. = Melastomataceae
Melaxis Smith ex Steud. = **Malaxis**
Melba L. = **Melia**
Melchiora Kobuski = **Balthasaria**
Melchioria Kobuski = **Adinandra**
Melchus R.Br. = **Melichrus**
Meleagrina Arruda ex H.Kost. = **Atalaya**
Meleagrinex Arruda ex H.Kost. = **Talisia**
Melecta L. = **Melica**
Melfona Raf. = **Cuphea**
Melhania (K.Schum.) Arènes = **Melhania**
Melhania【3】Forssk. 梅蓝属 → **Dombeya;Hibiscus; Amphiglossa** Sterculiaceae 梧桐科 [MD-189] 全球 (6) 大洲分布及种数(69-81)非洲:59-71;亚洲:20-24;大洋洲:2-6;欧洲:2;北美洲:2;南美洲:2-4
Meli Medik. = **Melia**
Melia【3】L. 楝属 → **Azadirachta;Helia;Nelia** Meliaceae 楝科 [MD-414] 全球 (6) 大洲分布及种数(14)非洲:5-11;亚洲:9-16;大洋洲:3-9;欧洲:3-9;北美洲:4-10;南美洲:5-11
Meliaceae【3】Juss. 楝科 [MD-414] 全球 (6) 大洲分布和属种数(48-53;hort. & cult.22-25)(584-1400;hort. & cult.35-53)非洲:28-39/245-403;亚洲:25-27/256-543;大洋洲:12-26/66-222;欧洲:4-20/11-109;北美洲:10-22/70-176;南美洲:13-25/142-264
Meliadelpha【3】Radlk. 樫木属 ← **Dysoxylum** Meliaceae 楝科 [MD-414] 全球 (1) 大洲分布及种数(uc)属分布和种数(uc)◆大洋洲
Meliales Juss. ex Bercht. & J.Presl = **Corybas**
Meliandra Ducke = **Votomita**
Melianthaceae【3】Horan. 蜜花科 [MD-398] 全球 (6) 大洲分布和属种数(2;hort. & cult.1)(15-21;hort. & cult.6-7)非洲:2/15-19;亚洲:2/2-3;大洋洲:1-2/1-2;欧洲:1-2/1-2;北美洲:1/1-2;南美洲:1/1
Melianthemum Mill. = **Mesanthemum**
Melianthus【3】L. 蜜花属 Francoaceae 新妇花科 [MD-269] 全球 (1) 大洲分布及种数(7-8)◆非洲
Meliboeus Mill. = **Melilotus**
Melica (Bernh.) Asch. = **Melica**
Melica【3】L. 臭草属 → **Aeluropus;Mezia** Poaceae 禾本科 [MM-748] 全球 (6) 大洲分布及种数(95-116;hort.1;cult:22)非洲:18-47;亚洲:47-81;大洋洲:8-36;欧洲:17-49;北美洲:35-63;南美洲:46-76
Melicaceae Link = Meliaceae
Meliceae Link ex Endl. = **Melica**
Melicho Salisb. = **Haemanthus**
Melichrus【3】R.Br. 环腺石南属 ← **Ardisia;Styphelia** Ericaceae 杜鹃花科 [MD-380] 全球 (1) 大洲分布及种数(1-9)◆大洋洲
Meliclis Raf. = **Epidendrum**
Melicocca【2】L. 蜜莓属 ≒ **Otophora** Sapindaceae 无患子科 [MD-428] 全球 (4) 大洲分布及种数(1) 非洲:1;大洋洲:1;北美洲:1;南美洲:1
Melicoccus【2】P.Br. 蜜莓属 → **Doratoxylon; Talisia; Toulicia** Sapindaceae 无患子科 [MD-428] 全球 (5) 大洲分布及种数(13-14;hort.1;cult:1)非洲:2;大洋洲:2;欧洲:1;北美洲:4;南美洲:11-12
Melicodae Soreng = **Melicope**
Melicope【3】J.R.Forst. & G.Forst. 蜜茱萸属 ≒ **Acronychia;Euosma;Pelea** Rutaceae 芸香科 [MD-399] 全球 (6) 大洲分布及种数(168-280;hort.1;cult: 2)非洲:45-84;亚洲:151-255;大洋洲:72-143;欧洲:2-7;北美洲:63-72;南美洲:11-17
Melicopsidium Baill. = **Cossinia**
Melicytus【3】J.R.Forst. & G.Forst. 蜜花堇属 → **Hymenanthera;Melilotus** Violaceae 堇菜科 [MD-126] 全球 (1) 大洲分布及种数(13-25)◆大洋洲
Melidiscus【-】Raf. 白花菜科属 ≒ **Cleome** Cleomaceae 白花菜科 [MD-210] 全球 (uc) 大洲分布及种数(uc)
Melidora Noronha ex R.A.Salisbury = **Enkianthus**
Melieae DC. = **Melia**
Melientha【3】Pierre 南甜菜树属 ← **Champereia** Opiliaceae 山柚子科 [MD-369] 全球 (1) 大洲分布及种数(cf. 1)◆亚洲
Melierax Heuglin = **Mellera**
Melilobus Mitch. = **Acacia**
Melilota Medik. = **Melilotus**
Melilothus Hornem. = **Melilotus**
Melilotoides【2】Heist. ex Fabr. 胡卢巴属 ← **Medicago;Trigonella;Melissitus** Fabaceae3 蝶形花科 [MD-240] 全球 (3) 大洲分布及种数(1) 亚洲:1;欧洲:1;北美洲:1
Melilotus (L.) Mill. = **Melilotus**
Melilotus【3】Mill. 草木樨属 ≒ **Medicago; Melissitus; Orbexilum** Fabaceae 豆科 [MD-240] 全球 (6) 大洲分布及种数(29-44;hort.1;cult: 7)非洲:14-27;亚洲:23-34;大洋洲:7-14;欧洲:18-31;北美洲:7-15;南美洲:6-13
Melina Malloch = **Gmelina**
Melinae Link = **Melia**
Melinaea Weymer = **Molinaea**
Melinia【3】Decne. 苹果萝藦属 ≒ **Hemipogon;Metastelma;Philibertia** Asclepiadaceae 萝藦科 [MD-494] 全球 (1) 大洲分布及种数(1)◆北美洲
Meliniella Harms = **Medinilla**
Melinis【3】Beauv. 糖蜜草属 ≒ **Trichomanes; Tricholaena** Poaceae 禾本科 [MM-748] 全球 (6) 大洲分布及种数(23-24;hort.1;cult: 3)非洲:22-25;亚洲:5-8;大洋洲:4-7;欧洲:3;北美洲:5-8;南美洲:2-5
Melinis Eumelinis Hack. = **Melinis**
Melinna Decne. = **Melinia**
Melinnopsis Hayata = **Glyceria**
Melinonia Brongn. = **Pitcairnia**
Melinum Link = **Zizania**
Melinum Medik. = **Salvia**
Meliocarpus Boiss. = **Heptaptera**
Meliola Bl. = **Meliosma**
Meliolopsis Rchb. = **Fraxinus**
Meliopsis Rchb. = **Fraxinus**
Melioschinzia K.Schum. = **Chisocheton**
Melio-schinzia K.Schum. = **Chisocheton**
Meliosma (Liebm.) Beusekom = **Meliosma**
Meliosma【3】Bl. 泡花树属 ≒ **Melasma;Ampelopsis** Meliosmaceae 泡花树科 [MD-260] 全球 (6) 大洲分布及种数(154-196;hort.1;cult: 5)非洲:2-31;亚洲:80-127;大洋洲:3-32;欧洲:28;北美洲:43-79;南美洲:59-102

M

Meliosmaceae 【3】 Meisn. 泡花树科 [MD-260] 全球(6) 大洲分布和属种数(2;hort. & cult.2)(162-249;hort. & cult.11-16)非洲:1/2-31;亚洲:1/80-127;大洋洲:1/3-32;欧洲:1/28;北美洲:1/43-79;南美洲:2/68-111

Meliotis 【-】 Sw. ex Decne. 夹竹桃科属 Apocynaceae 夹竹桃科 [MD-492] 全球 (uc) 大洲分布及种数(uc)

Meliotus Mill. = **Melilotus**

Melipal L. = **Melia**

Meliphaga Zucc. = **Iliamna**

Meliphlea Zucc. = **Sphaeralcea**

Melipo Salisb. = **Haemanthus**

Melipona Brongn. = **Aechmea**

Meliponula Raf. = **Utricularia**

Melipotis Walker = **Melilotus**

Melisitus Medik. = **Medicago**

Melissa 【3】 L. 蜜蜂花属 ≒ **Calamintha;Perilla** Lamiaceae 唇形科 [MD-575] 全球 (6) 大洲分布及种数(9-14;hort.1;cult: 3)非洲:5-6;亚洲:7-8;大洋洲:4-5;欧洲:5-6;北美洲:3-4;南美洲:1

Melissitus 【3】 Medik. 扁蓿豆属 ≒ **Trigonella** Fabaceae3 蝶形花科 [MD-240] 全球 (1) 大洲分布及种数(3) 亚洲:2-8

Melissophyllon Adans. = **Melittis**

Melissophyllum Hill = **Melittis**

Melissopsis Sch.Bip. ex Baker = **Erinus**

Melistau L. = **Melissa**

Melistaurum Forst. = **Casearia**

Melitella Sommier = **Youngia**

Melitis Gled. = **Melittis**

Melitomella Pourr. ex Willk. & Lange = **Crepis**

Melitta Alfken = **Melittis**

Melittacanthus 【3】 S.Moore 蜂刺爵床属 Acanthaceae 爵床科 [MD-572] 全球 (1) 大洲分布及种数(1)◆非洲(◆马达加斯加)

Melittia L. = **Melittis**

Melittidaceae Martinov = Lamiaceae

Melittis 【3】 L. 异香草属 → **Macbridea;Melissa;Coryanthes** Lamiaceae 唇形科 [MD-575] 全球 (1) 大洲分布及种数(1-3)◆欧洲

Mell Vand. = **Bacopa**

Mella Vand. = **Bacopa**

Mellana Evans = **Melhania**

Mellera J.M.H.Shaw = **Mellera**

Mellera 【3】 S.Moore 梅莱爵床属 ≒ **Muellera** Acanthaceae 爵床科 [MD-572] 全球 (1) 大洲分布及种数(5-10)◆非洲

Melli Vand. = **Bacopa**

Mellichampia A.Gray = **Cynanchum**

Melliera Saussure = **Mellera**

Melligo Raf. = **Salvia**

Mellinia Decne. = **Melinia**

Melliniella 【3】 Harms 酸脚杆属 ≒ **Medinilla** Fabaceae 豆科 [MD-240] 全球 (1) 大洲分布及种数(1)◆非洲

Mellinus J.R.Forst. & G.Forst. = **Melodinus**

Melliodendron 【3】 Hand.Mazz. 陀螺果属 Styracaceae 安息香科 [MD-327] 全球 (1) 大洲分布及种数(cf. 1)◆东亚(◆中国)

Melliodeneron Hand.Mazz. = **Melliodendron**

Mellipora Noronha ex Salisb. = **Enkianthus**

Mellissia 【2】 Hook.f. 茄科属 Solanaceae 茄科 [MD-503] 全球 (2) 大洲分布及种数(2) 非洲:2;亚洲:2

Mellita Medik. = **Medicago**

Mellitella L.Agassiz = **Crepis**

Mellitis G.A.Scop. = **Melittis**

Mellivora Nor. ex Salisb. = **Andromeda**

Melloa Bureau = **Tecoma**

Mellobium A.Juss. = **Melolobium**

Melloca Lindl. = **Basella**

Mellolobium Eckl. & Zeyh. = **Melolobium**

Mellonia Gasp. = **Cucurbita**

Melo Archimelon Pangalo = **Cucumis**

Meloara J.M.H.Shaw = **Melothria**

Melobe Mill. = **Cucumis**

Melocactus Böhm. = **Cactus**

Melocalamus 【3】 Benth. 梨藤竹属 ← **Dinochloa; Neomicrocalamus;Pseudostachyum** Poaceae 禾本科 [MM-748] 全球 (1) 大洲分布及种数(6-8)◆亚洲

Melocana L. = **Melochia**

Melocanna 【3】 Trin. 梨竹属 ← **Bambusa;Cephalostachyum;Nastus** Poaceae 禾本科 [MM-748] 全球 (1) 大洲分布及种数(2-5)◆亚洲

Melocanneae (Rchb.) Keng = **Melocanna**

Melocarpum 【2】 (Engl.) Beier & Thulin 七翅芹属 ← **Heptaptera** Zygophyllaceae 蒺藜科 [MD-288] 全球 (2) 大洲分布及种数(2) 非洲:2;亚洲:1

Melochia (C.Presl) Goldberg = **Melochia**

Melochia 【3】 L. 马松子属 ≒ **Melothria;Sida** Sterculiaceae 梧桐科 [MD-189] 全球 (6) 大洲分布及种数(74-88;hort.1;cult:6)非洲:24-31;亚洲:11-17;大洋洲:18-27;欧洲:3-9;北美洲:29-37;南美洲:49-58

Melochiaceae J.Agardh = Muntingiaceae

Melocosa Griseb. = **Melochia**

Melodinus (Domin) Pichon = **Melodinus**

Melodinus 【3】 J.R.Forst. & G.Forst. 山橙属 → **Alyxia;Nerium;Leuconotis** Apocynaceae 夹竹桃科 [MD-492] 全球 (6) 大洲分布及种数(26-52)非洲:4-10;亚洲:23-29;大洋洲:9-33;欧洲:2;北美洲:2;南美洲:2

Melodon Raf. = **Achyrospermum**

Melodorum Hook.f. & Thoms. = **Melodorum**

Melodorum 【3】 Lour. 金帽花属 → **Cyathostemma; Fissistigma;polyalthia** Annonaceae 番荔枝科 [MD-7] 全球 (6) 大洲分布及种数(2-8)非洲:1;亚洲:1-6;大洋洲:3;欧洲:1;北美洲:1;南美洲:1

Meloe Mill. = **Cucumis**

Melogramma Briosi & Cavara = **Mesogramma**

Melogyne Nutt. = **Meiogyne**

Melolobium 【3】 Eckl. & Zeyh. 警惕豆属 ← **Cytisus; Polhillia** Fabaceae3 蝶形花科 [MD-240] 全球 (1) 大洲分布及种数(15-31)◆非洲

Melomdrium Röhl. = **Melandrium**

Melomphis Raf. = **Ornithogalum**

Meloneura Raf. = **Utricularia**

Melongena Mill. = **Solanum**

Melonis Montfort = **Melinis**

Melonosinapis K.F.Schimp. & Spenn. = **Brassica**

Melonura Raf. = **Utricularia**

Melop Mill. = **Cucumis**

Melopepo Mill. = **Cucurbita**

Melophia Speg. = **Melochia**
Melophus Raf. = **Albuca**
Melophyllum Herzog = **Astomiopsis**
Melorima Raf. = **Tulipa**
Meloroba Raf. = **Fritillaria**
Melosira Raf. = **Tulipa**
Melosmon Raf. = **Teucrium**
Melosperma【3】Benth. 苹果婆婆纳属 ≒ **Melosperma** Plantaginaceae 车前科 [MD-527] 全球 (1) 大洲分布及种数(1-3)◆南美洲
Melospermum L. = **Menispermum**
Melospiza Raf. = **Utricularia**
Melothallus Pierre = **Nemopanthus**
Melothria【3】L. 番马瓟属 → **Apodanthera; Cucumis;Solena** Cucurbitaceae 葫芦科 [MD-205] 全球 (6) 大洲分布及种数(42-58)非洲:13-32;亚洲:10-23;大洋洲:13-26;欧洲:9;北美洲:12-22;南美洲:16-26
Melothrianthus【3】M.Crovetto 温美葫芦属 ≒ **Apodanthera** Cucurbitaceae 葫芦科 [MD-205] 全球 (1) 大洲分布及种数(cf. 1)◆南美洲
Melothrion Cothen. = **Melothria**
Melothrix M.A.Lawson = **Melothria**
Melotria P.Br. = **Melothria**
Melpomene【2】A.R.Sm. & R.C.Moran 留香蕨属 ≒ **Polemonium;Lellingeria** Polypodiaceae 水龙骨科 [F-60] 全球 (2) 大洲分布及种数(14-36;hort.1)非洲:1;南美洲:13-14
Melpomense【3】(Poir.) A.R.Sm. & C.R.Moran 禾草蕨属 Grammitidaceae 禾叶蕨科 [F-63] 全球 (1) 大洲分布及种数(2)◆北美洲(◆波多黎各)
Meltrema Raf. = **Blechnum**
Melu Mill. = **Cucumis**
Melucha Burm. = **Melochia**
Meluchia Medik. = **Melochia**
Melustoma L. = **Melastoma**
Melybia L. = **Melia**
Memaecylum Mitch. = **Memecylon**
Memecylaceae【3】DC. 谷木科 [MD-363] 全球 (6) 大洲分布和属种数(1/346-486)非洲:1/145-213;亚洲:1/210-252;大洋洲:1/41-50;欧洲:1/5;北美洲:1/5;南美洲:1/3-9
Memecylanthus【3】Gilg & Schltr. 大洋洲假海桐属 Alseuosmiaceae 岛海桐科 [MD-475] 全球 (1) 大洲分布及种数(uc)属分布和种数(uc)◆大洋洲(◆美拉尼西亚)
Memecylon C.Moore = **Memecylon**
Memecylon【3】L. 谷木属 Melastomataceae 野牡丹科 [MD-364] 全球 (6) 大洲分布及种数(347-470;hort.1)非洲:145-213;亚洲:210-252;大洋洲:41-50;欧洲:5;北美洲:5;南美洲:3-9
Memerocallis L. = **Hemerocallis**
Memonella Nutt. = **Meconella**
Memora【3】Miers 胡姬藤属 ← **Adenocalymma;Perianthomega** Bignoniaceae 紫葳科 [MD-541] 全球 (1) 大洲分布及种数(7-10)◆南美洲
Memoremea【2】A.Otero,Jim.Mejías,Valcárcel & P.Vargas 珞紫草属 Boraginaceae 紫草科 [MD-517] 全球 (2) 大洲分布及种数(cf.1) 亚洲:1;欧洲:1
Memorialis Buch.Ham. = **Pouzolzia**
Memycylon Griff. = **Memecylon**
Menabea Baill. = **Pervillaea**
Menacanthus Price & Emerson = **Mexacanthus**
Menacella Perard = **Mentha**
Menadena Raf. = **Maxillaria**
Menadenium Raf. = **Zygosepalum**
Menadora Bonpl. = **Menodora**
Menais【3】Löfl. 亚洲厚壳树属 ← **Ehretia** Boraginaceae 紫草科 [MD-517] 全球 (1) 大洲分布及种数(1)◆亚洲
Menalia Nor. = **Melia**
Menanthos St.Lag. = **Menyanthes**
Menarda Comm. ex A.Juss. = **Phyllanthus**
Mendelara【-】Jusczak & J.M.H.Shaw 兰科属 Orchidaceae 兰科 [MM-723] 全球 (uc) 大洲分布及种数(uc)
Mendevilla Poit. = **Mandevilla**
Mendezia DC. = **Spilanthes**
Mendicea Sonn. ex J.F.Gmel. = **Barringtonia**
Mendocina Walp. = **Mendoncia**
Mendogia Ruiz & Pav. = **Mendoncia**
Mendoncella A.D.Hawkes = **Galeottia**
Mendoncia【3】Vell. ex Vand. 玄珠藤属 ≒ **Besleria** Acanthaceae 爵床科 [MD-572] 全球 (1) 大洲分布及种数(14-18)◆非洲
Mendonciaceae【3】Bremek. 对叶藤科 [MD-576] 全球 (6) 大洲分布和属种数(1/14-116)非洲:1/14-18;亚洲:1/4;大洋洲:1/4;欧洲:1/4;北美洲:1/4;南美洲:1/21
Mendoni Adans. = **Gloriosa**
Mendoravia【3】Capuron 门多豆属 Fabaceae 豆科 [MD-240] 全球 (1) 大洲分布及种数(1)◆非洲(◆马达加斯加)
Mendosepalum auct. = **Bulbophyllum**
Mendosoma Griff. = **Carapa**
Mendozia Ruiz & Pav. = **Mendoncia**
Mene Lehm. = **Menkea**
Menendezia Britton = **Tetrazygia**
Menepetalum【3】Lös. 月瓣木属 Celastraceae 卫矛科 [MD-339] 全球 (1) 大洲分布及种数(6)◆大洋洲(◆美拉尼西亚)
Menephora Raf. = **Cypripedium**
Menestho Raf. = **Frankenia**
Menestoria DC. = **Mussaenda**
Menestrata Vell. = **Persea**
Menetho Raf. = **Frankenia**
Menetia L´Hér. = **Azima**
Menevia Bub. = **Arachis**
Menezesiella【3】Chiron & V.P.Castro 文心兰属 ← **Oncidium** Orchidaceae 兰科 [MM-723] 全球 (1) 大洲分布及种数(uc)属分布和种数(uc)◆南美洲
Mengea Schaür = **Amaranthus**
Menianthes Gouan = **Menyanthes**
Menianthus Gouan = **Melianthus**
Menicosta D.Dietr. = **Sabia**
Menidia Thou. = **Sherardia**
Menimus Desv. = **Alyssum**
Meninia Fua ex Hook.f. = **Phlogacanthus**
Meniocus Desv. = **Alyssum**
Menipea Raf. = **Salvia**
Menisciopsis【3】(Holttum) S.E.Fawc. & A.R.Sm. 金星蕨科属 Thelypteridaceae 金星蕨科 [F-42] 全球 (1) 大洲分布及种数(uc)大洋洲
Meniscium【3】Schreb. 小月蕨属 → **Abacopteris;**

Stigmatopteris Thelypteridaceae 金星蕨科 [F-42] 全球 (1) 大洲分布及种数(2-11)◆南美洲
Meniscogyne Gagnep. = **Lecanthus**
Meniscosta Bl. = **Gardneria**
Menisorus Alston = **Cyclosorus**
Menispermaceae【3】Juss. 防已科 [MD-42] 全球 (6) 大洲分布和属种数(62-71;hort. & cult.7)(551-909;hort. & cult.13-19)非洲:29-44/144-234;亚洲:24-32/196-323;大洋洲:10-27/41-106;欧洲:3-21/4-58;北美洲:10-25/56-121;南美洲:18-33/194-256
Menispermum Calycocarpum Nutt. ex Torr. & A.Gray = **Menispermum**
Menispermum【3】L. 蝙蝠葛属 → **Abuta;Pericampylus** Menispermaceae 防已科 [MD-42] 全球 (6) 大洲分布及种数(7-8)非洲:2;亚洲:5-9;大洋洲:2;欧洲:2;北美洲:2-4;南美洲:1-3
Menitskia (Krestovsk.) Krestovsk. = **Stachys**
Menkea【3】Lehm. 门克芥属 → **Phlegmatospermum; Stenopetalum;** Brassicaceae 十字花科 [MD-213] 全球 (1) 大洲分布及种数(6)◆大洋洲(◆澳大利亚)
Menkenia Bubani = **Lathyrus**
Mennichea Sonn. = **Barringtonia**
Menoceras (R.Br.) Lindl. = **Vallesia**
Menoceras Lindl. = **Velleia**
Menodora A.Gray = **Menodora**
Menodora【3】Bonpl. 惜春花属 Oleaceae 木樨科 [MD-498] 全球 (6) 大洲分布及种数(24-29;hort.1;cult: 2) 非洲:4-9;亚洲:5;大洋洲:5;欧洲:5;北美洲:14-24;南美洲:10-15
Menodoropsis (A.Gray) Small = **Menodora**
Menoidium C.Presl = **Mecodium**
Menomphalus Pomel = **Centaurea**
Menonvillea【3】DC. 梅农芥属 → **Cryptospora** Brassicaceae 十字花科 [MD-213] 全球 (1) 大洲分布及种数(27-28)◆南美洲
Menophra Raf. = **Catasetum**
Menophyla Raf. = **Rumex**
Menopteris Raf. = **Botrychium**
Menospermum P. & K. = **Menispermum**
Menotriche Steetz = **Oxybaphus**
Menstruocalamus T.P.Yi = **Chimonobambusa**
Mentha【3】(Tourn.)L. 薄荷属 ≒ **Thymus;Micromeria; Perilla** Lamiaceae 唇形科 [MD-575] 全球 (6) 大洲分布及种数(80-323;hort.1;cult: 41)非洲:18-148;亚洲:34-182;大洋洲:26-160;欧洲:61-199;北美洲:33-170;南美洲:7-138
Menthaceae Burnett = Montiaceae
Mentocalyx N.E.Br. = **Gibbaeum**
Mentodendron Lundell = **Pimenta**
Mentodus Desv. = **Alyssum**
Mentzelia (C.Presl) Benth. & Hook.f. = **Mentzelia**
Mentzelia【3】L. 耀星花属 → **Nuttallia;Megadenia** Loasaceae 刺莲花科 [MD-435] 全球 (1) 大洲分布及种数(95-132)◆北美洲
Menuites Raf. = **Spiranthes**
Menura Comm. ex A.Juss. = **Phyllanthus**
Menyantes Zumag. = **Menyanthes**
Menyanthaceae【3】Dum. 睡菜科 [MD-526] 全球 (6) 大洲分布和属种数(7;hort. & cult.4)(91-142;hort. & cult.7-8)非洲:4/19-36;亚洲:5/31-56;大洋洲:4-6/45-64;欧洲:2-4/2-16;北美洲:4-5/13-27;南美洲:3-4/12-27
Menyantheae Dum. = **Menyanthes**
Menyanthes【3】L. 睡菜属 → **Liparophyllum; Nephrophyllidium** Menyanthaceae 睡菜科 [MD-526] 全球(6) 大洲分布及种数(3;hort.1;cult:1)非洲:1-3;亚洲:1-3;大洋洲:2;欧洲:1-3;北美洲:1-3;南美洲:1-3
Menzelia Gled. = **Mentzelia**
Menziesara J.M.H.Shaw = **Menziesia**
Menziesia J.M.H.Shaw = **Menziesia**
Menziesia【3】Sm. 璎珞杜鹃属 ← **Bryanthus; Daboecia;Phyllodoce** Ericaceae 杜鹃花科 [MD-380] 全球 (6) 大洲分布及种数(3-5)非洲:6;亚洲:2-9;大洋洲:6;欧洲:6;北美洲:2-8;南美洲:1-7
Menziesiaceae Klotzsch = Ericaceae
Menziesii Sm. = **Menziesia**
Meogoezia Hemsl. = **Neogoezia**
Meoma Bl. = **Diphylax**
Meon Raf. = **Platostoma**
Meon St.Lag. = **Meum**
Meonauclea Merr. = **Neonauclea**
Meoneura Raf. = **Utricularia**
Meonitis Raf. = **Meum**
Meopsis (Calest.) K.Pol. = **Daucus**
Meotachys Spreng. = **Merostachys**
Mephitidia Korth. = **Gordonia**
Meragisa Raf. = **Croton**
Merathrepta Raf. = **Danthonia**
Meratia A.DC. = **Chimonanthus**
Mercadoa Fern.Vill. = **Doryxylon**
Merceria【-】Smoot & T.N.Taylor 孢芽藓科属 Sorapillaceae 孢芽藓科 [B-212] 全球 (uc) 大洲分布及种数(uc)
Merceya【2】Schimp. 丛藓科属 ≒ **Scopelophila; Crumia** Pottiaceae 丛藓科 [B-133] 全球 (3) 大洲分布及种数(12) 亚洲:9;北美洲:1;南美洲:2
Merceyopsis【3】Broth. & Dixon 剑叶藓属 ≒ **Merceya;Anoectangium** Pottiaceae 丛藓科 [B-133] 全球 (1) 大洲分布及种数(4)◆亚洲
Merciella Urb. = **Miersiella**
Merciera【3】A.DC. 尾风铃属 → **Carpacoce;Cyanea** Campanulaceae 桔梗科 [MD-561] 全球 (1) 大洲分布及种数(6-7)◆非洲
Merckia Fisch. ex Cham. & Schltdl. = **Wilhelmsia**
Merckieae Fenzl = **Wilhelmsia**
Mercklinia Regel = **Hakea**
Mercurialis【3】(Tourn.) L. 山靛属 ≒ **Speranskia** Euphorbiaceae 大戟科 [MD-217] 全球 (6) 大洲分布及种数(8-16)非洲:3-15;亚洲:6-15;大洋洲:1-8;欧洲:6-17;北美洲:3-11;南美洲:7
Mercurialis L. = **Mercurialis**
Mercuriastrum Fabr. = **Acalypha**
Merendera【3】Ram. 长瓣秋水仙属 ← **Colchicum; Bulbocodium** Colchicaceae 秋水仙科 [MM-623] 全球 (6) 大洲分布及种数(3-6)非洲:1;亚洲:2-3;大洋洲:1;欧洲:1-2;北美洲:1;南美洲:1
Merenderaceae Mirb. = Uvulariaceae
Merendra Benth. = **Meriandra**
Meresaldia Bullock = **Metastelma**
Meretricia【-】Néraud 茜草科属 Rubiaceae 茜草科 [MD-523] 全球 (uc) 大洲分布及种数(uc)

Merguia de Vriese = **Scaevola**
Meriana Trew = **Watsonia**
Meriana Vell. = **Evolvulus**
Meriana Vent. = **Meriania**
Meriandra【3】 Benth. 中雄草属 ← **Salvia** Lamiaceae 唇形科 [MD-575] 全球 (1) 大洲分布及种数(2-3)◆亚洲
Meriania【3】 Sw. 号丹属 → **Adelobotrys;Chaetogastra;Graffenrieda** Melastomataceae 野牡丹科 [MD-364] 全球(6)大洲分布及种数(99-136;hort.1)非洲:5-6;亚洲:9-10;大洋洲:3-7;欧洲:1;北美洲:14-20;南美洲:92-115
Merianieae Triana = **Meriania**
Merianina Freeman = **Meriania**
Merianthera【3】 Kuhlm. 梅牡丹属 ← **Meriania** Melastomataceae 野牡丹科 [MD-364] 全球 (1) 大洲分布及种数(4-8)◆南美洲(◆巴西)
Merica L. = **Erica**
Mericarpaea【3】 Boiss. 双果茜属 ← **Galium;Valantia** Rubiaceae 茜草科 [MD-523] 全球 (1) 大洲分布及种数(1-2)◆非洲
Mericocalyx Bamps = **Otiophora**
Merida Neck. = **Portulaca**
Meridiana Hill = **Portulaca**
Merimbla Cambess. = **Elatine**
Merimea Cambess. = **Bergia**
Meringium【3】 C.Presl 厚壁蕨属 ← **Didymoglossum;Hymenophyllum;Trichomanes** Hymenophyllaceae 膜蕨科 [F-21] 全球 (6) 大洲分布及种数(1-5)非洲:5;亚洲:5;大洋洲:5;欧洲:5;北美洲:5;南美洲:5
Meringurus Murb. = **Gaudinia**
Merinthe L. = **Cerinthe**
Merinthopodium【2】 Donn.Sm. 新茄属 Solanaceae 茄科 [MD-503] 全球 (2) 大洲分布及种数(4-5)北美洲:1;南美洲:2
Merinthosorus Copel. = **Aglaomorpha**
Meriolix Raf. = **Oenothera**
Merione Salisb. = **Dioscorea**
Meriones Salisb. = **Dioscorea**
Meripilus L. = **Mespilus**
Merisachne Steud. = **Triplasis**
Merisca Schlecht. = **Cephalocarpus**
Merismia Van Tiegh. = **Loranthus**
Merismodes DC. = **Marasmodes**
Merismostigma【3】 S.Moore 岩茜草属 Rubiaceae 茜草科 [MD-523] 全球 (1) 大洲分布及种数(uc)◆大洋洲
Merista Banks & Sol. ex A.Cunn. = **Myrsine**
Meristata Banks & Sol. ex A.Cunn. = **Myrsine**
Meristostigma A.Dietr. = **Xenoscapa**
Meristostylis Klotzsch = **Kalanchoe**
Meristostylus Klotzsch = **Kalanchoe**
Meristotropis【3】 Fisch. & C.A.Mey. 甘草属 ≒ **Glycyrrhiza** Fabaceae3 蝶形花科 [MD-240] 全球 (1) 大洲分布及种数(cf.3)◆亚洲
Merizadenia Miers = **Tabernaemontana**
Merkia Borkh. = **Wilhelmsia**
Merkusia【3】 de Vriese 草海桐属 ← **Scaevola;Lobelia** Goodeniaceae 草海桐科 [MD-578] 全球 (1) 大洲分布及种数(uc)◆大洋洲
Merleta Raf. = **Croton**
Merlinia Sol. ex Hook.f. = **Berlinia**
Merogomphus Didr. = **Croton**
Merope【3】 M.Röm. 三角橘属 ≒ **Atalantia;Gamochaeta** Rutaceae 芸香科 [MD-399] 全球 (1) 大洲分布及种数(2)◆亚洲
Merophragma Dulac = **Sedum**
Merostachys Nakai = **Merostachys**
Merostachys【2】 Spreng. 偏穗竹属 → **Athroostachys;Microstachys** Poaceae 禾本科 [MM-748] 全球 (3) 大洲分布及种数(55)大洋洲:5;北美洲:7;南美洲:52
Merostela Pierre = **Aglaia**
Merremia【3】 Dennst. ex Endl. 鱼黄草属 ← **Aniseia;Convolvulus;Ipomoea** Convolvulaceae 旋花科 [MD-499] 全球(6) 大洲分布及种数(90-98;hort.1;cult:4)非洲:23-25;亚洲:60-63;大洋洲:14-15;欧洲:1;北美洲:13-14;南美洲:14-15
Merretia Solander ex N.L.Marchand = **Corynocarpus**
Merrillanthus【3】 Chun & Tsiang 驼峰藤属 Apocynaceae 夹竹桃科 [MD-492] 全球 (1) 大洲分布及种数(cf. 1)◆东亚(◆中国)
Merrillia【3】 Swingle 九里香属 ← **Murraya** Rutaceae 芸香科 [MD-399] 全球 (1) 大洲分布及种数(cf. 1)◆亚洲
Merrilliobryum【3】 Broth. 菲律宾碎米藓属 Myriniaceae 拟光藓科 [B-174] 全球 (1) 大洲分布及种数(1)◆亚洲
Merrilliodendron【3】 Kaneh. 梅乐木属 ≒ **Stemonurus** Icacinaceae 茶茱萸科 [MD-450] 全球 (1) 大洲分布及种数(2)◆大洋洲
Merrilliopanax【3】 H.L.Li 常春木属 ← **Brassaiopsis;Dendropanax** Araliaceae 五加科 [MD-471] 全球 (1) 大洲分布及种数(3-4)◆亚洲
Merrittia【3】 E.D.Merrill 盖裂木属 ≒ **Blumea** Asteraceae 菊科 [MD-586] 全球 (1) 大洲分布及种数(cf.1) ◆亚洲
Mertensia Kunth = **Mertensia**
Mertensia【3】 Roth 花旗里白属 ≒ **Sticherus** Gleicheniaceae 里白科 [F-18] 全球 (6) 大洲分布及种数(25) 非洲:4;亚洲:16;大洋洲:11;欧洲:4;北美洲:6;南美洲:12
Mertonia A.Gray = **Mortonia**
Merugia de Vriese = **Scaevola**
Meruliopsis L.K.Safina = **Libanotis**
Merumea【3】 Steyerm. 青茜属 Rubiaceae 茜草科 [MD-523] 全球 (1) 大洲分布及种数(2)◆南美洲
Merwia【3】 B.Fedtsch. 阿魏属 ≒ **Ferula** Apiaceae 伞形科 [MD-480] 全球 (1) 大洲分布及种数(uc)属分布和种数(uc)◆亚洲
Merwilla【3】 Speta 青玫花属 ← **Scilla** Asparagaceae 天门冬科 [MM-669] 全球 (1) 大洲分布及种数(4)◆非洲
Merwiopsis L.K.Safina = **Pilopleura**
Merxmuellera【3】 Conert 青园草属 ← **Avena;Danthonia;Rytidosperma** Poaceae 禾本科 [MM-748] 全球 (1) 大洲分布及种数(19)◆非洲
Meryta【3】 J.R.Forst. & G.Forst. 洋常春木属 ← **Aralia;Strobilopanax;Osmoxylon** Araliaceae 五加科 [MD-471] 全球 (6) 大洲分布及种数(9-32)非洲:2;亚洲:7-10;大洋洲:8-23;欧洲:1;北美洲:2-3;南美洲:1-2
Mesadenella【3】 Pabst & Garay 间兰属 ← **Cyclopogon;Serapias;Stenorrhynchos** Orchidaceae 兰科 [MM-723] 全球 (1) 大洲分布及种数(11-12)◆南美洲
Mesadenia【2】 Raf. 獐牙菜属 ← **Swertia;Pergularia** Asteraceae 菊科 [MD-586] 全球 (2) 大洲分布及种数

(cf.3) 北美洲;南美洲
Mesadenus 【2】 Schltr. 铜绶草属 ≒ **Brachystele; Brachystelma** Orchidaceae 兰科 [MM-723] 全球 (2) 大洲分布及种数(8)北美洲:5;南美洲:2
Mesadorus Linnavuori = **Mesadenus**
Mesalina Bakh.f. = **Metadina**
Mesambryanthemum L. = **Acrodon**
Mesamia DeLong = **Medemia**
Mesanchum Dulac = **Crassula**
Mesandrinia Raf. = **Jatropha**
Mesanthemum 【2】 Körn. 合谷精属 ← **Eriocaulon** Eriocaulaceae 谷精草科 [MM-726] 全球 (3) 大洲分布及种数(11-18)非洲:10-17;欧洲:1;南美洲:2
Mesanthophora 【3】 H.Rob. 间生瘦片菊属 ≒ **Vernonia** Asteraceae 菊科 [MD-586] 全球 (1) 大洲分布及种数(2)◆南美洲
Mesanthus Nees = **Cannomois**
Mesaulosperma Slooten = **Itoa**
Mesechinopsis Y.Itô = **Echinopsis**
Mesechinus Müll.Arg. = **Mesechites**
Mesechites (Woodson) Pichon = **Mesechites**
Mesechites 【2】 Müll.Arg. 翠心藤属 → **Allomarkgrafia; Echites;Mandevilla** Apocynaceae 夹竹桃科 [MD-492] 全球 (2) 大洲分布及种数(12)北美洲:8;南美洲:7
Mesembrianthemum 【3】 Spreng. 斗鱼花属 ← **Mesembryanthemum;Phyllobolus** Aizoaceae 番杏科 [MD-94] 全球 (1) 大洲分布及种数(uc)◆非洲
Mesembrianthus Raf. = **Mesembryanthemum**
Mesembrius Adans. = **Mesembryanthemum**
Mesembry Adans. = **Mesembryanthemum**
Mesembryaceae Dum. = Aizoaceae
Mesembryanthem Stokes = **Mesembryanthemum**
Mesembryanthemaceae Nakai = Barbeuiaceae
Mesembryanthemum 【3】 L. 日中花属 → **Acrodon; Delosperma;Peersia** Aizoaceae 番杏科 [MD-94] 全球 (6) 大洲分布及种数(436-552;hort.1;cult: 6)非洲:427-520;亚洲:8-24;大洋洲:13-31;欧洲:27-49;北美洲:7-24;南美洲:8-25
Mesembryanthes Stokes = **Mesembryanthemum**
Mesembryanthus Neck. = **Mesembryanthemum**
Mesembryum Adans. = **Mesembryanthemum**
Mesibovia 【-】 P.M.Wells & R.S.Hill 罗汉松科属 Podocarpaceae 罗汉松科 [G-13] 全球 (uc) 大洲分布及种数(uc)
Mesicera Raf. = **Habenaria**
Mesiteia Raf. = **Habenaria**
Meso Mill. = **Cucumis**
Mesoameranatha 【-】 I.Ramírez & K.Romero 凤梨科属 Bromeliaceae 凤梨科 [MM-715] 全球 (uc) 大洲分布及种数(uc)
Mesocapparis 【3】 (Eichler) Cornejo & Iltis 巴西白花菜属 Capparaceae 山柑科 [MD-178] 全球 (1) 大洲分布及种数(cf. 1)◆南美洲
Mesocentron Cass. = **Centaurea**
Mesoceros 【2】 Piippo 树角苔科属 ≒ **Nothoceros** Dendrocerotaceae 树角苔科 [B-95] 全球 (5) 大洲分布及种数(1) 非洲:1;亚洲:1;大洋洲:1;欧洲:1;北美洲:1
Mesochaete 【2】 Lindb.大洋洲桧藓属 ≒ **Rhizogonium** Aulacomniaceae 皱蒴藓科 [B-153] 全球 (2) 大洲分布及种数(2) 大洋洲:2;欧洲:1
Mesochara L.Grambast = **Amaryllis**
Mesochla Raf. = **Zephyranthes**
Mesochlaena (R.Br.) J.Sm. = **Thelypteris**
Mesochloa Raf. = **Zephyranthes**
Mesochorus Hassk. = **Diplopterygium**
Mesochra Raf. = **Amaryllis**
Mesoclastes Lindl. = **Luisia**
Mesocyparis (Eichler) Cornejo & Iltis = **Mesocapparis**
Mesoda Bl. = **Mesona**
Mesodactylis Wall. = **Apostasia**
Mesodactylus Endl. = **Apostasia**
Mesodesma Reeve = **Helenium**
Mesodesmus Raf. = **Chaerophyllum**
Mesodetra Raf. = **Inula**
Mesodiscus Raf. = **Cryptotaenia**
Mesoglossum Halb. = **Amparoa**
Mesogonia Young = **Metagonia**
Mesogramma 【3】 DC. 千里光属 ≒ **Senecio** Asteraceae 菊科 [MD-586] 全球 (1) 大洲分布及种数(1)◆非洲
Mesogyne 【3】 Engl. 见血封喉属 ≒ **Antiaris** Moraceae 桑科 [MD-87] 全球 (1) 大洲分布及种数(1)◆非洲
Mesolasia R.Br. = **Metalasia**
Mesoligia Raf. = **Symphyotrichum**
Mesoligus Raf. = **Symphyotrichum**
Mesomelaena 【3】 Nees 短毛莎属 ← **Carpha;Schoenus** Cyperaceae 莎草科 [MM-747] 全球 (1) 大洲分布及种数(5-7)◆大洋洲
Mesometra Raf. = **Liparis**
Mesomora (Raf.) O.O.Rudbeck ex Lunell = **Menodora**
Mesona 【3】 Bl. 凉粉草属 → **Geniosporum;Nosema;Platostoma** Lamiaceae 唇形科 [MD-575] 全球 (1) 大洲分布及种数(cf. 1)◆亚洲
Mesonchium P.Beauv. = **Agrostis**
Mesoneura Raf. = **Utricularia**
Mesoneuris 【3】 A.Gray 千里光属 ≒ **Senecio** Asteraceae 菊科 [MD-586] 全球 (1) 大洲分布及种数(cf. 1)◆北美洲
Mesoneuron Ching = **Thelypteris**
Mesonevron Desf. = **Mezoneuron**
Mesonodon 【3】 Hampe 斜齿藓属 ≒ **Taxithelium** Entodontaceae 绢藓科 [B-195] 全球 (1) 大洲分布及种数(2)◆南美洲
Mesonura Raf. = **Utricularia**
Mesopanax R.Vig. = **Schefflera**
Mesophaerum P. & K. = **Hyptis**
Mesophlebion 【2】 Holttum 中脉蕨属 ← **Acrostichum;Nephelium** Thelypteridaceae 金星蕨科 [F-42] 全球 (2) 大洲分布及种数(8-17)亚洲:6-9;大洋洲:1
Mesophora Raf. = **Catasetum**
Mesoplectra Raf. = **Sesbania**
Mesoponera Raf. = **Liparis**
Mesoptera Hook.f. = **Liparis**
Mesopteris 【3】 Ching 龙津蕨属 ← **Amphineuron** Thelypteridaceae金星蕨科 [F-42] 全球 (1) 大洲分布及种数(1-2)◆亚洲
Mesoptila Raf. = **Liparis**
Mesoptychia 【3】 (Lindb.) A.Evans 向心苔属 Mesoptychiaceae 向心苔科 [B-40] 全球 (6) 大洲分布及

M

种数(3)非洲:9;亚洲:1-10;大洋洲:9;欧洲:9;北美洲:2-11;南美洲:9

Mesoptychiaceae【3】Inoü & Steere 向心苔科 [B-40] 全球(6) 大洲分布和属种数(1/2-11)非洲:1/9;亚洲:1/1-10;大洋洲:1/9;欧洲:1/9;北美洲:1/2-11;南美洲:1/9

Mesoreanthus Greene = **Streptanthus**

Mesosetum (Hack.) Chase = **Mesosetum**

Mesosetum【3】Steud. 梅索草属←**Digitaria;Panicum;Bifaria** Poaceae 禾本科 [MM-748] 全球 (6) 大洲分布及种数(28)非洲:5;亚洲:5;大洋洲:5;欧洲:5;北美洲:7-12;南美洲:24-29

Mesosorus Hassk. = **Dicranopteris**

Mesosphaerum P.Br. = **Hyptis**

Mesospindium Rchb.f. = **Mesospinidium**

Mesospinidium【2】 Rchb.f. 间刺兰属 → **Ada** Orchidaceae 兰科 [MM-723] 全球 (2) 大洲分布及种数(4-7)北美洲:2;南美洲:2-3

Mesostemma【3】 (Benth. ex G.Donf.) S.S.Ikonnikov 白冠繁缕属 ≒ **Stellaria** Caryophyllaceae 石竹科 [MD-77] 全球 (1) 大洲分布及种数(cf. 1)◆亚洲

Mesothema【3】 C.Presl 乌丘蕨属 ← **Blechnum** Blechnaceae 乌毛蕨科 [F-46] 全球 (1) 大洲分布及种数(1)◆南美洲

Mesothen Schaus = **Mesothema**

Mesotrema (Hering) Papenfuss = **Blechnum**

Mesotricha Stschegl. = **Astroloma**

Mesotriche Stschegl. = **Astroloma**

Mesotus【2】 Mitt. 纽曲尾藓属 Dicranaceae 曲尾藓科 [B-128] 全球 (2) 大洲分布及种数(1) 大洋洲:1;欧洲:1

Mesphilodaphne Nees & Mart. = **Mespilodaphne**

Mespilaceae F.W.Schultz & Sch.Bip. = Tetracarpaeaceae

Mespilidaphne Nees & Mart. = **Mespilodaphne**

Mespilodaphne【3】 Nees & Mart. 岩樟属 ≒ **Ocotea** Lauraceae 樟科 [MD-21] 全球 (1) 大洲分布及种数(3-8)◆南美洲

Mespilus (L.) G.A.Scop. = **Mespilus**

Mespilus【3】 L. 欧楂属 → **Photinia** Rosaceae 蔷薇科 [MD-246] 全球 (6) 大洲分布及种数(6-19)非洲:13;亚洲:4-20;大洋洲:1-14;欧洲:5-19;北美洲:5-19;南美洲:1-15

Mespteris Ching = **Mesopteris**

Messa L. = **Mesua**

Messanthemum Pritz. = **Mesanthemum**

Messerschmeidtia G.Don = **Messerschmidia**

Messerschmidea Hebenstr. = **Messerschmidia**

Messerschmidia【3】 Hebenstr. 颈籽草属 ≒ **Heliotropium** Boraginaceae 紫草科 [MD-517] 全球 (1) 大洲分布及种数(2)◆南美洲(◆巴西)

Messerschmidtia G.Don = **Messerschmidia**

Messersmidia L. = **Tournefortia**

Messeschmidia Hebenstr. = **Messerschmidia**

Messua L. = **Mesua**

Mesterna Adans. = **Laetia**

Mestoklema【3】 N.E.Br. 梅厮木属 ← **Mesembryanthemum** Aizoaceae 番杏科 [MD-94] 全球 (1) 大洲分布及种数(1-6)◆非洲

Mestoldema N.E.Br. = **Mestoklema**

Mestotes Sol. ex DC. = **Mesotus**

Mestra Weeks = **Mesua**

Mesua【3】 L. 铁力木属 → **Kayea;Musa** Clusiaceae 藤黄科 [MD-141] 全球 (1) 大洲分布及种数(36-46)◆亚洲

Mesyniopsis【-】 W.A.Weber 亚麻科属 Linaceae 亚麻科 [MD-315] 全球 (uc) 大洲分布及种数(uc)

Mesynium【-】 Raf. 亚麻科属 ≒ **Linum** Linaceae 亚麻科 [MD-315] 全球 (uc) 大洲分布及种数(uc)

Meta L. = **Beta**

Meta-aletris Masam. = **Aletris**

Metabasis DC. = **Hypochaeris**

Metabolos Bl. = **Hedyotis**

Metabolus A.Rich. = **Hedyotis**

Metabriggsia【3】 W.T.Wang 单座苣苔属 ≒ **Hemiboea** Gesneriaceae 苦苣苔科 [MD-549] 全球 (1) 大洲分布及种数(2)属分布和种数(uc)◆亚洲

Metacalypogeia【3】 (S.Hatt.) Inoü 假护蒴苔属 Calypogeiaceae 护蒴苔科 [B-44] 全球 (6) 大洲分布及种数(3)非洲:2;亚洲:2-4;大洋洲:2;欧洲:2;北美洲:2;南美洲:2

Metacephalozia Inoü = **Cephaloziopsis**

Metachilum Lindl. = **Appendicula**

Metachirus Lindl. = **Agrostophyllum**

Metadacrydium Baum.Bod. = **Dacrydium**

Metadiaea Bakh.f. = **Metadina**

Metadilepis Griseb. = **Metalepis**

Metadina【3】 Bakh.f. 黄棉木属 ≒ **Andira;Pertusadina** Rubiaceae 茜草科 [MD-523] 全球 (1) 大洲分布及种数(cf. 1)◆亚洲

Metadistichophyllum【3】 Nog. & Z.Iwats. 锦黄藓属 Hookeriaceae 油藓科 [B-164] 全球 (1) 大洲分布及种数(1)◆亚洲

Metaeritrichium【3】 W.T.Wang 颈果草属 ← **Eritrichium** Boraginaceae 紫草科 [MD-517] 全球 (1) 大洲分布及种数(2)◆亚洲

Metagentiana【3】 T.N.Ho & S.W.Liu 狭蕊龙胆属 ≒ **Gentiana** Gentianaceae 龙胆科 [MD-496] 全球 (1) 大洲分布及种数(11-12)◆亚洲

Metagnanthus Endl. = **Athanasia**

Metagnathus【-】 Benth. & Hook.f. 菊科属 Asteraceae 菊科 [MD-586] 全球 (uc) 大洲分布及种数(uc)

Metagonia【3】Nutt. 越橘属 ≒ **Vaccinium;Mecardonia** Ericaceae 杜鹃花科 [MD-380] 全球 (1) 大洲分布及种数(1)◆北美洲

Metahygrobiella【3】 (Stephani) R.M.Schust. 巨萼苔属 ← **Cephalozia;Hygrobiella;Protolophozia** Cephaloziaceae 大萼苔科 [B-52] 全球 (6) 大洲分布及种数(5)非洲:1;亚洲:2-3;大洋洲:1-2;欧洲:1;北美洲:1;南美洲:1-2

Metalasia【3】 R.Br. 密头帚鼠麴属 ← **Gnaphalium;Planea;Lachnospermum** Asteraceae 菊科 [MD-586] 全球 (1) 大洲分布及种数(53)◆非洲

Metalejeunea【2】 (Reinw.Bl. & Nees) Grolle 假细鳞苔属 ≒ **Microlejeunea** Lejeuneaceae 细鳞苔科 [B-84] 全球 (3) 大洲分布及种数(2)亚洲:1;大洋洲:1;南美洲:1

Metalepis【3】 Griseb. 后鳞萝藦属 ← **Cynanchum;Marsdenia** Apocynaceae 夹竹桃科 [MD-492] 全球 (6) 大洲分布及种数(6)非洲:2;亚洲:2-4;大洋洲:2;欧洲:2;北美洲:3-5;南美洲:4-6

Metallea A.Juss. = **Cipadessa**

Metallus A.Rich. = **Agathisanthemum**

Metalonicera M.Wang & A.G.Gu = **Lonicera**

Metamasius Champion,G.C. = **Hypochaeris**

M

Metanarthecium【3】 Maxim. 芒兰属 ← **Aletris** Nartheciaceae 沼金花科 [MM-618] 全球 (1) 大洲分布及种数(2-3; hort.1)◆亚洲
Metaneckera【2】 Steere 异平藓属 ≒ **Porotrichum** Neckeraceae 平藓科 [B-204] 全球 (4) 大洲分布及种数(1) 非洲:1;亚洲:1;欧洲:1;北美洲:1
Metanemone【3】 W.T.Wang 毛茛莲花属 Ranunculaceae 毛茛科 [MD-38] 全球 (1) 大洲分布及种数(1-3)◆东亚(◆中国)
Metania Nutt. = **Metagonia**
Metanoeus A.Rich. = **Hedyotis**
Metapanax【3】 J.Wen & Frodin 梁王茶属 ← **Acanthopanax;Nothopanax;Panax** Araliaceae 五加科 [MD-471] 全球 (1) 大洲分布及种数(2-4)◆亚洲
Metapetrocosmea【3】 W.T.Wang 盾叶苣苔属 ← **Petrocosmea** Gesneriaceae 苦苣苔科 [MD-549] 全球 (1) 大洲分布及种数(cf. 1)◆东亚(◆中国)
Metaplasia R.Br. = **Metalasia**
Metaplexis【3】 R.Br. 萝藦属 ← **Cynanchum;Marsdenia;Pertusaria** Apocynaceae 夹竹桃科 [MD-492] 全球 (1) 大洲分布及种数(2-5)◆亚洲
Metapolypodium【3】 Ching 篦齿蕨属 ← **Goniophlebium;Polypodium** Polypodiaceae 水龙骨科 [F-60] 全球 (1) 大洲分布及种数(cf. 1)◆亚洲
Metaporana【2】 N.E.Br. 伴孔旋花属 ← **Bonamia; Porana** Convolvulaceae 旋花科 [MD-499] 全球 (2) 大洲分布及种数(6)非洲:5;亚洲:cf.1
Metarhacocarpus Nog. = **Dicnemon**
Metarungia【3】 Baden 金乌花属 ← **Rungia** Acanthaceae 爵床科 [MD-572] 全球 (1) 大洲分布及种数(2)◆非洲
Metasasa W.T.Lin = **Acidosasa**
Metasequoia【3】 Hu & W.C.Cheng 水杉属 ← **Sequoia** Cupressaceae 柏科 [G-17] 全球 (1) 大洲分布及种数(2-5)◆东亚(◆中国)
Metasequoiaceae H.H.Hu & W.C.Cheng = Cupressaceae
Metashangrilaia【3】 Al-Shehbaz & D.A.German 水苏菜属 Brassicaceae 十字花科 [MD-213] 全球 (1) 大洲分布及种数(cf.1)◆亚洲
Metasocratea Dugand = **Socratea**
Metasolenostoma Bakalin & Vilnet = **Solenostoma**
Metastachydium Airy-Shaw = **Metastachydium**
Metastachydium【3】 H.K.Airy-Shaw 箭叶水苏属 ← **Ballota;Phlomis** Lamiaceae 唇形科 [MD-575] 全球 (1) 大洲分布及种数(cf. 1)◆东亚(◆中国)
Metastachys (Benth. & Hook.f.) Van Tiegh. = **Macrosolen**
Metastelma【3】 R.Br. 异被藤属 → **Astephanus; Vincetoxicum;Melinia** Asclepiadaceae 萝藦科 [MD-494] 全球 (6) 大洲分布及种数(108-123)非洲:5-8;亚洲:7-13;大洋洲:3;欧洲:3;北美洲:69-79;南美洲:44-54
Metastevia Grashoff = **Stevia**
Metathelypteris【2】 (H.Itô) Ching 凸轴蕨属 ← **Aspidium;Lastrea** Thelypteridaceae 金星蕨科 [F-42] 全球 (2) 大洲分布及种数(20-21;hort.1)非洲:3;亚洲:17-19
Metathlaspi E.H.L.Krause = **Thlaspi**
Metatrophis【3】 F.Br. 波利荨麻属 Urticaceae 荨麻科 [MD-91] 全球 (1) 大洲分布及种数(cf.1)◆大洋洲
Metaxanthus Walp. = **Senecio**
Metaxia Rehder = **Metaxya**
Metaxya【3】 C.Presl 丝囊蕨属 ← **Alsophila;Polypodium** Metaxyaceae 丝囊蕨科 [F-24] 全球 (1) 大洲分布及种数(4-5)◆南美洲
Metaxyaceae【3】 Pic.Serm. 丝囊蕨科 [F-24] 全球 (1) 大洲分布和属种数(1/4-5)◆亚洲
Metaxyla C.Presl = **Metaxya**
Metazanthus Meyen = **Senecio**
Metcalfia【3】 Conert 燕穗草属 ≒ **Helictotrichon** Poaceae 禾本科 [MM-748] 全球 (1) 大洲分布及种数(1)◆北美洲
Metcalna Conert = **Metcalfia**
Metdepenningenara【-】 J.M.H.Shaw 兰科属 Orchidaceae 兰科 [MM-723] 全球 (uc) 大洲分布及种数(uc)
Meteoriaceae【3】 Kindb. 蔓藓科 [B-188] 全球 (5) 大洲分布和属种数(29/443)亚洲:21/194;大洋洲:16/71;欧洲:9/21;北美洲:18/96;南美洲:20/159
Meteoridium【2】 Manül 蔓青藓属 ≒ **Pilotrichum** Brachytheciaceae 青藓科 [B-187] 全球 (3) 大洲分布及种数(2) 欧洲:1;北美洲:2;南美洲:2
Meteoriella【3】 S.Okamura 小蔓藓属 ≒ **Pterobryopsis** Hylocomiaceae 塔藓科 [B-193] 全球 (1) 大洲分布及种数(2) ◆亚洲
Meteorina Cass. = **Osteospermum**
Meteoriopsis (Müll.Hal.) Broth. = **Meteoriopsis**
Meteoriopsis【2】 M.Fleisch. ex Broth. 粗蔓藓属 ≒ **Pilotrichum;Meteoridium** Meteoriaceae 蔓藓科 [B-188] 全球 (3) 大洲分布及种数(12) 亚洲:6;大洋洲:5;南美洲:5
Meteorium【3】 (Brid.) Dozy & Molk. 蔓藓属 ≒ **Anomodon;Pilotrichella** Meteoriaceae 蔓藓科 [B-188] 全球 (6) 大洲分布及种数(93) 非洲:7;亚洲:43;大洋洲:14;欧洲:3;北美洲:21;南美洲:37
Meteoromyrtus【3】 Gamble 天竺桃木属 ← **Eugenia** Myrtaceae 桃金娘科 [MD-347] 全球 (1) 大洲分布及种数(cf. 1)◆亚洲
Meteorus Lour. = **Barringtonia**
Meterana【2】 Raf. 地榆叶属 ← **Caperonia;Acalypha** Euphorbiaceae 大戟科 [MD-217] 全球 (3) 大洲分布及种数(cf.1) 非洲;北美洲;南美洲
Meterosideros Banks ex Gaertn. = **Metrosideros**
Meterostachys【3】 Nakai 瓦松属 ← **Sedum; Orostachys** Crassulaceae 景天科 [MD-229] 全球 (1) 大洲分布及种数(2)◆亚洲
Metharme【3】 Phil. ex Engl. 毛被蒺藜属 Zygophyllaceae 蒺藜科 [MD-288] 全球 (1) 大洲分布及种数(1)◆南美洲(◆智利)
Methocus Desv. = **Alyssum**
Methona Tourn. ex Crantz = **Gloriosa**
Methone Salisb. = **Dioscorea**
Methonica【3】 Tourn. ex Crantz 嘉兰属 ← **Gloriosa** Colchicaceae 秋水仙科 [MM-623] 全球 (1) 大洲分布及种数(2)属分布和种数(uc)◆南美洲
Methorium Schott & Endl. = **Helicteres**
Methyscophyllum Eckl. & Zeyh. = **Celastrus**
Methysticodendron R.E.Schult. = **Datura**
Metilia Saussure = **Melia**
Metis Terrell & H.Rob. = **Mexotis**
Meto Mill. = **Cucumis**
Metocalamus Benth. = **Melocalamus**

Metopella Nutt. = **Meconella**
Metopia Pape = **Metopium**
Metopias P.Br. = **Metopium**
Metopina Bakh.f. = **Metadina**
Metopium【3】P.Br. 毒胶漆属 ← **Rhus;Meteoriopsis** Anacardiaceae 漆树科 [MD-432] 全球 (1) 大洲分布及种数(4-6)◆北美洲
Metorchis Ség. = **Herminium**
Metoxypetalum Morillo = **Oxypetalum**
Metreophyllum Schwantes = **Mitrophyllum**
Metridium Manül = **Meteoridium**
Metrocynia Thou. = **Cynometra**
Metrodira A.St.Hil. = **Metrodorea**
Metrodorea【3】A.St.Hil. 囊髓香属 ≒ **Esenbeckia; Pilocarpus** Rutaceae 芸香科 [MD-399] 全球 (1) 大洲分布及种数(5-6)◆南美洲
Metron Raf. = **Rubus**
Metrophyllum C.N.Page = **Retrophyllum**
Metrosideros【3】Banks ex Gaertn. 铁心木属 → **Callistemon;Eugenia;Tristania** Myrtaceae 桃金娘科 [MD-347] 全球 (6) 大洲分布及种数(41-83;hort.1;cult: 4)非洲:9-20;亚洲:10-21;大洋洲:33-75;欧洲:7;北美洲:6-15;南美洲:2-9
Metroxilon Welw. = **Raphia**
Metroxylon【2】Rottb. 西谷椰属 ≒ **Pigafetta; Myroxylon;Phyllanthus** Arecaceae 棕榈科 [MM-717] 全球 (5) 大洲分布及种数(3-8)非洲:1-2;亚洲:1-2;大洋洲:2-6;北美洲:2;南美洲:1
Mettenia Griseb. = **Chaetocarpus**
Metteniusa【2】H.Karst. 水螅花属 Metteniusaceae 水螅花科 [MD-454] 全球 (2) 大洲分布及种数(5-8;hort.1)北美洲:1;南美洲:4-7
Metteniusaceae【2】H.Karst. ex Schnizl. 水螅花科 [MD-454] 全球 (2) 大洲分布和属种数(1/4-7)北美洲:1/1;南美洲:1/4-7
Metteniusia P. & K. = **Metteniusa**
Metternichia【3】J.C.Mikan 舒尔花属 → **Schultesianthus;Markea** Solanaceae 茄科 [MD-503] 全球 (1) 大洲分布及种数(1)◆南美洲
Metzgeria (Kuwah.) Kuwah. = **Metzgeria**
Metzgeria【3】Vanden Berghen 叉苔属 ≒ **Riccia; Steereella** Metzgeriaceae 叉苔科 [B-89] 全球 (6) 大洲分布及种数(69-99)非洲:9-27;亚洲:27-48;大洋洲:21-50;欧洲:8-24;北美洲:17-34;南美洲:38-66
Metzgeriaceae【3】Vanden Berghen 叉苔科 [B-89] 全球 (6) 大洲分布和属种数(3/71-120)非洲:1/9-27;亚洲:2/29-50;大洋洲:2/22-51;欧洲:1/8-24;北美洲:1/17-34;南美洲:1/38-66
Metzgeriopsis【3】K.I.Göbel 花鳞苔属 Lejeuneaceae 细鳞苔科 [B-84] 全球 (1) 大洲分布及种数(1)◆非洲
Metzgeriothallus【-】R.M.Schust. 孢芽藓科属 Sorapillaceae 孢芽藓科 [B-212] 全球 (uc) 大洲分布及种数(uc)
Metzlera Milde ex I.Hagen = **Metzleria**
Metzlerella I.Hagen = **Metzleria**
Metzleria【3】Sond. 高山长帽藓属 ≒ **Metzgeria; Lobelia** Leucobryaceae 白发藓科 [B-129] 全球 (1) 大洲分布及种数(2) ◆北美洲
Meulona Raf. = **Lythrum**
Meum Adans. = **Meum**
Meum【3】Mill. 熊根芹属 ← **Aethusa;Pohlia** Apiaceae 伞形科 [MD-480] 全球 (1) 大洲分布及种数(2-4)◆亚洲
Meusdora Bonpl. = **Menodora**
Mexacanthus【3】T.F.Daniel 墨西哥刺爵床属 Acanthaceae 爵床科 [MD-572] 全球 (1) 大洲分布及种数(1-3)◆北美洲(◆墨西哥)
Mexerion【3】G.L.Nesom 匍茎紫绒草属 ← **Gnaphalium** Asteraceae 菊科 [MD-586] 全球 (1) 大洲分布及种数(2)◆北美洲(◆墨西哥)
Mexianthus【3】B.L.Rob. 墨花菊属 Asteraceae 菊科 [MD-586] 全球 (1) 大洲分布及种数(1)◆北美洲(◆墨西哥)
Mexicoa Garay = **Oncidium**
Meximalva【3】Fryxell 花旗彩锦葵属 ← **Sida; Sphaeralcea** Malvaceae 锦葵科 [MD-203] 全球 (1) 大洲分布及种数(2)◆北美洲
Mexipedium V.A.Albert & M.W.Chase = **Paphiopedilum**
Mexocarpus Borhidi,E.Martínez & Ramos = **Heptaptera**
Mexotis【3】Terrell & H.Rob. 加勒比茜草属 ≒ **Houstonia** Rubiaceae 茜草科 [MD-523] 全球 (1) 大洲分布及种数(4-5)◆北美洲
Meyenia Backeb. = **Meyenia**
Meyenia【3】Nees 迈恩爵床属 ≒ **Weberbauerocereus; Iochroma** Acanthaceae 爵床科 [MD-572] 全球 (1) 大洲分布及种数(cf.1)◆北美洲
Meyeniaceae C.P.Sreemadhaven = Dicrastylidaceae
Meyera Adans. = **Enydra**
Meyeria DC. = **Calea**
Meyerocactus Doweld = **Echinocactus**
Meyerophytum【3】Schwantes 群鸟玉属 → **Dicrocaulon;Mesembryanthemum;Mitrophyllum** Aizoaceae 番杏科 [MD-94] 全球 (1) 大洲分布及种数(1-2)◆非洲(◆南非)
Meyna【3】Roxb. ex Link 琼梅属 ← **Canthium;Pyrostria;Vangueria** Rubiaceae 茜草科 [MD-523] 全球 (1) 大洲分布及种数(1-7)◆非洲
Meynia Schult. = **Meyna**
Mezereum C.A.Mey. = **Daphne**
Mezia P. & K. = **Mezia**
Mezia【3】Schwacke ex Engl. & Prantl 梅荚木属 ← **Diplopterys;Tetrapterys** Malpighiaceae 金虎尾科 [MD-343] 全球 (1) 大洲分布及种数(19-21)◆南美洲
Meziella【3】Schindl. 刺果仙草属 ≒ **Myriophyllum** Haloragaceae 小二仙草科 [MD-271] 全球 (1) 大洲分布及种数(cf.)◆大洋洲
Meziera Baker = **Mezia**
Mezierea Gaud. = **Begonia**
Mezilaurus P. & K. = **Mezilaurus**
Mezilaurus【3】Taub. 桂土楠属 ← **Misanteca;Silvia;Acrodiclidium** Lauraceae 樟科 [MD-21] 全球 (1) 大洲分布及种数(22-27)◆南美洲
Meziothamnus Harms = **Abromeitiella**
Mezobromelia【2】L.B.Sm. 塔穗凤梨属 ← **Guzmania; Vriesea** Bromeliaceae 凤梨科 [MM-715] 全球 (2) 大洲分布及种数(10-11)北美洲:2;南美洲:9
Mezochloa Butzin = **Alloteropsis**
Mezoneuron【3】Desf. 见血飞属 ≒ **Mezoneurum; Pomaria** Fabaceae 豆科 [MD-240] 全球 (6) 大洲分布及种数(14-24)非洲:5-7;亚洲:9-11;大洋洲:1-6;欧洲:1;北美

M

洲:2;南美洲:1
Mezoneurum【3】 Desf. 菲律宾云实属 ≒ **Pomaria** Fabaceae3 蝶形花科 [MD-240] 全球 (1) 大洲分布及种数(cf. 1)◆亚洲
Mezonevron【2】 Desf. 柔毛见血飞属 ≒ **Pomaria** Fabaceae3 蝶形花科 [MD-240] 全球 (4) 大洲分布及种数(2-3)非洲:cf.1;亚洲:cf.1;大洋洲:1;北美洲:1
Mezzettia【3】 Becc. 单心依兰属 Annonaceae 番荔枝科 [MD-7] 全球 (1) 大洲分布及种数(1-4)◆亚洲
Mezzettiopsis【2】 Ridl. 蚁花属 Annonaceae 番荔枝科 [MD-7] 全球 (2) 大洲分布及种数(1) 亚洲:1;大洋洲:1
Mhytockia W.W.Sm. = **Whytockia**
Miacis Lür = **Pleurothallis**
Miacora Adans. = **Mibora**
Miaenia Lindb. = **Mittenia**
Miagrum Crantz = **Myagrum**
Miana Cerv. = **Ipomoea**
Miaopopsis Britton & Rose = **Mimosopsis**
Miasa Chapel. ex Benth. = **Coleus**
Miava M.Lojacono = **Cochlearia**
Mibora【3】 Adans. 早沙草属 ← **Agrostis;Poa** Poaceae 禾本科 [MM-748] 全球 (1) 大洲分布及种数(2)◆非洲
Miboria Fr. = **Olearia**
Miborinae Asch. & Graebn. = **Olearia**
Micadania R.Br. = **Vitellaria**
Micagrostis Juss. = **Poa**
Micalia Raf. = **Escobedia**
Micambe Adans. = **Cleome**
Micania D.Dietr. = **Perebea**
Micaocos L. = **Microcos**
Micardonia Ruiz & Pav. = **Mecardonia**
Micaria Hall. = **Ficaria**
Micelia L. = **Michelia**
Michaelus Wight & Arn. = **Andrachne**
Michauxia【2】 L´Hér. 伞风铃属 ≒ **Campanula; Mnium;Gordonia** Campanulaceae 桔梗科 [MD-561] 全球 (3) 大洲分布及种数(6-8)亚洲:5-7;欧洲:cf.1;北美洲:cf.1
Michelaria Dum. = **Bromus**
Michelia (Chun) Noot. & B.L.Chen = **Michelia**
Michelia【3】 L. 合果木属 ≒ **Aromadendron;Seseli** Magnoliaceae 木兰科 [MD-1] 全球 (1) 大洲分布及种数(45-71)◆亚洲
Micheliella Briq. = **Collinsonia**
Michelii L. = **Michelia**
Michelil L. = **Michelia**
Michelinia L. = **Michelia**
Micheliopsis H.Keng = **Magnolia**
Micheliopsis H.Kerfg = **Michelia**
Michellia L. = **Michelia**
Michelsonia【3】 Hauman 热非豆属 ← **Berlinia;Julbernardia;Tetraberlinia** Fabaceae 豆科 [MD-240] 全球 (1) 大洲分布及种数(1)◆非洲
Michelvacherotara【-】 J.M.H.Shaw 兰科属 Orchidaceae 兰科 [MM-723] 全球 (uc) 大洲分布及种数(uc)
Michetia R.C.Moran,Labiak & Sundü = **Mickelia**
Michiea F.Müll = **Leucopogon**
Michmelia L. = **Michelia**
Micho Salisb. = **Haemanthus**
Michobulbum Schltr. = **Acanthephippium**
Micholitzara auct. = **Micholitzia**
Micholitzia Hort. = **Micholitzia**
Micholitzia【3】 N.E.Br. 扇叶藤属 ≒ **Hoya** Asclepiadaceae 萝藦科 [MD-494] 全球 (1) 大洲分布及种数(cf. 1)◆亚洲
Michoxia【3】 Vell. 厚皮香属 ← **Ternstroemia** Theaceae 山茶科 [MD-168] 全球 (1) 大洲分布及种数(cf.1)◆南美洲
Michrochaeta Rchb. = **Rhynchospora**
Michrolonchus Cass. = **Centaurea**
Mickelia【2】 R.C.Moran 西实蕨属 ≒ **Leptochilus** Dryopteridaceae 鳞毛蕨科 [F-49] 全球 (3) 大洲分布及种数(11-12)亚洲:cf.1;北美洲:7;南美洲:10-11
Mickelopteris Fraser-Jenk. = **Hemionitis**
Micklethwaitia【3】 G.P.Lewis & Schrire 非洲蝶形花属 Fabaceae 豆科 [MD-240] 全球 (1) 大洲分布及种数(1)◆非洲
Mico E.Geoffroy = **Mucoa**
Micoloma R.Br. = **Macrocoma**
Miconia (Cham.) Naudin = **Miconia**
Miconia【3】 Ruiz & Pav. 绢木属 → **Mecranium; Clidemia;Ossaea** Melastomataceae 野牡丹科 [MD-364] 全球 (6) 大洲分布及种数(1252-1513;hort.1;cult: 3)非洲:15-36;亚洲:57-83;大洋洲:32-62;欧洲:7-29;北美洲:407-523;南美洲:1053-1189
Miconiaceae Mart. = Gymnogrammitidaceae
Miconiastrum Naudin = **Tetrazygia**
Miconieae DC. = **Miconia**
Micrablepharus Phil. = **Megastachya**
Micrachne【3】 P.M.Peterson 绢禾草属 Poaceae 禾本科 [MM-748] 全球 (1) 大洲分布及种数(5)◆非洲
Micracis Wood = **Microcos**
Micractis【3】 DC. 白盘菊属 ← **Guizotia;Sclerocarpus;Sigesbeckia** Asteraceae 菊科 [MD-586] 全球 (1) 大洲分布及种数(2-3)◆非洲
Micradenia (A.DC.) Miers = **Mandevilla**
Micraea Miers = **Micraira**
Micraeschynanthus Ridl. = **Aeschynanthus**
Micraira【3】 F.Müll. 百生草属 Poaceae 禾本科 [MM-748] 全球 (1) 大洲分布及种数(13-15)◆大洋洲(◆澳大利亚)
Micraireae Pilg. = **Micraira**
Micralsopsis【3】 W.R.Buck 细树藓属 Pterobryaceae 蕨藓科 [B-201] 全球 (1) 大洲分布及种数(cf. 1)◆东亚(◆中国)
Micrampelis Raf. = **Echinocystis**
Micrandra【3】 Benth. 巴桐属 ≒ **Hevea;Pogonophora** Euphorbiaceae 大戟科 [MD-217] 全球 (1) 大洲分布及种数(13-14)◆南美洲
Micrandropsis【3】 W.A.Rodrigüs 星巴桐属 ← **Micrandra** Euphorbiaceae 大戟科 [MD-217] 全球 (1) 大洲分布及种数(1)◆南美洲(◆巴西)
Micrangelia Fourr. = **Micrargeria**
Micrantha Dvorak = **Alliaria**
Micranthea A.Juss. = **Phyllanthus**
Micrantheaceae J.Agardh = Emblingiaceae
Micranthella【2】 Naudin 蒂牡花属 ← **Tibouchina** Melastomataceae 野牡丹科 [MD-364] 全球 (2) 大洲分布及种数(cf.1) 北美洲;南美洲

Micranthemum【3】 Michx. 小泥花属 Linderniaceae 母草科 [MD-534] 全球 (6) 大洲分布及种数(10-18)非洲:2;亚洲:1-4;大洋洲:2;欧洲:2;北美洲:8-18;南美洲:3-5
Micranthera Choisy = **Ardisia**
Micranthes【2】 Haw. 虎耳草属 ≒ **Hoslundia** Saxifragaceae 虎耳草科 [MD-231] 全球 (3) 大洲分布及种数(73-82; hort. 1;cult: 2) 亚洲;欧洲;北美洲
Micrantheum C.Presl = **Micrantheum**
Micrantheum【3】 Desf. 石南桐属 ≒ **Phyllanthus** Euphorbiaceae 大戟科 [MD-217] 全球 (1) 大洲分布及种数(4-14)◆大洋洲(◆澳大利亚)
Micranthocereus (Backeb.) P.J.Braun & Esteves = **Micranthocereus**
Micranthocereus【3】 Backeb. 小花柱属 ← **Austrocephalocereus;Arrojadoa;Cephalocereus** Cactaceae 仙人掌科 [MD-100] 全球 (1) 大洲分布及种数(14)◆南美洲
Micranthos St.Lag. = **Micranthus**
Micranthus【3】 (Pers.) Eckl. 穗花鸢尾属 ≒ **Rotala; Watsonia;Thereianthus** Iridaceae 鸢尾科 [MM-700] 全球(6)大洲分布及种数(8-12)非洲:6-7;亚洲:2-3;大洋洲:1;欧洲:1;北美洲:1;南美洲:1
Micraochites Rolfe = **Micrechites**
Micrargeria【2】 Benth. 润铃草属 ← **Alectra;Sopubia** Orobanchaceae 列当科 [MD-552] 全球 (3) 大洲分布及种数(3-6)非洲:2-3;亚洲:1-2;南美洲:cf.1
Micrargeriella【3】 R.E.Fr. 莎寄生属 Orobanchaceae 列当科 [MD-552] 全球 (1) 大洲分布及种数(1)◆非洲
Micrasepalum【3】 Urb. 花旗茜属 ← **Borreria; Spermacoce** Rubiaceae 茜草科 [MD-523] 全球 (1) 大洲分布及种数(2)◆北美洲
Micraster Harv. = **Stapelia**
Micrastur Harv. = **Anisotoma**
Micrauchenia Fröl. = **Diplusodon**
Micrechites【3】 Miq. 小花藤属 ← **Anodendron;Ichnocarpus;Parameria** Apocynaceae 夹竹桃科 [MD-492] 全球 (6) 大洲分布及种数(10-15)非洲:5-10;亚洲:5-11;大洋洲:5;欧洲:5;北美洲:5;南美洲:5
Micrelium Forssk. = **Eclipta**
Micrepeira Lindl. = **Micropera**
Micrisophylla【-】 Fulford 指叶苔科属 ≒ **Kurzia** Lepidoziaceae 指叶苔科 [B-63] 全球 (uc) 大洲分布及种数(uc)
Micro González-Sponga = **Ambelania**
Microascus S.P.Abbott = **Microsaccus**
Microbahia Cockerell = **Syntrichopappus**
Microbambus K.Schum. = **Guaduella**
Microberlinia【3】 A.Chev. 斑马木属 ← **Berlinia** Fabaceae 豆科 [MD-240] 全球 (1) 大洲分布及种数(2)◆非洲
Microbignonia Kraenzl. = **Dolichandra**
Microbiota【3】 Kom. 胡柏属 ≒ **Thuja** Cupressaceae 柏科 [G-17] 全球 (1) 大洲分布及种数(1-2)◆亚洲
Microbiotaceae Nakai = Cupressaceae
Microblepharis M.Röm. = **Adenia**
Microbotryum Willd. ex Röm. & Schult. = **Antirhea**
Microbriza Parodi ex Nicora & Rúgolo = **Chascolytrum**
Microbrochis【2】 C.Presl 大轴脉蕨属 ← **Tectaria; Aspidium** Dryopteridaceae 鳞毛蕨科 [F-49] 全球 (2) 大洲分布及种数(cf.1) 北美洲;南美洲
Microbryum【3】 Schimp. 细丛藓属 Pottiaceae 丛藓科 [B-133] 全球 (6) 大洲分布及种数(14) 非洲:7;亚洲:6;大洋洲:5;欧洲:10;北美洲:7;南美洲:2
Microcachrydaceae Doweld & Reveal = Podocarpaceae
Microcachrys【3】 Hook.f. 寒寿松属 ← **Dacrydium** Podocarpaceae 罗汉松科 [G-13] 全球 (1) 大洲分布及种数(1)◆大洋洲(◆澳大利亚)
Microcaelia Hochst. ex A.Rich. = **Solenangis**
Microcala【3】 Hoffmanns. & Link 百金花属 ≒ **Macrocoma** Gentianaceae 龙胆科 [MD-496] 全球 (1) 大洲分布及种数(1)◆北美洲
Microcalamus【3】 Franch. 小苇草属 ≒ **Bambusa** Poaceae 禾本科 [MM-748] 全球 (1) 大洲分布及种数(2)◆非洲
Microcalia A.Rich. = **Calendula**
Microcalpe【2】 Spruce 锦藓科属 Sematophyllaceae 锦藓科 [B-192] 全球 (3) 大洲分布及种数(2) 欧洲:1;北美洲:1;南美洲:2
Microcampylopus【3】 (Müll.Hal.) M.Fleisch. 小曲柄藓属 ≒ **Campylopus** Dicranellaceae 小曲尾藓科 [B-122] 全球 (6) 大洲分布及种数(5) 非洲:2;亚洲:3;大洋洲:1;欧洲:1;北美洲:2;南美洲:2
Microcardamum O.E.Schulz = **Hornungia**
Microcardium O.E.Schulz = **Arabis**
Microcarpaea【2】 R.Br. 小果草属 → **Glossostigma; Mecardonia;Scoparia** Phrymaceae 透骨草科 [MD-559] 全球 (2) 大洲分布及种数(2-3)亚洲:1;大洋洲:1-2
Microcaryum【3】 I.M.Johnst. 微果草属 ← **Eritrichium;Setulocarya** Boraginaceae 紫草科 [MD-517] 全球 (1) 大洲分布及种数(cf. 1)◆亚洲
Microcasia Becc. = **Piptospatha**
Microcattleya V.P.Castro & Chiron = **Cattleya**
Microcephala【3】 K.Koch 小头菊属 Asteraceae 菊科 [MD-586] 全球 (1) 大洲分布及种数(cf. 1)◆亚洲
Microcephala Pobed. = **Microcephala**
Microcephalum【3】 Sch.Bip. ex Klatt 离药菊属 ← **Eleutheranthera;Viguiera** Asteraceae 菊科 [MD-586] 全球 (1) 大洲分布及种数(1)◆北美洲
Microcera Benth. = **Micropera**
Microcerasus M.Röm. = **Prunus**
Microchaeta Nutt. = **Rhynchospora**
Microchaete【2】 Benth. 千里光属 ≒ **Senecio; Pentacalia** Asteraceae 菊科 [MD-586] 全球 (3) 大洲分布及种数(cf.2) 欧洲;北美洲;南美洲
Microchara Benth. = **Microcharis**
Microcharis【3】 Benth. 木蓝豆属 ← **Indigofera** Fabaceae 豆科 [MD-240] 全球 (1) 大洲分布及种数(34-35)◆非洲
Microchilus【3】 C.Presl 小唇兰属 ≒ **Erythrodes; Satyrium;Aspidogyne** Orchidaceae 兰科 [MM-723] 全球 (6)大洲分布及种数(149-174;hort.1)非洲:2;亚洲:1-3;大洋洲:4;欧洲:2;北美洲:28-30;南美洲:125-148
Microchirita【3】 (C.B.Clarke) Yin Z.Wang 钩序苣苔属 Gesneriaceae 苦苣苔科 [MD-549] 全球 (1) 大洲分布及种数(37-38)◆亚洲
Microchlaena【3】 Wight & Arn. 火绳树属 ≒ **Anisocampium** Malvaceae 锦葵科 [MD-203] 全球 (1) 大洲分布及种数(2)◆亚洲
Microchlamys Decne. = **Besleria**

M

Microchloa【3】 R.Br. 小草属 → **Brachyachne;Nardus;Rottboellia** Poaceae 禾本科 [MM-748] 全球 (6) 大洲分布及种数(8)非洲:7-8;亚洲:3-4;大洋洲:1-2;欧洲:1;北美洲:2-3;南美洲:3-4

Microchonea Pierre = **Cryptolepis**

Microchorema Pierre = **Aganosma**

Microchrysa Wiedemann = **Microcorys**

Microciona Pierre = **Aganosma**

Microcitrus【3】 Swingle 指橘属 ← **Citrus** Rutaceae 芸香科 [MD-399] 全球 (1) 大洲分布及种数(2-3)◆大洋洲

Microclisia Benth. = **Cotula**

Microcnemum【3】 Ung.Sternb. 珊瑚蓬属 ← **Arthrocnemum;Salicornia** Amaranthaceae 苋科 [MD-116] 全球 (1) 大洲分布及种数(1)◆欧洲

Micrococca【2】 Benth. 地构桐属 ← **Claoxylon;Mercurialis;Tragia** Euphorbiaceae 大戟科 [MD-217] 全球 (3) 大洲分布及种数(13-15;hort.1)非洲:9;亚洲:4-6;大洋洲:2

Micrococos Phil. = **Cocos**

Microcodon【3】 A.DC. 小风铃属 ← **Campanula;Treichelia;Wahlenbergia** Campanulaceae 桔梗科 [MD-561] 全球 (1) 大洲分布及种数(8)◆非洲(◆南非)

Micrococcia Hook.f. = **Delilia**

Microcoelia【3】 Lindl. 球距兰属 ← **Aeranthes;Mystacidium;Solenangis** Orchidaceae 兰科 [MM-723] 全球 (6)大洲分布及种数(39)非洲:36-40;亚洲:1-2;大洋洲:1;欧洲:1;北美洲:1;南美洲:1

Microcoelum Burret & Potztal = **Lytocaryum**

Microconomorpha (Mez) Lundell = **Cybianthus**

Microconops Phil. = **Cocos**

Microcorys【3】 R.Br. 盔南苏属 ← **Westringia;Microcos;Hemigenia** Lamiaceae 唇形科 [MD-575] 全球 (1) 大洲分布及种数(4-24)◆大洋洲(◆澳大利亚)

Microcos Burm. ex L. = **Microcos**

Microcos【2】 L. 破布叶属 → **Colona;Grewia** Malvaceae 锦葵科 [MD-203] 全球 (5) 大洲分布及种数(75-84;hort.1)非洲:31-32;亚洲:67-69;大洋洲:11-12;北美洲:1;南美洲:3

Microcrambus K.Schum. = **Puelia**

Microcrocis C.Presl = **Microbrochis**

Microcrossidium【3】 J.Gürra & M.J.Cano 微丛藓属 Pottiaceae 丛藓科 [B-133] 全球 (1) 大洲分布及种数(1)◆非洲

Microctenia Carriker = **Microcoelia**

Microctenidium【3】 M.Fleisch. 小梳藓属 ≒ **Rhaphidostegium;Palisadula** Hypnaceae 灰藓科 [B-189] 全球 (1) 大洲分布及种数(3)◆亚洲

Microcybe【3】 Turcz. 爪南香属 → **Asterolasia;Eriostemon** Rutaceae 芸香科 [MD-399] 全球 (1) 大洲分布及种数(4)◆大洋洲(◆澳大利亚)

Microcycadaceae Tarbaeva = Zamiaceae

Microcycas【3】 (Miq.) A.DC. 小苏铁属 ← **Zamia** Zamiaceae 泽米铁科 [G-2] 全球 (1) 大洲分布及种数(1)◆北美洲

Microcyclus Syd. = **Microchilus**

Microcyphus C.Presl = **Centaurea**

Microdacoides Hua = **Microdracoides**

Microdactylon【3】 Brandegee 花旗小萝藦属 Apocynaceae 夹竹桃科 [MD-492] 全球 (1) 大洲分布及种数(1-10)◆北美洲

Microdendron Broth. = **Pogonatum**

Microdendrum Banks ex DC. = **Misodendrum**

Microderis D.Don ex Gand. = **Picris**

Microdesmia【-】 (Benth.) Sothers & Prance 可可李科属 ≒ **Microdesmis** Chrysobalanaceae 可可李科 [MD-243] 全球 (uc) 大洲分布及种数(uc)

Microdesmis【2】 Hook.f. 小盘木属 ← **Flacourtia** Pandaceae 小盘木科 [MD-234] 全球 (3) 大洲分布及种数(12-13)非洲:9-10;亚洲:cf.1;南美洲:2

Microdochium Syd. = **Microsechium**

Microdon【3】 Choisy 猫尾花属 ≒ **Selago** Scrophulariaceae 玄参科 [MD-536] 全球 (1) 大洲分布及种数(11-13)◆非洲(◆南非)

Microdonta Nutt. = **Heteromorpha**

Microdontia H.Wendl. ex Benth. & Hook.f. = **Basselinia**

Microdontocharis Baill. = **Eucharis**

Microdracoides【3】 Hua 鳞莎木属 Cyperaceae 莎草科 [MM-747] 全球 (1) 大洲分布及种数(1)◆非洲

Microdus【2】 Schimp. ex Besch. 小毛藓属 ← **Leptotrichella;Orthodontium** Dicranaceae 曲尾藓科 [B-128] 全球 (5) 大洲分布及种数(34) 非洲:7;亚洲:7;大洋洲:7;北美洲:5;南美洲:12

Microeciella Dixon = **Microtheciella**

Microelus Wight & Arn. = **Bischofia**

Microepidendrum【3】 Brieger 围柱兰属 ≒ **Epidendrum** Orchidaceae 兰科 [MM-723] 全球 (1) 大洲分布及种数(cf.1)◆北美洲

Microeurhynchium【2】 Ignatov & Vanderp. 青藓属 ≒ **Hypnum** Hypnaceae 灰藓科 [B-189] 全球 (2) 大洲分布及种数(uc) 亚洲;欧洲

Microgamma C.Presl = **Microgramma**

Microgenetes A.DC. = **Phacelia**

Microgilia【3】 J.M.Porter & L.A.Johnson 山号草属 Polemoniaceae 花荵科 [MD-481] 全球 (1) 大洲分布及种数(1)◆北美洲

Microgloma R.Br. = **Microloma**

Microglossa【2】 DC. 小舌菊属 → **Aster;Nidorella;Psiadia** Asteraceae 菊科 [MD-586] 全球 (2) 大洲分布及种数(12-17)非洲:10-11;亚洲:3-4

Microglossus DC. = **Microglossa**

Microgonia C.Presl = **Microgonium**

Microgoniella Young = **Eriocephalus**

Microgonium【3】 C.Presl 单叶假脉蕨属 ≒ **Trichomanes;Crepidomanes** Hymenophyllaceae 膜蕨科 [F-21] 全球 (6) 大洲分布及种数(3-5)非洲:2-6;亚洲:3;大洋洲:3;欧洲:3;北美洲:3;南美洲:3

Microgramma (Copel.) Lellinger = **Microgramma**

Microgramma【2】 C.Presl 小蛇蕨属 ← **Acrostichum;Solanopteris** Polypodiaceae 水龙骨科 [F-60] 全球 (5) 大洲分布及种数(41-47)非洲:4;亚洲:cf.1;欧洲:4;北美洲:16-17;南美洲:38-39

Micrographa C.Presl = **Microgramma**

Microgyne Cass. = **Eriocephalus**

Microgynella Grau = **Eriocephalus**

Microgynoecium【3】 Hook.f. 小果滨藜属 Amaranthaceae 苋科 [MD-116] 全球 (1) 大洲分布及种数(1-2)◆亚洲

M

Microhaloa R.Br. = **Microchloa**
Microholmesia (P.J.Cribb) P.J.Cribb = **Saccolabium**
Microhoria Benth. = **Micromeria**
Microhyla Schrenk = **Microphysa**
Microhypnum【-】 Jan Kučera & Ignatov 柳叶藓科属 Amblystegiaceae 柳叶藓科 [B-178] 全球 (uc) 大洲分布及种数(uc)
Microhystrix【3】 (Tzvelev) Tzvelev & Prob. 小小果草属 Poaceae 禾本科 [MM-748] 全球 (1) 大洲分布及种数(1)◆非洲
Microjambosa Bl. = **Syzygium**
Microkentia H.Wendl. ex Benth. & Hook.f. = **Basselinia**
Microlaelia【3】 (Schltr.) Chiron & V.P.Castro 微叶兰属 Orchidaceae 兰科 [MM-723] 全球 (1) 大洲分布及种数(1)◆南美洲(◆巴西)
Microlaena【2】 R.Br. 小稃草属 ≒ **Eriolaena** Poaceae 禾本科 [MM-748] 全球 (4) 大洲分布及种数(6)非洲:1;亚洲:2;大洋洲:6;北美洲:1
Microlagenaria【3】 (C.Jeffrey) A.M.Lu & J.Q.Li 罗汉果属 ≒ **Siraitia** Cucurbitaceae 葫芦科 [MD-205] 全球 (1) 大洲分布及种数(cf. 1)◆非洲
Microlecane Sch.Bip. ex Benth. = **Bidens**
Microlejeunea (Spruce) Steph. = **Microlejeunea**
Microlejeunea【3】 Stephani 小叶细鳞苔属 ≒ **Rectolejeunea;Acrolejeunea** Lejeuneaceae 细鳞苔科 [B-84] 全球 (6) 大洲分布及种数(20-21)非洲:4-15;亚洲:6-17;大洋洲:5-16;欧洲:1-12;北美洲:2-13;南美洲:7-19
Micro-lejeunea J.B.Jack & Stephani = **Microlejeunea**
Microlepia (Kaulf.) T.Moore = **Microlepia**
Microlepia【3】 Tagawa 鳞盖蕨属 → **Dennstaedtia; Cystopteris;Sphenomeris** Dennstaedtiaceae 碗蕨科 [F-26] 全球 (6) 大洲分布及种数(127-151;hort.1;cult: 6) 非洲:6-14;亚洲:124-142;大洋洲:15-21;欧洲:6-11;北美洲:10-15;南美洲:16-21
Microlepidium【3】 F.Müll. 小独行菜属 ≒ **Capsella; Hornungia** Brassicaceae 十字花科 [MD-213] 全球 (1) 大洲分布及种数(2)◆大洋洲(◆澳大利亚)
Microlepidozia【-】 (Spruce) Jørg. 指叶苔科属 ≒ **Kurzia** Lepidoziaceae 指叶苔科 [B-63] 全球 (uc) 大洲分布及种数(uc)
Microlepis【3】 (DC.) Miq. 金锦香属 ≒ **Anabasis; Osbeckia** Melastomataceae 野牡丹科 [MD-364] 全球 (1) 大洲分布及种数(2-3)◆南美洲
Microlepis Miq. = **Microlepis**
Microlespedeza (Maxim.) Makino = **Microlespedeza**
Microlespedeza【3】 Makino 山蚂蝗属 ≒ **Kummerowia** Fabaceae3 蝶形花科 [MD-240] 全球 (1) 大洲分布及种数(cf.1)◆亚洲
Microliabum【3】 Cabrera 光托黄安菊属 ← **Liabum; Sinclairia** Asteraceae 菊科 [MD-586] 全球 (1) 大洲分布及种数(5)◆南美洲
Microlicia Brachiate Naudin = **Microlicia**
Microlicia【3】 D.Don 龙丹属 ← **Acisanthera; Cambessedesia;Rhexia** Melastomataceae 野牡丹科 [MD-364] 全球 (1) 大洲分布及种数(184-250)◆南美洲
Microlicieae Naudin = **Microlicia**
Microlobium Liebm. = **Apoplanesia**
Microlobius【3】 C.Presl 戈尔豆属 Fabaceae 豆科 [MD-240] 全球 (1) 大洲分布及种数(2)◆南美洲(◆巴西)
Microloma Cylindriflora Bruyns = **Microloma**
Microloma【3】 R.Br. 宫灯花属 → **Astephanus; Ceropegia;Leptadenia** Apocynaceae 夹竹桃科 [MD-492] 全球 (1) 大洲分布及种数(15-26)◆非洲
Microlonchoides【3】 P.Candargy 苓菊属 ← **Carduus; Jurinea** Asteraceae 菊科 [MD-586] 全球 (1) 大洲分布及种数(1)◆欧洲
Microlonchoiides P.Candargy = **Centaurea**
Microlonchus【3】 Cass. 疆矢车菊属 ≒ **Centaurea; Oligochaeta** Asteraceae 菊科 [MD-586] 全球 (1) 大洲分布及种数(5)◆非洲
Microlophium Fourr. = **Microsechium**
Microlophopsis【3】 Czerep. 疆矢车菊属 ← **Centaurea** Asteraceae 菊科 [MD-586] 全球 (1) 大洲分布及种数(1)◆大洋洲
Microlophus Cass. = **Centaurea**
Microluma Baill. = **Pouteria**
Micromega Benth. = **Micromeria**
Micromeles【3】 Decne. 水榆属 ≒ **Pyrus;Sorbus** Rosaceae 蔷薇科 [MD-246] 全球 (1) 大洲分布及种数(3-4)◆亚洲
Micromelo Bruguiére = **Micromelum**
Micromelum【3】 Bl. 小芸木属 ← **Andromeda; Limonia;Micromeria** Rutaceae 芸香科 [MD-399] 全球 (1) 大洲分布及种数(9-14)◆亚洲
Micromeria【3】 Benth. 姜味草属 ← **Calamintha; Origanum;Thymus** Lamiaceae 唇形科 [MD-575] 全球 (6) 大洲分布及种数(69-111;hort.1;cult: 17)非洲:31-47;亚洲:25-42;大洋洲:10-25;欧洲:36-53;北美洲:10-25;南美洲:11-26
Micromeryx Walp. = **Butea**
Micromimua örst. = **Viburnum**
Micromitriaceae【-】 Smyth ex Goffinet & Budke 夭命藓科属 Ephemeraceae 夭命藓科 [B-135] 全球 (uc) 大洲分布及种数(uc)
Micromitrium【3】 Austin 细蓑藓属 ≒ **Nanomitrium; Groutiella** Ephemeraceae 夭命藓科 [B-135] 全球 (6) 大洲分布及种数(11) 非洲:6;亚洲:3;大洋洲:2;欧洲:2;北美洲:4;南美洲:5
Micromoema Thomerson & Taphorn = **Microloma**
Micromonolepis【3】 Ulbr. 马齿藜属 ≒ **Monolepis** Amaranthaceae 苋科 [MD-116] 全球 (1) 大洲分布及种数(1)◆北美洲(◆美国)
Micromus Schimp. ex Besch. = **Microdus**
Micromyrtus【3】 Benth. 小蜡花属 ← **Baeckea;Malleostemon;Thryptomene** Myrtaceae 桃金娘科 [MD-347] 全球 (1) 大洲分布及种数(16-53)◆大洋洲
Micromystria O.E.Schulz = **Arabidella**
Micronecta Schott = **Calamintha**
Micronema H.W.Schott = **Micromeria**
Microneta Schott = **Calamintha**
Micronoma【3】 H.Wendl. ex Benth. & Hook.f. 棕榈科属 Arecaceae 棕榈科 [MM-717] 全球 (1) 大洲分布及种数(uc)◆亚洲
Micronychia【3】 Oliv. 绯铃漆属 ← **Rhus** Anacardiaceae 漆树科 [MD-432] 全球 (1) 大洲分布及种数(6-10)◆非洲(◆马达加斯加)

M

Micropaegma Pichon = **Bignonia**
Micropalama Pichon = **Adenocalymma**
Micropappus (Sch.Bip.) C.F.Baker = **Elephantopus**
Micropapyrus Süss. = **Rhynchospora**
Microparacaryum【2】(Popov ex Riedl) Hilger & Podlech 琉璃草属 ≒ **Cynoglossum** Boraginaceae 紫草科 [MD-517] 全球 (2) 大洲分布及种数(1-3; hort.2; cult:2) 非洲;亚洲
Micropedina R.M.King & H.Rob. = **Macropodina**
Micropeplis【3】Bunge 蛛丝蓬属 ← **Halogeton;Salsola** Amaranthaceae 苋科 [MD-116] 全球 (1) 大洲分布及种数(1)◆亚洲
Micropeplus Perkins = **Macropeplus**
Micropeptis Bunge = **Halogeton**
Micropera【3】Lindl. 小囊兰属 ← **Aerides;Microseris** Orchidaceae 兰科 [MM-723] 全球 (6) 大洲分布及种数(19-25)非洲:1-6;亚洲:18-27;大洋洲:12-19;欧洲:5;北美洲:1-6;南美洲:1-6
Micropetalon Pers. = **Callitriche**
Micropetalum (Michx.) Pers. = **Amanoa**
Microphacos Rydb. = **Astragalus**
Microphasma Woltereck = **Microphysa**
Microphilonotis Sakurai = **Pohlia**
Microphis Kaup = **Micropholis**
Microphlebodium L.D.Gómez = **Polypodium**
Microphoenix Naudin ex Carrière = **Calycanthus**
Micropholis (Baill.) Eyma = **Micropholis**
Micropholis【3】Pierre 小鳞榄属 ≒ **Bumelia;Pouteria** Sapotaceae 山榄科 [MD-357] 全球 (6) 大洲分布及种数(40)非洲:3;亚洲:6-9;大洋洲:1-4;欧洲:3;北美洲:11-14;南美洲:37-40
Microphoxus J.L.Barnard = **Micropholis**
Microphrys H.Milne Edwards = **Microcorys**
Microphthalma Gasp. = **Ficus**
Microphyes【3】Phil. 毛鼓钉属 ← **Talinum** Caryophyllaceae 石竹科 [MD-77] 全球 (1) 大洲分布及种数(2-3)◆南美洲
Microphyllum Schwantes = **Mitrophyllum**
Microphyma Schrenk = **Microphysa**
Microphysa Naudin = **Microphysa**
Microphysa【3】Schrenk 脬果茜草属 ← **Asperula** Rubiaceae 茜草科 [MD-523] 全球 (1) 大洲分布及种数(6)◆大洋洲
Microphysca Naudin = **Tococa**
Microphytanthe (Schltr.) Brieger = **Dendrobium**
Microphyton Fourr. = **Trifolium**
Micropilocereus【-】P.V.Heath 仙人掌科属 Cactaceae 仙人掌科 [MD-100] 全球 (uc) 大洲分布及种数(uc)
Micropiper Miq. = **Peperomia**
Micropisa Schrenk = **Microphysa**
Micropleura【3】Lag. 南美小芹属 ← **Hydrocotyle** Apiaceae 伞形科 [MD-480] 全球 (1) 大洲分布及种数(2)◆南美洲
Microplumeria【3】Baill. 小夹竹桃属 ← **Aspidosperma** Apocynaceae 夹竹桃科 [MD-492] 全球 (1) 大洲分布及种数(1-3)◆南美洲(◆巴西)
Micropodia Mett. = **Macrocoma**
Micropodium【-】Mett. 铁角蕨科属 ≒ **Asplenium; Phyllitis;brassica** Aspleniaceae 铁角蕨科 [F-43] 全球 (uc) 大洲分布及种数(uc)
Micropodium Mett. = **Asplenium**
Micropodium Rchb. = **Brassica**
Micropogon Pfeiff. = **Microchloa**
Micropolypodium【2】Hayata 锯蕨属 ← **Ctenopteris; Polypodium;Moranopteris** Polypodiaceae 水龙骨科 [F-60] 全球 (4) 大洲分布及种数(25-26)亚洲:9-12;大洋洲:2;北美洲:15;南美洲:16
Micropoma【3】Lindb. 直叶藓属 ≒ **Macrocoma** Funariaceae 葫芦藓科 [B-106] 全球 (1) 大洲分布及种数(1)◆非洲
Micropontica Daston = **Opuntia**
Micropora Dalz. = **Micropera**
Micropora Hook.f. = **Hexapora**
Microporus Perkins = **Macrotorus**
Microprion Spreng. ex Pfeiff. = **Microchloa**
Micropsalis (Griseb.) Pierre = **Micropholis**
Micropsis【2】DC. 束衫菊属 ≒ **Gnaphalium** Asteraceae 菊科 [MD-586] 全球 (3) 大洲分布及种数(7)亚洲:cf.1;北美洲:1;南美洲:6
Microptelea Spach = **Zelkova**
Micropteris Desv. = **Grammitis**
Micropteris J.Sm. = **Polypodium**
Micropterum【3】Schwantes 霓花属 ← **Cleretum; Mesembryanthemum** Aizoaceae 番杏科 [MD-94] 全球 (1) 大洲分布及种数(cf.1)◆非洲
Micropterus Schwantes = **Micropterum**
Micropterygium Lindenb.,Nees & Gottsche = **Micropterygium**
Micropterygium【3】Spruce ex Reimers 小指叶苔属 Lepidoziaceae 指叶苔科 [B-63] 全球 (1) 大洲分布及种数(7-11)◆南美洲(◆巴西)
Micropteryx Walp. = **Erythrina**
Microptila Spach = **Zelkova**
Micropuntia Daston = **Opuntia**
Micropus【3】L. 棉子菊属 → **Bombycilaena;Ancistrocarphus;Cymbolaena** Asteraceae 菊科 [MD-586] 全球 (6) 大洲分布及种数(12)非洲:1-4;亚洲:1-4;大洋洲:3;欧洲:1-4;北美洲:4-13;南美洲:3
Micropygia Duby = **Anagallis**
Micropyropsis【3】Romero Zarco & Cabezudo 水麦茅属 Poaceae 禾本科 [MM-748] 全球 (1) 大洲分布及种数(1)◆欧洲
Micropyrum (Gaudin) Link = **Micropyrum**
Micropyrum【3】Link 麦茅属 ← **Agropyron;Vulpia; Castellia** Poaceae 禾本科 [MM-748] 全球 (1) 大洲分布及种数(1)◆非洲
Micropyxis Duby = **Anagallis**
Microrhamnus A.Gray = **Coccocypselum**
Microrhinum Fourr. = **Microrrhinum**
Microrhinus (Reinsch) Skottsberg = **Coccocypselum**
Microrhynchus Less. = **Launaea**
Microrphium【3】C.B.Clarke 亚洲贝龙胆属 Gentianaceae 龙胆科 [MD-496] 全球 (1) 大洲分布及种数(2)属分布和种数(uc)◆亚洲
Microrrhinum【3】(Endl.) Fourr. 毛彩雀属 ≒ **Linaria;Chaenorhinum** Plantaginaceae 车前科 [MD-

527] 全球 (1) 大洲分布及种数(cf. 1)◆欧洲
Microrynchus Sch.Bip. = **Chondrilla**
Microsaccus【3】Bl. 贝叶兰属 ≒ **Adenoncos;Gastrochilus;Saccolabium** Orchidaceae 兰科 [MM-723] 全球 (1) 大洲分布及种数(1-12)◆亚洲
Microschemus C.B.Clarke ex Hook.f. = **Juncus**
Microschizaea【3】C.F.Reed 莎草蕨科属 ≒ **Schizaea** Schizaeaceae 莎草蕨科 [F-19] 全球 (1) 大洲分布及种数(uc)◆大洋洲
Microschoenus C.B.Clarke = **Juncus**
Microschwenkia Benth. = **Melananthus**
Microsciadium【3】Boiss. 亚洲芹属 ≒ **Azorella; Cuminum;Oschatzia** Apiaceae 伞形科 [MD-480] 全球 (1) 大洲分布及种数(1)◆亚洲
Microsechium【3】Naudin 小葫芦属 ← **Sechium; Sicyos** Cucurbitaceae 葫芦科 [MD-205] 全球 (1) 大洲分布及种数(4-5)◆北美洲
Microselinum Andrz. ex Trautv. = **Peucedanum**
Microsema Greene = **Erysimum**
Microsemia Greene = **Streptanthus**
Microsemma Labill. = **Lethedon**
Microsepala Miq. = **Cleidiocarpon**
Microsepsis Miq. = **Microlepis**
Microseris (Nutt.) A.Gray = **Microseris**
Microseris【3】D.Don 橙粉苣属 ≒ **Krigia;Nothocalais** Asteraceae 菊科 [MD-586] 全球 (1) 大洲分布及种数(36-56)◆北美洲
Microsetella Baill. = **Ampelamus**
Microsideros Baum.Bod. = **Metrosideros**
Microsisymbrium O.E.Schulz = **Caulanthus**
Microsocereus【-】G.D.Rowley 仙人掌科属 Cactaceae 仙人掌科 [MD-100] 全球 (uc) 大洲分布及种数(uc)
Microsolena Prain = **Microtoena**
Microsorium Link = **Microsorum**
Microsorum【3】Link 星蕨属 ← **Acrostichum;Leptochilus;Phymatosorus** Polypodiaceae 水龙骨科 [F-60] 全球 (6) 大洲分布及种数(75-94;hort.1;cult: 2)非洲:14-19;亚洲:47-55;大洋洲:31-36;欧洲:3-6;北美洲:4-7;南美洲:8-11
Microsorus Perkins = **Macrotorus**
Microsper Hook. = **Mentzelia**
Microsperma Hook. = **Mentzelia**
Microspermia Frič = **Parodia**
Microspermum E.Arber = **Microspermum**
Microspermum【3】Lag. 微子菊属 → **Piqueriopsis** Asteraceae 菊科 [MD-586] 全球 (1) 大洲分布及种数(9)◆北美洲
Microspio Blake = **Micropsis**
Microsplenium Hook.f. = **Machaonia**
Microstachys【2】A.Juss. 地杨桃属 ≒ **Tragia** Euphorbiaceae 大戟科 [MD-217] 全球 (5) 大洲分布及种数(24;hort.1;cult: 1)非洲:5;亚洲:1;大洋洲:1;北美洲:3;南美洲:21
Microstaphyla【3】C.Presl 地鳞蕨属 ← **Elaphoglossum;Osmunda** Lomariopsidaceae 藤蕨科 [F-52] 全球 (1) 大洲分布及种数(1)◆非洲
Microstecium Nees ex Lindl. = **Microstegium**
Microstegia C.Presl = **Diplazium**
Microstegium【3】Nees ex Lindl. 莠竹属 ← **Andropogon;Microsteira;Schizachyrium** Poaceae 禾本科 [MM-748] 全球 (6) 大洲分布及种数(29-35)非洲:14-23;亚洲:25-37;大洋洲:6-15;欧洲:9;北美洲:5-14;南美洲:9
Microstegnus C.Presl = **Cnemidaria**
Microsteira【3】Baker 小金虎尾属 ← **Sphedamnocarpus;Triaspis;Tristellateia** Malpighiaceae 金虎尾科 [MD-343] 全球 (1) 大洲分布及种数(9-27)◆非洲
Microstele Spach = **Zelkova**
Microstelma Baill. = **Marsdenia**
Microstemma R.Br. = **Brachystelma**
Microstemma Rchb. = **Lethedon**
Microstemon【3】Engl. 白纹漆属 ← **Pentaspadon** Anacardiaceae 漆树科 [MD-432] 全球 (1) 大洲分布及种数(uc)◆亚洲
Microstephanus N.E.Br. = **Schlechterella**
Microstephium Less. = **Osteospermum**
Microsteria Desv. = **Microsteris**
Microsteris【3】Greene 细福禄考属 ← **Collomia; Polemonium;Crepidium** Polemoniaceae 花荵科 [MD-481] 全球 (6) 大洲分布及种数(5)非洲:10;亚洲:10;大洋洲:10;欧洲:10;北美洲:1-13;南美洲:2-12
Microstigma【3】Trautv. 小柱芥属 ← **Matthiola; Sterigmostemum** Brassicaceae 十字花科 [MD-213] 全球 (1) 大洲分布及种数(2-3)◆亚洲
Microstigmus Trautv. = **Microstigma**
Microstoma Risso = **Microstigma**
Microstr Harv. = **Brachystelma**
Microstrobaceae Doweld & Reveal = Podocarpaceae
Microstrobilus【3】Bremek. 茉莉爵床属 Acanthaceae 爵床科 [MD-572] 全球 (1) 大洲分布及种数(cf. 1)◆东南亚(◆印度尼西亚)
Microstrobos【3】Garden & L.A.S.Johnson 小泣松属 Podocarpaceae 罗汉松科 [G-13] 全球 (1) 大洲分布及种数(uc)◆大洋洲
Microstroma Lamkey = **Microstigma**
Microstylis【3】(Nutt.) Eaton 小柱兰属 ≒ **Acianthus** Orchidaceae 兰科 [MM-723] 全球 (1) 大洲分布及种数(11)◆大洋洲
Microsyphus C.Presl = **Centaurea**
Microtaena Hemsl. = **Microtoena**
Microtaena Prain = **Microlaena**
Microtatorchis【3】Schltr. 拟蜘蛛兰属 ← **Taeniophyllum** Orchidaceae 兰科 [MM-723] 全球 (6) 大洲分布及种数(3-4)非洲:1;亚洲:1-2;大洋洲:1-3;欧洲:1;北美洲:1;南美洲:1
Microtea (Rohr) H.Walter = **Microtea**
Microtea【2】Sw. 鬼椒草属 ← **Chenopodium;Ancistrocarpus;Lophiocarpus** Phytolaccaceae 商陆科 [MD-125] 全球 (2) 大洲分布及种数(15-16)北美洲:4;南美洲:12-13
Microteaceae Schäferh. & Borsch = Lophiocarpaceae
Microterangis【3】Senghas 小细距兰属 ← **Saccolabium;Angraecum** Orchidaceae 兰科 [MM-723] 全球 (1) 大洲分布及种数(4)◆非洲
Microterus C.Presl = **Polypodium**
Microthamnium Eu-microthamnium Broth. = **Microthamnium**
Microthamnium【3】Mitt. 微灰藓属 ≒ **Ctenidium** Hypnaceae 灰藓科 [B-189] 全球 (6) 大洲分布及种数(45)

非洲:17;亚洲:2;大洋洲:1;欧洲:1;北美洲:7;南美洲:22
Microthea Juss. = **Microtea**
Microtheca Schltr. = **Cynorkis**
Microtheciella【3】 Dixon 微藓属 Microtheciellaceae 微藓科 [B-211] 全球 (1) 大洲分布及种数(1)◆亚洲
Microtheciellaceae【3】 H.A.Mill. & A.J.Harr. 微藓科 [B-211] 全球 (1) 大洲分布和属种数(1/1)◆亚洲
Microthecium Brid. = **Acidodontium**
Microthelys (Szlach.) Szlach. = **Microthelys**
Microthelys【3】 L.A.Garay 青蛇兰属 ≒ **Funkiella** Orchidaceae 兰科 [MM-723] 全球 (1) 大洲分布及种数(6)◆北美洲
Microthlaspi【2】 F.K.Mey. 小菥蓂属 ← **Thlaspi** Brassicaceae 十字花科 [MD-213] 全球 (5) 大洲分布及种数(7)非洲:3;亚洲:5;大洋洲:2;欧洲:5;北美洲:2
Microthouareia Steud. = **Thuarea**
Microthremma Klotzsch = **Acrostemon**
Microthuareia A.Thou. = **Thuarea**
Microthuidium (Limpr.) Warnst. = **Pelekium**
Microtidium D.L.Jones & M.A.Clem. = **Microtis**
Microtinus örst. = **Viburnum**
Microtis Holocrotis Szlach. = **Microtis**
Microtis【3】 R.Br. 葱叶兰属 ← **Epipactis;Serapias; Bischofia** Orchidaceae 兰科 [MM-723] 全球 (6) 大洲分布及种数(14-30;hort.1)非洲:3;亚洲:2-6;大洋洲:13-30;欧洲:3;北美洲:3;南美洲:3
Microtoena Cymosae C.Y.Wu & S.J.Hsuan = **Microtoena**
Microtoena【3】 Prain 冠唇花属 ← **Clerodendrum; Plectranthus;Arnebia** Lamiaceae 唇形科 [MD-575] 全球 (1) 大洲分布及种数(23-28)◆亚洲
Microtrema Klotzsch = **Erica**
Microtrichia DC. = **Grangea**
Microtrichomanes (Mett.) Copel. = **Crepidomanes**
Microtritia DC. = **Grangea**
Microtropia E.Mey. = **Euchlora**
Microtropis (Merr. & F.L.Freeman) C.Y.Cheng & T.C.Kao = **Euchlora**
Microtus Schimp. ex Besch. = **Microdus**
Microtypus C.Presl = **Centaurea**
Microula【3】 Benth. 微孔草属 ≒ **Actinocarya; Omphalodes** Boraginaceae 紫草科 [MD-517] 全球 (1) 大洲分布及种数(32-41)◆亚洲
Microuratea【3】 Van Tiegh. 番金莲木属 ≒ **Ouratea** Ochnaceae 金莲木科 [MD-104] 全球 (1) 大洲分布及种数(1)◆南美洲
Microusa Benth. = **Microula**
Microxina Vell. = **Ternstroemia**
Microxiphium Fourr. = **Polygala**
Microxyphium Fourr. = **Polygala**
Microzetes Decne. = **Micromeles**
Microzonia (Harvey) J.Agardh = **Heterosperma**
Micrura (Kraenzl.) Szlach. & Sawicka = **Habenaria**
Micrurus Schimp. ex Besch. = **Microdus**
Mictochroa Druce = **Microchloa**
Mida【3】 Endl. 山檀香属 ← **Fusanus;Sidastrum** Santalaceae 檀香科 [MD-412] 全球 (1) 大洲分布及种数(1)◆大洋洲(◆新西兰)
Middelbergia Schinz ex Pax = **Clutia**
Middendorfia Trautv. = **Lythrum**
Middletonia【3】 C.Puglisi 千苣苔属 Gesneriaceae 苦苣苔科 [MD-549] 全球 (1) 大洲分布及种数(5)◆亚洲
Midila Sw. = **Marila**
Miediega Bubani = **Diora**
Miegia Pers. = **Hieracium**
Miegia Schreb. = **Remirea**
Miehea【3】 Ochyra 亚洲塔藓属 ≒ **Dendrophthoe** Hylocomiaceae 塔藓科 [B-193] 全球 (1) 大洲分布及种数(1)◆亚洲
Mielichhobryum【-】 J.P.Srivast. 真藓科属 Bryaceae 真藓科 [B-146] 全球 (uc) 大洲分布及种数(uc)
Mielichhofera Nees & Hornsch. ex I.Hagen = **Mielichhoferia**
Mielichhoferia【3】 Nees & Hornsch. 缺齿藓属 ≒ **Leskeella;Philonotis** Mniaceae 提灯藓科 [B-149] 全球 (6)大洲分布及种数(120)非洲:21;亚洲:15;大洋洲:8;欧洲:4;北美洲:18;南美洲:72
Mielichoferia Nees & Hornsch. ex Spruce = **Mielichhoferia**
Mieria【3】 La Llave 稀莶属 ← **Sigesbeckia** Asteraceae 菊科 [MD-586] 全球 (1) 大洲分布及种数(uc)属分布和种数(uc)◆北美洲
Mieromelum Bl. = **Micromelum**
Mierosorium Link = **Microsorum**
Miersia【3】 Lindl. 兰花韭属 ≒ **Gilliesia;Minasia** Amaryllidaceae 石蒜科 [MM-694] 全球 (1) 大洲分布及种数(3-7)◆南美洲
Miersiella【3】 Urb. 水玉伞属 ← **Dictyostega** Burmanniaceae 水玉簪科 [MM-696] 全球 (1) 大洲分布及种数(1)◆南美洲
Migandra O.F.Cook = **Chamaedorea**
Miguelia Aver. = **Mickelia**
Mikania F.W.Schmidt = **Mikania**
Mikania【3】 Willd. 黄乳桑属 → **Ageratina;Cacalia; Ophryosporus** Asteraceae 菊科 [MD-586] 全球 (6) 大洲分布及种数(432-485;hort.1;cult: 11)非洲:7-9;亚洲:368-370;大洋洲:10-14;欧洲:2;北美洲:52-78;南美洲:385-402
Mikaniopsis【2】 Milne-Redh. 白藤菊属 ← **Cacalia; Gynura** Asteraceae 菊科 [MD-586] 全球 (2) 大洲分布及种数(15-16)非洲:14;南美洲:1
Mikiria T.U.P.Konno & Rapini = **Minaria**
Mila【3】 Britton & Rose 小槌球属 ≒ **Malva;Mucoa** Cactaceae 仙人掌科 [MD-100] 全球 (1) 大洲分布及种数(7-8)◆南美洲
Miladina (Cooke) Svrcek = **Metadina**
Milassentrum【-】 J.M.H.Shaw 兰科属 Orchidaceae 兰科 [MM-723] 全球 (uc) 大洲分布及种数(uc)
Milcentrum【-】 J.M.H.Shaw 兰科属 Orchidaceae 兰科 [MM-723] 全球 (uc) 大洲分布及种数(uc)
Milcidossum【-】 J.M.H.Shaw 兰科属 Orchidaceae 兰科 [MM-723] 全球 (uc) 大洲分布及种数(uc)
Milda Griseb. = **Verhuellia**
Mildbraedia【3】 Pax 巴豆属 ≒ **Croton** Euphorbiaceae 大戟科 [MD-217] 全球 (1) 大洲分布及种数(3)属分布和种数(uc)◆非洲
Mildbraediochloa Butzin = **Melinis**
Mildbraediodendron【3】 Harms 麦得木属 Fabaceae 豆科 [MD-240] 全球 (1) 大洲分布及种数(1)◆非洲

Mildea【-】Griseb. 丛藓科属 ≒ **Paranephelium;Peperomia;Verhuellia** Pottiaceae 丛藓科 [B-133] 全球 (uc) 大洲分布及种数(uc)
Mildea Griseb. = **Verhuellia**
Mildea Miq. = **Paranephelium**
Mildeella Limpr. = **Tortula**
Mildella【3】Trevisan 拟旱蕨属 ≒ **Pellaea** Adiantaceae 铁线蕨科 [F-35] 全球 (1) 大洲分布及种数(uc)◆亚洲
Milenkocidium【-】J.M.H.Shaw 兰科属 Orchidaceae 兰科 [MM-723] 全球 (uc) 大洲分布及种数(uc)
Milesia Raf. = **Meesia**
Milesina Syd. = **Scorzoneroides**
Miletus Lour. = **Gisekia**
Milhania Neck. = **Calystegia**
Miliaceae Link = Meliaceae
Milianthaceae Horan. = Melianthaceae
Miliarium Mönch = **Milium**
Miliastrum Fabr. = **Setaria**
Milica Sim = **Myrica**
Milichia Sim = **Milicia**
Milicia【3】Sim 金柚木属 ← **Maclura;Morus;Chlorophora** Moraceae 桑科 [MD-87] 全球 (1) 大洲分布及种数(2)◆非洲
Milieae Link ex Endl. = **Verhuellia**
Miliinae Dum. = **Phycella**
Milingtonia Willd. = **Millingtonia**
Miliolina Cass. = **Scorzoneroides**
Milionia Lindl. = **Miltonia**
Milium Adans. = **Milium**
Milium【3】L. 粟草属 → **Aeluropus;Agrostis;Achnatherum** Poaceae 禾本科 [MM-748] 全球 (6) 大洲分布及种数(7-9)非洲:1-6;亚洲:6-12;大洋洲:5;欧洲:2-7;北美洲:2-7;南美洲:5
Miliusa【2】Lesch. ex A.DC. 野独活属 → **Alphonsea;Evodia;Sorghum** Annonaceae 番荔枝科 [MD-7] 全球 (4) 大洲分布及种数(66-76;hort.1)非洲:3-5;亚洲:61-65;大洋洲:8-9;北美洲:1
Milla【2】Cav. 高杯葱属 ≒ **Herpestis;Mitella;Androstephium** Alliaceae 葱科 [MM-667] 全球 (2) 大洲分布及种数(13-15;hort.1)亚洲:cf.1;北美洲:12
Millania Zipp. ex Bl. = **Pemphis**
Millea Standl. = **Milla**
Millefolium Hill = **Achillea**
Millegrana Adans. = **Radiola**
Millegrana Juss. ex Turp. = **Cypselea**
Millep Willd. = **Milla**
Millepora L. = **Baltimora**
Millera Cothen. = **Milleria**
Millerara J.M.H.Shaw = **Baltimora**
Milleria【3】Houst. ex L. 米勒菊属 → **Baltimora** Asteraceae 菊科 [MD-586] 全球 (6) 大洲分布及种数(4-5)非洲:5;亚洲:5;大洋洲:5;欧洲:1-6;北美洲:2-7;南美洲:2-7
Millerieae Lindl. = **Milleria**
Millettia (Hochst.) J.B.Gillett = **Millettia**
Millettia【3】Wight & Arn. 崖豆藤属 → **Aganope;Antheroporum;Callerya** Fabaceae3 蝶形花科 [MD-240] 全球 (6) 大洲分布及种数(163-225;hort.1;cult: 5)非洲:116-159;亚洲:57-127;大洋洲:5-28;欧洲:2-22;北美洲:13-37;南美洲:9-32
Milligania【3】Hook.f. 丽星草属 ← **Astelia;Gunnera** Asteliaceae 聚星草科 [MM-635] 全球 (1) 大洲分布及种数(1-5)◆大洋洲(◆澳大利亚)
Millina Cass. = **Leontodon**
Millingtonia【3】L.f. 老鸦烟筒花属 ← **Bignonia;Meliosma** Bignoniaceae 紫葳科 [MD-541] 全球 (1) 大洲分布及种数(2-3)◆亚洲
Millittia Wight & Arn. = **Millettia**
Millotia【3】Cass. 单头鼠麹草属 ≒ **Toxanthes** Asteraceae 菊科 [MD-586] 全球 (1) 大洲分布及种数(10-19)◆大洋洲(◆澳大利亚)
Millottia【-】Stapf 菊科属 Asteraceae 菊科 [MD-586] 全球 (uc) 大洲分布及种数(uc)
Millspaughia【3】B.L.Rob. 木酸模属 ≒ **Gymnopodium** Polygonaceae 蓼科 [MD-120] 全球 (1) 大洲分布及种数(1)属分布和种数(uc)◆北美洲
Milmilcidium【-】J.M.H.Shaw 兰科属 Orchidaceae 兰科 [MM-723] 全球 (uc) 大洲分布及种数(uc)
Milmiloda【-】J.M.H.Shaw 兰科属 Orchidaceae 兰科 [MM-723] 全球 (uc) 大洲分布及种数(uc)
Milmilodia【-】J.M.H.Shaw 兰科属 Orchidaceae 兰科 [MM-723] 全球 (uc) 大洲分布及种数(uc)
Milmiloglossum【-】J.M.H.Shaw 兰科属 Orchidaceae 兰科 [MM-723] 全球 (uc) 大洲分布及种数(uc)
Milmiltonia【-】J.M.H.Shaw 兰科属 Orchidaceae 兰科 [MM-723] 全球 (uc) 大洲分布及种数(uc)
Milnea【3】Roxb. 米仔兰属 ← **Aglaia** Meliaceae 楝科 [MD-414] 全球 (1) 大洲分布及种数(uc)◆大洋洲
Milonzina【-】J.M.H.Shaw 兰科属 Orchidaceae 兰科 [MM-723] 全球 (uc) 大洲分布及种数(uc)
Milpasia【-】Hort. 兰科属 Orchidaceae 兰科 [MM-723] 全球 (uc) 大洲分布及种数(uc)
Milpilia【-】Hort. 兰科属 Orchidaceae 兰科 [MM-723] 全球 (uc) 大洲分布及种数(uc)
Miltadium auct. = **Milium**
Miltarettia【-】Hort. 兰科属 Orchidaceae 兰科 [MM-723] 全球 (uc) 大洲分布及种数(uc)
Miltassia【-】Hort. 兰科属 Orchidaceae 兰科 [MM-723] 全球 (uc) 大洲分布及种数(uc)
Miltianthus【3】Bunge 马齿霸王属 Zygophyllaceae 蒺藜科 [MD-288] 全球 (1) 大洲分布及种数(cf.1)◆亚洲
Miltinea Ravenna = **Phycella**
Miltistonia【-】auct. 兰科属 Orchidaceae 兰科 [MM-723] 全球 (uc) 大洲分布及种数(uc)
Miltitzia【3】A.DC. 傲铃花属 ← **Emmenanthe;Phacelia** Boraginaceae 紫草科 [MD-517] 全球 (1) 大洲分布及种数(3-10)◆北美洲(◆美国)
Miltochilidium【-】J.M.H.Shaw 兰科属 Orchidaceae 兰科 [MM-723] 全球 (uc) 大洲分布及种数(uc)
Miltodontrum【-】J.M.H.Shaw 兰科属 Orchidaceae 兰科 [MM-723] 全球 (uc) 大洲分布及种数(uc)
Miltoglossum Hort. = **Eupatorium**
Miltoncentrum【-】J.M.H.Shaw 兰科属 Orchidaceae 兰科 [MM-723] 全球 (uc) 大洲分布及种数(uc)
Miltoncidium Hort. = **Miltonidium**
Miltonguezia auct. = **Miltonia**
Miltonia【3】Lindl. 丽堇兰属 → **Aspasia;Oncidium;**

M

Anneliesia Orchidaceae 兰科 [MM-723] 全球 (6) 大洲分布及种数(18-29;hort.1;cult: 7)非洲:2;亚洲:2;大洋洲:1-3;欧洲:2;北美洲:7-9;南美洲:17-24
Miltoniastrum (Rchb.) Lindl. = **Tetrazygia**
Miltonidium auct. = **Miltonidium**
Miltonidium 【3】 Hort. 堇心兰属 ≒ **Miltonia** Orchidaceae 兰科 [MM-723] 全球 (1) 大洲分布及种数(1)◆南美洲
Miltonioda Hort. = **Cochlioda**
Miltonioides Brieger & Lückel = **Oncidium**
Miltoniopsis 【2】 God.Leb. 美堇兰属 ≒ **Miltonia** Orchidaceae 兰科 [MM-723] 全球 (2) 大洲分布及种数(8-10)北美洲:4;南美洲:7
Miltonpasia auct. = **Aspasia**
Miltonpilia auct. = **Miltonia**
Miltostelada 【-】 J.M.H.Shaw 兰科属 Orchidaceae 兰科 [MM-723] 全球 (uc) 大洲分布及种数(uc)
Miltus Lour. = **Gisekia**
Milula 【3】 Prain 穗花韭属 ← **Allium;Miliusa** Liliaceae 百合科 [MM-633] 全球 (1) 大洲分布及种数(1-3)◆亚洲
Milulaceae (Traub) Traub = Johnsoniaceae
Milvulus L. = **Mimulus**
Milvus Lour. = **Gisekia**
Mimaecylon St.Lag. = **Memecylon**
Mimas Salisb. = **Aletris**
Mimaster Harv. = **Brachystelma**
Mimela Phil. = **Bertolonia**
Mimelanthe Greene & ex Wettst. = **Mimetanthe**
Mimella Tourn. ex L. = **Mitella**
Mimema H.S.Jacks. = **Mimosa**
Mimesa L. = **Mimosa**
Mimetanthe 【3】 Greene 狗面花属 ≒ **Mimulus** Phrymaceae 透骨草科 [MD-559] 全球 (1) 大洲分布及种数(1)◆北美洲
Mimetes 【3】 Salisb. 丽塔木属 → **Diastella;Protea** Proteaceae 山龙眼科 [MD-219] 全球 (1) 大洲分布及种数(14-27)◆非洲(◆南非)
Mimetophytum 【3】 L.Bolus 春晖玉属 Aizoaceae 番杏科 [MD-94] 全球 (1) 大洲分布及种数(uc)◆非洲
Mimips Lür = **Pleurothallis**
Mimomma L. = **Mimosa**
Mimon Mill. = **Aegle**
Mimophytum 【3】 Greenm. 墨紫草属 Boraginaceae 紫草科 [MD-517] 全球 (1) 大洲分布及种数(7-10)◆北美洲(◆墨西哥)
Mimopria Fr. = **Olearia**
Mimops L. = **Mimusops**
Mimos L. = **Mimosa**
Mimosa 【3】 L. 含羞草属 ≒ **Leptoglottis;Parkia** Fabaceae 豆科 [MD-240] 全球 (6) 大洲分布及种数(630-794; hort.1;cult: 28)非洲:51-94;亚洲:24-57;大洋洲:19-51;欧洲:16-46;北美洲:188-230;南美洲:497-600
Mimosa Rondonianae Barneby = **Mimosa**
Mimosaceae R.Br. = Fabaceae3
Mimosae L. = **Mimosa**
Mimoseae Bronn = **Mimosa**
Mimosema Druce = **Mimosa**
Mimosina L. = **Mimosa**
Mimosopsis 【3】 Britton & Rose 含羞草属 ← **Acacia; Mimosa** Fabaceae3 蝶形花科 [MD-240] 全球 (1) 大洲分布及种数(4)◆北美洲
Mimozyganthus 【3】 Burkart 龙突含羞木属 ← **Mimosa** Fabaceae 豆科 [MD-240] 全球 (1) 大洲分布及种数(1)◆南美洲
Mimu (L.) H.P.Fuchs = **Selaginella**
Mimuartia L. = **Minuartia**
Mimudea Dognin = **Verhuellia**
Mimulicalyx 【3】 P.C.Tsoong 虾子草属 Phrymaceae 透骨草科 [MD-559] 全球 (1) 大洲分布及种数(cf. 1)◆东亚(◆中国)
Mimulopsis 【3】 Schweinf. 并蒂马蓝属 ← **Echinacanthus;Ruellia;Strobilanthes** Acanthaceae 爵床科 [MD-572] 全球 (1) 大洲分布及种数(18-19)◆非洲
Mimulus (Benth.) A.Gray = **Mimulus**
Mimulus 【3】 L.狗面花属 ≒ **Mimetanthe;Leucocarpus** Scrophulariaceae 玄参科 [MD-536] 全球 (6) 大洲分布及种数(58-73;hort.1;cult:8)非洲:2-159;亚洲:34-197;大洋洲:5-162;欧洲:1-158;北美洲:42-208;南美洲:3-160
Mimusops (A.DC.) Engl. = **Mimusops**
Mimusops 【3】 L.香榄属 ≒ **Achras;Labourdonnaisia; Sideroxylon** Sapotaceae 山榄科 [MD-357] 全球 (6) 大洲分布及种数(51-61;hort.1;cult: 1)非洲:45-66;亚洲:6-24;大洋洲:4-19;欧洲:1-16;北美洲:5-20;南美洲:5-21
Mina Cerv. = **Ipomoea**
Minabea Broth. = **Miyabea**
Minaea 【3】 Lojac. 岩荠属 ≒ **Cochlearia;Minasia** Brassicaceae 十字花科 [MD-213] 全球 (1) 大洲分布及种数(uc)属分布和种数(uc)◆南美洲
Minaria 【3】 T.U.P.Konno & Rapini 圣萝藦属 ← **Astephanus;Blepharodon;Metastelma** Apocynaceae 夹竹桃科 [MD-492] 全球 (1) 大洲分布及种数(20-22)◆南美洲
Minarodendron Broth. = **Pogonatum**
Minasea H.Rob. = **Minasia**
Minasia 【3】 H.Rob. 莲座巴西菊属 ← **Cacalia;Veronica;Miersia** Asteraceae 菊科 [MD-586] 全球 (1) 大洲分布及种数(7)◆南美洲
Minax Cerv. = **Ipomoea**
Mindarus Raf. = **Bauhinia**
Minderera Ramond ex Schröd. = **Merendera**
Mindium Adans. = **Canarina**
Mineta Vell. = **Chionanthus**
Minguartia Miers = **Minquartia**
Minicolumna Brieger = **Epidendrum**
Minip Cerv. = **Ipomoea**
Mink Cerv. = **Ipomoea**
Minkelersia M.Martens & Galeotti = **Phaseolus**
Mino Cerv. = **Ipomoea**
Minoa Cerv. = **Ipomoea**
Minois Lür = **Pleurothallis**
Minolia L. = **Magnolia**
Minosia Urb. = **Drymaria**
Minquartia 【3】 Aubl. 乳檀榛属 ≒ **Minuartia** Olacaceae 铁青树科 [MD-362] 全球 (1) 大洲分布及种数(1-2)◆北美洲
Mint Cerv. = **Ipomoea**
Mintera (Starbäck) Inácio & P.F.Cannon = **Dintera**

M

Mintha L. = **Mentha**
Minthe St.Lag. = **Mentha**
Minthostachys 【3】 (Benth.) Spach 薄荷穗草属 ← **Bystropogon;Mentha** Lamiaceae 唇形科 [MD-575] 全球 (1) 大洲分布及种数(14-17)◆南美洲
Mintostachys Spach = **Minthostachys**
Minu Cerv. = **Ipomoea**
Minua Cerv. = **Ipomoea**
Minuartia (Fenzl) Mattf. = **Minuartia**
Minuartia 【3】 L. 山漆姑属 ≒ **Cerastium;Arenaria** Caryophyllaceae 石竹科 [MD-77] 全球 (6) 大洲分布及种数(147-186;hort.1;cult: 10)非洲:30-52;亚洲:78-118;大洋洲:19-41;欧洲:69-96;北美洲:60-81;南美洲:20-38
Minuartieae DC. = **Minuartia**
Minuartiella 【2】 Tate 紫菀属 Caryophyllaceae 石竹科 [MD-77] 全球 (2) 大洲分布及种数(4) 亚洲:4;欧洲:3
Minulus L. = **Mimulus**
Minuopsis W.A.Weber = **Minuartia**
Minuria 【3】 DC. 五裂层菀属 → **Aster;Olearia; Minuriella** Asteraceae 菊科 [MD-586] 全球 (1) 大洲分布及种数(9-14)◆大洋洲
Minuriella 【3】 Tate 紫菀属 → **Aster;Minuria** Asteraceae 菊科 [MD-586] 全球 (1) 大洲分布及种数(uc)属分布和种数(uc)◆大洋洲
Minurothamnus DC. = **Senecio**
Minutalia Fenzl = **Antidesma**
Minutia Vell. = **Linociera**
Minutus Lour. = **Gisekia**
Minyranthes Turcz. = **Sigesbeckia**
Minythodes Phil. ex Benth. & Hook.f. = **Chaetopappa**
Minytus Lour. = **Gisekia**
Miobantia Peter G.Wilson & B.P.M.Hyland = **Mitrantia**
Miocardia Pennell = **Bacopa**
Miocarpidium P. & K. = **Unona**
Miocarpus Naudin = **Rhexia**
Miogyna P. & K. = **Mitrasacme**
Mionandra 【3】 Griseb. 寡蕊金虎尾属 → **Aspicarpa; Motandra** Malpighiaceae 金虎尾科 [MD-343] 全球 (1) 大洲分布及种数(2)◆南美洲
Mionectes P. & K. = **Laurembergia**
Mionurus L. = **Myosurus**
Mioperis Raf. ex P. & K. = **Passiflora**
Miopteryx Walp. = **Butea**
Mioptrila Raf. = **Cedrela**
Mioroula Benth. = **Microula**
Miothecium Mitt. ex I.Hagen = **Meiothecium**
Miparuna Aubl. = **Siparuna**
Mipus Raf. = **Elaeocarpus**
Miquelia Arn. & Nees = **Miquelia**
Miquelia 【3】 Meisn. 米克茱萸属 ≒ **Arundinella** Icacinaceae 茶茱萸科 [MD-450] 全球 (1) 大洲分布及种数(9-10)◆亚洲
Miqueliopuntia 【3】 Frič ex F.Ritter 仙人掌属 ≒ **Opuntia** Cactaceae 仙人掌科 [MD-100] 全球 (1) 大洲分布及种数(cf.1)◆南美洲
Mira Colenso = **Mucoa**
Mirabella F.Ritter = **Cereus**
Mirabellia Bert. ex Baill. = **Dysopsis**
Mirabilidaceae W.R.B.Oliv. = Nyctaginaceae
Mirabilis (Choisy) A.Gray = **Mirabilis**
Mirabilis 【3】 L. 紫茉莉属 → **Allionia;Abronia; Oxybaphus** Nyctaginaceae 紫茉莉科 [MD-107] 全球 (1) 大洲分布及种数(66-114)◆南美洲(◆巴西)
Miradoria Sch.Bip. ex Benth. & Hook.f. = **Microspermum**
Miraglossum 【3】 Kupicha 奇舌萝藦属 Apocynaceae 夹竹桃科 [MD-492] 全球 (1) 大洲分布及种数(7)◆非洲
Miralda Rzed. = **Mirandea**
Miraleria Houst. ex L. = **Milleria**
Miran Pierre = **Menispermum**
Mirand Rzed. = **Mirandea**
Mirandaceltis Sharp = **Aphananthe**
Mirandea 【3】 Rzed. 安第斯爵床属 ← **Jacobinia; Pachystachys** Acanthaceae 爵床科 [MD-572] 全球 (1) 大洲分布及种数(6)◆北美洲(◆墨西哥)
Mirandia Badcock = **Mirandea**
Mirandina Matsush. = **Mirandea**
Mirandopsis Szlach. & Marg. = **Pleurothallis**
Mirandorchis Szlach. & Kras-Lap. = **Habenaria**
Mirasolia (Sch.Bip.) Benth. & Hook.f. = **Tithonia**
Mirbelia 【3】 Sm. 丽花米尔豆属 ← **Chorizema; Gastrolobium** Fabaceae 豆科 [MD-240] 全球 (1) 大洲分布及种数(6-35)◆大洋洲(◆澳大利亚)
Mirbella F.Müll. = **Morella**
Miresa Stoll = **Maesa**
Mirica Nocca = **Myricaria**
Miricacalia 【3】 Kitam. 甲菊属 ← **Cacalia;Parasenecio** Asteraceae 菊科 [MD-586] 全球 (1) 大洲分布及种数(1-2)◆亚洲
Miridae Nocca = **Morella**
Mirkooa Wight = **Ammannia**
Mirmau (L.) H.P.Fuchs = **Selaginella**
Mirmecodia Gaud. = **Squamellaria**
Mirobalanus Gaertn. = **Terminalia**
Mirobalanus Rumph. = **Phyllanthus**
Mirobalanus Steud. = **Myrobalanus**
Mirollia R.H.Zander = **Mironia**
Mironia 【2】 R.H.Zander 石丛藓属 ≒ **Didymodon** Pottiaceae 丛藓科 [B-133] 全球 (2) 大洲分布及种数(4) 北美洲:4;南美洲:3
Mirou (L.) H.P.Fuchs = **Selaginella**
Mirounga R.H.Zander = **Mironia**
Mirovia R.H.Zander = **Mironia**
Miroxilum Blanco = **Myroxylon**
Miroxylon G.A.Scop. = **Myroxylon**
Miroxylum Blanco = **Myroxylon**
Mirtana Pierre = **Menispermum**
Mirus L. = **Morus**
Misagria Kimmins = **Minaria**
Misandra Comm. ex Juss. = **Tillandsia**
Misandropsis örst. = **Gunnera**
Misanora d´Urv. = **Gunnera**
Misanteca Cham. & Schlecht. = **Misanteca**
Misanteca 【3】 Schltdl. & Cham. 米樟属 → **Acrodiclidium;Linaria;Licaria** Lauraceae 樟科 [MD-21] 全球 (6) 大洲分布及种数(26-28)非洲:2;亚洲:4-6;大洋洲:1-3;欧洲:2;北美洲:12-14;南美洲:19-21

Misbrookea【3】V.A.Funk 白垫菊属 ≒ **Werneria** Asteraceae 菊科 [MD-586] 全球 (1) 大洲分布及种数(1)◆南美洲

Miscanteca Cham. & Schltdl. = **Misanteca**

Miscantheca Cham. & Schltdl. = **Misanteca**

Miscanthidium【3】Stapf 双药芒属 ← **Miscanthus; Sorghastrum** Poaceae 禾本科 [MM-748] 全球 (1) 大洲分布及种数(uc)◆亚洲

Miscanthus (B.S.Sun) Y.C.Liu & H.Peng = **Miscanthus**

Miscanthus【3】Anderss. 双药芒属 ← **Arundo; Erianthus;Eulalia** Poaceae 禾本科 [MM-748] 全球 (1) 大洲分布及种数(13-23)◆亚洲

Mischarytera【3】(Radlk.) H.Turner 澳无患子属 ≒ **Nephelium** Sapindaceae 无患子科 [MD-428] 全球 (1) 大洲分布及种数(4)◆大洋洲(◆澳大利亚)

Mischobulbum【3】Schltr. 带唇兰属 ← **Tainia** Orchidaceae 兰科 [MM-723] 全球 (1) 大洲分布及种数(2)属分布和种数(uc)◆亚洲

Mischocarphus Bl. = **Mischocarpus**

Mischocarpus【3】Bl. 柄果木属 → **Arytera;Xerospermum;Mischarytera** Sapindaceae 无患子科 [MD-428] 全球(6)大洲分布及种数(27-33;hort.1)非洲:2-4;亚洲:21-24;大洋洲:12-19;欧洲:1;北美洲:2-3;南美洲:2-3

Mischocodon【3】Radlk. 大洋洲木患子属 Sapindaceae 无患子科 [MD-428] 全球 (1) 大洲分布及种数(uc)属分布和种数(uc)◆大洋洲

Mischodon【3】Thwaites 楹桐属 Picrodendraceae 苦皮桐科 [MD-317] 全球 (1) 大洲分布及种数(cf. 1)◆亚洲

Mischogyne【3】Exell 含笑玉盘属 ← **Uvaria; Uvariastrum;Uvariopsis** Annonaceae 番荔枝科 [MD-7] 全球 (1) 大洲分布及种数(3)◆非洲

Mischophloeus Scheff. = **Areca**

Mischopleura Wernham ex Ridl. = **Sericolea**

Mischospora Böckeler = **Fimbristylis**

Miscodendrum Steud. = **Misodendrum**

Miscolobium Vogel = **Dalbergia**

Miscopetalum Haw. = **Saxifraga**

Miselia L. = **Michelia**

Misipus Raf. = **Elaeocarpus**

Misodendraceae【3】J.Agardh 羽毛果科 [MD-416] 全球 (1) 大洲分布和属种数(1/11-12)◆亚洲

Misodendron G.Don = **Misodendrum**

Misodendrum【3】Banks ex DC. 羽毛果属 ≒ **Myzodendron** Misodendraceae 羽毛果科 [MD-416] 全球 (1) 大洲分布及种数(11)◆南美洲

Misopates【2】Raf. 牛鼻草属 ← **Antirrhinum;Hueblia** Plantaginaceae 车前科 [MD-527] 全球 (5) 大洲分布及种数(10-11;hort.1)非洲:7;亚洲:1;大洋洲:1;欧洲:3-4;北美洲:3

Misospatha W.T.Lin = **Sinarundinaria**

Missiessia Benth. & Hook.f. = **Boehmeria**

Missiessya Gaud. = **Leucosyke**

Missiessya Wedd. = **Debregeasia**

Mistostigma Decne. = **Mitostigma**

Mistralia Fourr. = **Daphne**

Mita Chapel. ex Benth. = **Coleus**

Mitchella【2】L. 蔓虎刺属 → **Leptostigma;Nertera** Rubiaceae 茜草科 [MD-523] 全球 (2) 大洲分布及种数(3)亚洲:cf.1;北美洲:2

Mitchellii L. = **Mitchella**

Mitcherlichia Klotzsch = **Begonia**

Mitella【3】Tourn. ex L. 唢呐草属 → **Tellima; Pectiantia;Morella** Saxifragaceae 虎耳草科 [MD-231] 全球 (6) 大洲分布及种数(26-31;hort.1;cult: 7)非洲:31;亚洲:23-56;大洋洲:31;欧洲:2-33;北美洲:11-42;南美洲:31

Mitellastra (Torr. & A.Gray) Howell = **Mitella**

Mitellopsis Meisn. = **Mitella**

Mitesia Raf. = **Polygonum**

Mithracarpus Rchb. = **Mitracarpus**

Mithridatea Comm. ex Schreb. = **Tambourissa**

Mithridatium Adans. = **Fritillaria**

Mithuna Adans. = **Carlina**

Mitina Adans. = **Volutaria**

Mitius Miers = **Echites**

Mitodendron Walp. = **Misodendrum**

Mitolepis【3】Balf.f. 白叶藤属 ← **Cryptolepis** Apocynaceae 夹竹桃科 [MD-492] 全球 (1) 大洲分布及种数(uc)属分布和种数(uc)◆亚洲

Mitonia Lindl. = **Miltonia**

Mitopetalum Bl. = **Tainia**

Mitophyllum Greene = **Rhammatophyllum**

Mitostax Raf. = **Acacia**

Mitostemma【3】Mast. 离柱莲属 ← **Dilkea** Passifloraceae 西番莲科 [MD-151] 全球 (1) 大洲分布及种数(3)◆南美洲

Mitostigma Bl. = **Mitostigma**

Mitostigma【3】Decne. 线柱头萝藦属 ≒ **Philibertia** Apocynaceae 夹竹桃科 [MD-492] 全球 (1) 大洲分布及种数(cf.)◆南美洲

Mitostylis【2】Raf. 鸟足菜属 ≒ **Cleome** Cleomaceae 白花菜科 [MD-210] 全球 (2) 大洲分布及种数(cf.1) 亚洲;北美洲

Mitozus Miers = **Achyranthes**

Mitr Chapel. ex Benth. = **Coleus**

Mitracar Schult. = **Hebe**

Mitracarpium Benth. = **Mitracarpus**

Mitracarpum L. = **Mitracarpus**

Mitracarpus【3】Zucc. 盖裂果属 ← **Borreria;Staelia** Rubiaceae 茜草科 [MD-523] 全球 (6) 大洲分布及种数(50-76)非洲:6-9;亚洲:7-11;大洋洲:5-7;欧洲:2;北美洲:20-40;南美洲:35-48

Mitracephala Thoms. = **Microcephala**

Mitracme J.A.Schultes & J.H.Schultes = **Hebe**

Mitragyna【3】Korth. 帽蕊木属 ← **Adina;Uncaria; Adicea** Rubiaceae 茜草科 [MD-523] 全球 (6) 大洲分布及种数(11-13;hort.1)非洲:6-7;亚洲:7-9;大洋洲:1;欧洲:1;北美洲:1;南美洲:3-4

Mitragyne Korth. = **Mitrasacme**

Mitranthes【2】O.Berg 少花矾木属 ≒ **Blepharocalyx; Siphoneugena** Myrtaceae 桃金娘科 [MD-347] 全球 (2) 大洲分布及种数(15-21)北美洲:4-8;南美洲:12-14

Mitranthus Hochst. = **Vandellia**

Mitrantia【3】Peter G.Wilson & B.Hyland 二室水桉属 Myrtaceae 桃金娘科 [MD-347] 全球 (1) 大洲分布及种数(1)◆大洋洲(◆澳大利亚)

Mitrapoma Duby = **Calyptrochaeta**

Mitraria【3】Cav. 蔓岩桐属 ≒ **Barringtonia**

Gesneriaceae 苦苣苔科 [MD-549] 全球 (1) 大洲分布及种数(3)◆北美洲
Mitrasacme 【2】 Labill. 尖帽草属 ← **Androsace** Loganiaceae 马钱科 [MD-486] 全球 (3) 大洲分布及种数(8-63;hort.1;cult: 2)非洲:2;亚洲:4-12;大洋洲:5-55
Mitrasacmopsis 【3】 Jovet 拟尖帽草属 Rubiaceae 茜草科 [MD-523] 全球 (1) 大洲分布及种数(1)◆非洲
Mitrastema Makino = **Mitrastemon**
Mitrastemma Makino = **Mitrastemon**
Mitrastemon 【3】 Makino 帽蕊草属 Mitrastemonaceae 帽蕊草科 [MD-237] 全球 (1) 大洲分布及种数(cf. 1)◆亚洲
Mitrastemonaceae 【3】 Makino 帽蕊草科 [MD-237] 全球 (1) 大洲分布和属种数(1/1-2)◆南美洲
Mitrastigma Harv. = **Psydrax**
Mitrastylus Alm & T.C.E.Fr. = **Erica**
Mitratheca K.Schum. = **Oldenlandia**
Mitrella【3】Miq.银帽花属←**Fissistigma;Melodorum; Myrica** Annonaceae 番荔枝科 [MD-7] 全球 (6) 大洲分布及种数(3-9)非洲:1-13;亚洲:2-11;大洋洲:1-14;欧洲:9;北美洲:9;南美洲:9
Mitreola Böhm. = **Mitreola**
Mitreola 【3】 L. 度量草属 ≒ **Trigonotis** Loganiaceae 马钱科 [MD-486] 全球 (6) 大洲分布及种数(13-18)非洲:3-11;亚洲:6-18;大洋洲:3-11;欧洲:8;北美洲:6-14;南美洲:1-9
Mitrephora 【3】 Hook.f. & Thoms. 银钩花属 ← **Cyathostemma;Orophea;Papualthia** Annonaceae 番荔枝科 [MD-7] 全球 (1) 大洲分布及种数(48-63)◆亚洲
Mitrephoreae Hook.f. & Thoms. = **Mitrephora**
Mitriostigma 【3】 Hochst. 枇杷栀属 ← **Gardenia; Oxyanthus;Randia** Rubiaceae 茜草科 [MD-523] 全球 (1) 大洲分布及种数(4-6)◆非洲
Mitrobryum【3】H.Rob. 印度曲尾藓属 Leucobryaceae 白发藓科 [B-129] 全球 (1) 大洲分布及种数(1)◆亚洲
Mitrocarpum Hook. = **Mitracarpus**
Mitrocereus 【3】 Backeb. 云阁柱属 ≒ **Pachycereus** Cactaceae 仙人掌科 [MD-100] 全球 (1) 大洲分布及种数(cf.1)◆北美洲
Mitrodendron Broth. = **Pogonatum**
Mitrophora Neck. = **Fedia**
Mitrophyllum【3】Schwantes 奇鸟玉属 ≒ **Diplosoma; Mesembryanthemum;Meyerophytum** Aizoaceae 番杏科 [MD-94] 全球 (1) 大洲分布及种数(6-7)◆非洲(◆南非)
Mitrophyllun Greene = **Mitrophyllum**
Mitropoma Duby ex I.Hagen = **Calyptrochaeta**
Mitropsidium Burret = **Psidium**
Mitrosicyos Maxim. = **Actinostemma**
Mitrospora Nees = **Rhynchospora**
Mitrula Speg. = **Microula**
Mitsa Chapel. ex Benth. = **Coleus**
Mitscherlicha Klotzsch = **Begonia**
Mitscherlichia Klotzsch = **Begonia**
Mitscherlichia Kunth = **Neea**
Mittella【-】Endl. 虎耳草科属 Saxifragaceae 虎耳草科 [MD-231] 全球 (uc) 大洲分布及种数(uc)
Mittenia Gottsche = **Mittenia**
Mittenia 【2】 Lindb. 连指藓属 ≒ **Mniopsis;Jensenia** Mitteniaceae 丝光畸齿藓科 [B-117] 全球 (3) 大洲分布及种数(1) 非洲:1;亚洲:1;大洋洲:1
Mitteniaceae 【2】 Broth. 丝光畸齿藓科 [B-117] 全球 (2) 大洲分布和属种数(1/1)亚洲:1/1;大洋洲:1/1
Mittenothamnium (Broth.) Wijk & Margad. = **Mittenothamnium**
Mittenothamnium【3】Henn. 微灰藓属 ≒ **Microthamnium** Hypnaceae 灰藓科 [B-189] 全球 (6) 大洲分布及种数(90) 非洲:23;亚洲:2;大洋洲:2;欧洲:1;北美洲:21;南美洲:59
Mitthyridium Brachycladum W.D.Reese = **Mitthyridium**
Mitthyridium【3】 H.Rob. 匍网藓属 ≒ **Serpotortella** Calymperaceae 花叶藓科 [B-130] 全球 (6) 大洲分布及种数(30)非洲:9;亚洲:22;大洋洲:22;欧洲:1;北美洲:1;南美洲:3
Mitu Lour. = **Gisekia**
Mitwabachloa J.B.Phipps = **Zonotriche**
Mixandra Pierre = **Diploknema**
Mixis Lür = **Pleurothallis**
Mixoneura Raf. = **Utricularia**
Miyabea 【3】 Broth. 瓦叶藓属 ≒ **Pterigynandrum** Leskeaceae 薄罗藓科 [B-181] 全球 (1) 大洲分布及种数(4)◆亚洲
Miyakea【3】 Miyabe & Tatew. 白头翁属 ≒ **Pulsatilla** Ranunculaceae 毛茛科 [MD-38] 全球 (1) 大洲分布及种数(uc)◆大洋洲
Miyamayomena Kitam. = **Miyamayomena**
Miyamayomena 【3】 S.Kitam. 裸菀属 ← **Aster** Asteraceae 菊科 [MD-586] 全球 (6) 大洲分布及种数(5)非洲:2;亚洲:4-6;大洋洲:2;欧洲:2;北美洲:1-3;南美洲:2
Miyoshia Makino = **Petrosavia**
Miyoshiaceae Nakai = Nartheciaceae
Mizunoara【-】 J.M.H.Shaw 兰科属 Orchidaceae 兰科 [MM-723] 全球 (uc) 大洲分布及种数(uc)
Mizutania 【3】 Furuki & Z.Iwats. 绿叶苔属 Mizutaniaceae 绿叶苔科 [B-87] 全球 (1) 大洲分布及种数(1)◆非洲
Mizutaniaceae 【3】 Furuki & Z.Iwats. 绿叶苔科 [B-87] 全球 (1) 大洲分布和属种数(1)◆非洲
Mizutara auct. = **Mizutania**
Mkilua 【3】 Verdc. 滨蕉木属 Annonaceae 番荔枝科 [MD-7] 全球 (1) 大洲分布及种数(1)◆非洲
Mlcrolaena R.Br. = **Microlaena**
Mnasium Rudge = **Rapatea**
Mnasium STäckhouse = **Ensete**
Mnassea【3】 Vell. 南美提患子属 Sapindaceae 无患子科 [MD-428] 全球 (1) 大洲分布及种数(cf.1)◆南美洲
Mnemion 【3】 Spach 堇菜属 ← **Viola** Violaceae 堇菜科 [MD-126] 全球 (1) 大洲分布及种数(1)◆欧洲
Mnemosilla Forssk. = **Hypecoum**
Mnesiteon Raf. = **Eclipta**
Mnesithea【3】 Kunth 毛俭草属 → **Coelorachis;Hackelochloa;Cenchrus** Poaceae 禾本科 [MM-748] 全球 (6) 大洲分布及种数(24-25;hort.1;cult:1)非洲:1-4;亚洲:17-21;大洋洲:7-10;欧洲:3;北美洲:10-13;南美洲:6-9
Mnesitheon Spreng. = **Eclipta**
Mnestia Böhm. = **Manettia**
Mniaceae 【3】 Schwägr. 提灯藓科 [B-149] 全球 (5) 大洲分布和属种数(10/116)亚洲:8/79;大洋洲:5/16;欧洲:6/40;北美洲:8/56;南美洲:3/13

M

Mniadelphus Müll.Hal. = **Distichophyllum**
Mnianthus Walp. = **Dalzellia**
Mniarum 【-】 Forst. 石竹科属 ≒ **Scleranthus** Caryophyllaceae 石竹科 [MD-77] 全球 (uc) 大洲分布及种数(uc)
Mniobryoides【3】 Hormann 花旗真藓属 Bryaceae 真藓科 [B-146] 全球 (1) 大洲分布及种数(cf. 1)◆北美洲
Mniobryum【3】 Limpr. 真藓科属 ≒ **Webera;Pohlia** Bryaceae 真藓科 [B-146] 全球 (6) 大洲分布及种数(18) 非洲:6;亚洲:4;大洋洲:2;欧洲:1;北美洲:3;南美洲:4
Mniochloa【3】 Chase 竺禾草属 ← **Digitaria; Olyra; Piresiella** Poaceae 禾本科 [MM-748] 全球 (1) 大洲分布及种数(1)◆北美洲
Mniodendron【2】 Broth. 垫灰藓属 Hypnodendraceae 树灰藓科 [B-158] 全球(5) 大洲分布及种数(31) 亚洲:11;大洋洲:29;欧洲:3;北美洲:5;南美洲:3
Mniodendron Eu-mniodendron Broth. = **Mniodendron**
Mniodendrum Dozy & Molk. ex I.Hagen = **Mniodendron**
Mniodes【3】 A.Gray ex Benth. & Hook.f. 垫鼠麹属 ← **Antennaria;Belloa;Novenia** Asteraceae 菊科 [MD-586] 全球 (1) 大洲分布及种数(20)◆南美洲
Mnioes A.Gray ex Benth. & Hook.f. = **Mniodes**
Mnioloma Herzog = **Mnioloma**
Mnioloma【2】 M.A.M.Renner & E.A.Br. 疣胞苔属 Calypogeiaceae 护蒴苔科 [B-44] 全球 (5) 大洲分布及种数(6)非洲:1;亚洲:1;大洋洲:2;北美洲:3;南美洲:2
Mniomalia【2】Müll.Hal. 疣叶藓属 Phyllodrepaniaceae 叶藓科 [B-147] 全球 (5) 大洲分布及种数(2) 亚洲:1;大洋洲:1;欧洲:1;北美洲:1;南美洲:1
Mniomallia Müll.Hal. ex E.B.Bartram = **Mniomalia**
Mniopetalum Rehder = **Monimopetalum**
Mniopsis【3】 Mart. 巴西裸蒴苔属 → **Haplomitrium; Monopsis** Haplomitriaceae 裸蒴苔科 [B-2] 全球 (1) 大洲分布及种数(1-2)◆南美洲(◆巴西)
Mniothamnea【3】 (Oliv.) Nied. 绒微花属 ← **Berzelia; Raspalia** Bruniaceae 绒球花科 [MD-336] 全球 (1) 大洲分布及种数(2)◆非洲(◆南非)
Mnium (Brid.) Broth. = **Mnium**
Mnium【3】Hedw. 提灯藓属 ≒ **Orthopyxis;Philonotis** Mniaceae 提灯藓科 [B-149] 全球(6) 大洲分布及种数(49) 非洲:4;亚洲:29;大洋洲:2;欧洲:17;北美洲:19;南美洲:6
Moacroton Croizat = **Croton**
Moacurra Roxb. = **Ceanothus**
Mober Lour. ex Gomes = **Moraea**
Mobilabium【3】 Rupp 疏唇兰属 Orchidaceae 兰科 [MM-723] 全球 (1) 大洲分布及种数(1)◆大洋洲
Mobula Bancroft = **Mosla**
Mocanera Blanco = **Dipterocarpus**
Mocanera Juss. = **Visnea**
Mocinia DC. = **Saprosma**
Mocinnodaphne【3】 Lorea-Hern. 云土楠属 Lauraceae 樟科 [MD-21] 全球 (1) 大洲分布及种数(1)◆北美洲(◆墨西哥)
Mocis L. = **Morus**
Mocquerysia【3】 Hua 莫克木属 Salicaceae 杨柳科 [MD-123] 全球 (1) 大洲分布及种数(1-2)◆非洲
Mocquinia Steud. = **Moquinia**
Mocrocos L. = **Microcos**
Modanthos Alef. = **Modiola**
Modeca Raf. = **Adenia**
Modecca Miq. = **Adenia**
Modeccaceae Horan. = Huaceae
Modeccopsis Griff. = **Erythropalum**
Modecopsis Griff. = **Erythropalum**
Modeeria Kharadze & Tamamsch. = **Cirsium**
Modesciadium【3】 P.Vargas & Jim.Mejías 非洲绒芹属 Apiaceae 伞形科 [MD-480] 全球 (1) 大洲分布及种数(1)◆非洲
Modesta Raf. = **Xenostegia**
Modestia Kharadze & Tamamsch. = **Cirsium**
Modicella Juss. = **Molucella**
Modiola【3】 Mönch 蔓葵属 ← **Anoda;Malva; Modiolastrum** Malvaceae 锦葵科 [MD-203] 全球 (6) 大洲分布及种数(2-3)非洲:7;亚洲:1-8;大洋洲:1-8;欧洲:1-8;北美洲:1-8;南美洲:1-8
Modiolaria Schwantes = **Monilaria**
Modiolastrum【3】 K.Schum. 肖蜗轴草属 ← **Malva; Modiola;Palaua** Malvaceae 锦葵科 [MD-203] 全球 (1) 大洲分布及种数(8)◆南美洲
Modiolia Mönch = **Modiola**
Moduza Raf. = **Adenia**
Moehnia Neck. = **Arctotis**
Moehringella H.Neumayer = **Arenaria**
Moehringia【2】 L. 种阜草属 ≒ **Minuartia;Arenaria** Caryophyllaceae 石竹科 [MD-77] 全球 (4) 大洲分布及种数(29-42;hort.1;cult:2)非洲:5;亚洲:9-11;欧洲:23-33;北美洲:6
Moelleria G.A.Scop. = **Casearia**
Moelleriella Dusén = **Muelleriella**
Moema P.Beauv. = **Hainardia**
Moenchia【3】 Ehrh. 灰卷耳属 ← **Alsine;Quaternella; Paspalum** Caryophyllaceae 石竹科 [MD-77] 全球 (6) 大洲分布及种数(6-9)非洲:2;亚洲:2;大洋洲:1;欧洲:2-3;北美洲:2;南美洲:2
Moenckemeyera Müll.Hal. ex Broth. = **Moenkemeyera**
Moenekemeyera Müll.Hal. = **Moenkemeyera**
Moenkemeyera【2】 Müll.Hal. 云尾藓属 Fissidentaceae 凤尾藓科 [B-131] 全球 (2) 大洲分布及种数(7) 非洲:4;南美洲:3
Moensara【-】 Griff. & J.M.H.Shaw 兰科属 Orchidaceae 兰科 [MM-723] 全球 (uc) 大洲分布及种数(uc)
Moerckia【3】 Inoü 云带叶苔属 ≒ **Pallavicinia; Hattorianthus** Moerckiaceae 莫氏苔科 [B-29] 全球 (6) 大洲分布及种数(3)非洲:3;亚洲:2-5;大洋洲:3;欧洲:1-4;北美洲:1-4;南美洲:3
Moerckiaceae【3】Inoü 莫氏苔科 [B-29] 全球 (6) 大洲分布和属种数(2/3-6)非洲:1/3;亚洲:2/3-6;大洋洲:1/3;欧洲:1/1-4;北美洲:1/1-4;南美洲:1/3
Moerella Lour. = **Morella**
Moerenhoutia【3】 Bl. 斑叶兰属 ← **Goodyera; Platylepis** Orchidaceae 兰科 [MM-723] 全球 (1) 大洲分布及种数(uc)◆大洋洲
Moerhingia B.Juss. = **Arenaria**
Moeris Raf. = **Actephila**
Moerisia J.Gay = **Morisia**
Moerkensteinia Opiz = **Senecio**

Moeroris Raf. = **Phyllanthus**
Moeros Raf. = **Actephila**
Moesa Blanco = **Rosenia**
Moesslera Rchb. = **Tittmannia**
Moghamia Steud. = **Maughaniella**
Moghania J.St.Hil. = **Flemingia**
Mogiphanes【3】 Mart. 莲子草属 ← **Alternanthera;Pfaffia** Amaranthaceae 苋科 [MD-116] 全球 (1) 大洲分布及种数(cf.2-5) ◆南美洲
Mogoltavia【3】 Korovin 莫戈草属 Apiaceae 伞形科 [MD-480] 全球 (1) 大洲分布及种数(2)◆亚洲
Mogori Adans. = **Jasminum**
Mogorium【3】 Juss. 海岸桐属 ≒ **Jasminum** Oleaceae 木樨科 [MD-498] 全球 (6) 大洲分布及种数(2) 非洲:2;亚洲:2;大洋洲:2;欧洲:1;北美洲:2;南美洲:1
Mogrus L. = **Morus**
Moguai Adans. = **Jasminum**
Mohadenium Dur. & Jacks = **Monadenium**
Mohadenium Pax = **Zygosepalum**
Moharra A.Gray = **Mohavea**
Mohavea【3】 A.Gray 花旗婆婆纳属 ← **Antirrhinum** Plantaginaceae 车前科 [MD-527] 全球 (1) 大洲分布及种数(2-3)◆北美洲
Mohenricia【-】 S.A.Hammer 番杏科属 Aizoaceae 番杏科 [MD-94] 全球 (uc) 大洲分布及种数(uc)
Moheringia Zumag. = **Moehringia**
Mohlana Man. = **Hilleria**
Mohria Britton = **Mohria**
Mohria【3】 Sw. 非洲蕨属 ≒ **Montia** Adiantaceae 铁线蕨科 [F-35] 全球 (1) 大洲分布及种数(1)◆南美洲
Mohriaceae C.F.Reed = Clethraceae
Mohrodendron Britton = **Alniphyllum**
Moina Hansen = **Morina**
Moira Schomb. ex Benth. = **Mora**
Moirara auct. = **Bactris**
Moissonia Regel = **Moussonia**
Mokara auct. = **Prestoea**
Mokof Adans. = **Ternstroemia**
Mokofua P. & K. = **Ternstroemia**
Mol Mill. = **Allium**
Molanna Ulmer = **Malania**
Moldavica Fabr. = **Dracocephalum**
Moldenchawera Schröd. = **Moldenhawera**
Moldenhauera Spreng. = **Pyrenacantha**
Moldenhaueria Steud. = **Pyrenacantha**
Moldenhawera【3】 Schröd. 紫檀属 ← **Pterocarpus** Fabaceae 豆科 [MD-240] 全球 (1) 大洲分布及种数(11)◆南美洲
Moldenhaweria Schröd. = **Moldenhawera**
Moldenkea【3】(Traub) Traub 云石蒜属 Amaryllidaceae 石蒜科 [MM-694] 全球 (1) 大洲分布及种数(1)◆非洲
Moldenkeanthus Morat = **Paepalanthus**
Molendoa【3】 Lindb. 大丛藓属 ≒ **Anoectangium** Pottiaceae 丛藓科 [B-133] 全球 (6) 大洲分布及种数(18) 非洲:1;亚洲:10;大洋洲:1;欧洲:6;北美洲:5;南美洲:8
Moleroa Lindb. = **Molendoa**
Molge Mill. = **Allium**
Molgula Prain = **Milula**
Moli Mill. = **Allium**
Molina C.Gay = **Dysopsis**
Molina Cav. = **Molinaea**
Molina Ruiz & Pav. = **Baccharis**
Molinadendron【3】 P.K.Endress 水丝楠属 ← **Distylium** Hamamelidaceae 金缕梅科 [MD-63] 全球 (1) 大洲分布及种数(3)◆北美洲
Molinaea Bert. = **Molinaea**
Molinaea【3】 Comm. ex Juss. 莫利纳木属 ≒ **Gelonium;Jubaea** Sapindaceae 无患子科 [MD-428] 全球 (1) 大洲分布及种数(6-23)◆南美洲
Molinema Colla = **Molineria**
Molineria【3】 Colla 大叶仙茅属 ← **Aira;Tupistra;Airopsis** Hypoxidaceae 仙茅科 [MM-695] 全球 (6) 大洲分布及种数(4)非洲:2-4;亚洲:3-5;大洋洲:2-4;欧洲:1-3;北美洲:2-4;南美洲:2-4
Molineriella【2】 Rouy 舞芒草属 ← **Periballia** Poaceae 禾本科 [MM-748] 全球 (5) 大洲分布及种数(4)非洲:3;亚洲:2;大洋洲:1;欧洲:3;北美洲:1
Molinia (Pers. ex Gaudin) Hartmann = **Molinia**
Molinia【3】 Schrank 蓝沼草属 ← **Aira;Cleistogenes;Diarrhena** Poaceae 禾本科 [MM-748] 全球 (6) 大洲分布及种数(4)非洲:1-4;亚洲:3-6;大洋洲:3;欧洲:2-5;北美洲:1-4;南美洲:3
Molinieae V.Jirásek = **Molinaea**
Moliniera Ball = **Molinia**
Moliniopsis【3】 Hayata 蓝沼草属 ← **Molinia;Glyceria** Poaceae 禾本科 [MM-748] 全球 (1) 大洲分布及种数(cf.1)◆亚洲
Molione Salisb. = **Dioscorea**
Molium (G.Don) Haw. = **Allium**
Molkenboeria de Vriese = **Scaevola**
Molle Adans. = **Schinus**
Mollera O.Hoffm. = **Calostephane**
Molleri O.Hoffm. = **Calostephane**
Molleriella Dusén = **Muelleriella**
Mollexturgescens Mill. = **Schinus**
Mollia (Bruch & Schimp.) Braithw. = **Mollia**
Mollia【3】 Mart. 蓝丛藓属 ≒ **Systegium; Streblotrichum** Pottiaceae 丛藓科 [B-133] 全球 (6) 大洲分布及种数(20-24;hort.1;cult: 1)非洲:4;亚洲:4;大洋洲:4;欧洲:1-5;北美洲:4;南美洲:18-24
Mollinedia【2】 Ruiz & Pav. 榕桂属 ≒ **Macropeplus** Monimiaceae 玉盘桂科 [MD-20] 全球 (4) 大洲分布及种数(78-113)亚洲:3-4;大洋洲:10-11;北美洲:12;南美洲:65-98
Mollinedieae Perkins = **Mollinedia**
Mollisina DC. = **Erucaria**
Mollisiopsis Hayata = **Glyceria**
Molloya Meisn. = **Timmia**
Molloybas D.L.Jones & M.A.Clem. = **Liparis**
Molluginaceae【3】 Bartl. 粟米草科 [MD-99] 全球 (6) 大洲分布和属种数(12-13;hort. & cult.1)(115-172;hort. & cult.1)非洲:11/95-120;亚洲:2/34-46;大洋洲:3-4/14-33;欧洲:2/7-15;北美洲:2/8-21;南美洲:3/12-20
Mollugo Fabr. = **Mollugo**
Mollugo【3】 L. 粟米草属 → **Adenogramma;Pharnaceum;Polycarpon** Molluginaceae 粟米草科 [MD-99] 全

球 (6) 大洲分布及种数(33-40;hort.1;cult: 1)非洲:14-24;亚洲:30-42;大洋洲:11-19;欧洲:5-13;北美洲:5-18;南美洲:9-17

Mollugophytum M.E.Jones = **Drymaria**

Molomea R.E.Fr. = **Malmea**

Molongum Oligoon Pichon = **Molongum**

Molongum【3】 Pichon 浮标木属 ← **Ambelania;Spongiosperma;Tabernaemontana** Apocynaceae 夹竹桃科 [MD-492] 全球 (1) 大洲分布及种数(3)◆南美洲

Molopanthera【3】 Turcz. 痕药茜属 ← **Coffea** Rubiaceae 茜草科 [MD-523] 全球 (1) 大洲分布及种数(1)◆南美洲

Molopanthua Turcz. = **Molopanthera**

Molophilus Alexander = **Monochilus**

Molopospermum【3】 W.D.J.Koch 痕籽芹属 Apiaceae 伞形科 [MD-480] 全球 (1) 大洲分布及种数(2-3)◆欧洲

Molpadia Cass. = **Anthemis**

Molpastes Raf. = **Centranthus**

Moltkia【2】 Lehm. 弯果紫草属 → **Craniospermum;Cynoglossum;Echium** Boraginaceae 紫草科 [MD-517] 全球(3)大洲分布及种数(2-11;hort.1;cult:3)非洲:1;亚洲:cf.1;欧洲:1-3

Moltkiopsis【3】 I.M.Johnst. 类弯果紫草属 Boraginaceae 紫草科 [MD-517] 全球 (1) 大洲分布及种数(1)◆非洲

Molubda Raf. = **Plumbago**

Moluccella【3】 L. 贝壳花属 ≒ **Ballota;Molucella;Phlomoides** Lamiaceae 唇形科 [MD-575] 全球 (6) 大洲分布及种数(5-9)非洲:2;亚洲:4;大洋洲:1;欧洲:2;北美洲:1;南美洲:1

Molucella【2】 Juss. 贝壳花属 ≒ **Moluccella** Lamiaceae 唇形科 [MD-575] 全球 (4) 大洲分布及种数(cf.1) 亚洲;欧洲;北美洲;南美洲

Moluchia Medik. = **Melochia**

Molus Mill. = **Malus**

Moly Mill. = **Allium**

Molyza Salisb. = **Allium**

Mombin Mill. = **Spondias**

Momisia【3】 F.Dietr. 朴属 ≒ **Celtis** Cannabaceae 大麻科 [MD-89] 全球 (6) 大洲分布及种数(2) 非洲:2;亚洲:1;大洋洲:1;欧洲:1;北美洲:2;南美洲:2

Mommsenia Urb. & Ekman = **Calycogonium**

Momo Adans. = **Ternstroemia**

Momocelastrus F.T.Wang & Tang = **Monocelastrus**

Momordica【3】 L. 苦瓜属 → **Actinostemma;Solena** Cucurbitaceae 葫芦科 [MD-205] 全球 (6) 大洲分布及种数(62-75;hort.1;cult: 1)非洲:48-55;亚洲:19-26;大洋洲:4-8;欧洲:4-8;北美洲:8-12;南美洲:11-18

Momordiceae H.Schaef. & S.S.Renner = **Momordica**

Momoria Montrouz. = **Baeckea**

Momot Adans. = **Ternstroemia**

Momota O.F.Cook = **Chamaedorea**

Moms L. = **Morus**

Momulea L. = **Romulea**

Mona【3】 Ö.Nilsson 异茎卷耳属 ← **Montia;Musa** Portulacaceae 马齿苋科 [MD-85] 全球 (1) 大洲分布及种数(1-2)◆南美洲

Monacanthus G.Don = **Catasetum**

Monacathcr Steud. = **Monachather**

Monacather Benth. = **Monachather**

Monacha Müller = **Monechma**

Monachanthus Lindl. = **Catasetum**

Monachather【3】 Steud. 异扁芒草属 ← **Danthonia** Poaceae 禾本科 [MM-748] 全球 (1) 大洲分布及种数(2)◆大洋洲(◆澳大利亚)

Monache B.Vogel = **Panicum**

Monachella A.Berger = **Sempervivum**

Monachne P.Beauv. = **Panicum**

Monachochlamys Baker = **Mendoncia**

Monachosorac Kunze = **Monachosorum**

Monachosoraceae【3】 Ching 稀子蕨科 [F-25] 全球 (6) 大洲分布和属种数(1;hort. & cult.1)(7-11;hort. & cult.2) 非洲:1/2;亚洲:1/7-10;大洋洲:1/2;欧洲:1/2;北美洲:1/2;南美洲:1/2

Monachosorella Hayata = **Monachosorum**

Monachosorum【3】 Kunze. 稀子蕨属 ← **Aspidium;Phegopteris** Dennstaedtiaceae 碗蕨科 [F-26] 全球 (1) 大洲分布及种数(7-10)◆亚洲

Monachus P.Beauv. = **Eriochloa**

Monachyron Parl. = **Melinis**

Monacilla Spach = **Goodenia**

Monacon P.Beauv. = **Panicum**

Monactineirma Bory = **Passiflora**

Monactinocephalus【3】 Klatt 旋覆花属 ← **Inula** Asteraceae 菊科 [MD-586] 全球 (1) 大洲分布及种数(1)◆非洲

Monactinus Kunth = **Monactis**

Monactis【3】 Kunth 寡舌菊属 ≒ **Chaenocephalus;Kingianthus** Asteraceae 菊科 [MD-586] 全球 (1) 大洲分布及种数(13)◆南美洲

Monadeaium Raf. = **Zygosepalum**

Monadelphanthus H.Karst. = **Capirona**

Monadenia【3】 Lindl. 萼距兰属 ← **Disa** Orchidaceae 兰科 [MM-723] 全球 (1) 大洲分布及种数(9)属分布和种数(uc)◆非洲

Monadeniorchis【-】 Szlach. & Kras 兰科属 Orchidaceae 兰科 [MM-723] 全球 (uc) 大洲分布及种数(uc)

Monadenium【3】 Pax 翡翠柱属 ← **Euphorbia;Stenadenium;Kleinia** Asteraceae 菊科 [MD-586] 全球 (1) 大洲分布及种数(1-34; hort. 1;cult: 1)◆大洋洲

Monadeniums Pax = **Monadenium**

Monadenus Salisb. = **Zigadenus**

Monadicus Salisb. = **Amianthium**

Monandraira é.Desv. = **Deschampsia**

Monandriella【3】 Engl. 非洲翠川苔草属 Podostemaceae 川苔草科 [MD-322] 全球 (1) 大洲分布及种数(uc)◆亚洲

Monandrodendron Mansf. = **Lozania**

Monanthella A.Berger = **Sempervivum**

Monanthemum Griseb. = **Morisia**

Monanthes (Batt.) R.Nyffeler = **Monanthes**

Monanthes【2】 Haw. 魔莲花属 ← **Sedum; Sempervivum** Crassulaceae 景天科 [MD-229] 全球 (4) 大洲分布及种数(11-33)非洲:1;亚洲:cf.1;欧洲:8-11;北美洲:1

Monanthia Ehrh. = **Pyrola**

Monanthium Ehrh. = **Moneses**

Monanthochilus (Schltr.) R.Rice = **Sarcochilus**

Monanthochloe【3】 Engelm. 水卷草属 ← **Distichlis** Poaceae 禾本科 [MM-748] 全球 (6) 大洲分布及种数(1) 非洲:1;亚洲:1;大洋洲:1;欧洲:1;北美洲:1;南美洲:1
Monanthocitrus【3】 Tanaka 斑籽橘属 Rutaceae 芸香科 [MD-399] 全球 (1) 大洲分布及种数(1-4)◆大洋洲(◆巴布亚新几内亚)
Monanthocloe Engelm. = **Monanthochloe**
Monanthos (Schltr.) Brieger = **Pseuderia**
Monanthotaxis【2】 Baill. 香莓藤属 ← **Bocagea;Popowia;Uvaria** Annonaceae 番荔枝科 [MD-7] 全球 (4) 大洲分布及种数(75-78;hort.1;cult: 1)非洲:74;亚洲:cf.1;北美洲:2;南美洲:1
Monanthus【3】 (Schltr.) Brieger 斑花兰属 ≒ **Dendrobium** Orchidaceae 兰科 [MM-723] 全球 (1) 大洲分布及种数(cf. 1)◆亚洲
Monanus Finet = **Aerangis**
Monarda Aristatae Epling = **Monarda**
Monarda【3】 L. 花旗薄荷属 → **Anisomeles;Pycnanthemum;Phyllanthus** Lamiaceae 唇形科 [MD-575] 全球(6)大洲分布及种数(29-33;hort.1;cult:3)非洲:13;亚洲:11-25;大洋洲:13;欧洲:6-19;北美洲:28-43;南美洲:4-17
Monardella【3】 Benth. 北美洲薄荷属 ← **Monarda;Pycnanthemum** Lamiaceae 唇形科 [MD-575] 全球 (1) 大洲分布及种数(52-84)◆北美洲
Monarrhenus【3】 Cass. 簇菊木属 → **Conyza;Pluchea** Asteraceae 菊科 [MD-586] 全球 (1) 大洲分布及种数(2)◆非洲
Monarthrocarpus Merr. = **Desmodium**
Monarthrum Ehrh. = **Pyrola**
Monascus Stchigel & Guarro = **Xenostegia**
Monastes Raf. = **Xenostegia**
Monastinocephalus Klatt = **Inula**
Monastria Raf. = **Canscora**
Monathera Raf. = **Ctenium**
Monavia Adans. = **Mimulus**
Monbin Mill. = **Spondias**
Monca Ö.Nilsson = **Mona**
Moncheca A.DC. = **Monotheca**
Mondia【3】 Skeels 利食藤属 Apocynaceae 夹竹桃科 [MD-492] 全球 (1) 大洲分布及种数(2)◆非洲
Mondo Adans. = **Ophiopogon**
Mondonta L. = **Monsonia**
Monechma【2】 Hochst. 独爵床属 ← **Adhatoda;Justicia;Beloperone** Acanthaceae 爵床科 [MD-572] 全球 (3) 大洲分布及种数(37-44)非洲:36-43;欧洲:2-3;南美洲:4
Monelasmum【3】 Van Tiegh. 番金莲木属 ≒ **Ouratea** Ochnaceae 金莲木科 [MD-104] 全球 (1) 大洲分布及种数(11)◆南美洲
Monella Herb. = **Posoqueria**
Monelytrum【3】 Hack. ex Schinz 单生餔茎草属 Poaceae 禾本科 [MM-748] 全球 (1) 大洲分布及种数(1)◆非洲
Monema P.Beauv. = **Hainardia**
Monencyanthes【3】 A.Gray 小麦杆菊属 ← **Helipterum** Asteraceae 菊科 [MD-586] 全球 (1) 大洲分布及种数(1)◆南美洲
Monenteles Labill. = **Pterocaulon**
Monerma P.Beauv. = **Lepturus**
Monermeae C.E.Hubb. = **Parapholis**
Moneses【3】 Salisb. ex A.Gray 独丽花属 ← **Pyrola** Ericaceae 杜鹃花科 [MD-380] 全球 (6) 大洲分布及种数(2)非洲:3;亚洲:1-4;大洋洲:3;欧洲:1-4;北美洲:1-4;南美洲:3
Monesis Walp. = **Moneses**
Moneta Cothen. = **Valeriana**
Monetaria Schwantes = **Monilaria**
Monethe St.Lag. = **Mentha**
Monetia L´Hér. = **Azima**
Moneurium Desf. = **Jasminum**
Mongesia Grondona = **Monrosia**
Mongezia Vell. = **Symplocos**
Mongoma Griff. = **Carapa**
Mongorium Desf. = **Jasminum**
Monguia Chapel. ex Baill. = **Croton**
Moniera【2】 B.Juss. ex P.Br. 假马齿苋属 ≒ **Moriera** Plantaginaceae 车前科 [MD-527] 全球 (2) 大洲分布及种数(cf.3) 北美洲;南美洲
Monieria Colla = **Molineria**
Moniezia Lowe = **Monizia**
Monilaria【3】 Schwantes 碧光玉属 ← **Dicrocaulon;Mesembryanthemum;Periballia** Aizoaceae 番杏科 [MD-94] 全球 (1) 大洲分布及种数(5-8)◆非洲(◆南非)
Monilaroma S.A.Hammer = **Monilaria**
Monilea Britton & Rose = **Monvillea**
Monilia Gray = **Molinia**
Monilicarpa【3】 Cornejo & Iltis 醉蕊菜属 ≒ **Capparidastrum** Capparaceae 山柑科 [MD-178] 全球 (1) 大洲分布及种数(1)◆南美洲(◆巴西)
Moniliella Maire = **Centaurium**
Monilifer Adans. = **Osteospermum**
Monilinia Schrank = **Molinia**
Monilistus Raf. = **Populus**
Monimia【2】 Thou. 玉盘桂属 ← **Tambourissa** Monimiaceae 玉盘桂科 [MD-20] 全球 (3) 大洲分布及种数(1-5)非洲:4;大洋洲:1;欧洲:3
Monimiaceae【3】Juss. 玉盘桂科 [MD-20] 全球 (6) 大洲分布和属种数(23-31;hort. & cult.5-6)(171-476;hort. & cult.5-9)非洲:7-10/ 62-101;亚洲:2-9/ 5-44;大洋洲:12-17/ 34-169;欧洲:3/ 9;北美洲:1-5/ 12-21;南美洲:7-9/ 74-116
Monimiastrum J.Guého & A.J.Scott = **Eugenia**
Monimiopsis Vieill. ex Perk. = **Montiopsis**
Monimopetalum【3】 Rehder 永瓣藤属 Celastraceae 卫矛科 [MD-339] 全球 (1) 大洲分布及种数(cf. 1)◆东亚(◆中国)
Monina Pers. = **Monnina**
Monipsis Raf. = **Teucrium**
Moniscus G.A.Scop. = **Mariscus**
Monista Raf. = **Saxifraga**
Monium Stapf = **Anadelphia**
Monixus Finet = **Angraecum**
Monizia【3】 Lowe 莫尼草属 ≒ **Thapsia** Apiaceae 伞形科 [MD-480] 全球 (1) 大洲分布及种数(cf. 1)◆南美洲
Monkara Monk = **Monarda**
Monkhouseara【-】 Hort. 兰科属 Orchidaceae 兰科 [MM-723] 全球 (uc) 大洲分布及种数(uc)
Monnella Salisb. = **Posoqueria**
Monneria Spreng. = **Ercilla**

Monniera B.Juss. ex P.Br. = **Bacopa**
Monnierara auct. = **Mecardonia**
Monnieria L. = **Ertela**
Monnina (DC.) Chodat = **Monnina**
Monnina【3】Ruiz & Pav. 莫恩草属 ← **Polygala; Securidaca** Polygalaceae 远志科 [MD-291] 全球 (6) 大洲分布及种数(184-223;hort.1;cult:1)非洲:16-25;亚洲:9-17;大洋洲:6;欧洲:6;北美洲:42-56;南美洲:171-204
Monnuria Nees & Mart. = **Minuria**
Monobia Saussure = **Monodia**
Monobothrium Hochst. = **Swertia**
Monoc Miq. = **Monoon**
Monocallis Salisb. = **Walsura**
Monocampta Miq. = **Monocarpia**
Monocapsa Itzigsohn,H. = **Cyathocalyx**
Monocardia Pennell = **Bacopa**
Monocarpa【3】Miq. 小单果苔属 ≒ **Monocarpia** Monocarpaceae 单果苔科 [B-19] 全球 (1) 大洲分布及种数(1)◆非洲
Monocarpaceae【3】D.J.Carr ex Schelpe 单果苔科 [B-19] 全球 (1) 大洲分布和属种数(uc)◆大洋洲
Monocarpia【3】Miq. 贝母玉盘属 ← **Cyathocalyx; Dasoclema** Annonaceae 番荔枝科 [MD-7] 全球 (1) 大洲分布及种数(2-4)◆亚洲
Monocarpus【3】P. & K. 单果苔属 Monocarpaceae 单果苔科 [B-19] 全球 (1) 大洲分布及种数(cf. 1)◆大洋洲(◆澳大利亚)
Monocaryum (R.Br.) Rchb. = **Colchicum**
Monocelastrus【3】F.T.Wang & T.Tang 南蛇藤属 ≒ **Celastrus** Celastraceae 卫矛科 [MD-339] 全球 (1) 大洲分布及种数(cf.1)◆亚洲
Monocelis Salisb. = **Muscari**
Monocephalium S.Moore = **Pyrenacantha**
Monocephalum Schltr. = **Bulbophyllum**
Monocera【3】Ell. 润齿草属 ≒ **Ctenium;Monstera** Elaeocarpaceae 杜英科 [MD-134] 全球 (1) 大洲分布及种数(1)◆亚洲
Monoceras Steud. = **Elaeocarpus**
Monochaete Döll = **Gymnopogon**
Monochaetum【3】(DC.) Naudin 妃龙丹属 ← **Arthrostemma;Dissotis** Melastomataceae 野牡丹科 [MD-364] 全球 (6) 大洲分布及种数(53-64;hort.1;cult: 1)非洲:1-4;亚洲:3;大洋洲:3-13;欧洲:3;北美洲:24-31;南美洲:37-51
Monochasma【3】Maxim. ex Franch. & Sav. 鹿茸草属 ← **Bungea** Orobanchaceae 列当科 [MD-552] 全球 (1) 大洲分布及种数(3-4)◆亚洲
Monocheres Auct. ex Steud. = **Elaeocarpus**
Monochilon Dulac = **Teucrium**
Monochilus【3】Fisch. & C.A.Mey. 单唇马鞭草属 ≒ **Zeuxine** Lamiaceae 唇形科 [MD-575] 全球 (1) 大洲分布及种数(18)◆亚洲
Monochirus Fisch. & C.A.Mey. = **Monochilus**
Monochlaena Cass. = **Didymochlaena**
Monochoria【3】Webb & Berth. ex C.Presl 雨久花属 → **Scholleropsis;Eichhornia** Pontederiaceae 雨久花科 [MM-711] 全球 (6) 大洲分布及种数(8-9)非洲:3-5;亚洲:7-10;大洋洲:4-7;欧洲:1-3;北美洲:3-5;南美洲:2
Monochosma Maxim. ex Franch. & Sav. = **Monochasma**
Monocladus L.C.Chia,H.L.Fung & Y.L.Yang = **Bonia**
Monoclea Hook. = **Monoclea**
Monoclea【3】Lindb. 单片苔属 Monocleaceae 单片苔科 [B-6] 全球 (1) 大洲分布及种数(2-3)◆南美洲
Monocleaceae【3】Lindb. 单片苔科 [B-6] 全球 (1) 大洲分布和属种数(1/2-3)◆南美洲
Monococcus【3】F.Müll. 单性珊瑚属 Petiveriaceae 蒜香草科 [MD-128] 全球 (1) 大洲分布及种数(5)◆大洋洲(◆澳大利亚)
Monocodon Salisb. = **Tulipa**
Monocosmia Fenzl = **Calandrinia**
Monocostodus K.Schum. = **Monocostus**
Monocostus【3】K.Schum. 单花姜属 ← **Costus; Dimerocostus** Costaceae 闭鞘姜科 [MM-738] 全球 (1) 大洲分布及种数(1)◆南美洲
Monocranum Müll.Hal. = **Eucamptodon**
Monocryphaea【-】P.Rao 隐蒴藓科属 Cryphaeaceae 隐蒴藓科 [B-197] 全球 (uc) 大洲分布及种数(uc)
Monoculus【2】B.Nord. 单孔莫菊属 ← **Calendula; Tripteris** Asteraceae 菊科 [MD-586] 全球 (2) 大洲分布及种数(3)非洲:2;大洋洲:1
Monocyclanthus【3】Keay 皿萼花属 Annonaceae 番荔枝科 [MD-7] 全球 (1) 大洲分布及种数(1)◆非洲(◆利比里亚)
Monocyclis Wall. ex Voigt = **Walsura**
Monocymbium【3】Stapf 单穗草属 ← **Andropogon; Sorghum** Poaceae 禾本科 [MM-748] 全球 (1) 大洲分布及种数(3)◆非洲
Monocystis Lindl. = **Zingiber**
Monodactylopsis (R.M.Schust.) R.M.Schust. = **Monodactylopsis**
Monodactylopsis【3】R.M.Schust. 针叶苔属 Lepidoziaceae 指叶苔科 [B-63] 全球 (1) 大洲分布及种数(1)◆非洲
Monodes A.DC. = **Monotes**
Monodia【3】S.W.L.Jacobs 针茅状草属 Poaceae 禾本科 [MM-748] 全球 (1) 大洲分布及种数(1)◆大洋洲(◆澳大利亚)
Monodiella Maire = **Centaurium**
Monodora【3】Dunal 独庐香属 ← **Annona;Xylopia** Annonaceae 番荔枝科 [MD-7] 全球 (6) 大洲分布及种数(18-21;hort.1;cult:1)非洲:16-24;亚洲:3-8;大洋洲:5;欧洲:2-7;北美洲:2-7;南美洲:3-8
Monodoraceae J.Agardh = Illiciaceae
Monodynamis J.F.Gmel. = **Usteria**
Monodynamus Pohl = **Anacardium**
Monoestes Salisb. = **Lachenalia**
Monogereion【3】G.M.Barroso & R.M.King 三裂尖泽兰属 Asteraceae 菊科 [MD-586] 全球 (1) 大洲分布及种数(1)◆南美洲(◆巴西)
Monogonia C.Presl = **Dryopteris**
Monogramma【3】Comm. ex Schkuhr 一条线蕨属 ← **Acrostichum;Asplenium** Pteridaceae 凤尾蕨科 [F-31] 全球 (6) 大洲分布及种数(15-18)非洲:4-6;亚洲:9-11;大洋洲:6-7;欧洲:1;北美洲:1-2;南美洲:5-6
Monogramme Spreng. = **Monogramma**
Monogrammia Schkuhr = **Monogramma**

M

Monographidium C.Presl = **Cliffortia**
Monogynella (Engelm.) Chrtek = **Cuscuta**
Monoleaia Triana ex Benth. & Hook.f. = **Monolena**
Monolena【3】Triana ex Benth. & Hook.f. 振臂花属 Melastomataceae 野牡丹科 [MD-364] 全球 (6) 大洲分布及种数(11-17)非洲:9;亚洲:9;大洋洲:9;欧洲:9;北美洲:8-17;南美洲:3-18
Monolepis【3】Schröd. 单被藜属 ← **Chenopodium; Blitum** Amaranthaceae 苋科 [MD-116] 全球 (6) 大洲分布及种数(3)非洲:3;亚洲:1-4;大洋洲:1-4;欧洲:1-4;北美洲:2-5;南美洲:1-4
Monoletes Schröd. = **Monolepis**
Monolix Raf. = **Monodia**
Monolluma【2】Plowes 水牛角属 ← **Caralluma** Apocynaceae 夹竹桃科 [MD-492] 全球 (2) 大洲分布及种数(cf.5) 非洲:2;亚洲:4
Monolobus Solier = **Gonolobus**
Monolophus【2】Wall. 艳山姜属 ≒ **Kaempferia; Alpinia** Zingiberaceae 姜科 [MM-737] 全球 (2) 大洲分布及种数(cf.2) 亚洲;南美洲
Monolopia【3】DC. 单苞菊属 → **Eatonella;Lasthenia; Pseudobahia** Asteraceae 菊科 [MD-586] 全球 (1) 大洲分布及种数(7-10)◆北美洲(◆美国)
Monomelangium【3】Hayata 毛子蕨属 ← **Asplenium** Athyriaceae 蹄盖蕨科 [F-40] 全球 (1) 大洲分布及种数(3)◆亚洲
Monomeria【3】Lindl. 短瓣兰属 → **Acrochaene; Bulbophyllum;Sunipia** Orchidaceae 兰科 [MM-723] 全球 (1) 大洲分布及种数(2-4)◆亚洲
Monomesia Raf. = **Heliotropium**
Monomma Griff. = **Xylocarpus**
Monomorium Desf. = **Jasminum**
Mononeuria【2】Rchb. 山漆姑属 ← **Olearia** Caryophyllaceae 石竹科 [MD-77] 全球 (3) 大洲分布及种数(cf.10) 亚洲:5;北美洲:10;南美洲:1
Monoon【2】Miq. 暗罗属 ≒ **Polyalthia;Sphaerocoryne** Annonaceae 番荔枝科 [MD-7] 全球 (4) 大洲分布及种数(cf.4-71) 非洲:1-6;亚洲:4-36;大洋洲:2;北美洲:1
Monop Miq. = **Monoon**
Monopanax Regel = **Oreopanax**
Monopera【3】Barringer 单囊婆婆纳属 Plantaginaceae 车前科 [MD-527] 全球 (1) 大洲分布及种数(2)◆南美洲(◆巴西)
Monopetalanthus【3】Harms 单瓣豆属 Fabaceae3 蝶形花科 [MD-240] 全球 (1) 大洲分布及种数(7)属分布和种数(uc)◆非洲
Monophalacrus Cass. = **Tessaria**
Monopholis【3】S.F.Blake 寡舌菊属 ← **Monactis** Asteraceae 菊科 [MD-586] 全球 (1) 大洲分布及种数(uc)◆亚洲
Monophorus A.DC. = **Monoporus**
Monophrynium【3】K.Schum. 肖竹芋属 ← **Calathea; Phrynium** Marantaceae 竹芋科 [MM-740] 全球 (1) 大洲分布及种数(uc)属分布和种数(uc)◆亚洲
Monophyllaea Benn. & R.Br. = **Monophyllaea**
Monophyllaea【2】R.Br. 独叶苣苔属 ← **Horsfieldia; Moultonia** Gesneriaceae 苦苣苔科 [MD-549] 全球 (3) 大洲分布及种数(5-40;hort.1)非洲:4;亚洲:4-20;大洋洲:3
Monophyllanthe【3】K.Schum. 单叶竹芋属 Marantaceae 竹芋科 [MM-740] 全球 (1) 大洲分布及种数(1-2)◆南美洲
Monophyllorchis【2】Schltr. 朱兰属 ← **Pogonia** Orchidaceae 兰科 [MM-723] 全球 (2) 大洲分布及种数(5) 北美洲:2;南美洲:3
Monoplectra Raf. = **Sesbania**
Monoplegma Piper = **Oxyrhynchus**
Monoploca Bunge = **Lepidium**
Monopogon J.Presl = **Tristachya**
Monoporandra【3】Thwaites 天竺香属 Dipterocarpaceae 龙脑香科 [MD-173] 全球 (1) 大洲分布及种数(uc)◆亚洲
Monoporina Bercht. & J.Presl = **Marila**
Monoporus【3】A.DC. 萝金牛属 ← **Ardisia;Oncostemum** Primulaceae 报春花科 [MD-401] 全球 (1) 大洲分布及种数(6)◆非洲
Monopsis【3】Salisb. 堇蝶莲属 ← **Campanula; Wahlenbergia** Campanulaceae 桔梗科 [MD-561] 全球 (6) 大洲分布及种数(17-18;hort.1;cult: 1)非洲:16-17;亚洲:1;大洋洲:3-4;欧洲:2-3;北美洲:2-3;南美洲:1
Monoptera Sch.Bip. = **Pyrethrum**
Monopteris Klotzsch ex Radlk. = **Monopteryx**
Monopteryx【3】Spruce ex Benth. 单翼豆属 ← **Fissicalyx** Fabaceae 豆科 [MD-240] 全球 (1) 大洲分布及种数(3-4)◆南美洲
Monoptilon【3】Torr. & A.Gray 沙星菊属 Asteraceae 菊科 [MD-586] 全球 (1) 大洲分布及种数(2)◆北美洲
Monoptygma K.Schum. = **Monotagma**
Monopyle【2】Moritz ex Benth. & Hook.f. 异叶岩桐属 ← **Gloxinia** Gesneriaceae 苦苣苔科 [MD-549] 全球 (2) 大洲分布及种数(22)北美洲:8;南美洲:14-16
Monopyrena Speg. = (接受名不详) Verbenaceae
Monorchis【3】Ség. 兜蕊兰属 → **Androcorys** Orchidaceae 兰科 [MM-723] 全球 (1) 大洲分布及种数(10)属分布和种数(uc)◆亚洲
Monosalpinx【3】N.Hallé 单角茜属 Rubiaceae 茜草科 [MD-523] 全球 (1) 大洲分布及种数(1)◆非洲
Monoschisma Brenan = **Pseudopiptadenia**
Monosemeion Raf. = **Amorpha**
Monosepalum Schltr. = **Bulbophyllum**
Monosis【3】DC. 云菊属 ← **Vernonia;Cacalia** Asteraceae 菊科 [MD-586] 全球 (1) 大洲分布及种数(cf. 1)◆南美洲
Monosolenia【3】Griff. 小单月苔属 Monosoleniaceae 单月苔科 [B-14] 全球 (1) 大洲分布及种数(1)◆非洲
Monosoleniaceae【3】Griff. 单月苔科 [B-14] 全球 (1) 大洲分布和属种数(2/3)◆非洲
Monosoleniaceae Inoü = Monosoleniaceae
Monosolenium【3】Griff. 单月苔属 Monosoleniaceae 单月苔科 [B-14] 全球 (1) 大洲分布及种数(cf. 1)◆亚洲
Monosoma Griff. = **Xylocarpus**
Monospatha W.T.Lin = **Sinarundinaria**
Monospora【3】Hochst. 桑柞属 → **Trimeria;Rhynchospora** Salicaceae 杨柳科 [MD-123] 全球 (1) 大洲分布及种数(uc)◆非洲
Monosporidium Van Tiegh. = **Ochna**
Monostachya Merr. = **Rytidosperma**

Monostemma Turcz. = **Toxocarpus**
Monostemon Balansa ex Henrard = **Briza**
Monosteria Raf. = **Hoppea**
Monostichanthus 【3】 F.Müll. 大洋洲番荔枝属 Annonaceae 番荔枝科 [MD-7] 全球 (1) 大洲分布及种数(uc)◆大洋洲
Monostiche Körn. = **Calathea**
Monostr DC. = **Monosis**
Monostyla Tul. = **Monostylis**
Monostylis【3】Tul. 河缎草属 ≒ **Apinagia** Podostemaceae 川苔草科 [MD-322] 全球 (1) 大洲分布及种数(cf. 1)◆南美洲
Monotaceae【3】Kosterm. 单列木科 [MD-171] 全球 (1) 大洲分布和属种数(1/26-39)◆南美洲
Monotagma【2】K.Schum. 单室竹芋属 ← **Calathea; Maranta;Goeppertia** Marantaceae 竹芋科 [MM-740] 全球 (3) 大洲分布及种数(42-48;hort.1)亚洲:cf.1;北美洲:5;南美洲:40-46
Monotassa Salisb. = **Urginea**
Monotaxis 【3】 Brongn. 铁藊蓄属 ← **Croton** Euphorbiaceae 大戟科 [MD-217] 全球 (1) 大洲分布及种数(4-14)◆大洋洲(◆澳大利亚)
Monoteles Raf. = **Bauhinia**
Monotes 【3】 A.DC. 毛柴香属 ← **Caraipa** Dipterocarpaceae 龙脑香科 [MD-173] 全球 (1) 大洲分布及种数(26-39)◆非洲
Monotheca【2】A.DC.久榄属 ≒ **Reptonia;Sideroxylon** Sapotaceae 山榄科 [MD-357] 全球 (4) 大洲分布及种数(cf.1) 非洲;亚洲;欧洲;南美洲
Monothecium 【2】 Hochst. 单爵床属 ← **Hypoestes** Acanthaceae 爵床科 [MD-572] 全球 (2) 大洲分布及种数(4)非洲:3;亚洲:cf.1
Monothrix Torr. = **Perityle**
Monothylaceum G.Don = **Trichocaulon**
Monothylacium Benth. & Hook.f. = **Hoodia**
Monothyra A.DC. = **Monotheca**
Monotoca 【3】 R.Br. 地肤石南属 ≒ **Acrotriche** Ericaceae 杜鹃花科 [MD-380] 全球 (1) 大洲分布及种数(2-13)◆大洋洲(◆澳大利亚)
Monotrema【3】Körn. 萤蔺花属 → **Duckea;Rapatea** Rapateaceae 泽蔺花科 [MM-713] 全球 (1) 大洲分布及种数(5-10)◆南美洲(◆巴西)
Monotris Lindl. = **Holothrix**
Monotropa 【3】 L. 水晶兰属 → **Monotropastrum; Hypoestes** Ericaceae 杜鹃花科 [MD-380] 全球 (6) 大洲分布及种数(6)非洲:1-9;亚洲:3-11;大洋洲:8;欧洲:2-10;北美洲:5-13;南美洲:1-9
Monotropaceae【3】Nutt. 水晶兰科 [MD-390] 全球 (6) 大洲分布和属种数(1;hort. & cult.1)(5-18;hort. & cult.2) 非洲:1/1-9;亚洲:1/3-11;大洋洲:1/8;欧洲:1/2-10;北美洲:1/5-13;南美洲:1/1-9
Monotropanthum H.Andres = **Monotropastrum**
Monotropastrum 【3】 H.Andres 沙晶兰属 ← **Cheilotheca** Ericaceae 杜鹃花科 [MD-380] 全球 (1) 大洲分布及种数(2-3)◆亚洲
Monotropeae Dum. = **Monotropa**
Monotropion St.Lag. = **Monotropa**
Monotropsis【3】 Schwein. 香晶兰属 Ericaceae 杜鹃花科 [MD-380] 全球 (1) 大洲分布及种数(3-4)◆北美洲
Monoxalis Small = **Oxalis**
Monoxora Wight = **Rhodamnia**
Monroa Torr. = **Molendoa**
Monronia L. = **Monodia**
Monrosia【3】 Grondona 南美远志属 Polygalaceae 远志科 [MD-291] 全球 (1) 大洲分布及种数(1)◆南美洲
Monrosiaia Grondona = **Monrosia**
Monsanima Liede & Meve = **Monsonia**
Monsona Cothen. = **Morina**
Monsonia 【2】 L. 凤嘴葵属 → **Erodium;Morisonia; Munronia** Geraniaceae 牻牛儿苗科 [MD-318] 全球 (3) 大洲分布及种数(38-40)非洲:35-36;亚洲:cf.1;欧洲:4-5
Monssonia L. = **Monsonia**
Monstera (Gutiérrez ex Schott) Madison = **Monstera**
Monstera 【3】 Adans. 龟背竹属 → **Alloschemone; Monocera** Araceae 天南星科 [MM-639] 全球 (6) 大洲分布及种数(44-56;hort.1)非洲:4;亚洲:8-12;大洋洲:6-10;欧洲:1-5;北美洲:36-42;南美洲:28-40
Montabea Röm. & Schult. = **Moutabea**
Montafioa Cerv. = **Montanoa**
Montagnaea DC. = **Montanoa**
Montagnea Seem. = **Zaluzania**
Montagnella Seem. = **Coreopsis**
Montagueia Baker f. = **Polyscias**
Montalbania Neck. = **Clerodendrum**
Montamans Dwyer = **Notopleura**
Montanoa【3】Cerv. 阳菊木属 ← **Coreopsis;Viguiera; Zaluzania** Asteraceae 菊科 [MD-586] 全球 (6) 大洲分布及种数(38-58;hort.1)非洲:2;亚洲:5;大洋洲:3;欧洲:2-3;北美洲:32-40;南美洲:12-15
Montbretia DC. = **Crocosmia**
Montbretiopsis L.Bolus = **Watsonia**
Monteiroa 【3】 Krapov. 蒙泰罗锦葵属 ← **Malva; Malvastrum** Malvaceae 锦葵科 [MD-203] 全球 (1) 大洲分布及种数(10)◆南美洲
Montejacquia Roberty = **Jacquemontia**
Montelia 【3】 A.Gray 苋属 ≒ **Amaranthus** Amaranthaceae 苋科 [MD-116] 全球 (1) 大洲分布及种数(1)◆非洲
Monteverdia A.Rich. = **Zinowiewia**
Montezuma DC. = **Thespesia**
Montezumia DC. = **Thespesia**
Montia (A.Gray) Pax & Hoffman = **Montia**
Montia 【3】 Houst. ex L. 水卷耳属 ≒ **Heliocarpus; Limnia** Montiaceae 水卷耳科 [MD-81] 全球 (6) 大洲分布及种数(26-37;hort.1;cult:2)非洲:1-23;亚洲:4-27;大洋洲:8-31;欧洲:3-25;北美洲:14-42;南美洲:5-28
Montiaceae【3】Raf. 水卷耳科 [MD-81] 全球 (6) 大洲分布和属种数(1;hort. & cult.1)(25-61;hort. & cult.4-7)非洲:1/1-23;亚洲:1/4-27;大洋洲:1/8-31;欧洲:1/3-25;北美洲:1/14-42;南美洲:1/5-28
Montiastrum 【3】 (A.Gray) Rydb. 小泉草属 Montiaceae 水卷耳科 [MD-81] 全球 (1) 大洲分布及种数(1)◆北美洲
Monticalia 【3】 C.Jeffrey 山蟹甲属 ≒ **Pentacalia** Asteraceae 菊科 [MD-586] 全球 (6) 大洲分布及种数(76) 非洲:3;亚洲:3;大洋洲:5-9;欧洲:3;北美洲:3-6;南美洲:73-78

M

Montieae Dum. = **Montia**
Montigena【-】Heenan 蝶形花科属 Fabaceae3 蝶形花科 [MD-240] 全球 (uc) 大洲分布及种数(uc)
Montinia【3】Thunb. 瓶头梅属 Montiniaceae 瓶头梅科 [MD-463] 全球 (1) 大洲分布及种数(1)◆非洲
Montiniaceae【3】Nakai 瓶头梅科 [MD-463] 全球 (1) 大洲分布和属种数(2;hort. & cult.1)(2-5;hort. & cult.1)◆非洲:1/3
Montiopsis (Reiche) D.I.Ford = **Montiopsis**
Montiopsis【2】P. & K. 山红娘属 ← **Calandrinia; Portulaca;Talinum** Montiaceae 水卷耳科 [MD-81] 全球 (2) 大洲分布及种数(19)北美洲:7;南美洲:18
Montira Aubl. = **Spigelia**
Montitega【3】C.M.Weiller 蒙特婆婆纳属 Ericaceae 杜鹃花科 [MD-380] 全球 (1) 大洲分布及种数(1)◆大洋洲
Montjolya Friesen = **Varronia**
Montolivaea Rchb.f. = **Habenaria**
Montravelia Montrouz. ex Beauvis. = **Tecomella**
Montrichardia【3】Crüg. 溪边芋属 ← **Arum;Philodendron;Caladium** Araceae 天南星科 [MM-639] 全球 (1) 大洲分布及种数(3)◆南美洲
Montropa L. = **Monotropa**
Montrouzeria Benth. & Hook.f. = **Strasburgeria**
Montrouziera【3】Pancher ex Planch. & Triana 大洋洲藤黄属 ≒ **Strasburgeria** Clusiaceae 藤黄科 [MD-141] 全球 (1) 大洲分布及种数(6)◆大洋洲
Monttea【3】Gay 蒙特婆婆纳属 Plantaginaceae 车前科 [MD-527] 全球 (1) 大洲分布及种数(2-3)◆南美洲
Monustes Raf. = **Spiranthes**
Monvillea【3】Britton & Rose 残雪柱属 ← **Cereus; Acanthocereus** Cactaceae 仙人掌科 [MD-100] 全球 (6) 大洲分布及种数(9-15)非洲:1;亚洲:1;大洋洲:1;欧洲:1;北美洲:1-2;南美洲:8-9
Moonara auct. = **Aerides**
Moonia【3】Arn. 凸果菊属 → **Chrysogonum; Wedelia;Wollastonia** Asteraceae 菊科 [MD-586] 全球 (1) 大洲分布及种数(cf. 1)◆亚洲
Mooniana Arn. = **Moonia**
Moorcroftia Choisy = **Argyreia**
Moorea Lem. = **Neomoorea**
Mooreara Hort. = **Lueddemannia**
Moorella Lour. = **Morella**
Moorochloa【2】Veldkamp 光果草属 ≒ **Panicum; Brachiaria** Poaceae 禾本科 [MM-748] 全球 (3) 大洲分布及种数(4)非洲:3;大洋洲:cf.1;欧洲:1
Mopalia Lundell = **Bassia**
Mopania Lundell = **Manilkara**
Moparia Britton & Rose = **Hoffmannseggia**
Mopex Lour. ex Gomes = **Triumfetta**
Mopothila Spach = **Goodenia**
Mops L. = **Morus**
Moquilea (Aubl.) Bl. = **Licania**
Moquinia【3】DC. 糙柱菊属 ← **Baccharis** Asteraceae 菊科 [MD-586] 全球 (1) 大洲分布及种数(2-6)◆南美洲
Moquiniastrum【2】(Cabrera) G.Sancho 灯菊木属 Asteraceae 菊科 [MD-586] 全球 (2) 大洲分布及种数(21)大洋洲:1;南美洲:21
Moquinieae H.Rob. = **Moquinia**
Moquiniella【3】Balle 棱瓶寄生属 ← **Arachnis** Loranthaceae 桑寄生科 [MD-415] 全球 (1) 大洲分布及种数(1)◆非洲(◆南非)
Mora【3】Schomb. ex Benth. 鳕苏木属 ← **Dimorphandra;Musa** Fabaceae 豆科 [MD-240] 全球 (6) 大洲分布及种数(7)非洲:21;亚洲:21;大洋洲:21;欧洲:21;北美洲:4-25;南美洲:6-27
Moraceae【3】Gaud. 桑科 [MD-87] 全球 (6) 大洲分布和属种数(36-44;hort. & cult.13-15)(1554-2715;hort. & cult.83-125)非洲:16-28/350-704;亚洲:15-26/775-1467;大洋洲:10-21/228-616;欧洲:5-19/68-279;北美洲:18-22/270-501;南美洲:20-28/433-719
Moraea (Baker) Goldblatt = **Moraea**
Moraea【3】Mill. 肖鸢尾属 → **Aristea;Maerua; Bobartia** Iridaceae 鸢尾科 [MM-700] 全球 (1) 大洲分布及种数(226-268)◆非洲(◆南非)
Moralesia Lex. = **Morelosia**
Moran Miller & Stange = **Mora**
Moranara Bischofb. = **Echinocereus**
Moranda G.A.Scop. = **Turritis**
Morangaya Bischofb. = **Echinocereus**
Moranida Miller & Stange = **Morinda**
Moranopteris【2】R.Y.Hirai & J.Prado 悬骨蕨属 ≒ **Grammitis** Polypodiaceae 水龙骨科 [F-60] 全球 (2) 大洲分布及种数(8-10)北美洲:3;南美洲:7-8
Moranothamnus C.C.Yu & K.F.Chung = **Berberis**
Moraria H.E.Moore = **Basselinia**
Moratia H.E.Moore = **Basselinia**
Morawetzia Backeb. = **Borzicactus**
Morawitzia Backeb. = **Oreocereus**
Moraxella Lour. = **Morella**
Mordacia H.E.Moore = **Anthemis**
Morea Mill. = **Moraea**
Moreae Dum. = **Moraea**
Morelia【3】A.Rich. ex DC. 莫雷尔茜属 → **Lamprothamnus;Moraea** Rubiaceae 茜草科 [MD-523] 全球 (1) 大洲分布及种数(1-3)◆南美洲
Morella (Tidestr.) Wilbur = **Morella**
Morella【3】Lour. 杨梅属 → **Myrcia;Porella** Myricaceae 杨梅科 [MD-82] 全球 (6) 大洲分布及种数(39-41)非洲:15-29;亚洲:8-22;大洋洲:13;欧洲:6-20;北美洲:20-34;南美洲:8-22
Morellia A.Rich. ex DC. = **Morelia**
Morelodendron Cavaco & Normand = **Erythroxylum**
Morelosia【3】Lex. 虎躯木属 ≒ **Bourreria;Randia** Boraginaceae 紫草科 [MD-517] 全球 (1) 大洲分布及种数(1)◆北美洲
Morelotia【3】Gaud. 黑曜莎属 ← **Cladium;Gahnia; Mariscus** Cyperaceae 莎草科 [MM-747] 全球 (1) 大洲分布及种数(2-3)◆北美洲(◆美国)
Morenia Ruiz & Pav. = **Juania**
Moreno La Llave = **Xenostegia**
Morenoa La Llave = **Ipomoea**
Morenoella Broth. = **Moseniella**
Moresa Mill. = **Aristea**
Morethia DC. = **Morettia**
Morettia【2】DC. 莫雷芥属 → **Diceratella;Sinapis;**

M

Brassicaceae 十字花科 [MD-213] 全球 (2) 大洲分布及种数(4)非洲:3;亚洲:cf.1

Morettiana DC. = **Morettia**

Morfea Bat. & Cif. = **Moraea**

Morgagnia Bubani = **Simethis**

Morgania【3】 R.Br. 摩根婆婆纳属 → **Dopatrium;Ilysanthes;Stemodia** Plantaginaceae 车前科 [MD-527] 全球 (1) 大洲分布及种数(uc)属分布和种数(uc)◆大洋洲

Morgenia Lindl. = **Morrenia**

Moricanda St.Lag. = **Moricandia**

Moricandia【3】 DC. 堇娘芥属 ← **Brassica;Orychophragmus;Turritis** Brassicaceae 十字花科 [MD-213] 全球 (6) 大洲分布及种数(11-12;hort.1;cult: 1)非洲:7-8;亚洲:3-5;大洋洲:1;欧洲:5-6;北美洲:1-2;南美洲:2-3

Moricaudia DC. = **Moricandia**

Moriconia L. = **Morisonia**

Moridae L. = **Morina**

Morieara Morie & J.M.H.Shaw = **Moriera**

Moriera【3】 Boiss. 芥菜属 ← **Aethionema;Lepidium** Brassicaceae 十字花科 [MD-213] 全球 (6) 大洲分布及种数(2)非洲:2;亚洲:1-3;大洋洲:2;欧洲:2;北美洲:2;南美洲:2

Morierina【3】 Vieill. 莫里尔茜属 ← **Sagotia** Rubiaceae 茜草科 [MD-523] 全球 (1) 大洲分布及种数(2)◆大洋洲(◆美拉尼西亚)

Morilandia Neck. = **Moricandia**

Morilloa Fontella,Gös & S.A.Cáceres = **Morkillia**

Morimus L. = **Morus**

Morina Bunge = **Morina**

Morina【2】L.刺参属→**Acanthocalyx;Boscia;Moraea** Morinaceae 刺参科 [MD-546] 全球 (2) 大洲分布及种数(15-16;hort.1)亚洲:14-17;欧洲:2

Morinaceae【2】 Raf. 刺参科 [MD-546] 全球 (2) 大洲分布和属种数(2;hort. & cult.2)(16-28;hort. & cult.9-14)亚洲:2/16-20;欧洲:1/2

Morinda Baill. = **Morinda**

Morinda【3】 L. 巴戟天属 ≒ **Moringa;Palmeria** Rubiaceae 茜草科 [MD-523] 全球 (1) 大洲分布及种数(15-25)◆北美洲(◆美国)

Morindeae Kostel. = **Morinda**

Morindopsis【3】 Hook.f. 亚洲花茜草属 Rubiaceae 茜草科 [MD-523] 全球 (1) 大洲分布及种数(1)◆亚洲

Morinea Cothen. = **Morina**

Morineae Dum. = **Morina**

Moringa Adans. = **Moringa**

Moringa【3】 Burm. 辣木属 ≒ **Morinda** Moringaceae 辣木科 [MD-207] 全球 (6) 大洲分布及种数(17;hort.1)非洲:12-16;亚洲:7-11;大洋洲:2-6;欧洲:1-5;北美洲:3-7;南美洲:4

Moringaceae【3】 Martinov 辣木科 [MD-207] 全球 (6) 大洲分布和属种数(1;hort. & cult.1)(16-23;hort. & cult.2)非洲:1/12-16;亚洲:1/7-11;大洋洲:1/2-6;欧洲:1/1-5;北美洲:1/3-7;南美洲:1/4

Morinia A.Berl. & Bres. = **Morinia**

Morinia【2】 Cardot 丛藓科属 Pottiaceae 丛藓科 [B-133] 全球(3) 大洲分布及种数(4) 亚洲:1;北美洲:3;南美洲:1

Moriola Mönch = **Modiola**

Morisea DC. = **Rhynchospora**

Morisia【3】 J.Gay 矮黄芥属 ≒ **Erucaria** Brassicaceae 十字花科 [MD-213] 全球 (1) 大洲分布及种数(1)◆欧洲

Morisii J.Gay = **Morisia**

Morisina DC. = **Rhynchospora**

Morisoni L. = **Morisonia**

Morisonia【3】 L. 鼠柑属 ≒ **Capparis;Monsonia** Capparaceae 山柑科 [MD-178] 全球 (6) 大洲分布及种数(82-88)非洲:1;亚洲:1;大洋洲:1;欧洲:1-2;北美洲:41-45;南美洲:55-60

Moritella Tourn. ex L. = **Mitella**

Morithamnus【3】 R.M.King,H.Rob. & G.M.Barroso 桑菊木属 Asteraceae 菊科 [MD-586] 全球 (1) 大洲分布及种数(2)◆南美洲(◆巴西)

Moritzia【2】 DC. ex Meisn. 莫里茨草属 ≒ **Podocoma** Boraginaceae 紫草科 [MD-517] 全球 (2) 大洲分布及种数(6)北美洲:1;南美洲:5

Morkillia【3】 Rose & Painter 麻槐木属 Zygophyllaceae 蒺藜科 [MD-288] 全球 (1) 大洲分布及种数(2)◆北美洲(◆墨西哥)

Mormi Fabr. = **Morus**

Mormidea Lindl. = **Mormodes**

Mormo Sm. = **Morus**

Mormodes【3】 Lindl. 飞燕兰属 ← **Catasetum** Orchidaceae 兰科 [MM-723] 全球 (6) 大洲分布及种数(82-99;hort.1)非洲:2;亚洲:2;大洋洲:2;欧洲:2;北美洲:41-43;南美洲:51-68

Mormolyca【3】 Fenzl 怪花兰属 → **Chrysocycnis;Maxillaria;Trigonidium** Orchidaceae 兰科 [MM-723] 全球 (1) 大洲分布及种数(19)◆南美洲

Mormoraphis Jack ex Wall. = **Phyllarthron**

Mormosellia【-】 Chen 兰科属 Orchidaceae 兰科 [MM-723] 全球 (uc) 大洲分布及种数(uc)

Mormotus Lindl. = **Mormodes**

Morna【3】 Lindl. 尖柱鼠麹草属 ← **Waitzia;Gynochthodes** Asteraceae 菊科 [MD-586] 全球 (1) 大洲分布及种数(uc)◆大洋洲

Morocarpus Adans. = **Debregeasia**

Morocarpus Böhm. = **Chenopodium**

Moroea Franch. & Sav. = **Moraea**

Moroidea Cothen. = **Acanthocalyx**

Morolobium Kosterm. = **Viscum**

Morone Hoffmanns. ex Steud. = **Silene**

Morongia【3】 Britton 无刺含羞草属 ≒ **Mimosa** Fabaceae3 蝶形花科 [MD-240] 全球 (1) 大洲分布及种数(2)属分布和种数(uc)◆北美洲

Moronobea【3】 Aubl. 燃胶树属 → **Platonia;Symphonia** Clusiaceae 藤黄科 [MD-141] 全球 (1) 大洲分布及种数(8-9)◆南美洲

Morphaea Mill. = **Moraea**

Morphixia Ker Gawl. = **Aristea**

Morphopsis Phil. = **Moschopsis**

Morrenia【3】 Lindl. 香萝莱属 ← **Araujia** Apocynaceae 夹竹桃科 [MD-492] 全球 (1) 大洲分布及种数(9)◆南美洲(◆巴西)

Morrisiella Aellen = **Atriplex**

Morrisonara【-】 Hort. 兰科属 Orchidaceae 兰科 [MM-723] 全球 (uc) 大洲分布及种数(uc)

Morrisonella Aellen = **Atriplex**

Morronea【2】 Zuloaga & Scataglini 香萝草属 Poaceae 禾本科 [MM-748] 全球 (2) 大洲分布及种数(7)北美洲:6;

南美洲:2
Morronia Lindl. = **Morrenia**
Morsacanthus【3】 Rizzini 蛰刺爵床属 Acanthaceae 爵床科 [MD-572] 全球 (1) 大洲分布及种数(1)◆南美洲
Morstdorffia Steud. = **Chirita**
Mortonia【3】 A.Gray 砂纸木属 Celastraceae 卫矛科 [MD-339] 全球 (1) 大洲分布及种数(8-12)◆北美洲
Mortoniella R.E.Woodson = **Mortoniella**
Mortoniella【3】 Woodson 小莫顿草属 Apocynaceae 夹竹桃科 [MD-492] 全球 (1) 大洲分布及种数(1)◆北美洲
Mortoniodendron【3】 Standl. & Steyerm. 莫顿椴属 ≒ **Sloanea** Malvaceae 锦葵科 [MD-203] 全球 (1) 大洲分布及种数(17)◆北美洲
Mortoniodendrum Standl. & Steyerm. = **Mortoniodendron**
Mortoniopteris Pic.Serm. = **Didymoglossum**
Morula A.Rich. ex DC. = **Morelia**
Morum L. = **Morus**
Morus Gomphomorus J.F.Leroy = **Morus**
Morus【3】 L. 桑属 → **Artocarpus;Myrtus;Parrya** Moraceae 桑科[MD-87] 全球(6) 大洲分布及种数(43-47; hort.1; cult: 3)非洲:6-28;亚洲:34-56;大洋洲:7-29;欧洲:4-26;北美洲:9-32;南美洲:7-29
Morys L. = **Morus**
Morysia Cass. = **Athanasia**
Mosannona【2】 Chatrou 排石木属 ← **Guatteria; Malmea** Annonaceae 番荔枝科 [MD-7] 全球 (2) 大洲分布及种数(16)北美洲:7;南美洲:11
Mosara Small = **Mosiera**
Moscaria Pers. = **Ajuga**
Moscatella Adans. = **Adoxa**
Moscharia【3】 Ruiz & Pav. 羽叶钝柱菊属 Asteraceae 菊科 [MD-586] 全球 (1) 大洲分布及种数(2)◆南美洲
Moschatella G.A.Scop. = **Adoxa**
Moschatellina Hall. = **Adoxa**
Moschifera Molina = **Ajuga**
Moschites Müll.Arg. = **Mesechites**
Moschkowitzia Klotzsch = **Begonia**
Moschoma Rchb. = **Lumnitzera**
Moschopsis【3】 Phil. 萼莲花属 ← **Acicarpha;Boopis; Gamocarpha** Calyceraceae 萼角花科 [MD-594] 全球 (1) 大洲分布及种数(7-8)◆南美洲
Moschosma【2】 Rchb. 亚洲莲苓属 ← **Basilicum; Plectranthus;Mosla** Lamiaceae 唇形科 [MD-575] 全球 (3) 大洲分布及种数(cf.1) 非洲;亚洲;大洋洲
Moschoxylon Meisn. = **Trichilia**
Moschoxylum A.Juss. = **Trichilia**
Moscosoara auct. = **Broughtonia**
Mosdenia【3】 Stent 茅根属 ← **Perotis;Sporobolus** Poaceae 禾本科 [MM-748] 全球 (1) 大洲分布及种数(1)◆非洲
Moseleya Hemsl. = **Ellisiophyllum**
Mosema Prain = **Nosema**
Mosenia Lindm. = **Canistrum**
Moseniella【3】 Broth. 南美壶藓属 ≒ **Mseniella** Splachnaceae 壶藓科 [B-143] 全球 (1) 大洲分布及种数(1)◆南美洲
Mosenodendron【3】 R.E.Fr. 玉仙木属 ≒ **Hornschuchia** Annonaceae 番荔枝科 [MD-7] 全球 (1) 大洲分布及种数(uc)◆亚洲
Mosenthinia P. & K. = **Glaucium**
Mosheovia【3】 Eig 亚洲海玄参属 Scrophulariaceae 玄参科 [MD-536] 全球 (1) 大洲分布及种数(uc)属分布和种数(uc)◆亚洲
Mosiera【3】 Small 海凤榴属 → **Curitiba;Myrtus; Psidium** Myrtaceae 桃金娘科 [MD-347] 全球 (6) 大洲分布及种数(40)非洲:2-5;亚洲:3-5;大洋洲:3-5;欧洲:1-3;北美洲:32-40;南美洲:18-22
Mosigia Spreng. = **Ajuga**
Mosina Adans. = **Ortegia**
Moskerion Raf. = **Narcissus**
Mosla【3】 (Benth.) Buch.Ham. ex Maxim. 石荠苎属 ← **Calamintha;Melissa;Salvia** Lamiaceae 唇形科 [MD-575] 全球 (1) 大洲分布及种数(15-22)◆亚洲
Mosquitoxylum【3】 Krug & Urb. 蚊漆属 Anacardiaceae 漆树科 [MD-432] 全球 (1) 大洲分布及种数(1)◆北美洲
Mossia【3】 N.E.Br. 跳石花属 ← **Chasmatophyllum** Aizoaceae 番杏科 [MD-94] 全球 (1) 大洲分布及种数(1-2)◆非洲
Mostacillastrum【2】 O.E.Schulz 阿根廷大蒜芥属 ≒ **Thelypodium** Brassicaceae 十字花科 [MD-213] 全球 (2) 大洲分布及种数(31-33)北美洲:11;南美洲:19-20
Mostuea【2】 Didr. 银蔓藤属 ≒ **Coinochlamys** Gelsemiaceae 钩吻科 [MD-491] 全球 (2) 大洲分布及种数(11-12)非洲:8-9;南美洲:2
Mosu L. = **Mesua**
Motandra【3】 A.DC. 变蕊木属 ≒ **Baissea;Echites; Oncinotis** Apocynaceae 夹竹桃科 [MD-492] 全球 (1) 大洲分布及种数(5)◆非洲
Motella Tourn. ex L. = **Mitella**
Mothapodytes Bl. = **Nothapodytes**
Motherwellia【3】 F.Müll. 马瑟五加属 Araliaceae 五加科 [MD-471] 全球 (1) 大洲分布及种数(1)◆大洋洲(◆澳大利亚)
Motleya【3】 J.T.Johanss. 变蕊茜属 Rubiaceae 茜草科 [MD-523] 全球 (1) 大洲分布及种数(cf. 1)◆亚洲
Motleyia J.T.Johanss. = **Motleya**
Motleyothamnus【3】 Paudyal & Delprete 乱花茜属 Rubiaceae 茜草科 [MD-523] 全球 (1) 大洲分布及种数(cf.1)◆南美洲
Motoptera Barringer = **Monopera**
Mottramara【-】 P.V.Heath 仙人掌科属 Cactaceae 仙人掌科 [MD-100] 全球 (uc) 大洲分布及种数(uc)
Mouffetia Raf. = **Valeriana**
Mouffetta Neck. = **Patrinia**
Mougeotia Griseb. = **Melochia**
Mougeotiop Kunth = **Melochia**
Mouhotia Kunth = **Melochia**
Mouian Rchb. = **Paeonia**
Moulinsia Bl. = **Moulinsia**
Moulinsia【3】 Cambess. 患子属 ≒ **Erioglossum; Aristida** Poaceae 禾本科 [MM-748] 全球 (1) 大洲分布及种数(cf. 1)◆亚洲
Moullava【3】 Adans. 穗花云实属 ← **Caesalpinia; Wagatea** Fabaceae 豆科 [MD-240] 全球 (1) 大洲分布及种数(1-4)◆亚洲
Moultonia【3】 Balf.f. & W.W.Sm. 穗苣苔属 ← **Monophyllaea** Gesneriaceae 苦苣苔科 [MD-549] 全球

M

(1) 大洲分布及种数(uc)◆大洋洲

Moultonianthus【3】Merr. 心茜桐属 ← **Erismanthus** Euphorbiaceae 大戟科 [MD-217] 全球 (1) 大洲分布及种数(cf. 1)◆亚洲

Mountfordara【-】J.M.H.Shaw 兰科属 Orchidaceae 兰科 [MM-723] 全球 (uc) 大洲分布及种数(uc)

Mountnorrisia Szyszył. = **Anneslea**

Moure Aubl. = **Mourera**

Mourera【3】Aubl. 河裙草属 ≒ **Ligea** Podostemaceae 川苔草科 [MD-322] 全球 (1) 大洲分布及种数(10)◆南美洲

Mouretia【3】Pit. 牡丽草属 Rubiaceae 茜草科 [MD-523] 全球 (1) 大洲分布及种数(3-5)◆亚洲

Mouricou Adans. = **Erythrina**

Mouriri【3】Aubl. 番谷木属 ≒ **Eugenia** Melastomataceae 野牡丹科 [MD-364] 全球 (1) 大洲分布及种数(27-28)◆北美洲

Mouriri Syntomandra Morley = **Mouriri**

Mouriria Juss. = **Mouriri**

Mouririaceae Gardn. = Melastomataceae

Mouririeae A.Rich. = **Mouriri**

Mouroucoa Aubl. = **Maripa**

Moussogloxinia【3】Wiehler 小岩桐属 ≒ **Gloxinia** Gesneriaceae 苦苣苔科 [MD-549] 全球 (1) 大洲分布及种数(1)◆非洲

Moussokohleria Wiehler = **Isoloma**

Moussomannia【-】Roalson & Boggan 苦苣苔科属 Gesneriaceae 苦苣苔科 [MD-549] 全球 (uc) 大洲分布及种数(uc)

Moussonia【2】Regel 苦苣苔科属 ≒ **Isoloma; Parakohleria** Gesneriaceae 苦苣苔科 [MD-549] 全球 (2) 大洲分布及种数(16) 北美洲:15;南美洲:3

Moussoniantha Wiehler = **Isoloma**

Moussonophora Wiehler = **Isoloma**

Moutabea【3】Aubl. 舟瓣花属 ← **Acosta** Polygalaceae 远志科 [MD-291] 全球 (1) 大洲分布及种数(12-14)◆南美洲

Moutabeaceae Endl. = Polygalaceae

Moutan Rchb. = **Paeonia**

Moutouchi Aubl. = **Pterocarpus**

Moutouchia Benth. = **Bouchea**

Movinda L. = **Morinda**

Moxostoma Griff. = **Carapa**

Moya【3】Griseb. 刺杞木属 Celastraceae 卫矛科 [MD-339] 全球 (1) 大洲分布及种数(uc)属分布和种数(uc)◆南美洲

Moyerella Lour. = **Morella**

Mozaffariania Pimenov & Maassoumi = **Glaucosciadium**

Mozambe Raf. = **Cadaba**

Mozartia Urb. = **Pimenta**

Mozinna【3】Orteg. 麻风树属 ≒ **Jatropha** Euphorbiaceae 大戟科 [MD-217] 全球 (1) 大洲分布及种数(2)属分布和种数(uc)◆北美洲

Mozula Raf. = **Lythrum**

Mseniella【3】Broth. 虫藓属 ≒ **Moseniella** Splachnaceae 壶藓科 [B-143] 全球 (1) 大洲分布及种数(1)◆非洲

Msuata【3】O.Hoffm. 叉冠瘦片菊属 Asteraceae 菊科 [MD-586] 全球 (1) 大洲分布及种数(cf.1)◆非洲

Mtonia【3】Beentje 腺基黄属 Asteraceae 菊科 [MD-586] 全球 (1) 大洲分布及种数(1)◆非洲(◆坦桑尼亚)

Muantijamvella J.B.Phipps = **Tristachya**

Muantum Pichon = **Beaumontia**

Mucama Zarucchi = **Mucoa**

Muchlenbeckia Meisn. = **Muehlenbeckia**

Mucinaea M.Pinter,Mart.Azorín,U.Müll.Doblies,D.Müll.Doblies,Pfosser & Wetschnig = **Schradera**

Mucizonia (DC.) A.Berger = **Cotyledon**

Muckia Hassk. = **Trichosanthes**

Muco Löfl. = **Mucoa**

Mucoa【3】Zarucchi 油麻木属 ← **Ambelania; Neocouma** Apocynaceae 夹竹桃科 [MD-492] 全球 (1) 大洲分布及种数(2)◆南美洲

Mucophyllum Herzog = **Astomiopsis**

Mucoraceae Dum. = Moraceae

Mucron Benth. = **Mucronea**

Mucronea【3】Benth. 穿心蓼属 ≒ **Chorizanthe** Polygonaceae 蓼科 [MD-120] 全球 (1) 大洲分布及种数(2-3)◆北美洲

Mucronella Nutt. = **Meconella**

Mucuna (P.Browne) Baker = **Mucuna**

Mucuna【3】Adans. 油麻藤属 ≒ **Canavalia; Cochlianthus;Dolichos** Fabaceae3 蝶形花科 [MD-240] 全球(6) 大洲分布及种数(69-140;hort.1)非洲:23-49;亚洲:31-66;大洋洲:10-34;欧洲:10;北美洲:16-26;南美洲:22-38

Muda L. = **Musa**

Muehlbergella【3】Feer 岩风铃属 ← **Edraianthus** Campanulaceae 桔梗科 [MD-561] 全球 (1) 大洲分布及种数(1)◆欧洲

Muehlenbeckia【3】Meisn. 千叶兰属 ≒ **Homalocladium** Polygonaceae 蓼科 [MD-120] 全球 (6) 大洲分布及种数(33-47;hort.1;cult: 4)非洲:3-4;亚洲:8-11;大洋洲:23-33;欧洲:3;北美洲:6-7;南美洲:12-13

Muehlenbergia R.Hedw. = **Muhlenbergia**

Muelenbeckia Meisn. = **Muehlenbeckia**

Muellera【2】L.f. 千蝶豆属 ≒ **Derris** Fabaceae 豆科 [MD-240] 全球 (3) 大洲分布及种数(34-35)大洋洲:2;北美洲:6;南美洲:32-33

Muelleramra P. & K. = **Miconia**

Muelleranthus【3】Hutch. 异荚豆属 ← **Ptychosema** Fabaceae 豆科 [MD-240] 全球 (1) 大洲分布及种数(2-4)◆大洋洲(◆澳大利亚)

Muellerargia【3】Cogn. 米勒瓜属 Cucurbitaceae 葫芦科 [MD-205] 全球 (1) 大洲分布及种数(1-2)◆非洲

Muellerena Van Tiegh. = **Muellerina**

Muelleriella【-】<unassigned> 木灵藓科属 Orthotrichaceae 木灵藓科 [B-151] 全球 (uc) 大洲分布及种数(uc)

Muelleriella Dusén = **Muelleriella**

Muellerina【3】Van Tiegh. 米勒寄生属 ≒ **Phrygilanthus** Loranthaceae 桑寄生科 [MD-415] 全球 (1) 大洲分布及种数(1-6)◆大洋洲

Muellerobryum【3】M.Fleisch. 澳蕨尾藓属 ≒ **Pterobryon** Pterobryaceae 蕨藓科 [B-201] 全球 (1) 大洲分布及种数(1)◆大洋洲

Muellerolaria【-】G.L.Nesom 菊科属 Asteraceae 菊科 [MD-586] 全球 (uc) 大洲分布及种数(uc)北美洲

Muellerolimon【3】Lincz. 盐角花属 ≒ **Statice** Plumbaginaceae 白花丹科 [MD-227] 全球 (1) 大洲分布及种数(1)◆大洋洲(◆澳大利亚)

M

Muellerothamnus Engl. = **Krynitzkia**
Muellerothamnus Engler = **Piptocalyx**
Muenchausia G.A.Scop. = **Lagerstroemia**
Muenchhausia L. = **Lagerstroemia**
Muenchhusia Heist. ex Fabr. = **Hibiscus**
Muenteria Seem. = **Markhamia**
Muhlenbeckia Meisn. = **Muehlenbeckia**
Muhlenbergia (Desv.) Pilg. = **Muhlenbergia**
Muhlenbergia【3】Schreb.乱子草属←**Achnatherum;Agrostis;Melinis** Poaceae 禾本科 [MM-748] 全球 (6) 大洲分布及种数(197-207)非洲:29-72;亚洲:40-82;大洋洲:22-64;欧洲:20-62;北美洲:172-216;南美洲:63-107
Muhria P.M.Jørg. = **Anemia**
Muhsinia Willd. = **Gazania**
Muilla【3】S.Watson ex Benth. & Hook.f. 银星韭属←**Allium;Bloomeria** Asparagaceae 天门冬科 [MM-669] 全球 (1) 大洲分布及种数(3-5)◆北美洲
Muiria【3】N.E.Br.宝辉玉属←**Gibbaeum;Muiriantha** Aizoaceae 番杏科 [MD-94] 全球 (1) 大洲分布及种数(1)◆非洲(◆南非)
Muiriantha【3】C.A.Gardner 铃南香属 ≒ **Muiria; Chorilaena** Rutaceae 芸香科 [MD-399] 全球 (1) 大洲分布及种数(1)◆大洋洲(◆澳大利亚)
Muirio-gibbaeum【-】H.Jacobsen 番杏科属 Aizoaceae 番杏科 [MD-94] 全球 (uc) 大洲分布及种数(uc)
Muitis Raf. = **Caucalis**
Mukdenia【3】Koidz. 槭叶草属←**Saxifraga** Saxifragaceae 虎耳草科 [MD-231] 全球 (1) 大洲分布及种数(2-5)◆亚洲
Mukgenia Gress = **Mukdenia**
Mukia【3】Arn.帽儿瓜属←**Melothria;Trichosanthes; Musa** Cucurbitaceae 葫芦科 [MD-205] 全球 (6) 大洲分布及种数(3)非洲:1-13;亚洲:2-14;大洋洲:1-13;欧洲:1-13;北美洲:1-13;南美洲:12
Mula Britton & Rose = **Mila**
Muldera Miq. = **Piper**
Mulfordia Rusby = **Dimerocostus**
Mulfrum Pers. = **Mulinum**
Mulgedium【3】Cass. 乳苣属←**Cacalia;Cephalorrhynchus;Cicerbita** Asteraceae 菊科 [MD-586] 全球 (6) 大洲分布及种数(6-20)非洲:5;亚洲:2-7;大洋洲:5;欧洲:1-6;北美洲:4-9;南美洲:5
Mulgesium Cass. = **Mulgedium**
Mulguraea【3】N.O´Leary & P.Peralta 多鞭草属 ≒ **Verbena** Verbenaceae 马鞭草科 [MD-556] 全球 (1) 大洲分布及种数(11)◆南美洲(◆阿根廷)
Mulinum【3】Pers. 杜松芹属 ≒ **Bolax** Apiaceae 伞形科 [MD-480] 全球 (1) 大洲分布及种数(19-21)◆南美洲
Mullaghera Bubani = **Lotus**
Mullera Juss. = **Muellera**
Mulleria Schaffner = **Muellera**
Mullerochloa【3】K.M.Wong 孝顺竹属←**Erythrorchis;Bambusa** Poaceae 禾本科 [MM-748] 全球 (1) 大洲分布及种数(1)◆大洋洲
Multidentia【3】Gilli 多齿茜属←**Canthium;Vangueria;Vangueriopsis** Rubiaceae 茜草科 [MD-523] 全球 (1) 大洲分布及种数(10-11)◆非洲
Muluorchis J.J.Wood = **Tropidia**
Mummenhoffia【2】Esmailbegi & Al-Shehbaz 多含羞属 Fabaceae1 含羞草科 [MD-238] 全球 (4) 大洲分布及种数(cf.2) 非洲:1;亚洲:1;欧洲:1;北美洲:1
Muna Clarke = **Mona**
Munatia Kunth = **Mundtia**
Munbya Boiss. = **Macrotomia**
Munbya Pomel = **Psoralea**
Munchausia L. = **Lagerstroemia**
Munchusia Heist. ex Raf. = **Hibiscus**
Mundelia R.Vig. = **Mundtia**
Mundia Kunth = **Nylandtia**
Mundtia【3】Kunth 南非远志属 ≒ **Nylandtia** Polygalaceae 远志科 [MD-291] 全球 (1) 大洲分布及种数(1-3)◆非洲(◆南非)
Mundtii Kunth = **Mundtia**
Mundubi Adans. = **Arachis**
Mundula Kunth = **Mundtia**
Mundulea【2】Benth. 软木豆属←**Chadsia;Cytisus; Millettia** Fabaceae 豆科 [MD-240] 全球 (2) 大洲分布及种数(11-15;hort.1)非洲:10-13;亚洲:cf.1
Mungos Adans. = **Ophiorrhiza**
Munichia Cass. = **Felicia**
Muniria【3】N.Streiber & B.J.Conn 南非远志属 Polygalaceae 远志科 [MD-291] 全球 (1) 大洲分布及种数(4)◆大洋洲
Munkiella Speg. = **Funkiella**
Munna Winkler = **Hedysarum**
Munnickia Bl. ex Rchb. = **Hydnocarpus**
Munnicksia Dennst. = **Hydnocarpus**
Munnozia (DC.) H.Rob. & Brettell = **Munnozia**
Munnozia【2】Ruiz & Pav. 黑药菊属 ≒ **Liabum; Linum** Asteraceae 菊科 [MD-586] 全球 (3) 大洲分布及种数(48-52)欧洲:1;北美洲:5;南美洲:46-49
Munona Schaus = **Unona**
Munroa (Parodi) Anton & Hunz. = **Munroa**
Munroa【2】Torr.芒罗草属→**Blepharidachne;Crypsis** Poaceae 禾本科 [MM-748] 全球 (3) 大洲分布及种数(7-8)亚洲:cf.1;北美洲:2;南美洲:4
Munroaia Torr. = **Munroa**
Munrochloa【3】M.Kumar & Remesh 地黄草属 ≒ **Oxytenanthera** Poaceae 禾本科 [MM-748] 全球 (1) 大洲分布及种数(cf. 1)◆亚洲
Munroidendron【3】Sherff 檀岛枫属←**Tetraplasandra** Araliaceae 五加科 [MD-471] 全球 (1) 大洲分布及种数(1)◆北美洲
Munroinae Parodi = **Munronia**
Munronia【3】Wight 地黄连属←**Turraea** Meliaceae 楝科 [MD-414] 全球 (1) 大洲分布及种数(7-17)◆亚洲
Munrozia Steud. = **Liabum**
Muntafara Pichon = **Tabernaemontana**
Muntinga Cothen. = **Muntingia**
Muntingia【3】L. 文定果属 → **Commersonia** Muntingiaceae 文定果科 [MD-193] 全球 (1) 大洲分布及种数(2-3)◆南美洲
Muntingiaceae【3】C.Bayer & al. 文定果科 [MD-193] 全球 (6) 大洲分布和属种数(1;hort. & cult.1)(2-4;hort. & cult.1)非洲:1/1;亚洲:1/1-3;大洋洲:1/1-2;欧洲:1/1;北美洲:1/1-2;南美洲:1/2-3
Munychia Cass. = **Felicia**
Munzothamnus【3】P.H.Raven 粉莴苣属←

M

Malacothrix Asteraceae 菊科 [MD-586] 全球 (1) 大洲分布及种数(1)◆北美洲(◆美国)
Muraena Maire = **Noaea**
Muralta Adans. = **Clematis**
Muraltia 【2】 DC. 非洲远志属 ← **Polygala** Polygalaceae 远志科 [MD-291] 全球 (4) 大洲分布及种数(116-150)非洲:114-119;大洋洲:1;欧洲:2;南美洲:6
Muranda Adans. = **Dombeya**
Muratina Maire = **Salsola**
Murbeckia Urb. & Ekman = **Forchhammeria**
Murbeckiella【2】Rothm. 小穆尔芥属 ← **Arabidopsis; Descurainia** Brassicaceae 十字花科 [MD-213] 全球 (4) 大洲分布及种数(6)非洲:2;亚洲:cf.1;欧洲:4;北美洲:1
Murchisonia【3】 Brittan 沙瑰草属 Asparagaceae 天门冬科 [MM-669] 全球 (1) 大洲分布及种数(cf. 1)◆大洋洲
Murcia Lour. = **Momordica**
Murdannia 【3】 Royle 细柄水竹叶属 ← **Aneilema; Tradescantia;Camelina** Commelinaceae 鸭跖草科 [MM-708] 全球 (6) 大洲分布及种数(53-64;hort.1)非洲:18-22;亚洲:40-49;大洋洲:15-18;欧洲:1-3;北美洲:13-15;南美洲:12-14
Murera J.St.Hil. = **Mourera**
Muretia 【2】 Boiss. 半天山芹属 Apiaceae 伞形科 [MD-480] 全球 (2) 大洲分布及种数(uc)亚洲;欧洲
Murex L. ex P. & K. = **Pedalium**
Murianthe (Baill.) Aubrev. = **Manilkara**
Murica L. = **Myrica**
Muricanthus Hügel = **Marianthus**
Muricaria 【3】 Desv. 匙荠属 ← **Bunias** Brassicaceae 十字花科 [MD-213] 全球 (1) 大洲分布及种数(1)◆非洲
Muricauda Small = **Typhonium**
Muricea Lour. = **Actinostemma**
Muricia Lour. = **Momordica**
Muricida Lour. = **Actinostemma**
Muricidae Lour. = **Actinostemma**
Muricidea Lour. = **Actinostemma**
Muricococcum Chun & F.C.How = **Cephalomappa**
Muricopsis Cherm. = **Queenslandiella**
Muriea M.M.Hartog = **Manilkara**
Murina Peters = **Marina**
Muriri J.F.Gmel. = **Eugenia**
Muriria Raf. = **Mouriri**
Murocoa J.St.Hil. = **Mucoa**
Murospora Nees = **Actinoschoenus**
Murraea J.G.König ex Linnaeus = **Murraya**
Murraga J.König ex L. = **Murraya**
Murraya 【3】 J.König ex L. 九里香属 → **Atalantia; Glycosmis** Rutaceae 芸香科 [MD-399] 全球 (1) 大洲分布及种数(21-22)◆亚洲
Murricia Lour. = **Momordica**
Murrinea Raf. = **Brunia**
Murrithia H.Zollinger & A.Moritzi in H.Zollinger = **Pimpinella**
Murrya Griff. = **Mabrya**
Mursia Vassilcz. = **Medicago**
Murtekias Raf. = **Euphorbia**
Murtonia Craib = **Desmodium**
Murtughas 【3】 P. & K. 毛紫薇属 ≒ **Lagerstroemia** Lythraceae 千屈菜科 [MD-333] 全球 (1) 大洲分布及种数(1)属分布和种数(uc)◆亚洲
Murucoa J.F.Gmel. = **Maripa**
Murucoa P. & K. = **Maripa**
Murucuia (DC.) Rchb. = **Passiflora**
Murucuja Pers. = **Passiflora**
Murueva Raf. = **Maripa**
Musa (Baker) Cheesman = **Musa**
Musa 【3】 L. 芭蕉属 → **Ensete;Mona;Heliconia** Musaceae 芭蕉科 [MM-727] 全球 (1) 大洲分布及种数(34-117)◆亚洲
Musaceae【3】Juss. 芭蕉科 [MM-727] 全球 (6) 大洲分布和属种数(3;hort. & cult.2)(43-184;hort. & cult.18-45)非洲:1-2/6-52;亚洲:3/39-123;大洋洲:2/3-50;欧洲:2/46;北美洲:2/6-52;南美洲:1-2/1-47
Musanga 【2】 C.Sm. ex R.Br. 伞树属 ← **Cannabis; Polygonum** Urticaceae 荨麻科 [MD-91] 全球 (2) 大洲分布及种数(3)非洲:2;北美洲:1
Musca L. = **Musa**
Muscadinia (Planch.) Small = **Vitis**
Muscarella 【3】 Lür 帽花兰属 ← **Specklinia** Orchidaceae 兰科 [MM-723] 全球 (1) 大洲分布及种数(39-52)◆南美洲
Muscari (L.) Mill. = **Muscari**
Muscari【3】 Mill. 蓝壶花属 ≒ **Moscharia;Bellevalia** Hyacinthaceae 风信子科 [MM-679] 全球 (6) 大洲分布及种数(35-68;hort.1;cult: 5)非洲:13-22;亚洲:26-53;大洋洲:6-15;欧洲:17-31;北美洲:12-22;南美洲:8
Muscaria Haw. = **Saxifraga**
Muscarimia Kostel. = **Muscari**
Muschleria【3】 S.Moore 杯冠瘦片菊属 Asteraceae 菊科 [MD-586] 全球 (1) 大洲分布及种数(1)◆非洲
Musci A.T.Brongn. = **Muscari**
Muscina Willd. = **Gazania**
Muscites 【-】 Brongn. 羽藓科属 Thuidiaceae 羽藓科 [B-184] 全球 (uc) 大洲分布及种数(uc)
Muscoflorschuetzia 【3】 Crosby 智利短颈藓属 Buxbaumiaceae 烟杆藓科 [B-102] 全球 (1) 大洲分布及种数(1)◆南美洲
Muscoherzogia【3】Ochyra 南美曲尾藓属 Dicranaceae 曲尾藓科 [B-128] 全球 (1) 大洲分布及种数(1)◆南美洲
Muscosomorphe 【3】 J.C.Manning 菊科属 Asteraceae 菊科 [MD-586] 全球 (1) 大洲分布及种数(uc)◆欧洲(◆俄罗斯)
Musculus Say = **Scolymus**
Muscus L. = **Ruscus**
Muse L. = **Musa**
Museae Benth. = **Musa**
Musella 【3】 (Fr.) H.W.Li 地涌金莲属 ← **Ensete** Musaceae 芭蕉科 [MM-727] 全球 (1) 大洲分布及种数(cf. 1)◆东亚(◆中国)
Museniopsis (A.Gray) J.M.Coult. & Rose = **Museniopsis**
Museniopsis 【3】 J.M.Coult. & Rose 北美洲芹属 Apiaceae 伞形科 [MD-480] 全球 (1) 大洲分布及种数(1-5)◆北美洲
Musenium Nutt. = **Musineon**
Musgravea【3】 F.Müll. 绒银桦属 Proteaceae 山龙眼科 [MD-219] 全球 (1) 大洲分布及种数(2)◆大洋洲(◆澳

大利亚)
Musidendron Nakai = **Heliconia**
Musineon 【3】 Raf. 野欧芹属 → **Aletes;Silene** Apiaceae 伞形科 [MD-480] 全球 (1) 大洲分布及种数(7-16)◆北美洲
Musineum H.Wolff = **Tauschia**
Musoniella Broth. = **Moseniella**
Musophyllum Herzog = **Astomiopsis**
Mussa Pallas = **Musa**
Mussaenda Burm. ex L. = **Mussaenda**
Mussaenda 【3】 L. 玉叶金花属 → **Acranthera; Gardenia;Pentas** Rubiaceae 茜草科 [MD-523] 全球 (1) 大洲分布及种数(59-161)◆亚洲
Mussaendeae Benth. & Hook.f. = **Mussaenda**
Mussaendopsis 【3】 Baill. & Bremek. 莉扇花属 ← **Greeniopsis;Steenisia** Rubiaceae 茜草科 [MD-523] 全球 (1) 大洲分布及种数(1-3)◆亚洲
Mussatia Bureau = **Bignonia**
Musschia 【3】 Dum. 风盏花属 ← **Campanula** Campanulaceae 桔梗科 [MD-561] 全球 (1) 大洲分布及种数(1-6)◆南欧(◆葡萄牙)
Musseanda L. = **Mussaenda**
Mussini Willd. = **Gazania**
Mussinia Willd. = **Gazania**
Mussoti Bureau = **Bignonia**
Mustela Spreng. = **Ageratum**
Mustelia Cav. ex Steud. = **Chusquea**
Mustelia Spreng. = **Stevia**
Mustelidae Spreng. = **Ageratum**
Mustelus Spreng. = **Ageratum**
Musteron 【2】 Raf. 小蓬草属 ≒ **Conyza;Lepidaploa** Asteraceae 菊科 [MD-586] 全球 (2) 大洲分布及种数(cf. 1) 北美洲;南美洲
Mustilia Spreng. = **Ageratum**
Mutabea J.F.Gmel. = **Moutabea**
Mutarda Bernh. = **Brassica**
Mutela Gren. ex Mutel = **Melissa**
Mutelia Gren. ex Mutel = **Melissa**
Mutelidae Gren. ex Mutel = **Calamintha**
Mutellina 【3】 Wolf 藁本属 ≒ **Ligusticum** Apiaceae 伞形科 [MD-480] 全球 (1) 大洲分布及种数(1)◆欧洲
Mutisia 【2】 L.f. 须菊木属 Mutisiaceae 须叶菊科 [MD-592] 全球 (4) 大洲分布及种数(77-87;hort.1;cult: 6) 亚洲:cf.1;欧洲:1;北美洲:3;南美洲:76-81
Mutisiaceae 【2】 Burnett 须叶菊科 [MD-592] 全球 (4) 大洲分布和属种数(1;hort. & cult.1)(76-93;hort. & cult.17-20)亚洲:1/1;欧洲:1/1;北美洲:1/3;南美洲:1/76-81
Mutisieae Cass. = **Mutisia**
Mutisiopersea Kosterm. = **Persea**
Mutuchi J.F.Gmel. = **Pterocarpus**
Muxiria Welw. = **Eriosema**
Muza Stokes = **Musa**
Muzonia N.Osorio = **Ladenbergia**
Mwasumbia 【-】 Couvreur & D.M.Johnson 番荔枝科属 Annonaceae 番荔枝科 [MD-7] 全球 (uc) 大洲分布及种数(uc)
Myadora Kunth = **Maianthemum**
Myagropsis Hort. ex O.E.Schulz = **Sobolewskia**
Myagrum 【3】 L. 鸟眼荠属 → **Aethionema;Physaria** Brassicaceae 十字花科 [MD-213] 全球 (6) 大洲分布及种数(3)非洲:1-2;亚洲:1-2;大洋洲:1-2;欧洲:1-2;北美洲:1-2;南美洲:1-2
Myalina Liebm. = **Marina**
Myanmaria 【3】 H.Rob. 大苞鸡菊花属 ← **Vernonia** Asteraceae 菊科 [MD-586] 全球 (1) 大洲分布及种数(cf. 1)◆东南亚(◆缅甸)
Myanthe Salisb. = **Ornithogalum**
Myanthus Lindl. = **Catasetum**
Myarchus Lindl. = **Catasetum**
Myaris C.Presl = **Clausena**
Mycaranthes 【2】 Bl. 拟毛兰属 ≒ **Eria;Erepsia; Cynoglossum** Orchidaceae 兰科 [MM-723] 全球 (3) 大洲分布及种数(27-40)非洲:3;亚洲:23-25;大洋洲:1
Mycaranthus Benth. & Hook.f. = **Micranthus**
Mycelis Cass. = **Prenanthes**
Mycenella Singer = **Meconella**
Mycerinus 【3】 A.C.Sm. 延隔莓属 Ericaceae 杜鹃花科 [MD-380] 全球 (1) 大洲分布及种数(3)◆南美洲
Mycetanthe Rchb. = **Solandra**
Mycetes Salisb. = **Mimetes**
Mycetia 【3】 Reinw. 腺萼木属 ← **Bertiera;Rondeletia; Mucuna** Rubiaceae 茜草科 [MD-523] 全球 (1) 大洲分布及种数(35-59)◆亚洲
Mycocaliciaceae Takht. = Physenaceae
Mycochlamys S.Marchand & Cabral = **Myxochlamys**
Myconella Spragü = **Coleostephus**
Myconia Lapeyr. = **Glebionis**
Myconia Neck ex Sch.Bip. = **Chrysanthemum**
Mycoporaceae R.Br. = Myoporaceae
Mycopteris 【3】 Sundü 大骨蕨属 Polypodiaceae 水龙骨科 [F-60] 全球 (1) 大洲分布及种数(cf.1-9) ◆北美洲
Mycosphaerellaceae M.Fleisch. = Sorapillaceae
Mycostylis Raf. = **Kambala**
Mycropus Gouan = **Micropus**
Mycroseris Hook. & Arn. = **Microseris**
Myctanthes Raf. = **Aster**
Mycteria Goffinet = **Matteria**
Myctirophora Nevski = **Astragalus**
Mydaea Molina = **Osteomeles**
Myelastrum Burret = **Myrtastrum**
Myersina Rupr. = **Geranium**
Mygalurus Link = **Vulpia**
Myginda Griseb. = **Myginda**
Myginda 【3】 Jacq. 香卫矛属 Celastraceae 卫矛科 [MD-339] 全球 (6) 大洲分布及种数(3-10)非洲:1;亚洲:1;大洋洲:1;欧洲:1;北美洲:2-3;南美洲:2
Mygindus Hook. & Arn. = **Crossopetalum**
Myja Klotzsch = **Cuphea**
Mylabris C.Presl = **Clausena**
Mylachne Steud. = **Gahnia**
Myladenia 【3】 Airy-Shaw 盘蕊桐属 Euphorbiaceae 大戟科 [MD-217] 全球 (1) 大洲分布及种数(uc)属分布和种数(uc)◆东南亚(◆泰国)
Mylanche Wallr. = **Epifagus**
Mylassa L. = **Melissa**
Myle Lundell = **Vaccinium**

M

Mylia【3】 Lindb. 小萼苔属 ≒ **Plagiochila** Myliaceae 小萼苔科 [B-39] 全球 (6) 大洲分布及种数(4)非洲:5;亚洲:2-7;大洋洲:5;欧洲:1-6;北美洲:1-6;南美洲:2-7

Myliaceae【3】 Juss. 小萼苔科 [B-39] 全球 (6) 大洲分布和属种数(2/4-11)非洲:1/5;亚洲:1/2-7;大洋洲:1/5;欧洲:1/1-6;北美洲:2/2-7;南美洲:1/2-7

Mylius Gray = **Eugenia**

Myllanthus【3】 R.S.Cowan 袖笛香属 ← **Raputia** Rutaceae 芸香科 [MD-399] 全球 (1) 大洲分布及种数(uc)◆亚洲

Mylocarium Nutt. = **Mylocaryum**

Mylocaryum【3】 Willd. 荞麦树属 ≒ **Cliftonia** Cyrillaceae 鞣木科 [MD-352] 全球 (1) 大洲分布及种数(cf. 1)◆北美洲

Mylodon (Copel.) Copel. = **Adiantum**

Mylon Mill. = **Agonis**

Mylosoma Griff. = **Carapa**

Mylossoma Miers = **Thismia**

Myobranthus (Traub) Traub = **Myoxanthus**

Myobroma Steven = **Astragalus**

Myochlamys A.Takano & Nagam. = **Myxochlamys**

Myoda Lindl. = **Neottia**

Myodium Salisb. = **Ophrys**

Myodocarpaceae【3】Doweld 裂果枫科 [MD-472] 全球 (1) 大洲分布和属种数(1/1-8)◆亚洲

Myodocarpus【3】 Brongn. & Gris 裂果枫属 Myodocarpaceae 裂果枫科 [MD-472] 全球 (1) 大洲分布及种数(1-8)◆大洋洲(◆美拉尼西亚)

Myogalum Link = **Ornithogalum**

Myonera B.Juss. ex P.Br. = **Bacopa**

Myonima【2】Comm. ex Juss. 非洲苦茜草属 ← **Ixora; Paracephaelis;Pyrostria** Rubiaceae 茜草科 [MD-523] 全球(4) 大洲分布及种数(1) 非洲:1;亚洲:1;大洋洲:1;北美洲:1

Myopa Lindl. = **Ludisia**

Myoporaceae【3】R.Br. 苦槛蓝科 [MD-566] 全球 (6) 大洲分布和属种数(5-7;hort. & cult.2-3)(99-353;hort. & cult.9-17)非洲:1-3/9-16;亚洲:2-4/9-17;大洋洲:4-6/95-344;欧洲:1-3/8-14;北美洲:1-3/8-17;南美洲:1-3/4-11

Myopordon【3】 Boiss. 棕片菊属 ← **Jurinea** Asteraceae 菊科 [MD-586] 全球 (1) 大洲分布及种数(4-6)◆亚洲

Myoporoideae【-】 (R.Br.) Arn. 苦槛蓝科属 Myoporaceae 苦槛蓝科 [MD-566] 全球 (uc) 大洲分布及种数(uc)

Myoporum【3】 Banks & Sol. ex Forst.f. 海茵芋属 ≒ **Pentacoelium** Myoporaceae 苦槛蓝科 [MD-566] 全球 (6) 大洲分布及种数(50-63;hort.1;cult:3)非洲:9-10;亚洲:8-10;大洋洲:47-59;欧洲:8;北美洲:8-11;南美洲:4-5

Myopsia C.Presl = **Heterotoma**

Myopteron Spreng. = **Alyssum**

Myosanthus Desv. = **Myosoton**

Myosanthus Fourr. = **Stellaria**

Myoschilos【3】 Ruiz & Pav. 鼠唇檀香属 Santalaceae 檀香科 [MD-412] 全球 (1) 大洲分布及种数(2)◆南美洲

Myoseris Link = **Youngia**

Myosoma Miers = **Thismia**

Myosotidium【3】 Hook. 琉璃草属 ≒ **Cynoglossum** Boraginaceae 紫草科 [MD-517] 全球 (1) 大洲分布及种数(1)◆非洲

Myosotis【3】L.勿忘草属→**Allocarya;Lithospermum; Omphalodes** Boraginaceae 紫草科 [MD-517] 全球 (6) 大洲分布及种数(199-271;hort.1;cult:13)非洲:35-62;亚洲:50-85;大洋洲:69-104;欧洲:94-134;北美洲:23-43;南美洲:14-35

Myosoton【2】 Mönch 鹅肠菜属 ← **Alsine;Stellaria** Caryophyllaceae 石竹科 [MD-77] 全球 (3) 大洲分布及种数(2)亚洲:cf.1;欧洲:1;北美洲:1

Myospyrum Lindl. = **Myxopyrum**

Myostemma【3】 Salisb. 朱顶红属 ← **Hippeastrum** Amaryllidaceae 石蒜科 [MM-694] 全球 (1) 大洲分布及种数(cf.1)◆南美洲

Myostoma Miers = **Thismia**

Myosurandra Baill. = **Myrothamnus**

Myosuros Adans. = **Ranunculus**

Myosurus【3】 L. 鼠尾毛茛属 ≒ **Ranunculus** Ranunculaceae 毛茛科 [MD-38] 全球 (6) 大洲分布及种数(14-15;hort.1)非洲:3;亚洲:3;大洋洲:5-8;欧洲:5-8;北美洲:10-13;南美洲:2-5

Myotesta Raf. = **Ipomoea**

Myotoca Griseb. = **Phlox**

Myoxanthus【3】 Pöpp. & Endl. 鼠花兰属 ← **Pleurothallis;Trichosalpinx;Acianthera** Orchidaceae 兰科 [MM-723] 全球 (6) 大洲分布及种数(52-59)非洲:1;亚洲:7-8;大洋洲:1-2;欧洲:1-2;北美洲:13-14;南美洲:49-52

Myoxastrepia【-】 Glic. & J.M.H.Shaw 兰科属 Orchidaceae 兰科 [MM-723] 全球 (uc) 大洲分布及种数(uc)

Myracrodruon【3】 Allemão 龙纹漆属 ≒ **Astronium** Anacardiaceae 漆树科 [MD-432] 全球 (1) 大洲分布及种数(3)◆南美洲(◆巴西)

Myraxylon J.R.Forst. & G.Forst. = **Myroxylon**

Myrceugeina O.Berg = **Myrceugenia**

Myrceugenella Kausel = **Luma**

Myrceugenia Aovatae D.Legrand = **Myrceugenia**

Myrceugenia【2】 O.Berg 柳番樱属 → **Amomyrtus; Myrtus** Myrtaceae 桃金娘科 [MD-347] 全球 (5) 大洲分布及种数(55-59;hort.1;cult:2)非洲:5;亚洲:14;大洋洲:5;北美洲:11;南美洲:54

Myrcia (O.Berg) Griseb. = **Myrcia**

Myrcia【3】 DC. 矾木属 ≒ **Pimenta** Myrtaceae 桃金娘科[MD-347] 全球(6) 大洲分布及种数(685-793;hort.1;cult:7)非洲:11-15;亚洲:41-45;大洋洲:22-26;欧洲:6-10;北美洲:153-178;南美洲:619-691

Myrcialeucus Rojas Acosta = **Eugenia**

Myrcianhtes O.Berg = **Myrcianthes**

Myrcianthes【2】 O.Berg 忍冬番樱属 ← **Myrcia; Blepharocalyx** Myrtaceae 桃金娘科 [MD-347] 全球 (5) 大洲分布及种数(48-52)非洲:2;亚洲:9;大洋洲:6;北美洲:14;南美洲:44-47

Myrciaria Bullatae Mattos = **Myrciaria**

Myrciaria【2】 O.Berg 团番樱属 ≒ **Blepharocalyx; Matricaria;Neomitranthes** Myrtaceae 桃金娘科 [MD-347]全球(3)大洲分布及种数(45-55;hort.1)亚洲:cf.1;北美洲:20;南美洲:41-46

Myrciariopsis Kausel = **Eugenia**

Myrcidris O.Berg = **Myrciaria**

Myrciinae O.Berg = **Myrtinae**

Myrciophyllum L. = **Myriophyllum**

Myrena Müller = **Myrinia**

Myria Noronha ex Tul. = **Myrcia**

Myriaceae Juss. = Myrtaceae

Myriachaeta Moritzi = **Thysanolaena**
Myriactis【3】 Less. 黏冠草属 ← **Adenostemma; Bellis;Lagenophora** Asteraceae 菊科 [MD-586] 全球 (6) 大洲分布及种数(16-20;hort.1;cult:1)非洲:3-8;亚洲:11-16;大洋洲:4-9;欧洲:5;北美洲:2-7;南美洲:1-6
Myriadenia Miers = **Alafia**
Myriadenus Cass. = **Zornia**
Myrialepis【3】 Becc. 多果省藤属 ≒ **Plectocomiopsis** Arecaceae 棕榈科 [MM-717] 全球 (1) 大洲分布及种数(1)◆亚洲
Myriandra【2】 Spach 金丝桃属 ≒ **Hypericum** Clusiaceae 藤黄科 [MD-141] 全球 (3) 大洲分布及种数(cf.1) 亚洲;欧洲;北美洲
Myriangium Starbäck = **Meringium**
Myrianida Spach = **Myriandra**
Myrianthea Tul. = **Weinmannia**
Myriantheia Thou. = **Homalium**
Myrianthemum Gilg = **Medinilla**
Myrianthus【2】 P.Beauv. 巨葚树属 Urticaceae 荨麻科 [MD-91] 全球 (3) 大洲分布及种数(8)非洲:6-8;亚洲:cf.1;南美洲:1
Myriapora Blainville = **Myriaspora**
Myriaspora【3】 DC. 多子野牡丹属 Melastomataceae 野牡丹科 [MD-364] 全球 (1) 大洲分布及种数(1-2)◆南美洲
Myriastra DC. = **Myriaspora**
Myrica (L´Hér. ex Aiton) Endl. ex C.DC. = **Myrica**
Myrica【3】 L. 香杨梅属 → **Morella;Daphne; Sisyrinchium** Myricaceae 杨梅科 [MD-82] 全球 (6) 大洲分布及种数(41-55)非洲:8-32;亚洲:11-36;大洋洲:23;欧洲:3-26;北美洲:19-42;南美洲:9-32
Myricaceae【3】A.Rich. ex Kunth 杨梅科 [MD-82] 全球 (6) 大洲分布和属种数(3-4;hort. & cult.3)(79-147;hort. & cult.12-17)非洲:2-3/23-65;亚洲:2-3/19-62;大洋洲:4/41;欧洲:2-3/9-50;北美洲:3/40-81;南美洲:2-3/17-58
Myricanthe【3】 Airy-Shaw 山竹桐属 Euphorbiaceae 大戟科 [MD-217] 全球 (1) 大洲分布及种数(1)◆大洋洲
Myricaria【3】 Desv. 水柏枝属 ← **Myrica;Matricaria; Myrciaria** Tamaricaceae 柽柳科 [MD-162] 全球 (1) 大洲分布及种数(14-16)◆亚洲
Myricatis Less. = **Myriactis**
Myricaxia Desv. = **Myricaria**
Myrice St.Lag. = **Myrica**
Myrine L. = **Myrsine**
Myrinia【2】 Lilja 香拟光藓属 Myriniaceae 拟光藓科 [B-174] 全球 (3) 大洲分布及种数(2) 欧洲:1;北美洲:1;南美洲:1
Myriniaceae【3】Schimp. 拟光藓科 [B-174] 全球 (1) 大洲分布和属种数(1/1)◆北美洲
Myrioblastus Wall. ex Griff. = **Cryptocoryne**
Myriocarpa【2】 Benth. 万果麻属 Urticaceae 荨麻科 [MD-91] 全球 (3) 大洲分布及种数(16)亚洲:cf.1;北美洲:9;南美洲:9
Myriocarpus P. & K. = **Myriocarpa**
Myriocephalus【3】 Benth. 万头菊属 ← **Gnephosis; Helipterum;Polycalymma** Asteraceae 菊科 [MD-586] 全球 (1) 大洲分布及种数(14-22)◆大洋洲(◆澳大利亚)
Myriocladia Swallen = **Myriocladus**
Myriocladus【3】 Swallen 万枝竹属 Poaceae 禾本科 [MM-748] 全球 (1) 大洲分布及种数(12)◆南美洲
Myriococcum Chun & F.C.How = **Cephalomappa**
Myriocolea【3】 Spruce 多鳞苔属 Lejeuneaceae 细鳞苔科 [B-84] 全球 (1) 大洲分布及种数(cf. 1)◆南美洲(◆厄瓜多尔)
Myriocoleopsis【2】 M.E.Reiner & Gradst. 致密鳞苔属 Lejeuneaceae 细鳞苔科 [B-84] 全球 (2) 大洲分布及种数(5)亚洲:cf.1;南美洲:3
Myriodon (Copel.) Copel. = **Hymenophyllum**
Myriogloea Spruce = **Myriocolea**
Myriogomphos Didr. = **Croton**
Myriogomphus Didr. = **Croton**
Myriogyne Less. = **Centipeda**
Myriolimon【2】 Lledó Erben & M.B.Crespo 竹彩花属 Plumbaginaceae 白花丹科 [MD-227] 全球 (2) 大洲分布及种数(cf.2) 非洲:1;欧洲:2
Myrioneuron【3】 R.Br. 密脉木属 → **Rennellia; Xanthophytum** Rubiaceae 茜草科 [MD-523] 全球 (1) 大洲分布及种数(4-8)◆亚洲
Myriophillum J.G.Gmel. = **Myriophyllum**
Myriophora Naegeli,K.W.von = **Blachia**
Myriophylla L. = **Myriophyllum**
Myriophyllaceae F.W.Schultz & Sch.Bip. = Cephaloziaceae
Myriophyllia L. = **Myriophyllum**
Myriophyllon Adans. = **Myriophyllum**
Myriophyllum【3】 L. 狐尾藻属 → **Vinkia** Haloragaceae 小二仙草科 [MD-271] 全球 (6) 大洲分布及种数(67-84;hort.1;cult:2)非洲:11-17;亚洲:25-35;大洋洲:44-61;欧洲:7-13;北美洲:19-25;南美洲:10-16
Myriopteris【3】 Fée 小米蕨属 → **Cheilanthes; Allosorus** Adiantaceae 铁线蕨科 [F-35] 全球 (1) 大洲分布及种数(2-5; hort.1)◆北美洲
Myriopteron【3】 Griff. 翅果藤属 ← **Streptocaulon** Asclepiadaceae 萝藦科 [MD-494] 全球 (1) 大洲分布及种数(cf. 1)◆亚洲
Myriopus【2】 Small 紫丹属 ← **Tournefortia** Boraginaceae 紫草科 [MD-517] 全球 (4) 大洲分布及种数(uc)非洲;欧洲;北美洲;南美洲
Myriorrhynchus【-】 Lindb. 短托苔科属 Exormothecaceae 短托苔科 [B-16] 全球 (uc) 大洲分布及种数(uc)
Myriospora P. & K. = **Blachia**
Myriostachya (Benth.) Hook.f. = **Myriostachya**
Myriostachya【3】 Hook.f. 千穗草属 ← **Dinebra; Festuca;Leptochloa** Poaceae 禾本科 [MM-748] 全球 (1) 大洲分布及种数(cf. 1)◆亚洲
Myriostigma Hochst. = **Mitriostigma**
Myriotheca Comm. ex Juss. = **Marattia**
Myriotriche Turcz. = **Abatia**
Myriotrichia Holmes & Batters = **Abatia**
Myripnois【3】 Bunge 蚂蚱腿子属 → **Pertya** Asteraceae 菊科 [MD-586] 全球 (1) 大洲分布及种数(cf. 1)◆亚洲
Myristica (Aubl.) Endl. = **Myristica**
Myristica【3】 Gronov. 肉豆蔻属 → **Virola; Osteophloeum** Myristicaceae 肉豆蔻科 [MD-15] 全球 (1) 大洲分布及种数(172-230)◆亚洲
Myristicaceae【3】R.Br. 肉豆蔻科 [MD-15] 全球 (6) 大洲分布和属种数(19-21;hort. & cult.4-5)(511-758;hort. & cult.5-7)非洲:10-14/39-67;亚洲:4-7/379-490;大洋洲:3-4/30-50;欧洲:1-4/1-18;北美洲:2-4/5-23;南美洲:7-8/111-141
Myristiea Gronov. = **Myristica**
Myrmecatavola【-】 J.M.H.Shaw 兰科属 Orchidaceae 兰科 [MM-723] 全球 (uc) 大洲分布及种数(uc)

Myrmecavola【-】P.A.Storm 兰科属 Orchidaceae 兰科 [MM-723] 全球 (uc) 大洲分布及种数(uc)
Myrmechila D.L.Jones & M.A.Clem. = **Chiloglottis**
Myrmechis (Lindl.) Bl. = **Myrmechis**
Myrmechis【3】Bl. 全唇兰属 ← **Anoectochilus;Odontochilus;Zeuxine** Orchidaceae 兰科 [MM-723] 全球 (1) 大洲分布及种数(10-16)◆亚洲
Myrmecia J.F.Gmel. = **Tachia**
Myrmecocattleya F.Hanb. = **Laeliocattleya**
Myrmecodema Jack = **Myrmecodia**
Myrmecodendron Britton & Rose = **Acacia**
Myrmecodia【2】Jack 刺蚁茜属 → **Anthorrhiza; Squamellaria** Rubiaceae 茜草科 [MD-523] 全球 (3) 大洲分布及种数(5-29;hort.1)非洲:4-26;亚洲:3-13;大洋洲:2-23
Myrmecoides Elmer = **Squamellaria**
Myrmecolaelia【3】F.Hanb. ex Rolfe 香蕉兰属 ≒ **Schomburgkia** Orchidaceae 兰科 [MM-723] 全球 (1) 大洲分布及种数(1-2)◆北美洲
Myrmeconauclea【3】Merr. 蚁团花属 ≒ **Neonauclea** Rubiaceae 茜草科 [MD-523] 全球 (1) 大洲分布及种数(2-4)◆亚洲
Myrmecophila Christ ex Nakai = **Myrmecophila**
Myrmecophila【2】Rolfe 蚁龙骨属 ≒ **Polypodium** Orchidaceae 兰科 [MM-723] 全球 (5) 大洲分布及种数(14) 亚洲:5;大洋洲:1;欧洲:2;北美洲:12;南美洲:4
Myrmecopteris Pic.Serm. = **Lecanopteris**
Myrmecosicyos C.Jeffrey = **Cucumis**
Myrmecostylum C.Presl = **Hymenophyllum**
Myrmecylon Hook. & Arn. = **Memecylon**
Myrmedoma【3】Becc. 多香茜属 ← **Tococa** Rubiaceae 茜草科 [MD-523] 全球 (1) 大洲分布及种数(uc)◆大洋洲
Myrmedone Dur. & Jacks. = **Clidemia**
Myrmekia Schreb. = **Ptychosperma**
Myrmesophleya【-】J.M.H.Shaw 兰科属 Orchidaceae 兰科 [MM-723] 全球 (uc) 大洲分布及种数(uc)
Myrmia Gould = **Myrcia**
Myrmica L. = **Myrica**
Myrmidone Mart. = **Tococa**
Myrobalanaceae Martinov = Ebenaceae
Myrobalanifera Houtt. = **Terminalia**
Myrobalanus【3】Gaertn. 榄檀属 ≒ **Terminalia** Combretaceae 使君子科 [MD-354] 全球 (1) 大洲分布及种数(1)◆南美洲
Myrobroma Salisb. = **Vanilla**
Myrocarpus【3】Allemão 香荚豆属 Fabaceae 豆科 [MD-240] 全球 (1) 大洲分布及种数(5)◆南美洲
Myrodendron Schreb. = **Humiria**
Myrodendrum Schreb. = **Humiria**
Myrodia【2】Sw. 搅棒树属 ← **Quararibea;Myrcia** Malvaceae 锦葵科 [MD-203] 全球 (2) 大洲分布及种数(cf.4) 北美洲;南美洲
Myroides Heist. ex Fabr. = **Myrrhoides**
Myropteryx Walp. = **Butea**
Myrosma【3】L.f. 香竹芋属 → **Calathea;Maranta; Ctenanthe** Marantaceae 竹芋科 [MM-740] 全球 (6) 大洲分布及种数(7-9)非洲:3;亚洲:3;大洋洲:3;欧洲:3;北美洲:3-6;南美洲:6-10
Myrosmodes (Schltr.) C.Vargas = **Myrosmodes**
Myrosmodes【3】Rchb.f. 多香花兰属 → **Aa; Altensteinia** Orchidaceae 兰科 [MM-723] 全球 (1) 大洲分布及种数(22-23)◆南美洲
Myrospermum (L.f.) DC. = **Myrospermum**
Myrospermum【3】Jacq. 香籽属 → **Myroxylon** Fabaceae 豆科 [MD-240] 全球 (6) 大洲分布及种数(3-7) 非洲:1;亚洲:1;大洋洲:1;欧洲:1;北美洲:2-3;南美洲:1-6
Myrothamnaceae【3】Nied. 折扇叶科 [MD-70] 全球 (1) 大洲分布和属种数(1;hort. & cult.1)(4;hort. & cult.1)◆北美洲
Myrothamnus【3】Welw. 折扇叶属 Myrothamnaceae 折扇叶科 [MD-70] 全球 (1) 大洲分布及种数(4)◆非洲
Myrothec Comm. ex Juss. = **Marattia**
Myrovernix【-】Kök. 菊科属 ≒ **Stoebe** Asteraceae 菊科 [MD-586] 全球 (uc) 大洲分布及种数(uc)
Myroxylon Forst. = **Myroxylon**
Myroxylon【3】L.f. 香脂豆属 ≒ **Xylosma** Fabaceae3 蝶形花科 [MD-240] 全球 (6) 大洲分布及种数(4)非洲:5;亚洲:2-7;大洋洲:5;欧洲:1-6;北美洲:2-7;南美洲:3-8
Myroxylum P. & K. = **Myroxylon**
Myrrha L. = **Myrica**
Myrrhidendron【3】J.M.Coult. & Rose 香伞木属 ← **Arracacia** Apiaceae 伞形科 [MD-480] 全球 (6) 大洲分布及种数(6)非洲:1;亚洲:1;大洋洲:1;欧洲:1;北美洲:4-5;南美洲:2-3
Myrrhidium Eckl. & Zeyh. = **Pelargonium**
Myrrhina Rupr. = **Erodium**
Myrrhiniaceae Arn. = Myrtaceae
Myrrhinium【3】Schott 球瓣凤榴属 Myrtaceae 桃金娘科 [MD-347] 全球 (1) 大洲分布及种数(2)◆南美洲
Myrrhis【3】Mill. 茉莉芹属 → **Annesorhiza;Scandix; Osmorhiza** Apiaceae 伞形科 [MD-480] 全球 (6) 大洲分布及种数(4-5)非洲:13;亚洲:1-14;大洋洲:13;欧洲:1-14;北美洲:2-16;南美洲:2-15
Myrrhodes P. & K. = **Chaerophyllum**
Myrrhoides【2】Heist. ex Fabr. 峨参属 → **Anthriscus; Physocaulis** Apiaceae 伞形科 [MD-480] 全球 (3) 大洲分布及种数(cf.1) 亚洲;欧洲;南美洲
Myrsinaceae【3】R.Br. 紫金牛科 [MD-389] 全球 (6) 大洲分布和属种数(31-40;hort. & cult.4-8)(1152-2517;hort. & cult.23-40)非洲:8-14/222-440;亚洲:18-23/403-861;大洋洲:8-15/98-377;欧洲:3-12/7-110;北美洲:10-15/324-483;南美洲:12-16/410-576
Myrsine (Koidz.) T.Yamaz. = **Myrsine**
Myrsine【3】L. 铁仔属 ≒ **Celastrus;Sideroxylon** Myrsinaceae 紫金牛科 [MD-389] 全球 (1) 大洲分布及种数(62-88)◆亚洲
Myrsineae Pax = **Myrsine**
Myrsinophyllum L. = **Myriophyllum**
Myrsiphyllum Willd. = **Asparagus**
Myrssiphylla Raf. = **Psychotria**
Myrstiphylla Raf. = **Psychotria**
Myrstiphyllum P.Br. = **Psychotria**
Myrtaceae【3】Juss. 桃金娘科 [MD-347] 全球 (6) 大洲分布和属种数(118-142;hort. & cult.45-56)(5185-8774;hort. & cult.328-601)非洲:23-46/275-644;亚洲:32-49/1174-1674;大洋洲:84-106/1776-3558;欧洲:8-39/51-309;北美洲:36-52/977-1394;南美洲:45-66/2260-2729
Myrtaea Ovcz. & Kinzik. = **Myricaria**
Myrtama Ovcz. & Kinzik. = **Myricaria**
Myrtastrum【3】Burret 香桃木属 ← **Myrtus** Myrtaceae 桃金娘科 [MD-347] 全球 (1) 大洲分布及种数(1)◆大洋洲
Myrteae DC. = **Myrtinae**

M

Myrtekmania (O.Berg) Nied. = **Pimenta**
Myrtella【3】F.Müll. 翼桃木属 Myrtaceae 桃金娘科 [MD-347] 全球 (6) 大洲分布及种数(4)非洲:2-5;亚洲:2-5;大洋洲:3-6;欧洲:3;北美洲:3;南美洲:3
Myrteola【3】O.Berg 莓桃木属 ≒ **Myrtus** Myrtaceae 桃金娘科 [MD-347] 全球 (1) 大洲分布及种数(3)◆南美洲
Myrtgerocactus【3】Moran 龙彩柱属 Cactaceae 仙人掌科 [MD-100] 全球 (1) 大洲分布及种数(1-2)◆北美洲
Myrthoides Wolf = **Syzygium**
Myrthus G.A.Scop. = **Myrtus**
Myrtillenocereus Frič & Kreuz. = **Cereus**
Myrtillocactus (Backeb.) P.V.Heath = **Myrtillocactus**
Myrtillocactus【3】Console 龙神柱属 ← **Cereus; Escontria;Polaskia** Cactaceae 仙人掌科 [MD-100] 全球 (1) 大洲分布及种数(5)◆北美洲
Myrtillocaetus Console = **Myrtillocactus**
Myrtillocereus Frič & Kreuz. = **Polaskia**
Myrtilloides Banks & Sol. ex Hook. = **Nothofagus**
Myrtiluma Baill. = **Pouteria**
Myrtinae【3】Burnett 龙金娘属 Myrtaceae 桃金娘科 [MD-347] 全球 (1) 大洲分布及种数(1)◆非洲
Myrtinia Nees = **Martynia**
Myrtiphyllum P.Br. = **Webera**
Myrtobium Miq. = **Lepidoceras**
Myrtocereus Backeb. = **Stenocereus**
Myrtoleucodendron Burm. = **Melaleuca**
Myrtolobium Chalon = **Antidaphne**
Myrtomera B.C.Stone = **Calycorectes**
Myrtophyllum Turcz. = **Azara**
Myrtopsis【3】Engl. 香桃芸香属 ≒ **Eriostemon** Rutaceae 芸香科 [MD-399] 全球 (1) 大洲分布及种数(8)◆大洋洲
Myrtus【3】L.香桃木属→**Acca;Blepharocalyx;Parrya** Myrtaceae 桃金娘科 [MD-347] 全球 (6) 大洲分布及种数(63-126;hort.1;cult: 1)非洲:10-28;亚洲:3-20;大洋洲:8-31;欧洲:3-19;北美洲:16-34;南美洲:34-70
Myrtus Nied. = **Myrtus**
Myruphyllum L. = **Myriophyllum**
Mysanthus【3】G.P.Lewis & A.Delgado 莱豆属 ≒ **phaseolus** Fabaceae 豆科 [MD-240] 全球 (1) 大洲分布及种数(1)◆南美洲
Myscelia Spreng. = **Ageratum**
Myscelus Hewitson = **Scolymus**
Myscolus Cass. = **Scolymus**
Mysella (Fr.) H.W.Li = **Musella**
Mysiaria O.Berg = **Myrciaria**
Mysicarpus Allemão = **Myrocarpus**
Mysidium Salisb. = **Aa**
Mysorea de la Sota = **Thismia**
Mysoria Montrouz. = **Baeckea**
Mysotis Hill = **Mesotus**
Mystacidium Cordem. = **Mystacidium**
Mystacidium【3】Lindl. 齿须兰属 → **Aerangis;Aeranthes;Margelliantha** Orchidaceae 兰科 [MM-723] 全球 (1) 大洲分布及种数(15-16)◆非洲
Mystacinus Raf. = **Helinus**
Mystacorchis【3】Szlach. & Marg. 银光兰属 ← **Stelis** Orchidaceae 兰科 [MM-723] 全球 (1) 大洲分布及种数(1)◆非洲
Mysteria Reinw. = **Arundina**
Mystorchis Truter & J.M.H.Shaw = **Mystacorchis**
Mystropetalaceae【3】Hook.f. 宿苞果科 [MD-301] 全球 (1) 大洲分布和属种数(1/1)◆非洲(◆南非)
Mystropetalon【3】Harv. 宿苞菰属 Mystropetalaceae 宿苞果科 [MD-301] 全球 (1) 大洲分布及种数(1)◆非洲(◆南非)
Mystrophora Nevski = **Astragalus**
Mystroxylon【3】Eckl. & Zeyh. 金榄属 ≒ **Elaeodendron;Pigafetta** Celastraceae 卫矛科 [MD-339] 全球 (1) 大洲分布及种数(2)◆非洲(◆南非)
Mytilarca Lecomte = **Mytilaria**
Mytilaria【3】Lecomte 壳菜果属 Hamamelidaceae 金缕梅科 [MD-63] 全球 (1) 大洲分布及种数(cf. 1)◆亚洲
Mytiloides Banks & Sol. ex Hook. = **Nothofagus**
Mytilopsis【3】Spruce 秘鲁指叶苔属 Lepidoziaceae 指叶苔科 [B-63] 全球 (6) 大洲分布及种数(1)非洲:2;亚洲:2;大洋洲:2;欧洲:2;北美洲:2;南美洲:2
Mytilus Gilib. = **Thibaudia**
Myurella Lindb. = **Myurella**
Myurella【2】Schimp. 小鼠尾藓属 ≒ **Pterogonium; Myuroclada** Plagiotheciaceae 棉藓科 [B-170] 全球 (4) 大洲分布及种数(4) 亚洲:3;欧洲:3;北美洲:3;南美洲:2
Myuriaceae【2】M.Fleisch. 金毛藓科 [B-208] 全球 (4) 大洲分布和属种数(5/28)亚洲:5/23;大洋洲:3/7;欧洲:1/2;南美洲:1/1
Myuriopsis Nog. = **Eumyurium**
Myurium Eu-myurium Broth. = **Myurium**
Myurium【2】Schimp. 扭叶金毛藓属 Myuriaceae 金毛藓科 [B-208] 全球 (4) 大洲分布及种数(17) 亚洲:13;大洋洲:4;欧洲:2;南美洲:1
Myuroclada【2】Besch. 鼠尾藓属 Brachytheciaceae 青藓科 [B-187] 全球 (2) 大洲分布及种数(3) 亚洲:2;北美洲:1
Myuropteris C.Chr. = **Colysis**
Myxa (Endl.) Lindl. = **Cordia**
Myxapyrus Hassk. = **Myxopyrum**
Myxidium Moq. = **Acroglochin**
Myxo Mill. = **Cucumis**
Myxochlamys【3】A.Takano & Nagam. 印尼姜属 Zingiberaceae 姜科 [MM-737] 全球 (1) 大洲分布及种数(cf. 1)◆东南亚(◆印度尼西亚)
Myxodes Valenciennes = **Macodes**
Myxopappus【3】(O.Hoffm.) Källersjö 黏背菊属 ← **Tanacetum** Asteraceae 菊科 [MD-586] 全球 (1) 大洲分布及种数(2)◆非洲
Myxopyrum【3】Bl. 胶核木属 ← **Chionanthus; Ligustrum** Oleaceae 木樨科 [MD-498] 全球 (1) 大洲分布及种数(3-6)◆亚洲
Myxospermum M.Röm. = **Glycosmis**
Myxostoma Miers = **Thismia**
Myxus L. = **Myrtus**
Myza Raf. = **Zea**
Myzine L. = **Myrsine**
Myzo Mill. = **Cucumis**
Myzodendron Banks & Sol. ex R.Br. = **Misodendrum**
Myzodendrum Sol. ex G.Forst. = **Humiria**
Myzorrhiza【3】Phil. 列当属 ≒ **Aphyllon;Orobanche** Orobanchaceae 列当科 [MD-552] 全球 (1) 大洲分布及种数(uc)属分布和种数(uc)◆北美洲
Myzostoma Miers = **Thismia**
Myzus Lour. = **Mazus**
Mzymtella Kolak. = **Campanula**

N

Naarda Vell. = **Strychnos**
Nabadium Raf. = **Ligusticum**
Nabalu S.Y.Wong & P.C.Boyce = **Nabalus**
Nabaluia【3】 Ames 穹柱兰属 → **Chelonistele** Orchidaceae 兰科 [MM-723] 全球 (1) 大洲分布及种数(3)◆亚洲
Nabalus【3】Cass.耳菊属→**Chorisis;Ixeris;Chondrilla** Asteraceae 菊科 [MD-586] 全球 (6) 大洲分布及种数(23-24;hort.1)非洲:5;亚洲:15-20;大洋洲:5;欧洲:5;北美洲:17-22;南美洲:5
Nabea Lehm. = **Mabea**
Nabelekia Roshev. = **Festuca**
Nabia P. & K. = **Mabea**
Nabiasodendron Pit. = **Gordonia**
Nabis L. = **Najas**
Nablonium【3】 Cass. 银苞菊属 ≒ **Ammobium** Asteraceae 菊科 [MD-586] 全球 (1) 大洲分布及种数(uc) 属分布和种数(uc)◆大洋洲(◆澳大利亚)
Nachtigalia Schinz ex Engl. = **Phaeoptilum**
Nacibaea Poir. = **Manettia**
Nacibea Aubl. = **Manettia**
Nacrea【3】 A.Nelson 花旗耳菊属 Asteraceae 菊科 [MD-586] 全球 (1) 大洲分布及种数(1)◆北美洲
Nadeaudia Besch. = **Calomnion**
Nadium Raf. = **Ligusticum**
Naegelia【3】 Zoll. & Mor. 绒桐草属 → **Smithiantha** Gesneriaceae 苦苣苔科 [MD-549] 全球 (1) 大洲分布及种数(1)◆北美洲
Naematospermum Steud. = **Lacistema**
Nagaina Gaertn. = **Nageia**
Nagassari Adans. = **Mesua**
Nagatampo Adans. = **Mesua**
Nageia【3】 Gaertn. 竹柏属 ≒ **Acmopyle;Podocarpus; Parasitaxus** Podocarpaceae 罗汉松科 [G-13] 全球 (6) 大洲分布及种数(18-19)非洲:1-5;亚洲:10-14;大洋洲:13-17;欧洲:1-5;北美洲:1-5;南美洲:1-5
Nageiaceae【3】 D.Z.Fu 竹柏科 [G-6] 全球 (6) 大洲分布和属种数(1;hort. & cult.1)(17-37;hort. & cult.2)非洲:1/1-5;亚洲:1/10-14;大洋洲:1/13-17;欧洲:1/1-5;北美洲:1/1-5;南美洲:1/1-5
Nageliella【3】 L.O.Williams 樱草兰属 ← **Domingoa; Encyclia;Scaphyglottis** Orchidaceae 兰科 [MM-723] 全球 (1) 大洲分布及种数(2)◆北美洲
Nagelocarpus Bullock = **Tanacetum**
Naghas Mirb. ex Steud. = **Najas**
Nagmia Gaertn. = **Nageia**
Nagurus L. = **Lagurus**
Nagusta J.Ellis = **Gardenia**
Nahuatlea【-】 V.A.Funk 菊科属 Asteraceae 菊科 [MD-586] 全球 (uc) 大洲分布及种数(uc)
Nahuelia Zoll. & Mor. = **Helinus**
Nahusia Schneev. = **Schradera**
Naiades Lindl. = **Brassavola**
Naiadia S.Y.Wong,S.L.Low & P.C.Boyce = **Nardia**
Naiadothrix Pennell = **Benjaminia**
Naias Adans. = **Najas**
Naidium Raf. = **Ligusticum**
Naikia Wad.Khan,Bhuskute & Kahalkar = **Navia**
Naiocrene (Torr. & A.Gray) Rydb. = **Claytonia**
Nais Piguet = **Dais**
Naja L. = **Najas**
Najadaceae【3】 Juss. 茨藻科 [MM-607] 全球 (6) 大洲分布和属种数(1;hort. & cult.1)(27-68;hort. & cult.4)非洲:1/13-35;亚洲:1/20-46;大洋洲:1/7-22;欧洲:1/10-26;北美洲:1/15-30;南美洲:1/11-28
Najas【3】 L. 茨藻属 ≒ **Nama;Hydrolea** Najadaceae 茨藻科 [MM-607] 全球 (6) 大洲分布及种数(28-47;hort.1; cult:1)非洲:13-35;亚洲:20-46;大洋洲:7-22;欧洲:10-26;北美洲:15-30;南美洲:11-28
Najash L. = **Najas**
Nakamotoara Garay = **Ascocentrum**
Nakamuraara【-】 T.T.Nakam. 兰科属 Orchidaceae 兰科 [MM-723] 全球 (uc) 大洲分布及种数(uc)
Nalagu Adans. = **Aralia**
Nalata Adans. = **Leea**
Naletonia Bremek. = **Psychotria**
Nallogia Baill. = **Opilia**
Nama (Brand) Jeps. = **Nama**
Nama【3】 L. 琴钟花属 → **Turricula;Eriodictyon; Phacelia** Boraginaceae 紫草科 [MD-517] 全球 (6) 大洲分布及种数(73-82;hort.1;cult: 4)非洲:18;亚洲:6-24;大洋洲:18;欧洲:18;北美洲:70-97;南美洲:13-31
Namacodon【3】 Thulin 尖药风铃属 ← **Prismatocarpus** Campanulaceae 桔梗科 [MD-561] 全球 (1) 大洲分布及种数(1)◆非洲
Namaquanthus【3】 L.Bolus 琅玉树属 Aizoaceae 番杏科 [MD-94] 全球 (1) 大洲分布及种数(2)◆非洲(◆南非)
Namaquanula D. & U.Müler-Doblies = **Carpolyza**
Namataea【3】 D.W.Thomas & D.J.Harris 喀麦隆无患子属 Sapindaceae 无患子科 [MD-428] 全球 (1) 大洲分布及种数(1)◆非洲(◆喀麦隆)
Namation【3】 Brand 溪参属 Scrophulariaceae 玄参科 [MD-536] 全球 (1) 大洲分布及种数(1-4)◆北美洲(◆美国)
Namibia【3】 Dinter & Schwantes 妙玉属 ← **Mesembryanthemum** Aizoaceae 番杏科 [MD-94] 全球 (1) 大洲分布及种数(2)◆非洲
Namophila【3】 U.Müll.Doblies & D.Müll.Doblies 南非风信子属 Liliaceae 百合科 [MM-633] 全球 (1) 大洲分布及种数(2)◆非洲
Nan Adans. = **Tristania**
Nanalotanopsis【-】 S.A.Hammer 番杏科属 Aizoaceae 番杏科 [MD-94] 全球 (uc) 大洲分布及种数(uc)
Nananopsis【-】 S.A.Hammer 番杏科属 Aizoaceae 番杏科 [MD-94] 全球 (uc) 大洲分布及种数(uc)
Nananthea【3】 DC. 微黄菊属 ≒ **Chrysanthemum** Asteraceae 菊科 [MD-586] 全球 (1) 大洲分布及种数(1)◆欧洲

Nananthus【3】 N.E.Br. 平原玉属 → **Aloinopsis;Rabiea;Napeanthus** Aizoaceae 番杏科 [MD-94] 全球 (1) 大洲分布及种数(9)◆非洲
Nanaphora Gagnep. = **Malaxis**
Nanarepenta Matuda = **Dioscorea**
Nanaspis Rech.f. = **Scutellaria**
Nanatus E.Phillips = **Nananthus**
Nandayus Phil. = **Aloinopsis**
Nandevilla Lindl. = **Mandevilla**
Nandidae Thunb. = **Nandina**
Nandina【3】 Thunb. 南天竹属 Berberidaceae 小檗科 [MD-45] 全球 (1) 大洲分布及种数(1-3)◆亚洲
Nandinaceae【3】 Horan. 南天竹科 [MD-43] 全球 (6) 大洲分布和属种数(1;hort. & cult.1)(1-4;hort. & cult.1)非洲:1/1;亚洲:1/1-3;大洋洲:1/1-2;欧洲:1/1;北美洲:1/1-2;南美洲:1/1
Nandiroba Adans. = **Fevillea**
Nanhaia【-】 J.Compton & Schrire 豆科属 Fabaceae 豆科 [MD-240] 全球 (uc) 大洲分布及种数(uc)
Nani Adans. = **Tristania**
Nania【3】 Miq. 寒金娘属 ≒ **Metrosideros** Myrtaceae 桃金娘科 [MD-347] 全球 (1) 大洲分布及种数(13-19)◆大洋洲
Nanium (Hook.) P. & K. = **Sphyrospermum**
Nanking Thunb. = **Nandina**
Nannoglottis【3】 Maxim. 毛冠菊属 ← **Doronicum;Senecio** Asteraceae 菊科 [MD-586] 全球 (1) 大洲分布及种数(10-11)◆亚洲
Nannorrhops【3】 H.Wendl. 寒棕属 ← **Chamaerops** Arecaceae 棕榈科 [MM-717] 全球 (1) 大洲分布及种数(2-3)◆亚洲
Nannoseris Hedberg = **Youngia**
Nannothelypteris【3】 Holttum 微星蕨属 ≒ **Polypodium** Thelypteridaceae 金星蕨科 [F-42] 全球 (1) 大洲分布及种数(2)◆亚洲
Nanobryaceae W.Schultze-Motel = Fissidentaceae
Nanobryum【-】 Dixon 凤尾藓科属 Fissidentaceae 凤尾藓科 [B-131] 全球 (uc) 大洲分布及种数(uc)
Nanobubon【3】 Magee 阿魏属 ≒ **Ferula** Apiaceae 伞形科 [MD-480] 全球 (1) 大洲分布及种数(3)◆非洲
Nanochilus【3】 K.Schum. 矮唇姜属 ← **Hedychium;Riedelia** Zingiberaceae 姜科 [MM-737] 全球 (1) 大洲分布及种数(cf. 1)◆亚洲
Nanocnide【3】 Bl. 花点草属 ← **Acalypha** Urticaceae 荨麻科 [MD-91] 全球 (1) 大洲分布及种数(cf. 1)◆亚洲
Nanodea【3】 Banks ex C.F.Gaertn. 卧寄生属 Santalaceae 檀香科 [MD-412] 全球 (1) 大洲分布及种数(1)◆南美洲
Nanodeaceae Nickrent & Der = Santalaceae
Nanodes Lindl. = **Epidendrum**
Nanogalactia【-】 L.P.Queiroz 蝶形花科属 Fabaceae3 蝶形花科 [MD-240] 全球 (uc) 大洲分布及种数(uc)
Nanohammus Thoms. = **Nanothamnus**
Nanolirion Benth. = **Caesia**
Nanomarsupella【3】 (R.M.Schust.) R.M.Schust. 钱囊苔属 Gymnomitriaceae 全萼苔科 [B-41] 全球 (1) 大洲分布及种数(1)◆非洲
Nanomis Lindl. = **Brassavola**
Nanomitriella【3】 E.B.Bartram 缅甸葫芦藓属 Funariaceae 葫芦藓科 [B-106] 全球 (1) 大洲分布及种数(1)◆亚洲
Nanomitriopsis【3】 Cardot ex Broth. 折命藓属 Dicranaceae 曲尾藓科 [B-128] 全球 (1) 大洲分布及种数(2)◆非洲
Nanomitrium【2】 Lindb. 夭命藓科属 Ephemeraceae 夭命藓科 [B-135] 全球 (3) 大洲分布及种数(4) 大洋洲:2;北美洲:1;南美洲:2
Nanooravia【3】 Kiran Raj & Sivad. 千穗茅属 Poaceae 禾本科 [MM-748] 全球 (1) 大洲分布及种数(cf.1)◆亚洲
Nanopanax【2】 A.Haines 五加科属 Araliaceae 五加科 [MD-471] 全球 (uc) 大洲分布及种数(uc)
Nanopetalum Hassk. = **Securinega**
Nanophyton【3】 Less. 小蓬属 ← **Anabasis;Halimocnemis;Polycnemum** Amaranthaceae 苋科 [MD-116] 全球 (1) 大洲分布及种数(cf. 1)◆亚洲
Nanophytum Endl. = **Nanophyton**
Nanorops【-】 Hook.f. 棕榈科属 Arecaceae 棕榈科 [MM-717] 全球 (uc) 大洲分布及种数(uc)
Nanorrhinum【3】 Betsche 也门玄参属 Plantaginaceae 车前科 [MD-527] 全球 (1) 大洲分布及种数(9-29)◆亚洲
Nanostelma【-】 Baill. 夹竹桃科属 ≒ **Tylophora** Apocynaceae 夹竹桃科 [MD-492] 全球 (uc) 大洲分布及种数(uc)
Nanothamnus【3】 Thoms. 小绢菊属 Asteraceae 菊科 [MD-586] 全球 (1) 大洲分布及种数(cf. 1)◆亚洲
Nanothecium【3】 Dixon & P.de la Varde 印度灰藓属 Hypnaceae 灰藓科 [B-189] 全球 (1) 大洲分布及种数(1)◆亚洲
Nanozostera【3】 Toml. & Posl. 海神草属 ← **Zostera** Zosteraceae 大叶藻科 [MM-612] 全球 (6) 大洲分布及种数(1)非洲:2;亚洲:2;大洋洲:2;欧洲:2;北美洲:2;南美洲:2
Nansiatum Miq. = **Natsiatum**
Nanurus C.Presl = **Lathyrus**
Nanus Mill. = **Arabis**
Nanuza【3】 L.B.Sm. & Ayensu 扇若翠属 ← **Vellozia** Velloziaceae 翡若翠科 [MM-704] 全球 (1) 大洲分布及种数(1-3)◆南美洲(◆巴西)
Napaea【3】 L. 林葵属 → **Abutilon;Phinaea** Malvaceae 锦葵科 [MD-203] 全球 (1) 大洲分布及种数(1)◆北美洲(◆美国)
Napalxochia Britton & Rose = **Nopalxochia**
Napata L. = **Napaea**
Napea Crantz = **Neea**
Napeanthus【3】 Gardner 莲岩桐属 → **Amalophyllon;Episcia;Oxalis** Gesneriaceae 苦苣苔科 [MD-549] 全球 (6)大洲分布及种数(16)非洲:7;亚洲:2-9;大洋洲:7;欧洲:7;北美洲:6-13;南美洲:15-22
Napellus Rupp. = **Aconitum**
Napeodendron Ridl. = **Walsura**
Napimoga Aubl. = **Weinmannia**
Napina Frič = **Thelocactus**
Napodytes Steiner = **Apodytes**
Napoea Hill = **Napaea**
Napoleona Beauv. = **Napoleonaea**
Napoleonaea【3】 P.Beauv. 围裙花属 Napoleonaeaceae 围裙花科 [MD-272] 全球 (1) 大洲分布及种数(13-18)◆非洲
Napoleonaeaceae【3】A.Rich. 围裙花科 [MD-272] 全球

N

(1) 大洲分布和属种数(1/13-18)◆非洲
Napoleonea P.Beauv. = **Napoleonaea**
Napr Mill. = **Brassica**
Naprepa Dyar = **Napaea**
Napus K.F.Schimp. & Spenn. = **Brassica**
Naravel Adans. = **Clematis**
Naravelia【3】Adans. 锡兰莲属 ← **Atragene** Ranunculaceae 毛茛科 [MD-38] 全球 (1) 大洲分布及种数(7-9)◆亚洲
Narbalia Raf. = **Prenanthes**
Narcetes Raf. = **Comastoma**
Narceus L. = **Nardus**
Narcibularia H.R.Wehrh. = **Narcissus**
Narcissaceae A.Juss. = Amaryllidaceae
Narcissi Juss. = **Narcissus**
Narcissi L. = **Narcissus**
Narcissia Sladen = **Narcissus**
Narcissoleucojum Ort. = **Strumaria**
Narcisso-leucojum Ort. = **Matthiola**
Narcissos St.Lag. = **Narcissus**
Narcissulus Fabr. = **Leucojum**
Narcissulus L. = **Narcissus**
Narcissus (A.Fern.) D.A.Webb = **Narcissus**
Narcissus【3】L. 水仙属 ≒ **Tapinanthus;Ismene** Amaryllidaceae 石蒜科 [MM-694] 全球 (6) 大洲分布及种数(147-223;hort.1;cult: 41)非洲:42-106;亚洲:75-146;大洋洲:17-76;欧洲:134-207;北美洲:30-91;南美洲:57
Narda Vell. = **Strychnos**
Nardaceae Link = Poaceae
Nardeae Rchb. = **Nardia**
Nardia【3】Y.H.Wu & C.Gao 被蒴苔属 ≒ **Alicularia; Solenostoma** Jungermanniaceae 叶苔科 [B-38] 全球 (6) 大洲分布及种数(18-19)非洲:4-19;亚洲:15-29;大洋洲:14;欧洲:4-18;北美洲:6-20;南美洲:3-17
Nardiaceae Müll.Hal. = Nandinaceae
Nardinae Kromb. = **Nardia**
Nardiocalyx Lindb. ex Jørg. = **Gymnomitrion**
Nardophyllum【3】Hook. & Arn. 甘松菀属 → **Aster; Gochnatia;Paleaepappus** Asteraceae 菊科 [MD-586] 全球 (1) 大洲分布及种数(8-11)◆南美洲
Nardosmia【2】Cass. 蜂斗菜属 ← **Petasites** Asteraceae 菊科 [MD-586] 全球 (2) 大洲分布及种数(cf.2) 亚洲;欧洲
Nardostachys【3】DC. 甘松属 → **Patrinia** Caprifoliaceae 忍冬科 [MD-510] 全球 (1) 大洲分布及种数(1-2)◆亚洲
Narduroides【2】Rouy 披碱草属 ← **Brachypodium; Elymus** Poaceae 禾本科 [MM-748] 全球 (2) 大洲分布及种数(1) 亚洲;欧洲
Nardurus【2】Rchb. 垫禾草属 ← **Vulpia;Festulolium** Poaceae 禾本科 [MM-748] 全球 (3) 大洲分布及种数(cf.) 非洲;亚洲;欧洲
Nardus【3】L. 沼垫草属 → **Ctenium;Psilurus; Andropogon** Poaceae 禾本科 [MM-748] 全球 (6) 大洲分布及种数(2)非洲:1-6;亚洲:1-6;大洋洲:1-6;欧洲:1-6;北美洲:1-6;南美洲:5
Nare Raf. = **Randia**
Narega Raf. = **Randia**
Naregamia【3】Wight & Arn. 杜楝属 ← **Turraea** Meliaceae 楝科 [MD-414] 全球 (1) 大洲分布及种数(1-2)◆亚洲
Narella Studer = **Nassella**
Narenga Bor = **Saccharum**
Narenqa Burkill = **Saccharum**
Nargedia【3】Bedd. 藏药木属 ← **Hyptianthera** Rubiaceae 茜草科 [MD-523] 全球 (1) 大洲分布及种数(cf.1)◆亚洲
Narica Raf. = **Spiranthes**
Naringi Adans. = **Hesperethusa**
Narke Vell. = **Strychnos**
Narketis Raf. = **Swertia**
Naroma L. = **Nama**
Naron Medik. = **Moraea**
Narona Medik. = **Aristea**
Narope Medik. = **Aristea**
Narraga Constance & Cannon = **Naufraga**
Nartheciaceae【3】Fr. ex Bjurzon 沼金花科 [MM-618] 全球 (6) 大洲分布和属种数(1;hort. & cult.1)(2-5;hort. & cult.2)非洲:1/3;亚洲:1/3;大洋洲:1/3;欧洲:1/3;北美洲:1/2-5;南美洲:1/3
Narthecium Gerard = **Narthecium**
Narthecium【3】Huds. 沼金花属 ← **Anthericum** Nartheciaceae 沼金花科 [MM-618] 全球 (6) 大洲分布及种数(9-11)非洲:1-2;亚洲:4-6;大洋洲:1;欧洲:3-6;北美洲:4-5;南美洲:1
Narthex Falc = **Ferula**
Narukila Adans. = **Pontederia**
Narum Adans. = **Uvaria**
Narvalina【3】Cass. 软翼菊属 → **Cyathomone; Ericentrodea** Asteraceae 菊科 [MD-586] 全球 (1) 大洲分布及种数(1-2)◆北美洲
Narvelia Link = **Naravelia**
Nasa【3】Weigend 偏刺莲花属 ← **Caiophora;Loasa; Navia** Loasaceae 刺莲花科 [MD-435] 全球 (6) 大洲分布及种数(106)非洲:17;亚洲:1-18;大洋洲:17;欧洲:2-19;北美洲:5-22;南美洲:97-119
Nasaea L. = **Napaea**
Nasauvia Vell. = **Allophylus**
Nascus Juss. = **Nastus**
Nashara auct. = **Nashia**
Nashia【3】Millsp. 凤鞭草属 ← **Lippia;Solenostoma** Verbenaceae 马鞭草科 [MD-556] 全球 (1) 大洲分布及种数(6-8)◆北美洲
Nasmrtium Mill. = **Nasturtium**
Nasmythia Huds. = **Eriocaulon**
Naso Weigend = **Nasa**
Nasonia Lindl. = **Fernandezia**
Nassaria Vell. = **Allophylus**
Nassarina Vell. = **Allophylus**
Nassauvia【3】Comm. ex Juss. 玉露菊属 → **Triptilion; Acanthophyllum** Asteraceae 菊科 [MD-586] 全球 (1) 大洲分布及种数(44-55)◆南美洲(◆智利)
Nassauviaceae Burm. = Asteliaceae
Nassauvieae Cass. = **Nassauvia**
Nassavia Spreng. = **Allophylus**
Nassawia Lag. = **Nassauvia**
Nassella【3】(Trin.) Desv. 侧针茅属 ← **Agrostis;Milium;Stipa** Poaceae 禾本科 [MM-748] 全球 (1) 大洲分布

及种数(125-126)◆南美洲
Nassiaceae Juss. ex Dum. = Nyssaceae
Nastanthus【3】 Miers 萼头花属 ≒ **Boopis** Calyceraceae 萼角花科 [MD-594] 全球 (1) 大洲分布及种数(6)◆南美洲
Nasteae Keng f. = **Nysseae**
Nastra Mabille = **Nasa**
Nastrutium Endl. = **Thlaspi**
Nastuntium Mill. = **Nasturtium**
Nasturium Mill. = **Nasturtium**
Nasturtiastrum Gillet & Magne = **Lepidium**
Nasturtio Mill. = **Nasturtium**
Nasturtioides Medik. = **Lepidium**
Nasturtiolum Gray = **Hornungia**
Nasturtiolum Medik. = **Coronopus**
Nasturtiopsis【2】 Boiss. 蔊菜属 ← **Nasturtium; Sisymbrium;Rorippa** Brassicaceae 十字花科 [MD-213] 全球 (2) 大洲分布及种数(uc)非洲;亚洲
Nasturtium【3】W.T.Aiton 豆瓣菜属 ≒ **Arabis;Sibara** Brassicaceae 十字花科 [MD-213] 全球 (6) 大洲分布及种数(13-19)非洲:2-23;亚洲:8-31;大洋洲:1-22;欧洲:3-24;北美洲:5-27;南美洲:1-22
Nastus Dioscorides ex Lunell = **Nastus**
Nastus【2】 Juss. 狭叶竹属 ≒ **Chrysothamnus; Arundinaria** Poaceae 禾本科 [MM-748] 全球 (4) 大洲分布及种数(23-28)非洲:20-22;亚洲:7-10;大洋洲:8-9;南美洲:2-3
Natada Hochst. = **Bersama**
Natalanthe Sond. = **Tricalysia**
Natalia Hochst. = **Bersama**
Natalis Hochst. = **Bersama**
Natasia Hochst. = **Bersama**
Nathaliela B.Fedtsch. = **Nathaliella**
Nathaliella【3】 B.Fedtsch. 石玄参属 ← **Oreosolen** Scrophulariaceae 玄参科 [MD-536] 全球 (1) 大洲分布及种数(cf. 1)◆东亚(◆中国)
Nathusia Hochst. = **Myrica**
Natrix Mönch = **Ononis**
Natschia Bubani = **Nardus**
Natsiatopsis【3】 Kurz 麻核藤属 Icacinaceae 茶茱萸科 [MD-450] 全球 (1) 大洲分布及种数(1-2)◆东亚(◆中国)
Natsiatum【3】 Buch.Ham. ex Arn. 薄核藤属 → **Hosiea;Iodes** Icacinaceae 茶茱萸科 [MD-450] 全球 (1) 大洲分布及种数(2-4)◆亚洲
Nauchea Descourt. = **Clitoria**
Nauclea Korth. = **Nauclea**
Nauclea【3】 L. 乌檀属 ≒ **Pertusadina** Naucleaceae 乌檀科 [MD-522] 全球 (1) 大洲分布及种数(8-10)◆亚洲
Naucleaceae【3】Wernh. 乌檀科 [MD-522] 全球 (6) 大洲分布和属种数(1;hort. & cult.1)(8-51;hort. & cult.2-4) 非洲:1/1;亚洲:1/8-10;大洋洲:1/1-2;欧洲:1/1;北美洲:1/1;南美洲:1/1
Naucleeae Kostel. = **Nauclea**
Naucleopsis【3】 Miq. 番箭毒木属 ← **Brosimum;Ficus** Moraceae 桑科 [MD-87] 全球 (1) 大洲分布及种数(26)◆南美洲
Naucorephes Raf. = **Coccoloba**
Naudinia【3】 Planch. & Linden 褐鳞木属 ← **Astronia; Melastoma;Lomanodia** Rutaceae 芸香科 [MD-399] 全球 (1) 大洲分布及种数(1)◆南美洲
Naudiniella Krasser = **Astronia**
Nauenburgia Willd. = **Flaveria**
Nauenia Klotzsch = **Lacaena**
Naufraga【3】 Constance & Cannon 碎舟草属 Apiaceae 伞形科 [MD-480] 全球 (1) 大洲分布及种数(1)◆欧洲
Naugleara【-】 auct. 兰科属 Orchidaceae 兰科 [MM-723] 全球 (uc) 大洲分布及种数(uc)
Naumannia Warb. = **Satyria**
Naumbergia Mönch = **Anagallis**
Naumburgia Mönch = **Lysimachia**
Nauplius Cass. = **Asteriscus**
Nautea Noronha = **Tectona**
Nautilocalyx【3】 Linden ex Hanst. 紫凤草属 ← **Achimenes;Drymonia** Gesneriaceae 苦苣苔科 [MD-549] 全球 (1) 大洲分布及种数(51-62)◆南美洲
Nautocalyx Linden = **Nautilocalyx**
Nautochilus Bremek. = **Ocimum**
Nautonia【3】 Decne. 诺东萝藦属 Apocynaceae 夹竹桃科 [MD-492] 全球 (1) 大洲分布及种数(1)◆南美洲
Nautophylla Guillaumin = **Logania**
Navaea Webb & Berthel. = **Lavatera**
Navajoa (Croizat) L.D.Benson = **Pediocactus**
Navanax Webb & Berthel. = **Abutilon**
Navarettia R.Hedw. = **Polemonium**
Navarretia【3】 Ruiz & Pav. 针插草属 → **Collomia; Polemonium;Microgilia** Polemoniaceae 花荵科 [MD-481] 全球 (6) 大洲分布及种数(47-63;hort.1)非洲:46;亚洲:1-48;大洋洲:1-47;欧洲:3-49;北美洲:45-101;南美洲:2-51
Navenia Benth. & Hook.f. = **Lacaena**
Navia Mart. ex Schult.f. = **Navia**
Navia【3】 Schult.f. 聚星凤梨属 → **Brewcaria; Cryptanthus;Dyckia** Bromeliaceae 凤梨科 [MM-715] 全球 (1) 大洲分布及种数(106-116)◆南美洲(◆巴西)
Navicula Alef. = **Arachis**
Navicularia Fabr. = **Sideritis**
Navicularia Raddi = **Ichnanthus**
Navidura Alef. = **Lathyrus**
Navifusa Alef. = **Arachis**
Navipomoea (Roberty) Roberty = **Xenostegia**
Navira Piacentini & Grismado = **Navia**
Naxos L. = **Najas**
Nayariophyton【3】 T.K.Paul 枣叶槿属 ← **Kydia;Dicellostyles** Malvaceae 锦葵科 [MD-203] 全球 (1) 大洲分布及种数(cf. 1)◆亚洲
Nayas Neck. = **Nasa**
Nazca Adans. = **Aira**
Nazia Adans. = **Tragus**
Nazieae Hitchc. = **Tragus**
Nazus L. = **Nardus**
Ncuracanthus Nees = **Neuracanthus**
Neacerea Salisb. = **Pancratium**
Neacroporium Z.Iwats. & Nog. = **Isocladiella**
Neactelis Raf. = **Helianthus**
Neaea Juss. = **Neea**
Neaera Salisb. = **Stenomesson**
Nealchornea【3】 Huber 聚蕊戟属 Euphorbiaceae 大戟科 [MD-217] 全球 (1) 大洲分布及种数(2)◆南美洲

N

Neallodia Britton & Rose = **Neolloydia**
Nealo Sol. ex Seem. = **Meryta**
Nealotus Johnson = **Neanotis**
Nealyda Hering = **Neamyza**
Neamia Britton & Rose = **Selenicereus**
Neamyza 【3】 Van Tiegh. 桑寄生属 ≒ **Loranthus** Loranthaceae 桑寄生科 [MD-415] 全球 (1) 大洲分布及种数(cf. 1)◆大洋洲(◆密克罗尼西亚)
Neanotis (Schltdl. ex Hook.f.) W.H.Lewis = **Neanotis**
Neanotis 【3】 W.H.Lewis 新耳草属 ← **Anotis** Rubiaceae 茜草科 [MD-523] 全球 (6) 大洲分布及种数(36-38)非洲:10-12;亚洲:33-38;大洋洲:5-7;欧洲:1-3;北美洲:8-10;南美洲:6-8
Neanthe O.F.Cook = **Eudema**
Neara Sol. ex Seem. = **Meryta**
Neardua Sol. ex Seem. = **Aralia**
Neasellus Rupp. = **Aconitum**
Neasura Salisb. = **Stenomesson**
Neatostema 【2】 I.M.Johnst. 低蕊紫草属 ← **Lithospermum** Boraginaceae 紫草科 [MD-517] 全球 (4) 大洲分布及种数(2)非洲:1;亚洲:1;大洋洲:1;欧洲:1
Neaxia Ö.Nilsson = **Neopaxia**
Neba Ruiz & Pav. = **Neea**
Nebela Neck. = **Nebelia**
Nebelia 【3】 Neck. 绒头花属 ← **Brunia** Bruniaceae 绒球花科 [MD-336] 全球 (1) 大洲分布及种数(7-10)◆非洲(◆南非)
Neblinaea 【3】 Maguire & Wurdack 桐菊木属 Asteraceae 菊科 [MD-586] 全球 (1) 大洲分布及种数(1)◆南美洲
Neblinagena Spangler = **Neblinaea**
Neblinantha 【3】 Maguire 尼布龙胆属 Gentianaceae 龙胆科 [MD-496] 全球 (1) 大洲分布及种数(2)◆南美洲
Neblinanthera 【3】 Wurdack 橙蕊号丹属 Melastomataceae 野牡丹科 [MD-364] 全球 (1) 大洲分布及种数(1)◆南美洲
Neblinaria Maguire = **Bonnetia**
Neblinathamnus 【3】 Steyerm. 尼布茜属 Rubiaceae 茜草科 [MD-523] 全球 (1) 大洲分布及种数(2)◆南美洲
Nebo Noronha ex Choisy = **Neea**
Nebra Noronha ex Choisy = **Neea**
Nebria Nor. ex Choisy = **Neea**
Nebridia A.Rich. = **Amaioua**
Nebris Schreb. = **Brasenia**
Nebropsis Raf. = **Aesculus**
Nebrownia P. & K. = **Schismatoglottis**
Neca R.Hedw. = **Brunia**
Necalistis Raf. = **Ficus**
Necepsia 【3】 Prain 尖药桐属 ← **Alchornea** Euphorbiaceae 大戟科 [MD-217] 全球 (1) 大洲分布及种数(3)◆非洲
Nechamandra 【3】 Planch. 虾子菜属 ← **Lagarosiphon;Vallisneria** Hydrocharitaceae 水鳖科 [MM-599] 全球 (1) 大洲分布及种数(cf. 1)◆亚洲
Neckera (Brid.) Kindb. = **Neckera**
Neckera 【3】 Hedw. 平藓属 ≒ **Homaliadelphus; Pinnatella** Neckeraceae 平藓科 [B-204] 全球 (6) 大洲分布及种数(161) 非洲:27;亚洲:76;大洋洲:9;欧洲:17;北美洲:39;南美洲:39
Neckeraceae 【3】 Schimp. 平藓科 [B-204] 全球 (5) 大洲分布和属种数(33/621)亚洲:24/276;大洋洲:15/75;欧洲:15/60;北美洲:20/137;南美洲:13/171
Neckeradelphus 【3】 Mitten 异平藓属 ≒ **Neckera** Neckeraceae 平藓科 [B-204] 全球 (1) 大洲分布及种数(2)◆东亚(◆中国)
Neckeria J.F.Gmel. = **Corydalis**
Neckerites 【-】 Ignatov & Perkovsky 平藓科属 Neckeraceae 平藓科 [B-204] 全球 (uc) 大洲分布及种数(uc)
Neckeropsis (Broth.) M.Fleisch. = **Neckeropsis**
Neckeropsis 【3】 Reichardt 拟平藓属 Neckeraceae 平藓科 [B-204] 全球 (6) 大洲分布及种数(38) 非洲:12;亚洲:23;大洋洲:7;欧洲:3;北美洲:5;南美洲:9
Neckia 【3】 Korth. 苞轴莲木属 Ochnaceae 金莲木科 [MD-104] 全球 (1) 大洲分布及种数(uc)属分布和种数(uc)◆亚洲
Neco Ruiz & Pav. = **Neea**
Necramium 【3】 Britton 特立尼达野牡丹属 Melastomataceae 野牡丹科 [MD-364] 全球 (1) 大洲分布及种数(1)◆北美洲
Necranium Hook.f. = **Mecranium**
Necranthus 【3】 Gilli 亚洲列当属 Orobanchaceae 列当科 [MD-552] 全球 (1) 大洲分布及种数(uc)属分布和种数(uc)◆亚洲
Nectalisma (Raf.) Fourr. = **Luronium**
Nectandra P.J.Bergius = **Nectandra**
Nectandra 【3】 Rol. ex Rottb. 蜜樟属 ≒ **Passerina** Lauraceae 樟科 [MD-21] 全球 (6) 大洲分布及种数(127-152)非洲:2;亚洲:13-15;大洋洲:2;欧洲:2;北美洲:45-48;南美洲:110-129
Nectarinia Choisy = **Nyctaginia**
Nectarobothrium Ledeb. = **Printzia**
Nectaropetalaceae Exell & Mendonça = Fouquieriaceae
Nectaropetalum 【3】 Engl. 合柱古柯属 ≒ **Pinacopodium** Erythroxylaceae 古柯科 [MD-319] 全球 (1) 大洲分布及种数(8-9)◆非洲
Nectaroscilla Pari. = **Scilla**
Nectaroscordum 【2】 Lindl. 蜜腺韭属 ← **Allium** Amaryllidaceae 石蒜科 [MM-694] 全球 (5) 大洲分布及种数(2)非洲:cf.1;亚洲:cf.1;大洋洲:cf.1;欧洲:cf.1;北美洲:cf.1
Nectolis Raf. = **Toisusu**
Nectomys Raf. = **Toisusu**
Nectopix Raf. = **Salix**
Nectouxia DC. = **Nectouxia**
Nectouxia 【3】 Kunth 臭叶茄属 → **Morettia** Solanaceae 茄科 [MD-503] 全球 (1) 大洲分布及种数(1)◆北美洲
Nectriac Schreb. = **Cabomba**
Nectrie Schreb. = **Cabomba**
Nectriop Schreb. = **Cabomba**
Nectris Schreb. = **Villarsia**
Nectusion Raf. = **Toisusu**
Necyria G.A.Scop. = **Adlumia**
Nedenia Clarke = **Nivenia**
Neea 【3】 Ruiz & Pav. 黑牙木属 → **Daphnopsis;Nesaea** Nyctaginaceae 紫茉莉科 [MD-107] 全球 (1) 大洲分布及种数(78-93)◆北美洲(◆危地马拉)
Neeaea Pöpp. & Endl. = **Neea**
Neeania Raf. = **Neea**

Needhamella Ulmer = **Needhamiella**
Needhamia Cass. = **Tephrosia**
Needhamia R.Br. = **Needhamiella**
Needhamiella【3】L.Watson 雪团石南属 Ericaceae 杜鹃花科 [MD-380] 全球 (1) 大洲分布及种数(1)◆大洋洲(◆澳大利亚)
Neella Becc. = **Hydriastele**
Neeopsis【3】Lundell 黑牙木属 ≒ **Neea** Nyctaginaceae 紫茉莉科 [MD-107] 全球 (1) 大洲分布及种数(1)◆北美洲
Neeragrostis【3】Bush 画眉草属 ← **Eragrostis** Poaceae 禾本科 [MM-748] 全球 (1) 大洲分布及种数(1)◆北美洲
Neerija Roxb. = **Elaeodendron**
Neesenbeckia【3】Levyns 长序莎属 ← **Tetraria** Cyperaceae 莎草科 [MM-747] 全球 (1) 大洲分布及种数(1)◆非洲(◆南非)
Neesia【3】Bl. 毛榴梿属 ≒ **Blumea;Esenbeckia** Bombacaceae 木棉科 [MD-201] 全球 (1) 大洲分布及种数(2-13)◆亚洲
Neesiella【-】Schiffn. 疣冠苔科属 ≒ **Mannia;Andrographis** Aytoniaceae 疣冠苔科 [B-9] 全球 (uc) 大洲分布及种数(uc)
Neesiochloa【3】Pilg. 匍茎画眉草属 ← **Briza** Poaceae 禾本科 [MM-748] 全球 (1) 大洲分布及种数(1)◆南美洲
Neesioscyphus【3】(Stephani) Grolle 伏蒴苔属 Balantiopsaceae 直蒴苔科 [B-37] 全球 (1) 大洲分布及种数(3)◆南美洲(◆巴西)
Neevea Pöpp. & Endl. = **Neea**
Nefflea (Benth.) Spach = **Verbascum**
Nefrakis Raf. = **Hirtella**
Negeriella L.O.Williams = **Nageliella**
Negretia Ruiz & Pav. = **Mucuna**
Negria【3】F.Müll. 轮叶木岩桐属 Gesneriaceae 苦苣苔科 [MD-549] 全球 (1) 大洲分布及种数(1)◆大洋洲
Negripteris【3】Pic.Serm. 非洲凤尾蕨属 ≒ **Aleuritopteris** Adiantaceae 铁线蕨科 [F-35] 全球 (1) 大洲分布及种数(cf. 1)◆非洲
Negundium Raf. = **Parthenocissus**
Negundo Böhm. = **Negundo**
Negundo【3】Mönch 东北槭属 ← **Acer** Sapindaceae 无患子科 [MD-428] 全球 (1) 大洲分布及种数(1-3)◆北美洲
Neidiaceae L. = Nandinaceae
Neillia【3】D.Don 绣线梅属 ← **Spiraea;Linconia;Physocarpus** Rosaceae 蔷薇科 [MD-246] 全球 (1) 大洲分布及种数(18-27)◆亚洲
Neilliaceae Miq. = Nandinaceae
Neillieae Maxim. = **Neillia**
Neilo Schwantes = **Nelia**
Neilreichia B.D.Jacks = **Carex**
Neilreichia Fenzl = **Schistocarpha**
Neiosperma L. = **Ochrosia**
Neippergia C.Morr. = **Acineta**
Neirembergia Ruiz & Pav. = **Bouchetia**
Neisandra Raf. = **Symplocos**
Neisosperma【3】Raf. 大洋洲夹竹桃属 ← **Ochrosia;Orobanche** Apocynaceae 夹竹桃科 [MD-492] 全球 (1) 大洲分布及种数(8-11)◆大洋洲
Neithea Ravenna = **Eithea**
Neja【-】D.Don 菊科属 ≒ **Podocoma** Asteraceae 菊科 [MD-586] 全球 (uc) 大洲分布及种数(uc)
Nekemias Raf. = **Ampelopsis**
Nelanaregam Adans. = **Naregamia**
Nelanaregum P. & K. = **Naregamia**
Neleixa Raf. = **Faramea**
Nelensia Poir. = **Enslenia**
Nelia【3】Schwantes 玉舫花属 Aizoaceae 番杏科 [MD-94] 全球 (1) 大洲分布及种数(3)◆非洲(◆南非)
Nelima Canestrini = **Nelia**
Nelipus Raf. = **Utricularia**
Nelitria Spreng. = **Timonius**
Nelitris Gaertn. = **Timonius**
Nelitris Spreng. = **Decaspermum**
Nellia Busk = **Neillia**
Nellica Raf. = **Phyllanthus**
Nelmesia【3】Van der Veken 黑拂草属 Cyperaceae 莎草科 [MM-747] 全球 (1) 大洲分布及种数(1)◆非洲
Nelsia【3】Schinz 羽毛苋属 → **Kyphocarpa;Sericocomopsis** Amaranthaceae 苋科 [MD-116] 全球 (1) 大洲分布及种数(1-3)◆非洲
Nelsoni R.Br. = **Nelsonia**
Nelsonia【2】R.Br. 瘤子草属 ← **Ruellia** Acanthaceae 爵床科 [MD-572] 全球 (5) 大洲分布及种数(5)非洲:3;亚洲:2;大洋洲:2;北美洲:1;南美洲:1
Nelsoniaceae Sreem. = Dicrastylidaceae
Nelsonianthus【3】H.Rob. & Brettell 千里光属 ≒ **Senecio** Asteraceae 菊科 [MD-586] 全球 (1) 大洲分布及种数(2)◆北美洲
Neltuma Raf. = **Prosopis**
Nelumbago (Tourn.) Adans. = **Nelumbo**
Nelumbium【2】Juss. 莲属 ≒ **Nelumbo** Nelumbonaceae 莲科 [MD-34] 全球 (4) 大洲分布及种数(1) 亚洲:1;欧洲:1;北美洲:1;南美洲:1
Nelumbo【3】Adans. 莲属 ≒ **Nelumbium;Nymphaea** Nelumbonaceae 莲科 [MD-34] 全球 (6) 大洲分布及种数(3)非洲:1-3;亚洲:2-4;大洋洲:2;欧洲:1-3;北美洲:2-4;南美洲:1-3
Nelumbonaceae【3】A.Rich. 莲科 [MD-34] 全球 (6) 大洲分布和属种数(1;hort. & cult.1)(2-11;hort. & cult.2)非洲:1/1-3;亚洲:1/2-4;大洋洲:1/2;欧洲:1/1-3;北美洲:1/2-4;南美洲:1/1-3
Nemacaulis【3】Nutt. 绒头蓼属 Polygonaceae 蓼科 [MD-120] 全球 (1) 大洲分布及种数(1-3)◆北美洲
Nemacianthus D.L.Jones & M.A.Clem. = **Liparis**
Nemacladaceae【3】Nutt. 丝枝参科 [MD-562] 全球 (1) 大洲分布和属种数(1/18-20)◆北美洲
Nemacladus【3】Nutt. 线枝草属 → **Parishella;Pseudonemacladus** Nemacladaceae 丝枝参科 [MD-562] 全球 (1) 大洲分布及种数(18-20)◆北美洲
Nemaconia【-】Knowles & Westc. 兰科属 ≒ **Ponera** Orchidaceae 兰科 [MM-723] 全球 (uc) 大洲分布及种数(uc)
Nemallosis Raf. = **Galium**
Nemaluma Baill. = **Pouteria**
Nemampsis Raf. = **Dracaena**
Nemanema Baill. = **Pouteria**
Nemania N.S.Lý & Škorničk. = **Newmania**

N

Nemanthera Raf. = **Xenostegia**
Nemanthus Fourr. = **Anemone**
Nemastachys Steud. = **Microstegium**
Nemastoma Yamada = **Aniseia**
Nemastylis【3】Nutt. 线柱鸢尾属→**Alophia;Moraea; Tigridia** Iridaceae 鸢尾科 [MM-700] 全球 (1) 大洲分布及种数(9-16)◆北美洲(◆美国)
Nemastylis Ravenna = **Nemastylis**
Nemastylus Baker = **Nemastylis**
Nemataceae Broth. = Urticaceae
Nematantha Schröd. = **Nematanthus**
Nematanthera Miq. = **Piper**
Nematanthus Nees = **Nematanthus**
Nematanthus【3】Schröd. 袋鼠花属 → **Alloplectus;Besleria;Kohleria** Gesneriaceae 苦苣苔科 [MD-549] 全球 (1) 大洲分布及种数(38-48)◆南美洲
Nematathus Schröd. = **Nematanthus**
Nemathanthus Schröd. = **Nematanthus**
Nematidium Schlecht. = **Aphyllorchis**
Nematocera Hook.f. = **Corybas**
Nematoceras Hook.f. = **Corybas**
Nematocladia【3】W.R.Buck 拟光藓属 Myriniaceae 拟光藓科 [B-174] 全球 (1) 大洲分布及种数(1)◆北美洲
Nematoda C.E.Hubb. = **Nematopoa**
Nematolepis【3】Turcz. 鳞南香属←**Eriostemon;Phebalium;Rhadinothamnus** Rutaceae 芸香科 [MD-399] 全球 (1) 大洲分布及种数(6-8)◆大洋洲(◆澳大利亚)
Nematoloma C.E.Hubb. = **Nematopoa**
Nematoma C.E.Hubb. = **Nematopoa**
Nematopera Kunze = **Nematopoa**
Nematophyllum F.Müll = **Templetonia**
Nematopoa【3】C.E.Hubb. 线叶禾属←**Crinipes;Triraphis** Poaceae 禾本科 [MM-748] 全球 (1) 大洲分布及种数(1)◆非洲
Nematopogon (A.DC.) Bureau & K.Schum. = **Digomphia**
Nematopsis Miq. = **Oenothera**
Nematopteris【3】Alderw. 线槲蕨属 ← **Scleroglossum** Polypodiaceae 水龙骨科 [F-60] 全球 (1) 大洲分布及种数(uc)属分布和种数(uc)◆亚洲
Nematopyxis Miq. = **Ludwigia**
Nematoscelis Hook.f. = **Nematostylis**
Nematosciadium H.Wolff = **Arracacia**
Nematospermum Rich. = **Lacistema**
Nematostemma Choux = **Cynanchum**
Nematostigma A.Dietr. = **Libertia**
Nematostigma Benth. & Hook.f. = **Gironniera**
Nematostoma Choux = **Adelostemma**
Nematostylis【3】Hook.f. 线柱茜属←**Alberta;Pavetta;Sessilanthera** Rubiaceae 茜草科 [MD-523] 全球 (1) 大洲分布及种数(1)◆非洲
Nematuris Turcz. = **Vincetoxicum**
Nemauchenes Cass. = **Crepis**
Nemaulax Raf. = **Albuca**
Nemausa Baill. = **Planchonella**
Nemcia【3】Domin 雪蝶豆属←**Oxylobium** Fabaceae3 蝶形花科 [MD-240] 全球 (1) 大洲分布及种数(1-3)◆大洋洲(◆澳大利亚)
Nemedra A.Juss. = **Aglaia**
Nemelaia【-】Raf. 报春花科属 Primulaceae 报春花科 [MD-401] 全球 (uc) 大洲分布及种数(uc)
Nemepiodon Raf. = **Pancratium**
Nemepis Raf. = **Cuscuta**
Nemesia【3】Vent. 龙面花属←**Antirrhinum;Smilax** Scrophulariaceae 玄参科 [MD-536] 全球 (1) 大洲分布及种数(54-66)◆非洲
Nemesis Risso = **Nemesia**
Nemetis Raf. = **Cuscuta**
Nemexia Raf. = **Smilax**
Nemia Bergius = **Manulea**
Nemitis Raf. = **Apteria**
Nemocharis Beurl. = **Scirpus**
Nemochloa Nees = **Nomochloa**
Nemoctis Raf. = **Lachnaea**
Nemodaphne Meisn. = **Phoebe**
Nemodon Griff. = **Lepistemon**
Nemolepis E.Vilm. = **Heliopsis**
Nemopanthes【3】Raf. 枸冬青属 ≒ **Nemopanthus** Aquifoliaceae 冬青科 [MD-438] 全球 (1) 大洲分布及种数(1)◆北美洲
Nemopanthus【3】Raf. 枸冬青属 ← **Ilex;Labatia** Aquifoliaceae 冬青科 [MD-438] 全球 (1) 大洲分布及种数(4-9)◆北美洲
Nemophila【3】Nutt. 粉蝶花属←**Phacelia;Pholistoma** Boraginaceae 紫草科 [MD-517] 全球 (1) 大洲分布及种数(14-73)◆北美洲
Nemophilla Buckley = **Nemophila**
Nemopogon Raf. = **Bulbine**
Nemoraea Nieuwl. = **Anemone**
Nemorella Ehrh. = **Nidorella**
Nemoria Fourr. = **Brodiaea**
Nemorilla Fourr. = **Luzula**
Nemorinia Fourr. = **Brodiaea**
Nemosenecio【3】(Kitam.) B.Nord. 羽叶菊属 ← **Senecio** Asteraceae 菊科 [MD-586] 全球 (1) 大洲分布及种数(6-8)◆东亚(◆中国)
Nemosia Vent. = **Nemesia**
Nemostigma Planch. = **Streblus**
Nemostima Raf. = **Aniseia**
Nemostira Raf. = **Convolvulus**
Nemostylis Herb. = **Phuopsis**
Nemoursia Mérat = **Pelargonium**
Nemuaron【3】Baill. 梨果檫属 ← **Doryphora** Atherospermataceae 香皮檫科 [MD-19] 全球 (1) 大洲分布及种数(1-2)◆大洋洲(◆美拉尼西亚)
Nemum Desv. ex Ham. = **Scirpus**
Nemura A.Juss. = **Aglaia**
Nemuranthes Raf. = **Hemipiliopsis**
Nenax【3】Gaertn. 奈纳茜属←**Cliffortia** Rubiaceae 茜草科 [MD-523] 全球 (1) 大洲分布及种数(10-12)◆非洲
Nenga【3】H.Wendl. & Drude 密穗槟榔属←**Areca; Pinanga** Arecaceae 棕榈科 [MM-717] 全球 (1) 大洲分布及种数(3-7)◆亚洲
Nengella Becc. = **Hydriastele**
Nenia Schwantes = **Nelia**
Nenningia Opiz = **Campanula**
Nenteria Wisniewski & Hirschmann = **Nietneria**
Nenufar Hayn ex Petermann = **Nuphar**
Nenuphar Link = **Nuphar**

N

Neoabbottia Britton & Rose = **Leptocereus**
Neoacanthophora Bennet = **Aralia**
Neoachmandra W.J.de Wilde & Duyfjes = **Zehneria**
Neoaeristylis 【-】 Hort. 兰科属 Orchidaceae 兰科 [MM-723] 全球 (uc) 大洲分布及种数(uc)
Neoalsomitra 【3】 Hutch. 棒锤瓜属 ← **Alsomitra; Zanonia** Cucurbitaceae 葫芦科 [MD-205] 全球 (6) 大洲分布及种数(16)非洲:2-3;亚洲:13-14;大洋洲:6-7;欧洲:1;北美洲:1-2;南美洲:1
Neoancistrophyllum Rauschert = **Laccosperma**
Neoapaloxylon 【3】 Rauschert 槭果豆属 Fabaceae 豆科 [MD-240] 全球 (1) 大洲分布及种数(3)◆非洲(◆马达加斯加)
Neo-aridaria 【-】 A.G.J.Herre 番杏科属 Aizoaceae 番杏科 [MD-94] 全球 (uc) 大洲分布及种数(uc)
Neoastelia 【3】 J.B.Williams 多星草属 Asteliaceae 聚星草科 [MM-635] 全球 (1) 大洲分布及种数(1)◆大洋洲(◆澳大利亚)
Neoastieria J.B.Williams = **Neoastelia**
Neoathyrium Ching & Z.R.Wang = **Cornopteris**
Neoaulacolepis Rauschert = **Aniselytron**
Neob Salisb. = **Hosta**
Neobaclea 【3】 Hochr. 巴氏锦葵属 ← **Sida** Malvaceae 锦葵科 [MD-203] 全球 (1) 大洲分布及种数(1)◆南美洲
Neobagous Keng ex Keng f. = **Acidosasa**
Neobakeria Schltr. = **Daubenya**
Neobala Kramer = **Neobaclea**
Neobalanocarpus 【3】 P.S.Ashton 栎果香属 ≒ **Hopea** Dipterocarpaceae 龙脑香科 [MD-173] 全球 (1) 大洲分布及种数(cf. 1)◆亚洲
Neobalbis Keng ex Keng f. = **Arundinaria**
Neobambus Keng ex Keng f. = **Arundinaria**
Neobarbella 【3】 Nog. 新悬藓属 Lembophyllaceae 船叶藓科 [B-205] 全球 (1) 大洲分布及种数(2)◆亚洲
Neobarbula Dusén = **Hennediella**
Neobaronia Baker = **Phylloxylon**
Neobaronian (Baker) Taub. = **Phylloxylon**
Neobartlettia R.M.King & H.Rob. = **Palmorchis**
Neobartsia Uribe-Convers & Tank = **Neobassia**
Neobassia 【3】 A.J.Scott 澳藜属 ← **Sclerolaena; Threlkeldia** Amaranthaceae 苋科 [MD-116] 全球 (1) 大洲分布及种数(2)◆大洋洲
Neobathiea 【3】 Schltr. 马岛兰属 ← **Aeranthes; Mystacidium** Orchidaceae 兰科 [MM-723] 全球 (1) 大洲分布及种数(6-7)◆非洲
Neobatopus auct. = **Angianthus**
Neobaumannia Hutch. & Dalziel = **Knoxia**
Neobeckia 【3】 Greene 蔊菜属 ← **Rorippa** Brassicaceae 十字花科 [MD-213] 全球 (1) 大洲分布及种数(2)◆北美洲
Neobeguea 【3】 J.F.Leroy 怀春楝属 Meliaceae 楝科 [MD-414] 全球 (1) 大洲分布及种数(3)◆非洲(◆马达加斯加)
Neobennettia 【3】 Senghas 杉叶兰属 ≒ **Lockhartia** Orchidaceae 兰科 [MM-723] 全球 (1) 大洲分布及种数(uc)◆南美洲
Neobenthamia 【3】 Rolfe 多穗兰属 ≒ **Polystachya** Orchidaceae 兰科 [MM-723] 全球 (1) 大洲分布及种数(uc)属分布和种数(uc)◆非洲(◆坦桑尼亚)
Neobergia E.L.Sm. = **Neobeckia**
Neobergiopsis 【-】 Butcher 凤梨科属 Bromeliaceae 凤梨科 [MM-715] 全球 (uc) 大洲分布及种数(uc)
Neobertiera 【3】 Wernham 新茜属 Rubiaceae 茜草科 [MD-523] 全球 (1) 大洲分布及种数(4)◆南美洲(◆圭亚那)
Neobesseya 【3】 Britton & Rose 雪花球属 ≒ **Escobaria;Coryphantha** Cactaceae 仙人掌科 [MD-100] 全球 (1) 大洲分布及种数(uc)◆北美洲(◆美国)
Neobezzia Spinelli & Felippe-Bauer = **Neobeckia**
Neobhmeria Schltr. = **Daubenya**
Neobia Capuron = **Neotina**
Neobinghamia Backeb. = **Trichocereus**
Neobiondia Pamp. = **Saururus**
Neoblakea 【3】 Standl. 新茜草属 Rubiaceae 茜草科 [MD-523] 全球 (1) 大洲分布及种数(2-3)◆南美洲
Neoblasta Barb.Rodr. = **Geoblasta**
Neoblechnum Gasper & V.A.O.Dittrich = **Blechnum**
Neobolusia 【3】 Schltr. 新波鲁兰属 ← **Brachycorythis** Orchidaceae 兰科 [MM-723] 全球 (1) 大洲分布及种数(4)◆非洲
Neobotrydium Moldenke = **Dysphania**
Neobouteloua 【3】 Gould 新垂穗草属 ← **Bouteloua** Poaceae 禾本科 [MM-748] 全球 (1) 大洲分布及种数(2)◆南美洲
Neoboutonia 【3】 Müll.Arg. 升麻桐属 ← **Conceveiba** Euphorbiaceae 大戟科 [MD-217] 全球 (1) 大洲分布及种数(3)◆非洲
Neoboykinia H.Hara = **Boykinia**
Neobracea 【3】 Britton 布雷斯木属 → **Angadenia; Echites** Apocynaceae 夹竹桃科 [MD-492] 全球 (1) 大洲分布及种数(3-9)◆北美洲
Neobrachyactis 【3】 Brouillet 藏短星菊属 Asteraceae 菊科 [MD-586] 全球 (1) 大洲分布及种数(cf. 1)◆亚洲
Neobreonia C.E.Ridsdale = **Breonia**
Neobrittonia 【3】 Hochr. 新葵属 ← **Abutilon;Sida;** Malvaceae 锦葵科 [MD-203] 全球 (1) 大洲分布及种数(1)◆北美洲
Neobryum R.S.Williams = **Brachymenium**
Neobuchia 【3】 Urb. 海地锦葵属 Malvaceae 锦葵科 [MD-203] 全球 (1) 大洲分布及种数(1)◆北美洲(◆海地)
Neoburttia 【3】 Mytnik,Szlach. & Baranow 岩星兰属 Orchidaceae 兰科 [MM-723] 全球 (1) 大洲分布及种数(uc)属分布和种数(uc)◆非洲
Neobuxbaumia 【3】 Backeb. 勇凤柱属 ← **Cephalocereus; Mitrocereus** Cactaceae 仙人掌科 [MD-100] 全球 (1) 大洲分布及种数(9-10)◆北美洲
Neobyrnesia 【3】 J.A.Armstr. 岩南香属 Rutaceae 芸香科 [MD-399] 全球 (1) 大洲分布及种数(1)◆大洋洲(◆澳大利亚)
Neocabreria 【3】 R.M.King & H.Rob. 毛瓣亮泽兰属 ← **Eupatorium** Asteraceae 菊科 [MD-586] 全球 (1) 大洲分布及种数(6)◆南美洲
Neocaldasia Cuatrec. = **Stifftia**
Neocalliergon 【-】 R.S.Williams 柳叶藓科属 Amblystegiaceae 柳叶藓科 [B-178] 全球 (uc) 大洲分布及种数(uc)
Neocallitropsidaceae Doweld = Cupressaceae
Neocallitropsis 【3】 Florin 灯台柏属 ≒ **Callitropsis** Cupressaceae 柏科 [G-17] 全球 (1) 大洲分布及种数(1)◆

N

大洋洲(◆美拉尼西亚)
Neocalyptrocalyx【3】 Hutch. 山柑属 ≒ **Capparis** Capparaceae 山柑科 [MD-178] 全球 (1) 大洲分布及种数(6)◆南美洲
Neocapparis Cornejo = **Morisonia**
Neocardenasia Backeb. = **Neoraimondia**
Neocardia Standl. = **Merendera**
Neocardotia【3】 Thér. & E.B.Bartram 丛藓科属 Pottiaceae 丛藓科 [B-133] 全球 (1) 大洲分布及种数(1)◆北美洲
Neocarya【3】 (DC.) Prance ex F.White 娑罗李属 ← **Parinari** Chrysobalanaceae 可可李科 [MD-243] 全球 (1) 大洲分布及种数(1-2)◆非洲
Neocaspia Tzvelev = **Vismia**
Neocaste【2】 W.Jasen & J.M.H.Shaw 兰科属 Orchidaceae 兰科 [MM-723] 全球 (1) 大洲分布及种数(uc)◆北美洲
Neocastela Small = **Castela**
Neocautinella Baert = **Neomartinella**
Neocavia Tzvelev = **Noaea**
Neoceis Cass. = **Erechtites**
Neocentema【3】 Schinz 花刺苋属 Amaranthaceae 苋科 [MD-116] 全球 (1) 大洲分布及种数(2)◆非洲
Neochamaelea【3】 (Engl.) Erdtm. 叶柄花属 ← **Cneorum** Rutaceae 芸香科 [MD-399] 全球 (1) 大洲分布及种数(1-2)◆欧洲
Neocheiropteris【3】Christ. 扇蕨属 → **Tricholepidium; Neolepisorus** Polypodiaceae 水龙骨科 [F-60] 全球 (1) 大洲分布及种数(5-8)◆亚洲
Neocheiroptris Christ = **Neocheiropteris**
Neochevaliera A.Chev. & Beille = **Pouteria**
Neochevalierodendron【3】 J.Léonard 新舍瓦豆属 ← **Hymenostegia** Fabaceae 豆科 [MD-240] 全球 (1) 大洲分布及种数(1)◆非洲
Neochilenia【3】 Backeb. 龙爪球属 ≒ **Neoporteria** Cactaceae 仙人掌科 [MD-100] 全球 (1) 大洲分布及种数(1)◆南美洲
Neocinnamomum【3】 H.Liou 新樟属 ← **Cinnamomum;Parasassafras** Lauraceae 樟科 [MD-21] 全球 (1) 大洲分布及种数(5-6)◆亚洲
Neoclemensia【3】 Carr 克莱门斯兰属 Orchidaceae 兰科 [MM-723] 全球 (1) 大洲分布及种数(cf. 1)◆亚洲
Neocleome Small = **Gynandropsis**
Neoclia Gütt. = **Neottia**
Neocodon Kolak. & Serdyuk. = **Campanula**
Neocogniauxia【3】 Schltr. 树兰属 ← **Epidendrum** Orchidaceae 兰科 [MM-723] 全球 (1) 大洲分布及种数(1-2)◆北美洲
Neocollettia【3】 Hemsl. 山蚂蝗属 ← **Desmodium; Teramnus** Fabaceae 豆科 [MD-240] 全球 (1) 大洲分布及种数(cf.1)◆亚洲
Neoconopodium【3】 (Koso-Pol.) Pimenov & Kljuykov 苦伞芹属 Apiaceae 伞形科 [MD-480] 全球 (1) 大洲分布及种数(cf.2) ◆亚洲
Neocouma【3】 Pierre 苦瓜树属 ← **Ambelania;Tabernaemontana;Spiranthes** Apocynaceae 夹竹桃科 [MD-492] 全球 (1) 大洲分布及种数(2)◆南美洲
Neocracca P. & K. = **Coursetia**
Neocribbia Szlach. = **Tridactyle**
Neocryptodiscus Hedge & Lamond = **Prangos**
Neocuatrecasia【3】 R.M.King & H.Rob. 腺苞柄泽兰属 ← **Eupatorium** Asteraceae 菊科 [MD-586] 全球 (1) 大洲分布及种数(12)◆南美洲
Neocupressus de Laub. = **Hesperocyparis**
Neocupropsis【3】 de Laub. 柏木属 ≒ **Cupressus** Cupressaceae 柏科 [G-17] 全球 (1) 大洲分布及种数(cf. 1)◆欧洲
Neocussonia (Harms) Hutch. = **Schefflera**
Neodawsonia Backeb. = **Cephalocereus**
Neodeta L. = **Nepeta**
Neodeutzia (Engl.) Small = **Deutzia**
Neodicladiella【2】 (Nog.) W.R.Buck 新丝藓属 Meteoriaceae 蔓藓科 [B-188] 全球 (2) 大洲分布及种数(2) 亚洲:2;北美洲:1
Neodielsia Harms = **Astragalus**
Neodillenia【3】 Aymard 五桠藤属 Dilleniaceae 五桠果科 [MD-66] 全球 (1) 大洲分布及种数(3)◆南美洲
Neodillonia Germar = **Neodillenia**
Neodilsea Harms = **Astragalus**
Neodiscocactus Y.Itô = **Disocactus**
Neodissochaeta【3】 Bakh.f. 马新野牡丹属 Melastomataceae 野牡丹科 [MD-364] 全球 (1) 大洲分布及种数(uc)属分布和种数(uc)◆东南亚(◆马来西亚)
Neodistemon【3】 Babu & A.N.Henry 双蕊麻属 ≒ **Australina** Urticaceae 荨麻科 [MD-91] 全球 (1) 大洲分布及种数(1)◆亚洲
Neodolichomitra【3】Nog. 新船叶藓属 Hylocomiaceae 塔藓科 [B-193] 全球 (1) 大洲分布及种数(1)◆亚洲
Neodon Raf. = **Leucas**
Neodonnellia Rose = **Tripogandra**
Neodoris Raf. = **Pyrrosia**
Neodregea C.H.Wright = **Wurmbea**
Neodregia Pax & K.Hoffm. = **Wurmbea**
Neodriessenia【3】 M.P.Nayar 新牡丹属 Melastomataceae 野牡丹科 [MD-364] 全球 (1) 大洲分布及种数(1-7)◆亚洲
Neodryas【3】 Rchb.f. 燥兰属 ← **Cyrtochilum** Orchidaceae 兰科 [MM-723] 全球 (1) 大洲分布及种数(5-8)◆南美洲
Neodunnia R.Vig. = **Millettia**
Neodypsis【3】 Baill. 焰轴椰属 Arecaceae 棕榈科 [MM-717] 全球 (1) 大洲分布及种数(1)◆非洲(◆中非)
Neoeplingia【3】 Ramamoorthy,Hiriart & Medrano 新蓝卷木属 Lamiaceae 唇形科 [MD-575] 全球 (1) 大洲分布及种数(uc)属分布和种数(uc)◆北美洲(◆墨西哥)
Neoescobaria Garay = **Helcia**
Neoevansia W.T.Marshall = **Peniocereus**
Neofabricia【3】 Joy Thomps. 金柳梅属 ← **Leptospermum** Myrtaceae 桃金娘科 [MD-347] 全球 (1) 大洲分布及种数(3)◆大洋洲(◆澳大利亚)
Neofadanda【-】 J.M.H.Shaw 兰科属 Orchidaceae 兰科 [MM-723] 全球 (uc) 大洲分布及种数(uc)
Neofadenia【-】 J.M.H.Shaw 兰科属 Orchidaceae 兰科 [MM-723] 全球 (uc) 大洲分布及种数(uc)
Neofidelia Rozen = **Neofinetia**
Neofinetia【3】 Hu 风兰属 ← **Aerides;Oeceoclades**

Orchidaceae 兰科 [MM-723] 全球 (1) 大洲分布及种数(3-5)◆亚洲
Neofranciella Guillaumin = **Atractocarpus**
Neogaerrhinum【3】 Rothm. 北美洲婆婆纳属 ← **Antirrhinum** Plantaginaceae 车前科 [MD-527] 全球 (1) 大洲分布及种数(3)◆北美洲
Neogaillonia Bucharia Lincz. = **Neogaillonia**
Neogaillonia【3】 Lincz. 新加永茜属 ≒ **Gaillonia** Rubiaceae 茜草科 [MD-523] 全球 (1) 大洲分布及种数(cf. 1)◆亚洲
Neogardneria【3】 Schltr. 新嘉兰属 ← **Eulophia; Zygopetalum** Orchidaceae 兰科 [MM-723] 全球 (1) 大洲分布及种数(1)◆南美洲(◆巴西)
Neogaya Meisn. = **Pachypleurum**
Neogene Hübner = **Neogyna**
Neoglaziovia【3】 Mez 长序凤梨属 ← **Dyckia** Bromeliaceae 凤梨科 [MM-715] 全球 (1) 大洲分布及种数(3)◆南美洲(◆巴西)
Neogleasonia Maguire = **Bonnetia**
Neoglossum【-】 auct. 兰科属 Orchidaceae 兰科 [MM-723] 全球 (uc) 大洲分布及种数(uc)
Neogoetzea Pax = **Oreomyrrhis**
Neogoezea Pax = **Oreomyrrhis**
Neogoezia【3】 Hemsl. 格茨草属 ← **Oreomyrrhis** Apiaceae 伞形科 [MD-480] 全球 (1) 大洲分布及种数(5)◆北美洲(◆墨西哥)
Neogomesia Castañeda = **Ariocarpus**
Neogontscharovia【3】 Lincz. 彩花属 ≒ **Acantholimon** Plumbaginaceae 白花丹科 [MD-227] 全球 (1) 大洲分布及种数(cf.3) ◆亚洲
Neogoodenia C.A.Gardner & A.S.George = **Goodenia**
Neograecum【-】 auct. 兰科属 Orchidaceae 兰科 [MM-723] 全球 (uc) 大洲分布及种数(uc)
Neogrollea【3】 E.A.Hodgs. 锦叶苔属 Neogrolleaceae 新片苔科 [B-65] 全球 (1) 大洲分布及种数(cf. 1)◆大洋洲
Neogrolleaceae【3】J.J.Engel & Braggins 新片苔科 [B-65] 全球 (1) 大洲分布和属种数(cf. 1)◆大洋洲
Neoguarea【3】 (Harms) E.J.M.Könen & J.J.de Wilde 非洲桐楝属 Meliaceae 楝科 [MD-414] 全球 (1) 大洲分布及种数(1)◆非洲
Neoguillauminia【3】 Croizat 银梅戟属 ← **Euphorbia** Euphorbiaceae 大戟科 [MD-217] 全球 (1) 大洲分布及种数(1)◆大洋洲(◆美拉尼西亚)
Neogunnia【3】 Pax & K.Hoffm. 蓬番杏属 ≒ **Gunniopsis** Aizoaceae 番杏科 [MD-94] 全球 (1) 大洲分布及种数(uc)◆大洋洲
Neogymnantha【-】 Y.Itô 仙人掌科属 Cactaceae 仙人掌科 [MD-100] 全球 (uc) 大洲分布及种数(uc)
Neogyna【3】 Rchb.f. 新型兰属 ← **Coelogyne;Pleione** Orchidaceae 兰科 [MM-723] 全球 (1) 大洲分布及种数(cf. 1)◆亚洲
Neogyne Rchb.f. = **Neogyna**
Neohallia【3】 Hemsl. 爵床属 ≒ **Justicia** Acanthaceae 爵床科 [MD-572] 全球 (1) 大洲分布及种数(cf. 1)◆北美洲
Neoharmsia【3】 R.Vig. 马岛新豆属 ← **Cadia** Fabaceae 豆科 [MD-240] 全球 (1) 大洲分布及种数(2)◆非洲(◆马达加斯加)
Neohattoria【3】 C.Gao & G.C.Zhang 耳叶苔科属 Frullaniaceae 耳叶苔科 [B-82] 全球 (1) 大洲分布及种数(2)◆亚洲
Neohemsleya【3】 T.D.Penn. 韩斯榄属 Sapotaceae 山榄科 [MD-357] 全球 (1) 大洲分布及种数(1)◆非洲(◆坦桑尼亚)
Neohenricia【3】 L.Bolus 天姬玉属 ← **Mesembryanthemum** Aizoaceae 番杏科 [MD-94] 全球 (1) 大洲分布及种数(2)◆非洲(◆南非)
Neohenrya Hemsl. = **Tylophora**
Neoheppia Zahlbr. = **Aethionema**
Neohintonia【3】 R.M.King & H.Rob. 光柱泽兰属 ← **Eupatorium;Koanophyllon** Asteraceae 菊科 [MD-586] 全球 (1) 大洲分布及种数(cf. 1)◆北美洲
Neohodgsonia【3】 (Pers.) Pers. 叉蒴苔属 ≒ **Hodgsonia** Neohodgsoniaceae 叉蒴苔科 [B-7] 全球 (1) 大洲分布及种数(2)◆亚洲
Neohodgsoniaceae【3】(Pers.) Pers. 叉蒴苔科 [B-7] 全球(3)大洲分布和属种数(1/2)亚洲;大洋洲;南美洲
Neoholmgrenia【3】 W.L.Wagner & Hoch 待晖草属 ≒ **Camissonia** Onagraceae 柳叶菜科 [MD-396] 全球 (1) 大洲分布及种数(2)◆北美洲
Neoholstia Rauschert = **Tannodia**
Neoholubia Tzvelev = **Neobolusia**
Neohouzeaua【3】 A.Camus 篦篣竹属 Poaceae 禾本科 [MM-748] 全球 (1) 大洲分布及种数(7-8)◆亚洲
Neohuberia Ledoux = **Eschweilera**
Neohumbertiella Hochr. = **Humbertiella**
Neohusnotia A.Camus = **Panicum**
Neohymenopogon【3】 Bennet 石丁香属 ← **Dunnia** Rubiaceae 茜草科 [MD-523] 全球 (1) 大洲分布及种数(cf. 1)◆亚洲
Neohyophila H.A.Crum = **Plaubelia**
Neohypnella【2】 E.B.Bartram 新叶藓属 Sematophyllaceae 锦藓科 [B-192] 全球 (2) 大洲分布及种数(cf.1):北美洲;南美洲
Neohyptis【3】 J.K.Morton 马刺花属 ← **Plectranthus** Lamiaceae 唇形科 [MD-575] 全球 (1) 大洲分布及种数(uc)属分布和种数(uc)◆非洲
Neoistrum【-】 Beadle,Don A. 凤梨科属 Bromeliaceae 凤梨科 [MM-715] 全球 (uc) 大洲分布及种数(uc)
Neojaera Salisb. = **Pancratium**
Neojatropha Pax = **Croton**
Neojeffreya【3】 Cabrera 酒神菊属 ← **Baccharis** Asteraceae 菊科 [MD-586] 全球 (1) 大洲分布及种数(1)◆非洲
Neojobertia【3】 Baill. 若贝尔藤属 Bignoniaceae 紫葳科 [MD-541] 全球 (1) 大洲分布及种数(3)◆南美洲(◆巴西)
Neojunghuhnia Koord. = **Vaccinium**
Neokagawara【-】 Garay & H.R.Sw. 兰科属 Orchidaceae 兰科 [MM-723] 全球 (uc) 大洲分布及种数(uc)
Neokeithia Steenis = **Chilocarpus**
Neokochia【3】 (Ulbr.) G.L.Chu & S.C.Sand. 新地肤属 Amaranthaceae 苋科 [MD-116] 全球 (1) 大洲分布及种数(2)◆北美洲
Neokoehleria Schltr. = **Comparettia**
Neokoeleria Schltr. = **Comparettia**
Neolabatia Aubrév. = **Labatia**
Neolacis【3】 Wedd. 河缎草属 ≒ **Apinagia** Podoste-

maceae 川苔草科 [MD-322] 全球 (1) 大洲分布及种数(cf. 1)◆南美洲
Neolamarchia Bosser = **Neolamarckia**
Neolamarckia【2】Bosser 团花属 ← **Anthocephalus; Nauclea** Rubiaceae 茜草科 [MD-523] 全球(4)大洲分布及种数(3)非洲:1;亚洲:2;大洋洲:1;北美洲:1
Neolamarkia Bosser = **Neolamarckia**
Neolara (DC.) Prance ex F.White = **Neocarya**
Neolaria【-】G.L.Nesom 菊科属 Asteraceae 菊科 [MD-586] 全球 (uc) 大洲分布及种数(uc)
Neolarium【-】Racine C.Foster & M.B.Foster 凤梨科属 Bromeliaceae 凤梨科 [MM-715] 全球 (uc) 大洲分布及种数(uc)
Neolauchea Kraenzl. = **Isanitella**
Neolaugeria【3】Nicolson 硬茜属 ≒ **Stenostomum** Rubiaceae 茜草科 [MD-523] 全球 (1) 大洲分布及种数(1)◆北美洲
Neolecta W.A.Weber = **Aethionema**
Neolehmannia Kraenzl. = **Epidendrum**
Neolema W.A.Weber = **Aethionema**
Neolemaireocereus Backeb. = **Stenocereus**
Neolemonniera【3】Heine 良脉山榄属 ← **Lecomtedoxa;Mimusops** Sapotaceae 山榄科 [MD-357] 全球 (1) 大洲分布及种数(3)◆非洲
Neolepas W.A.Weber = **Aethionema**
Neolepia W.A.Weber = **Theophrasta**
Neolepido W.A.Weber = **Lepidium**
Neolepidozia Fulford & J.Taylor = **Telaranea**
Neolepisoms Ching = **Neolepisorus**
Neolepisorus【3】Ching 盾蕨属 → **Lepidomicrosorium** Polypodiaceae 水龙骨科 [F-60] 全球 (1) 大洲分布及种数(14-20)◆亚洲
Neoleprea W.A.Weber = **Aethionema**
Neoleptopyrum Juss. = (接受名不详) Ranunculaceae
Neoleretia Baehni = **Nothapodytes**
Neoleroya Cavaco = **Pyrostria**
Neolesbia W.A.Weber = **Lepidium**
Neolescuraea Nog. = **Rigodiadelphus**
Neolexis Salisb. = **Polygonella**
Neolindbergia【2】M.Fleisch. 新垂藓属 ≒ **Forsstroemia** Pterobryaceae 蕨藓科 [B-201] 全球 (3) 大洲分布及种数(6) 非洲:1;亚洲:5;大洋洲:3
Neolindenia Baill. = **Louteridium**
Neolindleya【3】Kraenzl. 手参属 ≒ **Gymnadenia** Orchidaceae 兰科 [MM-723] 全球 (1) 大洲分布及种数(cf. 1)◆亚洲
Neolindleyella Fedde = **Casearia**
Neolister (Benth. & Hook.f.) Merr. = **Neolitsea**
Neolita (Benth. & Hook.f.) Merr. = **Neolitsea**
Neolitsea【3】(Benth. & Hook.f.) Merr. 新木姜子属 ≒ **Bryantea;Actinodaphne** Lauraceae 樟科 [MD-21] 全球 (6) 大洲分布及种数(81-116;hort.1;cult: 7)非洲:12-25;亚洲:71-97;大洋洲:15-26;欧洲:8;北美洲:2-10;南美洲:8
Neolloydia【3】Britton & Rose 天晃玉属 ≒ **Thelocactus;Pediocactus** Cactaceae 仙人掌科 [MD-100] 全球 (1) 大洲分布及种数(3-18)◆北美洲
Neolobivia【3】Y.Itô 桃轮球属 ← **Echinopsis;Lobivia** Cactaceae 仙人掌科 [MD-100] 全球 (1) 大洲分布及种数(2)◆南美洲(◆秘鲁)
Neololeba【2】Widjaja 篱簕竹属 ≒ **Dendrocalamus** Poaceae 禾本科 [MM-748] 全球 (3) 大洲分布及种数(3-6)非洲:2-4;亚洲:1;大洋洲:2
Neolophocarpus E.G.Camus = **Schoenus**
Neolourya L.Rodrig. = **Peliosanthes**
Neoluederitzia【3】Schinz 丝绒果属 Zygophyllaceae 蒺藜科 [MD-288] 全球 (1) 大洲分布及种数(1-3)◆亚洲
Neoluffa Chakrav. = **Siraitia**
Neomacfadya Baill. = **Fridericia**
Neomacounia【3】Ireland 新平藓属 Neckeraceae 平藓科 [B-204] 全球 (1) 大洲分布及种数(1)◆北美洲
Neomamillaria Britton & Rose = **Neomammillaria**
Neomammillaria【3】Britton & Rose 云峰球属 ≒ **Coryphantha** Cactaceae 仙人掌科 [MD-100] 全球 (1) 大洲分布及种数(19)◆北美洲
Neomandonia【3】Hutch. 非洲紫菀属 ≒ **Amellus** Commelinaceae 鸭跖草科 [MM-708] 全球 (1) 大洲分布及种数(uc)◆非洲
Neomangenotia J.F.Leroy = **Commiphora**
Neomaorina Spragü = **Neomarica**
Neomarica【3】Spragü 巴西鸢尾属 ← **Cipura;Iris** Iridaceae 鸢尾科 [MM-700] 全球 (6) 大洲分布及种数(32-33)非洲:2;亚洲:8-10;大洋洲:2;欧洲:2-4;北美洲:10-12;南美洲:31-34
Neomartensia【3】Borhidi & Lozada-Pérez 新丝茜草属 ≒ **Bouvardia** Rubiaceae 茜草科 [MD-523] 全球 (1) 大洲分布及种数(2-3)◆北美洲
Neomartinella【3】Pilg. 堇叶芥属 ← **Cardamine** Brassicaceae 十字花科 [MD-213] 全球 (1) 大洲分布及种数(2)◆亚洲
Neomazaea Krug & Urb. = **Acunaeanthus**
Neomea【2】M.B.Foster 黑牙木属 ← **Torrubia** Bromeliaceae 凤梨科 [MM-715] 全球 (2) 大洲分布及种数(cf.1)亚洲;北美洲
Neomeesia【3】Deguchi 毛寒藓属 Meesiaceae 寒藓科 [B-144] 全球 (1) 大洲分布及种数(1)◆南美洲
Neomellera Briq. = **Plectranthus**
Neomezia【3】Votsch 矮萝桐属 ≒ **Deherainia** Primulaceae 报春花科 [MD-401] 全球 (1) 大洲分布及种数(1)◆北美洲(◆古巴)
Neomezla Votsch = **Neomezia**
Neomicrocalamus【3】Keng f. 新小竹属 ← **Ampelocalamus;Bambusa** Poaceae 禾本科 [MM-748] 全球 (1) 大洲分布及种数(4-6)◆亚洲
Neomillspaughia【3】S.F.Blake 木虎杖属 ← **Podopterus** Polygonaceae 蓼科 [MD-120] 全球 (1) 大洲分布及种数(3)◆北美洲
Neomimosa Britton & Rose = **Abarema**
Neomirandea【2】R.M.King & H.Rob. 肉泽兰属 ← **Eupatorium;Liabum** Asteraceae 菊科 [MD-586] 全球 (2) 大洲分布及种数(33)北美洲:29;南美洲:9
Neomitranthes (Burret) Mattos = **Neomitranthes**
Neomitranthes【3】D.Legrand 团杯番樱属 ← **Calyptranthes** Myrtaceae 桃金娘科 [MD-347] 全球 (1) 大洲分布及种数(20-22)◆南美洲
Neomolina F.H.Hellw. = **Archibaccharis**
Neomolinia Honda = **Diarrhena**

Neomonolepis【2】Sukhor. 牧儿藜属 Chenopodiaceae 藜科 [MD-115] 全球 (2) 大洲分布及种数(cf.1) 大洋洲:1;北美洲:1
Neomoorea【3】Rolfe 牧儿兰属 ← **Lueddemannia** Orchidaceae 兰科 [MM-723] 全球 (1) 大洲分布及种数(1)◆北美洲
Neomortonia【2】Wiehler 橙果岩桐属 Gesneriaceae 苦苣苔科 [MD-549] 全球 (2) 大洲分布及种数(3-4)北美洲:2;南美洲:1
Neomphalea Pax & K.Hoffm. = **Omphalea**
Neomphalus Pax & K.Hoffm. = **Aleurites**
Neomuellera Briq. = **Plectranthus**
Neomussaenda【3】Tange 格林茜属 ≒ **Greenea** Rubiaceae 茜草科 [MD-523] 全球 (1) 大洲分布及种数(2)◆亚洲
Neomyrtus【3】Burret 番樱桃属 ← **Eugenia** Myrtaceae 桃金娘科 [MD-347] 全球 (1) 大洲分布及种数(1)◆大洋洲
Neomyzus Buckton = **Neomyrtus**
Neon St.Lag. = **Geniosporum**
Neonauclea【2】Merr. 新乌檀属 ≒ **Nauclea** Rubiaceae 茜草科 [MD-523] 全球 (4) 大洲分布及种数(37-76;hort.1) 非洲:9-23;亚洲:35-69;大洋洲:7-12;北美洲:3-5
Neonavajoa Doweld = **Pediocactus**
Neoneella Becc. = **Hydriastele**
Neonella Becc. = **Hydriastele**
Neonelsonia【2】J.M.Coult. & Rose 新瘤子草属 ← **Arracacia** Apiaceae 伞形科 [MD-480] 全球 (2) 大洲分布及种数(2)北美洲:1;南美洲:1
Neonesomia【3】Urbatsch & R.P.Roberts 金菀木属 ≒ **Ericameria** Asteraceae 菊科 [MD-586] 全球 (1) 大洲分布及种数(1)◆北美洲
Neonicholsonia【3】Dammer 单穗椰属 Arecaceae 棕榈科 [MM-717] 全球 (1) 大洲分布及种数(1)◆北美洲
Neoniphopsis Nakai = **Pyrrosia**
Neonoguchia【3】S.H.Lin 耳蔓藓属 Meteoriaceae 蔓藓科 [B-188] 全球 (1) 大洲分布及种数(1)◆亚洲
Neonopsis Lundell = **Neeopsis**
Neonotonia【3】J.A.Lackey 爪哇大豆属 ← **Glycine** Fabaceae 豆科 [MD-240] 全球 (6) 大洲分布及种数(3;hort.1)非洲:2;亚洲:1;大洋洲:1;欧洲:1;北美洲:1;南美洲:1
Neooreophilus【3】Archila 溪兰属 Orchidaceae 兰科 [MM-723] 全球 (1) 大洲分布及种数(29)◆南美洲
Neoorthocaulis【3】(R.M.Schust.) L.Söderstr.De Roo & Hedd. 新叶苔属 Lophoziaceae 裂叶苔科 [B-56] 全球 (6) 大洲分布及种数(3)非洲:1;亚洲:2-3;大洋洲:1;欧洲:1-2;北美洲:2-3;南美洲:1
Neoovularia Hedge & J.Lénard = **Neotorularia**
Neopabstopetalum【-】J.M.H.Shaw 兰科属 Orchidaceae 兰科 [MM-723] 全球 (uc) 大洲分布及种数(uc)
Neopalissya Pax = **Necepsia**
Neopallasia【3】Poljakov 栉叶蒿属 ← **Artemisia** Asteraceae 菊科 [MD-586] 全球 (1) 大洲分布及种数(1-2)◆亚洲
Neopanax【3】Allan 矛木属 ≒ **Aralia** Araliaceae 五加科 [MD-471] 全球 (1) 大洲分布及种数(3)◆大洋洲
Neoparrya【3】Mathias 新巴料草属 ← **Aletes** Apiaceae 伞形科 [MD-480] 全球 (1) 大洲分布及种数(2-4)◆北美洲
Neopatersonia Schönland = **Ornithogalum**
Neopaulia【3】Pimenov & Kljuykov 新芹属 ≒ **Paulia** Apiaceae 伞形科 [MD-480] 全球 (6) 大洲分布及种数(1)非洲:1;亚洲:1;大洋洲:1;欧洲:1;北美洲:1;南美洲:1
Neopaxia【3】Ö.Nilsson 南泉草属 ← **Cistanthe;Paxia;Montia** Montiaceae 水卷耳科 [MD-81] 全球 (1) 大洲分布及种数(2)◆大洋洲
Neopectinaria【-】Plowes 夹竹桃科属 Apocynaceae 夹竹桃科 [MD-492] 全球 (uc) 大洲分布及种数(uc)
Neopeltandra Gamble = **Meineckia**
Neopeltis Petr. = **Neuropeltis**
Neopentanisia Verdc. = **Pentanisia**
Neopetalonema Brenan = **Dicellandra**
Neophaenis R.H.Zander & During = **Neophoenix**
Neophloga Baill. = **Dypsis**
Neophoca Baill. = **Dypsis**
Neophoenix【3】R.H.Zander & During 丝丛藓属 Pottiaceae 丛藓科 [B-133] 全球 (1) 大洲分布及种数(1)◆非洲
Neophytis J.K.Morton = **Plectranthus**
Neophytum【3】M.B.Foster 彩叶凤梨属 ← **Neoregelia** Bromeliaceae 凤梨科 [MM-715] 全球 (1) 大洲分布及种数(cf. 1)◆北美洲
Neopicrorhiza【3】D.Y.Hong 胡黄连属 ← **Picrorhiza** Plantaginaceae 车前科 [MD-527] 全球 (1) 大洲分布及种数(2-3)◆亚洲
Neopieris【-】Britton 杜鹃花科属 ≒ **Lyonia** Ericaceae 杜鹃花科 [MD-380] 全球 (uc) 大洲分布及种数(uc)
Neopilea【3】Leandri 新冷水花属 ≒ **Pilea** Urticaceae 荨麻科 [MD-91] 全球 (1) 大洲分布及种数(uc)◆亚洲
Neopogonatum W.X.Xu & R.L.Xiong = **Pogonatum**
Neopometia Aubrév. = **Pradosia**
Neoporteria【3】Britton,Rose & Backeb. 智利球属 ← **Copiapoa;Eriosyce** Cactaceae 仙人掌科 [MD-100] 全球 (1) 大洲分布及种数(39-45)◆南美洲
Neopotamolejeunea M.E.Reiner = **Lejeunea**
Neopreissia Ulbr. = **Axyris**
Neopringlea【3】S.Wats. 普林格尔木属 ← **Xylosma** Salicaceae 杨柳科 [MD-123] 全球 (1) 大洲分布及种数(2)◆北美洲
Neopsis Lundell = **Neeopsis**
Neoptilia Pimenov & Kljuykov = **Neopaulia**
Neoptychocarpus【3】Buchheim 皱果大风子属 Salicaceae 杨柳科 [MD-123] 全球 (1) 大洲分布及种数(3)◆南美洲
Neopycnocoma Pax = **Argomuellera**
Neoraimondia【3】Britton & Rose 飞鸟柱属 ← **Cereus;Pilocereus** Cactaceae 仙人掌科 [MD-100] 全球 (1) 大洲分布及种数(2)◆南美洲
Neorapinia【3】Moldenke 牡荆属 ← **Vitex;Sphenoclea** Lamiaceae 唇形科 [MD-575] 全球 (1) 大洲分布及种数(uc)◆大洋洲
Neoraputia【3】M.Emmerich 梅簪木属 ≒ **Almeidea** Rutaceae 芸香科 [MD-399] 全球 (1) 大洲分布及种数(5-6)◆南美洲
Neorautanenia【3】Schinz 葛扁豆属 ← **Dolichos**

Fabaceae 豆科 [MD-240] 全球 (1) 大洲分布及种数(2-3)◆非洲
Neoregelia (Ule) L.B.Sm. & Read = **Neoregelia**
Neoregelia【3】L.B.Sm. 彩叶凤梨属 ← **Aechmea;Regelia** Bromeliaceae 凤梨科 [MM-715] 全球 (1) 大洲分布及种数(135-140)◆南美洲
Neoregnellia【3】Urb. 岛芝麻属 Malvaceae 锦葵科 [MD-203] 全球 (1) 大洲分布及种数(1)◆北美洲(◆古巴)
Neorhine【3】Schwantes 锉叶花属 ← **Rhinephyllum** Aizoaceae 番杏科 [MD-94] 全球 (1) 大洲分布及种数(uc)◆非洲
Neorina Capuron = **Neotina**
Neorites【3】L.S.Sm. 鱼尾栎属 Proteaceae 山龙眼科 [MD-219] 全球 (1) 大洲分布及种数(1)◆大洋洲(◆澳大利亚)
Neoro Sol. ex Seem. = **Meryta**
Neorockia Butcher = **Neobeckia**
Neoroepera【3】Müll.Arg. & F.Müll. 叶下珠属 ≒ **Phyllanthus** Picrodendraceae 苦皮桐科 [MD-317] 全球 (1) 大洲分布及种数(2)◆大洋洲(◆澳大利亚)
Neorosea N.Hallé = **Tricalysia**
Neorthosis Raf. = **Ipomoea**
Neorudolphia【3】Britton 新鲁豆属 ← **Butea** Fabaceae 豆科 [MD-240] 全球 (1) 大洲分布及种数(1)◆北美洲
Neoruschia Cath. & V.P.Castro = **Oncidium**
Neorutenbergia【3】Bizot & Pócs 新痕藓属 ≒ **Rutenbergia** Rutenbergiaceae 痕藓科 [B-167] 全球 (1) 大洲分布及种数(2)◆非洲
Neosabicea Wernham = **Manettia**
Neosambus Keng ex Keng f. = **Arundinaria**
Neosasamorpha Tatew. = **Sasa**
Neoschimpera Hemsl. = **Amaracarpus**
Neoschischkinia【2】Tzvelev 剪股颖属 ≒ **Agrostis** Poaceae 禾本科 [MM-748] 全球 (2) 大洲分布及种数(cf. 1) 非洲;欧洲
Neoschmidia【3】T.G.Hartley 新芸属 Rutaceae 芸香科 [MD-399] 全球 (1) 大洲分布及种数(2)◆大洋洲
Neoschroetera【3】Briq. 灯芯豆属 ≒ **Schroeterella; Larrea** Zygophyllaceae 蒺藜科 [MD-288] 全球 (1) 大洲分布及种数(uc)属分布和种数(uc)◆北美洲
Neoschumannia【3】Schltr. 舒曼萝藦属 Apocynaceae 夹竹桃科 [MD-492] 全球 (1) 大洲分布及种数(2-3)◆非洲
Neosciadium【3】Domin 新伞芹属 Araliaceae 五加科 [MD-471] 全球 (1) 大洲分布及种数(1)◆大洋洲(◆澳大利亚)
Neoscirpus Y.N.Lee & Y.C.Oh = **Scirpus**
Neoscortechia P. & K. = **Triumfetta**
Neoscortechinia【3】Pax 红椤桐属 ← **Alchornea** Euphorbiaceae 大戟科 [MD-217] 全球 (1) 大洲分布及种数(cf. 1)◆亚洲
Neosedanda【-】J.M.H.Shaw 兰科属 Orchidaceae 兰科 [MM-723] 全球 (uc) 大洲分布及种数(uc)
Neosedirea【-】J.M.H.Shaw 兰科属 Orchidaceae 兰科 [MM-723] 全球 (uc) 大洲分布及种数(uc)
Neo-senaea K.Schum. ex H.Pfeiff. = **Erica**
Neosepicaea【3】Diels 豪斯曼藤属 ← **Campsis** Bignoniaceae 紫葳科 [MD-541] 全球 (1) 大洲分布及种数(2-4)◆大洋洲
Neosharpiella【2】H.Rob. & Delgad. 新孢藓属 Bartramiaceae 珠藓科 [B-142] 全球 (3) 大洲分布及种数(2) 非洲:1;北美洲:1;南美洲:2
Neoshirakia【3】Esser 白木乌桕属 ← **Croton;Sapium;Stillingia** Euphorbiaceae 大戟科 [MD-217] 全球 (1) 大洲分布及种数(cf. 1)◆亚洲
Neosieversia F.Bolle = **Acomastylis**
Neosilvia Pax = **Mezilaurus**
Neosimnia Pax = **Acrodiclidium**
Neosinocalamus Keng f. = **Dendrocalamus**
Neosiphonia Shafer = **Rhus**
Neosloetiopsis Engl. = **Trophis**
Neosparton【3】Griseb. 阿根廷马鞭草属 ← **Dipyrena; Lippia;Verbena** Verbenaceae 马鞭草科 [MD-556] 全球 (1) 大洲分布及种数(4)◆南美洲
Neosprucea【3】Sleumer 裂孔柞属 ≒ **Spruceanthus** Salicaceae 杨柳科 [MD-123] 全球 (1) 大洲分布及种数(8-10)◆南美洲
Neostachyanthus Exell & Mendonça = **Silphium**
Neostaffella A.Camus = **Neostapfiella**
Neostapfia【3】Burtt Davy 香枝粘草属 ← **Anthochloa** Poaceae 禾本科 [MM-748] 全球 (1) 大洲分布及种数(1)◆北美洲(◆美国)
Neostapfiella【3】A.Camus 新斯塔草属 Poaceae 禾本科 [MM-748] 全球 (1) 大洲分布及种数(3)◆非洲(◆马达加斯加)
Neostenanthera【3】Exell 窄药木属 ← **Oxymitra** Annonaceae 番荔枝科 [MD-7] 全球 (1) 大洲分布及种数(5-6)◆非洲
Neostrearia【3】L.S.Sm. 疏蛎木属 Hamamelidaceae 金缕梅科 [MD-63] 全球 (1) 大洲分布及种数(1)◆大洋洲
Neostricklandia Rauschert = **Stenomesson**
Neostropsis【-】D.Butcher 凤梨科属 Bromeliaceae 凤梨科 [MM-715] 全球 (uc) 大洲分布及种数(uc)
Neostylis Hort. = **Nemastylis**
Neostylopsis【-】auct. 兰科属 Orchidaceae 兰科 [MM-723] 全球 (uc) 大洲分布及种数(uc)
Neostyphonia Shafer = **Rhus**
Neostyrax【-】G.S.Fan 安息香科属 Styracaceae 安息香科 [MD-327] 全球 (uc) 大洲分布及种数(uc)
Neosyris Greene = **Llerasia**
Neota Adans. = **Quassia**
Neotainiopsis Bennet & Raizada = **Anastatica**
Neotama Maguire = **Neotatea**
Neotanahasbia Y.Itô = **Eriosyce**
Neotanahashia Y.Itô = **Eriosyce**
Neotanthus Gilli = **Nematanthus**
Neo-taraxacum【3】Y.R.Ling & X.D.Sun 多子菊属 Asteraceae 菊科 [MD-586] 全球 (1) 大洲分布及种数(1)◆东亚(◆中国)
Neotatea【3】Maguire 多子茶属 ← **Bonnetia** Calophyllaceae 红厚壳科 [MD-140] 全球 (1) 大洲分布及种数(3-4)◆南美洲
Neotaxia Dognin = **Neopaxia**
Neotchihatchewia Rauschert = **Tchihatchewia**
Neotessmannia【3】Burret 蚊河木属 Muntingiaceae 文定果科 [MD-193] 全球 (1) 大洲分布及种数(1)◆南美洲(◆秘鲁)
Neothona Capuron = **Neotina**

Neothorelia【3】 Gagnep. 托雷木属 Resedaceae 木樨草科 [MD-196] 全球 (1) 大洲分布及种数(2)◆亚洲
Neothymopsis【3】 Britton & Millsp. 百香菊属 ← **Thymopsis** Asteraceae 菊科 [MD-586] 全球 (1) 大洲分布及种数(1)属分布和种数(uc)◆北美洲
Neothyris Neall = **Llerasia**
Neotia Gütt. = **Neotina**
Neotiaceras【3】 Kohlmüller 点花化兰属 Orchidaceae 兰科 [MM-723] 全球 (1) 大洲分布及种数(uc)属分布和种数(uc)◆欧洲
Neotina【3】 Capuron 新马岛无患子属 ← **Tina** Sapindaceae 无患子科 [MD-428] 全球 (1) 大洲分布及种数(1-4)◆非洲
Neotinacamptis【3】 J.M.H.Shaw 缀鸭兰属 Orchidaceae 兰科 [MM-723] 全球 (1) 大洲分布及种数(4)◆欧洲
Neotinarhiza【3】 J.M.H.Shaw 鸭子兰属 Orchidaceae 兰科 [MM-723] 全球 (1) 大洲分布及种数(1)◆欧洲
Neotinea【3】 Rchb.f. 斑鸭兰属 ← **Aceras;Ophrys;Satyrium** Orchidaceae 兰科 [MM-723] 全球 (1) 大洲分布及种数(4-6)◆欧洲
Neotinorchis【3】 J.M.H.Shaw 念珠兰属 Orchidaceae 兰科 [MM-723] 全球 (1) 大洲分布及种数(4)◆欧洲
Neotis W.H.Lewis = **Neanotis**
Neotoma Pierre = **Neocouma**
Neotorularia【2】 Hedge & J.Léonard 念珠芥属 ← **Arabidopsis;Braya;Malcolmia** Brassicaceae 十字花科 [MD-213] 全球 (4) 大洲分布及种数(12-13;hort.1)非洲:2;亚洲:11-12;欧洲:1;北美洲:1-2
Neotreleasea Rose = **Setcreasea**
Neotreleasia Rose = **Tradescantia**
Neotrewia Pax & K.Hoffm. = **Mallotus**
Neotriblemma【-】 Nakaike 铁角蕨科属 Aspleniaceae 铁角蕨科 [F-43] 全球 (uc) 大洲分布及种数(uc)
Neotribleparia【-】 Nakaike 岩蕨科属 Woodsiaceae 岩蕨科 [F-47] 全球 (uc) 大洲分布及种数(uc)
Neotrichocolea <unassigned> = **Neotrichocolea**
Neotrichocolea【3】 S.Hatt. 新绒苔属 Neotrichocoleaceae 新绒苔科 [B-76] 全球 (6) 大洲分布及种数(2)非洲:1;亚洲:1-2;大洋洲:1;欧洲:1;北美洲:1;南美洲:1
Neotrichocoleaceae <unassigned> = Neotrichocoleaceae
Neotrichocoleaceae【3】 Inoü 新绒苔科 [B-76] 全球 (6)大洲分布和属种数(1/1-2)非洲:1/1;亚洲:1/1-2;大洋洲:1/1;欧洲:1/1;北美洲:1/1;南美洲:1/1
Neotrigonostemon Pax & K.Hoffm. = **Trigonostemon**
Neotrinia【-】 (Tzvelev) M.Nobis,P.D.Gudkova & A.Nowak 禾本科属 Poaceae 禾本科 [MM-748] 全球 (uc) 大洲分布及种数(uc)
Neottia【3】 Gütt. 鸟巢兰属 → **Aphyllorchis;Cymbidium;Goodyera** Orchidaceae 兰科 [MM-723] 全球(6) 大洲分布及种数(66-84;hort.1;cult:8)非洲:4-25;亚洲:62-88;大洋洲:5-26;欧洲:5-26;北美洲:15-38;南美洲:4-26
Neottiaceae Horan. = Orchidaceae
Neottianthe (Rchb.) Schltr. = **Neottianthe**
Neottianthe【3】 Schltr. 兜被兰属 ≒ **Amitostigma;Habenaria** Orchidaceae 兰科 [MM-723] 全球 (6) 大洲分布及种数(10)非洲:1-6;亚洲:9-16;大洋洲:1-6;欧洲:2-7;北美洲:5;南美洲:1-6
Neottidium Schlecht. = **Neottia**
Neottieae Lindl. = **Neottia**
Neottopteris【3】 Fée 巢蕨属 ≒ **Asplenium** Aspleniaceae 铁角蕨科 [F-43] 全球 (1) 大洲分布及种数(9-11)◆亚洲
Neottopteris J.Sm. = **Neottopteris**
Neotuerckheimia Donn.Sm. = **Amphitecna**
Neoturczaninowia Koso-Pol. = **Xanthosia**
Neotysonia【3】 Dalla Torre & Harms 杯冠鼠麹草属 ≒ **Tysonia** Asteraceae 菊科 [MD-586] 全球 (1) 大洲分布及种数(1)◆大洋洲(◆澳大利亚)
Neou Adans. ex Juss. = **Parinari**
Neourbania (C.Schweinf.) Szlach. & Sitko = **Ornithidium**
Ne-ourbania Fawc. & Rendle = **Ornithidium**
Neo-urbania【3】 Fawc. & Rendle 鸟腭兰属 ← **Ornithidium;Maxillaria** Orchidaceae 兰科 [MM-723] 全球 (1) 大洲分布及种数(uc)◆亚洲
Neoussuria【-】 Tzvelev 石竹科属 Caryophyllaceae 石竹科 [MD-77] 全球 (uc) 大洲分布及种数(uc)
Neo-uvaria【3】 Airy-Shaw 嘉陵花属 ← **Popowia** Annonaceae 番荔枝科 [MD-7] 全球 (1) 大洲分布及种数(2-6)◆亚洲
Neovarcia Airy-Shaw = **Neo-uvaria**
Neovedia Schröd. = **Theophrasta**
Neoveenia Deguchi = **Neomeesia**
Neoveitchia【3】 Becc. 纵花椰属 ≒ **Veitchia** Arecaceae 棕榈科 [MM-717] 全球 (1) 大洲分布及种数(1-2)◆大洋洲
Neovriesia Britton = **Lindernia**
Neowashingtonia Sudw. = **Pritchardia**
Neowawraea Rock = **Drypetes**
Neowedia Schröd. = **Ruellia**
Neowerdermannia【3】 Frič 宝珠球属 ≒ **Sulcorebutia** Cactaceae 仙人掌科 [MD-100] 全球 (1) 大洲分布及种数(2)◆南美洲
Neowilliamsia【3】 Garay 新维兰属 ≒ **Epidendrum** Orchidaceae 兰科 [MM-723] 全球 (1) 大洲分布及种数(cf. 1)◆北美洲
Neowimmeria O.Deg. & I.Deg. = **Scaevola**
Neowolffia O.Gruss = **Podangis**
Neowollastonia Wernham = **Melodinus**
Neowormia Hutch. & Summerh. = **Sherardia**
Neoxythece Aubrév. & Pellegr. = **Pouteria**
Neozenkerina Mildbr. = **Staurogyne**
Nepa【3】 Webb 荆豆属 ≒ **Ulex** Fabaceae3 蝶形花科 [MD-240] 全球 (1) 大洲分布及种数(uc)◆亚洲
Nepenthaceae【3】 Dum. 猪笼草科 [MD-122] 全球 (6) 大洲分布和属种数(1;hort. & cult.1)(145-276;hort. & cult.29-57)非洲:1/16-21;亚洲:1/126-166;大洋洲:1/16-23;欧洲:1/1-4;北美洲:1/4-11;南美洲:1/2-5
Nepenthales Lindl. = **Nepenthes**
Nepenthandra S.Moore = **Trigonostemon**
Nepenthes【3】 L. 猪笼草属 ≒ **Napeanthus** Nepenthaceae 猪笼草科 [MD-122] 全球 (6) 大洲分布及种数(146-249)非洲:16-21;亚洲:126-166;大洋洲:16-23;欧洲:1-4;北美洲:4-11;南美洲:2-5
Nepeta (A.L.Budantzev) A.L.Budantzev = **Nepeta**
Nepeta【3】 L. 荆芥属 ← **Ziziphora;Casearia;Stachys** Lamiaceae 唇形科 [MD-575] 全球 (6) 大洲分布及种数(162-307;hort.1;cult:9)非洲:29-54;亚洲:143-242;大洋洲:9-27;欧洲:45-67;北美洲:22-40;南美洲:7-25
Nepetaceae Bercht. & J.Presl = Lamiaceae

N

Nepetta Medik. = **Nepeta**
Nephejium L. = **Nephelium**
Nephelaphyllum【3】 Bl. 云叶兰属 ≒ **Collabium;Tainia** Orchidaceae 兰科 [MM-723] 全球 (6) 大洲分布及种数(6)非洲:1;亚洲:4-7;大洋洲:1;欧洲:1-2;北美洲:1;南美洲:1
Nephele R.M.Tryon = **Nephelea**
Nephelea【3】 R.M.Tryon 霞桫椤属 Cyatheaceae 桫椤科 [F-23] 全球 (6) 大洲分布及种数(3)非洲:2;亚洲:2;大洋洲:2;欧洲:2;北美洲:2-4;南美洲:2
Nephelephyllum Bl. = **Nephelaphyllum**
Nephelium【3】 L. 韶子属 → **Alectryon;Litchi;Stadmania** Sapindaceae 无患子科 [MD-428] 全球 (1) 大洲分布及种数(42-50)◆亚洲
Nephelochloa【3】 Boiss. 云间禾属 → **Eremopoa;Poa;Sphenopus** Poaceae 禾本科 [MM-748] 全球 (1) 大洲分布及种数(cf. 1)◆亚洲
Nephelolejeunea Concholejeunea Grolle = **Nephelolejeunea**
Nephelolejeunea【3】 Grolle 细鳞苔科属 Lejeuneaceae 细鳞苔科 [B-84] 全球 (1) 大洲分布及种数(2)◆大洋洲
Nepheolepis Schott = **Nephrolepis**
Nepheronia Lour. = **Abuta**
Nephodia Lour. = **Abuta**
Nephodium Rich. = **Nephrodium**
Nephopteris【3】 Lellinger 云间蕨属 Pteridaceae 凤尾蕨科 [F-31] 全球 (1) 大洲分布及种数(1-2)◆南美洲
Nephr Wetmore = **Ulex**
Nephradenia【3】 Decne. 肾腺萝藦属 ≒ **Blepharodon** Apocynaceae 夹竹桃科 [MD-492] 全球 (1) 大洲分布及种数(7-8)◆南美洲
Nephraea Hassk. = **Niphaea**
Nephraeles Raf. = **Commelina**
Nephralles Raf. = **Commelina**
Nephrandra Willd. = **Vitex**
Nephrangis【3】 (Schltr.) Summerh. 彗星兰属 ← **Angraecum** Orchidaceae 兰科 [MM-723] 全球 (1) 大洲分布及种数(2)◆非洲
Nephrantera Hassk. = **Aerides**
Nephranthera Hassk. = **Renanthera**
Nephrea Noronha = **Nephelea**
Nephrica Miers = **Abuta**
Nephrocarpus Dammer = **Basselinia**
Nephrocodium Benth. & Hook.f. = **Nephrodium**
Nephrocodum C.Müll. = **Burmannia**
Nephrocoelium Turcz. = **Burmannia**
Nephrodenia Decne. = **Nephradenia**
Nephrodesmus【3】 Schindl. 肾耀花豆属 Fabaceae 豆科 [MD-240] 全球 (1) 大洲分布及种数(5)◆大洋洲(◆美拉尼西亚)
Nephrodium (C.Presl) Diels = **Nephrodium**
Nephrodium【3】 Marthe ex Michx. 广鳞毛蕨属 ← **Dryopteris;Goniopteris;Parathelypteris** Adiantaceae 铁线蕨科 [F-35] 全球 (6) 大洲分布及种数(17-122;hort.5;cult:5)非洲:6;亚洲:10-15;大洋洲:1-6;欧洲:5;北美洲:1-6;南美洲:4-9
Nephroia Lour. = **Cocculus**
Nephroica Miers = **Cocculus**
Nephrolepidaceae【3】 Pic.Serm. 肾蕨科 [F-54] 全球 (6) 大洲分布和属种数(1;hort. & cult.1)(56-118;hort. & cult.10-13)非洲:1/17-22;亚洲:1/39-47;大洋洲:1/23-27;欧洲:1/4-6;北美洲:1/20-22;南美洲:1/18-22
Nephrolepis【3】 Schott 肾蕨属 ← **Arthropteris;Dicksonia** Nephrolepidaceae 肾蕨科 [F-54] 全球 (6) 大洲分布及种数(57-102;hort.1;cult: 6)非洲:17-22;亚洲:39-47;大洋洲:23-27;欧洲:4-6;北美洲:20-22;南美洲:18-22
Nephrolepis T.Moore = **Nephrolepis**
Nephrolium Rich. = **Nephrodium**
Nephrom Lour. = **Cocculus**
Nephroma【3】 Ach. 肾绒兰属 Lanariaceae 雪绒兰科 [MM-681] 全球 (1) 大洲分布及种数(1)◆南美洲
Nephromedia Kostel. = **Medicago**
Nephromeria【3】 (Benth.) Schindl. 山蚂蝗属 ≒ **Desmodium** Fabaceae3 蝶形花科 [MD-240] 全球 (1) 大洲分布及种数(cf.1)◆南美洲
Nephromischus Klotzsch = **Begonia**
Nephromium Räsänen = **Nephrodium**
Nephrop Lour. = **Cocculus**
Nephropetalum【3】 B.L.Rob. & Greenm. 肾瓣麻属 ≒ **Ayenia** Malvaceae 锦葵科 [MD-203] 全球 (1) 大洲分布及种数(uc)属分布和种数(uc)◆北美洲
Nephrophyllidium【3】 Gilg 肾叶睡菜属 ← **Menyanthes** Menyanthaceae 睡菜科 [MD-526] 全球 (1) 大洲分布及种数(cf. 1)◆亚洲(◆日本)
Nephrophyllum【3】 A.Rich. 埃塞旋花属 Convolvulaceae 旋花科 [MD-499] 全球 (1) 大洲分布及种数(1)◆非洲(◆埃塞俄比亚)
Nephrops Rich. ex DC. = **Machaerium**
Nephropsis Rich. ex DC. = **Cocculus**
Nephrosis Rich. ex DC. = **Machaerium**
Nephrosperma【3】 Balf.f. 槟榔属 ← **Areca;Oncosperma** Arecaceae 棕榈科 [MM-717] 全球 (1) 大洲分布及种数(1)◆非洲
Nephrostigma Griff. = **Cyathocalyx**
Nephrostylus Gagnep. = **Ptychopyxis**
Nephrotepis Schott = **Nephrolepis**
Nephroth Lour. = **Cocculus**
Nephrotheca【3】 (L.) B.Nord. & Källersjö 肾果菊属 ← **Osteospermum;Gibbaria;** Asteraceae 菊科 [MD-586] 全球 (1) 大洲分布及种数(1)◆非洲(◆南非)
Nephtheis Schott = **Nephthytis**
Nephthytis【3】 Schott 绿菲芋属 → **Callopsis;Cercestis** Araceae 天南星科 [MM-639] 全球 (1) 大洲分布及种数(5-6)◆非洲
Nephus Raf. ex Steud. = **Aristolochia**
Nepitia Walker = **Neottia**
Neprodium Rich. = **Nephrodium**
Nepsera【3】 Naudin 奈普野牡丹属 ← **Aciotis;Melastoma;Rhexia** Melastomataceae 野牡丹科 [MD-364] 全球 (6) 大洲分布及种数(2-3)非洲:2;亚洲:2;大洋洲:2;欧洲:2;北美洲:1-3;南美洲:1-3
Nepsta L. = **Nepeta**
Neptunea Lour. = **Neptunia**
Neptunia【3】 Lour. 假含羞草属 ← **Acacia;Desmanthus;Mimosa** Fabaceae 豆科 [MD-240] 全球 (1) 大洲分布及种数(7-15)◆南美洲
Neptunus Haan = **Neptunia**
Neralsia Schinz = **Nelsia**

Neraudia 【3】 Gaud. 角被麻属 ← **Boehmeria** Urticaceae 荨麻科 [MD-91] 全球 (1) 大洲分布及种数(8-12)◆北美洲
Nereia J.Agardh = **Neea**
Neretia Moq. = **Leretia**
Neriacanthus【2】 Benth. 美爵床属 ≒ **Neuracanthus** Acanthaceae 爵床科 [MD-572] 全球 (3) 大洲分布及种数(5)亚洲:cf.1;北美洲:1-2;南美洲:3-4
Neriandra A.DC. = **Skytanthus**
Nerice Herb. = **Nerine**
Nerija Raf. = **Elaeodendron**
Nerine 【3】 Herb. 纳丽花属 ← **Amaryllis;Brunsvigia;Lycoris** Amaryllidaceae 石蒜科 [MM-694] 全球 (1) 大洲分布及种数(27-39)◆非洲
Nerinea Herb. = **Nerine**
Nerion St.Lag. = **Nerium**
Nerissa Raf. = **Ponthieva**
Nerissa Salisb. = **Haemanthus**
Nerisyrenia 【3】 Greene 鲜丽芥属 ≒ **Greggia** Brassicaceae 十字花科 [MD-213] 全球 (1) 大洲分布及种数(10-22)◆北美洲(◆美国)
Neritaria Sm. = **Coprosma**
Neritilia Comm. ex Gaud. = **Nervilia**
Neritona St.Lag. = **Nerium**
Nerium【3】 L. 夹竹桃属 → **Adenium** Apocynaceae 夹竹桃科 [MD-492] 全球 (6) 大洲分布及种数(2)非洲:1-6;亚洲:1-6;大洋洲:1-6;欧洲:1-6;北美洲:1-6;南美洲:5
Nernstia【3】Urb. 巴西鸡纳属 ← **Coutarea;Portlandia** Rubiaceae 茜草科 [MD-523] 全球 (1) 大洲分布及种数(1)◆北美洲
Nerophila 【3】 Naudin 须牡丹属 ← **Tibouchina** Melastomataceae 野牡丹科 [MD-364] 全球 (1) 大洲分布及种数(cf.1)◆非洲
Nerphrodium Rich. = **Nephrodium**
Nersia Stål = **Neesia**
Nertera【3】 Banks ex Gaertn. 薄柱草属 ← **Coprosma;Geophila;Neckera** Rubiaceae 茜草科 [MD-523] 全球 (6) 大洲分布及种数(10-12;hort.1)非洲:1-2;亚洲:3-5;大洋洲:8-9;欧洲:1;北美洲:2-3;南美洲:1
Nerteria Sm. = **Nertera**
Neruda Gaud. = **Neraudia**
Nervilia 【3】 Comm. ex Gaud. 芋兰属 ← **Zeuxine;Pavonia;Arethusa** Orchidaceae 兰科 [MM-723] 全球 (6) 大洲分布及种数(63-91;hort.1)非洲:26-34;亚洲:42-53;大洋洲:14-27;欧洲:3;北美洲:5-9;南美洲:5-9
Nesa O.F.Cook = **Attalea**
Nesaea【3】 Comm. ex Kunth 仙水苋属 ← **Ammannia;Decodon;Lythrum** Lythraceae 千屈菜科 [MD-333] 全球 (6) 大洲分布及种数(51-81)非洲:46-68;亚洲:2-7;大洋洲:1-10;欧洲:2;北美洲:5-7;南美洲:3-6
Nesampelos 【2】 B.Nord. 香丝草属 ≒ **Conyza** Asteraceae 菊科 [MD-586] 全球 (4) 大洲分布及种数(3)非洲;亚洲;欧洲;北美洲
Nescidia A.Rich. = **Coffea**
Nesebra Noronha ex Choisy = **Neea**
Nesidea A.Rich. ex DC. = **Coffea**
Nesiia Medik. = **Neslia**
Nesiota【-】 Hook.f. 鼠李科属 ≒ **Phylica** Rhamnaceae 鼠李科 [MD-331] 全球 (uc) 大洲分布及种数(uc)
Nesippus Raf. = **Utricularia**
Neskiza Raf. = **Carex**
Neslia 【3】 Desv. 球果荠属 ← **Alyssum;Myagrum;Rapistrum** Brassicaceae 十字花科 [MD-213] 全球 (1) 大洲分布及种数(2-3)◆欧洲
Nesobium Phil. ex Füntes = **Parietaria**
Nesocaryum【3】 I.M.Johnst. 天芥菜属 ← **Heliotropium** Boraginaceae 紫草科 [MD-517] 全球 (1) 大洲分布及种数(1)◆南美洲
Nesochoris Beurl. = **Actinoscirpus**
Nesocodon【3】 M.Thulin 兰花参属 ≒ **Wahlenbergia** Campanulaceae 桔梗科 [MD-561] 全球 (1) 大洲分布及种数(1)◆非洲
Nesocodon Thulin = **Nesocodon**
Nesodaphne Hook.f. = **Beilschmiedia**
Nesodoxa Calest. = **Phyllarthron**
Nesodraba Greene = **Draba**
Nesoea Wight = **Ammannia**
Nesoecia Wight = **Ammannia**
Nesogenaceae【3】Marais 岛生材科 [MD-577] 全球 (1) 大洲分布和属种数(1/7-9)◆大洋洲
Nesogenes 【3】 A.DC. 洋马齿属 ← **Myoporum;Stemodiopsis** Orobanchaceae 列当科 [MD-552] 全球 (1) 大洲分布及种数(7)◆非洲
Nesogordonia 【3】 Baill. 尼索桐属 ← **Trochetia** Malvaceae 锦葵科 [MD-203] 全球 (1) 大洲分布及种数(1-27)◆非洲
Nesohedyotis 【3】 (Hook.f.) Bremek. 美耳茜属 ← **Hedyotis;Oldenlandia** Rubiaceae 茜草科 [MD-523] 全球 (1) 大洲分布及种数(1)◆非洲
Nesokia Urb. = **Adenocalymma**
Nesolec Wight = **Ammannia**
Nesolejeunea Herzog = **Lejeunea**
Nesolindsaea【3】 Lehtonen & Christenh. 岛鳞始蕨属 Lindsaeaceae 鳞始蕨科 [F-27] 全球 (1) 大洲分布及种数(cf.2) ◆亚洲
Nesoluma Baill. = **Sideroxylon**
Nesomia 【3】 B.L.Turner 墨香蓟属 Asteraceae 菊科 [MD-586] 全球 (1) 大洲分布及种数(1)◆北美洲(◆墨西哥)
Nesopanax Seem. = **Schefflera**
Nesopeza Wight = **Ammannia**
Nesopteris 【2】 Copel. 膜蕨科属 Hymenophyllaceae 膜蕨科 [F-21] 全球 (2) 大洲分布及种数(2) 亚洲:2;大洋洲:2
Nesopupa Baill. = **Achras**
Nesoris Raf. = **Pyrrosia**
Nesothamnus【3】 Rydb. 岩雏菊属 ← **Perityle** Asteraceae 菊科 [MD-586] 全球 (1) 大洲分布及种数(1)◆非洲
Nesphostylis 【2】 Verdc. 镰扁豆属 ← **Dolichos** Fabaceae 豆科 [MD-240] 全球 (2) 大洲分布及种数(cf.1-2) 非洲:1;亚洲:1
Nessaea Talbot = **Nesaea**
Nessea Steud. = **Nesaea**
Nestegis 【3】 Raf. 岛蜡树属 ≒ **Osmanthus;Olea** Oleaceae 木樨科 [MD-498] 全球 (1) 大洲分布及种数(8-9)◆大洋洲
Nesti Desv. = **Neslia**
Nestlera 【3】 Spreng. 长果金绒草属 Asteraceae 菊科

[MD-586] 全球 (1) 大洲分布及种数(2)◆非洲
Nestoria Urb. = **Pleonotoma**
Nestotus【3】R.P.Roberts,Urbatsch & Neubig 假黄花属 ≒ **Stenotus** Asteraceae 菊科 [MD-586] 全球 (1) 大洲分布及种数(2)◆北美洲(◆美国)
Nestronia【3】Raf. 花旗檀香属 ≒ **Buckleya** Santalaceae 檀香科 [MD-412] 全球 (1) 大洲分布及种数(1)◆北美洲(◆美国)
Nestylix Raf. = **Toisusu**
Nesynstylis Raf. = **Libertia**
Netanahashia Y.Itô = **Cactus**
Netastoma Miers = **Adenocalymma**
Netelia Brulle = **Nebelia**
Netouxia G.Don = **Morettia**
Netrium L. = **Nerium**
Netta Baill. = **Triumfetta**
Nettion St.Lag. = **Nerium**
Nettlera Raf. = **Carapichea**
Nettoa【3】Baill. 黄麻属 ← **Corchorus** Malvaceae 锦葵科 [MD-203] 全球 (1) 大洲分布及种数(1)◆大洋洲
Netuma Raf. = **Acacia**
Neubeckia Alef. = **Moraea**
Neuberia Eckl. = **Byttneria**
Neuburghia Walp. = **Neuburgia**
Neuburgia【3】Bl. 纽氏马钱属 ≒ **Couthovia** Loganiaceae 马钱科 [MD-486] 全球 (6) 大洲分布及种数(4-15)非洲:5;亚洲:2-10;大洋洲:3-14;欧洲:3;北美洲:2-5;南美洲:3
Neudorfia Adans. = **Nolana**
Neuhofia Stokes = **Brunia**
Neumania Brongn. = **Aechmea**
Neumannia A.Rich. = **Pitcairnia**
Neumanniac Brongn. = **Pitcairnia**
Neumayera Rchb.f. = **Niemeyera**
Neuontobotrys【3】O.E.Schulz 南美芥属 ← **Cardamine;Sisymbrium** Brassicaceae 十字花科 [MD-213] 全球 (1) 大洲分布及种数(23)◆南美洲
Neuracanthus【2】Nees 非洲带爵床属 ← **Barleria;Crabbea;Neriacanthus** Acanthaceae 爵床科 [MD-572] 全球 (2) 大洲分布及种数(34)非洲:12-27;亚洲:1-9
Neurachne【3】R.Br. 脉颖草属 ≒ **Isachne;Panicum;Sacciolepis** Poaceae 禾本科 [MM-748] 全球 (1) 大洲分布及种数(10-11)◆大洋洲
Neurachneae S.T.Blake = **Neurachne**
Neuractis Cass. = **Chrysanthellum**
Neurada【3】L. 沙莓草属 → **Neuradopsis** Neuradaceae 沙莓草科 [MD-281] 全球 (1) 大洲分布及种数(1-2)◆非洲
Neuradaceae【2】Kostel. 沙莓草科 [MD-281] 全球 (2) 大洲分布和属种数(3/8-12)非洲:3/8-9;亚洲:1/1
Neuradopsis【3】Bremek. & Oberm. 蒺沙莓属 ← **Neurada** Neuradaceae 沙莓草科 [MD-281] 全球 (1) 大洲分布及种数(3)◆非洲
Neurelmis Raf. = **Tetranthus**
Neurobasis Mattf. = **Neurolakis**
Neurocallis (Fée) T.Moore = **Neurocallis**
Neurocallis【3】Fée 美脉蕨属 ← **Pteris** Adiantaceae 铁线蕨科 [F-35] 全球 (1) 大洲分布及种数(1)◆北美洲
Neurocalyx【3】Hook. 绶茜草属 ← **Argostemma;Steenisia** Rubiaceae 茜草科 [MD-523] 全球 (1) 大洲分布及种数(1-5)◆亚洲
Neurocarpaea K.Schum. = **Pentas**
Neurocarpon (Zucc.) Steud. = **Clitoria**
Neurocarpum Desv. = **Clitoria**
Neurocaspaea R.Br. = **Nodocarpaea**
Neurocaulon (Zucc.) Steud. = **Barbieria**
Neurochlaena Less. = **Schistocarpha**
Neuroctola Raf. = **Uniola**
Neurodium【3】Fée 缎带蕨属 ≒ **Paltonium** Polypodiaceae 水龙骨科 [F-60] 全球 (1) 大洲分布及种数(1)◆南美洲
Neurogramma Link = **Hemionitis**
Neurogramme Diels = **Hemionitis**
Neurolaena【3】R.Br. 锥果菊属 ← **Calea;Conyza;Schistocarpha** Asteraceae 菊科 [MD-586] 全球 (1) 大洲分布及种数(14-17)◆北美洲
Neurolaeneae Rydb. = **Neurolaena**
Neurolakis【3】Mattf. 蜜鞘糙毛菊属 Asteraceae 菊科 [MD-586] 全球 (1) 大洲分布及种数(1-2)◆非洲
Neurolejeunea (Spruce) Schiffn. = **Neurolejeunea**
Neurolejeunea【2】Gradst. 北美洲密鳞苔属 Lejeuneaceae 细鳞苔科 [B-84] 全球 (2) 大洲分布及种数(4)北美洲:3;南美洲:2
Neurolepis【3】Meisn. 脉鳞竺属 ← **Chusquea;Platonia** Poaceae 禾本科 [MM-748] 全球 (1) 大洲分布及种数(13)◆南美洲
Neuroloma【3】Andrz. ex DC. 黑藓科属 ≒ **Parrya** Andreaeaceae 黑藓科 [B-98] 全球 (1) 大洲分布及种数(1)◆南美洲
Neuromanes Trevis. = **Trichomanes**
Neuronia D.Don = **Oleandra**
Neuropeltis【3】Wall. 盾苞藤属 ← **Erycibe;Porana** Convolvulaceae 旋花科 [MD-499] 全球 (6) 大洲分布及种数(13-18;hort.1)非洲:10-14;亚洲:3-10;大洋洲:3;欧洲:3;北美洲:3;南美洲:3
Neuropeltopsis【3】Ooststr. 类盾苞藤属 Convolvulaceae 旋花科 [MD-499] 全球 (1) 大洲分布及种数(1-2)◆亚洲
Neurophyllum C.Presl = **Trichomanes**
Neurophyllum Torr. & A.Gray = **Peucedanum**
Neuroplatyceros (Endl.) Fée = **Platycerium**
Neuropoa【3】Clayton 肋稃禾属 ← **Poa** Poaceae 禾本科 [MM-748] 全球 (1) 大洲分布及种数(1)◆大洋洲
Neuropteris Desv. = **Saccoloma**
Neuropteris Jack ex Burkill = **Neuropeltis**
Neuroscapha Tul. = **Lonchocarpus**
Neurosoria【3】Mett. 白尾蕨属 ≒ **Acrostichum** Adiantaceae 铁线蕨科 [F-35] 全球 (1) 大洲分布及种数(1)◆大洋洲
Neurosperma Bartl. = **Momordica**
Neurospermum Bartl. = **Momordica**
Neurospora Shear & B.O.Dodge = **Neuropoa**
Neurotecoma K.Schum. = **Tecoma**
Neurotheca【3】Salisb. ex Benth. & Hook.f. 绶龙胆属 → **Congolanthus** Gentianaceae 龙胆科 [MD-496] 全球 (1) 大洲分布及种数(3)◆南美洲
Neurotropis【3】(DC.) F.K.Mey. 脉菥蓂属 Brassicaceae 十字花科 [MD-213] 全球 (1) 大洲分布及种数(cf. 1)◆

亚洲
Neustanthus Benth. = **Pueraria**
Neustruevia Juz. = **Pseudomarrubium**
Neuweidia Bl. = **Neuwiedia**
Neuwiedia【3】Bl. 三蕊兰属 ≒ **Eulophia** Orchidaceae 兰科 [MM-723] 全球 (1) 大洲分布及种数(4-10)◆亚洲
Neuwiediaceae Dahlgren ex Reveal & Hoogland = Cypripediaceae
Nevada【3】N.H.Holmgren 花旗芥属 ≒ **Neurada** Brassicaceae 十字花科 [MD-213] 全球 (1) 大洲分布及种数(1-2)◆北美洲(◆美国)
Nevadensis Rivas Mart. = **Alyssum**
Nevesarmondia (Mart.) K.Schum. = **Amphilophium**
Neves-armondia K.Schum. = **Amphilophium**
Nevesisporites【-】Jersey & Paten 不明藓属 Fam(uc) 全球 (uc) 大洲分布及种数(uc)
Nevillea【3】Esterh. & H.P.Linder 圆苞灯草属 ← **Restio** Restionaceae 帚灯草科 [MM-744] 全球 (1) 大洲分布及种数(2-3)◆非洲(◆南非)
Neviusia【3】A.Gray 雪棠属 Rosaceae 蔷薇科 [MD-246] 全球 (1) 大洲分布及种数(2)◆北美洲
Nevosmila Raf. = **Crateva**
Nevrilis Raf. = **Meliosma**
Nevrocallis Fée = **Neurocallis**
Nevroctola Raf. = **Uniola**
Nevrodium Fée = **Neurodium**
Nevrolis Raf. = **Celosia**
Nevroloma Raf. = **Glyceria**
Nevroloma Spreng. = **Neuroloma**
Nevroplatyceros Fée = **Platycerium**
Nevrosperma Raf. = **Momordica**
Nevskiella Kreczetowicz,Vitali Iwanowicz & Vvedensky, Aleksei Ivanovichh = **Bromus**
Newaagia N.S.Lý & Škorničk. = **Newmania**
Newberrya【3】Torr. 松球兰属 Ericaceae 杜鹃花科 [MD-380] 全球 (1) 大洲分布及种数(uc)◆北美洲(◆美国)
Newboudea Seem. = **Newbouldia**
Newbouldea Seem. = **Newbouldia**
Newbouldia【3】Seem. 圣篱木属 ← **Bignonia;Spathodea** Bignoniaceae 紫葳科 [MD-541] 全球 (1) 大洲分布及种数(1)◆非洲
Newcastalia Pritzel,E.G. = **Newcastelia**
Newcastelia【3】F.Müll. 星南苏属 ≒ **Physopsis** Lamiaceae 唇形科 [MD-575] 全球 (1) 大洲分布及种数(2-12)◆大洋洲(◆澳大利亚)
Newcastlia F.Müll = **Newcastelia**
Newii Schwantes = **Nelia**
Newmania【3】N.S.Lý & Škorničk. 蔟凤梨属 ≒ **Pitcairnia** Zingiberaceae 姜科 [MM-737] 全球 (1) 大洲分布及种数(3)◆南美洲
Newtonia【3】O.Hoffm. 纽敦豆属 ≒ **Piptadenia** Fabaceae 豆科 [MD-240] 全球 (1) 大洲分布及种数(16)◆非洲
Newzealochilus【-】R.Rice 兰科属 Orchidaceae 兰科 [MM-723] 全球 (uc) 大洲分布及种数(uc)
Nexilis Raf. = **Millingtonia**
Neyraudia【3】Hook.f. 类芦属 ← **Aristida;Phragmites;Triraphis** Poaceae 禾本科 [MM-748] 全球 (1) 大洲分布及种数(1-2)◆非洲
Nezahualcoyotlia【3】R.González 盔唇兰属 ≒ **Cranichis** Orchidaceae 兰科 [MM-723] 全球 (1) 大洲分布及种数(1)◆非洲
Nezara Sol. ex Seem. = **Aralia**
Nezera Raf. = **Linum**
Nezula Raf. = **Linum**
Ngara auct. = **Nasa**
Nhandiroba Adans. = **Fevillea**
Nhandirobaceae T.Lestib. = Datiscaceae
Nia Lindl. = **Ania**
Niabella L. = **Nigella**
Nialel Adans. = **Hibbertia**
Nianhochloa【3】H.N.Nguyen & V.T.Tran 假禾草属 Poaceae 禾本科 [MM-748] 全球 (1) 大洲分布及种数(1-2)◆非洲
Niara Dennst. = **Ardisia**
Niastella Salisb. = **Diastella**
Nibbisia Walp. = **Aconitum**
Nibea Willd. ex Schult.f. = **Aletris**
Nibilia Neck. = **Nebelia**
Nibo Steud. = **Rumex**
Nibora Raf. = **Gratiola**
Nica Buch.Ham. ex A.Juss. = **Picrasma**
Nicand Adans. = **Nicandra**
Nicandra【3】Adans. 假酸浆属 ≒ **Potalia;Physalis** Solanaceae 茄科 [MD-503] 全球 (1) 大洲分布及种数(3-4)◆南美洲
Nicarago Britt. & Rose = **Caesalpinia**
Nice Raf. = **Ornithogalum**
Nicea A.Dietr. = **Picea**
Nichallea【3】Bridson 龙船花属 ≒ **Ixora** Rubiaceae 茜草科 [MD-523] 全球 (1) 大洲分布及种数(1)◆非洲
Nichelia Bullock = **Eriosyce**
Nicholsonara【-】J.M.H.Shaw 兰科属 Orchidaceae 兰科 [MM-723] 全球 (uc) 大洲分布及种数(uc)
Nicholsonia Span. = **Desmodium**
Nichtina L. = **Nicotiana**
Nicida Raf. = **Ornithogalum**
Nicipe Raf. = **Ornithogalum**
Nicklesia S.Moore = **Nicolasia**
Nicobariodendron【3】Vasudeva Rao & Chakrab. 亚洲卫矛属 Celastraceae 卫矛科 [MD-339] 全球 (1) 大洲分布及种数(1)◆亚洲
Nicodemia Ten. = **Buddleja**
Nicolaea Horan. = **Nicolaia**
Nicolaia【2】Horan. 椒蔻属 ← **Amomum;Etlingera; Aframomum** Zingiberaceae 姜科 [MM-737] 全球 (4) 大洲分布及种数(cf.1) 非洲;亚洲;大洋洲;北美洲
Nicolasia【3】S.Moore 延叶菊属 ← **Athrixia;Pluchea** Asteraceae 菊科 [MD-586] 全球 (1) 大洲分布及种数(7)◆非洲
Nicolea Horan. = **Nicolaia**
Nicolettia Benth. & Hook.f. = **Nicolletia**
Nicolia Horan. = **Nicolaia**
Nicolletia【3】A.Gray 沙洞菊属 Asteraceae 菊科 [MD-586] 全球 (1) 大洲分布及种数(3)◆北美洲
Nicolsonia DC. = **Desmodium**
Nicoraella Torres = **Anatherostipa**
Nicoraepoa【3】Soreng & L.J.Gillespie 延叶草属 ≒

N

Poa Poaceae 禾本科 [MM-748] 全球 (1) 大洲分布及种数(7)◆南美洲
Nicoteba Lindau = **Justicia**
Nicotia Opiz = **Ricotia**
Nicotiana Acuminatse Goodsp. = **Nicotiana**
Nicotiana【3】 L. 烟草属 → **Bouchetia;Acnistus;Physochlaina** Solanaceae 茄科 [MD-503] 全球 (6) 大洲分布及种数(68-132;hort.1;cult: 8)非洲:10-22;亚洲:23-40;大洋洲:22-61;欧洲:26-40;北美洲:38-58;南美洲:52-85
Nicotianaceae Martinov = Cuscutaceae
Nicotidendron Griseb. = **Nicotiana**
Nicotunia【-】 Burbank 茄科属 Solanaceae 茄科 [MD-503] 全球 (uc) 大洲分布及种数(uc)
Nicropyxis Duby = **Anagallis**
Nicsara Dennst. = **Ardisia**
Nictanthes All. = **Nyctanthes**
Nictitella Raf. = **Chamaecrista**
Nidalia Raf. = **Convolvulus**
Nideclia【-】 J.M.H.Shaw 兰科属 Orchidaceae 兰科 [MM-723] 全球 (uc) 大洲分布及种数(uc)
Nidema【2】 Britton & Millsp. 尼德兰属 ← **Encyclia;Epidendrum;Maxillaria** Orchidaceae 兰科 [MM-723] 全球 (2) 大洲分布及种数(3)北美洲:2;南美洲:2
Nidorella【3】 Cass. 长冠田基黄属 → **Aster;Microglossa;Psiadia** Asteraceae 菊科 [MD-586] 全球 (1) 大洲分布及种数(29-39)◆非洲
Nidorellia Gray = **Nidorella**
Nidula L.B.Sm. = **Nidumea**
Nidularia Lem. = **Nidularium**
Nidularium【3】 Lem. 鸟巢凤梨属 ← **Aechmea;Tillandsia;Wittrockia** Bromeliaceae 凤梨科 [MM-715] 全球 (1) 大洲分布及种数(64-75)◆南美洲
Nidularium Mez = **Nidularium**
Nidumea【3】 L.B.Sm. 凤梨科属 ≒ **Aeglopsis** Bromeliaceae 凤梨科 [MM-715] 全球 (1) 大洲分布及种数(uc)◆亚洲(◆中国)
Niduregelia【3】 (Leme) Leme 鸟巢彩凤梨属 Bromeliaceae 凤梨科 [MM-715] 全球 (1) 大洲分布及种数(3)◆南美洲(◆巴西)
Nidurmea L.B.Sm. = **Nidumea**
Nidus Riv. = **Neottia**
Nidus-avis Ort. = **Neottia**
Nieandra Raf. = **Hopea**
Nieblia Neck. = **Nebelia**
Niebuhria DC. = **Angelphytum**
Niebuhria G.A.Scop. = **Baltimora**
Niebuhria Neck. = **Wedelia**
Niedenzua Pax = **Adenochlaena**
Niedenzuella【3】 W.R.Anderson 红虎尾属 ≒ **Malpighiodes** Malpighiaceae 金虎尾科 [MD-343] 全球 (1) 大洲分布及种数(16)◆南美洲(◆巴西)
Niederleinia Hieron. = **Frankenia**
Niedzwedzkia【3】 B.Fedtsch. 中亚角蒿属 ← **Incarvillea** Bignoniaceae 紫葳科 [MD-541] 全球 (1) 大洲分布及种数(cf.)◆亚洲
Nielsonia Young = **Nelsonia**
Niemeyera【3】 F.Müll. 红锈榄属 Sapotaceae 山榄科 [MD-357] 全球 (1) 大洲分布及种数(6-7)◆大洋洲
Nienburgia Bl. = **Neuburgia**
Nieotiana L. = **Nicotiana**
Nierembergia【2】 Ruiz & Pav. 赛亚麻属 → **Bouchetia;Browallia;Petunia** Solanaceae 茄科 [MD-503] 全球 (5) 大洲分布及种数(26-32;hort.1)亚洲:2-3;大洋洲:3;欧洲:1;北美洲:6-8;南美洲:25-29
Nierenbergia Steud. = **Petunia**
Niess Riv. = **Neottia**
Nietneria Benth. = **Nietneria**
Nietneria【3】 Klotzsch & M.R.Schomb. 伞金花属 Nartheciaceae 沼金花科 [MM-618] 全球 (1) 大洲分布及种数(2)◆南美洲
Nietoa Schaffn. = **Hanburia**
Nigella【2】 L. 黑种草属 Ranunculaceae 毛茛科 [MD-38] 全球 (5) 大洲分布及种数(19-38;hort.1;cult: 1)非洲:5-12;亚洲:15-27;大洋洲:1;欧洲:10-21;北美洲:3-4
Nigellaceae J.Agardh = Ranunculaceae
Nigellastrum Fabr. = **Nigella**
Nigellicereus【-】 (P.V.Heath) P.V.Heath 仙人掌科属 Cactaceae 仙人掌科 [MD-100] 全球 (uc) 大洲分布及种数(uc)
Nigera Bubani = **Caucalis**
Nigma Buch.Ham. ex A.Juss. = **Picrasma**
Nigribicchia E.G.Camus = **Pseuditella**
Nigrina L. = **Melasma**
Nigrina Thunb. = **Chloranthus**
Nigritella【3】 Rich. 短距手参属 ← **Gymnadenia;Satyrium;Brachycorythis** Orchidaceae 兰科 [MM-723] 全球 (1) 大洲分布及种数(2-7)◆欧洲
Nigromnia Carolin = **Scaevola**
Nigrorchis Godfery = **Dactylodenia**
Nihon A.Otero,Jim.Mejías,Valcárcel & P.Vargas = **Emex**
Nihonia Dop = **Craibiodendron**
Nika Buch.Ham. ex A.Juss. = **Picrasma**
Nikitinia【3】 Iljin 基叶菊属 ← **Jurinea** Asteraceae 菊科 [MD-586] 全球 (1) 大洲分布及种数(cf. 1)◆亚洲
Nil Ludw. ex P. & K. = **Ipomoea**
Nileus Haw. = **Narcissus**
Nilgirianthus【3】 Bremek. 延苞蓝属 ← **Strobilanthes** Acanthaceae 爵床科 [MD-572] 全球 (1) 大洲分布及种数(20)◆亚洲
Nilotonia Bremek. = **Psychotria**
Nilssonia R.Br. = **Nelsonia**
Nilus Riv. = **Neottia**
Nilva Dennst. = **Alangium**
Nima Buch.Ham. ex A.Juss. = **Picrasma**
Nimbo Dennst. = **Murraya**
Nimbus Riv. = **Neottia**
Nimbya Buch.Ham. ex A.Juss. = **Picrasma**
Nimi Buch.Ham. ex A.Juss. = **Picrasma**
Nimiria【3】 Prain ex Craib 相思树属 ≒ **Acacia** Fabaceae3 蝶形花科 [MD-240] 全球 (1) 大洲分布及种数(cf. 1)◆亚洲
Nimmoia Wight = **Amoora**
Nimmonia Wight = **Ammannia**
Nimphaea Neck. = **Nymphaea**
Nimphea Nocca = **Nuphar**
Ninanga Raf. = **Gomphrena**
Ninoe Salisb. = **Cornutia**
Nintooa Sw. = **Lonicera**

Niobe Salisb. = **Hosta**
Niobea Willd. ex Schult.f. = **Hypoxis**
Niobina Capuron = **Neotina**
Nioche Salisb. = **Cornutia**
Niolamia Raf. = **Aster**
Niopa (Benth.) Britton & Rose = **Piptadenia**
Niota Adans. = **Quassia**
Niotha Adans. = **Brachystelma**
Nipha Thunb. = **Nypa**
Niphaea【3】 Lindl. 浅钟岩桐属 ← **Achimenes;Amalophyllon;Phinaea** Gesneriaceae 苦苣苔科 [MD-549] 全球 (1) 大洲分布及种数(4-5)◆北美洲
Niphanda Lür = **Stelis**
Niphantha【3】Lür 银光兰属 ≒ **Stelis** Orchidaceae 兰科 [MM-723] 全球 (1) 大洲分布及种数(uc)◆亚洲
Niphaphyllon【-】 Roalson & Boggan 苦苣苔科属 Gesneriaceae 苦苣苔科 [MD-549] 全球 (uc) 大洲分布及种数(uc)
Niphidium【3】 J.Sm. 雅蕨属 ≒ **Cyclophorus;Pleopeltis** Polypodiaceae 水龙骨科 [F-60] 全球 (1) 大洲分布及种数(13)◆南美洲
Niphobolus (C.Presl) T.Moore = **Pyrrosia**
Niphogeton【3】 Schltdl. 雪草属 ← **Apium** Apiaceae 伞形科 [MD-480] 全球 (1) 大洲分布及种数(18-19)◆南美洲
Nipholepis Syd. = **Nephrolepis**
Niphon Raf. ex Steud. = **Aristolochia**
Niphona Bubani = **Nuphar**
Niphopsis J.Sm. = **Pyrrosia**
Niphotrichum【3】 (Bednarek-Ochyra) Bednarek-Ochyra & Ochyra 长齿藓属 ≒ **Trichostomum** Grimmiaceae 紫萼藓科 [B-115] 全球 (1) 大洲分布及种数(1)◆北美洲
Niphus Raf. = **Aristolochia**
Nipobolus Kaulf. = **Pyrrosia**
Nipoborus Kaulf. = **Pyrrosia**
Niponia Dop = **Craibiodendron**
Nipponanthemum【2】(Kitam.) Kitam. 日本滨菊属 ← **Chrysanthemum** Asteraceae 菊科 [MD-586] 全球 (2) 大洲分布及种数(2)亚洲:cf.1;北美洲:1
Nipponia Wight = **Ammannia**
Nipponobambusa【3】 Muroi 赤竹属 ← **Sasa;Arundinaria** Poaceae 禾本科 [MM-748] 全球 (1) 大洲分布及种数(cf.1)◆亚洲
Nipponocalamus Nakai = **Arundinaria**
Nipponochlamys Nakai = **Arundinaria**
Nipponolejeunea【3】 (Stephani) S.Hatt. 日鳞苔属 ≒ **Pycnolejeunea** Jubulaceae 毛耳苔科 [B-83] 全球 (1) 大洲分布及种数(cf. 1)◆亚洲
Nipponolejeuneeae (R.M.Schust. & Kachroo) Gradst. = **Nipponolejeunea**
Nipponorchis Masam. = **Neofinetia**
Nipt Thunb. = **Nypa**
Niptera Syd. = **Nepsera**
Nipteria Klotzsch & M.R.Schomb. = **Nietneria**
Nirarathamnos【3】 Balf.f. 索岛草属 Apiaceae 伞形科 [MD-480] 全球 (1) 大洲分布及种数(1)◆亚洲
Nirbisia G.Don = **Aconitum**
Niruri Adans. = **Phyllanthus**
Niruris Raf. = **Phyllanthus**
Nirva Dennst. = **Ardisia**
Nirwamia Raf. = **Begonia**
Nisa Nor. = **Homalium**
Nisia Noronha ex Thou. = **Weinmannia**
Niso Noronha ex Thou. = **Weinmannia**
Nisomenes Raf. = **Euphorbia**
Nisoralis Raf. = **Helicteres**
Nisotra Adans. = **Quassia**
Nissolia (Pers.) DC. = **Nissolia**
Nissolia【2】 Jacq. 尼豆属 ≒ **Lathyrus** Fabaceae 豆科 [MD-240] 全球 (3) 大洲分布及种数(31-34;hort.1)欧洲:cf.1;北美洲:18;南美洲:15-17
Nissolioides M.E.Jones = **Ocotea**
Nissolius Medik. = **Machaerium**
Nissoloides M.E.Jones = **Desmodium**
Nistarika【3】 B.K.Nayar,Madhus. & Molly 星龙骨属 Polypodiaceae 水龙骨科 [F-60] 全球 (1) 大洲分布及种数(1-2)◆非洲
Nisusia Schneev. = **Schradera**
Nite Salisb. = **Hosta**
Nitela Zaneveld = **Tellima**
Nitelium Cass. = **Macledium**
Nitella C.Agardh = **Tellima**
Nitellopsis Meisn. = **Tellima**
Nitidella Raf. = **Cassia**
Nitidobulbon【3】 Ojeda,Carnevali & G.A.Romero 白刺兰属 Orchidaceae 兰科 [MM-723] 全球 (1) 大洲分布及种数(2)◆南美洲(◆巴西)
Nitidocidium F.Barros & V.T.Rodrigues = **Gomesa**
Nitidus Riv. = **Aphyllorchis**
Nitrapia Pall. = **Nitraria**
Nitraria【3】 L. 白刺属 ← **Peganum** Nitrariaceae 白刺科 [MD-382] 全球 (1) 大洲分布及种数(8-9)◆亚洲
Nitrariaceae【3】Lindl. 白刺科 [MD-382] 全球 (6) 大洲分布和属种数(1;hort. & cult.1)(8-12;hort. & cult.2-3)非洲:1/1;亚洲:1/8-9;大洋洲:1/1-2;欧洲:1/1;北美洲:1/1;南美洲:1/1
Nitrarica L. = **Nitraria**
Nitrophila【3】 S.Watson 喜碱草属 Amaranthaceae 苋科 [MD-116] 全球 (1) 大洲分布及种数(4-6)◆北美洲
Nitrosalsola Tzvelev = **Salsola**
Nivaria Heist. = **Leucojum**
Nivellea【3】 B.H.Wilcox,K.Bremer & Humphries 茼蒿属 ≒ **Glebionis** Asteraceae 菊科 [MD-586] 全球 (1) 大洲分布及种数(1)◆非洲
Nivenia R.Br. = **Nivenia**
Nivenia【3】 Vent. 木鸢尾属 ← **Aristea;Paranomus** Iridaceae 鸢尾科 [MM-700] 全球 (1) 大洲分布及种数(14-16)◆非洲
Niveophyllum Matuda = **Hechtia**
Nivieria Ser. = **Triticum**
Noachia【-】 Bronner 葡萄科属 Vitaceae 葡萄科 [MD-403] 全球 (uc) 大洲分布及种数(uc)
Noaea【3】 Moq. 附药蓬属 ← **Anabasis;Salsola;Nesaea** Chenopodiaceae 藜科 [MD-115] 全球 (1) 大洲分布及种数(7-13)◆亚洲
Noahdendron【3】P.K.Endress 红蛎木属 Hamamelidaceae 金缕梅科 [MD-63] 全球 (1) 大洲分布及种数(1)◆大洋洲(◆澳大利亚)

Noallia Buc´hoz = **Cymbopetalum**
Nobeliodendron O.C.Schmidt = **Phoebe**
Nobia O.F.Cook = **Chamaedorea**
Nobilis Raf. = **Rotala**
Nobleara auct. = **Ferreyranthus**
Noblella Raf. = **Cordia**
Nobregaea【3】 Hedenäs 岩青藓属 Brachytheciaceae 青藓科 [B-187] 全球 (1) 大洲分布及种数(1)◆欧洲
Nobula Adans. = **Phyllis**
Nocca【3】 Cav. 岩菥蓂属 → **Lagascea;Hutchinsia** Asteraceae 菊科 [MD-586] 全球 (1) 大洲分布及种数(5-6)◆北美洲(◆美国)
Noccaea【3】 Mönch 岩菥蓂属 ≒ **Nocca** Brassicaceae 十字花科 [MD-213] 全球 (6) 大洲分布及种数(116) 非洲:4;亚洲:83;大洋洲:3;欧洲:73;北美洲:5;南美洲:1
Noccaea P. & K. = **Noccaea**
Noccaeeae Al-Shehbaz,Beilstein & E.A.Kellogg = **Nocca**
Noccaeopsis【3】 F.K.Mey. 山币芥属 Brassicaceae 十字花科 [MD-213] 全球 (1) 大洲分布及种数(cf.1)◆亚洲
Noccidium【3】 F.K.Mey. 菥蓂属 ≒ **Thlaspi** Brassicaceae 十字花科 [MD-213] 全球 (1) 大洲分布及种数(3)◆亚洲
Nochacidiopsis【-】 J.M.H.Shaw 兰科属 Orchidaceae 兰科 [MM-723] 全球 (uc) 大洲分布及种数(uc)
Nochocentrum J.M.H.Shaw = **Nothocestrum**
Nochotta【-】 S.G.Gmel. 豆科属 ≒ **Cicer** Fabaceae 豆科 [MD-240] 全球 (uc) 大洲分布及种数(uc)
Noctitrella Raf. = **Chamaecrista**
Noctua Adans. = **Sisymbrium**
Noctuelia Franch. = **Nouelia**
Nodalla Raf. = **Cordia**
Nodaria L. ex Benn. = **Chiococca**
Nodita Adans. = **Alliaria**
Nodocarpaea【3】A.Gray 节果茜属 ← **Borreria;Pentas** Rubiaceae 茜草科 [MD-523] 全球 (1) 大洲分布及种数(1)◆北美洲(◆古巴)
Nodonema【3】 B.L.Burtt 球蒴苣苔属 Gesneriaceae 苦苣苔科 [MD-549] 全球 (1) 大洲分布及种数(uc)属分布和种数(uc)◆非洲(◆喀麦隆)
Nodospora Hook.f. = **Notopora**
Noea Boiss. & Bal. = **Noaea**
Noeblakea Standl. = **Neoblakea**
Noedicladiella (Nog.) W.R.Buck = **Neodicladiella**
Nogalia【3】 B.Verdcourt 天芥菜属 ≒ **Heliotropium** Boraginaceae 紫草科 [MD-517] 全球 (1) 大洲分布及种数(1)◆亚洲
Nogalia Verdc. = **Nogalia**
Nogo Baehni = **Lecomtedoxa**
Nogomesa【-】 J.M.H.Shaw 兰科属 Orchidaceae 兰科 [MM-723] 全球 (uc) 大洲分布及种数(uc)
Nogopterium【2】 Crosby & W.R.Buck 黄齿藓属 Leucodontaceae 白齿藓科 [B-198] 全球 (4) 大洲分布及种数(1) 非洲:1;亚洲:1;欧洲:1;北美洲:1
Nogra【3】 Merr. 土黄芪属 ← **Apios;Glycine** Fabaceae 豆科 [MD-240] 全球 (1) 大洲分布及种数(4-7)◆亚洲
Noguchia S.Hatt. = **Plagiochilion**
Noguchiodendron【3】 T.N.Ninh & Pócs 华小平藓属 Neckeraceae 平藓科 [B-204] 全球 (1) 大洲分布及种数(1)◆亚洲
Nogza Merr. = **Nogra**
Nohacidium J.M.H.Shaw = **Noccidium**
Nohagomenkoa【-】 J.M.H.Shaw 兰科属 Orchidaceae 兰科 [MM-723] 全球 (uc) 大洲分布及种数(uc)
Nohalumnia【-】 J.M.H.Shaw 兰科属 Orchidaceae 兰科 [MM-723] 全球 (uc) 大洲分布及种数(uc)
Nohamiltocidium【-】 J.M.H.Shaw 兰科属 Orchidaceae 兰科 [MM-723] 全球 (uc) 大洲分布及种数(uc)
Nohamiltonia【-】 J.M.H.Shaw 兰科属 Orchidaceae 兰科 [MM-723] 全球 (uc) 大洲分布及种数(uc)
Nohamiltoniopsis【-】 J.M.H.Shaw 兰科属 Orchidaceae 兰科 [MM-723] 全球 (uc) 大洲分布及种数(uc)
Nohawenkoa【-】 J.M.H.Shaw 兰科属 Orchidaceae 兰科 [MM-723] 全球 (uc) 大洲分布及种数(uc)
Nohawilentrum【-】 J.M.H.Shaw 兰科属 Orchidaceae 兰科 [MM-723] 全球 (uc) 大洲分布及种数(uc)
Nohawilliamsia【3】 M.W.Chase & Whitten 文心兰属 ← **Oncidium** Orchidaceae 兰科 [MM-723] 全球 (1) 大洲分布及种数(cf.1)◆南美洲
Nohazelencidium【-】 J.M.H.Shaw 兰科属 Orchidaceae 兰科 [MM-723] 全球 (uc) 大洲分布及种数(uc)
Noisettia【3】 Kunth 宿瓣堇属 → **Anchietea** Violaceae 堇菜科 [MD-126] 全球 (1) 大洲分布及种数(2)◆南美洲
Noittetia Kunth ex Barb.Rodr. = **Noisettia**
Nokona Wahlenb. = **Calypso**
Nolana【3】 L.f. 假茄属 ≒ **Dolia;Alibertia;Nolina** Nolanaceae 假茄科 [MD-507] 全球 (1) 大洲分布及种数(97-99)◆南美洲
Nolanaceae【3】Bercht. & J.Presl 假茄科 [MD-507] 全球 (6) 大洲分布和属种数(2;hort. & cult.1)(99-120;hort. & cult.2)非洲:1/1;亚洲:1/1-2;大洋洲:1/1;欧洲:1/1;北美洲:1/1;南美洲:2/98-103
Nolanea L.f. = **Nolana**
Noldeanthus Knobl. = **Jasminum**
Nolella Raf. = **Cordia**
Nolidae Michx. = **Nolina**
Nolina (Trel.) Hochstätter = **Nolina**
Nolina【3】 Michx. 熊丝兰属 ≒ **Roulinia;Beaucarnea** Nolinaceae 玲花蕉科 [MM-675] 全球 (6) 大洲分布及种数(30-35)非洲:5;亚洲:1-6;大洋洲:5;欧洲:1-6;北美洲:29-38;南美洲:4-9
Nolinaceae【3】Nakai 玲花蕉科 [MM-675] 全球 (6) 大洲分布和属种数(2;hort. & cult.2)(42-62;hort. & cult.17-20)非洲:2/12;亚洲:2/2-14;大洋洲:2/12;欧洲:1-2/1-13;北美洲:2/42-58;南美洲:1-2/4-16
Nolinaea Baker = **Nolina**
Nolinea Pers. = **Molinia**
Nolinia K.Schum. = **Molinia**
Nolinoideae【-】 Burnett 天门冬科属 Asparagaceae 天门冬科 [MM-669] 全球 (uc) 大洲分布及种数(uc)
Noliphus Raf. ex Steud. = **Aristolochia**
Nolletia【3】 Cass. 麻点菀属 → **Aster;Nicolasia;Nidorella** Asteraceae 菊科 [MD-586] 全球 (1) 大洲分布及种数(15-16)◆非洲
Noltea【3】 Rchb. 皂叶树属 ← **Ceanothus** Rhamnaceae 鼠李科 [MD-331] 全球 (1) 大洲分布及种数(1)◆非洲
Noltie Schumach. = **Diospyros**

Nomaphila【3】 Bl. 冬爵床属 Acanthaceae 爵床科 [MD-572] 全球 (6) 大洲分布及种数(1)非洲:1;亚洲:1;大洋洲:1;欧洲:1;北美洲:1;南美洲:1
Nomaphyla T.Anders. = **Namophila**
Nomen Moq. = **Noaea**
Nomismia Wight & Arn. = **Rhynchosia**
Nomocharis【3】 Franch. 豹子花属 ← **Fritillaria;Lilium** Liliaceae 百合科 [MM-633] 全球 (1) 大洲分布及种数(9-10)◆亚洲
Nomochloa【-】 Nees 莎草科属 ≒ **Blysmus** Cyperaceae 莎草科 [MM-747] 全球 (uc) 大洲分布及种数(uc)
Nomopyle【3】 Roalson & Boggan 等叶岩桐属 Gesneriaceae 苦苣苔科 [MD-549] 全球 (1) 大洲分布及种数(2)◆南美洲
Nomosa【3】 I.M.Johnst. 牧场紫草属 Boraginaceae 紫草科 [MD-517] 全球 (1) 大洲分布及种数(1)◆北美洲(◆墨西哥)
Nonatelia (Comm. ex Juss.) P. & K. = **Psychotria**
Nonatelia Aubl. = **Palicourea**
Nonatelia P. & K. = **Lasianthus**
Nonateliaceae Martinov = Naucleaceae
Nonea【3】 Medik. 假狼紫草属 ≒ **Nonnea;Lycopsis** Boraginaceae 紫草科 [MD-517] 全球 (6) 大洲分布及种数(37-61;hort.1;cult:2)非洲:11-15;亚洲:29-45;大洋洲:1-3;欧洲:14-22;北美洲:4-7;南美洲:2
Nonnea【2】 (Nonea) Medik. 假狼紫草属 ≒ **Nonea** Boraginaceae 紫草科 [MD-517] 全球 (4) 大洲分布及种数(1) 非洲:1;亚洲:1;欧洲:1;北美洲:1
Nonnia Miq. = **Nonea**
Noorda Vell. = **Strychnos**
Nopalea【3】 Salm-Dyck 胭脂掌属 ← **Cactus;Opuntia** Cactaceae 仙人掌科 [MD-100] 全球 (6) 大洲分布及种数(5-6)非洲:1;亚洲:1-2;大洋洲:2-3;欧洲:1-2;北美洲:4-5;南美洲:2-3
Nopaleaceae Schmid & Curtman = Cactaceae
Nopalis Salm-Dyck = **Nopalea**
Nopalxalis【-】 Süpplie 仙人掌科属 Cactaceae 仙人掌科 [MD-100] 全球 (uc) 大洲分布及种数(uc)
Nopalxochia【3】 Britton & Rose 令箭荷花属 ← **Disocactus** Cactaceae 仙人掌科 [MD-100] 全球 (1) 大洲分布及种数(1)◆北美洲
Nops Mill. = **Arabis**
Norantea (Delpino) Gilg & Werderm. = **Norantea**
Norantea【3】 Aubl. 蜜瓶花属 ← **Marcgravia;Schwartzia;Souroubea** Marcgraviaceae 蜜囊花科 [MD-170] 全球 (6) 大洲分布及种数(11-12;hort.1)非洲:2;亚洲:1;大洋洲:1;欧洲:1;北美洲:2-3;南美洲:9-10
Noranteeae (Choisy) Dumort. = **Norantea**
Norbea Haw. = **Orbea**
Nordenstamia【3】 Lundin 南赤道菊属 ≒ **Gynoxys** Asteraceae 菊科 [MD-586] 全球 (1) 大洲分布及种数(16)◆南美洲
Nordmannia Fisch. & C.A.Mey. = **Trachystemon**
Nordophyllum Hook. & Arn. = **Nardophyllum**
Nordus L. = **Nardus**
Norentea Juss. = **Sarcopera**
Noretia Duval-Jouve = **Vulpia**
Nori Merr. = **Nogra**
Norlindhia【3】 B.Nord. 腺莫菊属 ← **Osteospermum;Tripteris** Asteraceae 菊科 [MD-586] 全球 (1) 大洲分布及种数(3)◆非洲(◆南非)
Normanbokea Kladiwa & Buxb. = **Echinocactus**
Normanboria Butzin = **Acrachne**
Normanbya【2】 F.Müll. ex Becc. 黑狐尾椰属 ≒ **Ptychosperma;Arenga** Arecaceae 棕榈科 [MM-717] 全球 (2) 大洲分布及种数(2)亚洲:1;大洋洲:1
Normandia【3】 Hook.f. 诺曼茜属 Rubiaceae 茜草科 [MD-523] 全球 (1) 大洲分布及种数(1)◆大洋洲(◆美拉尼西亚)
Normandiodendron【3】 J.Léonard 喃喃果属 ≒ **Cynometra** Fabaceae 豆科 [MD-240] 全球 (1) 大洲分布及种数(1)◆非洲
Normania Lowe = **Solanum**
Normantha P.J.D.Winter & B.E.van Wyk = **Norantea**
Normeyera Sennikov & Kurtto = **Niemeyera**
Norna Wahlenb. = **Calypso**
Nornahamamotoara【-】 auct. 兰科属 Orchidaceae 兰科 [MM-723] 全球 (uc) 大洲分布及种数(uc)
Noronha Stadm. = **Noronhia**
Noronhaea P. & K. = **Noronhia**
Noronhea Hook. = **Norantea**
Noronhia【3】 Stadm. 环蕊榄属 ← **Chionanthus;Thouinia** Oleaceae 木樨科 [MD-498] 全球 (1) 大洲分布及种数(75-105)◆非洲
Norrisia【3】 Gardner 诺里斯马钱属 Loganiaceae 马钱科 [MD-486] 全球 (1) 大洲分布及种数(1-3)◆亚洲
Nort Adans. = **Sisymbrium**
Norta Adans. = **Sisymbrium**
Nortenia Thou. = **Torenia**
Northea Hook.f. = **Northia**
Northenara【-】 Hort. 兰科属 Orchidaceae 兰科 [MM-723] 全球 (uc) 大洲分布及种数(uc)
Northernara auct. = **Cattleya**
Northia【3】 Hook.f. 僧帽榄属 Sapotaceae 山榄科 [MD-357] 全球 (6) 大洲分布及种数(1-3)非洲:4;亚洲:2;大洋洲:2;欧洲:2;北美洲:2;南美洲:2
Northiopsis Kaneh. = **Manilkara**
Norwoodara【-】 auct. 兰科属 Orchidaceae 兰科 [MM-723] 全球 (uc) 大洲分布及种数(uc)
Norysca Spach = **Hypericum**
Nosema【3】 Prain 龙船草属 ← **Anisochilus;Mesona** Lamiaceae 唇形科 [MD-575] 全球 (1) 大洲分布及种数(4-5)◆亚洲
Nostelis Raf. = **Micromeria**
Nostima Raf. = **Aniseia**
Nostolachma【3】 T.Durand 藏咖啡属 ← **Coffea;Lachnostoma** Rubiaceae 茜草科 [MD-523] 全球 (1) 大洲分布及种数(cf. 1)◆亚洲
Nosturtium Mill. = **Nasturtium**
Nota Schltr. = **Anota**
Notacanthus Lindl. = **Otacanthus**
Notalia Kinberg = **Nogalia**
Notanthera (DC.) G.Don = **Notanthera**
Notanthera【3】 G.Don 背花寄生属 ≒ **Loranthus** Loranthaceae 桑寄生科 [MD-415] 全球 (1) 大洲分布及种数(1)◆南美洲

N

Notaphoebe【-】 Bl. ex Pax 樟科属 ≒ **Nothaphoebe** Lauraceae 樟科 [MD-21] 全球 (uc) 大洲分布及种数(uc)
Notarisia【3】 Pestal. ex Ces. 凹瓣藓属 ≒ **Ricotia** Ptychomitriaceae 缩叶藓科 [B-114] 全球 (1) 大洲分布及种数(1)◆北美洲
Notaulax Raf. = **Albuca**
Notechidnopsis【3】 Lavranos & Bleck 姬龙角属 ← **Caralluma;Richtersveldia** Apocynaceae 夹竹桃科 [MD-492] 全球 (1) 大洲分布及种数(2)◆非洲(◆南非)
Notelaea Steud. = **Notelaea**
Notelaea【3】 Vent. 澳樨榄属 ← **Chionanthus; Noronhia;Picconia** Oleaceae 木樨科 [MD-498] 全球 (1) 大洲分布及种数(6-14)◆大洋洲(◆澳大利亚)
Notelea Lindl. = **Notylia**
Noteroclada【3】 Taylor ex Hook.f. & Wilson 侧叶苔属 Noterocladaceae 侧叶苔科 [B-32] 全球 (1) 大洲分布及种数(1)◆南美洲(◆巴西)
Noterocladaceae Reimers = Noterocladaceae
Noterocladaceae【3】 Taylor ex Hook.f. & Wilson 侧叶苔科 [B-32] 全球 (1) 大洲分布和属种数(1/1)◆南美洲
Noterophila Mart. = **Acisanthera**
Noterus Raf. = **Agastache**
Notesia P.O´Byrne & J.J.Verm. = **Notheria**
Noth Adans. = **Quassia**
Nothaphobe Bl. = **Nothaphoebe**
Nothaphoebe【3】 Bl. 赛楠属 ← **Actinodaphne;Phoebe** Lauraceae 樟科 [MD-21] 全球 (6) 大洲分布及种数(16-28)非洲:1-3;亚洲:14-21;大洋洲:4-5;欧洲:1;北美洲:1;南美洲:2-3
Nothapodytes【3】 Bl. 假柴龙树属 ← **Apodytes;Premna** Icacinaceae 茶茱萸科 [MD-450] 全球 (1) 大洲分布及种数(9-10)◆亚洲
Notheia Lindl. = **Notylia**
Notheria【3】 P.O´Byrne & J.J.Verm. 南兰属 Orchidaceae 兰科 [MM-723] 全球 (6) 大洲分布及种数(1) 非洲:1;亚洲:1;大洋洲:1;欧洲:1;北美洲:1;南美洲:1
Nothites Cass. = **Stevia**
Notho【3】 Baehni 旋萼苔属 Gymnomitriaceae 全萼苔科 [B-41] 全球 (1) 大洲分布及种数(1)◆非洲
Nothoalsomitra【3】 I.Telford 假大盖瓜属 Cucurbitaceae 葫芦科 [MD-205] 全球 (1) 大洲分布及种数(1)◆大洋洲
Nothobaccaurea【3】 Haegens 假木奶果属 ← **Baccaurea** Phyllanthaceae 叶下珠科 [MD-222] 全球 (1) 大洲分布及种数(2)◆大洋洲
Nothobaccharis【3】 R.M.King & H.Rob. 旋叶亮泽兰属 ≒ **Eupatorium** Asteraceae 菊科 [MD-586] 全球 (1) 大洲分布及种数(1)◆北美洲(◆美国)
Nothobartsia【2】 Bolliger & Molau 南玄参属 Orobanchaceae 列当科 [MD-552] 全球 (3) 大洲分布及种数(2-4)非洲:1-2;欧洲:1-3;北美洲:1
Nothocalais【3】 (A.Gray) Greene 南菊属 ← **Agoseris;Tragopogon** Asteraceae 菊科 [MD-586] 全球 (1) 大洲分布及种数(4-5)◆北美洲
Nothocallitris A.V.Bobrov & Melikyan = **Callitris**
Nothoceros (R.M.Schust.) J.Haseg. = **Nothoceros**
Nothoceros【2】 J.C.Villarreal,Hässel de Menéndez & N.Salazar 假角苔属 Dendrocerotaceae 树角苔科 [B-95] 全球 (3) 大洲分布及种数(7)大洋洲:1;北美洲:3;南美洲:4
Nothocestrum【3】 A.Gray 假夜香树属 Solanaceae 茄科 [MD-503] 全球 (1) 大洲分布及种数(5)◆北美洲(◆美国)
Nothochelone【3】 (A.Gray) Straw 假龟头花属 ← **Penstemon** Plantaginaceae 车前科 [MD-527] 全球 (1) 大洲分布及种数(1)◆北美洲
Nothochilus【3】 Radlk. 假唇列当属 Orobanchaceae 列当科 [MD-552] 全球 (1) 大洲分布及种数(1)◆南美洲
Nothochlaena Kaulf. = **Notholaena**
Nothocissus【3】 (Miq.) Latiff 禾串藤属 ← **Ampelocissus** Vitaceae 葡萄科 [MD-403] 全球 (1) 大洲分布及种数(cf. 1)◆亚洲
Nothocla Endl. = **Senecio**
Nothocnestis Miq. = **Itea**
Nothocnide【3】 Chew 厚托麻属 ← **Pipturus;Urtica** Urticaceae 荨麻科 [MD-91] 全球 (1) 大洲分布及种数(2-4)◆亚洲
Nothocolus Radlk. = **Nothochilus**
Nothoderris Bl. ex Miq. = **Millettia**
Nothodoritis【3】 Z.H.Tsi 象鼻兰属 ← **Doritis** Orchidaceae 兰科 [MM-723] 全球 (1) 大洲分布及种数(1)◆亚洲
Nothofagaceae【3】 Kuprian. 南青冈科 [MD-68] 全球 (6) 大洲分布和属种数(1;hort. & cult.1)(27-53;hort. & cult.15-17)非洲:1/1-14;亚洲:1/4-15;大洋洲:1/16-28;欧洲:1/7;北美洲:1/4;南美洲:1/11-14
Nothofaginus Bl. = **Nothofagus**
Nothofagius Bl. = **Nothofagus**
Nothofagus (Krasser) Baum.Bod. = **Nothofagus**
Nothofagus【3】 Bl. 南青冈属 Nothofagaceae 南青冈科 [MD-68] 全球 (6) 大洲分布及种数(28-52;hort.1;cult: 6)非洲:1-14;亚洲:4-15;大洋洲:16-28;欧洲:7;北美洲:4;南美洲:11-14
Nothogenia Bl. = **Nothopegia**
Nothogymnomitrion【2】 (Carrington & Pearson) R.M.Schust. 南萼苔属 ≒ **Cesius** Gymnomitriaceae 全萼苔科 [B-41] 全球 (2) 大洲分布及种数(2)大洋洲:1;南美洲:1
Nothoholcus Nash = **Sorghum**
Notholaena (Gled. ex Desv.) T.Moore = **Notholaena**
Notholaena【3】 R.Br. 隐囊蕨属 → **Aleuritopteris;Cheilanthes;Pellaea** Sinopteridaceae 华蕨科 [F-34] 全球 (6) 大洲分布及种数(56-79;hort.1;cult: 7)非洲:2-17;亚洲:10-26;大洋洲:3-20;欧洲:14;北美洲:37-52;南美洲:19-34
Notholcus Nash ex Hitchc. = **Holcus**
Notholirion【3】 Wall. ex Voigt & Boiss. 假百合属 ← **Fritillaria;Lycium** Liliaceae 百合科 [MM-633] 全球 (1) 大洲分布及种数(4-5)◆亚洲
Notholithocarpus【3】 Manos & al. 烟斗柯属 ≒ **Lithocarpus** Fagaceae 壳斗科 [MD-69] 全球 (1) 大洲分布及种数(1:hort. 1;cult: 1)◆北美洲(◆美国)
Nothomiza Endl. = **Senecio**
Nothomyrcia Kausel = **Myrceugenia**
Nothonia Endl. = **Kleinia**
Nothopa P.J.Bergius = **Frankenia**
Nothopanax【3】 Miq. 梁王参属 ≒ **Cephalaralia** Araliaceae 五加科 [MD-471] 全球 (1) 大洲分布及种数(5)属分布和种数(uc)◆亚洲
Nothopanus (Mont.) Singer = **Nothofagus**

Nothopegia【3】Bl. 灯笼漆属 ← **Pegia** Anacardiaceae 漆树科 [MD-432] 全球 (1) 大洲分布及种数(1-11)◆亚洲
Nothopegiopsis【3】Lauterb. 非洲漆树属 Anacardiaceae 漆树科 [MD-432] 全球 (1) 大洲分布及种数(1)◆大洋洲
Nothoperanema【2】(Tagawa) Ching 肉刺蕨属 ← **Aspidium;Nephrodium** Dryopteridaceae 鳞毛蕨科 [F-49] 全球 (3) 大洲分布及种数(7)非洲:1;亚洲:cf.1;北美洲:1
Nothophlebia Standl. = **Pentagonia**
Nothopothos P. & K. = **Anadendrum**
Nothopsis Kaneh. = **Bassia**
Nothopuga Maury = **Nothopegia**
Nothorhipsalis Doweld = **Lepismium**
Nothorites P.H.Weston & A.R.Mast. = **Ageratum**
Nothoruellia【3】Bremek. 芦莉草属 ← **Ruellia** Acanthaceae 爵床科 [MD-572] 全球 (1) 大洲分布及种数(uc)◆大洋洲
Nothosaerva【3】Wight 微花苋属 ← **Achyranthes;Pseudanthus** Amaranthaceae 苋科 [MD-116] 全球 (1) 大洲分布及种数(1)◆非洲
Nothoschkuhria【3】B.G.Baldwin 南方菊属 Asteraceae 菊科 [MD-586] 全球 (1) 大洲分布及种数(cf.1)◆南美洲
Nothoscordum Euryscordum Ravenna = **Nothoscordum**
Nothoscordum【3】Kunth 假葱属 ← **Allium;Trigonella;Bloomeria** Amaryllidaceae 石蒜科 [MM-694] 全球 (6) 大洲分布及种数(50-100;hort.1;cult:2)非洲:1-3;亚洲:4-6;大洋洲:9-12;欧洲:2;北美洲:8-10;南美洲:49-100
Nothosmyrnium【3】Miq. 白苞芹属 Apiaceae 伞形科 [MD-480] 全球 (1) 大洲分布及种数(3-7)◆亚洲
Nothospondias【3】Engl. 伪槟榔青属 Simaroubaceae 苦木科 [MD-424] 全球 (1) 大洲分布及种数(1)◆非洲
Nothostele【3】Garay 狭喙兰属 ≒ **Stenorrhynchos** Orchidaceae 兰科 [MM-723] 全球 (1) 大洲分布及种数(2)◆南美洲
Nothostrepta【3】(Stephani) R.M.Schust. 智利叶苔属 ≒ **Plagiochila** Jamesoniellaceae 圆叶苔科 [B-51] 全球 (1) 大洲分布及种数(2)◆南美洲(◆智利)
Nothotalisia【3】W.W.Thomas 檬苦木属 Picramniaceae 美洲苦木科 [MD-409] 全球 (1) 大洲分布及种数(3)◆南美洲
Nothotaxus Florin = **Taxus**
Nothotsuga【3】Hu ex C.N.Page 长苞铁杉属 Pinaceae 松科 [G-15] 全球 (1) 大洲分布及种数(cf. 1)◆东亚(◆中国)
Nothovernonia【2】H.Rob. & V.A.Funk 非菊属 Asteraceae 菊科 [MD-586] 全球 (2) 大洲分布及种数(cf.2) 非洲:2;亚洲:1
Nothperanema (Tagawa) Ching = **Nothoperanema**
Nothria Bergius = **Frankenia**
Nothridae P.J.Bergius = **Frankenia**
Nothrus P.J.Bergius = **Frankenia**
Nothus Raf. ex Steud. = **Aristolochia**
Noticastrum【3】DC. 银菀属 ← **Aplopappus;Acer** Asteraceae 菊科 [MD-586] 全球 (1) 大洲分布及种数(20)◆南美洲
Notiobia DC. = **Kleinia**
Notiophrys Lindl. = **Platylepis**
Notiosciadium【3】Speg. 湿伞芹属 Apiaceae 伞形科 [MD-480] 全球 (1) 大洲分布及种数(1)◆南美洲
Notisia【-】P.S.Short 菊科属 ≒ **Ricotia** Asteraceae 菊科 [MD-586] 全球 (uc) 大洲分布及种数(uc)
Notjo Adans. = **Campsis**
Notobasis【2】Cass. 银脉蓟属 ← **Carduus** Asteraceae 菊科 [MD-586] 全球 (4) 大洲分布及种数(2)非洲:1;亚洲:1;大洋洲:1;欧洲:1
Notobubon【2】B.E.van Wyk 麻前胡属 ≒ **Ifdregea** Apiaceae 伞形科 [MD-480] 全球 (2) 大洲分布及种数(9-14)非洲:8-12;亚洲:1-5
Notobuxus【3】Oliv. 黄杨属 ← **Buxus** Buxaceae 黄杨科 [MD-131] 全球 (1) 大洲分布及种数(7)◆非洲
Notocactus【3】(K.Schum.) Frič 南国玉属 ≒ **Echinocactus;Parodia** Cactaceae 仙人掌科 [MD-100] 全球 (1) 大洲分布及种数(57-65)◆南美洲
Notoceras【3】W.T.Aiton 二角芥属 → **Diceratella;Tetracme** Brassicaceae 十字花科 [MD-213] 全球 (1) 大洲分布及种数(1-2)◆非洲
Notocetus (K.Schum.) Frič = **Notocactus**
Notochaeta Miers = **Notochaete**
Notochaete【3】Benth. 钩萼草属 Lamiaceae 唇形科 [MD-575] 全球 (1) 大洲分布及种数(cf. 1)◆亚洲
Notochloe【3】Domin 北美洲禾草属 ≒ **Sieglingia** Poaceae 禾本科 [MM-748] 全球 (1) 大洲分布及种数(1)◆大洋洲
Notocles Salisb. = **Lithomyrtus**
Notocyphus Schiffner = **Notoscyphus**
Notodanthonia Zotov = **Rytidosperma**
Notodela Raf. = **Agrostis**
Notodfnthonia Caespitosae Zotov = **Rytidosperma**
Notodon【3】Urb. 赫锋豆属 ≒ **Corynella** Fabaceae3 蝶形花科 [MD-240] 全球 (1) 大洲分布及种数(uc)属分布和种数(uc)◆北美洲
Notodonta Pierre ex Pit. = **Lerchea**
Notodontia【3】Pierre ex Pit. 多轮草属 ← **Lerchea;Spiradiclis** Rubiaceae 茜草科 [MD-523] 全球 (1) 大洲分布及种数(uc)属分布和种数(uc)◆亚洲
Notodoris C.Shih = **Notoseris**
Notogramma C.Presl = **Hemionitis**
Notogramme C.Presl = **Hemionitis**
Notogrammi C.Presl = **Hemionitis**
Notohypnum【-】Jan Kučera & Ignatov 毛锦藓科属 Pylaisiadelphaceae 毛锦藓科 [B-191] 全球 (uc) 大洲分布及种数(uc)
Notolaena R.Br. = **Notholaena**
Notolepeum Newman = **Asplenium**
Notolepis Turcz. = **Alstonia**
Notoleptopus【3】Voronts. & Petra Hoffm. 澳大戟属 ≒ **Andrachne** Phyllanthaceae 叶下珠科 [MD-222] 全球 (1) 大洲分布及种数(1)◆大洋洲(◆澳大利亚)
Notolidium J.M.H.Shaw = **Dipteranthus**
Notoligotrichum【3】G.L.Sm. 短金发藓属 ≒ **Catharinea** Polytrichaceae 金发藓科 [B-101] 全球 (6) 大洲分布及种数(8) 非洲:1;亚洲:1;大洋洲:3;欧洲:1;北美洲:1;南美洲:5
Notolobivia P.V.Heath = **Neolobivia**
Notomastus (K.Schum.) Frič = **Notocactus**
Notoncus Nash ex Hitchc. = **Aira**

N

Notonecta Raf. = **Aciachne**
Notonema Raf. = **Agrostis**
Notonerium【3】Benth. 大洋洲细竹桃属 Apocynaceae 夹竹桃科 [MD-492] 全球 (1) 大洲分布及种数(uc)属分布和种数(uc)◆大洋洲
Notonia DC. = **Kleinia**
Notoniana DC. = **Kleinia**
Notoniopsis B.Nord. = **Kleinia**
Notonykia Nesis,Röleveld & Nikitina = **Kleinia**
Notopappus【3】Klingenb. 短角菊属 Asteraceae 菊科 [MD-586] 全球 (1) 大洲分布及种数(5)◆南美洲
Notoperla Fröhlich = **Notopora**
Notophaena Miers = **Discaria**
Notophilus Fourr. = **Nothochilus**
Notopleura【3】(Benth. & Hook.f.) Bremek. 巴拿马茜属 ≒ **Ronabea** Rubiaceae 茜草科 [MD-523] 全球 (6) 大洲分布及种数(99-105;hort.1;cult:1)非洲:2;亚洲:2;大洋洲:2;欧洲:2;北美洲:44-47;南美洲:81-83
Notopogon Raf. = **Bulbine**
Notopoma Alonso de Pina = **Notopora**
Notopora【3】Hook.f. 大梗莓属 Ericaceae 杜鹃花科 [MD-380] 全球 (1) 大洲分布及种数(5-9)◆南美洲
Notoptera Loxosiphon S.F.Blake = **Otopappus**
Notopterygium【3】H.Boiss. 羌活属 ← **Angelica** Apiaceae 伞形科 [MD-480] 全球 (1) 大洲分布及种数(7-9)◆东亚(◆中国)
Notosceles Salisb. = **Lithomyrtus**
Notosceptrum Benth. = **Terminalia**
Notoscyphus Mitt. = **Notoscyphus**
Notoscyphus【3】Schiffner 假苞苔属 ≒ **Jungermannia** Jungermanniaceae 叶苔科 [B-38] 全球 (6) 大洲分布及种数(2-3)非洲:1-5;亚洲:1-4;大洋洲:1-4;欧洲:3;北美洲:1-4;南美洲:3
Notoseris【3】C.Shih 紫菊属 ≒ **Prenanthes** Asteraceae 菊科 [MD-586] 全球 (1) 大洲分布及种数(16-18)◆亚洲
Notosia (Schltr.) R.González & Szlach. ex Mytnik = **Potosia**
Notosmyrnium Miq. = **Nothosmyrnium**
Notospartium【3】Hook.f. 短角豆属 Fabaceae3 蝶形花科 [MD-240] 全球 (1) 大洲分布及种数(2)◆大洋洲(◆新西兰)
Notosterygium H.Boiss. = **Notopterygium**
Nototactus (K.Schum.) Frič = **Notocactus**
Nototchaete Benth. = **Notochaete**
Notothamia【3】Ochyra & Seppelt 短角叶藓属 Seligeriaceae 细叶藓科 [B-113] 全球 (1) 大洲分布及种数(1)◆大洋洲
Notothenia Ochyra & Seppelt = **Notothamia**
Notothixos【2】Oliv. 银绒寄生属 Santalaceae 檀香科 [MD-412] 全球 (3) 大洲分布及种数(1-13)非洲:3;亚洲:9;大洋洲:5
Notothlaspi【3】Hook.f. 南遏蓝菜属 ← **Thlaspi** Brassicaceae 十字花科 [MD-213] 全球 (1) 大洲分布及种数(2)◆大洋洲(◆新西兰)
Notothyladaceae Müll.Frib. = Notothyladaceae
Notothyladaceae【3】Udar & D.K.Singh 短角苔科 [B-93] 全球 (6) 大洲分布和属种数(3/36-51)非洲:2/15;亚洲:3/19-34;大洋洲:1-2/7-22;欧洲:2/5-20;北美洲:3/12-27;南美洲:3/11-26
Notothylas Notothyloides A.K.Asthana & S.C.Srivast. = **Notothylas**
Notothylas【3】Udar & D.K.Singh 短角苔属 ≒ **Anthoceros;Phymatoceros** Notothyladaceae 短角苔科 [B-93] 全球 (6) 大洲分布及种数(6)非洲:10;亚洲:4-14;大洋洲:10;欧洲:1-11;北美洲:1-11;南美洲:2-12
Nototrema Raf. = **Aciachne**
Nototriche【3】Turcz. 卧葵属 → **Acaulimalva;Malva;Sphaeralcea** Malvaceae 锦葵科 [MD-203] 全球 (1) 大洲分布及种数(127-130)◆南美洲
Nototrichium【3】(A.Gray) W.F.Hillebr. 岩苋属 Amaranthaceae 苋科 [MD-116] 全球 (1) 大洲分布及种数(1-6)◆北美洲(◆美国)
Nototrichum Hillebr. = **Nototriche**
Nototropis Nees = **Desmodium**
Notoxaea Friese = **Notelaea**
Notoxylinon Lewton = **Cienfuegosia**
Notozona Hook.f. = **Notopora**
Notylettia【-】auct. 兰科属 Orchidaceae 兰科 [MM-723] 全球 (uc) 大洲分布及种数(uc)
Notylia【3】Lindl. 茧柱兰属 → **Dipteranthus;Gomesa;Pleurothallis** Orchidaceae 兰科 [MM-723] 全球 (6) 大洲分布及种数(73-90;hort.1)非洲:8;亚洲:8;大洋洲:8;欧洲:8;北美洲:22-32;南美洲:63-77
Notylidium auct. = **Pleurothallis**
Notyliopsis【3】P.Ortiz 茧兰属 Orchidaceae 兰科 [MM-723] 全球 (1) 大洲分布及种数(1)◆南美洲
Nouclia Lindl. = **Notylia**
Nouelia【3】Franch. 栌菊木属 Asteraceae 菊科 [MD-586] 全球 (1) 大洲分布及种数(cf. 1)◆东亚(◆中国)
Nouettea Pierre = **Epigynum**
Nouhuysia Lauterb. = **Sphenostemon**
Nouletia Endl. = **Dicranoglossum**
Noumea L.B.Sm. = **Nidumea**
Nounea Wahlenb. = **Calypso**
Nouria P.J.Bergius = **Frankenia**
Nousia Schneev. = **Schradera**
Novaguinea【3】D.J.N.Hind 新几内亚菊属 Asteraceae 菊科 [MD-586] 全球 (1) 大洲分布及种数(1)◆非洲
Novella Raf. = **Cordia**
Noveloa【3】C.T.Philbrick 凤苔草属 Podostemaceae 川苔草科 [MD-322] 全球 (1) 大洲分布及种数(2) ◆北美洲
Novenia【3】S.E.Freire 凤梨菀属 ≒ **Lepidophyllum** Asteraceae 菊科 [MD-586] 全球 (1) 大洲分布及种数(1)◆南美洲
Novopokrovskia Tzvelev = **Erigeron**
Novosieversia【3】F.Bolle 岩车木属 ← **Sieversia** Rosaceae 蔷薇科 [MD-246] 全球 (1) 大洲分布及种数(1)◆北美洲
Nowellia (Grolle) R.M.Schust. = **Nowellia**
Nowellia【3】Stephani 拳叶苔属 Cephaloziaceae 大萼苔科 [B-52] 全球 (6) 大洲分布及种数(5-7)非洲:1;亚洲:2-3;大洋洲:1-4;欧洲:1-2;北美洲:2-3;南美洲:1-2
Nowickea【3】J.Martiñz & J.A.McDonald 柄商陆属 Phytolaccaceae 商陆科 [MD-125] 全球 (1) 大洲分布及种数(2)◆北美洲(◆墨西哥)
Nowodworskya J. & C.Presl = **Polypogon**
Noyera Trec. = **Perebea**

Nubelaria M.T.Sharples & E.A.Tripp = **Nucularia**
Nubigena Raf. = **Cytisus**
Nubigenaxfissifolia Raf. = **Cytisus**
Nuccioara【-】 Nuccio 兰科属 Orchidaceae 兰科 [MM-723] 全球 (uc) 大洲分布及种数(uc)
Nucularia【3】 Batt. 双花蓬属 Amaranthaceae 苋科 [MD-116] 全球 (1) 大洲分布及种数(5)◆非洲
Nudaria Heist. = **Leucojum**
Nudilus Raf. = **Clinopodium**
Nufar Walk. = **Nuphar**
Nuihonia Dop = **Craibiodendron**
Nujiangia【3】 X.H.Jin,De-Zhu Li,Xiao-Cuo Xiang,Yang-Jun Lai & Xiao-Chun Shi 小怒江兰属 Orchidaceae 兰科 [MM-723] 全球 (1) 大洲分布及种数(uc)◆亚洲
Nullana L.f. = **Nolana**
Numaeacampa【3】 Gagnep. 亚洲桔梗属 Campanulaceae 桔梗科 [MD-561] 全球 (1) 大洲分布及种数(1)◆亚洲
Numisaureum Raf. = **Linum**
Nummularia【3】 Hill 报春锥属 Primulaceae 报春花科 [MD-401] 全球 (6) 大洲分布及种数(4)非洲:9;亚洲:9;大洋洲:9;欧洲:9;北美洲:3-12;南美洲:9
Numularia Gilib. = **Nummularia**
Nunnezharia【2】 Ruiz & Pav. 竹节椰属 → **Chamaedorea** Arecaceae 棕榈科 [MM-717] 全球 (2) 大洲分布及种数(2) 北美洲;南美洲
Nunnezharoa P. & K. = **Chamaedorea**
Nunnezia Willd. = **Chamaedorea**
Nupbar Sm. = **Nuphar**
Nupelia Pavanelli & Rego = **Nebelia**
Nuphar Padgett = **Nuphar**
Nuphar【3】 Sm. 萍蓬草属 ← **Nymphaea** Nymphaeaceae 睡莲科 [MD-27] 全球 (6) 大洲分布及种数(21-27;hort.1;cult:7)非洲:3-23;亚洲:13-38;大洋洲:1-21;欧洲:6-26;北美洲:15-35;南美洲:20
Nupharaceae【3】 Á.Löve 萍蓬草科 [MD-26] 全球 (6) 大洲分布和属种数(1;hort. & cult.1)(20-67;hort. & cult.7-9)非洲:1/3-23;亚洲:1/13-38;大洋洲:1/1-21;欧洲:1/6-26;北美洲:1/15-35;南美洲:1/20
Nurmonia Harms = **Turraea**
Nutalla Raf. = **Nuttallia**
Nuttalia Torr. = **Nuttallia**
Nuttalla Raf. = **Nuttallia**
Nuttallanthus【2】 D.A.Sutton 细柳穿鱼属 ← **Antirrhinum** Plantaginaceae 车前科 [MD-527] 全球 (5) 大洲分布及种数(5)亚洲:3;大洋洲:1;欧洲:1;北美洲:3;南美洲:3
Nuttallia【3】 Raf. 细刺莲花属 ≒ **Torreya;Sphaeralcea** Aquifoliaceae 冬青科 [MD-438] 全球 (1) 大洲分布及种数(32)◆南美洲
Nuttallii Raf. = **Nuttallia**
Nuwara Wallr. = **Alangium**
Nuwaria Heist. = **Leucojum**
Nux Duham. = **Juglans**
Nuxia【3】 Comm. ex Lam. 瑞仙木属 ← **Aegiphila;Unxia** Stilbaceae 耀仙木科 [MD-532] 全球 (1) 大洲分布及种数(21-24)◆非洲
Nuytsia【3】 G.Don 金焰檀属 Loranthaceae 桑寄生科 [MD-415] 全球 (1) 大洲分布及种数(1)◆大洋洲(◆澳大利亚)
Nuytsiaceae Van Tiegh. = Loranthaceae
Nyachia Small = **Erophila**
Nyalelia Dennst. = **Aglaia**
Nyctaginaceae【3】 Juss. 紫茉莉科 [MD-107] 全球 (6) 大洲分布和属种数(30-37;hort. & cult.9)(517-956;hort. & cult.27-29)非洲:7-23/73-274;亚洲:11-23/71-274;大洋洲:7-22/46-244;欧洲:4-22/10-203;北美洲:22-30/283-533;南美洲:17-29/214-469
Nyctagineae Horan. = **Nyctaginia**
Nyctaginia【3】 Choisy 红麝花属 → **Acleisanthes** Nyctaginaceae 紫茉莉科 [MD-107] 全球 (1) 大洲分布及种数(1)◆北美洲
Nyctago Juss. = **Mirabilis**
Nyctalis Raf. = **Salix**
Nyctandra Prior = **Linostoma**
Nyctanthaceae J.Agardh = Gentianaceae
Nyctanthes【3】 L. 夜花属 Oleaceae 木樨科 [MD-498] 全球 (1) 大洲分布及种数(1-2)◆亚洲
Nyctanthos St.Lag. = **Nyctanthes**
Nyctelea G.A.Scop. = **Ellisia**
Nyctelius Latreille = **Solanum**
Nycterianthemum auct. ex Haw. = **Acrodon**
Nycterinia D.Don = **Zaluzianskya**
Nycteris Dobson = **Solanum**
Nycterisition Ruiz & Pav. = **Chrysophyllum**
Nycterium Vent. = **Solanum**
Nycticalanthus【3】 Ducke 夜皓木属 Rutaceae 芸香科 [MD-399] 全球 (1) 大洲分布及种数(1)◆南美洲(◆巴西)
Nycticalos Teysm. & Binn. = **Nyctocalos**
Nyctocalos【3】 Teysm. & Binn. 照夜白属 Bignoniaceae 紫葳科 [MD-541] 全球 (1) 大洲分布及种数(5-8)◆亚洲
Nyctocephalocereus【-】 Mottram 仙人掌科属 Cactaceae 仙人掌科 [MD-100] 全球 (uc) 大洲分布及种数(uc)
Nyctocereus【3】 (A.Berger) Britton & Rose 仙人杖属 ← **Cereus;Peniocereus** Cactaceae 仙人掌科 [MD-100] 全球 (1) 大洲分布及种数(1)◆北美洲
Nyctophyla Zipp. = **Lantana**
Nyctophylax Zipp. = **Satyria**
Nyctosma Raf. = **Brassavola**
Nyereria Sm. = **Coprosma**
Nyetanthes L. = **Nyctanthes**
Nygae Wurmb = **Nypa**
Nyholmiella【-】 Holmen & E.Warncke 木灵藓科属 ≒ **Orthotrichum** Orthotrichaceae 木灵藓科 [B-151] 全球 (uc) 大洲分布及种数(uc)
Nylandera Dum. = **Nylandtia**
Nylanderia Dum. = **Nylandtia**
Nylandtia【3】 Dum. 尼兰远志属 ← **Polygala** Polygalaceae 远志科 [MD-291] 全球 (1) 大洲分布及种数(2-11)◆非洲(◆南非)
Nyman (Jacq.) P. & K. = **Nymania**
Nymania K.Schum. = **Nymania**
Nymania【3】 Lindb. 红笼果属 ← **Phyllanthus** Meliaceae 楝科 [MD-414] 全球 (1) 大洲分布及种数(1)◆非洲
Nymanima P. & K. = **Nymania**
Nymanina (Jacq.) P. & K. = **Freesia**
Nymphaea (Planch.) Casp. = **Nymphaea**

N

Nymphaea 【3】 L. 睡莲属 → **Nuphar;Barclaya** Nymphaeaceae 睡莲科 [MD-27] 全球 (6) 大洲分布及种数(94-133;hort.1;cult:11)非洲:33-64;亚洲:31-65;大洋洲:30-63;欧洲:11-37;北美洲:37-68;南美洲:31-61

Nymphaeaceae M.Tamura = Nymphaeaceae

Nymphaeaceae【3】Salisb. 睡莲科 [MD-27] 全球 (6) 大洲分布和属种数(2-3;hort. & cult.2)(96-176;hort. & cult. 17-22)非洲:1-2/33-65;亚洲:1-2/31-66;大洋洲:1-2/30-64;欧洲:1-2/11-38;北美洲:1-2/37-69;南美洲:2/34-65

Nymphaeeae DC. = **Nymphaea**

Nymphaeola L. = **Nymphaea**

Nymphanthus Desv. = **Phyllanthus**

Nymphea Raf. = **Nuphar**

Nymphid Raf. = **Nymphaea**

Nympho Bubani = **Nuphar**

Nymphodes P. & K. = **Nymphoides**

Nymphoides Hill = **Nymphoides**

Nymphoides【3】Ség. 荇菜属 → **Villarsia;Menyanthes** Menyanthaceae 睡菜科 [MD-526] 全球 (6) 大洲分布及种数(60-64;hort.1)非洲:14-21;亚洲:23-33;大洋洲:26-33;欧洲:1-7;北美洲:10-16;南美洲:8-14

Nymphona Bubani = **Nuphar**

Nymphopsis J.Sm. = **Pyrrosia**

Nymphozanthus 【2】 Rich. 萍蓬草属 ≒ **Nuphar** Nymphaeaceae 睡莲科 [MD-27] 全球 (3) 大洲分布及种数(1) 亚洲:1;欧洲:1;北美洲:1

Nymphula L. = **Nymphaea**

Nymula Adans. = **Anthospermum**

Nynphaea Neck. = **Nymphaea**

Nypa【3】 Steck 水椰属 Arecaceae 棕榈科 [MM-717] 全球 (6) 大洲分布及种数(2)非洲:1-7;亚洲:1-7;大洋洲:1-7;欧洲:6;北美洲:1-7;南美洲:6

Nypaceae Brongn. ex Le Maout & Decne. = Philydraceae

Nypericum L. = **Hypericum**

Nypha Buch.Ham. = **Nypa**

Nyphar Walp. = **Nuphar**

Nyrophylla Neck. = **Persea**

Nyssa 【3】 L. 蓝果树属 ≒ **Alangium** Nyssaceae 蓝果树科 [MD-451] 全球 (6) 大洲分布及种数(17-19)非洲:10;亚洲:13-23;大洋洲:1-11;欧洲:10;北美洲:9-20;南美洲:3-13

Nyssaceae 【3】 Juss. ex Dum. 蓝果树科 [MD-451] 全球 (6) 大洲分布和属种数(2;hort. & cult.2)(18-42;hort. & cult.13)非洲:1/10;亚洲:2/15-25;大洋洲:1/1-11;欧洲:1/10;北美洲:1/9-20;南美洲:1/3-13

Nyssanthes 【3】 R.Br. 刺绳苋属 Amaranthaceae 苋科 [MD-116] 全球 (1) 大洲分布及种数(4)◆大洋洲(◆澳大利亚)

Nysseae 【3】 Spach 蓝果木属 Nyssaceae 蓝果树科 [MD-451] 全球 (1) 大洲分布及种数(1)◆非洲

Nyssopsis P. & K. = **Cephalanthus**

Nyx Tourn. ex Adans. = **Annamocarya**

Nzidora A.Chev. = **Chrysophyllum**

Oakes-amesia【3】 C.Schweinf. & P.H.Allen 北美洲孤兰属 ≒ **Ornithocephalus** Orchidaceae 兰科 [MM-723] 全球 (1) 大洲分布及种数(uc)属分布和种数(uc)◆北美洲
Oakesara J.M.H.Shaw = **Empetrum**
Oakesia S.Watson = **Corema**
Oakesiella 【3】 Small 垂铃儿属 ← **Uvularia** Asparagaceae 天门冬科 [MM-669] 全球 (1) 大洲分布及种数(2)属分布和种数(uc)◆北美洲
Oasisia Comm. ex Juss. = **Ourisia**
Oaxacana Rose = **Coaxana**
Oaxacania 【3】 B.L.Rob. & Greenm. 孤泽兰属 ≒ **Hofmeisteria** Asteraceae 菊科 [MD-586] 全球 (1) 大洲分布及种数(cf. 1)◆北美洲
Obaejaca Cass. = **Senecio**
Obalariaceae Martinov = Gentianaceae
Obbea Hook.f. = **Timonius**
Obeckia Griff = **Osbeckia**
Obelanthera Turcz. = **Saurauia**
Obeliscaria Cass. = **Ratibida**
Obeliscotheca Adans. = **Rudbeckia**
Obelisteca Raf. = **Helianthus**
Obelus Lour. = **Adansonia**
Obentonia Vell. = **Conchocarpus**
Oberholzeria 【3】 Swanepöl,M.M.le Roux,M.F.Wojc. & A.E.van Wyk 黑兰属 Orchidaceae 兰科 [MM-723] 全球 (1) 大洲分布及种数(1)◆非洲
Oberna【-】Adans.石竹科属 ≒ **Silene** Caryophyllaceae 石竹科 [MD-77] 全球 (uc) 大洲分布及种数(uc)
Oberonia 【3】 Lindl. 鸢尾兰属 ← **Cymbidium; Hippeophyllum;Stelis** Orchidaceae 兰科 [MM-723] 全球 (6) 大洲分布及种数(94-354;hort.1;cult: 1)非洲:12-100;亚洲:83-255;大洋洲:18-123;欧洲:8;北美洲:5-12;南美洲:4
Oberonioides 【3】 D.L.Szlach. 小沼兰属 ≒ **Malaxis** Orchidaceae 兰科 [MM-723] 全球 (1) 大洲分布及种数(cf. 1)◆东亚(◆中国)
Oberonioides Szlach. = **Oberonioides**
Obesia Haw. = **Quaqua**
Obetia 【3】 Gaud. 荨麻树属 ← **Urera;Urtica** Urticaceae 荨麻科 [MD-91] 全球 (1) 大洲分布及种数(5-10)◆非洲
Obila S.Y.Wong & P.C.Boyce = **Ooia**
Obione 【3】 Gaertn. 粉藜属 ← **Atriplex;Spinacia** Amaranthaceae 苋科 [MD-116] 全球 (6) 大洲分布及种数(3-7)非洲:15;亚洲:15;大洋洲:15;欧洲:16;北美洲:2-17;南美洲:16
Obistila Raf. = **Trachyandra**
Obletia Le Monn. ex Rozier = **Verbena**
Obli Medik. = **Lavatera**
Oblinga Barneby = **Otopappus**
Oblivia【3】 Strother 忘藤菊属 ≒ **Zexmenia** Asteraceae 菊科 [MD-586] 全球 (1) 大洲分布及种数(3)◆南美洲
Oblixilis Raf. = **Pilea**
Oboejaca Steud. = **Senecio**
Obolaria 【3】 L. 铜币草属 ≒ **Linnaea** Gentianaceae 龙胆科 [MD-496] 全球 (1) 大洲分布及种数(1-3)◆北美洲(◆美国)
Obolaria P. & K. = **Obolaria**
Obolariaceae Martinov = Gentianaceae
Obolella C.Presl = **Vicia**
Obolinga Barneby = **Otopappus**
Obolus Mill. = **Viburnum**
Oboskon Raf. = **Salvia**
Obovaria L. = **Obolaria**
Obregonia 【3】 Frič 帝冠球属 ≒ **Oberonia** Cactaceae 仙人掌科 [MD-100] 全球 (1) 大洲分布及种数(1)◆北美洲(◆墨西哥)
Obrienara 【-】 J.M.H.Shaw 兰科属 Orchidaceae 兰科 [MM-723] 全球 (uc) 大洲分布及种数(uc)
Obrium Desv. = **Alliaria**
Obsitila Raf. = **Trachyandra**
Obtegomeria 【3】 Doroszenko & P.D.Cantino 新风轮属 ≒ **Calamintha** Lamiaceae 唇形科 [MD-575] 全球 (1) 大洲分布及种数(1)◆南美洲
Obtusifolium 【2】 (Lindb.) S.W.Arnell 秃瓣裂叶苔属 Cephaloziellaceae 拟大萼苔科 [B-53] 全球 (2) 大洲分布及种数(cf.1) 亚洲;欧洲
Obularia L. = **Schultzia**
Ocalemia Klotzsch = **Croton**
Ocalia Klotzsch = **Croton**
Ocaria Lilja = **Androsace**
Oceana 【2】 Byng & Christenh. 金莲木属 Ochnaceae 金莲木科 [MD-104] 全球 (3) 大洲分布及种数(1) 非洲:1;亚洲:1;大洋洲:1
Oceaniopteris Gasper & Salino = **Blechnum**
Oceanopapaver 【3】 Guillaumin 岛芙蓉属 Malvaceae 锦葵科 [MD-203] 全球 (1) 大洲分布及种数(uc)属分布和种数(uc)◆大洋洲(◆美拉尼西亚)
Oceanoros (A.Gray) Small = **Zigadenus**
Oceanorus Small = **Zigadenus**
Ocellaria Welw. = **Bauhinia**
Ocellochloa 【2】 Zuloaga & Morrone 黍属 ≒ **Panicum** Poaceae 禾本科 [MM-748] 全球 (2) 大洲分布及种数(11-13)北美洲:5;南美洲:8-10
Ocha L. = **Ochna**
Ochagavia 【3】 Phil. 海滨凤梨属 ← **Billbergia;Bromelia** Bromeliaceae 凤梨科 [MM-715] 全球 (1) 大洲分布及种数(5)◆南美洲
Ochanostachys 【3】 Mast. 穗檀榛属 Olacaceae 铁青树科 [MD-362] 全球 (1) 大洲分布及种数(1-2)◆亚洲
Ochellochloa (Poir.) Zuloaga & Morrone = **Ocellochloa**
Ochetina Hustache = **Ochotia**
Ochetophila Pöpp. ex Endl. = **Discaria**
Ochiobryum 【3】 J.R.Spence & H.P.Ramsay 澳刺藓属 Bryaceae 真藓科 [B-146] 全球 (1) 大洲分布及种数(1)◆大洋洲
Ochlandra 【3】 Thwaites 群蕊竹属 ← **Bambusa;Melo-**

canna;Schizostachyum Poaceae 禾本科 [MM-748] 全球 (1) 大洲分布及种数(10-11)◆亚洲

Ochlerus Mill. = **Arachis**

Ochlodes Trew = **Goodyera**

Ochlogramma C.Presl = **Diplazium**

Ochlopoa (Asch. & Graebn.) H.Scholz = **Poa**

Ochna【3】L. 金莲木属 ≒ **Monelasmum;Ouratea** Ochnaceae 金莲木科 [MD-104] 全球 (1) 大洲分布及种数(92-107)◆非洲

Ochnaceae【3】DC. 金莲木科 [MD-104] 全球 (6) 大洲分布和属种数(24-30;hort. & cult.2-3)(574-726;hort. & cult.6-8)非洲:5-13/165-209;亚洲:7-13/330-398;大洋洲:9/26;欧洲:9/26;北美洲:2-9/6-33;南美洲:16-20/97-138

Ochneae Bartl. = **Ochna**

Ochocoa Pierre = **Scyphocephalium**

Ochologramma C.Presl = **Diplazium**

Ochoterenaea【3】F.A.Barkley 半育漆属 Anacardiaceae 漆树科 [MD-432] 全球 (1) 大洲分布及种数(1)◆南美洲

Ochotia【3】A.P.Khokhr. 亚半芹属 ≒ **Ochrosia** Apiaceae 伞形科 [MD-480] 全球 (1) 大洲分布及种数(cf. 1)◆亚洲

Ochotonophila【3】Gilli 鼠兔花属 Caryophyllaceae 石竹科 [MD-77] 全球 (1) 大洲分布及种数(1)◆西亚

Ochradenus【2】Delile 刺樨木属 → **Randonia** Resedaceae 木樨草科 [MD-196] 全球 (3) 大洲分布及种数(11-13)非洲:3;亚洲:9-11;南美洲:cf.1

Ochradiscus【3】S.Blanco & C.E.Wetzel 木樨草属 Resedaceae 木樨草科 [MD-196] 全球 (1) 大洲分布及种数(1-2)◆亚洲

Ochrante Walp. = **Dalrympelea**

Ochrantha Lindl. = **Dalrympelea**

Ochranthaceae Juss. = Julianiaceae

Ochranthe Lindl. = **Dalrympelea**

Ochratellus Pierre ex L.Planch = **Achras**

Ochreata (Lojac.) Bobrov = **Trifolium**

Ochreinauclea【3】Ridsdale & R.C.Bakhuizen van den Brinkf. 水柳檀属 ≒ **Sarcocephalus** Rubiaceae 茜草科 [MD-523] 全球 (1) 大洲分布及种数(cf. 1)◆亚洲

Ochrobryum【3】Mitt. 南亚白发藓属 ≒ **Leucobryum** Leucobryaceae 白发藓科 [B-129] 全球 (6) 大洲分布及种数(8) 非洲:3;亚洲:4;大洋洲:1;欧洲:2;北美洲:4;南美洲:3

Ochrocar Sw. = **Ochroma**

Ochrocarpos Euochrocarpos Vig. & Humb. = **Garcinia**

Ochrocarpus A.Juss. = **Garcinia**

Ochrocephala【3】Dittrich 疆矢车菊属 ≒ **Centaurea** Asteraceae 菊科 [MD-586] 全球 (1) 大洲分布及种数(1)◆非洲

Ochrocodon Rydb. = **Tulipa**

Ochroderma Trudgen = **Ochrosperma**

Ochrolasia Turcz. = **Hibbertia**

Ochrolomia Turcz. = **Hibbertia**

Ochroma【3】Sw. 轻木属 ← **Bombax** Malvaceae 锦葵科 [MD-203] 全球 (1) 大洲分布及种数(1)◆北美洲

Ochronelis Raf. = **Helianthus**

Ochronerium Baill. = **Tabernaemontana**

Ochrophasia Turcz. = **Hibbertia**

Ochropteris【3】J.Sm. 巴西凤尾蕨属 ← **Davallia** Pteridaceae 凤尾蕨科 [F-31] 全球 (1) 大洲分布及种数(uc)属分布和种数(uc)◆南美洲

Ochrosia【3】Juss. 玫瑰树属 → **Alstonia;Tabernaemontana;Neisosperma** Apocynaceae 夹竹桃科 [MD-492] 全球 (6) 大洲分布及种数(28-53;hort.1;cult: 3)非洲:10-28;亚洲:10-32;大洋洲:17-48;欧洲:2-20;北美洲:9-27;南美洲:3-20

Ochrosion St.Lag. = **Ochrosia**

Ochrosperma【3】Trudgen 黄籽岗松属 ← **Baeckea** Myrtaceae 桃金娘科 [MD-347] 全球 (1) 大洲分布及种数(3-6)◆大洋洲(◆澳大利亚)

Ochrothallus【3】Pierre 金叶树属 ← **Chrysophyllum; Niemeyera** Sapotaceae 山榄科 [MD-357] 全球 (1) 大洲分布及种数(3)◆大洋洲

Ochrotropis Bedd. = **Octotropis**

Ochroxylum Schreb. = **Zanthoxylum**

Ochrus Mill. = **Lathyrus**

Ochterus Mill. = **Arachis**

Ochthephilum Wurdack = **Ochthephilus**

Ochthephilus【3】Wurdack 山号丹属 Melastomataceae 野牡丹科 [MD-364] 全球 (1) 大洲分布及种数(1)◆南美洲

Ochthera Thunb. = **Nemopanthus**

Ochthocharis【3】Bl. 马来野牡丹属 → **Dicellandra** Melastomataceae 野牡丹科 [MD-364] 全球 (1) 大洲分布及种数(1-10)◆亚洲

Ochthochloa【3】Edgew. 偏穗蟋蟀草属 ≒ **Eleusine** Poaceae 禾本科 [MM-748] 全球 (1) 大洲分布及种数(1)◆北美洲(◆美国)

Ochthocosmus【3】Benth. 莽柴木属 → **Cyrillopsis; Phyllocosmus** Ixonanthaceae 黏木科 [MD-294] 全球 (1) 大洲分布及种数(9-10)◆南美洲(◆巴西)

Ochthodium【3】DC. 厚果荠属 ← **Bunias;Rapistrella** Brassicaceae 十字花科 [MD-213] 全球 (1) 大洲分布及种数(1)◆欧洲

Ochtocharis Walp. = **Ochthocharis**

Ochtocosmus Benth. = **Ochthocosmus**

Ochyraea【-】<unassigned> 柳叶藓科属 Amblystegiaceae 柳叶藓科 [B-178] 全球 (uc) 大洲分布及种数(uc)

Ochyraea Váňa = **Ochyraea**

Ochyrella【3】D.L.Szlachetko & R.González 唇距兰属 ≒ **Eltroplectris** Orchidaceae 兰科 [MM-723] 全球 (1) 大洲分布及种数(3)属分布和种数(uc)◆南美洲

Ochyria Váňa = **Ochyraea**

Ochyrorchis Szlach. = **Habenaria**

Ocica Aubl. = **Protium**

Ocimastrum【-】Rupr. 柳叶菜科属 Onagraceae 柳叶菜科 [MD-396] 全球 (uc) 大洲分布及种数(uc)

Ocimum Benth. = **Ocimum**

Ocimum【3】L. 罗勒属 → **Achyrospermum;Bunium;Perilla** Lamiaceae 唇形科 [MD-575] 全球 (1) 大洲分布及种数(68-89)◆非洲

Ockea F.Dietr. = **Adenandra**

Ockenia Steud. = **Okenia**

Ockia Bartl. & H.L.Wendl. = **Ochna**

Oclemena【3】Greene 轮菀属 → **Aster;Chrysopsis; Galatella** Asteraceae 菊科 [MD-586] 全球 (1) 大洲分布及种数(4)◆北美洲

Ocnaea Aldrich = **Ohbaea**

Ocnera Labill. = **Oxera**

Ocneria Small = **Saxifraga**
Ocneron Raf. = **Trichospira**
Ocnus Gilli = **Mellera**
Ocoa Aubl. = **Bocoa**
Ocosia Juss. = **Ochrosia**
Ocotea (Beurl.) Mez = **Ocotea**
Ocotea 【3】 Aubl. 甜樟属 → **Machilus;Phoebe; Acrodiclidium** Lauraceae 樟科 [MD-21] 全球 (6) 大洲分布及种数(501-648;hort.1;cult: 3)非洲:57-73;亚洲:39-54;大洋洲:8;欧洲:4-14;北美洲:154-188;南美洲:368-482
Ocrasa Jack = **Quercus**
Ocrearia Small = **Saxifraga**
Octadenia Brown,Robert & Fischer,Friedrich Ernst Ludwig von (Fedor Bogdanovic) & Meyer,Carl Anton Andreevi = **Alyssum**
Octadesmia Benth. = **Dilomilis**
Octamyrtus 【3】 Diels 多瓣桃木属 ← **Eugenia** Myrtaceae 桃金娘科 [MD-347] 全球 (1) 大洲分布及种数(3-6)◆大洋洲(◆巴布亚新几内亚)
Octandrorchis Brieger = **Otomeria**
Octanema Raf. = **Capparis**
Octarillum Lour. = **Shepherdia**
Octarrhena 【2】 Thwaites 八雄兰属 ← **Oberonia; Phreatia** Orchidaceae 兰科 [MM-723] 全球 (3) 大洲分布及种数(38-58)非洲:26-39;亚洲:17-23;大洋洲:21-32
Octas Jack = **Nemopanthus**
Octavia DC. = **Gordonia**
Octavius DC. = **Adinandra**
Octelisia Raf. = **Tachigali**
Octella Raf. = **Tristemma**
Octerium Salisb. = **Peucedanum**
Octhocharis G.Don = **Ochthocharis**
Octhocosmus Benth. = **Ochthocosmus**
Octima Raf. = **Populus**
Octoblepharaceae (Cardot) A.Eddy ex M.Menzel = Calymperaceae
Octoblepharum Euoctoblepharum Cardot = **Octoblepharum**
Octoblepharum 【3】 Hedw. 八齿藓属 Calymperaceae 花叶藓科 [B-130] 全球 (6) 大洲分布及种数(18) 非洲:6;亚洲:3;大洋洲:6;欧洲:4;北美洲:9;南美洲:11
Octoceras 【3】 Bunge 刺果荠属 Brassicaceae 十字花科 [MD-213] 全球 (1) 大洲分布及种数(cf. 1)◆亚洲
Octoclinis F.Müll = **Callitris**
Octodendron C.T.White = **Phaleria**
Octodiceras Brid. = **Fissidens**
Octodon Thonn. = **Spermacoce**
Octodonta Thonn. = **Anthospermum**
Octogonella Dixon = **Rhachithecium**
Octogonia Klotzsch = **Eremia**
Octokepos 【3】 (Griff.) Grolle 花萼苔属 Aytoniaceae 疣冠苔科 [B-9] 全球 (1) 大洲分布及种数(uc)◆亚洲
Octokepos Griff. = **Octokepos**
Octoknema 【3】 Pierre 蚁母檀属 Olacaceae 铁青树科 [MD-362] 全球 (1) 大洲分布及种数(5-15)◆非洲
Octoknemaceae 【3】 Soler. 腔藏花科 [MD-366] 全球 (1) 大洲分布和属种数(1/5-15)◆非洲
Octolepis Dioicae Z.S.Rogers = **Octolepis**
Octolepis 【3】 Oliv. 鳞薇木属 ≒ **Makinoa** Thymelaeaceae 瑞香科 [MD-310] 全球 (1) 大洲分布及种数(7)◆非洲
Octolobus 【3】 Welw. 八裂桐属 ← **Heritiera;Sterculia** Malvaceae 锦葵科 [MD-203] 全球 (1) 大洲分布及种数(2-6)◆非洲
Octome Raf. = **Populus**
Octomeles 【3】 Miq. 八数木属 Tetramelaceae 四数木科 [MD-197] 全球 (1) 大洲分布及种数(1)◆东南亚(◆印度尼西亚)
Octomelis Miq. = **Octomeria**
Octomenia R.Br. = **Octomeria**
Octomeria (Porto & Brade) Luer = **Octomeria**
Octomeria 【3】 R.Br. 八团兰属 ← **Dendrobium;Eria; Atopoglossum** Orchidaceae 兰科 [MM-723] 全球 (1) 大洲分布及种数(155-176)◆南美洲
Octomeron Robyns = **Platostoma**
Octonum Raf. = **Saussurea**
Octopera D.Don = **Erica**
Octopleura Griseb. = **Ossaea**
Octopleura Spruce ex Prog. = **Neurotheca**
Octoplis Raf. = **Gnidia**
Octoplon Thonn. = **Anthospermum**
Octopoda N.E.Br. = **Octopoma**
Octopoma 【3】 N.E.Br. 白仙木属 ← **Mesembryanthemum** Aizoaceae 番杏科 [MD-94] 全球 (1) 大洲分布及种数(7-10)◆非洲(◆南非)
Octosomatium Gagnep. = **Trichodesma**
Octosp Jack = **Quercus**
Octospermum Airy-Shaw = **Mallotus**
Octotheca R.Vig. = **Dizygotheca**
Octotoma N.E.Br. = **Octopoma**
Octotropis 【3】 Bedd. 八棱果属 ← **Prismatomeris** Rubiaceae 茜草科 [MD-523] 全球 (1) 大洲分布及种数(cf. 1)◆亚洲
Ocyceros Lour. = **Oxyceros**
Ocymastrum P. & K. = **Centranthus**
Ocymum Mill. = **Ocimum**
Ocypode Stimpson = **Nardophyllum**
Ocypus Tourn. ex L. = **Achyrospermum**
Ocyricera 【3】 H.Deane 石豆兰属 ← **Epidendrum** Orchidaceae 兰科 [MM-723] 全球 (1) 大洲分布及种数(uc)◆大洋洲
Ocyroe Phil. = **Nardophyllum**
Ocyurus Mill. = **Arachis**
Oddoniodendron 【3】 De Wild. 奥多豆属 ← **Berlinia** Fabaceae 豆科 [MD-240] 全球 (1) 大洲分布及种数(3-5)◆非洲
Oddyara 【-】 Hort. 兰科属 Orchidaceae 兰科 [MM-723] 全球 (uc) 大洲分布及种数(uc)
Oderara 【-】 J.M.H.Shaw 兰科属 Orchidaceae 兰科 [MM-723] 全球 (uc) 大洲分布及种数(uc)
Odicardis Raf. = **Veronica**
Odina Netto = **Lannea**
Odinella Van Tiegh. = **Thuspeinanta**
Odinia Johnson = **Odonia**
Odisca Raf. = **Colea**
Odisha 【3】 S.Misra 锯齿兰属 Orchidaceae 兰科 [MM-723] 全球 (1) 大洲分布及种数(cf. 1)◆亚洲
Odixia 【3】 Orchard 拟蜡菊属 ← **Helichrysum**

O

Asteraceae 菊科 [MD-586] 全球 (1) 大洲分布及种数(2)◆大洋洲(◆澳大利亚)
Ododeca Raf. = **Homalium**
Odoglossa Raf. = **Coreopsis**
Odollam Adans. = **Cerbera**
Odollamia Raf. = **Scaevola**
Odonata Bertol. = **Odonia**
Odonchlodiopsis【-】J.M.H.Shaw 兰科属 Orchidaceae 兰科 [MM-723] 全球 (uc) 大洲分布及种数(uc)
Odonchlopsis【-】J.M.H.Shaw 兰科属 Orchidaceae 兰科 [MM-723] 全球 (uc) 大洲分布及种数(uc)
Odonectis Raf. = **Pogonia**
Odonellia【3】K.R.Robertson 奥多旋花属 ← **Convolvulus;Jacquemontia;Maripa** Convolvulaceae 旋花科 [MD-499] 全球 (1) 大洲分布及种数(2)◆南美洲
Odonia【3】Bertol. 木豆属 ← **Cajanus;Opuntia** Fabaceae3 蝶形花科 [MD-240] 全球 (1) 大洲分布及种数(1)◆北美洲
Odontadenia (Woodson) Pichon = **Odontadenia**
Odontadenia【3】Benth. 齿腺藤属 → **Angadenia;Echites;Tabernaemontana** Apocynaceae 夹竹桃科 [MD-492] 全球 (1) 大洲分布及种数(25-27)◆南美洲
Odontandra Willd. ex Röm. & Schult. = **Trichilia**
Odontandria G.Don = **Trichilia**
Odontanthera【3】R.Wight 齿药萝藦属 ≒ **Asclepias** Apocynaceae 夹竹桃科 [MD-492] 全球 (1) 大洲分布及种数(1-2)◆亚洲
Odontanthera Wight = **Odontanthera**
Odontarrhena C.A.Mey. = **Alyssum**
Odontea Fourr. = **Ocotea**
Odonteilema Turcz. = **Acalypha**
Odontelytrum Hack. = **Cenchrus**
Odontioda auct. = **Cochlioda**
Odontiopsis【-】J.M.H.Shaw 兰科属 Orchidaceae 兰科 [MM-723] 全球 (uc) 大洲分布及种数(uc)
Odontitella【3】Rothm. 总序旱草属 ← **Thuspeinanta;Odontites** Orobanchaceae 列当科 [MD-552] 全球 (1) 大洲分布及种数(1)◆欧洲
Odontites Ludw. = **Odontites**
Odontites【3】Spreng. 疗齿草属 ← **Bartsia** Orobanchaceae 列当科 [MD-552] 全球 (6) 大洲分布及种数(53-68;hort.1;cult: 1)非洲:15-19;亚洲:18-20;大洋洲:1;欧洲:32-39;北美洲:4-5;南美洲:3-4
Odontitis St.Lag. = **Odontites**
Odontobrassia Hort. = **Brassia**
Odontocarpa Neck. = **Valerianella**
Odontocarpha DC. = **Solidago**
Odontocarya (Eichler) Barneby = **Odontocarya**
Odontocarya【2】Miers 齿果藤属 ← **Chondrodendron;Cocculus** Menispermaceae 防己科 [MD-42] 全球 (3) 大洲分布及种数(41)亚洲:cf.1;北美洲:6;南美洲:39
Odontocentrum【-】J.M.H.Shaw 兰科属 Orchidaceae 兰科 [MM-723] 全球 (uc) 大洲分布及种数(uc)
Odontocera White = **Odontocarya**
Odontochelys Bl. = **Odontochilus**
Odontochila Bl. = **Odontochilus**
Odontochile Bl. = **Odontochilus**
Odontochilus【3】Bl. 齿唇兰属 ← **Zeuxine;Chamaegastrodia;Anoectochilus** Orchidaceae 兰科 [MM-723] 全球(6) 大洲分布及种数(38-56;hort.1)非洲:5-9;亚洲:29-37;大洋洲:3-7;欧洲:1-5;北美洲:4;南美洲:4
Odontocidium【-】auct. 兰科属 Orchidaceae 兰科 [MM-723] 全球 (uc) 大洲分布及种数(uc)
Odontocline【3】B.Nord. 葵叶菊属 ≒ **Cineraria** Asteraceae 菊科 [MD-586] 全球 (1) 大洲分布及种数(6)◆北美洲
Odontoclinus Bl. = **Odontochilus**
Odontocyclus Turcz. = **Draba**
Odontoglossum (Rchb.f.) Halb. = **Odontoglossum**
Odontoglossum【3】H.B. & K. 齿舌兰属 → **Amparoa;Epidendrum;Aspasia** Orchidaceae 兰科 [MM-723] 全球 (6) 大洲分布及种数(93-135;hort.1;cult: 19)非洲:1;亚洲:1;大洋洲:1;欧洲:1;北美洲:3-4;南美洲:91-92
Odontokoa J.M.H.Shaw = **Piptocoma**
Odontolejeunea (Spruce) Schiffn. = **Odontolejeunea**
Odontolejeunea【3】Stephani 锯齿鳞苔属 ≒ **Phragmicoma** Lejeuneaceae 细鳞苔科 [B-84] 全球 (1) 大洲分布及种数(3)◆南美洲(◆巴西)
Odontoloma【-】J.Sm. 鳞始蕨科属 ≒ **Lindsaea;Odontosoria** Lindsaeaceae 鳞始蕨科 [F-27] 全球 (uc) 大洲分布及种数(uc)
Odontolophus Cass. = **Psephellus**
Odontoma Hort. = **Anisacanthus**
Odontomanes C.Presl = **Trichomanes**
Odontomantis C.Presl = **Asplenium**
Odontomerella Lindau = **Aphelandra**
Odontomyia Rolfe = **Piptocoma**
Odontonema【3】Nees 鸡冠爵床属 ≒ **Rhytiglossa;Streblacanthus** Acanthaceae 爵床科 [MD-572] 全球 (6) 大洲分布及种数(34-45)非洲:5;亚洲:6-14;大洋洲:3-8;欧洲:5;北美洲:19-26;南美洲:22-36
Odontonemella Lindau = **Pseuderanthemum**
Odontonia Rolfe = **Eupatorium**
Odontonychia Small = **Paronychia**
Odontophorus【3】N.E.Br. 怪伟玉属 Aizoaceae 番杏科 [MD-94] 全球 (1) 大洲分布及种数(3)◆非洲
Odontophyllum【3】C.P.Sreem. 单药花属 ← **Aphelandra** Acanthaceae 爵床科 [MD-572] 全球 (1) 大洲分布及种数(uc)属分布和种数(uc)◆南美洲(◆哥伦比亚)
Odontopilia【-】auct. 兰科属 Orchidaceae 兰科 [MM-723] 全球 (uc) 大洲分布及种数(uc)
Odontopleura Cass. = **Arctotis**
Odontoptera Cass. = **Arctotis**
Odontopteris Bernh. = **Ophioglossum**
Odontoptila Dognin = **Arctotis**
Odontorchilus Taczanowski & Berlepsch = **Odontochilus**
Odontorchis D.Tyteca & E.Klein = **Satyrium**
Odontorettia auct. = **Rodriguezia**
Odontorrhynchus【3】M.N.Correa 齿喙兰属 ← **Brachystele;Gyrostachys** Orchidaceae 兰科 [MM-723] 全球 (1) 大洲分布及种数(7-9)◆南美洲
Odontoschisma (Dum.) Dum. = **Odontoschisma**
Odontoschisma【3】Stephani 裂齿苔属 Cephaloziaceae 大萼苔科 [B-52] 全球 (6) 大洲分布及种数(8-9)非洲:7;亚洲:4-11;大洋洲:1-8;欧洲:4-11;北美洲:4-11;南美洲:4-12
Odontoseries【3】Fulford 委内指叶苔属 Lepidoziaceae 指叶苔科 [B-63] 全球 (1) 大洲分布及种数(cf. 1)◆南美洲

Odontosia Rolfe = **Piptocoma**
Odontosiphon M.Röm. = **Trichilia**
Odontosoria【3】(Pr.) Fée 乌蕨属 ≒ **Trichomanes; Sphenomeris** Lindsaeaceae 鳞始蕨科 [F-27] 全球 (6) 大洲分布及种数(33-43;hort.1;cult: 1)非洲:10-13;亚洲:8-11;大洋洲:8-10;欧洲:1-2;北美洲:10-14;南美洲:11-12
Odontosoria Fée = **Odontosoria**
Odontospermum【3】Neck. 金币花属 ← **Asteriscus** Asteraceae 菊科 [MD-586] 全球 (1) 大洲分布及种数(uc)◆非洲
Odontostelma【3】Rendle 齿冠萝藦属 Apocynaceae 夹竹桃科 [MD-492] 全球 (1) 大洲分布及种数(1)◆非洲(◆安哥拉)
Odontostemma Benth. = **Arenaria**
Odontostemum Baker = **Odontostomum**
Odontostephana【3】Alexander 番萝藦属 ← **Gonolobus** Apocynaceae 夹竹桃科 [MD-492] 全球 (1) 大洲分布及种数(5)◆北美洲
Odontostigma A.Rich. = **Gymnostachyum**
Odontostoma Torr. = **Odontostomum**
Odontostomum【3】Torr. 喉齿莲属 Tecophilaeaceae 蓝嵩莲科 [MM-686] 全球 (1) 大洲分布及种数(1)◆北美洲
Odontostomus Torr. = **Odontostomum**
Odontostyles Breda,Kuhl & Hasselt = **Bulbophyllum**
Odontostylis (Bl.) Bl. = **Bulbophyllum**
Odontotecoma Bureau & K.Schum. = **Adenocalymma**
Odontotrichum【3】Zucc. 甲菊属 ← **Cacalia;Senecio** Asteraceae 菊科 [MD-586] 全球 (1) 大洲分布及种数(1)◆北美洲
Odontozelencidium【-】J.M.H.Shaw 兰科属 Orchidaceae 兰科 [MM-723] 全球 (uc) 大洲分布及种数(uc)
Odontychium K.Schum. = **Zingiber**
Odopetalum G.Hansen = **Oecopetalum**
Odoptera Raf. = **Dicentra**
Odosicyos Keraudren = **Ampelosycios**
Odostelma Raf. = **Passiflora**
Odostemon【3】Raf. 十大功劳属 ≒ **Berberis** Berberidaceae 小檗科 [MD-45] 全球 (1) 大洲分布及种数(5)◆北美洲
Odostemum Steud. = **Podostemum**
Odostima Raf. = **Stylisma**
Odostoma Raf. = **Moneses**
Odotalon Raf. = **Philyra**
Odoxia Bertol. = **Odonia**
Odyendea (Pierre) Engl. = **Quassia**
Odyendya Engl. = **Odyendyea**
Odyendyea【-】Pierre 苦木科属 ≒ **Quassia** Simaroubaceae 苦木科 [MD-424] 全球 (uc) 大洲分布及种数(uc)
Odysia Günée = **Odyssea**
Odyssea【3】Stapf 奥德赛草属 ← **Aeluropus;Diplachne** Poaceae 禾本科 [MM-748] 全球 (1) 大洲分布及种数(2)◆非洲
Odyssella Stapf = **Odyssea**
Oebstemon Raf. = **Odostemon**
Oecanthus Wedd. = **Lecanthus**
Oeceoclades【3】Lindl. 僧兰属 ← **Angraecum; Limodorum;Neofinetia** Orchidaceae 兰科 [MM-723] 全球 (6) 大洲分布及种数(40-42)非洲:39-42;亚洲:3-4;大洋洲:1-2;欧洲:3-4;北美洲:2-3;南美洲:1-2
Oechmea J.St.Hil. = **Aechmea**
Oecoeclades Franch. & Sav. = **Oeceoclades**
Oecopetalum【3】Greenm. & C.H.Thomps. 北美洲茶茱萸属 Metteniusaceae 水螅花科 [MD-454] 全球 (1) 大洲分布及种数(2)◆北美洲
Oecophora Zucc. = **Otiophora**
Oedemasia Miq. = **Helicteres**
Oedematopus【3】Planch. & Triana 瘤足木属 ≒ **Havetiopsis;Clusia** Clusiaceae 藤黄科 [MD-141] 全球 (1) 大洲分布及种数(1-3)◆南美洲
Oedera【3】L. 紫纹鼠麹木属 ← **Athanasia** Asteraceae 菊科 [MD-586] 全球 (1) 大洲分布及种数(16-20)◆非洲
Oederia DC. = **Dracaena**
Oedibasis【3】Koso-Pol. 胀基芹属 Apiaceae 伞形科 [MD-480] 全球 (1) 大洲分布及种数(3-4)◆亚洲
Oedicephalus Nevski = **Astragalus**
Oedicladium【2】Mitt. 红毛藓属 ≒ **Endotrichum** Myuriaceae 金毛藓科 [B-208] 全球 (2) 大洲分布及种数(8) 亚洲:7;大洋洲:2
Oedina【3】Van Tiegh. 五蕊寄生属 ≒ **Loranthus; Dendrophthoe** Loranthaceae 桑寄生科 [MD-415] 全球 (1) 大洲分布及种数(2)◆非洲
Oedipachne Link = **Eriochloa**
Oedipina Dunn = **Oedina**
Oedipodiaceae【2】Schimp. 长台藓科 [B-99] 全球 (5) 大洲分布和属种数(1/2)亚洲:1/1;大洋洲:1/1;欧洲:1/1;北美洲:1/1;南美洲:1/2
Oedipodiella【2】Dixon 非洲大孢藓属 ≒ **Oedipodium** Gigaspermaceae 大蒴藓科 [B-108] 全球 (2) 大洲分布及种数(1) 非洲:1;欧洲:1
Oedipodium【2】Schwägr. 长台藓属 ≒ **Bryum;Oedipodiella** Oedipodiaceae 长台藓科 [B-99] 全球 (5) 大洲分布及种数(2) 亚洲:1;大洋洲:1;欧洲:1;北美洲:1;南美洲:2
Oedmannia Thunb. = **Rafnia**
Oedocephalum Nevski = **Astragalus**
Oedochloa C.Silva & R.P.Oliveira = **Oreochloa**
Oedocladium Mitt. = **Oedicladium**
Oeginetia Wight = **Aeginetia**
Oegroe B.D.Jacks = **Nardophyllum**
Oehmea Buxb. = **Mammillaria**
Oemleria【3】Rich. 印第安李属 ← **Nuttallia** Rosaceae 蔷薇科 [MD-246] 全球 (1) 大洲分布及种数(1-6)◆北美洲
Oena Ravenna = **Sisyrinchium**
Oenanthe【3】(Tourn.) L. 水芹属 ≒ **Actinanthus; Peucedanum** Apiaceae 伞形科 [MD-480] 全球 (6) 大洲分布及种数(55-66;hort.1;cult:1)非洲:20-34;亚洲:52-71;大洋洲:2-13;欧洲:30-44;北美洲:6-19;南美洲:5-16
Oenanthe L. = **Oenanthe**
Oenas Gilli = **Mellera**
Oenocarpus (Burret) Balick = **Oenocarpus**
Oenocarpus【2】Mart. 油果椰属 ← **Areca;Mauritiella; Syagrus** Arecaceae 棕榈科 [MM-717] 全球 (3) 大洲分布及种数(11-19;hort.1)大洋洲:cf.1;北美洲:4;南美洲:10-16
Oenone Tul. = **Apinagia**
Oenonea Bub. = **Melittis**
Oenoplea (Pers.) Michx. ex Hedw.f. = **Berchemia**
Oenoplia Röm. & Schult. = **Ziziphus**
Oenosciadium Pomel = **Oenanthe**

Oenostachys【3】Bullock 唐菖蒲属 ≒ **Gladiolus** Iridaceae 鸢尾科 [MM-700] 全球 (1) 大洲分布及种数(uc)属分布和种数(uc)◆非洲
Oenothera (Fisch. & C.A.Mey.) W.Dietr. = **Oenothera**
Oenothera【3】L. 月见草属 ≒ **Holostigma;Sphaerostigma** Onagraceae 柳叶菜科 [MD-396] 全球 (1) 大洲分布及种数(231-492)◆北美洲
Oenotheraceae C.C.Robin = Onagraceae
Oenotheridium【3】Reiche 仙女盏属 Onagraceae 柳叶菜科 [MD-396] 全球 (1) 大洲分布及种数(uc)◆亚洲
Oenothers L. = **Oenothera**
Oenotrichia【3】Copel. 酒蕨属 ← **Davallia** Dennstaedtiaceae 碗蕨科 [F-26] 全球 (1) 大洲分布及种数(4-5)◆大洋洲
Oentotheca Desv. = **Centotheca**
Oentrichia Copel. = **Oenotrichia**
Oeollanthus G.Don = **Aeollanthus**
Oeonia【3】Lindl. 银凤兰属 ← **Aeranthes;Oeoniella;Trichoglottis** Orchidaceae 兰科 [MM-723] 全球 (1) 大洲分布及种数(6)◆非洲
Oeoniella【2】Schltr. 银鸟兰属 ← **Oeonia;Epidendrum** Orchidaceae 兰科 [MM-723] 全球 (4) 大洲分布及种数(3)非洲:2;亚洲:cf.1;北美洲:1;南美洲:1
Oeorchis Glic. = **Oreorchis**
Oeosporangium Vis. = **Cheilanthes**
Oerocosmus (Bonpl.) Naudin = **Tibouchina**
Oerstedella【3】Rchb.f. 奥特兰属 ← **Epidendrum** Orchidaceae 兰科 [MM-723] 全球 (1) 大洲分布及种数(5)◆北美洲(◆哥斯达黎加)
Oerstedianthus Lundell = **Ardisia**
Oerstedina【3】Wiehler 尖果岩桐属 Gesneriaceae 苦苣苔科 [MD-549] 全球 (1) 大洲分布及种数(2)◆北美洲
Oerstedkeria【-】J.M.H.Shaw 兰科属 Orchidaceae 兰科 [MM-723] 全球 (uc) 大洲分布及种数(uc)
Oerstelaelia【-】J.M.H.Shaw 兰科属 Orchidaceae 兰科 [MM-723] 全球 (uc) 大洲分布及种数(uc)
Oertonia J.M.H.Shaw = **Oeonia**
Oeschinomene Poir. = **Aeschynomene**
Oesculus Neck. = **Aesculus**
Oesterdella Rchb.f. = **Oerstedella**
Oestlundia【2】W.E.Higgins 围柱兰属 ≒ **Encyclia** Orchidaceae 兰科 [MM-723] 全球 (2) 大洲分布及种数(4)北美洲;南美洲
Oestlundorchis【3】Szlach. 蜜囊兰属 ← **Deiregyne** Orchidaceae 兰科 [MM-723] 全球 (1) 大洲分布及种数(cf. 1)◆北美洲
Oetasis O.Kez. = **Vittaria**
Oethionema Knowles & Westc. = **Aethionema**
Oetosis Dreene = **Vittaria**
Ofaiston【3】Raf. 单蕊蓬属 ← **Anabasis;Halocnemum;Salsola** Amaranthaceae 苋科 [MD-116] 全球 (1) 大洲分布及种数(cf. 1)◆亚洲
Offaster Heist. = **Elaeagnus**
Ofleus Haw. = **Narcissus**
Oftia【3】Adans. 硬核木属 ← **Lantana** Scrophulariaceae 玄参科 [MD-536] 全球 (1) 大洲分布及种数(3)◆非洲
Oftiaceae【3】Takht. & Reveal 硬粒木科 [MD-565] 全球 (1) 大洲分布和属种数(1;hort. & cult.1)(3;hort. & cult.1)◆非洲
Ogaphora Bl. = **Otophora**
Ogastemma【2】Brummitt 齿缘草属 ← **Eritrichium** Boraginaceae 紫草科 [MD-517] 全球 (2) 大洲分布及种数(cf.1) 非洲:1;亚洲:1
Ogcerostylis Cass. = **Siloxerus**
Ogcerostylus Cass. = **Siloxerus**
Ogcodeia【3】Bur. 番箭毒木属 ≒ **Naucleopsis** Moraceae 桑科 [MD-87] 全球 (1) 大洲分布及种数(17)◆南美洲
Ogcodes Bureau = **Brosimum**
Ogiera Cass. = **Eleutheranthera**
Ogilbia Medik. = **Abutilon**
Oglifa (Cass.) Cass. = **Filago**
Ogmaster Heist. = **Elaeagnus**
Ognorhynchus Lehm. = **Bartsia**
Ogygia【3】Lür 微见兰属 ≒ **Acianthera** Orchidaceae 兰科 [MM-723] 全球 (1) 大洲分布及种数(1)◆非洲
Ohashia【3】X.Y.Zhu & R.P.Zhang 蝶形花科属 Fabaceae3 蝶形花科 [MD-240] 全球 (1) 大洲分布及种数(1)◆东亚(◆中国)
Ohbaea【3】V.V.Byalt & I.V.Sokolova 岷江景天属 ← **Rhodiola;Sedum;Oxera** Crassulaceae 景天科 [MD-229] 全球 (1) 大洲分布及种数(2)◆亚洲
O-higgensia Steud. = **Hoffmannia**
Ohigginsia Ruiz & Pav. = **Hoffmannia**
Ohlendorffia Lehm. = **Aptosimum**
Ohleria Regel = **Kohleria**
Ohshimella Masam. & Suzuki = **Whytockia**
Ohwia【3】H.Ohashi 小槐花属 Fabaceae 豆科 [MD-240] 全球 (1) 大洲分布及种数(1-2)◆亚洲
Oianthus Benth. = **Heterostemma**
Oidium Nees = **Agrostis**
Oileus Haw. = **Narcissus**
Oinychion Nieuwl. = **Viola**
Oionychion Nieuwl. = **Viola**
Oiospermum【3】Less. 小蓝冠菊属 Asteraceae 菊科 [MD-586] 全球 (1) 大洲分布及种数(2)◆南美洲
Oisodix【3】Raf. 柳属 ← **Salix** Salicaceae 杨柳科 [MD-123] 全球 (1) 大洲分布及种数(uc)属分布和种数(uc)◆北美洲
Oistanthera Markgr. = **Tabernaemontana**
Oistonema【3】Schltr. 箭丝萝藦属 Apocynaceae 夹竹桃科 [MD-492] 全球 (1) 大洲分布及种数(1)◆亚洲
Okamuraea【3】Broth. 褶藓属 ≒ **Hypnum** Brachytheciaceae 青藓科 [B-187] 全球 (1) 大洲分布及种数(4)◆亚洲
Okea Steud. = **Okenia**
Okenia【3】F.Dietr. 沙花生属 ≒ **Adenandra** Nyctaginaceae 紫茉莉科 [MD-107] 全球 (1) 大洲分布及种数(1-7)◆北美洲
Okia H.Rob. & Skvarla = **Onira**
Okoubaka【3】Pellegr. & Normand 天煞檀属 Santalaceae 檀香科 [MD-412] 全球 (1) 大洲分布及种数(2)◆非洲
Olacaceae【3】Juss. ex R.Br. 铁青树科 [MD-362] 全球(6) 大洲分布和属种数(21-26;hort. & cult.3-5)(168-242;hort. & cult.4-6)非洲:9-13/45-73;亚洲:6-9/23-49;大洋洲:3-5/14-29;欧洲:2-3/4-9;北美洲:4-6/18-24;南美洲:12-13/79-86
Olaceae Horan. = Oleaceae

Olamblis Raf. = **Carex**
Olax 【3】 L. 铁青树属 → **Dulacia;Bolax;Olea** Olacaceae 铁青树科 [MD-362] 全球 (6) 大洲分布及种数(57-74;hort.1)非洲:21-35;亚洲:14-20;大洋洲:11-18;欧洲:3-6;北美洲:3;南美洲:13-16
Olbia Medik. = **Lavatera**
Oldeania 【3】 Stapleton 小蛇草属 Poaceae 禾本科 [MM-748] 全球 (1) 大洲分布及种数(7)◆非洲
Oldenburgia 【3】 Less. 密绒菊属 ← **Arnica** Asteraceae 菊科 [MD-586] 全球 (1) 大洲分布及种数(4)◆非洲(◆南非)
Oldenlandia (Bremek.) Terrell & H.Rob. = **Oldenlandia**
Oldenlandia 【3】 L. 蛇舌草属 ≒ **Jussiaea;Kadua; Pentodon** Rubiaceae 茜草科 [MD-523] 全球 (6) 大洲分布及种数(165-276;hort.1;cult:6)非洲:76-130;亚洲:81-145;大洋洲:39-78;欧洲:3-31;北美洲:31-64;南美洲:19-51
Oldenlandiopsis E.E.Terrell & W.H.Lewis = **Oldenlandiopsis**
Oldenlandiopsis 【2】 Terrell & W.H.Lewis 微耳草属 Rubiaceae 茜草科 [MD-523] 全球 (3) 大洲分布及种数(2) 亚洲:cf.1;北美洲:1;南美洲:1
Oldfeltia 【3】 B.Nord. & Lundin 五蟹甲属 ≒ **Pentacalia** Asteraceae 菊科 [MD-586] 全球 (1) 大洲分布及种数(1)◆北美洲
Oldfieldia 【3】 Benth. & Hook.f. 安春桐属 Picrodendraceae 苦皮桐科 [MD-317] 全球 (1) 大洲分布及种数(4)◆非洲
Oldhamia Stapleton = **Oldeania**
Olea 【3】 L. 木樨榄属 → **Chionanthus;Colea** Oleaceae 木樨科 [MD-498] 全球 (6) 大洲分布及种数(34-51;hort.1;cult: 2)非洲:14-23;亚洲:24-38;大洋洲:4-12;欧洲:3-10;北美洲:3-10;南美洲:7
Oleaceae 【3】 Hoffmanns. & Link 木樨科 [MD-498] 全球 (6) 大洲分布和属种数(24;hort. & cult.17)(648-1471;hort. & cult.133-211)非洲:9-18/215-436;亚洲:13-18/362-669;大洋洲:11-18/96-294;欧洲:10-17/81-245;北美洲:14-18/195-385;南美洲:9-18/83-243
Oleander Medik. = **Nerium**
Oleandra 【3】 Cav. 蓧蕨属 → **Aspidium** Oleandraceae 蓧蕨科 [F-55] 全球 (6) 大洲分布及种数(50-59)非洲:8-10;亚洲:36-38;大洋洲:11-14;欧洲:3-4;北美洲:11-12;南美洲:13-14
Oleandraceae 【3】 Ching ex Pic.Serm. 蓧蕨科 [F-55] 全球 (6) 大洲分布和属种数(2;hort. & cult.2)(68-93;hort. & cult.4-6)非洲:2/17-22;亚洲:2/55-64;大洋洲:2/17-24;欧洲:2/6-8;北美洲:2/13-16;南美洲:2/15-18
Oleandropsis 【3】 Copel. 水龙骨科属 ≒ **Polypodium** Polypodiaceae 水龙骨科 [F-60] 全球 (1) 大洲分布及种数(uc)◆大洋洲
Olearia 【3】 Mönch 榄叶菊属 ≒ **Eurybia** Asteraceae 菊科 [MD-586] 全球 (1) 大洲分布及种数(160-188)◆大洋洲
Oleaster Heist. = **Elaeagnus**
Oleicarpon Dwyer = **Dipteryx**
Oleiocarpon Dwyer = **Dipteryx**
Oleolophozia 【2】 (H.Buch & S.W.Arnell) L.Söderstr. De Roo & Hedd. 加纳裂叶苔属 Cephaloziellaceae 拟大萼苔科 [B-53] 全球 (3) 大洲分布及种数(cf.1) 非洲;欧洲;北美洲
Oleoxylon Roxb. = **Osmoxylon**
Oleoxylon Wall. = **Dipterocarpus**
Oles Adans. = **Olea**
Olfa Adans. = **Hepatica**
Olfersia (C.Presl) T.Moore = **Olfersia**
Olfersia 【3】 Raddi 贯脉舌蕨属 ← **Acrostichum;Osmunda;Stenochlaena** Dryopteridaceae 鳞毛蕨科 [F-49] 全球 (1) 大洲分布及种数(2)◆南美洲
Olgaea 【3】 Iljin 猬菊属 ← **Cousinia;Wettsteinia** Asteraceae 菊科 [MD-586] 全球 (1) 大洲分布及种数(14-16)◆亚洲
Olgantha 【3】 R.M.Schust. 寡叶苔属 Herbertaceae 剪叶苔科 [B-69] 全球 (1) 大洲分布及种数(1)◆非洲
Olgasis Raf. = **Oncidium**
Oligachaeta K.Koch = **Oligochaeta**
Oligactis (Kunth) Cass. = **Sericocarpus**
Oligactis Cass. = **Liabum**
Oligaerion Cass. = **Arctotis**
Oligandra 【3】 Less. 藜属 ≒ **Lucilia** Amaranthaceae 苋科 [MD-116] 全球 (1) 大洲分布及种数(uc)◆亚洲
Oliganthemum F.Müll = **Pluchea**
Oliganthera Endl. = **Monolepis**
Oliganthes 【2】 Cass. 短毛鸡菊花属 ← **Cacalia; Piptocoma;Pollalesta** Asteraceae 菊科 [MD-586] 全球 (4) 大洲分布及种数(11-14)非洲:9-10;亚洲:cf.1;北美洲:2;南美洲:2
Oligarrhena 【3】 R.Br. 沙蓬石南属 Ericaceae 杜鹃花科 [MD-380] 全球 (1) 大洲分布及种数(1)◆大洋洲(◆澳大利亚)
Oligloron Raf. = **Capparis**
Oligobotrya Baker = **Maianthemum**
Oligocampia Trevis. = **Brachylaena**
Oligocara Gagnep. = **Oligoceras**
Oligocarpha Cass. = **Brachylaena**
Oligocarpus 【3】 Less. 小金盏属 ← **Calendula; Tripteris** Asteraceae 菊科 [MD-586] 全球 (1) 大洲分布及种数(2)◆非洲(◆南非)
Oligoceras 【3】 Gagnep. 角萼桐属 Euphorbiaceae 大戟科 [MD-217] 全球 (1) 大洲分布及种数(cf. 1)◆亚洲
Oligochaeta (DC.) K.Koch = **Oligochaeta**
Oligochaeta 【3】 K.Koch 寡毛菊属 ← **Amberboa;Centaurea;Microlonchus** Asteraceae 菊科 [MD-586] 全球 (1) 大洲分布及种数(4-5)◆亚洲
Oligochaete 【3】 K.Koch 黄毛菊属 Asteraceae 菊科 [MD-586] 全球 (1) 大洲分布及种数(1)◆非洲
Oligochaetochilus 【3】 Szlach. 翅柱兰属 ← **Pterostylis; Serapias** Orchidaceae 兰科 [MM-723] 全球 (1) 大洲分布及种数(uc)属分布和种数(uc)◆大洋洲(◆密克罗尼西亚)
Oligoclada Ris = **Oligocladus**
Oligocladus 【3】 Chodat & Wilczek 变豆菜属 ← **Sanicula** Apiaceae 伞形科 [MD-480] 全球 (1) 大洲分布及种数(1)◆南美洲
Oligocodon 【3】 Keay 小冠茜属 ← **Gardenia** Rubiaceae 茜草科 [MD-523] 全球 (1) 大洲分布及种数(1)◆非洲
Oligodora DC. = **Athanasia**
Oligodorella Turcz. = **Marasmodes**
Oligoglossa DC. = **Phymaspermum**

Oligogyne DC. = **Blainvillea**
Oligogynium Engl. = **Nephthytis**
Oligolepis Cass ex DC. = **Sphaeranthus**
Oligolobos Gagnep. = **Ottelia**
Oligolobus Gagnep. = **Ottelia**
Oligomeris【2】Cambess. 川樨草属 ← **Reseda** Resedaceae 木樨草科 [MD-196] 全球 (4) 大洲分布及种数(4)非洲:3;亚洲:cf.1;欧洲:1;北美洲:1
Oligonema Rostaf. = **Golionema**
Oligoneuron (House) G.L.Nesom = **Oligoneuron**
Oligoneuron【3】Small 白黄花属 ← **Solidago** Asteraceae 菊科 [MD-586] 全球 (1) 大洲分布及种数(3-14)◆北美洲
Oligoneurum Small = **Oligoneuron**
Oligoneurus Small = **Oligoneuron**
Oligopholis Wight = **Christisonia**
Oligophyton【3】H.P.Linder 本氏兰属 ← **Benthamia** Orchidaceae 兰科 [MM-723] 全球 (1) 大洲分布及种数(1)◆非洲
Oligoporus Cass. = **Oligosporus**
Oligoron Raf. = **Acerates**
Oligosar Salisb. = **Nothoscordum**
Oligosarcus Less. = **Oligocarpus**
Oligoscias Seem. = **Polyscias**
Oligosita Salisb. = **Allium**
Oligosma Sahsb. = **Nothoscordum**
Oligosmilax Seem. = **Heterosmilax**
Oligospermum【-】D.Y.Hong 玄参科属 Scrophulariaceae 玄参科 [MD-536] 全球 (uc) 大洲分布及种数(uc)
Oligosporus【3】Cass. 巴尔古津蒿属 ← **Artemisia; Abrotanella** Asteraceae 菊科 [MD-586] 全球 (6) 大洲分布及种数(5)非洲:8;亚洲:8;大洋洲:8;欧洲:8;北美洲:8;南美洲:8
Oligostachyum【3】Z.P.Wang & G.H.Ye 少穗竹属 ≒ **Acidosasa;Pseudosasa;Sinobambusa** Poaceae 禾本科 [MM-748] 全球 (1) 大洲分布及种数(20-22)◆亚洲
Oligostemon Benth. = **Meliosma**
Oligostr Salisb. = **Nothoscordum**
Oligota Salisb. = **Allium**
Oligothrix【3】DC. 落冠千里光属 → **Psednotrichia** Asteraceae 菊科 [MD-586] 全球 (1) 大洲分布及种数(1)◆非洲(◆南非)
Oligotoma Salisb. = **Nothoscordum**
Oligotrema Raf. = **Abildgaardia**
Oligotrichum (Brid.) Bruch & Schimp. = **Oligotrichum**
Oligotrichum【3】DC. 小赤藓属 ≒ **Orthotrichum** Polytrichaceae 金发藓科 [B-101] 全球 (6) 大洲分布及种数(34) 非洲:3;亚洲:13;大洋洲:3;欧洲:3;北美洲:6;南美洲:13
Oligyra L. = **Olyra**
Olimarabidopsis【3】Al-Shehbaz 无苞芥属 ≒ **Sisymbrium** Brassicaceae 十字花科 [MD-213] 全球 (1) 大洲分布及种数(cf. 1)◆亚洲
Olindias Müller = **Olinia**
Olinia【3】Thunb. 彩梨檀属 ← **Canthium;Sideroxylon;Olea** Oliniaceae 方枝树科 [MD-330] 全球 (1) 大洲分布及种数(8-31)◆非洲
Oliniaceae【3】Arn. 方枝树科 [MD-330] 全球 (6) 大洲分布和属种数(1/8-49)非洲:1/8-31;亚洲:1/21;大洋洲:1/17;欧洲:1/17;北美洲:1/17;南美洲:1/17
Olios Medik. = **Oxalis**
Olisbaea Benth. & Hook.f. = **Olivaea**
Olisbea DC. = **Olivaea**
Olisia Spach = **Stachys**
Olivaea【3】Sch.Bip. ex Benth. 水菀属 Asteraceae 菊科 [MD-586] 全球 (1) 大洲分布及种数(2)◆北美洲(◆墨西哥)
Oliveranthus Rose = **Echeveria**
Oliverella Rose = **Oliverella**
Oliverella【3】Van Tiegh. 石莲花属 ≒ **Tapinanthus; Echeveria** Loranthaceae 桑寄生科 [MD-415] 全球 (1) 大洲分布及种数(2)◆非洲
Oliveria【3】Vent. 伊朗寡芹属 Apiaceae 伞形科 [MD-480] 全球 (1) 大洲分布及种数(1)◆西亚(◆伊朗)
Oliveriana【3】Rchb.f. 伊利兰属 ← **Odontoglossum; Trichopilia** Orchidaceae 兰科 [MM-723] 全球 (1) 大洲分布及种数(11-13)◆南美洲
Oliverodoxa P. & K. = **Satyria**
Olla Cothen. = **Polla**
Ollotis Welw. ex Baker = **Aeollanthus**
Olmeca【3】Soderstr. 梨丘竹属 Poaceae 禾本科 [MM-748] 全球 (1) 大洲分布及种数(5)◆北美洲
Olmedia Ruiz & Pav. = **Trophis**
Olmediella【3】Baill. 奥尔木属 ← **Dovyalis;Xylosma** Salicaceae 杨柳科 [MD-123] 全球 (1) 大洲分布及种数(1)◆北美洲
Olmedioperebea Ducke = **Maquira**
Olmediophaena H.Karst. = **Maquira**
Olmediopsis H.Karst. = **Pseudolmedia**
Olmedoa P. & K. = **Trophis**
Olmedophaena P. & K. = **Perebea**
Olneya【3】A.Gray 铁锋豆属 Fabaceae 豆科 [MD-240] 全球 (1) 大洲分布及种数(1)◆北美洲
Olofuton Raf. = **Capparis**
Olopetalum Klotzsch = **Tweedia**
Oloptum【2】Röer & Hamasha 铁锋草属 Poaceae 禾本科 [MM-748] 全球 (3) 大洲分布及种数(cf.1-2) 非洲:1-2;亚洲:1-2;欧洲:1-2
Olostyla DC. = **Coelospermum**
Olotrema Raf. = **Carex**
Olpium E.Mey. = **Orphium**
Olsynium【3】Raf. 春钟花属 ≒ **Sisyrinchium;Galaxia** Iridaceae 鸢尾科 [MM-700] 全球 (6) 大洲分布及种数(27-28;hort.1)非洲:1;亚洲:1-2;大洋洲:2-3;欧洲:2-3;北美洲:12-13;南美洲:25-27
Olulis L. = **Oxalis**
Oluntos Raf. = **Ficus**
Olusatrum Wolf = **Smyrnium**
Oly Mill. = **Allium**
Olygonatum Mill. = **Polygonatum**
Olympia Spach = **Hypericum**
Olymposciadium【3】H.Wolff 华芹属 ≒ **Seseli** Apiaceae 伞形科 [MD-480] 全球 (1) 大洲分布及种数(2)◆亚洲
Olympusa【3】Klotzsch 竺夹竹属 Asclepiadaceae 萝藦科 [MD-494] 全球 (1) 大洲分布及种数(cf.1)◆南美洲

Olynia Steud. = **Oeonia**
Olynthia Lindl. = **Agalmyla**
Olynthus DC. = **Oxyanthus**
Olyra (P.Beauv.) Rchb. = **Olyra**
Olyra【3】L. 黍竺属 → **Arberella;Stipa** Poaceae 禾本科 [MM-748] 全球 (6) 大洲分布及种数(27-29)非洲:1-4;亚洲:1-4;大洋洲:3;欧洲:1-4;北美洲:10-13;南美洲:25-29
Olyraceae Bercht. & J.Presl = Poaceae
Olyras Hewitson = **Olyra**
Olythia Spach = **Eugenia**
Omalanthus A.Juss. = **Homalanthus**
Omalanthus Less. = **Tanacetum**
Omalia【-】(Brid.) Schimp. 平藓科属 ≒ **Homalia** Neckeraceae 平藓科 [B-204] 全球 (uc) 大洲分布及种数(uc)
Omalium Auct. ex Steud. = **Homalium**
Omalocarpus【3】Choux 沙木患属 ← **Deinbollia; Omphalocarpum** Sapindaceae 无患子科 [MD-428] 全球 (1) 大洲分布及种数(cf.1)◆非洲
Omalocldos Hook.f. = **Faramea**
Omalocline【3】Cass. 还阳参属 ← **Crepis** Asteraceae 菊科 [MD-586] 全球 (1) 大洲分布及种数(1)◆欧洲
Omalodes Mill. = **Omphalodes**
Omalotes DC. = **Tanacetum**
Omalotheca【3】Cass. 离缨鼠曲属 ← **Gnaphalium** Asteraceae 菊科 [MD-586] 全球 (6) 大洲分布及种数(9)非洲:1;亚洲:6-7;大洋洲:1;欧洲:5-6;北美洲:3-4;南美洲:1
Omania【3】S.Moore 脐列当属 Plantaginaceae 车前科 [MD-527] 全球 (1) 大洲分布及种数(uc)属分布和种数(uc)◆亚洲
Omanthe O.F.Cook = **Chamaedorea**
Ombonia F.Müll = **Osbornia**
Ombrochares Hand.Mazz. = **Ombrocharis**
Ombrocharis【3】Hand.Mazz. 喜雨草属 Lamiaceae 唇形科 [MD-575] 全球 (1) 大洲分布及种数(cf. 1)◆东亚(◆中国)
Ombronesus【3】N.E.Bell 雨蒴藓属 Ptychomniaceae 棱蒴藓科 [B-159] 全球 (1) 大洲分布及种数(1)◆南美洲
Ombrophytum【3】Pöpp. 螺蕊菰属 Balanophoraceae 蛇菰科 [MD-307] 全球 (1) 大洲分布及种数(5)◆南美洲
Omegandra【3】G.J.Leach & C.C.Towns. 栀子苋属 Amaranthaceae 苋科 [MD-116] 全球 (1) 大洲分布及种数(1)◆大洋洲
Omeiocalamus Keng f. = **Arundinella**
Omentaria Salisb. = **Tulbaghia**
Omias Dode = **Lagerstroemia**
Omicronema Schott = **Calamintha**
Omiltemia【3】Standl. 墨西哥茜属 → **Edithea** Rubiaceae 茜草科 [MD-523] 全球 (1) 大洲分布及种数(3)◆北美洲(◆墨西哥)
Omiodes Bl. = **Ostodes**
Omithidium Salisb. = **Ornithidium**
Ommatodium Lindl. = **Arethusa**
Omoea【3】Bl. 奥莫兰属 ≒ **Gastrochilus** Orchidaceae 兰科 [MM-723] 全球 (1) 大洲分布及种数(cf. 1)◆亚洲
Omoiosia Raf. = **Eschscholzia**
Omolocarpus Neck. = **Nyctanthes**
Omolonia Raf. = **Oplonia**
Omonana Just & Wilson = **Oreonana**
Omonoia Raf. = **Eschscholzia**
Omopera D.Don = **Acrostemon**
Omopria Raf. = **Chelidonium**
Omoscleria【3】Nees 珍珠茅属 ≒ **Scleria** Cyperaceae 莎草科 [MM-747] 全球 (1) 大洲分布及种数(uc)◆亚洲
Omosoma Maxon = **Ormoloma**
Omphacarpus Korth. = **Grewia**
Omphacomeria【3】(Endl.) A.DC. 酸柴檀属 ← **Leptomeria** Santalaceae 檀香科 [MD-412] 全球 (1) 大洲分布及种数(1-2)◆大洋洲(◆澳大利亚)
Omphalandria P.Br. = **Omphalea**
Omphalanthus (Spruce) R.M.Schust. = **Omphalanthus**
Omphalanthus【2】Stephani 秘鲁苔属 ≒ **Acrolejeunea** Lejeuneaceae 细鳞苔科 [B-84] 全球 (2) 大洲分布及种数(4)北美洲:cf.1;南美洲:3
Omphale L. = **Omphalea**
Omphalea【3】L. 脐戟属 → **Aleurites;Dyssodia; Phyllanthus** Euphorbiaceae 大戟科 [MD-217] 全球 (6) 大洲分布及种数(16-21)非洲:6;亚洲:2-5;大洋洲:2;欧洲:1;北美洲:7-8;南美洲:5
Omphalia L. = **Omphalea**
Omphalissa Salisb. = **Hippeastrum**
Omphalium Roth = **Omphalodes**
Omphalius Wallr. = **Omphalodes**
Omphalobium Gaertn. = **Connarus**
Omphalobium Jacq. ex Dc. = **Schotia**
Omphalocarpum【3】P.Beauv. 脐果榄属 ≒ **Omalocarpus** Sapotaceae 山榄科 [MD-357] 全球 (1) 大洲分布及种数(23-27)◆非洲
Omphalocaryon Klotzsch = **Erica**
Omphalococca Willd. ex Schult. = **Ferula**
Omphalodaphne (Bl.) Nakai = **Tetranthera**
Omphalodes【3】Mill. 脐果草属 ← **Cynoglossum; Sinojohnstonia** Boraginaceae 紫草科 [MD-517] 全球 (6) 大洲分布及种数(14-30;hort.1;cult: 2)非洲:2-8;亚洲:5-22;大洋洲:5;欧洲:4-18;北美洲:9-15;南美洲:5
Omphalogramma (Franch.) Franch. = **Omphalogramma**
Omphalogramma【3】Franch. 独花报春属 ← **Primula** Primulaceae 报春花科 [MD-401] 全球 (1) 大洲分布及种数(14-18)◆亚洲
Omphalolappula【3】Brand 脐鹤虱属 ← **Lappula** Boraginaceae 紫草科 [MD-517] 全球 (1) 大洲分布及种数(1)◆大洋洲(◆澳大利亚)
Omphalolejeunea (Spruce) Lacout. = **Cheilolejeunea**
Omphalopappus【3】O.Hoffm. 齿冠瘦片菊属 Asteraceae 菊科 [MD-586] 全球 (1) 大洲分布及种数(1)◆非洲(◆安哥拉)
Omphalophthalma H.Karst. = **Apocynum**
Omphalophthalmum【3】H.Karst. 番萝藦属 Apocynaceae 夹竹桃科 [MD-492] 全球 (1) 大洲分布及种数(uc)◆亚洲
Omphalopus【3】Naudin 鹤牡丹属 Melastomataceae 野牡丹科 [MD-364] 全球 (2) 大洲分布及种数(uc)亚洲;大洋洲
Omphalostigma Rchb. = **Tetrapollinia**
Omphalothalma H.Karst. = **Apocynum**
Omphalotheca Hassk. = **Commelina**

O

Omphalothrix Maxim. = **Omphalotrix**
Omphalotrigonotis【3】W.T.Wang 皿果草属 ← **Trigonotis** Boraginaceae 紫草科 [MD-517] 全球 (1) 大洲分布及种数(cf. 1)◆东亚(◆中国)
Omphalotrix【3】Maxim. 脐草属 Orobanchaceae 列当科 [MD-552] 全球 (1) 大洲分布及种数(cf. 1)◆亚洲
Omura Bl. = **Omoea**
Ona Ravenna = **Sisyrinchium**
Onaceae DC. = Ochnaceae
Onagra【-】Adans. 柳叶菜科属 ≒ **Oenothera** Onagraceae 柳叶菜科 [MD-396] 全球 (uc) 大洲分布及种数(uc)
Onagraceae【3】Juss. 柳叶菜科 [MD-396] 全球 (6) 大洲分布和属种数(29-37;hort. & cult.13-14)(910-2044;hort. & cult.205-295)非洲:6-24/73-562;亚洲:9-24/198-717;大洋洲:8-25/92-616;欧洲:8-24/120-621;北美洲:29-35/658-1205;南美洲:10-24/250-747
Onagreae Dum. = **Oenothera**
Oncaea Lür = **Incaea**
Oncaglossum【3】Sutorý 墨西哥紫草属 Boraginaceae 紫草科 [MD-517] 全球 (1) 大洲分布及种数(1)◆北美洲(◆墨西哥)
Oncandra Cav. = **Oleandra**
Oncella【3】Van Tiegh. 瘤寄生属 ← **Loranthus** Loranthaceae 桑寄生科 [MD-415] 全球 (1) 大洲分布及种数(4)◆非洲
Oncerum Dulac = **Silene**
Onchium Kaulf. = **Onychium**
Onchocalanus Mann & H.Wendl. = **Oncocalamus**
Onchus L. = **Sonchus**
Oncidarettia auct. = **Comparettia**
Oncidasia auct. = **Aspasia**
Oncidenia auct. = **Warmingia**
Oncidesa auct. = **Rodriguezia**
Oncidettia【-】Hort. 兰科属 Orchidaceae 兰科 [MM-723] 全球 (uc) 大洲分布及种数(uc)
Oncidguezia【-】Moir 兰科属 Orchidaceae 兰科 [MM-723] 全球 (uc) 大洲分布及种数(uc)
Oncidiella【-】auct. 兰科属 Orchidaceae 兰科 [MM-723] 全球 (uc) 大洲分布及种数(uc)
Oncidioda Hort. = **Cochlioda**
Oncidium (Kraenzl.) Garay C.,Jorge E. = **Oncidium**
Oncidium【3】Sw. 文心兰属 → **Ada;Cymbidium;Coppensia** Orchidaceae 兰科 [MM-723] 全球 (1) 大洲分布及种数(531-619)◆南美洲(◆巴西)
Oncidodontopsis【-】J.M.H.Shaw 兰科属 Orchidaceae 兰科 [MM-723] 全球 (uc) 大洲分布及种数(uc)
Oncidoglossum【-】J.M.H.Shaw 兰科属 Orchidaceae 兰科 [MM-723] 全球 (uc) 大洲分布及种数(uc)
Oncidophora auct. = **Ornithophora**
Oncidopsiella【-】J.M.H.Shaw 兰科属 Orchidaceae 兰科 [MM-723] 全球 (uc) 大洲分布及种数(uc)
Oncidopsis【-】J.M.H.Shaw 兰科属 Orchidaceae 兰科 [MM-723] 全球 (uc) 大洲分布及种数(uc)
Oncidpilia auct. = **Oncidium**
Oncidum Sw. = **Oncidium**
Oncidumnia J.M.H.Shaw = **Oeoniella**
Oncinema【3】Arn. 丝灯花属 ← **Astephanus;Apocynum** Apocynaceae 夹竹桃科 [MD-492] 全球 (1) 大洲分布及种数(1)◆非洲
Oncinocalyx【3】F.Müll. 澳马鞭草属 Lamiaceae 唇形科 [MD-575] 全球 (1) 大洲分布及种数(1)◆大洋洲(◆澳大利亚)
Oncinopus Benth. = **Oncinotis**
Oncinotis【3】Benth. 魔索藤属 ← **Baissea;Motandra** Apocynaceae 夹竹桃科 [MD-492] 全球 (1) 大洲分布及种数(7-8)◆非洲
Oncinus Lour. = **Melodinus**
Oncitonioides【-】J.M.H.Shaw 兰科属 Orchidaceae 兰科 [MM-723] 全球 (uc) 大洲分布及种数(uc)
Oncoba【3】Forssk. 鼻烟盒树属 → **Xylotheca;Buchnerodendron;Lindackeria** Flacourtiaceae 大风子科 [MD-142] 全球 (6) 大洲分布及种数(25-32)非洲:22-26;亚洲:1-5;大洋洲:4;欧洲:4;北美洲:3-7;南美洲:4-9
Oncobeae Benth. = **Oncoba**
Oncocalamus【3】Mann & H.Wendl. 鳞果藤属 ← **Calamus** Arecaceae 棕榈科 [MM-717] 全球 (1) 大洲分布及种数(1-4)◆非洲
Oncocalyx【2】Van Tiegh. 瘤萼寄生属 ≒ **Loranthus** Loranthaceae 桑寄生科 [MD-415] 全球 (2) 大洲分布及种数(13-14)非洲:10;亚洲:cf.1
Oncocarpus【2】A.Gray 瘤果漆属 Anacardiaceae 漆树科 [MD-432] 全球 (4) 大洲分布及种数(1-4)非洲:1;亚洲:1;大洋洲:1;南美洲:1
Oncocera Bureau = **Brosimum**
Oncocyclus Siemssen = **Iris**
Oncodeia Benth. = **Naucleopsis**
Oncodia Lindl. = **Brachtia**
Oncodostigma【3】Diels 南蕉木属 Annonaceae 番荔枝科 [MD-7] 全球 (1) 大洲分布及种数(1)属分布和种数(uc)◆东亚(◆中国)
Oncolon Raf. = **Valerianella**
Oncoma Spreng. = **Maoutia**
Oncophora Brid. ex Wall. = **Oncophorus**
Oncophoraceae【3】M.Stech 曲背藓科 [B-124] 全球 (6) 大洲分布和属种数(12/103-171)非洲:7-10/19-65;亚洲:10/50-98;大洋洲:2-9/11-56;欧洲:7-10/23-69;北美洲:8-10/32-78;南美洲:10-12/43-91
Oncophorus (Bruch & Schimp.) Braithw. = **Oncophorus**
Oncophorus【2】Brid. 曲背藓属 ≒ **Dicranoweisia;Oreas** Oncophoraceae 曲背藓科 [B-124] 全球 (5) 大洲分布及种数(12) 非洲:1;亚洲:5;欧洲:6;北美洲:6;南美洲:2
Oncophyllum D.L.Jones & M.A.Clem. = **Epidendrum**
Oncorachis【3】Morrone & Zuloaga 弯穗黍属 ≒ **Streptostachys** Poaceae 禾本科 [MM-748] 全球 (1) 大洲分布及种数(2)◆南美洲
Oncorhiza Pers. = **Dioscorea**
Oncorhynchus Lehm. = **Castilleja**
Oncosina Raf. = **Valerianella**
Oncosiphon【2】(O.Hoffm.) Källersjö 球黄菊属 ← **Tanacetum;Chamomilla** Asteraceae 菊科 [MD-586] 全球 (4) 大洲分布及种数(12-16)非洲:11;大洋洲:4;欧洲:5;北美洲:4
Oncosperma【3】Bl. 尼梆刺椰属 ← **Areca** Arecaceae 棕榈科 [MM-717] 全球 (1) 大洲分布及种数(4-7)◆亚洲
Oncosporum Putt. = **Marianthus**
Oncostele J.M.H.Shaw = **Oncostema**
Oncostema【3】Raf. 蓝瑰花属 ≒ **Scilla** Asparagaceae

天门冬科 [MM-669] 全球 (1) 大洲分布及种数(2)◆非洲
Oncostemma【3】 K.Schum. 山冠菊属 → **Oreostemma** Apocynaceae 夹竹桃科 [MD-492] 全球 (1) 大洲分布及种数(cf. 1)◆南美洲
Oncostemon Spach = **Oncostemum**
Oncostemum【3】 A.Juss. 环蕊金牛属 ← **Ardisia;Monoporus** Primulaceae 报春花科 [MD-401] 全球 (1) 大洲分布及种数(107-110)◆非洲
Oncostylis Nees = **Rhynchospora**
Oncostylus【-】 (Schlecht.) F.Bolle 蔷薇科属 Rosaceae 蔷薇科 [MD-246] 全球 (uc) 大洲分布及种数(uc)
Oncotheca【3】 Baill. 钩药茶属 ← **Elaeodendron** Oncothecaceae 钩药茶科 [MD-285] 全球 (1) 大洲分布及种数(1-2)◆大洋洲(◆美拉尼西亚)
Oncothecaceae【3】 Kobuski ex Airy-Shaw 钩药茶科 [MD-285] 全球 (1) 大洲分布和属种数(1/1-3)◆大洋洲
Oncufis Raf. = **Gynandropsis**
Oncus Lour. = **Dioscorea**
Ondetia【3】 Benth. 黄线菊属 Asteraceae 菊科 [MD-586] 全球 (1) 大洲分布及种数(1)◆非洲(◆南非)
Ondinea【3】 Hartog 紫箭莲属 Nymphaeaceae 睡莲科 [MD-27] 全球 (1) 大洲分布及种数(uc)属分布和种数(uc)◆大洋洲(◆密克罗尼西亚)
Onefera Raf. = **Gentiana**
Ongokea【3】 Pierre 油帽果属 ← **Aptandra** Olacaceae 铁青树科 [MD-362] 全球 (1) 大洲分布及种数(1-2)◆非洲
Onira【3】 Ravenna 爪鸢花属 Iridaceae 鸢尾科 [MM-700] 全球 (1) 大洲分布及种数(1-2)◆南美洲
Oniscia Pierre = **Oricia**
Onistis【3】 Raf. 马利筋属 ← **Asclepias** Convolvulaceae 旋花科 [MD-499] 全球 (1) 大洲分布及种数(cf.1)◆北美洲
Onites Raf. = **Origanum**
Onithostaphylos Small = **Ornithostaphylos**
Onix【-】 Medik. 豆科属 ≒ **Astragalus** Fabaceae 豆科 [MD-240] 全球 (uc) 大洲分布及种数(uc)
Onixotis Raf. = **Aletris**
Onkeripus Raf. = **Xylobium**
Onkerma Raf. = **Carex**
Onnia Bertol. = **Odonia**
Onniella Schltr. = **Oeoniella**
Onoara Wreford = **Onira**
Onobroma DC. = **Carduncellus**
Onobruchus Medik. = **Onobrychis**
Onobrychis【3】 Mill. 驴食豆属 ← **Astragalus** Fabaceae 豆科 [MD-240] 全球 (6) 大洲分布及种数(107-220;hort.1;cult:15)非洲:13-25;亚洲:97-173;大洋洲:8-12;欧洲:28-44;北美洲:15-24;南美洲:1-6
Onocalyx Planch. & Linden = **Gonocalyx**
Onocbilis Mart. = **Nonea**
Onochiles Bubani = **Lawsonia**
Onochilis Mart. = **Lawsonia**
Onoclea【3】 L. 球子蕨属 → **Matteuccia;Struthiopteris** Onocleaceae 球子蕨科 [F-45] 全球 (1) 大洲分布及种数(6-8)◆亚洲
Onocleaceae【3】Pic.Serm. 球子蕨科 [F-45] 全球 (6) 大洲分布和属种数(2-4;hort. & cult.2)(9-28;hort. & cult.5-6)非洲:2/3;亚洲:2/9-13;大洋洲:1-2/1-4;欧洲:1-2/1-4;北美洲:2/3-6;南美洲:2/3
Onocleopsis Ballard = **Onocleopsis**
Onocleopsis【3】 F.Ballard 番荚果蕨属 Onocleaceae 球子蕨科 [F-45] 全球 (1) 大洲分布及种数(1)◆北美洲
Onodontea G.Don = **Alyssum**
Onoea Franch. & Sav. = **Vulpia**
Onohualcoa Lundell = **Mansoa**
Ononis【3】 L. 芒柄花属 → **Achyronia;Lotus** Fabaceae3 蝶形花科 [MD-240] 全球 (6) 大洲分布及种数(51-154;hort.1;cult:13)非洲:43-139;亚洲:22-61;大洋洲:3-25;欧洲:35-91;北美洲:13-42;南美洲:6-30
Onopix Raf. = **Cirsium**
Onopordon L. = **Onopordum**
Onopordum【3】 Vaill. ex L. 大翅蓟属 → **Synurus** Asteraceae 菊科 [MD-586] 全球 (6) 大洲分布及种数(78-116;hort.1;cult:7)非洲:26;亚洲:74-79;大洋洲:7;欧洲:36-38;北美洲:3;南美洲:2
Onopteris J.Sm. = **Pellaea**
Onopyxos Spreng. = **Cirsium**
Onopyxus Bub. = **Carduus**
Onoseris (Cass.) Less. = **Onoseris**
Onoseris【2】 Willd. 驴菊木属 ≒ **Gochnatia** Asteraceae 菊科 [MD-586] 全球 (4) 大洲分布及种数(51) 亚洲:5;欧洲:1;北美洲:13;南美洲:45
Onosma【3】 L. 滇紫草属 ≒ **Oncoba;Stenosolenium** Boraginaceae 紫草科 [MD-517] 全球 (6) 大洲分布及种数(254-354;hort.1;cult: 6)非洲:13-24;亚洲:218-300;大洋洲:11;欧洲:57-89;北美洲:7-21;南美洲:1-13
Onosmaceae Martinov = Boraginaceae
Onosmidium Walp. = **Onosmodium**
Onosmodium【3】 Michx. 北美洲紫草属 → **Lithospermum;Lasiarrhenum;Psilolaemus** Boraginaceae 紫草科 [MD-517] 全球 (1) 大洲分布及种数(9-18)◆北美洲
Onostemma Röwer = **Oncostemma**
Onosuris Raf. = **Oenothera**
Onota Schltr. = **Anota**
Onothera【-】 Neck. 柳叶菜科属 Onagraceae 柳叶菜科 [MD-396] 全球 (uc) 大洲分布及种数(uc)
Onotrophe Cass. = **Cirsium**
Onrodenkoa【-】 J.M.H.Shaw 兰科属 Orchidaceae 兰科 [MM-723] 全球 (uc) 大洲分布及种数(uc)
Onryza L. = **Oryza**
Onslowia Güldenst. ex Georgi = **Metastachydium**
Onthe O.F.Cook = **Chamaedorea**
Ontherus Martinez = **Orthurus**
Onthocharis Bl. = **Ochthocharis**
Onthophilus Hochst. ex A.Rich. = **Eulophia**
Ontolezia【-】 J.M.H.Shaw 兰科属 Orchidaceae 兰科 [MM-723] 全球 (uc) 大洲分布及种数(uc)
Ontolglossum J.M.H.Shaw = **Otoglossum**
Onura Oman = **Onira**
Onuris【3】 Phil. 奥努芥属 ← **Draba** Brassicaceae 十字花科 [MD-213] 全球 (1) 大洲分布及种数(6)◆南美洲
Onus【3】 Gilli 梅莱爵床属 ← **Mellera** Acanthaceae 爵床科 [MD-572] 全球 (1) 大洲分布及种数(uc)◆亚洲
Onustus Raf. = **Asclepias**
Onuxodon Steud. = **Melanolepis**
Onychacanthus Nees = **Bravaisia**
Onychium【2】 Kaulf. 凤尾蕨科属 ≒ **Trichomanes**

Pteridaceae 凤尾蕨科 [F-31] 全球 (5) 大洲分布及种数(18) 非洲:5;亚洲:17;大洋洲:4;欧洲:7;北美洲:8
Onychopetalum【3】 R.E.Fr. 爪瓣木属 ← **Trigynaea** Annonaceae 番荔枝科 [MD-7] 全球 (1) 大洲分布及种数(3)◆南美洲
Onychophora Brid. ex Wall. = **Oncophorus**
Onychophyllum D.L.Jones & M.A.Clem. = **Epidendrum**
Onychorhynchus Lehm. = **Bartsia**
Onychosepalum【3】 Steud. 尖苞灯草属 Restionaceae 帚灯草科 [MM-744] 全球 (1) 大洲分布及种数(cf. 1)◆大洋洲(◆密克罗尼西亚)
Onyx Medik. = **Astragalus**
Onzelcentrum【-】 J.M.H.Shaw 兰科属 Orchidaceae 兰科 [MM-723] 全球 (uc) 大洲分布及种数(uc)
Onzelettia【-】 J.M.H.Shaw 兰科属 Orchidaceae 兰科 [MM-723] 全球 (uc) 大洲分布及种数(uc)
Onzeloda【-】 J.M.H.Shaw 兰科属 Orchidaceae 兰科 [MM-723] 全球 (uc) 大洲分布及种数(uc)
Onzelumnia【-】 J.M.H.Shaw 兰科属 Orchidaceae 兰科 [MM-723] 全球 (uc) 大洲分布及种数(uc)
Oocarpon M.Micheli = **Ludwigia**
Oocephala【3】 (S.B.Jones) H.Rob. 铁鸠菊属 ≒ **Vernonia** Asteraceae 菊科 [MD-586] 全球 (1) 大洲分布及种数(3)◆非洲
Oocephalus【3】 (Benth.) Harley & J.F.B.Pastore 南美天芩属 Lamiaceae 唇形科 [MD-575] 全球 (1) 大洲分布及种数(14-18)◆南美洲(◆巴西)
Oochlamys Fée = **Thelypteris**
Ooclinium DC. = **Praxelis**
Ooia【3】 S.Y.Wong & P.C.Boyce 亚洲南星属 ≒ **Schismatoglottis** Araceae 天南星科 [MM-639] 全球 (1) 大洲分布及种数(cf. 1)◆亚洲
Oon Gaertn. = **Pistacia**
Oonia Bertol. = **Odonia**
Oonopsis【3】 (Nutt.) Greene 卵菀属 ≒ **Haplopappus; Bigelowia** Asteraceae 菊科 [MD-586] 全球 (1) 大洲分布及种数(5-6)◆北美洲(◆美国)
Oophila D.Don = **Hypochoeris**
Oophytum【3】 N.E.Br. 翠桃玉属 ← **Mesembryanthemum** Aizoaceae 番杏科 [MD-94] 全球 (1) 大洲分布及种数(2)◆非洲(◆南非)
Oosoma Spreng. = **Oxera**
Oosterdyckia【3】 Böhm. 合椿梅属 → **Cunonia** Cunoniaceae 合椿梅科 [MD-255] 全球 (1) 大洲分布及种数(10)◆非洲
Oosterdykia Burm. = **Cunonia**
Oosterella L.B.Sm. = **Fosterella**
Oothrinax (Becc.) O.F.Cook = **Zombia**
Ootoma Spreng. = **Oxera**
Opa Lour. = **Syzygium**
Opades Raf. = **Decaspermum**
Opalatoa Aubl. = **Crudia**
Opanea Raf. = **Eugenia**
Oparanthus【3】 Sherff 齿脉菊属 ≒ **Chrysogonum** Asteraceae 菊科 [MD-586] 全球 (1) 大洲分布及种数(3-6)◆大洋洲
Opas Lour. = **Decaspermum**
Opelia Pers. = **Aglaia**
Opephora Bl. = **Otophora**
Opercularia【3】 Gaertn. 盖茜属 ≒ **Operculina** Rubiaceae 茜草科 [MD-523] 全球 (1) 大洲分布及种数(4-17)◆大洋洲(◆澳大利亚)
Operculariaceae Juss. ex Perleb = Naucleaceae
Operculicarya【3】 H.Perrier 盖果漆属 ← **Poupartia** Anacardiaceae 漆树科 [MD-432] 全球 (1) 大洲分布及种数(7-9)◆非洲
Operculina【3】 Silva Manso 盒果藤属 ← **Argyreia; Spiranthera;Opercularia** Convolvulaceae 旋花科 [MD-499] 全球 (6) 大洲分布及种数(22-26;hort.1)非洲:3-6;亚洲:8-11;大洋洲:7-10;欧洲:3;北美洲:11-16;南美洲:11-16
Opetiola Gaertn. = **Cyperus**
Opetiophora Zucc. = **Otiophora**
Oph Lour. = **Syzygium**
Opha Lour. = **Syzygium**
Ophelia (D.Don) Griseb. = **Ophelia**
Ophelia【3】 D.Don 阶龙胆属 ≒ **Swertia; Pentarhopalopilia** Gentianaceae 龙胆科 [MD-496] 全球 (1) 大洲分布及种数(1)◆东亚(◆中国)
Ophellantha Standl. = **Acidocroton**
Ophelus Lour. = **Adansonia**
Ophiala Desv. = **Helminthostachys**
Ophianthe Hanst. = **Rhytidophyllum**
Ophicephalus Wiggins = **Bartsia**
Ophicoaulon Raf. = **Chamaecrista**
Ophicochloa Filg.,Davidse & Zuloaga = **Ophiochloa**
Ophiderma (Bl.) Endlicher = **Ophioglossum**
Ophidion【3】 C.A.Lür 沿阶兰属 ≒ **Phloeophila** Orchidaceae 兰科 [MM-723] 全球 (6) 大洲分布及种数(4-6)非洲:2;亚洲:2;大洋洲:2;欧洲:2;北美洲:2;南美洲:3-6
Ophiernus R.Br. = **Aegilops**
Ophiobostryx Skeels = **Aloe**
Ophiobotrys【3】 Gilg 香风子属 ← **Osmelia** Salicaceae 杨柳科 [MD-123] 全球 (1) 大洲分布及种数(1)◆非洲
Ophiocarpus (Bunge) Ikonn. = **Astragalus**
Ophiocaryon【3】 Endl. 蛇子果属 Sabiaceae 清风藤科 [MD-259] 全球 (1) 大洲分布及种数(9)◆南美洲
Ophiocaulon Hook.f. = **Chamaecrista**
Ophiocephalops Wiggins = **Castilleja**
Ophiocephalus Wiggins = **Castilleja**
Ophioceras Sacc. = **Thismia**
Ophioceres Miers = **Thismia**
Ophiochloa【3】 Filg.Davidse & Zuloaga 蛇草属 Poaceae 禾本科 [MM-748] 全球 (1) 大洲分布及种数(2)◆南美洲(◆巴西)
Ophiocolea【3】 H.Perrier 蛇果木属 ← **Bignonia** Bignoniaceae 紫葳科 [MD-541] 全球 (1) 大洲分布及种数(5-22)◆非洲
Ophioderma【3】 (Bl.) Endl. 带状瓶尔小草属 ≒ **Ophioglossum** Ophioglossaceae 瓶尔小草科 [F-9] 全球 (1) 大洲分布及种数(1)◆东亚(◆中国)
Ophiodoris (Y.T.Zhao) Rodion. = **Iris**
Ophioglossaceae【3】 Martinov 瓶尔小草科 [F-9] 全球 (6) 大洲分布和属种数(4-6;hort. & cult.1)(39-146;hort. & cult.4-5)非洲:2-4/28-60;亚洲:2-5/11-40;大洋洲:1-4/7-31;欧洲:4/24;北美洲:3-4/18-49;南美洲:2-4/5-31
Ophioglossella【3】 Schuit. & Ormerod 沿柱兰属 Orchidaceae 兰科 [MM-723] 全球 (1) 大洲分布及种数(cf.)◆非洲

Ophioglossum (Bl.) R.T.Clausen = **Ophioglossum**
Ophioglossum【3】L. 瓶尔小草属 → **Cheiroglossa;Rhizoglossum** Ophioglossaceae 瓶尔小草科 [F-9] 全球 (1) 大洲分布及种数(26-46)◆非洲
Ophiogramma C.Presl = **Asplenium**
Ophioiris (Y.T.Zhao) Rodion. = **Moraea**
Ophiolepis Miers = **Thismia**
Ophiolyza Salisb. = **Watsonia**
Ophiomaria Miers = **Thismia**
Ophiomaza Salisb. = **Watsonia**
Ophiomeris Miers = **Thismia**
Ophiomoeris Miers = **Thismia**
Ophiomorus Miers = **Thismia**
Ophiomyia Salisb. = **Gladiolus**
Ophiomyxa Salisb. = **Watsonia**
Ophion Brullé = **Viola**
Ophione Schott = **Dracontium**
Ophionella【3】Bruyns 伏龙角属 Apocynaceae 夹竹桃科 [MD-492] 全球 (1) 大洲分布及种数(1-5)◆非洲(◆南非)
Ophionereis Miers = **Thismia**
Ophioperla Bell = **Ophionella**
Ophiopeza Salisb. = **Gladiolus**
Ophiopogon (Bl.) H.Li & Y.P.Yang = **Ophiopogon**
Ophiopogon【3】Ker Gawl. 沿阶草属 ≒ **Liriope; Monoon;Aletris** Ophiopogonaceae 沿阶草科 [MM-651] 全球 (1) 大洲分布及种数(58-74)◆亚洲
Ophiopogonaceae【3】Meisn. 沿阶草科 [MM-651] 全球 (6) 大洲分布和属种数(1;hort. & cult.1)(58-107;hort. & cult.13-21)非洲:1/3;亚洲:1/58-74;大洋洲:1/3;欧洲:1/3;北美洲:1/2-5;南美洲:1/3
Ophioprason Salisb. = **Asphodelus**
Ophiops Salisb. = **Lachenalia**
Ophiopteris Reinw. = **Polypodium**
Ophiopteron Reinw. = **Oleandra**
Ophiopterus Reinw. = **Aspidium**
Ophioptes Reinw. = **Aspidium**
Ophiorhipsalis【3】(K.Schum.) Doweld 蚯蚓苇属 ≒ **Lepismium** Cactaceae 仙人掌科 [MD-100] 全球 (1) 大洲分布及种数(1)◆非洲
Ophiorhiza L. = **Ophiorrhiza**
Ophioripa Becc. = **Actinorhytis**
Ophiorrhiza【3】L. 蛇根草属 → **Argostemma;Geophila;Phyllopentas** Rubiaceae 茜草科 [MD-523] 全球 (1) 大洲分布及种数(101-303)◆亚洲
Ophiorrhiziphyllon【3】Kurz 蛇根叶属 ← **Staurogyne** Acanthaceae 爵床科 [MD-572] 全球 (1) 大洲分布及种数(1-2)◆亚洲
Ophiorrhiziphyllum Kurz = **Ophiorrhiziphyllon**
Ophiorriza L. = **Ophiorrhiza**
Ophioscolex H.Perrier = **Ophiocolea**
Ophioscorodon Wallr. = **Allium**
Ophiospermum Less. = **Oiospermum**
Ophiostachys Delile = **Helonias**
Ophiotypa Salisb. = **Watsonia**
Ophioxylaceae Mart. ex Perleb = Gelsemiaceae
Ophioxylon L. = **Rauvolfia**
Ophiozonella Mortensen = **Ophionella**
Ophira Burm. ex L. = **Grubbia**
Ophiraceae Arn. = Tapisciaceae
Ophiria Becc = **Pinanga**
Ophirrhiza L. = **Ophiorrhiza**
Ophirrthiza L. = **Ophiorrhiza**
Ophismenus Poir. = **Oplismenus**
Ophispermum Lour. = **Aquilaria**
Ophispogon Ker Gawl. = **Ophiopogon**
Ophisurus R.Br. = **Aegilops**
Ophiura【3】Hassk. 禾本科属 Poaceae 禾本科 [MM-748] 全球 (1) 大洲分布及种数(1)◆南美洲
Ophiuraceae Arn. = Tapisciaceae
Ophiurida Becc. = **Actinorhytis**
Ophiurinella Desv. = **Stenotaphrum**
Ophiuros【3】C.F.Gaertn. 蛇尾草属 ← **Aegilops; Thaumastochloa** Poaceae 禾本科 [MM-748] 全球 (6) 大洲分布及种数(5)非洲:2-9;亚洲:4-11;大洋洲:2-9;欧洲:7;北美洲:1-8;南美洲:7
Ophiurus Gaertn. = **Ophiuros**
Ophonus Lour. = **Adansonia**
Ophramptis【-】J.M.H.Shaw 兰科属 Orchidaceae 兰科 [MM-723] 全球 (uc) 大洲分布及种数(uc)
Ophrestia【2】H.M.L.Forbes 拟大豆属 ← **Clitoria; Tephrosia** Fabaceae 豆科 [MD-240] 全球 (3) 大洲分布及种数(15-17;hort.1)非洲:12-14;亚洲:4;大洋洲:1
Ophris Mill. = **Grubbia**
Ophrydaceae Vines = Cypripediaceae
Ophrydium Schröd. ex Nees = **Scleria**
Ophryococcus örst. = **Hoffmannia**
Ophryoscleria Nees = **Scleria**
Ophryosporua Meyen = **Ophryosporus**
Ophryosporus【3】Meyen 微腺亮泽兰属 ≒ **Staavia** Asteraceae 菊科 [MD-586] 全球 (1) 大洲分布及种数(45-48)◆南美洲
Ophrypetalum【3】Diels 刷瓣花属 Annonaceae 番荔枝科 [MD-7] 全球 (1) 大洲分布及种数(1)◆非洲
Ophrys【3】L. 蜂兰属 → **Aa;Malaxis;Aspidogyne** Orchidaceae 兰科 [MM-723] 全球 (6) 大洲分布及种数(35-406;hort.1;cult: 60)非洲:16-28;亚洲:24-44;大洋洲:9;欧洲:27-39;北美洲:2-12;南美洲:4-16
Ophtalmacanthus Nees = **Acanthopale**
Ophthalmacanthus Nees = **Ruellia**
Ophthalmoblapton【3】Allemão 毒目戟属 Euphorbiaceae 大戟科 [MD-217] 全球 (1) 大洲分布及种数(4)◆南美洲(◆巴西)
Ophthalmolejeunea【3】(Stephani) R.M.Schust. 角鳞苔属 ← **Drepanolejeunea** Lejeuneaceae 细鳞苔科 [B-84] 全球 (1) 大洲分布及种数(uc)◆亚洲
Ophthalmophyllum【3】Dinter & Schwantes 风铃玉属 ← **Conophytum** Aizoaceae 番杏科 [MD-94] 全球 (1) 大洲分布及种数(15-17)◆非洲
Ophyostachys Delile = **Chamaelirium**
Ophyra Steud. = **Ophrys**
Ophyrosporus Baker = **Ophryosporus**
Opi Lour. = **Syzygium**
Opicrina Raf. = **Prenanthes**
Opileae Benth. = **Opilia**
Opilia Opiliastrum Baill. = **Opilia**
Opilia【3】Roxb.山柚子属←**Aglaia;Pentarhopalopilia** Opiliaceae 山柚子科 [MD-369] 全球 (6) 大洲分布及种

数(5-7;hort.1)非洲:4-6;亚洲:1-3;大洋洲:1-3;欧洲:2;北美洲:2;南美洲:2

Opiliaceae【3】Valeton 山柚子科 [MD-369] 全球 (6) 大洲分布和属种数(8-10;hort. & cult.1)(35-58;hort. & cult.1) 非洲:5/16-18;亚洲:5-6/11-16;大洋洲:2/4-6;欧洲:1/2;北美洲:1-2/7-9;南美洲:1-2/6-8

Opilio Röwer = **Opilia**

Opilionanthe【3】 Karremans & Bogarín 南羞花属 Fabaceae1 含羞草科 [MD-238] 全球 (1) 大洲分布及种数(cf.1)◆南美洲

Opilioxylon L. = **Alstonia**

Opis Lür = **Bulbophyllum**

Opisthiolepis【3】 L.S.Sm. 鳞背木属 Proteaceae 山龙眼科 [MD-219] 全球 (1) 大洲分布及种数(1)◆大洋洲

Opisthocentra【3】 Hook.f. 背刺野牡丹属 Melastomataceae 野牡丹科 [MD-364] 全球 (1) 大洲分布及种数(1)◆南美洲

Opisthopappus【3】C.Shih 太行菊属 ← **Chrysanthemum** Asteraceae 菊科 [MD-586] 全球 (1) 大洲分布及种数(1-2)◆东亚(◆中国)

Opitandra B.L.Burtt = **Opithandra**

Opithandra【3】B.L.Burtt 后蕊苣苔属 ← **Boea;Oreocharis** Gesneriaceae 苦苣苔科 [MD-549] 全球 (1) 大洲分布及种数(2-12)◆亚洲

Opius Mill. = **Viburnum**

Opizia (Scribn.) Scribn. = **Opizia**

Opizia【3】 J.S.C.Presl & C.Presl 匍匐短柄草属 ≒ **Capsella;Bouteloua** Brassicaceae 十字花科 [MD-213] 全球 (1) 大洲分布及种数(2)◆北美洲

Oplexion Raf. = **Buchnera**

Opliomenuo P.Beauv. = **Oplismenus**

Oplismenopsis【3】 Parodi 水求米草属 ← **Echinochloa** Poaceae 禾本科 [MM-748] 全球 (1) 大洲分布及种数(1)◆南美洲

Oplismenus (P.Beauv.) Dumort. = **Oplismenus**

Oplismenus【3】 P.Beauv. 求米草属 → **Acritochaete;Andropogon;Echinochloa** Poaceae 禾本科 [MM-748] 全球 (6) 大洲分布及种数(15-16)非洲:10-18;亚洲:8-16;大洋洲:7-15;欧洲:1-8;北美洲:6-14;南美洲:4-12

Oplonia【3】 Raf. 凤阁花属 → **Eranthemum;Justicia;Anthacanthus** Acanthaceae 爵床科 [MD-572] 全球 (1) 大洲分布及种数(9)◆非洲

Oplopanax (Torr. & A.Gray) Miq. = **Oplopanax**

Oplopanax【3】 Miq. 刺人参属 ≒ **Fatsia;Opopanax** Araliaceae 五加科 [MD-471] 全球 (1) 大洲分布及种数(3-4)◆亚洲

Oplosmenus Poir. = **Oplismenus**

Oplotheca【2】Nutt. 蛇棉苋属 ≒ **Aerva** Amaranthaceae 苋科 [MD-116] 全球 (5) 大洲分布及种数(2) 亚洲:2;大洋洲:2;欧洲:1;北美洲:2;南美洲:1

Oplukion Raf. = **Lycium**

Opnithogalum Röm. = **Ornithogalum**

Opocunonia【3】 Schltr. 栎珠梅属 ≒ **Caldcluvia** Cunoniaceae 合椿梅科 [MD-255] 全球 (1) 大洲分布及种数(1)◆大洋洲

Opodix Raf. = **Toisusu**

Opoidia Lindl. = **Peucedanum**

Opoixara【-】 J.M.H.Shaw 兰科属 Orchidaceae 兰科 [MM-723] 全球 (uc) 大洲分布及种数(uc)

Opopanax【3】 W.D.J.Koch 欧帕草属 ← **Pastinaca;Aralia;Oplopanax** Apiaceae 伞形科 [MD-480] 全球 (1) 大洲分布及种数(1-3)◆欧洲

Opophytum N.E.Br. = **Aizoon**

Opoponax Miq. = **Aralia**

Oporanthaceae Salisb. = Cyanastraceae

Oporanthus Herb. = **Sternbergia**

Oporinea Baxter = **Agoseris**

Oporinia D.Don = **Scorzoneroides**

Oppelia D.Don = **Ophelia**

Oppia Spreng. = **Canscora**

Opsago Raf. = **Withania**

Opsiandra O.F.Cook = **Gaussia**

Opsianthes Lilja = **Clarkia**

Opsicarpium【3】 Mozaff. 羽伞芹属 Apiaceae 伞形科 [MD-480] 全球 (1) 大洲分布及种数(cf.1)◆亚洲

Opsidia Lindl. = **Peucedanum**

Opsimea Raf. = **Helicteres**

Opsisanda Hort. = **Papilionanthe**

Opsisanthe Hort. = **Euanthe**

Opsiscattleya【-】 auct. 兰科属 Orchidaceae 兰科 [MM-723] 全球 (uc) 大洲分布及种数(uc)

Opsistylis auct. = **Rhynchostylis**

Opso Raf. = **Withania**

Opsopaea Neck. = **Helicteres**

Opsopea Neck. ex Raf. = **Helicteres**

Opua Lour. = **Syzygium**

Opulaceae Valeton = Opiliaceae

Opulaster Medik. = **Physocarpus**

Opulus Mill. = **Viburnum**

Opuntia (Backeb.) Bravo = **Opuntia**

Opuntia【3】 Mill. 仙人掌属 → **Nopalea;Cephalocereus;Pereskiopsis** Cactaceae 仙人掌科 [MD-100] 全球 (6) 大洲分布及种数(326-456;hort.1;cult: 25)非洲:24-152;亚洲:34-166;大洋洲:36-162;欧洲:37-166;北美洲:239-424;南美洲:126-287

Opuntiaceae Desv. = Asaraceae

Opuntieae DC. = **Opuntia**

Opuntra (L.) Mill. = **Opuntia**

Ora O.F.Cook = **Dalechampia**

Orabanche Losc & J.Pardo = **Orobanche**

Oragua Young = **Orania**

Oralia L. = **Aralia**

Orania【3】 Zipp. 毒椰属 ← **Allagoptera;Arenga** Arecaceae 棕榈科 [MM-717] 全球 (6) 大洲分布及种数(19-31)非洲:16-28;亚洲:7-16;大洋洲:7-19;欧洲:3;北美洲:3;南美洲:3

Oranieae Becc. = **Orania**

Oraniopsis【2】(Becc.) J.Dransf.,A.K.Irvine & N.W.Uhl 昆士兰椰属 ← **Areca** Arecaceae 棕榈科 [MM-717] 全球 (2) 大洲分布及种数(2)亚洲:1;大洋洲:1

Oraoma Turcz. = **Amoora**

Orasema Turcz. = **Aglaia**

Orbea【2】 Haw. 犀角属 ← **Caralluma;Stapelia;Orbeopsis** Apocynaceae 夹竹桃科 [MD-492] 全球 (3) 大洲分布及种数(49-62;hort.1)非洲:38-39;亚洲:10;大洋洲:1

Orbeanthus【3】 L.C.Leach 宽杯角属 ≒ **Stultitia** Apocynaceae 夹竹桃科 [MD-492] 全球 (1) 大洲分布及

种数(2)◆非洲(◆南非)
Orbeckia G.Don = **Tristemma**
Orbelia G.D.Rowley = **Ottelia**
Orbeopelia G.D.Rowley = **Aegopodium**
Orbeopsis 【3】 L.C.Leach 盾舌萝藦属 ≒ **Stapelia** Apocynaceae 夹竹桃科 [MD-492] 全球 (1) 大洲分布及种数(uc)◆非洲
Orbeostemon P.V.Heath = **Centaurium**
Orbexilum Elliott = **Orbexilum**
Orbexilum 【3】 Raf. 皱荚豆属 ← **Hedysarum; Melilotus;Psoralea** Fabaceae 豆科 [MD-240] 全球 (6) 大洲分布及种数(11-12;hort.1)非洲:1;亚洲:4-5;大洋洲:1;欧洲:1;北美洲:10-12;南美洲:1
Orbicularia Baill. = **Phyllanthus**
Orbiculoris Baill. = **Phyllanthus**
Orbignia Bert.Herb. ex Steud. = **Smilax**
Orbignya 【2】 Mart. ex Endl. 油椰子属 ≒ **Cocos; Attalea** Arecaceae 棕榈科 [MM-717] 全球 (3) 大洲分布及种数(5) 亚洲:1;北美洲:1;南美洲:5
Orbiliopsis (Schumach.) Höhn. = **Araliopsis**
Orbinda Bert.Herb. ex Steud. = **Smilax**
Orbinia L. = **Robinia**
Orbione Gaertn. = **Obione**
Orbiqia G.D.Rowley = **Ottelia**
Orbis Lür = **Pleurothallis**
Orbivestus 【2】 H.Rob. 铁鸠菊属 ← **Vernonia** Asteraceae 菊科 [MD-586] 全球 (2) 大洲分布及种数(cf.12) 非洲:12;亚洲:2
Orcasia Schreb. = **Palicourea**
Orchadocarpa 【3】 Ridl. 橄榄苣苔属 Gesneriaceae 苦苣苔科 [MD-549] 全球 (1) 大洲分布及种数(1)◆东南亚(◆马来西亚)
Orchaenactis Coville ex O.Hoffm. = **Orochaenactis**
Orchesia Decne. = **Orthosia**
Orchestes Schur = **Orchis**
Orch-gymnadenia Camus = **Orchigymnadenia**
Orchiaceras E.G.Camus = **Orchis**
Orchi-aceras E.G.Camus = **Orchis**
Orchiastrum Greene = **Spiranthes**
Orchiastrum Lem. = **Lachenalia**
Orchicoeloglossum 【3】 Asch. & Graebn. 掌裂兰属 ≒ **Dactylorhiza** Orchidaceae 兰科 [MM-723] 全球 (1) 大洲分布及种数(2)◆欧洲
Orchidaceae (Pfitzer) P.van Royen Alp. = Orchidaceae
Orchidaceae 【3】 Juss. 兰科 [MM-723] 全球 (6) 大洲分布和属种数(864-998;hort. & cult.263-313)(25112-43235;hort. & cult.1400-2150)非洲:184-448/2661-5738;亚洲:332-527/7065-13040;大洋洲:204-454/1948-5371;欧洲:78-371/548-2576;北美洲:277-485/4265-6601;南美洲:415-626/ 12385-15716
Orchidactyla 【3】 P.F.Hunt & Summerh. 倒距兰属 ≒ **Dactylorhiza;Anacamptis** Orchidaceae 兰科 [MM-723] 全球 (1) 大洲分布及种数(1)◆欧洲
Orchidactylorhiza 【3】 (P.Delforge) P.Delforge 直毛兰属 ≒ **Orchidactyla** Orchidaceae 兰科 [MM-723] 全球 (1) 大洲分布及种数(5)◆欧洲
Orchidactylorhiza P.Delforge = **Orchidactylorhiza**
Orchidanacamptis Labrie = (接受名不详) Orchidaceae
Orchidantha 【3】 N.E.Br. 兰花蕉属 Lowiaceae 兰花蕉科 [MM-729] 全球 (1) 大洲分布及种数(6-18)◆亚洲
Orchidion J.Mitch. = **Bartholina**
Orchidium Sw. = **Calypso**
Orchidocarpum Michx. = **Asimina**
Orchidotypus Kraenzl. = **Fernandezia**
Orchidotypus Kranzlin = **Pachyphyllum**
Orchigymnadenia 【3】 E.G.Camus 裸柱兰属 → **Dactylodenia;Orchis;Gymnadenia** Orchidaceae 兰科 [MM-723] 全球 (1) 大洲分布及种数(1-2)◆欧洲
Orchimantoglossum 【3】 Asch. & Graebn. 红门兰属 ≒ **Anacamptis** Orchidaceae 兰科 [MM-723] 全球 (1) 大洲分布及种数(3)◆欧洲
Orchinea 【-】 J.M.H.Shaw 兰科属 ≒ **Voacanga** Orchidaceae 兰科 [MM-723] 全球 (uc) 大洲分布及种数(uc)
Orchiodes P. & K. = **Goodyera**
Orchiophrys 【-】 Hort. 兰科属 Orchidaceae 兰科 [MM-723] 全球 (uc) 大洲分布及种数(uc)
Orchiops Sahsb. = **Lachenalia**
Orchipeda Bl. = **Voacanga**
Orchipedium Benth. = **Calypso**
Orchipedum 【3】 Breda,Kuhl & Hasselt 靴兰属 ≒ **Erythrodes** Orchidaceae 兰科 [MM-723] 全球 (1) 大洲分布及种数(cf. 1)◆亚洲
Orchiplatanthera 【3】 E.G.Camus 直牙兰属 ≒ **Symphonia** Orchidaceae 兰科 [MM-723] 全球 (1) 大洲分布及种数(1)◆中欧(◆德国)
Orchis 【3】 L. 红门兰属 → **Aceras;Inula;Anacamptis** Orchidaceae 兰科 [MM-723] 全球 (6) 大洲分布及种数(110-247;hort.1;cult:98)非洲:25-66;亚洲:82-160;大洋洲:10-47;欧洲:92-152;北美洲:4-41;南美洲:3-40
Orchiserapias 【3】 E.G.Camus 药属 ≒ **Serapicamptis** Orchidaceae 兰科 [MM-723] 全球 (1) 大洲分布及种数(1)◆欧洲
Orchi-serapias E.G.Camus = **Orchiserapias**
Orchocarpus Nutt. = **Orthocarpus**
Orchomene Stebbing = **Orthomene**
Orch-serapias (Kern) Camus = **Orchiserapias**
Orchyllium Barnh. = **Utricularia**
Orcinus L. = **Orinus**
Orcuttia 【3】 Vasey 二列春池草属 → **Tuctoria** Poaceae 禾本科 [MM-748] 全球 (1) 大洲分布及种数(5-9)◆北美洲
Orcuttieae Reeder = **Orcuttia**
Orcya Vell. = **Acanthospermum**
Orcynopsis Michx. = **Oryzopsis**
Ordishia Klack. = **Ornichia**
Oreacanthus 【3】 Benth. 短冠爵床属 Acanthaceae 爵床科 [MD-572] 全球 (1) 大洲分布及种数(uc)属分布和种数(uc)◆非洲
Oreamunoa örst. = **Oreomunnea**
Oreanthes 【3】 Benth. 瓶花莓属 ← **Ceratostema;Pellegrinia;Semiramisia** Ericaceae 杜鹃花科 [MD-380] 全球 (1) 大洲分布及种数(8)◆南美洲
Oreanthus Raf. = **Oreanthes**
Oreas 【2】 Brid. 山毛藓属 ≒ **Aphragmus;Weissia** Oncophoraceae 曲背藓科 [B-124] 全球 (3) 大洲分布及种数(3) 亚洲:1;欧洲:2;北美洲:2
Oreastrum Greene = **Aster**

Orecta Reinw. = **Anagallis**
Orectanthe【3】Maguire 姜眼草属 ← **Abolboda** Xyridaceae 黄眼草科 [MM-712] 全球 (1) 大洲分布及种数(2)◆南美洲
Orectospermum【-】H.W.Schott 豆科属 Fabaceae 豆科 [MD-240] 全球 (uc) 大洲分布及种数(uc)
Oreella C.Presl = **Vicia**
Oregandra Standl. = **Chione**
Oregma Aubl. = **Allamanda**
Oreinotinus örst. = **Viburnum**
Oreiostachys Gamble = **Nastus**
Oreithales【3】Schltdl. 银莲花属 ← **Anemone** Ranunculaceae 毛茛科 [MD-38] 全球 (1) 大洲分布及种数(1)◆南美洲
Orelia Aubl. = **Allamanda**
Orellana P. & K. = **Oreonana**
Orellia Neck. = **Cordia**
Oreobambos【3】K.Schum. 岳竹属 Poaceae 禾本科 [MM-748] 全球 (1) 大洲分布及种数(1)◆非洲
Oreobates Rydb. = **Rubus**
Oreobatus Rydb. = **Rubus**
Oreobivia【-】M.Lowry 仙人掌科属 Cactaceae 仙人掌科 [MD-100] 全球 (uc) 大洲分布及种数(uc)
Oreoblastus Suslova = **Desideria**
Oreobliton【3】Durieu 甜菜属 ≒ **Patellifolia** Amaranthaceae 苋科 [MD-116] 全球 (1) 大洲分布及种数(1)◆非洲
Oreobolopsis【3】T.Koyama & Guagl. 高寒藨草属 ≒ **Scirpus** Cyperaceae 莎草科 [MM-747] 全球 (1) 大洲分布及种数(2)◆南美洲
Oreobolus【3】R.Br. 垫莎属 Cyperaceae 莎草科 [MM-747] 全球 (6) 大洲分布及种数(17-18;hort.1;cult: 1)非洲:2-6;亚洲:5-9;大洋洲:10-14;欧洲:4;北美洲:4-8;南美洲:5-9
Oreobroma【3】Howell 红娘花属 ← **Calandrinia;Lewisia;** Montiaceae 水卷耳科 [MD-81] 全球 (1) 大洲分布及种数(4)属分布和种数(uc)◆北美洲
Oreobu Medik. = **Lathyrus**
Oreobulus Böckeler = **Oreobolus**
Oreocalamus Keng = **Chimonobambusa**
Oreocallis【-】R.Br. 山龙眼科属 Proteaceae 山龙眼科 [MD-219] 全球 (uc) 大洲分布及种数(uc)
Oreocana P. & K. = **Arracacia**
Oreocarabus Keng = **Chimonobambusa**
Oreocarya【3】Greene 北美洲山紫草属 ← **Cryptantha;Krynitzkia** Boraginaceae 紫草科 [MD-517] 全球 (1) 大洲分布及种数(64-98)◆北美洲
Oreocereus【3】(A.Berger) Riccob. 山翁柱属 → **Borzicactus** Cactaceae 仙人掌科 [MD-100] 全球 (1) 大洲分布及种数(12)◆南美洲
Oreocharis【3】Benth. 马铃苣苔属 ≒ **Mertensia; Briggsia** Gesneriaceae 苦苣苔科 [MD-549] 全球 (1) 大洲分布及种数(112-126)◆亚洲
Oreochis L. = **Orchis**
Oreochloa【3】Link 山地禾属 ← **Sesleria;Besleria** Poaceae 禾本科 [MM-748] 全球 (1) 大洲分布及种数(3-4)◆欧洲
Oreochorte Koso-Pol. = **Anthriscus**
Oreochrysum【3】Rydb. 单冠菊属 ≒ **Haplopappus** Asteraceae 菊科 [MD-586] 全球 (1) 大洲分布及种数(1)◆北美洲
Oreocnida Miq. = **Oreocnide**
Oreocnide【3】Miq. 紫麻属 → **Archiboehmeria; Boehmeria;Villebrunea** Urticaceae 荨麻科 [MD-91] 全球 (1) 大洲分布及种数(14-17)◆亚洲
Oreocome【3】Edgew. 山毛草属 Apiaceae 伞形科 [MD-480] 全球 (1) 大洲分布及种数(6)◆亚洲
Oreocomopsis【3】Pimenov & Kljuykov 羽苞芹属 ← **Pleurospermum;Oreocome** Apiaceae 伞形科 [MD-480] 全球 (1) 大洲分布及种数(cf. 1)◆东亚(◆中国)
Oreodaphna Nees & Mart. = **Ocotea**
Oreodaphne Nees & Mart. = **Umbellularia**
Oreodendron C.T.White = **Phaleria**
Oreodoxa Willd. = **Roystonea**
Oreoeomopsis T.Koyama & Guagl. = **Oreobolopsis**
Oreogenia I.M.Johnst. = **Lasiocaryum**
Oreogeum【3】(Ser.) E.I.Golubk. 浜蔷薇属 Rosaceae 蔷薇科 [MD-246] 全球 (1) 大洲分布及种数(1)◆非洲
Oreogrammitis【3】Copel. 滨禾蕨属 ≒ **Grammitis** Polypodiaceae 水龙骨科 [F-60] 全球 (1) 大洲分布及种数(1-2)◆亚洲
Oreograstis K.Schum. = **Carpha**
Oreoherzogia W.Vent. = **Rhamnus**
Oreoica Aubl. = **Allamanda**
Oreojuncus【2】Záv.Drábk. & Kirschner 紫芯草属 Juncaceae 灯芯草科 [MM-733] 全球 (3) 大洲分布及种数(2) 亚洲:1;欧洲:2;北美洲:1
Oreokersia Hans,H.Kellner & Axel Neumann = **Oreoweisia**
Oreolejeunea R.M.Schust. = **Blepharolejeunea**
Oreoleysera【3】K.Bremer 羽冠鼠麹木属 ← **Leysera** Asteraceae 菊科 [MD-586] 全球 (1) 大洲分布及种数(uc)属分布和种数(uc)◆非洲(◆南非)
Oreolirion E.P.Bicknell = **Sisyrinchium**
Oreoloma【3】Botsch. 爪花芥属 ← **Dontostemon;Sterigmostemum** Brassicaceae 十字花科 [MD-213] 全球 (1) 大洲分布及种数(cf. 1)◆亚洲
Oreomela Raf. = **Aegopodium**
Oreomitra【3】Diels 山帽花属 Annonaceae 番荔枝科 [MD-7] 全球 (1) 大洲分布及种数(1)◆大洋洲(◆巴布亚新几内亚)
Oreomunnea【3】örst. 坚黄杞属 ← **Alfaroa;Engelhardia;Engelhardtia** Juglandaceae 胡桃科 [MD-136] 全球 (1) 大洲分布及种数(3-4)◆北美洲
Oreomyrrhis【3】Endl. 山茉莉芹属 ← **Chaerophyllum;Myrrhis;Neogoezia** Apiaceae 伞形科 [MD-480] 全球 (6) 大洲分布及种数(15)非洲:1;亚洲:1-2;大洋洲:7-8;欧洲:1;北美洲:4-5;南美洲:2-3
Oreonana【3】Jeps. 山欧芹属 ← **Arracacia; Velaea;Oreopanax** Apiaceae 伞形科 [MD-480] 全球 (1) 大洲分布及种数(3-5)◆北美洲(◆美国)
Oreonesion【3】A.Raynal 岛山龙胆属 Gentianaceae 龙胆科 [MD-496] 全球 (1) 大洲分布及种数(1)◆非洲(◆加蓬)
Oreonopsis (Nutt.) Greene = **Oonopsis**
Oreopanax【3】Decne. & Planch. 高山参属 ← **Aralia** Araliaceae 五加科 [MD-471] 全球 (1) 大洲分布及种数(140-186)◆南美洲(◆巴西)
Oreopeleia Raf. = **Aegopodium**

Oreophea Auct. ex Steud. = **Orophea**
Oreophila D.Don = **Hypochoeris**
Oreophilus W.E.Higgins & Archila = **Andinia**
Oreophylax (Endl.) Kusnez. = **Gentiana**
Oreophysa【3】(Bunge ex Boiss.) Bornm. 小叶山豆属 ← **Colutea;Sphaerophysa** Fabaceae3 蝶形花科 [MD-240] 全球 (1) 大洲分布及种数(cf. 1)◆亚洲
Oreophyton【3】O.E.Schulz 阿拉伯山芥属 ← **Hesperis;Sisymbrium** Brassicaceae 十字花科 [MD-213] 全球 (1) 大洲分布及种数(1)◆非洲
Oreopoa【-】Gand. 禾本科属 ≒ **Wangenheimia** Poaceae 禾本科 [MM-748] 全球 (uc) 大洲分布及种数(uc)
Oreopolus【3】Schlecht. 卧金花属 ≒ **Cruckshanksia** Rubiaceae 茜草科 [MD-523] 全球 (1) 大洲分布及种数(1)◆南美洲
Oreoporanthera【3】Hutch. 杉蓬属 ← **Poranthera** Phyllanthaceae 叶下珠科 [MD-222] 全球 (1) 大洲分布及种数(uc)◆大洋洲
Oreopteris【2】Holub 假鳞毛蕨属 ≒ **Thelypteris** Thelypteridaceae 金星蕨科 [F-42] 全球 (2) 大洲分布及种数(4)亚洲:cf.1;北美洲:2
Oreorchis【3】Lindl. 山兰属 → **Aphyllorchis;Corallorhiza;Cremastra** Orchidaceae 兰科 [MM-723] 全球 (1) 大洲分布及种数(14-20)◆亚洲
Oreorhamnus Ridl. = **Rhamnus**
Oreosalsola【3】Akhani 山兰藜属 Chenopodiaceae 藜科 [MD-115] 全球 (1) 大洲分布及种数(9) ◆亚洲
Oreoschimperella【3】Rauschert 非洲山芹属 Apiaceae 伞形科 [MD-480] 全球 (1) 大洲分布及种数(2)◆非洲
Oreosciadium (DC.) Wedd. = **Niphogeton**
Oreosedum【3】Grulich 景天属 ← **Sedum;Cotyledon** Crassulaceae 景天科 [MD-229] 全球 (1) 大洲分布及种数(uc)◆非洲
Oreoselinum Adans. = **Peucedanum**
Oreoselis Raf. = **Peucedanum**
Oreoseris DC. = **Quararibea**
Oreosolen【3】Hook.f. 藏玄参属 → **Nathaliella** Scrophulariaceae 玄参科 [MD-536] 全球 (1) 大洲分布及种数(4-5)◆亚洲
Oreosparte【3】Schltr. 苏拉威西萝藦属 Apocynaceae 夹竹桃科 [MD-492] 全球 (1) 大洲分布及种数(1)◆亚洲
Oreosphacus Leyb. = **Calamintha**
Oreosplenium Zahlb. ex Endl. = **Saxifraga**
Oreosplenium Zahlbr. ex Endl. = **Zahlbrucknera**
Oreostemma【3】Greene 山冠菊属 → **Aster;Erigeron; Haplopappus** Asteraceae 菊科 [MD-586] 全球 (1) 大洲分布及种数(3-4)◆北美洲
Oreostylidium【3】Berggr. 条叶花柱草属 ← **Stylidium** Stylidiaceae 花柱草科 [MD-568] 全球 (1) 大洲分布及种数(1)◆大洋洲(◆新西兰)
Oreosyce【3】Hook.f. 直冠葫芦属 ← **Cucumis; Peponium** Cucurbitaceae 葫芦科 [MD-205] 全球 (1) 大洲分布及种数(1)◆非洲(◆南非)
Oreotelia Raf. = **Seseli**
Oreothamnus Baum.Bod. = **Orothamnus**
Oreothyrsus【3】Lindau 直冠爵床属 Acanthaceae 爵床科 [MD-572] 全球 (1) 大洲分布及种数(1)◆大洋洲(◆巴布亚新几内亚)
Oreotrichocereus【-】P.V.Heath 仙人掌科属 Cactaceae 仙人掌科 [MD-100] 全球 (uc) 大洲分布及种数(uc)
Oreotrys【-】Raf. 虎耳草科属 ≒ **Heuchera** Saxifragaceae 虎耳草科 [MD-231] 全球 (uc) 大洲分布及种数(uc)
Oreoweisia【2】(Bruch & Schimp.) De Not. 石毛藓属 Dicranaceae 曲尾藓科 [B-128] 全球 (5) 大洲分布及种数(17) 非洲:1;亚洲:5;欧洲:3;北美洲:7;南美洲:9
Oreoxis【3】Raf. 春欧芹属 ← **Cymopterus** Apiaceae 伞形科 [MD-480] 全球 (1) 大洲分布及种数(4)◆北美洲
Oresbia【3】Cron & B.Nord. 葵叶菊属 ← **Cineraria** Asteraceae 菊科 [MD-586] 全球 (1) 大洲分布及种数(1)◆非洲
Oresbios【-】(Rudd) M.Sousa 豆科属 Fabaceae 豆科 [MD-240] 全球 (uc) 大洲分布及种数(uc)
Orescia Reinw. = **Lysimachia**
Oresigonia Schlechtd. ex Less. = **Werneria**
Oresitrophe【3】Bunge 独根草属 Saxifragaceae 虎耳草科 [MD-231] 全球 (1) 大洲分布及种数(cf. 1)◆东亚(◆中国)
Orestia H.M.L.Forbes = **Ophrestia**
Orestias【3】(Rchb.f.) Marg. 南山兰属 ← **Malaxis** Orchidaceae 兰科 [MM-723] 全球 (1) 大洲分布及种数(3-4)◆非洲
Orestion Kunze ex O.Berg = **Olearia**
Orestrophe Bunge = **Oresitrophe**
Oreta Aubl. = **Allamanda**
Orexis Salisb. = **Nerine**
Orexita Aubl. = **Allamanda**
Orfilea【3】Baill. 柞桐属 ≒ **Alchornea** Euphorbiaceae 大戟科 [MD-217] 全球 (1) 大洲分布及种数(4)◆非洲
Orgyia Britton & Rose = **Oroya**
Orianthera C.S.P.Foster & B.J.Conn = **Erianthera**
Orias Dode = **Lagerstroemia**
Oriastrum Pöpp. = **Chaetopappa**
Oriba Adans. = **Anemone**
Oribasia Moç. & Sessé ex DC. = **Palicourea**
Oricia【3】Pierre 奥里克芸香属 ← **Araliopsis** Rutaceae 芸香科 [MD-399] 全球 (1) 大洲分布及种数(5)◆非洲
Oriciopsis Engl. = **Vepris**
Orientalis L. = **Trientalis**
Origanomajorana Domin = **Origanum**
Origanon St.Lag. = **Origanum**
Origanum【3】L. 牛至属 ≒ **Acinos** Lamiaceae 唇形科 [MD-575] 全球 (6) 大洲分布及种数(46-94;hort.1;cult: 13)非洲:19-28;亚洲:27-58;大洋洲:2-4;欧洲:24-31;北美洲:10-16;南美洲:6-8
Orilliopsis Engl. = **Vepris**
Orimarga Raf. = **Bupleurum**
Orimaria Raf. = **Bupleurum**
Orimba Adans. = **Anemone**
Orinocoa Raf. = **Struchium**
Orinoma Turcz. = **Aglaia**
Orinoquia【-】Morillo 夹竹桃科属 Apocynaceae 夹竹桃科 [MD-492] 全球 (uc) 大洲分布及种数(uc)
Orinus【3】Hitchc. & Bor 固沙草属 ← **Cleistogenes** Poaceae 禾本科 [MM-748] 全球 (1) 大洲分布及种数(6-10)◆亚洲
Oriophorum Gunn. = **Eriophorum**

O

Oriopsis Ehlers = **Ariopsis**
Oriostoma Boiv. ex Baill. = **Coffea**
Oriteae Venkata Rao = **Orites**
Orites Banks & Sol. ex Hook.f. = **Orites**
Orites【3】R.Br. 山银桦属 ← **Donatia;Embothrium** Proteaceae 山龙眼科 [MD-219] 全球 (6) 大洲分布及种数(16-19)非洲:10;亚洲:10;大洋洲:12-24;欧洲:10;北美洲:10;南美洲:3-13
Orithalia Bl. = **Agalmyla**
Orithidium Salisb. = **Ornithidium**
Orithuja D.Don = **Tulipa**
Orithyia D.Don = **Tulipa**
Oritina R.Br. = **Tulipa**
Oritrephes【3】Ridl. 酸脚杆属 ← **Melastoma;Medinilla** Melastomataceae 野牡丹科 [MD-364] 全球 (1) 大洲分布及种数(uc)属分布和种数(uc)◆亚洲
Oritrophium【3】(Kunth) Cuatrec. 白莲菀属 ← **Arnica;Aster** Asteraceae 菊科 [MD-586] 全球 (6) 大洲分布及种数(25;hort.1;cult:1)非洲:2;亚洲:4-6;大洋洲:2-4;欧洲:2;北美洲:7-9;南美洲:22-24
Orium Desv. = **Clypeola**
Orixa【3】Thunb. 臭常山属 ← **Celastrus;Sabia** Rutaceae 芸香科 [MD-399] 全球 (1) 大洲分布及种数(cf. 1)◆亚洲
Oriza Franch. & Sav. = **Oryza**
Orlandia Commel. ex Böhm. = **Bixa**
Orlaya【3】Hoffm. 苍耳芹属 ≒ **Daucus** Apiaceae 伞形科 [MD-480] 全球 (1) 大洲分布及种数(1-4)◆欧洲
Orleanesia【3】Barb.Rodr. 奥利兰属 ← **Ponera;Pseudorleanesia** Orchidaceae 兰科 [MM-723] 全球 (1) 大洲分布及种数(9)◆南美洲
Orleani Commel. ex Böhm. = **Bixa**
Orleania Böhm. = **Bixa**
Orlikia Güldenst. ex Georgi = **Metastachydium**
Orlowia Güldenst. ex Georgi = **Phlomis**
Ormenis【2】Cass. 金凤菊属 ← **Cladanthus;Anthemis** Asteraceae 菊科 [MD-586] 全球 (3) 大洲分布及种数(6) 非洲;亚洲;欧洲
Ormerodia Szlach. = **Cleisostoma**
Ormiastis Raf. = **Salvia**
Ormilis Raf. = **Salvia**
Ormiscus Eckl. & Zeyh. = **Heliophila**
Ormocarpopsis【3】R.Vig. 拟链荚豆属 Fabaceae 豆科 [MD-240] 全球 (1) 大洲分布及种数(7-8)◆非洲(◆马达加斯加)
Ormocarpum【3】P.Beauv. 链荚木属 → **Chapmannia; Cytisus;Pictetia** Fabaceae3 蝶形花科 [MD-240] 全球 (6) 大洲分布及种数(19-22;hort.1)非洲:17-23;亚洲:5-10;大洋洲:3-8;欧洲:5;北美洲:1-6;南美洲:1-6
Ormoceras R.Br. = **Orthoceras**
Ormoloma【3】Maxon 热美绳蕨属 ← **Saccoloma** Dennstaedtiaceae 碗蕨科 [F-26] 全球 (1) 大洲分布及种数(1)◆南美洲
Ormopteris【3】J.Sm. 布旱蕨属 ≒ **Pellaea** Adiantaceae 铁线蕨科 [F-35] 全球 (1) 大洲分布及种数(uc)◆亚洲
Ormopterum【3】Schischk. 链翅芹属 Apiaceae 伞形科 [MD-480] 全球 (1) 大洲分布及种数(1-2)◆亚洲
Ormosciadium【3】Boiss. 亚洲链芹属 Apiaceae 伞形科 [MD-480] 全球 (1) 大洲分布及种数(1)◆亚洲
Ormosia【3】Jacks. 红豆属 ← **Abrus;Cynometra; Pericopsis** Fabaceae 豆科 [MD-240] 全球 (1) 大洲分布及种数(58-79)◆亚洲
Ormosiopsis Ducke = **Ormosia**
Ormosolenia Tausch = **Peucedanum**
Ormostema Raf. = **Dendrobium**
Ormsia Desv. = **Ourisia**
Ormycarpus Neck. = **Ormocarpum**
Ornanthes Raf. = **Fraxinus**
Ornduffia【3】Tippery & Les 多子荇菜属 ≒ **Swertia** Menyanthaceae 睡菜科 [MD-526] 全球 (1) 大洲分布及种数(8)◆大洋洲(◆澳大利亚)
Ornichia【3】J.Klack. 马岛龙胆属 Gentianaceae 龙胆科 [MD-496] 全球 (1) 大洲分布及种数(3)◆非洲(◆马达加斯加)
Ornichia Klack. = **Ornichia**
Ornidia Ruiz & Pav. = **Cardiandra**
Ornitharium Lindl. & Paxton = **Pteroceras**
Ornithidium【3】Salisb. 鸟腭兰属 ← **Maxillaria; Maxillariella;Pholidota** Orchidaceae 兰科 [MM-723] 全球(6) 大洲分布及种数(53-62)非洲:2-3;亚洲:4-5;大洋洲:1;欧洲:1;北美洲:19-21;南美洲:47-54
Ornithion Standl. & Steyerm. = **Orthion**
Ornithoboea【3】Parish ex C.B.Clarke 喜鹊苣苔属 ← **Boea** Gesneriaceae 苦苣苔科 [MD-549] 全球 (1) 大洲分布及种数(8-16)◆亚洲
Ornithocarpa【3】Rose 鸟喙果芥属 Brassicaceae 十字花科 [MD-213] 全球 (1) 大洲分布及种数(2)◆北美洲(◆墨西哥)
Ornithocephalochloa Kurz = **Thuarea**
Ornithocephalus【2】Hook. 鸟首兰属 → **Centroglossa;Zygostates;Phymatidium** Orchidaceae 兰科 [MM-723] 全球 (2) 大洲分布及种数(52-63)北美洲:26-27;南美洲:33-42
Ornithochilus【3】(Lindl.) Benth. 羽唇兰属 ← **Aerides;Sarcochilus;Eulophia** Orchidaceae 兰科 [MM-723] 全球 (1) 大洲分布及种数(3-4)◆东亚(◆中国)
Ornithocidium【3】Leinig 鸟柱兰属 ≒ **Oncidium; Ornithophora** Orchidaceae 兰科 [MM-723] 全球 (1) 大洲分布及种数(cf. 1)◆南美洲
Ornithogalaceae Salisb. = Johnsoniaceae
Ornithogalon Raf. = **Ornithogalum**
Ornithogalum (Speta) J.C.Manning & Goldblatt = **Ornithogalum**
Ornithogalum【3】L. 玉慵花属 → **Albuca;Celsia; Barnardia** Hyacinthaceae 风信子科 [MM-679] 全球 (6) 大洲分布及种数(202-319;hort.1;cult: 6)非洲:145-199;亚洲:65-133;大洋洲:19-42;欧洲:46-86;北美洲:13-36;南美洲:8-31
Ornithoglossum【3】Salisb. 鸪舌花属 → **Iphigenia; Rhynchostele** Colchicaceae 秋水仙科 [MM-623] 全球 (1) 大洲分布及种数(9)◆非洲
Ornithophora【3】Barb.Rodr. 鸟柱兰属 ← **Gomesa; Sigmatostalix** Orchidaceae 兰科 [MM-723] 全球 (1) 大洲分布及种数(2)◆南美洲
Ornithopodioides Heist. ex Fabr. = **Coronilla**
Ornithopodium Mill. = **Ornithopus**
Ornithopora Barb.Rodr. = **Ornithophora**
Ornithopteris (Agardh) J.Sm. = **Ornithopteris**

Ornithopteris【3】 Bernh. 乌盆花属 ≒ **Paesia** Dennstaedtiaceae 碗蕨科 [F-26] 全球 (1) 大洲分布及种数(cf.)◆北美洲
Ornithopus【3】L.鸟爪豆属→**Antopetitia;Scorpiurus** Fabaceae 豆科 [MD-240] 全球 (6) 大洲分布及种数(7-10;hort.1;cult: 2)非洲:4-9;亚洲:4-8;大洋洲:4-8;欧洲:5-9;北美洲:4-8;南美洲:5-9
Ornithorhynchium (L.) Röhl. = **Euclidium**
Ornithorhynchus (L.) Röhl. = **Agrostis**
Ornithorynchium Röhl. = **Euclidium**
Ornithosperma Raf. = **Xenostegia**
Ornithospermum【-】 Dumoulin 禾本科属 Poaceae 禾本科 [MM-748] 全球 (uc) 大洲分布及种数(uc)
Ornithostaphylos【3】 Small 鹊踏珠属 ← **Arctostaphylos** Ericaceae 杜鹃花科 [MD-380] 全球 (1) 大洲分布及种数(1)◆北美洲
Ornithoxanthum Link = **Anthericum**
Ornithrophe Poir. = **Ornitrophe**
Ornithrophus Boj. ex Engl. = **Weinmannia**
Ornitopus Krock. = **Ornithopus**
Ornitrophaceae Martinov = Sapindaceae
Ornitrophe【-】 Comm. ex Juss. 无患子科属 ≒ **Pometia** Sapindaceae 无患子科 [MD-428] 全球 (uc) 大洲分布及种数(uc)
Ornus【-】 Böhm. 木樨科属 ≒ **Fraxinus** Oleaceae 木樨科 [MD-498] 全球 (uc) 大洲分布及种数(uc)
Oroba Medik. = **Lathyrus**
Orobanchaceae E.S.Teryokhin = Orobanchaceae
Orobanchaceae【3】 Vent. 列当科 [MD-552] 全球 (6) 大洲分布和属种数(3-4;hort. & cult.2)(214-334;hort. & cult.20-25)非洲:1-2/61-78;亚洲:2/121-156;大洋洲:1-2/26-40;欧洲:1-2/101-126;北美洲:2-3/33-44;南美洲:1-2/10-22
Orobanche (A.Gray) Heckard = **Orobanche**
Orobanche【3】 L. 列当属 ≒ **Aphyllon;Phelypaea** Orobanchaceae 列当科 [MD-552] 全球 (6) 大洲分布及种数(208-273;hort.1;cult: 25)非洲:61-77;亚洲:115-146;大洋洲:26-39;欧洲:101-125;北美洲:32-42;南美洲:10-21
Orobanchia Vand. = **Nematanthus**
Orobdella C.Presl = **Vicia**
Orobella C.Presl = **Vicia**
Orobitella C.Presl = **Vicia**
Orobium Rchb. = **Lagenocarpus**
Orobos St.Lag. = **Lathyrus**
Orobus【3】 L. 矮山黧豆属 ≒ **Astragalus;Lathyrus** Fabaceae3 蝶形花科 [MD-240] 全球 (1) 大洲分布及种数(8)◆北美洲
Orochaenactis【3】 Coville 美针垫菊属 ← **Bahia** Asteraceae 菊科 [MD-586] 全球 (1) 大洲分布及种数(1)◆北美洲(◆美国)
Orochstachys Fisch. = **Orostachys**
Orodes Heist. = **Aglaonema**
Oroetes R.Br. = **Orites**
Oroga Raf. = **Ortegia**
Orogenia【3】 S.Wats. 阳芋芹属 Apiaceae 伞形科 [MD-480] 全球 (1) 大洲分布及种数(2-3)◆北美洲(◆美国)
Orollanthus E.Mey. = **Aeollanthus**
Orontiaceae Bartl. = Convallariaceae
Orontium【3】 L. 水金杖属→**Misopates** Scrophulariaceae 玄参科 [MD-536] 全球 (1) 大洲分布及种数(1-3)◆北美洲
Orontobryum【3】 Mitt. ex M.Fleisch. 直蒴南木藓属 ≒ **Pilotrichum** Hylocomiaceae 塔藓科 [B-193] 全球 (1) 大洲分布及种数(1)◆亚洲
Oropappus Benth. = **Otopappus**
Oropetium (Stapf) Pilg. = **Oropetium**
Oropetium【2】 Trin. 复苏草属 ← **Lepturus;Microchloa;Tripogon** Poaceae 禾本科 [MM-748] 全球 (2) 大洲分布及种数(7-8)非洲:4;亚洲:cf.1
Orophaca Britton = **Astragalus**
Orophca Britton = **Astragalus**
Orophea【3】 Bl. 蚁花属 ≒ **Bocagea;Pseuduvaria** Annonaceae 番荔枝科 [MD-7] 全球 (1) 大洲分布及种数(53-60)◆亚洲
Orophochilus【3】 Lindau 髯爵床属 Acanthaceae 爵床科 [MD-572] 全球 (1) 大洲分布及种数(1)◆南美洲(◆秘鲁)
Orophoma Drude = **Mauritia**
Orophosoma Drude = **Mauritia**
Oropogon Neck. = **Andropogon**
Orospodias Raf. = **Prunus**
Orostachys【3】 (Fisch.) Hort. 瓦松属 ≒ **Sedum;Umbilicus** Poaceae 禾本科 [MM-748] 全球 (1) 大洲分布及种数(21-29)◆亚洲
Orothamnus【3】 Pappe ex Hook. 泽玫瑰属 ← **Mimetes** Proteaceae 山龙眼科 [MD-219] 全球 (1) 大洲分布及种数(1)◆非洲(◆南非)
Oroxylon Vent. = **Oroxylum**
Oroxylum【3】 Vent. 木蝴蝶属 → **Arthrophyllum; Spathodea** Bignoniaceae 紫葳科 [MD-541] 全球 (1) 大洲分布及种数(1-18)◆亚洲
Oroya【3】 Britton & Rose 彩髯玉属 ← **Echinocactus** Cactaceae 仙人掌科 [MD-100] 全球 (1) 大洲分布及种数(4-7)◆南美洲
Orphanidesia【2】 Boiss. & Balansa 西亚岩梨属 ← **Epigaea** Ericaceae 杜鹃花科 [MD-380] 全球 (2) 大洲分布及种数(cf.1) 亚洲;欧洲
Orphanodendron【3】 Barneby & J.W.Grimes 奥尔法豆属 Fabaceae 豆科 [MD-240] 全球 (1) 大洲分布及种数(2)◆南美洲(◆哥伦比亚)
Orphe Godman = **Orophea**
Orpheus E.Mey. = **Orphium**
Orphium【3】 E.Mey. 海玫木属 ← **Chironia** Gentianaceae 龙胆科 [MD-496] 全球 (1) 大洲分布及种数(1)◆非洲
Orphniospora【3】 Juss. 英国爵床属 ≒ **Buellia** Acanthaceae 爵床科 [MD-572] 全球 (1) 大洲分布及种数(1)◆非洲
Orpiella C.Presl = **Vicia**
Orrhopygium Á.Löve = **Aegilops**
Orses R.Br. = **Orites**
Orsidice Rchb.f. = **Thrixspermum**
Orsidis Rchb.f. = **Thrixspermum**
Orsina Bertol. = **Inula**
Orsinia Bertol. ex DC. = **Clibadium**
Orsopea Raf. = **Sterculia**
Ortachne【3】 Nees ex Steud. 窄稃茅属 ← **Aristida;Muhlenbergia;Stipa** Poaceae 禾本科 [MM-748] 全

球 (1) 大洲分布及种数(3-6)◆南美洲
Ortalis L. = **Oxalis**
Ortega Raf. = **Ortegia**
Ortegaceae Martinov = Caryophyllaceae
Ortegaea P. & K. = **Ortegia**
Ortegia【3】L. 腺托草属 ≒ **Cetraria** Caryophyllaceae 石竹科 [MD-77] 全球 (1) 大洲分布及种数(5)◆欧洲
Ortegieae Baptista = **Ortegia**
Ortegioides Sol. ex DC. = **Ammannia**
Ortegocactus【3】Alexander 帝龙球属 Cactaceae 仙人掌科 [MD-100] 全球 (1) 大洲分布及种数(1)◆北美洲(◆墨西哥)
Ortegopuntia【-】Tóth 仙人掌科属 Cactaceae 仙人掌科 [MD-100] 全球 (uc) 大洲分布及种数(uc)
Orteguaza P. & K. = **Ortegia**
Ortgiesia Regel = **Aechmea**
Orthaca Klotzsch = **Thibaudia**
Orthacanthus【3】Benth. 短冠爵床属 Poaceae 禾本科 [MM-748] 全球 (1) 大洲分布及种数(1)◆非洲
Orthachne D.K.Hughes = **Ortachne**
Orthaea (A.C.Sm.) Luteyn = **Orthaea**
Orthaea【3】Klotzsch 笔花莓属 ← **Cavendishia;Satyria;Thibaudia** Ericaceae 杜鹃花科 [MD-380] 全球 (1) 大洲分布及种数(36-40)◆南美洲
Orthandra (Pichon) Pichon = **Orthopichonia**
Orthantha (Benth.) A.Kern. = **Orthantha**
Orthantha【2】A.Körn. 疗齿草属 ≒ **Odontites** Orobanchaceae 列当科 [MD-552] 全球 (2) 大洲分布及种数(cf.) 亚洲;欧洲
Orthanthe Lem. = **Gloxinia**
Orthanthera【2】Wight 鞭麻属 ← **Pergularia** Apocynaceae 夹竹桃科 [MD-492] 全球 (2) 大洲分布及种数(7)非洲:5;亚洲:cf.1
Orthe Klotzsch = **Orthaea**
Orthechites Urb. = **Thyrsanthella**
Orthellia Raf. = **Orthilia**
Orthezia Morrison = **Ortegia**
Orthidium Sw. = **Anthodon**
Orthila Raf. = **Orthilia**
Orthilia【2】Raf. 单侧花属 ← **Pyrola** Ericaceae 杜鹃花科 [MD-380] 全球 (3) 大洲分布及种数(5-6)亚洲:cf.1;欧洲:2;北美洲:4
Orthion【3】Standl. & Steyerm. 瘤果堇属 ← **Amphirrhox;Hybanthus** Violaceae 堇菜科 [MD-126] 全球 (1) 大洲分布及种数(5-6)◆北美洲
Orthiopteris【2】Copel. 碗贝蕨属 ← **Davallia** Dennstaedtiaceae 碗蕨科 [F-26] 全球 (5) 大洲分布及种数(2)亚洲:2;大洋洲:1;欧洲:1;北美洲:1;南美洲:1
Orthoamblystegium【3】Dixon & Sakurai 拟柳叶藓属 Leskeaceae 薄罗藓科 [B-181] 全球 (1) 大洲分布及种数(2)◆亚洲
Orthocarpus (Fisch. & C.A.Mey.) Benth. = **Orthocarpus**
Orthocarpus【3】Nutt. 鹰钩草属 ← **Bartsia** Orobanchaceae 列当科 [MD-552] 全球 (1) 大洲分布及种数(15-55)◆北美洲
Orthocaulis H.Buch = **Barbilophozia**
Orthocentron (Cass.) Cass. = **Cirsium**
Orthoceras【3】R.Br. 直角兰属 ← **Diuris** Orchidaceae 兰科 [MM-723] 全球 (1) 大洲分布及种数(2)◆大洋洲
Orthochilus Hochst. ex A.Rich. = **Eulophia**
Orthochirus Hochst. ex A.Rich. = **Eulophia**
Orthoclada【2】Beauv. 直枝芒属 ≒ **Aniba** Poaceae 禾本科 [MM-748] 全球 (3) 大洲分布及种数(3)非洲:2;北美洲:1;南美洲:1
Orthoclada P.Beauv. = **Orthoclada**
Orthocoelium Walp. = **Helicteres**
Orthocosa Hanst. = **Ortholoma**
Orthocrepis Benth. = **Chorizema**
Orthodanum E.Mey. = **Rhynchosia**
Orthodicranum【3】(Bruch & Schimp.) Löske 直毛藓属 ≒ **Dicranum;Paraleucobryum** Dicranaceae 曲尾藓科 [B-128] 全球 (6) 大洲分布及种数(4)非洲:1-8;亚洲:3-10;大洋洲:7;欧洲:3-10;北美洲:3-10;南美洲:2-9
Orthodon【3】Benth. 亚洲芩属 ≒ **Mosla** Lamiaceae 唇形科 [MD-575] 全球 (1) 大洲分布及种数(uc)◆大洋洲
Orthodontiaceae【3】Goffinet 直齿藓科 [B-152] 全球 (6)大洲分布和属种数(3/18-23)非洲:1/3;亚洲:2/6;大洋洲:3/9;欧洲:1/3;北美洲:2/4;南美洲:2/8-8
Orthodontiopsis【3】Ignatov & B.C.Tan 小直齿藓属 Bryaceae 真藓科 [B-146] 全球 (1) 大洲分布及种数(1)◆东亚(◆中国)
Orthodontium (Lindb. ex Braithw.) Meijer = **Orthodontium**
Orthodontium【3】Schwägr. 直齿藓属 ≒ **Wilsoniella** Orthodontiaceae 直齿藓科 [B-152] 全球 (6) 大洲分布及种数(15) 非洲:5;亚洲:5;大洋洲:5;欧洲:3;北美洲:3;南美洲:9
Orthodontopsis【3】Ignatov & B.C.Tan 拟直齿藓属 Orthodontiaceae 直齿藓科 [B-152] 全球 (1) 大洲分布及种数(1)◆亚洲
Orthoglottis Breda = **Dendrobium**
Orthognathus Hort. = **Tillandsia**
Orthogoneuron Gilg = (接受名不详) Melastomataceae
Orthogramma C.Presl = **Blechnum**
Orthogrimmia【3】(Schimp.) Ochyra & Åearnowiec 北美洲紫萼藓属 Grimmiaceae 紫萼藓科 [B-115] 全球 (1) 大洲分布及种数(cf. 1)◆北美洲
Orthogynium【3】Baill. 木防己属 ← **Cocculus;Menispermum** Menispermaceae 防己科 [MD-42] 全球 (1) 大洲分布及种数(1)◆非洲
Ortholarium Racine C.Foster & M.B.Foster = **Archidendron**
Ortholimnobium【-】Dixon 棉藓科属 ≒ **Plagiothecium** Plagiotheciaceae 棉藓科 [B-170] 全球 (uc) 大洲分布及种数(uc)
Ortholobium Gagnep. = **Cylindrokelupha**
Ortholoma【3】Hanst. 鲸鱼花属 ≒ **Columnea;Trichantha** Gesneriaceae 苦苣苔科 [MD-549] 全球 (1) 大洲分布及种数(cf. 1)◆北美洲
Ortholophus Fourr. = **Anthyllis**
Orthomea E.L.Sm. = **Orthomene**
Orthomene【3】Barneby & Krukoff 月直藤属 ← **Abuta** Menispermaceae 防己科 [MD-42] 全球 (1) 大洲分布及种数(4)◆南美洲
Orthomitrium【3】Lewinsky-Haapasaari & Crosby 华木灵藓属 Orthotrichaceae 木灵藓科 [B-151] 全球 (1) 大洲分布及种数(2)◆亚洲
Orthomnion (Broth.) T.J.Kop. = **Orthomnion**

Orthomnion【2】 Wilson 立灯藓属 ≒ **Orthomnium** Mniaceae 提灯藓科 [B-149] 全球 (2) 大洲分布及种数(10) 亚洲:10;大洋洲:2
Orthomniopsis【3】 Broth. 柔叶立灯藓属 ≒ **Orthomnion** Mniaceae 提灯藓科 [B-149] 全球 (1) 大洲分布及种数(1) ◆大洋洲
Orthomnium【3】 Wilson ex Broth. 立灯藓属 ≒ **Orthomnion** Mniaceae 提灯藓科 [B-149] 全球 (1) 大洲分布及种数(4)◆东亚(◆中国)
Orthonema Hanst. = **Ortholoma**
Orthopappus【3】 Gleason 直冠地胆草属 ≒ **Elephantopus** Asteraceae 菊科 [MD-586] 全球 (1) 大洲分布及种数(1)◆南美洲
Orthopenthea Rolfe = **Serapias**
Orthopetalum Beer = **Pitcairnia**
Orthophytum【3】 Beer 叶苞凤梨属 ≒ **Ombrophytum** Bromeliaceae 凤梨科 [MM-715] 全球 (1) 大洲分布及种数(72-73)◆南美洲(◆巴西)
Orthopichonia【3】 H.Huber 非洲夹竹桃属 ← **Carpodinus** Apocynaceae 夹竹桃科 [MD-492] 全球 (1) 大洲分布及种数(10)◆非洲
Orthopixis P.Beauv. = **Aulacomnium**
Orthopogon R.Br. = **Oplismenus**
Orthoptera L.Bolus = **Orthopterum**
Orthopterum【3】 L.Bolus 光腭花属 Aizoaceae 番杏科 [MD-94] 全球 (1) 大洲分布及种数(3)◆非洲(◆南非)
Orthopterygium【3】 Hemsl. 三柱草属 ≒ **Juliania** Anacardiaceae 漆树科 [MD-432] 全球 (1) 大洲分布及种数(1)◆南美洲
Orthopus Wulfsb. = **Campylopus**
Orthopyxis【-】 Eurothopyxis Lindb. 皱蒴藓科属 ≒ **Aulacomnium;Pohlia** Aulacomniaceae 皱蒴藓科 [B-153] 全球 (uc) 大洲分布及种数(uc)
Orthoraphium【3】 Nees 直芒草属 ← **Stipa** Poaceae 禾本科 [MM-748] 全球 (1) 大洲分布及种数(2)◆亚洲
Orthorrhiza Stapf = **Diptychocarpus**
Orthorrhynchiaceae【2】 S.H.Lin 裂叶藓科 [B-203] 全球(3) 大洲分布和属种数(1/3) 亚洲:1/2;大洋洲:1/3;南美洲:1/1
Orthorrhynchidium【-】 Renauld & Cardot 蕨藓科属 Pterobryaceae 蕨藓科 [B-201] 全球 (uc) 大洲分布及种数(uc)
Orthorrhynchium【2】 Reichardt 折叶藓属 Orthorrhynchiaceae 裂叶藓科 [B-203] 全球 (3) 大洲分布及种数(3) 亚洲:2;大洋洲:3;南美洲:1
Orthos Wulfsb. = **Campylopus**
Orthosanthes Raf. = **Orthrosanthus**
Orthosanthus Steud. = **Orthrosanthus**
Orthoseira Decne. = **Orthosia**
Orthoselis (DC.) Spach = **Heliophila**
Orthosephon Benth. = **Orthosiphon**
Orthosia【3】 Decne. 直萝藦属 ← **Cynanchum; Matelea;Vincetoxicum** Apocynaceae 夹竹桃科 [MD-492] 全球 (6) 大洲分布及种数(43-44)非洲:11;亚洲:2-13;大洋洲:11;欧洲:11;北美洲:12-23;南美洲:31-43
Orthosiphon【3】 Benth. 鸡脚参属 ≒ **Plectranthus** Lamiaceae 唇形科 [MD-575] 全球 (6) 大洲分布及种数(43-63;hort.1)非洲:40-49;亚洲:11-23;大洋洲:1-3;欧洲:1-3;北美洲:3-6;南美洲:3
Orthosoma Hanst. = **Ortholoma**
Orthospermum (R.Br.) Opiz = **Chenopodium**
Orthospermum Opiz = **Chenopodium**
Orthosphenia【3】 Standl. 直楔卫矛属 Celastraceae 卫矛科 [MD-339] 全球 (1) 大洲分布及种数(1)◆北美洲(◆墨西哥)
Orthosporum (R.Br.) C.A.Mey. ex T.Nees = **Chenopodium**
Orthostachys (R.Br.) Spach = **Orostachys**
Orthostachys Ehrh. = **Elymus**
Orthostachys P. & K. = **Stachys**
Orthostemma Wall. ex Voigt = **Pentas**
Orthostemon O.Berg = **Canscora**
Orthostichella【2】 Müll.Hal. 桨叶藓属 ≒ **Pilotrichella** Meteoriaceae 蔓藓科 [B-188] 全球 (4) 大洲分布及种数(12) 非洲:7;欧洲:2;北美洲:6;南美洲:10
Orthostichidium Müll.Hal. ex Dusén = **Hildebrandtiella**
Orthostichopsis【2】 Broth. 直蕨藓属 ≒ **Neckera** Pterobryaceae 蕨藓科 [B-201] 全球 (5) 大洲分布及种数(18) 非洲:8;亚洲:1;欧洲:4;北美洲:6;南美洲:11
Orthostoma Wall. ex Voigt = **Ophiorrhiza**
Orthotactus【3】 Nees 红唇花属 ≒ **Dianthera;Poikilacanthus** Acanthaceae 爵床科 [MD-572] 全球 (1) 大洲分布及种数(uc)属分布和种数(uc)◆南美洲
Orthotanthus auct. = **Cryptanthus**
Orthotheca Brid. = **Xylophragma**
Orthotheciadelphus【3】 Dixon 灰叶藓属 Hypnaceae 灰藓科 [B-189] 全球 (1) 大洲分布及种数(1)◆亚洲
Orthotheciella【2】 (Müll.Hal.) Ochyra 澳直叶藓属 Amblystegiaceae 柳叶藓科 [B-178] 全球 (5) 大洲分布及种数(1) 非洲:1;大洋洲:1;欧洲:1;北美洲:1;南美洲:1
Orthothecium (Müll.Hal.) A.Jaeger = **Orthothecium**
Orthothecium【2】 Schott & Endl. 灰石藓属 ← **Helicteres;Orthotrichum** Plagiotheciaceae 棉藓科 [B-170] 全球 (5) 大洲分布及种数(10) 非洲:2;亚洲:6;大洋洲:1;欧洲:6;北美洲:7
Orthothelium Walp. = **Orthothecium**
Orthothuidium【3】 D.H.Norris & T.J.Kop. 直羽藓属 Thuidiaceae 羽藓科 [B-184] 全球 (1) 大洲分布及种数(1)◆大洋洲
Orthothylax【3】 (Hook.f.) Skottsb. 林葱属 Philydraceae 田葱科 [MM-716] 全球 (1) 大洲分布及种数(cf. 1)◆大洋洲
Orthotrichaceae【3】 Arn. 木灵藓科 [B-151] 全球 (5) 大洲分布和属种数(34/969)亚洲:20/258;大洋洲:17/193;欧洲:10/115;北美洲:19/244;南美洲:20/385
Orthotrichum (Braithw.) Limpr. = **Orthotrichum**
Orthotrichum【3】 Hedw. 木灵藓属 ≒ **Oligotrichum; Pilotrichum** Orthotrichaceae 木灵藓科 [B-151] 全球 (6) 大洲分布及种数(188) 非洲:37;亚洲:56;大洋洲:20;欧洲:56;北美洲:78;南美洲:51
Orthrosanthes Raf. = **Orthrosanthus**
Orthrosanthus Herb. = **Orthrosanthus**
Orthrosanthus【2】 Sw. 晨鸢尾属 → **Solenomelus; Libertia;Sisyrinchium** Iridaceae 鸢尾科 [MM-700] 全球 (3) 大洲分布及种数(13-14;hort.1;cult: 1)大洋洲:6-7;北美洲:6;南美洲:6
Orthurus【2】 Juz. 青钟梅属 ← **Geum** Rosaceae 蔷薇科 [MD-246] 全球 (4) 大洲分布及种数(2)非洲:1;亚

洲:cf.1;欧洲:1;南美洲:cf.1
Ortiga Neck. = **Loasa**
Ortilia Kirby = **Orthilia**
Ortiseia Regel = **Acanthostachys**
Ortizacalia【3】 Pruski 北美洲青菊属 ≒ **Senecio** Asteraceae 菊科 [MD-586] 全球 (1) 大洲分布及种数(1)◆北美洲
Ortmannia Opiz = **Geodorum**
Ortonella C.Presl = **Vicia**
Ortostachys Fourr. = **Stachys**
Orucaria Juss. ex DC. = **Drepanocarpus**
Orumbella J.M.Coult. & Rose = **Podistera**
Orvala L. = **Lamium**
Orvasca L. = **Lamium**
Orxera Raf. = **Ferreyranthus**
Oryba Schaufuss = **Oryza**
Orychodes Trew = **Goodyera**
Orychophragmus【3】 Bunge 诸葛菜属 ← **Alliaria** Brassicaceae 十字花科 [MD-213] 全球 (1) 大洲分布及种数(cf. 1)◆亚洲
Oryckophragmus Bunge = **Orychophragmus**
Oryctanthes Eichler = **Oryctanthus**
Oryctanthus【3】(Griseb.) Eichler 化石花属 → **Cladocolea;Phthirusa;Stelis** Loranthaceae 桑寄生科 [MD-415] 全球 (1) 大洲分布及种数(17-19)◆南美洲
Oryctes【3】 S.Watson 坛花茄属 Solanaceae 茄科 [MD-503] 全球 (1) 大洲分布及种数(1-2)◆北美洲(◆美国)
Oryctina【3】 Van Tiegh. 苞桑寄生属 ≒ **Loranthus** Loranthaceae 桑寄生科 [MD-415] 全球 (6) 大洲分布及种数(5)非洲:1;亚洲:1;大洋洲:1;欧洲:1;北美洲:1;南美洲:4-5
Orygia【3】 Forssk. 莲粟草属 Lophiocarpaceae 黄尾蓬科 [MD-110] 全球 (1) 大洲分布及种数(uc)◆欧洲
Orypetalum K.Schum. = **Oxypetalum**
Orysa Desv. = **Oryza**
Orythia Endl. = **Agalmyla**
Oryticum【-】 C.P.Wang & S.H.Tang 禾本科属 Poaceae 禾本科 [MM-748] 全球 (uc) 大洲分布及种数(uc)
Oryxis【3】 A.Delgado & G.P.Lewis 镰扁豆属 ≒ **Dolichos** Fabaceae 豆科 [MD-240] 全球 (1) 大洲分布及种数(uc)属分布和种数(uc)◆南美洲
Oryza (Baill.) Pilg. = **Oryza**
Oryza【3】 L. 稻属 → **Echinochloa;Parodia** Poaceae 禾本科[MM-748]全球(6)大洲分布及种数(24-26; hort.1; cult:1)非洲:16-29;亚洲:21-34;大洋洲:12-25;欧洲:1-14;北美洲:8-21;南美洲:6-19
Oryzaceae Bercht. & J.Presl = Poaceae
Oryzeae Bercht. & J.Presl = **Oryza**
Oryzetes Salisb. = **Oryctes**
Oryzidium【3】 C.E.Hubb. & Schweick. 浮海绵草属 Poaceae 禾本科 [MM-748] 全球 (1) 大洲分布及种数(1)◆非洲
Oryzolejeunea (R.M.Schust.) R.M.Schust. = **Oryzolejeunea**
Oryzolejeunea【2】 Bernecker 颖鳞苔属 → **Lejeunea** Lejeuneaceae 细鳞苔科 [B-84] 全球 (2) 大洲分布及种数(4)北美洲:3;南美洲:1
Oryzopsis (Nutt.) Benth. & Hook.f. = **Oryzopsis**
Oryzopsis【3】 Michx. 落须草属 → **Achnatherum;Milium;Piptatherum** Poaceae 禾本科 [MM-748] 全球 (6) 大洲分布及种数(11-16)非洲:22;亚洲:10-34;大洋洲:22;欧洲:22;北美洲:3-25;南美洲:22
Osa【3】 Aiello 醉心茜属 ≒ **Hintonia** Rubiaceae 茜草科 [MD-523] 全球 (1) 大洲分布及种数(1)◆北美洲
Osbeckia【3】 L. 金锦香属 → **Tristemma;Microlepis;Phyllagathis** Melastomataceae 野牡丹科 [MD-364] 全球 (6)大洲分布及种数(78-112;hort.1)非洲:16-33;亚洲:59-89;大洋洲:12-26;欧洲:2-14;北美洲:2-14;南美洲:10-27
Osbeckia Triana = **Osbeckia**
Osbeckiastrum Naud. = **Rhexia**
Osbeckieae DC. = **Osbeckia**
Osbeekia L. = **Osbeckia**
Osbertia【2】 Greene 单头金菀属 → **Aster;Erigeron;Heterotheca** Asteraceae 菊科 [MD-586] 全球 (2) 大洲分布及种数(4-6)亚洲:cf.1;北美洲:3
Osbornia【2】 F.Müll. 八宫花属 Myrtaceae 桃金娘科 [MD-347] 全球 (2) 大洲分布及种数(1-2)亚洲:1;大洋洲:1
Oscaria Lilja = **Androsace**
Oschatzia【3】 Walp. 奥沙茨草属 ← **Azorella** Apiaceae 伞形科 [MD-480] 全球 (1) 大洲分布及种数(1-2)◆大洋洲(◆澳大利亚)
Oscillaria Dickie = **Oscularia**
Oscularia【3】 Schwantes 光琳菊属 → **Lampranthus** Aizoaceae 番杏科 [MD-94] 全球 (1) 大洲分布及种数(3-5)◆非洲(◆南非)
Osculatia【3】 De Not. 夷真藓属 Bryaceae 真藓科 [B-146] 全球 (1) 大洲分布及种数(uc)◆南美洲
Osculisa Raf. = **Carex**
Oserya【3】 Tul. & Wedd. 巴西川苔草属 ≒ **Apinagia;Devillea** Podostemaceae 川苔草科 [MD-322] 全球 (1) 大洲分布及种数(7)◆南美洲
Oshimella Masam. & Suzuki = **Whytockia**
Osirinus Roig-Alsina = **Orinus**
Oskampia【-】 Baill. 紫草科属 ≒ **Lawsonia** Boraginaceae 紫草科 [MD-517] 全球 (uc) 大洲分布及种数(uc)
Osmadenia【3】 Nutt. 星带菊属 ≒ **Hemizonia** Asteraceae 菊科 [MD-586] 全球 (1) 大洲分布及种数(1)◆北美洲
Osmanthes Benth. = **Oreanthes**
Osmanthus (Spach) P.S.Green = **Osmanthus**
Osmanthus【3】Lour.木樨属←**Chionanthus;Notelaea;Phacelia** Oleaceae 木樨科 [MD-498] 全球 (6) 大洲分布及种数(38-47;hort.1;cult: 5)非洲:9;亚洲:30-46;大洋洲:8-17;欧洲:6-15;北美洲:14-23;南美洲:9
Osmarea Burkwood & Skipwith = **Osmanthus**
Osmaton Raf. = **Carum**
Osmelia【2】 Thwaites 香风子属 ≒ **Ophiobotrys** Salicaceae 杨柳科 [MD-123] 全球 (3) 大洲分布及种数(8-11)非洲:1;亚洲:7-10;大洋洲:cf.1
Osmhydrophora Barb.Rodr. = **Bignonia**
Osmia Sch.Bip. = **Chromolaena**
Osmilia Thwaites = **Osmelia**
Osminia Clairv. = **Mespilus**
Osmiopsis【3】 R.M.King & H.Rob. 飞机草属 ≒ **Chromolaena** Asteraceae 菊科 [MD-586] 全球 (1) 大洲分布及种数(1)◆北美洲

Osmites【3】L. 旋叶菊属 → **Osmitopsis** Asteraceae 菊科 [MD-586] 全球 (1) 大洲分布及种数(2)◆非洲

Osmitiphyllum Sch.Bip. = **Lapeirousia**

Osmitopsis【3】Cass. 旋叶菊属 ← **Buphthalmum** Asteraceae 菊科 [MD-586] 全球 (1) 大洲分布及种数(9)◆非洲(◆南非)

Osmodium Raf. = **Onosmodium**

Osmoglossum (Schltr.) Schltr. = **Osmoglossum**

Osmoglossum【2】Schltr. 香花兰属 ← **Cuitlauzina** Orchidaceae 兰科 [MM-723] 全球 (2) 大洲分布及种数(cf.1) 北美洲;南美洲

Osmohydrophora Barb.Rodr. = **Bignonia**

Osmolindsaea【3】(K.U.Kramer) Lehtonen & Christenh. 香鳞始蕨属 Lindsaeaceae 鳞始蕨科 [F-27] 全球 (1) 大洲分布及种数(1-5)◆非洲

Osmorhiza (Nutt.) Constance & R.H.Shan = **Osmorhiza**

Osmorhiza【3】Raf. 香根芹属 ← **Chaerophyllum; Myrrhis;Uraspermum** Apiaceae 伞形科 [MD-480] 全球 (6) 大洲分布及种数(17-18)非洲:5;亚洲:5-10;大洋洲:5;欧洲:5;北美洲:15-20;南美洲:6-11

Osmorrhiza Raf. = **Osmorhiza**

Osmoscleria Lindl. = **Scleria**

Osmoshiza Raf. = **Osmorhiza**

Osmosia Jacks. = **Ormosia**

Osmothamnus DC. = **Rhododendron**

Osmoxylon【3】Miq. 兰屿加属 ← **Aralia** Araliaceae 五加科 [MD-471] 全球 (1) 大洲分布及种数(22-25)◆亚洲

Osmunda (C.Presl) C.Presl = **Osmunda**

Osmunda【3】L.紫萁属→**Osmundastrum;Peltapteris** Osmundaceae 紫萁科 [F-16] 全球 (6) 大洲分布及种数(24-36)非洲:6-11;亚洲:14-24;大洋洲:7-12;欧洲:5-10;北美洲:8-14;南美洲:7-14

Osmundaceae【3】Martinov 紫萁科 [F-16] 全球 (6) 大洲分布和属种数(3;hort. & cult.2)(30-65;hort. & cult.8-12) 非洲:3/8-16;亚洲:3/17-29;大洋洲:2-3/11-18;欧洲:2/8-15;北美洲:3/11-19;南美洲:3/9-18

Osmundastrum【3】C.Presl 桂皮紫萁属 ≒ **Osmunda** Osmundaceae 紫萁科 [F-16] 全球 (6) 大洲分布及种数(4;hort.1)非洲:1-3;亚洲:2-4;大洋洲:2;欧洲:3-5;北美洲:2-4;南美洲:1-3

Osmundea L. = **Osmunda**

Osmundopteris (Milde) Small = **Botrychium**

Osmundula Rabenh. = **Fissidens**

Osmyne Salisb. = **Ornithogalum**

Osnanthus Lour. = **Osmanthus**

Osoriella Brescovit = **Oeoniella**

Ossaea【3】DC. 锚花丹属 ≒ **Calycogonium; Clidemia;Miconia** Melastomataceae 野牡丹科 [MD-364] 全球 (6) 大洲分布及种数(56-87;hort.1;cult: 3)非洲:1-5;亚洲:1-6;大洋洲:1-5;欧洲:4;北美洲:23-48;南美洲:50-60

Ossea Lonic. ex Nieuwl. & Lunell = **Cornus**

Ossiculum【3】P.J.Cribb & Laan 金骨兰属 Orchidaceae 兰科 [MM-723] 全球 (1) 大洲分布及种数(1)◆非洲(◆喀麦隆)

Ostachyrium Steud. = **Otachyrium**

Osteiza Steud. = **Perymenium**

Ostenia Buchenau = **Hydrocleys**

Osteocarpum F.Müll = **Threlkeldia**

Osteocarpus P. & K. = **Nolana**

Osteocarpus Phil. = **Alona**

Osteomeles【2】Lindl. 小石积属 → **Hesperomeles; Kageneckia;Pyrus** Rosaceae 蔷薇科 [MD-246] 全球 (4) 大洲分布及种数(5-11)亚洲:3-6;大洋洲:1;北美洲:3;南美洲:1-4

Osteophloem A.C.Sm. & Wodehouse = **Osteophloeum**

Osteophloeum【3】Warb. 硬皮楠属 ≒ **Iryanthera; Myristica** Myristicaceae 肉豆蔻科 [MD-15] 全球 (1) 大洲分布及种数(2)◆南美洲

Osteosema Benth. = **Millettia**

Osteospermum【3】L. 骨子菊属 → **Monoculus;Chrysanthemum;Smallanthus** Asteraceae 菊科 [MD-586] 全球 (6) 大洲分布及种数(71-100;hort.1;cult: 4)非洲:69-75;亚洲:5-8;大洋洲:5-9;欧洲:6-9;北美洲:8-11;南美洲:2-5

Osterdamia Neck. = **Zoysia**

Osterdamieae Baill. = **Zoysia**

Osterdickia Adans. = **Cunonia**

Osterdikia Adans. = **Cunonia**

Osterdyckia Böhm. = **Cunonia**

Ostericum【3】Hoffm. 山芹属 ← **Angelica** Apiaceae 伞形科 [MD-480] 全球 (1) 大洲分布及种数(cf. 1)◆亚洲

Osterium Salisb. = **Peucedanum**

Osterwaldiella【3】M.Fleisch. 山地藓属 Pterobryaceae 蕨藓科 [B-201] 全球 (1) 大洲分布及种数(1)◆亚洲

Ostinia Clairv. = **Mespilus**

Ostodes【3】Bl. 叶轮木属 → **Dimorphocalyx;Tapoides** Euphorbiaceae 大戟科 [MD-217] 全球 (1) 大洲分布及种数(3-15)◆亚洲

Ostomopsis Decne. = **Ostryopsis**

Ostomya G.A.Scop. = **Ostrya**

Ostorhynchus Lehm. = **Castilleja**

Ostraea Klotzsch = **Astraea**

Ostrearia【3】Baill. 蛎木属 Hamamelidaceae 金缕梅科 [MD-63] 全球 (1) 大洲分布及种数(1)◆大洋洲(◆澳大利亚)

Ostreobium Desv. = **Canscora**

Ostreocarpus Rich. ex Endl. = **Aspidosperma**

Ostrinia Clairv. = **Mespilus**

Ostrowskia【3】Regel 丽桔梗属 Campanulaceae 桔梗科 [MD-561] 全球 (1) 大洲分布及种数(1-2)◆亚洲

Ostruthium Link = **Peucedanum**

Ostrya【3】G.A.Scop. 铁木属 ← **Carpinus** Betulaceae 桦木科 [MD-79] 全球 (6) 大洲分布及种数(10-12;hort.1;cult:1)非洲:10;亚洲:8-18;大洋洲:10;欧洲:1-11;北美洲:2-13;南美洲:10

Ostrya Hill = **Ostrya**

Ostryocarpus【3】Hook.f. 铁荚果属 → **Aganope;Dalbergiella;Millettia** Fabaceae 豆科 [MD-240] 全球 (1) 大洲分布及种数(2)◆非洲

Ostryoderris Dunn = **Aganope**

Ostryodium Desv. = **Thunbergia**

Ostryopsis【3】Decne. 虎榛子属 ← **Corylus** Betulaceae 桦木科 [MD-79] 全球 (1) 大洲分布及种数(2-3)◆东亚(◆中国)

Osvaldoa【3】J.R.Grande 虎子草属 Poaceae 禾本科 [MM-748] 全球 (1) 大洲分布及种数(1)◆南美洲

Oswalda Cass. = **Clibadium**

Oswaldia Less. = **Clibadium**

Osyricera Bl. = **Epidendrum**

Osyridaceae Raf. = Santalaceae
Osyridicarpos【3】A.DC. 韧果檀香属 ← **Thesium** Santalaceae 檀香科 [MD-412] 全球 (1) 大洲分布及种数(1)◆非洲
Osyris Eichler = **Osyris**
Osyris【2】L. 沙针属 → **Acanthosyris;Oxyria** Santalaceae 檀香科 [MD-412] 全球 (3) 大洲分布及种数(11-12)非洲:5;亚洲:cf.1;欧洲:2
Otaara auct. = **Otatea**
Otacanthus【3】Lindl. 蓝金花属 ← **Stemodia;Tetraplacus** Plantaginaceae 车前科 [MD-527] 全球 (1) 大洲分布及种数(2-9)◆南美洲
Otachyrium【3】Nees 耳颖草属 ← **Panicum** Poaceae 禾本科 [MM-748] 全球 (1) 大洲分布及种数(10)◆南美洲(◆巴西)
Otake Raf. = **Otatea**
Otamplis Raf. = **Luzula**
Otandra Salisb. = **Geodorum**
Otanema Raf. = **Xysmalobium**
Otanthera【3】Bl. 耳药花属 → **Bredia;Osbeckia** Melastomataceae 野牡丹科 [MD-364] 全球 (6) 大洲分布及种数(1-5)非洲:2;亚洲:2;大洋洲:2;欧洲:2;北美洲:2;南美洲:2
Otanthus【2】Hoffmanns. & Link 灰肉菊属 Asteraceae 菊科 [MD-586] 全球 (3) 大洲分布及种数(1-2; hort.1) 非洲;亚洲;欧洲
Otapiria Kunth = **Xysmalobium**
Otaria Kunth = **Asclepias**
Otarion Kunth = **Xysmalobium**
Otaris Kunth = **Asclepias**
Otatea【3】(McClure & E.W.Sm.) C.E.Calderón & T.R. Soderstr.墨西哥竹属←**Arundinaria;Yushania;Palafoxia** Poaceae 禾本科 [MM-748] 全球 (1) 大洲分布及种数(10-11)◆北美洲
Oteiza【3】La Llave 落冠菊属 ← **Calea;Perymenium** Asteraceae 菊科 [MD-586] 全球 (1) 大洲分布及种数(4)◆北美洲
Otellia Pers. = **Ottelia**
Othake【3】Raf. 对粉菊属 ← **Palafoxia** Asteraceae 菊科 [MD-586] 全球 (1) 大洲分布及种数(4)◆北美洲
Othanthera G.Don = **Pergularia**
Othera Thunb. = **Nemopanthus**
Otherodendron【3】Makino 福建假卫矛属 ← **Lotononis** Celastraceae 卫矛科 [MD-339] 全球 (1) 大洲分布及种数(uc)属分布和种数(uc)◆亚洲
Othlis Schott = **Doliocarpus**
Othocallis Salisb. = **Scilla**
Otholobium【3】C.H.Stirt. 羊豆茶属 ← **Eriosema;Oxylobium** Fabaceae 豆科 [MD-240] 全球 (6) 大洲分布及种数(56-65;hort.1)非洲:47-53;亚洲:5;大洋洲:5;欧洲:2-7;北美洲:6-11;南美洲:9-14
Othonna Cass. = **Othonna**
Othonna【2】L. 厚敦菊属 ≒ **Cacalia;Senecio** Asteraceae 菊科 [MD-586] 全球 (4) 大洲分布及种数(132-149)非洲:129-130;大洋洲:2-3;欧洲:6;南美洲:1
Othonnae L. = **Othonna**
Othorene Barneby & Krukoff = **Orthomene**
Othostemma K.Schum. = **Oncostemma**
Othrys Nor. ex Du Petit-Thou. = **Crateva**
Othtra Thunb. = **Nemopanthus**
Oti Garn.Jones & P.N.Johnson = **Cardamine**
Oticodium (Müll.Hal.) Kindb. = **Palamocladium**
Otidea (Pers.) Massee = **Pelargonium**
Otidia Lindl. ex Sw. = **Pelargonium**
Otidocephalus Chiov. = **Knoxia**
Otigoniolejeunea【3】(Spruce) Stephani 南美耳鳞苔属 Lejeuneaceae 细鳞苔科 [B-84] 全球 (1) 大洲分布及种数(1)◆南美洲
Otilea Baill. = **Orfilea**
Otilix Raf. = **Lycianthes**
Otillis Gaertn. = **Lycianthes**
Otiophora【3】Zucc. 耳梗茜属 ← **Anthospermum;Pentanisia** Rubiaceae 茜草科 [MD-523] 全球 (1) 大洲分布及种数(15-18)◆非洲
Otiorhynchus Lehm. = **Castilleja**
Otites (Panov) Rabeler = **Otites**
Otites【3】Adans. 蝇子草属 ≒ **Silene** Caryophyllaceae 石竹科 [MD-77] 全球 (1) 大洲分布及种数(uc)◆大洋洲
Otlelia Pers. = **Ottelia**
Otoba (A.DC.) H.Karst. = **Otoba**
Otoba【3】H.Karst. 山油楠属 ≒ **Virola** Myristicaceae 肉豆蔻科 [MD-15] 全球 (1) 大洲分布及种数(10)◆南美洲
Otobrastonia【-】J.M.H.Shaw 兰科属 Orchidaceae 兰科 [MM-723] 全球 (uc) 大洲分布及种数(uc)
Otocalyx Brandegee = **Arachnothryx**
Otocarpum Willk. = **Matricaria**
Otocarpus【3】Dur. 耳果芥属 Brassicaceae 十字花科 [MD-213] 全球 (1) 大洲分布及种数(1)◆非洲(◆阿尔及利亚)
Otocephalus Chiov. = **Pentanisia**
Otochilus【3】Lindl. 耳唇兰属 ← **Broughtonia;Coelogyne** Orchidaceae 兰科 [MM-723] 全球 (1) 大洲分布及种数(4-7)◆亚洲
Otochlamys DC. = **Cotula**
Otocolax auct. = **Sudamerlycaste**
Otoglochilum【-】Liebman 兰科属 Orchidaceae 兰科 [MM-723] 全球 (uc) 大洲分布及种数(uc)
Otoglossum【3】(Schltr.) Garay & Dunst. 耳舌兰属 ≒ **Odontoglossum;Ecuadorella** Orchidaceae 兰科 [MM-723] 全球 (6) 大洲分布及种数(25;hort.1;cult: 2)非洲:1;亚洲:1;大洋洲:1;欧洲:1;北美洲:7-8;南美洲:23-24
Otoglyphis Pomel = **Cotula**
Otolejeunea (Tixier) Grolle = **Otolejeunea**
Otolejeunea【2】Tixier 耳鳞苔属 Lejeuneaceae 细鳞苔科 [B-84] 全球 (4) 大洲分布及种数(13)非洲:3;亚洲:4;大洋洲:5;南美洲:1
Otolepis Turcz. = **Otiophora**
Otomeria【3】Benth. 非洲耳茜属 → **Batopedina;Conostomium;Otiophora** Rubiaceae 茜草科 [MD-523] 全球 (1) 大洲分布及种数(8)◆非洲
Otonephelium【3】Radlk. 耳韶属 ≒ **Nephelium** Sapindaceae 无患子科 [MD-428] 全球 (1) 大洲分布及种数(cf. 1)◆南亚(◆印度)
Otonisia auct. = **Otostylis**
Otonychium Bl. = **Harpullia**
Otopabstia Garay = **Otostylis**
Otopappus Benth. = **Otopappus**

Otopappus (S.F.Blake) R.L.Hartm. & Stuessy = **Otopappus**
Otopappus【2】Benth. 耳冠菊属 ← **Bidens;Oblivia;Zexmenia** Asteraceae 菊科 [MD-586] 全球 (2) 大洲分布及种数(17-18)北美洲:16;南美洲:2-3
Otophora【3】Bl. 爪耳木属 ≒ **Allophylus;Melicoccus** Bignoniaceae 紫葳科 [MD-541] 全球 (1) 大洲分布及种数(1-21)◆亚洲
Otophylla Benth. = **Agalinis**
Otoptera【3】DC. 非洲豇豆属 ← **Vigna** Fabaceae 豆科 [MD-240] 全球 (1) 大洲分布及种数(2)◆非洲
Otorhynchocidium【-】J.M.H.Shaw 兰科属 Orchidaceae 兰科 [MM-723] 全球 (uc) 大洲分布及种数(uc)
Otoscyphus【-】J.J.Engel,Bardat & Thouvenot 齿萼苔科属 ≒ **Lophocolea** Lophocoleaceae 齿萼苔科 [B-74] 全球 (uc) 大洲分布及种数(uc)
Otosema Benth. = **Millettia**
Otosepalum auct. = **Otostylis**
Otosma Raf. = **Richardia**
Otospermum【2】Willk. 母菊属 ≒ **Matricaria** Asteraceae 菊科 [MD-586] 全球 (2) 大洲分布及种数(1)非洲:1;欧洲:1
Otostegia【2】Benth. 奥氏草属 ← **Ballota;Moluccella;Phlomis** Lamiaceae 唇形科 [MD-575] 全球 (3) 大洲分布及种数(12)非洲:4-7;亚洲:3-9;南美洲:1
Otostele【-】J.M.H.Shaw 兰科属 Orchidaceae 兰科 [MM-723] 全球 (uc) 大洲分布及种数(uc)
Otostemma【3】Bl. 球兰属 Apocynaceae 夹竹桃科 [MD-492] 全球 (1) 大洲分布及种数(uc)◆东亚(◆中国)
Otostigma Benth. = **Otostegia**
Otostylis【3】Schltr. 耳柱兰属 ← **Aganisia;Warreopsis** Orchidaceae 兰科 [MM-723] 全球 (1) 大洲分布及种数(3)◆南美洲
Ototropis【3】Nees 山蚂蝗属 ≒ **Oxytropis** Fabaceae 豆科 [MD-240] 全球 (1) 大洲分布及种数(1-12)◆东亚(◆中国)
Otoxalis Small = **Oxalis**
Ottelia【3】Pers. 水车前属 ≒ **Ottonia;Hydrocharis** Hydrocharitaceae 水鳖科 [MM-599] 全球 (6) 大洲分布及种数(28-29;hort.1;cult:1)非洲:19-29;亚洲:9-19;大洋洲:3-13;欧洲:2-12;北美洲:2-12;南美洲:2-12
Ottilis Endl. = **Ottelia**
Ottleya【3】D.D.Sokoloff 千兰豆属 ≒ **Acmispon** Fabaceae 豆科 [MD-240] 全球 (1) 大洲分布及种数(8-10)◆北美洲
Ottoa【3】Kunth 梗椒木属 ← **Oenanthe;Ottonia** Apiaceae 伞形科 [MD-480] 全球 (1) 大洲分布及种数(1)◆北美洲
Ottoara J.M.H.Shaw = **Ottoa**
Ottochloa【3】Dandy 露籽草属 ← **Digitaria;Panicum;Diplachne** Poaceae 禾本科 [MM-748] 全球 (6) 大洲分布及种数(3-5)非洲:1-3;亚洲:1-3;大洋洲:2-4;欧洲:1;北美洲:1;南美洲:1
Ottonia【-】Spreng. 胡椒科属 ≒ **Piper;Ottelia** Piperaceae 胡椒科 [MD-39] 全球 (uc) 大洲分布及种数(uc)
Ottoschmidtia【3】Urb. 施密特茜属 ≒ **Stenostomum** Rubiaceae 茜草科 [MD-523] 全球 (1) 大洲分布及种数(1)属分布和种数(uc)◆北美洲
Ottoschulzia【3】Urb. 危地马拉茱萸属 ← **Poraqueiba** Metteniusaceae 水螅花科 [MD-454] 全球 (1) 大洲分布及种数(3-4)◆北美洲
Ottosonderia【3】L.Bolus 梅仙木属 ← **Mesembryanthemum** Aizoaceae 番杏科 [MD-94] 全球 (1) 大洲分布及种数(2)◆非洲(◆南非)
Oubanguia【3】Baill. 韦瓣花属 Lecythidaceae 玉蕊科 [MD-267] 全球 (1) 大洲分布及种数(3)◆非洲
Oudemansia Miq. = **Helicteres**
Oudneya R.Br. = **Moricandia**
Ougeinia【3】Benth. 山蚂蝗属 ≒ **Desmodium** Fabaceae 豆科 [MD-240] 全球 (1) 大洲分布及种数(cf.2)◆亚洲
Ouleus Haw. = **Narcissus**
Ouratea (Dwyer) Sastre = **Ouratea**
Ouratea【3】Aubl. 番金莲木属 → **Campylospermum** Ochnaceae 金莲木科 [MD-104] 全球 (1) 大洲分布及种数(308-340)◆亚洲
Ouratia Aubl. = **Ouratea**
Ouret Adans. = **Aerva**
Ourisia【3】Comm. ex Juss. 匍地梅属 ← **Chelone** Scrophulariaceae 玄参科 [MD-536] 全球 (6) 大洲分布及种数(29-47;hort.1;cult:1)非洲:2;亚洲:2;大洋洲:7-25;欧洲:2;北美洲:1-3;南美洲:21-24
Ourisianthus【3】Bonati 中国玄参属 Linderniaceae 母草科 [MD-534] 全球 (1) 大洲分布及种数(uc)属分布和种数(uc)◆东亚(◆中国)
Ouroupari Aubl. = **Uncaria**
Ourouparia Aubl. = **Uncaria**
Oustropis G.Don = **Indigofera**
Outarda Dum. = **Bignonia**
Outea Aubl. = **Macrolobium**
Outreya Jaub. & Spach = **Jurinea**
Ouvirandra Thou. = **Zannichellia**
Ovachlamys Fée = **Pteris**
Ovalisia Spach = **Stachys**
Overstratia Deschamps ex R.Br. = **Saurauia**
Ovidia【3】Meisn. 杜瑞香属 ≒ **Commelina;Olinia** Thymelaeaceae 瑞香科 [MD-310] 全球 (1) 大洲分布及种数(3)◆南美洲
Ovieda L. = **Clerodendrum**
Ovilla Adans. = **Jasione**
Ovis Lür = **Bulbophyllum**
Ovostima Raf. = **Aureolaria**
Ovula Adans. = **Campanula**
Ovularia L. = **Obolaria**
Owataria Matsum. = **Suregada**
Owenia F.Müll = **Oxygonum**
Owenites Raf. = **Origanum**
Oxa Aiello = **Osa**
Oxacis L. = **Oxalis**
Oxalidaceae【3】R.Br. 酢浆草科 [MD-395] 全球 (6) 大洲分布和属种数(5-6;hort. & cult.2)(705-973;hort. & cult.88-109)非洲:3-5/298-377;亚洲:5-6/72-129;大洋洲:2-5/52-101;欧洲:1-5/28-70;北美洲:3-5/150-204;南美洲:2-5/370-462
Oxalis (DC.) Endl. = **Oxalis**
Oxalis【3】L. 酢浆草属 → **Biophytum;Episcia;**

Peucedanum Oxalidaceae 酢浆草科 [MD-395] 全球 (6) 大洲分布及种数(634-780;hort.1;cult:26)非洲:280-334;亚洲:52-82;大洋洲:47-80;欧洲:28-55;北美洲:129-168;南美洲:338-410

Oxalistylis Baill. = **Phyllanthus**

Oxallis Noronha = **Oxalis**

Oxandra【3】A.Rich. 辕木属 ← **Amyris** Annonaceae 番荔枝科 [MD-7] 全球 (6) 大洲分布及种数(33-34)非洲:1;亚洲:1;大洋洲:1;欧洲:1;北美洲:10-11;南美洲:26-28

Oxanthera【3】Montr. 柑橘属 ≒ **Oenothera** Rutaceae 芸香科 [MD-399] 全球 (1) 大洲分布及种数(cf.1)◆大洋洲

Oxera【3】Labill. 酢浆苏属 ← **Borya;Olea** Verbenaceae 马鞭草科 [MD-556] 全球 (1) 大洲分布及种数(7-25)◆大洋洲

Oxerostylus Steud. = **Porpax**

Oxia Rchb. = **Olea**

Oxiceros Lour. = **Oxyceros**

Oxichloe Phil. = **Oxychloe**

Oxicoccus Neck. = **Oxycoccus**

Oxidus Medik. = **Oxalis**

Oxiphoeria【3】Hort. ex Dum.Cours. 越南椴树属 ≒ **Humea** Asteraceae 菊科 [MD-586] 全球 (1) 大洲分布及种数(uc)◆大洋洲

Oxipolis Raf. = **Oxypolis**

Oxis Medik. = **Oxalis**

Oxisma Raf. = **Bellucia**

Oxitropis B.Fedtsch. = **Oxytropis**

Oxleya A.Cunn. ex Walp. = **Flindersia**

Oxneria Raf. = **Oxyria**

Oxodium Raf. = **Piper**

Oxodon Steud. = **Chaptalia**

Oxossia【-】L.Rocha 有叶花科属 Turneraceae 有叶花科 [MD-149] 全球 (uc) 大洲分布及种数(uc)

Oxy Warren = **Biophytum**

Oxyacantha Medik. = **Crataegus**

Oxyacantha Rumph. = **Carissa**

Oxyacanthus Chevall. = **Ribes**

Oxyadenia R.Br. ex Fisch. & C.A.Mey. = **Leptochloa**

Oxyandra Rchb. = **Sloanea**

Oxyanthe Steud. = **Phragmites**

Oxyanthera【2】Brongn. 矮柱兰属 ← **Thelasis** Orchidaceae 兰科 [MM-723] 全球 (3) 大洲分布及种数(cf.1) 亚洲;大洋洲;南美洲

Oxyanthus【3】DC. 文殊栀属 → **Bremeria;Exostema;Randia** Rubiaceae 茜草科 [MD-523] 全球 (1) 大洲分布及种数(28-41)◆非洲

Oxyaporia Brauer & Bergenstamm = **Oxyspora**

Oxybaphus【3】L'Hér. ex Willd. 山紫茉莉属 ≒ **Mirabilis;Allionia** Nyctaginaceae 紫茉莉科 [MD-107] 全球 (6) 大洲分布及种数(21)非洲:1-8;亚洲:2-9;大洋洲:1-8;欧洲:7;北美洲:5-12;南美洲:5-12

Oxybasis【3】Kar. & Kir. 藜属 ≒ **Chenopodium** Amaranthaceae 苋科 [MD-116] 全球 (1) 大洲分布及种数(4)◆欧洲

Oxybelis Raf. = **Oxypolis**

Oxycarpha【3】S.F.Blake 尖托菊属 Asteraceae 菊科 [MD-586] 全球 (1) 大洲分布及种数(1)◆南美洲(◆委内瑞拉)

Oxycarpus Lour. = **Garcinia**

Oxycaryum【3】Nees 喙头莎属 ≒ **Scirpus** Cyperaceae 莎草科 [MM-747] 全球 (1) 大洲分布及种数(1-2)◆非洲(◆南非)

Oxycedris DC. = **Oxymeris**

Oxycedrus Carrière = **Juniperus**

Oxycentrus Carrière = **Oxyceros**

Oxycephala Wight = **Epidendrum**

Oxycephalus Chiov. = **Knoxia**

Oxyceros【3】Lour. 钩簕茜属 ≒ **Aidia;Benkara;Oxyanthus** Rubiaceae 茜草科 [MD-523] 全球 (1) 大洲分布及种数(13-19)◆亚洲

Oxychlamys【3】Schltr. 巴布亚苦苣苔属 Gesneriaceae 苦苣苔科 [MD-549] 全球 (1) 大洲分布及种数(uc)属分布和种数(uc)◆大洋洲(◆巴布亚新几内亚)

Oxychloe【3】Phil. 刺蔺属 ≒ **Distichia** Juncaceae 灯芯草科 [MM-733] 全球 (1) 大洲分布及种数(3-6)◆南美洲

Oxychloris【3】Lazarides 膜颖虎尾草属 ← **Chloris** Poaceae 禾本科 [MM-748] 全球 (1) 大洲分布及种数(1)◆大洋洲(◆澳大利亚)

Oxychona Raf. = **Oxycoccus**

Oxycladaceae Schnizl. = Veronicaceae

Oxycoca Raf. = **Oxycoccus**

Oxycoccaceae A.Körn. = Leeaceae

Oxycoccos Hedwig = **Oxycoccus**

Oxycoccus【3】Hill 红莓属 ← **Vaccinium** Ericaceae 杜鹃花科 [MD-380] 全球 (1) 大洲分布及种数(4)◆北美洲

Oxycrepis DC. = **Oxytropis**

Oxydectes P. & K. = **Croton**

Oxydendron D.Dietr. = **Oxydendrum**

Oxydendrum【3】DC. 酸木属 ← **Andromeda** Ericaceae 杜鹃花科 [MD-380] 全球 (1) 大洲分布及种数(1)◆北美洲

Oxydenia Nutt. = **Dinebra**

Oxydium Benn. = **Desmodium**

Oxydon Less. = **Chaptalia**

Oxyepalpus Benth. = **Oxypappus**

Oxyglossellum M.A.Clem. & D.L.Jones = **Dendrobium**

Oxyglottis (Bunge) Nevski = **Astragalus**

Oxygonia C.Presl = **Diplazium**

Oxygonium C.Presl = **Diplazium**

Oxygonum【2】Burch. 蒺藜蓼属 ← **Polygonum** Polygonaceae 蓼科 [MD-120] 全球 (3) 大洲分布及种数(40) 非洲:32-40;亚洲:3-4;南美洲:1

Oxygraphis【3】Bunge 鸦跖花属 → **Beckwithia;Ranunculus** Ranunculaceae 毛茛科 [MD-38] 全球 (1) 大洲分布及种数(9-10)◆亚洲

Oxygyne【3】Schltr. 水玉环属 ≒ **Saionia** Burmanniaceae 水玉簪科 [MM-696] 全球 (1) 大洲分布及种数(3-6)◆非洲

Oxylaena【3】Benth. 针状鼠麹木属 Asteraceae 菊科 [MD-586] 全球 (1) 大洲分布及种数(1)◆非洲(◆南非)

Oxylapathon St. Lag. = **Rumex**

Oxylepis Benth. = **Helenium**

Oxylobium【3】Andrews 尖裂豆属 → **Nemcia;Callistachys** Fabaceae3 蝶形花科 [MD-240] 全球 (1) 大洲分布及种数(9-15)◆大洋洲(◆澳大利亚)

Oxylobus【3】(DC.) Moç. ex A.Gray 尖裂菊属 ←

Ageratum;Phania Asteraceae 菊科 [MD-586] 全球 (1) 大洲分布及种数(7-8)◆北美洲(◆墨西哥)
Oxyloma Raf. = **Oxycoccus**
Oxymeris【2】 DC. 星绢木属 ← **Leandra;Clidemia;Miconia** Melastomataceae 野牡丹科 [MD-364] 全球 (3) 大洲分布及种数(cf.) 亚洲;北美洲;南美洲
Oxymerus DC. = **Oxymeris**
Oxymirta Hook.f. & Thoms. = **Oxymitra**
Oxymitra (Bl.) Hook.f. & Thoms. = **Oxymitra**
Oxymitra【3】 Bisch. ex Lindenb. 假钱苔属 → **Cleistopholis** Oxymitraceae 假钱苔科 [B-21] 全球 (1) 大洲分布及种数(31-32)◆亚洲
Oxymitraceae【2】Zoll. 假钱苔科 [B-21] 全球 (2) 大洲分布和属种数(1/31-32)亚洲:1/31-32;南美洲:1/1-1
Oxymitus C.Presl = **Argylia**
Oxymyrrhine Schaür = **Baeckea**
Oxymyrsine Bubani = **Ruscus**
Oxynaia Hill = **Oxyria**
Oxynepeta Bunge = **Ziziphora**
Oxynetra Felder & Felder = **Oxymitra**
Oxynia Noronha = **Sarcotheca**
Oxynix Medik. = **Averrhoa**
Oxynoe Less. = **Chaptalia**
Oxynotus Cervigón = **Oxylobus**
Oxyodon DC. = **Chaptalia**
Oxyonchus DC. = **Oxyanthus**
Oxyotis Welw. ex Baker = **Aeollanthus**
Oxypappus【3】Benth. 尖冠菊属 ← **Chrysopsis;Pectis;** Asteraceae 菊科 [MD-586] 全球 (1) 大洲分布及种数(1)◆北美洲
Oxypetalum (E.Fourn.) T.Mey. = **Oxypetalum**
Oxypetalum【2】 R.Br. 尖瓣藤属 ← **Asclepias;Cynanchum;Tweedia** Apocynaceae 夹竹桃科 [MD-492] 全球 (5) 大洲分布及种数(164-193;hort.1;cult: 2)非洲:2;亚洲:cf.1;大洋洲:7;北美洲:5-6;南美洲:163-192
Oxyphaeria Steud. = **Columbia**
Oxypheria DC. = **Columbia**
Oxyphoeria【3】 Dum. 狭叶一担柴属 → **Columbia** Asteraceae 菊科 [MD-586] 全球 (1) 大洲分布及种数(1)◆大洋洲
Oxyphyllum【3】Phil. 腋刺菊属 Asteraceae 菊科 [MD-586] 全球 (1) 大洲分布及种数(1)◆南美洲(◆智利)
Oxypoda DC. = **Oxyspora**
Oxypogon Raf. = **Andropogon**
Oxypolis【3】 Raf. 毒牛芹属 ← **Angelica;Oenanthe;Tiedemannia** Apiaceae 伞形科 [MD-480] 全球 (1) 大洲分布及种数(8-22)◆北美洲
Oxypteryx Greene = **Xysmalobium**
Oxyramphis Wall. = **Lespedeza**
Oxyrhachis【3】 Pilg. & C.E.Hubb. 刺纤叶草属 ← **Rottboellia** Poaceae 禾本科 [MM-748] 全球 (1) 大洲分布及种数(1)◆非洲
Oxyrhamphis Rchb. = **Oxyrhachis**
Oxyrhina Hill = **Oxyria**
Oxyrhynchus【2】 Brandegee 尖喙荚豆属 ← **Dioclea;Phaseolus** Fabaceae 豆科 [MD-240] 全球 (3) 大洲分布及种数(5)非洲:1;北美洲:4;南美洲:1
Oxyria【3】 Hill 山蓼属 ← **Acetosa;Rumex** Polygonaceae 蓼科 [MD-120] 全球 (6) 大洲分布及种数(4-5)非洲:1;亚洲:3-5;大洋洲:1;欧洲:2-3;北美洲:2-3;南美洲:1
Oxyrrhynchium【3】 (Schimp.) Warnst. 疏网美喙藓属 ≒ **Rhynchostegium** Brachytheciaceae 青藓科 [B-187] 全球 (6) 大洲分布及种数(22) 非洲:5;亚洲:13;大洋洲:3;欧洲:5;北美洲:6;南美洲:7
Oxys Mill. = **Oxalis**
Oxysepa Wight = **Bulbophyllum**
Oxysepala Wight = **Epidendrum**
Oxysma P. & K. = **Campanula**
Oxysoma Nicolet = **Oxyspora**
Oxysperma Eckl. & Zeyh. = **Oxyspora**
Oxyspermum Eckl. & Zeyh. = **Phyllis**
Oxyspora【3】 DC. 尖子木属 → **Allomorphia;Cyphotheca;Melastoma** Melastomataceae 野牡丹科 [MD-364] 全球 (1) 大洲分布及种数(34-39)◆亚洲
Oxyste (Limpr.) Hilp. = **Biophytum**
Oxystegus【3】 (Limpr.) Hilp. 丛藓科属 Pottiaceae 丛藓科 [B-133] 全球 (6) 大洲分布及种数(8) 非洲:3;亚洲:2;大洋洲:1;欧洲:1;北美洲:2;南美洲:2
Oxystele R.Br. = **Oxystelma**
Oxystelma (Roxb.) R.Br. = **Oxystelma**
Oxystelma【2】 R.Br. 尖槐藤属 ← **Asclepias;Sarcostemma;Philibertia** Apocynaceae 夹竹桃科 [MD-492] 全球 (4) 大洲分布及种数(5)非洲:3;亚洲:2-3;大洋洲:1;南美洲:2
Oxystemon Planch. & Triana = **Clusia**
Oxysternon Planch. & Triana = **Oedematopus**
Oxysternus (Limpr.) Hilp. = **Oxystegus**
Oxystigma【3】 Harms 尖柱豆属 ≒ **Stachyothyrsus** Fabaceae 豆科 [MD-240] 全球 (1) 大洲分布及种数(1)◆非洲
Oxystophyllum【3】 Bl. 拟石斛属 ≒ **Dendrobium** Orchidaceae 兰科 [MM-723] 全球 (1) 大洲分布及种数(26-37)◆亚洲
Oxystyla R.Br. = **Oxystelma**
Oxystylidaceae【3】Hutch. 尖柱花科 [MD-209] 全球 (1) 大洲分布和属种数(1/1)◆北美洲
Oxystylis【3】 Torr. & Frém. 刺果柑属 Cleomaceae 白花菜科 [MD-210] 全球 (1) 大洲分布及种数(1)◆北美洲(◆美国)
Oxystylus Torr. & Frém. = **Oxystylis**
Oxytandrum Neck. = **Oxydendrum**
Oxytelus (Limpr.) Hilp. = **Oxystegus**
Oxytenanthera【2】 Munro 锐药竹属 ← **Bambusa;Schizostachyum;Gigantochloa** Poaceae 禾本科 [MM-748] 全球 (2) 大洲分布及种数(3-4)非洲:1;亚洲:cf.1
Oxytenantherea Tzvelev = **Oxytenanthera**
Oxytenia【3】 Nutt. 锐叶菊属 ← **Euphrosyne;Iva** Asteraceae 菊科 [MD-586] 全球 (1) 大洲分布及种数(1)◆北美洲
Oxytes (Schindl.) H.Ohashi & K.Ohashi = **Oryctes**
Oxytheca (Small) Ertter = **Oxytheca**
Oxytheca【3】 Nutt. 芒苞蓼属 ≒ **Acanthoscyphus;Sidotheca** Polygonaceae 蓼科 [MD-120] 全球 (1) 大洲分布及种数(4-17)◆北美洲
Oxythece Miq. = **Pouteria**
Oxytoma Raf. = **Oxycoccus**
Oxytoxum Burch. = **Oxygonum**
Oxytria Raf. = **Oxyria**

Oxytriopis DC. = **Oxytropis**
Oxytropis Auriculatae C.W.Chang = **Oxytropis**
Oxytropis【3】 DC. 棘豆属 ← **Astragalus;Chesneya; Phaca** Fabaceae 豆科 [MD-240] 全球 (6) 大洲分布及种数(431-695;hort.1;cult: 27)非洲:4-46;亚洲:400-591;大洋洲:4-47;欧洲:33-102;北美洲:55-103;南美洲:5-47
Oxytropsis DC. = **Oxytropis**
Oxyura DC. = **Blepharipappus**
Oxyurida Hill = **Oxyria**
Oxyurus DC. = **Layia**
Oyama【3】 (Nakai) N.H.Xia & C.Y.Wu 天女花属 ← **Magnolia;Manglietia;Yulania** Magnoliaceae 木兰科 [MD-1] 全球 (1) 大洲分布及种数(cf. 1)◆亚洲
Oyedaea【3】 DC. 喙芒菊属 ← **Buphthalmum;Zexmenia;Zyzyxia** Asteraceae 菊科 [MD-586] 全球 (1) 大洲分布及种数(24-32)◆南美洲
Oysosma Raf. = **Zantedeschia**
Ozandra Raf. = **Bombax**
Ozanonia Gand. = **Rosa**
Ozanthes Raf. = **Ammi**
Ozarthris Raf. = **Dendrophthora**
Oziroe【3】 Raf. 圣泪百合属 ≒ **Ornithogalum;Scilla** Asparagaceae 天门冬科 [MM-669] 全球 (1) 大洲分布及种数(6)◆南美洲
Ozius Gilli = **Mellera**
Ozobryum【-】 G.L.Merr. 丛藓科属 Pottiaceae 丛藓科 [B-133] 全球 (uc) 大洲分布及种数(uc)
Ozodia Wight & Arn. = **Foeniculum**
Ozodycus Raf. = **Cucurbita**
Ozola Raf. = **Heloniopsis**
Ozomelis【3】 Raf. 唢呐草属 ≒ **Mitella** Saxifragaceae 虎耳草科 [MD-231] 全球 (1) 大洲分布及种数(cf. 1)◆北美洲
Ozophora Bl. = **Otophora**
Ozophyllum Schreb. = **Ticorea**
Ozoroa【3】 Delile 曜果漆属 ← **Heeria;Rhus** Anacardiaceae 漆树科 [MD-432] 全球 (1) 大洲分布及种数(37-48)◆非洲
Ozothamnus (Cass.) DC. = **Ozothamnus**
Ozothamnus【2】 R.Br. 米花菊属 → **Argentipallium; Calea;Helichrysum** Asteraceae 菊科 [MD-586] 全球 (4) 大洲分布及种数(67-77;hort.1;cult: 1)亚洲:cf.1;大洋洲:66-68;欧洲:2;北美洲:5
Ozotis Raf. = **Aesculus**
Ozotrix Raf. = **Torilis**
Ozoxeta Raf. = **Helicteres**

Pabanisia J.M.H.Shaw = **Pontederia**
Pabdoria L. = **Paederia**
Pabellonia【3】 C.Marticorena & M.Qüzada 辉熠花属 Amaryllidaceae 石蒜科 [MM-694] 全球 (1) 大洲分布及种数(uc)◆南美洲
Pabstara J.M.H.Shaw = **Pabstia**
Pabstia【3】 Garay 飞鹰兰属 ≒ **Zygopetalum** Orchidaceae 兰科 [MM-723] 全球 (1) 大洲分布及种数(6-7)◆南美洲
Pabstiella【2】 Brieger & Senghas 拟帕勃兰属 → **Trichosalpinx;Humboldtia;Specklinia** Orchidaceae 兰科 [MM-723] 全球 (4) 大洲分布及种数(143-145)亚洲:1;大洋洲:3;北美洲:10;南美洲:142-143
Pabstosepalum【-】 J.M.H.Shaw 兰科属 Orchidaceae 兰科 [MM-723] 全球 (uc) 大洲分布及种数(uc)
Pachea Pourr. ex Steud. = **Spachea**
Pachebergia【-】 S.Arias & Terrazas 仙人掌科属 Cactaceae 仙人掌科 [MD-100] 全球 (uc) 大洲分布及种数(uc)
Pachecoa【3】 Standl. & Steyerm. 岩黄芪属 ← **Hedysarum** Fabaceae3 蝶形花科 [MD-240] 全球 (1) 大洲分布及种数(uc)属分布和种数(uc)◆北美洲
Pacherocactus【3】 G.D.Rowley 摩彩柱属 Cactaceae 仙人掌科 [MD-100] 全球 (1) 大洲分布及种数(1)◆北美洲
Paches Westwood = **Pachites**
Pachevedum Bischofb. = **Graptopetalum**
Pachgerocereus【3】 Moran 仙人柱属 ← **Cereus** Cactaceae 仙人掌科 [MD-100] 全球 (1) 大洲分布及种数(cf. 1)◆北美洲
Pachidendron【3】 Haw. 芦荟属 ≒ **Aloe** Asparagaceae 天门冬科 [MM-669] 全球 (1) 大洲分布及种数(uc)◆东亚(◆中国)
Pachila Raf. = **Pachira**
Pachiloma Raf. = **Polytaenia**
Pachiphillum La Llav. & Lex. = **Pachyphyllum**
Pachira【3】 Aubl. 瓜栗属 ← **Bombax;Packera** Bombacaceae 木棉科 [MD-201] 全球 (1) 大洲分布及种数(47-56)◆南美洲
Pachites【3】 Lindl. 焚沙兰属 Orchidaceae 兰科 [MM-723] 全球 (1) 大洲分布及种数(3)◆非洲(◆南非)
Pachomius Galiano = **Pachymitus**
Pachos D.Don = **Erica**
Pachvrhizus Rich. ex DC. = **Pachyrhizus**
Pachy Salisb. = **Phaius**
Pachyacris Schltr. = **Pteronia**
Pachyanthus【3】 A.Rich. 粗花野牡丹属 Melastomataceae 野牡丹科 [MD-364] 全球 (1) 大洲分布及种数(8-20)◆北美洲
Pachybrachis A.Rich. = **Epidendrum**
Pachybrachys Nees = **Pachystachys**
Pachycalyx Klotzsch = **Eremia**
Pachycara A.St.Hil. & Naudin = **Bombax**
Pachycarpus (Schltr.) Nicholas & Goyder = **Pachycarpus**
Pachycarpus【3】 E.Mey. 舌杯花属 ← **Asclepias;Margaretta;Xysmalobium** Apocynaceae 夹竹桃科 [MD-492] 全球 (1) 大洲分布及种数(40-44)◆非洲
Pachycaulos【2】 J.L.Clark & J.F.Sm. 棒节岩桐属 Gesneriaceae 苦苣苔科 [MD-549] 全球 (2) 大洲分布及种数(2)北美洲:1;南美洲:1
Pachycentria【3】 Bl. 厚距花属 ← **Medinilla** Melastomataceae 野牡丹科 [MD-364] 全球 (6) 大洲分布及种数(1-12)非洲:2;亚洲:8;大洋洲:1;欧洲:1;北美洲:1;南美洲:1
Pachycentron Hassk. = **Centaurea**
Pachycereae Buxb. = **Pachycereus**
Pachycereus【3】 Britton & Rose 云阁柱属 ≒ **Stenocereus;Lophocereus** Cactaceae 仙人掌科 [MD-100] 全球 (1) 大洲分布及种数(10)◆北美洲
Pachychaeta Sch.Bip. ex Baker = **Pachylaena**
Pachyche Salisb. = **Phaius**
Pachychelium Stephensen = **Pachyctenium**
Pachychilus Bl. = **Pachystoma**
Pachychlamys Dyer ex Brandis = **Shorea**
Pachycladon【3】 Hook.f. 粗秆芥属 ← **Arabis; Nasturtium;Sisymbrium** Brassicaceae 十字花科 [MD-213] 全球 (1) 大洲分布及种数(15-17)◆大洋洲
Pachycopsis Heenan = **Oenothera**
Pachycoris Coville = **Pachycormus**
Pachycormus【3】 Coville 盐麸木属 ← **Rhus** Anacardiaceae 漆树科 [MD-432] 全球 (1) 大洲分布及种数(1)◆北美洲
Pachycornia【3】 Hook.f. 沙海蓬属 ← **Arthrocnemum; Sclerostegia;Tecticornia** Amaranthaceae 苋科 [MD-116] 全球 (1) 大洲分布及种数(1-2)◆大洋洲(◆澳大利亚)
Pachyctenium【3】 Maire & Pamp. 厚栉芹属 Apiaceae 伞形科 [MD-480] 全球 (1) 大洲分布及种数(1)◆非洲(◆利比亚)
Pachycymbium【2】 L.C.Leach 水牛角属 ≒ **Stapelia** Apocynaceae 夹竹桃科 [MD-492] 全球 (3) 大洲分布及种数(4) 非洲:4;亚洲:1;北美洲:1
Pachyd Salisb. = **Phaius**
Pachydendron Dum. = **Aloe**
Pachyderis Cass. = **Pteronia**
Pachyderma Bl. = **Olea**
Pachyderris Cass. = **Dryopteris**
Pachydesmia【3】 Gleason 哥伦野牡丹属 Melastomataceae 野牡丹科 [MD-364] 全球 (1) 大洲分布及种数(uc)属分布和种数(uc)◆南美洲
Pachydon Miers = **Pachygone**
Pachydopsis Heenan = **Oenothera**
Pachydota Schaus = **Pachyloma**
Pachydrus Sharp = **Pteronia**
Pachye Salisb. = **Phaius**
Pachyelasma【3】 Harms 厚腺苏木属 ≒ **Stachyothyrsus** Fabaceae 豆科 [MD-240] 全球 (1) 大洲分布及种数

(1)◆非洲
Pachyfissidens (Müll.Hal.) Limpr. = **Fissidens**
Pachygenium【3】(Schltr.) Szlach. & al. 厚兰属 ≒ **Serapias;Stenorrhynchos** Orchidaceae 兰科 [MM-723] 全球 (1) 大洲分布及种数(41-42)◆南美洲
Pachyglossa【-】Herzog & Grolle 齿萼苔科属 Lophocoleaceae 齿萼苔科 [B-74] 全球 (uc) 大洲分布及种数(uc)
Pachyglossum Decne. = **Oxypetalum**
Pachygnathus Alzuet & Delgado = **Pachyanthus**
Pachygone Eichler = **Pachygone**
Pachygone【3】Miers 粉绿藤属 ← **Cissampelos; Parapachygone** Menispermaceae 防己科 [MD-42] 全球 (6)大洲分布及种数(15-21)非洲:1;亚洲:8-12;大洋洲:8-11;欧洲:1-2;北美洲:1-2;南美洲:1
Pachygoneae Miers = **Pachygone**
Pachygonia Hook.f. = **Pachycornia**
Pachygyra A.St.Hil. & Naudin = **Pachira**
Pachyiulus Steetz = **Calocephalus**
Pachylabra D.Don ex Hook. & Arn. = **Pachylaena**
Pachyladia C.H.Uhl = **Pachylaena**
Pachylaena C.H.Uhl = **Pachylaena**
Pachylaena【3】D.Don & Arn. ex Hook. 厚被菊属 Asteraceae 菊科 [MD-586] 全球 (1) 大洲分布及种数(2)◆南美洲
Pachylarnax【3】Dandy 华盖木属 ← **Magnolia; Manglietia** Magnoliaceae 木兰科 [MD-1] 全球 (1) 大洲分布及种数(cf. 1)◆东亚(◆中国)
Pachylecythis Ledoux = **Lecythis**
Pachylepis Brongn. = **Widdringtonia**
Pachylepis Less. = **Crepis**
Pachylia L. = **Pachyloma**
Pachylla DC. = **Pachyloma**
Pachylobus G.Don = **Dacryodes**
Pachyloma Bosch = **Pachyloma**
Pachyloma【3】DC. 厚缘野牡丹属 ≒ **Rhexia** Melastomataceae 野牡丹科 [MD-364] 全球 (1) 大洲分布及种数(4-6)◆南美洲
Pachylomidium【-】(Broth.) R.H.Zander & B.H.Allen 丛藓科属 Pottiaceae 丛藓科 [B-133] 全球 (uc) 大洲分布及种数(uc)
Pachylophis A.Nelson & J.F.Macbr. = **Oenothera**
Pachylophus【2】Spach 厚叶菜属 ← **Oenothera** Onagraceae 柳叶菜科 [MD-396] 全球 (3) 大洲分布及种数(cf.1) 亚洲;北美洲;南美洲
Pachymantis E.Walther = **Blechnum**
Pachyme Salisb. = **Phaius**
Pachymenia W.R.Taylor = **Plathymenia**
Pachymeria Benth. = **Meriania**
Pachymerus Fåhraeus = **Pachycereus**
Pachymitra Nees = **Rhynchospora**
Pachymitus【3】O.E.Schulz 粗线芥属 ← **Blennodia; Sisymbrium** Brassicaceae 十字花科 [MD-213] 全球 (1) 大洲分布及种数(1)◆大洋洲(◆澳大利亚)
Pachymorphus Spach = **Pachylophus**
Pachymya D.Don = **Acrostemon**
Pachynathus A.Rich. = **Pachyanthus**
Pachyne Salisb. = **Phaius**
Pachynema【3】R.Br. ex DC. 粗蕊花属 Dilleniaceae 五桠果科 [MD-66] 全球 (1) 大洲分布及种数(4)◆大洋洲(◆澳大利亚)
Pachyneu Salisb. = **Phaius**
Pachyneuria Plötz = **Pachypleuria**
Pachyneuron Bunge = **Pachyneurum**
Pachyneuropsis【3】H.A.Mill. 锥丛藓属 ← **Pseudosymblepharis** Pottiaceae 丛藓科 [B-133] 全球 (1) 大洲分布及种数(1)◆亚洲
Pachyneurum【2】Bunge 条果芥属 ≒ **Parrya** Brassicaceae 十字花科 [MD-213] 全球 (3) 大洲分布及种数(uc)亚洲;欧洲;北美洲
Pachynocarpus Hook.f. = **Vatica**
Pachyodes Jafri = **Iberis**
Pachyopsis Heenan = **Oenothera**
Pachyosp D.Don = **Erica**
Pachyotus O.E.Schulz = **Pachymitus**
Pachypasa D.Don = **Erica**
Pachypharynx Aellen = **Atriplex**
Pachyphragma【3】Rchb. 菥蓂属 ← **Thlaspi;Pterolobium** Brassicaceae 十字花科 [MD-213] 全球 (1) 大洲分布及种数(1)◆亚洲
Pachyphyllum【3】H.B. & K. 厚叶兰属 → **Aeranthes; Fernandezia;Barkeria** Orchidaceae 兰科 [MM-723] 全球 (2) 大洲分布及种数(1-19) 非洲;南美洲
Pachyphytum【3】Link,Klotzsch & Otto 厚叶莲属 → **Graptopetalum;Pachyveria** Crassulaceae 景天科 [MD-229] 全球 (1) 大洲分布及种数(17-27)◆北美洲
Pachyplectron【3】Schltr. 粗距兰属 ← **Physurus** Orchidaceae 兰科 [MM-723] 全球 (1) 大洲分布及种数(2-4)◆大洋洲(◆美拉尼西亚)
Pachypleuria【3】(C.Presl) C.Presl 骨碎愈属 ≒ **Humata** Davalliaceae 骨碎补科 [F-56] 全球 (1) 大洲分布及种数(1) ◆亚洲
Pachypleurum【3】Ledeb. 厚棱芹属 ← **Libanotis; Ligusticum;Ostericum** Apiaceae 伞形科 [MD-480] 全球 (6)大洲分布及种数(8-9)非洲:3;亚洲:6-10;大洋洲:3;欧洲:3-6;北美洲:3;南美洲:3
Pachypoda DC. = **Pachyloma**
Pachypodanthium【3】Engl. & Diels 磐心木属 ← **Duguetia;Senecio** Annonaceae 番荔枝科 [MD-7] 全球 (1) 大洲分布及种数(1)◆非洲
Pachypodium【2】Lindl. 棒锤树属 ← **Adenium; Echites;Sisymbrium** Apocynaceae 夹竹桃科 [MD-492] 全球(4) 大洲分布及种数(28-31;hort.1;cult: 2)非洲:27-28;亚洲:cf.1;欧洲:5;北美洲:4
Pachypt Salisb. = **Phaius**
Pachyptera【3】DC. 胡姬藤属 ≒ **Adenocalymma** Bignoniaceae 紫葳科 [MD-541] 全球 (1) 大洲分布及种数(5)◆南美洲
Pachypteris Kar. & Kir. = **Pachypterygium**
Pachypterygium【3】Bunge 厚壁荠属 ← **Isatis** Brassicaceae 十字花科 [MD-213] 全球 (1) 大洲分布及种数(2-3)◆亚洲
Pachyptilus K.Schum. = **Pachystylus**
Pachyra A.St.Hil. & Naudin = **Pachira**
Pachyrantia E.Walther = **Blechnum**
Pachyraphea C.Presl = **Aspalathus**
Pachyrhizanthe (Schltr.) Nakai = **Cymbidium**
Pachyrhizus【2】Rich. ex DC. 豆薯属 → **Neorautanenia;**

Calopogonium Fabaceae3 蝶形花科 [MD-240] 全球 (5) 大洲分布及种数(7-8)非洲:2;亚洲:2;大洋洲:2;北美洲:6;南美洲:5
Pachyrhynchus DC. = **Serratula**
Pachyrrhizos Spreng. = **Pachyrhizus**
Pachysa D.Don = **Erica**
Pachysandra【3】 Michx. 板凳果属 → **Sarcococca** Buxaceae 黄杨科 [MD-131] 全球 (6) 大洲分布及种数(4-5;hort.1;cult: 1)非洲:1;亚洲:2-4;大洋洲:1;欧洲:2-3;北美洲:2-3;南美洲:1
Pachysandraceae J.Agardh = Tetramelaceae
Pachysandria Hassk. = **Sarcococca**
Pachysandrs Michx. = **Pachysandra**
Pachysanthus C.Presl = **Rudgea**
Pachyschistochila (R.M.Schust. & J.J.Engel) R.M.Schust. & J.J.Engel = **Pachyschistochila**
Pachyschistochila【2】 R.M.Schust. & J.J.Engel 共舌苔属 ≒ **Schistochila** Schistochilaceae 歧舌苔科 [B-34] 全球 (4) 大洲分布及种数(19)非洲:2;亚洲:3;大洋洲:12;南美洲:5
Pachysedum H.Jacobsen = **Pachyphytum**
Pachyseris Kar. & Kir. = **Pachypterygium**
Pachystachys【2】 Nees 金苞花属 ← **Dianthera** Acanthaceae 爵床科 [MD-572] 全球 (5) 大洲分布及种数(20)非洲:2;亚洲:3-4;欧洲:1;北美洲:4;南美洲:19
Pachystegia【3】 Cheeseman 紫菀属 → **Aster** Asteraceae 菊科 [MD-586] 全球 (1) 大洲分布及种数(1-3)◆大洋洲
Pachystela【3】 Pierre ex Radlk. 肥山榄属 → **Englerophytum;Synsepalum;Sideroxylon** Sapotaceae 山榄科 [MD-357] 全球 (1) 大洲分布及种数(2)◆非洲
Pachystele Schltr. = **Scaphyglottis**
Pachystelis【3】 Rauschert 胖兰属 Orchidaceae 兰科 [MM-723] 全球 (1) 大洲分布及种数(1)◆非洲
Pachystelma Brandegee = **Dictyanthus**
Pachystigma Hochst. = **Peltostigma**
Pachystom Bl. = **Pachystroma**
Pachystoma【3】 Bl. 粉口兰属 → **Ancistrochilus;Pachystroma** Orchidaceae 兰科 [MM-723] 全球 (6) 大洲分布及种数(6-7)非洲:1-5;亚洲:3-8;大洋洲:5-9;欧洲:4;北美洲:4;南美洲:4
Pachystrobilus【3】 Bremek. 延苞蓝属 ← **Strobilanthes** Acanthaceae 爵床科 [MD-572] 全球 (1) 大洲分布及种数(2)◆亚洲
Pachystroma【3】 Müll.Arg. 枸骨戟属 Euphorbiaceae 大戟科 [MD-217] 全球 (1) 大洲分布及种数(1-3)◆南美洲
Pachystylidium【3】 Pax & K.Hoffm. 粗柱藤属 ← **Tragia** Euphorbiaceae 大戟科 [MD-217] 全球 (1) 大洲分布及种数(cf. 1)◆亚洲
Pachystylidlum Pax & K.Hoffm. = **Pachystylidium**
Pachystylum Eckl. & Zeyh. = **Heliophila**
Pachystylus【3】 K.Schum. 肉茜属 ← **Ixora;Pavetta;Tarenna** Rubiaceae 茜草科 [MD-523] 全球 (1) 大洲分布及种数(1-5)◆亚洲
Pachysurus Steetz = **Calocephalus**
Pachyth Salisb. = **Phaius**
Pachythamnus (R.M.King & H.Rob.) R.M.King & H.Rob. = **Ageratina**
Pachythelia Steetz = **Epaltes**
Pachythone Bates = **Pachygone**
Pachythrix Hook.f. = **Warszewiczia**
Pachytrachis A.Rich. = **Bulbophyllum**
Pachytrophe Bureau = **Broussonetia**
Pachytrype Bureau = **Streblus**
Pachyu Salisb. = **Phaius**
Pachyula D.Don = **Erica**
Pachyve Salisb. = **Phaius**
Pachyveria【3】 Hort. ex Haage & Schmidt 厚叶莲属 Crassulaceae 景天科 [MD-229] 全球 (1) 大洲分布及种数(1-9)◆北美洲
Pacifigeron【3】 G.L.Nesom 大洋蓬属 Asteraceae 菊科 [MD-586] 全球 (1) 大洲分布及种数(1)◆大洋洲
Pacisthos【-】 Szlach. 兰科属 Orchidaceae 兰科 [MM-723] 全球 (1) 大洲分布及种数(uc)◆北美洲
Packera【3】 Á.Löve & D.Löve 金千里光属 ← **Cacalia;Sinosenecio;Tephroseris** Asteraceae 菊科 [MD-586] 全球 (6) 大洲分布及种数(76-81;hort.1;cult: 2)非洲:11-15;亚洲:21-25;大洋洲:4;欧洲:5-9;北美洲:75-82;南美洲:12-16
Pacoseroca Adans. = **Amomum**
Pacourea Hook.f. = **Panurea**
Pacouria【3】 Aubl. 全竹桃属 ≒ **Pala;Parnassia** Apocynaceae 夹竹桃科 [MD-492] 全球 (6) 大洲分布及种数(5)非洲:1-2;亚洲:1;大洋洲:1;欧洲:1;北美洲:1;南美洲:3-4
Pacouriaceae Martinov = Gelsemiaceae
Pacourina【3】 Aubl. 水红菊属 ← **Calea;Vernonia** Asteraceae 菊科 [MD-586] 全球 (1) 大洲分布及种数(2)◆南美洲
Pacourinopsis Cass. = **Pacourina**
Pacquerina【-】 Cass. ex Sond. 菊科属 Asteraceae 菊科 [MD-586] 全球 (uc) 大洲分布及种数(uc)
Pactilia Dennst. = **Allocassine**
Paculla Schönland = **Crassula**
Pacurina J.F.Gmel. = **Messerschmidia**
Pacuvia Curtis = **Pacouria**
Padas Mill. = **Padus**
Padbruggea【3】 Miq. 崖豆藤属 → **Afgekia** Fabaceae3 蝶形花科 [MD-240] 全球 (1) 大洲分布及种数(2-3) ◆亚洲
Padbruggia Baker = **Afgekia**
Padda Pierre = **Panda**
Padellus Vassilcz. = **Cerasus**
Padia Moritzi = **Oryza**
Padina Salisb. = **Adina**
Padostemon Griff = **Pogostemon**
Padota Adans. = **Marrubium**
Padus【3】 Mill. 稠李属 ← **Prunus;Pinus** Rosaceae 蔷薇科 [MD-246] 全球 (6) 大洲分布及种数(23-29)非洲:3-16;亚洲:18-32;大洋洲:1-14;欧洲:13-26;北美洲:12-26;南美洲:2-16
Paectes L. = **Pectis**
Paedera Cothen. = **Paederia**
Paederia (A.Rich. ex DC.) Puff = **Paederia**
Paederia【3】 L. 鸡屎藤属 → **Canthium;Lygodisodea;Pacouria** Rubiaceae 茜草科 [MD-523] 全球 (6) 大洲分布及种数(32-42;hort.1;cult: 2)非洲:15-21;亚洲:16-27;大洋

洲:5;欧洲:1-6;北美洲:4-9;南美洲:3-9
Paederieae DC. = **Paederia**
Paederina L. = **Paederia**
Paederiopsis Rusby = **Canthium**
Paederota【2】L. 亮耳参属 Plantaginaceae 车前科 [MD-527] 全球 (2) 大洲分布及种数(2) 欧洲:2;北美洲:1
Paederotella【3】(E.Wulff) Kem.Nath. 婆婆纳属 ← **Veronica** Plantaginaceae 车前科 [MD-527] 全球 (1) 大洲分布及种数(cf. 1)◆亚洲
Paederus L. = **Paederia**
Paedicalyx Pierre ex Pit. = **Xanthophytum**
Paedus Mill. = **Padus**
Paehystachys Nees = **Pachystachys**
Paennaea Meerb. = **Penaea**
Paenula【3】Orchard 粉红菊属 Asteraceae 菊科 [MD-586] 全球 (1) 大洲分布及种数(1-2)◆非洲
Paeonia【3】L. 芍药属 ≒ **Pavonia;Peltaea** Paeoniaceae 芍药科 [MD-60] 全球 (6) 大洲分布及种数(38-54;hort.1;cult: 12)非洲:7-19;亚洲:29-41;大洋洲:6-18;欧洲:20-34;北美洲:15-27;南美洲:11
Paeoniaceae【3】Raf. 芍药科 [MD-60] 全球 (6) 大洲分布和属种数(1;hort. & cult.1)(37-111;hort. & cult.28-71)非洲:1/7-19;亚洲:1/29-41;大洋洲:1/6-18;欧洲:1/20-34;北美洲:1/15-27;南美洲:1/11
Paepalanthus (Körn.) Ruhland = **Paepalanthus**
Paepalanthus【3】Mart. 头谷精属 → **Actinocephalus;Panamanthus;Blastocaulon** Eriocaulaceae 谷精草科 [MM-726] 全球 (1) 大洲分布及种数(10-14)◆非洲
Paepalantus Mart. = **Paepalanthus**
Paesia【3】A.St.Hil. 曲轴蕨属 ≒ **Ornithopteris** Dennstaedtiaceae 碗蕨科 [F-26] 全球 (6) 大洲分布及种数(14-18)非洲:3-4;亚洲:8-10;大洋洲:6;欧洲:1;北美洲:3;南美洲:2-3
Pagaea Griseb. = **Irlbachia**
Pagamaeaceae Martinov = Naucleaceae
Pagamea【3】Aubl. 帕加茜属 → **Cephaelis;Pagameopsis;Aphanocarpus** Rubiaceae 茜草科 [MD-523] 全球 (1) 大洲分布及种数(27-30)◆南美洲
Pagameopsis【3】Steyerm. 拟帕加茜属 ← **Pagamea** Rubiaceae 茜草科 [MD-523] 全球 (1) 大洲分布及种数(2)◆南美洲
Pagamoepsis Steyerm. = **Pagameopsis**
Pageara auct. = **Pagesia**
Pagella Schönland = **Crassula**
Pagerea Pierre ex Laness. = **Panurea**
Pageria Juss. = **Lapageria**
Pagesia【3】Raf. 伏胁花属 ≒ **Gerardia;Mecardonia** Plantaginaceae 车前科 [MD-527] 全球 (1) 大洲分布及种数(2)◆北美洲
Pagetia【3】F.Müll. 澳亚芸香属 Rutaceae 芸香科 [MD-399] 全球 (1) 大洲分布及种数(uc)属分布和种数(uc)◆大洋洲(◆澳大利亚)
Pagiantha Markgr. = **Tabernaemontana**
Pagodia Speg. = **Parodia**
Pagodina Pierre ex Pit. = **Mitragyna**
Pagothyra【3】(Leeuwenb.) J.F.Sm. & J.L.Clark 遮面岩桐属 Gesneriaceae 苦苣苔科 [MD-549] 全球 (1) 大洲分布及种数(1)◆南美洲
Pagrus Willd. = **Cyperus**
Pagu Mill. = **Padus**
Paguma Aubl. = **Pagamea**
Pahcourea Schreb. = **Palicourea**
Pahudi Miq. = **Afzelia**
Pahudia Miq. = **Afzelia**
Painteria【3】Britton & Rose 全实豆属 ≒ **Mimosa** Fabaceae 豆科 [MD-240] 全球 (1) 大洲分布及种数(4-5)◆北美洲(◆墨西哥)
Paisana Murdock = **Ptisana**
Paititia Jacq. = **Petitia**
Paiva Vell. = **Sabicea**
Paivaea O.Berg = **Campomanesia**
Paivaea P. & K. = **Sabicea**
Paivaeusa Welw. = **Oldfieldia**
Paivaeusaceae A.Meeuse = Emblingiaceae
Paiwa Vell. = **Alibertia**
Pajanelia【3】DC. 帕亚木属 ← **Bignonia** Bignoniaceae 紫葳科 [MD-541] 全球 (1) 大洲分布及种数(1-2)◆亚洲
Pakaraimaea【3】Maguire & P.S.Ashton 短瓣香属 Cistaceae 半日花科 [MD-175] 全球 (1) 大洲分布及种数(1)◆南美洲
Pakau【3】S.E.Fawc. & A.R.Sm. 金星蕨科属 Thelypteridaceae 金星蕨科 [F-42] 全球 (1) 大洲分布及种数(uc)◆大洋洲
Pala【-】Juss. 夹竹桃科属 ≒ **Alstonia;Pacouria** Apocynaceae 夹竹桃科 [MD-492] 全球 (uc) 大洲分布及种数(uc)
Palachia Banks & Soland. ex A.Cunn. = **Coprosma**
Paladelpha Pichon = **Alstonia**
Palaemonella A.Heller = **Cyclorhiza**
Palaeocampylopus【-】Ignatov & Shcherbakov 曲尾藓科属 Dicranaceae 曲尾藓科 [B-128] 全球 (uc) 大洲分布及种数(uc)
Palaeocaris Poinar & D.J.Rosen = **Paleocharis**
Palaeocarpus Mart. = **Ruprechtia**
Palaeocyanus Dostál = **Cheirolophus**
Palaeopeltis Humb. & Bonpl. ex Willd. = **Pleopeltis**
Palaeostoma P.Beauv. = **Platostoma**
Palaeosyrrhopodon【-】Ignatov & Shcherbakov 花叶藓科属 Calymperaceae 花叶藓科 [B-130] 全球 (uc) 大洲分布及种数(uc)
Palaeothecium【-】H.Philib. ex Saporta 不明藓属 Fam(uc) 全球 (uc) 大洲分布及种数(uc)
Palafoxia【3】Lag. 对粉菊属 ← **Ageratum;Stevia** Asteraceae 菊科 [MD-586] 全球 (1) 大洲分布及种数(15-22)◆北美洲
Palafrxia Lag. = **Palafoxia**
Palala P. & K. = **Myristica**
Palala Rumph. = **Horsfieldia**
Palame Kaneh. = **Tristiropsis**
Palamocladium【3】Müll.Hal. 褶叶藓属 ≒ **Isothecium** Brachytheciaceae 青藓科 [B-187] 全球 (6) 大洲分布及种数(6) 非洲:1;亚洲:4;大洋洲:3;欧洲:2;北美洲:3;南美洲:1
Palamostigma Benth. & Hook.f. = **Croton**
Palanana RichardsonA = **Paliavana**
Palandra O.F.Cook = **Phytelephas**
Palanostigma Mart ex Klotzsch = **Croton**
Palaoea Kaneh. = **Tristiropsis**

Palaquium【2】Blanco 胶木属→**Aulandra; Lucuma; Sersalisia** Sapotaceae 山榄科 [MD-357] 全球 (5) 大洲分布及种数(48-127;hort.1;cult: 3)非洲:5-13;亚洲:41-96;大洋洲:12-30;欧洲:1;北美洲:3-7
Palarus Mill. = **Paliurus**
Palatina【3】Bronner 沾沙草属 ≒ **Polanisia** Vitaceae 葡萄科 [MD-403] 全球 (1) 大洲分布及种数(uc)属分布和种数(uc)◆南美洲
Palaua【3】Cav. 帕劳锦葵属 ≒ **Modiolastrum** Malvaceae 锦葵科 [MD-203] 全球 (1) 大洲分布及种数(19-21)◆南美洲
Palava Juss. = **Palaua**
Palavia Poir. = **Palaua**
Palavia Ruiz & Pav. ex Ort. = **Mirabilis**
Palazzia Chiov. = **Guettarda**
Palea L. = **Dalea**
Paleaepappus【3】Cabrera 叉枝菀属 Asteraceae 菊科 [MD-586] 全球 (1) 大洲分布及种数(1)◆南美洲
Paleista Raf. = **Eclipta**
Palenga Thwaites = **Putranjiva**
Palenia Phil. = **Baccharis**
Paleocharis【3】Poinar & D.J.Rosen 锥莎草属 Cyperaceae 莎草科 [MM-747] 全球 (1) 大洲分布及种数(1)◆北美洲(◆加拿大)
Paleodicraeia【3】C.Cusset 非洲川苔草属 ≒ **Inversodicraea** Podostemaceae 川苔草科 [MD-322] 全球 (1) 大洲分布及种数(1)◆非洲(◆马达加斯加)
Paleoeriocoma【-】M.K.Elias 禾本科属 Poaceae 禾本科 [MM-748] 全球 (uc) 大洲分布及种数(uc)
Paleolaria Cass. = **Pulmonaria**
Paleophyllum Nees = **Strobilanthes**
Palermoara【-】Hort. 兰科属 Orchidaceae 兰科 [MM-723] 全球 (uc) 大洲分布及种数(uc)
Palesisa Raf. = **Utricularia**
Paletuviera Thou ex DC. = **Bruguiera**
Paleya Cass. = **Crepis**
Palgianthus G.Forst. ex Baill. = **Plagianthus**
Palhinahaea Franco & Carv. = **Palhinhaea**
Palhinhaea【3】Franco & Carv. 垂穗石松属 ≒ **Lycopodiella** Lycopodiaceae 石松科 [F-4] 全球 (6) 大洲分布及种数(15-18)非洲:1;亚洲:cf.1;大洋洲:cf.1;欧洲:cf.1;北美洲:3;南美洲:9
Paliavana【3】Vell. ex Vand. 彩岩桐属 ← **Gesneria** Gesneriaceae 苦苣苔科 [MD-549] 全球 (1) 大洲分布及种数(9-10)◆南美洲
Palicourea (Müll.Arg.) C.M.Taylor = **Palicourea**
Palicourea【3】Aubl. 嘉沛木属 → **Cephaelis; Oldenlandia** Rubiaceae 茜草科 [MD-523] 全球 (6) 大洲分布及种数(660-731;hort.1;cult:5)非洲:19-20;亚洲:20-21;大洋洲:9-10;欧洲:1;北美洲:201-203;南美洲:566-624
Palicoureeae Robbr. & Manen = **Palicourea**
Palicurea Röm. & Schult. = **Palicourea**
Palicuria Raf. = **Palicourea**
Palicus Mill. = **Paliurus**
Palimbia【3】Besser ex DC. 额尔齐斯芹属 ← **Peucedanum;Seseli;** Apiaceae 伞形科 [MD-480] 全球 (1) 大洲分布及种数(1-5)◆亚洲
Palinetes Salisb. = **Haemanthus**
Palinurus Oliv. = **Paliurus**
Paliphora Hook.f. = **Kaliphora**
Paliris Dum. = **Paliurus**
Palisada Toyama = **Palisadula**
Palisadula【3】Toyama 栅孔藓属 ≒ **Palisota** Myuriaceae 金毛藓科 [B-208] 全球 (1) 大洲分布及种数(3)◆亚洲
Palisota【3】Rchb. ex Endl. 浆果鸭跖草属 ← **Aneilema; Commelina;Palisadula** Commelinaceae 鸭跖草科 [MM-708] 全球 (1) 大洲分布及种数(15-25)◆非洲
Palispermum Lour. = **Antidesma**
Palissya Baill. = **Necepsia**
Palistes Salisb. = **Amaryllis**
Paliuros St.Lag. = **Paliurus**
Paliurus【3】Mill. 马甲子属 → **Colubrina;Parapholis** Rhamnaceae 鼠李科 [MD-331] 全球 (6) 大洲分布及种数(6)非洲:7;亚洲:5-12;大洋洲:7;欧洲:4-11;北美洲:2-9;南美洲:7
Palladia Lam. = **Lysimachia**
Pallasia G.A.Scop. = **Crypsis**
Pallasia Houtt. = **Encelia**
Pallasia L.f. = **Calligonum**
Pallastema Salisb. = **Albuca**
Pallavacinia De Not. = **Pallavicinia**
Pallavia Vell. = **Pisonia**
Pallavicinia Cocc. = **Pallavicinia**
Pallavicinia【3】De Not. 带叶苔属 ≒ **Solanum** Pallaviciniaceae 带叶苔科 [B-30] 全球 (6) 大洲分布及种数(9-10)非洲:6;亚洲:8-15;大洋洲:3-10;欧洲:1-7;北美洲:1-7;南美洲:1-7
Pallaviciniaceae Mig. = Pallaviciniaceae
Pallaviciniaceae【3】Taylor 带叶苔科 [B-30] 全球 (6) 大洲分布和属种数(5/33-48)非洲:2-3/5-15;亚洲:3/17-28;大洋洲:5/13-26;欧洲:2-3/2-12;北美洲:3/3-13;南美洲:3/9-20
Pallenis (Cass.) Cass. = **Pallenis**
Pallenis【3】Cass. 叶苞菊属 ← **Asteriscus** Asteraceae 菊科 [MD-586] 全球 (6) 大洲分布及种数(7-10;hort.1;cult: 1)非洲:6-7;亚洲:3-4;大洋洲:1;欧洲:3-4;北美洲:1-2;南美洲:1
Palma【3】Mill. 海枣属 ≒ **Acrocomia** Arecaceae 棕榈科 [MM-717] 全球 (1) 大洲分布及种数(2)◆北美洲
Palmaceae Engl. & Gilg = Pandaceae
Palmae Juss.
Palmafilix Adans. = **Ceratozamia**
Palma-filix Adans. = **Zamia**
Palmatopteris Pic.Serm. = **Phymatopteris**
Palmella Ehrh. ex Brid. = **Paludella**
Palmellaceae De Not. = Parkeriaceae
Palmerara auct. = **Maxillaria**
Palmerella【3】A.Gray 膜瓣莲属 ≒ **Paludella** Campanulaceae 桔梗科 [MD-561] 全球 (1) 大洲分布及种数(1)◆北美洲
Palmeria【3】F.Müll. 藤盘桂属 ≒ **Phaleria** Monimiaceae 玉盘桂科 [MD-20] 全球 (1) 大洲分布及种数(2-17)◆大洋洲
Palmerinella A.Gray = **Palmerella**
Palmerocassia Britton = **Cassia**
Palmervandenbroeckia L.S.Gibbs = **Polyscias**
Palmervandenbroekia Gibbs = **Polyscias**

P

Palmia Endl. = **Hewittia**
Palmifolia P. & K. = **Zamia**
Palmifolium P. & K. = **Zamia**
Palmijuncus【3】P. & K. 多果省藤属 ≒ **Cajanus;Calamus** Arecaceae 棕榈科 [MM-717] 全球 (1) 大洲分布及种数(1)◆东亚(◆中国)
Palmoglossum Klotzsch ex Rchb.f. = **Pleurothallis**
Palmolmedia Ducke = **Naucleopsis**
Palmonaria Boiss. = **Pulmonaria**
Palmophyllum Gardner = **Peltophyllum**
Palmorchis【2】Barb.Rodr. 棕叶兰属 ← **Elleanthus;Eupatorium;Anacamptis** Orchidaceae 兰科 [MM-723] 全球 (4) 大洲分布及种数(37-41)亚洲:cf.1;欧洲:cf.1;北美洲:8-9;南美洲:33-37
Palmstruckia Retz.f. = **Sutera**
Palmula Cav. = **Palaua**
Palocopsis R.S.Cowan = **Paloveopsis**
Paloue【3】Aubl. 帕洛豆属 Fabaceae 豆科 [MD-240] 全球 (1) 大洲分布及种数(5)◆南美洲
Palovea Aubl. = **Sabicea**
Paloveopsis【3】R.S.Cowan 凹头叶豆属 Fabaceae 豆科 [MD-240] 全球 (1) 大洲分布及种数(1)◆南美洲
Palpita Endl. = **Convolvulus**
Palthis Dum. = **Liparis**
Paltonium【2】C.Presl 盾龙骨属 ≒ **Neurodium** Polypodiaceae 水龙骨科 [F-60] 全球 (2) 大洲分布及种数(cf.1) 亚洲;北美洲
Paltoria Ruiz & Pav. = **Nemopanthus**
Paludana Giseke = **Amomum**
Paludaria Salisb. = **Pilularia**
Paludella【2】Ehrh. ex Brid. 沼寒藓属 Meesiaceae 寒藓科 [B-144] 全球 (3) 大洲分布及种数(1) 亚洲:1;欧洲:1;北美洲:1
Paludellaceae De Not. = Parkeriaceae
Paludina Giseke = **Aframomum**
Paludomeulenia P.Delforge = **Anacamptis**
Paludorchis P.Delforge = **Pseudorchis**
Paluea P. & K. = **Paloue**
Palumbina Rchb.f. = **Cuitlauzina**
Palura Buch.Ham. ex D.Don = **Symplocos**
Palustriella【2】Ochyra 沼地藓属 ≒ **Thuidium** Amblystegiaceae 柳叶藓科 [B-178] 全球 (4) 大洲分布及种数(3) 非洲:2;亚洲:3;欧洲:3;北美洲:3
Palyalthia Bl. = **Polyalthia**
Palyas Dognin = **Alstonia**
Pamassia L. = **Parnassia**
Pamba Aubl. = **Terminalia**
Pamburus【3】Swingle 酒饼簕属 ≒ **Atalantia** Rutaceae 芸香科 [MD-399] 全球 (1) 大洲分布及种数(2)◆亚洲
Pamea Aubl. = **Terminalia**
Pamelia Jacq. = **Puelia**
Pamera Baill. = **Payera**
Pamianthe【3】Stapf 白杯水仙属 → **Leptochiton** Amaryllidaceae 石蒜科 [MM-694] 全球 (1) 大洲分布及种数(2)◆南美洲
Pamiria Thunb. = **Gethyllis**
Pamphalea【3】DC. 纤细钝柱菊属 Asteraceae 菊科 [MD-586] 全球 (1) 大洲分布及种数(7-10)◆南美洲
Pamphila Mart. = **Pamphilia**
Pamphilia【3】Mart. 少蕊安息香属 ← **Styrax** Styracaceae 安息香科 [MD-327] 全球 (1) 大洲分布及种数(1-2)◆南美洲
Pamphilis Mart. = **Pamphilia**
Pamplethantha Bremek. = **Pauridiantha**
Pampus Mill. = **Padus**
Panacanthus Kuijt = **Panamanthus**
Panacca Withner & P.A.Harding = **Prosthechea**
Panacea Mitch. = **Opopanax**
Panaetia Cass. = **Podolepis**
Panagyrum D.Don = **Nassauvia**
Panamanthus【3】J.Kuijt 花寄生属 ≒ **Phrygilanthus** Loranthaceae 桑寄生科 [MD-415] 全球 (1) 大洲分布及种数(1)◆北美洲
Panamanthus Kuijt = **Panamanthus**
Panaorus Alderw. = **Davallia**
Panaque St.Lag. = **Aralia**
Panara L. = **Banara**
Panargyrium D.Don = **Nassauvia**
Panargyrum D.Don = **Nassauvia**
Panargyrus【3】Lag. 玉露菊属 ≒ **Nassauvia** Asteraceae 菊科 [MD-586] 全球 (1) 大洲分布及种数(2)◆南美洲
Panarica Withner & P.A.Harding = **Prosthechea**
Panaspis Rech.f. = **Scutellaria**
Panax【3】L. 人参属 ← **Aralia;Plectronia;Pentapanax** Araliaceae 五加科 [MD-471] 全球 (6) 大洲分布及种数(20-35;hort.1;cult: 2)非洲:12;亚洲:14-30;大洋洲:6-21;欧洲:4-16;北美洲:5-17;南美洲:1-15
Panaxus St.Lag. = **Panax**
Pancalum Ehrh. = **Paspalum**
Panchera【-】Cothen. 芸香科属 Rutaceae 芸香科 [MD-399] 全球 (uc) 大洲分布及种数(uc)
Pancheri【-】Brongn. & Gris 合椿梅科属 Cunoniaceae 合椿梅科 [MD-255] 全球 (uc) 大洲分布及种数(uc)
Pancheria Brongn. & Gris = **Callicoma**
Pancheria Montr. = **Ixora**
Panciatica G.Piccioli = **Xanthocercis**
Pancicia Vis. = **Pimpinella**
Panckowia J.J.Kickx ex Mönk. = **Pancovia**
Pancovia Heist. ex Adans. = **Pancovia**
Pancovia【3】Willd. 假木藓属 → **Chytranthus;Pleurozium** Brachytheciaceae 青藓科 [B-187] 全球 (1) 大洲分布及种数(11-15)◆非洲
Pancratiaceae Horan. = Amaryllidaceae
Pancratium Dill. ex L. = **Pancratium**
Pancratium【3】L. 全能花属 ≒ **Eurycles;Ismene** Amaryllidaceae 石蒜科 [MM-694] 全球 (6) 大洲分布及种数(23-45)非洲:7-19;亚洲:9-25;大洋洲:4-13;欧洲:3-12;北美洲:3-12;南美洲:4-13
Panctenis Raf. = **Aureolaria**
Panczakara【-】Hort. 兰科属 Orchidaceae 兰科 [MM-723] 全球 (uc) 大洲分布及种数(uc)
Panda【3】Pierre 猿胡桃属 ≒ **Sorindeia** Pandaceae 小盘木科 [MD-234] 全球 (1) 大洲分布及种数(1-3)◆非洲
Pandaca Nor. ex Thou. = **Tabernaemontana**
Pandacastrum Pichon = **Tabernaemontana**
Pandaceae【3】Engl. & Gilg 小盘木科 [MD-234] 全球 (6)大洲分布和属种数(4/16-43)非洲:3-4/11-20;亚洲:2-

3/7-18;大洋洲:2/8;欧洲:2/8;北美洲:2/8;南美洲:1-3/2-10
Pandaka Benth. & Hook.f. = **Pandiaka**
Pandalus S.Parkinson = **Pandanus**
Pandanaceae【3】R.Br. 露兜树科 [MM-703] 全球 (6) 大洲分布和属种数(5-6;hort. & cult.2)(118-1373;hort. & cult.3-24)非洲:3-5/40-221;亚洲:4/70-263;大洋洲:2-4/29-287;欧洲:1-3/1-52;北美洲:3-4/6-68;南美洲:1-3/3-56
Pandanophyllum Hassk. = **Scirpus**
Pandanus (de Vriese) Kurz = **Pandanus**
Pandanus【3】S.Parkinson 露兜树属 ≒ **Barrotia;Benstonea** Pandanaceae 露兜树科 [MM-703] 全球 (1) 大洲分布及种数(3-54)◆南美洲
Pandemophyllum Hassk. = **Mapania**
Panderia【3】Fisch. & C.A.Mey. 兜藜属 ← **Kochia** Chenopodiaceae 藜科 [MD-115] 全球 (1) 大洲分布及种数(2-4)◆亚洲
Pandiaka【3】Benth. & Hook.f. 脊被苋属 ← **Achyranthes;Sericocoma** Amaranthaceae 苋科 [MD-116] 全球 (1) 大洲分布及种数(21-24)◆非洲
Pandion Lunell = **Wangenheimia**
Pandora Nor. ex Thou. = **Panda**
Pandoraea (Endl.) Spach = **Pandorea**
Pandorea【3】(Endl.) Spach 粉花凌霄属 ← **Bignonia; Campsidium** Bignoniaceae 紫葳科 [MD-541] 全球 (6) 大洲分布及种数(7-11;hort.1)非洲:2-7;亚洲:2-8;大洋洲:6-14;欧洲:4;北美洲:2-6;南美洲:4
Paneguia Raf. = **Sisyrinchium**
Paneion Lunell = **Poa**
Panel Adans. = **Terminalia**
Panelus Vassilcz. = **Cerasus**
Panemata Raf. = **Gymnostachyum**
Paneroa【3】E.E.Schill. 刺篱菊属 Asteraceae 菊科 [MD-586] 全球 (1) 大洲分布及种数(1)◆北美洲
Panetos Raf. = **Houstonia**
Pangaeus S.Parkinson = **Pandanus**
Pangiaceae Bl. ex Hassk. = Pandaceae
Pangio Reinw. = **Pangium**
Pangium【3】Reinw. 黑羹树属 ≒ **Panicum** Achariaceae 青钟麻科 [MD-159] 全球 (1) 大洲分布及种数(cf. 1)◆亚洲
Pangonia Schott = **Mangonia**
Panhypterygium Bunge = **Pachypterygium**
Panicaceae Bercht. & J.Presl = Pandaceae
Panicastrella Mönch = **Echinaria**
Paniceae Bercht. & C.Presl = **Panisea**
Panicularia Colla = **Arctagrostis**
Panicularia Cotta = **Thyrsopteris**
Panicularia Fabr. = **Glyceria**
Paniculum Ard. = **Oplismenus**
Panicum (A.Braun) Döll = **Panicum**
Panicum【3】L. 黍属 → **Acostia;Pangium** Poaceae 禾本科 [MM-748] 全球 (6) 大洲分布及种数(466-632;hort.1;cult: 15)非洲:216-583;亚洲:109-450;大洋洲:79-418;欧洲:42-373;北美洲:168-505;南美洲:200-543
Paniopsis Raf. = **Inula**
Panios Adans. = **Erigeron**
Panis Raf. = **Paris**
Panisea【3】(Lindl.) Lindl. 曲唇兰属 → **Chelonistele** Orchidaceae 兰科 [MM-723] 全球 (1) 大洲分布及种数(11-14)◆亚洲
Panisia Raf. = **Cassia**
Panke Molina = **Gunnera**
Panke Willd. = **Francoa**
Pankea örst. = **Gunnera**
Pankycodon【3】D.Y.Hong & H.Sun 山南参属 Campanulaceae 桔梗科 [MD-561] 全球 (1) 大洲分布及种数(cf.1)◆亚洲
Panmorphia【2】Lür 参兰属 ≒ **Anaphalis;Anathallis** Orchidaceae 兰科 [MM-723] 全球 (3) 大洲分布及种数(22-39)亚洲:cf.1;北美洲:2;南美洲:18
Panmulia Baill. = **Ligusticum**
Pannariac Withner & P.A.Harding = **Prosthechea**
Pannularia Hochst. = **Voacanga**
Pannychia Théel = **Paronychia**
Pano Raf. = **Lippia**
Panobius Raf. = **Hebe**
Panoe Adans. = **Vatica**
Panolis Raf. = **Veronica**
Panop Raf. = **Lippia**
Panopaea Raf. = **Lippia**
Panope Raf. = **Phyla**
Panopea Raf. = **Acantholippia**
Panopia Noronha ex Thou. = **Macaranga**
Panopsis【3】Salisb. 豹木属 ≒ **Embothrium** Proteaceae 山龙眼科 [MD-219] 全球 (1) 大洲分布及种数(24-29)◆南美洲
Panoxis Raf. = **Veronica**
Panphagia Lag. = **Panphalea**
Panphalea【3】Lag. 全菊属 ≒ **Pamphalea** Asteraceae 菊科 [MD-586] 全球 (1) 大洲分布及种数(8-9)◆南美洲(◆巴西)
Panstenum Raf. = **Allium**
Panstrepis Raf. = **Epidendrum**
Pantacantha【3】Speg. 全刺茄属 Solanaceae 茄科 [MD-503] 全球 (1) 大洲分布及种数(1)◆南美洲(◆阿根廷)
Pantadenia【2】Gagnep. 黄腺桐属 Euphorbiaceae 大戟科 [MD-217] 全球 (2) 大洲分布及种数(2-4)非洲:1-2;亚洲:cf.1
Pantala P. & K. = **Virola**
Pantapaara auct. = **Ascoglossum**
Pantasachme Endl. = **Pentasachme**
Pantathera Phil. = **Megalachne**
Panterpa Miers = **Fridericia**
Panthera Rudge = **Poranthera**
Panthocarpa【-】Raf. 豆科属 ≒ **Mimosa** Fabaceae 豆科 [MD-240] 全球 (uc) 大洲分布及种数(uc)
Pantlingia Prain = **Stigmatodactylus**
Pantocsekia Griseb. = **Convolvulus**
Pantodon Hochst. = **Pentodon**
Pantone Raf. = **Lippia**
Pantorrhynchus Murb. = **Trachystoma**
Pantorrhyncus Murbeck = **Sinapis**
Pantura Forssk. = **Carissa**
Panulaceae Engl. & Gilg = Pandaceae
Panulia Baill. = **Ligusticum**
Panurea【3】Spruce ex Benth. & Hook.f. 南美长叶豆属 Fabaceae 豆科 [MD-240] 全球 (1) 大洲分布及种数

(2)◆南美洲(◆巴西)
Panurus C.Presl = **Lathyrus**
Panuwa Baill. = **Ligusticum**
Panz Salisb. = **Narcissus**
Panza Salisb. = **Narcissus**
Panzera Cothen. = **Eperua**
Panzeria【3】 J.F.Gmel. 脓疮草属 ≒ **Panzerina** Lamiaceae 唇形科 [MD-575] 全球 (1) 大洲分布及种数(3)◆亚洲
Panzerina【3】 Soják 脓疮草属 ← **Ballota;Leonurus** Lamiaceae 唇形科 [MD-575] 全球 (1) 大洲分布及种数(2)◆大洋洲
Panzhuyuia Z.Y.Zhu = **Alocasia**
Paolia Chiov. = **Coffea**
Papanea Decne. = **Capanea**
Papapaver McClatchie = **Papaver**
Papas F.M.Opiz = **Solanum**
Papaver (Mikheev) Mikheev = **Papaver**
Papaver【3】 L. 罂粟属 Papaveraceae 罂粟科 [MD-54] 全球 (6) 大洲分布及种数(211-320;hort.1;cult: 14)非洲:21-29;亚洲:163-210;大洋洲:12-21;欧洲:58-79;北美洲:35-49;南美洲:8-15
Papaveraceae【3】Juss. 罂粟科 [MD-54] 全球 (6) 大洲分布和属种数(36-40;hort. & cult.29-31)(891-1792;hort. & cult.260-406)非洲:10-26/48-336;亚洲:21-28/741-1174;大洋洲:11-25/27-302;欧洲:7-25/105-412;北美洲:24-28/164-473;南美洲:4-21/36-309
Papaveroideae【3】 M.L.Zhang & Grey-Wilson 罂粟苗属 Papaveraceae 罂粟科 [MD-54] 全球 (1) 大洲分布及种数(1)◆非洲
Papaya Adans. = **Papaya**
Papaya【3】 Mill. 番粟瓜属 ← **Carica;Vasconcellea; Parrya** Caricaceae 番木瓜科 [MD-236] 全球 (6) 大洲分布及种数(3-5)非洲:4;亚洲:4;大洋洲:4;欧洲:4;北美洲:4;南美洲:2-6
Papayaceae Bl. = Eucryphiaceae
Papeda Hassk. = **Aegle**
Papenua Hassk. = **Aegle**
Paphia【2】 Seem. 海仙莓属 ← **Agapetes** Ericaceae 杜鹃花科 [MD-380] 全球 (3) 大洲分布及种数(uc)亚洲;大洋洲;南美洲
Paphinia【3】 Lindl. 缨仙兰属 ≒ **Lycaste;Maxillaria** Orchidaceae 兰科 [MM-723] 全球 (1) 大洲分布及种数(16-18)◆南美洲
Paphiopedilum (Kraenzl.) V.A.Albert & Börge Pett. = **Paphiopedilum**
Paphiopedilum【3】 Pfitzer 秀丽兜兰属 ← **Catasetum;Cypripedium** Orchidaceae 兰科 [MM-723] 全球 (1) 大洲分布及种数(75-121)◆亚洲
Papias L. = **Paris**
Papilachnis Garay & H.R.Sw. = **Arachnis**
Papilandachnis Garay & H.R.Sw. = **Arachnis**
Papilanthera Garay & H.R.Sw. = **Papilionanthe**
Papilanthopsis J.M.H.Shaw = **Coffea**
Papilio Thunb. = **Apodolirion**
Papiliocentrum Garay & H.R.Sw. = **Ascocentrum**
Papiliodes Garay & H.R.Sw. = **Ferreyranthus**
Papilionaceae Giseke = Fabaceae3
Papilionanda Hort. = **Papilionanthe**
Papilionanthe【2】 Schltr. 凤蝶兰属 ← **Aerides; Holcoglossum;Vanda** Orchidaceae 兰科 [MM-723] 全球(5)大洲分布及种数(12)非洲:2;亚洲:11;大洋洲:2;北美洲:2;南美洲:2
Papilionetia Garay & H.R.Sw. = **Neofinetia**
Papilionopsis Steenis = **Hylodesmum**
Papiliopsis E.Morr. ex Cogn. & Marchal = **Oncidium**
Papilisia Garay & H.R.Sw. = **Gasteria**
Papillaeia Dulac = **Papillaria**
Papillaria【3】 Dulac 松萝藓属 ≒ **Scheuchzeria; Parietaria;Sinskea** Meteoriaceae 蔓藓科 [B-188] 全球 (6) 大洲分布及种数(82) 非洲:11;亚洲:23;大洋洲:17;欧洲:2;北美洲:16;南美洲:36
Papillaria Hampe = **Papillaria**
Papillariaceae Kindb. = Meteoriaceae
Papillidiopsis【2】 (Broth.) W.R.Buck & B.C.Tan 拟刺疣藓属 ≒ **Trichosteleum** Sematophyllaceae 锦藓科 [B-192] 全球 (4) 大洲分布及种数(11) 非洲:2;亚洲:11;大洋洲:2;北美洲:1
Papillilabium【3】 Dockr. 乳唇兰属 ← **Cleisostoma; Sarcochilus** Orchidaceae 兰科 [MM-723] 全球 (1) 大洲分布及种数(1)◆大洋洲(◆澳大利亚)
Papillolejeunea【-】 Candidae Pócs 细鳞苔科属 ≒ **Lejeunea** Lejeuneaceae 细鳞苔科 [B-84] 全球 (uc) 大洲分布及种数(uc)
Papiria Thunb. = **Gethyllis**
Pappagrostis【3】 Roshev. 冠毛草属 ≒ **Stephanachne** Poaceae 禾本科 [MM-748] 全球 (1) 大洲分布及种数(cf.2) ◆亚洲
Pappea【3】 Eckl. & Zeyh. 谋木患属 ≒ **Choritaenia; Sapindus** Sapindaceae 无患子科 [MD-428] 全球 (1) 大洲分布及种数(1)◆非洲(◆南非)
Papperitzia Rchb.f. = **Leochilus**
Pappobolus Apricola Panero = **Pappobolus**
Pappobolus【3】 S.F.Blake 脱冠菊属 ≒ **Viguiera** Asteraceae 菊科 [MD-586] 全球 (1) 大洲分布及种数(40)◆南美洲
Pappochroma【3】 Raf. 小蓬草属 ← **Erigeron** Asteraceae 菊科 [MD-586] 全球 (1) 大洲分布及种数(9)◆大洋洲
Pappophoraceae Herter = Poaceae
Pappophorae Burm. = **Pappophorum**
Pappophorum (Desv. ex P.Beauv.) Hack. = **Pappophorum**
Pappophorum【3】 Schreb. 冠芒草属 → **Boissiera; Enneapogon;Pentaschistis** Poaceae 禾本科 [MM-748] 全球 (6) 大洲分布及种数(10)非洲:5;亚洲:2-7;大洋洲:5;欧洲:5;北美洲:5-10;南美洲:9-14
Pappostipa【3】 (Speg.) Romasch.,P.M.Peterson & Soreng 稻针茅属 ≒ **Jarava** Poaceae 禾本科 [MM-748] 全球 (1) 大洲分布及种数(30)◆南美洲
Pappostyles Pierre = **Cremaspora**
Pappostylum Pierre = **Cremaspora**
Pappothrix (A.Gray) Rydb. = **Perityle**
Papu Mill. = **Padus**
Papuacalia【2】 Veldkamp 千里光属 ≒ **Senecio** Asteraceae 菊科 [MD-586] 全球 (2) 大洲分布及种数(uc)亚洲;大洋洲
Papuacedrus【2】 H.L.Li 巴布亚柏属 ← **Libocedrus** Cupressaceae 柏科 [G-17] 全球 (3) 大洲分布及种数(3;hort.1)非洲:1;亚洲:1;大洋洲:2

Papuaea【2】 Schltr. 巴布亚兰属 Orchidaceae 兰科 [MM-723] 全球 (3) 大洲分布及种数(1-2)非洲:1;亚洲:1;大洋洲:1
Papualthia【2】 Diels 异瓣暗罗属 ← **Cyathostemma; Unona** Annonaceae 番荔枝科 [MD-7] 全球 (3) 大洲分布及种数(9)非洲:3;亚洲:6;大洋洲:4
Papuanthes【3】 Danser 巴布亚寄生属 Loranthaceae 桑寄生科 [MD-415] 全球 (1) 大洲分布及种数(cf. 1)◆亚洲
Papuapteris C.Chr. = **Polystichum**
Papuasicyos Duyfjes = **Parasicyos**
Papuastelma【3】 Bullock 娃儿藤属 ≒ **Sarcolobus** Apocynaceae 夹竹桃科 [MD-492] 全球 (1) 大洲分布及种数(uc)◆大洋洲
Papuechites【3】 Markgr. 巴布亚夹竹桃属 ← **Anodendron** Apocynaceae 夹竹桃科 [MD-492] 全球 (1) 大洲分布及种数(1)◆大洋洲
Papuina Rensch = **Paphinia**
Papulaoma Forssk. = **Trianthema**
Papularia Forssk. = **Trianthema**
Papulipetalum【3】 (Schltr.) M.A.Clem. & D.L.Jones 石豆兰属 ≒ **Bulbophyllum** Orchidaceae 兰科 [MM-723] 全球 (1) 大洲分布及种数(cf. 1)◆亚洲
Papuodendron【3】 C.T.White 木槿属 ≒ **Hibiscus** Malvaceae 锦葵科 [MD-203] 全球 (1) 大洲分布及种数(1-2)◆大洋洲
Papuzilla Ridl. = **Lepidium**
Papyraceae Burnett = Piperaceae
Papyrius Lam. = **Broussonetia**
Papyrocactus【-】 Doweld 仙人掌科属 Cactaceae 仙人掌科 [MD-100] 全球 (uc) 大洲分布及种数(uc)
Papyrus C.Bauhin ex Kunth = **Cyperus**
Paquerina Cass. = **Brachycome**
Paqui Mill. = **Padus**
Paquirea【3】 Panero & S.E.Freire 南美花菊属 Asteraceae 菊科 [MD-586] 全球 (1) 大洲分布及种数(cf.1)◆南美洲
Para Juss. = **Alstonia**
Parabaena【3】 Miers 连蕊藤属 Menispermaceae 防己科 [MD-42] 全球 (1) 大洲分布及种数(6-7)◆亚洲
Parabaera Dognin = **Parabaena**
Parabalea Miers = **Parabaena**
Parabalta Röwer = **Parabaena**
Parabambusa【3】 Widjaja 亚洲禾茅属 Poaceae 禾本科 [MM-748] 全球 (1) 大洲分布及种数(1)◆亚洲
Parabarium【2】 Pierre 水壶藤属 ← **Urceola** Apocynaceae 夹竹桃科 [MD-492] 全球 (2) 大洲分布及种数(7) 亚洲:7;大洋洲:7
Parabarleria Baill. = **Phaulopsis**
Parabeaumontia (Baill.) Pichon = **Vallaris**
Parabenazoin Nakai = **Parabenzoin**
Parabenzoin【3】 Nakai 大果山胡椒属 ← **Lindera** Lauraceae 樟科 [MD-21] 全球 (1) 大洲分布及种数(cf. 1)◆亚洲
Parabesleria örst. = **Besleria**
Parabezzia Kosterm. = **Pithecellobium**
Parabignonia Bureau ex K.Schum. = **Dolichandra**
Parablechnum C.Presl = **Blechnum**
Paraboea【3】 (C.B.Clarke) Ridl. 蛛毛苣苔属 ← **Boea; Beta** Gesneriaceae 苦苣苔科 [MD-549] 全球 (1) 大洲分布及种数(102-148)◆亚洲
Paraboeica (C.B.Clarke) Ridl. = **Paraboea**
Parabothus Müll.Berol. = **Anaxagorea**
Parabotrys C.Müll. = **Xylopia**
Parabouchetia【3】 Baill. 拟布谢茄属 Solanaceae 茄科 [MD-503] 全球 (1) 大洲分布及种数(uc)属分布和种数(uc)◆南美洲
Parabzenzoin Nakai = **Parabenzoin**
Paracaleana【3】 Blaxell 鸭兰属 ← **Caleana;Calla** Orchidaceae 兰科 [MM-723] 全球 (1) 大洲分布及种数(4-14)◆大洋洲
Paracalia【3】 Cuatrec. 藤蟹甲属 ← **Cacalia** Asteraceae 菊科 [MD-586] 全球 (1) 大洲分布及种数(3-7)◆南美洲
Paracalyx【3】 Ali 异萼豆属 Fabaceae 豆科 [MD-240] 全球 (1) 大洲分布及种数(1-2)◆亚洲
Paracantha Coquillett = **Pyracantha**
Paracapsa Cuatrec. = **Paracalia**
Paracarpaea (K.Schum.) Pichon = **Fridericia**
Paracarphalea Razafim.,Ferm,B.Bremer & Kårehed = **Fridericia**
Paracaryopsis【3】 (Riedl) R.R.Mill. 类并核果属 Boraginaceae 紫草科 [MD-517] 全球 (1) 大洲分布及种数(cf. 1)◆亚洲
Paracaryum【2】 Boiss. 并核果属 ← **Hackelia;Adelocaryum;Mattiastrum** Boraginaceae 紫草科 [MD-517] 全球 (4) 大洲分布及种数(51-59)非洲:5;亚洲:49-55;欧洲:4;北美洲:cf.1
Paracautleya R.M.Sm. = **Curcuma**
Paracelastrus Miq. = **Lotononis**
Paracellaria Hayward & Thorpe = **Phacellaria**
Paracelsea Zoll. = **Acalypha**
Paracelsia Hassk. = **Mollinedia**
Paracentrum J.M.H.Shaw = **Aerides**
Paracephaelis【3】 Baill. 肖头九节属 ← **Chomelia; Myonima** Rubiaceae 茜草科 [MD-523] 全球 (1) 大洲分布及种数(5)◆非洲
Paraceresa Zoll. & Mor. = **Adenocline**
Paraceterach Copel. = **Paraceterach**
Paraceterach【3】 F.Müll. 平尾蕨属 ← **Acrostichum; Ceterach** Adiantaceae 铁线蕨科 [F-35] 全球 (6) 大洲分布及种数(8)非洲:1;亚洲:7;大洋洲:3;欧洲:2;北美洲:5;南美洲:1
Paracetus C.D.Specht = **Paracostus**
Parachampionella Bremek. = **Strobilanthes**
Parachetus Hort. = **Parochetus**
Parachimarrhis【3】 Ducke 黄染木属 Rubiaceae 茜草科 [MD-523] 全球 (1) 大洲分布及种数(1)◆南美洲
Parachionolaena M.O.Dillon & Sagást. = **Chionolaena**
Parachromis Prain = **Paraphlomis**
Paracladopus【3】 M.Kato 拟川苔草属 Podostemaceae 川苔草科 [MD-322] 全球 (1) 大洲分布及种数(2)◆亚洲
Paraclarisia Ducke = **Sorocea**
Paracleisthus Gagnep. = **Securinega**
Paracoccus C.D.Specht = **Paracostus**
Paracoffea J.F.Leroy = **Coffea**
Paracolea Baill. = **Phylloctenium**
Paracolpodium【3】 (Tzvelev) Tzvelev 假拟沿沟草属

← **Colpodium** Poaceae 禾本科 [MM-748] 全球 (1) 大洲分布及种数(5)◆亚洲
Paracorokia Kral = **Corokia**
Paracorynanthe【3】 Capuron 假春檀属 Rubiaceae 茜草科 [MD-523] 全球 (1) 大洲分布及种数(2)◆非洲(◆马达加斯加)
Paracostus【2】 C.D.Specht 独叶姜属 Costaceae 闭鞘姜科 [MM-738] 全球 (2) 大洲分布及种数(2-3)非洲:1;亚洲:cf.1
Paracritus C.D.Specht = **Paracostus**
Paracromastigum (R.M.Schust.) R.M.Schust. = **Paracromastigum**
Paracromastigum【2】 Fulford 肖指叶苔属 ≒ **Lepidozia** Lepidoziaceae 指叶苔科 [B-63] 全球 (4) 大洲分布及种数(11)亚洲:1;大洋洲:6;北美洲:1;南美洲:3
Paracroton【2】 Miq. 红巴豆属 → **Blumeodendron;Ostodes** Euphorbiaceae 大戟科 [MD-217] 全球 (3) 大洲分布及种数(4)非洲:1;亚洲:4;大洋洲:2
Paracryphia【3】 Baker f. 盔被花属 Paracryphiaceae 盔被花科 [MD-279] 全球 (1) 大洲分布及种数(1)◆大洋洲(◆美拉尼西亚)
Paracryphiaceae【3】Airy-Shaw 盔被花科 [MD-279] 全球 (1) 大洲分布和属种数(1/1)◆大洋洲
Paractaea Baill. = **Phylloctenium**
Paractaenium Benth. & Hook.f. = **Paractaenum**
Paractaenum【3】 P.Beauv. 大洋洲弯穗草属 ← **Panicum;Searsia** Poaceae 禾本科 [MM-748] 全球 (1) 大洲分布及种数(2)◆大洋洲(◆澳大利亚)
Paractis W.Zimm. = **Acianthus**
Paracyclas Kudô & Yamam. = **Abuta**
Paracyclea Kudo & Yamam. = **Cissampelos**
Paracymus Salisb. = **Paranomus**
Paracynoglossum Popov = **Cynoglossum**
Paradavallodes【3】 Ching 假钻毛蕨属 ← **Acrophorus** Davalliaceae 骨碎补科 [F-56] 全球 (1) 大洲分布及种数(1-7)◆亚洲
Paradella J.R. & C.G.Reeder = **Aristida**
Paradema Miers = **Cordia**
Paradennstaedtia Tagawa = **Dennstaedtia**
Paradenocline Müll.Arg. = **Adenocline**
Paraderris【3】 (Miq.) R.Geesink 拟鱼藤属 ≒ **Derris** Fabaceae 豆科 [MD-240] 全球 (6) 大洲分布及种数(11-13)非洲:29;亚洲:10-40;大洋洲:29;欧洲:29;北美洲:29;南美洲:29
Paradidyma Miers = **Cordia**
Paradigma Miers = **Cordia**
Paradima Miers = **Cordia**
Paradina Pierre ex Pit. = **Mitragyna**
Paradisanisia【-】 G.Schmidt & J.M.H.Shaw 兰科属 Orchidaceae 兰科 [MM-723] 全球 (uc) 大洲分布及种数(uc)
Paradisanthus【3】 Rchb.f. 肖双花木属 → **Koellensteinia;Warrea;Zygopetalum** Orchidaceae 兰科 [MM-723] 全球 (1) 大洲分布及种数(4)◆南美洲
Paradisea【3】 Mazzuc. 乐园百合属 ← **Anthericum;Phalangium;Chlorophytum** Asphodelaceae 阿福花科 [MM-649] 全球 (1) 大洲分布及种数(2-3)◆欧洲
Paradisia Bertol. = **Paradisea**
Paradolichandra Hassl. = **Dolichandra**
Paradombeya【3】 Stapf 平当树属 Malvaceae 锦葵科 [MD-203] 全球 (1) 大洲分布及种数(2-4)◆亚洲
Paradon Pierre ex Pit. = **Mitragyna**
Paradoneis J.R.Wheeler & N.G.Marchant = **Asteromyrtus**
Paradoris Hermosillo & Valdes = **Paraderris**
Paradrina Pierre ex Pit. = **Mitragyna**
Paradrymania Hanst. = **Paradrymonia**
Paradrymonia【2】 Hanst. 距瓣岩桐属 ← **Alloplectus;Episcia;Nautilocalyx** Gesneriaceae 苦苣苔科 [MD-549] 全球 (2) 大洲分布及种数(33-46)北美洲:15;南美洲:23-34
Paradrypetes【3】 Kuhlm. 贴梗桐属 Rhizophoraceae 红树科 [MD-329] 全球 (1) 大洲分布及种数(2)◆南美洲
Paraduba Pierre ex Pit. = **Mitragyna**
Paradupontopoa【-】 Prob. 禾本科属 Poaceae 禾本科 [MM-748] 全球 (uc) 大洲分布及种数(uc)
Paraeremostachys Adylov = **Eremostachys**
Paraerva【-】 T.Hammer 苋科属 Amaranthaceae 苋科 [MD-116] 全球 (uc) 大洲分布及种数(uc)
Parafaujasia【2】 C.Jeffrey 香丝草属 ≒ **Conyza** Asteraceae 菊科 [MD-586] 全球 (2) 大洲分布及种数(1-2) 非洲;欧洲
Parafestuca【3】 E.B.Alexeev 羊茅属 ≒ **Festuca** Poaceae 禾本科 [MM-748] 全球 (1) 大洲分布及种数(1-2)◆欧洲
Parafinetia【-】 J.Rosenb. 兰科属 Orchidaceae 兰科 [MM-723] 全球 (uc) 大洲分布及种数(uc)
Paragelonium Leandri = **Aristogeitonia**
Paragenipa【3】 Baill. 九节属 ≒ **Psychotria** Rubiaceae 茜草科 [MD-523] 全球 (1) 大洲分布及种数(1)◆非洲
Parageum【3】 Nakai & H.Hara ex H.Hara 山边青属 ≒ **Geum;Sieversia** Rosaceae 蔷薇科 [MD-246] 全球 (1) 大洲分布及种数(1-3)◆欧洲
Paraglomus Salisb. = **Paranomus**
Paraglossum Barbier & Mathez = **Pardoglossum**
Paraglycine F.J.Herm. = **Ophrestia**
Paragnathis Spreng. = **Diplomeris**
Paragoldfussia【3】 Bremek. 印尼青爵床属 Acanthaceae 爵床科 [MD-572] 全球 (1) 大洲分布及种数(uc)属分布和种数(uc)◆东南亚(◆印度尼西亚)
Paragonia Bureau ex K.Schum. = **Tanaecium**
Paragonimus J.R.Wheeler & N.G.Marchant = **Asteromyrtus**
Paragonis J.R.Wheeler & N.G.Marchant = **Asteromyrtus**
Paragoodia I.Thomps. = **Tanaecium**
Paragophyton K.Schum. = **Spermacoce**
Paragophytum K.Schum. = **Spermacoce**
Paragorgia Bur. = **Adenocalymma**
Paragramma【3】 (Bl.) T.Moore 亚蕨属 ← **Polypodium;Lepisorus** Polypodiaceae 水龙骨科 [F-60] 全球 (1) 大洲分布及种数(1)属分布和种数(uc)◆亚洲
Paragrewia【3】 Gagnep. ex R.S.Rao 亚洲椴树属 Malvaceae 锦葵科 [MD-203] 全球 (1) 大洲分布及种数(uc)属分布和种数(uc)◆亚洲
Paragrubia Burret = **Hydriastele**
Paragulubia Burret = **Hydriastele**
Paragutzlaffia H.B.Cui = **Strobilanthes**
Paragymnopteris K.H.Shing = **Hemionitis**
Paragynoxys【3】 (Cuatrec.) Cuatrec. 拟绒安菊属 ← **Cacalia;Gynoxys;Senecio** Asteraceae 菊科 [MD-586] 全

球 (1) 大洲分布及种数(12-15)◆南美洲
Parahancornia【3】 Ducke 奶牛木属 ← **Couma;Tabernaemontana** Apocynaceae 夹竹桃科 [MD-492] 全球 (1) 大洲分布及种数(7)◆南美洲
Parahebe【3】 W.R.B.Oliv. 拟长阶花属 ≒ **Veronica** Plantaginaceae 车前科 [MD-527] 全球 (1) 大洲分布及种数(1)◆大洋洲
Parahemionitis【3】 Panigrahi 拟泽泻蕨属 ← **Asplenium** Pteridaceae 凤尾蕨科 [F-31] 全球 (1) 大洲分布及种数(cf. 1)◆亚洲
Paraholcoglossum【3】 Z.J.Liu,S.C.Chen & L.J.Chen 拟槽舌兰属 Orchidaceae 兰科 [MM-723] 全球 (1) 大洲分布及种数(uc)属分布和种数(uc)◆亚洲
Parahopea F.Heim = **Shorea**
Parahyparrhenia【3】 A.Camus 异雄草属 ← **Andropogon;Sorghum** Poaceae 禾本科 [MM-748] 全球 (1) 大洲分布及种数(2)◆非洲
Paraia【3】 J.G.Rohwer,H.G.Richter & H.van der Werff 鹃桂属 ≒ **Perama** Lauraceae 樟科 [MD-21] 全球 (1) 大洲分布及种数(1-2)◆南美洲
Parailia Dennst. = **Parkia**
Parainvolucrella【-】 R.J.Wang 茜草科属 Rubiaceae 茜草科 [MD-523] 全球 (1) 大洲分布及种数(uc) ◆亚洲(◆缅甸)
Paraisometrum【3】 W.T.Wang 弥勒苣苔属 ≒ **Oreocharis** Gesneriaceae 苦苣苔科 [MD-549] 全球 (1) 大洲分布及种数(cf. 1)◆亚洲
Paraixeris【3】 Nakai 黄瓜菜属 ≒ **Crepidiastrum; Ixeridium;Ixeris** Asteraceae 菊科 [MD-586] 全球 (1) 大洲分布及种数(1-6)◆北美洲
Parajaeschkea【3】 Burkill 龙胆科属 Gentianaceae 龙胆科 [MD-496] 全球 (1) 大洲分布及种数(uc)◆大洋洲
Parajubaea【3】 Burret 脊果椰子属 ← **Allagoptera** Arecaceae 棕榈科 [MM-717] 全球 (1) 大洲分布及种数(3)◆南美洲
Parajusticia【3】 Benoist 脊爵床属 ← **Gymnostachyum** Acanthaceae 爵床科 [MD-572] 全球 (1) 大洲分布及种数(uc)◆大洋洲
Parakaempferia【3】 A.S.Rao & Verma 肾药姜属 Zingiberaceae 姜科 [MM-737] 全球 (1) 大洲分布及种数(1-2)◆亚洲
Parakeelya【3】 Hershk. 澳红娘属 ← **Calandrinia; Talinum** Montiaceae 水卷耳科 [MD-81] 全球 (1) 大洲分布及种数(19-20)◆大洋洲(◆澳大利亚)
Parakibara【3】 Phil. 叉榕桂属 Monimiaceae 玉盘桂科 [MD-20] 全球 (1) 大洲分布及种数(1)◆东南亚(◆印度尼西亚)
Parakmeria【3】 Hu & Cheng 乌心石舅属 ← **Magnolia;Michelia** Magnoliaceae 木兰科 [MD-1] 全球 (1) 大洲分布及种数(cf. 1)◆亚洲
Paraknoxia【3】 Bremek. 白星茜属 ← **Pentanisia** Rubiaceae 茜草科 [MD-523] 全球 (1) 大洲分布及种数(1)◆非洲
Parakohleria H.Wiehler = **Parakohleria**
Parakohleria【3】 Wiehler 肖树苣苔属 ← **Kohleria; Rhytidophyllum;Pearcea** Gesneriaceae 苦苣苔科 [MD-549] 全球 (1) 大洲分布及种数(5)◆南美洲
Parakosa Alef. = **Vicia**
Parakysis (DC.) Dostál = **Amberboa**
Paralabatia Pierre = **Pouteria**
Paralagarosolen【3】 Y.G.Wei 方鼎苣苔属 Gesneriaceae 苦苣苔科 [MD-549] 全球 (1) 大洲分布及种数(2)◆亚洲
Paralamium【3】 Dunn 假野芝麻属 ← **Plectranthus** Lamiaceae 唇形科 [MD-575] 全球 (1) 大洲分布及种数(cf. 1)◆亚洲
Paralaoma Alef. = **Vicia**
Paralasa Alef. = **Vicia**
Paralasianthus【2】 H.Zhu 假茜草属 Rubiaceae 茜草科 [MD-523] 全球 (2) 大洲分布及种数(4) 非洲:1;亚洲:3
Paralbizia (Merr.) Kosterm. = **Pithecellobium**
Paralbizza Kosterm. = **Pithecellobium**
Paralbizzia Kosterm. = **Pithecellobium**
Paralcidia (Merr.) Kosterm. = **Archidendron**
Paralcis Hill = **Primula**
Paralea【-】 Aubl. 柿科属 ≒ **Parnassia** Ebenaceae 柿科 [MD-353] 全球 (uc) 大洲分布及种数(uc)
Paralepis S.Moore = **Paurolepis**
Paralepistemon【3】 Lejoly & Lisowski 假鳞蕊藤属 Convolvulaceae 旋花科 [MD-499] 全球 (1) 大洲分布及种数(1-2)◆非洲
Paraleptochilus Copel. = **Colysis**
Paraleptonia Baill. = **Alyxia**
Paraleucobryum【3】 (Lindb. ex Limpr.) Löske 拟白发藓属 Dicranaceae 曲尾藓科 [B-128] 全球 (6) 大洲分布及种数(3) 非洲:1;亚洲:3;大洋洲:1;欧洲:3;北美洲:3;南美洲:1
Paraleucothoe (Nakai) Honda = **Leucothoe**
Paralia Desv. = **Diospyros**
Paralibitia Pierre = **Planchonella**
Paralidia Nielson = **Parolinia**
Paraligusticum【3】 V.N.Tikhom. 藁本属 ≒ **Ligusticum** Apiaceae 伞形科 [MD-480] 全球 (1) 大洲分布及种数(cf.1)◆亚洲
Paralimax Desv. ex Ham. = **Diospyros**
Paralimna Pierre ex Pit. = **Adina**
Paralinospadix【3】 Burret 隐萼椰属 ← **Calyptrocalyx** Arecaceae 棕榈科 [MM-717] 全球 (1) 大洲分布及种数(uc)属分布和种数(uc)◆亚洲
Paralitsea Mazzuc. = **Paradisea**
Parallosa Alef. = **Vicia**
Paralophia【3】 P.J.Cribb & Hermans 类豆蔻属 Orchidaceae 兰科 [MM-723] 全球 (1) 大洲分布及种数(2)◆亚洲
Paralstonia Baill. = **Alyxia**
Paralychnophora【3】 MacLeish 灯盘菊属 ← **Eremanthus** Asteraceae 菊科 [MD-586] 全球 (1) 大洲分布及种数(7)◆南美洲
Paralysis Hill = **Androsace**
Paralyttonia Baill. = **Alyxia**
Paralyxia Baill. = **Bignonia**
Paramachaerium【2】 Ducke 美洲豚豆属 ← **Machaerium;Pterocarpus** Fabaceae 豆科 [MD-240] 全球 (2) 大洲分布及种数(6)北美洲:1;南美洲:4
Paramacrolobium【3】 J.Léonard 赛大裂豆属 ≒ **Vouapa** Fabaceae 豆科 [MD-240] 全球 (1) 大洲分布及种数(1)◆非洲
Paramaevia Benth. = **Parameria**
Paramammea J.F.Leroy = **Mammea**

Paramanglieta Hu & Cheng = **Magnolia**
Paramanglietia H.H.Hu & W.C.Cheng = **Manglietia**
Paramansoa Baill. = **Fridericia**
Paramapania【3】 Uittien 糙鳞芒属 ← **Hypolytrum;Mapania** Cyperaceae 莎草科 [MM-747] 全球 (1) 大洲分布及种数(7-8)◆亚洲
Parameconopsis Grey-Wilson = **Papaver**
Paramelhania【3】 Arènes 拟梅蓝属 Malvaceae 锦葵科 [MD-203] 全球 (1) 大洲分布及种数(1)◆非洲(◆马达加斯加)
Parameria【3】 Benth. 长节珠属 ← **Aegiphila;Parsonsia;Sindechites** Apocynaceae 夹竹桃科 [MD-492] 全球 (1) 大洲分布及种数(3-4)◆亚洲
Parameriopsis Pichon = **Parameria**
Paramesus【-】 C.Presl 蝶形花科属 ≒ **Trifolium** Fabaceae3 蝶形花科 [MD-240] 全球 (uc) 大洲分布及种数(uc)
Parametaria Reeve = **Parameria**
Paramichelia H.H.Hu = **Michelia**
Paramicropholis Aubrév. & Pellegr. = **Micropholis**
Paramicrorhynchus【2】 Kirp. 假小喙菊属 ← **Launaea** Asteraceae 菊科 [MD-586] 全球 (2) 大洲分布及种数(cf.1) 非洲;亚洲
Paramiflos【3】 Cuatrec. 连菊属 ≒ **Wyethia** Asteraceae 菊科 [MD-586] 全球 (1) 大洲分布及种数(2)◆南美洲(◆哥伦比亚)
Paramignya Miq. = **Paramignya**
Paramignya【3】 Wight 单叶藤橘属 ← **Atalantia** Rutaceae 芸香科 [MD-399] 全球 (1) 大洲分布及种数(16-20)◆亚洲
Paramigyna Wight = **Paramignya**
Paramimus C.Presl = **Trifolium**
Paramitranthes Burret = **Siphoneugena**
Paramollugo【2】 Thulin 比豆兰属 Orchidaceae 兰科 [MM-723] 全球 (5) 大洲分布及种数(9) 非洲:5,亚洲:1,大洋洲:1,北美洲:3,南美洲:1
Paramoltkia【3】 Greuter 连紫草属 Boraginaceae 紫草科 [MD-517] 全球 (1) 大洲分布及种数(1)◆南欧(◆阿尔巴尼亚)
Paramomitrion【3】 R.M.Schust. 平萼苔属 Gymnomitriaceae 全萼苔科 [B-41] 全球 (1) 大洲分布及种数(1)◆非洲
Paramomum S.Q.Tong = **Amomum**
Paramongaia【3】 Velarde 黄杯水仙属 Amaryllidaceae 石蒜科 [MM-694] 全球 (1) 大洲分布及种数(1)◆南美洲
Paramya Rohwer,H.G.Richt. & van der Werff = **Paraia**
Paramyia Benth. = **Parameria**
Paramyrciaria Kausel = **Myrciaria**
Paramyristica【3】 W.J.de Wilde 肉豆蔻属 ← **Myristica** Myristicaceae 肉豆蔻科 [MD-15] 全球 (1) 大洲分布及种数(1)◆非洲
Paramyurium (Limpr.) Warnst. = **Cirriphyllum**
Paranaitis W.Zimm. = **Acianthus**
Paranapiacaba W.R.Buck & D.M.Vital = **Paranapiacabaea**
Paranapiacabaea【3】 W.R.Buck & D.M.Vital 全锦藓属 Sematophyllaceae 锦藓科 [B-192] 全球 (1) 大洲分布及种数(1)◆南美洲
Parandachnis Garay & H.R.Sw. = **Arachnis**
Parandalia Cuatrec. = **Paracalia**
Parandanthe Garay & H.R.Sw. = **Vandopsis**
Parandanus S.Parkinson = **Pandanus**
Parandra Tippmann = **Porandra**
Paranecepsia【3】 Radcl.Sm. 杜英桐属 Euphorbiaceae 大戟科 [MD-217] 全球 (1) 大洲分布及种数(1)◆非洲
Paranephelium【3】 Miq. 假韶子属 → **Amesiodendron** Sapindaceae 无患子科 [MD-428] 全球 (1) 大洲分布及种数(10-15)◆亚洲
Paranephelius【3】 Pöpp. 莲安菊属 ← **Liabum** Asteraceae 菊科 [MD-586] 全球 (1) 大洲分布及种数(8)◆南美洲
Paranereis (Miq.) R.Geesink = **Paraderris**
Paraneurachne【3】 S.T.Blake 异脉颖草属 ← **Neurachne** Poaceae 禾本科 [MM-748] 全球 (1) 大洲分布及种数(1)◆大洋洲(◆澳大利亚)
Paranneslea【3】 Gagnep. 越南茶梨属 ← **Anneslea** Pentaphylacaceae 五列木科 [MD-215] 全球 (1) 大洲分布及种数(1)◆亚洲
Paranomia Bremek. = **Paraknoxia**
Paranomus【3】 Salisb. 权杖木属 → **Diastella;Sorocephalus;Leucadendron** Proteaceae 山龙眼科 [MD-219] 全球 (1) 大洲分布及种数(19-22)◆非洲
Paranotis【-】 Pedley ex K.L.Gibbons 茜草科属 Rubiaceae 茜草科 [MD-523] 全球 (uc) 大洲分布及种数(uc)
Parant O.F.Cook = **Vandopsis**
Parantennaria【3】 Beauverd 离冠蝶须属 ← **Antennaria** Asteraceae 菊科 [MD-586] 全球 (1) 大洲分布及种数(1)◆大洋洲(◆澳大利亚)
Paranth O.F.Cook = **Vandopsis**
Paranthe Garay & H.R.Sw. = **Vandopsis**
Parantheopsis (Hance) L.W.Lenz = **Pardanthopsis**
Paranthera Garay & H.R.Sw. = **Saponaria**
Paranthura Paul & Menzies = **Poranthera**
Paranthus Less. = **Piaranthus**
Paranticoma Kuhlm. = **Paratecoma**
Paraonis J.R.Wheeler & N.G.Marchant = **Asteromyrtus**
Paraorus Alderw. = **Araiostegia**
Paraottis【-】 J.M.H.Shaw 兰科属 Orchidaceae 兰科 [MM-723] 全球 (uc) 大洲分布及种数(uc)
Parapachygone【3】 Forman 粉绿藤属 ≒ **Pachygone** Menispermaceae 防己科 [MD-42] 全球 (1) 大洲分布及种数(1)◆大洋洲
Parapactis W.Zimm. = **Epipactis**
Parapanax Miq. = **Schefflera**
Parapantadenia Capuron = **Pantadenia**
Parapapilisia【-】 E.P.Hendra 兰科属 Orchidaceae 兰科 [MM-723] 全球 (uc) 大洲分布及种数(uc)
Parapentace Gagnep. = **Burretiodendron**
Parapentapanax Hutch. = **Aralia**
Parapentas【3】 Bremek. 肖五星花属 ← **Oldenlandia** Rubiaceae 茜草科 [MD-523] 全球 (1) 大洲分布及种数(3)◆非洲
Parapetalifera J.C.Wendl. = **Agathosma**
Paraphachilus【-】 J.M.H.Shaw 兰科属 Orchidaceae 兰科 [MM-723] 全球 (uc) 大洲分布及种数(uc)
Paraphalaenopsis【3】 A.D.Hawkes 蝴蝶兰属 ← **Phalaenopsis** Orchidaceae 兰科 [MM-723] 全球 (1) 大洲分布及种数(5)◆亚洲

Paraphaluisia【2】 J.M.H.Shaw & U.B.Deshmukh 兰科属 Orchidaceae 兰科 [MM-723] 全球 (1) 大洲分布及种数(uc)◆北美洲
Paraphlomis (Prain) Prain = **Paraphlomis**
Paraphlomis【3】 Prain 髯药草属 ← **Ajuga;Pogonanthera** Lamiaceae 唇形科 [MD-575] 全球 (1) 大洲分布及种数(27-30)◆亚洲
Parapholas G.B.Sowerby I = **Parapholis**
Parapholis【3】 C.E.Hubb. 假牛鞭草属 ← **Aegilops; Paliurus;Parathesis** Poaceae 禾本科 [MM-748] 全球 (6) 大洲分布及种数(5-7)非洲:4-7;亚洲:3-7;大洋洲:3-5;欧洲:4-7;北美洲:3-5;南美洲:1-3
Paraphonus Chopard = **Parapholis**
Paraphyadantha Mildbr. = **Oncoba**
Paraphyadanthe Mildbr. = **Oncoba**
Paraphyllarthron J.F.Leroy = **Phyllarthron**
Paraphymatoceros【2】 (Stephani) Stotler 拟肿角苔属 ≒ **Phaeomegaceros** Notothyladaceae 短角苔科 [B-93] 全球 (3) 大洲分布及种数(5)亚洲:cf.1;北美洲:1;南美洲:2
Paraphysa (DC.) Dostál = **Centaurea**
Paraphysis (DC.) Dostál = **Centaurea**
Parapimpinella【3】 Fern.Prieto,Sanna & Arjona 伞蛇床属 Apiaceae 伞形科 [MD-480] 全球 (1) 大洲分布及种数(cf.1)◆欧洲
Parapiptadenia【3】 Brenan 香金檀属 ← **Acacia;Prosopis** Fabaceae 豆科 [MD-240] 全球 (1) 大洲分布及种数(5-6)◆南美洲
Parapiqueria【3】 R.M.King & H.Rob. 拟皮格菊属 Asteraceae 菊科 [MD-586] 全球 (1) 大洲分布及种数(1)◆南美洲(◆巴西)
Paraploactis W.Zimm. = **Epipactis**
Parapodium【3】 E.Mey. 假足萝藦属 ← **Metastelma** Apocynaceae 夹竹桃科 [MD-492] 全球 (1) 大洲分布及种数(3)◆非洲
Parapolia Wheeler = **Parapholis**
Parapolydora【3】 H.Rob. 独菊属 Asteraceae 菊科 [MD-586] 全球 (1) 大洲分布及种数(1)◆非洲(◆博茨瓦纳)
Parapolystichum (Keys.) Ching = **Lastreopsis**
Parapottsia Miq. = **Vallaris**
Paraprasophyllum【3】 M.A.Clem. & D.L.Jones 兰豆叶属 Orchidaceae 兰科 [MM-723] 全球 (1) 大洲分布及种数(uc)◆大洋洲
Paraprenanthes【3】 Chang ex C.Shih 假福王草属 ← **Crepis;Prenanthes;Mulgedium** Asteraceae 菊科 [MD-586] 全球 (1) 大洲分布及种数(22-23)◆东亚(◆中国)
Paraprotium Cuatrec. = **Protium**
Paraprotus Cuatrec. = **Amyris**
Parapteroceras【2】 Aver. 虾尾兰属 ← **Pteroceras; Tuberolabium** Orchidaceae 兰科 [MM-723] 全球 (2) 大洲分布及种数(8-9)亚洲:6;大洋洲:2
Parapteropyrum【3】 A.J.Li 翅果蓼属 Polygonaceae 蓼科 [MD-120] 全球 (1) 大洲分布及种数(2)◆亚洲
Paraptosiella【-】 J.M.H.Shaw 兰科属 Orchidaceae 兰科 [MM-723] 全球 (uc) 大洲分布及种数(uc)
Parapyrenaria【3】 Hung T.Chang 多瓣核果茶属 ← **Pyrenaria** Theaceae 山茶科 [MD-168] 全球 (6) 大洲分布及种数(2)非洲:1;亚洲:1-2;大洋洲:1;欧洲:1;北美洲:1;南美洲:1
Parapyrola Miq. = **Epigaea**
Paraquilegia【3】 J.R.Drumm. & Hutch. 拟耧斗菜属 ← **Aquilegia** Ranunculaceae 毛茛科 [MD-38] 全球 (1) 大洲分布及种数(7-9)◆亚洲
Pararachnis A.D.Hawkes = **Arachnis**
Pararchidendron【3】 I.C.Nielsen 雪合欢属 ← **Abarema;Pithecolobium** Fabaceae 豆科 [MD-240] 全球 (1) 大洲分布及种数(1)◆大洋洲
Parardisia【2】 M.P.Nayar & G.S.Giri 紫金牛属 ≒ **Ardisia** Primulaceae 报春花科 [MD-401] 全球 (3) 大洲分布及种数(cf.1) 非洲;亚洲;大洋洲
Pararenanthera A.D.Hawkes = **Phalaenopsis**
Pararhacocarpus【2】 J.P.Frahm 肖尾藓属 ≒ **Rhacocarpus** Rhacocarpaceae 顶刺苞藓科 [B-139] 全球 (2) 大洲分布及种数(1) 大洋洲:1;南美洲:1
Pararides Garay & H.R.Sw. = **Ferreyranthus**
Pararistolochia Hutch. & Dalziel = **Aristolochia**
Parartabotrys【-】 Miq. 番荔枝科属 ≒ **Cyathocalyx** Annonaceae 番荔枝科 [MD-7] 全球 (uc) 大洲分布及种数(uc)
Parartocarpus【3】 Baill. 苞桂木属 Moraceae 桑科 [MD-87] 全球 (1) 大洲分布及种数(2)◆东南亚(◆新加坡)
Pararuellia【3】 Bremek. & Nann.Bremek. 地皮消属 ≒ **Ruellia** Acanthaceae 爵床科 [MD-572] 全球 (1) 大洲分布及种数(cf. 1)◆亚洲
Parasa Raf. = **Nerisyrenia**
Parasamanea Kosterm. = **Abarema**
Parasanaa Miq. = **Schefflera**
Parasarcochilus【3】 Dockr. 狭唇兰属 ≒ **Taeniophyllum** Orchidaceae 兰科 [MM-723] 全球 (1) 大洲分布及种数(uc)◆大洋洲
Parasarus Alderw. = **Araiostegia**
Parasassafras【3】 D.G.Long 拟檫木属 ← **Actinodaphne;Litsea;Neocinnamomum** Lauraceae 樟科 [MD-21] 全球 (1) 大洲分布及种数(cf. 1)◆亚洲
Parascheelea Dugand = **Attalea**
Paraschistochila Acroschistochila R.M.Schust. = **Paraschistochila**
Paraschistochila【2】 R.M.Schust. 合舌苔属 Schistochilaceae 歧舌苔科 [B-34] 全球 (uc) 大洲分布及种数(1)
Parascopolia Baill. = **Lycianthes**
Paraselinum【3】 H.Wolff 肖亮蛇床属 Apiaceae 伞形科 [MD-480] 全球 (1) 大洲分布及种数(1)◆南美洲
Paraselliguea【3】 Hovenkamp 类修蕨属 ≒ **Pleopeltis** Polypodiaceae 水龙骨科 [F-60] 全球 (1) 大洲分布及种数(uc)属分布和种数(uc)◆亚洲
Parasenecio (H.Koyama) H.Koyama = **Parasenecio**
Parasenecio【3】 W.W.Sm. & J.Small 蟹甲草属 ← **Cacalia;Hasteola** Asteraceae 菊科 [MD-586] 全球 (1) 大洲分布及种数(88-99)◆亚洲
Parasenegalia【2】 Seigler & Ebinger 西美兰属 Orchidaceae 兰科 [MM-723] 全球 (2) 大洲分布及种数(cf.7) 北美洲:4;南美洲:3
Paraserianthes【3】 I.C.Nielsen 箭羽楹属 ← **Acacia; Feuilleea** Fabaceae 豆科 [MD-240] 全球 (6) 大洲分布及种数(3)非洲:1-2;亚洲:1-2;大洋洲:2-3;欧洲:1-2;北美洲:1-2;南美洲:1-2
Paraserianthes I.C.Nielsen = **Paraserianthes**

Parashorea【3】Kurz 柳安属 ← **Shorea** Dipterocarpaceae 龙脑香科 [MD-173] 全球 (1) 大洲分布及种数(16-17)◆亚洲
Parasia P. & K. = **Nerisyrenia**
Parasicyos【3】Dieterle 肖刺瓜藤属 Cucurbitaceae 葫芦科 [MD-205] 全球 (1) 大洲分布及种数(2)◆北美洲
Parasilaus【3】Leute 连芹属 Apiaceae 伞形科 [MD-480] 全球 (1) 大洲分布及种数(2-3)◆亚洲
Parasitaxaceae Melikyan & A.V.Bobrov = Podocarpaceae
Parasitaxus【3】de Laub. 寄生松属 ≒ **Podocarpus** Podocarpaceae 罗汉松科 [G-13] 全球 (1) 大洲分布及种数(3)◆大洋洲
Parasitipomaea Hayata = **Xenostegia**
Parasitipomoea Hayata = **Xenostegia**
Paraskevia【-】W.Saür & G.Saür 紫草科属 Boraginaceae 紫草科 [MD-517] 全球 (uc) 大洲分布及种数(uc)
Parasola Baill. = **Phylloctenium**
Parasopubia【3】H.P.Hofm. & Eb.Fisch. 连玄参属 ≒ **Lophanthera** Orobanchaceae 列当科 [MD-552] 全球 (1) 大洲分布及种数(2-3)◆南亚(◆印度)
Parasorus Alderw. = **Davallia**
Paraspalathus C.Presl = **Aspalathus**
Parasponia【3】Miq. 山豆麻属 Cannabaceae 大麻科 [MD-89] 全球 (1) 大洲分布及种数(1)◆非洲
Parastasia Baill. = **Asystasia**
Parastega Clarke = **Parastriga**
Parastemon【3】A.DC. 红樱李属 ← **Licania** Chrysobalanaceae 可可李科 [MD-243] 全球 (1) 大洲分布及种数(cf.1)◆亚洲
Parasterina Mildbr. = **Parastriga**
Parastranthus G.Don = **Scaevola**
Parastrephia【3】Nutt. 绒柏菀属 ← **Baccharis;Vernonia** Asteraceae 菊科 [MD-586] 全球 (1) 大洲分布及种数(6)◆南美洲
Parastriga【2】Mildbr. 肖独脚金属 Orobanchaceae 列当科 [MD-552] 全球 (2) 大洲分布及种数(2)非洲:1;南美洲:cf.1
Parastrigea Mildbr. = **Parastriga**
Parastrobilanthes【3】Bremek. 延苞蓝属 ← **Strobilanthes** Acanthaceae 爵床科 [MD-572] 全球 (1) 大洲分布及种数(4)◆亚洲
Parastylis J.M.H.Shaw = **Amitostigma**
Parastyrax【3】W.W.Sm. 茉莉果属 ← **Styrax** Styracaceae 安息香科 [MD-327] 全球 (1) 大洲分布及种数(3-4)◆亚洲
Parasympagis【3】Bremek. 泰国合爵床属 Acanthaceae 爵床科 [MD-572] 全球 (1) 大洲分布及种数(uc)属分布和种数(uc)◆东南亚(◆泰国)
Parasyncalathium【3】J.W.Zhang,Boufford & H.Sun 假合头菊属 ← **Syncalathium** Asteraceae 菊科 [MD-586] 全球 (1) 大洲分布及种数(cf. 1)◆亚洲
Parasyringa W.W.Sm. = **Ligustrum**
Parasystasia Baill. = **Asystasia**
Paratanus Linnavuori = **Platanus**
Paratecoma【3】Kuhlm. 赛黄钟花属 ← **Tecoma** Bignoniaceae 紫葳科 [MD-541] 全球 (1) 大洲分布及种数(1)◆南美洲(◆巴西)
Paratephrosia【3】Domin 类灰豆属 ← **Lespedeza** Fabaceae 豆科 [MD-240] 全球 (1) 大洲分布及种数(1)◆大洋洲(◆澳大利亚)
Parathamnium【-】(M.Fleisch.) Ochyra 平藓科属 Neckeraceae 平藓科 [B-204] 全球 (uc) 大洲分布及种数(uc)
Parathel O.F.Cook = **Vandopsis**
Parathelypteris【3】(H.Itô) Ching 金星蕨属 ← **Thelypteris;Dryopteris** Thelypteridaceae 金星蕨科 [F-42] 全球 (6) 大洲分布及种数(28-30;hort.1;cult: 3)非洲:3;亚洲:27-32;大洋洲:3;欧洲:3;北美洲:3-6;南美洲:3
Paratheresia Griseb. = **Paratheria**
Paratheria【3】Griseb. 水沼异颖草属 ← **Panicum;Chamaeraphis** Poaceae 禾本科 [MM-748] 全球 (6) 大洲分布及种数(3)非洲:2-3;亚洲:1-2;大洋洲:1;欧洲:1;北美洲:1-2;南美洲:1-2
Paratheris Griseb. = **Paratheria**
Parathesis【2】(A.DC.) Hook.f. 星金牛属 ← **Ardisia; Stylogyne** Primulaceae 报春花科 [MD-401] 全球 (3) 大洲分布及种数(95-115)亚洲:cf.1;北美洲:84-97;南美洲:21-25
Parathyrium Holttum = **Deparia**
Paratinospora【-】Wei Wang 防己科属 Menispermaceae 防己科 [MD-42] 全球 (uc) 大洲分布及种数(uc)
Paratnelypteris (H.Itô) Ching = **Parathelypteris**
Paratriaina Bremek. = **Triainolepis**
Paratriga Mildbr. = **Parastriga**
Paratrimma Höse & Brothers = **Paragramma**
Paratropes Bl. = **Morus**
Paratropia (Bl.) DC. = **Schefflera**
Paratropis Bl. = **Streblus**
Paratubana Young = **Parajubaea**
Paratus R.Br. = **Piaranthus**
Paravallaris Pierre = **Kibatalia**
Paravanda A.D.Hawkes = **Vandopsis**
Paravandanthera Garay & H.R.Sw. = **Aiphanes**
Paravandopsis【-】J.M.H.Shaw 兰科属 Orchidaceae 兰科 [MM-723] 全球 (uc) 大洲分布及种数(uc)
Paravandrum【-】J.M.H.Shaw 兰科属 Orchidaceae 兰科 [MM-723] 全球 (uc) 大洲分布及种数(uc)
Paravelia Adans. = **Naravelia**
Paravima Miers = **Cordia**
Paravinia Hassk. = **Urophyllum**
Paravitex【3】H.R.Fletcher 牡荆属 ← **Vitex** Lamiaceae 唇形科 [MD-575] 全球 (1) 大洲分布及种数(uc)属分布和种数(uc)◆亚洲
Paraxerus A.Smith = **Trifolium**
Paraxiopsis Kudo = **Castanopsis**
Parazaona Miers = **Parabaena**
Parcana Aubl. = **Pariana**
Parcella Felder = **Barcella**
Pardalina Pierre ex Pit. = **Mitragyna**
Pardancanda L.W.Lenz = **Iris**
Pardanthopsis【3】(Hance) L.W.Lenz 野鸢尾属 ≒ **Iris** Iridaceae 鸢尾科 [MM-700] 全球 (1) 大洲分布及种数(cf. 1)◆亚洲
Pardanthus Ker Gawl. = **Belamcanda**
Pardinia Herb. = **Tigridia**
Pardisium Burm.f. = **Quararibea**
Pardoglossum【3】Barbier & Mathez 琉璃草属 ≒ **Cynoglossum** Boraginaceae 紫草科 [MD-517] 全球 (1) 大洲分布及种数(1)◆欧洲

Pardopsis Botsch. = **Phaeonychium**
Pardosella Mello-Leitôo = **Parosela**
Pareba Lour. ex Gomes = **Parkia**
Parechites Miq. = **Cryptolepis**
Parectenium Stapf = **Paractaenum**
Pareiodon Rchb. = **Bouteloua**
Pareira Lour ex Gomes = **Parkia**
Parena Greene = **Rubus**
Parenterolobium Kosterm. = **Abarema**
Parentia Léman = **Rumex**
Parentucella Hand.Mazz. = **Parentucellia**
Parentucellia 【3】 Viv. 腺铃草属 ← **Euphrasia** Orobanchaceae 列当科 [MD-552] 全球 (6) 大洲分布及种数(4)非洲:2-3;亚洲:3-4;大洋洲:2-3;欧洲:2-3;北美洲:2-3;南美洲:2-3
Parepigynum 【3】 Tsiang & P.T.Li 富宁藤属 Apocynaceae 夹竹桃科 [MD-492] 全球 (1) 大洲分布及种数(cf. 1)◆亚洲
Pareques Miller & Woods = **Cestrum**
Parestia C.Presl = **Davallia**
Pareuchaetes Miq. = **Aganosma**
Pareugenia Turrill = **Syzygium**
Parevia C.Presl = **Araiostegia**
Parexuris Nakai & Maekawa = **Sciaphila**
Parfonsia G.A.Scop. = **Parsonsia**
Parhabenaria 【3】 Gagnep. 尖蝶兰属 ← **Pecteilis** Orchidaceae 兰科 [MM-723] 全球 (1) 大洲分布及种数(uc)属分布和种数(uc)◆亚洲
Parhyrhizus Rich. ex DC. = **Pachyrhizus**
Parialysus Hill = **Primula**
Pariana 【3】 Aubl. 雨林竺属 → **Eremitis;Steyermarkochloa;Paraia** Poaceae 禾本科 [MM-748] 全球 (1) 大洲分布及种数(36-39)◆南美洲
Parianaceae (Hack.) Nak. = Pteridaceae
Parianeae C.E.Hubb. = **Pariana**
Parianella 【3】 Hollowell 墙壁草属 Poaceae 禾本科 [MM-748] 全球 (6) 大洲分布及种数(3)非洲:1;亚洲:1;大洋洲:1;欧洲:1;北美洲:1;南美洲:2-3
Pariatica P. & K. = **Nyctanthes**
Pariaticu Adans. = **Nyctanthes**
Paridaceae Dum. = Pteridaceae
Parietaria 【3】 L.墙草属→**Boehmeria;Pilea;Peristeria** Urticaceae 荨麻科 [MD-91] 全球 (6) 大洲分布及种数(43-57;hort.1)非洲:13-29;亚洲:21-35;大洋洲:8-21;欧洲:10-24;北美洲:16-29;南美洲:12-25
Parilia Dennst. = **Parkia**
Parilium Gaertn. = **Nyctanthes**
Parillax Raf. = **Smilax**
Pariltaria Burm.f. = **Papillaria**
Parinari (Benth.) Miq. = **Parinari**
Parinari 【3】 Aubl. 怀春李属 → **Atuna;Maranthes;Ferula** Chrysobalanaceae 可可李科 [MD-243] 全球 (6) 大洲分布及种数(33-50;hort.1;cult: 1)非洲:12-17;亚洲:9-20;大洋洲:3-10;欧洲:4;北美洲:4-8;南美洲:23-27
Parinariopsis 【-】 (Huber) Sothers & Prance 可可李科属 Chrysobalanaceae 可可李科 [MD-243] 全球 (uc) 大洲分布及种数(uc)
Parinarium Comm. ex A.Juss. = **Parinari**
Parinorium Juss. = **Parinari**
Pariolius Gaertn. = **Nyctanthes**
Paripon 【3】 Voigt 南美楼棕属 Arecaceae 棕榈科 [MM-717] 全球 (1) 大洲分布及种数(1)◆南美洲
Paripteris Raf. = **Bouchetia**
Paris 【3】 (Rupp.) L. 重楼属 ≒ **Padus;Malus** Trilliaceae 延龄草科 [MM-620] 全球 (6) 大洲分布及种数(32-35;hort.1;cult:3)非洲:1-8;亚洲:31-40;大洋洲:2-9;欧洲:3-10;北美洲:7;南美洲:7
Parishella 【3】 A.Gray 卧枝草属 ← **Nemacladus** Campanulaceae 桔梗科 [MD-561] 全球 (1) 大洲分布及种数(1)◆北美洲(◆美国)
Parishia 【3】 Hook.f. 柳安漆属 Anacardiaceae 漆树科 [MD-432] 全球 (1) 大洲分布及种数(cf. 1)◆亚洲
Parisia Broth. = **Parisia**
Parisia 【3】 J.M.H.Shaw 弯尾藓属 ≒ **Eucamptodon** Dicranaceae 曲尾藓科 [B-128] 全球 (1) 大洲分布及种数(uc)◆大洋洲
Parita G.A.Scop. = **Thespesia**
Pariti 【3】 Adans. 木槿属 ≒ **Actinodaphne** Malvaceae 锦葵科 [MD-203] 全球 (1) 大洲分布及种数(1)属分布和种数(uc)◆北美洲
Paritium A.Juss. = **Actinodaphne**
Parivoa Aubl. = **Afzelia**
Parkerella Townsend = **Palmerella**
Parkeria Hook. = **Ceratopteris**
Parkeriaceae 【3】 Hook. 水蕨科 [F-36] 全球 (1) 大洲分布和属种数(1)◆东亚(◆中国)
Parkerieae 【-】 Brongn. 水蕨科属 Parkeriaceae 水蕨科 [F-36] 全球 (uc) 大洲分布及种数(uc)
Parkesia Hook. = **Ceratopteris**
Parkia H.C.Hopkins = **Parkia**
Parkia 【3】 R.Br. 球花豆属 ← **Acacia;Mimosa;Xylia** Fabaceae2 云实科 [MD-239] 全球 (1) 大洲分布及种数(7-15)◆亚洲
Parkieae Endl. = **Parkia**
Parkieria Hu & Cheng = **Parakmeria**
Parkinsonia 【3】 L. 扁轴木属 ≒ **Caesalpinia;Pomaria** Fabaceae 豆科 [MD-240] 全球 (6) 大洲分布及种数(14-16;hort.1)非洲:5-7;亚洲:3-5;大洋洲:1-3;欧洲:2-4;北美洲:7-9;南美洲:7-10
Parksia J.M.H.Shaw = **Parisia**
Parlatorea Barb.Rodr. = **Sanderella**
Parlatoria 【3】 Boiss. 南芥属 ≒ **Sobolewskia** Brassicaceae 十字花科 [MD-213] 全球 (1) 大洲分布及种数(1)◆西亚(◆伊朗)
Parme Greene = **Rubus**
Parmel Greene = **Rubus**
Parmelia 【2】 Ach. 皇冠瑞属 ≒ **Parmelinopsis** Thymelaeaceae 瑞香科 [MD-310] 全球 (3) 大洲分布及种数(1) 亚洲:1;欧洲:1;南美洲:1
Parmeliaceae De Not. = Parkeriaceae
Parmeliella 【3】 Müll.Arg. 蜡李属 Chrysobalanaceae 可可李科 [MD-243] 全球 (1) 大洲分布及种数(3)◆南美洲
Parmena Greene = **Rubus**
Parmentiera 【3】 DC. 蜡烛树属 ← **Crescentia; Fridericia** Bignoniaceae 紫葳科 [MD-541] 全球 (6) 大洲分布及种数(12-13)非洲:1;亚洲:2-3;大洋洲:1-2;欧洲:1;北美洲:10-11;南美洲:2-4

P

Parmul Adans. = **Cestrum**
Parmulina (Ferd. & Winge) Theiss. & Syd. = **Primulina**
Parnassi L. = **Parnassia**
Parnassia 【3】 (Tourn.) L. 梅花草属 ≒ **Paralea** Celastraceae 卫矛科 [MD-339] 全球 (6) 大洲分布及种数(88-91;hort.1;cult: 5)非洲:7;亚洲:79-90;大洋洲:7;欧洲:1-8;北美洲:15-23;南美洲:7
Parnassiaceae 【3】 Martinov 梅花草科 [MD-345] 全球(6)大洲分布和属种数(1;hort. & cult.1)(87-110;hort. & cult. 8-9)非洲:1/7;亚洲:1/79-90;大洋洲:1/7;欧洲:1/1-8;北美洲:1/15-23;南美洲:1/7
Parnassius Oberthür = **Parnassia**
Parnes Westwood = **Paris**
Parochetus 【2】 Buch.Ham. ex D.Don 紫雀花属 Fabaceae 豆科 [MD-240] 全球 (3) 大洲分布及种数(2-3)非洲:1-2;亚洲:1-2;大洋洲:1
Parodia 【3】 Speg. 银绣玉属 ← **Cactus;Notocactus; Pilocereus** Cactaceae 仙人掌科 [MD-100] 全球 (1) 大洲分布及种数(173-188)◆南美洲(◆巴西)
Parodianthus 【3】 Tronc. 帕罗迪草属 ≒ **Casselia** Verbenaceae 马鞭草科 [MD-556] 全球 (1) 大洲分布及种数(2)◆南美洲
Parodiella Reeder & C.Reeder = **Ortachne**
Parodiochloa A.M.Molina = **Rostraria**
Parodiodendron 【3】 Hunz. 星蕊桐属 ← **Phyllanthus** Picrodendraceae 苦皮桐科 [MD-317] 全球 (1) 大洲分布及种数(1)◆南美洲
Parodiodoxa 【3】 O.E.Schulz 雪芥属 ← **Thlaspi** Brassicaceae 十字花科 [MD-213] 全球 (1) 大洲分布及种数(1)◆南美洲(◆阿根廷)
Parodiolyra 【2】 Soderstr. & Zuloaga 类莪利竺属 ← **Olyra;Raddiella** Poaceae 禾本科 [MM-748] 全球 (2) 大洲分布及种数(6)北美洲:2;南美洲:5
Parodiophyllochloa 【2】 Zuloaga & Morrone 锦绣草属 Poaceae 禾本科 [MM-748] 全球 (2) 大洲分布及种数(7)北美洲:3;南美洲:6
Parodiopsis Syd. = **Parrotiopsis**
Parodizia Medina = **Parodia**
Parolinia Endl. = **Parolinia**
Parolinia 【3】 Webb 锦绣菜属 ≒ **Paulownia** Brassicaceae 十字花科 [MD-213] 全球 (1) 大洲分布及种数(5-6)◆南欧(◆西班牙)
Paromia Dop = **Karomia**
Paromidia Speg. = **Parodia**
Paronychia (Fenzl) Chaudhri = **Paronychia**
Paronychia 【3】 Mill. 指甲草属 → **Anychia; Achyranthes** Illecebraceae 醉人花科 [MD-113] 全球 (6) 大洲分布及种数(136-158;hort.1;cult:7)非洲:25-44;亚洲:54-73;大洋洲:8-22;欧洲:36-56;北美洲:35-55;南美洲:41-55
Paronychiaceae Juss. = Amaranthaceae
Parophiorrhiza C.B.Clarke = **Mitreola**
Paropsia 【3】 Noronha ex Thou. 杯树莲属 → **Smeathmannia;Parodia** Passifloraceae 西番莲科 [MD-151] 全球 (6) 大洲分布及种数(15-18)非洲:12-16;亚洲:3-6;大洋洲:2;欧洲:2;北美洲:2;南美洲:2
Paropsiaceae Dum. = Salicaceae
Paropsieae DC. = **Paropsia**
Paropsiopsis 【3】 Engl. 盘树莲属 ← **Smeathmannia** Passifloraceae 西番莲科 [MD-151] 全球 (1) 大洲分布及种数(1-2)◆非洲
Paropsis (Rouy & E.G.Camus) Rauschert = **Caropsis**
Paropyrum Ulbr. = **Isopyrum**
Parorchis D.L.Jones & M.A.Clem. = **Pyrorchis**
Parosela (Rydb.) J.F.Macbr. = **Parosela**
Parosela 【3】 Cav. 锦绣豆属 ← **Dalea;Marina; Psorothamnus** Fabaceae3 蝶形花科 [MD-240] 全球 (6) 大洲分布及种数(30)非洲:43;亚洲:1-44;大洋洲:43;欧洲:43;北美洲:1-44;南美洲:4-47
Parosella Cav. ex DC. = **Parryella**
Paroxygraphis 【3】 W.W.Sm. 单性鸦跖花属 Ranunculaceae 毛茛科 [MD-38] 全球 (1) 大洲分布及种数(cf. 1)◆亚洲
Parphorus Alderw. = **Araiostegia**
Parquetina 【3】 Baill. 杠柳属 ← **Periploca** Apocynaceae 夹竹桃科 [MD-492] 全球 (1) 大洲分布及种数(uc)属分布和种数(uc)◆非洲(◆尼日利亚)
Parqui Adans. = **Cestrum**
Parquis Raf. = **Cestrum**
Parra R.Br. = **Parrya**
Parrasia Greene = **Nerisyrenia**
Parrasia Raf. = **Sebaea**
Parrella Torr. & A.Gray = **Parryella**
Parreysia Greene = **Nerisyrenia**
Parria Steud. = **Pehria**
Parrina Engl. = **Pierrina**
Parrisia Shalisko & Sundue = **Harrisia**
Parrotia 【3】 C.A.Mey. 波斯铁木属 ≒ **Barrotia** Hamamelidaceae 金缕梅科 [MD-63] 全球 (1) 大洲分布及种数(1-2)◆亚洲
Parrotiaceae Horan. = Berberidopsidaceae
Parrotiopsis (Nied.) C.K.Schneid. = **Parrotiopsis**
Parrotiopsis 【3】 Schneider 白缕梅属 ← **Fothergilla; Parrotia** Hamamelidaceae 金缕梅科 [MD-63] 全球 (1) 大洲分布及种数(cf. 1)◆亚洲
Parrottia C.A.Mey. = **Parrotia**
Parrya C.A.Mey. = **Parrya**
Parrya 【3】 R.Br. 条果芥属 → **Christolea;Leiospora; Phaeonychium** Brassicaceae 十字花科 [MD-213] 全球 (6) 大洲分布及种数(41-47)非洲:7;亚洲:39-46;大洋洲:7;欧洲:1-8;北美洲:4-11;南美洲:1-8
Parrybergia 【-】 Doweld 仙人掌科属 Cactaceae 仙人掌科 [MD-100] 全球 (uc) 大洲分布及种数(uc)
Parryella 【3】 Torr. & A.Gray ex A.Gray 丝叶豆属 → **Errazurizia** Fabaceae 豆科 [MD-240] 全球 (1) 大洲分布及种数(1-2)◆北美洲
Parryodes Jafri = **Arabis**
Parryopsis Botsch. = **Phaeonychium**
Parsana 【3】 Parsa & Maleki 伊朗艾麻属 Urticaceae 荨麻科 [MD-91] 全球 (1) 大洲分布及种数(cf.1)◆亚洲
Parsonsia Adans. = **Parsonsia**
Parsonsia 【3】 R.Br. 同心结属 → **Aganosma;Helicia** Apocynaceae 夹竹桃科 [MD-492] 全球 (6) 大洲分布及种数(39-118;hort.1;cult:1)非洲:11-28;亚洲:19-34;大洋洲:25-106;欧洲:7;北美洲:6-14;南美洲:3-12
Partheniastrum Fabr. = **Parthenium**
Parthenice 【3】 A.Gray 金胶菊属 Asteraceae 菊科 [MD-586] 全球 (1) 大洲分布及种数(1-3)◆北美洲
Parthenium 【3】 L. 银胶菊属 Asteraceae 菊科 [MD-

586] 全球 (6) 大洲分布及种数(16-25;hort.1;cult: 2)非洲:2-9;亚洲:3-10;大洋洲:2-9;欧洲:3-10;北美洲:13-24;南美洲:4-11

Parthenocissus【3】 Planch. 地锦属 ← **Ampelocissus; Ampelopsis;Cissus** Vitaceae 葡萄科 [MD-403] 全球 (6) 大洲分布及种数(24-26)非洲:1-3;亚洲:17-19;大洋洲:2-4;欧洲:7-9;北美洲:12-15;南美洲:2

Parthenoeissus Planch. = **Parthenocissus**

Parthenope A.Gray = **Parthenice**

Parthenopsis Kellogg = **Venegasia**

Parthenostachys Fourr. = **Ornithogalum**

Parthenoxylon Bl. = **Cinnamomum**

Parthenoxylum Bl. = **Cinnamomum**

Paruterina Cass. = **Bellis**

Parvatia Decne. = **Stauntonia**

Parvifolia C.Bauh. ex Vill. = **Peucedanum**

Parvisedum【3】 R.T.Clausen 景天属 ← **Sedum** Crassulaceae 景天科 [MD-229] 全球 (1) 大洲分布及种数(cf. 1)◆北美洲

Parvotrisetum【3】 Chrtek 三毛禾属 ≒ **Trisetaria** Poaceae 禾本科 [MM-748] 全球 (1) 大洲分布及种数(1)◆欧洲

Paryphantha【3】 Schaür 葵蜡花属 ≒ **Thryptomene** Myrtaceae 桃金娘科 [MD-347] 全球 (1) 大洲分布及种数(uc)◆大洋洲

Paryphanthe Benth. = **Baeckea**

Paryphosphaera H.Karst. = **Parkia**

Pasaccardoa【3】 P. & K. 肋毛菊属 Asteraceae 菊科 [MD-586] 全球 (1) 大洲分布及种数(4)◆非洲

Pasania (Miq.) örst. = **Lithocarpus**

Pasania örst. = **Quercus**

Pascalia【3】 Ortega 微冠菊属 ← **Wedelia** Asteraceae 菊科 [MD-586] 全球 (1) 大洲分布及种数(1)◆北美洲

Paschalococos J.Dransf. = **Jubaea**

Paschanthus Burch. = **Adenia**

Paschira G.P. & K. = **Pachira**

Pascopyrum【3】 Á.Löve 牧麦草属 ≒ **Zamia;Elymus** Poaceae 禾本科 [MM-748] 全球 (1) 大洲分布及种数(1-2)◆北美洲

Pascua Adans. = **Lepechinia**

Pascula Raf. = **Atropa**

Pasina Adans. = **Lepechinia**

Pasipeda Hassk. = **Aegle**

Pasipha Graff = **Pasithea**

Pasiphae D.Don = **Pasithea**

Pasiropsis Raf. = **Inula**

Pasithea【3】 D.Don 麦鸡百合属 ← **Anthericum** Asphodelaceae 阿福花科 [MM-649] 全球 (1) 大洲分布及种数(2-4)◆南美洲

Paspalaceae Dum. = Caricaceae

Paspalanthium Desv. = **Paspalum**

Paspalanthus Mart. = **Paepalanthus**

Paspalidium【3】 Stapf 类雀稗属 ← **Digitaria;Satyria; Whiteochloa** Poaceae 禾本科 [MM-748] 全球 (6) 大洲分布及种数(22-27)非洲:7-14;亚洲:7-12;大洋洲:17-24;欧洲:5;北美洲:5-10;南美洲:3-9

Paspalum (Chase) H.J.Rodr. = **Paspalum**

Paspalum【3】 L. 雀稗属 → **Airopsis;Celsia; Anthaenantia** Poaceae 禾本科 [MM-748] 全球 (6) 大洲分布及种数(412-445;hort.1;cult: 11)非洲:48-133;亚洲:67-152;大洋洲:48-134;欧洲:12-97;北美洲:212-298;南美洲:338-434

Paspalus Flüggé = **Digitaria**

Passa Houtt. = **Tetracera**

Passaea Adans. = **Ononis**

Passaea Baill. = **Bernardia**

Passal Adans. = **Ononis**

Passalia H.Karst. = **Rinorea**

Passalia Sol. ex R.Br. = **Alsodeia**

Passalora Pass. = **Passiflora**

Passaveria Mart. & Eichl. = **Ecclinusa**

Passer Adans. = **Ononis**

Passerina【3】 L. 杉瑞香属 → **Diarthron;Lonchostoma;Pimelea** Thymelaeaceae 瑞香科 [MD-310] 全球 (1) 大洲分布及种数(24-25)◆非洲

Passerineae (Domke) Bredenkamp & A.E.van Wyk = **Passerina**

Passiflora【3】 L. 西番莲属 ≒ **Dysosmia** Passifloraceae 西番莲科 [MD-151] 全球 (6) 大洲分布及种数(588-671; hort.1;cult:24)非洲:41-67;亚洲:88-124;大洋洲:42-70;欧洲:33-57;北美洲:237-271;南美洲:469-544

Passiflora Pseudoastrophea Harms = **Passiflora**

Passifloraceae【3】 Juss. ex Roussel 西番莲科 [MD-151] 全球 (6) 大洲分布和属种数(14-16;hort. & cult.2)(734-1009;hort. & cult.193-228)非洲:10-13/162-249;亚洲:3-6/105-166;大洋洲:2-5/45-81;欧洲:2-5/37-71;北美洲:2-5/253-301;南美洲:6-8/501-594

Passifloreae DC. = **Passiflora**

Passoura Aubl. = **Rinorea**

Passova H.Karst. = **Passovia**

Passovia【3】 H.Karst. 全寄生属 ≒ **Loranthus; Phoradendron** Loranthaceae 桑寄生科 [MD-415] 全球 (1) 大洲分布及种数(20-22)◆南美洲(◆巴西)

Passowia H.Karst. = **Loranthus**

Pastinaca【3】 L. 欧防风属 ← **Anethum;Selinum** Apiaceae 伞形科 [MD-480] 全球 (6) 大洲分布及种数(27-37;hort.1)非洲:6-7;亚洲:19-26;大洋洲:1-2;欧洲:10-14;北美洲:3-5;南美洲:2-3

Pastinacaceae Martinov = Scrophulariaceae

Pastinacea L. = **Pastinaca**

Pastinacha Hill = **Pastinaca**

Pastinachus Hill = **Anethum**

Pastinacopsis【3】 Golosk. 大瓣芹属 ≒ **Semenovia** Apiaceae 伞形科 [MD-480] 全球 (1) 大洲分布及种数(cf.1)◆亚洲

Pastoraea Tod. = **Cochlearia**

Pastorea【3】 Tod. ex Bertol. 西地中海芥属 ≒ **Ionopsidium** Brassicaceae 十字花科 [MD-213] 全球 (1) 大洲分布及种数(uc)◆非洲

Pasyt Neck. = **Verbena**

Patabea Aubl. = **Ixora**

Patagnana J.F.Gmel. = **Smithia**

Patagona Dur. & Jacks. = **Aeschynomene**

Patagonica【-】 Böhm. 紫草科属 ≒ **Patagonula** Boraginaceae 紫草科 [MD-517] 全球 (uc) 大洲分布及种数(uc)

Patagonium【-】 E.Mey. 豆科属 ≒ **Adesmia; Aeschynomene** Fabaceae 豆科 [MD-240] 全球 (uc) 大洲分布及种数(uc)

Patagonium E.Mey. = **Aeschynomene**
Patagonium Schrank = **Adesmia**
Patagonula【3】L. 南美碗紫草属 ≒ **Patagonica** Boraginaceae 紫草科 [MD-517] 全球 (1) 大洲分布及种数(uc)属分布和种数(uc)◆南美洲
Patagornis J.R.Wheeler & N.G.Marchant = **Asteromyrtus**
Patagua Pöpp. ex Baill. = **Orites**
Patallus Vassilcz. = **Cerasus**
Patamogeton Honck. = **Potamogeton**
Patanema J.Sm. = **Peranema**
Patania C.Presl = **Dennstaedtia**
Patar Adans. = **Embelia**
Patarola【-】(Hook.f. & Taylor) Trevis. 扁萼苔科属 ≒ **Jungermannia** Radulaceae 扁萼苔科 [B-81] 全球 (uc) 大洲分布及种数(uc)
Patascoya Urb. = **Ternstroemia**
Pataya Mill. = **Papaya**
Pate Lindl. = **Habenaria**
Patel Aubl. = **Terminalia**
Patellapis J.T.Williams，A.J.Scott & Ford-Lloyd = **Beta**
Patellaria J.T.Williams & Ford-Lloyd ex J.T.Williams,A.J.Scott & Ford-Lloyd = **Beta**
Patellariaceae Kindb. = Meteoriaceae
Patellea (Nyl.) P.Karst. = **Ptelea**
Patellifolia【3】A.J.Scott,Ford-Lloyd & J.T.Williams 伏石菜属 Amaranthaceae 苋科 [MD-116] 全球 (6) 大洲分布及种数(2)非洲:1-3;亚洲:2;大洋洲:2;欧洲:1-3;北美洲:2;南美洲:2
Patellocalamus W.T.Lin = **Dendrocalamus**
Patellus Vassilcz. = **Cerasus**
Patentilla L. = **Potentilla**
Patersonia Poir. = **Patersonia**
Patersonia【2】R.Br. 延龄鸢尾属 ← **Genosiris; Persoonia** Iridaceae 鸢尾科 [MM-700] 全球 (3) 大洲分布及种数(20-28;hort.1;cult:2)非洲:2;亚洲:3-4;大洋洲:16-22
Pathenium L. = **Parthenium**
Pathersonia Poir. = **Patersonia**
Patia Hewitson = **Patima**
Patima【3】Aubl. 星罗木属 ≒ **Hoffmannia** Rubiaceae 茜草科 [MD-523] 全球 (1) 大洲分布及种数(1-2)◆南美洲
Patinellaria J.T.Williams，A.J.Scott & Ford-Lloyd = **Beta**
Patinoa【3】Cuatrec. 轮枝木棉属 ← **Matisia** Malvaceae 锦葵科 [MD-203] 全球 (1) 大洲分布及种数(4)◆南美洲
Patiria Thunb. = **Apodolirion**
Patis【2】Ohwi 针茅属 ≒ **Stipa;Anatherostipa** Poaceae 禾本科 [MM-748] 全球 (2) 大洲分布及种数(4) 亚洲;北美洲
Patonia Wight = **Xylopia**
Patorium C.Presl = **Belvisia**
Patosia【3】Buchenau 隐蔺属 ← **Distichia;Oxychloe** Juncaceae 灯芯草科 [MM-733] 全球 (1) 大洲分布及种数(1)◆南美洲
Patr Ohwi = **Patis**
Patricia Srnka = **Patrinia**
Patrinia【3】Juss. 败酱属 ← **Fedia;Nardostachys; Valeriana** Valerianaceae 败酱科 [MD-537] 全球 (6) 大洲分布及种数(18-20;hort.1;cult: 2)非洲:6;亚洲:17-26;大洋洲:6;欧洲:6;北美洲:6;南美洲:3-9
Patrisa【-】Rich. 杨柳科属 Salicaceae 杨柳科 [MD-123] 全球 (uc) 大洲分布及种数(uc)
Patrisia【-】J.St.Hil. 毒鼠子科属 ≒ **Ryania** Dichapetalaceae 毒鼠子科 [MD-202] 全球 (uc) 大洲分布及种数(uc)
Patro Ohwi = **Patis**
Patrocles Salisb. = **Narcissus**
Patropyrum Á.Löve = **Aegilops**
Patsjotti Adans. = **Strumpfia**
Pattalias S.Watson = **Seutera**
Pattara Adans. = **Embelia**
Pattersonia J.F.Gmel. = **Ruellia**
Pattonia Wight = **Paysonia**
Patu Mill. = **Padus**
Patya Neck. = **Aerva**
Patzkea【3】G.H.Loos 锥禾属 ≒ **Schedonorus** Poaceae 禾本科 [MM-748] 全球 (1) 大洲分布及种数(4)◆非洲
Paua Caball. = **Torilis**
Paubrasilia【2】Gagnon,H.C.Lima & G.P.Lewis 大肚兰属 Orchidaceae 兰科 [MM-723] 全球 (2) 大洲分布及种数(cf.1) 北美洲:1;南美洲:1
Pauella Ramam. & Sebastine = **Theriophonum**
Pauia【3】Deb & R.M.Dutta 亚洲茄属 Solanaceae 茄科 [MD-503] 全球 (1) 大洲分布及种数(1)◆亚洲
Pauladolfia Börner = **Rumex**
Paulara Adans. = **Antidesma**
Pauldopia【3】Steenis 翅叶木属 ← **Bignonia;Radermachera** Bignoniaceae 紫葳科 [MD-541] 全球 (1) 大洲分布及种数(cf.1)◆亚洲
Pauletia Cav. = **Bauhinia**
Paulia Fée = **Paulia**
Paulia【2】Korovin 藁本属 ≒ **Neopaulia** Apiaceae 伞形科 [MD-480] 全球 (2) 大洲分布及种数(cf.1) 亚洲;南美洲
Paulicea Korovin = **Paulia**
Paulinia Gled. = **Plinia**
Paulinia Th.Dur. = **Roulinia**
Paullia Cothen. = **Paullinia**
Paullinea L. = **Cardiospermum**
Paullinia Alatae D.R.Simpson = **Paullinia**
Paullinia【3】L. 醒神藤属 ≒ **Cardiospermum;Serjania** Sapindaceae 无患子科 [MD-428] 全球 (6) 大洲分布及种数(212-255;hort.1;cult:11)非洲:4-11;亚洲:13-21;大洋洲:1-7;欧洲:2-9;北美洲:80-94;南美洲:192-230
Paulliniaceae Durande = Paulowniaceae
Paulomagnusia P. & K. = **Rotala**
Paulonaria L. = **Pulmonaria**
Paulowilhelmia Hochst. = **Paulo-wilhelmia**
Paulo-wilhelmia【-】Hochst. 爵床科属 ≒ **Eremomastax** Acanthaceae 爵床科 [MD-572] 全球 (uc) 大洲分布及种数(uc)
Paulownia【3】Sieb. & Zucc. 泡桐属 ← **Bignonia; Incarvillea;Parolinia** Paulowniaceae 泡桐科 [MD-542] 全球 (1) 大洲分布及种数(9-12)◆亚洲
Paulowniaceae【3】Nakai 泡桐科 [MD-542] 全球 (6) 大洲分布和属种数(1;hort. & cult.1)(9-17;hort. & cult.7-8)

非洲:1/3;亚洲:1/9-12;大洋洲:1/3;欧洲:1/3;北美洲:1/1-4;南美洲:1/3
Paulsenara auct. = **Ferreyranthus**
Paulseniella Briq. = **Elsholtzia**
Paulus L. = **Populus**
Pauneroa V.Lucía,E.Rico,K.Anamth.Jon. & M.M.Mart. Ort. = **Paneroa**
Pauridia【3】 Harv. 小鸢梅草属 ← **Hypoxis;Fabricia; Pavonia** Hypoxidaceae 仙茅科 [MM-695] 全球 (1) 大洲分布及种数(35)◆非洲
Pauridiantha 【3】 Hook.f. 小花茜属 ← **Aidia;Vangueria** Rubiaceae 茜草科 [MD-523] 全球 (1) 大洲分布及种数(49-55)◆非洲
Paurolepis【3】 S.Moore 毛瓣瘦片菊属 ≒ **Gutenbergia** Asteraceae 菊科 [MD-586] 全球 (1) 大洲分布及种数(1)◆非洲
Paurorthis O.F.Cook = **Brahea**
Paurotis O.F.Cook = **Acoelorrhaphe**
Pausandra【3】 Radlk. 青冈桐属 ← **Clavija;Thouinia** Euphorbiaceae 大戟科 [MD-217] 全球 (1) 大洲分布及种数(9)◆南美洲
Pausia Raf. = **Daphne**
Pausinystalia 【3】 Pierre ex Beille 怀春檀属 ← **Corynanthe** Rubiaceae 茜草科 [MD-523] 全球 (1) 大洲分布及种数(5)◆非洲
Pautsauvia Juss. = **Nyssa**
Pauxi Wetmore & Phelps = **Paulia**
Pavate Adans. = **Pavetta**
Pavefta L. = **Pavetta**
Pavetta【3】 L. 大沙叶属 → **Webera** Rubiaceae 茜草科 [MD-523] 全球 (6) 大洲分布及种数(213-387;hort.1;cult: 3)非洲:176-249;亚洲:54-141;大洋洲:14-34;欧洲:7-12;北美洲:12-18;南美洲:10-14
Pavia Mill. = **Aesculus**
Paviaceae Horan. = Sapindaceae
Paviana Raf. = **Pariana**
Pavieasia【3】 Pierre 檀栗属 ≒ **Sapindus** Sapindaceae 无患子科 [MD-428] 全球 (1) 大洲分布及种数(cf. 1)◆亚洲
Pavieasis Pierre = **Pavieasia**
Pavinda Thunb. ex Bartl. = **Audouinia**
Pavonara J.M.H.Shaw = **Pavonia**
Pavonia (A.St.Hil.) Endl. = **Pavonia**
Pavonia 【3】 Cav. 孔雀葵属 ≒ **Hibiscus;Peltaea** Malvaceae 锦葵科 [MD-203] 全球 (6) 大洲分布及种数(321-344;hort.1;cult:10)非洲:71-92;亚洲:59-76;大洋洲:20-35;欧洲:13-27;北美洲:75-89;南美洲:218-241
Pavonina Cav. = **Pavonia**
Pawia P. & K. = **Aesculus**
Pawiloma Raf. = **Pleiotaenia**
Paxia【3】 Gilg 南泉草属 ≒ **Montia** Connaraceae 牛栓藤科 [MD-284] 全球 (1) 大洲分布及种数(cf. 1)◆非洲
Paxillus Van Tiegh. = **Taxillus**
Paxiodendron Engl. = **Xylosma**
Paxistima 【3】 Raf. 崖翠木属 Celastraceae 卫矛科 [MD-339] 全球 (1) 大洲分布及种数(2-8)◆北美洲
Paxiuscula Herter = **Ditaxis**
Paxtonia Lindl. = **Platonia**
Payanelia C.B.Clarke = **Pajanelia**
Payena【3】 A.DC. 矛胶木属 ← **Bassia** Sapotaceae 山榄科 [MD-357] 全球 (1) 大洲分布及种数(12-22)◆亚洲
Payera【3】 Baill. 佩耶茜属 ← **Danais;Schismatoclada** Rubiaceae 茜草科 [MD-523] 全球 (1) 大洲分布及种数(10)◆非洲
Payeria【-】 Baill. 楝科属 ≒ **Turraea** Meliaceae 楝科 [MD-414] 全球 (uc) 大洲分布及种数(uc)
Paynterara【-】 J.M.H.Shaw 兰科属 Orchidaceae 兰科 [MM-723] 全球 (uc) 大洲分布及种数(uc)
Paypayrola 【3】 Aubl. 管蕊堇属 Violaceae 堇菜科 [MD-126] 全球 (1) 大洲分布及种数(8-9)◆南美洲
Paypayroleae Benth. & Hook.f. = **Paypayrola**
Payrola Juss. = **Paypayrola**
Paysonia 【3】 O´Kane & Al-Shehbaz 延龄菜属 ≒ **Alyssum** Brassicaceae 十字花科 [MD-213] 全球 (1) 大洲分布及种数(8)◆北美洲(◆美国)
Peachia McMurrich = **Petchia**
Pearcea 【3】 Regel 佛肚岩桐属 ← **Diastema** Gesneriaceae 苦苣苔科 [MD-549] 全球 (1) 大洲分布及种数(16-18)◆南美洲
Pearceria Roalson & Boggan = **Pearcea**
Peargonium L´Hér. ex Aiton = **Pelargonium**
Pearsonia 【3】 Dümmer 皮尔豆属 ≒ **Lotononis;Parsonsia** Fabaceae 豆科 [MD-240] 全球 (1) 大洲分布及种数(13-14)◆非洲
Peasiella Bizot = **Pocsiella**
Peaya Costantin & Poiss. = **Kalanchoe**
Peayanus Nielson = **Platanus**
Peccana Raf. = **Euphorbia**
Peccania【-】 A.Massal. 可可李科属 Chrysobalanaceae 可可李科 [MD-243] 全球 (uc) 大洲分布及种数(uc)
Pechea Arrab. ex Steud. = **Cybianthus**
Pechea Pourr. ex Kunth = **Crypsis**
Pechea Steud. = **Cybianthus**
Pecheya G.A.Scop. = **Palicourea**
Pechuel-loeschea 【3】 O.Hoffm. 落苞菊属 ≒ **Piptocarpha** Asteraceae 菊科 [MD-586] 全球 (1) 大洲分布及种数(1)◆非洲
Peckeya Raf. = **Palicourea**
Peckia Vell. = **Cybianthus**
Peckoltia E.Fourn. = **Matelea**
Pecluma 【2】 M.G.Price 岩盖蕨属 ← **Ctenopteris; Goniophlebium;Polypodium** Polypodiaceae 水龙骨科 [F-60] 全球 (3) 大洲分布及种数(47-49;hort.1;cult: 1)亚洲:cf.1;北美洲:26;南美洲:38-39
Pecreus P.Beauv. = **Pycreus**
Pectabenaria A.D.Hawkes = **Habenaria**
Pectanisia Raf. = **Tellima**
Pectantia Raf. = **Tellima**
Pecteilis【3】 Raf. 白蝶兰属 ← **Habenaria;Platanthera; Parhabenaria** Orchidaceae 兰科 [MM-723] 全球 (1) 大洲分布及种数(10-12)◆亚洲
Pecten Lam. = **Scandix**
Pectianthia Rydb. = **Tellima**
Pectiantia【2】 Raf. 唢呐草属 ← **Mitella** Saxifragaceae 虎耳草科 [MD-231] 全球 (2) 大洲分布及种数(1) 亚洲:1;北美洲:1
Pectiantiaceae Raf. = Saxifragaceae

P

Pectidium Less. = **Pectis**
Pectidopsis DC. = **Pectis**
Pectinaria【3】Haw. 针果芹属 ≒ **Persicaria** Apocynaceae 夹竹桃科 [MD-492] 全球 (1) 大洲分布及种数(4)◆非洲
Pectinariella【3】Szlach.,Mytnik & Grochocka 香檬豆属 Fabaceae1 含羞草科 [MD-238] 全球 (1) 大洲分布及种数(2)◆非洲
Pectinastrum Cass. = **Centaurea**
Pectinea Gaertn. = **Erythrospermum**
Pectinella J.M.Black = **Hyacinthus**
Pectinia Gaertn. = **Erythrospermum**
Pectinopitys【-】C.N.Page 罗汉松科属 Podocarpaceae 罗汉松科 [G-13] 全球 (uc) 大洲分布及种数(uc)
Pectis【3】L. 香檬菊属 ← **Ageratum;Perotis** Asteraceae 菊科 [MD-586] 全球 (1) 大洲分布及种数(68-96)◆北美洲
Pectocarya【3】DC. ex Meisn. 梳果草属 ← **Cynoglossum** Boraginaceae 紫草科 [MD-517] 全球 (1) 大洲分布及种数(11-16)◆北美洲
Pectophyllum Rchb. = **Azorella**
Pectophytum Kunth = **Azorella**
Pectritis Raf. = **Pecteilis**
Pedalia Royen ex L. = **Pedalium**
Pedaliaceae【3】R.Br. 芝麻科 [MD-539] 全球 (6) 大洲分布和属种数(17;hort. & cult.8)(90-145;hort. & cult.12-15)非洲:14-17/70-113;亚洲:2-7/19-45;大洋洲:3-7/6-29;欧洲:1-6/2-22;北美洲:6-7/19-39;南美洲:3-7/7-29
Pedaliodiscus【3】Ihlenf. 佛肚麻属 ≒ **Pterodiscus** Pedaliaceae 芝麻科 [MD-539] 全球 (1) 大洲分布及种数(1)◆非洲
Pedalion Royen ex L. = **Pedalium**
Pedaliophyton Engl. = **Pterodiscus**
Pedalium Adans. = **Pedalium**
Pedalium【3】Royen ex L. 天竺麻属 ← **Atraphaxis; Rogeria** Pedaliaceae 芝麻科 [MD-539] 全球 (6) 大洲分布及种数(3)非洲:1-9;亚洲:1-9;大洋洲:8;欧洲:8;北美洲:1-9;南美洲:8
Pedalodiscus Ihlenf. ex Mabb. = **Pedaliodiscus**
Pedastis Raf. = **Vitis**
Pedatyphonium J.Murata & Ohi-Toma = **Typhonium**
Pedavis Raf. = **Vitis**
Peddiea【3】Harv. 毒榄果属 Thymelaeaceae 瑞香科 [MD-310] 全球 (1) 大洲分布及种数(16)◆非洲
Pederia Nor. = **Peteria**
Pederlea Raf. = **Atropa**
Pederota G.A.Scop. = **Veronica**
Pedersenia【3】Holub 藤血苋属 Amaranthaceae 苋科 [MD-116] 全球 (1) 大洲分布及种数(8)◆南美洲(◆巴西)
Pedflanthus Neck. ex Poit. = **Pedilanthus**
Pediastrum Bello = **Acca**
Pedicellaria (R.Br.) Pax = **Gynandropsis**
Pedicellarum【3】M.Hotta 梗石柑属 Araceae 天南星科 [MM-639] 全球 (1) 大洲分布及种数(cf. 1)◆亚洲
Pedicellia Lour. = **Mischocarpus**
Pedicellina Lour. = **Mischocarpus**
Pedicularia (Tourn.) L. = **Pedicularis**
Pedicularidaceae Juss. = Spielmanniaceae
Pedicularis【3】(Tourn.) L. 马先蒿属 ≒ **Phtheirospermum** Scrophulariaceae 玄参科 [MD-536] 全球 (6) 大洲分布及种数(653-801;hort.1;cult: 40)非洲:6-47;亚洲:562-705;大洋洲:16-63;欧洲:102-157;北美洲:74-118;南美洲:12-53
Pedicularis Abrotanifoliae H.Limpr. = **Pedicularis**
Pediculus Swallen = **Digitaria**
Pediella Lour. = **Mischocarpus**
Pedilannthus Neck. ex Poit. = **Pedilanthus**
Pedilanthus【3】Neck. ex Poit. 红雀珊瑚属 ← **Euphorbia;Chamaesyce** Euphorbiaceae 大戟科 [MD-217] 全球 (6) 大洲分布及种数(9)非洲:1-3;亚洲:3-5;大洋洲:1-3;欧洲:2;北美洲:5-7;南美洲:2
Pedilea Lindl. = **Malaxis**
Pedilochilus【3】Schltr. 多脉石豆兰属 ← **Bulbophyllum** Orchidaceae 兰科 [MM-723] 全球 (1) 大洲分布及种数(4-37)◆大洋洲
Pedilonia C.Presl = **Wachendorfia**
Pedilonum Bl. = **Dendrobium**
Pedina Steven = **Astragalus**
Pedinolejeunea (Benedix ex Mizut.) P.C.Chen & P.C.Wu = **Pedinolejeunea**
Pedinolejeunea【2】P.C.Chen & P.C.Wu 高山片鳞苔属 ← **Cololejeunea;Lejeunea** Lejeuneaceae 细鳞苔科 [B-84] 全球 (3) 大洲分布及种数(cf.1) 亚洲;大洋洲;北美洲
Pedinopetalum【3】Urb. & H.Wolff 多米尼加芹属 Apiaceae 伞形科 [MD-480] 全球 (1) 大洲分布及种数(1)◆北美洲(◆多米尼加)
Pedinophyllopsis【3】(Sull.) R.M.Schust. & Inoü 智利萼苔属 ≒ **Plagiochila** Lophocoleaceae 齿萼苔科 [B-74] 全球 (1) 大洲分布及种数(1)◆南美洲(◆智利)
Pedinophyllum (Lindb.) Lindb. = **Pedinophyllum**
Pedinophyllum【3】Inoü 平叶苔属 ≒ **Clasmatocolea** Plagiochilaceae 羽苔科 [B-73] 全球 (6) 大洲分布及种数(4)非洲:2;亚洲:2-4;大洋洲:1-3;欧洲:2;北美洲:2;南美洲:2
Pediocactus【3】Britton & Rose ex Britton & Brown 月轮玉属 ← **Echinocactus** Cactaceae 仙人掌科 [MD-100] 全球 (1) 大洲分布及种数(9-15)◆北美洲
Pediomelum Disarticulatum J.W.Grimes = **Pediomelum**
Pediomelum【3】Rydb. 麦根豆属 ← **Psoralea; Psoralidium** Fabaceae 豆科 [MD-240] 全球 (1) 大洲分布及种数(23-37)◆北美洲
Pedipes Lindl. = **Epidendrum**
Pedistylis【3】D.Wiens 足柱寄生属 ← **Loranthus** Loranthaceae 桑寄生科 [MD-415] 全球 (1) 大洲分布及种数(1)◆非洲
Pedleya H.Ohashi & K.Ohashi = **Pelea**
Pedochelus Wight = **Podochilus**
Pedrosia Lowe = **Lotus**
Peekelia Harms = **Oxyrhynchus**
Peekeliopanax Harms = **Tetraplasandra**
Peersia【3】L.Bolus 旭光花属 ≒ **Rhinephyllum** Aizoaceae 番杏科 [MD-94] 全球 (1) 大洲分布及种数(1-2)◆非洲(◆南非)
Peetersara【-】J.M.H.Shaw 兰科属 Orchidaceae 兰科 [MM-723] 全球 (uc) 大洲分布及种数(uc)
Pegaeophyton【3】Hayek & Hand.Mazz. 单花荠属 ← **Braya;Pycnoplinthopsis;Solms-laubachia** Brassicaceae 十字花科 [MD-213] 全球 (1) 大洲分布及种数(cf.1)◆亚洲

Peganaceae 【3】 Van Tiegh. ex Takht. 骆驼蓬科 [MD-337] 全球(6) 大洲分布和属种数(1;hort. & cult.1)(4-8;hort. & cult.2)非洲:1/1-4;亚洲:1/3-6;大洋洲:1/1-4;欧洲:1/1-4;北美洲:1/2-5;南美洲:1/3
Peganon St.Lag. = **Peganum**
Pegantha Craib = **Ancylostemon**
Peganum 【3】 L. 骆驼蓬属 Peganaceae 骆驼蓬科 [MD-337] 全球 (6) 大洲分布及种数(5;hort.1)非洲:1-4;亚洲:3-6;大洋洲:1-4;欧洲:1-4;北美洲:2-5;南美洲:3
Pegea Forskal = **Pegia**
Pegesia Raf. = **Paesia**
Pegesia Steud. = **Pagesia**
Pegia 【3】 Coleb. 藤漆属 → **Nothopegia;Tapirira** Anacardiaceae 漆树科 [MD-432] 全球 (1) 大洲分布及种数(2-38)◆亚洲
Peglera Bolus = **Nectaropetalum**
Pegogonia Juss. = **Pogonia**
Pegolettia 【3】 Cass. 叉尾菊属 ← **Amellus;Iphiona** Asteraceae 菊科 [MD-586] 全球 (1) 大洲分布及种数(11-13)◆非洲
Pegolletia Less. = **Pegolettia**
Pegophyton Hayek & Hand.Mazz. = **Pegaeophyton**
Pehara auct. = **Pehria**
Pehria Hort. = **Pehria**
Pehria 【3】 Spragü 樱虾花属 Lythraceae 千屈菜科 [MD-333] 全球 (1) 大洲分布及种数(1)◆南美洲
Peiranisia Raf. = **Cassia**
Peirescia Zucc. = **Pereskia**
Peireskia K.Schum. = **Pereskia**
Peireskiopsis Vaupel = **Pereskiopsis**
Peixotoa 【3】 A.Juss. 佩肖木属 ← **Banisteria** Malpighiaceae 金虎尾科 [MD-343] 全球 (1) 大洲分布及种数(32-33)◆南美洲
Pekea 【-】 Aubl. 油桃木科属 Caryocaraceae 油桃木科 [MD-111] 全球 (uc) 大洲分布及种数(uc)
Pekia Steud. = **Pera**
Pelacentrum auct. = **Ascocentrum**
Pelachilus auct. = **Gastrochilus**
Pelae Adans. = **Xanthophyllum**
Pelagatia O.E.Schulz = **Weberbauera**
Pelagia O.E.Schulz = **Stenodraba**
Pelagobia O.E.Schulz = **Stenodraba**
Pelagodendron Seem. = **Randia**
Pelagodiscus King = **Placodiscus**
Pelagodoxa 【3】 Becc. 凤尾椰属 Arecaceae 棕榈科 [MM-717] 全球 (1) 大洲分布及种数(cf. 1)◆东亚(◆中国)
Pelagodoxeae J.Dransf.,N.W.Uhl,Asmussen,W.J.Baker,M.M.Harley & C.E.Lewis = **Pelagodoxa**
Pelagodroma Mathews = **Pelagodoxa**
Pelagogonium L´Hér. ex Aiton = **Pelargonium**
Pelamia Günée = **Peltaria**
Pelamis L. = **Phlomis**
Pelangia Banks & Soland. ex A.Cunn. = **Coprosma**
Pelaphia Banks & Sol. ex A.Cunn. = **Coprosma**
Pelaphoi Banks & Soland. ex A.Cunn. = **Coprosma**
Pelargonion St.Lag. = **Pelargonium**
Pelargonium 【3】 L´Hér. ex Aiton 天竺葵属 → **Ligularia;Geranium** Geraniaceae 牻牛儿苗科 [MD-318] 全球 (6) 大洲分布及种数(375-456;hort.1;cult: 5)非洲:355-397;亚洲:370-428;大洋洲:30-41;欧洲:39-48;北美洲:60-71;南美洲:32-39
Pelargopsis N.Busch = **Peltariopsis**
Pelatantheria 【3】 Ridl. 钻柱兰属 ← **Cleisostoma** Orchidaceae 兰科 [MM-723] 全球 (1) 大洲分布及种数(6-9)◆亚洲
Pelatoritis 【-】 auct. 兰科属 Orchidaceae 兰科 [MM-723] 全球 (uc) 大洲分布及种数(uc)
Pelazoneuron 【3】 (Holttum) A.R.Sm. & S.E.Fawc. 金星蕨科属 Thelypteridaceae 金星蕨科 [F-42] 全球 (1) 大洲分布及种数(uc)◆大洋洲
Pelea 【3】 A.Gray 花旗芸香属 ← **Melicope;Euodia;Pimelea** Rutaceae 芸香科 [MD-399] 全球 (1) 大洲分布及种数(67-117)◆北美洲(◆美国)
Pelecinus Mill. = **Astragalus**
Pelecinus Tourn. ex Medik. = **Biserrula**
Pelecitus Mill. = **Astragalus**
Pelecostemon 【3】 Leonard 斧蕊爵床属 Acanthaceae 爵床科 [MD-572] 全球 (1) 大洲分布及种数(cf. 1)◆南美洲(◆哥伦比亚)
Pelecynthis E.Mey. = **Rafnia**
Pelecyora Ehrenb. = **Pelecyphora**
Pelecyphora 【3】 Ehrenb. 松球玉属 ← **Mammillaria;Turbinicarpus** Cactaceae 仙人掌科 [MD-100] 全球 (1) 大洲分布及种数(2-4)◆北美洲
Pelekium 【3】 Mitt. 鹤嘴藓属 ≒ **Lorentzia** Thuidiaceae 羽藓科 [B-184] 全球 (6) 大洲分布及种数(30) 非洲:11;亚洲:16;大洋洲:11;欧洲:6;北美洲:11;南美洲:12
Peleteria Poir. = **Pelletiera**
Pelexia 【3】 Poit. ex Lindl. 肥根兰属 → **Manniella;Perezia;Aspidogyne** Orchidaceae 兰科 [MM-723] 全球 (1) 大洲分布及种数(85-112)◆北美洲
Pelianthus E.Mey. ex Moq. = **Pedilanthus**
Pelicinus Medik. = **Biserrula**
Pelidnia Barnh. = **Utricularia**
Pelidnota Barnh. = **Utricularia**
Pelinopsis Coss. & Durieu ex Munby = **Carum**
Peliosanthaceae Salisb. = Johnsoniaceae
Peliosanthes 【3】 Andrews 球子草属 ← **Amaryllis** Asparagaceae 天门冬科 [MM-669] 全球 (1) 大洲分布及种数(26-37)◆亚洲
Peliostomum 【3】 E.Mey. ex Benth. 柳钟堇属 → **Anticharis** Scrophulariaceae 玄参科 [MD-536] 全球 (1) 大洲分布及种数(6)◆非洲
Peliotes Sol. ex Britt. = **Augea**
Pelkium Mitt. = **Pelekium**
Pella Gaertn. = **Salvadora**
Pellacalyx 【3】 Korth. 山红树属 Rhizophoraceae 红树科 [MD-329] 全球 (1) 大洲分布及种数(6-8)◆亚洲
Pellaea (J.Sm. ex J.Sm.) R.M.Tryon & A.F.Tryon = **Pellaea**
Pellaea 【3】 Link 旱蕨属 → **Aleuritopteris;Notholaena** Sinopteridaceae 华蕨科 [F-34] 全球 (6) 大洲分布及种数(71-104;hort.1;cult:7)非洲:20-39;亚洲:31-93;大洋洲:7-25;欧洲:3-18;北美洲:28-45;南美洲:29-51
Pellaeopsis J.Sm. = **Pellaea**
Pellea Andre = **Pellionia**
Pellegrinia 【3】 Sleumer 毛丝莓属 ← **Cavendishia;Oreanthes;Thibaudia** Ericaceae 杜鹃花科 [MD-380] 全

球 (1) 大洲分布及种数(6)◆南美洲
Pellegriniodendron【3】 J.Léonard 热非二叶豆属 ← **Macrolobium** Fabaceae 豆科 [MD-240] 全球 (1) 大洲分布及种数(1)◆非洲
Pelleteria Poir. = **Pelletiera**
Pelletiera【3】 A.St.Hil. 假地椒属 ≒ **Pelliciera** Primulaceae 报春花科 [MD-401] 全球 (1) 大洲分布及种数(1)◆南美洲
Pellia Grolle = **Pellia**
Pellia【3】 R.M.Schust. 溪苔属 Pelliaceae 溪苔科 [B-33] 全球 (6) 大洲分布及种数(5)非洲:5;亚洲:4-9;大洋洲:5;欧洲:5;北美洲:4-9;南美洲:5
Pelliaceae H.Klinggr. = Pelliaceae
Pelliaceae【3】R.M.Schust. 溪苔科 [B-33] 全球 (6) 大洲分布和属种数(1/4-11)非洲:1/5;亚洲:1/4-9;大洋洲:1/5;欧洲:1/5;北美洲:1/4-9;南美洲:1/5
Pelliceria Planch. & Triana = **Pelliciera**
Pelliceriaceae L.Beauvis. ex Bullock = Pelliceriaceae
Pellicia Schaus = **Pelliciera**
Pelliciera【2】 Planch. & Triana 假红树属 ≒ **Pelletiera** Tetrameristaceae 四贵木科 [MD-174] 全球 (2) 大洲分布及种数(2)北美洲:1;南美洲:1
Pellicieraceae【2】L. ex Bullock 假红树科 [MD-194] 全球 (2) 大洲分布和属种数(1/1)北美洲:1/1;南美洲:1/1-1
Pellidiscus Benth. = **Peridiscus**
Pellifronia Gaud. = **Pellionia**
Pellinia Molina = **Plinia**
Pellionia【3】 Gaud. 赤车属 → **Aster;Elatostema** Urticaceae 荨麻科 [MD-91] 全球 (6) 大洲分布及种数(55-72;hort.1;cult: 1)非洲:7-9;亚洲:50-63;大洋洲:3-6;欧洲:2-4;北美洲:3-5;南美洲:4-6
Pellona Valenciennes = **Pellionia**
Pellonia Gaud. = **Pellionia**
Pelloporus Desv. = **Chasmopodium**
Pelma Finet = **Bulbophyllum**
Pelobates Hook.f. = **Myriophyllum**
Pelocoris Raf. = **Muscari**
Pelogenia Hartman = **Petrogenia**
Pelomyia Malloch = **Pelozia**
Pelonastes Hook.f. = **Myriophyllum**
Peloria Adans. = **Peteria**
Pelors Raf. = **Muscari**
Pelorus Raf. = **Muscari**
Pelosia L. = **Celosia**
Pelosina Rose = **Pelozia**
Pelotris Raf. = **Muscari**
Pelozia【3】 Rose 轩凤花属 ← **Lopezia** Onagraceae 柳叶菜科 [MD-396] 全球 (1) 大洲分布及种数(1-2)◆北美洲
Pelt Dulac = **Zannichellia**
Pelta Dulac = **Zannichellia**
Peltactila Raf. = **Daucus**
Peltaea【2】 (C.Presl) Standl. 盾锦葵属 ≒ **Pavonia** Malvaceae 锦葵科 [MD-203] 全球 (3) 大洲分布及种数(19-20)亚洲:cf.1;北美洲:6;南美洲:17
Peltandra【3】 Raf. 箭南星属 → **Alocasia;Caladium;Carum** Araceae 天南星科 [MM-639] 全球 (1) 大洲分布及种数(2-6)◆北美洲
Peltanthera【3】 Benth. 盾药花属 ≒ **Vallaris** Apocynaceae 夹竹桃科 [MD-492] 全球 (1) 大洲分布及种数(2)◆南美洲
Peltantheraceae Molinari = Scrophulariaceae
Peltapteris【3】 Link 盾毛蕨属 ≒ **Elaphoglossum** Lomariopsidaceae 藤蕨科 [F-52] 全球 (1) 大洲分布及种数(5-8)◆南美洲(◆厄瓜多尔)
Peltar Dulac = **Zannichellia**
Peltaria Burm. ex DC. = **Peltaria**
Peltaria【3】 Jacq. 岩盾荠属 → **Wiborgia;Clypeola** Brassicaceae 十字花科 [MD-213] 全球 (1) 大洲分布及种数(1)◆欧洲
Peltariopsis【3】 N.Busch 假盾草属 ← **Cochlearia** Brassicaceae 十字花科 [MD-213] 全球 (1) 大洲分布及种数(cf. 1)◆亚洲
Peltasta Woodson = **Peltastes**
Peltaster Müller & Troschel = **Peltastes**
Peltastes R.E.Woodson = **Peltastes**
Peltastes【3】 Woodson 盾竹桃属 ← **Echites;Stipecoma** Apocynaceae 夹竹桃科 [MD-492] 全球 (1) 大洲分布及种数(10-11)◆南美洲
Pelti Dulac = **Zannichellia**
Pelticalyx Griff. = **Astroloma**
Peltiera【3】 Du Puy & Labat 马达豆属 Fabaceae 豆科 [MD-240] 全球 (1) 大洲分布及种数(2)◆非洲(◆马达加斯加)
Peltigera【-】 Plášek 木灵藓科属 Orthotrichaceae 木灵藓科 [B-151] 全球 (uc) 大洲分布及种数(uc)
Peltimela Raf. = **Glossostigma**
Peltiphyllum Engl. = **Leptarrhena**
Peltispermum Moq. = **Anthochlamys**
Peltoboykinia【3】 (Engl.) Hara 涧边草属 ← **Boykinia;Saxifraga** Saxifragaceae 虎耳草科 [MD-231] 全球 (1) 大洲分布及种数(1-2)◆亚洲
Peltobractea Rusby = **Peltaea**
Peltobryon【3】 Klotzsch ex Miq. 胡椒属 ← **Piper** Piperaceae 胡椒科 [MD-39] 全球 (1) 大洲分布及种数(uc)属分布和种数(uc)◆南美洲
Peltocalathos【3】 Tamura 毛茛属 ≒ **Ranunculus** Ranunculaceae 毛茛科 [MD-38] 全球 (1) 大洲分布及种数(1)◆非洲
Peltocephalus Schweigger = **Plectocephalus**
Peltoceras Phil. = **Pentaceras**
Peltochlaena Fée = **Stigmatopteris**
Peltodon【3】 Pohl 盾齿花属 ← **Clinopodium** Lamiaceae 唇形科 [MD-575] 全球 (1) 大洲分布及种数(2-3)◆南美洲(◆巴西)
Peltogyne【3】 Vogel 紫心木属 ← **Cynometra;Hymenaea** Fabaceae 豆科 [MD-240] 全球 (1) 大洲分布及种数(27-28)◆南美洲
Peltolejeunea (Spruce) Schiffn. = **Omphalanthus**
Peltolepis【3】 (Shimizu & S.Hatt.) S.Hatt. 月鳞苔属 ≒ **Sauteria** Monosoleniaceae 单月苔科 [B-14] 全球 (1) 大洲分布及种数(cf. 1)◆亚洲
Peltomesa Raf. = **Struthanthus**
Peltophora Benth. = **Manisuris**
Peltophoropsis Chiov. = **Parkinsonia**
Peltophorum【3】 (Vogel) Benth. 盾柱木属 ← **Poinciana;Caesalpinia;Parkinsonia** Fabaceae 豆科 [MD-240] 全球 (6) 大洲分布及种数(11-15;hort.1;cult: 1)非洲:4-6;亚

洲:6-10;大洋洲:2-4;欧洲:2;北美洲:7-9;南美洲:4-6
Peltophorus Desv. = **Manisuris**
Peltophyllum【3】Gardner 六尾霉草属 ← **Sciaphila; Triuris;Peniophyllum** Triuridaceae 霉草科 [MM-616] 全球 (1) 大洲分布及种数(2)◆南美洲
Peltops (Schltr.) Szlach. & Marg. = **Bulbophyllum**
Peltopsis Raf. = **Myriophyllum**
Peltopus (Schltr.) Szlach. & Marg. = **Epidendrum**
Peltospermum Benth. = **Aspidosperma**
Peltospermum P. & K. = **Anthochlamys**
Peltostegia Turcz. = **Kosteletzkya**
Peltostigma【3】Walp. 盾柱芸香属 ← **Galipea** Rutaceae 芸香科 [MD-399] 全球 (1) 大洲分布及种数(3-4)◆北美洲
Peltoxys (Schltr.) Szlach. & Marg. = **Bulbophyllum**
Pelucha【3】S.Watson 毛黄菊属 Asteraceae 菊科 [MD-586] 全球 (1) 大洲分布及种数(1)◆北美洲(◆墨西哥)
Pelvetia (L.) Dcne & Thur = **Pelexia**
Pelwingia Willd. = **Helwingia**
Pemba Beier = **Pegia**
Pembertonia【3】P.S.Short 鹅河菊属 ≒ **Brachyscome** Asteraceae 菊科 [MD-586] 全球 (1) 大洲分布及种数(cf.1)◆大洋洲
Pempelia Durando ex Pomel = **Daucus**
Pempheris Mooi = **Pemphis**
Pemphis【3】J.R.Forst. & G.Forst. 水芫花属 → **Diplusodon** Lythraceae 千屈菜科 [MD-333] 全球 (6) 大洲分布及种数(2)非洲:1-9;亚洲:1-9;大洋洲:1-9;欧洲:8;北美洲:1-9;南美洲:8
Penaea【3】L. 管萼木属 → **Endonema;Brachysiphon** Penaeaceae 管萼木科 [MD-375] 全球 (1) 大洲分布及种数(25-46)◆非洲
Penaeaceae【3】Sw. ex Guill. 管萼木科 [MD-375] 全球 (1) 大洲分布和属种数(6;hort. & cult.1)(36-72;hort. & cult.1)◆非洲
Penaeopsis Bate = **Pentanopsis**
Penanthes Veil = **Prenanthes**
Penares Wilson = **Penaea**
Penar-valli Adans. = **Zanonia**
Penarvallia P. & K. = **Zanonia**
Penaus L. = **Penaea**
Pendressia Whiffin = **Endressia**
Penducella【3】Lür & Thörle 岩黄兰属 ≒ **Lepanthes** Orchidaceae 兰科 [MM-723] 全球 (1) 大洲分布及种数(uc)属分布和种数(uc)◆南美洲
Pendularia L. = **Pergularia**
Pendulina Willk. = **Diplotaxis**
Pendulluma【-】Plowes 萝藦科属 Asclepiadaceae 萝藦科 [MD-494] 全球 (uc) 大洲分布及种数(uc)
Pendulorchis【2】Z.J.Liu,K.Wei Liu & G.Q.Zhang 悬生兰属 Orchidaceae 兰科 [MM-723] 全球 (2) 大洲分布及种数(1) 亚洲:1;大洋洲:1
Pendulothecium【3】Enroth & S.He 大洋洲平藓属 Neckeraceae 平藓科 [B-204] 全球 (1) 大洲分布及种数(3)◆大洋洲
Pendusalpinx【3】Karremans & Mel.Fernández 吊生兰属 Orchidaceae 兰科 [MM-723] 全球 (1) 大洲分布及种数(7) ◆南美洲
Penelopeia【3】Urb. 佩纳葫芦属 Cucurbitaceae 葫芦科 [MD-205] 全球 (1) 大洲分布及种数(2)◆南美洲
Peneroplis Raf. = **Adenophora**
Penetes Benth. = **Pentas**
Penguin Adans. = **Bromelia**
Penianthus【3】Miers 半花藤属 Menispermaceae 防己科 [MD-42] 全球 (1) 大洲分布及种数(3-4)◆非洲
Penicillanthemum Vieill. = **Hugonia**
Penicillaria Willd. = **Pennisetum**
Penicillidia Willd. = **Pennisetum**
Penicillus Lam. = **Mesosetum**
Peniculauris L. = **Pedicularis**
Peniculifera Ridl. = **Trigonopleura**
Peniculus Swallen = **Mesosetum**
Peniocereus【3】(A.Berger) Britton & Rose 块根柱属 ≒ **Acanthocereus;Cactus** Cactaceae 仙人掌科 [MD-100] 全球 (1) 大洲分布及种数(19-23)◆北美洲
Penion Lunell = **Wangenheimia**
Peniophora Pouzar & Svrček = **Chasmopodium**
Peniophyllum【3】Pennell 月见草属 ← **Oenothera; Peltophyllum** Onagraceae 柳叶菜科 [MD-396] 全球 (1) 大洲分布及种数(1)◆北美洲
Penium Engl. = **Peponium**
Penkimia【3】Phukan & Odyuo 短距兰属 Orchidaceae 兰科 [MM-723] 全球 (1) 大洲分布及种数(cf. 1)◆东亚(◆中国)
Pennantia【3】J.R.Forst. & G.Forst. 毛柴木属 Pennantiaceae 毛柴木科 [MD-462] 全球 (1) 大洲分布及种数(9)◆大洋洲
Pennantiaceae【3】J.Agardh 毛柴木科 [MD-462] 全球 (1) 大洲分布和属种数(1;hort. & cult.1)(9;hort. & cult.2)◆大洋洲
Pennaria Agassiz & Mayer = **Gennaria**
Pennatula M.Fleisch. = **Pinnatella**
Pennella C.B.Wilson = **Pennellia**
Pennellara J.M.H.Shaw = **Pennellia**
Pennellia J.M.H.Shaw = **Pennellia**
Pennellia【3】Nieuwl. 彭内尔芥属 ← **Arabis;Thelypodium;Weberbauera** Brassicaceae 十字花科 [MD-213] 全球 (1) 大洲分布及种数(7-8)◆南美洲
Pennellianthus【3】Crosswh. 五葵草属 ≒ **Penstemon;Leiostemon** Plantaginaceae 车前科 [MD-527] 全球 (1) 大洲分布及种数(cf. 1)◆亚洲
Pennilabium【3】J.J.Sm. 巾唇兰属 → **Saccolabiopsis;Sarcochilus** Orchidaceae 兰科 [MM-723] 全球 (1) 大洲分布及种数(8-12)◆亚洲
Pennisetum (Fig. & De Not.) Hack. = **Pennisetum**
Pennisetum【3】Pers. 狼尾草属 ← **Alopecurus;Cenchrus;Melanocenchris** Poaceae 禾本科 [MM-748] 全球 (6) 大洲分布及种数(70-96)非洲:46-90;亚洲:33-83;大洋洲:18-61;欧洲:9-50;北美洲:27-72;南美洲:19-62
Penopus (Schltr.) Szlach. & Marg. = **Epidendrum**
Penosphyllum Pennell = **Peniophyllum**
Penstemon (Benth.) A.Gray = **Penstemon**
Penstemon【3】Mitch. 钓钟柳属 → **Tetranema;Leiostemon;Pennellianthus** Scrophulariaceae 玄参科 [MD-536] 全球 (6) 大洲分布及种数(327-378;hort.1;cult: 28) 非洲:136;亚洲:58-196;大洋洲:136;欧洲:12-150;北美洲:326-507;南美洲:9-147
Pentabothra Hook.f. = **Vincetoxicum**

Pentabrachion【3】 Müll.Arg. 网碟木属 ≒ **Microdesmis** Phyllanthaceae 叶下珠科 [MD-222] 全球 (1) 大洲分布及种数(1)◆非洲
Pentabrachium Müll.Arg. = **Pentabrachion**
Pentacaelium Franch. & Sav. = **Pentacoelium**
Pentacaena Bartl. = **Cardionema**
Pentacalia (Benth.) Cuatrec. = **Pentacalia**
Pentacalia【3】 Cass. 五蟹甲属 ← **Senecio; Dendrophorbium** Asteraceae 菊科 [MD-586] 全球 (6) 大洲分布及种数(256)非洲:1;亚洲:4-5;大洋洲:5-10;欧洲:2-3;北美洲:23-26;南美洲:201-230
Pentacarpaea Hiern = **Pentanisia**
Pentacarya DC. ex Meisn. = **Heliotropium**
Pentace【3】 Hassk. 五室椴属 ← **Brownlowia** Malvaceae 锦葵科 [MD-203] 全球 (1) 大洲分布及种数(1-31)◆亚洲
Pentaceol G.Mey. = **Byttneria**
Pentaceolium Sieb. & Zucc. = **Pentacoelium**
Pentaceras【3】 Hook.f. 五角芸香属 Rutaceae 芸香科 [MD-399] 全球 (1) 大洲分布及种数(2)◆大洋洲(◆澳大利亚)
Pentachaeta Greene = **Pentachaeta**
Pentachaeta【3】 Nutt. 毛冠菀属 ← **Chaetopappa** Asteraceae 菊科 [MD-586] 全球 (1) 大洲分布及种数(7-11)◆北美洲
Pentachlaena【3】 H.Perrier 掌杯花属 Sarcolaenaceae 苞杯花科 [MD-153] 全球 (1) 大洲分布及种数(4)◆非洲(◆马达加斯加)
Pentachondra【3】 R.Br. 水螅石南属 → **Pernettya** Ericaceae 杜鹃花科 [MD-380] 全球 (1) 大洲分布及种数(1-4)◆大洋洲
Pentaclathra Endl. = **Polyclathra**
Pentaclethra【2】 Benth. 五柳豆属 ← **Acacia;Mimosa; Entada** Fabaceae 豆科 [MD-240] 全球 (3) 大洲分布及种数(4)非洲:2;北美洲:1;南美洲:1
Pentacme A.DC. = **Shorea**
Pentacocca Turcz. = **Phyllocosmus**
Pentacoelium【3】 Sieb. & Zucc. 苦槛蓝属 Scrophulariaceae 玄参科 [MD-536] 全球 (1) 大洲分布及种数(2)◆亚洲
Pentacoilanthus【-】 Rappa & Camarrone 番杏科属 Aizoaceae 番杏科 [MD-94] 全球(uc) 大洲分布及种数(uc)
Pentacomia Benth. = **Pentagonia**
Pentacoryna DC. ex Meisn. = **Anchusa**
Pentacraspedon Steud. = **Amphipogon**
Pentacrophys A.Gray = **Acleisanthes**
Pentacros G.Mey. = **Byttneria**
Pentacrostigma K.Afzel. = **Ipomoea**
Pentacrypta Lehm. = **Arracacia**
Pentactina【3】 Nakai 金刚梅属 Rosaceae 蔷薇科 [MD-246] 全球 (1) 大洲分布及种数(1)◆亚洲
Pentacyphus Schltr. = **Sarcostemma**
Pentadactyla Gaertn.f. = **Carapa**
Pentadactylon C.F.Gaertn. = **Marshallia**
Pentadactylus Gaertn.f. = **Carapa**
Pentademia Cass. = **Pentameria**
Pentadenia (Planch.) Hanst. = **Columnea**
Pentadesma【2】 Sabine 猪油果属 Clusiaceae 藤黄科 [MD-141] 全球 (3) 大洲分布及种数(3-9)非洲:2-8;亚洲:cf.1;北美洲:1
Pentadesmos Spruce ex Planch. & Triana = **Pentadesma**
Pentadiplandra【3】 Baill. 忘忧果属 Pentadiplandraceae 忘忧果科 [MD-199] 全球 (1) 大洲分布及种数(1)◆非洲
Pentadiplandraceae【3】 Hutch. & Dalziel 忘忧果科 [MD-199] 全球 (1) 大洲分布和属种数(1/1)◆大洋洲
Pentadopsis Britton = **Entadopsis**
Pentadynamis R.Br. = **Crotalaria**
Pentaglossum Forssk. = **Lythrum**
Pentaglottis【3】 Tausch 冬沫草属 ≒ **Anchusa** Boraginaceae 紫草科 [MD-517] 全球 (1) 大洲分布及种数(1)◆欧洲
Pentagonanthus【3】 Bullock 澳非萝藦属 ← **Raphionacme** Apocynaceae 夹竹桃科 [MD-492] 全球 (1) 大洲分布及种数(uc)属分布和种数(uc)◆非洲
Pentagonaster Klotzsch = **Metrosideros**
Pentagonia【3】 Benth. 红乳果属 ← **Nicandra** Rubiaceae 茜草科 [MD-523] 全球 (1) 大洲分布及种数(19-23)◆北美洲
Pentagonica Benth. = **Pentagonia**
Pentagonium Schaür = **Philibertia**
Pentagonocarpos P. & K. = **Pentagonocarpus**
Pentagonocarpus【-】 P.Micheli ex Parl. 锦葵科属 ≒ **Kosteletzkya** Malvaceae 锦葵科 [MD-203] 全球 (uc) 大洲分布及种数(uc)
Pentagramma【3】 Yatsk.,Windham & E.Wollenw. 铅背蕨属 ≒ **Pityrogramma** Pteridaceae 凤尾蕨科 [F-31] 全球 (1) 大洲分布及种数(2-3)◆北美洲
Pentake Raf. = **Cuscuta**
Pentalepis F.Müll = **Chrysogonum**
Pentalinon【3】 Voigt 金香藤属 → **Angadenia; Apocynum;Prestonia** Apocynaceae 夹竹桃科 [MD-492] 全球 (1) 大洲分布及种数(2)◆北美洲
Pentaloba Lour. = **Rinorea**
Pentaloncha【3】 Hook.f. 五矛茜属 → **Poecilocalyx** Rubiaceae 茜草科 [MD-523] 全球 (1) 大洲分布及种数(2)◆非洲
Pentalophus A.DC. = **Lithospermum**
Pentamera P.Beauv. = **Pentameris**
Pentamerea Klotzsch ex Baill. = **Bridelia**
Pentameria【2】 Klotzsch ex Baill. 花碟木属 ← **Bridelia;Columnea** Phyllanthaceae 叶下珠科 [MD-222] 全球 (2) 大洲分布及种数(cf.1) 非洲;南美洲
Pentameris (Nees) H.P.Linder & Galley = **Pentameris**
Pentameris【3】 P.Beauv. 五部芒属 ← **Avena; Colpodium;Gladiolus** Poaceae 禾本科 [MM-748] 全球 (1) 大洲分布及种数(86-88)◆非洲(◆南非)
Pentamerista【3】 Maguire 五贵木属 Tetrameristaceae 四贵木科 [MD-174] 全球 (1) 大洲分布及种数(1)◆南美洲
Pentamorpha Scheidw. = **Erythrochiton**
Pentanema【2】 Cass. 苇谷草属 ≒ **Conyza** Asteraceae 菊科 [MD-586] 全球 (5) 大洲分布及种数(39-46)非洲:5;亚洲:31-35;欧洲:18;北美洲:1;南美洲:2
Pentanenra Klotzsch = **Erica**
Pentanisia (Baker) Verdc. = **Pentanisia**
Pentanisia【3】 Harv. 白星茜属 → **Knoxia;Calanda; Pentas** Rubiaceae 茜草科 [MD-523] 全球 (1) 大洲分布及

种数(20-22)◆非洲

Pentanome DC. = **Zanthoxylum**

Pentanopsis【3】Rendle 类五星花属 → **Amphiasma** Rubiaceae 茜草科 [MD-523] 全球 (1) 大洲分布及种数(2-4)◆非洲

Pentanthus Hook. & Arn. = **Paracalia**

Pentanthus Less. = **Nassauvia**

Pentanthus Raf. = **Jacquemontia**

Pentanura【3】Bl. 尾药藤属 → **Stelmocrypton** Apocynaceae 夹竹桃科 [MD-492] 全球 (1) 大洲分布及种数(cf. 1)◆亚洲

Pentapanax Racemosae Harms = **Pentapanax**

Pentapanax【3】Seem. 羽叶参属 ← **Aralia;Panax** Araliaceae 五加科 [MD-471] 全球 (1) 大洲分布及种数(17-20)◆东亚(◆中国)

Pentapannax Seem. = **Pentapanax**

Pentapeltis【3】(Endl.) Bunge 澳芹属 ≒ **Xanthosia** Apiaceae 伞形科 [MD-480] 全球 (1) 大洲分布及种数(2)◆大洋洲(◆澳大利亚)

Pentapera Klotzsch = **Erica**

Pentapetaceae Bercht. & J.Presl = Greyiaceae

Pentapeter L. = **Pentapetes**

Pentapetes【3】L. 午时花属 → **Dombeya** Malvaceae 锦葵科 [MD-203] 全球 (1) 大洲分布及种数(2-3)◆亚洲

Pentaphalangium Warb. = **Garcinia**

Pentaphiltrum Rchb. = **Physalis**

Pentaphorus D.Don = **Gochnatia**

Pentaphra Klotzsch = **Erica**

Pentaphragma Wall. ex G.Don = **Pentaphragma**

Pentaphragma【3】Zucc. ex Rchb. 五膜草属 ← **Araujia;Phyteuma** Pentaphragmataceae 五膜草科 [MD-560] 全球 (1) 大洲分布及种数(37-38)◆亚洲

Pentaphragmataceae【3】J.Agardh 五膜草科 [MD-560] 全球 (1) 大洲分布和属种数(1/37-44)◆亚洲

Pentaphylacaceae【3】Engl. 五列木科 [MD-215] 全球 (1) 大洲分布和属种数(1/1)◆北美洲

Pentaphylaceae Engl. = Pentaphylacaceae

Pentaphylax【3】Gardner & Champ. 五列木属 Pentaphylacaceae 五列木科 [MD-215] 全球 (1) 大洲分布及种数(cf. 1)◆亚洲

Pentaphylloides【3】Duham. 小金露梅属 → **Dasiphora; Potentilla** Rosaceae 蔷薇科 [MD-246] 全球 (6) 大洲分布及种数(7)非洲:1;亚洲:6-7;大洋洲:1;欧洲:1;北美洲:2-3;南美洲:1

Pentaphyllon Pers. = **Trifolium**

Pentaphyllum【-】Gaertn. 蔷薇科属 ≒ **Potentilla** Rosaceae 蔷薇科 [MD-246] 全球 (uc) 大洲分布及种数(uc)

Pentaplaris【3】L.O.Williams & Standl. 五数木属 ← **Reevesia** Malvaceae 锦葵科 [MD-203] 全球 (1) 大洲分布及种数(2)◆北美洲

Pentaple Rchb. = **Stellaria**

Pentapleura【3】Hand.Mazz. 亚洲黄芹属 Lamiaceae 唇形科 [MD-575] 全球 (1) 大洲分布及种数(cf. 1)◆西亚(◆伊拉克)

Pentapogon【3】R.Br. 五须茅属 ← **Agrostis; Calamagrostis;Stipa** Poaceae 禾本科 [MM-748] 全球 (1) 大洲分布及种数(1)◆大洋洲(◆澳大利亚)

Pentaprion E.Pritz. = **Pentaptilon**

Pentaptelion Turcz. = **Leucopogon**

Pentaptera Roxb. = **Terminalia**

Pentapteris【-】Hall. 小二仙草科属 Haloragaceae 小二仙草科 [MD-271] 全球 (uc) 大洲分布及种数(uc)

Pentapterophyllon Hill = **Myriophyllum**

Pentapterygium Klotzsch = **Agapetes**

Pentaptilon【3】E.Pritz. 翼鸾花属 Goodeniaceae 草海桐科 [MD-578] 全球 (1) 大洲分布及种数(1-2)◆大洋洲(◆澳大利亚)

Pentapyxis Hook.f. = **Leycesteria**

Pentaraphia【3】Lindl. 北美洲苣苔属 ≒ **Gloxinia** Gesneriaceae 苦苣苔科 [MD-549] 全球 (1) 大洲分布及种数(3-4)◆北美洲

Pentarhaphia【3】Lindl. 岛岩桐属 ← **Gesneria;Pentaraphia** Gesneriaceae 苦苣苔科 [MD-549] 全球 (1) 大洲分布及种数(20)◆南美洲

Pentarhaphis Lindl. = (接受名不详) Cyperaceae

Pentarhapia Lindl. = **Achimenes**

Pentarhizidium【3】Hayata 东方荚果蕨属 ← **Matteuccia;Onoclea** Onocleaceae 球子蕨科 [F-45] 全球 (1) 大洲分布及种数(1)◆亚洲

Pentarhopalopilia【3】(Engl.) Hiepko 头花山柚属 ≒ **Rhopalopilia** Opiliaceae 山柚子科 [MD-369] 全球 (1) 大洲分布及种数(4)◆非洲

Pentaria (DC.) M.Röm. = **Passiflora**

Pentarrhaphis Kunth = **Bouteloua**

Pentarrhinum【3】E.Mey. 文心藤属 ← **Cynanchum; Pentatropis;Tylophora** Apocynaceae 夹竹桃科 [MD-492] 全球 (1) 大洲分布及种数(7)◆非洲

Pentas【3】Benth. 五星花属 → **Chamaepentas;Ophiorrhiza;Psychotria** Rubiaceae 茜草科 [MD-523] 全球 (1) 大洲分布及种数(22-27)◆非洲

Pentasachme【3】Wall. ex Wight 石萝藦属 ← **Cynanchum;Pentasacme** Apocynaceae 夹竹桃科 [MD-492] 全球 (1) 大洲分布及种数(2-4)◆亚洲

Pentasacme【3】G.Don 麒麟萝藦属 ← **Heterostemma; Pentasachme** Asclepiadaceae 萝藦科 [MD-494] 全球 (1) 大洲分布及种数(2)属分布和种数(uc)◆亚洲

Pentaschistis【3】(Nees) Spach 五裂草属 ← **Achnatherum;Triosteum;Eriachne** Poaceae 禾本科 [MM-748] 全球 (1) 大洲分布及种数(85-86)◆非洲

Pentascyphus【3】Radlk. 圭亚那广患子属 Sapindaceae 无患子科 [MD-428] 全球 (1) 大洲分布及种数(1)◆南美洲

Pentasp Benth. = **Pentas**

Pentaspadon【3】Hook.f. 白纹漆属 ≒ **Microstemon** Anacardiaceae 漆树科 [MD-432] 全球 (1) 大洲分布及种数(1-6)◆东南亚(◆泰国)

Pentaspatella Gleason = **Sauvagesia**

Pentastachya Hochst. ex Steud. = **Pennisetum**

Pentastelma【3】Y.Tsiang & P.T.Li 白水藤属 ≒ **Petalostelma** Apocynaceae 夹竹桃科 [MD-492] 全球 (1) 大洲分布及种数(cf. 1)◆东亚(◆中国)

Pentastemon Batsch = **Penstemon**

Pentastemona【3】Steenis 五出百部属 Stemonaceae 百部科 [MM-650] 全球 (1) 大洲分布及种数(1-2)◆东南亚(◆印度尼西亚)

Pentastemonaceae【3】Duyfjes 鳞百部科 [MM-654] 全

球 (1) 大洲分布和属种数(1/1-2)◆亚洲
Pentastemonodiscus 【3】 Rech.f. 五蕊盘草属 Caryophyllaceae 石竹科 [MD-77] 全球 (1) 大洲分布及种数(1-2)◆亚洲
Pentaster Roxb. = **Cardamine**
Pentasticha Turcz. = **Fuirena**
Pentastichella 【3】 Müll.Hal. 智利白灵藓属 Orthotrichaceae 木灵藓科 [B-151] 全球 (1) 大洲分布及种数(2)◆南美洲
Pentastira Ridl. = **Ceanothus**
Pentataphrus Schlechtd. = **Astroloma**
Pentataxis D.Don = **Helichrysum**
Pentathymelaea Lecomte = **Daphne**
Pentatrichia 【3】 Klatt 齿叶鼠麴木属 ← **Philyrophyllum;Inula** Asteraceae 菊科 [MD-586] 全球 (1) 大洲分布及种数(4)◆非洲
Pentatropis 【3】 R.Br. 朱砂莲属 ← **Asclepias;Cynanchum;Pentarrhinum** Apocynaceae 夹竹桃科 [MD-492] 全球 (6) 大洲分布及种数(5-7)非洲:3-6;亚洲:4-6;大洋洲:3;欧洲:2;北美洲:1-3;南美洲:2
Penteca Raf. = **Croton**
Pentelesia Raf. = **Fridericia**
Pentena Raf. = **Scabiosa**
Penthea Lindl. = **Disa**
Penthea Spach = **Barnadesia**
Penthema Lindl. = **Disa**
Pentheriella O.Hoffm. & Muschl. = **Heteromma**
Penthoraceae 【2】 Rydb. ex Britton 扯根菜科 [MD-232] 全球 (2) 大洲分布和属种数(1;hort. & cult.1)(2-4;hort. & cult.2-3)亚洲:1/2;北美洲:1/1
Penthorum 【2】 L. 扯根菜属 Penthoraceae 扯根菜科 [MD-232] 全球 (2) 大洲分布及种数(3)亚洲:cf.1;北美洲
Penthysa Raf. = **Buchnera**
Pentilium Raf. = **Pennilabium**
Pentiphragma Hook. = **Pentaphragma**
Pentisea 【3】 (Lindl.) Szlach. 裂缘兰属 ≒ **Caladenia** Orchidaceae 兰科 [MM-723] 全球 (1) 大洲分布及种数(cf. 1)◆大洋洲(◆密克罗尼西亚)
Pentlandia Herb. = **Urceolina**
Pentocnide Raf. = **Pouzolzia**
Pentodon Ehrenb. ex Boiss. = **Pentodon**
Pentodon 【3】 Hochst. 五齿茜属 ← **Hedyotis** Rubiaceae 茜草科 [MD-523] 全球 (6) 大洲分布及种数(2-3;hort.1)非洲:1-4;亚洲:2;大洋洲:2;欧洲:2;北美洲:1-3;南美洲:1-3
Pentopetia 【3】 Decne. 隐节萝藦属 ← **Cryptolepis;Secamone;Petopentia** Apocynaceae 夹竹桃科 [MD-492] 全球 (1) 大洲分布及种数(20-25)◆非洲
Pentopetiopsis Costantin & Gallaud = **Pentopetia**
Pentossaea Judd = **Clidemia**
Pentostemon Raf. = **Penstemon**
Pentrias Benth. & Hook.f. = **Passiflora**
Pentrius Raf. = **Amaranthus**
Pentropis Raf. = **Campanula**
Pentsteira Griff. = **Torenia**
Pentstemon Ait. = **Penstemon**
Pentstemonacanthus Nees = **Ruellia**
Pentstemonopsis Rydb. = **Chionophila**
Pentstemum Steud. = **Penstemon**
Pentsteria Griff. = **Torenia**
Pentulops Raf. = **Heterotaxis**
Pentzia 【3】 Thunb. 杯子菊属 ← **Athanasia; Oncosiphon;Tanacetum** Asteraceae 菊科 [MD-586] 全球 (1) 大洲分布及种数(46-50)◆非洲(◆南非)
Penzi Thunb. = **Pentzia**
Penzigia Rehm = **Penkimia**
Penzigiella 【3】 M.Fleisch. 长蕨藓属 Pterobryaceae 蕨藓科 [B-201] 全球 (1) 大洲分布及种数(1)◆亚洲
Peonza Salisb. = **Narcissus**
Peosopis L. = **Prosopis**
Pepeara 【-】 Hort. 兰科属 Orchidaceae 兰科 [MM-723] 全球 (uc) 大洲分布及种数(uc)
Peperidia Kostel. = **Pothomorphe**
Peperidia Rchb. = **Chloranthus**
Peperidium Lindl. = **Villarsia**
Peperoima Ruiz & Pav. = **Peperomia**
Peperomia A.W.Hill = **Peperomia**
Peperomia 【3】 Ruiz & Pav. 草胡椒属 ← **Piper;Mildea** Piperaceae 胡椒科 [MD-39] 全球 (6) 大洲分布及种数(1485-1840;hort.1;cult: 47)非洲:111-152;亚洲:209-284;大洋洲:104-173;欧洲:27-86;北美洲:486-636;南美洲:1016-1156
Peperomiaceae 【3】 A.C.Sm. 三瓣绿科 [MD-40] 全球 (6) 大洲分布和属种数(2;hort. & cult.1)(1486-1904;hort. & cult.64-87)非洲:1/111-152;亚洲:1/209-284;大洋洲:1/104-173;欧洲:1/27-86;北美洲:2/488-638;南美洲:1/1016-1156
Peperumia Ruiz & Pav. = **Peperomia**
Pephysena Noronha ex Thou. = **Physena**
Pepinia 【3】 Brongn. ex André 艳红凤梨属 ≒ **Pitcairnia;Tillandsia** Bromeliaceae 凤梨科 [MM-715] 全球(6) 大洲分布及种数(1-2)非洲:1;亚洲:1;大洋洲:1;欧洲:1;北美洲:1;南美洲:2
Peplidium 【2】 Delile 沟马齿属 → **Glossostigma; Petalidium** Phrymaceae 透骨草科 [MD-559] 全球 (3) 大洲分布及种数(2-6)非洲:1;亚洲:1;大洋洲:1-5
Peplis 【3】 L. 荸艾属 → **Didiplis** Lythraceae 千屈菜科 [MD-333] 全球 (6) 大洲分布及种数(3-5)非洲:4;亚洲:1-4;大洋洲:3;欧洲:1-5;北美洲:3;南美洲:3
Peplonia 【3】 Decne. 袍萝藦属 ← **Asclepias;Blepharodon;Metastelma** Apocynaceae 夹竹桃科 [MD-492] 全球 (1) 大洲分布及种数(8-10)◆南美洲(◆巴西)
Pepo 【-】 Mill. 葫芦科属 ≒ **Cucurbita;Cucumis** Cucurbitaceae 葫芦科 [MD-205] 全球 (uc) 大洲分布及种数(uc)
Peponidium 【3】 (Baill.) Aubrév. 小瓠果属 ← **Canthium;Pyrostria** Rubiaceae 茜草科 [MD-523] 全球 (1) 大洲分布及种数(48-49)◆非洲
Peponiella P. & K. = **Peponium**
Peponium 【3】 Engl. 瓠果属 ≒ **Luffa** Cucurbitaceae 葫芦科 [MD-205] 全球 (6) 大洲分布及种数(20-21)非洲:19-22;亚洲:1-3;大洋洲:2;欧洲:2;北美洲:2;南美洲:1-4
Peponopsis 【3】 Naud. 拟瓠果属 Cucurbitaceae 葫芦科 [MD-205] 全球 (1) 大洲分布及种数(1)◆北美洲(◆墨西哥)
Pepsis L. = **Peplis**
Pera (Baill.) Croizat = **Pera**
Pera 【3】 Mutis 蚌壳木属 ≒ **Persea** Peraceae 蚌壳木科 [MD-216] 全球 (6) 大洲分布及种数(31-50;hort.1;cult:1)

非洲:5;亚洲:5;大洋洲:5;欧洲:5;北美洲:9-25;南美洲:28-44
Peracarpa【3】Hook.f. & Thoms. 袋果草属 ← **Campanula;Wahlenbergia** Campanulaceae 桔梗科 [MD-561] 全球 (1) 大洲分布及种数(1-2)◆亚洲
Peraceae【3】Klotzsch 蚌壳木科 [MD-216] 全球 (6) 大洲分布和属种数(1/30-54)非洲:1/5;亚洲:1/5;大洋洲:1/5;欧洲:1/5;北美洲:1/9-25;南美洲:1/28-44
Peracle Raf. = **Cleome**
Peragelonium Leandri = **Aristogeitonia**
Perakalia【3】C.K.Lim 藤蟹甲属 Asteraceae 菊科 [MD-586] 全球 (1) 大洲分布及种数(1)◆亚洲
Perakanthus【3】Robyns ex Ridl. 佩拉花属 ← **Canthium** Rubiaceae 茜草科 [MD-523] 全球 (1) 大洲分布及种数(cf. 1)◆亚洲
Peraltea Kunth = **Brongniartia**
Perama【3】Aubl. 佩茜属 ≒ **Microlicia** Rubiaceae 茜草科 [MD-523] 全球 (1) 大洲分布及种数(12-14)◆南美洲
Peramibus Raf. = **Rudbeckia**
Peramium【2】Salisb.火烧兰属→**Goodyera;Epipactis** Orchidaceae 兰科 [MM-723] 全球 (4) 大洲分布及种数(cf.1) 亚洲;欧洲;北美洲;南美洲
Peranema【3】D.Don 柄盖蕨属 → **Acrophorus;Sphaeropteris** Peranemataceae 球盖蕨科 [F-48] 全球 (1) 大洲分布及种数(2-6)◆亚洲
Peranemataceae【3】Ching 球盖蕨科 [F-48] 全球 (6) 大洲分布和属种数(2;hort. & cult.2)(11-29;hort. & cult.4)非洲:1/2;亚洲:2/9-18;大洋洲:1/2-4;欧洲:1/2;北美洲:1/2;南美洲:1/2
Perantha Craib = **Oreocharis**
Peranthus Forssk. = **Pteranthus**
Perapentacoilanthus【-】Rappa & Camarrone 番杏科属 Aizoaceae 番杏科 [MD-94] 全球 (uc) 大洲分布及种数(uc)
Peraphora Miers = **Cyclea**
Peraphyllum【3】Nutt. 榴棠属 Rosaceae 蔷薇科 [MD-246] 全球 (1) 大洲分布及种数(1)◆北美洲(◆美国)
Peras Mutis = **Pera**
Peratanthe Urb. = **Coprosma**
Peratetracoilanthus【-】Rappa & Camarrone 番杏科属 Aizoaceae 番杏科 [MD-94] 全球 (uc) 大洲分布及种数(uc)
Peratotoma DC. = **Carallia**
Peraxilla【3】Van Tiegh. 大苞鞘花属 ← **Elytranthe;Loranthus** Loranthaceae 桑寄生科 [MD-415] 全球 (1) 大洲分布及种数(2-3)◆大洋洲(◆新西兰)
Perca Mutis = **Pera**
Percarina W.R.Anderson = **Peregrina**
Percepier Dill. ex Mönch = **Aphanes**
Percnon Raf. = **Rhamnus**
Perdicesca Prov. = **Mitchella**
Perdicesea E.A.Delamare,Renauld & Cardot = **Mitchella**
Perdicium【3】L. 白丁草属 → **Acourtia;Gerbera;Perezia** Asteraceae 菊科 [MD-586] 全球 (1) 大洲分布及种数(4)◆非洲(◆南非)
Perdicula Raf. = **Cleome**
Perdusenia【3】Hässel 阿根廷齿萼苔属 Lophocoleaceae 齿萼苔科 [B-74] 全球 (1) 大洲分布及种数(cf. 1)◆南美洲
Pereae Müll.Arg. = **Perebea**
Perebea (Trécul) Engl. = **Perebea**
Perebea【3】Aubl. 黄乳桑属 → **Castilla;Maquira;Persea** Moraceae 桑科 [MD-87] 全球 (1) 大洲分布及种数(16-17)◆南美洲
Peregrina【3】W.R.Anderson 奇异金虎尾属 Malpighiaceae 金虎尾科 [MD-343] 全球 (1) 大洲分布及种数(1)◆南美洲
Pereilema【3】J.Presl 乱子草属 → **Muhlenbergia** Poaceae 禾本科 [MM-748] 全球 (1) 大洲分布及种数(1-4)◆北美洲
Pereira Hook.f. & Thoms. = **Perella**
Pereiria Lindl. = **Menispermum**
Perella (Tiegh.) Tiegh. = **Perella**
Perella【3】Van Tiegh. 桑寄生属 ≒ **Peraxilla;Loranthus** Loranthaceae 桑寄生科 [MD-415] 全球 (1) 大洲分布及种数(cf. 1)◆大洋洲
Peremis Raf. = **Passiflora**
Perenideboles【3】Ram.Goyena 尼加拉瓜爵床属 Acanthaceae 爵床科 [MD-572] 全球 (1) 大洲分布及种数(uc)属分布和种数(uc)◆北美洲
Perepusa Steud. = **Prepusa**
Perescia Lem. = **Pereskia**
Peresiopsis Britton & Rose = **Pereskiopsis**
Pereskia【3】Mill. 木麒麟属 → **Austrocylindropuntia;Cactus** Cactaceae 仙人掌科 [MD-100] 全球 (6) 大洲分布及种数(22-25;hort.1;cult:1)非洲:3;亚洲:4;大洋洲:1;欧洲:2;北美洲:9;南美洲:18-19
Pereskiopsis【3】Britton & Rose 麒麟掌属 → **Austrocylindropuntia;Cactus;Pereskia** Cactaceae 仙人掌科 [MD-100] 全球 (1) 大洲分布及种数(7-8)◆北美洲
Pereuphora Hoffmanns. = **Serratula**
Perezia【3】Lag. 莲座钝柱菊属 → **Acourtia;Gochnatia;Trixis** Asteraceae 菊科 [MD-586] 全球 (1) 大洲分布及种数(10)◆北美洲
Pereziopsis J.M.Coult. = **Onoseris**
Perezlaria L. = **Pergularia**
Perfoliata Burm. ex P. & K. = **Hermas**
Perfoliata Dod. ex Fourr. = **Bupleurum**
Perfolisa Raf. = **Ocotea**
Perfonon Raf. = **Rhamnus**
Pergamena Finet = **Dactylostalix**
Pergularia【3】L. 棚架藤属 ← **Asclepias;Mesadenia** Apocynaceae 夹竹桃科 [MD-492] 全球 (6) 大洲分布及种数(13-20;hort.1)非洲:4-7;亚洲:10-16;大洋洲:4-7;欧洲:3;北美洲:2-5;南美洲:1-4
Peria Spragü = **Pehria**
Perialla L. = **Perilla**
Periandra Cambess. = **Periandra**
Periandra【3】Mart. ex Benth. 甜甘豆属 ← **Clitoria;Galactia;Glycyrrhiza** Fabaceae3 蝶形花科 [MD-240] 全球 (1) 大洲分布及种数(8)◆南美洲
Perianthomega【3】Bureau ex Baill. 绕花紫葳属 ← **Bignonia;Stizophyllum** Bignoniaceae 紫葳科 [MD-541] 全球 (1) 大洲分布及种数(1)◆南美洲
Perianthopodus Silva Manso = **Cayaponia**
Perianthostelma Baill. = **Cynanchum**
Periarrabidaea【3】A.Samp. 黄葳属 ← **Martinella** Bignoniaceae 紫葳科 [MD-541] 全球 (1) 大洲分布及种数(cf. 1)◆南美洲

Periaster Baill. = **Periestes**
Peribaea Aubl. = **Perebea**
Periballanthus Franch. & Sav. = **Polygonatum**
Periballia【3】Trin. 舞芒草属 ← **Aira;Deschampsia; Trisetum** Poaceae 禾本科 [MM-748] 全球 (1) 大洲分布及种数(2-3)◆非洲
Periblema DC. = **Boutonia**
Periblepharis【-】Van Tiegh. 金莲木科属 ≒ **Luxemburgia** Ochnaceae 金莲木科 [MD-104] 全球 (uc) 大洲分布及种数(uc)
Periboea Kunth = **Hyacinthus**
Pericalia Cass. = **Roldana**
Pericallis【2】D.Don 瓜叶菊属 ← **Cacalia;Cineraria; Doronicum** Asteraceae 菊科 [MD-586] 全球 (2) 大洲分布及种数(4-17)亚洲:3-4;北美洲:2
Pericalymma【3】(Endl.) Endl. 鱼柳梅属 ≒ **Leptospermum** Myrtaceae 桃金娘科 [MD-347] 全球 (1) 大洲分布及种数(4)◆大洋洲
Pericalymna Meisn. = **Lagerstroemia**
Pericalypta【3】Benoist 周盖爵床属 Acanthaceae 爵床科 [MD-572] 全球 (1) 大洲分布及种数(1-4)◆非洲(◆马达加斯加)
Pericampylus【3】Miers 细圆藤属 ← **Cocculus** Menispermaceae 防己科 [MD-42] 全球 (1) 大洲分布及种数(6-7)◆亚洲
Pericaulon Raf. = **Thermopsis**
Pericephalus Vaill. ex Adans. = **Pterocephalus**
Pericera DC. = **Periptera**
Pericha Raf. = **Cleome**
Perichasma【-】Miers 防己科属 ≒ **Stephania** Menispermaceae 防己科 [MD-42] 全球 (uc) 大洲分布及种数(uc)
Perichlaena【3】Baill. 周被紫葳属 Bignoniaceae 紫葳科 [MD-541] 全球 (1) 大洲分布及种数(1)◆非洲
Pericla Raf. = **Cleome**
Periclesia A.C.Sm. = **Ceratostema**
Periclina Raf. = **Gynandropsis**
Periclistia Benth. = **Paypayrola**
Periclyma Raf. = **Lonicera**
Periclymenum Mill. = **Lonicera**
Perico Raf. = **Cleome**
Pericodia Raf. = **Passiflora**
Pericolpa Raf. = **Cleome**
Pericome【3】A.Gray 环毛菊属 ≒ **Perityle** Asteraceae 菊科 [MD-586] 全球 (1) 大洲分布及种数(2-3)◆北美洲
Periconia Pers. = **Adenia**
Periconie Raf. = **Passiflora**
Pericopsis【3】Thwaites 柚木豆属 → **Dalbergia;Derris** Fabaceae 豆科 [MD-240] 全球 (1) 大洲分布及种数(5-6)◆非洲
Pericoptis Thwaites = **Pericopsis**
Perictenia Miers = **Odontadenia**
Pericycla Bl. = **Licuala**
Peridea Tul. = **Zanthoxylum**
Perideraea Webb = **Pterygopleurum**
Perideridea Rchb. = **Carum**
Perideridia【3】Rchb. 圈芹属 ← **Carum; Pterygopleurum;Conopodium** Apiaceae 伞形科 [MD-480] 全球 (1) 大洲分布及种数(15-16)◆北美洲
Perideris Raf. = **Bouchetia**
Peridictyon【3】Seberg,Fred. & Baden 圣麦草属 ≒ **Triticum** Poaceae 禾本科 [MM-748] 全球 (1) 大洲分布及种数(1)◆欧洲
Peridiniaceae Kuhlm. = Peridiscaceae
Peridiscaceae【3】Kuhlm. 围盘树科 [MD-98] 全球 (1) 大洲分布和属种数(2/2)◆南美洲
Peridiscus【3】Benth. 围盘树属 ≒ **Pterodiscus** Peridiscaceae 围盘树科 [MD-98] 全球 (1) 大洲分布及种数(1)◆南美洲
Peridium Schott = **Pera**
Peridon Raf. = **Diospyros**
Peridr Raf. = **Entada**
Peridroma Hübner = **Peritoma**
Peridrome A.Gray = **Pericome**
Perieilema Benth. = **Pereilema**
Perielgmenum Mill. = **Lonicera**
Periestes【2】Baill. 枪刀药属 ≒ **Hypoestes** Acanthaceae 爵床科 [MD-572] 全球 (2) 大洲分布及种数(cf.1) 非洲;南美洲
Perieteris Raf. = **Nicotiana**
Periga Raf. = **Acacia**
Perigaria Span. = **Pirigara**
Perigea Tul. = **Selaginella**
Periglossum【3】Decne. 心萝藦属 ← **Cordylogyne** Apocynaceae 夹竹桃科 [MD-492] 全球 (1) 大洲分布及种数(1-2)◆非洲
Perigo Raf. = **Entada**
Perigona DC. = **Peritoma**
Perigonia Walker = **Persoonia**
Perigramma Warren = **Paragramma**
Perihallia Trin. = **Periballia**
Perihema Raf. = **Haemanthus**
Perihemia Raf. = **Haemanthus**
Perijea (Tul.) Tul. = **Zanthoxylum**
Perilejeunea【3】(Kachroo & R.M.Schust.) H.Rob. 环鳞苔属 ← **Lepidolejeunea;Pycnolejeunea** Lejeuneaceae 细鳞苔科 [B-84] 全球 (1) 大洲分布及种数(cf. 1)◆南美洲(◆哥伦比亚)
Perilepta【3】Bremek. 延苞蓝属 ← **Peristrophe;Strobilanthes** Acanthaceae 爵床科 [MD-572] 全球 (1) 大洲分布及种数(8)◆亚洲
Perilestes Williamson & Williamson = **Periestes**
Perilimnastes【3】Ridl. 野牡丹科属 Melastomataceae 野牡丹科 [MD-364] 全球 (1) 大洲分布及种数(uc)◆大洋洲
Perilla【3】L. 紫苏属 ← **Agastache;Ocimum** Lamiaceae 唇形科 [MD-575] 全球 (1) 大洲分布及种数(1-3)◆亚洲
Perillula【3】Maxim. 铃香薷属 Lamiaceae 唇形科 [MD-575] 全球 (1) 大洲分布及种数(cf. 1)◆亚洲(◆日本)
Periloba Raf. = **Nolana**
Perilomia Euperilomia Briq. = **Scutellaria**
Perilopa Raf. = **Nolana**
Perima Raf. = **Campanula**
Perimenium Steud. = **Wedelia**
Perimys Raf. = **Adenia**
Perina Raf. = **Elaeocarpus**
Perinea Tul. = **Zanthoxylum**

Perineae Müll.Arg. = **Zanthoxylum**
Perinerion Baill. = **Motandra**
Perinia Noulet = **Campanula**
Perinka Raf. = **Elaeocarpus**
Perinkara Adans. = **Elaeocarpus**
Perinoia Raf. = **Passiflora**
Perinthus Miers = **Penianthus**
Periomphale【3】 Baill. 坛海桐属 Alseuosmiaceae 岛海桐科 [MD-475] 全球 (1) 大洲分布及种数(1)◆大洋洲
Peripa Raf. = **Acacia**
Peripea Steud. = **Periptera**
Peripentadenia【3】 L.S.Sm. 环腺木属 ← **Actephila** Elaeocarpaceae 杜英科 [MD-134] 全球 (1) 大洲分布及种数(1-2)◆大洋洲(◆澳大利亚)
Peripeplus【3】 Pierre 九节属 ← **Psychotria** Rubiaceae 茜草科 [MD-523] 全球 (1) 大洲分布及种数(1)◆非洲
Peripetasma Ridl. = **Dioscorea**
Periphanes Salisb. = **Carpolyza**
Periphas Raf. = **Aniseia**
Periphoba L. = **Periploca**
Periphragmos Ruiz & Pav. = **Cantua**
Periphragnis Ruiz & Pav. = **Collomia**
Periphylla D.Don = **Acrophyllum**
Peripioca L. = **Periploca**
Periplacis Wall. = **Uapaca**
Peripleura【3】 (N.T.Burb.) G.L.Nesom 簇毛层菀属 ← **Vittadinia** Asteraceae 菊科 [MD-586] 全球 (1) 大洲分布及种数(6)属分布和种数(uc)◆大洋洲
Periplexis Wall. = **Uapaca**
Periploca【3】 L. 杠柳属 → **Calotropis;Tacazzea** Apocynaceae 夹竹桃科 [MD-492] 全球 (6) 大洲分布及种数(22-36;hort.1;cult:1)非洲:10-13;亚洲:15-19;大洋洲:1;欧洲:4-6;北美洲:5-8;南美洲:3
Periplocaceae【3】Schltr. 杠柳科 [MD-493] 全球 (6) 大洲分布和属种数(1-2;hort. & cult.1)(21-42;hort. & cult.3-6)非洲:1/10-13;亚洲:1/15-19;大洋洲:1/1;欧洲:1/4-6;北美洲:1/5-8;南美洲:1/3
Periptera【3】 DC. 环翅锦葵属 ← **Abutilon;Anoda; Sida** Malvaceae 锦葵科 [MD-203] 全球 (1) 大洲分布及种数(5-11)◆北美洲
Peripteris Raf. = **Pteris**
Peripterygia【3】 Lös. 炬樱木属 ← **Pterocelastrus** Celastraceae 卫矛科 [MD-339] 全球 (1) 大洲分布及种数(1)◆大洋洲
Peripterygiaceae King = Mastixiaceae
Peripterygium【3】Hassk. 小心翼果属 Cardiopteridaceae 心翼果科 [MD-452] 全球 (1) 大洲分布及种数(2)◆亚洲
Perisama Raf. = **Anchusa**
Periseris Hook. = **Peristeria**
Perisiphorus P.Beauv. = **Hedwigia**
Perispermum O.Deg. = **Bonamia**
Perisporium O.Deg. = **Ipomoea**
Perissana Gagnep. = **Vatica**
Perissandra Gagnep. = **Vatica**
Perissandria Gagnep. = **Vatica**
Perissocarpa【3】 Steyerm. & Maguire 帽莲木属 ← **Elvasia** Ochnaceae 金莲木科 [MD-104] 全球 (1) 大洲分布及种数(3)◆南美洲
Perissocoeleum【3】 Mathias & Constance 环芹属 ← **Prionosciadium** Apiaceae 伞形科 [MD-480] 全球 (1) 大洲分布及种数(3-5)◆南美洲
Perissolobus【3】 N.E.Br. 南非观音番杏属 Aizoaceae 番杏科 [MD-94] 全球 (1) 大洲分布及种数(uc)属分布和种数(uc)◆非洲(◆南非)
Peristeira Hook.f. = **Peristeria**
Peristera Eckl. & Zeyh. = **Peristeria**
Peristeranthus【3】T.E.Hunt 鸽花兰属 ← **Ornithochilus; Saccolabium** Orchidaceae 兰科 [MM-723] 全球 (1) 大洲分布及种数(1)◆大洋洲(◆澳大利亚)
Peristerchilus【-】 Hort. 兰科属 Orchidaceae 兰科 [MM-723] 全球 (uc) 大洲分布及种数(uc)
Peristeria【3】 Hook. 鸽兰属 → **Acineta;Lacaena; Promenaea** Orchidaceae 兰科 [MM-723] 全球 (1) 大洲分布及种数(14-17)◆南美洲
Peristernia Lam. = **Peristeria**
Peristethium【-】 Van Tiegh. 桑寄生科属 ≒ **Struthanthus** Loranthaceae 桑寄生科 [MD-415] 全球 (uc) 大洲分布及种数(uc)
Peristethus Van Tiegh. = **Peristethium**
Peristicta Raf. = **Anchusa**
Peristima Raf. = **Heliotropium**
Peristrophe【3】Nees 观音草属 ← **Barleria;Hypoestes** Acanthaceae 爵床科 [MD-572] 全球 (6) 大洲分布及种数(47-58)非洲:23-26;亚洲:29-40;大洋洲:3-7;欧洲:3;北美洲:7-13;南美洲:5-8
Peristylus【-】Bl.兰科属 ≒ **Monorchis;Brachycorythis; Habenaria** Orchidaceae 兰科 [MM-723] 全球 (uc) 大洲分布及种数(uc)
Peritassa【3】 Miers 佩里木属 ← **Anthodon** Celastraceae 卫矛科 [MD-339] 全球 (1) 大洲分布及种数(21)◆南美洲
Perith Raf. = **Entada**
Perithalia Cass. = **Roldana**
Perithemis Raf. = **Amaryllis**
Peritoma【3】 DC. 鼬柑属 ← **Cleome** Cleomaceae 白花菜科 [MD-210] 全球 (1) 大洲分布及种数(5-10)◆北美洲
Peritomia G.Don = **Scutellaria**
Peritris Raf. = **Doronicum**
Peritropis Fourr. = **Aethionema**
Peritrox Pierre = **Cryptolepis**
Perittium Vogel = **Melanoxylon**
Perittostema I.M.Johnst. = **Lawsonia**
Perittostemma I.M.Johnst. = **Lawsonia**
Perityle (A.Gray) A.M.Powell = **Perityle**
Perityle【3】 Benth. 岩雏菊属 ≒ **Amauria;Celsia** Asteraceae 菊科 [MD-586] 全球 (1) 大洲分布及种数(75-110)◆北美洲
Perityleae B.G.Baldwin = **Perityle**
Perizoma【3】 Miers ex Lindl. 百合茄属 ≒ **Salpichroa** Solanaceae 茄科 [MD-503] 全球 (1) 大洲分布及种数(uc)◆非洲
Perizomanthus Pursh = **Ichtyoselmis**
Perkinsiodendron【3】 cf.P.W.Fritsch 亚阔兰属 Orchidaceae 兰科 [MM-723] 全球 (1) 大洲分布及种数(cf.1)◆亚洲
Perlaria Fabr. = **Aegilops**
Perlarius P. & K. = **Pipturus**

Perlebia DC. = **Bauhinia**
Perlodes (Griseb.) Börner = **Brodiaea**
Permelia Van Tiegh. = **Porcelia**
Permia Raf. = **Entada**
Permna L. = **Premna**
Permophorus Desv. = **Chasmopodium**
Pernerion Baill. = **Baissea**
Pernettya Archipernettya Sleumer = **Pernettya**
Pernettya 【3】 Gaud. 南白珠属 ← **Gaultheria** Celastraceae 卫矛科 [MD-339] 全球 (6) 大洲分布及种数(14)非洲:2;亚洲:2-4;大洋洲:6-8;欧洲:2;北美洲:3-5;南美洲:6-8
Pernettyopsis 【3】 King & Gamble 白珠莓属 ← **Diplycosia** Ericaceae 杜鹃花科 [MD-380] 全球 (1) 大洲分布及种数(uc)属分布和种数(uc)◆亚洲
Pernetya G.A.Scop. = **Pernettya**
Pernis Aiton = **Perotis**
Peroa Pers. = **Leucopogon**
Peroara Aubl. = **Perama**
Perocarpa Feer = **Peracarpa**
Peroderma Thorel ex Gagnep. = **Trichilia**
Perojoa Cav. = **Leucopogon**
Perola L. = **Pyrola**
Peromnion Schwägr. = **Brachymenium**
Peronella Jack = **Peronema**
Peronema 【3】 Jack 漱齿木属 Lamiaceae 唇形科 [MD-575] 全球 (1) 大洲分布及种数(1)◆北美洲
Peronia De la Roche ex DC. = **Thalia**
Peronia R.Br. = **Sarcosperma**
Perostema Raeusch. = **Nectandra**
Perostis P.Beauv. = **Perotis**
Perotideae C.E.Hubb. = (接受名不详) Poaceae
Perotidinae 【-】 P.M.Peterson,Romasch. & Y.Herrera 禾本科属 Poaceae 禾本科 [MM-748] 全球 (uc) 大洲分布及种数(uc)
Perotis 【3】 Aiton 茅根属 ← **Agrostis;Pectis;Chaetium** Poaceae 禾本科 [MM-748] 全球 (6) 大洲分布及种数(15-17)非洲:13-17;亚洲:4-7;大洋洲:2-5;欧洲:3;北美洲:1-4;南美洲:3
Perotriche 【3】 Cass. 帚鼠曲属 ≒ **Stoebe** Asteraceae 菊科 [MD-586] 全球 (1) 大洲分布及种数(uc)◆亚洲
Perovskia Euperovskia Kudô. = **Perovskia**
Perovskia 【3】 Kar. 分药花属 Lamiaceae 唇形科 [MD-575] 全球 (1) 大洲分布及种数(3-6)◆亚洲
Perowskia Benth. = **Perovskia**
Perpensum Burm.f. = **Gunnera**
Perplexia 【3】 Iljin 怒江川木香属 ← **Iljinia** Asteraceae 菊科 [MD-586] 全球 (1) 大洲分布及种数(uc)属分布和种数(uc)◆西亚(◆伊朗)
Perralderia 【3】 Coss. 直壁菊属 Asteraceae 菊科 [MD-586] 全球 (1) 大洲分布及种数(3)◆非洲
Perralderiopsis 【3】 Rauschert 短尾菊属 ← **Iphiona** Asteraceae 菊科 [MD-586] 全球 (1) 大洲分布及种数(1)◆亚洲
Perreiraara 【-】 Hort. 兰科属 Orchidaceae 兰科 [MM-723] 全球 (uc) 大洲分布及种数(uc)
Perreyiella Schltr. = **Aeranthes**
Perreymondia Barneoud = **Schizopetalon**
Perriera 【3】 Courchet 佩氏木属 Simaroubaceae 苦木科 [MD-424] 全球 (1) 大洲分布及种数(2-3)◆非洲(◆马达加斯加)
Perrierangraecum (Schltr.) Szlach.,Mytnik & Grochocka = **Angraecum**
Perrieranthus Hochr. = **Perrierophytum**
Perrierastrum Guillaumin = **Plectranthus**
Perrierbambus 【3】 A.Camus 梨赤竹属 Poaceae 禾本科 [MM-748] 全球 (1) 大洲分布及种数(2)◆非洲(◆马达加斯加)
Perrierella Schltr. = **Oeonia**
Perrieriella Schltr. = **Oeonia**
Perrierodendron 【3】 Cavaco 独杯花属 ← **Eremolaena** Sarcolaenaceae 苞杯花科 [MD-153] 全球 (1) 大洲分布及种数(5)◆非洲(◆马达加斯加)
Perrierophytum 【3】 Hochr. 佩氏锦葵属 Malvaceae 锦葵科 [MD-203] 全球 (1) 大洲分布及种数(4-10)◆非洲(◆马达加斯加)
Perrierosedum 【3】 (A.Berger) H.Ohba 景天属 ← **Sedum** Crassulaceae 景天科 [MD-229] 全球 (1) 大洲分布及种数(1)◆非洲
Perro Raf. = **Basilicum**
Perrotettia Kunth = **Perrottetia**
Perrotia (Speg.) Gamundí = **Perotis**
Perrottetia DC. = **Perrottetia**
Perrottetia 【3】 Kunth 核子木属 ← **Celastrus** Dipentodontaceae 十齿花科 [MD-233] 全球 (6) 大洲分布及种数(25-29;hort.1)非洲:7-8;亚洲:5-7;大洋洲:8-9;欧洲:1;北美洲:7-9;南美洲:9-13
Perryodendron T.G.Hartley = **Pierreodendron**
Persea (Bl.) Benth. & Hook.f. = **Persea**
Persea 【3】 Mill. 鳄梨属 → **Cinnamomum;Machilus; Nothaphoebe** Lauraceae 樟科 [MD-21] 全球 (1) 大洲分布及种数(96-136)◆南美洲
Perseaceae Horan. = Lauraceae
Perseanthus Herend.,Crepet & Nixon = **Vandellia**
Persepolium Yurtseva & Mavrodiev = **Atraphaxis**
Persia Mill. = **Peersia**
Persic Mill. = **Persica**
Persica 【3】 (Tourn.) Mill. 亚洲金钗玫属 Rosaceae 蔷薇科 [MD-246] 全球 (1) 大洲分布及种数(1)◆东亚(◆中国)
Persicana Tourn. ex G.A.Scop. = **Persicaria**
Persicaria 【3】 (L.) Mill. 头状蓼属 ≒ **Polygonum; Pectinaria;Peristeria** Polygonaceae 蓼科 [MD-120] 全球 (6) 大洲分布及种数(160-207;hort.1;cult: 28)非洲:41-76;亚洲:120-166;大洋洲:27-61;欧洲:32-68;北美洲:62-106;南美洲:33-67
Persicariaceae Martinov = Polygonaceae
Persicula Raf. = **Gynandropsis**
Persimon Raf. = **Diospyros**
Persites (Tourn.) L. = **Petasites**
Personaria Lam. = **Gorteria**
Personula Raf. = **Utricularia**
Persoonia Michx. = **Persoonia**
Persoonia 【3】 Sm. 金钗木属 ≒ **Carapa;Pentagonia** Proteaceae 山龙眼科 [MD-219] 全球 (6) 大洲分布及种数(14-111)非洲:1;亚洲:13-17;大洋洲:13-106;欧洲:2;北美

洲:1;南美洲:2
Perspicillum Heist. ex Fabr. = **Biscutella**
Perssonia【3】Bizot 佛得角真藓属 Bryaceae 真藓科 [B-146] 全球 (1) 大洲分布及种数(1)◆非洲
Perssoniella【3】Herzog 叉舌苔属 Perssoniellaceae 叉舌苔科 [B-35] 全球 (1) 大洲分布及种数(cf. 1)◆南美洲
Perssoniellaceae【3】Grolle 叉舌苔科 [B-35] 全球 (1) 大洲分布和属种数(cf. 1)◆南美洲
Perssonielloideae【-】(Grolle) Hässel 孢芽藓科属 Sorapillaceae 孢芽藓科 [B-212] 全球 (uc) 大洲分布及种数(uc)
Pertusa Mart. = **Prepusa**
Pertusadin Ridsdale = **Pertusadina**
Pertusadina C.E.Ridsdale = **Pertusadina**
Pertusadina【3】Ridsdale 槽裂木属 ← **Adina;Metadina;Uncaria** Rubiaceae 茜草科 [MD-523] 全球 (1) 大洲分布及种数(3-5)◆亚洲
Pertusaria【-】DC.夹竹桃科属 ≒ **Lecanora;Persicaria** Apocynaceae 夹竹桃科 [MD-492] 全球 (uc) 大洲分布及种数(uc)
Pertya【3】Sch.Bip. 帚菊属 ← **Ainsliaea;Petraeovitex** Asteraceae 菊科 [MD-586] 全球 (1) 大洲分布及种数(31-35)◆亚洲
Peruarca Lindl. = **Tulotis**
Perubala Schreb. = **Antiaris**
Perucardia Lindl. = **Tulotis**
Peruchilus Hook. & Arn. = **Crepidium**
Peruinia Juss. = **Petunia**
Perula Raf. = **Pera**
Perularia Lindl. = **Tulotis**
Perulifera A.Camus = **Pseudechinolaena**
Perunassa Miers = **Peritassa**
Perusia Baill. = **Bulnesia**
Peruviasclepias【-】Morillo 夹竹桃科属 Apocynaceae 夹竹桃科 [MD-492] 全球 (uc) 大洲分布及种数(uc)
Peruviopuntia【-】Guiggi 仙人掌科属 Cactaceae 仙人掌科 [MD-100] 全球 (uc) 大洲分布及种数(uc)
Peruvocereus Akers = **Haageocereus**
Pervillaea【3】Decne. 梅纳萝藦属 ← **Toxocarpus** Apocynaceae 夹竹桃科 [MD-492] 全球 (1) 大洲分布及种数(4-5)◆非洲
Pervinca Mill. = **Vinca**
Perxo Raf. = **Lumnitzera**
Perymeniopsis【3】Sch.Bip. ex Klatt 锥花菊属 ≒ **Gymnolomia** Asteraceae 菊科 [MD-586] 全球 (1) 大洲分布及种数(1)◆北美洲
Perymenium【2】Schröd. 月菊属 ← **Baltimora;Oteiza; Wedelia** Asteraceae 菊科 [MD-586] 全球 (2) 大洲分布及种数(72)北美洲:54-56;南美洲:15
Perytis Raf. = **Cyclobalanopsis**
Perzelia Clarke = **Berzelia**
Pescantleya【-】J.M.H.Shaw,R.A.Stevens & G.Black 兰科属 Orchidaceae 兰科 [MM-723] 全球 (uc) 大洲分布及种数(uc)
Pescarhyncha【-】Hort. 兰科属 Orchidaceae 兰科 [MM-723] 全球 (uc) 大洲分布及种数(uc)
Pescascaphe【-】J.M.H.Shaw 兰科属 Orchidaceae 兰科 [MM-723] 全球 (uc) 大洲分布及种数(uc)
Pescatobollea【3】Rolfe 宝丽兰属 ← **Bollea** Orchidaceae 兰科 [MM-723] 全球 (1) 大洲分布及种数(1)◆南美洲
Pescatorea【3】Rchb.f. 鲨口兰属 ≒ **Pescatoria** Orchidaceae 兰科 [MM-723] 全球 (1) 大洲分布及种数(1)◆南美洲
Pescatoria【3】Rchb.f. 修丽兰属 ← **Batemannia; Bollea;Zygopetalum** Orchidaceae 兰科 [MM-723] 全球 (1) 大洲分布及种数(22-25)◆南美洲
Pescatoscaphe【-】Christenson 兰科属 Orchidaceae 兰科 [MM-723] 全球 (uc) 大洲分布及种数(uc)
Pescawarrea【-】auct. 兰科属 Orchidaceae 兰科 [MM-723] 全球 (uc) 大洲分布及种数(uc)
Peschiera A.DC. = **Tabernaemontana**
Peschkovia【-】(Tzvelev) Tzvelev 石竹科属 Caryophyllaceae 石竹科 [MD-77] 全球 (uc) 大洲分布及种数(uc)
Peseudopanax K.Koch = **Pseudopanax**
Pesomeria Lindl. = **Phaius**
Pessopteris【3】Maxon 丽槲蕨属 Polypodiaceae 水龙骨科 [F-60] 全球 (1) 大洲分布及种数(1)◆南美洲
Pessopteris Underw. & Maxon = **Pessopteris**
Pessularia Salisb. = **Arthropodium**
Pestallozia Endl. = **Gynostemma**
Pestalozzia Zoll. & Mor. = **Gynostemma**
Pestaltes Woodson = **Peltastes**
Petagna J.F.Gmel. = **Aeschynomene**
Petagnaea【-】Carül 伞形科属 Apiaceae 伞形科 [MD-480] 全球 (uc) 大洲分布及种数(uc)
Petagnana J.F.Gmel. = **Smithia**
Petagnia Guss. = **Solanum**
Petagomoa Bremek. = **Psychotria**
Petalacte【3】D.Don 有托鼠麹木属 → **Anderbergia** Asteraceae 菊科 [MD-586] 全球 (1) 大洲分布及种数(1)◆非洲(◆南非)
Petalactella N.E.Br. = **Ifloga**
Petaladenium【3】Ducke 巴西耳壶豆属 Fabaceae 豆科 [MD-240] 全球 (1) 大洲分布及种数(1)◆南美洲(◆巴西)
Petalandra F.Müll ex Boiss. = **Hopea**
Petalanisia Raf. = **Hypericum**
Petalanthera Nees = **Ocotea**
Petalanthera Nutt. = **Cevallia**
Petalanthera Raf. = **Justicia**
Petalidium【2】Nees 扁爵床属 ← **Barleria;Ruellia** Acanthaceae 爵床科 [MD-572] 全球 (3) 大洲分布及种数(36-45)非洲:34-43;亚洲:1;大洋洲:1
Petalifera A.Camus = **Echinochloa**
Petalocaryum【3】Pierre ex A.Chev. 非洲铁青树属 Olacaceae 铁青树科 [MD-362] 全球 (1) 大洲分布及种数(1)◆非洲
Petalocentrum Schltr. = **Oncidium**
Petalochilus【3】R.S.Rogers 裂缘兰属 ← **Caladenia** Orchidaceae 兰科 [MM-723] 全球 (1) 大洲分布及种数(1)◆大洋洲
Petalodiscus (Baill.) Pax = **Wielandia**
Petalodon【3】Lür 铁青兰属 Orchidaceae 兰科 [MM-723] 全球 (6) 大洲分布及种数(1-2)非洲:1;亚洲:1;大洋洲:1;欧洲:1;北美洲:1;南美洲:1

P

Petalolepis Cass. = **Petalacte**
Petalolophus【3】K.Schum. 扇钩花属 Annonaceae 番荔枝科 [MD-7] 全球 (1) 大洲分布及种数(1)◆大洋洲
Petaloma Raf. ex Baill. = **Mouriri**
Petaloma Raf. ex Boiss. = **Euphorbia**
Petaloma Roxb. = **Lumnitzera**
Petalonema Berk. ex Correns = **Dicellandra**
Petalonema Peter = **Impatiens**
Petalonema Schltr. = **Quisumbingia**
Petalonyx【3】A.Gray 爪星花属 Loasaceae 刺莲花科 [MD-435] 全球 (1) 大洲分布及种数(6-8)◆北美洲
Petalophyllaceae【2】Stephani 瓣叶苔科 [B-24] 全球 (2) 大洲分布和属种数(1;hort. & cult.1)(2-3;hort. & cult.1) 北美洲:1/2;南美洲:1/1
Petalophyllum Nees & Gottsche ex Lehm. = **Petalophyllum**
Petalophyllum【2】Stephani 瓣叶苔属 Petalophyllaceae 瓣叶苔科 [B-24] 全球 (4) 大洲分布及种数(3-4)亚洲:cf.1;大洋洲:cf.1;北美洲:2;南美洲:1
Petalopoma DC. = **Carallia**
Petalosteira Raf. = **Tiarella**
Petalostelma【3】E.Fourn. 巴西盾萝藦属 ← **Cynanchum;Metastelma;Vincetoxicum** Apocynaceae 夹竹桃科 [MD-492] 全球 (1) 大洲分布及种数(8)◆南美洲
Petalostemma R.Br. = **Glossonema**
Petalostemon【3】Michx. 瓣蕊豆属 ≒ **Kuhnistera** Fabaceae3 蝶形花科 [MD-240] 全球 (1) 大洲分布及种数(11-50)◆北美洲
Petalostemum【2】Michx. 匍苜蓿属 Fabaceae3 蝶形花科 [MD-240] 全球 (3) 大洲分布及种数(4) 亚洲:1;北美洲:4;南美洲:1
Petalostemumillosum L. = **Amorpha**
Petalostemumiolaceum Michx. = **Amorpha**
Petalostigma【3】F.Müll. 秀柱桐属 Euphorbiaceae 大戟科 [MD-217] 全球 (1) 大洲分布及种数(9)◆大洋洲(◆澳大利亚)
Petalostima Raf. = **Tarenna**
Petalostylis【3】Lindl. 瓣柱豆属 Fabaceae 豆科 [MD-240] 全球 (1) 大洲分布及种数(2)◆大洋洲(◆澳大利亚)
Petalotoma DC. = **Carallia**
Petaloxis Raf. = **Lepuropetalon**
Petalvitemon Raf. = **Microdon**
Petamenes【3】Salisb. 兰花鸢尾属 ← **Gladiolus;Chasmanthe** Iridaceae 鸢尾科 [MM-700] 全球 (1) 大洲分布及种数(1)属分布和种数(uc)◆非洲
Petasioides Vitman = **Petesioides**
Petasites【3】(Tourn.) L. 蜂斗菜属 ≒ **Tussilago** Asteraceae 菊科 [MD-586] 全球 (6) 大洲分布及种数(26-36;hort.1;cult: 5)非洲:7-16;亚洲:24-33;大洋洲:6-15;欧洲:19-28;北美洲:4-13;南美洲:2-11
Petasites Mill. = **Petasites**
Petasitis Mill. = **Petasites**
Petasostylis Griseb. = **Tetrapollinia**
Petastoma Bureau. = **Fridericia**
Petasula Noronha = **Trevesia**
Petchia Boker & J.M.H.Shaw = **Petchia**
Petchia【3】Livera 佩奇木属 ← **Alyxia** Apocynaceae 夹竹桃科 [MD-492] 全球 (1) 大洲分布及种数(7-22)◆非洲
Petchoa Boker & J.M.H.Shaw = **Alyxia**
Pete L. = **Petrea**
Peteina Phipps = **Arundinella**
Petelotia【-】Gagnep. 荨麻科属 Urticaceae 荨麻科 [MD-91] 全球 (uc) 大洲分布及种数(uc)
Petelotiella【3】Gagnep. 黄连山麻属 ← **Gagea** Urticaceae 荨麻科 [MD-91] 全球 (1) 大洲分布及种数(1)◆亚洲
Petenaea【3】Lundell 红毛椴属 Petenaeaceae 红毛椴科 [MD-145] 全球 (1) 大洲分布及种数(1)◆北美洲
Petenaeaceae【3】Christenh. 红毛椴科 [MD-145] 全球 (1) 大洲分布和属种数(1/1)◆大洋洲
Petenia Juss. = **Petunia**
Peteniodendron Lundell = **Pouteria**
Peter Hampson = **Peteria**
Peteravenia【3】R.M.King & H.Rob. 光瓣亮泽兰属 Asteraceae 菊科 [MD-586] 全球 (1) 大洲分布及种数(5)◆北美洲
Peteria【3】A.Gray 刺节黄芪属 Fabaceae 豆科 [MD-240] 全球 (1) 大洲分布及种数(5-7)◆北美洲
Petermannia【-】F.Müll 花须藤科属 ≒ **Begonia;Cycloloma** Petermanniaceae 花须藤科 [MM-682] 全球 (uc) 大洲分布及种数(uc)
Petermannia F.Müll = **Cycloloma**
Petermannia Klotzsch = **Begonia**
Petermanniaceae【3】Hutch. 花须藤科 [MM-682] 全球 (1) 大洲分布和属种数(uc)◆大洋洲
Peterodendron【3】Sleum. 彼得木属 ≒ **Poggea** Achariaceae 青钟麻科 [MD-159] 全球 (1) 大洲分布及种数(1-2)◆非洲
Peteroma Hampson = **Tibouchina**
Petersenara【-】P.V.Heath 仙人掌科属 Cactaceae 仙人掌科 [MD-100] 全球 (uc) 大洲分布及种数(uc)
Petersia Klotzsch = **Capparis**
Petersianthus【2】Merr. 玉风车属 ≒ **Combretum** Lecythidaceae 玉蕊科 [MD-267] 全球 (2) 大洲分布及种数(2-3)非洲:1;亚洲:1-2
Petesia L. = **Rondeletia**
Petesiodes P. & K. = **Petesioides**
Petesioides【3】Jacq. 花紫金牛属 Primulaceae 报春花科 [MD-401] 全球 (1) 大洲分布及种数(4)◆北美洲
Petilium Ludw. = **Fritillaria**
Petillia Königer = **Masdevallia**
Petiniotia【3】J.Léonard 棒果芥属 ≒ **Sterigmostemum** Brassicaceae 十字花科 [MD-213] 全球 (1) 大洲分布及种数(cf.1)◆亚洲
Petita Cothen. = **Petitia**
Petitella J.M.Black = **Cymodocea**
Petitia【3】Jacq. 珀蒂草属 ≒ **Callicarpa** Lamiaceae 唇形科 [MD-575] 全球 (1) 大洲分布及种数(1-5)◆北美洲
Petitiocodon【3】Robbr. 蔓钟木属 ≒ **Didymosalpinx** Rubiaceae 茜草科 [MD-523] 全球 (1) 大洲分布及种数(1)◆非洲
Petitmenginia【3】Bonati 滇钟草属 ← **Sopubia** Orobanchaceae 列当科 [MD-552] 全球 (1) 大洲分布及种数(cf. 1)◆亚洲
Petiveria【3】L. 蒜香草属 Petiveriaceae 蒜香草科 [MD-128] 全球 (1) 大洲分布及种数(1)◆北美洲

Petiveriac L. = **Petiveria**
Petiveriaceae 【3】 C.Agardh 蒜香草科 [MD-128] 全球 (1) 大洲分布和属种数(1;hort. & cult.1)(1;hort. & cult.1)◆北美洲
Petkovia Stef. = **Campanula**
Petlomelia Nieuwl. = **Fraxinus**
Petopentia【3】 Bullock 肖塔卡萝藦属 ← **Pentopetia; Tacazzea** Apocynaceae 夹竹桃科 [MD-492] 全球 (1) 大洲分布及种数(1)◆非洲(◆南非)
Petracanthus Nees = **Gymnostachyum**
Petracola Rupr. = **Silene**
Petradoria 【3】 Greene 岩黄花属 ← **Solidago** Asteraceae 菊科 [MD-586] 全球 (1) 大洲分布及种数(1-3)◆北美洲
Petradosia Greene = **Pradosia**
Petraea B.Juss. ex Juss. = **Petrea**
Petraeomyrtus 【3】 Craven 白千层属 ← **Melaleuca** Myrtaceae 桃金娘科 [MD-347] 全球 (1) 大洲分布及种数(cf. 1)◆大洋洲(◆澳大利亚)
Petraeovitex【3】 Oliv. 东芭藤属 ← **Petrea** Lamiaceae 唇形科 [MD-575] 全球 (1) 大洲分布及种数(1-8)◆亚洲
Petramnia Raf. = **Picramnia**
Petrantha DC. = **Trixis**
Petranthe Salisb. = **Scilla**
Petrea 【2】 L. 蓝花藤属 → **Petraeovitex;Ptelea** Verbenaceae 马鞭草科 [MD-556] 全球 (5) 大洲分布及种数(15-19)非洲:3-4;亚洲:3;大洋洲:1;北美洲:5-6;南美洲:12-16
Petreaceae 【2】 J.Agardh 肖常山科 [MD-554] 全球 (5) 大洲分布和属种数(1;hort. & cult.1)(14-25;hort. & cult.1-4)非洲:1/3-4;亚洲:1/3;大洋洲:1/1;北美洲:1/5-6;南美洲:1/12-16
Petriella Zotov = **Zotovia**
Petrina 【3】 Phipps 拟扁芒草属 ← **Danthoniopsis** Poaceae 禾本科 [MM-748] 全球 (1) 大洲分布及种数(uc)属分布和种数(uc)◆非洲
Petroaelinum Hill = **Petroselinum**
Petroana Madhani & Zarre = **Danthoniopsis**
Petrobium【-】 Bong. 澳铁科属 ≒ **Spilanthes** Laxmanniaceae 澳铁科 [MM-661] 全球 (uc) 大洲分布及种数(uc)
Petrocallis 【3】 W.T.Aiton 岩丽芥属 ≒ **Draba** Brassicaceae 十字花科 [MD-213] 全球 (1) 大洲分布及种数(1-3)◆欧洲
Petrocarvi Tausch = **Athamanta**
Petrocarya Schreb. = **Parinari**
Petrocodom Hance = **Petrocodon**
Petrocodon【3】 Hance 石山苣苔属 ≒ **Didymocarpus** Gesneriaceae 苦苣苔科 [MD-549] 全球 (1) 大洲分布及种数(32-35)◆亚洲
Petrocoma Rupr. = **Silene**
Petrocoptis 【3】 A.Braun ex Endl. 剪秋罗属 ← **Lychnis;Silene** Caryophyllaceae 石竹科 [MD-77] 全球 (1) 大洲分布及种数(10; hort.1;cult:1) ◆欧洲
Petrocosmea【3】 Oliv. 石蝴蝶属 → **Metapetrocosmea** Gesneriaceae 苦苣苔科 [MD-549] 全球 (1) 大洲分布及种数(36-47)◆亚洲
Petrodavisia Holub = **Centaurea**
Petroderma Fourr. = **Veronica**
Petrodora Fourr. = **Veronica**
Petrodoxa J.Anthony = **Beccarinda**
Petroedmondia 【3】 S.G.Tamamschian 爱石芹属 Apiaceae 伞形科 [MD-480] 全球 (1) 大洲分布及种数(cf.1)◆亚洲
Petrogenia 【3】 I.M.Johnst. 睡帽藤属 ← **Bonamia** Convolvulaceae 旋花科 [MD-499] 全球 (1) 大洲分布及种数(1)◆北美洲
Petrogeton Eckl. & Zeyh. = **Crassula**
Petroica Mill. = **Persica**
Petrollinia Chiov. = **Inula**
Petromarula 【3】 Belli ex Nieuwl. & Lunnell 岩莴苣属 Campanulaceae 桔梗科 [MD-561] 全球 (1) 大洲分布及种数(1-2)◆欧洲
Petromecon Greene = **Eschscholzia**
Petromyzon Greene = **Chelidonium**
Petronia Barb.Rodr. = **Pteronia**
Petronymphe【3】 H.E.Moore 石仙韭属 Asparagaceae 天门冬科 [MM-669] 全球 (1) 大洲分布及种数(2)◆北美洲(◆墨西哥)
Petrophagia (Ser.) Link = **Petrorhagia**
Petrophila 【3】 R.Br. 石山龙眼属 ≒ **Petrophile** Proteaceae 山龙眼科 [MD-219] 全球 (1) 大洲分布及种数(4)属分布和种数(uc)◆大洋洲(◆澳大利亚)
Petrophile 【3】 R.Br. ex Knight 锣槌木属 Proteaceae 山龙眼科 [MD-219] 全球 (1) 大洲分布及种数(74)◆大洋洲
Petrophiloides Bowerb. = **Platycarya**
Petrophy Webb & Berthel. = **Monanthes**
Petrophyton Rydb. = **Petrophytum**
Petrophytum 【3】 (Nutt.) Rydb. 岩绣菊属 ← **Spiraea;Luetkea** Rosaceae 蔷薇科 [MD-246] 全球 (1) 大洲分布及种数(4)◆北美洲
Petroravenia【3】 Al-Shehbaz 阿根廷芥属 Brassicaceae 十字花科 [MD-213] 全球 (1) 大洲分布及种数(3)◆南美洲
Petrorchis D.L.Jones & M.A.Clem. = **Pterostylis**
Petrorhagia 【3】 (Ser.) Link 膜萼花属 ≒ **Fiedleria** Caryophyllaceae 石竹科 [MD-77] 全球 (6) 大洲分布及种数(28-33)非洲:12-13;亚洲:15-19;大洋洲:3;欧洲:16-18;北美洲:5;南美洲:1
Petrosavia【3】 Becc. 无叶莲属 Petrosaviaceae 无叶莲科 [MM-614] 全球 (1) 大洲分布及种数(2-4)◆亚洲
Petrosaviaceae 【3】 Hutch. 无叶莲科 [MM-614] 全球 (6)大洲分布和属种数(1/2-7)非洲:1/1;亚洲:1/2-4;大洋洲:1/1;欧洲:1/1;北美洲:1/1;南美洲:1/1
Petrosciadium Edgew. = **Pimpinella**
Petrosedum 【3】 Grulich 云杉草属 ← **Sedum** Crassulaceae 景天科 [MD-229] 全球 (6) 大洲分布及种数(6-25;hort.1)非洲:1-4;亚洲:2-7;大洋洲:1;欧洲:5-15;北美洲:1-4;南美洲:1-2
Petroselinum【3】 Hill 欧芹属 ← **Ammi** Apiaceae 伞形科 [MD-480] 全球 (1) 大洲分布及种数(2-3)◆欧洲
Petrosia Lowe = **Lotus**
Petrosimonia【2】 Bunge 叉毛蓬属 ← **Anabasis** Amaranthaceae 苋科 [MD-116] 全球 (2) 大洲分布及种数(7-13)亚洲:6-12;欧洲:2-3
Petrosiphon M.A.Howe = **Cedrela**
Petrostylis Pritz. = **Pterostylis**
Petrotheca K.Schum. = **Tetratheca**

P

Petrova Stef. = **Campanula**
Petrusia Baill. = **Zygophyllum**
Pettalus Raf. = **Polygonum**
Pettera Rchb. = **Sagina**
Petteria【3】 C.Presl 巴尔干豆属 ← **Cytisus;Laburnum** Fabaceae 豆科 [MD-240] 全球 (1) 大洲分布及种数(1)◆欧洲
Pettitara【-】 auct. 兰科属 Orchidaceae 兰科 [MM-723] 全球 (uc) 大洲分布及种数(uc)
Pettospermum Roxb. = **Pittosporum**
Petunga DC. = **Hypobathrum**
Petunia【3】Juss. 矮牵牛属 → **Calibrachoa;Nicotiana;Nierembergia** Solanaceae 茄科 [MD-503] 全球 (6) 大洲分布及种数(23-33;hort.1;cult: 3)非洲:2-3;亚洲:4-7;大洋洲:9-11;欧洲:4-6;北美洲:5-7;南美洲:22-33
Peuce Rich. = **Picea**
Peucedanon St.Lag. = **Peucedanum**
Peucedanum Benth. & Hook.f. = **Peucedanum**
Peucedanum【3】 L. 前胡属 → **Afroligusticum;Ferula;Pastinaca** Apiaceae 伞形科 [MD-480] 全球 (6) 大洲分布及种数(197-271;hort.1;cult: 5)非洲:57-131;亚洲:123-204;大洋洲:13-80;欧洲:38-116;北美洲:15-80;南美洲:3-65
Peuceluma Baill. = **Pouteria**
Peucephyllum【3】 A.Gray 矮松菊属 ← **Psathyrotes** Asteraceae 菊科 [MD-586] 全球 (1) 大洲分布及种数(1-3)◆北美洲
Peudanum Dingl. = **Peganum**
Peumus【3】 Molina 解醉茶属 ≒ **Boldu** Monimiaceae 玉盘桂科 [MD-20] 全球 (1) 大洲分布及种数(1)◆南美洲
Peurousea Steud. = **Lapeirousia**
Peutalis Raf. = **Polygonum**
Peuteron Raf. = **Capparis**
Peuthorum L. = **Penthorum**
Pevalekia Trinajstič = **Fibigia**
Pevraea Comm. ex Juss. = **Peltaea**
Peyotl F.Hern. = **Lophophora**
Peyritschia【2】 E.Fourn. ex Benth. & Hook.f. 裂喙草属 ≒ **Deschampsia;Graphephorum** Poaceae 禾本科 [MM-748] 全球 (3) 大洲分布及种数(8)亚洲:cf.1;北美洲:5;南美洲:4
Peyrotia Poir. = **Lapeirousia**
Peyrousea DC. = **Tritonia**
Peyrousia Poir. = **Lapeirousia**
Peyrusa Rich ex Dun. = **Lapeirousia**
Pezicula (H.S.Jacks.) Nannf. = **Atropa**
Pezisicarpus【3】 Vernet 秃果夹竹桃属 Apocynaceae 夹竹桃科 [MD-492] 全球 (1) 大洲分布及种数(cf. 1)◆亚洲
Pezoloma Hochst. & Steud. = **Desmodium**
Pfaffia【3】 Mart. 莽棉苋属 ← **Alternanthera;Iresine;Illecebrum** Amaranthaceae 苋科 [MD-116] 全球 (1) 大洲分布及种数(45-51)◆南美洲
Pfeiffera【3】 Salm-Dyck 丝苇属 ← **Rhipsalis;Lymanbensonia** Cactaceae 仙人掌科 [MD-100] 全球 (1) 大洲分布及种数(6)◆南美洲
Pfeifferago P. & K. = **Codia**
Pfeifferia Buching. = **Cuscuta**
Pfitzeria Senghas = **Comparettia**
Pfosseria Speta = **Scilla**
Phaca (A.Gray) Rydb. = **Phaca**
Phaca【3】 L. 糙荚棘豆属 ≒ **Astragalus** Fabaceae3 蝶形花科 [MD-240] 全球 (6) 大洲分布及种数(3-8;hort.1;cult:1)非洲:1-43;亚洲:1-43;大洋洲:1-43;欧洲:1-43;北美洲:1-43;南美洲:2-44
Phacelia (A.DC.) A.Gray = **Phacelia**
Phacelia【3】 Juss. 沙铃花属 ← **Convolvulus;Heliotropium;Phaleria** Boraginaceae 紫草科 [MD-517] 全球 (6) 大洲分布及种数(206-261;hort.1;cult: 17)非洲:1-68;亚洲:8-75;大洋洲:4-71;欧洲:14-81;北美洲:199-313;南美洲:20-89
Phaceliia Juss. = **Phacelia**
Phacellanthus【3】 Sieb. & Zucc. 黄筒花属 Orobanchaceae 列当科 [MD-552] 全球 (1) 大洲分布及种数(cf. 1)◆亚洲
Phacellaria Benth. = **Phacellaria**
Phacellaria【3】 Willd. ex Steud. 重寄生属 Santalaceae 檀香科 [MD-412] 全球 (1) 大洲分布及种数(cf. 1)◆亚洲
Phacellothrix【3】 F.Müll. 拟蜡菊属 ≒ **Helichrysum** Asteraceae 菊科 [MD-586] 全球 (1) 大洲分布及种数(1)◆大洋洲(◆密克罗尼西亚)
Phacellus Medik. = **Phaseolus**
Phacelocarpus Mart. = **Andromeda**
Phacelophrynium【3】 K.Schum. 栉花芋属 ← **Ctenanthe;Phrynium** Marantaceae 竹芋科 [MM-740] 全球 (1) 大洲分布及种数(uc)属分布和种数(uc)◆亚洲
Phacelura Benth. = **Phacelurus**
Phacelurus【2】 Griseb. 锥茅属 ← **Andropogon;Manisuris;Rottboellia** Poaceae 禾本科 [MM-748] 全球 (3) 大洲分布及种数(13)非洲:7;亚洲:cf.1;欧洲:1
Phacidium Schröd. = **Monopera**
Phaciocephalus Muir = **Hymenolepis**
Phacocapnos Bernh. = **Corydalis**
Phacodiscus Radlk. = **Placodiscus**
Phacomene Rydb. = **Astragalus**
Phacopsis【-】 Rydb. 豆科属 ≒ **Astragalus;Anarthrophyllum** Fabaceae 豆科 [MD-240] 全球 (uc) 大洲分布及种数(uc)
Phacosoma Spach = **Clarkia**
Phacosperma Haw. = **Calandrinia**
Phacus Lour. = **Phaius**
Phacusa L. = **Phaca**
Phadrosanthus Neck. = **Oncidium**
Phaea Chemsak = **Phaca**
Phaeanthus【3】 Hook.f. & Thoms. 嘉陵花属 ≒ **Phyllanthus** Annonaceae 番荔枝科 [MD-7] 全球 (1) 大洲分布及种数(1)◆东亚(◆中国)
Phaebe Nees = **Phoebe**
Phaecasium Cass. = **Crepis**
Phaecelurus Griseb. = **Phacelurus**
Phaedon Klotzsch = **Bernardia**
Phaedra Klotzsch = **Bernardia**
Phaedranassa【3】 Herb. 绿尖石蒜属 ≒ **Phycella;Eucrosia** Amaryllidaceae 石蒜科 [MM-694] 全球 (1) 大洲分布及种数(8-11)◆南美洲
Phaedranthus【3】 Miers 领杯藤属 ← **Amphilophium;Pithecoctenium** Bignoniaceae 紫葳科 [MD-541] 全球 (1) 大洲分布及种数(1)◆北美洲

Phaedropus DC. = **Lactuca**
Phaedrosanthus (Jacq.) P. & K. = **Epidendrum**
Phaegoptera Fée ex Hultén = **Thelypteris**
Phaegopteris Fée ex Hultén = **Thelypteris**
Phaeiris (Spach) M.B.Crespo,Mart.Azorín & Mavrodiev = **Phalaris**
Phaelaenopsis Bl. = **Phalaenopsis**
Phaelypaea P.Br. = **Stemodia**
Phaenanthoecium【3】C.E.Hubb. 显颖草属 ← **Danthonia;Streblochaete** Poaceae 禾本科 [MM-748] 全球 (1) 大洲分布及种数(1)◆非洲
Phaeneilema Brückn. = **Murdannia**
Phaenicanthus Thwaites = **Premna**
Phaenicaulis Greene = **Phoenicaulis**
Phaenix DC. = **Phania**
Phaenixopus【2】Cass. 莴苣属 Asteraceae 菊科 [MD-586] 全球 (2) 大洲分布及种数(1) 非洲:1;亚洲:1
Phaenna Lour. = **Phanera**
Phaenocodon Salisb. = **Philesia**
Phaenocoma【3】D.Don 紫花帚鼠麹属 ← **Xeranthemum** Asteraceae 菊科 [MD-586] 全球 (1) 大洲分布及种数(1)◆非洲(◆南非)
Phaenohoffmannia P. & K. = **Pearsonia**
Phaenomys DC. = **Lactuca**
Phaenopoda Cass. = **Podotheca**
Phaenopus DC. = **Lactuca**
Phaenopyrum M.Röm. = **Lagenocarpus**
Phaenosperma【3】Munro ex Benth. 显子草属 ← **Garnotia** Poaceae 禾本科 [MM-748] 全球 (1) 大洲分布及种数(1-4)◆亚洲
Phaenospermeae Roshev. = **Phaenosperma**
Phaenostoma Steud. = **Chaenostoma**
Phaeocarpus Mart. = **Magonia**
Phaeocephalum Ehrh. = **Schoenus**
Phaeocephalum House = **Rhynchospora**
Phaeocephalus S.Moore = **Hymenolepis**
Phaeoceros【3】Stotler,Crand.Stot. & W.T.Doyle 黄角苔属 ≒ **Aspiromitus;Paraphymatoceros** Notothyladaceae 短角苔科 [B-93] 全球 (6) 大洲分布及种数(28)非洲:5;亚洲:14-19;大洋洲:7-12;欧洲:4-9;北美洲:10-15;南美洲:7-12
Phaeochlaena K.Koch = **Scopolia**
Phaeocles Salisb. = **Ornithogalum**
Phaeocordylis Griff. = **Rhopalocnemis**
Phaeolejeunea【2】(Stephani) Mizut. 黑鳞苔属 Lejeuneaceae 细鳞苔科 [B-84] 全球 (2) 大洲分布及种数(5)亚洲:1;大洋洲:4
Phaeolorum Ehrh. = **Carex**
Phaeolus L. = **Phaseolus**
Phaeomegaceros【2】(Gottsche) R.J.Duff & al. 暗绿大角苔属 Dendrocerotaceae 树角苔科 [B-95] 全球 (2) 大洲分布及种数(cf.1) 北美洲;南美洲
Phaeomeria (Ridl.) K.Schum. = **Nicolaia**
Phaeomeria Lindl. = **Amomum**
Phaeoneuron【3】Gilg 坦桑野牡丹属 Melastomataceae 野牡丹科 [MD-364] 全球 (1) 大洲分布及种数(1)◆非洲
Phaeonychium【3】O.E.Schulz 藏芥属 ← **Braya** Brassicaceae 十字花科 [MD-213] 全球 (1) 大洲分布及种数(cf. 1)◆亚洲
Phaeopappus【3】Boiss. 疆矢车菊属 ← **Centaurea;Phalacrachena** Asteraceae 菊科 [MD-586] 全球 (1) 大洲分布及种数(2)属分布和种数(uc)◆亚洲
Phaeopeltis Humb. & Bonpl. ex Willd. = **Pleopeltis**
Phaeophila Höhne & Schltr. = **Phloeophila**
Phaeophleps Raf. = **Symphyostemon**
Phaeopsis Nutt. ex Benth. = **Eriocephalus**
Phaeoptilon Heimerl = **Phaeoptilum**
Phaeoptilum【3】Radlk. 褐羽果属 Nyctaginaceae 紫茉莉科 [MD-107] 全球 (1) 大洲分布及种数(1)◆非洲
Phaeosphaeria Hassk. = **Phaeosphaerion**
Phaeosphaerion【3】Hassk. 褐鸭跖草属 ≒ **Commelina** Commelinaceae 鸭跖草科 [MM-708] 全球 (1) 大洲分布及种数(2)◆南美洲
Phaeosphaeriona Hassk. = **Commelina**
Phaeospherion auct. = **Commelina**
Phaeostemma【3】E.Fourn. 暗冠萝藦属 ← **Matelea** Apocynaceae 夹竹桃科 [MD-492] 全球 (1) 大洲分布及种数(3-7)◆南美洲
Phaeostigma【3】Muldashev 亚菊属 ≒ **Ajania** Asteraceae 菊科 [MD-586] 全球 (1) 大洲分布及种数(cf.1)◆亚洲
Phaeostoma Spach = **Clarkia**
Phaethusa Gaertn. = **Verbesina**
Phaethusia Raf. = **Verbesina**
Phaeurus Skottsberg = **Phacelurus**
Phagnalon【2】Cass. 棉毛菊属 → **Blumea;Aliella; Helichrysum** Asteraceae 菊科 [MD-586] 全球 (4) 大洲分布及种数(49-62;hort.1;cult: 3)非洲:26;亚洲:22-24;欧洲:19;北美洲:2
Phaianthes Raf. = **Lycopodium**
Phainantha【3】Gleason 辉花野牡丹属 ← **Adelobotrys** Melastomataceae 野牡丹科 [MD-364] 全球 (1) 大洲分布及种数(5)◆南美洲
Phaio Dognin = **Phaius**
Phaiocalanthe【-】Rolfe 兰科属 Orchidaceae 兰科 [MM-723] 全球 (uc) 大洲分布及种数(uc)
Phaiocymbidium auct. = **Cymbidium**
Phaiolimatopreptanthe【-】Hort. 兰科属 Orchidaceae 兰科 [MM-723] 全球 (uc) 大洲分布及种数(uc)
Phaiophleps【3】Raf. 春钟花属 ≒ **Olsynium;Sisyrinchium** Iridaceae 鸢尾科 [MM-700] 全球 (1) 大洲分布及种数(1)◆南美洲
Phaiopreptanthe【-】Kerch. 兰科属 Orchidaceae 兰科 [MM-723] 全球 (uc) 大洲分布及种数(uc)
Phaiosperma Raf. = **Polytaenia**
Phaius【3】Lour. 鹤顶兰属 → **Bletia; Cephalantheropsis;Thunia** Orchidaceae 兰科 [MM-723] 全球 (6) 大洲分布及种数(32-69;hort.1;cult: 4)非洲:12-24;亚洲:22-52;大洋洲:7-25;欧洲:2-12;北美洲:3-15;南美洲:6-17
Phajus Hassk. = **Phaius**
Phakellanthus Steud. = **Phacellanthus**
Phakellia Ridley & Dendy = **Phacelia**
Phalacra Dwyer = **Philacra**
Phalacrachena【3】Iljin 秃菊属 ← **Centaurea** Asteraceae 菊科 [MD-586] 全球 (1) 大洲分布及种数(2)◆亚洲
Phalacraea【3】DC. 秃冠菊属 ← **Piqueria** Asteraceae 菊科 [MD-586] 全球 (1) 大洲分布及种数(4)◆南美洲
Phalacrocarpum【3】Willk. 秃果菊属 ← **Chrysanthe-**

P

mum;Anthemis Asteraceae 菊科 [MD-586] 全球 (1) 大洲分布及种数(3)◆欧洲
Phalacroderis DC. = **Youngia**
Phalacrodiscus Less. = **Glebionis**
Phalacroglossum Sch.Bip. = **Pyrethrum**
Phalacroloma Cass. = **Erigeron**
Phalacromesus Cass. = **Tessaria**
Phalacros Wenz. = **Crataegus**
Phalacroseris【3】A.Gray 秃头苣属 Asteraceae 菊科 [MD-586] 全球 (1) 大洲分布及种数(1)◆北美洲(◆美国)
Phalaenetia auct. = **Neofinetia**
Phalaenidium Garay & H.R.Sw. = **Poa**
Phalaenopsis【3】Bl. 蝴蝶兰属 ← **Aerides;Cymbidium;Doritis** Orchidaceae 兰科 [MM-723] 全球 (1) 大洲分布及种数(62-95)◆亚洲
Phalaerianda Hort. = **Ferreyranthus**
Phalandopsis Hort. = **Phalaenopsis**
Phalanetia Hort. = **Aerides**
Phalangion Mill. = **Melasphaerula**
Phalangion St.Lag. = **Phalangium**
Phalangipus Bub. = **Arthropodium**
Phalangites Bubani = **Arthropodium**
Phalangium【2】Mill. 西南吊兰属 ≒ **Bulbine;Camassia** Asparagaceae 天门冬科 [MM-669] 全球 (2) 大洲分布及种数(2) 非洲:2;南美洲:1
Phalaridaceae Link = Poaceae
Phalaridantha St.Lag. = **Phalaroides**
Phalaridium Nees = **Poa**
Phalaris (Wolf) Voshell,Stephanie M.,Baldini & Hilu = **Phalaris**
Phalaris【3】L. 虉草属 ← **Alopecurus;Phaleria; Anthaenantia** Poaceae 禾本科 [MM-748] 全球 (6) 大洲分布及种数(18-22)非洲:11-16;亚洲:10-16;大洋洲:9-14;欧洲:11-17;北美洲:13-18;南美洲:12-17
Phalaroides【2】Wolf 拟虉草属 Poaceae 禾本科 [MM-748] 全球 (3) 大洲分布及种数(2)亚洲:cf.1;欧洲:cf.1;北美洲:1
Phaleana Jack = **Phaleria**
Phalera Jack = **Phaleria**
Phaleralda【-】J.M.H.Shaw 兰科属 Orchidaceae 兰科 [MM-723] 全球 (uc) 大洲分布及种数(uc)
Phaleria【3】Jack 皇冠果属 ≒ **Dais** Thymelaeaceae 瑞香科 [MD-310] 全球 (1) 大洲分布及种数(26-32)◆大洋洲
Phaleriaceae Meisn. = Philesiaceae
Phalerocarpus G.Don = **Gaultheria**
Phaliella【-】Hort. 兰科属 Orchidaceae 兰科 [MM-723] 全球 (uc) 大洲分布及种数(uc)
Phalina Adans. = **Aegopogon**
Phalium Herb. = **Bessera**
Phallaria Schumach. & Thonn. = **Psydrax**
Phallerocarpus G.Don = **Chaerophyllum**
Phallorthus Neck. = **Opuntia**
Phalocallis【3】Herb. 夷鸢尾属 ≒ **Cypella; Sphenostigma** Iridaceae 鸢尾科 [MM-700] 全球 (1) 大洲分布及种数(4)◆南美洲(◆巴西)
Phalodallis Herb. = **Phalocallis**
Phaloe Dum. = **Sagina**
Phalolepis Cass. = **Centaurea**
Phalona Dum. = **Cynosurus**
Phalphalaenopsis【-】J.M.H.Shaw 兰科属 Orchidaceae 兰科 [MM-723] 全球 (uc) 大洲分布及种数(uc)
Phalpuna Dum. = **Aegopogon**
Phalseolus L. = **Phaseolus**
Phamaceum L. = **Pharnaceum**
Phamisus Lour. = **Phaius**
Phanaeta Lour. = **Phanera**
Phanera【3】Lour. 首冠藤属 ≒ **Bauhinia;Payera** Fabaceae 豆科 [MD-240] 全球 (1) 大洲分布及种数(81-98)◆亚洲
Phanera Meganthera de Wit = **Phanera**
Phanerandra Stschegl. = **Leucopogon**
Phanerocalyx S.Moore = **Heisteria**
Phanerocaylx S.Moore = **Heisteria**
Phanerodiscus【3】Cavaco 假帽果属 ← **Anacolosa** Olacaceae 铁青树科 [MD-362] 全球 (1) 大洲分布及种数(2-3)◆非洲(◆马达加斯加)
Phaneroglossa【3】B.Nord. 腋毛千里光属 ← **Senecio** Asteraceae 菊科 [MD-586] 全球 (1) 大洲分布及种数(1)◆非洲(◆南非)
Phanerogonocarpus Cavaco = **Tambourissa**
Phanerophlebia【3】C.Presl 凸脉蕨属 ← **Polystichum** Dryopteridaceae 鳞毛蕨科 [F-49] 全球 (1) 大洲分布及种数(cf. 1)◆亚洲
Phanerophlebiopsis【3】Ching 黔蕨属 ← **Aspidium;Polystichum** Dryopteridaceae 鳞毛蕨科 [F-49] 全球 (1) 大洲分布及种数(11-12)◆亚洲
Phaneropsolus Copel. = **Phanerosorus**
Phanerosorus【3】Copel. 显子蕨属 Gleicheniaceae 里白科 [F-18] 全球 (1) 大洲分布及种数(cf. 1)◆亚洲
Phanerostylis (A.Gray) R.M.King & H.Rob. = **Brickellia**
Phanerota Lour. = **Phanera**
Phanerotaenia H.St.John = **Polytaenia**
Phania【3】DC. 背腺菊属 ← **Ageratum;Oxylobus; Carelia** Asteraceae 菊科 [MD-586] 全球 (1) 大洲分布及种数(3-5)◆北美洲(◆古巴)
Phaniasia Bl. ex Miq. = **Ponerorchis**
Phanis Lour. = **Phaius**
Phanochilus Benth. = **Elsholtzia**
Phanopyrum (Raf.) Nash = **Phanopyrum**
Phanopyrum【3】Nash 莽原黍属 ← **Panicum** Poaceae 禾本科 [MM-748] 全球 (1) 大洲分布及种数(1)◆北美洲(◆美国)
Phanostoma Spach = **Clarkia**
Phanrangia Tardieu = **Mangifera**
Phantanthera Rich. = **Platanthera**
Phantia Herb. = **Moraea**
Phantis Adans. = **Atalantia**
Phanus Lour. = **Phaius**
Phaonia Raf. = **Platonia**
Phaops Lour. = **Phaius**
Phaphidophora Hassk. = **Rhaphidophora**
Pharaceae (Stapf) Herter = Tetracarpaeaceae
Pharbitis【3】Choisy 牵牛属 ≒ **Aniseia;Ipomoea; Merremia** Convolvulaceae 旋花科 [MD-499] 全球 (1) 大洲分布及种数(4-5)◆北美洲
Pharbitus Choisy = **Pharbitis**
Pharbjtis Choisy = **Pharbitis**

Phareae Stapf = **Phania**
Phareas Westwood = **Pharus**
Pharella Juss. = **Phacelia**
Pharetranthus F.W.Klatt = **Laxmannia**
Pharetrella Salisb. = **Cyanella**
Pharia Steud. = **Phania**
Pharinae Prod. = **Phania**
Pharium Herb. = **Xylosma**
Pharmacosyce Miq. = **Ficus**
Pharmacosycea Miq. = **Ficus**
Pharmacum P. & K. = **Astronia**
Pharnaceaceae Martinov = Cupressaceae
Pharnaceum【3】L. 盘粟草属 → **Adenogramma;Hypertelis** Molluginaceae 粟米草科 [MD-99] 全球 (1) 大洲分布及种数(28-35)◆非洲
Pharnacium Rumph. ex P. & K. = **Adenogramma**
Pharochilum D.L.Jones & M.A.Clem. = **Pterostylis**
Pharoideae Beetle = (接受名不详) Poaceae
Pharomitrium Schimp. = **Pterygoneurum**
Pharostoma Spach = **Clarkia**
Pharsalia Desv. ex Ham. = **Diospyros**
Pharseophora Miers = **Adenocalymma**
Pharurus P.Br. = **Pharus**
Pharus【3】P.Br. 服叶竺属 → **Hygroryza;Leptaspis;Cyperus** Poaceae 禾本科 [MM-748] 全球 (6) 大洲分布及种数(9-10)非洲:6;亚洲:6;大洋洲:6;欧洲:6;北美洲:7-13;南美洲:8-14
Phascaceae Schimp. = Physenaceae
Phasconica Müll.Hal. = **Weissia**
Phascopsis【3】I.G.Stone 菜丛藓属 Pottiaceae 丛藓科 [B-133] 全球 (1) 大洲分布及种数(1)◆大洋洲
Phascum (Brid.) Sull. = **Phascum**
Phascum【-】Hedw. 丛藓科属 Pottiaceae 丛藓科 [B-133] 全球 (uc) 大洲分布及种数(uc)
Phasellus Medik. = **Phaseolus**
Phaselous Raizada = **Phaseolus**
Phaseolaceae DC. = Fagaceae
Phaseolaceae Ponce de Leon & Alvares = Fagaceae
Phaseolaria【-】G.L.Nesom 菊科属 Asteraceae 菊科 [MD-586] 全球 (uc) 大洲分布及种数(uc)
Phaseolaster【-】G.L.Nesom 菊科属 Asteraceae 菊科 [MD-586] 全球 (uc) 大洲分布及种数(uc)
Phaseolodes【-】P. & K. 豆科属 ≒ **Callerya;Apios** Fabaceae 豆科 [MD-240] 全球 (uc) 大洲分布及种数(uc)
Phaseoloides Duham. = **Wisteria**
Phaseolus (Elliott) DC. = **Phaseolus**
Phaseolus【3】L. 菜豆属 ≒ **Cochliasanthus** Fabaceae 豆科 [MD-240] 全球 (1) 大洲分布及种数(33-74)◆南美洲
Phasianella Hollowell = **Parianella**
Phasiolos L. = **Phaseolus**
Phasiolus Mönch = **Phaseolus**
Phasis Lour. = **Phaius**
Phassus Schaus = **Phaius**
Phastia Garay = **Pabstia**
Phataria Schumach. = **Canthium**
Phatinia Cuatrec. = **Patinoa**
Phauda Miq. = **Afzelia**
Phaulactis Pers. = **Phyllactis**
Phaulanthus Ridl. = **Styrophyton**
Phaulopsis Lindau = **Phaulopsis**
Phaulopsis【3】Willd. 肾苞草属 ≒ **Barleria** Acanthaceae 爵床科 [MD-572] 全球 (1) 大洲分布及种数(25-28)◆非洲
Phaulothamnus【3】A.Gray 蛇眼果属 Achatocarpaceae 玛瑙果科 [MD-80] 全球 (1) 大洲分布及种数(1)◆北美洲
Phavaraea Geyer = **Phalacraea**
Phaxas Dunker = **Phaca**
Phaylopsis Willd. = **Phaulopsis**
Phe Ludw. = **Valeriana**
Phebalium【3】Vent. 杜南香属 → **Asterolasia;Eriostemon;Nematolepis** Rutaceae 芸香科 [MD-399] 全球 (1) 大洲分布及种数(13-66)◆大洋洲
Pheboantha Rchb. = **Ajuga**
Phedimus (L.K.A.Koch ex Schönland) H.Ohba & Turland = **Phedimus**
Phedimus【3】Raf. 假景天属 ← **Sedum** Crassulaceae 景天科 [MD-229] 全球 (6) 大洲分布及种数(18-20;hort.1) 非洲:1-3;亚洲:16-19;大洋洲:2;欧洲:7-9;北美洲:7-9;南美洲:2
Phegapteris (Presl) Fée = **Phegopteris**
Phegopteris【3】(C.Presl) Fée 卵果蕨属 ← **Thelypteris;Lastrea** Thelypteridaceae 金星蕨科 [F-42] 全球 (6) 大洲分布及种数(28-63)非洲:6-9;亚洲:18-23;大洋洲:5-7;欧洲:4-6;北美洲:5-11;南美洲:1-4
Phegopyrum Peterm. = **Fagopyrum**
Phegos St.Lag. = **Fagus**
Pheia Wedd. = **Phenax**
Pheidochloa【3】S.T.Blake 俭约草属 Poaceae 禾本科 [MM-748] 全球 (1) 大洲分布及种数(2)◆大洋洲
Pheidonocarpa【3】L.E.Skog 岛岩桐属 ← **Gesneria** Gesneriaceae 苦苣苔科 [MD-549] 全球 (1) 大洲分布及种数(uc)◆北美洲
Phel Hertwig = **Phyla**
Pheladenia【3】D.L.Jones & M.A.Clem. 裂缘兰属 ≒ **Caladenia** Orchidaceae 兰科 [MM-723] 全球 (1) 大洲分布及种数(1)◆大洋洲
Phelandrium Neck. = **Oenanthe**
Pheles St.Lag. = **Castanea**
Pheliandra Werderm. = **Tristachya**
Phelima Nor. = **Horsfieldia**
Phelipaca Fourr. = **Phelypaea**
Phelipaea【3】Tourn. ex Desf. 翡列当属 ≒ **Phelypaea** Orobanchaceae 列当科 [MD-552] 全球 (1) 大洲分布及种数(uc)◆大洋洲
Phelipanche Pomel = **Orobanche**
Phelipea Pers. = **Phelypaea**
Phellandrium L. = **Oenanthe**
Phellandryum Gilib. = **Annesorhiza**
Phelliactis Riemann-Zürneck = **Phyllactis**
Phellinaceae【3】Takht. 新冬青科 [MD-442] 全球 (1) 大洲分布和属种数(1/36)◆大洋洲
Phelline【3】Labill. 新冬青属 Phellinaceae 新冬青科 [MD-442] 全球 (1) 大洲分布及种数(30)◆大洋洲(◆美拉尼西亚)
Phellocalyx【3】Bridson 非洲萼茜属 Rubiaceae 茜草科 [MD-523] 全球 (1) 大洲分布及种数(1)◆非洲
Phellocarpus Benth. = **Murdannia**
Phellodendron【3】Rupr. 黄檗属 ← **Tetradium**

P

Rutaceae 芸香科 [MD-399] 全球 (1) 大洲分布及种数(6-11)◆亚洲
Phelloderma Miers = **Priva**
Phellodon Bruch & Schimp. = **Phyllodon**
Phellolophium【3】Baker 软木花属 Apiaceae 伞形科 [MD-480] 全球 (1) 大洲分布及种数(1)◆非洲(◆马达加斯加)
Phellopterus【3】Nutt. ex Torr. & A.Gray 春欧芹属 → **Glehnia;Cymopterus** Apiaceae 伞形科 [MD-480] 全球 (1) 大洲分布及种数(7)◆北美洲
Phellosperma Britton & Rose = **Mammillaria**
Phelloterus Wood = **Phellopterus**
Phelpsia Lawrence = **Philesia**
Phelpsiella【3】Maguire 针蔺花属 Rapateaceae 泽蔺花科 [MM-713] 全球 (1) 大洲分布及种数(1)◆南美洲
Phelypaea【2】L. 红野菰属 ≒ **Orobanche;Phelipaea** Orobanchaceae 列当科 [MD-552] 全球 (2) 大洲分布及种数(3) 亚洲:2;欧洲:3
Phelypaeaceae Horan. = Orobanchaceae
Phelypea Adans. = **Aeginetia**
Phelypea Thunb. = **Cytinus**
Phemeranthus【3】Raf. 玉栌兰属 ← **Talinum;Linum** Montiaceae 水卷耳科 [MD-81] 全球 (6) 大洲分布及种数(22)非洲:1;亚洲:3-4;大洋洲:1;欧洲:1;北美洲:20-22;南美洲:3-4
Phemoranthus Raf. = **Phemeranthus**
Phenakospermum【3】Endl. 渔人蕉属 ≒ **Ravenala; Uraria** Strelitziaceae 鹤望兰科 [MM-725] 全球 (1) 大洲分布及种数(1-3)◆南美洲
Phenakosperum Endl. = **Phenakospermum**
Phenanthera Hassk. = **Begonia**
Phenax【3】Wedd. 皱麻木属 ← **Boehmeria;Parietaria; Urtica** Urticaceae 荨麻科 [MD-91] 全球 (6) 大洲分布及种数(25-37)非洲:3-4;亚洲:4-5;大洋洲:1;欧洲:1;北美洲:10-21;南美洲:21-25
Pheneps Hook.f. = **Lactuca**
Phenes Rambur = **Phenax**
Phengus Hook.f. = **Prenanthes**
Phenianthus Raf. = **Lonicera**
Phenix Hill = **Alfredia**
Phenopus Hook.f. = **Lactuca**
Pheosia Desv. ex Ham. = **Phymosia**
Pheostemon Mart. = **Physostemon**
Pherolobus N.E.Br. = **Dorotheanthus**
Pheron St.Lag. = **Fagus**
Pheronema Tabachnick = **Peronema**
Pherosphaera Archer = **Pherosphaera**
Pherosphaera【3】W.Archer 小泣松属 Podocarpaceae 罗汉松科 [G-13] 全球 (1) 大洲分布及种数(uc)◆大洋洲
Pherosphaeraceae Nakai = Podocarpaceae
Pherotrichis【3】Decne. 多毛萝藦属 ← **Cynanchum; Matelea;Lachnostoma** Apocynaceae 夹竹桃科 [MD-492] 全球 (1) 大洲分布及种数(3-4)◆北美洲
Pherusa Mart. = **Prepusa**
Phestia S.Y.Wong & P.C.Boyce = **Hestia**
Phialacanthus【3】Benth. 宽刺爵床属 Acanthaceae 爵床科 [MD-572] 全球 (1) 大洲分布及种数(1-5)◆东南亚(◆马来西亚)
Phialanthus【3】Griseb. 花茜草属 → **Ceratopyxis; Phyllanthus** Rubiaceae 茜草科 [MD-523] 全球 (1) 大洲分布及种数(4-36)◆北美洲
Phialea Petr. = **Phinaea**
Phialemonium W.Gams & W.B.Cooke = **Polemonium**
Phialina Raf. = **Gentiana**
Phialiphora【3】Gröninckx 马达加斯加茜草属 Rubiaceae 茜草科 [MD-523] 全球 (1) 大洲分布及种数(3)◆非洲
Phialis Spreng. = **Trichophyllum**
Phialocarpus Deflers = **Corallocarpus**
Phialodiscus【3】Radlk. 咸鱼果属 ← **Blighia** Sapindaceae 无患子科 [MD-428] 全球 (1) 大洲分布及种数(uc)属分布和种数(uc)◆非洲
Phialophora Gröninckx = **Phialiphora**
Phialopsis Rydb. = **Phaulopsis**
Phialta Spreng. = **Trichophyllum**
Phiambolia【3】Klak 勋玉树属 ← **Amphibolia** Aizoaceae 番杏科 [MD-94] 全球 (1) 大洲分布及种数(11)◆非洲(◆南非)
Phibalis L. = **Physalis**
Phidiasia【3】Urb. 北美洲花爵床属 ← **Odontonema** Acanthaceae 爵床科 [MD-572] 全球 (1) 大洲分布及种数(1)◆北美洲
Philacanthus B.D.Jacks = **Phialacanthus**
Philacanthus Benth. = **Phyla**
Philacra【3】Dwyer 钩药莲木属 ← **Luxemburgia** Ochnaceae 金莲木科 [MD-104] 全球 (1) 大洲分布及种数(4-7)◆南美洲
Philactis【3】Schröd. 单芒菊属 Asteraceae 菊科 [MD-586] 全球 (1) 大洲分布及种数(4-5)◆北美洲
Philadelphaceae【3】Martinov 山梅花科 [MD-258] 全球 (6) 大洲分布和属种数(1;hort. & cult.1)(77-149;hort. & cult.33-46)非洲:1/18;亚洲:1/40-66;大洋洲:1/3-23;欧洲:1/10-29;北美洲:1/60-87;南美洲:1/3-22
Philadelphus【3】L. 山梅花属 ≒ **Deutzia** Philadelphaceae 山梅花科 [MD-258] 全球 (6) 大洲分布及种数(78-94; hort.1;cult:8)非洲:18;亚洲:40-66;大洋洲:3-23;欧洲:10-29;北美洲:60-87;南美洲:3-22
Philadelphus Pekinenses S.Y.Hu = **Philadelphus**
Philaemon Steven = **Astragalus**
Philaeus Ramirez = **Carica**
Philageria【3】Mast. 挂钟藤属 Philesiaceae 金钟木科 [MM-645] 全球 (1) 大洲分布及种数(1)◆南美洲
Philaginopsis Walp. = **Micropus**
Philagonia Bl. = **Evodia**
Philammos Steven = **Astragalus**
Philamnos Steven = **Astragalus**
Philanthus Griseb. = **Phialanthus**
Philarius Rumph. = **Urtica**
Philaster Pierre = **Munronia**
Philastrea Pierre = **Munronia**
Philatis E.Mey. = **Acronema**
Philbertia Kunth = **Philibertia**
Philbornea【3】Hallier f. 光麻藤属 ← **Durandea** Linaceae 亚麻科 [MD-315] 全球 (1) 大洲分布及种数(1-2)◆亚洲
Philcoxia【3】P.Taylor & V.C.Souza 巴西金玄参属 Plantaginaceae 车前科 [MD-527] 全球 (1) 大洲分布及种

数(7)◆南美洲(◆巴西)
Philenoptera【3】 Fenzl 棠豆属 ≒ **Lonchocarpus** Fabaceae 豆科 [MD-240] 全球 (1) 大洲分布及种数(6-11)◆非洲(◆南非)
Phileozera Buckley = **Hymenoxys**
Philesia【3】 Comm. ex Juss. 金钟木属 → **Lapageria** Philesiaceae 金钟木科 [MM-645] 全球 (1) 大洲分布及种数(2)◆南美洲
Philesiaceae【3】Dum. 金钟木科 [MM-645] 全球 (6) 大洲分布和属种数(3;hort. & cult.3)(4-7;hort. & cult.3-5)非洲:1/1;亚洲:1/1;大洋洲:1/1-2;欧洲:1/1;北美洲:1/1;南美洲:2-3/3-4
Philetaeria Liebm. = **Fouquieria**
Philetaerius Liebm. = **Fouquieria**
Phileurus Trin. = **Pholiurus**
Philga Klotzsch = **Philyra**
Philgamia【3】 Baill. ex Dubard & Dop 马岛金虎尾属 ← **Sphedamnocarpus** Malpighiaceae 金虎尾科 [MD-343] 全球 (1) 大洲分布及种数(4-5)◆非洲(◆马达加斯加)
Philhammus Steven = **Astragalus**
Philia Comm. ex Juss. = **Philesia**
Philibertella Vail = **Sarcostemma**
Philibertia【3】 Kunth 风竹桃属 ≒ **Mitostigma** Asclepiadaceae 萝藦科 [MD-494] 全球 (1) 大洲分布及种数(51-59)◆北美洲(◆墨西哥)
Philibertiella【3】 Cardot 南牛毛藓属 ≒ **Austrophilibertiella** Ditrichaceae 牛毛藓科 [B-119] 全球 (1) 大洲分布及种数(2)◆南美洲
Philinopsis Walp. = **Micropus**
Philiostigma Van Tiegh. = **Pilostigma**
Philippi Klotzsch = **Philippia**
Philippia【3】 Klotzsch 联臂石南属 ← **Blaeria** Ericaceae 杜鹃花科 [MD-380] 全球 (1) 大洲分布及种数(9-16)◆非洲
Philippiamra【3】 P. & K. 三宝木属 ≒ **Trigonostemon** Portulacaceae 马齿苋科 [MD-85] 全球 (1) 大洲分布及种数(uc)◆亚洲
Philippiara J.M.H.Shaw = **Alchornea**
Philippicereus Backeb. = **Eulychnia**
Philippiella【3】 Speg. 风垫花属 Caryophyllaceae 石竹科 [MD-77] 全球 (1) 大洲分布及种数(1)◆南美洲
Philippimalva P. & K. = **Seringia**
Philippinaea Schlechter,Friedrich Richard Rudolf & Ames,Oakes = **Trigonostemon**
Philippodendraceae Juss. = Malvaceae
Philippodendron Endl. = **Plagianthus**
Philippodendrum Poit. = **Plagianthus**
Philisca Wahrberg = **Plagiothecium**
Phillyrea【3】 L. 总序桂属 → **Chionanthus** Oleaceae 木樨科 [MD-498] 全球 (1) 大洲分布及种数(3)◆欧洲
Philocrena Bong. = **Tristicha**
Philocrenaceae Bong. = Kirkiaceae
Philocrya I.Hagen & C.E.O.Jensen = **Lyellia**
Philodendron (Rchb. ex Schott) Engl. = **Philodendron**
Philodendron【3】Schott 喜林芋属 → **Alocasia;Carum** Araceae 天南星科 [MM-639] 全球 (6) 大洲分布及种数(443-637;hort.1;cult:2)非洲:1-14;亚洲:33-48;大洋洲:6-20;欧洲:13;北美洲:200-225;南美洲:400-589
Philodendrum Schott = **Philodendron**
Philodice【3】 Mart. 坛谷精属 ← **Eriocaulon;Paepalanthus** Eriocaulaceae 谷精草科 [MM-726] 全球 (1) 大洲分布及种数(2)◆南美洲
Philogenia Mast. = **Philageria**
Philoglossa【3】 DC. 匍匐黑药菊属 ← **Jaumea** Asteraceae 菊科 [MD-586] 全球 (1) 大洲分布及种数(5)◆南美洲
Philogyne Salisb. = **Narcissus**
Philomeda Nor. ex Thou. = **Ouratea**
Philometra Noronha ex Thou. = **Ochna**
Philomidoschema Vved. = **Stachys**
Philonis Brid. = **Philonotis**
Philonomia DC. ex Steud. = **Phyllonoma**
Philonotieae【-】 S.Y.Wong & P.C.Boyce 天南星科属 Araceae 天南星科 [MM-639] 全球 (uc) 大洲分布及种数(uc)
Philonotion Schott = **Schismatoglottis**
Philonotis (Bruch & Schimp.) Mitt. = **Philonotis**
Philonotis【3】 Brid. 泽藓属 ≒ **Anomodon** Bartramiaceae 珠藓科 [B-142] 全球 (6) 大洲分布及种数(220) 非洲:76;亚洲:50;大洋洲:36;欧洲:28;北美洲:54;南美洲:87
Philonotula【3】 Hampe 珠藓科属 Bartramiaceae 珠藓科 [B-142] 全球 (1) 大洲分布及种数(uc)◆亚洲
Philophyllum【3】 Müll.Hal. 巴西白藓属 Pilotrichaceae 茸帽藓科 [B-166] 全球 (1) 大洲分布及种数(1)◆南美洲
Philopterus Carriker = **Phellopterus**
Philorea Raf. = **Wahlenbergia**
Philoscia Berk. = **Plagiothecium**
Philostemon Raf. = **Rhus**
Philostemum Steud. = **Rhus**
Philostizus Cass. = **Centaurea**
Philoteca Rudge = **Philotheca**
Philothamnus Bocage = **Phaulothamnus**
Philotheca【3】 Rudge 毛南香属 → **Drummondita;Phebalium** Rutaceae 芸香科 [MD-399] 全球 (1) 大洲分布及种数(54-59)◆大洋洲(◆澳大利亚)
Philotherus R.Br. = **Philoxerus**
Philotria Raf. = **Elodea**
Philoxerus【3】 R.Br. 安旱苋属 → **Blutaparon;Gomphrena;Pfaffia** Amaranthaceae 苋科 [MD-116] 全球 (6)大洲分布及种数(7-8)非洲:1;亚洲:1-2;大洋洲:4-5;欧洲:1;北美洲:1;南美洲:1-3
Philus Ramirez = **Carica**
Philyca L. = **Phylica**
Philydraceae【2】Link 田葱科 [MM-716] 全球 (4) 大洲分布和属种数(3;hort. & cult.2)(4-14;hort. & cult.2)非洲:2/2;亚洲:1/1;大洋洲:3/3-4;北美洲:1/1
Philydrella【3】 Carül 小田葱属 ← **Philydrum** Philydraceae 田葱科 [MM-716] 全球 (1) 大洲分布及种数(1-2)◆大洋洲(◆澳大利亚)
Philydrum (F.Müll.) Baill. = **Philydrum**
Philydrum【2】 Banks ex Gaertn. 田葱属 Philydraceae 田葱科 [MM-716] 全球 (4) 大洲分布及种数(2)非洲:1;亚洲:1;大洋洲:1;北美洲:1
Philyra【3】 Klotzsch 地构杞属 ≒ **Argithamnia** Euphorbiaceae 大戟科 [MD-217] 全球 (1) 大洲分布及种数(1-3)◆南美洲

Philyrophyllum【3】O.Hoffm. 金绒草属 → **Pentatrichia;Pulicaria** Asteraceae 菊科 [MD-586] 全球 (1) 大洲分布及种数(2)◆非洲
Phinaea【3】Benth. 短钟岩桐属 → **Amalophyllon;Niphaea** Gesneriaceae 苦苣苔科 [MD-549] 全球 (1) 大洲分布及种数(4)◆北美洲
Phinotropis (S.F.Blake) J.R.Abbott = **Rhinotropis**
Phippsia (Trin.) R.Br. = **Phippsia**
Phippsia【3】R.Br. 冰寒草属 ← **Agrostis;Trichinium;Catabrosa** Poaceae 禾本科 [MM-748] 全球 (1) 大洲分布及种数(3)◆南美洲(◆秘鲁)
Phippsiomeles【-】B.B.Liu & J.Wen 蔷薇科属 Rosaceae 蔷薇科 [MD-246] 全球 (uc) 大洲分布及种数(uc)
Phisalis Nocca = **Withania**
Phitolacca All. = **Phytolacca**
Phitopis Hook.f. = **Schizocalyx**
Phitosia【3】Kamari & Greuter 光株还阳参属 Asteraceae 菊科 [MD-586] 全球 (1) 大洲分布及种数(1)◆南欧(◆希腊)
Phl Ludw. = **Valeriana**
Phlebanthe Rchb. = **Ajuga**
Phlebanthia Rchb. = **Teucrium**
Phlebia W.B.Cooke = **Bauhinia**
Phlebiogonium Fée = **Tectaria**
Phlebiophragmus O.E.Schulz = **Mostacillastrum**
Phlebiophyllum Bosch = **Polyphlebium**
Phleboanthe Tausch = **Teucrium**
Phlebocalymma Benth. = **Gonocaryum**
Phlebocalymna Benth. = **Sphenostemon**
Phlebocarya【3】R.Br. 纹匣草属 Haemodoraceae 血草科 [MM-718] 全球 (1) 大洲分布及种数(3)◆大洋洲(◆澳大利亚)
Phlebochilus【3】(Benth.) Szlach. 粘兰属 ≒ **Cladonia;Caladenia** Orchidaceae 兰科 [MM-723] 全球 (1) 大洲分布及种数(8-9)◆大洋洲(◆澳大利亚)
Phlebochiton Wall. = **Pegia**
Phlebodium【3】(R.Br.) J.Sm. 金水龙骨属 ≒ **Polypodium** Polypodiaceae 水龙骨科 [F-60] 全球 (1) 大洲分布及种数(6)◆南美洲
Phlebolithis Gaertn. = **Mimusops**
Phlebolobium【3】O.E.Schulz 南芥属 ≒ **Arabis** Brassicaceae 十字花科 [MD-213] 全球 (1) 大洲分布及种数(1)◆南美洲
Phlebophyllum【3】Nees 延苞蓝属 ← **Strobilanthes** Acanthaceae 爵床科 [MD-572] 全球 (1) 大洲分布及种数(uc)属分布和种数(uc)◆南亚(◆印度)
Phlebopus DC. = **Lactuca**
Phlebosporium Hassk. = **Lespedeza**
Phlebosporum Jungh. = **Lespedeza**
Phlebosprium F.W.Junghuhn = **Medicago**
Phlebotaenia【3】Griseb. 远志属 ← **Polygala** Polygalaceae 远志科 [MD-291] 全球 (1) 大洲分布及种数(2)◆北美洲
Phlebothamnion【-】Kütz. 远志科属 Polygalaceae 远志科 [MD-291] 全球 (uc) 大洲分布及种数(uc)
Phledinium Spach = **Delphinium**
Phlegmariurus (Herter) H.S.Kung & Li Bing Zhang = **Phlegmariurus**
Phlegmariurus【3】Holub 尾石杉属 ← **Huperzia;Urostachys** Lycopodiaceae 石松科 [F-4] 全球 (6) 大洲分布及种数(146-153)非洲:3-12;亚洲:134-144;大洋洲:4-13;欧洲:9;北美洲:43-52;南美洲:110-119
Phlegmatospermum【3】O.E.Schulz 粘籽芥属 ← **Blennodia;Aethionema** Brassicaceae 十字花科 [MD-213] 全球 (1) 大洲分布及种数(4)◆大洋洲(◆澳大利亚)
Phleobanthe Ledeb. = **Ajuga**
Phleobotaenia Griseb. = **Polygala**
Phleoides Ehrh. = **Phlomoides**
Phleum (P.Beauv.) Dumort. = **Phleum**
Phleum【3】L. 梯牧草属 → **Tribolium;Pygeum;Alopecurus** Poaceae 禾本科 [MM-748] 全球 (6) 大洲分布及种数(16-21;hort.1;cult: 5)非洲:10-15;亚洲:13-20;大洋洲:8-14;欧洲:12-20;北美洲:7-12;南美洲:1-6
Phloeophila【3】Höhne & Schltr. 夷萼兰属 → **Ophidion;Incaea;Acianthera** Orchidaceae 兰科 [MM-723] 全球 (1) 大洲分布及种数(15-18)◆南美洲
Phloeospora Roiv. = **Pearsonia**
Phloga【3】Nor. ex Hook.f. 焰轴椰属 Arecaceae 棕榈科 [MM-717] 全球 (1) 大洲分布及种数(2-4)◆非洲(◆中非)
Phlogacanthus【3】Nees 火焰花属 → **Cystacanthus;Aeschynanthus** Acanthaceae 爵床科 [MD-572] 全球 (1) 大洲分布及种数(40-43)◆亚洲
Phlogella Baill. = **Dypsis**
Phlogiotis Rchb. ex T.Nees = **Metastachydium**
Phlogites Rchb. ex T.Nees = **Metastachydium**
Phloiodicarpus Turcz. ex Besser = **Phlojodicarpus**
Phlojodicarpus【3】Turcz. ex Ledeb. 胀果芹属 ← **Angelica;Cachrys;Libanotis** Apiaceae 伞形科 [MD-480] 全球 (1) 大洲分布及种数(cf. 1)◆亚洲
Phlolodicarpus Turcz. ex Ledeb. = **Phlojodicarpus**
Phlomidopsis Link = **Phlomis**
Phlomidoschema (Benth.) Vved. = **Stachys**
Phlomis【3】L. 橙花糙苏属 ≒ **Leonotis;Phlomoides** Lamiaceae 唇形科 [MD-575] 全球 (6) 大洲分布及种数(81-182;hort.1;cult:22)非洲:10-28;亚洲:73-156;大洋洲:3-14;欧洲:15-35;北美洲:6-14;南美洲:7
Phlomis Megalanthae C.Y.Wu = **Phlomis**
Phlomitis Rchb. ex T.Nees = **Phlomis**
Phlomoides【3】Mönch 糙苏属 ≒ **Phlomis;Moluccella** Lamiaceae 唇形科 [MD-575] 全球 (6) 大洲分布及种数(118-171)非洲:1-3;亚洲:116-143;大洋洲:2;欧洲:2-4;北美洲:2;南美洲:2
Phlomostachys Beer = **Pitcairnia**
Phloniis Rchb. ex T.Nees = **Phlomis**
Phlox【3】L. 福禄考属 → **Collomia** Polemoniaceae 花荵科 [MD-481] 全球 (6) 大洲分布及种数(109-116;hort.1;cult:17)非洲:39;亚洲:15-54;大洋洲:11-50;欧洲:13-52;北美洲:107-151;南美洲:4-43
Phloxus St.Lag. = **Phlox**
Phlyarodoxa S.Moore = **Ligustrum**
Phlyctaenia DC. = **Polytaenia**
Phlyctema Voigt = **Clausena**
Phlyctidocarpa【3】Cannon & Theobald 泡果芹属 Apiaceae 伞形科 [MD-480] 全球 (1) 大洲分布及种数(1)◆非洲

Phmgmites Adans. = **Phragmites**
Pho Ludw. = **Valeriana**
Phobe Nees = **Phoebe**
Phobelius E.Mey. ex Benth. = **Phygelius**
Phobema Seem. = **Acalypha**
Phoberos Lour. = **Scolopia**
Phobetron Lour. = **Limonia**
Phocaena Seem. = **Acalypha**
Phocea Seem. = **Macaranga**
Phoceana Seem. = **Acalypha**
Phocoena Seem. = **Acalypha**
Phodopus Nyman = **Lactuca**
Phoebanthus【3】S.F.Blake 向日菊属 ← **Helianthella** Asteraceae 菊科 [MD-586] 全球 (1) 大洲分布及种数(2)◆北美洲(◆美国)
Phoebe Cinnamomoideae Meisn. = **Phoebe**
Phoebe【3】Nees 楠属 ← **Actinodaphne; Nothaphoebe;Persea** Lauraceae 樟科 [MD-21] 全球 (6) 大洲分布及种数(60-127;hort.1)非洲:4-11;亚洲:45-72;大洋洲:1-7;欧洲:5;北美洲:9-18;南美洲:18-29
Phoebis L. = **Phoebe**
Phoenicaceae Bercht. & J.Presl = Punicaceae
Phoenicanthemum (Bl.) Rchb. = **Helixanthera**
Phoenicanthus Alston = **Premna**
Phoenicaulis【3】Nutt. ex Torr. & A.Gray 紫茎草属 → **Anelsonia;Streptanthus** Brassicaceae 十字花科 [MD-213] 全球 (1) 大洲分布及种数(1)◆北美洲(◆美国)
Phoenicimon Ridl. = **Glycosmis**
Phoenicobius Spach = **Lactuca**
Phoenicocissus Mart. ex Meisn. = **Lundia**
Phoenicop Spach = **Lactuca**
Phoenicophaes Spach = **Lactuca**
Phoenicophorium【3】H.Wendl. 凤凰刺椰属 ← **Areca;Roscheria** Arecaceae 棕榈科 [MM-717] 全球 (1) 大洲分布及种数(1-2)◆亚洲
Phoenicopus Spach = **Lactuca**
Phoenicoseris【3】(Skottsb.) Skottsb. 苦苣木属 ← **Dendroseris** Asteraceae 菊科 [MD-586] 全球 (1) 大洲分布及种数(3)◆南美洲
Phoenicosperma Miq. = **Sloanea**
Phoenicospermum Miq. = **Sloanea**
Phoenicurus Spach = **Lactuca**
Phoenix【3】L. 海枣属 ≒ **Chamaerops;Jubaea** Arecaceae 棕榈科 [MM-717] 全球 (6) 大洲分布及种数(12-18;hort.1)非洲:6-17;亚洲:9-25;大洋洲:5-15;欧洲:4-15;北美洲:8-19;南美洲:6-17
Phoenixopus Rchb. = **Lactuca**
Phoenocoma G.Don = **Phaenocoma**
Phoenopus Nyman = **Lactuca**
Pholacilia Griseb. = **Trichilia**
Pholacilla Griseb. = **Trichilia**
Pholidandra Neck. = **Raputia**
Pholidia【3】R.Br. 珠玄参属 ≒ **Eremophila** Scrophulariaceae 玄参科 [MD-536] 全球 (1) 大洲分布及种数(1)◆大洋洲(◆澳大利亚)
Pholidocarpus【3】Bl. 球棕属 ← **Borassus** Arecaceae 棕榈科 [MM-717] 全球 (1) 大洲分布及种数(2-6)◆亚洲
Pholidophyllum Vis. = **Cryptanthus**
Pholidostachys【3】H.Wendl. ex Benth. & Hook.f. 丽椰属 ← **Calyptrogyne;Calyptronoma;Geonoma** Arecaceae 棕榈科 [MM-717] 全球 (1) 大洲分布及种数(8)◆北美洲
Pholidota【3】Lindl. 石仙桃属 ← **Coelogyne;Pleione; Thecostele** Orchidaceae 兰科 [MM-723] 全球 (1) 大洲分布及种数(20-42)◆亚洲
Pholisma【3】Nutt. ex Hook. 穗沙菰属 Boraginaceae 紫草科 [MD-517] 全球 (1) 大洲分布及种数(4-7)◆北美洲
Pholistoma【3】Lilja 韶光花属 ← **Nemophila** Boraginaceae 紫草科 [MD-517] 全球 (1) 大洲分布及种数(3-5)◆北美洲
Pholiurus Host ex Trin. = **Pholiurus**
Pholiurus【3】Trin. 蜥尾草属 → **Henrardia;Ophiuros; Parapholis** Poaceae 禾本科 [MM-748] 全球 (1) 大洲分布及种数(2)◆欧洲
Pholomphis Raf. = **Miconia**
Phomopsis Benth. & Hook.f. = **Phuopsis**
Phonipara Neck. = **Chamaerops**
Phoniphora Neck. = **Chrysopogon**
Phonus【-】Hill 菊科属 ≒ **Prunus** Asteraceae 菊科 [MD-586] 全球 (uc) 大洲分布及种数(uc)
Phoradendraceae H.Karst. = Loranthaceae
Phoradendron Alatae Trel. = **Phoradendron**
Phoradendron【3】Nutt. 肉穗寄生属 ≒ **Loranthus** Santalaceae 檀香科 [MD-412] 全球 (1) 大洲分布及种数(319-410)◆北美洲
Phoradendrum Urb. = **Phoradendron**
Phoringopsis D.L.Jones & M.A.Clem. = **Spiculaea**
Phormangis Schltr. = **Ancistrorhynchus**
Phormiaceae【3】Zahlbr. 惠灵麻科 [MM-646] 全球 (6) 大洲分布和属种数(6;hort. & cult.4)(13-18;hort. & cult.5-7)非洲:1/1;亚洲:1/1-2;大洋洲:4/11-14;欧洲:1/1;北美洲:1/1-2;南美洲:2-3/2-3
Phormidiaceae Anagn. & Komárek = Melastomataceae
Phormium【3】J.R.Forst. & G.Forst. 麻兰属 ≒ **Lachenalia** Phormiaceae 惠灵麻科 [MM-646] 全球 (1) 大洲分布及种数(5-7)◆大洋洲
Phornothamnus Baker = **Gravesia**
Phorobolus Desv. = **Cryptogramma**
Phorodon Vogel = **Pterodon**
Phorolobus Desv. = **Cryptogramma**
Phosanthus Raf. = **Isertia**
Photacantha J.M.H.Shaw = **Pantacantha**
Photinella J.M.Black = **Cymodocea**
Photinia Euphotinia Lindl. = **Photinia**
Photinia【3】Lindl. 石楠属 ← **Cotoneaster; Mespilus; Sorbus** Rosaceae 蔷薇科 [MD-246] 全球 (6) 大洲分布及种数(73-81;hort.1;cult:4)非洲:11;亚洲:65-87;大洋洲:7-18;欧洲:12-23;北美洲:22-33;南美洲:2-13
Photinophyllum【3】Mitt. 南美桧藓属 ≒ **Goniobryum** Rhizogoniaceae 桧藓科 [B-154] 全球 (1) 大洲分布及种数(1)◆大洋洲
Photinopteris【3】J.Sm. 顶育蕨属 ← **Aglaomorpha** Drynariaceae 槲蕨科 [F-61] 全球 (1) 大洲分布及种数(cf. 1)◆亚洲
Photinus Lindl. = **Photinia**
Photionopteris J.Sm. = **Photinopteris**
Photis Ait. = **Perotis**

Phox L. = **Phlox**
Phoxanthus Benth. = **Ophiocaryon**
Phr Ludw. = **Valeriana**
Phragmanthera (Engl.) Polhill & Wiens = **Loranthus**
Phragmataecia Cuatrec. = **Phragmotheca**
Phragmicoma【3】Mitt. 顶鳞苔属 Lejeuneaceae 细鳞苔科 [B-84] 全球 (1) 大洲分布及种数(2)◆东亚(◆中国)
Phragmidium Rolfe = **Phragmipedium**
Phragmilejeunea R.M.Schust. = **Schiffneriolejeunea**
Phragmipedilum Rolfe = **Rhus**
Phragmipedium (Kraenzl.) Garay = **Phragmipedium**
Phragmipedium【3】Rolfe 美洲兜兰属 ≒ **Paphiopedilum** Orchidaceae 兰科 [MM-723] 全球 (1) 大洲分布及种数(35-41)◆南美洲
Phragmites【3】Adans. 芦苇属 ≒ **Arundinaria; Cortaderia** Poaceae 禾本科 [MM-748] 全球 (6) 大洲分布及种数(6;hort.1;cult: 2)非洲:4-11;亚洲:5-12;大洋洲:3-10;欧洲:1-8;北美洲:2-9;南美洲:1-8
Phragmithes Adans. = **Phragmites**
Phragmocarpidium【3】Krapov. 篱果锦葵属 Malvaceae 锦葵科 [MD-203] 全球 (1) 大洲分布及种数(1)◆南美洲(◆巴西)
Phragmocassia Britton & Rose = **Cassia**
Phragmopedilum (Hallier) Pfitzer = **Phragmipedium**
Phragmopedium Rolfe = **Phragmipedium**
Phragmorchis【3】L.O.Williams 篱笆兰属 Orchidaceae 兰科 [MM-723] 全球 (1) 大洲分布及种数(cf. 1)◆亚洲
Phragmorthis L.O.Williams = **Phragmorchis**
Phragmotheca【3】Cuatrec. 秘鲁紫木棉属 Malvaceae 锦葵科 [MD-203] 全球 (1) 大洲分布及种数(7-15)◆南美洲
Phravenia【3】Al-Shehbaz & Warwick 篱笆菜属 Brassicaceae 十字花科 [MD-213] 全球 (1) 大洲分布及种数(cf.1)◆北美洲
Phreatia【3】Lindl.馥兰属←**Bulbophyllum;Oberonia; Sarcochilus** Orchidaceae 兰科 [MM-723] 全球 (6) 大洲分布及种数(50-238;hort.1)非洲:26-137;亚洲:17-92;大洋洲:19-120;欧洲:1-5;北美洲:1-5;南美洲:1-2
Phrenanthes Wigg. = **Prenanthes**
Phricodia Raf. = **Adenia**
Phrictus C.C.Towns. = **Pictus**
Phrissocarpus Miers = **Tabernaemontana**
Phrodus【3】Miers 南美紫茄属 ≒ **Annona** Solanaceae 茄科 [MD-503] 全球 (1) 大洲分布及种数(2-4)◆南美洲
Phromnia F.Delaroche = **Thalia**
Phrosina Raf. = **Aneilema**
Phryganocydia Mart. ex Baill. = **Bignonia**
Phryganthus Baker = **Phrygilanthus**
Phrygia Gray = **Centaurea**
Phrygilanthus【2】Eichl. 花寄生属 → **Cecarria; Loranthus;Muellerina** Loranthaceae 桑寄生科 [MD-415] 全球 (5) 大洲分布及种数(5-10)非洲:1;亚洲:cf.1;大洋洲:2;北美洲:cf.1;南美洲:2
Phrygiobureaua P. & K. = **Bignonia**
Phryma【3】Forssk. 透骨草属 ≒ **Priva** Phrymaceae 透骨草科 [MD-559] 全球 (6) 大洲分布及种数(4)非洲:1;亚洲:3-4;大洋洲:1;欧洲:1;北美洲:1-2;南美洲:1
Phrymaceae【3】Schaür 透骨草科 [MD-559] 全球 (6) 大洲分布和属种数(2-4;hort. & cult.1)(4-46;hort. & cult.1)非洲:4/10;亚洲:1-4/3-17;大洋洲:1-4/1-11;欧洲:4/10;北美洲:1-4/1-11;南美洲:4/10
Phrymium Salisb. = **Saranthe**
Phryna【2】(Boiss.) Pax & K.Hoffm. 孩儿参属 ≒ **Pseudostellaria** Caryophyllaceae 石竹科 [MD-77] 全球 (2) 大洲分布及种数(1) 亚洲:1;欧洲:1
Phryne Bubani = **Arabidopsis**
Phrynella Pax & K.Hoffm. = **Taiwania**
Phrynelox Pax & K.Hoffm. = **Taiwania**
Phryneta Pax & K.Hoffm. = **Taiwania**
Phryngium Willd. = **Phrynium**
Phrynidium Willd. = **Phrynium**
Phrynium Löfl. = **Phrynium**
Phrynium【3】Willd. 柊叶属 → **Ataenidia; Cominsia; Calathea** Marantaceae 竹芋科 [MM-740] 全球 (6) 大洲分布及种数(26-52)非洲:7-22;亚洲:17-38;大洋洲:3-18;欧洲:10;北美洲:4-16;南美洲:10
Phrynopus Lynch = **Lactuca**
Phryxe Bubani = **Arabidopsis**
Phryxus Cramer = **Phrodus**
Pht Ludw. = **Valeriana**
Phtegmariurus (Herter) Holub = **Phlegmariurus**
Phtheirospermum【3】Bunge 松蒿属 ← **Pedicularis;Gerardia** Scrophulariaceae 玄参科 [MD-536] 全球 (1) 大洲分布及种数(5-8)◆亚洲
Phtheirotheca Maxim ex Regel = **Caulophyllum**
Phthia Bergroth = **Petchia**
Phthiria Bigot = **Phthirusa**
Phthirusa (Bl.) Eichler = **Phthirusa**
Phthirusa【3】Mart. 热美桑寄生属 → **Cladocolea; Loranthus;Passovia** Loranthaceae 桑寄生科 [MD-415] 全球 (1) 大洲分布及种数(47-74)◆南美洲(◆巴西)
Phtirium Raf. = **Delphinium**
Phu Ludw. = **Valeriana**
Phucagrostis Cavol. = **Zostera**
Phucagrostis Willd. = **Cymodocea**
Phuodendron【-】(Graebn.) Dölla Torre & Harms 忍冬科属 ≒ **Valeriana** Caprifoliaceae 忍冬科 [MD-510] 全球 (uc) 大洲分布及种数(uc)
Phuopsis (Griseb.) Benth. & Hook.f. = **Phuopsis**
Phuopsis【3】Benth. & Hook.f. 长柱草属 ← **Asperula** Rubiaceae 茜草科 [MD-523] 全球 (1) 大洲分布及种数(1-7)◆亚洲
Phuphanochloa【3】Sungkaew & Teerawat. 长花草属 Poaceae 禾本科 [MM-748] 全球 (1) 大洲分布及种数(cf.2)◆亚洲
Phus Lour. = **Phaius**
Phusicarpos【3】Poir. 紫彗豆属 Fabaceae3 蝶形花科 [MD-240] 全球 (1) 大洲分布及种数(uc)◆大洋洲
Phut Ludw. = **Valeriana**
Phy Kaup = **Valeriana**
Phycagrostis P. & K. = **Posidonia**
Phycella【3】Lindl. 管顶红属 ≒ **Eustephia** Amaryllidaceae 石蒜科 [MM-694] 全球 (1) 大洲分布及种数(6-7)◆南美洲
Phycis Kaup = **Phyllis**
Phycolepidozia【2】Gradst.,J.P.Frahm & U.Schwarz 北美洲大萼苔属 Phycolepidoziaceae 指片苔科 [B-64] 全球

(2) 大洲分布及种数(cf.1) 亚洲;北美洲
Phycolepidoziaceae 【2】 R.M.Schust. 指片苔科 [B-64] 全球 (2) 大洲分布和属种数(cf.1)亚洲;北美洲
Phycoschoenus (Asch.) Nakai = **Cymodocea**
Phycosia Desv. ex Ham. = **Phymosia**
Phydrax Gaertn. = **Psydrax**
Phyganthus【3】 Pöpp. & Endl. 西风莲属 ≒ **Zephyra** Tecophilaeaceae 蓝嵩莲科 [MM-686] 全球 (1) 大洲分布及种数(uc)◆亚洲
Phygelius【3】 E.Mey. ex Benth. 避日花属 Scrophulariaceae 玄参科 [MD-536] 全球 (1) 大洲分布及种数(2-3)◆非洲
Phyla【3】Lour.过江藤属←**Lippia;Bertolonia;Phylica** Verbenaceae 马鞭草科 [MD-556] 全球 (6) 大洲分布及种数(12;hort.1;cult:3)非洲:1-6;亚洲:5-12;大洋洲:1-6;欧洲:1-6;北美洲:10-16;南美洲:7-12
Phylacanthus Benth. = **Angelonia**
Phylacia Benn. = **Phylacium**
Phylacium【3】 Benn. 苞护豆属 Fabaceae 豆科 [MD-240] 全球 (1) 大洲分布及种数(1-3)◆亚洲
Phylactis Schröd. = **Phyllactis**
Phylaeium Benn. = **Phylacium**
Phylanthera Noronha = **Hypobathrum**
Phylanthus Murr. = **Phyllanthus**
Phylax Nor. = **Phlox**
Phylepidum Raf. = **Polygonella**
Phylesiaceae Dum. = Philesiaceae
Phylica【3】 L. 石南茶属 → **Gouania;Blaeria;Phyla** Rhamnaceae 鼠李科 [MD-331] 全球 (1) 大洲分布及种数(165-173)◆非洲
Phylicaceae J.Agardh = Oliniaceae
Phylidrum Willd. = **Philydrum**
Phyliostachys (Jaub. & Spach) Nevski = **Psylliostachys**
Phyllacantha【3】 Hook.f. 茜草科属 Rubiaceae 茜草科 [MD-523] 全球 (1) 大洲分布及种数(uc)◆亚洲
Phyllacanthus【3】 Hook.f. 刺叶茜属 ← **Catesbaea** Rubiaceae 茜草科 [MD-523] 全球 (1) 大洲分布及种数(1)◆北美洲
Phyllachne【3】 J.R.Forst. & G.Forst. 垫柱草属 → **Forstera** Stylidiaceae 花柱草科 [MD-568] 全球 (1) 大洲分布及种数(1-4)◆南美洲
Phyllactis【3】Pers.叶线草属 ≒ **Valeriana;Phyllagathis** Caprifoliaceae 忍冬科 [MD-510] 全球 (1) 大洲分布及种数(6)◆南美洲
Phyllagathis【3】Bl.锦香草属 ≒ **Allomorphia;Phyllanthus** Melastomataceae 野牡丹科 [MD-364] 全球 (1) 大洲分布及种数(58-70)◆亚洲
Phyllamphora Lour. = **Nepenthes**
Phyllangium【3】 Dunlop 叶杯花属 Loganiaceae 马钱科 [MD-486] 全球 (1) 大洲分布及种数(5)◆大洋洲(◆澳大利亚)
Phyllanoa【3】 Croizat 齿萼茶属 Violaceae 堇菜科 [MD-126] 全球 (1) 大洲分布及种数(1)◆南美洲(◆哥伦比亚)
Phyllanthaceae【3】Martinov 叶下珠科 [MD-222] 全球 (1) 大洲分布和属种数(2-3;hort. & cult.1)(53-371;hort. & cult.1-2)◆亚洲
Phyllantheae Dum. = **Phyllanthera**
Phyllanthera【3】 Bl. 叶萝藦属 Apocynaceae 夹竹桃科 [MD-492] 全球 (1) 大洲分布及种数(3-10)◆亚洲
Phyllantherum Raf. = **Trillium**
Phyllanthi L. = **Phyllanthus**
Phyllanthidea Didr. = **Andrachne**
Phyllanthodendron【3】 Hemsl. 珠子木属 ≒ **Phyllanthus;Cleistanthus** Phyllanthaceae 叶下珠科 [MD-222] 全球 (1) 大洲分布及种数(cf. 1)◆亚洲
Phyllanthoideae Kostel. = **Andrachne**
Phyllanthopsis【3】 (Scheele) Voronts. & Petra Hoffm. 雀舌珠属 Phyllanthaceae 叶下珠科 [MD-222] 全球 (1) 大洲分布及种数(2)◆北美洲(◆美国)
Phyllanthos St.Lag. = **Phyllanthus**
Phyllanthu L. = **Phyllanthus**
Phyllanthus (A.Gray) G.L.Webster = **Phyllanthus**
Phyllanthus【3】 L. 叶下珠属 → **Actephila;Diasperus; Phyllanthodendron** Euphorbiaceae 大戟科 [MD-217] 全球(6)大洲分布及种数(702-1159;hort.1;cult:12)非洲:249-371;亚洲:215-356;大洋洲:137-330;欧洲:16-42;北美洲:131-196;南美洲:191-243
Phyllanthus-holiandiae L. = **Phyllanthus**
Phyllaphoides Banks & Sol. ex Cheesem. = **Coprosma**
Phyllapophysis Mansf. = **Catanthera**
Phyllarthron【3】 DC. 节叶木属 ← **Bignonia** Bignoniaceae 紫葳科 [MD-541] 全球 (1) 大洲分布及种数(15-21)◆非洲
Phyllarthus Neck. = **Opuntia**
Phyllaurea Lour. = **Codiaeum**
Phyllepidum Raf. = **Polygonella**
Phyllia Butler = **Phyllis**
Phyllimena Bl. ex DC. = **Enydra**
Phylliopsis Cullen & Lancaster,R. = **Kalmiopsis**
Phyllirea Adans. = **Phillyrea**
Phylliroe Tourn. ex Adans. = **Phillyrea**
Phyllis【3】 L. 叶茜属 ≒ **Anthospermum** Rubiaceae 茜草科 [MD-523] 全球 (6) 大洲分布及种数(3-5)非洲:1-3;亚洲:2;大洋洲:1;欧洲:1;北美洲:1;南美洲:1-3
Phyllitis【3】 Hill 对角蕨属 ≒ **Triphlebia** Pteridaceae 凤尾蕨科 [F-31] 全球 (6) 大洲分布及种数(6)非洲:6;亚洲:3-9;大洋洲:6;欧洲:6;北美洲:6;南美洲:1-7
Phyllitopsis【-】 Reichst. 铁角蕨科属 ≒ **Asplenium** Aspleniaceae 铁角蕨科 [F-43] 全球 (uc) 大洲分布及种数(uc)
Phyllium Mill. = **Plantago**
Phyllo Ker Gawl. = **Aloe**
Phyllob Ker Gawl. = **Aloe**
Phylloba Ker Gawl. = **Aloe**
Phyllobaea Benth. = **Phylloboea**
Phyllobaeis (Mont.) Kalb = **Boea**
Phyllobates Benth. = **Boea**
Phyllobium Desv. = **Phyllodium**
Phylloboea【3】 Benth. 宿苞苣苔属 ≒ **Boea** Gesneriaceae 苦苣苔科 [MD-549] 全球 (1) 大洲分布及种数(1)◆亚洲
Phyllobolus【3】 N.E.Br. 天赐木属 ← **Mesembryanthemum** Aizoaceae 番杏科 [MD-94] 全球 (1) 大洲分布及种数(1-29)◆非洲
Phyllobothrium Müll.Arg. = **Phyllobotryon**
Phyllobotryon【3】 Müll.Arg. 叶序大风子属 Salicaceae 杨柳科 [MD-123] 全球 (1) 大洲分布及种数(2-5)◆非洲

Phyllobotrys Fourr. = **Spartium**
Phyllobotryum Müll.Arg. = **Phyllobotryon**
Phyllobryon Miq. = **Peperomia**
Phylloc Ker Gawl. = **Aloe**
Phyllocabtus Riedel ex Endl. = **Phyllocarpus**
Phyllocactus (K.Schum.) K.Schum. = **Epiphyllum**
Phyllocalymma Benth. = **Angianthus**
Phyllocalyx A.Rich. = **Eugenia**
Phyllocara Guşul. = **Anchusa**
Phyllocarpa Nutt. ex Moq. = **Phyllocarpus**
Phyllocarpus【3】Riedl ex Tul. 叶包豆属 Fabaceae3 蝶形花科 [MD-240] 全球 (1) 大洲分布及种数(1)◆南美洲
Phyllocelis Syd. = **Phyllomelia**
Phyllocephalum【2】Bl. 叶苞瘦片菊属 ≒ **Ampherephis** Asteraceae 菊科 [MD-586] 全球 (3) 大洲分布及种数(10)非洲;亚洲;南美洲
Phyllocereus Knebel = **Epiphyllum**
Phyllocharis Diels = **Ruthiella**
Phyllochilium Cabrera = **Viguiera**
Phyllochlamys Bureau = **Streblus**
Phyllocladaceae【3】Bessey 伪叶竹柏科 [G-14] 全球 (1) 大洲分布和属种数(1;hort. & cult.1)(6-16;hort. & cult.4-7)◆大洋洲
Phyllocladus【3】Rich. & Mirb. 叶枝杉属 ≒ **Podocarpus** Phyllocladaceae 伪叶竹柏科 [G-14] 全球 (1) 大洲分布及种数(6-14)◆大洋洲
Phylloclinium【3】Baill. 叶序大风子属 ≒ **Phyllobotryon** Salicaceae 杨柳科 [MD-123] 全球 (1) 大洲分布及种数(uc)属分布和种数(uc)◆非洲
Phyllocolpa Nutt. ex Moq. = **Phyllocarpus**
Phyllocomos【3】Mast. 硬果灯草属 ≒ **Anthochortus** Restionaceae 帚灯草科 [MM-744] 全球 (1) 大洲分布及种数(uc)◆亚洲
Phyllocomus Grube = **Phyllocosmus**
Phyllocoryne Hook.f. = **Scybalium**
Phyllocosmus【2】Klotzsch 炭柴木属 ← **Ochthocosmus** Ixonanthaceae 黏木科 [MD-294] 全球 (2) 大洲分布及种数(4-6)非洲:3-5;南美洲:2-3
Phyllocrater【3】Wernham 蛇舌草属 ≒ **Oldenlandia** Rubiaceae 茜草科 [MD-523] 全球 (1) 大洲分布及种数(1)◆亚洲
Phyllocrea Nutt. ex Moq. = **Axyris**
Phylloctenium【3】Baill. 篦叶紫葳属 Bignoniaceae 紫葳科 [MD-541] 全球 (1) 大洲分布及种数(2-9)◆非洲(◆马达加斯加)
Phyllocycla Kurz = **Canscora**
Phyllocyclus Kurz = **Canscora**
Phyllocytisus (W.D.J.Koch) Fourr. = **Cytisus**
Phylloda Ker Gawl. = **Aloe**
Phyllodes Lour. = **Phrynium**
Phyllodesmium Van Tiegh. = **Bakerella**
Phyllodina Bruch & Schimp. = **Phyllodon**
Phyllodinus Desv. = **Phyllodium**
Phyllodium【3】Desv. 排钱树属 ≒ **Desmodium;Meibomia;Pycnospora** Fabaceae 豆科 [MD-240] 全球 (1) 大洲分布及种数(4-7)◆亚洲
Phyllodoce Link = **Phyllodoce**
Phyllodoce【3】Salisb. 松毛翠属 ← **Acacia;Menziesia** Ericaceae 杜鹃花科 [MD-380] 全球 (6) 大洲分布及种数(8-11)非洲:4;亚洲:6-12;大洋洲:4;欧洲:1-5;北美洲:5-11;南美洲:4
Phyllodoleuria【-】Halda 杜鹃花科属 Ericaceae 杜鹃花科 [MD-380] 全球 (uc) 大洲分布及种数(uc)
Phyllodolon Salisb. = **Allium**
Phyllodon【3】Bruch & Schimp. 叶齿藓属 ≒ **Hypnum** Hypnaceae 灰藓科 [B-189] 全球 (6) 大洲分布及种数(9)非洲:4;亚洲:5;大洋洲:1;欧洲:1;北美洲:3;南美洲:1
Phyllodonta Bruch & Schimp. = **Phyllodon**
Phyllodrepaniaceae【2】Crosby 叶藓科 [B-147] 全球(5) 大洲分布和属种数(2/3) 亚洲:1/1;大洋洲:1/1;欧洲:2/2;北美洲:2/2;南美洲:2/2
Phyllodrepanium【2】Crosby 叶片藓属 ≒ **Drepanophyllum** Phyllodrepaniaceae 叶藓科 [B-147] 全球 (3) 大洲分布及种数(1) 欧洲:1;北美洲:1;南美洲:1
Phyllodytes Lour. = **Phrynium**
Phyllogathis Trimen = **Phyllagathis**
Phyllogeiton (Weberb.) Herzog = **Phyllogeiton**
Phyllogeiton【3】Herzog 勾儿茶属 ← **Berchemia** Rhamnaceae 鼠李科 [MD-331] 全球 (1) 大洲分布及种数(cf. 1)◆非洲
Phylloglossaceae【3】Kunze 石葱科 [F-5] 全球 (1) 大洲分布和属种数(1/1)◆大洋洲
Phylloglossum【3】Kunze 石葱属 Lycopodiaceae 石松科 [F-4] 全球 (1) 大洲分布及种数(1)◆大洋洲(◆澳大利亚)
Phylloglottis Salisb. = **Anthericum**
Phyllogonaceae Kindb. = Phyllogoniaceae
Phyllogoniaceae【2】Kindb. 带藓科 [B-202] 全球 (4) 大洲分布和属种数(1/6)大洋洲:1/3;欧洲:1/3;北美洲:1/3;南美洲:1/5
Phyllogonium【2】Brid. 带藓属 ≒ **Pterogonium** Phyllogoniaceae 带藓科 [B-202] 全球 (5) 大洲分布及种数(6) 非洲:2;大洋洲:3;欧洲:3;北美洲:3;南美洲:5
Phyllogonum Coville = **Gilmania**
Phyllogyra Guşul. = **Anchusa**
Phyllolepidum【2】I.Trinajstič 金庭荠属 ← **Aurinia** Brassicaceae 十字花科 [MD-213] 全球 (2) 大洲分布及种数(uc) 亚洲:1;欧洲:1
Phyllolobium【3】Fisch. 蔓黄芪属 ≒ **Sphaerophysa** Fabaceae 豆科 [MD-240] 全球 (1) 大洲分布及种数(22)◆东亚(◆中国)
Phylloma Ker Gawl. = **Aloe**
Phyllomatia Benth. = **Xanthosoma**
Phyllome Ker Gawl. = **Aloe**
Phyllomelia【3】Griseb. 楝叶茜属 Rubiaceae 茜草科 [MD-523] 全球 (1) 大洲分布及种数(1)◆北美洲(◆古巴)
Phyllomenia Salvini-Plawen = **Phyllomelia**
Phyllomeria Griseb. = **Phyllomelia**
Phyllomphax Schltr. = **Brachycorythis**
Phyllomya Ker Gawl. = **Aloe**
Phyllomys Lour. = **Phrynium**
Phyllomyza Ker Gawl. = **Aloe**
Phyllonastes Hook.f. = **Myriophyllum**
Phyllonoma【3】Willd. ex Schult. 叶顶花属 Phyllonomaceae 叶顶花科 [MD-437] 全球 (1) 大洲分布及种数(6)◆北美洲
Phyllonomaceae【3】Small 叶顶花科 [MD-437] 全球 (1) 大洲分布和属种数(1/6)◆大洋洲

Phyllopappus Walp. = **Nothocalais**
Phyllopentas【3】(Verdc.) Kårehed & B.Bremer 非洲叶茜草属 Rubiaceae 茜草科 [MD-523] 全球 (1) 大洲分布及种数(12-13)◆非洲
Phyllophiorhiza P. & K. = **Ophiorrhiziphyllon**
Phyllophora Ehrh. = **Carex**
Phyllophyon Miq. = **Marmoritis**
Phyllophyton Kudo = **Marmoritis**
Phyllopodium【3】Benth. 叶梗玄参属 → **Glekia; Manulea;Polycarena** Scrophulariaceae 玄参科 [MD-536] 全球 (1) 大洲分布及种数(15-31)◆非洲
Phylloporus Quél. = **Henriettea**
Phyllopteris Nutt. ex Torr. & A.Gray = **Phellopterus**
Phyllopus DC. = **Chaenostoma**
Phyllorachis【3】Trimen 叶轴草属 Poaceae 禾本科 [MM-748] 全球 (1) 大洲分布及种数(1)◆非洲
Phyllorchis Thou. = **Bulbophyllum**
Phyllorhachis Trimen = **Phyllorachis**
Phyllorkis Thou. = **Bulbophyllum**
Phyllosasa【3】Demoly 赤刚竹属 ≒ **Sinarundinaria** Poaceae 禾本科 [MM-748] 全球 (1) 大洲分布及种数(1-2)◆亚洲
Phylloschoenus C.H.Hitchc. = **Juncus**
Phylloscirpus Börner = **Phylloscirpus**
Phylloscirpus【3】C.B.Clarke 垫藨草属 → **Amphiscirpus;Scirpus** Cyperaceae 莎草科 [MM-747] 全球 (1) 大洲分布及种数(3-21)◆南美洲
Phylloscyrtus Gerstaecker = **Phylloscirpus**
Phyllosma【3】Bolus ex Schltr. 烈味芸香属 ← **Acmadenia** Rutaceae 芸香科 [MD-399] 全球 (1) 大洲分布及种数(2)◆非洲(◆南非)
Phyllosoma Willd. ex Schult. = **Phyllonoma**
Phyllospadix【2】Hook. 虾海藻属 Zosteraceae 大叶藻科 [MM-612] 全球 (2) 大洲分布及种数(6-9)亚洲:2-4;北美洲:4
Phyllostachys【3】Sieb. & Zucc. 刚竹属 ≒ **Carex; Sinarundinaria;Bambusa** Poaceae 禾本科 [MM-748] 全球 (1) 大洲分布及种数(68-77)◆亚洲
Phyllostegia【3】Benth. 覆叶苏属 → **Haplostachys; Prasium;Stenogyne** Lamiaceae 唇形科 [MD-575] 全球 (6) 大洲分布及种数(29-43;hort.1;cult: 1)非洲:24;亚洲:1-25;大洋洲:1-27;欧洲:24;北美洲:28-62;南美洲:1-25
Phyllostelidium【3】Beauverd 南美叶子菊属 Asteraceae 菊科 [MD-586] 全球 (1) 大洲分布及种数(1)◆南美洲
Phyllostema Neck. = **Phyllostegia**
Phyllostemonodaphne【3】Kosterm. 瓣蕊桂属 Lauraceae 樟科 [MD-21] 全球 (1) 大洲分布及种数(1)◆南美洲
Phyllostoma Willd. ex Schult. = **Phyllonoma**
Phyllostylon【3】Capan. ex Benth. & Hook.f. 槭果榆属 Ulmaceae 榆科 [MD-83] 全球 (1) 大洲分布及种数(2)◆南美洲(◆巴西)
Phyllostylum Capan. ex Benth. & Hook.f. = **Phyllostylon**
Phyllostylus P. & K. = **Phyllostylon**
Phyllota【3】(DC.) Benth. 大洋洲叶豆属 ← **Pultenaea** Fabaceae 豆科 [MD-240] 全球 (1) 大洲分布及种数(1-13)◆大洋洲(◆澳大利亚)
Phyllothallia【3】E.A.Hodgs. 对瓣苔属 Phyllothalliaceae 对瓣苔科 [B-28] 全球 (1) 大洲分布及种数(cf. 1)◆南美洲
Phyllothalliaceae【3】E.A.Hodgs. ex T.Katagiri 对瓣苔科 [B-28] 全球 (1) 大洲分布和属种数(cf. 1)◆南美洲
Phyllothamnus【3】C.K.Schneid. 松叶钟属 Ericaceae 杜鹃花科 [MD-380] 全球 (1) 大洲分布及种数(1)◆东亚(◆中国)
Phyllotheca Nutt. ex Moq. = **Physotheca**
Phyllotopsis (Pers.) Singer = **Asplenium**
Phyllotreta Nutt. ex Moq. = **Axyris**
Phyllotrichum【3】Thorel ex Lecomte 叶毛无患子属 Sapindaceae 无患子科 [MD-428] 全球 (1) 大洲分布及种数(1)◆东亚(◆中国)
Phylloxylon【3】Baill. 叶木豆属 ≒ **Exocarpos** Fabaceae 豆科 [MD-240] 全球 (1) 大洲分布及种数(9)◆非洲
Phyllymenia Griseb. = **Phyllomelia**
Phyllyrea G.Don = **Phillyrea**
Phylo Kinberg = **Phyla**
Phylocladdaceae Bessey = Phyllocladaceae
Phylodes Böhm. = **Nicandra**
Phylogyne【-】Haw. 石蒜科属 Amaryllidaceae 石蒜科 [MM-694] 全球 (uc) 大洲分布及种数(uc)
Phylohydrax【3】Puff 叶水茜属 ← **Diodia;Hydrophylax** Rubiaceae 茜草科 [MD-523] 全球 (1) 大洲分布及种数(2)◆非洲
Phyloleca Hill = **Phytolacca**
Phymanthea Bert. ex Steud. = **Epidendrum**
Phymanthus Pöpp. & Endl. = **Zephyra**
Phymaspermum【3】Less. 瘤子菊属 ← **Athanasia; Pentzia** Asteraceae 菊科 [MD-586] 全球 (1) 大洲分布及种数(20-24)◆非洲
Phymasperum Less. = **Phymaspermum**
Phymastrea Pierre = **Munronia**
Phymatanthus Lindl. ex Sw. = **Pelargonium**
Phymatarum【3】M.Hotta 角药落檐属 Araceae 天南星科 [MM-639] 全球 (1) 大洲分布及种数(cf. 1)◆亚洲
Phymatidiopsis Szlach. = **Phymatidium**
Phymatidium【3】Lindl. 菲玛兰属 → **Eloyella;Ornithocephalus** Orchidaceae 兰科 [MM-723] 全球 (1) 大洲分布及种数(11-13)◆南美洲
Phymatis E.Mey. = **Carum**
Phymatocarpus【3】F.Müll. 球刷树属 Myrtaceae 桃金娘科 [MD-347] 全球 (1) 大洲分布及种数(4)◆大洋洲(◆澳大利亚)
Phymatocera (Mitt.) Hässel de Menéndez = **Phymatoceros**
Phymatoceros【2】(Mitt.) Hässel de Menéndez 肿角苔属 Phymatocerotaceae 肿角苔科 [B-94] 全球 (4) 大洲分布及种数(4)非洲:1;亚洲:cf.1;欧洲:2;北美洲:2
Phymatocerotaceae【2】(Mitt.) Hässel de Menéndez 肿角苔科 [B-94] 全球 (4) 大洲分布和属种数(1/3)非洲:1/1;亚洲:1/3;欧洲:1/2;北美洲:1/2
Phymatochilum Christenson = **Miltonia**
Phymatodes【3】Webb & Berth. ex C.Presl 瘤蕨属 ← **Colysis;Crypsinus;Phymatopteris** Dipteridaceae 双扇蕨科 [F-58] 全球 (6) 大洲分布及种数(13-21)非洲:1-4;亚洲:12-15;大洋洲:5-8;欧洲:1-4;北美洲:2-5;南美洲:1-4
Phymatoplexis Pic.Serm. = **Phymatopteris**
Phymatopsis【-】J.Sm. 水龙骨科属 ≒ **Pichisermollodes** Polypodiaceae 水龙骨科 [F-60] 全球 (uc) 大洲分布

P

及种数(uc)
Phymatopteris 【3】 Pic.Serm. 白茎假瘤蕨属 → **Crypsinus;Polypodium;Selliguea** Polypodiaceae 水龙骨科 [F-60] 全球 (1) 大洲分布及种数(50-57)◆亚洲
Phymatosorus 【-】 Pic.Serm. 水龙骨科属 ≒ **Microsorum** Polypodiaceae 水龙骨科 [F-60] 全球 (uc) 大洲分布及种数(uc)
Phymodius C.Presl = **Physodium**
Phymosia 【3】 Desv. 菲莫斯木属 Malvaceae 锦葵科 [MD-203] 全球 (1) 大洲分布及种数(8-18)◆北美洲
Phynchosia Lour. = **Rhynchosia**
Phyodina Raf. = **Sorbus**
Phyrgilanthus Eichl. = **Phrygilanthus**
Phyrrheima Hassk. = **Tradescantia**
Physa Nor. ex Du Petit-Thou. = **Glinus**
Physacanthus 【3】 Benth. 非洲阔爵床属 ← **Lankesteria;Ruellia;** Acanthaceae 爵床科 [MD-572] 全球 (1) 大洲分布及种数(3)◆非洲
Physalia L. = **Physalis**
Physaliastrum 【3】 Makino 散血丹属 ≒ **Withania** Solanaceae 茄科 [MD-503] 全球 (1) 大洲分布及种数(cf. 1)◆亚洲
Physalidium Fenzl = **Graellsia**
Physalis Epetiorhiza G.Don = **Physalis**
Physalis 【3】 L. 酸浆属 → **Withania;Alkekengi;Physaliastrum** Solanaceae 茄科 [MD-503] 全球 (6) 大洲分布及种数(131-156;hort.1;cult: 12)非洲:13-40;亚洲:26-56;大洋洲:17-45;欧洲:15-43;北美洲:123-156;南美洲:33-72
Physalobium Steud. = **Glycine**
Physalodes Böhm. = **Nicandra**
Physaloides Mönch = **Withania**
Physandra 【3】 Botsch. 浆果猪毛菜属 ≒ **Salsola** Amaranthaceae 苋科 [MD-116] 全球 (1) 大洲分布及种数(cf. 1)◆亚洲
Physanthemum Klotzsch = **Ritchiea**
Physanthera Bert. ex Steud. = **Rodriguezia**
Physantholejeunea 【3】 R.M.Schust. 广鳞苔属 Lejeuneaceae 细鳞苔科 [B-84] 全球 (1) 大洲分布及种数(cf. 1)◆北美洲
Physanthyllis Boiss. = **Anthyllis**
Physaraceae Chevall. = Physenaceae
Physaria 【3】 (Nutt.) A.Gray 洋球果荠属 ← **Alyssum; Physalis** Brassicaceae 十字花科 [MD-213] 全球 (1) 大洲分布及种数(108-127)◆北美洲
Physarieae B.L.Rob. = **Physaria**
Physarus Steud. = **Erythrodes**
Physcia 【-】 (Schreb.) Michx. 唐松木科属 ≒ **Physconia** Physenaceae 唐松木科 [MD-169] 全球 (uc) 大洲分布及种数(uc)
Physciaceae Takht. = Physenaceae
Physcius Lour. = **Vallisneria**
Physcomitrella 【2】 Bruch & Schimp. 小立碗藓属 Funariaceae 葫芦藓科 [B-106] 全球 (5) 大洲分布及种数(4) 非洲:2;亚洲:2;大洋洲:2;欧洲:2;北美洲:2
Physcomitrellopsis 【3】 Broth. & Wager 南非瓢藓属 Funariaceae 葫芦藓科 [B-106] 全球 (1) 大洲分布及种数(1)◆非洲
Physcomitridium (Müll.Hal.) G.Roth = **Physcomitrella**
Physcomitrium 【3】 (Brid.) Brid. 立碗藓属 ≒ **Weissia** Funariaceae 葫芦藓科 [B-106] 全球 (6) 大洲分布及种数(75) 非洲:14;亚洲:20;大洋洲:14;欧洲:9;北美洲:16;南美洲:28
Physedium Brid. = **Pottia**
Physedra Hook.f. = **Coccinia**
Physella Pfeiffer = **Phycella**
Physematium 【-】 Kaulf. 岩蕨科属 ≒ **Woodsia; Peranema** Woodsiaceae 岩蕨科 [F-47] 全球 (uc) 大洲分布及种数(uc)
Physena 【3】 Nor. ex Thou. 唐松木属 Physenaceae 唐松木科 [MD-169] 全球 (1) 大洲分布及种数(2)◆非洲(◆马达加斯加)
Physenaceae 【3】 Takht. 唐松木科 [MD-169] 全球 (1) 大洲分布和属种数(1/2)◆亚洲
Physeterostemon 【3】 R.Goldenb. & Amorim 巴西松牡丹属 Melastomataceae 野牡丹科 [MD-364] 全球 (1) 大洲分布及种数(4)◆南美洲(◆巴西)
Physetobasis Hassk. = **Nerium**
Physianthus Mart. = **Araujia**
Physichilus Nees = **Hygrophila**
Physiculus Nees = **Adenosma**
Physidium Schröd. = **Angelonia**
Physiglochis Neck. = **Carex**
Physignathus Mart. = **Araujia**
Physinga Lindl. = **Epidendrum**
Physiotium 【3】 Nees 紫叶苔属 Pleuroziaceae 紫叶苔科 [B-85] 全球 (1) 大洲分布及种数(1)◆东亚(◆中国)
Physiphora Sol. ex DC. = **Rinorea**
Physkium Lour. = **Vallisneria**
Physocalycium Vest = **Bryophyllum**
Physocalymma 【3】 Pohl 樱薇属 Lythraceae 千屈菜科 [MD-333] 全球 (1) 大洲分布及种数(1)◆南美洲
Physocalymna DC. = **Physocalymma**
Physocalyx 【3】 Pohl 泡玄参属 ← **Melasma** Orobanchaceae 列当科 [MD-552] 全球 (1) 大洲分布及种数(4)◆南美洲(◆巴西)
Physocardamum 【3】 Hedge 土耳其碎米荠属 Brassicaceae 十字花科 [MD-213] 全球 (1) 大洲分布及种数(cf. 1)◆南亚(◆斯里兰卡)
Physocardia Raf. = **Physocarpus**
Physocarpa Raf. = **Physocarpus**
Physocarpon Neck. = **Lychnis**
Physocarpum (DC.) Bercht. & J.Presl = **Thalictrum**
Physocarpus 【3】 (Cambess.) Raf. 风箱果属 ≒ **Phusicarpos;Cliffortia** Rosaceae 蔷薇科 [MD-246] 全球 (6)大洲分布及种数(16)非洲:2;亚洲:15-17;大洋洲:1-3;欧洲:2-4;北美洲:15-17;南美洲:2
Physocaulis (DC.) Tausch = **Physocaulis**
Physocaulis 【3】 Tausch 膨茎草属 ← **Chaerophyllum; Scandix** Apiaceae 伞形科 [MD-480] 全球 (1) 大洲分布及种数(cf. 1)◆欧洲
Physocephalus S.Moore = **Athanasia**
Physoceras 【3】 Schltr. 垂距兰属 ← **Cynorkis** Orchidaceae 兰科 [MM-723] 全球 (1) 大洲分布及种数(6-11)◆非洲
Physocheilus Nutt. ex Benth. = **Orthocarpus**
Physochlaena K.Koch = **Physochlaina**

Physochlaina【3】G.Don 脬囊草属 ← **Scopolia;Nicotiana** Solanaceae 茄科 [MD-503] 全球 (1) 大洲分布及种数(6-12)◆亚洲
Physoclada (DC.) Lindl. = **Cordia**
Physoclaina Boiss. = **Scopolia**
Physocodon Turcz. = **Melochia**
Physocolea (Spruce) Stephani = **Cololejeunea**
Physocyclus Kurz = **Canscora**
Physode Salisb. = **Urginea**
Physodeira Hanst. = **Napeanthus**
Physodera Hanst. = **Episcia**
Physoderma Viégas & Teixeira = **Achimenes**
Physodia Salisb. = **Urginea**
Physodictyon【-】Kütz. 孢芽藓科属 Sorapillaceae 孢芽藓科 [B-212] 全球 (uc) 大洲分布及种数(uc)
Physodium【3】C.Presl 马松子属 ≒ **Melochia** Malvaceae 锦葵科 [MD-203] 全球 (1) 大洲分布及种数(2)◆北美洲
Physodon Turcz. = **Melochia**
Physogeton Jaub. & Spach = **Halanthium**
Physogyne【3】Garay 假斑叶兰属 ≒ **Pseudogoodyera** Orchidaceae 兰科 [MM-723] 全球 (1) 大洲分布及种数(3)◆北美洲
Physokentia【3】Becc. 菱子椰属 ← **Cyphokentia; Cyphosperma** Arecaceae 棕榈科 [MM-717] 全球 (1) 大洲分布及种数(3-11)◆大洋洲
Physolepidion Schrenk = **Lepidium**
Physolepidium Endl. = **Cardaria**
Physoleucas Jaub. & Spach = **Leucas**
Physolinum C.Presl = **Physodium**
Physolobium Benth. = **Glycine**
Physolophium Turcz. = **Angelica**
Physolychnis (Benth.) Rupr. = **Silene**
Physominthe【3】Harley & J.F.B.Pastore 南美泡芩属 Lamiaceae 唇形科 [MD-575] 全球 (1) 大洲分布及种数(2)◆南美洲(◆巴西)
Physondra Raf. = **Phaca**
Physophora Link = **Physospermum**
Physophora P. & K. = **Rinorea**
Physoplexis【3】Schur 裂檐花属 ← **Phyteuma** Campanulaceae 桔梗科 [MD-561] 全球 (1) 大洲分布及种数(1-2)◆欧洲
Physopodium Desv. = **Combretum**
Physopsis【3】Turcz. 穗南苏属 → **Newcastelia** Lamiaceae 唇形科 [MD-575] 全球 (1) 大洲分布及种数(3-5)◆大洋洲(◆澳大利亚)
Physoptychis【3】Boiss. 泡折芥属 ← **Crambe;Vesicaria** Brassicaceae 十字花科 [MD-213] 全球 (1) 大洲分布及种数(cf. 1)◆亚洲
Physopyrum Popov = **Atraphaxis**
Physorhynchus【3】Hook. 膀胱喙芥属 Brassicaceae 十字花科 [MD-213] 全球 (1) 大洲分布及种数(3)◆亚洲
Physorhyncus Hook.f. & T.Anderson = **Physorhynchus**
Physornis Turcz. = **Physopsis**
Physorrhynchus Hook. = **Physorhynchus**
Physosiphon【3】Lindl. 泡兰属 ≒ **Acianthera** Orchidaceae 兰科 [MM-723] 全球 (1) 大洲分布及种数(1-3)◆南美洲
Physospermopis H.Wolff = **Physospermopsis**
Physospermopsis【3】H.Wolff 滇芎属 ← **Arracacia; Sinodielsia** Apiaceae 伞形科 [MD-480] 全球 (1) 大洲分布及种数(11-14)◆亚洲
Physospermum【2】Cusson 泡囊芹属 ≒ **Aegopodium; Chaerophyllum** Apiaceae 伞形科 [MD-480] 全球 (5) 大洲分布及种数(3-5)非洲:1;亚洲:1-2;大洋洲:cf.1;欧洲:2-4;南美洲:cf.1
Physosperopsis H.Wolff = **Physospermopsis**
Physospora Link = **Aegopodium**
Physostegia【3】Benth. 假龙头花属 → **Brazoria;Dracocephalum;Prasium** Lamiaceae 唇形科 [MD-575] 全球 (1) 大洲分布及种数(15-28)◆北美洲
Physostelma【3】Wight 球兰属 ← **Hoya** Asclepiadaceae 萝藦科 [MD-494] 全球 (1) 大洲分布及种数(1-2)◆亚洲
Physostemon【2】Mart. 鸟足菜属 ≒ **Cleome** Cleomaceae 白花菜科 [MD-210] 全球 (4) 大洲分布及种数(cf.1) 非洲;亚洲;北美洲;南美洲
Physostemum Mart. = **Physospermum**
Physostigma【3】Balf 毒扁豆属 Fabaceae 豆科 [MD-240] 全球 (1) 大洲分布及种数(5)◆非洲
Physosyphon Lindl. = **Physosiphon**
Physothallis Garay = **Pleurothallis**
Physotheca【3】J.J.Engel & Gradst. 玫瑰苔属 ← **Physocarpus** Geocalycaceae 地萼苔科 [B-49] 全球 (2) 大洲分布及种数(cf.1) 大洋洲;南美洲
Physotrichia【3】Hiern 珠子属 Apiaceae 伞形科 [MD-480] 全球 (1) 大洲分布及种数(3-6)◆非洲
Phystis Röber = **Physalis**
Phystrrus Steud. = **Erythrodes**
Physurus【2】Rich. 钳唇兰属 ≒ **Aspidogyne** Orchidaceae 兰科 [MM-723] 全球 (2) 大洲分布及种数(2) 北美洲:2;南美洲:2
Phytarrhiza Vis. = **Tillandsia**
Phytelephantaceae Mart. ex Perleb = Philydraceae
Phytelephas【3】Ruiz & Pav. 象牙椰子属 → **Ammandra** Arecaceae 棕榈科 [MM-717] 全球 (1) 大洲分布及种数(9-20)◆南美洲(◆巴西)
Phytelepheae Horan. = **Phytelephas**
Phyteuma【2】L. 裂檐花属 ≒ **Asyneuma;Campanula; Petromarula** Campanulaceae 桔梗科 [MD-561] 全球 (3) 大洲分布及种数(18-44;hort.1;cult: 16)非洲:1;亚洲:8-10;欧洲:17-23
Phyteumopsis Juss. ex Poir. = **Homalium**
Phytholacca Brot. = **Phytolacca**
Phytocrena Steud. = **Boehmeria**
Phytocrenaceae Arn. ex R.Br. = Kirkiaceae
Phytocrene【3】Wall. 涌泉藤属 ← **Boehmeria** Icacinaceae 茶茱萸科 [MD-450] 全球 (1) 大洲分布及种数(1-17)◆亚洲
Phytokentia H.E.Moore = **Physokentia**
Phytolaca Hill = **Phytolacca**
Phytolacca Brot. = **Phytolacca**
Phytolacca【3】L. 商陆属 → **Anisomeria** Phytolaccaceae 商陆科 [MD-125] 全球 (6) 大洲分布及种数(27-31; hort.1;cult: 2)非洲:9-16;亚洲:12-21;大洋洲:7-14;欧洲:8-15;北美洲:14-21;南美洲:15-22
Phytolaccaceae【3】R.Br. 商陆科 [MD-125] 全球 (6)

大洲分布和属种数(11-13;hort. & cult.4)(74-121;hort. & cult.15-22)非洲:1-6/9-30;亚洲:1-6/12-35;大洋洲:2-6/8-30;欧洲:1-6/8-29;北美洲:4-9/20-43;南美洲:11-12/61-86

Phytosalpinx Lunell = **Lycopus**

Phytoxis Molina = **Stachys**

Phytoxys Spreng. = **Lepechinia**

Phyuodium Schröd. = **Angelonia**

Phyzelia Juss. = **Phacelia**

Piabina Adans. = **Lepechinia**

Piaggiaea Chiov. = **Wrightia**

Pialea Schlinger = **Pilea**

P

Piaractus R.Br. = **Gonolobus**

Piaradena Raf. = **Salvia**

Piaranthus【3】 R.Br. 姬笋角属 ← **Gonolobus;Quaqua** Apocynaceae 夹竹桃科 [MD-492] 全球 (1) 大洲分布及种数(16-17)◆非洲

Piarantus R.Br. = **Piaranthus**

Piarimula Raf. = **Phyla**

Piaroanea【-】 G.D.Rowley 萝藦科属 Asclepiadaceae 萝藦科 [MD-494] 全球 (uc) 大洲分布及种数(uc)

Piarophyla Raf. = **Bergenia**

Piaropus Raf. = **Pontederia**

Piazurus Wedd. = **Pipturus**

Pica A.Dietr. = **Picea**

Picardaea【3】 Urb. 岛扇花属 ← **Macrocnemum** Rubiaceae 茜草科 [MD-523] 全球 (1) 大洲分布及种数(1)◆北美洲

Picardenia Steud. = **Hymenoxys**

Piccia Neck. = **Picria**

Picconia【3】 DC. 大苞榄属 ← **Notelaea;Olea;** Oleaceae 木樨科 [MD-498] 全球 (1) 大洲分布及种数(1-7)◆欧洲

Picconiella Standl. = **Pisoniella**

Piccos L. = **Pictus**

Picea【3】 A.Dietr. 云杉属 ← **Abies;Prunus;Peperomia** Pinaceae 松科 [G-15] 全球 (6) 大洲分布及种数(41-52;hort.1;cult: 26)非洲:8-22;亚洲:34-58;大洋洲:12-26;欧洲:22-37;北美洲:28-45;南美洲:7-22

Piceaceae Gorozh. = Pinaceae

Piceoxylon Warb. = **Eurycoma**

Pichia van der Walt & Tscheuschner = **Picria**

Pichinia【2】 S.Y.Wong & P.C.Boyce 小天南星属 Araceae 天南星科 [MM-639] 全球 (2) 大洲分布及种数(cf.) 亚洲;南美洲

Pichisermollia Fraser-Jenk. = **Areca**

Pichisermollodes【3】 Fraser-Jenk. 密龙骨属 ≒ **Phymatopteris** Polypodiaceae 水龙骨科 [F-60] 全球 (6) 大洲分布及种数(8)非洲:2;亚洲:7-9;大洋洲:2;欧洲:2-4;北美洲:2;南美洲:2

Pichleria【3】 Stapf & Wettst. 伞形科属 Apiaceae 伞形科 [MD-480] 全球 (1) 大洲分布及种数(uc)◆大洋洲

Pichonia【3】 Pierre 皮雄榄属 ≒ **Pouteria** Sapotaceae 山榄科 [MD-357] 全球 (1) 大洲分布及种数(7-9)◆大洋洲

Pickeringia【3】 Nutt. 刺枝槐属 ← **Ardisia** Fabaceae 豆科 [MD-240] 全球 (1) 大洲分布及种数(1)◆北美洲

Picnomon Adans. = **Cirsium**

Picoa A.Dietr. = **Picea**

Picobryum【-】 R.H.Zander & Hedd. 丛藓科属 Pottiaceae 丛藓科 [B-133] 全球 (uc) 大洲分布及种数(uc)

Picoides Mill. = **Acrodon**

Picotia Röm. & Schult. = **Sinojohnstonia**

Picradenia【3】 Hook. 尖膜菊属 Asteraceae 菊科 [MD-586] 全球 (1) 大洲分布及种数(9) ◆北美洲

Picradeniopsis【3】 Rydb. 花旗刺菊属 ← **Bahia** Asteraceae 菊科 [MD-586] 全球 (1) 大洲分布及种数(8)◆北美洲

Picraena Lindl. = **Astragalus**

Picralima【3】 Pierre 鸡纳榄属 ← **Hunteria** Apocynaceae 夹竹桃科 [MD-492] 全球 (1) 大洲分布及种数(1)◆非洲

Picramia Lour. = **Picramnia**

Picramnia【2】 Sw. 美洲苦木属 → **Picrasma** Picramniaceae 美洲苦木科 [MD-409] 全球 (3) 大洲分布及种数(44-62;hort.1;cult: 2)亚洲:2-3;北美洲:14-18;南美洲:35-49

Picramniaceae【2】 Fernando & Quinn 美洲苦木科 [MD-409] 全球 (3) 大洲分布和属种数(2;hort. & cult.1)(47-66;hort. & cult.2)亚洲:1/2-3;北美洲:1/14-18;南美洲:2/38-52

Picramnieae Benth. & Hook.f. = **Picramnia**

Picranena Endl. = **Astragalus**

Picrasma【3】 Bl. 苦树属 Simaroubaceae 苦木科 [MD-424] 全球 (6) 大洲分布及种数(12-14)非洲:2;亚洲:6-10;大洋洲:1-3;欧洲:2-4;北美洲:5-8;南美洲:3-5

Picrea A.Dietr. = **Picea**

Picrella【3】 Baill. 赫利芸香属 ≒ **Helietta** Rutaceae 芸香科 [MD-399] 全球 (1) 大洲分布及种数(1-2)◆大洋洲

Picreus Juss. = **Pycreus**

Picria Benth. & Hook.f. = **Picria**

Picria【3】 Lour. 苦玄参属 ← **Mendoncia;Curanga; Picea** Scrophulariaceae 玄参科 [MD-536] 全球 (1) 大洲分布及种数(1-30)◆亚洲

Picricarya Dennst. = **Olea**

Picridaceae Martinov = Pteridaceae

Picridis L. = **Picris**

Picridium【2】 Desf. 山辣椒属 Asteraceae 菊科 [MD-586] 全球(5) 大洲分布及种数(9) 非洲:9;亚洲:9;大洋洲:9;欧洲:9;北美洲:9

Picrina Rchb. ex Steud. = **Picris**

Picris【3】 L. 毛连菜属 ≒ **Aster;Paris** Asteraceae 菊科 [MD-586] 全球 (6) 大洲分布及种数(51-86;hort.1;cult: 4)非洲:21-26;亚洲:26-29;大洋洲:6-15;欧洲:19-23;北美洲:10-13;南美洲:1

Picrita Schumacher = **Picrasma**

Picrium Schreb. = **Coutoubea**

Picrococcus Nutt. = **Vaccinium**

Picrodendraceae【3】 Small 苦皮桐科 [MD-317] 全球 (6) 大洲分布和属种数(2;hort. & cult.1)(2-7;hort. & cult.1) 非洲:1-2/1-3;亚洲:1/2;大洋洲:1/2;欧洲:1/2;北美洲:1/1-3;南美洲:1/2

Picrodendron【3】 Griseb. 苦皮桐属 ← **Allophylus** Picrodendraceae 苦皮桐科 [MD-317] 全球 (1) 大洲分布及种数(1-3)◆北美洲

Picroderma Thorel & Gagnep. = **Trichilia**

Picrolemma【3】 Hook.f. 苦稃桐属 Simaroubaceae 苦木科 [MD-424] 全球 (1) 大洲分布及种数(3)◆南美洲

Picromon Adans. = **Cirsium**

Picrophlaeus Bl. = **Fagraea**
Picrophloeus Bl. = **Willughbeia**
Picrophyta F.Müll = **Goodenia**
Picrorhiza【3】 Royle ex Benth. 天竺黄连属 → **Neopicrorhiza** Plantaginaceae 车前科 [MD-527] 全球 (1) 大洲分布及种数(1-3)◆亚洲
Picrosia【3】 D.Don 糙毛苣属 ← **Prenanthes** Asteraceae 菊科 [MD-586] 全球 (1) 大洲分布及种数(2-4)◆南美洲
Picrothamnus【3】 Nutt. 刺沙蒿属 ← **Artemisia** Asteraceae 菊科 [MD-586] 全球 (1) 大洲分布及种数(1)◆北美洲(◆美国)
Picroxylon Warb. = **Evodia**
Pictetia【3】 DC. 佛堤豆属 ← **Aeschynomene; Ormocarpum;Robinia** Fabaceae 豆科 [MD-240] 全球 (1) 大洲分布及种数(9-11)◆北美洲
Pictolejeunea Grolle = **Pictolejeunea**
Pictolejeunea【2】 Pócs 皮鳞苔属 ≒ **Prionolejeunea** Lejeuneaceae 细鳞苔科 [B-84] 全球 (2) 大洲分布及种数(6)北美洲:2;南美洲:4
Pictus【3】 C.C.Towns. 亚洲皮叶藓属 Amblystegiaceae 柳叶藓科 [B-178] 全球 (1) 大洲分布及种数(1)◆欧洲
Piddingtonia A.DC. = **Scaevola**
Pidonia L. = **Pisonia**
Pidorus Hall = **Pyrus**
Pieione D.Don = **Pleione**
Pieramnia Sw. = **Picramnia**
Pierardia P. & K. = **Dendrobium**
Pierardia Roxb. = **Baccaurea**
Piercea Mill. = **Rivina**
Piercia Mill. = **Rivina**
Pieridae Rchb. = **Andromeda**
Pieridia Rchb. = **Pieris**
Pieris (Coville) Judd = **Pieris**
Pieris【3】 D.Don 马醉木属 ← **Andromeda;Picris** Ericaceae 杜鹃花科 [MD-380] 全球 (6) 大洲分布及种数(9-11;hort.1;cult: 2)非洲:11;亚洲:7-18;大洋洲:11;欧洲:3-14;北美洲:5-16;南美洲:3-14
Pierotia Bl. = **Sinojohnstonia**
Pierranthus【3】 Bonati 皮埃拉婆婆纳属 ← **Vandellia** Linderniaceae 母草科 [MD-534] 全球 (1) 大洲分布及种数(cf. 1)◆亚洲
Pierrea F.Heim = **Hopea**
Pierrea Hance = **Homalium**
Pierrebraunia【3】 Esteves 笔筒柱属 ← **Arrojadoa** Cactaceae 仙人掌科 [MD-100] 全球 (1) 大洲分布及种数(uc)属分布和种数(uc)◆南美洲
Pierreodendron A.Chev. = **Pierreodendron**
Pierreodendron【3】 Engl. 皮埃尔木属 → **Mannia** Simaroubaceae 苦木科 [MD-424] 全球 (1) 大洲分布及种数(2)◆非洲
Pierrina【3】 Engl. 梭果织瓣花属 Lecythidaceae 玉蕊科 [MD-267] 全球 (1) 大洲分布及种数(1-3)◆非洲
Piestus Raf. = **Eugenia**
Pietrosia【3】 Nyar. 山柳菊属 ≒ **Hieracium;Andryala** Asteraceae 菊科 [MD-586] 全球 (1) 大洲分布及种数(1)◆大洋洲
Pigafet Adans. = **Pigafetta**
Pigafetta【3】 (Bl.) Becc. 金刺椰属 ≒ **Mystroxylon; Eranthemum** Arecaceae 棕榈科 [MM-717] 全球 (1) 大洲分布及种数(cf. 1)◆亚洲
Pigafettia Becc. = **Pigafetta**
Pigafettinae J.Dransf. & N.W.Uhl = **Pigafetta**
Pigafettoa【3】 C.Massal. 金萼苔属 Lophocoleaceae 齿萼苔科 [B-74] 全球 (1) 大洲分布及种数(cf. 1)◆南美洲
Pigafrttia Becc. = **Pigafetta**
Pigea DC. = **Hybanthus**
Pigeum Laness. = **Phleum**
Piggotia Bl. = **Omphalodes**
Pikria G.Don = **Prioria**
Pilaira Raf. = **Drimia**
Pilaisaea【3】 Desv. 棉藓属 ≒ **Plagiothecium** Plagiotheciaceae 棉藓科 [B-170] 全球 (1) 大洲分布及种数(1)◆欧洲
Pilaisia Bruch & Schimp. ex Hérib. = **Pylaisiella**
Pilanthus Neck. ex Poit. = **Pedilanthus**
Pilanthus Poit ex Endl. = **Centrosema**
Pilaria Alexander = **Hilaria**
Pilasia Raf. = **Urginea**
Pilbara【3】 Lander 细金菊属 Asteraceae 菊科 [MD-586] 全球 (1) 大洲分布及种数(cf.1)◆大洋洲
Pilchenia S.Y.Wong & P.C.Boyce = **Pichinia**
Pilderia Klotzsch = **Begonia**
Pilea (Bl.) C.J.Chen = **Pilea**
Pilea【3】 Lindl. 五萼冷水花属 ← **Boehmeria; Pellionia; Passiflora** Urticaceae 荨麻科 [MD-91] 全球 (6)大洲分布及种数(407-659;hort.1;cult:7)非洲:84-106;亚洲:177-229;大洋洲:39-55;欧洲:10-24;北美洲:133-327;南美洲:154-207
Pileanthus【3】 Labill. 铜杯花属 → **Chamelaucium** Myrtaceae 桃金娘科 [MD-347] 全球 (1) 大洲分布及种数(8)◆大洋洲(◆澳大利亚)
Pileocalyx Gasp. = **Cucurbita**
Pileocalyx P. & K. = **Piliocalyx**
Pileolaria Cass. = **Pilularia**
Pileopsis Engl. = **Pteleopsis**
Pileostegia【3】 Hook.f. & Thoms. 冠盖藤属 ≒ **Ilex; Schizophragma** Hydrangeaceae 绣球科 [MD-429] 全球 (1) 大洲分布及种数(2-3)◆亚洲
Pileostigma B.D.Jacks. = **Bauhinia**
Piletocarpus Hassk. = **Dictyospermum**
Piletophyllum【3】 (Soják) Soják 蕨麻属 Rosaceae 蔷薇科 [MD-246] 全球 (1) 大洲分布及种数(cf.1)◆北美洲(◆美国)
Pileus Ramirez = **Jacaratia**
Pilgeriella R.M.King & H.Rob. = **Piqueriella**
Pilgerina【3】 Z.S.Rogers 马达檀香树属 Santalaceae 檀香科 [MD-412] 全球 (1) 大洲分布及种数(1)◆非洲(◆马达加斯加)
Pilgerochloa【3】 Eig 别离草属 ≒ **Ventenata** Poaceae 禾本科 [MM-748] 全球 (1) 大洲分布及种数(1)◆北美洲
Pilgerodendraceae A.V.Bobrov & Melikyan = Cupressaceae
Pilgerodendron【3】 Florin 火地柏属 ← **Libocedrus; Thuya** Cupressaceae 柏科 [G-17] 全球 (1) 大洲分布及种数(1)◆南美洲
Pilicordia (A.DC.) Lindl. = **Cordia**
Pilidiostigma【3】 Burret 盾桃木属 ≒ **Jambosa**

Myrtaceae 桃金娘科 [MD-347] 全球 (1) 大洲分布及种数(2-6)◆大洋洲
Pilidium (Weber) Hampe = **Ptilidium**
Pilinia Kuetzing,F.T. = **Plinia**
Pilinophytum Klotzsch = **Croton**
Piliocalyx【3】Brongn. & Gris 肖水翁属 ← **Syzygium** Myrtaceae 桃金娘科 [MD-347] 全球 (1) 大洲分布及种数(cf. 1)◆大洋洲(◆美拉尼西亚)
Piliosanthes Hassk. = **Ophiopogon**
Piliostigma Hochst. = **Bauhinia**
Piliostima Van Tiegh. = **Pilostigma**
Pilitis Lindl. = **Neottopteris**
Pillansia【3】L.Bolus 火红鸢尾属 ← **Aristea** Iridaceae 鸢尾科 [MM-700] 全球 (1) 大洲分布及种数(1)◆非洲
Pillansieae Goldblatt = **Pillansia**
Pillera Endl. = **Piqueria**
Piloblephis【3】Raf. 风轮菜属 ≒ **Satureia; Clinopodium** Lamiaceae 唇形科 [MD-575] 全球 (1) 大洲分布及种数(1)◆北美洲
Pilobolus Van Tiegh. = **Phyllobolus**
Pilocanthus B.W.Benson & Backeb. = **Pediocactus**
Pilocarpac Vahl = **Pilocarpus**
Pilocarpaceae J.Agardh = Podocarpaceae
Pilocarpon Vahl = **Pilocarpus**
Pilocarpus【3】Vahl 解表木属 → **Esenbeckia; Podocarpus** Rutaceae 芸香科 [MD-399] 全球 (6) 大洲分布及种数(21-27;hort.2;cult: 2)非洲:2;亚洲:2;大洋洲:2;欧洲:2;北美洲:5-8;南美洲:20-23
Piloceras Lem. = **Pilocereus**
Pilocereus K.Schum. = **Pilocereus**
Pilocereus【3】Lem. 毛人掌属 ≒ **Cereus** Cactaceae 仙人掌科 [MD-100] 全球 (1) 大洲分布及种数(3-4)◆南美洲
Pilocopiapoa F.Ritter = **Copiapoa**
Pilocosta【2】Almeda & Whiffin 毛肋野牡丹属 ≒ **Tibouchina** Melastomataceae 野牡丹科 [MD-364] 全球 (2) 大洲分布及种数(6)北美洲:5;南美洲:1
Pilocratera Van Tiegh. = **Brackenridgea**
Pilodius (Broth.) M.Fleisch. = **Pilosium**
Pilodonta Almeda & Whiffin = **Pilocosta**
Piloecium【2】(Müll.Hal.) Broth. 小毛枝藓属 Sematophyllaceae 锦藓科 [B-192] 全球 (2) 大洲分布及种数(1) 亚洲:1;大洋洲:1
Pilogyne Eckl. ex Schröd. = **Zehneria**
Pilogyne Gagnep. = **Myrsine**
Piloi Raf. = **Urginea**
Piloisa Raf. = **Cordia**
Piloisia Raf. = **Varronia**
Pilopho Jacq. = **Manicaria**
Pilophora Jacq. = **Manicaria**
Pilophyllum【3】Schltr. 毛叶兰属 ← **Chrysoglossum** Orchidaceae 兰科 [MM-723] 全球 (1) 大洲分布及种数(cf. 1)◆亚洲
Pilopleura【3】Schischk. 毛棱芹属 ← **Libanotis; Platytaenia** Apiaceae 伞形科 [MD-480] 全球 (1) 大洲分布及种数(2-3)◆亚洲
Pilopogon【3】Brid. 毛尾藓属 Leucobryaceae 白发藓科 [B-129] 全球 (6) 大洲分布及种数(13) 非洲:1;亚洲:3;大洋洲:3;欧洲:2;北美洲:4;南美洲:8
Pilopogonella E.B.Bartram = **Pilopogon**
Pilopus Raf. = **Phyla**
Pilorea Raf. = **Tarenna**
Pilos Raf. = **Urginea**
Pilosa Raf. = **Cordia**
Pilosanthus Steud. = **Liatris**
Pilosela Hill = **Pilosella**
Pilosella【3】Hill 细毛菊属 ≒ **Hieracium** Asteraceae 菊科 [MD-586] 全球 (6) 大洲分布及种数(244-456;hort.1;cult: 13)非洲:3-7;亚洲:92-101;大洋洲:4;欧洲:206-237;北美洲:27-31;南美洲:13-17
Piloselloides【-】(Less.) C.Jeffrey 菊科属 Asteraceae 菊科 [MD-586] 全球 (uc) 大洲分布及种数(uc)
Piloseriopus Sharp = **Calyptrochaeta**
Pilosimitra【3】B.C.Tan & G.Dauphin 锦藓科属 Sematophyllaceae 锦藓科 [B-192] 全球 (1) 大洲分布及种数(1)◆北美洲
Pilosium【2】(Broth.) M.Fleisch. 密叶藓属 ≒ **Stereophyllum** Stereophyllaceae 硬叶藓科 [B-172] 全球 (3) 大洲分布及种数(3) 欧洲:1;北美洲:2;南美洲:2
Pilosocereus【2】Byles & G.D.Rowley 毛刺柱属 ≒ **Cephalocereus;Coleocephalocereus;Parodia** Cactaceae 仙人掌科 [MD-100] 全球 (2) 大洲分布及种数(97-102;hort.1)北美洲:22;南美洲:91-95
Pilosperma【3】Planch. & Triana 毛籽藤黄属 Clusiaceae 藤黄科 [MD-141] 全球 (1) 大洲分布及种数(1)◆南美洲(◆哥伦比亚)
Pilosselloides (Less.) C.Jeffrey ex Cufod. = **Piloselloides**
Pilostachys Raf. = **Phyllostachys**
Pilostaxis (Shuttlew.) Small = **Polygala**
Pilostemon【3】Iljin 毛蕊菊属 ← **Jurinea;Saussurea** Asteraceae 菊科 [MD-586] 全球 (6) 大洲分布及种数(2) 非洲:1;亚洲:1-2;大洋洲:1;欧洲:1;北美洲:1;南美洲:1
Pilostigma Costantin = **Pilostigma**
Pilostigma【3】Van Tiegh. 折冠藤属 → **Amyema;Lygisma** Apocynaceae 夹竹桃科 [MD-492] 全球 (1) 大洲分布及种数(cf. 1)◆大洋洲
Pilostyles Astragalanche Harms = **Pilostyles**
Pilostyles【3】Guill. 豆生花属 ← **Apodanthes** Apodanthaceae 风生花科 [MD-157] 全球 (6) 大洲分布及种数(21-23)非洲:1;亚洲:1;大洋洲:2-3;欧洲:cf.1;北美洲:9;南美洲:11-12
Pilotheca Mitch. = **Philotheca**
Pilothecium (Kiaersk.) Kausel = **Eugenia**
Pilotrichaceae【3】Kindb. 茸帽藓科 [B-166] 全球 (6) 大洲分布和属种数(17/332-417)非洲:7-10/60-92;亚洲:7-10/39-63;大洋洲:3-7/20-47;欧洲:2-7/3-27;北美洲:13-15/97-123;南美洲:14-15/215-263
Pilotrichella【3】(Müll.Hal.) Besch. 毛蔓藓属 ≒ **Weymouthia;Pilotrichum** Meteoriaceae 蔓藓科 [B-188] 全球(6) 大洲分布及种数(69) 非洲:36;亚洲:2;大洋洲:5;欧洲:6;北美洲:16;南美洲:31
Pilotrichidium【2】Besch. 北美洲毛帽藓属 Pilotrichaceae 茸帽藓科 [B-166] 全球 (2) 大洲分布及种数(4) 北美洲:4;南美洲:1
Pilotrichopsis【3】Besch. 毛枝藓属 Cryphaeaceae 隐蒴藓科 [B-197] 全球 (1) 大洲分布及种数(2)◆亚洲
Pilotrichum【3】(Brid.) Müll.Hal. 密帽藓属 ≒ **Ptilotrichum;Anictangium** Pilotrichaceae 茸帽藓科 [B-

166] 全球 (6) 大洲分布及种数(44) 非洲:2;亚洲:8;大洋洲:6;欧洲:7;北美洲:26;南美洲:16
Pilularia【3】L. 线叶蘋属 Marsileaceae 蘋科 [F-65] 全球 (6) 大洲分布及种数(4-7)非洲:1-2;亚洲:2-3;大洋洲:1;欧洲:1-2;北美洲:1;南美洲:1
Pilulariaceae Dum. = Marsileaceae
Pilumna Lindl. = **Trichopilia**
Pilumnus Lindl. = **Aerides**
Pimbristylis Vahl = **Fimbristylis**
Pime Lour. = **Canarium**
Pimecaria Raf. = **Ximenia**
Pimela Lour. = **Canarium**
Pimelaea P. & K. = **Pimelea**
Pimelandra A.DC. = **Ardisia**
Pimelea【3】Banks ex Gaertn. 米瑞香属 ≒ **Laportea; Pilea** Thymelaeaceae 瑞香科 [MD-310] 全球 (1) 大洲分布及种数(151-164)◆大洋洲
Pimelia Link = **Pimelea**
Pimelodendron【3】Hassk. 葵柱戟属 ← **Actephila** Euphorbiaceae 大戟科 [MD-217] 全球 (1) 大洲分布及种数(2-4)◆亚洲
Pimenta (Urb.) Burret = **Pimenta**
Pimenta【3】Lindl. 多香果属 ← **Eugenia;Myrtus; Myrcia** Myrtaceae 桃金娘科 [MD-347] 全球 (6) 大洲分布及种数(23-27;hort.1;cult: 1)非洲:1;亚洲:3-4;大洋洲:1-2;欧洲:1;北美洲:20-21;南美洲:7-9
Pimentelia【3】Wedd. 团鸡纳属 ← **Cinchona** Rubiaceae 茜草科 [MD-523] 全球 (1) 大洲分布及种数(1)◆南美洲
Pimentella Walp. = **Pimentelia**
Pimentus Raf. = **Pimenta**
Pimia【3】Seem. 斐济梧桐属 Malvaceae 锦葵科 [MD-203] 全球 (1) 大洲分布及种数(uc)属分布和种数(uc)◆大洋洲
Pimpenella L. = **Pimpinella**
Pimpinele St.Lag. = **Pimpinella**
Pimpinella【3】L. 茴芹属 → **Acronema;Carum** Apiaceae 伞形科 [MD-480] 全球 (6) 大洲分布及种数(238-286;hort.1;cult:6)非洲:65-93;亚洲:159-200;大洋洲:5-16;欧洲:41-59;北美洲:11-21;南美洲:12-24
Pimpinelle L. = **Pimpinella**
Pinacantha【2】Gilli 亚洲半夏芹属 Apiaceae 伞形科 [MD-480] 全球 (2) 大洲分布及种数(uc)亚洲;北美洲
Pinaceae Lindl. = Pinaceae
Pinaceae【3】Spreng. ex F.Rudolphi 松科 [G-15] 全球 (6) 大洲分布和属种数(11;hort. & cult.11)(295-707;hort. & cult.221-269)非洲:5-8/85-257;亚洲:11/233-432;大洋洲:6-8/73-247;欧洲:6-8/141-316;北美洲:7-8/213-394;南美洲:4-8/69-242
Pinacopodium【3】Exell & Mendonça 伞序古柯属 ← **Erythroxylum** Erythroxylaceae 古柯科 [MD-319] 全球 (1) 大洲分布及种数(2)◆非洲
Pinaga Widjaja = **Pinga**
Pinales Gorozh. = **Pinalia**
Pinalia【3】Buch.Ham. ex D.Don 苹兰属 ≒ **Eria;Pupalia;Ascidieria** Orchidaceae 兰科 [MM-723] 全球 (1) 大洲分布及种数(85-191;hort.1)◆亚洲
Pinanga【3】Bl. 山槟榔属 → **Actinorhytis;Pisanoa; Calyptrocalyx** Arecaceae 棕榈科 [MM-717] 全球 (1) 大洲分布及种数(23-137)◆亚洲
Pinarda Vell. = **Micranthemum**
Pinardia Cass. = **Glebionis**
Pinardia Neck. = **Aster**
Pinaria Rchb. = **Guettarda**
Pinaropappus【3】Less. 岩苣属 Asteraceae 菊科 [MD-586] 全球 (1) 大洲分布及种数(7-12)◆北美洲
Pinarophyllon【3】Brandegee 劣叶茜属 ← **Deppea** Rubiaceae 茜草科 [MD-523] 全球 (1) 大洲分布及种数(2)◆北美洲
Pinasgelon Raf. = **Selinum**
Pinaxia Buch.Ham. ex D.Don = **Pinalia**
Pincecnitia Lem. = **Ornithogalum**
Pincenectia hort. ex Lem. = **Nolina**
Pincenectitia hort. ex Lem. = **Nolina**
Pincenictitia Baker = **Beaucarnea**
Pincinectia hort. ex Lem. = **Nolina**
Pinckneya【3】Michx. 苦扇花属 ≒ **Cinchona** Rubiaceae 茜草科 [MD-523] 全球 (1) 大洲分布及种数(2-14)◆北美洲(◆美国)
Pinda【3】P.K.Mukh. & Constance 半夏芹属 Apiaceae 伞形科 [MD-480] 全球 (1) 大洲分布及种数(1-3)◆亚洲
Pindara Barb.Rodr. = **Attalea**
Pindarea Barb.Rodr. = **Attalea**
Pinea Opiz = **Pinus**
Pineda【3】Ruiz & Pav. 安第斯大风子属 ← **Banara; Homalium;Christannia** Salicaceae 杨柳科 [MD-123] 全球 (1) 大洲分布及种数(2)◆南美洲
Pinelia Lindl. = **Homalopetalum**
Pinelianthe Rauschert = **Homalopetalum**
Pinellia【3】Ten. 半夏属 ≒ **Alocasia;Carum;Arisaema** Araceae 天南星科 [MM-639] 全球 (1) 大洲分布及种数(10-11)◆亚洲
Pineus L. = **Pinus**
Pinga【3】Widjaja 亚洲毛草属 Poaceae 禾本科 [MM-748] 全球 (1) 大洲分布及种数(6)◆亚洲
Pingraea Cass. = **Baccharis**
Pinguicola Zumag. = **Pinguicula**
Pinguicula (Casper) Blanca & Ruíz Rejón = **Pinguicula**
Pinguicula【3】L. 捕虫堇属 Lentibulariaceae 狸藻科 [MD-570] 全球 (6) 大洲分布及种数(94-122;hort.1;cult: 7)非洲:4-11;亚洲:14-26;大洋洲:5;欧洲:20-35;北美洲:65-84;南美洲:11-17
Pinguiculaceae Dum. = Lentibulariaceae
Pinguin Adans. = **Pitcairnia**
Pinidae Cronquist,Arthur John & Takhtajan,Armen Leonovich & Zimmermann,Walter Max = **Pineda**
Pinillosia【3】Ossa 四花菊属 ← **Tetranthus; Tetraperone** Asteraceae 菊科 [MD-586] 全球 (1) 大洲分布及种数(1-2)◆北美洲(◆古巴)
Pinineae Link = **Bignonia**
Pinknea Pers. = **Bignonia**
Pinnafellia M.Fleisch. = **Pinnatella**
Pinnasa【3】Weigend & R.H.Acuña 山槟榔属 Loasaceae 刺莲花科 [MD-435] 全球 (1) 大洲分布及种数(4)◆南美洲
Pinnatella (M.Fleisch.) Enroth = **Pinnatella**
Pinnatella【3】M.Fleisch. 羽枝藓属 ≒ **Pilotrichum** Neckeraceae 平藓科 [B-204] 全球 (6) 大洲分布及种数

(31) 非洲:10;亚洲:19;大洋洲:7;欧洲:3;北美洲:2;南美洲:3
Pinocchio M.E.Endress & B.F.Hansen = **Pinochia**
Pinochia 【3】 M.E.Endress & B.F.Hansen 毛夹竹属 Apocynaceae 夹竹桃科 [MD-492] 全球 (1) 大洲分布及种数(4)◆北美洲
Pinonia Gaud. = **Cibotium**
Pinophyta Cronquist,Arthur John & Takhtajan,Armen Leonovich & Zimmermann,Walter Max & Reveal,James Lauritz = **Goodenia**
Pinopsida Burnett = **Drymaria**
Pinosia Urb. = **Drymaria**
Pintalia Buch.Ham. ex D.Don = **Pinalia**
Pintneriella O.Hoffm. & Muschl. = **Senecio**
Pintoa 【3】 Gay 平托蒺藜属 Zygophyllaceae 蒺藜科 [MD-288] 全球 (1) 大洲分布及种数(1)◆南美洲(◆智利)
Pinue L. = **Pisum**
Pinus (A.Chev.) Little & Critchf. = **Pinus**
Pinus 【3】 L. 松属 ≒ **Dombeya** Pinaceae 松科 [G-15] 全球 (6) 大洲分布及种数(144-185;hort.1;cult: 38)非洲:48-137;亚洲:99-195;大洋洲:37-126;欧洲:69-158;北美洲:112-205;南美洲:51-140
Pinzona 【3】 Mart. & Zucc. 橙子藤属 ← **Doliocarpus; Curatella** Dilleniaceae 五桠果科 [MD-66] 全球 (1) 大洲分布及种数(1)◆北美洲
Pio Pers. = **Antiaris**
Piochardia Seem. & H.Wendl. = **Pritchardia**
Pioctonon Raf. = **Heliotropium**
Piofontia Cuatrec. = **Diplostephium**
Pionandra Ceratostemon Miers = **Cyphomandra**
Pioncirus Raf. = **Poncirus**
Pionocarpus S.F.Blake = **Iostephane**
Piora 【3】 J.Kost. 苦玄参属 ≒ **Picria** Asteraceae 菊科 [MD-586] 全球 (1) 大洲分布及种数(1)◆非洲
Pipa Thunb. = **Cocos**
Pipalia Stokes = **Litsea**
Piparea Aubl. = **Casearia**
Piper (Benth. & Hook.f.) Standl. = **Piper**
Piper 【3】 L. 胡椒属 ≒ **Adicea;Picea** Piperaceae 胡椒科 [MD-39] 全球 (6) 大洲分布及种数(2263-2778;hort.1;cult: 43)非洲:138-228;亚洲:540-712;大洋洲:133-230;欧洲:14-93;北美洲:662-841;南美洲:1380-1588
Piperaceae 【3】 Giseke 胡椒科 [MD-39] 全球 (6) 大洲分布和属种数(8-9;hort. & cult.2)(2291-2957;hort. & cult.21-29)非洲:1-4/138-235;亚洲:2-4/541-720;大洋洲:2-5/136-246;欧洲:1-4/14-100;北美洲:5-7/674-860;南美洲:3-6/1393-1611
Piperanthera 【3】 C.DC. 草胡椒属 ← **Peperomia** Piperaceae 胡椒科 [MD-39] 全球 (1) 大洲分布及种数(cf. 1)◆北美洲
Piperella 【-】 (C.Presl ex Rchb.) Spach 唇形科属 ≒ **Micromeria** Lamiaceae 唇形科 [MD-575] 全球 (uc) 大洲分布及种数(uc)
Piperi St.Lag. = **Piper**
Piperia 【3】 Rydb. 缰绳兰属 ← **Gymnadenia;Platanthera;Monorchis** Orchidaceae 兰科 [MM-723] 全球 (1) 大洲分布及种数(10-16)◆北美洲
Piperiphorum Neck. = **Piper**
Piperius Lam. = **Broussonetia**
Piperodendron Fabr. = **Schinus**
Piperodendrum Heist. ex Fabr. = **Schinus**
Piperoideae Arn. = (接受名不详) Poaceae
Piperomia Pritz. = **Piperia**
Piperonia Pritz. = **Piperia**
Pippenalia 【3】 McVaugh 翠雀菊属 ≒ **Odontotrichum** Asteraceae 菊科 [MD-586] 全球 (1) 大洲分布及种数(1)◆北美洲
Pipra Aubl. = **Croton**
Pipseva Raf. = **Pyrola**
Piptadenia 【2】 Benth. 落腺檀属 ← **Acacia;Mimosa; Parapiptadenia** Fabaceae 豆科 [MD-240] 全球 (4) 大洲分布及种数(37-47;hort.1;cult:2)非洲:2;亚洲:cf.1;北美洲:4;南美洲:35-43
Piptadeniastrum 【3】 Brenan 腺瘤豆属 → **Lemurodendron** Fabaceae 豆科 [MD-240] 全球 (1) 大洲分布及种数(1)◆非洲
Piptadeniopsis 【3】 Burkart 拟落腺豆属 Fabaceae 豆科 [MD-240] 全球 (1) 大洲分布及种数(1)◆南美洲
Piptandra Turcz. = **Thryptomene**
Piptanthocereus (A.Berger) Riccob. = **Cereus**
Piptanthus 【3】 Sw. 黄花木属 → **Ammopiptanthus;Thermopsis** Fabaceae 豆科 [MD-240] 全球 (1) 大洲分布及种数(cf. 1)◆亚洲
Piptatheropsis 【3】 Romasch.,P.M.Peterson & Soreng 北美洲稃茅属 ≒ **Sida** Poaceae 禾本科 [MM-748] 全球 (1) 大洲分布及种数(5)◆北美洲
Piptatherum Cörulescentia Roshev. & Freitag = **Piptatherum**
Piptatherum 【3】 P.Beauv. 落芒草属 ≒ **Achnatherum; Milium;Oryzopsis** Poaceae 禾本科 [MM-748] 全球 (6) 大洲分布及种数(31-35;hort.1)非洲:2-7;亚洲:29-38;大洋洲:2-7;欧洲:3-8;北美洲:5-10;南美洲:5
Pipteochaetium J.Presl = **Piptochaetium**
Piptocalyx 【3】 Oliv. ex Benth. 隐花紫草属 ≒ **Cryptantha** Boraginaceae 紫草科 [MD-517] 全球 (1) 大洲分布及种数(1)◆北美洲
Piptocarpha 【3】 R.Br. 落苞菊属 ← **Cacalia; Chuquiraga;Pluchea** Asteraceae 菊科 [MD-586] 全球 (1) 大洲分布及种数(52-53)◆南美洲
Piptocelus C.Presl = **Schinus**
Piptocephalis Sch.Bip. = **Catananche**
Piptocephalum Sch.Bip. = **Catananche**
Piptoceras Cass. = **Centaurea**
Piptochaetium (Raf.) Parodi = **Piptochaetium**
Piptochaetium 【3】 J.Presl 槽稃茅属 ← **Avena;Ostryopsis;Anatherostipa** Poaceae 禾本科 [MM-748] 全球 (1) 大洲分布及种数(40-41)◆南美洲
Piptochlamys C.A.Mey. = **Thymelaea**
Piptoclaina G.Don = **Heliotropium**
Piptocoma (Kunth) Pruski = **Piptocoma**
Piptocoma 【2】 Cass. 脱冠落苞菊属 ≒ **Lychnophora; Linnaea** Asteraceae 菊科 [MD-586] 全球 (5) 大洲分布及种数(19-20)非洲:1;大洋洲:1;欧洲:2;北美洲:9;南美洲:15
Piptolaena Harv. = **Voacanga**
Piptolepis Benth. = **Piptolepis**
Piptolepis 【3】 Sch.Bip. 密叶巴西菊属 ← **Albertinia; Veronica** Asteraceae 菊科 [MD-586] 全球 (1) 大洲分布及种数(9-12)◆南美洲
Piptomeris 【3】 Turcz. 落蝶豆属 Fabaceae3 蝶形花科

[MD-240] 全球 (1) 大洲分布及种数(uc)◆大洋洲
Piptophyllum【3】C.E.Hubb. 落叶草属 ← **Pentaschistis** Poaceae 禾本科 [MM-748] 全球 (1) 大洲分布及种数(1)◆非洲
Piptopogon Cass. = **Hypochoeris**
Piptoptera【3】Bunge 落翅蓬属 Amaranthaceae 苋科 [MD-116] 全球 (1) 大洲分布及种数(cf.1)◆亚洲
Piptosaccos Turcz. = **Dysoxylum**
Piptospatha【3】N.E.Br. 落檐属 ← **Schismatoglottis** Araceae 天南星科 [MM-639] 全球 (1) 大洲分布及种数(1-4)◆亚洲
Piptostachya (C.E.Hubb.) J.B.Phipps = **Zonotriche**
Piptostegia Rchb. = **Operculina**
Piptostemma Spach = **Cephalosorus**
Piptostemma Turcz. = **Angianthus**
Piptostigma【3】Oliv. 鼎瓣木属 Annonaceae 番荔枝科 [MD-7] 全球 (1) 大洲分布及种数(17-19)◆非洲
Piptostylis Dalzell = **Kengyilia**
Piptothrix A.Gray = **Ageratina**
Pipturus【3】Wedd. 落尾木属 ← **Boehmeria;Nothocnide;Urtica** Urticaceae 荨麻科 [MD-91] 全球 (6) 大洲分布及种数(53-57)非洲:17-24;亚洲:34-45;大洋洲:29-36;欧洲:1-8;北美洲:15-22;南美洲:7
Piquera Cav. = **Ageratum**
Piqueria【2】Cav. 皮格菊属 ← **Ageratum;Mikania;Ophryosporus** Asteraceae 菊科 [MD-586] 全球 (2) 大洲分布及种数(11-15)北美洲:7;南美洲:4-6
Piqueriella【3】R.M.King & H.Rob. 小皮格菊属 Asteraceae 菊科 [MD-586] 全球 (1) 大洲分布及种数(1)◆南美洲(◆巴西)
Piqueriopsis【3】R.M.King 矮皮格菊属 ← **Microspermum** Asteraceae 菊科 [MD-586] 全球 (1) 大洲分布及种数(cf. 1)◆北美洲
Piquetia (Pierre) H.Hallier = **Camellia**
Piranhea【2】Baill. 纹皮桐属 Picrodendraceae 苦皮桐科 [MD-317] 全球 (2) 大洲分布及种数(8;hort.1)北美洲:1;南美洲:6
Pirarda Adans. = **Ethulia**
Pirata Wallace & Exline = **Nasturtium**
Piratinera【3】Aubl. 蛇桑属 → **Brosimum;Pseudolmedia** Moraceae 桑科 [MD-87] 全球 (1) 大洲分布及种数(1)属分布和种数(uc)◆南美洲
Pirazzia Chiov. = **Guettarda**
Pircunia Bert. = **Phytolacca**
Pirea【-】Cardot 蕨藓科属 ≒ **Nasturtium;Pireella** Pterobryaceae 蕨藓科 [B-201] 全球 (uc) 大洲分布及种数(uc)
Pirea Cardot = **Pireella**
Pirea Durand = **Nasturtium**
Pireella (Broth.) Broth. = **Pireella**
Pireella【2】Cardot 小蕨藓属 ≒ **Pera;Porotrichum** Pterobryaceae 蕨藓科 [B-201] 全球 (5) 大洲分布及种数(16) 亚洲:1;大洋洲:1;欧洲:3;北美洲:12;南美洲:7
Pirellula Maxim. = **Perillula**
Pirena T.Durand = **Nasturtium**
Pirenia C.Koch = **Piresia**
Piresia【3】Swallen 问荆竺属 ← **Cryptochloa;Olyra** Poaceae 禾本科 [MM-748] 全球 (1) 大洲分布及种数(5)◆南美洲
Piresiella【3】Judz.,Zuloaga & Morrone 问荆草属 Poaceae 禾本科 [MM-748] 全球 (1) 大洲分布及种数(1)◆北美洲
Piresodendron Aubré. ex Le Thomas = **Pouteria**
Piriadacus Pichon = **Fridericia**
Pirigara【-】Aubl. 玉蕊科属 ≒ **Planchonia** Lecythidaceae 玉蕊科 [MD-267] 全球 (uc) 大洲分布及种数(uc)
Pirimela Lour. = **Canarium**
Piringa Juss. = **Gardenia**
Pirinia【3】M.Král 树番樱属 ← **Plinia** Caryophyllaceae 石竹科 [MD-77] 全球 (1) 大洲分布及种数(1)◆亚洲
Piriona Aldrich = **Pinzona**
Piripea Aubl. = **Buchnera**
Piriquela Aubl. = **Piriqueta**
Piriqueta【3】Aubl. 坡麻花属 ← **Sida;Waltheria** Turneraceae 有叶花科 [MD-149] 全球 (6) 大洲分布及种数(53-56;hort.1)非洲:1-4;亚洲:4-7;大洋洲:1-4;欧洲:3;北美洲:10-13;南美洲:45-50
Piriquetaceae Martinov = Apodanthaceae
Piriquetia Aubl. = **Piriqueta**
Piritanera R.H.Schomb. = **Brosimum**
Pirnodus Baranek = **Phrodus**
Pirocydonia H.K.A.Winkl. ex L.L.Daniel = **Pyrus**
Pirola Neck. = **Pyrola**
Piromis L. = **Phlomis**
Pironneaua P. & K. = **Hohenbergia**
Pironneauella P. & K. = **Streptocalyx**
Pironneava【3】Gaud. 光萼荷属 ≒ **Aechmea** Bromeliaceae 凤梨科 [MM-715] 全球 (1) 大洲分布及种数(cf.1)◆南美洲
Pirottantha Speg. = **Plathymenia**
Pirroneana Benth. & Hook.f. = **Aechmea**
Pirus Adans. = **Pyrus**
Pisanoa【2】Hässel 豆叶苔属 ≒ **Pinanga** Jamesoniellaceae 圆叶苔科 [B-51] 全球 (2) 大洲分布及种数(cf.1) 亚洲;南美洲
Pisaster Gilli = **Commersonia**
Pisaura Bonato = **Lopezia**
Piscaria Piper = **Croton**
Piscida (Blake) I.M.Johnston = **Piscidia**
Piscidia【3】L. 毒鱼豆属 → **Sesbania;Derris** Fabaceae 豆科 [MD-240] 全球 (1) 大洲分布及种数(6-10)◆北美洲
Piscipula Löfl. = **Piscidia**
Piscophoca Rydb. = **Anarthrophyllum**
Pisidia L. = **Piscidia**
Pisittacanthus Mart. = **Psittacanthus**
Pisobia L. = **Pisonia**
Pisola L. = **Pisonia**
Pisonia【3】L.胶果木属 ≒ **Diospyros;Picconia;Pavonia** Nyctaginaceae 紫茉莉科 [MD-107] 全球 (6) 大洲分布及种数(66-123;hort.1;cult:6)非洲:16-32;亚洲:16-36;大洋洲:22-39;欧洲:1-18;北美洲:24-51;南美洲:22-79
Pisoniaceae J.Agardh = Nyctaginaceae
Pisoniella (Heimerl) Standl. = **Pisoniella**
Pisoniella【2】Standl. 叉枝柔木属 ← **Boerhavia** Nyctaginaceae 紫茉莉科 [MD-107] 全球 (2) 大洲分布及种数(4)北美洲:2;南美洲:3
Pisophaca Famelicae Rydb. = **Pithecellobium**

Pisosperma Sond. = **Kedrostis**
Pissodes O.F.Cook = **Coccothrinax**
Pista Moore = **Pistia**
Pistachia Salisb. = **Pistacia**
Pistacia【3】 L. 黄连木属 → **Rhus;Bursera;Pistia** Anacardiaceae 漆树科 [MD-432] 全球 (6) 大洲分布及种数(16-20;hort.1;cult: 3)非洲:8-13;亚洲:12-22;大洋洲:2-6;欧洲:6-11;北美洲:7-12;南美洲:4
Pistaciaceae Martinov = Anacardiaceae
Pistaciopsis Engl. = **Commiphora**
Pistaciovitex P. & K. = **Vitex**
Pistia【3】 L. 大漂属 ≒ **Pistacia;Physcomitrium** Araceae 天南星科 [MM-639] 全球 (1) 大洲分布及种数(1-6)◆非洲
Pistiaceae【3】Rich. ex C.Agardh 大漂科 [MM-640] 全球 (6) 大洲分布和属种数(1;hort. & cult.1)(1-9;hort. & cult.1)非洲:1/1-6;亚洲:1/1-6;大洋洲:1/1-6;欧洲:1/5;北美洲:1/1-6;南美洲:1/1-6
Pistolochia Bernh. = **Corydalis**
Pistolochia Raf. = **Aristolochia**
Pistorinia【2】 DC. 银波木属 ≒ **Cotyledon** Crassulaceae 景天科 [MD-229] 全球 (3) 大洲分布及种数(uc)亚洲;欧洲;北美洲
Pisum【3】 L. 豌豆属 ≒ **Lathyrus** Fabaceae 豆科 [MD-240] 全球 (6) 大洲分布及种数(7-9;hort.1;cult: 2)非洲:2-4;亚洲:5-7;大洋洲:2-4;欧洲:3-5;北美洲:2-4;南美洲:1
Pitardella【3】Tirveng. 栀子属 ≒ **Gardenia** Rubiaceae 茜草科 [MD-523] 全球 (1) 大洲分布及种数(2-3)◆亚洲
Pitardia Batt. ex Pit. = **Nepeta**
Pitaria Batt. ex Pit. = **Ziziphora**
Pitavia【2】 Molina 皮氏草属 ≒ **Pinalia** Rutaceae 芸香科 [MD-399] 全球 (2) 大洲分布及种数(uc)北美洲;南美洲
Pitaviaster【-】T.G.Hartley 芸香科属 Rutaceae 芸香科 [MD-399] 全球 (uc) 大洲分布及种数(uc)
Pitcairinia Regel = **Pitcairnia**
Pitcairnea Cothen. = **Pitcairnia**
Pitcairnia (Beer) Baker = **Pitcairnia**
Pitcairnia【3】L'Hér. 艳红凤梨属 → **Aechmea;Pirinia;Billbergia** Bromeliaceae 凤梨科 [MM-715] 全球 (6) 大洲分布及种数(421-456;hort.1;cult: 6)非洲:4-5;亚洲:8-9;大洋洲:4-5;欧洲:1;北美洲:105-110;南美洲:353-372
Pitcheria Nutt. = **Rhynchosia**
Pitchia auct. = **Petchia**
Pithecellobium Abaremotemon Benth. = **Pithecellobium**
Pithecellobium【3】 Mart. 牛蹄豆属 → **Abarema;Enterolobium;Pararchidendron** Fabaceae 豆科 [MD-240] 全球 (1) 大洲分布及种数(124-153)◆南美洲
Pithecelobium Hemsl. = **Pithecellobium**
Pithecoctenium【2】 Mart. ex DC. 猴梳藤属 ← **Amphilophium** Bignoniaceae 紫葳科 [MD-541] 全球 (3) 大洲分布及种数(2-8)亚洲:cf.1;大洋洲:cf.1;北美洲:1
Pithecodendron Speg. = **Acacia**
Pithecollobium (Roxb.) Benth. = **Pithecellobium**
Pithecolobium【2】 Benth. 北美洲毛实豆属 ≒ **Pararchidendron** Fabaceae2 云实科 [MD-239] 全球 (2) 大洲分布及种数(5) 北美洲:2;南美洲:4
Pithecoseris【3】 Mart. ex DC. 猴菊属 Asteraceae 菊科 [MD-586] 全球 (1) 大洲分布及种数(1)◆南美洲(◆巴西)
Pithecoxanium de Mello apud Stellfeld = **Bignonia**
Pithecurus Kunth = **Andropogon**
Pithecus Willd. ex Kunth = **Andropogon**
Pithocarpa【3】 Lindl. 疏头鼠麹草属 ← **Calomeria** Asteraceae 菊科 [MD-586] 全球 (1) 大洲分布及种数(4-5)◆大洋洲(◆澳大利亚)
Pithocellobium Mart. = **Pithecellobium**
Pithodes O.F.Cook = **Coccothrinax**
Pithone O.F.Cook = **Coccothrinax**
Pithonella Nutt. = **Blepharipappus**
Pithophora Jacq. = **Manicaria**
Pithosillum Cass. = **Emilia**
Pithuranthos DC. = **Pituranthos**
Pithuranthus Viv. = **Pituranthos**
Pithyopsis Nutt. = **Pityopsis**
Pitraea【3】 Turcz. 皮特马鞭草属 ← **Bouchea;Verbena;Verbesina** Verbenaceae 马鞭草科 [MD-556] 全球 (1) 大洲分布及种数(1)◆南美洲
Pitryogramma Link = **Pityrogramma**
Pitryosperma Sieb. & Zucc. = **Actaea**
Pittara J.M.H.Shaw = **Antidesma**
Pitteria Börner = **Carex**
Pittiera Cogn. = **Polyclathra**
Pittierella Schltr. = **Cryptocentrum**
Pittierothamnus Steyerm. = **Deppea**
Pittocaulon【3】 H.Rob. & Brettell 肉脂菊属 ← **Roldana** Asteraceae 菊科 [MD-586] 全球 (1) 大洲分布及种数(5)◆北美洲
Pittonia Mill. = **Tournefortia**
Pittoniotis【3】 Griseb. 南美茜草属 ≒ **Antirrhoea** Rubiaceae 茜草科 [MD-523] 全球 (1) 大洲分布及种数(3)◆南美洲
Pittosperum Banks ex Gaertn. = **Pittosporum**
Pittosporaceae【3】 R.Br. 海桐科 [MD-448] 全球 (6) 大洲分布和属种数(7-10;hort. & cult.4)(167-423;hort. & cult.27-64)非洲:2/16;亚洲:2-4/119-157;大洋洲:7-9/56-126;欧洲:1-3/1-17;北美洲:2-4/17-37;南美洲:1-2/1-17
Pittosporoides Sol. ex Gaertn. = **Pittosporum**
Pittosporopsis【3】 Craib 假海桐属 ← **Stemonurus** Metteniusaceae 水螅花科 [MD-454] 全球 (1) 大洲分布及种数(1-2)◆亚洲
Pittosporum【3】 Banks ex Gaertn. 海桐属 → **Auranticarpa;Aquilaria;Osmanthus** Pittosporaceae 海桐科 [MD-448] 全球 (1) 大洲分布及种数(118-153)◆亚洲
Pittsporum Banks ex Gaertn. = **Pittosporum**
Pittunia Miers = **Petunia**
Pitumba Aubl. = **Casearia**
Pituna Juss. = **Petunia**
Pituophis Duméril = **Pityopsis**
Pituranthos【3】Viv. 肖德弗草属 → **Eriocycla;Deverra** Apiaceae 伞形科 [MD-480] 全球 (6) 大洲分布及种数(4)非洲:1-5;亚洲:2-5;大洋洲:3;欧洲:3;北美洲:3;南美洲:3
Pityaceae Spreng. ex F.Rudolphi = Pinaceae
Pitygentias Gilg = **Gentianella**
Pitylus Small = **Pityopus**
Pityocarpa Britton & Rose = **Pityrocarpa**
Pityocladus Lindb. = **Camptochaete**

Pityophyllum Beer = **Tillandsia**

Pityopsis【3】 Nutt.禾叶金菀属←**Chrysopsis;Erigeron** Asteraceae 菊科 [MD-586] 全球 (1) 大洲分布及种数(10)◆北美洲

Pityopus【3】 Small 松足兰属←**Monotropa** Ericaceae 杜鹃花科 [MD-380] 全球 (1) 大洲分布及种数(2-3)◆北美洲(◆美国)

Pityothamnus Small = **Asimina**

Pityphyllum【3】 Schltr. 松叶兰属 ← **Maxillaria** Orchidaceae 兰科 [MM-723] 全球 (1) 大洲分布及种数(5)◆南美洲

Pityranthe Thwaites = **Diplodiscus**

Pityranthus Mart. = **Alternanthera**

Pityrocarpa【2】 Britton & Rose 毛实豆属 ≒ **Piptadenia** Fabaceae 豆科 [MD-240] 全球 (2) 大洲分布及种数(4)北美洲:1;南美洲:4

Pityrodia【3】 R.Br. 钟南苏属 ≒ **Chloanthes;Premna;** Verbenaceae 马鞭草科 [MD-556] 全球 (1) 大洲分布及种数(19-41)◆大洋洲

Pityrogramma【3】 Link 粉叶蕨属 → **Anogramma; Pentagramma** Pteridaceae 凤尾蕨科 [F-31] 全球 (6) 大洲分布及种数(33-61;hort.1;cult:7)非洲:7-8;亚洲:11-13;大洋洲:3-4;欧洲:1-2;北美洲:19-25;南美洲:20-27

Pityrogramme (L.) Link = **Pityrogramma**

Pityromeria【2】 L.D.Gómez 铜星蕨属 ≒ **Hemionitis** Pteridaceae 凤尾蕨科 [F-31] 全球 (2) 大洲分布及种数(uc)北美洲;南美洲

Pityrophyllum Beer = **Tillandsia**

Pitytogramma Pic.Serm. = **Pityrogramma**

Piuttia Mattei = **Thalictrum**

Pla R.Br. = **Braya**

Plabenaria Gray = **Sparganium**

Placea【-】 Miers 石蒜科属 ≒ **Pluchea;Rhodophiala** Amaryllidaceae 石蒜科 [MM-694] 全球 (uc) 大洲分布及种数(uc)

Placida Raf. = **Anychia**

Placidium A.Massal. = **Plocama**

Placioscyphus Radlk. = **Plagioscyphus**

Placocarpa【3】 Hook.f. 扁果茜属 Rubiaceae 茜草科 [MD-523] 全球 (1) 大洲分布及种数(1)◆北美洲(◆墨西哥)

Placocephalus D.Don = **Plectocephalus**

Placocheilus Arn. ex DC. = **Plagiocheilus**

Placocrea Syd. = **Placocarpa**

Placodiscus【3】 Radlk. 盾盘木属 Sapindaceae 无患子科 [MD-428] 全球 (1) 大洲分布及种数(19-24)◆非洲

Placodium Benth. & Hook.f. = **Plocama**

Placolobium【-】 Miq. 豆科属 ≒ **Ormosia** Fabaceae 豆科 [MD-240] 全球 (uc) 大洲分布及种数(uc)

Placoma J.F.Gmel. = **Plocama**

Placonema Wight & Arn. = **Tristellateia**

Placosoma P.Beauv. = **Platostoma**

Placospermum【3】 C.T.White & W.D.Francis 玫银桦属 Proteaceae 山龙眼科 [MD-219] 全球 (1) 大洲分布及种数(1)◆大洋洲(◆澳大利亚)

Placostigma Bl. = **Stackhousia**

Placostroma P.Beauv. = **Platostoma**

Placseptalia Espinosa = **Ochagavia**

Placulina Raf. = **Messerschmidia**

Placus Lour. = **Magnolia**

Pladaroxylon【-】 Hook.f. 千里光科属 ≒ **Senecio** Senecionaceae 千里光科 [MD-590] 全球 (uc) 大洲分布及种数(uc)

Pladera Sol. = **Canscora**

Plaea Pers. = **Wurmbea**

Plaesiantha Hook.f. = **Pellacalyx**

Plaesianthera【3】 Livera 爵床科属 Acanthaceae 爵床科 [MD-572] 全球 (1) 大洲分布及种数(uc)◆大洋洲

Plagiacanthus Nees = **Justicia**

Plagiant Renvoize = **Plagiantha**

Plagiantha【3】 Renvoize 斜花黍属 Poaceae 禾本科 [MM-748] 全球 (1) 大洲分布及种数(1)◆南美洲(◆巴西)

Plagianthaceae J.Agardh = Malvaceae

Plagianthera Rchb. & Zoll. = **Mallotus**

Plagianthus【3】 J.R.Forst. & G.Forst. 缎带木属 ≒ **Laurentia** Malvaceae 锦葵科 [MD-203] 全球 (1) 大洲分布及种数(1-4)◆大洋洲

Plagiarthrus J.R.Forst. & G.Forst. = **Plagianthus**

Plagidia Raf. = **Paronychia**

Plagiobasis【3】 Schrenk 斜果菊属 → **Russowia** Asteraceae 菊科 [MD-586] 全球 (1) 大洲分布及种数(cf. 1)◆亚洲

Plagiobothrys【3】 Fisch. & C.A.Mey. 米花草属 → **Allocarya;Eritrichium;Myosotis** Boraginaceae 紫草科 [MD-517] 全球 (1) 大洲分布及种数(86-157)◆北美洲

Plagiobryoides【-】 J.R.Spence 真藓科属 Bryaceae 真藓科 [B-146] 全球 (uc) 大洲分布及种数(uc)

Plagiobryum【3】 Lindb. 平蒴藓属 Bryaceae 真藓科 [B-146] 全球 (6) 大洲分布及种数(9) 非洲:3;亚洲:6;大洋洲:1;欧洲:2;北美洲:3;南美洲:2

Plagiocarpus【3】 Benth. 独花腋生豆属 Fabaceae 豆科 [MD-240] 全球 (1) 大洲分布及种数(7)◆大洋洲(◆澳大利亚)

Plagioceltis Mildbr. ex Baehni = **Ampelocera**

Plagiochasma Lehm. & Lindenb. = **Plagiochasma**

Plagiochasma【3】 Sull. 紫背苔属 Aytoniaceae 疣冠苔科 [B-9] 全球 (6) 大洲分布及种数(11)非洲:4-12;亚洲:7-15;大洋洲:1-9;欧洲:1-9;北美洲:4-12;南美洲:3-11

Plagiocheilus【3】 Arn. ex DC. 斜唇菊属 ← **Chrysanthellum** Asteraceae 菊科 [MD-586] 全球 (1) 大洲分布及种数(7)◆南美洲

Plagiochila【3】 Willd. ex Lindenb. 羽苔属 ≒ **Jungermannia;Pedinophyllopsis** Plagiochilaceae 羽苔科 [B-73] 全球 (6) 大洲分布及种数(294-369)非洲:24-227;亚洲:143-368;大洋洲:44-271;欧洲:11-208;北美洲:67-267;南美洲:119-328

Plagiochilaceae Müll.Frib. = Plagiochilaceae

Plagiochilaceae【3】 Willd. ex Lindenb. 羽苔科 [B-73] 全球 (6) 大洲分布和属种数(6-7/312-604)非洲:1-4/24-233;亚洲:4-5/153-384; 大洋洲:5-6/54-287; 欧洲:1-4/11-214; 北美洲:2-4/68-274; 南美洲:2-4/120-335

Plagiochilidium【3】 Herzog 印尼羽苔属 ≒ **Tylimanthus** Plagiochilaceae 羽苔科 [B-73] 全球 (1) 大洲分布及种数(cf. 1)◆东南亚(◆印度尼西亚)

Plagiochilineae【3】 Hässel 羽苔属 Plagiochilaceae 羽苔科 [B-73] 全球 (1) 大洲分布及种数(cf. 1)◆大洋洲

Plagiochilion【3】 S.Hatt. 对羽苔属 ≒ **Jungermannia** Plagiochilaceae 羽苔科 [B-73] 全球 (6) 大洲分布及种数

(11)非洲:3;亚洲:6-9;大洋洲:5-8;欧洲:3;北美洲:1-4;南美洲:1-4
Plagiochilus Lindl. = **Chrysanthellum**
Plagiochloa Adamson & Spragü = **Tribolium**
Plagiocladus【3】Jean F.Brunel ex Petra Hoffm. 裂珠木属 ≒ **Lingelsheimia** Phyllanthaceae 叶下珠科 [MD-222] 全球 (1) 大洲分布及种数(1)◆非洲
Plagiodon St.Lag. = **Buphthalmum**
Plagiogmus Brid. = **Plagiopus**
Plagiogria (Kunze) Mett. = **Plagiogyria**
Plagiogyria【3】(Kunze) Mett. 瘤足蕨属 ← **Blechnum;Lomariopsis** Plagiogyriaceae 瘤足蕨科 [F-17] 全球 (1) 大洲分布及种数(17-47)◆亚洲
Plagiogyriaceae【3】Bower 瘤足蕨科 [F-17] 全球 (6) 大洲分布和属种数(1;hort. & cult.1)(17-67;hort. & cult.3-4)非洲:1/27;亚洲:1/17-47;大洋洲:1/27;欧洲:1/27;北美洲:1/27;南美洲:1/27
Plagiolejeunea Mizut. = **Lopholejeunea**
Plagiolirion Baker = **Urceolina**
Plagioloba Rchb. = **Hesperis**
Plagiolobium R.Sweet = **Poiretia**
Plagiolophus【3】Greenm. 斜冠菊属 Asteraceae 菊科 [MD-586] 全球(1) 大洲分布及种数(1)◆北美洲(◆墨西哥)
Plagiolytrum Nees = **Tripogon**
Plagiomnium (Kabiersch) T.J.Kop. = **Plagiomnium**
Plagiomnium【3】T.J.Kop. 匐灯藓属 ≒ **Astrophyllum** Mniaceae 提灯藓科 [B-149] 全球 (6) 大洲分布及种数(30) 非洲:8;亚洲:21;大洋洲:10;欧洲:11;北美洲:19;南美洲:6
Plagion St.Lag. = **Plagius**
Plagiopetalum【3】Rehder 偏瓣花属 ← **Allomorphia;Phyllagathis** Melastomataceae 野牡丹科 [MD-364] 全球 (1) 大洲分布及种数(cf. 1)◆亚洲
Plagiopoda (R.Br.) Spach = **Timmia**
Plagiopoda Spach = **Grevillea**
Plagiopodopsis【-】E.Britton & Hollick 珠藓科属 Bartramiaceae 珠藓科 [B-142] 全球 (uc) 大洲分布及种数(uc)
Plagiopteraceae【3】Airy-Shaw 印桐科 [MD-144] 全球 (6)大洲分布和属种数(1/1-3)非洲:1/1;亚洲:1/1-2;大洋洲:1/1;欧洲:1/1;北美洲:1/1;南美洲:1/1
Plagiopteron【3】Griff. 斜翼属 ← **Oncoba** Celastraceae 卫矛科 [MD-339] 全球 (1) 大洲分布及种数(1-2)◆亚洲
Plagiopus【3】Brid. 平珠藓属 ≒ **Bartramia** Bartramiaceae 珠藓科 [B-142] 全球 (6) 大洲分布及种数(3) 非洲:1;亚洲:2;大洋洲:1;欧洲:2;北美洲:2;南美洲:1
Plagiopyla (R.Br.) Spach = **Timmia**
Plagioracelopus G.L.Merr. = **Pogonatum**
Plagiorhegma【3】Maxim. 鲜黄连属 ← **Jeffersonia** Berberidaceae 小檗科 [MD-45] 全球 (1) 大洲分布及种数(1-2)◆亚洲
Plagiorrhiza (Pierre) H.Hallier = **Mesua**
Plagioscyphus【3】Radlk. 非洲阔患子属 Sapindaceae 无患子科 [MD-428] 全球 (1) 大洲分布及种数(10)◆非洲
Plagiosetum【3】Benth. 斜毛草属 ← **Panicum;Pennisetum;Setaria** Poaceae 禾本科 [MM-748] 全球 (1) 大洲分布及种数(1)◆大洋洲(◆澳大利亚)
Plagiosiphon【3】Harms 偏管豆属 ≒ **Hymenostegia;Monopetalanthus** Fabaceae 豆科 [MD-240] 全球 (1) 大洲分布及种数(6)◆非洲
Plagiospermum Oliv. = **Prinsepia**
Plagiospermum Pierre = **Styrax**
Plagiostachys【3】Ridl. 偏穗姜属 ← **Alpinia** Zingiberaceae 姜科 [MM-737] 全球 (1) 大洲分布及种数(8-24)◆亚洲
Plagiostemon Klotzsch = **Eremia**
Plagiostigma C.Presl = **Ficus**
Plagiostigme C.Presl = **Achyronia**
Plagiostyles【3】Pierre 球蕊戟属 ← **Daphniphyllum** Euphorbiaceae 大戟科 [MD-217] 全球 (1) 大洲分布及种数(1)◆非洲
Plagiotaxis Wall. = **Chukrasia**
Plagiotelum Solier = **Plagiosetum**
Plagiotheca【3】Chiov. 棉爵床属 Acanthaceae 爵床科 [MD-572] 全球 (1) 大洲分布及种数(1)◆非洲
Plagiotheciaceae【3】M.Fleisch. 棉藓科 [B-170] 全球 (5)大洲分布和属种数(8/94)亚洲:5/46;大洋洲:4/15;欧洲:4/22;北美洲:4/40;南美洲:3/22
Plagiotheciella【3】M.Fleisch. ex Broth. 棉藓属 ≒ **Plagiothecium** Plagiotheciaceae 棉藓科 [B-170] 全球 (1) 大洲分布及种数(1)◆北美洲
Plagiotheciopsis【2】Broth. 斜灰藓属 ≒ **Vesicularia** Hypnaceae 灰藓科 [B-189] 全球 (2) 大洲分布及种数(1) 亚洲:1;大洋洲:1
Plagiothecium (Abramova & I.I.Abramov) Z.Iwats. = **Plagiothecium**
Plagiothecium【3】Schimp. 棉藓属 ≒ **Leskea;Stereophyllum** Plagiotheciaceae 棉藓科 [B-170] 全球 (6) 大洲分布及种数(71) 非洲:18;亚洲:33;大洋洲:9;欧洲:16;北美洲:30;南美洲:19
Plagiotropis【-】F.Müll 蝶形花科属 Fabaceae3 蝶形花科 [MD-240] 全球 (uc) 大洲分布及种数(uc)
Plagistra Raf. = **Aristolochia**
Plagius【2】L´Hér. ex DC. 合肋菊属 ≒ **Chrysanthemum** Asteraceae 菊科 [MD-586] 全球 (2) 大洲分布及种数(4-6)非洲:3;亚洲:cf.1
Plagusia Lam. = **Pagesia**
Plakothira【3】J.Florence 垂镖花属 Loasaceae 刺莲花科 [MD-435] 全球 (1) 大洲分布及种数(3)◆大洋洲
Planaltina【3】R.M.Salas & E.L.Cabral 南美阔茜属 Rubiaceae 茜草科 [MD-523] 全球 (1) 大洲分布及种数(3-4)◆南美洲
Planaltoa【3】Taub. 多花修泽兰属 ← **Vernonia** Asteraceae 菊科 [MD-586] 全球 (1) 大洲分布及种数(2)◆南美洲(◆巴西)
Plananthus【-】(Forst.) P.Beauv. 石松科属 ≒ **Huperzia;Phlegmariurus** Lycopodiaceae 石松科 [F-4] 全球 (uc) 大洲分布及种数(uc)
Planarium Desv. = **Nissolia**
Planatoa Taub. = **Planaltoa**
Planaxis Raf. = **Veronica**
Planchonella【3】Pierre 山榄属 ≒ **Xantolis;Krausella;Pichonia** Sapotaceae 山榄科 [MD-357] 全球 (6) 大洲分布及种数(97-123)非洲:31-39;亚洲:26-32;大洋洲:58-80;欧洲:1-6;北美洲:6-11;南美洲:13-22
Planchonia【2】Bl. 棠玉蕊属 ≒ **Barringtonia** Lecythidaceae 玉蕊科 [MD-267] 全球 (3) 大洲分布及种

数(2-10)非洲:1-2;亚洲:1-8;大洋洲:1-3
Plancia Neck. = **Taraxacum**
Plancke Neck. = **Taraxacum**
Planea【3】 P.O.Karis 寡头帚鼠麹属 ← **Metalasia** Asteraceae 菊科 [MD-586] 全球 (1) 大洲分布及种数(1)◆非洲(◆南非)
Planema J.F.Gmel. = **Planera**
Planera Giseke = **Planera**
Planera【3】 J.F.Gmel. 沼榆属 ← **Petasites** Ulmaceae 榆科 [MD-83] 全球 (1) 大洲分布及种数(1-3)◆北美洲
Planes Shannon = **Planodes**
Planetangis【-】 Stévart & Farminhão 兰科属 Orchidaceae 兰科 [MM-723] 全球 (uc) 大洲分布及种数(uc)
Planetes Salisb. = **Ammocharis**
Planichloa【3】 B.K.Simon 偏穗禾属 Poaceae 禾本科 [MM-748] 全球 (1) 大洲分布及种数(1)◆大洋洲(◆澳大利亚)
Planocarpa【2】 C.M.Weiller 多果树属 ← **Pleiocarpa** Ericaceae 杜鹃花科 [MD-380] 全球 (3) 大洲分布及种数(3) 亚洲;大洋洲;南美洲
Planocera C.M.Weiller = **Pleiocarpa**
Planodes【3】 Greene 弯蕊芥属 ≒ **Cardamine** Brassicaceae 十字花科 [MD-213] 全球 (1) 大洲分布及种数(1-3)◆北美洲
Planops Greene = **Planodes**
Planotia【3】 Munro 脉鳞竺属 → **Neurolepis; Chusquea** Poaceae 禾本科 [MM-748] 全球 (1) 大洲分布及种数(uc)◆亚洲
Plant Herb. = **Moraea**
Plantae L. = **Plantago**
Plantaginaceae【3】 Juss. 车前科 [MD-527] 全球 (6) 大洲分布和属种数(4-5;hort. & cult.3)(407-650;hort. & cult.46-67)非洲:2-3/79-193;亚洲:2/118-243;大洋洲:2/65-181;欧洲:2-3/94-211;北美洲:3/138-248;南美洲:3-4/135-236
Plantaginastrum Heist. ex Fabr. = **Alisma**
Plantaginella Dill. ex Mönch = **Plantago**
Plantaginella Hill = **Limosella**
Plantaginorchis【3】 Szlach. 舌唇兰属 ← **Platanthera; Habenaria;Pecteilis** Orchidaceae 兰科 [MM-723] 全球 (1) 大洲分布及种数(9)属分布和种数(uc)◆非洲
Plantago Albicans Rahn = **Plantago**
Plantago【3】 L. 车前属 ≒ **Arnoglossum** Plantaginaceae 车前科[MD-527] 全球(6) 大洲分布及种数(355-455;hort.1;cult:46)非洲:78-128;亚洲:117-178;大洋洲:64-116;欧洲:93-146;北美洲:88-129;南美洲:132-169
Plantia Herb. = **Moraea**
Plantinia Bubani = **Phleum**
Planularia Forssk. = **Acrosanthes**
Planulina D´Orbigny = **Planaltina**
Plappertia Rchb. = **Ceanothus**
Plarodrigoa【3】 Looser 南美悬锦葵属 ← **Cristaria** Malvaceae 锦葵科 [MD-203] 全球 (1) 大洲分布及种数(uc)◆亚洲
Plasmodium Schott = **Arisaema**
Plaso Adans. = **Butea**
Plastenis H.Karst. = **Cocos**
Plasteurhynchium【2】 M.Fleisch. ex Broth. 亚洲阔青藓属 ≒ **Pleurozium** Brachytheciaceae 青藓科 [B-187] 全球 (3) 大洲分布及种数(3) 亚洲:1;欧洲:3;北美洲:1
Plastingia Bubani = **Phleum**
Plastolaena Pierre ex A.Chev. = **Schumanniophyton**
Platacanthus Nees = **Justicia**
Platalea L. = **Platea**
Platana L. = **Platea**
Platanaceae【3】 T.Lestib. 悬铃木科 [MD-67] 全球 (6) 大洲分布和属种数(1;hort. & cult.1)(12-26;hort. & cult.5-8)非洲:1/1-13;亚洲:1/7-20;大洋洲:1/1-14;欧洲:1/4-17;北美洲:1/12-25;南美洲:1/4-16
Platanaria Gray = **Sparganium**
Platanocarpum Korth. = **Nauclea**
Platanocarpus Korth = **Haldina**
Platanocephalus Crantz = **Morinda**
Platanocephalus Vaill. ex Crantz = **Anthocephalus**
Platanos St.Lag. = **Platanus**
Platanoxylon Hook.f. = **Pladaroxylon**
Platanthera【3】 Rich. 舌唇兰属 → **Amerorchis;Diphylax;Coeloglossum** Orchidaceae 兰科 [MM-723] 全球 (6) 大洲分布及种数(157-207;hort.1;cult: 31)非洲:14-51;亚洲:118-175;大洋洲:9-45;欧洲:12-49;北美洲:61-107;南美洲:6-41
Platantheroides Szlach. = **Habenella**
Platanus【3】 (Tourn) L. 悬铃木属 Platanaceae 悬铃木科 [MD-67] 全球 (6) 大洲分布及种数(13-14)非洲:1-13;亚洲:7-20;大洋洲:1-14;欧洲:4-17;北美洲:12-25;南美洲:4-16
Platanus J.F.Leroy = **Platanus**
Platea【3】 Bl. 肖榄属 → **Cantleya;Protea;Sphenostemon** Metteniusaceae 水螅花科 [MD-454] 全球 (1) 大洲分布及种数(9-14)◆亚洲
Plateana Salisb. = **Narcissus**
Plateilema (A.Gray) Cockerell = **Plateilema**
Plateilema【3】 Cockerell 阔封菊属 ← **Actinella; Actinea** Asteraceae 菊科 [MD-586] 全球 (1) 大洲分布及种数(1)◆北美洲
Platelea Bl. = **Platea**
Platenia H.Karst. = **Syagrus**
Platensina H.Karst. = **Syagrus**
Platessa Bl. = **Platea**
Platesthes Salisb. = **Aletris**
Plathymenia【3】 Benth. 黄木豆属 Fabaceae1 含羞草科 [MD-238] 全球 (1) 大洲分布及种数(1)◆南美洲
Platio Herb. = **Moraea**
Plato Adans. = **Erythrina**
Platolaria Raf. = **Tecoma**
Platonia Kunth = **Platonia**
Platonia【2】 Mart. 普拉藤黄属 ← **Helianthemum; Symphonia;Phyla** Clusiaceae 藤黄科 [MD-141] 全球 (2) 大洲分布及种数(2-3;hort.1)非洲:1;南美洲:1
Platostoma【3】 P.Beauv. 逐风草属 → **Acrocephalus; Dracocephalum;Mentha** Lamiaceae 唇形科 [MD-575] 全球(6)大洲分布及种数(37-47;hort.1)非洲:24-31;亚洲:20-35;大洋洲:2-8;欧洲:1-7;北美洲:6;南美洲:6
Platunum A.Juss. = **Karomia**
Platyadenia B.L.Burtt = **Henckelia**
Platyaechmea【2】 (Baker) L.B.Sm. & W.J.Kress 小头花凤梨属 ≒ **Aechmea** Bromeliaceae 凤梨科 [MM-715]

全球(4)大洲分布及种数(1)亚洲:1;大洋洲:1;北美洲:1;南美洲:1
Platycalyx N.E.Br. = **Eremia**
Platycampus Humb. & Bonpl. = **Platycarpum**
Platycapnos【3】(DC.) Bernh. 头花烟堇属 Papaveraceae 罂粟科 [MD-54] 全球 (1) 大洲分布及种数(2-4)◆欧洲
Platycaris A.V.Bobrov & Melikyan = **Cupressus**
Platycarpa Couch = **Platycarya**
Platycarpha【3】Less. 紫莲菊属 ← **Cynara** Asteraceae 菊科 [MD-586] 全球 (1) 大洲分布及种数(3-5)◆非洲
Platycarpheae V.A.Funk & H.Rob. = **Platycarpha**
Platycarphella【3】V.A.Funk & H.Rob. 化香菊属 Asteraceae 菊科 [MD-586] 全球 (1) 大洲分布及种数(1-2)◆非洲
Platycarpidium F.Müll = **Platysace**
Platycarpum【3】Humb. & Bonpl. 宽果茜属 ≒ **Henriquezia** Rubiaceae 茜草科 [MD-523] 全球 (1) 大洲分布及种数(15)◆南美洲
Platycarya【3】Sieb. & Zucc. 化香树属 ← **Gustavia** Juglandaceae 胡桃科 [MD-136] 全球 (1) 大洲分布及种数(2-5)◆亚洲
Platycaryaceae Ching = Platyceriaceae
Platycaryeae Nakai = **Platycarya**
Platycaulis【3】R.M.Schust. 南美齿萼苔属 Lophocoleaceae 齿萼苔科 [B-74] 全球 (1) 大洲分布及种数(cf. 1)◆南美洲
Platycaulos【3】H.P.Linder 尖鞘灯草属 ← **Calorophus;Hypolaena;Restio** Restionaceae 帚灯草科 [MM-744] 全球 (1) 大洲分布及种数(8-11)◆非洲
Platycelyphium【3】Harms 蓝花宽荚豆属 ← **Commiphora** Fabaceae 豆科 [MD-240] 全球 (1) 大洲分布及种数(1)◆非洲(◆肯尼亚)
Platycentrum Klotzsch = **Leandra**
Platyceriac Willemet = **Platycerium**
Platyceriaceae【2】Ching 鹿角蕨科 [F-62] 全球 (5) 大洲分布和属种数(1;hort. & cult.1)(18-30;hort. & cult.5-11) 非洲:1/11-13;亚洲:1/17-22;大洋洲:1/4-8;北美洲:1/5-6;南美洲:1/3-3
Platycerium Desv. = **Platycerium**
Platycerium【2】Willemet 鹿角蕨属 Platyceriaceae 鹿角蕨科 [F-62] 全球 (5) 大洲分布及种数(19-29;hort.1)非洲:11-13;亚洲:17-22;大洋洲:4-8;北美洲:5-6;南美洲:3
Platycha O.F.Cook = **Chamaedorea**
Platychaeta Boiss. = **Pulicaria**
Platychaete Boiss. = **Pulicaria**
Platychara B.G.Briggs & L.A.S.Johnson = **Platychorda**
Platychei O.F.Cook = **Chamaedorea**
Platycheilus Cass. = **Acourtia**
Platychilum Delaun. = **Clibadium**
Platychora B.G.Briggs & L.A.S.Johnson = **Platychorda**
Platychorda【3】B.G.Briggs & L.A.S.Johnson 少花灯草属 ← **Restio** Restionaceae 帚灯草科 [MM-744] 全球 (1) 大洲分布及种数(1-2)◆大洋洲(◆澳大利亚)
Platycladaceae A.V.Bobrov & Melikyan = Cupressaceae
Platycladia Spach = **Platycladus**
Platycladus【3】Spach 侧柏属 ← **Cupressus;Thuja;Thujopsis** Cupressaceae 柏科 [G-17] 全球 (1) 大洲分布及种数(1-2)◆亚洲
Platycleis Benth. = **Dendrochilum**
Platyclinia Benth. = **Dendrochilum**
Platyclinis Benth. = **Dendrochilum**
Platyclinium T.Moore = **Begonia**
Platycodon【3】A.DC. 桔梗属 ≒ **Daucus** Campanulaceae 桔梗科 [MD-561] 全球 (1) 大洲分布及种数(2-4)◆亚洲
Platycoryne【3】Rchb.f. 扁棒兰属 ← **Habenaria** Orchidaceae 兰科 [MM-723] 全球 (1) 大洲分布及种数(19-24)◆非洲
Platycorynoides Szlach. = **Habenaria**
Platycraspedum【3】O.E.Schulz 宽框荠属 ← **Eutrema** Brassicaceae 十字花科 [MD-213] 全球 (1) 大洲分布及种数(3)◆亚洲
Platycrater【3】Sieb. & Zucc. 蛛网萼属 Hydrangeaceae 绣球科 [MD-429] 全球 (1) 大洲分布及种数(cf. 1)◆亚洲
Platycrinus Benth. = **Dendrochilum**
Platycyamus【3】Benth. 扁豆木属 Fabaceae 豆科 [MD-240] 全球 (1) 大洲分布及种数(2)◆南美洲
Platycyparis A.V.Bobrov & Melikyan = **Cupressus**
Platydema H.Mann = **Platydesma**
Platydesma【3】H.Mann 宽带芸香属 Rutaceae 芸香科 [MD-399] 全球 (1) 大洲分布及种数(4-20)◆北美洲(◆美国)
Platydictya【2】Berk. 细柳藓属 ≒ **Amblystegiella** Plagiotheciaceae 棉藓科 [B-170] 全球 (5) 大洲分布及种数(8) 非洲:2;亚洲:5;欧洲:3;北美洲:4;南美洲:1
Platyedra Noronha ex Salisb. = **Tupistra**
Platyelasma【3】Kitag. 香薷属 ≒ **Elsholtzia** Lamiaceae 唇形科 [MD-575] 全球 (1) 大洲分布及种数(uc)◆大洋洲
Platyestes Sahsb. = **Lachenalia**
Platygloea J.Sm. = **Doryopteris**
Platyglottis L.O.Williams = **Scaphyglottis**
Platygobio Naudin = **Bryonia**
Platygonia Naud. = **Trichosanthes**
Platygyna Mercier = **Platygyna**
Platygyna【3】P.Mercier 刺痒藤属 ← **Tragia** Euphorbiaceae 大戟科 [MD-217] 全球 (1) 大洲分布及种数(6-7)◆北美洲
Platygyria【3】Ching & S.K.Wu 宽带蕨属 ← **Lepisorus;Neocheiropteris;Polypodium** Polypodiaceae 水龙骨科 [F-60] 全球 (1) 大洲分布及种数(5-6)◆亚洲
Platygyriella【2】Cardot 拟平锦藓属 ≒ **Leskea** Hypnaceae 灰藓科 [B-189] 全球 (4) 大洲分布及种数(7) 非洲:2;亚洲:4;北美洲:3;南美洲:2
Platygyrium【2】Schimp. 平锦藓属 ≒ **Regmatodon** Pylaisiadelphaceae 毛锦藓科 [B-191] 全球 (4) 大洲分布及种数(8) 非洲:1;亚洲:6;欧洲:1;北美洲:3
Platyhymenia Walp. = **Plathymenia**
Platyhynna Berg. = **Platygyna**
Platyhypnidium【3】M.Fleisch. 平灰藓属 Brachytheciaceae 青藓科 [B-187] 全球 (6) 大洲分布及种数(20) 非洲:3;亚洲:10;大洋洲:4;欧洲:7;北美洲:6;南美洲:6
Platyhypnum Löske = **Hygrohypnum**
Platyias Small & Nash = **Acrolophia**
Platykeleba N.E.Br. = **Cynanchum**

Platylejeunea (Spruce) Schiffn. = **Symbiezidium**
Platylepis 【3】 A.Rich. 阔鳞兰属 ≒ **Ascolepis** Orchidaceae 兰科 [MM-723] 全球 (6) 大洲分布及种数(16-23)非洲:12-18;亚洲:2-5;大洋洲:5-8;欧洲:1-4;北美洲:1-4;南美洲:3
Platylobium 【3】 Sm. 澳扁豆木属 Fabaceae 豆科 [MD-240] 全球 (1) 大洲分布及种数(18)◆大洋洲(◆澳大利亚)
Platyloma 【-】 J.Sm. 十字花科属 ≒ **Pellaea** Brassicaceae 十字花科 [MD-213] 全球 (uc) 大洲分布及种数(uc)
Platylomella 【3】 A.L.Andrews 北美洲阔叶藓属 ≒ **Sciaromium** Leskeaceae 薄罗藓科 [B-181] 全球 (1) 大洲分布及种数(1)◆北美洲
Platylophus 【3】 D.Don 水条梅属 ← **Centaurea; Weinmannia** Cunoniaceae 合椿梅科 [MD-255] 全球 (1) 大洲分布及种数(1)◆非洲(◆南非)
Platyluma Baill. = **Micropholis**
Platylytra Börl. = **Platymitra**
Platymenia Benth. = **Platytaenia**
Platymera H.Milne Edwards = **Platymitra**
Platymerium Bartl. ex DC. = **Platycerium**
Platymetra Noronha ex R.A.Salisbury = **Campylandra**
Platymiscium 【2】 Vogel 阔变豆属 ← **Amerimnon; Hymenolobium;Lonchocarpus** Fabaceae3 蝶形花科 [MD-240] 全球 (2) 大洲分布及种数(27-31;hort.1)北美洲:14;南美洲:16-20
Platymitium Warb. = **Dobera**
Platymitra 【3】 Börl. 宽帽花属 ← **Alphonsea** Annonaceae 番荔枝科 [MD-7] 全球 (1) 大洲分布及种数(1-2)◆亚洲
Platynectes Salisb. = **Aletris**
Platynema Schröd. = **Tristellateia**
Platyner Wight & Arn. = **Tristellateia**
Platyneuron 【2】 (Cardot) Broth. 平尾藓属 Dicranaceae 曲尾藓科 [B-128] 全球 (2) 大洲分布及种数(2) 非洲:2;南美洲:2
Platyneurum (Cardot) Broth. = **Platyneuron**
Platyodon Olsson = **Platycodon**
Platyopuntia 【3】 (Eng.) Frič & Schelle ex Kreuz. 仙人掌属 ≒ **Opuntia** Cactaceae 仙人掌科 [MD-100] 全球 (1) 大洲分布及种数(uc)属分布和种数(uc)◆南美洲
Platyosprion (Maxim.) Maxim. = **Cladrastis**
Platyostoma P.Beauv. = **Platostoma**
Platypetalum R.Br. = **Braya**
Platypholis 【3】 Maxim. 岛列当属 Orobanchaceae 列当科 [MD-552] 全球 (1) 大洲分布及种数(uc)属分布和种数(uc)◆南美洲
Platyphora B.G.Briggs & L.A.S.Johnson = **Platychorda**
Platypodanthera 【3】 R.M.King & H.Rob. 藿香蓟属 ≒ **Ageratum** Asteraceae 菊科 [MD-586] 全球 (1) 大洲分布及种数(1-2)◆南美洲
Platypodia Vog. = **Platypodium**
Platypodium 【3】 Vog. 农花生属 Fabaceae 豆科 [MD-240] 全球 (1) 大洲分布及种数(2-3)◆南美洲
Platypogon A.DC. = **Platycodon**
Platypria Uhmann = **Platygyria**
Platypsaris Kunth = **Verbesina**
Platyptelea J.Drumm. ex Harv. = **Aphanopetalum**
Platypteris Kunth = **Verbesina**
Platypterocarpus 【3】 Dunkley & Brenan 五雷木属 Celastraceae 卫矛科 [MD-339] 全球 (1) 大洲分布及种数(1)◆非洲(◆坦桑尼亚)
Platyptilia J.Drumm. ex Harv. = **Aphanopetalum**
Platypus Small & Nash = **Eulophia**
Platyraphe Miq. = **Acronema**
Platyraphium Cass. = **Cnicus**
Platyrhacus A.P.Khokhr. & V.N.Tikhom. = **Ruscus**
Platyrhaphe Miq. = **Pimpinella**
Platyrhina Barb.Rodr. = **Platyrhiza**
Platyrhiza 【3】 Barb.Rodr. 扁根兰属 Orchidaceae 兰科 [MM-723] 全球 (1) 大洲分布及种数(1-3)◆南美洲
Platyrhodon (Decne.) Hurst = **Rosa**
Platyruscus A.P.Khokhr. & V.N.Tikhom. = **Ruscus**
Platysace 【3】 Bunge 双盾芹属 ≒ **Azorella** Apiaceae 伞形科 [MD-480] 全球 (1) 大洲分布及种数(12-38)◆大洋洲
Platyschkuhria (A.Gray) Rydb. = **Platyschkuhria**
Platyschkuhria 【3】 Rydb. 盆雏菊属 ← **Bahia; Eriophyllum** Asteraceae 菊科 [MD-586] 全球 (1) 大洲分布及种数(2)◆北美洲
Platysema Benth. = **Clitoria**
Platysepalum 【3】 Welw. ex Baker 宽萼豆属 ← **Millettia** Fabaceae 豆科 [MD-240] 全球 (1) 大洲分布及种数(11-13)◆非洲
Platysma Bl. = **Podochilus**
Platysoma Benth. & Hook.f. = **Platostoma**
Platyspermation 【3】 Guillaumin 岛玉铃属 Alseuosmiaceae 岛海桐科 [MD-475] 全球 (1) 大洲分布及种数(uc)属分布和种数(uc)◆大洋洲
Platyspermum Hoffm. = **Idahoa**
Platyspiza Gould = **Platyrhiza**
Platyspora Benth. & Hook.f. = **Acrocephalus**
Platystachys K.Koch = **Tillandsia**
Platystacus K.Koch = **Acanthostachys**
Platyste Schltr. = **Platystele**
Platystele 【2】 Schltr. 阔柱兰属 ≒ **Humboldtia; Trichosalpinx** Orchidaceae 兰科 [MM-723] 全球 (3) 大洲分布及种数(123-133)亚洲:cf.1;北美洲:36-42;南美洲:109-111
Platystemma 【3】 Wall. 堇叶苣苔属 Gesneriaceae 苦苣苔科 [MD-549] 全球 (1) 大洲分布及种数(1-2)◆亚洲
Platystemon 【3】 Benth. 宽丝罂粟属 Papaveraceae 罂粟科 [MD-54] 全球 (1) 大洲分布及种数(1-58)◆北美洲
Platystemonaceae Lilja = Pteridophyllaceae
Platysternon Benth. = **Platystemon**
Platystigma 【3】 R.Br. 阔叶肖榄属 ← **Platea** Icacinaceae 茶茱萸科 [MD-450] 全球 (1) 大洲分布及种数(1-4)◆北美洲
Platysto Benth. & Hook.f. = **Platostoma**
Platystoma Benth. & Hook.f. = **Platostoma**
Platystyliparis 【3】 Marg. 覆苞兰属 ← **Stichorkis; Ypsilorchis** Orchidaceae 兰科 [MM-723] 全球 (1) 大洲分布及种数(1)◆亚洲
Platystylis Lindl. = **Liparis**
Platystylis Sw. = **Lathyrus**

Platytaenia 【3】 Kuhn 宽带蕨属 ≒ **Pilopleura** Adiantaceae 铁线蕨科 [F-35] 全球 (1) 大洲分布及种数(3-6)◆亚洲
Platytes Salisb. = **Aletris**
Platythea O.F.Cook = **Chamaedorea**
Platytheba O.F.Cook = **Chamaedorea**
Platytheca 【3】 Steetz 西孔药葎属 Elaeocarpaceae 杜英科 [MD-134] 全球 (1) 大洲分布及种数(3)◆大洋洲(◆澳大利亚)
Platythelys 【3】 Garay 阔喙兰属 ≒ **Aspidogyne; Physurus** Orchidaceae 兰科 [MM-723] 全球 (6) 大洲分布及种数(16-18)非洲:1-2;亚洲:1;大洋洲:1;欧洲:1;北美洲:7-8;南美洲:11-12
Platythyra 【3】 N.E.Br. 斗鱼花属 → **Acrodon** Aizoaceae 番杏科 [MD-94] 全球 (1) 大洲分布及种数(1)◆非洲
Platytinospora (Engl.) Diels = **Platytinospora**
Platytinospora 【3】 Diels 双子铁属 ≒ **Dioon** Menispermaceae 防己科 [MD-42] 全球 (1) 大洲分布及种数(uc)◆亚洲
Platyzamia Zucc. = **Dioon**
Platyzoma 【3】 R.Br. 卷边蕨属 ← **Gleichenia** Pteridaceae 凤尾蕨科 [F-31] 全球 (1) 大洲分布及种数(1-2)◆大洋洲(◆澳大利亚)
Platyzomataceae Nakai = Hemionitidaceae
Platzchaeta Sch.Bip. = **Orchis**
Plaubelia 【2】 Brid. 卷边藓属 ≒ **Barbula** Pottiaceae 丛藓科 [B-133] 全球 (4) 大洲分布及种数(2) 非洲:1;亚洲:1;北美洲:1;南美洲:2
Plautia Herb. = **Moraea**
Plawenia H.Karst. = **Cocos**
Plazeria Steud. = **Himatanthus**
Plazerium Kunth = **Saccharum**
Plazia 【3】 Ruiz & Pav. 脂菊木属 Asteraceae 菊科 [MD-586] 全球 (1) 大洲分布及种数(3-4)◆南美洲
Plea A.Gray = **Pelea**
Plebeia Raf. = **Webera**
Plecia Wulp = **Plenckia**
Plecocheilus Hort. = **Cleisostoma**
Pleconax 【3】 Raf. 蝇子草属 ≒ **Silene** Caryophyllaceae 石竹科 [MD-77] 全球 (1) 大洲分布及种数(uc)◆非洲
Plecosorus Fée = **Polystichum**
Plecospermum Trec. = **Maclura**
Plecostachys 【3】 Hilliard & B.L.Burtt 密头火绒草属 ← **Gnaphalium;Xeranthemum** Asteraceae 菊科 [MD-586] 全球 (1) 大洲分布及种数(2)◆非洲(◆南非)
Plecostigma Turcz. = **Gagea**
Plecotrema Raf. = **Gymnanthemum**
Plecotus O.F.Cook = **Aiphanes**
Plectaneia 【3】 Thou. 编织夹竹桃属 ≒ **Phleum** Apocynaceae 夹竹桃科 [MD-492] 全球 (1) 大洲分布及种数(3-4)◆非洲
Plectania Thou. = **Plectaneia**
Plectanthera Mart. = **Philacra**
Plectina O.F.Cook = **Aiphanes**
Plectis O.F.Cook = **Euterpe**
Plectocephalon D.Don = **Plectocephalus**
Plectocephalus 【2】 D.Don 网苞菊属 ≒ **Centaurea** Asteraceae 菊科 [MD-586] 全球 (3) 大洲分布及种数(7-10)非洲:1;北美洲:2;南美洲:3-4
Plectoceras Baill. = **Pleioceras**
Plectochilus auct. = **Thrixspermum**
Plectocolea (Mitt.) Mitt. = **Plectocolea**
Plectocolea 【3】 Mitt. 叶苔属 ≒ **Solenostoma** Jungermanniaceae 叶苔科 [B-38] 全球 (1) 大洲分布及种数(2)◆东亚(◆中国)
Plectocomia 【3】 Mart. & Bl. 钩叶藤属 ← **Calamus** Arecaceae 棕榈科 [MM-717] 全球 (1) 大洲分布及种数(4-16)◆亚洲
Plectocomiopsis 【3】 Becc. 编织藤属 ← **Calamus; Myrialepis;Palmijuncus** Arecaceae 棕榈科 [MM-717] 全球 (1) 大洲分布及种数(2-5)◆亚洲
Plectodon Pohl = **Peltodon**
Plectoglossa (Hook.f.) K.Prasad & Venu = **Habenaria**
Plectogyne Link = **Aspidistra**
Plectoma Raf. = **Utricularia**
Plectonema Schwabe,G.H. = **Zephyranthes**
Plectopoma 【-】 Hanst. 苦苣苔科属 ≒ **Sinningia** Gesneriaceae 苦苣苔科 [MD-549] 全球 (uc) 大洲分布及种数(uc)
Plectoptera Fée = **Calymmodon**
Plectopteris Fée = **Calymmodon**
Plectoptilus Hort. = **Cleisostoma**
Plectorrhiza 【3】 Dockr. 缠根兰属 ← **Cleisostoma;Sarcochilus;Thrixspermum** Orchidaceae 兰科 [MM-723] 全球 (1) 大洲分布及种数(3)◆大洋洲(◆澳大利亚)
Plectotropis Schumach. = **Vigna**
Plectrachne 【3】 Henrard 矛胶草属 ← **Triodia** Poaceae 禾本科 [MM-748] 全球 (1) 大洲分布及种数(cf. 1)◆大洋洲(◆密克罗尼西亚)
Plectranthastrum T.C.E.Fr. = **Alvesia**
Plectranthera Benth. & Hook.f. = **Luxemburgia**
Plectranthias Robins & Starck = **Plectranthus**
Plectranthrastrum T.C.E.Fr. = **Alvesia**
Plectranthrus L´Hér. = **Plectranthus**
Plectranthus Isodon Schröd. ex Benth. = **Plectranthus**
Plectranthus 【3】 L´Hér. 马刺花属 → **Aeollanthus; Isodon;Nepeta** Lamiaceae 唇形科 [MD-575] 全球 (6) 大洲分布及种数(231-368;hort.1;cult:1)非洲:202-286;亚洲:56-107;大洋洲:31-90;欧洲:2-28;北美洲:28-55;南美洲:21-47
Plectreca Raf. = **Laggera**
Plectrelgraecum 【-】 auct. 兰科属 Orchidaceae 兰科 [MM-723] 全球 (uc) 大洲分布及种数(uc)
Plectrelminthus 【3】 Raf. 蠕距兰属 → **Aerangis;Listrostachys** Orchidaceae 兰科 [MM-723] 全球 (1) 大洲分布及种数(1)◆非洲
Plectri O.F.Cook = **Euterpe**
Plectris O.F.Cook = **Aiphanes**
Plectritis 【3】 (Lindl.) DC. 距缬草属 ≒ **Peponidium** Caprifoliaceae 忍冬科 [MD-510] 全球 (1) 大洲分布及种数(10-23)◆北美洲
Plectrocarpa 【3】 Gillies ex Hook. & Arn. 距果木属 Zygophyllaceae 蒺藜科 [MD-288] 全球 (1) 大洲分布及种数(6)◆南美洲
Plectrochilus Hort. = **Cleisostoma**
Plectrocnemia Raf. = **Amaryllis**

Plectrodera Raf. = **Amaryllis**
Plectrona Cothen. = **Canthium**
Plectrone Raf. = **Zephyranthes**
Plectronema Raf. = **Zephyranthes**
Plectronia【2】L. 白簕属 ≒ **Meyna;Pavetta** Penaeaceae 管萼木科 [MD-375] 全球 (5) 大洲分布及种数(43)非洲:30;亚洲:8;大洋洲:8;欧洲:2;北美洲:3
Plectroniaceae Hiern = Columelliaceae
Plectroniella【3】Robyns 小距茜属 ← **Canthium** Rubiaceae 茜草科 [MD-523] 全球 (1) 大洲分布及种数(2)◆非洲
Plectrophora【2】H.Focke 距兰属 ← **Comparettia** Orchidaceae 兰科 [MM-723] 全球 (2) 大洲分布及种数(10-11)北美洲:1;南美洲:9-10
Plectropoma Hanst. = **Gloxinia**
Plectropterus Fée = **Calymmodon**
Plectrornis Raf. = **Delphinium**
Plectrotropis Schumach. = **Vigna**
Plectrurus Raf. = **Tipularia**
Plecturus Raf. = **Limodorum**
Plectus O.F.Cook = **Aiphanes**
Pledina Steven = **Astragalus**
Pleea【3】Michx. 芒菖蒲属 ← **Wurmbea;Tofieldia;Ardisia** Tofieldiaceae 岩菖蒲科 [MM-617] 全球 (1) 大洲分布及种数(1)◆北美洲(◆美国)
Plegmatolemma【3】Bremek. 泰国骨爵床属 Acanthaceae 爵床科 [MD-572] 全球 (1) 大洲分布及种数(uc)属分布和种数(uc)◆东南亚(◆泰国)
Plegorhiza Molina = **Limonium**
Pleiacanthus【3】(Nutt.) Rydb. 刺骨苣属 ≒ **Lygodesmia;Stephanomeria** Asteraceae 菊科 [MD-586] 全球 (1) 大洲分布及种数(1)◆北美洲(◆美国)
Pleiadelphia Stapf = **Elymandra**
Pleianthemum K.Schum. ex A.Chev. = **Desplatsia**
Pleiarina Raf. = **Salix**
Pleidae D.Don = **Pleione**
Pleienta Raf. = **Sabatia**
Pleimeris Raf. = **Gardenia**
Pleioblastus (Nakai) Murata = **Pleioblastus**
Pleioblastus【3】Nakai 苦竹属 ← **Arundinaria** Poaceae 禾本科 [MM-748] 全球 (1) 大洲分布及种数(36-45)◆亚洲
Pleiocardia【3】Greene 美国苦芥属 ≒ **Streptanthus** Brassicaceae 十字花科 [MD-213] 全球 (1) 大洲分布及种数(1)◆北美洲
Pleiocarpa【3】Benth. 多果树属 ← **Acokanthera;Hunteria;Cyathodes** Apocynaceae 夹竹桃科 [MD-492] 全球 (1) 大洲分布及种数(5-6)◆非洲
Pleiocarpidia【3】K.Schum. 繁果茜属 ≒ **Urophyllum** Rubiaceae 茜草科 [MD-523] 全球 (1) 大洲分布及种数(10-27)◆亚洲
Pleioceras【3】Baill. 多角夹竹桃属 ← **Wrightia** Apocynaceae 夹竹桃科 [MD-492] 全球 (1) 大洲分布及种数(5)◆非洲
Pleiochasia【3】(Kamienski) Barnhart 狸藻属 ≒ **Utricularia** Lentibulariaceae 狸藻科 [MD-570] 全球 (1) 大洲分布及种数(uc)◆大洋洲
Pleiochiton【3】Naudin ex A.Gray 多被野牡丹属 Melastomataceae 野牡丹科 [MD-364] 全球 (1) 大洲分布及种数(21)◆南美洲(◆巴西)
Pleiococca【3】F.Müll. 大洋洲多香橘属 Rutaceae 芸香科 [MD-399] 全球 (1) 大洲分布及种数(uc)属分布和种数(uc)◆大洋洲
Pleiocoryne【3】Rauschert 多棒茜属 ← **Gardenia;Randia** Rubiaceae 茜草科 [MD-523] 全球 (1) 大洲分布及种数(1)◆非洲
Pleiocraterium【3】Bremek. 多杯茜属 ← **Hedyotis;Oldenlandia** Rubiaceae 茜草科 [MD-523] 全球 (1) 大洲分布及种数(1-3)◆亚洲
Pleiodon Rchb. = **Bouteloua**
Pleiogynium【3】Engl. 帝汶李属 ≒ **Spondias** Anacardiaceae 漆树科 [MD-432] 全球 (1) 大洲分布及种数(2)◆亚洲
Pleiokirkia Capuron = **Kirkia**
Pleioluma【2】(Baill.) Baehni 桐山榄属 Sapotaceae 山榄科 [MD-357] 全球 (3) 大洲分布及种数(2-39)非洲:14;亚洲:2;大洋洲:1-17
Pleiomeris【3】A.DC. 桐铁仔属 ≒ **Myrsine** Primulaceae 报春花科 [MD-401] 全球 (1) 大洲分布及种数(1)◆南欧(◆西班牙)
Pleion D.Don = **Pleione**
Pleione【3】D.Don 独蒜兰属 → **Adrorhizon;Dendrochilum;Coelogyne** Orchidaceae 兰科 [MM-723] 全球 (1) 大洲分布及种数(41-63)◆亚洲
Pleioneura (C.E.Hubb.) J.B.Phipps = **Pleioneura**
Pleioneura【3】K.H.Rech. 肥皂草属 ≒ **Danthoniopsis** Caryophyllaceae 石竹科 [MD-77] 全球 (1) 大洲分布及种数(1)◆亚洲
Pleionilla【-】J.M.H.Shaw 兰科属 Orchidaceae 兰科 [MM-723] 全球 (uc) 大洲分布及种数(uc)
Pleiopseudosasa【-】M.Kobay. & Kashiwagi 禾本科属 Poaceae 禾本科 [MM-748] 全球 (uc) 大洲分布及种数(uc)
Pleiosmilax Seem. = **Smilax**
Pleiosorbus L.H.Zhou & C.Y.Wu = **Sorbus**
Pleiospermium (Engl.) Swingle = **Pleiospermium**
Pleiospermium【3】Swingle 锡兰橘属 ← **Limonia** Rutaceae 芸香科 [MD-399] 全球 (1) 大洲分布及种数(5-6)◆亚洲
Pleiospermum Schreb. = **Pterospermum**
Pleiospilos【3】N.E.Br. 对叶花属 ← **Cleretum;Punctillaria** Aizoaceae 番杏科 [MD-94] 全球 (1) 大洲分布及种数(4-7)◆非洲(◆南非)
Pleiospora【3】Harv. 皮尔豆属 ≒ **Pearsonia** Fabaceae3 蝶形花科 [MD-240] 全球 (1) 大洲分布及种数(uc)◆亚洲
Pleiostachya【3】K.Schum. 多穗竹芋属 ← **Ischnosiphon;Ichnocarpus** Marantaceae 竹芋科 [MM-740] 全球 (1) 大洲分布及种数(3)◆北美洲
Pleiostachyopiper Trel. = **Piper**
Pleiostemon Sond. = **Securinega**
Pleiosyngyne【-】Baum.Bod. 壳斗科属 Fagaceae 壳斗科 [MD-69] 全球 (uc) 大洲分布及种数(uc)
Pleiotaenia【3】J.M.Coult. & Rose 花旗芹属 Apiaceae 伞形科 [MD-480] 全球 (1) 大洲分布及种数(1)◆北美洲(◆美国)

P

Pleiotaxis【3】Steetz 多肋菊属 ≒ **Vernonia** Asteraceae 菊科 [MD-586] 全球 (1) 大洲分布及种数(35)◆非洲
Pleisolirion Raf. = **Diuranthera**
Plelis Glic. = **Peplis**
Plemasium C.Presl = **Osmunda**
Plenasium C.Presl = **Osmunda**
Plenckia【3】Reissek 杜杞木属 ← **Choisya;Glinus** Celastraceae 卫矛科 [MD-339] 全球 (1) 大洲分布及种数(4)◆南美洲
Plenopeltis Humb. & Bonpl. ex Willd. = **Pleopeltis**
Pleocarphus【3】D.Don 肾瓣麻属 Asteraceae 菊科 [MD-586] 全球 (1) 大洲分布及种数(1)◆南美洲
Pleocarpus Walp. = **Ayenia**
Pleocaulus【3】Bremek. 延苞蓝属 ≒ **Strobilanthes** Acanthaceae 爵床科 [MD-572] 全球 (1) 大洲分布及种数(3)◆亚洲
Pleochaeta Sacc. & Speg. = **Pterochaeta**
Pleocnemia【3】C.Presl 黄腺羽蕨属 ≒ **Dryopteris** Dryopteridaceae 鳞毛蕨科 [F-49] 全球 (1) 大洲分布及种数(21-24)◆亚洲
Pleodendron【3】Van Tiegh. 多瓣樟属 ← **Cinnamodendron** Canellaceae 白樟科 [MD-9] 全球 (1) 大洲分布及种数(3)◆北美洲
Pleogyne【3】Miers ex Benth. 澳防已属 Menispermaceae 防已科 [MD-42] 全球 (1) 大洲分布及种数(1)◆大洋洲(◆澳大利亚)
Pleomele【3】Salisb. 剑叶木属 ← **Dracaena;Draba** Asparagaceae 天门冬科 [MM-669] 全球 (6) 大洲分布及种数(49-51)非洲:32-38;亚洲:29-35;大洋洲:7-13;欧洲:6;北美洲:12-18;南美洲:6
Pleomete Salisb. = **Pleomele**
Pleonotoma【3】Miers 多节花属 ← **Adenocalymma** Bignoniaceae 紫葳科 [MD-541] 全球 (1) 大洲分布及种数(1)◆北美洲
Pleopadium Raf. = **Croton**
Pleopeltis (C.Presl) T.Moore = **Pleopeltis**
Pleopeltis【3】Humb. & Bonpl. ex Willd. 百生蕨属 → **Arthromeris;Martinella;Phymatopteris** Polypodiaceae 水龙骨科 [F-60] 全球 (1) 大洲分布及种数(34-41)◆亚洲
Pleopis O.F.Cook = **Aiphanes**
Pleopltis Humb. & Bonpl. ex Willd. = **Pleopeltis**
Pleopodium【2】Schelpe & N.C.Anthony 槲基蕨属 ≒ **Polypodium** Polypodiaceae 水龙骨科 [F-60] 全球 (2) 大洲分布及种数(uc)北美洲;南美洲
Pleopogon Nutt. = **Lycurus**
Pleorothyrium Endl. = **Urbanodendron**
Pleospora Starbäck = **Pterospora**
Pleotheca Wall. = **Spiradiclis**
Plepel Michx. = **Pleea**
Pleradenophora【3】Esser 多腺桕属 Euphorbiaceae 大戟科 [MD-217] 全球 (1) 大洲分布及种数(4-5)◆北美洲(◆墨西哥)
Pleragina Arruda = **Licania**
Plerandra (N.E.Br.) Lowry,G.M.Plunkett & Frodin = **Plerandra**
Plerandra【3】A.Gray 洋鹅掌柴属 ≒ **Aralia** Araliaceae 五加科 [MD-471] 全球 (1) 大洲分布及种数(28-30)◆大洋洲
Plerandropsis R.Vig. = **Trevesia**
Plerodia Schiffner = **Pleurozia**
Pleroma【-】D.Don野牡丹科属 ≒ **Tibouchina;Perama** Melastomataceae 野牡丹科 [MD-364] 全球 (uc) 大洲分布及种数(uc)
Plerospermum Hoffm. = **Pleurospermum**
Plerotheca Wall. = **Spiradiclis**
Pleruospermum Schreb. = **Pterospermum**
Plesiagopus Raf. = **Xenostegia**
Plesiatropha【-】Pierre 大戟科属 ≒ **Mildbraedia;Croton** Euphorbiaceae 大戟科 [MD-217] 全球 (uc) 大洲分布及种数(uc)
Plesilia Raf. = **Stylisma**
Plesina Raf. = **Utricularia**
Plesioneuron (Holttum) Holttum = **Cyclosorus**
Plesiopsora Raf. = **Scabiosa**
Plesisa Raf. = **Utricularia**
Plesmonium Schott = **Amorphophallus**
Plestiodon Rchb. = **Bouteloua**
Plethadenia【3】Urb. 花椒属 ← **Zanthoxylum** Rutaceae 芸香科 [MD-399] 全球 (1) 大洲分布及种数(1-2)◆北美洲(◆多米尼加)
Plethiandra【3】Hook.f. 群雄野牡丹属 Melastomataceae 野牡丹科 [MD-364] 全球 (1) 大洲分布及种数(1-9)◆亚洲
Plethiosphace (Benth.) Opiz = **Salvia**
Plethodon Cooper = **Peltodon**
Plethostephia Miers = **Cordia**
Plethotaenia J.M.Coult. & Rose = **Pleiotaenia**
Plethyrsis Raf. = **Zantedeschia**
Plettkea【3】Mattf. 卧漆姑属 ← **Pycnophyllum** Caryophyllaceae 石竹科 [MD-77] 全球 (1) 大洲分布及种数(cf. 1)◆南美洲(◆秘鲁)
Pleucephyllum A.Gray = **Pleurophyllum**
Pleudia Raf. = **Salvia**
Pleuostegia Hook.f. & Thoms. = **Pileostegia**
Pleurachne Schröd. = **Ficus**
Pleuradena Raf. = **Euphorbia**
Pleuradenia Raf. = **Collinsonia**
Pleuraloma Plowes = **Caralluma**
Pleurandra Labill. = **Hibbertia**
Pleurandra Raf. = **Gaura**
Pleurandropsis【3】Baill. 星南香属 ≒ **Asterolasia** Rutaceae 芸香科 [MD-399] 全球 (1) 大洲分布及种数(uc)◆大洋洲
Pleurandros Labill. = **Hibbertia**
Pleuranthe Salisb. = **Leucadendron**
Pleuranthemum (Pichon) Pichon = **Hunteria**
Pleuranthium【-】(Rchb.f.) Benth. 兰科属 ≒ **Camaridium** Orchidaceae 兰科 [MM-723] 全球 (uc) 大洲分布及种数(uc)
Pleuranthodendron【3】L.O.Williams 拟哈氏椴属 ← **Hasseltia** Salicaceae 杨柳科 [MD-123] 全球 (1) 大洲分布及种数(1)◆北美洲
Pleuranthodes【3】Weberbaür 鼠李科属 Rhamnaceae 鼠李科 [MD-331] 全球 (1) 大洲分布及种数(uc)◆欧洲
Pleuranthodium【2】(K.Schum.) R.M.Sm. 垂序姜属 ≒ **Allionia** Zingiberaceae 姜科 [MM-737] 全球 (2) 大洲

分布及种数(23-24)非洲:21;大洋洲:2
Pleuranthus Rich ex Pers. = **Dulichium**
Pleuraphis Torr. = **Hilaria**
Pleurastis Raf. = **Nerine**
Pleureia Raf. = **Psychotria**
Pleuremidis Raf. = **Gardenia**
Pleurendotria Raf. = **Lithophragma**
Pleurenodon Raf. = **Hypericum**
Pleuriarum Nakai = **Arisaema**
Pleuricospora【3】A.Gray 黄晶兰属 Ericaceae 杜鹃花科 [MD-380] 全球 (1) 大洲分布及种数(1-3)◆北美洲
Pleuridiaceae Ching = Pteridiaceae
Pleuridiella【3】H.Rob. 卷尾藓属 Ditrichaceae 牛毛藓科 [B-119] 全球 (1) 大洲分布及种数(uc)◆亚洲
Pleuridiopsis (Müll.Hal.) Paris = **Pleuroziopsis**
Pleuriditrichum【3】A.L.Andrews & F.J.Herm. 聚毛藓属 Ditrichaceae 牛毛藓科 [B-119] 全球 (1) 大洲分布及种数(1)◆北美洲
Pleuridium【3】(Pr.) Fée 丛毛藓属 ≒ **Niphidium** Ditrichaceae 牛毛藓科 [B-119] 全球(6) 大洲分布及种数(34) 非洲:6;亚洲:5;大洋洲:11;欧洲:2;北美洲:12;南美洲:13
Pleurima Raf. = **Campanula**
Pleurimaria B.D.Jacks. = **Blackstonia**
Pleurimaria Raf. = **Chlora**
Pleuripetalum Becc. ex T.Durand = **Anaxagorea**
Pleurisanthaceae Van Tiegh. = Kirkiaceae
Pleurisanthes【3】Baill. 巴西茶茱萸属 ← **Mappia; Pterisanthes** Icacinaceae 茶茱萸科 [MD-450] 全球 (1) 大洲分布及种数(6-7)◆南美洲
Pleuroblepharis Baill. = **Crossandra**
Pleuroblepharon Kunze ex Rchb. = **Crossandra**
Pleurobotryum【3】Barb.Rodr. 腋花兰属 ≒ **Pleurothallis** Orchidaceae 兰科 [MM-723] 全球 (1) 大洲分布及种数(1)◆南美洲
Pleurobryaceae Schimp. = Pterobryaceae
Pleurocalyptus【3】Brongn. & Gris 盖缨木属 ← **Xanthostemon** Myrtaceae 桃金娘科 [MD-347] 全球 (1) 大洲分布及种数(2)◆大洋洲(◆美拉尼西亚)
Pleurocarpaea【3】Benth. 少花糙毛菊属 Asteraceae 菊科 [MD-586] 全球 (1) 大洲分布及种数(3)◆大洋洲(◆澳大利亚)
Pleurocarpus Klotzsch = **Melanopsidium**
Pleurocatena Raf. = **Aconogonon**
Pleurochaenia Griseb. = **Tamonea**
Pleurochaeta Lindb. = **Pleurochaete**
Pleurochaete【2】Lindb. 侧出藓属 Ephemeraceae 夭命藓科 [B-135] 全球 (5) 大洲分布及种数(5) 非洲:3;亚洲:2;欧洲:1;北美洲:2;南美洲:3
Pleurochloris A.Camus = **Chloris**
Pleurocitrus T.Tanaka = **Citrus**
Pleuroclada【2】(Hook.) Spruce 大萼苔属 Cephaloziaceae 大萼苔科 [B-52] 全球 (3) 大洲分布及种数(cf.1) 亚洲;欧洲;北美洲
Pleurocladopsis【3】(C.Massal.) R.M.Schust. 南美歧舌苔属 Schistochilaceae 歧舌苔科 [B-34] 全球 (1) 大洲分布及种数(1)◆南美洲
Pleurocladula【2】Grolle 侧枝苔属 Cephaloziaceae 大萼苔科 [B-52] 全球 (3) 大洲分布及种数(cf.1) 亚洲;欧洲;北美洲
Pleurocoffea Baill. = **Coffea**
Pleurocornis R.M.King & H.Rob. = **Pleurocoronis**
Pleurocoronis【3】R.M.King & H.Rob. 侧冠菊属 ← **Eupatorium** Asteraceae 菊科 [MD-586] 全球 (1) 大洲分布及种数(3)◆北美洲
Pleurocybella Ikonn. = **Lomatogonium**
Pleuroderris【2】Maxon 纵毛蕨属 ≒ **Polypodium** Dryopteridaceae 鳞毛蕨科 [F-49] 全球 (3) 大洲分布及种数(cf.) 欧洲;北美洲;南美洲
Pleurodesmia Arn. = **Wormskioldia**
Pleurodiscus Hook. = **Laccodiscus**
Pleurofossa【-】Nakai ex H.Itô 凤尾蕨科属 ≒ **Monogramma** Pteridaceae 凤尾蕨科 [F-31] 全球 (uc) 大洲分布及种数(uc)
Pleurogenes Raf. = **Prosopis**
Pleurogonium【-】(C.Presl) Lindl. 水龙骨科属 Polypodiaceae 水龙骨科 [F-60] 全球 (uc) 大洲分布及种数(uc)
Pleurogramma J.Sm. = **Pleurogramme**
Pleurogramme【-】(Bl. ex Bl.) C.Presl 水龙骨科属 ≒ **Taenitis;Monogramma** Polypodiaceae 水龙骨科 [F-60] 全球 (uc) 大洲分布及种数(uc)
Pleurogyna【3】Eschsch. ex Cham. & Schlecht. 密序肋柱花属 → **Lomatogonium** Gentianaceae 龙胆科 [MD-496] 全球 (1) 大洲分布及种数(1)◆亚洲
Pleurogyne【3】Griseb. 密序肋柱花属 Gentianaceae 龙胆科 [MD-496] 全球 (1) 大洲分布及种数(2)◆亚洲
Pleurogynella【3】Ikonn. 肋柱花属 ≒ **Lomatogonium** Gentianaceae 龙胆科 [MD-496] 全球 (1) 大洲分布及种数(uc)◆大洋洲
Pleurolobus【-】J.St.Hil. 豆科属 ≒ **Desmodium; Hylodesmum** Fabaceae 豆科 [MD-240] 全球 (uc) 大洲分布及种数(uc)
Pleuromanes (C.Presl) C.Presl = **Pleuromanes**
Pleuromanes【3】C.Presl 边内脉蕨属 Hymenophyllaceae 膜蕨科 [F-21] 全球 (1) 大洲分布及种数(1)◆东亚(◆中国)
Pleuromenes Raf. = **Acacia**
Pleuromya D.Don = **Tibouchina**
Pleuronema Raf. = **Zephyranthes**
Pleuronura Labill. = **Dillenia**
Pleuropappus【3】F.Müll. 齿鳞鼠麹草属 ≒ **Angianthus** Asteraceae 菊科 [MD-586] 全球 (1) 大洲分布及种数(1)◆大洋洲(◆澳大利亚)
Pleuropetalon Bl. = **Citronella**
Pleuropetalum Benth. & Hook.f. = **Pleuropetalum**
Pleuropetalum【2】Hook.f. 多脉苋属 Amaranthaceae 苋科 [MD-116] 全球 (2) 大洲分布及种数(3-6)北美洲:2;南美洲:2
Pleurophascaceae【3】Broth. 基节藓科 [B-136] 全球 (1) 大洲分布和属种数(1/3)◆大洋洲
Pleurophascum【3】Lindb. 澳脉藓属 Pleurophascaceae 基节藓科 [B-136] 全球 (1) 大洲分布及种数(uc)◆大洋洲
Pleurophoma Höhnel = **Pleurophora**
Pleurophopsis Kindb. ex E.Britton = **Pleuroziopsis**
Pleurophora【3】D.Don 草薇属 ← **Lythrum** Lythraceae 千屈菜科 [MD-333] 全球 (1) 大洲分布及种

P

数(12-14)◆南美洲
Pleurophorus Panzer = **Pleurophora**
Pleurophragma Rydb. = **Thelypodium**
Pleurophyllum【3】Hook.f. 纵脉菀属 Asteraceae 菊科 [MD-586] 全球 (1) 大洲分布及种数◆北美洲
Pleuroplitis Regel = **Arthraxon**
Pleuropogon (Nees) P.But = **Pleuropogon**
Pleuropogon【3】R.Br. 旗号草属 ← **Melica** Poaceae 禾本科 [MM-748] 全球 (1) 大洲分布及种数(6-47)◆北美洲
Pleuropterantha【3】Franch. 双翼苋属 Amaranthaceae 苋科 [MD-116] 全球 (1) 大洲分布及种数(1-3)◆非洲
Pleuropteropyrum【-】Gross 蓼科属 ≒ **Aconogonum; Persicaria** Polygonaceae 蓼科 [MD-120] 全球 (uc) 大洲分布及种数(uc)
Pleuropterus Turcz. = **Polygonum**
Pleuropus (Müll.Hal.) Broth. = **Pleuropus**
Pleuropus【2】Griff. 褶叶藓属 ≒ **Palamocladium** Brachytheciaceae 青藓科 [B-187] 全球 (3) 大洲分布及种数(3) 非洲:2;亚洲:2;欧洲:1
Pleuropyllum Hook.f. = **Pleurophyllum**
Pleurorthotrichum【3】Broth. 智利木灵藓属 ≒ **Orthotrichum** Orthotrichaceae 木灵藓科 [B-151] 全球 (1) 大洲分布及种数(2)◆南美洲
Pleuroschisma Dum. = **Bazzania**
Pleurosoriopsidaceae【3】Kurita & Ikebe ex Ching 睫毛蕨科 [F-44] 全球 (1) 大洲分布和属种数(1/1)◆亚洲
Pleurosoriopsis【3】(Maxim. ex Makino) Fomin 睫毛蕨属 ≒ **Anogramma** Polypodiaceae 水龙骨科 [F-60] 全球 (1) 大洲分布及种数(cf. 1)◆亚洲
Pleurosorus【3】Fée 铁边蕨属 Aspleniaceae 铁角蕨科 [F-43] 全球 (1) 大洲分布及种数(1-3)◆大洋洲(◆澳大利亚)
Pleurospa Raf. = **Dracontium**
Pleurospermopsis【3】C.Norman 簇苞芹属 ← **Pleurospermum** Apiaceae 伞形科 [MD-480] 全球 (1) 大洲分布及种数(cf. 1)◆亚洲
Pleurospermum【3】Hoffm. 棱子芹属 ← **Ligusticum; Physospermopsis;Pleurospermopsis** Apiaceae 伞形科 [MD-480] 全球 (6) 大洲分布及种数(49-55)非洲:1-9;亚洲:47-65;大洋洲:8;欧洲:3-11;北美洲:8;南美洲:8
Pleurostachys (Benth. & Hook.f.) H.Pfeiff. = **Pleurostachys**
Pleurostachys【3】Brongn. 棱穗莎属 ≒ **Chaetospora** Cyperaceae 莎草科 [MM-747] 全球 (1) 大洲分布及种数(37-49)◆南美洲
Pleuroste Raf. = **Polygonum**
Pleurostelma Baill. = **Schlechterella**
Pleurostemon Raf. = **Crepis**
Pleurostena Raf. = **Polygonum**
Pleurostigma Hochst. = **Bouchea**
Pleurostima Raf. = **Barbacenia**
Pleurostylia【2】Wight & Arn. 盾柱榄属 ← **Celastrus; Euonymus** Celastraceae 卫矛科 [MD-339] 全球 (3) 大洲分布及种数(7-8)非洲:6-7;亚洲:1;大洋洲:1
Pleurostylis Walp. = **Pleurostylia**
Pleurotaceae Kühner = Pleuroziaceae
Pleurotaenia Hohen. ex Benth. & Hook.f. = **Peucedanum**
Pleurothallis (Barb.Rodr.) Cogn. = **Pleurothallis**
Pleurothallis【3】R.Br. 腋花兰属 → **Bulbophyllum; Epidendrum;Notylia** Orchidaceae 兰科 [MM-723] 全球 (1) 大洲分布及种数(942-1023)◆南美洲(◆巴西)
Pleurothallopsis【3】Porto & Brade 肋兰属 ← **Barbosella;Restrepiopsis** Orchidaceae 兰科 [MM-723] 全球 (1) 大洲分布及种数(18-19)◆南美洲
Pleurothecium Nees = **Pleurothyrium**
Pleurothelium Nees = **Pleurothyrium**
Pleurothyrium【3】Nees 蚁心樟属 ← **Nectandra; Ocotea;Urbanodendron** Lauraceae 樟科 [MD-21] 全球 (6)大洲分布及种数(50-51)非洲:1;亚洲:1;大洋洲:1;欧洲:1;北美洲:16-17;南美洲:37-39
Pleurotopsis Kindb. ex E.Britton = **Pleuroziopsis**
Pleurotropis Schumach. = **Vigna**
Pleurotus【-】(Fr.) P.Kumm. 紫叶苔科属 ≒ **Palamocladium** Pleuroziaceae 紫叶苔科 [B-85] 全球 (uc) 大洲分布及种数(uc)
Pleuroweisia Limpr. ex Schlieph. = **Molendoa**
Pleuroweisieae Limpr. = **Molendoa**
Pleuroxus W.Griff. = **Pleuropus**
Pleurozia Constantifoliae B.Thiers = **Pleurozia**
Pleurozia【3】Schiffner 紫叶苔属 ≒ **Jungermannia** Pleuroziaceae 紫叶苔科 [B-85] 全球 (6) 大洲分布及种数(8-9)非洲:5;亚洲:6-12;大洋洲:3-8;欧洲:5;北美洲:3-8;南美洲:5
Pleuroziaceae Müll.Frib. = Pleuroziaceae
Pleuroziaceae【3】Schiffner 紫叶苔科 [B-85] 全球 (6) 大洲分布和属种数(1/7-13)非洲:1/5;亚洲:1/6-12;大洋洲:1/3-8;欧洲:1/5;北美洲:1/3-8;南美洲:1/5
Pleuroziopsaceae Ireland = Climaciaceae
Pleuroziopsidaceae Ireland = Climaciaceae
Pleuroziopsis【2】Kindb. ex E.Britton 树藓属 Climaciaceae 万年藓科 [B-177] 全球 (2) 大洲分布及种数(1) 亚洲:1;北美洲:1
Pleurozipsis Kindb. ex E.Britton = **Pleuroziopsis**
Pleurozium【3】(Sull.) Mitt. 赤茎藓属 ≒ **Thuidium** Hylocomiaceae 塔藓科 [B-193] 全球 (6) 大洲分布及种数(3) 非洲:1;亚洲:1;大洋洲:1;欧洲:1;北美洲:1;南美洲:2
Pleurozygodon Lindb. = **Anoectangium**
Pleurozygodontopsis Dixon = **Zygodon**
Pleuteron Raf. = **Capparis**
Plexaura Endl. = **Bulbophyllum**
Plexaure Endl. = **Sarcochilus**
Plexinium Raf. = **Androcymbium**
Plexipus【3】Raf. 棱马鞭草属 ← **Bouchea;Chascanum** Verbenaceae 马鞭草科 [MD-556] 全球 (1) 大洲分布及种数(10-11)◆非洲
Plexistena Raf. = **Allium**
Plica L. = **Myrsine**
Plicanthus【2】(Stephani) R.M.Schust. 褶萼苔属 Anastrophyllaceae 挺叶苔科 [B-60] 全球 (4) 大洲分布及种数(5)非洲:2;亚洲:3;大洋洲:2;北美洲:1
Plicaria Rehm ex Gamundí = **Picria**
Plicatella【-】M.Fleisch. 孢芽藓科属 Sorapillaceae 孢芽藓科 [B-212] 全球 (uc) 大洲分布及种数(uc)
Plicosepalus【3】Van Tiegh. 蔓茎寄生属 ← **Loranthus; Tapinostemma** Loranthaceae 桑寄生科 [MD-415] 全球 (1) 大洲分布及种数(12)◆非洲

Plicouratea【3】 Van Tiegh. 番金莲木属 ≒ **Ouratea; Palicourea** Ochnaceae 金莲木科 [MD-104] 全球 (1) 大洲分布及种数(cf. 1)◆南美洲
Plicula Raf. = **Iochroma**
Plilopteris Hance = **Monachosorum**
Plinia Blanco = **Plinia**
Plinia【3】 L. 树番樱属 → **Calyptranthes;Marlierea; Siphoneugena** Myrtaceae 桃金娘科 [MD-347] 全球 (6) 大洲分布及种数(76-86)非洲:1-11;亚洲:6-16;大洋洲:10;欧洲:10;北美洲:32-49;南美洲:49-62
Plinthanthesis【3】 Steud. 干花扁芒草属 ≒ **Triodia; Danthonia** Poaceae 禾本科 [MM-748] 全球 (1) 大洲分布及种数(3)◆大洋洲
Plinthine Rchb. = **Arenaria**
Plinthocroma Dulac = **Rhododendron**
Plinthus【3】 Fenzl 鳞叶番杏属 Aizoaceae 番杏科 [MD-94] 全球 (1) 大洲分布及种数(4)◆非洲
Pliogynopsis P. & K. = **Spondias**
Pliomera A.Gray = **Hymenoxys**
Plnmeria Heist. ex Fabr. = **Eriophorum**
Ploca Lour ex Gomes = **Bagassa**
Plocaglottis Steud. = **Plocoglottis**
Plocama (Lincz.) F.O.Khass. = **Plocama**
Plocama【3】 Ait. 卷毛茜属 ≒ **Ernodea** Rubiaceae 茜草科 [MD-523] 全球 (1) 大洲分布及种数(1-13)◆欧洲
Plocandra E.Mey. = **Chironia**
Plocaniophyllon【3】 Brandegee 北美洲茜属 ← **Deppea** Rubiaceae 茜草科 [MD-523] 全球 (1) 大洲分布及种数(1)◆北美洲
Ploceus Müller = **Blumea**
Plocoglottis【3】 Bl. 卷舌兰属 ← **Alismorchis;Pinalia** Orchidaceae 兰科 [MM-723] 全球 (1) 大洲分布及种数(3-32)◆亚洲
Plocosperma【3】 Benth. 戴缨木属 Plocospermataceae 戴缨木科 [MD-495] 全球 (1) 大洲分布及种数(1)◆北美洲
Plocospermataceae【3】 Hutch. 戴缨木科 [MD-495] 全球 (1) 大洲分布和属种数(1/1)◆非洲
Plocostemma Bl. = **Hoya**
Ploesslia Endl. = **Boswellia**
Plohophorus Phil. = **Podophorus**
Ploiaria Korth. = **Ploiarium**
Ploiarium【3】 Korth. 银丝茶属 ← **Archytaea;Prunus** Bonnetiaceae 泽茶科 [MD-102] 全球 (1) 大洲分布及种数(2-6)◆亚洲
Ploiarum【-】 Korth. 山茶科属 Theaceae 山茶科 [MD-168] 全球 (uc) 大洲分布及种数(uc)
Plokiostigma【3】 Schuch. 野烛花属 ≒ **Stackhousia** Celastraceae 卫矛科 [MD-339] 全球 (1) 大洲分布及种数(uc)◆大洋洲
Plostaxis Raf. = **Polygala**
Plotea Cothen. = **Plotia**
Plotia【-】 Adans. 紫金牛科属 ≒ **Myrsine** Myrsinaceae 紫金牛科 [MD-389] 全球 (uc) 大洲分布及种数(uc)
Plottzia Arn. = **Paronychia**
Plowmania【3】 Hunz. & Subils 普洛曼茄属 ≒ **Polygala** Solanaceae 茄科 [MD-503] 全球 (1) 大洲分布及种数(1)◆北美洲(◆墨西哥)
Plowmanianthus【3】 Faden & C.R.Hardy 花跖草属 Commelinaceae 鸭跖草科 [MM-708] 全球 (1) 大洲分布及种数(3)◆南美洲
Ploygonum L. = **Polygonum**
Plu Ludw. = **Valeriana**
Pluchea (DC.) A.Gray = **Pluchea**
Pluchea【3】 Cass. 阔苞菊属 → **Allopterigeron; Baccharis;Blumea** Asteraceae 菊科 [MD-586] 全球 (6) 大洲分布及种数(65-90;hort.1)非洲:24-31;亚洲:24-32;大洋洲:11-25;欧洲:8-14;北美洲:18-25;南美洲:17-23
Plucheeae Anderb. = **Pluchea**
Pluchia Vell. = **Diclidanthera**
Pluechea Zoll. = **Pluchea**
Plukeneitia L. = **Plukenetia**
Plukenetia (Hassk.) Benth. & Hook.f. = **Plukenetia**
Plukenetia【3】 L. 星油藤属 → **Mallotus;Aidia** Euphorbiaceae 大戟科 [MD-217] 全球 (6) 大洲分布及种数(18-23)非洲:5-25;亚洲:4-23;大洋洲:17;欧洲:17;北美洲:5-22;南美洲:14-32
Plukenetieae Hutch. = **Plukenetia**
Pluknetia L. = **Plukenetia**
Plumana Giseke = **Aframomum**
Plumare Heist. ex Fabr. = **Eriophorum**
Plumaria Bubani = **Eriophorum**
Plumaria Opiz = **Dianthus**
Plumariop Heist. ex Fabr. = **Eriophorum**
Plumarius Heist. ex Fabr. = **Androtrichum**
Plumatichilos【3】 Szlach. 翅柱兰属 ≒ **Pterostylis** Orchidaceae 兰科 [MM-723] 全球 (1) 大洲分布及种数(9)◆大洋洲
Plumatistylis【-】 J.M.H.Shaw 兰科属 Orchidaceae 兰科 [MM-723] 全球 (uc) 大洲分布及种数(uc)
Plumbagella【3】 Spach 鸡娃草属 ← **Plumbago** Plumbaginaceae 白花丹科 [MD-227] 全球 (1) 大洲分布及种数(cf. 1)◆亚洲
Plumbagidium Spach = **Plumbago**
Plumbaginaceae【3】 Juss. 白花丹科 [MD-227] 全球 (6) 大洲分布和属种数(22-23;hort. & cult.9-10)(601-1421;hort. & cult.101-190)非洲:11/150-217;亚洲:16-18/231-508;大洋洲:6-8/27-44;欧洲:7/288-450;北美洲:6-8/70-87;南美洲:5-8/27-38
Plumbaginella Ledeb. = **Plumbagella**
Plumbago【3】 Tourn. ex L. 蓝雪属 → **Ceratostigma** Plumbaginaceae 白花丹科 [MD-227] 全球 (6) 大洲分布及种数(26-30)非洲:17-21;亚洲:5-9;大洋洲:3-6;欧洲:4-7;北美洲:6-8;南美洲:8-10
Plumea Lunan = **Pluchea**
Plumeha Lunan = **Guarea**
Plumena Greene = **Rubus**
Plumeria【3】 L. 鸡蛋花属 → **Himatanthus;Pouteria** Apocynaceae 夹竹桃科 [MD-492] 全球 (1) 大洲分布及种数(18-29)◆北美洲
Plumeriaceae Horan. = Gelsemiaceae
Plumerii L. = **Plumeria**
Plumiera Adans. = **Plumeria**
Plumieri L. = **Plumeria**
Plumieria G.A.Scop. = **Plumeria**
Plumiert L. = **Plumeria**
Plummera A.Gray = **Hymenoxys**

Plummerita L. = **Plumeria**
Plumosipappus Czerep. = (接受名不详) Asteliaceae
Plumularia Heist. ex Fabr. = **Androtrichum**
Pluridens Neck. = **Bidens**
Plurimaria Raf. = **Moronobea**
Plutarchia【3】A.C.Sm. 烟花莓属 ← **Ceratostema** Ericaceae 杜鹃花科 [MD-380] 全球 (1) 大洲分布及种数(11)◆南美洲
Plutea Nor. = **Platea**
Pluteac Lunan = **Guarea**
Pluteaceae Juss. = Proteaceae
Pluto Adans. = **Erythrina**
Plutonia Nor. = **Platonia**
Plutonopuntia【-】P.V.Heath 仙人掌科属 Cactaceae 仙人掌科 [MD-100] 全球 (uc) 大洲分布及种数(uc)
Pluvianthus【3】(Stephani) R.M.Schust. & A.Schäfer-Verwimp 阔鳞苔属 ≒ **Strepsilejeunea** Lejeuneaceae 细鳞苔科 [B-84] 全球 (1) 大洲分布及种数(1)◆南美洲(◆巴西)
Plygonum L. = **Polygonum**
Pneumaria Hill = **Mertensia**
Pneumatopteris【2】Nakai 稀毛蕨属 ← **Cyclosorus; Nephrodium** Thelypteridaceae 金星蕨科 [F-42] 全球 (4) 大洲分布及种数(11-45;hort.1)非洲:7-9;亚洲:5-23;大洋洲:1-14;北美洲:3-4
Pneumonanthe Gilib. = **Gentiana**
Pneumonanthopsis (Griseb.) Miq. = **Voyria**
Pneuumatopteris Nakai = **Pneumatopteris**
Poa (Asch. & Graebn.) Chrtek & V.Jirásek = **Poa**
Poa【3】L. 早熟禾属 → **Wangenheimia;Boea; Arctodupontia** Poaceae 禾本科 [MM-748] 全球 (1) 大洲分布及种数(190-461)◆南美洲(◆巴西)
Poaceae【3】Barnhart 禾本科 [MM-748] 全球 (6) 大洲分布和属种数(788-870;hort. & cult.208-234)(12324-23106;hort. & cult.906-1364)非洲:347-542/3484-7505;亚洲:388-515/5586-10142;大洋洲:266-456/2367-6224;欧洲:166-395/1523-5265;北美洲:341-478/3509-7364;南美洲:281-471/4105-7818
Poacites Lindl. = **Pachites**
Poacymum Baill. = **Gymnema**
Poacynum Baill. = **Gymnema**
Poaephyllum【3】Ridl. 禾兰属 ← **Agrostophyllum** Orchidaceae 兰科 [MM-723] 全球 (1) 大洲分布及种数(5-8)◆亚洲
Poagris Raf. = **Poa**
Poagrostis Stapf = **Pentameris**
Poanae Macfarlane,Terry Desmond & Watson,Leslie = **Vatica**
Poarchon Allemão = **Trimezia**
Poarchon Mart ex Seub. = **Abolboda**
Poarion Rchb. = **Rostraria**
Poarium Desv. ex Ham. = **Stemodia**
Pobeguinea (Stapf) Jacq.Fél. = **Anadelphia**
Pochonia Pierre = **Pichonia**
Pocilla【3】Fourr. 婆婆纳属 ≒ **Veronica** Scrophulariaceae 玄参科 [MD-536] 全球 (1) 大洲分布及种数(uc)◆非洲
Pococera Ser. = **Medicago**
Pocockia Ser. = **Medicago**
Pocris L. = **Pieris**
Pocsiella【3】Bizot 坦桑曲尾藓属 Dicranaceae 曲尾藓科 [B-128] 全球 (1) 大洲分布及种数(1)◆非洲
Poculodiscus Danguy & Choux = **Plagioscyphus**
Podachaenium【3】Benth. 白花冠鳞菊属 ← **Aspilia; Verbesina;Squamopappus** Asteraceae 菊科 [MD-586] 全球 (1) 大洲分布及种数(5-6)◆北美洲
Podachenium Benth. = **Podachaenium**
Podadenia【3】Thw. 百褶桐属 ≒ **Ptychopyxis** Euphorbiaceae 大戟科 [MD-217] 全球 (2) 大洲分布及种数(1-2)亚洲;大洋洲
Podaechmea【3】(Mez) L.B.Sm. & W.J.Kress 光萼荷属 ← **Aechmea** Bromeliaceae 凤梨科 [MM-715] 全球 (1) 大洲分布及种数(cf. 1)◆北美洲
Podagra Baill. = **Philibertia**
Podagraria Hall. = **Aegopodium**
Podagrostis【2】Scribn. & Merr. 列足草属 ← **Agrostis** Poaceae 禾本科 [MM-748] 全球 (2) 大洲分布及种数(5)亚洲:cf.1;北美洲:4
Podagrostris Scribn. & Merr. = **Podagrostis**
Podaletra Raf. = **Aniseia**
Podaliria Raf. = **Podalyria**
Podalyria Lam. = **Podalyria**
Podalyria【3】Willd. 水花槐属 → **Ammodendron; Ammopiptanthus;Ormosia** Fabaceae 豆科 [MD-240] 全球 (6) 大洲分布及种数(27-39)非洲:26-35;亚洲:2;大洋洲:1-3;欧洲:1-3;北美洲:2-4;南美洲:1-3
Podandra Baill. = **Philibertia**
Podandria Rolfe = **Habenaria**
Podandriella Szlach. = **Habenaria**
Podandrogyne Breviracemosae Cochrane = **Podandrogyne**
Podandrogyne【2】Ducke 足蕊南星属 ← **Cleome; Gynandropsis** Cleomaceae 白花菜科 [MD-210] 全球 (3) 大洲分布及种数(21-25)欧洲:1;北美洲:7;南美洲:19-21
Podangis【2】Schltr. 裂距兰属 ← **Listrostachys** Orchidaceae 兰科 [MM-723] 全球 (2) 大洲分布及种数(3)非洲:2;南美洲:1
Podanisia Raf. = **Polanisia**
Podanthe Taylor = **Goebelobryum**
Podanthera Wight = **Satyrium**
Podanthes Haw. = **Caralluma**
Podanthum (G.Don) Boiss. = **Asyneuma**
Podanthus【3】Lag. 柄花菊属 ← **Baccharis** Asteraceae 菊科 [MD-586] 全球 (1) 大洲分布及种数(2)◆南美洲
Podarcis Laurenti = **Podangis**
Podasaemum Rchb. = **Podostemum**
Podaxis Schltr. = **Podangis**
Podaxon Baill. = **Dobinea**
Podcarpium (Benth.) Yen C.Yang & P.H.Hôangang = **Podocarpium**
Podeilema R.Br. = **Pereilema**
Podia Neck. = **Centaurea**
Podianthus Schnitzl. = **Trichopus**
Podionapus Dulac = **Deschampsia**
Podiopetalum Hochst. = **Dalbergia**
Podisonia Dum. ex Steud. = **Poissonia**
Podistera【3】S.Watson 木根芹属 ← **Cymopterus; Ligusticum** Apiaceae 伞形科 [MD-480] 全球 (1) 大洲分

布及种数(4-6)◆北美洲
Podium Nees = **Agrostis**
Podlechiella【3】 Maassoumi & Kaz.Osaloo 亚洲九蝶豆属 Fabaceae 豆科 [MD-240] 全球 (1) 大洲分布及种数(cf. 1)◆亚洲
Podoaceae【3】Barnhart 九子母科 [MD-206] 全球 (1) 大洲分布和属种数(1-2;hort. & cult.1)(2-6;hort. & cult.2)◆东南亚
Podocaelia (Benth.) A.Fern. & R.Fern. = **Osbeckia**
Podocallis Salisb. = **Massonia**
Podocalyx【3】 Klotzsch 垂丝桐属 ≒ **Richeria** Picrodendraceae 苦皮桐科 [MD-317] 全球 (1) 大洲分布及种数(1)◆南美洲
Podocarpaceae【3】Endl. 罗汉松科 [G-13] 全球 (6) 大洲分布和属种数(15-16;hort. & cult.13-15)(162-308;hort. & cult.52-90)非洲:4-6/37-76;亚洲:7-8/45-104;大洋洲:10-12/75-129;欧洲:3-5/9-35;北美洲:5-6/40-72;南美洲:5-8/35-68
Podocarpium【3】 (Benth.) Yen C.Yang & P.H.Hôan-gang 长柄山蚂蝗属 ← **Desmodium;Phyllodium** Fabaceae 豆科 [MD-240] 全球 (1) 大洲分布及种数(6)◆亚洲
Podocarpoideae Burm. = **Polycarpoideae**
Podocarpus Acuminati de Laub. = **Podocarpus**
Podocarpus【3】 Pers. 罗汉松属 → **Acmopyle;Dacrydium;Pilocarpus** Podocarpaceae 罗汉松科 [G-13] 全球 (6) 大洲分布及种数(100-159;hort.1;cult: 4)非洲:26-58;亚洲:30-78;大洋洲:30-74;欧洲:7-26;北美洲:30-55;南美洲:28-52
Podoce Baill. = **Dobinea**
Podochela (Benth.) A.Fern. & R.Fern. = **Tristemma**
Podochilopsis Guillaumin = **Adenoncos**
Podochilus【3】 Bl. 柄唇兰属 ≒ **Agrostophyllum;Podocarpus;Appendicula** Orchidaceae 兰科 [MM-723] 全球 (6) 大洲分布及种数(12-80)非洲:2-24;亚洲:8-67;大洋洲:2-32;欧洲:9;北美洲:8;南美洲:1-10
Podochrea Fourr. = **Astragalus**
Podochrosia Baill. = **Rauvolfia**
Podochylus Hassk. = **Podochilus**
Podococcus【3】 Mann & H.Wendl. 梗椰属 Arecaceae 棕榈科 [MM-717] 全球 (1) 大洲分布及种数(1-4)◆非洲
Podocoma【2】 Cass. 层菀属 → **Conyza;Erigeron** Asteraceae 菊科 [MD-586] 全球 (4) 大洲分布及种数(13-17)非洲:1;大洋洲:1;北美洲:2;南美洲:12-14
Podoctomma Greene = **Asclepias**
Podocybe K.Schum. = **Pogogyne**
Podocyrtis Radlk. = **Porocystis**
Podocys K.Schum. = **Gleditsia**
Podocystis (Kützing) Ralfs = **Porocystis**
Podocytisus【2】 Boiss. & Heldr. 扫帚豆属 ← **Laburnum** Fabaceae 豆科 [MD-240] 全球 (2) 大洲分布及种数(1-2)亚洲:cf.1;欧洲:1
Podogyne Hoffmanns. = **Gynandropsis**
Podolasia【3】 N.E.Br. 细柄刺芋属 ← **Cyrtosperma;Lasia;Layia** Araceae 天南星科 [MM-639] 全球 (1) 大洲分布及种数(cf. 1)◆亚洲
Podolepis【3】 Labill. 纸苞金绒草属 ← **Helichrysum;Peltolepis;Polylepis** Asteraceae 菊科 [MD-586] 全球 (1) 大洲分布及种数(23-41)◆大洋洲(◆澳大利亚)
Podolobium R.Br. = **Gastrolobium**
Podolobus Raf. = **Cleome**
Podolopus Benth. = **Pogonopus**
Podolotus Benth. = **Astragalus**
Podoluma Baill. = **Pouteria**
Podomitrium【3】 (Hook.) Mitt. 大洋洲带叶苔属 ≒ **Hymenophyton** Pallaviciniaceae 带叶苔科 [B-30] 全球 (1) 大洲分布及种数(2)◆大洋洲(◆澳大利亚)
Podon Baill. = **Dobinea**
Podonephelium【3】 Baill. 新喀无患子属 ≒ **Ratonia** Sapindaceae 无患子科 [MD-428] 全球 (1) 大洲分布及种数(2-10)◆大洋洲
Podonix Raf. = **Tulipa**
Podonomus Holttum = **Podosorus**
Podonosma Boiss. = **Onosma**
Podonta Raf. = **Tulipa**
Podontia Bl. = **Laurocerasus**
Podoon Baill. = **Dobinea**
Podopappus Hook. & Arn. = **Podocoma**
Podopeltis Fée = **Tectaria**
Podophania Baill. = **Hofmeisteria**
Podophorus【3】 Phil. 单花岛羊茅属 Poaceae 禾本科 [MM-748] 全球 (1) 大洲分布及种数(1)◆南美洲
Podophrya Fourr. = **Astragalus**
Podophyllaceae【3】DC. 桃儿七科 [MD-46] 全球 (6) 大洲分布和属种数(1;hort. & cult.1)(14-29;hort. & cult.8-20)非洲:1/1;亚洲:1/13-18;大洋洲:1/1;欧洲:1/1-2;北美洲:1/3-4;南美洲:1/1
Podophyllum【3】 L. 北美洲桃儿七属 ≒ **Pilea** Podophyllaceae 桃儿七科 [MD-46] 全球 (6) 大洲分布及种数(15-20;hort.1;cult: 1)非洲:1;亚洲:13-18;大洋洲:1;欧洲:1-2;北美洲:3-4;南美洲:1
Podopo Baill. = **Dobinea**
Podopogon Ehrenb. ex Lindl. = **Stipa**
Podopterus【3】 Humb. & Bonpl. 刺虎杖属 → **Neomillspaughia** Polygonaceae 蓼科 [MD-120] 全球 (1) 大洲分布及种数(4)◆北美洲
Podoria Pers. = **Boscia**
Podorungia【3】 Baill. 足孩儿草属 Acanthaceae 爵床科 [MD-572] 全球 (1) 大洲分布及种数(5)◆非洲(◆马达加斯加)
Podosaemon Spreng. = **Muhlenbergia**
Podosaemum Kunth = **Muhlenbergia**
Podosciadium A.Gray = **Perideridia**
Podosemum Desv. = **Muhlenbergia**
Podosorus【3】 Holttum 柄蕨属 Polypodiaceae 水龙骨科 [F-60] 全球 (1) 大洲分布及种数(1)◆亚洲
Podosp Baill. = **Dobinea**
Podospadix Raf. = **Anthurium**
Podosperma Labill. = **Podotheca**
Podospermum【3】 DC. 柄果菊属 ← **Scorzonera;Zollikoferia** Asteraceae 菊科 [MD-586] 全球 (6) 大洲分布及种数(11-15;hort.1)非洲:2-3;亚洲:10-11;大洋洲:2-3;欧洲:5-6;北美洲:1;南美洲:1
Podosphenia Baill. = **Hofmeisteria**
Podospora Stchigel,Guarro & M.Calduch = **Podotheca**
Podosporium DC. = **Podospermum**
Podostachys Klotzsch = **Croton**
Podostaurus Jungh. = **Boenninghausenia**
Podostelma【3】 K.Schum. 夹竹桃科属 Apocynaceae

夹竹桃科 [MD-492] 全球 (1) 大洲分布及种数(uc)◆亚洲
Podostemaceae 【3】 Rich. ex Kunth 川苔草科 [MD-322] 全球 (6) 大洲分布和属种数(43-52/303-453)非洲:12-23/50-125;亚洲:10-15/76-116;大洋洲:1-6/1-10;欧洲:5/8;北美洲:5-9/22-30;南美洲:21-23/168-188
Podostemeae Dum. = **Asclepias**
Podostemma Greene = **Asclepias**
Podostemon Michx. = **Pogostemon**
Podostemonaceae Rich. ex Kunth = Podostemaceae
Podostemum【3】 (Tul. & Wedd.) Wedd. 河苔草属 ≒ **Dicraeia;Mentha** Podostemaceae 川苔草科 [MD-322] 全球 (6) 大洲分布及种数(22-26;hort.1;cult: 1)非洲:1;亚洲:9-13;大洋洲:2;欧洲:1;北美洲:3-4;南美洲:13-15
Podostemum Benth. & Hook.f. = **Podostemum**
Podostigma【2】 Ell. 马利筋属 ≒ **Asclepias** Apocynaceae 夹竹桃科 [MD-492] 全球 (3) 大洲分布及种数(1) 非洲:1;亚洲:1;北美洲:1
Podostima Raf. = **Stylisma**
Podotheca【3】 Cass. 草苞鼠麴草属 ≒ **Ixiolaena** Asteraceae 菊科 [MD-586] 全球 (1) 大洲分布及种数(8-9)◆大洋洲(◆澳大利亚)
Podothecus Cass. = **Podotheca**
Podperaea【3】 Z.Iwats. & Glime 齿灰藓属 Hypnaceae 灰藓科 [B-189] 全球 (1) 大洲分布及种数(2)◆亚洲
Podranea【3】 Spragü 非洲凌霄属 ← **Pandorea** Bignoniaceae 紫葳科 [MD-541] 全球 (1) 大洲分布及种数(2)◆非洲
Poeae R.Br. = **Toulicia**
Poeas Pierre = **Poga**
Poechia Endl. = **Psilotrichum**
Poechia Opiz = **Murraya**
Poecilandra【3】 Tul. 万代莲木属 Ochnaceae 金莲木科 [MD-104] 全球 (1) 大洲分布及种数(3)◆南美洲
Poecilanthe【3】 Benth. 小杂花豆属 ← **Cyclolobium; Pterocarpus** Fabaceae 豆科 [MD-240] 全球 (1) 大洲分布及种数(10-11)◆南美洲
Poecilocalyx【3】 Bremek. 坦桑茜草属 ← **Pauridiantha; Urophyllum;Pentaloncha** Rubiaceae 茜草科 [MD-523] 全球 (1) 大洲分布及种数(3-4)◆非洲
Poecilocarpus Nevski = **Astragalus**
Poecilochroma【3】 Miers 鹌茄属 ≒ **Solanum** Solanaceae 茄科 [MD-503] 全球 (1) 大洲分布及种数(uc) 属分布和种数(uc)◆南美洲
Poecilocnemis Mart ex Nees = **Geissomeria**
Poecilocnemis Mart. ex Nees = **Aphelandra**
Poeciloderas Schott & Endl. = **Acropogon**
Poecilodermis Schott = **Sterculia**
Poeciloderrhis Schott & Endl. = **Sterculia**
Poecilolampis Grau = **Poecilolepis**
Poecilolepis【3】 Grau 俑菀属 ← **Aster** Asteraceae 菊科 [MD-586] 全球 (1) 大洲分布及种数(2)◆非洲(◆南非)
Poeciloneuron【3】 Bedd. 亚洲红厚壳属 Calophyllaceae 红厚壳科 [MD-140] 全球 (1) 大洲分布及种数(1)◆亚洲
Poecilophyllum Mitt. = **Leucoloma**
Poeciloptera Latreille = **Poecilopteris**
Poecilopteris (C.Presl) T.Moore = **Poecilopteris**
Poecilopteris【2】 C.Presl 间断实蕨属 ≒ **Acrostichum** Lomariopsidaceae 藤蕨科 [F-52] 全球 (3) 大洲分布及种数(cf.1-3) 亚洲;北美洲;南美洲
Poecilospermum Zipp. ex Miq. = **Poikilospermum**
Poecilostachys【3】 Hack. 杂色穗草属 ≒ **Oplismenus** Poaceae 禾本科 [MM-748] 全球 (1) 大洲分布及种数(17-21)◆非洲
Poecilotriche Dulac = **Hosta**
Poeckia Benth. & Hook.f. = **Poeltia**
Poecolandra Tul. = **Poecilandra**
Poederia Reuss = **Peteria**
Poederiopsis Rusby = **Paederia**
Poellnitzia Uitew. = **Astroloba**
Poeltia【2】 Grolle 杂萼苔属 Gymnomitriaceae 全萼苔科 [B-41] 全球 (2) 大洲分布及种数(cf.1) 亚洲;南美洲
Poeltiaria (Räsänen) Hertel = **Peltaria**
Poenosedum Holub = **Sedum**
Poeonia Crantz = **Paeonia**
Poeppigara J.M.H.Shaw = **Poeppigia**
Poeppigia【3】 Kunze ex Rchb. 北美洲珀高豆属 → **Rhaphithamnus** Fabaceae 豆科 [MD-240] 全球 (1) 大洲分布及种数(1)◆南美洲
Poer Lindl. = **Ponera**
Poga【3】 Pierre 夷楝果属 Anisophylleaceae 异叶木科 [MD-324] 全球 (1) 大洲分布及种数(1)◆非洲
Pogadelpha Raf. = **Sisyrinchium**
Pogalis Raf. = **Polygonum**
Pogenda Raf. = **Olea**
Poggea【3】 Gürke ex Warb. 波格木属 ≒ **Peterodendron** Achariaceae 青钟麻科 [MD-159] 全球 (1) 大洲分布及种数(1-3)◆非洲(◆加蓬)
Poggendorffia H.Karst. = **Tacsonia**
Poggeophyton Pax = **Adelia**
Pogoblephis Raf. = **Gentianella**
Pogochilus Falc = **Galeola**
Pogochloa S.Moore = **Gouinia**
Pogocybe Pierre = **Pogogyne**
Pogogyne【3】 Benth. 须柱草属 ← **Hedeoma** Lamiaceae 唇形科 [MD-575] 全球 (1) 大洲分布及种数(9-11)◆北美洲
Pogoina B.Grant = **Pogonia**
Pogomesia Raf. = **Cyphomeris**
Pogonachne【3】 Bor 沟颖草属 ← **Sehima** Poaceae 禾本科 [MM-748] 全球 (1) 大洲分布及种数(2)◆亚洲
Pogonanthera (G.Don) Spach = **Pogonanthera**
Pogonanthera【2】 Bl. 毛药草海桐属 ≒ **Paraphlomis** Melastomataceae 野牡丹科 [MD-364] 全球 (2) 大洲分布及种数(3-6)亚洲:1;大洋洲:1
Pogonarthria【3】 Stapf 镰草属 → **Desmostachya;Leptocolea;Eragrostis** Poaceae 禾本科 [MM-748] 全球 (1) 大洲分布及种数(5)◆非洲
Pogonatherum【3】 P.Beauv. 金发草属 ← **Andropogon; Microstegium;Pseudopogonatherum** Poaceae 禾本科 [MM-748] 全球 (1) 大洲分布及种数(5-7)◆亚洲
Pogonatum (Bruch & Schimp.) Limpr. = **Pogonatum**
Pogonatum【3】 P.Beauv. 小金发藓属 ≒ **Oligotrichum** Polytrichaceae 金发藓科 [B-101] 全球 (6) 大洲分布及种数(91) 非洲:22;亚洲:46;大洋洲:16;欧洲:13;北美洲:31;南美洲:19
Pogonella Salisb. = **Simethis**

Pogonema Raf. = **Zephyranthes**
Pogoneura【2】Napper 坦桑尼亚草属 Poaceae 禾本科 [MM-748] 全球 (2) 大洲分布及种数(cf.1) 非洲;南美洲
Pogonia (Nutt.) L.O.Williams = **Pogonia**
Pogonia【3】Juss. 朱兰属 → **Amesia;Arethusa; Cremastra** Orchidaceae 兰科 [MM-723] 全球 (6) 大洲分布及种数(10-12)非洲:13;亚洲:7-20;大洋洲:4-17;欧洲:13;北美洲:2-15;南美洲:3-16
Pogoniopsis【3】Rchb.f. 拟朱兰属 Orchidaceae 兰科 [MM-723] 全球 (1) 大洲分布及种数(2-3)◆南美洲
Pogonitis Rchb. = **Anthyllis**
Pogonochloa【3】C.E.Hubb. 热非须毛草属 Poaceae 禾本科 [MM-748] 全球 (1) 大洲分布及种数(1)◆非洲
Pogonolepis【3】Steetz 须鳞鼠麹草属 ← **Angianthus; Skirrhophorus** Asteraceae 菊科 [MD-586] 全球 (1) 大洲分布及种数(3)◆大洋洲(◆澳大利亚)
Pogonolobus F.Müll = **Caelospermum**
Pogonolycus F.Müll = **Coelospermum**
Pogononeura【3】Napper 非洲双花草属 Poaceae 禾本科 [MM-748] 全球 (1) 大洲分布及种数(1)◆非洲
Pogonophora【3】Miers ex Benth. 髯瓣木属 ≒ **Micrandra;Pausandra** Peraceae 蚌壳木科 [MD-216] 全球 (6) 大洲分布及种数(4)非洲:2-3;亚洲:1;大洋洲:1;欧洲:1;北美洲:1;南美洲:1-2
Pogonophyllum Didr. = **Micrandra**
Pogonopoma Miers ex Benth. = **Pogonophora**
Pogonopus【3】Klotzsch 绫扇花属 ← **Calycophyllum; Aristolochia** Rubiaceae 茜草科 [MD-523] 全球 (1) 大洲分布及种数(4)◆南美洲
Pogonorhynchus Crüg. = **Miconia**
Pogonospermum Hochst. = **Monechma**
Pogonostemon Hassk. = **Caryopteris**
Pogonostigma Boiss. = **Tephrosia**
Pogonostylis Bertol. = **Fimbristylis**
Pogonotium【3】J.Dransf. 黄藤属 ≒ **Daemonorops** Arecaceae 棕榈科 [MM-717] 全球 (1) 大洲分布及种数(uc)属分布和种数(uc)◆亚洲
Pogonotrophe Miq. = **Ficus**
Pogonura DC. ex Lindl. = **Trixis**
Pogopetalum Benth. = **Emmotum**
Pogospermum Brongn. = **Catopsis**
Pogostemon【3】Desf. 刺蕊草属 ≒ **Caryopteris; Penstemon** Lamiaceae 唇形科 [MD-575] 全球 (1) 大洲分布及种数(57-101)◆亚洲
Pogostoma Schröd. = **Capraria**
Pogotrichum (Brid.) Hampe = **Porotrichum**
Pohlana Leandro = **Zanthoxylum**
Pohlia (Limpr.) Nyholm = **Pohlia**
Pohlia【3】Hedw. 丝瓜藓属 ≒ **Brachymenium** Mniaceae 提灯藓科 [B-149] 全球 (6) 大洲分布及种数(148) 非洲:35;亚洲:63;大洋洲:23;欧洲:40;北美洲:54;南美洲:49
Pohliana Leandro = **Zanthoxylum**
Pohlianum Davidse,Söderstr. & R.P.Ellis = **Pohlidium**
Pohlidium【3】Davidse,Söderstr. & R.P.Ellis 单性轭草属 Poaceae 禾本科 [MM-748] 全球 (1) 大洲分布及种数(1)◆中美洲(◆巴拿马)
Pohliella【3】Engl. 喀麦隆川苔草属 Podostemaceae 川苔草科 [MD-322] 全球 (1) 大洲分布及种数(2)◆非洲
Poicilla Griseb. = **Matelea**
Poicillopsis【3】Schltr. 番萝藦属 ← **Matelea** Apocynaceae 夹竹桃科 [MD-492] 全球 (1) 大洲分布及种数(uc)属分布和种数(uc)◆北美洲
Poidium Nees = **Chascolytrum**
Poikilacanthus【3】Lindau 杂刺爵床属 ← **Adhatoda; Orthotactus** Acanthaceae 爵床科 [MD-572] 全球 (1) 大洲分布及种数(14-15)◆南美洲
Poikilogyne【2】Baker f. 杂蕊野牡丹属 Melastomataceae 野牡丹科 [MD-364] 全球 (2) 大洲分布及种数(uc) 亚洲;大洋洲
Poikilopteris Eschw. = **Poecilopteris**
Poikilosperma Zipp. ex Miq. = **Poikilospermum**
Poikilospermum【3】Zipp. ex Miq. 锥头麻属 ← **Urtica;Conocephalus** Urticaceae 荨麻科 [MD-91] 全球 (6)大洲分布及种数(34-41)非洲:1;亚洲:29-31;大洋洲:6-7;欧洲:1;北美洲:1-2;南美洲:1
Poilanedora【3】Gagnep. 五苞山柑属 Capparaceae 山柑科 [MD-178] 全球 (1) 大洲分布及种数(cf. 1)◆亚洲
Poilania Gagnep. = **Ethulia**
Poilaniella Gagnep. = **Trigonostemon**
Poilannammia【3】C.Hansen 博伊野牡丹属 Melastomataceae 野牡丹科 [MD-364] 全球 (1) 大洲分布及种数(4)◆亚洲
Poincettia Klotzsch & Garcke = **Poinsettia**
Poincia L. = **Poinciana**
Poinciana【3】L. 金凤花属 ≒ **Peltophorum** Fabaceae3 蝶形花科 [MD-240] 全球 (6) 大洲分布及种数(4) 非洲:3;亚洲:3;大洋洲:2;欧洲:3;北美洲:3;南美洲:3
Poincianella【3】Britton & Rose 巴西云实豆属 ← **Caesalpinia;Poinciana** Fabaceae 豆科 [MD-240] 全球 (1) 大洲分布及种数(5-9)◆南美洲
Poinciania R.Vig. = **Poinciana**
Poinsettia【2】Graham 麻黄戟属 ≒ **Euphorbia** Euphorbiaceae 大戟科 [MD-217] 全球 (3) 大洲分布及种数(cf.1) 非洲;北美洲;南美洲
Poinssettia Graham = **Poinsettia**
Pointsettia Graham = **Poinsettia**
Poiretia Cav. = **Poiretia**
Poiretia【3】Vent. 普瓦豆属 → **Chaetocalyx; Glycine;Turpinia** Fabaceae3 蝶形花科 [MD-240] 全球 (6) 大洲分布及种数(13-14)非洲:1;亚洲:1;大洋洲:1;欧洲:1;北美洲:1-2;南美洲:12-14
Poissonella Pierre = **Pouteria**
Poissonia【3】Baill. 宝锋豆属 ≒ **Coursetia** Fabaceae 豆科 [MD-240] 全球 (1) 大洲分布及种数(5)◆南美洲
Poitea【3】Vent. 赫锋豆属 ← **Clitoria;Notodon; Corynella** Fabaceae 豆科 [MD-240] 全球 (1) 大洲分布及种数(13-16)◆北美洲
Poivraea A.Rich. = **Combretum**
Poivrea Comm. ex DC. = **Combretum**
Pojarkovia【3】Askerova 千里光属 ≒ **Senecio** Asteraceae 菊科 [MD-586] 全球 (1) 大洲分布及种数(1)◆亚洲
Polakia Stapf = **Salvia**
Polakiastrum Nakai = **Salvia**
Polakowskia Pittier = **Sechium**

P

Polameia Rchb. = **Potameia**
Polamisia A.Juss. = **Polanisia**
Polanisia (Greene) Iltis = **Polanisia**
Polanisia【3】Raf. 沾沙草属 ← **Cleome;Arivela;Pentas** Cleomaceae 白花菜科 [MD-210] 全球 (1) 大洲分布及种数(7-20)◆北美洲
Polanysia Raf. = **Polanisia**
Polaskia【3】Backeb. 夜雾柱属 ← **Cereus;Myrtillocactus;Lemaireocereus** Cactaceae 仙人掌科 [MD-100] 全球 (1) 大洲分布及种数(2)◆北美洲(◆墨西哥)
Polatherus Raf. = **Tetraneuris**
Poldoon Baill. = **Dobinea**
Polemannia Berg. ex Schltdl. = **Dipcadi**
Polemanniopsis【3】B.L.Burtt 南非草属 ≒ **Annesorhiza** Apiaceae 伞形科 [MD-480] 全球 (1) 大洲分布及种数(1-2)◆非洲(◆南非)
Polembrium Steud. = **Evodia**
Polembryon A.Juss. = **Garovaglia**
Polembryum A.Juss. = **Esenbeckia**
Polemoniaceae【3】Juss. 花荵科 [MD-481] 全球 (6) 大洲分布和属种数(27-28;hort. & cult.12)(657-1223;hort. & cult.120-157)非洲:1-20/4-372;亚洲:5-20/68-450;大洋洲:5-20/19-387;欧洲:4-20/28-397;北美洲:26-28/536-976;南美洲:8-21/38-417
Polemoniella A.Heller = **Gilia**
Polemonium【3】(Tourn.) L. 花荵属 ≒ **Polygonum; Phacelia** Polemoniaceae 花荵科 [MD-481] 全球 (6) 大洲分布及种数(51-68;hort.1;cult: 17)非洲:4-22;亚洲:46-77;大洋洲:1-19;欧洲:8-27;北美洲:41-68;南美洲:5-23
Polemonium L. = **Polemonium**
Polevansia【3】De Winter 挺秆草属 Poaceae 禾本科 [MM-748] 全球 (1) 大洲分布及种数(1)◆非洲
Polgidon Raf. = **Chaerophyllum**
Polhillia【3】C.H.Stirt. 南非银豆属 ← **Argyrolobium;Psoralea** Fabaceae 豆科 [MD-240] 全球 (1) 大洲分布及种数(4-13)◆非洲
Polhillides【-】H.Ohashi & K.Ohashi 蝶形花科属 Fabaceae3 蝶形花科 [MD-240] 全球 (uc) 大洲分布及种数(uc)
Polia【3】Lour. 白鼓钉属 ≒ **Plocama** Caryophyllaceae 石竹科 [MD-77] 全球 (1) 大洲分布及种数(uc)◆亚洲
Polianthes【3】L. 晚香玉属 → **Agave;Pseudodraba; Prochnyanthes** Asparagaceae 天门冬科 [MM-669] 全球 (1) 大洲分布及种数(16-21)◆北美洲
Polianthion【3】K.R.Thiele 澳鼠李属 Rhamnaceae 鼠李科 [MD-331] 全球 (1) 大洲分布及种数(4)◆大洋洲
Policaria Juss. = **Polycardia**
Policarpaea Löfl. = **Polycarpaea**
Policarpea Lam. = **Polycarpaea**
Polichia (L.) Willd. = **Lamium**
Policordia Dall = **Polycardia**
Poligala Neck. = **Polygala**
Poligonum Neck. = **Polygonum**
Poliodendron Webb & Berthel. = **Teucrium**
Polioma (Lagerh.) Arthur = **Polyosma**
Poliomintha【3】A.Gray 灰薄荷属 ← **Hedeoma** Lamiaceae 唇形科 [MD-575] 全球 (1) 大洲分布及种数(8-9)◆北美洲
Polionintha A.Gray = **Poliomintha**
Poliophyton O.E.Schulz = **Halimolobos**
Poliothyrsidaceae Doweld = Passifloraceae
Poliothyrsis【3】Oliv. 山拐枣属 Salicaceae 杨柳科 [MD-123] 全球 (1) 大洲分布及种数(cf. 1)◆东亚(◆中国)
Polipodium Raf. = **Polycodium**
Polium Mill. = **Teucrium**
Polium Stokes = **Polycarpaea**
Poljakanthema【3】Kamelin 菊蒿属 ← **Tanacetum** Asteraceae 菊科 [MD-586] 全球 (1) 大洲分布及种数(1-2)◆亚洲
Poljakovia Grubov & Filatova = **Tanacetum**
Polla (Brid.) Löske = **Polla**
Polla【3】Cothen. 提灯藓科属 ≒ **Polia;Stellariomnium** Mniaceae 提灯藓科 [B-149] 全球 (1) 大洲分布及种数(uc)◆北美洲(◆美国)
Pollalesta Kunth = **Piptocoma**
Pollardia Withner & P.A.Harding = **Prosthechea**
Pollettara【-】J.M.H.Shaw 兰科属 Orchidaceae 兰科 [MM-723] 全球 (uc) 大洲分布及种数(uc)
Pollia【3】Thunb. 杜若属 ≒ **Tovaria;Aclisia** Commelinaceae 鸭跖草科 [MM-708] 全球 (6) 大洲分布及种数(17-23)非洲:7-14;亚洲:12-20;大洋洲:4-10;欧洲:1-5;北美洲:6-10;南美洲:3-7
Pollichia【2】Aiton 毛束草属 ≒ **Lamium** Illecebraceae 醉人花科 [MD-113] 全球 (2) 大洲分布及种数(1) 非洲:1;亚洲:1
Pollina Thunb. = **Agrostis**
Pollinia (Kunth) Benth. & Hook.f. = **Chrysopogon**
Pollinia Trin. = **Microstegium**
Pollinidium Stapf ex Haines = **Eulaliopsis**
Polliniopsis【3】Hayata 莠竹属 ≒ **Microstegium** Poaceae 禾本科 [MM-748] 全球 (1) 大洲分布及种数(cf. 1)◆亚洲
Pollinirhiza Dulac = **Genista**
Pollveria Ruiz & Pav. = **Porlieria**
Poloa DC. = **Pulicaria**
Polpoda【3】C.Presl 长蕊粟草属 → **Psammotropha** Molluginaceae 粟米草科 [MD-99] 全球 (1) 大洲分布及种数(2)◆非洲(◆南非)
Polpodaceae Kylin = Polypodiaceae
Polpypodium L. = **Polypodium**
Poltolobium C.Presl = **Andira**
Poltsia Hook. & Arn. = **Pottsia**
Polulago Mill. = **Caltha**
Poly Mill. = **Allium**
Polyacantha S.F.Gray = **Carduus**
Polyacanthus C.Presl = **Gymnosporia**
Polyachyrus【3】Lag. 繁花钝柱菊属 → **Bridgesia** Asteraceae 菊科 [MD-586] 全球 (1) 大洲分布及种数(11-13)◆南美洲
Polyactidium DC. = **Erigeron**
Polyactis Less. = **Erigeron**
Polyactium Eckl. & Zeyh. = **Pelargonium**
Polyadenia Nees = **Lindera**
Polyadoa Stapf = **Hunteria**
Polyaetnium Desv. = **Polytaenium**
Polyaltha Bl. = **Polyalthia**
Polyalthia (Miq.) Hook.f. & Thomson = **Polyalthia**
Polyalthia【3】Bl. 暗罗属 ← **Artabotrys;Papualthia**

Annonaceae 番荔枝科 [MD-7] 全球 (1) 大洲分布及种数(130-187)◆亚洲
Polyandra Leal = **Conceveiba**
Polyandrococos【3】 Barb.Rodr. & Barb.Rodr. 多蕊椰子属 ← **Allagoptera;Ceroxylon;Parajubaea** Arecaceae 棕榈科 [MM-717] 全球 (1) 大洲分布及种数(1-2)◆南美洲(◆巴西)
Polyantherix Nees = **Elymus**
Polyanthes Hill = **Polianthes**
Polyanthes Jacq. = **Polyxena**
Polyanthina【2】 R.M.King & H.Rob. 泽兰属 ← **Eupatorium** Asteraceae 菊科 [MD-586] 全球 (2) 大洲分布及种数(2)北美洲:1;南美洲:1
Polyanthus Auct. ex Benth. & Hook.f. = **Arundinaria**
Polyarrhena【3】 Cass. 帚菀木属 → **Aster;Chrysocoma;Felicia** Asteraceae 菊科 [MD-586] 全球 (1) 大洲分布及种数(4)◆非洲
Polyart Lour. = **Houttuynia**
Polyaspis Ruiz & Pav. = **Polylepis**
Polyaster【3】 Hook.f. 十肋芸香属 Rutaceae 芸香科 [MD-399] 全球 (1) 大洲分布及种数(1)◆北美洲
Polyat Cothen. = **Polla**
Polyaulax Backer = **Unona**
Polybactrum【-】 Salisb. 兰科属 Orchidaceae 兰科 [MM-723] 全球 (uc) 大洲分布及种数(uc)
Polybaea Klotzsch ex Benth. & Hook.f. = **Polygala**
Polyboea Klotzsch ex Endl. = **Cavendishia**
Polybotrya (C.Presl) T.Moore = **Polybotrya**
Polybotrya【2】 Humb. & Bonpl. ex Willd. 攀实蕨属 ← **Aspidium;Psomiocarpa;Stenochlaena** Dryopteridaceae 鳞毛蕨科 [F-49] 全球 (4) 大洲分布及种数(44-60)亚洲:5-6;大洋洲:3-4;北美洲:17-20;南美洲:38-42
Polybotryoideae【-】 H.M.Liu & X.C.Zhang 鳞毛蕨科属 Dryopteridaceae 鳞毛蕨科 [F-49] 全球 (uc) 大洲分布及种数(uc)
Polycaena Benth. = **Polycarena**
Polycalymma【3】 F.Müll. & Sond. 万头菊属 ≒ **Myriocephalus** Asteraceae 菊科 [MD-586] 全球 (1) 大洲分布及种数(1)◆大洋洲
Polycampium C.Presl = **Pyrrosia**
Polycandia Steud. = **Polycardia**
Polycantha Hill = **Cnicus**
Polycanthus C.Presl = **Gymnosporia**
Polycaon Erichson = **Polycarpon**
Polycardia【3】 Juss. 多心卫矛属 ← **Elaeodendron** Celastraceae 卫矛科 [MD-339] 全球 (1) 大洲分布及种数(4)◆非洲
Polycarena【3】 Benth. 麻槌花属 ← **Buchnera;Melanospermum;Selago** Scrophulariaceae 玄参科 [MD-536] 全球 (1) 大洲分布及种数(36-38)◆非洲(◆南非)
Polycarpa hort. ex Rehder = **Polycarpon**
Polycarpa Linden ex Carr. = **Idesia**
Polycarpaea【3】 Lam. 白鼓钉属 ← **Achyranthes;Mollia;Phyllopodium** Caryophyllaceae 石竹科 [MD-77] 全球 (6) 大洲分布及种数(83-103;hort.1;cult: 1)非洲:37-48;亚洲:22-29;大洋洲:24-28;欧洲:14-19;北美洲:2-6;南美洲:5-9
Polycarpaeaceae DC. = Caryophyllaceae
Polycarpaeae DC. = **Polycarpaea**
Polycarpea Pomel = **Polycarena**
Polycarpeae DC. = **Polycarpaea**
Polycarpia Webb & Berthel. = **Achyranthes**
Polycarpoa Lam. = **Polycarpaea**
Polycarpoea Lam. = **Achyranthes**
Polycarpoideae【3】 Tanfani 石竹果属 Caryophyllaceae 石竹科 [MD-77] 全球 (1) 大洲分布及种数(1)◆非洲
Polycarpon【3】 Löfl. 多荚草属 ← **Alsine;Arenaria** Caryophyllaceae 石竹科 [MD-77] 全球 (6) 大洲分布及种数(21-22;hort.1;cult:1)非洲:8-10;亚洲:7-9;大洋洲:9-10;欧洲:3-4;北美洲:5-6;南美洲:7-8
Polycelis Wall. = **Achyranthes**
Polycenia Choisy = **Hebenstretia**
Polycephalium【3】 Engl. 多头茱萸属 ← **Chlamydocarya** Icacinaceae 茶茱萸科 [MD-450] 全球 (1) 大洲分布及种数(2)◆非洲
Polycephalos Forssk. = **Sphaeranthus**
Polyceratocarpus【3】 Engl. & Diels 聚锥果属 → **Uvariodendron;Uvaria** Annonaceae 番荔枝科 [MD-7] 全球 (1) 大洲分布及种数(9)◆非洲
Polychaeta G.Don = **Melochia**
Polychaetia Less. = **Tolpis**
Polycheles Breda,Kuhl & Hasselt = **Aerides**
Polychidium【-】 (Ach.) A.Gray 菊科属 Asteraceae 菊科 [MD-586] 全球 (uc) 大洲分布及种数(uc)
Polychilos (P.F.Hunt) Shim = **Phalaenopsis**
Polychisma C.Müll. = **Pelargonium**
Polychlaena G.Don = **Melochia**
Polychlaena Garcke = **Hibiscus**
Polychnemum Zumag. = **Polycnemum**
Polychroa Lour. = **Pellionia**
Polychroma Lour. = **Aster**
Polychrysum【3】 (Tzvelev) Kovalevsk. 密金蒿属 Asteraceae 菊科 [MD-586] 全球 (1) 大洲分布及种数(cf. 1)◆亚洲
Polyclathra【3】 Bertol. 多格葫芦属 Cucurbitaceae 葫芦科 [MD-205] 全球 (1) 大洲分布及种数(1)◆北美洲
Polyclemus L. = **Polycnemum**
Polycleptis Karsch = **Polylepis**
Polycline Oliv. = **Trigonostemon**
Polyclinum Monniot & Monniot = **Sphaeranthus**
Polyclita【3】 A.C.Sm. 梭花莓属 ← **Thibaudia;Psammisia** Ericaceae 杜鹃花科 [MD-380] 全球 (1) 大洲分布及种数(1)◆南美洲
Polyclonos Raf. = **Gesneria**
Polycnemaceae L.Watson ex Doweld & Reveal = Polypremaceae
Polycnemon F.Müll = **Polycnemum**
Polycnemum【3】 L. 多节草属 ≒ **Petrosimonia** Chenopodiaceae 藜科 [MD-115] 全球 (6) 大洲分布及种数(8-11)非洲:2-3;亚洲:3-7;大洋洲:3-6;欧洲:4-7;北美洲:3-4;南美洲:1
Polycocca Hill = **Antrophyum**
Polycodium【3】 Raf. 鹿莓属 ← **Vaccinium** Ericaceae 杜鹃花科 [MD-380] 全球 (1) 大洲分布及种数(9-22)◆北美洲
Polycoelium A.DC. = **Pentacoelium**
Polycope Salisb. = **Dioscorea**
Polycoryne Keay = **Pleiocoryne**

Polyctenium【3】Greene 多栉芥属 ← **Smelowskia; Braya** Brassicaceae 十字花科 [MD-213] 全球 (1) 大洲分布及种数(1-4)◆北美洲(◆美国)
Polycycliska【3】Ridl. 亚洲远茜草属 Rubiaceae 茜草科 [MD-523] 全球 (1) 大洲分布及种数(1)◆亚洲
Polycyclus (Pat.) Theiss. & Syd. = **Polycycnis**
Polycycnis Angustilabia G.Gerlach = **Polycycnis**
Polycycnis【3】Rchb.f. 鸿渐兰属→**Braemia;Trevoria; Polylychnis** Orchidaceae 兰科 [MM-723] 全球 (6) 大洲分布及种数(16-19)非洲:1;亚洲:1;大洋洲:1;欧洲:1;北美洲:9-10;南美洲:12-16
Polycycnopsis Szlach. = **Trevoria**
Polycyema J.O.Voigt = **Kengyilia**
Polycyphus Schltdl. = **Ferula**
Polycyrtus Schlechtd. = **Ferula**
Polycystis Rchb.f. = **Polycycnis**
Polyderis Ruiz & Pav. = **Polylepis**
Polydiclis Miers = **Nicotiana**
Polydictya C.Presl = **Tectaria**
Polydictyum C.Presl = **Tectaria**
Polydium Davidse,Söderstr. & R.P.Ellis = **Pohlidium**
Polydontia【3】Bl. 臀果木属 ≒ **Prunus** Rosaceae 蔷薇科 [MD-246] 全球 (1) 大洲分布及种数(uc)◆大洋洲
Polydora Fenzl = **Vernonia**
Polydorella Michx. = **Polygonella**
Polydragma Hook.f. = **Adelia**
Polyechma Hochst. = **Hygrophila**
Polyembrium A.Juss. = **Garovaglia**
Polyembryum A.Juss. = **Garovaglia**
Polyembryum Schott ex Steud. = **Esenbeckia**
Polygala (Chodat) Paiva = **Polygala**
Polygala【3】L. 远志属 → **Monnina;Heterosamara; Muraltia** Polygalaceae 远志科 [MD-291] 全球 (6) 大洲分布及种数(844-969;hort.1;cult:45)非洲:303-360;亚洲:186-246;大洋洲:78-128;欧洲:63-122;北美洲:256-311;南美洲:289-365
Polygalaceae【3】Hoffmanns. & Link 远志科 [MD-291] 全球 (6) 大洲分布和属种数(25-28;hort. & cult.4-5)(1372-1780;hort. & cult.28-43)非洲:10-15/ 457-566;亚洲:6-13/ 224-332;大洋洲:6-15/ 139-240;欧洲:3-12/ 66-164;北美洲:8-13/ 341-450;南美洲:14-18/ 577-728
Polygaleae Fr. = **Polygala**
Polygaloides【2】Agosti 远志属 ≒ **Polygala** Polygalaceae 远志科 [MD-291] 全球 (3) 大洲分布及种数(2-7)非洲:3;欧洲:4;北美洲:1
Polygenis Traub & Johnson = **Polylepis**
Polyglochin Ehrh. = **Carex**
Polygocarpaea Lam. = **Polycarpaea**
Polygodiodes Ort. = **Polypodium**
Polygona Röding = **Polygonum**
Polygonaceae【3】Juss. 蓼科 [MD-120] 全球 (6) 大洲分布和属种数(59-64;hort. & cult.19-23)(1735-3262;hort. & cult.215-314)非洲:13-32/198-785;亚洲:27-39/943-1712;大洋洲:13-31/145-709;欧洲:14-30/244-825;北美洲:44-51/810-1494;南美洲:16-37/354-942
Polygonanthaceae Croizat = Tetradiclidaceae
Polygonanthus【3】Ducke,Baehni & Dans. 角翅果属 Anisophylleaceae 异叶木科 [MD-324] 全球 (1) 大洲分布及种数(1-2)◆南美洲
Polygonastrum Mönch = **Maianthemum**
Polygonataceae Salisb. = Acoraceae
Polygonatium Mill. = **Polygonatum**
Polygonatum Adans. = **Polygonatum**
Polygonatum【3】Mill. 黄精属 ≒ **Pogonatum; Convallaria** Convallariaceae 铃兰科 [MM-638] 全球 (6)大洲分布及种数(65-98;hort.1;cult:12)非洲:6-19;亚洲:63-103;大洋洲:13;欧洲:10-24;北美洲:20-34;南美洲:13
Polygonella【3】Michx. 贴茎蓼属 ← **Polygonum; Andromeda** Polygonaceae 蓼科 [MD-120] 全球 (1) 大洲分布及种数(14-20)◆北美洲
Polygonifolia Adans. = **Corrigiola**
Polygonites Ort. = **Tetracera**
Polygonoideae Eaton = **Calligonum**
Polygonoides Ort. = **Tetracera**
Polygonon St.Lag. = **Polypogon**
Polygonorumex【-】Weill 蓼科属 Polygonaceae 蓼科 [MD-120] 全球 (uc) 大洲分布及种数(uc)
Polygonum (L.) Raf. = **Polygonum**
Polygonum【3】L. 蓼属 →**Aconogonon;Echinocaulos; Pecluma** Polygonaceae 蓼科 [MD-120] 全球 (6) 大洲分布及种数(372-467;hort.1;cult: 36)非洲:48-212;亚洲:268-449;大洋洲:37-187;欧洲:66-227;北美洲:134-308;南美洲:63-217
Polygonus L. = **Polygonum**
Polygora J.M.H.Shaw = **Polygala**
Polygramma C.Presl = **Plagiogyria**
Polygyne Phil. = **Eclipta**
Polyidaceae J.Presl & C.Presl = Polypodiaceae
Polylepis【3】Ruiz & Pav. 龙鳞木属 ← **Acaena;Podolepis** Rosaceae 蔷薇科 [MD-246] 全球 (1) 大洲分布及种数(26-28)◆南美洲
Polylobium Eckl. & Zeyh. = **Lotononis**
Polylobus Eckl. & Zeyh. = **Ononis**
Polylophium【3】Boiss. 绵果芹属 ≒ **Lotononis** Apiaceae 伞形科 [MD-480] 全球 (1) 大洲分布及种数(1-2)◆亚洲
Polylychnis【3】Bremek. 芦莉草属 ← **Ruellia;Polycycnis** Acanthaceae 爵床科 [MD-572] 全球 (1) 大洲分布及种数(1)◆南美洲
Polymedon Herzog = **Polymerodon**
Polymeria【3】R.Br. 澳新旋花属 ≒ **Plumeria** Convolvulaceae 旋花科 [MD-499] 全球 (1) 大洲分布及种数(6-12)◆大洋洲(◆澳大利亚)
Polymerodon【3】Herzog 玻曲尾藓属 Aongstroemiaceae 昂氏藓科 [B-121] 全球 (1) 大洲分布及种数(1)◆南美洲
Polymita【3】N.E.Br. 素玉树属 Aizoaceae 番杏科 [MD-94] 全球 (1) 大洲分布及种数(1-7)◆非洲(◆南非)
Polymnia Kalm = **Polymnia**
Polymnia【3】L. 杯苞菊属 → **Axiniphyllum; Sphagneticola** Asteraceae 菊科 [MD-586] 全球 (6) 大洲分布及种数(5-21)非洲:1;亚洲:4-5;大洋洲:1;欧洲:1;北美洲:3-5;南美洲:1
Polymniastrum Lam. = **Smallanthus**
Polyne Salisb. = **Dioscorea**
Polynema Voigt = **Acronychia**
Polynemus L. = **Polycnemum**

Polyneura (J.Agardh) Kylin = **Sacciolepis**
Polyneurop Peter = **Panicum**
Polynoe Salisb. = **Dioscorea**
Polynoella Treadwell = **Polygonella**
Polynome Salisb. = **Dioscorea**
Polyodon Kunth = **Bouteloua**
Polyodontes Meisn. = **Pygeum**
Polyodontia Meisn. = **Pygeum**
Polyodontidae Meisn. = **Pygeum**
Polyomma Bl. = **Polyosma**
Polyonum Neck. = **Aconogonon**
Polyopis C.Presl = **Aeschynomene**
Polyosma【3】 Bl. 多香木属 Escalloniaceae 南鼠刺科 [MD-447] 全球 (6) 大洲分布及种数(89-110)非洲:19-26;亚洲:61-73;大洋洲:34-44;欧洲:1;北美洲:1;南美洲:1
Polyosmaceae【3】Bl. 多香木科 [MD-383] 全球 (6) 大洲分布和属种数(1/88-110)非洲:1/19-26;亚洲:1/61-73;大洋洲:1/34-44;欧洲:1/1;北美洲:1/1;南美洲:1/1
Polyosus Lour. = **Polyosma**
Polyothyris Koord. = **Poliothyrsis**
Polyothyrsis Koord. = **Poliothyrsis**
Polyotidium【3】 Garay 多耳兰属 ← **Hybochilus** Orchidaceae 兰科 [MM-723] 全球 (1) 大洲分布及种数(1)◆南美洲
Polyotus Gottsche = **Asclepias**
Polyoza Audinet-Serville = **Polyosma**
Polyozus Bl. = **Psychotria**
Polyozus Lour. = **Canthium**
Polypappum Less. = **Baccharis**
Polypappus Less. = **Baccharis**
Polypappus Nutt. = **Tessaria**
Polypara Lour. = **Houttuynia**
Polypeta Lour. = **Artocarpus**
Polypha Lour. = **Artocarpus**
Polyphaga Lour. = **Anemopsis**
Polyphema Lour. = **Artocarpus**
Polyphlebium【3】 Copel. 多脉蕨属 ← **Trichomanes** Hymenophyllaceae 膜蕨科 [F-21] 全球 (1) 大洲分布及种数(4)◆大洋洲
Polyphragmon Desf. = **Urophyllum**
Polyphylax【-】 Fennell,W. & Shaw,Julian Mark Hugh 兰科属 Orchidaceae 兰科 [MM-723] 全球 (uc) 大洲分布及种数(uc)
Polypidium Garay = **Polyotidium**
Polypiodium Raf. = **Polycodium**
Polyplax Backer = **Oncodostigma**
Polyplethia (Griff.) Tiegh. = **Balanophora**
Polypleurella【3】 Engl. 叉瀑草属 ← **Polypleurum** Podostemaceae 川苔草科 [MD-322] 全球 (1) 大洲分布及种数(cf. 1)◆亚洲
Polypleurum【3】 (Tul.) Warm. 叉瀑草属 Podostemaceae 川苔草科 [MD-322] 全球 (1) 大洲分布及种数(7-20)◆亚洲
Polypodiaceae【3】J.Presl & C.Presl 水龙骨科 [F-60] 全球 (6) 大洲分布和属种数(69-79;hort. & cult.17-21)(1902-3655;hort. & cult.66-130)非洲:20-45/153-363;亚洲:50-58/1077-1415;大洋洲:24-45/262-485;欧洲:11-41/36-232;北美洲:33-52/363-584;南美洲:36-55/591-841
Polypodiales Link = **Polypodiodes**
Polypodiastrum【3】 Ching 拟水龙骨属 ← **Goniophlebium;Schellolepis;Polypodium** Polypodiaceae 水龙骨科 [F-60] 全球 (1) 大洲分布及种数(4-5)◆亚洲
Polypodiodes【3】 Ching 水龙骨属 ← **Goniophlebium;Polypodium;Schellolepis** Polypodiaceae 水龙骨科 [F-60] 全球 (1) 大洲分布及种数(21-27)◆亚洲
Polypodioides Ching = **Polypodiodes**
Polypodiopsida Cronquist,Arthur John & Takhtajan,Armen Leonovich & Zimmermann,Walter Max = **Fissidens**
Polypodiopsis【-】 (Müll.Hal.) A.Jaeger 凤尾藓科属 ≒ **Polypodium;Fissidens** Fissidentaceae 凤尾藓科 [B-131] 全球 (uc) 大洲分布及种数(uc)
Polypodiopteris C.F.Reed = **Selliguea**
Polypodium (Bl. ex Kunze) T.Moore = **Polypodium**
Polypodium【3】L. 多足蕨属 ≒ **Grammitis;Persicaria** Polypodiaceae 水龙骨科 [F-60] 全球 (6) 大洲分布及种数(417-902;hort.1;cult:29)非洲:19-69;亚洲:179-265;大洋洲:90-153;欧洲:15-65;北美洲:116-180;南美洲:123-196
Polypoeium L. = **Polypodium**
Polypogon (J.Presl) Tzvelev = **Polypogon**
Polypogon【3】 Desf. 棒头草属 → **Agropogon; Agrostis;Milium** Poaceae 禾本科 [MM-748] 全球 (1) 大洲分布及种数(18-20)◆南美洲(◆巴西)
Polypogonagrostis【-】 (Asch. & Graebn.) Maire & Weiller 禾本科属 ≒ **Agropogon** Poaceae 禾本科 [MM-748] 全球 (uc) 大洲分布及种数(uc)
Polypompholyx Benj. = **Utricularia**
Polyporaceae Fr. ex Corda = Polypodiaceae
Polyporandra【3】 Becc. 远茶茱萸属 Icacinaceae 茶茱萸科 [MD-450] 全球 (1) 大洲分布及种数(1)◆大洋洲
Polyporus P.Micheli ex Adans. = **Xysmalobium**
Polypr Lour. = **Houttuynia**
Polypremaceae【3】L.Watson ex Doweld & Reveal 异四粉草科 [MD-548] 全球 (6) 大洲分布和属种数(1/1-2)非洲:1/1-2;亚洲:1/1-2;大洋洲:1/1-2;欧洲:1/1-2;北美洲:1/1-2;南美洲:1/1-2
Polypremum【3】 L. 红锈草属 → **Cleyera** Polypremaceae 异四粉草科 [MD-548] 全球 (6) 大洲分布及种数(2)非洲:1-2;亚洲:1-2;大洋洲:1-2;欧洲:1-2;北美洲:1-2;南美洲:1-2
Polypria Hack. = **Polytrias**
Polypsecadium【3】O.E.Schulz 多碎片芥属 ← **Brassica; Hesperis** Brassicaceae 十字花科 [MD-213] 全球 (1) 大洲分布及种数(15)◆南美洲
Polyptera Lour. = **Anemopsis**
Polypteris【3】 Nutt. 对粉菊属 ← **Palafoxia** Asteraceae 菊科 [MD-586] 全球 (1) 大洲分布及种数(2)◆北美洲
Polyradicion Garay = **Dendrophylax**
Polyrhabda【3】 C.C.Towns. 滨藜苋属 Amaranthaceae 苋科 [MD-116] 全球 (1) 大洲分布及种数(1)◆非洲
Polyrhaphis Lindl. = **Pentaschistis**
Polyrrhiza Pfitzer = **Trichocentrum**
Polysalenia Hook.f. = **Leptomischus**
Polyschema Turcz. = **Pelargonium**
Polyschemone Schott,Nyman & Kotschy = **Silene**
Polyschisma Turcz. = **Pelargonium**
Polyscias (A.Gray) Lowry & G.M.Plunkett = **Polyscias**
Polyscias【3】 Forst. 南洋参属 ← **Aralia;Crassula** Araliaceae 五加科 [MD-471] 全球 (6) 大洲分布及种

P

数(162-193;hort.1;cult:1)非洲:93-112;亚洲:77-95;大洋洲:51-73;欧洲:5-11;北美洲:30-36;南美洲:8-13
Polyseias Hack. = **Polytrias**
Polysemia Decne. = **Polystemma**
Polysigma Meisn. = **Nemopanthus**
Polysolen Rauschert = **Leptomischus**
Polysolenia Hook.f. = **Leptomischus**
Polyspatha【3】Benth. 歧苞草属 ← **Commelina** Commelinaceae 鸭跖草科 [MM-708] 全球 (1) 大洲分布及种数(2-3)◆非洲
Polysphaeria【3】Hook.f. 多球茜属 → **Chazaliella; Cremaspora;Tricalysia** Rubiaceae 茜草科 [MD-523] 全球 (1) 大洲分布及种数(20-22)◆非洲
Polyspora【3】Hort. 大头茶属 ≒ **Camellia;Gordonia** Theaceae 山茶科 [MD-168] 全球 (1) 大洲分布及种数(16-26)◆亚洲
Polyspora Sw. = **Polyspora**
Polystachia Hook. = **Polystachya**
Polystachya【3】Hook. 多穗兰属 ← **Bulbophyllum; Maxillaria;Stelis** Orchidaceae 兰科 [MM-723] 全球 (6) 大洲分布及种数(226-275;hort.1)非洲:200-241;亚洲:20-24;大洋洲:4-7;欧洲:3-6;北美洲:27-31;南美洲:30-33
Polystemma【3】Decne. 多冠萝藦属 ← **Matelea; Vincetoxicum** Apocynaceae 夹竹桃科 [MD-492] 全球 (1) 大洲分布及种数(7)◆北美洲
Polystemon D.Don = **Lamanonia**
Polystemonanthus【3】Harms 非洲多蕊豆属 Fabaceae 豆科 [MD-240] 全球 (1) 大洲分布及种数(1)◆非洲(◆利比里亚)
Polysticalpe【-】Fraser-Jenk. 鳞毛蕨科属 Dryopteridaceae 鳞毛蕨科 [F-49] 全球 (uc) 大洲分布及种数(uc)
Polystichopis (J.Sm.) Holttum = **Polystichopsis**
Polystichopsis【2】(J.Sm.) Holttum 多耳蕨属 ≒ **Arachniodes** Dryopteridaceae 鳞毛蕨科 [F-49] 全球 (4) 大洲分布及种数(13-14)非洲:1;亚洲:cf.1;北美洲:9;南美洲:3
Polystichum (Ching) Li Bing Zhang = **Polystichum**
Polystichum【3】Roth 耳蕨属 → **Acrorumohra; Acropelta;Phanerophlebia** Dryopteridaceae 鳞毛蕨科 [F-49] 全球 (6) 大洲分布及种数(468-621;hort.1;cult: 54)非洲:44-70;亚洲:345-474;大洋洲:40-70;欧洲:21-43;北美洲:82-124;南美洲:93-124
Polystictus Torrend = **Polystichum**
Polysticum Roth = **Polystichum**
Polystigma Meisn. = **Quercus**
Polystigmina Meisn. = **Quercus**
Polystira Meisn. = **Nemopanthus**
Polystoma Lour. ex B.A.Gomes = **Arethusa**
Polystorthia Bl. = **Pygeum**
Polystroma Decne. = **Polystemma**
Polystylus A.Hasselt ex Hassk. = **Phalaenopsis**
Polytaenia【3】DC. 北美洲多带草属 Apiaceae 伞形科 [MD-480] 全球 (1) 大洲分布及种数(2-3)◆北美洲(◆美国)
Polytaenium【3】Desv. 多带蕨属 Pteridaceae 凤尾蕨科 [F-31] 全球 (1) 大洲分布及种数(16-17)◆南美洲(◆巴西)
Polytaxis【-】Bunge 菊科属 ≒ **Jurinea** Asteraceae 菊科 [MD-586] 全球 (uc) 大洲分布及种数(uc)
Polytenia Raf. = **Polytaenia**
Polytepalum【3】Süss. & Beyerle 繁被草属 Caryophyllaceae 石竹科 [MD-77] 全球 (1) 大洲分布及种数(1)◆非洲(◆安哥拉)
Polythecandra Planch. & Triana = **Clusia**
Polythrena Benth. = **Polycarena**
Polythrinc Nees = **Crossandra**
Polythrix Nees = **Crossandra**
Polythysana Hanst. = **Besleria**
Polythysania Hanst. = **Alloplectus**
Polytoca【3】R.Br. 多裔草属 ← **Apluda;Chionachne;Cleistochloa** Poaceae 禾本科 [MM-748] 全球 (1) 大洲分布及种数(7-8)◆亚洲
Polytoma Lour ex Gomes = **Bletilla**
Polytrema【3】C.B.Clarke 亚洲远爵床属 Acanthaceae 爵床科 [MD-572] 全球 (1) 大洲分布及种数(uc)属分布和种数(uc)◆亚洲
Polytrias【3】Hack. 单序草属 ← **Andropogon; Phleum;** Poaceae 禾本科 [MM-748] 全球 (1) 大洲分布及种数(2)◆亚洲
Polytrichaceae【3】Schwägr. 金发藓科 [B-101] 全球 (5) 大洲分布和属种数(24/340)亚洲:16/134;大洋洲:12/70;欧洲:12/60;北美洲:13/104;南美洲:15/117
Polytrichadelphus【2】(Müll.Hal.) Mitt. 多金发藓属 ≒ **Polytrichum;Oligotrichum** Polytrichaceae 金发藓科 [B-101] 全球(5) 大洲分布及种数(28) 亚洲:1;大洋洲:5;欧洲:1;北美洲:4;南美洲:24
Polytrichastrum (Bruch & Schimp.) G.L.Sm. = **Polytrichastrum**
Polytrichastrum【3】G.L.Sm. 拟金发藓属 ≒ **Pogonatum** Polytrichaceae 金发藓科 [B-101] 全球 (6) 大洲分布及种数(15) 非洲:3;亚洲:12;大洋洲:3;欧洲:7;北美洲:12;南美洲:4
Polytrichatrum Schwägr. = **Polytrichastrum**
Polytrichites【-】E.Britton 金发藓科属 Polytrichaceae 金发藓科 [B-101] 全球 (uc) 大洲分布及种数(uc)
Polytrichum【3】Hedw. 金发藓属 ≒ **Pogonatum; Pilotrichum** Polytrichaceae 金发藓科 [B-101] 全球 (6) 大洲分布及种数(56) 非洲:13;亚洲:21;大洋洲:8;欧洲:19;北美洲:22;南美洲:21
Polytrichum ödipyxis Müll.Hal. = **Polytrichum**
Polytropia C.Presl = **Rhynchosia**
Polyura【3】Hook.f. 蛇根草属 ← **Ophiorrhiza;Lerchea;** Rubiaceae 茜草科 [MD-523] 全球 (1) 大洲分布及种数(2)◆亚洲
Polyxe Kunth = **Polyxena**
Polyxena【3】Kunth 粉铃花属 ← **Daubenya** Hyacinthaceae 风信子科 [MM-679] 全球 (1) 大洲分布及种数(1)◆非洲
Polyxenus Silvestri = **Polyxena**
Polyzoa Lesson = **Polytoca**
Polyzone Endl. = **Sesbania**
Polyzygus【3】Dalzell 印度芹属 Apiaceae 伞形科 [MD-480] 全球 (1) 大洲分布及种数(uc)属分布和种数(uc)◆南亚(◆印度)
Pomacanthus C.Presl = **Cassine**
Pomacentrum auct. = **Aerides**
Pomaderris【3】Labill. 牛筋茶属 → **Alphitonia; Ceanothus;Trymalium** Rhamnaceae 鼠李科 [MD-331]

全球 (1) 大洲分布及种数(1-109)◆大洋洲
Pomangium Reinw. = **Argostemma**
Pomaria【3】 Cav. 穗实豆属 ← **Caesalpinia;Hoffmannseggia;Parkinsonia** Fabaceae 豆科 [MD-240] 全球 (6) 大洲分布及种数(16)非洲:4-5;亚洲:2-3;大洋洲:1;欧洲:1-2;北美洲:9-10;南美洲:8-9
Pomasterion Miq. = **Sicyos**
Pomatacalpa【3】 Breda,Kuhl & Hass. 鹿角兰属 ≒ **Pomatocalpa** Orchidaceae 兰科 [MM-723] 全球 (1) 大洲分布及种数(uc)◆亚洲(◆中国)
Pomataphytum Jones = **Cheilanthes**
Pomatiderris Röm. & Schult. = **Trymalium**
Pomatisia auct. = **Polanisia**
Pomatium C.F.Gaertn. = **Bertiera**
Pomatium Nees & Mart. ex Lindl. = **Ocotea**
Pomatium Nees ex Meisn. = **Nectandra**
Pomatocalpa【3】 Breda,Kuhl & Hass. 鹿角兰属 ≒ **Cleisostoma;Rhynchostylis** Orchidaceae 兰科 [MM-723] 全球 (6) 大洲分布及种数(26-35;hort.1)非洲:3-5;亚洲:23-31;大洋洲:7-9;欧洲:2;北美洲:2-4;南美洲:2
Pomatochilus【-】 Hort. 兰科属 Orchidaceae 兰科 [MM-723] 全球 (uc) 大洲分布及种数(uc)
Pomatoderris Röm. & Schult. = **Pomaderris**
Pomatophyton M.E.Jones = **Cheilanthes**
Pomatophytum M.E.Jones = **Macrothelypteris**
Pomatosace【3】 Maxim. 羽叶点地梅属 Primulaceae 报春花科 [MD-401] 全球 (1) 大洲分布及种数(cf. 1)◆东亚(◆中国)
Pomatostoma【3】 Stapf 亚洲角牡丹属 Melastomataceae 野牡丹科 [MD-364] 全球 (1) 大洲分布及种数(1)◆亚洲
Pomatotheca F.Müll = **Adenocline**
Pomaulax Backer = **Meiogyne**
Pomax【3】 Sol. ex Gaertn. 东亚茜属 ≒ **Opercularia** Rubiaceae 茜草科 [MD-523] 全球 (1) 大洲分布及种数(1)◆大洋洲(◆澳大利亚)
Pomazota【3】 Ridl. 裂叶茜属 ≒ **Coptophyllum** Rubiaceae 茜草科 [MD-523] 全球 (1) 大洲分布及种数(4)◆亚洲
Pombalia Vand. = **Hybanthus**
Pomelia Durando ex Pomel = **Daucus**
Pomelina【3】 (Maire) Gümes & Raynaud 杉石玫属 ≒ **Fumana** Cistaceae 半日花科 [MD-175] 全球 (1) 大洲分布及种数(1)◆非洲
Pomella Stephani ex Pocs = **Porella**
Pomereula Domb. ex DC. = **Miconia**
Pometia【3】 J.R.Forst. & G.Forst. 番龙眼属 ← **Allophylus;Ornitrophe;Pradosia** Sapindaceae 无患子科 [MD-428] 全球 (1) 大洲分布及种数(8-9)◆亚洲
Pommereschea【3】 Wittm. 直唇姜属 Zingiberaceae 姜科 [MM-737] 全球 (1) 大洲分布及种数(cf. 1)◆亚洲
Pommereschia Wittm. = **Pommereschea**
Pommereulla【3】 L.f. 单生偏穗草属 → **Melanocenchris** Poaceae 禾本科 [MM-748] 全球 (1) 大洲分布及种数(2)◆亚洲
Pommereulleae Bor = **Pommereulla**
Pommereullia Willd. = **Pommereulla**
Pommereullinae Pilg. = **Miconia**
Pomolobus Desv. = **Pellaea**
Pomoxis Raf. = **Albuca**
Pomphidea Miers = **Ravenia**
Pompila Nor. = **Sterculia**
Pompilus L. = **Populus**
Pomponema Raf. = **Amaryllis**
Ponaea Bub. = **Toulicia**
Ponana Stål = **Porana**
Ponanella Salisb. = **Bulbine**
Ponapea【3】 Becc. 射叶椰属 ≒ **Ptychosperma** Arecaceae 棕榈科 [MM-717] 全球 (1) 大洲分布及种数(4)◆欧洲
Ponaria Raf. = **Veronica**
Ponceletia【3】 R.Br. 昙石南属 ≒ **Spartina** Ericaceae 杜鹃花科 [MD-380] 全球 (1) 大洲分布及种数(uc)◆大洋洲
Poncirus【3】 Raf. 枳属 ← **Citrus** Rutaceae 芸香科 [MD-399] 全球 (6) 大洲分布及种数(2)非洲:3;亚洲:1-4;大洋洲:1-4;欧洲:3;北美洲:1-4;南美洲:3
Ponera【3】 Lindl. 波内兰属 ← **Sobralia;Domingoa** Orchidaceae 兰科 [MM-723] 全球 (1) 大洲分布及种数(9-10)◆北美洲(◆墨西哥)
Ponerorchis【3】 Rchb.f. 小红门兰属 → **Amitostigma; Gymnadenia;Orchis** Orchidaceae 兰科 [MM-723] 全球 (6) 大洲分布及种数(51-57;hort.1;cult: 1)非洲:6;亚洲:50-60;大洋洲:2-8;欧洲:1-7;北美洲:6;南美洲:6
Ponerostigma J.M.H.Shaw = **Digitalis**
Pongam Adans. = **Styphnolobium**
Pongamia【3】 Adans. 水黄皮属 → **Styphnolobium; Cajum;Paraderris** Fabaceae 豆科 [MD-240] 全球 (1) 大洲分布及种数(2-12)◆亚洲
Pongamiopsis【3】 R.Vig. 拟水黄皮属 ← **Deguelia** Fabaceae 豆科 [MD-240] 全球 (1) 大洲分布及种数(3)◆非洲(◆马达加斯加)
Pongati Adans. = **Sphenoclea**
Pongatium Juss. = **Sphenoclea**
Pongelia Raf. = **Dolichandrone**
Pongelion Adans. = **Ailanthus**
Pongelium G.A.Scop. = **Ailanthus**
Pongonia Grant = **Pogonia**
Ponista Raf. = **Saxifraga**
Ponna Böhm. = **Symphyopappus**
Pontaletsje Adans. = **Lawsonia**
Pontania Lem. = **Pongamia**
Pontechium【2】 U.R.Böhle & Hilger 亚美尼亚紫草属 Boraginaceae 紫草科 [MD-517] 全球 (2) 大洲分布及种数(2)亚洲:cf.1;欧洲:1
Pontederas Hoffmanns. = **Pontederia**
Pontederia【3】L.梭鱼草属→**Eichhornia;Hydrocharis** Pontederiaceae 雨久花科 [MM-711] 全球 (6) 大洲分布及种数(25-30)非洲:4-7;亚洲:7-10;大洋洲:6-9;欧洲:1-4;北美洲:10-13;南美洲:14-20
Pontederiaceae【3】 Kunth 雨久花科 [MM-711] 全球 (6) 大洲分布和属种数(6-7;hort. & cult.4)(55-86;hort. & cult.4-8)非洲:4-6/10-21;亚洲:4-5/19-32;大洋洲:4-5/14-26;欧洲:3-5/4-15;北美洲:4-5/28-40;南美洲:4-6/35-49
Pontederieae Dum. = **Pontederia**
Ponterara【-】 J.M.H.Shaw 兰科属 Orchidaceae 兰科 [MM-723] 全球 (uc) 大洲分布及种数(uc)
Pontesia Vell. = **Riencourtia**

P

Pontheriella O.Hoffm. & Muschl. = **Senecio**
Ponthieui R.Br. = **Ponthieva**
Ponthieva【2】 R.Br. 魔杖兰属 ≒ **Lindera;Baskervilla** Orchidaceae 兰科 [MM-723] 全球 (3) 大洲分布及种数(70-80)亚洲:3-4;北美洲:27-31;南美洲:56-61
Pontia Bub. = **Tanacetum**
Ponticola Ehrh. = **Thalictrum**
Pontinia Fr. = **Silene**
Pontinus Raf. = **Poncirus**
Pontisia FRIES = **Agrostemma**
Pontoceros G.Mey. = **Byttneria**
Pontonema Raf. = **Amaryllis**
Pontonia Lem. = **Gastrolobium**
Pontopidana G.A.Scop. = **Couroupita**
Pontoppidana G.A.Scop. = **Couratari**
Pontya A.Chev. = **Trilepisium**
Pooideae A.Braun = (接受名不详) Poaceae
Pooleara【-】 Hort. 兰科属 Orchidaceae 兰科 [MM-723] 全球 (uc) 大洲分布及种数(uc)
Poortmannia Drake = **Trianaea**
Pootia Dennst. = **Voacanga**
Popanax Raf. = **Aralia**
Popeia Endl. = **Popowia**
Poplypodium Raf. = **Polycodium**
Poponax Raf. = **Panax**
Poponium E.Mey. = **Prionium**
Popospermum F.Müll. = **Tragopogon**
Popoviocodonia Fed. = **Campanula**
Popoviolimon Lincz. = **Cephalorhizum**
Popowia【3】 Endl. 嘉陵花属 → **Ambavia;Annona; Monanthotaxis** Annonaceae 番荔枝科 [MD-7] 全球 (1) 大洲分布及种数(23-26)◆亚洲
Poppea Fowler = **Hoppea**
Poppia Carrière = **Luffa**
Poppigia Hook. & Arn. = **Poeppigia**
Poppya Neck ex M.Röm. = **Luffa**
Populago Mill. = **Calendula**
Populina【3】 Baill. 杨爵床属 Acanthaceae 爵床科 [MD-572] 全球 (1) 大洲分布及种数(2)◆非洲(◆马达加斯加)
Populus Abaso Eckenw. = **Populus**
Populus【3】 L. 杨属 → **Turanga;Jackiopsis** Salicaceae 杨柳科 [MD-123] 全球 (6) 大洲分布及种数(115-154; hort.1;cult:48)非洲:15-68;亚洲:90-180;大洋洲:11-64;欧洲:32-87;北美洲:41-102;南美洲:4-57
Poralia Aubl. = **Potalia**
Porana【3】 Burm.f. 马尾藤属 → **Dinetus;Metaporana; Pariana** Convolvulaceae 旋花科 [MD-499] 全球 (6) 大洲分布及种数(6-9;hort.1)非洲:18;亚洲:4-24;大洋洲:1-19;欧洲:17;北美洲:1-18;南美洲:17
Poranaceae J.Agardh = Oleaceae
Porandra【3】 D.Y.Hong 孔药花属 ← **Amischotolype** Commelinaceae 鸭跖草科 [MM-708] 全球 (1) 大洲分布及种数(cf. 1)◆亚洲
Porania Studer = **Orania**
Poranopsis【3】 Roberty 白花叶属 ← **Cardiochlamys; Dinetus;Porana** Convolvulaceae 旋花科 [MD-499] 全球 (1) 大洲分布及种数(cf. 1)◆亚洲
Poranthera【3】 Rudge 杉蓬属 ≒ **Sorghastrum** Phyllanthaceae 叶下珠科 [MD-222] 全球 (1) 大洲分布及种数(8-25)◆大洋洲
Porantheraceae Hurus. = Emblingiaceae
Porantheroideae【-】 Pax 大戟科属 Euphorbiaceae 大戟科 [MD-217] 全球 (uc) 大洲分布及种数(uc)
Poraqueiba【3】 Aubl. 巴拿马茱萸属 → **Ottoschulzia;Enkianthus** Icacinaceae 茶茱萸科 [MD-450] 全球 (1) 大洲分布及种数(3-4)◆南美洲
Poraresia Gleason = **Pogonophora**
Poratia H.E.Moore = **Anthemis**
Porcelia【3】 Ruiz & Pav. 猴蕉木属 ← **Asimina;Sapranthus;Uvaria** Annonaceae 番荔枝科 [MD-7] 全球 (1) 大洲分布及种数(8-12)◆南美洲
Porcellites Cass. = **Hypochaeris**
Porcu Mill. = **Allium**
Porella【3】 Stephani ex Pocs 光萼苔属 ≒ **Lejeunea; Perilla** Porellaceae 光萼苔科 [B-80] 全球 (6) 大洲分布及种数(74-77)非洲:8-56;亚洲:51-97;大洋洲:9-55;欧洲:17-63;北美洲:16-62;南美洲:17-63
Porellaceae【3】 W.E.Nicholson 光萼苔科 [B-80] 全球 (6) 大洲分布和属种数(3/75-133)非洲:1-3/8-59;亚洲:3/53-104;大洋洲:1-3/9-58;欧洲:1-3/17-66;北美洲:2-3/17-66;南美洲:1-3/17-66
Poresta C.Presl = **Araiostegia**
Porfiria【3】 Böd. 云峰球属 ← **Mammillaria** Cactaceae 仙人掌科 [MD-100] 全球 (1) 大洲分布及种数(cf.1)◆北美洲(◆墨西哥)
Porfuris Raf. = **Porfiria**
Porgamia Adans. = **Pongamia**
Poricellaria Schrank = **Gynandropsis**
Porina【3】 (Wall.) Staples 小忍冬属 ≒ **Pariana** Caprifoliaceae 忍冬科 [MD-510] 全球 (6) 大洲分布及种数(1)非洲:9;亚洲:9;大洋洲:9;欧洲:9;北美洲:9;南美洲:9
Porinopsis Roberty = **Poranopsis**
Poriodontia Meisn. = **Pygeum**
Porliera Pers. = **Porlieria**
Porlieria【3】 Ruiz & Pav. 皂疮木属 ← **Guaiacum** Zygophyllaceae 蒺藜科 [MD-288] 全球 (6) 大洲分布及种数(6-7)非洲:1;亚洲:1;大洋洲:1;欧洲:1;北美洲:1-2;南美洲:4-5
Porocallia (Benth.) A.Fern. & R.Fern. = **Osbeckia**
Porocarpus Gaertn. = **Timonius**
Porocephalus R.Br. = **Sorocephalus**
Porochne Van Tiegh. = **Ochna**
Porocystis【3】 Radlk. 孔囊无患子属 ← **Toulicia** Sapindaceae 无患子科 [MD-428] 全球 (1) 大洲分布及种数(3)◆南美洲
Porodiscus Hook. = **Pterodiscus**
Porodittia【3】 G.Don 秘鲁玄参属 ≒ **Trianthema** Calceolariaceae 荷包花科 [MD-531] 全球 (1) 大洲分布及种数(cf. 1)◆南美洲
Poroglossum Schltr. = **Porroglossum**
Porolabium【3】 Tang & F.T.Wang 孔唇兰属 ← **Herminium** Orchidaceae 兰科 [MM-723] 全球 (1) 大洲分布及种数(cf. 1)◆东亚(◆中国)
Porona Warren = **Porana**
Poronia Sm. = **Boronia**
Poroniopsis Rchb.f. = **Pogoniopsis**
Porophyllum【3】 Gütt. 香蝶菊属 → **Cacalia;**

Eupatorium Asteraceae 菊科 [MD-586] 全球 (6) 大洲分布及种数(39-42;hort.1;cult: 2)非洲:1-12;亚洲:3-14;大洋洲:1-12;欧洲:11;北美洲:26-37;南美洲:19-30
Porosana Burm.f. = **Porana**
Porosia L.Hickey = **Parodia**
Porospermum F.Müll = **Tragopogon**
Porosphaeria Hook.f. = **Polysphaeria**
Porostema Schreb. = **Phoebe**
Porostereum F.Müll = **Aralia**
Porotachys Klotzsch = **Croton**
Porothamnium (Broth.) M.Fleisch. = **Porothamnium**
Porothamnium 【2】 M.Fleisch. 小平藓属 ≒ **Pterobryon** Neckeraceae 平藓科 [B-204] 全球 (5) 大洲分布及种数(33) 非洲:11;亚洲:1;欧洲:1;北美洲:3;南美洲:19
Porotheca K.Schum. = **Tetratheca**
Porothrinax H.Wendl. ex Griseb. = **Thrinax**
Porotrichella Cardot = **Orthostichopsis**
Porotrichodendron 【2】 M.Fleisch. 树枝藓属 Neckeraceae 平藓科 [B-204] 全球 (4) 大洲分布及种数(14) 非洲:1;亚洲:1;北美洲:4;南美洲:12
Porotrichopsis 【-】 Broth. & Herzog 船叶藓科属 Lembophyllaceae 船叶藓科 [B-205] 全球 (uc) 大洲分布及种数(uc)
Porotrichum 【3】 (Brid.) Hampe 香平藓属 ≒ **Pinnatella** Neckeraceae 平藓科 [B-204] 全球 (6) 大洲分布及种数(64) 非洲:17;亚洲:6;大洋洲:1;欧洲:8;北美洲:20;南美洲:36
Porpa Bl. = **Triumfetta**
Porpaea C.Presl = **Iochroma**
Porpax 【3】 Lindl. 盾柄兰属 ≒ **Aspidistra;Pinalia;Eria** Orchidaceae 兰科 [MM-723] 全球 (1) 大洲分布及种数(26-31)◆亚洲
Porpeia Bailey = **Porcelia**
Porphyra Lour. = **Aegiphila**
Porphyrachnis Garay & H.R.Sw. = **Arachnis**
Porphyrandachnis Garay & H.R.Sw. = **Arachnis**
Porphyranthus Engl. = **Panda**
Porphyrel Lour. = **Callicarpa**
Porphyria Lour. = **Callicarpa**
Porphyrid Lour. = **Callicarpa**
Porphyrio Lour. = **Aegiphila**
Porphyrocodon Hook.f. = **Cardamine**
Porphyrocoma Scheidw. = **Dianthera**
Porphyrodesme 【3】 Schltr. 白点兰属 ← **Thrixspermum** Orchidaceae 兰科 [MM-723] 全球 (1) 大洲分布及种数(uc)属分布和种数(uc)◆亚洲
Porphyroglottis 【3】 Ridl. 紫舌兰属 Orchidaceae 兰科 [MM-723] 全球 (1) 大洲分布及种数(1-2)◆亚洲
Porphyrorhynchos 【-】 Glic. 兰科属 Orchidaceae 兰科 [MM-723] 全球 (uc) 大洲分布及种数(uc)
Porphyroscias Miq. = **Angelica**
Porphyrospatha Engl. = **Syngonium**
Porphyrostachys 【3】 Rchb.f. 舞蝗兰属 ← **Altensteinia;Prescottia;Stenoptera** Orchidaceae 兰科 [MM-723] 全球 (1) 大洲分布及种数(2)◆南美洲
Porphyrostemma 【3】 Benth. ex Oliv. 红脂菊属 ← **Pluchea** Asteraceae 菊科 [MD-586] 全球 (1) 大洲分布及种数(3)◆非洲
Porphyrula Lour. = **Aegiphila**
Porrocystis Levinsen = **Porocystis**
Porroglossum (Rchb.f.) Luer = **Porroglossum**
Porroglossum 【3】 Schltr. 伸唇兰属 ← **Scaphosepalum;Periglossum** Orchidaceae 兰科 [MM-723] 全球 (1) 大洲分布及种数(47-59)◆南美洲
Porrorhachis 【3】 Garay 囊唇兰属 ≒ **Saccolabium** Orchidaceae 兰科 [MM-723] 全球 (1) 大洲分布及种数(1-3)◆亚洲
Porroteranthe Steud. = **Glyceria**
Porrovallia 【-】 Hort. 兰科属 Orchidaceae 兰科 [MM-723] 全球 (uc) 大洲分布及种数(uc)
Porrum Mill. = **Allium**
Porsicaria Mill. = **Persicaria**
Porsildia 【3】 Á.Löve & D.Löve 格陵兰漆姑属 ≒ **Alsine** Caryophyllaceae 石竹科 [MD-77] 全球 (1) 大洲分布及种数(cf. 1)◆亚洲
Portaea Ten. = **Markea**
Portanus Linnavuori = **Platanus**
Portea Ariza-Julia = **Portea**
Portea 【3】 K.Koch 塔序凤梨属 ← **Aechmea;Protea** Bromeliaceae 凤梨科 [MM-715] 全球 (1) 大洲分布及种数(10)◆南美洲
Portemea Ariza-Julia = **Portea**
Portenschlagia Tratt. = **Elaeodendron**
Portenschlagiana Tratt. = **Elaeodendron**
Portenschlagiella 【3】 Tutin 早熟伞属 Apiaceae 伞形科 [MD-480] 全球 (1) 大洲分布及种数(cf.1)◆欧洲
Porterandia 【3】 Ridl. 绢冠茜属 → **Aoranthe;Gardenia** Rubiaceae 茜草科 [MD-523] 全球 (6) 大洲分布及种数(25-27)非洲:1;亚洲:24-25;大洋洲:1;欧洲:1;北美洲:1;南美洲:2-3
Porterara Hook. = **Valeriana**
Porterella 【3】 Torr. 紫桔梗属 ← **Laurentia** Campanulaceae 桔梗科 [MD-561] 全球 (1) 大洲分布及种数(1)◆北美洲(◆美国)
Porteresia 【3】 Tateoka 刺叶稻属 ← **Oryza** Poaceae 禾本科 [MM-748] 全球 (1) 大洲分布及种数(cf. 1)◆南亚(◆孟加拉)
Porteria Hook. = **Valeriana**
Portesa Cothen. = **Portea**
Portesia Cav. = **Trichilia**
Porthesia Cav. = **Trichilia**
Porthetria Hook. = **Valeriana**
Porthidium Schott = **Pothoidium**
Portillia Königer = **Stelis**
Portlandia L. = **Portlandia**
Portlandia 【3】 P.Br. 泉钟花属 → **Bikkia;Gardenia;Thogsennia** Rubiaceae 茜草科 [MD-523] 全球 (1) 大洲分布及种数(4-11)◆北美洲
Portoara J.M.H.Shaw = **Iochroma**
Portula Dill. ex Mönch = **Peplis**
Portulaca (F.Müll.) D.Legrand = **Portulaca**
Portulaca 【3】 L. 马齿苋属 → **Calandrinia;Illecebrum;Sesuvium** Portulacaceae 马齿苋科 [MD-85] 全球 (6) 大洲分布及种数(185-207;hort.1;cult: 5)非洲:58-67;亚洲:50-58;大洋洲:27-40;欧洲:14-22;北美洲:45-57;南美洲:84-95
Portulacaceae 【3】 Juss. 马齿苋科 [MD-85] 全球 (6) 大洲分布和属种数(26-29;hort. & cult.10-11)(477-777;hort. & cult.60-88)非洲:7-19/86-229;亚洲:5-19/60-198;大洋洲:

7-20/61-204;欧洲:2-17/16-154;北美洲:15-22/189-351;南美洲:11-21/213-364

Portulacaria【3】Jacq. 马齿苋树属 → **Claytonia** Portulacaceae 马齿苋科 [MD-85] 全球 (1) 大洲分布及种数(7)◆非洲

Portulacariaceae Doweld = Myricaceae

Portulacastrum Juss. ex Medik. = **Trianthema**

Portulacca Haw. = **Portulaca**

Portulaceae Dum. = Portulacaceae

Portuna Nutt. = **Pieris**

Porypodium Rchb.f. = **Anapeltis**

Posadaara J.M.H.Shaw = **Posadaea**

Posadaea【3】Cogn. 波萨达葫芦属 ← **Cucurbitella** Cucurbitaceae 葫芦科 [MD-205] 全球 (1) 大洲分布及种数(1)◆南美洲

Posidonia【2】K.D.König 海神草属 ≒ **Caulinia; Cymodocea** Posidoniaceae 海神草科 [MM-609] 全球 (5) 大洲分布及种数(9-11)非洲:2;亚洲:2-3;大洋洲:8-10;欧洲:3;北美洲:1

Posidoniaceae【2】Vines 海神草科 [MM-609] 全球 (5) 大洲分布和属种数(1;hort. & cult.1)(8-62;hort. & cult.1) 非洲:1/2;亚洲:1/2-3;大洋洲:1/8-10;欧洲:1/3;北美洲:1/1

Posidonieae Kunth ex Spach = **Posidonia**

Posidonion St.Lag. = **Posidonia**

Poskea【3】Vatke 穗团花属 Plantaginaceae 车前科 [MD-527] 全球 (1) 大洲分布及种数(2)◆亚洲

Posocarpium (Benth.) Yen C.Yang & P.H.Hôangang = **Podocarpium**

Posoqueria【2】Aubl. 波苏茜属 ← **Benkara;Hillia; Tocoyena** Rubiaceae 茜草科 [MD-523] 全球 (4) 大洲分布及种数(24-28;hort.1;cult:1)亚洲:cf.1;欧洲:1;北美洲:13-14;南美洲:17-20

Posoquieria Aubl. = **Posoqueria**

Posoria Raf. = **Swartzia**

Possira Aubl. = **Swartzia**

Possiria Raf. = **Barbula**

Possura Aubl. ex Steud. = **Swartzia**

Postielia Königer = **Postiella**

Postiella【3】Kljuykov 伞芹花属 ≒ **Scaligeria** Apiaceae 伞形科 [MD-480] 全球 (1) 大洲分布及种数(cf.2)◆亚洲

Postuera Raf. = **Osmanthus**

Potadoma Sw. = **Acalypha**

Potalia【3】Aubl. 风轮莉属 ← **Nicandra** Potaliaceae 龙爪七叶科 [MD-485] 全球 (1) 大洲分布及种数(9)◆南美洲

Potaliaceae【3】Mart. 龙爪七叶科 [MD-485] 全球 (1) 大洲分布和属种数(1/9)◆南美洲

Potalieae Rchb. = **Potalia**

Potameia【3】Thou. 河樟属 → **Apodytes;Syndiclis** Lauraceae 樟科 [MD-21] 全球 (1) 大洲分布及种数(24-26)◆非洲(◆马达加斯加)

Potamica Poir. = **Potameia**

Potamilus Mitt. = **Potamium**

Potamium【3】Mitt. 杂锦藓属 ≒ **Sematophyllum** Sematophyllaceae 锦藓科 [B-192] 全球 (1) 大洲分布及种数(1)◆非洲

Potamobryon Liebm. = **Tristicha**

Potamocaris Rottb. = **Rheedia**

Potamocharis Rottb. = **Mammea**

Potamochloa Griff. = **Hygroryza**

Potamocoris Rottb. = **Rheedia**

Potamocypris Rottb. = **Rheedia**

Potamoganos Sandwith = **Bignonia**

Potamogeton Hagstr. = **Potamogeton**

Potamogeton【3】L. 眼子菜属 ≒ **Psammogeton; Groenlandia** Potamogetonaceae 眼子菜科 [MM-606] 全球 (6) 大洲分布及种数(138-222;hort.1;cult: 58)非洲:40-111;亚洲:92-185;大洋洲:33-108;欧洲:69-135;北美洲:70-148;南美洲:30-96

Potamogetonaceae【3】Bercht. & J.Presl 眼子菜科 [MM-606] 全球 (6) 大洲分布和属种数(3-4;hort. & cult.2)(151-423;hort. & cult.13-15)非洲:3/42-117;亚洲:3/102-199;大洋洲:1-2/33-112;欧洲:3/78-148;北美洲:2/80-162;南美洲:2/37-107

Potamogetum Clairv. = **Myriophyllum**

Potamogiton Raf. = **Potamogeton**

Potamolejeunea (Spruce) Lacout. = **Potamolejeunea**

Potamolejeunea【3】Stephani 委内水鳞苔属 Lejeuneaceae 细鳞苔科 [B-84] 全球 (1) 大洲分布及种数(cf. 1)◆南美洲(◆委内瑞拉)

Potamoperla Mabille = **Potamophila**

Potamophila【3】R.Br. 石溪菰属 → **Maltebrunia; Prosphytochloa** Poaceae 禾本科 [MM-748] 全球 (6) 大洲分布及种数(2)非洲:1;亚洲:1;大洋洲:1-2;欧洲:1;北美洲:1;南美洲:1

Potamopitys Adans. = **Elatine**

Potamorhina Valenciennes = **Potamophila**

Potamoxylon Raf. = **Tabebuia**

Potaninia【3】Maxim. 绵刺属 Rosaceae 蔷薇科 [MD-246] 全球 (1) 大洲分布及种数(cf. 1)◆亚洲

Potanisia Wawra = **Cleome**

Potarophytum【3】Sandwith 溪蔺花属 Rapateaceae 泽蔺花科 [MM-713] 全球 (1) 大洲分布及种数(1)◆南美洲(◆圭亚那)

Potenaria J.M.H.Shaw = **Pyrenaria**

Potenilla L. = **Potentilla**

Potentill L. = **Potentilla**

Potentilla【3】L. 掌叶委陵菜属 → **Acomastylis;Comarum;Pentaphylloides** Rosaceae 蔷薇科 [MD-246] 全球 (6) 大洲分布及种数(632-937;hort.1;cult: 99)非洲:34-176;亚洲:357-586;大洋洲:38-183;欧洲:252-414;北美洲:227-417;南美洲:34-163

Potentillaceae Bercht. & J.Presl = Rosaceae

Potentilleae Sw. = **Potentilla**

Potentillopsis Opiz = **Potentilla**

Poteranthera【3】Bong. 巴西密牡丹属 ← **Acisanthera;Siphanthera** Melastomataceae 野牡丹科 [MD-364] 全球 (1) 大洲分布及种数(4-5)◆南美洲

Poteria Aubl. = **Pouteria**

Poteriac L. = **Poterium**

Poteriaceae Raf. = Tetracarpaeaceae

Poteridium Spach = **Sanguisorba**

Poterion St.Lag. = **Sanguisorba**

Poterium【3】L. 多蕊地榆属 ≒ **Sanguisorba; Gymnosciadium** Rosaceae 蔷薇科 [MD-246] 全球 (6) 大洲分布及种数(3-5)非洲:6;亚洲:1-7;大洋洲:1-7;欧洲:6;北美洲:6;南美洲:6

Potettilla L. = **Potentilla**
Potha Burm. = **Pothos**
Pothaceae Barnhart = Podoaceae
Pothoidium 【3】 Schott 假石柑属 Araceae 天南星科 [MM-639] 全球 (1) 大洲分布及种数(cf. 1)◆亚洲
Pothomorphe 【3】 Miq. 大胡椒属 ← **Piper** Piperaceae 胡椒科 [MD-39] 全球 (1) 大洲分布及种数(1-5)◆北美洲
Pothos 【3】 L. 石柑属 → **Amydrium;Epipremnum; Orontium** Araceae 天南星科 [MM-639] 全球 (6) 大洲分布及种数(24-68)非洲:6-21;亚洲:22-50;大洋洲:1-11;欧洲:10;北美洲:10;南美洲:10
Pothuava Gaud. = **Tillandsia**
Pothyne Salisb. = **Phaius**
Potiarca Hort. = **Brassavola**
Potima R.Hedw. = **Faramea**
Potinara auct. = **Brassavola**
Potiria Böd. = **Porfiria**
Potomogeton Raf. = **Potamogeton**
Potosia 【3】 (Schltr.) R.González & Szlach. ex Mytnik 亚兰属 Orchidaceae 兰科 [MM-723] 全球 (1) 大洲分布及种数(4-5)◆北美洲(◆危地马拉)
Potoxylon 【2】 A.J.G.H.Kosterm. 铁樟属 ≒ **Eusideroxylon** Lauraceae 樟科 [MD-21] 全球 (2) 大洲分布及种数(cf.) 亚洲;北美洲
Potoxylon Kosterm. = **Potoxylon**
Potridiscus Döbbeler & Triebel = **Peridiscus**
Pottia 【3】 (Brid.) Müll.Hal. 丛藓属 Pottiaceae 丛藓科 [B-133] 全球 (6) 大洲分布及种数(61) 非洲:12;亚洲:6;大洋洲:19;欧洲:9;北美洲:11;南美洲:15
Pottiaceae Hampe = Pottiaceae
Pottiaceae 【3】 Schimp. 丛藓科 [B-133] 全球 (5) 大洲分布和属种数(121/2034)亚洲:69/580;大洋洲:56/362;欧洲:55/408;北美洲:80/605;南美洲:87/745
Pottieae Besch. = **Pottia**
Pottiella (Limpr.) Gams = **Microbryum**
Pottingeria 【3】 Prain 假钓樟属 Celastraceae 卫矛科 [MD-339] 全球 (1) 大洲分布及种数(cf. 1)◆亚洲
Pottingeriac Prain = **Pottingeria**
Pottingeriaceae 【3】 Takht. 单室木科 [MD-344] 全球 (1) 大洲分布和属种数(1/2)◆南美洲
Pottingerieae Engl. = **Pottingeria**
Pottingesia Prain = **Pottingeria**
Pottiopsis 【2】 Blockeel & A.J.E.Sm. 假丛藓属 ≒ **Weissia** Pottiaceae 丛藓科 [B-133] 全球 (4) 大洲分布及种数(2) 非洲:1;大洋洲:1;欧洲:1;北美洲:1
Pottsia 【3】 Hook. & Arn. 帘子藤属 ← **Vallaris;Paropsia** Apocynaceae 夹竹桃科 [MD-492] 全球 (1) 大洲分布及种数(2-4)◆亚洲
Pouchetia 【3】 A.Rich. 垂枝茜属 → **Galiniera;Wendlandia** Rubiaceae 茜草科 [MD-523] 全球 (1) 大洲分布及种数(3-4)◆非洲
Poulsenia 【3】 Eggers 刺枝桑属 Moraceae 桑科 [MD-87] 全球 (1) 大洲分布及种数(1)◆南美洲
Pounguia 【3】 Benoist 非洲枝爵床属 Acanthaceae 爵床科 [MD-572] 全球 (1) 大洲分布及种数(uc)◆亚洲
Poupartia 【3】 Comm. ex Juss. 红白木属 → **Antrocaryon;Spondias** Anacardiaceae 漆树科 [MD-432] 全球 (1) 大洲分布及种数(8-11)◆非洲
Poupartiopsis 【3】 Capuron ex J.D.Mitch. & Daly 浮果漆属 Anacardiaceae 漆树科 [MD-432] 全球 (1) 大洲分布及种数(1)◆非洲(◆马达加斯加)
Pourouma 【3】 Aubl. 雨葡萄属 ≒ **Coussapoa** Urticaceae 荨麻科 [MD-91] 全球 (1) 大洲分布及种数(31-38)◆南美洲
Pourretia Ruiz & Pav. = **Puya**
Pourretia Willd. = **Cavanillesia**
Pourtbiaea Decne. = **Photinia**
Pourthiaea Decne. = **Photinia**
Poutaletsje Adans. = **Hedyotis**
Pouteria (A.DC.) Baehni = **Pouteria**
Pouteria 【3】 Aubl. 桃榄属 → **Planchonella;Sideroxylon;Xantolis** Sapotaceae 山榄科 [MD-357] 全球 (1) 大洲分布及种数(249-277)◆南美洲(◆巴西)
Pouzolsia Benth. = **Pouzolzia**
Pouzolzia 【3】 Gaud. 雾水葛属 ≒ **Australina; Boehmeria;Gonostegia** Urticaceae 荨麻科 [MD-91] 全球 (6)大洲分布及种数(80-93;hort.1)非洲:26-33;亚洲:52-66;大洋洲:9-14;欧洲:2-7;北美洲:13-18;南美洲:17-23
Pouzolzja Benth. = **Pouzolzia**
Povedadaphne 【3】 W.C.Burger 甜樟属 ≒ **Ocotea** Lauraceae 樟科 [MD-21] 全球 (1) 大洲分布及种数(cf. 1)◆北美洲(◆哥斯达黎加)
Povedaphne W.C.Burger = **Povedadaphne**
Povilla Adans. = **Jasione**
Powellara J.M.H.Shaw = **Powellia**
Powellia Broth. = **Powellia**
Powellia 【2】 Mitt. 亚洲卷柏藓属 Racopilaceae 卷柏藓科 [B-156] 全球 (2) 大洲分布及种数(6) 亚洲:1;大洋洲:6
Powelliopsis 【2】 Zanten 杂柏藓属 Racopilaceae 卷柏藓科 [B-156] 全球 (2) 大洲分布及种数(2)非洲;亚洲
Poya R.Br. = **Hoya**
Pozoa 【3】 Lag. 波索草属 Apiaceae 伞形科 [MD-480] 全球 (1) 大洲分布及种数(2-3)◆南美洲
Pozoopsis Benth. = **Huanaca**
Pozopsis 【3】 Hook. 花娜芹属 ≒ **Huanaca** Apiaceae 伞形科 [MD-480] 全球 (1) 大洲分布及种数(uc)◆大洋洲
Ppolygala Neck. = **Polygala**
Prachetus Buch.Ham. ex D.Don = **Parochetus**
Pradhania Gagnep. = **Pycnarrhena**
Pradosia 【3】 Liais 普拉榄属 ≒ **Capparis** Sapotaceae 山榄科 [MD-357] 全球 (1) 大洲分布及种数(25-27)◆南美洲
Praealstonia Miers = **Symplocos**
Praecereus 【3】 Buxb. 翁柱属 ≒ **Monvillea** Cactaceae 仙人掌科 [MD-100] 全球 (1) 大洲分布及种数(2)◆南美洲
Praecitrullus 【2】 Pangalo 西瓜属 ← **Citrullus** Cucurbitaceae 葫芦科 [MD-205] 全球 (2) 大洲分布及种数(cf.1) 亚洲;北美洲
Praecoxanthus 【3】 Hopper & A.P.Br. 裂缘兰属 ≒ **Caladenia** Orchidaceae 兰科 [MM-723] 全球 (1) 大洲分布及种数(1)◆大洋洲
Praenanthes Hook. = **Prenanthes**
Praepilosocereus 【-】 Guiggi 仙人掌科属 Cactaceae 仙人掌科 [MD-100] 全球 (uc) 大洲分布及种数(uc)
Praesepium 【-】 Spreng. ex Rchb. 蔷薇科属 Rosaceae 蔷薇科 [MD-246] 全球 (uc) 大洲分布及种数(uc)
Praetoria Baill. = **Urtica**

Prageluria N.E.Br. = **Telosma**
Pragmatropa Pierre = **Euonymus**
Pragmotessara Pierre = **Euonymus**
Prainea【3】King ex Hook.f. 陷毛桑属 ← **Artocarpus** Moraceae 桑科 [MD-87] 全球 (1) 大洲分布及种数(cf. 1)◆亚洲
Prairiana Aubl. = **Pariana**
Prameles Rushforth = **Praxelis**
Prancea H.Beck ex J.F.Morales = **Triainolepis**
Pranceacanthus【3】Wassh. 巴西刺爵床属 Acanthaceae 爵床科 [MD-572] 全球 (1) 大洲分布及种数(1)◆南美洲
Pranesus C.Presl = **Trifolium**
Prangos【2】Lindl. 隐盘芹属 ← **Cachrys;Azilia;Calyptrosciadium** Apiaceae 伞形科 [MD-480] 全球 (3) 大洲分布及种数(61-68;hort.1)非洲:2;亚洲:60-65;欧洲:2-3
Prantleia Mez = **Orthophytum**
Prantlina Mez = **Orthophytum**
Praravinia【3】Korth. 菲岛茜属 ← **Urophyllum;Williamsia** Rubiaceae 茜草科 [MD-523] 全球 (1) 大洲分布及种数(23-24)◆亚洲
Prasanthea Decne. = **Paliavana**
Prasanthus【2】Lindb. 穗枝苔属 Gymnomitriaceae 全萼苔科 [B-41] 全球 (3) 大洲分布及种数(cf.1) 亚洲;欧洲;北美洲
Prasiola Menegh. = **Thalictrum**
Prasiteles Sahsb. = **Narcissus**
Prasium【3】L. 银水苏属 → **Gomphostemma;Physostegia** Lamiaceae 唇形科 [MD-575] 全球 (1) 大洲分布及种数(1-2)◆欧洲
Praskoinon Raf. = **Allium**
Prasophyllum【3】R.Br. 韭兰属 ≒ **Gastrodia;Genoplesium** Orchidaceae 兰科 [MM-723] 全球 (1) 大洲分布及种数(44-171)◆大洋洲
Prasoxylon M.Röm. = **Dysoxylum**
Prasum L. = **Pisum**
Pratia (C.Presl) Baill. = **Pratia**
Pratia【3】Gaud. 铜锤玉带属 ← **Lobelia;Lysipomia** Campanulaceae 桔梗科 [MD-561] 全球 (2) 大洲分布及种数(35) 北美洲;南美洲
Praticola Ehrh. = **Thalictrum**
Pratochloa【3】Hardion 石芒菰属 Poaceae 禾本科 [MM-748] 全球 (1) 大洲分布及种数(1)◆非洲
Pravinaria【3】Bremek. 普拉茜属 Rubiaceae 茜草科 [MD-523] 全球 (1) 大洲分布及种数(cf. 1)◆亚洲
Praxeliopsis【3】G.M.Barroso 寡毛假臭草属 Asteraceae 菊科 [MD-586] 全球 (1) 大洲分布及种数(2)◆南美洲
Praxelis【3】Cass. 假臭草属 ← **Eupatorium;Mikania** Asteraceae 菊科 [MD-586] 全球 (1) 大洲分布及种数(21)◆南美洲
Praya Sternb. & Hoppe = **Braya**
Prcnanthes L. = **Prenanthes**
Preauxia Sch.Bip. = **Argyranthemum**
Preauxii Sch.Bip. = **Argyranthemum**
Preauxxiy Sch.Bip. = **Argyranthemum**
Preioblastus Nakai = **Pleioblastus**
Preissia Corda = **Preissia**
Preissia【3】Opiz 背托苔属 ≒ **Avena;Reboulia** Marchantiaceae 地钱科 [B-12] 全球 (1) 大洲分布及种数(3)◆大洋洲
Prelaea Mönch = **Peltaea**
Premna Congestiflorae P′ei & S.L.Chen = **Premna**
Premna【3】L. 千解草属 ← **Callicarpa;Celastrus;Petitia** Verbenaceae 马鞭草科 [MD-556] 全球 (6) 大洲分布及种数(135-210;hort.1;cult: 9)非洲:53-70;亚洲:86-158;大洋洲:22-43;欧洲:8;北美洲:6-17;南美洲:2-10
Premnophyllum K.Koch = **Connellia**
Prenanthcs L. = **Prenanthes**
Prenanthella【3】Rydb. 小福王草属 ← **Prenanthes** Asteraceae 菊科 [MD-586] 全球 (1) 大洲分布及种数(1)◆北美洲(◆美国)
Prenanthenia【3】Svent. 蛇根苣属 ← **Prenanthes** Asteraceae 菊科 [MD-586] 全球 (1) 大洲分布及种数(1)◆欧洲
Prenanthes【3】L. 蛇根苣属 → **Brickellia;Chondrilla;Picrosia** Asteraceae 菊科 [MD-586] 全球 (6) 大洲分布及种数(30-57)非洲:1-20;亚洲:25-50;大洋洲:19;欧洲:1-20;北美洲:7-28;南美洲:19
Prenanthos St.Lag. = **Prenanthes**
Prenantus Raf. = **Prenanthes**
Prenea Aubl. = **Crenea**
Prenia【3】N.E.Br. 姬露花属 ≒ **Aridaria** Aizoaceae 番杏科 [MD-94] 全球 (1) 大洲分布及种数(4-8)◆非洲
Prenolepis (DC.) Miq. = **Pterolepis**
Preonanthus (DC.) Schur = **Anemone**
Prepodesma【3】N.E.Br. 锦辉玉属 ← **Mesembryanthemum** Aizoaceae 番杏科 [MD-94] 全球 (1) 大洲分布及种数(1)◆非洲(◆南非)
Prepopsis S.A.Hammer = **Pyrrosia**
Preptanthe Rchb.f. = **Calanthe**
Prepusa【3】Mart. 显龙胆属 Gentianaceae 龙胆科 [MD-496] 全球 (1) 大洲分布及种数(6)◆南美洲
Prerospermum Schreb. = **Pterospermum**
Presates D.Don = **Prosartes**
Prescotia【3】Lindl. 普勒兰属 → **Prescottia** Orchidaceae 兰科 [MM-723] 全球 (1) 大洲分布及种数(uc)◆非洲
Prescottia【2】Lindl. 普勒兰属 ← **Altensteinia;Decaisnea;Brachystele** Orchidaceae 兰科 [MM-723] 全球 (2) 大洲分布及种数(30-39)北美洲:6-7;南美洲:28-36
Presla Dulac = **Equisetum**
Preslaea Mart. = **Heliotropium**
Preslea G.Don = **Heliotropium**
Preslia【3】Opiz 唇形科属 ≒ **Woodsia** Lamiaceae 唇形科 [MD-575] 全球 (1) 大洲分布及种数(uc)◆欧洲
Preslianthus【3】Iltis & Cornejo 山柑属 ≒ **Capparis** Capparaceae 山柑科 [MD-178] 全球 (1) 大洲分布及种数(cf. 1)◆南美洲
Presliophytum【2】(Urb. & Gilg) Weigend 显刺莲花属 ← **Loasa** Loasaceae 刺莲花科 [MD-435] 全球 (2) 大洲分布及种数(7)北美洲:1;南美洲:6
Prestelia【3】Sch.Bip. 长管菊属 ≒ **Eremanthus;Chresta** Asteraceae 菊科 [MD-586] 全球 (1) 大洲分布及种数(1)◆南美洲
Prestinaria Sch.Bip. ex Hochst. = **Coreopsis**
Prestoea【2】Hook.f. 粉轴椰属 ← **Euterpe;Geonoma;Aiphanes** Arecaceae 棕榈科 [MM-717] 全球 (2) 大洲分布及种数(13;hort.1)北美洲:9;南美洲:12
Prestonia Acutifoliae Woodson = **Prestonia**

Prestonia 【2】 R.Br. 金锦葵属 ≒ **Parasponia** Apocynaceae 夹竹桃科 [MD-492] 全球 (5) 大洲分布及种数(32) 非洲:2;亚洲:2;大洋洲:1;北美洲:25;南美洲:26
Prestoniopsis Müll.Arg. = **Mandevilla**
Pretanthes L. = **Prenanthes**
Pretera Cothen. = **Dicerocaryum**
Pretrea J.Gay = **Dicerocaryum**
Pretreothamnus Engl. = **Josephinia**
Preussia Opiz = **Preissia**
Preussiella 【3】 Gilg 普罗野牡丹属 Melastomataceae 野牡丹科 [MD-364] 全球 (1) 大洲分布及种数(2)◆非洲
Preussiodora 【3】 Keay 普罗茜属 ← **Randia** Rubiaceae 茜草科 [MD-523] 全球 (1) 大洲分布及种数(1)◆非洲
Prevoita Adans. = **Cerastium**
Prevostea Choisy = **Bonamia**
Prevotia Adans. = **Stellaria**
Priamosia Urb. = **Xymalos**
Prianos L. = **Prinos**
Prianthes Pritz. = **Trixis**
Priceara 【-】 auct. 兰科属 Orchidaceae 兰科 [MM-723] 全球 (uc) 大洲分布及种数(uc)
Pridania Gagnep. = **Pycnarrhena**
Pridgeonia 【-】 Pupulin 兰科属 Orchidaceae 兰科 [MM-723] 全球 (uc) 大洲分布及种数(uc)
Priestleya 【3】 DC. 南非普里豆属 ≒ **Xiphotheca** Fabaceae3 蝶形花科 [MD-240] 全球 (1) 大洲分布及种数(18)◆非洲
Prieurea DC. = **Ludwigia**
Prieurella Pierre = **Chrysophyllum**
Prieuria Benth. & Hook.f. = **Ludwigia**
Primiopsis Lindl. & Paxton = **Drimiopsis**
Primnoisis Wright & Studer = **Grindelia**
Primula 【3】 L. 报春花属 ≒ **Cortusa;Parkia** Primulaceae 报春花科 [MD-401] 全球 (6) 大洲分布及种数(559-727;hort.1;cult: 74)非洲:14-59;亚洲:499-667;大洋洲:20-73;欧洲:106-176;北美洲:82-137;南美洲:20-68
Primulaceae 【3】 Batsch ex Borkh. 报春花科 [MD-401] 全球 (6) 大洲分布和属种数(22-23;hort. & cult.17)(1132-2320;hort. & cult.408-667)非洲:6-15/96-298;亚洲:15-19/930-1348;大洋洲:5-14/77-262;欧洲:9-16/211-449;北美洲:12-15/243-446;南美洲:5-15/66-244
Primulanae R.Dahlgren ex Reveal = **Primulina**
Primulidium Spach = **Androsace**
Primulina 【3】 Hance 报春苣苔属 ≒ **Rheitrophyllum** Gesneriaceae 苦苣苔科 [MD-549] 全球 (1) 大洲分布及种数(180-197)◆亚洲
Primulineae Hance = **Primulina**
Princea Dubard & Dop = **Triainolepis**
Princeps Dubard & Dop = **Triainolepis**
Principina 【3】 Uittien 合鳞芒属 ≒ **Mapania** Cyperaceae 莎草科 [MM-747] 全球 (1) 大洲分布及种数(cf.1)◆非洲
Pringlea 【3】 W.Anderson ex Hook.f. 普林芥属 Brassicaceae 十字花科 [MD-213] 全球 (1) 大洲分布及种数(1-2)◆亚洲
Pringlechloa Scribn. = **Bouteloua**
Pringleella Broth. = **Pringleella**
Pringleella 【2】 Cardot 并列藓属 Bruchiaceae 小烛藓科 [B-120] 全球 (3) 大洲分布及种数(3) 亚洲:1;北美洲:1;南美洲:1
Pringleochloa Scribn. = **Bouteloua**
Pringleophytum A.Gray = **Holographis**
Prinodia Griseb. = **Quercus**
Prinos 【3】 L. 落叶冬青属 ≒ **Ilex;Pinus** Aquifoliaceae 冬青科 [MD-438] 全球 (6) 大洲分布及种数(1-3)非洲:2;亚洲:3;大洋洲:2;欧洲:2;北美洲:3;南美洲:2
Prinsepia Euprinsepia Rehder = **Prinsepia**
Prinsepia 【3】 Royle 蕤核属 Rosaceae 蔷薇科 [MD-246] 全球 (1) 大洲分布及种数(5-6)◆亚洲
Printzia 【3】 Cass. 尾药菀属 → **Aster;Leysera** Asteraceae 菊科 [MD-586] 全球 (1) 大洲分布及种数(7)◆非洲
Printzina Cass. = **Printzia**
Priochilus R.Br. = **Eriochilus**
Priogymnanthus 【3】 P.S.Green 梣榄属 Oleaceae 木樨科 [MD-498] 全球 (1) 大洲分布及种数(3)◆南美洲
Priolepis Winterbottom & Burridge = **Cirsium**
Prionace Nees = **Phalaris**
Prionachne Nees = **Prionanthium**
Prionanthes Schrank = **Trixis**
Prionanthium 【3】 Desv. 单生穗草属 ← **Phalaris; Phleum** Poaceae 禾本科 [MM-748] 全球 (1) 大洲分布及种数(4-5)◆非洲
Prionantium Desv. = **Prionanthium**
Prioniaceae 【3】 S.L.Munro & H.P.Linder 南灯心科 [MM-732] 全球 (6) 大洲分布和属种数(1;hort. & cult.1)(1-3;hort. & cult.1-2)非洲:1/1-2;亚洲:1/1;大洋洲:1/1;欧洲:1/1;北美洲:1/1;南美洲:1/1
Prionidium Hilp. = **Didymodon**
Prionitis Adans. = **Falcaria**
Prionitis örst. = **Barleria**
Prionium 【3】 E.Mey. 木蔺属 ← **Juncus;Acorus** Thurniaceae 梭子草科 [MM-735] 全球 (1) 大洲分布及种数(1-2)◆非洲(◆南非)
Prionocolea 【-】 (R.M.Schust.) R.M.Schust. 细鳞苔科属 Lejeuneaceae 细鳞苔科 [B-84] 全球 (uc) 大洲分布及种数(uc)
Prionodon 【2】 Müll.Hal. 毛藓属 Prionodontaceae 毛藓科 [B-200] 全球 (4) 大洲分布及种数(7) 非洲:1;欧洲:1;北美洲:4;南美洲:6
Prionodontaceae 【2】 Broth. 毛藓科 [B-200] 全球 (4) 大洲分布和属种数(2/13)亚洲:1/6;欧洲:1/1;北美洲:1/4;南美洲:1/6
Prionolejeunea (Spruce) Schiffn. = **Prionolejeunea**
Prionolejeunea 【3】 Stephani 寡鳞苔属 ≒ **Lejeunea; Pictolejeunea** Lejeuneaceae 细鳞苔科 [B-84] 全球 (6) 大洲分布及种数(10-11)非洲:2-4;亚洲:1;大洋洲:1;欧洲:1;北美洲:2-3;南美洲:7-8
Prionolepis Pöpp. = **Liabum**
Prionolobus (Spruce) Schiffn. = **Cephaloziella**
Prionomysis W.M.Tattersall = **Grindelia**
Prionophyllum K.Koch = **Dyckia**
Prionoplectus örst. = **Nematanthus**
Prionopsis Nutt. = **Kalimeris**
Prionopteris 【-】 Wall. 里白科属 Gleicheniaceae 里白科 [F-18] 全球 (uc) 大洲分布及种数(uc)
Prionoscadium S.Watson = **Prionosciadium**
Prionoschoenus (Rchb.) P. & K. = **Prionium**
Prionosciadium 【3】 S.Watson 锯伞芹属 ← **Cicuta;**

P

Perissocoeleum;Angelica Apiaceae 伞形科 [MD-480] 全球 (1) 大洲分布及种数(14-22)◆北美洲
Prionosciadum S.Watson = **Prionosciadium**
Prionosepalum【3】Steud. 垂蒴果草属 ≒ **Chaetanthus** Restionaceae 帚灯草科 [MM-744] 全球 (1) 大洲分布及种数(uc)◆大洋洲
Prionosiadium S.Watson = **Prionosciadium**
Prionospio Wirén = **Grindelia**
Prionostachys Hassk. = **Murdannia**
Prionostemma【3】Miers 普瑞木属 ← **Anthodon** Celastraceae 卫矛科 [MD-339] 全球 (1) 大洲分布及种数(5)◆非洲
Prionotaceae Hutch. = Monotropaceae
Prionotes【3】R.Br. 电珠花属 ← **Dracophyllum;Epacris;Lebetanthus** Ericaceae 杜鹃花科 [MD-380] 全球 (1) 大洲分布及种数(3)◆大洋洲
Prionotrichon Botsch. & Vved. = **Erysimum**
Priopetalon Raf. = **Bomarea**
Priophorus Dahlbom = **Podophorus**
Prioria【2】Griseb. 蜂巢豆属 ← **Copaifera; Kingiodendron** Fabaceae 豆科 [MD-240] 全球 (5) 大洲分布及种数(16)非洲:11;亚洲:4;大洋洲:3;北美洲:1;南美洲:1
Priotropis Wight & Arn. = **Crotalaria**
Prisciana Raf. = **Heliophila**
Prismatocarpus【3】L´Hér. 帚风铃属 → **Adenophora; Namacodon;Triodanis** Campanulaceae 桔梗科 [MD-561] 全球 (1) 大洲分布及种数(31)◆非洲(◆南非)
Prismatomeris【3】Thwaites 南山花属 ← **Coffea;Damnacanthus;Morinda** Rubiaceae 茜草科 [MD-523] 全球 (1) 大洲分布及种数(7-19)◆亚洲
Pristella Bertol. = **Stipa**
Pristidia Thwaites = **Gaertnera**
Pristiglotlis Cretz. & J.J.Sm. = **Pristiglottis**
Pristiglotti Cretz. & J.J.Sm. = **Pristiglottis**
Pristiglottis【3】Cretz. & J.J.Sm. 双丸兰属 ← **Anoectochilus;Ptyssiglottis;Kuhlhasseltia** Orchidaceae 兰科 [MM-723] 全球 (6) 大洲分布及种数(21)非洲:4-5;亚洲:14-15;大洋洲:8-9;欧洲:2-3;北美洲:2-3;南美洲:3-4
Pristimera【2】Miers 扁蒴藤属 ≒ **Hippocratea** Celastraceae 卫矛科 [MD-339] 全球 (5) 大洲分布及种数(48-49;hort.1;cult:1)非洲:30;亚洲:9;大洋洲:1;北美洲:9;南美洲:12
Pristocarpha E.Mey. ex A.DC. = **Athanasia**
Pristocelus C.Presl = **Schinus**
Pristosia Urb. = **Xylosma**
Pritchardia【3】Seem. & H.Wendl. 金棕属 → **Colpothrinax;Livistona;Washingtonia** Arecaceae 棕榈科 [MM-717] 全球 (6) 大洲分布及种数(37-48)非洲:3;亚洲:29-32;大洋洲:5-9;欧洲:3;北美洲:35-46;南美洲:1-4
Pritchardiopsis【3】Becc. 大果棕属 Arecaceae 棕榈科 [MM-717] 全球 (1) 大洲分布及种数(uc)属分布和种数(uc)◆大洋洲
Pritzelago P. & K. = **Hornungia**
Pritzelia F.Müll = **Philydrella**
Pritzelia Klotzsch = **Begonia**
Pritzelia Schaür = **Scholtzia**
Pritzelia Walp. = **Trachymene**
Priva【3】Adans. 异柱马鞭草属 → **Aloysia;Pitraea; Phryma** Verbenaceae 马鞭草科 [MD-556] 全球 (6) 大洲分布及种数(21-28;hort.1;cult:1)非洲:9-12;亚洲:7-12;大洋洲:2;欧洲:2;北美洲:11-15;南美洲:8-12
Privia Griseb. = **Prioria**
Proana Burm.f. = **Porana**
Proasellus Medik. = **Phaseolus**
Proatriplex【3】(W.A.Weber) H.C.Stutz & G.L.Chu 多花滨藜属 Amaranthaceae 苋科 [MD-116] 全球 (1) 大洲分布及种数(1)◆北美洲
Proatta Raf. = **Asarina**
Proba L. = **Protea**
Probatea Raf. = **Asarina**
Probateus Raf. = **Antirrhinum**
Probeloceras J.Joseph & Vajr. = **Aerides**
Probiantes Reinw. = **Lumnitzera**
Problastes Reinw. = **Isodon**
Probleta Raf. = **Antirrhinum**
Probletostemon K.Schum. = **Tricalysia**
Proboscia Schmidel = **Proboscidea**
Proboscidea Dissolophia Van Eselt. = **Proboscidea**
Proboscidea【3】Schmid. 长角胡麻属 → **Craniolaria** Martyniaceae 角胡麻科 [MD-557] 全球 (1) 大洲分布及种数(11-15)◆北美洲
Proboscidia Rich. ex DC. = **Proboscidea**
Probosciger Schmidel = **Proboscidea**
Proboscina Canu & Bassler = **Proboscidea**
Probosciphora Neck. = **Rhynchocorys**
Probosidea Schmidel = **Proboscidea**
Procatavola【-】J.M.H.Shaw 兰科属 Orchidaceae 兰科 [MM-723] 全球 (uc) 大洲分布及种数(uc)
Procavia Pallas = **Prockia**
Prochnyanthes【3】S.Watson 龙铃花属 Asparagaceae 天门冬科 [MM-669] 全球 (1) 大洲分布及种数(1)◆北美洲(◆墨西哥)
Prockia【3】P.Br. ex L. 鸡骨柞属 ≒ **Procris;Pilea** Tiliaceae 椴树科 [MD-185] 全球 (6) 大洲分布及种数(7-10)非洲:1;亚洲:1-3;大洋洲:1;欧洲:1;北美洲:4-6;南美洲:3-4
Prockiaceae Bertuch = Turneraceae
Prockieae Endl. = **Prockia**
Prockiopsis【3】Baill. 普罗木属 Achariaceae 青钟麻科 [MD-159] 全球 (1) 大洲分布及种数(5)◆非洲(◆马达加斯加)
Proclesia Klotzsch = **Cavendishia**
Procnopis L. = **Prosopis**
Procolpia Rchb. = **Alectra**
Proconia Lür = **Proctoria**
Procopiana Guşul. = **Symphytum**
Procopiania【3】Guşul. 聚合草属 ≒ **Symphytum** Boraginaceae 紫草科 [MD-517] 全球 (1) 大洲分布及种数(1-2)◆欧洲
Procopiphytum B.Pawlowski = **Symphytum**
Procrassula Griseb. = **Sempervivum**
Procris Comm. ex Juss. = **Procris**
Procris【3】Juss. 藤麻属 ← **Boehmeria;Elatostema; Pellionia** Urticaceae 荨麻科 [MD-91] 全球 (6) 大洲分布及种数(32-39;hort.1)非洲:9-18;亚洲:29-42;大洋洲:10-18;欧洲:1-8;北美洲:5-12;南美洲:1-8
Proctoria【3】Lür 山龙兰属 Orchidaceae 兰科 [MM-723] 全球 (1) 大洲分布及种数(1-2)◆北美洲

Procycleya 【-】 J.M.H.Shaw 兰科属 Orchidaceae 兰科 [MM-723] 全球 (uc) 大洲分布及种数(uc)
Prodotia Dennst. = **Centaurium**
Proeulia Opiz = **Cheilanthopsis**
Proferea C.Presl = **Aspidium**
Profium Mill. = **Teucrium**
Progona Miq. = **Cynometra**
Programinis 【-】 Poinar 禾本科属 Poaceae 禾本科 [MM-748] 全球 (uc) 大洲分布及种数(uc)
Proguarleya 【-】 J.M.H.Shaw 兰科属 Orchidaceae 兰科 [MM-723] 全球 (uc) 大洲分布及种数(uc)
Proineia Ehrh. = **Aira**
Proinia Webb = **Parolinia**
Proiphys (Lindl.) Mabb. = **Proiphys**
Proiphys 【3】 Herb. 玉簪水仙属 ← **Amaryllis; Pancratium;Eurycles** Amaryllidaceae 石蒜科 [MM-694] 全球 (6) 大洲分布及种数(5-6)非洲:2-3;亚洲:2-3;大洋洲:4-6;欧洲:1;北美洲:1;南美洲:1
Prokeria J.M.H.Shaw = **Lotus**
Prolagus R.M.King & H.Rob. = **Prolobus**
Prolax 【-】 auct. 兰科属 Orchidaceae 兰科 [MM-723] 全球 (uc) 大洲分布及种数(uc)
Prolepsis Mart. & Zucc. ex DC. = **Proteopsis**
Proleytonia 【-】 J.M.H.Shaw 兰科属 Orchidaceae 兰科 [MM-723] 全球 (uc) 大洲分布及种数(uc)
Prolobus 【3】 R.M.King & H.Rob. 泽兰属 ≒ **Eupatorium** Asteraceae 菊科 [MD-586] 全球 (1) 大洲分布及种数(1)◆南美洲
Prolongoa 【3】 Boiss. 长莛菊属 ← **Chrysanthemum; Leucanthemopsis** Asteraceae 菊科 [MD-586] 全球 (1) 大洲分布及种数(1)◆南欧(◆西班牙)
Promellia auct. = **Powellia**
Promenabstia 【-】 J.M.H.Shaw 兰科属 Orchidaceae 兰科 [MM-723] 全球 (uc) 大洲分布及种数(uc)
Promenaea 【3】 Lindl. 豹皮兰属 ← **Cymbidium;Maxillaria;Zygopetalum** Orchidaceae 兰科 [MM-723] 全球 (1) 大洲分布及种数(21)◆南美洲
Promenanthes Hook. = **Prenanthes**
Promenia Kinberg = **Promenaea**
Promenopsis Glic. = **Proteopsis**
Promenzella 【-】 J.M.H.Shaw 兰科属 Orchidaceae 兰科 [MM-723] 全球 (uc) 大洲分布及种数(uc)
Prometheum 【3】 (A.Berger) H.Ohba 绒瓦莲属 ≒ **Rosularia** Crassulaceae 景天科 [MD-229] 全球 (1) 大洲分布及种数(1)◆欧洲
Prometra Neck. = **Pouteria**
Promicrantha 【-】 Dvorak 十字花科属 Brassicaceae 十字花科 [MD-213] 全球 (uc) 大洲分布及种数(uc)
Promosepalum auct. = **Leptocarpus**
Pronacron Cass. = **Melampodium**
Pronaya 【3】 Hugel ex Endl. 丽藤莓属 ← **Billardiera** Pittosporaceae 海桐科 [MD-448] 全球 (1) 大洲分布及种数(uc)◆大洋洲
Proneella L. = **Prunella**
Pronephrium 【3】 C.Presl 新月蕨属 ← **Abacopteris; Aspidium** Thelypteridaceae 金星蕨科 [F-42] 全球 (6) 大洲分布及种数(38-69)非洲:2-5;亚洲:34-48;大洋洲:3-8;欧洲:3;北美洲:3;南美洲:3
Pronola L. = **Acrocephalus**
Propabstopetalum 【-】 J.M.H.Shaw 兰科属 Orchidaceae 兰科 [MM-723] 全球 (uc) 大洲分布及种数(uc)
Proparus Engl. = **Protarum**
Propetalon Hort. = **Dipcadi**
Propetalum auct. = **Dipcadi**
Proreinia Rchb. = **Saponaria**
Proreus Beauv. = **Pycreus**
Prorhinia Rchb. = **Saponaria**
Prorodes (L.) Börner = **Luzula**
Prosanerpis S.F.Blake = **Clidemia**
Prosanthopsis 【-】 Griff. & J.M.H.Shaw 兰科属 Orchidaceae 兰科 [MM-723] 全球 (uc) 大洲分布及种数(uc)
Prosaptia 【3】 C.Presl 穴子蕨属 ← **Grammitis** Polypodiaceae 水龙骨科 [F-60] 全球 (6) 大洲分布及种数(46-49)非洲:13;亚洲:29-44;大洋洲:21-34;欧洲:13;北美洲:1-14;南美洲:13
Prosartema Gagnep. = **Trigonostemon**
Prosartes 【3】 D.Don 宝仙草属 ← **Disporum; Streptopus** Liliaceae 百合科 [MM-633] 全球 (1) 大洲分布及种数(6-7)◆北美洲
Prosarthron 【-】 J.M.H.Shaw 兰科属 Orchidaceae 兰科 [MM-723] 全球 (uc) 大洲分布及种数(uc)
Prosavola 【-】 J.M.H.Shaw 兰科属 Orchidaceae 兰科 [MM-723] 全球 (uc) 大洲分布及种数(uc)
Proscatarthron 【-】 J.M.H.Shaw 兰科属 Orchidaceae 兰科 [MM-723] 全球 (uc) 大洲分布及种数(uc)
Proscephaleium Korth. = **Chassalia**
Proscephalium Benth. & Hook.f. = **Chassalia**
Proschkinia Adams = **Puschkinia**
Proscopia L. = **Prosopis**
Prosekia Steven = **Anarthrophyllum**
Proselia D.Don = **Powellia**
Proselias Steven = **Astragalus**
Proserpina L. = **Proserpinaca**
Proserpinaca 【3】 L. 人鱼藻属 Haloragaceae 小二仙草科 [MD-271] 全球 (1) 大洲分布及种数(6-7)◆北美洲
Proserpinaea Orb. = **Proserpinaca**
Proserpinica Nutt. = **Proserpinaca**
Proserpinidae Nutt. = **Proserpinaca**
Proskauera 【3】 (Hook.f. & Taylor) J.Heinrichs & J.J.Engel 澳丽羽苔属 Plagiochilaceae 羽苔科 [B-73] 全球 (1) 大洲分布及种数(cf. 1)◆大洋洲(◆澳大利亚)
Proslaeliocattleya 【-】 J.M.H.Shaw 兰科属 Orchidaceae 兰科 [MM-723] 全球 (uc) 大洲分布及种数(uc)
Prosopanche 【2】 de Bary 牧豆寄生属 ← **Hydnora** Aristolochiaceae 马兜铃科 [MD-56] 全球 (2) 大洲分布及种数(7)北美洲:2;南美洲:4
Prosopeas L. = **Prosopis**
Prosophrovola 【-】 J.M.H.Shaw 兰科属 Orchidaceae 兰科 [MM-723] 全球 (uc) 大洲分布及种数(uc)
Prosopia Rchb. = **Pedicularis**
Prosopidastrum 【3】 Burkart 球牧豆树属 ← **Mimosa; Prosopis** Fabaceae 豆科 [MD-240] 全球 (1) 大洲分布及种数(4)◆北美洲(◆墨西哥)
Prosopis DC. = **Prosopis**
Prosopis 【3】 L. 牧豆树属 ← **Acacia;Mimosa; Parapiptadenia** Fabaceae1 含羞草科 [MD-238] 全球 (6) 大洲分布及种数(57-63;hort.1;cult: 6)非洲:11-24;亚洲:13-

26;大洋洲:5-18;欧洲:2-15;北美洲:34-47;南美洲:44-59
Prosopostelma Baill. = **Cynanchum**
Prosorus Dalzell = **Margaritaria**
Prosotas L. = **Prosopis**
Prospero【2】 Salisb. 蓝瑰花属 ≒ **Scilla;Barnardia** Asparagaceae 天门冬科 [MM-669] 全球 (2) 大洲分布及种数(9-18)非洲:4;欧洲:4
Prosphysis Dulac = **Nardurus**
Prosphytochloa【3】 Schweick. 攀林菰属 ← **Maltebrunia** Poaceae 禾本科 [MM-748] 全球 (1) 大洲分布及种数(1)◆非洲
Prosrhyncholeya【-】 J.M.H.Shaw 兰科属 Orchidaceae 兰科 [MM-723] 全球 (uc) 大洲分布及种数(uc)
Prostanthera【3】 Labill. 木薄荷属 Lamiaceae 唇形科 [MD-575] 全球 (1) 大洲分布及种数(41-121)◆大洋洲(◆澳大利亚)
Prostea【-】 Cambess. 无患子科属 ≒ **Pometia** Sapindaceae 无患子科 [MD-428] 全球 (uc) 大洲分布及种数(uc)
Prostemma Kraenzl. = **Pterostemma**
Prostephanus B.L.Rob. & Greenm. = **Apocynum**
Prosthechea (Chiron & V.P.Castro) Chiron & V.P.Castro = **Prosthechea**
Prosthechea【3】 Knowles & Westc. 章鱼兰属 ≒ **Epithecia;Erodendrum;Encyclia** Orchidaceae 兰科 [MM-723] 全球 (6) 大洲分布及种数(130-142;hort.1;cult: 1)非洲:17;亚洲:9-29;大洋洲:17;欧洲:17;北美洲:64-81;南美洲:77-95
Prosthecidiscus【3】 Donn.Sm. 危地萝藦属 ← **Matelea** Apocynaceae 夹竹桃科 [MD-492] 全球 (1) 大洲分布及种数(1)◆北美洲
Prosthesia Bl. = **Rinorea**
Prostonia J.M.H.Shaw = **Proctoria**
Prosyclia J.M.H.Shaw = **Aster**
Protaetia Chevrolat = **Prosaptia**
Protamomum Ridl. = **Orchidantha**
Protamontum Ridl. = **Orchidantha**
Protangiopteris Hayata = **Angiopteris**
Protanthera Raf. = **Platanthera**
Protarum【3】 Engl. 趾叶芋属 Araceae 天南星科 [MM-639] 全球 (1) 大洲分布及种数(1)◆非洲(◆塞舌尔)
Protasparagus Oberm. = **Asparagus**
Protatera Raf. = **Asarina**
Protaxis Raf. = **Polygala**
Protea【3】 L. 帝王花属 ← **Aulax;Leucadendron;Sorocephalus** Proteaceae 山龙眼科 [MD-219] 全球 (1) 大洲分布及种数(134-226)◆非洲
Proteaceae【3】Juss. 山龙眼科 [MD-219] 全球 (6) 大洲分布和属种数(55-78;hort. & cult.26-37)(1194-2537;hort. & cult.195-349)非洲:20-34/449-671;亚洲:9-22/289-512;大洋洲:36-55/563-1465;欧洲:3-22/8-64;北美洲:5-22/13-68;南美洲:10-24/129-211
Protectocarpus Börner = **Abildgaardia**
Proteinia (Ser.) Rchb. = **Saponaria**
Proteinophallus Hook.f. = **Amorphophallus**
Proteinus Rchb. = **Acanthophyllum**
Protellopsis Kudo = **Acrocephalus**
Proteonina Rchb. = **Acanthophyllum**
Proteopsis Glic. = **Proteopsis**
Proteopsis【3】 Mart. & Zucc. ex DC. 尖苞灯头菊属 Asteraceae 菊科 [MD-586] 全球 (1) 大洲分布及种数(2)◆南美洲(◆巴西)
Proterebia Raf. = **Tabebuia**
Proteroceras J.Joseph & Vajr. = **Pteroceras**
Proterpia Raf. = **Tabebuia**
Protiara Hort. = **Brassavola**
Proticia Rchb. = **Acanthophyllum**
Protionopsis Bl. = **Commiphora**
Protis Ait. = **Perotis**
Protium【3】 Burm.f. 马蹄果属 ≒ **Commiphora; Amyris;Poupartia** Burseraceae 橄榄科 [MD-408] 全球 (1) 大洲分布及种数(20-21)◆大洋洲(◆澳大利亚)
Protobryum【-】 J.Gürra & M.J.Cano 丛藓科属 Pottiaceae 丛藓科 [B-133] 全球 (uc) 大洲分布及种数(uc)
Protocephalozia【3】 (Spruce) K.I.Göbel 巴西叶苔属 Lepidoziaceae 指叶苔科 [B-63] 全球 (1) 大洲分布及种数(cf. 1)◆南美洲
Protoceras J.Joseph & Vajr. = **Aerides**
Protocyrtandra Hosok. = **Cyrtandra**
Protogabunia Boiteau = **Tabernaemontana**
Protohopea Miers = **Ilex**
Protolepis Steud. = **Proteopsis**
Protolindsaea Copel. = **Davallia**
Protolindsaya Brooksii Cop. = **Tapeinidium**
Protolirion Ridl. = **Petrosavia**
Protolophozia【2】 (R.M.Schust.) Schljakov 欧洲裂叶苔属 → **Lophozia;Metahygrobiella** Herbertaceae 剪叶苔科 [B-69] 全球 (4) 大洲分布及种数(cf.1) 亚洲;大洋洲;欧洲;北美洲
Protoma G.Mey. = **Vitex**
Protomarattia Hayata = **Angiopteris**
Protomarsupella【-】 R.M.Schust. 拟大萼苔科属 Cephaloziellaceae 拟大萼苔科 [B-53] 全球 (uc) 大洲分布及种数(uc)
Protomegabaria【3】 Hutch. 杯苞茶属 ← **Baccaurea** Phyllanthaceae 叶下珠科 [MD-222] 全球 (1) 大洲分布及种数(3)◆非洲
Protoneura Napper = **Pogoneura**
Protonoceras J.Joseph & Vajr. = **Pteroceras**
Protopeltis Fée = **Tectaria**
Protophyllum K.Koch = **Connellia**
Protorhea Engl. = **Protorhus**
Protorhus【3】 Engl. 葡萄漆属 ← **Rhus;Ozoroa;Rubus** Anacardiaceae 漆树科 [MD-432] 全球 (1) 大洲分布及种数(34)◆非洲
Protoschwenckea P. & K. = **Protoschwenkia**
Protoschwenckia Soler. = **Protoschwenkia**
Protoschwenkia【3】 Soler. 巴西膀胱茄属 Solanaceae 茄科 [MD-503] 全球 (1) 大洲分布及种数(1)◆南美洲(◆巴西)
Protosolenostoma (Amakawa) Bakalin & Vilnet = **Solenostoma**
Protosyzygiella【3】 (Inoü) R.M.Schust. 匍叶苔属 Jamesoniellaceae 圆叶苔科 [B-51] 全球 (1) 大洲分布及种数(1)◆非洲
Prototulbaghia【-】 Vosa 葱科属 Alliaceae 葱科 [MM-667] 全球 (uc) 大洲分布及种数(uc)
Protowoodsia【2】 Ching 岩蕨科属 ≒ **Woodsia**

Woodsiaceae 岩蕨科 [F-47] 全球 (2) 大洲分布及种数(1) 亚洲:1;大洋洲:1
Protula Lour. = **Rotula**
Protus Röwer = **Protium**
Protziella (Limpr.) Gams = **Microbryum**
Proustia 【3】 Lag. 刺枝钝柱菊属 ≒ **Actinotus** Asteraceae 菊科 [MD-586] 全球 (1) 大洲分布及种数(11-12)◆南美洲
Provancheria B.Boivin = **Cerastium**
Provencheria B.Boivin = **Cerastium**
Provenzalia Adans. = **Calla**
Prozetia Neck. = **Xantolis**
Prozopsis C.Müll. = **Huanaca**
Prsoralea L. = **Psoralea**
Pru Ludw. = **Valeriana**
Prumna L. = **Premna**
Prumnopityaceae Melikyan & A.V.Bobrov = Podocarpaceae
Prumnopitys 【2】 Phil. 核果杉属 ← **Dacrydium; Podocarpus** Podocarpaceae 罗汉松科 [G-13] 全球 (4) 大洲分布及种数(10)亚洲:2;大洋洲:6;北美洲:3;南美洲:4
Prumus L. = **Peumus**
Prunaceae 【3】 Martinov 樱科 [MD-247] 全球 (6) 大洲分布和属种数(1;hort. & cult.1)(307-605;hort. & cult.84-128)非洲:1/87;亚洲:1/307-410;大洋洲:1/17-104;欧洲:1/87;北美洲:1/45-150;南美洲:1/1-88
Prunella 【3】 L. 夏枯草属 → **Acrocephalus; Dracocephalum** Lamiaceae 唇形科 [MD-575] 全球 (6) 大洲分布及种数(22-35;hort.1;cult: 11)非洲:5-8;亚洲:11-18;大洋洲:2-4;欧洲:17-22;北美洲:3-6;南美洲:1-3
Pruneola L. = **Prunella**
Prunophora Neck. = **Prunus**
Prunus (L.) Benth. & Hook.f. = **Prunus**
Prunus 【3】 L. 榆叶梅属 ≒ **Lauro-cerasus;Picea** Rosaceae 蔷薇科 [MD-246] 全球 (1) 大洲分布及种数(307-422)◆亚洲
Pruskortizia 【3】 Morillo 夹竹李属 Apocynaceae 夹竹桃科 [MD-492] 全球 (1) 大洲分布及种数(2)◆南美洲
Pryona Miq. = **Cynometra**
Przewalskia 【3】 Maxim. 马尿脬属 ← **Mandragora** Solanaceae 茄科 [MD-503] 全球 (1) 大洲分布及种数(cf. 1)◆东亚(◆中国)
Psacadocalymma Bremek. = **Justicia**
Psacadopaepale Bremek. = **Strobilanthes**
Psacaliopsis 【3】 H.Rob. & Brettell 类印第安菊属 ← **Senecio** Asteraceae 菊科 [MD-586] 全球 (1) 大洲分布及种数(5)◆北美洲
Psacalium 【3】 Cass. 印第安菊属 ← **Senecio; Odontotrichum** Asteraceae 菊科 [MD-586] 全球 (1) 大洲分布及种数(55-56)◆北美洲
Psalidas Raf. = **Gentiana**
Psalidaster Fisher = **Solidaster**
Psalina Raf. = **Gentiana**
Psamathe Rchb. = **Sesuvium**
Psammagrostis 【3】 C.A.Gardner & C.E.Hubb. 沙剪股颖属 Poaceae 禾本科 [MM-748] 全球 (1) 大洲分布及种数(1)◆大洋洲(◆澳大利亚)
Psammanthe Hance = **Sesuvium**
Psammanthe Rchb. = **Minuartia**
Psammetes 【3】 Hepper 沙玄参属 ← **Bryodes** Plantaginaceae 车前科 [MD-527] 全球 (1) 大洲分布及种数(2)◆非洲
Psammiosorus 【3】 C.Chr. 沙囊蕨属 Oleandraceae 蓧蕨科 [F-55] 全球 (1) 大洲分布及种数(1)◆非洲(◆马达加斯加)
Psammis Klotzsch = **Psammisia**
Psammisia 【3】 Klotzsch 杞莓属 ← **Cavendishia; Thibaudia** Ericaceae 杜鹃花科 [MD-380] 全球 (6) 大洲分布及种数(62-67;hort.1)非洲:1;亚洲:1;大洋洲:1;欧洲:1;北美洲:15-16;南美洲:59-65
Psammochloa 【3】 Hitchc. & Bor 沙鞭属 ← **Ammophila** Poaceae 禾本科 [MM-748] 全球 (1) 大洲分布及种数(1-5)◆亚洲
Psammocora Verrill = **Psammophora**
Psammogeton 【3】 Edgew. 沙地芹属 ← **Cuminum; Daucus** Apiaceae 伞形科 [MD-480] 全球 (1) 大洲分布及种数(cf. 1)◆亚洲
Psammogonum Nieuwl. = **Polygonum**
Psammomoya 【3】 Diels & Lös. 帚烛花属 ← **Logania** Celastraceae 卫矛科 [MD-339] 全球 (1) 大洲分布及种数(1-4)◆大洋洲(◆澳大利亚)
Psammophila Fourr. = **Spartina**
Psammophiliella 【2】 Ikonn. 石头花属 ← **Gypsophila** Caryophyllaceae 石竹科 [MD-77] 全球 (2) 大洲分布及种数(cf.1) 亚洲:1;欧洲:1
Psammophis Schult. = **Bouteloua**
Psammophora 【3】 Dinter & Schwantes 沾沙玉属 → **Arenifera** Aizoaceae 番杏科 [MD-94] 全球 (1) 大洲分布及种数(5-10)◆非洲(◆南非)
Psammopyrum Á.Löve = **Elytrigia**
Psammoseris Boiss. & Reut. = **Crepis**
Psammosilene 【3】 W.C.Wu & C.Y.Wu 金铁锁属 ← **Silene** Caryophyllaceae 石竹科 [MD-77] 全球 (1) 大洲分布及种数(1-2)◆亚洲
Psammotropha 【3】 Eckl. & Zeyh. 沙粟草属 ← **Adenogramma;Pharnaceum;Polpoda** Molluginaceae 粟米草科 [MD-99] 全球 (1) 大洲分布及种数(11-12)◆非洲
Psammotrophe Benth. & Hook.f. = **Psammotropha**
Psanacetum (Less. ex DC.) Spach = **Tanacetum**
Psanchum Neck. = **Cynanchum**
Psaroglossa Schltr. = **Pteroglossa**
Psaroniaceae Raf. = Paeoniaceae
Psatherips Raf. = **Toisusu**
Psathrostachys Nevski = **Psathyrostachys**
Psathura 【3】 Comm. ex Juss. 脆茜属 ← **Erithalis; Triainolepis;Psychotria** Rubiaceae 茜草科 [MD-523] 全球 (1) 大洲分布及种数(5)◆非洲
Psathurochaeta DC. = **Synedrella**
Psathyra Spreng. = **Psychotria**
Psathyranthus Ule = **Psittacanthus**
Psathyrostachys 【2】 Nevski & Nevski 新麦草属 ← **Elymus;Hordeum;Triticum** Poaceae 禾本科 [MM-748] 全球 (5) 大洲分布及种数(11;hort.1)非洲:1;亚洲:10;大洋洲:1;欧洲:1;北美洲:2
Psathyrotes (Nutt.) A.Gray = **Psathyrotes**
Psathyrotes 【3】 A.Gray 龟背菊属 → **Peucephyllum; Tetradymia** Asteraceae 菊科 [MD-586] 全球 (1) 大洲分

P

布及种数(3-6)◆北美洲

Psathyrotopsis【3】Rydb. 类龟背菊属 ← **Psathyrotes** Asteraceae 菊科 [MD-586] 全球 (1) 大洲分布及种数(3)◆北美洲

Psatura Bonato = **Psathura**

Pscyhotria L. = **Webera**

Psecas Raf. = **Pyrola**

Psectra (Endl.) Tomševic = **Echinops**

Psectrosema Raf. = **Zephyranthes**

Psedera Neck. = **Hedera**

Psednotrichia【3】Hiern 丝莲菊属 ← **Emilia** Asteraceae 菊科 [MD-586] 全球 (1) 大洲分布及种数(2-3)◆非洲(◆安哥拉)

Psedomelia Neck. = **Pitcairnia**

Pselaphellus Cass. = **Psephellus**

Pselaphia Banks & Soland. ex A.Cunn. = **Coprosma**

Pseliaceae Raf. = Hydrastidaceae

Pselionema C.A.Mey. = **Alyssum**

Pselium Lour. = **Pericampylus**

Pselliophora Ehrh. = **Abildgaardia**

Psen Raf. = **Pyrola**

Psendolysimachiom Opiz = **Pseudolysimachion**

Psephellus【2】Cass. 绒矢车菊属 ≒ **Centaurea; Heteropappus** Asteraceae 菊科 [MD-586] 全球 (2) 大洲分布及种数(66-118;hort.1)亚洲:64-65;欧洲:6

Psephenus Cass. = **Psephellus**

Psephis J.R.Forst. & G.Forst. = **Pemphis**

Psephonema H.Skuja = **Nierembergia**

Psetidocentema Chiov. = **Centema**

Psetta L. = **Pavetta**

Pseud Raf. = **Chimaphila**

Pseudabutilon Hochr. = **Pseudabutilon**

Pseudabutilon【3】R.E.Fr. 类苘麻属 ← **Abutilon; Wissadula** Malvaceae 锦葵科 [MD-203] 全球 (6) 大洲分布及种数(22-23)非洲:1;亚洲:1;大洋洲:1;欧洲:1;北美洲:8-9;南美洲:17-18

Pseudacacia Mönch = **Robinia**

Pseudacanthopale【3】Benoist 欧洲爵床属 Acanthaceae 爵床科 [MD-572] 全球 (1) 大洲分布及种数(1)◆欧洲

Pseudacoridium Ames = **Dendrochilum**

Pseudacris Medik. = **Moraea**

Pseudactis S.Moore = **Emilia**

Pseudadenia【3】P.F.Hunt 假枝兰属 ≒ **Gymnadenia** Orchidaceae 兰科 [MM-723] 全球 (1) 大洲分布及种数(2-3)◆欧洲

Pseudado Decne. = **Phaleria**

Pseudadonia Timberlake = **Pseudadenia**

Pseudaechmanthera Bremek. = **Strobilanthes**

Pseudaechmea L.B.Sm. & Read = **Tillandsia**

Pseudaegiphila Rusby = **Aegiphila**

Pseudaegle Miq. = **Citrus**

Pseudagrostistachys【3】Pax & K.Hoffm. 水锦桐属 ← **Agrostistachys** Euphorbiaceae 大戟科 [MD-217] 全球 (1) 大洲分布及种数(2)属分布和种数(uc)◆非洲

Pseudaidia【3】D.D.Tirveng. 茜树属 ≒ **Aidia** Rubiaceae 茜草科 [MD-523] 全球 (1) 大洲分布及种数(2)◆亚洲

Pseudaidia Tirveng. = **Pseudaidia**

Pseudais Decne. = **Sasa**

Pseudalangium F.Müll = **Nyssa**

Pseudalbizzia Britton & Rose = **Abarema**

Pseudalcantarea【3】(C.Presl) Pinzón & Barfuss 肖凤梨属 Bromeliaceae 凤梨科 [MM-715] 全球 (1) 大洲分布及种数(3)◆北美洲

Pseudale Miq. = **Citrus**

Pseudaleia Thou. = **Olax**

Pseudaleioides Thou. = **Olax**

Pseudalepyrum Dandy = **Centrolepis**

Pseudaletia Thou. = **Dulacia**

Pseudalo Decne. = **Phaleria**

Pseudaloina Delgad. = **Aloina**

Pseudalthenia (Graebn.) Nakai = **Zannichellia**

Pseudammi H.Wolff = **Seseli**

Pseudanamomis【3】Kausel 落萼番樱属 ← **Myrtus; Myrcianthes** Myrtaceae 桃金娘科 [MD-347] 全球 (1) 大洲分布及种数(2-3)◆北美洲

Pseudanamonis Kausel = **Pseudanamomis**

Pseudananas【3】Hassl. ex Harms 凤梨属 ← **Ananas** Bromeliaceae 凤梨科 [MM-715] 全球 (1) 大洲分布及种数(2)◆南美洲

Pseudanastatica (Boiss.) Lemee = **Clypeola**

Pseudannona (Baill.) Saff. = **Pseudannona**

Pseudannona【2】Saff. 岛椒木属 ≒ **Annona** Annonaceae 番荔枝科 [MD-7] 全球 (4) 大洲分布及种数(2)非洲:1;亚洲:cf.1;北美洲:1;南美洲:1

Pseudanomodon【-】(Limpr.) Ignatov & Fedosov 平藓科属 Neckeraceae 平藓科 [B-204] 全球 (uc) 大洲分布及种数(uc)

Pseudanos Decne. = **Phaleria**

Pseudanthaceae Endl. = Emblingiaceae

Pseudanthera【3】McKean 假蕊兰属 Orchidaceae 兰科 [MM-723] 全球 (1) 大洲分布及种数(cf. 1)◆欧洲

Pseudanthias Wight = **Pseudanthus**

Pseudanthistiria (Hack.) Hook.f. = **Pseudanthistiria**

Pseudanthistiria【3】Hook.f. 假铁秆草属 ← **Andropogon;Sorghum;Themeda** Poaceae 禾本科 [MM-748] 全球 (1) 大洲分布及种数(3-4)◆亚洲

Pseudanthus【3】Sieber ex A.Spreng. 流苏桐属 → **Nothosaerva;Stachystemon** Euphorbiaceae 大戟科 [MD-217] 全球 (1) 大洲分布及种数(11-25)◆大洋洲(◆澳大利亚)

Pseudantiora McKean = **Pseudanthera**

Pseudapina C.Delgadillo = **Aloina**

Pseudapis Decne. = **Phaleria**

Pseudarabidella O.E.Schulz = **Arabidella**

Pseudarctos S.Moore = **Emilia**

Pseudarla Clarke = **Pseuderia**

Pseudarrhenathcrum Rouy = **Helictotrichon**

Pseudarrhenatherum Rouy = **Helictotrichon**

Pseudartabotrys【3】Pellegr. 刺果鹰爪属 Annonaceae 番荔枝科 [MD-7] 全球 (1) 大洲分布及种数(2)◆非洲

Pseudarthria【3】Wight & Arn. 假节豆属 → **Codariocalyx;Desmodium;Rhynchosia** Fabaceae 豆科 [MD-240] 全球 (6) 大洲分布及种数(7-10)非洲:5-8;亚洲:2-4;大洋洲:1;欧洲:1;北美洲:1-2;南美洲:1

Pseudasterodon (Broth.) M.Fleisch. = **Pseudostereodon**

Pseudasthena (Graebn.) Nakai = **Althenia**

Pseudatalaya Baill. = **Atalaya**
Pseudatalaza Baill. = **Cupania**
Pseudathyrium Newman = **Athyrium**
Pseudatrichum Reimers = **Pogonatum**
Pseudatya Hassk. = **Pittosporum**
Pseudaxis Decne. = **Phaleria**
Pseudechinolaena【2】Stapf钩毛草属←**Echinochloa; Panicum** Poaceae 禾本科 [MM-748] 全球 (4) 大洲分布及种数(3-7;hort.1)非洲:2-6;亚洲:cf.1;北美洲:1;南美洲:1
Pseudehretia Turcz. = **Nemopanthus**
Pseudelaenia Taczanowski = **Pseudolaelia**
Pseudelephantopus【3】Rohr 假地胆草属 ← **Ageratum;Elephantopus** Asteraceae 菊科 [MD-586] 全球 (6) 大洲分布及种数(3-4)非洲:2;亚洲:2-4;大洋洲:1-3;欧洲:2;北美洲:2-4;南美洲:2-4
Pseudelleanthus Brieger = **Sertifera**
Pseudellipanthus【3】G.Schellenb. 单叶豆属 ← **Ellipanthus** Connaraceae 牛栓藤科 [MD-284] 全球 (1) 大洲分布及种数(1)属分布和种数(uc)◆亚洲
Pseudelymus【3】Barkworth & D.R.Dewey 尾禾草属 Poaceae 禾本科 [MM-748] 全球 (1) 大洲分布及种数(uc)属分布和种数(uc)◆北美洲
Pseudeminia【3】Verdc. 热非草豆属 ← **Eriosema; Rhynchosia** Fabaceae 豆科 [MD-240] 全球 (1) 大洲分布及种数(4)◆非洲
Pseudencyclia Chiron & V.P.Castro = **Prosthechea**
Pseudeos Decne. = **Phaleria**
Pseudephedranthus【3】Aristeg. 弓脉辕木属 ← **Ephedranthus** Annonaceae 番荔枝科 [MD-7] 全球 (1) 大洲分布及种数(2)◆南美洲
Pseudephemerum【3】(Lindb.) I.Hagen 巴西曲尾藓属 ≒ **Ephemerum** Ditrichaceae 牛毛藓科 [B-119] 全球 (6) 大洲分布及种数(3) 非洲:2;亚洲:1;大洋洲:1;欧洲:1;北美洲:1;南美洲:2
Pseudepidendrum Rchb.f. = **Brassavola**
Pseuderanthemum【3】Radlk. 山壳骨属 ← **Aphelandra;Justicia;Odontonema** Acanthaceae 爵床科 [MD-572] 全球 (6) 大洲分布及种数(146-166;hort.1;cult: 4)非洲:25-32;亚洲:65-71;大洋洲:31-36;欧洲:3;北美洲:22-28;南美洲:51-62
Pseuderemostachys【3】Popov 沙穗属 ← **Eremostachys** Lamiaceae 唇形科 [MD-575] 全球 (1) 大洲分布及种数(uc)属分布和种数(uc)◆亚洲
Pseuderia【2】Schltr. 假毛兰属 ← **Arundina; Dendrobium** Orchidaceae 兰科 [MM-723] 全球 (3) 大洲分布及种数(8-22)非洲:4-15;亚洲:5-10;大洋洲:6-20
Pseuderiopsis Rchb.f. = **Eriopsis**
Pseuderucaria【3】O.E.Schulz 假芝麻芥属 ← **Ammosperma** Brassicaceae 十字花科 [MD-213] 全球 (1) 大洲分布及种数(2)◆非洲
Pseudetalon Raf. = **Zanthoxylum**
Pseudeugenia D.Legrand & Mattos = **Syzygium**
Pseudevax DC. ex Steud. = **Filago**
Pseudibalia Malme = **Pseudibatia**
Pseudibatia【3】Malme 巴西假萝藦属 ← **Gonolobus; Lachnostoma** Apocynaceae 夹竹桃科 [MD-492] 全球 (1) 大洲分布及种数(3-6)◆南美洲
Pseudima【3】Radlk. 圭无患子属 ← **Sapindus** Sapindaceae 无患子科 [MD-428] 全球 (1) 大洲分布及种数(2)◆南美洲
Pseudina Dognin = **Pseudima**
Pseudinium【3】P.F.Hunt 小假兰属 ← **Gymnadenia** Orchidaceae 兰科 [MM-723] 全球 (1) 大洲分布及种数(1-2)◆中欧(◆瑞士)
Pseudiosma A.Juss. = **Pseudiosma**
Pseudiosma【2】DC. 幌芸香属 Rutaceae 芸香科 [MD-399] 全球 (2) 大洲分布及种数(cf.1) 亚洲;南美洲
Pseudiphra Miq. = **Randia**
Pseudipomoea G.Roberty = **Xenostegia**
Pseudiris【-】Chukr & A.Gil 鸢尾科属 ≒ **Iris;Aristea** Iridaceae 鸢尾科 [MM-700] 全球 (uc) 大洲分布及种数(uc)
Pseudis Decne. = **Phaleria**
Pseudisorocea Baill. = **Sorocea**
Pseudisothecium【3】Grout 船叶藓科属 ≒ **Isothecium** Lembophyllaceae 船叶藓科 [B-205] 全球 (1) 大洲分布及种数(1)◆北美洲
Pseuditea Hassk. = **Pittosporum**
Pseuditella【3】P.F.Hunt 假花兰属 ← **Gymnadenia** Orchidaceae 兰科 [MM-723] 全球 (1) 大洲分布及种数(1)◆欧洲
Pseudivus Chukr & A.Gil = **Korthalsella**
Pseudixora Miq. = **Randia**
Pseudixus Hayata = **Korthalsella**
Pseudoacacia Duham. = **Ammodendron**
Pseudo-acacia Duham. = **Robinia**
Pseudoacanthocereus【3】F.Ritter 南宵柱属 ← **Acanthocereus** Cactaceae 仙人掌科 [MD-100] 全球 (1) 大洲分布及种数(3)◆南美洲
Pseudoalbizzia Britton & Rose = **Abarema**
Pseudoamblystegium【2】Vanderp. & Hedenäs 欧柳叶藓属 Amblystegiaceae 柳叶藓科 [B-178] 全球 (3) 大洲分布及种数(2)亚洲:cf.1;欧洲:1;北美洲:1
Pseudoanastatica Grossh. = **Clypeola**
Pseudoarabidopsis【3】Al-Shehbaz 假鼠耳芥属 ≒ **Sisymbrium** Brassicaceae 十字花科 [MD-213] 全球 (1) 大洲分布及种数(1-2)◆亚洲
Pseudoavonia Hassl. = **Pavonia**
Pseudoazya Griff. = **Digitaria**
Pseudobaccharis Cabrera = **Baccharis**
Pseudobaeckea【3】Nied. 绒穗花属 ← **Brunia;Raspalia** Bruniaceae 绒球花科 [MD-336] 全球 (1) 大洲分布及种数(4)◆非洲(◆南非)
Pseudobahia (A.Gray) Rydb. = **Pseudobahia**
Pseudobahia【3】Rydb. 旭日菊属 ← **Eriophyllum; Monolopia** Asteraceae 菊科 [MD-586] 全球 (1) 大洲分布及种数(3-13)◆北美洲(◆美国)
Pseudobambusa【3】T.Q.Nguyen 南亚草属 ≒ **Schizostachyum** Poaceae 禾本科 [MM-748] 全球 (1) 大洲分布及种数(cf. 1)◆亚洲
Pseudobarbella【2】Nog. 假悬藓属 Meteoriaceae 蔓藓科 [B-188] 全球 (2) 大洲分布及种数(15) 亚洲:15;大洋洲:1
Pseudobaris Hustache = **Pseudoparis**
Pseudobarleria örst. = **Petalidium**
Pseudobartlettia Rydb. = **Psathyrotopsis**
Pseudobartsia【3】D.Y.Hong 五齿萼属 Orobanchaceae

列当科 [MD-552] 全球 (1) 大洲分布及种数(cf. 1)◆东亚(◆中国)

Pseudobasilicum Plum. ex Adans. = **Rhus**

Pseudobastardia Hassl. = **Herissantia**

Pseudoberlinia【3】 P.A.Duvign. 鞋工木属 ← **Berlinia;Julbernardia** Fabaceae3 蝶形花科 [MD-240] 全球 (1) 大洲分布及种数(uc)◆亚洲

Pseudobersama【3】 Verdc. 火球楝属 ≒ **Bersama** Meliaceae 楝科 [MD-414] 全球 (1) 大洲分布及种数(1)◆非洲

Pseudobesleria örst. = **Besleria**

Pseudobetckea【3】 (Höck) Lincz. 贝才草属 Caprifoliaceae 忍冬科 [MD-510] 全球 (1) 大洲分布及种数(1)◆非洲

Pseudoblepharis Baill. = **Sclerochiton**

Pseudoblepharispermum【3】 J.P.Lebrun & Stork 假睑子菊属 Asteraceae 菊科 [MD-586] 全球 (1) 大洲分布及种数(2)◆非洲

Pseudoboivinella Aubrév. & Pellegr. = **Englerophytum**

Pseudobombax【2】 Dugand 番木棉属 ← **Bombax;Pachira** Malvaceae 锦葵科 [MD-203] 全球 (4) 大洲分布及种数(25-32;hort.1;cult: 1)亚洲:cf.1;欧洲:1;北美洲:6;南美洲:22-29

Pseudobotrys【3】 Möser 总状茱萸属 ← **Chariessa** Cardiopteridaceae 心翼果科 [MD-452] 全球 (1) 大洲分布及种数(1-3)◆大洋洲(◆巴布亚新几内亚)

Pseudobotrytis Möser = **Pseudobotrys**

Pseudobrachiaria Launert = **Urochloa**

Pseudobrasilium【-】 Adans. 苦木科属 Simaroubaceae 苦木科 [MD-424] 全球 (uc) 大洲分布及种数(uc)

Pseudo-brasilium Adans. = **Picramnia**

Pseudobrassaiopsis R.N.Banerjee = **Brassaiopsis**

Pseudobraunia【3】 (Lesq. & James) Broth. 北美洲虎尾藓属 Hedwigiaceae 虎尾藓科 [B-138] 全球 (1) 大洲分布及种数(1)◆北美洲

Pseudobravoa Rose = **Polianthes**

Pseudobraya Korsh. = **Draba**

Pseudobrazzeia Engl. = **Rhaptopetalum**

Pseudobrickellia【3】 R.M.King & H.Rob. 线叶肋泽兰属 ← **Eupatorium** Asteraceae 菊科 [MD-586] 全球 (1) 大洲分布及种数(3)◆南美洲

Pseudobromus K.Schum. = **Festuca**

Pseudobryum【2】 (Kindb.) T.J.Kop. 拟真藓属 Mniaceae 提灯藓科 [B-149] 全球 (3) 大洲分布及种数(2) 亚洲:2;欧洲:1;北美洲:1

Pseudocadia Harms = **Xanthocercis**

Pseudocadiscus Lisowski = **Stenops**

Pseudocalliergon【2】 (Limpr.) Löske 拟湿原藓属 ≒ **Harpidium** Amblystegiaceae 柳叶藓科 [B-178] 全球 (4) 大洲分布及种数(5) 亚洲:2;欧洲:4;北美洲:5;南美洲:3

Pseudocalopa Hemsl. = **Dysoxylum**

Pseudocalymma【3】 A.Samp. & Kuhlm. 蒜香藤属 ≒ **Arrabidaea** Bignoniaceae 紫葳科 [MD-541] 全球 (1) 大洲分布及种数(1)◆南美洲

Pseudocalyx【3】 Radlk. 囊苞藤属 ← **Thunbergia** Acanthaceae 爵床科 [MD-572] 全球 (1) 大洲分布及种数(5-7)◆非洲

Pseudocamelina (Boiss.) N.Busch = **Peltariopsis**

Pseudocampanula Kolak. = **Campanula**

Pseudocampylium【2】 Vanderp. & Hedenäs 巴西柳叶藓属 ≒ **Eurhynchium** Amblystegiaceae 柳叶藓科 [B-178] 全球 (3) 大洲分布及种数(1) 欧洲:1;北美洲:1;南美洲:1

Pseudocannaboides【3】 B.E.van Wyk 假花芹属 Apiaceae 伞形科 [MD-480] 全球 (1) 大洲分布及种数(1)◆非洲

Pseudocannarus Radlk. = **Pseudoconnarus**

Pseudocapsa Makino = **Pseudosasa**

Pseudocapsicum Medik. = **Solanum**

Pseudocaranx Hemsl. = **Aglaia**

Pseudocarapa Hemsl. = **Dysoxylum**

Pseudocarex Miq. = **Carex**

Pseudocarpidium【3】 Millsp. 腋序荆属 ← **Vitex** Lamiaceae 唇形科 [MD-575] 全球 (1) 大洲分布及种数(5-10)◆北美洲

Pseudocarum【3】 C.Norman 假葛缕子属 ← **Heteromorpha** Apiaceae 伞形科 [MD-480] 全球 (1) 大洲分布及种数(2)◆非洲

Pseudocaryophyllus Burret = **Pimenta**

Pseudocaryopteris (Briq.) P.D.Cantino = **Pseudocaryopteris**

Pseudocaryopteris【3】 P.D.Cantino 锥花莸属 ≒ **Vitex** Lamiaceae 唇形科 [MD-575] 全球 (1) 大洲分布及种数(cf. 1)◆亚洲

Pseudocassia Britton & Rose = **Cassia**

Pseudocassine Bredell = **Elaeodendron**

Pseudocatalpa【3】 A.H.Gentry 塔纳葳属 ≒ **Tanaecium** Bignoniaceae 紫葳科 [MD-541] 全球 (1) 大洲分布及种数(cf. 1)◆北美洲

Pseudocedrela【3】 Harms 铁洋椿属 ← **Entandrophragma;Cedrela** Meliaceae 楝科 [MD-414] 全球 (1) 大洲分布及种数(1)◆非洲

Pseudocentema Chiov. = **Centema**

Pseudocentrum【2】 Lindl. 假心兰属 ← **Pelexia** Orchidaceae 兰科 [MM-723] 全球 (3) 大洲分布及种数(12-14)亚洲:cf.1;北美洲:1-3;南美洲:10

Pseudocephaleia R.M.Schust. = **Pseudocephalozia**

Pseudocephalozia (R.M.Schust.) R.M.Schust. = **Pseudocephalozia**

Pseudocephalozia【3】 R.M.Schust. 纽指叶苔属 ≒ **Paracromastigum** Lepidoziaceae 指叶苔科 [B-63] 全球 (1) 大洲分布及种数(1)◆大洋洲

Pseudocephaloziella【3】 R.M.Schust. 假叶苔属 Lophoziaceae 裂叶苔科 [B-56] 全球 (1) 大洲分布及种数(1)◆非洲

Pseudocerastium【3】 C.Y.Wu 假卷耳属 Caryophyllaceae 石竹科 [MD-77] 全球 (1) 大洲分布及种数(cf. 1)◆东亚(◆中国)

Pseudocereus【-】 P.V.Heath 仙人掌科属 Cactaceae 仙人掌科 [MD-100] 全球 (uc) 大洲分布及种数(uc)

Pseudoceros Baill. = **Quararibea**

Pseudochaenomeles Carrière = **Chaenomeles**

Pseudochaete Lindb. = **Pleurochaete**

Pseudochaetochloa【3】 Hitchc. 大洋洲刚毛草属 Poaceae 禾本科 [MM-748] 全球 (1) 大洲分布及种数(1)◆大洋洲(◆澳大利亚)

Pseudochamaesphacos【3】 Parsa 假矮刺苏属 Lamiaceae 唇形科 [MD-575] 全球 (1) 大洲分布及种数(cf.1)◆亚洲

Pseudocharis H.Perrier = **Pseudoparis**

Pseudocherleria【2】 Dillenb. & Kadereit 石漆姑属 Caryophyllaceae 石竹科 [MD-77] 全球 (2) 大洲分布及种数(uc) 亚洲:3;北美洲:1

Pseudochilina W.T.Wang = **Pseudochirita**

Pseudochimarrhis Ducke = **Chimarrhis**

Pseudochirita【3】 W.T.Wang 异裂苣苔属 ← **Chirita** Gesneriaceae 苦苣苔科 [MD-549] 全球 (1) 大洲分布及种数(cf. 1)◆东亚(◆中国)

Pseudochorisodontium【3】 (Broth.) C.Gao 无齿藓属 Dicranaceae 曲尾藓科 [B-128] 全球 (1) 大洲分布及种数(1)◆亚洲

Pseudo-chorisodontium【3】 (Broth.) C.Gao,Vitt,Fu Xing & T.Cao 乱尾藓属 Dicranaceae 曲尾藓科 [B-128] 全球 (1) 大洲分布及种数(1)◆东亚(◆中国)

Pseudochrosia Bl. = **Ochrosia**

Pseudocidaris Finet = **Malaxis**

Pseudocimum Bremek. = **Endostemon**

Pseudocinchona A.Chev. = **Corynanthe**

Pseudocladia Pierre = **Pouteria**

Pseudocladodia P.V.Heath = **Pouteria**

Pseudoclanis Pierre = **Pouteria**

Pseudoclappia【3】 Rydb. 假盐菊属 Asteraceae 菊科 [MD-586] 全球 (1) 大洲分布及种数(2)◆北美洲

Pseudoclausena【3】 T.P.Clark 割舌树属 ← **Walsura** Meliaceae 楝科 [MD-414] 全球 (1) 大洲分布及种数(1)◆亚洲

Pseudoclausia【3】 Popov 假香芥属 ← **Clausia** Brassicaceae 十字花科 [MD-213] 全球 (1) 大洲分布及种数(cf. 1)◆亚洲

Pseudoclelia Porto & Brade = **Pseudolaelia**

Pseudoclinium P. & K. = **Garberia**

Pseudocodon【3】 D.Y.Hong & H.Sun 山柑属 Campanulaceae 桔梗科 [MD-561] 全球 (1) 大洲分布及种数(8)◆亚洲

Pseudocoeloglossum (Szlach. & Olszewski) Szlach. = **Hemipiliopsis**

Pseudocoix A.Camus = **Hickelia**

Pseudocolysis L.D.Gómez = **Polypodium**

Pseudoconnarus【3】 Radlk. 假牛栓藤属 ← **Rourea;Bernardinia** Connaraceae 牛栓藤科 [MD-284] 全球 (1) 大洲分布及种数(6-7)◆南美洲

Pseudoconyza【2】 Cuatrec. 假飞蓬属 ← **Blumea; Eschenbachia** Asteraceae 菊科 [MD-586] 全球 (4) 大洲分布及种数(2)非洲:1;亚洲:cf.1;北美洲:1;南美洲:1

Pseudocopaiva Britton = **Guibourtia**

Pseudocophorus Carriker = **Pseudocorchorus**

Pseudocoptosperma【3】 De Block 假茜属 Rubiaceae 茜草科 [MD-523] 全球 (1) 大洲分布及种数(1)◆非洲

Pseudocorax Miq. = **Carex**

Pseudocorchorus【3】 Capuron 假黄麻属 ← **Corchorus** Malvaceae 锦葵科 [MD-203] 全球 (1) 大洲分布及种数(6)◆非洲

Pseudocranichis Garay = **Galeoglossum**

Pseudocrossidium【3】 R.S.Williams 拟流梳藓属 ≒ **Barbella** Pottiaceae 丛藓科 [B-133] 全球 (6) 大洲分布及种数(21) 非洲:7;亚洲:5;大洋洲:3;欧洲:4;北美洲:6;南美洲:17

Pseudocroton Müll.Arg. = **Capparis**

Pseudocrupina Velen. = **Leysera**

Pseudocryphaea【3】 E.Britton ex Broth. 假痕藓属 ≒ **Cryphaea** Rutenbergiaceae 痕藓科 [B-167] 全球 (1) 大洲分布及种数(1)◆北美洲

Pseudocryptocarya Teschn. = **Cryptocarya**

Pseudocryptogonium【-】 H.Akiyama & B.C.Tan 蕨藓科属 Pterobryaceae 蕨藓科 [B-201] 全球 (uc) 大洲分布及种数(uc)

Pseudoctenis Baill. = **Pseudopteris**

Pseudoctomeria【3】 Kraenzl. 帽花兰属 ≒ **Specklinia** Orchidaceae 兰科 [MM-723] 全球 (1) 大洲分布及种数(cf. 1)◆北美洲

Pseudocucumis【-】 (A.Meeuse) C.Jeffrey 葫芦科属 Cucurbitaceae 葫芦科 [MD-205] 全球 (uc) 大洲分布及种数(uc)

Pseudocunila Brade = **Hedeoma**

Pseudocyclanthera【3】 Mart.Crov. 巴西葫芦属 ← **Cyclanthera** Cucurbitaceae 葫芦科 [MD-205] 全球 (1) 大洲分布及种数(1)◆南美洲

Pseudocyclophorus Ching = **Pseudocyclosorus**

Pseudocyclosorus【3】 Ching 假毛蕨属 ← **Aspidium; Dryopteris;Cyclosorus** Thelypteridaceae 金星蕨科 [F-42] 全球 (6) 大洲分布及种数(38-41)非洲:1-7;亚洲:36-44;大洋洲:5;欧洲:5;北美洲:5;南美洲:5

Pseudocydonia (C.K.Schneid.) C.K.Schneid. = **Chaenomeles**

Pseudocylosorus Ching = **Pseudocyclosorus**

Pseudocymbidium Szlach. & Sitko = **Maxillaria**

Pseudocymopteris J.M.Coult. & Rose = **Pseudocystopteris**

Pseudocymopterus【3】 J.M.Coult. & Rose 假春芹属 ← **Cymopterus;Aletes** Apiaceae 伞形科 [MD-480] 全球 (1) 大洲分布及种数(3-12)◆北美洲

Pseudocynometra (Wight & Arn.) P. & K. = **Cynometra**

Pseudocyperus Steud. = **Fimbristylis**

Pseudocypraea E.Britton ex Broth. = **Pseudocryphaea**

Pseudocystopteis Ching = **Pseudocystopteris**

Pseudocystopteris【3】 Ching 假冷蕨属 ← **Athyrium;Polypodium;Asplenium** Athyriaceae 蹄盖蕨科 [F-40] 全球 (1) 大洲分布及种数(7-30)◆亚洲

Pseudocytisus P. & K. = **Vella**

Pseudodacryodes【3】 R.Pierlot 鼠李榄属 Burseraceae 橄榄科 [MD-408] 全球 (1) 大洲分布及种数(1)◆非洲

Pseudodanthonia【3】 Bor & C.E.Hubb. 翼稃草属 ← **Danthonia** Poaceae 禾本科 [MM-748] 全球 (1) 大洲分布及种数(cf. 1)◆亚洲

Pseudodatura V.Zijp = **Datura**

Pseudodavara V.Zijp = **Datura**

Pseudodebis Baill. = **Gerbera**

Pseudodichanthium【3】 (Cooke & Stapf) Bor 假双花草属 ← **Andropogon** Poaceae 禾本科 [MM-748] 全球 (1) 大洲分布及种数(cf. 1)◆亚洲

Pseudodichanthum Bor = **Pseudodichanthium**

Pseudodicliptera【3】 Benoist 假狗肝菜属 Acanthaceae 爵床科 [MD-572] 全球 (1) 大洲分布及种数(4)◆非洲(◆马达加斯加)

Pseudodictamnus Böhm. = **Ballota**

Pseudodigera【3】 Chiov. 非洲苋属 Amaranthaceae 苋科 [MD-116] 全球 (1) 大洲分布及种数(uc)属分布和种数(uc)◆非洲

Pseudodimerodontium【-】(Broth.) Broth. 薄罗藓科属 Leskeaceae 薄罗藓科 [B-181] 全球 (uc) 大洲分布及种数(uc)
Pseudodiphasium Holub = **Lycopodium**
Pseudodiphryllum Nevski = **Platanthera**
Pseudodiplospora Deb = **Diplospora**
Pseudodissochaeta【3】Nayar 类酸脚杆属 ≒ **Medinilla** Melastomataceae 野牡丹科 [MD-364] 全球 (1) 大洲分布及种数(2-3)◆亚洲
Pseudodistichium【3】Cardot 纽牛毛藓属 ≒ **Trichostomum** Ditrichaceae 牛毛藓科 [B-119] 全球 (1) 大洲分布及种数(2)◆大洋洲
Pseudoditrichaceae【3】Steere & Z.Iwats. 隐叉藓科 [B-148] 全球 (1) 大洲分布和属种数(1/1)◆北美洲
Pseudoditrichum【3】Steere & Z.Iwats. 加拿大隐叉藓属 Pseudoditrichaceae 隐叉藓科 [B-148] 全球 (1) 大洲分布及种数(1)◆北美洲
Pseudodoras Bur. = **Pseudomorus**
Pseudodraba【3】Al-Shehbaz,D.A.German & M.Koch 假花菜属 ≒ **Polianthes** Brassicaceae 十字花科 [MD-213] 全球 (1) 大洲分布及种数(cf.1)◆亚洲
Pseudodracontium【3】N.E.Br. 魔龙芋属 ← **Amorphophallus** Araceae 天南星科 [MM-639] 全球 (1) 大洲分布及种数(3-8)◆亚洲
Pseudodrynaria【3】C.Chr. 崖姜蕨属 ← **Aglaomorpha;Drynaria** Drynariaceae 槲蕨科 [F-61] 全球 (1) 大洲分布及种数(1)属分布和种数(uc)◆亚洲
Pseudodynerus Steud. = **Abildgaardia**
Pseudoechinolaena Stapf = **Pseudechinolaena**
Pseudoelephantopus Rohr = **Pseudelephantopus**
Pseudoentada Britton & Rose = **Entada**
Pseudo-eranthemum Radlk. = **Pseuderanthemum**
Pseudoeriocoma【-】Romasch. 禾本科属 Poaceae 禾本科 [MM-748] 全球 (uc) 大洲分布及种数(uc)
Pseudoeriosema【3】Hauman 假雀脷珠属 ← **Eriosema;Rhynchosia** Fabaceae 豆科 [MD-240] 全球 (1) 大洲分布及种数(5)◆非洲
Pseudoernestia【3】Krasser 脷珠牡丹属 Melastomataceae 野牡丹科 [MD-364] 全球 (1) 大洲分布及种数(2)◆南美洲
Pseudoeryx Yamam. = **Adinandra**
Pseudoespostoa Backeb. = **Pilocereus**
Pseudoeugenia Scort. = **Eugenia**
Pseudoeurya Yamam. = **Eurya**
Pseudoeuryale Yamam. = **Adinandra**
Pseudoeurycea Yamam. = **Eurya**
Pseudoeurystyles【3】Höhne 真柱兰属 ≒ **Stenorrhynchos;Eurystyles** Orchidaceae 兰科 [MM-723] 全球 (1) 大洲分布及种数(1-2)◆南美洲
Pseudoeverardia Gilly = **Everardia**
Pseudofax DC. ex Steud. = **Filago**
Pseudofortuynia【3】Hedge 假曲序芥属 Brassicaceae 十字花科 [MD-213] 全球 (1) 大洲分布及种数(cf. 1)◆亚洲
Pseudofumaria【2】Medik. 假烟堇属 ≒ **Capnoides; Corydalis** Papaveraceae 罂粟科 [MD-54] 全球 (4) 大洲分布及种数(3;hort.1)亚洲:1;大洋洲:2;欧洲:2;北美洲:2
Pseudo-fumaria (L.) Borckh. = **Corydalis**
Pseudogaillonia【3】Lincz. 卷毛茜属 ← **Plocama** Rubiaceae 茜草科 [MD-523] 全球 (1) 大洲分布及种数(cf. 1)◆亚洲
Pseudogalium【3】L.E Yang,Z.L.Nie & H.Sun 风信茜属 Rubiaceae 茜草科 [MD-523] 全球 (1) 大洲分布及种数(uc)◆非洲
Pseudogaltonia【3】(P. & K.) Engl. 垂风信子属 ← **Galtonia** Asparagaceae 天门冬科 [MM-669] 全球 (1) 大洲分布及种数(2)◆非洲
Pseudogardneria Racib. = **Gardneria**
Pseudoglochidion Gamble = **Phyllanthus**
Pseudoglossanthis【3】Poljakov 小甘菊属 ≒ **Xylanthemum** Asteraceae 菊科 [MD-586] 全球 (1) 大洲分布及种数(cf.2-5)◆亚洲
Pseudoglycine F.J.Herm. = **Ophrestia**
Pseudognaphalium【3】Kirp. 鼠曲草属 ← **Achyrocline;Gnaphalium** Asteraceae 菊科 [MD-586] 全球 (6) 大洲分布及种数(109-121;hort.1;cult:1)非洲:10-13;亚洲:15-18;大洋洲:3-6;欧洲:5-8;北美洲:62-68;南美洲:51-61
Pseudognidia E.Phillips = **Gnidia**
Pseudogomphrena R.E.Fr. = **Gomphrena**
Pseudogonocalyx Bisse & Berazaín = **Schoepfia**
Pseudogoodyera【3】Schltr. 假斑叶兰属 ← **Goodyera** Orchidaceae 兰科 [MM-723] 全球 (1) 大洲分布及种数(3-4)◆北美洲
Pseudographis Griff. = **Pseudoraphis**
Pseudogunnera (Bl.) örst. ex B.D.Jacks. = **Gunnera**
Pseudo-gunnera örst. = **Gunnera**
Pseudogynoxys【3】(Greenm.) Cabrera 蔓黄金菊属 → **Garcibarrigoa;Senecio** Asteraceae 菊科 [MD-586] 全球 (6)大洲分布及种数(21-23)非洲:2;亚洲:2;大洋洲:1;欧洲:2;北美洲:6-7;南美洲:20
Pseudohamelia【3】Wernham 假长隔木属 Rubiaceae 茜草科 [MD-523] 全球 (1) 大洲分布及种数(1)◆南美洲
Pseudohandelia【3】Tzvelev 拟天山蓍属 ← **Tanacetum;Lepidolopsis** Asteraceae 菊科 [MD-586] 全球 (1) 大洲分布及种数(cf.1)◆亚洲
Pseudohemipilia Szlach. = **Habenaria**
Pseudoheterocaryum【3】Kaz.Osaloo & Saadati 紫果草属 Boraginaceae 紫草科 [MD-517] 全球 (1) 大洲分布及种数(4)◆亚洲
Pseudohexadesmia Brieger = **Scaphyglottis**
Pseudohomalomena A.D.Hawkes = **Richardia**
Pseudohydrosme【3】Engl. 短柄刺芋属 Araceae 天南星科 [MM-639] 全球 (1) 大洲分布及种数(2)◆非洲
Pseudohygrohypnum【-】Kanda 柳叶藓科属 Amblystegiaceae 柳叶藓科 [B-178] 全球 (uc) 大洲分布及种数(uc)
Pseudohyophila【3】Hilp. 假藓属 Dicranaceae 曲尾藓科 [B-128] 全球 (1) 大洲分布及种数(1)◆南美洲
Pseudohypnella【2】(Broth.) M.Fleisch. 亚洲锦藓属 ≒ **Trichosteleum;Hypnella** Sematophyllaceae 锦藓科 [B-192] 全球 (2) 大洲分布及种数(1) 亚洲:1;大洋洲:1
Pseudoides Medik. = **Iris**
Pseudoips Medik. = **Iris**
Pseudo-iris Medik. = **Iris**
Pseudois Decne. = **Phaleria**
Pseudoisotachis【-】Vá ň a 直蒴苔科属 Balantiopsaceae 直蒴苔科 [B-37] 全球 (uc) 大洲分布及种数(uc)
Pseudojacobaea【3】(Hook.f.) R.Mathur 印度菊属 ≒ **Senecio** Asteraceae 菊科 [MD-586] 全球 (1) 大洲分布及

种数(cf. 1)◆亚洲
Pseudojulis Rose = **Biophytum**
Pseudojumellea (Schlechter) Szlach.,Mytnik & Grochocka = **Angraecum**
Pseudokea Hassk. = **Pittosporum**
Pseudokindbergia【3】Min Li 青钱藓属 Brachytheciaceae 青藓科 [B-187] 全球 (1) 大洲分布及种数(1)◆非洲
Pseudokyrsteniopsis R.M.King & H.Rob. = **Eupatorium**
Pseudolabatia Aubrév. & Pellegr. = **Pouteria**
Pseudolachnostoma【2】Morillo 裸夹竹桃属 ≒ **Cynanchum** Apocynaceae 夹竹桃科 [MD-492] 全球 (2) 大洲分布及种数(10)北美洲:2;南美洲:8
Pseudolachnostylis【3】Pax 羚棠属 ← **Cleistanthus** Phyllanthaceae 叶下珠科 [MD-222] 全球 (1) 大洲分布及种数(1)◆非洲
Pseudolaelia【3】Porto & Brade 群丽兰属 ← **Epidendrum;Schomburgkia** Orchidaceae 兰科 [MM-723] 全球 (1) 大洲分布及种数(22)◆南美洲
Pseudolarix【3】Gordon 金钱松属 ← **Abies** Pinaceae 松科 [G-15] 全球 (1) 大洲分布及种数(cf.1)◆东亚(◆中国)
Pseudolasiacis【3】(A.Camus) A.Camus 黍属 ≒ **Echinochloa** Poaceae 禾本科 [MM-748] 全球 (1) 大洲分布及种数(cf. 1)◆非洲
Pseudolepanthes【-】(Lür) Archila 兰科属 Orchidaceae 兰科 [MM-723] 全球 (uc) 大洲分布及种数(uc)
Pseudolepicolea【3】(R.M.Schust.) Grolle 拟复叉苔属 ≒ **Sendtnera** Pseudolepicoleaceae 拟复叉苔科 [B-71] 全球 (6) 大洲分布及种数(4)非洲:2;亚洲:1-3;大洋洲:2;欧洲:2;北美洲:1-3;南美洲:2-4
Pseudolepicoleaceae【3】Hässel de Menéndez 拟复叉苔科 [B-71] 全球 (6) 大洲分布和属种数(4/9-14)非洲:2/5;亚洲:2/5-10;大洋洲:2-3/3-8;欧洲:2/5;北美洲:1-2/1-6;南美洲:4/5-10
Pseudoleptus Rchb.f. = **Acmispon**
Pseudoleskea (Schimp.) Best = **Pseudoleskea**
Pseudoleskea【-】<unassigned> 拟薄罗藓科属 Pseudoleskeaceae 拟薄罗藓科 [B-182] 全球 (uc) 大洲分布及种数(uc)
Pseudoleskeaceae【3】Schimp. 拟薄罗藓科 [B-182] 全球 (6) 大洲分布和属种数(1/17-66)非洲:1/4-45; 亚洲:1/11-53;大洋洲:1/41; 欧洲:1/1-43; 北美洲:1/3-44; 南美洲:1/5-46
Pseudoleskeella【2】Kindb. 假细罗藓属 ≒ **Heterocladium;Haplocladium** Pseudoleskeellaceae 假细罗藓科 [B-183] 全球(5) 大洲分布及种数(10) 非洲:5;亚洲:6;欧洲:5;北美洲:9;南美洲:1
Pseudoleskeellaceae【3】Ignatov & Ignatova 假细罗藓科 [B-183] 全球 (6) 大洲分布和属种数(1/7-13)非洲:1/3;亚洲:1/7-10;大洋洲:1/3;欧洲:1/4-7;北美洲:1/6-9;南美洲:1/3
Pseudoleskeellites【-】Ignatov & Perkovsky 薄罗藓科属 Leskeaceae 薄罗藓科 [B-181] 全球 (uc) 大洲分布及种数(uc)
Pseudoleskeopsis (Broth.) Thér. = **Pseudoleskeopsis**
Pseudoleskeopsis【2】Broth. 拟草藓属 ≒ **Hypnella** Leskeaceae 薄罗藓科 [B-181] 全球 (5) 大洲分布及种数 (13) 非洲:4;亚洲:7;大洋洲:2;欧洲:1;北美洲:1
Pseudolibivia (Backeb.) Backeb. = **Echinopsis**
Pseudoligandra M.O.Dillon & Sagást. = **Chionolaena**
Pseudolinosyris【3】Novopokr. 细肋菊属 ← **Crinitaria** Asteraceae 菊科 [MD-586] 全球 (1) 大洲分布及种数 (cf. 1)◆亚洲
Pseudoliparis Finet = **Malaxis**
Pseudolipeurus Skottsb. = **Pipturus**
Pseudolipocarpha (Cherm.) Vorster = **Hibiscus**
Pseudolitchi Danguy & Choux = **Stadmania**
Pseudolithos【3】P.R.O.Bally 凝蹄玉属 ← **Caralluma;White-sloanea** Apocynaceae 夹竹桃科 [MD-492] 全球 (1) 大洲分布及种数(6-8)◆非洲
Pseudolithoxus Lujan & Birindelli = **Pseudolithos**
Pseudolitsea Yang = **Litsea**
Pseudolmedia (H.Karst.) C.C.Berg = **Pseudolmedia**
Pseudolmedia【3】Trécul 双球桑属 ← **Brosimum; Maquira;Naucleopsis** Moraceae 桑科 [MD-87] 全球 (6) 大洲分布及种数(18)非洲:1;亚洲:1;大洋洲:1;欧洲:1;北美洲:6-7;南美洲:9-12
Pseudolobelia A.Chev. = **Pseudolaelia**
Pseudolobivia (Backeb.) Backeb. = **Echinopsis**
Pseudolopezia【3】Rose 舞凤花属 ← **Lopezia** Onagraceae 柳叶菜科 [MD-396] 全球 (1) 大洲分布及种数 (uc)◆非洲
Pseudolophanthus Kuprian. = **Marmoritis**
Pseudolophocolea【3】R.M.Schust. & J.J.Engel 假羽苔属 Lophocoleaceae 齿萼苔科 [B-74] 全球 (1) 大洲分布及种数(cf. 1)◆亚洲
Pseudolophozia【-】Konstant. & Vilnet 裂叶苔科属 ≒ **Jungermannia** Lophoziaceae 裂叶苔科 [B-56] 全球 (uc) 大洲分布及种数(uc)
Pseudolotus Rchb.f. = **Lotus**
Pseudolpus Rech.f. = **Lotus**
Pseudoludovia Harling = **Sphaeradenia**
Pseudolycopodiella【3】Holub 拟小石松属 ≒ **Lycopodiella** Lycopodiaceae 石松科 [F-4] 全球 (1) 大洲分布及种数(8)◆南美洲
Pseudolycopodium Holub = **Lycopodium**
Pseudolysimachion (W.D.J.Koch) Opiz = **Pseudolysimachion**
Pseudolysimachion【2】Opiz 兔尾苗属 ← **Veronica** Plantaginaceae 车前科 [MD-527] 全球 (4) 大洲分布及种数(18-21)亚洲:16-18;大洋洲:5;欧洲:6-7;北美洲:5-6
Pseudomachaerium Hassl. = **Nissolia**
Pseudomacodes Rolfe = **Macodes**
Pseudomacrolobium【3】Hauman 鞋工木属 ← **Berlinia** Fabaceae 豆科 [MD-240] 全球 (1) 大洲分布及种数(cf.1)◆非洲
Pseudomalachra (K.Schum.) Monteiro = **Pseudomalachra**
Pseudomalachra【3】H.Monteiro 铜绿锦葵属 ← **Sida** Malvaceae 锦葵科 [MD-203] 全球 (1) 大洲分布及种数 (1-2)◆南美洲
Pseudomalia【-】Enroth 缘边拟平藓科属 Echinodiaceae 缘边拟平藓科 [B-207] 全球 (uc) 大洲分布及种数(uc)
Pseudomalmea【2】Chatrou 黄辕木属 Annonaceae 番荔枝科 [MD-7] 全球 (2) 大洲分布及种数(5)北美洲:1;南美洲:3
Pseudomammillaia Buxb. = **Mammillaria**
Pseudomammillaria Buxb. = **Mammillaria**
Pseudomantalania【3】J.F.Leroy 拟曼塔茜属 ≒

P

P

Mantalania Rubiaceae 茜草科 [MD-523] 全球 (1) 大洲分布及种数(1)◆非洲(◆马达加斯加)
Pseudomariscus Rauschert = **Courtoisina**
Pseudomarrubium【3】Popov 假欧夏至草属 Lamiaceae 唇形科 [MD-575] 全球 (1) 大洲分布及种数(cf. 1)◆中亚(◆哈萨克斯坦)
Pseudomarsdenia【3】Baill. 牛奶菜属 ← **Apocynum; Marsdenia** Apocynaceae 夹竹桃科 [MD-492] 全球 (1) 大洲分布及种数(5)◆南美洲
Pseudomarsupidium【2】(Spruce) J.J.Engel 南美隐蒴苔属 Adelanthaceae 隐蒴苔科 [B-50] 全球 (2) 大洲分布及种数(3)亚洲:cf.1;南美洲:2
Pseudomatricaria【3】Domin 茼蒿属 ← **Glebionis; Chrysanthemum** Asteraceae 菊科 [MD-586] 全球 (1) 大洲分布及种数(1)◆欧洲
Pseudomaxillaria Höhne = **Camaridium**
Pseudomecodium【3】(K.Iwats.) Satou 假山蕗蕨属 Hymenophyllaceae 膜蕨科 [F-21] 全球 (1) 大洲分布及种数(1)◆非洲
Pseudomelasma【3】Eb.Fisch. 黑蒴属 ← **Alectra** Orobanchaceae 列当科 [MD-552] 全球 (1) 大洲分布及种数(cf.1)◆非洲
Pseudomelasmia Eb.Fisch. = **Alectra**
Pseudomelissitus Ovcz., Rassulova & Kinzik. = **Trigonella**
Pseudomertensia【3】Riedl 假滨紫草属 ≒ **Oreocharis;Eritrichium;Mertensia** Boraginaceae 紫草科 [MD-517] 全球 (1) 大洲分布及种数(14-15)◆亚洲
Pseudomiltemia【3】Borhidi 墨西哥苣苔属 ≒ **Kohleria** Rubiaceae 茜草科 [MD-523] 全球 (1) 大洲分布及种数(2)◆北美洲(◆墨西哥)
Pseudomisopates【3】Güemes 萼玄参属 Plantaginaceae 车前科 [MD-527] 全球 (1) 大洲分布及种数(cf.1)◆欧洲
Pseudomitrocereus Bravo & Buxb. = **Pachycereus**
Pseudomma Sars = **Pseudiosma**
Pseudomonotes【3】A.C.Londoño,E.Alvarez & Forero 厚隔香属 Dipterocarpaceae 龙脑香科 [MD-173] 全球 (1) 大洲分布及种数(1)◆南美洲(◆哥伦比亚)
Pseudomops Rehn,J.A.G. = **Pseudomorus**
Pseudomorus【3】Bur. 斧柄桑属 ≒ **Streblus** Moraceae 桑科 [MD-87] 全球 (1) 大洲分布及种数(1-16)◆北美洲(◆美国)
Pseudomurex Miq. = **Carex**
Pseudomuscari【3】Garbari & Greuter 敞壶花属 ≒ **Scilla** Asparagaceae 天门冬科 [MM-669] 全球 (1) 大洲分布及种数(cf. 1)◆亚洲
Pseudomussaenda【3】Wernham 双扇金花属 ← **Mussaenda** Rubiaceae 茜草科 [MD-523] 全球 (1) 大洲分布及种数(4-6)◆非洲
Pseudomya Griff. = **Digitaria**
Pseudomyrcianthes Kausel = **Eugenia**
Pseudonemacladus【3】McVaugh 穗枝草属 Campanulaceae 桔梗科 [MD-561] 全球 (1) 大洲分布及种数(1)◆北美洲
Pseudonephelium Radlk. = **Dimocarpus**
Pseudonereis Baill. = **Gerbera**
Pseudonesohedyotis【3】Tennant 假美耳茜属 Rubiaceae 茜草科 [MD-523] 全球 (1) 大洲分布及种数(1)◆非洲(◆坦桑尼亚)
Pseudoneura【3】(L.) Gottsche 绿片苔科属 ≒ **Aneura** Aneuraceae 绿片苔科 [B-86] 全球 (1) 大洲分布及种数(uc)◆南美洲(◆巴西)
Pseudonopalxochia Backeb. = **Nopalxochia**
Pseudonoseris【3】H.Rob. & Brettell 红安菊属 ≒ **Liabum** Asteraceae 菊科 [MD-586] 全球 (1) 大洲分布及种数(4)◆南美洲
Pseudonus Hayata = **Arceuthobium**
Pseudoolina C.Delgadillo = **Aloina**
Pseudopachystela Aubrév. & Pellegr. = **Synsepalum**
Pseudopaegma Urb. = **Anemopaegma**
Pseudopanax【3】C.Koch 矛木属 ← **Aralia; Panax;Nothopanax** Araliaceae 五加科 [MD-471] 全球 (1) 大洲分布及种数(12-14)◆大洋洲(◆澳大利亚)
Pseudopancovia【3】Pellegr. 加蓬无患子属 Sapindaceae 无患子科 [MD-428] 全球 (1) 大洲分布及种数(1)◆非洲(◆加蓬)
Pseudoparis【3】H.Perrier 假重楼属 ← **Aneilema** Commelinaceae 鸭跖草科 [MM-708] 全球 (1) 大洲分布及种数(3)◆非洲(◆马达加斯加)
Pseudoparodia Hassl. = **Pavonia**
Pseudopavonia Hassl. = **Pavonia**
Pseudopectinaria Lavranos = **Echidnopsis**
Pseudopentaceros Sm. = **Pseudopentameris**
Pseudopentameris【3】Conert 假五数草属 ← **Avena;Pentameris;Pentaschistis** Poaceae 禾本科 [MM-748] 全球 (1) 大洲分布及种数(4)◆非洲(◆南非)
Pseudopentatropis Costantin = **Pentatropis**
Pseudopeponidium Homolle ex Arènes = **Pyrostria**
Pseudopercis Ribeiro = **Pseudoparis**
Pseudoperistylus (P.F.Hunt) Szlach. & Olszewski = **Habenaria**
Pseudopetalon Raf. = **Zanthoxylum**
Pseudopetalus Raf. = **Zanthoxylum**
Pseudophacelurus A.Camus = **Phacelurus**
Pseudophegopteris【2】Ching 紫柄蕨属 ← **Lastrea; Dryopteris;Macrothelypteris** Thelypteridaceae 金星蕨科 [F-42] 全球 (5) 大洲分布及种数(24-29;hort.1)非洲:6;亚洲:17-20;大洋洲:2-4;欧洲:4;北美洲:3
Pseudophleum【3】M.Doğan 类梯牧草属 Poaceae 禾本科 [MM-748] 全球 (1) 大洲分布及种数(1-2)◆亚洲
Pseudophoenicaceae O.F.Cook = Philydraceae
Pseudophoenix【3】H.Wendl. 樱桃椰属 ≒ **Gaussia** Arecaceae 棕榈科 [MM-717] 全球 (1) 大洲分布及种数(4)◆北美洲
Pseudophycis Miq. = **Pseudopyxis**
Pseudophyllanthus【3】(Müll.Arg.) Voronts. & Petra Hoffm. 连丝木属 ≒ **Andrachne** Phyllanthaceae 叶下珠科 [MD-222] 全球 (1) 大洲分布及种数(1)◆非洲
Pseudopieris Boisduval = **Pseudopteris**
Pseudopilocereus【3】Buxb. 蓝衣柱属 ← **Cereus; Pilosocereus** Cactaceae 仙人掌科 [MD-100] 全球 (1) 大洲分布及种数(2-4)◆南美洲(◆巴西)
Pseudopiloecium【3】E.B.Bartram 篮锦藓属 Sematophyllaceae 锦藓科 [B-192] 全球 (1) 大洲分布及种数(uc)◆亚洲
Pseudopilotrichum (Müll.Hal.) W.R.Buck & B.H.Allen = **Orthostichella**
Pseudopimpinella【-】F.Ghahrem.,Khajepiri & Mozaff. 伞形科属 Apiaceae 伞形科 [MD-480] 全球 (uc) 大洲分

布及种数(uc)
Pseudopinanga 【2】 Burret 山槟榔属 ← **Pinanga** Arecaceae 棕榈科 [MM-717] 全球 (4) 大洲分布及种数(6) 亚洲;大洋洲;北美洲;南美洲
Pseudopiptadenia (DC.) G.P.Lewis & M.P.Lima = **Pseudopiptadenia**
Pseudopiptadenia 【3】 Rauschert 假落腺豆属 ← **Acacia** Fabaceae 豆科 [MD-240] 全球 (1) 大洲分布及种数(11)◆南美洲
Pseudopiptocarpha 【3】 H.Rob. 铁鸠菊属 ≒ **Vernonia** Asteraceae 菊科 [MD-586] 全球 (1) 大洲分布及种数(3-4)◆南美洲
Pseudopipturus Skottsb. = **Pipturus**
Pseudoplantago 【3】 Süss. 车前苋属 Amaranthaceae 苋科 [MD-116] 全球 (1) 大洲分布及种数(1-2)◆南美洲
Pseudopleuropus 【3】 Takaki 拟褶叶藓属 Pseudoleskeaceae 拟薄罗藓科 [B-182] 全球 (1) 大洲分布及种数(2)◆亚洲
Pseudopodospermum 【2】 (Lipsch. & Krasch.) Kuth. 婆罗门参属 ← **Tragopogon;Scorzonera** Asteraceae 菊科 [MD-586] 全球 (3) 大洲分布及种数(uc) 非洲:1;亚洲:5;欧洲:1
Pseudopogonantherum A.Camus = **Pseudopogonatherum**
Pseudopogonathem A.Camus = **Pseudopogonatherum**
Pseudopogonatherum (Stapf ex Haines) Ohwi = **Pseudopogonatherum**
Pseudopogonatherum 【3】 A.Camus 假金发草属 ← **Andropogon;Eulalia** Poaceae 禾本科 [MM-748] 全球 (1) 大洲分布及种数(7-9)◆东亚(◆中国)
Pseudopohlia 【2】 R.S.Williams 拟丝瓜藓属 ≒ **Pohlia** Mniaceae 提灯藓科 [B-149] 全球 (3) 大洲分布及种数(4) 非洲:1;亚洲:3;北美洲:1
Pseudoponera Brieger = **Ponera**
Pseudoprosopis 【3】 Harms 假牧豆树属 ← **Adenanthera** Fabaceae 豆科 [MD-240] 全球 (1) 大洲分布及种数(6-7)◆非洲
Pseudoprospero 【3】 Speta 蓝瑰花属 ← **Scilla** Asparagaceae 天门冬科 [MM-669] 全球 (1) 大洲分布及种数(1)◆非洲(◆南非)
Pseudoprotorhus H.Perrier = **Filicium**
Pseudopsis H.Perrier = **Pseudoparis**
Pseudopteris 【3】 Baill. 假翼无患子属 Sapindaceae 无患子科 [MD-428] 全球 (1) 大洲分布及种数(3)◆非洲
Pseudopterobryum 【3】 Broth. 滇蕨藓属 Pterobryaceae 蕨藓科 [B-201] 全球 (1) 大洲分布及种数(2)◆亚洲
Pseudopteryxia Rydb. = **Pseudocymopterus**
Pseudopyxis 【3】 Miq. 假盖果草属 ← **Lysimachia** Rubiaceae 茜草科 [MD-523] 全球 (1) 大洲分布及种数(2-3)◆东亚(◆中国)
Pseudoraphis 【3】 Griff. 伪针茅属 ← **Agrostis; Oplismenus;Setaria** Poaceae 禾本科 [MM-748] 全球 (6) 大洲分布及种数(7-10)非洲:1-3;亚洲:6-10;大洋洲:3-7;欧洲:2;北美洲:2;南美洲:2
Pseudorca Griff. = **Digitaria**
Pseudorchis Gray = **Pseudorchis**
Pseudorchis 【3】 Ség. 白手参属 → **Chamorchis; Liparis;Platanthera** Orchidaceae 兰科 [MM-723] 全球 (6)大洲分布及种数(5;hort.1;cult:1)非洲:1;亚洲:2-3;大洋洲:1;欧洲:4-5;北美洲:3-4;南美洲:1
Pseudoregma Urb. = **Anemopaegma**
Pseudoreoxis Rydb. = **Pseudocymopterus**
Pseudorhachicallis Benth. & Hook.f. = **Mallostoma**
Pseudorhipsalis 【2】 Britton & Rose 梅枝令箭属 ← **Cereus;Disocactus;Epiphyllum** Cactaceae 仙人掌科 [MD-100] 全球 (2) 大洲分布及种数(8;hort.1;cult: 1)北美洲:7;南美洲:5
Pseudorhiza 【3】 P.F.Hunt 假根兰属 ← **Dactylodenia** Orchidaceae 兰科 [MM-723] 全球 (1) 大洲分布及种数(3-10)◆欧洲
Pseudorhynchostegiella 【2】 Ignatov & Vanderp. 亚青藓属 ≒ **Brachythecium** Brachytheciaceae 青藓科 [B-187] 全球 (2) 大洲分布及种数(1) 非洲:1;欧洲:1
Pseudoridolfia 【3】 Reduron,Mathez & S.R.Downie 鹅伞芹属 Apiaceae 伞形科 [MD-480] 全球 (1) 大洲分布及种数(1)◆非洲
Pseudorlaya (Murb.) Murb. = **Pseudorlaya**
Pseudorlaya 【3】 Murb. 假奥尔雷草属 ← **Caucalis; Daucus;Orlaya** Apiaceae 伞形科 [MD-480] 全球 (1) 大洲分布及种数(1-3)◆欧洲
Pseudorleanesia 【3】 Rauschert 鹅兰属 ≒ **Orleanesia** Orchidaceae 兰科 [MM-723] 全球 (1) 大洲分布及种数(1)◆亚洲
Pseudoroegneria 【3】 (Nevski) Á.Löve 假鹅观草属 ← **Agropyron;Elymus;Elytrigia** Poaceae 禾本科 [MM-748] 全球 (6) 大洲分布及种数(12-18;hort.1;cult: 1)非洲:1;亚洲:10-11;大洋洲:1-2;欧洲:2-3;北美洲:2-3;南美洲:1
Pseudorontium 【3】 (A.Gray) Rothm. 嫠嘴花属 Plantaginaceae 车前科 [MD-527] 全球 (1) 大洲分布及种数(1)◆北美洲
Pseudorosularia Gurgen. = **Rosularia**
Pseudoruellia 【3】 Benoist 芦莉草属 ← **Ruellia** Acanthaceae 爵床科 [MD-572] 全球 (1) 大洲分布及种数(uc)属分布和种数(uc)◆非洲
Pseudoryza Griff. = **Poa**
Pseudoryzeae Benth. & Hook.f. = **Leersia**
Pseudosabicea 【3】 N.Hallé 木藤茜属 ← **Sabicea** Rubiaceae 茜草科 [MD-523] 全球 (1) 大洲分布及种数(4)属分布和种数(uc)◆非洲(◆加蓬)
Pseudosada Makino = **Pseudosasa**
Pseudosagotia Secco = **Croizatia**
Pseudosalacia 【3】 Codd 石檬木属 Celastraceae 卫矛科 [MD-339] 全球 (1) 大洲分布及种数(1)◆非洲(◆南非)
Pseudosamanea 【2】 Harms 古巴雨树属 ← **Lysiloma** Fabaceae 豆科 [MD-240] 全球 (2) 大洲分布及种数(3)北美洲:2;南美洲:2
Pseudosantalum (Sloane ex) Mill. = **Caesalpinia**
Pseudosantalum P. & K. = **Osmoxylon**
Pseudosaponaria (F.N.Williams) Ikonn. = **Gypsophila**
Pseudosarcolobus 【3】 Costantin 矢夹竹属 Apocynaceae 夹竹桃科 [MD-492] 全球 (1) 大洲分布及种数(uc)◆大洋洲
Pseudosarcopera 【3】 Gir.Cañas 蜜囊花属 ≒ **Schwartzia;Sarcopera** Marcgraviaceae 蜜囊花科 [MD-170] 全球 (1) 大洲分布及种数(1)◆南美洲
Pseudosarus Ruz = **Pseudocarum**
Pseudosasa 【3】 Makino ex Nakai 矢竹属 → **Acidosasa; Ampelocalamus;Indocalamus** Poaceae 禾本科 [MM-748] 全球 (1) 大洲分布及种数(29-44)◆亚洲

P

Pseudosassafras 【2】 Lecomte 台湾檫木属 ← **Sassafras** Lauraceae 樟科 [MD-21] 全球 (2) 大洲分布及种数(cf.1) 亚洲;北美洲
Pseudosbeckia 【3】 A.Fern. & R.Fern. 野牡丹科属 Melastomataceae 野牡丹科 [MD-364] 全球 (1) 大洲分布及种数(uc)◆亚洲
Pseudoscabiosa 【2】 Devesa 蓝盆花属 ≒ **Scabiosa** Caprifoliaceae 忍冬科 [MD-510] 全球 (2) 大洲分布及种数(2-3) 非洲:1;欧洲:2
Pseudoscabioseae V.Mayer & Ehrend. = **Scabiosa**
Pseudoscarus C.Norman = **Pseudocarum**
Pseudoschoenus 【3】 (C.B.Clarke) Oteng-Yeb. 赤箭蔗属 Cyperaceae 莎草科 [MM-747] 全球 (1) 大洲分布及种数(1)◆非洲(◆南非)
Pseudosciadium Baill. = **Aralia**
Pseudosclerochloa 【3】 Tzvelev 假硬草属 ← **Aira;Sporobolus;Glyceria** Poaceae 禾本科 [MM-748] 全球 (1) 大洲分布及种数(1-2)◆东亚(◆中国)
Pseudoscleropodium 【3】 (Limpr.) M.Fleisch. 巴西假青藓属 ≒ **Cuspidaria** Brachytheciaceae 青藓科 [B-187] 全球 (1) 大洲分布及种数(1)◆南美洲
Pseudoscolopia 【3】 Gilg 假箣柊属 Salicaceae 杨柳科 [MD-123] 全球 (1) 大洲分布及种数(1)◆非洲(◆南非)
Pseudoscordum Herb. = **Nothoscordum**
Pseudosecale (Godr.) Degen = **Dasypyrum**
Pseudosecodes Rolfe = **Macodes**
Pseudosedum (Boiss.) A.Berger = **Pseudosedum**
Pseudosedum 【3】 A.Berger 合景天属 ← **Cotyledon** Crassulaceae 景天科 [MD-229] 全球 (1) 大洲分布及种数(7-12)◆亚洲
Pseudoselago 【3】 Hilliard 纹杉花属 ≒ **Selago** Scrophulariaceae 玄参科 [MD-536] 全球 (1) 大洲分布及种数(29)◆非洲(◆南非)
Pseudoselasoma Eb.Fisch. = **Alectra**
Pseudoselinum 【3】 C.Norman 假苞芹属 ← **Selinum** Apiaceae 伞形科 [MD-480] 全球 (1) 大洲分布及种数(1)◆非洲(◆安哥拉)
Pseudosempervivum (Boiss.) Grossh. = **Cochlearia**
Pseudosenefeldera 【3】 Esser 大苞柏属 ≒ **Senefeldera** Euphorbiaceae 大戟科 [MD-217] 全球 (1) 大洲分布及种数(1)◆南美洲(◆巴西)
Pseudosenegalia 【3】 Seigler & Ebinger 南方兰属 Orchidaceae 兰科 [MM-723] 全球 (1) 大洲分布及种数(2) ◆南美洲
Pseudosericocoma 【3】 Cavaco 互叶绢苋属 Amaranthaceae 苋科 [MD-116] 全球 (1) 大洲分布及种数(1)◆非洲(◆南非)
Pseudosericostoma Schmid = **Pseudosericocoma**
Pseudoseris Baill. = **Gerbera**
Pseudosicydium 【3】 Harms 肖野胡瓜属 Cucurbitaceae 葫芦科 [MD-205] 全球 (1) 大洲分布及种数(1)◆南美洲
Pseudosindora 【3】 Symington 假油楠属 ← **Copaifera** Fabaceae 豆科 [MD-240] 全球 (1) 大洲分布及种数(cf. 1)◆亚洲
Pseudosmelia 【3】 Sleumer 假香木属 Salicaceae 杨柳科 [MD-123] 全球 (1) 大洲分布及种数(1)◆东南亚(◆印度尼西亚)
Pseudosmilax Hayata = **Heterosmilax**
Pseudosmodingium 【3】 Engl. 纸皮漆属 → **Bonetiella; Rhus;Smodingium** Anacardiaceae 漆树科 [MD-432] 全球 (1) 大洲分布及种数(7)◆北美洲(◆墨西哥)
Pseudosolisia 【-】 Y.Itô 仙人掌科属 Cactaceae 仙人掌科 [MD-100] 全球 (uc) 大洲分布及种数(uc)
Pseudosophora (DC.) R.Sw. = **Vexibia**
Pseudosopubia 【3】 Engl. 假短冠草属 Orobanchaceae 列当科 [MD-552] 全球 (1) 大洲分布及种数(3)◆非洲(◆坦桑尼亚)
Pseudosorghum 【3】 A.Camus 假高粱属 ← **Andropogon;Sorghum** Poaceae 禾本科 [MM-748] 全球 (1) 大洲分布及种数(cf. 1)◆亚洲
Pseudosorocea Baill. = **Sorocea**
Pseudospermum Gray = **Pleurospermum**
Pseudospigelia W.Klett = **Spigelia**
Pseudospiridentopsis 【2】 (Broth.) M.Fleisch. 拟木毛藓属 ≒ **Trachypodopsis** Meteoriaceae 蔓藓科 [B-188] 全球 (2) 大洲分布及种数(1) 亚洲:1;大洋洲:1
Pseudospondias 【3】 Engl. 异槟榔青属 ← **Ganophyllum;Spondias** Anacardiaceae 漆树科 [MD-432] 全球 (1) 大洲分布及种数(2)◆非洲
Pseudospora Schiffner = **Aganope**
Pseudostachyum 【3】 Munro 泡竹属 → **Melocalamus;Schizostachyum** Poaceae 禾本科 [MM-748] 全球 (1) 大洲分布及种数(1-2)◆亚洲
Pseudostelis 【3】 Schltr. 银光兰属 ≒ **Stelis** Orchidaceae 兰科 [MM-723] 全球 (1) 大洲分布及种数(cf. 1)◆南美洲
Pseudostellaria 【3】 Pax 孩儿参属 ← **Stellaria; Arenaria** Caryophyllaceae 石竹科 [MD-77] 全球 (1) 大洲分布及种数(21-25)◆亚洲
Pseudostenomesson Velarde = **Ismene**
Pseudostenosiphonium Lindau = **Strobilanthes**
Pseudostereodon 【2】 (Broth.) M.Fleisch. 假丛灰藓属 ≒ **Ctenidium** Hypnaceae 灰藓科 [B-189] 全球 (2) 大洲分布及种数(cf.1) 亚洲;南美洲
Pseudostifftia 【3】 H.Rob. 假亮毛菊属 Asteraceae 菊科 [MD-586] 全球 (1) 大洲分布及种数(1)◆南美洲(◆巴西)
Pseudostigma Hochst. = **Chascanum**
Pseudostonium P. & K. = **Strobilanthes**
Pseudostrebla Bureau = **Morus**
Pseudostreblus Bureau = **Streblus**
Pseudostreptogyne A.Camus = **Streblochaete**
Pseudostriga 【3】 Bonati 假独脚金属 Orobanchaceae 列当科 [MD-552] 全球 (1) 大洲分布及种数(1)◆东亚(◆中国)
Pseudostrophis Warb. = **Streblus**
Pseudosymblepharis 【2】 Broth. 拟合睫藓属 Pottiaceae 丛藓科 [B-133] 全球 (5) 大洲分布及种数(15) 非洲:5;亚洲:7;大洋洲:5;北美洲:9;南美洲:4
Pseudotaenidia 【3】 Mack. 北美洲太尼草属 ← **Taenidia** Apiaceae 伞形科 [MD-480] 全球 (1) 大洲分布及种数(1)◆北美洲
Pseudotantalus Mill. = **Osmoxylon**
Pseudotatia Pax = **Mallotus**
Pseudotaxiphyllum 【3】 Z.Iwats. 拟鳞叶藓属 ≒ **Rhynchostegium** Hypnaceae 灰藓科 [B-189] 全球 (6) 大洲分布及种数(13) 非洲:2;亚洲:8;大洋洲:4;欧洲:2;北美

洲:6;南美洲:2
Pseudotaxus【3】 W.C.Cheng 白豆杉属 ← **Taxus** Taxaceae 红豆杉科 [G-12] 全球 (1) 大洲分布及种数(cf. 1)◆东亚(◆中国)
Pseudotectaria【3】 Tardieu 假叉蕨属 ≒ **Aspidium** Dryopteridaceae 鳞毛蕨科 [F-49] 全球 (1) 大洲分布及种数(uc)属分布和种数(uc)◆非洲
Pseudotenanthera R.B.Majumdar = **Schizostachyum**
Pseudotephrocactus Frič & Schelle = **Opuntia**
Pseudoterobryum Broth. ex Wijk = **Pseudopterobryum**
Pseudothis Ség. = **Pseudorchis**
Pseudothuidium Herzog = **Diaphanodon**
Pseudothyridium Herzog = **Diaphanodon**
Pseudotimmiella【-】 Bizot 短颈藓科属 Diphysciaceae 短颈藓科 [B-103] 全球 (uc) 大洲分布及种数(uc)
Pseudotrachydium【3】 (Kljuykov,Pimenov & V.N.Tikhom.) Pimenov & Kljuykov 假伞芹属 Apiaceae 伞形科 [MD-480] 全球 (1) 大洲分布及种数(4-5)◆西亚(◆伊朗)
Pseudotrachypus【2】 P.de la Varde & Thér. 蔓藓科属 Meteoriaceae 蔓藓科 [B-188] 全球 (4) 大洲分布及种数(6) 亚洲:5;大洋洲:1;北美洲:2;南美洲:1
Pseudotragia Pax = **Plukenetia**
Pseudotrewia Miq. = **Wetria**
Pseudotrillium【3】 S.B.Farmer 延龄草属 ← **Trillium** Melanthiaceae 藜芦科 [MM-621] 全球 (1) 大洲分布及种数(cf.1)◆北美洲
Pseudotrimezia【3】 R.C.Foster 三角鸢尾属 ← **Cypella** Iridaceae 鸢尾科 [MM-700] 全球 (1) 大洲分布及种数(21)◆南美洲
Pseudotrismegistia【3】 H.Akiyama & H.Tsubota 拟金枝藓属 ≒ **Trismegistia** Pylaisiadelphaceae 毛锦藓科 [B-191] 全球 (1) 大洲分布及种数(1)◆亚洲
Pseudotritomaria【3】 (R.M.Schust.) Konstant. & Vilnet 北美洲刺叶苔属 Scapaniaceae 合叶苔科 [B-57] 全球 (1) 大洲分布及种数(cf. 1)◆北美洲
Pseudotrivia Pax = **Plukenetia**
Pseudotrophis Warb. = **Streblus**
Pseudotsuga【3】 Carr. 黄杉属 ← **Abies;Cathaya; Keteleeria** Pinaceae 松科 [G-15] 全球 (1) 大洲分布及种数(6-19)◆亚洲
Pseudoturritis【2】 Al-Shehbaz 旗竿菜属 ≒ **Erysimum** Brassicaceae 十字花科 [MD-213] 全球 (2) 大洲分布及种数(2)非洲:1;欧洲:1
Pseudourceolina Vargas = **Urceolina**
Pseudovalsa Makino = **Pseudosasa**
Pseudovanilla【2】 Garay 拟香荚兰属 ← **Erythrorchis; Vanilla** Orchidaceae 兰科 [MM-723] 全球 (3) 大洲分布及种数(10)非洲:3;亚洲:6;大洋洲:5
Pseudovermis Baill. = **Gerbera**
Pseudovesicaria【2】 (Boiss.) Rupr. 虹花菜属 ← **Hymenophyllum** Brassicaceae 十字花科 [MD-213] 全球 (2) 大洲分布及种数(cf.1) 亚洲;欧洲
Pseudovigna【3】 (Harms) Verdc. 假豇豆属 ← **Dolichos;Vigna** Fabaceae 豆科 [MD-240] 全球 (1) 大洲分布及种数(2-3)◆非洲
Pseudovossia A.Camus = **Phacelurus**
Pseudovouapa Britton & Killip = **Macrolobium**
Pseudoweinmannia【3】 Engl. 蓬荆梅属 ← **Weinmannia** Cunoniaceae 合椿梅科 [MD-255] 全球 (1) 大洲分布及种数(2)◆大洋洲(◆澳大利亚)
Pseudoweisia E.H.L.Krause = **Molendoa**
Pseudowilloughbeia【3】 Markgr. 夹竹梅属 Apocynaceae 夹竹桃科 [MD-492] 全球 (1) 大洲分布及种数(uc)◆大洋洲
Pseudowillughbeia Markgr. = (接受名不详) Apocynaceae
Pseudowintera【3】 Dandy 含笑林仙属 ← **Drimys** Winteraceae 林仙科 [MD-3] 全球 (1) 大洲分布及种数(3-4)◆大洋洲
Pseudowolffia Hartog & Plas = **Wolffiella**
Pseudoxalis Rose = **Oxalis**
Pseudoxandra【3】 R.E.Fr. 南辕木属 ← **Cremastosperma** Annonaceae 番荔枝科 [MD-7] 全球 (1) 大洲分布及种数(19-24)◆南美洲
Pseudoxya Griff. = **Leersia**
Pseudoxyperas Steud. = **Fimbristylis**
Pseudoxytenanthera【3】 Soderstr. & R.P.Ellis 巨竹属 ← **Gigantochloa;Oxytenanthera;Schizostachyum** Poaceae 禾本科 [MM-748] 全球 (1) 大洲分布及种数(4)◆亚洲
Pseudoxythece Aubrév. = **Pouteria**
Pseudoyoungia【3】 D.Maity & Maiti 黄鹌菜属 ← **Youngia** Asteraceae 菊科 [MD-586] 全球 (1) 大洲分布及种数(cf. 1)◆亚洲
Pseudoziziphus【3】 Haünschild 枣鼠李属 Rhamnaceae 鼠李科 [MD-331] 全球 (1) 大洲分布及种数(2)◆北美洲
Pseudozoysia【3】 Chiov. 卷曲刺毛叶草属 Poaceae 禾本科 [MM-748] 全球 (1) 大洲分布及种数(1)◆非洲
Pseudozygocactus Backeb. = **Rhipsalis**
Pseudozyma Griff. = **Digitaria**
Pseudrachicallis H.Karst. = **Arcytophyllum**
Pseuduvaria【3】 Miq. 金钩花属 ← **Bocagea; Mitrephora;Uvaria** Annonaceae 番荔枝科 [MD-7] 全球 (6) 大洲分布及种数(60-66)非洲:21-23;亚洲:43-49;大洋洲:22-24;欧洲:1;北美洲:1;南美洲:2-3
Pseudyrias Schaus = **Pseuderia**
Pseusmagennetus Ruschenb. = **Marsdenia**
Pseva Raf. = **Chimaphila**
Psiadia【3】 Jacq. 黄胶菊属 ← **Baccharis; Nidorella; Pluchea** Asteraceae 菊科 [MD-586] 全球 (6) 大洲分布及种数(76-81;hort.1;cult:1)非洲:69-74;亚洲:11-15;大洋洲:4;欧洲:9-13;北美洲:2-6;南美洲:6-10
Psiadiella【3】 Humbert 单脉黄胶菊属 Asteraceae 菊科 [MD-586] 全球 (1) 大洲分布及种数(1)◆非洲(◆马达加斯加)
Psibala Miq. = **Enkleia**
Psidiastrum Bello = **Eugenia**
Psidiomyrtus Guillaumin = **Parrya**
Psidiopsis O.Berg = **Calycolpus**
Psidium (O.Berg) Kiaersk. = **Psidium**
Psidium【3】 L. 番石榴属 → **Syzygium;Britoa;Myrtus** Myrtaceae 桃金娘科 [MD-347] 全球 (1) 大洲分布及种数(173-211)◆南美洲
Psiguria【3】 Neck. 小蝶瓜属 ≒ **Gurania** Cucurbitaceae 葫芦科 [MD-205] 全球 (1) 大洲分布及种数(7-8)◆南美洲

Psila【3】Phil. 裸蝶菊属 Asteraceae 菊科 [MD-586] 全球 (1) 大洲分布及种数(12)◆南美洲
Psilachenia Benth. = **Youngia**
Psilacron Schaus = **Centaurea**
Psilactis【3】A.Gray 裸冠菀属 → **Aster;Adenophyllum** Asteraceae 菊科 [MD-586] 全球 (1) 大洲分布及种数(6-17)◆北美洲
Psilaea Miq. = **Linostoma**
Psilanteris Phil. = **Psila**
Psilantha (K.Koch) Tzvelev = **Eragrostis**
Psilanthele【3】Lindau 裸花爵床属 ← **Oplonia** Acanthaceae 爵床科 [MD-572] 全球 (1) 大洲分布及种数(1-2)◆北美洲
Psilanthemum【3】(Link,Klotzsch & Otto) Klotzsch ex Stein 树兰属 ← **Epidendrum** Orchidaceae 兰科 [MM-723] 全球 (1) 大洲分布及种数(1)◆非洲
Psilanthopsis A.Chev. = **Coffea**
Psilanthus【3】Hook.f. 光花咖啡属 → **Argocoffeopsis; Canthium;Passiflora** Rubiaceae 茜草科 [MD-523] 全球 (1) 大洲分布及种数(4)◆非洲(◆马达加斯加)
Psilaspilates Phil. = **Psila**
Psilaster Phil. = **Psila**
Psilathera Link = **Sesleria**
Psilaxis A.Gray = **Psilactis**
Psiliglossa DC. = **Philoglossa**
Psilobium Jack = **Acranthera**
Psilocalyx Torr. & A.Gray = **Coldenia**
Psilocara Torr. = **Psilocarya**
Psilocarpa Torr. = **Psilocarya**
Psilocarphus【3】Nutt. 绵石菊属 ← **Micropus** Asteraceae 菊科 [MD-586] 全球 (6) 大洲分布及种数(6) 非洲:1;亚洲:1;大洋洲:1;欧洲:1;北美洲:5-6;南美洲:2-3
Psilocarpus Lem. = **Psilocarphus**
Psilocarya【3】Torr. 北美洲莎草属 ← **Rhynchospora; Scirpus** Cyperaceae 莎草科 [MM-747] 全球 (1) 大洲分布及种数(1-6)◆北美洲(◆美国)
Psilocaulon【3】N.E.Br. 银节柱属 → **Brownanthus; Mesembryanthemum** Aizoaceae 番杏科 [MD-94] 全球 (1) 大洲分布及种数(56-61)◆非洲
Psilochaenia Benth. = **Youngia**
Psilochenia【3】Nutt. 还阳参属 ≒ **Crepis** Asteraceae 菊科 [MD-586] 全球 (1) 大洲分布及种数(1)◆北美洲
Psilochilus【2】Barb.Rodr. 弱唇兰属 ← **Pogonia** Orchidaceae 兰科 [MM-723] 全球 (2) 大洲分布及种数(19-20;hort.1;cult: 1)北美洲:9;南美洲:13-14
Psilochlaena Walp. = **Youngia**
Psilochloa Launert = **Panicum**
Psilochorus Schmidt = **Psilochilus**
Psiloclada【3】Mitt. 巴布亚指叶苔属 ≒ **Kurzia** Lepidoziaceae 指叶苔科 [B-63] 全球 (1) 大洲分布及种数(1)◆大洋洲
Psilocybe DC. = **Vitex**
Psilodigera【-】Süss. 苋科属 Amaranthaceae 苋科 [MD-116] 全球 (uc) 大洲分布及种数(uc)
Psilodochea C.Presl = **Angiopteris**
Psiloesthes【3】Benoist & Benoist 中国爵床属 Acanthaceae 爵床科 [MD-572] 全球 (1) 大洲分布及种数(1)◆东亚(◆中国)
Psilogramme【-】(Hook. & Grev.) Kuhn 凤尾蕨科属 ≒ **Eriosorus;Pityrogramma** Pteridaceae 凤尾蕨科 [F-31] 全球 (uc) 大洲分布及种数(uc)
Psilogyne DC. = **Vitex**
Psilolaemus【3】I.M.Johnst. 紫草属 ← **Lithospermum** Boraginaceae 紫草科 [MD-517] 全球 (1) 大洲分布及种数(cf. 1)◆北美洲
Psilolemma【3】S.M.Phillips 双稃草属 ≒ **Diplachne** Poaceae 禾本科 [MM-748] 全球 (1) 大洲分布及种数(1)◆非洲
Psilolepus C.Presl = **Aspalathus**
Psilonema C.A.Mey. = **Alyssum**
Psilopeganum【3】Hemsl. ex Forb. & Hemsl. 裸芸香属 Rutaceae 芸香科 [MD-399] 全球 (1) 大洲分布及种数(cf. 1)◆东亚(◆中国)
Psilopilum【2】Brid. 拟赤藓属 ≒ **Oligotrichum** Polytrichaceae 金发藓科 [B-101] 全球 (5) 大洲分布及种数(17) 非洲:5;大洋洲:6;欧洲:4;北美洲:3;南美洲:7
Psilopogon Hochst. = **Picrosia**
Psilopsella Hill = **Pilosella**
Psilopsis Neck. = **Lamium**
Psiloreta C.A.Mey. = **Alyssum**
Psilorhegma Britton = **Cassia**
Psilosanthus Neck. = **Liatris**
Psilosciadium Steud. = **Actinoschoenus**
Psilosiphon Welw. ex Baker = **Lapeirousia**
Psilosolena C.Presl = **Peddiea**
Psilostachys【3】Turcz. 林地苋属 ≒ **Psilotrichum** Amaranthaceae 苋科 [MD-116] 全球 (1) 大洲分布及种数(uc)◆亚洲
Psilostemon DC. = **Trachystemon**
Psilostoma Klotzsch = **Canthium**
Psilostrophe【3】DC. 纸花菊属 Asteraceae 菊科 [MD-586] 全球 (1) 大洲分布及种数(11-18)◆北美洲
Psilostylis【-】Andrz. ex DC. 十字花科属 Brassicaceae 十字花科 [MD-213] 全球 (uc) 大洲分布及种数(uc)
Psilotaceae【3】J.W.Griff. & Henfr. 松叶蕨科 [F-1] 全球 (6) 大洲分布和属种数(1;hort. & cult.1)(5-12;hort. & cult.1-2)非洲:1/1-2;亚洲:1/3-4;大洋洲:1/4-5;欧洲:1/1-2;北美洲:1/3-4;南美洲:1/2-3
Psilothamnus DC. = **Euryops**
Psilothonna (E.Mey. ex DC.) E.Phillips = **Steirodiscus**
Psilotrichium Hassk. = **Psilotrichum**
Psilotrichopsis【3】C.C.Towns. 青花苋属 ← **Aerva** Amaranthaceae 苋科 [MD-116] 全球 (1) 大洲分布及种数(1-2)◆东亚(◆中国)
Psilotrichum【3】Bl. 林地苋属 ← **Achyranthes;Psilostachys;Pilotrichum** Amaranthaceae 苋科 [MD-116] 全球 (6) 大洲分布及种数(34-35)非洲:25-27;亚洲:13-15;大洋洲:3-4;欧洲:1;北美洲:1;南美洲:3-4
Psilotum【3】Sw. 松叶蕨属 Psilotaceae 松叶蕨科 [F-1] 全球 (6) 大洲分布及种数(6-8)非洲:1-2;亚洲:3-4;大洋洲:4-5;欧洲:1-2;北美洲:3-4;南美洲:2-3
Psilotus (L.) P.Beauv. = **Psilotum**
Psiloxylaceae【3】Croizat 裸木科 [MD-346] 全球 (1) 大洲分布和属种数(1/1)◆非洲
Psiloxylon【3】Thou. ex Tul. 光桃木属 Myrtaceae 桃金娘科 [MD-347] 全球 (1) 大洲分布及种数(1)◆非洲

Psilurus【3】 Trin. 脆穗茅属 ← **Nardus;Rottboellia; Cnidium** Poaceae 禾本科 [MM-748] 全球 (1) 大洲分布及种数(1-2)◆北美洲(◆墨西哥)
Psinilla Griseb. = **Matelea**
Psistina Raf. = **Helianthus**
Psistus Neck. = **Pictus**
Psithyrisma Herb. = **Symphyostemon**
Psittacanthaceae Nakai = Loranthaceae
Psittacanthus (Eichler) Rizzini = **Psittacanthus**
Psittacanthus【3】 Mart. 鹦花寄生属 → **Aetanthus; Elytranthe;Phrygilanthus** Loranthaceae 桑寄生科 [MD-415] 全球 (1) 大洲分布及种数(136-169)◆南美洲
Psittacoglossum La Llave & Lex. = **Camaridium**
Psittacoschoenus Nees = **Gahnia**
Psix Phil. = **Psila**
Psolanum Neck. = **Solanum**
Psolidium Rydb. = **Psoralidium**
Psomiocarpa【2】 Webb & Berth. ex C.Presl 芹叶蕨属 ≒ **Polybotrya** Dryopteridaceae 鳞毛蕨科 [F-49] 全球 (2) 大洲分布及种数(cf.) 亚洲;北美洲
Psophia Raf. = **Aristolochia**
Psophiza Raf. = **Aristolochia**
Psophocarpus【2】 Neck. ex DC. 四棱豆属 ← **Mucuna** Fabaceae 豆科 [MD-240] 全球 (5) 大洲分布及种数(10)非洲:9;亚洲:2;大洋洲:1;北美洲:3;南美洲:2
Psophooarpus Neck. = **Psophocarpus**
Psora Hill = **Centaurea**
Psorac Hill = **Centaurea**
Psoralea (Rydb.) Ockendon = **Psoralea**
Psoralea【3】 L. 松豆属 → **Amphithalea;Crotalaria; Pediomelum** Fabaceae3 蝶形花科 [MD-240] 全球 (6) 大洲分布及种数(22-80;hort.1;cult: 2)非洲:6-49;亚洲:10-53;大洋洲:3-46;欧洲:1-44;北美洲:8-51;南美洲:1-44
Psoraleeae Benth. = **Psoralea**
Psoralidium【3】 Rydb. 张萼麦根豆属 ← **Psoralea; Pediomelum** Fabaceae 豆科 [MD-240] 全球 (1) 大洲分布及种数(4-10)◆北美洲
Psoralis Weeks = **Psoralea**
Psorobatus Rydb. = **Errazurizia**
Psorodendron Rydb. = **Microdon**
Psoromidium Rydb. = **Psoralidium**
Psorophorus (Zahlbr.) Elvebakk & Hong = **Podophorus**
Psorophytum Spach = **Hypericum**
Psorospermum Spach = **Harungana**
Psorothamnus (S.Watson) Barneby = **Psorothamnus**
Psorothamnus【3】 Rydb. 戴尔豆属 ← **Dalea;Parosela** Fabaceae 豆科 [MD-240] 全球 (1) 大洲分布及种数(10-12)◆北美洲
Psorya Schaus = **Parrya**
Psuedopterobryum【3】 Broth. ex Wijk,Margad. & Florsch. 滇蕨藓属 Pterobryaceae 蕨藓科 [B-201] 全球 (1) 大洲分布及种数(1)◆东亚(◆中国)
Psybrassocattleya【-】 J.M.H.Shaw 兰科属 Orchidaceae 兰科 [MM-723] 全球 (uc) 大洲分布及种数(uc)
Psycattleytonia【-】 J.M.H.Shaw 兰科属 Orchidaceae 兰科 [MM-723] 全球 (uc) 大洲分布及种数(uc)
Psychanthe J.M.H.Shaw = **Renealmia**
Psychanthus【3】 Raf. 远志属 ≒ **Alpinia** Polygalaceae 远志科 [MD-291] 全球 (1) 大洲分布及种数(uc)◆大洋洲
Psychassia【-】 J.M.H.Shaw 兰科属 Orchidaceae 兰科 [MM-723] 全球 (uc) 大洲分布及种数(uc)
Psychavola【-】 J.M.H.Shaw 兰科属 Orchidaceae 兰科 [MM-723] 全球 (uc) 大洲分布及种数(uc)
Psychechilos Breda = **Zeuxinella**
Psychechilus Schaür = **Zeuxine**
Psychia J.M.H.Shaw = **Psychine**
Psychidae Desf. = **Psychine**
Psychilea J.M.H.Shaw = **Psychilis**
Psychilis【3】 Raf. 孔雀兰属 ← **Encyclia;Epidendrum; Limodorum** Orchidaceae 兰科 [MM-723] 全球 (1) 大洲分布及种数(12-20)◆北美洲
Psychine【3】 Desf. 蝶荠属 ← **Thlaspi** Brassicaceae 十字花科 [MD-213] 全球 (1) 大洲分布及种数(1)◆非洲
Psychocentrum J.M.H.Shaw = **Aeschynomene**
Psychocidium【-】 J.M.H.Shaw 兰科属 Orchidaceae 兰科 [MM-723] 全球 (uc) 大洲分布及种数(uc)
Psychoglossum【-】 J.M.H.Shaw 兰科属 Orchidaceae 兰科 [MM-723] 全球 (uc) 大洲分布及种数(uc)
Psychomyia L. = **Psychotria**
Psychopilia【-】 J.M.H.Shaw 兰科属 Orchidaceae 兰科 [MM-723] 全球 (uc) 大洲分布及种数(uc)
Psychopsiella【3】 E.Lükel & G.J.Braem 文心兰属 ← **Oncidium;Psychopsis** Orchidaceae 兰科 [MM-723] 全球 (1) 大洲分布及种数(cf.1)◆南美洲
Psychopsis Nutt. ex Greene = **Psychopsis**
Psychopsis【3】 Raf. 拟蝶唇兰属 ≒ **Aegiphila** Orchidaceae 兰科 [MM-723] 全球 (6) 大洲分布及种数(6)非洲:10;亚洲:10;大洋洲:10;欧洲:10;北美洲:2-12;南美洲:5-15
Psychopsychopsis【-】 J.M.H.Shaw 兰科属 Orchidaceae 兰科 [MM-723] 全球 (uc) 大洲分布及种数(uc)
Psychopterys【3】 W.R.Anderson & S.Corso 藤翅果属 ≒ **Hiraea** Malpighiaceae 金虎尾科 [MD-343] 全球 (1) 大洲分布及种数(3-8)◆北美洲
Psychosperma Dum. = **Ptychosperma**
Psychothria L. = **Psychotria**
Psychotria (A.Gray) Benth. & Hook. = **Psychotria**
Psychotria【3】 L. 九节属 → **Webera;Geophila;Pavetta** Rubiaceae 茜草科 [MD-523] 全球 (6) 大洲分布及种数(1394-2188;hort.1;cult: 17)非洲:459-688;亚洲:251-544;大洋洲:176-494;欧洲:18-67;北美洲:292-442;南美洲:673-818
Psychotriaceae F.Rudolphi = Naucleaceae
Psychotrieae Cham. & Schltdl. = **Psychotria**
Psychotriinae【-】 (Cham. & Schltdl.) Meisn. 茜草科属 Rubiaceae 茜草科 [MD-523] 全球 (uc) 大洲分布及种数(uc)
Psychotrion St.Lag. = **Psychotria**
Psychotrophum P.Br. = **Psychotria**
Psychottia L. = **Psychotria**
Psychrobatia Greene = **Rubus**
Psychrogeton【3】 Boiss. 寒蓬属 → **Aster** Asteraceae 菊科 [MD-586] 全球 (1) 大洲分布及种数(cf. 1)◆亚洲
Psychrophila【-】 (DC.) Bercht. & J.Presl 毛茛科属 ≒ **Caltha** Ranunculaceae 毛茛科 [MD-38] 全球 (uc) 大洲分布及种数(uc)

Psychrophyton【3】Beauverd 巴布亚菊属 ← **Raoulia** Asteraceae 菊科 [MD-586] 全球 (1) 大洲分布及种数(9)◆大洋洲
Psycrophila Raf. = **Calendula**
Psydaranta Neck. = **Calathea**
Psydarantha Steud. = **Goeppertia**
Psydax Steud. = **Psydrax**
Psydrax【3】Gaertn. 鱼骨木属 ← **Canthium;Myonima** Rubiaceae 茜草科 [MD-523] 全球 (6) 大洲分布及种数(97-122;hort.1;cult: 4)非洲:65-73;亚洲:26-29;大洋洲:25-28;欧洲:1-4;北美洲:4-7;南美洲:3
Psydus Mill. = **Padus**
Psygmium C.Presl = **Aglaomorpha**
Psygmorchis【3】Dodson & Dressler 埃利兰属 ← **Erycina** Orchidaceae 兰科 [MM-723] 全球 (1) 大洲分布及种数(cf.1)◆北美洲(◆墨西哥)
Psylaeliocattleya【-】J.M.H.Shaw 兰科属 Orchidaceae 兰科 [MM-723] 全球 (uc) 大洲分布及种数(uc)
Psyleyopsis【-】J.M.H.Shaw 兰科属 Orchidaceae 兰科 [MM-723] 全球 (uc) 大洲分布及种数(uc)
Psylliaceae Horan. = Menyanthaceae
Psylliostachys【3】(Jaub. & Spach) Nevski 秀穗花属 ≒ **Limonium;Statice** Plumbaginaceae 白花丹科 [MD-227] 全球 (1) 大洲分布及种数(14-15)◆亚洲
Psyllium Mill. = **Plantago**
Psyllobora Ehrh. = **Abildgaardia**
Psyllocarpus【3】Mart. 蚤茜属 ≒ **Declieuxia;Staelia** Rubiaceae 茜草科 [MD-523] 全球 (1) 大洲分布及种数(10)◆南美洲
Psyllophora Ehrh. = **Carex**
Psyllopsis Cullen & R.Lancaster = **Kalmiopsis**
Psyllothamnus D.Oliver = **Sphaerocoma**
Psylotrichopsis Besch. = **Pilotrichopsis**
Psymiltonia【-】J.M.H.Shaw 兰科属 Orchidaceae 兰科 [MM-723] 全球 (uc) 大洲分布及种数(uc)
Psyonitis J.M.H.Shaw = **Apium**
Psysophrocattleya【-】J.M.H.Shaw 兰科属 Orchidaceae 兰科 [MM-723] 全球 (uc) 大洲分布及种数(uc)
Psythechea【-】J.M.H.Shaw 兰科属 Orchidaceae 兰科 [MM-723] 全球 (uc) 大洲分布及种数(uc)
Psythirhisma Herb. ex Lindl. = **Symphyostemon**
Psytonia【2】J.M.H.Shaw 延龄菜属 ← **Grammatophyllum** Orchidaceae 兰科 [MM-723] 全球 (2) 大洲分布及种数(cf.1) 北美洲;南美洲
Ptacoseia Ehrh. = **Carex**
Ptaeroxylaceae【3】J.F.Leroy 喷嚏树科 [MD-406] 全球 (1) 大洲分布和属种数(2;hort. & cult.1)(9-11;hort. & cult.1)◆非洲
Ptaeroxylon【3】Eckl. & Zeyh. 喷嚏树属 ← **Rhus** Rutaceae 芸香科 [MD-399] 全球 (1) 大洲分布及种数(1)◆非洲
Ptanmica Mill. = **Achillea**
Ptarmica Mill. = **Achillea**
Pte Lindl. = **Habenaria**
Ptechosperma Labill. = **Archontophoenix**
Ptelaea Mönch = **Ptelea**
Ptelea【3】L. 榆橘属 → **Helietta;Pelea** Rutaceae 芸香科 [MD-399] 全球 (1) 大洲分布及种数(8-73)◆北美洲
Pteleaceae Kunth = Petreaceae
Pteleocarpa【3】Oliv. 鼠莉木属 Gelsemiaceae 钩吻科 [MD-491] 全球 (1) 大洲分布及种数(1)◆亚洲
Pteleocarpus Jacq. = **Pterocarpus**
Pteleodendron K.Schum. = **Phellodendron**
Pteleopsis【3】Engl. 榄榆属 ← **Combretum** Combretaceae 使君子科 [MD-354] 全球 (1) 大洲分布及种数(10-16)◆非洲
Ptelidium【3】Thou. 榆雷木属 → **Seringia** Celastraceae 卫矛科 [MD-339] 全球 (1) 大洲分布及种数(2)◆非洲(◆马达加斯加)
Ptemchrosia Baill. = **Cerbera**
Ptenochirus Hook. & Arn. = **Crepidium**
Ptenos L. = **Prinos**
Pter L. = **Pteris**
Pteracanthus (Nees) Bremek. = **Strobilanthes**
Pteracarus Jacq. = **Pterocarpus**
Pterachaenia【3】(Benth.) Lipsch. 鸦葱属 ≒ **Scorzonera** Asteraceae 菊科 [MD-586] 全球 (1) 大洲分布及种数(2)◆亚洲
Pterachenia (Benth.) Lipsch. = **Pterachaenia**
Pterachne Schröd. ex Nees = **Ascolepis**
Pteraclis Jordan & Snyder = **Pterichis**
Pteralyxia【3】K.Schum. 黄瑰树属 ← **Alyxia;Cerbera; Vallesia** Apocynaceae 夹竹桃科 [MD-492] 全球 (1) 大洲分布及种数(3-4)◆北美洲(◆美国)
Pterandra【3】A.Juss. 翼雄花属 → **Acmanthera** Malpighiaceae 金虎尾科 [MD-343] 全球 (1) 大洲分布及种数(15-17)◆南美洲
Pteranthera Bl. = **Vatica**
Pteranthus【3】Forssk. 翅甲草属 ← **Camphorosma; Platostoma** Caryophyllaceae 石竹科 [MD-77] 全球 (1) 大洲分布及种数(1)◆北美洲
Pteraton Raf. = **Ocotea**
Ptercyclus Klotzsch = **Pleurospermum**
Pteretis【3】Raf. 球甲蕨属 ≒ **Onoclea** Woodsiaceae 岩蕨科 [F-47] 全球 (1) 大洲分布及种数(uc)◆非洲
Pterichis【3】Lindl. 翼兰属 ≒ **Macraea;Brachystele** Orchidaceae 兰科 [MM-723] 全球 (1) 大洲分布及种数(31-36)◆南美洲
Pteridaceae【3】E.D.M.Kirchn. 凤尾蕨科 [F-31] 全球 (6) 大洲分布和属种数(35-39;hort. & cult.14)(1121-2059;hort. & cult.91-133)非洲:15-28/187-343;亚洲:22-31/670-967;大洋洲:15-28/132-270;欧洲:6-26/57-178;北美洲:25-33/304-440;南美洲:21-30/421-571
Pteridanetium Copel. = **Anetium**
Pterideae J.Sm. = (接受名不详) Poaceae
Pteridella【-】Mett. ex Kuhn 凤尾蕨科属 ≒ **Pellaea** Pteridaceae 凤尾蕨科 [F-31] 全球 (uc) 大洲分布及种数(uc)
Pteridiaceae【3】Ching 蕨科 [F-30] 全球 (6) 大洲分布和属种数(1;hort. & cult.1)(20-30;hort. & cult.3)非洲:1/6-10;亚洲:1/14-19;大洋洲:1/6-10;欧洲:1/7-11;北美洲:1/11-15;南美洲:1/6-10
Pteridium【3】Gled. ex G.A.Scop. 蕨属 ≒ **Pteris; Pleuridium** Pteridiaceae 蕨科 [F-30] 全球 (6) 大洲分布及种数(21-22;hort.1;cult: 3)非洲:6-10;亚洲:14-19;大洋洲:6-10;欧洲:7-11;北美洲:11-15;南美洲:6-10

Pteridoblechnum【3】Hennipman 乌毛蕨属 ≒ **Steenisioblechnum** Blechnaceae 乌毛蕨科 [F-46] 全球 (1) 大洲分布及种数(uc)◆大洋洲
Pteridocalyx【3】Wernham 羽茜属 ← **Arcytophyllum** Rubiaceae 茜草科 [MD-523] 全球 (1) 大洲分布及种数(2)◆南美洲(◆圭亚那)
Pteridoideae【-】Link 凤尾蕨科属 Pteridaceae 凤尾蕨科 [F-31] 全球 (uc) 大洲分布及种数(uc)
Pteridophyllaceae【2】Nakai ex Reveal & Hoogland 蕨罂粟科 [MD-53] 全球 (uc) 大洲分布和属种数(1/1;hort.1)
Pteridophyllum Sieb. & Zucc. = **Filicium**
Pteridryaceae Li Bing Zhang,X.M.Zhou,Liang Zhang & N.T.Lu = Pteridaceae
Pteridrys【3】C.Chr. & Ching 牙蕨属 ← **Dryopteris** Dryopteridaceae 鳞毛蕨科 [F-49] 全球 (1) 大洲分布及种数(8-10)◆亚洲
Pterigeron【3】(DC.) Benth. 小蓬草属 ≒ **Pluchea** Asteraceae 菊科 [MD-586] 全球 (1) 大洲分布及种数(1)◆大洋洲
Pteriglyphis Fée = **Diplazium**
Pterigodium Nees ex Trin. = **Panicum**
Pterigostachyum Nees ex Steud. = **Dimeria**
Pterigota generic = **Pterygota**
Pterigynandraceae【2】Schimp. 腋苞藓科 [B-175] 全球 (5) 大洲分布及属种数(3/12)非洲:1/1;亚洲:2/4; 欧洲:2/3; 北美洲:2/6; 南美洲:1/2
Pterigynandrum (Sw.) Lam. & DC. = **Pterigynandrum**
Pterigynandrum【2】Hedw. 腋苞藓属 ≒ **Leptodon; Phyllogonium** Pterigynandraceae 腋苞藓科 [B-175] 全球 (5) 大洲分布及种数(10) 非洲:1;亚洲:3;欧洲:2;北美洲:5;南美洲:2
Pterilema Reinw. = **Engelhardtia**
Pterilis Raf. = **Pteris**
Pterinea Reinw. = **Alfaroa**
Pterinodes P. & K. = **Onoclea**
Pteriphis Raf. = **Aristolochia**
Pteris【3】L. 凤羽蕨属 ≒ **Schizostege;Picris** Pteridaceae 凤尾蕨科 [F-31] 全球 (6) 大洲分布及种数(399-560;hort.1;cult: 18)非洲:86-134;亚洲:368-467;大洋洲:60-94;欧洲:34-64;北美洲:76-111;南美洲:110-144
Pterisanthaceae J.Agardh = Vitaceae
Pterisanthes【3】Bl. 翼序藤属 ← **Cissus;Pleurisanthes** Vitaceae 葡萄科 [MD-403] 全球 (1) 大洲分布及种数(2-22)◆亚洲
Pterium Desv. = **Lamarckia**
Pternandra【3】Jack 翼药花属 ≒ **Periandra** Melastomataceae 野牡丹科 [MD-364] 全球 (1) 大洲分布及种数(4-11)◆亚洲
Pternix Hill = **Silybum**
Pternocyclus Klotzsch = **Pleurospermum**
Pternonia L. = **Pteronia**
Pternopetalum Denterioideae H.Wolff = **Pternopetalum**
Pternopetalum【3】Franch. 囊瓣芹属 ← **Carum; Pimpinella** Apiaceae 伞形科 [MD-480] 全球 (1) 大洲分布及种数(34-37)◆亚洲
Pterobesleria【3】C.V.Morton 浆果岩桐属 ← **Besleria** Gesneriaceae 苦苣苔科 [MD-549] 全球 (1) 大洲分布及种数(uc)◆亚洲
Pterobryaceae【3】Kindb. 蕨藓科 [B-201] 全球 (5) 大洲分布和属种数(39/309)亚洲:25/149;大洋洲:20/90;欧洲:9/15;北美洲:13/44;南美洲:14/50
Pterobryella【2】(Müll.Hal.) A.Jaeger 玉柏藓属 ≒ **Cyrtopodendron** Pterobryellaceae 玉柏藓科 [B-157] 全球 (2) 大洲分布及种数(6) 亚洲:2;大洋洲:5
Pterobryellaceae【2】(Broth.) W.R.Buck & Vitt 玉柏藓科 [B-157] 全球 (2) 大洲分布和属种数(2/8)亚洲:1/2;大洋洲:2/7
Pterobryidium【3】Broth. & Watts 澳蕨藓属 Pterobryaceae 蕨藓科 [B-201] 全球 (1) 大洲分布及种数(1)◆大洋洲
Pterobryon (Brid.) Mitt. = **Pterobryon**
Pterobryon【2】Hornsch. 蕨藓属 ≒ **Pilotrichum; Penzigiella** Pterobryaceae 蕨藓科 [B-201] 全球 (5) 大洲分布及种数(17)非洲:2;亚洲:4;大洋洲:5;北美洲:4;南美洲:5
Pterobryopsis (Broth.) Dixon = **Pterobryopsis**
Pterobryopsis【2】M.Fleisch. 拟蕨藓属 ≒ **Aerobryopsis; Squamidium** Pterobryaceae 蕨藓科 [B-201] 全球 (4) 大洲分布及种数(42) 非洲:6;亚洲:32;北美洲:3;南美洲:4
Pterobryum Hornsch. = **Pterobryon**
Pterocactus【3】K.Schum. 翅子掌属 ← **Opuntia; Pterocereus** Cactaceae 仙人掌科 [MD-100] 全球 (1) 大洲分布及种数(9-16)◆南美洲
Pterocaesio Britton & Rose = **Cassia**
Pterocalymma Turcz. = **Lagerstroemia**
Pterocalymna Benth. & Hook.f. = **Leptospermum**
Pterocalyx Schrenk = **Alexa**
Pterocanium Sw. = **Pterogonium**
Pterocapus Jacq. = **Pterocarpus**
Pterocarpos St.Lag. = **Pterocarpus**
Pterocarpus DC. = **Pterocarpus**
Pterocarpus【3】Jacq. 紫檀属 ≒ **Drepanocarpus; Paramachaerium** Fabaceae3 蝶形花科 [MD-240] 全球 (1) 大洲分布及种数(33-43)◆亚洲
Pterocarya (Iljinsk.) W.E.Manning = **Pterocarya**
Pterocarya【3】Kunth 枫杨属 ≒ **Atriplex;Cyclocarya** Juglandaceae 胡桃科 [MD-136] 全球 (6) 大洲分布及种数(12-13;hort.1)非洲:4;亚洲:11-17;大洋洲:4;欧洲:3-8;北美洲:5-10;南美洲:2-6
Pterocassia Britton & Rose = **Cassia**
Pterocaulon【3】Ell. 翼茎草属 ≒ **Gnaphalium** Asteraceae 菊科 [MD-586] 全球 (6) 大洲分布及种数(30-36;hort.1;cult:1)非洲:3-4;亚洲:8-9;大洋洲:16-19;欧洲:1;北美洲:4-5;南美洲:16-17
Pterocelastrus (Lam.) Meisn. = **Pterocelastrus**
Pterocelastrus【3】Meisn. 炬樱木属 ← **Cassine; Celastrus;Elaeodendron** Celastraceae 卫矛科 [MD-339] 全球 (1) 大洲分布及种数(6)◆非洲
Pteroceltis【3】Maxim. 青檀属 ← **Ulmus** Cannabaceae 大麻科 [MD-89] 全球 (1) 大洲分布及种数(cf. 1)◆亚洲
Pterocephalidium【3】G.López 蓝盆花属 Caprifoliaceae 忍冬科 [MD-510] 全球 (1) 大洲分布及种数(1)◆欧洲
Pterocephalodes【3】V.Mayer & Ehrend. 翅忍冬属 ≒ **Pterocephalus** Caprifoliaceae 忍冬科 [MD-510] 全球 (1) 大洲分布及种数(cf.2) ◆亚洲
Pterocephalus【3】Vaill. ex Adans. 蓬首花属 ←

Scabiosa Caprifoliaceae 忍冬科 [MD-510] 全球 (6) 大洲分布及种数(23-41;hort.1;cult: 2)非洲:5-10;亚洲:19-34;大洋洲:3;欧洲:3-7;北美洲:3;南美洲:3
Pterocera Hasselt ex Hassk. = **Pteroceras**
Pteroceras 【3】 Hasselt ex Hassk. 长足兰属 ← **Aerides;Pterocarya;Biermannia** Orchidaceae 兰科 [MM-723] 全球 (6) 大洲分布及种数(29-35)非洲:2-4;亚洲:26-30;大洋洲:21-23;欧洲:2;北美洲:1-3;南美洲:2
Pterocereus 【3】 Th.MacDougall & Miranda 云阁柱属 ≒ **Pachycereus** Cactaceae 仙人掌科 [MD-100] 全球 (1) 大洲分布及种数(1)◆北美洲
P
Pterochaeta 【3】 Steetz 尖柱鼠麴草属 ≒ **Waitzia** Asteraceae 菊科 [MD-586] 全球 (1) 大洲分布及种数(1)◆大洋洲
Pterochaete Boiss. = **Rhynchospora**
Pterocheilus Hook. & Arn. = **Crepidium**
Pterochelus Hook. & Arn. = **Crepidium**
Pterochilus Hook. & Arn. = **Crepidium**
Pterochiton Torr. = **Atriplex**
Pterochlaena Chiov. = **Alloteropsis**
Pterochlamys Fisch. ex Endl. = **Panderia**
Pterochlamys Roberty = **Hildebrandtia**
Pterochloris (A.Camus) A.Camus = **Chloris**
Pterochrosia Baill. = **Cerberiopsis**
Pterochroza Baill. = **Cerberiopsis**
Pterocissus Urb. & Ekman = **Cissus**
Pterocla Raf. = **Cleome**
Pterocladis Lamb ex G.Don = **Baccharis**
Pterocladon 【3】 Hook.f. 绢木属 ≒ **Miconia** Melastomataceae 野牡丹科 [MD-364] 全球 (1) 大洲分布及种数(uc)◆亚洲
Pterocladum Hook.f. = **Miconia**
Pterocles Salisb. = **Narcissus**
Pterocne Schröd. ex Nees = **Pterogyne**
Pteroco Vogel = **Pterodon**
Pterococcus Hassk. = **Plukenetia**
Pterococcus Pall. = **Calligonum**
Pterocoelion Turcz. = **Berrya**
Pterocoellion Turcz. = **Berrya**
Pterocolus Hook. & Arn. = **Crepidium**
Pterocoma Rupr. = **Silene**
Pterocorys (Nigrini) Nigrini & Moore = **Pterocarya**
Pterocuma Hochst. & Steud. = **Tadehagi**
Pterocyclon Klotzsch = **Pleurospermum**
Pterocyclos Klotzsch = **Pleurospermum**
Pterocyclus Klotzsch = **Pleurospermum**
Pterocymbium 【2】 R.Br. 翅梧桐属 ≒ **Sterculia** Malvaceae 锦葵科 [MD-203] 全球 (3) 大洲分布及种数(3-13)非洲:2;亚洲:2-7;大洋洲:2
Pterocyperus (Peterm.) Opiz = **Cyperus**
Pterocypsela 【3】 C.Shih 翅果菊属 ← **Chondrilla; Prenanthes;Sonchus** Asteraceae 菊科 [MD-586] 全球 (6) 大洲分布及种数(3-4)非洲:1-7;亚洲:2-10;大洋洲:6;欧洲:2-8;北美洲:1-7;南美洲:6
Pterocypsella C.Shih = **Pterocypsela**
Pterode (L.) Börner = **Luzula**
Pterodendron Planch. = **Picrodendron**
Pteroderes Germain = **Pterocereus**
Pterodes (Griseb.) Börner = **Luzula**
Pterodex (Griseb.) Börner = **Luzula**
Pterodiscus 【3】 Hook. 佛肚麻属 ≒ **Pedaliodiscus;Peridiscus** Pedaliaceae 芝麻科 [MD-539] 全球 (1) 大洲分布及种数(6-18)◆非洲
Pterodo Vogel = **Pterodon**
Pterodon 【3】 Vogel 翼齿豆属 ← **Acosmium;Sweetia** Fabaceae 豆科 [MD-240] 全球 (1) 大洲分布及种数(4)◆南美洲
Pterodonta Vogel = **Pterodon**
Pterodroma Hochst. & Steud. = **Tadehagi**
Pteroearya Kunth = **Pterocarya**
Pteroeides (L.) Börner = **Luzula**
Pterogaillonia 【3】 Lincz. 卷毛茜属 ≒ **Plocama** Rubiaceae 茜草科 [MD-523] 全球 (1) 大洲分布及种数(cf. 1)◆亚洲
Pterogaster Naudin = **Pterogastra**
Pterogastra 【3】 Naudin 翅果野牡丹属 ← **Rhexia; Schwackaea** Melastomataceae 野牡丹科 [MD-364] 全球 (1) 大洲分布及种数(3)◆南美洲
Pteroglanis Lamb. ex G.Don = **Baccharis**
Pteroglossa 【3】 Schltr. 蓬兰属 ← **Stenorrhynchos;Lyroglossa** Orchidaceae 兰科 [MM-723] 全球 (1) 大洲分布及种数(14)◆南美洲
Pteroglossaspis 【2】 Rchb.f. 翼舌兰属 ← **Eulophia** Orchidaceae 兰科 [MM-723] 全球 (4) 大洲分布及种数(4-6)非洲:2-3;欧洲:1;北美洲:1;南美洲:1
Pteroglossis Miers = **Salpiglossis**
Pteroglossus Miers = **Salpiglossis**
Pterogobius Sw. = **Pterogonium**
Pterogodium Harv. = **Jacaranda**
Pterogon Vogel = **Pterodon**
Pterogoniaceae Schimp. = Leucodontaceae
Pterogoniadelphus 【2】 M.Fleisch. 拟白齿藓属 Leucodontaceae 白齿藓科 [B-198] 全球 (4) 大洲分布及种数(2) 非洲:1;亚洲:1;北美洲:1;南美洲:1
Pterogonidium 【2】 Müll.Hal. 翼锦藓属 ≒ **Potamium** Pylaisiadelphaceae 毛锦藓科 [B-191] 全球 (3) 大洲分布及种数(3) 欧洲:1;北美洲:3;南美洲:1
Pterogoniella A.Jaeger = **Meiothecium**
Pterogoniopsis 【3】 Müll.Hal. 阿根廷锦藓属 Sematophyllaceae 锦藓科 [B-192] 全球 (1) 大洲分布及种数(2)◆南美洲
Pterogonium (Bruch & Schimp.) Mitt. = **Pterogonium**
Pterogonium 【3】 Sw. 白齿藓科属 ≒ **Neckera; Phyllogonium** Leucodontaceae 白齿藓科 [B-198] 全球 (6) 大洲分布及种数(18) 非洲:2;亚洲:7;大洋洲:1;欧洲:1;北美洲:10;南美洲:3
Pterogonum H.Gross = **Eriogonum**
Pterogyne 【3】 Schröd. ex Nees 蝉翼豆属 ≒ **Ascolepis** Fabaceae 豆科 [MD-240] 全球 (1) 大洲分布及种数(1)◆南美洲
Pterogyne Tul. = **Pterogyne**
Pteroides (L.) Börner = **Luzula**
Pterois L. = **Pteris**
Pterolasia Britton & Rose = **Cassia**
Pteroleb (L.) Börner = **Luzula**
Pterolepis 【3】 (DC.) Miq. 假鹿丹属 ≒ **Heteronoma; Pilocosta** Melastomataceae 野牡丹科 [MD-364] 全球 (6) 大洲分布及种数(29)非洲:1;亚洲:3-4;大洋洲:1;欧洲:1;

北美洲:4-5;南美洲:23-28
Pterolexia Glic. = **Pteralyxia**
Pterolobium Andrz. ex C.A.Mey. = **Pterolobium**
Pterolobium【3】R.Br. ex Wight & Arn. 老虎刺属 ≒ **Pterocymbium;Pachyphragma** Fabaceae1 含羞草科 [MD-238] 全球 (6) 大洲分布及种数(12-17)非洲:3-10;亚洲:11-19;大洋洲:3-8;欧洲:4;北美洲:4;南美洲:4
Pterolophia Cass. = **Centaurea**
Pterolophus Cass. = **Centaurea**
Pteromalus Pic.Serm. = **Pteromanes**
Pteromanes【3】Pic.Serm. 南美刺膜蕨属 Hymenophyllaceae 膜蕨科 [F-21] 全球 (1) 大洲分布及种数(uc)属分布和种数(uc)◆南美洲
Pteromimosa Britton = **Abarema**
Pteromischus Pichon = **Crescentia**
Pteromonas Pic.Serm. = **Pteromanes**
Pteromonnina【3】B.Eriksen 翼远志属 ≒ **Monnina** Polygalaceae 远志科 [MD-291] 全球 (1) 大洲分布及种数(13)◆南美洲
Pteromus (L.) Börner = **Luzula**
Pteromys (L.) Börner = **Luzula**
Pteronema Pierre = **Spondias**
Pteroneta Pierre = **Spondias**
Pteroneuron Fée = **Humata**
Pteroneurum DC. = **Cardamine**
Pteronevron Fée = **Humata**
Pteronia【3】L. 橙菀属 → **Adenophyllum; Eupatorium;Asaemia** Asteraceae 菊科 [MD-586] 全球 (6) 大洲分布及种数(74-86)非洲:73-76;亚洲:1;大洋洲:1-2;欧洲:8-9;北美洲:1;南美洲:1
Pteronus (L.) Börner = **Luzula**
Pteronymia Pierre = **Spondias**
Pteroon【3】Lür 细瓣兰属 ← **Diodonopsis** Orchidaceae 兰科 [MM-723] 全球 (1) 大洲分布及种数(1)◆非洲
Pteropavonia Mattei = **Pavonia**
Pteropelor Cogn. = **Pteropepon**
Pteropentacoilanthus【-】Rappa & Camarrone 番杏科属 Aizoaceae 番杏科 [MD-94] 全球 (uc) 大洲分布及种数(uc)
Pteropepon (Cogn.) Cogn. = **Pteropepon**
Pteropepon【3】Cogn. 翼瓠果属 ← **Fevillea** Cucurbitaceae 葫芦科 [MD-205] 全球 (1) 大洲分布及种数(6-7)◆南美洲
Pteropetalum Pax = **Euadenia**
Pterophacos Rydb. = **Astragalus**
Pterophora Harv. = **Pteronia**
Pterophorus Böhm. = **Pteronia**
Pterophylla D.Don = **Weinmannia**
Pterophyllus J.G.Nelson = **Ginkgo**
Pteropiella Spruce ex Steph. = **Pteropsiella**
Pteroplodium J.M.H.Shaw = **Jacaranda**
Pteropodium A.DC. ex Meisn. = **Jacaranda**
Pteropodium Willd. ex Steud. = **Deyeuxia**
Pteropogon DC. = **Scabiosa**
Pteropogon Fenzl = **Facelis**
Pteropora Nutt. = **Pterospora**
Pterops Lam. = **Drymoglossum**
Pteropsiella【3】Spruce ex Steph. 巴西指叶苔属 Lepidoziaceae 指叶苔科 [B-63] 全球 (1) 大洲分布及种数(1)◆南美洲(◆巴西)
Pteropsis【-】Desv. 水龙骨科属 ≒ **Drymoglossum; Neurodium** Polypodiaceae 水龙骨科 [F-60] 全球 (uc) 大洲分布及种数(uc)
Pteroptrix DC. = **Amphiglossa**
Pteroptychia Bremek. = **Strobilanthes**
Pteropus W.Griff. = **Pleuropus**
Pteropyrum【3】Jaub. & Spach 霸王蓼属 Polygonaceae 蓼科 [MD-120] 全球 (1) 大洲分布及种数(cf. 1)◆亚洲
Pterorhachis【3】Harms 鸟笼果属 Meliaceae 楝科 [MD-414] 全球 (1) 大洲分布及种数(2) ◆非洲
Pterorhynchos【2】J.M.H.Shaw 兰科属 Orchidaceae 兰科 [MM-723] 全球 (1) 大洲分布及种数(uc)◆北美洲
Pteroriccia R.M.Schust. = **Riccia**
Pteroropia Fourr. = **Thlaspi**
Pterosavia Becc. = **Petrosavia**
Pteroscleria Nees = **Diplacrum**
Pteroselinum (Rich.) Rich. = **Peucedanum**
Pterosenecio Sch.Bip. ex Baker = **Senecio**
Pterosicyos Brandegee = **Sechiopsis**
Pterosipho Turcz. = **Cedrela**
Pterosiphon Turcz. = **Cedrela**
Pterosiphonia Turcz. = **Cedrela**
Pterosoma Hochst. & Steud. = **Tadehagi**
Pterospartum (Spach) K.Koch = **Chamaespartium**
Pterospartum Willk. = **Genista**
Pterospermadendron P. & K. = **Pterospermum**
Pterospermum【3】Schreb. 翅子树属 ← **Brownlowia; Oldenlandia** Malvaceae 锦葵科 [MD-203] 全球 (1) 大洲分布及种数(52-57)◆亚洲
Pterospora【3】Nutt. 松滴兰属 Ericaceae 杜鹃花科 [MD-380] 全球 (1) 大洲分布及种数(1-34)◆北美洲
Pterostachys Brongn. = **Pleurostachys**
Pterostegia【3】Fisch. & C.A.Mey. 荠蓼属 → **Harfordia** Polygonaceae 蓼科 [MD-120] 全球 (1) 大洲分布及种数(3)◆北美洲
Pterostelma Wight = **Hoya**
Pterostemma【3】Kraenzl. 翅冠兰属 → **Cypholoron** Orchidaceae 兰科 [MM-723] 全球 (1) 大洲分布及种数(5)◆南美洲
Pterostemon【3】S.Schaür 岩溲疏属 Iteaceae 鼠刺科 [MD-211] 全球 (1) 大洲分布及种数(1-3)◆北美洲(◆墨西哥)
Pterostemonaceae【3】Small 齿蕊科 [MD-253] 全球 (1) 大洲分布和属种数(1/1-3)◆北美洲
Pterostephanus Kellogg = **Anisocoma**
Pterostephus C.Presl = **Spermacoce**
Pterostichus C.Presl = **Spermacoce**
Pterostigma Benth. = **Adenosma**
Pterostoma Kraenzl. = **Pterostemma**
Pterostylis【3】R.Br. 翅柱兰属 ← **Arethusa;Serapias; Oligochaetochilus** Orchidaceae 兰科 [MM-723] 全球 (6) 大洲分布及种数(195-292;hort.1;cult: 4)非洲:4-8;亚洲:14-17;大洋洲:194-222;欧洲:3;北美洲:3;南美洲:3
Pterostyrax【3】Sieb. & Zucc. 白辛树属 ← **Halesia;Sinojackia;Styrax** Styracaceae 安息香科 [MD-327] 全球 (1) 大洲分布及种数(5-7)◆亚洲
Pterota P.Br. = **Zanthoxylum**
Pterotaberna Stapf = **Tabernaemontana**

Pterotaenia Malloch = **Pleiotaenia**
Pterotetracoilanthus【-】Rappa & Camarrone 番杏科属 Aizoaceae 番杏科 [MD-94] 全球 (uc) 大洲分布及种数(uc)
Pterothamnus【3】V.Mayer & Ehrend. 白忍冬属 Caprifoliaceae 忍冬科 [MD-510] 全球 (1) 大洲分布及种数(1)◆非洲
Pterotheca【2】Cass. 刺子莞属 ≒ **Philotheca** Asteraceae 菊科 [MD-586] 全球 (2) 大洲分布及种数(3) 亚洲:3;北美洲:3
Pterothrix DC. = **Amphiglossa**
Pterotropia (H.Mann) Hillebr. = **Tetraplasandra**
Pterotropis Fourr. = **Thlaspi**
Pterotrpis Schröd. = **Pterolepis**
Pterotrum Lour. = **Dalbergia**
Pterotum Lour. = **Dalbergia**
Pteroxygonum【3】Dammer & Diels 翼蓼属 ← **Fagopyrum** Polygonaceae 蓼科 [MD-120] 全球 (1) 大洲分布及种数(cf. 1)◆东亚(◆中国)
Pteroxylaceae J.F.Leroy = Ptaeroxylaceae
Pteroxylon Eckl. & Zeyh. = **Ptaeroxylon**
Pteroxylum Jaub. & Spach = **Pteropyrum**
Pterozonium【3】Fée 石蹄蕨属 Pteridaceae 凤尾蕨科 [F-31] 全球 (1) 大洲分布及种数(14)◆南美洲
Pterrgpleurum Kitag. = **Pterygopleurum**
Pterulaceae E.D.M.Kirchn. = Pteridaceae
Pterygia Baehni = **Sideroxylon**
Pterygiella【3】Oliv. 翅茎草属 → **Xizangia** Orobanchaceae 列当科 [MD-552] 全球 (1) 大洲分布及种数(cf. 1)◆东亚(◆中国)
Pterygiosperma【3】O.E.Schulz 大蒜芥属 ≒ **Sisymbrium** Brassicaceae 十字花科 [MD-213] 全球 (1) 大洲分布及种数(cf.1)◆北美洲(◆美国)
Pterygium Endl. = **Pteridium**
Pterygocalyx【3】Maxim. 翼萼蔓属 ← **Crawfurdia** Gentianaceae 龙胆科 [MD-496] 全球 (1) 大洲分布及种数(cf. 1)◆亚洲
Pterygocarpus Hochst. = **Peucedanum**
Pterygocdlyx Maxim. = **Pterygocalyx**
Pterygodium【3】Sw. 冠萼兰属 ≒ **Arethusa;Corycium** Orchidaceae 兰科 [MM-723] 全球 (1) 大洲分布及种数(21-25)◆非洲
Pterygolepis Rchb. = **Pterolepis**
Pterygoloma Hanst. = **Alloplectus**
Pterygoma Schott & Endl. = **Pterygota**
Pterygoneurum【3】Jur. 盐土藓属 ≒ **Gymnostomum; Aloina** Pottiaceae 丛藓科 [B-133] 全球 (6) 大洲分布及种数(10) 非洲:3;亚洲:4;大洋洲:2;欧洲:8;北美洲:5;南美洲:2
Pterygopappus【3】Hook.f. 尖叶菊属 Asteraceae 菊科 [MD-586] 全球 (1) 大洲分布及种数(1)◆大洋洲(◆澳大利亚)
Pterygophora L. = **Pteronia**
Pterygophyllaceae Braithw. = Pteridophyllaceae
Pterygophyllum【2】Brid. 油藓科属 ≒ **Distichophyllum;Stereophyllum** Hookeriaceae 油藓科 [B-164] 全球 (5) 大洲分布及种数(15) 非洲:1;亚洲:1;大洋洲:7;欧洲:2;南美洲:5
Pterygopleurum【3】Kitag. 翅棱芹属 ← **Carum;Sium** Apiaceae 伞形科 [MD-480] 全球 (1) 大洲分布及种数(1-2)◆亚洲
Pterygopodium【3】Harms 红桃豆属 → **Gossweilerodendron** Fabaceae3 蝶形花科 [MD-240] 全球 (1) 大洲分布及种数(uc)属分布和种数(uc)◆非洲
Pterygosoma Hanst. = **Alloplectus**
Pterygostachyum Nees ex Steud. = **Dimeria**
Pterygostemon【3】V.V.Botschantz. 巨茴香芥属 ← **Farsetia** Brassicaceae 十字花科 [MD-213] 全球 (1) 大洲分布及种数(cf.1)◆亚洲
Pterygota【2】Schott & Endl. 翅苹婆属 ← **Sterculia** Malvaceae 锦葵科 [MD-203] 全球 (5) 大洲分布及种数(21-23)非洲:13;亚洲:6;大洋洲:1;北美洲:3;南美洲:5
Pterypodium Rchb.f. = **Thelypodium**
Pteryxia【3】Nutt. ex Torr. & A.Gray 波翅芹属 ← **Cymopterus;Aletes** Apiaceae 伞形科 [MD-480] 全球 (1) 大洲分布及种数(5-10)◆北美洲(◆美国)
Ptezacanthus Nees = **Gymnostachyum**
Ptichochilus Benth. = **Tropidia**
Ptil Ohwi = **Patis**
Ptilagrostiella【-】Romasch 禾本科属 Poaceae 禾本科 [MM-748] 全球 (uc) 大洲分布及种数(uc)
Ptilagrostis Barkworthia = **Ptilagrostis**
Ptilagrostis【3】Griseb. 细柄茅属 ← **Stipa;Lasiagrostis** Poaceae 禾本科 [MM-748] 全球 (1) 大洲分布及种数(13-17)◆亚洲
Ptilagrostris Griseb. = **Ptilagrostis**
Ptilanthelium Steud. = **Schoenus**
Ptilanthus Gleason = **Graffenrieda**
Ptilepida Raf. = **Hymenoxys**
Ptileris Raf. = **Erechtites**
Ptilidiaceae【3】H.Klinggr. 毛叶苔科 [B-75] 全球 (6) 大洲分布和属种数(1/3-5)非洲:1/2;亚洲:1/3-5;大洋洲:1/2;欧洲:1/2;北美洲:1/3-5;南美洲:1/2
Ptilidium【3】(Weber) Hampe 毛叶苔属 ≒ **Lepidozia; Mastigophora** Ptilidiaceae 毛叶苔科 [B-75] 全球 (6) 大洲分布及种数(4)非洲:2;亚洲:3-5;大洋洲:2;欧洲:2;北美洲:3-5;南美洲:2
Ptilimnium【3】Raf. 丝裂芹属 ← **Cicuta;Peucedanum; Cuminum** Apiaceae 伞形科 [MD-480] 全球 (1) 大洲分布及种数(9-12)◆北美洲
Ptilina Nutt. ex Torr. & A.Gray = **Didiplis**
Ptilium De Not. = **Ptilium**
Ptilium【2】Pers. 毛梳藓属 ≒ **Hypnum** Hypnaceae 灰藓科 [B-189] 全球 (4) 大洲分布及种数(1) 亚洲:1;欧洲:1;北美洲:1;南美洲:1
Ptillagrostis Griseb. = **Ptilagrostis**
Ptilocalais A.Gray ex Greene = **Microseris**
Ptilocalyx Torr. & A.Gray = **Coldenia**
Ptilocarpus Jacq. = **Pterocarpus**
Ptilocaulis Greene = **Microseris**
Ptilochaeta Nees = **Ptilochaeta**
Ptilochaeta【3】Turcz. 巴拉圭金虎尾属 ≒ **Rhynchospora** Malpighiaceae 金虎尾科 [MD-343] 全球 (1) 大洲分布及种数(4-5)◆南美洲
Ptilochloris A.Camus = **Chloris**
Ptilocladia Sond. = **Camptochaete**
Ptilocladus Lindb. = **Camptochaete**
Ptilocnema D.Don = **Pholidota**
Ptilomeris Nutt. = **Lasthenia**

Ptiloneilema Steud. = **Melanocenchris**
Ptilonella Nutt. = **Blepharipappus**
Ptilonema D.Don = **Pholidota**
Ptilophora A.Gray = **Microseris**
Ptilophyllum【-】(Nutt.) Rchb. 膜蕨科属 ≒ **Myriophyllum;Trichomanes** Hymenophyllaceae 膜蕨科 [F-21] 全球 (uc) 大洲分布及种数(uc)
Ptilophyllum (Nutt.) Rchb. = **Trichomanes**
Ptilophyllum Raf. = **Myriophyllum**
Ptiloprora Jacq. = **Manicaria**
Ptilopteris【3】 Hance 大叶稀子蕨属 Monachosoraceae 稀子蕨科 [F-25] 全球 (1) 大洲分布及种数(1)◆东亚(◆中国)
Ptiloria Raf. = **Stephanomeria**
Ptilosciadium Steud. = **Rhynchospora**
Ptilosia Tausch = **Picris**
Ptilostemon【2】 Cass. 卵果蓟属 ← **Cirsium;Carduus;Petalostemon** Asteraceae 菊科 [MD-586] 全球 (3) 大洲分布及种数(19-21;hort.1;cult: 2)非洲:9;亚洲:11-12;欧洲:10
Ptilostemum Steud. = **Ptilostemon**
Ptilostephium Kunth = **Tridax**
Ptilothrix【3】 K.L.Wilson 稻莎属 ≒ **Carpha** Cyperaceae 莎草科 [MM-747] 全球 (1) 大洲分布及种数(1)◆大洋洲
Ptilotrichum【3】 C.A.Mey. 燥原荠属 ← **Alyssum; Peltaria** Brassicaceae 十字花科 [MD-213] 全球 (1) 大洲分布及种数(3)◆亚洲
Ptilotum Dulac = **Dryas**
Ptilotus【3】 R.Br. 猫尾苋属 ← **Alternanthera;Gomphrena;Trichinium** Amaranthaceae 苋科 [MD-116] 全球 (6) 大洲分布及种数(26-141;hort.1;cult: 5)非洲:2;亚洲:4-10;大洋洲:25-139;欧洲:2;北美洲:2;南美洲:1
Ptilurus D.Don = **Leucheria**
Ptisana【2】 Murdock 粒囊蕨属 ≒ **Marattia** Marattiaceae 合囊蕨科 [F-13] 全球 (3) 大洲分布及种数(28-37)非洲:18;亚洲:6-7;大洋洲:8-9
Ptlimnium Raf. = **Ptilimnium**
Ptosimopappus Boiss. = **Centaurea**
Ptumeria Heist. ex Fabr. = **Eriophorum**
Ptyas Salisb. = **Aloe**
Ptycanthera【3】 Decne. 番萝藦属 ≒ **Matelea** Apocynaceae 夹竹桃科 [MD-492] 全球 (1) 大洲分布及种数(2)◆北美洲
Ptychadena Willd. ex Cham. & Schlecht. = **Sipanea**
Ptychandra Scheff. = **Heterospathe**
Ptychanthus (S.Hatt.) Inoü = **Ptychanthus**
Ptychanthus【3】 Horik. 皱萼苔属 ≒ **Tuzibeanthus; Spruceanthus** Lejeuneaceae 细鳞苔科 [B-84] 全球 (6) 大洲分布及种数(4)非洲:1-8;亚洲:3-10;大洋洲:1-8;欧洲:7;北美洲:7;南美洲:7
Ptychobarbus Kuhlm. = **Melochia**
Ptychocarpa (R.Br.) Spach = **Timmia**
Ptychocarpus Kuhlm. = **Melochia**
Ptychocarya R.Br. ex Wall. = **Scirpodendron**
Ptychocaryum (Zipp. ex Kurz) R.Br. ex P. & K. = **Scirpodendron**
Ptychocentrum Benth. = **Rhynchosia**
Ptychocheilus Schaür = **Tropidia**
Ptychochilus Schaür = **Tropidia**
Ptychococcus【3】 Becc. 皱果椰属 ≒ **Actinophloeus; Brassiophoenix** Arecaceae 棕榈科 [MM-717] 全球 (1) 大洲分布及种数(1-2)◆亚洲
Ptychocoleus Trevis. = **Frullanoides**
Ptychodea Willd. ex Cham. & Schlechtd. = **Sipanea**
Ptychodera Willd. ex Cham. & Schlecht. = **Sipanea**
Ptychodes F.Weber = **Schlotheimia**
Ptychodium Pseudoptychodium G.Roth = **Lescuraea**
Ptychodon (Endl.) Rchb. = **Lafoensia**
Ptychodus Schimp. = **Lescuraea**
Ptychoglene Pfitzer = **Coelogyne**
Ptychogyne Pfitzer = **Philoglossa**
Ptycholejeunea【3】 (Lehm. & Lindenb.) Steph. 华细鳞苔属 ≒ **Mastigolejeunea** Lejeuneaceae 细鳞苔科 [B-84] 全球 (1) 大洲分布及种数(1)◆东亚(◆中国)
Ptycholepis Griseb. = **Blepharodon**
Ptycholobium【3】 Harms 异灰毛豆属 ← **Tephrosia** Fabaceae 豆科 [MD-240] 全球 (1) 大洲分布及种数(3)◆非洲
Ptychomanes Hedw. = **Hymenophyllum**
Ptychomeria Aplomeria Benth. = **Gymnosiphon**
Ptychomitriaceae【3】Schimp. 缩叶藓科 [B-114] 全球(5)大洲分布和属种数(6/96)亚洲:4/30;大洋洲:2/9;欧洲:3/10;北美洲:4/19;南美洲:3/37
Ptychomitriopsis【3】 Dixon 南非缩叶藓属 ≒ **Ptychomitrium** Ptychomitriaceae 缩叶藓科 [B-114] 全球 (1) 大洲分布及种数(2)◆非洲
Ptychomitrium (Hampe) Broth. = **Ptychomitrium**
Ptychomitrium【3】 Fürnr. 缩叶藓属 ≒ **Holomitrium; Hyophila** Ptychomitriaceae 缩叶藓科 [B-114] 全球 (6) 大洲分布及种数(63) 非洲:17;亚洲:15;大洋洲:8;欧洲:6;北美洲:11;南美洲:31
Ptychomniaceae【3】M.Fleisch. 棱蒴藓科 [B-159] 全球(5)大洲分布和属种数(10/25)亚洲:4/5;大洋洲:7/12;欧洲:2/2;北美洲:1/1;南美洲:7/16
Ptychomniella【3】 (Broth.) W.R.Buck 棱蒴藓属 Ptychomniaceae 棱蒴藓科 [B-159] 全球 (1) 大洲分布及种数(1)◆南美洲
Ptychomnion【3】 (Hook.f. & Wilson) Mitt. 棱蒴藓属 Ptychomniaceae 棱蒴藓科 [B-159] 全球 (6) 大洲分布及种数(9)非洲:2;亚洲:1;大洋洲:3;欧洲:1;北美洲:1;南美洲:9
Ptychoparia Benth. = **Gymnosiphon**
Ptychopetalum【2】 Benth. 褶瓣树属 ← **Olax** Olacaceae 铁青树科 [MD-362] 全球 (3) 大洲分布及种数(7)非洲:4;北美洲:1;南美洲:2
Ptychophyllum Broth. = **Hymenophyllum**
Ptychopteria Benth. = **Gymnosiphon**
Ptychopyxis【3】 Miq. 百褶桐属 ← **Koilodepas;Mallotus;Podadenia** Euphorbiaceae 大戟科 [MD-217] 全球 (1) 大洲分布及种数(5-13)◆亚洲
Ptychopyxiz Miq. = **Ptychopyxis**
Ptychoraphis Becc. = **Rhopaloblaste**
Ptychosema【3】 Benth. 异荚豆属 → **Muelleranthus** Fabaceae 豆科 [MD-240] 全球 (1) 大洲分布及种数(3)◆大洋洲(◆澳大利亚)
Ptychospenna Labill. = **Ptychosperma**
Ptychosperma【3】 Labill. 射叶椰属 → **Archontoph-**

oenix;Areca;Actinophloeus Arecaceae 棕榈科 [MM-717] 全球(6) 大洲分布及种数(23-48)非洲:14-43;亚洲:8-21;大洋洲:16-44;欧洲:10;北美洲:7-18;南美洲:2-13

Ptychostigma Hochst. = **Galiniera**

Ptychostoma P. & K. = **Lonchostoma**

Ptychostomum (Brid.) J.R.Spence = **Ptychostomum**

Ptychostomum 【3】 Hornsch. 缩真藓属 ≒ **Rhodobryum** Bryaceae 真藓科 [B-146] 全球 (6) 大洲分布及种数(6) 非洲:1;亚洲:1;大洋洲:3;欧洲:4;北美洲:5;南美洲:2

Ptychotis Rouy & E.G.Camus = **Ptychotis**

Ptychotis 【3】 Thell. 安蒙草属 ← **Ammoides;Pentas** Apiaceae 伞形科 [MD-480] 全球 (1) 大洲分布及种数(1)◆欧洲

Ptyssiglottis 【3】 T.Anders. 折舌爵床属 ≒ **Pristiglottis** Acanthaceae 爵床科 [MD-572] 全球 (1) 大洲分布及种数(7-40)◆亚洲

Ptyxostoma Vahl = **Lonchostoma**

Puararibea Aubl. = **Quararibea**

Puberella Van Tiegh. = **Perella**

Pubeta L. = **Duroia**

Pubilaria Raf. = **Simethis**

Pubistylus 【3】 Thoth. 狗骨柴属 ← **Diplospora** Rubiaceae 茜草科 [MD-523] 全球 (1) 大洲分布及种数(1)◆亚洲

Publicaria Deflers = **Pulicaria**

Pucara 【3】 Ravenna 短管蒜属 ← **Stenomesson** Amaryllidaceae 石蒜科 [MM-694] 全球 (1) 大洲分布及种数(1)◆南美洲

Pucaraia Orfila & Schajovski = **Paraia**

Pucaya Ravenna = **Pucara**

Pucc Rich. = **Picea**

Puccina Lindr. = **Puccionia**

Puccinellia (G.L.Church) R.T.Clausen = **Puccinellia**

Puccinellia 【3】 Parl. 碱茅属 ← **Agrostis;Sclerotheca; Torreyochloa** Poaceae 禾本科 [MM-748] 全球 (6) 大洲分布及种数(115-136;hort.1;cult:10)非洲:16-45;亚洲:77-110;大洋洲:16-43;欧洲:29-60;北美洲:40-68;南美洲:20-47

Puccionia 【3】 Chiov. 普奇尼南星属 ≒ **Pellionia** Cleomaceae 白花菜科 [MD-210] 全球 (1) 大洲分布及种数(1-102)◆非洲(◆南非)

Pucciphippsia 【3】 Tzvelev 欧洲禾草属 ← **Puccinellia; Catabrosa** Poaceae 禾本科 [MM-748] 全球 (1) 大洲分布及种数(1)◆北欧(◆挪威)

Pucedanum Hill = **Peucedanum**

Pucialia Juss. = **Pupalia**

Pucinellia Parl. = **Puccinellia**

Puckia Vell. = **Cybianthus**

Pucohnia Beadle,Don A. = **Pichonia**

Pudica Durette-Desset, Deharo, Santivanez-Galarza & Chabaud = **Punica**

Pudu Mill. = **Padus**

Puebloa Doweld = **Pediocactus**

Puelia 【3】 Franch. 姜叶竺属 ≒ **Guaduella;Pellia** Poaceae 禾本科 [MM-748] 全球 (1) 大洲分布及种数(4-5)◆非洲

Puelieae Potztal = **Puelia**

Puellina Franch. = **Puelia**

Pueraria 【3】 DC. 葛属 ← **Amphicarpaea;Derris; Shuteria** Fabaceae 豆科 [MD-240] 全球 (1) 大洲分布及种数(20-33)◆亚洲

Puerarla DC. = **Pueraria**

Puerilia González-Sponga = **Perilla**

Puffia 【3】 Razafim. & B.Bremer 沙茜草属 Rubiaceae 茜草科 [MD-523] 全球 (1) 大洲分布及种数(1)◆非洲

Puge Rich. = **Picea**

Pugetia Gand. = **Rosa**

Pugettia R.E.Norris = **Rosa**

Pugilis Raf. = **Aconogonon**

Pugionella Salisb. = **Libertia**

Pugionium 【3】 Gaertn. 沙芥属 ← **Bunias;Myagrum** Brassicaceae 十字花科 [MD-213] 全球 (1) 大洲分布及种数(3-5)◆亚洲

Pugiopappus A.Gray = **Coreopsis**

Puhuaea H.Ohashi & K.Ohashi = **Papuaea**

Puiggaria Duby = **Lepidopilum**

Puiggariella 【2】 Broth. 灰藓科属 ≒ **Puiggariopsis** Hypnaceae 灰藓科 [B-189] 全球 (2) 大洲分布及种数(2) 北美洲:1;南美洲:2

Puiggarina Duby = **Lepidopilum**

Puiggariopsis 【2】 M.Menzel 巴西灰藓属 ≒ **Puiggariella** Hypnaceae 灰藓科 [B-189] 全球 (2) 大洲分布及种数(1) 北美洲:1;南美洲:1

Puja Molina = **Puya**

Pukanthus Raf. = **Grabowskia**

Pukateria Raoul = **Griselinia**

Puklina Raf. = **Gentiana**

Pulassarium P. & K. = **Alyxia**

Pulcheria Comm. ex Möwes = **Polycardia**

Pulcheria Nor. = **Kadsura**

Pulchia Endl. = **Psilotrichum**

Pulchranthus 【3】 V.M.Baum,Reveal & Nowicke 巴西白爵床属 ≒ **Hemigraphis** Acanthaceae 爵床科 [MD-572] 全球 (1) 大洲分布及种数(4)◆南美洲

Pulchrinodaceae 【3】 D.Quandt 美丽藓科 [B-145] 全球 (1) 大洲分布和属种数(1/1)◆大洋洲

Pulchrinodus 【3】 B.H.Allen 美丽藓属 ≒ **Lembophyllum** Pulchrinodaceae 美丽藓科 [B-145] 全球 (1) 大洲分布及种数(1)◆大洋洲

Pulegium Mill. = **Mentha**

Pulex L. = **Ulex**

Pulicaria 【3】 Gaertn. 蚤草属 → **Allagopappus; Aster; Persicaria** Asteraceae 菊科 [MD-586] 全球 (6) 大洲分布及种数(88-108;hort.1)非洲:49-58;亚洲:54-67;大洋洲:2-11;欧洲:14-23;北美洲:3-12;南美洲:2-11

Pulicarioidea 【3】 Bunwong,Chantar. & S.C.Keeley 蚤菊属 Asteraceae 菊科 [MD-586] 全球 (1) 大洲分布及种数(cf.1)◆亚洲

Puliculum Stapf ex Haines = **Pseudopogonatherum**

Pullea 【3】 Schltr. 锥枫梅属 ← **Callicoma** Cunoniaceae 合椿梅科 [MD-255] 全球 (1) 大洲分布及种数(6)◆大洋洲

Pullenia H.Ohashi & K.Ohashi = **Durio**

Pullipes Raf. = **Caucalis**

Pulmonaria 【3】 L. 肺草属 ≒ **Anchusa;Moltkia** Boraginaceae 紫草科 [MD-517] 全球 (6) 大洲分布及种数(23-39;hort.1;cult:5)非洲:3-6;亚洲:7-12;大洋洲:1;欧

洲:22-35;北美洲:2-5;南美洲:1-2
Pulsatilla Campanaria Endl. = **Pulsatilla**
Pulsatilla 【3】 Mill. 白头翁属 ← **Anemone** Ranunculaceae 毛茛科 [MD-38] 全球 (6) 大洲分布及种数(37-68;hort.1;cult:13)非洲:3;亚洲:30-38;大洋洲:3;欧洲:10-14;北美洲:4-7;南美洲:3
Pulsatilloides 【3】 (DC.) Starod. 罂粟莲花属 ≒ **Anemoclema** Ranunculaceae 毛茛科 [MD-38] 全球 (1) 大洲分布及种数(1)◆亚洲
Pultenaea Benth. = **Pultenaea**
Pultenaea 【3】 Sm. 普尔特木属 → **Almaleea;Phyllota;Urodon** Fabaceae 豆科 [MD-240] 全球 (1) 大洲分布及种数(41-220)◆大洋洲
Pulteneja Hoffmanns. = **Pultenaea**
Pulteneya Hoffmanns. = **Pultenaea**
Pultnaea (C.Presl) Standl. = **Peltaea**
Pulvinalina E.Fourn. = **Matelea**
Pulvinaria E.Fourn. = **Matelea**
Pulvinella 【2】 Broth. & Herzog 白油藓属 ≒ **Sauloma** Saulomataceae 双短肋藓科 [B-161] 全球 (3) 大洲分布及种数(uc)非洲;北美洲;南美洲
Pulvinia E.Fourn. = **Matelea**
Pulvinula Broth. & Herzog = **Pulvinella**
Pulvinularia Borzì = **Matelea**
Pulygonum Neck. = **Polygonum**
Pumilea P.Br. = **Turnera**
Pumiliopsis E.Morren = **Oncidium**
Puna 【3】 R.Kiesling 铺云掌属 ≒ **Maihueniopsis;Polyscias** Cactaceae 仙人掌科 [MD-100] 全球 (1) 大洲分布及种数(1-5)◆南美洲
Punamyia Lam. = **Pongamia**
Punctillaria 【3】 N.E.Br. 霓花属 ≒ **Pleiospilos** Aizoaceae 番杏科 [MD-94] 全球 (1) 大洲分布及种数(cf. 1)◆非洲
Punduana 【-】 Steetz 菊科属 ≒ **Vernonia** Asteraceae 菊科 [MD-586] 全球 (uc) 大洲分布及种数(uc)
Puneeria Stocks = **Withania**
Pungamia Lam. = **Pongamia**
Pungentella Müll.Hal. = **Sematophyllum**
Pungoica L. = **Punica**
Punica 【2】 L. 石榴属 Punicaceae 安石榴科 [MD-349] 全球(5)大洲分布及种数(3)非洲:1;亚洲:2;大洋洲:1;欧洲:1;北美洲:2
Punicaceae 【2】 Bercht. & J.Presl 安石榴科 [MD-349] 全球 (5) 大洲分布和属种数(1;hort. & cult.1)(2-5;hort. & cult.2)非洲:1/1;亚洲:1/2;大洋洲:1/1;欧洲:1/1;北美洲:1/2
Punicella Turcz. = **Balaustion**
Punjuba 【-】 Britton & Rose 豆科属 ≒ **Macrothelypteris;Pithecellobium** Fabaceae 豆科 [MD-240] 全球 (uc) 大洲分布及种数(uc)
Punotia 【3】 D.R.Hunt 铁仔属 Primulaceae 报春花科 [MD-401] 全球 (1) 大洲分布及种数(1)◆南美洲
Puntia Hedge = **Endostemon**
Pupa R.Kiesling = **Puna**
Pupal Adans. = **Pupalia**
Pupalia 【2】 Juss. 钩刺苋属 ← **Achyranthes;Pinalia** Amaranthaceae 苋科 [MD-116] 全球 (4) 大洲分布及种数(8;hort.1)非洲:6;亚洲:5;大洋洲:2;南美洲:1
Pupartia P. & K. = **Spondias**
Pupato Adans. = **Pupalia**
Pupatonia Ponder & Worsfold = **Platonia**
Pupilla 【3】 Rizzini 爵床属 ≒ **Justicia** Acanthaceae 爵床科 [MD-572] 全球 (1) 大洲分布及种数(cf. 1)◆南美洲
Pupinella H.Adams = **Pimpinella**
Pupopsis André = **Heritiera**
Pupul Adans. = **Pupalia**
Pupulina Beneden = **Populina**
Pupulinia 【-】 Karremans & Bogarín 兰科属 Orchidaceae 兰科 [MM-723] 全球 (uc) 大洲分布及种数(uc)
Puraria Wall. = **Pueraria**
Purchia Dum. = **Purshia**
Purdiaea 【2】 Planch. 虎萼木属 Clethraceae 桤叶树科 [MD-326] 全球 (2) 大洲分布及种数(14)北美洲:6-12;南美洲:2
Purdieanthus Gilg = **Lehmanniella**
Purdonella Salisb. = **Strumaria**
Purgobulea 【-】 P.V.Heath 景天科属 Crassulaceae 景天科 [MD-229] 全球 (uc) 大洲分布及种数(uc)
Purgosea Haw. = **Crassula**
Purgosia G.Don = **Crassula**
Puria N.C.Nair = **Vitis**
Puridaea Planch. = **Purdiaea**
Purius Lour. = **Phaius**
Purkayasthaea C.S.Purkay. = **Beilschmiedia**
Purkinjia C.Presl = **Ardisia**
Purlisa N.C.Nair = **Cissus**
Purpureostemon 【3】 Gugerli 紫缨木属 ← **Xanthostemon;Lithospermum** Myrtaceae 桃金娘科 [MD-347] 全球 (1) 大洲分布及种数(1)◆大洋洲
Purpusia Brandegee = **Ivesia**
Pursellia 【3】 S.H.Lin 蕨藓科属 Pterobryaceae 蕨藓科 [B-201] 全球 (1) 大洲分布及种数(1)◆大洋洲
Purshia 【3】 DC. ex Poir. 羚梅属 ≒ **Onosmodium** Rosaceae 蔷薇科 [MD-246] 全球 (1) 大洲分布及种数(8-15)◆北美洲
Purshiana DC. ex Poir. = **Purshia**
Purshii DC. ex Poir. = **Purshia**
Puruma J.St.Hil. = **Pourouma**
Purverara 【-】 J.M.H.Shaw 兰科属 Orchidaceae 兰科 [MM-723] 全球 (uc) 大洲分布及种数(uc)
Pusaetha P. & K. = **Entada**
Puschkinia 【3】 Adams 蚁播花属 ← **Scilla** Hyacinthaceae 风信子科 [MM-679] 全球 (1) 大洲分布及种数(2-3)◆亚洲
Puschkiscilla Cif. & Giacom. = **Puschkinia**
Pusia Raf. = **Daphne**
Pusillanthus 【3】 Kuijt 委内桑寄生属 Loranthaceae 桑寄生科 [MD-415] 全球 (1) 大洲分布及种数(1-2)◆南美洲
Pusiostoma Klotzsch = **Canthium**
Putoria 【2】 Pers. 臭茜草属 → **Neanotis; Plocama; Sherardia** Rubiaceae 茜草科 [MD-523] 全球 (4) 大洲分布及种数(cf.) 非洲;亚洲;欧洲;南美洲
Putranjiva 【3】 Wall. 假黄杨属 ← **Drypetes** Putranjivaceae 核果木科 [MD-228] 全球 (6) 大洲分布及种数(5)非洲:1-2;亚洲:4-5;大洋洲:2-3;欧洲:1;北美洲:1-2;南美洲:1

P

Putranjivaceae Endl. = Putranjivaceae
Putranjivaceae【3】Meisn. 核果木科 [MD-228] 全球 (6)大洲分布和属种数(1/4-34)非洲:1/1-2;亚洲:1/4-6;大洋洲:1/2-3;欧洲:1/1;北美洲:1/1-2;南美洲:1/1
Putterlickia【3】Endl. 假裸实属 ← **Catha;Celastrus;Gymnosporia** Celastraceae 卫矛科 [MD-339] 全球 (1) 大洲分布及种数(2-4)◆非洲
Putzeysia Klotzsch = **Billia**
Putzeysia Planch. & Linden = **Aesculus**
Puya (Baker) L.B.Sm. = **Puya**
Puya【3】Molina 龙舌凤梨属 → **Pitcairnia;Phyla;Guzmania** Bromeliaceae 凤梨科 [MM-715] 全球 (1) 大洲分布及种数(239-243)◆南美洲
Puyoideae Givnish = (接受名不详) Poaceae
Puzosia Buchenau = **Patosia**
Pyankovia Akhani & Roalson = **Pancovia**
Pychnanthemum G.Don = **Pycnanthemum**
Pychnostachys G.Don = **Pycnostachys**
Pychostachys G.Don = **Pycnostachys**
Pycina Adans. = **Lepechinia**
Pycn Noronha = **Costus**
Pycnandra【3】Benth. 多蕊榄属 ← **Niemeyera;Sideroxylon** Sapotaceae 山榄科 [MD-357] 全球 (1) 大洲分布及种数(31-63)◆大洋洲
Pycnantha Ravenna = **Malaxis**
Pycnanthaceae A.Juss. = Orchidaceae
Pycnanthemum【3】Michx. 山薄荷属 ← **Hyptis;Monardella;Thymus** Lamiaceae 唇形科 [MD-575] 全球 (1) 大洲分布及种数(25-43)◆北美洲
Pycnanthes Raf. = **Pycnanthemum**
Pycnanthus【3】Warb. 密花楠属 ← **Myristica** Myristicaceae 肉豆蔻科 [MD-15] 全球 (1) 大洲分布及种数(4)◆非洲
Pycnapophyscium (Rchb. ex Endl.) Müll.Hal. = **Tetraplodon**
Pycnarrhena【3】Meirs ex Hook.f. & Thoms. 密花藤属 ≒ **Cocculus** Menispermaceae 防己科 [MD-42] 全球 (6) 大洲分布及种数(23-27)非洲:2-5;亚洲:19-23;大洋洲:6-9;欧洲:2;北美洲:2;南美洲:2
Pycnobolus Benth. = **Pycnosorus**
Pycnobotrya【3】Benth. 非洲夹竹桃属 Apocynaceae 夹竹桃科 [MD-492] 全球 (1) 大洲分布及种数(1)◆非洲
Pycnobregma Baill. = **Matelea**
Pycnocephalum (Less.) DC. = **Eremanthus**
Pycnocephalus DC. = **Eremanthus**
Pycnocnemus Hill = **Centaurea**
Pycnocoma【3】Benth. 角翅桐属 → **Argomuellera;Pyrrocoma** Euphorbiaceae 大戟科 [MD-217] 全球 (1) 大洲分布及种数(20)◆非洲
Pycnocomon【3】Hoffmanns. & Link 非洲菊属 ≒ **Scabiosa;Selliguea** Caprifoliaceae 忍冬科 [MD-510] 全球 (1) 大洲分布及种数(1-2)◆非洲
Pycnocomus Hill = **Centaurea**
Pycnocycla【2】Lindl. 密花芹属 → **Chamaesciadium;Alococarpum;Dicyclophora** Apiaceae 伞形科 [MD-480] 全球 (2) 大洲分布及种数(18)非洲:2-4;亚洲:10-17
Pycnodoria C.Presl = **Pteris**
Pycnolachne Turcz. = **Lachnostachys**
Pycnolejeunea (Spruce) Schiffn. = **Pycnolejeunea**
Pycnolejeunea【3】X.L.He 密鳞苔属 ≒ **Hygrolejeunea;Perilejeunea** Lejeuneaceae 细鳞苔科 [B-84] 全球 (6) 大洲分布及种数(12-19)非洲:17;亚洲:6-21;大洋洲:2-22;欧洲:15;北美洲:2-17;南美洲:5-20
Pycnoloma C.Chr. = **Selliguea**
Pycnomerus Benth. = **Pycnosorus**
Pycnoneura Decne. = **Cynanchum**
Pycnoneurum Decne. = **Adelostemma**
Pycnonia【3】L.A.S.Johnson & B.G.Briggs 卧龙眼属 Proteaceae 山龙眼科 [MD-219] 全球 (1) 大洲分布及种数(1)◆欧洲
Pycnophyllopsis【3】Skottsb. 卧繁缕属 ← **Pycnophyllum** Caryophyllaceae 石竹科 [MD-77] 全球 (1) 大洲分布及种数(7-8)◆南美洲
Pycnophyllum【3】J.Rémy 卧漆姑属 ← **Arenaria;Frankenia** Caryophyllaceae 石竹科 [MD-77] 全球 (1) 大洲分布及种数(27-28)◆南美洲
Pycnoplinthopsis【3】Jafri 假簇芥属 ← **Pegaeophyton** Brassicaceae 十字花科 [MD-213] 全球 (1) 大洲分布及种数(cf. 1)◆亚洲
Pycnoplinthus【3】O.E.Schulz 簇芥属 ← **Braya;Hesperis** Brassicaceae 十字花科 [MD-213] 全球 (1) 大洲分布及种数(2-3)◆亚洲
Pycnoporus P.Karst. = **Pycnosorus**
Pycnopota Bezzi = **Pycnocoma**
Pycnopteris Moore = **Dryopteris**
Pycnorhachis【3】Benth. 马来夹竹桃属 Apocynaceae 夹竹桃科 [MD-492] 全球 (1) 大洲分布及种数(1)◆东南亚(◆马来西亚)
Pycnosandra Bl. = **Drypetes**
Pycnosorus【3】Benth. 金槌花属 ≒ **Craspedia** Asteraceae 菊科 [MD-586] 全球 (1) 大洲分布及种数(4-6)◆大洋洲
Pycnospatha【3】Thorel ex Gagnep. 羊角芋属 Araceae 天南星科 [MM-639] 全球 (1) 大洲分布及种数(1-2)◆亚洲
Pycnosphace (Benth.) Rydb. = **Salvia**
Pycnosphaera【3】Gilg 非洲龙胆属 ← **Faroa** Gentianaceae 龙胆科 [MD-496] 全球 (1) 大洲分布及种数(1)◆非洲
Pycnospora【2】R.Br. ex Wight & Arn. 密子豆属 ← **Crotalaria;Zornia** Fabaceae 豆科 [MD-240] 全球 (3) 大洲分布及种数(2)非洲:1;亚洲:1;大洋洲:1
Pycnostachya Hook. = **Pycnostachys**
Pycnostachys【3】Hook. 密穗花属 ← **Coleus** Lamiaceae 唇形科 [MD-575] 全球 (1) 大洲分布及种数(35-39)◆非洲
Pycnostelma【3】Bunge ex Decne. 鹅绒藤属 Apocynaceae 夹竹桃科 [MD-492] 全球 (6) 大洲分布及种数(2)非洲:1-2;亚洲:1;大洋洲:1;欧洲:1;北美洲:1;南美洲:1
Pycnostylis Pierre = **Triclisia**
Pycnothymus (Benth.) Small = **Pycnothymus**
Pycnothymus【3】Small 夏香草属 ≒ **Satureja** Lamiaceae 唇形科 [MD-575] 全球 (1) 大洲分布及种数(1)◆北美洲
Pycreus (C.B.Clarke) C.B.Clarke = **Pycreus**
Pycreus【3】Beauv. 扁莎属 ≒ **Torreya;Chaenomeles** Cyperaceae 莎草科 [MM-747] 全球 (6) 大洲分布及种数(87-110;hort.6;cult:6)非洲:69-102;亚洲:40-72;大洋洲:14-

38;欧洲:7-31;北美洲:27-51;南美洲:24-48
Pygeu Gaertn. = **Pygeum**
Pygeum 【3】 Gaertn. 臀果木属 ← **Laurocerasus; Parinari;Phleum** Rosaceae 蔷薇科 [MD-246] 全球 (6) 大洲分布及种数(80-90)非洲:11-20;亚洲:66-76;大洋洲:16-25;欧洲:9;北美洲:9;南美洲:9
Pygidium Moq. = **Acroglochin**
Pygmaea 【3】 B.D.Jacks. 婆婆纳属 ≒ **Veronica** Plantaginaceae 车前科 [MD-527] 全球 (1) 大洲分布及种数(1)◆大洋洲
Pygmaeocereus 【3】 H.Johnson & Backeb. 纤巧柱属 ≒ **Haageocereus** Cactaceae 仙人掌科 [MD-100] 全球 (1) 大洲分布及种数(3-4)◆南美洲(◆秘鲁)
Pygmaeopremma Merr. = **Premna**
Pygmaeopremna Merr. = **Premna**
Pygmaeorchis 【3】 Brade 矮兰属 Orchidaceae 兰科 [MM-723] 全球 (1) 大洲分布及种数(2)◆南美洲(◆巴西)
Pygmaeothamnus 【3】 Robyns 矮灌茜属 ← **Canthium** Rubiaceae 茜草科 [MD-523] 全球 (1) 大洲分布及种数(2)◆非洲
Pygmea 【2】 Hook.f. 婆婆纳属 ≒ **Critoniopsis** Plantaginaceae 车前科 [MD-527] 全球 (3) 大洲分布及种数(1) 大洋洲:1;北美洲:1;南美洲:1
Pygodus Lamont & Lindström = **Phrodus**
Pygopus Raf. = **Lippia**
Pygorhynchus Hook. = **Physorhynchus**
Pygurostoma G.Mey. = **Vitex**
Pylaiea Bruch & Schimp. ex Lindb. = **Pylaisiella**
Pylaiella Kindb. ex Grout = **Pylaisiella**
Pylaisaea Desv. ex Bach.Pyl. = **Pylaisaea**
Pylaisaea 【3】 W.P.Schimp. 金灰藓属 ≒ **Oedicladium** Hypnaceae 灰藓科 [B-189] 全球 (1) 大洲分布及种数(1)◆亚洲
Pylaisia 【3】 Schimp. 金灰藓属 ≒ **Pterogonium; Orthothecium** Pylaisiaceae 金灰藓科 [B-190] 全球 (6) 大洲分布及种数(33) 非洲:1;亚洲:22;大洋洲:3;欧洲:3;北美洲:11;南美洲:2
Pylaisiaceae 【3】 Schimp. 金灰藓科 [B-190] 全球 (6) 大洲分布和属种数(3/32-49)非洲:3/9;亚洲:3/28-37;大洋洲:1-3/1-10;欧洲:1-3/2-11;北美洲:3/14-23;南美洲:1-3/2-12
Pylaisiadelpha 【2】 Cardot 毛锦藓属 ≒ **Leskea** Pylaisiadelphaceae 毛锦藓科 [B-191] 全球 (4) 大洲分布及种数(15) 亚洲:8;大洋洲:1;北美洲:8;南美洲:2
Pylaisiadelphaceae 【2】 Goffinet & W.R.Buck 毛锦藓科 [B-191] 全球 (3) 大洲分布和属种数(2/2)大洋洲:1/1;北美洲:1/1;南美洲:1/1
Pylaisiella 【2】 Kindb. ex Grout 弯枝金灰藓属 Hypnaceae 灰藓科 [B-189] 全球 (4) 大洲分布及种数(6) 非洲:1;亚洲:4;北美洲:3;南美洲:1
Pylaisiobryum 【3】 Broth. 非洲绢藓属 Entodontaceae 绢藓科 [B-195] 全球 (1) 大洲分布及种数(1)◆非洲
Pylaisiopsis 【3】 (Broth.) Broth. 绢锦藓属 ≒ **Homalotheciella** Sematophyllaceae 锦藓科 [B-192] 全球 (1) 大洲分布及种数(1)◆亚洲
Pylasia Schimp. = **Pylaisia**
Pyloderma Miers = **Hylenaea**
Pylorgus Lour. = **Ardisia**
Pylostachya Raf. = **Polygala**
Pymlaria Cav. = **Pomaria**
Pynaertara J.M.H.Shaw = **Anopyxis**
Pynaertia De Wild. = **Anopyxis**
Pypus L. = **Pyrus**
Pyracantha 【3】 M.Röm. 火棘属 ← **Cotoneaster; Mespilus;Photinia** Rosaceae 蔷薇科 [MD-246] 全球 (6) 大洲分布及种数(12-14;hort.1;cult:1)非洲:5-9;亚洲:11-17;大洋洲:6-10;欧洲:5-9;北美洲:8-12;南美洲:5-9
Pyraceae Vest = Peraceae
Pyracomeles Rehder = **Osteomeles**
Pyragma Noronha = **Uvaria**
Pyragra 【3】 Bremek. 火棘茜属 Rubiaceae 茜草科 [MD-523] 全球 (1) 大洲分布及种数(2)◆非洲(◆马达加斯加)
Pyralus 【3】 Mezhenskyj 梨属 → **Pyrus** Rosaceae 蔷薇科 [MD-246] 全球 (1) 大洲分布及种数(uc）◆欧洲
Pyrameis Cham. = **Pyramia**
Pyramia 【3】 Cham. 金锦香属 ← **Osbeckia** Melastomataceae 野牡丹科 [MD-364] 全球 (1) 大洲分布及种数(cf. 1)◆南美洲
Pyramica Cham. = **Pyramia**
Pyramidanthe 【3】 Miq. 藏娇木属 ← **Fissistigma;Melodorum** Annonaceae 番荔枝科 [MD-7] 全球 (1) 大洲分布及种数(cf. 1)◆亚洲
Pyramidella Brid. = **Pyramidula**
Pyramidium 【-】 Boiss. 葫芦藓科属 ≒ **Veselskya** Funariaceae 葫芦藓科 [B-106] 全球 (uc) 大洲分布及种数(uc)
Pyramidocarpus Oliv. = **Dasylepis**
Pyramidoptera 【3】 Boiss. 锥翅草属 Apiaceae 伞形科 [MD-480] 全球 (1) 大洲分布及种数(cf. 1)◆西亚(◆阿富汗)
Pyramidostylium Mart. = **Salacia**
Pyramidula 【2】 Brid. 花旗葫芦藓属 Funariaceae 葫芦藓科 [B-106] 全球 (4) 大洲分布及种数(1) 非洲:1;亚洲:1;欧洲:1;北美洲:1
Pyramidulina Brid. = **Pyramidula**
Pyramis Cham. = **Pyramia**
Pyramitrium Mitt. = **Encalypta**
Pyranga Bl. = **Pinanga**
Pyranthus 【3】 Du Puy & Labat 马达蝶花豆属 ← **Tephrosia** Fabaceae 豆科 [MD-240] 全球 (1) 大洲分布及种数(8)◆非洲(◆马达加斯加)
Pyrarda Cass. = **Grangea**
Pyraria A.Chev. = **Sorbopyrus**
Pyrecnia Clairv. = **Pyrus**
Pyrenacantha Hook. = **Pyrenacantha**
Pyrenacantha 【3】 Wight 刺核藤属 → **Chlamydocarya; Adelanthus** Icacinaceae 茶茱萸科 [MD-450] 全球 (6) 大洲分布及种数(39-46)非洲:35-42;亚洲:2-3;大洋洲:1;欧洲:1-2;北美洲:1;南美洲:1-2
Pyrenaria 【3】 Bl. 核果茶属 ← **Camellia;Parapyrenaria;Parietaria** Theaceae 山茶科 [MD-168] 全球 (1) 大洲分布及种数(29-39)◆亚洲
Pyreneola L. = **Prunella**
Pyrenia Clairv. = **Pyrus**
Pyrenocarpa Chang & Miau = **Decaspermum**
Pyrenoglyphis H.Karst. = **Bactris**
Pyrenophora Vestergr. = **Prunus**

Pyrethraria Pers. ex Steud. = **Cotula**
Pyrethron St.Lag. = **Pyrethrum**
Pyrethrum DC. = **Pyrethrum**
Pyrethrum【3】Hall. 匹菊属 ≒ **Tanacetum;Artemisia** Asteraceae 菊科 [MD-586] 全球 (6) 大洲分布及种数(50) 非洲:1-14;亚洲:17-30;大洋洲:3-16;欧洲:5-18;北美洲:1-14;南美洲:1-14
Pyretrum【-】Burm. 菊科属 Asteraceae 菊科 [MD-586] 全球 (uc) 大洲分布及种数(uc)
Pyreum Gaertn. = **Pygeum**
Pyrgid Lour. = **Ardisia**
Pyrgidium Nyl. = **Pyramidula**
Pyrgil Lour. = **Ardisia**
Pyrgo Lour. = **Ardisia**
Pyrgodera Eckl. & Zeyh. = **Crassula**
Pyrgophyllum【3】(Gagnep.) T.L.Wu & Z.Y.Chen 苞叶姜属 ← **Camptandra;Caulokaempferia;Kaempferia** Zingiberaceae 姜科 [MM-737] 全球 (1) 大洲分布及种数 (cf. 1)◆东亚(◆中国)
Pyrgops Lour. = **Ardisia**
Pyrgosea Eckl. & Zeyh. = **Crassula**
Pyrgus Lour. = **Ardisia**
Pyrhila L. = **Pyrola**
Pyrhopappus DC. = **Pyrrhopappus**
Pyricularia Michx. = **Pyrularia**
Pyriculariopsis D.Löve & D.Löve = **Pedicularis**
Pyrilla L. = **Cyrilla**
Pyriluma【3】(Baill.) Aubrév. 山榄属 ≒ **Planchonella** Sapotaceae 山榄科 [MD-357] 全球 (1) 大洲分布及种数 (cf. 1)◆大洋洲
Pyrinia Warren = **Myrinia**
Pyrocoma Hook. = **Pyrrocoma**
Pyrocydonia Guillaumin = **Schismatoglottis**
Pyro-cydonia Guillaumin = **Schismatoglottis**
Pyrocystis Radlk. = **Porocystis**
Pyrodae C.S.Campb. = **Pyrola**
Pyrodes (Griseb.) Börner = **Luzula**
Pyrodon Vogel = **Pterodon**
Pyrogennema Lunell = **Epilobium**
Pyrola【3】L. 鹿蹄草属 ≒ **Thelaia;Persea** Ericaceae 杜鹃花科[MD-380]全球(6)大洲分布及种数(57-66;hort.1;cult:8)非洲:24;亚洲:42-73;大洋洲:24;欧洲:11-36;北美洲:25-50;南美洲:3-27
Pyrola Scotophila Nutt. = **Pyrola**
Pyrolaceae【3】Lindl. 鹿蹄草科 [MD-385] 全球 (6) 大洲分布和属种数(3;hort. & cult.2)(61-115;hort. & cult.14-20)非洲:2/25;亚洲:3/45-77;大洋洲:2/25;欧洲:2-3/13-39;北美洲:2-3/29-55;南美洲:1-2/3-28
Pyrolirion【3】Herb. 火韭兰属 ← **Amaryllis;Habranthus;Zephyranthes** Amaryllidaceae 石蒜科 [MM-694] 全球 (1) 大洲分布及种数(10)◆南美洲
Pyromaia Türkay = **Pyramia**
Pyromeles Rehder = **Osteomeles**
Pyromitrium Wallr. ex Hampe = **Encalypta**
Pyronema Jack = **Peronema**
Pyronemataceae Corda = Peranemataceae
Pyronia【2】Hort. 小芍药属 ← **Paeonia** Rosaceae 蔷薇科 [MD-246] 全球 (2) 大洲分布及种数(2) 亚洲:1;北美洲:2
Pyrope L. = **Pyrola**
Pyrophorus Costa = **Podophorus**
Pyropsis Hort. ex Fisch.,Mey. & Ave-Lallem. = **Madia**
Pyrorchis【3】D.L.Jones & M.A.Clem. 红喙兰属 ≒ **Cladonia** Orchidaceae 兰科 [MM-723] 全球 (1) 大洲分布及种数(3)◆大洋洲(◆澳大利亚)
Pyrospermum Miq. = **Itea**
Pyrostegia【3】C.Presl 炮仗藤属 ← **Bignonia;Jacaranda;Arrabidaea** Bignoniaceae 紫葳科 [MD-541] 全球 (1) 大洲分布及种数(3)◆南美洲
Pyrostoma G.F.W.Mey. = **Vitex**
Pyrostria【3】Comm. ex Juss. 焰畦茜属 ≒ **Timonius;Rytigynia;Peponidium** Rubiaceae 茜草科 [MD-523] 全球 (6) 大洲分布及种数(68)非洲:55-61;亚洲:12-13;大洋洲:1;欧洲:2-3;北美洲:1-2;南美洲:1
Pyrotheca Steud. = **Physotheca**
Pyrotis【-】Ver.Lib. & R.D.Stone 野牡丹科属 Melastomataceae 野牡丹科 [MD-364] 全球 (uc) 大洲分布及种数(uc)
Pyrrhanthera【3】Zotov 扁芒草属 ← **Danthonia** Poaceae 禾本科 [MM-748] 全球 (1) 大洲分布及种数(cf. 1)◆大洋洲(◆密克罗尼西亚)
Pyrrhanthus【-】Jack 使君子科属 ≒ **Lumnitzera** Combretaceae 使君子科 [MD-354] 全球 (uc) 大洲分布及种数(uc)
Pyrrheima Hassk. = **Siderasis**
Pyrrhobryum (Müll.Hal.) Manül = **Pyrrhobryum**
Pyrrhobryum【3】Mitt. 桧藓属 ≒ **Mnium** Rhizogoniaceae 桧藓科 [B-154] 全球 (6) 大洲分布及种数(13)非洲:3;亚洲:4;大洋洲:8;欧洲:2;北美洲:3;南美洲:2
Pyrrhocactus【3】(A.Berger) Backeb. 吼熊球属 ≒ **Acanthocalycium;Opuntia** Cactaceae 仙人掌科 [MD-100] 全球 (1) 大洲分布及种数(1-15)◆南美洲
Pyrrhocama Hook. = **Pyrrocoma**
Pyrrhocoma Wall. = **Pyrrocoma**
Pyrrhopappus A.Rich. = **Pyrrhopappus**
Pyrrhopappus【3】DC. 火红苣属 ← **Lactuca** Asteraceae 菊科 [MD-586] 全球 (1) 大洲分布及种数(6-12)◆北美洲
Pyrrhosa Endl. = **Horsfieldia**
Pyrrhosia Farw. = **Pyrrosia**
Pyrrhosoma Endl. = **Horsfieldia**
Pyrrhosp Endl. = **Horsfieldia**
Pyrrhospiza Farw. = **Pyrrosia**
Pyrrhotrichia Wight & Arn. = **Eriosema**
Pyrrhozia Underwood = **Pyrrosia**
Pyrrhula Endl. = **Horsfieldia**
Pyrrhura Endl. = **Horsfieldia**
Pyrrocoma【3】Hook. 红毛菀属 ← **Haplopappus;Oonopsis;Aplopappus** Asteraceae 菊科 [MD-586] 全球 (6)大洲分布及种数(18-44;hort.1)非洲:17;亚洲:17;大洋洲:17;欧洲:17;北美洲:17-38;南美洲:2-19
Pyrrorhiza【3】Maguire & Wurdack 血球草属 Haemodoraceae 血草科 [MM-718] 全球 (1) 大洲分布及种数 (1)◆南美洲
Pyrrosia (J.Sm.) K.H.Shing = **Pyrrosia**
Pyrrosia【3】Mirb. 石韦属 ≒ **Cyclophorus;Drymoglossum** Polypodiaceae 水龙骨科 [F-60] 全球 (6)

大洲分布及种数(96-108;hort.1;cult:10)非洲:17-27;亚洲:82-95;大洋洲:16-26;欧洲:7;北美洲:10-18;南美洲:10-18

Pyrrothrix Bremek. = **Strobilanthes**

Pyrrotrichia Baker = **Eriosema**

Pyrsonota Ridl. = **Sericolea**

Pyrularia【3】 Michx. 檀梨属 ≒ **Scleropyrum** Santalaceae 檀香科 [MD-412] 全球 (6) 大洲分布及种数(3)非洲:5;亚洲:2-7;大洋洲:5;欧洲:5;北美洲:1-6;南美洲:5

Pyrulella L. = **Prunella**

Pyrulina Baill. = **Populina**

Pyrus (Pers.) DC. = **Pyrus**

Pyrus【3】 L. 梨属 ← **Mespilus;Adenorachis;Paris** Rosaceae 蔷薇科 [MD-246] 全球 (6) 大洲分布及种数(160-1018;hort.1;cult: 14)非洲:9-55;亚洲:140-212;大洋洲:4-49;欧洲:37-90;北美洲:34-83;南美洲:9-56

Pyrus-cydonia Rehder = **Schismatoglottis**

Pythagorea Lour. = **Lythrum**

Pythamus Raf. = **Euphorbia**

Pythion Mart. = **Amorphophallus**

Pythium Raf. = **Euphorbia**

Pythius Raf. = **Euphorbia**

Python Mart. = **Amorphophallus**

Pythonium Schott = **Amorphophallus**

Pytinicarpa【3】 G.L.Nesom 鹅河菊属 ≒ **Brachyscome** Asteraceae 菊科 [MD-586] 全球 (1) 大洲分布及种数(2-3)◆大洋洲

Pyx Noronha = **Costus**

Pyxa Noronha = **Costus**

Pyxi Noronha = **Costus**

Pyxicola Fenzl = **Sesuvium**

Pyxidantheae Griseb. = **Pyxidanthera**

Pyxidanthera【3】 Michx. 岩樱属 ≒ **Lepuropetalon** Diapensiaceae 岩梅科 [MD-405] 全球 (1) 大洲分布及种数(2-3)◆北美洲(◆美国)

Pyxidaria Gled. = **Trichomanes**

Pyxidaria P. & K. = **Lindernia**

Pyxidaria Schott = **Lecythis**

Pyxidium Moq. = **Acroglochin**

Pyxipoma Fenzl = **Sesuvium**

Pyza Noronha = **Costus**

P

Qasimia Kunth = **Asimina**
Qiongzhuea【3】(T.H.Wen & Ohrnb.) Hsüh & T.P.Yi 筇竹属 ← **Chimonobambusa** Poaceae 禾本科 [MM-748] 全球 (1) 大洲分布及种数(2-3)◆亚洲
Qnosma L. = **Onosma**
Quadrangula Baum.Bod. = **Gymnostoma**
Quadrangulare Baum.Bod. = **Gymnostoma**
Quadrania Ruiz & Pav. = **Vismia**
Quadrasia Elmer = **Mercurialis**
Quadratia Elmer = **Claoxylon**
Quadrella (DC.) Iltis = **Quadrella**
Quadrella【3】J.S.Presl 白花菜属 ≒ **Capparicordis** Capparaceae 山柑科 [MD-178] 全球 (1) 大洲分布及种数(6)◆北美洲
Quadria Mutis = **Vismia**
Quadria Ruiz & Pav. = **Gevuina**
Quadriala Sieb. & Zucc. = **Buckleya**
Quadrialata Sieb. & Zucc. = **Buckleya**
Quadribractea【3】Orchard 团菊属 Asteraceae 菊科 [MD-586] 全球 (1) 大洲分布及种数(1)◆非洲
Quadricosta Dulac = **Ludwigia**
Quadrifaria Manctti ex Gord. = **Araucaria**
Quadrig Ruiz & Pav. = **Vismia**
Quadrina Ruiz & Pav. = **Vismia**
Quadripterygium【3】Tardieu 亚洲白卫矛属 Celastraceae 卫矛科 [MD-339] 全球 (1) 大洲分布及种数(uc)◆大洋洲
Quadrus Ruiz & Pav. = **Vismia**
Quaesticula【3】R.H.Zander 墨西哥丛藓属 Pottiaceae 丛藓科 [B-133] 全球 (1) 大洲分布及种数(1)◆北美洲
Quaiacum G.A.Scop. = **Guaiacum**
Qualea【3】Aubl. 木豆蔻属 → **Lozania;Erisma;Ruizterania** Vochysiaceae 萼囊花科 [MD-314] 全球 (1) 大洲分布及种数(55-63)◆南美洲
Quamasia【3】Raf. 糠米百合属 ≒ **Camassia** Asparagaceae 天门冬科 [MM-669] 全球 (1) 大洲分布及种数(1)◆北美洲
Quamassia Raf. = **Camassia**
Quamoclidion【3】Choisy 紫茉莉属 ← **Mirabilis** Nyctaginaceae 紫茉莉科 [MD-107] 全球 (1) 大洲分布及种数(1-4)◆北美洲
Quamoclit (Cerv.) House = **Quamoclit**
Quamoclit【2】Mill. 茑萝属 ≒ **Convolvulus;Ipomoea;** Convolvulaceae 旋花科 [MD-499] 全球 (5) 大洲分布及种数(6-7)非洲:2;亚洲:2-3;大洋洲:cf.1;北美洲:4;南美洲:3
Quamoclita Raf. = **Xenostegia**
Quamoclitia Lowe = **Quamoclit**
Quamoclitium Lowe = **Quamoclidion**
Quapira Aubl. = **Guapira**
Quapoja Batsch = **Quapoya**
Quapoya【3】Aubl. 书带木属 ← **Clusia;Renggeria** Clusiaceae 藤黄科 [MD-141] 全球 (1) 大洲分布及种数(2-4)◆南美洲
Quaqua【3】N.E.Br. 南蛮角属 ← **Caralluma;Stapelia;Pectinaria** Apocynaceae 夹竹桃科 [MD-492] 全球 (1) 大洲分布及种数(18-20)◆非洲
Quararibaea Aubl. = **Quararibea**
Quararibea【3】Aubl. 搅棒树属 → **Matisia;Myrodia** Bombacaceae 木棉科 [MD-201] 全球 (1) 大洲分布及种数(61-83)◆南美洲
Quarena Raf. = **Cordia**
Quartinia A.Rich. = **Rotala**
Quasiantennaria【-】R.J.Bayer & M.O.Dillon 菊科属 Asteraceae 菊科 [MD-586] 全球 (uc) 大洲分布及种数(uc)
Quassia【3】L. 红雀椿属 ≒ **Picrasma** Simaroubaceae 苦木科 [MD-424] 全球 (6) 大洲分布及种数(18-36)非洲:9-11;亚洲:3-7;大洋洲:3-5;欧洲:1-2;北美洲:2-5;南美洲:10-24
Quassiaceae Bertol. = Simaroubaceae
Quaternella【3】Ehrh. 灰卷耳属 ≒ **Moenchia** Amaranthaceae 苋科 [MD-116] 全球 (1) 大洲分布及种数(3)◆南美洲
Quaternella Pedersen = **Quaternella**
Quathlamba Magill = **Neosharpiella**
Quebitea Aubl. = **Piper**
Quebrachia Griseb. = **Schinopsis**
Quechua【3】Salazar & L.Jost 南美速兰属 ≒ **Cyclopogon** Orchidaceae 兰科 [MM-723] 全球 (1) 大洲分布及种数(cf.1)◆南美洲
Quechualia【3】H.Rob. 毛喉斑鸠菊属 Asteraceae 菊科 [MD-586] 全球 (1) 大洲分布及种数(4)◆南美洲
Quechuamyia Alexander = **Quechualia**
Quedara Cothen. = **Chaerophyllum**
Queenslandiella【3】Domin 芳香莎属 ← **Cyperus;Dichostylis** Cyperaceae 莎草科 [MM-747] 全球 (1) 大洲分布及种数(1)◆非洲
Queirozia Blanco = **Crotalaria**
Quekettia【3】Lindl. 快特兰属 → **Capanemia;Stictophyllorchis** Orchidaceae 兰科 [MM-723] 全球 (1) 大洲分布及种数(6-7)◆南美洲
Quelchia【3】N.E.Br. 团菊木属 Asteraceae 菊科 [MD-586] 全球 (1) 大洲分布及种数(5)◆南美洲
Queltia Salisb. = **Narcissus**
Quelusia Vand. = **Fuchsia**
Quenta Salisb. = **Narcissus**
Quentalia Stoll = **Quetzalia**
Quera Cothen. = **Chaerophyllum**
Quercaceae Martinov = Nothofagaceae
Quercifilix【3】Copel. 轴脉蕨属 Dryopteridaceae 鳞毛蕨科 [F-49] 全球 (1) 大洲分布及种数(1)◆东亚(◆中国)
Quercus (Endl.) örst. = **Quercus**
Quercus【3】L. 栎属 → **Castanopsis;Fagus;Ocotea** Fagaceae 壳斗科 [MD-69] 全球 (6) 大洲分布及种数(611-869;hort.1;cult: 285)非洲:59-274;亚洲:382-690;大洋洲:43-258;欧洲:113-338;北美洲:393-651;南美洲:43-260

Queria L. = **Minuartia**
Quesmea【-】E.Knobloch 凤梨科属 Bromeliaceae 凤梨科 [MM-715] 全球 (uc) 大洲分布及种数(uc)
Quesnelia Billbergiopsis Mez = **Quesnelia**
Quesnelia【3】Gaud. 丽冠凤梨属 ← **Aechmea;Pitcairnia;Ronnbergia** Bromeliaceae 凤梨科 [MM-715] 全球 (1) 大洲分布及种数(26-28)◆南美洲
Quesregelia【-】Carrone 凤梨科属 Bromeliaceae 凤梨科 [MM-715] 全球 (uc) 大洲分布及种数(uc)
Questa Salisb. = **Narcissus**
Quetzalia【3】Lundell 番假卫矛属 Celastraceae 卫矛科 [MD-339] 全球 (1) 大洲分布及种数(11)◆北美洲
Quezelia H.Scholz = **Quezeliantha**
Quezeliantha【3】H.Scholz 撒哈拉芥属 Brassicaceae 十字花科 [MD-213] 全球 (1) 大洲分布及种数(1)◆非洲
Quiabentia【3】Britton & Rose 船夫掌属 ← **Grusonia** Cactaceae 仙人掌科 [MD-100] 全球 (1) 大洲分布及种数(2)◆南美洲
Quidproquo Greuter & Burdet = **Raphanus**
Quiducia Gagnep. = **Silvianthus**
Quiina【3】Aubl. 绒子树属 ← **Ilex;Guinetia;Lacunaria** Quiinaceae 羽叶树科 [MD-112] 全球 (1) 大洲分布及种数(41-52)◆南美洲
Quiinaceae【3】Choisy 羽叶树科 [MD-112] 全球 (1) 大洲分布和属种数(4/59-70)◆南美洲
Quilamum Blanco = **Crypteronia**
Quilesia Blanco = **Dichapetalum**
Quiliusa Hook.f. = **Fuchsia**
Quillaia Molina = **Quillaja**
Quillaja【3】Molina 皂皮树属 Quillajaceae 皂皮树科 [MD-244] 全球 (1) 大洲分布及种数(3)◆南美洲
Quillajaceae【3】D.Don 皂皮树科 [MD-244] 全球 (1) 大洲分布和属种数(1;hort. & cult.1)(3;hort. & cult.1)◆南美洲
Quillajeae Endl. = **Quillaja**
Quilta Salisb. = **Narcissus**
Quinaria Lour. = **Parthenocissus**
Quinasis Raf. = **Polylepis**
Quinata Medik. = **Machaerium**
Quinchamala Willd. = **Quinchamalium**
Quinchamalium Juss. = **Quinchamalium**
Quinchamalium【3】Molina 金檀草属 → **Arjona** Schoepfiaceae 青皮木科 [MD-370] 全球 (1) 大洲分布及种数(19-20)◆南美洲
Quincula【3】Raf. 紫酸浆属 ← **Physalis** Solanaceae 茄科 [MD-503] 全球 (1) 大洲分布及种数(1)◆北美洲
Quindina A.DC. = **Quintinia**
Quinella Raf. = **Quincula**
Quinetia【3】Cass. 紫鼠麴属 Asteraceae 菊科 [MD-586] 全球 (1) 大洲分布及种数(1-2)◆大洋洲(◆澳大利亚)
Quinio Schlechtd. = **Cocculus**
Quinquefolium Ség. = **Potentilla**
Quinquelobus Benj. = **Benjaminia**
Quinquelocularia K.Koch = **Campanula**
Quinqueremulus【3】Paul G.Wilson 线鼠麴属 Asteraceae 菊科 [MD-586] 全球 (1) 大洲分布及种数(1)◆大洋洲(◆澳大利亚)
Quinquina Böhm. = **Cinchona**
Quinta Herrich-Schäffer = **Quiina**
Quintilia Endl. = **Miquelia**
Quintinia【2】A.DC. 负鼠木属 Paracryphiaceae 盔被花科 [MD-279] 全球 (3) 大洲分布及种数(18-32)非洲:3-12;亚洲:2-11;大洋洲:14-26
Quintiniaceae【2】Doweld 眠树科 [MD-332] 全球 (3) 大洲分布和属种数(1;hort. & cult.1)(17-32;hort. & cult.1)非洲:1/3-12;亚洲:1/2-11;大洋洲:1/14-26
Quiotania【3】Zarucchi 飘香藤属 ≒ **Mandevilla** Apocynaceae 夹竹桃科 [MD-492] 全球 (1) 大洲分布及种数(1)属分布和种数(uc)◆南美洲
Quipuanthus【3】Michelang. & C.Ulloa 奎牡丹属 Melastomataceae 野牡丹科 [MD-364] 全球 (1) 大洲分布及种数(1)◆南美洲
Quirina Raf. = **Cuphea**
Quiris Raf. = **Cuphea**
Quirivelia Poir. = **Ichnocarpus**
Quirosia Blanco = **Crotalaria**
Quisavola【-】J.M.H.Shaw 兰科属 Orchidaceae 兰科 [MM-723] 全球 (uc) 大洲分布及种数(uc)
Quischilis【-】J.M.H.Shaw 兰科属 Orchidaceae 兰科 [MM-723] 全球 (uc) 大洲分布及种数(uc)
Quisqualis Exell = **Quisqualis**
Quisqualis【3】L. 使君子属 ≒ **Kleinia** Combretaceae 使君子科 [MD-354] 全球 (6) 大洲分布及种数(10-16) 非洲:5-7;亚洲:4-6;大洋洲:1;欧洲:cf.1;北美洲:1;南美洲:cf.1
Quisqueya【2】Dod 紫薇兰属 ≒ **Broughtonia** Orchidaceae 兰科 [MM-723] 全球 (4) 大洲分布及种数(1-4) 非洲;亚洲;欧洲;北美洲
Quisquilius L. = **Quisqualis**
Quisumbingara Garay & H.R.Sw. = **Ferreyranthus**
Quisumbingia【3】Merr. 芳香萝藦属 Apocynaceae 夹竹桃科 [MD-492] 全球 (1) 大洲分布及种数(uc)◆大洋洲
Quivisia Comm. ex Juss. = **Turraea**
Quivisianthe Baill. = **Trichilia**
Quixaba Medik. = **Machaerium**
Quoya Gaud. = **Pityrodia**
Qveria L. = **Minuartia**

Rabdochloa P.Beauv. = **Leptochloa**
Rabdophyllum Van Tiegh. = **Rhabdophyllum**
Rabdosia Amethystoides Benth. = **Isodon**
Rabdosiella【3】 Codd 鞘蕊花属 ← **Isodon** Lamiaceae 唇形科 [MD-575] 全球 (1) 大洲分布及种数(1)◆非洲
Rabenhorstia Rchb. = **Berzelia**
Rabidosa Hassk. = **Isodon**
Rabiea【3】 N.E.Br. 旭波玉属 ≒ **Khadia;Nananthus** Aizoaceae 番杏科 [MD-94] 全球 (1) 大洲分布及种数(6)◆非洲
Rabula Udar & Kumar,Dhirendra = **Radula**
Racapa M.Röm. = **Carapa**
Racaria Aubl. = **Talisia**
Racelopodopsis Thér. = **Pogonatum**
Racelopus Dozy & Molk. = **Pogonatum**
Racemaria Raf. = **Talisia**
Racemobambos【2】 Holttum 总序竹属 → **Ampelocalamus;Arundinaria** Poaceae 禾本科 [MM-748] 全球 (4) 大洲分布及种数(16-20)非洲:6-8;亚洲:10-12;大洋洲:1;欧洲:1
Racenisia Salisb. = **Gladiolus**
Rachelia【3】 J.M.Ward & Breitw. 腋头紫绒草属 Asteraceae 菊科 [MD-586] 全球 (1) 大洲分布及种数(cf.1)◆大洋洲
Rachia Klotzsch = **Begonia**
Rachias Klotzsch = **Begonia**
Rachicallis【3】 DC. 美刺茜属 ← **Arcytophyllum;Rhachicallis;Mallostoma** Rubiaceae 茜草科 [MD-523] 全球 (1) 大洲分布及种数(3)◆北美洲
Rachovia Klotzsch = **Begonia**
Rachunia【3】 D.J.Middleton & C.Puglisi 仙人掌科属 Cactaceae 仙人掌科 [MD-100] 全球 (1) 大洲分布及种数(1)◆亚洲
Rachycentron Pomel = **Centaurea**
Raciborskanthos Szlach. = **Cleisostoma**
Racinaea【3】 M.A.Spencer & L.B.Sm. 叉序凤梨属 ← **Catopsis;Tillandsia** Bromeliaceae 凤梨科 [MM-715] 全球 (1) 大洲分布及种数(65-79)◆南美洲
Racindsia【-】 Takiz. 凤梨科属 Bromeliaceae 凤梨科 [MM-715] 全球 (uc) 大洲分布及种数(uc)
Racka【-】 J.F.Gmel. 海榄雌科属 ≒ **Avicennia** Avicenniaceae 海榄雌科 [MD-569] 全球 (uc) 大洲分布及种数(uc)
Raclathris Raf. = **Hackelia**
Racletia Adans. = **Reaumuria**
Racocarpaceae Kindb. = Rhacocarpaceae
Racoma M.Röm. = **Carapa**
Racomitrium (A.Chev.) Bednarek-Ochyra = **Racomitrium**
Racomitrium【3】 Brid. 砂藓属 ≒ **Orthotrichum** Grimmiaceae 紫萼藓科 [B-115] 全球 (6) 大洲分布及种数(101)非洲:36;亚洲:33;大洋洲:25;欧洲:31;北美洲:37;南美洲:42
Racopilaceae【3】Kindb. 卷柏藓科 [B-156] 全球 (5) 大洲分布和属种数(2/59)亚洲:2/19;大洋洲:2/21;欧洲:1/4;北美洲:1/5;南美洲:1/7
Racopilum【3】 P.Beauv. 卷柏藓属 ≒ **Leskea;Powellia** Racopilaceae 卷柏藓科 [B-156] 全球 (6) 大洲分布及种数(53)非洲:26;亚洲:18;大洋洲:15;欧洲:4;北美洲:5;南美洲:7
Racosperma【3】 (DC.) Mart. 山相思树属 → **Abarema;Senegalia** Fabaceae 豆科 [MD-240] 全球 (6) 大洲分布及种数(292-294)非洲:11-24;亚洲:24-41;大洋洲:287-300;欧洲:7-20;北美洲:29-42;南美洲:17-30
Racoubea Aubl. = **Homalium**
Racua J.F.Gmel. = **Avicennia**
Radackia【3】 Cham. & Endl. 贝壳花属 ≒ **Moluccella** Fabaceae3 蝶形花科 [MD-240] 全球 (1) 大洲分布及种数(uc)属分布和种数(uc)◆大洋洲
Radaisia Weber-van Bosse,A. = **Ramisia**
Radamaea【3】 Benth. 马岛林列当属 ← **Centranthera; Leucosalpa** Orobanchaceae 列当科 [MD-552] 全球 (1) 大洲分布及种数(3-4)◆非洲(◆马达加斯加)
Radara Walker = **Radyera**
Radcliffea【3】 Petra Hoffm. & K.Wurdack 马达大戟属 Euphorbiaceae 大戟科 [MD-217] 全球 (1) 大洲分布及种数(1)◆非洲(◆马达加斯加)
Raddia【3】 Bertol. 玉米竺属 ≒ **Radula;Arberella** Poaceae 禾本科 [MM-748] 全球 (6) 大洲分布及种数(13)非洲:4;亚洲:4;大洋洲:4;欧洲:4;北美洲:3-7;南美洲:12-16
Raddiella【3】 Swallen 小黍竺属 ← **Olyra;Parodiolyra** Poaceae 禾本科 [MM-748] 全球 (1) 大洲分布及种数(15)◆南美洲
Raddisia Leandro = **Salacia**
Rademachia Steud. = **Artocarpus**
Radermachera【3】 Zoll. & Mor. 菜豆树属 ← **Bignonia;Mayodendron;Pauldopia** Bignoniaceae 紫葳科 [MD-541] 全球 (1) 大洲分布及种数(12-22)◆亚洲
Radermachia Thunb. = **Artocarpus**
Radesmachera Zoll. & Mor. = **Radermachera**
Radfordia DC. = **Rumfordia**
Radia A.Rich ex Kunth = **Mimusops**
Radiana Raf. = **Cypselea**
Radiata Medik. = **Medicago**
Radicula【-】 Dill. ex Mönch 十字花科属 ≒ **Nasturtium;Armoracia** Brassicaceae 十字花科 [MD-213] 全球 (uc) 大洲分布及种数(uc)
Radimella Swallen = **Raddiella**
Radinocion Ridl. = **Rangaeris**
Radinosiphon【3】 N.E.Br. 美冠鸢尾属 ← **Tritonia; Acidanthera;Gladiolus** Iridaceae 鸢尾科 [MM-700] 全球 (1) 大洲分布及种数(3)◆非洲
Radiogrammitis【3】 Parris 辐禾蕨属 Polypodiaceae 水龙骨科 [F-60] 全球 (1) 大洲分布及种数(1-7)◆东亚(◆中国)
Radiola【3】 Hill 侏儒麻属 ← **Linum;Rhodiola** Linaceae 亚麻科 [MD-315] 全球 (1) 大洲分布及种数

(1)◆欧洲
Radiovittaria【2】(Benedict) E.H.Crane 辐带蕨属 ≒ **Vittaria** Pteridaceae 凤尾蕨科 [F-31] 全球 (2) 大洲分布及种数(8)北美洲:5;南美洲:7
Radissima Rchb. = **Sophora**
Radius Rchb. = **Sophora**
Radiusia Rchb. = **Sophora**
Radjah Noronha = **Mimusops**
Radlkofera【3】Gilg 拉氏无患子属 Sapindaceae 无患子科 [MD-428] 全球 (1) 大洲分布及种数(1)◆非洲
Radlkoferella Pierre = **Pouteria**
Radlkoferotoma【3】P. & K. 玫菊木属 ≒ **Ageratum** Asteraceae 菊科 [MD-586] 全球 (1) 大洲分布及种数(3)◆南美洲
Radojitskya Turcz. = **Lachnaea**
Radsia Wood = **Raddia**
Radsiella Swallen = **Raddiella**
Radula (C.Massal.) R.M.Schust. ex K.Yamada & Piippo = **Radula**
Radula【3】Udar & Kumar,Dhirendra 扁萼苔属 ≒ **Rotula;Monoporus** Radulaceae 扁萼苔科 [B-81] 全球 (6) 大洲分布及种数(131-166)非洲:19-89;亚洲:56-132;大洋洲:40-112;欧洲:10-75;北美洲:25-90;南美洲:39-119
Radulaceae【3】Udar & Kumar 扁萼苔科 [B-81] 全球(6)大洲分布和属种数(1/130-231)非洲:1/19-89;亚洲:1/56-132;大洋洲:1/40-112;欧洲:1/10-75;北美洲:1/25-90;南美洲:1/39-119
Radulina【2】W.R.Buck & B.C.Tan 细锯齿藓属 Sematophyllaceae 锦藓科 [B-192] 全球 (5) 大洲分布及种数(6) 非洲:2;亚洲:4;大洋洲:5;欧洲:1;北美洲:2
Radulinae R.M.Schust. = **Radulina**
Radulineae R.M.Schust. = **Radulina**
Radyera【2】Bullock 沙玫葵属 ← **Hibiscus** Malvaceae 锦葵科 [MD-203] 全球 (3) 大洲分布及种数(2-3)非洲:1;亚洲:cf.1;大洋洲:1
Raffenaldia【3】Godr. 非洲芥属 ← **Raphanus** Brassicaceae 十字花科 [MD-213] 全球 (1) 大洲分布及种数(2)◆非洲
Raffilesia R.Br. ex A.Gray = **Rafflesia**
Rafflesia Brown,Robert & Gray,Samuel Frederick = **Rafflesia**
Rafflesia【3】R.Br. 大花草属 Rafflesiaceae 大花草科 [MD-147] 全球 (1) 大洲分布及种数(4-28)◆亚洲
Rafflesiaceae【3】Dum. 大花草科 [MD-147] 全球 (6) 大洲分布和属种数(5-6/33-86)非洲:1-3/1-3;亚洲:4-5/9-38;大洋洲:1-3/2-5;欧洲:2/2;北美洲:1-3/9-11;南美洲:2-3/16-22
Rafinesqueara【-】J.M.H.Shaw 兰科属 Orchidaceae 兰科 [MM-723] 全球 (uc) 大洲分布及种数(uc)
Rafinesquia【3】Nutt. 雪苣属 ≒ **Hosackia;Satureja** Asteraceae 菊科 [MD-586] 全球 (1) 大洲分布及种数(3-4)◆北美洲(◆美国)
Rafnia【3】Thunb. 雷夫豆属 → **Baptisia;Spartium** Fabaceae 豆科 [MD-240] 全球 (1) 大洲分布及种数(21-32)◆非洲
Ragala Pierre = **Chrysophyllum**
Raganara【-】auct. 兰科属 Orchidaceae 兰科 [MM-723] 全球 (uc) 大洲分布及种数(uc)
Ragatelus C.Presl = **Trichomanes**
Ragiopteris C.Presl = **Onoclea**
Ragmus Dulac = **Circaea**
Rahnella Pabst & P.I.S.Braga = **Rauhiella**
Rahowardiana D´Arcy = **Juanulloa**
Raia Cothen. = **Rajania**
Raiania G.A.Scop. = **Ramonia**
Raillardella (A.Gray) A.Gray = **Raillardella**
Raillardella【3】Benth. 小轮菊属 ← **Anisocarpus; Railliardia** Asteraceae 菊科 [MD-586] 全球 (1) 大洲分布及种数(4-8)◆北美洲(◆美国)
Raillardiopsis Rydb. = **Raillardella**
Railliardia【3】Gaud. 花旗蟹甲菊属 ≒ **Dubautia** Asteraceae 菊科 [MD-586] 全球 (1) 大洲分布及种数(2-14)◆北美洲(◆美国)
Railliautia Sherff = **Dubautia**
Raimannia Rose = **Oenothera**
Raimondia【3】Saff. 柱番荔枝属 ← **Annona** Annonaceae 番荔枝科 [MD-7] 全球 (1) 大洲分布及种数(4-10)◆南美洲
Raimondianthus Harms = **Chaetocalyx**
Raimundochloa A.M.Molina = **Rostraria**
Raineria【-】De Not. 壶藓科属 Splachnaceae 壶藓科 [B-143] 全球 (uc) 大洲分布及种数(uc)
Rainiera【3】Greene 长序蟹甲草属 ← **Luina;Prenanthes;Psacalium** Asteraceae 菊科 [MD-586] 全球 (1) 大洲分布及种数(1)◆北美洲(◆美国)
Raja Burm. = **Rajania**
Rajahia L. = **Rajania**
Rajania【3】L. 闭果薯蓣属 ≒ **Dioscorea;Akebia** Asparagaceae 天门冬科 [MM-669] 全球 (1) 大洲分布及种数(3-9)◆北美洲
Raje Mill. = **Brassica**
Rakanea Aubl. = **Rapanea**
Rakhia P.Beauv. = **Raphia**
Ralf Mill. = **Brassica**
Rama L. = **Nama**
Ramal Pierre = **Chrysophyllum**
Ramanella Stoliczka = **Rhamnella**
Ramasamyara【-】auct. 兰科属 Orchidaceae 兰科 [MM-723] 全球 (uc) 大洲分布及种数(uc)
Ramatuela Kunth = **Terminalia**
Ramatuella Kunth = **Terminalia**
Ramberlea【-】Halda 苦苣苔科属 Gesneriaceae 苦苣苔科 [MD-549] 全球 (uc) 大洲分布及种数(uc)
Ramboldia Mirb. = **Ophioglossum**
Ramelia Baill. = **Bocquillonia**
Rameya Baill. = **Chondrodendron**
Ramirezella【3】Rose 墨花豆属 ← **Phaseolus;Vigna** Fabaceae 豆科 [MD-240] 全球 (1) 大洲分布及种数(9)◆北美洲
Ramirezia A.Rich. = **Poeppigia**
Ramischia Opiz = **Orthilia**
Ramisia【3】Glaz. 糠柔木属 Nyctaginaceae 紫茉莉科 [MD-107] 全球 (1) 大洲分布及种数(1-9)◆南美洲
Ramium P. & K. = **Boehmeria**
Ramona Greene = **Salvia**
Ramonadoxa【3】Paudyal & Delprete 刺枝茜属 Rubiaceae 茜草科 [MD-523] 全球 (1) 大洲分布及种数(cf.1)◆北美洲

R

Ramonda Carül = **Ramonda**
Ramonda【3】 Rich. 欧洲苣苔属 Gesneriaceae 苦苣苔科 [MD-549] 全球 (1) 大洲分布及种数(1-4)◆欧洲
Ramondaceae Godr. = Polypremaceae
Ramondia Mirb. = **Lygodium**
Ramonia【3】 Schltr. 碗唇兰属 ≒ **Baptisia** Orchidaceae 兰科 [MM-723] 全球 (1) 大洲分布及种数(uc)◆非洲
Ramorinoa【3】 Speg. 刺枝檀属 Fabaceae 豆科 [MD-240] 全球 (1) 大洲分布及种数(1)◆南美洲(◆阿根廷)
Ramosia【3】 Merr. 刺枝禾属 Poaceae 禾本科 [MM-748] 全球 (1) 大洲分布及种数(uc)◆大洋洲
Ramosmania【3】 Tirveng. & Verdc. 蓝茜树属 ≒ **Randia** Rubiaceae 茜草科 [MD-523] 全球 (1) 大洲分布及种数(2)◆非洲
Ramotha Raf. = **Xyris**
Ramp Mill. = **Brassica**
Ramphia Latreille = **Raphia**
Ramphicarpa Rchb. = **Rhamphicarpa**
Ramphidia Miq. = **Hetaeria**
Ramphocarpus Neck. = **Geranium**
Rampholepis Stapf = **Rhaphiolepis**
Ramphospermum Andrz. ex Rchb. = **Brassica**
Rampinia C.B.Clarke = **Herpetospermum**
Ramsaia W.Anders. ex R.Br. = **Ramonia**
Ramsdenia Britton = **Phyllanthus**
Ramspekia G.A.Scop. = **Posoqueria**
Ramtilla DC. = **Guizotia**
Ramularia Vestergr. = **Rosularia**
Ramulina W.R.Buck & B.C.Tan = **Radulina**
Ramusia E.Mey. = **Peristrophe**
Rana Brign. = **Euchlaena**
Ranalisma【2】 Stapf 毛茛泽泻属 ← **Echinodorus** Alismataceae 泽泻科 [MM-597] 全球 (2) 大洲分布及种数(3-4)非洲:1;亚洲:1-2
Ranapalus Kellogg = **Bacopa**
Ranaria Cham. = **Bacopa**
Ranatra Cham. = **Bacopa**
Rancagua Pöpp. & Endl. = **Lasthenia**
Randactyle Schelpe = **Rangaeris**
Randallia Desv. = **Eriocaulon**
Randia Hook.f. = **Randia**
Randia【3】L.蓝茜树属→**Villaria;Duroia;Phyllanthus** Rubiaceae 茜草科 [MD-523] 全球 (6) 大洲分布及种数(116-196;hort.1;cult:1)非洲:4-31;亚洲:17-48;大洋洲:2-22;欧洲:14;北美洲:80-102;南美洲:34-49
Randiaceae Martinov = Naucleaceae
Randonia【3】Coss. 刺樨草属 ← **Ochradenus;Aoranthe** Resedaceae 木樨草科 [MD-196] 全球 (1) 大洲分布及种数(1-4)◆非洲
Ranella Barnhart = **Utricularia**
Ranevea L.H.Bailey = **Ravenea**
Raneya Baill. = **Triclisia**
Rangaeris【3】 (Schltr.) Summerh. 朗加兰属 ← **Aerangis;Listrostachys;Angraecopsis** Orchidaceae 兰科 [MM-723] 全球 (1) 大洲分布及种数(8)◆非洲
Rangia Griseb. = **Rungia**
Rangium Juss. = **Forsythia**
Ranguna Fourr. = **Randia**
Ranidae L. = **Randia**
Ranidina L. = **Randia**
Ranilia Bl. = **Camellia**
Raninoides Mill. = **Jatropha**
Ranisia Salisb. = **Gladiolus**
Ranodon Rabenh. = **Schistidium**
Ranoides Mill. = **Hippophae**
Ranopisoa【3】 J.F.Leroy 硬核木属 ← **Oftia** Scrophulariaceae 玄参科 [MD-536] 全球 (1) 大洲分布及种数(1)◆非洲
Ranorchis D.L.Jones & M.A.Clem. = **Pterostylis**
Ranuculus Mill. = **Phyteuma**
Ranugia P. & K. = **Psiguria**
Ranula Fourr. = **Ranunculus**
Ranularia Lam. = **Rosularia**
Ranulina W.R.Buck & B.C.Tan = **Radulina**
Ranunculaceae【3】Juss. 毛茛科 [MD-38] 全球 (6) 大洲分布和属种数(53-59;hort. & cult.34-36)(3547-6075;hort. & cult.748-1173)非洲:15-40/295-850;亚洲:41-51/2132-3123;大洋洲:14-39/232-830;欧洲:22-39/1289-2016;北美洲:32-43/694-1260;南美洲:15-39/223-710
Ranunculastrum Fourr. = **Trollius**
Ranunculus【3】(Tourn.)L.毛茛属→**Adonis;Fumaria;Phyteuma** Ranunculaceae 毛茛科 [MD-38] 全球 (6) 大洲分布及种数(1506-2001;hort.1;cult: 98)非洲:121-289;亚洲:487-742;大洋洲:123-344;欧洲:930-1232;北美洲:175-334;南美洲:114-249
Ranunum Juss. = **Forsythia**
Ranzania【3】 T.Itô 兰山草属 ≒ **Podophyllum** Berberidaceae 小檗科 [MD-45] 全球 (1) 大洲分布及种数(cf. 1)◆亚洲(◆日本)
Ranzaniaceae【3】Takht. 草檗科 [MD-47] 全球 (1) 大洲分布和属种数(1;hort. & cult.1)(1;hort. & cult.1)◆亚洲
Raoella L. = **Roella**
Raoulia【3】 Hook.f. 藓菊属 ← **Antennaria;Helichrysum;Psychrophyton** Asteraceae 菊科 [MD-586] 全球 (1) 大洲分布及种数(18-30)◆大洋洲
Raoulii Hook.f. = **Raoulia**
Raouliopsis【3】 S.F.Blake 类藓菊属 Asteraceae 菊科 [MD-586] 全球 (1) 大洲分布及种数(2)◆南美洲(◆哥伦比亚)
Rapa Mill. = **Brassica**
Rapala Pierre = **Chrysophyllum**
Rapana Aubl. = **Rapanea**
Rapanea (Juss.) T.Yamaz. = **Rapanea**
Rapanea【3】 Aubl. 密花树属 ← **Myrsine;Ardisia** Primulaceae 报春花科 [MD-401] 全球 (6) 大洲分布及种数(83-211)非洲:5-38;亚洲:32-60;大洋洲:34-116;欧洲:16;北美洲:22-39;南美洲:21-49
Raparia F.K.Mey. = **Thlaspi**
Raparna F.K.Mey. = **Thlaspi**
Rapatea【3】 Aubl. 泽蔺花属 → **Cephalostemon;Monotrema;Duckea** Rapateaceae 泽蔺花科 [MM-713] 全球 (1) 大洲分布及种数(23-26)◆南美洲
Rapateaceae B.Maguire = Rapateaceae
Rapateaceae【3】Dum. 泽蔺花科 [MM-713] 全球 (6) 大洲分布和属种数(18;hort. & cult.1)(110-123;hort. & cult.2)非洲:1-2/1-6;亚洲:2/6;大洋洲:1/5;欧洲:1/5;北美洲:1-2/1-6;南美洲:17/108-117
Raphanaceae Horan. = Brassicaceae

R

Raphanis Dod. ex Mönch = **Armoracia**
Raphanistrocarpus (Baill.) Pax = **Momordica**
Raphanistrum Mill. = **Raphanus**
Raphanocarpus Hook.f. = **Momordica**
Raphanorhyncha【3】 Rollins 萝卜秧属 Brassicaceae 十字花科 [MD-213] 全球 (1) 大洲分布及种数(1)◆北美洲(◆墨西哥)
Raphanus【3】 L. 萝卜属 → **Armoracia;Durandea; Sinapis** Brassicaceae 十字花科 [MD-213] 全球 (6) 大洲分布及种数(7-9;hort.1;cult:2)非洲:3-6;亚洲:5-9;大洋洲:2-5;欧洲:4-7;北美洲:2-5;南美洲:2-5
Raphanus O.E.Schulz = **Raphanus**
Raphelingia Dum. = **Ornithogalum**
Raphia【3】 P.Beauv. 酒椰属 ← **Metroxylon;Paphia; Agapetes** Arecaceae 棕榈科 [MM-717] 全球 (6) 大洲分布及种数(18-26;hort.1;cult: 1)非洲:17-28;亚洲:7-10;大洋洲:1-4;欧洲:3;北美洲:6-9;南美洲:3-6
Raphiacme K.Schum. = **Raphionacme**
Raphidiocystis【3】 Hook.f. 针囊葫芦属 ← **Cucumis; Physedra** Cucurbitaceae 葫芦科 [MD-205] 全球 (1) 大洲分布及种数(5)◆非洲
Raphidium Mitt. = **Rhamphidium**
Raphidoce Salisb. = **Allium**
Raphidophora Hassk. = **Rhaphidophora**
Raphidophyllum【-】 Hochst. 玄参科属 ≒ **Sopubia** Scrophulariaceae 玄参科 [MD-536] 全球 (uc) 大洲分布及种数(uc)
Raphidorhynchus Finet = **Microcoelia**
Raphidospora Hassk. = **Rhaphidophora**
Raphiinae H.Wendl. = **Allium**
Raphinastrum Mill. = **Raphanus**
Raphiocarpus【3】 Chun 肋蒴苣苔属 Gesneriaceae 苦苣苔科 [MD-549] 全球 (1) 大洲分布及种数(13-15)◆亚洲
Raphiodon Benth. = **Rhaphiodon**
Raphiolepis Lindl. = **Rhaphiolepis**
Raphionacme【3】 Harv. 澳非萝藦属 ← **Brachystelma** Apocynaceae 夹竹桃科 [MD-492] 全球 (1) 大洲分布及种数(32-40)◆非洲
Raphione Sahsb. = **Allium**
Raphiostyles Benth. & Hook.f. = **Rhaphiostylis**
Raphis Batsch = **Chrysopogon**
Raphisanthe Lilja = **Blumenbachia**
Raphistemma【3】 Wall. 大花藤属 ← **Asclepias;Oxystelma;Pergularia** Apocynaceae 夹竹桃科 [MD-492] 全球 (1) 大洲分布及种数(cf. 1)◆亚洲
Raphithamnus Dalla Torre & Harms = **Rhaphithamnus**
Rapicactus【3】 Buxb. & öhme 独乐玉属 ≒ **Turbinicarpus** Cactaceae 仙人掌科 [MD-100] 全球 (1) 大洲分布及种数(uc)◆北美洲
Rapinia Lour. = **Sphenoclea**
Rapistrella【3】 Pomel 厚果荠属 ← **Ochthodium;Rapistrum** Brassicaceae 十字花科 [MD-213] 全球 (1) 大洲分布及种数(1)◆非洲
Rapistrum Crantz = **Neslia**
Rapolocarpus Boj. = **Rhopalocarpus**
Rapona【3】 Baill. 非洲旋花属 ≒ **Apera** Convolvulaceae 旋花科 [MD-499] 全球 (1) 大洲分布及种数(1)◆非洲
Rapourea Aubl. = **Diospyros**
Rappartara【-】 J.M.H.Shaw 兰科属 Orchidaceae 兰科 [MM-723] 全球 (uc) 大洲分布及种数(uc)
Raptrix F.K.Mey. = **Thlaspi**
Rapum Hill = **Brassica**
Rapunculus Fourr. = **Phyteuma**
Rapuntia Chevall. = **Campanula**
Rapuntium Mill. = **Lobelia**
Rapuntium P. & K. = **Campanula**
Raputia【3】 Aubl. 荆钗木属 → **Achuaria;Conchocarpus;Almeidea** Rutaceae 芸香科 [MD-399] 全球 (1) 大洲分布及种数(17-19)◆南美洲
Raputiarana【3】 Emmerich 荆钗木属 ≒ **Raputia** Rutaceae 芸香科 [MD-399] 全球 (1) 大洲分布及种数(2)◆南美洲
Raram Adans. = **Cenchrus**
Raritebe【3】 Wernham 哥伦茜属 ← **Bertiera;Ixora; Coussarea** Rubiaceae 茜草科 [MD-523] 全球 (1) 大洲分布及种数(1)◆南美洲
Raspailia Endl. = **Polypogon**
Raspalia【3】 Brongn. 绒蜡花属 ← **Brunia;Mniothamnea** Bruniaceae 绒球花科 [MD-336] 全球 (1) 大洲分布及种数(16-18)◆非洲(◆南非)
Rassia Neck. = **Ramisia**
Rastrophyllum【3】 Wild & G.V.Pope 锄叶菊属 Asteraceae 菊科 [MD-586] 全球 (1) 大洲分布及种数(2)◆非洲
Ratabida Loudon = **Ratibida**
Rataia DC. = **Rothia**
Ratania Comm. ex Juss. = **Latania**
Rathbunia【3】 Britton & Rose 新绿柱属 ≒ **Stenocereus** Cactaceae 仙人掌科 [MD-100] 全球 (1) 大洲分布及种数(1)◆北美洲
Rathbunillocactus【-】 Mottram 仙人掌科属 Cactaceae 仙人掌科 [MD-100] 全球 (uc) 大洲分布及种数(uc)
Rathea H.Karst. = **Synechanthus**
Rathkea Schumach. = **Ormocarpum**
Rathora H.Karst. = **Synechanthus**
Ratibida【3】 Raf. 草光菊属 ← **Helianthus;Rudbeckia** Asteraceae 菊科 [MD-586] 全球 (1) 大洲分布及种数(8-15)◆北美洲
Ratonia【2】 DC. 红鹦果属 ≒ **Podonephelium** Sapindaceae 无患子科 [MD-428] 全球 (2) 大洲分布及种数(1) 北美洲:1;南美洲:1
Ratopitys Carrière = **Cunninghamia**
Rattraya (C.E.Hubb.) Butzin = **Danthoniopsis**
Ratzeburgia Kunth = **Mnesithea**
Raua Austin ex I.Hagen = **Rauia**
Rauhara Hort. = **Brassavola**
Rauhia【3】 (Traub) Traub 绿筒石蒜属 ← **Phaedranassa;Rumia** Amaryllidaceae 石蒜科 [MM-694] 全球 (1) 大洲分布及种数(3-5)◆南美洲
Rauhia J.M.H.Shaw = **Rauhia**
Rauhiella【3】 G.F.J.Pabst & P.I.S.Braga 劳兰属 ← **Chytroglossa** Orchidaceae 兰科 [MM-723] 全球 (1) 大洲分布及种数(3)◆南美洲(◆巴西)
Rauhocereus【3】 Backeb. 群蛇柱属 ← **Browningia** Cactaceae 仙人掌科 [MD-100] 全球 (1) 大洲分布及种数(1; hort. 1)◆南美洲
Rauia Austin = **Rauia**

R

Rauia【3】Nees & Mart. 裂笛藓属 ≒ **Angostura** Thuidiaceae 羽藓科 [B-184] 全球 (1) 大洲分布及种数(5)◆南美洲

Rauiella【2】Reimers 硬羽藓属 ≒ **Anomodon** Thuidiaceae 羽藓科 [B-184] 全球 (4) 大洲分布及种数(12) 非洲:1;亚洲:1;北美洲:6;南美洲:9

Raukana Seem. = **Pseudopanax**

Raukaua【2】Seem. 湖南参属 ≒ **Aralia** Araliaceae 五加科 [MD-471] 全球 (2) 大洲分布及种数(6-9;hort.1;cult:2) 大洋洲:3;南美洲:2

Raulia Raf. = **Angelica**

Raulinoa【3】R.S.Cowan 劳利芸香属 Rutaceae 芸香科 [MD-399] 全球 (1) 大洲分布及种数(1)◆南美洲(◆巴西)

Raulinoreitzia【3】R.M.King & H.Rob. 泽兰属 ← **Eupatorium** Asteraceae 菊科 [MD-586] 全球 (1) 大洲分布及种数(3)◆南美洲

Raurea Steud. = **Rourea**

Raussinia Neck. = **Pandanus**

Rautanenia Buchenau = **Burnatia**

Rauvolfia (Markgr.) A.S.Rao = **Rauvolfia**

Rauvolfia【3】L. 萝芙木属 → **Alstonia;Ervatamia; Strempeliopsis** Apocynaceae 夹竹桃科 [MD-492] 全球 (6)大洲分布及种数(72-101;hort.1;cult:1)非洲:13-32;亚洲:25-56;大洋洲:11-37;欧洲:5-21;北美洲:26-48;南美洲:42-69

Rauvolfiea Bartl. = **Rauvolfia**

Rauvolfieae Kostel. = **Rauvolfia**

Rauwenhoffia【3】Scheff. 爪瓣玉盘属 Annonaceae 番荔枝科 [MD-7] 全球 (1) 大洲分布及种数(uc)属分布和种数(uc)◆亚洲

Rauwolfia Gled. = **Rauvolfia**

Rauwolfia Ruiz & Pav. = **Citharexylum**

Ravenala【3】Adans. 旅人蕉属 → **Heliconia;Ravenia** Strelitziaceae 鹤望兰科 [MM-725] 全球 (6) 大洲分布及种数(2)非洲:1-6;亚洲:1-6;大洋洲:1-6;欧洲:5;北美洲:1-6;南美洲:1-6

Ravenalla G.A.Scop. = **Ravenala**

Ravenea【3】H.Wendl. ex C.D.Bouché 国王椰属 Arecaceae 棕榈科 [MM-717] 全球 (1) 大洲分布及种数(18-23)◆非洲

Ravenelia Adans. = **Ravenala**

Ravenia Benth. & Hook.f. = **Ravenia**

Ravenia【3】Vell. 荆笛香属 Rutaceae 芸香科 [MD-399] 全球 (6) 大洲分布及种数(11-14;hort.1)非洲:2;亚洲:8-11;大洋洲:2;欧洲:2;北美洲:6-10;南美洲:7-10

Raveniopsis【3】Gleason 彩笛香属 ← **Galipea** Rutaceae 芸香科 [MD-399] 全球 (1) 大洲分布及种数(19-20)◆南美洲

Ravenphia Vell. = **Ravenia**

Ravensara Sonn. = **Cryptocarya**

Ravia Schult. = **Angostura**

Ravigia Schaus = **Ravenia**

Ravina Nees & Mart. = **Rivina**

Ravinia L. = **Rajania**

Ravnia örst. = **Hillia**

Ravnia Raf. = **Rajania**

Rawsonia【3】Harv. & Sond. 锯桃木属 → **Dasylepis; Oncoba** Achariaceae 青钟麻科 [MD-159] 全球 (1) 大洲分布及种数(2-6)◆非洲

Raxamaris Raf. = **Ornithogalum**

Raxopitys J.Nelson = **Cunninghamia**

Raya Sternb. & Hoppe = **Braya**

Raycadenco Dodson = **Fernandezia**

Rayenia【3】Menegoz & A.E.Villarroel 南鼠刺科属 Escalloniaceae 南鼠刺科 [MD-447] 全球 (1) 大洲分布及种数(uc)◆南美洲(◆智利)

Rayera【-】Gaud. 茄科属 Solanaceae 茄科 [MD-503] 全球 (uc) 大洲分布及种数(uc)

Rayeria Gaud. = **Bacopa**

Rayjacksonia【3】R.L.Hartm. & M.A.Lane 樟雏菊属 ← **Aplopappus;Haplopappus** Asteraceae 菊科 [MD-586] 全球 (1) 大洲分布及种数(3)◆北美洲

Rayleya【3】Cristóbal 雷梧桐属 Malvaceae 锦葵科 [MD-203] 全球 (1) 大洲分布及种数(1)◆南美洲(◆巴西)

Raymondiella B.Boivin = **Cyperus**

Raynalia Soják = **Alinula**

Raynaudetia Bubani = **Sedum**

Raynia Raf. = **Rajania**

Razafimandimbisonia【3】Kainul. & B.Bremer 赤焰茜属 ≒ **Alberta** Rubiaceae 茜草科 [MD-523] 全球 (1) 大洲分布及种数(5)◆非洲

Razisea【3】örst. 拉齐爵床属 → **Hansteinia;Kolobochilus** Acanthaceae 爵床科 [MD-572] 全球 (1) 大洲分布及种数(5)◆北美洲

Razoumofskya【2】Hoffm. 油杉寄生属 ≒ **Arceuthobium** Santalaceae 檀香科 [MD-412] 全球 (3) 大洲分布及种数(cf.1) 亚洲;欧洲;北美洲

Razoumowseya Hoffm. = **Arceuthobium**

Razoumowskia Hoffm. = **Arceuthobium**

Razoumowskya Rosend. = **Razoumofskya**

Razulia Raf. = **Aciphylla**

Razumovia K.P.J.Sprengel ex A.L.Jussieu = **Centranthera**

Razumovs Spreng. = **Centranthera**

Razumovskya A.G.Vologdin = **Razoumofskya**

Rcjoua Gaud. = **Tabernaemontana**

Rea Bert. ex Decne. = **Dendroseris**

Readea【3】Gillespie 珍珠茜属 ← **Margaritopsis** Rubiaceae 茜草科 [MD-523] 全球 (1) 大洲分布及种数(cf. 1)◆大洋洲

Realia Lür = **Regalia**

Reana Brign. = **Euchlaena**

Reaumura Cothen. = **Reaumuria**

Reaumurea Steud. = **Reaumuria**

Reaumuria【2】L. 琵琶柴属 Tamaricaceae 柽柳科 [MD-162] 全球 (3) 大洲分布及种数(25-31;hort.1)非洲:4-5;亚洲:23-26;欧洲:1-2

Reaumuriaceae【2】Ehrenb. ex Lindl. 红砂柳科 [MD-161] 全球 (3) 大洲分布和属种数(1/24-35)非洲:1/4-5;亚洲:1/23-26;欧洲:1/1-2

Rebeccaara【-】J.M.H.Shaw 兰科属 Orchidaceae 兰科 [MM-723] 全球 (uc) 大洲分布及种数(uc)

Rebentischia Opiz = **Trisetum**

Rebis Spach = **Ribes**

Reboudia【3】Coss. & Durieu ex Cosson 芝麻芥属 ← **Erucaria** Brassicaceae 十字花科 [MD-213] 全球 (1) 大洲分布及种数(uc)◆欧洲

Reboulea Kunth = **Reboulia**

Reboulia【3】Nees石地钱属 ≒ **Eatonia;Plagiochasma; Preissia** Aytoniaceae 疣冠苔科 [B-9] 全球 (1) 大洲分布及种数(1-6)◆北美洲
Rebsamenia Conz. = **Robinsonella**
Rebsameria Conz. = **Robinsonella**
Rebuchia K.Schum. = **Rebutia**
Rebulobivia Frič & Schelle ex Backeb. & F.M.Knuth = **Rebutia**
Rebutia【3】K.Schum. 子孙球属 ← **Echinocactus; Sulcorebutia;Lobivia** Cactaceae 仙人掌科 [MD-100] 全球 (1) 大洲分布及种数(75-78)◆南美洲
Recchara auct. = **Brassavola**
Recchia【3】Moç. & Sessé ex DC. 短梗苦木属 Simaroubaceae 苦木科 [MD-424] 全球 (1) 大洲分布及种数(4)◆北美洲
Recchiara Hort. = **Brassavola**
Receveura Vell. = **Hypericum**
Rechingerara【-】J.M.H.Shaw 可可李科属 Chrysobalanaceae 可可李科 [MD-243] 全球 (uc) 大洲分布及种数(uc)
Rechingerella J.Fröhl. = **Weissia**
Rechsteinera【3】P. & K. 月岩桐属 ← **Rechsteineria; Sinningia** Gesneriaceae 苦苣苔科 [MD-549] 全球 (1) 大洲分布及种数(cf. 1)◆南美洲
Rechsteineria【3】Regel 月岩桐属 ≒ **Sinningia** Gesneriaceae 苦苣苔科 [MD-549] 全球 (1) 大洲分布及种数(1-4)◆南美洲
Recordia【3】Moldenke 雷科德草属 Verbenaceae 马鞭草科 [MD-556] 全球 (1) 大洲分布及种数(3)◆南美洲(◆玻利维亚)
Recordoxylon【3】Ducke 记木豆属 ≒ **Melanoxylon** Fabaceae 豆科 [MD-240] 全球 (1) 大洲分布及种数(3)◆南美洲
Rectanthera O.Deg. = **Callisia**
Rectolejeunea (R.M.Schust.) R.M.Schust. = **Rectolejeunea**
Rectolejeunea【3】Stephani 落叶细鳞苔属 ≒ **Lejeunea** Lejeuneaceae 细鳞苔科 [B-84] 全球 (6) 大洲分布及种数(19-21)非洲:4-9;亚洲:7-12;大洋洲:2-7;欧洲:5;北美洲:5-10;南美洲:7-14
Rectophyllum P. & K. = **Cercestis**
Redfieldia【2】Vasey 毛枝草属 ← **Graphephorum; Styppeiochloa** Poaceae 禾本科 [MM-748] 全球 (2) 大洲分布及种数(3)非洲:1;北美洲:1
Redia Casar. = **Cleidion**
Redingeria Mönch = **Tephrosia**
Redonda Rich. = **Ramonda**
Redonia Spach = **Cistus**
Redoutea Kunth = **Cienfuegosia**
Redu Maekawa = **Vigna**
Redunca Vent. = **Thespesia**
Redutea Pers. = **Cienfuegosia**
Reedella Pic.Serm. = **Crepidomanes**
Reederochloa Soderstr. & H.F.Decker = **Distichlis**
Reedia【3】F.Müll. 大苞莎属 Cyperaceae 莎草科 [MM-747] 全球 (1) 大洲分布及种数(1)◆大洋洲(◆澳大利亚)
Reediella Pic.Serm. = **Crepidomanes**
Reedrollinsia J.W.Walker = **Stenanona**
Reesia Ewart = **Polycarpaea**
Reevesia【3】Lindl. 梭罗树属 ← **Eriolaena;Pentaplaris** Malvaceae 锦葵科 [MD-203] 全球 (1) 大洲分布及种数(18-20)◆亚洲
Reevisia Lindl. = **Reevesia**
Reg Buc´hoz = **Dendroseris**
Regalia【3】Lür 尾萼兰属 ← **Masdevallia** Orchidaceae 兰科 [MM-723] 全球 (1) 大洲分布及种数(cf. 1)◆南美洲
Regelia (Lem.) Lindm. = **Regelia**
Regelia【3】Schaür 紫刷树属 → **Verschaffeltia; Neoregelia** Myrtaceae 桃金娘科 [MD-347] 全球 (1) 大洲分布及种数(3-6)◆大洋洲(◆澳大利亚)
Reggeria Raf. = **Gagea**
Regia Loud ex C.DC. = **Juglans**
Reginea Buc´hoz = **Bontia**
Registaniella【3】Rech.f. 勒吉斯坦草属 Apiaceae 伞形科 [MD-480] 全球 (1) 大洲分布及种数(1)◆亚洲
Regmatodon (Griff.) Müll.Hal. = **Regmatodon**
Regmatodon【2】Brid. 异齿藓属 ≒ **Platygyrium** Regmatodontaceae 异齿藓科 [B-186] 全球 (4) 大洲分布及种数(15) 非洲:6;亚洲:5;北美洲:6;南美洲:5
Regmatodontaceae【3】Broth. 异齿藓科 [B-186] 全球 (1) 大洲分布和属种数(2/16)◆亚洲
Regmus Dulac = **Circaea**
Regnaldia Baill. = **Chaetocarpus**
Regnellia Barb.Rodr. = **Bletia**
Regnellidium【3】Lindm. 二叶蘋属 Marsileaceae 蘋科 [F-65] 全球 (1) 大洲分布及种数(1)◆南美洲
Regnierara【-】Griff. & J.M.H.Shaw 兰科属 Orchidaceae 兰科 [MM-723] 全球 (uc) 大洲分布及种数(uc)
Regulus Dulac = **Circaea**
Rehdera【3】Moldenke 雷德尔草属 ← **Citharexylum** Verbenaceae 马鞭草科 [MD-556] 全球 (1) 大洲分布及种数(2)◆北美洲
Rehderara Griff. & J.M.H.Shaw = **Rehdera**
Rehderodendron【3】Hu 木瓜红属 Styracaceae 安息香科 [MD-327] 全球 (1) 大洲分布及种数(cf. 1)◆亚洲
Rehderophoenix Burret = **Drymophloeus**
Reherodendron Hu = **Rehderodendron**
Rehfieldara【-】auct. 兰科属 Orchidaceae 兰科 [MM-723] 全球 (uc) 大洲分布及种数(uc)
Rehia【3】F.Fijten 珠芽竺属 Poaceae 禾本科 [MM-748] 全球 (1) 大洲分布及种数(1-5)◆南美洲
Rehmannia【3】Libosch. ex Fisch. & C.A.Mey. 地黄属 ← **Digitalis;Sparmannia;Rothmannia** Scrophulariaceae 玄参科 [MD-536] 全球 (1) 大洲分布及种数(7-8)◆亚洲
Rehmanniella Müll.Hal. = **Goniomitrium**
Reholttumia【3】S.E.Fawc. & A.R.Sm. 金星蕨科属 Thelypteridaceae 金星蕨科 [F-42] 全球 (1) 大洲分布及种数(uc)◆大洋洲
Rehsonia【3】Stritch 珠芽豆属 ← **Wisteria** Fabaceae 豆科 [MD-240] 全球 (1) 大洲分布及种数(2-3)◆亚洲
Reichantha【3】Lür 尾萼兰属 ← **Masdevallia** Orchidaceae 兰科 [MM-723] 全球 (1) 大洲分布及种数(cf. 1)◆北美洲(◆哥斯达黎加)
Reichara J.M.H.Shaw = **Myrcianthes**
Reichardia【3】Roth 山辣椒属 ≒ **Lactuca** Asteraceae 菊科 [MD-586] 全球 (6) 大洲分布及种数(8) 非洲:5;亚

R

洲:5;大洋洲:3;欧洲:8;北美洲:3;南美洲:1
Reichea J.M.H.Shaw = **Myrcianthes**
Reicheara Hort. = **Brassavola**
Reicheella【3】Pax 藓漆姑属 Caryophyllaceae 石竹科 [MD-77] 全球 (1) 大洲分布及种数(1-8)◆南美洲
Reicheia Kausel = **Myrcianthes**
Reichela Cothen. = **Phyllanthus**
Reichelea A.W.Benn. = **Myrcianthes**
Reichelia【-】Schreb. 田基麻科属 ≒ **Phyllanthus** Hydroleaceae 田基麻科 [MD-514] 全球 (uc) 大洲分布及种数(uc)
Reichembachanthus Rodrig. = **Scaphyglottis**
Reichenbachanthus【3】Barb.Rodr. 小巴西兰属 ← **Scaphyglottis** Orchidaceae 兰科 [MM-723] 全球 (1) 大洲分布及种数(1)◆南美洲(◆巴西)
Reichenbachara Garay & H.R.Sw. = **Papilionanthe**
Reichenbachia【3】Spreng. 管花柔木属 ← **Elaeagnus;Leucaster** Nyctaginaceae 紫茉莉科 [MD-107] 全球 (1) 大洲分布及种数(1)◆南美洲
Reichenheimia Klotzsch = **Begonia**
Reicheocactus Backeb. = **Pyrrhocactus**
Reichertia H.Karst. = **Schultesia**
Reidelia Cham. = **Riedelia**
Reidia Wight = **Phyllanthus**
Reiffenscheidia Steud. = **Dillenia**
Reifferscheidia【-】C.Presl 五桠果科属 ≒ **Dillenia** Dilleniaceae 五桠果科 [MD-66] 全球 (uc) 大洲分布及种数(uc)
Reigera Opiz = **Bolboschoenus**
Reilia Steud. = **Eryngium**
Reima Buc´hoz = **Bontia**
Reimaria Flüggé = **Paspalum**
Reimarochloa【3】Hitchc. 沼生雀稗属 ← **Agrostis;Panicum** Poaceae 禾本科 [MM-748] 全球 (1) 大洲分布及种数(2-3)◆南美洲
Reimbolea Debeaux = **Echinaria**
Reimeria P.C.Chen = **Reimersia**
Reimersia【3】P.C.Chen 仰叶藓属 ≒ **Hymenostylium** Pottiaceae 丛藓科 [B-133] 全球 (1) 大洲分布及种数(1)◆亚洲
Reimnit Franch. & Sav. = **Itea**
Reinarda Regel = **Pleurospermum**
Reinec Dennst. = **Itea**
Reinechia Kunth = **Reineckea**
Reineckea H.Karst. = **Reineckea**
Reineckea【3】Kunth 吉祥草属 ≒ **Ophiopogon;Synechanthus** Asparagaceae 天门冬科 [MM-669] 全球 (1) 大洲分布及种数(1-2)◆亚洲
Reineckia【2】Kunth 吉祥草属 ≒ **Synechanthus** Arecaceae 棕榈科 [MM-717] 全球 (2) 大洲分布及种数(1)◆亚洲:1;大洋洲:1
Reinekea Kunth = **Reineckea**
Reinera Dennst. = **Asclepias**
Reineria Mönch = **Tephrosia**
Reinhardlia Dum. = **Reinwardtia**
Reinhardtia【3】Liebm. 窗孔椰属 ≒ **Malortiea;Tabernaemontana** Arecaceae 棕榈科 [MM-717] 全球 (1) 大洲分布及种数(6)◆北美洲
Reinhardtieae J.Dransf.,N.W.Uhl,Asmussen,W.J.Baker,M.Harley & C.E.Lewis = **Reinhardtia**
Reinia Franch. & Sav. = **Itea**
Reinikkaara Garay & H.R.Sw. = **Christiana**
Reinke Franch. & Sav. = **Itea**
Reinmara Flüggé = **Paspalum**
Reinschia Vatke = **Renschia**
Reinwardtia Bl. ex Nees = **Reinwardtia**
Reinwardtia【3】Dum. 石海椒属 ≒ **Ternstroemia;Saurauia** Linaceae 亚麻科 [MD-315] 全球 (1) 大洲分布及种数(4-6)◆亚洲
Reinwardtiodendron【3】Koord. 雷楝属 ← **Aglaia** Meliaceae 楝科 [MD-414] 全球 (1) 大洲分布及种数(6-8)◆亚洲
Reishia Vatke = **Renschia**
Reissantia【2】N.Hallé 星刺属 ← **Elachyptera** Celastraceae 卫矛科 [MD-339] 全球 (2) 大洲分布及种数(8)非洲:3;亚洲:2-5
Reissekia【3】Endl. 咀签属 ← **Gouania** Rhamnaceae 鼠李科 [MD-331] 全球 (1) 大洲分布及种数(2)◆南美洲
Reissipa Steud. ex Klotzsch = **Monotaxis**
Reitzia【3】Swallen 细黍竺属 Poaceae 禾本科 [MM-748] 全球 (1) 大洲分布及种数(1)◆南美洲(◆巴西)
Rejoua【2】Gaud. 山辣椒属 → **Carruthersia;Alstonia** Apocynaceae 夹竹桃科 [MD-492] 全球 (2) 大洲分布及种数(2) 亚洲:1;大洋洲:2
Relbunium【3】Benth. & Hook.f. 肖拉拉藤属 ← **Galium** Rubiaceae 茜草科 [MD-523] 全球 (6) 大洲分布及种数(6-10;hort.1;cult:1)非洲:2;亚洲:2;大洋洲:2;欧洲:2;北美洲:1-3;南美洲:5-7
Relchela【3】Steud. 凌风草属 ≒ **Briza** Poaceae 禾本科 [MM-748] 全球 (1) 大洲分布及种数(1)◆南美洲
Reldia H.Wiehler = **Reldia**
Reldia【2】Wiehler 堇花岩桐属 Gesneriaceae 苦苣苔科 [MD-549] 全球 (3) 大洲分布及种数(6)亚洲:cf.1;北美洲:2;南美洲:6
Relhamia J.F.Gmel. = **Apostasia**
Relhania【3】L´Hér. 寡头鼠麹木属 → **Amphiglossa;Oedera;Rosenia** Asteraceae 菊科 [MD-586] 全球 (1) 大洲分布及种数(17)◆非洲
Relic Wiehler = **Reldia**
Rellesta N.S.Turczaninow = **Swertia**
Rellimia J.F.Gmel. = **Apostasia**
Rema Lour. = **Trema**
Remaclea C.Morr. = **Trimezia**
Rembertia Adans. = **Diapensia**
Reme Adans. = **Acrosanthes**
Remelana Comm. ex DC. = **Erythroxylum**
Remella Müll.Hal. = **Remyella**
Remijia【3】DC. 北鸡纳属 ← **Aidia;Randia;Croton** Rubiaceae 茜草科 [MD-523] 全球 (1) 大洲分布及种数(45-51)◆南美洲
Remipes Aubl. = **Remirea**
Remirea【3】Aubl. 海滨莎属 ← **Cyperus;Mariscus** Cyperaceae 莎草科 [MM-747] 全球 (1) 大洲分布及种数(1-2)◆非洲
Remirema Kerr = **Operculina**
Remisatia Schott = **Remusatia**
Remosa L. = **Rosa**
Remus Dulac = **Circaea**

Remusatia【3】 Schott 岩芋属 ← **Arum;Caladium** Araceae 天南星科 [MM-639] 全球 (1) 大洲分布及种数(1-2)◆非洲
Remya【3】 Hillebr. ex Benth. & Hook.f. 黄绒菀属 Asteraceae 菊科 [MD-586] 全球 (1) 大洲分布及种数(2-4)◆北美洲(◆美国)
Remyella【2】 Müll.Hal. 珠齿藓属 Brachytheciaceae 青藓科 [B-187] 全球 (2) 大洲分布及种数(2) 亚洲:1;北美洲:1
Rena L. = **Urena**
Renachilus【-】 J.M.H.Shaw 兰科属 Orchidaceae 兰科 [MM-723] 全球 (uc) 大洲分布及种数(uc)
Renades Hort. = **Ferreyranthus**
Renafinanda auct. = **Neofinetia**
Renaglottis auct. = **Vanda**
Renalia Lür = **Regalia**
Renancentrum auct. = **Ascocentrum**
Renanda Hort. = **Arachnis**
Renanetia auct. = **Neofinetia**
Renanopsis Hort. = **Vanda**
Renanparadopsis【-】 J.M.H.Shaw 兰科属 Orchidaceae 兰科 [MM-723] 全球 (uc) 大洲分布及种数(uc)
Renanstylis Hort. = **Vanda**
Renantanda auct. = **Vanda**
Renanthera【3】 Lour. 火焰兰属 ≒ **Aerides;Arachnis;Vanda** Orchidaceae 兰科 [MM-723] 全球 (1) 大洲分布及种数(11-23)◆亚洲
Renantheranda Hort. = **Vanda**
Renantherella Ridl. = **Renanthera**
Renanthoceras Garay & H.R.Sw. = **Renanthera**
Renanthoglossum auct. = **Ascoglossum**
Renanthopsis auct. = **Phalaenopsis**
Renaradorum Garay & H.R.Sw. = **Arachnis**
Renardia (Regel & Schmalh.) P. & K. = **Trimeria**
Renardia Moç. & Sessé ex DC. = **Rhynchanthera**
Renata Ruschi = **Pseudolaelia**
Renauldia【2】 Müll.Hal. ex Renauld 异蕨藓属 ≒ **Meteorium;Pilotrichella** Pterobryaceae 蕨藓科 [B-201] 全球(3)大洲分布及种数(11) 非洲:6;北美洲:3;南美洲:3
Renaultia Müll.Hal. ex Renauld = **Renauldia**
Rendahlia Desv. = **Eriocaulon**
Rendlia Chiov. = **Microchloa**
Renealma Cothen. = **Libertia**
Renealmea Cothen. = **Libertia**
Renealmia Houtt. = **Renealmia**
Renealmia【3】 L.f. 艳苞姜属 ≒ **Villarsia;Albizia;Alpinia** Zingiberaceae 姜科 [MM-737] 全球 (1) 大洲分布及种数(63-70)◆南美洲(◆巴西)
Rengea Schaür = **Acroglochin**
Renggeria【3】 Meisn. 巴西藤黄属 Clusiaceae 藤黄科 [MD-141] 全球 (1) 大洲分布及种数(uc)属分布和种数(uc)◆南美洲
Rengifa Pöpp. = **Clusia**
Reni Franch. & Sav. = **Itea**
Renia Nor. = **Rehia**
Reniera J.Gay = **Arenaria**
Renistipula Borhidi = **Arachnothryx**
Rennellia【3】 Korth. 伦内尔茜属 ← **Ixora;Morinda** Rubiaceae 茜草科 [MD-523] 全球 (1) 大洲分布及种数(5-7)◆亚洲
Rennera【3】 Merxm. 皱果菊属 ← **Matricaria;Pentzia** Asteraceae 菊科 [MD-586] 全球 (1) 大洲分布及种数(4)◆非洲
Renopsis Hort. = **Vanda**
Renova Thomerson & Taphorn = **Resnova**
Renschia【3】 Vatke 瘤果梓属 ← **Tinnea** Lamiaceae 唇形科 [MD-575] 全球 (1) 大洲分布及种数(1-4)◆非洲
Rensonia【3】 S.F.Blake 稻翅菊属 Asteraceae 菊科 [MD-586] 全球 (1) 大洲分布及种数(1)◆北美洲
Rensselaeria Beck = **Peltandra**
Renvanvanda J.M.H.Shaw = **Renanthera**
Renvoizea【3】 Zuloaga & Morrone 黍属 ≒ **Panicum** Poaceae 禾本科 [MM-748] 全球 (1) 大洲分布及种数(10)◆南美洲
Renzorchis Szlach. & Olszewski = **Hemipiliopsis**
Repandra Lindl. = **Disa**
Rephesis Raf. = **Ficus**
Reptilia Raf. = **Bacopa**
Reptonia【3】 A.DC. 久榄属 ≒ **Sideroxylon** Sapotaceae 山榄科 [MD-357] 全球 (1) 大洲分布及种数(uc)◆大洋洲
Reputia【3】 Engl. 枝芸香属 Rutaceae 芸香科 [MD-399] 全球 (1) 大洲分布及种数(1)◆南美洲(◆秘鲁)
Requena DC. = **Tephrosia**
Requieni DC. = **Tephrosia**
Requienia DC. = **Tephrosia**
Requienii DC. = **Tephrosia**
Reseda【3】 L. 木樨草属 → **Oligomeris;Sesamoides** Resedaceae 木樨草科 [MD-196] 全球 (1) 大洲分布及种数(19-36)◆欧洲
Resedaceae【3】 Martinov 木樨草科 [MD-196] 全球 (6) 大洲分布和属种数(7;hort. & cult.3-4)(41-117;hort. & cult.10-19)非洲:4-6/9-18;亚洲:5-7/16-26;大洋洲:1-3/5-12;欧洲:4-5/26-50;北美洲:3-5/8-17;南美洲:3/7
Resedella Webb & Berthel. = **Oligomeris**
Resetnikia【3】 Španiel,Al-Shehbaz,D.A.German & Marhold 木犀菜属 Brassicaceae 十字花科 [MD-213] 全球 (1) 大洲分布及种数(cf.1)◆欧洲
Resia【3】 H.E.Moore 环腺岩桐属 Gesneriaceae 苦苣苔科 [MD-549] 全球 (1) 大洲分布及种数(3-4)◆南美洲
Resinanthus【3】 (Borhidi) Borhidi 岩桐茜草属 ≒ **Guettarda** Rubiaceae 茜草科 [MD-523] 全球 (1) 大洲分布及种数(8-9)◆北美洲
Resinaria Comm. ex Lam. = **Terminalia**
Resinocaulon Lunell = **Silphium**
Resnova【3】 van der Merwe 鱼鳞百合属 ← **Scilla;Ledebouria** Asparagaceae 天门冬科 [MM-669] 全球 (1) 大洲分布及种数(6)◆非洲
Restella Pobed. = **Wikstroemia**
Restiaria P. & K. = **Uncaria**
Restio【3】Rottb.帚灯草属 ≒ **Ceratocaryum;Baloskion** Restionaceae 帚灯草科 [MM-744] 全球 (6) 大洲分布及种数(165) 非洲:158;亚洲:1;大洋洲:17;欧洲:1;北美洲:1;南美洲:2
Restionaceae【3】R.Br. 帚灯草科 [MM-744] 全球 (6) 大洲分布和属种数(37-45;hort. & cult.7-8)(262-437;hort. & cult.34-49)非洲:13-18/140-239;亚洲:2-8/4-24;大洋洲:25-31/122-197;欧洲:6/19;北美洲:6/19;南美洲:1-6/1-20

Restrepia (Schltr.) H.Mohr = **Restrepia**
Restrepia【3】H.B. & K. 甲虫兰属 ← **Stelis;Brachionidium** Orchidaceae 兰科 [MM-723] 全球 (6) 大洲分布及种数(49-69;hort.1;cult: 2)非洲:1;亚洲:1;大洋洲:1-5;欧洲:1-2;北美洲:7-11;南美洲:45-60
Restrepiella【3】Garay & Dunst. 蛇头兰属 → **Dresslerella** Orchidaceae 兰科 [MM-723] 全球 (1) 大洲分布及种数(2)◆南美洲
Restrepiopsis Endresia Luer = **Restrepiopsis**
Restrepiopsis【3】Lür 南美蛇头兰属 ← **Pleurothallopsis;Barbosella;Humboldtia** Orchidaceae 兰科 [MM-723] 全球 (1) 大洲分布及种数(7)◆南美洲
Resupinaria Raf. = **Sesbania**
Retama【3】Raf. 细枝豆属 ← **Genista;Lygos;Spartium** Fabaceae 豆科 [MD-240] 全球 (6) 大洲分布及种数(4-9;hort.1)非洲:3-6;亚洲:2-3;大洋洲:2;欧洲:3;北美洲:2;南美洲:2
Retamilia Miers = **Retanilla**
Retanilla (DC.) Brongn. = **Retanilla**
Retanilla【3】Brongn. 小桃棘属 ← **Colletia;Rhamnus;Trevoa** Rhamnaceae 鼠李科 [MD-331] 全球 (1) 大洲分布及种数(5-7)◆南美洲
Retaria P.Beauv. = **Setaria**
Retha Clarke = **Retzia**
Retidens【3】Dixon 掸绢藓属 Entodontaceae 绢藓科 [B-195] 全球 (1) 大洲分布及种数(1)◆亚洲
Retina Buc´hoz = **Bontia**
Retinaria Gaertn. = **Gouania**
Retiniphyllum【3】Humb. & Bonpl. 脂叶茜属 ≒ **Stachyococcus** Rubiaceae 茜草科 [MD-523] 全球 (1) 大洲分布及种数(24-27)◆南美洲
Retinispora Sieb. & Zucc. = **Chamaecyparis**
Retinodendron Korth. = **Vatica**
Retinodendropsis【-】F.Heim 龙脑香科属 Dipterocarpaceae 龙脑香科 [MD-173] 全球 (uc) 大洲分布及种数(uc)
Retinophleum Benth. & Hook.f. = **Cercidium**
Retinospora Carrière = **Chamaecyparis**
Retispatha【3】J.Dransf. 网苞藤属 Arecaceae 棕榈科 [MM-717] 全球 (1) 大洲分布及种数(cf. 1)◆东南亚(◆印度尼西亚)
Retites Dixon = **Retidens**
Retroa Thunb. = **Retzia**
Retrophyllum【3】C.N.Page 扭叶杉属 ≒ **Torreya** Podocarpaceae 罗汉松科 [G-13] 全球 (1) 大洲分布及种数(1)◆非洲
Rettbergia Raddi = **Chusquea**
Rettigara【-】P.V.Heath 仙人掌科属 Cactaceae 仙人掌科 [MD-100] 全球 (uc) 大洲分布及种数(uc)
Retzia【3】Thunb. 掸子木属 Retziaceae 轮叶科 [MD-524] 全球 (1) 大洲分布及种数(1-2)◆非洲(◆南非)
Retziaceae【3】Choisy 轮叶科 [MD-524] 全球 (1) 大洲分布和属种数(1/1-3)◆非洲(◆南非)
Reusse Dennst. = **Paederia**
Reussia Dennst. = **Paederia**
Reutealis【3】Airy-Shaw 三籽桐属 ← **Aleurites** Euphorbiaceae 大戟科 [MD-217] 全球 (1) 大洲分布及种数(cf.1)◆亚洲
Reutera Boiss. = **Pimpinella**
Revatophyllum Röhl. = **Ceratophyllum**
Revealia【3】R.M.King & H.Rob. 毛托菊属 ← **Carphochaete** Asteraceae 菊科 [MD-586] 全球 (1) 大洲分布及种数(cf. 1)◆北美洲
Reveesia Walp. = **Reevesia**
Reverchonia【3】A.Gray 海石竹属 ≒ **Phyllanthus; Armeria** Phyllanthaceae 叶下珠科 [MD-222] 全球 (6) 大洲分布及种数(1)非洲:1;亚洲:1;大洋洲:1;欧洲:1;北美洲:1;南美洲:1
Revonda Clarke = **Ramonda**
Revwattsia【3】D.L.Jones 根鳞蕨属 ≒ **Polystichum** Dryopteridaceae 鳞毛蕨科 [F-49] 全球 (1) 大洲分布及种数(uc)属分布和种数(uc)◆大洋洲(◆密克罗尼西亚)
Rexea C.Morr. = **Tropaeolum**
Rexia Noronha ex Thou. = **Brexia**
Reya P. & K. = **Burchardia**
Reyemia【3】Hilliard 雷耶玄参属 ← **Zaluzianskya** Scrophulariaceae 玄参科 [MD-536] 全球 (1) 大洲分布及种数(2)◆非洲(◆南非)
Reyesia【3】Clos 美人襟属 ≒ **Salpiglossis** Solanaceae 茄科 [MD-503] 全球 (1) 大洲分布及种数(4)◆南美洲
Reyllopia【-】Holub 蓼科属 Polygonaceae 蓼科 [MD-120] 全球 (uc) 大洲分布及种数(uc)
Reymondia H.Karst. = **Pleurothallis**
Reynandia Kunth = **Reynaudia**
Reynaudia【2】Kunth 丝形草属 ← **Polypogon** Poaceae 禾本科 [MM-748] 全球 (2) 大洲分布及种数(2)亚洲:cf.1;北美洲:1
Reynoldsia【3】A.Gray 湖南参属 ← **Aralia;Polyscias** Araliaceae 五加科 [MD-471] 全球 (1) 大洲分布及种数(9)◆亚洲
Reynosia【3】Griseb. 情人李属 → **Auerodendron; Condalia;** Rhamnaceae 鼠李科 [MD-331] 全球 (1) 大洲分布及种数(4-20)◆北美洲
Reynouthria【-】Steud. 蓼科属 Polygonaceae 蓼科 [MD-120] 全球 (uc) 大洲分布及种数(uc)
Reynoutria【3】Houtt. 虎杖属 ← **Polygonum;Fallopia;Persicaria** Polygonaceae 蓼科 [MD-120] 全球 (1) 大洲分布及种数(9)◆亚洲
Rhabarbarum Fabr. = **Rheum**
Rhabdadenia【3】Müll.Arg. 红树藤属 → **Angadenia; Echites;Pentalinon** Apocynaceae 夹竹桃科 [MD-492] 全球 (6) 大洲分布及种数(7)非洲:2;亚洲:2;大洋洲:2;欧洲:2;北美洲:3-5;南美洲:5-7
Rhabdia Mart. = **Rotula**
Rhabdocalyx (A.DC.) Lindl. = **Cordia**
Rhabdocarpus Lindb. = **Rhacocarpus**
Rhabdocaulon【3】(Benth.) Epling 棒茎草属 ← **Cunila** Lamiaceae 唇形科 [MD-575] 全球 (1) 大洲分布及种数(7)◆南美洲
Rhabdochloa Kunth = **Leptochloa**
Rhabdochona Ramallo = **Leptochloa**
Rhabdocoma Nees = **Rhodocoma**
Rhabdocrinum Rchb. = **Printzia**
Rhabdodendrac Gilg & Pilg. = **Rhabdodendron**
Rhabdodendraceae【3】Prance 棒状木科 [MD-296] 全球 (1) 大洲分布和属种数(1/3)◆南美洲
Rhabdodendron【3】Gilg & Pilg. 棒状木属 Rhabdodendraceae 棒状木科 [MD-296] 全球 (1) 大洲分布及种

数(3)◆南美洲
Rhabdodiscus Lindau = **Rhacodiscus**
Rhabdodontium【3】 Broth. 澳针蕨藓属 Pterobryaceae 蕨藓科 [B-201] 全球 (1) 大洲分布及种数(1)◆大洋洲
Rhabdophyllum【3】 Van Tiegh. 番金莲木属 ≒ **Ouratea** Ochnaceae 金莲木科 [MD-104] 全球 (1) 大洲分布及种数(1)◆非洲
Rhabdosciadium【3】 Boiss. 细叶芹属 ≒ **Chaerophyllum** Apiaceae 伞形科 [MD-480] 全球 (1) 大洲分布及种数(7)◆西亚(◆伊朗)
Rhabdosiadium Boiss. = **Chaerophyllum**
Rhabdosphaera Engl. = **Rhodosphaera**
Rhabdostigma Hook.f. = **Kraussia**
Rhabdothamnopsis【3】 Hemsl. 长冠苣苔属 ← **Boea;Streptocarpus** Gesneriaceae 苦苣苔科 [MD-549] 全球 (1) 大洲分布及种数(2)◆亚洲
Rhabdothamnus【3】 A.Cunn. ex Walp. 纹木岩桐属 Gesneriaceae 苦苣苔科 [MD-549] 全球 (1) 大洲分布及种数(1)◆大洋洲(◆新西兰)
Rhabdotheca Cass. = **Launaea**
Rhabdotosperma【2】 Hartl 玉慵花属 ≒ **Ornithogalum** Scrophulariaceae 玄参科 [MD-536] 全球 (2) 大洲分布及种数(2-5) 非洲:2-4;亚洲:1
Rhabdoweisia【3】 Bruch & Schimp. 粗石藓属 ≒ **Gymnostomum;Amphidium** Oncophoraceae 曲背藓科 [B-124] 全球 (6) 大洲分布及种数(7) 非洲:4;亚洲:3;大洋洲:1;欧洲:3;北美洲:3;南美洲:5
Rhabdoweisiaceae Limpr. = Oncophoraceae
Rhabdoweisiella【3】 R.S.Williams 刺藓科属 Rhachitheciaceae 刺藓科 [B-125] 全球 (1) 大洲分布及种数(1)◆亚洲
Rhabdoweissia Bruch & Schimp. ex Mont. = **Rhabdoweisia**
Rhacbidospermum Vasey = **Jouvea**
Rhacelopodopsis Thér. ex Broth. = **Pogonatum**
Rhachicallis DC. = **Rachicallis**
Rhachichecium Broth. ex Le Jolis = **Rhachithecium**
Rhachidosorus【3】 Ching 轴果蕨属 ← **Asplenium; Athyrium** Woodsiaceae 岩蕨科 [F-47] 全球 (6) 大洲分布及种数(8-10)非洲:1-2;亚洲:7-8;大洋洲:1;欧洲:1;北美洲:1;南美洲:1-2
Rhachidospermum Vasey = **Jouvea**
Rhachitheciaceae【2】H.Rob. 刺藓科 [B-125] 全球 (3) 大洲分布和属种数(7/14)亚洲:2/5;北美洲:2/2;南美洲:4/5
Rhachitheciopsis【3】 P.de la Varde 小刺藓属 Rhachitheciaceae 刺藓科 [B-125] 全球 (1) 大洲分布及种数(1)◆非洲
Rhachithecium (P.de la Varde) H.Rob. = **Rhachithecium**
Rhachithecium【2】 Broth. ex Le Jolis 刺藓属 Rhachitheciaceae 刺藓科 [B-125] 全球 (4) 大洲分布及种数(3) 非洲:1;亚洲:3;北美洲:1;南美洲:1
Rhacocarpaceae【2】Kindb. 顶刺苞藓科 [B-139] 全球 (5)大洲分布和属种数(2/9)非洲:1/2;亚洲:1/3;大洋洲:1/3;北美洲:1/2;南美洲:2/6-6
Rhacocarpus【3】 Lindb. 顶刺苞藓属 ≒ **Pararhacocarpus** Rhacocarpaceae 顶刺苞藓科 [B-139] 全球 (6) 大洲分布及种数(15)非洲:2;亚洲:1;大洋洲:4;欧洲:1;北美洲:3;南美洲:11
Rhacodiscus【3】 Lindau 爵床属 ≒ **Justicia** Acanthaceae 爵床科 [MD-572] 全球 (1) 大洲分布及种数(2)◆南美洲
Rhacolepis S.F.Blake = **Rhysolepis**
Rhacoma【-】 Adans. 卫矛科属 ≒ **Crossopetalum; Myginda;Rhaponticum** Celastraceae 卫矛科 [MD-339] 全球 (uc) 大洲分布及种数(uc)
Rhacoma Adans. = **Rhaponticum**
Rhacoma L. = **Myginda**
Rhacoma P.Br ex L. = **Crossopetalum**
Rhacomitrium【3】 Brid. ex Lorentz 砂藓属 ≒ **Niphotrichum** Grimmiaceae 紫萼藓科 [B-115] 全球 (1) 大洲分布及种数(27)◆东亚(◆中国)
Rhacopilaceae Broth. = Racopilaceae
Rhacopilopsis【2】 Renauld & Cardot 非洲灰藓属 ≒ **Microthamnium** Hypnaceae 灰藓科 [B-189] 全球 (4) 大洲分布及种数(6)非洲:6;欧洲:1;北美洲:1;南美洲:1
Rhacopilum P.Beauv. = **Racopilum**
Rhacostoma Scheidw. = **Palicourea**
Rhadamanthopsis (Oberm.) Speta = **Drimia**
Rhadamanthus RHadačanthopsis Oberm. = **Drimia**
Rhadinaea M.A.Spencer & L.B.Sm. = **Racinaea**
Rhadinocarpus Vogel = **Chaetocalyx**
Rhadinopus【3】 S.Moore 细足茜属 Rubiaceae 茜草科 [MD-523] 全球 (1) 大洲分布及种数(2)◆大洋洲
Rhadinothamnus【3】 Paul G.Wilson 梅南香属 ← **Nematolepis** Rutaceae 芸香科 [MD-399] 全球 (1) 大洲分布及种数(3)◆大洋洲(◆澳大利亚)
Rhadiola Savi = **Radiola**
Rhaebo Hance = **Rhoeo**
Rhaeo C.B.Clarke = **Tradescantia**
Rhaesteria【3】 Summerh. 非洲兰属 Orchidaceae 兰科 [MM-723] 全球 (1) 大洲分布及种数(1)◆非洲
Rhagada R.Br. = **Rhagodia**
Rhagadiolus【3】 Vaill. 双苞苣属 ← **Cichorium;Crepis; Garhadiolus** Asteraceae 菊科 [MD-586] 全球 (1) 大洲分布及种数(2)◆欧洲
Rhagamys E.Mey. = **Rhamnus**
Rhaganus E.Mey. = **Rhamnus**
Rhagio L.f. = **Rhapis**
Rhagium Rumph. = **Boehmeria**
Rhagodia【3】 R.Br. 浆果藜属 ← **Chenopodium; Einadia;** Amaranthaceae 苋科 [MD-116] 全球 (1) 大洲分布及种数(15-19)◆大洋洲
Rhagodiscus Lindau = **Rhacodiscus**
Rhamdiopsis Rchb. = **Flacourtia**
Rhamindium Sarg. = **Rhamnidium**
Rhamma L. = **Rhaponticum**
Rhammatophyllum【3】 O.E.Schulz 假糖芥属 ≒ **Arabis** Brassicaceae 十字花科 [MD-213] 全球 (1) 大洲分布及种数(11)◆亚洲
Rham-moluma Baill. = **Lucuma**
Rhamnaceae【3】Juss. 鼠李科 [MD-331] 全球 (6) 大洲分布和属种数(47-57;hort. & cult.19-22)(1060-1959;hort. & cult.111-163)非洲:17-32/285-468;亚洲:17-29/404-655;大洋洲:18-38/84-518;欧洲:6-26/62-226;北美洲:20-34/341-561;南美洲:21-35/171-356
Rhamnella【3】 Miq. 猫乳属 ← **Berchemia;Rhamnus** Rhamnaceae 鼠李科 [MD-331] 全球 (1) 大洲分布及种数(11-13)◆亚洲

Rhamnella Yamazaki = **Rhamnella**

Rhamnicastrum P. & K. = **Scolopia**

Rhamnidium【3】Reissek 鼠勾儿茶属 → **Auerodendron;Karwinskia** Rhamnaceae 鼠李科 [MD-331] 全球 (6)大洲分布及种数(7-14)非洲:2;亚洲:2;大洋洲:2;欧洲:2;北美洲:3-11;南美洲:4-6

Rhamnobrina H.Perrier = **Colubrina**

Rhamnoides Mill. = **Hippophae**

Rhamnoluma Baill. = **Lucuma**

Rhamnoneuron【3】Gilg 鼠皮树属 ← **Wikstroemia** Thymelaeaceae 瑞香科 [MD-310] 全球 (1) 大洲分布及种数(cf. 1)◆亚洲

Rhamnopsis Rchb. = **Flacourtia**

Rhamnos St.Lag. = **Rhamnus**

Rhamnus (Mill.) DC. = **Rhamnus**

Rhamnus【3】L. 鼠李属 ≒ **Gouania;Paliurus** Rhamnaceae 鼠李科 [MD-331] 全球 (6) 大洲分布及种数(225-276;hort.1;cult:20)非洲:36-73;亚洲:146-205;大洋洲:14-50;欧洲:39-80;北美洲:55-99;南美洲:20-58

Rhamphicarpa【3】Benth. 渔网草属 ← **Buchnera;Cycnium** Scrophulariaceae 玄参科 [MD-536] 全球 (6) 大洲分布及种数(14-15)非洲:11-12;亚洲:3-4;大洋洲:3-4;欧洲:1;北美洲:1;南美洲:1

Rhamphidia【3】(Lindl.) Lindl. 长序翻唇兰属 ≒ **Rhamphidium;Goodyera** Orchidaceae 兰科 [MM-723] 全球 (1) 大洲分布及种数(uc)◆欧洲

Rhamphidium【2】Mitt. 曲喙藓属 ≒ **Trichostomum** Ditrichaceae 牛毛藓科 [B-119] 全球 (5) 大洲分布及种数(16) 亚洲:3;大洋洲:2;欧洲:1;北美洲:5;南美洲:7

Rhamphocaenus Neck. = **Geranium**

Rhamphocarpus Neck. = **Raphiocarpus**

Rhamphocarya Kuang = **Annamocarya**

Rhamphocaulus Neck. = **Geranium**

Rhamphogyne【3】S.Moore 喙果菀属 ← **Abrotanella** Asteraceae 菊科 [MD-586] 全球 (1) 大洲分布及种数(1)◆非洲(◆毛里求斯)

Rhampholepis Stapf = **Sacciolepis**

Rhamphopetalum【-】J.F.B.Pastore & M.Mota 远志科属 Polygalaceae 远志科 [MD-291] 全球 (uc) 大洲分布及种数(uc)

Rhamphorhynchus Garay = **Aspidogyne**

Rhamphospermum Andrz. ex Besser = **Brassica**

Rhamzogia Vent = **Rhamnus**

Rhannella Miq. = **Rhamnella**

Rhanteriopsis【2】Rauschert 金币花属 ≒ **Asteriscus** Asteraceae 菊科 [MD-586] 全球 (2) 大洲分布及种数(4) 亚洲;南美洲

Rhanterium【3】Desf. 外包菊属 Asteraceae 菊科 [MD-586] 全球 (1) 大洲分布及种数(4)◆非洲

Rhaphanistrocarpus Dalla Torre & Harms = **Momordica**

Rhaphanocarpus Dalla Torre & Harms = **Momordica**

Rhaphanus L. = **Raphanus**

Rhaphedospera Wight = **Justicia**

Rhaphia Auct. ex Steud. = **Cordia**

Rhaphiacme K.Schum. = **Raphionacme**

Rhaphicera Bremek. = **Rhaphidura**

Rhaphidanthe Hiern ex Giirke = **Diospyros**

Rhaphidium Mitt. = **Rhamphidium**

Rhaphidolejeunea Herzog = **Drepanolejeunea**

Rhaphidophora【3】Hassk. 崖角藤属 → **Epipremnum; Monstera;Scindapsus** Araceae 天南星科 [MM-639] 全球 (6)大洲分布及种数(33-112)非洲:9-40;亚洲:28-90;大洋洲:8-36;欧洲:1-6;北美洲:7-13;南美洲:1-6

Rhaphidophyllum Benth. = **Sopubia**

Rhaphidophyton【3】Iljin 硬叶蓬属 Amaranthaceae 苋科 [MD-116] 全球 (1) 大洲分布及种数(cf.1)◆亚洲

Rhaphidopteris Schott = **Elaphoglossum**

Rhaphidorhynchus Finet = **Microcoelia**

Rhaphidorrhynchium Besch. ex M.Fleisch. = **Sematophyllum**

Rhaphidorrynchus Finet = **Microcoelia**

Rhaphidosperma G.Don = **Justicia**

Rhaphidospora Nees = **Justicia**

Rhaphidostegium【2】(Schimp.) De Not. 锦藓科属 ≒ **Hypnum;Papillidiopsis** Sematophyllaceae 锦藓科 [B-192] 全球 (5) 大洲分布及种数(97) 非洲:25;亚洲:18;大洋洲:9;北美洲:13;南美洲:35

Rhaphidostichum【2】M.Fleisch. 狗尾藓属 ≒ **Brotherella;Papillidiopsis** Sematophyllaceae 锦藓科 [B-192] 全球 (5) 大洲分布及种数(33) 非洲:3;亚洲:19;大洋洲:10;北美洲:4;南美洲:2

Rhaphidura【3】Bremek. 尖叶木属 ← **Urophyllum** Rubiaceae 茜草科 [MD-523] 全球 (1) 大洲分布及种数(1-2)◆亚洲

Rhaphiobotrya【-】Coombes 蔷薇科属 Rosaceae 蔷薇科 [MD-246] 全球 (uc) 大洲分布及种数(uc)

Rhaphiodon【3】Schaür 针齿草属 ← **Hyptis;Zappania** Lamiaceae 唇形科 [MD-575] 全球 (1) 大洲分布及种数(1)◆南美洲

Rhaphiolepis【3】Lindl. 石斑木属 ← **Crataegus** Rosaceae 蔷薇科 [MD-246] 全球 (1) 大洲分布及种数(14-16)◆亚洲

Rhaphionacme Müll.Hal. = **Raphionacme**

Rhaphiophallus Schott = **Amorphophallus**

Rhaphiorhynchus Finet = **Aeranthes**

Rhaphiostylis【3】Planch. ex Benth. 非洲茶茱萸属 ← **Apodytes** Metteniusaceae 水螅花科 [MD-454] 全球 (1) 大洲分布及种数(7-16)◆非洲

Rhaphis【3】Lour. 棕竹属 ≒ **Andropogon** Poaceae 禾本科 [MM-748] 全球 (6) 大洲分布及种数(1) 非洲:1;亚洲:1;大洋洲:1;欧洲:1;北美洲:1;南美洲:1

Rhaphispermum【3】Benth. 针子参属 Orobanchaceae 列当科 [MD-552] 全球 (1) 大洲分布及种数(1)◆非洲

Rhaphistemma Meisn. = **Raphistemma**

Rhaphistemum Walp. = **Raphistemma**

Rhaphitamnus Miers = **Rhaphithamnus**

Rhaphithamnus【3】Miers 刺番樱桃属 ← **Citharexylum;Poeppigia** Verbenaceae 马鞭草科 [MD-556] 全球 (1) 大洲分布及种数(2-3)◆南美洲

Rhapidophyllum【3】H.Wendl. & Drude 针棕属 ← **Chamaerops** Arecaceae 棕榈科 [MM-717] 全球 (1) 大洲分布及种数(1)◆北美洲(◆美国)

Rhapidospora Rchb. = **Justicia**

Rhapiolepis Lindl. = **Rhaphiolepis**

Rhapis【3】L.f. 棕竹属 ← **Chamaerops;Guihaia** Arecaceae 棕榈科 [MM-717] 全球 (1) 大洲分布及种数(8-14)◆亚洲

Rhaponfica Hill = **Rhaponticum**

Rhapontica Hill = **Rhaponticum**
Rhaponticoides【3】Vaill. 黄矢车菊属 ≒ **Centaurium** Asteraceae 菊科 [MD-586] 全球 (1) 大洲分布及种数(cf. 1)◆亚洲
Rhaponticum【2】Ludw. 漏芦属 ← **Centaurea;Halocharis;Stemmacantha** Asteraceae 菊科 [MD-586] 全球 (4) 大洲分布及种数(14-20;hort.1;cult: 1)亚洲:4-7;大洋洲:3;欧洲:12;北美洲:1
Rhapontium Adans. = **Rhaponticum**
Rhaptocalymma Borner = **Carex**
Rhaptocarpus Miers = **Echites**
Rhaptomeris Miers = **Cyclea**
Rhaptonema【3】Miers 枭丝藤属 Menispermaceae 防己科 [MD-42] 全球 (1) 大洲分布及种数(8)◆非洲
Rhaptopetalaceae Van Tiegh. ex Soler. = Brassicaceae
Rhaptopetalum【3】Oliv. 织瓣花属 → **Brazzeia;Heisteria** Lecythidaceae 玉蕊科 [MD-267] 全球 (1) 大洲分布及种数(6-12)◆非洲
Rhaptostylum Bonpl. = **Heisteria**
Rhaucoides Mill. = **Hippophae**
Rhazya【3】Decne. 拉兹草属 ← **Amsonia** Apocynaceae 夹竹桃科 [MD-492] 全球 (1) 大洲分布及种数(1-2)◆亚洲
Rhchidosorus Ching = **Rhachidosorus**
Rhea Endl. = **Dendroseris**
Rheedea【-】Cothen. 藤黄科属 Clusiaceae 藤黄科 [MD-141] 全球 (uc) 大洲分布及种数(uc)
Rheedia【3】L. 瑞氏木属 → **Dystovomita; Calophyllum;Mammea** Clusiaceae 藤黄科 [MD-141] 全球 (6) 大洲分布及种数(18)非洲:1-9;亚洲:1-9;大洋洲:8;欧洲:8;北美洲:2-10;南美洲:12-20
Rhegmatodon Brid. ex Rchb. = **Regmatodon**
Rhegmatodontaceae Broth. = Regmatodontaceae
Rheinardia Turcz. = **Schmalhausenia**
Rheithrophyllum Hassk. = **Aeschynanthus**
Rheitrophyllum【-】Hassk. 苦苣苔科属 ≒ **Primulina** Gesneriaceae 苦苣苔科 [MD-549] 全球 (uc) 大洲分布及种数(uc)
Rhektophyllum N.E.Br. = **Cercestis**
Rhene Goldblatt = **Rheome**
Rheochloa【3】Filg.,Davidse,Zuloaga & Morrone 巴西针草属 Poaceae 禾本科 [MM-748] 全球 (1) 大洲分布及种数(1)◆南美洲(◆巴西)
Rheome【3】Goldblatt 鸢针尾属 Iridaceae 鸢尾科 [MM-700] 全球 (6) 大洲分布及种数(3)非洲:2-5;亚洲:3;大洋洲:3;欧洲:3;北美洲:3;南美洲:3
Rheopteris【3】Alston 羽带蕨属 Pteridaceae 凤尾蕨科 [F-31] 全球 (1) 大洲分布及种数(1)◆北美洲
Rhesa Walp. = **Rhexia**
Rhetinantha【2】M.A.Blanco 脂花兰属 ← **Camaridium;Ornithidium;Sauvetrea** Orchidaceae 兰科 [MM-723] 全球 (3) 大洲分布及种数(14-15)非洲:1;北美洲:6;南美洲:12
Rhetinocarpha【3】Paul G.Wilson & M.A.Wilson 万头菊属 ≒ **Myriocephalus** Asteraceae 菊科 [MD-586] 全球 (1) 大洲分布及种数(1)◆大洋洲
Rhetinodendron【3】Meisn. 大黄菊属 Asteraceae 菊科 [MD-586] 全球 (1) 大洲分布及种数(uc)属分布和种数(uc)◆南美洲
Rhetinolepis Coss. = **Anthemis**
Rhetinophloeum G.K.W.H.Karst. = **Cercidium**
Rhetinosperma【3】Radlk. 皱楝属 Meliaceae 楝科 [MD-414] 全球 (1) 大洲分布及种数(uc)属分布和种数(uc)◆大洋洲
Rhetus Saunders = **Rheum**
Rheum【3】L. 大黄属 → **Oxyria;Rumex;Polygonum** Polygonaceae 蓼科 [MD-120] 全球 (1) 大洲分布及种数(51-57)◆亚洲
Rhexia【3】L.鹿丹属→**Aciotis;Argyrella;Siphanthera** Melastomataceae 野牡丹科 [MD-364] 全球 (1) 大洲分布及种数(87-153)◆北美洲
Rhexiaceae Dum. = Melastomataceae
Rhexieae DC. = **Rhexia**
Rhexius L. = **Rhexia**
Rhexophyllum【2】Herzog 北美洲针丛藓属 ≒ **Tortula** Pottiaceae 丛藓科 [B-133] 全球 (2) 大洲分布及种数(1) 北美洲:1;南美洲:1
Rhexoxylon Raf. = **Convolvulus**
Rhigiocarya【3】Miers 硬果藤属 ≒ **Kolobopetalum** Menispermaceae 防己科 [MD-42] 全球 (1) 大洲分布及种数(1-2)◆非洲
Rhigiophyllum【3】Hochst. 风鳞草属 Campanulaceae 桔梗科 [MD-561] 全球 (1) 大洲分布及种数(1)◆非洲(◆南非)
Rhigiothamnus Spach = **Dicoma**
Rhigospira【3】Miers 榴瓜树属 ← **Ambelania;Neocouma;Tabernaemontana** Apocynaceae 夹竹桃科 [MD-492] 全球 (1) 大洲分布及种数(1)◆南美洲
Rhigozum【3】Burch. 刺钟木属 ← **Lycium** Bignoniaceae 紫葳科 [MD-541] 全球 (1) 大洲分布及种数(7-11)◆非洲
Rhigus L. = **Rhus**
Rhina L. = **Rivina**
Rhinacanthus【3】Nees 灵枝草属 ← **Dianthera; Rhinanthus** Acanthaceae 爵床科 [MD-572] 全球 (6) 大洲分布及种数(24-32)非洲:18-28;亚洲:8-13;大洋洲:1-5;欧洲:1-5;北美洲:1-5;南美洲:4
Rhinactina Less. = **Aster**
Rhinactina Willd. = **Jungia**
Rhinactinidia【2】Novopokr. 岩菀属→**Aster;Brachyactis** Asteraceae 菊科 [MD-586] 全球 (3) 大洲分布及种数(3)非洲:1;亚洲:cf.1;北美洲:1
Rhinanthaceae Vent. = Myoporaceae
Rhinanthera Bl. = **Scolopia**
Rhinanthus【3】L. 鼻花属 → **Rhynchocorys; Mimulus;Alectra** Scrophulariaceae 玄参科 [MD-536] 全球 (6) 大洲分布及种数(54-78;hort.1;cult: 6)非洲:2;亚洲:23-28;大洋洲:2;欧洲:48-56;北美洲:11-13;南美洲:2
Rhinantus Gilib. = **Rhinanthus**
Rhinastus L. = **Rhinanthus**
Rhinchoglossum Bl. = **Rhynchoglossum**
Rhinchosia Desv. = **Rhynchosia**
Rhincospora Gaud. = **Rhynchospora**
Rhinemys Raf. = **Dioscorea**
Rhinephyllum【3】N.E.Br. 锉叶花属 ≒ **Chasmatophyllum** Aizoaceae 番杏科 [MD-94] 全球 (1) 大洲分布及种数(15)◆非洲(◆南非)
Rhinerrhiza【3】Rupp 狭唇兰属 ← **Sarcochilus;Thrix-**

spermum Orchidaceae 兰科 [MM-723] 全球 (1) 大洲分布及种数(1)◆大洋洲(◆澳大利亚)

Rhinerrhizochilus【-】J.M.H.Shaw 兰科属 Orchidaceae 兰科 [MM-723] 全球 (uc) 大洲分布及种数(uc)

Rhinerrhizopsis【3】 Ormerod 长足兰属 ≒ **Pteroceras** Orchidaceae 兰科 [MM-723] 全球 (1) 大洲分布及种数(uc)属分布和种数(uc)◆大洋洲

Rhingia (Bl.) Holttum = **Chingia**

Rhiniachne Hochst. ex Steud. = **Thelepogon**

Rhinium Schreb. = **Doliocarpus**

Rhinocarpus Bert ex Kunth = **Anacardium**

Rhinocerotidium Szlach. = **Oncidium**

Rhinochilus【-】Hort. 兰科属 Orchidaceae 兰科 [MM-723] 全球 (uc) 大洲分布及种数(uc)

Rhinocidium【3】 Baptista 文心兰属 ← **Oncidium;Gomesa** Orchidaceae 兰科 [MM-723] 全球 (1) 大洲分布及种数(uc)◆亚洲

Rhinocladium Baptista = **Oncidium**

Rhinoglossum Pritz. = **Rhynchoglossum**

Rhinolobium Arn. = **Lagarinthus**

Rhinopterys Nied. = **Acridocarpus**

Rhinopteryx Nied. = **Acridocarpus**

Rhinorchis【3】 Szlach. 南美皱兰属 Orchidaceae 兰科 [MM-723] 全球 (1) 大洲分布及种数(4)◆南美洲

Rhinostegia Turcz. = **Thesium**

Rhinostigma Miq. = **Garcinia**

Rhinostoma Miq. = **Garcinia**

Rhinotropis【3】(S.F.Blake) J.R.Abbott 墨西哥刺远志属 Polygalaceae 远志科 [MD-291] 全球 (1) 大洲分布及种数(17)◆北美洲

Rhinus L. = **Rhamnus**

Rhipicephalus Boiss. = **Rhizocephalus**

Rhipidangis【-】J.M.H.Shaw 兰科属 Orchidaceae 兰科 [MM-723] 全球 (uc) 大洲分布及种数(uc)

Rhipidantha【3】 Bremek. 尖叶木属 ← **Urophyllum** Rubiaceae 茜草科 [MD-523] 全球 (1) 大洲分布及种数(1)◆亚洲

Rhipidia Markgr. = **Condylocarpon**

Rhipidocladum L.G.Clark & Londoño = **Rhipidocladum**

Rhipidocladum【2】 McClure 扇枝竹属 ← **Arthrostylidium;Actinocladum;Arundinaria** Poaceae 禾本科 [MM-748] 全球 (3) 大洲分布及种数(20-22)亚洲:cf.1;北美洲:10;南美洲:13-15

Rhipidodendron Spreng. = **Aloe**

Rhipidodendrum Willd. = **Aloe**

Rhipidoglossum【2】 Schltr. 扇唇兰属 ← **Aerangis;Mystacidium;Angraecopsis** Orchidaceae 兰科 [MM-723] 全球 (2) 大洲分布及种数(51)非洲:50;亚洲:cf.1

Rhipidopteris Schott = **Elaphoglossum**

Rhipidorchis D.L.Jones & M.A.Clem. = **Phreatia**

Rhipidostigma Hassk. = **Maba**

Rhipidura Wallace = **Rhaphidura**

Rhipocephalus Boiss. = **Rhizocephalus**

Rhipogonaceae【3】Conran & Clifford 菝葜藤科 [MM-660] 全球 (1) 大洲分布和属种数(1/1-7)◆大洋洲

Rhipogonum【3】 J.R.Forst. & G.Forst. 鱼篮藤属 ≒ **Clematis** Rhipogonaceae 菝葜藤科 [MM-660] 全球 (1) 大洲分布及种数(1-6)◆大洋洲(◆澳大利亚)

Rhips L.f. = **Rhapis**

Rhipsalidopsis Britton & Rose = **Hatiora**

Rhipsaliphyllum Mottram = **Zygopetalum**

Rhipsalis Calamorhipsalis K.Schum. = **Rhipsalis**

Rhipsalis【3】 Gaertn. 丝苇属 → **Cactus;Cereus;Lepismium** Cactaceae 仙人掌科 [MD-100] 全球 (6) 大洲分布及种数(80-102;hort.1;cult: 9)非洲:2-6;亚洲:4-8;大洋洲:3-7;欧洲:3-7;北美洲:15-19;南美洲:77-90

Rhipsaphyllopsis Werderm. = **Hatiora**

Rhisolepis S.F.Blake = **Rhysolepis**

Rhizaeris Raf. = **Laguncularia**

Rhizakenia Raf. = **Limnobium**

Rhizanota Lour ex Gomes = **Corchorus**

Rhizanthella【3】 R.S.Rogers 地下兰属 Orchidaceae 兰科 [MM-723] 全球 (1) 大洲分布及种数(2-4)◆大洋洲(◆澳大利亚)

Rhizanthera【3】 P.F.Hunt & Summerh. 箣柊属 ≒ **Scolopia** Orchidaceae 兰科 [MM-723] 全球 (1) 大洲分布及种数(cf.1)◆欧洲

Rhizanthes【3】 Dum. 藤寄生属 Rafflesiaceae 大花草科 [MD-147] 全球 (1) 大洲分布及种数(1-4)◆亚洲

Rhizemys Raf. = **Dioscorea**

Rhizirideum (G.Don) Fourr. = **Allium**

Rhizium Dulac = **Elatine**

Rhizobolus Gaertn. ex Schreb. = **Pekea**

Rhizobotrya【3】 Tausch 奥地利山芥属 ← **Cochlearia** Brassicaceae 十字花科 [MD-213] 全球 (1) 大洲分布及种数(1)◆欧洲

Rhizocarpaceae Kindb. = Rhacocarpaceae

Rhizocarpon【3】 Ramond ex DC. 胡唐松木属 ≒ **Ruellia** Physenaceae 唐松木科 [MD-169] 全球 (1) 大洲分布及种数(uc）◆非洲

Rhizocaulia【-】 E.A.Hodgs. 直蒴苔科属 Balantiopsaceae 直蒴苔科 [B-37] 全球 (uc) 大洲分布及种数(uc)

Rhizocephalum【3】 Wedd. 卧盖莲属 ← **Lysipomia** Campanulaceae 桔梗科 [MD-561] 全球 (1) 大洲分布及种数(uc)属分布和种数(uc)◆南美洲

Rhizocephalus【3】 Boiss. 聚头草属 ← **Crypsis** Poaceae 禾本科 [MM-748] 全球 (1) 大洲分布及种数(1-2)◆亚洲

Rhizocorallon Gagneb. = **Corallorhiza**

Rhizodendron R.E.Fr. = **Ruizodendron**

Rhizofabronia【2】 (Broth.) M.Fleisch. 刺碎米藓属 Fabroniaceae 碎米藓科 [B-173] 全球 (2) 大洲分布及种数(3) 非洲:3;欧洲:1

Rhizoge Rchb. = **Rhigozum**

Rhizogeton Broch = **Rhoogeton**

Rhizoglossum【3】 C.Presl 多叶箭蕨属 ≒ **Ophioglossum** Ophioglossaceae 瓶尔小草科 [F-9] 全球 (1) 大洲分布及种数(uc)◆亚洲

Rhizogoniaceae【3】Broth. 桧藓科 [B-154] 全球 (5) 大洲分布和属种数(9/58)亚洲:4/18;大洋洲:9/38;欧洲:4/6;北美洲:6/15;南美洲:7/13

Rhizogonium【3】Brid. 刺叶桧藓属 ≒ **Cryptopodium** Rhizogoniaceae 桧藓科 [B-154] 全球 (6) 大洲分布及种数(24)非洲:3;亚洲:10;大洋洲:15;欧洲:2;北美洲:6;南美洲:5

Rhizogum Rchb. = **Rhigozum**

Rhizohypnella【2】 M.Fleisch. 刺灰藓属 Hypnaceae

灰藓科 [B-189] 全球 (2) 大洲分布及种数(2) 亚洲:2;大洋洲:1
Rhizohypnum (Hampe) Herzog = **Mittenothamnium**
Rhizomatophora【2】 Pimenov 棒伞草属 Apiaceae 伞形科 [MD-480] 全球 (2) 大洲分布及种数(cf.1) 亚洲:1;欧洲:1
Rhizomatopteris A.P.Khokhr. = **Cystopteris**
Rhizomnium【2】 (Mitt. ex Broth.) T.J.Kop. 毛灯藓属 ≒ **Rhizogonium** Mniaceae 提灯藓科 [B-149] 全球 (5) 大洲分布及种数(13) 非洲:1;亚洲:11;大洋洲:1;欧洲:5;北美洲:8
Rhizomonanthcs Danser = **Actinanthella**
Rhizomonanthes Danser = **Actinanthella**
Rhizomopteris A.P.Khokhr. = **Cystopteris**
Rhizomys Raf. = **Dioscorea**
Rhizonium Brid. ex Endl. = **Rhizogonium**
Rhizopelma Müll.Hal. = **Rhizogonium**
Rhizophora DC. = **Rhizophora**
Rhizophora【3】 L. 红树属 → **Bruguiera;Sonneratia** Rhizophoraceae 红树科 [MD-329] 全球 (6) 大洲分布及种数(12-17;hort.1;cult: 2)非洲:6-11;亚洲:9-17;大洋洲:6-12;欧洲:2-7;北美洲:5-10;南美洲:3-9
Rhizophoraceae【3】 Pers. 红树科 [MD-329] 全球 (6) 大洲分布和属种数(11-14;hort. & cult.4)(83-224;hort. & cult.4)非洲:7-8/49-102;亚洲:8-9/33-56;大洋洲:4-5/16-39;欧洲:3-4/5-14;北美洲:3-4/13-27;南美洲:3-5/20-35
Rhizophoranae【-】 (Pers.) Takht. ex Reveal & Doweld 红树科属 Rhizophoraceae 红树科 [MD-329] 全球 (uc) 大洲分布及种数(uc)
Rhizophoreae Bartl. = **Rhizophora**
Rhizophysa Forskål = **Rhizophora**
Rhizoplaca【3】 Zopf 红牡丹属 Melastomataceae 野牡丹科 [MD-364] 全球 (1) 大洲分布及种数(uc) ◆非洲
Rhizopus Rchb. = **Rhigozum**
Rhizorus Rchb. = **Rhigozum**
Rhizosperma Meyen = **Azolla**
Rhizosphaera L.Mangin & Har. = **Rhodosphaera**
Rhizotaechia Radlk. = **Rhysotoechia**
Rhizoxenia Raf. = **Limnobium**
Rhoaceae Juss. = Rosaceae
Rhobala Schreb. = **Roupala**
Rhodalia Haeckel = **Rhodamnia**
Rhodalsine J.Gay = **Minuartia**
Rhodamnia【3】 Jack 玫瑰木属 ← **Decaspermum** Myrtaceae 桃金娘科 [MD-347] 全球 (6) 大洲分布及种数(17-46;hort.1)非洲:9-31;亚洲:7-33;大洋洲:11-49;欧洲:15;北美洲:1-17;南美洲:2-17
Rhodanthe【3】 Lindl.鳞托菊属 ≒ **Helipterum;Leptorhynchos** Asteraceae 菊科 [MD-586] 全球 (6) 大洲分布及种数(49-53;hort.1)非洲:2;亚洲:1-3;大洋洲:48-51;欧洲:1-3;北美洲:1-3;南美洲:2-4
Rhodanthemum【2】 B.H.Wilcox,K.Bremer & Humphries 假匹菊属 ≒ **Andryala** Asteraceae 菊科 [MD-586] 全球 (2) 大洲分布及种数(15-16;hort.1)非洲:13-14;欧洲:1
Rhodax Spach = **Helianthemum**
Rhodazalea Croux = **Lagenocarpus**
Rhodea Endl. = **Rohdea**
Rhodetypos Sieb. & Zucc. = **Rhodotypos**
Rhodeus Endl. = **Rohdea**
Rhodia Adans. = **Rhodiola**
Rhodine Adans. = **Sedum**
Rhodiola【3】 L. 红景天属 → **Sedum;Ohbaea** Crassulaceae 景天科 [MD-229] 全球 (6) 大洲分布及种数(78-86;hort.1;cult:3)非洲:5-27;亚洲:77-125;大洋洲:22;欧洲:5-27;北美洲:13-35;南美洲:22
Rhodiolaceae Martinov = Putranjivaceae
Rhodo Hance = **Rhoeo**
Rhodobranthus【3】 (Traub) Traub 南美石蒜属 ≒ **Rhodophiala** Amaryllidaceae 石蒜科 [MM-694] 全球 (1) 大洲分布及种数(3)◆南美洲(◆阿根廷)
Rhodobryum【3】 (Schimp.) Limpr. 大叶藓属 Bryaceae 真藓科 [B-146] 全球 (6) 大洲分布及种数(49) 非洲:13;亚洲:11;大洋洲:6;欧洲:3;北美洲:18;南美洲:22
Rhodo-bryum Hampe = **Rhodobryum**
Rhodocactus (A.Berger) F.M.Knuth = **Rhodocactus**
Rhodocactus【2】 F.M.Knuth 木麒麟属 ≒ **Pereskia** Cactaceae 仙人掌科 [MD-100] 全球 (3) 大洲分布及种数(6;hort.1)非洲:1;北美洲:1;南美洲:5
Rhodocalyx Müll.Arg. = **Prestonia**
Rhodochiton【3】 Zucc. 冠子藤属 ← **Lophospermum** Plantaginaceae 车前科 [MD-527] 全球 (1) 大洲分布及种数(3-17)◆北美洲
Rhodochlaena Spreng. = **Rhodolaena**
Rhodochlamys S.Schaür = **Thymus**
Rhodocinium Avrorin = **Vaccinium**
Rhodocista Spach = **Cistus**
Rhodocistus Spach = **Cistus**
Rhodoclada Baker = **Asteropeia**
Rhodococcum (Rupr.) Avrorin = **Vaccinium**
Rhodococcus (Rupr.) Avrorin = **Vaccinium**
Rhodocodon Baker = **Drimia**
Rhodocolea【3】 Baill. 红鞘紫葳属 ← **Bignonia;Colea** Bignoniaceae 紫葳科 [MD-541] 全球 (1) 大洲分布及种数(12-28)◆非洲
Rhodocoma【3】 Nees 悬穗灯草属 ← **Leptocarpus** Restionaceae 帚灯草科 [MM-744] 全球 (1) 大洲分布及种数(4-8)◆非洲(◆南非)
Rhododdron L. = **Rhododendron**
Rhododendraceae Juss. = Rhabdodendraceae
Rhododendron (Bl.) K.Koch = **Rhododendron**
Rhododendron【3】 L. 越橘杜鹃属 ≒ **Azalea;Ledum** Rhodoraceae 石楠科 [MD-378] 全球 (6) 大洲分布及种数(1150-1398;hort.1;cult:129)非洲:201-328;亚洲:1067-1323;大洋洲:145-266;欧洲:175-281;北美洲:299-416;南美洲:10-106
Rhododendros Adans. = **Andromeda**
Rhododendrum L. = **Rhododendron**
Rhododermis Batters = **Salvia**
Rhododiscus Lindau = **Rhacodiscus**
Rhododon【3】 Epling 红齿草属 ← **Hedeoma;Stachydeoma** Lamiaceae 唇形科 [MD-575] 全球 (1) 大洲分布及种数(2)◆北美洲
Rhodogas B.Mathew = **Rhodoxis**
Rhodogeron【3】 Griseb. 银蓬属 ≒ **Sachsia** Asteraceae 菊科 [MD-586] 全球 (1) 大洲分布及种数(cf. 1)◆北美洲
Rhodognaphalon【3】 (Ulbr.) Roberty 锦囊木棉属 ← **Bombax;Pachira** Malvaceae 锦葵科 [MD-203] 全球 (1)

R

大洲分布及种数(6)◆非洲

Rhodognaphalopsis A.Robyns = **Pachira**

Rhodognophalopsis A.Robyns = **Pachira**

Rhodohypoxis【3】 Nel 红金梅草属 ← **Hypoxis** Hypoxidaceae 仙茅科 [MM-695] 全球 (1) 大洲分布及种数(6)◆非洲

Rhodolaeana Thou. = **Rhodolaena**

Rhodolaena【3】 Thou. 红杯花属 → **Eremolaena; Schizolaena** Sarcolaenaceae 苞杯花科 [MD-153] 全球 (1) 大洲分布及种数(7)◆非洲(◆马达加斯加)

Rhodolaenaceae Bullock = Sarcolaenaceae

Rhodoleia【3】 Champ. ex Hook. 红花荷属 ← **Rhododendron** Hamamelidaceae 金缕梅科 [MD-63] 全球 (1) 大洲分布及种数(8-17)◆亚洲

Rhodoleiaceae【3】Nakai 红花荷科 [MD-64] 全球 (6) 大洲分布和属种数(1;hort. & cult.1)(8-21;hort. & cult.2-3)非洲:1/7;亚洲:1/8-17;大洋洲:1/7;欧洲:1/7;北美洲:1/7;南美洲:1/7

Rhodolepis Champ. ex Hook. = **Rhodoleia**

Rhodolirion Dalla Torre & Harms = **Rhodophiala**

Rhodolirium【3】 Phil. 美花莲属 ≒ **Hippeastrum; Habranthus** Amaryllidaceae 石蒜科 [MM-694] 全球 (1) 大洲分布及种数(2)◆南美洲

Rhodomela C.Agardh = **Rhodoleia**

Rhodomelaceae AGARDH = Rhodoleiaceae

Rhodomenia Jack = **Rhodamnia**

Rhodometra Raf. = **Rumex**

Rhodomyrtus (DC.) Rchb. = **Rhodomyrtus**

Rhodomyrtus【2】Rich. 桃金娘属 ≒ **Myrtus; Rhodamnia; Pilidiostigma** Myrtaceae 桃金娘科 [MD-347] 全球 (5) 大洲分布及种数(17-30;hort.1)非洲:5-13;亚洲:16-30;大洋洲:15-25;欧洲:1;北美洲:1

Rhodonia Jack = **Rhodamnia**

Rhodonthyrsus Esser = **Rhodothyrsus**

Rhodopentas【3】 Kårehed & B.Bremer 鸡麻茜属 Rubiaceae 茜草科 [MD-523] 全球 (6) 大洲分布及种数(3) 非洲:2-3;亚洲:1;大洋洲:1;欧洲:1;北美洲:1-2;南美洲:1

Rhodophana C.Presl = **Rhodophiala**

Rhodophiala【2】C.Presl 小顶红属 ≒ **Phycella; Helianthus; Hippeastrum** Amaryllidaceae 石蒜科 [MM-694] 全球(3)大洲分布及种数(20-34)亚洲:1-2;北美洲:2;南美洲:17

Rhodophora Neck. = **Rumex**

Rhodopila C.Presl = **Rhodophiala**

Rhodopis【3】 Urb. 玫瑰豆属 Fabaceae 豆科 [MD-240] 全球 (1) 大洲分布及种数(1)◆南美洲(◆智利)

Rhodopsis Lilja = **Rosa**

Rhodoptera Raf. = **Rumex**

Rhodora L. = **Rhododendron**

Rhodoraceae【3】Vent. 石楠科 [MD-378] 全球 (6) 大洲分布和属种数(2;hort. & cult.1)(1162-1899;hort. & cult. 529-766)非洲:1-2/201-336;亚洲:1-2/1067-1331;大洋洲:1-2/145-274;欧洲:1-2/175-289;北美洲:2/312-438;南美洲:1-2/10-114

Rhodorhiza P.B.Webb = **Convolvulus**

Rhodormis Raf. = **Salvia**

Rhodosciadium【3】 S.Watson 红伞芹属 ← **Ferula; Peucedanum** Apiaceae 伞形科 [MD-480] 全球 (1) 大洲分布及种数(12-16)◆北美洲

Rhodoscirpus【3】 Léveillé-Bourret,Donadío & J.R. Starr 红伞莎属 Cyperaceae 莎草科 [MM-747] 全球 (1) 大洲分布及种数(cf.1)◆南美洲

Rhodosepala Baker = **Dissotis**

Rhodoseris Turcz. = **Onoseris**

Rhodosorus Turcz. = **Onoseris**

Rhodospatha【3】 Pöpp. 红苞芋属 ≒ **Monstera; Heteropsis** Araceae 天南星科 [MM-639] 全球 (1) 大洲分布及种数(31-81)◆南美洲

Rhodosphaera【3】 Engl. 山楂漆属 ← **Rhus** Anacardiaceae 漆树科 [MD-432] 全球 (1) 大洲分布及种数(1)◆大洋洲(◆澳大利亚)

Rhodostachys Phil. = **Ochagavia**

Rhodostegiella (Pobed.) C.Y.Wu & D.Z.Li = **Cynanchum**

Rhodostemonodaphne【3】 Rohwer & Kubitzki 红蕊樟属 ← **Acrodiclidium; Goeppertia** Lauraceae 樟科 [MD-21] 全球 (1) 大洲分布及种数(38-41)◆南美洲(◆巴西)

Rhodostoma Scheidw. = **Palicourea**

Rhodothamnus Lindl. & Paxt. = **Rhodothamnus**

Rhodothamnus【3】 Rchb. 伏石花属 → **Kalmiopsis** Ericaceae 杜鹃花科 [MD-380] 全球 (1) 大洲分布及种数(2-3)◆北美洲(◆美国)

Rhodothyrsus【3】 Esser 红序柏属 Euphorbiaceae 大戟科 [MD-217] 全球 (1) 大洲分布及种数(2)◆南美洲(◆巴西)

Rhodotypaceae J.Agardh = Tetracarpaeaceae

Rhodotypos【3】 Sieb. & Zucc. 鸡麻属 ← **Corchorus** Rosaceae 蔷薇科 [MD-246] 全球 (1) 大洲分布及种数(1-2)◆亚洲

Rhodoxis【3】 B.Mathew 玫瑰豆属 ← **Rosa** Rosaceae 蔷薇科 [MD-246] 全球 (1) 大洲分布及种数(1)◆非洲

Rhodoxylon Raf. = **Convolvulus**

Rhodusia Vasil´chenko = **Medicago**

Rhodussa Vasil´chenko = **Medicago**

Rhodymenia Jack = **Rhodamnia**

Rhoea St.Lag. = **Punica**

Rhoeadia C.Lemaire = **Rheedia**

Rhoeidium【3】 Greene 盐麸木属 ← **Rhus** Anacardiaceae 漆树科 [MD-432] 全球 (1) 大洲分布及种数(2)◆北美洲

Rhoeo【2】 Hance 紫万年青属 ≒ **Ephemerum** Commelinaceae 鸭跖草科 [MM-708] 全球 (2) 大洲分布及种数(1) 亚洲:1;大洋洲:1

Rhoga St.Lag. = **Rohdea**

Rhoiacarpos【3】 A.DC. 榴果檀香属 ≒ **Colpoon** Santalaceae 檀香科 [MD-412] 全球 (1) 大洲分布及种数(1)◆非洲(◆南非)

Rhoicissus【3】 Planch. 菱叶藤属 ← **Ampelocissus; Cissus; Vitis** Vitaceae 葡萄科 [MD-403] 全球 (1) 大洲分布及种数(16-21)◆非洲

Rhoidium Greene = **Rhoeidium**

Rhoidoleia Champ. ex Hook. = **Rhodoleia**

Rhoiptelea【3】 Diels & Hand.Mazz. 马尾树属 Juglandaceae 胡桃科 [MD-136] 全球 (1) 大洲分布及种数(cf. 1)◆亚洲

Rhoipteleaceae【3】Hand.Mazz. 马尾树科 [MD-133] 全球 (1) 大洲分布和属种数(1/1)◆亚洲

Rhombocaria【-】 S.A.Hammer 番杏科属 Aizoaceae

番杏科 [MD-94] 全球 (uc) 大洲分布及种数(uc)
Rhombochlamys【3】Lindau 单药花属 ≒ **Aphelandra** Acanthaceae 爵床科 [MD-572] 全球 (1) 大洲分布及种数(1)◆南美洲
Rhomboda【3】Lindl. 菱兰属 ← **Anoectochilus;Hetaeria;Odontochilus** Orchidaceae 兰科 [MM-723] 全球 (6) 大洲分布及种数(16-26;hort.1)非洲:4-6;亚洲:13-19;大洋洲:2-5;欧洲:1-3;北美洲:2;南美洲:2
Rhomboelytrum é.Desv. = **Rhombolytrum**
Rhombolythrum Link = **Briza**
Rhombolytrum【3】Link 菱颖草属 ≒ **Chascolytrum** Poaceae 禾本科 [MM-748] 全球 (1) 大洲分布及种数(2)◆南美洲(◆巴西)
Rhombonema【3】Schltr. 南非草萝藦属 Apocynaceae 夹竹桃科 [MD-492] 全球 (1) 大洲分布及种数(uc)属分布和种数(uc)◆非洲(◆南非)
Rhombophyllul Schwantes = **Rhombophyllum**
Rhombophyllum【3】Schwantes 菱叶草属 ← **Mesembryanthemum** Aizoaceae 番杏科 [MD-94] 全球 (1) 大洲分布及种数(3-5)◆非洲(◆南非)
Rhombopora Korth. = **Gossypium**
Rhomboptera Raf. = **Rumex**
Rhombosoma Korth. = **Gossypium**
Rhombospora Korth. = **Gossypium**
Rhondia Adans. = **Sedum**
Rhoogeton【3】Leeuwenb. 囊瓣岩桐属 ← **Paradrymonia** Gesneriaceae 苦苣苔科 [MD-549] 全球 (1) 大洲分布及种数(3)◆南美洲
Rhopala Schreb. = **Roupala**
Rhopalaea Schreb. = **Roupala**
Rhopalandria Stapf = **Dioscoreophyllum**
Rhopalanthus Lindb. = **Haplomitrium**
Rhopalephora【2】Hassk. 钩毛子草属 ← **Aneilema; Tradescantia;Ropalospora** Commelinaceae 鸭跖草科 [MM-708] 全球 (3) 大洲分布及种数(5)非洲:2;亚洲:3;大洋洲:2
Rhopalista N.E.Br. = **Crassula**
Rhopaloblaste【2】Scheff. 棒椰属 ← **Areca;Ptychosperma;Heterospathe** Arecaceae 棕榈科 [MM-717] 全球 (5)大洲分布及种数(5-9)非洲:1-2;亚洲:4-5;大洋洲:1-4;欧洲:1;北美洲:1
Rhopalobrachium Schlechter & K.Krause = **Aidia**
Rhopalocarpaceae Hemsl. = Sphaerosepalaceae
Rhopalocarpus【-】Boj. 番荔枝科属 ≒ **Buettneria; Anaxagorea** Annonaceae 番荔枝科 [MD-7] 全球 (uc) 大洲分布及种数(uc)
Rhopalocnemis【3】Jungh. 盾片蛇菰属 → **Ditepalanthus;Exorhopala** Balanophoraceae 蛇菰科 [MD-307] 全球 (1) 大洲分布及种数(1-3)◆亚洲
Rhopalocyclus【3】Schwantes 紫霄木属 ← **Leipoldtia** Aizoaceae 番杏科 [MD-94] 全球 (1) 大洲分布及种数(uc)◆非洲
Rhopalodia N.E.Br. = **Crassula**
Rhopaloph N.E.Br. = **Crassula**
Rhopalopilia【3】Pierre 棒花山柚属 ≒ **Pentarhopalopilia** Opiliaceae 山柚子科 [MD-369] 全球 (1) 大洲分布及种数(3)◆非洲
Rhopalopodium Ulbr. = **Ranunculus**
Rhopalosciadium【3】Rech.f. 伊朗喙芹属 Apiaceae 伞形科 [MD-480] 全球 (1) 大洲分布及种数(1)◆西亚(◆伊朗)
Rhopalostigma B.D.Jacks. = **Phrodus**
Rhopalostigma Schott = **Asterostigma**
Rhopalostylis【3】Klotzsch ex Baill. 胡刷椰属 ≒ **Dalechampia** Arecaceae 棕榈科 [MM-717] 全球 (1) 大洲分布及种数(uc)◆东亚(◆中国)
Rhopalota N.E.Br. = **Crassula**
Rhophostemon Endl. = **Nervilia**
Rhophostemon Wittst. = **Pogonia**
Rhopium Schreb. = **Phyllanthus**
Rhopobota N.E.Br. = **Crassula**
Rhopornis Raf. = **Salvia**
Rhoptromeris Miers = **Cyclea**
Rhoradendron Griseb. = **Phoradendron**
Rhosus Dognin = **Rhus**
Rhotala L. = **Rotala**
Rhuacophila Bl. = **Dianella**
Rhuda Spach = **Helianthus**
Rhus (DC.) A.Gray = **Rhus**
Rhus【3】L. 盐麸木属 ≒ **Toxicodendron;Cissus;Picrasma** Anacardiaceae 漆树科 [MD-432] 全球 (1) 大洲分布及种数(131-226)◆非洲
Rhuyschiana Adans. = **Dracocephalum**
Rhyacophila Hochst. = **Pterolobium**
Rhychospermum Reinw. = **Rhynchospermum**
Rhychospora Vahl = **Rhynchospora**
Rhycopelia【-】Griff. & J.M.H.Shaw 兰科属 Orchidaceae 兰科 [MM-723] 全球 (uc) 大洲分布及种数(uc)
Rhyditospermum Walp. = **Matricaria**
Rhyla G.A.Scop. = **Roella**
Rhyleyaopsis【-】Griff. & J.M.H.Shaw 兰科属 Orchidaceae 兰科 [MM-723] 全球 (uc) 大洲分布及种数(uc)
Rhyllanthus L. = **Phyllanthus**
Rhynaelionitis【-】J.M.H.Shaw 兰科属 Orchidaceae 兰科 [MM-723] 全球 (uc) 大洲分布及种数(uc)
Rhynarthroleya【-】J.M.H.Shaw 兰科属 Orchidaceae 兰科 [MM-723] 全球 (uc) 大洲分布及种数(uc)
Rhynarthron【-】J.M.H.Shaw 兰科属 Orchidaceae 兰科 [MM-723] 全球 (uc) 大洲分布及种数(uc)
Rhynburgkia【-】J.M.H.Shaw 兰科属 Orchidaceae 兰科 [MM-723] 全球 (uc) 大洲分布及种数(uc)
Rhyncada【-】J.M.H.Shaw 兰科属 Orchidaceae 兰科 [MM-723] 全球 (uc) 大洲分布及种数(uc)
Rhyncadamesa【-】J.M.H.Shaw 兰科属 Orchidaceae 兰科 [MM-723] 全球 (uc) 大洲分布及种数(uc)
Rhyncanthe【-】J.M.H.Shaw 兰科属 Orchidaceae 兰科 [MM-723] 全球 (uc) 大洲分布及种数(uc)
Rhyncatclia【-】Griff. & J.M.H.Shaw 兰科属 Orchidaceae 兰科 [MM-723] 全球 (uc) 大洲分布及种数(uc)
Rhyncatdendrum【-】J.M.H.Shaw 兰科属 Orchidaceae 兰科 [MM-723] 全球 (uc) 大洲分布及种数(uc)
Rhyncatlaelia J.M.H.Shaw = **Rhyncholaelia**
Rhyncattleanthe【-】J.M.H.Shaw 兰科属 Orchidaceae 兰科 [MM-723] 全球 (uc) 大洲分布及种数(uc)
Rhynchadenia A.Rich. = **Macradenia**

R

Rhynchamsia J.M.H.Shaw = **Rhynchosia**
Rhynchandra Rchb. = **Rhynchanthera**
Rhynchanthe J.M.H.Shaw = **Rhynchanthera**
Rhynchanthera Benth. = **Rhynchanthera**
Rhynchanthera【2】 DC. 喙龙丹属 ≒ **Tibouchina; Stanmarkia** Melastomataceae 野牡丹科 [MD-364] 全球 (3)大洲分布及种数(30-40)非洲:2;北美洲:5;南美洲:28-36
Rhynchanthus【3】 Hook.f. 喙花姜属 ← **Alpinia;Geocharis** Zingiberaceae 姜科 [MM-737] 全球 (1) 大洲分布及种数(1-4)◆亚洲
Rhyncharrhena F.Müll = **Pergularia**
Rhynchavolarum【-】 Griff. & J.M.H.Shaw 兰科属 Orchidaceae 兰科 [MM-723] 全球 (uc) 大洲分布及种数(uc)
Rhynchawidium【-】 J.M.H.Shaw 兰科属 Orchidaceae 兰科 [MM-723] 全球 (uc) 大洲分布及种数(uc)
Rhynchelythrum Nees = **Rhynchelytrum**
Rhynchelytrum【2】 Nees 红毛草属 ← **Melinis** Poaceae 禾本科 [MM-748] 全球 (2) 大洲分布及种数(37) 非洲;亚洲
Rhynchina Dulac = **Vicia**
Rhynchistegiun【3】 Bruch & Schimp. 长喙藓属 Brachytheciaceae 青藓科 [B-187] 全球 (1) 大洲分布及种数(1)◆东亚(◆中国)
Rhynchium Dulac = **Vicia**
Rhynchobrassoleya【-】 J.M.H.Shaw 兰科属 Orchidaceae 兰科 [MM-723] 全球 (uc) 大洲分布及种数(uc)
Rhynchocalycaceae【3】 L.A.S.Johnson & B.G.Briggs 喙萼花科 [MD-340] 全球 (1) 大洲分布和属种数(1/1)◆非洲(◆南非)
Rhynchocalyx【3】 Oliv. 喙萼花属 Penaeaceae 管萼木科 [MD-375] 全球 (1) 大洲分布及种数(1)◆非洲(◆南非)
Rhynchocarpa Backer ex K.Heyne = **Kedrostis**
Rhynchocarpa Becc. = **Burretiokentia**
Rhynchocarpidium P.de la Varde & J.F.Leroy = **Schimperella**
Rhynchocarpus Less. = **Relhania**
Rhynchocarpus Reinw. ex Bl. = **Cyrtandra**
Rhynchocentrum auct. = **Ascocentrum**
Rhynchochilus【-】 J.M.H.Shaw 兰科属 Orchidaceae 兰科 [MM-723] 全球 (uc) 大洲分布及种数(uc)
Rhynchocladium【3】 T.Koyama 长喙莎属 ← **Cladium** Cyperaceae 莎草科 [MM-747] 全球 (1) 大洲分布及种数(1)◆南美洲
Rhynchocoris Griseb. = **Rhynchocorys**
Rhynchocorys【3】 Griseb. 伊朗参属 ← **Rhinanthus** Scrophulariaceae 玄参科 [MD-536] 全球 (1) 大洲分布及种数(1)◆欧洲
Rhynchodendrum Hort. = **Ascocentrum**
Rhynchodenia A.Rich. = **Macradenia**
Rhynchodenitis【-】 Griff. & J.M.H.Shaw 兰科属 Orchidaceae 兰科 [MM-723] 全球 (uc) 大洲分布及种数(uc)
Rhynchodia【2】 Benth. 鹿角藤属 ≒ **Chonemorpha** Apocynaceae 夹竹桃科 [MD-492] 全球 (2) 大洲分布及种数(1) 亚洲:1;大洋洲:1
Rhynchodirea Benth. = **Chonemorpha**
Rhynchodium C.Presl = **Psoralea**
Rhynchofadanda【-】 J.M.H.Shaw 兰科属 Orchidaceae 兰科 [MM-723] 全球 (uc) 大洲分布及种数(uc)
Rhynchoglossum【3】 Bl. 尖舌苣苔属 ≒ **Wulfenia** Gesneriaceae 苦苣苔科 [MD-549] 全球 (1) 大洲分布及种数(9-11)◆亚洲
Rhynchogonia Seidenf. & Garay = **Rhynchogyna**
Rhynchoguarlia【-】 J.M.H.Shaw 兰科属 Orchidaceae 兰科 [MM-723] 全球 (uc) 大洲分布及种数(uc)
Rhynchogyna【3】 Seidenf. & Garay 长蕊兰属 ← **Cleisostoma;Saccolabium** Orchidaceae 兰科 [MM-723] 全球 (1) 大洲分布及种数(2-3)◆亚洲
Rhyncho-hypnum (Hampe) Hampe = **Rhynchostegium**
Rhyncholabium J.M.H.Shaw = **Rhynchocladium**
Rhyncholacis【3】 Tul. 喙河苔属 ≒ **Apinagia** Podostemaceae 川苔草科 [MD-322] 全球 (1) 大洲分布及种数(27-29)◆南美洲
Rhyncholaelia【3】 Schltr. 洪丽兰属 ← **Bletia;Cattleya** Orchidaceae 兰科 [MM-723] 全球 (1) 大洲分布及种数(2)◆北美洲
Rhyncholepis Miq. = **Piper**
Rhyncholepsis C.DC. = **Piper**
Rhynchomyrmeleya【-】 J.M.H.Shaw 兰科属 Orchidaceae 兰科 [MM-723] 全球 (uc) 大洲分布及种数(uc)
Rhynchonia J.M.H.Shaw = **Rhynchosia**
Rhynchonopsis auct. = **Phalaenopsis**
Rhynchopapilisia Garay & H.R.Sw. = **Vanda**
Rhynchopappus Dulac = **Youngia**
Rhynchopera Borner = **Carex**
Rhynchopera Börner = **Pleurothallis**
Rhynchopetalum Fresen. = **Lobelia**
Rhynchophora【3】 Arènes 喙梗木属 Malpighiaceae 金虎尾科 [MD-343] 全球 (1) 大洲分布及种数(2)◆非洲(◆马达加斯加)
Rhynchophorum (Miq.) Small = **Peperomia**
Rhynchophorus (Miq.) Small = **Peperomia**
Rhynchophreatia Schltr. = **Phreatia**
Rhynchopora Arènes = **Rhynchophora**
Rhynchopsidium【3】 DC. 寡头鼠麴木属 ≒ **Relhania** Asteraceae 菊科 [MD-586] 全球 (1) 大洲分布及种数(2)◆非洲
Rhynchopsirea J.M.H.Shaw = **Zygopetalum**
Rhynchopsis J.M.H.Shaw = **Rhynchosia**
Rhynchopsyleya【-】 J.M.H.Shaw 兰科属 Orchidaceae 兰科 [MM-723] 全球 (uc) 大洲分布及种数(uc)
Rhynchopyle Engl. = **Schismatoglottis**
Rhynchorettia【-】 J.M.H.Shaw 兰科属 Orchidaceae 兰科 [MM-723] 全球 (uc) 大洲分布及种数(uc)
Rhynchorides【-】 Hort. 兰科属 Orchidaceae 兰科 [MM-723] 全球 (uc) 大洲分布及种数(uc)
Rhynchoryza【3】 Baill. 浮喙菰属 Poaceae 禾本科 [MM-748] 全球 (1) 大洲分布及种数(1)◆南美洲(◆巴西)
Rhynchos Ehlers = **Rhynchosia**
Rhynchosia (E.Mey.) Endl. = **Rhynchosia**
Rhynchosia【3】 Lour. 鹿藿属 ← **Aeschynomene;Dumasia;Glycine** Fabaceae3 蝶形花科 [MD-240] 全球 (1) 大洲分布及种数(157-206)◆非洲
Rhynchosida【3】 Fryxell 鞠瓣棯属 ← **Sida; Physaliastrum** Malvaceae 锦葵科 [MD-203] 全球 (1) 大洲分布及种数(2)◆南美洲

Rhynchosinapis Hayek = **Coincya**
Rhynchosinapsis Hayek = **Coincya**
Rhynchosophrocattleya 【 - 】 J.M.H.Shaw 兰科属 Orchidaceae 兰科 [MM-723] 全球 (uc) 大洲分布及种数 (uc)
Rhynchospermum 【 3 】 Reinw. 秋分草属 ← **Carpesium;Aster** Asteraceae 菊科 [MD-586] 全球 (1) 大洲分布及种数(cf.1)◆亚洲
Rhynchospira Vahl = **Rhynchospora**
Rhynchospiza Lour. = **Rhynchosia**
Rhynchospora (Brongn.) Benth. & Hook.f. = **Rhynchospora**
Rhynchospora 【 3 】 Vahl 刺子莞属 → **Actinoschoenus; Cyperus;Mariscus** Cyperaceae 莎草科 [MM-747] 全球 (6) 大洲分布及种数(363-433;hort.1;cult: 33)非洲:73-116; 亚洲:104-153;大洋洲:47-92;欧洲:17-56;北美洲:209-270; 南美洲:276-337
Rhynchosporeae Nees = **Rhynchospora**
Rhynchosporium Reinw. = **Rhynchospermum**
Rhynchostegia Bruch & Schimp. = **Rhynchostegium**
Rhynchostegiella 【 3 】 (Schimp.) Limpr. 细喙藓属 ≒ **Rigodium;Oxyrrhynchium** Brachytheciaceae 青藓科 [B-187] 全球(6) 大洲分布及种数(54) 非洲:18;亚洲:24;大洋洲:7;欧洲:16;北美洲:6;南美洲:2
Rhynchostegiopsis 【 2 】 Müll.Hal. 喙白藓属 Leucomiaceae 白藓科 [B-165] 全球(2) 大洲分布及种数(7) 北美洲:6;南美洲:4
Rhynchostegium 【 3 】 Schimp. 长喙藓属 ≒ **Hypnum; Oxyrrhynchium** Brachytheciaceae 青藓科 [B-187] 全球 (6) 大洲分布及种数(157) 非洲:33;亚洲:49;大洋洲:21;欧洲:14;北美洲:22;南美洲:59
Rhynchostele 【 2 】 Rchb.f. 舟舌兰属 → **Brassia;Leochilus;Amparoa** Orchidaceae 兰科 [MM-723] 全球 (2) 大洲分布及种数(20-21;hort.1;cult: 2)北美洲:19;南美洲:4
Rhynchostelis Rchb.f. = **Rhynchostele**
Rhynchostemon Steetz = **Thomasia**
Rhynchostigma 【 3 】 Benth. 鲫鱼藤属 ← **Secamone** Apocynaceae 夹竹桃科 [MD-492] 全球 (1) 大洲分布及种数(1)◆非洲
Rhynchostylis 【 3 】 Bl. 钻喙兰属 ≒ **Chaerophyllum; Fieldia;Gastrochilus** Orchidaceae 兰科 [MM-723] 全球 (1) 大洲分布及种数(cf. 1)◆亚洲
Rhynchotechum 【 3 】 Bl. 线柱苣苔属 ≒ **Cyrtandra** Gesneriaceae 苦苣苔科 [MD-549] 全球 (1) 大洲分布及种数(13-16)◆亚洲
Rhynchotheca J.M.H.Shaw = **Rhynchotheca**
Rhynchotheca 【 3 】 Ruiz & Pav. 喙果木属 Francoaceae 新妇花科 [MD-269] 全球 (1) 大洲分布及种数(2-4)◆南美洲
Rhynchothecaceae 【 3 】 A.Juss. 刺灌木科 [MD-320] 全球 (6) 大洲分布和属种数(1/2-4)非洲:1/2;亚洲:1/2;大洋洲:1/2;欧洲:1/2;北美洲:1/2;南美洲:1/2-4
Rhynchothechea Endl. = **Rhynchotheca**
Rhynchothechlia 【 - 】 J.M.H.Shaw 兰科属 Orchidaceae 兰科 [MM-723] 全球 (uc) 大洲分布及种数(uc)
Rhynchothechum Endl. = **Rhynchotheca**
Rhynchotheum Endl. = **Rhynchotheca**
Rhynchothorax Hodgson,T.V. = **Rhynchophora**
Rhynchothura Arènes = **Rhynchophora**
Rhynchotropis 【 3 】 Harms 喙龙骨豆属 ← **Crotalaria** Fabaceae 豆科 [MD-240] 全球 (1) 大洲分布及种数(2)◆非洲
Rhynchovandanthe Garay & H.R.Sw. = **Euanthe**
Rhynchovolaelia J.M.H.Shaw = **Rhyncholaelia**
Rhynchovolanthe 【 - 】 J.M.H.Shaw 兰科属 Orchidaceae 兰科 [MM-723] 全球 (uc) 大洲分布及种数(uc)
Rhynchovolitis 【 - 】 J.M.H.Shaw 兰科属 Orchidaceae 兰科 [MM-723] 全球 (uc) 大洲分布及种数(uc)
Rhynchumnia 【 - 】 J.M.H.Shaw 兰科属 Orchidaceae 兰科 [MM-723] 全球 (uc) 大洲分布及种数(uc)
Rhyncidlioda 【 - 】 J.M.H.Shaw 兰科属 Orchidaceae 兰科 [MM-723] 全球 (uc) 大洲分布及种数(uc)
Rhyncleiserides 【 - 】 J.M.H.Shaw 兰科属 Orchidaceae 兰科 [MM-723] 全球 (uc) 大洲分布及种数(uc)
Rhyncophorus (Miq.) Small = **Peperomia**
Rhyncosia Webb = **Rhynchosida**
Rhyncospermum A.DC. = **Rhynchospermum**
Rhyncostylis Steud. = **Rhynchostylis**
Rhyncothecum A.DC. = **Rhynchotechum**
Rhyncyclia 【 - 】 J.M.H.Shaw 兰科属 Orchidaceae 兰科 [MM-723] 全球 (uc) 大洲分布及种数(uc)
Rhyndenlia 【 - 】 Griff. & J.M.H.Shaw 兰科属 Orchidaceae 兰科 [MM-723] 全球 (uc) 大洲分布及种数 (uc)
Rhyndiranda 【 - 】 J.M.H.Shaw 兰科属 Orchidaceae 兰科 [MM-723] 全球 (uc) 大洲分布及种数(uc)
Rhyndoropsis auct. = **Doritis**
Rhynea DC. = **Mesua**
Rhynitanthe Benth. = **Leptorhynchos**
Rhynitis J.M.H.Shaw = **Antidesma**
Rhynochlioglossum 【 - 】 J.M.H.Shaw 兰科属 Orchidaceae 兰科 [MM-723] 全球 (uc) 大洲分布及种数(uc)
Rhynochospora Vahl = **Rhynchospora**
Rhynopsirea 【 - 】 J.M.H.Shaw 兰科属 Orchidaceae 兰科 [MM-723] 全球 (uc) 大洲分布及种数(uc)
Rhynospermum Walp. = **Notelaea**
Rhyntheconitis 【 - 】 J.M.H.Shaw 兰科属 Orchidaceae 兰科 [MM-723] 全球 (uc) 大洲分布及种数(uc)
Rhyntonleya 【 - 】 J.M.H.Shaw 兰科属 Orchidaceae 兰科 [MM-723] 全球 (uc) 大洲分布及种数(uc)
Rhyntonossum 【 - 】 J.M.H.Shaw 兰科属 Orchidaceae 兰科 [MM-723] 全球 (uc) 大洲分布及种数(uc)
Rhyphodon Schaür = **Raphiodon**
Rhysolepis 【 3 】 S.F.Blake 软肋菊属 ← **Viguiera;Aspilia** Asteraceae 菊科 [MD-586] 全球 (1) 大洲分布及种数(2-3)◆北美洲
Rhysophora Link = **Rinorea**
Rhysopteris Bl. ex A.Juss. = **Ryssopterys**
Rhysopterus 【 3 】 J.M.Coult. & Rose 春欧芹属 ← **Cymopterus** Apiaceae 伞形科 [MD-480] 全球 (1) 大洲分布及种数(cf.1)◆北美洲
Rhysospermum C.F.Gaertn. = **Notelaea**
Rhysotoechia 【 3 】 Radlk. 菲律宾无患子属 ← **Cupania** Sapindaceae 无患子科 [MD-428] 全球 (1) 大洲分布及种数(2-21)◆亚洲
Rhyssocarpus 【 3 】 Endl. 巴西密茜属 ≒ **Melanopsi-**

R

dium Rubiaceae 茜草科 [MD-523] 全球 (1) 大洲分布及种数(uc)◆亚洲
Rhyssolobium【3】 E.Mey. 非洲萝藦属 Apocynaceae 夹竹桃科 [MD-492] 全球 (1) 大洲分布及种数(1)◆非洲(◆南非)
Rhyssopterys【2】 Bl. ex A.Juss. 翅实藤属 Malpighiaceae 金虎尾科 [MD-343] 全球 (2) 大洲分布及种数(1) 亚洲:1;大洋洲:1
Rhyssostelma【3】 Decne. 乌拉圭萝藦属 Apocynaceae 夹竹桃科 [MD-492] 全球 (1) 大洲分布及种数(1)◆南美洲
Rhystophyllum Ehrh. ex E.Britton = **Neckera**
Rhytac Lour. = **Antidesma**
Rhytachme Desv. ex Ham. = **Rhytachne**
Rhytachne (Steud.) Hack. = **Rhytachne**
Rhytachne【2】 Desv. 皱颖草属 → **Coelorachis;Phacelurus;Thelepogon** Poaceae 禾本科 [MM-748] 全球 (4) 大洲分布及种数(13)非洲:10;亚洲:cf.1;北美洲:3;南美洲:5
Rhytacne Desv. ex Ham. = **Rhytachne**
Rhythidiadelphus (Limpr.) Warnst. = **Rhytidiadelphus**
Rhyti Lour. = **Antidesma**
Rhyticalymma【3】 Bremek. 爵床属 ≒ **Justicia** Acanthaceae 爵床科 [MD-572] 全球 (1) 大洲分布及种数(uc)属分布和种数(uc)◆亚洲
Rhyticarpum Schellenb. = **Anginon**
Rhyticarpus Sond. = **Anginon**
Rhyticaryum【3】 Becc. 新几内亚棕属 ≒ **Ryticaryum** Icacinaceae 茶茱萸科 [MD-450] 全球 (1) 大洲分布及种数(12)◆大洋洲
Rhyticeros Becc. = **Syagrus**
Rhyticocos Becc. = **Syagrus**
Rhytida Lour. = **Antidesma**
Rhytidachne Schumann = **Rhytachne**
Rhytidandra A.Gray = **Alangium**
Rhytidanthe Benth. = **Leptorhynchos**
Rhytidanthera (Planch.) Tiegh. = **Rhytidanthera**
Rhytidanthera【3】 Van Tiegh. 羽莲木属 ← **Godoya** Ochnaceae 金莲木科 [MD-104] 全球 (1) 大洲分布及种数(2-5)◆南美洲
Rhytidea Lindl. = **Rutidea**
Rhytidiaceae【3】Broth. 垂枝藓科 [B-194] 全球 (1) 大洲分布和属种数(1/1-2)◆亚洲
Rhytidiadelphus【3】 (Limpr.) Warnst. 拟垂枝藓属 ≒ **Neodolichomitra** Hylocomiaceae 塔藓科 [B-193] 全球 (6)大洲分布及种数(5)非洲:3;亚洲:5;大洋洲:2;欧洲:4;北美洲:5;南美洲:3
Rhytidiastrum【2】 Ignatov & Ignatova 亚洲针藓属 Hypnaceae 灰藓科 [B-189] 全球(2) 大洲分布及种数(cf.1) 亚洲;北美洲
Rhytidiopsis【3】 Broth. 北美洲塔藓属 Hylocomiaceae 塔藓科 [B-193] 全球 (1) 大洲分布及种数(1)◆北美洲
Rhytidium【2】 (Sull.) Kindb. 垂枝藓属 Rhytidiaceae 垂枝藓科 [B-194] 全球 (5) 大洲分布及种数(1) 非洲:1;亚洲:1;欧洲:1;北美洲:1;南美洲:1
Rhytidocaulon【3】 P.R.O.Bally 皱龙角属 ← **Caralluma** Apocynaceae 夹竹桃科 [MD-492] 全球 (1) 大洲分布及种数(7-17)◆非洲
Rhytidolobus Dulac = **Hyacinthus**
Rhytidomene Rydb. = **Orbexilum**
Rhytidophyllum【3】 Mart. 皱叶岩桐属 ← **Gesneria; Parakohleria** Gesneriaceae 苦苣苔科 [MD-549] 全球 (1) 大洲分布及种数(11-22)◆北美洲
Rhytidospermum Sch.Bip. = **Tripleurospermum**
Rhytidosporum F.Müll. ex Hook.f. = **Marianthus**
Rhytidostemma【2】 Morillo 糙夹竹属 Apocynaceae 夹竹桃科 [MD-492] 全球 (2) 大洲分布及种数(uc) 北美洲:1;南美洲:6-7
Rhytidostylis Rchb. = **Rytidostylis**
Rhytidotus Hook.f. = **Bobea**
Rhytiglossa【3】 Nees 喙爵床属 ≒ **Justicia;Odontonema** Acanthaceae 爵床科 [MD-572] 全球 (1) 大洲分布及种数(7-24)◆南美洲
Rhytileucoma F.Müll = **Chilocarpus**
Rhytionanthos【3】 Garay,Hamer & Siegerist 石豆兰属 ← **Bulbophyllum** Orchidaceae 兰科 [MM-723] 全球 (1) 大洲分布及种数(2)◆亚洲
Rhytis J.M.H.Shaw = **Antidesma**
Rhytisma Lour. = **Antidesma**
Rhytispermum Link = **Lithospermum**
Rhytoniglossum【-】 J.M.H.Shaw 兰科属 Orchidaceae 兰科 [MM-723] 全球 (uc) 大洲分布及种数(uc)
Ria Lindl. = **Eria**
Riaceae Juss. = Rubiaceae
Riama Aubl. = **Rinorea**
Riana Aubl. = **Rinorea**
Riatia Gandog. = **Rosa**
Ribeirea Allemão = **Schoepfia**
Ribeirea Arruda ex H.Kost. = **Hancornia**
Ribeiria Arruda ex H.Kost. = **Schoepfia**
Ribelaria Mezhenskyj = **Rosularia**
Ribes (Berland.) Berland. = **Ribes**
Ribes【3】 L. 茶藨子属 ≒ **Grossularia** Grossulariaceae 茶藨子科 [MD-212] 全球 (6) 大洲分布及种数(207-259; hort.1;cult: 23)非洲:13-75;亚洲:112-184;大洋洲:11-73;欧洲:39-105;北美洲:112-182;南美洲:56-127
Ribesiaceae Marquis = Crassulaceae
Ribesiodes P. & K. = **Embelia**
Ribesioi Medik. = **Ribes**
Ribesioides L. = **Embelia**
Ribesium Medik. = **Ribes**
Ribularia Holub = **Rosularia**
Ricanoides Mill. = **Jatropha**
Ricanula Fourr. = **Randia**
Ricardia Adans. = **Richardia**
Ricaurtea Triana = **Doliocarpus**
Riccardia (Corda) Mizut. & S.Hatt. = **Riccardia**
Riccardia【3】 Schiffner 片叶苔属 ≒ **Aneura** Aneuraceae 绿片苔科 [B-86] 全球 (6) 大洲分布及种数(156-162)非洲:12-24;亚洲:38-48;大洋洲:75-88;欧洲:5-15;北美洲:18-28;南美洲:42-52
Riccardiothallus【-】 C.Q.Guo,D.Edwards,P.C.Wu, Duckett,Hueber & C.S.Li 绿片苔科属 Aneuraceae 绿片苔科 [B-86] 全球 (uc) 大洲分布及种数(uc)
Ricchardsiell Elffers & Kenn.O´Byrne = **Richardsiella**
Riccia O.H.Volk = **Riccia**
Riccia【3】 Warnst. ex Croz. 钱苔属 ≒ **Cryptocarpus; Oxymitra** Ricciaceae 钱苔科 [B-22] 全球 (6) 大洲分布及

种数(115-154)非洲:55-108;亚洲:27-65;大洋洲:28-82;欧洲:21-55;北美洲:28-62;南美洲:36-71

Ricciaceae【3】Warnst. ex Croz. 钱苔科 [B-22] 全球 (6)大洲分布和属种数(2/115-189)非洲:1-2/55-109;亚洲:2/28-67;大洋洲:2/29-84;欧洲:1-2/21-56;北美洲:1-2/28-63;南美洲:2/37-73

Ricciella A.Braun = **Ricciella**

Ricciella【3】Stephani 钱苔属 Ricciaceae 钱苔科 [B-22] 全球 (1) 大洲分布及种数(2)◆东亚(◆中国)

Ricciocarpos【3】(L.) Corda 浮苔属 ≒ **Ricinocarpus** Ricciaceae 钱苔科 [B-22] 全球 (1) 大洲分布及种数(1-2)◆南美洲(◆巴西)

Ricciocarpus【3】Burm. ex P. & K. 浮片苔属 Ricciaceae 钱苔科 [B-22] 全球 (1) 大洲分布及种数(2)◆东亚(◆中国)

Richaeia Thou. = **Richea**

Richar R.Br. = **Richea**

Richarda Cothen. = **Zantedeschia**

Richardara J.M.H.Shaw = **Crusea**

Richardella Pierre = **Pouteria**

Richardi Houst. ex L. = **Richardia**

Richardia【3】Houst. ex L. 墨苜蓿属 ≒ **Zantedeschia; Riccardia** Rubiaceae 茜草科 [MD-523] 全球 (1) 大洲分布及种数(20-26)◆南美洲

Richardiana Houst. ex L. = **Richardia**

Richardsiella【3】Elffers & Kenn.O´Byrne 丝秆草属 Poaceae 禾本科 [MM-748] 全球 (1) 大洲分布及种数(1)◆非洲

Richardsiopsis Ochyra = **Drepanocladus**

Richardsonara auct. = **Richardia**

Richardsonella Elffers & Kenn.O´Byrne = **Richardsiella**

Richardsoni Kunth = **Richardia**

Richardsonia Kunth = **Richardia**

Richardsonii Kunth = **Richardia**

Richardsonius Kunth = **Richardia**

Richea P. & K. = **Richea**

Richea【3】R.Br. 彩穗木属 ← **Craspedia** Ericaceae 杜鹃花科 [MD-380] 全球 (6) 大洲分布及种数(2-15)非洲:1-2;亚洲:1-2;大洋洲:1;欧洲:1;北美洲:1;南美洲:1

Richeia Steud. = **Richeria**

Richelia Schmidt,J. = **Hydrolea**

Richella【3】A.Gray 尖花树属 → **Friesodielsia; Oxymitra** Annonaceae 番荔枝科 [MD-7] 全球 (1) 大洲分布及种数(1-3)◆大洋洲

Richeri Vahl = **Richeria**

Richeria【3】Vahl 怀春茶属 ← **Amanoa;Podocalyx** Phyllanthaceae 叶下珠科 [MD-222] 全球 (1) 大洲分布及种数(8)◆南美洲

Richeriella【3】Pax & K.Hoffm. 龙胆木属 ← **Baccaurea;Flueggea** Phyllanthaceae 叶下珠科 [MD-222] 全球 (1) 大洲分布及种数(cf. 1)◆亚洲

Richetia F.Heim = **Hopea**

Richiaea Benth. & Hook.f. = **Richea**

Richiea G.Don = **Myrcianthes**

Richtera Rchb. = **Euryale**

Richterago【3】P. & K. 莲绒菊属 → **Gochnatia; Trichocline** Asteraceae 菊科 [MD-586] 全球 (1) 大洲分布及种数(17)◆南美洲

Richteria【3】Kar. & Kir. 灰叶匹菊属 ≒ **Chrysanthemum;Tanacetum** Asteraceae 菊科 [MD-586] 全球 (1) 大洲分布及种数(cf. 1)◆亚洲

Richtersia Ward = **Richeria**

Richtersveldia【3】Meve & Liede 姬龙角属 ≒ **Notechidnopsis** Apocynaceae 夹竹桃科 [MD-492] 全球 (1) 大洲分布及种数(1)◆非洲

Richthofenia Hosseus = **Sapria**

Ricinaceae C.Agardh = Euphorbiaceae

Ricinella Müll.Arg. = **Adelia**

Ricinocarpaceae Hurus. = Euphorbiaceae

Ricinocarpodendron Böhm. = **Dysoxylum**

Ricinocarpos【3】Desf. 松梅桐属 → **Acalypha;Bertya; Croton** Euphorbiaceae 大戟科 [MD-217] 全球 (1) 大洲分布及种数(15-29)◆大洋洲(◆澳大利亚)

Ricinocarpus【3】A.Juss. 蓖大戟属 ≒ **Acalypha** Euphorbiaceae 大戟科 [MD-217] 全球 (6) 大洲分布及种数(4) 非洲:1;亚洲:1;大洋洲:3;欧洲:1;北美洲:1;南美洲:1

Ricinodendron J.Müller-Arg. = **Ricinodendron**

Ricinodendron【3】Müll.Arg. 蓖麻桐属 → **Schinziophyton;Lannea** Euphorbiaceae 大戟科 [MD-217] 全球 (1) 大洲分布及种数(2)◆非洲

Ricinoides Gagnebin = **Jatropha**

Ricinoides Mönch = **Chrozophora**

Ricinophyllum Pall. ex Ledeb. = **Fatsia**

Ricinula Müll.Arg. = **Adelia**

Ricinum L. = **Ricinus**

Ricinus【3】L. 蓖麻属 → **Adriana** Euphorbiaceae 大戟科 [MD-217] 全球 (6) 大洲分布及种数(2-4)非洲:1;亚洲:1-2;大洋洲:1;欧洲:1;北美洲:1;南美洲:1

Rickenella Müll.Arg. = **Adelia**

Rickettia F.Heim = **Hopea**

Ricoila Raf. = **Gentiana**

Ricophora Mill. = **Dioscorea**

Ricordea Adans. = **Richardia**

Ricotia Burbank = **Ricotia**

Ricotia【3】L. 凹瓣芥属 ← **Rorippa;Riccia** Brassicaceae 十字花科 [MD-213] 全球 (1) 大洲分布及种数(2-3)◆欧洲

Ridan【-】Adans. 菊科属 ≒ **Actinomeris** Asteraceae 菊科 [MD-586] 全球 (uc) 大洲分布及种数(uc)

Riddelia Raf. = **Riedelia**

Riddellia Nutt. = **Psilostrophe**

Riddellia Raf. = **Melochia**

Ridelia Spach = **Riedelia**

Ridens Weeks = **Tridens**

Ridlea Spreng. = **Riedlea**

Ridleia Endl. = **Riedlea**

Ridleyandra【3】A.Weber & B.L.Burtt 厚蒴苣苔属 Gesneriaceae 苦苣苔科 [MD-549] 全球 (1) 大洲分布及种数(13-30)◆亚洲

Ridleyara auct. = **Arachnis**

Ridleyella【3】Schltr. 石豆兰属 ≒ **Bulbophyllum** Orchidaceae 兰科 [MM-723] 全球 (1) 大洲分布及种数(1)◆非洲

Ridleyinda P. & K. = **Shorea**

Ridolfia【3】Moris 里多尔菲草属 ← **Carum;Foeniculum** Apiaceae 伞形科 [MD-480] 全球 (1) 大洲分布及种

数(1)◆欧洲
Ridolha Spreng. = **Riedlea**
Ridsdalea【2】 J.T.Pereira & K.M.Wong 醉子茜属 Rubiaceae 茜草科 [MD-523] 全球 (2) 大洲分布及种数(30) 非洲:6;亚洲:17
Riedelia Meisn. = **Riedelia**
Riedelia【3】 Oliv. 蝎尾姜属 ← **Lantana;Parmotrema;Arundinella** Zingiberaceae 姜科 [MM-737] 全球(1) 大洲分布及种数(9-35)◆亚洲
Riedeliella【3】 Harms 醉畜豆属 Fabaceae 豆科 [MD-240] 全球 (1) 大洲分布及种数(3)◆南美洲
Riedelii Cham. = **Riedelia**
Riedlea【3】 Mirb. 醉子葵属 ≒ **Onoclea** Malvaceae 锦葵科 [MD-203] 全球 (1) 大洲分布及种数(1)◆北美洲
Riedleia DC. = **Riedlea**
Riedleja Hassk. = **Riedlea**
Riedleya Mirb. = **Riedlea**
Riedlia Dum. = **Riedlea**
Riella Mont. = **Riella**
Riella【3】 Trab. 扭叶苔属 ≒ **Sphaerocarpos;Ruellia** Riellaceae 扭叶苔科 [B-5] 全球 (6) 大洲分布及种数(2)非洲:2;亚洲:2;大洋洲:2;欧洲:2;北美洲:1-3;南美洲:2
Riellaceae【3】Trab. 扭叶苔科 [B-5] 全球 (6) 大洲分布和属种数(1/1-3)非洲:1/2;亚洲:1/2;大洋洲:1/2;欧洲:1/2;北美洲:1/1-3;南美洲:1/2
Riencourtia【3】 Cass. 双凸菊属 ≒ **Trixis** Asteraceae 菊科 [MD-586] 全球 (1) 大洲分布及种数(6-13)◆南美洲(◆巴西)
Riencurtia Cass. = **Riencourtia**
Riesenbachia C.Presl = **Lopezia**
Riessia Klotzsch = **Begonia**
Rigbya Britton = **Rusbya**
Riggia Szidat = **Rungia**
Rigidella【3】 Lindl. 鞭柱鸢尾属 → **Mastigostyla; Tigridia;** Iridaceae 鸢尾科 [MM-700] 全球 (1) 大洲分布及种数(1)◆北美洲
Rigiolepis Hook.f. = **Vaccinium**
Rigiopappus【3】 A.Gray 硬冠菀属 Asteraceae 菊科 [MD-586] 全球 (1) 大洲分布及种数(1)◆北美洲(◆美国)
Rigiostachya Planch. = **Recchia**
Rigiostachys Planch. = **Recchia**
Rigocarpus Neck. = **Citrullus**
Rigodiaceae H.A.Crum = Lembophyllaceae
Rigodiadelphus【3】 Dixon 日本薄罗藓属 ≒ **Lescuraea** Pseudoleskeaceae 拟薄罗藓科 [B-182] 全球 (1) 大洲分布及种数(2)◆亚洲
Rigodiopsis Dixon & Thér. = **Okamuraea**
Rigodium【2】 Kunze ex Schwägr. 船叶藓科属 ≒ **Hypnum;Helicodontium** Lembophyllaceae 船叶藓科 [B-205] 全球 (5) 大洲分布及种数(9) 非洲:2;大洋洲:1;欧洲:1;北美洲:2;南美洲:8
Riisea Duchassaing & Michelotti = **Razisea**
Rikana Aubl. = **Rinorea**
Rikliella J.Raynal = **Lipocarpha**
Rimacactus【3】 Mottram 天心球属 Cactaceae 仙人掌科 [MD-100] 全球 (1) 大洲分布及种数(1)◆非洲(◆中非)
Rimacola【3】 Rupp 青石兰属 ← **Caladenia;Lyperanthus;Megastylis** Orchidaceae 兰科 [MM-723] 全球 (1) 大洲分布及种数(1)◆大洋洲(◆澳大利亚)
Rimanella Needham = **Rhamnella**
Rimaria N.E.Br. = **Gibbaeum**
Rimelia【-】 Hale & Fletcher 水蕨科属 ≒ **Riedelia** Parkeriaceae 水蕨科 [F-36] 全球 (uc) 大洲分布及种数(uc)
Rimula L. = **Primula**
Rimularia【-】 Nyl. 茶菱科属 ≒ **Lecidea;Gibbaeum** Trapellaceae 茶菱科 [MD-544] 全球 (uc) 大洲分布及种数(uc)
Rinanthus Gilib. = **Rhinanthus**
Rindera【2】 Pall. 翅果草属 ← **Cynoglossum;Symphytum;Lindera** Boraginaceae 紫草科 [MD-517] 全球(3) 大洲分布及种数(14-34)非洲:1;亚洲:12-25;欧洲:1-3
Rineda DeLong = **Pineda**
Ringentiarum Nakai = **Arisaema**
Rininus (Bertol.) Pax = **Ricinus**
Rinod Cav. = **Clinopodium**
Rinopodium Salisb. = **Scilla**
Rinorea【3】 Aubl. 三角车属 → **Allexis;Alsodeia; Scyphellandra** Violaceae 堇菜科 [MD-126] 全球 (1) 大洲分布及种数(15-17)◆北美洲
Rinoreeae Reiche & Taub. = **Rinorea**
Rinoreocarpus【3】 Ducke 尖隔堇属 ← **Gloeospermum** Violaceae 堇菜科 [MD-126] 全球 (1) 大洲分布及种数(1)◆南美洲
Rinxostylis Raf. = **Vitis**
Rinzia【3】 Schaür 扁丝岗松属 ← **Baeckea;Hypocalymma** Myrtaceae 桃金娘科 [MD-347] 全球 (1) 大洲分布及种数(13-20)◆大洋洲(◆澳大利亚)
Riocreuxia【3】 Decne. 蜡烛藤属 ← **Brachystelma; Ceropegia;Trichocaulon** Apocynaceae 夹竹桃科 [MD-492] 全球 (1) 大洲分布及种数(10)◆非洲
Riodina Miers = **Jodina**
Riodocea【3】 Delprete 巴西茜木属 Rubiaceae 茜草科 [MD-523] 全球 (1) 大洲分布及种数(1)◆南美洲(◆巴西)
Rioppia L. = **Ruppia**
Ripa Thunb. = **Nypa**
Riparia Gand. = **Rosa**
Ripariosida【2】 Weakley & D.B.Poind. 萼锦葵属 Malvaceae 锦葵科 [MD-203] 全球 (3) 大洲分布及种数(cf.1) 亚洲:1;欧洲:1;北美洲:1
Ripartia Gand. = **Rosa**
Ripasia Raf. = **Thermopsis**
Ripersia P.C.Chen = **Reimersia**
Ripidium Bernh. = **Tripidium**
Ripidium Trin. = **Erianthus**
Ripogonaceae Conran & Clifford = Rhipogonaceae
Ripselaxis Raf. = **Salix**
Ripsoctis Raf. = **Salix**
Riqueuria【3】 Ruiz & Pav. 醉畜茜属 Rubiaceae 茜草科 [MD-523] 全球 (1) 大洲分布及种数(1)◆南美洲
Riseleya Hemsl. = **Drypetes**
Risleya【3】 King & Pantl. 紫茎兰属 Orchidaceae 兰科 [MM-723] 全球 (1) 大洲分布及种数(cf. 1)◆亚洲
Risoba Arn. = **Atalantia**
Risor Arn. = **Atalantia**
Rissa Arn. = **Atalantia**
Rissikia Endl. = **Reissekia**

Rissoa Arn. = **Atalantia**
Rissoia Arn. = **Atalantia**
Rissoina Arn. = **Atalantia**
Ristantia【3】 Peter G.Wilson & J.T.Waterh. 木果水桉属 ← **Metrosideros** Myrtaceae 桃金娘科 [MD-347] 全球 (1) 大洲分布及种数(1-3)◆大洋洲(◆澳大利亚)
Ristella Bertol. = **Stipa**
Ristola Arn. = **Atalantia**
Rita L. = **Ruta**
Ritaia King & Pantl. = **Ceratostylis**
Ritchiea【3】 R.Br. 里奇山柑属 ← **Capparis;Crateva** Capparaceae 山柑科 [MD-178] 全球 (1) 大洲分布及种数(25-34)◆非洲
Ritena Benoist = **Ritonia**
Ritiniphyllum Spruce = **Fatsia**
Ritinophora Neck. = **Amyris**
Ritonia【3】 Benoist 里顿爵床属 Acanthaceae 爵床科 [MD-572] 全球 (1) 大洲分布及种数(4)◆非洲(◆马达加斯加)
Rittellicereus【-】 P.V.Heath 仙人掌科属 Cactaceae 仙人掌科 [MD-100] 全球 (uc) 大洲分布及种数(uc)
Rittera Raf. = **Swartzia**
Ritterocactus Doweld = **Parodia**
Ritterocereus Backeb. = **Stenocereus**
Rittershausenara【-】 auct. 兰科属 Orchidaceae 兰科 [MM-723] 全球 (uc) 大洲分布及种数(uc)
Rivasgodaya【3】 Esteve 欧洲蝶豆属 Fabaceae 豆科 [MD-240] 全球 (1) 大洲分布及种数(1)◆欧洲
Rivasmartinezia【3】 Fern.Prieto & Cires 欧伞草属 Apiaceae 伞形科 [MD-480] 全球 (1) 大洲分布及种数(2)◆欧洲
Rivea【3】 Choisy 力夫藤属 ← **Argyreia;Stictocardia** Convolvulaceae 旋花科 [MD-499] 全球 (1) 大洲分布及种数(3-5)◆亚洲
Rivellia Kindb. = **Roellia**
Riveria Kunth = **Barbula**
Rivetia F.Heim = **Hopea**
Rivetina L. = **Rivina**
Rivina【3】 L. 数珠珊瑚属 → **Hilleria;Tithonia** Phytolaccaceae 商陆科 [MD-125] 全球 (1) 大洲分布及种数(2-6)◆南美洲
Rivinaceae C.Agardh = Aphloiaceae
Rivinoides Afzel. ex Prain = **Jatropha**
Rivulariella【-】 D.H.Wagner 合叶苔科属 Scapaniaceae 合叶苔科 [B-57] 全球 (uc) 大洲分布及种数(uc)
Rixea C.Morr. = **Tropaeolum**
Rixia Lindl. = **Ixia**
Rizalia Raf. = **Angelica**
Rizoa Cav. = **Clinopodium**
Roaldia【-】 P.E.A.S.Cámara & Carv.Silva 灰藓科属 Hypnaceae 灰藓科 [B-189] 全球 (uc) 大洲分布及种数(uc)
Robbairea Boiss. = **Polycarpaea**
Robbia A.DC. = **Malouetia**
Robbrechtia【3】 De Block 马达苞茜属 Rubiaceae 茜草科 [MD-523] 全球 (1) 大洲分布及种数(2)◆非洲(◆马达加斯加)
Robergea Schreb. = **Rourea**
Robergia Roxb. = **Rourea**
Roberta St.Lag. = **Phyllocladus**
Roberti G.A.Scop. = **Phyllocladus**
Robertia A.Rich. ex DC. = **Phyllocladus**
Robertia G.A.Scop. = **Bumelia**
Robertia Merat = **Eranthis**
Robertianum Picard = **Geranium**
Robertiella Hanks = **Geranium**
Robertium Picard = **Geranium**
Robertsara Endl. = **Sideroxylon**
Robertsia Endl. = **Achras**
Robertsonia Haw. = **Saxifraga**
Robertsonidra Haw. = **Saxifraga**
Robeschia【3】 Hochst. ex E.Fourn. 中东芥属 ← **Arabidopsis;Sisymbrium** Brassicaceae 十字花科 [MD-213] 全球 (1) 大洲分布及种数(cf. 1)◆亚洲
Robifinetia【-】 auct. 兰科属 Orchidaceae 兰科 [MM-723] 全球 (uc) 大洲分布及种数(uc)
Robina Aubl. = **Robinia**
Robinara auct. = **Ferreyranthus**
Robinia【3】 L. 刺槐属 → **Ammodendron;Pictetia** Fabaceae3 蝶形花科 [MD-240] 全球 (6) 大洲分布及种数(11-18;hort.1;cult: 4)非洲:4-20;亚洲:7-31;大洋洲:2-18;欧洲:7-23;北美洲:10-30;南美洲:3-19
Robinsia Böhlke & Smith = **Robinia**
Robinsonecio【3】 T.M.Barkley & Janovec 外苞狗舌草属 Asteraceae 菊科 [MD-586] 全球 (1) 大洲分布及种数(2)◆北美洲(◆墨西哥)
Robinsonella【3】 Rose & Baker f. 肖顶叶菊属 ← **Abutilon;Sida;** Malvaceae 锦葵科 [MD-203] 全球 (1) 大洲分布及种数(16)◆北美洲
Robinsonia【3】 DC. 顶叶菊属 ← **Balbisia;Symphyochaeta** Asteraceae 菊科 [MD-586] 全球 (1) 大洲分布及种数(7)◆南美洲
Robinsoniodendron Merr. = **Oxera**
Robinstevensara【-】 Black,George & Shaw,Julian Mark Hugh 兰科属 Orchidaceae 兰科 [MM-723] 全球 (uc) 大洲分布及种数(uc)
Robiquetia【3】 Gaud. 寄树兰属 ← **Aerides;Malleola; Schoenorchis** Orchidaceae 兰科 [MM-723] 全球 (6) 大洲分布及种数(51-97;hort.1)非洲:7-12;亚洲:36-52;大洋洲:16-24;欧洲:1-5;北美洲:2-6;南美洲:2
Robiquostoma【2】 Chanyang. 兰科属 Orchidaceae 兰科 [MM-723] 全球 (2) 大洲分布及种数(uc)亚洲;北美洲
Roborowskia Batalin = **Corydalis**
Robostylis【-】 Hort. 兰科属 Orchidaceae 兰科 [MM-723] 全球 (uc) 大洲分布及种数(uc)
Robsone Rchb. = **Ribes**
Robsonia Rchb. = **Ribes**
Robsonius Rchb. = **Ribes**
Robsonodendron【3】 R.H.Archer 金榄属 ← **Cassine** Celastraceae 卫矛科 [MD-339] 全球 (1) 大洲分布及种数(1-2)◆非洲(◆南非)
Robur Rumph. ex Adans. = **Cuscuta**
Robynsia Drapiez = **Robynsia**
Robynsia【3】 Hutch. 罗宾茜属 ≒ **Pachyrhizus** Rubiaceae 茜草科 [MD-523] 全球 (1) 大洲分布及种数(1)◆非洲
Robynsiochloa Jacq.Fél. = **Rottboellia**
Robynsiophyton【3】 R.Wilczek 罗宾豆属 Fabaceae 豆

科 [MD-240] 全球 (1) 大洲分布及种数(1)◆非洲
Rocalia Klotzsch = **Croton**
Rocama Forssk. = **Acrosanthes**
Roccaforteara 【-】 Hort. 兰科属 Orchidaceae 兰科 [MM-723] 全球 (uc) 大洲分布及种数(uc)
Roccardia Neck. = **Staehelina**
Roccella DC. = **Friesodielsia**
Roccellaceae Chevall. = Riellaceae
Rocella L. = **Roella**
Rocellaria Welw. = **Bauhinia**
Rochea 【2】 DC. 神刀龙属 ≒ **Aeschynomene** Crassulaceae 景天科 [MD-229] 全球 (4) 大洲分布及种数 (1) 非洲:1;大洋洲:1;欧洲:1;北美洲:1
Rocheassula G.D.Rowley = **Crassula**
Rochefortia Acanthophorae G.Klotz = **Rochefortia**
Rochefortia 【3】 Sw. 绿心檀属 ← **Bourreria** Boraginaceae 紫草科 [MD-517] 全球 (6) 大洲分布及种数 (9-17;hort.1;cult: 1)非洲:1;亚洲:1;大洋洲:1;欧洲:1;北美洲:6-15;南美洲:4-5
Rochelia 【3】 Rchb. 李果鹤虱属 ≒ **Echinospermum; Lithospermum;Oreocarya** Boraginaceae 紫草科 [MD-517] 全球 (6) 大洲分布及种数(19-25;hort.1)非洲:1-4;亚洲:16-23;大洋洲:2-5;欧洲:3-6;北美洲:3;南美洲:3
Rochetia Delile = **Trichilia**
Rochinia Stimpson = **Robinia**
Rochonia 【3】 DC. 绒菀木属 → **Aster;Conyza;Madagaster** Asteraceae 菊科 [MD-586] 全球 (1) 大洲分布及种数(4)◆非洲
Rockia 【3】 Heimerl 鸟胶树属 ← **Pisonia** Nyctaginaceae 紫茉莉科 [MD-107] 全球 (1) 大洲分布及种数 (cf.1)◆北美洲
Rockinghamia 【3】 Airy-Shaw 叉柱野桐属 ← **Mallotus** Euphorbiaceae 大戟科 [MD-217] 全球 (1) 大洲分布及种数(1-2)◆大洋洲(◆澳大利亚)
Rodatia Raf. = **Beloperone**
Rodegersia A.Gray = **Rodgersia**
Rodentiophila 【3】 F.Ritter & Y.Itô 彗星球属 ← **Eriosyce** Cactaceae 仙人掌科 [MD-100] 全球 (1) 大洲分布及种数(uc)◆南美洲
Rodetia Moq. = **Bosea**
Rodgersia 【3】 A.Gray 鬼灯檠属 ← **Astilbe;Spiraea;Astilboides** Saxifragaceae 虎耳草科 [MD-231] 全球 (1) 大洲分布及种数(5-7)◆亚洲
Rodigia Spreng. = **Crepis**
Rododendron L. = **Roseodendron**
Rodrassia 【-】 Hort. 兰科属 Orchidaceae 兰科 [MM-723] 全球 (uc) 大洲分布及种数(uc)
Rodrenia Hort. = **Macradenia**
Rodrettia Hort. = **Rodriguezia**
Rodrettiopsis auct. = **Ionopsis**
Rodrichilus 【-】 auct. 兰科属 Orchidaceae 兰科 [MM-723] 全球 (uc) 大洲分布及种数(uc)
Rodricidium Hort. = **Oncidium**
Rodridenia auct. = **Macradenia**
Rodriglossum auct. = **Odontoglossum**
Rodrigoa 【3】 Braas 尾萼兰属 ← **Masdevallia** Orchidaceae 兰科 [MM-723] 全球 (1) 大洲分布及种数(cf. 1)◆南美洲
Rodrigue Braas = **Rodrigoa**
Rodriguesia Brongn. = **Rodriguesia**
Rodriguesia 【3】 Garay 凹萼兰属 ≒ **Rodriguezia** Orchidaceae 兰科 [MM-723] 全球 (1) 大洲分布及种数(1)◆南美洲
Rodriguezia 【3】 Ruiz & Pav. 合距兰属 → **Arnottia; Epidendrum;Pleurothallis** Orchidaceae 兰科 [MM-723] 全球 (6) 大洲分布及种数(50-62)非洲:3;亚洲:3;大洋洲:3;欧洲:3;北美洲:8-12;南美洲:46-59
Rodrigueziella 【3】 P. & K. 拟凹萼兰属 → **Binotia; Gomesa** Orchidaceae 兰科 [MM-723] 全球 (1) 大洲分布及种数(3-4)◆南美洲(◆巴西)
Rodrigueziopsis 【3】 Schltr. 假凹萼兰属 ← **Gomesa;Tolumnia** Orchidaceae 兰科 [MM-723] 全球 (1) 大洲分布及种数(2)◆南美洲(◆巴西)
Rodriguezus Rathbun = **Rodriguezia**
Rodriopsis auct. = **Ionopsis**
Rodritonia 【-】 Hort. 兰科属 Orchidaceae 兰科 [MM-723] 全球 (uc) 大洲分布及种数(uc)
Rodroncidilum 【-】 J.M.H.Shaw 兰科属 Orchidaceae 兰科 [MM-723] 全球 (uc) 大洲分布及种数(uc)
Rodrostele 【-】 Glic. 兰科属 Orchidaceae 兰科 [MM-723] 全球 (uc) 大洲分布及种数(uc)
Rodrumnia 【-】 J.M.H.Shaw 兰科属 Orchidaceae 兰科 [MM-723] 全球 (uc) 大洲分布及种数(uc)
Rodschiedia Dennst. = **Securidaca**
Rodschiedia G.Gaertn.,B.Mey. & Scherb. = **Capsella**
Rodwaya F.Müll = **Thismia**
Roebelia Engel = **Geonoma**
Roeblingara 【-】 J.M.H.Shaw 兰科属 Orchidaceae 兰科 [MM-723] 全球 (uc) 大洲分布及种数(uc)
Roebuckiella 【-】 P.S.Short 菊科属 Asteraceae 菊科 [MD-586] 全球 (uc) 大洲分布及种数(uc)
Roegeria K.Koch = **Roemeria**
Roegneria 【3】 K.Koch 鹅观草属 ← **Agropyron** Poaceae 禾本科 [MM-748] 全球 (1) 大洲分布及种数(13-82)◆亚洲
Roehlingia Dennst. = **Tetracera**
Roehlingia Röpert = **Eranthis**
Roela G.A.Scop. = **Roella**
Roelana Comm. ex DC. = **Erythroxylum**
Roella (DC.) Hereman = **Roella**
Roella 【3】 L. 蛇风铃属 ← **Campanula;Ruellia;Prismatocarpus** Campanulaceae 桔梗科 [MD-561] 全球 (1) 大洲分布及种数(22-23)◆非洲
Roellia 【3】 Kindb. 北美洲真藓属 ≒ **Rhodobryum** Bryaceae 真藓科 [B-146] 全球 (1) 大洲分布及种数(2) ◆北美洲
Roelliaceae J.R.Spence = Riellaceae
Roellkeara 【-】 J.M.H.Shaw 兰科属 Orchidaceae 兰科 [MM-723] 全球 (uc) 大洲分布及种数(uc)
Roellobryaceae Ochyra = Riellaceae
Roellobryon 【3】 Ochyra 扭叶苔科属 Riellaceae 扭叶苔科 [B-5] 全球 (1) 大洲分布及种数(1)◆北美洲
Roelmana Comm. ex DC. = **Erythroxylum**
Roelofa L. = **Roella**
Roelpinia G.A.Scop. = **Koelpinia**
Roemera Tratt. = **Steriphoma**
Roemeria Dennst. = **Roemeria**
Roemeria 【3】 Medik. 疆罂粟属 ≒ **Amaranthus**

Papaveraceae 罂粟科 [MD-54] 全球 (6) 大洲分布及种数(8-10)非洲:1;亚洲:7-10;大洋洲:1-2;欧洲:1;北美洲:1-2;南美洲:1
Roentgenia Urb. = **Bignonia**
Roepera A.Juss. = **Zygophyllum**
Roeperia F.Müll = **Gynandropsis**
Roeperia Spreng. = **Ricinocarpus**
Roeperocharis【3】 Rchb.f. 翠钩兰属 ← **Habenaria** Orchidaceae 兰科 [MM-723] 全球 (1) 大洲分布及种数(7)◆非洲
Roesleria Mönch = **Roemeria**
Roeslia Baill. = **Lilium**
Roeslinia Mönch = **Chironia**
Roettlera (C.B.Clarke) Fritsch = **Didymocarpus**
Roettlera P. & K. = **Mallotus**
Roeyneria K.Koch = **Roegneria**
Roezlia Hort. = **Monochaetum**
Roezliella Schltr. = **Oncidium**
Rogalskaisporites【-】 Danzé-Corsin & Laveine 不明藓属 Fam(uc) 全球 (uc) 大洲分布及种数(uc)
Rogellia Kindb. = **Roellia**
Rogeonella A.Chev. = **Synsepalum**
Rogeria【2】 J.Gay 犀角麻属 ← **Pedalium;Martynia** Pedaliaceae 芝麻科 [MD-539] 全球 (2) 大洲分布及种数(6)非洲:4-6;南美洲:1
Rogersia A.Gray = **Rodgersia**
Rogersonanthus【2】 Maguire & B.M.Boom 绿龙胆属 ← **Symbolanthus;Cheiranthus** Gentianaceae 龙胆科 [MD-496] 全球(2) 大洲分布及种数(4)北美洲:2;南美洲:3
Rogersonara【-】 Griff. & J.M.H.Shaw 兰科属 Orchidaceae 兰科 [MM-723] 全球 (uc) 大洲分布及种数(uc)
Roggeveldia Goldblatt = **Moraea**
Rogiera【3】 Planch. 罗吉茜属 ≒ **Arachnothryx;Rondeletia;Gonzalagunia** Rubiaceae 茜草科 [MD-523] 全球(1) 大洲分布及种数(14)◆北美洲
Rohana Vell. = **Buddleja**
Rohdea【3】 Roth 万年青属 ≒ **Rourea;Campylandra** Asparagaceae 天门冬科 [MM-669] 全球 (1) 大洲分布及种数(23-31)◆亚洲
Rohmooa【3】 Farille & Lachard 亚伞草属 Apiaceae 伞形科 [MD-480] 全球 (1) 大洲分布及种数(cf.1)◆亚洲
Rohra Cothen. = **Rhododendron**
Rohrbachia (Kronf. ex Riedl) Mavrodiev = **Typha**
Rohria Schreb. = **Tapura**
Rohria Vahl = **Berkheya**
Rohrlara【-】 Hort. 兰科属 Orchidaceae 兰科 [MM-723] 全球 (uc) 大洲分布及种数(uc)
Roia G.A.Scop. = **Swietenia**
Roifia Verdc. = **Swietenia**
Roigella【3】 Borhidi & M.Fernández Zeq. 罗伊格茜属 ← **Rondeletia** Rubiaceae 茜草科 [MD-523] 全球 (1) 大洲分布及种数(1)◆北美洲(◆古巴)
Roigia Britton = **Phyllanthus**
Roivainenia【3】 (Mont.) Grolle 乳丝苔属 Jungermanniaceae 叶苔科 [B-38] 全球 (1) 大洲分布及种数(1)◆非洲
Rojasia【3】 Malme 巴西绿萝藦属 Apocynaceae 夹竹桃科 [MD-492] 全球 (1) 大洲分布及种数(2)◆南美洲
Rojasianthe【3】 Standl. & Steyerm. 乳丝菊属 Asteraceae 菊科 [MD-586] 全球 (1) 大洲分布及种数(1)◆北美洲
Rojasimalva【3】 Fryxell 委内葵属 Malvaceae 锦葵科 [MD-203] 全球 (1) 大洲分布及种数(1)◆南美洲(◆委内瑞拉)
Rojasiophyton Hassl. = **Xylophragma**
Rojoc Adans. = **Morinda**
Rokautskyia【3】 Leme,S.Heller & Zizka 红凤梨属 Bromeliaceae 凤梨科 [MM-715] 全球 (1) 大洲分布及种数(14)◆南美洲
Rokejeka Forssk. = **Gypsophila**
Rolandra【3】 Rottb. 银菊木属 ← **Echinops;Ichthyothere;Trichospira** Asteraceae 菊科 [MD-586] 全球 (1) 大洲分布及种数(1)◆南美洲
Roldana【3】 La Llave 伞蟹甲属 ← **Cacalia;Digitacalia;Psacaliopsis** Asteraceae 菊科 [MD-586] 全球 (1) 大洲分布及种数(66-76)◆北美洲
Rolepa Besch. = **Rozea**
Roleta Besch. = **Rozea**
Rolfea Zahlbr. = **Palmorchis**
Rolfeara Hort. = **Brassavola**
Rolfeella Schltr. = **Benthamia**
Rolfinkia Zenker = **Vernonia**
Rolfwilhelmara【-】 L.Wilh. 兰科属 Orchidaceae 兰科 [MM-723] 全球 (uc) 大洲分布及种数(uc)
Rollandia【3】 Gaud. 樱莲属 ≒ **Cyanea** Campanulaceae 桔梗科 [MD-561] 全球 (1) 大洲分布及种数(15)◆北美洲
Rollinia【3】 A.St.Hil. 娄林果属 ← **Annona** Annonaceae 番荔枝科 [MD-7] 全球 (6) 大洲分布及种数(38-45)非洲:1-11;亚洲:4-14;大洋洲:1-11;欧洲:1-11;北美洲:4-14;南美洲:37-50
Rolliniopsis【3】 Saff. 猴番荔枝属 ← **Annona;Rollinia** Annonaceae 番荔枝科 [MD-7] 全球 (1) 大洲分布及种数(2)◆南美洲
Rollinsia Al-Shehbaz = **Dryopetalon**
Rollissonara【-】 J.M.H.Shaw 兰科属 Orchidaceae 兰科 [MM-723] 全球 (uc) 大洲分布及种数(uc)
Rolofa Adans. = **Mollugo**
Rolystichum Roth = **Polystichum**
Romana Vell. = **Buddleja**
Romanita (A.Juss.) Radcl.Sm. = **Romanoa**
Romanoa【3】 (A.Juss.) Radcl.Sm. 山芋藤属 ≒ **Plukenetia** Euphorbiaceae 大戟科 [MD-217] 全球 (1) 大洲分布及种数(1)◆南美洲
Romanovia Hort. = **Ptychosperma**
Romanowia Sander ex André = **Ptychosperma**
Romanschulzia【3】 O.E.Schulz 罗曼芥属 ← **Thelypodium;Sisymbrium** Brassicaceae 十字花科 [MD-213] 全球 (1) 大洲分布及种数(15-16)◆北美洲
Romanzoffia【3】 Cham. 雾绡花属 Boraginaceae 紫草科 [MD-517] 全球 (1) 大洲分布及种数(4-11)◆北美洲
Romanzovia Spreng. = **Romanzoffia**
Romanzowia DC. = **Romanzoffia**
Rombut Adans. = **Cassytha**
Romerella Hill = **Drosophyllum**
Romeria Mönch = **Roemeria**
Romeroa【3】 Dugand 罗梅紫葳属 Bignoniaceae 紫葳科 [MD-541] 全球 (1) 大洲分布及种数(1)◆南美洲
Romitia Raf. = **Beloperone**

R

Romnalda【2】 P.F.Stevens 群带草属 ← **Lomandra** Asparagaceae 天门冬科 [MM-669] 全球 (3) 大洲分布及种数(2-5)非洲:1;亚洲:1;大洋洲:1-4
Romneya【3】 Harv. 裂叶罂粟属 Papaveraceae 罂粟科 [MD-54] 全球 (1) 大洲分布及种数(2)◆北美洲
Romovia Müll.Arg. = **Omphalea**
Rompelia Koso-Pol. = **Angelica**
Romualdea Triana & Planch. = **Cuervea**
Romulea【3】 Maratti 沙红花属 ← **Crocus;Trichoderma;Bulbocodium** Iridaceae 鸢尾科 [MM-700] 全球 (6) 大洲分布及种数(103-147;hort.1;cult: 7)非洲:95-103;亚洲:11-16;大洋洲:10-12;欧洲:16-24;北美洲:5-7;南美洲:7-9
Ronabea【3】 Aubl. 薄茜属 ≒ **Psychotria;Notopleura** Rubiaceae 茜草科 [MD-523] 全球 (1) 大洲分布及种数(2)◆北美洲
Ronabia St.Lag. = **Psychotria**
Ronaldella【2】 Lür 薄苞兰属 Orchidaceae 兰科 [MM-723] 全球 (2) 大洲分布及种数(cf.) 北美洲;南美洲
Ronania A.Rich. = **Bonania**
Roncelia Raf. = **Ammannia**
Ronconia Raf. = **Ammannia**
Rondachine Bosc = **Brasenia**
Rondeleltia L. = **Rondeletia**
Rondeleta Cothen. = **Rondeletia**
Rondeletia【3】L.郎德木属→**Acunaeanthus;Ecpoma;Sipaneopsis** Rubiaceae 茜草科 [MD-523] 全球 (6) 大洲分布及种数(58-195;hort.1)非洲:2-7;亚洲:13-29;大洋洲:2;欧洲:2-7;北美洲:36-163;南美洲:27-53
Rondeletieae Burnett = **Rondeletia**
Rondonanthus【3】 Herzog 原谷精属 ≒ **Syngonanthus** Eriocaulaceae 谷精草科 [MM-726] 全球 (1) 大洲分布及种数(6)◆南美洲
Rondonia Travassos = **Randonia**
Ronmaunderara【-】 Maunder 兰科属 Orchidaceae 兰科 [MM-723] 全球 (uc) 大洲分布及种数(uc)
Ronnbergia【3】 E.Morren & André 薄苞凤梨属 ← **Aechmea** Bromeliaceae 凤梨科 [MM-715] 全球 (1) 大洲分布及种数(25)◆南美洲
Ronnowia Buc´hoz = **Omphalea**
Ronnyara【-】 auct. 兰科属 Orchidaceae 兰科 [MM-723] 全球 (uc) 大洲分布及种数(uc)
Roodebergia【3】 B.Nord. 对叶紫菀属 Asteraceae 菊科 [MD-586] 全球 (1) 大洲分布及种数(1)◆非洲(◆南非)
Roodia【3】 N.E.Br. 银叶花属 ≒ **Argyroderma** Aizoaceae 番杏科 [MD-94] 全球 (1) 大洲分布及种数(uc)◆亚洲
Rooksbya (Backeb.) Backeb. = **Neobuxbaumia**
Rooseveltia O.F.Cook = **Euterpe**
Roosia【-】 van JaarsV. 番杏科属 Aizoaceae 番杏科 [MD-94] 全球 (uc) 大洲分布及种数(uc)
Ropala J.F.Gmel. = **Roupala**
Ropalocarpus Boj. = **Rhopalocarpus**
Ropalon【-】 Raf. 睡莲科属 ≒ **Nuphar** Nymphaeaceae 睡莲科 [MD-27] 全球 (uc) 大洲分布及种数(uc)
Ropalopetalum Griff. = **Artabotrys**
Ropalosp Raf. = **Nuphar**
Ropalospora【-】 A.Massal. 鸭跖草科属 ≒ **Rhopalephora** Commelinaceae 鸭跖草科 [MM-708] 全球 (uc) 大洲分布及种数(uc)
Rophostemon Endl. = **Nervilia**
Rophostemum Endl. = **Zeuxine**
Ropica G.A.Scop. = **Swietenia**
Ropourea Aubl. = **Diospyros**
Ropronia A.DC. = **Sideroxylon**
Roptrostemon Bl. = **Nervilia**
Rorago L. = **Borago**
Roraimaea【3】 Struwe 南美龙胆属 Gentianaceae 龙胆科 [MD-496] 全球 (1) 大洲分布及种数(2)◆南美洲
Roraimanthus Gleason = **Sauvagesia**
Roram Endl. = **Cenchrus**
Rorella Hall. ex All. = **Drosophyllum**
Rorida J.F.Gmel. = **Cleome**
Roridula【3】 Burm. ex L. 捕虫木属 ≒ **Cleome** Roridulaceae 捕虫木科 [MD-427] 全球 (1) 大洲分布及种数(2)◆非洲(◆南非)
Roridulaceae【3】 Martinov 捕虫木科 [MD-427] 全球 (1) 大洲分布和属种数(1;hort. & cult.1)(2;hort. & cult.1)◆非洲(◆南非)
Roripa Adans. = **Rorippa**
Roripella (Maire) Greuter & Burdet = **Rorippa**
Rorippa【3】 G.A.Scop. 蔊菜属 ← **Arabis;Armoracia;Sisymbrium** Brassicaceae 十字花科 [MD-213] 全球 (6) 大洲分布及种数(102-119;hort.1;cult: 19)非洲:29-46;亚洲:51-71;大洋洲:24-41;欧洲:27-45;北美洲:44-61;南美洲:23-40
Rorripa G.A.Scop. = **Rorippa**
Rosa (Cockerell) Cockerell ex Rehder = **Rosa**
Rosa【3】 L. 蔷薇属 → **Rhaphiolepis;Haplophyllum;Aosa** Rosaceae 蔷薇科 [MD-246] 全球 (6) 大洲分布及种数(586-896;hort.1;cult: 126)非洲:63-143;亚洲:275-420;大洋洲:45-124;欧洲:380-483;北美洲:153-300;南美洲:43-124
Rosaceae【3】 Juss. 蔷薇科 [MD-246] 全球 (6) 大洲分布和属种数(102-121;hort. & cult.80-85)(6031-12669;hort. & cult.983-1798)非洲:24-76/460-2182;亚洲:65-93/2644-5014;大洋洲:34-73/469-2170;欧洲:38-83/2912-4997;北美洲:74-94/1755-3835;南美洲:29-79/488-2128
Rosakirschara Hort. = **Ascocentrum**
Rosalba Less. = **Dyssodia**
Rosales Bercht. & J.Presl = **Brickellia**
Rosalesia La Llave = **Ipomopsis**
Rosanovia Benth. = **Sinningia**
Rosanowia Regel = **Sinningia**
Rosanthus Small = **Gaudichaudia**
Rosapha Noronha = **Ardisia**
Rosaria Forssk. = **Dorstenia**
Rosaura Noronha = **Wedelia**
Roscheria【3】 H.Wendl. ex Baker 双花刺椰属 ← **Phoenicophorium;Verschaffeltia** Arecaceae 棕榈科 [MM-717] 全球 (1) 大洲分布及种数(1)◆非洲(◆塞舌尔)
Roscia D.Dietr. = **Vepris**
Roscoea【3】 Sm. 象牙参属 ≒ **Curcuma** Zingiberaceae 姜科 [MM-737] 全球 (1) 大洲分布及种数(19-30)◆东亚(◆中国)
Roscyna Spach = **Hypericum**
Rosea Fabr. = **Sedum**
Rosea Klotzsch = **Tricalysia**

Rosea Mart. = **Iresine**
Roseae Lam. & DC. = **Sedum**
Roseanthus Cogn. = **Polyclathra**
Roseara auct. = **Brassavola**
Roseaxrubra Fabr. = **Sedum**
Roseia Frič = **Sclerocactus**
Roselli Theiss. = **Dyssodia**
Rosenbachia Regel = **Ajuga**
Rosenbergia örst. = **Cobaea**
Rosenbergiodendron 【3】 Fagerl. 玫馨栀属 ≒ **Mussaenda** Rubiaceae 茜草科 [MD-523] 全球 (1) 大洲分布及种数(4)◆南美洲
Rosenia 【3】 Thunb. 二色鼠麹木属 → **Relhania;Nestlera** Asteraceae 菊科 [MD-586] 全球 (1) 大洲分布及种数(4)◆非洲
Rosenstockia Copel. = **Hymenophyllum**
Roseocactus A.Berger = **Ariocarpus**
Roseocereus (Backeb.) Backeb. = **Trichocereus**
Roseodendron 【3】 Miranda 粉铃木属 ≒ **Tabebuia** Bignoniaceae 紫葳科 [MD-541] 全球 (1) 大洲分布及种数(2)◆南美洲
Rosettea 【-】 Ver.Lib. & G.Kadereit 野牡丹科属 Melastomataceae 野牡丹科 [MD-364] 全球 (uc) 大洲分布及种数(uc)
Roshevitzia Tzvelev = **Eragrostis**
Rosidae C.C.Towns. = **Rosifax**
Rosifax 【3】 C.C.Towns. 红炬苋属 Amaranthaceae 苋科 [MD-116] 全球 (1) 大洲分布及种数(1)◆非洲
Rosilla Less. = **Dyssodia**
Rosinae J.Presl = **Rosifax**
Rosli Frič = **Sclerocactus**
Roslinia G.Don = **Justicia**
Rosmarinum L. = **Rosmarinus**
Rosmarinus 【2】 L. 迷迭香属 → **Lepechinia;Salvia** Lamiaceae 唇形科 [MD-575] 全球 (5) 大洲分布及种数(6-7)非洲:4;亚洲:2;大洋洲:1;欧洲:4;北美洲:2
Rosolabryum J.R.Spence = **Rosulabryum**
Rospidios A.DC. = **Diospyros**
Rosselia 【3】 Forman 叶苞橄属 Burseraceae 橄榄科 [MD-408] 全球 (1) 大洲分布及种数(1)◆大洋洲(◆巴布亚新几内亚)
Rossenia Vell. = **Conchocarpus**
Rossimilmiltonia 【-】 J.M.H.Shaw 兰科属 Orchidaceae 兰科 [MM-723] 全球 (uc) 大洲分布及种数(uc)
Rossina Aubl. = **Robinia**
Rossiochopsis 【-】 J.M.H.Shaw 兰科属 Orchidaceae 兰科 [MM-723] 全球 (uc) 大洲分布及种数(uc)
Rossioglossum 【3】 (Schltr.) Garay & G.C.Kenn. 金虎兰属 ≒ **Odontoglossum** Orchidaceae 兰科 [MM-723] 全球 (1) 大洲分布及种数(4)◆南美洲
Rossiostele 【-】 J.M.H.Shaw 兰科属 Orchidaceae 兰科 [MM-723] 全球 (uc) 大洲分布及种数(uc)
Rossiteria Ewart = **Hibbertia**
Rossitolidium 【-】 J.M.H.Shaw 兰科属 Orchidaceae 兰科 [MM-723] 全球 (uc) 大洲分布及种数(uc)
Rossitonia Ewart = **Hibbertia**
Rossitoniopsis 【-】 J.M.H.Shaw 兰科属 Orchidaceae 兰科 [MM-723] 全球 (uc) 大洲分布及种数(uc)
Rossittia Ewart = **Hibbertia**
Rossmaesslera Rchb. = **Cyclorhiza**
Rossmannia Klotzsch = **Begonia**
Rossodus Adans. = **Drosera**
Rossolis Adans. = **Drosera**
Rossotoglossum Glic. = **Rossioglossum**
Rosstuckerara 【-】 J.M.H.Shaw 兰科属 Orchidaceae 兰科 [MM-723] 全球 (uc) 大洲分布及种数(uc)
Rostanga Böhm. = **Calamus**
Rostella Dochnahl = **Wikstroemia**
Rostellaria C.F.Gaertn. = **Bumelia**
Rostellaria Nees = **Justicia**
Rostellularia 【3】 Rchb. 爵床属 Acanthaceae 爵床科 [MD-572] 全球 (1) 大洲分布及种数(16-32;hort.2;cult: 2)亚洲
Rostkovia 【3】 Desv. 南蔺属 ← **Juncus;Marsippospermum;Patosia** Juncaceae 灯芯草科 [MM-733] 全球 (1) 大洲分布及种数(1-2)◆非洲(◆圣赫勒拿岛)
Rostraria 【3】 Trin. 喙草属 ← **Aira;Cotyledon;Bromus** Poaceae 禾本科 [MM-748] 全球 (1) 大洲分布及种数(3-9)◆南美洲
Rostrinucula (Hemsl.) C.Y.Wu = **Rostrinucula**
Rostrinucula 【3】 Kudo 钩子木属 ← **Comanthosphace;Elsholtzia;Leucosceptrum** Lamiaceae 唇形科 [MD-575] 全球 (1) 大洲分布及种数(cf. 1)◆东亚(◆中国)
Rostrupia Kunth = **Restrepia**
Rosulabryum 【3】 J.R.Spence 绿真藓属 Bryaceae 真藓科 [B-146] 全球 (6) 大洲分布及种数(16) 非洲:4;亚洲:3;大洋洲:15;欧洲:2;北美洲:5;南美洲:6
Rosularia (DC.) Stapf = **Rosularia**
Rosularia 【3】 Stapf 银星莲属 ← **Cotyledon;Prometheum** Crassulaceae 景天科 [MD-229] 全球 (6) 大洲分布及种数(33-41;hort.1;cult: 1)非洲:4-30;亚洲:31-58;大洋洲:26;欧洲:8-34;北美洲:4-30;南美洲:26
Roswel Fabr. = **Sedum**
Roswellia Doubleday = **Boswellia**
Rota Heron-Allen & Earland = **Rosa**
Rotala 【3】 L. 节节菜属 ≒ **Ammannia;Panopsis** Lythraceae 千屈菜科 [MD-333] 全球 (6) 大洲分布及种数(68-77)非洲:31-42;亚洲:40-48;大洋洲:10-16;欧洲:4-10;北美洲:6-12;南美洲:6-12
Rotalina L. = **Rotala**
Rotalla Zumag. = **Rotala**
Rotang Adans. = **Calamus**
Rotanga Böhm. = **Calamus**
Rotantha Baker = **Campanula**
Rotaria Kunth = **Asclepias**
Rotbolla Zumag. = **Rottboellia**
Rotella L. = **Roella**
Roterbe Klatt = **Calydorea**
Roth Schreb. = **Rosa**
Rothamannia Thunb. = **Rothmannia**
Rothara auct. = **Phaedranassa**
Rotheca 【3】 Raf. 三对节属 ≒ **Clerodendron;Clerodendrum** Lamiaceae 唇形科 [MD-575] 全球 (1) 大洲分布及种数(32)◆非洲(◆南非)
Rotheria Meyen = **Cruckshanksia**
Rothia 【3】 Pers. 落地豆属 ≒ **Lotus;Sigesbeckia** Fabaceae3 蝶形花科 [MD-240] 全球 (1) 大洲分布及种数(2)◆北美洲

R

Rothiana Schreb. = **Rothia**
Rothmaleria【3】 Font Qür 毛托苣属 Asteraceae 菊科 [MD-586] 全球 (1) 大洲分布及种数(1)◆南欧(◆西班牙)
Rothmannia【2】 Thunb. 刺栀子属 → **Atractocarpus; Aulacocalyx;Randia** Rubiaceae 茜草科 [MD-523] 全球 (3)大洲分布及种数(41-48;hort.1)非洲:40-47;亚洲:6-7;大洋洲:1
Rothriospermum Bunge = **Bothriospermum**
Rothrockia A.Gray = **Matelea**
Rothschildara【-】 J.M.H.Shaw 兰科属 Orchidaceae 兰科 [MM-723] 全球 (uc) 大洲分布及种数(uc)
Rothwellara【-】 J.M.H.Shaw 兰科属 Orchidaceae 兰科 [MM-723] 全球 (uc) 大洲分布及种数(uc)
Rotifera Planch. = **Rogiera**
Rotmannia Neck. = **Rehmannia**
Rotorara auct. = **Brassavola**
Rottboelia Dum. = **Ximenia**
Rottboella L.f. = **Rottboellia**
Rottboellaceae Burm. = Poaceae
Rottboelleae Rchb. = **Rottboellia**
Rottboellia (Brongn.) Hack. = **Rottboellia**
Rottboellia【3】L.f.筒轴茅属←**Aegilops;Hemarthria; Lepturus** Poaceae 禾本科 [MM-748] 全球 (6) 大洲分布及种数(26-35;hort.1)非洲:9-14;亚洲:15-19;大洋洲:4-8;欧洲:3;北美洲:8-12;南美洲:5-9
Rottboellieae (Kunth) Rchb. = **Rottboellia**
Rottbolla Lam. = **Rottboellia**
Rottbollia Cav. = **Rottboellia**
Rotteria Brid. ex Wijk,Margad. & Florsch. = **Hyophila**
Rottlera Röm. & Schult. = **Didymocarpus**
Rottlera Willd. = **Trewia**
Rottleria【3】 Brid. 湿地藓属 ≒ **Hyophila** Pottiaceae 丛藓科 [B-133] 全球 (1) 大洲分布及种数(uc)◆亚洲
Rottoboellia L.f. = **Rottboellia**
Rotula【3】Lour.轮冠木属←**Ehretia;Carmona;Cotula** Ehretiaceae 厚壳树科 [MD-501] 全球 (6) 大洲分布及种数(3)非洲:1-3;亚洲:1-3;大洋洲:2;欧洲:2;北美洲:2;南美洲:2-4
Rotularia Stapf = **Rosularia**
Rotundanthus【-】 Morillo 夹竹桃科属 Apocynaceae 夹竹桃科 [MD-492] 全球 (uc) 大洲分布及种数(uc)
Roubieva Moq. = **Chenopodium**
Roucela Dum. = **Campanula**
Roucheria【3】 Planch. 亚麻木属 → **Hebepetalum;Indorouchera** Linaceae 亚麻科 [MD-315] 全球 (1) 大洲分布及种数(5-9)◆南美洲
Rouhamon Aubl. = **Strychnos**
Rouleina Brongn. = **Roulinia**
Roulinia【3】 Brongn. 熊丝兰属 ≒ **Ormocarpum** Apocynaceae 夹竹桃科 [MD-492] 全球 (1) 大洲分布及种数(uc)◆亚洲
Rouliniella Vail = **Cynanchum**
Roumea DC. = **Xylosma**
Roumea Wall. ex Meisn. = **Daphne**
Roundya Coincy = **Rouya**
Roupala【3】 Aubl. 怀春木属 ≒ **Rotala;Panopsis** Proteaceae 山龙眼科 [MD-219] 全球 (1) 大洲分布及种数(67-96)◆南美洲
Roupalia T.Moore & Ayres = **Strophanthus**
Roupalinae L.A.S.Johnson & B.G.Briggs = **Strophanthus**
Roupallia Hassk. = **Abarema**
Roupelina Wall. & Hook. ex Benth. = **Strophanthus**
Roupellia【2】 Wall. & Hook. ex Benth. 羊角拗属 ≒ **Strophanthus** Apocynaceae 夹竹桃科 [MD-492] 全球 (5) 大洲分布及种数(1) 非洲:1;亚洲:1;欧洲:1;北美洲:1;南美洲:1
Roupellina【3】 (Baill.) Pichon 羊角拗属 ≒ **Strophanthus** Apocynaceae 夹竹桃科 [MD-492] 全球 (1) 大洲分布及种数(cf. 1)◆非洲
Rourea (G.Schellenb.) Jongkind = **Rourea**
Rourea【3】 Aubl. 红叶藤属 → **Dalbergia;Paxia** Connaraceae 牛栓藤科 [MD-284] 全球 (1) 大洲分布及种数(25-27)◆非洲
Roureopsis【3】 Planch. 朱果藤属 ≒ **Agelaea;Rourea** Connaraceae 牛栓藤科 [MD-284] 全球 (1) 大洲分布及种数(cf. 1)◆亚洲
Rourpa Aubl. = **Rourea**
Rouseisporites【-】 S.A.J.Pocock 不明藓属 Fam(uc) 全球 (uc) 大洲分布及种数(uc)
Roussea【3】 Sm. 守宫花属 ← **Pouteria** Rousseaceae 守宫花科 [MD-436] 全球 (1) 大洲分布及种数(1)◆非洲
Rousseaceae【3】DC. 守宫花科 [MD-436] 全球 (1) 大洲分布和属种数(1/1)◆大洋洲:1/2
Rousseauxia【3】 DC. 卢梭野牡丹属 ← **Melastoma; Osbeckia** Melastomataceae 野牡丹科 [MD-364] 全球 (1) 大洲分布及种数(12-13)◆非洲(◆马达加斯加)
Rousselia【3】 Gaud. 耀麻属 ← **Urtica** Urticaceae 荨麻科 [MD-91] 全球 (6) 大洲分布及种数(4-5)非洲:5;亚洲:5;大洋洲:5;欧洲:5;北美洲:3-9;南美洲:1-6
Roussinia Gaud. = **Pandanus**
Roussoella (Ellis & Everh.) Y.M.Ju,J.D.Rogers & Huhndorf = **Rousselia**
Rouxia Husn. = **Elyhordeum**
Rouya【2】 Coincy 欧洲短芹属 Apiaceae 伞形科 [MD-480] 全球 (4) 大洲分布及种数(cf.1) 非洲;亚洲;欧洲;南美洲
Rovaeanthus【3】 Borhidi 耀茜草属 ≒ **Rogiera** Rubiaceae 茜草科 [MD-523] 全球 (1) 大洲分布及种数(2)◆北美洲
Rovillia Bubani = **Polycnemum**
Rowleyara D.M.Cumming = **Arachnis**
Roxburghia Banks = **Stemona**
Roxburghia Kön. ex Roxb. = **Olax**
Roxburghiaceae【3】 Wall. 钦百部科 [MM-653] 全球 (1) 大洲分布和属种数(uc)◆非洲
Roya Britton & Rose = **Oroya**
Roycea【3】 C.A.Gardner 短被澳藜属 Amaranthaceae 苋科 [MD-116] 全球 (1) 大洲分布及种数(3)◆大洋洲(◆澳大利亚)
Roydsia【3】 Roxb. 罗志藤属 ← **Stixis** Capparaceae 山柑科 [MD-178] 全球 (1) 大洲分布及种数(cf. 1)◆亚洲
Royena L. = **Diospyros**
Royenia Spreng. = **Selago**
Roylea Nees ex Steud. = **Roylea**
Roylea【3】 Wall. 罗氏草属 ← **Ballota;Phlomis** Lamiaceae 唇形科 [MD-575] 全球 (1) 大洲分布及种数(cf. 1)◆亚洲

Royleana Steud. = **Nectaropetalum**
Roylei Wall. = **Roylea**
Roystonea Astrophora León = **Roystonea**
Roystonea【3】O.F.Cook 大王椰属 ← **Areca** Arecaceae 棕榈科 [MM-717] 全球 (6) 大洲分布及种数(11)非洲:3-6;亚洲:4-7;大洋洲:2-5;欧洲:3;北美洲:10-13;南美洲:3-6
Roystoneae J.Dransf.,N.W.Uhl,Asmussen,W.J.Baker,M.M. Harley & C.E.Lewis = **Roystonea**
Rozea【2】Besch. 小绢藓属 Leskeaceae 薄罗藓科 [B-181] 全球 (3) 大洲分布及种数(7) 亚洲:5;北美洲:3;南美洲:3
Ruagea【3】H.Karst. 雪松楝属 ← **Cabralea;Guarea; Trichilia** Meliaceae 楝科 [MD-414] 全球 (1) 大洲分布及种数(12)◆南美洲
Rubacer Rydb. = **Rubus**
Rubeae Dum. = **Rubia**
Rubellia【2】(Lür) Lür 香茜兰属 Orchidaceae 兰科 [MM-723] 全球 (2) 大洲分布及种数(cf.) 北美洲;南美洲
Rubenara J.M.H.Shaw = **Cassine**
Rubentia Boj. ex Steud. = **Toddalia**
Rubentia Comm. ex Juss. = **Elaeodendron**
Rubeola Hill = **Sherardia**
Rubia Involucratae DC. = **Rubia**
Rubia【3】L. 茜草属 ≒ **Galium;Asperula** Rubiaceae 茜草科[MD-523]全球(6)大洲分布及种数(62-104;hort.1; cult:4)非洲:11-25;亚洲:58-106;大洋洲:4-17;欧洲:12-27;北美洲:4-17;南美洲:13
Rubiaceae【3】Juss. 茜草科 [MD-523] 全球 (6) 大洲分布和属种数(527-609;hort. & cult.85-102)(10287-18640; hort. & cult.217-378) 非洲:229-323/3062-5145;亚洲:186-287/2976-6362;大洋洲:88-210/918-2786;欧洲:34-176/331-1419;北美洲:168-264/2207-3737;南美洲:178-281/4008-5507
Rubieae Baill. = **Rubia**
Rubimons B.S.Sun = **Miscanthus**
Rubina Noronha = **Antidesma**
Rubioides Sol. ex Gaertn. = **Opercularia**
Rubiteucris【3】Kudo 掌叶石蚕属 Lamiaceae 唇形科 [MD-575] 全球 (1) 大洲分布及种数(cf. 1)◆亚洲
Rubovietnamia【3】Tirveng. 越南茜属 Rubiaceae 茜草科 [MD-523] 全球 (1) 大洲分布及种数(cf. 1)◆亚洲
Rubrica L. = **Rubia**
Rubrimonas B.S.Sun = **Miscanthus**
Rubrivena【3】M.Král 多穗蓼属 ≒ **Persicaria** Polygonaceae 蓼科 [MD-120] 全球 (1) 大洲分布及种数(2)◆亚洲
Rubus Cochinchinses Focke = **Rubus**
Rubus【3】L. 悬钩子属 ≒ **Batidea;Protorhus** Rosaceae 蔷薇科 [MD-246] 全球 (6) 大洲分布及种数(2087-2840;hort.1;cult:174)非洲:73-327;亚洲:453-809;大洋洲:195-496;欧洲:1462-2005;北美洲:454-738;南美洲:94-335
Rucana Brign. = **Euchlaena**
Ruckeria DC. = **Euryops**
Ruckia Regel = **Ochagavia**
Rudbeckia【3】L. 金光菊属 → **Acmella;Coreopsis; Montanoa** Asteraceae 菊科 [MD-586] 全球 (6) 大洲分布及种数(32-56;hort.1;cult: 6)非洲:35;亚洲:14-49;大洋洲:35;欧洲:7-42;北美洲:31-67;南美洲:35
Rudbeckieae Cass. = **Rudbeckia**
Rudbekia G.A.Scop. = **Rudbeckia**
Ruddia Yakovl. = **Ormosia**
Rudelia Oliv. = **Riedelia**
Rudgea【2】Salisb. 鲁奇茜属 ← **Cephaelis;Morinda; Palicourea** Rubiaceae 茜草科 [MD-523] 全球 (5) 大洲分布及种数(175-208;hort.1;cult: 2)非洲:9;亚洲:9-10;大洋洲:2;北美洲:30-31;南美洲:158-176
Rudolfiella【3】Höhne 鲁道兰属 ← **Bifrenaria; Schlechterella** Orchidaceae 兰科 [MM-723] 全球 (1) 大洲分布及种数(6-8)◆南美洲
Rudolf-kamelinia【3】Al-Shehbaz & D.A.German 须弥菜属 Brassicaceae 十字花科 [MD-213] 全球 (1) 大洲分布及种数(cf.1)◆亚洲
Rudolpho-roemeria Steud. ex Hochst. = **Kniphofia**
Rudra Maekawa = **Vigna**
Rudua F.Maek. = **Vigna**
Ruegeria K.Koch = **Roegneria**
Ruehssia【2】H.Karst. 牛奶菜属 ← **Marsdenia** Apocynaceae 夹竹桃科 [MD-492] 全球 (2) 大洲分布及种数(cf.1) 北美洲:1;南美洲:1
Ruelinga Cothen. = **Talinum**
Ruelingia Ehrh. = **Anacampseros**
Ruelingia F.Müll = **Rulingia**
Ruellia【3】L. 芦莉草属 ≒ **Calophanes;Petalidium** Acanthaceae 爵床科 [MD-572] 全球 (1) 大洲分布及种数(200-309)◆南美洲(◆巴西)
Ruelliola Baill. = **Brillantaisia**
Ruelliopsis【3】C.B.Clarke 类芦莉草属 Acanthaceae 爵床科 [MD-572] 全球 (1) 大洲分布及种数(2)◆非洲
Rueppelia A.Rich. = **Aeschynomene**
Rueppellia A.Rich. = **Aeschynomene**
Rufacer Small = **Acer**
Rufodorsia【3】Wiehler 白果岩桐属 Gesneriaceae 苦苣苔科 [MD-549] 全球 (1) 大洲分布及种数(5)◆北美洲
Rugatia Klotzsch = **Rustia**
Rugdea Gillespie = **Rohdea**
Rugelia【3】Shuttlew. ex Chapm. 冬泉菊属 ← **Cacalia;Senecio** Asteraceae 菊科 [MD-586] 全球 (1) 大洲分布及种数(1)◆北美洲(◆美国)
Rugelii Shuttlew. ex Chapm. = **Rugelia**
Rugendasia Schiede ex Schlechtd. = **Weldenia**
Rugenia Neck. = **Eugenia**
Ruggieria Raf. = **Gagea**
Rugidia Wight = **Phyllanthus**
Rugilus Raf. = **Ostrya**
Rugoloa【2】Zuloaga 冬泉草属 Poaceae 禾本科 [MM-748] 全球 (2) 大洲分布及种数(4)北美洲:3;南美洲:3
Rugosa L. = **Rosa**
Ruhooglandia【3】S.Dransf. & K.M.Wong 冬泉芒属 Poaceae 禾本科 [MM-748] 全球 (1) 大洲分布及种数(1)◆非洲
Ruilopezia【3】Cuatrec. 南美香水菊属 Asteraceae 菊科 [MD-586] 全球 (1) 大洲分布及种数(26)◆南美洲
Ruizanthus【2】R.M.Schust. 香水苔属 Balantiopsaceae 直蒴苔科 [B-37] 全球 (2) 大洲分布及种数(2)北美洲:1;南美洲:1
Ruizia【-】Cav. 梧桐科属 ≒ **Helmiopsiella** Sterculiaceae 梧桐科 [MD-189] 全球 (uc) 大洲分布及种数(uc)

Ruizodendron【3】R.E.Fr. 索木属 ← **Guatteria** Annonaceae 番荔枝科 [MD-7] 全球 (1) 大洲分布及种数(1)◆南美洲

Ruizterania (Stafleu) Marc.Berti = **Ruizterania**

Ruizterania【3】Marc.Berti 木砂仁属 ≒ **Qualea** Vochysiaceae 萼囊花科 [MD-314] 全球 (1) 大洲分布及种数(16)◆南美洲

Rulac Adans. = **Acer**

Rulingia Haw. = **Rulingia**

Rulingia【3】R.Br.龙鳞树属←**Byttneria;Keraudrenia** Sterculiaceae 梧桐科 [MD-189] 全球 (1) 大洲分布及种数(1)◆非洲(◆马达加斯加)

Rumea【-】Poit. 杨柳科属 ≒ **Ruagea** Salicaceae 杨柳科 [MD-123] 全球 (uc) 大洲分布及种数(uc)

Rumex (Meisn.) Rech.f. = **Rumex**

Rumex【3】L. 酸模属 → **Acetosa;Oxalis;Oxyria** Polygonaceae 蓼科 [MD-120] 全球 (6) 大洲分布及种数(257-382;hort.1;cult:75)非洲:55-100;亚洲:137-212;大洋洲:39-79;欧洲:120-169;北美洲:101-143;南美洲:41-78

Rumfordia【3】DC. 翼柄菊属 → **Axiniphyllum;Polymnia;Tetragonotheca** Asteraceae 菊科 [MD-586] 全球 (1) 大洲分布及种数(8)◆北美洲

Rumgia Griseb. = **Randia**

Rumhora Desv. = **Rumohra**

Rumia【3】Hoffm. 鲁米草属 ≒ **Trinia;Rubia** Apiaceae 伞形科 [MD-480] 全球 (1) 大洲分布及种数(1）◆非洲

Rumicaceae Martinov = Polygonaceae

Rumicastrum Ulbr. = **Atriplex**

Rumicicarpus【3】Chiov. 革锦葵属 Malvaceae 锦葵科 [MD-203] 全球 (1) 大洲分布及种数(1)◆非洲

Rumina Parl. = **Leucojum**

Ruminia Pari. = **Leucojum**

Rumohra H.Itô = **Rumohra**

Rumohra【3】Raddi 革叶蕨属 → **Acrorumohra;Arachniodes;Polystichum** Dryopteridaceae 鳞毛蕨科 [F-49] 全球 (6) 大洲分布及种数(12-17)非洲:6-7;亚洲:2-3;大洋洲:2;欧洲:1;北美洲:2;南美洲:4-6

Rumphia L. = **Cordia**

Rumputris Raf. = **Cassytha**

Rumrillara Garay = **Ascocentrum**

Runcina Allamand = **Cenchrus**

Runcinia Pers. = **Uncinia**

Rundleara【-】J.M.H.Shaw 兰科属 Orchidaceae 兰科 [MM-723] 全球 (uc) 大洲分布及种数(uc)

Rungia【3】Nees 孩儿草属 ← **Adhatoda;Rulingia;Oxyceros** Acanthaceae 爵床科 [MD-572] 全球 (6) 大洲分布及种数(74-94)非洲:12-17;亚洲:62-70;大洋洲:3-5;欧洲:2;北美洲:2-4;南美洲:3-5

Runula Fourr. = **Randia**

Runyonia Rose = **Manfreda**

Rupala Vahl = **Roupala**

Rupalleya Moriere = **Dichelostemma**

Rupela Dum. = **Campanula**

Rupertia【3】J.W.Grimes 加州茶属 ← **Hoita;Lotodes;Psoralea** Fabaceae 豆科 [MD-240] 全球 (1) 大洲分布及种数(3)◆北美洲

Rupertiella【-】Wei Wang & R.Ortiz 防己科属 Menispermaceae 防己科 [MD-42] 全球 (uc) 大洲分布及种数(uc)

Rupertina Prov. = **Trisetum**

Rupestrina Prov. = **Trisetum**

Rupicapnos【2】Pomel 岩堇属 ← **Fumaria** Papaveraceae 罂粟科 [MD-54] 全球 (2) 大洲分布及种数(2-13;hort.1;cult: 1)非洲:1-11;欧洲:4

Rupichloa【3】Salariato & Morrone 弯穗黍属 ≒ **Streptostachys** Poaceae 禾本科 [MM-748] 全球 (1) 大洲分布及种数(2)◆南美洲

Rupicola【3】Maiden & Betche 竹柏石南属 → **Budawangia** Ericaceae 杜鹃花科 [MD-380] 全球 (1) 大洲分布及种数(4)◆大洋洲(◆澳大利亚)

Rupifraga (Sternb.) Raf. = **Saxifraga**

Rupinia Corda = **Ruppina**

Rupiphila【3】Pimenov & Lavrova 藁本属 ← **Ligusticum** Apiaceae 伞形科 [MD-480] 全球 (1) 大洲分布及种数(cf.1) 亚洲:1

Rupirana Miers = **Duroia**

Ruppara Hort. = **Roupala**

Ruppelia Baker = **Russelia**

Ruppia【3】L.川蔓藻属 ≒ **Zannichellia;Potamogeton;Hyacinthus** Ruppiaceae 川蔓藻科 [MM-611] 全球 (6) 大洲分布及种数(7-12)非洲:3-7;亚洲:4-11;大洋洲:4-10;欧洲:4-8;北美洲:4-8;南美洲:3-7

Ruppiaceae【3】Horan. 川蔓藻科 [MM-611] 全球 (6) 大洲分布和属种数(1;hort. & cult.1)(6-15;hort. & cult.2)非洲:1/3-7;亚洲:1/4-11;大洋洲:1/4-10;欧洲:1/4-8;北美洲:1/4-8;南美洲:1/3-7

Ruppina【-】L.f. 疣冠苔科属 Aytoniaceae 疣冠苔科 [B-9] 全球 (uc) 大洲分布及种数(uc)

Ruprechtia【3】C.A.Mey. 旱蓼树属 ← **Coccoloba;Mannia;Magoniella** Polygonaceae 蓼科 [MD-120] 全球 (1) 大洲分布及种数(30)◆南美洲

Ruptiliocarpon【3】Hammel & N.Zamora 耳柄木属 Lepidobotryaceae 鳞球穗科 [MD-297] 全球 (1) 大洲分布及种数(1)◆南美洲

Ruptilocarpon Hammel & N.Zamora = **Ruptiliocarpon**

Rurea J.St.Hil. = **Rourea**

Rureopsis P. & K. = **Roureopsis**

Rusbya【3】Britton 杉叶莓属 ← **Anthopterus;Demosthenesia** Ericaceae 杜鹃花科 [MD-380] 全球 (1) 大洲分布及种数(1)◆南美洲(◆玻利维亚)

Rusbyanthus Gilg = **Macrocarpaea**

Rusbyella【3】Rolfe 香水兰属 ← **Cyrtochilum;Odontoglossum;Buesiella** Orchidaceae 兰科 [MM-723] 全球 (1) 大洲分布及种数(1-3)◆南美洲

Ruscaceae【3】M.Röm. 假叶树科 [MM-672] 全球 (6) 大洲分布和属种数(3;hort. & cult.3)(6-24;hort. & cult.5-10)非洲:3/5;亚洲:2-3/2-7;大洋洲:1-3/1-6;欧洲:2-3/5-11;北美洲:3/5;南美洲:3/5

Ruschia【2】Schwantes 舟叶花属 → **Amphibolia;Mesembryanthemum;Mossia** Aizoaceae 番杏科 [MD-94] 全球 (4) 大洲分布及种数(267-291)非洲:266-271;亚洲:2;大洋洲:3;欧洲:5

Ruschianthemum【3】Friedrich 侠玉树属 ← **Mesembryanthemum** Aizoaceae 番杏科 [MD-94] 全球 (1) 大洲分布及种数(1)◆非洲

Ruschianthus【3】L.Bolus 镰刀玉属 Aizoaceae 番杏科 [MD-94] 全球 (1) 大洲分布及种数(1)◆非洲

Ruschiella Klak = **Ruthiella**
Ruscus【3】(Tourn.) L. 假叶树属 ≒ **Rubus;Behnia** Ruscaceae 假叶树科 [MM-672] 全球 (1) 大洲分布及种数(4-6)◆欧洲
Ruscus L. = **Ruscus**
Ruspolia【3】Lindau 南山壳骨属 ← **Eranthemum; Siphoneranthemum** Acanthaceae 爵床科 [MD-572] 全球 (1) 大洲分布及种数(5-6)◆非洲
Russa Rumph. = **Brucea**
Russea J.F.Gmel. = **Pouteria**
Russegera Endl. = **Ruellia**
Russeggera Endl. = **Ruellia**
Russelia Eurusselia Carlson = **Russelia**
Russelia【3】Jacq. 爆仗竹属 ≒ **Desdemona;Macranthera** Plantaginaceae 车前科 [MD-527] 全球 (1) 大洲分布及种数(4-14)◆南美洲
Russellara Creeggan = **Russelia**
Russellia Creeggan = **Russelia**
Russellodendron Britton & Rose = **Acacia**
Russeria H.Bük = **Russelia**
Russowia【3】C.Winkl. 纹苞菊属 ← **Plagiobasis** Asteraceae 菊科 [MD-586] 全球 (1) 大洲分布及种数(cf. 1)◆亚洲
Rustia【2】Klotzsch 里约鸡纳属 → **Agouticarpa; Cinchona** Rubiaceae 茜草科 [MD-523] 全球(4) 大洲分布及种数(18-20)非洲:3;亚洲:cf.1;北美洲:6-7;南美洲:13-14
Ruston Klotzsch = **Rustia**
Ruta【3】L. 芸香属 → **Boenninghausenia;Haplophyllum** Rutaceae 芸香科 [MD-399] 全球 (1) 大洲分布及种数(10-15)◆欧洲
Rutaceae【3】Juss. 芸香科 [MD-399] 全球 (6) 大洲分布和属种数(139-162;hort. & cult.47-54)(1970-3912;hort. & cult.162-287)非洲:34-72/598-1260;亚洲:42-69/588-1383;大洋洲:53-92/456-1482;欧洲:9-54/44-602;北美洲:41-68/358-990;南美洲:46-83/404-997
Rutaea M.Röm. = **Turraea**
Rutales Juss. ex Bercht. & J.Presl = **Turraea**
Rutamuraria Ort. = **Asplenium**
Rutaneblina【3】Steyerm. & Luteyn 雾芸木属 Rutaceae 芸香科 [MD-399] 全球 (1) 大洲分布及种数(1)◆南美洲
Rutaria Webb ex Benth. & Hook.f. = **Urtica**
Ruteae Juss. = **Ruta**
Rutela Dum. = **Campanula**
Rutenbergia【3】Geh. & Hampe ex Besch. 痕藓属 ≒ **Neorutenbergia** Rutenbergiaceae 痕藓科 [B-167] 全球 (1) 大洲分布及种数(5)◆非洲
Rutenbergiaceae【3】M.Fleisch. 痕藓科 [B-167] 全球 (1) 大洲分布和属种数(2/7)◆非洲
Ruteria Medik. = **Psoralea**
Ruthalicia【3】C.Jeffrey 非洲葫芦属 Cucurbitaceae 葫芦科 [MD-205] 全球 (1) 大洲分布及种数(2)◆非洲
Ruthea Bolle = **Lichtensteinia**
Rutheopsis A.Hansen & G.Kunkel = **Pellaea**
Ruthiella【3】Steenis 贴梗莲属 Campanulaceae 桔梗科 [MD-561] 全球 (1) 大洲分布及种数(4)◆非洲
Ruthrum Hill = **Echinops**
Rutica Neck. = **Urtica**
Rutidanthera Van Tiegh. = **Rhytidanthera**
Rutidea【3】DC. 皱茜属 → **Coptosperma;Tarenna; Nichallea** Rubiaceae 茜草科 [MD-523] 全球 (1) 大洲分布及种数(23)◆非洲
Rutidochlamys Sond. = **Podolepis**
Rutidosis【3】DC. 锥托棕鼠麹属 → **Acomis;Podolepis; Siloxerus** Asteraceae 菊科 [MD-586] 全球 (1) 大洲分布及种数(5-13)◆大洋洲(◆澳大利亚)
Rutilaria Gaertn. = **Gouania**
Rutilia【3】Vell. 荨麻属 ← **Urtica** Sapindaceae 无患子科 [MD-428] 全球 (1) 大洲分布及种数(cf.1)◆南美洲
Rutoideae Arn. = **Rutidea**
Rutosma A.Gray = **Thamnosma**
Ruttnerella【-】Schiffn. 拟大萼苔科属 Cephaloziellaceae 拟大萼苔科 [B-53] 全球 (uc) 大洲分布及种数(uc)
Ruttya【3】Harv. 兔耳爵床属 ≒ **Haplophyllum** Acanthaceae 爵床科 [MD-572] 全球 (1) 大洲分布及种数(6)◆非洲
Ruugia Nees = **Rungia**
Ruyschia【3】Fabr. 蜜丸花属 ← **Marcgravia;Caracasia;Souroubea** Marcgraviaceae 蜜囊花科 [MD-170] 全球 (1) 大洲分布及种数(14-15)◆南美洲
Ruyschiana Mill. = **Dracocephalum**
Ruyschieae (Delpino) Wittm. = **Ruyschia**
Ruyschiinae Delpino = **Dracocephalum**
Ryanaea DC. = **Ryania**
Ryania【3】Vahl 瑞安木属 ≒ **Patrisia** Flacourtiaceae 大风子科 [MD-142] 全球 (1) 大洲分布及种数(10-12)◆南美洲
Ryckia Balf.f. = **Pandanus**
Rydbergia Greene = **Hymenoxys**
Rydingia【3】Scheen & V.A.Albert 宽萼苏属 ≒ **Ballota** Lamiaceae 唇形科 [MD-575] 全球 (1) 大洲分布及种数(1)◆非洲
Ryditophyllum Mart. = **Rhytidophyllum**
Ryditostylis Walp. = **Rytidostylis**
Ryhnchotheca Ruiz & Pav. = **Rhynchotheca**
Rykia de Vriese = **Pandanus**
Rymandra Salisb. = **Knightia**
Rymia Endl. = **Euclea**
Rynchelytrum Hochst. = **Rhynchelytrum**
Rynchoglosum Bl. = **Rhynchoglossum**
Ryncholeucaena Britton & Rose = **Leucaena**
Rynchosia Lour. = **Rhynchosia**
Rynchospora Vahl = **Rhynchospora**
Rynchotechum Bl. = **Rhynchotechum**
Ryparosa【3】Bl. 穗龙角属 Achariaceae 青钟麻科 [MD-159] 全球 (1) 大洲分布及种数(1-29)◆亚洲
Ryrus L. = **Pyrus**
Ryssopterys【3】Bl. ex A.Juss. 翅实藤属 → **Aspidopterys;Banisteria;Rhyssopterys** Malpighiaceae 金虎尾科 [MD-343] 全球 (1) 大洲分布及种数(10-11)◆亚洲
Ryssosciadium P. & K. = **Cymopterus**
Rytachne Endl. = **Rhytachne**
Ryticaryum【2】Becc. 新几内亚棕属 ≒ **Rhyticaryum** Icacinaceae 茶茱萸科 [MD-450] 全球 (2) 大洲分布及种数(12) 非洲:12;大洋洲:1
Rytidea Spreng. = **Rutidea**
Rytidiostylis Hook. & Arn. = **Rytidostylis**
Rytidocarpus【3】Cors. 皱果芥属 Brassicaceae 十字

R

花科 [MD-213] 全球 (1) 大洲分布及种数(1)◆非洲(◆摩洛哥)
Rytidolobus Dulac = **Hyacinthus**
Rytidoloma Turcz. = **Dictyanthus**
Rytidophyllum Mart. = **Rhytidophyllum**
Rytidosperma【3】 Steud. 袋鼠茅属 ← **Arundo; Deschampsia;Merxmuellera** Poaceae 禾本科 [MM-748] 全球 (6) 大洲分布及种数(77-80)非洲:18;亚洲:17;大洋洲:61-63;欧洲:7;北美洲:10;南美洲:9
Rytidospermum Benth. = **Rytidosperma**
Rytidostylis【2】 Hook. & Arn. 多葫芦属 Cucurbitaceae 葫芦科 [MD-205] 全球 (2) 大洲分布及种数(10)北美洲:7;南美洲:6
Rytidotus Hook.f. = **Bobea**
Rytiggnia Bl. = **Rytigynia**
Rytiglossa Steud. = **Rhytiglossa**
Rytigynia【3】 Bl. 蔓琼梅属 ← **Canthium;Plectronia** Rubiaceae 茜草科 [MD-523] 全球 (1) 大洲分布及种数(75-88)◆非洲
Rytilix Raf. = **Hackelochloa**
Rytonia L.f. = **Nymania**
Rzedowskia【3】 González Medrano 杜黄杨属 Celastraceae 卫矛科 [MD-339] 全球 (1) 大洲分布及种数(1)◆北美洲(◆墨西哥)

Saba【3】(Pichon) Pichon 橙香藤属 ← **Landolphia; Willughbeia** Apocynaceae 夹竹桃科 [MD-492] 全球 (1) 大洲分布及种数(3-11)◆非洲
Sabadilia Brandt & Ratzeb. = **Schoenocaulon**
Sabadilla Brandt & Ratzeb. = **Schoenocaulon**
Sabal (O.F.Cook) Small = **Sabal**
Sabal【3】Adans. 菜棕属 → **Brahea;Serenoa; Washingtonia** Arecaceae 棕榈科 [MM-717] 全球 (1) 大洲分布及种数(17-41)◆北美洲(◆美国)
Sabalaceae F.W.Schultz & Sch.Bip. = Santalaceae
Sabalinae Mart. = **Sabulina**
Sabana Mill. = **Sabina**
Sabastiania Spreng. = **Sebastiania**
Sabatia【3】Adans. 绮玫花属 ← **Centaurium;Swertia; Zygostigma** Gentianaceae 龙胆科 [MD-496] 全球 (1) 大洲分布及种数(27-47)◆北美洲
Sabaudia Buscal. & Muschl. = **Lavandula**
Sabaudiella【3】Chiov. 非洲绮旋花属 Convolvulaceae 旋花科 [MD-499] 全球 (1) 大洲分布及种数(1)◆非洲
Sabazia【3】Cass. 粉白菊属 → **Alepidocline;Alloispermum;Selloa** Asteraceae 菊科 [MD-586] 全球 (1) 大洲分布及种数(22-25)◆北美洲
Sabazius Cass. = **Sabazia**
Sabbata【3】Vell. 南美绮菊属 Asteraceae 菊科 [MD-586] 全球 (1) 大洲分布及种数(2)◆南美洲
Sabbatia【2】Adans. 花旗龙胆属 ≒ **Micromeria** Lamiaceae 唇形科 [MD-575] 全球 (2) 大洲分布及种数 (8) 亚洲:1;北美洲:8
Sabdariffa【-】(DC.) Kostel. 锦葵科属 ≒ **Hibiscus** Malvaceae 锦葵科 [MD-203] 全球 (uc) 大洲分布及种数(uc)
Sabellaria L. = **Stellaria**
Sabelleria Hill = **Stellera**
Sabera Bullock = **Saltera**
Sabia【3】Colebr. 清风藤属 ← **Celastrus;Orixa** Sabiaceae 清风藤科 [MD-259] 全球 (1) 大洲分布及种数 (24-41)◆亚洲
Sabiaceae【3】Bl. 清风藤科 [MD-259] 全球 (6) 大洲分布和属种数(1;hort. & cult.1)(24-50;hort. & cult.4) 非洲:1/11;亚洲:1/24-41;大洋洲:1/11;欧洲:1/11;北美洲:1/11;南美洲:1/11
Sabicea【2】Aubl. 木藤茜属 → **Alibertia;Cephaelis; Manettia** Rubiaceae 茜草科 [MD-523] 全球 (5) 大洲分布及种数(174)非洲:79-110;亚洲:cf.1;欧洲:1;北美洲:16-18;南美洲:54-63
Sabiceaceae Martinov = Salicaceae
Sabina【3】Mill. 圆柏属 ≒ **Stipa** Cupressaceae 柏科 [G-17] 全球 (1) 大洲分布及种数(34)◆亚洲
Sabinaria【3】R.Bernal & Galeano 双扇棕属 Arecaceae 棕榈科 [MM-717] 全球 (1) 大洲分布及种数 (cf.1)◆南美洲
Sabinella Nakai = **Juniperus**
Sabouraea Leandri = **Talinella**
Sabsab Adans. = **Paspalum**
Sabularia Small = **Jeffreya**
Sabulina【3】Rchb. 山漆姑属 ≒ **Alsine** Caryophyllaceae 石竹科 [MD-77] 全球 (6) 大洲分布及种数(63)非洲:2-5;亚洲:32-35;大洋洲:3;欧洲:16-19;北美洲:21-24;南美洲:2-5
Sacada Blanco = **Cryptocarya**
Sacaglottis G.Don = **Sacoglottis**
Saccanthera【-】Hort. 兰科属 Orchidaceae 兰科 [MM-723] 全球 (uc) 大洲分布及种数(uc)
Saccanthus Herzog = **Basistemon**
Saccardophyton Speg. = **Benthamiella**
Saccardophytum Speg. = **Benthamiella**
Saccarum J.St.Hil. = **Saccharum**
Saccellium【3】Humb. & Bonpl. 南美紫草属 ← **Cordia** Boraginaceae 紫草科 [MD-517] 全球 (1) 大洲分布及种数(1)◆南美洲
Saccharaceae Bercht. & J.Presl = Cyperaceae
Saccharifera Stokes = **Saccharum**
Saccharodendron (Raf.) Nieuwl. = **Acer**
Saccharum (Endl.) Rchb. = **Saccharum**
Saccharum【3】L. 河八王属 ≒ **Agrostis;Eremanthus; Bothriochloa** Poaceae 禾本科 [MM-748] 全球 (6) 大洲分布及种数(47-51;hort.1;cult:1)非洲:15-23;亚洲:32-40;大洋洲:9-17;欧洲:2-10;北美洲:19-27;南美洲:18-26
Saccia【3】Naudin 滨藜属 ≒ **Suaeda** Convolvulaceae 旋花科 [MD-499] 全球 (1) 大洲分布及种数(uc)属分布和种数(uc)◆南美洲
Saccidium Lindl. = **Holothrix**
Saccifoliac Maguire & Pires = **Saccifolium**
Saccifoliaceae【3】Maguire & Pires 囊叶木科 [MD-497] 全球 (1) 大洲分布和属种数(1/1)◆南美洲
Saccifolieae【-】(Maguire & Pires) Struwe 龙胆科属 Gentianaceae 龙胆科 [MD-496] 全球 (uc) 大洲分布及种数(uc)
Saccifolium【3】B.Maguire & J.M.Pires 勺叶木属 Gentianaceae 龙胆科 [MD-496] 全球 (1) 大洲分布及种数(1)◆南美洲
Saccilabium Rottb. = **Ziziphora**
Sacciolepis【3】Nash 囊颖草属 ← **Agrostis;Aira; Hymenachne** Poaceae 禾本科 [MM-748] 全球 (6) 大洲分布及种数(30-36)非洲:26-27;亚洲:10-14;大洋洲:2-3;欧洲:1;北美洲:7-8;南美洲:7-10
Saccobasis H.Buch = **Tritomaria**
Saccocalyx【3】Coss. & Durieu 蛇荚黄芪属 ≒ **Astragalus** Lamiaceae 唇形科 [MD-575] 全球 (1) 大洲分布及种数(1)◆非洲
Saccochilus Bl. = **Saccolabium**
Saccodendron Rojas Acosta = **Ficus**
Saccodon Raf. = **Cypripedium**
Saccoglossum【3】Schltr. 石杯兰属 Orchidaceae 兰科 [MM-723] 全球 (1) 大洲分布及种数(cf. 1)◆大洋洲(◆美拉尼西亚)

Saccoglotis Endl. = **Sacoglottis**
Saccoglottis Endl. = **Sacoglottis**
Saccogyna【2】Stephani 囊萼苔属 ≒ **Heteroscyphus** Geocalycaceae 地萼苔科 [B-49] 全球 (4) 大洲分布及种数(5)亚洲:cf.1;大洋洲:cf.1;北美洲:1;南美洲:1
Saccogynidium <unassigned> = **Saccogynidium**
Saccogynidium【3】Grolle 拟囊萼苔属 ≒ **Heteroscyphus** Geocalycaceae 地萼苔科 [B-49] 全球 (6) 大洲分布及种数(9-10)非洲:1;亚洲:5-7;大洋洲:4-5;欧洲:1;北美洲:1;南美洲:3-4
Saccolabiopsis【3】J.J.Sm. 拟囊唇兰属 ← **Cleisostoma;Sarcochilus** Orchidaceae 兰科 [MM-723] 全球 (1) 大洲分布及种数(2-8)◆亚洲
Saccolabium【3】Bl. 囊唇兰属 ≒ **Gastrochilus;Acampe** Orchidaceae 兰科 [MM-723] 全球 (6) 大洲分布及种数(5-16;hort.1)非洲:2;亚洲:4-11;大洋洲:2;欧洲:2;北美洲:2;南美洲:2
Saccolaria Kuhlm. = **Utricularia**
Saccolena Gleason = **Salpinga**
Saccolepis Nash = **Sacciolepis**
Saccoloma【3】Kaulf. 袋囊蕨属 ← **Davallia;Microlepia;Ormoloma** Dennstaedtiaceae 碗蕨科 [F-26] 全球 (6)大洲分布及种数(27-32;hort.1)非洲:7-8;亚洲:20-24;大洋洲:10-12;欧洲:1-2;北美洲:6-9;南美洲:10-13
Saccolomataceae Doweld = Dennstaedtiaceae
Sacconema Kaulf. = **Saccoloma**
Sacconia Endl. = **Liabum**
Saccopetalum Benn. = **Miliusa**
Saccoplectus örst. = **Alloplectus**
Saccopteris Raf. = **Tradescantia**
Saccopteryx Radlk. = **Sarcopteryx**
Saccorhiza Bullock = **Sarcorrhiza**
Saccostoma Wall. ex Voigt = **Anisochilus**
Saccostrea Wall. ex Voigt = **Anisochilus**
Saccovanda Hort. = **Eriocaulon**
Saccularia Kellogg = **Antirrhinum**
Sacculina Bosser = **Utricularia**
Saccus P. & K. = **Artocarpus**
Sacellium Spreng. = **Saccellium**
Sacharum G.A.Scop. = **Saccharum**
Sacheria Kaulf. = **Sadleria**
Sachokiella【3】A.A.Kolak. 木风铃属 ≒ **Campanula** Campanulaceae 桔梗科 [MD-561] 全球 (1) 大洲分布及种数(cf.2)◆亚洲
Sachokiella Kolak. = **Sachokiella**
Sachsia【3】Griseb. 银蓬属 Asteraceae 菊科 [MD-586] 全球 (1) 大洲分布及种数(2-7)◆北美洲
Sacidium Lindl. = **Holothrix**
Sacleuxia【3】Baill. 萨克萝藦属 ← **Cryptolepis** Apocynaceae 夹竹桃科 [MD-492] 全球 (1) 大洲分布及种数(2)◆非洲
Sacodes Torr. = **Sarcodes**
Sacodon Raf. = **Cypripedium**
Sacoglottis (Urb.) Reiche = **Sacoglottis**
Sacoglottis【2】Mart. 香柑木属 → **Endopleura;Schistostemon;Humiriastrum** Humiriaceae 香膏木科 [MD-348] 全球 (4) 大洲分布及种数(12-15;hort.1;cult:2)非洲:1;大洋洲:1;北美洲:5;南美洲:8-10
Sacoila【3】Raf. 莎口兰属 ≒ **Spiranthes;Perezia;Stenorrhynchos** Orchidaceae 兰科 [MM-723] 全球 (1) 大洲分布及种数(11-12)◆南美洲(◆巴西)
Sacoiolepis Nash = **Sacciolepis**
Sacolia Juss. = **Stenorrhynchos**
Sacosperma【3】G.Taylor 蛇舌草属 ← **Oldenlandia** Rubiaceae 茜草科 [MD-523] 全球 (1) 大洲分布及种数(2)◆非洲
Sacranthus Endl. = **Saharanthus**
Sacrcorrhiza Hort. = **Sarcorrhiza**
Sacropteryx Radlk. = **Sarcopteryx**
Sadala Adans. = **Sabal**
Sadiria【3】Mez 管金牛属 ← **Ardisia;Dendrobium** Primulaceae 报春花科 [MD-401] 全球 (1) 大洲分布及种数(5-8)◆亚洲
Sadleria【3】Kaulf. 红猪蕨属 ← **Blechnum** Blechnaceae 乌毛蕨科 [F-46] 全球 (1) 大洲分布及种数(8-9)◆北美洲
Sadleriana Kaulf. = **Sadleria**
Sadokum D.Tiu & Cootes = **Grammatophyllum**
Sadrum Sol. ex Baill. = **Pyrenacantha**
Sadymia Griseb. = **Samyda**
Saelania【3】Lindb. 石缝藓属 ≒ **Cynontodium;Salacia** Ditrichaceae 牛毛藓科 [B-119] 全球 (6) 大洲分布及种数(1) 非洲:1;亚洲:1;大洋洲:1;欧洲:1;北美洲:1;南美洲:1
Saelaniaceae Ignatov & Fedosov = Salicaceae
Saelanthus【-】Forssk. 葡萄科属 ≒ **Cyphostemma** Vitaceae 葡萄科 [MD-403] 全球 (uc) 大洲分布及种数(uc)
Saffordia Maxon = **Trachypteris**
Saffordiella Merr. = **Myrtella**
Saffron Medik. = **Crocus**
Safia Schaus = **Sabia**
Safran Medik. = **Crocus**
Saga Ewart = **Sorghum**
Sagapenon Raf. = **Pleurospermum**
Sagarikara auct. = **Ferreyranthus**
Sagartianthus Link = **Spartium**
Sagedia C.Presl = **Sagenia**
Sagema C.Presl = **Mercurialis**
Sagenaria Ser. = **Lagenaria**
Sagenia (Fée) T.Moore = **Sagenia**
Sagenia【3】C.Presl 银三叉蕨属 ≒ **Dryopteris;Nephrodium** Dryopteridaceae 鳞毛蕨科 [F-49] 全球 (1) 大洲分布及种数(uc)◆大洋洲
Sagenidium (Müll.Arg.) Follmann = **Solenidium**
Sagenotortula【2】R.H.Zander 弓藓属 ≒ **Syntrichia** Pottiaceae 丛藓科 [B-133] 全球 (2) 大洲分布及种数(1)北美洲:1;南美洲:1
Sageraea【3】Dalzell 弓桂木属 ← **Bocagea;Uvaria;Stelechocarpus** Annonaceae 番荔枝科 [MD-7] 全球 (1) 大洲分布及种数(4-11)◆亚洲
Sageratia G.Don = **Sageretia**
Sagerelia Brongn. = **Sageretia**
Sageretia【3】Brongn. 雀梅藤属 ← **Ampelopsis** Rhamnaceae 鼠李科 [MD-331] 全球 (6) 大洲分布及种数(39-44;hort.1;cult:1)非洲:2-4;亚洲:35-39;大洋洲:1-3;欧洲:2;北美洲:5-8;南美洲:4-6
Sagernefia Brongn. = **Sageretia**
Sagina (F.N.Williams) F.N.Williams = **Sagina**

Sagina 【3】 L. 漆姑草属 ≒ **Moenchia;Stellaria** Caryophyllaceae 石竹科 [MD-77] 全球 (6) 大洲分布及种数(46-58;hort.1;cult:9)非洲:12-24;亚洲:19-32;大洋洲:9-21;欧洲:25-36;北美洲:13-24;南美洲:7-17
Sagitella M.Menzel = **Saitobryum**
Sagitta Adans. = **Sagittaria**
Sagittaria 【3】 L. 慈姑属 ≒ **Alisma;Lophiocarpus; Baldellia** Alismataceae 泽泻科 [MM-597] 全球 (6) 大洲分布及种数(43-51;hort.1;cult: 9)非洲:1-34;亚洲:30-67;大洋洲:12-45;欧洲:13-46;北美洲:34-69;南美洲:13-47
Sagittipetalum E.D.Merrill = **Carallia**
Sagittula Adans. = **Sagittaria**
Saglorithys 【3】 Rizzini 爵床属 ≒ **Justicia** Acanthaceae 爵床科 [MD-572] 全球 (1) 大洲分布及种数(1)◆南美洲
Sagmen Hill = **Centaurea**
Sagonea Aubl. = **Hydrolea**
Sagoneaceae Martinov = Linnaeaceae
Sagotia 【3】 Baill. 弯萼桐属 ≒ **Desmodium** Euphorbiaceae 大戟科 [MD-217] 全球 (6) 大洲分布及种数(3)非洲:1;亚洲:1;大洋洲:1;欧洲:1;北美洲:2-3;南美洲:2-3
Sagra Ewart = **Sorghum**
Sagraea 【3】 DC.银野牡丹属←**Clidemia;Mecranium; Ossaea** Melastomataceae 野牡丹科 [MD-364] 全球 (6) 大洲分布及种数(12-19)非洲:1-3;亚洲:2-4;大洋洲:2;欧洲:1-3;北美洲:11-15;南美洲:7-9
Saguaster 【3】 P. & K. 凤尾榈属 ← **Acrostichum** Arecaceae 棕榈科 [MM-717] 全球 (1) 大洲分布及种数(uc)◆大洋洲
Saguerus Adans. = **Arenga**
Sagum Rumph. ex Gaertn. = **Raphia**
Sagus Gaertn. = **Raphia**
Sagus Rumph. ex Gaertn. = **Metroxylon**
Sahaguina Liebm. = **Clarisia**
Sahagunia Liebm. = **Clarisia**
Saharanthus 【3】 (Caball.) M.B.Crespo & M.D.Lledó 篱霜花属 Plumbaginaceae 白花丹科 [MD-227] 全球 (1) 大洲分布及种数(1)◆非洲(◆中非)
Sahazia Cass. = **Sabazia**
Sahlbergia Neck. = **Acranthera**
Saia Colebr. = **Sabia**
Saiga Ewart = **Sorghum**
Sainsburia Dixon = **Fissidens**
Sainthelenia 【3】 Ignatov & Wigginton 丝青藓属 Brachytheciaceae 青藓科 [B-187] 全球 (1) 大洲分布及种数(1)◆非洲
Saintlegeria C.Cordem. = **Lessertia**
Saintmorysia Endl. = **Athanasia**
Saintpauhlia H.Wendl. = **Saintpaulia**
Saintpaulia 【2】 H.Wendl. 非洲堇属 ← **Streptocarpus** Gesneriaceae 苦苣苔科 [MD-549] 全球 (4) 大洲分布及种数(11-16)非洲:10-15;亚洲:cf.1;北美洲:1;南美洲:1
Saintpauliopsis Staner = **Staurogyne**
Saintpierrea Germ. = **Rosa**
Saionia 【3】 Hatus. 水玉杖属 ≒ **Sphaerophysa** Burmanniaceae 水玉簪科 [MM-696] 全球 (1) 大洲分布及种数(1-2)◆非洲
Saipania Hosok. = **Croton**
Sairanthus G.Don = **Nicotiana**
Sairocarpus 【3】 Nutt. ex A.DC. 净果婆婆纳属 ← **Antirrhinum** Plantaginaceae 车前科 [MD-527] 全球 (1) 大洲分布及种数(13-14)◆北美洲
Sais Cramer = **Dais**
Saitoa 【-】 R.H.Zander 丛藓科属 ≒ **Saitobryum** Pottiaceae 丛藓科 [B-133] 全球 (uc) 大洲分布及种数(uc)
Saitobryum 【2】 R.H.Zander 净藓属 ≒ **Saitoella** Pottiaceae 丛藓科 [B-133] 全球 (2) 大洲分布及种数(1)北美洲:1;南美洲:1
Saitoella 【-】 Goto,Shoji & Sugiyama,Junta & Hamamoto,Makiko & Komagata,Kazuo 丛藓科属 ≒ **Saitobryum** Pottiaceae 丛藓科 [B-133] 全球 (uc) 大洲分布及种数(uc)
Saivala Jones = **Blyxa**
Sajanella 【3】 Soják 栎属 ← **Quercus** Apiaceae 伞形科 [MD-480] 全球 (1) 大洲分布及种数(cf.1)◆亚洲
Sajania M.G.Pimenov = **Sajania**
Sajania 【2】 Pimenov 岩风属 Apiaceae 伞形科 [MD-480] 全球 (2) 大洲分布及种数(cf.1) 亚洲;欧洲
Sajorium Buch.Ham. ex Wall. = **Plukenetia**
Sakabaara 【-】 auct. 兰科属 Orchidaceae 兰科 [MM-723] 全球 (uc) 大洲分布及种数(uc)
Sakakia Nakai = **Eurya**
Sakersia Hook.f. = **Dichaetanthera**
Sakoanala 【3】 R.Vig. 海滨森林豆属 Fabaceae 豆科 [MD-240] 全球 (1) 大洲分布及种数(2)◆非洲(◆马达加斯加)
Sakura Broth. = **Sakuraia**
Sakuraia 【3】 Broth. 亚螺藓属 Entodontaceae 绢藓科 [B-195] 全球 (6) 大洲分布及种数(2)非洲:1;亚洲:1-2;大洋洲:1;欧洲:1;北美洲:1;南美洲:1
Sakya Garay = **Stalkya**
Sal Makino & Shibata = **Sasa**
Salabertia A.St.Hil. = **Salvertia**
Salacca 【3】 Reinw. 蛇皮果属 ← **Calamus;Eleiodoxa; Salacia** Arecaceae 棕榈科 [MM-717] 全球 (1) 大洲分布及种数(4-21)◆亚洲
Salacia (Miers) Miers ex Lös. = **Salacia**
Salacia 【3】 L. 五层龙属 → **Anthodon;Dicarpellum; Peritassa** Celastraceae 卫矛科 [MD-339] 全球 (6) 大洲分布及种数(226-291;hort.1;cult: 13)非洲:99-126;亚洲:94-109;大洋洲:22-30;欧洲:1-9;北美洲:16-24;南美洲:49-66
Salaciaceae Raf. = Salicaceae
Salacicratea Lös. = **Salacia**
Salacighia 【3】 Lös. 萨拉卫矛属 ← **Salacia** Celastraceae 卫矛科 [MD-339] 全球 (1) 大洲分布及种数(2)◆非洲
Salaciopsis 【3】 Baker f. 拟萨拉卫矛属 Celastraceae 卫矛科 [MD-339] 全球 (1) 大洲分布及种数(8)◆大洋洲(◆美拉尼西亚)
Salacistis Rchb.f. = **Hetaeria**
Salakka Reinw. ex Bl. = **Salacca**
Salanum Neck. = **Solanum**
Salarias Valenciennes = **Salacia**
Salasiella Müll.Hal. = **Solmsiella**
Salaxidaceae J.Agardh = Ericaceae
Salaxis Salisb. = **Erica**
Salazaria 【3】 Torr. 合唇花属 ← **Scutellaria** Lamiaceae 唇形科 [MD-575] 全球 (1) 大洲分布及种数(1)◆北美洲(◆美国)

Salazariaceae F.A.Barkley = Asteranthaceae
Salazia Dur. & Jacks = **Salvia**
Salceda Blanco = **Camellia**
Salcedoa【3】Jiménez Rodr. & Katinas 狮菊木属 Asteraceae 菊科 [MD-586] 全球 (1) 大洲分布及种数(1)◆北美洲(◆多米尼加)
Salcocornia A.J.Scott = **Sarcocornia**
Salda Adr.Sanchez = **Salta**
Saldanha Vell. = **Halesia**
Saldanhaea Bureau = **Hillia**
Saldania Sim = **Ormocarpum**
Saldinia【3】A.Rich. 马岛茜草属 ← **Lasianthus; Morinda** Rubiaceae 茜草科 [MD-523] 全球 (1) 大洲分布及种数(21-26)◆非洲
Salea L. = **Dalea**
Salgada Blanco = **Cryptocarya**
Salhbergia Neck. = **Acranthera**
Saliana Vell. = **Halesia**
Salica Hill = **Lythrum**
Salicac Hill = **Lythrum**
Salicaceae【3】Mirb. 杨柳科 [MD-123] 全球 (6) 大洲分布和属种数(4-6;hort. & cult.3)(976-1975;hort. & cult. 160-231)非洲:3-4/81-384;亚洲:4-5/681-1101;大洋洲:3-4/74-395;欧洲:4-5/273-557;北美洲:4-5/340-645;南美洲:3-4/135-407
Salicaria Mill. = **Nesaea**
Salicaria Tourn. ex Mill. = **Lythrum**
Saliceae Rchb. = **Lythrum**
Salicola Schwag. ex Leplay = **Xanthostemon**
Salicornia【3】L. 盐角草属 → **Arthrocnemum;Sarcocornia;Pachycornia** Amaranthaceae 苋科 [MD-116] 全球 (6) 大洲分布及种数(51-69;hort.1;cult: 1)非洲:20-24;亚洲:15-19;大洋洲:3-5;欧洲:17-22;北美洲:12-14;南美洲:8-11
Salicorniaceae Martinov = Chenopodiaceae
Salicorninae G.L.Chu & S.C.Sand. = **Salicornia**
Salifa Hill = **Lythrum**
Salilota Schwag. ex Leplay = **Xanthostemon**
Salimori Adans. = **Cordia**
Salina Raf. = **Gentiana**
Saliola Schwag. ex Demid. = **Salsola**
Salisburia Sm. = **Ginkgo**
Salisburiana Alph.Wood = **Ginkgo**
Salisburya Hoffmanns. = **Ginkgo**
Salisburyodendron A.V.Bobrov & Melikyan = **Agathis**
Salisia Lindl. = **Xanthostemon**
Salisia Regel = **Gloxinia**
Salitra Medik. = **Lessertia**
Saliunca Raf. = **Valerianella**
Salix Haoanae C.Wang & C.Y.Yang = **Salix**
Salix【3】L. 柳属 → **Toisusu;Oisodix;Heterosavia** Salicaceae 杨柳科 [MD-123] 全球 (6) 大洲分布及种数(739-980;hort.1;cult: 235)非洲:48-243;亚洲:548-803;大洋洲:48-250;欧洲:237-454;北美洲:251-470;南美洲:52-245
Salizaria A.Gray = **Salazaria**
Salkea L. = **Salvia**
Salken Adans. = **Derris**
Salloa L. = **Salvia**
Salluca Raf. = **Valerianella**
Sallyyeeara【-】Hort. 兰科属 Orchidaceae 兰科 [MM-723] 全球 (uc) 大洲分布及种数(uc)
Salmacina Monro = **Salacia**
Salmalia Schott & Endl. = **Bombax**
Salmasia Bub. = **Melaleuca**
Salmasia Bubani = **Aira**
Salmasia Rchb. = **Bombax**
Salmasia Schreb. = **Hirtella**
Salmea【3】DC. 银纽扣属 ← **Bidens;Melanthera; Verbesina** Asteraceae 菊科 [MD-586] 全球 (1) 大洲分布及种数(8-12)◆北美洲
Salmeopsis【3】Benth. 黄丛菊属 Asteraceae 菊科 [MD-586] 全球 (1) 大洲分布及种数(uc)属分布和种数(uc)◆南美洲
Salmia Cav. = **Asplundia**
Salmia Willd. = **Carludovica**
Salmiopuntia Frič ex Guiggi = **Opuntia**
Salmonea Vahl = **Salomonia**
Salmonella Vahl = **Salomonia**
Salmoneus Vahl = **Salomonia**
Salmonia G.A.Scop. = **Vochysia**
Salmonopuntia P.V.Heath = **Opuntia**
Saloa Stuntz = **Blumenbachia**
Saloca Hill = **Lythrum**
Salomona Heist. ex Fabr. = **Salomonia**
Salomonia Heist. ex Fabr. = **Salomonia**
Salomonia【3】Lour. 齿果草属 → **Epirixanthes;Polygala** Polygalaceae 远志科 [MD-291] 全球 (6) 大洲分布及种数(9)非洲:1-9;亚洲:8-17;大洋洲:2-10;欧洲:8;北美洲:2-10;南美洲:8
Salopina Thunb. = **Galopina**
Salpianthus【3】Humb. & Bonpl. 沙茉莉属 ← **Boerhavia;Cryptocarpus;Scleranthus** Nyctaginaceae 紫茉莉科 [MD-107] 全球 (1) 大洲分布及种数(4-5)◆北美洲
Salpichlaena【3】J.Sm. 凌霄蕨属 ← **Blechnum** Blechnaceae 乌毛蕨科 [F-46] 全球 (1) 大洲分布及种数(2)◆南美洲
Salpichroa【3】Miers 百合茄属 ← **Atropa;Solanum** Solanaceae 茄科 [MD-503] 全球 (6) 大洲分布及种数(25-31;hort.1)非洲:1-9;亚洲:2-10;大洋洲:2-10;欧洲:1-9;北美洲:4-12;南美洲:24-34
Salpichroma Miers = **Salpichroa**
Salpiglaena Klotzsch = **Blechnum**
Salpiglossidaceae Hutch. = Cuscutaceae
Salpiglossis【3】Ruiz & Pav. 美人襟属 → **Bouchetia; Petunia;Phyteuma** Solanaceae 茄科 [MD-503] 全球 (1) 大洲分布及种数(6-7)◆南美洲
Salpiglottis hort. ex K.Koch = **Salpiglossis**
Salpinc Mart. ex DC. = **Salpinga**
Salpinchlaena C.Presl = **Blechnum**
Salpinctes R.E.Woodson = **Mandevilla**
Salpinctium【3】T.J.Edwards 南非银爵床属 Acanthaceae 爵床科 [MD-572] 全球 (1) 大洲分布及种数(3)◆非洲(◆南非)
Salpinga【3】Mart. ex DC. 棱号丹属 → **Macrocentrum** Melastomataceae 野牡丹科 [MD-364] 全球 (1) 大洲分布及种数(12)◆南美洲
Salpingacanthus S.Moore = **Ruellia**
Salpingantha hort. ex Lem. = **Geissomeria**

Salpingia (Torr. & A.Gray) Raim. = **Oenothera**
Salpingolobivia Y.Itô = **Echinopsis**
Salpingostylis Small = **Ixia**
Salpingus Mart. ex DC. = **Salpinga**
Salpinxantha Hook. = **Aphelandra**
Salpistele Lür = **Salpistele**
Salpistele【2】R.L.Dressler 鱼柱兰属 ← **Stelis;Andinia** Orchidaceae 兰科 [MM-723] 全球 (2) 大洲分布及种数(4) 北美洲:3;南美洲:cf.1
Salpixantha【3】Hook. 热美爵床属 ≒ **Geissomeria** Acanthaceae 爵床科 [MD-572] 全球 (1) 大洲分布及种数 (1)◆北美洲
Salsa Feuille ex Ruiz & Pav. = **Herreria**
Salsola【3】L. 浆果猪毛菜属 → **Noaea;Gyroptera** Chenopodiaceae 藜科 [MD-115] 全球 (6) 大洲分布及种数(236-264;hort.1;cult:5)非洲:140-154;亚洲:111-127;大洋洲:2-11;欧洲:28-41;北美洲:13-23;南美洲:8-18
Salsola Ulbr. = **Salsola**
Salsolaceae Menge = Chenopodiaceae
Salta【2】Adr.Sanchez 西班牙蓼属 ≒ **Triplaris;Saba** Polygonaceae 蓼科 [MD-120] 全球 (3) 大洲分布及种数 (2)亚洲:cf.1;欧洲:1;南美洲:1
Saltera【3】Bullock 瑞龙木属 ≒ **Sautiera** Penaeaceae 管萼木科 [MD-375] 全球 (1) 大洲分布及种数(1)◆非洲 (◆南非)
Salterella P. & K. = **Sanderella**
Saltia Brown,Robert & Moquin-Tandon,Christian Horace Bénédict Alfred & Candolle,Alphonse Louis Pierre Py = **Cyathula**
Saltia R.Br. = **Cometes**
Saltugilia【3】(V.E.Grant) L.A.Johnson 林莉草属 ← **Gilia** Polemoniaceae 花荵科 [MD-481] 全球 (1) 大洲分布及种数(3-5)◆北美洲
Salutiaea Colla = **Amalophyllon**
Salutiea Colla = **Achimenes**
Salvadora【2】Garcin ex L. 牙刷树属 → **Azima;Cybianthus** Salvadoraceae 刺茉莉科 [MD-425] 全球 (3) 大洲分布及种数(10-12;hort.1)非洲:4-5;亚洲:6-8;欧洲:1
Salvadoraceae【2】Lindl. 刺茉莉科 [MD-425] 全球 (3) 大洲分布和属种数(3;hort. & cult.1)(14-24;hort. & cult.1) 非洲:3/9-10;亚洲:3/9-12;欧洲:1/1
Salvadoria P. & K. = **Salvadora**
Salvadoropsis【2】H.Perrier 拟牙刷树属 Celastraceae 卫矛科 [MD-339] 全球 (2) 大洲分布及种数(2)非洲:1;南美洲:1
Salvatoria Garcin ex L. = **Salvadora**
Salvertia【3】A.St.Hil. 木姜花属 Vochysiaceae 萼囊花科 [MD-314] 全球 (1) 大洲分布及种数(1)◆南美洲
Salvia Annuae C.Y.Wu = **Salvia**
Salvia【3】L. 鼠尾草属 ← **Thymus;Hemistegia;Stevia** Lamiaceae 唇形科 [MD-575] 全球 (6) 大洲分布及种数 (717-1189;hort.1;cult:57)非洲:106-160;亚洲:275-430;大洋洲:58-100;欧洲:109-157;北美洲:336-560;南美洲:299-383
Salviacanthus Lindau = **Justicia**
Salviaceae Bercht. & J.Presl = Salviniaceae
Salviastrum Fabr. = **Salvia**
Salvinia【3】Ség. 槐叶蘋属 → **Azolla;Limnobium** Salviniaceae 槐叶蘋科 [F-66] 全球 (6) 大洲分布及种数 (14-18)非洲:6-8;亚洲:4-7;大洋洲:4-6;欧洲:3-5;北美洲:8-10;南美洲:11-13
Salviniacae【3】(L.) All. 槐芽蘋属 Salviniaceae 槐叶蘋科 [F-66] 全球 (1) 大洲分布及种数(1)◆非洲
Salviniaceae Dum. = Salviniaceae
Salviniaceae【3】Martinov 槐叶蘋科 [F-66] 全球 (6) 大洲分布和属种数(1;hort. & cult.1)(13-21;hort. & cult.3-4)非洲:1/6-8;亚洲:1/4-7;大洋洲:1/4-6;欧洲:1/3-5;北美洲:1/8-10;南美洲:1/11-13
Salvinieae Brongn. ex Duby = **Salvinia**
Salweenia【3】Baker f. 冬麻豆属 Fabaceae 豆科 [MD-240] 全球 (1) 大洲分布及种数(1-2)◆东亚(◆中国)
Salzmanni DC. = **Salzmannia**
Salzmannia【3】DC. 扎尔茜属 ≒ **Cephaelis** Rubiaceae 茜草科 [MD-523] 全球 (1) 大洲分布及种数(4)◆南美洲
Salzwedelia O.Lang = **Genista**
Samadera【3】Gaertn. 黄楝树属 ← **Heritiera** Simaroubaceae 苦木科 [MD-424] 全球 (1) 大洲分布及种数 (cf. 1)◆东南亚(◆缅甸)
Samaipaticereus【3】Cárdenas 善美柱属 Cactaceae 仙人掌科 [MD-100] 全球 (1) 大洲分布及种数(1)◆南美洲
Samama P. & K. = **Neonauclea**
Samandura Baill. = **Samadera**
Samanea【2】(DC.) Merr. 雨树属 → **Macrosamanea; Enterolobium;Pithecellobium** Fabaceae 豆科 [MD-240] 全球 (5) 大洲分布及种数(7-9)非洲:3-4;亚洲:1;大洋洲:1;北美洲:3;南美洲:4
Samara【-】L. 报春花科属 ≒ **Myrsine** Primulaceae 报春花科 [MD-401] 全球 (uc) 大洲分布及种数(uc)
Samarella Gilib. = **Gentianella**
Samaria Wight = **Embelia**
Samariscus Mill. = **Tamarix**
Samaroceltis J.Poiss. = **Lozanella**
Samaropyxis Miq. = **Hymenocardia**
Samarorchis【3】Ormerod 黄丛兰属 Orchidaceae 兰科 [MM-723] 全球 (1) 大洲分布及种数(cf. 1)◆东南亚 (◆菲律宾)
Samarpses Raf. = **Fraxinus**
Samba Roberty = **Triplochiton**
Sambirania Tardieu = **Lindsaea**
Sambrcus L. = **Sambucus**
Sambucaceae【3】Batsch ex Borkh. 接骨木科 [MD-508] 全球 (6) 大洲分布和属种数(1;hort. & cult.1)(33-79;hort. & cult.14-24)非洲:1/4-23;亚洲:1/29-54;大洋洲:1/7-27;欧洲:1/10-28;北美洲:1/20-42;南美洲:1/7-25
Sambucus【3】Tourn. ex L. 接骨木属 Sambucaceae 接骨木科 [MD-508] 全球 (6) 大洲分布及种数(34-46;hort.1; cult:10)非洲:4-23;亚洲:29-54;大洋洲:7-27;欧洲:10-28;北美洲:20-42;南美洲:7-25
Sambulus H.Reinsch = **Ferula**
Sambus J.F.Gmel. = **Bambusa**
Samea Aubl. = **Terminalia**
Sameodes Torr. = **Sarcodes**
Sameraria【3】Desv. 翅果菘蓝属 ← **Isatis** Brassicaceae 十字花科 [MD-213] 全球 (1) 大洲分布及种数(cf. 1)◆亚洲
Samiris Wight = **Embelia**
Samodia【-】Baudo 报春花科属 ≒ **Samolus**

Primulaceae 报春花科 [MD-401] 全球 (uc) 大洲分布及种数(uc)
Samoidae Baudo = **Samolus**
Samolaceae【3】Raf. 水茴草科 [MD-400] 全球 (6) 大洲分布和属种数(1;hort. & cult.1)(20-29;hort. & cult.4)非洲:1/3-10;亚洲:1/5-12;大洋洲:1/7-15;欧洲:1/1-8;北美洲:1/10-18;南美洲:1/9-16
Samolus【3】L. 水茴草属 Primulaceae 报春花科 [MD-401] 全球 (6) 大洲分布及种数(21-23;hort.1)非洲:3-10;亚洲:5-12;大洋洲:7-15;欧洲:1-8;北美洲:10-18;南美洲:9-16
Sampacca P. & K. = **Alcimandra**
Sampaiella J.C.Gomes = **Adenocalymma**
Sampantaea【3】Airy-Shaw 山麻秆属 ← **Alchornea** Euphorbiaceae 大戟科 [MD-217] 全球 (1) 大洲分布及种数(1)◆亚洲
Sampera【3】V.A.Funk & H.Rob. 高丝菊属 ≒ **Myrsine** Asteraceae 菊科 [MD-586] 全球 (1) 大洲分布及种数(8)◆南美洲
Samudra Raf. = **Dendrobium**
Samuela Trel. = **Yucca**
Samuelssonia【3】Urb. & Ekman 萨姆爵床属 Acanthaceae 爵床科 [MD-572] 全球 (1) 大洲分布及种数(1)◆北美洲
Samus Steck = **Metroxylon**
Samyda【3】Jacq. 美天料木属 ≒ **Casearia;Croton** Samydaceae 天料木科 [MD-148] 全球 (6) 大洲分布及种数(7-11)非洲:1;亚洲:2;大洋洲:1;欧洲:1;北美洲:6-8;南美洲:2
Samydaceae【3】Vent. 天料木科 [MD-148] 全球 (6) 大洲分布和属种数(1-2/6-45)非洲:2/23;亚洲:2/24;大洋洲:2/23;欧洲:2/23;北美洲:1-2/6-30;南美洲:2/24
Sanaa All. = **Senecio**
Sanakentia H.E.Moore = **Satakentia**
Sanamunda Adans. = **Passerina**
Sanamunda Neck. = **Daphne**
Sanango Bunting & Duke = **Sanango**
Sanango【3】G.S.Bunting & J.A.Duke 伞囊木属 Gesneriaceae 苦苣苔科 [MD-549] 全球 (1) 大洲分布及种数(1)◆南美洲
Sanblasia L.Andersson = **Calathea**
Sanchezia【3】Ruiz & Pav. 黄脉爵床属 ≒ **Ruellia** Acanthaceae 爵床科 [MD-572] 全球 (6) 大洲分布及种数(59-62)非洲:1-3;亚洲:3-5;大洋洲:2-5;欧洲:2;北美洲:6-9;南美洲:58-63
Sanchus L. = **Sonchus**
Sanctambrosia【3】Skottsb. 指甲草属 ← **Paronychia** Caryophyllaceae 石竹科 [MD-77] 全球 (1) 大洲分布及种数(uc)属分布和种数(uc)◆南美洲(◆智利)
Sanda Hort. = **Eriocaulon**
Sandalia Hort. = **Eriocaulon**
Sandalus L. = **Santalum**
Sandbergia【3】Greene 瘦鼠耳芥属 ≒ **Halimolobos** Brassicaceae 十字花科 [MD-213] 全球 (1) 大洲分布及种数(2)◆北美洲
Sandea Lindb. = **Conocephalum**
Sandella Hilliard & B.L.Burtt = **Saniella**
Sandemania【3】Gleason 桑氏野牡丹属 ← **Comolia;Sandersonia** Melastomataceae 野牡丹科 [MD-364] 全球 (1) 大洲分布及种数(1)◆南美洲
Sandeothallaceae【3】(Schiffner) R.M.Schust. 沙苔科 [B-27] 全球 (1) 大洲分布和属种数(1/1)◆大洋洲
Sandeothallus【3】(Schiffner) R.M.Schust. 沙苔属 Sandeothallaceae 沙苔科 [B-27] 全球 (1) 大洲分布及种数(1)◆大洋洲(◆圣克鲁斯群岛)
Sanderara Hort. = **Brassia**
Sanderella【3】P. & K. 桑德兰属 ← **Trizeuxis** Orchidaceae 兰科 [MM-723] 全球 (1) 大洲分布及种数(3)◆南美洲
Sanderiana Hort. = **Brassia**
Sanderonia Gleason = **Sandemania**
Sandersiella P. & K. = **Sanderella**
Sandersonia【3】Hook. 提灯花属 ← **Gloriosa;Sandemania** Colchicaceae 秋水仙科 [MM-623] 全球 (1) 大洲分布及种数(1)◆非洲
Sandoricum【2】Cav. 仙都果属 ← **Melia;Trichilia** Meliaceae 楝科 [MD-414] 全球 (5) 大洲分布及种数(13-14)非洲:1;亚洲:12;大洋洲:1;北美洲:1;南美洲:1
Sandwithia【3】Lanj. 顶序桐属 ≒ **Sagotia;Actinostemon** Euphorbiaceae 大戟科 [MD-217] 全球 (1) 大洲分布及种数(2)◆南美洲
Sandwithiodoxa Aubrév. & Pellegr. = **Pouteria**
Sanehezia Ruiz & Pav. = **Sanchezia**
Sanfordia【-】J.Drumm. ex Harv. 芸香科属 Rutaceae 芸香科 [MD-399] 全球 (uc) 大洲分布及种数(uc)
Sangala Jones = **Blyxa**
Sanguilluma Plowes = **Caralluma**
Sanguinaria Bubani = **Sanguinaria**
Sanguinaria【3】L. 血根草属 ≒ **Paspalum** Papaveraceae 罂粟科 [MD-54] 全球 (1) 大洲分布及种数(2-4)◆北美洲
Sanguinella Beauv. = **Manisuris**
Sanguinella Gleichen ex Steud. = **Panicum**
Sanguisorba【2】L. 地榆属 ≒ **Poterium** Rosaceae 蔷薇科 [MD-246] 全球 (5) 大洲分布及种数(23)广布
Sanguisorbaceae Bercht. & J.Presl = Tetracarpaeaceae
Sanguisorbeae DC. = **Sanguisorba**
Sanguisuga Fern.Alonso & H.Cuadros = **Bdallophytum**
Sanhilaria【3】Leandr. ex DC. 鬃菊木属 ≒ **Stifftia** Bignoniaceae 紫葳科 [MD-541] 全球 (1) 大洲分布及种数(uc)◆亚洲
Sania Schltr. = **Savia**
Sanicul Raf. = **Sanicula**
Sanicula【3】L. 变豆菜属 ≒ **Artedia;Tordylium** Apiaceae 伞形科 [MD-480] 全球 (6) 大洲分布及种数(51-56;hort.1;cult:1)非洲:2-13;亚洲:38-51;大洋洲:11;欧洲:5-16;北美洲:27-40;南美洲:5-16
Saniculaceae Bercht. & J.Presl = Scrophulariaceae
Saniculeae W.D.J.Koch = **Sanicula**
Saniculiphyllum【3】C.Y.Wu & T.C.Ku 变豆叶草属 Saxifragaceae 虎耳草科 [MD-231] 全球 (1) 大洲分布及种数(cf.1)◆东亚(◆中国)
Sanidophyllum Small = **Hypericum**
Saniella【3】Hilliard & B.L.Burtt 矮金梅草属 ← **Empodium** Hypoxidaceae 仙茅科 [MM-695] 全球 (1) 大洲分布及种数(2)◆非洲(◆南非)
Sanifraga L. = **Saxifraga**
Sanilum Raf. = **Sanicula**
Sanioa Löske ex M.Fleisch. = **Sanionia**

Sanionia 【3】 Löske 三洋藓属 ≒ **Camptothecium** Scorpidiaceae 蝎尾藓科 [B-180] 全球 (6) 大洲分布及种数(4) 非洲:4;亚洲:1;大洋洲:1;欧洲:4;北美洲:4;南美洲:4
Sanjappa 【3】 E.R.Souza & Krishnaraj 含羞属 Fabaceae1 含羞草科 [MD-238] 全球 (1) 大洲分布及种数(cf.1)◆亚洲
Sanjuania Pimenov = **Sajania**
Sanjumeara 【-】 auct. 兰科属 Orchidaceae 兰科 [MM-723] 全球 (uc) 大洲分布及种数(uc)
Sankowskya 【3】 P.I.Forst. 红茜桐属 Picrodendraceae 苦皮桐科 [MD-317] 全球 (1) 大洲分布及种数(1)◆大洋洲
Sanmartina (Traub) Traub = **Amaryllis**
Sanmartinia M.Buchinger = **Eriogonum**
Sannantha 【3】 Peter G.Wilson 扁籽岗松属 ≒ **Melaleuca** Myrtaceae 桃金娘科 [MD-347] 全球 (1) 大洲分布及种数(14)◆大洋洲(◆澳大利亚)
Sanopodium Hort. = **Epigeneium**
Sanrafaelia 【3】 Verdc. 芸瓣花属 Annonaceae 番荔枝科 [MD-7] 全球 (1) 大洲分布及种数(1)◆非洲(◆坦桑尼亚)
Sanrobertia 【3】 G.L.Nesom 银菊属 Asteraceae 菊科 [MD-586] 全球 (1) 大洲分布及种数(2)◆北美洲
Sansevera J.Stokes = **Sansevieria**
Sanseverina Stokes = **Dracaena**
Sanseverina Thunb. = **Sansevieria**
Sanseverinia Petagna = **Sansevieria**
Sanseviella Rchb. = **Reineckea**
Sanseviena Stokes = **Sansevieria**
Sanseviera Willd. = **Sansevieria**
Sansevieria 【3】 Thunb. 虎尾兰属 ← **Aletris;Cordyline** Dracaenaceae 龙血树科 [MM-665] 全球 (6) 大洲分布及种数(55-65)非洲:54-70;亚洲:12-21;大洋洲:3-11;欧洲:3-11;北美洲:18-26;南美洲:5-13
Sansevieriaceae Nakai = Bromeliaceae
Sansevierna Stokes = **Sansevieria**
Sansevietia Thunb. = **Sansevieria**
Sansevleria Stokes = **Sansevieria**
Sansevterta Stokes = **Sansevieria**
Sansonia Chiron = **Sansonia**
Sansonia 【3】 Endl. 雪脂木属 Orchidaceae 兰科 [MM-723] 全球 (1) 大洲分布及种数(2)◆南美洲
Sansoniella Rchb. = **Reineckea**
Sansovinia G.A.Scop. = **Leea**
Sanssurea Salisb. = **Saussurea**
Sant Savi = **Polypogon**
Santahm L. = **Santalum**
Santalaceae 【3】 R.Br. 檀香科 [MD-412] 全球 (6) 大洲分布和属种数(28-40;hort. & cult.8-12)(662-984;hort. & cult.23-37)非洲:9-19/314-410;亚洲:11-17/157-258;大洋洲:10-19/120-268;欧洲:4-13/28-109;北美洲:9-14/45-116;南美洲:8-16/142-219
Santalales R.Br. ex Bercht. & J.Presl = **Rourea**
Santalanae Thorne ex Reveal = **Coptosperma**
Santalina Baill. = **Coptosperma**
Santalinae A.DC. = **Coptosperma**
Santalineae Engl. = **Coptosperma**
Santalodes P. & K. = **Santaloides**
Santaloideae Arn. = **Santaloides**
Santaloidella G.Schellenb. = **Rourea**
Santaloides 【3】 G.Schellenb. 长尾红叶藤属 ← **Cnestis;Rourea;Connarus** Connaraceae 牛栓藤科 [MD-284] 全球 (6) 大洲分布及种数(23)非洲:3-4;亚洲:20-21;大洋洲:4-5;欧洲:1;北美洲:1-2;南美洲:1-2
Santalum Eusantalum A.DC. = **Santalum**
Santalum 【3】 L. 檀香属 → **Exocarpos;Mida** Santalaceae 檀香科 [MD-412] 全球 (6) 大洲分布及种数(41-46;hort.1;cult:1)非洲:4-8;亚洲:12-15;大洋洲:28-34;欧洲:1-4;北美洲:9-12;南美洲:3-6
Santanderella 【3】 P.Ortiz 南花兰属 Orchidaceae 兰科 [MM-723] 全球 (1) 大洲分布及种数(cf.1)◆南美洲
Santanderia Cespedes ex Triana & Planch. = **Talauma**
Santapaua N.P.Balakr. & Subr. = **Hygrophila**
Santessonia Hale & Vobis = **Sandersonia**
Santia Savi = **Polypogon**
Santia Wight & Arn. = **Lasianthus**
Santiago Savi = **Polypogon**
Santiera Span. = **Saltera**
Santira Ridl. = **Polypogon**
Santiria 【3】 Bl. 斜榄属 ← **Canarium;Protium** Burseraceae 橄榄科 [MD-408] 全球 (6) 大洲分布及种数(7-35)非洲:4-13;亚洲:3-18;大洋洲:10;欧洲:1;北美洲:1;南美洲:1
Santiridium Pierre = **Dacryodes**
Santiriopsis Engl. = **Santiria**
Santisukia 【3】 Brummitt 菜豆树属 ≒ **Radermachera** Bignoniaceae 紫葳科 [MD-541] 全球 (1) 大洲分布及种数(2)◆亚洲
Santolina 【3】 L. 银香菊属 ≒ **Tanacetum;Athanasia** Asteraceae 菊科 [MD-586] 全球 (1) 大洲分布及种数(17-26)◆南欧(◆意大利)
Santolinaceae Martinov = Asteliaceae
Santomasia 【3】 N.Robson 金丝桃属 ≒ **Hypericum** Hypericaceae 金丝桃科 [MD-119] 全球 (1) 大洲分布及种数(cf. 1)◆北美洲
Santonia Eason,E.R.Morgan,Mullan & G.K.Burge = **Antonia**
Santonica Griff. = **Tanacetum**
Santosia 【3】 R.M.King & H.Rob. 藤本亮泽兰属 ← **Eupatorium** Asteraceae 菊科 [MD-586] 全球 (1) 大洲分布及种数(1)◆南美洲(◆巴西)
Santotomasia 【3】 Ormerod 变兰属 Orchidaceae 兰科 [MM-723] 全球 (1) 大洲分布及种数(1-2)◆亚洲
Sanvitalia 【2】 Lam. 蛇目菊属 → **Acmella** Asteraceae 菊科 [MD-586] 全球 (4) 大洲分布及种数(10)亚洲:1-3;欧洲:1;北美洲:7;南美洲:3
Sanvitaliopsis Sch.Bip. = **Zinnia**
Saouari Aubl. = **Caryocar**
Saouri Aubl. = **Caryocar**
Saphesia 【3】 N.E.Br. 虚唱花属 ← **Mesembryanthemum** Aizoaceae 番杏科 [MD-94] 全球 (1) 大洲分布及种数(1)◆非洲(◆南非)
Sapindaceae 【3】 Juss. 无患子科 [MD-428] 全球 (6) 大洲分布和属种数(123-144;hort. & cult.27-32)(1519-2709; hort. & cult.57-75)非洲:50-76/282-609;亚洲:47-63/384-678;大洋洲:34-59/211-656;欧洲:8-37/29-164;北美洲:30-49/338-547;南美洲:37-55/717-925
Sapindophyllum Small = **Hypericum**

Sapindopsis F.C.How & C.N.Ho = **Lepisanthes**
Sapindus【3】L. 无患子属 → **Atalaya;Cupania;Pavieasia** Sapindaceae 无患子科 [MD-428] 全球 (6) 大洲分布及种数(46-53;hort.1;cult:1)非洲:8-16;亚洲:33-42;大洋洲:8-17;欧洲:8;北美洲:11-19;南美洲:7-18
Sapintus Werner = **Sapindus**
Sapiopsis Müll.Arg. = **Sapium**
Sapium【3】Jacq. 美洲桕属 → **Alchornea;Homalanthus;Shirakiopsis** Euphorbiaceae 大戟科 [MD-217] 全球 (1) 大洲分布及种数(15)◆非洲
Saplalaara【-】Hort. 兰科属 Orchidaceae 兰科 [MM-723] 全球 (uc) 大洲分布及种数(uc)
Sapok Mill. = **Manilkara**
Sapokaia Rich. ex A.Chev. = **Theobroma**
Saponaria (Griseb.) Boiss. = **Saponaria**
Saponaria【3】L. 肥皂草属 → **Acanthophyllum;Cyathophylla;Petrorhagia** Caryophyllaceae 石竹科 [MD-77] 全球 (6) 大洲分布及种数(37-51;hort.1)非洲:6-18;亚洲:32-51;大洋洲:5-19;欧洲:11-29;北美洲:4-16;南美洲:1-12
Saponariaxastriatahaw L. = **Saponaria**
Saposhnikavia Schischk. = **Saposhnikovia**
Saposhnikovia【3】Schischk. 防风属 ← **Cachrys;Ledebouriella;Rumia** Apiaceae 伞形科 [MD-480] 全球 (1) 大洲分布及种数(cf. 1)◆亚洲
S
Sapota Mill. = **Manilkara**
Sapotaceae【3】Juss. 山榄科 [MD-357] 全球 (6) 大洲分布和属种数(59-68;hort. & cult.14-15)(1039-1910;hort. & cult.29-39)非洲:33-46/271-454;亚洲:20-26/251-515;大洋洲:17-27/153-378;欧洲:2-17/2-129;北美洲:12-18/73-211;南美洲:16-23/436-603
Sappanara Hort. = **Saponaria**
Sapphoa【3】Urb. 南美山爵床属 Acanthaceae 爵床科 [MD-572] 全球 (1) 大洲分布及种数(2)◆南美洲
Sapranthus【3】Seem. 腐花木属 ← **Asimina;Porcelia;Uvaria** Annonaceae 番荔枝科 [MD-7] 全球 (1) 大洲分布及种数(8-9)◆北美洲
Sapria【3】Griff. 寄生花属 ≒ **Sadiria** Rafflesiaceae 大花草科 [MD-147] 全球 (1) 大洲分布及种数(3-4)◆亚洲
Saproma【3】Brid. 小烛藓属 ≒ **Bruchia** Dicranaceae 曲尾藓科 [B-128] 全球 (1) 大洲分布及种数(1)◆欧洲
Saprosma【3】Bl. 染木树属 ≒ **Amaracarpus** Rubiaceae 茜草科 [MD-523] 全球 (1) 大洲分布及种数(20-48)◆亚洲
Sapucaya R.Knuth = **Lecythis**
Saraca【3】L. 无忧花属 → **Leucostegane** Fabaceae 豆科 [MD-240] 全球 (1) 大洲分布及种数(9-15)◆亚洲
Saracena Hill = **Sarracenia**
Saracenaria Spreng. = **Sarracenia**
Saracenia Spreng. = **Heliamphora**
Saracha A.Gray = **Saracha**
Saracha【3】Ruiz & Pav. 萨拉茄属 → **Athenaea;Physalis;Capsicum** Solanaceae 茄科 [MD-503] 全球 (6) 大洲分布及种数(22-29)非洲:6;亚洲:6;大洋洲:6;欧洲:6;北美洲:2-8;南美洲:20-29
Saragodra hort. ex Steud. = **Suregada**
Saramorpha Nakai = **Sasa**
Sarana Fisch. ex Baker = **Tulipa**
Saranthe【3】(Regel & Körn.) Eichler 密穗竹芋属 ≒ **Calathea;Hylaeanthe** Marantaceae 竹芋科 [MM-740] 全球 (1) 大洲分布及种数(11-13)◆南美洲
Sararanga【3】Hemsl. 巨露兜树属 Pandanaceae 露兜树科 [MM-703] 全球 (1) 大洲分布及种数(1-3)◆亚洲
Sarasinula Lür = **Sarcinula**
Sarawakodendron【3】Ding Hou 沙捞越卫矛属 Celastraceae 卫矛科 [MD-339] 全球 (1) 大洲分布及种数(1-2)◆亚洲
Sarazina Raf. = **Linociera**
Sarbaya L. = **Saraca**
Sarbia Thou. = **Alectra**
Sarcalaenopsis Garay & H.R.Sw. = **Phalaenopsis**
Sarcandra【3】Gardner 草珊瑚属 ← **Ardisia** Chloranthaceae 金粟兰科 [MD-31] 全球 (1) 大洲分布及种数(3-4)◆亚洲
Sarcanthemum Cass. = **Psiadia**
Sarcanthera Raf. = **Gymnostachyum**
Sarcanthidion【3】Baill. 橘茱萸属 ≒ **Citronella** Cardiopteridaceae 心翼果科 [MD-452] 全球 (1) 大洲分布及种数(uc)◆大洋洲
Sarcanthopsis【2】Garay 肉花兰属 ← **Cleisostoma;Stauropsis** Orchidaceae 兰科 [MM-723] 全球 (3) 大洲分布及种数(7)非洲:3;亚洲:2;大洋洲:5
Sarcanthus Andersson = **Heliotropium**
Sarcathria Raf. = **Salicornia**
Sarcaulis Radlk. = **Sarcaulus**
Sarcaulus【3】Radlk. 肉山榄属 ← **Pouteria;Achras;Heliotropium** Sapotaceae 山榄科 [MD-357] 全球 (1) 大洲分布及种数(6)◆南美洲
Sarchochilus S.Vidal = **Sarcochilus**
Sarcina Guillaumin = **Linociera**
Sarcinanthus örst. = **Carludovica**
Sarcinella Nakai = **Juniperus**
Sarcinula【3】Lür 帽花兰属 ← **Specklinia** Orchidaceae 兰科 [MM-723] 全球 (6) 大洲分布及种数(1)非洲:2;亚洲:2;大洋洲:2;欧洲:2;北美洲:2;南美洲:2
Sarco Raf. = **Phytolacca**
Sarcobatac Nees = **Sarcobatus**
Sarcobataceae【3】Behnke 肉刺蓬科 [MD-121] 全球 (1) 大洲分布和属种数(1;hort. & cult.1)(2-3;hort. & cult.1)◆北美洲
Sarcobatus【3】Nees 肉刺蓬属 ← **Sarcolobus** Sarcobataceae 肉刺蓬科 [MD-121] 全球 (1) 大洲分布及种数(2-3)◆北美洲
Sarcobodium Beer = **Bulbophyllum**
Sarcobotrya R.Vig. = **Kotschya**
Sarcoca Raf. = **Phytolacca**
Sarcocaceae (Meneghini) Zanardini = Phytolaccaceae
Sarcocadetia【-】(Schltr.) M.A.Clem. & D.L.Jones 兰科属 ≒ **Cadetia** Orchidaceae 兰科 [MM-723] 全球 (uc) 大洲分布及种数(uc)
Sarcocalyx Walp. = **Aspalathus**
Sarcocampsa Miers = **Peritassa**
Sarcocapnos【3】DC. 肉烟堇属 ← **Corydalis** Papaveraceae 罂粟科 [MD-54] 全球 (1) 大洲分布及种数(6)◆南欧(◆西班牙)
Sarcocarpon Bl. = **Kadsura**
Sarcocaulon【3】Sw. 龙骨葵属 ← **Geranium;Monsonia;Kalanchoe** Crassulaceae 景天科 [MD-229] 全球 (1)

大洲分布及种数(14-16)◆非洲
Sarcocca (Trel.) Linding. = **Yucca**
Sarcocentrum auct. = **Ascocentrum**
Sarcocephalus【3】Afzel. ex R.Br. 荔桃属 → **Breonia; Nauclea;Neolamarckia** Rubiaceae 茜草科 [MD-523] 全球 (6) 大洲分布及种数(5)非洲:3-4;亚洲:1-2;大洋洲:2-3;欧洲:1;北美洲:1-2;南美洲:1
Sarcoceras Garay & H.R.Sw. = **Aerides**
Sarcochilus【3】R.Br. 狭唇兰属 → **Acampe;Chiloschista;Taeniophyllum** Orchidaceae 兰科 [MM-723] 全球 (1) 大洲分布及种数(22-37)◆大洋洲(◆澳大利亚)
Sarcochlaena Spreng. = **Sarcolaena**
Sarcochlamys【3】Gaud. 肉被麻属 ≒ **Urtica** Urticaceae 荨麻科 [MD-91] 全球 (1) 大洲分布及种数(cf. 1)◆亚洲
Sarcoclinium Wight = **Agrostistachys**
Sarcococca【3】Lindl. 野扇花属 → **Austrobuxus; Buxus;Pachysandra** Buxaceae 黄杨科 [MD-131] 全球 (6) 大洲分布及种数(15-19)非洲:1;亚洲:13-17;大洋洲:1;欧洲:2-4;北美洲:4-6;南美洲:1
Sarcocodon N.E.Br. = **Caralluma**
Sarcocolla Böhm. = **Saltera**
Sarcocornia【3】A.J.Scott 盐角木属 ← **Arthrocnemum;Salicornia;Suaeda** Amaranthaceae 苋科 [MD-116] 全球 (6) 大洲分布及种数(17)非洲:10-11;亚洲:2-3;大洋洲:4-5;欧洲:3-4;北美洲:4-5;南美洲:4-5
Sarcocyphos【3】(Ehrh.) Spruce 全萼苔科属 ≒ **Apomarsupella** Gymnomitriaceae 全萼苔科 [B-41] 全球 (1) 大洲分布及种数(1)◆北美洲
Sarcocyphos Corda = **Sarcocyphos**
Sarcocyphula Harv. = **Cynanchum**
Sarcodactilis C.F.Gaertn. = **Citrus**
Sarcodactylis Steud. = **Citrus**
Sarcodes【3】Torr. 血晶兰属 Ericaceae 杜鹃花科 [MD-380] 全球 (1) 大洲分布及种数(1-9)◆北美洲
Sarcodiac Pers. = **Clianthus**
Sarcodiscus Griff. = **Sorocea**
Sarcodium Pers. = **Clianthus**
Sarcodraba【3】Gilg & Muschl. 肉葶苈属 ← **Draba** Brassicaceae 十字花科 [MD-213] 全球 (1) 大洲分布及种数(4)◆南美洲
Sarcodrimys【-】(Baill.) Baum.Bod. 林仙科属 Winteraceae 林仙科 [MD-3] 全球 (uc) 大洲分布及种数(uc)
Sarcodum【2】Lour. 鹦喙花属 ≒ **Clianthus** Fabaceae 豆科 [MD-240] 全球 (2) 大洲分布及种数(2) 亚洲:1;大洋洲:1
Sarcog Raf. = **Phytolacca**
Sarcoglossum Beer = **Cirrhaea**
Sarcoglottis (Schltr.) Burns-Bal. = **Sarcoglottis**
Sarcoglottis【2】C.Presl 肉舌兰属 ← **Arethusa;Satyrium;Brachystele** Orchidaceae 兰科 [MM-723] 全球 (4) 大洲分布及种数(49-62)亚洲:2;大洋洲:1;北美洲:16;南美洲:40-46
Sarcoglyphis【3】Garay 大喙兰属 ← **Cleisostoma;Pennilabium** Orchidaceae 兰科 [MM-723] 全球 (1) 大洲分布及种数(10-11)◆亚洲
Sarcogonum G.Don = **Muehlenbeckia**
Sarcolaena【3】Thou. 苞杯花属 ≒ **Leptolaena** Sarcolaenaceae 苞杯花科 [MD-153] 全球 (1) 大洲分布及种数(7-8)◆非洲(◆马达加斯加)
Sarcolaenaceae【3】Carül 苞杯花科 [MD-153] 全球 (1) 大洲分布和属种数(10/69-82)◆非洲(◆南非)
Sarcolemma Griseb. ex Lorentz = **Sarcostemma**
Sarcolexia【-】Glic. 兰科属 Orchidaceae 兰科 [MM-723] 全球 (uc) 大洲分布及种数(uc)
Sarcolipes Eckl. & Zeyh. = **Crassula**
Sarcolobus【3】R.Br. 印尼萝藦属 ← **Asclepias;Marsdenia;Tylophora** Apocynaceae 夹竹桃科 [MD-492] 全球 (1) 大洲分布及种数(6-24)◆亚洲
Sarcolophium【3】Troupin 加蓬防己属 Menispermaceae 防己科 [MD-42] 全球 (1) 大洲分布及种数(cf.1)◆非洲
Sarcomelicope【3】Engl. 肉稷芸香属 ← **Acronychia; Euodia;Bauerella** Rutaceae 芸香科 [MD-399] 全球 (1) 大洲分布及种数(2-10)◆大洋洲
Sarcomitrium【3】Mitt. 片叶苔属 ≒ **Aneura; Riccardia** Aneuraceae 绿片苔科 [B-86] 全球 (1) 大洲分布及种数(1)◆东亚(◆中国)
Sarcomoanthus【-】auct. 兰科属 Orchidaceae 兰科 [MM-723] 全球 (uc) 大洲分布及种数(uc)
Sarcomorphis Boj. ex Moq. = **Salsola**
Sarcomphalium Dulac = **Brimeura**
Sarcomphalodes P. & K. = **Noltea**
Sarcomphalus Griseb. = **Ziziphus**
Sarconema Bedell = **Sarcopera**
Sarconeurum【2】Bryhn 厚丛藓属 Pottiaceae 丛藓科 [B-133] 全球 (3) 大洲分布及种数(1) 非洲:1;大洋洲:1;南美洲:1
Sarconopsis auct. = **Phalaenopsis**
Sarcopapilionanda Garay & H.R.Sw. = **Vanda**
Sarcopera【2】Bedell 蜜盔花属 ← **Marcgravia; Norantea** Marcgraviaceae 蜜囊花科 [MD-170] 全球 (3) 大洲分布及种数(10)大洋洲:cf.1;北美洲:3;南美洲:8-10
Sarcoperis Raf. = **Tradescantia**
Sarcopetalum【3】F.Müll. 肉瓣藤属 Menispermaceae 防己科 [MD-42] 全球 (1) 大洲分布及种数(1)◆大洋洲(◆澳大利亚)
Sarcophaga Miers = **Juanulloa**
Sarcophagophilus Dinter = **Caralluma**
Sarcopharyngia (Stapf) Boiteau = **Tabernaemontana**
Sarcophila Miers = **Juanulloa**
Sarcophrynium【3】K.Schum. 肉柊叶属 ← **Donax; Maranta;Thalia** Marantaceae 竹芋科 [MM-740] 全球 (1) 大洲分布及种数(8-9)◆非洲
Sarcophyllum E.Mey. = **Lebeckia**
Sarcophyłlus Thunb. = **Aspalathus**
Sarcophysa Miers = **Juanulloa**
Sarcophytaceae【3】Á.Löve 肉草科 [MD-300] 全球 (1) 大洲分布和属种数(1/2)◆非洲:1/2
Sarcophyte【3】Sparrm. 锥花菰属 Sarcophytaceae 肉草科 [MD-300] 全球 (1) 大洲分布及种数(2)◆非洲
Sarcophyton【3】Garay 肉兰属 ← **Acampe;Saccolabium** Orchidaceae 兰科 [MM-723] 全球 (1) 大洲分布及种数(3-13)◆东亚(◆中国)
Sarcopilea【3】Urb. 莲座麻属 Urticaceae 荨麻科 [MD-91] 全球 (1) 大洲分布及种数(cf.1)◆北美洲(◆多米尼加)

Sarcopodium Lindl. = **Epigeneium**
Sarcopoterium 【2】 Spach 刺地榆属 ← **Poterium** Rosaceae 蔷薇科 [MD-246] 全球 (3) 大洲分布及种数(2)非洲:1;亚洲:cf.1;欧洲:1
Sarcopteryx 【3】 Radlk. 肉翼无患子属 ← **Arytera; Cupania** Sapindaceae 无患子科 [MD-428] 全球 (1) 大洲分布及种数(2-17)◆大洋洲
Sarcoptes L. = **Sarcodes**
Sarcopus Gagnep. = **Exocarpos**
Sarcopygme 【3】 Setch. & Christopherson 矮肉茜属 ← **Breonia;Morinda** Rubiaceae 茜草科 [MD-523] 全球 (1) 大洲分布及种数(1)◆大洋洲
Sarcopyramis 【3】 Wall. 肉穗草属 → **Phyllagathis** Melastomataceae 野牡丹科 [MD-364] 全球 (1) 大洲分布及种数(6-9)◆亚洲
Sarcorbiza Hort. = **Sarcorrhiza**
Sarcorhachis 【3】 Trel. 肉胡椒属 ≒ **Manekia** Piperaceae 胡椒科 [MD-39] 全球 (1) 大洲分布及种数(cf. 1)◆南美洲
Sarcorhiza auct. = **Sarcorrhiza**
Sarcorhyna C.Presl = **Sideroxylon**
Sarcorhynchus Schltr. = **Rhipidoglossum**
Sarcorrhiza 【3】 Bullock 肉根萝藦属 Apocynaceae 夹竹桃科 [MD-492] 全球 (1) 大洲分布及种数(1)◆非洲
Sarcoschistotylus 【-】 J.M.H.Shaw 兰科属 Orchidaceae 兰科 [MM-723] 全球 (uc) 大洲分布及种数(uc)
Sarcoscyphus Nees = **Sarcocyphos**
Sarcosiphon Bl. = **Thismia**
Sarcosomataceae Kobayasi = Dennstaedtiaceae
Sarcosperm Hook.f. = **Sarcosperma**
Sarcosperma 【3】 Hook.f. 肉实树属 ← **Bhesa;Funastrum** Sarcospermataceae 肉实树科 [MD-359] 全球 (1) 大洲分布及种数(7-14)◆亚洲
Sarcospermataceae 【3】 H.J.Lam 肉实树科 [MD-359] 全球 (6) 大洲分布和属种数(1/7-17)非洲:1/2;亚洲:1/7-14;大洋洲:1/2;欧洲:1/2;北美洲:1/2;南美洲:1/2
Sarcostachys Glic. = **Stachytarpheta**
Sarcostemma 【3】 R.Br. 肉珊瑚属 ← **Apocynum; Funastrum;Philibertia** Asclepiadaceae 萝藦科 [MD-494] 全球 (6) 大洲分布及种数(22)非洲:9-11;亚洲:4-6;大洋洲:1-3;欧洲:2;北美洲:12-14;南美洲:8-10
Sarcostigma 【3】 Wight & Arn. 肉柱藤属 ← **Desmostachys;Sarcostemma** Icacinaceae 茶茱萸科 [MD-450] 全球 (1) 大洲分布及种数(2)◆亚洲(◆越南)
Sarcostigmataceae Van Tiegh. = Kirkiaceae
Sarcostoma 【3】 Bl. 肉口兰属 ≒ **Ceratostylis** Orchidaceae 兰科 [MM-723] 全球 (1) 大洲分布及种数(cf. 1)◆亚洲
Sarcostyles C.Presl ex DC. = **Hydrangea**
Sarcotheca 【3】 Bl. 鹊阳桃属 ≒ **Justicia** Oxalidaceae 酢浆草科 [MD-395] 全球 (1) 大洲分布及种数(1-2)◆亚洲
Sarcothera Hort. = **Renanthera**
Sarcotoechia 【3】 Radlk. 肉蜜莓属 ≒ **Ratonia** Sapindaceae 无患子科 [MD-428] 全球 (1) 大洲分布及种数(10)◆大洋洲
Sarcotoxicum 【3】 Cornejo & Iltis 迷蝶花属 Capparaceae 山柑科 [MD-178] 全球 (1) 大洲分布及种数(cf. 1)◆南美洲
Sarcovanda auct. = **Sarcochilus**
Sarcoyucca (Trel.) Linding. = **Yucca**
Sarcozona 【2】 J.M.Black 澳海榕属 ← **Carpobrotus** Aizoaceae 番杏科 [MD-94] 全球 (2) 大洲分布及种数(3-4)非洲:1;大洋洲:2
Sarcozygium 【3】 Bunge 驼蹄瓣属 ≒ **Zygophyllum** Zygophyllaceae 蒺藜科 [MD-288] 全球 (1) 大洲分布及种数(2)◆东亚(◆中国)
Sardia Schrank = **Melinis**
Sardina Vell. = **Guettarda**
Sardinella Nakai = **Juniperus**
Sardinia Vell. = **Guettarda**
Sardonula Raf. = **Ranunculus**
Sareococca Lindl. = **Sarcococca**
Sareosperma Hook.f. = **Sarcosperma**
Sarga Ewart = **Sorghum**
Sargas Ewart = **Sorghum**
Sargcntiae H.Wendl. & Drude ex Salomon = **Casimiroa**
Sargentia H.Wendl. & Drude ex Salomon = **Pseudophoenix**
Sargentodoxa 【3】 Rehder & E.H.Wilson 大血藤属 ← **Holboellia** Lardizabalaceae 木通科 [MD-33] 全球 (1) 大洲分布及种数(cf. 1)◆东亚(◆中国)
Sargentodoxaceae 【3】 Stapf 大血藤科 [MD-32] 全球 (1) 大洲分布和属种数(1/1-2)◆东亚(◆中国)
Sargeretia Brongn. = **Sageretia**
Sariava Reinw. = **Symplocos**
Saribus 【2】 Bl. 蒲葵属 ≒ **Washingtonia** Arecaceae 棕榈科 [MM-717] 全球 (3) 大洲分布及种数(uc)亚洲;大洋洲;北美洲
Sarika O.F.Cook = **Attalea**
Sarima Oliv. = **Saruma**
Sarinda O.F.Cook = **Attalea**
Sarinia O.F.Cook = **Attalea**
Sarissus Gaertn. = **Hydrophylax**
Saritaea Dugand = **Bignonia**
Sarkaster P. & K. = **Drymophloeus**
Sarla Ewart = **Sorghum**
Sarli Guillaumin = **Linociera**
Sarlina Guillaumin = **Linociera**
Sarlinia Guillaumin = **Sartidia**
Sarmasikia Bubani = **Cynanchum**
Sarmentaria Naud. = **Adelobotrys**
Sarmenthypnum 【3】 Tuom. & T.J.Kop. ex L.E.Anderson 紫叶藓属 Amblystegiaceae 柳叶藓科 [B-178] 全球 (1) 大洲分布及种数(1)◆非洲
Sarmenticola Senghas & Garay = **Pterostemma**
Sarmentypnum 【3】 Tuom. & T.J.Kop. 弯叶藓属 ← **Warnstorfia** Calliergonaceae 湿原藓科 [B-179] 全球 (6) 大洲分布及种数(14) 非洲:5;亚洲:6;大洋洲:4;欧洲:11;北美洲:9;南美洲:8
Sarmienta 【3】 Ruiz & Pav. 螯毛果属 ≒ **Cnestis** Gesneriaceae 苦苣苔科 [MD-549] 全球 (1) 大洲分布及种数(1)◆南美洲
Sarmientoia Burm. = **Sarmienta**
Sarna H.Karst. = **Pilostyles**
Sarnia O.F.Cook = **Attalea**
Saroba Raf. = **Phytolacca**
Sarocalamus Stapleton = **Arundinaria**

Sarocolla Kunth = **Saltera**
Sarojusticia【3】 Bremek. 爵床属 ≒ **Justicia** Acanthaceae 爵床科 [MD-572] 全球 (1) 大洲分布及种数(uc)属分布和种数(uc)◆大洋洲(◆密克罗尼西亚)
Saron Adans. = **Zantedeschia**
Saropsis B.G.Briggs & L.A.S.Johnson = **Chordifex**
Sarosa Raf. = **Phytolacca**
Sarosanther Korth. = **Adinandra**
Sarosanthera Korth. = **Adinandra**
Sarostegia Ivanina = **Spirostegia**
Sarota Rupr. = **Daucus**
Sarotes Lindl. = **Guichenotia**
Sarothamnos St.Lag. = **Sarothamnus**
Sarothamnus【2】 Wimm. 帚灌豆属 ← **Cytisus;Spartium** Fabaceae3 蝶形花科 [MD-240] 全球 (4) 大洲分布及种数(2-3)非洲:1-2;亚洲:cf.1;欧洲:cf.1;南美洲:cf.1
Sarotheca【3】 Nees 弯爵床属 ← **Justicia;Aphelandra** Acanthaceae 爵床科 [MD-572] 全球 (1) 大洲分布及种数(cf. 1)◆南美洲
Sarothra (Adans.) Y.Kimura = **Hypericum**
Sarothrochilus Schltr. = **Trichoglottis**
Sarothrostachys Klotzsch = **Sebastiania**
Sarpa Ewart = **Sorghum**
Sarpariza【-】 Hort. 兰科属 Orchidaceae 兰科 [MM-723] 全球 (uc) 大洲分布及种数(uc)
Sarrac L. = **Saraca**
Sarracena L. = **Sarracenia**
Sarracenella Lür = **Pleurothallis**
Sarracenia【3】 L. 瓶子草属 → **Heliamphora** Sarraceniaceae 瓶子草科 [MD-208] 全球 (1) 大洲分布及种数(32-56)◆北美洲
Sarraceniaceae【3】 Dum. 瓶子草科 [MD-208] 全球 (6) 大洲分布和属种数(3;hort. & cult.3)(56-89;hort. & cult.15-21)非洲:2/9;亚洲:2/9;大洋洲:1-2/1-10;欧洲:2/9;北美洲:2/34-59;南美洲:1-3/22-31
Sarracha Rchb. = **Saraca**
Sarrameana Tourn. ex L. = **Sarracenia**
Sarratia Moq. = **Acroglochin**
Sarrazinia Hoffmanns. = **Sarracenia**
Sarrizinia Hoffmanns. = **Sarracenia**
Sarromia Moq. = **Acroglochin**
Sarsaparilla P. & K. = **Smilax**
Sarsia Bigelow = **Searsia**
Sarsiella Z.Iwats. = **Sharpiella**
Sartidia【3】 De Winter 健三芒草属 ← **Aristida** Poaceae 禾本科 [MM-748] 全球 (1) 大洲分布及种数(6-7)◆非洲
Sartor Fenzl = **Kigelia**
Sartoria Boiss. = **Onobrychis**
Sartorina【3】 R.M.King & H.Rob. 毛柱泽兰属 Asteraceae 菊科 [MD-586] 全球 (1) 大洲分布及种数(1)◆北美洲(◆墨西哥)
Sartwellia【3】 A.Gray 黄光菊属 Asteraceae 菊科 [MD-586] 全球 (1) 大洲分布及种数(5-6)◆北美洲
Sartwelliana A.Gray = **Sartwellia**
Sartylis auct. = **Rhynchostylis**
Saruma【3】 Oliv. 马蹄香属 Aristolochiaceae 马兜铃科 [MD-56] 全球 (1) 大洲分布及种数(1-8)◆亚洲
Sarvandopanthera【-】 J.M.H.Shaw 兰科属 Orchidaceae 兰科 [MM-723] 全球 (uc) 大洲分布及种数(uc)
Sarvandopsis【-】 J.M.H.Shaw 兰科属 Orchidaceae 兰科 [MM-723] 全球 (uc) 大洲分布及种数(uc)
Sarx H.St.John = **Sicyos**
Sasa (Nakai) C.H.Hu = **Sasa**
Sasa【3】 Makino & Shibata 赤竹属 → **Yushania;Sida; Arundinaria** Poaceae 禾本科 [MM-748] 全球 (1) 大洲分布及种数(58-71)◆亚洲
Sasaella Makino = **Pseudosasa**
Sasakia (Nakai) Nakai = **Euonymus**
Sasakina Raf. = **Linociera**
Sasali Adans. = **Grewia**
Sasamorpha Nakai = **Sasa**
Sasanqua Nees = **Camellia**
Sasaokaea【3】 Broth. 类牛角藓属 ≒ **Hypnum** Amblystegiaceae 柳叶藓科 [B-178] 全球 (1) 大洲分布及种数(1)◆亚洲
Sasinaria Demoly = **Nesaea**
Sassa Bruce ex J.F.Gmel. = **Albizia**
Sassafras【3】 J.S.Presl 台湾檫木属 ← **Cinnamomum;Lindera;Litsea** Lauraceae 樟科 [MD-21] 全球 (1) 大洲分布及种数(3-8)◆亚洲
Sassafridium Meisn. = **Ocotea**
Sassaras J.Presl = **Sassafras**
Sassea Klotzsch = **Begonia**
Sassia【3】 Molina 酢浆草属 ← **Oxalis** Oxalidaceae 酢浆草科 [MD-395] 全球 (1) 大洲分布及种数(1)◆南美洲
Satakentia【3】 H.E.Moore 琉球椰属 Arecaceae 棕榈科 [MM-717] 全球 (1) 大洲分布及种数(1-2)◆亚洲
Satania Nor. = **Satyria**
Satanocrater【3】 Schweinf. 乌爵床属 ← **Ruellia** Acanthaceae 爵床科 [MD-572] 全球 (1) 大洲分布及种数(2-5)◆非洲
Sataria Raf. = **Oxypolis**
Satchmopsis Popov & Vved. = **Stachyopsis**
Satirium Neck. = **Satyrium**
Satorchis【-】 Thou. 兰科属 Orchidaceae 兰科 [MM-723] 全球 (uc) 大洲分布及种数(uc)
Satorkis Thou. = **Habenaria**
Satranala【3】 J.Dransf. & Beentje 翅核棕属 Arecaceae 棕榈科 [MM-717] 全球 (1) 大洲分布及种数(1)◆非洲
Sattadia【3】 E.Fourn. 热美萝藦属 ← **Tassadia** Apocynaceae 夹竹桃科 [MD-492] 全球 (1) 大洲分布及种数(uc)属分布和种数(uc)◆南美洲
Satur Rumph. ex Gaertn. = **Raphia**
Saturegia Leers = **Pycnanthemum**
Satureia Epling = **Satureja**
Satureja【-】 Arenosae Epling & Játiva 唇形科属 ≒ **Bystropogon;Origanum** Lamiaceae 唇形科 [MD-575] 全球 (uc) 大洲分布及种数(uc)
Saturna B.D.Jacks. = **Rauvolfia**
Saturna Nor. = **Satyria**
Saturnia Maratt. = **Allium**
Saturnius Maratt. = **Allium**
Saturnus Maratt. = **Allium**
Satyria【3】 Klotzsch 壁蕊莓属 ≒ **Orthaea;Paspalidium** Ericaceae 杜鹃花科 [MD-380] 全球 (1) 大洲分布及种数(25-26)◆南美洲
Satyridae Klotzsch = **Satyria**

S

Satyridium【3】 Lindl. 鸟足兰属 ← **Satyrium** Orchidaceae 兰科 [MM-723] 全球 (1) 大洲分布及种数(uc)属分布和种数(uc)◆非洲

Satyrium L. = **Satyrium**

Satyrium【3】 Sw. 鸟足兰属 → **Aceras;Coeloglossum; Anacamptis** Orchidaceae 兰科 [MM-723] 全球 (6) 大洲分布及种数(87-110;hort.1;cult: 1)非洲:83-98;亚洲:12-15;大洋洲:1-3;欧洲:4-6;北美洲:2;南美洲:4-7

Saubinetia J.Rémy = **Verbesina**

Sauchia Kashyap = **Sauteria**

Sauegada Roxb. ex Rottler = **Suregada**

Saueria Klotzsch = **Begonia**

Saugetia【3】 Hitchc. & Chase 古巴禾草属 Poaceae 禾本科 [MM-748] 全球 (1) 大洲分布及种数(2)◆北美洲(◆古巴)

Saul Roxb. ex Wight & Arn. = **Sasa**

Saula Roxb. ex Wight & Arn. = **Sasa**

Saulcya Michon = **Asteriscus**

Sauloma【2】 (Hook.f. & Wilson) Mitt. 澳白藓属 ≒ **Leucomium** Saulomataceae 双短肋藓科 [B-161] 全球 (3) 大洲分布及种数(2) 亚洲:1;大洋洲:1;南美洲:1

Saulomataceae【2】 W.R.Buck 双短肋藓科 [B-161] 全球 (2) 大洲分布和属种数(3/3)大洋洲:1/1;南美洲:2/2-2

Saundersi Rchb.f. = **Saundersia**

Saundersia【3】 Rchb.f. 桑德斯兰属 Orchidaceae 兰科 [MM-723] 全球 (1) 大洲分布及种数(2)◆南美洲(◆巴西)

Saura Comm. ex Poir. = **Stephanotis**

Saurania <unassigned> = **Saurauia**

Saurauia Gynotrichae Buscal. = **Saurauia**

Saurauia【3】 Willd. 水东哥属 ← **Celastrus;Gordonia** Saurauiaceae 水东哥科 [MD-224] 全球 (1) 大洲分布及种数(224-296)◆亚洲

Saurauiaceae【3】 Griseb. 水东哥科 [MD-224] 全球 (6) 大洲分布和属种数(1;hort. & cult.1)(224-621;hort. & cult.3-5)非洲:1/21;亚洲:1/224-296;大洋洲:1/1-22;欧洲:1/21;北美洲:1/21;南美洲:1/21

Saurauieae DC. = **Saurauia**

Saurauja Willd. = **Saurauia**

Sauravia Spreng. = **Saurauia**

Sauria【3】 Bajtenov 壁蕊莓属 ← **Satyria** Ericaceae 杜鹃花科 [MD-380] 全球 (1) 大洲分布及种数(cf.1)◆亚洲

Saurobroma Raf. = **Celtis**

Sauroglossum【3】 Lindl. 斑龙兰属 → **Brachystele; Pelexia;Spiranthes** Orchidaceae 兰科 [MM-723] 全球 (1) 大洲分布及种数(12)◆南美洲

Saurolluma Plowes = **Caralluma**

Saurolophorkis【3】 Marg. & Szlach. 原沼兰属 ≒ **Malaxis** Orchidaceae 兰科 [MM-723] 全球 (1) 大洲分布及种数(1)◆非洲

Sauromatum【3】 Schott 斑龙芋属 → **Anchomanes; Arum** Araceae 天南星科 [MM-639] 全球 (1) 大洲分布及种数(1)◆非洲

Sauropus【3】 Bl. 守宫木属 → **Synostemon;Emblica; Phyllanthus** Arecaceae 棕榈科 [MM-717] 全球 (6) 大洲分布及种数(47-61)非洲:5-20;亚洲:29-53;大洋洲:26-45;欧洲:1-16;北美洲:4-19;南美洲:1-16

Saurothera Hort. = **Renanthera**

Saururaceae【3】F.Voigt 三白草科 [MD-35] 全球 (6) 大洲分布和属种数(4;hort. & cult.3)(8-15;hort. & cult.5)非洲:1/1;亚洲:3/6-8;大洋洲:1-2/1-2;欧洲:1/1;北美洲:3/4-5;南美洲:1/1

Saururopsis Turcz. = **Saururus**

Saururus【2】 L. 三白草属 ≒ **Piper;Gymnotheca** Saururaceae 三白草科 [MD-35] 全球 (3) 大洲分布及种数(4)亚洲:3-4;大洋洲:1;北美洲:2

Saurus L. = **Laurus**

Sausgurea Salisb. = **Nepeta**

Saussurea (C.A.Mey. ex Endl.) Lipsch. = **Saussurea**

Saussurea【3】 DC. 风毛菊属 ≒ **Hosta;Cirsium; Pilostemon** Asteraceae 菊科 [MD-586] 全球 (6) 大洲分布及种数(475-619;hort.1;cult: 29)非洲:6-28;亚洲:469-552;大洋洲:3-25;欧洲:11-47;北美洲:13-36;南美洲:22

Saussuria Mönch = **Saussurea**

Sauta Adr.Sanchez = **Savia**

Sauteria (Kashyap) R.M.Schust. = **Sauteria**

Sauteria【3】 C.Gao & G.C.Zhang 星孔苔属 ≒ **Neesiella;Peltolepis** Cleveaceae 星孔苔科 [B-15] 全球 (6) 大洲分布及种数(5)非洲:3;亚洲:4-7;大洋洲:3;欧洲:3;北美洲:3;南美洲:1-4

Sautiera【3】 Decne. 瑞龙木属 ≒ **Saltera** Acanthaceae 爵床科 [MD-572] 全球 (1) 大洲分布及种数(uc)属分布和种数(uc)◆亚洲

Sauvagea Adans. = **Sauvagesia**

Sauvagesia【2】 L. 蒴莲木属 ≒ **Indovethia** Ochnaceae 金莲木科 [MD-104] 全球 (5) 大洲分布及种数(54-59;hort.1)非洲:3;亚洲:cf.1;欧洲:1;北美洲:7;南美洲:49-52

Sauvagesiaceae【2】 Dum. 旱金莲木科 [MD-105] 全球 (5) 大洲分布和属种数(1;hort. & cult.1)(53-58;hort. & cult.2)非洲:1/3;亚洲:1/6;欧洲:1/1;北美洲:1/7;南美洲:1/49-52

Sauvagesieae Ging. = **Sauvagesia**

Sauvagia St.Lag. = **Sauvagesia**

Sauvallea【3】 C.Wright 鸭跖草属 ≒ **Commelina** Commelinaceae 鸭跖草科 [MM-708] 全球 (1) 大洲分布及种数(cf. 1)◆北美洲

Sauvallia C.Wright ex Hassk. = **Sauvallea**

Sauvegesia L. = **Sauvagesia**

Sauvetrea【3】 Szlach. 欧洲兰花属 ≒ **Mammillaria** Orchidaceae 兰科 [MM-723] 全球 (1) 大洲分布及种数(7)◆南美洲(◆巴西)

Sauzuzus L. = **Saururus**

Sava Adans. = **Lawsonia**

Savageara【-】 J.M.H.Shaw 兰科属 Orchidaceae 兰科 [MM-723] 全球 (uc) 大洲分布及种数(uc)

Savannosiphon【3】 Goldblatt & Marais 夕放鸢尾属 ≒ **Adenanthera** Iridaceae 鸢尾科 [MM-700] 全球 (1) 大洲分布及种数(1)◆非洲

Savastana Raf. = **Hierochloe**

Savastania G.A.Scop. = **Tibouchina**

Savastonia Neck. ex Steud. = **Tibouchina**

Savia (Nutt.) Pax = **Savia**

Savia【3】 Willd. 姬碟木属 → **Actephila;Securinega; Andrachne** Phyllanthaceae 叶下珠科 [MD-222] 全球 (6) 大洲分布及种数(7)非洲:2-3;亚洲:1;大洋洲:1;欧洲:1;北美洲:2-3;南美洲:3-4

Saviczia Abramova & I.I.Abramov = **Plagiothecium**

Savignya【3】 DC. 肉叶长柄芥属 ← **Lunaria** Brassicaceae 十字花科 [MD-213] 全球 (1) 大洲分布及种数(1)◆

S

非洲

Saviniona【2】 Webb & Berthel. 花葵属 ≒ **Malva** Malvaceae 锦葵科 [MD-203] 全球 (4) 大洲分布及种数(4) 非洲:4;大洋洲:4;北美洲:4;南美洲:4

Saviona Pritz. = **Savia**

Saxegothaea【3】 Lindl. 卓杉属 Podocarpaceae 罗汉松科 [G-13] 全球 (1) 大洲分布及种数(1)◆南美洲

Saxe-gothaea Lindl. = **Saxegothaea**

Saxegothaeaceae Gaussen ex Doweld & Reveal = Podocarpaceae

Saxegothea Benth. = **Saxegothaea**

Saxicava Reinw. = **Symplocos**

Saxicola Schwag. ex Leplay = **Xanthostemon**

Saxicolella【3】 Engl. 河鳞草属 ≒ **Butumia** Podostemaceae 川苔草科 [MD-322] 全球 (1) 大洲分布及种数(1-6)◆非洲

Saxifraga【3】 L. 虎耳草属 ≒ **Hieronymusia; Peltoboykinia** Saxifragaceae 虎耳草科 [MD-231] 全球 (6) 大洲分布及种数(637-886;hort.1;cult:119)非洲:34-121;亚洲:412-671;大洋洲:48-142;欧洲:229-351;北美洲:179-277;南美洲:22-108

Saxifraga Rufescentes J.T.Pan = **Saxifraga**

Saxifragaceae C.Y.Wu & T.C.Ku = Saxifragaceae

Saxifragaceae【3】 Juss. 虎耳草科 [MD-231] 全球 (6) 大洲分布和属种数(80/1200)非洲:1-19/34-273;亚洲:15-24/ 531-980;大洋洲:4-19/ 51-294;欧洲:4-19/ 238-513;北美洲:22-27/ 322-581;南美洲:6-22/ 31-267

Saxifragales Bercht. & J.Presl = **Distylium**

Saxifrageae Dum. = **Saxifraga**

Saxifragella【3】 Engl. 夹钳草属 ← **Saxifraga;Saxifragodes** Saxifragaceae 虎耳草科 [MD-231] 全球 (1) 大洲分布及种数(1)◆南美洲

Saxifragodes【3】 D.M.Moore 火地草属 ← **Saxifraga** Saxifragaceae 虎耳草科 [MD-231] 全球 (1) 大洲分布及种数(1)◆南美洲(◆智利)

Saxifragopsida Small = **Saxifragopsis**

Saxifragopsis【3】 Small 崖莓草属 ← **Saxifraga** Saxifragaceae 虎耳草科 [MD-231] 全球 (1) 大洲分布及种数(1)◆北美洲

Saxiglossum Ching = **Pyrrosia**

Saxipoa【3】 Soreng 虎草属 Poaceae 禾本科 [MM-748] 全球 (1) 大洲分布及种数(1)◆大洋洲(◆澳大利亚)

Saxofridericia R.H.Schomb. = **Saxo-fridericia**

Saxo-fridericia【3】 R.H.Schomb. 葱蔺花属 ≒ **Rapatea** Rapateaceae 泽蔺花科 [MM-713] 全球 (1) 大洲分布及种数(9)◆南美洲

Saxogothaea Dalla Torre & Harms = **Saxegothaea**

Sayeria Kraenzl. = **Dendrobium**

Scabies (Tourn.) L. = **Scabiosa**

Scabiosa【3】 (Tourn.) L. 蓝盆花属 ≒ **Lomelosia; Knautia** Dipsacaceae 川续断科 [MD-545] 全球 (1) 大洲分布及种数(107-142)◆欧洲

Scabiosa Font Qür = **Scabiosa**

Scabiosaceae Martinov = Triplostegiaceae

Scabiosiopsis【-】 Rchb.f. 忍冬科属 Caprifoliaceae 忍冬科 [MD-510] 全球 (uc) 大洲分布及种数(uc)

Scabrethia【3】 W.A.Weber 糙韦斯菊属 ← **Wyethia** Asteraceae 菊科 [MD-586] 全球 (1) 大洲分布及种数(1)◆北美洲

Scabricola F.W.Schmidt = **Scariola**

Scabridens【3】 E.B.Bartram 疣齿藓属 Leucodontaceae 白齿藓科 [B-198] 全球 (1) 大洲分布及种数(1)◆亚洲

Scabrina L. = **Nyctanthes**

Scabrita L. = **Nyctanthes**

Scada J.W.Dawson = **Scandia**

Scadianus Raf. = **Crinum**

Scadiasis Raf. = **Crinum**

Scadoxus【3】 Raf. 网球花属 ← **Amaryllis;Haemanthus;Hybanthus** Amaryllidaceae 石蒜科 [MM-694] 全球 (1) 大洲分布及种数(10)◆非洲

Scaduakintos Raf. = **Triteleiopsis**

Scaevola【3】 L. 草海桐属 → **Crossotoma;Goodenia; Dampiera** Goodeniaceae 草海桐科 [MD-578] 全球 (6) 大洲分布及种数(148-196;hort.1;cult:5)非洲:11-21;亚洲:30-48;大洋洲:126-170;欧洲:1-9;北美洲:29-43;南美洲:9-19

Scaevolaceae Lindl. = Goodeniaceae

Scagea【3】 McPherson 黄杨桐属 ≒ **Longetia;Spigelia** Picrodendraceae 苦皮桐科 [MD-317] 全球 (1) 大洲分布及种数(2)◆大洋洲

Scagelia McPherson = **Scagea**

Scala Blanco = **Cyathocalyx**

Scalesia【3】 Arn. 岛葵树属 ≒ **Zemisne** Asteraceae 菊科 [MD-586] 全球 (1) 大洲分布及种数(17)◆南美洲(◆厄瓜多尔)

Scalia Sieber ex Sims = **Podolepis**

Scalidium Lindl. = **Holothrix**

Scaligera Adans. = **Aspalathus**

Scaligeria【3】 DC. 丝叶芹属 ← **Bunium;Carum; Pimpinella** Apiaceae 伞形科 [MD-480] 全球 (1) 大洲分布及种数(19-22)◆亚洲

Scalina I.Hagen = **Orthodicranum**

Scaliola Schwag. ex Leplay = **Xanthostemon**

Scaliopsis Walp. = **Podolepis**

Scalius【-】 Gray 裸蒴苔科属 ≒ **Haplomitrium;Isolepis** Haplomitriaceae 裸蒴苔科 [B-2] 全球 (uc) 大洲分布及种数(uc)

Scambopus【2】 O.E.Schulz 大洋洲曲芥属 ≒ **Phlegmatospermum** Brassicaceae 十字花科 [MD-213] 全球 (2) 大洲分布及种数(2)大洋洲:1;北美洲:1

Scambus O.E.Schulz = **Scambopus**

Scammonea Raf. = **Aniseia**

Scandalida Adans. = **Tetragonolobus**

Scandederis Thou. = **Bulbophyllum**

Scandentia【3】 E.L.Cabral & Bacigalupo 巴西树茜属 ≒ **Denscantia** Rubiaceae 茜草科 [MD-523] 全球 (1) 大洲分布及种数(uc)◆亚洲

Scandia【3】 J.W.Dawson 当归属 ≒ **Angelica** Apiaceae 伞形科 [MD-480] 全球 (1) 大洲分布及种数(1-2)◆大洋洲

Scandicium (K.Koch) Thell. = **Scandicium**

Scandicium【3】 Thell. 针果芹属 ≒ **Scandix** Apiaceae 伞形科 [MD-480] 全球 (1) 大洲分布及种数(cf. 1)◆非洲

Scandivepres【3】 Lös. 北美洲针卫矛属 Celastraceae 卫矛科 [MD-339] 全球 (1) 大洲分布及种数(uc)属分布和种数(uc)◆北美洲

Scandix (Nutt.) Koso-Pol. = **Scandix**

Scandix【3】 L. 针果芹属 ≒ **Erodium;Caralluma; Physocaulis** Apiaceae 伞形科 [MD-480] 全球 (6) 大洲分

S

布及种数(25-28;hort.1;cult: 1)非洲:9-15;亚洲:16-24;大洋洲:4-10;欧洲:16-22;北美洲:1-7;南美洲:2-9
Scandodus Raf. = **Scadoxus**
Scap Noronha = **Saurauia**
Scapa Noronha = **Saurauia**
Scapania (Dum.) Dum. = **Scapania**
Scapania【3】W.S.Hong 合叶苔属 ≒ **Diplophyllum; Acrobolbus** Scapaniaceae 合叶苔科 [B-57] 全球 (6) 大洲分布及种数(74-77)非洲:12-64;亚洲:63-117;大洋洲:3-56;欧洲:32-84;北美洲:35-87;南美洲:7-59
Scapaniaceae【3】W.S.Hong 合叶苔科 [B-57] 全球 (6) 大洲分布和属种数(3/89-157)非洲:1-3/12-73;亚洲:2-3/71-135;大洋洲:2-3/9-71;欧洲:2-3/35-96;北美洲:3/42-103;南美洲:2-3/11-72
Scapaniella【3】(Taylor) A.Evans ex Verd. 合叶苔属 Scapaniaceae 合叶苔科 [B-57] 全球 (1) 大洲分布及种数(3)◆东亚(◆中国)
Scapaniella H.Buch = **Scapaniella**
Scapha Noronha = **Saurauia**
Scaphella W.J.de Wilde & Duyfjes = **Scopella**
Scaphespermum Edgew. = **Seseli**
Scaphingoa【-】J.M.H.Shaw 兰科属 Orchidaceae 兰科 [MM-723] 全球 (uc) 大洲分布及种数(uc)
Scaphiophora【3】Schltr. 水玉杯属 ← **Thismia** Burmanniaceae 水玉簪科 [MM-696] 全球 (1) 大洲分布及种数(uc)◆欧洲
Scaphis Eschw. = **Scaphium**
Scaphispatha【3】Brongn. ex Schott 展苞芋属 Araceae 天南星科 [MM-639] 全球 (1) 大洲分布及种数(2)◆南美洲
Scaphium【3】Schott & Endl. 胖大海属 ← **Firmiana;Sterculia** Malvaceae 锦葵科 [MD-203] 全球 (1) 大洲分布及种数(3-7)◆亚洲
Scaphocalyx【3】Ridl. 马来钟花属 Achariaceae 青钟麻科 [MD-159] 全球 (1) 大洲分布及种数(2)◆东南亚(◆马来西亚)
Scaphochlamys【3】Baker 纹山柰属 ← **Boesenbergia;Gastrochilus** Zingiberaceae 姜科 [MM-737] 全球 (1) 大洲分布及种数(39-59)◆亚洲
Scaphopetalum【3】Mast. 假可可属 Malvaceae 锦葵科 [MD-203] 全球 (1) 大洲分布及种数(11-24)◆非洲
Scaphophyllum【3】(Horik.) Inoü 碗叶苔属 Jungermanniaceae 叶苔科 [B-38] 全球 (1) 大洲分布及种数(cf. 1)◆亚洲
Scaphosepalum Lür = **Scaphosepalum**
Scaphosepalum【3】Pfitz. 碗萼兰属 ≒ **Acinopetala** Orchidaceae 兰科 [MM-723] 全球 (6) 大洲分布及种数(49-55;hort.1)非洲:1;亚洲:1;大洋洲:1;欧洲:1;北美洲:8-9;南美洲:47-52
Scaphospatha P. & K. = **Scaphispatha**
Scaphospermum Korovin = **Parasilaus**
Scaphospermum P. & K. = **Eriocycla**
Scaphura R.Parker = **Anisoptera**
Scaphyglottis【3】Pöpp. & Endl. 碗唇兰属 ← **Camaridium;Maxillaria;Polystachya** Orchidaceae 兰科 [MM-723] 全球 (1) 大洲分布及种数(62-68)◆北美洲
Scaphyvola【2】J.M.H.Shaw 兰科属 Orchidaceae 兰科 [MM-723] 全球 (1) 大洲分布及种数(uc)◆北美洲
Scapiarabis【3】M.Koch,R.Karl,D.A.German & Al-Shehbaz 碗唇菜属 Brassicaceae 十字花科 [MD-213] 全球 (1) 大洲分布及种数(4)◆亚洲
Scapicephalus Ovcz. & Czukav. = **Pseudomertensia**
Scapispatha Brongn. ex Schott = **Scaphispatha**
Scaraboides【3】Magee & B.E.van Wyk 碗伞花属 Apiaceae 伞形科 [MD-480] 全球 (1) 大洲分布及种数(1)◆非洲
Scaredederis Thou. = **Bulbophyllum**
Scaridea F.W.Schmidt = **Scariola**
Scariola【3】F.W.Schmidt 雀苣属 Asteraceae 菊科 [MD-586] 全球 (1) 大洲分布及种数(1) ◆亚洲
Scartella Hance = **Pyracantha**
Scaryomyrtus【3】F.Müll. 雀金娘属 Myrtaceae 桃金娘科 [MD-347] 全球 (1) 大洲分布及种数(uc)◆大洋洲
Scassellatia【3】Chiov. 万灵漆属 Anacardiaceae 漆树科 [MD-432] 全球 (1) 大洲分布及种数(uc)属分布和种数(uc)◆非洲
Scaura Forssk. = **Avicennia**
Scclopia Schreb. = **Scolopia**
Scea Lindl. = **Aporosa**
Scelcidumnia【-】J.M.H.Shaw 兰科属 Orchidaceae 兰科 [MM-723] 全球 (uc) 大洲分布及种数(uc)
Sceletium【3】N.E.Br. 镇心草属 ← **Mesembryanthemum** Aizoaceae 番杏科 [MD-94] 全球 (1) 大洲分布及种数(12-14)◆非洲
Scelochiloides【3】Dodson & M.W.Chase 凹唇兰属 ≒ **Comparettia** Orchidaceae 兰科 [MM-723] 全球 (1) 大洲分布及种数(cf. 1)◆南美洲
Scelochilopsis Dodson & M.W.Chase = **Comparettia**
Scelochilus【3】Klotzsch 硬唇兰属 ← **Comparettia** Orchidaceae 兰科 [MM-723] 全球 (1) 大洲分布及种数(53-54)◆南美洲
Sceloglossum J.M.H.Shaw = **Calanthe**
Scelonia J.M.H.Shaw = **Saelania**
Scelorettia【-】Staal & J.M.H.Shaw 兰科属 Orchidaceae 兰科 [MM-723] 全球 (uc) 大洲分布及种数(uc)
Scenedesmus (Mitt.) A.Jaeger = **Stenodesmus**
Scenidium Nees = **Ficinia**
Scepa Lindl. = **Aporosa**
Scepaceae Lindl. = Emblingiaceae
Scepanium Ehrh. = **Palicourea**
Scepasma Bl. = **Phyllanthus**
Scepeae Horan. = **Aporosa**
Scepinia Neck. = **Pteronia**
Scepocarpus Wedd. = **Urera**
Scepseothamnus Cham. = **Alibertia**
Scepsis Oliv. = **Sycopsis**
Scepsothamnus Steud. = **Agave**
Sceptonia van der Werff = **Sextonia**
Sceptranthes Graham ex Benth. = **Zephyranthes**
Sceptranthus Benth. & Hook.f. = **Cooperia**
Sceptridium【3】Lyon 阴生蕨属 ← **Botrychium** Ophioglossaceae 瓶尔小草科 [F-9] 全球 (1) 大洲分布及种数(7-14)◆北美洲
Sceptrocnide Maxim. = **Laportea**
Sceura Forssk. = **Avicennia**
Schachtia H.Karst. = **Duroia**
Schaeffera Cothen. = **Schaefferia**
Schaefferia【2】Jacq. 榄黄杨属 ≒ **Bumelia;Agonandra**

Celastraceae 卫矛科 [MD-339] 全球 (3) 大洲分布及种数(11-17)亚洲:cf.1;北美洲:7-13;南美洲:4
Schaefflera Hook.f. = **Schefflera**
Schaeffnera Benth. & Hook.f. = **Dicoma**
Schaenfeldia Edgew. = **Schoenefeldia**
Schaenolaena Bunge = **Xanthosia**
Schaenomorphus Thorel ex Gagnep. = **Tropidia**
Schaenoprasum Franch. & Sav. = **Allium**
Schaenus Gouan = **Schoenus**
Schaetzelia Sch.Bip. = **Schaetzellia**
Schaetzellia 【-】 Klotzsch 菊科属 ≒ **Onoseris** Asteraceae 菊科 [MD-586] 全球 (uc) 大洲分布及种数(uc)
Schafferara auct. = **Aspasia**
Schaffnera Benth. = **Dicoma**
Schaffnerella Nash = **Muhlenbergia**
Schaffneria【3】Fée 石扇蕨属 ← **Phyllitis;Asplenium** Aspleniaceae 铁角蕨科 [F-43] 全球 (1) 大洲分布及种数(uc)属分布和种数(uc)◆欧洲
Schalleria Kunth = **Piper**
Schamsia 【-】 Bronner 葡萄科属 Vitaceae 葡萄科 [MD-403] 全球 (uc) 大洲分布及种数(uc)
Schanginia C.A.Mey. = **Suaeda**
Schaphespermum Edgew. = **Seseli**
Schauera【-】Nees 樟科属 ≒ **Aydendron;Endlicheria** Lauraceae 樟科 [MD-21] 全球 (uc) 大洲分布及种数(uc)
Schaueria【3】Nees 金羽花属 → **Anisacanthus;Piper** Acanthaceae 爵床科 [MD-572] 全球 (6) 大洲分布及种数(28-30)非洲:1-2;亚洲:1;大洋洲:1-2;欧洲:1;北美洲:8-9;南美洲:22-25
Schaueriopsis 【3】 Champl. & I.Darbysh. 金爵床属 Acanthaceae 爵床科 [MD-572] 全球 (1) 大洲分布及种数(1)◆非洲
Schawbea L. = **Schwalbea**
Scheadendron G.Bertol. = **Combretum**
Schedolium Holub = **Agropyron**
Schedonnardus 【3】 Steud. 异留草属 ← **Lepturus; Rottboellia** Poaceae 禾本科 [MM-748] 全球 (6) 大洲分布及种数(2)非洲:1-2;亚洲:1;大洋洲:1-2;欧洲:1;北美洲:1-2;南美洲:1-2
Schedonorus (Krecz. & Bobrov) Holub = **Schedonorus**
Schedonorus【3】P.Beauv. 杂雀麦属 → **Austrofestuca; Brachypodium;Bromus** Poaceae 禾本科 [MM-748] 全球 (6) 大洲分布及种数(6-8)非洲:3-7;亚洲:4-8;大洋洲:4;欧洲:4-8;北美洲:4-8;南美洲:4
Scheele H.Karst. = **Scheelea**
Scheelea H.Karst. = **Scheelea**
Scheelea【3】 Karsl. 迤逦椰子属 ← **Attalea** Arecaceae 棕榈科 [MM-717] 全球 (6) 大洲分布及种数(6-7)非洲:1;亚洲:1;大洋洲:1;欧洲:1;北美洲:2;南美洲:5-6
Scheellea Raddi = **Schnella**
Scheeria Seem. = **Achimenes**
Scheffera J.R.Forst. & G.Forst. = **Schefflera**
Schefferella Pierre = **Payena**
Schefferomitra 【3】 Diels 银钩花属 ← **Mitrephora** Annonaceae 番荔枝科 [MD-7] 全球 (1) 大洲分布及种数(1)◆亚洲
Scheffieldia G.A.Scop. = **Samolus**
Scheffler J.R.Forst. & G.Forst. = **Schefflera**
Schefflera【3】 J.R.Forst. & G.Forst. 南鹅掌柴属 ≒ **Azalea;Plerandra** Araliaceae 五加科 [MD-471] 全球 (6) 大洲分布及种数(353-579;hort.1;cult: 5)非洲:19-91;亚洲:161-312;大洋洲:18-39;欧洲:20;北美洲:37-58;南美洲:164-203
Schefflerodendron【3】 Harms ex Engl. 舍夫豆属 → **Craibia** Fabaceae 豆科 [MD-240] 全球 (1) 大洲分布及种数(4)◆非洲
Scheffleropsis Ridl. = **Schefflera**
Scheflera Pers. = **Schefflera**
Scheftlera Hook.f. = **Schefflera**
Scheidweilerara J.M.H.Shaw = **Begonia**
Scheidweileria J.M.H.Shaw = **Begonia**
Schelffera J.R.Forst. & G.Forst. = **Schefflera**
Schelhameria Heisl. = **Matthiola**
Schelhammera【3】R.Br. 苔草属 → **Kuntheria;Carex** Colchicaceae 秋水仙科 [MM-623] 全球 (1) 大洲分布及种数(1-2)◆亚洲
Schelhammeria Mönch = **Carex**
Schellanderia Francisci = **Phyteuma**
Schellingia Steud. = **Aegopogon**
Schellolepis【3】 J.Sm. 骨脉蕨属 ← **Goniophlebium; Polypodiastrum** Polypodiaceae 水龙骨科 [F-60] 全球 (6) 大洲分布及种数(6)非洲:1;亚洲:4-10;大洋洲:4-5;欧洲:1-2;北美洲:1-2;南美洲:2-3
Schelochilus Sond. = **Scelochilus**
Schelveria Nees = **Angelonia**
Schenckia 【3】 K.Schum. 德普茜属 ← **Deppea** Rubiaceae 茜草科 [MD-523] 全球 (1) 大洲分布及种数(1)◆南美洲(◆巴西)
Schenckochloa J.J.Ortíz = **Gouinia**
Schenkia 【2】 Griseb. 青龙胆属 ≒ **Erythraea** Gentianaceae 龙胆科 [MD-496] 全球 (5) 大洲分布及种数(7)非洲:1;亚洲:2;大洋洲:3;欧洲:2;北美洲:2
Schenodorus P.Beauv. = **Schedonorus**
Scheperia Raf. = **Cadaba**
Schepperia Neck. = **Cadaba**
Scherardia Neck. = **Sherardia**
Scherya【3】 R.M.King & H.Rob. 彩片菊属 Asteraceae 菊科 [MD-586] 全球 (1) 大洲分布及种数(1)◆南美洲(◆巴西)
Schetti Adans. = **Ixora**
Scheuchleria Heynh. = **Vernonia**
Scheuchzera 【-】 Cothen. 水麦冬科属 Juncaginaceae 水麦冬科 [MM-604] 全球 (uc) 大洲分布及种数(uc)
Scheuchzeri L. = **Scheuchzeria**
Scheuchzeria【2】L. 冰沼草属 → **Papillaria;Tofieldia** Scheuchzeriaceae 冰沼草科 [MM-603] 全球 (4) 大洲分布及种数(2)亚洲:cf.1;欧洲:1;北美洲:1;南美洲:cf.1
Scheuchzeriac L. = **Scheuchzeria**
Scheuchzeriaceae 【2】F.Rudolphi 冰沼草科 [MM-603] 全球 (3) 大洲分布和属种数(1;hort. & cult.1)(1;hort. & cult.1)亚洲:1/1; 欧洲:1/1; 北美洲:1/1
Scheukzeria Hill = **Papillaria**
Scheutzia Gand. = **Rosa**
Schickara 【-】 Mordhorst 仙人掌科属 Cactaceae 仙人掌科 [MD-100] 全球 (uc) 大洲分布及种数(uc)
Schickendantzia C.Speg. = **Lithospermum**
Schickendantziella【3】 Speg. 鼎蛛花属 Amaryllidace-

S

ae 石蒜科 [MM-694] 全球 (1) 大洲分布及种数(1)◆南美洲
Schickendantzii Pax = **Lithospermum**
Schidiomyrtus Schaür = **Brunia**
Schidorhynchos Szlach. = **Sauroglossum**
Schidospermum Griseb. = **Fosterella**
Schieckea【-】G.K.W.H.Karst. 卫矛科属 Celastraceae 卫矛科 [MD-339] 全球 (uc) 大洲分布及种数(uc)
Schieckia Benth. = **Schiekia**
Schieckia Karst. = **Celastrus**
Schiedea【3】Cham. & Schltdl. 洋漆姑属 → **Alsinidendron;Omphalodes** Caryophyllaceae 石竹科 [MD-77] 全球 (1) 大洲分布及种数(23-38)◆北美洲
Schiedeella (Garay) Szlach. = **Schiedeella**
Schiedeella【3】Schltr. 缎兰属 ← **Cyclopogon;Gyrostachys;Deiregyne** Orchidaceae 兰科 [MM-723] 全球 (1) 大洲分布及种数(38-45)◆北美洲
Schiedeophytum【3】H.Wolff 道斯芹属 ≒ **Donnellsmithia** Apiaceae 伞形科 [MD-480] 全球 (1) 大洲分布及种数(uc)属分布和种数(uc)◆北美洲
Schiedia Bartl. = **Schiedea**
Schiekia【3】Meisn. 淡血草属 ← **Wachendorfia;Xiphidium** Haemodoraceae 血草科 [MM-718] 全球 (1) 大洲分布及种数(1)◆南美洲
Schievereckia Nyman = **Alyssum**
Schiffneria【3】Stephani 塔叶苔属 Cephaloziaceae 大萼苔科 [B-52] 全球 (6) 大洲分布及种数(3)非洲:1;亚洲:2-3;大洋洲:1;欧洲:1;北美洲:1;南美洲:1
Schiffneriolejeunea (Verd.) Gradst. & Terken = **Schiffneriolejeunea**
Schiffneriolejeunea【2】Verd. 尼鳞苔属 ≒ **Mastigolejeunea** Lejeuneaceae 细鳞苔科 [B-84] 全球 (4) 大洲分布及种数(12)非洲:5;亚洲:4;大洋洲:4;南美洲:2
Schigocapsa Hance = **Schizocapsa**
Schilbe P.J.Bergius = **Stilbe**
Schilderia Kunth = **Piper**
Schildia Cham. & Schltdl. = **Schiedea**
Schillera Rchb. = **Hoya**
Schilleria Kunth = **Piper**
Schilligerara【-】Hort. 兰科属 Orchidaceae 兰科 [MM-723] 全球 (uc) 大洲分布及种数(uc)
Schima Aucl. ex Steud. = **Schima**
Schima【3】Reinw. ex Bl. 木荷属 ← **Cleyera;Craibiodendron** Theaceae 山茶科 [MD-168] 全球 (1) 大洲分布及种数(24-38)◆亚洲
Schimlinia【-】Ranney & Fantz 山茶科属 Theaceae 山茶科 [MD-168] 全球 (uc) 大洲分布及种数(uc)
Schimmelia Holmes = **Zanthoxylum**
Schimmelman Holmes = **Zanthoxylum**
Schimpera【3】Steud. & Hochst. ex Endl. 盾喙荠属 Brassicaceae 十字花科 [MD-213] 全球 (1) 大洲分布及种数(1)◆非洲(◆埃及)
Schimperella【3】H.Wolff 钻地藓属 ≒ **Oreoschimperella;Hypnum** Brachytheciaceae 青藓科 [B-187] 全球 (1) 大洲分布及种数(4)◆非洲
Schimperi Hochst. ex Steud. = **Schimpera**
Schimperobryaceae【3】W.R.Buck 辛氏亮叶藓科 [B-163] 全球 (1) 大洲分布和属种数(1/1)◆南美洲
Schimperobryum【3】Margad. 智利油藓属 Schimperobryaceae 辛氏亮叶藓科 [B-163] 全球 (1) 大洲分布及种数(1)◆南美洲
Schinaceae Raf. = Anacardiaceae
Schindleria【3】H.Walter 苋珊瑚属 ← **Ledenbergia** Petiveriaceae 蒜香草科 [MD-128] 全球 (1) 大洲分布及种数(6-8)◆南美洲
Schinnongia Schrank = **Hypoxis**
Schinocarpus K.Schum. = **Acleisanthes**
Schinopsis【3】Engl. 破斧木属 ← **Aspidosperma** Anacardiaceae 漆树科 [MD-432] 全球 (1) 大洲分布及种数(10-11)◆南美洲
Schinos St.Lag. = **Schinus**
Schinus【3】L. 肖乳香属 ≒ **Amyris;Lithraea** Anacardiaceae 漆树科 [MD-432] 全球 (6) 大洲分布及种数(47-51;hort.1;cult: 8)非洲:6-10;亚洲:7-11;大洋洲:6-10;欧洲:8-12;北美洲:11-15;南美洲:44-51
Schinzafra P. & K. = **Thamnea**
Schinzia Dennst. = **Schiekia**
Schinziella【3】Gilg 欣兹龙胆属 ← **Canscora** Gentianaceae 龙胆科 [MD-496] 全球 (1) 大洲分布及种数(1)◆非洲
Schinziophyton【3】Hutch. ex Radcl.Sm. 护肤桐属 ← **Ricinodendron** Euphorbiaceae 大戟科 [MD-217] 全球 (1) 大洲分布及种数(1)◆非洲
Schippia【3】Burret 单心棕属 Arecaceae 棕榈科 [MM-717] 全球 (1) 大洲分布及种数(1)◆北美洲
Schirostachyum de Vriese = **Sclerostachya**
Schisachyrium Munro = **Schizachyrium**
Schisandra【3】Michx. 五味子属 ← **Embelia;Maximowiczia;Kadsura** Schisandraceae 五味子科 [MD-8] 全球(6)大洲分布及种数(26-27;hort.1;cult:3)非洲:3;亚洲:25-31;大洋洲:3;欧洲:3;北美洲:8-11;南美洲:3
Schisandraceae【3】Bl. 五味子科 [MD-8] 全球 (6) 大洲分布和属种数(2;hort. & cult.2)(44-92;hort. & cult.19-25)非洲:2/9;亚洲:2/44-61;大洋洲:2/9;欧洲:2/9;北美洲:1-2/8-17;南美洲:2/9
Schisanthes Haw. = **Narcissus**
Schischkinia【3】Iljin 白刺菊属 ← **Centaurea** Asteraceae 菊科 [MD-586] 全球 (1) 大洲分布及种数(cf. 1)◆亚洲
Schischkiniella Steenis = **Silene**
Schisma【3】Stephani 剪叶苔属 ≒ **Sendtnera;Herbertus** Herbertaceae 剪叶苔科 [B-69] 全球 (1) 大洲分布及种数(12)◆东亚(◆中国)
Schismato Steud. = **Xyris**
Schismatoclada【3】(Lam. ex Poir.) Homolle 裂枝茜属 ← **Mussaenda;Payera** Rubiaceae 茜草科 [MD-523] 全球 (1) 大洲分布及种数(15-19)◆非洲(◆马达加斯加)
Schismatoglottis【3】Zoll. & Mor. 落檐属 ← **Aglaonema;Alocasia;Calla** Araceae 天南星科 [MM-639] 全球 (6) 大洲分布及种数(23-174;hort.1;cult: 2)非洲:10-12;亚洲:10-92;大洋洲:3-8;欧洲:3;北美洲:2;南美洲:4-6
Schismatopera Klotzsch = **Pera**
Schismaxon Steud. = **Xyris**
Schismocarpus【3】S.F.Blake 裂果刺莲花属 Loasaceae 刺莲花科 [MD-435] 全球 (1) 大洲分布及种数(2)◆北美洲(◆墨西哥)
Schismoceras C.Presl = **Dendrobium**
Schismus【3】P.Beauv. 齿稃草属 ← **Agrostis;Schinus;**

Aira Poaceae 禾本科 [MM-748] 全球 (6) 大洲分布及种数(7)非洲:6-8;亚洲:3-5;大洋洲:2-4;欧洲:2-4;北美洲:2-4;南美洲:2
Schistachne Fig. & De Not. = **Aristida**
Schistanthe Kunze = **Alonsoa**
Schistidium (Kindb.) Ochyra = **Schistidium**
Schistidium【3】Brid. 连轴藓属 ≒ **Grammica;Acaulon** Grimmiaceae 紫萼藓科 [B-115] 全球 (6) 大洲分布及种数(129) 非洲:36;亚洲:28;大洋洲:13;欧洲:58;北美洲:62;南美洲:41
Schistocarpaea【3】F.Müll. 裂果鼠李属 Rhamnaceae 鼠李科 [MD-331] 全球 (1) 大洲分布及种数(1)◆大洋洲(◆澳大利亚)
Schistocarpha【2】Less. 裂托菊属 ← **Liabum;Neurolaena** Asteraceae 菊科 [MD-586] 全球 (2) 大洲分布及种数(15-18)北美洲:13-15;南美洲:4
Schistocarpia Pritz. = **Schistocarpha**
Schistocaryum Franch. = **Microula**
Schistochila (R.M.Schust.) R.M.Schust. & J.J.Engel = **Schistochila**
Schistochila【3】W.E.Nicholson 歧舌苔属 ≒ **Pachyschistochila** Schistochilaceae 歧舌苔科 [B-34] 全球 (6) 大洲分布及种数(32)非洲:4-24;亚洲:12-32;大洋洲:16-36;欧洲:20;北美洲:20;南美洲:8-28
Schistochilaceae【3】W.E.Nicholson 歧舌苔科 [B-34] 全球 (6) 大洲分布和属种数(3/50-70)非洲:2/6-26;亚洲:2/15-35;大洋洲:2/28-48;欧洲:1/20;北美洲:1/20;南美洲:3/14-34
Schistochilaster【3】(Stephani) H.A.Mill. 歧舌苔科属 ≒ **Gottschea** Schistochilaceae 歧舌苔科 [B-34] 全球 (1) 大洲分布及种数(uc)◆亚洲
Schistochilopsis【2】(Steph.) Konstantinova 歧舌苔科属 Schistochilaceae 歧舌苔科 [B-34] 全球 (4) 大洲分布及种数(8) 亚洲:6;欧洲:3;北美洲:5;南美洲:1
Schistocodon Schaür = **Toxocarpus**
Schistogyne【3】Hook. & Arn. 裂蕊萝藦属 ← **Oxypetalum** Apocynaceae 夹竹桃科 [MD-492] 全球 (1) 大洲分布及种数(9)◆南美洲
Schistolobos W.T.Wang = **Opithandra**
Schistomitrium【2】Dozy & Molk. 光发藓属 ≒ **Leucobryum;Ochrobryum** Leucobryaceae 白发藓科 [B-129] 全球 (2) 大洲分布及种数(8) 亚洲:7;大洋洲:3
Schistonema【3】Schltr. 裂丝萝藦属 Apocynaceae 夹竹桃科 [MD-492] 全球 (1) 大洲分布及种数(1)◆南美洲
Schistophragma【3】Benth. ex Endl. 裂隔玄参属 ← **Conobea;Stemodia** Plantaginaceae 车前科 [MD-527] 全球 (1) 大洲分布及种数(5-6)◆北美洲
Schistophyllidium (Juz. ex Fed.) Ikonn. = **Potentilla**
Schistophyllum (Brid.) Lindb. = **Schistophyllum**
Schistophyllum【3】Lindb. 凤尾藓属 ≒ **Fissidens** Fissidentaceae 凤尾藓科 [B-131] 全球 (1) 大洲分布及种数(1)◆东亚(◆中国)
Schistostega【2】D.Mohr 光藓属 Schistostegaceae 光藓科 [B-132] 全球 (4) 大洲分布及种数(1) 非洲:1;亚洲:1;欧洲:1;北美洲:1
Schistostegaceae【2】Schimp. 光藓科 [B-132] 全球 (3) 大洲分布和属种数(1/1)亚洲:1/1;欧洲:1/1;北美洲:1/1
Schistostemon【3】(Urb.) Cuatrec. 叉蕊木属 ← **Humiria;Sacoglottis** Humiriaceae 香膏木科 [MD-348] 全球 (1) 大洲分布及种数(16)◆南美洲
Schistostephium【3】Less. 平菊木属 ← **Cotula;Tanacetum** Asteraceae 菊科 [MD-586] 全球 (1) 大洲分布及种数(12)◆非洲
Schistostigma Lauterb. = **Cleistanthus**
Schistostoma Lauterb. = **Cleistanthus**
Schistotylus【3】Dockr. 裂头兰属 ← **Cleisostoma** Orchidaceae 兰科 [MM-723] 全球 (1) 大洲分布及种数(1)◆大洋洲(◆澳大利亚)
Schivereckia【3】Andrz. ex DC. 庭荠属 ← **Alyssum;Bornmuellera;Galitzkya** Brassicaceae 十字花科 [MD-213] 全球 (1) 大洲分布及种数(2)◆欧洲
Schiverekia Rchb. = **Alyssum**
Schiwereckia Andrz. ex DC. = **Alyssum**
Schiweretzkia Rupr. = **Alyssum**
Schizachne【3】Hack. 裂稃茅属 ← **Avena;Trisetum;Melica** Poaceae 禾本科 [MM-748] 全球 (6) 大洲分布及种数(3;hort.1;cult:2)非洲:2;亚洲:1-4;大洋洲:2;欧洲:2;北美洲:2-4;南美洲:2
Schizachue Hack. = **Schizachne**
Schizachyrium【3】Nees 裂稃草属 → **Anadelphia;Eulalia** Poaceae 禾本科 [MM-748] 全球 (6) 大洲分布及种数(70-77;hort.1;cult:2)非洲:37-44;亚洲:20-25;大洋洲:17-27;欧洲:5-10;北美洲:28-35;南美洲:29-34
Schizacme【3】Dunlop 莲杯花属 Loganiaceae 马钱科 [MD-486] 全球 (1) 大洲分布及种数(5)◆大洋洲
Schizaea (Bernh.) T.Moore = **Schizaea**
Schizaea【3】Sm. 羽莎蕨属 ← **Acrostichum;Microschizaea;Actinostachys** Schizaeaceae 莎草蕨科 [F-19] 全球(6)大洲分布及种数(32-42;hort.1)非洲:4-7;亚洲:14-17;大洋洲:17-23;欧洲:1-2;北美洲:9-10;南美洲:17-19
Schizaeaceae【3】Kaulf. 莎草蕨科 [F-19] 全球 (6) 大洲分布和属种数(3-4;hort. & cult.2-3)(181-249;hort. & cult. 8-12)非洲:3-4/24-34;亚洲:3-4/24-34;大洋洲:3-4/31-42;欧洲:2-4/2-7;北美洲:3-4/52-68;南美洲:3-4/119-135
Schizaeeae Kaulf. = **Schizaea**
Schizandra DC. = **Schisandra**
Schizangium Bartl. ex DC. = **Mitracarpus**
Schizantheae Miers = **Miconia**
Schizanthera Turcz. = **Miconia**
Schizanthes Endl. = **Narcissus**
Schizanthoseddera (Roberty) Roberty = **Seddera**
Schizanthus【3】Ruiz & Pav. 蛾蝶花属 Solanaceae 茄科 [MD-503] 全球 (1) 大洲分布及种数(13-21)◆南美洲
Schizea Raf. = **Schizaea**
Schizeaceae Kaulf. = Schizaeaceae
Schizechinus Sond. = **Schizochilus**
Schizeilema【3】(Hook.f.) Domin 裂壳草属 Apiaceae 伞形科 [MD-480] 全球 (1) 大洲分布及种数(6-15)◆大洋洲
Schizenterospermum【3】Homolle ex Arènes 星裂籽属 Rubiaceae 茜草科 [MD-523] 全球 (1) 大洲分布及种数(4)◆非洲(◆马达加斯加)
Schizidium Lindl. = **Disa**
Schizobasis【3】Baker 小苍角殿属 ← **Drimia** Asparagaceae 天门冬科 [MM-669] 全球 (1) 大洲分布及种数(1-3)◆非洲
Schizobasopsis J.F.Macbr. = **Bowiea**
Schizobates Besch = **Schizobasis**
Schizoboea【2】(Fritsch) B.L.Burtt 长蒴苣苔属 ≒

Didymocarpus Gesneriaceae 苦苣苔科 [MD-549] 全球 (2) 大洲分布及种数(cf.1) 非洲;南美洲
Schizocaena J.Sm. = **Sphaeropteris**
Schizocaesia Schott = **Alocasia**
Schizocalomyrtus Kausel = **Calycorectes**
Schizocalyx Hochst. = **Schizocalyx**
Schizocalyx【3】Wedd. 东鸡纳属 ← **Bathysa;Hippotis** Rubiaceae 茜草科 [MD-523] 全球 (1) 大洲分布及种数(9)◆南美洲
Schizocapsa【3】Hance 裂果薯属 ← **Tacca** Taccaceae 箭根薯科 [MM-685] 全球 (1) 大洲分布及种数(cf.1)◆亚洲
Schizocardia A.C.Sm. & Standl. = **Purdiaea**
Schizocardium Schröd. = **Schizocarpum**
Schizocarphus【3】van der Merwe 碧药花属 ← **Drimia;Scilla** Asparagaceae 天门冬科 [MM-669] 全球 (1) 大洲分布及种数(2)◆非洲
Schizocarpium Schröd. = **Schizocarpum**
Schizocarpum【3】Schröd. 裂果葫芦属 → **Lovoa** Cucurbitaceae 葫芦科 [MD-205] 全球 (1) 大洲分布及种数(11)◆北美洲
Schizocarpus P. & K. = **Lapsana**
Schizocarya Spach = **Gaura**
Schizocasia Schott = **Alocasia**
Schizocentron Meisn. = **Heterocentron**
Schizochilus【3】Sond. 裂唇兰属 ← **Brachycorythis; Gymnadenia;Platanthera** Orchidaceae 兰科 [MM-723] 全球 (1) 大洲分布及种数(10-13)◆非洲
Schizochiton Spreng. = **Chisocheton**
Schizochlaen Spreng. = **Stenoloma**
Schizochlaena Spreng. = **Stenoloma**
Schizococcus Eastw. = **Arctous**
Schizocodon【3】Sieb. & Zucc. 岩镜属 ← **Shortia** Diapensiaceae 岩梅科 [MD-405] 全球 (1) 大洲分布及种数(cf. 1)◆亚洲
Schizocolea【3】Bremek. 裂鞘茜属 ← **Sabicea;Urophyllum** Rubiaceae 茜草科 [MD-523] 全球 (1) 大洲分布及种数(1-2)◆非洲
Schizocoleeae Rydin & B.Bremer = **Schizocolea**
Schizocorona F.Müll = **Schizocodon**
Schizocoryne F.Müll = **Schizocodon**
Schizocuma Bacescu = **Schizoloma**
Schizodium Lindl. = **Disa**
Schizodon Sw. = **Schlotheimia**
Schizodus Lindl. = **Disa**
Schizoglossum【3】E.Mey. 裂舌萝藦属 ← **Asclepias; Pachycarpus;Xysmalobium** Apocynaceae 夹竹桃科 [MD-492] 全球 (1) 大洲分布及种数(33-60)◆非洲
Schizogramma Link = **Hemionitis**
Schizogyne【-】Cass. 旋覆花科属 ≒ **Acalypha** Inulaceae 旋覆花科 [MD-585] 全球 (uc) 大洲分布及种数(uc)
Schizoica Alef. = **Napaea**
Schizojacquemontia (Roberty) Roberty = **Jacquemontia**
Schizolaena【3】Thou. 齿杯花属 ← **Rhodolaena** Sarcolaenaceae 苞杯花科 [MD-153] 全球 (1) 大洲分布及种数(19-22)◆非洲(◆马达加斯加)
Schizolaenaceae Barnhart = Didiereaceae
Schizolecis Schröd. ex Nees = **Scleria**
Schizolegnia Alston = **Lindsaea**
Schizolepis Schröd. ex Nees = **Scleria**
Schizolepton Fée = **Taenitis**
Schizolobium【3】Vogel 离荚豆属 ← **Caesalpinia; Cassia;Poincianella** Fabaceae 豆科 [MD-240] 全球 (6) 大洲分布及种数(3)非洲:2;亚洲:1-3;大洋洲:2;欧洲:2;北美洲:2-4;南美洲:2-4
Schizoloma (J.Sm.) T.Moore = **Schizoloma**
Schizoloma【3】Gaud. 双唇蕨属 ≒ **Adiantum;Sphenomeris** Lindsaeaceae 鳞始蕨科 [F-27] 全球 (1) 大洲分布及种数(2-14)◆南美洲
Schizomeria【3】D.Don 齿瓣李属 ← **Ceratopetalum** Cunoniaceae 合椿梅科 [MD-255] 全球 (1) 大洲分布及种数(16)◆大洋洲
Schizomeryta R.Vig. = **Meryta**
Schizomitrium (Demaret & P.de la Varde ex Demaret) Ochyra = **Schizomitrium**
Schizomitrium【2】Schimp. 青舌苔属 ≒ **Hookeria** Hookeriaceae 油藓科 [B-164] 全球 (5) 大洲分布及种数(14) 非洲:4;亚洲:1;欧洲:1;北美洲:3;南美洲:6
Schizomussaenda【3】H.L.Li 裂果金花属 ← **Mussaenda;Schizophragma** Rubiaceae 茜草科 [MD-523] 全球 (1) 大洲分布及种数(cf. 1)◆亚洲
Schizonella Nutt. = **Microseris**
Schizonepeta (Benth.) Briq. = **Schizonepeta**
Schizonepeta【3】Briq. 裂叶荆芥属 ← **Nepeta** Lamiaceae 唇形科 [MD-575] 全球 (1) 大洲分布及种数(1)◆亚洲
Schizonephos Griff. = **Piper**
Schizonephros Griff. = **Piper**
Schizonium Lindl. = **Disa**
Schizonoda (Fritsch) B.L.Burtt = **Schizoboea**
Schizonotus【2】Lindl. ex Wall. 珍珠梅属 ≒ **Spiraea;Sorbaria** Apocynaceae 夹竹桃科 [MD-492] 全球 (3) 大洲分布及种数(2) 亚洲:1;欧洲:1;北美洲:2
Schizopedium【-】Salisb. 兰科属 Orchidaceae 兰科 [MM-723] 全球 (uc) 大洲分布及种数(uc)
Schizopepon【3】Maxim. 裂瓜属 → **Bolbostemma; Melothria** Cucurbitaceae 葫芦科 [MD-205] 全球 (1) 大洲分布及种数(9-10)◆亚洲
Schizopetalon【3】Sims 裂瓣芥属 → **Polypsecadium** Brassicaceae 十字花科 [MD-213] 全球 (1) 大洲分布及种数(12)◆南美洲
Schizopetalum DC. = **Polypsecadium**
Schizophragma【3】Sieb. & Zucc. 钻地风属 ← **Decumaria;Pileostegia** Hydrangeaceae 绣球科 [MD-429] 全球 (1) 大洲分布及种数(cf. 1)◆亚洲
Schizophyllopsis【3】(Reinw.) ,Bl. & (Nees) Vá ň a & L.S öderstr. 褶裂苔属 Anastrophyllaceae 挺叶苔科 [B-60] 全球 (6) 大洲分布及种数(1)非洲:1;亚洲:1;大洋洲:1;欧洲:1;北美洲:1;南美洲:1
Schizophyllum (R.M.Schust.) Vá ň a & L.Söderstr. = **Lipochaeta**
Schizopleura (Lindl.) Endl. = **Beaufortia**
Schizopogon Rchb. = **Schizachyrium**
Schizopremna Baill. = **Faradaya**
Schizopsera【-】Turcz. 菊科属 ≒ **Schizoptera** Asteraceae 菊科 [MD-586] 全球 (uc) 大洲分布及种数(uc)
Schizopsis Bur. = **Tynanthus**

Schizoptera Benth. = **Schizoptera**
Schizoptera 【3】 Turcz. 裂翅菊属 ≒ **Synedrella** Asteraceae 菊科 [MD-586] 全球 (6) 大洲分布及种数(2-3) 非洲:1;亚洲:1;大洋洲:1;欧洲:1;北美洲:2;南美洲:1-2
Schizopteris Hillebr. = **Schizoptera**
Schizoscyphus K.Schum. ex Taub. = **Cynometra**
Schizosepala 【3】 G.M.Barroso 裂萼玄参属 Plantaginaceae 车前科 [MD-527] 全球 (1) 大洲分布及种数(uc)属分布和种数(uc)◆南美洲
Schizoseris Schröd. ex Nees = **Scleria**
Schizosiphon 【3】 K.Schum. 纶巾豆属 ≒ **Maniltoa** Fabaceae3 蝶形花科 [MD-240] 全球 (1) 大洲分布及种数(uc)◆大洋洲
Schizospatha Furtado = **Cremaspora**
Schizospermum Boiv. ex Baill. = **Tricalysia**
Schizospora Turcz. = **Schizopsera**
Schizostachyum (L.C.Chia & H.L.Fung) N.H.Xia = **Schizostachyum**
Schizostachyum 【3】 Nees 篙簩竹属 ≒ **Cephalostachyum;Bambusa** Poaceae 禾本科 [MM-748] 全球 (1) 大洲分布及种数(48-61)◆亚洲
Schizostege 【-】 Hillebr. 凤尾蕨科属 ≒ **Pteris; Adiantum** Pteridaceae 凤尾蕨科 [F-31] 全球 (uc) 大洲分布及种数(uc)
Schizostemma Decne. = **Oxypetalum**
Schizostephanus Hochst. ex Benth. & Hook.f. = **Cynanchum**
Schizostigma Arn. = **Cucurbitella**
Schizostoma Decne. = **Oxypetalum**
Schizostylis Backh. & Harv. = **Hesperantha**
Schizostylus Backh. & Harv. = **Hesperantha**
Schizotachyum Nees = **Schizostachyum**
Schizotaenia T.Yamaz. = **Schizotorenia**
Schizotechium Rchb. = **Callitriche**
Schizotheca (C.A.Mey.) Lindl. = **Thalassia**
Schizotheca Lindl. = **Atriplex**
Schizothecium Rchb. = **Callitriche**
Schizothrix Kützing,Friedrich Traugott & Gomont,Maurice Augustin = **Thrinax**
Schizothyra Ehrenb. = **Thalassia**
Schizotorenia 【3】 T.Yamaz. 蝴蝶草属 ≒ **Torenia** Linderniaceae 母草科 [MD-534] 全球 (1) 大洲分布及种数(2-3)◆亚洲
Schizotreta Ehrenb. = **Thalassia**
Schizotricha Jäderholm = **Schizotrichia**
Schizotrichia 【3】 Benth. 裂毛菊属 ← **Dyssodia** Asteraceae 菊科 [MD-586] 全球 (1) 大洲分布及种数(4-5)◆南美洲
Schizozygia 【3】 Baill. 手疮木属 Apocynaceae 夹竹桃科 [MD-492] 全球 (1) 大洲分布及种数(2)◆非洲
Schizymenium 【3】 Harv. 五灯藓属 ≒ **Weissia** Mniaceae 提灯藓科 [B-149] 全球 (6) 大洲分布及种数(47)非洲:8;亚洲:2;大洋洲:1;欧洲:2;北美洲:12;南美洲:33
Schkuhria 【3】 Roth 豨莶属 ≒ **Picradeniopsis** Asteraceae 菊科 [MD-586] 全球 (1) 大洲分布及种数(2-9)◆北美洲
Schlagintweitia Griseb. = **Hieracium**
Schlagintweitiella Ulbr. = **Thalictrum**
Schlagitweitiella Ulbr. = **Thalictrum**
Schlechtendahlia Benth. & Hook.f. = **Dyssodia**
Schlechtendalia Less. = **Dyssodia**
Schlechtendalia Spreng. = **Mollia**
Schlechtendalia Willd. = **Adenophyllum**
Schlechtendalii 【-】 Less. 菊科属 Asteraceae 菊科 [MD-586] 全球 (uc) 大洲分布及种数(uc)
Schlechtera P. & K. = **Heliophila**
Schlechteranthus 【3】 Schwantes 叠琅玉属 Aizoaceae 番杏科 [MD-94] 全球 (1) 大洲分布及种数(16)◆非洲(◆南非)
Schlechterara Garay & H.R.Sw. = **Ascocentrum**
Schlechterella 【3】 K.Schum. 施莱萝藦属 ← **Raphionacme** Apocynaceae 夹竹桃科 [MD-492] 全球 (1) 大洲分布及种数(1-2)◆非洲
Schlechterina 【3】 Harms 单柱莲属 Passifloraceae 西番莲科 [MD-151] 全球 (1) 大洲分布及种数(1)◆非洲
Schlechterorchis Szlach. = **Hemipiliopsis**
Schlechterosciadium H.Wolff = **Chamarea**
Schlegelia 【2】 Miq. 钟萼桐属 ← **Aegiphila;Schmidelia** Schlegeliaceae 钟萼桐科 [MD-538] 全球 (3) 大洲分布及种数(22-27)亚洲:5-6;北美洲:10-11;南美洲:19-22
Schlegeliaceae 【2】 Reveal 钟萼桐科 [MD-538] 全球 (3) 大洲分布和属种数(1/21-26)亚洲:1/5-6;北美洲:1/10-11;南美洲:1/19-22
Schlegelieae A.H.Gentry = **Schlegelia**
Schleichera 【3】 Willd. 久树属 ← **Cupania;Mischocarpus;Schmidelia** Sapindaceae 无患子科 [MD-428] 全球 (1) 大洲分布及种数(cf. 1)◆亚洲
Schleidenia Endl. = **Heliotropium**
Schleidonia Endl. = **Heliotropium**
Schleinitzia 【2】 Warb. 异牧豆树属 ← **Prosopis; Leucaena** Fabaceae 豆科 [MD-240] 全球 (4) 大洲分布及种数(5)非洲:1;亚洲:2;大洋洲:3;北美洲:1
Schleranthus Bertol. = **Scleranthus**
Schlerochiton Harv. = **Sclerochiton**
Schlerochloa Parl. = **Sclerochloa**
Schleropelta Buckley = **Hilaria**
Schliebenia 【3】 Mildbr. 坦桑尾爵床属 ≒ **Isoglossa** Acanthaceae 爵床科 [MD-572] 全球 (1) 大洲分布及种数(uc)属分布和种数(uc)◆非洲(◆坦桑尼亚)
Schliephackea 【2】 Müll.Hal. 五尾藓属 Dicranaceae 曲尾藓科 [B-128] 全球 (2) 大洲分布及种数(2) 北美洲:1;南美洲:2
Schlimia 【-】 Planch. & Linden 龙胆科属 ≒ **Lehmanniella;Lisianthius** Gentianaceae 龙胆科 [MD-496] 全球 (uc) 大洲分布及种数(uc)
Schlimmia 【3】 Planch. & Linden 施利兰属 ≒ **Schlimia** Orchidaceae 兰科 [MM-723] 全球 (1) 大洲分布及种数(6-7)◆南美洲
Schljakovia 【3】 (Hübener) Konstant. & Vilnet 瑞典挺叶苔属 ≒ **Lophozia** Lophoziaceae 裂叶苔科 [B-56] 全球 (1) 大洲分布及种数(1)◆北欧(◆瑞典)
Schljakovianthus 【2】 (Lindb.) Konstant. & Vilnet 北美洲挺叶苔属 Jungermanniaceae 叶苔科 [B-38] 全球 (2) 大洲分布及种数(2)亚洲:cf.1;北美洲:1
Schloatara 【-】 J.M.H.Shaw 兰科属 Orchidaceae 兰科 [MM-723] 全球 (uc) 大洲分布及种数(uc)
Schlosseria Garden = **Styrax**

S

Schlosseria Mill ex Steud. = **Coccoloba**
Schlosseria Vuk. = **Peucedanum**
Schlotheimia (Mitt.) Broth. = **Schlotheimia**
Schlotheimia【3】Brid. 火藓属 ≒ **Encalypta; Macrocoma** Orthotrichaceae 木灵藓科 [B-151] 全球 (6) 大洲分布及种数(127)非洲:47;亚洲:12;大洋洲:13;欧洲:5;北美洲:12;南美洲:62
Schlotheimieae Goffinet = **Schlotheimia**
Schluckebieria Braem = **Sophronitis**
Schlumbephyllum【-】Süpplie ex Doweld 仙人掌科属 Cactaceae 仙人掌科 [MD-100] 全球 (uc) 大洲分布及种数(uc)
Schlumbergera (K.Schum.) Moran = **Schlumbergera**
Schlumbergera【3】Lem. 蟹爪兰属 → **Arthrocereus; Cereus;Hatiora** Cactaceae 仙人掌科 [MD-100] 全球 (6) 大洲分布及种数(13-18;hort.1;cult: 3)非洲:1;亚洲:4-5;大洋洲:1;欧洲:1;北美洲:6-7;南美洲:12-13
Schlumbergeria E.Morr. = **Guzmania**
Schlumbergerina E.Morr. = **Guzmania**
Schlumbergopsis【-】P.V.Heath 仙人掌科属 Cactaceae 仙人掌科 [MD-100] 全球 (uc) 大洲分布及种数(uc)
Schlumisocactus【-】Süpplie ex Doweld 仙人掌科属 Cactaceae 仙人掌科 [MD-100] 全球 (uc) 大洲分布及种数(uc)
Schmalhausenia【3】C.Winkl. 虎头蓟属 ← **Arctium;Cousinia** Asteraceae 菊科 [MD-586] 全球 (1) 大洲分布及种数(cf. 1)◆亚洲
Schmaltzia【3】Desv. ex Small 北美洲漆属 ≒ **Rhus** Anacardiaceae 漆树科 [MD-432] 全球 (1) 大洲分布及种数(7-43)◆北美洲
Schmalzia Desv. = **Rhus**
Schmardaea【3】H.Karst. 云楝属 ← **Guarea** Meliaceae 楝科 [MD-414] 全球 (1) 大洲分布及种数(1)◆南美洲
Schmidelia Böhm. = **Schmidelia**
Schmidelia【2】L. 大叶异木患属 ≒ **Ornitrophe; Picrodendron** Sapindaceae 无患子科 [MD-428] 全球 (4) 大洲分布及种数(5) 非洲:1;欧洲:1;北美洲:1;南美洲:4
Schmidia Wight = **Flemingia**
Schmidiella Veldkamp = **Schmidelia**
Schmidneila L. = **Schmidelia**
Schmidtia Mönch = **Schmidtia**
Schmidtia【3】Steud. ex J.A.Schmidt 丛林草属 ≒ **Tolpis;Coleanthus** Poaceae 禾本科 [MM-748] 全球 (1) 大洲分布及种数(5-6)◆非洲
Schmidtottia【3】Urb. 施米茜属 → **Ceuthocarpus; Isidorea;Portlandia** Rubiaceae 茜草科 [MD-523] 全球 (1) 大洲分布及种数(8-17)◆北美洲
Schmiedelia L. = **Allophylus**
Schmiedtia Raf. = **Coleanthus**
Schmitziella Bornet & Batters = **Schinziella**
Schnabelia【3】Hand.Mazz. 四棱草属 ← **Caryopteris** Lamiaceae 唇形科 [MD-575] 全球 (1) 大洲分布及种数 (cf.1)◆东亚(◆中国)
Schnarfia Speta = **Scilla**
Schneepia Seem. = **Achimenes**
Schnella (DC.) Wunderlin = **Schnella**
Schnella【2】Raddi 羊蹄甲属 ≒ **Phanera** Fabaceae3 蝶形花科 [MD-240] 全球 (2) 大洲分布及种数(45)北美洲:9;南美洲:42-44
Schnittspahnia Rchb. = **Polyalthia**
Schnitzleinia Steud. ex Hochst. = **Emmotum**
Schnitzleinia Walp. = **Vellozia**
Schnizleinia Mart ex Engl. = **Emmotum**
Schnizleinia Mart. ex Engl. = **Xerophyta**
Schnizleinia Steud. = **Boissiera**
Schnizleinia Steud. ex Hochst. = **Vellozia**
Schnusea Senghas = **Schunkea**
Schobera G.A.Scop. = **Heliotropium**
Schoberia C.A.Mey. = **Suaeda**
Schoberina G.A.Scop. = **Heliotropium**
Schoebera Neck. = **Schrebera**
Schoedonardus Steud. = **Schedonnardus**
Schoenanthus Adans. = **Ischaemum**
Schoenefeldia【2】Kunth 苇禾属 ← **Chloris** Poaceae 禾本科 [MM-748] 全球 (2) 大洲分布及种数(3)非洲:2;亚洲:cf.1
Schoenfeldia Edgew. = **Schoenefeldia**
Schoenia【3】Steetz 舌苞菊属 ← **Helichrysum;Podolepis** Asteraceae 菊科 [MD-586] 全球 (1) 大洲分布及种数(5)◆大洋洲(◆澳大利亚)
Schoenidium Nees = **Ficinia**
Schoenissa Salisb. = **Allium**
Schoenlandia Cornu = **Cyanastrum**
Schoenleinia J.F.Klotzsch = **Ponthieva**
Schoenobiblos Endl. = **Schoenobiblus**
Schoenobiblus【2】Mart. 珊瑚瑞香属 Thymelaeaceae 瑞香科 [MD-310] 全球 (2) 大洲分布及种数(16)北美洲:3;南美洲:15
Schoenobryum【2】Dozy & Molk. 顶隐蒴藓属 ≒ **Cryphaea** Cryphaeaceae 隐蒴藓科 [B-197] 全球 (5) 大洲分布及种数(10) 非洲:5;亚洲:1;大洋洲:1;北美洲:2;南美洲:5
Schoenocaulon【3】A.Gray 羽柄花属 ← **Melanthium; Xerophyllum** Melanthiaceae 藜芦科 [MM-621] 全球 (1) 大洲分布及种数(28-30)◆北美洲
Schoenocephalium【3】Seub. 塔蔺花属 → **Kunhardtia;Monotrema** Rapateaceae 泽蔺花科 [MM-713] 全球 (1) 大洲分布及种数(5-6)◆南美洲
Schoenochlaena Bunge = **Xanthosia**
Schoenocrambe【3】Greene 南美芥属 → **Neuontobotrys;Sisymbrium** Brassicaceae 十字花科 [MD-213] 全球 (1) 大洲分布及种数(7)◆北美洲
Schoenodendron Engl. = **Microdracoides**
Schoenodorus Röm. & Schult. = **Schedonorus**
Schoenodum Labill. = **Lyginia**
Schoenoides Seberg,Fred. & Baden = **Oreobolus**
Schoenolaena【3】Bunge 黄伞草属 ≒ **Xanthosia** Apiaceae 伞形科 [MD-480] 全球 (1) 大洲分布及种数(uc)◆大洋洲
Schoenolirion【3】Torr. 阳光百合属 ← **Ornithogalum; Phalangium;Camassia** Asparagaceae 天门冬科 [MM-669] 全球 (1) 大洲分布及种数(3-5)◆北美洲
Schoenomorphus Thorel ex Gagnep. = **Tropidia**
Schoenoplectiell Lye = **Schoenoplectiella**
Schoenoplectiella (Rchb.) Hayasaka = **Schoenoplectiella**
Schoenoplectiella【3】Lye 泽田藨属 ← **Carex;Schoenus;Scirpus** Cyperaceae 莎草科 [MM-747] 全球 (6) 大洲分布及种数(56-63;hort.2;cult:2)非洲:24;亚洲:39-41;大洋

洲:12;欧洲:8;北美洲:12;南美洲:5
Schoenoplectus【3】(Rchb.) Palla 水葱属 ← **Scirpus; Pterolepis;Amphiscirpus** Cyperaceae 莎草科 [MM-747] 全球 (6) 大洲分布及种数(52-58;hort.1;cult: 10)非洲:25-46;亚洲:42-65;大洋洲:18-38;欧洲:15-35;北美洲:25-45;南美洲:7-27
Schoenoprasum Kunth = **Allium**
Schoenopsis P.Beauv. ex T.Lestib. = **Tetraria**
Schoenorchis Bl. = **Schoenorchis**
Schoenorchis【3】Reinw. 匙唇兰属 → **Abdominea; Rhynchostylis** Orchidaceae 兰科 [MM-723] 全球 (6) 大洲分布及种数(21-31)非洲:1-3;亚洲:20-25;大洋洲:4-6;欧洲:1;北美洲:1;南美洲:1
Schoenoselinum【3】Jim.Mejías & P.Vargas 黑伞草属 Apiaceae 伞形科 [MD-480] 全球 (1) 大洲分布及种数(1)◆非洲
Schoenoxiphium【3】Nees 南嵩草属 → **Kobresia; Kyllinga;Carex** Cyperaceae 莎草科 [MM-747] 全球 (6) 大洲分布及种数(18-20)非洲:17-18;亚洲:3;大洋洲:2;欧洲:1;北美洲:2;南美洲:2
Schoenus (Benth.) C.B.Clarke = **Schoenus**
Schoenus【3】L. 赤箭莎属 → **Actinoschoenus;Chaetophora;Blysmus** Cyperaceae 莎草科 [MM-747] 全球 (6)大洲分布及种数(64-164;hort.1;cult: 3)非洲:48-68;亚洲:16-29;大洋洲:49-107;欧洲:5-14;北美洲:4-15;南美洲:9-17
Schoepfia Alloschöpfia Sleumer = **Schoepfia**
Schoepfia【3】Schreb. 青皮木属 ← **Elaeodendron; Haenkea** Schoepfiaceae 青皮木科 [MD-370] 全球 (1) 大洲分布及种数(8)◆南美洲
Schoepfiaceae【3】Bl. 青皮木科 [MD-370] 全球 (6) 大洲分布和属种数(2;hort. & cult.1-2)(14-44;hort. & cult.1-2)非洲:1/5;亚洲:2/9;大洋洲:1/5;欧洲:1/5;北美洲:1-2/1-10;南美洲:2/14-19
Schoepfianthus【3】Engl. ex De Wild. 刚果铁青树属 Schoepfiaceae 青皮木科 [MD-370] 全球 (1) 大洲分布及种数(uc)◆亚洲
Schoepfiopsis Miers = **Schoepfia**
Schofieldia【3】J.D.Godfrey 美国大萼苔属 Cephaloziaceae 大萼苔科 [B-52] 全球 (1) 大洲分布及种数(cf. 1)◆北美洲
Schofieldiella W.R.Buck = **Hageniella**
Scholera Hook.f. = **Hoya**
Schollera Rohr = **Vaccinium**
Schollera Roth = **Oxycoccus**
Schollera Schreb. = **Heteranthera**
Scholleropsis【3】H.Perrier 金梭草属 ← **Monochoria** Pontederiaceae 雨久花科 [MM-711] 全球 (1) 大洲分布及种数(1)◆非洲
Schollia J.Jacq. = **Hoya**
Scholtzia【3】Schaür 帚蜡花属 ← **Baeckea;Thryptomene** Myrtaceae 桃金娘科 [MD-347] 全球 (1) 大洲分布及种数(14-15)◆大洋洲
Scholzia Schaür = **Scholtzia**
Schombavola【-】Hort. 兰科属 Orchidaceae 兰科 [MM-723] 全球 (uc) 大洲分布及种数(uc)
Schombobrassavola auct. = **Brassavola**
Schombocatonia auct. = **Otochilus**
Schombocattleya Hort. = **Laeliocattleya**
Schombocyclia【-】J.M.H.Shaw 兰科属 Orchidaceae 兰科 [MM-723] 全球 (uc) 大洲分布及种数(uc)
Schombodiacrium Hort. = **Diacrium**
Schomboepidendrum Hort. = **Brassavola**
Schombolaelia auct. = **Schomburgkia**
Schombolaeliocattleya Hort. = **Trichoglottis**
Schombolaeliopsis【-】Hort. 兰科属 Orchidaceae 兰科 [MM-723] 全球 (uc) 大洲分布及种数(uc)
Schombonia【-】Hort. 兰科属 Orchidaceae 兰科 [MM-723] 全球 (uc) 大洲分布及种数(uc)
Schombonitis Hort. = **Schomburgkia**
Schombotonia auct. = **Otochilus**
Schomburghia DC. = **Calea**
Schomburgkia Benth. & Hook.f. = **Schomburgkia**
Schomburgkia【3】Lindl. 香蕉兰属 ← **Calea;Myrmecophila;Bletia** Asteraceae 菊科 [MD-586] 全球 (6) 大洲分布及种数(11-18;hort.1;cult: 3)非洲:1-2;亚洲:1-2;大洋洲:1-2;欧洲:1;北美洲:5-6;南美洲:6-8
Schomburgkiocattleya auct. = **Cattleya**
Schomburgkio-cattleya Hort. = **Cattleya**
Schom-cattleya Hort. = **Cattleya**
Schomechea【-】J.M.H.Shaw 兰科属 Orchidaceae 兰科 [MM-723] 全球 (uc) 大洲分布及种数(uc)
Schomlusgkia Lindl. = **Schomburgkia**
Schoncus L. = **Schinus**
Schonlandia L.Bolus = **Drosanthemum**
Schorigeram Adans. = **Tragia**
Schortia E.Vilm. = **Eriophyllum**
Schota【-】Cothen. 豆科属 Fabaceae 豆科 [MD-240] 全球 (uc) 大洲分布及种数(uc)
Schotheimia Brid. = **Schlotheimia**
Schotia DC. = **Schotia**
Schotia【3】Jacq. 挂钟豆属 ≒ **Cynometra** Fabaceae 豆科 [MD-240] 全球 (1) 大洲分布及种数(5-11)◆非洲
Schottariella【-】P.C.Boyce & S.Y.Wong 天南星科属 Araceae 天南星科 [MM-639] 全球 (uc) 大洲分布及种数(uc)
Schottarum【3】P.C.Boyce & S.Y.Wong 落檐属 ← **Schismatoglottis** Araceae 天南星科 [MM-639] 全球 (1) 大洲分布及种数(2)◆亚洲
Schottera (Duby) Guiry & Hollenb. = **Heliotropium**
Schousbea Raf. = **Stipa**
Schousboea【-】Schumach. 使君子科属 ≒ **Alchornea** Combretaceae 使君子科 [MD-354] 全球 (uc) 大洲分布及种数(uc)
Schoutenia【3】Korth. 星芒椴属 Malvaceae 锦葵科 [MD-203] 全球 (1) 大洲分布及种数(10)◆亚洲
Schouwia【2】DC. 沙蝗芥属 ≒ **Pavonia** Brassicaceae 十字花科 [MD-213] 全球 (2) 大洲分布及种数(1) 非洲:1;亚洲:1
Schradera【3】Vahl 施拉茜属 ≒ **Croton;Stachyarrhena** Rubiaceae 茜草科 [MD-523] 全球 (6) 大洲分布及种数(46-58)非洲:6-7;亚洲:13-18;大洋洲:5-6;欧洲:1;北美洲:11-14;南美洲:30-39
Schraderanthus【3】Averett 五目茄属 ← **Chamaesaracha** Solanaceae 茄科 [MD-503] 全球 (1) 大洲分布及种数(cf.1)◆北美洲
Schraderella【2】Müll.Hal. 元锦藓属 Sematophyllaceae 锦藓科 [B-192] 全球 (2) 大洲分布及种数(1) 北美洲:1;南美洲:1

S

Schraderia Fabr. ex Medik. = **Salvia**
Schraderobryum M.Fleisch. = **Acroporium**
Schrameckia Danguy = **Tambourissa**
Schrammia Britton & Rose = **Hoffmannseggia**
Schranckia Scop. ex J.F.Gmel. = **Goupia**
Schranckiastrum Hassl. = **Mimosa**
Schrankia Medik. = **Schrankia**
Schrankia【3】 Willd. 无刺含羞草属 ≒ **Leptoglottis; Mimosa** Brassicaceae 十字花科 [MD-213] 全球 (1) 大洲分布及种数(8-15)◆北美洲
Schrankiastrum Hassl. = **Mimosa**
Schrebera L. = **Schrebera**
Schrebera【2】 Roxb. 元春花属 ≒ **Hartogiopsis** Oleaceae 木樨科 [MD-498] 全球 (3) 大洲分布及种数(9-12)非洲:6;亚洲:cf.1;南美洲:1
Schreberaceae Schnizl. = Gentianaceae
Schreiberia Steud. = **Schrebera**
Schreibersia Pohl = **Gardenia**
Schreiteria【3】 Carolin 红娘花属 ≒ **Calandrinia** Montiaceae 水卷耳科 [MD-81] 全球 (1) 大洲分布及种数(1)◆南美洲
Schreiteriana Dyar = **Schreiteria**
Schrenckia Benth. = **Schrenkia**
Schrenkia【3】 Fisch. & C.A.Mey. 双球芹属 ≒ **Cachrys** Apiaceae 伞形科 [MD-480] 全球 (1) 大洲分布及种数(4-10)◆亚洲
Schrenkiella【3】 D.A.Germann & Al-Shehbaz 巴西芥属 Brassicaceae 十字花科 [MD-213] 全球 (1) 大洲分布及种数(cf.1)◆亚洲
Schroederella Briq. = **Schroeterella**
Schroederiella Briq. = **Schroeterella**
Schroeterella【3】 Briq. 锦藓科属 ≒ **Larrea** Sematophyllaceae 锦藓科 [B-192] 全球 (1) 大洲分布及种数(1)◆南美洲
Schrophularia Medik. = **Scrophularia**
Schsitidium Brid. = **Schistidium**
Schtschurowskia【3】 Regel & Schmalh. 希茨草属 ≒ **Sclerotiaria** Apiaceae 伞形科 [MD-480] 全球 (1) 大洲分布及种数(cf. 1)◆中亚(◆哈萨克斯坦)
Schtumbergera Lem. = **Schlumbergera**
Schubea Pax = **Cola**
Schubertia Bl. = **Horsfieldia**
Schubertia Bl. ex DC. = **Harmsiopanax**
Schubertia Mirb. = **Taxodium**
Schuble Pax = **Cola**
Schubleria G.Don = **Curtia**
Schuebleria Mart. = **Curtia**
Schuechia Endl. = **Vochysia**
Schuenkia Raf. = **Schwenckia**
Schuermannia F.Müll = **Darwinia**
Schuetzia Gandog. = **Rosa**
Schufia Spach = **Fuchsia**
Schuitemania【3】 Ormerod 钳唇兰属 ≒ **Erythrodes** Orchidaceae 兰科 [MM-723] 全球 (1) 大洲分布及种数(2)◆亚洲
Schultesia【2】 Mart. 翅杯花属 ≒ **Wahlenbergia; Exacum;Piper** Gentianaceae 龙胆科 [MD-496] 全球 (4) 大洲分布及种数(21-22;hort.2;cult: 2)非洲:2;亚洲:cf.1;北美洲:6;南美洲:19-20
Schultesianthus【2】 Hunz. 舒尔花属 ← **Markea; Solandra** Solanaceae 茄科 [MD-503] 全球 (2) 大洲分布及种数(10-11)北美洲:5;南美洲:8
Schultesiophytum【3】 Harling 簇苞草属 Cyclanthaceae 环花草科 [MM-706] 全球 (1) 大洲分布及种数(1)◆南美洲
Schultezia Juss. = (接受名不详) Cyperaceae
Schulthesia Raddi = **Porella**
Schultzia Airy-Shaw = **Schultzia**
Schultzia【3】 Raf. 分苞芹属 ≒ **Obolaria;Athamanta; Porella** Apiaceae 伞形科 [MD-480] 全球 (1) 大洲分布及种数(2)◆亚洲
Schulzeria Hook. = **Scouleria**
Schulzia【3】 Spreng. 苞裂芹属 ← **Athamanta;Cortia; Cortiella** Apiaceae 伞形科 [MD-480] 全球 (1) 大洲分布及种数(cf. 1)◆亚洲
Schumacheria【3】 Vahl 非洲有叶花属 ≒ **Wormskioldia** Dilleniaceae 五桠果科 [MD-66] 全球 (1) 大洲分布及种数(3)◆南亚(◆斯里兰卡)
Schumannia【3】 P. & K. 球根阿魏属 ← **Ferula** Apiaceae 伞形科 [MD-480] 全球 (1) 大洲分布及种数(1-2)◆亚洲
Schumannianthus【2】 Gagnep. 竹叶蕉属 ≒ **Donax** Marantaceae 竹芋科 [MM-740] 全球 (4) 大洲分布及种数(1-2)亚洲;大洋洲;欧洲;北美洲
Schumanniophyton【3】 Harms 舒曼木属 ← **Randia;Tetrastigma** Rubiaceae 茜草科 [MD-523] 全球 (1) 大洲分布及种数(3)◆非洲
Schumeria Iljin = **Klasea**
Schunda-pana Adans. = **Caryota**
Schunkea【3】 Senghas 席兰属 Orchidaceae 兰科 [MM-723] 全球 (1) 大洲分布及种数(1)◆南美洲
Schunkeara J.M.H.Shaw = **Schunkea**
Schusterella (R.M.Schust.) S.Hatt.,Sharp & Mizut. = **Frullania**
Schusteria【-】 Kachroo 细鳞苔科属 Lejeuneaceae 细鳞苔科 [B-84] 全球 (uc) 大洲分布及种数(uc)
Schusterolejeunea【3】 (Spruce) Grolle 蔟鳞苔属 Lejeuneaceae 细鳞苔科 [B-84] 全球 (1) 大洲分布及种数(1)◆南美洲
Schuurmansia【3】 Bl. 巨叶莲木属 ≒ **Schuurmansiella** Ochnaceae 金莲木科 [MD-104] 全球 (1) 大洲分布及种数(3)◆东南亚(◆菲律宾)
Schuurmansiella【3】 Hallier f. 桃莲木属 Ochnaceae 金莲木科 [MD-104] 全球 (1) 大洲分布及种数(cf. 1)◆亚洲
Schwabea【3】 Endl. 独爵床属 → **Monechma;Justicia** Acanthaceae 爵床科 [MD-572] 全球 (1) 大洲分布及种数(uc)属分布和种数(uc)◆非洲
Schwackaea【3】 Cogn. 施瓦野牡丹属 ← **Acisanthera** Melastomataceae 野牡丹科 [MD-364] 全球 (1) 大洲分布及种数(1)◆北美洲
Schwackea Dalla Torre & Harms = **Schwenckia**
Schwaegerichenia【-】 Juss. 石蒜科属 Amaryllidaceae 石蒜科 [MM-694] 全球 (uc) 大洲分布及种数(uc)
Schwaegrichenia Rchb. = **Anigozanthos**
Schwalbea【3】 L. 施瓦尔列当属 Orobanchaceae 列当科 [MD-552] 全球 (1) 大洲分布及种数(2)◆北美洲(◆美国)

Schwannia【3】 Endl. 朱那木属 ≒ **Janusia** Malpighiaceae 金虎尾科 [MD-343] 全球 (1) 大洲分布及种数(uc) 属分布和种数(uc)◆南美洲
Schwantesia【3】 Dinter 晚霞玉属 ≒ **Monilaria** Aizoaceae 番杏科 [MD-94] 全球 (1) 大洲分布及种数(10-12)◆非洲
Schwartzia Cyathoidea Bedell = **Schwartzia**
Schwartzia【2】 Vell. 蜜杯花属 ← **Norantea;Ruyschia** Marcgraviaceae 蜜囊花科 [MD-170] 全球 (2) 大洲分布及种数(20-25)北美洲:6;南美洲:15-20
Schwartzkopffia Kraenzl. = **Platanthera**
Schwarzia Vell. = **Schwartzia**
Schwecnkiopsis Dammer = **Protoschwenkia**
Schweiggera E.Mey. ex Baker = **Gladiolus**
Schweiggera Mart. = **Renggeria**
Schweiggeria【3】 Spreng. 异萼堇属 Violaceae 堇菜科 [MD-126] 全球 (1) 大洲分布及种数(3-5)◆南美洲(◆巴西)
Schweinfurthafra P. & K. = **Grewia**
Schweinfurthara J.M.H.Shaw = **Schweinfurthia**
Schweinfurthia【2】 A.Braun 施氏婆婆纳属 ← **Antirrhinum** Plantaginaceae 车前科 [MD-527] 全球 (2) 大洲分布及种数(3-7)非洲:1-2;亚洲:2-6
Schweinitzia Elliott = **Monotropsis**
Schwenckia【3】 L. 施文克茄属 → **Leptoglossis;Melananthus** Solanaceae 茄科 [MD-503] 全球 (1) 大洲分布及种数(23-28)◆南美洲
Schwendenera【3】 K.Schum. 施文茜属 Rubiaceae 茜草科 [MD-523] 全球 (1) 大洲分布及种数(1)◆南美洲(◆巴西)
Schwenkfelda Schreb. = **Sabicea**
Schwenkia D.Royen ex L. = **Schwenckia**
Schwenkiopsis Dammer = **Protoschwenkia**
Schwerinia H.Karst. = **Meriania**
Schwetschkea【2】 Müll.Hal. 附干藓属 ≒ **Neckera; Orthoamblystegium** Leskeaceae 薄罗藓科 [B-181] 全球 (5)大洲分布及种数(24)非洲:7;亚洲:14;大洋洲:1;北美洲:1;南美洲:3
Schwetschkeopsis【2】 Broth. 拟附干藓属 ≒ **Tripterocladium** Anomodontaceae 牛舌藓科 [B-209] 全球 (2) 大洲分布及种数(5) 亚洲:5;北美洲:1
Schweyckerta C.C.Gmel. = **Nymphoides**
Schweykerta C.C.Gmel. = **Limnanthemum**
Schychowskia Endl. = **Pilea**
Schychowskya Endl. = **Laportea**
Sciacassia Britton = **Tachigali**
Sciadicarpus Hassk. = **Kibara**
Sciadiodaphne Rchb. = **Litsea**
Sciadioseris Kunze = **Senecio**
Sciadiphyllum Hassk. = **Schefflera**
Sciadisca Raf. = **Convolvulus**
Sciadocalyx Regel = **Nephrolepis**
Sciadocarpus Pfeiff. = **Kibara**
Sciadocephala【3】 Mattf. 伞头菊属 ← **Adenostemma** Asteraceae 菊科 [MD-586] 全球 (1) 大洲分布及种数(5-6)◆南美洲
Sciadocephalus Mattf. = **Sciadocephala**
Sciadocladus【2】 Lindb. ex Kindb. 防灰藓属 Pterobryellaceae 玉柏藓科 [B-157] 全球 (3) 大洲分布及种数(3) 亚洲:1;大洋洲:2;欧洲:1
Sciadodendron【2】 Griseb. 湖南参属 ← **Aralia** Araliaceae 五加科 [MD-471] 全球 (2) 大洲分布及种数(cf.1) 北美洲;南美洲
Sciadonardus Steud. = **Gymnopogon**
Sciadopanax Seem. = **Polyscias**
Sciadophila Phil. = **Rhamnus**
Sciadopityaceae【3】 Lürss. 金松科 [G-18] 全球 (1) 大洲分布和属种数(1;hort. & cult.1)(2-3;hort. & cult.1)◆亚洲
Sciadopitys【3】 Sieb. & Zucc. 金松属 ← **Pinus** Sciadopityaceae 金松科 [G-18] 全球 (1) 大洲分布及种数(cf. 1)◆亚洲
Sciadopltys Sieb. & Zucc. = **Sciadopitys**
Sciadoseris C.Müll. = **Senecio**
Sciadotaenia Benth. = **Sciadotenia**
Sciadotenia (Barneby & Krukoff) Barneby & Krukoff = **Sciadotenia**
Sciadotenia【3】 Miers 阴毒藤属 ← **Abuta;Curarea** Menispermaceae 防已科 [MD-42] 全球 (1) 大洲分布及种数(20)◆南美洲
Sciadotentia Miers = **Sciadotenia**
Sciaenoides O.Seberg = **Oreobolus**
Sciaphila【3】 Bl. 霉草属 → **Andruris** Triuridaceae 霉草科 [MM-616] 全球 (6) 大洲分布及种数(24-62)非洲:8-18;亚洲:7-25;大洋洲:6-25;欧洲:1;北美洲:3-4;南美洲:9
Sciaphileae Miers = **Sciaphila**
Sciaphyllum Bremek. = **Streblacanthus**
Sciaplea【-】 Rauschert 豆科属 Fabaceae 豆科 [MD-240] 全球 (uc) 大洲分布及种数(uc)
Sciara L. = **Scilla**
Sciaromiella【-】 Ochyra 柳叶藓科属 Amblystegiaceae 柳叶藓科 [B-178] 全球 (uc) 大洲分布及种数(uc)
Sciaromiopsis【3】 Broth. 厚边藓属 ≒ **Sciaromium** Amblystegiaceae 柳叶藓科 [B-178] 全球 (1) 大洲分布及种数(uc)◆亚洲
Sciaromium【3】 (Mitt.) Mitt. 柳叶藓科属 ≒ **Neckeropsis** Amblystegiaceae 柳叶藓科 [B-178] 全球 (1) 大洲分布及种数(9)◆大洋洲
Scilla【3】 L. 蓝瑰花属 → **Muscari;Stellaria;Brimeura** Hyacinthaceae 风信子科 [MM-679] 全球 (6) 大洲分布及种数(68-143;hort.1;cult:6)非洲:26-86;亚洲:35-63;大洋洲:3-27;欧洲:31-61;北美洲:12-36;南美洲:2-28
Scillaceae Batsch ex Borkh. = Stilbaceae
Scilleae Bartl. = **Scilla**
Scillopsis Lem. = **Lachenalia**
Scin Adans. = **Sium**
Scinaia Rchb. = **Procris**
Scinax Pombal,Haddad & Kasahara = **Amomum**
Scincus L. = **Scirpus**
Scindapsus【3】 Schott 藤芋属 ← **Aglaonema;Alloschemone;Amydrium** Araceae 天南星科 [MM-639] 全球 (1) 大洲分布及种数(7-30)◆亚洲
Sciobia Rchb. = **Procris**
Sciobius Rchb. = **Procris**
Sciodaphyllum P.Br. = **Schefflera**
Scione Adans. = **Sium**
Sciophila Gaud. = **Maianthemum**
Sciophila P. & K. = **Columnea**

Sciophylla F.Heller = **Maianthemum**
Sciothamnus Endl. = **Peucedanum**
Scirpaceae Batsch ex Borkh. = Cyperaceae
Scirpidiella Rauschert = **Scirpus**
Scirpidium Nees = **Eleocharis**
Scirpobambus (A.Rich.) P. & K. = **Oxytenanthera**
Scirpocyperus Friche-Joset & Montandon = **Bolboschoenus**
Scirpodendron Engl. = **Scirpodendron**
Scirpodendron 【3】 Zipp. ex Kurz 大喙芒属 ← **Hypolytrum;Chionanthus** Cyperaceae 莎草科 [MM-747] 全球 (1) 大洲分布及种数(1-2)◆亚洲
Scirpoides 【3】 Ség. 球藨草属 ≒ **Cyperus;Scirpus; Digitaria** Cyperaceae 莎草科 [MM-747] 全球 (6) 大洲分布及种数(7;hort.1)非洲:5-6;亚洲:1-2;大洋洲:1;欧洲:1-2;北美洲:3-4;南美洲:1-2
Scirpus Dum. = **Scirpus**
Scirpus 【3】 L. 藨草属 → **Actinoscirpus;Schoenoxiphium;Bulbostylis** Cyperaceae 莎草科 [MM-747] 全球 (6) 大洲分布及种数(104-201;hort.1;cult: 25)非洲:23-177;亚洲:53-219;大洋洲:25-177;欧洲:12-162;北美洲:40-195;南美洲:29-187
Scirrhophorus Turcz. = **Porpax**
Scirtoidea Ség. = **Scirpoides**
Sciuris Nees & Mart. = **Raputia**
Sciuro-hypnum 【3】 Hampe 拟青藓属 ≒ **Amblystegium** Brachytheciaceae 青藓科 [B-187] 全球 (6) 大洲分布及种数(17) 非洲:6;亚洲:11;大洋洲:1;欧洲:12;北美洲:11;南美洲:3
Sciuroleskea 【3】 Hampe ex Broth. 厄硬叶藓属 Stereophyllaceae 硬叶藓科 [B-172] 全球 (1) 大洲分布及种数(3)◆南美洲
Sciurus D.Dietr. = **Scirpus**
Scizanthus Pers. = **Schizanthus**
Sckuhria Mönch = **Sigesbeckia**
Sclaeranthus Thunb. = **Scleranthus**
Sclarea Mill. = **Salvia**
Sclepsion Raf. ex Wedd. = **Urtica**
Sclerachne R.Br. = **Chionachne**
Sclerandrium Stapf & C.E.Hubb. = **Germainia**
Sclerangium Stapf & C.E.Hubb. = **Germainia**
Scleranthaceae J.Presl & C.Presl = Caryocaraceae
Scleranthelia Pichon = **Wrightia**
Scleranthera Pichon = **Wrightia**
Scleranthopsis 【3】 Rech.f. 玉露菊属 ← **Acanthophyllum** Caryophyllaceae 石竹科 [MD-77] 全球 (1) 大洲分布及种数(uc)属分布和种数(uc)◆亚洲
Scleranthu L. = **Scleranthus**
Scleranthus 【3】 L. 线球草属 ≒ **Mniarum;Sphaeranthus** Illecebraceae 醉人花科 [MD-113] 全球 (6) 大洲分布及种数(24-34)非洲:5-8;亚洲:4-8;大洋洲:8-15;欧洲:15-21;北美洲:2-5;南美洲:2-5
Sclerapyrum Arn. = **Scleropyrum**
Scleria (Böckeler) J.Kern = **Scleria**
Scleria 【3】 Berg. 珍珠茅属 ≒ **Sadleria;Becquerelia** Cyperaceae 莎草科 [MM-747] 全球 (1) 大洲分布及种数(120-201)◆非洲
Sclerieae Nees = **Scleria**
Sclerinocereus 【-】 G.D.Rowley 仙人掌科属 Cactaceae 仙人掌科 [MD-100] 全球 (uc) 大洲分布及种数(uc)
Sclerobaris Cass. = **Senecio**
Sclerobasis Cass. = **Senecio**
Sclerobassia Ulbr. = **Sclerolaena**
Scleroblitum 【2】 Ulbr. 莲座藜属 ≒ **Blitum** Amaranthaceae 苋科 [MD-116] 全球 (2) 大洲分布及种数(2)大洋洲:1;欧洲:1
Sclerobryum Arn. = **Scleropyrum**
Sclerocactus 【3】 Britton & Rose 虹山玉属 ≒ **Echinocereus;Hamatocactus** Cactaceae 仙人掌科 [MD-100] 全球 (1) 大洲分布及种数(25-30)◆北美洲
Sclerocalymma Asch. = **Atriplex**
Sclerocalyx Nees = **Ruellia**
Sclerocarpa Sond. = **Sclerocarya**
Sclerocarpus 【3】 Jacq. 硬果菊属 ≒ **Madia;Aldama** Asteraceae 菊科 [MD-586] 全球 (6) 大洲分布及种数(12-16;hort.1)非洲:1-3;亚洲:1-3;大洋洲:2;欧洲:1-3;北美洲:10-13;南美洲:4-6
Sclerocarya 【3】 Hochst. 象李属 ← **commiphora; Poupartia** Anacardiaceae 漆树科 [MD-432] 全球 (1) 大洲分布及种数(2)◆非洲
Sclerocephalus Boiss. = **Gymnocarpos**
Sclerochaetium Nees = **Tetraria**
Sclerochilus Klotzsch = **Scelochilus**
Sclerochiton 【3】 Harv. 蓝唇花属 ← **Acanthus;Crossandra** Acanthaceae 爵床科 [MD-572] 全球 (1) 大洲分布及种数(17-19)◆非洲
Sclerochlaena P. & K. = **Sclerolaena**
Sclerochlamys 【3】 F.Müll. 珍珠藜属 ≒ **Keratochlaena** Amaranthaceae 苋科 [MD-116] 全球 (1) 大洲分布及种数(1)◆大洋洲
Sclerochloa (Griseb.) Nyman = **Sclerochloa**
Sclerochloa 【3】 Beauv. 硬草属 ≒ **Festuca;Scleria; Catapodium** Poaceae 禾本科 [MM-748] 全球 (1) 大洲分布及种数(1-4)◆北美洲
Sclerochorton 【3】 Boiss. 希腊革叶芹属 Apiaceae 伞形科 [MD-480] 全球 (1) 大洲分布及种数(1)◆南欧(◆希腊)
Sclerococcum Bartl. = **Hedyotis**
Sclerocroton 【3】 Hochst. 海漆属 ≒ **Excoecaria; Sapium** Euphorbiaceae 大戟科 [MD-217] 全球 (1) 大洲分布及种数(6)◆非洲
Sclerocyathium Prokh. = **Euphorbia**
Sclerodactyla Stapf = **Sclerodactylon**
Sclerodactylon 【3】 Stapf 假龙爪茅属 ← **Acrachne** Poaceae 禾本科 [MM-748] 全球 (1) 大洲分布及种数(1)◆非洲
Sclerodeyeuxia (Stapf) Pilg. = **Calamagrostis**
Sclerodeyeuxia (Stapf) Pilger = **Deyeuxia**
Sclerodictyon Pierre = **Dictyophleba**
Sclerodontium 【2】 Schwägr. 异白齿藓属 ≒ **Trematodon;Leucodon** Dicranaceae 曲尾藓科 [B-128] 全球 (3) 大洲分布及种数(4) 亚洲:2;大洋洲:3;南美洲:1
Scleroglossum 【3】 Alderw. 革舌蕨属 ≒ **Vittaria** Polypodiaceae 水龙骨科 [F-60] 全球 (1) 大洲分布及种数(4-6)◆亚洲
Sclerohypnum 【3】 Dixon 拟青藓属 ← **Sciurohypnum** Hookeriaceae 油藓科 [B-164] 全球 (1) 大洲分

布及种数(1)◆亚洲

Sclerolaena【3】 R.Br. 澳藜属 ← **Bassia;Chenolea; Cyphochlaena** Amaranthaceae 苋科 [MD-116] 全球 (1) 大洲分布及种数(69-84)◆大洋洲

Scleroleima Hook.f. = **Abrotanella**

Sclerolepis【-】 Cass. 菊科属 ≒ **Ethulia** Asteraceae 菊科 [MD-586] 全球 (uc) 大洲分布及种数(uc)

Sclerolinon【3】 C.M.Rogers 地耳麻属 ← **Linum** Linaceae 亚麻科 [MD-315] 全球 (1) 大洲分布及种数(1)◆北美洲(◆美国)

Sclerolobium Cosymbe Baill. = **Sclerolobium**

Sclerolobium【3】 Vogel 硬荚豆属 ← **Ormosia** Fabaceae 豆科 [MD-240] 全球 (1) 大洲分布及种数(10-15)◆南美洲

Scleromelum K.Schum. & Lauterb. = **Scleropyrum**

Scleromitrion【2】 (Wight & Arn.) Meisn. 耳草属 ≒ **Hedyotis;Spermacoce** Rubiaceae 茜草科 [MD-523] 全球 (3) 大洲分布及种数(3-12) 非洲:1;亚洲:3-11;大洋洲:1-2

Scleromnium Jur. = **Echinodium**

Scleromys Schröd. = **Acroglochin**

Scleronema【2】 Benth. 硬丝木棉属 ≒ **Xeronema** Malvaceae 锦葵科 [MD-203] 全球 (2) 大洲分布及种数(6-8)北美洲:1;南美洲:5-7

Scleroon Benth. = **Petitia**

Sclerophylacaceae【3】Miers 南美茄科 [MD-504] 全球 (1) 大洲分布和属种数(1/14-16)◆亚洲

Sclerophylax【3】 Miers 盐生茄属 ≒ **Tetragonia** Solanaceae 茄科 [MD-503] 全球 (1) 大洲分布及种数(14-15)◆南美洲

Sclerophyron Hieron. = **Antidesma**

Scleropoa【-】 (Dumort.) Bonnet & Barratte 禾本科属 ≒ **Cutandia** Poaceae 禾本科 [MM-748] 全球 (uc) 大洲分布及种数(uc)

Scleropodiopsis【-】Ignatov 青藓科属 Brachytheciaceae 青藓科 [B-187] 全球 (uc) 大洲分布及种数(uc)

Scleropodium【2】 Bruch & Schimp. 疣柄藓属 ≒ **Hypnella** Brachytheciaceae 青藓科 [B-187] 全球 (5) 大洲分布及种数(12) 非洲:1;亚洲:5;大洋洲:2;欧洲:2;北美洲:8

Scleropogon【3】 Phil. 驴草属 ← **Festuca** Poaceae 禾本科 [MM-748] 全球 (1) 大洲分布及种数(1-3)◆北美洲

Scleropteris Scheidw. = **Cirrhaea**

Scleroptychis (Boiss.) Degen = **Alyssum**

Scleropus Schröd. = **Acroglochin**

Scleropyron Endl. = **Antidesma**

Scleropyrum【3】Arn. 硬核属 ← **Antidesma;Schoenobryum** Santalaceae 檀香科 [MD-412] 全球 (1) 大洲分布及种数(4-5)◆亚洲

Sclerorhachis【3】 Rech.f. 宿轴菊属 ← **Cancrinia** Asteraceae 菊科 [MD-586] 全球 (1) 大洲分布及种数(3-8)◆亚洲

Scleroschoenus【2】 K.L.Wilson, J.J.Bruhl & R.L. Barrett,莎草科属 Cyperaceae 莎草科 [MM-747] 全球 (1) 大洲分布及种数(uc)◆大洋洲

Sclerosia Klotzsch = **Scleria**

Sclerosiphon Nevski = **Iris**

Sclerosperma【3】 G.Mann & H.Wendl. 硬子椰属 Arecaceae 棕榈科 [MM-717] 全球 (1) 大洲分布及种数(2-3)◆非洲

Sclerospermeae J.Dransf.,N.W.Uhl,Asmussen,W.J.Baker, M.M.Harley & C.E.Lewis = **Sclerosperma**

Sclerostachya (Andersson ex Hack.) A.Camus = **Sclerostachya**

Sclerostachya【3】 A.Camus 革茅属 ≒ **Eriochrysis** Poaceae 禾本科 [MM-748] 全球 (1) 大洲分布及种数(1-3)◆亚洲

Sclerostachys A.Camus = **Sclerostachya**

Sclerostachyum Stapf ex Ridl. = **Sclerostachya**

Sclerostegia【3】 Paul G.Wilson 盐节木属 ← **Halocnemum** Amaranthaceae 苋科 [MD-116] 全球 (1) 大洲分布及种数(uc)属分布和种数(uc)◆大洋洲(◆密克罗尼西亚)

Sclerostemma Schott ex Röm. & Schult. = **Scabiosa**

Sclerostephane Chiov. = **Pulicaria**

Sclerostyla Bl. = **Atalantia**

Sclerostylis Bl. = **Atalantia**

Sclerothamnus Fedde = **Hesperothamnus**

Sclerothamnus R.Br. = **Eutaxia**

Sclerotheca A.DC. = **Sclerotheca**

Sclerotheca【3】 DC. 双孔莲属 ← **Delissea;Lobelia; Apetahia** Campanulaceae 桔梗科 [MD-561] 全球 (1) 大洲分布及种数(2-7)◆大洋洲

Sclerothrix C.Presl = **Klaprothia**

Sclerotiaria【3】 Korovin 中亚珍珠芹属 ≒ **Poupartia** Apiaceae 伞形科 [MD-480] 全球 (1) 大洲分布及种数(1-2)◆亚洲

Sclerotium Jur. = **Echinodium**

Scleroxylon Bertol. = **Myrsine**

Scleroxylon Steud. = **Myrsine**

Scleroxylum Willd. = **Myrsine**

Sclerurus Schröd. = **Acroglochin**

Sclizandraceae Bl. = Schisandraceae

Scmpervivella Stapf = **Rosularia**

Scnchus L. = **Sonchus**

Scobedia Labill. ex Steud. = **Escobedia**

Scobia Noronha = **Premna**

Scobicia Noronha = **Premna**

Scobinaria Seibert = **Fridericia**

Scobinella Nakai = **Juniperus**

Scobura G.A.Scop. = **Heliotropium**

Scolanthus Naudin = **Gymnopetalum**

Scolecolepis Cass. = **Sclerolepis**

Scoliaxon【3】 Payson 曲轴芥属 ← **Cochlearia** Brassicaceae 十字花科 [MD-213] 全球 (1) 大洲分布及种数(1-3)◆北美洲

Scoliochilus Rchb.f. = **Appendicula**

Scoliopaceae【3】Takht. 伏地草科 [MM-631] 全球 (1) 大洲分布和属种数(1;hort. & cult.1)(2-3;hort. & cult.1-2)◆北美洲

Scoliopus【3】 Torr. 紫脉花属 Liliaceae 百合科 [MM-633] 全球 (1) 大洲分布及种数(2)◆北美洲(◆美国)

Scoliosorus T.Moore = **Antrophyum**

Scoliotheca Baill. = **Monopyle**

Scolobus Raf. = **Thermopsis**

Scolochloa【3】 Link 水茅属 ≒ **Arundo** Poaceae 禾本科 [MM-748] 全球 (6) 大洲分布及种数(2)非洲:1;亚洲:1-

S

3;大洋洲:1;欧洲:1-2;北美洲:1-2;南美洲:1
Scolochloeae Tzvelev = **Scolochloa**
Scoloderus Raf. = **Quercus**
Scolodia Raf. = **Tachigali**
Scolodium Mill. = **Tachigali**
Scolodonta Hill = **Teucrium**
Scolodrys Raf. = **Quercus**
Scolomus Walkley = **Scoliopus**
Scolomys Raf. = **Quercus**
Scolopacium Eckl. & Zeyh. = **Pelargonium**
Scolopax Schreb. = **Scolopia**
Scolopendrium Adans. = **Phyllitis**
Scolopendrogyne Szlach. & Mytnik = **Quekettia**
Scolopes Torr. = **Scoliopus**
Scolophyllum【3】 T.Yamaz. 陌上菜属 ≒ **Lindernia** Linderniaceae 母草科 [MD-534] 全球 (1) 大洲分布及种数(1-3)◆亚洲
Scolopia【3】 Schreb. 箣柊属 ← **Limonia;Dasianthera; Anisodus** Flacourtiaceae 大风子科 [MD-142] 全球 (1) 大洲分布及种数(32-38)◆非洲
Scoloplax Schaefer,Weitzman & Britski = **Scolopia**
Scolospermum Hemsl. = **Baltimora**
Scolopsis Lem. = **Lachenalia**
Scolosanthus【3】 Vahl 花旗果茜属 ← **Randia;Guettarda** Rubiaceae 茜草科 [MD-523] 全球 (1) 大洲分布及种数(10-32)◆北美洲
Scolosperma Raf. = **Cleome**
Scolospermum【-】 Less. 菊科属 ≒ **Baltimora** Asteraceae 菊科 [MD-586] 全球 (uc) 大洲分布及种数(uc)
Scolymanthus Willd. ex DC. = **Perezia**
Scolymocephalus P. & K. = **Protea**
Scolymus【3】 Tourn. ex L. 刺苣属 Asteraceae 菊科 [MD-586] 全球 (1) 大洲分布及种数(3-9)◆欧洲
Scopalina Schult. = **Anisodus**
Scoparebutia Frič = **Lobivia**
Scoparia【3】 L. 野甘草属 ← **Capraria;Gratiola; Anisomeles** Plantaginaceae 车前科 [MD-527] 全球 (1) 大洲分布及种数(13-15)◆南美洲(◆巴西)
Scopariaceae Link = Scapaniaceae
Scopella【2】 W.J.de Wilde & Duyfjes 滇马爬属 ≒ **Scopellaria** Cucurbitaceae 葫芦科 [MD-205] 全球 (2) 大洲分布及种数(cf.1) 亚洲;南美洲
Scopellaria【3】 W.J.de Wilde & Duyfjes 滇马爬属 ≒ **Melothria** Cucurbitaceae 葫芦科 [MD-205] 全球 (1) 大洲分布及种数(2-3)◆亚洲
Scopelogena【3】 L.Bolus 崖辉玉属 Aizoaceae 番杏科 [MD-94] 全球 (1) 大洲分布及种数(2)◆非洲(◆南非)
Scopelophila【3】 (Mitt.) Lindb. 舌叶藓属 ≒ **Anoectangium;Crumia** Pottiaceae 丛藓科 [B-133] 全球 (6) 大洲分布及种数(8)非洲:2;亚洲:5;大洋洲:1;欧洲:2;北美洲:4;南美洲:3
Scopelus W.J.de Wilde & Duyfjes = **Scopella**
Scopinella W.J.de Wilde & Duyfjes = **Scopella**
Scopoc Jacq. = **Scopolia**
Scopocira Simon = **Scopolia**
Scopola Jacq. = **Anisodus**
Scopolia【3】 Jacq. 欧莨菪属 → **Anisodus;Atropanthe; Physochlaina** Solanaceae 茄科 [MD-503] 全球 (6) 大洲分布及种数(3-6)非洲:1;亚洲:2-4;大洋洲:1;欧洲:2;北美洲:2;南美洲:1
Scopolii Jacq. = **Scopolia**
Scopolina Schult. = **Scolopia**
Scoporia Cothen. = **Scoparia**
Scopula Jacq. = **Anisodus**
Scopularia Lindl. = **Holothrix**
Scopulophila【3】 M.E.Jones 岩甲草属 ← **Achyronychia** Caryophyllaceae 石竹科 [MD-77] 全球 (1) 大洲分布及种数(2-4)◆北美洲
Scopus Gagnep. = **Exocarpos**
Scorbion Raf. = **Teucrium**
Scordium Gilib. = **Teucrium**
Scoria Raf. = **Scleria**
Scorias Ewart & A.H.K.Petrie = **Coronilla**
Scorodendron Bl. = **Scirpodendron**
Scorodendron Pierre = **Lepisanthes**
Scorodocarpaceae Van Tiegh. = Medusandraceae
Scorodocarpus【3】 Becc. 蒜味果属 ← **Ximenia** Olacaceae 铁青树科 [MD-362] 全球 (1) 大洲分布及种数(cf. 1)◆亚洲
Scorododendron Bl. = **Lepisanthes**
Scorodon Fourr. = **Allium**
Scorodonia Adans. = **Teucrium**
Scorodophloeus【3】 Harms 蒜皮苏木属 Fabaceae 豆科 [MD-240] 全球 (1) 大洲分布及种数(2-3)◆非洲
Scorodosma Bunge = **Ferula**
Scorodoxylum Nees = **Ruellia**
Scorp Ewart & A.H.K.Petrie = **Corchorus**
Scorpa Ewart & A.H.K.Petrie = **Corchorus**
Scorpia Ewart & A.H.K.Petrie = **Corchorus**
Scorpianthes Raf. = **Heliotropium**
Scorpidiaceae【2】Ignatov & Ignatova 蝎尾藓科 [B-180] 全球 (3) 大洲分布和属种数(1/3)亚洲:1/1;欧洲:1/2;北美洲:1/2
Scorpidium【3】 (Schimp.) Limpr. 蝎尾藓属 ≒ **Acrocladium** Scorpidiaceae 蝎尾藓科 [B-180] 全球 (6) 大洲分布及种数(4) 非洲:1;亚洲:3;大洋洲:3;欧洲:3;北美洲:3;南美洲:4
Scorpio Ewart & A.H.K.Petrie = **Corchorus**
Scorpioides Bubani = **Scorpiurus**
Scorpioides Gilib. = **Myosotis**
Scorpiops Medik. = **Genista**
Scorpiothyrsus【3】 H.L.Li 卷花丹属 ← **Phyllagathis** Melastomataceae 野牡丹科 [MD-364] 全球 (1) 大洲分布及种数(5-8)◆东亚(◆中国)
Scorpis Medik. = **Genista**
Scorpiurium【3】 Schimp. 非洲青藓属 ≒ **Amblystegium** Brachytheciaceae 青藓科 [B-187] 全球 (6) 大洲分布及种数(4) 非洲:3;亚洲:3;大洋洲:1;欧洲:3;北美洲:1;南美洲:2
Scorpiurus Hall. = **Scorpiurus**
Scorpiurus【3】 L. 蝎尾豆属 ≒ **Ornithopus** Fabaceae3 蝶形花科 [MD-240] 全球 (6) 大洲分布及种数(3-5)非洲:2-3;亚洲:2-3;大洋洲:1-2;欧洲:2-3;北美洲:2-3;南美洲:1
Scorpius Loisel. = **Genista**
Scorpius Medik. = **Coronilla**
Scortizus Medik. = **Genista**
Scorzonella Nutt. = **Microseris**

Scorzonera Bunge = **Scorzonera**
Scorzonera【3】L. 鸦葱属 ≒ **Lasiospermum;Sonchus** Asteraceae 菊科 [MD-586] 全球 (6) 大洲分布及种数(169-259;hort.1;cult:9)非洲:18-24;亚洲:155-185;大洋洲:1-6;欧洲:45-55;北美洲:3-8;南美洲:2-8
Scorzoneroides【2】Mönch 苦鸦葱属 ≒ **Leontodon; Hedypnois** Asteraceae 菊科 [MD-586] 全球 (3) 大洲分布及种数(24-29;hort.1;cult: 1)非洲:10;欧洲:17;北美洲:2
Scotanum Adans. = **Solanum**
Scotobius Raf. = **Thermopsis**
Scotodonia Hill = **Teucrium**
Scotosia Schreb. = **Scolopia**
Scottea DC. = **Acacia**
Scottellia【3】Oliv. 非洲大风子属 Achariaceae 青钟麻科 [MD-159] 全球 (1) 大洲分布及种数(3-9)◆非洲
Scottia【3】R.Br. 麒麟豆属 ≒ **Acacia** Fabaceae3 蝶形花科 [MD-240] 全球 (1) 大洲分布及种数(uc)◆大洋洲
Scotura Forssk. = **Avicennia**
Scoulera Hook. ex I.Hagen = **Scouleria**
Scouleri Hook. = **Scouleria**
Scouleria【2】Hook. 非洲水石藓属 ≒ **Grimmia;Lagenocarpus** Scouleriaceae 水石藓科 [B-110] 全球 (5) 大洲分布及种数(6)亚洲:1;大洋洲:1;欧洲:1;北美洲:3;南美洲:1
Scouleriaceae【2】S.P.Churchill 水石藓科 [B-110] 全球 (4) 大洲分布和属种数(2/6)亚洲:1/4;大洋洲:1/1;北美洲:1/3;南美洲:1/2-2
Scoye Benth. = **Glycine**
Scoyenia Steetz = **Schoenia**
Scribaea Borkh. = **Silene**
Scribania Borkh. = **Silene**
Scribneria【3】Hack. 芒鞭草属 ← **Lepturus** Poaceae 禾本科 [MM-748] 全球 (1) 大洲分布及种数(1)◆北美洲(◆美国)
Scrinium Desv. = **Dorstenia**
Scrithacola【3】R.Alava 亚洲鞭芹属 Apiaceae 伞形科 [MD-480] 全球 (1) 大洲分布及种数(cf.1)◆亚洲
Scrobicaria Cass. = **Gynoxys**
Scrobicularia【3】Mansf. 榔牡丹属 Melastomataceae 野牡丹科 [MD-364] 全球 (1) 大洲分布及种数(uc)◆大洋洲
Scrofella【3】Maxim. 细穗玄参属 Plantaginaceae 车前科 [MD-527] 全球 (1) 大洲分布及种数(cf.1)◆东亚(◆中国)
Scrofularia Spreng. = **Scrophularia**
Scrophucephalus【2】A.P.Khokhr. 玄参属 ≒ **Scrophularia** Scrophulariaceae 玄参科 [MD-536] 全球 (2) 大洲分布及种数(cf.1) 欧洲;北美洲
Scrophula R.Parker = **Anisoptera**
Scrophularia Anastomosantes Stiefelhagen = **Scrophularia**
Scrophularia【3】L. 玄参属 → **Alonsoa;Stemodia** Scrophulariaceae 玄参科 [MD-536] 全球 (6) 大洲分布及种数(273-411;hort.1;cult:8)非洲:24-52;亚洲:201-296;大洋洲:8-27;欧洲:70-115;北美洲:22-48;南美洲:3-22
Scrophulariaceae【3】Juss. 玄参科 [MD-536] 全球 (6) 大洲分布和属种数(271-298;hort. & cult.109-119)(5352-9144;hort. & cult.720-1108)非洲:115-185/1329-2719;亚洲:115-171/2227-3824;大洋洲:51-121/304-1471;欧洲:45-120/924-2138;北美洲:112-145/1514-2710;南美洲:70-137/542-1616
Scrophularieae Dum. = **Scrophularia**
Scrophularioideae Burnett = **Premna**
Scrophularioides G.Forst. = **Premna**
Scrophulari-verbascum【-】P.Fourn. 玄参科属 Scrophulariaceae 玄参科 [MD-536] 全球 (uc) 大洲分布及种数(uc)
Scrotochloa【3】Judz. 澳草属 ← **Leptaspis** Poaceae 禾本科 [MM-748] 全球 (1) 大洲分布及种数(1)◆大洋洲(◆澳大利亚)
Scrupa Lindl. = **Aporosa**
Scruparia L. = **Scoparia**
Scubalia Gaertn. = **Nephelium**
Scubulon Raf. = **Lycopersicon**
Scullyara auct. = **Cattleya**
Scuparia L. = **Scoparia**
Scur Forssk. = **Avicennia**
Scuria Raf. = **Carex**
Scurrula H.X.Qiu = **Scurrula**
Scurrula【3】L.梨果寄生属 ≒ **Loranthus;Macrosolen** Loranthaceae 桑寄生科 [MD-415] 全球 (1) 大洲分布及种数(30-36)◆亚洲
Scutachne【3】Hitchc. & Chase 岩坡草属 ← **Allotero-psis;Panicum** Poaceae 禾本科 [MM-748] 全球 (1) 大洲分布及种数(1)◆北美洲(◆古巴)
Scutalus E.Mey. = **Vigna**
Scutea Wight = **Socratea**
Scutella Raddi = **Schnella**
Scutellaria Galericulatae Kudô = **Scutellaria**
Scutellaria【3】L. 黄芩属 ← **Thymus;Peperomia; Stellaria** Lamiaceae 唇形科 [MD-575] 全球 (6) 大洲分布及种数(326-550;hort.1;cult: 25)非洲:20-70;亚洲:211-387;大洋洲:10-59;欧洲:35-88;北美洲:132-211;南美洲:52-103
Scutellariaceae Döll = Thomandersiaceae
Scutelleria Riv. ex L. = **Scutellaria**
Scutellina Bubani = **Callitriche**
Scutia【3】(Comm. ex DC.) Brongn. 对刺藤属 ← **Berchemia;Rhamnus;Krugiodendron** Rhamnaceae 鼠李科 [MD-331] 全球 (6) 大洲分布及种数(7-9)非洲:4-6;亚洲:1-3;大洋洲:2;欧洲:2;北美洲:2;南美洲:3-6
Scuticaria【3】Lindl. 鞭兰属 ← **Bifrenaria;Maxillaria** Orchidaceae 兰科 [MM-723] 全球 (1) 大洲分布及种数(10-14)◆南美洲
Scutigera DC. = **Securigera**
Scutinanthe【3】Thwaites 梅心榄属 ← **Canarium** Burseraceae 橄榄科 [MD-408] 全球 (1) 大洲分布及种数(2)◆东南亚(◆菲律宾)
Scutula【-】Lour.野牡丹科属 ≒ **Memecylon;Macrosolen** Melastomataceae 野牡丹科 [MD-364] 全球 (uc) 大洲分布及种数(uc)
Scybaliaceae【2】Á.Löve 膜叶菰科 [MD-303] 全球 (2) 大洲分布和属种数(1/4)北美洲:1/1;南美洲:1/4-4
Scybalium【3】Schott & Endl. 覆苞菰属 ← **Helosis** Balanophoraceae 蛇菰科 [MD-307] 全球 (1) 大洲分布及种数(4)◆南美洲
Scylla Ten. = **Scilla**
Scyllium Schott & Endl. = **Scybalium**

S

Scymnodon Raf. = **Conostegia**
Scymnus L. = **Schinus**
Scynopsole Rchb. = **Balanophora**
Scyphaea C.Presl = **Marila**
Scyphanthus【3】D.Don 杯莲花属 ← **Loasa** Loasaceae 刺莲花科 [MD-435] 全球 (1) 大洲分布及种数(2)◆南美洲
Scypharia Miers = **Scutia**
Scyphellandra【3】Thwaites 鳞隔堇属 ← **Rinorea** Violaceae 堇菜科 [MD-126] 全球 (1) 大洲分布及种数(1)◆亚洲
Scyphidia Miers = **Scutia**
Scyphiophora A.Gray = **Scyphiphora**
Scyphiphora【3】C.F.Gaertn. 瓶花木属 Rubiaceae 茜草科 [MD-523] 全球 (1) 大洲分布及种数(2)◆大洋洲
Scyphocephalium【3】Warb. 鱼香楠属 ← **Myristica** Myristicaceae 肉豆蔻科 [MD-15] 全球 (1) 大洲分布及种数(2-3)◆非洲
Scyphochlamys Balf.f. = **Pyrostria**
Scyphocoronis【3】A.Gray 单头鼠麹草属 ≒ **Millotia** Asteraceae 菊科 [MD-586] 全球 (1) 大洲分布及种数(uc)属分布和种数(uc)◆大洋洲
Scyphofilix Thou. = **Microlepia**
Scyphoglottis Pritz. = **Scaphyglottis**
Scyphogyne【3】Brongn. 脐柱石南属 ← **Erica;Isothecium;Scyphosyce** Ericaceae 杜鹃花科 [MD-380] 全球 (1) 大洲分布及种数(16-18)◆非洲(◆南非)
Scypholepia J.Sm. = **Davallia**
Scyphonychium【3】Radlk. 杯距无患子属 ≒ **Cupania** Sapindaceae 无患子科 [MD-428] 全球 (1) 大洲分布及种数(1)◆南美洲
Scyphopappus B.Nord. = **Argyranthemum**
Scyphopetalum Hiern = **Paranephelium**
Scyphopteris Raf. = **Neottopteris**
Scyphostachys【3】Thwaites 杯穗茜属 Rubiaceae 茜草科 [MD-523] 全球 (1) 大洲分布及种数(cf. 1)◆亚洲
Scyphostegia【3】Stapf 杯盖花属 Salicaceae 杨柳科 [MD-123] 全球 (1) 大洲分布及种数(uc)属分布和种数(uc)◆亚洲
Scyphostegiaceae【3】Hutch. 杯盖花科 [MD-114] 全球 (1) 大洲分布和属种数(uc)属分布和种数(uc)◆亚洲
Scyphostelma【2】Baill. 杜楝属 ← **Turraea;Cynanchum** Apocynaceae 夹竹桃科 [MD-492] 全球 (2) 大洲分布及种数(4-28)北美洲:1;南美洲:4-28
Scyphostigma M.Röm. = **Turraea**
Scyphostroma Baill. = **Turraea**
Scyphostrychnos S.Moore = **Strychnos**
Scyphosyce【3】Baill. 杯桑属 Moraceae 桑科 [MD-87] 全球 (1) 大洲分布及种数(3)◆非洲
Scyphularia Fée = **Davallia**
Scyphyllandra Thwaites = **Scyphellandra**
Scyra Forssk. = **Avicennia**
Scyrtocarpa Kunth = **Cyrtocarpa**
Scyrtocarpus Miers = **Symplocos**
Scytalanthus Schaür = **Skytanthus**
Scytale Gaertn. = **Nephelium**
Scytalia Gaertn. = **Nephelium**
Scytalina【-】I.Hagen 曲尾藓科属 ≒ **Orthodicranum** Dicranaceae 曲尾藓科 [B-128] 全球 (uc) 大洲分布及种数(uc)
Scytalis (DC.) E.Mey. = **Vigna**
Scytanthus Hook. = **Thomandersia**
Scytanthus Liebm. = **Cytinus**
Scytanthus P. & K. = **Skytanthus**
Scythris E.Mey. = **Vigna**
Scytopetalaceae【3】Engl. 木果树科 [MD-164] 全球 (1) 大洲分布和属种数(5/16-25)◆非洲
Scytopetalum【3】Pierre ex Engl. 革瓣花属 ← **Rhaptopetalum** Lecythidaceae 玉蕊科 [MD-267] 全球 (1) 大洲分布及种数(3-4)◆非洲
Scytophyllum Eckl. & Zeyh. = **Elaeodendron**
Scytopis E.Mey. = **Vigna**
Scytopteris C.Presl = **Pyrrosia**
Scytothamnus Endl. = **Peucedanum**
Sczegleewia Turcz. = **Symphorema**
Sczukinia Turcz. = **Swertia**
Seaforthia R.Br. = **Ptychosperma**
Seahexa【-】auct. 兰科属 Orchidaceae 兰科 [MM-723] 全球 (uc) 大洲分布及种数(uc)
Seala Adans. = **Pectis**
Sealara Garay & H.R.Sw. = **Vanda**
Searsia【2】F.A.Barkley 三出漆属 ← **Rhamnus;Sassia;Pennisetum** Anacardiaceae 漆树科 [MD-432] 全球 (4) 大洲分布及种数(109-117;hort.9;cult:9)非洲:101-103;亚洲:cf.1;欧洲:3;北美洲:7
Sebaea【3】Sol. ex R.Br. 小黄管属 → **Schultesia;Klackenbergia;Ornichia** Gentianaceae 龙胆科 [MD-496] 全球 (1) 大洲分布及种数(83-92)◆非洲
Sebaeeae (Rchb.) Endl. = **Sebaea**
Sebaga Sol. ex R.Br. = **Sebaea**
Sebania Lindb. = **Saelania**
Sebastes Adans. = **Cordia**
Sebastia Adans. = **Sabatia**
Sebastiana Benth. & Hook.f. = **Chrysanthellum**
Sebastiana Spreng. = **Sebastiania**
Sebastiania Bertol. = **Sebastiania**
Sebastiania【3】Spreng. 漆杨桃属 → **Actinostemon;Ditrysinia;Stillingia** Euphorbiaceae 大戟科 [MD-217] 全球 (6) 大洲分布及种数(43-73)非洲:9;亚洲:11;大洋洲:1-10;欧洲:9;北美洲:8-24;南美洲:35-60
Sebastiano-schaueria【3】Nees 塞沙爵床属 Acanthaceae 爵床科 [MD-572] 全球 (1) 大洲分布及种数(1)◆南美洲
Sebastira Simon = **Chrysanthellum**
Sebeekia Pierre ex Engl. & Prantl = **Beccariella**
Sebeokia Neck. = **Gentiana**
Sebertia Pierre ex Engl. = **Beccariella**
Sebesten Adans. = **Cordia**
Sebestena【3】Böhm. 破布木属 ≒ **Cordia** Boraginaceae 紫草科 [MD-517] 全球 (1) 大洲分布及种数(uc)◆非洲
Sebestenaceae Vent. = Ehretiaceae
Sebicea Pierre ex Diels = **Sebifera**
Sebifera【3】Lour. 潺槁木姜子属 ≒ **Litsea** Lauraceae 樟科 [MD-21] 全球 (1) 大洲分布及种数(1)◆亚洲
Sebillea【3】Bizot 业平丛藓属 Pottiaceae 丛藓科 [B-

133] 全球 (1) 大洲分布及种数(1)◆南美洲
Sebina Mill. = **Sabina**
Sebipera Lour. = **Sebifera**
Sebipira Mart. = **Bowdichia**
Sebizia Mart. = **Mappia**
Sebophora Neck. = **Virola**
Seborium Raf. = **Sapium**
Secale【3】L. 黑麦属 → **Agropyron** Poaceae 禾本科 [MM-748] 全球 (6) 大洲分布及种数(10-14)非洲:5-8;亚洲:9-16;大洋洲:2-5;欧洲:6-9;北美洲:4-7;南美洲:1-4
Secale Nevski = **Secale**
Secalidium Schur = **Agropyron**
Secamone【3】R.Br. 鲫鱼藤属 ← **Apocynum;Pachycarpus;Leptadenia** Apocynaceae 夹竹桃科 [MD-492] 全球 (6) 大洲分布及种数(114-158;hort.1;cult: 2)非洲:92-114;亚洲:27-42;大洋洲:2-14;欧洲:1-4;北美洲:3;南美洲:3
Secamonopsis【3】Jum. 类鲫鱼藤属 ← **Marsdenia** Apocynaceae 夹竹桃科 [MD-492] 全球 (1) 大洲分布及种数(2)◆非洲(◆马达加斯加)
Sechiopsis【3】Naudin 类佛手瓜属 Cucurbitaceae 葫芦科 [MD-205] 全球 (1) 大洲分布及种数(5)◆北美洲
Sechium (Pittier) C.Jeffrey = **Sechium**
Sechium【3】P.Br. 佛手瓜属 → **Cayaponia;Microsechium;Sicyos** Cucurbitaceae 葫芦科 [MD-205] 全球 (1) 大洲分布及种数(7-9)◆北美洲
Sechurina Medik. = **Sesbania**
Secoliga Raf. = **Xyris**
Secondatia【3】A.DC. 塞考木属 ← **Ambelania;Malouetia;Thyrsanthella** Apocynaceae 夹竹桃科 [MD-492] 全球 (6) 大洲分布及种数(5-6)非洲:1;亚洲:1-2;大洋洲:1;欧洲:1;北美洲:3-4;南美洲:3-5
Secotium P.Br. = **Sechium**
Secra Mill. = **Senna**
Secretania Müll.Arg. = **Minquartia**
Secula Small = **Aeschynomene**
Securicula Gaertn. ex Steud. = **Sesbania**
Securidaca【3】L. 蝉翼藤属 ≒ **Catocoma;Monnina** Polygalaceae 远志科 [MD-291] 全球 (6) 大洲分布及种数(62-83;hort.1;cult: 1)非洲:7-10;亚洲:16-23;大洋洲:2-4;欧洲:1-3;北美洲:13-21;南美洲:51-64
Securidada Mill. = **Securidaca**
Securidaea Turcz. = **Securidaca**
Securigera【2】DC. 斧荚豆属 ← **Coronilla;Bonaveria** Fabaceae3 蝶形花科 [MD-240] 全球 (5) 大洲分布及种数(12-15)非洲:3;亚洲:8-10;大洋洲:7;欧洲:5;北美洲:5
Securilla Gaertn. ex Steud. = **Sesbania**
Securina Medik. = **Coronilla**
Securinaga Comm. ex Juss. = **Securidaca**
Securinega【3】Comm. ex Juss. 缺斧木属 ← **Acidoton;Flueggea;Meineckia** Euphorbiaceae 大戟科 [MD-217] 全球 (6) 大洲分布及种数(6-8;hort.1;cult: 1)非洲:5-10;亚洲:1-6;大洋洲:5;欧洲:5;北美洲:5;南美洲:5
Secutor Raf. = **Derris**
Sedaceae Roussel = Putranjivaceae
Sedastrum Rose = **Sedum**
Seddera【3】Hochst. 赛德旋花属 Convolvulaceae 旋花科 [MD-499] 全球 (6) 大洲分布及种数(30-33;hort.1;cult: 1)非洲:21-25;亚洲:12-15;大洋洲:2;欧洲:2;北美洲:2;南美洲:2
Sedderopsis Roberty = **Seddera**
Sedella Britton & Rose = **Sempervivum**
Sedella Fourr. = **Sedum**
Sedenara【-】J.M.H.Shaw 兰科属 Orchidaceae 兰科 [MM-723] 全球 (uc) 大洲分布及种数(uc)
Sedeveria【3】E.Walther 石莲花属 ← **Echeveria** Crassulaceae 景天科 [MD-229] 全球 (1) 大洲分布及种数(1)◆北美洲
Sedgwickia Griff. = **Altingia**
Sedinha Mure = **Sedirea**
Sedirea【3】Garay & H.R.Sw. 萼脊兰属 ← **Aerides;Hygrochilus** Orchidaceae 兰科 [MM-723] 全球 (1) 大洲分布及种数(2)◆亚洲
Sediritinopsis【-】J.M.H.Shaw 兰科属 Orchidaceae 兰科 [MM-723] 全球 (uc) 大洲分布及种数(uc)
Sediropsis J.M.H.Shaw = **Alnus**
Sedium L. = **Sedum**
Sedna Mill. = **Senna**
Sedobassia【3】Freitag & G.Kadereit 苋科属 Amaranthaceae 苋科 [MD-116] 全球 (1) 大洲分布及种数(uc)◆东亚(◆中国)
Sedopsis【3】(Endl.) Exell & Mendonça 景天马齿属 ← **Portulaca** Portulacaceae 马齿苋科 [MD-85] 全球 (1) 大洲分布及种数(1-2)◆非洲(◆安哥拉)
Sedum【3】L. 景天属 → **Adromischus;Ohbaea;Pseudosedum** Ericaceae 杜鹃花科 [MD-380] 全球 (6) 大洲分布及种数(524-621;hort.1;cult: 21)非洲:56-127;亚洲:274-368;大洋洲:29-98;欧洲:89-178;北美洲:247-334;南美洲:33-95
Sedumxluteolum L. = **Sedum**
Seegerara【-】Griff. & J.M.H.Shaw 兰科属 Orchidaceae 兰科 [MM-723] 全球 (uc) 大洲分布及种数(uc)
Seegeriella【3】Senghas 苦兰属 Orchidaceae 兰科 [MM-723] 全球 (1) 大洲分布及种数(3)◆南美洲(◆玻利维亚)
Seemakohleria【-】Roalson & Boggan 苦苣苔科属 Gesneriaceae 苦苣苔科 [MD-549] 全球 (uc) 大洲分布及种数(uc)
Seemannantha Alef. = **Tephrosia**
Seemannaralia【3】R.Vig. & R.A.Dyer 泽曼五加属 → **Cussonia** Araliaceae 五加科 [MD-471] 全球 (1) 大洲分布及种数(1)◆非洲(◆南非)
Seemannia Hook. = **Seemannia**
Seemannia【3】Regel 苦乐花属 Gesneriaceae 苦苣苔科 [MD-549] 全球 (1) 大洲分布及种数(6)◆南美洲
Seemanniana Regel = **Seemannia**
Seemanniella【-】Roalson & Boggan 苦苣苔科属 Gesneriaceae 苦苣苔科 [MD-549] 全球 (uc) 大洲分布及种数(uc)
Seena Raf. = **Haemanthus**
Seetzenia【3】R.Br. 西茨蒺藜属 ← **Zygophyllum** Zygophyllaceae 蒺藜科 [MD-288] 全球 (1) 大洲分布及种数(2-4)◆非洲
Seezenia Nees = **Selenia**
Segerara【-】Hort. 兰科属 Orchidaceae 兰科 [MM-723] 全球 (uc) 大洲分布及种数(uc)
Segeretia G.Don = **Sageretia**

S

Segetella Desv. = **Spergularia**
Segiddolia【3】(La Llav. & Lex.) Lür 银光兰属 ≒ **Stelis** Orchidaceae 兰科 [MM-723] 全球 (1) 大洲分布及种数(1)◆非洲
Segnieria Adans. = **Seguieria**
Segregatia A.Wood = **Sageretia**
Seguiera Adans. = **Seguieria**
Seguiera Manetti = **Chlora**
Seguiera P. & K. = **Blackstonia**
Seguiera Rchb. ex Oliver = **Combretum**
Seguieri Löfl. = **Seguieria**
Seguieria Euseguieria H.Walter = **Seguieria**
Seguieria【3】Löfl. 针盒珊瑚属 ← **Securidaca** Phytolaccaceae 商陆科 [MD-125] 全球 (1) 大洲分布及种数(7)◆南美洲
Seguieriaceae Nakai = Aphloiaceae
Seguinum Raf. = **Dieffenbachia**
Segurola Larrañaga = **Aeschynomene**
Seheffiera Hook.f. = **Schefflera**
Sehellolepis J.Sm. = **Schellolepis**
Sehima【2】Forssk. 沟颖草属 ← **Andropogon;Thelepogon;Eremochloa** Poaceae 禾本科 [MM-748] 全球 (3) 大洲分布及种数(9-10)非洲:5;亚洲:6;大洋洲:3
Sehima Roberty = **Sehima**
Sehnemobryum【3】Lewinsky-Haapasaari & Hedenäs 光木藓属 Orthotrichaceae 木灵藓科 [B-151] 全球 (1) 大洲分布及种数(1)◆南美洲
Sehwantesia Dinter = **Schwantesia**
Seidelia【3】Baill. 光果靛属 → **Leidesia;Mercurialis;Tragia** Euphorbiaceae 大戟科 [MD-217] 全球 (1) 大洲分布及种数(3-5)◆非洲(◆南非)
Seidella Benth. = **Seidelia**
Seidenanda【-】J.M.H.Shaw 兰科属 Orchidaceae 兰科 [MM-723] 全球 (uc) 大洲分布及种数(uc)
Seidenanthe J.M.H.Shaw = **Silene**
Seidenfadenia【3】Garay 指甲兰属 ← **Aerides** Orchidaceae 兰科 [MM-723] 全球 (1) 大洲分布及种数(1)◆亚洲
Seidenfadeniella【3】C.S.Kumar 盆距兰属 ← **Gastrochilus;Saccolabium** Orchidaceae 兰科 [MM-723] 全球 (1) 大洲分布及种数(1)◆亚洲
Seidenfia【3】D.L.Szlach. 原沼兰属 ≒ **Crepidium** Orchidaceae 兰科 [MM-723] 全球 (1) 大洲分布及种数(uc)属分布和种数(uc)◆南亚(◆印度)
Seidenforchis Marg. = **Crepidium**
Seidenides【-】J.M.H.Shaw 兰科属 Orchidaceae 兰科 [MM-723] 全球 (uc) 大洲分布及种数(uc)
Seidlia Kostel. = **Vatica**
Seidlia Opiz = **Scirpus**
Seidlitzia【2】Bunge ex Boiss. 白茎蓬属 ← **Anabasis;Salsola** Amaranthaceae 苋科 [MD-116] 全球 (3) 大洲分布及种数(6)非洲:2;亚洲:cf.1;欧洲:2
Seila Opiz = **Vatica**
Seinura Hassk. = **Pennisetum**
Seirophora Neck. = **Myristica**
Seiurus Salisb. = **Biarum**
Sejus Hirschmann & Kaczmarek = **Sedum**
Sekanama Speta = **Drimia**
Sekika【-】Medik. 虎耳草科属 ≒ **Saxifraga** Saxifragaceae 虎耳草科 [MD-231] 全球 (uc) 大洲分布及种数(uc)
Sekra【3】Adans. ex Lindb. 复边藓属 ≒ **Senna** Pottiaceae 丛藓科 [B-133] 全球 (1) 大洲分布及种数(1)◆欧洲
Selaginaceae【3】Choisy 穗花科 [MD-553] 全球 (1) 大洲分布和属种数(cf.1/5)◆非洲
Selaginastrum Schinz & Thell. = **Antherothamnus**
Selaginella (Baker) Li Bing Zhang & X.M.Zhou = **Selaginella**
Selaginella【3】P.Beauv. 卷柏属 ≒ **Lycopodiodes; Lycopodium** Selaginellaceae 卷柏科 [F-6] 全球 (6) 大洲分布及种数(664-862;hort.1;cult: 13)非洲:155-193;亚洲:278-347;大洋洲:80-115;欧洲:24-52;北美洲:214-261;南美洲:265-312
Selaginellaceae【3】Willk. 卷柏科 [F-6] 全球 (6) 大洲分布和属种数(2;hort. & cult.1)(668-962;hort. & cult.39-54)非洲:2/156-194;亚洲:2/279-348;大洋洲:1/80-115;欧洲:1/24-52;北美洲:2/217-264;南美洲:1/265-312
Selaginoides Böhm. = **Selaginella**
Selago【3】L. 苦杉花属 ≒ **Manettia;Phyllopodium** Selaginaceae 穗花科 [MD-553] 全球 (6) 大洲分布及种数(246)非洲:246;亚洲:1;大洋洲:3;欧洲:1;北美洲:1;南美洲:1
Selandria Brickell = **Schisandra**
Selanodesmium (H.Christ) Ching = **Trichomanes**
Selar Spreng. = **Acronychia**
Selas Spreng. = **Acronychia**
Selatium D.Don ex G.Don = **Gentiana**
Selbya【-】M.Röm. 楝科属 ≒ **Aglaia** Meliaceae 楝科 [MD-414] 全球 (uc) 大洲分布及种数(uc)
Selbyana【3】Archila 北美洲光喙兰属 ≒ **Colax** Orchidaceae 兰科 [MM-723] 全球 (1) 大洲分布及种数(8)◆北美洲
Seleliocereus Guillaumin = **Selenicereus**
Selenastrum Reinsch = **Gagea**
Selenia Hill = **Selenia**
Selenia【3】Nutt. 金月芥属 ≒ **Scleria** Brassicaceae 十字花科 [MD-213] 全球 (1) 大洲分布及种数(4-14)◆北美洲
Seleniaporus【-】G.D.Rowley 仙人掌科属 Cactaceae 仙人掌科 [MD-100] 全球 (uc) 大洲分布及种数(uc)
Selenicereus【3】Britton & Rose 蛇鞭柱属 ← **Cactus;Hylocereus** Cactaceae 仙人掌科 [MD-100] 全球 (1) 大洲分布及种数(35-41)◆北美洲
Selenieae Torr. & A.Gray = **Selenia**
Seleniopsis G.D.Rowley = **Solenopsis**
Selenipedium【3】Rchb.f. 碗兰属 ← **Cypripedium** Orchidaceae 兰科 [MM-723] 全球 (1) 大洲分布及种数(14-16)◆南美洲
Seleniphylchia【-】Süpplie 仙人掌科属 Cactaceae 仙人掌科 [MD-100] 全球 (uc) 大洲分布及种数(uc)
Seleniphyllum G.D.Rowley = **Selenicereus**
Seleniporocactus【-】G.D.Rowley 仙人掌科属 Cactaceae 仙人掌科 [MD-100] 全球 (uc) 大洲分布及种数(uc)
Selenirisia【-】G.D.Rowley 仙人掌科属 Cactaceae 仙

人掌科 [MD-100] 全球 (uc) 大洲分布及种数(uc)
Selenisa Gùnée = **Selenia**
Selenocarpaea Eckl. & Zeyh. = **Heliophila**
Selenocephalus Boiss. = **Gymnocarpos**
Selenocera Zipp. ex Span. = **Mitreola**
Selenochia G.D.Rowley = **Mitreola**
Selenocypripedium【-】 Hort. 兰科属 Orchidaceae 兰科 [MM-723] 全球 (uc) 大洲分布及种数(uc)
Selenoderma Zipp. ex Span. = **Mitreola**
Selenodesmium (Prantl) Copel. = **Trichomanes**
Selenogyne DC. = **Lagenophora**
Selenopteris Copel. = **Solanopteris**
Selenothamnus Melville = **Halothamnus**
Selepsion Raf. = **Urtica**
Selera Ulbr. = **Gossypium**
Seleranthus Hill = **Scleranthus**
Seleria Böck. = **Sesleria**
Selerocephalus Boiss. = **Gymnocarpos**
Selerothamnus【3】 Harms 骨豆花属 ≒ **Hesperothamnus** Fabaceae3 蝶形花科 [MD-240] 全球 (1) 大洲分布及种数(uc)◆非洲
Seligera Bruch & Schimp. ex Schur = **Seligeria**
Seligeria【3】 Bruch & Schimp. 细叶藓属 ≒ **Aongstroemia;Leptobryum** Seligeriaceae 细叶藓科 [B-113] 全球 (6) 大洲分布及种数(29) 非洲:2;亚洲:6;大洋洲:3;欧洲:19;北美洲:17;南美洲:2
Seligeria Müll.Hal. = **Seligeria**
Seligeriaceae【3】Schimp. 细叶藓科 [B-113] 全球 (5) 大洲分布和属种数(10/77)亚洲:3/15;大洋洲:6/20;欧洲:4/27;北美洲:4/30;南美洲:5/18
Selimus L. = **Selinum**
Selinia (G.Winter) Sacc. = **Melinia**
Seliniella Arx & E.Müll.var.latispora Bertault = **Atriplex**
Selinocarpus【3】 A.Gray 喇叭茉莉属 ≒ **Acleisanthes** Nyctaginaceae 紫茉莉科 [MD-107] 全球 (1) 大洲分布及种数(7)◆北美洲
Selinon Adans. = **Selinum**
Selinopsis Coss. & Durieu = **Carum**
Selinum【3】L.亮蛇床属←**Aegopodium;Peucedanum;Pastinaca** Apiaceae 伞形科 [MD-480] 全球 (6) 大洲分布及种数(16-29)非洲:2-8;亚洲:13-23;大洋洲:5;欧洲:5-14;北美洲:3-8;南美洲:1-7
Selkirkia【3】 Hemsl. 塞尔草属 Boraginaceae 紫草科 [MD-517] 全球 (1) 大洲分布及种数(4)◆南美洲(◆智利)
Sellaphora Ehrh. = **Carex**
Selleola【3】 Urb. 海地漆姑属 ≒ **Minuartia** Caryophyllaceae 石竹科 [MD-77] 全球 (1) 大洲分布及种数(cf.1)◆北美洲
Selleophytum【3】 Urb. 金鸡菊属 ≒ **Coreopsis** Asteraceae 菊科 [MD-586] 全球 (1) 大洲分布及种数(cf. 1)◆北美洲
Selliera【3】 Cav. 银鸾花属 ≒ **Sellieria** Goodeniaceae 草海桐科 [MD-578] 全球 (1) 大洲分布及种数(1-2)◆大洋洲
Sellieria【3】 J.Buchanan 银鸾花属 ≒ **Selliera** Goodeniaceae 草海桐科 [MD-578] 全球 (1) 大洲分布及种数(uc)◆大洋洲

Selliguea【3】 Bory 修蕨属 ← **Colysis;Gymnopteris;Pichisermollodes** Polypodiaceae 水龙骨科 [F-60] 全球 (6) 大洲分布及种数(138-157;hort.1;cult: 1)非洲:15-23;亚洲:132-141;大洋洲:7-17;欧洲:4;北美洲:4-9;南美洲:2-6
Sellinum L. = **Selinum**
Selloa【2】 Kunth 车前菊属 ≒ **Acmella** Asteraceae 菊科 [MD-586] 全球 (5) 大洲分布及种数(6) 非洲:1;亚洲:1;欧洲:1;北美洲:5;南美洲:1
Sellocharis【3】 Taub. 鞍豆属 Fabaceae 豆科 [MD-240] 全球 (1) 大洲分布及种数(1)◆南美洲(◆巴西)
Sellowia Roth ex Röm. & Schult. = **Ammannia**
Sellulocalamus W.T.Lin = **Dendrocalamus**
Sellunia Alef. = **Vicia**
Sellurocalamus W.T.Lin = **Dendrocalamus**
Selman Spreng. = **Acronychia**
Selnorition Raf. = **Rubus**
Selonia E.Regel = **Eremurus**
Selwynia F.Müll = **Cocculus**
Selysia【3】 Cogn. 箭齿瓜属 ← **Cayaponia;Melothria** Cucurbitaceae 葫芦科 [MD-205] 全球 (1) 大洲分布及种数(4)◆南美洲
Semaphyllanthe【3】 L.Andersson 异檬檀属 Rubiaceae 茜草科 [MD-523] 全球 (1) 大洲分布及种数(2)◆南美洲(◆巴西)
Semarillaria Ruiz & Pav. = **Paullinia**
Sematanthera Miq. = **Piper**
Sematophyllaceae【3】Broth. 锦藓科 [B-192] 全球 (5) 大洲分布和属种数(71/1344)亚洲:44/513;大洋洲:31/297;欧洲:21/63;北美洲:36/219;南美洲:41/340
Sematophyllites【-】 J.P.Frahm 锦藓科属 Sematophyllaceae 锦藓科 [B-192] 全球 (uc) 大洲分布及种数(uc)
Sematophyllum (Mitt.) Mitt. = **Sematophyllum**
Sematophyllum【3】 Mitt. 锦藓属 ≒ **Isothecium;Potamium** Sematophyllaceae 锦藓科 [B-192] 全球 (6) 大洲分布及种数(218) 非洲:60;亚洲:41;大洋洲:31;欧洲:11;北美洲:46;南美洲:95
Sematura Rchb. = **Osmorhiza**
Semecarpos St.Lag. = **Semecarpus**
Semecarpus【3】 L.f. 肉托果属 ← **Anacardium** Anacardiaceae 漆树科 [MD-432] 全球 (1) 大洲分布及种数(89-106)◆亚洲
Semeiandra【3】 Hook. & Arn. 火凤花属 Onagraceae 柳叶菜科 [MD-396] 全球 (1) 大洲分布及种数(cf. 1)◆北美洲
Semeiocardium Hassk. = **Polygala**
Semeionotis Schott = **Dalbergia**
Semeiostachys Drobow = **Elymus**
Semela Kunth = **Semele**
Semele【3】 Kunth 仙蔓属 ← **Danae;Rubus;Seseli** Asparagaceae 天门冬科 [MM-669] 全球 (1) 大洲分布及种数(1-4)◆欧洲
Semenovia【3】 Regel & Herder 大瓣芹属 ← **Heracleum;Pastinacopsis;Seseli** Apiaceae 伞形科 [MD-480] 全球 (1) 大洲分布及种数(23-26)◆亚洲
Semetor Raf. = **Derris**
Semetum Raf. = **Lepidium**
Semialarium【3】 N.Hallé 半腋生卫矛属 ≒ **Anthodon** Celastraceae 卫矛科 [MD-339] 全球 (6) 大洲分布及种数

S

(3)非洲:1;亚洲:1;大洋洲:1;欧洲:1;北美洲:1-2;南美洲:2-3
Semiaquilegia 【3】 Makino. 天葵属 ← **Aquilegia** Ranunculaceae 毛茛科 [MD-38] 全球 (1) 大洲分布及种数(3-4)◆亚洲
Semiarillaria Ruiz & Pav. = **Paullinia**
Semiarundianaria Makino = **Semiarundinaria**
Semiarundinaria【3】 Makino 业平竹属 → **Acidosasa; Bambusa** Poaceae 禾本科 [MM-748] 全球 (1) 大洲分布及种数(4-13)◆亚洲
Semibarbula【2】 Herzog ex Hilp. 扭口藓属 Pottiaceae 丛藓科 [B-133] 全球 (3) 大洲分布及种数(4) 非洲:2;亚洲:2;北美洲:2
Semibegoniella 【3】 C.DC. 秋海棠属 ≒ **Begonia** Begoniaceae 秋海棠科 [MD-195] 全球 (1) 大洲分布及种数(uc)属分布和种数(uc)◆南美洲
Semicarundinaria Makino = **Semiarundinaria**
Semicipium Pierre = **Labramia**
Semidistichophyllum Koidz. = **Cladopus**
Semidopsis Zumag. = **Alnus**
Semiliquidambar 【3】 H.T.Chang 半枫荷属 ← **Altingia** Hamamelidaceae 金缕梅科 [MD-63] 全球 (1) 大洲分布及种数(4)◆亚洲
Semilta Raf. = **Croton**
Seminella Nakai = **Juniperus**
Semiphaius Gagnep. = **Eulophia**
Semiphajus Gagnep. = **Eulophia**
Semiramisia【3】 Klotzsch 裙花莓属 ← **Ceratostema** Ericaceae 杜鹃花科 [MD-380] 全球 (1) 大洲分布及种数(3-4)◆南美洲
Semiria 【3】 D.J.N.Hind 翼果柄泽兰属 Asteraceae 菊科 [MD-586] 全球 (1) 大洲分布及种数(1)◆南美洲(◆巴西)
Semmnostachya Bremek. = **Strobilanthes**
Semnanthe 【3】 N.E.Br. 斗鱼花属 ≒ **Acrodon** Aizoaceae 番杏科 [MD-94] 全球 (1) 大洲分布及种数(uc)◆亚洲
Semnorrhynchus Rchb. = **Stenorrhynchos**
Semnos【-】 Raf. 马钱科属 ≒ **Buddleja** Loganiaceae 马钱科 [MD-486] 全球 (uc) 大洲分布及种数(uc)
Semnostachya Bremek. = **Strobilanthes**
Semnothyrsus【3】 Bremek. 延苞蓝属 ← **Strobilanthes** Acanthaceae 爵床科 [MD-572] 全球 (1) 大洲分布及种数(1)◆亚洲
Semonovia Regel & Herder = **Semenovia**
Semonvillea 【3】 J.Gay 翼果麻粟草属 ← **Limeum** Limeaceae 麻粟草科 [MD-109] 全球 (1) 大洲分布及种数(3)◆非洲
Semovillea J.Gay = **Limeum**
Sempervivaceae Juss. = Putranjivaceae
Sempervivella Stapf = **Rosularia**
Sempervivum DC. = **Sempervivum**
Sempervivum【3】 L.长生草属 → **Aeonium;Aichryson** Crassulaceae 景天科 [MD-229] 全球 (6) 大洲分布及种数(94-144;hort.1;cult: 6)非洲:6-11;亚洲:19-32;大洋洲:9-13;欧洲:83-100;北美洲:18-25;南美洲:2
Sempetvivum L. = **Sempervivum**
Semponium D.Michael = **Carum**
Senacia Comm. ex DC. = **Pittosporum**
Senaea 【3】 Taub. 塞纳龙胆属 Gentianaceae 龙胆科 [MD-496] 全球 (1) 大洲分布及种数(2)◆南美洲
Senapea【3】 Aubl. 西番莲属 ≒ **Passiflora** Passifloraceae 西番莲科 [MD-151] 全球 (1) 大洲分布及种数(uc)属分布和种数(uc)◆南美洲
Senatula L. = **Serratula**
Senccio Lam. = **Pittosporum**
Sendleria Steud. = **Achnatherum**
Sendtnera【3】 (Dicks.) Gottsche & Rabenh. 剪叶苔属 ≒ **Jungermannia** Herbertaceae 剪叶苔科 [B-69] 全球 (1) 大洲分布及种数(uc)◆亚洲
Sendtnera Endl. = **Sendtnera**
Senebiera DC. = **Lepidium**
Senebiera P. & K. = **Ocotea**
Senecillicacalia 【3】 Kitam. 虎耳草属 ← **Ligularia; Mukdenia** Asteraceae 菊科 [MD-586] 全球 (1) 大洲分布及种数(1)◆亚洲
Senecillis Gaertn. = **Ligularia**
Senecio (Bonpl.) Cuatrec. = **Senecio**
Senecio【3】 L. 千里光属 ≒ **Doronicum;Parasenecio** Senecionaceae 千里光科 [MD-590] 全球 (6) 大洲分布及种数(1865-2502;hort.1;cult: 70)非洲:683-884;亚洲:313-522;大洋洲:223-421;欧洲:218-420;北美洲:291-507;南美洲:871-1124
Seneciodes L. ex T.P. & K. = **Cyanthillium**
Senecionaceae 【3】 Bercht. & J.Presl 千里光科 [MD-590] 全球 (6) 大洲分布和属种数(12-13;hort. & cult.1)(1905-2906;hort. & cult.99-200)非洲:3-4/685-887;亚洲:1-2/313-523;大洋洲:1-2/223-422;欧洲:1-2/218-421;北美洲:10-11/326-543;南美洲:2-3/872-1126
Senecioneae【-】 Cass. 菊科属 Asteraceae 菊科 [MD-586] 全球 (uc) 大洲分布及种数(uc)
Seneciunculus Opiz = **Senecio**
Seneciv L. = **Senecio**
Senefeldera 【3】 Mart. 牛耳柏属 → **Dendrothrix; Omphalea;Senefelderopsis** Euphorbiaceae 大戟科 [MD-217] 全球 (1) 大洲分布及种数(7)◆南美洲
Senefelderopsis 【3】 Steyerm. 复序柏属 → **Dendrothrix;Senefeldera** Euphorbiaceae 大戟科 [MD-217] 全球 (1) 大洲分布及种数(2)◆南美洲
Senega Spach = **Polygala**
Senegalia (Benth.) Pedley = **Senegalia**
Senegalia【3】 Raf. 儿茶属 ≒ **Mariosousa** Fabaceae 豆科 [MD-240] 全球 (6) 大洲分布及种数(208-237;hort.1)非洲:65-67;亚洲:48-49;大洋洲:9-10;欧洲:1;北美洲:41-44;南美洲:80-87
Senegaria Raf. = **Polygala**
Seneico Hill = **Senecio**
Senftenbergia Klotzsch & H.Karst. = **Langsdorffia**
Senghasara auct. = **Kefersteinia**
Senghasia Hort. = **Kefersteinia**
Senghasiella 【3】 Szlach. 玉凤花属 ≒ **Habenaria** Orchidaceae 兰科 [MM-723] 全球 (1) 大洲分布及种数(uc)属分布和种数(uc)◆亚洲
Senicio Lam. = **Pittosporum**
Senisetum Honda = **Agrostis**
Senites Adans. = **Zeugites**
Senkenbergia 【3】 Schaür 隆果草属 ≒ **Cyphomeris**

Nyctaginaceae 紫茉莉科 [MD-107] 全球 (1) 大洲分布及种数(1)◆北美洲
Senna (Benth.) H.S.Irwin & Barneby = **Senna**
Senna【3】 Mill. 决明属 ← **Cassia;Mimosa;Chamaecrista** Fabaceae 豆科 [MD-240] 全球 (6) 大洲分布及种数(290-298;hort.1;cult: 4)非洲:64-69;亚洲:284-295;大洋洲:78-81;欧洲:20-23;北美洲:132-136;南美洲:195-202
Senneberia Neck. = **Phoebe**
Sennebiera Willd. = **Phoebe**
Sennefeldera Endl. = **Senefeldera**
Sennenia Pau ex Sennen = **Trisetum**
Sennertia Vitzthum = **Sonneratia**
Sennia【3】 Chiov. 无患子科属 Sapindaceae 无患子科 [MD-428] 全球 (1) 大洲分布及种数(uc)◆欧洲
Senniella Aellen = **Atriplex**
Senoclia Lam. = **Pittosporum**
Senotainia Boiss. = **Stenotaenia**
Senotheca Ulbr. = **Septotheca**
Senra【2】 Cav. 决明锦葵属 Malvaceae 锦葵科 [MD-203] 全球 (2) 大洲分布及种数(3-4)非洲:2;亚洲:1-2
Senraea Willd. = **Senra**
Sensitiva Raf. = **Mimosa**
Sentis F.Müll = **Scutia**
Sentosia R.M.King & H.Rob. = **Santosia**
Senyumia【3】 Kiew,A.Weber & B.L.Burtt 旋蒴苣苔属 ≒ **Boea** Gesneriaceae 苦苣苔科 [MD-549] 全球 (1) 大洲分布及种数(1)◆亚洲
Seorsus【3】 Rye & Trudgen 束蕊梅属 ≒ **Astartea** Myrtaceae 桃金娘科 [MD-347] 全球 (1) 大洲分布及种数(1-4)◆大洋洲
Seorzonera L. = **Scorzonera**
Sepaerocaryum Nees ex Steud. = **Sphaerocaryum**
Sepalosaccus Schltr. = **Camaridium**
Sepalosiphon Schltr. = **Glomera**
Separotheca Waterf. = **Tradescantia**
Sephena Raf. = **Haemanthus**
Sepiella Aellen = **Atriplex**
Sepikea【3】 Schltr. 柱果苣苔属 Gesneriaceae 苦苣苔科 [MD-549] 全球 (1) 大洲分布及种数(1)◆大洋洲
Sepophis Salisb. = **Dioscorea**
Seppeltia【3】 Christenson 澳带叶苔属 Pallaviciniaceae 带叶苔科 [B-30] 全球 (1) 大洲分布及种数(cf. 1)◆大洋洲
Seppeltia Grolle = **Seppeltia**
Septacanthus Benoist = **Sphacanthus**
Septas L. = **Crassula**
Septas Lour. = **Bacopa**
Septemeranthus【2】 L.J.Singh 桑寄生科属 Loranthaceae 桑寄生科 [MD-415] 全球 (1) 大洲分布及种数(uc)◆亚洲
Septilia Raf. = **Mecardonia**
Septimia P.V.Heath = **Bacopa**
Septina Noronha = **Bacopa**
Septis Hook.f. = **Scutia**
Septogarcinia【3】 Kosterm. 印尼藤黄属 Clusiaceae 藤黄科 [MD-141] 全球 (1) 大洲分布及种数(uc)属分布和种数(uc)◆东南亚(◆印度尼西亚)
Septoidium Lyon = **Sceptridium**
Septonema Sacc. = **Leptonema**
Septoria P.Beauv. = **Setaria**
Septotheca【3】 Ulbr. 秘鲁木棉属 Malvaceae 锦葵科 [MD-203] 全球 (1) 大洲分布及种数(1)◆南美洲
Septulina【3】 Van Tiegh. 海角寄生属 ≒ **Loranthus; Taxillus** Loranthaceae 桑寄生科 [MD-415] 全球 (1) 大洲分布及种数(2-3)◆非洲
Sequencia【3】 Givnish 岩菖蒲属 ← **Tofieldia; Brocchinia** Bromeliaceae 凤梨科 [MM-715] 全球 (1) 大洲分布及种数(cf.1)◆南美洲
Sequoia【3】 Endl. 北美洲红杉属 ← **Abies;Taxodium; Picea** Taxodiaceae 杉科 [G-16] 全球 (1) 大洲分布及种数(1-8)◆北美洲
Sequoiaceae Lürss. = Cupressaceae
Sequoiadendron【3】 J.Buchholz 巨杉属 ← **Taxodium; Sequoia** Cupressaceae 柏科 [G-17] 全球 (1) 大洲分布及种数(1-8)◆北美洲
Serangium W.Wood ex Salisb. = **Monstera**
Seraphrys【-】 J.M.H.Shaw 兰科属 Orchidaceae 兰科 [MM-723] 全球 (uc) 大洲分布及种数(uc)
Seraphyta Fisch. & C.A.Mey. = **Epidendrum**
Serapias【3】 L. 长药兰属 → **Acrolophia;Pteris;Bletia** Orchidaceae 兰科 [MM-723] 全球 (1) 大洲分布及种数(22-66)◆南欧(◆意大利)
Serapiastrum A.A.Eaton = **Serapias**
Serapicamptis【3】 Godfery 白顶兰属 ≒ **Serapias; Orchis** Orchidaceae 兰科 [MM-723] 全球 (1) 大洲分布及种数(1-29)◆亚洲
Serapimeulenia P.Delforge = **Serapicamptis**
Serapirhiza【3】 Potucek 红门兰属 ← **Orchis** Orchidaceae 兰科 [MM-723] 全球 (1) 大洲分布及种数(1-2)◆欧洲
Serapita Fisch. & C.A.Mey. = **Epidendrum**
Serawaia【-】 J.Compton & Schrire 豆科属 Fabaceae 豆科 [MD-240] 全球 (uc) 大洲分布及种数(uc)
Serbia Thou. = **Sergia**
Serena Raf. = **Haemanthus**
Serenaea Hook.f. = **Senaea**
Serenella Desv. = **Spergularia**
Serenoa Benth. & Hook.f. = **Serenoa**
Serenoa【3】 Hook.f. 锯棕属 ← **Acoelorrhaphe; Brahea;Sabal** Arecaceae 棕榈科 [MM-717] 全球 (1) 大洲分布及种数(1-2)◆北美洲(◆美国)
Serenopsis Jaub. & Spach = **Erysimum**
Sererea Raf. = **Amphilophium**
Sergia【3】 Al.Fed. 长药风铃属 ← **Asyneuma** Campanulaceae 桔梗科 [MD-561] 全球 (1) 大洲分布及种数(1-2)◆亚洲
Sergilus Gaertn. = **Baccharis**
Sergio Blanco Rambla,Liñero Arana & Beltánn Lares = **Sergia**
Serialbizzia Kosterm. = **Albizia**
Seriana Willd. = **Serjania**
Seriania C.F.Schumacher = **Serjania**
Serianthes【2】 Benth. 丝花树属 ← **Acacia;Albizia;Inga** Fabaceae 豆科 [MD-240] 全球 (4) 大洲分布及种数(17)非洲:2-3;亚洲:2-5;大洋洲:4-15;北美洲:1
Serica L. = **Erica**

S

Sericandra Raf. = **Albizia**
Sericanthe 【3】 E.Robbr. 丝花茜属 ≒ **Triclisia** Rubiaceae 茜草科 [MD-523] 全球 (1) 大洲分布及种数(21)◆非洲
Sericanthe Robbr. = **Sericanthe**
Sericeocassia Britton = **Tachigali**
Serichonus【3】K.R.Thiele 澳大利亚鼠李属 Rhamnaceae 鼠李科 [MD-331] 全球 (1) 大洲分布及种数(1)◆大洋洲(◆澳大利亚)
Sericicorpus Nees = **Sericocarpus**
Sericobonia André = **Jacobinia**
Sericocactus Y.Itô = **Notocactus**
Sericocalyx Bremek. = **Strobilanthes**
Sericocarpus【3】 Nees 白顶菊属 → **Aster;Galatella** Asteraceae 菊科 [MD-586] 全球 (1) 大洲分布及种数(6-10)◆北美洲
Sericocoma 【3】 Fenzl 绢苋属 → **Calicorema;Sericorema** Amaranthaceae 苋科 [MD-116] 全球 (1) 大洲分布及种数(3)◆非洲
Sericocomopsis【3】Schinz 北绢苋属 ≒ **Leucosphaera** Amaranthaceae 苋科 [MD-116] 全球 (1) 大洲分布及种数(2)◆非洲
Sericodes【3】 A.Gray 绢绒果属 Zygophyllaceae 蒺藜科 [MD-288] 全球 (1) 大洲分布及种数(1-2)◆北美洲(◆墨西哥)
Sericographis【3】Nees 箭爵床属←**Jacobinia;Justicia** Acanthaceae 爵床科 [MD-572] 全球 (1) 大洲分布及种数(1)◆南美洲
Sericola Raf. = **Miconia**
Sericolea 【3】 Schltr. 丝鞘杜英属 ← **Aristotelia** Elaeocarpaceae 杜英科 [MD-134] 全球 (1) 大洲分布及种数(17-28)◆大洋洲(◆巴布亚新几内亚)
Sericoleon Esben-Petersen = **Sericolea**
Sericoma C.Krauss = **Sericocoma**
Sericopelma Lopr. = **Sericorema**
Sericorema (Hook.f.) Lopr. = **Sericorema**
Sericorema 【3】 Lopr. 羊须苋属 ← **Trichinium;Sericocoma** Amaranthaceae 苋科 [MD-116] 全球 (1) 大洲分布及种数(2)◆非洲
Sericospora【3】 Nees 波多黎各爵床属 Acanthaceae 爵床科 [MD-572] 全球 (1) 大洲分布及种数(uc)属分布和种数(uc)◆北美洲(◆波多黎各)
Sericostachys【3】 Gilg & Lopr. 铁莲苋属 Amaranthaceae 苋科 [MD-116] 全球 (1) 大洲分布及种数(1-2)◆非洲
Sericostoma 【3】 Stocks 丝口五加属 ← **Echiochilon** Boraginaceae 紫草科 [MD-517] 全球 (1) 大洲分布及种数(cf. 1)◆西亚(◆沙特阿拉伯)
Sericotes A.Gray = **Sericodes**
Sericotheca Raf. = **Holodiscus**
Sericrostis Raf. = **Muhlenbergia**
Sericura Hassk. = **Pennisetum**
Sericus Hassk. = **Pennisetum**
Serida Comm. ex Juss. = **Serissa**
Seridia Juss. = **Centaurea**
Serigrostis Steud. = **Muhlenbergia**
Seringea F.Müll = **Seringia**
Seringia【3】 J.Gay 塞林梧桐属 ≒ **Ptelidium** Sterculiaceae 梧桐科 [MD-189] 全球 (1) 大洲分布及种数(14-19)◆大洋洲(◆澳大利亚)
Serinia Raf. = **Krigia**
Serinus L. = **Erinus**
Seriola L. = **Hypochaeris**
Seriphidium 【3】 (Besser ex Less.) Fourr. 蒿属 Asteraceae 菊科 [MD-586] 全球 (6) 大洲分布及种数(74)非洲:58-65;亚洲:51-58;大洋洲:7;欧洲:2-9;北美洲:3-10;南美洲:1-8
Seriphium L. = **Stoebe**
Seris Less. = **Richterago**
Seris Willd. = **Onoseris**
Serissa 【3】 Comm. ex Juss. 白马骨属 → **Aidia;Canthium;Saprosma** Rubiaceae 茜草科 [MD-523] 全球 (1) 大洲分布及种数(cf. 1)◆亚洲
Serjana L. = **Dimerostemma**
Serjania 【3】 Mill. 瓜瓶藤属 ← **Cardiospermum;Paullinia** Sapindaceae 无患子科 [MD-428] 全球 (6) 大洲分布及种数(250-284;hort.1;cult: 18)非洲:2-3;亚洲:21-27;大洋洲:3-4;欧洲:5-7;北美洲:96-113;南美洲:186-206
Serligia Vahl = **Hoya**
Serolella Pfeffer = **Scrofella**
Serolis Suhm = **Richterago**
Seronica L. = **Veronica**
Serophularia L. = **Scrophularia**
Serophyton Benth. = **Ditaxis**
Serpenticaulis M.A.Clem. & D.L.Jones = **Bulbophyllum**
Serpicula L.f. = **Elodea**
Serpillaria Heist. ex Fabr. = **Illecebrum**
Serpocaulon 【2】 A.R.Sm. 蛇足蕨属 ≒ **Polypodium** Polypodiaceae 水龙骨科 [F-60] 全球 (3) 大洲分布及种数(46-54)大洋洲:2;北美洲:17;南美洲:44-46
Serpohypnum Hampe = **Mittenothamnium**
Serpoleskea【3】 (Hampe ex Limpr.) Löske 素冠藓属 Amblystegiaceae 柳叶藓科 [B-178] 全球 (6) 大洲分布及种数(2)非洲:1-3;亚洲:2;大洋洲:2;欧洲:2;北美洲:2;南美洲:1-3
Serpotortella【2】 Dixon 香藓属 ≒ **Barbula** Serpotortellaceae 香藓科 [B-137] 全球 (2) 大洲分布及种数(2) 非洲:2;欧洲:1
Serpotortellaceae【2】W.D.Reese & R.H.Zander 香藓科 [B-137] 全球 (2) 大洲分布和属种数(1/2)非洲;欧洲
Serpula P. & K. = **Melilotus**
Serpyllopsis Bosch = **Hymenophyllum**
Serpyllum Mill. = **Thymus**
Serpyllus Mill. = **Thymus**
Serra Cav. = **Senra**
Serraea Spreng. = **Senra**
Serrafalcus Pari. = **Bromus**
Serraria Adans. = **Serruria**
Serrasalmus Parl. = **Bromus**
Serrastylis Rolfe = **Macradenia**
Serratia Moq. = **Acroglochin**
Serratula【3】 L. 伪泥胡菜属 → **Acroptilon;Gnaphalium** Asteraceae 菊科 [MD-586] 全球 (6) 大洲分布及种数(28-84;hort.1;cult: 1)非洲:2-13;亚洲:20-34;大洋洲:11;欧洲:9-20;北美洲:3-15;南美洲:11
Serratulaceae Martinov = Asteliaceae

S

Serresia【3】 Montrouz. 堇菜科属 Violaceae 堇菜科 [MD-126] 全球 (1) 大洲分布及种数(uc)◆大洋洲
Serronia Gaud. = **Ottonia**
Serrulata DC. = **Serratula**
Serrulatocereus Guiggi = **Harrisia**
Serruria Burm. ex Salisb. = **Serruria**
Serruria【3】 Salisb. 娇娘花属 Proteaceae 山龙眼科 [MD-219] 全球 (1) 大洲分布及种数(69-94)◆非洲
Sersalisia Baill. = **Sersalisia**
Sersalisia【2】R.Br. 白山榄属 → **Beccariella;Lucuma; Planchonella** Sapotaceae 山榄科 [MD-357] 全球 (3) 大洲分布及种数(6-7)非洲:1;亚洲:2;大洋洲:3
Sertella Desv. = **Spergularia**
Sertifera【3】 Lindl. ex Rchb.f. 巴西丝兰属 ← **Diothonea** Orchidaceae 兰科 [MM-723] 全球 (1) 大洲分布及种数(8-10)◆南美洲
Sertuernera Mart. = **Pfaffia**
Sertula【-】 P. & K. 豆科属 ≒ **Melilotus** Fabaceae 豆科 [MD-240] 全球 (uc) 大洲分布及种数(uc)
Sertularia Trask = **Spergularia**
Serturnera Mart. = **Pfaffia**
Seruneum P. & K. = **Allionia**
Serveria Neck. = **Seymeria**
Sesamaceae Horan. = Schlegeliaceae
Sesamella【-】 Rchb. 木樨草科属 Resedaceae 木樨草科 [MD-196] 全球 (uc) 大洲分布及种数(uc)
Sesamo Adans. = **Sesamum**
Sesamodes P. & K. = **Sesamoides**
Sesamoides Ort. = **Sesamoides**
Sesamoides【3】 Tourn. ex Rchb. 麻樨草属 ← **Reseda** Resedaceae 木樨草科 [MD-196] 全球 (1) 大洲分布及种数(5-10)◆欧洲
Sesamopteris (Endl.) Meisn. = **Sesamum**
Sesamothamnus【3】 Welw. 无距刺麻木属 Pedaliaceae 芝麻科 [MD-539] 全球 (1) 大洲分布及种数(5)◆非洲
Sesamum Adans. = **Sesamum**
Sesamum【3】 L. 芝麻属 → **Ceratotheca** Pedaliaceae 芝麻科 [MD-539] 全球 (6) 大洲分布及种数(33-41;hort.1) 非洲:30-35;亚洲:18-25;大洋洲:3-5;欧洲:2-4;北美洲:4-6;南美洲:1-4
Sesapa Ruiz & Pav. = **Sessea**
Sesban Adans. = **Sesbania**
Sesbana R.Br. = **Sesbania**
Sesbania Adans. = **Sesbania**
Sesbania【3】 G.A.Scop. 田菁属 ← **Aeschynomene; Darwinia** Fabaceae3 蝶形花科 [MD-240] 全球 (6) 大洲分布及种数(60-80;hort.1;cult: 1)非洲:41-56;亚洲:25-40;大洋洲:18-35;欧洲:9-20;北美洲:21-34;南美洲:13-27
Sesbanieae Hutch. = **Sesbania**
Seseli Erioscias Schischk. = **Seseli**
Seseli【3】 L. 西风芹属 ← **Aegopodium;Libanotis; Peucedanum** Apiaceae 伞形科 [MD-480] 全球 (1) 大洲分布及种数(101-124)◆亚洲
Seselinia Beck = **Seseli**
Seselopsis【3】 Schischk. 西归芹属 Apiaceae 伞形科 [MD-480] 全球 (1) 大洲分布及种数(1-2)◆亚洲
Seshagiria【3】 Ansari & Hemadri 塞沙萝藦属 Apocynaceae 夹竹桃科 [MD-492] 全球 (1) 大洲分布及种数(uc)属分布和种数(uc)◆亚洲
Sesia H.E.Moore = **Resia**
Seslera St.Lag. = **Sesleria**
Sesleria (Link) Rchb. = **Sesleria**
Sesleria【3】 G.A.Scop. 蓝禾属 → **Aeluropus;Buchloe; Elytrophorus** Poaceae 禾本科 [MM-748] 全球 (6) 大洲分布及种数(30-40;hort.1;cult:8)非洲:5-9;亚洲:10-16;大洋洲:3;欧洲:28-37;北美洲:3;南美洲:3
Seslerieae Rchb. = **Sesleria**
Sesleriella Deyl = **Sesleria**
Sessea【3】 Ruiz & Pav. 塞斯茄属 ← **Cestrum** Solanaceae 茄科 [MD-503] 全球 (1) 大洲分布及种数(22-26)◆南美洲
Sesseopsis Hassl. = **Cestrum**
Sessilanthera【3】 Molseed & Cruden 无丝鸢尾属 ← **Nemastylis;Nematostylis** Iridaceae 鸢尾科 [MM-700] 全球 (1) 大洲分布及种数(3)◆北美洲
Sessilibulbum Brieger = **Polystachya**
Sessilistigma Goldblatt = **Moraea**
Sessleria Spreng. = **Sesleria**
Sestinia Boiss. = **Wendlandia**
Sestinia Raf. = **Agrimonia**
Sestochilos Breda = **Bulbophyllum**
Sesuviaceae ex Horan. = Sesuviaceae
Sesuviaceae【3】Horan. 海马齿科 [MD-95] 全球 (6) 大洲分布和属种数(1;hort. & cult.1)(18-26;hort. & cult.1) 非洲:1/8-15; 亚洲:1/7-9; 大洋洲:1/2-4; 欧洲:1/2-4; 北美洲:1/7-10; 南美洲:1/8-10
Sesuvium【3】 L. 海马齿属 ≒ **Aizoon;Pharnaceum** Sesuviaceae 海马齿科 [MD-95] 全球 (6) 大洲分布及种数(19-25;hort.1;cult: 2)非洲:8-15;亚洲:7-9;大洋洲:2-4;欧洲:2-4;北美洲:7-10;南美洲:8-10
Setabis S.L.Chen & Y.X.Jin = **Setiacis**
Setacera Dulac = **Centaurea**
Setachna Dulac = **Centaurea**
Setaphora Neck. = **Myristica**
Setaria (A.Braun) Hitchc. = **Setaria**
Setaria【3】 P.Beauv. 狗尾草属 ← **Agrostis;Paspalidium;Pennisetum** Poaceae 禾本科 [MM-748] 全球 (6) 大洲分布及种数(144-175;hort.1;cult: 16)非洲:67-99;亚洲:48-75;大洋洲:54-84;欧洲:16-41;北美洲:61-85;南美洲:64-91
Setariopsis【3】 Scribn. ex Millsp. 拟狗尾草属 ≒ **Setaria;Cenchrus** Poaceae 禾本科 [MM-748] 全球 (1) 大洲分布及种数(2)◆北美洲
Setasia P.Beauv. = **Setaria**
Setchellanthac Brandegee = **Setchellanthus**
Setchellanthaceae【3】 Iltis 青莲木科 [MD-177] 全球 (1) 大洲分布和属种数(1/1)◆北美洲
Setchellanthus【3】 Brandegee 青莲木属 Setchellanthaceae 青莲木科 [MD-177] 全球 (1) 大洲分布及种数(1)◆北美洲(◆墨西哥)
Setcrearea K.Schum. & Sydow = **Setcreasea**
Setcreasea【3】 K.Schum. 紫竹梅属 ← **Tradescantia** Commelinaceae 鸭跖草科 [MM-708] 全球 (1) 大洲分布及种数(3)◆北美洲
Setellia L.H.Bailey = **Waltheria**
Sethia Kunth = **Erythroxylum**

S

Setiacis 【3】 S.L.Chen & Y.X.Jin 刺毛头黍属 ← **Acroceras** Poaceae 禾本科 [MM-748] 全球 (1) 大洲分布及种数(cf. 1)◆东亚(◆中国)

Seticereus Backeb. = **Haageocereus**

Seticleistocactus Backeb. = **Cleistocactus**

Setidenmoza 【-】 Backeb. 仙人掌科属 Cactaceae 仙人掌科 [MD-100] 全球 (uc) 大洲分布及种数(uc)

Setiechinopsis (Backeb.) de Haas = **Arthrocereus**

Setilobus Baill. = **Cuspidaria**

Setirebutia Frič = **Rebutia**

Setiscapella Barnhart = **Utricularia**

Setonix Raf. = **Proiphys**

Setosa Ewart = **Chamaeraphis**

Setranema Sw. = **Tetranema**

Setulia Raf. = **Bacopa**

Setulocarya 【3】 R.R.Mill & D.G.Long 刺果草属 Boraginaceae 紫草科 [MD-517] 全球 (1) 大洲分布及种数(cf. 1)◆亚洲

Seubertia H.C.Wats. = **Brodiaea**

Seuratia Moq. = **Acroglochin**

Seuratiaceae Griseb. = Saurauiaceae

Seurrula L. = **Scurrula**

Seutellaria Riv. ex L. = **Scutellaria**

Seutera 【3】 Rich. 隔山消属 → **Vincetoxicum; Funastrum** Apocynaceae 夹竹桃科 [MD-492] 全球 (1) 大洲分布及种数(2-4)◆北美洲

Sevada 【3】 Moq. 小异子蓬属 ← **Suaeda** Amaranthaceae 苋科 [MD-116] 全球 (1) 大洲分布及种数(1)◆亚洲

Severinara auct. = **Severinia**

Severinia 【3】 Ten. ex Endl. 酒饼蓬属 ← **Atalantia** Rutaceae 芸香科 [MD-399] 全球 (6) 大洲分布及种数(6)非洲:3-4;亚洲:5-6;大洋洲:3-4;欧洲:1;北美洲:2-3;南美洲:2-3

Sevillaara 【-】 J.M.H.Shaw 兰科属 Orchidaceae 兰科 [MM-723] 全球 (uc) 大洲分布及种数(uc)

Sewardiella 【3】 Kashyap 柄叶苔属 Petalophyllaceae 瓣叶苔科 [B-24] 全球 (1) 大洲分布及种数(cf. 1)◆亚洲

Sewartia L. = **Stewartia**

Sewe L. = **Sida**

Sewellina Bubani = **Callitriche**

Sewerzowia Regel & Schmalh. = **Astragalus**

Sexilia Raf. = **Polygala**

Sextonia 【3】 van der Werff 赤桂楠属 ← **Nectandra; Ocotea** Lauraceae 樟科 [MD-21] 全球 (1) 大洲分布及种数(2)◆南美洲

Seychellaria 【3】 Hemsl. 霉草属 ← **Sciaphila** Triuridaceae 霉草科 [MM-616] 全球 (1) 大洲分布及种数(uc)属分布和种数(uc)◆非洲

Seymeria 【3】 Pursh 西摩列当属 → **Agalinis;Symmeria** Scrophulariaceae 玄参科 [MD-536] 全球 (1) 大洲分布及种数(28-33)◆北美洲

Seymeriopsis 【3】 N.N.Tsvelev 古巴列当属 Orobanchaceae 列当科 [MD-552] 全球 (1) 大洲分布及种数(1)◆北美洲(◆古巴)

Seymouria Sw. = **Pelargonium**

Seyrigia 【3】 Keraudren 青龙瓜属 Cucurbitaceae 葫芦科 [MD-205] 全球 (1) 大洲分布及种数(5-6)◆非洲(◆马达加斯加)

Sglacca Reinw. = **Salacca**

Sgngonium Schott = **Syngonium**

Shafera 【3】 Greenm. 层绒菊属 Asteraceae 菊科 [MD-586] 全球 (1) 大洲分布及种数(1)◆北美洲(◆古巴)

Shaferocharis 【3】 Urb. 层茜属 Rubiaceae 茜草科 [MD-523] 全球 (1) 大洲分布及种数(3)◆北美洲(◆古巴)

Shaferodendron Gilly = **Manilkara**

Shakua Boj. = **Poupartia**

Shaleria Jack = **Phaleria**

Shaleriella Deyl = **Sesleria**

Shallonium Raf. = **Gaultheria**

Shangrilaia 【3】 Al-Shehbaz 中甸荠属 Brassicaceae 十字花科 [MD-213] 全球 (1) 大洲分布及种数(cf. 1)◆东亚(◆中国)

Shangwua 【3】 Yu J.Wang,Raab-Straube,Susanna & J.Quan Liu 尚武菊属 Asteraceae 菊科 [MD-586] 全球 (1) 大洲分布及种数(3; hort. 1) ◆亚洲

Shaniodendron M.B.Deng,H.T.Wei & X.Q.Wang = **Parrotia**

Shantzia Lewton = **Azanza**

Shanus L. = **Schinus**

Sharpia Ewart & A.H.K.Petrie = **Corchorus**

Sharpiella 【3】 Z.Iwats. 北美洲灰藓属 ≒ **Plagiothecium** Hypnaceae 灰藓科 [B-189] 全球 (1) 大洲分布及种数(1)◆亚洲

Shawia 【-】 Forst. 菊科属 ≒ **Olearia** Asteraceae 菊科 [MD-586] 全球 (uc) 大洲分布及种数(uc)

Sheadendron G.Bertol. = **Combretum**

Sheararia S.Moore = **Sheareria**

Sheareria 【3】 S.Moore 虾须草属 Asteraceae 菊科 [MD-586] 全球 (1) 大洲分布及种数(2)◆亚洲

Shecenia Nutt. = **Selenia**

Sheehanara 【-】 Hort. 兰科属 Orchidaceae 兰科 [MM-723] 全球 (uc) 大洲分布及种数(uc)

Sheffieldia Forst. = **Samolus**

Shehbazia 【3】 D.A.Germann 虾须菜属 Brassicaceae 十字花科 [MD-213] 全球 (1) 大洲分布及种数(cf.1)◆亚洲

Sheilanthera 【3】 I.Williams 希拉芸香属 Rutaceae 芸香科 [MD-399] 全球 (1) 大洲分布及种数(1)◆非洲(◆南非)

Shelania Lindb. = **Saelania**

Shenia R.H.Zander = **Chenia**

Shepherdia 【3】 Nutt. 野牛果属 ← **Elaeagnus;Hippophae** Elaeagnaceae 胡颓子科 [MD-356] 全球 (1) 大洲分布及种数(3-5)◆北美洲

Sherarda Cothen. = **Sherardia**

Sherardia 【3】 L. 田茜属 ≒ **Pavetta** Rubiaceae 茜草科 [MD-523] 全球 (6) 大洲分布及种数(3)非洲:1-2;亚洲:2-3;大洋洲:1-2;欧洲:1-2;北美洲:1-2;南美洲:1

Sherbornina G.Don = **Sherbournia**

Sherbournia 【3】 G.Don 号角栀属 ← **Gardenia;Randia** Rubiaceae 茜草科 [MD-523] 全球 (1) 大洲分布及种数(14)◆非洲

Sherbournieae Mouly & B.Bremer = **Sherbournia**

Sherwoodia 【-】 House 岩梅科属 ≒ **Shortia** Diapensiaceae 岩梅科 [MD-405] 全球 (uc) 大洲分布及

种数(uc)
Shevockia 【3】 Enroth & Meng-Cheng Ji 亮蒴藓属 Neckeraceae 平藓科 [B-204] 全球 (1) 大洲分布及种数(1)◆亚洲
Shibataea 【3】 Makino 鹅毛竹属 ← **Sasa** Poaceae 禾本科 [MM-748] 全球 (1) 大洲分布及种数(9-10)◆亚洲
Shibataeeae Nakai = **Shibataea**
Shibateranthis 【3】 Nakai 菟葵属 ← **Eranthis** Ranunculaceae 毛茛科 [MD-38] 全球 (1) 大洲分布及种数(cf. 1)◆亚洲
Shigella Pimenov = **Berula**
Shigeuraara 【-】 Hort. 兰科属 Orchidaceae 兰科 [MM-723] 全球 (uc) 大洲分布及种数(uc)
Shiia Makino = **Castanopsis**
Shiinoa Makino = **Castanopsis**
Shimia Makino = **Castanopsis**
Shinella Nakai = **Juniperus**
Shinjia Makino = **Castanopsis**
Shinnersia 【3】 R.M.King & H.Rob. 虫泽兰属 ← **Trichocoronis** Asteraceae 菊科 [MD-586] 全球 (1) 大洲分布及种数(cf.1)◆北美洲
Shinnersoseris 【3】 Tomb 喙骨苣属 ← **Lygodesmia** Asteraceae 菊科 [MD-586] 全球 (1) 大洲分布及种数(1)◆北美洲
Shipaia Hurus. = **Sapium**
Shipmanara auct. = **Otochilus**
Shiraia Hurus. = **Sapium**
Shirakia Hurus. = **Sapium**
Shirakiopsis 【2】 Esser 齿叶乌桕属 ≒ **Tragia** Euphorbiaceae 大戟科 [MD-217] 全球 (2) 大洲分布及种数(6-7)非洲:3;亚洲:cf.1
Shirleyopanax Domin = **Polyscias**
Shishindenia Makino = **Chamaecyparis**
Shiuyinghua 【3】 Paclt 秀英桐属 Paulowniaceae 泡桐科 [MD-542] 全球 (1) 大洲分布及种数(2)◆亚洲
Shiveara 【-】 auct. 兰科属 Orchidaceae 兰科 [MM-723] 全球 (uc) 大洲分布及种数(uc)
Shivparvatia 【3】 Pusalkar & D.K.Singh 亚石竹属 Caryophyllaceae 石竹科 [MD-77] 全球 (1) 大洲分布及种数(uc)◆亚洲
Shomea Roxb. ex C.F.Gaertn. = **Shorea**
Shonia 【3】 R.J.F.Hend. & Halford 木姜桐属 ≒ **Beyeria** Euphorbiaceae 大戟科 [MD-217] 全球 (1) 大洲分布及种数(1-5)◆大洋洲
Shop Adans. = **Sium**
Shorea (A.DC.) Y.K.Yang & J.K.Wu = **Shorea**
Shorea 【3】 Roxb. ex C.F.Gaertn. 娑罗双属 → **Anisoptera;Vateria;Parashorea** Dipterocarpaceae 龙脑香科 [MD-173] 全球 (1) 大洲分布及种数(232-258)◆亚洲
Shortia Raf. = **Shortia**
Shortia 【3】 Torr. & A.Gray 岩扇属 ← **Arabis** Diapensiaceae 岩梅科 [MD-405] 全球 (6) 大洲分布及种数(6-10)非洲:1;亚洲:5-9;大洋洲:1;欧洲:1;北美洲:2-5;南美洲:1
Shortiopsis Hayata = **Boechera**
Shoshonea 【3】 Evert & Constance 怀俄明草属 Apiaceae 伞形科 [MD-480] 全球 (1) 大洲分布及种数(1)◆北美洲(◆美国)
Show Adans. = **Sium**
Shuaria 【3】 D.A.Neill & J.L.Clark 灯盏岩桐属 Gesneriaceae 苦苣苔科 [MD-549] 全球 (1) 大洲分布及种数(1)◆南美洲(◆厄瓜多尔)
Shultzia Raf. = **Schultzia**
Shuria Hérincq = **Achimenes**
Shutereia 【-】 Choisy 旋花科属 ≒ **Amphicarpaea** Convolvulaceae 旋花科 [MD-499] 全球 (uc) 大洲分布及种数(uc)
Shuteria 【3】 Wight & Arn. 宿苞豆属 ← **Amphicarpaea; Hylodesmum;Neonotonia** Fabaceae 豆科 [MD-240] 全球 (6)大洲分布及种数(6-8)非洲:2-3;亚洲:5-8;大洋洲:1;欧洲:1;北美洲:1-2;南美洲:1
Shuttelworthia Meisn. = **Verbena**
Siagonanthus Pöpp. & Endl. = **Ornithidium**
Siagonarrhen Mart ex J.A.Schmidt = **Hyptis**
Siagonodon Griff. = **Siphonodon**
Sialidae Raf. = **Dillenia**
Sialis Sw. = **Stelis**
Sialita Raf. = **Sherardia**
Sialodes Eckl. & Zeyh. = **Galenia**
Siamanthus 【3】 K.Larsen & Mood 角果姜属 Zingiberaceae 姜科 [MM-737] 全球 (1) 大洲分布及种数(cf. 1)◆亚洲
Siamosia 【3】 K.Larsen & Pedersen 泰苋属 Amaranthaceae 苋科 [MD-116] 全球 (1) 大洲分布及种数(1)◆东南亚(◆泰国)
Siapaea 【3】 Pruski 匍匐尖泽兰属 Asteraceae 菊科 [MD-586] 全球 (1) 大洲分布及种数(1)◆南美洲
Sibaldia L. = **Potentilla**
Sibam Röwer = **Sibara**
Sibangea 【-】 Oliv. 核果木科属 ≒ **Drypetes** Putranjivaceae 核果木科 [MD-228] 全球 (uc) 大洲分布及种数(uc)
Sibara 【3】 Greene 假南芥属 ← **Arabis;Thelypodium** Brassicaceae 十字花科 [MD-213] 全球 (1) 大洲分布及种数(13-19)◆北美洲(◆美国)
Sibaropsis 【3】 S.Boyd & T.S.Ross 异南芥属 Brassicaceae 十字花科 [MD-213] 全球 (1) 大洲分布及种数(1)◆北美洲(◆美国)
Sibbalda Cothen. = **Sibbaldia**
Sibbaldia 【3】 L. 山莓草属 → **Potentilla** Rosaceae 蔷薇科 [MD-246] 全球 (1) 大洲分布及种数(27-35)◆亚洲
Sibbaldianthe Juz. = **Sibbaldia**
Sibbaldiopsis 【3】 Rydb. 银莓草属 ← **Potentilla; Sibbaldia** Rosaceae 蔷薇科 [MD-246] 全球 (1) 大洲分布及种数(1)◆北美洲
Sibertia Steud. = **Libertia**
Sibhaldia L. = **Sibbaldia**
Sibinia O.F.Cook = **Attalea**
Sibiraea 【2】 Maxim. 鲜卑花属 ← **Spiraea** Rosaceae 蔷薇科 [MD-246] 全球 (2) 大洲分布及种数(5-6)亚洲:3-5;欧洲:2
Sibirica Maxim. = **Sibiraea**
Sibirotrisetum 【-】 Barberá,Soreng,Romasch.,Quintanar & P.M.Peterson 禾本科属 Poaceae 禾本科 [MM-748] 全球 (uc) 大洲分布及种数(uc)

S

Sibovia Vell. = **Silvia**
Sibthorpia 【2】 L. 金幌菊属 ≒ **Antirrhinum** Scrophulariaceae 玄参科 [MD-536] 全球 (4) 大洲分布及种数(8-10)非洲:2-3;欧洲:4-5;北美洲:2;南美洲:4
Sibthorpiaceae D.Don = Scrophulariaceae
Sibthorpii L. = **Sibthorpia**
Sibtorpia G.A.Scop. = **Sibthorpia**
Siburatia Thou. = **Maesa**
Sibylla Pimenov = **Berula**
Sicana 【3】 Naudin 麝香瓜属 ≒ **Cucurbita** Cucurbitaceae 葫芦科 [MD-205] 全球 (1) 大洲分布及种数(3-4)◆北美洲
Siccobaccatus P.J.Braun & Esteves = **Austrocephalocereus**
Sicelium P.Br. = **Coccocypselum**
Sichizophragma Sieb. & Zucc. = **Schizophragma**
Sichuania 【3】 M.G.Gilbert & P.T.Li 四川藤属 Apocynaceae 夹竹桃科 [MD-492] 全球 (1) 大洲分布及种数(cf. 1)◆东亚(◆中国)
Sickingia Willd. = **Simira**
Sicklera M.Röm. = **Psilotrichum**
Sicklera Sendtn. = **Brachistus**
Sickleria Bronner = **Scleria**
Sickmannia Nees = **Ficinia**
Sicrea 【3】 Hallier f. 落萼椴属 Malvaceae 锦葵科 [MD-203] 全球 (1) 大洲分布及种数(cf. 1)◆亚洲
Siculosciadium 【-】 C.Brullo,Brullo,S.R.Downie & Giusso 伞形科属 Apiaceae 伞形科 [MD-480] 全球 (uc) 大洲分布及种数(uc)
Sicydium A.Gray = **Sicydium**
Sicydium 【3】 Schlecht. 野胡瓜属 Cucurbitaceae 葫芦科 [MD-205] 全球 (1) 大洲分布及种数(10-13)◆南美洲(◆巴西)
Sicyocarpus Boj. = **Marsdenia**
Sicyocarya (A.Gray) H.St.John = **Sicyos**
Sicyocaulis Wiggins = **Sicyos**
Sicyocodon Feer = **Campanula**
Sicyoides Mill. = **Sicyos**
Sicyomorpha Miers = **Peritassa**
Sicyos H.St.John = **Sicyos**
Sicyos 【3】 L. 刺果瓜属 → **Actinostemma;Cladocarpa** Cucurbitaceae 葫芦科 [MD-205] 全球 (1) 大洲分布及种数(48-69)◆北美洲
Sicyosperma 【3】 A.Gray 箭叶瓜属 Cucurbitaceae 葫芦科 [MD-205] 全球 (1) 大洲分布及种数(1)◆北美洲
Sida 【3】 L. 黄花棯属 ≒ **Abutilon;Pavonia** Malvaceae 锦葵科[MD-203]全球(6)大洲分布及种数(332-465;hort.1;cult:16)非洲:51-93;亚洲:60-103;大洋洲:79-122;欧洲:13-52;北美洲:89-138;南美洲:185-250
Sida Spinosae Small = **Sida**
Sidalcea 【3】 A.Gray ex Benth. 棯葵属 ← **Callirhoe; Sphaeralcea** Malvaceae 锦葵科 [MD-203] 全球 (1) 大洲分布及种数(34-60)◆北美洲
Sidanoda (A.Gray) Wooton & Standl. = **Anoda**
Sidasodes 【3】 Fryxell & Fürtes 南美葵属 ≒ **Sida** Malvaceae 锦葵科 [MD-203] 全球 (1) 大洲分布及种数(1-2)◆南美洲
Sidastrum 【2】 Baker f. 沙棯属 ≒ **Swida** Malvaceae 锦葵科 [MD-203] 全球 (4) 大洲分布及种数(9-10)亚洲:1;大洋洲:1;北美洲:8;南美洲:4
Side St.Lag. = **Sida**
Siderasis 【3】 Raf. 绒毡草属 ← **Tradescantia** Commelinaceae 鸭跖草科 [MM-708] 全球 (1) 大洲分布及种数(6)◆南美洲
Sideria 【3】 Ewart & A.H.K.Petrie 大洋洲棯葵属 Malvaceae 锦葵科 [MD-203] 全球 (1) 大洲分布及种数(uc)属分布和种数(uc)◆大洋洲
Sideritis 【3】 L. 毒马草属 ≒ **Ballota;Leucosyke** Lamiaceae 唇形科 [MD-575] 全球 (6) 大洲分布及种数(98-239;hort.1;cult:36)非洲:27-42;亚洲:37-85;大洋洲:9-17;欧洲:83-128;北美洲:8-9;南美洲:1
Siderobombyx Bremek. = **Xanthophytum**
Siderocarpos 【3】 Small 相思树属 ≒ **Acacia** Fabaceae3 蝶形花科 [MD-240] 全球 (1) 大洲分布及种数(1)◆北美洲
Siderocarpus Pierre = **Planchonella**
Siderocarpus Willis = **Acacia**
Siderodendron Cothen. = **Ixora**
Siderodendrum Schreb. = **Ixora**
Sideropogon Pichon = **Fridericia**
Sideroxyloides Jacq. = **Ixora**
Sideroxylon (Baill.) Engl. = **Sideroxylon**
Sideroxylon 【3】 L. 久榄属 ← **Achras;Elaeodendron;Pichonia** Sapotaceae 山榄科 [MD-357] 全球 (1) 大洲分布及种数(26-56)◆亚洲
Sideroxylum Mill. = **Micropholis**
Sidima Raf. = **Wurmbea**
Sidneya 【3】 E.E.Schill. & Panero 美花莲属 ≒ **Habranthus** Asteraceae 菊科 [MD-586] 全球 (1) 大洲分布及种数(uc)◆北美洲
Sidopsis Rydb. = **Sida**
Sidotheca 【3】 Reveal 星苞蓼属 Polygonaceae 蓼科 [MD-120] 全球 (1) 大洲分布及种数(3)◆北美洲(◆美国)
Sidranara 【-】 auct. 兰科属 Orchidaceae 兰科 [MM-723] 全球 (uc) 大洲分布及种数(uc)
Sidusa L. = **Sida**
Siebera 【3】 J.Gay 微刺菊属 ≒ **Anredera** Asteraceae 菊科 [MD-586] 全球 (1) 大洲分布及种数(1-2)◆大洋洲
Sieberia Spreng. = **Platanthera**
Sieberiana Spreng. = **Platanthera**
Sieboldia Heynh. = **Simethis**
Sieboldia Hoffmanns. = **Clematis**
Sieboldiana Hoffmanns. = **Simethis**
Siederella 【3】 Szlach.,Mytnik,Górniak & Romowicz 委内岩兰属 Orchidaceae 兰科 [MM-723] 全球 (1) 大洲分布及种数(1)◆南美洲
Siegeristara 【-】 Hort. 兰科属 Orchidaceae 兰科 [MM-723] 全球 (uc) 大洲分布及种数(uc)
Siegesbecka Cothen. = **Sigesbeckia**
Siegesbeckia L. = **Siegesbeckia**
Siegesbeckia 【2】 Steud. 豨莶属 ≒ **Sigesbeckia** Asteraceae 菊科 [MD-586] 全球 (5) 大洲分布及种数(4)非洲:2;亚洲:3;大洋洲:3;欧洲:1;南美洲:2
Siegfriedia 【3】 C.A.Gardner 西澳鼠李属 Rhamnaceae 鼠李科 [MD-331] 全球 (1) 大洲分布及种数(1)◆大洋洲(◆澳大利亚)
Sieglingia 【3】 Bernh. 北美洲禾草属 ≒ **Aulonemia** Poaceae 禾本科 [MM-748] 全球 (1) 大洲分布及种数

S

(7)◆欧洲
Siella Pimenov = **Berula**
Siemensia【3】Urb. 泉钟花属 ← **Portlandia** Rubiaceae 茜草科 [MD-523] 全球 (1) 大洲分布及种数(1)◆北美洲
Siemssenia Steetz = **Podolepis**
Siephania Lour. = **Stephania**
Sieruela Raf. = **Cleome**
Sievekingia【3】Rchb.f. 领瓣兰属 Orchidaceae 兰科 [MM-723] 全球 (1) 大洲分布及种数(12-14)◆南美洲
Sieversandreas【3】Eb.Fisch. 领玄参属 Orobanchaceae 列当科 [MD-552] 全球 (1) 大洲分布及种数(1)◆非洲(◆马达加斯加)
Sieversia【3】Willd. 岩车木属 → **Acomastylis;Geum;Novosieversia** Rosaceae 蔷薇科 [MD-246] 全球 (1) 大洲分布及种数(8-18)◆北美洲
Sifenlla Pimenov = **Berula**
Siflora Raf. = **Bifora**
Siganus Raf. = **Cephalanthus**
Sigesbeckia【3】L. 豨莶属 → **Guizotia;Mieria** Asteraceae 菊科 [MD-586] 全球 (6) 大洲分布及种数(14-19;hort.1;cult:2)非洲:3-4;亚洲:3-5;大洋洲:2-4;欧洲:3-4;北美洲:8-11;南美洲:7-9
Sigillaria Raf. = **Maianthemum**
Sigillum Friche-Joset & Montandon = **Polygonatum**
Sigmacidium【-】Hort. 兰科属 Orchidaceae 兰科 [MM-723] 全球 (uc) 大洲分布及种数(uc)
Sigmaiostalix Rchb.f. = **Sigmatostalix**
Sigmatanthus【3】Huber ex Ducke 荆钗木属 ≒ **Raputia** Rutaceae 芸香科 [MD-399] 全球 (1) 大洲分布及种数(1)◆南美洲
Sigmatella【2】(Müll.Hal.) Müll.Hal. 麻锦藓属 ≒ **Phyllodon** Sematophyllaceae 锦藓科 [B-192] 全球 (2) 大洲分布及种数(2) 大洋洲:1;南美洲:1
Sigmatochilus Rolfe = **Pholidota**
Sigmatogyne Pfitzer = **Panisea**
Sigmatophyllum D.Dietr. = **Sematophyllum**
Sigmatosiphon Engl. = **Sesamothamnus**
Sigmatostalix【3】Rchb.f. 弓柱兰属 → **Capanemia;Specklinia** Orchidaceae 兰科 [MM-723] 全球 (6) 大洲分布及种数(41-48)非洲:1;亚洲:1;大洋洲:1;欧洲:1;北美洲:16-17;南美洲:33-34
Sigmettia【-】J.M.H.Shaw 兰科属 Orchidaceae 兰科 [MM-723] 全球 (uc) 大洲分布及种数(uc)
Sigmodostyles Meisn. = **Rhynchosia**
Sigmoidala【-】J.Compton & Schrire 豆科属 Fabaceae 豆科 [MD-240] 全球 (uc) 大洲分布及种数(uc)
Sigmoidotropis【3】(Piper) A.Delgado 波多黎各豆属 ≒ **Macroptilium** Fabaceae 豆科 [MD-240] 全球 (1) 大洲分布及种数(7)◆北美洲
Sikimmia Thunb. = **Skimmia**
Sikira Raf. = **Chaerophyllum**
Silamnus Raf. = **Cephalanthus**
Silaum【3】Mill. 亮叶芹属 ≒ **Peucedanum;Seseli** Apiaceae 伞形科 [MD-480] 全球 (1) 大洲分布及种数(1-2)◆欧洲
Silaus Bernh. = **Silaum**
Silenaceae Bartl. = Solanaceae
Silenanthe Griseb. & Schenk = **Silene**
Silene (Adans.) Gürkee = **Silene**
Silene【3】L. 蝇子草属 ≒ **Agrostemma;Eudianthe** Caryophyllaceae 石竹科 [MD-77] 全球 (6) 大洲分布及种数(700-1082;hort.1;cult:50)非洲:125-259;亚洲:496-761;大洋洲:47-148;欧洲:199-437;北美洲:119-226;南美洲:61-157
Sileneae DC. = **Silene**
Silenis Razowski = **Silene**
Silenopsis Willk. = **Lychnis**
Silentvalleya【3】V.J.Nair,Sreek.,Vajr. & Bhargavan 静谷草属 Poaceae 禾本科 [MM-748] 全球 (1) 大洲分布及种数(1-2)◆亚洲
Siler【3】Mill. 银花芹属 ≒ **Silene** Apiaceae 伞形科 [MD-480] 全球 (1) 大洲分布及种数(4)◆欧洲
Sileriana Urb. & Lös. = **Prockia**
Silicularia Compton = **Heliophila**
Siliqua Duham. = **Ceratonia**
Siliquamomum【3】Baill. 长果姜属 Zingiberaceae 姜科 [MM-737] 全球 (1) 大洲分布及种数(1-2)◆亚洲
Siliquamonum Baill. = **Siliquamomum**
Siliquaria Forssk. = **Cleome**
Siliquastrum All. = **Cercis**
Sillybum Hassk. = **Silybum**
Siloca Simon = **Silvia**
Siloxerus【3】Labill. 头序鼠麹草属 ≒ **Angianthus** Asteraceae 菊科 [MD-586] 全球 (1) 大洲分布及种数(5)◆大洋洲(◆澳大利亚)
Silpaprasertara【-】auct. 兰科属 Orchidaceae 兰科 [MM-723] 全球 (uc) 大洲分布及种数(uc)
Silpha Lür = **Sylphia**
Silphiodaucus【-】(Koso-Pol.) Spalik,Wojew.,Banasiak, Piwczynski & Reduron 伞形科属 Apiaceae 伞形科 [MD-480] 全球 (uc) 大洲分布及种数(uc)
Silphion St.Lag. = **Silphium**
Silphiosperma Steetz = **Brachycome**
Silphium【3】L. 松香草属 ≒ **Balsamorhiza** Asteraceae 菊科 [MD-586] 全球 (6) 大洲分布及种数(19-34;hort.1;cult:4)非洲:21;亚洲:8-29;大洋洲:21;欧洲:3-24;北美洲:18-43;南美洲:21
Silusa Vell. = **Silvia**
Silvaea【-】Hook. & Arn. 大戟科属 ≒ **Mezilaurus** Euphorbiaceae 大戟科 [MD-217] 全球 (uc) 大洲分布及种数(uc)
Silvanus Raf. = **Cephalanthus**
Silvia Allemão = **Silvia**
Silvia【3】Vell. 墨西哥樟属 ≒ **Silviella** Lauraceae 樟科 [MD-21] 全球 (6) 大洲分布及种数(3)非洲:4;亚洲:4;大洋洲:4;欧洲:4;北美洲:2-6;南美洲:4
Silvianthus【3】Hook.f. 蜘蛛花属 ← **Mycetia** Carlemanniaceae 香茜科 [MD-528] 全球 (1) 大洲分布及种数(cf. 1)◆亚洲
Silviella【3】Pennell 墨西哥樟属 ≒ **Silvia** Orobanchaceae 列当科 [MD-552] 全球 (1) 大洲分布及种数(2)◆北美洲
Silvinula Pennell = **Bacopa**
Silvius Vell. = **Silvia**
Silvorchis【3】J.J.Sm. 林荫兰属 → **Vietorchis** Orchidaceae 兰科 [MM-723] 全球 (1) 大洲分布及种数(1-5)◆亚洲
Silybon St.Lag. = **Silybum**

S

Silybum【3】 Vaill. 水飞蓟属 → **Alfredia;Cirsium** Asteraceae 菊科 [MD-586] 全球 (6) 大洲分布及种数(3-4) 非洲:2;亚洲:2;大洋洲:1;欧洲:2;北美洲:2;南美洲:1

Silybura Vaill. = **Silybum**

Silymbrium Neck = **Sisymbrium**

Simaba【3】 Aubl. 苦香木属 → **Picrasma;Quassia; Simira** Simaroubaceae 苦木科 [MD-424] 全球 (1) 大洲分布及种数(25-28)◆南美洲

Simabaceae Horan. = Simaroubaceae

Simaoa Aubl. = **Simaba**

Simarouba【2】 Aubl. 苦椿属 ≒ **Picrasma** Simaroubaceae 苦木科 [MD-424] 全球 (2) 大洲分布及种数(5-7) 北美洲:3-5;南美洲:2-3

Simaroubaceae【3】DC. 苦木科 [MD-424] 全球 (6) 大洲分布和属种数(15-19;hort. & cult.4)(108-229;hort. & cult.5-11)非洲:7-10/24-47;亚洲:6-9/25-59;大洋洲:4-9/9-45;欧洲:4-8/7-29;北美洲:8-12/32-67;南美洲:9-13/54-93

Simaroubeae Juss. ex Juss. = **Simarouba**

Simaruba Aubl. = **Bursera**

Simarubaceae DC. = Simaroubaceae

Simarubopsis Engl. = **Mannia**

Simblocline DC. = **Diplostephium**

Simbuleta Forssk. = **Anarrhinum**

Sime L. = **Sida**

Simenia Szabo = **Dipsacus**

Simethis【3】 Kunth 净百合属 ← **Bulbine;Pulicaria** Asphodelaceae 阿福花科 [MM-649] 全球 (1) 大洲分布及种数(4-8)◆非洲

Simia S.W.Arnell = **Sida**

Simicratea【3】 N.Hallé 化风藤属 ≒ **Hippocratea** Celastraceae 卫矛科 [MD-339] 全球 (1) 大洲分布及种数(1)◆非洲

Simidetia Raf. = **Coleanthus**

Similax Nutt. = **Smilax**

Similisinocarum Cauwet & Farille = **Pimpinella**

Simira【3】 Aubl. 美染木属 ≒ **Ixora** Rubiaceae 茜草科 [MD-523] 全球 (1) 大洲分布及种数(10)◆北美洲

Simirestis【3】 N.Hallé 扁丝卫矛属 Celastraceae 卫矛科 [MD-339] 全球 (1) 大洲分布及种数(2)◆非洲

Simkania Szabo = **Dipsacus**

Simmondsia【3】 Nutt. 油蜡树属 ← **Buxus** Simmondsiaceae 油蜡树科 [MD-163] 全球 (1) 大洲分布及种数(2-3)◆北美洲

Simmondsiaceae【3】Van Tiegh. 油蜡树科 [MD-163] 全球 (1) 大洲分布和属种数(1;hort. & cult.1)(2-3;hort. & cult.1)◆北美洲

Simmondsieae Müll.Arg. = **Simmondsia**

Simnia Szabo = **Dipsacus**

Simocheilus【3】 Klotzsch 联室石南属 ← **Eremia** Ericaceae 杜鹃花科 [MD-380] 全球 (1) 大洲分布及种数(6-8)◆非洲

Simochilus【3】 Benth. ex Endl. 杜鹃花科属 Ericaceae 杜鹃花科 [MD-380] 全球 (1) 大洲分布及种数(1)◆南美洲

Simodon (Lindb.) Lindb. = **Fossombronia**

Simolimprichtia H.Wolff = **Sinolimprichtia**

Simonella Small = **Siphonella**

Simonisia Nees = **Beloperone**

Simophis Raf. = **Salpiglossis**

Simophyllum【-】 Lindb. 丛藓科属 ≒ **Weissia** Pottiaceae 丛藓科 [B-133] 全球 (uc) 大洲分布及种数(uc)

Simphitum Neck. = **Symphytum**

Simplicia【3】 Kirk 单脊茅属 ← **Poa** Poaceae 禾本科 [MM-748] 全球 (1) 大洲分布及种数(3-13)◆大洋洲(◆新西兰)

Simplicidens Herzog = **Fissidens**

Simpliglottis【3】 Szlach. 飞鸟兰属 ← **Chiloglottis** Orchidaceae 兰科 [MM-723] 全球 (1) 大洲分布及种数(8) 属分布和种数(uc)◆大洋洲(◆澳大利亚)

Simplocarpuc F.Schmidt = **Symplocarpus**

Simplocarpus F.Schmidt = **Symplocarpus**

Simplocos Lex. = **Symplocos**

Simpsonia O.F.Cook = **Thrinax**

Simsia【2】 Pers. 莳萝木属 ≒ **Cosmos** Asteraceae 菊科 [MD-586] 全球 (2) 大洲分布及种数(uc)北美洲;南美洲

Simsimium Bernh. = **Sesamum**

Simsimum Bernh. = **Sesamum**

Sinabraca【-】 G.H.Loos 十字花科属 Brassicaceae 十字花科 [MD-213] 全球 (uc) 大洲分布及种数(uc)

Sinacalia【2】 H.Rob. & Brettell 华蟹甲属 ← **Cacalia; Senecio** Asteraceae 菊科 [MD-586] 全球 (2) 大洲分布及种数(5)亚洲:cf.1;欧洲:1

Sinacanthus K.Larsen & Mood = **Siamanthus**

Sinadoxa【3】 C.Y.Wu,Z.L.Wu & R.F.Huang 华福花属 Adoxaceae 五福花科 [MD-530] 全球 (1) 大洲分布及种数(cf. 1)◆东亚(◆中国)

Sinalliaria【3】 X.F.Jin,Y.Y.Zhou & H.W.Zhang 华葱芥属 Brassicaceae 十字花科 [MD-213] 全球 (1) 大洲分布及种数(1;hort.1)◆亚洲

Sinamia C.Presl = **Synammia**

Sinapi Dulac = **Sinapis**

Sinapidendron【3】 Lowe 芥树属 ← **Brassica;Sinapis** Brassicaceae 十字花科 [MD-213] 全球 (1) 大洲分布及种数(1-6)◆非洲

Sinapis【3】 L. 白芥属 ← **Brassica;Sisymbrium** Brassicaceae 十字花科 [MD-213] 全球 (6) 大洲分布及种数(8-11;hort.1;cult: 3)非洲:5-11;亚洲:4-11;大洋洲:2-7;欧洲:4-10;北美洲:4-9;南美洲:1-6

Sinapistrum Chevall. = **Gynandropsis**

Sinapistrum Mill. = **Cleome**

Sinapistrum Spach = **Brassica**

Sinapodendron Ball = **Sinapidendron**

Sinapsis Griseb. = **Synapsis**

Sinarundinaria (J.R.Xue & T.P.Yi) C.S.Chao & Renvoize = **Sinarundinaria**

Sinarundinaria【3】 Ohwi 华西箭竹属 → **Ampelocalamus;Drepanostachyum;Arundinaria** Poaceae 禾本科 [MM-748] 全球 (6) 大洲分布及种数(4-5)非洲:2;亚洲:3-11;大洋洲:2;欧洲:2;北美洲:2;南美洲:1-3

Sinaxundinaria Ohwi = **Sinarundinaria**

Sinboea W.R.Buck = **Sinskea**

Sincarpia Ten. = **Syncarpia**

Sinclairea Sch.Bip. = **Liabum**

Sinclairia【3】 Hook. & Arn. 麻安菊属 ≒ **Microliabum** Asteraceae 菊科 [MD-586] 全球 (1) 大洲分布及种数(30)◆北美洲

Sinclairiopsis Rydb. = **Sinclairia**
Sincola Miq. = **Sindora**
Sincoraea Ule = **Orthophytum**
Sindechites 【3】 Oliv. 毛药藤属 → **Cleghornia; Epigynum** Apocynaceae 夹竹桃科 [MD-492] 全球 (1) 大洲分布及种数(cf. 1)◆亚洲
Sindonisce Corda = **Mannia**
Sindora 【3】 Miq. 油楠属 ← **Intsia;Guilandina** Fabaceae1 含羞草科 [MD-238] 全球 (6) 大洲分布及种数(7-21;hort.1)非洲:1-2;亚洲:5-19;大洋洲:1;欧洲:1;北美洲:1;南美洲:1
Sindoropsis 【3】 J.Léonard 甘豆属 ← **Detarium** Fabaceae 豆科 [MD-240] 全球 (1) 大洲分布及种数(1)◆非洲
Sindroa Jum. = **Orania**
Sinea Ravenna = **Sphenostigma**
Sinella Pimenov = **Berula**
Sineoperculum van JaarsV. = **Dorotheanthus**
Sinephropteris【3】Mickel 西北铁角蕨属 Aspleniaceae 铁角蕨科 [F-43] 全球 (1) 大洲分布及种数(1)◆东亚(◆中国)
Singa S.T.Blake = **Inga**
Singana 【3】 Aubl. 圭亚那豆属 Fabaceae3 蝶形花科 [MD-240] 全球 (1) 大洲分布及种数(1)◆南美洲
Singaporandia 【3】 K.M.Wong 毛药茜属 Rubiaceae 茜草科 [MD-523] 全球 (1) 大洲分布及种数(cf.1)◆亚洲
Singchia 【3】 Z.J.Liu & L.J.Chen 心启兰属 Orchidaceae 兰科 [MM-723] 全球 (1) 大洲分布及种数(1-2)◆亚洲
Singlingia Benth. = **Sieglingia**
Singularybas Molloy,D.L.Jones & M.A.Clem. = **Liparis**
Sinia 【3】 Diels 蒴莲木属 ≒ **Sauvagesia** Ochnaceae 金莲木科 [MD-104] 全球 (1) 大洲分布及种数(1)◆东亚(◆中国)
Siniaca Diels = **Sauvagesia**
Sinipta Diels = **Sauvagesia**
Sinnigia Nees = **Sinningia**
Sinningia 【3】 Nees 大岩桐属 ← **Achimenes;Besleria; Pentaraphia** Gesneriaceae 苦苣苔科 [MD-549] 全球 (1) 大洲分布及种数(78-94)◆南美洲(◆巴西)
Sinoadina C.E.Ridsdale = **Sinoadina**
Sinoadina 【3】 Ridsdale 鸡仔木属 ← **Adina;Cornus** Rubiaceae 茜草科 [MD-523] 全球 (1) 大洲分布及种数(cf. 1)◆亚洲
Sinoarabis 【3】 R.Karl,D.A.German,M.Koch & Al-Shehbaz 刚毛南芥属 Brassicaceae 十字花科 [MD-213] 全球 (1) 大洲分布及种数(1)◆东亚(◆中国)
Sinoarundinaria Ohwi = **Phyllostachys**
Sinobaca D.Y.Hong = **Bacopa**
Sinobacopa D.Y.Hong = **Mecardonia**
Sinobaijiania 【3】 C.Jeffrey & W.J.de Wilde 白兼果属 ≒ **Siraitia** Cucurbitaceae 葫芦科 [MD-205] 全球 (1) 大洲分布及种数(5)◆亚洲
Sinobambusa Giganteae T.H.Wen = **Sinobambusa**
Sinobambusa 【3】 Makino 唐竹属 → **Acidosasa; Indocalamus** Poaceae 禾本科 [MM-748] 全球 (1) 大洲分布及种数(11-18)◆亚洲
Sinoboea Chum = **Ornithoboea**
Sinocalamaus McClure = **Sinocalamus**
Sinocalamus (C.J.Hsueh & D.Z.Li) W.T.Lin = **Sinocalamus**
Sinocalamus【3】McClure 麻竹属 → **Ampelocalamus; Bambusa** Poaceae 禾本科 [MM-748] 全球 (1) 大洲分布及种数(8)◆非洲
Sinocalliergon【3】 Sakurai 华原藓属 Amblystegiaceae 柳叶藓科 [B-178] 全球 (1) 大洲分布及种数(2)◆亚洲
Sinocalycalycanthus 【-】 F.T.Lass. & Fantz 蜡梅科属 Calycanthaceae 蜡梅科 [MD-12] 全球 (uc) 大洲分布及种数(uc)
Sinocalycanthus 【-】 (Cheng & S.Y.Chang) Cheng & S.Y.Chang 蜡梅科属 Calycanthaceae 蜡梅科 [MD-12] 全球 (uc) 大洲分布及种数(uc)
Sinocarum 【3】 H.Wolff ex R.H.Shan & F.T.Pu 小芹属 ← **Acronema** Apiaceae 伞形科 [MD-480] 全球 (1) 大洲分布及种数(7-39)◆亚洲
Sinochasea 【3】 Keng 三蕊草属 ← **Pseudodanthonia** Poaceae 禾本科 [MM-748] 全球 (1) 大洲分布及种数(1-2)◆亚洲
Sinocrassula 【3】 A.Berger 石莲属 ← **Crassula;Sium** Crassulaceae 景天科 [MD-229] 全球 (1) 大洲分布及种数(10-12)◆亚洲
Sinocurculigo 【3】 Z.J.Liu,L.J.Chen & K.Wei Liu 仙茅属 ≒ **Curculigo** Hypoxidaceae 仙茅科 [MM-695] 全球 (1) 大洲分布及种数(cf.1)◆亚洲
Sinodielsia 【3】 H.Wolff 蓍叶滇芹属 ≒ **Physospermopsis** Apiaceae 伞形科 [MD-480] 全球 (1) 大洲分布及种数(cf.1)◆亚洲
Sinodolichos 【3】 Verdc. 华扁豆属 ← **Dolichos** Fabaceae 豆科 [MD-240] 全球 (1) 大洲分布及种数(cf. 1)◆亚洲
Sinodora J.Li & al. = **Sinopora**
Sinofranachetiae Hemsl. = **Sinofranchetia**
Sinofranchetia (Diels) Hemsl. = **Sinofranchetia**
Sinofranchetia 【3】 Hemsl. 串果藤属 ← **Holboellia** Lardizabalaceae 木通科 [MD-33] 全球 (1) 大洲分布及种数(cf. 1)◆东亚(◆中国)
Sinofranchetiaceae Doweld = Dicrastylidaceae
Sinoga S.T.Blake = **Asteromyrtus**
Sinogentiana 【3】 Adr.Favre & Y.M.Yuan 华龙胆属 Gentianaceae 龙胆科 [MD-496] 全球 (1) 大洲分布及种数(2)◆亚洲
Sinoideroxylon (Engl.) Aubrev. = **Sinosideroxylon**
Sinojackia 【3】 Hu 秤锤树属 → **Changiostyrax** Styracaceae 安息香科 [MD-327] 全球 (1) 大洲分布及种数(cf. 1)◆东亚(◆中国)
Sinojohnostonia Hu = **Sinojohnstonia**
Sinojohnstonia 【3】 Hu 车前紫草属 ← **Omphalodes** Boraginaceae 紫草科 [MD-517] 全球 (1) 大洲分布及种数(4-8)◆东亚(◆中国)
Sinoleontopodium【3】Y.L.Chen 君范菊属 Asteraceae 菊科 [MD-586] 全球 (1) 大洲分布及种数(1-2)◆亚洲
Sinolimprichtia【3】 H.Wolff 舟瓣芹属 Apiaceae 伞形科 [MD-480] 全球 (1) 大洲分布及种数(1-2)◆东亚(◆中国)
Sinomalus Koidz. = **Malus**
Sinomanglietia Z.X.Yu = **Magnolia**
Sinomarsdenia 【3】 P.T.Li & J.J.Chen 裂冠藤属 ← **Marsdenia** Asclepiadaceae 萝藦科 [MD-494] 全球 (1) 大

S

洲分布及种数(2)◆亚洲
Sinomenium 【3】 Diels 风龙属 ← **Cocculus** Menispermaceae 防己科 [MD-42] 全球 (1) 大洲分布及种数(1-2)◆亚洲
Sinomerrillia H.H.Hu = **Neuropeltis**
Sinomyrus Koidz. = **Malus**
Sinop Dulac = **Sinapis**
Sinopanax 【3】 H.L.Li 华参属 ← **Brassaiopsis** Araliaceae 五加科 [MD-471] 全球 (1) 大洲分布及种数(cf. 1)◆东亚(◆中国)
Sinopesa J.Li,N.H.Xia & H.W.Li = **Sinopora**
Sinopimelodendran Tsiang = **Cleidiocarpon**
Sinopimelodendron Tsiang = **Cleidiocarpon**
Sinoplagiospermum Rauschert = **Prinsepia**
Sinoplagiospernum Rauschert = **Prinsepia**
Sinopoda J.Li & al. = **Sinopora**
Sinopodophyllum 【3】 T.S.Ying 桃儿七属 ← **Podophyllum** Berberidaceae 小檗科 [MD-45] 全球 (1) 大洲分布及种数(1-3)◆亚洲
Sinopogonanthera (H.W.Li & X.H.Guo) H.W.Li = **Paraphlomis**
Sinopora 【3】 J.Li,N.H.Xia & H.W.Li 油果樟属 ≒ **Syndiclis** Lauraceae 樟科 [MD-21] 全球 (1) 大洲分布及种数(cf. 1)◆东亚(◆中国)
Sinopteridaceae 【3】 Koidz. 华蕨科 [F-34] 全球 (6) 大洲分布和属种数(3;hort. & cult.2)(85-305;hort. & cult.15-22)非洲:1/20-39;亚洲:3/44-122;大洋洲:1/7-25;欧洲:2/6-21;北美洲:2/35-52;南美洲:2/34-56
Sinopteris 【3】 C.Chr. & Ching 华碎米蕨属 Sinopteridaceae 华蕨科 [F-34] 全球 (1) 大洲分布及种数(2)◆东亚(◆中国)
Sinopyrenaria H.H.Hu = **Pyrenaria**
Sinoradlkafera F.G.Mey. = **Boniodendron**
Sinoradlkofera F.G.Mey. = **Boniodendron**
Sinorchis S.C.Chen = **Aphyllorchis**
Sinornis S.C.Chen = **Aphyllorchis**
Sinorthis S.C.Chen = **Aphyllorchis**
Sinosassafras 【3】 H.W.Li 华檫木属 ← **Lindera** Lauraceae 樟科 [MD-21] 全球 (1) 大洲分布及种数(cf. 1)◆亚洲
Sinosencio B.Nord. = **Sinosenecio**
Sinosenecio 【3】 B.Nord. 蒲儿根属 ← **Aster;Ligularia** Asteraceae 菊科 [MD-586] 全球 (1) 大洲分布及种数(45-52)◆亚洲
Sinosenesis B.Nord. = **Sinosenecio**
Sinosenscio B.Nord. = **Sinosenecio**
Sinoseris N.Kilian = **Sinopteris**
Sinosia Urb. = **Drymaria**
Sinosideroxylon 【3】 (Engl.) Aubrev. 铁榄属 ← **Planchonella;Xantolis;** Sapotaceae 山榄科 [MD-357] 全球 (1) 大洲分布及种数(cf. 1)◆亚洲
Sinosidus 【-】 G.L.Nesom 菊科属 Asteraceae 菊科 [MD-586] 全球 (uc) 大洲分布及种数(uc)
Sinosieroxylon (Engl.) Aubrev. = **Sinosideroxylon**
Sinosophiopsis 【3】 Al-Shehbaz 华羽芥属 ← **Cardamine** Brassicaceae 十字花科 [MD-213] 全球 (1) 大洲分布及种数(3)◆亚洲
Sinospiradiclis 【-】 H.S.Lo 茜草科属 Rubiaceae 茜草科 [MD-523] 全球 (uc) 大洲分布及种数(uc)
Sinoswertia 【3】 T.N.Ho,S.W.Liu & J.Q.Liu 绮龙草属 Gentianaceae 龙胆科 [MD-496] 全球 (1) 大洲分布及种数(cf.1)◆亚洲
Sinowilsonia 【3】 Hemsl. 山白树属 ← **Corylopsis** Hamamelidaceae 金缕梅科 [MD-63] 全球 (1) 大洲分布及种数(cf. 1)◆东亚(◆中国)
Sinozapus Koidz. = **Malus**
Sinskea 【3】 W.R.Buck 多疣藓属 Meteoriaceae 蔓藓科 [B-188] 全球 (1) 大洲分布及种数(2)◆亚洲
Sinthroblastes 【3】 Bremek. 非洲榔爵床属 Acanthaceae 爵床科 [MD-572] 全球 (1) 大洲分布及种数(1)◆亚洲
Sinuber Mill. = **Quercus**
Sinurus Iljin = **Synurus**
Sio B.Nord. = **Io**
Sioja Buch.Ham. ex Lindl. = **Sida**
Siolmatra 【3】 Baill. 西奥瓜属 ← **Alsomitra;Fevillea** Cucurbitaceae 葫芦科 [MD-205] 全球 (1) 大洲分布及种数(2)◆南美洲
Sion Adans. = **Sium**
Siona Salisb. = **Dichopogon**
Sipaea Taub. = **Senaea**
Sipanea 【3】 Aubl. 西巴茜属 ≒ **Bertiera;Manettia;Rondeletia** Rubiaceae 茜草科 [MD-523] 全球 (1) 大洲分布及种数(21-23)◆南美洲
Sipaneopsis 【3】 Steyerm. 拟西巴茜属 ← **Rondeletia; Sipanea** Rubiaceae 茜草科 [MD-523] 全球 (1) 大洲分布及种数(9)◆南美洲
Sipania Seem. = **Sipanea**
Sipapoa Maguire = **Diacidia**
Sipapoantha 【3】 Maguire & B.M.Boom 西巴龙胆属 Gentianaceae 龙胆科 [MD-496] 全球 (1) 大洲分布及种数(1-2)◆南美洲
Siparea Aubl. = **Sicrea**
Siparuna 【3】 Aubl. 坛罐花属 ← **Callicarpa** Siparunaceae 坛罐花科 [MD-17] 全球 (1) 大洲分布及种数(76-78)◆南美洲
Siparunaceae (A.DC.) Schodde = Siparunaceae
Siparunaceae 【3】 Schodde 坛罐花科 [MD-17] 全球 (6)大洲分布和属种数(1/76-92)非洲:1/1;亚洲:1/2;大洋洲:1/1;欧洲:1/1;北美洲:1/1;南美洲:1/76-78
Siparuneae A.DC. = **Siparuna**
Siparunoideae Money,Bailey & Swamy = (接受名不详) Siparunaceae
Siphanthera 【3】 Pohl ex DC. 管药野牡丹属 ≒ **Poteranthera** Melastomataceae 野牡丹科 [MD-364] 全球 (1) 大洲分布及种数(22-29)◆南美洲(◆巴西)
Siphantheropsis Brade = **Macairea**
Siphaulax Raf. = **Nicotiana**
Siphia Raf. = **Aristolochia**
Siphidia Raf. = **Aristolochia**
Siphisia Raf. = **Aristolochia**
Siphlonella Small = **Siphonella**
Siphoboea Baill. = **Clerodendrum**
Siphocampylus 【3】 Pohl 蝰齿花属 → **Burmeistera** Campanulaceae 桔梗科 [MD-561] 全球 (6) 大洲分布及种数(205-277)非洲:3-4;亚洲:6-8;大洋洲:7;欧洲:3-4;北美洲:29-39;南美洲:195-259
Siphocodon 【3】 Turcz. 管风铃属 ← **Siphonodon** Campanulaceae 桔梗科 [MD-561] 全球 (1) 大洲分布及种

数(2)◆非洲(◆南非)
Siphocolea Baill. = **Stereospermum**
Siphocranion【3】Kudo 筒冠花属 ≒ **Hanceola;Hancea** Lamiaceae 唇形科 [MD-575] 全球 (1) 大洲分布及种数(cf. 1)◆亚洲
Siphoderma Raf. = **Nierembergia**
Siphokentia Burret = **Hydriastele**
Siphomeris Boj. = **Paederia**
Siphon Rich. ex Schreb. = **Hevea**
Siphona Rich. ex Schreb. = **Hevea**
Siphonacanhus Nees = **Ruellia**
Siphonacanthus Nees = **Ruellia**
Siphonandra【3】Turcz. 管蕊莓属 → **Arachnothryx;Chiococca** Ericaceae 杜鹃花科 [MD-380] 全球 (1) 大洲分布及种数(3-5)◆南美洲
Siphonandraceae【3】Raf. 管药莓科 [MD-379] 全球 (1) 大洲分布和属种数(1/3-5)◆亚洲
Siphonandrium【3】K.Schum. 管茜草属 Rubiaceae 茜草科 [MD-523] 全球 (1) 大洲分布及种数(1)◆非洲
Siphonanthaceae Raf. = Ericaceae
Siphonanthus L. = **Hevea**
Siphonaria L. = **Saponaria**
Siphonella (A.Gray) A.Heller = **Siphonella**
Siphonella【3】Small 刺叶麻属 ≒ **Leptodactylon** Caprifoliaceae 忍冬科 [MD-510] 全球 (1) 大洲分布及种数(1)◆北美洲
Siphonema【-】Raf. 茄科属 ≒ **Nierembergia** Solanaceae 茄科 [MD-503] 全球 (uc) 大洲分布及种数(uc)
Siphoneranthemum【3】P. & K. 山壳骨属 ≒ **Streblacanthus** Acanthaceae 爵床科 [MD-572] 全球 (1) 大洲分布及种数(uc)◆大洋洲
Siphoneugena【3】O.Berg 杯番樱属 ≒ **Blepharocalyx;Eugenia** Myrtaceae 桃金娘科 [MD-347] 全球 (1) 大洲分布及种数(15-16)◆南美洲
Siphoneugenia L. = **Eugenia**
Siphoneugnea O.Berg = **Siphoneugena**
Siphonglossa örst. = **Siphonoglossa**
Siphonia Benth. = **Hevea**
Siphonidia J.B.Armstr. = **Euphrasia**
Siphoniella Small = **Siphonella**
Siphonina Rich. ex Schreb. = **Hevea**
Siphoniopsis H.Karst. = **Cola**
Siphonium J.B.Armstr. = **Euphrasia**
Siphonocampylus Pohl = **Siphocampylus**
Siphonochelus J.M.Wood & Franks = **Siphonochilus**
Siphonochilus【3】J.M.Wood & Franks 管唇姜属 ≒ **Cienkowskia;Kaempferia** Zingiberaceae 姜科 [MM-737] 全球 (1) 大洲分布及种数(11-15)◆非洲
Siphonodiscus【-】F.Müll 楝科属 Meliaceae 楝科 [MD-414] 全球 (uc) 大洲分布及种数(uc)
Siphonodon【2】Griff. 木瓜桐属 Celastraceae 卫矛科 [MD-339] 全球 (3) 大洲分布及种数(2-8)非洲:1;亚洲:1-3;大洋洲:4
Siphonodontaceae【2】Gagnep. & Tardieu 异卫矛科 [MD-341] 全球 (3) 大洲分布和属种数(1;hort. & cult.1)(1-7;hort. & cult.1)非洲:1/1;亚洲:1/1-3;大洋洲:1/4
Siphonoglossa【3】örst. 管舌爵床属 ← **Adhatoda;Carlowrightia;Tetramerium** Acanthaceae 爵床科 [MD-572] 全球 (6) 大洲分布及种数(12-14)非洲:4-10;亚洲:2-7;大洋洲:5;欧洲:5;北美洲:8-14;南美洲:3-8
Siphonogyne Cass. = **Eriocephalus**
Siphonolejeunea【2】Herzog 管鳞苔属 ≒ **Trachylejeunea** Lejeuneaceae 细鳞苔科 [B-84] 全球 (2) 大洲分布及种数(4)大洋洲:2;南美洲:1
Siphonolejeunea R.M.Schust. = **Siphonolejeunea**
Siphonosmanthus Stapf = **Osmanthus**
Siphonostegia【3】Benth. 阴行草属 Orobanchaceae 列当科 [MD-552] 全球 (1) 大洲分布及种数(cf. 1)◆亚洲
Siphonostelma Schltr. = **Brachystelma**
Siphonostema Griseb. = **Ceratostema**
Siphonostoma Benth. & Hook.f. = **Brachystelma**
Siphonostra Griseb. = **Ceratostema**
Siphonychia Torr. & A.Gray = **Paronychia**
Siphostigma Raf. = **Cyanotis**
Siphostima Raf. = **Burmannia**
Siphostoma Raf. = **Hymenocallis**
Siphotoma Raf. = **Hymenocallis**
Siphotria Raf. = **Renealmia**
Siphyalis Raf. = **Polygonatum**
Sipolisia【3】Glaziou ex Oliv. 尖苞灯头菊属 ≒ **Proteopsis** Asteraceae 菊科 [MD-586] 全球 (1) 大洲分布及种数(cf. 1)◆南美洲
Siponima A.DC. = **Hevea**
Siraitia (C.Jeffrey) A.M.Lu & Z.Y.Zhang = **Siraitia**
Siraitia【3】Merr. 罗汉果属 → **Baijiania;Thladiantha** Cucurbitaceae 葫芦科 [MD-205] 全球 (1) 大洲分布及种数(5-9)◆亚洲
Siraitieae H.Schaef. & S.S.Renner = **Siraitia**
Siraitos Raf. = **Chionographis**
Siratus Raf. = **Chionographis**
Sirdavidia【3】Couvreur & Sauqüt 茄花木属 Annonaceae 番荔枝科 [MD-7] 全球 (1) 大洲分布及种数(1)◆非洲
Sirhookera【3】P. & K. 西卢兰属 ← **Polystachya** Orchidaceae 兰科 [MM-723] 全球 (1) 大洲分布及种数(cf. 1)◆亚洲
Siriella W.M.Tattersall = **Silviella**
Sirindhornia【3】H.A.Pedersen & Suksathan 毛轴兰属 ≒ **Chusua** Orchidaceae 兰科 [MM-723] 全球 (1) 大洲分布及种数(2-4)◆亚洲
Sirium L. = **Santalum**
Sirjeremiahara【-】J.M.H.Shaw 兰科属 Orchidaceae 兰科 [MM-723] 全球 (uc) 大洲分布及种数(uc)
Sirmuellera P. & K. = **Cuphea**
Sirochloa【3】S.Dransf. 非洲禾草属 ≒ **Schizostachyum** Poaceae 禾本科 [MM-748] 全球 (1) 大洲分布及种数(1)◆非洲
Sirosiphon Sauter,A.E. = **Thismia**
Siryrinchium Raf. = **Sisyrinchium**
Sisarum Adans. = **Sium**
Sisimbryum Clairv. = **Sisymbrium**
Sismondaea Delponte = **Dioscorea**
Sismondia Delponte = **Dioscorea**
Sison【3】L. 岩欧芹属 ≒ **Aegopodium;Smyrnium;Peucedanum** Apiaceae 伞形科 [MD-480] 全球 (1) 大洲分布及种数(3)◆欧洲
Sistrum Mill. = **Sium**
Sisymbrella【3】Spach 姬大蒜芥属 ← **Barbarea;**

S

Sisymbrium Brassicaceae 十字花科 [MD-213] 全球 (1) 大洲分布及种数(2)◆欧洲
Sisymbriaceae Martinov = Grossulariaceae
Sisymbrianthus Chevall. = **Rorippa**
Sisymbrion St.Lag. = **Sisymbrium**
Sisymbriopsis【3】 Botsch. & Tzvelev 假蒜芥属 ← **Arabidopsis** Brassicaceae 十字花科 [MD-213] 全球 (1) 大洲分布及种数(5-6)◆亚洲
Sisymbrium (Adans.) DC. = **Sisymbrium**
Sisymbrium【3】 L. 大蒜芥属 ← **Alliaria;Malcolmia;Pennellia** Brassicaceae 十字花科 [MD-213] 全球 (6) 大洲分布及种数(68-81;hort.1;cult: 6)非洲:23-50;亚洲:37-64;大洋洲:6-32;欧洲:28-54;北美洲:17-43;南美洲:18-44
Sisyndite【3】 E.Mey. ex Sond. 沙帚树属 Zygophyllaceae 蒺藜科 [MD-288] 全球 (1) 大洲分布及种数(1)◆非洲(◆南非)
Sisyranthus【3】 E.Mey. 非洲庭萝藦属 ← **Brachystelma;Gomphocarpus;Scleranthus** Apocynaceae 夹竹桃科 [MD-492] 全球 (1) 大洲分布及种数(14)◆非洲
Sisyrenchium L. = **Sisyrinchium**
Sisyrinchium Eckl. = **Sisyrinchium**
Sisyrinchium【3】 L. 庭菖蒲属 ≒ **Myrica;Calydorea** Iridaceae 鸢尾科 [MM-700] 全球 (1) 大洲分布及种数(149-246)◆北美洲
Sisyrocarpus Klotzsch ex Walp. = **Capanea**
Sisyrolepis【3】 Radlk. 簇枝菊属 ≒ **Delilia** Sapindaceae 无患子科 [MD-428] 全球 (1) 大洲分布及种数(1)◆亚洲
Sisyrrinchium Hook. & Arn. = **Sisyrinchium**
Sitala L.H.Bailey = **Waltheria**
Sitanion【3】 Raf. 松鼠草属 ← **Aegilops;Hordeum;Elymus** Poaceae 禾本科 [MM-748] 全球 (1) 大洲分布及种数(30)◆北美洲
Sitella L.H.Bailey = **Waltheria**
Sitilias Raf. = **Pyrrhopappus**
Sitobolium Desv. = **Dennstaedtia**
Sitocodium Salisb. = **Camassia**
Sitodium Banks ex Gaertn. = **Artocarpus**
Sitolobium J.Sm. = **Dennstaedtia**
Sitopsis (Jaub. & Spach) Á.Löve = **Aegilops**
Sitordeum Bowden = **Hordeum**
Sitospelos Adans. = **Elymus**
Situla Monniot & Monniot = **Melilotus**
Sium【3】L.泽芹属←**Aegopodium;Linum;Pimpinella** Apiaceae 伞形科 [MD-480] 全球 (6) 大洲分布及种数(24-29)非洲:9-12;亚洲:11-14;大洋洲:2;欧洲:3-5;北美洲:6-9;南美洲:2
Siumis Raf. = **Apium**
Sivadasania【3】 N.Mohanan & Pimenov 走马伞属 Apiaceae 伞形科 [MD-480] 全球 (1) 大洲分布及种数(cf.1)◆亚洲
Sivella Pimenov = **Berula**
Sixalix Raf. = **Scabiosa**
Sizygium Duch. = **Syzygium**
Skapanthus【3】 C.Y.Wu & H.W.Li 子宫草属 ← **Dielsia** Lamiaceae 唇形科 [MD-575] 全球 (1) 大洲分布及种数(2)◆亚洲
Skaphita Miq. = **Xanthophyllum**
Skaphium Miq. = **Xanthophyllum**
Skenea R.H.Zander = **Stonea**
Skenella Ponder & Worsfold = **Schnella**
Skeptrostachys【3】 Garay 冠兰属 ← **Stenorrhynchos** Orchidaceae 兰科 [MM-723] 全球 (1) 大洲分布及种数(14)◆南美洲
Skermania Mill. = **Serjania**
Skiatophytum【3】 L.Bolus & L.Bolus 银唱花属 ← **Mesembryanthemum** Aizoaceae 番杏科 [MD-94] 全球 (1) 大洲分布及种数(3)◆非洲(◆南非)
Skidanthera Raf. = **Elaeocarpus**
Skilla Raf. = **Scilla**
Skimmi Adans. = **Skimmia**
Skimmia【3】 Thunb. 茵芋属 ← **Ilex** Rutaceae 芸香科 [MD-399] 全球 (1) 大洲分布及种数(10-17)◆亚洲
Skimnia Thunb. = **Skimmia**
Skinnera Forssk. = **Myrinia**
Skinnera J.R.Forst. & G.Forst. = **Fuchsia**
Skinneria Choisy = **Aniseia**
Skiophila Hanst. = **Episcia**
Skirrhophorus【3】 DC. ex Lindl. 盐鼠麹属 Asteraceae 菊科 [MD-586] 全球 (1) 大洲分布及种数(1)◆大洋洲
Skirrophorus C.Müll. = **Angianthus**
Skitophyllum【-】 Bach.Pyl. 凤尾藓科属 ≒ **Fissidens;Leptodictyum** Fissidentaceae 凤尾藓科 [B-131] 全球 (uc) 大洲分布及种数(uc)
Skizima Raf. = **Wurmbea**
Skofitzia Hassk. & Kanitz = **Tradescantia**
Skogsbergia Cardot = **Skottsbergia**
Skoinolon Raf. = **Schoenocaulon**
Skolemora Arruda = **Pterocarpus**
Skoliopteris【3】 Cuatrec. 八腺木属 ≒ **Clonodia** Malpighiaceae 金虎尾科 [MD-343] 全球 (1) 大洲分布及种数(uc)◆亚洲
Skoliostigma Lauterb. = **Spondias**
Skottsbergia【3】 Cardot 南桑牛毛藓属 Ditrichaceae 牛毛藓科 [B-119] 全球 (1) 大洲分布及种数(1)◆南美洲
Skottsbergianthus Bölcke = **Xerodraba**
Skottsbergiella Bölcke = **Cuminia**
Skottsbergiliana【3】 H.St.John 刺果瓜属 ≒ **Sicyos** Cucurbitaceae 葫芦科 [MD-205] 全球 (1) 大洲分布及种数(1)◆北美洲
Skutchia Pax & K.Hoffm. = **Trophis**
Skytalanthus Endl. = **Skytanthus**
Skytanthus【3】 Meyen 巴西夹竹桃属 ← **Cameraria** Apocynaceae 夹竹桃科 [MD-492] 全球 (1) 大洲分布及种数(3)◆南美洲(◆巴西)
Slackia Griff. = **Iguanura**
Sladeara auct. = **Sladenia**
Sladenia【3】 Kurz 肋果茶属 Sladeniaceae 肋果茶科 [MD-166] 全球 (1) 大洲分布及种数(2-3)◆东亚(◆中国)
Sladeniaceae【3】 Airy-Shaw 肋果茶科 [MD-166] 全球 (1) 大洲分布和属种数(1;hort. & cult.1)(2-3;hort. & cult.1)◆亚洲
Slateria Desv. = **Ophiopogon**
Slechnum L. = **Blechnum**
Slelis Sw. = **Stelis**
Sleumeria Utteridge,Nagam. & Teo = **Seymeria**
Sleumerodendron【3】 Virot 琼楠李属 Proteaceae 山龙眼科 [MD-219] 全球 (1) 大洲分布及种数(1)◆大洋洲

Slevogtia Rchb. = **Enicostema**
Slimonia L. = **Limonia**
Sllaus Bernh. = **Silaum**
Sloana L. = **Sloanea**
Sloanea A.C.Sm. = **Sloanea**
Sloanea【3】L. 猴欢喜属 ≒ **Apeiba;Castanopsis** Elaeocarpaceae 杜英科 [MD-134] 全球 (6) 大洲分布及种数(187-232;hort.1)非洲:18-39;亚洲:45-63;大洋洲:25-49;欧洲:1-6;北美洲:58-63;南美洲:114-130
Sloaneeae Endl. = **Sloanea**
Sloanes L. = **Sloanea**
Sloania St.Lag. = **Sloanea**
Sloetia Teijsm. & Binn. = **Streblus**
Sloetiopsis Engl. = **Trophis**
Sloteria Auct. ex Steud. = **Shuteria**
Smallanthus【2】Mack. 包果菊属 ← **Polymnia** Asteraceae 菊科 [MD-586] 全球 (3) 大洲分布及种数(24-27)亚洲:20-22;北美洲:10-13;南美洲:17
Smallia Nieuwl. = **Pteroglossaspis**
Smaris Adans. = **Agrostemma**
Smeathmannia【3】Sol. ex R.Br. 腋树莲属 → **Paropsiopsis;Paropsia** Passifloraceae 西番莲科 [MD-151] 全球 (1) 大洲分布及种数(2-3)◆非洲
Smeathmanniaceae Mart. ex Perleb = Passifloraceae
Smegmadermos Ruiz & Pav. = **Quillaja**
Smegmaria Molina = **Quillaja**
Smegmathamnium Fenzl ex Rchb. = **Saponaria**
Smelophyllum【3】Radlk. 南非木属 Sapindaceae 无患子科 [MD-428] 全球 (1) 大洲分布及种数(1)◆非洲(◆南非)
Smelowskia【3】C.A.Mey. 芹叶荠属 ← **Capsella; Hutchinsia** Brassicaceae 十字花科 [MD-213] 全球 (1) 大洲分布及种数(28-34)◆东亚(◆中国)
Smelowskieae Al-Shehbaz,Beilstein & E.A.Kellogg = **Smelowskia**
Smicroloba Raf. = **Pithecellobium**
Smicropus L. = **Micropus**
Smicrostigma【3】N.E.Br. 樱龙木属 ← **Mesembryanthemum;Erepsia** Aizoaceae 番杏科 [MD-94] 全球 (1) 大洲分布及种数(1)◆非洲(◆南非)
Smidetia Raf. = **Coleanthus**
Smilacaceae【3】Vent. 菝葜科 [MM-674] 全球 (6) 大洲分布和属种数(2;hort. & cult.1)(158-451;hort. & cult.22-32)非洲:2/37;亚洲:2/158-252;大洋洲:1-2/1-40;欧洲:2/37;北美洲:1-2/21-71;南美洲:1-2/7-44
Smilaceae Bercht. & J.Presl = Samolaceae
Smilacia Desf. = **Smilacina**
Smilacina【3】Desf. 鹿药属 → **Clintonia;Heteropolygonatum** Convallariaceae 铃兰科 [MM-638] 全球 (6) 大洲分布及种数(3-6;hort.3;cult:3)非洲:1-19;亚洲:1-19;大洋洲:18;欧洲:18;北美洲:2-20;南美洲:18
Smilaciua Desf. = **Smilacina**
Smilacius Desf. = **Smilacina**
Smilax【3】(Tourn.) L. 菝葜属 ≒ **Nemesia;Dioscorea** Smilacaceae 菝葜科 [MM-674] 全球 (1) 大洲分布及种数(148-236)◆亚洲
Smirnowia【3】Bunge 没药豆属 ← **Eremosparton** Fabaceae 豆科 [MD-240] 全球 (1) 大洲分布及种数(1)◆欧洲(◆法国)
Smitha Cothen. = **Smithia**
Smithanthe Szlach. & Marg. = **Habenaria**
Smithara【-】D.M.Cumming 兰科属 Orchidaceae 兰科 [MM-723] 全球 (uc) 大洲分布及种数(uc)
Smithatris【3】W.J.Kress & K.Larsen 叉唇姜属 Zingiberaceae 姜科 [MM-737] 全球 (1) 大洲分布及种数(cf.1)◆亚洲(◆缅甸)
Smithella Dunn = **Pilea**
Smitheppiella【3】Wiehler 离蕊岩桐属 ← **Heppiella** Gesneriaceae 苦苣苔科 [MD-549] 全球 (1) 大洲分布及种数(uc)◆南美洲
Smithia【3】Aiton 坡油甘属 ≒ **Humbertia;Damapana** Fabaceae 豆科 [MD-240] 全球 (6) 大洲分布及种数(16-27)非洲:6-11;亚洲:12-20;大洋洲:3-5;欧洲:2;北美洲:2;南美洲:2-4
Smithiantha【3】P. & K. 绒桐草属 ← **Achimenes; Gloxinia;Smithicodonia** Gesneriaceae 苦苣苔科 [MD-549] 全球 (1) 大洲分布及种数(7-10)◆北美洲
Smithicodonia【3】Wiehler 绒苣苔属 ≒ **Eucodonia** Gesneriaceae 苦苣苔科 [MD-549] 全球 (1) 大洲分布及种数(1-2)◆非洲
Smithiella Dunn = **Pilea**
Smithii G.A.Scop. = **Smithia**
Smithiodendron H.H.Hu = **Broussonetia**
Smithorchis【3】Tang & F.T.Wang 反唇兰属 ← **Herminium** Orchidaceae 兰科 [MM-723] 全球 (1) 大洲分布及种数(2)◆亚洲
Smithsonia C.J.Saldanha = **Smithsonia**
Smithsonia【3】Saldanha 指甲兰属 ← **Aerides;Micropera;Sarcochilus** Orchidaceae 兰科 [MM-723] 全球 (1) 大洲分布及种数(4)◆亚洲
Smitinandia【3】Holttum 盖喉兰属 ← **Uncifera;Saccolabium** Orchidaceae 兰科 [MM-723] 全球 (1) 大洲分布及种数(cf. 1)◆亚洲
Smittinella Dunn = **Pilea**
Smodingium【3】E.Mey. 彩漆藤属 → **Pseudosmodingium** Anacardiaceae 漆树科 [MD-432] 全球 (1) 大洲分布及种数(1)◆非洲
Smyrna H.Karst. = **Pilostyles**
Smyrniaceae Burnett = Scrophulariaceae
Smyrniopsis【3】Boiss. 肖没药属 ← **Smyrnium** Apiaceae 伞形科 [MD-480] 全球 (1) 大洲分布及种数(1-3)◆亚洲
Smyrnium【3】L. 马芹属 → **Arracacia** Apiaceae 伞形科 [MD-480] 全球 (1) 大洲分布及种数(2-7)◆欧洲
Smythea【2】Seem. ex A.Gray 扁果藤属 ← **Ventilago** Rhamnaceae 鼠李科 [MD-331] 全球 (3) 大洲分布及种数(2-12)非洲:1;亚洲:1-10;大洋洲:1
Snowdenia【3】C.E.Hubb. 斯诺登草属 Poaceae 禾本科 [MM-748] 全球 (1) 大洲分布及种数(4-6)◆非洲
Snowella W.J.de Wilde & Duyfjes = **Scopella**
Snyderina H.Wolff = **Sonderina**
Soala Blanco = **Cyathocalyx**
Soaresia【3】Sch.Bip. 猴果桑属 ≒ **Clarisia** Asteraceae 菊科 [MD-586] 全球 (1) 大洲分布及种数(1)◆南美洲
Sobennigraecum【-】auct. 兰科属 Orchidaceae 兰科 [MM-723] 全球 (uc) 大洲分布及种数(uc)
Sobennikoffia【3】Schltr. 鹤距兰属 ← **Angraecum; Oeonia** Orchidaceae 兰科 [MM-723] 全球 (1) 大洲分布

及种数(2-4)◆非洲(◆马达加斯加)
Soberbaea D.Dietr. = **Sowerbaea**
Sobiso Raf. = **Salvia**
Sobolewskia【2】M.Bieb. 索包草属 ← **Cochlearia** Brassicaceae 十字花科 [MD-213] 全球 (2) 大洲分布及种数(5)亚洲:cf.1;北美洲:2
Sobralia【3】Ruiz & Pav. 折叶兰属 ≒ **Bletia;Ponera;Prosthechea** Orchidaceae 兰科 [MM-723] 全球 (6) 大洲分布及种数(141-182;hort.1;cult: 5)非洲:2;亚洲:2-4;大洋洲:2;欧洲:2;北美洲:76-92;南美洲:90-116
Sobratilla C.G.Wilson = **Sorapilla**
Sobreyra【2】Ruiz & Pav. 沼菊属 ≒ **Enydra** Asteraceae 菊科 [MD-586] 全球 (3) 大洲分布及种数(1)非洲:1;北美洲:1;南美洲:1
Sobrinoara【-】J.M.H.Shaw 兰科属 Orchidaceae 兰科 [MM-723] 全球 (uc) 大洲分布及种数(uc)
Sobrya Pers. = **Enydra**
Socarnoides Tourn. ex Mönch = **Rivina**
Socorea Soderstr. = **Shorea**
Socotora【2】Balf.f. 非洲折萝藦属 Apocynaceae 夹竹桃科 [MD-492] 全球 (2) 大洲分布及种数(1) 非洲;亚洲
Socotranthus P. & K. = **Cryptolepis**
Socotrella【3】Bruyns & A.G.Mill. 高竹桃属 Apocynaceae 夹竹桃科 [MD-492] 全球 (1) 大洲分布及种数(1)◆南美洲
Socotria【-】G.M.Levin 千屈菜科属 Lythraceae 千屈菜科 [MD-333] 全球 (uc) 大洲分布及种数(uc)
Socratea【3】H.Karst. 高跷椰属 ← **Ceratolobus;Dictyocaryum;Iriartea** Arecaceae 棕榈科 [MM-717] 全球 (1) 大洲分布及种数(4-6)◆南美洲
Socratesia Klotzsch = **Cavendishia**
Socratina【3】Balle 索克寄生属 ← **Loranthus** Loranthaceae 桑寄生科 [MD-415] 全球 (1) 大洲分布及种数(2-7)◆非洲(◆马达加斯加)
Soda【-】(Dum.) Fourr. 藜科属 ≒ **Salsola** Chenopodiaceae 藜科 [MD-115] 全球 (uc) 大洲分布及种数(uc)
Sodada Forssk. = **Capparis**
Sodalia Oliv. = **Barleria**
Soderstromia C.V.Morton = **Bouteloua**
Sodiroa André = **Guzmania**
Sodiroella Schltr. = **Telipogon**
Soehrenantha【-】Y.Itô 仙人掌科属 Cactaceae 仙人掌科 [MD-100] 全球 (uc) 大洲分布及种数(uc)
Soehrenfuria【-】Y.Itô 仙人掌科属 Cactaceae 仙人掌科 [MD-100] 全球 (uc) 大洲分布及种数(uc)
Soehrenlobivia【-】Y.Itô 仙人掌科属 Cactaceae 仙人掌科 [MD-100] 全球 (uc) 大洲分布及种数(uc)
Soehrenopsis Ficzere & Fabian = **Erysimum**
Soehrensia【2】Backeb. 逍遥球属 ← **Echinopsis** Cactaceae 仙人掌科 [MD-100] 全球 (2) 大洲分布及种数(cf.1) 北美洲;南美洲
Soejatmia【3】K.M.Wong 苏亚竹属 Poaceae 禾本科 [MM-748] 全球 (1) 大洲分布及种数(cf. 1)◆亚洲
Soejima Yahara = **Ischaemum**
Soelanthus Raf. = **Cissus**
Soemmeringia【3】Mart. 常花豆属 → **Bryaspis** Fabaceae 豆科 [MD-240] 全球 (1) 大洲分布及种数(1)◆南美洲
Soestia L. = **Swertia**
Sofianthe Tzvelev = **Sorocephalus**
Sogalgina Cass. = **Tridax**
Sogaligna Steud. = **Tridax**
Sogerianthe【3】Danser 索花属 Loranthaceae 桑寄生科 [MD-415] 全球 (1) 大洲分布及种数(1-6)◆大洋洲
Sohmaea H.Ohashi & K.Ohashi = **Shorea**
Sohnreyia K.Krause = **Spathelia**
Sohnsia【3】Airy-Shaw 白霜叶草属 Poaceae 禾本科 [MM-748] 全球 (1) 大洲分布及种数(1)◆北美洲(◆墨西哥)
Sohrea Steud. = **Shorea**
Soja Mönch = **Glycine**
Sokinochloa【3】S.Dransf. 折兰属 Orchidaceae 兰科 [MM-723] 全球 (1) 大洲分布及种数(7)◆非洲
Sokolofia Raf. = **Salix**
Sokolowia Raf. = **Salix**
Sola Blanco = **Cyathocalyx**
Solaenacanthus örst. = **Ruellia**
Solanaceae【3】Juss. 茄科 [MD-503] 全球 (6) 大洲分布和属种数(92-98;hort. & cult.41-45)(2864-4670;hort. & cult.239-362)非洲:21-42/371-698;亚洲:34-52/461-788;大洋洲:29-54/296-654;欧洲:21-43/225-458;北美洲:54-62/985-1346;南美洲:64-75/2043-2590
Solananae R.Dahlgren ex Reveal = **Asclepias**
Solanandra Pers. = **Galax**
Solanastrum Heist. ex Fabr. = **Gagea**
Solandera Cothen. = **Solandra**
Solanderara J.M.H.Shaw = **Brassia**
Solanderia Duchassaing & Michelin = **Solandra**
Solandra L. = **Solandra**
Solandra【3】Sw. 金盏藤属 ← **Centella;Swertia** Solanaceae 茄科 [MD-503] 全球 (6) 大洲分布及种数(11-12)非洲:1-3;亚洲:10-12;大洋洲:3-5;欧洲:1-3;北美洲:8-10;南美洲:6-8
Solanecio【3】(Sch.Bip.) Walp. 盘花千里光属 ≒ **Senecio** Asteraceae 菊科 [MD-586] 全球 (1) 大洲分布及种数(16)◆非洲
Solanoa【-】Greene 夹竹桃科属 ≒ **Asclepias** Apocynaceae 夹竹桃科 [MD-492] 全球 (uc) 大洲分布及种数(uc)
Solanoana P. & K. = **Asclepias**
Solanocharis Bitter = **Solanum**
Solanoideae Kostel. = **Rivina**
Solanoides Mill. = **Rivina**
Solanopsida Brongn. = **Solanum**
Solanopsis Börner = **Solanum**
Solanopteris【3】Copel. 茄蕨属 ← **Microgramma;Polypodium** Polypodiaceae 水龙骨科 [F-60] 全球 (1) 大洲分布及种数(1)◆南美洲
Solanum Asterotrichotum Dunal = **Solanum**
Solanum【3】L. 茄属 ≒ **Atropa** Solanaceae 茄科 [MD-503] 全球 (6) 大洲分布及种数(1279-1882;hort.1;cult: 80) 非洲:237-408;亚洲:202-318;大洋洲:155-307;欧洲:108-188;北美洲:413-523;南美洲:956-1111
Solaria【3】Phil. 美蛛花属 ≒ **Scleria** Amaryllidaceae 石蒜科 [MM-694] 全球 (1) 大洲分布及种数(5)◆南美洲
Solariopsis Scribn. ex Millsp. = **Setariopsis**
Solarium Dulac = **Gagea**
Solaropsis S.Boyd & T.S.Ross = **Sibaropsis**

S

Solaster Wehrhahn = **Solidaster**
Solatia Sowerby = **Solaria**
Soldanella Crateriflores Knuth = **Soldanella**
Soldanella 【3】 L. 雪铃花属 Primulaceae 报春花科 [MD-401] 全球 (1) 大洲分布及种数(7-36)◆欧洲
Soldevilla Lag. = **Hispidella**
Sole Spreng. = **Hybanthus**
Solea Spreng. = **Hybanthus**
Solegnathus Ledeb. = **Solenanthus**
Soleirolia 【2】 Gaud. 金钱麻属 ← **Parietaria** Urticaceae 荨麻科 [MD-91] 全球 (3) 大洲分布及种数(2)欧洲:1;北美洲:1;南美洲:1
Solena 【3】 Lour. 茅瓜属 ≒ **Posoqueria;Gardenia;Silene** Cucurbitaceae 葫芦科 [MD-205] 全球 (1) 大洲分布及种数(4-10)◆亚洲
Solenacanthus C.Müll. = **Ruellia**
Solenachne Steud. = **Spartina**
Solenandra (Reiss.) P. & K. = **Stenanthemum**
Solenandra Benth. & Hook.f. = **Solenandria**
Solenandria 【-】 Beauv. ex Vent. 紫草科属 ≒ **Nemophila** Boraginaceae 紫草科 [MD-517] 全球 (uc) 大洲分布及种数(uc)
Solenangis 【3】 Schltr. 攀根兰属 ← **Tridactyle;Angraecum** Orchidaceae 兰科 [MM-723] 全球 (1) 大洲分布及种数(4)◆非洲
Solenantha G.Don = **Melicytus**
Solenanthus 【3】 Ledeb. 长蕊琉璃草属 ≒ **Cynoglossum** Boraginaceae 紫草科 [MD-517] 全球 (6) 大洲分布及种数(23-32;hort.1)非洲:5-6;亚洲:14-21;大洋洲:1;欧洲:6-8;北美洲:1;南美洲:1
Solenarium Dulac = **Gagea**
Solenia Nutt. = **Selenia**
Solenidiopsis Senghas = **Oncidium**
Solenidium 【3】 Lindl. 小管兰属 ← **Leochilus;Oncidium;Solenidiopsis** Orchidaceae 兰科 [MM-723] 全球 (1) 大洲分布及种数(3-4)◆南美洲
Solenipedium Beer = **Selenipedium**
Soleniscia 【3】 DC. 垂钉石南属 ≒ **Acrotriche** Ericaceae 杜鹃花科 [MD-380] 全球 (1) 大洲分布及种数(uc)◆大洋洲
Solenisia Steud. = **Styphelia**
Solenixora Baill. = **Coffea**
Solenocarpus Wight & Arn. = **Spondias**
Solenocentrum 【2】 Schltr. 管距兰属 ← **Cranichis** Orchidaceae 兰科 [MM-723] 全球 (2) 大洲分布及种数(6)北美洲:3;南美洲:2
Solenochasma Fenzl = **Dicliptera**
Solenocurtus Wight & Arn. = **Spondias**
Solenogyne 【3】 Cass. 短喙菊属 Asteraceae 菊科 [MD-586] 全球 (1) 大洲分布及种数(3)◆大洋洲
Solenolantana (Nakai) Nakai = **Viburnum**
Solenomeles Miers = **Solenomelus**
Solenomelus 【3】 Miers 管蕊鸢尾属 ← **Olsynium;Cruckshanksia** Iridaceae 鸢尾科 [MM-700] 全球 (1) 大洲分布及种数(6)◆南美洲
Solenomeris Miers = **Solenomelus**
Solenophora 【3】 Benth. 长筒岩桐属 ← **Besleria** Gesneriaceae 苦苣苔科 [MD-549] 全球 (1) 大洲分布及种数(14-19)◆北美洲
Solenophyllum Baill. = **Monanthochloe**
Solenopsis 【3】 C.Presl 石蝶莲属 ≒ **Hippobroma;Laurentia** Campanulaceae 桔梗科 [MD-561] 全球 (6) 大洲分布及种数(4-9)非洲:2-36;亚洲:2-37;大洋洲:34;欧洲:1-35;北美洲:34;南美洲:34
Solenopsora Benth. = **Solenophora**
Solenopteris Copel. = **Solanopteris**
Solenopteris Zenker = **Microgramma**
Solenopus Steven = **Astragalus**
Solenoruellia Baill. = **Henrya**
Solenospermum 【3】 Zoll. 亚洲石卫矛属 Celastraceae 卫矛科 [MD-339] 全球 (1) 大洲分布及种数(uc)属分布和种数(uc)◆亚洲
Solenospora 【-】 A.Massal. 野牡丹科属 Melastomataceae 野牡丹科 [MD-364] 全球 (uc) 大洲分布及种数(uc)
Solenosteira Hayne = **Solenostemma**
Solenostemma 【3】 Hayne 鹅绒藤属 ← **Cynanchum** Apocynaceae 夹竹桃科 [MD-492] 全球 (1) 大洲分布及种数(1)◆非洲
Solenostemon 【2】 Thonn. 彩叶草属 ← **Coleus;Plectranthus** Lamiaceae 唇形科 [MD-575] 全球 (5) 大洲分布及种数(10)非洲:9;亚洲:2;大洋洲:1;北美洲:2-3;南美洲:1
Solenosterigma Endl. = **Celtis**
Solenostigma Endl. = **Celtis**
Solenostigma Klotzsch ex Walp. = **Retzia**
Solenostoma (Lindb.) Váňa,Crand.Stotl. & Stotler = **Solenostoma**
Solenostoma 【3】 Váňa & D.G.Long 管口苔属 ≒ **Gymnomitrion** Jungermanniaceae 叶苔科 [B-38] 全球 (6) 大洲分布及种数(56-58)非洲:3-35;亚洲:46-80;大洋洲:2-34;欧洲:32;北美洲:4-36;南美洲:32
Solenostomataceae Stotler & Crand.Stotl. = Jungermanniaceae
Solenostyles 【-】 Hort. 爵床科属 Acanthaceae 爵床科 [MD-572] 全球 (uc) 大洲分布及种数(uc)
Solenotheca Nutt. = **Tagetes**
Solenotinus (DC.) Spach = **Viburnum**
Solenotus Steven = **Anarthrophyllum**
Solfia 【-】 Rech. 棕榈科属 ≒ **Drymophloeus** Arecaceae 棕榈科 [MM-717] 全球 (uc) 大洲分布及种数(uc)
Solia Noronha = **Premna**
Solidago 【3】 L. 一枝黄花属 ← **Senecio;Acer;Petradoria** Asteraceae 菊科 [MD-586] 全球 (6) 大洲分布及种数(167-249;hort.1;cult: 33)非洲:18-113;亚洲:88-192;大洋洲:3-98;欧洲:43-138;北美洲:138-238;南美洲:19-117
Solidaster 【3】 Wehrhahn 一枝菀属 ≒ **Aster** Asteraceae 菊科 [MD-586] 全球 (1) 大洲分布及种数(1)◆北美洲(◆美国)
Soliera Clos = **Kurzamra**
Solieriaceae Schimp. = Cyperaceae
Solisia Britton & Rose = **Mammillaria**
Solitaria (McNeill) Sadeghian & Zarre = **Solaria**
Soliva 【3】 Ruiz & Pav. 裸柱菊属 → **Blennosperma;Cotula;Hippia** Asteraceae 菊科 [MD-586] 全球 (1) 大洲分布及种数(10-11)◆南美洲
Solivaea Cass. = **Soliva**

S

Sollya【3】 Lindl. 蓝藤莓属 ← **Billardiera** Pittosporaceae 海桐科 [MD-448] 全球 (1) 大洲分布及种数(2-5)◆大洋洲(◆澳大利亚)
Solmsia【-】 Baill. 曲尾藓科属 ≒ **Holomitrium** Dicranaceae 曲尾藓科 [B-128] 全球 (uc) 大洲分布及种数(uc)
Solmsiella Borbás = **Solmsiella**
Solmsiella【2】 Müll.Hal. 细鳞藓属 ≒ **Erpodium** Erpodiaceae 树生藓科 [B-126] 全球 (5) 大洲分布及种数(4) 非洲:2;亚洲:3;大洋洲:1;北美洲:2;南美洲:1
Solmslaubachia Muschl. = **Solms-laubachia**
Solms-laubachia【3】 Muschl. 丛菔属 ← **Braya** Brassicaceae 十字花科 [MD-213] 全球 (1) 大洲分布及种数(33-39)◆亚洲
Solonia【3】 Urb. 合丝金牛属 Primulaceae 报春花科 [MD-401] 全球 (1) 大洲分布及种数(1-2)◆南美洲
Solor Fenzl = **Kigelia**
Solori Adans. = **Rubus**
Solstitiaria Hill = **Centaurea**
Soltmannia Naudin = **Salzmannia**
Solu Blanco = **Cyathocalyx**
Solubea Pax = **Cola**
Solulus【-】 (Steud. ex A.Rich.) P. & K. 豆科属 ≒ **Ormocarpum** Fabaceae 豆科 [MD-240] 全球 (uc) 大洲分布及种数(uc)
Solva Spreng. = **Hybanthus**
Somali Oliv. = **Barleria**
Somalia Oliv. = **Barleria**
Somalluma Plowes = **Caralluma**
Somateria Guillaumin = **Gasteria**
Somenes Raf. = **Nierembergia**
Somera Salisb. = **Sommieria**
Somerauera Hoppe = **Minuartia**
Sommea Boru = **Acicarpha**
Sommera【2】 Schltdl. 绒绫花属 → **Arachnothryx** Rubiaceae 茜草科 [MD-523] 全球 (2) 大洲分布及种数(13)北美洲:10;南美洲:5
Sommerauera Endl. = **Minuartia**
Sommerfeldtia Schumach. = **Machaerium**
Sommerfeltia【3】 Less. 柄腺层菀属 ≒ **Conyza;Erigeron;Vittadinia** Asteraceae 菊科 [MD-586] 全球 (1) 大洲分布及种数(2-3)◆南美洲
Sommeringia Lindl. = **Soemmeringia**
Sommiera Benth. & Hook.f. = **Scilla**
Sommieria【3】 Becc. 白叶椰属 Arecaceae 棕榈科 [MM-717] 全球 (1) 大洲分布及种数(1-2)◆亚洲
Somphoxylon Eichl. = **Odontocarya**
Somrania D.J.Middleton = **Barleria**
Sonchella【3】 Sennikov 碱苣属 ≒ **Ixeris** Asteraceae 菊科 [MD-586] 全球 (1) 大洲分布及种数(cf. 1)◆亚洲
Sonchidium Pomel = **Sonchus**
Sonchos St.Lag. = **Sonchus**
Sonchoseris Fourr. = **Sonchus**
Sonchus【3】 L. 苦苣菜属 ≒ **Chondrilla;Sonchella** Asteraceae 菊科 [MD-586] 全球 (6) 大洲分布及种数(89-190;hort.1;cult:13)非洲:33-48;亚洲:26-50;大洋洲:9-25;欧洲:48-64;北美洲:9-25;南美洲:2-16
Sonchustenia【3】 Svent. 苦苣菜属 ← **Sonchus** Asteraceae 菊科 [MD-586] 全球 (1) 大洲分布及种数(1)◆欧洲
Sondaria Dennst. = **Sonderina**
Sondera Lehm. = **Sonderina**
Sonderina【3】 H.Wolff 桑德尔草属 ← **Carum;Sonerila** Apiaceae 伞形科 [MD-480] 全球 (1) 大洲分布及种数(5-6)◆非洲
Sonderothamnus【3】 R.Dahlgren 丽龙木属 ≒ **Brachysiphon** Penaeaceae 管萼木科 [MD-375] 全球 (1) 大洲分布及种数(2)◆非洲(◆南非)
Sondottia【3】 P.S.Short 光鼠麴属 ← **Angianthus** Asteraceae 菊科 [MD-586] 全球 (1) 大洲分布及种数(2)◆大洋洲(◆澳大利亚)
Sonega Spach = **Polygala**
Sonerila【3】 Roxb. 蜂斗草属 → **Fordiophyton;Oxyspora;Plagiopetalum** Melastomataceae 野牡丹科 [MD-364] 全球 (1) 大洲分布及种数(181-212)◆亚洲
Sonerileae Triana = **Sonerila**
Soninnia Kostel. = **Diplolepis**
Sonnea【3】 Greene 紫草科属 Boraginaceae 紫草科 [MD-517] 全球 (1) 大洲分布及种数(uc)◆亚洲
Sonneratia【3】 L.f. 海桑属 ← **Celastrus;Kambala** Sonneratiaceae 海桑科 [MD-335] 全球 (6) 大洲分布及种数(10-11;hort.1;cult: 2)非洲:3-6;亚洲:9-14;大洋洲:5-8;欧洲:1-4;北美洲:1-4;南美洲:3
Sonneratiaceae【3】 Engl. 海桑科 [MD-335] 全球 (6) 大洲分布和属种数(1;hort. & cult.1)(9-20;hort. & cult.2) 非洲:1/3-6; 亚洲:1/9-14; 大洋洲:1/5-8; 欧洲:1/1-4; 北美洲:1/1-4; 南美洲:1/3
Sonninia Rchb. = **Sanionia**
Sooia【3】 Pócs 蓝藤莓属 Acanthaceae 爵床科 [MD-572] 全球 (1) 大洲分布及种数(uc)属分布和种数(uc)◆非洲(◆坦桑尼亚)
Sooja Sieb. = **Cassia**
Sooya Sieber = **Sollya**
Sophandra D.Don = **Erica**
Sopharthron【-】 J.M.H.Shaw 兰科属 Orchidaceae 兰科 [MM-723] 全球 (uc) 大洲分布及种数(uc)
Sophcychea【-】 Griff. & J.M.H.Shaw 兰科属 Orchidaceae 兰科 [MM-723] 全球 (uc) 大洲分布及种数(uc)
Sophia【-】 Adans. 十字花科属 ≒ **Descurainia;Sophora; Pachira** Brassicaceae 十字花科 [MD-213] 全球 (uc) 大洲分布及种数(uc)
Sophia Adans. = **Descurainia**
Sophia L. = **Pachira**
Sophiopsis【3】 O.E.Schulz 羽裂叶荠属 Brassicaceae 十字花科 [MD-213] 全球 (1) 大洲分布及种数(2)◆亚洲
Sophleyclia【-】 J.M.H.Shaw 兰科属 Orchidaceae 兰科 [MM-723] 全球 (uc) 大洲分布及种数(uc)
Sophoclesia Klotzsch = **Sphyrospermum**
Sophonodon Miq. = **Siphonodon**
Sophora (Schott) Yakovlev = **Sophora**
Sophora【3】 L. 越南槐属 → **Aganope;Edwardsia** Fabaceae3 蝶形花科 [MD-240] 全球 (1) 大洲分布及种数(38-55)◆亚洲
Sophoreae Spreng. ex DC. = **Sophora**
Sophorocapnos Turcz. = **Corydalis**
Sophranthe J.M.H.Shaw = **Sorocephalus**
Sophrobardendrum【-】 Glic. 兰科属 Orchidaceae 兰科 [MM-723] 全球 (uc) 大洲分布及种数(uc)

Sophrobroanthe【-】J.M.H.Shaw 兰科属 Orchidaceae 兰科 [MM-723] 全球 (uc) 大洲分布及种数(uc)
Sophrobroughtonia【-】Moir 兰科属 Orchidaceae 兰科 [MM-723] 全球 (uc) 大洲分布及种数(uc)
Sophrocatarthron【-】J.M.H.Shaw 兰科属 Orchidaceae 兰科 [MM-723] 全球 (uc) 大洲分布及种数(uc)
Sophrocatcattleya【-】J.M.H.Shaw 兰科属 Orchidaceae 兰科 [MM-723] 全球 (uc) 大洲分布及种数(uc)
Sophrocatlaelia Argus = **Sophronitis**
Sophrocattleya【3】Rolfe 蕾嘉兰属 ≒ **Laeliocattleya; Cattleya** Orchidaceae 兰科 [MM-723] 全球 (1) 大洲分布及种数(cf.)◆南美洲
Sophrocyclia Van den Berg & M.W.Chase = **Cratylia**
Sophrogoa J.M.H.Shaw = **Brassavola**
Sophrolaelia Hort. = **Laelia**
Sophrolaeliocattleya auct. = **Cattleya**
Sophronanthe【3】Benth. 水八角属 Plantaginaceae 车前科 [MD-527] 全球 (1) 大洲分布及种数(uc)◆非洲
Sophronia Licht. ex Röm. & Schult. = **Sophronitis**
Sophronitella Schltr. = **Isabelia**
Sophronites Lindl. = **Sophronitis**
Sophronitis【3】Lindl. 贞兰属 ← **Cattleya;Constantia; Isabelia** Orchidaceae 兰科 [MM-723] 全球 (1) 大洲分布及种数(14-17)◆南美洲
Sophroprosleya【-】J.M.H.Shaw 兰科属 Orchidaceae 兰科 [MM-723] 全球 (uc) 大洲分布及种数(uc)
Sophrops Britton & Rose = **Prosopis**
Sophrotaeliocattleya Hort. = **Cattleya**
Sophrotes【-】J.M.H.Shaw 兰科属 Orchidaceae 兰科 [MM-723] 全球 (uc) 大洲分布及种数(uc)
Sophrotheanthe【-】J.M.H.Shaw 兰科属 Orchidaceae 兰科 [MM-723] 全球 (uc) 大洲分布及种数(uc)
Sophrothechea【-】J.M.H.Shaw 兰科属 Orchidaceae 兰科 [MM-723] 全球 (uc) 大洲分布及种数(uc)
Sophrovola G.Hansen = **Brassavola**
Sopropis Britton & Rose = **Prosopis**
Sopubia【3】Ham. ex D.Don 短冠草属 ← **Alectra;Petitmenginia** Scrophulariaceae 玄参科 [MD-536] 全球 (6) 大洲分布及种数(27-39;hort.1;cult: 2)非洲:22-35;亚洲:8-9;大洋洲:1-2;欧洲:1;北美洲:1-2;南美洲:1
Sora Mill. = **Helicteres**
Sorai Fourr. = **Glycine**
Soramia Aubl. = **Doliocarpus**
Soramiaceae Martinov = Dilleniaceae
Sorangium Wood ex Salisb. = **Monstera**
Soranthe Salisb. = **Sorocephalus**
Soranthera Rudge = **Poranthera**
Soranthus【3】Ledeb. 簇花芹属 ← **Ferula;Seseli** Apiaceae 伞形科 [MD-480] 全球 (1) 大洲分布及种数(cf. 1)◆亚洲
Sorapilla【3】Spruce & Mitt. 孢芽藓属 Sorapillaceae 孢芽藓科 [B-212] 全球 (1) 大洲分布及种数(2)◆南美洲
Sorapillaceae【3】M.Fleisch. 孢芽藓科 [B-212] 全球 (1) 大洲分布和属种数(1/2)◆南美洲
Sorastrum Nash = **Sidastrum**
Sorataea Dugand = **Bignonia**
Sorbaceae Brenner = Rosaceae
Sorbaria【3】(Ser.) A.Braun 珍珠梅属 ≒ **Spiraea; Sobralia** Rosaceae 蔷薇科 [MD-246] 全球 (6) 大洲分布及种数(9)非洲:5;亚洲:7-12;大洋洲:1-6;欧洲:4-9;北美洲:6-11;南美洲:5
Sorbarieae Rydb. = **Sorbaria**
Sorbaronia【3】C.K.Schneid. 北美洲花蔷薇属 ← **Mespilus;Sorbus** Rosaceae 蔷薇科 [MD-246] 全球 (1) 大洲分布及种数(4)◆北美洲
Sorbcotoneaster Pojark. = **Sorbocotoneaster**
Sorbocotoneaster【3】Pojark. 亚洲花蔷薇属 Rosaceae 蔷薇科 [MD-246] 全球 (1) 大洲分布及种数(1-2)◆亚洲
Sorbopyrus【2】C.K.Schneid. 梨属 ≒ **Pyrus** Rosaceae 蔷薇科 [MD-246] 全球 (2) 大洲分布及种数(cf.1) 欧洲;北美洲
Sorbus (DC.) K.Koch = **Sorbus**
Sorbus【3】L. 花楸属 ≒ **Crataemespilus;Pinus** Rosaceae 蔷薇科 [MD-246] 全球 (1) 大洲分布及种数(162-224)◆亚洲
Sord Adans. = **Euclidium**
Sordana DeLong = **Suriana**
Sordaria Urries = **Sorbaria**
Soredium Miers ex Henfr. = **Soridium**
Sorella Lour. = **Morella**
Sorema Lindl. = **Nolana**
Sorengia【3】Zuloaga & Morrone 花椒属 ≒ **Zanthoxylum** Poaceae 禾本科 [MM-748] 全球 (1) 大洲分布及种数(uc)属分布和种数(uc)◆北美洲
Sorex Lindl. = **Nolana**
Sorghastrum【3】Nash 假高粱属 ← **Andropogon; Poranthera** Poaceae 禾本科 [MM-748] 全球 (1) 大洲分布及种数(21-22)◆北美洲
Sorghum (E.D.Garber) Ivanjuk. & Doronina = **Sorghum**
Sorghum【3】Mönch 高粱属 → **Agenium;Miliusa; Barbula** Poaceae 禾本科 [MM-748] 全球 (6) 大洲分布及种数(37-45)非洲:18-39;亚洲:21-45;大洋洲:23-46;欧洲:3-24;北美洲:13-35;南美洲:6-27
Sorgum Adans. = **Holcus**
Sorgum P. & K. = **Andropogon**
Soria Adans. = **Euclidium**
Soridium【3】Miers 四角霉草属 ← **Sciaphila** Triuridaceae 霉草科 [MM-616] 全球 (1) 大洲分布及种数(1)◆南美洲
Soriella Hance = **Pyracantha**
Sorindeia【3】Thou. 毒麸杨属 → **Trichoscypha; Aglaia** Anacardiaceae 漆树科 [MD-432] 全球 (1) 大洲分布及种数(24)◆非洲
Sorindeiopsis Engl. = **Euonymus**
Sorites R.Br. = **Orites**
Sorocarpus Böhm. = **Debregeasia**
Sorocea (Ducke) W.C.Burger,Lanj. & Wess.Bör = **Sorocea**
Sorocea【2】A.St.Hil. 剑鞘桑属 Moraceae 桑科 [MD-87] 全球 (2) 大洲分布及种数(25-34;hort.1;cult:1)北美洲:5;南美洲:24-31
Sorocephalus【3】R.Br. 粉扑木属 ← **Paranomus;Protea;Spatalla** Proteaceae 山龙眼科 [MD-219] 全球 (1) 大洲分布及种数(11-12)◆非洲
Sorolepidium【3】Christ 玉龙蕨属 ← **Polystichum** Dryopteridaceae 鳞毛蕨科 [F-49] 全球 (1) 大洲分布及种数(cf. 1)◆亚洲
Soromanes Fée = **Polybotrya**
Soronia Sm. = **Boronia**

S

Soroseris【3】Stebbins 肉菊属 ← **Crepis** Asteraceae 菊科 [MD-586] 全球 (1) 大洲分布及种数(8-11)◆亚洲
Sorostachys Steud. = **Cyperus**
Soroveta【-】H.P.Linder & C.R.Hardy 帚灯草科属 ≒ **Sorocea** Restionaceae 帚灯草科 [MM-744] 全球 (uc) 大洲分布及种数(uc)
Sosnovskya Takht. = **Psephellus**
Sosylus (Steud. ex A.Rich.) P. & K. = **Ormocarpum**
Soterosanthus【3】Lehmann ex Jenny 丘花兰属 Orchidaceae 兰科 [MM-723] 全球 (1) 大洲分布及种数(1)◆南美洲
Sotoa【2】Salazar 丘兰花属 ≒ **Deiregyne** Orchidaceae 兰科 [MM-723] 全球 (2) 大洲分布及种数(2)亚洲:cf.1;北美洲:1
Sotor Fenzl = **Kigelia**
Sotularia Raf. = **Lagerstroemia**
Souari Aubl. = **Caryocar**
Soulamea【3】Lam. 甜苦木属 Simaroubaceae 苦木科 [MD-424] 全球 (1) 大洲分布及种数(13)◆大洋洲
Soulameaceae Endl. = Empetraceae
Soulangia Brongn. = **Phylica**
Soularia Raf. = **Lagerstroemia**
Souleyetia Gaud. = **Pandanus**
Souliea【3】Franch. 黄三七属 ← **Actaea;Coptis;Isopyrum** Ranunculaceae 毛茛科 [MD-38] 全球 (1) 大洲分布及种数(cf. 1)◆亚洲
Souroubea【3】Aubl. 蜜笛花属 ≒ **Norantea;Ruyschia** Marcgraviaceae 蜜囊花科 [MD-170] 全球 (6) 大洲分布及种数(21;hort.1)非洲:1;亚洲:1;大洋洲:1;欧洲:1;北美洲:9-10;南美洲:17-18
Sousa Vell. = **Sisyrinchium**
Sousinia Cass. = **Cousinia**
Southbya【3】N.Kitag. 横叶苔属 Arnelliaceae 阿氏苔科 [B-72] 全球 (6) 大洲分布及种数(4)非洲:1-2;亚洲:3-4;大洋洲:1;欧洲:1-2;北美洲:1-2;南美洲:1-2
Southwellia Salisb. = **Sterculia**
Southwellina Salisb. = **Sterculia**
Souza Vell. = **Sisyrinchium**
Sowerbaea【3】Sm. 紫缨百合属 → **Nothoscordum** Asparagaceae 天门冬科 [MM-669] 全球 (1) 大洲分布及种数(3)◆大洋洲(◆澳大利亚)
Sowerbea Dum.Cours. = **Sowerbaea**
Sowerbia Andrews = **Sowerbaea**
Soya Benth. = **Glycine**
Soyauxia【3】Oliv. 围药树属 Peridiscaceae 围盘树科 [MD-98] 全球 (1) 大洲分布及种数(6-7)◆非洲
Soyera St.Lag. = **Crepis**
Soymida【3】A.Juss. 天竺楝属 ≒ **Swietenia** Meliaceae 楝科 [MD-414] 全球 (1) 大洲分布及种数(cf. 1)◆亚洲
Spa Lour. = **Syzygium**
Spach A.Juss. = **Spachea**
Spachea【2】A.Juss.斯帕木属←**Byrsonima;Malpighia** Malpighiaceae 金虎尾科 [MD-343] 全球 (3) 大洲分布及种数(8-9)亚洲:cf.1;北美洲:5-6;南美洲:4
Spachelodes Kimura = **Hypericum**
Spachia Lilja = **Myrinia**
Spadactis Cass. = **Atractylis**
Spadella Salisb. = **Spatalla**
Spadonia Less. = **Moquinia**
Spadostyles Benth. = **Pultenaea**
Spagueanella Balle = **Spragueanella**
Spalangia Brongn. = **Phylica**
Spalanthus Walp. = **Quisqualis**
Spallanzania DC. = **Mussaenda**
Spallanzania Neck. = **Gustavia**
Spallanzania Pollini = **Aremonia**
Spananthe【2】Jacq. 寡花草属 Apiaceae 伞形科 [MD-480] 全球 (2) 大洲分布及种数(3)北美洲:1;南美洲:2
Spaniopappus【3】B.L.Rob. 疏泽兰属 ← **Eupatorium** Asteraceae 菊科 [MD-586] 全球 (1) 大洲分布及种数(4-5)◆北美洲
Spanioplon Less. = **Cirsium**
Spanioptilon Less. = **Cirsium**
Spanipalpus B.L.Rob. = **Spaniopappus**
Spanizium Griseb. = **Saponaria**
Spanoghea Bl. = **Alectryon**
Sparactus Cass. = **Atractylis**
Sparanthera Cif. & Giacom. = **Sparaxis**
Sparasion Adans. = **Sparganium**
Sparassis Ker Gawl. = **Sparaxis**
Sparattanthelium【3】Mart. 九节桂属 ← **Byttneria** Hernandiaceae 莲叶桐科 [MD-24] 全球 (1) 大洲分布及种数(15-16)◆南美洲
Sparattosperma【3】Mart. ex DC. 巴西假紫葳属 ← **Bignonia;Tecoma** Bignoniaceae 紫葳科 [MD-541] 全球 (1) 大洲分布及种数(2)◆南美洲
Sparattosyce【3】Bureau 假榕属 Moraceae 桑科 [MD-87] 全球 (1) 大洲分布及种数(2)◆大洋洲(◆美拉尼西亚)
Sparaxis【3】Ker Gawl. 魔杖花属 → **Dierama;Tritonia;Synotis** Iridaceae 鸢尾科 [MM-700] 全球 (1) 大洲分布及种数(16-17)◆非洲
Sparga Ewart = **Sorghum**
Spargania (Tourn.) L. = **Sparmannia**
Sparganiaceae【3】Hanin 黑三棱科 [MM-734] 全球 (6) 大洲分布和属种数(1;hort. & cult.1)(28-56;hort. & cult.7-9)非洲:1/8-27; 亚洲:1/24-46; 大洋洲:1/7-27; 欧洲:1/16-35; 北美洲:1/14-33; 南美洲:1/3-21
Sparganion Adans. = **Sparganium**
Sparganium【3】(Tourn.) L. 黑三棱属 ≒ **Dulichium** Typhaceae 香蒲科 [MM-736] 全球 (6) 大洲分布及种数(29-38;hort.1;cult:5)非洲:8-27;亚洲:24-46;大洋洲:7-27;欧洲:16-35;北美洲:14-33;南美洲:3-21
Sparganium L. = **Sparganium**
Sparganophoros Vaill. ex Crantz = **Struchium**
Sparganophorus Böhm. = **Struchium**
Sparganum L. = **Sparganium**
Sparlingia Vahl = **Hoya**
Sparmannia【2】Buc´hoz 垂蕾树属 ≒ **Sparrmannia** Malvaceae 锦葵科 [MD-203] 全球 (4) 大洲分布及种数(1) 非洲:1;亚洲:1;欧洲:1;北美洲:1
Sparmanniaceae【2】J.Agardh 朴椴树科 [MD-184] 全球 (2) 大洲分布和属种数(1;hort. & cult.1)(2-34;hort. & cult.1)亚洲:1/2-32; 大洋洲:1/1
Sparrea Hunz. & Dottori = **Celtis**
Sparrma Hunz. & Dottori = **Celtis**
Sparrmania L.f. = **Sparrmannia**
Sparrmanna Cothen. = **Sparrmannia**

Sparrmannia【3】 L.f. 垂蕾树属 ≒ **Urena** Malvaceae 锦葵科 [MD-203] 全球 (1) 大洲分布及种数(3)◆非洲
Sparrmanniaceae J.Agardh = Malvaceae
Spartea Trin. = **Mapania**
Sparteae Rchb. = **Celtis**
Sparthothamnus H.Bük = **Spartothamnella**
Spartianthus Link = **Spartium**
Spartidium Pomel = **Genista**
Spartina【3】 Schreb. 米草属 ← **Bouteloua;Poa; Ponceletia** Poaceae 禾本科 [MM-748] 全球 (6) 大洲分布及种数(19-20)非洲:8-16;亚洲:7-16;大洋洲:3-12;欧洲:8-17;北美洲:13-22;南美洲:11-19
Spartinaceae Link = Poaceae
Spartineae Gren. & Godr. = **Spartina**
Spartium【3】 L. 鹰爪豆属 → **Adenocarpus;Cytisus; Genista** Fabaceae 豆科 [MD-240] 全球 (1) 大洲分布及种数(2-6)◆欧洲
Spartochloa【3】 C.E.Hubb. 金雀枝草属 ≒ **Schedonorus** Poaceae 禾本科 [MM-748] 全球 (1) 大洲分布及种数(1)◆大洋洲(◆澳大利亚)
Spartocysus Willk. & Lange = **Cytisus**
Spartopteryx Radlk. = **Sarcopteryx**
Spartotamnus Webb & Berth. ex C.Presl = **Spartothamnus**
Spartothamnella【3】 Briq. 小索灌属 ≒ **Spartothamnus** Verbenaceae 马鞭草科 [MD-556] 全球 (1) 大洲分布及种数(4)◆大洋洲(◆澳大利亚)
Spartothamnus【3】 A.Cunn. ex Walp. 澳蝶灌豆属 ≒ **Spartothamnella** Lamiaceae 唇形科 [MD-575] 全球 (1) 大洲分布及种数(uc)◆大洋洲
Spartum Heist. = **Nardus**
Sparus Mart. = **Syagrus**
Spatala Simon = **Spatalla**
Spatalanthus R.Sweet = **Romulea**
Spatalla【3】 Salisb. 勺架木属 → **Sorocephalus** Proteaceae 山龙眼科 [MD-219] 全球 (1) 大洲分布及种数(21-28)◆非洲
Spatallopsis E.Phillips = **Spatalla**
Spatanthus Juss. = **Skapanthus**
Spatela Adans. = **Spathelia**
Spatellaria Rchb. = **Orthion**
Spatha P. & K. = **Spathelia**
Spathacanthus【3】 Baill. 扁刺爵床属 ← **Ruellia** Acanthaceae 爵床科 [MD-572] 全球 (1) 大洲分布及种数(4)◆北美洲
Spathalea【-】 L. 芸香科属 Rutaceae 芸香科 [MD-399] 全球 (uc) 大洲分布及种数(uc)
Spathalium Lour. = **Saururus**
Spathandra【3】 Guill. & Perr. 谷木属 → **Memecylon** Melastomataceae 野牡丹科 [MD-364] 全球 (1) 大洲分布及种数(1-2)◆亚洲
Spathantheum【3】 Schott 美梳芋属 → **Gorgonidium** Araceae 天南星科 [MM-639] 全球 (1) 大洲分布及种数(1)◆南美洲
Spathanthium Schott = **Spathanthus**
Spathanthus【3】 Desv. 舟蔺花属 ← **Rapatea;Struthanthus** Rapateaceae 泽蔺花科 [MM-713] 全球 (1) 大洲分布及种数(2)◆南美洲
Spathe P.Br. = **Spathelia**
Spathelia【3】 L. 棕枫属 Rutaceae 芸香科 [MD-399] 全球 (1) 大洲分布及种数(5-23)◆南美洲
Spatheliaceae J.Agardh = Leeaceae
Spathella L. = **Spathelia**
Spathepteris C.Presl = **Anemia**
Spathia【3】 Ewart 佛焰苞草属 Poaceae 禾本科 [MM-748] 全球 (1) 大洲分布及种数(1)◆大洋洲(◆澳大利亚)
Spathicalyx【3】 J.C.Gomes 青萼紫葳属 ← **Tanaecium** Bignoniaceae 紫葳科 [MD-541] 全球 (1) 大洲分布及种数(1-2)◆南美洲
Spathicarpa【3】 Hook. 青荚芋属 ≒ **Dieffenbachia** Araceae 天南星科 [MM-639] 全球 (1) 大洲分布及种数(4-5)◆南美洲
Spathichlamys【3】 R.Parker 缅甸茜草属 Rubiaceae 茜草科 [MD-523] 全球 (1) 大洲分布及种数(cf. 1)◆亚洲(◆缅甸)
Spathidolepis Schltr. = **Dischidia**
Spathiger Small = **Epidendrum**
Spathionema【3】 Taub. 窄线豆属 Fabaceae 豆科 [MD-240] 全球 (1) 大洲分布及种数(1)◆南美洲
Spathiostemon【3】 Bl. 匙蕊戟属 ← **Adelia** Euphorbiaceae 大戟科 [MD-217] 全球 (1) 大洲分布及种数(2-3)◆亚洲
Spathipappus【3】 Tzvelev 茼蒿属 ← **Glebionis;Chrysanthemum** Asteraceae 菊科 [MD-586] 全球 (1) 大洲分布及种数(2)◆亚洲
Spathiphyllopsis Teijsm. & Binn. = **Spathiphyllum**
Spathiphyllum Chlaenophyllum Nicolson = **Spathiphyllum**
Spathiphyllum【3】 Schott 白鹤芋属 → **Urospatha; Anthurium;Holochlamys** Araceae 天南星科 [MM-639] 全球 (6) 大洲分布及种数(51-62;hort.1)非洲:2-5;亚洲:6-9;大洋洲:4-7;欧洲:2;北美洲:28-33;南美洲:39-48
Spathites Small = **Epidendrum**
Spathium (Lindl.) Lindl. ex Stein = **Saururus**
Spathium Edgew. = **Saururus**
Spathius Lour. = **Saururus**
Spathocarpus P. & K. = **Spathicarpa**
Spathochlamys Reeve = **Spathichlamys**
Spathodea【3】 P.Beauv. 火焰树属 → **Adenocalymma; Mayodendron;Memora** Bignoniaceae 紫葳科 [MD-541] 全球 (6) 大洲分布及种数(3-8;hort.1)非洲:1;亚洲:1;大洋洲:1-3;欧洲:1;北美洲:1;南美洲:1
Spathodeopsis【3】 Dop 厚膜树属 ← **Fernandoa** Bignoniaceae 紫葳科 [MD-541] 全球 (1) 大洲分布及种数(1)◆亚洲
Spathoderma Scheltema & Ivanov = **Spathodea**
Spathodithyros Hassk. = **Commelina**
Spathogiottis Bl. = **Spathoglottis**
Spathoglottis【3】 Bl. 苞舌兰属 ≒ **Acriopsis;Epipactis; Calanthe** Orchidaceae 兰科 [MM-723] 全球 (6) 大洲分布及种数(11-61;hort.1)非洲:2-21;亚洲:9-36;大洋洲:3-31;欧洲:2;北美洲:2-10;南美洲:2-3
Spatholirion【3】 Ridl. 竹叶吉祥草属 ← **Pollia** Commelinaceae 鸭跖草科 [MM-708] 全球 (1) 大洲分布及种数(2-6)◆亚洲
Spatholiron Ridl. = **Spatholirion**
Spatholobus【2】 Hassk. 密花豆属 ← **Butea;Derris; Pongamia** Fabaceae 豆科 [MD-240] 全球 (3) 大洲分布及

S

种数(14-41)非洲:cf.1;亚洲:13-39;南美洲:1

Spathophaius【-】A.D.Hawkes 兰科属 Orchidaceae 兰科 [MM-723] 全球 (uc) 大洲分布及种数(uc)

Spathophyllum P. & K. = **Spathiphyllum**

Spathoscaphe örst. = **Chamaedorea**

Spathotecoma Bureau = **Newbouldia**

Spathul (Tausch) Fourr. = **Iris**

Spathula (Tausch) Fourr. = **Iris**

Spathularia A.St.Hil. = **Amphirrhox**

Spathularia DC. = **Spatularia**

Spathulata (Boriss.) Á.Löve & D.Löve = **Sedum**

Spathulopetalum Chiov. = **Caralluma**

Spathyema Raf. = **Symplocarpus**

Spatula (Tausch) Fourr. = **Iris**

Spatularia G.Don = **Spatularia**

Spatularia【2】Haw. 虎耳草属 ← **Saxifraga;Amphirrhox** Saxifragaceae 虎耳草科 [MD-231] 全球 (2) 大洲分布及种数(cf.1) 欧洲;北美洲

Spatulima Raf. = **Lathyrus**

Specklinia (Barb.Rodr.) Karremans = **Specklinia**

Specklinia【2】Lindl. 帽花兰属 ≒ **Pleurothallis; Humboldtia;Apoda-prorepentia** Orchidaceae 兰科 [MM-723] 全球 (4) 大洲分布及种数(213-253)亚洲:1;大洋洲:1;北美洲:74-79;南美洲:158

Spectaculum【3】Lür 梗兰属 Orchidaceae 兰科 [MM-723] 全球 (1) 大洲分布及种数(cf.)◆南美洲

Specula L. = **Spergula**

Speculantha【3】D.L.Jones & M.A.Clem. 翅柱兰属 ≒ **Pterostylis** Orchidaceae 兰科 [MM-723] 全球 (1) 大洲分布及种数(2)◆非洲

Specularia A.DC. = **Specularia**

Specularia【3】Heist. ex Fabr. 北美洲桔梗属 ≒ **Stellaria;Pentagonia** Campanulaceae 桔梗科 [MD-561] 全球 (1) 大洲分布及种数(3-9)◆北美洲

Speculum-veneris Gerard. ex Meisn. = **Campanula**

Speea【3】Lös. 仰蛛花属 Amaryllidaceae 石蒜科 [MM-694] 全球 (1) 大洲分布及种数(1-7)◆南美洲

Spegazzinia Backeb. = **Weingartia**

Spegazziniophytum【3】Esser 杨柏属 ≒ **Stillingia** Euphorbiaceae 大戟科 [MD-217] 全球 (1) 大洲分布及种数(cf.1)◆南美洲

Spegazzinula Backeb. = **Weingartia**

Speirantha【3】Baker 白穗花属 ← **Albuca** Asparagaceae 天门冬科 [MM-669] 全球 (1) 大洲分布及种数(cf. 1)◆东亚(◆中国)

Speiranthes Hassk. = **Spiranthes**

Speirema Hook.f. & Thoms. = **Lobelia**

Speirostyla Baker = **Christiana**

Spelaeanthus【3】Kiew,A.Weber & B.L.Burtt 微旋苣苔属 Gesneriaceae 苦苣苔科 [MD-549] 全球 (1) 大洲分布及种数(1)◆亚洲(◆马来西亚)

Spelta V.Wolf = **Triticum**

Spencera Stapf = **Spenceria**

Spenceria【3】Trimen 马蹄黄属 ≒ **Stapelia** Rosaceae 蔷薇科 [MD-246] 全球 (1) 大洲分布及种数(cf. 1)◆亚洲

Spengleria Trimen = **Spenceria**

Spennera Mart. ex DC. = **Aciotis**

Spenocarpus B.D.Jacks = **Stenocarpus**

Spenocarpus Wall. = **Magnolia**

Spenotoma G.Don = **Phyteuma**

Sperangia Baill. = **Speranskia**

Speranskia【3】Baill. 地构叶属 ← **Croton;Mercurialis** Euphorbiaceae 大戟科 [MD-217] 全球 (1) 大洲分布及种数(cf. 1)◆东亚(◆中国)

Speranskya Baill. = **Speranskia**

Spergella Rchb. = **Sagina**

Spergula (Rchb.) W.D.J.Koch = **Spergula**

Spergula【3】L. 大爪草属 ≒ **Alsine;Spergularia** Caryophyllaceae 石竹科 [MD-77] 全球 (6) 大洲分布及种数(30-32;hort.1;cult: 2)非洲:14-54;亚洲:12-52;大洋洲:3-42;欧洲:12-51;北美洲:6-45;南美洲:13-52

Spergulaceae Bartl. = Caryophyllaceae

Spergularia【3】(Pers.) J.C.Presl & C.Presl 牛漆姑属 ← **Alsine;Paronychia;Pergularia** Caryophyllaceae 石竹科 [MD-77] 全球 (6) 大洲分布及种数(109-125;hort.1;cult: 5)非洲:28-56;亚洲:20-44;大洋洲:14-41;欧洲:30-60;北美洲:24-50;南美洲:51-76

Spergulastrum Michx. = **Stellaria**

Spergulus Brot. ex Steud. = **Drosophyllum**

Sperihedium【-】V.I.Dorof. 十字花科属 Brassicaceae 十字花科 [MD-213] 全球 (uc) 大洲分布及种数(uc)

Sperlingia Vahl = **Hoya**

Spermabolus Teijsm. & Binn. = **Anaxagorea**

Spermachiton Llanos = **Sporobolus**

Spermacoce Dill. ex L. = **Spermacoce**

Spermacoce【3】L. 纽扣草属 ≒ **Bonnetia;Staelia** Rubiaceae 茜草科 [MD-523] 全球 (6) 大洲分布及种数(246-356;hort.1;cult:8)非洲:88-118;亚洲:184-287;大洋洲:40-100;欧洲:7-19;北美洲:69-93;南美洲:145-176

Spermacoceae Bercht. & J.Presl = **Spermacoce**

Spermacoceodes【3】P. & K. 纽扣草属 ← **Spermacoce** Rubiaceae 茜草科 [MD-523] 全球 (1) 大洲分布及种数(1)◆南美洲

Spermacon Raf. = **Rhynchospora**

Spermadictyon【3】Roxb. 香花木属 ≒ **Hamiltonia** Rubiaceae 茜草科 [MD-523] 全球 (1) 大洲分布及种数(cf. 1)◆亚洲

Spermatura Rchb. = **Osmorhiza**

Spermaulaxen Raf. = **Polygonum**

Spermaxyron Steud. = **Dulacia**

Spermaxyrum【3】Labill. 铁青树属 ≒ **Olax** Olacaceae 铁青树科 [MD-362] 全球 (1) 大洲分布及种数(uc)◆大洋洲

Spermodon Beauv. ex T.Lestib. = **Rhynchospora**

Spermolepis Brongn. & Gris = **Spermolepis**

Spermolepis【3】Raf. 鳞子芹属 ← **Apium** Apiaceae 伞形科 [MD-480] 全球 (6) 大洲分布及种数(10-14)非洲:3;亚洲:3;大洋洲:3;欧洲:3;北美洲:7-14;南美洲:2-5

Spermophila Neck. = **Ursinia**

Spermophylla Neck. = **Ursinia**

Spetaea【3】Wetschnig & Pfosser 蓝熙凤属 Asparagaceae 天门冬科 [MM-669] 全球 (1) 大洲分布及种数(1)◆非洲(◆南非)

Speyeria Trimen = **Spenceria**

Sphacanthus【3】Benoist 楔刺爵床属 Acanthaceae 爵床科 [MD-572] 全球 (1) 大洲分布及种数(2)◆非洲(◆马达加斯加)

Sphacele Benth. = **Lepechinia**

Sphacelodes Kimura = **Hypericum**
Sphaceloma (DC.) Schltdl. = **Phymosia**
Sphacelotheca Cham. & Schltdl. = **Conobea**
Sphacophyllum Benth. = **Anisopappus**
Sphacopsis Briq. = **Salvia**
Sphaenia Steetz = **Schoenia**
Sphaenodesma Jack = **Sphenodesme**
Sphaenolobium【3】 Pimenov 前胡属 ≒ **Peucedanum** Apiaceae 伞形科 [MD-480] 全球 (1) 大洲分布及种数(3)◆亚洲
Sphaeracephalus Lag. ex DC. = **Sphaerocephalus**
Sphaeradenia【3】 Harling 珠药草属 ← **Carludovica; Salmea;Chorigyne** Cyclanthaceae 环花草科 [MM-706] 全球 (1) 大洲分布及种数(39-49)◆南美洲
Sphaeralcea【3】 A.St.Hil. 球葵属 → **Urocarpidium; Mattiastrum;Phymosia** Malvaceae 锦葵科 [MD-203] 全球 (6) 大洲分布及种数(66-75;hort.1;cult:5)非洲:25;亚洲:6-31;大洋洲:2-27;欧洲:4-29;北美洲:43-70;南美洲:42-70
Sphaeramia Peter G.Wilson & B.Hyland = **Sphaerantia**
Sphaerangium【2】 Schimp. 矮藓属 ≒ **Acaulon** Pottiaceae 丛藓科 [B-133] 全球 (3) 大洲分布及种数(4)大洋洲:2;北美洲:1;南美洲:1
Sphaeranthes Hassk. = **Spiranthes**
Sphaeranthoides A.Cunn. ex DC. = **Pterocaulon**
Sphaeranthus【3】 Vaill. ex L. 戴星草属 → **Athanasia; Sphalmanthus** Asteraceae 菊科 [MD-586] 全球 (6) 大洲分布及种数(44-54;hort.1)非洲:36-38;亚洲:39-41;大洋洲:5-7;欧洲:1-3;北美洲:1-3;南美洲:2
Sphaerantia【3】 Peter G.Wilson & B.Hyland 隐果水桉属 Myrtaceae 桃金娘科 [MD-347] 全球 (1) 大洲分布及种数(4)◆大洋洲(◆澳大利亚)
Sphaerella Bubani = **Airopsis**
Sphaereupatorium【3】 P. & K. 球泽兰属 ← **Conoclinium;Eupatorium** Asteraceae 菊科 [MD-586] 全球 (1) 大洲分布及种数(3)◆南美洲
Sphaerias Eckl. & Zeyh. = **Crassula**
Sphaeridae Herb. = **Bomarea**
Sphaeridiophora Benth. & Hook.f. = **Indigofera**
Sphaeridiophorum Desv. = **Indigofera**
Sphaerina Herb. = **Bomarea**
Sphaerine Herb. = **Bomarea**
Sphaeriodiscus Nakai = **Euonymus**
Sphaerion Herb. = **Bomarea**
Sphaerita Eckl. & Zeyh. = **Crassula**
Sphaerites Eckl. & Zeyh. = **Crassula**
Sphaeritis Eckl. & Zeyh. = **Bryophyllum**
Sphaerium P. & K. = **Coix**
Sphaerobambos【3】 S.Dransf. 球籽竹属 Poaceae 禾本科 [MM-748] 全球 (1) 大洲分布及种数(4)◆亚洲
Sphaerocardamum【3】 S.Schaür 球碎米荠属 ← **Capsella** Brassicaceae 十字花科 [MD-213] 全球 (1) 大洲分布及种数(5)◆北美洲(◆墨西哥)
Sphaerocarpaceae【3】Wigglesw. 囊果苔科 [B-4] 全球 (6) 大洲分布和属种数(2;hort. & cult.1)(3-10;hort. & cult.1) 非洲:1/4;亚洲:1/4;大洋洲:1/1-5;欧洲:1/4;北美洲:1-2/1-5;南美洲:1/2-7
Sphaerocarpos Austrosphaerocarpos R.M.Schust. = **Sphaerocarpos**
Sphaerocarpos【3】 J.F.Gmel. 囊果苔属 ← **Globba**
Sphaerocarpaceae 囊果苔科 [B-4] 全球 (1) 大洲分布及种数(2-7)◆南美洲(◆巴西)
Sphaerocarpum Nees ex Steud. = **Sphaerocaryum**
Sphaerocarpus Fabr. = **Neslia**
Sphaerocarpus Nees ex Steud. = **Sphaerocaryum**
Sphaerocarpus Steud. = **Laguncularia**
Sphaerocarya Dalzell ex A.DC. = **Strombosia**
Sphaerocarya Wall. = **Pyrularia**
Sphaerocaryum【3】 Nees ex Steud. 稗荩属 ← **Agrostis;Isachne;Panicum** Poaceae 禾本科 [MM-748] 全球 (1) 大洲分布及种数(cf. 1)◆亚洲
Sphaerocavum Nees ex Steud. = **Sphaerocaryum**
Sphaerocepha Hill = **Centaurea**
Sphaerocephala Hill = **Centaurea**
Sphaerocephalum Lag. ex DC. = **Sphaerocephalus**
Sphaerocephalus【3】 L. 蓝头藓属 ≒ **Nassauvia** Aulacomniaceae 皱蒴藓科 [B-153] 全球 (1) 大洲分布及种数(2)◆南美洲
Sphaerocephalus P. & K. = **Sphaerocephalus**
Sphaerochloa Beauv. ex Desv. = **Eriocaulon**
Sphaerocionium【3】 C.Presl 异膜蕨属 → **Gonocormus;Trichomanes** Hymenophyllaceae 膜蕨科 [F-21] 全球 (6) 大洲分布及种数(18-23)非洲:3-7;亚洲:4-8;大洋洲:4-8;欧洲:4;北美洲:3-7;南美洲:7-11
Sphaeroclinium (DC.) Sch.Bip. = **Cotula**
Sphaerocodon【3】 Benth. 球冠萝藦属 ← **Gongronema;Gymnema;Tylophora** Apocynaceae 夹竹桃科 [MD-492] 全球 (1) 大洲分布及种数(3-5)◆非洲
Sphaerocoma【3】 T.Anders. 球甲蓬属 Caryophyllaceae 石竹科 [MD-77] 全球 (1) 大洲分布及种数(2-3)◆亚洲
Sphaerocoryne (Börl.) Scheff. ex Ridl. = **Sphaerocoryne**
Sphaerocoryne【2】 Scheff. ex Ridl. 唇膏花属 ≒ **Melodorum** Annonaceae 番荔枝科 [MD-7] 全球 (2) 大洲分布及种数(8)非洲:2;亚洲:6-7
Sphaerocyperus【3】 Lye 落球莎属 ← **Actinoschoenus;Cyperus;Rhynchospora** Cyperaceae 莎草科 [MM-747] 全球 (1) 大洲分布及种数(1)◆非洲
Sphaerodendron Seem. = **Cussonia**
Sphaerodiscus Nakai = **Euonymus**
Sphaerohelea C.Presl = **Urceolina**
Sphaeroidina Dulac = **Marsilea**
Sphaerolejeunea【3】 Herzog 南美球鳞苔属 Lejeuneaceae 细鳞苔科 [B-84] 全球 (1) 大洲分布及种数(cf. 1)◆南美洲
Sphaerolobium【3】 Sm. 弹珠豆属 Fabaceae3 蝶形花科 [MD-240] 全球 (1) 大洲分布及种数(1-22)◆大洋洲(◆澳大利亚)
Sphaeroma (DC.) Schlechtd. = **Phymosia**
Sphaeromariscus E.G.Camus = **Cyperus**
Sphaeromeria【3】 Nutt. 球序蒿属 ← **Artemisia; Tanacetum** Asteraceae 菊科 [MD-586] 全球 (1) 大洲分布及种数(9-12)◆北美洲
Sphaeromorphaea DC. = **Epaltes**
Sphaeromorphea DC. = **Epaltes**
Sphaeroniscus Nakai = **Euonymus**
Sphaerophora Bl. = **Eremanthus**
Sphaerophorus【3】 Pers. 须弥茜属 ≒ **Sphaeropteris** Rubiaceae 茜草科 [MD-523] 全球 (1) 大洲分布及种数(1)◆南美洲

S

Sphaerophrya DC. = **Sphaerophysa**
Sphaerophyllum auct. = **Anisopappus**
Sphaerophysa【3】DC. 苦马豆属 ← **Astragalus;Phaca;Phyllolobium** Fabaceae 豆科 [MD-240] 全球 (1) 大洲分布及种数(2-4)◆亚洲
Sphaeropsis Briq. = **Salvia**
Sphaeropteris (Holttum) P.G.Windisch = **Sphaeropteris**
Sphaeropteris【2】Bernh. 白桫椤属 ≒ **Peranema; Cyanea** Cyatheaceae 桫椤科 [F-23] 全球 (5) 大洲分布及种数(92-116)非洲:27;亚洲:39-41;大洋洲:44-45;北美洲:8;南美洲:17-18
Sphaeropus Böck. = **Diplacrum**
Sphaerorhizon Hook.f. = **Scybalium**
Sphaerorrhiza【3】Roalson & Boggan 长筒花属 ≒ **Achimenes** Gesneriaceae 苦苣苔科 [MD-549] 全球 (1) 大洲分布及种数(4)◆南美洲
Sphaerorrhizeae Roalson & Boggan = **Sphaerorrhiza**
Sphaerosacme Wall. = **Lansium**
Sphaeroschoenus Arn. = **Rhynchospora**
Sphaerosciadium【3】Pimenov & Kljuykov 泡囊芹属 ← **Physospermum** Apiaceae 伞形科 [MD-480] 全球 (1) 大洲分布及种数(cf.1)◆亚洲
Sphaerosepalaceae【3】Van Tiegh. ex Bullock 龙眼茶科 [MD-137] 全球 (1) 大洲分布和属种数(1/3)◆非洲
Sphaerosepalum Baker = **Rhopalocarpus**
Sphaerosicyos Hook.f. = **Lagenaria**
Sphaerosicyus P. & K. = **Lagenaria**
Sphaerospora Klatt = **Gladiolus**
Sphaerosporoceros【3】(Lehm. & Lindenb.) Hässel de Menéndez 角苔科属 Anthocerotaceae 角苔科 [B-91] 全球 (1) 大洲分布及种数(1)◆北美洲
Sphaerostachys Miq. = **Piper**
Sphaerostema Bl. = **Schisandra**
Sphaerostemma Rchb. = **Sphaerostigma**
Sphaerostephanos【3】(Willd.) Holttum 圆腺蕨属 ≒ **Thelypteris** Thelypteridaceae 金星蕨科 [F-42] 全球 (6) 大洲分布及种数(7-73)非洲:3-5;亚洲:5-44;大洋洲:2-33;欧洲:1-3;北美洲:2;南美洲:2
Sphaerostephanos J.Sm. = **Sphaerostephanos**
Sphaerostichum C.Presl = **Pyrrosia**
Sphaerostigma (Ser.) Fisch. & C.A.Mey. = **Sphaerostigma**
Sphaerostigma【3】Fisch. & C.A.Mey. 北美洲圆柳菜属 ≒ **Camissonia** Onagraceae 柳叶菜科 [MD-396] 全球 (6)大洲分布及种数(4-5)非洲:10;亚洲:10;大洋洲:10;欧洲:10;北美洲:3-13;南美洲:10
Sphaerostigmap Fisch. & C.A.Mey. = **Sphaerostigma**
Sphaerostylis【3】Baill. 球柱藤属 → **Megistostigma; Tragiella;** Euphorbiaceae 大戟科 [MD-217] 全球 (1) 大洲分布及种数(1-2)◆非洲
Sphaerothalamia Hook.f. = **Polyalthia**
Sphaerothalamus Hook.f. = **Polyalthia**
Sphaerotheca Cham. & Schlecht. = **Conobea**
Sphaerotheciella【2】M.Fleisch. 球蒴藓属 Cryphaeaceae 隐蒴藓科 [B-197] 全球 (3) 大洲分布及种数(5) 亚洲:3;北美洲:2;南美洲:2
Sphaerothecium【2】Hampe 河曲尾藓属 Leucobryaceae 白发藓科 [B-129] 全球 (3) 大洲分布及种数(3) 非洲:1;亚洲:1;南美洲:1
Sphaerothele Benth. & Hook.f. = **Urceolina**
Sphaerothylacus Hook.f. = **Polyalthia**
Sphaerothylax【3】Bisch. ex Krauss 河松萝属 → **Ledermanniella** Podostemaceae 川苔草科 [MD-322] 全球 (1) 大洲分布及种数(2-4)◆非洲
Sphaerotorrhiza (O.E.Schulz) A.P.Khokhr. = **Cardamine**
Sphaerotylos C.J.Chen = **Sarcochlamys**
Sphaerotylus C.J.Chen = **Sarcochlamys**
Sphaerovum P. & K. = **Coix**
Sphaerozius Böck. = **Diplacrum**
Sphaerula W.Anders ex Hook.f. = **Acaena**
Sphagnaceae【3】Dum. 泥炭藓科 [B-97] 全球 (5) 大洲分布和属种数(2/353)亚洲:2/98;大洋洲:2/46;欧洲:1/105;北美洲:1/129;南美洲:1/201
Sphagnales Limpr. = **Sphagnites**
Sphagneticola【3】O.Hoffm. 蟛蜞菊属 ← **Acmella; Wedelia;Aspilia** Asteraceae 菊科 [MD-586] 全球 (6) 大洲分布及种数(6-7)非洲:2;亚洲:5;大洋洲:2;欧洲:1;北美洲:4;南美洲:3
Sphagnites【-】Cookson 泥炭藓科属 Sphagnaceae 泥炭藓科 [B-97] 全球 (uc) 大洲分布及种数(uc)
Sphagnoecetis Nees = **Odontoschisma**
Sphagnum (H.A.Crum) D.Michaelis = **Sphagnum**
Sphagnum【3】L. 泥炭藓属 Sphagnaceae 泥炭藓科 [B-97] 全球(6) 大洲分布及种数(352) 非洲:52;亚洲:97;大洋洲:45;欧洲:105;北美洲:129;南美洲:201
Sphagnumsporites【-】Raatz ex R.Potonie 泥炭藓科属 Sphagnaceae 泥炭藓科 [B-97] 全球 (uc) 大洲分布及种数(uc)
Sphalanthus Jack = **Quisqualis**
Sphallerocarpus【3】Besser ex DC. 迷果芹属 ← **Chaerophyllum** Apiaceae 伞形科 [MD-480] 全球 (1) 大洲分布及种数(cf. 1)◆亚洲
Sphalmanthus【3】N.E.Br. 伏赐花属 Aizoaceae 番杏科 [MD-94] 全球 (1) 大洲分布及种数(53-58)◆非洲
Sphalmium【3】B.G.Briggs,B.Hyland & L.A.S.Johnson 山银桦属 ≒ **Orites** Proteaceae 山龙眼科 [MD-219] 全球 (1) 大洲分布及种数(1)◆大洋洲
Sphanellolepis【-】Cogn. 野牡丹科属 Melastomataceae 野牡丹科 [MD-364] 全球 (uc) 大洲分布及种数(uc)
Sphcnomcris Maxon = **Sphenomeris**
Sphedamnocarpus【3】Planch. ex Benth. & Hook.f. 槭金藤属 ← **Acridocarpus;Philgamia** Malpighiaceae 金虎尾科 [MD-343] 全球 (1) 大洲分布及种数(15-16)◆非洲
Sphenandra Benth. = **Chaenostoma**
Sphenantha Schröd. = **Cucurbita**
Sphenanthera Hassk. = **Begonia**
Sphenanthias Schröd. = **Cucurbita**
Sphenaria Kuhlm. = **Spheneria**
Sphendamnocarpus Baker = **Sphedamnocarpus**
Spheneria【3】Kuhlm. 假颖草属 ← **Paspalum; Sprengelia** Poaceae 禾本科 [MM-748] 全球 (1) 大洲分布及种数(1)◆南美洲
Sphenista Raf. = **Hirtella**
Sphenocarpus Korovin = **Seseli**
Sphenocarpus Rich. = **Laguncularia**
Sphenocarpus Wall. = **Magnolia**
Sphenocentrum【3】Pierre 楔心藤属 Menispermaceae 防己科 [MD-42] 全球 (1) 大洲分布及种数(1)◆非洲
Sphenociea Gaertn. = **Sphenoclea**

Sphenoclea【3】 Gaertn. 楔瓣花属 → **Gaertnera; Psydrax** Sphenocleaceae 楔瓣花科 [MD-529] 全球 (6) 大洲分布及种数(3)非洲:2-3;亚洲:1-2;大洋洲:1-2;欧洲:1;北美洲:1-2;南美洲:1-2

Sphenocleaceae【3】 Baskerville 楔瓣花科 [MD-529] 全球 (6) 大洲分布和属种数(1;hort. & cult.1)(2-6;hort. & cult.1)非洲:1/2-3;亚洲:1/1-2;大洋洲:1/1-2;欧洲:1/1;北美洲:1/1-2;南美洲:1/1-2

Sphenodesma Griff. = **Sphenodesme**

Sphenodesme【3】 Jack 楔翅藤属 ← **Congea;Brachynema;Senegalia** Verbenaceae 马鞭草科 [MD-556] 全球 (1) 大洲分布及种数(7-10)◆亚洲

Sphenodiscus Nakai = **Euonymus**

Sphenodus Trin. = **Sphenopus**

Sphenoelea Gaertn. = **Sphenoclea**

Sphenogyme R.Br. = **Ursinia**

Sphenogyne R.Br. = **Ursinia**

Sphenolobopsis【2】 (Spruce) R.M.Schust. 拟折瓣苔属 Anastrophyllaceae 挺叶苔科 [B-60] 全球 (3) 大洲分布及种数(cf.1) 亚洲;欧洲;北美洲

Sphenolobus (Lindb.) Berggr. = **Sphenolobus**

Sphenolobus【3】 Horik. 华钱袋苔属 ≒ **Cephaloziella** Anastrophyllaceae 挺叶苔科 [B-60] 全球 (1) 大洲分布及种数(6)◆东亚(◆中国)

Sphenomeris【3】 Maxon 球棒蕨属 ← **Microlepia; Stenoloma** Lindsaeaceae 鳞始蕨科 [F-27] 全球 (6) 大洲分布及种数(16-20)非洲:1-2;亚洲:9-11;大洋洲:10;欧洲:5;北美洲:4;南美洲:4

Sphenomorphus Thorel ex Gagnep. = **Tropidia**

Sphenopholis【3】 Scribn. 楔鳞草属 ← **Agrostis;Acioa** Poaceae 禾本科 [MM-748] 全球 (1) 大洲分布及种数(7-14)◆北美洲

Sphenophyllum auct. = **Anisopappus**

Sphenoptera C.Presl = **Stenoptera**

Sphenopus【3】 Trin. 楔柄禾属 ← **Diarrhena;Nephelochloa;Poa** Poaceae 禾本科 [MM-748] 全球 (1) 大洲分布及种数(1-2)◆欧洲

Sphenosciadium【3】 A.Gray 前胡属 ← **Selinum; Peucedanum** Apiaceae 伞形科 [MD-480] 全球 (1) 大洲分布及种数(uc)属分布和种数(uc)◆北美洲

Sphenospora Sw. = **Gladiolus**

Sphenostemon【3】 Baill. 楔药花属 Paracryphiaceae 盔被花科 [MD-279] 全球 (1) 大洲分布及种数(7)◆大洋洲

Sphenostemonaceae【2】 P.Royen & Airy-Shaw 楔蕊花科 [MD-441] 全球 (2) 大洲分布和属种数(1/12)亚洲:1/2;大洋洲:1/7

Sphenostigma【3】 Baker 楔点鸢尾属 ≒ **Cypella;Calydorea** Iridaceae 鸢尾科 [MM-700] 全球 (1) 大洲分布及种数(4-9)◆南美洲

Sphenostylis【3】 E.Mey. 楔柱豆属 ← **Dolichos;Vigna;Nesphostylis** Fabaceae 豆科 [MD-240] 全球 (1) 大洲分布及种数(6-8)◆非洲

Sphenotoma【-】 (R.Br.) Sweet 石龙石楠属 ← Dracophyllum Epacridaceae 尖苞树科 [MD-391] 全球 (uc) 大洲分布及种数(uc)

Spheranthus Hill = **Sphaeranthus**

Spheroidea Dulac = **Marsilea**

Spheroides Dulac = **Marsilea**

Spheroidia Dulac = **Marsilea**

Spherophysa DC. = **Sphaerophysa**

Sphinctacanthus【3】 Benth. 韧喉花属 ← **Phlogacanthus;Sphinctanthus** Acanthaceae 爵床科 [MD-572] 全球 (1) 大洲分布及种数(cf. 1)◆亚洲

Sphinctanthus【3】 Benth. 束花茜属 ← **Genipa;Randia;Tocoyena** Rubiaceae 茜草科 [MD-523] 全球 (1) 大洲分布及种数(8-10)◆南美洲

Sphincterostigma Schott = **Philodendron**

Sphincterostoma Shchegl. = **Andersonia**

Sphinctolobium Vogel = **Lonchocarpus**

Sphinctospermum【3】 Rose 缚子豆属 ← **Cracca; Tephrosia** Fabaceae 豆科 [MD-240] 全球 (1) 大洲分布及种数(1)◆北美洲

Sphinctostoma Benth. = **Marsdenia**

Sphinga【3】 Barneby & J.W.Grimes 北美洲云实属 Fabaceae 豆科 [MD-240] 全球 (6) 大洲分布及种数(2)非洲:1;亚洲:1;大洋洲:1;欧洲:1;北美洲:1-2;南美洲:1

Sphingiphila【3】 A.H.Gentry 束紫葳属 Bignoniaceae 紫葳科 [MD-541] 全球 (1) 大洲分布及种数(1)◆南美洲

Sphingium E.Mey. = **Melolobium**

Sphondylantha Endl. = **Vitis**

Sphondylastrum Rchb. = **Myriophyllum**

Sphondylium Adans. = **Heracleum**

Sphondylococca Willd. ex Schult. = **Bergia**

Sphondylococcum Schaür = **Aegiphila**

Sphonydylium Adans. = **Heracleum**

Sphragidia Thwaites = **Drypetes**

Sphyracephala Hill = **Centaurea**

Sphyradium Fenzl = **Spyridium**

Sphyranthera【3】 Hook.f. 变叶木属 ≒ **Codiaeum** Euphorbiaceae 大戟科 [MD-217] 全球 (1) 大洲分布及种数(2)◆亚洲

Sphyrarhynchus【3】 Mansf. 拟武夷兰属 ← **Angraecopsis** Orchidaceae 兰科 [MM-723] 全球 (1) 大洲分布及种数(2-3)◆非洲

Sphyrastylis【2】 Schltr. 鸟首兰属 ← **Ornithocephalus** Orchidaceae 兰科 [MM-723] 全球 (2) 大洲分布及种数(cf.1) 北美洲;南美洲

Sphyrospermum【3】 Pöpp. & Endl. 提灯莓属 → **Disterigma;Themistoclesia** Ericaceae 杜鹃花科 [MD-380] 全球 (1) 大洲分布及种数(5)◆北美洲

Sphyrospermun Pöpp. & Endl. = **Sphyrospermum**

Spica Pall. = **Spiraea**

Spicanta【-】 C.Presl 乌毛蕨科属 ≒ **Blechnum; Plagiogyria** Blechnaceae 乌毛蕨科 [F-46] 全球 (uc) 大洲分布及种数(uc)

Spicantopsis Nakai = **Blechnum**

Spicaria Mill. = **Nesaea**

Spicil Leandro = **Hypobathrum**

Spicillaria A.Rich. = **Hypobathrum**

Spiciviscum Engelm. = **Phoradendron**

Spiculaea【3】 Lindl. 矛兰属 → **Arthrochilus;Drakaea** Orchidaceae 兰科 [MM-723] 全球 (1) 大洲分布及种数(5)◆大洋洲(◆澳大利亚)

Spielmannia Cuss ex Juss. = **Oftia**

Spielmanniac Medik. = **Oftia**

Spielmanniaceae【2】 Rich. ex Hook. & Lindl. 白玄参科 [MD-540] 全球 (uc) 大洲分布和属种数(uc)

Spiesia【3】 Neck. 棘豆属 ≒ **Astragalus;Oxytropis**

S

Fabaceae3 蝶形花科 [MD-240] 全球 (1) 大洲分布及种数(5)◆北美洲
Spiessara 【-】 J.M.H.Shaw 兰科属 Orchidaceae 兰科 [MM-723] 全球 (uc) 大洲分布及种数(uc)
Spigela Cothen. = **Spigelia**
Spigelia (Torr. & A.Gray) Fern.Casas = **Spigelia**
Spigelia 【3】 L. 翅子草属 ≒ **Andira;Declieuxia** Spigeliaceae 度量草科 [MD-489] 全球 (6) 大洲分布及种数(108-125;hort.1;cult:3)非洲:1-3;亚洲:6-9;大洋洲:2-4;欧洲:2;北美洲:38-44;南美洲:87-101
Spigeliaceae 【3】 Bercht. & J.Presl 度量草科 [MD-489] 全球 (6) 大洲分布和属种数(2;hort. & cult.1)(108-127;hort. & cult.2)非洲:1/1-3;亚洲:1/6-9;大洋洲:1/2-4;欧洲:1/2;北美洲:1/38-44;南美洲:2/88-102
Spilacron Cass. = **Centaurea**
Spiladocorys Ridl. = **Pentasachme**
Spilanthes (Rich. ex Pers.) DC. = **Spilanthes**
Spilanthes 【3】 Jacq. 鸽笼菊属 → **Acmella;Adenostemma;Verbesina** Asteraceae 菊科 [MD-586] 全球 (6) 大洲分布及种数(13-48;hort.1;cult: 5)非洲:2-7;亚洲:8-16;大洋洲:5;欧洲:5;北美洲:2-7;南美洲:5-10
Spilanthus L. = **Spilanthes**
Spilocarpus Lem. = **Tournefortia**
Spilomela Schleid. = **Spirodela**
Spilomena Salisb. = **Spiloxene**
Spilon Adans. = **Sium**
Spilophora Jacq. = **Manicaria**
Spilorchis D.L.Jones & M.A.Clem. = **Bulbophyllum**
Spilornis D.L.Jones & M.A.Clem. = **Bulbophyllum**
Spilotantha 【3】 Lür 尾萼兰属 ← **Masdevallia** Orchidaceae 兰科 [MM-723] 全球 (1) 大洲分布及种数(cf. 1)◆南美洲(◆厄瓜多尔)
Spiloxene 【3】 Salisb. 小星梅草属 ← **Amaryllis;Fabricia** Hypoxidaceae 仙茅科 [MM-695] 全球 (1) 大洲分布及种数(22-24)◆非洲
Spimpetalum Gilg = **Rourea**
Spin Adans. = **Sium**
Spinacea Schur = **Spinacia**
Spinachia Hill = **Spinacia**
Spinacia 【2】 L. 菠菜属 ≒ **Atriplex** Amaranthaceae 苋科 [MD-116] 全球 (4) 大洲分布及种数(3-4)非洲:1;亚洲:2-3;欧洲:1;北美洲:1
Spinaciaceae Menge = Chenopodiaceae
Spine Pall. = **Spiraea**
Spinea Opiz = **Pinus**
Spinel Pall. = **Spiraea**
Spinella Schiffn. = **Spergula**
Spinellus Cooke & Massee = **Potamogeton**
Spiniella González-Sponga = **Saniella**
Spinifex 【3】 L. 鬣刺属 → **Zygochloa** Poaceae 禾本科 [MM-748] 全球 (6) 大洲分布及种数(8-9)非洲:2-3;亚洲:2-3;大洋洲:7-8;欧洲:1;北美洲:1;南美洲:1
Spiniger L. = **Spinifex**
Spiniluma (Baill.) Aubrev. = **Spiniluma**
Spiniluma 【3】 Baill. 久榄属 ≒ **Sideroxylon** Sapotaceae 山榄科 [MD-357] 全球 (1) 大洲分布及种数(1)◆非洲
Spinoliva 【-】 G.Sancho,Lübert & Katinas 菊科属 Asteraceae 菊科 [MD-586] 全球 (uc) 大洲分布及种数(uc)
Spinovitis Rom.Caill. = **Vitis**
Spinularia Haw. = **Spatularia**
Spinulum 【2】 A.Haines 杉蔓石松属 ≒ **Lycopodium** Lycopodiaceae 石松科 [F-4] 全球 (3) 大洲分布及种数(cf.1) 亚洲;欧洲;北美洲
Spinus L. = **Pinus**
Spio Adans. = **Sium**
Spir Pall. = **Spiraea**
Spirabutilon 【3】 Krapov. 绶锦葵属 Malvaceae 锦葵科 [MD-203] 全球 (1) 大洲分布及种数(1)◆南美洲
Spiracantha 【2】 Kunth 旋花菊属 ← **Acosta** Asteraceae 菊科 [MD-586] 全球 (2) 大洲分布及种数(2-3)北美洲:1;南美洲:1
Spirachtha Kunth = **Spiracantha**
Spiradiclis 【3】 Bl. 螺序草属 ← **Dentella** Rubiaceae 茜草科 [MD-523] 全球 (1) 大洲分布及种数(36-38)◆亚洲
Spiradielis Bl. = **Spiradiclis**
Spiraea (Mönch) Cambess. = **Spiraea**
Spiraea 【3】 L. 绣线菊属 → **Aruncus;Sagraea;Physocarpus** Rosaceae 蔷薇科 [MD-246] 全球 (6) 大洲分布及种数(164-246;hort.1;cult:44)非洲:16-56;亚洲:143-200;大洋洲:14-53;欧洲:48-90;北美洲:59-107;南美洲:3-40
Spiraeaceae Bertuch = Tetracarpaeaceae
Spiraeanthemaceae Doweld = Cunoniaceae
Spiraeanthemum 【3】 A.Gray 榄珠梅属 → **Acsmithia** Cunoniaceae 合椿梅科 [MD-255] 全球 (1) 大洲分布及种数(6-27)◆大洋洲
Spiraeanthus 【3】 Maxim. 散绣菊属 Rosaceae 蔷薇科 [MD-246] 全球 (1) 大洲分布及种数(1)◆亚洲
Spiraeeae DC. = **Spiraea**
Spiraeopsis 【2】 Miq. 栎珠梅属 ≒ **Caldcluvia** Cunoniaceae 合椿梅科 [MD-255] 全球 (2) 大洲分布及种数(5) 非洲:5;亚洲:1
Spiralepis D.Don = **Achyrocline**
Spiralis D.Don = **Achyrocline**
Spiralluma Plowes = **Caralluma**
Spiranthera 【3】 A.St.Hil. 螺药木属 ← **Ipomoea** Rutaceae 芸香科 [MD-399] 全球 (1) 大洲分布及种数(5)◆大洋洲(◆美拉尼西亚)
Spiranthes 【3】 Rich. 绶草属 ≒ **Neocouma;Benthamia** Orchidaceae 兰科 [MM-723] 全球 (6) 大洲分布及种数(69-109;hort.1;cult: 5)非洲:6-37;亚洲:31-67;大洋洲:6-38;欧洲:6-36;北美洲:43-77;南美洲:23-53
Spiranthos St.Lag. = **Spiranthes**
Spirastigma L´Hér. ex Schult. & Schult.f. = **Pitcairnia**
Spirata L. = **Spiraea**
Spiraxis Ker Gawl. = **Sparaxis**
Spirea Pall. = **Spiraea**
Spirea Pierre = **Aspilia**
Spireae Pall. = **Spiraea**
Spirella 【3】 Costantin 小螺旋萝藦属 ≒ **Spigelia** Apocynaceae 夹竹桃科 [MD-492] 全球 (1) 大洲分布及种数(1)◆亚洲
Spirema Benth. = **Callisia**
Spiridanthus Fenzl = **Monolopia**
Spiridens 【2】 Nees 木毛藓属 ≒ **Anictangium** Hypnodendraceae 树灰藓科 [B-158] 全球 (4) 大洲分布及种数(11) 亚洲:5;大洋洲:10;欧洲:1;北美洲:2
Spiridentaceae Kindb. = Hypnodendraceae

Spiridentopsis【3】 Broth. 巴西蕨藓属 Pterobryaceae 蕨藓科 [B-201] 全球 (1) 大洲分布及种数(1)◆南美洲
Spirifer L. = **Spinifex**
Spirillus J.Gay = **Potamogeton**
Spirobassia【2】 Freitag & G.Kadereit 扭序藜属 Amaranthaceae 苋科 [MD-116] 全球 (2) 大洲分布及种数(cf.1) 亚洲:1;欧洲:1
Spirobolus R.Br. = **Sporobolus**
Spirocarpus (Ser.) Opiz = **Medicago**
Spiroceratium【3】 H.Wolff 绶芹属 Apiaceae 伞形科 [MD-480] 全球 (1) 大洲分布及种数(1)◆欧洲
Spirocerus Opiz = **Medicago**
Spirochaeta Turcz. = **Pseudelephantopus**
Spirochaetes Turcz. = **Pseudelephantopus**
Spirochloe Lunell = **Schedonnardus**
Spirocolpus Opiz = **Medicago**
Spiroconus Steven = **Trichodesma**
Spirodela Oligorrhizae W.Koch = **Spirodela**
Spirodela【3】Schleid. 紫萍属→**Landoltia;Landolphia** Araceae 天南星科 [MM-639] 全球 (6) 大洲分布及种数(6-7)非洲:2-4;亚洲:5-8;大洋洲:2-4;欧洲:1-3;北美洲:5-7;南美洲:3-5
Spirog Pall. = **Spiraea**
Spirogardnera【3】 Stauffer 螺序寄生属 Santalaceae 檀香科 [MD-412] 全球 (1) 大洲分布及种数(uc)属分布和种数(uc)◆大洋洲(◆澳大利亚)
Spirolina Raf. = **Pithecellobium**
Spiroloba Raf. = **Pithecellobium**
Spirolobium【-】 A.D.Orb. 夹竹桃科属 ≒ **Prosopis** Apocynaceae 夹竹桃科 [MD-492] 全球 (uc) 大洲分布及种数(uc)
Spironema【3】 Lindl. 锦竹草属 ≒ **Callisia** Commelinaceae 鸭跖草科 [MM-708] 全球 (1) 大洲分布及种数(1)◆南美洲
Spirop Pall. = **Spiraea**
Spiropetalum Gilg = **Rourea**
Spirophyton S.Y.Hu = **Styrophyton**
Spiropodium F.Müll = **Pluchea**
Spiropora Goldfuss = **Sinopora**
Spirorhynchus【3】 Kar. & Kir. 螺喙荠属 Brassicaceae 十字花科 [MD-213] 全球 (1) 大洲分布及种数(cf. 1)◆亚洲
Spiroseris K.H.Rech. = **Spiroseris**
Spiroseris【3】 Rech.f. 鸟足兰属 ≒ **Satyrium** Asteraceae 菊科 [MD-586] 全球 (1) 大洲分布及种数(2)◆亚洲
Spirospatha Raf. = **Homalomena**
Spirospermum【3】 Thou. 旋子藤属 → **Cocculus;Menispermum** Menispermaceae 防己科 [MD-42] 全球 (1) 大洲分布及种数(1)◆非洲
Spirostalis Raf. = **Spiroseris**
Spirostegia【3】 Ivanina 中亚地黄属 ≒ **Triaenophora** Plantaginaceae 车前科 [MD-527] 全球 (1) 大洲分布及种数(cf. 1)◆亚洲
Spirostemon Griff. = **Parsonsia**
Spirostigma Nees = **Pitcairnia**
Spirostoma Nees = **Pitcairnia**
Spirostylis【-】 Baker ex P. & K. 桑寄生科属 ≒ **Christiana;Willdenowia;Loranthus** Loranthaceae 桑寄生科 [MD-415] 全球 (uc) 大洲分布及种数(uc)
Spirostylis Baker ex P. & K. = **Willdenowia**
Spirostylis C.Presl = **Loranthus**
Spirostylis P. & K. = **Christiana**
Spirostylis Raf. = **Thalia**
Spirotecoma【3】 (Baill.) Dalla Torre & Harms 螺凌霄属 ≒ **Tecoma** Bignoniaceae 紫葳科 [MD-541] 全球 (1) 大洲分布及种数(4)◆北美洲
Spirotheca【3】 Ulbr. 巴西旋木棉属 ← **Ceiba** Malvaceae 锦葵科 [MD-203] 全球 (1) 大洲分布及种数(8)◆南美洲
Spirotheros Raf. = **Heteropogon**
Spirotropis【3】 Tul. 铁木豆属 ← **Swartzia** Fabaceae 豆科 [MD-240] 全球 (1) 大洲分布及种数(1)◆南美洲
Spirula Dozy & Molk. = **Cladopodanthus**
Spis Willd. = **Onoseris**
Spitzelia Sch.Bip. = **Picris**
Spixia Leandro = **Pera**
Spixia Schrank = **Centratherum**
Spiza E.Mey. = **Lebeckia**
Splachnaceae【3】 Grev. & Arn. 壶藓科 [B-143] 全球 (5)大洲分布和属种数(10/89)亚洲:5/30;大洋洲:4/11;欧洲:6/27;北美洲:7/36;南美洲:7/27
Splachnobryaceae A.K.Kop. = Pottiaceae
Splachnobryum【3】 Müll.Hal. 短壶藓属 ≒ **Didymodon** Pottiaceae 丛藓科 [B-133] 全球 (6) 大洲分布及种数(13) 非洲:4;亚洲:9;大洋洲:5;欧洲:1;北美洲:1;南美洲:1
Splachnum (Bruch & Schimp.) Ångstr. = **Splachnum**
Splachnum【3】 Hedw. 壶藓属 Splachnaceae 壶藓科 [B-143] 全球 (6) 大洲分布及种数(15) 非洲:1;亚洲:3;大洋洲:1;欧洲:8;北美洲:9;南美洲:5
Splitgerbera Miq. = **Boehmeria**
Splonia Young = **Oplonia**
Spodias Hassk. = **Spondias**
Spodiopogon【3】 Trin. 油芒属 ← **Andropogon;Erianthus;Ischaemum** Poaceae 禾本科 [MM-748] 全球 (1) 大洲分布及种数(15-24)◆亚洲
Spodipogon Trin. = **Spodiopogon**
Spon Comm. ex Lam. = **Trema**
Spondiadaceae Martinov = Anacardiaceae
Spondianthus【3】 Engl. 毒漆茶属 → **Protomegabaria; Thecacoris;** Phyllanthaceae 叶下珠科 [MD-222] 全球 (1) 大洲分布及种数(2)◆非洲
Spondias【3】 L. 槟榔青属 → **Allospondias;Poupartia** Anacardiaceae 漆树科 [MD-432] 全球 (6) 大洲分布及种数(31-38)非洲:10-17;亚洲:15-25;大洋洲:7-14;欧洲:1-7;北美洲:12-18;南美洲:17-23
Spondidas L. = **Spondias**
Spondiodes Smeathman ex Lam. = **Cnestis**
Spondiopsis Engl. = **Commiphora**
Spondogona Raf. = **Sideroxylon**
Spondylantha C.Presl = **Vitis**
Spondylococcos Mitch. = **Aegiphila**
Spondylococcus Rchb. = **Elatine**
Spongelia Raf. = **Dolichandrone**
Spongi Comm. ex Lam. = **Trema**
Spongicola J.J.Wood & A.L.Lamb = **Spongiola**
Spongiocarpella【3】 Yakovlev & Ulziikhumag 云雀豆属 ← **Astragalus** Fabaceae 豆科 [MD-240] 全球 (1) 大洲分布及种数(3-5)◆亚洲

Spongiola 【3】 J.J.Wood & A.L.Lamb 印度兰属 Orchidaceae 兰科 [MM-723] 全球 (1) 大洲分布及种数(2)◆亚洲
Spongiosperma【3】Zarucchi 脂瓜树属 ← **Ambelania** Apocynaceae 夹竹桃科 [MD-492] 全球 (1) 大洲分布及种数(6)◆南美洲
Spongiosyndesmus 【3】 Gilli 阿魏属 ← **Ferula** Apiaceae 伞形科 [MD-480] 全球 (1) 大洲分布及种数(uc) 属分布和种数(uc)◆亚洲
Spongopyrena Van Tiegh. = **Ouratea**
Spongostemma (Rich.) Rich. = **Scabiosa**
Spongotrichum Nees = **Olearia**
Spongotrochus Nees = **Olearia**
Sponia Comm ex Lam. = **Trema**
Sporabolus Hassk. = **Sporobolus**
Sporadanthus 【3】 F.Müll. ex J.Buch. 散花灯草属 Restionaceae 帚灯草科 [MM-744] 全球 (1) 大洲分布及种数(7-8)◆大洋洲
Sporbolus R.Br. = **Sporobolus**
Sporledera 【3】 Bernh. 麻藓属 ≒ **Pleuridium** Bruchiaceae 小烛藓科 [B-120] 全球 (1) 大洲分布及种数(1)◆北美洲
Sporobolaceae Herter = Poaceae
Sporobolus (A.Gray) P.M.Peterson = **Sporobolus**
Sporobolus【3】R.Br. 鼠尾粟属 ← **Agrostis;Milium; Arctagrostis** Poaceae 禾本科 [MM-748] 全球 (1) 大洲分布及种数(65-114)◆南美洲(◆巴西)
Sporoglossum Lindl. = **Sauroglossum**
Sporomega (Mont.) Duby = **Sporoxeia**
Sporoxeia 【3】 W.W.Sm. 八蕊花属 ← **Blastus** Melastomataceae 野牡丹科 [MD-364] 全球 (1) 大洲分布及种数(9-10)◆东亚(◆中国)
Sportella Hance = **Pyracantha**
Spraguea【3】Torr. 伞石薇属 Portulacaceae 马齿苋科 [MD-85] 全球 (1) 大洲分布及种数(1-10)◆北美洲(◆美国)
Spragueanella【3】Balle 胀萼马鞭草属 ≒ **Chascanum** Loranthaceae 桑寄生科 [MD-415] 全球 (1) 大洲分布及种数(1-2)◆非洲
Spragueia Schaus = **Spraguea**
Sprekanthus (Traub) Traub = **Habranthus**
Sprekelia【3】Heist. 燕水仙属 ≒ **Amaryllis;Hippeastrum** Amaryllidaceae 石蒜科 [MM-694] 全球 (1) 大洲分布及种数(1)◆北美洲
Sprekelianthes【-】Lehmiller 石蒜科属 Amaryllidaceae 石蒜科 [MM-694] 全球 (uc) 大洲分布及种数(uc)
Sprengelia【3】Sm. 昙石南属 → **Andersonia;Poncelettia;Spheneria** Epacridaceae 尖苞树科 [MD-391] 全球 (1) 大洲分布及种数(10)◆大洋洲(◆澳大利亚)
Sprenger Greene = **Lepidium**
Sprengeria Greene = **Lepidium**
Springalia Andrews = **Andersonia**
Springalia DC. = **Sprengelia**
Springeria Greene = **Lepidium**
Sprucea Benth. = **Simira**
Spruceana Pierre = **Sprucella**
Spruceanthus 【3】 Sleumer 多褶苔属 ≒ **Mastigolejeunea** Lejeuneaceae 细鳞苔科 [B-84] 全球 (6) 大洲分布及种数(8)非洲:2;亚洲:3-5;大洋洲:5-7;欧洲:2;北美洲:1-3;南美洲:1-3
Spruceara J.M.H.Shaw = **Simira**
Spruceella Müll.Hal. = **Zanderia**
Sprucella【3】Pierre 茶苔属 Lepidoziaceae 指叶苔科 [B-63] 全球 (1) 大洲分布及种数(1)◆非洲(◆中非)
Sprucina Nied. = **Diplopterys**
Sprunira Sch.Bip. ex Hochst. = **Sphaeranthus**
Spryginia Popov = **Orychophragmus**
Spumellaria Becc. = **Squamellaria**
Spumula Lour. = **Memecylon**
Spuricianthus Szlach. & Marg. = **Acianthus**
Spurilla Gaertn. ex Steud. = **Sesbania**
Spuriodaucus 【3】 C.Norman 胡萝卜属 ← **Daucus** Apiaceae 伞形科 [MD-480] 全球 (1) 大洲分布及种数(uc)◆亚洲
Spuriomitella【2】(H.Boissieu) R.A.Folk & Y.Okuyama 虎耳草科属 Saxifragaceae 虎耳草科 [MD-231] 全球 (2) 大洲分布及种数(uc)亚洲;北美洲
Spuriopiminella (H.Boiss.) Kitag. = **Spuriopimpinella**
Spuriopimpinella 【3】 (H.Boiss.) Kitag. 茴芹属 ← **Pimpinella** Apiaceae 伞形科 [MD-480] 全球 (1) 大洲分布及种数(5-6)◆亚洲
Spuriopimpirella (H.Boiss.) Kitag. = **Spuriopimpinella**
Spyridium 【3】 Fenzl 火绒茶属 ← **Cryptandra; Trymalium** Rhamnaceae 鼠李科 [MD-331] 全球 (1) 大洲分布及种数(7-50)◆大洋洲
Squamaci Ludw. = **Lathraea**
Squamar Ludw. = **Lathraea**
Squamaria Hoffm. = **Lathraea**
Squamataxus J.Nelson = **Saxegothaea**
Squamellaria 【3】 Becc. 小鳞茜属 ← **Hydnophytum;Myrmecodia** Rubiaceae 茜草科 [MD-523] 全球 (1) 大洲分布及种数(6-8)◆大洋洲(◆斐济)
Squamidium 【2】 (Müll.Hal.) Broth. 冠青藓属 Brachytheciaceae 青藓科 [B-187] 全球 (4) 大洲分布及种数(15) 非洲:3;欧洲:2;北美洲:8;南美洲:13
Squamopappus 【3】 R.K.Jansen,N.A.Harriman & Urbatsch 多鳞菊属 Asteraceae 菊科 [MD-586] 全球 (1) 大洲分布及种数(1)◆北美洲
Squatina Sond. = **Stuartina**
Squilla Steinh. = **Urginea**
Sredinskya (Stein) Fed. = **Androsace**
Sreemadhavana Rauschert = **Ruellia**
Srisukara 【-】 Hort. 兰科属 Orchidaceae 兰科 [MM-723] 全球 (uc) 大洲分布及种数(uc)
Srutanthus Mart. = **Struthanthus**
Sruthanthus DC. = **Struthanthus**
Staalara auct. = **Sophronitis**
Staavia 【3】 Dahl 绒盏花属 ← **Phylica;Brunia** Bruniaceae 绒球花科 [MD-336] 全球 (1) 大洲分布及种数(12-13)◆非洲(◆南非)
Staberoha 【3】 Kunth 球穗灯草属 ← **Leptocarpus; Thamnochortus** Restionaceae 帚灯草科 [MM-744] 全球 (1) 大洲分布及种数(10)◆非洲(◆南非)
Stablera Braithw. ex I.Hagen = **Stableria**
Stableria 【3】 Lindb. ex Braithw. 英国真藓属 ≒ **Stellaria** Bryaceae 真藓科 [B-146] 全球 (1) 大洲分布及

S

种数(1)◆非洲
Stachiopsis Ikonn.-Gal. = **Stachyopsis**
Stachis Neck. = **Stachys**
Stachy L. = **Stachys**
Stachyacanthus【-】Nees 爵床科属 ≒ **Eranthemum** Acanthaceae 爵床科 [MD-572] 全球 (uc) 大洲分布及种数(uc)
Stachyandra【3】Leroy ex Radcl.-Sm. 绒背桐属 ≒ **Androstachys** Picrodendraceae 苦皮桐科 [MD-317] 全球 (1) 大洲分布及种数(4;hort. 1)◆非洲
Stachyanthus Bl. = **Bulbophyllum**
Stachyanthus DC. = **Chresta**
Stachyarpagophora Gomez de la Maza = **Achyranthes**
Stachyarrhena【3】Hook.f. 雄穗茜属 ← **Schradera;Stachytarpheta** Rubiaceae 茜草科 [MD-523] 全球 (1) 大洲分布及种数(9-13)◆南美洲
Stachycarpus (Endl.) Van Tiegh. = **Prumnopitys**
Stachycarpus Van Tiegh. = **Podocarpus**
Stachycephalum【2】Sch.Bip. ex Benth. 穗头菊属 Asteraceae 菊科 [MD-586] 全球 (2) 大洲分布及种数(4) 北美洲:1;南美洲:2
Stachychrysum Boj. = **Parapiptadenia**
Stachycrater Turcz. = **Osmelia**
Stachydaceae J.Agardh = Stachyuraceae
Stachydeoma【3】Small 北美洲穗灌属 ← **Hedeoma** Lamiaceae 唇形科 [MD-575] 全球 (1) 大洲分布及种数(1-3)◆北美洲(◆美国)
Stachygymnandrum P.Beauv. ex Mirb. = **Ruscus**
Stachygynandrum P.Beauv. ex Mirb. = **Selaginella**
Stachylina L. = **Staehelina**
Stachyobium Rchb.f. = **Dendrobium**
Stachyocnide Bl. = **Pouzolzia**
Stachyococcus【3】Standl. 穗果茜属 ← **Retiniphyllum** Rubiaceae 茜草科 [MD-523] 全球 (1) 大洲分布及种数(1-9)◆南美洲(◆巴西)
Stachyophorbe (Liebm. ex Mart.) Liebm. ex Klotzsch = **Chamaedorea**
Stachyopogon Klotzsch = **Aletris**
Stachyopsis【3】Popov & Vved. 假水苏属 ← **Leonurus;Phlomis;Stachys** Lamiaceae 唇形科 [MD-575] 全球 (1) 大洲分布及种数(cf. 1)◆亚洲
Stachyothyrsus【3】Harms 塔穗豆属 ≒ **Oxystigma** Fabaceae 豆科 [MD-240] 全球 (1) 大洲分布及种数(2)◆非洲
Stachyphrynium【3】K.Schum. 穗花柊叶属 ← **Curcuma;Goeppertia** Marantaceae 竹芋科 [MM-740] 全球 (1) 大洲分布及种数(7-13)◆亚洲
Stachypitys A.V.Bobrov & Melikyan = **Podocarpus**
Stachyrcrus Sieb. & Zucc. = **Stachyurus**
Stachys Benth. = **Stachys**
Stachys【3】L. 水苏属 → **Acrotome;Begonia;Stachyopsis** Lamiaceae 唇形科 [MD-575] 全球 (1) 大洲分布及种数(98-214)◆亚洲
Stachystemon【3】Planch. 穗雄大戟属 ≒ **Pseudanthus** Picrodendraceae 苦皮桐科 [MD-317] 全球 (1) 大洲分布及种数(6-9)◆大洋洲(◆澳大利亚)
Stachytarpha Link = **Stachytarpheta**
Stachytarpheta Schaür = **Stachytarpheta**
Stachytarpheta【3】Vahl 假马鞭属 ≒ **Stachyarrhena** Verbenaceae 马鞭草科 [MD-556] 全球 (1) 大洲分布及种数(101-110)◆南美洲
Stachyura Hassk. = **Stachyurus**
Stachyuraceae【3】J.Agardh 旌节花科 [MD-92] 全球 (6) 大洲分布和属种数(1;hort. & cult.1)(14-25;hort. & cult.5-9)非洲:1/4;亚洲:1/14-19;大洋洲:1/4;欧洲:1/4;北美洲:1/4;南美洲:1/4
Stachyurus【3】Sieb. & Zucc. 旌节花属 ≒ **Stachys** Stachyuraceae 旌节花科 [MD-92] 全球 (1) 大洲分布及种数(14-19)◆亚洲
Stachyus St.Lag. = **Stachys**
Stackhousia【3】Sm. 野烛花属 Celastraceae 卫矛科 [MD-339] 全球 (1) 大洲分布及种数(1-24)◆大洋洲
Stackhousiaceae【3】R.Br. 木根草科 [MD-388] 全球 (1) 大洲分布和属种数(1-3/1-26)◆大洋洲(◆澳大利亚)
Stacliyphyllum Van Tiegh. = **Antidaphne**
Stacyara auct. = **Sophronitis**
Stacyella Szlach. = **Erycina**
Stadiochilus【3】R.M.Sm. 围丝姜属 Zingiberaceae 姜科 [MM-737] 全球 (1) 大洲分布及种数(cf. 1)◆亚洲(◆缅甸)
Stadmania【3】Lam. 斯达无患子属 ← **Nephelium** Sapindaceae 无患子科 [MD-428] 全球 (1) 大洲分布及种数(6)◆非洲
Stadmannia Lam. = **Stadmania**
Stadtmannia Walp. = **Stadmania**
Staebe Hill = **Stoebe**
Staehelina【3】L. 迷迭菊属 ≒ **Helipterum;Centaurea** Asteraceae 菊科 [MD-586] 全球 (1) 大洲分布及种数(3-5)◆南欧(◆西班牙)
Staehelinia Crantz = **Bartsia**
Staelia (DC.) K.Schum. = **Staelia**
Staelia【3】Cham. & Schlecht. 施泰茜属 → **Anthospermopsis;Mitracarpus;Stelis** Rubiaceae 茜草科 [MD-523] 全球 (1) 大洲分布及种数(15-26)◆南美洲
Staffordara【-】G.Monnier & J.M.H.Shaw 兰科属 Orchidaceae 兰科 [MM-723] 全球 (uc) 大洲分布及种数(uc)
Staflinus Raf. = **Daucus**
Stagmaria Jack = **Gluta**
Stahelia Jonker = **Tapeinostemon**
Stahlia【3】Bello 单籽苏木属 ← **Caesalpinia** Fabaceae 豆科 [MD-240] 全球 (1) 大洲分布及种数(1)◆北美洲
Stahlianthus【3】P. & K. 土田七属 ← **Kaempferia** Zingiberaceae 姜科 [MM-737] 全球 (1) 大洲分布及种数(4-5)◆亚洲
Staintoniella H.Hara = **Aphragmus**
Stalagmites Miq. = **Cratoxylum**
Stalkya【3】Garay 委内有柄兰属 ← **Schiedeella** Orchidaceae 兰科 [MM-723] 全球 (1) 大洲分布及种数(1)◆南美洲(◆委内瑞拉)
Stamariaara auct. = **Ascocentrum**
Staminodianthus【3】D.B.O.S.Cardoso,H.C.Lima & L.P.Qüiroz 柱子豆属 Fabaceae 豆科 [MD-240] 全球 (1) 大洲分布及种数(3)◆南美洲
Stammarium Willd. ex DC. = **Pectis**
Stamnorchis D.L.Jones & M.A.Clem. = **Pterostylis**
Stanbreea【-】R.J.Hartley 兰科属 Orchidaceae 兰科 [MM-723] 全球 (uc) 大洲分布及种数(uc)

S

Standfordia S.Watson = **Caulanthus**
Standleya 【3】 Brade 斯坦茜属 Rubiaceae 茜草科 [MD-523] 全球 (1) 大洲分布及种数(4-5)◆南美洲(◆巴西)
Standleyacanthus Leonard = **Herpetacanthus**
Standleyanthus 【3】 R.M.King & H.Rob. 泽兰属 ≒ **Eupatorium** Asteraceae 菊科 [MD-586] 全球 (1) 大洲分布及种数(1)◆北美洲
Stanekia Opiz = **Physcomitrella**
Stanfieldara auct. = **Brassavola**
Stanfieldia Small = **Haplopappus**
Stanfieldiella 【3】 Brenan 光花草属 ← **Buforrestia** Commelinaceae 鸭跖草科 [MM-708] 全球 (1) 大洲分布及种数(3-4)◆非洲
Stanfordia S.Wats. = **Brassica**
Stangea Eustangea Graebn. = **Stangea**
Stangea 【3】 Graebn. 施坦格草属 ← **Valeriana** Caprifoliaceae 忍冬科 [MD-510] 全球 (1) 大洲分布及种数(6)◆南美洲
Stangee Graebn. = **Stangea**
Stangeella Guérin-Méneville = **Stanleyella**
Stangeria 【3】 T.Moore 蕨铁属 Zamiaceae 泽米铁科 [G-2] 全球 (1) 大洲分布及种数(2)◆非洲(◆南非)
Stangeriaceae 【3】 Schimp. & A.Schenk 托叶苏铁科 [G-4] 全球 (1) 大洲分布和属种数(1;hort. & cult.1)(2-4;hort. & cult.1)◆非洲(◆南非)
Stanggeria Stevens = **Stangeria**
Stangora auct. = **Stangeria**
Stanhocycnis 【-】 auct. 兰科属 Orchidaceae 兰科 [MM-723] 全球 (uc) 大洲分布及种数(uc)
Stanhopea G.Gerlach & Dodson = **Stanhopea**
Stanhopea 【2】 J.Frost ex Hook. 螳臂兰属 ← **Anguloa;Maxillaria;Tadeastrum** Orchidaceae 兰科[MM-723] 全球 (2) 大洲分布及种数(76-96;hort.1;cult: 3)北美洲:55-58;南美洲:42-56
Stanhopeastrum Rchb.f. = **Stanhopea**
Stanieria T.Moore = **Stangeria**
Stanleya 【3】 Nutt. 长药芥属 ← **Cleome** Brassicaceae 十字花科 [MD-213] 全球 (1) 大洲分布及种数(7-16)◆北美洲
Stanleyaceae Nutt. = Brassicaceae
Stanleyella 【2】 Rydb. 雌足芥属 ← **Thelypodium** Brassicaceae 十字花科 [MD-213] 全球 (2) 大洲分布及种数(cf.1) 北美洲;南美洲
Stanmarkia 【3】 Almeda 北美洲野牡丹属 Melastomataceae 野牡丹科 [MD-364] 全球 (1) 大洲分布及种数(2)◆北美洲
Stannia 【3】 H.Karst. 波苏茜属 ≒ **Posoqueria** Rubiaceae 茜草科 [MD-523] 全球 (1) 大洲分布及种数(cf. 1)◆北美洲
Stannophyllum Haeckel = **Calea**
Stanrogyne Cass. = **Stenogyne**
Staparesia 【-】 G.D.Rowley 萝藦科属 Asclepiadaceae 萝藦科 [MD-494] 全球 (uc) 大洲分布及种数(uc)
Stapelia (Haw.) Haw. = **Stapelia**
Stapelia 【3】 L. 犀角属 → **Tromotriche;Hoodia;Piaranthus** Asclepiadaceae 萝藦科 [MD-494] 全球 (1) 大洲分布及种数(71-82)◆非洲
Stapeliaceae Horan. = Monotropaceae
Stapelianthus 【3】 Choux ex A.C.White & B.Sloane 海葵角属 ≒ **Trichocaulon** Apocynaceae 夹竹桃科 [MD-492] 全球 (1) 大洲分布及种数(7)◆非洲
Stapeliopsis Cageliorona Bruyns = **Stapeliopsis**
Stapeliopsis 【3】 E.Phil. 壶花角属 ≒ **Stapelianthus** Apocynaceae 夹竹桃科 [MD-492] 全球 (1) 大洲分布及种数(8)◆非洲
Stapfia Burtt Davy = **Neostapfia**
Stapfiella 【3】 Gilg 荆麻花属 Passifloraceae 西番莲科 [MD-151] 全球 (1) 大洲分布及种数(3-6)◆非洲
Stapfiola P. & K. = **Desmostachya**
Stapfiophyton H.L.Li = **Fordiophyton**
Stapfochloa 【2】 H.Scholz 虎尾草属 ← **Chloris; Eustachys** Poaceae 禾本科 [MM-748] 全球 (3) 大洲分布及种数(1-6)非洲:1;北美洲:3;南美洲:5
Staphidiastrum 【-】 Naudin 野牡丹科属 ≒ **Henriettella** Melastomataceae 野牡丹科 [MD-364] 全球 (uc) 大洲分布及种数(uc)
Staphidium Naudin = **Clidemia**
Staphilea Medik. = **Staphylea**
Staphisagria Hill = **Delphinium**
Staphylea 【3】 L. 省沽油属 → **Turpinia;Tecoma; Stanhopea** Staphyleaceae 省沽油科 [MD-407] 全球 (6) 大洲分布及种数(24-27)非洲:3;亚洲:19-24;大洋洲:3;欧洲:1-4;北美洲:7-12;南美洲:1-4
Staphyleaceae 【3】 Martinov 省沽油科 [MD-407] 全球 (6) 大洲分布和属种数(4;hort. & cult.3)(32-95;hort. & cult.8-14)非洲:3/15;亚洲:3-4/26-47;大洋洲:3/15;欧洲:1-3/1-16;北美洲:2-3/9-28;南美洲:1-3/1-16
Staphyleeae DC. = **Staphylea**
Staphylis St.Lag. = **Staphylea**
Staphyllaea G.A.Scop. = **Staphylea**
Staphyllea L. = **Turpinia**
Staphyllodendron G.A.Scop. = **Staphylea**
Staphylococcus Standl. = **Stachyococcus**
Staphylodendron Mill. = **Staphylea**
Staphylodendrum Mönch = **Staphylea**
Staphylorhodos Turcz. = **Azara**
Staphylosyce Hook.f. = **Coccinia**
Staphysagria (DC.) Spach = **Delphinium**
Staphysora Pierre = **Maesobotrya**
Stapletonia 【3】 P.Singh,S.S.Dash & P.Kumari 沾油草属 ≒ **Schizostachyum** Poaceae 禾本科 [MM-748] 全球 (1) 大洲分布及种数(1-4)◆非洲
Staplinisporites 【-】 S.A.J.Pocock 不明藓属 Fam(uc) 全球 (uc) 大洲分布及种数(uc)
Stapvalia 【-】 D.M.Cumming 夹竹桃科属 ≒ **Stapelia** Apocynaceae 夹竹桃科 [MD-492] 全球 (uc) 大洲分布及种数(uc)
Star Fenzl = **Kigelia**
Starbia Thou. = **Micrargeria**
Starkea 【2】 Willd. 黄安菊属 ≒ **Liabum** Asteraceae 菊科 [MD-586] 全球 (2) 大洲分布及种数(1) 亚洲:1;北美洲:1
Starkia Juss. ex Steud. = **Liabum**
Stasina Raf. = **Itasina**
Stathmostelma 【3】 K.Schum. 尺冠萝藦属 ← **Asclepias** Apocynaceae 夹竹桃科 [MD-492] 全球 (1) 大洲分布及种数(12-15)◆非洲

S

Statica L. = **Statice**
Staticaceae Cassel = Salicaceae
Statice【3】L. 白花丹属 Plumbaginaceae 白花丹科 [MD-227] 全球 (6) 大洲分布及种数(10) 非洲:4;亚洲:8;大洋洲:3;欧洲:5;北美洲:6;南美洲:3
Statiee L. = **Statice**
Statilia Cham. & Schlecht. = **Staelia**
Statiotes L. = **Stratiotes**
Stator Fenzl = **Kigelia**
Statterara【-】J.M.H.Shaw 兰科属 Orchidaceae 兰科 [MM-723] 全球 (uc) 大洲分布及种数(uc)
Staudtia【3】Warb. 单头楠属 Myristicaceae 肉豆蔻科 [MD-15] 全球 (1) 大洲分布及种数(1-2)◆非洲
Staufferia【3】Z.S.Rogers 马达檀香属 Santalaceae 檀香科 [MD-412] 全球 (1) 大洲分布及种数(1)◆非洲(◆马达加斯加)
Staumatella Eig = **Dorotheanthus**
Stauneonia DC. = **Stauntonia**
Staunotonia DC. = **Stauntonia**
Stauntonia【3】DC. 野木瓜属 → **Akebia;Holboellia** Lardizabalaceae 木通科 [MD-33] 全球 (1) 大洲分布及种数(32-40)◆亚洲
Stauracanthus【2】Link 角荆豆属 ← **Ulex** Fabaceae 豆科 [MD-240] 全球 (2) 大洲分布及种数(3-4)非洲:1-2;欧洲:2-3
Staurachnanthera【-】J.M.H.Shaw 兰科属 Orchidaceae 兰科 [MM-723] 全球 (uc) 大洲分布及种数(uc)
Staurachnis Hort. = **Arachnis**
Stauranda A.D.Hawkes = **Trichoglottis**
Staurandopsis【-】J.M.H.Shaw 兰科属 Orchidaceae 兰科 [MM-723] 全球 (uc) 大洲分布及种数(uc)
Stauranthera【3】Benth. 亚苣苔属 → **Whytockia** Gesneriaceae 苦苣苔科 [MD-549] 全球 (1) 大洲分布及种数(4-7)◆亚洲
Stauranthus【3】Liebm. 芥芸香属 Rutaceae 芸香科 [MD-399] 全球 (1) 大洲分布及种数(1-2)◆北美洲
Stauregton Fourr. = **Lemna**
Stauridium Naudin = **Miconia**
Stauritis Rchb.f. = **Phalaenopsis**
Staurochilus【3】Ridl. 掌唇兰属 ← **Acampe;Trichoglottis** Orchidaceae 兰科 [MM-723] 全球 (1) 大洲分布及种数(11-13)◆亚洲
Staurochlamys【3】Baker 裂舌菊属 Asteraceae 菊科 [MD-586] 全球 (1) 大洲分布及种数(1)◆南美洲(◆巴西)
Staurochoglottis【-】J.M.H.Shaw 兰科属 Orchidaceae 兰科 [MM-723] 全球 (uc) 大洲分布及种数(uc)
Staurogeton Rchb. = **Lemna**
Stauroglottis Schaür = **Phalaenopsis**
Staurogyne【3】Wall. 叉柱花属 ≒ **Loxostigma;Stenogyne** Acanthaceae 爵床科 [MD-572] 全球 (1) 大洲分布及种数(114-128)◆亚洲
Staurogynopsis Mangenot & Aké Assi = **Staurogyne**
Stauromata Endl. = **Sauromatum**
Stauromatum Endl. = **Sauromatum**
Staurophragma【3】Fisch. & C.A.Mey. 船玄参属 Scrophulariaceae 玄参科 [MD-536] 全球 (1) 大洲分布及种数(uc)属分布和种数(uc)◆亚洲
Stauropsis【3】Rchb.f. 船唇兰属 ← **Arachnis;Phalaenopsis** Orchidaceae 兰科 [MM-723] 全球 (1) 大洲分布及种数(2)◆南美洲
Staurospermum Thonn. = **Mitracarpus**
Staurostigma Scheidw. = **Asterostigma**
Staurotheca Stechow = **Sarotheca**
Staurothylax Griff. = **Phyllanthus**
Staurothyrax Griff. = **Phyllanthus**
Staurovanda J.M.H.Shaw = **Trichoglottis**
Stawellia【3】F.Müll. 支根百合属 ≒ **Johnsonia** Asphodelaceae 阿福花科 [MM-649] 全球 (1) 大洲分布及种数(1-2)◆大洋洲(◆澳大利亚)
Stayneria【3】L.Bolus 关玉树属 Aizoaceae 番杏科 [MD-94] 全球 (1) 大洲分布及种数(1-2)◆非洲(◆南非)
Ste Lindl. = **Habenaria**
Stearn Bubani = **Viscum**
Stearnara【-】J.M.H.Shaw 兰科属 Orchidaceae 兰科 [MM-723] 全球 (uc) 大洲分布及种数(uc)
Stearodendron Engl. = **Allanblackia**
Stebbinsia【2】Lipsch. 肉菊属 ← **Crepis;Soroseris** Asteraceae 菊科 [MD-586] 全球 (2) 大洲分布及种数(1)亚洲:1;大洋洲:1
Stebbinsoseris【3】K.L.Chambers 橙粉苣属 ≒ **Microseris** Asteraceae 菊科 [MD-586] 全球 (1) 大洲分布及种数(uc)属分布和种数(uc)◆北美洲
Stechmannia DC. = **Jurinea**
Stechowia de Vriese = **Goodenia**
Stechys Boiss. = **Stachys**
Steegia Steud. = **Stenia**
Steenhamera Kostel. = **Mertensia**
Steenhammera【-】Rchb. 紫草科属 ≒ **Mertensia** Boraginaceae 紫草科 [MD-517] 全球 (uc) 大洲分布及种数(uc)
Steenisia【3】Bakh.f. 斯地茜属 ≒ **Nothofagus** Rubiaceae 茜草科 [MD-523] 全球 (1) 大洲分布及种数(cf. 1)◆亚洲
Steenisioblechnum【3】Hennipman 渐尖蕨属 ← **Leptochilus** Blechnaceae 乌毛蕨科 [F-46] 全球 (1) 大洲分布及种数(1)◆大洋洲(◆澳大利亚)
Steerbeckia Schreb. = **Zephyranthes**
Steerea【-】S.Hatt. & Kamim. 毛耳苔科属 ≒ **Frullania;Stevia** Jubulaceae 毛耳苔科 [B-83] 全球 (uc) 大洲分布及种数(uc)
Steerecleus【-】H.Rob. 青藓科属 Brachytheciaceae 青藓科 [B-187] 全球 (uc) 大洲分布及种数(uc)
Steereella【3】(Stephani) Kuwah. 叉苔科属 Metzgeriaceae 叉苔科 [B-89] 全球 (1) 大洲分布及种数(1)◆北美洲
Steereobryon【2】G.L.Sm. 北美洲金藓属 Polytrichaceae 金发藓科 [B-101] 全球 (3) 大洲分布及种数(2) 欧洲:1;北美洲:1;南美洲:2
Steereocolea R.M.Schust. = **Balantiopsis**
Steereomitrium【3】E.O.Campb. 裸囊苔属 Haplomitriaceae 裸蒴苔科 [B-2] 全球 (1) 大洲分布及种数(uc)属分布和种数(uc)◆大洋洲
Steetzia Lehm. = **Olearia**
Stefanesia Chiov. = **Reseda**
Stefania R.Br. = **Blechnum**
Stefaninia Chiov. = **Reseda**
Stefaniola Chiov. = **Reseda**

Stefanoffia【2】 H.Wolff 斯特草属 Apiaceae 伞形科 [MD-480] 全球 (2) 大洲分布及种数(1-2) 亚洲;欧洲
Steffensia Göpp. = **Piper**
Stegana R.Br. = **Blechnum**
Stegania R.Br. = **Blechnum**
Stegano R.Br. = **Blechnum**
Steganomus Knobl. = **Olea**
Steganopus Knobl. = **Olea**
Steganotaenia【3】 Hochst. 胡萝卜树属 ← **Peucedanum** Apiaceae 伞形科 [MD-480] 全球 (1) 大洲分布及种数(3)◆非洲
Steganotropis Lehm. = **Centrosema**
Steganotus Knobl. = **Olea**
Steganthera【3】 Perkins 榕檫属 Monimiaceae 玉盘桂科 [MD-20] 全球 (1) 大洲分布及种数(1-32)◆大洋洲
Steganthus Knobl. = **Arctotis**
Steganurus Bl. = **Stemonurus**
Stegella Rchb. = **Sagina**
Stegia DC. = **Lavatera**
Stegitris Raf. = **Halimium**
Stegnaster Heist. = **Scilla**
Stegnocarpus (A.DC.) Torr. = **Coldenia**
Stegnogramma【3】 Bl. 溪边蕨属 ≒ **Craspedosorus** Thelypteridaceae 金星蕨科 [F-42] 全球 (1) 大洲分布及种数(6)◆东亚(◆中国)
Stegnosperma【3】 Benth. 鹂眼果属 ← **Trichilia** Stegnospermataceae 鹂眼果科 [MD-108] 全球 (1) 大洲分布及种数(5)◆北美洲
Stegnospermataceae【3】 Nakai 鹂眼果科 [MD-108] 全球 (1) 大洲分布和属种数(1;hort. & cult.1)(5;hort. & cult.1)◆北美洲
Stegobolus Cass. = **Arctotis**
Stegocedrus Doweld = **Libocedrus**
Stegocephalus Schellenberga = **Stenocephalum**
Stegolaria L. = **Stellaria**
Stegolepis【3】 KlotzscH ex Köm. 星蔺花属 → **Epidryos** Rapateaceae 泽蔺花科 [MM-713] 全球 (1) 大洲分布及种数(34)◆南美洲
Stegonia【2】 Venturi 石芽藓属 ≒ **Didymodon** Pottiaceae 丛藓科 [B-133] 全球 (4) 大洲分布及种数(3) 非洲:1;亚洲:1;欧洲:1;北美洲:3
Stegonotus Cass. = **Arctotis**
Stegopoma Sars = **Stenoloma**
Stegosia Lour. = **Rottboellia**
Stegostyla【3】 D.L.Jones & M.A.Clem. 裂缘兰属 ≒ **Caladenia** Orchidaceae 兰科 [MM-723] 全球 (1) 大洲分布及种数(uc)◆大洋洲
Stegotheca Warren = **Hieracium**
Stegotherium Müll.Hal. = **Stenothecium**
Steigeria Müll = **Baloghia**
Stein Bubani = **Viscum**
Steinbachiella【3】 Harms 玻利维亚豆属 Fabaceae 豆科 [MD-240] 全球 (1) 大洲分布及种数(1)◆南美洲(◆玻利维亚)
Steinchisma【3】 Raf. 无柄黍属 ← **Festuca;Panicum** Poaceae 禾本科 [MM-748] 全球 (6) 大洲分布及种数(8) 非洲:4-5;亚洲:1-2;大洋洲:2-3;欧洲:1;北美洲:5-6;南美洲:7-8
Steineria Klotzsch = **Begonia**
Steinhauera C.Presl = **Sequoia**
Steinheilia Decne. = **Odontanthera**
Steinmannia F.Phil. = **Rumex**
Steinschisma Steud. = **Steinchisma**
Steirachne【3】 Ekman 南美毛枝草属 ← **Eragrostis** Poaceae 禾本科 [MM-748] 全球 (1) 大洲分布及种数(2)◆南美洲
Steiractinia【3】 S.F.Blake 斑实菊属 ← **Aspilia;Perymenium** Asteraceae 菊科 [MD-586] 全球 (1) 大洲分布及种数(12-19)◆南美洲
Steiractis DC. = **Layia**
Steiranisia Raf. = **Saxifraga**
Steirema Benth. & Hook.f. = **Steironema**
Steiremis Raf. = **Telanthera**
Steirexa Raf. = **Trichopus**
Steireya Raf. = **Trichopus**
Steiro Adans. = **Viscaria**
Steirocoma Rchb. = **Dicoma**
Steiroctis Raf. = **Lachnaea**
Steirodiscus【3】 Less. 黄窄叶菊属 ← **Cineraria; Othonna** Asteraceae 菊科 [MD-586] 全球 (1) 大洲分布及种数(6)◆非洲
Steiroglossa DC. = **Brachycome**
Steironema【3】 Raf. 新报春属 ← **Lysimachia; Strephonema** Primulaceae 报春花科 [MD-401] 全球 (6) 大洲分布及种数(4-7)非洲:6;亚洲:1-7;大洋洲:1-7;欧洲:1-7;北美洲:3-9;南美洲:6
Steiropteris【2】 (C.Chr.) Pic.Serm. 结囊蕨属 ≒ **Polypodium** Thelypteridaceae 金星蕨科 [F-42] 全球 (3) 大洲分布及种数(7)亚洲:cf.1;北美洲:2;南美洲:3
Steirosanchezia Lindau = **Sanchezia**
Steirostemon Phil. = **Samolus**
Steirotis Raf. = (接受名不详) Loranthaceae
Stekhovia de Vriese = **Goodenia**
Stelanthes Stokes = **Alangium**
Stelbophyllum D.L.Jones & M.A.Clem. = **Dendrobium**
Stelechanteria Thou. ex Baill. = **Drypetes**
Stelechantha【3】 Bremek. 小花茜属 ← **Pauridiantha; Urophyllum** Rubiaceae 茜草科 [MD-523] 全球 (1) 大洲分布及种数(uc)属分布和种数(uc)◆非洲
Stelechocarpus【3】 (Bl.) Hook.f. & Thoms. 杧棠木属 → **Meiogyne;Uvaria** Annonaceae 番荔枝科 [MD-7] 全球 (1) 大洲分布及种数(cf. 1)◆亚洲
Stelechospermum Bl. = **Mischocarpus**
Steleocodon Gilli = **Piqueria**
Steleostemma Schltr. = **Philibertia**
Stelephuros Adans. = **Phleum**
Stelestylis【3】 (Gleason) Harling 滴药草属 Cyclanthaceae 环花草科 [MM-706] 全球 (1) 大洲分布及种数(4)◆南美洲
Stelestylis Drude = **Stelestylis**
Steliopsis Brieger = **Marsippospermum**
Stelis (Garay) Luer = **Stelis**
Stelis【3】 Sw. 银光兰属 → **Bulbophyllum;Staelia; Braemia** Orchidaceae 兰科 [MM-723] 全球 (6) 大洲分布及种数(1261-1392;hort.1;cult:1)非洲:23-28;亚洲:37-45;大洋洲:23-30;欧洲:5;北美洲:246-272;南美洲:1127-1235
Stelistylis Drude = **Stelestylis**
Stella Medik. = (接受名不详) Callitrichaceae

Stellamaris Mel.Fernández & Bogarín = **Scilla**
Stellamizutaara【-】auct. 兰科属 Orchidaceae 兰科 [MM-723] 全球 (uc) 大洲分布及种数(uc)
Stellandria Brickell = **Schisandra**
Stellapora Fisch. ex Reut. = **Vanda**
Stellara Fisch. ex Reut. = **Vanda**
Stellaria【3】L. 繁缕属 ≒ **Mesostemma;Pentagonia** Caryophyllaceae 石竹科 [MD-77] 全球 (6) 大洲分布及种数(181-235;hort.1;cult: 25)非洲:21-52;亚洲:130-177;大洋洲:29-62;欧洲:36-68;北美洲:53-87;南美洲:44-76
Stellariaceae Bercht. & J.Presl = Myodocarpaceae
Stellariaceae MacMill. = Myodocarpaceae
Stellarimaceae Bercht. & J.Presl = Myodocarpaceae
Stellarioides Medik. = **Anthericum**
Stellariomnium【3】M.C.Bowers 提灯藓科属 Mniaceae 提灯藓科 [B-149] 全球 (1) 大洲分布及种数(uc)◆亚洲
Stellariopsis (Baill.) Rydb. = **Potentilla**
Stellaris Dill. ex Mönch = **Scilla**
Stellaster Heist. = **Scilla**
Stellata Fisch. ex Reut. = **Vanda**
Stellera【3】L. 狼毒属 ≒ **Swertia;Stellaria** Thymelaeaceae 瑞香科 [MD-310] 全球 (1) 大洲分布及种数(1-4)◆亚洲
Stelleria Hill = **Stellera**
Stelleriana Hill = **Stellera**
Stelleropsis【2】Pobed. 草瑞香属 Thymelaeaceae 瑞香科 [MD-310] 全球 (2) 大洲分布及种数(2) 亚洲:2;大洋洲:2
Stellifer A.J.Scott = **Stelligera**
Stelligera【3】A.J.Scott 地肤属 ← **Kochia;Maireana** Amaranthaceae 苋科 [MD-116] 全球 (1) 大洲分布及种数(cf. 1)◆大洋洲(◆澳大利亚)
Stellilabium (Schltr.) Dressler = **Stellilabium**
Stellilabium【3】Schltr. 毛顶兰属 ← **Telipogon** Orchidaceae 兰科 [MM-723] 全球 (1) 大洲分布及种数(3)◆南美洲
Stellina Bubani = **Callitriche**
Stellio Bubani = **Callitriche**
Stellipogon【-】J.M.H.Shaw 兰科属 Orchidaceae 兰科 [MM-723] 全球 (uc) 大洲分布及种数(uc)
Stellix Noronha = **Psychotria**
Stellorkis Thou. = **Nervilia**
Stellularia Benth. = **Buchnera**
Stellularia Hill = **Stellaria**
Stelmacrypton【3】Baill. 尾药藤属 ≒ **Pentanura** Apocynaceae 夹竹桃科 [MD-492] 全球 (1) 大洲分布及种数(1)◆亚洲
Stelmagonum【3】Baill. 哥伦夹竹桃属 Apocynaceae 夹竹桃科 [MD-492] 全球 (1) 大洲分布及种数(1)◆南美洲
Stelmanis Raf. = **Heterotheca**
Stelmation E.Fourn. = **Metastelma**
Stelmatocodon Schltr. = **Philibertia**
Stelmatocrypton Baill. = **Pentanura**
Stelmesus Raf. = **Allium**
Stelmocrypton【3】(Kurz) Baill. 须药藤属 ← **Pentanura** Asclepiadaceae 萝藦科 [MD-494] 全球 (1) 大洲分布及种数(cf. 1)◆亚洲
Stelmotis Raf. = **Heterotheca**
Steloxylon Ruiz & Pav. = **Baeckea**
Stemaria【3】Schott 大洋洲凤尾蕨属 Polypodiaceae 水龙骨科 [F-60] 全球 (1) 大洲分布及种数(cf. 1)◆大洋洲
Stematella Ruiz & Pav. = **Galinsoga**
Stemeiena Raf. = **Krameria**
Stemmacantha【2】Cass. 鹿草属 ← **Centaurea; Cirsium;Ochrocephala** Asteraceae 菊科 [MD-586] 全球 (3) 大洲分布及种数(5)亚洲:1;大洋洲:1;欧洲:cf.1
Stemmadenia【3】Benth. 腺冠木属 ← **Bignonia** Apocynaceae 夹竹桃科 [MD-492] 全球 (6) 大洲分布及种数(16)非洲:2-5;亚洲:1-4;大洋洲:1-4;欧洲:3;北美洲:14-17;南美洲:4-7
Stemmatella Wedd. = **Galinsoga**
Stemmatium Phil. = **Tristagma**
Stemmatodaphne Gamble = **Amyema**
Stemmatophysum Steud. = **Symplocos**
Stemmatosiphon Meisn. = **Ilex**
Stemmatosiphum Pohl = **Symplocos**
Stemmodontia Cass. = **Allionia**
Stemmops Marques & Buckup = **Stenops**
Stemodia【3】L. 离药草属 → **Adenosma;Columnea; Stemona** Scrophulariaceae 玄参科 [MD-536] 全球 (6) 大洲分布及种数(67-80;hort.1;cult: 4)非洲:3-21;亚洲:18-40;大洋洲:20-41;欧洲:2-20;北美洲:23-44;南美洲:34-58
Stemodiacra P.Br. = **Limnophila**
Stemodiopsis【3】Engl. 拟离药草属 → **Crepidorhopalon** Linderniaceae 母草科 [MD-534] 全球 (1) 大洲分布及种数(5)◆非洲(◆南非)
Stemodiptera Koso-Pol. = **Chaerophyllum**
Stemodoxis Raf. = **Allium**
Stemona【2】Lour. 百部属 ← **Dianella;Helwingia; Dioscorea** Stemonaceae 百部科 [MM-650] 全球 (3) 大洲分布及种数(14-27;hort.1)非洲:4;亚洲:13-23;大洋洲:4-6
Stemonacanthus Nees = **Ruellia**
Stemonaceae【2】Carül 百部科 [MM-650] 全球 (3) 大洲分布和属种数(1-2;hort. & cult.1)(13-34;hort. & cult.1) 非洲:1/4;亚洲:1-2/13-28;大洋洲:1/4-6
Stemonaria Wettst. & Harms = **Stemotria**
Stemone Franch. & Sav. = **Stemona**
Stemoni Raf. = **Proiphys**
Stemonitaceae Carül = Stemonaceae
Stemonitis Raf. = **Rhododendron**
Stemonitopsis Engl. = **Stemodiopsis**
Stemonix Raf. = **Proiphys**
Stemonocoleus【3】Harms 扭柄豆属 Fabaceae 豆科 [MD-240] 全球 (1) 大洲分布及种数(1)◆非洲
Stemonoporus【3】Thw. 天竺香属 ≒ **Vateria;Stemonurus** Dipterocarpaceae 龙脑香科 [MD-173] 全球 (1) 大洲分布及种数(3-26)◆亚洲
Stemonuraceae【3】Kårehed 粗丝木科 [MD-440] 全球 (6) 大洲分布和属种数(1/9-38)非洲:1/4;亚洲:1/9-19;大洋洲:1/12;欧洲:1/2;北美洲:1/2;南美洲:1/2
Stemonurus【3】Bl. 髯丝木属 → **Gomphandra;Pittosporopsis;Urandra** Stemonuraceae 粗丝木科 [MD-440] 全球 (6) 大洲分布及种数(10-31)非洲:4;亚洲:9-19;大洋洲:12;欧洲:2;北美洲:2;南美洲:2
Stemoptera Miers = **Apteria**

S

Stemosemis C.Shih = **Stenosemis**
Stemotis Raf. = **Rhododendron**
Stemotria【2】 Wettst. & Harms 阮囊花属 Calceolariaceae 荷包花科 [MD-531] 全球 (2) 大洲分布及种数(cf.1) 亚洲;南美洲
Stenachaenium【3】 Benth. 长尾菊属 ← **Pluchea** Asteraceae 菊科 [MD-586] 全球 (1) 大洲分布及种数(5)◆南美洲
Stenactis Cass. = **Erigeron**
Stenadenium【3】 Pax 大戟科属 ≒ **Stenandrium** Euphorbiaceae 大戟科 [MD-217] 全球 (1) 大洲分布及种数(uc)◆亚洲
Stenadrium Nees = **Stenandrium**
Stenandriopsis S.Moore = **Stenandrium**
Stenandrium【3】 Nees 狭蕊爵床属 ← **Aphelandra** Acanthaceae 爵床科 [MD-572] 全球 (6) 大洲分布及种数(60-77;hort.1)非洲:19-20;亚洲:1-5;大洋洲:1-2;欧洲:2;北美洲:14-26;南美洲:28-34
Stenanona【3】 Standl. 赤龙木属 ← **Porcelia;Sapranthus** Annonaceae 番荔枝科 [MD-7] 全球 (1) 大洲分布及种数(17)◆北美洲
Stenanthella Rydb. = **Anticlea**
Stenanthemum【3】 Reissek 大洋洲赤鼠李属 Rhamnaceae 鼠李科 [MD-331] 全球 (1) 大洲分布及种数(31)◆大洋洲
Stenanthera (Oliv.) Engl. & Diels = **Neostenanthera**
Stenanthera R.Br. = **Astroloma**
Stenanthium【3】 (A.Gray) Kunth 羽铃花属 ← **Zigadenus;Anticlea** Melanthiaceae 藜芦科 [MM-621] 全球 (1) 大洲分布及种数(7-11)◆北美洲
Stenanthus Lönnr. = **Columnea**
Stenaphia A.Rich. = **Stephania**
Stenarchella Rydb. = **Anticlea**
Stenaria【3】 Raf. ex Steud. 窄石竹属 ← **Houstonia; Oldenlandia** Rubiaceae 茜草科 [MD-523] 全球 (1) 大洲分布及种数(5-7)◆北美洲
Stenarrhena D.Don = **Salvia**
Stenella Raddi = **Schnella**
Stengelia Neck. = **Vernonia**
Stengita Lindl. = **Stenia**
Stenhammaria Lilja = **Mertensia**
Stenia【3】 Lindl. 狭团兰属 → **Benzingia;Chondrorhyncha;Chondroscaphe** Orchidaceae 兰科 [MM-723] 全球 (1) 大洲分布及种数(18-27)◆南美洲
Stenigra Lindl. = **Stenia**
Stenillocactus【-】 P.V.Heath 仙人掌科属 Cactaceae 仙人掌科 [MD-100] 全球 (uc) 大洲分布及种数(uc)
Stenitus Chamberlin = **Stenotis**
Stenizella【-】 J.M.H.Shaw 兰科属 Orchidaceae 兰科 [MM-723] 全球 (uc) 大洲分布及种数(uc)
Steno G.Cuvier = **Stenia**
Stenobisnaga【-】 Doweld 仙人掌科属 Cactaceae 仙人掌科 [MD-100] 全球 (uc) 大洲分布及种数(uc)
Stenobolusia【-】 J.M.H.Shaw 兰科属 Orchidaceae 兰科 [MM-723] 全球 (uc) 大洲分布及种数(uc)
Stenocactus【2】 (K.Schum.) A.Berger 薄棱玉属 ≒ **Echinofossulocactus;Echinocactus** Cactaceae 仙人掌科 [MD-100] 全球 (3) 大洲分布及种数(20-23)亚洲:cf.1;欧洲:1;北美洲:19
Stenocaelium Benth. & Hook.f. = **Stenocoelium**
Stenocaelium Ledeb. & Hook.f. = **Seseli**
Stenocarpha【3】 S.F.Blake 牛膝菊属 ← **Galinsoga** Asteraceae 菊科 [MD-586] 全球 (1) 大洲分布及种数(2)◆北美洲
Stenocarpidiopsis【3】 M.Fleisch. ex Broth. 厄瓜青藓属 ≒ **Stereophyllum** Brachytheciaceae 青藓科 [B-187] 全球 (1) 大洲分布及种数(1)◆南美洲
Stenocarpidium【3】 Müll.Hal. 南美硬叶藓属 ≒ **Stenocarpidiopsis** Stereophyllaceae 硬叶藓科 [B-172] 全球 (1) 大洲分布及种数(1)◆南美洲
Stenocarpou R.Br. = **Stenocarpus**
Stenocarpus【3】 R.Br. 火轮树属 ← **Embothrium; Stenocereus** Proteaceae 山龙眼科 [MD-219] 全球 (1) 大洲分布及种数(6-29)◆大洋洲
Stenocephalum【3】 Sch.Bip. 窄头斑鸠菊属 ← **Cacalia;Chrysocoma** Asteraceae 菊科 [MD-586] 全球 (1) 大洲分布及种数(9)◆南美洲
Stenocephalus Sch.Bip. = **Stenocephalum**
Stenocercus (A.Berger) Riccob. = **Stenocereus**
Stenocereus【2】 (A.Berger) Riccob. 新绿柱属 → **Armatocereus;Lemaireocereus** Cactaceae 仙人掌科 [MD-100] 全球 (4) 大洲分布及种数(26;hort.1;cult: 5)大洋洲:1;欧洲:2;北美洲:25;南美洲:5
Stenochasma Griff. = **Hornstedtia**
Stenochasma Miq. = **Broussonetia**
Stenochilus R.Br. = **Eremophila**
Stenochlaena (C.Presl) Underw. = **Stenochlaena**
Stenochlaena【3】 J.Sm. 光叶藤蕨属 ← **Acrostichum; Lomariopsis** Blechnaceae 乌毛蕨科 [F-46] 全球 (6) 大洲分布及种数(19-48)非洲:7-10;亚洲:8-11;大洋洲:6-8;欧洲:1;北美洲:5;南美洲:2
Stenochlaenaceae【3】 Ching 光叶蕨科 [F-33] 全球 (6) 大洲分布和属种数(1;hort. & cult.1)(18-49;hort. & cult.2-3)非洲:1/7-10;亚洲:1/8-11;大洋洲:1/6-8;欧洲:1/1;北美洲:1/5;南美洲:1/2-2
Stenochlamys【3】 Griff. 明骨补属 Davalliaceae 骨碎补科 [F-56] 全球 (1) 大洲分布及种数(1)◆南美洲
Stenochloa Nutt. = **Poa**
Stenochrus Chamberlin = **Stenocarpus**
Stenocisma Miq. = **Hornstedtia**
Stenocline【2】 DC. 多头鼠麹木属 ≒ **Achyrocline; Helichrysum** Asteraceae 菊科 [MD-586] 全球 (3) 大洲分布及种数(4-7)非洲:2;北美洲:1;南美洲:1
Stenocoelium【3】 Ledeb. 狭腔芹属 ← **Cachrys; Phlojodicarpus;Saposhnikovia** Apiaceae 伞形科 [MD-480] 全球 (1) 大洲分布及种数(cf. 1)◆亚洲
Stenocopia Alderw. = **Stenolepia**
Stenocoris Planch. = **Stenomeris**
Stenocoryne【3】 Lindl. 双柄兰属 ≒ **Bifrenaria** Orchidaceae 兰科 [MM-723] 全球 (1) 大洲分布及种数(cf. 1)◆南美洲
Stenocranus R.Br. = **Stenocarpus**
Stenocrates Van Tiegh. = **Ouratea**
Stenocrepis Hassk. = **Erythrina**
Stenocyphon Lawrence = **Stenosiphon**
Stenodema C.Presl = **Stenosemia**
Stenodenella【-】 Glic. 兰科属 Orchidaceae 兰科 [MM-723] 全球 (uc) 大洲分布及种数(uc)

Stenodesmia (Mitt.) A.Jaeger = **Stenodesmus**
Stenodesmus 【3】 (Mitt.) A.Jaeger 厄毛帽藓属 Pilotrichaceae 茸帽藓科 [B-166] 全球 (1) 大洲分布及种数(1)◆南美洲
Stenodeza Hook. ex Benth. & Hook.f. = **Barnadesia**
Stenodictyon 【2】 (Mitt.) A.Jaeger 硬帽藓属 Pilotrichaceae 茸帽藓科 [B-166] 全球 (2) 大洲分布及种数(6) 北美洲:6;南美洲:3
Stenodiptera Koso-Pol. = **Chaerophyllum**
Stenodiscus Reiss. = **Spyridium**
Stenodon 【3】 Naud. 薇龙丹属 Melastomataceae 野牡丹科 [MD-364] 全球 (1) 大洲分布及种数(2)◆南美洲
Stenodraba 【3】 O.E.Schulz 南美菜花属 ≒ **Pennellia** Brassicaceae 十字花科 [MD-213] 全球 (1) 大洲分布及种数(1)◆南美洲
Stenodrepanum 【3】 Harms 狭镰豆属 Fabaceae 豆科 [MD-240] 全球 (1) 大洲分布及种数(1)◆南美洲(◆阿根廷)
Stenofestuca (Honda) Nakai = **Bromus**
Stenofilix 【-】 Nakai 水龙骨科属 Polypodiaceae 水龙骨科 [F-60] 全球 (uc) 大洲分布及种数(uc)
Stenogaster Hanst. = **Sinningia**
Stenogastra Hanst. = **Sinningia**
Stenoglossum Kunth = **Epidendrum**
Stenoglottis 【3】 Lindl. 狭舌兰属 ← **Cynorkis** Orchidaceae 兰科 [MM-723] 全球 (1) 大洲分布及种数(5-8)◆非洲
Stenogonum 【3】 Nutt. 双轮蓼属 ← **Eriogonum** Polygonaceae 蓼科 [MD-120] 全球 (1) 大洲分布及种数(2)◆北美洲(◆美国)
Stenogramma (Klotzsch) E.Fourn. = **Stegnogramma**
Stenogrammites Labiak = **Stenogrammitis**
Stenogrammitis 【2】 Labiak 光龙蕨属 ≒ **Xiphopteris** Polypodiaceae 水龙骨科 [F-60] 全球 (5) 大洲分布及种数(23-24)非洲:10;大洋洲:1;欧洲:1;北美洲:9;南美洲:5
Stenogrampta Harv. = **Bommeria**
Stenogyne 【3】 Benth. 狭蕊藤属 ≒ **Eriocephalus; Phyllostegia** Lamiaceae 唇形科 [MD-575] 全球 (1) 大洲分布及种数(29-132)◆北美洲(◆美国)
Stenohelia Boschma = **Stenolepia**
Stenolebias Alderw. = **Stenolepia**
Stenolejeunea 【2】 Grolle 狭鳞苔属 ≒ **Drepanolejeunea** Lejeuneaceae 细鳞苔科 [B-84] 全球 (2) 大洲分布及种数(4)亚洲:3;大洋洲:2
Stenolepia 【3】 Alderw. 细鳞蕨属 ≒ **Stapelia** Dryopteridaceae 鳞毛蕨科 [F-49] 全球 (1) 大洲分布及种数(cf.1)◆亚洲
Stenolepis Hook.f. = **Ctenolepis**
Stenolexia Glic. = **Stenolepia**
Stenolirion Baker = **Crinum**
Stenolobium 【3】 D.Don 黄钟花属 ≒ **Tecoma** Bignoniaceae 紫葳科 [MD-541] 全球 (1) 大洲分布及种数(1)◆东亚(◆中国)
Stenolobus C.Presl = **Davallia**
Stenoloma 【3】 Fée 球棍蕨属 → **Lindsaea; Sphenomeris** Blechnaceae 乌毛蕨科 [F-46] 全球 (6) 大洲分布及种数(2)非洲:11;亚洲:1-12;大洋洲:11;欧洲:11;北美洲:11;南美洲:11
Stenolophus Cass. = **Centaurea**
Stenoloron Baker = **Crinum**
Stenomela Turcz. = **Stenomeria**
Stenomeria 【3】 Turcz. 丝瓣藤属 ≒ **Tassadia** Apocynaceae 夹竹桃科 [MD-492] 全球 (1) 大洲分布及种数(3-4)◆南美洲
Stenomeridac Turcz. = **Stenomeria**
Stenomeridaceae 【3】 J.Agardh 丝瓣藤科 [MM-687] 全球 (1) 大洲分布和属种数(1/1-2)◆亚洲
Stenomeris 【3】 Planch. 多子薯蓣属 Dioscoreaceae 薯蓣科 [MM-691] 全球 (1) 大洲分布及种数(1-2)◆亚洲
Stenomesson 【3】 Herb. 狭管蒜属 ← **Pancratium; Urceolina; Eucrosia** Amaryllidaceae 石蒜科 [MM-694] 全球 (1) 大洲分布及种数(34-41)◆南美洲
Stenomitrium (Mitt.) Broth. = **Pentastichella**
Stenomyia Turcz. = **Stenomeria**
Stenomyrtillus 【-】 G.D.Rowley 仙人掌科属 Cactaceae 仙人掌科 [MD-100] 全球 (uc) 大洲分布及种数(uc)
Stenonema Hook,ex Benth. & Hook.f. = **Barnadesia**
Stenonia Baill. = **Ditaxis**
Stenoniella P. & K. = **Securinega**
Stenopadus 【3】 Blake 绛菊木属 ≒ **Stomatochaeta** Asteraceae 菊科 [MD-586] 全球 (1) 大洲分布及种数(14-17)◆南美洲
Stenopelmus (Mitt.) A.Jaeger = **Stenodesmus**
Stenopetalum 【3】 R.Br. ex DC. 狭瓣芥属 ← **Hornungia** Brassicaceae 十字花科 [MD-213] 全球 (1) 大洲分布及种数(10-11)◆大洋洲(◆澳大利亚)
Stenopetella 【-】 J.M.H.Shaw 兰科属 Orchidaceae 兰科 [MM-723] 全球 (uc) 大洲分布及种数(uc)
Stenophalium 【3】 Anderb. 光果彩鼠麹属 ← **Achyrocline** Asteraceae 菊科 [MD-586] 全球 (1) 大洲分布及种数(5)◆南美洲
Stenophragma Čelak. = **Arabidopsis**
Stenophylla Westwood = **Bulbostylis**
Stenophyllum Sch.Bip. ex Benth. & Hook. = **Calea**
Stenophyllus 【-】 Raf. 莎草科属 ≒ **Abildgaardia; Bulbostylis** Cyperaceae 莎草科 [MM-747] 全球 (uc) 大洲分布及种数(uc)
Stenoplectris 【-】 Glic. 兰科属 Orchidaceae 兰科 [MM-723] 全球 (uc) 大洲分布及种数(uc)
Stenopogon Glic. & J.M.H.Shaw = **Stenia**
Stenopolen Raf. = **Stenia**
Stenops 【3】 B.Nord. 窄叶菊属 Asteraceae 菊科 [MD-586] 全球 (1) 大洲分布及种数(2)◆非洲
Stenoptera 【3】 C.Presl 狭翅兰属 ← **Altensteinia; Spiranthes; Gomphichis** Orchidaceae 兰科 [MM-723] 全球 (1) 大洲分布及种数(9-10)◆南美洲
Stenorhynchus Lindl. = **Stenorrhynchos**
Stenorhyncus Lindl. = **Stenorrhynchos**
Stenorrhina D.Don = **Salvia**
Stenorrhipis 【3】 Gradst. 拟大萼苔科属 Cephaloziellaceae 拟大萼苔科 [B-53] 全球 (1) 大洲分布及种数(uc)◆南美洲
Stenorrhynchium Rchb. = **Stenorrhynchos**
Stenorrhynchos (Ames) Burns-Bal. = **Stenorrhynchos**
Stenorrhynchos 【3】 L.C.Rich. 狭喙兰属 → **Brachystele; Cyclopogon** Orchidaceae 兰科 [MM-723] 全球 (1) 大洲分布及种数(34-43)◆南美洲
Stenorrhynchus A.Rich. = **Stenorrhynchos**

S

Stenorrhynchusenustus Rchb. = **Stenorrhynchos**
Stenorynchus Rich. = **Stenorrhynchos**
Stenosarcos【-】auct. 兰科属 Orchidaceae 兰科 [MM-723] 全球 (uc) 大洲分布及种数(uc)
Stenoschista Bremek. = **Ruellia**
Stenoscisma Bremek. = **Ruellia**
Stenoselenium Turcz. = **Stenosolenium**
Stenosemia【3】C.Presl 亚异蕨属 ≒ **Heterogonium** Dryopteridaceae 鳞毛蕨科 [F-49] 全球 (1) 大洲分布及种数(uc)属分布和种数(uc)◆亚洲
Stenosemis【3】E.Mey. ex Harv. & Sond. 南非草属 ≒ **Annesorhiza** Apiaceae 伞形科 [MD-480] 全球 (1) 大洲分布及种数(1-3)◆非洲
Stenosemus Ferreira = **Stenosemis**
Stenosepala【2】C.Persson 美洲茜属 Rubiaceae 茜草科 [MD-523] 全球 (3) 大洲分布及种数(2)亚洲:cf.1;北美洲:1;南美洲:1
Stenoseris【3】C.Shih 细莴苣属 ← **Cicerbita;Prenanthes** Asteraceae 菊科 [MD-586] 全球 (1) 大洲分布及种数(4-6)◆亚洲
Stenosida Lour. = **Rottboellia**
Stenosiphanthus A.Samp. = **Martinella**
Stenosiphon【3】Spach 银桃草属 ← **Gaura** Onagraceae 柳叶菜科 [MD-396] 全球 (1) 大洲分布及种数(1-6)◆北美洲(◆美国)
Stenosiphonium【3】Nees 亚洲硬爵床属 Acanthaceae 爵床科 [MD-572] 全球 (1) 大洲分布及种数(uc)属分布和种数(uc)◆亚洲
Stenosolen (Müll.Arg.) Markgr. = **Tabernaemontana**
Stenosolenium【3】Turcz. 紫筒草属 ← **Anchusa; Arnebia;Onosma** Boraginaceae 紫草科 [MD-517] 全球 (1) 大洲分布及种数(cf. 1)◆亚洲
Stenosperma Benth. = **Cotula**
Stenospermation【2】Schott 厚叶芋属 ← **Monstera** Araceae 天南星科 [MM-639] 全球 (2) 大洲分布及种数(46-81;hort.1)北美洲:18-19;南美洲:41-74
Stenospermatium Schott = **Stenospermation**
Stenospermatum Engl. = **Stenospermation**
Stenospermum Sw. = **Metrosideros**
Stenostachys Turcz. = **Elymus**
Stenostachyum Turcz. = **Elymus**
Stenostegia【3】A.R.Bean 岗松属 ≒ **Baeckea** Myrtaceae 桃金娘科 [MD-347] 全球 (1) 大洲分布及种数(1-2)◆大洋洲
Stenostelma【3】Schltr. 细冠萝藦属 ← **Asclepias; Lagarinthus** Apocynaceae 夹竹桃科 [MD-492] 全球 (1) 大洲分布及种数(3)◆非洲
Stenostemum C.F.Gaertn. = **Stenostomum**
Stenostephanus【3】Nees 窄冠爵床属 ≒ **Glockeria** Acanthaceae 爵床科 [MD-572] 全球 (1) 大洲分布及种数(72-76)◆南美洲
Stenostomum (Nicolson) Borhidi = **Stenostomum**
Stenostomum【3】Gaertn.f. 硬茜属 ≒ **Chione** Rubiaceae 茜草科 [MD-523] 全球 (6) 大洲分布及种数(52)非洲:3;亚洲:3;大洋洲:3;欧洲:3;北美洲:48-54;南美洲:3-6
Stenotaenia【3】Boiss. 独活属 ← **Heracleum** Apiaceae 伞形科 [MD-480] 全球 (1) 大洲分布及种数(1-5)◆亚洲
Stenotalis【3】B.G.Briggs & L.A.S.Johnson 厚果草属 ← **Hypolaena** Restionaceae 帚灯草科 [MM-744] 全球 (1) 大洲分布及种数(cf. 1)◆大洋洲(◆密克罗尼西亚)
Stenotaphrum【3】Trin. 钝叶草属 Poaceae 禾本科 [MM-748] 全球 (6) 大洲分布及种数(8)非洲:6-7;亚洲:4-5;大洋洲:2-3;欧洲:2-3;北美洲:4-5;南美洲:1-2
Stenotatus (K.Schum.) A.Berger = **Stenocactus**
Stenotephanos Nees = **Stenostephanus**
Stenotheca Monnier = **Hieracium**
Stenotheciopsis【3】M.Fleisch. 窄灰藓属 Hypnaceae 灰藓科 [B-189] 全球 (1) 大洲分布及种数(1)◆非洲
Stenothecium【3】Müll.Hal. 白齿藓科属 Leucodontaceae 白齿藓科 [B-198] 全球 (1) 大洲分布及种数(1)◆亚洲
Stenothyrsus【3】C.B.Clarke 细茎爵床属 Acanthaceae 爵床科 [MD-572] 全球 (1) 大洲分布及种数(1)◆亚洲(◆马来西亚)
Stenotis【3】Terrell 耳草属 ≒ **Hedyotis** Rubiaceae 茜草科 [MD-523] 全球 (6) 大洲分布及种数(7)非洲:1;亚洲:1;大洋洲:1;欧洲:1;北美洲:7-8;南美洲:1
Stenotium Presl ex Steud. = **Stenotis**
Stenotopsis Rydb. = **Haplopappus**
Stenotropis Hassk. = **Erythrina**
Stenotrupis Hassk. = **Erythrina**
Stenotus【3】Nutt. 窄黄花属 ← **Aster;Haplopappus; Aplopappus** Asteraceae 菊科 [MD-586] 全球 (1) 大洲分布及种数(7-14)◆北美洲
Stenotyla【3】Dressler 巴拿马兰属 Orchidaceae 兰科 [MM-723] 全球 (1) 大洲分布及种数(9-10)◆中美洲(◆巴拿马)
Stentleya J.M.H.Shaw = **Standleya**
Stenurus Salisb. = **Biarum**
Stenus Salisb. = **Biarum**
Stephanachna Keng = **Stephanachne**
Stephanachne【3】Keng 冠毛草属 ← **Calamagrostis** Poaceae 禾本科 [MM-748] 全球 (1) 大洲分布及种数(2-5)◆亚洲
Stephanactis Thou. = **Stephanotis**
Stephanandra【3】Sieb. & Zucc. 小米空木属 ← **Spiraea** Rosaceae 蔷薇科 [MD-246] 全球 (1) 大洲分布及种数(4-5)◆亚洲
Stephananthus Lehm. = **Baccharis**
Stephanbeckia【3】H.Rob. & V.A.Funk 玻利冠菊属 Asteraceae 菊科 [MD-586] 全球 (1) 大洲分布及种数(1)◆南美洲(◆玻利维亚)
Stephanella【-】(Engl.) Van Tiegh. 毒鼠子科属 Dichapetalaceae 毒鼠子科 [MD-202] 全球 (uc) 大洲分布及种数(uc)
Stephani Lour. = **Stephania**
Stephania Diels = **Stephania**
Stephania【3】Lour. 千金藤属 ≒ **Menispermum; Steriphoma** Menispermaceae 防已科 [MD-42] 全球 (6) 大洲分布及种数(84-95;hort.1)非洲:13-21;亚洲:70-88;大洋洲:12-18;欧洲:2-8;北美洲:5-11;南美洲:6
Stephanidae Lour. = **Stephania**
Stephaniella【3】Stephani 墨西哥全萼苔属 Stephaniellaceae 轮苔科 [B-42] 全球 (1) 大洲分布及种数(1)◆北美洲(◆墨西哥)
Stephaniellaceae R.M.Schust. = Stephaniellaceae

Stephaniellaceae【2】Stephani 轮苔科 [B-42] 全球 (2) 大洲分布和属种数(2/2)北美洲:1/1;南美洲:1/1-1
Stephaniellidium【3】(K.Müller) S.Winkl. ex Grolle 阿根廷全萼苔属 Stephaniellaceae 轮苔科 [B-42] 全球 (1) 大洲分布及种数(1)◆南美洲(◆阿根廷)
Stephaninaceae D.Mohr = Valerianaceae
Stephanitis Distant = **Stephanotis**
Stephanium Juss. = **Palicourea**
Stephanoascus Van Tiegh. = **Tapinanthus**
Stephanocarpus Spach = **Cistus**
Stephanocaryum【3】Popov 亚洲硬紫草属 Boraginaceae 紫草科 [MD-517] 全球 (1) 大洲分布及种数(3)◆亚洲
Stephanoceras A.Berger = **Stephanocereus**
Stephanocereus (Buxb.) N.P.Taylor & Eggli = **Stephanocereus**
Stephanocereus【3】A.Berger 毛环柱属 → **Cephalocereus;Pseudopilocereus** Cactaceae 仙人掌科 [MD-100] 全球 (1) 大洲分布及种数(2)◆南美洲
Stephanochilus Coss. & Durieu ex Benth. & Hook.f. = **Volutaria**
Stephanococcus【3】Bremek. 蛇舌草属 ← **Oldenlandia** Rubiaceae 茜草科 [MD-523] 全球 (1) 大洲分布及种数(1)◆非洲
Stephanocoma Less. = **Berkheya**
Stephanoda Lour. = **Stephania**
Stephanodaphne【3】Baill. 冠薇香属 Thymelaeaceae 瑞香科 [MD-310] 全球 (1) 大洲分布及种数(9)◆非洲
Stephanoderes Hopkins = **Stephanocereus**
Stephanodes Forster = **Stephanotis**
Stephanodictyon Dixon = **Trichostomum**
Stephanodium Schreb. = **Stephanopodium**
Stephanodoria【3】Greene 知母茜草属 ≒ **Anthocephalus** Asteraceae 菊科 [MD-586] 全球 (1) 大洲分布及种数(1)◆北美洲
Stephanogastra H.Karst. & Triana = **Centronia**
Stephanolepas Fischer = **Erlangea**
Stephanolepis S.Moore = **Tristagma**
Stephanolirion Baker = **Leucocoryne**
Stephanoluma Baill. = **Micropholis**
Stephanoma Bertault = **Micropholis**
Stephanomeria【3】Nutt. 线莴苣属 → **Chaetadelpha; Prenanthes;Munzothamnus** Asteraceae 菊科 [MD-586] 全球 (1) 大洲分布及种数(20-47)◆北美洲
Stephanomerinae Stebbins ex Solbrig = **Stephanomeria**
Stephanopappus Less. = **Nestlera**
Stephanopholis【3】S.F.Blake 窄花菊属 Asteraceae 菊科 [MD-586] 全球 (1) 大洲分布及种数(1)◆北美洲(◆墨西哥)
Stephanophoron Dulac = **Narcissus**
Stephanophorum Dulac = **Narcissus**
Stephanophorus Dulac = **Narcissus**
Stephanophyllia Guill. = **Paepalanthus**
Stephanophyllum Guill. = **Paepalanthus**
Stephanophysum Pohl = **Geissomeria**
Stephanopodium【2】Pöpp. & Endl. 福禄李属 ← **Tapura** Dichapetalaceae 毒鼠子科 [MD-202] 全球 (2) 大洲分布及种数(16-17)北美洲:4;南美洲:13-14
Stephanorossia Chiov. = **Oenanthe**
Stephanosella E.Fourn. = **Telosma**
Stephanoseris Nutt. = **Stephanomeria**
Stephanostachys (Klotzsch) Klotzsch ex örst. = **Chamaedorea**
Stephanostegia【3】Baill. 马达狭竹桃属 ← **Rauvolfia** Apocynaceae 夹竹桃科 [MD-492] 全球 (1) 大洲分布及种数(2)◆非洲(◆马达加斯加)
Stephanostema【3】K.Schum. 冠蕊夹竹桃属 Apocynaceae 夹竹桃科 [MD-492] 全球 (1) 大洲分布及种数(1)◆非洲(◆坦桑尼亚)
Stephanostoma (Mitt.) Kindb. = **Erpodium**
Stephanostomum (Mitt.) Kindb. = **Erpodium**
Stephanotella E.Fourn. = **Telosma**
Stephanothelys【3】Garay 盾柱兰属 ≒ **Aspidogyne** Orchidaceae 兰科 [MM-723] 全球 (1) 大洲分布及种数(5)◆南美洲
Stephanotis (Bl.) Hemsl. = **Stephanotis**
Stephanotis【3】Thou. 耳药藤属 ← **Ceropegia;Jasminanthes;Marsdenia** Apocynaceae 夹竹桃科 [MD-492] 全球 (1) 大洲分布及种数(5-13)◆亚洲
Stephegyne Korth. = **Mitragyna**
Stephenara【-】auct. 兰科属 Orchidaceae 兰科 [MM-723] 全球 (uc) 大洲分布及种数(uc)
Stephenmonkhouseara【-】Monkhouse & J.M.H.Shaw 兰科属 Orchidaceae 兰科 [MM-723] 全球 (uc) 大洲分布及种数(uc)
Stephenophyllum Guill. = **Paepalanthus**
Stephensonia Hort. ex van Houtte = **Phoenicophorium**
Stephensoniella【3】Kashyap 狭托苔属 Exormothecaceae 短托苔科 [B-16] 全球 (1) 大洲分布及种数(cf. 1)◆亚洲
Stephostachys【3】Zuloaga & Morrone 北美洲狭草属 Poaceae 禾本科 [MM-748] 全球 (1) 大洲分布及种数(1)◆北美洲
Steppomitra【3】Vondr. & Hadač 窄葫藓属 Funariaceae 葫芦藓科 [B-106] 全球 (1) 大洲分布及种数(1)◆非洲
Steptium Boiss. = **Raddia**
Steptopus Michx. = **Streptopus**
Steptorhamphus【3】Bunge 莴苣属 Asteraceae 菊科 [MD-586] 全球 (1) 大洲分布及种数(uc)◆东亚(◆中国)
Stera Ewart = **Cratystylis**
Sterbeckia Schreb. = **Zephyranthes**
Sterculia【3】L. 苹婆属 → **Acropogon;Cola;Phyllanthus** Sterculiaceae 梧桐科 [MD-189] 全球 (1) 大洲分布及种数(143-174)◆亚洲
Sterculiaceae【3】Vent. 梧桐科 [MD-189] 全球 (6) 大洲分布和属种数(50-65 ;hort. & cult.19-26)(1125-2034;hort. & cult.56-79)非洲:26-43/437-686;亚洲:26-40/342-489; 大洋洲:18-40/117-384;欧洲:7-27/31-112;北美洲:22-35/136-234; 南美洲:14-30/286-384
Sterculieae DC. = **Sterculia**
Sterechinus Lindl. = **Stereochilus**
Stereimis Raf. = **Telanthera**
Stereisporites【-】Pflug 孢芽藓科属 Sorapillaceae 孢芽藓科 [B-212] 全球 (uc) 大洲分布及种数(uc)
Stereocarpus Hallier = **Camellia**
Stereocaryum【3】Burret 石番樱属 ← **Calycorectes** Myrtaceae 桃金娘科 [MD-347] 全球 (1) 大洲分布及种数(2-3)◆大洋洲(◆美拉尼西亚)

Stereochilus【3】 Lindl. 坚唇兰属 ≒ **Sarcochilus; Cleisostoma** Orchidaceae 兰科 [MM-723] 全球 (1) 大洲分布及种数(7-8)◆亚洲
Stereochlaena【3】 Hack. 小翼轴草属 ≒ **Baptorhachis** Poaceae 禾本科 [MM-748] 全球 (1) 大洲分布及种数(4)◆非洲
Stereoderma Bl. = **Chionanthus**
Stereodon (Brid.) Mitt. = **Hypnum**
Stereodontopsis【2】 R.S.Williams 拟硬叶藓属 Hypnaceae 灰藓科 [B-189] 全球 (2) 大洲分布及种数(2) 亚洲:2;大洋洲:1
Stereohypnum (Hampe) M.Fleisch. = **Mittenothamnium**
Stereopermum Cham. = **Stereospermum**
Stereophyllaceae【3】W.R.Buck & Ireland 硬叶藓科 [B-172] 全球 (5) 大洲分布和属种数(7/62)亚洲:3/21;大洋洲:3/5;欧洲:2/4;北美洲:4/15;南美洲:7/21
Stereophyllum (Lorentz) Broth. = **Stereophyllum**
Stereophyllum【2】 Mitt. 硬叶藓属 ≒ **Pilosium** Stereophyllaceae 硬叶藓科 [B-172] 全球 (5) 大洲分布及种数(33) 非洲:13;亚洲:12;大洋洲:3;北美洲:6;南美洲:6
Stereopsis Makino = **Steviopsis**
Stereosandra【3】 Bl. 肉药兰属 ← **Epipogium** Orchidaceae 兰科 [MM-723] 全球 (1) 大洲分布及种数(cf. 1)◆亚洲
Stereosanthes Franch. = **Nannoglottis**
Stereosanthus Franch. = **Nannoglottis**
Stereospermum【3】 Cham. 羽叶楸属 ← **Bignonia; Radermachera;Tecoma** Bignoniaceae 紫葳科 [MD-541] 全球 (6) 大洲分布及种数(21-34)非洲:14-19;亚洲:7-16;大洋洲:1;欧洲:1-2;北美洲:1-2;南美洲:1
Stereospernmm Cham. = **Stereospermum**
Stereosternum Cham. = **Stereospermum**
Stereostylis J.M.H.Shaw = **Stelestylis**
Stereoxylon Ruiz & Pav. = **Escallonia**
Sterigma DC. = **Sterigmostemum**
Sterigmanthe Klotzsch & Garcke = **Euphorbia**
Sterigmapetalum【3】 Kuhlm. 叉瓣红树属 Rhizophoraceae 红树科 [MD-329] 全球 (1) 大洲分布及种数(8-9)◆南美洲
Sterigmostemon Juss. = **Sterigmostemum**
Sterigmostemum【3】 M.Bieb. 棒果芥属 → **Anchonium** Brassicaceae 十字花科 [MD-213] 全球 (1) 大洲分布及种数(9-11)◆亚洲
Sterile Adans. = **Agrostemma**
Steripha Banks ex Gaertn. = **Dichondra**
Steriphe Phil. = **Haplopappus**
Steriphoma【2】 Spreng. 固点山柑属 ← **Capparis; Stephania** Capparaceae 山柑科 [MD-178] 全球 (2) 大洲分布及种数(8)北美洲:2;南美洲:7
Steris Adans. = **Viscaria**
Steris L. = **Hydrolea**
Stern Bubani = **Viscum**
Sternacanthus Nees = **Ruellia**
Sternbeckia Schreb. = **Zephyranthes**
Sternbergia【2】 Waldst. & Kit. 黄韭兰属 ← **Amaryllis;Zephyranthes;Bulbocodium** Amaryllidaceae 石蒜科 [MM-694] 全球 (5) 大洲分布及种数(5-9)非洲:2;亚洲:4-7;大洋洲:1;欧洲:2;北美洲:2
Sternula Lesson = **Sterculia**
Sterospermum Cham. = **Stereospermum**
Sterrha Banks ex Gaertn. = **Dichondra**
Sterrhymenia Griseb. = **Sclerophylax**
Sterropetalum【3】 N.E.Br. 南非硬番杏属 Aizoaceae 番杏科 [MD-94] 全球 (1) 大洲分布及种数(uc)属分布和种数(uc)◆非洲(◆南非)
Stethoma【3】 Raf. 红唇花属 ← **Dianthera;Justicia** Acanthaceae 爵床科 [MD-572] 全球 (1) 大洲分布及种数(uc)属分布和种数(uc)◆南美洲
Stetsonia【3】 Britton & Rose 仙人柱属 ← **Cereus** Cactaceae 仙人掌科 [MD-100] 全球 (1) 大洲分布及种数(1)◆南美洲
Steudelago P. & K. = **Exostema**
Steudelella Honda = **Sphaerocaryum**
Steudnera【3】 K.Koch 泉七属 ← **Colocasia;Zantedeschia** Araceae 天南星科 [MM-639] 全球 (1) 大洲分布及种数(4-12)◆亚洲
Stevardia L. = **Sherardia**
Stevena Andrz. ex DC. = **Stevensia**
Steveni Adams & Fisch. = **Stevenia**
Stevenia【3】 Adams & Fisch. 曙南芥属 ← **Arabis;Stevia** Brassicaceae 十字花科 [MD-213] 全球 (1) 大洲分布及种数(cf. 1)◆亚洲
Stevenieae Al-Shehbaz = **Stevenia**
Steveniella【3】 Schltr. 帽唇兰属 ← **Coeloglossum** Orchidaceae 兰科 [MM-723] 全球 (1) 大洲分布及种数(1)◆欧洲
Stevensea Poit. = **Stevensia**
Stevensia【3】 Poit. 独香玫属 ← **Rondeletia** Rubiaceae 茜草科 [MD-523] 全球 (1) 大洲分布及种数(10-11)◆北美洲
Stevensonia Duncan ex I.B.Balfour = **Phoenicophorium**
Stevia【3】 Cav. 甜叶菊属 ← **Ageratum;Mikania; Steviopsis** Asteraceae 菊科 [MD-586] 全球 (6) 大洲分布及种数(275-311;hort.1;cult: 6)非洲:11;亚洲:6-17;大洋洲:8-20;欧洲:11;北美洲:136-154;南美洲:171-197
Steviopsis【3】 R.M.King & H.Rob. 轮叶修泽兰属 ← **Eupatorium;Brickelliastrum** Asteraceae 菊科 [MD-586] 全球 (1) 大洲分布及种数(9)◆北美洲
Stevogtia Neck. = **Phacelia**
Stewarta Cothen. = **Stewartia**
Stewartara auct. = **Stewartia**
Stewartia I.Lawson = **Stewartia**
Stewartia【3】 L. 紫茎属 → **Hartia;Stellaria** Theaceae 山茶科 [MD-168] 全球 (6) 大洲分布及种数(24-27;hort.1;cult: 4)非洲:8;亚洲:23-33;大洋洲:8;欧洲:8;北美洲:7-16;南美洲:3-11
Stewartiella【3】 Nasir 斯图草属 Apiaceae 伞形科 [MD-480] 全球 (1) 大洲分布及种数(cf. 1)◆亚洲(◆阿富汗)
Steyemarkiella【3】 H.Rob. 卷发藓属 Dicranaceae 曲尾藓科 [B-128] 全球 (1) 大洲分布及种数(1)◆非洲
Steyerbromelia【3】 L.B.Sm. 聚星凤梨属 ← **Navia** Bromeliaceae 凤梨科 [MM-715] 全球 (1) 大洲分布及种数(9)◆南美洲
Steyermarkia【3】 Standl. 斯泰茜属 Rubiaceae 茜草科 [MD-523] 全球 (1) 大洲分布及种数(1)◆北美洲
Steyermarkiella【3】 H.Rob. 委内曲尾藓属 Dicranaceae 曲尾藓科 [B-128] 全球 (1) 大洲分布及种数(1)◆南

美洲
Steyermarkina【3】 R.M.King & H.Rob. 泽兰属 ← **Eupatorium** Asteraceae 菊科 [MD-586] 全球 (1) 大洲分布及种数(4)◆南美洲
Steyermarkochloa【3】 Davidse & R.P.Ellis 单叶草属 ← **Pariana;Thymus** Poaceae 禾本科 [MM-748] 全球 (1) 大洲分布及种数(1-4)◆南美洲
Steyermarkochloeae Davidse & R.P.Ellis = **Steyermarkochloa**
Sthaelina Lag. = **Staehelina**
Sthenolepis McIntosh = **Stegolepis**
Sti Garn.-Jones & P.N.Johnson = **Cardamine**
Stibadotheca Klotzsch = **Begonia**
Stibas Comm. ex DC. = **Stipa**
Stibasia C.Presl = **Marattia**
Stibasoma C.Presl = **Marattia**
Stiburus Stapf = **Eragrostis**
Stichelia Sm. = **Styphelia**
Sticherus (Diels) Nakai = **Sticherus**
Sticherus【3】 C.Presl 假芒萁属 ← **Dicranopteris; Gleichenia** Gleicheniaceae 里白科 [F-18] 全球 (6) 大洲分布及种数(104-118;hort.1;cult:3)非洲:15-17;亚洲:25-28;大洋洲:18-23;欧洲:2-4;北美洲:33-40;南美洲:60-66
Stichianthus【3】 Valeton & Bremek. 针茜草属 Rubiaceae 茜草科 [MD-523] 全球 (1) 大洲分布及种数(cf. 1)◆亚洲
Stichoneuron【3】 Hook.f. 羽脉百部属 Stemonaceae 百部科 [MM-650] 全球 (1) 大洲分布及种数(cf. 1)◆亚洲
Stichonodon Griff. = **Siphonodon**
Stichophyllum Phil. = **Pycnophyllum**
Stichopogon Klotzsch = **Aletris**
Stichopus Théel = **Sticherus**
Stichorchis Thou. = **Stichorkis**
Stichorkis【3】 Thou. 覆苞兰属 ≒ **Malaxis;Cymbidium** Orchidaceae 兰科 [MM-723] 全球 (6) 大洲分布及种数(53-91)非洲:1-3;亚洲:37-42;大洋洲:15-18;欧洲:2;北美洲:2;南美洲:2
Stickmannia Neck. = **Dichorisandra**
Sticta (Schreb.) Ach. = **Sticta**
Sticta【3】 Summerh. & C.E.Hubb. 覆绒兰属 ≒ **Anatherostipa** Lanariaceae 雪绒兰科 [MM-681] 全球 (6) 大洲分布及种数(2)非洲:12;亚洲:12;大洋洲:12;欧洲:12;北美洲:12;南美洲:1-13
Stictocardia【2】 Hallier f. 腺叶藤属 ← **Argyreia; Convolvulus;Ipomoea** Convolvulaceae 旋花科 [MD-499] 全球 (4) 大洲分布及种数(15-16;hort.1)非洲:11;亚洲:7-8;大洋洲:2;北美洲:2
Stictolejeunea (Spruce) Schiffn. = **Stictolejeunea**
Stictolejeunea【2】 Mizut. 蔓鳞苔属 ≒ **Symbiezidium** Lejeuneaceae 细鳞苔科 [B-84] 全球 (3) 大洲分布及种数(4)亚洲:3;大洋洲:1;南美洲:1
Stictophyllorchis【3】 Dodson & Carnevali 蔓腺兰属 ← **Ionopsis** Orchidaceae 兰科 [MM-723] 全球 (1) 大洲分布及种数(1)◆南美洲
Stictophyllum Dodson & M.W.Chase = **Carduus**
Stiefia Medik. = **Salvia**
Stifftia【3】 J.C.Mikan 亮毛菊属 → **Stomatochaeta; Sanhilaria** Asteraceae 菊科 [MD-586] 全球 (1) 大洲分布及种数(7)◆南美洲
Stifftieae D.Don = **Stifftia**
Stiftia Cass. = **Stifftia**
Stiftia Pohl ex Nees = **Stifftia**
Stigmamblys P. & K. = **Amblystigma**
Stigmanthus Lour. = **Morinda**
Stigmaphyllon【3】 A.Juss. 叶柱藤属 ← **Malpighia; Banisteria;Triopterys** Malpighiaceae 金虎尾科 [MD-343] 全球 (6) 大洲分布及种数(117-126;hort.1;cult: 8)非洲:10-14;亚洲:18-21;大洋洲:15-20;欧洲:3-6;北美洲:32-36;南美洲:87-90
Stigmarosa Hook.f. & Thoms. = **Flacourtia**
Stigmarota Lour. = **Flacourtia**
Stigmatanthus Röm. & Schult. = **Morinda**
Stigmatea Eig = **Dorotheanthus**
Stigmatella Eig = **Dorotheanthus**
Stigmatocarpum L.Bolus = **Aizoanthemum**
Stigmatococca Willd. = **Ardisia**
Stigmatodactylus【3】 Maxim. ex Makino 指柱兰属 ← **Acianthus** Orchidaceae 兰科 [MM-723] 全球 (1) 大洲分布及种数(cf. 1)◆亚洲
Stigmatodon【3】 Leme,G.K.Br. & Barfuss 头凤梨属 Bromeliaceae 凤梨科 [MM-715] 全球 (1) 大洲分布及种数(18) ◆南美洲
Stigmatophyllon Meisn. = **Stigmaphyllon**
Stigmatopteris【3】 C.Chr. 热美蕨属 ← **Aspidium; Meniscium** Dryopteridaceae 鳞毛蕨科 [F-49] 全球 (1) 大洲分布及种数(33)◆南美洲(◆巴西)
Stigmatorhynchus【3】 Schltr. 喙柱萝藦属 ← **Marsdenia** Apocynaceae 夹竹桃科 [MD-492] 全球 (1) 大洲分布及种数(3)◆非洲
Stigmatorthos【3】 M.W.Chase & D.E.Benn. 凹唇兰属 ← **Comparettia** Orchidaceae 兰科 [MM-723] 全球 (1) 大洲分布及种数(cf. 1)◆南美洲
Stigmatosema【3】 Garay 礼裙兰属 ← **Brachystele** Orchidaceae 兰科 [MM-723] 全球 (1) 大洲分布及种数(cf. 1)◆南美洲
Stigmatotheca Sch.Bip. = **Glebionis**
Stigmatula Eig = **Dorotheanthus**
Stigme Syd. = **Stilbe**
Stigmella Eig = **Dorotheanthus**
Stigon Adans. = **Sium**
Stilaginaceae【3】 C.Agardh 房还被科 [MD-220] 全球 (1) 大洲分布和属种数(uc)◆欧洲
Stilaginella Tul. = **Hieronyma**
Stilago L. = **Antidesma**
Stilbaceae【3】 Kunth 耀仙木科 [MD-532] 全球 (1) 大洲分布和属种数(3-4/11-15)◆非洲
Stilbanthus【3】 Hook.f. 巨苋藤属 Amaranthaceae 苋科 [MD-116] 全球 (1) 大洲分布及种数(cf. 1)◆亚洲
Stilbe【3】 Berg. 耀仙木属 → **Campylostachys** Stilbaceae 耀仙木科 [MD-532] 全球 (1) 大洲分布及种数(8-9)◆非洲(◆南非)
Stilbocarpa【3】 (Hook.f.) A.Gray 亮果参属 ← **Aralia** Apiaceae 伞形科 [MD-480] 全球 (1) 大洲分布及种数(3-4)◆大洋洲
Stilbocrea (Tul. & C.Tul.) Samuels & Seifert = **Stilbocarpa**
Stilboma O.F.Cook = **Pritchardia**
Stilbophyllum【3】 D.L.Jones & M.A.Clem. 丝球兰属 ≒ **Callista** Orchidaceae 兰科 [MM-723] 全球 (2) 大洲分

S

布及种数(cf.1) 亚洲;大洋洲
Stilbula W.Young = **Scilla**
Stilifolium Königer & D.Pongratz = **Cohniella**
Stilingia Raf. = **Stillingia**
Stilla W.Young = **Muscari**
Stillengia Torr. = **Stillingia**
Stillingia【3】 Garden ex L. 齿柏属 → **Actinostemon;Sapium;Shirakiopsis** Euphorbiaceae 大戟科 [MD-217] 全球 (6) 大洲分布及种数(32-38;hort.1;cult: 2)非洲:2-10;亚洲:4-12;大洋洲:1-9;欧洲:1-9;北美洲:15-25;南美洲:18-26
Stillingrleetia Boj. = **Sapium**
Stilo L. = **Antidesma**
Stilopsis Kylin = **Marsippospermum**
Stilopus Raf. = **Saxifraga**
Stilpnogyne【3】 DC. 耳雏菊属 Asteraceae 菊科 [MD-586] 全球 (1) 大洲分布及种数(1)◆非洲(◆南非)
Stilpnolepis【3】 Krasch. 百花蒿属 ← **Artemisia** Asteraceae 菊科 [MD-586] 全球 (1) 大洲分布及种数(cf. 1)◆亚洲
Stilpnopappus【3】 Mart. ex DC. 芒冠斑鸠菊属 → **Xiphochaeta;Vernonia** Asteraceae 菊科 [MD-586] 全球 (1) 大洲分布及种数(22-23)◆南美洲
Stilpnophleum Nevski = **Calamagrostis**
Stilpnophyllum (Endl.) Drury = **Stilpnophyllum**
Stilpnophyllum【3】 Hook.f. 亮叶鸡纳属 ← **Elaeagia** Rubiaceae 茜草科 [MD-523] 全球 (1) 大洲分布及种数(4)◆南美洲
Stilpnophyton (Thunb.) Harv. = **Athanasia**
Stilpnophytum Less. = **Athanasia**
Stilpopappus Mart. ex DC. = **Stilpnopappus**
Stimegas Raf. = **Paphiopedilum**
Stimenes Raf. = **Nierembergia**
Stimomphis Raf. = **Salpiglossis**
Stimoryne Raf. = **Petunia**
Stimpsonia【3】 Wright ex A.Gray 假婆婆纳属 ← **Lysimachia** Primulaceae 报春花科 [MD-401] 全球 (1) 大洲分布及种数(2-3)◆亚洲
Stipa【3】L. 针茅属 ≒ **Striga;Achnella** Poaceae 禾本科 [MM-748] 全球 (6) 大洲分布及种数(242-387;hort.1;cult: 25)非洲:39-92;亚洲:95-170;大洋洲:76-124;欧洲:47-108;北美洲:43-90;南美洲:105-158
Stipa Syreistschikovianae Martinovský = **Stipa**
Stipaceae Bercht. & J.Presl = Stilbaceae
Stipagrostis (Fig. & De Not.) De Winter = **Stipagrostis**
Stipagrostis【3】 Nees 针禾属 ← **Aristida;Trisetum;Avena** Poaceae 禾本科 [MM-748] 全球 (6) 大洲分布及种数(61-62;hort.1)非洲:54-55;亚洲:25-27;大洋洲:1;欧洲:5-6;北美洲:10-11;南美洲:1
Stipeae Dum. = **Stipa**
Stipecoma【3】 Müll.Arg. 毛梗夹竹桃属 ← **Echites;Peltastes** Apocynaceae 夹竹桃科 [MD-492] 全球 (1) 大洲分布及种数(1-2)◆南美洲
Stipella【-】 (Tzvelev) Röser & H.R.Hamasha 禾本科属 Poaceae 禾本科 [MM-748] 全球 (uc) 大洲分布及种数(uc)
Stipellaria Benth. = **Alchornea**
Stipellula【2】 Röer & Hamasha 针茅草属 ≒ **Striga** Poaceae 禾本科 [MM-748] 全球 (5) 大洲分布及种数(6-7)非洲:4-5;亚洲:cf.1;欧洲:2;北美洲:1;南美洲:1
Stiphonia Hemsl. = **Stephania**
Stiphra L. = **Stipa**
Stipidium【3】 M.K.Elias 北美洲针茅属 Poaceae 禾本科 [MM-748] 全球 (2) 大洲分布及种数(cf.1) 大洋洲;北美洲
Stipnolepii Krasch. = **Stilpnolepis**
Stiporyzopsis【3】 B.L.Johnson & Rogler 北美洲针草属 ≒ **Oryzopsis;Achnella** Poaceae 禾本科 [MM-748] 全球 (1) 大洲分布及种数(2)◆北美洲
Stiptanthus Briq. = **Anisochilus**
Stiptophyllum Edgew. = **Carduus**
Stipularia【3】 Beauv. 大爪草属 ≒ **Spergula** Caryophyllaceae 石竹科 [MD-77] 全球 (1) 大洲分布及种数(2)◆非洲
Stipulicida【3】 Michx. 齿托草属 Caryophyllaceae 石竹科 [MD-77] 全球 (1) 大洲分布及种数(2-3)◆北美洲(◆美国)
Stira L. = **Stipa**
Stiradotheca Klotzsch = **Begonia**
Stiranisia Raf. = **Saxifraga**
Stirlingia【3】 Endl. 莳萝木属 ← **Simsia;Stillingia** Proteaceae 山龙眼科 [MD-219] 全球 (1) 大洲分布及种数(1-8)◆大洋洲(◆澳大利亚)
Stirnia Wynne = **Stenia**
Stiroctis P. & K. = **Lachnaea**
Stironeurum Radlk. ex De Wild. & T.Durand = **Synsepalum**
Stirtonanthus【3】 B.E.van Wyk & A.L.Schutte 蔓豆属 ← **Podalyria** Fabaceae 豆科 [MD-240] 全球 (1) 大洲分布及种数(3)◆非洲(◆南非)
Stirtonia【-】 B.E.van Wyk & A.L.Schutte 曲尾藓科属 ≒ **Trematodon** Dicranaceae 曲尾藓科 [B-128] 全球 (uc) 大洲分布及种数(uc)
Stissera Giseke = **Stapelia**
Stisseria Fabr. = **Stapelia**
Stisseria【-】 Heist. ex Fabr. 山榄科属 ≒ **Mimusops;Stapelia** Sapotaceae 山榄科 [MD-357] 全球 (uc) 大洲分布及种数(uc)
Stisseria Heist. ex Fabr. = **Mimusops**
Stixaceae【3】Kunth 斑果藤科 [MD-179] 全球 (1) 大洲分布和属种数(2/14-18)◆大洋洲
Stixidaceae Doweld = Stixaceae
Stixis【3】 Lour. 斑果藤属 ≒ **Stelis** Resedaceae 木樨草科 [MD-196] 全球 (1) 大洲分布及种数(11-12)◆亚洲
Stiza E.Mey. = **Lebeckia**
Stizolobium【3】 P.Br. 黧豆属 → **Cajanus;Mucuna;Dolichos** Fabaceae3 蝶形花科 [MD-240] 全球 (6) 大洲分布及种数(6-8)非洲:2-8;亚洲:4-12;大洋洲:1-7;欧洲:1-7;北美洲:1-8;南美洲:2-8
Stizolophus【-】 Cass. 菊科属 ≒ **Centaurea** Asteraceae 菊科 [MD-586] 全球 (uc) 大洲分布及种数(uc)
Stizophyllum【3】 Miers 刺叶紫葳属 ← **Adenocalymma;Perianthomega** Bignoniaceae 紫葳科 [MD-541] 全球 (1) 大洲分布及种数(9-10)◆南美洲(◆巴西)
Stnoemia Vahl = **Cleome**
Stobaea Thunb. = **Berkheya**
Stobilanthes Bl. = **Strobilanthes**
Stocksia【3】 Benth. 斯托无患子属 Sapindaceae 无患子科 [MD-428] 全球 (1) 大洲分布及种数(cf. 1)◆亚洲
Stockwellia【3】 D.J.Carr 四裂假桉属 Myrtaceae 桃金

S

娘科 [MD-347] 全球 (1) 大洲分布及种数(1)◆大洋洲(◆澳大利亚)
Stoeba R.H.Zander = **Stonea**
Stoebaea Thunb. = **Sebaea**
Stoebe【3】L. 帚鼠曲属 → **Achyrocline** Asteraceae 菊科 [MD-586] 全球 (1) 大洲分布及种数(31-36)◆非洲
Stoeberia【3】Dinter & Schwantes 武玉树属 → **Amphibolia** Aizoaceae 番杏科 [MD-94] 全球 (1) 大洲分布及种数(3-8)◆非洲
Stoechadomentha P. & K. = **Adenosma**
Stoechas Güldenst. = **Lavandula**
Stoechas Rumph. = **Adenosma**
Stoechospermum (C.Agardh) Kütz. = **Mischocarpus**
Stoehelina Hall. ex Benth. = **Staehelina**
Stoerkea Baker = **Dracaena**
Stoerkia Crantz = **Dracaena**
Stoibrax【3】Raf. 葛缕子属 ← **Carum;Pimpinella** Apiaceae 伞形科 [MD-480] 全球 (1) 大洲分布及种数(1-3)◆非洲
Stokcsia Benth. = **Stocksia**
Stokes L´Hér. = **Stokesia**
Stokesia【3】L´Hér. 琉璃菊属 ← **Carthamus** Asteraceae 菊科 [MD-586] 全球 (1) 大洲分布及种数(1)◆北美洲
Stokesiella【3】(Kindb.) H.Rob. 异叶藓属 ≒ **Kindbergia** Brachytheciaceae 青藓科 [B-187] 全球 (1) 大洲分布及种数(1)◆北美洲
Stokoeanthus E.G.H.Oliv. = **Erica**
Stolas Spreng. = **Acronychia**
Stoliczia Schltr. = **Stolzia**
Stolidia Baill. = **Badula**
Stollaea Schltr. = **Caldcluvia**
Stolonivector【3】(E.A.Hodgs.) J.J.Engel 纽萼苔属 Lophocoleaceae 齿萼苔科 [B-74] 全球 (1) 大洲分布及种数(1)◆大洋洲(◆新西兰)
Stolonophora【-】J.J.Engel & R.M.Schust. 地萼苔科属 Geocalycaceae 地萼苔科 [B-49] 全球 (uc) 大洲分布及种数(uc)
Stolus Lampert = **Samolus**
Stolzia【3】Schltr. 封树兰属 ← **Bulbophyllum** Orchidaceae 兰科 [MM-723] 全球 (1) 大洲分布及种数(11)◆非洲
Stomadena Raf. = **Xenostegia**
Stomandra Standl. = **Rustia**
Stomarrhena DC. = **Astroloma**
Stomatanthes【2】R.M.King & H.Rob. 口泽兰属 ← **Eupatorium;Stilpnopappus** Asteraceae 菊科 [MD-586] 全球 (2) 大洲分布及种数(19-20)非洲:5;南美洲:15
Stomatechium B.D.Jacks = **Anchusa**
Stomatella Eig = **Dorotheanthus**
Stomatium【3】Schwantes 夜舟玉属 Aizoaceae 番杏科 [MD-94] 全球 (1) 大洲分布及种数(39-40)◆非洲(◆南非)
Stomatochaeta【3】(S.F.Blake) Maguire & Wurdack 鬃菊木属 ← **Stenopadus;Dermatophyllum** Asteraceae 菊科 [MD-586] 全球 (1) 大洲分布及种数(6)◆南美洲
Stomatostemma【3】N.E.Br. 口冠萝藦属 ← **Cryptolepis** Apocynaceae 夹竹桃科 [MD-492] 全球 (1) 大洲分布及种数(1)◆非洲
Stomatotechium Spach = **Bothriospermum**
Stomatricia【-】S.A.Hammer 番杏科属 Aizoaceae 番杏科 [MD-94] 全球 (uc) 大洲分布及种数(uc)
Stomiotheca Baill. = **Monopyle**
Stomoisia Barnhart = **Utricularia**
Stomoisis【3】(Vahl) Barnhart 冠狸藻属 Lentibulariaceae 狸藻科 [MD-570] 全球 (1) 大洲分布及种数(cf.1)◆南美洲
Stomolophus Agassiz = **Stizolophus**
Stomotechium Lehm. = **Anchusa**
Stonea【3】R.H.Zander 澳尾丛藓属 ≒ **Tortula** Pottiaceae 丛藓科 [B-133] 全球 (1) 大洲分布及种数(1)◆大洋洲
Stoneobryum【2】D.H.Norris & H.Rob. 南非木灵藓属 Orthotrichaceae 木灵藓科 [B-151] 全球 (2) 大洲分布及种数(2) 非洲:1;大洋洲:1
Stonesia【3】G.Taylor 河尾草属 Podostemaceae 川苔草科 [MD-322] 全球 (1) 大洲分布及种数(2-5)◆非洲
Stonesiella【3】Crisp & P.H.Weston 石蝶花属 ← **Kindbergia** Fabaceae 豆科 [MD-240] 全球 (1) 大洲分布及种数(1)◆大洋洲
Stongylocaryum Burret = **Ptychosperma**
Stonia J.M.H.Shaw = **Sextonia**
Stoo Salazar = **Sotoa**
Stooria Neck. = **Stolzia**
Stopinaca Raf. = **Polygonella**
Stor Fenzl = **Kigelia**
Storckiella【3】Seem. 名材豆木属 Fabaceae2 云实科 [MD-239] 全球 (1) 大洲分布及种数(6)◆大洋洲
Storena Simon = **Solena**
Storeria Holbrook = **Stoeberia**
Stormara P.A.Storm = **Cardiopetalum**
Stormesia J.Kickx = **Asplenium**
Stormia【3】S.L.Moore 黄蚕木属 ≒ **Cymbopetalum** Annonaceae 番荔枝科 [MD-7] 全球 (1) 大洲分布及种数(uc)◆亚洲
Storrsia J.Kickx = **Neottopteris**
Storthocalyx【3】Radlk. 明材无患子属 Sapindaceae 无患子科 [MD-428] 全球 (1) 大洲分布及种数(5)◆大洋洲
Stosicia Baill. = **Ardisia**
Stoverisporites【-】Norvick & D.Burger 不明藓属 Fam(uc) 全球 (uc) 大洲分布及种数(uc)
Strabala J.Dransf. & Beentje = **Satranala**
Strabonia DC. = **Pulicaria**
Stracheya【3】Benth. 藏豆属 ← **Astragalus** Fabaceae 豆科 [MD-240] 全球 (1) 大洲分布及种数(cf. 1)◆亚洲
Stracheyi Benth. = **Stracheya**
Straemia J.C.Wendland = **Cadaba**
Stragania R.Br. = **Blechnum**
Strailia Nor. = **Canarium**
Strakaea C.Presl = **Thottea**
Stramentopappus【3】H.Rob. & V.A.Funk 铁鸠菊属 ≒ **Vernonia** Asteraceae 菊科 [MD-586] 全球 (1) 大洲分布及种数(2)◆北美洲
Stramentum Mill. = **Datura**
Straminergon【3】Hedenäs 华湿原藓属 Calliergona-

ceae 湿原藓科 [B-179] 全球 (1) 大洲分布及种数(1)◆亚洲
Stramonium Mill. = **Datura**
Strandesia Lindl. = **Stranvaesia**
Strangalia Dulac = **Hirschfeldia**
Strangalis Dulac = **Hirschfeldia**
Strangea【3】Meisn. 锚轮树属 ← **Grevillea** Proteaceae 山龙眼科 [MD-219] 全球 (1) 大洲分布及种数(1-3)◆大洋洲(◆澳大利亚)
Strangwaysia P. & K. = **Stranvaesia**
Strangweja Bertol. = **Hyacinthus**
Strangweya Benth. = **Hyacinthus**
Strania Nor. = **Stenia**
Stranvaesia【3】Lindl. 红果树属 ← **Crataegus;Photinia;Pourthiaea** Rosaceae 蔷薇科 [MD-246] 全球 (1) 大洲分布及种数(4-9)◆亚洲
Strasburgeria【3】Baill. 栓皮果属 Strasburgeriaceae 栓皮果科 [MD-143] 全球 (1) 大洲分布及种数(1)◆大洋洲(◆美拉尼西亚)
Strasburgeriaceae【3】Van Tiegh. 栓皮果科 [MD-143] 全球 (1) 大洲分布和属种数(1/1-2)◆大洋洲(◆澳大利亚)
Strasseria (Berk. & Broome) Höhn. = **Stapelia**
Strateuma Raf. = **Zeuxine**
Strateuma Salisb. = **Orchis**
Stratioites Gilib. = **Stratiotes**
Stratiomys L. = **Stratiotes**
Stratiotaceae F.W.Schultz & Sch.Bip. = Alismataceae
Stratiotes【3】L. 水凤梨属 → **Enhalus** Hydrocharitaceae 水鳖科 [MM-599] 全球 (1) 大洲分布及种数(3)◆欧洲
Strattonia DC. = **Pulicaria**
Straussia (DC.) A.Gray = **Psychotria**
Straussiella【3】Hausskn. 伊朗芥属 Brassicaceae 十字花科 [MD-213] 全球 (1) 大洲分布及种数(cf. 1)◆亚洲
Stravadia Pers. = **Barringtonia**
Stravadium A.Juss. = **Barringtonia**
Strebanthus Raf. = **Eryngium**
Streblacanthus【2】P. & K. 大刺爵床属 ← **Justicia; Odontonema** Acanthaceae 爵床科 [MD-572] 全球 (2) 大洲分布及种数(7)北美洲:4;南美洲:4
Streblanthera Steud. = **Trichodesma**
Streblanthus Raf. = **Eryngium**
Streblidae Link = **Schoenus**
Streblidia Link = **Schoenus**
Streblina Raf. = **Nyssa**
Streblocarpus Arn. = **Maerua**
Streblochaeta Benth. & Hook.f. = **Streptochaeta**
Streblochaete【3】Hochst. ex A.Rich. 旋芒草属 ← **Bromus;Phaenanthoecium;Trisetum** Poaceae 禾本科 [MM-748] 全球 (1) 大洲分布及种数(1)◆非洲
Streblonema Thuret = **Strephonema**
Streblopilum Ångström = **Brachythecium**
Streblorrhiza【3】Endl. 绞根耀花豆属 → **Clianthus** Fabaceae 豆科 [MD-240] 全球 (1) 大洲分布及种数(1)◆大洋洲
Streblosa【3】Korth. 马来茜属 ← **Psychotria** Rubiaceae 茜草科 [MD-523] 全球 (1) 大洲分布及种数(2-27)◆亚洲
Streblosiopsis【3】Valeton 扭茜草属 Rubiaceae 茜草科 [MD-523] 全球 (1) 大洲分布及种数(1)◆东南亚(◆印度尼西亚)
Streblosoma McIntosh = **Streblosa**
Streblotrichum【2】P.Beauv. 丛藓科属 Pottiaceae 丛藓科 [B-133] 全球 (4) 大洲分布及种数(3) 非洲:1;亚洲:2;欧洲:1;北美洲:2
Streblus (Bl.) Corner = **Streblus**
Streblus【3】Lour. 叶被木属 ← **Morus;Trophis; Bleekrodea** Moraceae 桑科 [MD-87] 全球 (6) 大洲分布及种数(32-35;hort.1)非洲:7-26;亚洲:19-39;大洋洲:14-34;欧洲:1-19;北美洲:5-23;南美洲:2-20
Streckera Sch.Bip. = **Leontodon**
Streetsia Steud. = **Tillandsia**
Streimannia【3】Ochyra 青藓科属 Brachytheciaceae 青藓科 [B-187] 全球 (1) 大洲分布及种数(1)◆大洋洲
Streleskia Hook.f. = **Codonopsis**
Streletzia Sond. = **Olearia**
Strelitsia Thunb. = **Strelitzia**
Strelitzia【3】Aiton 鹤望兰属 ← **Heliconia** Strelitziaceae 鹤望兰科 [MM-725] 全球 (6) 大洲分布及种数(6-7;hort.1;cult:1)非洲:5-6;亚洲:3-4;大洋洲:2-3;欧洲:1-2;北美洲:3-4;南美洲:4-5
Strelitziaceae【3】Hutch. 鹤望兰科 [MM-725] 全球 (6) 大洲分布和属种数(3;hort. & cult.2-3)(7-18;hort. & cult.6-8)非洲:2/6-12;亚洲:2/4-10;大洋洲:2/3-9;欧洲:1-2/1-7;北美洲:2/4-10;南美洲:3/6-14
Strelitzla (Banks) Ait. = **Strelitzia**
Strempelia A.Rich. = **Rudgea**
Strempeliopsis【3】Benth. 施特夹竹桃属 ← **Rauvolfia** Apocynaceae 夹竹桃科 [MD-492] 全球 (1) 大洲分布及种数(1-2)◆北美洲
Strepalon Raf. = **Vismia**
Strepera Steud. = **Tillandsia**
Strephedium (Michx.) P.Beauv. = **Raddia**
Strephium Schröd. ex Nees = **Raddia**
Strephonema【3】Hook.f. 肉瘿木属 ≒ **Steironema** Combretaceae 使君子科 [MD-354] 全球 (1) 大洲分布及种数(2-13)◆非洲
Strephonota Hook.f. = **Strephonema**
Strephostyles Elliott = **Strophostyles**
Strepsanthera Raf. = **Anthurium**
Strepsia Nutt. ex Steud. = **Tillandsia**
Strepsilejeunea (Spruce) Schiffn. = **Strepsilejeunea**
Strepsilejeunea【2】Stephani 唇鳞苔属 → **Cheilolejeunea;Lejeunea** Lejeuneaceae 细鳞苔科 [B-84] 全球 (4) 大洲分布及种数(cf.1) 非洲;亚洲;北美洲;南美洲
Strepsiloba Raf. = **Entada**
Strepsilobus Raf. = **Entada**
Strepsimela Raf. = **Loranthus**
Strepsiphus Raf. = **Peristrophe**
Strepsiphyla Raf. = **Drimia**
Streptachne【-】Kunth 禾本科属 ≒ **Aristida** Poaceae 禾本科 [MM-748] 全球 (uc) 大洲分布及种数(uc)
Streptacis Raf. = **Murdannia**
Streptalon Raf. = **Vismia**
Streptanthella【3】Rydb. 长喙提琴芥属 ← **Guillenia;**

Streptanthus;Thelypodium Brassicaceae 十字花科 [MD-213] 全球 (1) 大洲分布及种数(1)◆北美洲
Streptanthera Sw. = **Sparaxis**
Streptantherae Benth. ex Benth. = **Sparaxis**
Streptanthus【3】Nutt. 扭花芥属 → **Agianthus;Erysimum;Phoenicaulis** Brassicaceae 十字花科 [MD-213] 全球 (1) 大洲分布及种数(57-90)◆北美洲(◆美国)
Streptatherae Benth. = **Sparaxis**
Streptaxis Raf. = **Murdannia**
Streptia Döll = **Streptogyna**
Streptilon Raf. = **Vismia**
Streptima Raf. = **Frankenia**
Streptium Roxb. = **Priva**
Streptocalpta【3】Müll.Hal. 扭曲藓属 Pottiaceae 丛藓科 [B-133] 全球 (1) 大洲分布及种数(1)◆非洲
Streptocalypta【2】Müll.Hal. 扭丛藓属 Pottiaceae 丛藓科 [B-133] 全球 (3) 大洲分布及种数(4) 非洲:1;北美洲:2;南美洲:1
Streptocalyx【3】Beer 扭萼凤梨属 ← **Aechmea** Bromeliaceae 凤梨科 [MM-715] 全球 (1) 大洲分布及种数(8)◆南美洲
Streptocarpus【3】Lindl. 海角苣苔属 ← **Boea;Didymocarpus;Rhabdothamnopsis** Gesneriaceae 苦苣苔科 [MD-549] 全球 (1) 大洲分布及种数(164-199)◆非洲
Streptocaulon【3】Wight & Arn. 马莲鞍属 ← **Calotropis;Cryptolepis;Periploca** Apocynaceae 夹竹桃科 [MD-492] 全球 (1) 大洲分布及种数(6-10)◆亚洲
Streptocerus Fairmaire = **Streptocarpus**
Streptochaeta【3】Schröd. ex Nees 扭芒竺属 Poaceae 禾本科 [MM-748] 全球 (1) 大洲分布及种数(3)◆南美洲
Streptochaetaceae Nakai = Poaceae
Streptochaeteae C.E.Hubb. = **Streptochaeta**
Streptocolea【3】(I.Hagen) Ochyra & Åearnowiec 扭萼藓属 Grimmiaceae 紫萼藓科 [B-115] 全球 (1) 大洲分布及种数(uc)◆北美洲
Streptodesmia A.Gray = **Adesmia**
Streptoechites【3】D.J.Middleton & Livshultz 泥藤属 Apocynaceae 夹竹桃科 [MD-492] 全球 (1) 大洲分布及种数(cf.2)◆亚洲
Streptoglossa【3】Steetz ex F.Müll. 小蓬草属 ≒ **Erigeron;Pluchea** Asteraceae 菊科 [MD-586] 全球 (1) 大洲分布及种数(6-8)◆大洋洲(◆澳大利亚)
Streptogloxinia Hort. = **Sinningia**
Streptogyna【2】P.Beauv. 扭果竺属 Poaceae 禾本科 [MM-748] 全球 (4) 大洲分布及种数(4)非洲:1;亚洲:cf.1;北美洲:1;南美洲:3
Streptogyne P.Beauv. = **Streptogyna**
Streptogyneae C.E.Hubb. = **Streptogyna**
Streptolarium【-】D.A.Beadle 凤梨科属 Bromeliaceae 凤梨科 [MM-715] 全球 (uc) 大洲分布及种数(uc)
Streptolirion【3】Edgew. 竹叶子属 → **Spatholirion;Tradescantia** Commelinaceae 鸭跖草科 [MM-708] 全球 (1) 大洲分布及种数(cf. 1)◆亚洲
Streptoloma【3】Bunge 曲缘芥属 ← **Sisymbrium;Torularia** Brassicaceae 十字花科 [MD-213] 全球 (1) 大洲分布及种数(cf.1)◆中亚(◆土库曼斯坦)
Streptolophus【3】Hughes 攀缘箭叶草属 Poaceae 禾本科 [MM-748] 全球 (1) 大洲分布及种数(1)◆非洲(◆安哥拉)
Streptomanes【3】K.Schum. 大洋洲麻竹桃属 Apocynaceae 夹竹桃科 [MD-492] 全球 (1) 大洲分布及种数(1)◆大洋洲
Streptomea E.L.Sm. = **Streptoura**
Streptopetalum【3】Hochst. 黄麻花属 Passifloraceae 西番莲科 [MD-151] 全球 (1) 大洲分布及种数(2-5)◆非洲
Streptopogon【2】(Wilson ex Mitt.) Mitt. 扭油藓属 ≒ **Tayloria** Pottiaceae 丛藓科 [B-133] 全球 (4) 大洲分布及种数(8) 非洲:2;大洋洲:1;北美洲:5;南美洲:7
Streptopus【3】Michx. 扭柄花属 ← **Convallaria; Disporum** Liliaceae 百合科 [MM-633] 全球 (6) 大洲分布及种数(11-16;hort.1;cult:4)非洲:9;亚洲:9-19;大洋洲:9;欧洲:2-11;北美洲:7-16;南美洲:1-10
Streptorhamphus Regel = **Lactuca**
Streptosiphon【3】Mildbr. 坦桑曲爵床属 Acanthaceae 爵床科 [MD-572] 全球 (1) 大洲分布及种数(1)◆非洲(◆坦桑尼亚)
Streptosolen【3】Miers 扭管花属 ← **Browallia** Solanaceae 茄科 [MD-503] 全球 (1) 大洲分布及种数(1)◆南美洲
Streptostachys【3】Desv. 弯穗黍属 → **Brachiaria; Panicum;Urochloa** Poaceae 禾本科 [MM-748] 全球 (1) 大洲分布及种数(6)◆南美洲
Streptostigma Regel = **Harpullia**
Streptothamnus【3】F.Müll. 海金藤属 ≒ **Berberidopsis** Berberidopsidaceae 红珊藤科 [MD-62] 全球 (1) 大洲分布及种数(1)◆大洋洲(◆密克罗尼西亚)
Streptotheca Ulbr. = **Septotheca**
Streptotrachelus Greenm. = **Laubertia**
Streptotrichum【3】Herzog 玻丛藓属 Pottiaceae 丛藓科 [B-133] 全球 (1) 大洲分布及种数(1)◆南美洲
Streptoura【3】Lür 尾萼兰属 ← **Masdevallia** Orchidaceae 兰科 [MM-723] 全球 (1) 大洲分布及种数(cf. 1)◆南美洲
Streptylis Raf. = **Murdannia**
Striatella Ruiz & Pav. = **Galinsoga**
Striatites L. = **Stratiotes**
Striatula M.Pinter = **Serratula**
Stricklandara Griff. & J.M.H.Shaw = **Eucrosia**
Stricklandia Baker = **Eucrosia**
Strictocadia Hallier f. = **Stictocardia**
Striga【3】Lour. 独脚金属 ← **Buchnera;Cycnium; Stipellula** Orobanchaceae 列当科 [MD-552] 全球 (6) 大洲分布及种数(51-62)非洲:38-48;亚洲:15-21;大洋洲:7-13;欧洲:1-4;北美洲:5-8;南美洲:2-5
Strigatella Boiss. = **Strigosella**
Strigea Lour. = **Striga**
Strigilia Cav. = **Styrax**
Strigilla Cav. = **Styrax**
Strigillina Cav. = **Styrax**
Strigina Engl. = **Buchnera**
Strigosella【3】Boiss. 涩芥属 ← **Dontostemon;Malcolmia;Malcomia** Brassicaceae 十字花科 [MD-213] 全球 (1) 大洲分布及种数(21-26)◆亚洲
Striolaria Ducke = **Pentagonia**
Strob Raf. = **Cistus**

S

Strobidia Miq. = **Zingiber**
Strobila G.Don = **Nicolaia**
Strobilacanthus【3】Griseb. 球刺爵床属 Acanthaceae 爵床科 [MD-572] 全球 (1) 大洲分布及种数(cf. 1)◆中美洲(◆巴拿马)
Strobilanthcs Bl. = **Strobilanthes**
Strobilanthes【3】Bl. 延苞蓝属 → **Acanthopale;Cystacanthus;Diflugossa** Acanthaceae 爵床科 [MD-572] 全球 (1) 大洲分布及种数(531-622)◆亚洲
Strobilanthopsis H.Lév. = **Strobilanthes**
Strobilanthos St.Lag. = **Strobilanthes**
Strobilanthus Rchb. = **Strobilanthes**
Strobilarthes Bl. = **Strobilanthes**
Strobilocarpos Benth. & Hook.f. = **Grubbia**
Strobilocarpus【3】Klotzsch 愚人莓属 ≒ **Grubbia** Grubbiaceae 愚人莓科 [MD-410] 全球 (1) 大洲分布及种数(uc)◆亚洲
Strobilopanax【3】R.Vig. 洋常春木属 ← **Meryta** Araliaceae 五加科 [MD-471] 全球 (1) 大洲分布及种数(uc)◆大洋洲
Strobilopsis【3】Hilliard & B.L.Burtt 球果玄参属 Scrophulariaceae 玄参科 [MD-536] 全球 (1) 大洲分布及种数(1)◆非洲
Strobilorhachis Klotzsch = **Aphelandra**
Strobilu Noronha = **Amomum**
Strobllanthes Bl. = **Strobilanthes**
Strobocalyx (Bl. ex DC.) Spach = **Strobocalyx**
Strobocalyx【2】Sch.Bip. 铁鸠菊属 ≒ **Monosis** Asteraceae 菊科 [MD-586] 全球 (3) 大洲分布及种数(9-12)非洲:2;亚洲:6;大洋洲:1
Strobon Raf. = **Cistus**
Strobopetalum N.E.Br. = **Pentatropis**
Strobus【-】Opiz 松科属 ≒ **Picea** Pinaceae 松科 [G-15] 全球 (uc) 大洲分布及种数(uc)
Stroemeria Roxb. = **Cadaba**
Stroemia【-】I.Hagen 木灵藓科属 ≒ **Cadaba;Orthotrichum** Orthotrichaceae 木灵藓科 [B-151] 全球 (uc) 大洲分布及种数(uc)
Stroganovia Lindl. = **Stroganowia**
Stroganowia【3】Kar. & Kir. 革叶荠属 ← **Lepidium;Stubendorffia** Brassicaceae 十字花科 [MD-213] 全球 (6) 大洲分布及种数(1-5)非洲:2;亚洲:2;大洋洲:2;欧洲:2;北美洲:2;南美洲:2
Strogylodon Vog. = **Strongylodon**
Strohilanthes Bl. = **Strobilanthes**
Stromanthe【3】Sond. 紫背竹芋属 ← **Calathea;Myrosma;Thalia** Marantaceae 竹芋科 [MM-740] 全球 (1) 大洲分布及种数(21-25)◆南美洲
Stromate Sond. = **Stromanthe**
Stromatium Schwantes = **Stomatium**
Stromatocactus Karw. ex Först. = **Ariocarpus**
Stromatocarpus Rumpler = **Mammillaria**
Stromatopteridaceae【-】Bierh. 里白科属 Gleicheniaceae 里白科 [F-18] 全球 (uc) 大洲分布及种数(uc)
Stromatopteris【3】Mettenius 马陆蕨属 Gleicheniaceae 里白科 [F-18] 全球 (1) 大洲分布及种数(1)◆大洋洲
Strombocactus【3】Britton & Rose 独乐玉属 ← **Mammillaria;Obregonia** Cactaceae 仙人掌科 [MD-100] 全球 (1) 大洲分布及种数(3-4)◆北美洲(◆墨西哥)
Strombocarpa (Benth.) A.Gray = **Strombocarpa**
Strombocarpa【3】A.Gray 牧豆树属 ← **Prosopis** Fabaceae3 蝶形花科 [MD-240] 全球 (1) 大洲分布及种数(cf. 1)◆北美洲
Strombocarpus Benth. & Hook.f. = **Strombocarpa**
Strombocerus Willd. ex Steud. = **Bouteloua**
Strombodurus Steud. = **Bouteloua**
Strombosia【2】Bl. 润肺木属 → **Anacolosa;Diogoa** Olacaceae 铁青树科 [MD-362] 全球 (2) 大洲分布及种数(9-17;hort.1)非洲:6;亚洲:2-9
Strombosiaceae Van Tiegh. = Olacaceae
Strombosiopsis【3】Engl. 拟陀螺树属 → **Diogoa** Olacaceae 铁青树科 [MD-362] 全球 (1) 大洲分布及种数(3-5)◆非洲
Strombulidens【3】W.R.Buck 翠毛藓属 Ditrichaceae 牛毛藓科 [B-119] 全球 (1) 大洲分布及种数(1)◆亚洲
Strongylamma DC. = **Nassauvia**
Strongyleria【2】(Pfitzer) Schuit.,Y.P.Ng & H.A.Pedersen 劲房兰属 Orchidaceae 兰科 [MM-723] 全球 (2) 大洲分布及种数(4) 非洲:1;亚洲:3
Strongyleuma (Nyl.) Vain.ssp.albipes Vain. = **Nassauvia**
Strongylida DC. = **Nassauvia**
Strongylocalyx Bl. = **Syzygium**
Strongylocaryum Burret = **Ptychosperma**
Strongylodon【3】Vog. 翡翠葛属 ≒ **Glycine** Fabaceae 豆科 [MD-240] 全球 (6) 大洲分布及种数(8-18)非洲:4-8;亚洲:5-13;大洋洲:2-6;欧洲:1-2;北美洲:3;南美洲:2
Strongyloma DC. = **Nassauvia**
Strongylomopsis Speg. = **Nassauvia**
Strongylop DC. = **Nassauvia**
Strongylopsis Räsänen = **Nassauvia**
Strongyloria DC. = **Nassauvia**
Strongylosoma DC. = **Nassauvia**
Strongylosperma Less. = **Cotula**
Strongylura DC. = **Nassauvia**
Stropanthus Nutt. = **Streptanthus**
Stropha Nor. = **Dioscorea**
Strophacanthus Lindau = **Isoglossa**
Strophades Boiss. = **Erysimum**
Strophaeus Boiss. = **Erysimum**
Strophanthus【2】DC. 羊角拗属 → **Abarema;Apocynum;Papuechites** Apocynaceae 夹竹桃科 [MD-492] 全球 (5) 大洲分布及种数(28-42)非洲:25-34;亚洲:10-14;欧洲:3;北美洲:13;南美洲:6
Strophantus DC. = **Strophanthus**
Stropharia B.L.Turner = **Strotheria**
Strophioblachia【3】Börl. 宿萼木属 ← **Blachia** Euphorbiaceae 大戟科 [MD-217] 全球 (1) 大洲分布及种数(cf. 1)◆亚洲
Strophiodiscus Choux = **Plagioscyphus**
Strophiostoma Turcz. = **Myosotis**
Strophis Sahsb. = **Dioscorea**
Strophitus Salisb. = **Dioscorea**
Strophium Dulac = **Moehringia**
Strophius Salisb. = **Dioscorea**
Strophocactus【3】Britton & Rose 蛇鞭柱属 ← **Selenicereus** Cactaceae 仙人掌科 [MD-100] 全球 (1) 大

洲分布及种数(1)◆南美洲
Strophocaulon【3】S.E.Fawc. & A.R.Sm. 金星蕨科属 Thelypteridaceae 金星蕨科 [F-42] 全球 (1) 大洲分布及种数(uc)◆大洋洲
Strophocaulos (G.Don) Small = **Convolvulus**
Strophodus Boiss. = **Erysimum**
Stropholirion【3】Torr. 蓝壶韭属 ≒ **Dichelostemma** Asparagaceae 天门冬科 [MM-669] 全球 (1) 大洲分布及种数(1)◆北美洲
Strophopappus【3】DC. 芒冠斑鸠菊属 ≒ **Stilpnopappus** Asteraceae 菊科 [MD-586] 全球 (1) 大洲分布及种数(1-2)◆南美洲
Strophostyles【3】Elliott 曲瓣菜豆属 ← **Cajanus;Phaseolus;Vigna** Fabaceae 豆科 [MD-240] 全球 (1) 大洲分布及种数(5-7)◆北美洲
Strotheria【3】B.L.Turner 岩丘菊属 Asteraceae 菊科 [MD-586] 全球 (1) 大洲分布及种数(1)◆北美洲(◆墨西哥)
Strptolirion Edgew. = **Streptolirion**
Struchium【3】P.Br. 骨冠菊属 → **Ethulia** Asteraceae 菊科 [MD-586] 全球 (1) 大洲分布及种数(1)◆南美洲
Struckeria Steud. = **Vochysia**
Struckia【2】Müll.Hal. 牛尾藓属 Plagiotheciaceae 棉藓科 [B-170] 全球 (3) 大洲分布及种数(3) 亚洲:2;欧洲:1;北美洲:1
Strukeria Vell. = **Vochysia**
Strumaria (D.Müll.-Doblies & U.Müll.-Doblies) Snijman = **Strumaria**
Strumaria【3】Jacq. 柔石蒜属 ← **Amaryllis;Carpolyza** Amaryllidaceae 石蒜科 [MM-694] 全球 (1) 大洲分布及种数(27-30)◆非洲(◆南非)
Strumariaceae Salisb. = Amaryllidaceae
Strumarium Raf. = **Xanthium**
Strumpfia【3】Jacq. 松傲木属 Rubiaceae 茜草科 [MD-523] 全球 (1) 大洲分布及种数(1)◆北美洲
Strumpfieae Delprete & T.J.Motley = **Strumpfia**
Strusiola Raf. = **Struthiola**
Strutanthus Mart. = **Struthanthus**
Struthanthus Cymularia Benth. & Hook. = **Struthanthus**
Struthanthus【3】Mart. 驼鸟花属 → **Cladocolea;Notanthera;Psittacanthus** Loranthaceae 桑寄生科 [MD-415] 全球 (1) 大洲分布及种数(122-141)◆南美洲
Struthia L. = **Gnidia**
Struthiola【3】L. 杉薇香属 ← **Gnidia;Passerina** Thymelaeaceae 瑞香科 [MD-310] 全球 (1) 大洲分布及种数(47-48)◆非洲
Struthiolopsis E.Phillips = **Gnidia**
Struthiopteris Bernh. = **Struthiopteris**
Struthiopteris【3】G.A.Scop. 荚囊蕨属 ≒ **Onoclea** Blechnaceae 乌毛蕨科 [F-46] 全球 (6) 大洲分布及种数(4-8)非洲:2;亚洲:2-4;大洋洲:2;欧洲:2;北美洲:1-3;南美洲:2
Struthopteris Bernh. = **Osmundastrum**
Strutiola Burm.f. = **Struthiola**
Struvea Rchb. = **Torreya**
Strychnaceae【3】DC. ex Perleb 马钱子科 [MD-487] 全球 (6) 大洲分布和属种数(1;hort. & cult.1)(256-289;hort. & cult.7-8)非洲:1/92-102; 亚洲:1/87-100; 大洋洲:1/27-34; 欧洲:1/5; 北美洲:1/29-34; 南美洲:1/93-106
Strychnodaphne Nees = **Ocotea**
Strychnopsis【3】Baill. 马钱藤属 Menispermaceae 防己科 [MD-42] 全球 (1) 大洲分布及种数(1)◆非洲(◆马达加斯加)
Strychnos (Progel) Krukoff & Barneby = **Strychnos**
Strychnos【3】L. 马钱属 ≒ **Hydnophytum;Ancylobotrys** Strychnaceae 马钱子科 [MD-487] 全球 (6) 大洲分布及种数(257-281;hort.1;cult:1)非洲:92-102;亚洲:87-100;大洋洲:27-34;欧洲:5;北美洲:29-34;南美洲:93-106
Strychnus L. = **Strychnos**
Strymon Raf. = **Cistus**
Stryphnodendron【3】Mart. 涩树属 ← **Acacia;Mimosa;Pseudopiptadenia** Fabaceae 豆科 [MD-240] 全球 (1) 大洲分布及种数(32-36)◆南美洲
Stryphodendron Mart. = **Stryphnodendron**
Strzeleckya F.Müll = **Flindersia**
Stuartia【2】L. 紫茎属 ≒ **Stewartia** Theaceae 山茶科 [MD-168] 全球 (2) 大洲分布及种数(2) 亚洲:2;北美洲:2
Stuartina【3】Sond. 无冠紫绒草属 ← **Gnephosis** Asteraceae 菊科 [MD-586] 全球 (6) 大洲分布及种数(3) 非洲:3;亚洲:3;大洋洲:2-5;欧洲:3;北美洲:3;南美洲:3
Stubendorffia【3】Schrenk ex Fisch. 施图芥属 ← **Isatis;Stroganowia** Brassicaceae 十字花科 [MD-213] 全球 (1) 大洲分布及种数(cf. 1)◆亚洲
Stuckenia【3】Börner 篦齿眼子菜属 ≒ **Potamogeton** Potamogetonaceae 眼子菜科 [MM-606] 全球 (6) 大洲分布及种数(14-15)非洲:1-5;亚洲:9-13;大洋洲:4;欧洲:8-12;北美洲:10-14;南美洲:7-11
Stuckertia【3】P. & K. 夹竹桃科属 Apocynaceae 夹竹桃科 [MD-492] 全球 (1) 大洲分布及种数(uc)◆亚洲
Stuckertiella【3】Beauverd 联冠紫绒草属 ← **Gamochaeta** Asteraceae 菊科 [MD-586] 全球 (1) 大洲分布及种数(2)◆南美洲
Stuebelia Pax = **Belencita**
Stuernia Lindl. = **Stenia**
Stuessya【3】B.L.Turner & F.G.Davies 芒苞菊属 ← **Viguiera** Asteraceae 菊科 [MD-586] 全球 (1) 大洲分布及种数(2)◆北美洲
Stuhlmannia【3】Taub. 非洲云实属 ← **Caesalpinia** Fabaceae 豆科 [MD-240] 全球 (1) 大洲分布及种数(1)◆非洲
Stulosanthes Sw. = **Stylosanthes**
Stultitia【3】E.Phillips 宽杯角属 ≒ **Stapelia** Apocynaceae 夹竹桃科 [MD-492] 全球 (1) 大洲分布及种数(uc)◆亚洲
Stupa Asch. = **Stipa**
Sturia Hoppe = **Mibora**
Sturio Hoppe = **Mibora**
Sturmia C.F.Gaertn. = **Mibora**
Sturmia Gaertn.f. = **Antirhea**
Sturmia Rchb. = **Liparis**
Sturnia Maratt. = **Allium**
Sturtia R.Br. = **Gossypium**
Stussenia【3】C.Hansen 柏拉木属 ≒ **Blastus** Melastomataceae 野牡丹科 [MD-364] 全球 (1) 大洲分布及种数(1)◆亚洲
Stutzeria F.Müll = **Callicoma**

S

Stutzia【3】E.H.Zacharias 鳞滨藜属 Amaranthaceae 苋科 [MD-116] 全球 (1) 大洲分布及种数(2)◆北美洲(◆美国)
Stwartia L. = **Stewartia**
Styasasia S.Moore = **Asystasia**
Stychophyllum Phil. = **Pycnophyllum**
Stygiaria Ehrh. = **Gluta**
Stygnanthe Hanst. = **Columnea**
Stygnolepis KlotzscH ex Köm. = **Stegolepis**
Stylactis Cass. = **Erigeron**
Stylago Salisb. = **Libertia**
Stylagrostis Mez = **Deyeuxia**
Stylandra Nutt. = **Asclepias**
Stylangia Brongn. = **Phylica**
Stylanthus Rchb. & Zoll. = **Mallotus**
Stylapterus【3】A.Juss. 管萼木属 ≒ **Penaea** Penaeaceae 管萼木科 [MD-375] 全球 (1) 大洲分布及种数(uc)◆亚洲
Stylarioides Medik. = **Anthericum**
Stylarthropus Baill. = **Whitfieldia**
Stylaster Heist. = **Scilla**
Stylaxinella Tul. = **Hieronyma**
Stylbocarpa Decne & Planch. = **Stilbocarpa**
Stylephorus Nutt. = **Stylophorum**
Stylesia Nutt. = **Bahia**
Styleurodon Raf. = **Verbena**
Stylexia Raf. = **Caylusea**
Styli Poir. = **Alangium**
Stylidiaceae【3】R.Br. 花柱草科 [MD-568] 全球 (6) 大洲分布和属种数(5;hort. & cult.2-3)(192-371;hort. & cult.2-11)非洲:1-3/2-18;亚洲:1-3/164-312;大洋洲:4-5/187-357;欧洲:1-3/1-18;北美洲:3/16;南美洲:1-3/1-17
Stylidium Lour. = **Stylidium**
Stylidium【3】Sw. ex Willd. 条叶花柱草属 ← **Alangium;Oreostylidium** Stylidiaceae 花柱草科 [MD-568] 全球 (6) 大洲分布及种数(188-331;hort.1;cult: 8)非洲:2-4;亚洲:164-298;大洋洲:183-322;欧洲:1-4;北美洲:2;南美洲:2
Stylidocleome Roalson & J.C.Hall = **Cleome**
Stylimnus Raf. = **Pluchea**
Stylina Raf. = **Stylisma**
Stylinos Raf. = **Saxifraga**
Styliola Quoy & Gaimard = **Stylisma**
Stylipus Raf. = **Saxifraga**
Stylis Poir. = **Alangium**
Stylisanthe Garay & H.R.Sw. = **Stylosanthes**
Stylisma【3】Raf. 曙花藤属 ← **Bonamia;Convolvulus;Washingtonia** Convolvulaceae 旋花科 [MD-499] 全球 (1) 大洲分布及种数(7-12)◆北美洲
Stylismus Spach = **Saxifraga**
Stylista Raf. = **Gynandropsis**
Stylites【3】Amstutz 水韭科属 ≒ **Isoetes** Isoetaceae 水韭科 [F-7] 全球 (1) 大洲分布及种数(uc)◆亚洲
Stylobasiaceae【3】J.Agardh 过柱花科 [MD-251] 全球 (1) 大洲分布和属种数(1;hort. & cult.1)(3;hort. & cult.1)◆大洋洲
Stylobasium【3】Desf. 檐铃木属 Surianaceae 海人树科 [MD-257] 全球 (1) 大洲分布及种数(2)◆大洋洲(◆澳大利亚)
Stylocarpum <unassigned> = **Neslia**
Styloceras【3】Kunth ex A.Juss. 羚角果属 ← **Trophis;Aparisthmium** Buxaceae 黄杨科 [MD-131] 全球 (1) 大洲分布及种数(6-7)◆南美洲
Stylocerataceae【3】Takht. ex Reveal & Hoogland 尖角黄杨科 [MD-181] 全球 (1) 大洲分布和属种数(1/6-7)◆南美洲
Stylochaeton【3】Lepr. 地宝芋属 → **Anchomanes;Stylochiton** Araceae 天南星科 [MM-639] 全球 (1) 大洲分布及种数(28-31)◆非洲
Stylocheiron Hansen = **Stylochiton**
Stylochiton【3】Lepr. 坦桑天南星属 ≒ **Anchomanes** Araceae 天南星科 [MM-639] 全球 (1) 大洲分布及种数(3-22)◆非洲
Stylochiton Schott = **Stylochiton**
Stylochus Hook. = **Ranunculus**
Stylocline【3】Nutt. 筑巢草属 → **Cymbolaena;Micropus** Asteraceae 菊科 [MD-586] 全球 (1) 大洲分布及种数(8-11)◆北美洲
Styloconus Baill. = **Blancoa**
Stylocoryna【-】Cav. 茜草科属 ≒ **Pavetta** Rubiaceae 茜草科 [MD-523] 全球 (uc) 大洲分布及种数(uc)
Stylocoryne Wight & Arn. = **Tarenna**
Stylodipus Benn. = **Bischofia**
Stylodiscus Benn. = **Bischofia**
Stylodon【3】Raf. 马鞭草属 ← **Verbena** Verbenaceae 马鞭草科 [MD-556] 全球 (1) 大洲分布及种数(1)◆北美洲(◆美国)
Styloglossum Breda = **Calanthe**
Stylogyne【3】A.DC. 铁金牛属 ← **Ardisia;Myrsine** Primulaceae 报春花科 [MD-401] 全球 (6) 大洲分布及种数(46)非洲:1;亚洲:7-9;大洋洲:1;欧洲:1;北美洲:12-13;南美洲:39-43
Stylolejeunea Sim = **Rectolejeunea**
Stylolepis Lehm. = **Podolepis**
Styloma O.F.Cook = **Pritchardia**
Stylomecon【3】Benth. 风罂粟属 ≒ **Meconopsis** Papaveraceae 罂粟科 [MD-54] 全球 (1) 大洲分布及种数(1)◆北美洲
Stylomesus Raf. = **Allium**
Styloncerus【3】Spreng. 盐鼠麹属 ← **Siloxerus** Asteraceae 菊科 [MD-586] 全球 (1) 大洲分布及种数(1-7)◆大洋洲(◆密克罗尼西亚)
Stylonema (DC.) P. & K. = **Erysimum**
Styloniscus Benn. = **Bischofia**
Stylopappus Nutt. = **Krigia**
Stylopat O.F.Cook = **Pritchardia**
Stylopathes Opresko = **Stylosanthes**
Stylophora R.Br. = **Tylophora**
Stylophorum【3】Nutt. 金罂粟属 ← **Chelidonium;Dicranostigma;Hylomecon** Papaveraceae 罂粟科 [MD-54] 全球 (6) 大洲分布及种数(6-7)非洲:1;亚洲:5-6;大洋洲:1;欧洲:1;北美洲:2-3;南美洲:1
Stylophyllum Britton & Rose = **Cotyledon**
Stylopoma O.F.Cook = **Pritchardia**
Stylops Hook. = **Geum**
Stylopus Hook. = **Ranunculus**
Stylosa O.F.Cook = **Pritchardia**
Stylosanthes (Herter) Mohlenbr. = **Stylosanthes**

Stylosanthes【3】 Sw. 笔花豆属 ← **Arachis;Ononis; Trifolium** Fabaceae 豆科 [MD-240] 全球 (6) 大洲分布及种数(49-58;hort.1;cult:7)非洲:9-13;亚洲:12-16;大洋洲:9-13;欧洲:1-5;北美洲:20-25;南美洲:41-51

Stylosaxcanina O.F.Cook = **Pritchardia**

Stylosia Wight & Arn. = **Atylosia**

Stylosiphonia【3】 Brandegee 墨茜属 ≒ **Arachnothryx** Rubiaceae 茜草科 [MD-523] 全球 (1) 大洲分布及种数(1)◆北美洲

Stylostegium【-】 Bruch & Schimp. 细叶藓科属 ≒ **Blindia** Seligeriaceae 细叶藓科 [B-113] 全球 (uc) 大洲分布及种数(uc)

Stylosto Raf. = **Cleome**

Stylotrichium【3】 Mattf. 毛柱柄泽兰属 ← **Ageratum** Asteraceae 菊科 [MD-586] 全球 (1) 大洲分布及种数(6)◆南美洲(◆巴西)

Stylotrichum Mattf. = **Stylotrichium**

Stylurus Raf. = **Ranunculus**

Stylurus Salisb. = **Grevillea**

Stylypus Raf. = **Geum**

Stypa Döll = **Stipa**

Stypandra【3】 R.Br. 垂璃百合属 → **Agrostocrinum; Arthropodium** Asphodelaceae 阿福花科 [MM-649] 全球 (1) 大洲分布及种数(1-2)◆大洋洲

Stypella Sm. = **Styphelia**

Styphania C.Müll. = **Stephania**

Styphelia【3】 Sm. 垂钉石南属 → **Acrotriche;Leucopogon;Piaranthus** Ericaceae 杜鹃花科 [MD-380] 全球 (1) 大洲分布及种数(13-141)◆大洋洲

Stypheliaceae Horan. = Monotropaceae

Styphnolobium (Rudd) M.Sousa & Rudd = **Styphnolobium**

Styphnolobium【3】 Schott 槐属 ← **Anagyris;Pongamia;Sophora** Fabaceae 豆科 [MD-240] 全球 (1) 大洲分布及种数(9-11)◆北美洲

Stypho Garcke = **Stipa**

Styphonia Medik. = **Rhus**

Styphrus Salisb. = **Ranunculus**

Styponema Salisb. = **Agrostocrinum**

Stypostylis Raf. = **Saxifraga**

Stypoza O.F.Cook = **Pritchardia**

Styppeiochloa【3】 De Winter 纤维鞘草属 ← **Crinipes;Redfieldia** Poaceae 禾本科 [MM-748] 全球 (1) 大洲分布及种数(3-4)◆非洲

Styracaceae Candolle,Augustin Pyramus de & Sprengel,Curt (Kurt,Curtius) Polycarp Joachim = Styracaceae

Styracaceae【3】 DC. & Spregl. 安息香科 [MD-327] 全球 (6) 大洲分布和属种数(12;hort. & cult.8)(219-362;hort. & cult.34-48)非洲:1-4/10-39;亚洲:11/114-156;大洋洲:2-5/5-34;欧洲:1-4/1-29;北美洲:2-4/56-87;南美洲:2-5/90-127

Styraceae Rich. ex Duby = Styracaceae

Styracinia Raf. = **Sinningia**

Styraeaceae DC. & Spregl. = Styracaceae

Styrandra Raf. = **Maianthemum**

Styrax【3】 (Tourn.) L. 安息香属 ≒ **Darlingtonia; Parastyrax** Styracaceae 安息香科 [MD-327] 全球 (6) 大洲分布及种数(176-198;hort.1;cult:12)非洲:10-34;亚洲:73-105;大洋洲:4-28;欧洲:1-24;北美洲:51-77;南美洲:89-120

Styrophyton【3】 S.Y.Hu 长穗花属 ← **Allomorphia** Melastomataceae 野牡丹科 [MD-364] 全球 (1) 大洲分布及种数(9-10)◆东亚(◆中国)

Styrosinia Raf. = **Sinningia**

Suada Forssk. = **Suaeda**

Suaeda【3】 Forssk. ex J.F.Gmel. 纵翅碱蓬属 ≒ **Dondia;Maireana** Chenopodiaceae 藜科 [MD-115] 全球 (6) 大洲分布及种数(100-115;hort.1;cult: 2)非洲:28-42;亚洲:96-119;大洋洲:10-24;欧洲:19-34;北美洲:27-41;南美洲:18-32

Suara J.M.H.Shaw = **Shuaria**

Suarda Nocca ex Steud. = **Suaeda**

Suardia Schrank = **Melinis**

Suarezia【3】 Dodson 苏亚兰属 Orchidaceae 兰科 [MM-723] 全球 (1) 大洲分布及种数(1)◆南美洲(◆厄瓜多尔)

Suber Mill. = **Quercus**

Suberanthus【3】 A.Borhidi & M.Fernandez Zequira 加勒比皮茜属 ≒ **Exostema;Ferdinandusa** Rubiaceae 茜草科 [MD-523] 全球 (1) 大洲分布及种数(8-9)◆北美洲

Suberia DC. = **Huberia**

Suberogerens【-】 Morillo 夹竹桃科属 Apocynaceae 夹竹桃科 [MD-492] 全球 (uc) 大洲分布及种数(uc)

Subertia Wood = **Bellis**

Subilla L. = **Scilla**

Sublimia Comm. ex Mart. = **Hyophorbe**

Submatucana Backeb. = **Borzicactus**

Subpilocereus【3】 Backeb. 翁柱属 ≒ **Cephalocereus** Cactaceae 仙人掌科 [MD-100] 全球 (1) 大洲分布及种数(1)◆南美洲

Subria Raf. = **Ehretia**

Subrisia Raf. = **Ehretia**

Subul Makino & Shibata = **Sasa**

Subularia【3】 Ray ex L. 钻叶荠属 Brassicaceae 十字花科 [MD-213] 全球 (1) 大洲分布及种数(2-3)◆非洲

Subulatopuntia Frič & Schelle = **Opuntia**

Subulura Rudolphi = **Subularia**

Succisa【3】 Hall. 魔噬花属 → **Cephalaria;Scabiosa** Caprifoliaceae 忍冬科 [MD-510] 全球 (6) 大洲分布及种数(4-5)非洲:2-5;亚洲:2-5;大洋洲:3;欧洲:2-6;北美洲:2-5;南美洲:3

Succiseae V.Mayer & Ehrend. = **Succisa**

Succisella【3】 Beck 小断草属 ← **Succisa** Caprifoliaceae 忍冬科 [MD-510] 全球 (1) 大洲分布及种数(1-5)◆欧洲

Succisocrepis Fourr. = **Youngia**

Succisoknautia Baksay = **Succisa**

Succowia【2】 Medik. 苏氏芥属 ≒ **Myagrum** Brassicaceae 十字花科 [MD-213] 全球 (2) 大洲分布及种数(1) 非洲:1;欧洲:1

Succuta Des Moul. = **Cuscuta**

Suchtelenia【3】 Kar. ex Meisn. 苏合草属 Boraginaceae 紫草科 [MD-517] 全球 (1) 大洲分布及种数(1-2)◆亚洲

Suckleya【3】 A.Gray 异被滨藜属 ← **Obione** Amaranthaceae 苋科 [MD-116] 全球 (1) 大洲分布及种数(1-2)◆北美洲

Suckleyi A.Gray = **Suckleya**

Sucrea【3】 Soderstr. 旋颖竺属 ← **Olyra** Poaceae 禾本科 [MM-748] 全球 (1) 大洲分布及种数(3)◆南美洲

S

(◆巴西)
Sudacaste【-】 Archila & Chiron 兰科属 Orchidaceae 兰科 [MM-723] 全球 (uc) 大洲分布及种数(uc)
Sudamerlycaste【3】 Archila 南捧心兰属 ≒ **Colax; Maxillaria** Orchidaceae 兰科 [MM-723] 全球 (1) 大洲分布及种数(44)◆南美洲(◆巴西)
Sudamoorea【2】 J.M.H.Shaw 兰科属 Orchidaceae 兰科 [MM-723] 全球 (2) 大洲分布及种数(uc)北美洲;南美洲
Sudamuloa【-】 J.M.H.Shaw 兰科属 Orchidaceae 兰科 [MM-723] 全球 (uc) 大洲分布及种数(uc)
Sudaria Dennst. = **Drosera**
Suddia【3】 Renvoize 慈姑竺属 Poaceae 禾本科 [MM-748] 全球 (1) 大洲分布及种数(1)◆非洲
Sudis Rofen = **Suddia**
Sudra Raf. = **Dendrobium**
Sueda Edgew. = **Suaeda**
Suensonia Gaud. = **Piper**
Sueria Klotzsch = **Begonia**
Suessenguthia【3】 Merxm. 苏氏爵床属 ← **Ruellia; Sanchezia** Acanthaceae 爵床科 [MD-572] 全球 (1) 大洲分布及种数(9)◆南美洲
Suessenguthiella【3】 Friedrich 刺萼粟草属 Molluginaceae 粟米草科 [MD-99] 全球 (1) 大洲分布及种数(1-2)◆非洲
Sueuria Raf. = **Carex**
Suffircnia Bellardi = **Rotala**
Suffrenia Bellardi = **Rotala**
Sugerokia Miq. = **Heloniopsis**
Sugillaria Salisb. = **Scilla**
Sugitania Stokes = **Swietenia**
Suida L. = **Sida**
Suida Opiz = **Swida**
Suidae L. = **Sida**
Suidasia C.Presl = **Marattia**
Suillaceae Kunth = Stilbaceae
Suillia Opiz = **Vatica**
Suitenia Stokes = **Swietenia**
Suitramia Rchb. = **Svitramia**
Sukaminea Raf. = **Maclura**
Sukana Adans. = **Celosia**
Suksdorfia【3】 A.Gray 堇蓬草属 ← **Boykinia;Hemieva;Saxifraga** Saxifragaceae 虎耳草科 [MD-231] 全球 (1) 大洲分布及种数(3)◆北美洲
Sukunia A.C.Sm. = **Atractocarpus**
Sula Rupp. = **Euphorbia**
Sulaimania【3】 Hedge & Rech.f. 贝壳花属 ← **Moluccella** Lamiaceae 唇形科 [MD-575] 全球 (1) 大洲分布及种数(cf. 1)◆亚洲
Sulca Medik. = **Hedysarum**
Sulcanux Raf. = **Merendera**
Sulcocalycium【-】 P.V.Heath 仙人掌科属 Cactaceae 仙人掌科 [MD-100] 全球 (uc) 大洲分布及种数(uc)
Sulcolluma【3】 Plowes 水牛角属 ≒ **Caralluma** Apocynaceae 夹竹桃科 [MD-492] 全球 (1) 大洲分布及种数(2)◆亚洲
Sulcorebutia【3】 Backeb. 宝珠球属 ≒ **Neowerdermannia;Rebutia** Cactaceae 仙人掌科 [MD-100] 全球 (1) 大洲分布及种数(1-56)◆南美洲
Sulcorehntia Backeb. = **Sulcorebutia**
Sulettaria【3】 A.D.Poulsen & Mathisen 山姜苗属 Zingiberaceae 姜科 [MM-737] 全球 (1) 大洲分布及种数(15)◆亚洲
Sulidae Blanco = **Gardenia**
Sulipa Blanco = **Acranthera**
Sulitia Merr. = **Atractocarpus**
Sulitra Medik. = **Lessertia**
Sulla Medik. = **Hedysarum**
Sullivania F.Müll = **Paracaleana**
Sullivantea F.Müll. = **Paracaleana**
Sullivantia【3】 Torr. & A.Gray 冷瀑草属 ← **Heuchera; Caleana;Saxifraga** Saxifragaceae 虎耳草科 [MD-231] 全球 (1) 大洲分布及种数(4-6)◆北美洲(◆美国)
Sulpitia Raf. = **Encyclia**
Sultana L. = **Suriana**
Sulzeria Röm. & Schult. = **Faramea**
Sumachium Raf. = **Toxicodendron**
Sumacus Raf. = **Schmaltzia**
Sumalia Oliv. = **Barleria**
Sumatria Wight = **Embelia**
Sumatroscirpus【3】 Oteng-Yeb. 藨草属 ≒ **Scirpus** Cyperaceae 莎草科 [MM-747] 全球 (1) 大洲分布及种数(1-2)◆亚洲
Sumbavia Baill. = **Doryxylon**
Sumbaviopsis【3】 J.J.Sm. 缅桐属 ← **Mallotus;Doryxylon** Euphorbiaceae 大戟科 [MD-217] 全球 (1) 大洲分布及种数(2)◆亚洲
Sumbulus H.Reinsch = **Ferula**
Summer Nieuwl. = **Thalictrum**
Summerangis【-】 J.M.H.Shaw 兰科属 Orchidaceae 兰科 [MM-723] 全球 (uc) 大洲分布及种数(uc)
Summerhayesia【3】 P.J.Cribb 细距兰属 ≒ **Aerangis** Orchidaceae 兰科 [MM-723] 全球 (1) 大洲分布及种数(1-2)◆非洲
Sumnera Nieuwl. = **Thalictrum**
Sunania Raf. = **Antenoron**
Sunaptea Griff. = **Vatica**
Sunapteopsis F.Heim = **Vateria**
Sundacarpus【3】 (J.Buchholz & N.E.Gray) C.N.Page 巽他杉属 ← **Podocarpus;Pilocarpus** Podocarpaceae 罗汉松科 [G-13] 全球 (1) 大洲分布及种数(cf. 1)◆亚洲
Sundamomum【3】 A.D.Poulsen & M.F.Newman 巽他姜属 Zingiberaceae 姜科 [MM-737] 全球 (1) 大洲分布及种数(14)◆亚洲
Sundanina Raf. = **Antenoron**
Sunhangia H.Ohashi & K.Ohashi = **Persicaria**
Suniodon Fourr. = **Campanula**
Sunipia【3】 Buch.Ham. ex Sm. 大苞兰属 → **Acrochaene;Monomeria;Bulbophyllum** Orchidaceae 兰科 [MM-723] 全球 (1) 大洲分布及种数(17-19)◆亚洲
Supe L. = **Sida**
Supella Fabr. = **Scopella**
Supleurum L. = **Bupleurum**
Suprago Gaertn. = **Liatris**
Supushpa【-】 Suryan. 爵床科属 Acanthaceae 爵床科 [MD-572] 全球 (uc) 大洲分布及种数(uc)
Surculina Bosser = **Utricularia**
Sureg Soderstr. = **Sucrea**

Suregada【2】Roxb. ex Rottl. 白树属→**Tetrorchidium; Geranium;Gelonium** Euphorbiaceae 大戟科 [MD-217] 全球(4)大洲分布及种数(33-35;hort.1)非洲:24-25;亚洲:30-32;大洋洲:2;南美洲:4
Surenus P. & K. = **Cedrela**
Surfacea Moldenke = **Premna**
Suriana Domb. & Cav. ex D.Don = **Suriana**
Suriana【2】L. 海人树属 → **Ercilla** Surianaceae 海人树科 [MD-257] 全球(5) 大洲分布及种数(2)非洲:1;亚洲:1;大洋洲:1;北美洲:1;南美洲:1
Surianaceae【3】Arn. 海人树科 [MD-257] 全球 (6) 大洲分布和属种数(2-3/2-5)非洲:1-2/1-3;亚洲:1-2/1-3;大洋洲:2-3/2-5;欧洲:1/2;北美洲:1-2/1-3;南美洲:1-2/1-3
Suriania P. & K. = **Suriana**
Surinamia Pierre = **Symplocos**
Suringar Pierre = **Symplocos**
Suringaria Pierre = **Symplocos**
Suringarie Pierre = **Symplocos**
Suriraya L. = **Suriana**
Surnia Maratt. = **Allium**
Surreya【3】R.Masson & G.Kadereit 双蕊蓬属 Amaranthaceae 苋科 [MD-116] 全球 (6) 大洲分布及种数(3)非洲:2;亚洲:2;大洋洲:2-4;欧洲:2;北美洲:2;南美洲:2
Surubea J.St.Hil. = **Souroubea**
Surwala M.Röm. = **Walsura**
Susanna E.P.Phillips = **Amellus**
Susanperreiraara【-】auct. 兰科属 Orchidaceae 兰科 [MM-723] 全球 (uc) 大洲分布及种数(uc)
Susarium Phil. = **Symphyostemon**
Susiana E.Phillips = **Suriana**
Susica Hill = **Lythrum**
Susilkumara Bennet = **Alajja**
Sussea Gaud. = **Pandanus**
Sussodia Buch.Ham. ex D.Don = **Globba**
Susum Bl. = **Aegopodium**
Sutera hort. ex Steud. = **Sutera**
Sutera【2】Roth 雪朵花属 → **Aptosimum;Jamesbrittenia;Stemodia** Scrophulariaceae 玄参科 [MD-536] 全球 (5) 大洲分布及种数(107-110;hort.1)非洲:100-101;亚洲:105-106;大洋洲:3;欧洲:6;南美洲:4
Suteria DC. = **Psychotria**
Sutherlandia【2】R.Br. 纸荚豆属 ← **Astragalus; Colutea** Fabaceae 豆科 [MD-240] 全球 (4) 大洲分布及种数(2)大洋洲:cf.1;欧洲:1;北美洲:1;南美洲:1
Sutingara【-】auct. 兰科属 Orchidaceae 兰科 [MM-723] 全球 (uc) 大洲分布及种数(uc)
Sutrina【3】Lindl. 苏特兰属 ← **Rodriguezia** Orchidaceae 兰科 [MM-723] 全球 (1) 大洲分布及种数(2)◆南美洲
Suttonema Digiani & Durette-Desset = **Myrsine**
Suttonia【-】A.Rich. 报春花科属 ≒ **Rapanea;Myrsine** Primulaceae 报春花科 [MD-401] 全球 (uc) 大洲分布及种数(uc)
Suzukia【3】Kudo 台钱草属 ← **Glechoma** Lamiaceae 唇形科 [MD-575] 全球 (1) 大洲分布及种数(cf. 1)◆亚洲
Suzygium P.Br. = **Calyptranthes**
Svel Makino & Shibata = **Sasa**
Sveltia Petit = **Swertia**
Svenhedinia Urb. = **Talauma**
Svenkoeltzia Burns-Bal. = **Spiranthes**
Svensonia Moldenke = **Verbena**
Sventenia Font Qür = **Sonchus**
Svida Opiz = **Swida**
Svistella L.H.Bailey = **Waltheria**
Svitramia【3】Cham. 斯维野牡丹属 Melastomataceae 野牡丹科 [MD-364] 全球 (1) 大洲分布及种数(6)◆南美洲(◆巴西)
Swainsona【3】Salisb. 沙耀花豆属 → **Clianthus;Sphaerophysa;Vicia** Fabaceae3 蝶形花科 [MD-240] 全球 (1) 大洲分布及种数(3-96)◆大洋洲(◆澳大利亚)
Swainsone Salisb. = **Swainsona**
Swainsonia Spreng. = **Sphaerophysa**
Swaisonia Salisb. = **Swainsona**
Swallenia【3】Soderstr. & H.F.Decker 斯窝伦草属 Poaceae 禾本科 [MM-748] 全球 (1) 大洲分布及种数(1)◆北美洲(◆美国)
Swallenochloa McClure = **Chusquea**
Swammerdamia【3】DC. 拟蜡菊属 ← **Helichrysum** Asteraceae 菊科 [MD-586] 全球 (1) 大洲分布及种数(1)◆大洋洲
Swanomia Alef. = **Vicia**
Swantia Alef. = **Vicia**
Swartsia J.F.Gmel. = **Solandra**
Swartzia (Aubl.) DC. = **Swartzia**
Swartzia【3】Schreb. 牛毛藓科属 ≒ **Bobgunnia; Solandra** Ditrichaceae 牛毛藓科 [B-119] 全球 (6) 大洲分布及种数(231)非洲:2;亚洲:4;大洋洲:1;欧洲:1;北美洲:31;南美洲:216
Swartziaceae Bartl. = Fabaceae3
Swartzieae DC. = **Swartzia**
Swartzii Schreb. = **Swartzia**
Sweertia Koch = **Swertia**
Sweertia Spreng. = **Sweetia**
Sweetara G.W.Dillon = **Paraphalaenopsis**
Sweetia【3】Spreng. 斯威豆属 → **Acosmium;Galactia;Pterodon** Fabaceae3 蝶形花科 [MD-240] 全球 (1) 大洲分布及种数(7-8)◆南美洲
Sweetiopsis Chodat = **Riedeliella**
Sweetzia Sond. = **Swertia**
Swerlia L. = **Swertia**
Swertia All. = **Swertia**
Swertia【3】L. 獐牙菜属 → **Tolpis;Ottelia;Solandra** Gentianaceae 龙胆科 [MD-496] 全球 (6) 大洲分布及种数(197-236;hort.1;cult:9)非洲:40-100;亚洲:193-281;大洋洲:3-52;欧洲:2-50;北美洲:19-71;南美洲:5-55
Swertieae Griseb. = **Swertia**
Swertopsis Makino = **Swertia**
Swertya Steud. = **Swertia**
Swida【3】Opiz 梾木属 ← **Cornus;Sida** Cornaceae 山茱萸科 [MD-457] 全球 (1) 大洲分布及种数(6-43)◆北美洲
Swientia L. = **Swertia**
Swietenia【3】Jacq. 桃花心木属 ← **Cedrela;Khaya; Soymida** Meliaceae 楝科 [MD-414] 全球 (6) 大洲分布及种数(9)非洲:2-9;亚洲:6-14;大洋洲:7;欧洲:2-9;北美洲:5-12;南美洲:4-11
Swieteniaceae E.D.M.Kirchn. = Asteropeiaceae
Swietenieae A.Juss. = **Swietenia**

S

Swinburnia Ewart = **Neotysonia**
Swinglea【3】Merr. 胶果橘属 ≒ **Limonia** Rutaceae 芸香科 [MD-399] 全球 (1) 大洲分布及种数(1)◆北美洲(◆美国)
Swintonia【3】Griff. 翅果漆属 ≒ **Stauntonia** Anacardiaceae 漆树科 [MD-432] 全球 (1) 大洲分布及种数(cf.1)◆亚洲
Swjda L. = **Sida**
Swjda Opiz = **Swida**
Syagrus Campylospatha Glassman = **Syagrus**
Syagrus【3】Mart. 金山葵属 → **Cocos;Arecastrum;Maximiliana** Arecaceae 棕榈科 [MM-717] 全球 (1) 大洲分布及种数(90-94)◆南美洲
Syalita Adans. = **Sherardia**
Syama Jones = **Sasa**
Syandrodaphne Meisn. = **Synandrodaphne**
Sybilla Cerda = **Scilla**
Sybota Mill. = **Manilkara**
Sycalis E.Mey. = **Vigna**
Sycamorus Oliv. = **Ficus**
Sychesia N.E.Br. = **Saphesia**
Sychinium Desv. = **Dorstenia**
Sychnosepalum Eichl. = **Sciadotenia**
Sycios Medik. = **Sicyos**
Sycocarpus Britton = **Guarea**
Sycodium Pomel = **Anvillea**
Sycomorphe Miq. = **Ficus**
Sycomorus Gasp. = **Ficus**
Sycon Adans. = **Sium**
Sycoparrotia P.Endress & J.Anliker = **Hamamelis**
Sycopsis Brevitubus H.T.Chang = **Sycopsis**
Sycopsis【3】Oliv. 水丝梨属 → **Distyliopsis;Distylium** Hamamelidaceae 金缕梅科 [MD-63] 全球 (1) 大洲分布及种数(3-9)◆亚洲
Syderitis All. = **Sideritis**
Sydiva Ruiz & Pav. = **Soliva**
Sydneya【3】(Traub) Traub 美花莲属 → **Habranthus** Amaryllidaceae 石蒜科 [MM-694] 全球 (1) 大洲分布及种数(1)◆北美洲
Syedra Schreb. = **Mayaca**
Syena Schreb. = **Mayaca**
Sykesia Arn. = **Gaertnera**
Sykoraea Opiz = **Campanula**
Sykorea Corda = **Saccogyna**
Syllepis E.Fourn. = **Imperata**
Syllepte E.Fourn. ex Benth. & Hook.f. = **Imperata**
Syllexis E.Fourn. ex Benth. & Hook.f. = **Imperata**
Syllidia Baill. = **Ardisia**
Syllis E.Fourn. ex Benth. & Hook.f. = **Imperata**
Syllisium Endl. = **Syzygium**
Syllysium Meyen & J.C.Schauer = **Eugenia**
Sylochaeton Lepr. = **Stylochaeton**
Sylosanthes (Aubl.) Sw. = **Stylosanthes**
Sylosma Raf. = **Stylisma**
Sylphia【3】Lür 帽花兰属 ← **Specklinia** Orchidaceae 兰科 [MM-723] 全球 (1) 大洲分布及种数(cf. 1)◆北美洲(◆墨西哥)
Sylvia Lindl. = **Sylvipoa**
Sylvichadsia【3】Du Puy & Labat 非洲蝶豆属 ← **Chadsia;Mundulea;Strongylodon** Fabaceae 豆科 [MD-240] 全球 (1) 大洲分布及种数(4)◆非洲
Sylvipoa【2】Soreng 亚洲合草芒属 Poaceae 禾本科 [MM-748] 全球 (2) 大洲分布及种数(2)亚洲:cf.1;大洋洲:1
Syma Jones = **Sasa**
Symbasiandra Steud. = **Hilaria**
Symbegonia Warb. = **Begonia**
Symbiezidium Eosymbiezidium Gradst. & J.Beek = **Symbiezidium**
Symbiezidium【3】Herzog 合鳞苔属 ≒ **Stictolejeunea** Lejeuneaceae 细鳞苔科 [B-84] 全球 (1) 大洲分布及种数(2)◆南美洲(◆巴西)
Symblepharis Cardot = **Symblepharis**
Symblepharis【2】Mont. 合睫藓属 ≒ **Cynodontium;Oncophorus** Oncophoraceae 曲背藓科 [B-124] 全球 (4) 大洲分布及种数(12)亚洲:6;大洋洲:1;北美洲:3;南美洲:6
Symblomeria Nutt. = **Albertinia**
Symbolanthus【3】G.Don 热美龙胆属 ≒ **Lisianthus;Lisianthius** Gentianaceae 龙胆科 [MD-496] 全球 (1) 大洲分布及种数(31-36)◆南美洲
Symbryon Griseb. = **Lunania**
Symea Baker = **Solaria**
Symethis Kunth = **Simethis**
Symethus Raf. = **Aniseia**
Symidia Wight = **Flemingia**
Symingtonia Steenis = **Exbucklandia**
Symlocarpus Salisb. = **Symplocarpus**
Symmela Benth. = **Symmeria**
Symmeria【2】Benth. 榄仁蓼属 ≒ **Adelobotrys;Seymeria** Polygonaceae 蓼科 [MD-120] 全球 (2) 大洲分布及种数(2)非洲:1;南美洲:1
Symmerista Jones = **Symmeria**
Symmetria Bl. = **Carallia**
Symmonsara【-】Hort. 兰科属 Orchidaceae 兰科 [MM-723] 全球 (uc) 大洲分布及种数(uc)
Symonanthus【3】L.Haegi 尾花茄属 ← **Anthocercis** Solanaceae 茄科 [MD-503] 全球 (1) 大洲分布及种数(1-2)◆大洋洲
Sympa Ravenna = **Herbertia**
Sympachne Beauv. ex Desv. = **Eriocaulon**
Sympagis (Nees) Bremek. = **Strobilanthes**
Sympagus (Nees) Bremek. = **Strobilanthes**
Sympecma Vander Linden = **Sympegma**
Sympegma【3】Bunge 合头草属 Amaranthaceae 苋科 [MD-116] 全球 (1) 大洲分布及种数(2-4)◆亚洲
Sympetalandra【3】Stapf 东南亚苏木属 ← **Cynometra** Fabaceae 豆科 [MD-240] 全球 (1) 大洲分布及种数(2-4)◆亚洲
Sympetaleia【3】A.Gray 沙岩麻属 ← **Eucnide** Loasaceae 刺莲花科 [MD-435] 全球 (1) 大洲分布及种数(3)◆北美洲
Symphachne Beauv. ex Desv. = **Eriocaulon**
Symphemia L.f. = **Symphonia**
Symphiobases K.Krause = **Symphyobasis**
Symphionema【3】R.Br. 银线木属 ≒ **Symphyonema** Proteaceae 山龙眼科 [MD-219] 全球 (1) 大洲分布及种数(1)◆大洋洲
Symphipappus Klatt = **Cadiscus**

Symphitum Neck. = **Symphytum**
Symphlebium Fée = **Lindsaea**
Symphodontioda A.D.Hawkes = **Galactia**
Symphodontoglossum A.D.Hawkes = **Galactia**
Symphodontonia Garay & H.R.Sw. = **Cochlioda**
Symphoglossum (Benth. & Hook.f.) Schltr. = **Odontoglossum**
Symphonia【3】L.f. 医胶树属 → **Platonia;Orchiplatanthera;Moronobea** Clusiaceae 藤黄科 [MD-141] 全球 (6)大洲分布及种数(21)非洲:17-19;亚洲:2-4;大洋洲:1-3;欧洲:2;北美洲:4-6;南美洲:5-7
Symphoranthus Mitch. = **Polypremum**
Symphorema【3】Roxb. 六苞藤属 ← **Litsea;Congea;Sphenodesme** Lamiaceae 唇形科 [MD-575] 全球 (1) 大洲分布及种数(2-3)◆亚洲
Symphoremataceae【3】Wight 伞序材科 [MD-551] 全球 (1) 大洲分布和属种数(1/2-7)◆非洲
Symphoria【-】Pers. 忍冬科属 ≒ **Lonicera** Caprifoliaceae 忍冬科 [MD-510] 全球 (uc) 大洲分布及种数(uc)
Symphoricarpa Neck. = **Symphoricarpos**
Symphoricarpos【3】Böhm. 毛核木属 ← **Chiococca;Lonicera** Caprifoliaceae 忍冬科 [MD-510] 全球 (6) 大洲分布及种数(19-21;hort.1;cult:2)非洲:17;亚洲:5-24;大洋洲:2-19;欧洲:6-23;北美洲:18-35;南美洲:3-20
Symphoricarpos G.N.Jones = **Symphoricarpos**
Symphoricarpus Kunth = **Symphoricarpos**
Symphostemon【3】Hiern 鞘蕊花属 ← **Coleus** Lamiaceae 唇形科 [MD-575] 全球 (1) 大洲分布及种数(uc)属分布和种数(uc)◆非洲
Symphyandra【2】A.DC. 牧根草属 → **Asyneuma;Campanula;Hanabusaya** Campanulaceae 桔梗科 [MD-561] 全球 (4) 大洲分布及种数(cf.1) 亚洲;欧洲;北美洲;南美洲
Symphydolon Salisb. = **Watsonia**
Symphyglossonia A.D.Hawkes = **Cochlioda**
Symphyglossum Schltr. = **Oncidium**
Symphyla Baill. = **Epiprinus**
Symphylella Baill. = **Epiprinus**
Symphyllanthus Vahl = **Dichapetalum**
Symphyllarion Gagnep. = **Hedyotis**
Symphyllia【3】Baill. 头巴豆属 ≒ **Epiprinus** Euphorbiaceae 大戟科 [MD-217] 全球 (1) 大洲分布及种数(2)◆亚洲
Symphyllium Benth. = **Picria**
Symphyllocarpus【3】Maxim. 含苞草属 Asteraceae 菊科 [MD-586] 全球 (1) 大洲分布及种数(2)◆亚洲
Symphyllochlamys Gürke = **Malvaviscus**
Symphyllophyton【3】Gilg 合叶龙胆属 Gentianaceae 龙胆科 [MD-496] 全球 (1) 大洲分布及种数(2)◆南美洲(◆巴西)
Symphyloma Steud. = **Heracleum**
Symphylus L. = **Symphytum**
Symphynota Steud. = **Heracleum**
Symphyobasis【3】K.Krause 合海桐属 ← **Velleia** Goodeniaceae 草海桐科 [MD-578] 全球 (1) 大洲分布及种数(1)◆大洋洲(◆澳大利亚)
Symphyochaeta【3】(DC.) Skottsb. 顶叶菊属 ← **Robinsonia** Asteraceae 菊科 [MD-586] 全球 (1) 大洲分布及种数(1)◆南美洲
Symphyochlamys Gürke = **Hibiscus**
Symphyodolon Baker = **Symphyodon**
Symphyodon【3】Mont. 刺果藓属 ≒ **Homalia** Symphyodontaceae 刺果藓科 [B-196] 全球 (6) 大洲分布及种数(19)非洲:2;亚洲:19;大洋洲:1;欧洲:1;北美洲:3;南美洲:1
Symphyodontaceae【3】M.Fleisch. 刺果藓科 [B-196] 全球(6)大洲分布和属种数(3/20-32)非洲:1-2/1-7;亚洲:3/18-24;大洋洲:1-2/3-10;欧洲:2/6;北美洲:2/6;南美洲:1-2/1-7
Symphyoglossum Turcz. = **Cynanchum**
Symphyogyna Nees & Mont. = **Symphyogyna**
Symphyogyna【3】Taylor 合带叶苔属 ≒ **Jungermannia;Jensenia** Pallaviciniaceae 带叶苔科 [B-30] 全球 (6)大洲分布及种数(14-17)非洲:3-6;亚洲:6-9;大洋洲:6-11;欧洲:1-4;北美洲:1-4;南美洲:5-9
Symphyogyne Burret = **Livistona**
Symphyogyneae Trevis. = **Symphyogyna**
Symphyogynopsis【3】Grolle 联叶苔属 Pallaviciniaceae 带叶苔科 [B-30] 全球 (1) 大洲分布及种数(1)◆大洋洲
Symphyoloma【2】C.A.Mey. 独活属 ≒ **Heracleum** Apiaceae 伞形科 [MD-480] 全球 (2) 大洲分布及种数(cf.1) 亚洲;欧洲
Symphyomera Hook.f. = **Cotula**
Symphyomi Steud. = **Heracleum**
Symphyomitra【-】Spruce 顶苞苔科属 Acrobolbaceae 顶苞苔科 [B-43] 全球 (uc) 大洲分布及种数(uc)
Symphyomyrtus Schaür = **Eucalyptus**
Symphyonema【3】Spreng. 大洋洲山龙眼属 Proteaceae 山龙眼科 [MD-219] 全球 (1) 大洲分布及种数(uc)属分布和种数(uc)◆大洋洲(◆密克罗尼西亚)
Symphyopappus【3】Turcz. 合冠菊属 → **Neocabreria;Bahianthus;Eupatorium** Asteraceae 菊科 [MD-586] 全球 (1) 大洲分布及种数(15-18)◆南美洲
Symphyopetalon J.Drumm. ex Harv. = **Nematolepis**
Symphyosepalum Hand.Mazz. = **Ponerorchis**
Symphyosiphon Harms = **Trichilia**
Symphyostemon【3】Miers 合白花菜属 ≒ **Cleome** Cleomaceae 白花菜科 [MD-210] 全球 (1) 大洲分布及种数(2)◆南美洲
Symphyotrichum (DC.) G.L.Nesom = **Symphyotrichum**
Symphyotrichum【3】Nees 联毛紫菀属 ≒ **Aster;Baccharis** Asteraceae 菊科 [MD-586] 全球 (6) 大洲分布及种数(108-114;hort.1;cult: 4)非洲:1-13;亚洲:42-57;大洋洲:1-13;欧洲:3-15;北美洲:100-115;南美洲:9-21
Symphysa C.Presl = **Symphysia**
Symphysia【3】C.Presl 檐冠莓属 ← **Vaccinium;Lateropora** Ericaceae 杜鹃花科 [MD-380] 全球 (1) 大洲分布及种数(1)◆北美洲
Symphysicarpus Hassk. = **Heterostemma**
Symphysocarpus Hassk. = **Heterostemma**
Symphysodaphne A.Rich. = **Licaria**
Symphysodon【2】Dozy & Molk. 合蕨藓属 ≒ **Pireella;Gollania** Pterobryaceae 蕨藓科 [B-201] 全球 (3) 大洲分布及种数(9) 亚洲:3;大洋洲:7;南美洲:1

Symphysodontella (Broth.) M.Fleisch. = **Symphysodontella**
Symphysodontella 【2】 M.Fleisch. 瓢叶藓属 ≒ **Neckera;Myurium** Pterobryaceae 蕨藓科 [B-201] 全球 (2) 大洲分布及种数(11) 亚洲:10;大洋洲:5
Symphytocarpus Hassk. = **Heterostemma**
Symphytonema Schltr. = **Camptocarpus**
Symphytosiphon Harms = **Trichilia**
Symphytue Neck. = **Symphytum**
Symphytum【3】 L. 聚合草属 ≒ **Echium;Heliotropium** Boraginaceae 紫草科 [MD-517] 全球 (1) 大洲分布及种数(30-43)◆欧洲
Sympieza【3】 Licht. ex Röm. & Schult. 欧石南属 ≒ **Erica** Ericaceae 杜鹃花科 [MD-380] 全球 (1) 大洲分布及种数(cf. 1)◆非洲
Symplcoocs Jacq. = **Symplocos**
Symplectochilus Lindau = **Anisotes**
Symplectrodia【3】 Lazarides 根茎三齿稃属 Poaceae 禾本科 [MM-748] 全球 (1) 大洲分布及种数(2)◆大洋洲(◆澳大利亚)
Symplegma Bunge = **Sympegma**
Symploca Jacq. = **Symplocos**
Symplocaceae【3】Desf. 山矾科 [MD-373] 全球 (6) 大洲分布和属种数(1;hort. & cult.1)(293-739;hort. & cult.10-14)非洲:1/54;亚洲:1/293-373;大洋洲:1/54;欧洲:1/54;北美洲:1/4-61;南美洲:1/54
Symplocarpus【3】 Salisb. ex W.P.C.Barton 臭菘属 ← **Dracontium** Araceae 天南星科 [MM-639] 全球 (6) 大洲分布及种数(4-7)非洲:1;亚洲:3-6;大洋洲:1;欧洲:1;北美洲:1-3;南美洲:1
Symplococarpon【3】 Airy-Shaw 矾桐属 ← **Eurya; Ternstroemia** Pentaphylacaceae 五列木科 [MD-215] 全球 (1) 大洲分布及种数(3)◆北美洲
Symplocos (DC.) Brand = **Symplocos**
Symplocos【3】 Jacq. 山矾属 → **Barringtonia;Gordonia;Osmanthus** Symplocaceae 山矾科 [MD-373] 全球 (1) 大洲分布及种数(293-373)◆亚洲
Sympoloeos Jacq. = **Symplocos**
Symposia Roth = **Symphonia**
Synactila Raf. = **Passiflora**
Synadena Raf. = **Phalaenopsis**
Synadeninu Boiss. = **Synadenium**
Synadenium【3】 Boiss. 彩云木属 ← **Euphorbia** Euphorbiaceae 大戟科 [MD-217] 全球 (6) 大洲分布及种数(5)非洲:2-6;亚洲:4;大洋洲:1-5;欧洲:4;北美洲:4;南美洲:4
Synadra Lindl. = **Synandra**
Synaecia Pritz. = **Pittosporum**
Synaedris Steud. = **Lithocarpus**
Synaedrys【3】 Lindl. 烟斗柯属 ≒ **Lithocarpus** Fagaceae 壳斗科 [MD-69] 全球 (1) 大洲分布及种数(1)◆亚洲
Synaema Benth. = **Synnema**
Synaldis Griseb. = **Synapsis**
Synale Dulac = **Catapodium**
Synali Adans. = **Grewia**
Synammia【3】 C.Presl 聚龙蕨属 ← **Polypodium** Polypodiaceae 水龙骨科 [F-60] 全球 (1) 大洲分布及种数(1)属分布和种数(uc)◆南美洲(◆智利)
Synandra【3】 Nutt. 单药花属 ← **Aphelandra** Lamiaceae 唇形科 [MD-575] 全球 (1) 大洲分布及种数(1-9)◆北美洲
Synandrina【3】 Standl. & L.O.Williams 脚骨脆属 ≒ **Casearia** Salicaceae 杨柳科 [MD-123] 全球 (1) 大洲分布及种数(cf. 1)◆北美洲
Synandrodaphne【3】 Gilg 甜樟属 ≒ **Ocotea** Thymelaeaceae 瑞香科 [MD-310] 全球 (1) 大洲分布及种数(1-2)◆南美洲
Synandrogyne Buchet = **Arophyton**
Synandropus A.C.Sm. = **Odontocarya**
Synandrospadix【3】 Engl. 毒虫芋属 ← **Asterostigma** Araceae 天南星科 [MM-639] 全球 (1) 大洲分布及种数(2-3)◆南美洲
Synantherias Schott = **Amorphophallus**
Synanthes Burns-Bal.,H.Rob. & M.S.Foster = **Eurystyles**
Synaphe Dulac = **Aeluropus**
Synaphea【3】 R.Br. 烟木属 Proteaceae 山龙眼科 [MD-219] 全球 (1) 大洲分布及种数(1-58)◆大洋洲(◆澳大利亚)
Synaphlebium J.Sm. = **Lindsaea**
Synapisma Endl. = **Codiaeum**
Synapsis【3】 Griseb. 枸骨桐属 ≒ **Trachystoma** Schlegeliaceae 钟萼桐科 [MD-538] 全球 (1) 大洲分布及种数(4)◆北美洲(◆古巴)
Synaptantha【3】 Hook.f. 合花茜属 ← **Anotis;Oldenlandia** Rubiaceae 茜草科 [MD-523] 全球 (1) 大洲分布及种数(2)◆大洋洲(◆澳大利亚)
Synapte Dulac = **Catapodium**
Synaptea Kurz = **Vatica**
Synapteopsis F.Heim = **Vatica**
Synaptolepis【3】 Oliv. 袖薇香属 Thymelaeaceae 瑞香科 [MD-310] 全球 (1) 大洲分布及种数(5)◆非洲
Synaptophyllum【2】 N.E.Br. 叠盘玉属 ← **Mesembryanthemum** Aizoaceae 番杏科 [MD-94] 全球 (2) 大洲分布及种数(2)非洲:1;北美洲:cf.1
Synaptula Raf. = **Passiflora**
Synaraea Opiz = **Campanula**
Synardisia【3】 (Mez) Lundell 紫金牛属 ≒ **Ardisia** Primulaceae 报春花科 [MD-401] 全球 (1) 大洲分布及种数(cf. 1)◆北美洲
Synargis Griseb. = **Synapsis**
Synarmosepalum Garay,Hamer & Siegerist = **Bulbophyllum**
Synarrhena F.Müll = **Saurauia**
Synarrhena Fisch. & C.A.Mey. = **Mimusops**
Synarthron Benth. & Hook.f. = **Senecio**
Synarthrum Cass. = **Senecio**
Synaspisma Endl. = **Codiaeum**
Synassa Lindl. = **Sauroglossum**
Synastrea Kurz = **Vatica**
Syncalachium Lipsch. = **Syncalathium**
Syncalathium【3】 Lipsch. 合头菊属 ← **Crepis;Melanoseris** Asteraceae 菊科 [MD-586] 全球 (1) 大洲分布及种数(7-10)◆东亚(◆中国)
Syncarpa DC. = **Syncarpha**
Syncarpha【3】DC.小麦秆菊属→**Anaxeton;Pteronia; Helipterum** Asteraceae 菊科 [MD-586] 全球 (1) 大洲分布及种数(28)◆非洲

Syncarpia【3】Ten.聚果木属→**Choricarpia;Tristania; Metrosideros** Myrtaceae 桃金娘科 [MD-347] 全球 (1) 大洲分布及种数(1-5)◆大洋洲
Syncepha DC. = **Syncarpha**
Syncephalantha Bartl. = **Aster**
Syncephalanthus Benth. & Hook.f. = **Schizotrichia**
Syncephalum【3】DC. 合头鼠麹木属 Asteraceae 菊科 [MD-586] 全球 (1) 大洲分布及种数(5)◆非洲(◆马达加斯加)
Syncera Nimmo = **Habenaria**
Syncerus Iljin = **Synurus**
Synchaeta Kirp. = **Gnaphalium**
Synchita Kirp. = **Gnaphalium**
Synchodendron Boj. ex DC. = **Brachylaena**
Synchoriste Baill. = **Lasiocladus**
Synclinostyles【3】Farille & Lachard 合柱伞属 Apiaceae 伞形科 [MD-480] 全球 (1) 大洲分布及种数(2)◆亚洲
Synclisia【3】Benth.合被藤属≒**Anisocycla;Albertisia** Menispermaceae 防已科 [MD-42] 全球 (1) 大洲分布及种数(3-4)◆非洲(◆莫桑比克)
Synclostemon Steud. = (接受名不详) Lamiaceae
Syncodium Raf. = **Ornithogalum**
Syncodon Fourr. = **Adenophora**
Syncollostemon Lindl. = (接受名不详) Lamiaceae
Syncolostemon【3】E.Mey. ex Benth. 紫翎花属 ≒ **Orthosiphon;Hemizygia** Lamiaceae 唇形科 [MD-575] 全球 (1) 大洲分布及种数(45)◆非洲
Syncolstemon E.Mey. ex Benth. = **Syncolostemon**
Syncretocarpus【3】S.F.Blake 油果菊属 Asteraceae 菊科 [MD-586] 全球 (1) 大洲分布及种数(3-4)◆南美洲(◆秘鲁)
Syndactyla Raf. = **Passiflora**
Syndechites Dur. & Jacks. = **Sindechites**
Syndesmanthus【-】Klotzsch 杜鹃花科属 ≒ **Erica; Scyphogyne** Ericaceae 杜鹃花科 [MD-380] 全球 (uc) 大洲分布及种数(uc)
Syndesmis Wall. = **Gluta**
Syndesmon (Hoffmanns. ex Endl.) Britton = **Anemone**
Syndiclis【3】Hook.f. 不丹樟属 ← **Beilschmiedia; Potameia;Sinopora** Lauraceae 樟科 [MD-21] 全球 (1) 大洲分布及种数(10-11)◆亚洲
Syndosmya Raf. = **Hasteola**
Syndyophyllum【3】K.Schum. & Lauterb. 野桐属 ← **Mallotus** Euphorbiaceae 大戟科 [MD-217] 全球 (1) 大洲分布及种数(2)◆亚洲
Synearella Gaertn. = **Synedrella**
Synechanthaceae O.F.Cook = Philydraceae
Synechanthus【3】H.Wendl. 巧椰属←**Chamaedorea; Reineckia;Erica** Arecaceae 棕榈科 [MM-717] 全球 (1) 大洲分布及种数(3)◆北美洲
Synedra Nutt. = **Synandra**
Synedrella【3】Gaertn. 金腰箭属 → **Calyptocarpus; Wedelia;Schizoptera** Asteraceae 菊科 [MD-586] 全球 (1) 大洲分布及种数(1)◆南美洲
Synedrellopsis【3】Hieron. & P. & K. 黄腰箭属 Asteraceae 菊科 [MD-586] 全球 (1) 大洲分布及种数(1)◆南美洲
Synegia Nimmo = **Habenaria**
Syneilesis【3】Maxim. 兔儿伞属 ← **Cacalia** Asteraceae 菊科 [MD-586] 全球 (1) 大洲分布及种数(cf. 1)◆亚洲
Synelcosciadium【3】Boiss. 环翅芹属 ← **Tordylium** Apiaceae 伞形科 [MD-480] 全球 (1) 大洲分布及种数(1)◆亚洲
Synelesis Maxim. = **Syneilesis**
Synelmis Wall. = **Gluta**
Synema Dulac = **Acrostichum**
Synepilaena Baill. = **Kohleria**
Synepileana Baill. = **Kohleria**
Syner Dulac = **Mercurialis**
Synergus Iljin = **Synurus**
Synerium Chamberlin = **Gynerium**
Synexemia Raf. = **Phyllanthus**
Syngonanthus【3】Ruhland 箨谷精属 ≒ **Comanthera** Eriocaulaceae 谷精草科 [MM-726] 全球 (6) 大洲分布及种数(139-214;hort.1;cult:11)非洲:8-23;亚洲:1-4;大洋洲:1-4;欧洲:3;北美洲:17-21;南美洲:126-186
Syngonantus Ruhland = **Syngonanthus**
Syngonium Croat = **Syngonium**
Syngonium【3】Schott合果芋属←**Arum;Xanthosoma** Araceae 天南星科 [MM-639] 全球 (6) 大洲分布及种数(36-38;hort.1)非洲:2;亚洲:5-7;大洋洲:4-6;欧洲:2;北美洲:27-29;南美洲:23-27
Syngonmm Schott = **Syngonium**
Syngramma【2】J.Sm. 合脉蕨属 → **Coniogramme; Aspleniopsis;Paraceterach** Pteridaceae 凤尾蕨科 [F-31] 全球(4)大洲分布及种数(24-27)非洲:5;亚洲:19;大洋洲:8-9;北美洲:1
Syngrammatopsis Alston = **Pterozonium**
Syngramme J.Sm. = **Syngramma**
Syngrapha DC. = **Syncarpha**
Syngria Nimmo = **Habenaria**
Synhymenium【3】Griff. 光苔属 Cyathodiaceae 光苔科 [B-17] 全球 (1) 大洲分布及种数(1)◆东亚(◆中国)
Synima【3】Radlk. 合生无患子属 ← **Cupania** Sapindaceae 无患子科 [MD-428] 全球 (1) 大洲分布及种数(1-3)◆大洋洲(◆澳大利亚)
Synisoon Baill. = **Retiniphyllum**
Synmeria Nimmo = **Habenaria**
Synnema【3】Benth. 毛麝香属 ← **Hygrophila;Hemigraphis;Adenosma** Acanthaceae 爵床科 [MD-572] 全球 (6) 大洲分布及种数(1-2)非洲:2;亚洲:1;大洋洲:1;欧洲:1;北美洲:1;南美洲:1
Synnetia Sw. = **Habenaria**
Synneuria Nimmo = **Habenaria**
Synnotia N.E.Br. = **Synnotia**
Synnotia【2】Sw. 漏斗莲属 ← **Babiana** Iridaceae 鸢尾科 [MM-700] 全球 (4) 大洲分布及种数(3)非洲:2;亚洲:cf.1;大洋洲:cf.1;南美洲:cf.1
Synnottia Baker = **Synnotia**
Synnotum Audouin = **Synnotia**
Synochlamys Fée = **Pellaea**
Synodon Raf. = **Conostegia**
Synodontella【-】Dixon & Thér. 绢藓科属 ≒ **Entodon** Entodontaceae 绢藓科 [B-195] 全球 (uc) 大洲分布及种数(uc)
Synodontia (Duby ex Besch.) Broth. = **Dicnemon**
Synodontis (Duby ex Besch.) Broth. = **Dicnemon**

Synoeca Miq. = **Ficus**
Synoecia Miq. = **Ficus**
Synogonanthus Ruhland = **Syngonanthus**
Synoliga Raf. = **Xyris**
Synonchus L. = **Sonchus**
Synopia Dana = **Synnotia**
Synoplectris Raf. = **Sarcoglottis**
Synoptera Raf. = **Miconia**
Synosma Raf. = **Senecio**
Synostemon【3】 F.Müll. 守宫木属 ≒ **Phyllanthus** Phyllanthaceae 叶下珠科 [MD-222] 全球 (1) 大洲分布及种数(2-18)◆大洋洲
Synotis【3】 (C.B.Clarke) C.Jeffrey & Y.L.Chen 合耳菊属 ← **Cacalia;Sparaxis** Asteraceae 菊科 [MD-586] 全球 (6) 大洲分布及种数(61-65;hort.1;cult: 1)非洲:1-19;亚洲:60-80;大洋洲:1-19;欧洲:18;北美洲:18;南美洲:18
Synoum【3】 A.Juss. 黄檀楝属 ← **Trichilia** Meliaceae 楝科 [MD-414] 全球 (1) 大洲分布及种数(1-2)◆大洋洲(◆澳大利亚)
Synphoranthera Boj. ex Zahlbr. = **Dialypetalum**
Synphyllium Griff. = **Mendoncia**
Synptera Llanos = **Trichoglottis**
Synsepalum【3】 (A.DC.) Daniell 神秘果属 → **Afrosersalisia;Pouteria;Sideroxylon** Sapotaceae 山榄科 [MD-357] 全球 (1) 大洲分布及种数(37-39)◆非洲
Synsiphon Regel = **Colchicum**
Synstemon【3】 Botsch. 连蕊芥属 ≒ **Dontostemon** Brassicaceae 十字花科 [MD-213] 全球 (1) 大洲分布及种数(2-3)◆东亚(◆中国)
Synstemonanthus Botsch. = **Synstemon**
Synstima Raf. = **Quercus**
Synstylis【-】 C.Cusset 川苔草科属 Podostemaceae 川苔草科 [MD-322] 全球 (uc) 大洲分布及种数(uc)
Synt Schreb. = **Mayaca**
Syntelia Nimmo = **Habenaria**
Syntherisma【3】 Walter 马唐属 → **Dactyloctenium;Digitaria** Poaceae 禾本科 [MM-748] 全球 (6) 大洲分布及种数(9) 非洲:7;亚洲:9;大洋洲:5;欧洲:5;北美洲:9;南美洲:8
Synthetodontium【3】 Cardot 合齿藓属 ≒ **Schizymenium** Mniaceae 提灯藓科 [B-149] 全球 (1) 大洲分布及种数(1)◆北美洲
Synthlipsis【3】 A.Gray 合集芥属 ← **Halimolobos;Physaria** Brassicaceae 十字花科 [MD-213] 全球 (1) 大洲分布及种数(2-3)◆北美洲
Synthyris【3】 Benth. 猫尾草属 → **Besseya;Wulfenia** Plantaginaceae 车前科 [MD-527] 全球 (1) 大洲分布及种数(11-27)◆北美洲
Syntomus (Facchini ex Murr) Dölla Torre & Sarnth. = **Phyteuma**
Syntriandrium【3】 Engl. 三叶藤属 Menispermaceae 防己科 [MD-42] 全球 (1) 大洲分布及种数(1)◆非洲(◆喀麦隆)
Syntriandrum【3】 Engl. 防己属 Menispermaceae 防己科 [MD-42] 全球 (1) 大洲分布及种数(4)◆非洲
Syntrichia (Brid.) Mönk. = **Syntrichia**
Syntrichia【3】 Brid. 赤藓属 ≒ **Barbula;Sagenotortula** Pottiaceae 丛藓科 [B-133] 全球 (6) 大洲分布及种数(99) 非洲:43;亚洲:28;大洋洲:24;欧洲:30;北美洲:37;南美洲:56
Syntrichieae R.H.Zander = **Syntrichia**
Syntrichopappus【3】 A.Gray 合毛菊属 Asteraceae 菊科 [MD-586] 全球 (1) 大洲分布及种数(2-3)◆北美洲(◆美国)
Syntrinema【3】 Radlk. 刺子莞属 ← **Rhynchospora** Cyperaceae 莎草科 [MM-747] 全球 (1) 大洲分布及种数(uc)属分布和种数(uc)◆南美洲
Synuchus L. = **Sonchus**
Synura Cass. = **Gynura**
Synurus【3】 Iljin 山牛蒡属 ← **Centaurea;Cirsium;Olgaea** Asteraceae 菊科 [MD-586] 全球 (1) 大洲分布及种数(cf. 1)◆亚洲
Synzistachium Raf. = **Heliotropium**
Synzyganthera Ruiz & Pav. = **Lacistema**
Syoctonum Bernh. = **Monolepis**
Syorhynchium Hoffmanns. = **Sisyrinchium**
Sypharissa Salisb. = **Urginea**
Syphomeris Standl. = **Cyphomeris**
Syphraea L. = **Spiraea**
Syphrea Pall. = **Spiraea**
Syreitschikovia【3】 Pavlov 疆菊属 ← **Jurinea** Asteraceae 菊科 [MD-586] 全球 (1) 大洲分布及种数(2-3)◆东亚(◆中国)
Syrenia【3】 Andrz. ex DC. 棱果芥属 ← **Cheiranthus;Erysimum** Brassicaceae 十字花科 [MD-213] 全球 (1) 大洲分布及种数(1-4)◆欧洲
Syreniopsis H.P.Fuchs = **Erysimum**
Syrenopsis Jaub. & Spach = **Erysimum**
Syri Adans. = **Euclidium**
Syrianthus M.B.Crespo,Mart.Azorín & Mavrodiev = **Myrianthus**
Syringa【3】 L. 丁香属 ≒ **Philadelphus;Ligustrum** Oleaceae 木樨科 [MD-498] 全球 (6) 大洲分布及种数(20-42;hort.1;cult:11)非洲:8;亚洲:18-35;大洋洲:1-9;欧洲:11-21;北美洲:13-24;南美洲:1-9
Syringaceae Horan. = Gentianaceae
Syringantha【3】 Standl. 白茜草属 ← **Exostema** Rubiaceae 茜草科 [MD-523] 全球 (1) 大洲分布及种数(1)◆北美洲
Syringidium Ehrenb. = **Habracanthus**
Syringodea D.Don = **Syringodea**
Syringodea【3】 Hook.f. 南红花属 ← **Romulea;Calluna** Iridaceae 鸢尾科 [MM-700] 全球 (1) 大洲分布及种数(8-10)◆非洲(◆南非)
Syringoderma D.Don = **Syringodea**
Syringodium【3】 Kütz. 针叶藻属 ← **Cymodocea** Cymodoceaceae 丝粉藻科 [MM-615] 全球 (1) 大洲分布及种数(1)◆北美洲
Syringosma Mart. ex Rchb. = **Molopanthera**
Syringothecium Mitt. = **Isopterygium**
Syrisca Comm. ex Juss. = **Serissa**
Syritta Macquart = **Syringa**
Syrium Steud. = **Sapium**
Syrmatia Vog. = **Syrmatium**
Syrmatium【3】 Vog. 千兰豆属 ≒ **Hosackia;Acmispon** Fabaceae 豆科 [MD-240] 全球 (1) 大洲分布及种数(13)◆北美洲
Syrnola L. = **Hypochaeris**

Syrrheonema【3】Miers 针防己属 Menispermaceae 防己科 [MD-42] 全球 (1) 大洲分布及种数(2-3)◆非洲
Syrrhonema Miers = **Carum**
Syrrhopodon (Besch.) M.Fleisch. = **Syrrhopodon**
Syrrhopodon【3】Schwägr. 网藓属 ≒ **Brachypodium; Serpotortella** Calymperaceae 花叶藓科 [B-130] 全球 (6) 大洲分布及种数(125)非洲:46;亚洲:55;大洋洲:34;欧洲:20;北美洲:34;南美洲:40
Syrtodes Torr. = **Sarcodes**
Sysimbrium Pall. = **Sisymbrium**
Sysirinchium Engelm. & A.Gray = **Sisyrinchium**
Sysmondia Delponte = **Dioscorea**
Syspone Griseb. = **Genista**
Systasis Griff. = **Pallavicinia**
Systegium【2】Schimp. 丛藓科属 ≒ **Mollia** Pottiaceae 丛藓科 [B-133] 全球 (5) 大洲分布及种数(6) 非洲:1;亚洲:1;大洋洲:1;北美洲:1;南美洲:2
Systellantha【3】B.C.Stone 紫金牛属 ≒ **Ardisia** Primulaceae 报春花科 [MD-401] 全球 (1) 大洲分布及种数(3)◆亚洲
Systeloglossum【2】Schltr. 长齿兰属 ≒ **Diadenium** Orchidaceae 兰科 [MM-723] 全球 (2) 大洲分布及种数(7) 北美洲:4;南美洲:2
Systemon P. & K. = **Synostemon**
Systemon Regel = **Galipea**
Systemonodaphne【3】Mez 南美樟属 ≒ **Kubitzkia** Lauraceae 樟科[MD-21] 全球(1) 大洲分布及种数(cf.1) ◆南美洲
Systena Schreb. = **Mayaca**
Systenotheca【3】Reveal & Hardham 齿苞蓼属 ← **Centrostegia** Polygonaceae 蓼科 [MD-120] 全球 (1) 大洲分布及种数(2)◆北美洲(◆美国)
Systremma Burch. = **Ceropegia**
Systrepha Burch. = **Ceropegia**
Systrephia Benth. & Hook.f. = **Ceropegia**
Systylium Hornsch. = **Tayloria**
Syziganthus Steud. = **Gahnia**
Syzigium Steud. = **Syzygium**
Syzygeum Wight = **Syzygium**
Syzygiella (Perss.) K.Feldberg,Vá ň a,Hentschel & Heinrichs = **Syzygiella**
Syzygiella【3】Stephani 对耳苔属 ≒ **Jamesoniella; Plagiochila** Jamesoniellaceae 圆叶苔科 [B-51] 全球 (6) 大洲分布及种数(31)非洲:3-5;亚洲:16-18;大洋洲:5-7;欧洲:1-3;北美洲:11-13;南美洲:18-20
Syzygiopsis Ducke = **Pouteria**
Syzygium (Peter G.Wilson) Craven & Biffin = **Syzygium**
Syzygium【3】P.Br. ex Gaertn. 蒲桃属 ≒ **Egeria;Myrtus** Myrtaceae 桃金娘科 [MD-347] 全球 (1) 大洲分布及种数(658-783)◆亚洲
Syzyguim P.Br. ex Gaertn. = **Syzygium**
Syzyium P.Br. ex Gaertn. = **Syzygium**
Syzylum P.Br. ex Gaertn. = **Syzygium**
Szalinia A.Rich. ex DC. = **Saldinia**
Szechenyia Kanitz = **Gagea**
Szeglewia C.Müll. = **Symphorema**
Szlachetkoella Mytnik = **Stelis**
Szovitsia【3】Fisch. & C.A.Mey. 亚美尼亚芹属 Apiaceae 伞形科 [MD-480] 全球 (1) 大洲分布及种数(1)◆西亚(◆亚美尼亚)
Szweykowskia【2】(J.B.Jack & Stephani) Gradst. & M.E.Reiner 哥伦羽苔属 Plagiochilaceae 羽苔科 [B-73] 全球 (2) 大洲分布及种数(cf.1) 北美洲;南美洲
Szyzgium P.Br. ex Gaertn. = **Syzygium**

Tabacina Baill. = **Justicia**
Tabacum Gilib. = **Nicotiana**
Tabacus Mönch = **Nicotiana**
Tabaroa【3】 L.P.Qüiroz,G.P.Lewis & M.F.Wojc. 托达草属 Fabaceae 豆科 [MD-240] 全球 (1) 大洲分布及种数(1)◆南美洲
Tabascenia Baill. = **Justicia**
Tabascina【3】 Baill. 爵床属 ← **Bouchetia;Justicia** Acanthaceae 爵床科 [MD-572] 全球 (1) 大洲分布及种数(cf.1)◆北美洲
Tabbebuia Gomez = **Tabebuia**
Tabebouia Gomez = **Tabebuia**
Tabebuia【3】 Gomez 粉铃木属 → **Adenocalymma;Bignonia;Martinella** Bignoniaceae 紫葳科 [MD-541] 全球 (6) 大洲分布及种数(101-116;hort.1;cult: 2)非洲:9-18;亚洲:96-114;大洋洲:6-14;欧洲:3-12;北美洲:68-83;南美洲:47-60
Taberaemontana L. = **Tabernaemontana**
Taberina Miers = **Tabernaemontana**
Taberna Miers = **Tabernaemontana**
Tabernaemontana【3】 (Tsiang) P.T.Li 山辣椒属 ≒ **Reinhardtia;Pentopetia** Apocynaceae 夹竹桃科 [MD-492] 全球 (6) 大洲分布及种数(150-166)非洲:59-79;亚洲:125-156;大洋洲:13-34;欧洲:6-25;北美洲:59-78;南美洲:70-96
Tabernaemontana DC. = **Tabernaemontana**
Tabernanthe【3】 Baill. 夜灵木属 Apocynaceae 夹竹桃科 [MD-492] 全球 (1) 大洲分布及种数(2)◆非洲
Tabernemontana G.A.Scop. = **Tabernaemontana**
Tabraca Noronha = **Todaroa**
Tacamahaca Mill. = **Populus**
Tacamahacca Mill. = **Populus**
Tacarcuna【2】 Huft 云碟木属 Phyllanthaceae 叶下珠科 [MD-222] 全球 (2) 大洲分布及种数(4)北美洲:1;南美洲:3
Tacareuna Huft = **Tacarcuna**
Tacazzea【3】 Decne. 非洲塔卡萝藦属 ← **Periploca;Buckollia;Petopentia** Asclepiadaceae 萝藦科 [MD-494] 全球 (1) 大洲分布及种数(8-13)◆非洲
Tacca【3】 J.R.Forst. & G.Forst. 蒟蒻薯属 ≒ **Arisaema** Dioscoreaceae 薯蓣科 [MM-691] 全球 (1) 大洲分布及种数(8-19)◆亚洲
Taccaceae【3】Dum. 箭根薯科 [MM-685] 全球 (6) 大洲分布和属种数(2;hort. & cult.1)(10-41;hort. & cult.3-7)非洲:1/6;亚洲:2/10-21;大洋洲:1/1-7;欧洲:1/6;北美洲:1/1-7;南美洲:1/6
Taccarum【3】 Brongn. 篷船芋属 → **Gorgonidium** Araceae 天南星科 [MM-639] 全球 (1) 大洲分布及种数(6)◆南美洲
Taceae Gray = Taxaceae
Tachia【3】 Aubl. 大吉阿属 ≒ **Tachigalia;Lisianthius** Gentianaceae 龙胆科 [MD-496] 全球 (6) 大洲分布及种数(14)非洲:1;亚洲:1;大洋洲:1-2;欧洲:1;北美洲:1-2;南美洲:13-14
Tachiadenus【3】 Griseb. 啤酒树属 ← **Lisianthius;Ornichia** Gentianaceae 龙胆科 [MD-496] 全球 (1) 大洲分布及种数(12)◆非洲
Tachibola Aubl. = (接受名不详) Rutaceae
Tachibota Aubl. = **Hirtella**
Tachigalea Aubl. = **Tachigali**
Tachigali【3】Aubl.蚁豆属→**Arapatiella;Cassia;Senna** Fabaceae2 云实科 [MD-239] 全球 (6) 大洲分布及种数(80-88)非洲:2;亚洲:2;大洋洲:2;欧洲:2;北美洲:3-6;南美洲:78-86
Tachigalia Aubl. = **Tachigali**
Tachinus Moran = **Tacitus**
Tachites Sol. ex Gaertn. = **Melicytus**
Tachuda Aubl. = **Tachia**
Tachybota Walp. = (接受名不详) Rutaceae
Tachys L. = **Stachys**
Tachysurus Steetz = **Calocephalus**
Tachyta Aubl. = **Tachia**
Tachytes Steud. = **Pachites**
Tachyura Hassk. = **Stachyurus**
Tacinga【3】 Britton & Rose 狼烟掌属 ← **Opuntia** Cactaceae 仙人掌科 [MD-100] 全球 (1) 大洲分布及种数(10-12)◆南美洲
Taciphytum【-】 C.H.Uhl 景天科属 Crassulaceae 景天科 [MD-229] 全球 (uc) 大洲分布及种数(uc)
Tacitus【3】 Moran 美丽莲属 Crassulaceae 景天科 [MD-229] 全球 (1) 大洲分布及种数(1-9)◆北美洲
Tacoanthus Baill. = **Ruellia**
Tacsonia (DC.) Rchb. = **Tacsonia**
Tacsonia【3】 Juss. 蕉番莲属 ← **Passiflora** Passifloraceae 西番莲科 [MD-151] 全球 (1) 大洲分布及种数(1-3)◆南美洲
Tacuna Peckham = **Mucuna**
Tadeastrum【3】 Szlach. 小葫芦兰属 Orchidaceae 兰科 [MM-723] 全球 (1) 大洲分布及种数(1)◆南美洲(◆哥伦比亚)
Tadehagi【3】 (Schindl.) H.Ohashi 葫芦茶属 ← **Desmodium** Fabaceae 豆科 [MD-240] 全球 (6) 大洲分布及种数(3-8)非洲:1-5;亚洲:2-7;大洋洲:1-3;欧洲:1;北美洲:1;南美洲:1
Tadorna Miers = **Tabernaemontana**
Tae Lindl. = **Habenaria**
Taeckholmia Boulos = **Sonchus**
Taedia Rudolphi = **Teedia**
Taenais Salisb. = **Crinum**
Taeni Salisb. = **Crinum**
Taenia L. = **Torenia**
Taeniacara Bremek. = **Taeniandra**
Taeniandra【2】 Bremek. 延苞蓝属 ≒ **Strobilanthes** Acanthaceae 爵床科 [MD-572] 全球 (2) 大洲分布及种数(cf.1) 亚洲;南美洲
Taenianthera Burret = **Geonoma**

Taeniatherum【3】 Nevski 带芒草属 ← **Elymus;Hordelymus;Hordeum** Poaceae 禾本科 [MM-748] 全球 (1) 大洲分布及种数(1-3)◆亚洲
Taenidia【3】 (Torr. & A.Gray) Drude 北美洲太尼草属 Apiaceae 伞形科 [MD-480] 全球 (1) 大洲分布及种数(2-6)◆北美洲
Taenidie Targ.Tozz. = **Posidonia**
Taenidium Targ.Tozz. = **Posidonia**
Taeniocarpum Desv. = **Pachyrhizus**
Taeniochlaena Hook.f. = **Roureopsis**
Taeniola Salisb. = **Taenidia**
Taeniolejeunea【-】 Zwickel 细鳞苔科属 ≒ **Cololejeunea** Lejeuneaceae 细鳞苔科 [B-84] 全球 (uc) 大洲分布及种数(uc)
Taenioma Salisb. = **Ornithogalum**
Taeniopetalum Vis. = **Peucedanum**
Taeniophallus Baill. = **Amorphophallus**
Taeniophis J.Sm. = **Vittaria**
Taeniophyllum (Schltr.) L.O.Williams = **Taeniophyllum**
Taeniophyllum【3】 Bl. 带叶兰属 ← **Vanilla;Oeceoclades;Chiloschista** Orchidaceae 兰科 [MM-723] 全球 (6) 大洲分布及种数(56-253)非洲:39-135;亚洲:8-89;大洋洲:13-127;欧洲:3;北美洲:2;南美洲:2
Taenioplehrum J.M.Coult. & Rose = **Perideridia**
Taeniopleurum J.M.Coult. & Rose = **Perideridia**
Taeniopsis J.Sm. = **Vittaria**
Taenioptera Hook. = **Vittaria**
Taeniopteris Hook. = **Vittaria**
Taeniorhachis【3】 Cope 非洲芒属 Poaceae 禾本科 [MM-748] 全球 (1) 大洲分布及种数(1)◆非洲
Taeniorrhiza【3】 Summerh. 姜唇兰属 Orchidaceae 兰科 [MM-723] 全球 (1) 大洲分布及种数(1)◆非洲
Taeniosapium Müll.Arg. = **Excoecaria**
Taeniosoma Spach = **Helianthemum**
Taeniostema Spach = **Helianthemum**
Taeniostola Spach = **Helianthemum**
Taeniotes DC. = **Sinningia**
Taenitidaceae【3】 Pic.Serm. 竹叶蕨科 [F-28] 全球 (6) 大洲分布和属种数(1-2;hort. & cult.1)(15-31;hort. & cult.1)非洲:2/2;亚洲:1-2/15-22;大洋洲:1-2/2-4;欧洲:2/2;北美洲:2/2;南美洲:2/2
Taenitis【3】 Willd. ex Schkuhr 竹叶蕨属 ≒ **Trichiogramme;Monogramma** Pteridaceae 凤尾蕨科 [F-31] 全球 (1) 大洲分布及种数(15-21)◆亚洲
Taenosapium Benth. & Hook.f. = **Excoecaria**
Taetsia Medik. = **Cordyline**
Tafalla【3】 Ruiz & Pav. 雪香兰属 ≒ **Loricaria** Chloranthaceae 金粟兰科 [MD-31] 全球 (1) 大洲分布及种数(1)◆南美洲
Tafallaea P. & K. = **Hedyosmum**
Tafana Simon = **Tafalla**
Tagalis Raf. = **Euphorbia**
Tagasta Miers = **Barringtonia**
Tage Raf. = **Chamaecrista**
Tagela Raf. = **Chamaecrista**
Tagera Raf. = **Chamaecrista**
Tageteae Cass. = **Tagetes**
Tagetes【3】 L. 万寿菊属 ≒ **Dyssodia;Adenophyllum** Asteraceae 菊科 [MD-586] 全球 (1) 大洲分布及种数(40-53)◆北美洲
Tagora Raf. = **Chamaecrista**
Taguaria Raf. = **Gaiadendron**
Taheitia Burret = **Berrya**
Tahina【3】 J.Dransf. & Rakotoarin. 塔棕属 ≒ **Collabium** Arecaceae 棕榈科 [MM-717] 全球 (1) 大洲分布及种数(5)◆非洲(◆马达加斯加)
Tahitia Burret = **Berrya**
Taihangia【3】 T.T.Yu & C.L.Li 太行花属 ← **Geum** Rosaceae 蔷薇科 [MD-246] 全球 (1) 大洲分布及种数(2)◆亚洲
Taimingasa【3】 (Kitam.) C.Ren & Q.E.Yang 泰米菊属 Asteraceae 菊科 [MD-586] 全球 (1) 大洲分布及种数(uc)◆亚洲
Tainia【3】 Bl. 带唇兰属 → **Acanthephippium;Ipsea;Ania** Orchidaceae 兰科 [MM-723] 全球 (1) 大洲分布及种数(23-47)◆亚洲
Tainionema Schltr. = **Metastelma**
Tainiopsis Hayata = **Tainia**
Tainus Torr.Montúfar,H.Ochot. & Borsch = **Viburnum**
Taioma Ker Gawl. = **Triocles**
Taitonia Yamam. = **Gomphostemma**
Taitzuia Yamam. = **Gomphostemma**
Taiwania【3】 Hayata 台湾杉属 Cupressaceae 柏科 [G-17] 全球 (1) 大洲分布及种数(1-8)◆亚洲
Taiwaniaceae Hay. = Cupressaceae
Taiwanobryum【3】 Nog. 台湾藓属 ≒ **Porotrichum;Neolindbergia** Neckeraceae 平藓科 [B-204] 全球 (1) 大洲分布及种数(6)◆亚洲
Taizonia Yamam. = **Gomphostemma**
Taka Röwer = **Tana**
Takagiella Pax & K.Hoffm. = **Tragiella**
Takaikatzuchia Kitag. & Kitam. = **Olgaea**
Takakia【2】 S.Hatt. & Inoü 藻苔属 Takakiaceae 藻苔科 [B-96] 全球 (2) 大洲分布及种数(2) 亚洲:2;北美洲:2
Takakiaceae M.Stech & W.Frey = Takakiaceae
Takakiaceae【2】S.Hatt. & Inoü 藻苔科 [B-96] 全球 (2) 大洲分布和属种数(1/2)亚洲:1/2;北美洲:1/2
Takakiales【-】 Hattori,Sinske & Inoue,Hiroshi & Schuster,Rudolf Mathias 孢芽藓科属 Sorapillaceae 孢芽藓科 [B-212] 全球 (uc) 大洲分布及种数(uc)
Takakiara S.Takaki = **Papilionanthe**
Takaoia S.Hatt. & Inoü = **Takakia**
Takasagoya Kimura = **Hypericum**
Takashia S.Hatt. & Inoü = **Takakia**
Takeikadzuchia Kitag. & Kitam. = **Olgaea**
Takeikadzuckia Kitag. & Kitam. = **Olgaea**
Takhtajania【3】 M.Baranova & J.-F.Leroy 单室林仙属 ← **Bubbia** Winteraceae 林仙科 [MD-3] 全球 (1) 大洲分布及种数(1)◆非洲
Takhtajaniaceae Baranova & J.F.Leroy = Winteraceae
Takhtajaniantha【3】 Nazarova 鸦葱属 ≒ **Scorzonera** Asteraceae 菊科 [MD-586] 全球 (1) 大洲分布及种数(1)◆非洲
Takhtajaniella V.E.Avet. = **Alyssum**
Takulumena【3】 Szlach. 树兰属 ≒ **Epidendrum** Orchidaceae 兰科 [MM-723] 全球 (1) 大洲分布及种数(uc)属分布和种数(uc)◆南美洲
Tal Blanco = **Limnophila**

T

Tala Blanco = **Limnophila**
Talahua Fluke = **Talauma**
Talamancalia 【2】 H.Rob. & Cuatrec. 翅柄千里光属 Asteraceae 菊科 [MD-586] 全球 (2) 大洲分布及种数(4-5) 北美洲:2;南美洲:1
Talamancaster 【-】 Pruski 菊科属 Asteraceae 菊科 [MD-586] 全球 (uc) 大洲分布及种数(uc)
Talanelis Raf. = **Campanula**
Talanga Noronha = **Alpinia**
Talara Walker = **Tara**
Talasium Spreng. = **Panicum**
Talassia J.M.H.Shaw = **Talassia**
Talassia 【3】 Korovin 伊犁芹属 ← **Ferula** Apiaceae 伞形科 [MD-480] 全球 (1) 大洲分布及种数(1-2)◆亚洲
Talauma 【3】 Juss. 盖裂木属 ← **Michelia;Lirianthe; Seseli** Magnoliaceae 木兰科 [MD-1] 全球 (6) 大洲分布及种数(9-24;hort.1)非洲:3;亚洲:5-8;大洋洲:3;欧洲:3;北美洲:5-8;南美洲:3
Talavera Mart. = **Corypha**
Talbotia 【-】 Balf. 爵床科属 ≒ **Hypoxis** Acanthaceae 爵床科 [MD-572] 全球 (uc) 大洲分布及种数(uc)
Talbotiella 【3】 Baker f. 小塔尔豆属 Fabaceae 豆科 [MD-240] 全球 (1) 大洲分布及种数(3-9)◆非洲
Talbotiopsis L.B.Sm. = **Talbotia**
Talguenea 【3】 Miers 五脉棘属 → **Trevoa** Rhamnaceae 鼠李科 [MD-331] 全球 (1) 大洲分布及种数(uc)◆亚洲
Tali Adans. = **Connarus**
Talides Airy-Shaw = **Tapoides**
Taliera Mart. = **Corypha**
Taligalea Aubl. = **Amasonia**
Talima Juss. = **Talauma**
Talimum Adans. = **Talinum**
Talinaceae 【3】 Doweld 土人参科 [MD-84] 全球 (6) 大洲分布和属种数(1;hort. & cult.1)(35-78;hort. & cult.4-10) 非洲:1/21-48;亚洲:1/6-33;大洋洲:1/3-30;欧洲:1/27;北美洲:1/12-44;南美洲:1/12-41
Talinaria Brandegee = **Talinum**
Talinella 【3】 Baill. 栌兰树属 Talinaceae 土人参科 [MD-84] 全球 (1) 大洲分布及种数(12-15)◆非洲(◆马达加斯加)
Talinium Raf. = **Talinum**
Talinopsis 【3】 A.Gray 马齿藤属 ≒ **Anacampseros** Anacampserotaceae 回欢草科 [MD-274] 全球 (1) 大洲分布及种数(1)◆北美洲
Talinum 【3】 Adans. 土人参属 ≒ **Anacampseros; Phemeranthus** Talinaceae 土人参科 [MD-84] 全球 (6) 大洲分布及种数(36-43)非洲:21-48;亚洲:6-33;大洋洲:3-30;欧洲:27;北美洲:12-44;南美洲:12-41
Talipariti 【3】 Fryxell 黄槿属 ≒ **Pariti;Hibiscus** Malvaceae 锦葵科 [MD-203] 全球 (6) 大洲分布及种数(9-19)非洲:2;亚洲:4-6;大洋洲:3-5;欧洲:2;北美洲:2-4;南美洲:2
Talipulia Raf. = **Aneilema**
Talisea Aubl. = **Talisia**
Talisia (Aubl.) Radlk. = **Talisia**
Talisia 【3】 Aubl. 牛睛果属 ← **Cupania;Melicoccus; Sapindus** Sapindaceae 无患子科 [MD-428] 全球 (6) 大洲分布及种数(54-55;hort.1;cult: 1)非洲:2;亚洲:1-3;大洋洲:2;欧洲:1-3;北美洲:11-13;南美洲:52-55
Talisiopsis Radlk. = **Zanha**
Talitha Clarke = **Talisia**
Talium Adans. = **Talinum**
Talmeca Mart. = **Corypha**
Talmella Dur. = **Talinella**
Talpa Forst. = **Tacca**
Talpina Mart. = **Sinningia**
Talpinaria G.Karst. = **Pleurothallis**
Taltalia Ehr.Bayer = **Alstroemeria**
Tamaceae Bercht. & J.Presl = Talinaceae
Tamala Raf. = **Persea**
Tamales Raf. = **Persea**
Tamamschjanella 【3】 Pimenov & Kljuykov 亚肿芹属 Apiaceae 伞形科 [MD-480] 全球 (1) 大洲分布及种数(1)◆欧洲
Tamamschjania 【3】 Pimenov & Kljuykov 藁本属 ← **Ligusticum** Apiaceae 伞形科 [MD-480] 全球 (1) 大洲分布及种数(cf.1)◆亚洲
Taman Raf. = **Persea**
Tamananthus 【3】 V.M.Badillo 肿叶菊属 Asteraceae 菊科 [MD-586] 全球 (1) 大洲分布及种数(1)◆南美洲(◆委内瑞拉)
Tamandua Cuatrec. = **Wyethia**
Tamania Cuatrec. = **Wyethia**
Tamanka Aubl. = **Tamonea**
Tamara Roxb. ex Steud. = **Tara**
Tamaria Ziesenhenne = **Tamarix**
Tamaricaceae 【3】 Link 柽柳科 [MD-162] 全球 (6) 大洲分布和属种数(2;hort. & cult.2)(125-175;hort. & cult.16-21)非洲:1-2/43-65;亚洲:2/83-110;大洋洲:1-2/7-24;欧洲:1-2/31-51;北美洲:1-2/16-33;南美洲:1-2/5-22
Tamaricaria 【3】 Qaiser & Ali 水柏枝属 ≒ **Myricaria** Tamaricaceae 柽柳科 [MD-162] 全球 (1) 大洲分布及种数(cf. 1)◆亚洲
Tamarindaceae Martinov = Fabaceae3
Tamarindus 【3】 Tourn. ex L. 酸豆属 → **Intsia** Fabaceae 豆科 [MD-240] 全球 (6) 大洲分布及种数(2)非洲:1;亚洲:1;大洋洲:1;欧洲:1;北美洲:1;南美洲:1
Tamarisce Mill. = **Tamarix**
Tamariscella (Müll.Hal.) Müll.Hal. = **Thuidium**
Tamariscus Mill. = **Tamarix**
Tamarix (Bunge) B.R.Baum = **Tamarix**
Tamarix 【3】 L. 柽柳属 → **Myricaria;Thuya** Tamaricaceae 柽柳科 [MD-162] 全球 (6) 大洲分布及种数(112-129;hort.1;cult:2)非洲:43-64;亚洲:69-94;大洋洲:7-23;欧洲:31-50;北美洲:16-32;南美洲:5-21
Tamarixia L. = **Tamarix**
Tamatavia Hook.f. = **Chapelieria**
Tamaulipa 【3】 R.M.King & H.Rob. 天泽兰属 ← **Eupatorium** Asteraceae 菊科 [MD-586] 全球 (1) 大洲分布及种数(1)◆北美洲
Tamayoa 【3】 V.M.Badillo 南美沼菊属 Asteraceae 菊科 [MD-586] 全球 (1) 大洲分布及种数(uc)属分布和种数(uc)◆南美洲
Tamayorkis 【3】 Szlach. 原沼兰属 ≒ **Malaxis** Orchidaceae 兰科 [MM-723] 全球 (1) 大洲分布及种数(3-4)◆北美洲
Tambana Raf. = **Persea**
Tambja Farmer = **Tamijia**

T

Tambourissa【3】 Sonn. 岛盘桂属 → **Monimia; Ephippiandra** Monimiaceae 玉盘桂科 [MD-20] 全球 (1) 大洲分布及种数(47-52)◆非洲
Tamia Ravenna = **Calydorea**
Tamijia【3】 S.Sakai & Nagam. 贴蕊姜属 Zingiberaceae 姜科 [MM-737] 全球 (1) 大洲分布及种数(1-2)◆亚洲
Tamilnadia【3】 Tirveng. & Sastre 山石榴属 ≒ **Catunaregam** Rubiaceae 茜草科 [MD-523] 全球 (1) 大洲分布及种数(2)◆亚洲
Tammsia【3】 H.Karst. 绫薇花属 Rubiaceae 茜草科 [MD-523] 全球 (1) 大洲分布及种数(1-2)◆南美洲
Tamnaceae J.Kickx f. = Trapaceae
Tamnus Mill. = **Tana**
Tamonea【2】Aubl. 鸦帚草属 → **Miconia;Leptocarpus; Priva** Verbenaceae 马鞭草科 [MD-556] 全球 (3) 大洲分布及种数(10-12)大洋洲:2;北美洲:8;南美洲:4
Tamonopsis Griseb. = **Lantana**
Tamotus Moran = **Tacitus**
Tamoya F.Müller = **Tamonea**
Tampoa【-】 Aubl. 卫矛科属 ≒ **Salacia;Anthodon** Celastraceae 卫矛科 [MD-339] 全球 (uc) 大洲分布及种数(uc)
Tamraca Raf. = **Persea**
Tamridaea【2】 Thulin & B.Bremer 玉叶金花属 ≒ **Mussaenda** Rubiaceae 茜草科 [MD-523] 全球 (2) 大洲分布及种数(cf.1) 非洲;亚洲
Tamrindus Tourn. ex L. = **Tamarindus**
Tamus【2】 L. 薯蓣属 ≒ **Dioscorea** Dioscoreaceae 薯蓣科 [MM-691] 全球 (5) 大洲分布及种数(1) 非洲:1;亚洲:1;大洋洲:1;欧洲:1;南美洲:1
Tana【3】 B.E.van Wyk 非洲天芹属 ≒ **Thamnea** Apiaceae 伞形科 [MD-480] 全球 (1) 大洲分布及种数(1-5)◆非洲
Tanacetaceae Vest = Asteliaceae
Tanacetopsis【3】 (Tzvelev) Kovalevsk. 类菊蒿属 ← **Cancrinia;Pyrethrum** Asteraceae 菊科 [MD-586] 全球 (1) 大洲分布及种数(20-23)◆亚洲
Tanacetum【3】Tourn.exL. 菊蒿属 ≒ **Chrysanthemum; Dendranthema;Pentzia** Asteraceae 菊科 [MD-586] 全球 (6) 大洲分布及种数(130-184;hort.1;cult: 5)非洲:6-21;亚洲:108-140;大洋洲:9-24;欧洲:39-56;北美洲:16-31;南美洲:3-18
Tanadema Franch. & Sav. = **Papilionanthe**
Tanaecium【3】 Sw. 塔纳葳属 → **Adenocalymma; Tecoma;Arrabidaea** Bignoniaceae 紫葳科 [MD-541] 全球 (6) 大洲分布及种数(18-27)非洲:3;亚洲:1-4;大洋洲:1-4;欧洲:3;北美洲:4-9;南美洲:17-28
Tanagra Hort. = **Papilionanthe**
Tanaidia Link = **Danae**
Tanais Salisb. = **Crinum**
Tanakaea【3】 Franch. & Sav. 峨屏草属 Saxifragaceae 虎耳草科 [MD-231] 全球 (1) 大洲分布及种数(2)◆亚洲
Tanakaella Franch. & Sav. = **Tanakaea**
Tanakara Hort. = **Papilionanthe**
Tanakea Franch. & Sav. = **Tanakaea**
Tanakius P. & K. = **Macaranga**
Tanaoa B.E.van Wyk = **Tana**
Tanaodon Raf. = **Pluchea**
Tanaopsis Lang = **Vittaria**
Tanaosolen N.E.Br. = **Tritoniopsis**
Tanara Hort. = **Tara**
Tanarctus P. & K. = **Macaranga**
Tanarius P. & K. = **Macaranga**
Tanaxion Raf. = **Pluchea**
Tancoa Raf. = **Mancoa**
Tandonia Baill. = **Tannodia**
Tandonia Moq. = **Anredera**
Tanea B.E.van Wyk = **Tana**
Tanecetum L. = **Tanacetum**
Tangaraca Adans. = **Hamelia**
Tanghekolli Adans. = **Crinum**
Tanghinia Thou. = **Cerbera**
Tangshuia【-】 S.S.Ying 茜草科属 Rubiaceae 茜草科 [MD-523] 全球 (uc) 大洲分布及种数(uc)
Tangtsinia【3】 S.C.Chen 金佛山兰属 ← **Cephalanthera** Orchidaceae 兰科 [MM-723] 全球 (1) 大洲分布及种数(2)◆亚洲
Tanibouca Aubl. = **Terminalia**
Tankervillia Link = **Phaius**
Tannea A.Rich. = **Lannea**
Tannodia【3】 Baill. 旌节桐属 ← **Agrostistachys;Croton;Anredera** Euphorbiaceae 大戟科 [MD-217] 全球 (1) 大洲分布及种数(9)◆非洲
Tanquana【3】 H.E.K.Hartmann & Liede 拈花玉属 Aizoaceae 番杏科 [MD-94] 全球 (1) 大洲分布及种数(1-3)◆非洲(◆南非)
Tanquilos【-】 S.A.Hammer 番杏科属 Aizoaceae 番杏科 [MD-94] 全球 (uc) 大洲分布及种数(uc)
Tansaniochloa Rauschert = **Setaria**
Tantalus Nor. ex Thou. = **Sarcolaena**
Tantilla (Lür) Lür = **Antilla**
Tanulepis Balf.f. = **Camptocarpus**
Tanusia A.Juss. = **Janusia**
Taonabo【2】Aubl. 厚皮茶属 → **Ternstroemia;Freziera** Pentaphylacaceae 五列木科 [MD-215] 全球 (2) 大洲分布及种数(4)亚洲:cf.1;北美洲:1
Taonia AGARDH = **Tainia**
Taonius DC. = **Timonius**
Taosia Aubl. = **Talisia**
Tapagomea P. & K. = **Psychotria**
Tapanava Adans. = **Pothos**
Tapanawa Hassk. = **Pothos**
Tapanhuacanga Vand. = **Eupatorium**
Tapeina【-】 (Cav.) Dwight Moore 鸢尾科属 Iridaceae 鸢尾科 [MM-700] 全球 (uc) 大洲分布及种数(uc)
Tapeinaegle Herb. = **Narcissus**
Tapeinanthus【3】 Herb. 矮刺苏属 ≒ **Chamaesphacos** Amaryllidaceae 石蒜科 [MM-694] 全球 (1) 大洲分布及种数(uc)◆欧洲
Tapeinia Comm. ex Juss. = **Tapeinia**
Tapeinia【3】 Juss. 卧鸢尾属 ≒ **Witsenia** Iridaceae 鸢尾科 [MM-700] 全球 (1) 大洲分布及种数(1)◆南美洲
Tapeinidium【2】 (Presl) C.Chr. 达边蕨属 ← **Davallia** Lindsaeaceae 鳞始蕨科 [F-27] 全球 (3) 大洲分布及种数(19-32)非洲:3-7;亚洲:13-21;大洋洲:11-14
Tapeinocheilos Miq. = **Tapeinochilos**
Tapeinochilos【2】 Miq. 小唇姜属 ← **Costus;Etlingera** Costaceae 闭鞘姜科 [MM-738] 全球 (3) 大洲分布及种数

T

(3-19)非洲:15;亚洲:4;大洋洲:2-16
Tapeinochilus Benth. & Hook.f. = **Tapeinochilos**
Tapeinoglossum Schltr. = **Bulbophyllum**
Tapeinophallus Baill. = **Amorphophallus**
Tapeinosperma【3】Hook.f. 长柱金牛属 ← **Ardisia; Discocalyx** Primulaceae 报春花科 [MD-401] 全球 (1) 大洲分布及种数(13-85)◆大洋洲
Tapeinosteinon Benth. = **Tapeinostemon**
Tapeinostelma Schltr. = **Brachystelma**
Tapeinostemon【3】Benth. 小雄蕊龙胆属 ← **Psychotria** Gentianaceae 龙胆科 [MD-496] 全球 (1) 大洲分布及种数(12-13)◆南美洲
Tapeinotes DC. = **Sinningia**
Tapena Mart. = **Sinningia**
Taperina Juss. = **Tapeinia**
Taperinha Linnavuori & DeLong = **Tapeinia**
Tapes L. = **Taxus**
Tapheocarpa【3】Conran 竹叶菜属 ← **Aneilema** Commelinaceae 鸭跖草科 [MM-708] 全球 (1) 大洲分布及种数(1)◆大洋洲
Taphorospermum C.A.Mey. = **Taphrospermum**
Taphrogiton Friche-Joset & Montandon = **Scirpus**
Taphrospermum【3】C.A.Mey. 沟子荠属 ← **Alliaria; Braya;Eutrema** Brassicaceae 十字花科 [MD-213] 全球 (1) 大洲分布及种数(2)◆亚洲
Taphura Aubl. = **Tapura**
Tapia Adans. = **Crateva**
Tapiena Mart. = **Sinningia**
Tapilinopsis J.M.H.Shaw = **Talinopsis**
Tapina Mart. = **Sinningia**
Tapinaegle Herb. = **Chamaesphacos**
Tapinanthus【3】(Bl.) Rchb. 折瓣寄生属 ≒ **Tapeinanthus;Lichtensteinia;Socratina** Loranthaceae 桑寄生科 [MD-415] 全球 (1) 大洲分布及种数(45-47)◆非洲
Tapinia P. & K. = **Tapirira**
Tapinocarpus Dalzell = **Theriophonum**
Tapinoma Mart. = **Sinningia**
Tapinopa Mart. = **Sinningia**
Tapinopentas Bremek. = **Otomeria**
Tapinostemma (Benth. & Hook.f.) Van Tiegh. = **Tapinostemma**
Tapinostemma【3】Van Tiegh. 桑寄生属 ≒ **Loranthus;Plicosepalus** Loranthaceae 桑寄生科 [MD-415] 全球 (1) 大洲分布及种数(cf. 1)◆亚洲
Tapiphyllum Robyns = **Vangueria**
Tapiria Juss. = **Tapirira**
Tapirira【3】Aubl. 鸽枣属 ← **Comocladia;Mauria; Pegia** Anacardiaceae 漆树科 [MD-432] 全球 (6) 大洲分布及种数(12-15;hort.1)非洲:3;亚洲:1-4;大洋洲:3;欧洲:3;北美洲:5-11;南美洲:9-12
Tapirocarpus Sagot = **Talisia**
Tapiscia【3】Oliv. 瘿椒树属 Tapisciaceae 瘿椒树科 [MD-426] 全球 (1) 大洲分布及种数(2-3)◆东亚(◆中国)
Tapisciaceae【3】Takht. 瘿椒树科 [MD-426] 全球 (1) 大洲分布和属种数(2;hort. & cult.1)(5-7;hort. & cult.1)◆亚洲
Taplinia【3】Lander 岩鼠麹属 Asteraceae 菊科 [MD-586] 全球 (1) 大洲分布及种数(1)◆大洋洲(◆澳大利亚)
Tapogomea Aubl. = **Psychotria**
Tapoides【3】Airy-Shaw 叶轮木属 ← **Ostodes** Euphorbiaceae 大戟科 [MD-217] 全球 (1) 大洲分布及种数(1-2)◆亚洲
Tapomana Adans. = **Connarus**
Tapranthera J.M.H.Shaw = **Tetranthera**
Taprobanea【3】Christenson 凤蝶兰属 ← **Papilionanthe;Vanda** Orchidaceae 兰科 [MM-723] 全球 (1) 大洲分布及种数(cf.1)◆亚洲
Tapronopsis J.M.H.Shaw = **Lantana**
Tapum Hill = **Brassica**
Tapura【2】Aubl. 泡花李属 → **Dichapetalum;Stephanopodium;Berkheya** Dichapetalaceae 毒鼠子科 [MD-202] 全球 (4) 大洲分布及种数(41)非洲:8-13;亚洲:cf.1;北美洲:10;南美洲:25
Taquara【-】I.L.C.Oliveira & R.P.Oliveira 禾本科属 Poaceae 禾本科 [MM-748] 全球 (uc) 大洲分布及种数(uc)
Tara【3】Molina 角实豆属 ≒ **Nelumbium;Coulteria** Fabaceae 豆科 [MD-240] 全球 (6) 大洲分布及种数(3-4)非洲:1-2;亚洲:1;大洋洲:1;欧洲:1;北美洲:2-4;南美洲:1-2
Tarachia【3】C.Presl 大羽铁角蕨属 ≒ **Asplenium** Aspleniaceae 铁角蕨科 [F-43] 全球 (1) 大洲分布及种数(uc)◆大洋洲
Taraktogenos Hassk. = **Hydnocarpus**
Taralea【3】Aubl. 南香豆树属 ≒ **Dipteryx** Fabaceae 豆科 [MD-240] 全球 (1) 大洲分布及种数(7)◆南美洲(◆巴西)
Taranis Dall = **Taraxis**
Taras Phil. = **Tarasa**
Tarasa【3】Phil. 星毛卷萼锦属 ← **Malva;Malvastrum; Sphaeralcea** Malvaceae 锦葵科 [MD-203] 全球 (1) 大洲分布及种数(31-34)◆南美洲
Taravalia【3】Greene 榆橘属 ← **Ptelea** Rutaceae 芸香科 [MD-399] 全球 (1) 大洲分布及种数(7)◆北美洲
Taraxaceae Gray = Taxaceae
Taraxacum (Dahlst.) G.Jacot = **Taraxacum**
Taraxacum【3】F.H.Wigg. 蒲公英属 → **Agoseris;Leontodon;Sonchus** Asteraceae 菊科 [MD-586] 全球 (6) 大洲分布及种数(2041-2597;hort.1;cult:30)非洲:18-53;亚洲:1400-1568;大洋洲:12-48;欧洲:1579-1756;北美洲:42-76;南美洲:10-43
Taraxia【3】Nutt. ex Torr. & A.Gray 待晖草属 ≒ **Oenothera** Onagraceae 柳叶菜科 [MD-396] 全球 (6) 大洲分布及种数(1)非洲:5;亚洲:5;大洋洲:5;欧洲:5;北美洲:5;南美洲:5
Taraxis【3】B.G.Briggs & L.A.S.Johnson 木贼灯草属 Restionaceae 帚灯草科 [MM-744] 全球 (1) 大洲分布及种数(1)◆大洋洲(◆澳大利亚)
Tarazeuxis Lindl. = **Trizeuxis**
Tarchonantheae【-】S.C.Keeley & R.K.Jansen 菊科属 Asteraceae 菊科 [MD-586] 全球 (uc) 大洲分布及种数(uc)
Tarchonanthus【3】L. 棉果菊属 → **Brachylaena; Eriocephalus** Asteraceae 菊科 [MD-586] 全球 (1) 大洲分布及种数(6)◆非洲
Tardavel Adans. = **Spermacoce**
Tardiella Gagnep. = **Casearia**
Tarebia Lam. = **Taraxia**
Tarenaya【3】Raf. 醉蝶花属 ← **Cleome** Cleomaceae

白花菜科 [MD-210] 全球 (6) 大洲分布及种数(4-6)非洲:1;亚洲:2-3;大洋洲:1-2;欧洲:1;北美洲:3-4;南美洲:2-3
Tarenna (Hook.f.) S.T.Reynolds = **Tarenna**
Tarenna【3】 Gaertn. 乌口树属 → **Aidia;Chomelia;Mussaenda** Rubiaceae 茜草科 [MD-523] 全球 (6) 大洲分布及种数(150-210;hort.1;cult: 1)非洲:64-78;亚洲:87-125;大洋洲:21-33;欧洲:1-9;北美洲:10-19;南美洲:13-21
Tarennella【3】 De Block 茜草科属 Rubiaceae 茜草科 [MD-523] 全球 (1) 大洲分布及种数(uc)◆非洲(◆马达加斯加)
Tarennoidea【3】 Tirveng. & Sastre 岭罗麦属 ← **Aidia** Rubiaceae 茜草科 [MD-523] 全球 (1) 大洲分布及种数(2)◆非洲(◆南非)
Tarentola Salisb. = **Ornithogalum**
Targionia【3】 L. 皮叶苔属 ≒ **Notothylas** Targioniaceae 皮叶苔科 [B-20] 全球 (6) 大洲分布及种数(4-6)非洲:2-4;亚洲:2;大洋洲:2;欧洲:1;北美洲:1;南美洲:1
Targioniaceae Dum. = Targioniaceae
Targioniaceae【3】 L. 皮叶苔科 [B-20] 全球 (6) 大洲分布和属种数(5/34-49)非洲:1-2/1-2; 亚洲:1-2/1-2; 大洋洲:1/1; 欧洲:1/1; 北美洲:1/1; 南美洲:3/32-35
Taricha Twitty = **Tarachia**
Tarigidia【2】 Stent 约等颖草属 ← **Anthephora** Poaceae 禾本科 [MM-748] 全球 (2) 大洲分布及种数(2-3)非洲:1;北美洲:1
Tarindus Tourn. ex L. = **Tamarindus**
Tariri Aubl. = **Picramnia**
Tarjadia Nutt. ex Torr. & A.Gray = **Taraxia**
Tarlmounia【3】 H.Rob.,S.C.Keeley,Skvarla & R.Chan 斑鸠草属 Asteraceae 菊科 [MD-586] 全球 (1) 大洲分布及种数(cf. 1)◆东南亚(◆缅甸)
Tarma Molina = **Tara**
Tarpheta Raf. = **Stachytarpheta**
Tarphochlamys Bremek. = **Strobilanthes**
Tarrantia Bl. = **Tarrietia**
Tarrenoidea Tirveng. & Sastre = **Tarennoidea**
Tarrietia【3】 Bl. 蝴蝶树属 → **Heritiera;Hildegardia;Triplochiton** Malvaceae 锦葵科 [MD-203] 全球 (1) 大洲分布及种数(1-4)◆非洲
Tarsina Raf. = **Nemopanthus**
Tartagalia (A.Robyns) T.Mey. = **Eriotheca**
Tartonia Raf. = **Thymelaea**
Tarvaia Greene = **Taravalia**
Tarzetta Vell. = **Lauro-cerasus**
Tasata Raf. = **Aconogonon**
Taschneria C.Presl = **Crepidomanes**
Tashiroea【3】 Matsum. 野海棠属 ← **Bredia;Medinilla** Melastomataceae 野牡丹科 [MD-364] 全球 (1) 大洲分布及种数(3)◆亚洲
Tasimia Griff. = **Thismia**
Tasmanadia R.Br. ex DC. = **Tasmannia**
Tasmania R.Br. ex DC. = **Taiwania**
Tasmannia【3】 R.Br. ex DC. 椒林仙属 ← **Drimys;Bubbia;Mazus** Winteraceae 林仙科 [MD-3] 全球 (1) 大洲分布及种数(16-38)◆大洋洲
Tasoba Raf. = **Polygonum**
Tassadia【3】 Decne. 热美萝藦属 ← **Cynanchum;Metastelma;Oxypetalum** Apocynaceae 夹竹桃科 [MD-492] 全球 (1) 大洲分布及种数(38-45)◆南美洲
Tassia L. = **Cassia**
Tassilicyparis A.V.Bobrov & Melikyan = **Cupressus**
Tassmannia Walp. = **Tasmannia**
Tatarina Raf. = **Nemopanthus**
Tataxacum Zinn = **Taraxacum**
Tatea F.Müll = **Bikkia**
Tateanthus【3】 Gleason 威尼斯野牡丹属 ≒ **Tetranthus** Melastomataceae 野牡丹科 [MD-364] 全球 (1) 大洲分布及种数(1)◆南美洲
Tateara Griff. & J.M.H.Shaw = **Bikkia**
Tateishia【3】 H.Ohashi & K.Ohashi 金山兰属 Orchidaceae 兰科 [MM-723] 全球 (1) 大洲分布及种数(2)◆亚洲
Tatella L. = **Tiarella**
Tatenna Seem. = **Bikkia**
Tatera Raf. = **Chamaecrista**
Tatia Raf. = **Nemopanthus**
Tatianyx【3】 Zuloaga & Soderstr. 黍属 ≒ **Panicum** Poaceae 禾本科 [MM-748] 全球 (1) 大洲分布及种数(1)◆南美洲
Tatina Raf. = **Nemopanthus**
Tatinga Britton & Rose = **Tacinga**
Tattia G.A.Scop. = **Weinmannia**
Tatusia Aubl. = **Talisia**
Taubertia K.Schum. = **Disciphania**
Taumastos Raf. = **Libertia**
Taunaya Remes-Lenicov = **Tournaya**
Taurantha D.L.Jones & M.A.Clem. = **Pterostylis**
Tauriana (Nakai) Nakai = **Euonymus**
Tauroceras Britton & Rose = **Acacia**
Taurocheros Britton & Rose = **Acacia**
Taurodium D.L.Jones & M.A.Clem. = **Taxodium**
Taurostalix Rchb.f. = **Bulbophyllum**
Taurrettia Raeusch. = **Tourrettia**
Tauscheria【3】 Fisch. 舟果荠属 Brassicaceae 十字花科 [MD-213] 全球 (1) 大洲分布及种数(cf. 1)◆亚洲
Tauschia A.Gray = **Tauschia**
Tauschia【3】 Schltdl. 陶施草属 ← **Arracacia;Musineon;Peucedanum** Apiaceae 伞形科 [MD-480] 全球 (1) 大洲分布及种数(29-47)◆北美洲
Tavalla Pers. = **Hedyosmum**
Tavaresia【3】 Welw. 丽钟角属 ← **Euphorbia;Decabelone** Apocynaceae 夹竹桃科 [MD-492] 全球 (1) 大洲分布及种数(3-4)◆非洲
Tavarorbea【-】 C.C.Walker 萝藦科属 Asclepiadaceae 萝藦科 [MD-494] 全球 (uc) 大洲分布及种数(uc)
Tavastemon【-】 P.V.Heath 萝藦科属 Asclepiadaceae 萝藦科 [MD-494] 全球 (uc) 大洲分布及种数(uc)
Taverniera【2】 DC. 带豆属 ← **Hedysarum;Onobrychis** Fabaceae 豆科 [MD-240] 全球 (2) 大洲分布及种数(14-19)非洲:8-9;亚洲:11-15
Tavomyta Vitman = **Tovomita**
Tawaia S.Y.Wong,S.L.Low & P.C.Boyce = **Thaia**
Tawera Raf. = **Chamaecrista**
Taxaceae【3】 Gray 红豆杉科 [G-12] 全球 (6) 大洲分布和属种数(5;hort. & cult.5)(27-70;hort. & cult.21-25)非洲:1-2/4-20;亚洲:4/23-44;大洋洲:1-3/1-17;欧洲:1-2/2-19;北美洲:2/13-30;南美洲:2/16
Taxales【-】 Link 红豆杉科属 Taxaceae 红豆杉科 [G-

T

12] 全球 (uc) 大洲分布及种数(uc)
Taxandria【3】 (Benth.) J.R.Wheeler & N.G.Marchant 香松梅属 ≒ **Agonis** Myrtaceae 桃金娘科 [MD-347] 全球 (1) 大洲分布及种数(9-11)◆大洋洲(◆澳大利亚)
Taxanthema Neck. = **Armeria**
Taxanthemum Poir. = **Trianthema**
Taxatrophis Bl. = **Streblus**
Taxeae Rich. ex Duby = **Bikkia**
Taxicaulis【3】 (Müll.Hal.) Müll.Hal. 同叶藓属 ≒ **Acroporium** Hypnaceae 灰藓科 [B-189] 全球 (1) 大洲分布及种数(1)◆南美洲
Taxila Blanco = **Limnophila**
Taxilejeunea (R.M.Schust.) R.M.Schust. = **Taxilejeunea**
Taxilejeunea【3】 Stephani 长叶细鳞苔属 ≒ **Hygrolejeunea;Macrolejeunea** Lejeuneaceae 细鳞苔科 [B-84] 全球(6)大洲分布及种数(20-21)非洲:4-14;亚洲:19-30;大洋洲:1-12;欧洲:10;北美洲:2-12;南美洲:12-22
Taxillus Lancilobi H.X.Qiu = **Taxillus**
Taxillus【3】 Van Tiegh. 钝果寄生属 ≒ **Bakerella; Scurrula;Septulina** Loranthaceae 桑寄生科 [MD-415] 全球(6)大洲分布及种数(31-43;hort.1)非洲:3-6;亚洲:28-36;大洋洲:3;欧洲:3;北美洲:3;南美洲:3
Taxiphyllopsis【3】 Higuchi & Deguchi 亚洲天藓属 Hypnaceae 灰藓科 [B-189] 全球 (1) 大洲分布及种数 (1)◆亚洲
Taxiphyllum【3】 M.Fleisch. 鳞叶藓属 ≒ **Amblystegium;Entodon** Hypnaceae 灰藓科 [B-189] 全球 (6) 大洲分布及种数(41) 非洲:6;亚洲:24;大洋洲:5;欧洲:3;北美洲:19;南美洲:4
Taxitheliella【3】 Dixon 马来锦藓属 Pylaisiadelphaceae 毛锦藓科 [B-191] 全球 (1) 大洲分布及种数(1)◆亚洲
Taxithelium (Müll.Hal.) Renauld & Cardot = **Taxithelium**
Taxithelium【3】 Spruce ex Mitt. 麻锦藓属 ≒ **Rhaphidostegium;Phyllodon** Pylaisiadelphaceae 毛锦藓科 [B-191] 全球 (6) 大洲分布及种数(108) 非洲:33;亚洲:48;大洋洲:43;欧洲:6;北美洲:5;南美洲:12
Taxodiaceae C.Y.Cheng,W.C.Cheng & C.D.Chu = Taxodiaceae
Taxodiaceae【3】 Saporta 杉科 [G-16] 全球 (6) 大洲分布和属种数(4;hort. & cult.4)(8-28;hort. & cult.6-9)非洲:3/14;亚洲:2-4/3-17;大洋洲:1-3/1-15;欧洲:3/14;北美洲:3-4/6-21;南美洲:3/14
Taxodiomeria Z.J.Ye,J.J.Zhang & S.H.Pan = **Taxodium**
Taxodium【3】 Rich. 落羽杉属 → **Cryptomeria;Cupressus;Sequoia** Taxodiaceae 杉科 [G-16] 全球 (1) 大洲分布及种数(4-10)◆北美洲
Taxotrophis Bl. = **Streblus**
Taxus【3】 L. 红豆杉属 → **Pseudotaxus;Tsuga;Nageia** Taxaceae 红豆杉科 [G-12] 全球 (6) 大洲分布及种数(15-21;hort.1;cult:4)非洲:4-17;亚洲:11-28;大洋洲:13;欧洲:2-16;北美洲:8-22;南美洲:13
Tayloria (Grev. & Arn.) Mitt. = **Tayloria**
Tayloria【3】 Hook. 小壶藓属 ≒ **Weissia;Streptopogon** Splachnaceae 壶藓科 [B-143] 全球 (6) 大洲分布及种数(46)非洲:8;亚洲:19;大洋洲:8;欧洲:9;北美洲:13;南美洲:12
Tayloriophyton【3】 Nayar 印尼野牡丹属 Melastomataceae 野牡丹科 [MD-364] 全球 (1) 大洲分布及种数(uc) 属分布和种数(uc)◆东南亚(◆印度尼西亚)
Tayo Jarm. = **Turanga**
Tayotum Blanco = **Geniostoma**
Tbiersia Baill. = **Faramea**
Tccomanthe Baill. = **Tecomanthe**
Tchihatchewia【3】 Boiss. 土耳其芥属 Brassicaceae 十字花科 [MD-213] 全球 (1) 大洲分布及种数(cf. 1)◆南亚(◆斯里兰卡)
Tclanthera R.Br. = **Telanthera**
Teagueia【3】 (Lür) Lür 阔柱兰属 ≒ **Platystele** Orchidaceae 兰科 [MM-723] 全球 (1) 大洲分布及种数(16-18)◆南美洲
Tebac Roxb. = **Peliosanthes**
Tebacris Cigliano = **Tenaris**
Techunia Rchb.f. = **Thunia**
Teclea Delile = **Vepris**
Tecleopsis【3】 Hoyle & Leakey 南非柚芸香属 Rutaceae 芸香科 [MD-399] 全球 (1) 大洲分布及种数(uc) 属分布和种数(uc)◆非洲
Tecmarsis DC. = **Pluchea**
Tecmessa Fenzl = **Sedum**
Tecoma【3】 Juss. 黄钟花属 → **Adenocalymma; Bignonia;Campsis** Bignoniaceae 紫葳科 [MD-541] 全球 (1) 大洲分布及种数(17-26)◆南美洲(◆巴西)
Tecomanthe【3】 Baill. 南洋凌霄属 ← **Campsis; Tecoma;Neosepicaea** Bignoniaceae 紫葳科 [MD-541] 全球 (6) 大洲分布及种数(4-11)非洲:1-8;亚洲:1-8;大洋洲:3-14;欧洲:5;北美洲:1-6;南美洲:5
Tecomaria【3】 (Endl.) Spach 硬骨凌霄属 → **Campsidium;Pandorea** Bignoniaceae 紫葳科 [MD-541] 全球 (1) 大洲分布及种数(2)◆亚洲
Tecomella【3】 Seem. 小黄钟花属 ← **Bignonia;Deplanchea;Tecoma** Bignoniaceae 紫葳科 [MD-541] 全球 (1) 大洲分布及种数(cf. 1)◆亚洲
Tecophila Walp. = **Zephyra**
Tecophilaea【3】 Bert. ex Colla 蓝嵩莲属 ← **Zephyra** Tecophilaeaceae 蓝嵩莲科 [MM-686] 全球 (1) 大洲分布及种数(2-3)◆南美洲
Tecophilaeac Bert. ex Colla = **Tecophilaea**
Tecophilaeaceae【3】 Leyb. 蓝嵩莲科 [MM-686] 全球 (6) 大洲分布和属种数(6;hort. & cult.5)(18-29;hort. & cult.14-19)非洲:2/6-9;亚洲:1/1;大洋洲:1/2-3;欧洲:1/1;北美洲:1-2/1-2;南美洲:4/11-13
Tecophilea Herb. = **Tecophilaea**
Tecrium L. = **Teucrium**
Tectaria (C.Presl) Holttum = **Tectaria**
Tectaria【3】 Cav. 叉蕨属 ← **Acrostichum;Ctenopsis; Nephrodium** Aspidiaceae 叉蕨科 [F-50] 全球 (6) 大洲分布及种数(273-411;hort.1;cult: 8)非洲:45-87;亚洲:162-231;大洋洲:65-108;欧洲:5-37;北美洲:60-95;南美洲:64-94
Tectariaceae Lellinger = Aspidiaceae
Tectaridium【3】 Copel. 菲律宾鳞毛蕨属 Dryopteridaceae 鳞毛蕨科 [F-49] 全球 (1) 大洲分布及种数(cf. 1)◆东南亚(◆菲律宾)
Tecticornia【3】 Hook.f. 澳海蓬属 ← **Halocnemum; Pachycornia;Salicornia** Amaranthaceae 苋科 [MD-116] 全球 (1) 大洲分布及种数(6-47)◆大洋洲(◆澳大利亚)
Tectiphiala【3】 H.E.Moore 披叶刺椰属 Arecaceae 棕榈科 [MM-717] 全球 (1) 大洲分布及种数(1)◆非洲
Tectiris M.B.Crespo,Mart.Azorín & Mavrodiev = **Tectaria**

Tectona 【3】 L.f. 柚木属 ≒ **Pyrostegia** Lamiaceae 唇形科 [MD-575] 全球 (1) 大洲分布及种数(3-6)◆亚洲
Tectonia Spreng. = **Tectona**
Tecunumania 【3】 Standl. & Steyerm. 特库瓜属 Cucurbitaceae 葫芦科 [MD-205] 全球 (1) 大洲分布及种数(1)◆北美洲
Tedania Berland = **Leucophyllum**
Tedingea D. & U.Müler-Doblies = **Strumaria**
Teedia 【3】 Rudolphi 苏桃木属 ← **Capraria;Capnoides** Scrophulariaceae 玄参科 [MD-536] 全球 (1) 大洲分布及种数(3)◆非洲
Teeomaria (Endl.) Spach = **Tecomaria**
Teesdalea Asch. = **Teesdalia**
Teesdalia 【3】 W.T.Aiton 野屈曲花属 ← **Capsella;Thlaspi;Teesdaliopsis** Brassicaceae 十字花科 [MD-213] 全球 (1) 大洲分布及种数(4-6)◆欧洲
Teesdaliopsis 【3】 (Willk.) Böhm. 屈曲花属 ≒ **Iberis** Brassicaceae 十字花科 [MD-213] 全球 (1) 大洲分布及种数(1)◆欧洲
Tefennia O.F.Cook = **Attalea**
Teganium Schmid. = **Nolana**
Teganocharis Hochst. = **Tenagocharis**
Tegenaria Lilja = **Calandrinia**
Tegicornia 【3】 Paul G.Wilson 异株海蓬属 Amaranthaceae 苋科 [MD-116] 全球 (1) 大洲分布及种数(uc)◆大洋洲
Tegneria Lilja = **Calandrinia**
Tegoceras Spreng. = **Isostigma**
Tegolophus Dulac = **Seseli**
Tegra Chun = **Petrocodon**
Tegula Dum. = **Populus**
Tegularia Reinw. = **Didymochlaena**
Tehuana 【3】 Panero & Villaseñor 长托菊属 Asteraceae 菊科 [MD-586] 全球 (1) 大洲分布及种数(1)◆北美洲(◆墨西哥)
Tehuankea Cekalovic = **Tehuana**
Teichmeyeria G.A.Scop. = **Gustavia**
Teichodontium Müll.Hal. = **Macromitrium**
Teichostemma R.Br. = **Vernonia**
Teichostethus Cass. = **Wedelia**
Teijsmanniodendron 【2】 Koord. 单核荆属 Lamiaceae 唇形科 [MD-575] 全球 (2) 大洲分布及种数(13-26)非洲:3-4;亚洲:12-19
Teilingia Regel & Šilićg = **Tilingia**
Teinosolen 【3】 Hook.f. 假耳苗属 ← **Arcytophyllum** Rubiaceae 茜草科 [MD-523] 全球 (1) 大洲分布及种数(4)◆南美洲
Teinostachyum Munro = **Schizostachyum**
Teixeiranthus 【3】 R.M.King & H.Rob. 藿香蓟属 ≒ **Ageratum** Asteraceae 菊科 [MD-586] 全球 (1) 大洲分布及种数(2)◆南美洲
Tejus P. & K. = **Trifolium**
Tekel Adans. = **Libertia**
Tekelia Adans. ex P. & K. = **Sideroxylon**
Tekelia G.A.Scop. = **Argania**
Tektona L.f. = **Tectona**
Telanthera 【3】 R.Br. 锦绣苋属 ≒ **Gomphrena;Alternanthera** Amaranthaceae 苋科 [MD-116] 全球 (6) 大洲分布及种数(2-3)非洲:3;亚洲:3;大洋洲:3;欧洲:3;北美洲:3;南美洲:1-5
Telanthophora 【2】 H.Rob. & Brettell 顶叶千里光属 ≒ **Senecio** Asteraceae 菊科 [MD-586] 全球 (2) 大洲分布及种数(12-13)北美洲:10;南美洲:2
Telaranea (Fulford & J.Taylor) J.J.Engel & G.L.Merr. = **Telaranea**
Telaranea 【3】 T.Yamag. & Mizut. 皱指苔属 ≒ **Mastigophora;Paracromastigum** Lepidoziaceae 指叶苔科 [B-63] 全球 (6) 大洲分布及种数(82-83)非洲:6;亚洲:29;大洋洲:51-52;欧洲:4;北美洲:2;南美洲:15
Telcianthera Endl. = **Alternanthera**
Teldenia Schult.f. = **Weldenia**
Teleas P. & K. = **Trifolium**
Telectadium 【3】 Baill. 东南亚萝藦属 Apocynaceae 夹竹桃科 [MD-492] 全球 (1) 大洲分布及种数(3)◆东南亚(◆越南)
Teleiandra Nees & Mart. = **Ocotea**
Teleianthera Endl. = **Alternanthera**
Telekia 【3】 Baumg. 蒂立菊属 → **Anisopappus;Buphthalmum** Asteraceae 菊科 [MD-586] 全球 (1) 大洲分布及种数(1)◆欧洲
Telelophus Dulac = **Seseli**
Telema Raf. = **Salix**
Telemachia 【3】 Urb. 北美洲实卫矛属 Celastraceae 卫矛科 [MD-339] 全球 (1) 大洲分布及种数(uc)属分布和种数(uc)◆北美洲
Teleochilus Nees = **Cyrtopodium**
Teleolophus Dulac = **Seseli**
Teleonema R.J.F.Hend. = **Thelionema**
Teleozoma R.Br. = **Acrostichum**
Telephiaceae Martinov = Gisekiaceae
Telephiastrum Fabr. = **Anacampseros**
Telephina L. = **Telephium**
Telephioides Ort. = **Andrachne**
Telephium Hill = **Telephium**
Telephium 【2】 L. 八宝韦草属 ≒ **Illecebrum** Caryophyllaceae 石竹科 [MD-77] 全球 (3) 大洲分布及种数(6) 非洲:4;亚洲:3;欧洲:1
Telesia Raf. = **Zexmenia**
Telesilla 【3】 Klotzsch 特莱斯萝藦属 Apocynaceae 夹竹桃科 [MD-492] 全球 (1) 大洲分布及种数(cf.1)◆南美洲
Telesmia Raf. = **Salix**
Telesonix 【3】 Raf. 八幡草属 ≒ **Saxifraga;Boykinia** Saxifragaceae 虎耳草科 [MD-231] 全球 (1) 大洲分布及种数(2)◆北美洲
Telesto Raf. = **Lasianthaea**
Telestria Raf. = **Bauhinia**
Telexys Raf. = **Brassavola**
Telfairia 【3】 Hook. 牡蛎瓜属 ≒ **Buettneria;Ampelosycios** Cucurbitaceae 葫芦科 [MD-205] 全球 (1) 大洲分布及种数(3)◆非洲
Telfordia R.Br. = **Ozothamnus**
Telidezia 【-】 J.M.H.Shaw 兰科属 Orchidaceae 兰科 [MM-723] 全球 (uc) 大洲分布及种数(uc)
Telinaria C.Presl = **Cytisus**
Teline 【3】 Medik. 毛顶豆属 ≒ **Chamaespartium;Genipa;Genista** Fabaceae 豆科 [MD-240] 全球 (6) 大洲分布及种数(4-6)非洲:1;亚洲:1;大洋洲:1;欧洲:3-5;北美

洲:1;南美洲:1
Teliosma Alef. = **Meliosma**
Teliostachya【3】Nees 圭亚那爵床属 ← **Lepidagathis;Zahlbrucknera** Acanthaceae 爵床科 [MD-572] 全球 (1) 大洲分布及种数(6)◆南美洲
Teliostachys Nees = **Teliostachya**
Telipodus Raf. = **Philodendron**
Telipogon【3】H.B. & K. 毛顶兰属 ≒ **Tripogon;Dimerandra** Orchidaceae 兰科 [MM-723] 全球 (1) 大洲分布及种数(194-262)◆南美洲
Telis【-】P. & K. 豆科属 ≒ **Trifolium;Stelis** Fabaceae 豆科 [MD-240] 全球 (uc) 大洲分布及种数(uc)
Telisterella【-】J.M.H.Shaw 兰科属 Orchidaceae 兰科 [MM-723] 全球 (uc) 大洲分布及种数(uc)
Telitoxicum【3】Moldenke 矛毒藤属 ← **Abuta** Menispermaceae 防已科 [MD-42] 全球 (1) 大洲分布及种数(8)◆南美洲
Tellamia R.Br. = **Tellima**
Telles P. & K. = **Trifolium**
Tellima Nutt. = **Tellima**
Tellima【3】R.Br. 饰缘花属 → **Conimitella;Mitella; Tiarella** Saxifragaceae 虎耳草科 [MD-231] 全球 (1) 大洲分布及种数(6-20)◆北美洲
Tellinella Baill. = **Talinella**
Tellona L.f. = **Tectona**
Telluria Backer = **Teyleria**
Telmatoblechnum【2】Perrie 黑毛蕨属 Blechnaceae 乌毛蕨科 [F-46] 全球 (5) 大洲分布及种数(3)非洲:1;亚洲:1;大洋洲:1;北美洲:1;南美洲:1
Telmatophace Schleid. = **Lemna**
Telmatophila【3】Ehrh. 冰沼草属 ≒ **Scheuchzeria** Asteraceae 菊科 [MD-586] 全球 (1) 大洲分布及种数(1)◆南美洲
Telmatosphace Ball = **Lemna**
Telminostelma【3】E.Fourn. 马利筋属 ≒ **Asclepias** Apocynaceae 夹竹桃科 [MD-492] 全球 (1) 大洲分布及种数(cf. 1)◆南美洲
Telmissa Fenzl = **Adromischus**
Teloederma Schousb. = **Hylenaea**
Telogyne Baill. = **Trigonostemon**
Telomapea R.Br. = **Telopea**
Telopea【3】R.Br. 蒂罗花属 ≒ **Aleurites** Proteaceae 山龙眼科 [MD-219] 全球 (1) 大洲分布及种数(1-9)◆大洋洲(◆澳大利亚)
Telopogon Mutis ex Spreng. = **Telipogon**
Telorta R.Br. = **Telopea**
Telosiphonia【3】(Woodson) Henrickson 飘香藤属 ← **Mandevilla** Apocynaceae 夹竹桃科 [MD-492] 全球 (1) 大洲分布及种数(4)◆北美洲
Telosma【3】Coville 夜来香属 ← **Asclepias;Pertusaria; Marsdenia** Apocynaceae 夹竹桃科 [MD-492] 全球 (6) 大洲分布及种数(10-11)非洲:3-5;亚洲:8-10;大洋洲:1-2;欧洲:1;北美洲:1;南美洲:1
Telotha Pierre = **Pycnarrhena**
Telotia Pierre = **Pycnarrhena**
Teloxis Rchb. = **Toloxis**
Teloxys【3】Moq. 刺藜属 ← **Chenopodium;Dysphania** Amaranthaceae 苋科 [MD-116] 全球 (1) 大洲分布及种数(1)◆亚洲
Telukrama Raf. = **Cornus**
Telurus D.Don = **Leucheria**
Tema Adans. = **Echinochloa**
Temanus P.Br. = **Teramnus**
Temburongia【3】S.Dransf. & K.M.Wong 裂草属 Poaceae 禾本科 [MM-748] 全球 (1) 大洲分布及种数(1)◆亚洲
Temenia O.F.Cook = **Attalea**
Temenis O.F.Cook = **Attalea**
Temera Naudin = **Turnera**
Temesa O.F.Cook = **Attalea**
Teminostelma E.Fourn. = **Telminostelma**
Temlepis Baker = **Anisopappus**
Temminckia de Vriese = **Scaevola**
Temmodaphne【3】Kosterm. 泰樟属 Lauraceae 樟科 [MD-21] 全球 (1) 大洲分布及种数(uc)属分布和种数(uc)◆东南亚(◆泰国)
Temnadenia【3】Miers 碧鱼连属 ← **Echites;Tetradenia;Prestonia** Apocynaceae 夹竹桃科 [MD-492] 全球 (1) 大洲分布及种数(3-4)◆南美洲
Temnemis Raf. = **Carex**
Temnida (Lindenb.) R.M.Schust. = **Temnoma**
Temnocalyx【3】Robyns ex Ridl. 非洲裂茜属 ≒ **Fadogia** Rubiaceae 茜草科 [MD-523] 全球 (1) 大洲分布及种数(1)◆非洲
Temnocydia Mart. ex DC. = **Bignonia**
Temnodon (Kraenzl.) M.A.Clem. & D.L.Jones = **Dendrobium**
Temnolepis Baker = **Anisopappus**
Temnoma【3】(Lindenb.) R.M.Schust. 裂片苔属 ≒ **Jungermannia;Plicanthus** Pseudolepicoleaceae 拟复叉苔科 [B-71] 全球 (6) 大洲分布及种数(5)非洲:3;亚洲:4-7;大洋洲:2-5;欧洲:3;北美洲:3;南美洲:1-4
Temnopis Baker = **Anisopappus**
Temnopteryx【3】Hook.f. 裂茜属 Rubiaceae 茜草科 [MD-523] 全球 (1) 大洲分布及种数(1)◆非洲
Temnos Raf. = **Buddleja**
Temochloa【3】S.Dransf. 碧草属 Poaceae 禾本科 [MM-748] 全球 (1) 大洲分布及种数(1-2)◆亚洲
Temora Miers = **Memora**
Templeara【-】Griff. & J.M.H.Shaw 兰科属 Orchidaceae 兰科 [MM-723] 全球 (uc) 大洲分布及种数(uc)
Templetenia R.Br. = **Templetonia**
Templetonia【3】R.Br. 彗豆属 Fabaceae 豆科 [MD-240] 全球 (1) 大洲分布及种数(15)◆大洋洲(◆澳大利亚)
Temu O.Berg = **Blepharocalyx**
Temucus Molina = **Drimys**
Temus Molina = **Drimys**
Tenacistachya【3】L.Liou 坚轴草属 Poaceae 禾本科 [MM-748] 全球 (1) 大洲分布及种数(2)属分布和种数(uc)◆亚洲
Tenageia (Rich.) Rich. = **Juncus**
Tenagobia Ehrh. = **Juncus**
Tenagocharis【2】Hochst. 沼鳖属 ≒ **Butomopsis** Alismataceae 泽泻科 [MM-597] 全球 (2) 大洲分布及种数(cf.1) 非洲;亚洲
Tenaris【3】E.Mey. 泰纳萝藦属 ← **Brachystelma;**

Macropetalum Apocynaceae 夹竹桃科 [MD-492] 全球 (1) 大洲分布及种数(2)◆非洲
Tenaxia【2】 N.P.Barker & H.P.Linder 禾黄草属 ≒ **Danthonia** Poaceae 禾本科 [MM-748] 全球 (2) 大洲分布及种数(8-9)非洲:5;亚洲:cf.1
Tendana Rchb. = **Micromeria**
Tengella Becc. = **Hydriastele**
Tengia【2】 Chun 世纬苣苔属 ≒ **Petrocodon** Gesneriaceae 苦苣苔科 [MD-549] 全球 (2) 大洲分布及种数(1) 亚洲:1;大洋洲:1
Tenicroa Raf. = **Drimia**
Teniola W.D.Reese = **Teniolophora**
Teniolophora【3】 W.D.Reese 波丛藓属 Pottiaceae 丛藓科 [B-133] 全球 (1) 大洲分布及种数(1)◆北美洲
Tennantia【3】 Verdc. 豺咖啡属 ≒ **Tricalysia** Rubiaceae 茜草科 [MD-523] 全球 (1) 大洲分布及种数(1)◆非洲
Tenoria Dehnh. & Giord. = **Bupleurum**
Tenorii Spreng. = **Bupleurum**
Tenrhynea【3】 Hilliard & B.L.Burtt 密头紫绒草属 ← **Cassinia** Asteraceae 菊科 [MD-586] 全球 (1) 大洲分布及种数(1)◆非洲(◆南非)
Tensha Chun = **Tengia**
Tenty Roxb. = **Peliosanthes**
Teohara【-】 Hort. 兰科属 Orchidaceae 兰科 [MM-723] 全球 (uc) 大洲分布及种数(uc)
Teonongia Stapf = **Streblus**
Teooma Juss. = **Tecoma**
Tepesia C.F.Gaertn. = **Hamelia**
Tephea Delile = **Olinia**
Tephis Adans. = **Polygonum**
Tephlon Adans. = **Verbesina**
Tephmsia Pers. = **Tephrosia**
Tephraea Delile = **Olinia**
Tephranthus Neck. = **Phyllanthus**
Tephras E.Mey. ex Harv. & Sond. = **Polygonum**
Tephrella Nevski = **Allardia**
Tephrocactus【3】 Lem. 武士掌属 ≒ **Austrocylindropuntia;Opuntia** Cactaceae 仙人掌科 [MD-100] 全球 (1) 大洲分布及种数(40-42)◆南美洲
Tephrom E.Mey. ex Harv. & Sond. = **Polygonum**
Tephroseris【3】 (Rich.) Rich. 狗舌草属 ≒ **Sinosenecio** Asteraceae 菊科 [MD-586] 全球 (6) 大洲分布及种数(48-56;hort.1;cult:3)非洲:14-19;亚洲:46-53;大洋洲:5;欧洲:16-21;北美洲:14-19;南美洲:6-11
Tephrosia Barbistyla Brummitt = **Tephrosia**
Tephrosia【3】 Pers. 灰毛豆属 ← **Cytisus;Milletia; Ophrestia** Fabaceae3 蝶形花科 [MD-240] 全球 (6) 大洲分布及种数(313-412;hort.1;cult:10)非洲:191-230;亚洲:68-92;大洋洲:53-90;欧洲:8-14;北美洲:89-100;南美洲:41-49
Tephrothamnus Sch.Bip. = **Argyrolobium**
Tepilia Dognin = **Tepualia**
Tepion Adans. = **Verbesina**
Tepso Raf. = **Bupleurum**
Tepualia【3】 Griseb. 沼铁心木属 ← **Metrosideros; Myrtus;Nania** Myrtaceae 桃金娘科 [MD-347] 全球 (1) 大洲分布及种数(1)◆南美洲
Tepuia【3】 Camp 腺白珠属 Ericaceae 杜鹃花科 [MD-380] 全球 (1) 大洲分布及种数(7)◆南美洲
Tepuiac Camp = **Tepuia**
Tepuianthac Maguire & Steyerm. = **Tepuianthus**
Tepuianthaceae【3】 Maguire & Steyerm. 苦皮树科 [MD-413] 全球 (1) 大洲分布和属种数(1/6)◆南美洲
Tepuianthoideae【-】 Reveal 瑞香科属 Thymelaeaceae 瑞香科 [MD-310] 全球 (uc) 大洲分布及种数(uc)
Tepuianthus【3】 Maguire & Steyerm. 绢毛果属 Thymelaeaceae 瑞香科 [MD-310] 全球 (1) 大洲分布及种数(6)◆南美洲
Tepulia Griseb. = **Treculia**
Tequus Molina = **Drimys**
Teracera L. = **Tetracera**
Teraia Berland = **Leucophyllum**
Teramnus【2】 P.Br. 软荚豆属 → **Sinodolichos;Galactia** Fabaceae 豆科 [MD-240] 全球 (5) 大洲分布及种数(10;hort.1)非洲:5;亚洲:9;大洋洲:2;北美洲:3;南美洲:2
Terana【2】 La Llave 软绢菊属 Asteraceae 菊科 [MD-586] 全球 (2) 大洲分布及种数(cf.1) 亚洲;北美洲
Terania Berland = **Leucophyllum**
Terastia Berland = **Leucophyllum**
Teratophyllum【2】 Kuhn 符藤蕨属 → **Lomariopsis** Dryopteridaceae 鳞毛蕨科 [F-49] 全球 (3) 大洲分布及种数(10-15;hort.1)非洲:2;亚洲:9-11;大洋洲:2-4
Terauchia Nakai = **Anemarrhena**
Terebe L. = **Turnera**
Terebella Monro = **Decaisnina**
Terebinthina P. & K. = **Limnophila**
Terebinthus Mill. = **Pistacia**
Terebraria P. & K. = **Stenostomum**
Teredina Noronha = **Pilea**
Teredora Naudin = **Turnera**
Tereianthes Raf. = **Reseda**
Tereianthus Fourr. = **Reseda**
Tereietra Raf. = **Xenostegia**
Tereiphas Raf. = **Scabiosa**
Teremis Raf. = **Lycium**
Terepis Raf. = **Salvia**
Terera Domb. ex Naud. = **Turnera**
Teretia Vell. = **Feretia**
Teretidens R.S.Williams = **Wilsoniella**
Teria Lindl. = **Eria**
Terinaea Mill. = **Ternatea**
Termes Raf. = **Lycium**
Terminalia (A.Rich.) Alwan & Stace = **Terminalia**
Terminalia【3】 L. 榄仁属 → **Anogeissus;Alectryon; Polyscias** Combretaceae 使君子科 [MD-354] 全球 (6) 大洲分布及种数(339-402;hort.1;cult:2)非洲:138-175;亚洲:123-149;大洋洲:96-124;欧洲:5-16;北美洲:47-67;南美洲:73-98
Terminaliaceae J.St.Hil. = Combretaceae
Terminalieae DC. = **Terminalia**
Terminaliopsis Danguy = **Terminalia**
Terminalis (Comm. ex R.Br.) Rumph. ex P. & K. = **Dracaena**
Terminallia L. = **Terminalia**
Terminthia【3】 Bernh. 三叶漆属 ← **Rhus;Toxicodendron** Anacardiaceae 漆树科 [MD-432] 全球 (1) 大洲分布及种数(cf. 1)◆亚洲
Terminthos St.Lag. = **Pistacia**

Termis Raf. = **Lycium**
Termontis Raf. = **Linaria**
Ternatea【2】Mill. 蝶豆属 ≒ **Clitoria;Poitea** Fabaceae3 蝶形花科 [MD-240] 全球 (2) 大洲分布及种数(cf.1) 亚洲;南美洲
Terndnalia L. = **Terminalia**
Terniola【3】Tul. 売川藻属 ≒ **Dalzellia** Podostemaceae 川苔草科 [MD-322] 全球 (1) 大洲分布及种数(uc)属分布和种数(uc)◆亚洲
Terniopsis H.C.Chao = **Dalzellia**
Ternstroemia L.f. = **Ternstroemia**
Ternstroemia【3】Mutis ex L.f. 厚皮香属 ≒ **Illicium** Ternstroemiaceae 厚皮香科 [MD-167] 全球 (6) 大洲分布及种数(148-199;hort.1;cult:2)非洲:13-26;亚洲:63-88;大洋洲:11-22;欧洲:6;北美洲:31-62;南美洲:71-84
Ternstroemiaceae【3】Mirb. ex DC. 厚皮香科 [MD-167] 全球 (6) 大洲分布和属种数(3;hort. & cult.1)(152-216;hort. & cult.1-3)非洲:1/13-26;亚洲:2/65-90;大洋洲:1/11-22;欧洲:1/6;北美洲:2/32-63;南美洲:2/72-85
Ternstroemieae DC. = **Ternstroemia**
Ternstroemina Mutis ex L.f. = **Ternstroemia**
Ternstroemiopsis【3】Urb. 檀岛柃属 Pentaphylacaceae 五列木科 [MD-215] 全球 (1) 大洲分布及种数(uc)◆欧洲
Terobera Steud. = **Machaerina**
Terogia Raf. = **Ortegia**
Terpios Raf. = **Salvia**
Terpna Berland = **Leucophyllum**
Terpnanthus Nees & C.Mart. = **Ipomoea**
Terpnophyllum Thwaites = **Mammea**
Terpsichore【3】A.R.Sm. 泰尔蕨属 ← **Ctenopteris; Polypodium;Ascogrammitis** Polypodiaceae 水龙骨科 [F-60] 全球 (6) 大洲分布及种数(40-47)非洲:6;亚洲:6-12;大洋洲:6;欧洲:6;北美洲:23-29;南美洲:31-39
Terra Standl. & F.J.Herm. = **Terua**
Terran L. = **Turnera**
Terranea Colla = **Erigeron**
Terranova Moravec = **Erigeron**
Terraria【3】T.J.Hildebr. & Al-Shehbaz 魔星兰属 ← **Ferraria** Iridaceae 鸢尾科 [MM-700] 全球 (1) 大洲分布及种数(cf.1)◆北美洲
Terrella Nevski = **Allardia**
Terrellia【3】Lunell 披碱草属 ≒ **Agrohordeum** Poaceae 禾本科 [MM-748] 全球 (1) 大洲分布及种数(uc)◆非洲
Terrellianthus【-】Borhidi 茜草科属 Rubiaceae 茜草科 [MD-523] 全球 (uc) 大洲分布及种数(uc)
Terrelymus B.R.Baum = **Elymus**
Terrentia Vell. = **Ichthyothere**
Terrestria【3】W.L.Peterson 触尾藓属 Dicranaceae 曲尾藓科 [B-128] 全球 (1) 大洲分布及种数(uc)◆北美洲
Terri Schrank = **Polygala**
Tersiella Gagnep. = **Casearia**
Tersonia【3】Moq. 触须果属 ← **Gyrostemon** Gyrostemonaceae 环蕊木科 [MD-198] 全球 (1) 大洲分布及种数(2)◆大洋洲(◆澳大利亚)
Tertrea DC. = **Machaonia**
Tertria Schrank = **Polygala**
Terua【3】Standl. & F.J.Herm. 北美洲蝶须花属 ≒ **Lonchocarpus** Fabaceae3 蝶形花科 [MD-240] 全球 (1) 大洲分布及种数(cf. 1)◆北美洲
Teruncius Lunell = **Thlaspi**
Terustroemia Jack = **Ternstroemia**
Tervia L. = **Trevia**
Tesba Roxb. = **Peliosanthes**
Tessarandra Miers = **Chionanthus**
Tessaranthium Kellogg = **Frasera**
Tessaria【3】Ruiz & Pav. 单树菊属 ← **Baccharis;Pterocaulon;Pluchea** Asteraceae 菊科 [MD-586] 全球 (1) 大洲分布及种数(6-7)◆南美洲
Tessenia【3】Bubani 小蓬草属 ← **Erigeron** Asteraceae 菊科 [MD-586] 全球 (1) 大洲分布及种数(1-12)◆非洲
Tesserantherum Curran = **Swertia**
Tesseranthium Kellogg = **Frasera**
Tessiera DC. = **Spermacoce**
Tessmanianthus Markgr. = **Tessmannianthus**
Tessmannia【3】Harms 鹃花豆属 ← **Macrolobium** Fabaceae 豆科 [MD-240] 全球 (1) 大洲分布及种数(11-13)◆非洲
Tessmanniacanthus【3】Mildbr. 特斯曼爵床属 Acanthaceae 爵床科 [MD-572] 全球 (1) 大洲分布及种数(1)◆南美洲(◆秘鲁)
Tessmannianthus【2】Markgr. 爪号丹属 ← **Miconia** Melastomataceae 野牡丹科 [MD-364] 全球 (2) 大洲分布及种数(8)北美洲:3;南美洲:4
Tessmanniodoxa Burret = **Chelyocarpus**
Tessmanniophoenix Burret = **Chelyocarpus**
Testudinaria【3】Salisb. 薯蓣属 ← **Dioscorea** Dioscoreaceae 薯蓣科 [MM-691] 全球 (1) 大洲分布及种数(uc)◆非洲
Testudines Markgr. = **Tabernaemontana**
Testudipes Markgr. = **Alafia**
Testulea【3】Pellegr. 梦莲木属 Ochnaceae 金莲木科 [MD-104] 全球 (1) 大洲分布及种数(1)◆非洲
Teta Roxb. = **Peliosanthes**
Tetanosia Rich. ex M.Röm. = **Opilia**
Tetanura Miq. = **Tournefortia**
Tetaris Chesney = **Arnebia**
Teth Roxb. = **Peliosanthes**
Tethea Noronha = **Disporum**
Tethina Malloch = **Tahina**
Tethya Roxb. = **Peliosanthes**
Tethyopsis Wedd. = **Hedyosmum**
Tetilla【3】DC. 猫耳珠属 Francoaceae 新妇花科 [MD-269] 全球 (1) 大洲分布及种数(2)◆南美洲
Tetrabaculum M.A.Clem. & D.L.Jones = **Dendrobium**
Tetraberlinia【3】(Harms) Hauman 四鞋木属 ← **Berlinia;Michelsonia;Monopetalanthus** Fabaceae 豆科 [MD-240] 全球 (1) 大洲分布及种数(6-7)◆非洲
Tetrabroughtanthe【-】J.M.H.Shaw 兰科属 Orchidaceae 兰科 [MM-723] 全球 (uc) 大洲分布及种数(uc)
Tetracanthus A.Rich. = **Tetranthus**
Tetracanthus Wright ex Griseb. = **Pinillosia**
Tetracarpaea【3】Hook. 四心木属 Tetracarpaeaceae 四心木科 [MD-245] 全球 (1) 大洲分布及种数(1)◆大洋洲(◆澳大利亚)
Tetracarpaeaceae【3】Nakai 四心木科 [MD-245] 全球 (1) 大洲分布和属种数(1/1)◆非洲

Tetracarpidium【2】 Pax 星油藤属 ≒ **Plukenetia** Euphorbiaceae 大戟科 [MD-217] 全球 (2) 大洲分布及种数(cf.1) 非洲;北美洲
Tetracarpum Mönch = **Schkuhria**
Tetracattleya【-】 auct. 兰科属 Orchidaceae 兰科 [MM-723] 全球 (uc) 大洲分布及种数(uc)
Tetracentraceae【3】A.C.Sm. 水青树科 [MD-23] 全球 (1) 大洲分布和属种数(1;hort. & cult.1)(1;hort. & cult.1) ◆非洲
Tetracentron【3】 Oliv. 水青树属 Trochodendraceae 昆栏树科 [MD-50] 全球 (1) 大洲分布及种数(cf. 1)◆亚洲
Tetracera Akara Kubitzki = **Tetracera**
Tetracera【3】 L. 锡叶藤属 → **Davilla;Hessea** Dilleniaceae 五桠果科 [MD-66] 全球 (6) 大洲分布及种数(83-94;hort.1)非洲:25-29;亚洲:44-51;大洋洲:14-20;欧洲:2-6;北美洲:14-18;南美洲:27-32
Tetraceras【-】 P. & K. 五桠果科属 Dilleniaceae 五桠果科 [MD-66] 全球 (uc) 大洲分布及种数(uc)
Tetraceratium P. & K. = **Tetracme**
Tetracetraaceae A.C.Sm. = Tetracentraceae
Tetracha L. = **Tetracera**
Tetrachae Nees = **Tetrachne**
Tetrachaete【3】 Chiov. 胶鳞禾状草属 Poaceae 禾本科 [MM-748] 全球 (1) 大洲分布及种数(1)◆非洲
Tetrachaetum Ingold = **Tetrachaete**
Tetracheilos Lehm. = **Acacia**
Tetrachne【3】 Nees 高原牧场草属 → **Entoplocamia** Poaceae 禾本科 [MM-748] 全球 (1) 大洲分布及种数(1)◆非洲
Tetrachondra【2】 Petrie ex Oliv. 四核香属 ← **Tillaea** Tetrachondraceae 四核香科 [MD-547] 全球 (2) 大洲分布及种数(2-3)大洋洲:1;南美洲:1
Tetrachondraceae【2】 Wettst. 四核香科 [MD-547] 全球 (2) 大洲分布和属种数(1/1-2)大洋洲:1/1;南美洲:1/1-1
Tetrachyron【3】 Schltdl. 四芒菊属 ← **Calea** Asteraceae 菊科 [MD-586] 全球 (1) 大洲分布及种数(11-12)◆北美洲
Tetracladium【2】 (Mitt.) Broth. 毛羽藓属 ≒ **Thuidium** Thuidiaceae 羽藓科 [B-184] 全球 (0) 大洲分布及种数(1)
Tetraclea【3】 A.Gray 大青属 ← **Clerodendrum** Lamiaceae 唇形科 [MD-575] 全球 (1) 大洲分布及种数(1-3)◆北美洲
Tetraclinaceae Hayata = Cupressaceae
Tetraclinis【2】 Mast. 香漆柏属 ← **Callitris;Cupressus;Thuja** Cupressaceae 柏科 [G-17] 全球 (5) 大洲分布及种数(2)非洲:1;亚洲:1;大洋洲:1;欧洲:1;北美洲:1
Tetraclis Hiern = **Diospyros**
Tetracme【3】 Bunge 四齿芥属 ← **Erysimum;Notoceras** Brassicaceae 十字花科 [MD-213] 全球 (1) 大洲分布及种数(cf. 1)◆亚洲
Tetracmidion Korsh. = **Tetracme**
Tetracoccus【3】 Engelm. ex Parry 岗松桐属 ← **Bernardia;Securinega** Picrodendraceae 苦皮桐科 [MD-317] 全球 (1) 大洲分布及种数(5-6)◆北美洲
Tetracocyne Turcz. = **Ryania**
Tetracoilanthus Rappa & Camarrone = **Mesembryanthemum**
Tetracoryne Turcz. = **Ryania**
Tetracoscinodon【3】 R.Br.bis 麝丛藓属 Pottiaceae 丛藓科 [B-133] 全球 (1) 大洲分布及种数(1)◆大洋洲
Tetracrium G.W.Martin = **Tetramerium**
Tetracronia Pierre = **Glycosmis**
Tetracrypta G.Gardner & Champion = **Anisophyllea**
Tetractinostigma Hassk. = **Aporosa**
Tetractomia【3】 Hook.f. 四片芸香属 ≒ **Mollinedia** Rutaceae 芸香科 [MD-399] 全球 (1) 大洲分布及种数(6)◆亚洲(◆菲律宾)
Tetractys【3】 Spreng. 亚洲香毛茛属 Ranunculaceae 毛茛科 [MD-38] 全球 (1) 大洲分布及种数(1)◆亚洲
Tetracustelma Baill. = **Matelea**
Tetracyclus (Ehrenberg) Grunow = **Tetracoccus**
Tetracymbaliella【3】 Grolle 大洋洲短片苔属 Brevianthaceae 短片苔科 [B-46] 全球 (1) 大洲分布及种数(1)◆非洲
Tetradapa Osbeck = **Erythrina**
Tetradema Schltr. = **Agalmyla**
Tetradenia【3】 Benth. 麝香木属 ≒ **Basilicum;Moschosma;Neolitsea** Lamiaceae 唇形科 [MD-575] 全球 (6) 大洲分布及种数(22-24)非洲:19-22;亚洲:6-7;大洋洲:3-5;欧洲:1;北美洲:2-3;南美洲:3-4
Tetradia【-】 Benn. 锦葵科属 ≒ **Tetrataxis** Malvaceae 锦葵科 [MD-203] 全球 (uc) 大洲分布及种数(uc)
Tetradiacrium【-】 auct. 兰科属 Orchidaceae 兰科 [MM-723] 全球 (uc) 大洲分布及种数(uc)
Tetradiclidaceae【3】 Takht. 旱霸王科 [MD-358] 全球 (6) 大洲分布和属种数(1/1-3)非洲:1/1-2;亚洲:1/1-2;大洋洲:1/1;欧洲:1/1-2;北美洲:1/1;南美洲:1/1
Tetradiclis【3】 Stev. ex M.Bieb. 沙盘蓬属 Nitrariaceae 白刺科 [MD-382] 全球 (6) 大洲分布及种数(2-3)非洲:1-2;亚洲:1-2;大洋洲:1;欧洲:1-2;北美洲:1;南美洲:1
Tetradinium Lour. = **Tetradium**
Tetradium Dulac = **Tetradium**
Tetradium【3】 Lour. 吴茱萸属 ≒ **Evodia** Rutaceae 芸香科 [MD-399] 全球 (1) 大洲分布及种数(10-11)◆亚洲
Tetradoa Pichon = **Hunteria**
Tetradon Pichon = **Hunteria**
Tetradonia Benth. = **Tetradenia**
Tetradontium Schimp. = **Tetrodontium**
Tetradoxa【2】 C.Y.Wu 五福花属 Adoxaceae 五福花科 [MD-530] 全球 (2) 大洲分布及种数(1) 亚洲:1;大洋洲:1
Tetradyas Danser = **Amylotheca**
Tetradymia【3】 DC. 四蟹甲属 → **Lepidospartum;Psathyrotes;Tetragonia** Asteraceae 菊科 [MD-586] 全球 (1) 大洲分布及种数(13-20)◆北美洲
Tetraedrocarpus O.Schwartz = **Echiochilon**
Tetraena【3】 Maxim. 四合木属 ← **Zygophyllum;Tetracera** Zygophyllaceae 蒺藜科 [MD-288] 全球 (1) 大洲分布及种数(cf. 1)◆东亚(◆中国)
Tetraeugenia Merr. = **Syzygium**
Tetrag Roxb. = **Peliosanthes**
Tetragamestus Rchb.f. = **Scaphyglottis**
Tetragastris【2】 Gaertn. 香膏榄属 ← **Amyris;Hedwigia;Protium** Burseraceae 橄榄科 [MD-408] 全球 (2) 大洲分布及种数(8)北美洲:3-4;南美洲:7
Tetraglochidion K.Schum. = **Glochidion**
Tetraglochidium Bremek. = **Strobilanthes**
Tetraglochin【3】 Kunze 四箭果属 ≒ **Margyricarpus**

Rosaceae 蔷薇科 [MD-246] 全球 (1) 大洲分布及种数(8-9)◆南美洲

Tetraglossa Bedd. = **Cleidion**

Tetraglossula Bedd. = **Cleidion**

Tetragna Maxim. = **Tetraena**

Tetragnatha Walckenaer = **Riencourtia**

Tetragoga Bremek. = **Strobilanthes**

Tetragompha Bremek. = **Strobilanthes**

Tetragona L. = **Tetragonia**

Tetragonanthus J.G.Gmel. = **Halenia**

Tetragonella Miq. = **Tetragonia**

Tetragoneura Miq. = **Tetragonia**

Tetragonia【3】 L. 番杏属 ≒ **Neolitsea** Tetragoniaceae 坚果番杏科 [MD-96] 全球 (6) 大洲分布及种数(61-63)非洲:43-48;亚洲:7-12;大洋洲:14-19;欧洲:6-11;北美洲:2-7;南美洲:15-22

Tetragoniaceae【3】 Lindl. 坚果番杏科 [MD-96] 全球 (6) 大洲分布和属种数(1;hort. & cult.1)(60-67;hort. & cult.6) 非洲:1/43-48;亚洲:1/7-12;大洋洲:1/14-19;欧洲:1/6-11;北美洲:1/2-7;南美洲:1/15-22

Tetragonilla Miq. = **Tetragonia**

Tetragonium L. = **Tetragonia**

Tetragonobolus G.A.Scop. = **Tetragonolobus**

Tetragonocalamus Nakai = **Bambusa**

Tetragonocarpos Mill. = **Tetragonia**

Tetragonocarpus Hassk. = **Apocynum**

Tetragonolobus【2】 G.A.Scop. 翅荚百脉根属 → **Hammatolobium;Lotus** Fabaceae 豆科 [MD-240] 全球 (2) 大洲分布及种数(2-3)亚洲;欧洲:cf.1

Tetragonosperma Scheele = **Tetragonotheca**

Tetragonotheca Dill. ex L. = **Tetragonotheca**

Tetragonotheca【3】 L. 四角菊属 ≒ **Hakea;Guizotia** Asteraceae 菊科 [MD-586] 全球 (1) 大洲分布及种数(4-5)◆北美洲

Tetragonothela Dill. ex L. = **Tetragonotheca**

Tetragonslobus G.A.Scop. = **Tetragonolobus**

Tetragonula Miq. = **Tetragonia**

Tetragonum L. = **Tetragonia**

Tetragygla Bremek. = **Strobilanthes**

Tetragyne Miq. = **Flacourtia**

Tetrahit Adans. = **Stachys**

Tetrahitum Hoffmanns. & Link = **Stachys**

Tetraiht Adans. = **Stachys**

Tetraith【-】 Bubani 唇形科属 Lamiaceae 唇形科 [MD-575] 全球 (uc) 大洲分布及种数(uc)

Tetrakeria auct. = **Tetracera**

Tetra-laelia Hort. = **Cleome**

Tetralasma G.Don. = **Discaria**

Tetraliopsis auct. = **Broughtonia**

Tetralix【3】 Griseb. 藏掖花属 ≒ **Erica** Malvaceae 锦葵科 [MD-203] 全球 (1) 大洲分布及种数(5)◆北美洲(◆古巴)

Tetrallia J.M.H.Shaw = **Tetraclea**

Tetrallus A.DC. = **Utricularia**

Tetralobula A.DC. = **Utricularia**

Tetralobus A.DC. = **Utricularia**

Tetralocularia【3】 O´Donell 四室旋花属 Convolvulaceae 旋花科 [MD-499] 全球 (1) 大洲分布及种数(1)◆南美洲

Tetraloma Raf. = **Rorippa**

Tetraloniella Miq. = **Tetragonia**

Tetralopha Hook.f. = **Gynochthodes**

Tetralophozia【2】 (R.M.Schust.) Schljakov 小广萼苔属 ≒ **Temnoma** Anastrophyllaceae 挺叶苔科 [B-60] 全球 (4) 大洲分布及种数(4)亚洲:3;大洋洲:1;欧洲:1;北美洲:2

Tetralyx Hill = **Cirsium**

Tetramelaceae【3】 Airy-Shaw 四数木科 [MD-197] 全球 (1) 大洲分布和属种数(1;hort. & cult.1)(1-2;hort. & cult.1)◆亚洲

Tetrameles【3】 R.Br. 四数木属 Tetramelaceae 四数木科 [MD-197] 全球 (1) 大洲分布及种数(1)◆亚洲

Tetrameranthus【3】 R.E.Fr. 榄匙木属 Annonaceae 番荔枝科 [MD-7] 全球 (1) 大洲分布及种数(5-7)◆南美洲

Tetramereia Naudin = **Comolia**

Tetrameres Digiani = **Tetrameles**

Tetrameris Naudin = **Comolia**

Tetramerista【3】 Miq. 四贵木属 Tetrameristaceae 四贵木科 [MD-174] 全球 (1) 大洲分布及种数(cf. 1)◆亚洲

Tetrameristaceae【2】 Hutch. 四贵木科 [MD-174] 全球 (2) 大洲分布和属种数(1-2;hort. & cult.1)(1-5;hort. & cult.1)亚洲:1/1;南美洲:1/1-1

Tetramerium【3】 Nees 巧绒花属 ← **Anisacanthus; Dianthera;Justicia** Acanthaceae 爵床科 [MD-572] 全球 (1) 大洲分布及种数(26-27)◆北美洲

Tetramicra【2】 Lindl. 蛇纹兰属 → **Basiphyllaea; Bletia;Oncidium** Orchidaceae 兰科 [MM-723] 全球 (4) 大洲分布及种数(8-16)亚洲:2-3;大洋洲:1;北美洲:7-15;南美洲:3-4

Tetramolopium【3】 Nees 层菀木属 → **Aster;Erigeron** Asteraceae 菊科 [MD-586] 全球 (6) 大洲分布及种数(38-41;hort.1;cult:1)非洲:25-28;亚洲:23-25;大洋洲:21-25;欧洲:2;北美洲:12-16;南美洲:2-4

Tetramorphaea DC. = **Centaurea**

Tetramyxis【3】 Gagnep. 槟榔青属 ← **Spondias** Simaroubaceae 苦木科 [MD-424] 全球 (1) 大洲分布及种数(uc)◆大洋洲

Tetrandra Miq. = **Tournefortia**

Tetranema【3】 Benth. 四蕊花属 ≒ **Desmodium; Episcia;Napeanthus** Plantaginaceae 车前科 [MD-527] 全球 (1) 大洲分布及种数(9-10)◆北美洲

Tetranephris Greene = **Tetraneuris**

Tetraneuris【3】 Greene 四脉菊属 ≒ **Hymenoxys; Actinea** Asteraceae 菊科 [MD-586] 全球 (1) 大洲分布及种数(9-34)◆北美洲

Tetrantha Poit. ex DC. = **Riencourtia**

Tetranthera Conodaphne Bl. = **Tetranthera**

Tetranthera【3】 Jacq. 日本木姜子属 ≒ **Litsea;Tetracera;Pinillosia** Lauraceae 樟科 [MD-21] 全球 (6) 大洲分布及种数(20-29)非洲:1;亚洲:14-21;大洋洲:4-5;欧洲:1;北美洲:1;南美洲:1-2

Tetranthus【3】 Sw. 四花菊属 → **Thymopsis;Pinillosia** Asteraceae 菊科 [MD-586] 全球 (1) 大洲分布及种数(3-6)◆北美洲

Tetranyc Hill = **Cirsium**

Tetranychus Sw. = **Tetranthus**

Tetrao Pichon = **Hunteria**

Tetraodon (Kraenzl.) M.A.Clem. & D.L.Jones = **Dendrobium**

Tetraonyx Hill = **Cirsium**
Tetraotis Reinw. = **Enydra**
Tetrap Roxb. = **Peliosanthes**
Tetrapanax 【3】 (K.Koch) K.Koch 通脱木属 ≒ **Oplopanax;Amalia;Kalopanax** Araliaceae 五加科 [MD-471] 全球 (1) 大洲分布及种数(1-4)◆亚洲
Tetrapasma 【3】 G.Don. 连叶棘属 ≒ **Discaria** Rhamnaceae 鼠李科 [MD-331] 全球 (1) 大洲分布及种数(uc)◆大洋洲
Tetrapathaea 【3】 Rchb. 西番莲属 ≒ **Passiflora** Passifloraceae 西番莲科 [MD-151] 全球 (1) 大洲分布及种数(uc)◆大洋洲
Tetrapathea (DC.) Rchb. = **Passiflora**
Tetrapatheae Rchb. = **Tetrapathaea**
Tetrape Bunge = **Tetracme**
Tetrapeltis Wall. ex Lindl. = **Otochilus**
Tetraperone 【3】 Urb. 多花佳乐菊属 ← **Pinillosia** Asteraceae 菊科 [MD-586] 全球 (1) 大洲分布及种数(1)◆北美洲(◆古巴)
Tetrapetalum 【3】 Miq. 四瓣玉盘属 Annonaceae 番荔枝科 [MD-7] 全球 (1) 大洲分布及种数(uc)属分布和种数(uc)◆亚洲
Tetraphidaceae【3】Schimp. 四齿藓科 [B-100] 全球 (6) 大洲分布和属种数(2/5)非洲(uc);亚洲:2/4;大洋洲:2/3;欧洲:2/4;北美洲:2/5;南美洲:2/2
Tetraphidopsida Goffinet & W.R.Buck = **Tetraphidopsis**
Tetraphidopsis 【3】 Broth. & Dixon 纽四数蒴藓属 Ptychomniaceae 棱蒴藓科 [B-159] 全球 (1) 大洲分布及种数(1)◆大洋洲
Tetraphis 【3】 auct. 四齿藓属 ← **Triraphis** Tetraphidaceae 四齿藓科 [B-100] 全球 (6) 大洲分布及种数(2) 非洲:1;亚洲:2;大洋洲:2;欧洲:1;北美洲:2;南美洲:1
Tetraphylax (G.Don) de Vriese = **Goodenia**
Tetraphyle 【2】 Eckl. & Zeyh. 青锁龙属 ≒ **Crassula** Crassulaceae 景天科 [MD-229] 全球 (2) 大洲分布及种数(cf.1) 非洲;南美洲
Tetraphyllaster 【3】 Gilg 野牡丹科属 Melastomataceae 野牡丹科 [MD-364] 全球 (1) 大洲分布及种数(uc)◆亚洲
Tetraphylloides 【3】 Doweld 崖苣苔属 Gesneriaceae 苦苣苔科 [MD-549] 全球 (1) 大洲分布及种数(3)◆亚洲
Tetraphyllum 【3】 Griff. 四叶苣苔属 ≒ **Cyrtandra** Gesneriaceae 苦苣苔科 [MD-549] 全球 (1) 大洲分布及种数(uc)属分布和种数(uc)◆东南亚(◆泰国)
Tetraphysa 【3】 Schltr. 四室萝藦属 Apocynaceae 夹竹桃科 [MD-492] 全球 (1) 大洲分布及种数(1)◆南美洲
Tetrapilus Lour. = **Olea**
Tetraplacus Radlk. = **Otacanthus**
Tetraplandra 【3】 Baill. 合丝戟属 ≒ **Algernonia** Euphorbiaceae 大戟科 [MD-217] 全球 (1) 大洲分布及种数(3)◆南美洲
Tetraplaria Rehder = **Damnacanthus**
Tetraplasandra 【3】 A.Gray 檀岛枫属 ← **Gastonia; Schefflera;Plerandra** Araliaceae 五加科 [MD-471] 全球 (1) 大洲分布及种数(9-27)◆北美洲(◆美国)
Tetraplasia Rehder = **Damnacanthus**
Tetraplasium Kunze = **Tetraulacium**
Tetraplatia Rehder = **Damnacanthus**
Tetrapleura 【2】 Benth. 四肋豆属 ≒ **Adenanthera;** **Tornabenea** Fabaceae 豆科 [MD-240] 全球 (2) 大洲分布及种数(3-6)非洲:2-4;南美洲:1
Tetraploa Cooke = **Tetraclea**
Tetraplodon (Müll.Hal.) Broth. = **Tetraplodon**
Tetraplodon 【3】 Bruch & Schimp. 并齿藓属 ≒ **Splachnum** Splachnaceae 壶藓科 [B-143] 全球 (6) 大洲分布及种数(9) 非洲:1;亚洲:4;大洋洲:1;欧洲:6;北美洲:7;南美洲:3
Tetrapodenia Gleason = **Burdachia**
Tetrapogon 【3】 Desf. 四须草属 ← **Chloris** Poaceae 禾本科 [MM-748] 全球 (1) 大洲分布及种数(7-8)◆非洲
Tetrapollinia 【3】 Maguire & B.M.Boom 四龙胆属 ← **Lisianthius;Helia** Gentianaceae 龙胆科 [MD-496] 全球 (1) 大洲分布及种数(1)◆南美洲
Tetrapoma Turcz. ex Fisch. & C.A.Mey. = **Rorippa**
Tetrapora 【3】 Schaür 岗松属 ← **Baeckea;Tetranthera** Myrtaceae 桃金娘科 [MD-347] 全球 (1) 大洲分布及种数(4-5)◆大洋洲
Tetraptera Miers ex Lindl. = **Gaya**
Tetrapteris Cav. = **Tetrapterys**
Tetrapteris Garden = **Halesia**
Tetrapterocarpon 【3】 Humbert 风车豆属 Fabaceae 豆科 [MD-240] 全球 (1) 大洲分布及种数(1-3)◆非洲(◆马达加斯加)
Tetrapteron 【3】 (Munz) W.L.Wagner & Hoch 菱晖草属 Onagraceae 柳叶菜科 [MD-396] 全球 (1) 大洲分布及种数(2)◆北美洲(◆美国)
Tetrapterum 【2】 Hampe ex A.Jaeger 四丛藓属 ≒ **Niedenzuella** Pottiaceae 丛藓科 [B-133] 全球 (4) 大洲分布及种数(7) 非洲:1;大洋洲:4;北美洲:2;南美洲:2
Tetrapterygium Fisch. & C.A.Mey. = **Sameraria**
Tetrapterys (Griseb.) C.V.Morton = **Tetrapterys**
Tetrapterys 【2】 Cav. 四翅木属 ← **Triopterys;Heteropterys;Niedenzuella** Malpighiaceae 金虎尾科 [MD-343] 全球(2)大洲分布及种数(91-111)北美洲:29-32;南美洲:74-87
Tetrapturus Hampe ex A.Jaeger = **Tetrapterum**
Tetrapygus Lour. = **Olea**
Tetrapyle Mueller = **Tetraphyle**
Tetrardisia 【3】 Mez 四数金牛属 ← **Ardisia** Primulaceae 报春花科 [MD-401] 全球 (1) 大洲分布及种数(2-4)◆亚洲
Tetraria (C.Presl) C.B.Clarke = **Tetraria**
Tetraria 【3】 P.Beauv. 长序莎属 ← **Mariscus;Fuirena; Cyathocoma** Cyperaceae 莎草科 [MM-747] 全球 (6) 大洲分布及种数(54-81)非洲:42-64;亚洲:8-11;大洋洲:15-18;欧洲:1;北美洲:1;南美洲:1
Tetrariopsis C.B.Clarke = **Tetraria**
Tetraroge Bremek. = **Strobilanthes**
Tetrarrhena R.Br. = **Ehrharta**
Tetrarthron J.M.H.Shaw = **Tetrapteron**
Tetraselago 【3】 Junell 立杉花属 Scrophulariaceae 玄参科 [MD-536] 全球 (1) 大洲分布及种数(4)◆非洲(◆南非)
Tetraselmis Wall. ex Lindl. = **Otochilus**
Tetrasida 【3】 Ulbr. 四稔属 ← **Abutilon;Sida;** Malvaceae 锦葵科 [MD-203] 全球 (1) 大洲分布及种数(4)◆南美洲
Tetrasiphon 【3】 Urb. 四管卫矛属 Celastraceae 卫矛

T

科 [MD-339] 全球 (1) 大洲分布及种数(1)◆北美洲
Tetrasmicra Lindl. = **Tetramicra**
Tetrasperma Steud. = **Discaria**
Tetraspidium 【3】 Baker 四被列当属 Orobanchaceae 列当科 [MD-552] 全球 (1) 大洲分布及种数(1)◆非洲(◆马达加斯加)
Tetraspis Chiov. = **Commiphora**
Tetraspora Miq. = **Baeckea**
Tetrastemma 【2】 Diels 单性玉盘属 ≒ **Uvariopsis** Annonaceae 番荔枝科 [MD-7] 全球 (3) 大洲分布及种数(cf.1) 非洲;亚洲;南美洲
Tetrastemon Hook. & Arn. = **Myrrhinium**
Tetrastichella Pichon = **Cuspidaria**
Tetrastichium 【3】 (Mitt. ex Broth.) M.Fleisch. 石头藓属 Leucomiaceae 白藓科 [B-165] 全球 (1) 大洲分布及种数(2)◆欧洲
Tetrastichus (Mitt. ex Broth.) M.Fleisch. = **Tetrastichium**
Tetrastigma (Miq.) Planch. = **Tetrastigma**
Tetrastigma 【3】 Planch. 崖爬藤属 ← **Cayratia;Cistus; Spondias** Vitaceae 葡萄科 [MD-403] 全球 (6) 大洲分布及种数(89-152;hort.1;cult:3)非洲:4-23;亚洲:87-133;大洋洲:6-16;欧洲:10;北美洲:6-16;南美洲:4-14
Tetrastrlidium Engl. = **Tetrastylidium**
Tetrastrum Hampe ex A.Jaeger = **Tetrapterum**
Tetrastylidiaceae Van Tiegh. = Olacaceae
Tetrastylidium 【3】 Engl. 巴西铁青木属 ← **Schoepfia** Olacaceae 铁青树科 [MD-362] 全球 (1) 大洲分布及种数(2)◆南美洲
Tetrastylis 【2】 Barb.Rodr. 西番莲属 ≒ **Passiflora** Passifloraceae 西番莲科 [MD-151] 全球 (2) 大洲分布及种数(cf.1) 北美洲;南美洲
Tetrasychilis 【-】 P.A.Storm 兰科属 Orchidaceae 兰科 [MM-723] 全球 (uc) 大洲分布及种数(uc)
Tetrasynandra 【3】 Perkins 玉盘桂科属 Monimiaceae 玉盘桂科 [MD-20] 全球 (1) 大洲分布及种数(uc)◆大洋洲
Tetrataenia (DC.) Manden. = **Tetrataenium**
Tetrataenium 【3】 (DC.) Manden. 四带芹属 ← **Heracleum** Apiaceae 伞形科 [MD-480] 全球 (1) 大洲分布及种数(18-20)◆亚洲
Tetrataxis 【2】 Hook.f. 亚洲千屈菜属 ≒ **Tetradia** Lythraceae 千屈菜科 [MD-333] 全球 (2) 大洲分布及种数(1) 非洲;亚洲
Tetrateleia Sond. = **Cleome**
Tetratelia (Sond.) Sond. = **Cleome**
Tetrathalamus 【3】 Lauterb. 藤黄林仙属 Winteraceae 林仙科 [MD-3] 全球 (1) 大洲分布及种数(uc)◆大洋洲
Tetratheca 【3】 Sm.孔药葎属→**Boronia;Actinodaphne** Elaeocarpaceae 杜英科 [MD-134] 全球 (1) 大洲分布及种数(8-61)◆大洋洲
Tetrathecaceae R.Br. = Simaroubaceae
Tetrathechea 【2】 J.M.H.Shaw 兰科属 Orchidaceae 兰科 [MM-723] 全球 (1) 大洲分布及种数(uc)◆北美洲
Tetrathylacium 【3】 Pöpp. & Endl. 四囊木属 Salicaceae 杨柳科 [MD-123] 全球 (1) 大洲分布及种数(2)◆北美洲
Tetrathylax 【3】 Carolin & al. 离根香属 ← **Goodenia** Goodeniaceae 草海桐科 [MD-578] 全球 (1) 大洲分布及种数(uc)◆大洋洲
Tetrathyrium Benth. = **Loropetalum**
Tetratoma Turcz. ex Fisch. & C.A.Mey. = **Rorippa**
Tetratome Pöpp. & Endl. = **Mollinedia**
Tetratonia auct. = **Otochilus**
Tetraulacium 【3】 Turcz. 巴西四玄参属 Plantaginaceae 车前科 [MD-527] 全球 (1) 大洲分布及种数(1)◆南美洲(◆巴西)
Tetraxanthus Rathbun = **Pectis**
Tetrazygia 【3】 Rich. ex DC. 雀舌棯属 ← **Miconia** Melastomataceae 野牡丹科 [MD-364] 全球 (6) 大洲分布及种数(24-33;hort.1)非洲:1;亚洲:2-3;大洋洲:1;欧洲:1-2;北美洲:23-31;南美洲:4-7
Tetrazygiopsis Borhidi = **Tetrazygia**
Tetrazygos Rich. ex DC. = **Tetrazygia**
Tetrazygus Triana = **Tetrazygia**
Tetreilema Turcz. = **Frankenia**
Tetrica Gray = **Leontodon**
Tetrix Raf. = **Salix**
Tetroda Raf. = **Amphicarpaea**
Tetrodea Raf. = **Amphicarpaea**
Tetrodon (Kraenzl.) M.A.Clem. & D.L.Jones = **Dendrobium**
Tetrodont (Kraenzl.) M.A.Clem. & D.L.Jones = **Dendrobium**
Tetrodontium 【2】 Schwägr. 小四齿藓属 ≒ **Tetraphis** Tetraphidaceae 四齿藓科 [B-100] 全球 (5) 大洲分布及种数(3) 亚洲:2;大洋洲:1;欧洲:3;北美洲:3;南美洲:1
Tetrodus (Cass.) Less. = **Tetrodus**
Tetrodus 【3】 Cass. 堆心菊属 ← **Helenium** Asteraceae 菊科 [MD-586] 全球 (1) 大洲分布及种数(1)◆非洲
Tetroncium 【3】 Willd. 沼牛膝属 ← **Triglochin** Juncaginaceae 水麦冬科 [MM-604] 全球 (1) 大洲分布及种数(1)◆南美洲
Tetronichilis 【-】 J.M.H.Shaw 兰科属 Orchidaceae 兰科 [MM-723] 全球 (uc) 大洲分布及种数(uc)
Tetronyx Hill = **Cirsium**
Tetroplon (Kraenzl.) M.A.Clem. & D.L.Jones = **Dendrobium**
Tetrorchidiopsis Rauschert = **Tetrorchidium**
Tetrorchidium 【2】 Pöpp. & Endl. 楠桐属 → **Adenophaedra** Euphorbiaceae 大戟科 [MD-217] 全球 (3) 大洲分布及种数(24-27)非洲:6;北美洲:11-13;南美洲:14-16
Tetrorhiza Raf. = **Gentiana**
Tetrorrhiza Reneaulme ex Delarb. = **Tretorrhiza**
Tetrorum Rose = **Sempervivum**
Tettigonia L. = **Tetragonia**
Tettilobus A.DC. = **Utricularia**
Tetyra Roxb. = **Peliosanthes**
Teucridium 【3】 Hook.f. 小石蚕属 Lamiaceae 唇形科 [MD-575] 全球 (1) 大洲分布及种数(1)◆大洋洲(◆新西兰)
Teucrion St.Lag. = **Teucrium**
Teucrium 【3】 (Tourn.) L. 唇形科属 ≒ **Chamaedorea; Spiraea** Lamiaceae 唇形科 [MD-575] 全球 (6) 大洲分布及种数(169-384;hort.1;cult: 40)非洲:54-127;亚洲:86-157;大洋洲:22-47;欧洲:95-140;北美洲:25-40;南美洲:13-26
Teucrium Kudô = **Teucrium**
Teulo Raf. = **Bupleurum**
Teuorium L. = **Teucrium**
Teurium Meerb. = **Teucrium**

Teuscheria 【2】 Garay 杜氏兰属 ← **Bifrenaria; Maxillaria;Xylobium** Orchidaceae 兰科 [MM-723] 全球 (2) 大洲分布及种数(8-11)北美洲:4-7;南美洲:6
Teuthis Adans. = **Polygonum**
Teutliopsis 【-】 (Dum.) Čelak. 苋科属 ≒ **Thuidium** Amaranthaceae 苋科 [MD-116] 全球 (uc) 大洲分布及种数(uc)
Teuvoa Miers = **Trevoa**
Tevnia O.F.Cook = **Attalea**
Texiera Jaub. & Spach = **Peltaria**
Textilia Miq. = **Dendropanax**
Textoria Miq. = **Dendropanax**
Textrix Miq. = **Dendropanax**
Teyleria 【3】 Backer 琼豆属 ← **Glycine;Pueraria** Fabaceae 豆科 [MD-240] 全球 (1) 大洲分布及种数(2-4)◆亚洲
Teysmannia F.A.W.Miquel = **Johannesteijsmannia**
Teysmanniodendron Koord. = **Teijsmanniodendron**
Thachelospermum Lem. = **Trachelospermum**
Thacla Spach = **Calendula**
Thacombauia Seem. = **Flacourtia**
Thacona Spach = **Calendula**
Thagria Copel. = **Aglaomorpha**
Thaia 【3】 Seidenf. 泰兰属 ≒ **Cnesmone** Orchidaceae 兰科 [MM-723] 全球 (1) 大洲分布及种数(10)◆东亚(◆中国)
Thaiara Garay & H.R.Sw. = **Euanthe**
Thailentadopsis 【3】 Kosterm. 牛蹄豆属 ← **Pithecellobium** Fabaceae 豆科 [MD-240] 全球 (1) 大洲分布及种数(2-3) ◆亚洲
Thala Cothen. = **Thalia**
Thalamia Spreng. = **Phyllocladus**
Thalamnia Spreng. = **Thalassia**
Thalasium Spreng. = **Panicum**
Thalassema Banks ex K.D.König = **Thalassia**
Thalassia 【3】 Banks ex K.D.König 泰来藻属 ≒ **Halophila** Hydrocharitaceae 水鳖科 [MM-599] 全球 (1) 大洲分布及种数(2-17)◆亚洲
Thalassiaceae 【3】 Nakai 海生草科 [MM-600] 全球 (6) 大洲分布和属种数(1/2-18)非洲:1/14;亚洲:1/2-17;大洋洲:1/14;欧洲:1/14;北美洲:1/15;南美洲:1/14
Thalassodendron 【2】 Hartog 木杆藻属 ← **Cymodocea** Cymodoceaceae 丝粉藻科 [MM-615] 全球 (3) 大洲分布及种数(3-4)非洲:1-2;亚洲:1;大洋洲:2
Thalassoica Banks ex K.D.König = **Thalassia**
Thalassoma Banks ex K.D.König = **Thalassia**
Thaleia Raf. = **Orobanche**
Thalera E.Phillips = **Theilera**
Thaleropia 【2】 Peter G.Wilson 铁心木属 ← **Metrosideros** Myrtaceae 桃金娘科 [MD-347] 全球 (2) 大洲分布及种数(3-4)非洲:2;大洋洲:1
Thalesia Bronner = **Orobanche**
Thalesia Mart ex Pfeiff. = **Sweetia**
Thalesia Raf. = **Aphyllon**
Thalestria Rizzini = **Justicia**
Thalestris Rizzini = **Justicia**
Thalia 【3】 L. 水竹芋属 → **Calathea;Renealmia; Hylaeanthe** Marantaceae 竹芋科 [MM-740] 全球 (6) 大洲分布及种数(7-9)非洲:1-14;亚洲:3-16;大洋洲:2-15;欧洲:2-15;北美洲:2-15;南美洲:5-19
Thalianthus Klotzsch = **Myrosma**
Thalictraceae Raf. = Ranunculaceae
Thalictrella (L.) E.Nardi = **Isopyrum**
Thalictrodes P. & K. = **Cimicifuga**
Thalictrum (A.DC.) B.Boivin = **Thalictrum**
Thalictrum 【3】 L. 唐松草属 → **Anemonella; Anemone;Leucocoma** Ranunculaceae 毛茛科 [MD-38] 全球 (6) 大洲分布及种数(241-295;hort.1;cult: 12)非洲:9-59;亚洲:168-239;大洋洲:7-56;欧洲:31-91;北美洲:89-151;南美洲:13-61
Thalliana Steud. = **Polygonum**
Thallocarpus Lindb. = **Riccia**
Thalusia Raf. = **Orobanche**
Thalysia P. & K. = **Zea**
Thamala Raf. = **Persea**
Thamarix Reichard = **Tamarix**
Thambema Sol. ex Brongn. = **Thamnea**
Thaminophyllum 【3】 Harv. 帚粉菊属 Asteraceae 菊科 [MD-586] 全球 (1) 大洲分布及种数(4)◆非洲(◆南非)
Thammaca Salisb. = **Eriospermum**
Thamnea 【3】 Sol. ex Brongn. 岩杉杜属 Bruniaceae 绒球花科 [MD-336] 全球 (1) 大洲分布及种数(8-10)◆非洲(◆南非)
Thamnia P.Br. = **Laetia**
Thamniaceae Mönk. = Talinaceae
Thamniella Besch. = **Camptochaete**
Thamniopsis 【3】 (Mitt.) M.Fleisch. 木油藓属 Pilotrichaceae 茸帽藓科 [B-166] 全球 (6) 大洲分布及种数(21)非洲:4;亚洲:2;大洋洲:1;欧洲:2;北美洲:14;南美洲:16
Thamnium (Kindb.) Broth. = **Thamnium**
Thamnium 【3】 Klotzsch 石南藓属 ≒ **Pinnatella** Aulacomniaceae 皱蒴藓科 [B-153] 全球 (6) 大洲分布及种数(17)非洲:5;亚洲:3;大洋洲:2;欧洲:1;北美洲:2;南美洲:5
Thamnobia Torr. & Frém. = **Thamnosma**
Thamnobryaceae Margad. & During = Neckeraceae
Thamnobryum (M.Fleisch.) Ochyra = **Thamnobryum**
Thamnobryum 【3】 Nieuwl. 木藓属 ≒ **Porothamnium** Neckeraceae 平藓科 [B-204] 全球 (6) 大洲分布及种数(36)非洲:2;亚洲:16;大洋洲:8;欧洲:8;北美洲:8;南美洲:11
Thamnocalamus 【3】 Munro 筱竹属 ← **Arundinaria; Fargesia;Himalayacalamus** Poaceae 禾本科 [MM-748] 全球 (1) 大洲分布及种数(3-4)◆亚洲
Thamnocharis 【3】 W.T.Wang 辐花苣苔属 ← **Oreocharis** Gesneriaceae 苦苣苔科 [MD-549] 全球 (1) 大洲分布及种数(2)◆亚洲
Thamnochordus P. & K. = **Thamnochortus**
Thamnochortus 【3】 P.J.Bergius 垂穗灯草属 → **Cannomois;Hypodiscus** Restionaceae 帚灯草科 [MM-744] 全球 (1) 大洲分布及种数(40-42)◆非洲(◆南非)
Thamnojusticia Mildbr. = **Justicia**
Thamnoldenlandia 【3】 Gröninckx 马达可可茜属 Rubiaceae 茜草科 [MD-523] 全球 (1) 大洲分布及种数(1)◆非洲(◆马达加斯加)
Thamnomalia 【2】 S.Olsson,Enroth & D.Quandt 木平藓属 Neckeraceae 平藓科 [B-204] 全球 (2) 大洲分布及种数(1) 北美洲:1;南美洲:1
Thamnonoma Torr. & Frém. = **Thamnosma**

T

Thamnophis (Mitt.) M.Fleisch. = **Thamniopsis**
Thamnopteris【-】(C.Presl) C.Presl 铁角蕨科属 ≒ **Asplenium** Aspleniaceae 铁角蕨科 [F-43] 全球 (uc) 大洲分布及种数(uc)
Thamnosciadium【3】Hartvig 灌伞芹属 Apiaceae 伞形科 [MD-480] 全球 (1) 大洲分布及种数(cf.1)◆欧洲
Thamnoseris【3】F.Phil. 肉苣木属 Asteraceae 菊科 [MD-586] 全球 (1) 大洲分布及种数(1-2)◆南美洲(◆智利)
Thamnosma【3】Torr. & Frém. 沙芸香属 Rutaceae 芸香科 [MD-399] 全球 (6) 大洲分布及种数(9-16)非洲:3-7;亚洲:1-3;大洋洲:2;欧洲:2;北美洲:5-10;南美洲:2
Thamnus Klotzsch = **Erica**
Thamyris Reichard = **Tamarix**
Thanius Hustache = **Thamnium**
Thapsandra Griseb. = **Alectra**
Thapsia【3】L. 毒胡萝卜属 → **Cymopterus;Melanoselinum;Prangos** Apiaceae 伞形科 [MD-480] 全球 (6) 大洲分布及种数(3-18;hort.1)非洲:1-9;亚洲:2;大洋洲:1;欧洲:2-14;北美洲:1;南美洲:3
Thapsium Rchb. = **Thaspium**
Thapsus Raf. = **Verbascum**
Tharpia Britton & Rose = **Senna**
Thascanum E.Mey. = **Chascanum**
Thaspium【3】Nutt. 草地防风属 → **Cymopterus;Ligusticum;Pseudocymopterus** Apiaceae 伞形科 [MD-480] 全球 (6) 大洲分布及种数(6;hort.1;cult: 1)非洲:4;亚洲:3-7;大洋洲:4;欧洲:2-6;北美洲:4-8;南美洲:4
Thatcheria Dunn = **Tutcheria**
Thauera Copel. = **Aglaomorpha**
Thauma Salisb. = **Eriospermum**
Thaumasia J.Gay = **Thomasia**
Thaumasianthes【3】Danser 奇异寄生属 ← **Loranthus** Loranthaceae 桑寄生科 [MD-415] 全球 (1) 大洲分布及种数(cf. 1)◆东南亚(◆菲律宾)
Thaumastochloa【3】C.E.Hubb. 缚颖假蛇尾草属 ← **Mnesithea;Rottboellia** Poaceae 禾本科 [MM-748] 全球 (1) 大洲分布及种数(7-8)◆大洋洲
Thaumatocaryon【3】Baill. 奇果紫草属 ← **Anchusa;Moritzia** Boraginaceae 紫草科 [MD-517] 全球 (1) 大洲分布及种数(3)◆南美洲
Thaumatocaryum【3】Baill. 奇果紫草属 ≒ **Thaumatocaryon** Boraginaceae 紫草科 [MD-517] 全球 (1) 大洲分布及种数(uc)◆亚洲
Thaumatococcus【2】Benth. 翅果竹芋属 ← **Donax;Phrynium** Marantaceae 竹芋科 [MM-740] 全球 (2) 大洲分布及种数(2-3;hort.1)非洲:1-2;北美洲:1
Thaumatophyllum Schott = **Philodendron**
Thaumaza Salisb. = **Eriospermum**
Thaumuria Gaud. = **Parietaria**
Thawatchaia【3】M.Kato,Koi & Y.Kita 瀑薹草属 Podostemaceae 川苔草科 [MD-322] 全球 (1) 大洲分布及种数(2)◆亚洲
Thaxteria Copel. = **Aglaomorpha**
Thayerara J.M.H.Shaw = **Aglaomorpha**
Thayeria Copel. = **Aglaomorpha**
The L. = **Camellia**
Thea (Bl.) Pierre = **Camellia**
Theaceae C.X.Ye = Theaceae
Theaceae【3】Mirb. ex Ker Gawl. 山茶科 [MD-168] 全球 (6) 大洲分布和属种数(21-27;hort. & cult.10-12)(366-1636;hort. & cult.28-115)非洲:4-18/9-256;亚洲:17-18/276-833;大洋洲:6-16/10-260;欧洲:16/248;北美洲:10-17/73-327;南美洲:6-16/70-331
Theama Alef. = **Pyrola**
Theana Aver. = **Thyana**
Theaphyla Raf. = **Camellia**
Theaphylla Raf. = **Camellia**
Theaphyllum Nutt. ex Turcz. = **Perrottetia**
Theba L. = **Camellia**
Thebesia Neck. = **Thespesia**
Theca Juss. = **Thuja**
Thecacoris【3】A.Juss. 安痛茶属 → **Acalypha;Maesobotrya;Spondianthus** Phyllanthaceae 叶下珠科 [MD-222] 全球 (1) 大洲分布及种数(20)◆非洲
Thecagonum【3】Babu 蛇舌草属 ← **Oldenlandia** Rubiaceae 茜草科 [MD-523] 全球 (1) 大洲分布及种数(1)属分布和种数(uc)◆亚洲
Thecanisia Raf. = **Filipendula**
Thecanthes【3】Wikstr. 囊花瑞香属 ← **Pimelea** Thymelaeaceae 瑞香科 [MD-310] 全球 (1) 大洲分布及种数(5)◆大洋洲(◆澳大利亚)
Thecaphyllum Nutt. ex Turcz. = **Perrottetia**
Thecaria (Bosch) Staiger = **Thenardia**
Thecla Spach = **Calendula**
Thecocarpus【3】Boiss. 套果草属 ← **Echinophora** Apiaceae 伞形科 [MD-480] 全球 (1) 大洲分布及种数(3)◆亚洲
Thecophora Camras = **Thesmophora**
Thecophyllum【3】Ed.André 星花凤梨属 ≒ **Guzmania** Bromeliaceae 凤梨科 [MM-715] 全球 (1) 大洲分布及种数(uc)◆亚洲
Thecopus【3】G.Seidenfaden 盒足兰属 ≒ **Thecostele** Orchidaceae 兰科 [MM-723] 全球 (1) 大洲分布及种数(2-4)◆亚洲
Thecopus Seidenf. = **Thecopus**
Thecorchus Bremek. = **Oldenlandia**
Thecostele【3】Rchb.f. 盒柱兰属 ← **Collabium;Pholidota;Thecopus** Orchidaceae 兰科 [MM-723] 全球 (1) 大洲分布及种数(cf. 1)◆亚洲
Thedachloa【3】S.W.L.Jacobs 澳安草属 Poaceae 禾本科 [MM-748] 全球 (1) 大洲分布及种数(1)◆大洋洲(◆澳大利亚)
Thedenia【-】Fr. 灰藓科属 ≒ **Pylaisia** Hypnaceae 灰藓科 [B-189] 全球 (uc) 大洲分布及种数(uc)
Theeae Szyszył. = **Camellia**
Theileamea Baill. = **Phaulopsis**
Theilera【3】E.Phillips 簇叶风铃属 ← **Wahlenbergia** Campanulaceae 桔梗科 [MD-561] 全球 (1) 大洲分布及种数(3)◆非洲(◆南非)
Theis Salisb. ex DC. = **Thaia**
Theka Adans. = **Tectona**
Thela Lour. = **Plumbago**
Thelaia【-】Alef. 杜鹃花科属 ≒ **Pyrola** Ericaceae 杜鹃花科 [MD-380] 全球 (uc) 大洲分布及种数(uc)
Thelasis【3】Bl. 矮柱兰属 ≒ **Eria;Oxyanthera** Orchidaceae 兰科 [MM-723] 全球 (6) 大洲分布及种数(11-30)非洲:6-14;亚洲:5-20;大洋洲:2-8;欧洲:2;北美

洲:2;南美洲:2
Thele Lour. = **Plumbago**
Thelechitonia Cuatrec. = **Sphagneticola**
Theleophyton【3】(Hook.f.) Moq. 矮柱苋属 Amaranthaceae 苋科 [MD-116] 全球 (1) 大洲分布及种数(cf. 1)◆亚洲
Thelepaepale Bremek. = **Strobilanthes**
Thelepodium A.Nelson = **Thelypodium**
Thelepogon【3】Roth ex Röm. & Schult. 乳须草属 ← **Andropogon;Schizachyrium;Sehima** Poaceae 禾本科 [MM-748] 全球 (1) 大洲分布及种数(2)◆大洋洲(◆澳大利亚)
Thelesperma (Nutt.) A.Gray = **Thelesperma**
Thelesperma【3】Less. 绿线菊属 ← **Bidens;Isostigma; Coreopsis** Asteraceae 菊科 [MD-586] 全球 (1) 大洲分布及种数(15-27)◆北美洲
Thelethylax【3】C.Cusset 肋河杉属 Podostemaceae 川苔草科 [MD-322] 全球 (1) 大洲分布及种数(2-3)◆非洲(◆马达加斯加)
Thelia【2】Sull. 鳞藓属 ≒ **Pterigynandrum;Tilia** Theliaceae 鳞藓科 [B-210] 全球 (2) 大洲分布及种数(3)非洲:1;北美洲:3
Theliaceae【3】M.Fleisch. 鳞藓科 [B-210] 全球 (6) 大洲分布和属种数(3/12)非洲(uc);亚洲:2/8;大洋洲:1/1;欧洲:1/3;北美洲:2/6;南美洲:1/2
Thelidiopsis (Broth.) M.Fleisch. = **Thuidiopsis**
Theligonaceae【2】Dum. 假繁缕科 [MD-467] 全球 (3) 大洲分布和属种数(1;hort. & cult.1)(3-6;hort. & cult.1)非洲:1/1;亚洲:1/3-4;欧洲:1/1
Theligonum【2】L. 假繁缕属 Theligonaceae 假繁缕科 [MD-467] 全球 (3) 大洲分布及种数(4-5)非洲:1;亚洲:3-4;欧洲:1
Thelionema【3】R.J.F.Hend. 盘丝百合属 ← **Stypandra** Asphodelaceae 阿福花科 [MM-649] 全球 (1) 大洲分布及种数(3)◆大洋洲(◆澳大利亚)
Thelira Thou. = **Hirtella**
Thellungia Prost = **Eragrostis**
Thellungiella【3】O.E.Schulz 盐芥属 ← **Arabidopsis; Sisymbrium** Brassicaceae 十字花科 [MD-213] 全球 (6) 大洲分布及种数(1)非洲:3;亚洲:3;大洋洲:3;欧洲:3;北美洲:3;南美洲:3
Thelmatophace Godr. = **Lemna**
Thelo Lour. = **Plumbago**
Thelobergia【-】Hirao 仙人掌科属 Cactaceae 仙人掌科 [MD-100] 全球 (uc) 大洲分布及种数(uc)
Thelocactus【3】Britton & Rose 天晃玉属 ≒ **Cactus;Hamatocactus** Cactaceae 仙人掌科 [MD-100] 全球 (1) 大洲分布及种数(27)◆北美洲
Thelocarpus P. & K. = **Thelocactus**
Thelocephala【3】Y.Itô 极光球属 ← **Eriosyce; Pyrrhocactus** Cactaceae 仙人掌科 [MD-100] 全球 (1) 大洲分布及种数(1)◆南美洲(◆智利)
Thelomastus Frič & Kreuz. = **Thelocactus**
Thelosia Salisb. = **Iris**
Thelosperma P. & K. = **Thelesperma**
Thelybaculum【-】J.M.H.Shaw 兰科属 Orchidaceae 兰科 [MM-723] 全球 (uc) 大洲分布及种数(uc)
Thelychiton Endl. = **Dendrobium**
Thelycra Salisb. = **Iris**
Thelycrania (Dum.) Fourr. = **Cornus**
Thelygonac L. = **Theligonum**
Thelygonaceae Dum. = Theligonaceae
Thelygonum L. = **Theligonum**
Thelymitra【2】J.R.Forst. & G.Forst. 太阳兰属 → **Habenaria;Caladenia** Orchidaceae 兰科 [MM-723] 全球 (3) 大洲分布及种数(37-146;hort.1;cult: 5)非洲:1;亚洲:2-6;大洋洲:36-140
Thelymitreae Endl. = **Thelymitra**
Thelypetalum Gagnep. = **Leptopus**
Thelypodiopsis【3】Rydb. 类女足芥属 ← **Thelypodium;Iodanthus** Brassicaceae 十字花科 [MD-213] 全球 (1) 大洲分布及种数(14-21)◆北美洲
Thelypodium【3】Endl. 雌足芥属 → **Caulanthus;Lepidium;Streptanthus** Brassicaceae 十字花科 [MD-213] 全球 (1) 大洲分布及种数(29-59)◆北美洲
Thelypogon Mutis ex Spreng. = **Telipogon**
Thelypteridaceae Ching ex Pic.Serm. = Thelypteridaceae
Thelypteridaceae【3】Pic.Serm. 金星蕨科 [F-42] 全球(6)大洲分布和属种数(29-31;hort. & cult.13-19)(1153-2586;hort. & cult.36-68)非洲:13-23/59-172;亚洲:25-28/1055-1461;大洋洲:13-25/42-203;欧洲:7-21/16-119;北美洲:15-24/117-241;南美洲:9-22/24-137
Thelypterie Schmidel = **Thelypteris**
Thelypteris (Bl.) C.F.Reed = **Thelypteris**
Thelypteris【2】Schmidel 沼泽蕨属 → **Meniscium; Gymnocarpium;Phegopteris** Thelypteridaceae 金星蕨科 [F-42] 全球 (2) 大洲分布及种数(800-1274;hort.1;cult: 18)非洲;亚洲
Thelyra DC. = **Hirtella**
Thelyrillia【-】J.M.H.Shaw 兰科属 Orchidaceae 兰科 [MM-723] 全球 (uc) 大洲分布及种数(uc)
Thelyschista【3】Garay 齿喙兰属 ≒ **Odontorrhynchus** Orchidaceae 兰科 [MM-723] 全球 (1) 大洲分布及种数(1)◆南美洲
Thelysia Salisb. = **Iris**
Thelyssa Salisb. = **Iris**
Thelyssina Salisb. = **Iris**
Thelythamnos A.Spreng. = **Ursinia**
Themeda【3】Forssk. 菅属 ≒ **Pseudanthistiria; Elymandra** Poaceae 禾本科 [MM-748] 全球 (6) 大洲分布及种数(31-34)非洲:9-15;亚洲:29-36;大洋洲:9-14;欧洲:2-7;北美洲:7-12;南美洲:1-6
Themede Forssk. = **Themeda**
Themelium【3】(T.Moore) Parris 蒿蕨属 ≒ **Polypodium** Polypodiaceae 水龙骨科 [F-60] 全球 (1) 大洲分布及种数(9-11)◆亚洲
Themidaceae【3】Salisb. 菅草科 [MM-678] 全球 (1) 大洲分布和属种数(uc)◆非洲
Themis Salisb. = **Triteleia**
Themiste Salisb. = **Nothoscordum**
Themistoclesia【3】Klotzsch 山杞莓属 ← **Anthopterus;Vaccinium;Sphyrospermum** Ericaceae 杜鹃花科 [MD-380] 全球 (1) 大洲分布及种数(29-37)◆南美洲
Themos Salisb. = **Nothoscordum**
Thenardia ex DC. = **Thenardia**
Thenardia【3】Kunth 掌花夹竹桃属 ≒ **Parsonsia** Apocynaceae 夹竹桃科 [MD-492] 全球 (1) 大洲分布及种数(3)◆北美洲

Thenus Link = **Erica**
Theobroma (Bernoulli) Pittier = **Theobroma**
Theobroma【3】 L. 可可属 → **Abroma;Herrania;Licania** Sterculiaceae 梧桐科 [MD-189] 全球 (6) 大洲分布及种数(26-30;hort.1;cult:1)非洲:1-2;亚洲:1-2;大洋洲:1-2;欧洲:1-2;北美洲:14-15;南美洲:23-25
Theobromataceae J.Agardh = Greyiaceae
Theodora Medik. = **Schotia**
Theodorea (Cass.) Cass. = **Rodrigueziella**
Theodorea Cass. = **Saussurea**
Theodorella Cass. = **Cavea**
Theodori Medik. = **Cynometra**
Theodoria Neck. = **Fedorovia**
Theodoricea Buc´hoz = **Saussurea**
Theodorovia【3】 Kolak. ex Ogan. 异红豆树属 ≒ **Fedorovia** Campanulaceae 桔梗科 [MD-561] 全球 (1) 大洲分布及种数(cf.1)◆亚洲
Theodoxis Griseb. = **Lysimachia**
Theopea R.Br. = **Telopea**
Theophrasta【3】 L. 刺萝桐属 → **Clavija;Neomezia** Primulaceae 报春花科 [MD-401] 全球 (1) 大洲分布及种数(2)◆北美洲
Theophrastaceae D.Don = Theophrastaceae
Theophrastaceae【3】G.Don 假轮叶科 [MD-387] 全球 (6) 大洲分布和属种数(7;hort. & cult.3-4)(135-151;hort. & cult.6-8)非洲:2/4;亚洲:2/4;大洋洲:1-2/1-5;欧洲:2/4;北美洲:6-7/70-77;南美洲:3/66-71
Theophrastia Linden ex K.Koch & Fintelm. = **Theophrasta**
Theophroseris André = **Tephroseris**
Theopsis (Cohen-Stuart) Nakai = **Camellia**
Theopyxis Griseb. = **Lysimachia**
Theora Hill = **Ranunculus**
Thepparatia【-】 Phuph. 锦葵科属 Malvaceae 锦葵科 [MD-203] 全球 (uc) 大洲分布及种数(uc)
Thera Thunb. = **Nemopanthus**
Theracium Spreng. = **Thilachium**
Therapon Rydb. = **Boykinia**
Therea Clos = **Scutellaria**
Therebina Noronha = **Pilea**
Therefon Raf. = **Rotala**
Thereianthus【3】 G.J.Lewis 细管鸢尾属 ≒ **Lapeirousia** Iridaceae 鸢尾科 [MM-700] 全球 (1) 大洲分布及种数(9)◆非洲
Theresa Clos = **Scutellaria**
Theresia K.Koch = **Fritillaria**
Theretra L. = **Thevetia**
Thereus Clos = **Scutellaria**
Thereva Clos = **Scutellaria**
Thereza Clos = **Scutellaria**
Thericium Sond. = **Thesidium**
Theriella Galiano = **Thorella**
Therinia Cardot = **Theriotia**
Theriophonum【3】 Bl. 兔耳芋属 ← **Arum** Araceae 天南星科 [MM-639] 全球 (1) 大洲分布及种数(4-6)◆亚洲
Theriotia【3】 Cardot 厚叶短颈藓属 Buxbaumiaceae 烟杆藓科 [B-102] 全球 (1) 大洲分布及种数(2)◆亚洲
Thermonema R.J.F.Hend. = **Thelionema**
Thermopalia Miers = **Salacia**
Thermophila Miers = **Salacia**
Thermophilia Miers = **Salacia**
Thermophilum Miers = **Salacia**
Thermophis R.Br. = **Thermopsis**
Thermopsis【3】 R.Br. 野决明属 ← **Anagyris; Cytisus; Piptanthus** Fabaceae 豆科 [MD-240] 全球 (6) 大洲分布及种数(26-32;hort.1;cult:1)非洲:11;亚洲:20-36;大洋洲:11;欧洲:3-14;北美洲:9-20;南美洲:11
Thermus L. = **Thymus**
Therochaeta Steetz = **Pterochaeta**
Therocistus Holub = **Helianthemum**
Therofon【2】 Raf. 八幡草属 ≒ **Sullivantia** Saxifragaceae 虎耳草科 [MD-231] 全球 (3) 大洲分布及种数(4) 亚洲:2;北美洲:4;南美洲:1
Therogeron DC. = **Aster**
Therolepta Raf. = **Homalium**
Therophon Rydb. = **Boykinia**
Theropogon【3】 Maxim. 夏须草属 ← **Ophiopogon** Asparagaceae 天门冬科 [MM-669] 全球 (1) 大洲分布及种数(1-2)◆亚洲
Therorhodion【2】 (Maxim.) Small 云间杜鹃属 ≒ **Rhododendron** Ericaceae 杜鹃花科 [MD-380] 全球 (2) 大洲分布及种数(2)亚洲:cf.1;北美洲:1
Therrya Clos = **Scutellaria**
Thesaera auct. = **Rangaeris**
Thesea Forssk. = **Themeda**
Thesiaceae Vest = Treubiaceae
Thesidium【3】 Sond. 小百蕊草属 ≒ **Thesium** Santalaceae 檀香科 [MD-412] 全球 (1) 大洲分布及种数(7-10)◆非洲
Thesion St.Lag. = **Thesium**
Thesium【3】L.百蕊草属 ≒ **Kunkeliella;Osyridicarpos** Santalaceae 檀香科 [MD-412] 全球 (6) 大洲分布及种数(314-389)非洲:264-284;亚洲:45-65;大洋洲:8-15;欧洲:15-35;北美洲:6-10;南美洲:15-19
Thesmophora【3】 Rourke 岩仙木属 Stilbaceae 耀仙木科 [MD-532] 全球 (1) 大洲分布及种数(1)◆非洲(◆南非)
Thespesia【3】 Sol. ex Corrêa 桐棉属 ← **Abelmoschus; Maga;Luehea** Malvaceae 锦葵科 [MD-203] 全球 (6) 大洲分布及种数(22-23)非洲:13-16;亚洲:20-23;大洋洲:9-11;欧洲:1-3;北美洲:7-9;南美洲:4-6
Thespesiopsis【3】 Exell & Hillc. 锦葵科属 ≒ **Thespesia** Malvaceae 锦葵科 [MD-203] 全球 (1) 大洲分布及种数(uc)◆亚洲
Thespesocarpus Pierre = **Diospyros**
Thespidium【3】 F.Müll. 腋基菊属 Asteraceae 菊科 [MD-586] 全球 (1) 大洲分布及种数(1)◆大洋洲(◆澳大利亚)
Thespieus Weeks = **Thespis**
Thespis【3】 DC. 歧伞菊属 ← **Cotula** Asteraceae 菊科 [MD-586] 全球 (1) 大洲分布及种数(cf. 1)◆亚洲
Thestonia Spreng. = **Tectona**
Theta Raf. = **Carex**
Thetis Salisb. = **Triteleia**
Thetys Salisb. = **Triteleia**
Thevenotia【3】 DC. 毛叶刺苞菊属 ← **Atractylis** Asteraceae 菊科 [MD-586] 全球 (1) 大洲分布及种数(1-3)◆亚洲

Thevetia【3】 L. 黄花夹竹桃属 Apocynaceae 夹竹桃科 [MD-492] 全球 (6) 大洲分布及种数(7-10)非洲:12;亚洲:3-15;大洋洲:1-13;欧洲:12;北美洲:4-16;南美洲:5-17
Thevetiana P. & K. = **Thevetia**
Theyga Molina = **Laurelia**
Theyodis A.Rich. = **Oldenlandia**
Thezera (DC.) Raf. = **Rhus**
Thiania Raf. = **Dendrobium**
Thibaidia Ruiz & Pav. ex J.St.Hil. = **Thibaudia**
Thibaudia (Klotzsch) Drude = **Thibaudia**
Thibaudia【3】 Ruiz & Pav. ex J.St.Hil. 赤宝花属 → **Agapetes;Ceratostema;Orthaea** Ericaceae 杜鹃花科 [MD-380] 全球 (1) 大洲分布及种数(82-89)◆南美洲(◆巴西)
Thicuania Raf. = **Dendrobium**
Thiebautia Colla = **Bletia**
Thieleodaxa Cham. = **Alibertia**
Thieleodoxa Cham. = **Alibertia**
Thiemea【3】 Müll.Hal. 赤尾藓属 Dicranaceae 曲尾藓科 [B-128] 全球 (1) 大洲分布及种数(uc)◆南美洲
Thiemeia Müll.Hal. = **Thiemea**
Thiersia Baill. = **Faramea**
Thiga Molina = **Pavonia**
Thigonella L. = **Trigonella**
Thilachium【3】 Lour. 合萼山柑属 ← **Capparis** Capparaceae 山柑科 [MD-178] 全球 (1) 大洲分布及种数(17)◆非洲
Thilakium Lour. = **Thilachium**
Thilcum Molina = **Myrinia**
Thilia L. = **Thalia**
Thillaea Sang. = **Tillaea**
Thiloa【3】 Eichler 少蕊车木属 ← **Combretum** Combretaceae 使君子科 [MD-354] 全球 (1) 大洲分布及种数(1-4)◆南美洲
Thimus Neck. = **Thymus**
Thingia【2】 Hershk. 马齿苋科属 Portulacaceae 马齿苋科 [MD-85] 全球 (uc) 大洲分布及种数(uc)
Thinicola【3】 J.H.Ross 大洋洲玉杯豆属 Fabaceae 豆科 [MD-240] 全球 (1) 大洲分布及种数(cf.1)◆大洋洲
Thinocharis W.T.Wang = **Thamnocharis**
Thinogeton Benth. = **Exodeconus**
Thinopyrum【3】 Á.Löve 薄冰草属 ← **Agropyron; Elymus;Elytrigia** Poaceae 禾本科 [MM-748] 全球 (1) 大洲分布及种数(6-7)◆大洋洲
Thinouia【3】 Planch. & Triana 温美无患子属 ← **Paullinia** Sapindaceae 无患子科 [MD-428] 全球 (1) 大洲分布及种数(12)◆南美洲
Thiodia Benn. = **Zuelania**
Thiollierea【3】 Montr. 比克茜属 ← **Randia** Rubiaceae 茜草科 [MD-523] 全球 (1) 大洲分布及种数(1-16)◆北美洲
Thirmida Dognin = **Thismia**
This Adans. = **Polygonum**
Thisantha Eckl. & Zeyh. = **Tillaea**
Thisbe Falc. = **Herminium**
Thiseltonia【3】 Hemsl. 柔鼠麴属 ← **Calomeria** Asteraceae 菊科 [MD-586] 全球 (1) 大洲分布及种数(2)◆大洋洲(◆澳大利亚)
Thismeae Miers = **Thiemea**
Thismia (Miers) Jonker = **Thismia**
Thismia【3】 Griff. 水玉杯属 ≒ **Afrothismia** Thismiaceae 肉质腐生草科 [MM-699] 全球 (6) 大洲分布及种数(36-85)非洲:3-9;亚洲:18-45;大洋洲:3-12;欧洲:6;北美洲:3-9;南美洲:12-20
Thismiaceae【3】 J.Agardh 肉质腐生草科 [MM-699] 全球(6)大洲分布和属种数(2/36-92)非洲:1-2/3-10;亚洲:2/19-47;大洋洲:1-2/3-13;欧洲:2/7;北美洲:1-2/3-10;南美洲:1-2/12-21
Thium Steud. = **Fuchsia**
Thladiantha【3】 Bunge 赤瓟属 → **Baijiania;Anguloa; Sinobaijiania** Cucurbitaceae 葫芦科 [MD-205] 全球 (1) 大洲分布及种数(27-34)◆亚洲
Thladiantheae H.Schaef. & S.S.Renner = **Thladiantha**
Thlapsi L. = **Thlaspi**
Thlasia Banks ex K.D.König = **Thalassia**
Thlasidia Raf. = **Scabiosa**
Thlaspeocarpa【3】 C.A.Sm. 喜光芥属 ≒ **Heliophila** Brassicaceae 十字花科 [MD-213] 全球 (1) 大洲分布及种数(uc)◆亚洲
Thlaspi【3】 (Tourn.) L. 菥蓂属 ≒ **Hutchinsia; Parodiodoxa** Brassicaceae 十字花科 [MD-213] 全球 (6) 大洲分布及种数(65-78;hort.1;cult: 3)非洲:5-29;亚洲:62-87;大洋洲:9-33;欧洲:22-46;北美洲:9-33;南美洲:3-27
Thlaspi L. = **Thlaspi**
Thlaspiaceae Martinov = Brassicaceae
Thlaspiceras F.K.Mey. = **Thlaspi**
Thlaspida Opiz = **Scabiosa**
Thlaspidea Opiz = **Scabiosa**
Thlaspideae DC. = **Scabiosa**
Thlaspidium Bubani = **Lepidium**
Thlaspidium Mill. = **Biscutella**
Thlaspieae DC. = **Scabiosa**
Thlaspius St.Lag. = **Thlaspi**
Thliphthisa【-】 (Griseb.) P.Caputo & Del Guacchio 茜草科属 Rubiaceae 茜草科 [MD-523] 全球 (uc) 大洲分布及种数(uc)
Thlipsocarpus Kunze = **Microseris**
Thoa Aubl. = **Gnetum**
Thoaceae P. & K. = Theaceae
Thodaya Compton = **Euryops**
Thogsennia【3】 Aiello 泉钟花属 ← **Portlandia** Rubiaceae 茜草科 [MD-523] 全球 (1) 大洲分布及种数(1)◆北美洲
Thollonia Baill. = **Icacina**
Thomandersia【3】 Baill. 猩猩茶属 Thomandersiaceae 猩猩茶科 [MD-574] 全球 (1) 大洲分布及种数(6)◆非洲
Thomandersiaceae【3】 Sreem. 猩猩茶科 [MD-574] 全球 (1) 大洲分布和属种数(1/6)◆非洲
Thomasia【3】 J.Gay 薄毡麻属 ≒ **Guichenotia** Malvaceae 锦葵科 [MD-203] 全球 (1) 大洲分布及种数(46)◆大洋洲(◆澳大利亚)
Thomassetia Hemsl. = **Brexia**
Thommasinia Steud. = **Peucedanum**
Thompsonara Hort. = **Deidamia**
Thompsonella【3】 Britton & Rose 紫穗莲属 ← **Echeveria** Crassulaceae 景天科 [MD-229] 全球 (1) 大洲分布及种数(8-9)◆北美洲(◆墨西哥)
Thompsonia R.Br. = **Deidamia**

Thompsophytum【-】C.H.Uhl 景天科属 Crassulaceae 景天科 [MD-229] 全球 (uc) 大洲分布及种数(uc)
Thompsosedum【-】C.H.Uhl 景天科属 Crassulaceae 景天科 [MD-229] 全球 (uc) 大洲分布及种数(uc)
Thompsoveria【-】C.H.Uhl 景天科属 Crassulaceae 景天科 [MD-229] 全球 (uc) 大洲分布及种数(uc)
Thomsonaria Rushforth = **Amorphophallus**
Thomsonia Wall. = **Amorphophallus**
Thonandia H.P.Linder = **Rytidosperma**
Thonningia【3】Vahl 莲花菰属 ≒ **Langsdorffia** Balanophoraceae 蛇菰科 [MD-307] 全球 (1) 大洲分布及种数(1)◆非洲
Thonningie Vahl = **Thonningia**
Thoon Aubl. = **Gnetum**
Thor Spix = **Ranunculus**
Thora Fourr. = **Ranunculus**
Thoracocarpus【3】Harling 叠苞草属 ← **Carludovica** Cyclanthaceae 环花草科 [MM-706] 全球 (1) 大洲分布及种数(1)◆南美洲
Thoracosperma Klotzsch = **Eremia**
Thoracostachys Kurz = **Mapania**
Thoracostachyum Kurz = **Mapania**
Thorea Bory = **Arrhenatherum**
Thorea Briq = **Thorella**
Thoreaceae Mirb. ex Ker Gawl. = Theaceae
Thoreauea【3】J.K.Williams 墨西哥夹竹桃属 Apocynaceae 夹竹桃科 [MD-492] 全球 (1) 大洲分布及种数(3)◆北美洲(◆墨西哥)
Thoreldora Pierre = **Aglaia**
Thorelia【3】Gagnep. 托雷菊属 Asteraceae 菊科 [MD-586] 全球 (1) 大洲分布及种数(uc)◆大洋洲
Thoreliella C.Y.Wu = **Camchaya**
Thorella【3】Briq. 南美芹属 Apiaceae 伞形科 [MD-480] 全球 (1) 大洲分布及种数(2)◆欧洲
Thoreochloa Holub = **Helictotrichon**
Thorius Gilib. = **Trollius**
Thornbera Rydb. = **Dalea**
Thorncroftia【3】N.E.Br. 石丹参属 ← **Plectranthus** Lamiaceae 唇形科 [MD-575] 全球 (1) 大洲分布及种数(4-5)◆非洲
Thornea【3】BreedLöve & E.M.McClint. 托纳藤属 Hypericaceae 金丝桃科 [MD-119] 全球 (1) 大洲分布及种数(1-3)◆北美洲
Thorneochloa【-】Romasch.,P.M.Peterson & Soreng 禾本科属 Poaceae 禾本科 [MM-748] 全球 (uc) 大洲分布及种数(uc)
Thorntonara Garay & H.R.Sw. = **Ascocentrum**
Thorntonia Rchb. = **Laurelia**
Thoropa Spix = **Thornea**
Thorunna BreedLöve & E.M.McClint. = **Thornea**
Thorvaldsenia Liebm. = **Chysis**
Thorwaldsenia Bot. = **Chysis**
Thos Aubl. = **Gnetum**
Thottea【3】Rottb. 线果兜铃属 ≒ **Hottea** Aristolochiaceae 马兜铃科 [MD-56] 全球 (1) 大洲分布及种数(38-64)◆亚洲
Thouarea Kunth = **Thuarea**
Thouarsara J.M.H.Shaw = **Psiadia**
Thouarsea F.Müll = **Psiadia**
Thouarsia P. & K. = **Psiadia**
Thouarsiora Homolle ex Arènes = **Ixora**
Thouina【-】Cothen. 旋花科属 Convolvulaceae 旋花科 [MD-499] 全球 (uc) 大洲分布及种数(uc)
Thouinia【3】Poit. 索英木属 → **Atalaya;Schmidelia;Pausandra** Sapindaceae 无患子科 [MD-428] 全球 (1) 大洲分布及种数(16-52)◆北美洲
Thouinidium【3】Radlk. 索英无患子属 ← **Thouinia** Sapindaceae 无患子科 [MD-428] 全球 (1) 大洲分布及种数(4-8)◆北美洲
Thouinopsis Endl. = **Thujopsis**
Thouvenotia Danguy = **Beilschmiedia**
Thozetia【3】F.Müll. ex Benth. 叠萝藦属 Apocynaceae 夹竹桃科 [MD-492] 全球 (1) 大洲分布及种数(uc)属分布和种数(uc)◆大洋洲
Thphrosia Pers. = **Tephrosia**
Thra Hill = **Ranunculus**
Thrallella Herzog = **Trolliella**
Thranium Klotzsch = **Thamnium**
Thrasia Kunth = **Thrasya**
Thrasya【3】H.B. & K. 勇夫草属 ≒ **Paspalum** Poaceae 禾本科 [MM-748] 全球 (1) 大洲分布及种数(12-20)◆南美洲
Thrasyopsis【3】Parodi 拟勇夫草属 ← **Panicum** Poaceae 禾本科 [MM-748] 全球 (1) 大洲分布及种数(2)◆南美洲(◆巴西)
Thraulococcus Radlk. = **Sapindus**
Threlkeldia Benth. = **Threlkeldia**
Threlkeldia【3】R.Br. 肉被澳藜属 ← **Bassia;Neobassia;Sclerolaena** Amaranthaceae 苋科 [MD-116] 全球 (1) 大洲分布及种数(3)◆大洋洲(◆澳大利亚)
Threlkeldieae G.L.Chu & S.C.Sand. = **Threlkeldia**
Threlkeldinae G.L.Chu & S.C.Sand. = **Threlkeldia**
Thrica Gray = **Leontodon**
Thrichostema L. = **Trichostema**
Thrinacia Roth = **Leontodon**
Thrinax【3】Sw. 豆棕属 ≒ **Coccothrinax** Arecaceae 棕榈科 [MM-717] 全球 (1) 大洲分布及种数(8-25)◆北美洲(◆美国)
Thrincia Roth = **Leontodon**
Thrincoma O.F.Cook = **Coccothrinax**
Thringis O.F.Cook = **Coccothrinax**
Thrixanthocereus【3】Backeb. 银衣柱属 → **Espostoa** Cactaceae 仙人掌科 [MD-100] 全球 (1) 大洲分布及种数(4)◆南美洲(◆秘鲁)
Thrixgyne Keng = **Duthiea**
Thrixia Dulac = **Leontodon**
Thrixspermum【3】Lour. 白点兰属 ≒ **Aerides;Micropera;Pteroceras** Orchidaceae 兰科 [MM-723] 全球 (1) 大洲分布及种数(60-149)◆亚洲
Thryailis L. = **Thryallis**
Thryallis L. = **Thryallis**
Thryallis【3】Mart. 绒金英属 → **Dicella;Banisteria;Galphimia** Malpighiaceae 金虎尾科 [MD-343] 全球 (1) 大洲分布及种数(5-7)◆南美洲
Thryocephalon Forst. = **Kyllinga**
Thryothamnus Phil. = (接受名不详) Verbenaceae
Thryptomene【3】Endl. 葵蜡花属 ← **Baeckea;Micromyrtus;Scholtzia** Myrtaceae 桃金娘科 [MD-347] 全球

(1) 大洲分布及种数(34-68)◆大洋洲(◆澳大利亚)
Thrysanthus Schrank = **Molopanthera**
Ththeirospermum Schreb. = **Pterospermum**
Thuarea【3】Pers. 砂滨草属 ← **Ischaemum;Panicum** Poaceae 禾本科 [MM-748] 全球 (1) 大洲分布及种数(1-2)◆非洲
Thuessinkia Korth. ex Miq. = **Caryota**
Thuia L. = **Thuja**
Thuiacarpus Benth. = **Widdringtonia**
Thuiaecarpus Trautv. = **Juniperus**
Thuidiaceae【3】Schimp. 羽藓科 [B-184] 全球 (1) 大洲分布和属种数(1/4)◆南美洲
Thuidiopsis【2】(Broth.) M.Fleisch. 羽叶藓属 ≒ **Leskea;Haplocladium** Thuidiaceae 羽藓科 [B-184] 全球 (5)大洲分布及种数(9)亚洲:2;大洋洲:5;欧洲:1;北美洲:1;南美洲:5
Thuidium Euthuidium Mitt. = **Thuidium**
Thuidium【3】Schimp.羽藓属 ≒ **Cupressina;Pelekium** Thuidiaceae 羽藓科 [B-184] 全球 (6) 大洲分布及种数(146)非洲:25;亚洲:48;大洋洲:29;欧洲:15;北美洲:38;南美洲:57
Thuiopsis Endl. = **Thujopsis**
Thuja【3】L. 崖柏属 → **Austrocedrus;Cupressus;Pilgerodendron** Cupressaceae 柏科 [G-17] 全球 (6) 大洲分布及种数(8)非洲:7;亚洲:6-13;大洋洲:3-10;欧洲:3-10;北美洲:7-14;南美洲:7
Thujaceae Burnett = Gnetaceae
Thujaecarpus Asch. & Graebn. = **Widdringtonia**
Thujiaecarpus Trautv. = **Juniperus**
Thujopsidaceae Bessey = Cupressaceae
Thujopsis【3】Sieb. & Zucc. ex Endl. 罗汉柏属 → **Libocedrus;Thuja;Platycladus** Cupressaceae 柏科 [G-17] 全球 (1) 大洲分布及种数(1-3)◆亚洲
Thulinia【3】P.J.Cribb 图林兰属 Orchidaceae 兰科 [MM-723] 全球 (1) 大洲分布及种数(1-2)◆非洲
Thumbergia Poit. = **Thunbergia**
Thumung J.König = **Zingiber**
Thunberga Cothen. = **Thunbergia**
Thunbergia【3】Retz.山牵牛属→**Flemingia;Meyenia;Mendoncia** Thunbergiaceae 山牵牛科 [MD-573] 全球 (6) 大洲分布及种数(162-191;hort.1;cult:3)非洲:111-132;亚洲:62-64;大洋洲:12-14;欧洲:3-5;北美洲:16-18;南美洲:8-10
Thunbergiaceae【3】Lilja 山牵牛科 [MD-573] 全球 (6) 大洲分布和属种数(1;hort. & cult.1)(161-224;hort. & cult.15-20)非洲:1/111-132;亚洲:1/62-64;大洋洲:1/12-14;欧洲:1/3-5;北美洲:1/16-18;南美洲:1/8-10
Thunbergiana Montin = **Thunbergia**
Thunbergianthus【3】Engl. 桑氏列当属 Orobanchaceae 列当科 [MD-552] 全球 (1) 大洲分布及种数(1-2)◆非洲
Thunbergiella H.Wolff = **Oenanthe**
Thunbergii Montin = **Thunbergia**
Thunbergta Cothen. = **Thunbergia**
Thunia【3】Rchb.f. 笋兰属 ← **Limodorum;Phaius** Orchidaceae 兰科 [MM-723] 全球 (1) 大洲分布及种数(4-7)◆亚洲
Thuniopsis L.Li,D.P.Ye & Shi J.Li = **Thamniopsis**
Thunnus Link = **Erica**
Thuranthos C.H.Wright = **Drimia**
Thuraria Molina = **Grindelia**
Thurberi A.Gray = **Gossypium**
Thurberia A.Gray = **Gossypium**
Thurberia Benth. = **Limnodea**
Thurnia【3】Hook.f. 梭子草属 Thurniaceae 梭子草科 [MM-735] 全球 (1) 大洲分布及种数(4)◆南美洲
Thurniaceae【3】Engl. 梭子草科 [MM-735] 全球 (1) 大洲分布和属种数(1/4)◆南美洲
Thurovia【3】Rose 三花蛇黄花属 ← **Gutierrezia** Asteraceae 菊科 [MD-586] 全球 (1) 大洲分布及种数(1)◆北美洲(◆美国)
Thurya【3】Boiss. & Balansa 刺漆姑属 ≒ **Platycladus** Caryophyllaceae 石竹科 [MD-77] 全球 (1) 大洲分布及种数(cf. 1)◆南亚(◆斯里兰卡)
Thuspeinanta【3】T.Durand 总序旱草属 ← **Chamaesphacos;Tapeinanthus** Lamiaceae 唇形科 [MD-575] 全球 (1) 大洲分布及种数(cf. 1)◆亚洲
Thuspeinantha T.Durand = **Chamaesphacos**
Thuya【2】L. 崖柏属 ≒ **Pilgerodendron** Cupressaceae 柏科 [G-17] 全球 (4) 大洲分布及种数(1) 亚洲:1;大洋洲:1;欧洲:1;北美洲:1
Thuyopsis Pari. = **Thujopsis**
Thwaitesara【-】J.M.H.Shaw 兰科属 Orchidaceae 兰科 [MM-723] 全球 (uc) 大洲分布及种数(uc)
Thya Adans. = **Thuja**
Thyana【3】Ham. 香蒲属 ≒ **Thouinia;Pyrenaria** Sapindaceae 无患子科 [MD-428] 全球 (1) 大洲分布及种数(3)◆北美洲
Thyarea Benth. = **Thuarea**
Thyas Zelaya = **Thyana**
Thyasira Stapf = **Phacelurus**
Thyca Ham. = **Thyana**
Thydium Bruch & Schimp. ex Mans. = **Thuidium**
Thyella【3】Raf. 旋花属 ≒ **Convolvulus;Odonellia** Convolvulaceae 旋花科 [MD-499] 全球 (1) 大洲分布及种数(cf. 1)◆南美洲
Thyene Ham. = **Thyana**
Thyia Asch. = **Thalia**
Thyidium Bruch & Schimp. ex Lindb. = **Thuidium**
Thyiopsis Asch. & Graebn. = **Thujopsis**
Thylacantha Nees & Mart. = **Monopera**
Thylacanthus【3】Tul. 风轮豆属 ≒ **Dicymbe** Fabaceae3 蝶形花科 [MD-240] 全球 (1) 大洲分布及种数(1)◆南美洲(◆巴西)
Thylachium DC. = **Thilachium**
Thylacis Gagnep. = **Thrixspermum**
Thylacitis Adans. = **Centaurium**
Thylacium Spreng. = **Thilachium**
Thylacodraba【-】(Nábělek) O.E.Schulz 十字花科属 ≒ **Draba** Brassicaceae 十字花科 [MD-213] 全球 (uc) 大洲分布及种数(uc)
Thylacophora【3】Ridl. 蝎尾姜属 ← **Riedelia** Zingiberaceae 姜科 [MM-737] 全球 (1) 大洲分布及种数(cf.1)◆非洲
Thylacopteris【3】Kunze 乳头蕨属 ≒ **Polypodium** Polypodiaceae 水龙骨科 [F-60] 全球 (1) 大洲分布及种数(1-2)◆亚洲
Thylacospermum【3】Fenzl 囊种草属 ← **Arenaria** Caryophyllaceae 石竹科 [MD-77] 全球 (1) 大洲分布及种

数(2-3)◆亚洲
Thylamys Gagnep. = **Thrixspermum**
Thylax Raf. = **Zanthoxylum**
Thylocodraba (Nábělek) O.E.Schulz = **Thylacodraba**
Thymalea Mill. = **Thymelaea**
Thymbra【3】L. 香薄荷属 ≒ **Macbridea;Origanum** Lamiaceae 唇形科 [MD-575] 全球 (6) 大洲分布及种数(5-8;hort.1)非洲:2-3;亚洲:3-6;大洋洲:1;欧洲:1-4;北美洲:1-2;南美洲:1
Thymelaea Adans. = **Thymelaea**
Thymelaea【3】Mill. 瑞香属 ≒ **Lachnaea;Passerina** Thymelaeaceae 瑞香科 [MD-310] 全球 (6) 大洲分布及种数(32-36;hort.1;cult: 2)非洲:15-21;亚洲:9-15;大洋洲:1-7;欧洲:19-25;北美洲:1-7;南美洲:6
Thymelaeaceae H.K.Airy Shaw = Thymelaeaceae
Thymelaeaceae【3】Juss. 瑞香科 [MD-310] 全球 (6) 大洲分布和属种数(46-51;hort.& cult.14-18)(1029-1414;hort. & cult.85-118)非洲:16-24/400-508;亚洲:18-22/256-361;大洋洲:14-19/233-340;欧洲:3-13/80-174;北美洲:9-18/110-209;南美洲:9-18/96-193
Thymele Mill. = **Thymelaea**
Thymelina Hoffmanns. = **Gnidia**
Thymocarpus Nicolson，Steyerm. & Sivad. = **Goeppertia**
Thymophylla【3】Lag. 丝叶菊属 ← **Adenophyllum;Tagetes;Dyssodia** Asteraceae 菊科 [MD-586] 全球 (1) 大洲分布及种数(14-21)◆北美洲
Thymophyllum Benth. = **Thymophylla**
Thymopsis【3】Benth. 百香菊属 ≒ **Hypericum;Neothymopsis** Asteraceae 菊科 [MD-586] 全球 (1) 大洲分布及种数(1-2)◆北美洲
Thymos St.Lag. = **Thymus**
Thymus【3】L. 百里香属 → **Acinos;Horminum;Steyermarkochloa** Lamiaceae 唇形科 [MD-575] 全球 (6) 大洲分布及种数(187-507;hort.1;cult:84)非洲:22-67;亚洲:127-233;大洋洲:18-46;欧洲:134-196;北美洲:27-57;南美洲:6-32
Thynninorchis D.L.Jones & M.A.Clem. = **Spiculaea**
Thynnus Lour. = **Cnestis**
Thyopsis Asch. & Graebn. = **Hedyosmum**
Thypha Costa = **Thyana**
Thyrallis L. = **Thryallis**
Thyrasperma N.E.Br. = **Apatesia**
Thyreus L. = **Thymus**
Thyrgis Stapf = **Phacelurus**
Thyri Stapf = **Phacelurus**
Thyrid Stapf = **Phacelurus**
Thyridachne【3】C.E.Hubb. 盾草属 Poaceae 禾本科 [MM-748] 全球 (1) 大洲分布及种数(1)◆非洲
Thyridella Mett. ex Kuhn = **Cheilosoria**
Thyridia【3】W.R.Barker & Beardsley 窗棱草属 Phrymaceae 透骨草科 [MD-559] 全球 (1) 大洲分布及种数(cf.1)◆大洋洲
Thyridiaceae J.Z.Yue & O.E.Erikss. = Thuidiaceae
Thyridium (Müll.Hal.) A.Jaeger = **Thyridium**
Thyridium【2】Mitt. 匍网藓属 ≒ **Mitthyridium** Calymperaceae 花叶藓科 [B-130] 全球 (4) 大洲分布及种数(15) 非洲:3;亚洲:6;大洋洲:8;欧洲:2
Thyridocalyx Bremek. = **Triainolepis**
Thyridolepis【3】S.T.Blake 窗草属 ← **Neurachne** Poaceae 禾本科 [MM-748] 全球 (1) 大洲分布及种数(4)◆大洋洲(◆澳大利亚)
Thyridostachyum Nees = **Mnesithea**
Thyrina Gled. = **Cytinus**
Thyris Stapf = **Phacelurus**
Thyrocarpus【3】Hance 盾果草属 ← **Bothriospermum** Boraginaceae 紫草科 [MD-517] 全球 (1) 大洲分布及种数(cf. 1)◆东亚(◆中国)
Thyroma Miers = **Aspidosperma**
Thyrophora Neck. = **Pteronia**
Thyrostachyum Nees = **Mnesithea**
Thyrsacanthus Moric. = **Odontonema**
Thyrsanthella【3】(Baill.) Pichon 小杖花属 ← **Echites;Secondatia** Apocynaceae 夹竹桃科 [MD-492] 全球 (1) 大洲分布及种数(1)◆北美洲
Thyrsanthema Neck. = **Chaptalia**
Thyrsanthemum【3】Pichon 锥花草属 ← **Aneilema** Commelinaceae 鸭跖草科 [MM-708] 全球 (1) 大洲分布及种数(3)◆北美洲
Thyrsanthera【3】Pierre ex Gagnep. 柬桐属 Euphorbiaceae 大戟科 [MD-217] 全球 (1) 大洲分布及种数 (cf. 1)◆亚洲
Thyrsanthus Benth. = **Wisteria**
Thyrsanthus Schrank = **Lysimachia**
Thyrsia Stapf = **Phacelurus**
Thyrsine Gled. = **Cytinus**
Thyrsites Gled. = **Cytinus**
Thyrsodium【2】Salzm. ex Benth. 黏乳椿属 ← **Sorindeia** Anacardiaceae 漆树科 [MD-432] 全球 (2) 大洲分布及种数(9)非洲:cf.1;南美洲:8
Thyrsoidium Salzm. ex Benth. = **Thyrsodium**
Thyrsopteridaceae C.Presl = Dicksoniaceae
Thyrsopteris【3】Kunze 伞序葵属 ≒ **Festuca** Malvaceae 锦葵科 [MD-203] 全球 (1) 大洲分布及种数(1)◆南美洲(◆智利)
Thyrsosalacia【3】Lös. 杖卫矛属 ≒ **Salacia** Celastraceae 卫矛科 [MD-339] 全球 (1) 大洲分布及种数(2-5)◆非洲(◆加蓬)
Thyrsosma Raf. = **Viburnum**
Thyrsostachys【3】Gamble 泰竹属 ← **Bambusa** Poaceae 禾本科 [MM-748] 全球 (1) 大洲分布及种数(cf. 1)◆亚洲
Thysamus Rchb. = **Thymus**
Thysanachne C.Presl = **Arundinella**
Thysanalaena Nees = **Thysanolaena**
Thysananthus【3】(B.Thiers & Gradst.) P.Sukkharak 毛鳞苔属 ≒ **Spruceanthus** Lejeuneaceae 细鳞苔科 [B-84] 全球 (6) 大洲分布及种数(17-18)非洲:1-8;亚洲:8-15;大洋洲:11-18;欧洲:7;北美洲:7;南美洲:2-9
Thysanella A.Gray = **Polygonella**
Thysanella Salisb. = **Thysanotus**
Thysania Hook. = **Tillaea**
Thysanobotrya Alderw. = **Alsophila**
Thysanobotrya v.A.v.R. = **Cyathea**
Thysanocarpus【3】Hook. 风轮荠属 → **Athysanus** Brassicaceae 十字花科 [MD-213] 全球 (1) 大洲分布及种数(7-17)◆北美洲
Thysanochilus Falc. = **Eulophia**
Thysanoglossa【3】Porto & Brade 繸舌兰属 Orchida-

ceae 兰科 [MM-723] 全球 (1) 大洲分布及种数(3)◆南美洲(◆巴西)

Thysanolaena【3】Nees 粽叶芦属 ← **Agrostis** Poaceae 禾本科 [MM-748] 全球 (6) 大洲分布及种数(2)非洲:1-3;亚洲:1-3;大洋洲:2;欧洲:1-3;北美洲:1-3;南美洲:1-3

Thysanolaeneae C.E.Hubb. = **Thysanolaena**

Thysanolejeunea (Spruce) Steph. = **Thysananthus**

Thysanomitrion Melanocaulon Müll.Hal. = **Campylopus**

Thysanomitriopsis Müll.Hal. = **Campylopus**

Thysanomitrium Schwägr. ex Reinw. & Hornsch. = **Campylopus**

Thysanosoma Gepp = **Thysanosoria**

Thysanosoria A.Gepp = **Thysanosoria**

Thysanosoria【3】Gepp 风尾藤蕨属 ← **Notholaena** Lomariopsidaceae 藤蕨科 [F-52] 全球 (1) 大洲分布及种数(cf. 1)◆东南亚(◆印度尼西亚)

Thysanospermum Champ ex Benth. = **Coptosapelta**

Thysanostemon【3】Maguire 繸蕊藤黄属 Clusiaceae 藤黄科 [MD-141] 全球 (1) 大洲分布及种数(2)◆南美洲

Thysanostigma【3】J.B.Imlay 繸柱爵床属 Acanthaceae 爵床科 [MD-572] 全球 (1) 大洲分布及种数(2)◆东南亚(◆泰国)

Thysanota R.Br. = **Thysanotus**

Thysanothus Poir. = **Thysananthus**

Thysanotus【3】R.Br. 异蕊草属 ← **Corynotheca** Asparagaceae 天门冬科 [MM-669] 全球 (1) 大洲分布及种数(39-71)◆大洋洲

Thysantha Hook. = **Tillaea**

Thysanurus O.Hoffm. = **Geigeria**

Thysanus Lour. = **Cnestis**

Thyselium Raf. = **Selinum**

Thysia Stapf = **Phacelurus**

Thysselinum Adans. = **Selinum**

Thysselinum Hoffm. = **Peucedanum**

Thysselinum Mönch = **Pleurospermum**

Tianschaniella【3】B.Fedtsch. ex Popov 阿富汗紫草属 ← **Eritrichium** Boraginaceae 紫草科 [MD-517] 全球 (1) 大洲分布及种数(1)◆西亚(◆阿富汗)

Tiara Dennst. = **Ardisia**

Tiaranthus Herb. = **Pancratium**

Tiarella【3】L. 黄水枝属 → **Astilbe** Saxifragaceae 虎耳草科 [MD-231] 全球 (6) 大洲分布及种数(6;hort.1;cult: 4)非洲:4;亚洲:3-7;大洋洲:4;欧洲:4;北美洲:5-9;南美洲:4

Tiaridium Lehm. = **Heliotropium**

Tiaris Raf. = **Cordia**

Tiarocarpus Rchb.f. = **Cousinia**

Tiarrhena (Maxim.) Nakai = **Miscanthus**

Tibestina Maire = **Dicoma**

Tibet (Ali) H.P.Tsui = **Tibetia**

Tibetia【3】(Ali) H.P.Tsui 高山豆属 ← **Astragalus;Gueldenstaedtia** Fabaceae 豆科 [MD-240] 全球 (1) 大洲分布及种数(cf. 1)◆亚洲

Tibetica (Ali) H.P.Tsui = **Tibetia**

Tibetiodes【-】G.L.Nesom 菊科属 Asteraceae 菊科 [MD-586] 全球 (uc) 大洲分布及种数(uc)

Tibetoseris【3】Sennikov 莴苣属 ≒ **Soroseris** Asteraceae 菊科 [MD-586] 全球 (1) 大洲分布及种数(1)◆亚洲

Tibia (Tourn.) L. = **Tilia**

Tibicina J.St.Hil. = **Tibouchina**

Tibionema Schltr. = **Metastelma**

Tibisia C.D.Tyrrell,Londoño & L.G.Clark = **Talisia**

Tibouchina【3】Aubl. 蒂牡花属 ← **Acisanthera; Meriania;Tococa** Melastomataceae 野牡丹科 [MD-364] 全球 (6) 大洲分布及种数(299-371;hort.1;cult: 2)非洲:8-9;亚洲:80-97;大洋洲:12-13;欧洲:1;北美洲:66-71;南美洲:265-331

Tibouchinopsis【3】Markgr. 巴西高牡丹属 Melastomataceae 野牡丹科 [MD-364] 全球 (1) 大洲分布及种数(2)◆南美洲(◆巴西)

Tibuchina J.St.Hil. = **Tibouchina**

Ticanto Adans. = **Acacia**

Tichocarpus Schreb. = **Prunus**

Tichodon Benth. = **Trichodon**

Ticoa Aubl. = **Ticorea**

Ticodendraceae【3】Gómez-Laur. & L.D.Gómez 核果桦科 [MD-71] 全球 (1) 大洲分布和属种数(1/1)◆非洲

Ticodendron【3】Gómez-Laur. & L.D.Gómez 核果桦属 Ticodendraceae 核果桦科 [MD-71] 全球 (1) 大洲分布及种数(1)◆北美洲

Ticoglossum【3】Lucas Rodr. ex Halb. 白虎兰属 ← **Odontoglossum** Orchidaceae 兰科 [MM-723] 全球 (1) 大洲分布及种数(2)◆北美洲

Ticorea【2】Aubl. 桂笛香属 → **Angostura;Galipea** Rutaceae 芸香科 [MD-399] 全球 (2) 大洲分布及种数(6-7)亚洲:cf.1;南美洲:5-6

Tidestromia【3】Standl. 枝毛苋属 ← **Alternanthera** Amaranthaceae 苋科 [MD-116] 全球 (1) 大洲分布及种数(6-8)◆北美洲

Tiedemannia【3】DC. 药牛芹属 ≒ **Oxypolis** Apiaceae 伞形科 [MD-480] 全球 (6) 大洲分布及种数(3-4)非洲:2;亚洲:2;大洋洲:2;欧洲:2;北美洲:2-4;南美洲:2

Tiedmannia Torr. & A.Gray = **Tiedemannia**

Tieghemella Berl. & De Toni = **Tieghemella**

Tieghemella【3】Pierre 猴子果属 ≒ **Baillonella;Lecomtedoxa** Sapotaceae 山榄科 [MD-357] 全球 (1) 大洲分布及种数(2)◆非洲

Tieghemia Balle = **Tapinanthus**

Tieghemopanax R.Vig. = **Polyscias**

Tieiagia Regel & Šilićg = **Tilingia**

Tienmuia H.H.Hu = **Phacellanthus**

Tietkensia【3】P.S.Short 长序金绒草属 Asteraceae 菊科 [MD-586] 全球 (1) 大洲分布及种数(1)◆大洋洲(◆澳大利亚)

Tigarea Aubl. = **Doliocarpus**

Tigarea Pursh = **Purshia**

Tigasis P.Beauv. ex T.Lestib. = **Cladium**

Tigivesta【3】Lür 虎颜兰属 Orchidaceae 兰科 [MM-723] 全球 (1) 大洲分布及种数(cf. 1)◆南美洲

Tiglium Klotzsch = **Croton**

Tigridia (Lindl.) Molseed = **Tigridia**

Tigridia【3】Juss. 虎皮兰属 → **Alophia;Marica** Iridaceae 鸢尾科 [MM-700] 全球 (6) 大洲分布及种数(62-69;hort.1;cult: 1)非洲:1;亚洲:1-2;大洋洲:1;欧洲:1;北美洲:56-61;南美洲:13-14

Tigridiopalma【3】C.Chen 虎颜花属 Melastomataceae 野牡丹科 [MD-364] 全球 (1) 大洲分布及种数(cf. 1)◆东亚(◆中国)

Tigrioides Medik. = **Lindera**

T

Tikalia Lundell = **Blomia**
Tikusta Raf. = **Campylandra**
Tilaea Mönch = **Lilaea**
Tilanthera R.Br. = **Telanthera**
Tilco Adans. = **Myrinia**
Tilcusta Raf. = **Campylandra**
Tildenia Miq. = **Peperomia**
Tilecarpus K.Schum. & Lauterb. = **Medusanthera**
Tilesia【3】 G.Mey. 菱果菊属 ≒ **Wulffia;Verbesina** Asteraceae 菊科 [MD-586] 全球 (1) 大洲分布及种数(3-4)◆南美洲(◆巴西)
Tilia【3】 (Tourn.) L. 椴属 ≒ **Thalia;Spergularia** Tiliaceae 椴树科 [MD-185] 全球 (6) 大洲分布及种数(162-191;hort.1;cult:89)非洲:37;亚洲:52-101;大洋洲:4-41;欧洲:119-168;北美洲:50-103;南美洲:4-41
Tilia Endochrysea H.T.Chang = **Tilia**
Tiliaceae H.T.Chang & R.H.Miau = Tiliaceae
Tiliaceae【3】Juss. 椴树科 [MD-185] 全球 (6) 大洲分布和属种数(41-49;hort. & cult.9-12)(634-1092;hort. & cult.35-51)非洲:11-25/145-247;亚洲:16-22/233-398;大洋洲:6-20/64-206;欧洲:5-16/130-205;北美洲:18-28/178-268;南美洲:19-28/128-214
Tiliacora【3】 Colebr. 香料藤属 ← **Cocculus; Beirnaertia;Synclisia** Menispermaceae 防己科 [MD-42] 全球 (6) 大洲分布及种数(26-36)非洲:21-30;亚洲:4-6;大洋洲:1-2;欧洲:1;北美洲:1;南美洲:1
Tiliacoreae Miers = **Tiliacora**
Tiliastrum (Brand) Rydb. = **Giliastrum**
Tilieae Bartl. = **Tilia**
Tilingia【3】 Regel & Šilićg 黑水芹属 ≒ **Selinum; Cnidium;Ligusticum** Apiaceae 伞形科 [MD-480] 全球 (6)大洲分布及种数(2-4)非洲:1;亚洲:1-4;大洋洲:1;欧洲:1;北美洲:1-2;南美洲:1
Tilioideae Arn. = **Lindera**
Tilioides Medik. = **Tilia**
Tillaea【3】 L. 东爪草属 ← **Crassula** Crassulaceae 景天科 [MD-229] 全球 (6) 大洲分布及种数(14-16;hort.1)非洲:3-11;亚洲:6-13;大洋洲:5-13;欧洲:2-10;北美洲:2-9;南美洲:2-9
Tillaeaceae Martinov = Tiliaceae
Tillaeastrum Britton = **Crassula**
Tillandsa Cothen. = **Tillandsia**
Tillandsia (A.Dietr.) Baker = **Tillandsia**
Tillandsia【3】 L. 铁兰属 → **Werauhia; Renealmia; Aechmea** Bromeliaceae 凤梨科 [MM-715] 全球 (6) 大洲分布及种数(679-785;hort.1;cult:27)非洲:7-35;亚洲:30-60;大洋洲:33-61;欧洲:7-35;北美洲:339-403;南美洲:466-529
Tillandsiaceae Wilbr. = Bromeliaceae
Tillandsioideae【-】 Burnett 凤梨科属 Bromeliaceae 凤梨科 [MM-715] 全球 (uc) 大洲分布及种数(uc)
Tillea Sanguin. = **Tillaea**
Tillia St.Lag. = **Thalia**
Tilloidea Medik. = **Lindera**
Tillospermum【-】 Griff. 桃金娘科属 Myrtaceae 桃金娘科 [MD-347] 全球 (uc) 大洲分布及种数(uc)
Tilmia O.F.Cook = **Aiphanes**
Tilocarpus Engl. = **Toxocarpus**
Tiltilia Pers. = **Heliotropium**
Timaeosia Klotzsch = **Gypsophila**
Timalia Clos = **Pyracantha**
Timandra Klotzsch = **Croton**
Timanthea Salisb. = **Baltimora**
Timbalia Clos = **Pyracantha**
Timbuleta Forssk. = **Anarrhinum**
Timeroya Benth. & Hook.f. = **Pisonia**
Timmermansara【-】 P.V.Heath 仙人掌科属 Cactaceae 仙人掌科 [MD-100] 全球 (uc) 大洲分布及种数(uc)
Timmia Densiretis J.J.Amann = **Timmia**
Timmia【2】 J.F.Gmel. 美姿藓属 ≒ **Crinum; Cyrtanthus** Timmiaceae 美姿藓科 [B-104] 全球 (5) 大洲分布及种数(8) 非洲:1;亚洲:6;大洋洲:1;欧洲:6;北美洲:6
Timmiaceae【2】Schimp. 美姿藓科 [B-104] 全球 (5) 大洲分布和属种数(1/8)非洲(uc);亚洲:1/6;大洋洲:1/1;欧洲:1/6;北美洲:1/6
Timmiella【3】 (De Not.) Limpr. 反纽藓属 ≒ **Ceratodon;Hymenostyliella** Pottiaceae 丛藓科 [B-133] 全球(6) 大洲分布及种数(15) 非洲:5;亚洲:8;大洋洲:1;欧洲:4;北美洲:4;南美洲:5
Timmiellaceae Y.Inoü & H.Tsubota = Pottiaceae
Timokoponenia【3】 Zanten 华卷柏藓属 Racopilaceae 卷柏藓科 [B-156] 全球 (1) 大洲分布及种数(cf. 1)◆亚洲
Timoleon Raf. = **Capnophyllum**
Timon Mill. = **Citrus**
Timonius【3】 DC. 海茜树属 ← **Urophyllum; Antirhea;Porterandia** Rubiaceae 茜草科 [MD-523] 全球 (6) 大洲分布及种数(56-206;hort.1;cult:1)非洲:21-100;亚洲:36-125;大洋洲:30-116;欧洲:11;北美洲:4-14;南美洲:8
Timoria Roshev. = **Stipa**
Timoron Raf. = **Capnophyllum**
Timotimius【3】 W.R.Buck 皱垫锦藓属 Sematophyllaceae 锦藓科 [B-192] 全球 (1) 大洲分布及种数(1)◆南美洲
Timotocia Moldenke = **Sticherus**
Timouria Roshev. = **Stipa**
Tina Bl. = **Tina**
Tina【3】 Schult. 马岛无患子属 ← **Cupania;Harpullia;Neotina** Sapindaceae 无患子科 [MD-428] 全球 (1) 大洲分布及种数(19)◆非洲
Tinaceae Martinov = Trapaceae
Tinadendron【3】 Achille 海岸桐属 ≒ **Guettarda** Rubiaceae 茜草科 [MD-523] 全球 (1) 大洲分布及种数(2)◆大洋洲
Tinaea Boiss. = **Lamarckia**
Tinamus L. = **Dioscorea**
Tinantia Dum. = **Tinantia**
Tinantia【3】 Scheidw. 孀泪花属 ← **Commelina; Tradescantia;Cyphomeris** Commelinaceae 鸭跖草科 [MM-708] 全球 (1) 大洲分布及种数(12-15)◆北美洲
Tinca【-】 Plam. & Givul. 玉蕊科属 Lecythidaceae 玉蕊科 [MD-267] 全球 (uc) 大洲分布及种数(uc)
Tinea Biv. = **Neotinea**
Tinea Spreng. = **Prockia**
Tineoa P. & K. = **Tinnea**
Tingis O.F.Cook = **Coccothrinax**
Tinguarra【3】 Parl. 加那利草属 ≒ **Athamanta** Apiaceae 伞形科 [MD-480] 全球 (1) 大洲分布及种数(cf. 1)◆欧洲

Tingulong Rumph. = **Protium**
Tingulonga Rumph. = **Protium**
Tiniaria (Meisn.) Rchb. = **Fallopia**
Tiniaria Rchb. = **Polygonum**
Tinnea【2】 Kotschy & Peyr. 火梓属 ≒ **Cyclocheilon; Asepalum** Lamiaceae 唇形科 [MD-575] 全球 (2) 大洲分布及种数(14-21;hort.1)非洲:13-19;北美洲:2
Tinnethamnus Pritz. = **Tinnea**
Tinnia L. = **Tilia**
Tinodes O.F.Cook = **Sabal**
Tinomiscium【3】 Miers 大叶藤属 Menispermaceae 防己科 [MD-42] 全球 (1) 大洲分布及种数(cf. 1)◆亚洲
Tinopsis Radlk. = **Tina**
Tinospor Miers = **Tinospora**
Tinospora【3】 Miers 青牛胆属 ← **Anamirta;Fawcettia** Menispermaceae 防己科 [MD-42] 全球 (1) 大洲分布及种数(16-24)◆非洲
Tinosporeae Hook.f. & Thoms. = **Tinospora**
Tinthia Buch.Ham. ex D.Don = **Saurauia**
Tintinabulum Rydb. = **Gilia**
Tintinnabularia R.E.Woodson = **Tintinnabularia**
Tintinnabularia【3】 Woodson 铃竹桃属 Apocynaceae 夹竹桃科 [MD-492] 全球 (1) 大洲分布及种数(3)◆北美洲
Tinus L. = **Premna**
Tinus P. & K. = **Viburnum**
Tipalia Dennst. = **Tilia**
Tipasa Dennst. = **Tilia**
Tipha Neck. = **Typha**
Tiphogeton Ehrh. = **Ludwigia**
Tipuana (Benth.) Benth. = **Tipuana**
Tipuana【3】 Benth. 金蝶木属 → **Luetzelburgia; Machaerium;Vatairea** Fabaceae 豆科 [MD-240] 全球 (1) 大洲分布及种数(3)◆南美洲
Tipularia【3】 Nutt. 筒距兰属 → **Limodorum;Platanthera;Didiciea** Orchidaceae 兰科 [MM-723] 全球 (1) 大洲分布及种数(7-12)◆亚洲
Tiputinia【3】 P.E.Berry & C.L.Woodw. 皱垫玉簪属 Burmanniaceae 水玉簪科 [MM-696] 全球 (1) 大洲分布及种数(1)◆南美洲(◆厄瓜多尔)
Tiquilia【3】 Pers.皱垫草属←**Coldenia;Lithospermum** Boraginaceae 紫草科 [MD-517] 全球 (6) 大洲分布及种数(30)非洲:1;亚洲:1;大洋洲:1;欧洲:1;北美洲:15-16;南美洲:17-18
Tiquiliopsis (A.Gray) A.Heller = **Tiquilia**
Tirania【3】 Pierre 六瓣山柑属 Resedaceae 木樨草科 [MD-196] 全球 (1) 大洲分布及种数(1-2)◆亚洲
Tirasekia G.Don = **Anagallis**
Tiricta Raf. = **Daucus**
Tirlulus L. = **Tribulus**
Tirpitaia Hallier f. = **Tirpitzia**
Tirpityia Hallier f. = **Tirpitzia**
Tirpitzia【3】 Hallier f. 青篱柴属 ← **Reinwardtia** Linaceae 亚麻科 [MD-315] 全球(1) 大洲分布及种数(cf.1)◆亚洲
Tirtalia Raf. = **Heliotropium**
Tiruca Raf. = **Daucus**
Tirucalia Raf. = **Euphorbia**
Tirucalla Raf. = **Euphorbia**
Tirucallia Raf. = **Euphorbia**
Tirumala Raf. = **Euphorbia**
Tischleria【3】 Schwantes 番杏科属 Aizoaceae 番杏科 [MD-94] 全球 (1) 大洲分布及种数(uc)◆亚洲
Tisonia【3】 Baill. 蒂松木属 ≒ **Trigonia** Salicaceae 杨柳科 [MD-123] 全球 (1) 大洲分布及种数(16)◆非洲(◆马达加斯加)
Tissa【3】 Adans. 北美洲石竹属 ≒ **Spergula** Caryophyllaceae 石竹科 [MD-77] 全球 (1) 大洲分布及种数(1-11)◆北美洲
Tisserantia Humbert = **Sphaeranthus**
Tisserantiella【2】 Mimeur 禾藓属 ≒ **Weissia;Thyridachne** Rhachitheciaceae 刺藓科 [B-125] 全球 (2) 大洲分布及种数(2) 非洲:2;南美洲:1
Tisserantiodoxa Aubrév. & Pellegr. = **Englerophytum**
Tisserantodendron Sillans = **Fernandoa**
Tita G.A.Scop. = **Richea**
Titaea Garzia = **Lamarckia**
Titanella L. = **Tiarella**
Titania Endl. = **Oberonia**
Titanodendron A.V.Bobrov & Melikyan = **Araucaria**
Titanopsis【3】 Schwantes 天女玉属 ← **Mesembryanthemum** Aizoaceae 番杏科 [MD-94] 全球 (1) 大洲分布及种数(4)◆非洲(◆南非)
Titanotrichum【3】 Soler. 台闽苣苔属 ≒ **Rehmannia** Gesneriaceae 苦苣苔科 [MD-549] 全球 (1) 大洲分布及种数(cf. 1)◆亚洲
Titelbachia Klotzsch = **Begonia**
Titho Adans. = **Fuchsia**
Tithona Desf. ex Juss. = **Tithonia**
Tithonia (Sch.Bip.) La Duke = **Tithonia**
Tithonia【3】 Raeusch. 肿柄菊属 ← **Rivina** Asteraceae 菊科 [MD-586] 全球 (1) 大洲分布及种数(14-18)◆北美洲
Tithymalaceae Vent. = Peraceae
Tithymalodes Ludw. ex P. & K. = **Euphorbia**
Tithymaloides (Klotzsch & Garcke) P. & K. = **Pedilanthus**
Tithymalopsis Klotzsch & Garcke = **Euphorbia**
Tithymalus【3】 Gaertn. 小大戟属 ≒ **Euphorbia; Galarhoeus** Euphorbiaceae 大戟科 [MD-217] 全球 (1) 大洲分布及种数(20-59)◆北美洲
Titragyne Salisb. = **Rohdea**
Tittelbachia Klotzsch = **Begonia**
Tittmannia【3】 Brongn. 白杉杜属 ≒ **Lindernia** Bruniaceae 绒球花科 [MD-336] 全球 (1) 大洲分布及种数(4-5)◆非洲
Titymaotus【-】 S.A.Hammer 番杏科属 Aizoaceae 番杏科 [MD-94] 全球 (uc) 大洲分布及种数(uc)
Tityra Salisb. = **Narcissus**
Tityrus Salisb. = **Narcissus**
Tityus Salisb. = **Narcissus**
Tiuandsia L. = **Tillandsia**
Tium Arrecta Rydb. = **Tium**
Tium【3】 Medik. 蛇荚黄芪属 ← **Astragalus;Sium** Fabaceae3 蝶形花科 [MD-240] 全球 (1) 大洲分布及种数(4)◆北美洲
Tivela Lour. = **Plumbago**
Tjongina Adans. = **Brunia**
Tlos Haw. = **Narcissus**

T

Tmeseopteris Kunze = **Tmesipteris**
Tmesipteridaceae【3】Nakai 梅溪蕨科 [F-2] 全球 (1) 大洲分布和属种数(1/10-18)◆亚洲
Tmesipteris【3】Bernh. 梅溪蕨属 ← **Lycopodium; Thelypteris** Psilotaceae 松叶蕨科 [F-1] 全球 (1) 大洲分布及种数(10-16)◆大洋洲
Tmethis Adans. = **Polygonum**
Toanabo Aubl. = **Taonabo**
Tobagoa【3】Urb. 托巴茜属 ← **Diodia** Rubiaceae 茜草科 [MD-523] 全球 (1) 大洲分布及种数(1)◆北美洲
Tobaphes Phil. = **Plazia**
Tobinia Armatae Desv. ex Ham. = **Zanthoxylum**
Tobion Raf. = **Pimpinella**
Tobira Adans. = **Pittosporum**
Tocantinia【3】Ravenna 夷石蒜属 Amaryllidaceae 石蒜科 [MM-694] 全球 (1) 大洲分布及种数(1)◆南美洲(◆巴西)
Tocoa (Endl.) M.Röm. = **Tacca**
Tococa【3】Aubl. 托克野牡丹属 → **Clidemia;Miconia; Maieta** Melastomataceae 野牡丹科 [MD-364] 全球 (1) 大洲分布及种数(54-61)◆南美洲
Tocoyena【3】Aubl. 托克茜属 → **Blepharidium; Gardenia;Oxyceros** Rubiaceae 茜草科 [MD-523] 全球 (1) 大洲分布及种数(21-25)◆南美洲
Todaroa【3】A.Rich. & Galeotti 托达草属 ≒ **Peucedanum** Apiaceae 伞形科 [MD-480] 全球 (1) 大洲分布及种数(1-2)◆欧洲
Toddalia【3】Juss. 飞龙掌血属 ← **Aralia;Vepris** Rutaceae 芸香科 [MD-399] 全球 (6) 大洲分布及种数(11-12)非洲:6-7;亚洲:4-7;大洋洲:1-2;欧洲:1;北美洲:1-2;南美洲:2-3
Toddalieae Benth. & Hook.f. = **Toddalia**
Toddaliopsis【3】auct. 南非芸香橘属 ≒ **Vepris** Rutaceae 芸香科 [MD-399] 全球 (1) 大洲分布及种数(1) 属分布和种数(uc)◆非洲
Todda-pana Adans. = **Cycas**
Toddavaddia (Mart. & Zucc. ex Zucc.) P. & K. = **Biophytum**
Todea (C.Presl) T.Moore = **Todea**
Todea【2】Willd. ex Bernh. 南紫萁属 ≒ **Acrostichum** Osmundaceae 紫萁科 [F-16] 全球 (5) 大洲分布及种数(5-10)非洲:1-2;亚洲:1;大洋洲:4;北美洲:1;南美洲:1
Todi Schill. = **Paullinia**
Toechima【3】Radlk. 特喜无患子属 ≒ **Cupania** Sapindaceae 无患子科 [MD-428] 全球 (1) 大洲分布及种数(1-11)◆大洋洲
Toffieldia Schrank = **Tofieldia**
Tofielda Pers. = **Tofieldia**
Tofieldia【3】Huds. 岩菖蒲属 ← **Anthericum;Hedeoma** Tofieldiaceae 岩菖蒲科 [MM-617] 全球 (6) 大洲分布及种数(14-23;hort.1;cult:1)非洲:1-6;亚洲:11-17;大洋洲:5;欧洲:4-9;北美洲:4-10;南美洲:5
Tofieldiaceae【3】Takht. 岩菖蒲科 [MM-617] 全球 (6) 大洲分布和属种数(2;hort. & cult.1)(18-37;hort. & cult.5-8)非洲:1-2/1-7;亚洲:1-2/11-18;大洋洲:2/6;欧洲:1-2/4-10;北美洲:2/8-15;南美洲:2/6
Tofleldia Huds. = **Tofieldia**
Toga S.Y.Wong,S.L.Low & P.C.Boyce = **Poga**
Togashia Buch.Ham. ex D.Don = **Saurauia**
Togninia Desv. = **Zanthoxylum**
Togula Roxb. ex Willd. = **Tortula**
Toisochosenia【3】Kimura 钻天柳属 ← **Chosenia;Salix** Salicaceae 杨柳科 [MD-123] 全球 (1) 大洲分布及种数(1)◆亚洲
Toisusu【3】Kimura 心叶柳属 Salicaceae 杨柳科 [MD-123] 全球 (1) 大洲分布及种数(uc)◆大洋洲
Toiyabea【3】R.P.Roberts,Urbatsch & Neubig 山蛇菊属 ≒ **Haplopappus** Asteraceae 菊科 [MD-586] 全球 (1) 大洲分布及种数(1)◆北美洲(◆美国)
Tokoyena A.Rich. ex Steud. = **Tocoyena**
Toladenia J.M.H.Shaw = **Peperomia**
Tolania Gagnep. = **Aspidistra**
Tolassia J.M.H.Shaw = **Thalassia**
Tolbonia P. & K. = **Calotis**
Toledonia Thiele = **Calotis**
Tolguezettia【-】J.M.H.Shaw 兰科属 Orchidaceae 兰科 [MM-723] 全球 (uc) 大洲分布及种数(uc)
Toliara【3】Judz. 马达禾草属 Poaceae 禾本科 [MM-748] 全球 (1) 大洲分布及种数(4)◆非洲
Tollatia Endl. = **Layia**
Tolmachevia【2】Á.Löve & D.Löve 景天属 ≒ **Rhodiola** Crassulaceae 景天科 [MD-229] 全球 (5) 大洲分布及种数(1) 非洲:1;亚洲:1;大洋洲:1;欧洲:1;北美洲:1
Tolmiaea Decaisne = **Tolmiea**
Tolmiea Hook. = **Tolmiea**
Tolmiea【3】Torr. & A.Gray 千母草属 Saxifragaceae 虎耳草科 [MD-231] 全球 (1) 大洲分布及种数(2-3)◆北美洲
Toloncettia【-】J.M.H.Shaw 兰科属 Orchidaceae 兰科 [MM-723] 全球 (uc) 大洲分布及种数(uc)
Tolono (Endl.) M.Röm. = **Toona**
Toloxis【2】W.R.Buck 反叶藓属 ≒ **Teloxys;Leskea** Meteoriaceae 蔓藓科 [B-188] 全球 (4) 大洲分布及种数(3) 非洲:1;亚洲:1;北美洲:1;南美洲:1
Tolpis【3】Adans. 糙缨苣属 ← **Prenanthes;Chondrilla** Asteraceae 菊科 [MD-586] 全球 (6) 大洲分布及种数(21-31;hort.1)非洲:9-16;亚洲:7-12;大洋洲:2-7;欧洲:16-25;北美洲:5-10;南美洲:1-6
Toluandra【-】J.M.H.Shaw 兰科属 Orchidaceae 兰科 [MM-723] 全球 (uc) 大洲分布及种数(uc)
Tolucentrum【-】J.M.H.Shaw 兰科属 Orchidaceae 兰科 [MM-723] 全球 (uc) 大洲分布及种数(uc)
Toluglossum【-】J.M.H.Shaw 兰科属 Orchidaceae 兰科 [MM-723] 全球 (uc) 大洲分布及种数(uc)
Toluifera L. = **Myroxylon**
Toluifera Lour. = **Glycosmis**
Tolumnia【3】Raf. 剑心兰属 ≒ **Cymbidium;Erycina** Orchidaceae 兰科 [MM-723] 全球 (1) 大洲分布及种数(43-45)◆北美洲(◆美国)
Tolumnopsis【-】J.M.H.Shaw 兰科属 Orchidaceae 兰科 [MM-723] 全球 (uc) 大洲分布及种数(uc)
Tolutonia J.M.H.Shaw = **Tolumnia**
Tolypanthus (Bl.) Bl. = **Tolypanthus**
Tolypanthus【3】Bl. 大苞寄生属 → **Elytranthe;Loranthus** Loranthaceae 桑寄生科 [MD-415] 全球 (1) 大洲分布及种数(cf. 1)◆亚洲
Tolypella W.Migula = **Nesaea**
Tolypeuma E.Mey. = **Nesaea**

Tolytia Pierre = **Pycnarrhena**
Tomantea Steud. = **Centaurea**
Tomanthea【3】DC. 疆矢车菊属 ← **Centaurea** Asteraceae 菊科 [MD-586] 全球 (1) 大洲分布及种数(3)◆亚洲
Tomanthera Raf. = **Gerardia**
Tomaris Raf. = **Corymborkis**
Tomas L. = **Dobera**
Tomaspis Jacobi = **Triaspis**
Tome L. = **Dobera**
Tomentaurum【3】G.L.Nesom 金菀属 ≒ **Chrysopsis** Asteraceae 菊科 [MD-586] 全球 (1) 大洲分布及种数(2)◆北美洲
Tomente Steud. = **Centaurea**
Tomentella Svrcek = **Potentilla**
Tomenthypnum Löske = **Tomentypnum**
Tomentypnum【2】Löske 毛青藓属 Brachytheciaceae 青藓科 [B-187] 全球 (3) 大洲分布及种数(3) 亚洲:2;欧洲:2;北美洲:3
Tometes Valenciennes = **Cometes**
Tomex Forssk. = **Callicarpa**
Tomex Thunb. = **Litsea**
Tomicodon Raf. = **Hymenocallis**
Tomiephyllum (Benth.) Fourr. = **Scrophularia**
Tomilix Raf. = **Prockia**
Tomiopsis Endl. = **Thujopsis**
Tomis Raf. = **Ornithogalum**
Tomista Raf. = **Mirabilis**
Tomistoma Raf. = **Draba**
Tommasinia Bertol. = **Peucedanum**
Tomocoris Raf. = **Corymborkis**
Tomoderara【-】J.M.H.Shaw 兰科属 Orchidaceae 兰科 [MM-723] 全球 (uc) 大洲分布及种数(uc)
Tomodon Raf. = **Hymenocallis**
Tomophyllum【3】(E.Fourn.) Parris 裂禾蕨属 ≒ **Polypodium** Polypodiaceae 水龙骨科 [F-60] 全球 (1) 大洲分布及种数(cf. 1)◆亚洲
Tomopteryx Kitag. = **Angelica**
Tomostima Raf. = **Draba**
Tomostina (Michx.) Raf. = **Draba**
Tomostoma【-】E.D.Merrill 十字花科属 Brassicaceae 十字花科 [MD-213] 全球 (uc) 大洲分布及种数(uc)
Tomotris Raf. = **Corymborkis**
Tomoxia Raf. = **Ornithogalum**
Tomoxis Raf. = **Ornithogalum**
Tomzanonia【3】Nir 印巴兰属 ≒ **Dilomilis** Orchidaceae 兰科 [MM-723] 全球 (1) 大洲分布及种数(1)◆北美洲
Tonabea Juss. = **Ternstroemia**
Tonalanthus Brandegee = **Calea**
Tondin G.G.Schilling = **Paullinia**
Tondu Schill. = **Paullinia**
Tonduzia【2】Böck. ex Tonduz 通杜木属 ← **Alstonia; Carissa** Apocynaceae 夹竹桃科 [MD-492] 全球 (2) 大洲分布及种数(2)北美洲:1;南美洲:cf.1
Tonella【3】Nutt. ex A.Gray 稚龙花属 ← **Collinsia** Plantaginaceae 车前科 [MD-527] 全球 (1) 大洲分布及种数(2-6)◆北美洲
Tonemone C.K.Lim = **Alpinia**
Tonesia Hustache = **Stonesia**
Tonestus【3】A.Nelson 蛇菊属 → **Aster;Haplopappus; Pyrrocoma** Asteraceae 菊科 [MD-586] 全球 (1) 大洲分布及种数(6-11)◆北美洲
Tongeia Ehrh. = **Juncus**
Tongoloa【3】H.Wolff 东俄芹属 ← **Carum;Pleurospermum;Meeboldia** Apiaceae 伞形科 [MD-480] 全球 (1) 大洲分布及种数(cf. 1)◆亚洲
Tongpeia【3】Stapleton 禾本科属 Poaceae 禾本科 [MM-748] 全球 (1) 大洲分布及种数(uc)◆东亚(◆中国)
Tonguea Endl. = **Sisymbrium**
Tonia Aubl. = **Tonina**
Tonicella L. = **Tonella**
Tonicia Aubl. = **Toulicia**
Tonina【3】Aubl. 水谷精属 ← **Eriocaulon;Toona** Eriocaulaceae 谷精草科 [MM-726] 全球 (6) 大洲分布及种数(2)非洲:15;亚洲:1-16;大洋洲:15;欧洲:15;北美洲:1-16;南美洲:1-16
Toniniopsis Frey = **Tainia**
Tonkinia Neck. = **Cyanotis**
Tonningia Neck. = **Cyanotis**
Tonsella Schreb. = **Anthodon**
Tonshia Buch.Ham. ex D.Don = **Saurauia**
Tontanea Aubl. = **Coccocypselum**
Tontelea【3】Miers 齿花卫矛属 ≒ **Peritassa** Celastraceae 卫矛科 [MD-339] 全球 (1) 大洲分布及种数(19)◆南美洲
Toona【3】(Endl.) M.Röm. 香椿属 ≒ **Cedrela** Meliaceae 楝科 [MD-414] 全球 (6) 大洲分布及种数(12-13)非洲:3-7;亚洲:11-16;大洋洲:2-6;欧洲:4;北美洲:4-8;南美洲:6-10
Topea H.A.Keller = **Hopea**
Topeinostemon C.Müll. = **Tapeinostemon**
Topiaris Raf. = **Cordia**
Topirira Aubl. = **Tapirira**
Topo Raf. = **Bupleurum**
Topobea【3】Aubl. 丝碟花属 ← **Blakea;Miconia** Melastomataceae 野牡丹科 [MD-364] 全球 (6) 大洲分布及种数(29-61)非洲:1;亚洲:1;大洋洲:1;欧洲:1;北美洲:8-9;南美洲:20-21
Toppingia Degener, Otto & Degener = **Thelypteris**
Toquera Raf. = **Cordia**
Toramus L. = **Dioscorea**
Torapa L. = **Trapa**
Tordyliopsis【3】DC. 阔翅芹属 ← **Heracleum; Semenovia** Apiaceae 伞形科 [MD-480] 全球 (1) 大洲分布及种数(cf. 1)◆亚洲
Tordylium【3】Tourn. ex L. 环翅芹属 → **Ainsworthia; Synelcosciadium;Monochaetum** Apiaceae 伞形科 [MD-480] 全球 (6) 大洲分布及种数(4-22)非洲:1-6;亚洲:3-20;大洋洲:2;欧洲:1-11;北美洲:2;南美洲:1-2
Toreala B.D.Jacks = **Pithecellobium**
Toreala L. = **Torenia**
Torellia Neck. = **Cordia**
Torena Cothen. = **Torenia**
Torenia【3】L. 蝴蝶草属 → **Artanema;Columnea** Scrophulariaceae 玄参科 [MD-536] 全球 (6) 大洲分布及种数(83-99)非洲:17-33;亚洲:72-85;大洋洲:8-17;欧洲:1-10;北美洲:11-20;南美洲:9-18
Toresia Pers. = **Hierochloe**

T

Torfasadis Raf. = **Euphorbia**
Torfasidis【-】 Raf. 大戟科属 Euphorbiaceae 大戟科 [MD-217] 全球 (uc) 大洲分布及种数(uc)
Torfosidis Raf. = **Euphorbia**
Torgea Bornm. = **Crypsis**
Torgesia Bornm. = **Crypsis**
Torgos Haw. = **Narcissus**
Toria Adans. = **Euclidium**
Toricellia【3】 DC. 角叶鞘柄木属 ≒ **Torricellia** Torricelliaceae 鞘柄木科 [MD-466] 全球 (1) 大洲分布及种数(2)◆亚洲
Toricelliaceae H.H.Hu = Torricelliaceae
Torilis【3】 Adans. 窃衣属 → **Agrocharis;Tordylium; Criscia** Apiaceae 伞形科 [MD-480] 全球 (6) 大洲分布及种数(31-34;hort.1;cult: 2)非洲:11-16;亚洲:22-28;大洋洲:2-6;欧洲:15-20;北美洲:7-11;南美洲:2-6
Torima Raf. = **Saxifraga**
Torinista Raf. = **Mirabilis**
Torix L. = **Rivina**
Tormaria Mezhenskyj = **Crataegus**
Tormentilla【2】 (Tourn.) L. 掌叶委陵菜属 ≒ **Potentilla** Rosaceae 蔷薇科 [MD-246] 全球 (4) 大洲分布及种数(2)非洲;亚洲;欧洲;南美洲
Tormentilla L. = **Tormentilla**
Tormentillaceae Martinov = Tetracarpaeaceae
Tormimalus Holub = **Sorbus**
Torminalis Medik. = **Sorbus**
Torminaria (DC.) M.Röm. = **Crataegus**
Tornabea【-】 Osthagen 唐松木科属 Physenaceae 唐松木科 [MD-169] 全球 (uc) 大洲分布及种数(uc)
Tornabenea【3】 Parl. ex Webb 四肋豆属 ← **Daucus; Tornabea** Apiaceae 伞形科 [MD-480] 全球 (1) 大洲分布及种数(2)◆非洲(◆佛得角群岛)
Tornabenia Benth. & Hook.f. = **Tornabenea**
Tornelia Gutierrez ex Schlechtd. = **Monstera**
Tornos Haw. = **Narcissus**
Tornus L. = **Cornus**
Toroa (Speg.) Syd. = **Todaroa**
Torocca L.A.S.Johnson & B.G.Briggs = **Toronia**
Toronia【3】 L.A.S.Johnson & B.G.Briggs 肋果钗木属 Proteaceae 山龙眼科 [MD-219] 全球 (1) 大洲分布及种数(1)◆大洋洲
Torpesia (Endl.) M.Röm. = **Torpesia**
Torpesia【3】 M.Röm. 帚木属 ← **Trichilia** Meliaceae 楝科 [MD-414] 全球 (1) 大洲分布及种数(cf.1)◆非洲
Torpis Raf. = **Salvia**
Torquesia Bornm. = **Crypsis**
Torralbasia【3】 Krug & Urb. 楔叶卫矛属 ← **Maytenus** Celastraceae 卫矛科 [MD-339] 全球 (1) 大洲分布及种数(1-2)◆北美洲
Torrcya Raf. = **Torreya**
Torrendia Ruiz & Pav. = **Torenia**
Torrentaria【2】 Ochyra 榧藓属 Brachytheciaceae 青藓科 [B-187] 全球 (3) 大洲分布及种数(1) 亚洲:1;北美洲:1;南美洲:1
Torrentia【-】 Vell. 菊科属 ≒ **Ichthyothere** Asteraceae 菊科 [MD-586] 全球 (uc) 大洲分布及种数(uc)
Torrenticola Domin = **Cladopus**
Torresea【3】 Allemão 蝶照花属 → **Amburana** Fabaceae3 蝶形花科 [MD-240] 全球 (1) 大洲分布及种数(uc)属分布和种数(uc)◆南美洲
Torresia Ruiz & Pav. = **Hierochloe**
Torreya【3】 Arn. 榧树属 ≒ **Carpodetus;Nuttallia** Taxaceae 红豆杉科 [G-12] 全球 (6) 大洲分布及种数(8;hort.1;cult:2)非洲:3;亚洲:7-10;大洋洲:3;欧洲:3;北美洲:5-8;南美洲:3
Torreyaceae Nakai = Taxaceae
Torreycactus【3】 Doweld 天照玉属 Cactaceae 仙人掌科 [MD-100] 全球 (1) 大洲分布及种数(uc)◆东亚(◆中国)
Torreyocactus Doweld = **Torreycactus**
Torreyochloa【3】 G.L.Church 假甜茅属 ← **Glyceria; Pulvinella** Poaceae 禾本科 [MM-748] 全球 (1) 大洲分布及种数(3-5)◆北美洲
Torricellia【3】 DC. 鞘柄木属 ≒ **Toricellia** Torricelliaceae 鞘柄木科 [MD-466] 全球 (1) 大洲分布及种数(1)◆东亚(◆中国)
Torricelliaceae【3】 Hu 鞘柄木科 [MD-466] 全球 (6) 大洲分布和属种数(1/6)非洲:1/2;亚洲:1/2;大洋洲:1/2;欧洲:1/2;北美洲:1/2;南美洲:1/2
Torrubia【3】 Vell. 珠花柔木属 ← **Guapira;Pisonia; Neea** Nyctaginaceae 紫茉莉科 [MD-107] 全球 (6) 大洲分布及种数(7)非洲:4;亚洲:2-6;大洋洲:4;欧洲:4;北美洲:5-9;南美洲:1-5
Torsellia DC. = **Toricellia**
Tortella【3】(Lindb.) Limpr. 纽藓属 ≒ **Mollia;Hymenostylium** Pottiaceae 丛藓科 [B-133] 全球 (6) 大洲分布及种数(63) 非洲:18;亚洲:20;大洋洲:14;欧洲:21;北美洲:17;南美洲:19
Tortipes Small = **Uvularia**
Tortopus Small = **Uvularia**
Tortuella【3】 Urb. 榧茜草属 Rubiaceae 茜草科 [MD-523] 全球 (1) 大洲分布及种数(1)◆北美洲(◆海地)
Tortula【3】 Roxb. ex Willd. 墙藓属 ← **Barbula;Bartramia;Streblotrichum** Pottiaceae 丛藓科 [B-133] 全球 (6) 大洲分布及种数(268)非洲:70;亚洲:64;大洋洲:46;欧洲:61;北美洲:83;南美洲:111
Toru Hill = **Ranunculus**
Torularia (Coss.) O.E.Schulz = **Torularia**
Torularia【3】 O.E.Schulz 断节芥属 ← **Braya;Streptoloma** Brassicaceae 十字花科 [MD-213] 全球 (6) 大洲分布及种数(4)非洲:10;亚洲:2-12;大洋洲:10;欧洲:10;北美洲:2-12;南美洲:10
Torulinium【2】 Desv. ex Ham. 莎草属 ← **Cyperus; Mariscus** Cyperaceae 莎草科 [MM-747] 全球 (2) 大洲分布及种数(2) 亚洲:2;大洋洲:2
Torwolia L.A.S.Johnson & B.G.Briggs = **Toronia**
Torymenes Salisb. = **Amomum**
Torymus L. = **Thymus**
Tosaia Seidenf. = **Thaia**
Tosia Buch.Ham. ex D.Don = **Saurauia**
Tostimontia S.Díaz = **Jungia**
Tottea Rottb. = **Thottea**
Toubasuate【3】 Aubrev. & Pellegr. 喀麦隆蝶花属 Fabaceae 豆科 [MD-240] 全球 (1) 大洲分布及种数(uc)属分布和种数(uc)◆非洲(◆喀麦隆)
Touchardia【3】 Gaud. 鱼线麻属 Urticaceae 荨麻科 [MD-91] 全球 (1) 大洲分布及种数(1-4)◆北美洲(◆美国)

Touchiroa Aubl. = **Crudia**
Touinia Poit. = **Thouinia**
Touit Ochyra = **Touwia**
Toulichiba Adans. = **Ormosia**
Toulicia【3】Aubl. 图里无患子属 ← **Melicoccus;Porocystis;Serjania** Sapindaceae 无患子科 [MD-428] 全球 (1) 大洲分布及种数(15-17)◆南美洲
Touloucouna M.Röm. = **Carapa**
Toumeya (Britton & Rose) L.D.Benson = **Sclerocactus**
Tounatea Aubl. = **Barbula**
Tournaya【3】A.Schmitz 羊蹄甲属 ≒ **Bauhinia** Fabaceae 豆科 [MD-240] 全球 (1) 大洲分布及种数(1)◆非洲
Tournefortia DC. = **Tournefortia**
Tournefortia【3】L. 紫丹属 ≒ **Heliotropium;Sessea** Boraginaceae 紫草科 [MD-517] 全球 (6) 大洲分布及种数(142-171;hort.2;cult:2)非洲:8-14;亚洲:35-41;大洋洲:8-12;欧洲:7-11;北美洲:55-67;南美洲:86-100
Tournefortiopsis Rusby = **Guettarda**
Tournesol【-】Adans. 大戟科属 ≒ **Chrozophora** Euphorbiaceae 大戟科 [MD-217] 全球 (uc) 大洲分布及种数(uc)
Tournesolia Nissol. ex G.A.Scop. = **Chrozophora**
Tourneuxia【3】Coss. 双翅苣属 Asteraceae 菊科 [MD-586] 全球 (1) 大洲分布及种数(1)◆非洲
Tourninia Moq. = **Tournonia**
Tournonia【3】Moq. 落葵薯属 ← **Anredera;Basella** Basellaceae 落葵科 [MD-117] 全球 (1) 大洲分布及种数(1)◆南美洲
Tourolia Stokes = **Touroulia**
Touroubea Steud. = **Souroubea**
Touroulia【3】Aubl. 茜椿属 → **Lacunaria;Quiina** Ochnaceae 金莲木科 [MD-104] 全球 (1) 大洲分布及种数(2)◆南美洲
Tourretia Foug. = **Tourrettia**
Tourrettia DC. = **Tourrettia**
Tourrettia【2】Foug. 钩葳藤属 → **Eccremocarpus;Dombeya** Bignoniaceae 紫葳科 [MD-541] 全球 (3) 大洲分布及种数(2)亚洲:cf.1;北美洲:1;南美洲:1
Tourrettieae K.Schum. ex Engl. & Prantl = **Tourrettia**
Toussaintia【3】Boutiqü 胭栀藤属 Annonaceae 番荔枝科 [MD-7] 全球 (1) 大洲分布及种数(4)◆非洲
Touterea Eaton & Wright = **Mentzelia**
Touurefortia L. = **Tournefortia**
Touwia【3】Ochyra 华平藓属 ≒ **Thamnium** Neckeraceae 平藓科 [B-204] 全球 (1) 大洲分布及种数(2)◆亚洲
Touwiodendron【3】N.E.Bell,A.E.Newton & D.Quandt 华灰藓属 Hypnodendraceae 树灰藓科 [B-158] 全球 (1) 大洲分布及种数(1)◆非洲
Touzeta Britton & Rose = **Echinocactus**
Tovara Adans. = **Antenoron**
Tovaria Baker = **Tovaria**
Tovaria【3】Ruiz & Pav. 芹味草属 ≒ **Persicaria** Tovariaceae 芹味草科 [MD-180] 全球 (1) 大洲分布及种数(2-3)◆北美洲
Tovariaceae【3】Pax 芹味草科 [MD-180] 全球 (1) 大洲分布和属种数(1;hort. & cult.1)(2-4;hort. & cult.1-2)◆北美洲
Tovarochloa T.D.Macfarl. & But = **Poa**
Tovomia Pers. = **Tovomita**
Tovomita【2】Aubl. 胶红木属 → **Bertolonia** Clusiaceae 藤黄科 [MD-141] 全球 (4) 大洲分布及种数(80-97)非洲:1;亚洲:cf.1;北美洲:14-16;南美洲:73-86
Tovomitia Aubl. = **Tovomita**
Tovomitidium【3】Ducke 胶红木属 ← **Tovomita** Clusiaceae 藤黄科 [MD-141] 全球 (1) 大洲分布及种数(cf. 1)◆南美洲
Tovomitopsis【3】Planch. & Triana 拟托福木属 ← **Chrysochlamys;Tovomita** Clusiaceae 藤黄科 [MD-141] 全球 (1) 大洲分布及种数(6)◆南美洲
Townsendia【3】Hook. 孤菀属 → **Aster;Stenotus** Asteraceae 菊科 [MD-586] 全球 (1) 大洲分布及种数(35-47)◆北美洲
Townsonia【3】Cheeseman 汤森兰属 ← **Acianthus** Orchidaceae 兰科 [MM-723] 全球 (1) 大洲分布及种数(3)◆大洋洲(◆澳大利亚)
Toxanthera Endl. ex Griming = **Kedrostis**
Toxanthes【3】Turcz. 腺叶鼠麹草属 ≒ **Millotia** Asteraceae 菊科 [MD-586] 全球 (1) 大洲分布及种数(2-3)◆大洋洲(◆澳大利亚)
Toxanthus Benth. = **Toxanthes**
Toxariaceae Pax = Tovariaceae
Toxeuma L.Nutt. ex Scribn. & Merr. = **Calamovilfa**
Toxeumia L.Nutt. ex Scribn. & Merr. = **Calamovilfa**
Toxicaria Aepnel. ex Steud. = **Strychnos**
Toxicodendron Eutoxicodendron C.K.Schneid. = **Toxicodendron**
Toxicodendron【3】Mill. 漆属 ≒ **Connarus;Picrodendron** Anacardiaceae 漆树科 [MD-432] 全球 (6) 大洲分布及种数(43-50;hort.1;cult: 6)非洲:13-69;亚洲:26-82;大洋洲:2-56;欧洲:2-56;北美洲:21-79;南美洲:4-58
Toxicodeneron Mill. = **Toxicodendron**
Toxicophlaea Harv. = **Carissa**
Toxicopueraria【3】A.N.Egan & B.Pan 苦葛属 Fabaceae 豆科 [MD-240] 全球 (1) 大洲分布及种数(2)◆亚洲
Toxicoscordion【3】Rydb. 沼盘花属 ← **Zigadenus** Melanthiaceae 藜芦科 [MM-621] 全球 (1) 大洲分布及种数(8;hort. 1)◆北美洲
Toxidium Vent. = **Swainsona**
Toxina Nor. = **Toona**
Toxocanpus Wight & Arn. = **Toxocarpus**
Toxocara Schreb. = **Strychnos**
Toxocarpus【3】Wight & Arn. 弓果藤属 ← **Asclepias;Rhynchostigma;Pervillaea** Apocynaceae 夹竹桃科 [MD-492] 全球 (6) 大洲分布及种数(14-39;hort.1)非洲:2-7;亚洲:11-28;大洋洲:1;欧洲:1;北美洲:1;南美洲:1
Toxodium Rich. = **Taxodium**
Toxodon Raf. = **Hymenocallis**
Toxophoenix H.W.Schott = **Astrocaryum**
Toxopteris Trevis. = **Syngramma**
Toxosiphon【3】Baill. 罩衫花属 ≒ **Erythrochiton** Rutaceae 芸香科 [MD-399] 全球 (1) 大洲分布及种数(4)◆南美洲
Toxostigma A.Rich. = **Arnebia**
Toxotes Raf. = **Macranthera**
Toxotrophis Planch. = **Streblus**

T

Toxotropis Turcz. = **Morus**
Toxylon Raf. = **Maclura**
Toxylus Raf. = **Maclura**
Tozzetia L. = **Tozzia**
Tozzettia Pari. = **Fritillaria**
Tozzettia Savi = **Alopecurus**
Tozzia【3】L. 阿尔卑斯玄参属 Scrophulariaceae 玄参科 [MD-536] 全球 (1) 大洲分布及种数(2)◆欧洲
Tozzita Kramer = **Tozzia**
Trabacellula【3】Fulford 丛萼苔属 Cephaloziaceae 大萼苔科 [B-52] 全球 (1) 大洲分布及种数(cf. 1)◆南美洲
Trabacelluoideae【-】(Fulford) R.M.Schust. 中文名称不详 Fam(uc) 全球 (uc) 大洲分布及种数(uc)
Trabala Raf. = **Persea**
Tracanthelium Kit. ex Schur = **Asyneuma**
Tracaulon Raf. = **Polygonum**
Tracchyphrynium Benth. = **Trachyphrynium**
Trachanthelium Kit. ex Schur = **Asyneuma**
Trachelanthus【3】Kunze 秋海棠属 ≒ **Begonia** Boraginaceae 紫草科 [MD-517] 全球 (1) 大洲分布及种数(4)◆亚洲(◆伊朗)
Tracheliodes Opiz = **Campanula**
Trachelioides Opiz = **Adenophora**
Tracheliopsis Buser = **Campanula**
Trachelipus Brandt = **Trachelium**
Trachelium Hill = **Trachelium**
Trachelium【3】Tourn. ex L. 疗喉草属 ≒ **Campanula; Merciera;Prismatocarpus** Campanulaceae 桔梗科 [MD-561] 全球 (6) 大洲分布及种数(2-6)非洲:1-2;亚洲:1;大洋洲:1-2;欧洲:1-2;北美洲:1-2;南美洲:1
Trachelocarpus C.Müll. = **Begonia**
Trachelosiphon Schltr. = **Eurystyles**
Trachelospermum【3】Lem. 络石属 ← **Aganosma; Alstonia;Maerua** Apocynaceae 夹竹桃科 [MD-492] 全球 (1) 大洲分布及种数(8-18)◆亚洲
Trachicephalus Brongn. = **Trichocephalus**
Trachinema Raf. = **Arthropodium**
Trachino S.F.Blake = **Tracyina**
Trachinotus (Müll.Hal.) Cardot = **Exodictyon**
Trachipterus André ex Christ = **Trachypteris**
Trachodes D.Don = **Sonchus**
Trachoma【3】Garay 络石兰属 ≒ **Saccolabium; Tuberolabium** Orchidaceae 兰科 [MM-723] 全球 (1) 大洲分布及种数(2-4)◆大洋洲
Trachyandra【2】Kunth 丛尾草属 ← **Anthericum; Arthropodium;Bulbinella** Asphodelaceae 阿福花科 [MM-649] 全球 (3) 大洲分布及种数(53-63;hort.1;cult:1) 非洲:52-60;亚洲:3;大洋洲:1
Trachyboa Bubani = **Dactylis**
Trachybryum【-】(Broth.) W.B.Schofield 青藓科属 Brachytheciaceae 青藓科 [B-187] 全球 (uc) 大洲分布及种数(uc)
Trachycalymma【3】Bullock 糙被萝藦属 ← **Asclepias** Apocynaceae 夹竹桃科 [MD-492] 全球 (1) 大洲分布及种数(9)◆非洲
Trachycardium Broth. = **Trachycarpidium**
Trachycaris A.Milne-Edwards = **Trachycarpus**
Trachycarpidium【2】Broth. 单丛藓属 Pottiaceae 丛藓科 [B-133] 全球 (4) 大洲分布及种数(5) 非洲:1;亚洲:1;大洋洲:3;南美洲:1
Trachycarpus【3】H.Wendl. 棕榈属 ← **Chamaerops; Guihaia;Rhapis** Arecaceae 棕榈科 [MM-717] 全球 (1) 大洲分布及种数(6-11)◆亚洲
Trachycaryon Klotzsch = **Adriana**
Trachycladiella【3】(M.Fleisch.) M.Menzel 细带藓属 Meteoriaceae 蔓藓科 [B-188] 全球 (1) 大洲分布及种数(2)◆亚洲
Trachycladus Pers. = **Trichocladus**
Trachycnemum【2】Maire & Sam. 非洲野蔓菁属 ← **Ceratocnemum;Sisymbrium** Brassicaceae 十字花科 [MD-213] 全球 (2) 大洲分布及种数(cf.1) 非洲;欧洲
Trachycystis【2】Lindb. 疣灯藓属 ≒ **Herpetineuron** Mniaceae 提灯藓科 [B-149] 全球 (2) 大洲分布及种数(3) 亚洲:3;北美洲:1
Trachydium【3】Lindl. 瘤果芹属 ← **Aulacospermum;Chamaesium;Ligusticum** Apiaceae 伞形科 [MD-480] 全球 (1) 大洲分布及种数(18-28)◆亚洲
Trachydomia Nees = **Scleria**
Trachyeae Pilg. = **Trachymene**
Trachylejeunea (Spruce) Schiffn. = **Trachylejeunea**
Trachylejeunea【2】Stephani 细鳞苔属 ≒ **Lejeunea; Siphonolejeunea** Lejeuneaceae 细鳞苔科 [B-84] 全球 (4) 大洲分布及种数(cf.1) 亚洲;大洋洲;北美洲;南美洲
Trachylia Th.Fr. = **Trachynia**
Trachylobium【3】Hayne 疣果孪叶豆属 ← **Hymenaea;Cynometra** Fabaceae3 蝶形花科 [MD-240] 全球 (1) 大洲分布及种数(cf. 1)◆亚洲
Trachyloma Brid. = **Trachyloma**
Trachyloma【2】Pfeiff. 粗柄藓属 ≒ **Papillaria** Trachylomataceae 粗柄藓科 [B-168] 全球 (4) 大洲分布及种数(11) 非洲:1;亚洲:3;大洋洲:8;北美洲:1
Trachylomataceae【2】(M.Fleisch.) W.R.Buck & Vitt 粗柄藓科 [B-168] 全球 (3) 大洲分布和属种数(1/2)亚洲:1/1;大洋洲:1/2;北美洲:1/1
Trachylomia Nees = **Scleria**
Trachylophus Spach = **Polygala**
Trachymarathrum Tausch = **Prangos**
Trachymene DC. = **Trachymene**
Trachymene【3】Rudge 翠珠花属 ≒ **Didesmus** Araliaceae 五加科 [MD-471] 全球 (1) 大洲分布及种数(62-74)◆亚洲
Trachymitrium Brid. = **Syrrhopodon**
Trachyneis Link = **Trachynia**
Trachyneta Michx. = **Spartina**
Trachynia【2】Link 披碱草属 ← **Elymus;Brachypodium;Agropyron** Poaceae 禾本科 [MM-748] 全球 (5) 大洲分布及种数(cf.1) 非洲;亚洲;欧洲;北美洲;南美洲
Trachynotia Michx. = **Spartina**
Trachynotus (Müll.Hal.) Cardot = **Exodictyon**
Trachyodontium【3】Steere 厄瓜叉丛藓属 Pottiaceae 丛藓科 [B-133] 全球 (1) 大洲分布及种数(1)◆南美洲
Trachyozus Rchb. = **Trachys**
Trachypetalum Szlach. & Sawicka = **Smilacina**
Trachyphrynium【3】Benth. 蔓柊叶属 → **Haumania;Hypselodelphys** Marantaceae 竹芋科 [MM-740] 全球 (1) 大洲分布及种数(1)◆非洲
Trachyphyllum【2】A.Gepp 叉肋藓属 ≒ **Leptohymenium;Homomallium** Pterigynandraceae 腋苞藓科

[B-175] 全球 (5) 大洲分布及种数(9) 非洲:4;亚洲:6;大洋洲:1;欧洲:1;南美洲:1
Trachyphytum Nutt. ex Torr. & A.Gray = **Mentzelia**
Trachypodaceae M.Fleisch. = Lembophyllaceae
Trachypodopsis Eu-trachypodopsis Broth. = **Trachypodopsis**
Trachypodopsis【2】M.Fleisch. 拟扭叶藓属 ≒ **Neckera;Aerobryopsis** Meteoriaceae 蔓藓科 [B-188] 全球 (4) 大洲分布及种数(7) 非洲:3;亚洲:4;欧洲:1;北美洲:3
Trachypogon【3】Nees 糙须禾属 ← **Andropogon; Tragopogon;Bothriochloa** Poaceae 禾本科 [MM-748] 全球 (6) 大洲分布及种数(6)非洲:3-6;亚洲:1-4;大洋洲:3;欧洲:3;北美洲:4-7;南美洲:4-7
Trachypora Bubani = **Dactylis**
Trachypremnon Lindig = **Ctenitis**
Trachypteris【3】André ex Christ 野蕨属 Pteridaceae 凤尾蕨科 [F-31] 全球 (6) 大洲分布及种数(5)非洲:1-2;亚洲:1;大洋洲:1;欧洲:1;北美洲:1-2;南美洲:3-4
Trachypus【2】Reinw. & Hornsch. 扭叶藓属 ≒ **Papillaria** Meteoriaceae 蔓藓科 [B-188] 全球 (5) 大洲分布及种数(17) 非洲:5;亚洲:12;大洋洲:4;北美洲:5;南美洲:1
Trachyrhachis (Schltr.) Szlach. = **Bulbophyllum**
Trachyrhachys (Schltr.) Szlach. = **Bulbophyllum**
Trachyrhizum【3】(Schltr.) Brieger 肋囊石斛属 ≒ **Dendrobium** Orchidaceae 兰科 [MM-723] 全球 (1) 大洲分布及种数(1-5)◆大洋洲
Trachyrhynchium Nees = **Machaerina**
Trachyrhynchus Nees = **Machaerina**
Trachyrhyngium Nees ex Kunth = **Machaerina**
Trachys【3】Pers. 单翼草属 ≒ **Trophis** Poaceae 禾本科 [MM-748] 全球 (1) 大洲分布及种数(3-19)◆亚洲
Trachysciadium (DC.) Eckl. & Zeyh. = **Trachysciadium**
Trachysciadium【3】Eckl. & Zeyh. 葛缕子属 ≒ **Chamarea** Apiaceae 伞形科 [MD-480] 全球 (1) 大洲分布及种数(cf.1)◆非洲
Trachysperma【-】Raf. 龙胆科属 ≒ **Limnanthemum; Nymphoides** Gentianaceae 龙胆科 [MD-496] 全球 (uc) 大洲分布及种数(uc)
Trachyspermum【3】Link 糙果芹属 ← **Ammi;Daucus; Pimpinella** Apiaceae 伞形科 [MD-480] 全球 (6) 大洲分布及种数(23-25)非洲:6-8;亚洲:19-21;大洋洲:1;欧洲:2-4;北美洲:1-2;南美洲:1
Trachystachys A.Dietr. = **Trachys**
Trachystella Steud. = **Tetranthera**
Trachystemma Auct. ex Meisn. = **Brachystemma**
Trachystemon【3】D.Don 圣仙草属 ← **Borago** Boraginaceae 紫草科 [MD-517] 全球 (1) 大洲分布及种数(1)◆欧洲
Trachystigma【3】C.B.Clarke 子叶苣苔属 Gesneriaceae 苦苣苔科 [MD-549] 全球 (1) 大洲分布及种数(1)◆非洲(◆加蓬)
Trachystoma【3】O.E.Schulz 糙嘴芥属 ← **Sinapis** Brassicaceae 十字花科 [MD-213] 全球 (1) 大洲分布及种数(3)◆非洲
Trachystylis【3】S.T.Blake 厚柱莎属 ← **Cladium** Cyperaceae 莎草科 [MM-747] 全球 (1) 大洲分布及种数(1)◆大洋洲(◆澳大利亚)
Trachytella DC. = **Tetracera**
Trachythecium【2】M.Fleisch. 刺蒴藓属 ≒ **Hypnum** Symphyodontaceae 刺果藓科 [B-196] 全球 (3) 大洲分布及种数(7) 非洲:1;亚洲:4;大洋洲:5
Trachyxiphium【2】W.R.Buck 单帽藓属 ≒ **Hypnella** Pilotrichaceae 茸帽藓科 [B-166] 全球 (3) 大洲分布及种数(14) 欧洲:1;北美洲:10;南美洲:13
Tractema Raf. = **Scilla**
Tractocopevodia Raizada & K.Naray. = **Melicope**
Tracyanthus Small = **Salpichroa**
Tracyina【3】S.F.Blake 喙实菀属 Asteraceae 菊科 [MD-586] 全球 (1) 大洲分布及种数(1)◆北美洲(◆美国)
Tradescanta Cothen. = **Tradescantia**
Tradescantella Small = **Tradescantia**
Tradescantia (Hance) D.R.Hunt = **Tradescantia**
Tradescantia【3】Rupp. ex L. 紫竹梅属 → **Amischotolype;Ephemerum;Belosynapsis** Commelinaceae 鸭跖草科 [MM-708] 全球 (1) 大洲分布及种数(26-63)◆南美洲(◆巴西)
Tradescantiaceae Salisb. = Commelinaceae
Tradescantieae Meisn. = **Tradescantia**
Traehylobium Hayne = **Trachylobium**
Traevia Neck. = **Tragia**
Tragacantha Mill. = **Astragalus**
Traganopsis【3】Maire & Wilczek 簇花蓬属 Amaranthaceae 苋科 [MD-116] 全球 (1) 大洲分布及种数(1)◆非洲
Tragantha Wallr. ex Endl. = **Eupatorium**
Traganthes Wallr. = **Eupatorium**
Traganthus Klotzsch = **Bernardia**
Traganum【3】Delile 羊蓬属 Amaranthaceae 苋科 [MD-116] 全球 (1) 大洲分布及种数(1-2)◆非洲
Trageae Hitchc. = **Tragia**
Tragia (Baill.) Müll.Arg. = **Tragia**
Tragia【3】L. 刺痒藤属 → **Acalypha;Bia;Stillingia** Euphorbiaceae 大戟科 [MD-217] 全球 (1) 大洲分布及种数(61-81)◆南美洲
Tragiaceae Raf. = Treubiaceae
Tragiella【3】Pax & K.Hoffm. 刺痒草属 ← **Dalechampia** Euphorbiaceae 大戟科 [MD-217] 全球 (1) 大洲分布及种数(5)◆非洲
Traginae P.M.Peterson & Columbus = **Tragia**
Tragiola Small & Pennell = **Gratiola**
Tragiop Small & Pennell = **Gratiola**
Tragiopsis H.Karst. = **Sebastiania**
Tragiopsis Pomel = **Carum**
Tragium Spreng. = **Pimpinella**
Tragoceras Spreng. = **Isostigma**
Tragoceros Kunth = **Zinnia**
Tragolium L. = **Trifolium**
Tragopa Small & Pennell = **Gratiola**
Tragopogon【3】L. 婆罗门参属 ≒ **Pseudopodospermum;Picrosia** Asteraceae 菊科 [MD-586] 全球(6)大洲分布及种数(77-162;hort.1;cult:7)非洲:12-17;亚洲:61-115;大洋洲:9-17;欧洲:31-47;北美洲:17-25;南美洲:5
Tragopogonodes P. & K. = **Osmorhiza**
Tragopogum St.Lag. = **Tragopogon**
Tragopyrum M.Bieb. = **Atraphaxis**
Tragoreas Spreng. = **Isostigma**
Tragoselinum Mill. = **Pimpinella**
Tragula Noronha = **Populus**

Tragularia Kön. ex Roxb. = **Pisonia**
Tragularius Kön. ex Roxb. = **Pisonia**
Tragus【3】Hall.锋芒草属 ≒ **Festuca;Aira;Agropyron** Poaceae 禾本科 [MM-748] 全球 (6) 大洲分布及种数(11)非洲:8-10;亚洲:5-7;大洋洲:2-4;欧洲:3-5;北美洲:4-6;南美洲:3-5
Traiania Bl. = **Tainia**
Traillia Lindl. ex Endl. = **Schimpera**
Trailliaedoxa【3】W.W.Sm. & Forrest 丁茜属 Rubiaceae 茜草科 [MD-523] 全球 (1) 大洲分布及种数(cf.1)◆东亚(◆中国)
Trailliella Herzog = **Trolliella**
Trajana Raf. = **Lobostemon**
Tralia L. = **Aralia**
Trallesia Zumag. = **Tripleurospermum**
Tralliana Lour. = **Polygonum**
Trambis Raf. = **Phlomoides**
Trametes Fr. = **Tagetes**
Tramoia Schwacke & Taub. ex Glaz. = **Naucleopsis**
Trankenia Thunb. = **Frankenia**
Transberingia【3】Al-Shehbaz & O´Kane 北美洲芥属 ≒ **Hesperis;Crucihimalaya** Brassicaceae 十字花科 [MD-213] 全球 (1) 大洲分布及种数(1)◆北美洲
Transcaucasia【3】M.Hirö 丁伞花属 Apiaceae 伞形科 [MD-480] 全球 (1) 大洲分布及种数(uc)属分布和种数(uc)◆亚洲
Trapa【3】L. 菱属 → **Tribulus;Tragia** Lythraceae 千屈菜科 [MD-333] 全球(6) 大洲分布及种数(16-20;hort.1;cult:2)非洲:4-22;亚洲:9-28;大洋洲:18;欧洲:3-21;北美洲:2-20;南美洲:1-19
Trapaceae【3】Dum. 菱科 [MD-377] 全球 (6) 大洲分布和属种数(1;hort. & cult.1)(15-40;hort. & cult.1-3)非洲:1/4-22;亚洲:1/9-28;大洋洲:1/18;欧洲:1/3-21;北美洲:1/2-20;南美洲:1/1-19
Trapago L. = **Trapa**
Trapaulos Raf. = **Polygonum**
Trapella【3】Oliv. 茶菱属 Plantaginaceae 车前科 [MD-527] 全球 (1) 大洲分布及种数(2-13)◆亚洲
Trapellaceae【3】Honda & Sakisaka 茶菱科 [MD-544] 全球 (6) 大洲分布和属种数(1/2-13)非洲:1/11;亚洲:1/2-13;大洋洲:1/11;欧洲:1/11;北美洲:1/11;南美洲:1/11
Trapezia Odinetz = **Trapella**
Trasi P.Beauv. = **Machaerina**
Trasus Gray = **Carex**
Trattenikia Pers. = **Athanasia**
Trattinickia Willd. = **Trattinnickia**
Trattinnickia Burserifolia Swart = **Trattinnickia**
Trattinnickia【3】Willd. 油脂榄属 → **Dacryodes;Protium** Burseraceae 橄榄科 [MD-408] 全球 (1) 大洲分布及种数(19-21)◆南美洲
Traubara Lehmiller = **Lobostemon**
Traubia【3】Moldenke 紫纹莲属 ← **Amaryllis** Amaryllidaceae 石蒜科 [MM-694] 全球 (1) 大洲分布及种数(1-3)◆南美洲
Traunia【-】K.Schum. 夹竹桃科属 Apocynaceae 夹竹桃科 [MD-492] 全球 (uc) 大洲分布及种数(uc)
Traunsteinera【3】Rchb. 葱序兰属 ← **Nigritella;Orchis;** Orchidaceae 兰科 [MM-723] 全球 (1) 大洲分布及种数(1)◆欧洲
Traupalos Raf. = **Hydrangea**
Trautara auct. = **Lobostemon**
Trautvetleria Fisch. & C.A.Mey. = **Trautvetteria**
Trautvetteria【3】Fisch. & C.A.Mey. 唐松毛茛属 ← **Hydrastis** Ranunculaceae 毛茛科 [MD-38] 全球 (1) 大洲分布及种数(3-11)◆北美洲
Traversia【3】Hook.f. 千里光属 ≒ **Senecio** Asteraceae 菊科 [MD-586] 全球 (1) 大洲分布及种数(1)◆大洋洲
Traversoa Hook.f. = **Traversia**
Traxara Raf. = **Lobostemon**
Traxilisa Raf. = **Tetracera**
Traxilum Raf. = **Ehretia**
Treatia Pierre = **Treubia**
Trebania Berland = **Leucophyllum**
Trebius Gilib. = **Trollius**
Trebouxia Puymaly = **Luffa**
Trecacoris Pritz. = **Thecacoris**
Trechinotus (Müll.Hal.) Cardot = **Exodictyon**
Trechonaetes【3】Miers 春茄属 → **Jaborosa** Solanaceae 茄科 [MD-503] 全球 (1) 大洲分布及种数(uc)属分布和种数(uc)◆南美洲
Treculia【3】Decne. ex Trec. 非洲面包树属 ← **Artocarpus;Trichilia;Antiaris** Moraceae 桑科 [MD-87] 全球 (1) 大洲分布及种数(6)◆非洲
Trefusia Decne. ex Trec. = **Treculia**
Treichelia【3】Vatke 覆苞草属 ← **Campanula;Microcodon** Campanulaceae 桔梗科 [MD-561] 全球 (1) 大洲分布及种数(2-3)◆非洲
Treisia Haw. = **Euphorbia**
Treisteria Griff. = **Torenia**
Treleasea Rose = **Tradescantia**
Trema【3】Lour. 山黄麻属 ← **Celtis;Lozanella** Cannabaceae 大麻科 [MD-89] 全球 (6) 大洲分布及种数(43-53;hort.1;cult:1)非洲:11-20;亚洲:30-38;大洋洲:11-19;欧洲:8;北美洲:10-20;南美洲:9-18
Tremacanthus【3】S.Moore 空爵床属 Acanthaceae 爵床科 [MD-572] 全球 (1) 大洲分布及种数(uc)属分布和种数(uc)◆南美洲
Tremacron【3】Craib 短檐苣苔属 ← **Oreocharis** Gesneriaceae 苦苣苔科 [MD-549] 全球 (1) 大洲分布及种数(4-5)◆亚洲
Tremandra【3】R.Br. ex DC. 孔药草属 Elaeocarpaceae 杜英科 [MD-134] 全球 (1) 大洲分布及种数(2)◆大洋洲(◆澳大利亚)
Tremandraceae【3】R.Br. ex DC. 孔药花科 [MD-299] 全球 (1) 大洲分布和属种数(1-3;hort. & cult.1-2)(8-67;hort. & cult.1-5)◆大洋洲
Tremanthus Pers. = **Styrax**
Tremasperma Raf. = **Bonanox**
Tremastelma Raf. = **Scabiosa**
Trematanthera F.Müll = **Saurauia**
Trematodon (Kindb.) Müll.Hal. = **Trematodon**
Trematodon【3】Michx. 长蒴藓属 ≒ **Tortula;Pilotrichum** Bruchiaceae 小烛藓科 [B-120] 全球 (6) 大洲分布及种数(90)非洲:30;亚洲:18;大洋洲:19;欧洲:7;北美洲:13;南美洲:20
Trematolobelia【3】Zahlbr. ex Rock 孔果莲属 ← **Delissea** Campanulaceae 桔梗科 [MD-561] 全球 (1) 大洲分布及种数(5-8)◆北美洲(◆美国)

Trematosperma Urb. = **Pyrenacantha**
Trembleya【3】DC. 耀龙丹属 ≒ **Lavoisiera;Meriania** Melastomataceae 野牡丹科 [MD-364] 全球 (1) 大洲分布及种数(19-33)◆南美洲(◆巴西)
Tremellaceae Fr. = Trapellaceae
Tremex Fabr. = **Trema**
Tremole Dum. = **Populus**
Tremolecia【-】M.Choisy 菊科属 ≒ **Thevenotia** Asteraceae 菊科 [MD-586] 全球 (uc) 大洲分布及种数(uc)
Tremophyllum Scheidw. = **Dalechampia**
Tremotis Raf. = **Ficus**
Tremotyl Raf. = **Ficus**
Tremula Dum. = **Populus**
Tremularia Fabr. = **Briza**
Tremulina【3】B.G.Briggs & L.A.S.Johnson 帚灯草属 ← **Restio** Restionaceae 帚灯草科 [MM-744] 全球 (1) 大洲分布及种数(1-2)◆大洋洲(◆澳大利亚)
Trendelenburgia Klotzsch = **Begonia**
Trentepholia Roth = **Heliophila**
Trepadonia【3】H.Rob. 藤状斑鸠菊属 ← **Vernonia** Asteraceae 菊科 [MD-586] 全球 (1) 大洲分布及种数(2)◆南美洲(◆秘鲁)
Trepnanthus Steud. = **Merremia**
Trepocarpus【3】Nutt. ex DC. 白仙芹属 Apiaceae 伞形科 [MD-480] 全球 (1) 大洲分布及种数(1)◆北美洲(◆美国)
Tresanthera H.Karst. = **Rustia**
Tressensia【3】H.A.Keller 罗布夹竹属 Apocynaceae 夹竹桃科 [MD-492] 全球 (1) 大洲分布及种数(cf.1)◆南美洲
Tresteira Griff. = **Torenia**
Trestonia R.Br. = **Prestonia**
Tretocarya Maxim. = **Omphalodes**
Tretonea Parl. = **Nothoscordum**
Tretorhiza Adans. = **Gentiana**
Tretorrhiza Delarbre = **Tretorrhiza**
Tretorrhiza【3】Reneaulme ex Delarbre 龙胆属 ≒ **Gentiana** Gentianaceae 龙胆科 [MD-496] 全球 (1) 大洲分布及种数(1)◆非洲
Treubaria Pierre = **Treubia**
Treubella【-】Pierre 桑寄生科属 ≒ **Decaisnina; Palaquium** Loranthaceae 桑寄生科 [MD-415] 全球 (uc) 大洲分布及种数(uc)
Treubella Pierre = **Palaquium**
Treubella Van Tiegh. = **Decaisnina**
Treubellaceae Airy-Shaw = Meliaceae
Treubia (S.Hatt. & Mizut.) R.M.Schust. & G.A.M.Scott = **Treubia**
Treubia【3】Pierre 陶氏苔属 ≒ **Lophopyxis;Apotreubia** Treubiaceae 陶氏苔科 [B-1] 全球 (1) 大洲分布及种数(1-2)◆亚洲
Treubiaceae【3】R.M.Schust. & G.A.M.Scott 陶氏苔科 [B-1] 全球 (6) 大洲分布和属种数(2/3-5)非洲:1/1;亚洲:2/3-4;大洋洲:1/1-2;欧洲:1/1;北美洲:1/1;南美洲:1/1
Treubiidae【-】Stotler & Crand.-Stotl. 孢芽藓科属 Sorapillaceae 孢芽藓科 [B-212] 全球 (uc) 大洲分布及种数(uc)
Treubiitaceae R.M.Schust. = Treubiaceae
Treuia Stokes = **Trewia**
Treutlera【3】Hook.f. 东喜马萝藦属 Apocynaceae 夹竹桃科 [MD-492] 全球 (1) 大洲分布及种数(1-2)◆亚洲
Trevauxia Steud. = **Luffa**
Trevesia【3】Vis. 刺通草属 ≒ **Hedera;Osmoxylon** Araliaceae 五加科 [MD-471] 全球 (1) 大洲分布及种数(4-11)◆亚洲
Trevia【3】L. 野桐属 ≒ **Mallotus** Euphorbiaceae 大戟科 [MD-217] 全球 (1) 大洲分布及种数(1)◆东亚(◆中国)
Treviana Willd. = **Achimenes**
Trevirana Willd. = **Amalophyllon**
Treviranía A.Roth = **Psychotria**
Trevirania Roth = **Lindernia**
Trevirania Spreng. = **Achimenes**
Treviriana Roth = **Psychotria**
Trevisania Roth = **Psychotria**
Trevoa【3】Miers 五脉棘属 ← **Colletia;Kentrothamnus** Rhamnaceae 鼠李科 [MD-331] 全球 (1) 大洲分布及种数(5-11)◆南美洲(◆智利)
Trevorara auct. = **Arachnis**
Trevoria【3】F.Lehm. 飘带兰属 Orchidaceae 兰科 [MM-723] 全球 (1) 大洲分布及种数(4-6)◆南美洲
Trevouxia G.A.Scop. = **Luffa**
Trewia【3】L. 滑桃木属 → **Baloghia;Macaranga** Euphorbiaceae 大戟科 [MD-217] 全球 (1) 大洲分布及种数(1-2)◆亚洲
Trewiaceae Lindl. = Treubiaceae
Treyeranara【-】J.M.H.Shaw 兰科属 Orchidaceae 兰科 [MM-723] 全球 (uc) 大洲分布及种数(uc)
Triachne Cass. = **Nassauvia**
Triachus Pers. = **Trachys**
Triachyrium Benth. = **Trachydium**
Triachyrum Hochst. = **Sporobolus**
Triacis【-】Griseb. 西番莲科属 ≒ **Turnera** Passifloraceae 西番莲科 [MD-151] 全球 (uc) 大洲分布及种数(uc)
Triacma Van Hass. ex Miq. = **Hoya**
Triactina Hook.f. & Thoms. = **Sedum**
Triadenia Miq. = **Trachelospermum**
Triadenia Spach = **Hypericum**
Triadenum【3】Raf. 三腺金丝桃属 ← **Hypericum** Hypericaceae 金丝桃科 [MD-119] 全球 (6) 大洲分布及种数(9)非洲:1;亚洲:4-6;大洋洲:2-3;欧洲:1;北美洲:6-7;南美洲:1
Triadica【2】Lour. 乌桕属 ≒ **Sapium;Neoshirakia** Euphorbiaceae 大戟科 [MD-217] 全球 (2) 大洲分布及种数(5)亚洲;北美洲:cf.1
Triadodaphne【3】Kosterm. 土楠属 ≒ **Endiandra** Lauraceae 樟科 [MD-21] 全球 (1) 大洲分布及种数(1-3)◆非洲
Triaena Kunth = **Bouteloua**
Triaenacanthus Nees = **Strobilanthes**
Triaenanthus Nees = **Strobilanthes**
Triaenophora (Hook.f.) Soler. = **Triaenophora**
Triaenophora【3】Soler. 崖白菜属 ← **Rehmannia; Spirostegia** Orobanchaceae 列当科 [MD-552] 全球 (1) 大洲分布及种数(3-4)◆东亚(◆中国)
Triaina H.B. & K. = **Triadica**
Triainolepis【3】Hook.f. 三尖鳞茜草属 ← **Vangueria** Rubiaceae 茜草科 [MD-523] 全球 (1) 大洲分布及种数(9-16)◆非洲

Triallosia Raf. = **Aletris**
Trianaea【3】Planch. & Linden 三尖茄属 ← **Markea; Solandra;Limnobium** Solanaceae 茄科 [MD-503] 全球 (1) 大洲分布及种数(6-7)◆南美洲
Trianaeopiper【3】Trel. 腋花椒木属 ← **Piper** Piperaceae 胡椒科 [MD-39] 全球 (1) 大洲分布及种数(11-13)◆南美洲
Triandrophora O.Schwarz = **Cleome**
Triandrophyllum【2】(Stephani) Fulford & Hatcher 叉叶苔属 ≒ **Herbertus;Protolophozia** Herbertaceae 剪叶苔科 [B-69] 全球 (5) 大洲分布及种数(5)亚洲:1-2;大洋洲:1;欧洲:1;北美洲:1;南美洲:4
Trianea H.Karst. = **Limnobium**
Triangularia Kön. ex Roxb. = **Pisonia**
Trianophora Soler. = **Triaenophora**
Trianoptiles【3】Fenzl 海角莎属 ← **Carpha** Cyperaceae 莎草科 [MM-747] 全球 (1) 大洲分布及种数(3)◆非洲(◆南非)
Trianosperma (Torr. & A.Gray) Mart. = **Cayaponia**
Trianse Planch. & Linden = **Trianaea**
Triantha (C.L.Hitchc.) Packer = **Triantha**
Triantha【3】Baker 黏菖蒲属 ≒ **Tofieldia;Melanthium** Tofieldiaceae 岩菖蒲科 [MM-617] 全球 (1) 大洲分布及种数(4-5)◆北美洲
Trianthaea Spach = **Vernonia**
Trianthella House = **Tofieldia**
Trianthema L. = **Trianthema**
Trianthema【3】Sauv. 假海马齿属 ≒ **Adenocline; Sesuvium** Aizoaceae 番杏科 [MD-94] 全球 (6) 大洲分布及种数(49-60)非洲:23-25;亚洲:6-9;大洋洲:25-29;欧洲:2-3;北美洲:1-2;南美洲:6-7
Trianthemum Poir. = **Trianthema**
Trianthera Conw. = **Calceolaria**
Trianthera Wettst = **Stemotria**
Trianthium Desv. = **Chrysopogon**
Trianthus Hook.f. = **Nassauvia**
Triaristella (Rchb.f.) Brieger = **Trisetella**
Triaristellina Rauschert = **Trisetella**
Triarrhena (Maxim.) Nakai = **Miscanthus**
Triarthron Baill. = **Phthirusa**
Trias【3】Lindl. 三角兰属 ← **Bulbophyllum;Dendrobium** Orchidaceae 兰科 [MM-723] 全球 (1) 大洲分布及种数(6-17)◆亚洲
Triascidium Benth. & Hook.f. = **Trischidium**
Triasekia G.Don = **Anagallis**
Triaspetalum Hort. = **Garcinia**
Triasphyllum Hort. = **Potentilla**
Triaspis【3】Burch. 三虎尾属 ≒ **Hiraea;Sphedamnocarpus** Malpighiaceae 金虎尾科 [MD-343] 全球 (1) 大洲分布及种数(18-27)◆非洲
Triathera Desv. = **Bouteloua**
Triathera Roth ex Röm. & Schult. = **Tripogon**
Triatherus Raf. = **Ctenium**
Triavenopsis Candargy = **Duthiea**
Triaxis Müll.Arg. = **Trias**
Tribelaceae【3】Airy-Shaw 智利木科 [MD-444] 全球 (1) 大洲分布和属种数(1/1-2)◆南美洲
Tribeles【3】Phil. 三齿叶属 ← **Lonicera** Escalloniaceae 南鼠刺科 [MD-447] 全球 (1) 大洲分布及种数(1)◆南美洲
Tribelos Phil. = **Tribeles**
Tribia Hoffm. = **Trinia**
Triblemma【3】R.Br. ex DC. 单叶双盖蕨属 ≒ **Lunathyrium** Woodsiaceae 岩蕨科 [F-47] 全球 (1) 大洲分布及种数(4)◆亚洲
Triblidium Kunth = **Paris**
Tribolacis Griseb. = **Turnera**
Tribolium Acutiflorae N.C.Visser & Spies ex H.P.Linder & Davidse = **Tribolium**
Tribolium【3】Desv. 毛凌草属 ← **Alopecurus;Triticum; Lasiochloa** Poaceae 禾本科 [MM-748] 全球 (6) 大洲分布及种数(14-18)非洲:12-14;亚洲:4-6;大洋洲:5-7;欧洲:2-4;北美洲:5-7;南美洲:5-7
Tribolodon Turcz. = **Enkianthus**
Tribon Rich. = **Rhynchospora**
Tribonanthes【3】Endl. 绵绒花属 Haemodoraceae 血草科 [MM-718] 全球 (1) 大洲分布及种数(1-6)◆大洋洲(◆澳大利亚)
Tribonema Ker Gawl. = **Romulea**
Tribounia D.J.Middleton = **Trigonia**
Tribrachia Lindl. = **Bulbophyllum**
Tribrachium Benth. & Hook.f. = **Bulbophyllum**
Tribrachya Korth. = **Rennellia**
Tribrachys Champ ex Thw. = **Thismia**
Tribroma O.F.Cook = **Theobroma**
Tribula Hill = **Caucalis**
Tribulaceae Trautv. = Tribelaceae
Tribulago【3】Lür 蒺藜兰属 ≒ **Pleurothallis** Orchidaceae 兰科 [MM-723] 全球 (1) 大洲分布及种数(1)◆中美洲(◆巴拿马)
Tribularia Nutt. = **Tipularia**
Tribulocarpus【3】S.Moore 蒺藜番杏属 ← **Tetragonia** Aizoaceae 番杏科 [MD-94] 全球 (1) 大洲分布及种数(1-2)◆非洲
Tribuloides Ség. = **Trapa**
Tribulopis【3】R.Br. 澳蒺藜属 ≒ **Tribulus; Kallstroemia** Zygophyllaceae 蒺藜科 [MD-288] 全球 (1) 大洲分布及种数(7)◆大洋洲
Tribulopsis F.Müll = **Tribulopis**
Tribulus【3】L. 蒺藜属 → **Kallstroemia** Zygophyllaceae 蒺藜科[MD-288]全球(6)大洲分布及种数(46-61;hort.1;cult:4)非洲:16-27;亚洲:20-27;大洋洲:23-32;欧洲:4-9;北美洲:3-9;南美洲:8-13
Tricalistra Ridl. = **Tupistra**
Tricalysia【3】A.Rich. ex DC. 豺咖啡属 → **Xantonnea; Empogona;Sericanthe** Rubiaceae 茜草科 [MD-523] 全球 (6) 大洲分布及种数(70-98;hort.1)非洲:61-76;亚洲:8-11;大洋洲:2;欧洲:2;北美洲:2;南美洲:2
Tricardia【3】Torr. ex S.Watson 三心草属 Boraginaceae 紫草科 [MD-517] 全球 (1) 大洲分布及种数(1)◆北美洲(◆美国)
Tricarium Lour. = **Phyllanthus**
Tricarpelema【3】J.K.Morton 三瓣果属 ≒ **Polymita** Commelinaceae 鸭跖草科 [MM-708] 全球 (1) 大洲分布及种数(7-8)◆亚洲
Tricarpha【3】Longpre 折毛菊属 ≒ **Sabazia** Asteraceae 菊科 [MD-586] 全球 (1) 大洲分布及种数(1)◆北美洲(◆墨西哥)

T

Tricaryum Spreng. = **Phyllanthus**
Tricatus Pritz. = **Abronia**
Tricellaria Sang. = **Fritillaria**
Tricentrum DC. = **Comolia**
Tricera Schreb. = **Buxus**
Triceraia Willd. ex Röm. & Schult. = **Turpinia**
Triceras Andrz. ex Rchb. = **Matthiola**
Triceras P. & K. = **Gomphogyne**
Triceras Wittst. = **Turpinia**
Tricerastes C.Presl = **Datisca**
Triceratella【3】Brenan 黄剑茅属 Commelinaceae 鸭跖草科 [MM-708] 全球 (1) 大洲分布及种数(1)◆非洲
Triceratelleae Faden & D.R.Hunt = **Triceratella**
Triceratia A.Rich. = **Sicydium**
Triceratium A.Rich. = **Sicydium**
Triceratorhynchus【3】Summerh. 彗星兰属 ← **Angraecum** Orchidaceae 兰科 [MM-723] 全球 (1) 大洲分布及种数(3)◆非洲
Triceratostris (Szlach.) Szlach. & R.González = **Deiregyne**
Tricercandra A.Gray = **Chloranthus**
Tricerma Liebm. = **Maytenus**
Triceros Griff. = **Turpinia**
Trichacanthus【3】Zoll. 印尼苞爵床属 Acanthaceae 爵床科 [MD-572] 全球 (1) 大洲分布及种数(uc)属分布和种数(uc)◆东南亚(◆印度尼西亚)
Trichachne【3】Nees 摩擦草属 ← **Digitaria** Poaceae 禾本科 [MM-748] 全球 (1) 大洲分布及种数(4)◆南美洲
Trichachnis A.D.Hawkes = **Arachnis**
Trichacis Salisb. = **Dipcadi**
Trichadenia【3】Thwaites 毛腺木属 Achariaceae 青钟麻科 [MD-159] 全球 (2) 大洲分布及种数(1-3) 亚洲;大洋洲
Trichaea P.Beauv. = **Trisetaria**
Trichaetolepis Rydb. = **Omphalea**
Trichalus Arn. = **Tamarix**
Trichandrum Neck. = **Helichrysum**
Trichantha【3】Hook. 须毛鲸花属 ≒ **Trichopilia** Convolvulaceae 旋花科 [MD-499] 全球 (1) 大洲分布及种数(7-8)◆南美洲
Trichanthecium【2】Zuloaga & Morrone 春黄属 ← **Panicum** Poaceae 禾本科 [MM-748] 全球 (3) 大洲分布及种数(38) 非洲:13;北美洲:4;南美洲:26
Trichanthemis【3】Regel & Schmalh. 毛春黄菊属 ← **Cancrinia** Asteraceae 菊科 [MD-586] 全球 (1) 大洲分布及种数(4-8)◆亚洲
Trichanthera【2】H.B. & K. 毛药爵床属 ≒ **Hermannia** Acanthaceae 爵床科 [MD-572] 全球 (2) 大洲分布及种数(2) 北美洲:1;南美洲:2
Trichanthodium【3】Sond. & F.Müll. 骨苞鼠麴草属 ≒ **Gnephosis** Asteraceae 菊科 [MD-586] 全球 (1) 大洲分布及种数(3-4)◆大洋洲(◆澳大利亚)
Trichapium Gilli = **Clibadium**
Trichaptum Gilli = **Clibadium**
Trichar Salisb. = **Dipcadi**
Tricharina Rifai,Chin S.Yang & Korf = **Triplarina**
Tricharis Salisb. = **Dipcadi**
Trichasma Walp. = **Triphasia**
Trichassia J.M.H.Shaw = **Triphasia**
Trichasterophyllum Willd. ex Link = **Crocanthemum**
Trichaulax【3】Vollesen 坦桑爵床属 Acanthaceae 爵床科 [MD-572] 全球 (1) 大洲分布及种数(1)◆非洲
Trichaurus Arn. = **Tamarix**
Trichearias Salisb. = **Dipcadi**
Trichera Schröd. ex Schult. & Schult.f. = **Knautia**
Tricheranthes L. = **Trichosanthes**
Tricherostigma Boiss. = **Euphorbia**
Trichilia (A.Juss.) C.DC. = **Trichilia**
Trichilia【3】P.Br. 帚木属 → **Aglaia;Limonia;Stegnosperma** Meliaceae 楝科 [MD-414] 全球 (1) 大洲分布及种数(23-27)◆非洲
Trichilieae DC. = **Trichilia**
Trichina Collin = **Trichilia**
Trichinia P.Br. = **Trichilia**
Trichinium【3】R.Br. 折苋属 ≒ **Phippsia** Amaranthaceae 苋科 [MD-116] 全球 (1) 大洲分布及种数(1)◆大洋洲
Trichiocampus Schreb. = **Sloanea**
Trichiocarpa (Hook.) J.Sm. = **Tectaria**
Trichiogramme【-】Kuhn 凤尾蕨科属 ≒ **Syngramma; Pterozonium** Pteridaceae 凤尾蕨科 [F-31] 全球 (uc) 大洲分布及种数(uc)
Trichiosoma Benth. = **Glossostigma**
Trichipteris【3】Webb & Berth. ex C.Presl 叉桫椤属 ← **Alsophila;Cyathea;Sphaeropteris** Cyatheaceae 桫椤科 [F-23] 全球 (1) 大洲分布及种数(21-23)◆南美洲
Trichiurus Arn. = **Tamarix**
Trichlis Hall. = **Trichloris**
Trichlisperma Nieuwl. = **Polygala**
Trichlora【3】Baker 延龄韭属 Amaryllidaceae 石蒜科 [MM-694] 全球 (1) 大洲分布及种数(2-4)◆南美洲
Trichloris【3】Fourn. ex Benth. 三虎尾草属 ← **Chloris; Coreopsis** Poaceae 禾本科 [MM-748] 全球 (6) 大洲分布及种数(3)非洲:6;亚洲:6;大洋洲:6;欧洲:6;北美洲:2-8;南美洲:2-8
Trichoa Pers. = **Abuta**
Trichoballia C.Presl = **Tetraria**
Trichobius Gaertn. = **Trichopus**
Trichobolbus Bl. = **Connarus**
Trichobolus Bl. = **Connarus**
Trichocalyx【3】Balf.f. 星花桃娘属 ≒ **Lhotskya** Acanthaceae 爵床科 [MD-572] 全球 (1) 大洲分布及种数(uc)◆亚洲
Trichocarpus Neck. = **Sloanea**
Trichocarya Miq. = **Licania**
Trichocaulon【3】N.E.Br. 亚罗汉属 ← **Hoodia;Riocreuxia;Stapelianthus** Apocynaceae 夹竹桃科 [MD-492] 全球 (1) 大洲分布及种数(11-12)◆非洲
Trichocenilus J.M.H.Shaw = **Dipodium**
Trichocensiella【-】J.M.H.Shaw 兰科属 Orchidaceae 兰科 [MM-723] 全球 (uc) 大洲分布及种数(uc)
Trichocentru Pöpp. & Endl. = **Trichocentrum**
Trichocentrum【2】Pöpp. & Endl. 舞袖兰属 ≒ **Odontoglossum;Dendrophylax** Orchidaceae 兰科 [MM-723] 全球 (4) 大洲分布及种数(100-111;hort.1;cult: 2)亚洲:1;大洋洲:1;北美洲:63-65;南美洲:71-76
Trichocentrus Pöpp. & Endl. = **Trichocentrum**
Trichocephalum Schur = **Trichocephalus**
Trichocephalus【3】Brongn. 绒头茶属 ← **Phylica**

Rhamnaceae 鼠李科 [MD-331] 全球 (6) 大洲分布及种数(1-2)非洲:1;亚洲:1;大洋洲:1;欧洲:1;北美洲:1;南美洲:1

Trichocera Moure = **Trichoceros**

Trichocerapis Moure = **Crepis**

Trichoceras Spreng. = **Trichoceros**

Trichocereus (A.Berger) Riccob. = **Trichocereus**

Trichocereus【3】Riccob. 毛花柱属 → **Arthrocereus; Borzicactus** Cactaceae 仙人掌科 [MD-100] 全球 (1) 大洲分布及种数(42-44)◆南美洲

Trichoceronia Cortes = **Trichocoronis**

Trichoceros【3】H.B. & K. 毛角兰属 Orchidaceae 兰科 [MM-723] 全球 (1) 大洲分布及种数(7-14)◆南美洲

Trichochaeta Steud. = **Rhynchospora**

Trichochilus Ames = **Dipodium**

Trichochiton Kom. = **Cryptospora**

Trichochloa DC. = **Muhlenbergia**

Trichocidium Hort. = **Oncidium**

Trichocladia Pers. = **Trichocladus**

Trichocladium Pers. = **Trichocladus**

Trichocladus【3】Pers. 毛缕梅属 → **Bowkeria** Hamamelidaceae 金缕梅科 [MD-63] 全球 (1) 大洲分布及种数(4-7)◆非洲

Trichocline【3】Cass. 毛丁草属 → **Arnica;Richterago** Asteraceae 菊科 [MD-586] 全球 (1) 大洲分布及种数(34-46)◆南美洲

Trichocolea Dum. = **Trichocolea**

Trichocolea【3】Stephani 绒苔属 Trichocoleaceae 绒苔科 [B-62] 全球 (6) 大洲分布及种数(10-13)非洲:14;亚洲:3-18;大洋洲:3-18;欧洲:1-15;北美洲:2-16;南美洲:6-22

Trichocoleaceae Nakai = Trichocoleaceae

Trichocoleaceae【3】Stephani 绒苔科 [B-62] 全球 (6) 大洲分布和属种数(2;hort. & cult.1)(12-29;hort. & cult.1) 非洲:1/14;亚洲:1/3-18;大洋洲:2/5-20;欧洲:1/1-15;北美洲:1/2-16;南美洲:2/8-24

Trichocoleopsis【3】P.C.Chen ex M.X.Zhang 囊绒苔属 ≒ **Ptilidium** Lepidolaenaceae 多囊苔科 [B-77] 全球 (6) 大洲分布及种数(2)非洲:4;亚洲:1-5;大洋洲:4;欧洲:4;北美洲:4;南美洲:4

Trichocoma Benth. = **Glossostigma**

Trichocomac Benth. = **Glossostigma**

Trichocomaceae Stephani = Trichocoleaceae

Trichoconis (Sacc.) Deighton & Piroz. = **Trichocoronis**

Trichocoronis【3】A.Gray 虫泽兰属 ← **Ageratum** Asteraceae 菊科 [MD-586] 全球 (1) 大洲分布及种数(3)◆北美洲

Trichocoryne【3】S.F.Blake 毛盔菊属 Asteraceae 菊科 [MD-586] 全球 (1) 大洲分布及种数(1)◆北美洲(◆墨西哥)

Trichocrepis Vis. = **Crepis**

Trichocyamos G.P.Yakovlev = **Ormosia**

Trichocyclus【-】Dulac 鳞毛蕨科属 ≒ **Brownanthus; Woodsia** Dryopteridaceae 鳞毛蕨科 [F-49] 全球 (uc) 大洲分布及种数(uc)

Trichocyclus Dulac = **Woodsia**

Trichocyclus N.E.Br. = **Brownanthus**

Trichocyrtocidium【-】J.M.H.Shaw 兰科属 Orchidaceae 兰科 [MM-723] 全球 (uc) 大洲分布及种数(uc)

Trichodentea【-】P.V.Heath 萝藦科属 Asclepiadaceae 萝藦科 [MD-494] 全球 (uc) 大洲分布及种数(uc)

Trichoderma【3】Link 西班牙草属 ← **Agrostis** Poaceae 禾本科 [MM-748] 全球 (1) 大洲分布及种数(uc) 属分布和种数(uc)◆南欧(◆西班牙)

Trichodesma【3】R.Br. 毛束草属 ≒ **Borago; Cystostemon** Boraginaceae 紫草科 [MD-517] 全球 (6) 大洲分布及种数(52-63;hort.1;cult:3)非洲:25-30;亚洲:33-40;大洋洲:4-6;欧洲:3-5;北美洲:3-5;南美洲:2

Trichodia Griff. = **Paropsia**

Trichodiadema【3】Schwantes 仙宝木属 ← **Delosperma** Aizoaceae 番杏科 [MD-94] 全球 (1) 大洲分布及种数(36)◆非洲

Trichodiclida Cerv. = **Blepharidachne**

Trichodium Michx. = **Agrostis**

Trichodochium (Dixon) Fife = **Trichodontium**

Trichodon【2】Benth. 毛齿藓属 ≒ **Ditrichum** Ditrichaceae 牛毛藓科 [B-119] 全球 (5) 大洲分布及种数(2) 亚洲:2;大洋洲:1;欧洲:1;北美洲:1;南美洲:1

Trichodontium (Dixon) Fife = **Trichodontium**

Trichodontium【-】<unassigned> 曲尾藓科属 Dicranaceae 曲尾藓科 [B-128] 全球 (uc) 大洲分布及种数(uc)

Trichodrymonia örst. = **Episcia**

Trichodypsis Baill. = **Dypsis**

Trichoechinopsis Backeb. = **Weberbauerocereus**

Trichogalium Fourr. = **Galium**

Trichogamila P.Br. = **Styrax**

Trichoglossum Mains = **Triodoglossum**

Trichoglottis【3】Bl. 毛舌兰属 → **Acampe; Cleisostoma;Dendrobium** Orchidaceae 兰科 [MM-723] 全球 (6)大洲分布及种数(42-92)非洲:2-7;亚洲:40-76;大洋洲:1-8;欧洲:4;北美洲:1-5;南美洲:5-10

Trichogomphus Spach = **Polygala**

Trichogonia【3】(DC.) Gardner 毛瓣柄泽兰属 ← **Alomia;Piqueria;Platypodanthera** Asteraceae 菊科 [MD-586] 全球 (1) 大洲分布及种数(28-34)◆南美洲

Trichogoniopsis【3】R.M.King & H.Rob. 腺瓣柄泽兰属 ← **Eupatorium** Asteraceae 菊科 [MD-586] 全球 (1) 大洲分布及种数(4)◆南美洲

Trichogorgia Gardner = **Trichogonia**

Trichogra Baker = **Trichlora**

Trichogramma Nagaraja & Nagarkatti = **Syngramma**

Trichogyne Less. = **Ifloga**

Trichohyalus Dulac = **Woodsia**

Tricholaena【3】Schult. & Schult.f. 贫地黍属 ← **Agrostis;Melinis;Miscanthus** Poaceae 禾本科 [MM-748] 全球 (6) 大洲分布及种数(5-9;hort.1)非洲:3-4;亚洲:4-5;大洋洲:3-4;欧洲:3-4;北美洲:1;南美洲:1

Tricholaser【3】Gilli 亚洲三角芹属 Apiaceae 伞形科 [MD-480] 全球 (1) 大洲分布及种数(2)◆亚洲

Tricholemma【3】(Röser) Röser 非洲角属 ≒ **Avenula** Poaceae 禾本科 [MM-748] 全球 (1) 大洲分布及种数(2)◆非洲

Tricholepidium【3】Ching 毛鳞蕨属 ← **Microsorum; Neolepisorus;Polypodium** Polypodiaceae 水龙骨科 [F-60] 全球 (1) 大洲分布及种数(15-20)◆亚洲

Tricholepidozia【-】(R.M.Schust.) E.D.Cooper 指叶苔科属 Lepidoziaceae 指叶苔科 [B-63] 全球 (uc) 大洲分布及种数(uc)

Tricholepis【3】 DC. 飞廉属 ← **Carduus;Amberboa** Asteraceae 菊科 [MD-586] 全球 (1) 大洲分布及种数(1-21)◆北美洲
Tricholobiviopsis【-】 P.V.Heath 仙人掌科属 Cactaceae 仙人掌科 [MD-100] 全球 (uc) 大洲分布及种数(uc)
Tricholobos Turcz. = **Sisymbrium**
Tricholobus Bl. = **Connarus**
Tricholoma Benth. = **Limosella**
Tricholomop Benth. = **Glossostigma**
Tricholomopsis Cardot = **Trichostomopsis**
Tricholophus Spach = **Polygala**
Trichomanaceae Burm. = Hymenophyllaceae
Trichomanes (Bosch) Christ = **Trichomanes**
Trichomanes【3】 L. 刚毛蕨属 ≒ **Lacostea;Sphaerocionium** Hymenophyllaceae 膜蕨科 [F-21] 全球 (1) 大洲分布及种数(159-187)◆亚洲
Trichomaria Hook. & Arn. = **Tritomaria**
Trichomaria Steud. = **Tricomaria**
Trichomatea Van Tiegh. = **Trichomanes**
Trichomema Gray = **Romulea**
Trichomoza Font & Picca = **Romulea**
Trichonema Ker Gawl. = **Romulea**
Trichoneura【3】 Andersson 毛肋茅属 ← **Calamagrostis;Triodia;Sieglingia** Poaceae 禾本科 [MM-748] 全球 (6)大洲分布及种数(9)非洲:5;亚洲:1;大洋洲:2;欧洲:1;北美洲:1;南美洲:2
Trichoneurinae【-】 P.M.Peterson,Romasch. & Y.Herrera 禾本科属 Poaceae 禾本科 [MM-748] 全球 (uc) 大洲分布及种数(uc)
Trichoneuron【3】 Ching 琼节毛蕨属 ≒ **Lastreopsis** Dryopteridaceae 鳞毛蕨科 [F-49] 全球 (1) 大洲分布及种数(uc)◆大洋洲
Trichonopsis auct. = **Phalaenopsis**
Trichonta Freeman = **Trichantha**
Trichoon Roth = **Phragmites**
Trichopaon Hebard = **Trichodon**
Trichopasia【-】 Moir 兰科属 Orchidaceae 兰科 [MM-723] 全球 (uc) 大洲分布及种数(uc)
Trichopelia G.D.Rowley = **Trichopilia**
Trichopetalum【3】 Lindl. 缨瓣草属 ← **Anthericum;Bottionea** Asparagaceae 天门冬科 [MM-669] 全球 (1) 大洲分布及种数(2)◆南美洲
Trichophila Pritz. = **Trichopilia**
Trichophora Bigot = **Trichophorum**
Trichophorum【3】 Pers. 藨藨草属 → **Androtrichum;Eleocharis;Oreobolopsis** Cyperaceae 莎草科 [MM-747] 全球 (6) 大洲分布及种数(15-18;hort.1)非洲:2-12;亚洲:9-20;大洋洲:10;欧洲:5-15;北美洲:8-18;南美洲:5-16
Trichophorus Pers. = **Trichophorum**
Trichophya Pritz. = **Trichopilia**
Trichophyllum【-】 Ehrh. 莎草科属 ≒ **Eleocharis;Bahia** Cyperaceae 莎草科 [MM-747] 全球 (uc) 大洲分布及种数(uc)
Trichophyma Pritz. = **Trichopilia**
Trichophyton Kom. = **Cryptospora**
Trichopicus Gaertn. = **Trichopus**
Trichopilia【3】 Lindl. 毛足兰属 ← **Aerides; Cischweinfia;Macradenia** Orchidaceae 兰科 [MM-723] 全球 (6)大洲分布及种数(38-52)非洲:2;亚洲:2;大洋洲:2;欧洲:2;北美洲:20-27;南美洲:28-37
Trichopoda Benth. = **Glossostigma**
Trichopodaceae Burkill ex K.Narayanan = Trichopodaceae
Trichopodaceae【3】 Hutch. 毛柄花科 [MM-688] 全球 (6) 大洲分布和属种数(1/1-7)非洲:1/1-6; 亚洲:1/5; 大洋洲:1/5; 欧洲:1/5; 北美洲:1/5; 南美洲:1/5
Trichopodium【-】 Lindl. 蝶形花科属 ≒ **Dalea** Fabaceae3 蝶形花科 [MD-240] 全球 (uc) 大洲分布及种数(uc)
Trichopodus Lindl. = **Dalea**
Trichopogon E.Sanchez & J.M.H.Shaw = **Trachypogon**
Trichopsis【-】 auct. 兰科属 Orchidaceae 兰科 [MM-723] 全球 (uc) 大洲分布及种数(uc)
Trichopsora Lagerh. = **Trichospira**
Trichoptera Nees = **Trichopteryx**
Trichopteria Lindl. = **Trichopteryx**
Trichopteris C.Presl = **Cyathea**
Trichopteris Neck. = **Trichipteris**
Trichopteris Presl. = **Alsophila**
Trichopterix Chiov. = **Trichopteryx**
Trichopterya Nees = **Trichopteryx**
Trichopteryx【3】 Nees 翼毛草属 ← **Arundinella; Danthonia;Danthoniopsis** Poaceae 禾本科 [MM-748] 全球 (1) 大洲分布及种数(8-10)◆非洲
Trichoptilium【3】 A.Gray 毛羽菊属 ← **Psathyrotes** Asteraceae 菊科 [MD-586] 全球 (1) 大洲分布及种数(1)◆北美洲
Trichopuntia Guiggi = **Austrocylindropuntia**
Trichopus【3】 Gaertn. 丝柄花属 ≒ **Trichopodium; Dalea** Dioscoreaceae 薯蓣科 [MM-691] 全球 (1) 大洲分布及种数(1-6)◆非洲
Trichopyrum Á.Löve = **Elytrigia**
Trichorhina Lindl. ex Steud. = **Luisia**
Trichorhiza Lindl. ex Steud. = **Luisia**
Trichormus (Kützing) Kománrek & Anagnostidis = **Trichopus**
Trichoryne F.Müll = **Trichocoryne**
Trichosacme【3】 Zucc. 毛尖萝藦属 Apocynaceae 夹竹桃科 [MD-492] 全球 (1) 大洲分布及种数(1)◆北美洲(◆墨西哥)
Trichosalpinx Apodae Luer = **Trichosalpinx**
Trichosalpinx【2】 C.A.Lür 绒帽兰属 ← **Dendrobium; Treubella;Specklinia** Orchidaceae 兰科 [MM-723] 全球 (4) 大洲分布及种数(128-140)亚洲:1;大洋洲:1;北美洲:53-54;南美洲:115-124
Trichosanchezia【3】 Mildbr. 毛爵床属 Acanthaceae 爵床科 [MD-572] 全球 (1) 大洲分布及种数(1)◆南美洲(◆秘鲁)
Trichosandra【3】 Decne. 毛蕊萝藦属 Apocynaceae 夹竹桃科 [MD-492] 全球 (1) 大洲分布及种数(cf.1)◆非洲
Trichosantha Steud. = **Stipa**
Trichosanthes【3】 L.栝楼属 → **Bryonia;Crepidomanes** Cucurbitaceae 葫芦科 [MD-205] 全球 (1) 大洲分布及种数(110-127)◆亚洲
Trichosanthos St.Lag. = **Trichosanthes**
Trichosathera Ehrh. = **Stipa**
Trichoschoenus【3】 J.Raynal 毛秆莎属 Cyperaceae 莎

草科 [MM-747] 全球 (1) 大洲分布及种数(1)◆非洲(◆马达加斯加)
Trichoscypha【3】 Hook.f. 杯盘漆属 ← **Brucea;Sorindeia** Anacardiaceae 漆树科 [MD-432] 全球 (1) 大洲分布及种数(22-38)◆非洲
Trichosea Lindl. = **Eria**
Trichosenthes L.Liou = **Trichosanthes**
Trichoseris Pöpp. & Endl. = **Crepis**
Trichoseris Sch.Bip. = **Pterotheca**
Trichosia Bl. = **Trichilia**
Trichosiphon Schott & Endl. = **Triotosiphon**
Trichosiphum【3】 Schott & Endl. 澳梧桐属 Malvaceae 锦葵科 [MD-203] 全球 (1) 大洲分布及种数(uc)属分布和种数(uc)◆大洋洲(◆澳大利亚)
Trichosirius Liebmann = **Lophosoria**
Trichosma Lindl. = **Eria**
Trichosoma Benth. = **Glossostigma**
Trichosorus Liebm. = **Lophosoria**
Trichospermum【3】 Bl. 多络麻属 → **Grewia;Althoffia;Trachelospermum** Tiliaceae 椴树科 [MD-185] 全球 (1) 大洲分布及种数(20-25)◆亚洲
Trichospira【3】 Kunth 鬼角草属 ← **Bidens** Asteraceae 菊科 [MD-586] 全球 (1) 大洲分布及种数(3)◆南美洲
Trichosporum【3】 D.Don 芒毛苣苔属 → **Aeschynanthus;Androtrichum** Gesneriaceae 苦苣苔科 [MD-549] 全球 (1) 大洲分布及种数(3)◆亚洲
Trichostachys【3】 Hook.f. 毛穗茜草属 ≒ **Faurea;-Psychotria** Rubiaceae 茜草科 [MD-523] 全球 (1) 大洲分布及种数(9-15)◆非洲
Trichosteleum (Mitt.) A.Jaeger = **Trichosteleum**
Trichosteleum【3】 Mitt. 刺疣藓属 ≒ **Rhaphidostegium;Phyllodon** Sematophyllaceae 锦藓科 [B-192] 全球(6)大洲分布及种数(151)非洲:41;亚洲:47;大洋洲:45;欧洲:4;北美洲:18;南美洲:28
Trichostelma Baill. = **Gonolobus**
Trichostema Gronov. ex L. = **Trichostema**
Trichostema【3】 L. 香莸属 Lamiaceae 唇形科 [MD-575] 全球 (1) 大洲分布及种数(16-21)◆北美洲
Trichostemma Cass. = **Trichostema**
Trichostemma R.Br. = **Vernonia**
Trichostephania【3】 Tardieu 亚洲牛牵藤属 Connaraceae 牛栓藤科 [MD-284] 全球 (1) 大洲分布及种数(uc)属分布和种数(uc)◆亚洲
Trichostephanus【3】 Gilg 毛冠木属 Salicaceae 杨柳科 [MD-123] 全球 (1) 大洲分布及种数(1-4)◆非洲
Trichostephium Cass. = **Wedelia**
Trichostephus Cass. = **Allionia**
Trichosterigma Klotzsch & Garcke = **Acalypha**
Trichostigma【3】 A.Rich. 铁环藤属 ← **Rivina;Solanum** Petiveriaceae 蒜香草科 [MD-128] 全球 (1) 大洲分布及种数(4)◆南美洲
Trichostomaceae Schimp. = Trichocoleaceae
Trichostomanthemum【3】 Domin 山橙属 ← **Melodinus** Apocynaceae 夹竹桃科 [MD-492] 全球 (1) 大洲分布及种数(uc)◆大洋洲
Trichostomataceae Schimp. = Trichocoleaceae
Trichostomopsis【2】 Cardot 小叉丛藓属 Pottiaceae 丛藓科 [B-133] 全球 (4) 大洲分布及种数(3)非洲:2;亚洲:1;欧洲:1;南美洲:1
Trichostomum【3】 Bruch 毛口藓属 ≒ **Didymodon;Pilopogon** Pottiaceae 丛藓科 [B-133] 全球 (6) 大洲分布及种数(151)非洲:33;亚洲:32;大洋洲:17;欧洲:19;北美洲:39;南美洲:52
Trichostosia Griff. = **Trichotosia**
Trichostylis auct. = **Trachystylis**
Trichostylium Corda = **Riccardia**
Trichotaenia T.Yamaz. = **Lindernia**
Trichotarsus Schreb. = **Sloanea**
Trichotemn L. = **Trichostema**
Trichotemnoma【3】 (Stephani) R.M.Schust. 裂叉苔属 Trichotemnomaceae 分舌苔科 [B-36] 全球 (1) 大洲分布及种数(1)◆大洋洲
Trichotemnomaceae【3】(Stephani) R.M.Schust. 分舌苔科 [B-36] 全球 (1) 大洲分布和属种数(1/1)◆北美洲
Trichotemnomataceae R.M.Schust. = Trichotemnomaceae
Trichothalamus Spreng. = **Potentilla**
Trichothallus Spreng. = **Potentilla**
Trichothecium M.Fleisch. = **Trachythecium**
Trichotheria【2】 Chanyang. 兰科属 Orchidaceae 兰科 [MM-723] 全球 (2) 大洲分布及种数(uc)亚洲;北美洲
Trichotolinum【3】 O.E.Schulz 大蒜芥属 ≒ **Sisymbrium** Brassicaceae 十字花科 [MD-213] 全球 (1) 大洲分布及种数(1)◆南美洲
Trichotoma Benth. = **Glossostigma**
Trichoton Benth. = **Trichodon**
Trichotosia【3】 Bl. 毛鞘兰属 ≒ **Callostylis;Erica;Campanulorchis** Orchidaceae 兰科 [MM-723] 全球 (1) 大洲分布及种数(58-63)◆亚洲
Trichotria Ehrenberg = **Trichotosia**
Trichotropis Vis. = **Crepis**
Trichovanda Hort. = **Trichoglottis**
Trichozoma Benth. = **Glossostigma**
Trichura Schröd. = **Knautia**
Trichuriella【3】 Bennet 针叶苋属 ← **Achyranthes;Trichurus** Amaranthaceae 苋科 [MD-116] 全球 (1) 大洲分布及种数(1-2)◆亚洲
Trichuris Salisb. = **Dipcadi**
Trichurus【3】 C.C.Towns. 针叶苋属 ≒ **Trichuriella** Amaranthaceae 苋科 [MD-116] 全球 (1) 大洲分布及种数(1)◆东亚(◆中国)
Trichymenia Rydb. = **Hymenothrix**
Trichyurus Arn. = **Tamarix**
Tricla Cav. = **Bougainvillea**
Tricladium Ingold = **Huanaca**
Triclanthera Raf. = **Crateva**
Triclaria Spix = **Tricomaria**
Tricliceras【3】 Thonn. ex DC. 田麻花属 ← **Wormskioldia** Passifloraceae 西番莲科 [MD-151] 全球 (1) 大洲分布及种数(13-18)◆非洲
Triclinium Raf. = **Sanicula**
Triclinum Fée = **Trillium**
Triclisia【3】 Benth. 三被藤属 ← **Chondrodendron;Tiliacora;Sericanthe** Menispermaceae 防已科 [MD-42] 全球 (1) 大洲分布及种数(18-20)◆非洲
Triclisieae Diels = **Triclisia**
Triclisperma Raf. = **Polygala**
Triclissa Salisb. = **Kniphofia**
Triclonella Meyrick = **Trigonella**

Tricoilendus Raf. = **Indigofera**
Tricomaria【3】Gillies ex Hook. 三毛金虎尾属 Malpighiaceae 金虎尾科 [MD-343] 全球 (1) 大洲分布及种数(1)◆南美洲
Tricomariopsis Dubard = **Sphedamnocarpus**
Tricondyla Knight = **Embothrium**
Tricondylus Knight = **Lomatia**
Tricornis Lightfoot = **Tricyrtis**
Tricoryne【3】R.Br. 金秋百合属 ← **Anthericum** Asphodelaceae 阿福花科 [MM-649] 全球 (1) 大洲分布及种数(4-14)◆大洋洲(◆澳大利亚)
Tricoscypha Engl. = **Trichoscypha**
Tricostularia【2】Nees ex Lehm. 三肋莎属 ← **Carpha;Discopodium** Cyperaceae 莎草科 [MM-747] 全球 (2) 大洲分布及种数(6-7)亚洲:1;大洋洲:5
Tricotosia Bl. = **Trichotosia**
Tricratus L'Hér. ex Willd. = **Abronia**
Tricuspidaria Ruiz & Pav. = **Crinodendron**
Tricuspis (P.Beauv.) A.Gray = **Tridens**
Tricuspis Pers. = **Crinodendron**
Tricycla Cav. = **Bougainvillea**
Tricyclandra Keraudren = **Ampelosycios**
Tricyrtidaceae【3】Takht. 油点草科 [MM-619] 全球 (6) 大洲分布和属种数(1;hort. & cult.1)(20-34;hort. & cult. 17-25)非洲:1/2;亚洲:1/20-28;大洋洲:1/2;欧洲:1/2;北美洲:1/1-3;南美洲:1/2
Tricyrtis【3】Wall. 油点草属 ≒ **Uvaria** Liliaceae 百合科 [MM-633] 全球 (1) 大洲分布及种数(20-28)◆亚洲
Tricyrtochilum【-】J.M.H.Shaw 兰科属 Orchidaceae 兰科 [MM-723] 全球 (uc) 大洲分布及种数(uc)
Tridachne Liebm. ex Lindl. = **Notylia**
Tridactyle【3】Schltr. 三指兰属 ← **Aeranthes;Mystacidium;Angraecum** Orchidaceae 兰科 [MM-723] 全球 (1) 大洲分布及种数(50-57)◆非洲
Tridactylidae Sch.Bip. = **Tridactylina**
Tridactylina【3】Sch.Bip. 三指菊属 ← **Chrysanthemum** Asteraceae 菊科 [MD-586] 全球 (1) 大洲分布及种数(1-2)◆亚洲
Tridactylites Haw. = **Saxifraga**
Tridactylus Schltr. = **Tridactyle**
Tridalia Lür = **Tridelta**
Tridax【3】L. 羽芒菊属 → **Amellus;Erigeron; Cymophora** Asteraceae 菊科 [MD-586] 全球 (1) 大洲分布及种数(15-16)◆南美洲(◆巴西)
Triddenum Raf. = **Triadenum**
Tridelta【2】Lür 小三尾兰属 ≒ **Acianthera** Orchidaceae 兰科 [MM-723] 全球 (4) 大洲分布及种数(cf.) 非洲;欧洲;北美洲;南美洲
Tridens (Willd. ex Rydb.) Pilg. = **Tridens**
Tridens【3】Röm. & Schult. 三齿稃属 ← **Poa;Triodia; Dasyochloa** Poaceae 禾本科 [MM-748] 全球 (6) 大洲分布及种数(19-21;hort.1;cult:3)非洲:3-8;亚洲:5-10;大洋洲:1-6;欧洲:5;北美洲:11-16;南美洲:10-15
Tridentapelia【-】G.D.Rowley 萝藦科属 Asclepiadaceae 萝藦科 [MD-494] 全球 (uc) 大洲分布及种数(uc)
Tridentea Apertae L.C.Leach = **Tridentea**
Tridentea【3】Haw. 三齿萝藦属 ← **Stapelia; Stapelianthus** Apocynaceae 夹竹桃科 [MD-492] 全球 (1) 大洲分布及种数(12-13)◆非洲(◆南非)
Tridentella Menzies = **Tridentea**
Tridentopsis【3】P.M.Peterson 三齿草属 Poaceae 禾本科 [MM-748] 全球 (1) 大洲分布及种数(2)◆北美洲
Tridermia Raf. = **Grewia**
Tridesmis Lour. = **Croton**
Tridesmostemon【3】Engl. & Pellegr. 金叶树属 ≒ **Omphalocarpum** Sapotaceae 山榄科 [MD-357] 全球 (1) 大洲分布及种数(2)◆非洲
Tridesmus Lour. = **Croton**
Tridia Korth. = **Hypericum**
Tridianisia Baill. = **Cassinopsis**
Tridimeris【3】Baill. 三台木属 ≒ **Uvaria** Annonaceae 番荔枝科 [MD-7] 全球 (1) 大洲分布及种数(1)◆北美洲
Tridontium【2】Hook.f. 水石藓属 ≒ **Dicranella** Scouleriaceae 水石藓科 [B-110] 全球 (2) 大洲分布及种数(1) 非洲:1;大洋洲:1
Tridophyllum Neck. = **Acomastylis**
Tridynamia【3】Gagnep. 三翅藤属 ← **Porana;Vatica** Convolvulaceae 旋花科 [MD-499] 全球 (1) 大洲分布及种数(cf. 1)◆亚洲
Tridynia Raf. = **Lysimachia**
Tridyra Raf. ex Steud. = **Lysimachia**
Trieenea【3】Hilliard 波籽玄参属 Scrophulariaceae 玄参科 [MD-536] 全球 (1) 大洲分布及种数(3-10)◆非洲(◆南非)
Triendilix Raf. = **Glycine**
Trientalis【3】L. 七瓣莲属 ≒ **Lysimachia** Primulaceae 报春花科 [MD-401] 全球 (6) 大洲分布及种数(4)非洲:4;亚洲:2-6;大洋洲:4;欧洲:4;北美洲:2-7;南美洲:4
Triexastima Raf. = **Phrynium**
Trifax Lindl. = **Trias**
Trifidacanthus【3】Merr. 三叉刺属 ← **Desmodium** Fabaceae 豆科 [MD-240] 全球 (1) 大洲分布及种数(cf. 1)◆亚洲
Trifillium Medik. = **Trillium**
Trifillum【-】Medik. 豆科属 Fabaceae 豆科 [MD-240] 全球 (uc) 大洲分布及种数(uc)
Triflorensia【3】S.T.Reynolds 狗骨柴属 ≒ **Diplospora** Rubiaceae 茜草科 [MD-523] 全球 (1) 大洲分布及种数(3)◆大洋洲
Trifoliaceae Chevall. = Trilliaceae
Trifoliada【3】Rojas 折浆草属 Oxalidaceae 酢浆草科 [MD-395] 全球 (1) 大洲分布及种数(uc)属分布和种数(uc)◆南美洲
Trifoliastrum Mönch = **Trigonella**
Trifolium (Bertol.) Bobrov = **Trifolium**
Trifolium【3】L. 车轴草属 ≒ **Medicago;Orbexilum** Fabaceae3 蝶形花科 [MD-240] 全球 (6) 大洲分布及种数(250-379;hort.1;cult: 41)非洲:102-230;亚洲:128-283;大洋洲:62-181;欧洲:102-250;北美洲:157-288;南美洲:52-155
Triforis Miers = **Triuris**
Trifurcaria Endl. = **Herbertia**
Trifurcia Herb. = **Herbertia**
Trigastrotheca F.Müll = **Mollugo**
Trigella Salisb. = **Cyanella**
Trigenea Sond. = **Trieenea**
Trigenia Nutt. = **Erigenia**
Triglochin【3】L. 水麦冬属 → **Tetroncium; Tristemma;Bulbine** Juncaginaceae 水麦冬科 [MM-604]

全球 (6) 大洲分布及种数(23-61)非洲:8-19;亚洲:4-16;大洋洲:13-48;欧洲:6-15;北美洲:7-18;南美洲:4-17
Triglochinaceae Bercht. & J.Presl = Juncaginaceae
Triglochium L. = **Triglochin**
Triglops Mitch. = **Hamamelis**
Triglossum Fisch. = **Arundinaria**
Trigodon Rich. = **Rhynchospora**
Trigoglottis Höck = **Trichoglottis**
Trigolyca【-】 auct. 兰科属 Orchidaceae 兰科 [MM-723] 全球 (uc) 大洲分布及种数(uc)
Trigomphus Fisch. = **Menispermum**
Trigon Aubl. = **Trigonia**
Trigonachras【3】 Radlk. 菲律宾患子属 ← **Sapindus** Sapindaceae 无患子科 [MD-428] 全球 (1) 大洲分布及种数(1-6)◆东南亚(◆菲律宾)
Trigonanthe (Schltr.) Brieger = **Stelis**
Trigonanthera André = **Peperomia**
Trigonanthus【-】 Endl. ex Steud. 大萼苔科属 ≒ **Ceratostylis** Cephaloziaceae 大萼苔科 [B-52] 全球 (uc) 大洲分布及种数(uc)
Trigonaphera E.Andre = **Peperomia**
Trigonea Pari. = **Allium**
Trigonella (Boiss.) Lassen = **Trigonella**
Trigonella【3】 L. 胡卢巴属 → **Acmispon;Trifolium; Nothoscordum** Fabaceae3 蝶形花科 [MD-240] 全球 (6) 大洲分布及种数(77-131;hort.1;cult:4)非洲:18-37;亚洲:73-119;大洋洲:7-17;欧洲:16-35;北美洲:12-23;南美洲:7
Trigonia【3】Aubl. 三角果属 → **Bredemeyera;Milnea; Croton** Trigoniaceae 三角果科 [MD-316] 全球 (1) 大洲分布及种数(30-33)◆南美洲
Trigoniaceae【3】A.Juss. 三角果科 [MD-316] 全球 (6) 大洲分布和属种数(5/34-49)非洲:1-2/1-2;亚洲:1-2/1-2;大洋洲:1/1;欧洲:1/1;北美洲:1/1;南美洲:3/32-35
Trigoniastrum【3】 Miq. 三棱果属 Trigoniaceae 三角果科 [MD-316] 全球 (1) 大洲分布及种数(cf. 1)◆亚洲
Trigonidium【3】Lindl. 美洲三角兰属 → **Mormolyca; Neocogniauxia;Inti** Orchidaceae 兰科 [MM-723] 全球 (6) 大洲分布及种数(16-17)非洲:1;亚洲:1;大洋洲:1;欧洲:1;北美洲:4-5;南美洲:15-17
Trigoniodendron【3】 E.F.Guim. & Migül 圆角果属 Trigoniaceae 三角果科 [MD-316] 全球 (1) 大洲分布及种数(1)◆南美洲(◆巴西)
Trigonis Jacq. = **Cupania**
Trigonium Lindl. = **Trigonidium**
Trigonobalanus【3】 Forman 轮叶三棱栎属 ← **Quercus** Fagaceae 壳斗科 [MD-69] 全球 (1) 大洲分布及种数(cf. 1)◆亚洲
Trigonocapnos【3】 Schltr. 三棱烟堇属 ← **Fumaria** Papaveraceae 罂粟科 [MD-54] 全球 (1) 大洲分布及种数(1)◆非洲(◆南非)
Trigonocarpus Bert. ex Steud. = **Chorizanthe**
Trigonocarpus Vell. = **Cupania**
Trigonocarpus Wall. = **Kokoona**
Trigonocaryum【3】 Trautv. 角果五加属 ≒ **Myosotis** Boraginaceae 紫草科 [MD-517] 全球 (1) 大洲分布及种数(1)◆亚洲
Trigonochilum Acicaules Königer & Schildh. = **Trigonochilum**
Trigonochilum【3】 W.Königer & H.Schildhaür 委内三角兰属 ← **Cyrtochilum;Irenea** Orchidaceae 兰科 [MM-723] 全球 (1) 大洲分布及种数(14-15)◆南美洲
Trigonochlamys Hook.f. = **Santiria**
Trigonochloa【3】 P.M.Peterson & N.Snow 三角禾属 ≒ **Leptochloa** Poaceae 禾本科 [MM-748] 全球 (1) 大洲分布及种数(2)◆非洲
Trigonodes Steven = **Trigonotis**
Trigonodictyon Dixon & P.de la Varde = **Grimmia**
Trigonodon Turcz. = **Enkianthus**
Trigononia Steven = **Trigonia**
Trigonophyllum【-】 (Prantl) Pic.Serm. 膜蕨科属 Hymenophyllaceae 膜蕨科 [F-21] 全球 (uc) 大洲分布及种数(uc)
Trigonopleura【3】 Hook.f. 楼梯木属 Peraceae 蚌壳木科 [MD-216] 全球 (1) 大洲分布及种数(1-3)◆亚洲
Trigonopoda Holttum = **Trigonospora**
Trigonopsis Vardy = **Tritoniopsis**
Trigonopterum【-】 Hook.f. 菊科属 ≒ **Macraea** Asteraceae 菊科 [MD-586] 全球 (uc) 大洲分布及种数(uc)
Trigonopyren【3】 Bremek. 三角茜属 Rubiaceae 茜草科 [MD-523] 全球 (1) 大洲分布及种数(9)◆非洲
Trigonosciadium【3】 Boiss. 三角芹属 ← **Heracleum** Apiaceae 伞形科 [MD-480] 全球 (1) 大洲分布及种数(2-5)◆亚洲
Trigonospermum【3】 Less. 角子菊属 ← **Sigesbeckia** Asteraceae 菊科 [MD-586] 全球 (1) 大洲分布及种数(8-11)◆北美洲
Trigonospermun Less. = **Trigonospermum**
Trigonospila Holttum = **Trigonospora**
Trigonospora【3】 Holttum 三槽孢蕨属 ≒ **Lastrea; Cyclosorus** Thelypteridaceae 金星蕨科 [F-42] 全球 (6) 大洲分布及种数(3-5)非洲:8;亚洲:2-12;大洋洲:8;欧洲:8;北美洲:8;南美洲:8
Trigonosporium Less. = **Trigonospermum**
Trigonostemon【3】 Bl. 三宝木属 ← **Alchornea; Omphalea;Paracroton** Euphorbiaceae 大戟科 [MD-217] 全球 (6) 大洲分布及种数(33-98;hort.1;cult: 1)非洲:8;亚洲:31-90;大洋洲:2-14;欧洲:6;北美洲:6;南美洲:6
Trigonotheca Hochst. = **Melanthera**
Trigonotis【3】 Stev. 附地菜属 ≒ **Omphalodes;Sinojohnstonia** Boraginaceae 紫草科 [MD-517] 全球 (1) 大洲分布及种数(62-76)◆亚洲
Trigonotreta Hochst. = **Melanthera**
Trigonulina Raf. = **Utricularia**
Trigonura Aubl. = **Trigonia**
Trigostemon Bl. = **Trigonostemon**
Trigridia Stent = **Tigridia**
Triguera【2】 Cav. 木槿属 ≒ **Solanum** Malvaceae 锦葵科 [MD-203] 全球 (2) 大洲分布及种数(1) 非洲:1;欧洲:1
Trigula Noronha = **Populus**
Trigynaea【3】 Schltdl. 榛桂木属 → **Bocageopsis; Unonopsis;Onychopetalum** Annonaceae 番荔枝科 [MD-7] 全球 (1) 大洲分布及种数(10)◆南美洲
Trigyneia Rchb. = **Trigynaea**

Trigynia Jacq.Fél. = **Trigonia**

Trihaloragis 【3】 M.L.Moody & Les 酸模仙草属 Haloragaceae 小二仙草科 [MD-271] 全球 (1) 大洲分布及种数(1)属分布和种数(uc)◆大洋洲(◆澳大利亚)

Trihesperus 【3】 Herb. 圆果吊兰属 ≒ **Anthericum** Asparagaceae 天门冬科 [MM-669] 全球 (1) 大洲分布及种数(uc)◆亚洲

Trihilea Dochnahl = **Trichilia**

Trikalis Raf. = **Atriplex**

Trikeraia 【3】 Bor 三角草属 ← **Achnatherum;Sida** Poaceae 禾本科 [MM-748] 全球 (1) 大洲分布及种数(cf. 1)◆亚洲

Trilepidea 【3】 Van Tiegh. 大苞鞘花属 ← **Elytranthe;Loranthus** Loranthaceae 桑寄生科 [MD-415] 全球 (1) 大洲分布及种数(1)◆大洋洲

Trilepis Gilly = **Trilepis**

Trilepis 【3】 Nees 三鳞茅属 → **Afrotrilepis** Cyperaceae 莎草科 [MM-747] 全球 (1) 大洲分布及种数(6)◆南美洲

Trilepisium 【3】 Thou. 鳞桑属 Moraceae 桑科 [MD-87] 全球 (1) 大洲分布及种数(1)◆非洲

Triliena Raf. = **Acnistus**

Trilisa (Cass.) Cass. = **Carphephorus**

Trilisia Benth. = **Triclisia**

Trilix L. = **Prockia**

Trillesanthus Pierre = **Marquesia**

Trillesianthus Pierre ex A.Chev. = **Marquesia**

Trilliaceae 【3】 Chevall. 延龄草科 [MM-620] 全球 (6) 大洲分布和属种数(3;hort. & cult.3)(84-150;hort. & cult.62-71)非洲:1-2/1-30;亚洲:2/65-99;大洋洲:1-2/2-31;欧洲:2/8-37;北美洲:2-3/48-79;南美洲:2/29

Trillidium Kunth = **Paris**

Trillium 【3】 L. 延龄草属 ≒ **Paris;Amoria** Melanthiaceae 藜芦科 [MM-621] 全球 (6) 大洲分布及种数(53-63;hort.1;cult:26)非洲:22;亚洲:34-59;大洋洲:22;欧洲:5-27;北美洲:47-71;南美洲:22

Trilobachne 【3】 M.Schenck ex Henrard 三裂果属 ← **Polytoca** Poaceae 禾本科 [MM-748] 全球 (1) 大洲分布及种数(cf. 1)◆亚洲

Trilobulina Raf. = **Utricularia**

Trilobus Raf. = **Sterculia**

Trilocularia Schltr. = **Balanops**

Triloculina Raf. = **Utricularia**

Trilomisa Raf. = **Begonia**

Trilophozia 【3】 (Huds.) Bakalin,Vadim A. 三裂苔属 ≒ **Jungermannia** Lophoziaceae 裂叶苔科 [B-56] 全球 (6) 大洲分布及种数(2)非洲:1;亚洲:1-2;大洋洲:1;欧洲:1-2;北美洲:1;南美洲:1

Trilophus Fisch. = **Kaempferia**

Trilopus Adans. = **Hamamelis**

Trima L. = **Trapa**

Trimeiandra Raf. = **Passerina**

Trimelopter Raf. = **Ornithogalum**

Trimenia 【3】 Seem. 苞被木属 ≒ **Trimeria** Trimeniaceae 苞被木科 [MD-16] 全球 (1) 大洲分布及种数(7)◆大洋洲

Trimeniaceae 【3】 Gibbs 苞被木科 [MD-16] 全球 (1) 大洲分布和属种数(1/12)◆北美洲

Trimera Fée = **Trimezia**

Trimeranthes (Cass.) Cass. = **Sigesbeckia**

Trimeranthus H.Karst. = **Chaetolepis**

Trimerella Michx. = **Burmannia**

Trimeria 【3】 Harv. 桑柞属 ≒ **Acrostichum** Flacourtiaceae 大风子科 [MD-142] 全球 (1) 大洲分布及种数(2-24)◆非洲(◆南非)

Trimeris C.Presl = **Lobelia**

Trimerisma C.Presl = **Platylophus**

Trimeriza Lindl. = **Thottea**

Trimerocalyx 【3】 (Murb.) Murb. 突尼斯玄参属 Plantaginaceae 车前科 [MD-527] 全球 (1) 大洲分布及种数(cf. 1)◆非洲

Trimetra Moç. & Sessé ex DC. = **Borrichia**

Trimeza Pfeiff. = **Trimezia**

Trimezia 【3】 Salisb. ex Şerb. 豹纹鸢尾属 ≒ **Tristania;Cipura** Iridaceae 鸢尾科 [MM-700] 全球 (6) 大洲分布及种数(74-94;hort.1)非洲:7-8;亚洲:5-6;大洋洲:1;欧洲:3-4;北美洲:10-11;南美洲:72-93

Trimezieae Ravenna = **Trimezia**

Trimicra Raf. = **Mirabilis**

Trimista Raf. = **Florestina**

Trimorpha 【3】 Cass. 小蓬草属 ≒ **Erigeron** Asteraceae 菊科 [MD-586] 全球 (6) 大洲分布及种数(4) 非洲:3;亚洲:4;大洋洲:3;欧洲:4;北美洲:4;南美洲:3

Trimorphaea Cass. = **Erigeron**

Trimorphandra Brongn. & Gris = **Hibbertia**

Trimorphoea Benth. & Hook.f. = **Erigeron**

Trimorphopetalum Baker = **Impatiens**

Trina Felder & Felder = **Trinia**

Trinacrium Lour. = **Phyllanthus**

Trinacte Gaertn. = **Jungia**

Trinax D.Dietr. = **Trias**

Trinchinettia Endl. = **Neurolaena**

Trinciatella Adans. = **Hyoseris**

Trinella Calest. = **Trinia**

Trinema Hook.f. = **Hibbertia**

Trineuria C.Presl = **Aspalathus**

Trineuron Hook.f. = **Abrotanella**

Tringa Roxb. = **Lipocarpha**

Trinia 【2】 Hoffm. 磨石芹属 → **Anginon;Pimpinella;Saposhnikovia** Apiaceae 伞形科 [MD-480] 全球 (3) 大洲分布及种数(9-15;hort.1)亚洲:6-9;欧洲:6-10;南美洲:cf.1

Triniella Calest. = **Trinia**

Triniochloa 【3】 Hitchc. 闭针草属 ← **Agrostis;Avena** Poaceae 禾本科 [MM-748] 全球 (1) 大洲分布及种数(6)◆北美洲

Trinitaria Forssk. = **Trisetaria**

Trinitella Calest. = **Trinia**

Triniteurybia 【3】 Brouillet 三叉湖绿顶菊属 ≒ **Macronema** Asteraceae 菊科 [MD-586] 全球 (1) 大洲分布及种数(1)◆北美洲(◆美国)

Triniusa Steud. = **Bromus**

Trinogeton Walp. = **Exodeconus**

Trinophylum Neck. = **Potentilla**

Triocles (Ker Gawl.) Salisb. = **Triocles**

Triocles 【3】 Salisb. 三百合属 Liliaceae 百合科 [MM-633] 全球 (1) 大洲分布及种数(cf.1)◆非洲

Triodallus A.DC. = **Triodanis**

Triodanis【3】Raf. 异檐花属 ← **Asyneuma; Campanula;Pentagonia** Campanulaceae 桔梗科 [MD-561] 全球 (6) 大洲分布及种数(8;hort.1;cult: 1)非洲:2;亚洲:3-5;大洋洲:2;欧洲:2-4;北美洲:6-8;南美洲:1-3

Triodia (Bernh.) Hack. = **Triodia**

Triodia【3】R.Br. 矛胶草属 → **Austrofestuca; Festuca;Triraphis** Poaceae 禾本科 [MM-748] 全球 (1) 大洲分布及种数(55-112)◆大洋洲(◆澳大利亚)

Triodica Steud. = **Triadica**

Triodieae H.F.Decker = **Triodia**

Triodoglossum【3】Bullock 非洲角萝藦属 Apocynaceae 夹竹桃科 [MD-492] 全球 (6) 大洲分布及种数(1)非洲:1;亚洲:1;大洋洲:1;欧洲:1;北美洲:1;南美洲:1

Triodon Baumg. = **Rhynchospora**

Triodon DC. = **Diodia**

Triodoncidium【-】J.M.H.Shaw 兰科属 Orchidaceae 兰科 [MM-723] 全球 (uc) 大洲分布及种数(uc)

Triodos Rich. = **Rhynchospora**

Triodus Raf. = **Carex**

Triola Naudin = **Triolena**

Triolaena Schult. & Schult.f. = **Tricholaena**

Triolena【2】Naudin 奋臂花属 ← **Bertolonia;Diolena** Melastomataceae 野牡丹科 [MD-364] 全球 (2) 大洲分布及种数(28;hort.1)北美洲:13;南美洲:20

Trioleneae Bacci = **Triolena**

Triomma【3】Hook.f. 风车榄属 ← **Arytera** Burseraceae 橄榄科 [MD-408] 全球 (1) 大洲分布及种数(14)◆亚洲

Trionaea Medik. = **Hibiscus**

Trioncinia【3】(F.Müll.) Veldkamp 折芒菊属 Asteraceae 菊科 [MD-586] 全球 (1) 大洲分布及种数(2)◆大洋洲(◆澳大利亚)

Trionfettia P. & K. = **Triumfetta**

Trionum L. = **Hibiscus**

Triopteris L. = **Triopterys**

Triopterys【3】L. 叉虎尾属 → **Tetrapterys;Mascagnia;Stigmaphyllon** Malpighiaceae 金虎尾科 [MD-343] 全球 (6) 大洲分布及种数(2)非洲:2;亚洲:1-4;大洋洲:2;欧洲:2;北美洲:1-3;南美洲:2-4

Trioptolemea Benth. = **Dalbergia**

Triorchis Millan = **Spiranthes**

Triorchos Small & Nash = **Pteroglossaspis**

Triorla R.Br. = **Triodia**

Triosteon Adans. = **Triosteum**

Triosteospermum Mill. = **Triosteum**

Triosteum【3】L. 莛子藨属 → **Flagenium;Tristemma; Pentaschistis** Caprifoliaceae 忍冬科 [MD-510] 全球 (6) 大洲分布及种数(8-9;hort.1)非洲:3;亚洲:6-10;大洋洲:3;欧洲:3;北美洲:6-9;南美洲:3

Triotosiphon【3】Schltr. ex Lür 尾萼兰属 ← **Masdevallia;Sterculia** Orchidaceae 兰科 [MM-723] 全球 (1) 大洲分布及种数(cf. 1)◆南美洲

Trioxys Moq. = **Chenopodium**

Tripagandra Pichon = **Tripogandra**

Tripalea Banks & Sol. ex Hook.f. = **Aristotelia**

Tripentas Casp. = **Vismia**

Triperygiam Hook.f. = **Tripterygium**

Tripetaleia Sieb. & Zucc. = **Elliottia**

Tripetalum【3】K.Schum. 藤黄属 ≒ **Garcinia** Clusiaceae 藤黄科 [MD-141] 全球 (1) 大洲分布及种数(uc)◆大洋洲

Tripetelus Lindl. = **Sambucus**

Tripha Nor. = **Triphora**

Triphaca Lour. = **Sterculia**

Triphalia Banks & Sol. ex Hook.f. = **Aristotelia**

Triphane Rchb. = **Arenaria**

Triphasia【3】Lour. 锦橘果属 ← **Citrus;Limonia;Aegle** Rutaceae 芸香科 [MD-399] 全球 (1) 大洲分布及种数(3)◆亚洲

Triphelebia R.Br. ex Endl. = **Actinodium**

Triphelia R.Br. ex Endl. = **Actinodium**

Triphlebia【-】Baker 铁角蕨科属 ≒ **Eragrostis; Phyllitis** Aspleniaceae 铁角蕨科 [F-43] 全球 (uc) 大洲分布及种数(uc)

Triphlebia Baker = **Eragrostis**

Triphlebia Stapf = **Triphlebia**

Triphora【3】Nutt. 垂帽兰属 ← **Arethusa;Limodorum; Pogonia** Orchidaceae 兰科 [MM-723] 全球 (6) 大洲分布及种数(24;hort.1;cult: 3)非洲:11;亚洲:2-13;大洋洲:1-12;欧洲:11;北美洲:14-25;南美洲:15-26

Triphoreae Dressler = **Triphora**

Triphylleion Süss. = **Niphogeton**

Triphylloides Mönch = **Trifolium**

Triphyllum Medik. = **Medicago**

Triphyophyllum【3】Airy-Shaw 露松藤属 Dioncophyllaceae 双钩叶科 [MD-139] 全球 (1) 大洲分布及种数(1)◆非洲

Triphysaria【2】Fisch. & C.A.Mey. 直果草属 ← **Castilleja;Orthocarpus** Orobanchaceae 列当科 [MD-552] 全球 (3) 大洲分布及种数(7;hort.1)亚洲:6;大洋洲:3;北美洲:6

Tripidium【3】H.Scholz 亚洲三角禾属 ≒ **Andropogon** Poaceae 禾本科 [MM-748] 全球 (1) 大洲分布及种数(cf. 1)◆亚洲

Tripinna Lour. = **Vitex**

Tripinnaria Pers. = **Colea**

Triplachne【2】Link 三须草属 ← **Agrostis** Poaceae 禾本科 [MM-748] 全球 (2) 大洲分布及种数(2)非洲:1;欧洲:1

Triplandra Raf. = **Croton**

Triplandron Benth. = **Clusia**

Triplarina【3】Raf. 岗松属 ≒ **Baeckea;Ruprechtia** Myrtaceae 桃金娘科 [MD-347] 全球 (1) 大洲分布及种数(1-8)◆大洋洲

Triplaris【3】Löfl. 蓼树属 ≒ **Ruprechtia** Polygonaceae 蓼科 [MD-120] 全球 (1) 大洲分布及种数(58-62)◆南美洲

Triplasandra Seem. = **Tetraplasandra**

Triplasia C.Agardh = (接受名不详) Cyperaceae

Triplasiella【2】P.M.Peterson & Romasch. 三花禾属 Poaceae 禾本科 [MM-748] 全球 (2) 大洲分布及种数(cf.1)北美洲:1,南美洲:1

Triplasis【3】P.Beauv. 三重茅属 ← **Aira;Tripogon; Triplaris** Poaceae 禾本科 [MM-748] 全球 (1) 大洲分布及种数(2-8)◆北美洲

Triplateia Bartl. = **Minuartia**

Triplathera (Endl.) Lindl. = **Bouteloua**
Triplectrum D.Don ex Wight & Arn. = **Melastoma**
Tripleu Lindl. = **Zeuxine**
Tripleura Lindl. = **Zeuxine**
Tripleurocota 【-】 Starm. 菊科属 Asteraceae 菊科 [MD-586] 全球 (uc) 大洲分布及种数(uc)
Tripleuros Lindl. = **Zeuxine**
Tripleurospermum【3】Sch.Bip. 三肋果属 ← **Matricaria;Chamaemelum;Heteromera** Asteraceae 菊科 [MD-586] 全球 (6) 大洲分布及种数(44-54;hort.1;cult: 1)非洲:8-10;亚洲:40-43;大洋洲:4-6;欧洲:15-17;北美洲:8-10;南美洲:2
Tripleurothemis 【-】 Stace 菊科属 Asteraceae 菊科 [MD-586] 全球 (uc) 大洲分布及种数(uc)
Triplima Raf. = **Carex**
Triplisomeris【3】 Aubrév. & Pellegr. 巨瓣苏木属 ≒ **Anthonotha** Fabaceae3 蝶形花科 [MD-240] 全球 (1) 大洲分布及种数(uc)◆亚洲
Triplobaceae Raf. = Bombacaceae
Triplobus Raf. = **Sterculia**
Triplocentron Cass. = **Centaurea**
Triplocephalum【3】O.Hoffm. 三头菊属 ≒ **Geigeria** Asteraceae 菊科 [MD-586] 全球 (1) 大洲分布及种数(1)◆非洲(◆肯尼亚)
Triploceras Thonn. ex DC. = **Tricliceras**
Triplochiton Alef. = **Triplochiton**
Triplochiton 【3】 K.Schum. 伞白桐属 ← **Hibiscus** Malvaceae 锦葵科 [MD-203] 全球 (6) 大洲分布及种数(3)非洲:2-9;亚洲:7;大洋洲:7;欧洲:7;北美洲:1-8;南美洲:1-8
Triplochitonaceae K.Schum. = Malvaceae
Triplochlamys Ulbr. = **Pavonia**
Triplocoma Bach.Pyl. = **Dawsonia**
Triplodon Benth. = **Trichodon**
Triplolepis Turcz. = **Periploca**
Triplomeia Raf. = **Phoebe**
Triplopetalum Nyar. = **Alyssum**
Triplophos Fisch. = **Hamamelis**
Triplophyllum 【2】 Holttum 泉水蕨属 ← **Aspidium; Dictyopteris** Aspidiaceae 叉蕨科 [F-50] 全球 (5) 大洲分布及种数(28)非洲:15-20;亚洲:1;大洋洲:1;北美洲:2-3;南美洲:10-12
Triplophyllym Holttum = **Triplophyllum**
Triplopogon【3】Bor 鸭嘴草属 ← **Ischaemum** Poaceae 禾本科 [MM-748] 全球 (1) 大洲分布及种数(2)◆亚洲
Triplorhiza Ehrh. = **Pseudorchis**
Triplosperma 【-】 G.Don 夹竹桃科属 ≒ **Ceropegia** Apocynaceae 夹竹桃科 [MD-492] 全球 (uc) 大洲分布及种数(uc)
Triplostegia 【3】 Wall. ex DC. 双参属 ≒ **Rhodiola** Caprifoliaceae 忍冬科 [MD-510] 全球 (1) 大洲分布及种数(cf. 1)◆亚洲
Triplostegiaceae【3】A.E.Bobrov ex Airy-Shaw 双参科 [MD-543] 全球 (1) 大洲分布和属种数(1/2-4)◆非洲
Triplostehia Wall. ex DC. = **Triplostegia**
Triplotaxis Hutch. = **Cyanthillium**
Tripodandra Baill. = **Rhaptonema**
Tripodanthera M.Röm. = **Gymnopetalum**
Tripodanthus (Eichler) Van Tiegh. = **Tripodanthus**
Tripodanthus【3】 Van Tiegh. 三足花属 ≒ **Loranthus; Phrygilanthus;Macrosolen** Loranthaceae 桑寄生科 [MD-415] 全球 (1) 大洲分布及种数(3)◆南美洲
Tripodion Medik. = **Anthyllis**
Tripogandra【3】 Raf. 须竹草属 ← **Aneilema;Tradescantia;Callisia** Commelinaceae 鸭跖草科 [MM-708] 全球 (1) 大洲分布及种数(14-16)◆南美洲
Tripogon Bor = **Tripogon**
Tripogon 【3】 Röm. & Schult. 草沙蚕属 ← **Avena; Triodia;Triplasis** Poaceae 禾本科 [MM-748] 全球 (6) 大洲分布及种数(54-56)非洲:13-15;亚洲:46-51;大洋洲:2-3;欧洲:3-4;北美洲:2-3;南美洲:5-6
Tripogonella P.M.Peterson & Romasch. = **Trigonella**
Tripolion Raf. = **Aster**
Tripolium Astropolium Nutt. = **Tripolium**
Tripolium 【3】 Nees 碱菀属 → **Aster;Eurybia** Asteraceae 菊科 [MD-586] 全球 (1) 大洲分布及种数(1-5)◆北美洲
Tripora【3】 P.D.Cantino 叉枝莸属 ≒ **Clerodendrum** Lamiaceae 唇形科 [MD-575] 全球 (1) 大洲分布及种数(cf. 1)◆亚洲
Triporoletes【-】 Mtchedlishvili 不明藓属 全球 (uc) 大洲分布及种数(uc)
Tripospermum Bl. = **Trichospermum**
Tripospora Fitzp. = **Tinospora**
Triprotella Ritgen = **Burmannia**
Tripsaceae C.E.Hubb. ex Nakai = Trapaceae
Tripsacum Hitchc. = **Tripsacum**
Tripsacum【3】L.摩擦草属 → **Anthephora;Trichachne** Poaceae 禾本科 [MM-748] 全球 (1) 大洲分布及种数(15-18)◆北美洲
Tripsilina Raf. = **Adenia**
Triptenus Lindl. = **Sambucus**
Tripteranthus Wall. ex Miers = **Burmannia**
Tripterella Michx. = **Burmannia**
Tripteris【2】Less. 莫菊属 ≒ **Calendula;Osteospermum;Oligocarpus** Asteraceae 菊科 [MD-586] 全球 (3) 大洲分布及种数(20-24)非洲:19-20;亚洲:1;大洋洲:1
Tripterium Bercht. & J.Presl = **Thalictrum**
Tripterocalyx【3】 (Torr.) Hook. 沙烟花属 ← **Abronia** Nyctaginaceae 紫茉莉科 [MD-107] 全球 (1) 大洲分布及种数(5-7)◆北美洲
Tripterocarpus Meisn. = **Bridgesia**
Tripterocladium【3】 (Müll.Hal.) A.Jaeger 北美洲角藓属 ≒ **Isothecium** Lembophyllaceae 船叶藓科 [B-205] 全球 (1) 大洲分布及种数(1)◆北美洲
Tripterococcus 【3】 Endl. 风烛花属 ≒ **Stackhousia** Celastraceae 卫矛科 [MD-339] 全球 (1) 大洲分布及种数(1)◆大洋洲(◆澳大利亚)
Tripterodendron【3】 Radlk. 三翅木属 Sapindaceae 无患子科 [MD-428] 全球 (1) 大洲分布及种数(1)◆南美洲(◆巴西)
Tripterospermum 【3】 Bl. 双蝴蝶属 ≒ **Crawfurdia; Gentiana** Gentianaceae 龙胆科 [MD-496] 全球 (1) 大洲分布及种数(33-39)◆亚洲
Tripterygion Hook.f. = **Tripterygium**
Tripterygium【3】 Hook.f. 雷公藤属 ← **Aspidopterys**

Celastraceae 卫矛科 [MD-339] 全球 (6) 大洲分布及种数(5)非洲:3;亚洲:4-8;大洋洲:3;欧洲:3;北美洲:1-4;南美洲:3
Triptilion【3】Ruiz & Pav. 白蓝钝柱菊属 ← **Nassauvia** Asteraceae 菊科 [MD-586] 全球 (1) 大洲分布及种数(8-9)◆南美洲
Triptilodiscus【3】Turcz. 小麦秆菊属 ≒ **Helipterum** Asteraceae 菊科 [MD-586] 全球 (1) 大洲分布及种数(1)◆大洋洲(◆澳大利亚)
Triptolemaea Mart. = **Dalbergia**
Triptolemea Mart. = **Dalbergia**
Triptorella Ritgen = **Burmannia**
Tripudia R.Br. = **Triodia**
Tripudianthes【2】(Seidenf.) Szlach. & Kras 石豆兰属 ≒ **Bulbophyllum** Orchidaceae 兰科 [MM-723] 全球 (2) 大洲分布及种数(cf.1) 非洲;亚洲
Tripusus L. = **Tribulus**
Tripylina Raf. = **Adenia**
Tripylus Philippi = **Tribulus**
Triquetra Medik. = **Astragalus**
Triquetrella【2】Müll.Hal. 三丛藓属 ≒ **Leptodontium; Reimersia** Pottiaceae 丛藓科 [B-133] 全球 (5) 大洲分布及种数(13) 非洲:2;大洋洲:7;欧洲:1;北美洲:1;南美洲:2
Triquiliopsis A.Heller ex Rydb. = **Tiquilia**
Trirachys Champ. ex Thwaites = **Thismia**
Triraphis Nees = **Triraphis**
Triraphis【3】R.Br. 三针草属 ← **Avena;Nematopoa; Pentaschistis** Poaceae 禾本科 [MM-748] 全球 (6) 大洲分布及种数(11)非洲:8;亚洲:1;大洋洲:3;欧洲:1;北美洲:2;南美洲:2
Trirhaphis【-】Spreng. 禾本科属 Poaceae 禾本科 [MM-748] 全球 (uc) 大洲分布及种数(uc)
Trirogma O.F.Cook = **Theobroma**
Trirostellum Z.P.Wang & Q.Z.Xie = **Gynostemma**
Trisacarpis Raf. = **Hippeastrum**
Trisanthus Lour. = **Centella**
Triscaphis Gagnep. = **Picrasma**
Triscenia【3】Griseb. 古巴黍属 ← **Panicum** Poaceae 禾本科 [MM-748] 全球 (1) 大洲分布及种数(1)◆北美洲(◆古巴)
Trischidium【3】Tul. 铁木豆属 ≒ **Swartzia** Fabaceae 豆科 [MD-240] 全球 (1) 大洲分布及种数(5)◆南美洲
Trisciadia Hook.f. = **Coelospermum**
Trisciadium Phil. = **Huanaca**
Triscyphus Taub. = **Thismia**
Triseiadia Hook.f. = **Caelospermum**
Trisema Hook.f. = **Hibbertia**
Trisemma Brongniart & Gris = **Helianthemum**
Trisepalum【3】C.B.Clarke 唇萼苣苔属 ← **Boea;Phylloboea;Petrocosmea** Gesneriaceae 苦苣苔科 [MD-549] 全球 (1) 大洲分布及种数(2-4)◆亚洲
Trisetaria【3】Forssk. 三毛禾属 ≒ **Aidia;Agrostis** Poaceae 禾本科 [MM-748] 全球 (1) 大洲分布及种数(23-24)◆南欧(◆葡萄牙)
Trisetarium Poir. = **Trisetum**
Trisetella Calvicaulis Luer = **Trisetella**
Trisetella【2】Lür 三尾兰属 ← **Masdevallia** Orchidaceae 兰科 [MM-723] 全球 (3) 大洲分布及种数(25-27)大洋洲:1;北美洲:5;南美洲:22
Trisetobromus Nevski = **Bromus**
Trisetokoeleria【2】Tzvelev 三尾草属 ≒ **Koeleria** Poaceae 禾本科 [MM-748] 全球 (2) 大洲分布及种数(cf.) 亚洲;欧洲
Trisetopsis Röser & A.Wölk = **Tridentopsis**
Trisetum (Besser) Pfeiff. = **Trisetum**
Trisetum【3】Pers. 三毛草属 ← **Agrostis;Helictotrichon;Koeleria** Poaceae 禾本科 [MM-748] 全球 (6) 大洲分布及种数(89-107;hort.1;cult: 9)非洲:12-28;亚洲:35-59;大洋洲:17-32;欧洲:28-45;北美洲:34-51;南美洲:24-43
Trisiola Raf. = **Uniola**
Trismatomeris Thwaites = **Prismatomeris**
Trismegistia【2】(Müll.Hal.) Müll.Hal. 金枝藓属 ≒ **Aptychopsis** Pylaisiadelphaceae 毛锦藓科 [B-191] 全球 (5)大洲分布及种数(23)非洲:2;亚洲:19;大洋洲:11;欧洲:1;南美洲:1
Trismeria Fée = **Pityrogramma**
Trispermium Hill = **Selaginella**
Trissago Hall. = **Teucrium**
Tristachya C.E.Hubb. = **Tristachya**
Tristachya【3】Nees 三联穗草属 → **Zonotriche;Tristicha;Danthoniopsis** Poaceae 禾本科 [MM-748] 全球 (6) 大洲分布及种数(31-33)非洲:24-25;亚洲:1-2;大洋洲:1;欧洲:1;北美洲:6-7;南美洲:1-2
Tristagma【3】Pöpp. 雪星韭属 ← **Allium;Malva; Ipheion** Amaryllidaceae 石蒜科 [MM-694] 全球 (1) 大洲分布及种数(24-40)◆南美洲
Tristania【3】R.Br. 金桃柳属 → **Kania;Lophostemon; Melaleuca** Myrtaceae 桃金娘科 [MD-347] 全球 (1) 大洲分布及种数(5-12)◆大洋洲
Tristaniopsis【2】Brongn. & Griseb. 水桉属 ← **Melaleuca;Tristania;Tristiropsis** Myrtaceae 桃金娘科 [MD-347] 全球 (4) 大洲分布及种数(30-41;hort.1)非洲:4-5;亚洲:23-28;大洋洲:11-19;南美洲:1-2
Tristeca P.Beauv. ex Mirb. = **Psilotum**
Tristegis Nees = **Melinis**
Tristellaria Rchb. = **Tristellateia**
Tristellateia【2】Thou. 三星果属 ← **Banisteria; Microsteira** Malpighiaceae 金虎尾科 [MD-343] 全球 (4) 大洲分布及种数(23-25)非洲:21-23;亚洲:1;大洋洲:2;北美洲:1
Tristemma【3】Juss. 三冠野牡丹属 → **Dissotis;Melastoma;Osbeckia** Melastomataceae 野牡丹科 [MD-364] 全球 (1) 大洲分布及种数(17-29)◆非洲
Tristemon Klotzsch = **Triglochin**
Tristemon Scheele = **Cucurbita**
Tristemonanthus【3】Lös. 曲蕊卫矛属 ← **Campylostemon** Celastraceae 卫矛科 [MD-339] 全球 (1) 大洲分布及种数(1-2)◆非洲
Tristerex Mart. = **Tristerix**
Tristeria Hook.f. = **Tristerix**
Tristerix【3】Mart. 鞘花属 ≒ **Loranthus;Macrosolen** Loranthaceae 桑寄生科 [MD-415] 全球 (1) 大洲分布及种数(13)◆南美洲
Tristicha【2】Thou. 枝川藻属 ← **Crassula; Malaccotristicha** Podostemaceae 川苔草科 [MD-322] 全球 (5) 大洲分布及种数(3)非洲:2;亚洲:cf.1;大洋洲:1;北美洲:1;南

美洲:1
Tristichaceae Willis = Podostemaceae
Tristichella Dixon = **Clastobryum**
Tristichia Thou. = **Tristicha**
Tristichiopsis Müll.Hal. = **Tristichium**
Tristichium【3】Müll.Hal. 立毛藓属 Ditrichaceae 牛毛藓科 [B-119] 全球 (1) 大洲分布及种数(4)◆亚洲
Tristichocalyx F.Müll = **Cocculus**
Tristichocalyx Miers = **Legnephora**
Tristichopsis A.Chev. = **Tristicha**
Tristira【3】Radlk. 李荔枝属 ≒ **Glenniea** Sapindaceae 无患子科 [MD-428] 全球 (1) 大洲分布及种数(1)◆亚洲
Tristiropsis【3】Radlk. 广无患子属 ≒ **Tristaniopsis** Sapindaceae 无患子科 [MD-428] 全球 (1) 大洲分布及种数(1-8)◆亚洲
Tristix Mart. = **Tristerix**
Tristylea Jord. & Fourr. = **Saxifraga**
Tristylium Turcz. = **Cleyera**
Trisuloara【-】Hort. 兰科属 Orchidaceae 兰科 [MM-723] 全球 (uc) 大洲分布及种数(uc)
Trisuloides Ség. = **Tribulus**
Trisyngyne Baill. = **Nothofagus**
Tritaenia Griseb. = **Triscenia**
Tritaenicum Turcz. = **Domeykoa**
Tritaxia Baill. = **Trigonostemon**
Tritaxis Baill. = **Trigonostemon**
Tritelandra Raf. = **Epidendrum**
Triteleia【3】Dougl. ex Lindl. 无味韭属 ≒ **Brodiaea; Marila** Asparagaceae 天门冬科 [MM-669] 全球 (1) 大洲分布及种数(18-24)◆北美洲
Triteleiopsis【3】Hoover 蓝沙韭属 ← **Brodiaea; Triteleia** Asparagaceae 天门冬科 [MM-669] 全球 (1) 大洲分布及种数(1)◆北美洲
Triteleya Phil. = **Triteleia**
Tritheca Miq. = **Ammannia**
Trithecanthera【3】Van Tiegh. 马来桑寄生属 ← **Loranthus** Loranthaceae 桑寄生科 [MD-415] 全球 (1) 大洲分布及种数(1-6)◆东南亚
Trithrinax【3】Mart. 长刺棕属 ≒ **Chelyocarpus** Arecaceae 棕榈科 [MM-717] 全球 (1) 大洲分布及种数(3)◆南美洲
Trithtinax Mart. = **Trithrinax**
Trithuria【3】Hook.f. 独蕊草属 ≒ **Trichilia;Bouteloua** Hydatellaceae 独蕊草科 [MM-707] 全球 (1) 大洲分布及种数(4-12)◆大洋洲(◆澳大利亚)
Trithyris Dognin = **Trithuria**
Trithyrocarpus Hassk. = **Commelina**
Tritiaria Sang. = **Fritillaria**
Triticaceae Link = Podostemaceae
Triticale【3】(Wittm.) Muntz 三麦草属 Poaceae 禾本科 [MM-748] 全球 (1) 大洲分布及种数(cf. 1)◆亚洲
Triticeae Dum. = **Triticale**
Triticosecale C.Yen & J.L.Yang = **Triticosecale**
Triticosecale【2】Wittm. 小黑麦属 ≒ **Triticum** Poaceae 禾本科 [MM-748] 全球 (4) 大洲分布及种数(1-5) 亚洲;欧洲;北美洲;南美洲
Triticum (Jaub.) Zhuk. = **Triticum**
Triticum【3】L. 小麦属 ≒ **Aegilops** Poaceae 禾本科 [MM-748] 全球 (1) 大洲分布及种数(20-46)◆非洲
Tritihaynaldia【-】J.Fu & S.Y.Chen 禾本科属 Poaceae 禾本科 [MM-748] 全球 (uc) 大洲分布及种数(uc)
Tritillaria Raf. = **Fritillaria**
Tritisecale Lebedeff = **Triticosecale**
Trititrigia【2】Tzvelev 小麦属 ← **Triticum** Poaceae 禾本科 [MM-748] 全球 (2) 大洲分布及种数(cf.) 亚洲;欧洲
Tritoma Ker Gawl. = **Kniphofia**
Tritomanthe Link = **Kniphofia**
Tritomaria【3】R.M.Schust. 三瓣苔属 Lophoziaceae 裂叶苔科 [B-56] 全球 (6) 大洲分布及种数(6)非洲:4;亚洲:5-9;大洋洲:4;欧洲:4-8;北美洲:5-9;南美洲:4
Tritomium Link = **Kniphofia**
Tritomodon Turcz. = **Enkianthus**
Tritomopterys (A.Juss. ex Endl.) Nied. = **Gaudichaudia**
Tritonia Dichone Salisb. ex Baker = **Tritonia**
Tritonia【3】Ker Gawl. 观音兰属 ← **Watsonia; Zygotritonia;Freesia** Iridaceae 鸢尾科 [MM-700] 全球 (1) 大洲分布及种数(36-47)◆非洲(◆南非)
Tritonidae Ker Gawl. = **Tritonia**
Tritonidea Ker Gawl. = **Tritonia**
Tritoniopsis【3】L.Bolus 兰花鸢尾属 ← **Watsonia; Petasites** Iridaceae 鸢尾科 [MM-700] 全球 (1) 大洲分布及种数(31-33)◆非洲
Tritonium Link = **Kniphofia**
Tritonixia Klatt = **Tritonia**
Tritophus T.Lestib. = **Menispermum**
Tritordeum【3】Asch. & Graebn. 兰鸢草属 ← **Hordeum** Poaceae 禾本科 [MM-748] 全球 (1) 大洲分布及种数(uc)◆欧洲
Tritriela Raf. = **Ornithogalum**
Triumfetta【3】Plum. ex L. 刺蒴麻属 → **Ancistrocarpus; Nettoa** Malvaceae 锦葵科 [MD-203] 全球 (6) 大洲分布及种数(153-221;hort.1;cult:3)非洲:68-84;亚洲:39-48;大洋洲:33-79;欧洲:4-8;北美洲:56-62;南美洲:24-35
Triumfettoides Rauschert = **Triumfetta**
Triumphetta Griff. = **Triumfetta**
Triunia【3】L.A.S.Johnson & B.G.Briggs 山龙眼属 ← **Helicia** Proteaceae 山龙眼科 [MD-219] 全球 (1) 大洲分布及种数(1-5)◆大洋洲
Triunila Raf. = **Uniola**
Triuranthera【3】Backer 亚洲叉牡丹属 ≒ **Medinilla** Melastomataceae 野牡丹科 [MD-364] 全球 (1) 大洲分布及种数(2)◆亚洲
Triuridaceae【3】Gardner 霉草科 [MM-616] 全球 (6) 大洲分布和属种数(9/39-80)非洲:3/10-21;亚洲:1/7-25;大洋洲:2/7-26;欧洲:1/1;北美洲:2/5-6;南美洲:5/20-20
Triuridopsis【3】H.Maas & Maas 三角霉草属 Triuridaceae 霉草科 [MM-616] 全球 (1) 大洲分布及种数(2)◆南美洲
Triuris【3】Miers 三尾霉草属 → **Peltophyllum** Triuridaceae 霉草科 [MM-616] 全球 (1) 大洲分布及种数(6)◆南美洲
Triurldaceae Gardner = Triuridaceae
Triurocodon Schltr. = **Thismia**
Trivalvaria (Miq.) Miq. = **Trivalvaria**
Trivalvaria【3】Miq. 海岛木属 ← **Guatteria;Polyalthia** Annonaceae 番荔枝科 [MD-7] 全球 (1) 大洲分布及种数

T

(cf.1)◆亚洲
Trivia L. = **Trevia**
Trixago Hall. = **Teucrium**
Trixago Stev. = **Bellardia**
Trixanthocereus (Werderm.) Backeb. = **Pilocereus**
Trixapias Raf. = **Utricularia**
Trixella Fourr. = **Stachys**
Trixis 【3】 P.Br. 三齿钝柱菊属 ≒ **Proserpinaca;Acourtia;Perezia** Asteraceae 菊科 [MD-586] 全球 (1) 大洲分布及种数(22-26)◆北美洲(◆美国)
Trixostis Raf. = **Aristida**
Trizeuxis 【3】 Lindl. 三宙兰属 → **Sanderella;Stictophyllorchis** Orchidaceae 兰科 [MM-723] 全球 (1) 大洲分布及种数(1)◆南美洲
Tro Haw. = **Narcissus**
Troc Haw. = **Narcissus**
Trocdaris Raf. = **Carum**
Troch Haw. = **Narcissus**
Trochantha (N.Hallé) R.H.Archer = **Trichantha**
Trocharea Rich. = **Ehrharta**
Trochdendraceae Eichler = Trochodendraceae
Trochera Rich. = **Ehrharta**
Trocheta Gedroyc = **Trochetia**
Trochetia 【3】 DC. 宝珥花属 ← **Dombeya;Nesogordonia** Malvaceae 锦葵科 [MD-203] 全球 (1) 大洲分布及种数(1-7)◆非洲(◆毛里求斯)
Trochetiopsis 【3】 Marais 梅蓝属 Malvaceae 锦葵科 [MD-203] 全球 (1) 大洲分布及种数(4)◆欧洲
Trochila Rich. = **Ehrharta**
Trochiliscus O.E.Schulz = **Rorippa**
Trochilium Tourn. ex L. = **Trachelium**
Trochilocactus Linding. = **Disocactus**
Trochiodes D.Don = **Sonchus**
Trochisandra Bedd. = **Itea**
Trochisanthes L. = **Trichosanthes**
Trochiscanthes 【3】 W.D.J.Koch 旋芹属 ← **Angelica** Apiaceae 伞形科 [MD-480] 全球 (1) 大洲分布及种数(2)◆欧洲
Trochiscia O.E.Schulz = **Rorippa**
Trochiscus O.E.Schulz = **Rorippa**
Trochius O.E.Schulz = **Rorippa**
Trochobryum 【3】 Breidl. & Beck 轮叶藓属 Seligeriaceae 细叶藓科 [B-113] 全球 (1) 大洲分布及种数(1)◆欧洲
Trochocarpa 【3】 R.Br. 轮果石南属 ← **Cyathodes** Ericaceae 杜鹃花科 [MD-380] 全球 (1) 大洲分布及种数(2-14)◆大洋洲
Trochocephalus (Men. & Koch) Opiz = **Scabiosa**
Trochochaeta Steud. = **Rhynchospora**
Trochocodon P.Candargy = **Asyneuma**
Trochodendraceae 【3】 Eichler 昆栏树科 [MD-50] 全球 (1) 大洲分布和属种数(1;hort. & cult.1)(1-2;hort. & cult.1)◆亚洲
Trochodendron 【3】 Sieb. & Zucc. 昆栏树属 Trochodendraceae 昆栏树科 [MD-50] 全球 (1) 大洲分布及种数(cf. 1)◆亚洲
Trochoderma Hook.f. = **Trochomeria**
Trochodium Michx. = **Agrostis**
Trochoideus Strohecker = **Sonchus**
Trocholejeunea 【3】 P.C.Wu 瓦鳞苔属 Lejeuneaceae 细鳞苔科 [B-84] 全球 (6) 大洲分布及种数(3)非洲:1;亚洲:2-3;大洋洲:1;欧洲:1;北美洲:1;南美洲:1
Trochomeria 【3】 Hook.f. 旋葫芦属 ← **Bryonia;Dactyliandra;Zehneria** Cucurbitaceae 葫芦科 [MD-205] 全球 (1) 大洲分布及种数(8-12)◆非洲
Trochomeriopsis 【3】 Cogn. 转葫芦属 Cucurbitaceae 葫芦科 [MD-205] 全球 (1) 大洲分布及种数(1)◆非洲(◆马达加斯加)
Trochophyllohypnum 【-】 Jan Kučera & Ignatov 毛锦藓科属 Pylaisiadelphaceae 毛锦藓科 [B-191] 全球 (uc) 大洲分布及种数(uc)
Trochopteris Gardn. = **Anemia**
Trochopus Gaertn. = **Trichopus**
Trochosa Rich. = **Ehrharta**
Trochoseris Endl. = **Krigia**
Trochoseris Pöpp. & Endl. = **Troximon**
Trochosodon P.Candargy = **Asyneuma**
Trochosoma Benth. = **Glossostigma**
Trochospira Kunth = **Trichospira**
Trochostigma Sieb. & Zucc. = **Actinidia**
Trochostoma Sieb. & Zucc. = **Actinidia**
Trochotoma Benth. = **Glossostigma**
Trochuda Rich. = **Ehrharta**
Trochula Rich. = **Ehrharta**
Troglophyton 【3】 Hilliard & B.L.Burtt 多头金绒草属 ← **Gnaphalium;Achyrocline** Asteraceae 菊科 [MD-586] 全球 (1) 大洲分布及种数(2)属分布和种数(uc)◆非洲
Trogostolon 【3】 Copel. 毛根蕨属 ≒ **Acrophorus** Davalliaceae 骨碎补科 [F-56] 全球 (1) 大洲分布及种数(1)属分布和种数(uc)◆亚洲
Trolius Gilib. = **Trollius**
Trolliella 【3】 Herzog 华锦藓属 Sematophyllaceae 锦藓科 [B-192] 全球 (1) 大洲分布及种数(1)◆亚洲
Trollius 【3】 L. 金莲花属 → **Calathodes** Ranunculaceae 毛茛科[MD-38] 全球(6)大洲分布及种数(41-56;hort.1;cult:7)非洲:1-2;亚洲:37-49;大洋洲:1;欧洲:6-9;北美洲:9-10;南美洲:1
Trollius Prantl = **Trollius**
Trom Haw. = **Narcissus**
Tromlyca 【3】 Borhidi 盘龙茜属 Rubiaceae 茜草科 [MD-523] 全球 (1) 大洲分布及种数(cf.1)◆南美洲
Trommsdorffia 【2】 Bernh. 藤血苋属 ≒ **Pedersenia** Amaranthaceae 苋科 [MD-116] 全球 (4) 大洲分布及种数(3) 非洲:1;亚洲:3;欧洲:3;南美洲:1
Trommsdorfia Bernh. = **Hypochoeris**
Tromostapelia 【-】 P.V.Heath 萝藦科属 Asclepiadaceae 萝藦科 [MD-494] 全球 (uc) 大洲分布及种数(uc)
Tromotriche 【3】 Haw. 盘龙角属 ← **Stapelia;Tridentea** Apocynaceae 夹竹桃科 [MD-492] 全球 (1) 大洲分布及种数(10-12)◆非洲(◆南非)
Trompettia J.Dupin = **Chrysophyllum**
Tromsdorffia Benth. & Hook.f. = **Iresine**
Tromsdorffia Bl. = **Chirita**
Tromsdorffia R.Br. = **Dichrotrichum**
Trongia Merr. = **Tsoongia**
Troodon Rich. = **Rhynchospora**
Troostwyckia Benth. & Hook.f. = **Agelaea**
Troostwykia Miq. = **Agelaea**

Tropaeolaceae【3】Juss. ex DC. 旱金莲科 [MD-355] 全球 (6) 大洲分布和属种数(1;hort. & cult.1)(108-133;hort. & cult.23-28)非洲:1/2;亚洲:1/1-3;大洋洲:1/2-4;欧洲:1/2;北美洲:1/1-3;南美洲:1/108-126
Tropaeolum (D.Don) Sparre = **Tropaeolum**
Tropaeolum【3】L. 旱金莲属 ≒ **Magallana** Tropaeolaceae 旱金莲科 [MD-355] 全球 (1) 大洲分布及种数(108-126)◆南美洲
Tropaeum P. & K. = **Tropaeolum**
Tropalanthe S.Moore = **Pycnandra**
Tropentis Raf. = **Seseli**
Tropeolum Nocca = **Tropaeolum**
Tropexa Raf. = **Aristolochia**
Trophaeastrum【3】B.Sparre 旱金莲属 ≒ **Tropaeolum** Tropaeolaceae 旱金莲科 [MD-355] 全球 (1) 大洲分布及种数(cf. 1)◆南美洲
Trophaeastrum Sparre = **Trophaeastrum**
Trophaeum P. & K. = **Tropaeolum**
Trophianthus Scheidw. = **Aspasia**
Trophis (Diels) Corner = **Trophis**
Trophis【3】P.Br. 牛头木属 → **Broussonetia;Maclura;Malaisia** Moraceae 桑科 [MD-87] 全球 (6) 大洲分布及种数(14-16)非洲:4-5;亚洲:7-8;大洋洲:2-3;欧洲:2-3;北美洲:6-7;南美洲:5-6
Trophomera Petter = **Trochomeria**
Trophon Rydb. = **Boykinia**
Trophonopsis Hort. = **Aerides**
Trophospermum Walp. = **Taphrospermum**
Tropicharis Salisb. = **Dipcadi**
Tropicus Raf. = **Dendrobium**
Tropidera Lindl. = **Tropidia**
Tropidia【3】Lindl. 竹茎兰属 ≒ **Macrostylis;Corymborkis** Orchidaceae 兰科 [MM-723] 全球 (6) 大洲分布及种数(12-39;hort.1)非洲:19;亚洲:7-35;大洋洲:3-25;欧洲:9;北美洲:1-10;南美洲:2-11
Tropidieae Dressler ex Dressler = **Tropidia**
Tropidocarpum【3】Hook. 龙骨果芥属 ← **Lepidium;Twisselmannia** Brassicaceae 十字花科 [MD-213] 全球 (1) 大洲分布及种数(4-6)◆北美洲
Tropidococcus【3】Krapov. 锦葵属 ≒ **Malva** Malvaceae 锦葵科 [MD-203] 全球 (1) 大洲分布及种数(cf. 1)◆南美洲
Tropidomya Raf. = **Desmodium**
Tropidopetalum Turcz. = **Bouea**
Tropilis Raf. = **Dendrobium**
Tropinota Raf. = **Desmodium**
Tropiscia Vandel = **Tapiscia**
Tropites Raf. = **Dendrobium**
Tropitoma Raf. = **Aeschynomene**
Tropitria Raf. = **Tropidia**
Tropodus Raf. = **Carex**
Tros Haw. = **Narcissus**
Troschelia Klotzsch & M.R.Schomb. = **Schiekia**
Troticus Gilib. = **Trollius**
Trotteria Brid. ex Wijk = **Hyophila**
Trotula Comm. ex DC. = **Populus**
Trouettia Pierre ex Baill. = **Chrysophyllum**
Trox Haw. = **Narcissus**
Troxilanthes Raf. = **Polygonatum**
Troximon【2】Gaertn. 高莛苣属 ≒ **Nothocalais** Asteraceae 菊科 [MD-586] 全球 (2) 大洲分布及种数(18) 亚洲:1;北美洲:18
Troxirum Raf. = **Peperomia**
Troxistemon Raf. = **Hymenocallis**
Troya Röwer = **Oroya**
Trozelia Raf. = **Acnistus**
Trtustroemia Jack = **Ternstroemia**
Trudelia Garay = **Vanda**
Trudelianda【-】Garay 兰科属 Orchidaceae 兰科 [MM-723] 全球 (uc) 大洲分布及种数(uc)
Truellum Houtt. = **Polygonum**
Trujanoa La Llave = **Pseudosmodingium**
Trukia Kaneh. = **Randia**
Trulla Kaneh. = **Randia**
Trumanda La Llave = **Pseudosmodingium**
Truncaria DC. = **Tococa**
Truncatella Adans. = **Hyoseris**
Trungboa【3】Rauschert 实玄参属 Scrophulariaceae 玄参科 [MD-536] 全球 (1) 大洲分布及种数(cf. 1)◆东亚(◆中国)
Trupanea H.Karst. = **Limnobium**
Truxalis Raf. = **Suaeda**
Tryallis C.Müll. = **Thryallis**
Tryblidium Duf. = **Paris**
Trybliocalyx【3】Lindau 智利喜花草属 ≒ **Chileranthemum** Acanthaceae 爵床科 [MD-572] 全球 (1) 大洲分布及种数(cf. 1)◆北美洲
Trybomia Schüttp. = **Tryonia**
Trychinolepis B.L.Rob. = **Ophryosporus**
Tryginia Jacq.Fél. = **Trigonia**
Trygonanthus Endl. ex Steud. = **Ceratostylis**
Trymalium【3】Fenzl 负鼠茶属 ← **Ceanothus;Spyridium** Rhamnaceae 鼠李科 [MD-331] 全球 (1) 大洲分布及种数(6-18)◆大洋洲
Trymatococcus【3】Pöpp. & Endl. 白杯桑属 ← **Dorstenia;Helicostylis** Moraceae 桑科 [MD-87] 全球 (1) 大洲分布及种数(2)◆南美洲
Tryonella【-】Pic.Serm. 凤尾蕨科属 Pteridaceae 凤尾蕨科 [F-31] 全球 (uc) 大洲分布及种数(uc)
Tryonia【3】Schüttp. 万羽蕨属 Pteridaceae 凤尾蕨科 [F-31] 全球 (1) 大洲分布及种数(4)◆南美洲
Trypanea H.Karst. = **Limnobium**
Trypetes Vahl = **Drypetes**
Tryphane (Fenzl) Rchb. = **Arenaria**
Tryphera Bl. = **Mollugo**
Tryphia Lindl. = **Holothrix**
Tryphostemma【3】Harv. 离蕊莲属 ≒ **Basananthe** Passifloraceae 西番莲科 [MD-151] 全球 (1) 大洲分布及种数(uc)属分布和种数(uc)◆非洲
Tryptomene F.Müll = **Thryptomene**
Tryssophyton【3】Wurdack 精美野牡丹属 Melastomataceae 野牡丹科 [MD-364] 全球 (1) 大洲分布及种数(1)◆南美洲(◆圭亚那)
Tsaiara C.C.Tsai = **Toliara**
Tsaiodendron【3】Y.H.Tan,H.Zhu & H.Sun 尖嘴大戟属 Euphorbiaceae 大戟科 [MD-217] 全球 (1) 大洲分布及种数(cf.1)◆亚洲
Tsaiorchis【3】Tang & F.T.Wang 长喙兰属 ←

T

Platanthera Orchidaceae 兰科 [MM-723] 全球 (1) 大洲分布及种数(1-2)◆东亚(◆中国)
Tsalisia Aubl. = **Talisia**
Tsavo Jarm. = **Populus**
Tschiadenus Griseb. = **Tachiadenus**
Tschompskia Asch. & Graebn. = **Arundinella**
Tschudya DC. = **Leandra**
Tschulaktavia 【3】 Bajtenov ex Pimenov & Kljuykov 旋伞草属 Apiaceae 伞形科 [MD-480] 全球 (1) 大洲分布及种数(cf.1)◆亚洲
Tsebona 【3】 Capuron 蔡山榄属 Sapotaceae 山榄科 [MD-357] 全球 (1) 大洲分布及种数(1)◆非洲(◆马达加斯加)
Tsia Adans. = **Camellia**
Tsiana J.F.Gmel. = **Costus**
Tsiangia But,H.H.Hsue & P.T.Li = **Ixora**
Tsiemtani Adans. = (接受名不详) Boraginaceae
Tsiem-tani Adans. = (接受名不详) Boraginaceae
Tsilaitra R.Baron = **Mascarenhasia**
Tsimatimia Jum. & H.Perrier = **Garcinia**
Tsingya 【3】 Capuron 蒋英无患子属 Sapindaceae 无患子科 [MD-428] 全球 (1) 大洲分布及种数(1)◆非洲(◆马达加斯加)
Tsiorchis Z.J.Liu,S.C.Chen & L.J.Chen = **Tsaiorchis**
Tsjeracanarinam 【-】 Dur. & Jacks 铁青树科属 Olacaceae 铁青树科 [MD-362] 全球 (uc) 大洲分布及种数(uc)
Tsjerucaniram Adans. = **Cansjera**
Tsjeru-caniram Adans. = **Cansjera**
Tsjinkia Adans. = **Lagerstroemia**
Tsjinkin (Rumph.) Adans. = **Lagerstroemia**
Tsoala 【3】 Bosser & D´Arcy 马达茄属 Solanaceae 茄科 [MD-503] 全球 (1) 大洲分布及种数(1)◆非洲(◆马达加斯加)
Tsoomgiodendron Chun = **Magnolia**
Tsoongia 【3】 Merr. 假紫珠属 ← **Vitex** Lamiaceae 唇形科 [MD-575] 全球 (1) 大洲分布及种数(1-2)◆亚洲
Tsoongidendron Chun = **Magnolia**
Tsoongiodendrom Chun = **Magnolia**
Tsoongiodendron Chun = **Michelia**
Tsubaki Adans. = **Camellia**
Tsubotaara 【-】 H.Tsubota 兰科属 Orchidaceae 兰科 [MM-723] 全球 (uc) 大洲分布及种数(uc)
Tsuga (Endl.) Carrière = **Tsuga**
Tsuga 【3】 Carr. 铁杉属 ← **Abies;Cathaya;Nothotsuga** Pinaceae 松科 [G-15] 全球 (6) 大洲分布及种数(15-18; hort.1;cult:4)非洲:4;亚洲:13-18;大洋洲:3-7;欧洲:7-11;北美洲:10-14;南美洲:4
Tsugaxpicea M.van Campo-Duplan & H.Gaussen = **Tsuga**
Tsugo-keteleeria M.van Campo-Duplan & H.Gaussen = **Tsuga**
Tsugo-picea M.van Campo-Duplan & H.Gaussen = **Tsuga**
Tsugo-piceo-picea M.van Campo-Duplan & H.Gaussen = **Tsuga**
Tsunyiella Aellen = **Atriplex**
Tsusiophyllum 【3】 Maxim. 丁香杜鹃属 Ericaceae 杜鹃花科 [MD-380] 全球 (1) 大洲分布及种数(1)◆亚洲
Tsutsusi Adans. = **Rhododendron**
Tuamina Alef. = **Vicia**
Tuba L. = **Thuja**
Tubaecum auct. = **Nicotiana**
Tubakia S.Hatt. & Inoü = **Takakia**
Tubanthera Comm. ex DC. = **Polygonum**
Tubaria Singer = **Lubaria**
Tubecentron 【-】 C.Y.Kao 兰科属 Orchidaceae 兰科 [MM-723] 全球 (uc) 大洲分布及种数(uc)
Tubella (Lür) Archila = **Tonella**
Tuber Vittad. = **Quercus**
Tuberaceae Kunth ex DC. = Turneraceae
Tuberaria 【3】 (Dunal) Spach 松露花属 ← **Cistus; Helianthemum** Cistaceae 半日花科 [MD-175] 全球 (1) 大洲分布及种数(17-20)◆欧洲
Tuberculocarpus 【2】 Pruski 瘤果菊属 ← **Aspilia; Wedelia** Asteraceae 菊科 [MD-586] 全球 (2) 大洲分布及种数(2-3)北美洲:1;南美洲:1
Tuberella 【-】 J.M.H.Shaw 兰科属 Orchidaceae 兰科 [MM-723] 全球 (uc) 大洲分布及种数(uc)
Tuberolabium 【3】 Yamam. 红头兰属 → **Ceratocentron** Orchidaceae 兰科 [MM-723] 全球 (1) 大洲分布及种数(12-21)◆东亚(◆中国)
Tuberoparaptoceras 【-】 J.M.H.Shaw 兰科属 Orchidaceae 兰科 [MM-723] 全球 (uc) 大洲分布及种数(uc)
Tuberosa Fabr. = **Polianthes**
Tuberosa Heist. = **Agave**
Tuberostyles Benth. & Hook.f. = **Tuberostylis**
Tuberostylis 【3】 Steetz 肿柱菊属 Asteraceae 菊科 [MD-586] 全球 (1) 大洲分布及种数(1-2)◆南美洲
Tuberous Heist. = **Agave**
Tubers Heist. = **Agave**
Tubif Forssk. = **Luffa**
Tubiflora Gmel. = **Elytraria**
Tubilabium J.J.Sm. = **Myrmechis**
Tubilium Cass. = **Pulicaria**
Tubinella Baill. = **Talinella**
Tubocapsicum (Wettst.) Makino = **Tubocapsicum**
Tubocapsicum 【3】 Makino 龙珠属 ← **Capsicum; Solanum** Solanaceae 茄科 [MD-503] 全球 (1) 大洲分布及种数(cf. 1)◆亚洲
Tubocytisus (DC.) Fourr. = **Cytisus**
Tubopadus Pomel = **Prunus**
Tubutubu P. & K. = **Tapeinochilos**
Tucetona L.f. = **Tectona**
Tuchiroa P. & K. = **Crudia**
Tuckerara auct. = **Sophronitis**
Tuckermania Klotzsch = **Corema**
Tuckermannia Klotzsch = **Corema**
Tuckermannia Nutt. = **Coreopsis**
Tuckermannop Klotzsch = **Coreopsis**
Tuckeya Gaud. = **Pandanus**
Tuckneraria (Kremp.) Randlane & A.Thell = **Cattleya**
Tucma Ravenna = **Ennealophus**
Tuctoria 【3】 J.R.Reeder 春池草属 Poaceae 禾本科 [MM-748] 全球 (1) 大洲分布及种数(3)◆北美洲
Tuctoria Reeder = **Tuctoria**
Tudicula J.F.Macbr. = **Turricula**
Tuerckheimia Broth. = **Tuerckheimia**

Tuerckheimia 【2】 Dammer ex Donn.Sm. 托氏藓属 Pottiaceae 丛藓科 [B-133] 全球 (3) 大洲分布及种数(6)亚洲:2;北美洲:5;南美洲:1

Tuerckheimocharis 【3】 Urb. 多米尼加玄参属 Scrophulariaceae 玄参科 [MD-536] 全球 (1) 大洲分布及种数(uc)属分布和种数(uc)◆北美洲(◆多米尼加)

Tugalia L. = **Thalia**

Tugarinovia 【3】 Iljin 革苞菊属 Asteraceae 菊科 [MD-586] 全球 (1) 大洲分布及种数(cf. 1)◆东亚(◆中国)

Tula Adans. = **Nolana**

Tulakenia Raf. = **Carduus**

Tulas Adans. = **Nolana**

Tulasnea Naud. = **Siphanthera**

Tulasnea Wight = **Terniola**

Tulasneantha 【3】 P.Royen 磨石芹属 ≒ **Trinia** Podostemaceae 川苔草科 [MD-322] 全球 (1) 大洲分布及种数(cf. 1)◆南美洲

Tulba Adans. = **Nolana**

Tulbachia D.Dietr. = **Tulbaghia**

Tulbaghia Heist. = **Tulbaghia**

Tulbaghia 【3】 L. 紫娇花属 → **Agapanthus** Amaryllidaceae 石蒜科 [MM-694] 全球 (6) 大洲分布及种数(27-33;hort.1)非洲:26-30;亚洲:1-3;大洋洲:1-3;欧洲:2;北美洲:1-3;南美洲:2

Tulbaghiaceae Salisb. = Johnsoniaceae

Tulbaghieae Endl. ex Meisn. = **Tulbaghia**

Tulbagia L. = **Tulbaghia**

Tulearia De Block = **Tuberaria**

Tulestea Aubrév. & Pellegr. = **Englerophytum**

Tulexis Raf. = **Brassavola**

Tulicia P. & K. = **Toulicia**

Tulipa (Baker) Zonn. = **Tulipa**

Tulipa 【3】 L. 郁金香属 → **Amana;Tunica;Fritillaria** Liliaceae 百合科 [MM-633] 全球 (1) 大洲分布及种数(60-131)◆亚洲

Tulipaceae Batsch = Talinaceae

Tulipastrum Spach = **Magnolia**

Tulipeae Duby = **Tulipa**

Tulipifera Mill. = **Liriodendron**

Tulisma Raf. = **Sinningia**

Tulista Raf. = **Haworthia**

Tulites Raf. = **Tulotis**

Tullia Leavenw. = **Pycnanthemum**

Tulocarpus Hook. & Arn. = **Guardiola**

Tuloclinia Raf. = **Planea**

Tulophos Raf. = **Triteleia**

Tulorima Raf. = **Saxifraga**

Tulost Raf. = **Haworthia**

Tulostoma D.Don = **Gentiana**

Tulotis 【3】 Raf. 蜻蜓兰属 ← **Habenaria;Orchis;Platanthera** Orchidaceae 兰科 [MM-723] 全球 (1) 大洲分布及种数(3-13)◆北美洲

Tulotoma Raf. = **Saxifraga**

Tumalis Raf. = **Euphorbia**

Tumamoca 【3】 Rose 图马瓜属 Cucurbitaceae 葫芦科 [MD-205] 全球 (1) 大洲分布及种数(2)◆北美洲

Tumboa Welw. = **Welwitschia**

Tumboaceae Wettst. = Welwitschiaceae

Tumelaia Raf. = **Daphne**

Tumidinodus H.W.Li = **Anna**

Tumion Raf. = **Torreya**

Tumionella Greene = **Haplopappus**

Tunabo Aubl. = **Taonabo**

Tunaria 【3】 P. & K. 魔力花属 ← **Cantua;Turnera** Polemoniaceae 花荵科 [MD-481] 全球 (1) 大洲分布及种数(uc)◆亚洲

Tunas Lunell = **Opuntia**

Tunatea J.F.Gmel. = **Barbula**

Tunera L. = **Turnera**

Tunga Roxb. = **Lipocarpha**

Tunica 【2】 Hall. 里石竹属 ≒ **Petrorhagia** Caryophyllaceae 石竹科 [MD-77] 全球 (4) 大洲分布及种数(5)非洲:4;亚洲:4;欧洲:5;北美洲:4

Tunilla 【3】 D.R.Hunt & Iliff 丽刺掌属 ≒ **Opuntia** Cactaceae 仙人掌科 [MD-100] 全球 (1) 大洲分布及种数(5)◆南美洲

Tunion (Fortune ex Lindl.) Greene = **Torreya**

Tunstillara 【-】 Griff. & J.M.H.Shaw 兰科属 Orchidaceae 兰科 [MM-723] 全球 (uc) 大洲分布及种数(uc)

Tupa G.Don = **Burmeistera**

Tupacamaria 【-】 Archila 兰科属 Orchidaceae 兰科 [MM-723] 全球 (uc) 大洲分布及种数(uc)

Tupeia Bl. = **Tupeia**

Tupeia 【3】 Cham. & Schltdl. 米扎树属 ≒ **Dendromyza** Loranthaceae 桑寄生科 [MD-415] 全球 (1) 大洲分布及种数(1-2)◆亚洲

Tupeinae Nickrent & Vidal-Russell = **Tupeia**

Tupelo Adans. = **Nyssa**

Tupidanthus 【3】 Hook.f. & Thoms. 多蕊木属 ≒ **Schefflera** Araliaceae 五加科 [MD-471] 全球 (1) 大洲分布及种数(cf. 1)◆亚洲

Tupistra 【3】 Ker Gawl. 长柱开口箭属 → **Amischotolype** Convallariaceae 铃兰科 [MM-638] 全球 (1) 大洲分布及种数(20-32)◆亚洲

Tupistraceae Schnizl. = Johnsoniaceae

Turaea L. = **Turraea**

Turanecio 【3】 Hamzaoğlu 土蒿菊属 Asteraceae 菊科 [MD-586] 全球 (1) 大洲分布及种数(uc)◆亚洲

Turanga 【3】 (Bunge) Kimura 杨属 Salicaceae 杨柳科 [MD-123] 全球 (1) 大洲分布及种数(10)◆亚洲

Turania 【3】 Akhani & Roalson 蝴蝶草属 Amaranthaceae 苋科 [MD-116] 全球 (1) 大洲分布及种数(4)◆亚洲

Turaniphytum 【3】 Poljakov 土兰蒿属 ← **Artemisia** Asteraceae 菊科 [MD-586] 全球 (1) 大洲分布及种数(cf. 1)◆亚洲

Turanium Schmidel = **Nolana**

Turaria Cothen. = **Grindelia**

Turbanella Pierre = **Pouteria**

Turbina 【3】 Raf. 盘蛇藤属 ← **Calystegia;Ipomoea;Porana** Convolvulaceae 旋花科 [MD-499] 全球 (1) 大洲分布及种数(9)◆南美洲

Turbinicarpus 【3】 (Backeb.) F.Buxb. & Backeb. 仙境球属 ≒ **Mammillaria** Cactaceae 仙人掌科 [MD-100] 全球 (1) 大洲分布及种数(14-15)◆北美洲

Turbiniphora 【-】 Halda & Malina 仙人掌科属

T

Cactaceae 仙人掌科 [MD-100] 全球 (uc) 大洲分布及种数(uc)
Turbith Tausch = **Athamanta**
Turbitha Raf. = **Annesorhiza**
Turcia Forssk. = **Luffa**
Turcicula J.F.Macbr. = **Turricula**
Turczaninovia【3】DC.女菀属→**Aster;Turczaninowia** Asteraceae 菊科 [MD-586] 全球 (1) 大洲分布及种数(2)◆亚洲
Turczaninoviella Koso-Pol. = **Xanthosia**
Turczaninowia【2】(Fisch.) DC. 紫菀属 ≒ **Aster** Asteraceae 菊科 [MD-586] 全球 (2) 大洲分布及种数(cf.1) 亚洲;北美洲
Turczaninowielia Koso-Pol. = **Xanthosia**
Ture Forssk. = **Luffa**
Turesis P.Beauv. ex T.Lestib. = **Cladium**
Turetta Vell. = **Lauro-cerasus**
Turgenia【2】Hoffm. 刺果芹属 ← **Caucalis** Apiaceae 伞形科 [MD-480] 全球 (4) 大洲分布及种数(3-4)非洲:1;亚洲:2-3;欧洲:1;北美洲:1
Turgeniopsis【2】Boiss. 钩果芹属 ≒ **Caucalis** Apiaceae 伞形科 [MD-480] 全球 (2) 大洲分布及种数(cf.1) 亚洲:1;欧洲:1
Turgosea Haw. = **Crassula**
Turia Forssk. = **Luffa**
Turibana (Nakai) Nakai = **Euonymus**
Turicella Salisb. = **Cyanella**
Turilago Hall. = **Teucrium**
Turinia A.Juss. = **Turpinia**
Turke Forssk. = **Luffa**
Turnaria P. & K. = **Turnera**
Turnbowara【-】auct. 兰科属 Orchidaceae 兰科 [MM-723] 全球 (uc) 大洲分布及种数(uc)
Turner L. = **Turnera**
Turnera (Aubl.) Poir. = **Turnera**
Turnera【3】L.时钟花属→**Erblichia;Triacis;Piriqueta** Turneraceae 有叶花科 [MD-149] 全球 (6) 大洲分布及种数(147-170;hort.1;cult: 3)非洲:4-8;亚洲:12-16;大洋洲:3-7;欧洲:1-5;北美洲:17-25;南美洲:141-160
Turneraceae【3】Kunth ex DC. 有叶花科 [MD-149] 全球 (6) 大洲分布和属种数(12-13;hort. & cult.1-2)(229-293;hort. & cult.3-4)非洲:10-11/33-61;亚洲:2-4/16-29;大洋洲:2-4/4-17;欧洲:1-4/1-14;北美洲:4-6/30-47;南美洲:2-4/186-216
Turpethum Raf. = **Operculina**
Turpilia Vent. = **Turpinia**
Turpinia Bonpl. = **Turpinia**
Turpinia【3】Vent. 番香圆属 ← **Barnadesia;Critoniopsis;Poiretia** Staphyleaceae 省沽油科 [MD-407] 全球 (1) 大洲分布及种数(2-14)◆北美洲
Turpithum Raf. = **Operculina**
Turraea【3】L.杜楝属→**Dysoxylum;Oncoba;Murraya** Meliaceae 楝科 [MD-414] 全球 (1) 大洲分布及种数(71-79)◆非洲
Turraeanthus【3】Baill. 白桃楝属 ← **Guarea** Meliaceae 楝科 [MD-414] 全球 (1) 大洲分布及种数(2-3)◆非洲
Turraya Wall. = **Leersia**
Turretia DC. = **Lauro-cerasus**
Turrettia Poir. = **Tourrettia**
Turricula【3】J.F.Macbr. 狮犬木属 ← **Nama** Boraginaceae 紫草科 [MD-517] 全球 (1) 大洲分布及种数(1-4)◆北美洲(◆美国)
Turrigera【3】Decne. 琉瓣藤属 ← **Tweedia** Apocynaceae 夹竹桃科 [MD-492] 全球 (1) 大洲分布及种数(uc)属分布和种数(uc)◆南美洲
Turrillia【3】A.C.Sm. 椒叶李属 ← **Bleasdalea; Kermadecia;Gevuina** Proteaceae 山龙眼科 [MD-219] 全球 (1) 大洲分布及种数(2-5)◆大洋洲
Turrita【-】Wallr. 十字花科属 ≒ **Arabis** Brassicaceae 十字花科 [MD-213] 全球 (uc) 大洲分布及种数(uc)
Turritis【3】Tourn. ex L. 旗杆芥属 → **Arabidopsis; Sisymbrium** Brassicaceae 十字花科 [MD-213] 全球 (6) 大洲分布及种数(4-5)非洲:1-6;亚洲:2-7;大洋洲:1-6;欧洲:3-8;北美洲:2-7;南美洲:5
Tursenia Cass. = **Baccharis**
Tursitis Raf. = **Kickxia**
Turukhainia Vassilcz. = **Melissitus**
Turulia J.St.Hil. = **Touroulia**
Tussaca Raf. = **Goodyera**
Tussaca Rchb. = **Chrysothemis**
Tussacia Benth. = **Catopsis**
Tussacia Rchb. = **Chrysothemis**
Tussilago【3】L. 款冬属 → **Chaptalia;Petasites** Asteraceae 菊科 [MD-586] 全球 (6) 大洲分布及种数(8-17)非洲:1-3;亚洲:3-6;大洋洲:1-3;欧洲:1-3;北美洲:1-3;南美洲:5-8
Tutcheria【3】Dunn 石笔木属 ← **Pyrenaria** Theaceae 山茶科 [MD-168] 全球 (6) 大洲分布及种数(24)非洲:21;亚洲:2-23;大洋洲:21;欧洲:21;北美洲:21;南美洲:21
Tutigaea Ando = **Hondaella**
Tutuca【3】Molina 智利杜鹃花属 Ericaceae 杜鹃花科 [MD-380] 全球 (1) 大洲分布及种数(1)属分布和种数(uc)◆南美洲(◆智利)
Tuxicodendron Mill. = **Toxicodendron**
Tuxtla【3】Villaseñor & Strother 薄翅菊属 ≒ **Zexmenia** Asteraceae 菊科 [MD-586] 全球 (1) 大洲分布及种数(1)◆北美洲
Tuyamaea【-】T.Yamaz. 母草科属 Linderniaceae 母草科 [MD-534] 全球 (uc) 大洲分布及种数(uc)
Tuyamaella【3】(Stephani) R.M.Schust. & Kachroo 鞍叶苔属 Lejeuneaceae 细鳞苔科 [B-84] 全球 (1) 大洲分布及种数(cf. 1)◆亚洲
Tuzibeanthus【3】(Stephani) Mizut. 异鳞苔属 ≒ **Ptychanthus;Mastigolejeunea** Lejeuneaceae 细鳞苔科 [B-84] 全球 (1) 大洲分布及种数(cf. 1)◆东亚(◆中国)
Tweedia【3】Hook. & Arn. 琉瓣藤属 ← **Cynanchum; Metastelma;Oxypetalum** Apocynaceae 夹竹桃科 [MD-492] 全球 (1) 大洲分布及种数(8)◆南美洲
Twisselmannia【3】Al-Shehbaz 独行菜属 ← **Lepidium;Tropidocarpum** Brassicaceae 十字花科 [MD-213] 全球 (1) 大洲分布及种数(1)◆北美洲
Tyche Garth = **Typha**
Tydaea Decne. = **Kohleria**
Tydea C.Müll. = **Todea**
Tydemania DC. = **Tiedemannia**
Tylacantha Endl. = **Monopera**

Tylachium Gilg = **Thilachium**
Tylas Blanco = **Limnophila**
Tylaspis Henderson = **Triaspis**
Tylecarpus【3】 Engl. 蛇丝木属 ≒ **Medusanthera** Stemonuraceae 粗丝木科 [MD-440] 全球 (1) 大洲分布及种数(uc)◆大洋洲
Tylecodon【3】 Tölken 奇峰木属 ← **Adromischus; Cotyledon** Crassulaceae 景天科 [MD-229] 全球 (1) 大洲分布及种数(5-51)◆非洲
Tyleiophora R.Br. = **Tylophora**
Tyleria【3】 Gleason 雾莲木属 Ochnaceae 金莲木科 [MD-104] 全球 (1) 大洲分布及种数(14-16)◆南美洲
Tyleropappus【3】 Greenm. 毛泰勒菊属 Asteraceae 菊科 [MD-586] 全球 (1) 大洲分布及种数(1)◆南美洲
Tylimanthus Mitt. = **Tylimanthus**
Tylimanthus【3】 Stephani 齿萼羽苔属 ≒ **Marsupidium;Plagiochilidium** Acrobolbaceae 顶苞苔科 [B-43] 全球 (6) 大洲分布及种数(4-6)非洲:1;亚洲:2-5;大洋洲:1-2;欧洲:1;北美洲:1;南美洲:2-3
Tylloma D.Don = **Chaetopappa**
Tylo Blanco = **Limnophila**
Tylocar Nelmes = **Fimbristylis**
Tylocarpa Cuatrec. = **Hylocarpa**
Tylocarpus P. & K. = **Guardiola**
Tylocarya Nelmes = **Fimbristylis**
Tylocephalum Kurz ex Teijsm. & Binn. = **Trigonostemon**
Tylochilus Nees = **Cyrtopodium**
Tyloderma Miers = **Hylenaea**
Tylodesma Miers = **Hylenaea**
Tylodontia Griseb. = **Astephanus**
Tyloglossa Hochst. = **Justicia**
Tylomium C.Presl = **Scaevola**
Tylopetalum Barneby & Krukoff = **Sciadotenia**
Tylophora【3】 R.Br. 娃儿藤属 → **Absolmsia; Asclepias;Belostemma** Asclepiadaceae 萝藦科 [MD-494] 全球 (6) 大洲分布及种数(77-111)非洲:23-45;亚洲:49-77;大洋洲:10-30;欧洲:2-19;北美洲:3-20;南美洲:2-19
Tylophoropsis【3】 N.E.Br. 娃儿藤属 ← **Tylophora** Apocynaceae 夹竹桃科 [MD-492] 全球 (1) 大洲分布及种数(2)◆非洲
Tylopsacas【3】 Leeuwenb. 聚花岩桐属 ← **Episcia** Gesneriaceae 苦苣苔科 [MD-549] 全球 (1) 大洲分布及种数(2)◆南美洲(◆巴西)
Tylopus Hook. = **Ranunculus**
Tylos Haw. = **Narcissus**
Tylosema【3】 (Schweinf.) Torre & Hillcoat 羊蹄甲属 ≒ **Bauhinia** Fabaceae 豆科 [MD-240] 全球 (1) 大洲分布及种数(5)◆非洲
Tylosepalum Kurz ex Teijsm. & Binn. = **Trigonostemon**
Tylosperma Botsch. = **Tylopsacas**
Tylospilus Nees = **Cyrtopodium**
Tylostemon Engl. = **Beilschmiedia**
Tylostigma【3】 Schltr. 瘤柱兰属 ← **Habenaria** Orchidaceae 兰科 [MM-723] 全球 (1) 大洲分布及种数(2-8)◆非洲(◆马达加斯加)
Tylostoma Schltr. = **Tylostigma**
Tylostylis Bl. = **Eria**
Tylothrasya Döll = **Paspalum**
Tylotia Pierre = **Pycnarrhena**
Tympananthe Hassk. = **Vincetoxicum**
Tynanthus【2】 Miers 香樟藤属 ≒ **Arrabidaea; Pyrostegia** Bignoniaceae 紫葳科 [MD-541] 全球 (2) 大洲分布及种数(22-28)北美洲:4;南美洲:19-23
Tyndaris E.Mey. = **Tenaris**
Tynnanthus K.Schum. = **Tynanthus**
Tynus J.Presl = **Cyathodes**
Tyora Hill = **Ranunculus**
Type L. = **Typha**
Typestus A.Nelson = **Tonestus**
Typha【3】 L. 香蒲属 ≒ **Thyana;Diastatea** Typhaceae 香蒲科 [MM-736] 全球 (6) 大洲分布及种数(30-56;hort.1;cult:6)非洲:8-16;亚洲:25-49;大洋洲:8-16;欧洲:14-24;北美洲:9-19;南美洲:5-13
Typhaceae【3】 Juss. 香蒲科 [MM-736] 全球 (6) 大洲分布和属种数(1;hort. & cult.1)(29-87;hort. & cult.5-7)非洲:1/8-16;亚洲:1/25-49;大洋洲:1/8-16;欧洲:1/14-24;北美洲:1/9-19;南美洲:1/5-13
Typhaea Neck. = **Typhalea**
Typhalaea (Miq.) H.da Costa Monteiro = **Typhalea**
Typhalea【2】 (DC.) C.Presl 孔雀葵属 ≒ **Pavonia** Malvaceae 锦葵科 [MD-203] 全球 (2) 大洲分布及种数(cf.1) 亚洲;南美洲
Typhales Lindl. = **Typhalea**
Typhanae Thorne ex Reveal = **Typhalea**
Typheae Dum. = **Typha**
Typhelaea Neck. = **Typhalea**
Typhina J.Dransf. & Rakotoarin. = **Tahina**
Typhis Adans. = **Polygonum**
Typhodium Seaver = **Typhonium**
Typhoideae Link = **Phalaris**
Typhoides Mönch = **Phalaris**
Typhonium Diversifolia Srib. & J.Murata = **Typhonium**
Typhonium【3】 Schott 犁头尖属 → **Alocasia;Helicophyllum** Araceae 天南星科 [MM-639] 全球 (1) 大洲分布及种数(31-82)◆亚洲
Typhonodorum【3】 Schott 暴风芋属 Araceae 天南星科 [MM-639] 全球 (1) 大洲分布及种数(1)◆非洲
Typhyla Neck. = **Typhalea**
Typilobus Raf. = **Sterculia**
Tyrbastes【3】 B.G.Briggs & L.A.S.Johnson 细秆灯草属 Restionaceae 帚灯草科 [MM-744] 全球 (1) 大洲分布及种数(1)◆大洋洲
Tyria Klotzsch ex Endl. = **Macleania**
Tyrimnus【2】 Cass. 高莛蓟属 ← **Carduus** Asteraceae 菊科 [MD-586] 全球 (3) 大洲分布及种数(2)非洲:1;亚洲:cf.1;欧洲:1
Tyrint Klotzsch = **Macleania**
Tyrinthia Martiñz & Galileo = **Terminthia**
Tyrmia Klotzsch = **Macleania**
Tyropsis Lam. = **Drymoglossum**
Tyrrellia Lunell = **Elymus**
Tyrtamia【-】 Bronner 葡萄科属 Vitaceae 葡萄科 [MD-403] 全球 (uc) 大洲分布及种数(uc)
Tysonia【3】 Bolus 南非紫草属 ≒ **Neotysonia** Boraginaceae 紫草科 [MD-517] 全球 (1) 大洲分布及种数(uc)◆亚洲

T

Tyssacia Raf. = **Goodyera**
Tyta Roxb. = **Peliosanthes**
Tytira Klotzsch = **Macleania**
Tyto Roxb. = **Peliosanthes**
Tytonia G.Don = **Hydrocera**
Tytthostemma 【3】 Nevski 假雀舌草属 ← **Alsine** Caryophyllaceae 石竹科 [MD-77] 全球 (1) 大洲分布及种数(1-2)◆亚洲
Tzellemtinia Chiov. = **Bridelia**
Tzeltalia 【3】 E.Estrada & M.Martiñz 北美洲茄属 Solanaceae 茄科 [MD-503] 全球 (1) 大洲分布及种数(3)◆北美洲
Tzvelevia E.B.Alekseev = **Poa**
Tzveleviochloa【3】Röser & A.Wölk 广禾草属 Poaceae 禾本科 [MM-748] 全球 (1) 大洲分布及种数(3)◆亚洲
Tzvelevopyrethrum 【3】 Kamelin 茼蒿属 ≒ **Chrysanthemum** Asteraceae 菊科 [MD-586] 全球 (1) 大洲分布及种数(4)◆亚洲

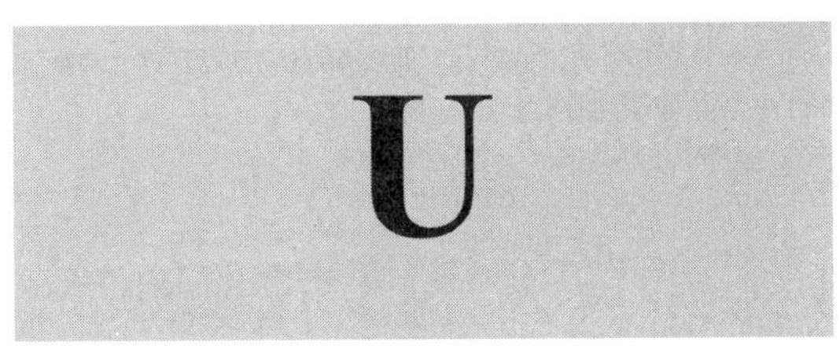

Uapaca【3】 Baill. 柱根茶属 ← **Antidesma** Euphorbiaceae 大戟科 [MD-217] 全球 (1) 大洲分布及种数(33-36)◆非洲(◆尼日利亚)
Uapacaceae Airy-Shaw = Emblingiaceae
Ubida J.F.Gmel. = **Dioscorea**
Ubidium【-】 Raf. 薯蓣科属 Dioscoreaceae 薯蓣科 [MM-691] 全球 (uc) 大洲分布及种数(uc)
Ubique J.F.Gmel. = **Dioscorea**
Ubium Cothen. = **Dioscorea**
Ubochea Baill. = **Stachytarpheta**
Ucacea Cass. = **Blainvillea**
Ucacou Adans. = **Synedrella**
Ucla Pers. = **Juanulloa**
Ucnopsolen Raf. = **Lindernia**
Ucnopsolon Raf. = **Lindernia**
Ucona L.f. = **Unona**
Ucriana Spreng. = **Tocoyena**
Udalia Raf. = **Convolvulus**
Udani Adans. = **Quisqualis**
Udora【2】 Nutt. 水蕴藻属 ≒ **Apalanthe** Hydrocharitaceae 水鳖科 [MM-599] 全球 (5) 大洲分布及种数(2) 非洲:1;亚洲:2;大洋洲:1;欧洲:1;北美洲:1
Udotea Zanardini = **Ouratea**
Uebelinia【3】 Hochst. 林仙翁属 ← **Lychnis** Caryophyllaceae 石竹科 [MD-77] 全球 (1) 大洲分布及种数(6-10)◆非洲
Uebelmannia【3】Buining 乳胶球属 ← **Gymnocalycium; Parodia** Cactaceae 仙人掌科 [MD-100] 全球 (1) 大洲分布及种数(3-4)◆南美洲(◆巴西)
Uechtritzia【3】 Freyn 红丁草属 ← **Gerbera** Asteraceae 菊科 [MD-586] 全球 (1) 大洲分布及种数(cf. 1)◆亚洲
Uemiclidia R.Br. = **Dryandra**
Uffenbachia Heist. ex Fabr. = **Uvularia**
Ugamia【3】 Pavlov 垂甘菊属 Asteraceae 菊科 [MD-586] 全球 (1) 大洲分布及种数(1-3)◆亚洲
Ugena Cav. = **Lygodium**
Ugia Lour. = **Rhus**
Ugni【3】 Turcz. 莓香果属 ← **Eugenia;Myrtus** Myrtaceae 桃金娘科 [MD-347] 全球 (1) 大洲分布及种数(4)◆南美洲
Ugona Adans. = **Hugonia**
Uhdea Kunth = **Montanoa**
Uisa Raf. = **Patrinia**
Uitenia Nor. = **Erioglossum**
Uittien Steenis = **Dialium**
Uittienia C.G.G.J.van Steenis = **Dialium**
Uladendron【3】 Marc.Berti 委内锦葵属 Malvaceae 锦葵科 [MD-203] 全球 (1) 大洲分布及种数(1)◆南美洲
Ulaema Müll.Hal. = **Ulea**
Ulantha Hook. = **Chloraea**
Ulbrichia Urb. = **Thespesia**
Uldinia J.M.Black = **Trachymene**
Ulea【3】 C.B.Clarke ex H.Pfeiff. 荆藓属 ≒ **Exochogyne;Uleastrum** Orthotrichaceae 木灵藓科 [B-151] 全球 (1) 大洲分布及种数(1)◆非洲
Ulea-flos C.B.Clarke ex H.Pfeiff. = **Scleria**
Uleanthus【3】 Harms 荆花豆属 Fabaceae 豆科 [MD-240] 全球 (1) 大洲分布及种数(1)◆南美洲(◆巴西)
Ulearum【3】 Engl. 匍彩芋属 → **Bognera** Araceae 天南星科 [MM-639] 全球 (1) 大洲分布及种数(1-2)◆南美洲
Uleastrum【3】 W.R.Buck 巴西荆刺藓属 ≒ **Ulea** Rhachitheciaceae 刺藓科 [B-125] 全球 (1) 大洲分布及种数(2)◆南美洲
Uleiorchis【2】 Höhne 荆兰属 ← **Wullschlaegelia** Orchidaceae 兰科 [MM-723] 全球 (2) 大洲分布及种数(5-6)北美洲:1-2;南美洲:4-5
Uleobryum【2】 Broth. 荆丛藓属 Pottiaceae 丛藓科 [B-133] 全球 (5) 大洲分布及种数(3) 非洲:1;亚洲:1;大洋洲:2;北美洲:2;南美洲:2
Uleodendron Rauschert = **Naucleopsis**
Uleophytum【3】 Hieron. 腋序亮泽兰属 Asteraceae 菊科 [MD-586] 全球 (1) 大洲分布及种数(1)◆南美洲(◆秘鲁)
Uleopsis Fedde = **Geogenanthus**
Ulex【3】 L. 荆豆属 → **Stauracanthus;Nepa;Ilex** Fabaceae3 蝶形花科 [MD-240] 全球 (6) 大洲分布及种数(13-28;hort.1)非洲:6-22;亚洲:4-12;大洋洲:2-9;欧洲:11-25;北美洲:2-10;南美洲:1-8
Ulia Sond. = **Glia**
Ulidia D.Löve & D.Löve = **Minuartia**
Ulina Opiz = **Inula**
Uliura Opiz = **Inula**
Ulleria【3】 Bremek. 荆爵床属 Acanthaceae 爵床科 [MD-572] 全球 (1) 大洲分布及种数(1)◆亚洲
Ullmannia Distef. = **Peniocereus**
Ulloa Pers. = **Juanulloa**
Ullucaceae Nakai = Amaranthaceae
Ullucus【3】 Caldas 落葵属 ← **Basella** Basellaceae 落葵科 [MD-117] 全球 (1) 大洲分布及种数(1)◆南美洲
Ulmaceae【3】Mirb. 榆科 [MD-83] 全球 (6) 大洲分布和属种数(14;hort. & cult.7)(104-308;hort. & cult.25-44)非洲:5-9/16-60;亚洲:8-11/57-130;大洋洲:3-6/19-64;欧洲:1-6/2-43;北美洲:6-7/48-93;南美洲:6-8/25-66
Ulmaci Mill. = **Filipendula**
Ulmaria Hill = **Filipendula**
Ulmariaceae Gray = Tetracarpaeaceae
Ulmarieae Lam. & DC. = **Filipendula**
Ulmaris Mill. = **Filipendula**
Ulmarronia Friesen = **Varronia**
Ulmeae Dum. = **Ulea**
Ulmus【3】 L. 榆属 → **Zelkova;Pteroceltis** Ulmaceae 榆科 [MD-83] 全球 (1) 大洲分布及种数(28-44)◆北美洲
Ulnaria L. = **Lunaria**
Uloma Raf. = **Rhodocolea**
Ulopeza Fenzl = **Ferula**

Ulophyllum【-】Hornsch. 缩叶藓科属 Ptychomitriaceae 缩叶藓科 [B-114] 全球 (uc) 大洲分布及种数(uc)
Uloptera Fenzl = **Talassia**
Ulospermum Link = **Monochaetum**
Ulospora D.Don = **Gentiana**
Ulostoma D.Don = **Gentiana**
Ulota【3】D.Mohr卷叶藓属 ≒ **Zygodon;Orthotrichum** Orthotrichaceae 木灵藓科 [B-151] 全球 (6) 大洲分布及种数(69)非洲:7;亚洲:20;大洋洲:19;欧洲:14;北美洲:19;南美洲:27
Ulotrichum【-】Bruch & Schimp. 孢芽藓科属 Sorapillaceae 孢芽藓科 [B-212] 全球 (uc) 大洲分布及种数(uc)
Ulpia C.C.Gmel. = **Vulpia**
Ulrichia Urb. = **Thespesia**
Ulricia Jacq. ex Steud. = **Lepechinia**
Ulticona Raf. = **Hebecladus**
Ultragossypium Roberty = (接受名不详) Malvaceae
Ulugbekia Zakirov = **Arnebia**
Uluxia Juss. = **Columellia**
Ulva Adans. = **Carex**
Ulvaceae Mirb. = Ulmaceae
Umari Adans. = **Geoffroea**
Umbelicus DC. = **Umbilicus**
Umbellife Honigberger = **Ligusticum**
Umbellifera Honigberger = **Aciphylla**
Umbelliferaxsaligna Honigberger = **Ligusticum**
Umbellulanthus S.Moore = **Triaspis**
Umbellularia【3】(Nees) Nutt. 加州桂属 ← **Litsea;Malapoenna** Lauraceae 樟科 [MD-21] 全球 (1) 大洲分布及种数(1)◆北美洲
Umbellulifera Honigberger = **Ligusticum**
Umbilicaria Fabr. = **Omphalodes**
Umbilicaria Pers = **Cotyledon**
Umbilicariac Pers. = **Omphalodes**
Umbilicus【3】DC. 脐景天属 → **Chiastophyllum;Cotyledon;Orostachys** Crassulaceae 景天科 [MD-229] 全球 (1) 大洲分布及种数(8-20;hort.1;cult: 1)亚洲:7-8
Umbilicus Ledeb. = **Umbilicus**
Umbraculum Gottsche = **Aegiceras**
Umbrella Lam. = **Ambrella**
Umbrina Spach = **Chenopodium**
Umidena Adans. = **Rohdea**
Umlandara【-】J.M.H.Shaw & Umland 兰科属 Orchidaceae 兰科 [MM-723] 全球 (uc) 大洲分布及种数(uc)
Umlaria Mill. = **Uraria**
Umsema Raf. = **Pontederia**
Umtiza【3】Sim 鸟吧树属 Fabaceae 豆科 [MD-240] 全球 (1) 大洲分布及种数(1)◆非洲
Umuara Adans. = **Geoffroea**
Unamia Greene = **Aster**
Unannea Ruiz & Pav. = **Stemodia**
Unanuea【3】Ruiz & Pav. 离药草属 ≒ **Stemodia** Plantaginaceae 车前科 [MD-527] 全球 (1) 大洲分布及种数(uc)◆亚洲
Uncaria Burch. = **Uncaria**
Uncaria【3】Schreb. 钩藤属 ≒ **Cinchona;Pertusadina** Rubiaceae 茜草科 [MD-523] 全球 (6) 大洲分布及种数(34-48;hort.1;cult: 2)非洲:7-22;亚洲:29-48;大洋洲:8-22;欧洲:9;北美洲:3-12;南美洲:3-12
Uncarina【3】Stapf 钩刺麻属 ≒ **Uncaria** Pedaliaceae 芝麻科 [MD-539] 全球 (1) 大洲分布及种数(11-14)◆非洲(◆马达加斯加)
Uncariopsis H.Karst. = **Schradera**
Uncasia Greene = **Eupatorium**
Uncia Schreb. = **Uncaria**
Uncifera【3】Lindl. 叉喙兰属 ← **Cleisomeria;Saccolabium;Ventricularia** Orchidaceae 兰科 [MM-723] 全球 (1) 大洲分布及种数(4-6)◆亚洲
Unciferia【3】(Lür) Lür 银光兰属 ← **Stelis** Orchidaceae 兰科 [MM-723] 全球 (1) 大洲分布及种数(cf. 1)◆中美洲(◆巴拿马)
Uncina C.A.Mey. = **Uncinia**
Uncinaria Rchb. = **Unciferia**
Uncinella Fourr. = **Juncus**
Uncinia Americanae C.B.Clarke = **Uncinia**
Uncinia【3】Pers. 钩穗薹属 ≒ **Carex** Cyperaceae 莎草科 [MM-747] 全球 (6) 大洲分布及种数(45-48)非洲:5-38;亚洲:7-39;大洋洲:21-53;欧洲:7-39;北美洲:11-43;南美洲:27-59
Uncinus Raeusch. = **Uncinia**
Unciunia Skrjabin = **Uncinia**
Unclejackia【3】Ignatov 印尼青藓属 ≒ **Chaetomitrium** Brachytheciaceae 青藓科 [B-187] 全球 (1) 大洲分布及种数(2)◆大洋洲
Uncsria Schreb. = **Uncaria**
Unda Raf. = **Amorphophallus**
Undaria Schreb. = **Uncaria**
Undinella Greenm. = **Urbinella**
Unedo Hoffmanns. & Link = **Arbutus**
Ungeria Nees ex C.B.Clarke = **Cyperus**
Ungernia【3】Bunge 石蒜属 ← **Lycoris;Hippeastrum** Amaryllidaceae 石蒜科 [MM-694] 全球 (1) 大洲分布及种数(2-10)◆中亚(◆土库曼斯坦)
Ungnadia【3】Endl. 鹿睛果属 Sapindaceae 无患子科 [MD-428] 全球 (1) 大洲分布及种数(1-3)◆北美洲
Unguacha Hochst. = **Strychnos**
Unguella (Lür) Lür = **Unguella**
Unguella【3】Lür 北美洲穗兰属 ← **Acianthera** Orchidaceae 兰科 [MM-723] 全球 (1) 大洲分布及种数(cf. 1)◆北美洲
Unguiculabia Mytnik & Szlach. = **Polystachya**
Unguicularia Mytnik & Szlach. = **Polystachya**
Ungula Barlow = **Amyema**
Ungulipetalum【3】Moldenke 蹄瓣藤属 ← **Chondrodendron** Menispermaceae 防己科 [MD-42] 全球 (1) 大洲分布及种数(1)◆南美洲(◆巴西)
Unicolax L. = **Uniola**
Unidens E.Wimm. = **Unigenes**
Unident-caryophyllaceae Juss. = Caryophyllaceae
Unifolium Böhm. = **Maianthemum**
Unigenes【3】E.Wimm. 纤枝莲属 ← **Lobelia** Campanulaceae 桔梗科 [MD-561] 全球 (1) 大洲分布及种数(1)◆大洋洲(◆澳大利亚)
Uniola【3】L. 牧场草属 → **Briza;Poa;Eragrostis** Poaceae 禾本科 [MM-748] 全球 (6) 大洲分布及种数(7-11)非洲:13;亚洲:1-13;大洋洲:12;欧洲:12;北美洲:4-16;

南美洲:3-15
Unioleae Roshev. = **Uniola**
Unisema Raf. = **Pontederia**
Unisemataceae Raf. = Pontederiaceae
Univiscidiatus【3】(Kores) Szlach. 针花兰属 ← **Acianthus** Orchidaceae 兰科 [MM-723] 全球 (1) 大洲分布及种数(cf. 1)◆大洋洲
Uniyala H.Rob. & Skvarla = **Uniola**
Unjala Bl. = **Schefflera**
Unkown【-】(Baker) M.W.Chase,Rudall & Conran 禾本科属 Poaceae 禾本科 [MM-748] 全球 (uc) 大洲分布及种数(uc)
Unona DC. = **Unona**
Unona【3】L.f. 寡瓣树属 ≒ **Polyalthia;Papualthia** Annonaceae 番荔枝科 [MD-7] 全球 (6) 大洲分布及种数(1-2)非洲:2;亚洲:2;大洋洲:2;欧洲:2;北美洲:2;南美洲:2
Unoneae Benth. & Hook.f. = **Unona**
Unonopsis【2】R.E.Fr. 北辕木属 ← **Annona; Pseudoxandra** Annonaceae 番荔枝科 [MD-7] 全球 (3) 大洲分布及种数(54-55)亚洲:cf.1;北美洲:20;南美洲:42-43
Unxia Bert. ex Colla = **Unxia**
Unxia【2】L.f. 毛苞菊属 → **Blennosperma; Villanova; Nuxia** Asteraceae 菊科 [MD-586] 全球 (2) 大洲分布及种数(4-7)北美洲:1;南美洲:3-4
Upata Adans. = **Avicennia**
Upoda Adans. = **Hypoxis**
Upopion Raf. = **Thaspium**
Upoxis Adans. = **Anthericum**
Uptonara【-】auct. 兰科属 Orchidaceae 兰科 [MM-723] 全球 (uc) 大洲分布及种数(uc)
Uptonia G.Don = **Utania**
Upudalia Raf. = **Eranthemum**
Upuna【3】Symington 长隔香属 Dipterocarpaceae 龙脑香科 [MD-173] 全球 (1) 大洲分布及种数(1)◆亚洲
Urachne (J.Presl) Trin. & Rupr. = **Oryzopsis**
Uracis Schreb. = **Uraria**
Urafiopsis Schindl. = **Urariopsis**
Uraga Lapeyr. = **Potentilla**
Uragiella Pax & K.Hoffm. = **Tragiella**
Uragoga (DC.) Baill. = **Cephaelis**
Uralepis【-】Nutt. 禾本科属 ≒ **Amphibromus** Poaceae 禾本科 [MM-748] 全球 (uc) 大洲分布及种数(uc)
Uralepsis Nutt. = **Triplasis**
Uramya Schreb. = **Uraria**
Urananthus (Griseb.) Benth. = **Urananthus**
Urananthus【3】Benth. 洋桔梗属 ← **Eustoma** Gentianaceae 龙胆科 [MD-496] 全球 (1) 大洲分布及种数(cf. 1)◆北美洲
Urandra【3】Thw. 尾丝木属 ≒ **Stemonurus** Stemonuraceae 粗丝木科 [MD-440] 全球 (1) 大洲分布及种数(3-5)◆东南亚(◆菲律宾)
Urania DC. = **Uraria**
Urania Schreb. = **Ravenala**
Uranodactylus Gilli = **Lepidium**
Uranostachys (Dum.) Fourr. = **Veronica**
Uranth Schreb. = **Uraria**
Uranthcra Naudin = **Phyllanthodendron**
Uranthera Naudin = **Acisanthera**
Uranthera Pax & K.Hoffm. = **Phyllanthodendron**
Uranthera Raf. = **Justicia**
Uranthoecium【3】Stapf 扁轴草属 ← **Rottboellia** Poaceae 禾本科 [MM-748] 全球 (1) 大洲分布及种数(1)◆大洋洲(◆澳大利亚)
Uraria【3】Desv. 狸尾豆属 ← **Christia;Uvaria; Phenakospermum** Fabaceae3 蝶形花科 [MD-240] 全球 (6)大洲分布及种数(16-28;hort.1)非洲:3-4;亚洲:14-28;大洋洲:5-7;欧洲:1;北美洲:1;南美洲:1
Urariopsis【3】Schindl. 算珠豆属 ← **Uraria** Fabaceae 豆科 [MD-240] 全球 (1) 大洲分布及种数(2-3)◆亚洲
Uraspermum (Raf.) P. & K. = **Uraspermum**
Uraspermum【3】Nutt. 算珠芹属 → **Osmorhiza** Apiaceae 伞形科 [MD-480] 全球 (6) 大洲分布及种数(2)非洲:1;亚洲:1;大洋洲:1;欧洲:1;北美洲:1-2;南美洲:1
Uratea J.F.Gme. = **Ouratea**
Uraxine Trin. = **Oryzopsis**
Urbananthus R.M.King & H.Rob. = **Eupatorium**
Urbanella Pierre = **Pouteria**
Urbania Phil. = **Lyperia**
Urbanianae L. = **Salix**
Urbaniella Dusén ex Melch. = **Urbinella**
Urbanisol P. & K. = **Tithonia**
Urbanodendron【3】Mez 多腺桂属 ← **Aydendron** Lauraceae 樟科 [MD-21] 全球 (1) 大洲分布及种数(3)◆南美洲
Urbanodoxa Muschl. = **Cremolobus**
Urbanoguarea Harms = **Guarea**
Urbanolophium Melch. = **Amphilophium**
Urbanosciadium H.Wolff = **Niphogeton**
Urbinella【3】Greenm. 领杯藤属 ← **Dyssodia; Amphilophium** Asteraceae 菊科 [MD-586] 全球 (1) 大洲分布及种数(1)◆北美洲
Urbinia Rose = **Echeveria**
Urbiphytum Gossot = **Pachyphytum**
Urceocharis【3】Mast. 南美水仙属 ≒ **Eucharis** Amaryllidaceae 石蒜科 [MM-694] 全球 (1) 大洲分布及种数(cf.)◆南美洲
Urceodiscus【3】W.J.de Wilde & Duyfjes 吊葫芦属 Cucurbitaceae 葫芦科 [MD-205] 全球 (1) 大洲分布及种数(1-2)◆北美洲
Urceohna Herb. = **Urceola**
Urceola【3】Roxb.水壶藤属→**Aganosma;Micrechites; Tabernaemontana** Apocynaceae 夹竹桃科 [MD-492] 全球 (1) 大洲分布及种数(18-22)◆亚洲
Urceolaria Herb. = **Utricularia**
Urceolaria Molina = **Sarmienta**
Urceolaria Willd. ex Cothen. = **Schradera**
Urceolina (Herb.) Traub = **Urceolina**
Urceolina【3】Rchb. 坛水仙属 → **Caliphruria;Crinum;Stenomesson** Amaryllidaceae 石蒜科 [MM-694] 全球 (1) 大洲分布及种数(29)◆南美洲
Urechinus Müll.Arg. = **Urechites**
Urechis Müll.Arg. = **Urechites**
Urechites【3】Müll.Arg. 北美洲尾竹桃属 → **Fernaldia; Pentalinon** Apocynaceae 夹竹桃科 [MD-492] 全球 (1) 大洲分布及种数(6)◆北美洲
Uredinella Greenm. = **Urbinella**
Urelytrum【3】Hack. 圆叶舌茅属 ← **Elionurus;Rhytachne;Rottboellia** Poaceae 禾本科 [MM-748] 全球 (1)

大洲分布及种数(7-8)◆非洲
Urena【3】Dill. ex L. 梵天花属 ≒ **Abutilon;Pavonia** Malvaceae 锦葵科 [MD-203] 全球 (6) 大洲分布及种数(24-30;hort.1;cult: 1)非洲:3-22;亚洲:9-31;大洋洲:6-24;欧洲:1-19;北美洲:6-24;南美洲:11-32
Ureneae A.Gray = **Urena**
Urera【3】Gaud. 红珠麻属 ← **Boehmeria; Elatostema; Obetia** Urticaceae 荨麻科 [MD-91] 全球 (6) 大洲分布及种数(54-64)非洲:24-29;亚洲:10-14;大洋洲:1-4;欧洲:4-7;北美洲:22-27;南美洲:18-25
Uretia P. & K. = **Aerva**
Urgedra Schaus = **Urera**
Urginavia Speta = **Drimia**
Urginea【3】Steinh. 海葱属 ← **Albuca;Ornithogalum; Anthericum** Asparagaceae 天门冬科 [MM-669] 全球 (6) 大洲分布及种数(22-39)非洲:21-36;亚洲:2-7;大洋洲:5;欧洲:5;北美洲:5;南美洲:6
Urgineeae Rouy = **Urginea**
Urgineopsis Compton = **Drimia**
Urginia Kunth = **Urginea**
Urgmea Steinh. = **Urginea**
Urhanosciadium H.Wolff = **Niphogeton**
Uria N.C.Nair = **Cissus**
Uribea【3】Dugand & Romero 假罗望子属 Fabaceae 豆科 [MD-240] 全球 (1) 大洲分布及种数(1)◆南美洲(◆哥伦比亚)
Uricola Börl. = **Urceola**
Urinaria Medik. = **Phyllanthus**
Urmenetea【3】Phil. 驴菊木属 ≒ **Onoseris** Asteraceae 菊科 [MD-586] 全球 (1) 大洲分布及种数(1)◆南美洲
Urnatella Pierre = **Pouteria**
Urnectis Raf. = **Salix**
Urnula Fr. = **Amyema**
Urnularia Stapf = **Willughbeia**
Urobotrya【2】Stapf 尾球木属 ← **Opilia;Rhopalopilia** Opiliaceae 山柚子科 [MD-369] 全球 (2) 大洲分布及种数(9-10;hort.1)非洲:4;亚洲:4-5
Urobotyra Stapf = **Urobotrya**
Urocampus J.Drumm. ex Harv. = **Asterolasia**
Urocarpidium Anurum Krapov. = **Urocarpidium**
Urocarpidium【2】Ulbr. 尾果锦葵属 → **Fuertesimalva;Malva;Malvastrum** Malvaceae 锦葵科 [MD-203] 全球 (2) 大洲分布及种数(9-10)北美洲:1;南美洲:8
Urocarpus J.Drumm. ex Harv. = **Asterolasia**
Uroch Adans. = **Bixa**
Urochilus D.L.Jones & M.A.Clem. = **Pterostylis**
Urochlaena Nees = **Tribolium**
Urochloa【3】P.Beauv. 尾稃草属 → **Alloteropsis; Brachiaria;Echinochloa** Poaceae 禾本科 [MM-748] 全球 (6) 大洲分布及种数(92-96;hort.1;cult: 2)非洲:56-63;亚洲:35-41;大洋洲:29-35;欧洲:6;北美洲:36-42;南美洲:34-40
Urochondra【3】C.E.Hubb. 毛子房草属 ← **Agrostis;Viola** Poaceae 禾本科 [MM-748] 全球 (1) 大洲分布及种数(1)◆非洲
Urochroma Beauv. = **Urochloa**
Uroctea J.F.Gmel. = **Ouratea**
Urodera Gaud. = **Urera**
Urodon【3】Turcz. 普尔特木属 ← **Pultenaea** Fabaceae 豆科 [MD-240] 全球 (1) 大洲分布及种数(2)◆大洋洲
Urogentias【3】Gilg & Gilg-Ben. 尾龙胆属 Gentianaceae 龙胆科 [MD-496] 全球 (1) 大洲分布及种数(1)◆亚洲
Urolepis【3】(DC.) R.M.King & H.Rob. 泽兰属 ← **Eupatorium** Asteraceae 菊科 [MD-586] 全球 (1) 大洲分布及种数(1)◆南美洲
Uromorus Bureau = **Morus**
Uromyrtus【3】Burret 垂花桃木属 ≒ **Austromyrtus; Myrtella** Myrtaceae 桃金娘科 [MD-347] 全球 (1) 大洲分布及种数(19-25)◆大洋洲
Uron Adans. = **Zantedeschia**
Uronema Printz = **Cuscuta**
Uropappus【3】Nutt. 尾毛菊属 ← **Microseris** Asteraceae 菊科 [MD-586] 全球 (1) 大洲分布及种数(2-5)◆北美洲
Uropedilum Lindl. = **Phragmipedium**
Uropedium Lindl. = **Phragmipedium**
Uropetalon Burchell ex Ker Gawl. = **Dipcadi**
Uropetalum Burch. = **Dipcadi**
Urophila Ulbr. = **Erophila**
Urophorus Bureau = **Streblus**
Urophyllon Sahsb. = **Ornithogalum**
Urophyllum Jack ex Wall. = **Urophyllum**
Urophyllum【3】Wall. 尖叶木属 ← **Aidia;Leucolophus; Pauridiantha** Rubiaceae 茜草科 [MD-523] 全球 (6) 大洲分布及种数(31-127)非洲:4-24;亚洲:29-62;大洋洲:4-10;欧洲:6;北美洲:6;南美洲:6
Urophysa【3】Ulbr. 尾囊草属 ← **Anemone;Aquilegia; Isopyrum** Ranunculaceae 毛茛科 [MD-38] 全球 (1) 大洲分布及种数(2-5)◆东亚(◆中国)
Uropoda Adans. = **Hypoxis**
Uroskinnera【3】Lindl. 尾婆婆纳属 Plantaginaceae 车前科 [MD-527] 全球 (1) 大洲分布及种数(4)◆北美洲
Urospatha【3】Schott 尾苞芋属 ← **Arum;Dracontioides** Araceae 天南星科 [MM-639] 全球 (1) 大洲分布及种数(8-12)◆南美洲
Urospathella G.S.Bunting = **Urospatha**
Urospermum Auct. ex Steud. = **Urospermum**
Urospermum【3】G.A.Scop. 尾喙苣属 ← **Tragopogon** Asteraceae 菊科 [MD-586] 全球 (1) 大洲分布及种数(1-2)◆北美洲(◆美国)
Urostachya【3】(Lindl.) Brieger 毛兰属 ≒ **Pinalia; Eria** Orchidaceae 兰科 [MM-723] 全球 (1) 大洲分布及种数(1)◆亚洲
Urostachys (Herter) Herter = **Urostachys**
Urostachys【3】Herter 苍山石杉属 ≒ **Phlegmariurus** Lycopodiaceae 石松科 [F-4] 全球 (6) 大洲分布及种数(33)非洲:2;亚洲:3-5;大洋洲:6-8;欧洲:2;北美洲:3-8;南美洲:8-10
Urostelma Bunge = **Metaplexis**
Urostemon【3】B.Nord. 葵叶菊属 ← **Cineraria** Asteraceae 菊科 [MD-586] 全球 (1) 大洲分布及种数(1)◆大洋洲
Urostephanus B.L.Rob. & Greenm. = **Matelea**
Urostigma Miq. = **Artocarpus**
Urostylis Meisn. = **Blepharipappus**
Urotheca Gilg = **Gravesia**
Urotocus Bureau = **Streblus**
Ursifolium【-】Doweld 豆科属 Fabaceae 豆科 [MD-

240] 全球 (uc) 大洲分布及种数(uc)
Ursinia 【3】 Gaertn. 熊菊属 ← **Anthemis;Arctotis** Asteraceae 菊科 [MD-586] 全球 (1) 大洲分布及种数(49-60)◆非洲(◆南非)
Ursinieae H.Rob. & Brettell = **Ursinia**
Ursiniopsis E.P.Phillips = **Ursinia**
Ursopuntia 【-】 P.V.Heath 仙人掌科属 Cactaceae 仙人掌科 [MD-100] 全球 (uc) 大洲分布及种数(uc)
Ursulaea 【3】 Read & Baensch 卷瓣凤梨属 Bromeliaceae 凤梨科 [MM-715] 全球 (1) 大洲分布及种数(2)◆北美洲
Urtica 【3】 L. 荨麻属 → **Australina;Droguetia;Pilea** Urticaceae 荨麻科 [MD-91] 全球 (6) 大洲分布及种数(90-120;hort.1;cult:8)非洲:10-38;亚洲:53-85;大洋洲:9-38;欧洲:13-42;北美洲:29-60;南美洲:18-47
Urticaceae C.J.Chen = Urticaceae
Urticaceae 【3】 Juss. 荨麻科 [MD-91] 全球 (6) 大洲分布和属种数(46-50;hort. & cult.14-17)(1468-2801;hort. & cult.49-84)非洲:22-31/275-559;亚洲:33-39/956-1497;大洋洲:20-29/174-481;欧洲:14-26/55-218;北美洲:23-32/321-689;南美洲:18-29/291-502
Urticastrum Fabr. = **Laportea**
Urticeae Lam. & DC. = **Urtica**
Urtiea J.St.Hil. = **Urtica**
Uruchus Adans. = **Bixa**
Urucu Adans. = **Bixa**
Urumovia Stef. = **Jasione**
Uruparia Raf. = **Uncaria**
Urvillaea DC. = **Urvillea**
Urvillea 【2】 Kunth 于维尔无患子属 ← **Cardiospermum;Paullinia** Sapindaceae 无患子科 [MD-428] 全球 (2) 大洲分布及种数(21-27)北美洲:3-4;南美洲:18-21
Usana Laz. = **Grimmia**
Usionis Raf. = **Salix**
Uskatia 【-】 Neuburg 孢芽藓科属 Sorapillaceae 孢芽藓科 [B-212] 全球 (uc) 大洲分布及种数(uc)
Usmania Laz. = **Grimmia**
Usnea 【3】 Dill. ex Adans. 银桦百合属 ≒ **Urena** Liliaceae 百合科 [MM-633] 全球 (1) 大洲分布及种数(uc)◆亚洲
Usoricum Lunell = **Oenothera**
Ussuria Tzvelev = **Usteria**
Usteria Cav. = **Usteria**
Usteria 【3】 Willd. 于斯马钱属 → **Acalypha;Rondeletia;Ornithogalum** Loganiaceae 马钱科 [MD-486] 全球 (1) 大洲分布及种数(1-2)◆大洋洲
Ustilago Thüm. = **Antidesma**
Usubis Burm.f. = **Allophylus**
Utahia Britton & Rose = **Pediocactus**
Utania 【2】 G.Don 灰莉属 ≒ **Fagraea** Gentianaceae 龙胆科 [MD-496] 全球 (3) 大洲分布及种数(7) 非洲:1;亚洲:7;大洋洲:1
Utanica Steud. = **Utania**
Ute Lindl. = **Habenaria**
Uteopsis Fedde = **Geogenanthus**
Uterveria Bertol. = **Capparis**
Uthaca Baill. = **Uapaca**
Uthina Opiz = **Inula**
Utica L. = **Urtica**
Utilia Vell. = **Urtica**
Utleria Bedd. ex Benth. & Hook.f. = **Streptocaulon**
Utleya 【3】 Wilbur & Luteyn 五棱莓属 Ericaceae 杜鹃花科 [MD-380] 全球 (1) 大洲分布及种数(1-2)◆北美洲
Utricularia (Barnhart) Komiya = **Utricularia**
Utricularia 【3】 L. 狸藻属 ≒ **Drosera;Genlisea** Lentibulariaceae 狸藻科 [MD-570] 全球 (6) 大洲分布及种数(257-275)非洲:58-85;亚洲:90-116;大洋洲:86-112;欧洲:19-46;北美洲:65-92;南美洲:117-148
Utriculariaceae Hoffmanns. & Link = Lentibulariaceae
Utsetela 【3】 Pellegr. 桂叶桑属 Moraceae 桑科 [MD-87] 全球 (1) 大洲分布及种数(2)◆非洲(◆加蓬)
Uucaria Desv. = **Uraria**
Uulpia C.C.Gmel. = **Vulpia**
Uva P. & K. = **Uvaria**
Uvanella Pierre = **Pouteria**
Uvanilla Philippi = **Vanilla**
Uvaria 【3】 L. 紫玉盘属 → **Afroguatteria;miliusa;Solidago** Annonaceae 番荔枝科 [MD-7] 全球 (6) 大洲分布及种数(187-251;hort.1;cult:1)非洲:105-131;亚洲:92-145;大洋洲:19-38;欧洲:2-17;北美洲:4-22;南美洲:10-27
Uvariastrum 【3】 Engl. & Diels 金玉盘属 → **Mischogyne** Annonaceae 番荔枝科 [MD-7] 全球 (1) 大洲分布及种数(7-8)◆非洲
Uvarieae Hook.f. & Thoms. = **Uvaria**
Uvariella Ridl. = **Uvaria**
Uvariodendron 【3】 (Engl. & Diels) R.E.Fr. 桃面玉盘属 ← **Polyceratocarpus** Annonaceae 番荔枝科 [MD-7] 全球 (1) 大洲分布及种数(16-18)◆非洲
Uvariopsis 【3】 Engl. 单性玉盘属 → **Dennettia;Tetrastemma;Mischogyne** Annonaceae 番荔枝科 [MD-7] 全球 (1) 大洲分布及种数(18-19)◆非洲
Uva-ursi 【-】 Duham. 杜鹃花科属 ≒ **Arctostaphylos** Ericaceae 杜鹃花科 [MD-380] 全球 (uc) 大洲分布及种数(uc)
Uvedalia R.Br. = **Mimulus**
Uvifera P. & K. = **Coccoloba**
Uvirandra J.St.Hil. = **Zannichellia**
Uvulana L. = **Uvularia**
Uvularia 【3】 L. 垂铃儿属 ≒ **Uvaria;Fritillaria** Colchicaceae 秋水仙科 [MM-623] 全球 (1) 大洲分布及种数(8-11)◆北美洲
Uvulariac L. = **Uvularia**
Uvulariaceae 【3】 A.Gray ex Kunth 悬阶草科 [MM-628] 全球 (1) 大洲分布和属种数(1-2;hort. & cult.1)(8-17;hort. & cult.5-6)◆北美洲:1-2/8-14
Uvularieae A.Gray ex Meisn. = **Uvularia**
Uwarowia Bunge = **Verbena**

U

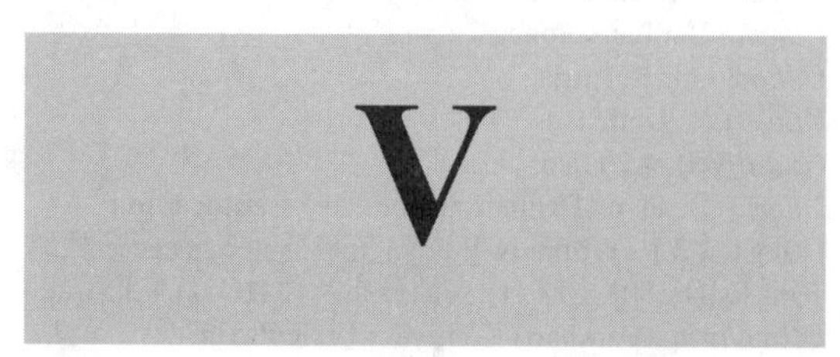

Vaccaria【3】 Medik. 麦蓝菜属 ≒ **Gypsophila;Silene** Caryophyllaceae 石竹科 [MD-77] 全球 (6) 大洲分布及种数(3-4)非洲:1-5;亚洲:2-6;大洋洲:1-5;欧洲:1-5;北美洲:2-7;南美洲:1-5

Vacciniaceae【3】DC. ex Perleb 乌饭树科 [MD-381] 全球(6)大洲分布和属种数(1-3;hort. & cult.1)(540-768;hort. & cult.81-124) 非洲:1-3/158-236; 亚洲:1-3/412-523;大洋洲:1-3/107-176;欧洲:1-3/26-83;北美洲:1-3/142-219;南美洲:1-3/48-117

Vacciniopsis Rusby = **Disterigma**

Vaccinium (Benth. & Hook.f.) Sleumer = **Vaccinium**

Vaccinium【3】L.越橘属→**Thibaudia;Hornemannia;Sphyrospermum** Ericaceae 杜鹃花科 [MD-380] 全球 (6) 大洲分布及种数(541-650;hort.1;cult:34)非洲:158-231;亚洲:412-518;大洋洲:107-171;欧洲:26-78;北美洲:142-214;南美洲:48-112

Vaccinum L. = **Vaccinium**

Vaccium L. = **Vaccinium**

Vaceae Juss. = Vitaceae

Vachellia【3】 Wight & Arn. 金合欢属 ← **Acacia;Prosopis;Inga** Fabaceae 豆科 [MD-240] 全球 (6) 大洲分布及种数(144-165;hort.1;cult: 6)非洲:67-71;亚洲:37-41;大洋洲:22-26;欧洲:5-9;北美洲:54-61;南美洲:18-22

Vachendorfia Adans. = **Wachendorfia**

Vacherotara【-】 Hort. 兰科属 Orchidaceae 兰科 [MM-723] 全球 (uc) 大洲分布及种数(uc)

Vachonia Ochyra = **Valdonia**

Vacoparis【3】 Spangler 高粱属 ≒ **Sorghum** Poaceae 禾本科 [MM-748] 全球 (1) 大洲分布及种数(cf. 1)◆亚洲

Vacunella Regel = **Vasconcellea**

Vada-kodi Adans. = **Justicia**

Vadensea【-】 Jongkind & O.Lachenaud 茶茱萸科属 Icacinaceae 茶茱萸科 [MD-450] 全球 (uc) 大洲分布及种数(uc)

Vadia O.F.Cook = **Chamaedorea**

Vadulia Plowes = **Mesua**

Vagaria【3】Herb.叉蕊花属→**Hannonia;Pancratium;Clematis** Amaryllidaceae 石蒜科 [MM-694] 全球 (1) 大洲分布及种数(2)◆非洲(◆摩洛哥)

Vaginaria Kunth = **Fuirena**

Vaginopteris【-】 (Hook.) T.Nakai 凤尾蕨科属 ≒ **Monogramma** Pteridaceae 凤尾蕨科 [F-31] 全球 (uc) 大洲分布及种数(uc)

Vaginularia【2】 Fée 针叶蕨属 ← **Monogramma** Vittariaceae 书带蕨科 [F-39] 全球 (2) 大洲分布及种数(4-6)亚洲:3;大洋洲:2

Vagnera Adans. = **Maianthemum**

Vahadenia【3】 Stapf 瓦腺木属 ← **Landolphia** Apocynaceae 夹竹桃科 [MD-492] 全球 (1) 大洲分布及种数(2)◆非洲

Vahea Lam. = **Landolphia**

Vahla Cothen. = **Vahlia**

Vahlbergella Blytt = **Silene**

Vahlia Dahl = **Vahlia**

Vahlia【3】 Thunb. 黄漆姑属←**Bistella;Russelia;Sporobolus** Vahliaceae 黄漆姑科 [MD-420] 全球 (1) 大洲分布及种数(7-9)◆非洲

Vahliaceae【3】Dandy 黄漆姑科 [MD-420] 全球 (1) 大洲分布和属种数(1-2/7-13)◆北美洲

Vahlii Thunb. = **Vahlia**

Vahlodea【3】 Fr. 山发草属 ≒ **Deschampsia;Aira** Poaceae 禾本科 [MM-748] 全球 (6) 大洲分布及种数(3)非洲:1-2;亚洲:2-3;大洋洲:1-2;欧洲:2-3;北美洲:2-3;南美洲:1-2

Vailia【3】 Rusby 缬夹竹属 Apocynaceae 夹竹桃科 [MD-492] 全球 (1) 大洲分布及种数(2)◆南美洲

Vaillantia Hoffm. = **Valantia**

Vaillantii Hoffm. = **Valantia**

Vainilla Salisb. = **Vanilla**

Valanga Noronha = **Alpinia**

Valantia【3】 L. 瓦朗茜属 → **Callipeltis;Cruciata** Rubiaceae 茜草科 [MD-523] 全球 (6) 大洲分布及种数(7-10;hort.1)非洲:3-7;亚洲:5-11;大洋洲:4;欧洲:4-10;北美洲:4;南美洲:3-7

Valarum Schur = **Sisymbrium**

Valcarcelia【-】 Lag. 豆科属 Fabaceae 豆科 [MD-240] 全球 (uc) 大洲分布及种数(uc)

Valcarcella【-】 Steud. 豆科属 Fabaceae 豆科 [MD-240] 全球 (uc) 大洲分布及种数(uc)

Valdaria Ser. = **Clematis**

Valdesia Ruiz & Pav. = **Blakea**

Valdesiana L. = **Valeriana**

Valdia Böhm. = **Clerodendrum**

Valdivia【3】 Gay ex Remy in C.Gay 紫金莲属 Escalloniaceae 南鼠刺科 [MD-447] 全球 (1) 大洲分布及种数(1-2)◆南美洲

Valdiviella A.Schimp. = **Muscoherzogia**

Valdiviesoa Szlach. & Kolan. = **Muscoherzogia**

Valdonia【3】 Ochyra 缬叶藓属 Seligeriaceae 细叶藓科 [B-113] 全球 (1) 大洲分布及种数(1)◆非洲

Valentiana Raf. = **Valeriana**

Valentina R.Hedw. = **Heliotropium**

Valentinia Heist. ex Fabr. = **Maianthemum**

Valentinia Raeusch. = **Xanthophyllum**

Valentinia Sw. = **Casearia**

Valentiniella【3】 Speg. 天芥菜属 ≒ **Heliotropium** Boraginaceae 紫草科 [MD-517] 全球 (1) 大洲分布及种数(uc)◆非洲

Valenzuela B.D.Jacks. = **Picramnia**

Valenzuela Mutis ex Caldas = **Valenzuelia**

Valenzuelia【3】 Bert. ex Cambess. 南美忍患子属 ≒ **Guindilia** Sapindaceae 无患子科 [MD-428] 全球 (1) 大洲分布及种数(uc)◆亚洲

Valeranda Neck. = **Valeriana**

Valerandia Dur. & Jacks. = **Valeriana**

Valeria Minod = **Valdonia**

Valeriana Ceratophyllae Höck = **Valeriana**
Valeriana 【3】 L. 缬草属 ≒ **Betckea;Patrinia** Valerianaceae 败酱科 [MD-537] 全球 (6) 大洲分布及种数(447-543;hort.1;cult: 10)非洲:37-75;亚洲:106-160;大洋洲:9-45;欧洲:72-120;北美洲:94-136;南美洲:265-321
Valerianaceae【3】Batsch 败酱科 [MD-537] 全球 (6) 大洲分布和属种数(9-11;hort. & cult.6-7)(572-812;hort. & cult.49-75)非洲:2-7/58-143;亚洲:4-8/166-282;大洋洲:3-7/22-103;欧洲:3-7/109-209;北美洲:4-7/126-211;南美洲:6-10/291-390
Valerianeae Dum. = **Valeriana**
Valerianella 【3】 Mill. 歧缬草属 ≒ **Fordia;Plectritis** Valerianaceae 败酱科 [MD-537] 全球 (6) 大洲分布及种数(73-100)非洲:21-34;亚洲:42-66;大洋洲:11-22;欧洲:27-44;北美洲:21-29;南美洲:7-15
Valerianodes P. & K. = **Stachytarpheta**
Valerianoideae Raf. = **Stachytarpheta**
Valerianoides Medik. = **Stachytarpheta**
Valerianopsis C.A.Müller = **Valeriana**
Valerioa Standl. & Steyerm. = **Peltanthera**
Valerioanthus Lundell = **Ardisia**
Valetonia Durand = **Pleurisanthes**
Validallium Small = **Allium**
Valiha 【3】 S.Dransf. 非洲禾属 ≒ **Vahlia;Digitaria** Poaceae 禾本科 [MM-748] 全球 (1) 大洲分布及种数(2-3)◆非洲
Valikaha Adans. = **Memecylon**
Valinara J.M.H.Shaw = **Memecylon**
Valisneria G.A.Scop. = **Vallisneria**
Valkera Stokes = **Campylospermum**
Vallanthus Cif. & Giacom. = **Cyrtanthus**
Vallantia D.Dietr. = **Valantia**
Vallariopsis 【3】 Woodson 纽子花属 ← **Vallaris** Apocynaceae 夹竹桃科 [MD-492] 全球 (1) 大洲分布及种数(uc)属分布和种数(uc)◆亚洲
Vallaris【3】Burm.f. 纽子花属 → **Beaumontia;Pottsia** Apocynaceae 夹竹桃科 [MD-492] 全球 (1) 大洲分布及种数(3-5)◆亚洲
Vallea【3】Mutis ex L.f. 硬梨木属 ← **Elaeocarpus;Velleia** Elaeocarpaceae 杜英科 [MD-134] 全球 (1) 大洲分布及种数(3)◆南美洲
Vallentinia Heist. ex Fabr. = **Maianthemum**
Vallesia 【2】 Ruiz & Pav. 泪珠莓属 → **Pteralyxia; Rauvolfia;Velleia** Apocynaceae 夹竹桃科 [MD-492] 全球 (3) 大洲分布及种数(10-14)大洋洲:1-2;北美洲:8-10;南美洲:3-5
Valliera【3】 Ruiz & Pav. 南美椴树属 Malvaceae 锦葵科 [MD-203] 全球 (1) 大洲分布及种数(uc)属分布和种数(uc)◆南美洲
Vallifilix Thou. = **Lygodium**
Vallisneria 【3】 L. 苦草属 ≒ **Physaria;Enhalus** Hydrocharitaceae 水鳖科 [MM-599] 全球 (6) 大洲分布及种数(12-16)非洲:2-4;亚洲:9-11;大洋洲:7-13;欧洲:3-5;北美洲:3-5;南美洲:2-4
Vallisneriac Dum. = **Vallisneria**
Vallisneriaceae【3】Dum. 苦草科 [MM-598] 全球 (6) 大洲分布和属种数(1;hort. & cult.1)(11-24;hort. & cult.2-4)非洲:1/2-4;亚洲:1/9-11;大洋洲:1/7-13;欧洲:1/3-5;北美洲:1/3-5;南美洲:1/2-4
Vallota Herb. = **Trichachne**
Vallotia P. & K. = **Clivia**
Valoniopsis (G.Martens) Børgesen = **Varronia**
Valoradia Hochst. = **Ceratostigma**
Valota【3】 Adans. 君子兰属 ≒ **Digitaria** Poaceae 禾本科 [MM-748] 全球 (6) 大洲分布及种数(2) 非洲:1;亚洲:2;大洋洲:1;欧洲:1;北美洲:2;南美洲:2
Valpara Ser. = **Clematis**
Valsaceae Dandy = Vahliaceae
Valseu Mutis ex L.f. = **Vallea**
Valsonia G.A.Scop. = **Tetracera**
Valsonica G.A.Scop. = **Tetracera**
Valteta Raf. = **Iochroma**
Valvanthera C.T.White = **Hernandia**
Valvaria Ser. = **Clematis**
Valvata Ser. = **Clematis**
Valvinterlobus Dulac = **Tarenna**
Vampiraea【3】 Szlach. & Cieslicka 兰科属 Orchidaceae 兰科 [MM-723] 全球 (1) 大洲分布及种数(1)非洲
Vanachnochilus【-】 J.M.H.Shaw 兰科属 Orchidaceae 兰科 [MM-723] 全球 (uc) 大洲分布及种数(uc)
Vanaea【3】 (Inoü & Gradst.) Inoü & Gradst. 圭亚那叶苔属 Jamesoniellaceae 圆叶苔科 [B-51] 全球 (1) 大洲分布及种数(1)◆南美洲(◆圭亚那)
Vanalphimia 【-】 Lesch. ex DC. 水东哥科属 ≒ **Premna** Saurauiaceae 水东哥科 [MD-224] 全球 (uc) 大洲分布及种数(uc)
Vanalpighmia Steud. = **Saurauia**
Vananopsis S.A.Hammer = **Vandopsis**
Vananthes Schltr. = **Mananthes**
Vananthopsis【-】 J.M.H.Shaw 兰科属 Orchidaceae 兰科 [MM-723] 全球 (uc) 大洲分布及种数(uc)
Vanascochilus【-】 J.M.H.Shaw 兰科属 Orchidaceae 兰科 [MM-723] 全球 (uc) 大洲分布及种数(uc)
Vanasushava【3】 P.K.Mukh. & Constance 独活属 ≒ **Heracleum** Apiaceae 伞形科 [MD-480] 全球 (1) 大洲分布及种数(1)◆亚洲
Vancampe auct. = **Vanda**
Vanclevea 【3】 Greene 胶菀属 ← **Grindelia;Chrysothamnus** Asteraceae 菊科 [MD-586] 全球 (1) 大洲分布及种数(cf. 1)◆北美洲
Vancouveria 【3】 C.Morr. & Decne. 折瓣花属 ← **Epimedium** Berberidaceae 小檗科 [MD-45] 全球 (1) 大洲分布及种数(3-9)◆北美洲
Vanda 【3】 Jones ex R.Br. 万代兰属 → **Acampe; Vahlia;Arachnis** Orchidaceae 兰科 [MM-723] 全球 (6) 大洲分布及种数(39-98;hort.1;cult:5)非洲:1-9;亚洲:38-81;大洋洲:4-14;欧洲:5;北美洲:9-15;南美洲:5
Vandachnis Hort. = **Arachnis**
Vandachostylis Guillaumin = **Rhynchostylis**
Vandacostylis Guillaumin = **Rhynchostylis**
Vandaecum【-】 Hort. 兰科属 Orchidaceae 兰科 [MM-723] 全球 (uc) 大洲分布及种数(uc)
Vandaenopsis Guillaumin = **Vandopsis**
Vandaeranthes 【-】 auct. 兰科属 Orchidaceae 兰科 [MM-723] 全球 (uc) 大洲分布及种数(uc)
Vandalea Fourr. = **Sisymbrium**
Vandanthe Schltr. = **Vanda**
Vandantherella Garay & H.R.Sw. = **Renanthera**

V

Vandantherides Garay & H.R.Sw. = **Aerides**
Vandarachnis Grönev. = **Arachnis**
Vandasia【3】Domin 鸡血藤属 ← **Callerya;Vandasina** Fabaceae3 蝶形花科 [MD-240] 全球 (1) 大洲分布及种数(uc)属分布和种数(uc)◆亚洲
Vandasina【3】S.Rauschert 鱼藤属 ← **Derris;Vandasia** Fabaceae 豆科 [MD-240] 全球 (2) 大洲分布及种数(1) 亚洲;大洋洲
Vandea Griff. = **Vanaea**
Vandeae Lindl. = **Vanaea**
Vandeboschia Copel. = **Vandenboschia**
Vandel Raf. = **Croton**
Vandellia【3】P.Br. ex L. 长蒴母草属 → **Lindernia; Pierranthus** Scrophulariaceae 玄参科 [MD-536] 全球 (6) 大洲分布及种数(45-58)非洲:7-11;亚洲:30-35;大洋洲:9-15;欧洲:4;北美洲:4;南美洲:4
Vandenboschia【3】Copel. 瓶蕨属 ≒ **Crepidomanes** Hymenophyllaceae 膜蕨科 [F-21] 全球 (6) 大洲分布及种数(11-18)非洲:1-12;亚洲:7-18;大洋洲:11;欧洲:11;北美洲:2-13;南美洲:3-15
Vandensonides【-】J.M.H.Shaw 兰科属 Orchidaceae 兰科 [MM-723] 全球 (uc) 大洲分布及种数(uc)
Vandera Raf. = **Acalypha**
Vandesia Salisb. = **Bomarea**
Vandewegheara auct. = **Ascocentrum**
Vandiemenia【3】Hewson 大洋洲叉苔属 Metzgeriaceae 叉苔科 [B-89] 全球 (1) 大洲分布及种数(cf. 1)◆大洋洲
Vandirea J.M.H.Shaw = **Vatairea**
Vandofinetia Hort. = **Neofinetia**
Vandofinides auct. = **Ferreyranthus**
Vandoglossum Garay = **Holcoglossum**
Vandopirea【-】J.M.H.Shaw 兰科属 Orchidaceae 兰科 [MM-723] 全球 (uc) 大洲分布及种数(uc)
Vandopsides Hort. = **Ferreyranthus**
Vandopsis Hort. = **Vandopsis**
Vandopsis【3】Pfitz. 拟万代兰属 ← **Arachnis;Fieldia** Orchidaceae 兰科 [MM-723] 全球 (1) 大洲分布及种数(4-5)◆亚洲
Vandoritis auct. = **Doritis**
Vanessa Raf. = **Manettia**
Vanglossum auct. = **Ascoglossum**
Vangueria【3】Juss. 斑嘉果属 ≒ **Ancylanthos;Fadogia;Pauridiantha** Rubiaceae 茜草科 [MD-523] 全球 (1) 大洲分布及种数(59-66)◆非洲
Vanguerieae A.Rich. ex Dumort. = **Vangueria**
Vangueriella【3】B.Verdcourt 非洲野茜属 ≒ **Plectronia** Rubiaceae 茜草科 [MD-523] 全球 (1) 大洲分布及种数(20)◆非洲
Vangueriella Verdc. = **Vangueriella**
Vangueriopsis【3】Robyns ex R.D.Good 斑嘉茜属 ← **Canthium;Multidentia** Rubiaceae 茜草科 [MD-523] 全球 (1) 大洲分布及种数(5-7)◆非洲
Vanguiera K.Schum. = **Rytigynia**
Vanguieria Pers. = **Viguiera**
Vanhallia J.A.Schultes & J.H.Schultes = **Thottea**
Vanheerdea【3】L.Bolus ex H.E.K.Hartmann 胧玉属 Aizoaceae 番杏科 [MD-94] 全球 (1) 大洲分布及种数(1-3)◆非洲(◆南非)
Vanheerdia【3】L.Bolus 胧玉属 → **Vanheerdea** Aizoaceae 番杏科 [MD-94] 全球 (1) 大洲分布及种数(uc)◆亚洲
Vanhouttea【3】(Glaz. ex Höhne) Chautems 红岩桐属 Gesneriaceae 苦苣苔科 [MD-549] 全球 (1) 大洲分布及种数(9-12)◆南美洲(◆巴西)
Vanhouttea Chautems = **Vanhouttea**
Van-houttea (Glaz. ex Höhne) Chautems = **Vanhouttea**
Vania F.K.Mey. = **Thlaspi**
Vaniera J.St.Hil. = **Pseudowintera**
Vanieria Lour. = **Maclura**
Vanieria Montr. = **Hibbertia**
Vanikora J.St.Hil. = **Pseudowintera**
Vanilla【3】Mill. 香荚兰属 ≒ **Varilla;Galeola** Orchidaceae 兰科 [MM-723] 全球 (6) 大洲分布及种数(130-146;hort.1;cult:1)非洲:33-46;亚洲:40-51;大洋洲:12-22;欧洲:2-12;北美洲:34-46;南美洲:61-75
Vanillaceae Lindl. = Cypripediaceae
Vanilleae Bl. = **Vanilla**
Vanillophorum Neck. = **Vanilla**
Vanillosma (Less.) Spach = **Cacalia**
Vanillosmopsis【3】Sch.Bip. 陷托斑鸠菊属 ← **Albertinia;Critoniopsis** Asteraceae 菊科 [MD-586] 全球 (1) 大洲分布及种数(uc)属分布和种数(uc)◆南美洲
Vaniot H.Lév. = **Petrocosmea**
Vaniotia H.Lév. = **Petrocosmea**
Vannerara【-】J.M.H.Shaw 兰科属 Orchidaceae 兰科 [MM-723] 全球 (uc) 大洲分布及种数(uc)
Vanoverberghia【3】Merr. 须叶姜属 ← **Alpinia** Zingiberaceae 姜科 [MM-737] 全球 (1) 大洲分布及种数(2-3)◆亚洲
Vanquetia J.M.H.Shaw = **Vangueria**
Vanroyena Aubrév. = **Van-royena**
Van-royena【3】Aubrév. 澳山榄属 Sapotaceae 山榄科 [MD-357] 全球 (1) 大洲分布及种数(1)◆大洋洲(◆澳大利亚)
Vanroyenella【3】Novelo & C.T.Philbrick 河翎草属 Podostemaceae 川苔草科 [MD-322] 全球 (1) 大洲分布及种数(1)◆北美洲(◆墨西哥)
Vantanea【2】Aubl. 香矾木属 ≒ **Licania** Humiriaceae 香膏木科 [MD-348] 全球 (2) 大洲分布及种数(22-23;hort.1)北美洲:3;南美洲:19
Vantaneeae Cuatrec. = **Vantanea**
Vantieghemia Rchb. = **Kunzea**
Van-tieghemia A.V.Bobrov & Melikyan = **Phyllocladus**
Vantonia J.M.H.Shaw = **Antonia**
Vanvanda J.M.H.Shaw = **Vantanea**
Vanwykia【3】Wiens 绒袍寄生属 ← **Loranthus; Tapinanthus** Loranthaceae 桑寄生科 [MD-415] 全球 (1) 大洲分布及种数(2)◆非洲
Vanzijlia【3】L.Bolus 万叟玉属 ← **Cephalophyllum; Mesembryanthemum** Aizoaceae 番杏科 [MD-94] 全球 (1) 大洲分布及种数(1)◆非洲(◆南非)
Vanzoia H.Lév. = **Petrocosmea**
Vappodes M.A.Clem. & D.L.Jones = **Dendrobium**
Varasia Phil. = **Gentiana**
Varcia Rohr = **Garcia**
Vareca Gaertn. = **Rinorea**
Varengevillea Baill. = **Vitex**
Varennea DC. = **Eysenhardtia**

V

Vargasia Bert. ex Spreng. = **Thouinia**
Vargasia DC. = **Galinsoga**
Vargasiella【3】C.Schweinf. 瓦尔兰属 Orchidaceae 兰科 [MM-723] 全球 (1) 大洲分布及种数(3)◆南美洲
Vargula A.Gray = **Varilla**
Varianella Mill. = **Parianella**
Varifula A.Gray = **Varilla**
Varilla【3】A.Gray 棒菊属 ≒ **Vanilla** Asteraceae 菊科 [MD-586] 全球 (1) 大洲分布及种数(2)◆北美洲
Varillinae【-】B.L.Turner & A.M.Powell 菊科属 Asteraceae 菊科 [MD-586] 全球 (uc) 大洲分布及种数(uc)
Varinga Raf. = **Ficus**
Variola Turner & Borrer ex Sm. = **Viola**
Varmina Raf. = **Ficus**
Varneria L. = **Gardenia**
Varronia【3】P.Br. 破布树属 ← **Cordia;Fordia; Piptocarpha** Boraginaceae 紫草科 [MD-517] 全球 (6) 大洲分布及种数(153)非洲:2;亚洲:7-9;大洋洲:1-3;欧洲:2;北美洲:74-84;南美洲:88-90
Varroniopsis Friesen = **Varronia**
Vartheimia Benth. & Hook.f. = **Varthemia**
Varthemia【2】DC. 分尾菊属 → **Aster;Pentanema; Pluchea** Asteraceae 菊科 [MD-586] 全球 (2) 大洲分布及种数(5-7;hort.1;cult: 1)非洲:2;亚洲:cf.1
Varuna Raf. = **Ficus**
Vasargia Steud. = **Vitis**
Vascoa DC. = **Nylandtia**
Vasconcelia Benth. & Hook. = **Vasconcellea**
Vasconcella A.St.Hil. = **Vasconcellea**
Vasconcellea【3】A.St.Hil. 徒木瓜属 ≒ **Carica; Carapa;Papaya** Caricaceae 番木瓜科 [MD-236] 全球 (6)大洲分布及种数(22-23;hort.1)非洲:1;亚洲:1-2;大洋洲:1-2;欧洲:1;北美洲:3-4;南美洲:21-22
Vasconcellia Mart. = **Arrabidaea**
Vasconcellosia Carül = **Vasconcellea**
Vasconella Regel = **Vasconcellea**
Vascostylis【-】Hort. 兰科属 Orchidaceae 兰科 [MM-723] 全球 (uc) 大洲分布及种数(uc)
Vaseya Thurb. = **Muhlenbergia**
Vaseyanthus【3】Cogn. 香脂瓜属 ← **Echinopepon** Cucurbitaceae 葫芦科 [MD-205] 全球 (1) 大洲分布及种数(1)属分布和种数(uc)◆北美洲
Vaseyochloa【3】Hitchc. 德州茅属 ← **Distichlis** Poaceae 禾本科 [MM-748] 全球 (1) 大洲分布及种数(1)◆北美洲(◆美国)
Vasidae Baill. = **Vasivaea**
Vasivaea【3】Baill. 群蕊椴属 Malvaceae 锦葵科 [MD-203] 全球 (1) 大洲分布及种数(2)◆南美洲
Vasquesia Rydb. = **Unxia**
Vasquezia Phil. = **Villanova**
Vasqueziella【3】Dodson 橙香兰属 Orchidaceae 兰科 [MM-723] 全球 (1) 大洲分布及种数(1)◆南美洲
Vassallia Schult.f. = **Thottea**
Vassobia Hunz. = **Vassobia**
Vassobia【3】Rusby 瓦索茄属 ← **Acnistus;Capsicum** Solanaceae 茄科 [MD-503] 全球 (1) 大洲分布及种数(3)◆南美洲
Vastania Gasp. = **Ligustrum**
Vatairea【3】Aubl. 黑汁檀属 → **Andira;Ormosia; Pterocarpus** Fabaceae 豆科 [MD-240] 全球 (1) 大洲分布及种数(8)◆南美洲(◆巴西)
Vataireopsis【3】Ducke 除癣檀属 ← **Andira;Luetzelburgia** Fabaceae 豆科 [MD-240] 全球 (1) 大洲分布及种数(4)◆南美洲
Vateria【3】L. 天竺香属 → **Vatica;Monoporandra; Shorea** Dipterocarpaceae 龙脑香科 [MD-173] 全球 (1) 大洲分布及种数(1-17)◆亚洲
Vateriopsis【3】F.Heim 燕岛香属 ← **Vateria** Dipterocarpaceae 龙脑香科 [MD-173] 全球 (1) 大洲分布及种数(1)◆亚洲
Vates (Kunth) Raf. = **Iochroma**
Vateta (Kunth) Raf. = **Iochroma**
Vatica【3】L. 青梅属 → **Anisoptera;Dipterocarpus;Shorea** Dipterocarpaceae 龙脑香科 [MD-173] 全球 (1) 大洲分布及种数(93-118)◆亚洲
Vatiea Aubl. = **Vatairea**
Vatke Hildeb. & O.Hoffm. = **Martynia**
Vatkea Hildeb. & O.Hoffm. = **Martynia**
Vatovaea【3】Chiov. 瓦托豆属 ← **Vigna** Fabaceae 豆科 [MD-240] 全球 (1) 大洲分布及种数(1)◆非洲
Vatricania Backeb. = **Espostoa**
Vauanthes Haw. = **Crassula**
Vaughania【3】S.Moore 木蓝属 ← **Indigofera** Fabaceae 豆科 [MD-240] 全球 (1) 大洲分布及种数(9)◆非洲(◆马达加斯加)
Vaughnara auct. = **Brassavola**
Vaupeli R.E.Schult. = **Vaupesia**
Vaupelia Brand = **Cystostemon**
Vaupellia Griseb. = **Rhytidophyllum**
Vaupesia【3】R.E.Schult. 血水桐属 Euphorbiaceae 大戟科 [MD-217] 全球 (1) 大洲分布及种数(1)◆南美洲
Vauquelinia【3】Corrêa ex Bonpl. 檀梅属 ← **Spiraea** Rosaceae 蔷薇科 [MD-246] 全球 (1) 大洲分布及种数(3-8)◆北美洲
Vausagesia Baill. = **Sauvagesia**
Vauthiera A.Rich. = **Cladium**
Vavaea【3】Benth. 木莓楝属 ← **Beilschmiedia** Meliaceae 楝科 [MD-414] 全球 (1) 大洲分布及种数(10)◆亚洲
Vavanga Rohr = **Vangueria**
Vavara【3】Benoist 马达野爵床属 Acanthaceae 爵床科 [MD-572] 全球 (1) 大洲分布及种数(1)◆非洲(◆马达加斯加)
Vavilovia【3】Fed. 野豌豆属 ← **Vicia** Fabaceae 豆科 [MD-240] 全球 (1) 大洲分布及种数(2)◆亚洲
Vavraia Benoist = **Vavara**
Vayana Raf. = **Myrica**
Vazea Allemão ex Mart. = **Tetrastylidium**
Vazquezella Szlach. & Sitko = **Maxillaria**
Vazquezia Pritz. = **Villanova**
Veatchia A.Gray = **Pachycormus**
Veatchia Kellogg = **Brodiaea**
Veconcibea (Müll.Arg.) Pax & K.Hoffm. = **Conceveiba**
Vedela【-】Adans. 报春花科属 ≒ **Ardisia** Primulaceae 报春花科 [MD-401] 全球 (uc) 大洲分布及种数(uc)
Veeresia【3】Monach. & Moldenke 白梧桐属 Malvaceae 锦葵科 [MD-203] 全球 (1) 大洲分布及种数(1)◆北美洲
Vegaea【3】Urb. 柳金牛属 Primulaceae 报春花科

V

[MD-401] 全球 (1) 大洲分布及种数(1)◆北美洲
Vegelia Neck. = **Regelia**
Veillonia H.E.Moore = **Clinostigma**
Veitchia 【3】 H.Wendl. 蜡轴椰属 ≒ **Picea;Abies; Adonidia** Arecaceae 棕榈科 [MM-717] 全球 (1) 大洲分布及种数(12-17)◆大洋洲
Veitchii Lindl. = **Veitchia**
Veitclfia Lindl. = **Veitchia**
Veitehia Kellogg = **Rhus**
Vejvarutara 【-】 auct. 兰科属 Orchidaceae 兰科 [MM-723] 全球 (uc) 大洲分布及种数(uc)
Velaea 【3】 DC. 陶施草属 ≒ **Oreonana** Apiaceae 伞形科 [MD-480] 全球 (1) 大洲分布及种数(4)◆北美洲
Velaga Adans. = **Dombeya**
Velarum (DC.) Rchb. = **Sisymbrium**
Velascoa 【3】 Calderón & Rzed. 管缨木属 Crossosomataceae 缨子木科 [MD-241] 全球 (1) 大洲分布及种数(1)◆北美洲(◆墨西哥)
Velasquezia Bertol. = **Triplaris**
Veldkampia 【3】 Y.Ibaragi & Sh.Kobay. 管缨草属 Poaceae 禾本科 [MM-748] 全球 (1) 大洲分布及种数(cf.1)◆亚洲
Velella L. = **Velezia**
Veleroa L. = **Velezia**
Veleronia Durand = **Pleurisanthes**
Velezia 【3】 L. 柱石竹属 ≒ **Dianthus;Frankenia** Caryophyllaceae 石竹科 [MD-77] 全球 (1) 大洲分布及种数(1-6)◆亚洲
Velheimia G.A.Scop. = **Veltheimia**
Velia Mart. = **Helia**
Vella (Desv.) M.B.Crespo = **Vella**
Vella 【2】 L. 翡若菜属 → **Boleum;Sporobolus** Brassicaceae 十字花科 [MD-213] 全球 (2) 大洲分布及种数(11;hort.1)非洲:4;欧洲:8
Vellasquezia Bertol. = **Triplaris**
Vellea D.Dietr. ex Steud. = **Vallea**
Velleia 【3】 Sm. 伏鸾花属 ← **Goodenia;Symphyobasis** Goodeniaceae 草海桐科 [MD-578] 全球 (1) 大洲分布及种数(5-22)◆大洋洲(◆澳大利亚)
Vellereophyton 【2】 Hilliard & B.L.Burtt 白鼠曲属 ← **Gnaphalium;Helichrysum** Asteraceae 菊科 [MD-586] 全球 (3) 大洲分布及种数(8)非洲:7;亚洲:1;大洋洲:1
Velleruca Pomel = **Eruca**
Vellosiella 【3】 Baill. 韦略列当属 ← **Melasma;Digitalis** Scrophulariaceae 玄参科 [MD-536] 全球 (1) 大洲分布及种数(2-3)◆南美洲
Vellozia 【2】 Vand. 翡若翠属 ≒ **Barbacenia;Nanuza; Xerophyta** Velloziaceae 翡若翠科 [MM-704] 全球 (3) 大洲分布及种数(134-148;hort.1)大洋洲:cf.1;北美洲:1;南美洲:133-143
Velloziaceae 【2】 J.Agardh 翡若翠科 [MM-704] 全球 (4) 大洲分布和属种数(5;hort. & cult.2)(293-351;hort. & cult.5-6)非洲:1/44-65;亚洲:1/1;北美洲:1/1;南美洲:5/259-284
Vellozieae D.Don ex Meisn. = **Vellozia**
Velloziella Baill. = **Vellosiella**
Vellozoa Lem. = **Vellozia**
Velophylla 【-】 Durand 川苔草科属 Podostemaceae 川苔草科 [MD-322] 全球 (uc) 大洲分布及种数(uc)
Velpeaulia Gaud. = **Nolana**
Velthaeimia Thunb. = **Veltheimia**
Veltheimia 【3】 Gled. 仙火花属 ≒ **Fabricia** Asparagaceae 天门冬科 [MM-669] 全球 (1) 大洲分布及种数(2)◆非洲
Veltis Adans. = **Centaurea**
Velutina Cass. = **Centaurea**
Velvitsia Hiern = **Melasma**
Vemonia Edgew. = **Vernonia**
Venana Lam. = **Brexia**
Venas Lam. = **Brexia**
Venatris Raf. = **Aster**
Venatrix Raf. = **Salix**
Vendredia Baill. = **Balbisia**
Venefica Comm. ex Endl. = **Erythroxylum**
Venegasia 【3】 DC. 谷菊属 Asteraceae 菊科 [MD-586] 全球 (1) 大洲分布及种数(1)◆北美洲
Venegazia Benth. = **Venegasia**
Venelia Comm. ex Endl. = **Coccoloba**
Venidium 【2】 Less. 黄目菊属 ← **Arctotis** Asteraceae 菊科 [MD-586] 全球 (5) 大洲分布及种数(3-15)非洲:2;大洋洲:cf.1;欧洲:1;北美洲:1;南美洲:cf.1
Veniella Mill. = **Vanilla**
Veniera Salisb. = **Narcissus**
Venilia (G.Don) Fourr. = **Scrophularia**
Ventana J.F.Macbr. = **Brexia**
Ventenata Boiss. = **Ventenata**
Ventenata 【3】 Köler 别离草属 ← **Avena;Trisetum; Garcinia** Poaceae 禾本科 [MM-748] 全球 (1) 大洲分布及种数(7-12)◆北美洲
Ventenatia Beauv. = **Oncoba**
Ventenatia Cav. = **Stylidium**
Ventenatia Tratt. = **Pedilanthus**
Ventenatinae Holub = **Stylidium**
Ventia Haünschild = **Vestia**
Ventiella Müll.Hal. = **Venturiella**
Ventilago 【2】 Gaertn. 翼核果属 → **Berchemia;Smythea** Rhamnaceae 鼠李科 [MD-331] 全球 (3) 大洲分布及种数(43-53;hort.1;cult: 2)非洲:7;亚洲:35-41;大洋洲:7-11
Ventricaria Garay = **Ventricularia**
Ventricolaria Garay = **Ventricularia**
Ventricularia 【3】 Garay 寡花兰属 ← **Gastrochilus; Saccolabium;Uncifera** Orchidaceae 兰科 [MM-723] 全球 (1) 大洲分布及种数(1-2)◆亚洲
Venturiella 【2】 Müll.Hal. 钟帽藓属 Erpodiaceae 树生藓科 [B-126] 全球 (2) 大洲分布及种数(1) 亚洲:1;北美洲:1
Veprecella 【3】 Naud. 灌丛野牡丹属 ≒ **Gravesia** Melastomataceae 野牡丹科 [MD-364] 全球 (1) 大洲分布及种数(3)◆非洲
Vepris 【3】 A.Juss. 白铁木属 ≒ **Araliopsis** Rutaceae 芸香科 [MD-399] 全球 (1) 大洲分布及种数(98-101)◆非洲(◆南非)
Veraara 【-】 J.M.H.Shaw 兰科属 Orchidaceae 兰科 [MM-723] 全球 (uc) 大洲分布及种数(uc)
Veramayara 【-】 R.A.Stevens & J.M.H.Shaw 兰科属 Orchidaceae 兰科 [MM-723] 全球 (uc) 大洲分布及种

V

数(uc)
Verapazia【-】Archila 兰科属 Orchidaceae 兰科 [MM-723] 全球 (uc) 大洲分布及种数(uc)
Verataxus J.Nelson = **Taxus**
Veratraceae Salisb. = Uvulariaceae
Veratrilla Baill. ex Franch. = **Veratrilla**
Veratrilla【3】Franch. 黄秦艽属 ← **Swertia** Gentianaceae 龙胆科 [MD-496] 全球 (1) 大洲分布及种数(cf. 1)◆亚洲
Veratronia Miq. = **Hanguana**
Veratrum (Lös.) Zomlefer = **Veratrum**
Veratrum【3】L. 藜芦属 ≒ **Melanthium;Bulbinella** Melanthiaceae 藜芦科 [MM-621] 全球 (6) 大洲分布及种数(30-40;hort.1;cult:6)非洲:9;亚洲:26-40;大洋洲:9;欧洲:6-15;北美洲:12-21;南美洲:1-10
Verbascaceae Bercht. & J.Presl = Veronicaceae
Verbascum【3】L.毛蕊花属 ≒ **Triguera;Ornithogalum** Scrophulariaceae 玄参科 [MD-536] 全球 (6) 大洲分布及种数(605-882;hort.1;cult:235)非洲:56-68;亚洲:378-441;大洋洲:33-37;欧洲:266-293;北美洲:20-23;南美洲:7-10
Verbena (J.F.Gmel.) Nutt. = **Verbena**
Verbena【3】L. 马鞭草属 ≒ **Aerva;Junellia;Phyla** Verbenaceae 马鞭草科 [MD-556] 全球 (6) 大洲分布及种数(201-247;hort.1;cult:74)非洲:20-60;亚洲:43-90;大洋洲:21-62;欧洲:21-62;北美洲:101-154;南美洲:128-180
Verbenaceae【3】J.St.Hil. 马鞭草科 [MD-556] 全球 (6) 大洲分布和属种数(69-80;hort. & cult.30-36)(1397-2975;hort. & cult.134-216)非洲:17-38/309-691;亚洲:33-47/405-876;大洋洲:29-50/184-548;欧洲:9-34/55-315;北美洲:29-37/401-752;南美洲:33-48/640-966
Verbenella Spach = **Verbena**
Verbenoxylum【3】Tronc. 马鞭木属 ← **Citharexylum** Verbenaceae 马鞭草科 [MD-556] 全球 (1) 大洲分布及种数(1)◆南美洲(◆巴西)
Verbesia Monach. & Moldenke = **Veeresia**
Verbesina (Cass.) DC. = **Verbesina**
Verbesina【3】L. 马鞭菊属 → **Zexmenia; Chrysanthellum;Pectis** Asteraceae 菊科 [MD-586] 全球 (6) 大洲分布及种数(347-426;hort.1;cult: 3)非洲:2-19;亚洲:12-33;大洋洲:6-25;欧洲:7-24;北美洲:222-275;南美洲:152-198
Verbiascum Fenzl = **Verbascum**
Verboonenara【-】J.M.H.Shaw 兰科属 Orchidaceae 兰科 [MM-723] 全球 (uc) 大洲分布及种数(uc)
Verconella (Juss.) Spach = **Verbena**
Verdcourtia R.Wilczek = **Dipogon**
Verdesmum【3】H.Ohashi & K.Ohashi 春带豆属 Fabaceae 豆科 [MD-240] 全球 (1) 大洲分布及种数(cf.1)◆非洲
Verdickia De Wild. = **Chlorophytum**
Verdoornia【3】R.M.Schust. 亚洲绿片苔属 Verdoorniaceae 绿叉苔科 [B-88] 全球 (1) 大洲分布及种数(cf. 1)◆亚洲
Verdoorniaceae Inoü = Verdoorniaceae
Verdoorniaceae【3】R.M.Schust. 绿叉苔科 [B-88] 全球 (1) 大洲分布和属种数(cf. 1)◆亚洲
Verdoornianthus【3】Gradst. 草鳞苔属 Lejeuneaceae 细鳞苔科 [B-84] 全球 (1) 大洲分布及种数(2)◆南美洲(◆巴西)
Verdulia Plowes = **Mesua**
Verea Willd. = **Kalanchoe**
Verena【3】Minod 离药草属 ← **Stemodia** Scrophulariaceae 玄参科 [MD-536] 全球 (1) 大洲分布及种数(uc)◆非洲
Verger Willd. = **Kalanchoe**
Verhuellia【3】Miq. 草胡椒属 ≒ **Peperomia** Piperaceae 胡椒科 [MD-39] 全球 (1) 大洲分布及种数(2)◆北美洲
Verinea Merino = **Melica**
Verinea Pomel = **Asphodelus**
Verlangia Neck. = **Argania**
Verlotia E.Fourn. = **Marsdenia**
Vermeulenia Á.Löve & D.Löve = **Orchis**
Vermicularia Mönch = **Stachytarpheta**
Vermifrux【3】J.B.Gillett 蝶花果属 Fabaceae3 蝶形花科 [MD-240] 全球 (1) 大洲分布及种数(uc)◆亚洲
Vermifuga Ruiz & Pav. = **Flaveria**
Vermoneta Comm. ex Juss. = **Homalium**
Vermonia Edgew. = **Veronica**
Vermontea Steud. = **Homalium**
Vernasolis Raf. = **Coreopsis**
Vernella (Juss.) Spach = **Verbena**
Vernicaceae Cassel = Veronicaceae
Vernicia【3】Lour. 油桐属 ← **Aleurites;Dryandra;Lepidaploa** Euphorbiaceae 大戟科 [MD-217] 全球 (1) 大洲分布及种数(3-4)◆亚洲
Vernieia Lour. = **Vernicia**
Verniseckia Steud. = **Humiria**
Vernix Adans. = **Toxicodendron**
Vernix Link = **Vernicia**
Vernonanthura【3】H.Rob. 方晶斑鸠菊属 ← **Baccharis;Eupatorium;Critoniopsis** Asteraceae 菊科 [MD-586] 全球 (1) 大洲分布及种数(72-99)◆南美洲(◆巴西)
Vernonella Sond. = **Vernonia**
Vernonia (Cabrera) Jones = **Vernonia**
Vernonia【3】Schreb. 铁鸠菊属 → **Aster;Conyza;Laggera** Vernoniaceae 斑鸠菊科 [MD-587] 全球 (1) 大洲分布及种数(28-82)◆南美洲(◆巴西)
Vernoniaceae【3】Burm. 斑鸠菊科 [MD-587] 全球 (6) 大洲分布和属种数(22-23;hort. & cult.1)(238-1094;hort. & cult.21)非洲:12-13/117-170;亚洲:5/50-181;大洋洲:1-2/1-57;欧洲:1/53;北美洲:1/2-80;南美洲:10/52-107
Vernoniastrum【3】H.Rob. 斑鸠瘦片菊属 Asteraceae 菊科 [MD-586] 全球 (1) 大洲分布及种数(11)◆非洲
Vernonieae【-】Cass. 菊科属 Asteraceae 菊科 [MD-586] 全球 (uc) 大洲分布及种数(uc)
Vernoniopsis【3】Dusén 距药菊属 ← **Vernonia** Asteraceae 菊科 [MD-586] 全球 (1) 大洲分布及种数(2)◆非洲
Veronaea Steud. = **Homalium**
Veronica (Benth.) M.M.Mart.Ort.,Albach & M.A.Fisch. = **Veronica**
Veronica【3】L. 婆婆纳属 ≒ **Hebe;Sibthorpia** Scrophulariaceae 玄参科 [MD-536] 全球 (6) 大洲分布及种数(394-667;hort.1;cult:52)非洲:47-101;亚洲:228-338;大洋洲:105-158;欧洲:160-227;北美洲:84-137;南美洲:24-69

Veronicaceae 【3】 Cassel 婆婆纳科 [MD-535] 全球 (6) 大洲分布和属种数(1;hort. & cult.1)(393-824;hort. & cult.77-146)非洲:1/47-101;亚洲:1/228-338;大洋洲:1/105-158;欧洲:1/160-227;北美洲:1/84-137;南美洲:1/24-69

Veronicastrum 【3】 Heist. ex Fabr. 四方麻属 ≒ **Leptandra;Veronica** Plantaginaceae 车前科 [MD-527] 全球 (1) 大洲分布及种数(19-22)◆亚洲

Veronicena L. = **Veronica**

Verpa Willd. = **Kalanchoe**

Verreauxia 【3】 Benth. 穗鸾花属 ← **Dampiera** Goodeniaceae 草海桐科 [MD-578] 全球 (1) 大洲分布及种数(5)◆大洋洲(◆澳大利亚)

Verres Willd. = **Kalanchoe**

Verrucaria Medik. = **Tournefortia**

Verrucariac Medik. = **Tournefortia**

Verrucariaceae A.Juss. = Boraginaceae

Verrucidens (Broth.) Cardot = **Dicranoweisia**

Verrucifera 【3】 N.E.Br. 斗鱼花属 ← **Acrodon** Aizoaceae 番杏科 [MD-94] 全球 (1) 大洲分布及种数(uc)◆亚洲

Verrucularia 【3】 A.H.L.de Juss. 铁虎尾属 ≒ **Verrucularina** Malpighiaceae 金虎尾科 [MD-343] 全球 (1) 大洲分布及种数(cf. 1)◆南美洲

Verrucularina 【3】 Rauschert 伞金英属 Malpighiaceae 金虎尾科 [MD-343] 全球 (6) 大洲分布及种数(3)非洲:1;亚洲:1;大洋洲:1;欧洲:1;北美洲:1;南美洲:2-3

Verschaffeltia 【2】 H.Wendl. 竹马刺椰属 ← **Regelia** Arecaceae 棕榈科 [MM-717] 全球 (2) 大洲分布及种数(1-2)非洲:1;北美洲:1

Versteegia Valeton = **Ixora**

Versteggia Valet. = **Ixora**

Vertagus J.Nelson = **Taxus**

Vertchia Kellogg = **Rhus**

Vertica Lour. = **Vernicia**

Verticillaria Ruiz & Pav. = **Rheedia**

Verticordia 【3】 DC. 羽蜡花属 ← **Chamelaucium; Homoranthus** Myrtaceae 桃金娘科 [MD-347] 全球 (1) 大洲分布及种数(36-107)◆大洋洲(◆澳大利亚)

Verulamia DC. ex Poir. = **Pavetta**

Verum (DC.) Rchb. = **Sisymbrium**

Verutina Cass. = **Centaurea**

Vervaetara 【-】 J.M.H.Shaw 兰科属 Orchidaceae 兰科 [MM-723] 全球 (uc) 大洲分布及种数(uc)

Verzinum Raf. = **Thermopsis**

Vesalea M.Martens & Galeotti = **Abelia**

Vescia Willd. = **Vestia**

Veselskya 【3】 Opiz 韦塞尔芥属 ≒ **Pyramidula** Brassicaceae 十字花科 [MD-213] 全球 (1) 大洲分布及种数(cf. 1)◆西亚(◆阿富汗)

Veseyochloa J.B.Phipps = **Tristachya**

Vesicarex Steyerm. = **Carex**

Vesicaria 【3】 Adans. 明叶菜属 ← **Alyssoides; Physoptychis** Brassicaceae 十字花科 [MD-213] 全球 (6) 大洲分布及种数(2)非洲:26;亚洲:26;大洋洲:26;欧洲:26;北美洲:1-27;南美洲:26

Vesicarpa Rydb. = **Sphaeromeria**

Vesicisepalum 【2】 (J.J.Sm.) Garay,Hamer & Siegerist 石豆兰属 ≒ **Bulbophyllum** Orchidaceae 兰科 [MM-723] 全球 (3) 大洲分布及种数(cf.1) 非洲;亚洲;大洋洲

Vesicularia 【3】 (Müll.Hal.) Müll.Hal. 明叶藓属 ≒ **Leucomium;Plagiotheciopsis** Hypnaceae 灰藓科 [B-189] 全球(6) 大洲分布及种数(117)非洲:38;亚洲:38;大洋洲:25;欧洲:8;北美洲:16;南美洲:17

Vesiculariopsis 【2】 Broth. 南美毛帽藓属 Saulomataceae 双短肋藓科 [B-161] 全球 (2) 大洲分布及种数(1) 亚洲:1;南美洲:1

Vesiculina Hydrion Barnhart = **Utricularia**

Veslingia Heist. ex Fabr. = **Guizotia**

Vespa Hill = **Eriocaulon**

Vesper 【3】 R.L.Hartm. & G.L.Nesom 凹伞草属 Apiaceae 伞形科 [MD-480] 全球 (1) 大洲分布及种数(6)◆北美洲

Vespuccia Pari. = **Hydrocleys**

Vesquella F.Heim = **Vateria**

Vesselowskya 【3】 Pamp. 银荆梅属 ← **Geissois** Cunoniaceae 合椿梅科 [MD-255] 全球 (1) 大洲分布及种数(1-2)◆大洋洲

Vesta S.Y.Wong = **Vestia**

Vestia 【3】 Willd. 南枸杞属 Solanaceae 茄科 [MD-503] 全球 (1) 大洲分布及种数(1-3)◆南美洲

Vestigium Lür = **Pleurothallis**

Vestria Willd. = **Vestia**

Vetaforma 【3】 (Stephani) Fulford & J.Taylor 南帽苔属 Vetaformaceae 大片苔科 [B-66] 全球 (1) 大洲分布及种数(1)◆南美洲

Vetaformaceae 【3】 (Stephani) Fulford & J.Taylor 大片苔科 [B-66] 全球 (1) 大洲分布和属种数(1/1)◆亚洲

Vetiplanaxis 【-】 N.E.Bell 桧藓科属 Rhizogoniaceae 桧藓科 [B-154] 全球 (uc) 大洲分布及种数(uc)

Vetivera Lem.Lis. = **Vetiveria**

Vetiveria 【3】 Thou. ex Virey 香根草属 ← **Chrysopogon** Poaceae 禾本科 [MM-748] 全球 (1) 大洲分布及种数(2)◆非洲

Vetrix Raf. = **Salix**

Vetulonia H.E.Moore = **Clinostigma**

Vexatorella 【3】 Rourke 帝王花属 ≒ **Protea** Proteaceae 山龙眼科 [MD-219] 全球 (1) 大洲分布及种数(1-4)◆非洲(◆南非)

Vexibia 【-】 Raf. 豆科属 ≒ **Sophora** Fabaceae 豆科 [MD-240] 全球 (uc) 大洲分布及种数(uc)

Vexibiai (L.) Yakovlev = **Vexibia**

Vexillabium 【3】 Maekawa 旗唇兰属 ← **Anoectochilus;Kuhlhasseltia** Orchidaceae 兰科 [MM-723] 全球 (1) 大洲分布及种数(3)属分布和种数(uc)◆亚洲

Vexillaria Hoffmgg. ex Benth. = **Clitoria**

Vexillata Raf. = **Clitoria**

Vexillifera Ducke = **Dussia**

Veyretella 【3】 Szlach. & Olszewski 狗兰属 ≒ **Cynorkis** Orchidaceae 兰科 [MM-723] 全球 (1) 大洲分布及种数(1-2)◆非洲

Veyretia 【3】 D.L.Szlach. 绶草属 ≒ **Spiranthes** Orchidaceae 兰科 [MM-723] 全球 (1) 大洲分布及种数(10-11)◆南美洲

Veyretia Saccostigma Szlach.,Mytnik & Rutk. = **Veyretia**

Via Comm. ex Juss. = **Spondias**

Viacha Röwer = **Vicia**

Vialia Vis. = **Melhania**

Vianasia Tirveng. = **Vidalasia**

Vibidia Raf. = **Sophora**
Vibo Medik. = **Emex**
Vibones Raf. = **Rumex**
Viborquia Ortega = **Eysenhardtia**
Viburnaceae【3】Raf. 荚蒾科 [MD-506] 全球 (6) 大洲分布和属种数(1;hort. & cult.1)(228-386;hort. & cult.80-115)非洲:1/10-52;亚洲:1/141-207;大洋洲:1/9-52;欧洲:1/24-67;北美洲:1/120-169;南美洲:1/41-93
Viburnum (Maxim.) Nakai = **Viburnum**
Viburnum【3】L. 荚蒾属 ≒ **Mesua;Photinia** Viburnaceae 荚蒾科 [MD-506] 全球 (6) 大洲分布及种数(229-262;hort.1;cult:33)非洲:10-52;亚洲:141-207;大洋洲:9-52;欧洲:24-67;北美洲:120-169;南美洲:41-93
Viburum L. = **Viburnum**
Vica Adans. = **Vatica**
Vicarya Stocks = **Myriopteron**
Vicatia【3】DC. 凹乳芹属 ← **Carum;Meeboldia; Sphallerocarpus** Apiaceae 伞形科 [MD-480] 全球 (1) 大洲分布及种数(cf. 1)◆亚洲
Vicentia Allemão = **Terminalia**
Vicia (Alef.) Asch. & Graebn. = **Vicia**
Vicia【3】L.野豌豆属←**Orobus;Lathyrus;Sporobolus** Fabaceae3 蝶形花科 [MD-240] 全球 (6) 大洲分布及种数(158-266;hort.1;cult: 21)非洲:35-108;亚洲:113-225;大洋洲:30-92;欧洲:56-146;北美洲:57-126;南美洲:54-113
Viciaceae Oken = Violaceae
Vicieae DC. = **Vicia**
Vicilla Schur = **Vicia**
Vicinia【-】G.L.Nesom 菊科属 Asteraceae 菊科 [MD-586] 全球 (uc) 大洲分布及种数(uc)北美洲
Vicioides Mönch = **Vicia**
Vicoa Cass. = **Pentanema**
Vicq-aziria Buc´hoz = **Psiguria**
Victoria【3】Buc´hoz 王莲属 ← **Nymphaea** Nymphaeaceae 睡莲科 [MD-27] 全球 (1) 大洲分布及种数(3-4)◆南美洲
Victoriae Buc´hoz = **Victoria**
Victorinia Leon = **Cnidoscolus**
Victoriperrea Homb. & Jacq. ex Decne. = **Freycinetia**
Vidalasia【3】Tirveng. 点茜属 ← **Fosbergia;Gardenia;Randia** Rubiaceae 茜草科 [MD-523] 全球 (1) 大洲分布及种数(cf. 1)◆亚洲
Vidalia F.-Villar = **Mesua**
Vidalina Fern.-Vill. = **Mesua**
Vidius Mabille = **Vitis**
Vidoricum P. & K. = **Bassia**
Viegasia (Syd. & P.Syd.) Bat. & A.F.Vital = **Vindasia**
Vieillardia Brongn. & Gris = **Castanospermum**
Vieillardorchis Kraenzl. = **Goodyera**
Viellardia Benth. & Hook.f. = **Castanospermum**
Viemamia【-】P.T.Li 夹竹桃科属 Apocynaceae 夹竹桃科 [MD-492] 全球 (uc) 大洲分布及种数(uc)
Viemamocalamus【-】T.Q.Nguyen 禾本科属 Poaceae 禾本科 [MM-748] 全球 (uc) 大洲分布及种数(uc)
Viemamosasa T.Q.Nguyen = **Vietnamosasa**
Vieraea【3】Sch.Bip. 春黄菊属 ≒ **Anthemis** Asteraceae 菊科 [MD-586] 全球 (1) 大洲分布及种数(1)◆欧洲
Viereckia R.M.King & H.Rob. = **Eupatorium**
Viereya Raf. = **Alloplectus**
Viereya Steud. = **Rhododendron**
Vierhapperia Hand.Mazz. = **Nannoglottis**
Vierlingia Königer = **Argania**
Vietnamia【-】P.T.Li 夹竹桃科属 Apocynaceae 夹竹桃科 [MD-492] 全球 (uc) 大洲分布及种数(uc)
Vietnamocalamus【-】T.Q.Nguyen 禾本科属 Poaceae 禾本科 [MM-748] 全球 (uc) 大洲分布及种数(uc)
Vietnamocasia N.S.Ly,S.Y.Wong & P.C.Boyce = **Vietnamosasa**
Vietnamochloa【3】Veldkamp & R.Nowack 点草属 Poaceae 禾本科 [MM-748] 全球 (1) 大洲分布及种数(1-2)◆亚洲
Vietnamosasa【3】T.Q.Nguyen 北美洲箭竹属 ← **Arundinaria** Poaceae 禾本科 [MM-748] 全球 (1) 大洲分布及种数(3-4)◆亚洲
Vietorchis【3】Aver. & Averyanova 越南兰属 ← **Silvorchis** Orchidaceae 兰科 [MM-723] 全球 (1) 大洲分布及种数(uc)属分布和种数(uc)◆亚洲
Vietsenia【3】C.Hansen 越南野牡丹属 Melastomataceae 野牡丹科 [MD-364] 全球 (1) 大洲分布及种数(4)◆亚洲
Vieusseuxia D.Delaroche = **Moraea**
Vigethia【3】W.A.Weber 骡耳菊属 ← **Wyethia** Asteraceae 菊科 [MD-586] 全球 (1) 大洲分布及种数(1)◆北美洲
Vigia Vell. = **Plukenetia**
Vigiera Benth. & Hook.f. = **Viguiera**
Vigieria Vell. = **Escallonia**
Vigineixia Pomel = **Picris**
Vigna (Benth.) Maréchal,Mascherpa & Stainier = **Vigna**
Vigna【3】Savi 豇豆属→**Adenodolichos;Dysolobium; Pentanema** Fabaceae3 蝶形花科 [MD-240] 全球 (6) 大洲分布及种数(122-158;hort.1;cult:5)非洲:78-100;亚洲:51-73;大洋洲:24-37;欧洲:16-26;北美洲:36-48;南美洲:35-47
Vignaldia A.Rich. = **Phyllopentas**
Vignalida A.Rich. = **Phyllopentas**
Vignantha Schur = **Carex**
Vignaudia Schweinf. = **Pentas**
Vignea P.Beauv. ex T.Lestib. = **Carex**
Vigneopsis De Wild. = **Psophocarpus**
Vignidula Bomer = **Carex**
Vignopsis De Wild. = **Psophocarpus**
Vigolina Poir. = **Galinsoga**
Viguiera (Nutt.) S.F.Blake = **Viguiera**
Viguiera【3】Kunth 金目菊属 ≒ **Helianthemum; Oyedaea** Asteraceae 菊科 [MD-586] 全球 (1) 大洲分布及种数(116-213)◆北美洲
Viguieranthus【3】Villiers 点花豆属 ← **Calliandra** Fabaceae 豆科 [MD-240] 全球 (1) 大洲分布及种数(8-18)◆非洲
Viguierella【3】A.Camus 马岛旱禾属 Poaceae 禾本科 [MM-748] 全球 (1) 大洲分布及种数(1)◆非洲(◆马达加斯加)
Viguieria Pers. = **Viguiera**
Vila L. = **Viola**
Vilaceae Batsch = Violaceae
Vilaria Gütt. = **Nebelia**
Vilarsia Schreb. = **Villarsia**
Vilbouchevitchia A.Chev. = **Alafia**

V

Vilerna De Geer = **Clematis**
Vilfa (Trin.) Trin. = **Sporobolus**
Vilfa Adans. = **Agrostis**
Vilfaceae Trin. = Violaceae
Vilfagrostis Döll = **Megastachya**
Villa Adans. = **Jasione**
Villadia【3】Rose 塔莲属 ≒ **Lenophyllum** Crassulaceae 景天科 [MD-229] 全球 (6) 大洲分布及种数(49-51;hort.1)非洲:2;亚洲:1-3;大洋洲:2;欧洲:2;北美洲:35-38;南美洲:14-17
Villamilla (Moq.) Benth. & Hook.f. = **Trichostigma**
Villamillia Ruiz & Pav. = **Trichostigma**
Villanova【3】Lag.扁角菊属 ≒ **Parthenium;Schkuhria** Asteraceae 菊科 [MD-586] 全球 (6) 大洲分布及种数(7-8)非洲:1;亚洲:1;大洋洲:1;欧洲:1;北美洲:1-2;南美洲:5-6
Villarealia【3】G.L.Nesom 伞形科属 Apiaceae 伞形科 [MD-480] 全球 (1) 大洲分布及种数(1)◆北美洲(◆墨西哥)
Villaresia【2】Ruiz & Pav. 橘茱萸属 Cardiopteridaceae 心翼果科 [MD-452] 全球 (2) 大洲分布及种数(4) 北美洲:1;南美洲:4
Villaresiopsis Sleumer = **Citronella**
Villarezia Röm. & Schult. = **Citronella**
Villaria DC. = **Villaria**
Villaria【2】Rolfe 维勒茜属 ← **Aidia;Randia** Rubiaceae 茜草科 [MD-523] 全球 (3) 大洲分布及种数(5-9)亚洲:4-8;北美洲:1-2;南美洲:1
Villarrealia【3】G.L.Nesom 北美洲凹芹属 Apiaceae 伞形科 [MD-480] 全球 (1) 大洲分布及种数(1)◆北美洲(◆墨西哥)
Villarsia J.F.Gmel. = **Villarsia**
Villarsia【3】Vent.海角荇菜属←**Cabomba;Ornduffia** Menyanthaceae 睡菜科 [MD-526] 全球 (6) 大洲分布及种数(12-19)非洲:3-8;亚洲:3-11;大洋洲:4-12;欧洲:5;北美洲:5;南美洲:3-9
Villarsii Neck. = **Villarsia**
Villasenoria【3】B.L.Clark 大羽千里光属 ≒ **Senecio** Asteraceae 菊科 [MD-586] 全球 (1) 大洲分布及种数(1)◆北美洲(◆墨西哥)
Villebrunea【3】Gaud. 凹尖紫麻属 → **Oreocnide;Urtica** Urticaceae 荨麻科 [MD-91] 全球 (1) 大洲分布及种数(2)◆亚洲
Villemetia C.H.Uhl = **Willemetia**
Villetrunea Gaud. = **Villebrunea**
Villeveria C.H.Uhl = **Willemetia**
Villocuspis (A.DC.) Aubrév. & Pellegr. = **Chrysophyllum**
Vilmon Raf. = **Hyperbaena**
Vilmonnia (Urb.) Urb. = **Quassia**
Vilobia【3】Strother 玻利点菊属 Asteraceae 菊科 [MD-586] 全球 (1) 大洲分布及种数(1)◆南美洲(◆玻利维亚)
Vilva Adans. = **Vicia**
Vimen P.Br. = **Hyperbaena**
Vimen Raf. = **Salix**
Viminaria【3】Sm. 折枝扫帚属 ≒ **Piptomeris** Fabaceae 豆科 [MD-240] 全球 (1) 大洲分布及种数(1-2)◆大洋洲(◆澳大利亚)
Vinago Zinn = **Silene**
Vinca【3】L. 蔓长春花属 → **Catharanthus;Viola;Pentalinon** Apocynaceae 夹竹桃科 [MD-492] 全球 (6) 大洲分布及种数(8-11;hort.1;cult:2)非洲:4;亚洲:6-7;大洋洲:4;欧洲:5;北美洲:4;南美洲:4-5
Vincaceae Batsch = Violaceae
Vincaceae S.F.Gray = Violaceae
Vincentella Pierre = **Sideroxylon**
Vincentia【3】Gaud. 一本芒属 ← **Machaerina;Cladium;Grewia** Cyperaceae 莎草科 [MM-747] 全球 (1) 大洲分布及种数(10)◆欧洲
Vincetoxicopsis【3】Costantin 类白前属 Apocynaceae 夹竹桃科 [MD-492] 全球 (1) 大洲分布及种数(cf. 1)◆亚洲
Vincetoxicum【3】Wolf 白前属 ← **Asclepias;Cynanchum;Gonolobus** Asclepiadaceae 萝藦科 [MD-494] 全球 (1) 大洲分布及种数(151-189)◆亚洲
Vinckeara【-】J.M.H.Shaw 兰科属 Orchidaceae 兰科 [MM-723] 全球 (uc) 大洲分布及种数(uc)
Vindasia【3】Benoist 文达爵床属 Acanthaceae 爵床科 [MD-572] 全球 (1) 大洲分布及种数(1)◆非洲(◆马达加斯加)
Vindaxia Benoist = **Vindasia**
Vindicta Raf. = **Epimedium**
Vindula Börner = **Carex**
Vinea P.Beauv. ex T.Lestib. = **Carex**
Vinealobryum【3】R.H.Zander 点丛藓属 Pottiaceae 丛藓科 [B-133] 全球 (1) 大洲分布及种数(1)◆非洲
Vini Meijden = **Vinkia**
Vinicia【3】Dematt. 点菊属 Asteraceae 菊科 [MD-586] 全球 (1) 大洲分布及种数(1)◆南美洲(◆巴西)
Vinius L. = **Vitis**
Vinkia【3】Meijden 马齿藻属 ← **Myriophyllum** Haloragaceae 小二仙草科 [MD-271] 全球 (1) 大洲分布及种数(1)◆大洋洲(◆澳大利亚)
Vinogradovia【3】Bani,D.A.German & M.A.Koch 亚凹芹属 Apiaceae 伞形科 [MD-480] 全球 (1) 大洲分布及种数(cf.1)◆亚洲
Vinsonia Gaud. = **Pandanus**
Vintenatia Cav. = **Ventenata**
Vintera Humb. & Bonpl. = **Pseudowintera**
Vinticena【3】Steud. 扁担杆属 ≒ **Grewia** Malvaceae 锦葵科 [MD-203] 全球 (1) 大洲分布及种数(uc)◆欧洲
Viola Borbás = **Viola**
Viola【3】L.堇菜属→**Anchietea;Mnemion;Sporobolus** Violaceae 堇菜科 [MD-126] 全球 (6) 大洲分布及种数(737-1012;hort.1;cult: 173)非洲:54-237;亚洲:391-656;大洋洲:49-235;欧洲:229-467;北美洲:217-421;南美洲:174-368
Violaceae【3】Batsch 堇菜科 [MD-126] 全球 (6) 大洲分布和属种数(21-25;hort. & cult.4-5)(958-2019;hort. & cult.155-235)非洲:5-14/71-308;亚洲:4-12/403-726;大洋洲:3-12/79-321;欧洲:2-11/235-513;北美洲:5-13/285-535;南美洲:14-19/296-546
Violeae DC. = **Viola**
Vionaea Neck. = **Vanaea**
Viorna【-】(Pers.) Rchb. 毛茛科属 ≒ **Clematis;Vigna** Ranunculaceae 毛茛科 [MD-38] 全球 (uc) 大洲分布及种数(uc)
Vipio L. = **Vicia**
Viposia【3】Lundell 点卫矛属 ≒ **Plenckia** Celastraceae 卫矛科 [MD-339] 全球 (1) 大洲分布及种数(cf. 1)◆

南美洲
Viquiera A.Gray ex S.Watson = **Viguiera**
Viracocha Szlach. & Sitko = **Maxillaria**
Viraea Vahl ex Benth. & Hook.f. = **Taraxacum**
Viraphandhuara【-】auct. 兰科属 Orchidaceae 兰科 [MM-723] 全球 (uc) 大洲分布及种数(uc)
Virbia Walker = **Virotia**
Virburnum L. = **Viburnum**
Virchowia A.Schenk = **Mazus**
Virdika Adans. = **Albuca**
Virea【2】Adans. 狮牙苣属 ≒ **Picris** Asteraceae 菊科 [MD-586] 全球 (3) 大洲分布及种数(2) 非洲:2;亚洲:2;欧洲:2
Virecta Afzel. ex Sm. = **Sipanea**
Virectaria【3】Bremek. 绿洲茜属 ← **Leucothoe;Pentas** Rubiaceae 茜草科 [MD-523] 全球 (1) 大洲分布及种数(6-8)◆非洲
Vireya Bl. = **Rhododendron**
Vireya P. & K. = **Waitzia**
Vireya Raf. = **Alloplectus**
Virga Hill = **Dipsacus**
Virga-aurea Rupp. = **Senecio**
Virgaria Raf. ex DC. = **Symphyotrichum**
Virgariella C.Schweinf. = **Vargasiella**
Virgaurea Rupp. = **Symphyotrichum**
Virgilia【3】Poir. 南非槐属 → **Calpurnia;Podalyria;Sophora** Fabaceae3 蝶形花科 [MD-240] 全球 (6) 大洲分布及种数(3-7;hort.1)非洲:2-6;亚洲:2-4;大洋洲:2-4;欧洲:2;北美洲:2-5;南美洲:2
Virginea (DC.) R.M.Nicoli = **Helichrysum**
Virgo Hill = **Dipsacus**
Virgola Aubl. = **Virola**
Virgularia Ruiz & Pav. = **Gerardia**
Virgulaster Semple = **Symphyotrichum**
Virgulus (A.Gray) Reveal & Keener = **Aster**
Viridantha Caulescens Espejo = **Viridantha**
Viridantha【3】Espejo 铁兰属 ≒ **Tillandsia** Bromeliaceae 凤梨科 [MM-715] 全球 (1) 大洲分布及种数(1)◆北美洲
Viridivelleraceae【3】I.G.Stone 翠藓科 [B-127] 全球 (1) 大洲分布和属种数(1/1)◆大洋洲
Viridivellerus【3】I.G.Stone 翠藓属 Viridivelleraceae 翠藓科 [B-127] 全球 (1) 大洲分布及种数(1)◆非洲
Viridivellus【3】I.G.Stone 小翠藓属 Viridivelleraceae 翠藓科 [B-127] 全球 (1) 大洲分布及种数(1)◆大洋洲
Viridivia【3】J.H.Hemsl. & Verdc. 管树莲属 Passifloraceae 西番莲科 [MD-151] 全球 (1) 大洲分布及种数(1)◆非洲(◆赞比亚)
Virletia Sch.Bip. ex Benth. & Hook.f. = **Bahia**
Virola【3】Aubl. 油脂楠属 → **Iryanthera;Myristica;Otoba** Myristicaceae 肉豆蔻科 [MD-15] 全球 (1) 大洲分布及种数(57-60)◆南美洲
Virotia【3】L.A.S.Johnson & B.G.Briggs 岛山龙眼属 Proteaceae 山龙眼科 [MD-219] 全球 (1) 大洲分布及种数(2-6)◆大洋洲
Visaya Mill. = **Ammi**
Viscaccia Bernh. = **Viscaria**
Viscaceae【3】Batsch 槲寄生科 [MD-419] 全球 (6) 大洲分布和属种数(7-8;hort. & cult.3)(637-876;hort. & cult.8-10)非洲:4-7/75-201;亚洲:6-8/93-223;大洋洲:3-7/32-143;欧洲:2-6/6-109;北美洲:6/436-562;南美洲:4-6/103-221
Viscago Hall. = **Silene**
Viscago Zinn = **Cucubalus**
Viscainoa【3】Greene 点蒺藜属 Zygophyllaceae 蒺藜科 [MD-288] 全球 (1) 大洲分布及种数(2)◆北美洲
Viscaria【3】Bernh. 蝇春罗属 ≒ **Lychnis;Physaria** Caryophyllaceae 石竹科 [MD-77] 全球 (1) 大洲分布及种数(2-4)◆亚洲
Visco Zinn = **Silene**
Viscoides Jacq. = **Psychotria**
Viscum【3】L. 槲寄生属 ≒ **Phoradendron** Santalaceae 檀香科 [MD-412] 全球 (6) 大洲分布及种数(118-149; hort.1;cult:4)非洲:65-91;亚洲:50-65;大洋洲:12-21;欧洲:4-11;北美洲:5-12;南美洲:1-8
Visena Schult. = **Melochia**
Visenia【2】Houtt. 马松子属 ≒ **Melochia** Malvaceae 锦葵科 [MD-203] 全球 (5) 大洲分布及种数(1) 非洲:1;亚洲:1;大洋洲:1;北美洲:1;南美洲:1
Visiana Gasp. = **Ligustrum**
Visiania A.DC. = **Ligustrum**
Visiania Gasp. = **Ficus**
Visinia Turcz. = **Vismia**
Vismia【3】Vand. 封蜡树属 ← **Hypericum;Caspia** Clusiaceae 藤黄科 [MD-141] 全球 (6) 大洲分布及种数(63-68;hort.1)非洲:9-14;亚洲:4-8;大洋洲:4;欧洲:4;北美洲:13-17;南美洲:57-62
Vismianthus【3】Mildbr. 维斯花属 Connaraceae 牛栓藤科 [MD-284] 全球 (1) 大洲分布及种数(2)◆非洲(◆坦桑尼亚)
Visnaga Gaertn. = **Ammi**
Visnea【3】L.f. 白珠桐属 ≒ **Barbacenia** Theaceae 山茶科 [MD-168] 全球 (1) 大洲分布及种数(1)◆欧洲
Vissadali Adans. = **Knoxia**
Vistnu Adans. = **Evolvulus**
Vitaceae【3】Juss. 葡萄科 [MD-403] 全球 (6) 大洲分布和属种数(13;hort. & cult.9)(821-1625;hort. & cult.77-132)非洲:8-10/375-647;亚洲:11/364-660;大洋洲:8-9/65-183;欧洲:7-9/41-134;北美洲:8-9/143-258;南美洲:6-9/111-214
Vitalia【3】Vis. 梅藓属 Sematophyllaceae 锦藓科 [B-192] 全球 (1) 大洲分布及种数(1)◆南美洲
Vitaliana【3】Sesl. 金地梅属 → **Douglasia;Androsace** Primulaceae 报春花科 [MD-401] 全球 (6) 大洲分布及种数(2)非洲:3;亚洲:1-4;大洋洲:3;欧洲:1-4;北美洲:3;南美洲:3
Vitalianthus R.M.Schust. & Giancotti = **Vitalianthus**
Vitalianthus【3】Zartman & I.L.Ackerman 油肋苔属 Lejeuneaceae 细鳞苔科 [B-84] 全球 (1) 大洲分布及种数(2-3)◆南美洲(◆巴西)
Vitebrassonia【-】J.M.H.Shaw 兰科属 Orchidaceae 兰科 [MM-723] 全球 (uc) 大洲分布及种数(uc)
Vitechilum【-】J.M.H.Shaw 兰科属 Orchidaceae 兰科 [MM-723] 全球 (uc) 大洲分布及种数(uc)
Vitecidium【-】J.M.H.Shaw 兰科属 Orchidaceae 兰科 [MM-723] 全球 (uc) 大洲分布及种数(uc)
Vitekorchis【2】Romowicz & Szlach. 文心兰属 ← **Oncidium** Orchidaceae 兰科 [MM-723] 全球 (2) 大洲分布及种数(5)大洋洲:1;南美洲:4

Vitellaria (A.DC.) Radlk. = **Vitellaria**
Vitellaria【3】C.F.Gaertn. 牛油果属 ≒ **Bassia;Butyrospermum;Pouteria** Sapotaceae 山榄科 [MD-357] 全球 (1) 大洲分布及种数(1)◆非洲
Vitellariopsis【3】Baill. ex Dubard 假牛油果属 ← **Mimusops** Sapotaceae 山榄科 [MD-357] 全球 (1) 大洲分布及种数(5)◆非洲
Vitessa Raf. = **Manettia**
Vitex Axillares P.Dop = **Vitex**
Vitex【3】L. 牡荆属 ≒ **Fridericia;Sphenodesme** Viticaceae 牡荆科 [MD-550] 全球 (6) 大洲分布及种数(185-263;hort.1;cult:25)非洲:107-154;亚洲:49-84;大洋洲:15-33;欧洲:6-18;北美洲:31-52;南美洲:64-84
Viticaceae【3】Juss. 牡荆科 [MD-550] 全球 (6) 大洲分布和属种数(2;hort. & cult.1)(187-309;hort. & cult.10-15)非洲:1/107-154;亚洲:2/52-87;大洋洲:1/15-33;欧洲:1/6-18;北美洲:1/ 31-52;南美洲:1/ 64-84
Viticastrum C.Presl = **Sphenodesme**
Viticella【-】Dill. ex Mönch 紫草科属 ≒ **Clematis;Nemophila;Galax** Boraginaceae 紫草科 [MD-517] 全球 (uc) 大洲分布及种数(uc)
Viticella Dill. ex Mönch = **Clematis**
Viticella Mitch. = **Galax**
Viticena Benth. = **Grewia**
Viticipremna【3】H.J.Lam 豆腐荆属 ≒ **Premna** Lamiaceae 唇形科 [MD-575] 全球 (1) 大洲分布及种数(1-4)◆大洋洲
Vitiphoenix Becc. = **Veitchia**
Vitis (Planch.) Rehder = **Vitis**
Vitis【3】L. 葡萄属 → **Ampelocissus;Ampelopsis;Parthenocissus** Vitaceae 葡萄科 [MD-403] 全球 (6) 大洲分布及种数(140-199;hort.1;cult: 17)非洲:13-63;亚洲:99-176;大洋洲:19-64;欧洲:17-61;北美洲:50-103;南美洲:11-56
Vitis-idaea Ség. = **Vaccinium**
Vitmania Turra ex Cav. = **Eitenia**
Vitmannia Vahl = **Quassia**
Vitmannia Wight & Arn. = **Noltea**
Vitrea Phil. = **Schinus**
Vitrina Ochyra = **Vittia**
Vitta Ochyra = **Vittia**
Vittadenia Steud. = **Vittadinia**
Vittadinia【3】A.Rich. 簇毛层菀属 → **Aster;Minuria;Tetramolopium** Asteraceae 菊科 [MD-586] 全球 (6) 大洲分布及种数(26-35;hort.1;cult:3)非洲:4;亚洲:5-10;大洋洲:24-33;欧洲:3-7;北美洲:3-9;南美洲:4
Vittaria J.Sm. = **Vittaria**
Vittaria【3】Sm. 靴带蕨属 → **Hecistopteris;Antrophyum** Vittariaceae 书带蕨科 [F-39] 全球 (6) 大洲分布及种数(75-110)非洲:17-28;亚洲:53-70;大洋洲:14-22;欧洲:7;北美洲:14-21;南美洲:14-24
Vittariaceae【3】Ching 书带蕨科 [F-39] 全球 (6) 大洲分布和属种数(1;hort. & cult.1)(74-129;hort. & cult.4)非洲:1/17-28;亚洲:1/53-70;大洋洲:1/14-22;欧洲:1/7;北美洲:1/14-21;南美洲:1/14-24
Vittarieae C.Presl = **Vittaria**
Vittarioideae【-】Link 凤尾蕨科属 Pteridaceae 凤尾蕨科 [F-31] 全球 (uc) 大洲分布及种数(uc)
Vittetia【3】R.M.King & H.Rob. 点腺柄泽兰属 ← **Eupatorium** Asteraceae 菊科 [MD-586] 全球 (1) 大洲分布及种数(2)◆南美洲(◆巴西)
Vittia【2】Ochyra 点柳叶藓属 ≒ **Grimmia** Amblystegiaceae 柳叶藓科 [B-178] 全球 (4) 大洲分布及种数(3) 非洲:1;大洋洲:1;欧洲:1;南美洲:3
Vittiaceae Ochyra = Splachnaceae
Vittmannia Endl. = **Mirabilis**
Vittmannia Turra ex Endl. = **Oxybaphus**
Viviania【3】Cav. 巍安草属 ≒ **Balbisia;Antirhea** Vivianiaceae 曲胚科 [MD-283] 全球 (1) 大洲分布及种数(14-28)◆南美洲
Vivianiaceae【3】Klotzsch 曲胚科 [MD-283] 全球 (6) 大洲分布和属种数(1-3/14-41)非洲:1/2;亚洲:1/2;大洋洲:1/2;欧洲:1/2;北美洲:1/2;南美洲:1/14-28
Vizella L. = **Vella**
Vladimiria Iljin = **Dolomiaea**
Vlamingia Buse ex de Vriese = **Hybanthus**
Vleckia Raf. = **Agastache**
Vleisia Toml. & Posl. = **Nepeta**
Vlokia【3】S.A.Hammer 墨石花属 Aizoaceae 番杏科 [MD-94] 全球 (1) 大洲分布及种数(2-3)◆非洲(◆南非)
Voacanga【3】Thou. 马铃果属 ← **Tabernaemontana;Vinca** Apocynaceae 夹竹桃科 [MD-492] 全球 (6) 大洲分布及种数(14-20)非洲:10-15;亚洲:6-13;大洋洲:1-6;欧洲:5;北美洲:5;南美洲:5
Voaconga Thou. = **Voacanga**
Voakanga Thou. = **Voacanga**
Voandzeia【2】A.Thou. 豇豆属 ≒ **Vigna** Fabaceae3 蝶形花科 [MD-240] 全球 (4) 大洲分布及种数(1) 非洲:1;亚洲:1;欧洲:1;北美洲:1
Voanioala【3】J.Dransf. 森林椰子属 Arecaceae 棕榈科 [MM-717] 全球 (1) 大洲分布及种数(1)◆非洲(◆马达加斯加)
Voatamalo【3】Capuron ex Bosser 叶萼桐属 Picrodendraceae 苦皮桐科 [MD-317] 全球 (1) 大洲分布及种数(2)◆非洲(◆马达加斯加)
Vochisia Juss. = **Vochysia**
Vochy Aubl. = **Vochysia**
Vochya Aubl. = **Vochysia**
Vochysia【3】Aubl. 萼囊花属 → **Callisthene;Callipeltis;Qualea** Vochysiaceae 萼囊花科 [MD-314] 全球 (1) 大洲分布及种数(137-174)◆南美洲
Vochysiaceae【3】A.St.Hil. 萼囊花科 [MD-314] 全球 (6) 大洲分布和属种数(7-8;hort. & cult.1)(238-309;hort. & cult.1)非洲:1-3/1-6;亚洲:1/3;大洋洲:1/3;欧洲:1/3;北美洲:1/3;南美洲:6/237-288
Vochysieae Dum. = **Vochysia**
Voconia Edgew. = **Vernonia**
Voelckeria Klotzsch & H.Karst. = **Ternstroemia**
Vogelia J.F.Gmel. = **Dyerophytum**
Vogelia Medik. = **Neslia**
Vogelocassia Britton = **Cassia**
Vogtia Oberpr. & Sonboli = **Bathysa**
Voharanga Costantin & Bois = **Cynanchum**
Vohemaria Buchenau = **Cynanchum**
Vohiria Juss. = **Voyria**
Voigtia Klotzsch = **Bathysa**
Voigtia Roth = **Andryala**
Voigtia Spreng. = **Barnadesia**

V

Voitia【2】 Hornsch. 隐壶藓属 Splachnaceae 壶藓科 [B-143] 全球 (3) 大洲分布及种数(3) 亚洲:2;欧洲:2;北美洲:2
Voitiaceae Schimp. = Splachnaceae
Voladeria【3】 Benoist 赤箭莎属 Cyperaceae 莎草科 [MM-747] 全球 (1) 大洲分布及种数(cf. 1)◆南美洲
Volcameria【-】 Heist. ex Fabr. 唇形科属 Lamiaceae 唇形科 [MD-575] 全球 (uc) 大洲分布及种数(uc)
Volckameria Fabr. = **Cedronella**
Volkamera Cothen. = **Volkameria**
Volkameria【3】 L. 苦郎树属 ≒ **Catesbaea;Sesamum** Lamiaceae 唇形科 [MD-575] 全球 (6) 大洲分布及种数(11)非洲:6-8;亚洲:3-5;大洋洲:2-4;欧洲:2;北美洲:5-7;南美洲:3-5
Volkameria P.Br. = **Volkameria**
Volkensiella H.Wolff = **Oenanthe**
Volkensinia【3】 Schinz 鬃尾苋属 Amaranthaceae 苋科 [MD-116] 全球 (1) 大洲分布及种数(1-2)◆非洲
Volkensiophyton Lindau = **Lepidagathis**
Volkensteinia Van Tiegh. = **Ouratea**
Volkeranthus【-】 Gerbaulet 番杏科属 Aizoaceae 番杏科 [MD-94] 全球 (uc) 大洲分布及种数(uc)
Volkertara【-】 J.M.H.Shaw 兰科属 Orchidaceae 兰科 [MM-723] 全球 (uc) 大洲分布及种数(uc)
Volkiella【3】 Merxm. & Czech 叉苞莎属 Cyperaceae 莎草科 [MM-747] 全球 (6) 大洲分布及种数(2)非洲:1-12;亚洲:11;大洋洲:11;欧洲:11;北美洲:11;南美洲:11
Volkmannia Jacq. = **Clerodendrum**
Volsella Merxm. & Czech = **Volkiella**
Voltziaceae Schimp. = Splachnaceae
Volucella Forssk. = **Cuscuta**
Volutarella Cass. = **Volutaria**
Volutaria【2】 Cass. 旋瓣菊属 ← **Amberboa;Carlina; Centaurium** Asteraceae 菊科 [MD-586] 全球 (4) 大洲分布及种数(18-22;hort.1;cult:1)非洲:14-16;亚洲:8-9;欧洲:6-7;北美洲:2-3
Volutella Forssk. = **Cuscuta**
Volutina Penz. & Sacc. = **Centaurea**
Volvulella Forssk. = **Cuscuta**
Volvulopsis Roberty = **Evolvulus**
Volvulus【-】 Medik. 旋花科属 ≒ **Calystegia** Convolvulaceae 旋花科 [MD-499] 全球 (uc) 大洲分布及种数(uc)
Volzia Sarà = **Velezia**
Vonbismarckara【-】 J.M.H.Shaw 兰科属 Orchidaceae 兰科 [MM-723] 全球 (uc) 大洲分布及种数(uc)
Vonitra Becc. = **Dypsis**
Vononella Röwer = **Vernonia**
Voracia Adans. = **Thryallis**
Vormia Adans. = **Selago**
Vorstia Adans. = **Thryallis**
Vosacan Adans. = **Helianthus**
Vosakan Adans. = **Helianthus**
Vossia Adans. = **Vossia**
Vossia【3】 Wall. & Griff. 河马草属 ← **Ischaemum;Gossia** Poaceae 禾本科 [MM-748] 全球 (1) 大洲分布及种数(1-3)◆非洲
Vossianthus P. & K. = **Sparrmannia**
Vothosmyrnium Miq. = **Nothosmyrnium**
Votomita【3】 Aubl. 顶腺谷木属 Melastomataceae 野牡丹科 [MD-364] 全球 (1) 大洲分布及种数(11-13)◆南美洲(◆巴西)
Votschia【3】 B.Ståhl 黄萝桐属 Primulaceae 报春花科 [MD-401] 全球 (1) 大洲分布及种数(1)◆中美洲(◆巴拿马)
Vouacapoua【3】 Aubl. 沃埃苏木属 → **Andira;Vataireopsis** Fabaceae 豆科 [MD-240] 全球 (1) 大洲分布及种数(6)◆南美洲
Vouapa【-】 Aubl. 含羞草科属 ≒ **Paramacrolobium** Fabaceae1 含羞草科 [MD-238] 全球 (uc) 大洲分布及种数(uc)
Vouarana【3】 Aubl. 圭亚那无患子属 ← **Cupania;Toulicia** Sapindaceae 无患子科 [MD-428] 全球 (1) 大洲分布及种数(2)◆南美洲
Vouay Aubl. = **Geonoma**
Voyara Aubl. = **Pradosia**
Voyra Rchb. = **Voyria**
Voyria (Miq.) Progel = **Voyria**
Voyria【3】 Aubl. 沃伊龙胆属 ≒ **Exacum;Pradosia** Gentianaceae 龙胆科 [MD-496] 全球 (6) 大洲分布及种数(22)非洲:1-9;亚洲:8;大洋洲:8;欧洲:8;北美洲:11-20;南美洲:16-24
Voyrieae Gilg = **Voyria**
Voyriella (Miq.) Miq. = **Voyriella**
Voyriella【3】 Miq. 小沃伊龙胆属 ← **Voyria** Gentianaceae 龙胆科 [MD-496] 全球 (1) 大洲分布及种数(1)◆南美洲
Vrena Nor. = **Urena**
Vrenonia Schreb. = **Vernonia**
Vriecantarea【-】 J.R.Grant 凤梨科属 Bromeliaceae 凤梨科 [MM-715] 全球 (uc) 大洲分布及种数(uc)
Vriesara J.M.H.Shaw = **Vriesea**
Vriesea Alcantarea E.Morren ex Mez = **Vriesea**
Vriesea【3】 Lindl. 丽穗凤梨属 → **Alcantarea;Lindernia** Bromeliaceae 凤梨科 [MM-715] 全球 (1) 大洲分布及种数(357-379)◆南美洲
Vrieseeae Beer = **Vriesea**
Vrieseida Rojas Acosta = **Vriesea**
Vriesia Lindl. = **Vriesea**
Vroedea Bubani = **Glaux**
Vrolickia Steud. = **Heteranthia**
Vrolijkheidia【3】 Hedd. & R.H.Zander 南非丛藓属 Pottiaceae 丛藓科 [B-133] 全球 (1) 大洲分布及种数(1)◆非洲
Vrolikia【-】 Spreng. 茄科属 ≒ **Heteranthia** Solanaceae 茄科 [MD-503] 全球 (uc) 大洲分布及种数(uc)
Vrtica Nor. = **Vatica**
Vrydagzenia Benth. & Hook.f. = **Vrydagzynea**
Vrydagzynea【3】 Bl. 二尾兰属 ← **Anoectochilus; Erythrodes;Hetaeria** Orchidaceae 兰科 [MM-723] 全球 (6) 大洲分布及种数(10-43)非洲:3-11;亚洲:5-11;大洋洲:1-7;欧洲:2-5;北美洲:2;南美洲:2
Vuacapua P. & K. = **Andira**
Vuilleminia Neck. = **Votomita**
Vulcanoa【-】 Morillo 夹竹桃科属 Apocynaceae 夹竹桃科 [MD-492] 全球 (uc) 大洲分布及种数(uc)
Vulneraria Mill. = **Polycarpon**
Vulpes Zimmermann = **Vulpia**

V

Vulpia (Bluff,Nees & Schauer) Stace = **Vulpia**
Vulpia【3】C.C.Gmel. 鼠茅属 ← **Festuca;Ctenolepis; Agropyron** Poaceae 禾本科 [MM-748] 全球 (6) 大洲分布及种数(31-35)非洲:22-35;亚洲:18-29;大洋洲:9-19;欧洲:23-33;北美洲:14-24;南美洲:12-22
Vulpiella【3】(Batt. & Trab.) Burollet 硬鼠茅属 ← **Brachypodium;Cutandia** Poaceae 禾本科 [MM-748] 全球 (1) 大洲分布及种数(2)◆欧洲
Vulvaria (Rchb.) Bubani = **Chenopodium**
Vuralia【2】Vis. 梅蓝属 Sterculiaceae 梧桐科 [MD-189] 全球 (2) 大洲分布及种数(1) 亚洲:1;欧洲:1
Vuylstekeara Hort. = **Cochlioda**
Vvaria Nor. = **Voyria**
Vvedenskya【3】Korovin 韦坚草属 Apiaceae 伞形科 [MD-480] 全球 (1) 大洲分布及种数(cf.1)◆亚洲
Vvedenskyella Botsch. = **Phaeonychium**
Vyenomus C.Presl = **Euonymus**

V

Wacchendorfia Burm.f. = **Wachendorfia**
Wachendorffa Cothen. = **Callisia**
Wachendorfia 【2】 Burm. 折扇草属 ≒ **Dilatris** Haemodoraceae 血草科 [MM-718] 全球 (5) 大洲分布及种数(6-9)非洲:5;大洋洲:2;欧洲:1;北美洲:1;南美洲:1
Wachendorfiaceae Herb. = Avetraceae
Waddingtonia Phil. = **Petunia**
Wadea Raf. = **Cestrum**
Wadithamnus 【-】 T.Hammer & R.W.Davis 苋科属 Amaranthaceae 苋科 [MD-116] 全球 (uc) 大洲分布及种数(uc)
Wagatea 【2】 Dalz. 穗花云实属 ≒ **Moullava** Fabaceae3 蝶形花科 [MD-240] 全球 (3) 大洲分布及种数(cf.1) 亚洲;大洋洲;北美洲
Wageneria 【3】 Klotzsch 秋海棠属 ≒ **Begonia** Begoniaceae 秋海棠科 [MD-195] 全球 (1) 大洲分布及种数(uc)◆亚洲
Wagenitzia Dostál = **Centaurea**
Wagnera P. & K. = **Maianthemum**
Wagneria Klotzsch = **Begonia**
Wagneria Lem. = **Diervilla**
Wagneriana Klotzsch = **Begonia**
Wagneriop Klotzsch = **Begonia**
Wahabia Fenzl = **Barleria**
Wahlbergelia FRIES = **Melandrium**
Wahlbergella Fr. = **Melandrium**
Wahlbomia Thunb. = **Tetracera**
Wahlenbergia 【3】 Schröd. ex Roth 兰花参属 → **Codonopsis;Euphorbia;Peracarpa** Campanulaceae 桔梗科 [MD-561] 全球 (6) 大洲分布及种数(247-314;hort.1;cult:7)非洲:212-230;亚洲:29-34;大洋洲:31-56;欧洲:14-15;北美洲:16;南美洲:26
Wahpia Fenzl = **Barleria**
Waibengara 【-】 How,Wai Beng & Shaw,Julian Mark Hugh 兰科属 Orchidaceae 兰科 [MM-723] 全球 (uc) 大洲分布及种数(uc)
Wailaiara 【-】 Hort. 兰科属 Orchidaceae 兰科 [MM-723] 全球 (uc) 大洲分布及种数(uc)
Wailesia Lindl. = **Sunipia**
Waireia 【3】 D.L.Jones 裂缘兰属 ≒ **Caladenia** Orchidaceae 兰科 [MM-723] 全球 (1) 大洲分布及种数(1)◆大洋洲
Waironara 【-】 Hort. 兰科属 Orchidaceae 兰科 [MM-723] 全球 (uc) 大洲分布及种数(uc)
Waitzia 【3】 J.C.Wendl. 尖柱鼠麹草属 ≒ **Haptotrichion;Acidanthera** Asteraceae 菊科 [MD-586] 全球 (1) 大洲分布及种数(17)◆大洋洲
Waiyengara 【-】 How,W.R. 兰科属 Orchidaceae 兰科 [MM-723] 全球 (uc) 大洲分布及种数(uc)
Wajira 【3】 Thulin 节柱兰属 ≒ **Warrea** Fabaceae 豆科 [MD-240] 全球 (1) 大洲分布及种数(2-6)◆非洲
Wakilia Gilli = **Phaeonychium**
Walafrida E.Mey. = **Selago**
Walafridia Endl. = **Selago**
Walcottia F.Müll = **Lachnostachys**
Walcuffa 【-】 J.F.Gmel. 铃铃科属 ≒ **Dombeya** Dombeyaceae 铃铃科 [MD-191] 全球 (uc) 大洲分布及种数(uc)
Waldeckia Klotzsch = **Hirtella**
Waldemaria Klotzsch = **Rhododendron**
Waldensia 【-】 Lavy 鸭跖草科属 Commelinaceae 鸭跖草科 [MM-708] 全球 (uc) 大洲分布及种数(uc)
Waldheima Tzvelev = **Waldheimia**
Waldheimea Kar. & Kir. = **Allardia**
Waldheimia 【3】 Kar. & Kir. 扁芒菊属 Asteraceae 菊科 [MD-586] 全球 (1) 大洲分布及种数(8)◆亚洲
Waldoia Alef. = **Juglans**
Waldschmidia F.H.Wigg. = **Crudia**
Waldschmidtia Bluff & Fingerh. = **Limnanthemum**
Waldschmidtia G.A.Scop. = **Crudia**
Waldsteinia 【3】 Willd. 林石草属 ← **Geum** Rosaceae 蔷薇科 [MD-246] 全球 (1) 大洲分布及种数(7-8)◆北美洲
Walhenbergia Schröd. = **Wahlenbergia**
Walidda (A.DC.) Pichon = **Wrightia**
Walkera Schreb. = **Campylospermum**
Walkeri Mill. ex Ehret = **Nolana**
Walkomia Thunb. = **Tetracera**
Walkuffa Bruce ex Steud. = **Dombeya**
Wallabia Spruce. ex Benth. & Hook.f. = **Wallacea**
Wallacea 【3】 Spruce. ex Benth. & Hook.f. 渔莲木属 Ochnaceae 金莲木科 [MD-104] 全球 (1) 大洲分布及种数(3-4)◆南美洲
Wallaceodendron 【3】 Koord. 铁岛合欢属 ← **Pithecellobium** Fabaceae 豆科 [MD-240] 全球 (1) 大洲分布及种数(1-2)◆亚洲
Wallaceodoxa 【3】 Heatubun & W.J.Baker 黄棕榈属 Arecaceae 棕榈科 [MM-717] 全球 (1) 大洲分布及种数(1)◆非洲
Wallemia Sw. = **Wallenia**
Wallenia Homowallenia Mez = **Wallenia**
Wallenia 【3】 Sw. 黄金牛属 ≒ **Ardisia;Petesioides; Cybianthus** Myrsinaceae 紫金牛科 [MD-389] 全球 (1) 大洲分布及种数(11-34)◆北美洲

Walleniella 【3】 P.Wilson 古巴紫金牛属 Primulaceae 报春花科 [MD-401] 全球 (1) 大洲分布及种数(uc)属分布和种数(uc)◆北美洲(◆古巴)
Walleria 【3】 J.Kirk 锥药莲属 ≒ **Dianella** Tecophilaeaceae 蓝嵩莲科 [MM-686] 全球 (1) 大洲分布及种数(4)◆非洲
Walleriaceae 【3】 H.Huber ex Takht. 肉根草科 [MM-684] 全球 (1) 大洲分布和属种数(1/4)◆非洲
Wallia Alef. = **Wallichia**
Wallichia DC. = **Wallichia**
Wallichia 【3】 Roxb. 小堇棕属 ← **Arenga;Blancoa** Arecaceae 棕榈科 [MM-717] 全球 (1) 大洲分布及种数(6-11)◆亚洲

Wallichiana Roxb. = **Wallichia**
Wallichii Roxb. = **Wallichia**
Walliclfia Roxb. = **Wallichia**
Wallinia Moq. = **Lophiocarpus**
Wallisia E.Morren = **Tillandsia**
Wallnoeferia【3】Szlach. 墙兰属 Orchidaceae 兰科 [MM-723] 全球 (1) 大洲分布及种数(uc)属分布和种数(uc)◆南美洲(◆秘鲁)
Wallrothia Roth = **Vitex**
Wallrothia Spreng. = **Seseli**
Wallrothii Spreng. = **Vitex**
Walpersia Harv. = **Rhynchosia**
Walpersia Harv. & Sond. = **Phyllota**
Walpersia Reissek = **Phylica**
Walshia【3】Jeanes 菊科属 Asteraceae 菊科 [MD-586] 全球 (1) 大洲分布及种数(1)◆非洲
Walsholaria【-】G.L.Nesom 菊科属 Asteraceae 菊科 [MD-586] 全球 (uc) 大洲分布及种数(uc)北美洲
Walsura【3】Roxb. 割舌树属←**Aglaia;Heynea;Trichilia** Meliaceae 楝科 [MD-414] 全球 (1) 大洲分布及种数(30-36)◆亚洲
Walteranthus【3】Keighery 小触须果属 Gyrostemonaceae 环蕊木科 [MD-198] 全球 (1) 大洲分布及种数(1)◆大洋洲
Walteria A.St.Hil. = **Waltheria**
Walthera Cothen. = **Waltheria**
Waltheria【3】L. 蛇婆子属 ≒ **Piriqueta** Sterculiaceae 梧桐科 [MD-189] 全球 (1) 大洲分布及种数(48-63)◆南美洲(◆巴西)
Waltillia【3】Leme,Barfuss & Halbritt. 蛇凤梨属 Bromeliaceae 凤梨科 [MM-715] 全球 (1) 大洲分布及种数(cf.1)◆南美洲
Waltonella Standl. = **Verbesina**
Waluewa Regel = **Rodriguezia**
Walwhalleya【3】Wills & J.J.Bruhl 澳红禾属 ≒ **Homopholis** Poaceae 禾本科 [MM-748] 全球 (6) 大洲分布及种数(5)非洲:1;亚洲:1;大洋洲:4-5;欧洲:1;北美洲:1;南美洲:1
Walzia Alef. = **Juglans**
Wamalchitamia【3】Strother 棱果菊属←**Lipochaeta;Zexmenia** Asteraceae 菊科 [MD-586] 全球 (1) 大洲分布及种数(7)◆北美洲
Wanda Pierre = **Panda**
Wandersong【3】David W.Taylor 茜草科属 Rubiaceae 茜草科 [MD-523] 全球 (1) 大洲分布及种数(2)◆北美洲
Wandesia Hauman = **Oxychloe**
Wangenheimia F.Dietr. = **Wangenheimia**
Wangenheimia【3】Mönch 冰鼠茅属 → **Catapodium;Cynosurus;Aralia** Poaceae 禾本科 [MM-748] 全球 (1) 大洲分布及种数(1)◆非洲
Wangerinia E.Franz = **Microphyes**
Wanneria Klotzsch = **Begonia**
Warasara J.M.H.Shaw = **Rodriguezia**
Warbugia Eig = **Callipeltis**
Warburgella Müll.Hal. ex Broth. = **Warburgiella**
Warburgia【3】Engl. 十数樟属 Canellaceae 白樟科 [MD-9] 全球 (1) 大洲分布及种数(3-4)◆非洲
Warburgiella【2】Müll.Hal. ex Broth. 裂帽藓属 ≒ **Acroporium;Isocladiella** Sematophyllaceae 锦藓科 [B-192] 全球 (3) 大洲分布及种数(31) 非洲:2;亚洲:24;大洋洲:12
Warburgii Engl. = **Warburgia**
Warburgina Eig = **Callipeltis**
Warburtonara J.M.H.Shaw = **Hibbertia**
Warburtonia F.Müll = **Hibbertia**
Warcatardia【-】J.M.H.Shaw 兰科属 Orchidaceae 兰科 [MM-723] 全球 (uc) 大洲分布及种数(uc)
Warchaubeanthes【-】J.M.H.Shaw 兰科属 Orchidaceae 兰科 [MM-723] 全球 (uc) 大洲分布及种数(uc)
Warchlerhyncha【-】J.M.H.Shaw 兰科属 Orchidaceae 兰科 [MM-723] 全球 (uc) 大洲分布及种数(uc)
Warczatoria【-】J.M.H.Shaw 兰科属 Orchidaceae 兰科 [MM-723] 全球 (uc) 大洲分布及种数(uc)
Warczebardia【-】J.M.H.Shaw 兰科属 Orchidaceae 兰科 [MM-723] 全球 (uc) 大洲分布及种数(uc)
Warczerhyncha【-】J.M.H.Shaw 兰科属 Orchidaceae 兰科 [MM-723] 全球 (uc) 大洲分布及种数(uc)
Warczewiczella【2】Rchb.f. 盾盘兰属 ≒ **Danaea;Hoehneella** Orchidaceae 兰科 [MM-723] 全球 (2) 大洲分布及种数(11-12)北美洲:2;南美洲:10-11
Warczewitzia Skinner = **Warsewitschia**
Warczewscaphe【-】J.M.H.Shaw 兰科属 Orchidaceae 兰科 [MM-723] 全球 (uc) 大洲分布及种数(uc)
Wardaster【3】J.Small 藏菀属 → **Aster** Asteraceae 菊科 [MD-586] 全球 (1) 大洲分布及种数(2)◆亚洲
Wardenia King = **Brassaiopsis**
Wardia【3】Harv. & Hook. ex Hook. 水藓科属 Fontinalaceae 水藓科 [B-169] 全球 (1) 大洲分布及种数(1)◆非洲
Wardiaceae W.H.Welch = Rhacocarpaceae
Warea C.B.Clarke = **Warea**
Warea【3】Nutt. 韦尔芥属 → **Biswarea** Brassicaceae 十字花科 [MD-213] 全球 (1) 大洲分布及种数(4-5)◆北美洲(◆美国)
Waria Aubl. = **Uvaria**
Warileya Velasco & Trapido = **Worsleya**
Warionia【3】Benth. & Coss. 沙菊木属 Asteraceae 菊科 [MD-586] 全球 (1) 大洲分布及种数(1)◆非洲
Warmingia Engl. = **Warmingia**
Warmingia【3】Rchb.f. 紫槟榔青属 ← **Macradenia** Orchidaceae 兰科 [MM-723] 全球 (1) 大洲分布及种数(4-5)◆南美洲
Warnea Mill. = **Gardenia**
Warneara auct. = **Rodriguezia**
Warneckea【3】Gilg 桂谷木属 ← **Memecylon** Melastomataceae 野牡丹科 [MD-364] 全球 (1) 大洲分布及种数(40-49)◆非洲
Warneckia L. = **Warnockia**
Warnera Mill. = **Gardenia**
Warnerara J.M.H.Shaw = **Gardenia**
Warnockia【3】M.W.Turner 瓦尔草属 ← **Brazoria** Lamiaceae 唇形科 [MD-575] 全球 (1) 大洲分布及种数(1)◆北美洲
Warnstorfia (Tuom. & T.J.Kop.) Ochyra = **Warnstorfia**
Warnstorfia【3】Löske 范氏藓属 ≒ **Brachythecium** Calliergonaceae 湿原藓科 [B-179] 全球 (6) 大洲分布及种数(14) 非洲:5;亚洲:6;大洋洲:4;欧洲:11;北美洲:9;南美洲:8

W

Warpuria Stapf = **Podorungia**
Warrea 【3】 Lindl. 节柱兰属 ← **Aganisia;Maxillaria;Phaius** Orchidaceae 兰科 [MM-723] 全球 (1) 大洲分布及种数(4)◆南美洲
Warreella 【3】 Schltr. 小瓦利兰属 ← **Maxillaria** Orchidaceae 兰科 [MM-723] 全球 (1) 大洲分布及种数(3)◆南美洲
Warrenia (Harv.) Harv. = **Warrea**
Warreopsis 【2】 Garay 类瓦利兰属 ← **Otostylis;Zygopetalum** Orchidaceae 兰科 [MM-723] 全球 (2) 大洲分布及种数(4-5)北美洲:1;南美洲:2-3
Warscaea 【3】 Szlach. 剑蕊兰属 Orchidaceae 兰科 [MM-723] 全球 (1) 大洲分布及种数(2)◆南美洲
Warscatoranthes 【-】 J.M.H.Shaw 兰科属 Orchidaceae 兰科 [MM-723] 全球 (uc) 大洲分布及种数(uc)
Warscewicszella Rchb.f. = **Cochleanthes**
Warscewiczella Rchb.f. = **Cochleanthes**
Warscewiczia K.Schum. = **Warszewiczia**
Warscewiczia P. & K. = **Catasetum**
Warsewitschia 【3】 Skinner 刀蕊兰属 Orchidaceae 兰科 [MM-723] 全球 (1) 大洲分布及种数(cf. 1)◆南美洲
Warszewiczara J.M.H.Shaw = **Warszewiczia**
Warszewiczella Rchb.f. = **Warczewiczella**
Warszewiczia 【3】 Klotzsch 红缎花属 ← **Calycophyllum** Rubiaceae 茜草科 [MD-523] 全球 (1) 大洲分布及种数(7-8)◆南美洲
Warthia Regel = **Ixia**
Wartmannia J.Müller Arg. = **Homalanthus**
Wasabia Matsum. = **Eutrema**
Wasatchia M.E.Jones = **Festuca**
Washingtonia (Nutt.) J.M.Coult. & Rose = **Washingtonia**
Washingtonia 【3】 H.Wendl. 丝葵属 ← **Pritchardia;Myrrhis;Stylisma** Arecaceae 棕榈科 [MM-717] 全球 (1) 大洲分布及种数(4-18)◆北美洲
Watanabeara 【-】 Kazuo Watan. 兰科属 Orchidaceae 兰科 [MM-723] 全球 (uc) 大洲分布及种数(uc)
Waterhousea 【3】 B.Hyland 扁蒲桃属 Myrtaceae 桃金娘科 [MD-347] 全球 (1) 大洲分布及种数(cf. 1)◆大洋洲(◆密克罗尼西亚)
Watsonamra P. & K. = **Pentagonia**
Watsonara J.M.H.Shaw = **Watsonia**
Watsoni Mill. = **Watsonia**
Watsonia Böhm. = **Watsonia**
Watsonia 【3】 Mill. 弯管鸢尾属 ← **Byttneria;Ixia** Iridaceae 鸢尾科 [MM-700] 全球 (6) 大洲分布及种数(65-72;hort.1;cult:2)非洲:62-70;亚洲:8-15;大洋洲:7-14;欧洲:4-11;北美洲:7-14;南美洲:1-8
Watsonieae Klatt = **Watsonia**
Wattakaka Hassk. = **Dregea**
Wautersia Meisn. ex Krauss = **Rhynchosia**
Wawea Henssen & Kantvilas = **Warea**
Weatherbya Copel. = **Lemmaphyllum**
Webara J.F.Gmel. = **Webera**
Webbia DC. = **Vernonia**
Webbia Ruiz & Pav. ex Engl. = **Dictyoloma**
Webbia Sch.Bip. = **Conyza**
Webbia Spach = **Hypericum**
Webbinella O.F.Cook & Doyle = **Wettinia**
Webera (Broth.) G.Roth = **Webera**
Webera 【3】 Schreb. 花灯藓属 ≒ **Plectronia;Pavetta** Bryaceae 真藓科 [B-146] 全球 (6) 大洲分布及种数(45)非洲:7;亚洲:12;大洋洲:1;欧洲:6;北美洲:10;南美洲:10
Weberbauera 【3】 Gilg & Muschl. 韦伯芥属 ≒ **Sisymbrium;Pennellia** Brassicaceae 十字花科 [MD-213] 全球 (1) 大洲分布及种数(22-23)◆南美洲
Weberbauerara J.M.H.Shaw = **Weberbauera**
Weberbauerella 【3】 Ulbr. 小韦豆属 Fabaceae 豆科 [MD-240] 全球 (1) 大洲分布及种数(3)◆南美洲(◆秘鲁)
Weberbaueriella Ferreyra = **Chucoa**
Weberbauerocereus 【3】 Backeb. 金髯柱属 ← **Echinopsis;Haageocereus;Trichocereus** Cactaceae 仙人掌科 [MD-100] 全球 (1) 大洲分布及种数(13-14)◆南美洲
Weberbostoa 【-】 G.D.Rowley 仙人掌科属 Cactaceae 仙人掌科 [MD-100] 全球 (uc) 大洲分布及种数(uc)
Weberiopuntia Frič ex Kreuz. = **Opuntia**
Weberocereus 【2】 Britton & Rose 月林令箭属 ← **Cereus** Cactaceae 仙人掌科 [MD-100] 全球 (2) 大洲分布及种数(10-12;hort.1)北美洲:8-9;南美洲:1
Websteria 【3】 S.H.Wright 藻蔗草属 ≒ **Dulichium;Scirpus** Cyperaceae 莎草科 [MM-747] 全球 (1) 大洲分布及种数(1-3)◆大洋洲(◆澳大利亚)
Weddellina 【3】 Tul. 花菱藻属 Podostemaceae 川苔草科 [MD-322] 全球 (1) 大洲分布及种数(2)◆南美洲
Wedela Steud. = **Ardisia**
Wedelia 【3】Jacq.滨蟛菊属←**Allionia;Buphthalmum;Perymenium** Asteraceae 菊科 [MD-586] 全球 (6) 大洲分布及种数(130-184;hort.1;cult:2)非洲:11;亚洲:18-33;大洋洲:5-17;欧洲:11;北美洲:29-47;南美洲:91-108
Wedeliella Cockerell = **Allionia**
Weeksia Hedw. ex Spreng. = **Weissia**
Weidmannia G.A.Romero & Carnevali = **Weinmannia**
Weigela 【3】 Thunb. 锦带花属 ← **Diervilla;Geissorhiza** Caprifoliaceae 忍冬科 [MD-510] 全球 (1) 大洲分布及种数(10-18)◆亚洲
Weigelastrum (Nakai) Nakai = **Diervilla**
Weigelia Pers. = **Weigela**
Weigeltia (Hook.f.) Mez = **Weigeltia**
Weigeltia 【3】 Rchb. 鞠报春属 → **Cybianthus** Primulaceae 报春花科 [MD-401] 全球 (1) 大洲分布及种数(4)◆南美洲
Weihea Eckl. = **Weihea**
Weihea 【3】 Spreng. 非洲红树属 ≒ **Phthirusa;Cassipourea;Androstachys** Iridaceae 鸢尾科 [MM-700] 全球 (1) 大洲分布及种数(1)◆非洲
Weilbachia Klotzsch & örst. = **Begonia**
Weingaermeria Bernh. = **Corynephorus**
Weingaertnera Bernh. = **Corynephorus**
Weingaertneria Bernh. = **Corynephorus**
Weinganopsis 【-】 G.D.Rowley 仙人掌科属 Cactaceae 仙人掌科 [MD-100] 全球 (uc) 大洲分布及种数(uc)
Weingartia 【3】 Werderm. 惠毛球属 ≒ **Cintia** Cactaceae 仙人掌科 [MD-100] 全球 (1) 大洲分布及种数(14-16)◆南美洲
Weingartneria Benth. = **Corynephorus**
Weinmania L. = **Weinmannia**
Weinmannia J.F.Morales = **Weinmannia**
Weinmannia 【2】 L. 盐麸梅属 → **Acrophyllum;Cunonia;Platylophus** Cunoniaceae 合椿梅科 [MD-255]

W

全球(5) 大洲分布及种数(181-220;hort.1;cult:15)非洲:42-48;亚洲:24-30;大洋洲:39-62;北美洲:25-26;南美洲:91-95

Weinmanniaphyllum【3】 R.J.Carp. & A.M.Buchanan 大洋洲火把树属 Cunoniaceae 合椿梅科 [MD-255] 全球(1) 大洲分布及种数(uc)◆大洋洲

Weinocalycium【-】 P.V.Heath 仙人掌科属 Cactaceae 仙人掌科 [MD-100] 全球 (uc) 大洲分布及种数(uc)

Weinreichia Rchb. = **Pterocarpus**

Weisia【3】 Hedw. ex Spreng. 小石藓属 ≒ **Holomitrium** Pottiaceae 丛藓科 [B-133] 全球 (1) 大洲分布及种数(11)◆东亚(◆中国)

Weisiodon【-】 Schimp. 丛藓科属 Pottiaceae 丛藓科 [B-133] 全球 (uc) 大洲分布及种数(uc)

Weisiopsis【2】 Broth. 小墙藓属 ≒ **Plaubelia** Pottiaceae 丛藓科 [B-133] 全球 (5) 大洲分布及种数(11) 非洲:4;亚洲:2;大洋洲:3;北美洲:4;南美洲:2

Weissia (Brid.) Kindb. = **Weissia**

Weissia【3】 Hedw. 小石藓属 ≒ **Dicranum; Physcomitrium** Pottiaceae 丛藓科 [B-133] 全球 (6) 大洲分布及种数(139)非洲:30;亚洲:30;大洋洲:30;欧洲:38;北美洲:40;南美洲:33

Weissiaceae Schimp. = Pottiaceae

Weissiodicranum【3】 W.D.Reese 波多丛藓属 Pottiaceae 丛藓科 [B-133] 全球 (1) 大洲分布及种数(1)◆北美洲

Weitenwebera Körber = **Campanula**

Weittia Bl. = **Cyrtandra**

Welchiodendron【3】 Peter G.Wilson & J.T.Waterh. 黄胶木属 ← **Tristania** Myrtaceae 桃金娘科 [MD-347] 全球 (1) 大洲分布及种数(1)◆大洋洲(◆澳大利亚)

Weldena Pohl ex K.Schum. = **Abutilon**

Weldenia【3】 Schult.f. 银瓣花属 ≒ **Hornstedtia** Commelinaceae 鸭跖草科 [MM-708] 全球 (1) 大洲分布及种数(1)◆北美洲

Welezia Neck. = **Weldenia**

Welfia【3】 H.Wendl. 星蕊椰属 Arecaceae 棕榈科 [MM-717] 全球 (1) 大洲分布及种数(1)◆北美洲

Wellcomia Sutton & Hugot = **Willkommia**

Wellesleyara【-】 Griff. & J.M.H.Shaw 兰科属 Orchidaceae 兰科 [MM-723] 全球 (uc) 大洲分布及种数(uc)

Wellia Rheede = **Pellia**

Wellingtonia Lindl. = **Sequoiadendron**

Wellingtonia Meisn. = **Meliosma**

Wellingtoniaceae Meisn. = Philadelphaceae

Wellstcdia Balf.f. = **Wellstedia**

Wellstedia【3】 Balf.f. 蒴紫草属 Boraginaceae 紫草科 [MD-517] 全球 (1) 大洲分布及种数(1-6)◆非洲

Wellstediaceae【3】Novák 番厚壳树科 [MD-520] 全球 (1) 大洲分布和属种数(1/1-6)◆非洲

Welwitschia【3】 Hook.f. 百岁兰属 ≒ **Hugelia** Welwitschiaceae 百岁兰科 [G-8] 全球 (1) 大洲分布及种数(1-12)◆非洲

Welwitschiaceae【3】Carül 百岁兰科 [G-8] 全球 (6) 大洲分布和属种数(1;hort. & cult.1)(1-12;hort. & cult.1)非洲:1/1-12;亚洲:1/11;大洋洲:1/11;欧洲:1/11;北美洲:1/11;南美洲:1/11

Welwitschiella【3】 O.Hoffm. 三被藤属 ≒ **Triclisia** Asteraceae 菊科 [MD-586] 全球 (1) 大洲分布及种数(1)◆非洲(◆安哥拉)

Welwitschiidae Cronquist,Arthur John & Takhtajan,Armen Leonovich & Zimmermann,Walter Max & Reveal,James Lauritz = **Triclisia**

Welwitschiina Engl. = **Chondrodendron**

Wenchengia【3】 C.Y.Wu & S.Chow 保亭花属 Lamiaceae 唇形科 [MD-575] 全球 (1) 大洲分布及种数(cf. 1)◆东亚(◆中国)

Wendelboa J.L.van Söst = **Taraxacum**

Wenderothia Schlechtd. = **Canavalia**

Wendia Hoffm. = **Heracleum**

Wendlandia【3】 Bartl. ex DC. 水锦树属 ≒ **Cocculus; Canthium;Mycetia** Rubiaceae 茜草科 [MD-523] 全球 (6) 大洲分布及种数(49-89;hort.1;cult:1)非洲:3-9;亚洲:47-80;大洋洲:3-12;欧洲:2;北美洲:3-5;南美洲:2-4

Wendlandiella【3】 Damm. 亚马逊椰属 Arecaceae 棕榈科 [MM-717] 全球 (1) 大洲分布及种数(2)◆南美洲

Wendtia Ledeb. = **Wendtia**

Wendtia【3】 Meyen 秀露梅属 ← **Balbisia** Ledocarpaceae 杜香果科 [MD-287] 全球 (1) 大洲分布及种数(1-3)◆南美洲(◆智利)

Wenlandia Dum. = **Wendlandia**

Wensea J.C.Wendl. = **Pogostemon**

Wentsaiboea【3】 D.Fang & D.H.Qin 文采苣苔属 ≒ **Petrocodon** Gesneriaceae 苦苣苔科 [MD-549] 全球 (1) 大洲分布及种数(2)◆亚洲

Wenzelia【2】 Merr. 文策尔芸香属 ← **Citrus; Sphagneticola** Rutaceae 芸香科 [MD-399] 全球 (3) 大洲分布及种数(2-9)非洲:1-5;亚洲:2;大洋洲:1

Wepferia Heist. ex Fabr. = **Aethusa**

Werauhia【3】 J.R.Grant 夜花凤梨属 ≒ **Guzmania; Vriesea** Bromeliaceae 凤梨科 [MM-715] 全球 (6) 大洲分布及种数(92-95)非洲:1;亚洲:2-3;大洋洲:1;欧洲:1;北美洲:80-82;南美洲:59-60

Wercklea【2】 Pittier & Standl. 幌伞葵属 ← **Hibiscus** Malvaceae 锦葵科 [MD-203] 全球 (2) 大洲分布及种数(14-16)北美洲:9-11;南美洲:6

Werckleocereus【3】 Britton & Rose 月林令箭属 ≒ **Weberocereus** Cactaceae 仙人掌科 [MD-100] 全球 (1) 大洲分布及种数(cf. 1)◆北美洲

Werdermannia【3】 O.E.Schulz 韦德芥属 ← **Hesperis** Brassicaceae 十字花科 [MD-213] 全球 (1) 大洲分布及种数(2)◆北美洲

Wernerella C.Gao & G.C.Zhang = **Wiesnerella**

Werneria【3】 Kunth 光莲菊属 → **Cremanthodium;Senecio** Asteraceae 菊科 [MD-586] 全球 (1) 大洲分布及种数(34-38)◆南美洲

Werneriobryaceae Herzog = Dicranaceae

Werneriobryum Herzog = **Dicranoloma**

Wernhamia S.Moore = **Simira**

Wernischeckia Scop. ex P. & K. = **Humiria**

Wernisekia G.A.Scop. = **Humiria**

Werrinuwa B.Heyne = **Guizotia**

Westara auct. = **Wisteria**

Westeringia【-】 Dum.Cours. 唇形科属 Lamiaceae 唇形科 [MD-575] 全球 (uc) 大洲分布及种数(uc)

Westia【-】 Vahl 豆科属 ≒ **Afzelia** Fabaceae 豆科 [MD-240] 全球 (uc) 大洲分布及种数(uc)

Westonia Spreng. = **Rothia**

W

Westoniella 【3】 Cuatrec. 紫绒菀属 Asteraceae 菊科 [MD-586] 全球 (1) 大洲分布及种数(6)◆北美洲
Westphalina A.Robyns & Bamps = **Mortoniodendron**
Westringia 【3】 Sm. 迷南苏属 ← **Cunila;Microcorys** Lamiaceae 唇形科 [MD-575] 全球 (1) 大洲分布及种数(15-40)◆大洋洲
Wetria 【3】 Baill. 柔丝桐属 ← **Agrostistachys;Trigonostemon;Trewia** Euphorbiaceae 大戟科 [MD-217] 全球 (1) 大洲分布及种数(1-3)◆亚洲
Wetriaria (Müll.Arg.) P. & K. = **Argomuellera**
Wettinella O.F.Cook & Doyle = **Wettinia**
Wettinia 【3】 Pöpp. ex Endl. 绳序椰属 ≒ **Iriartea** Arecaceae 棕榈科 [MM-717] 全球 (1) 大洲分布及种数(23)◆南美洲
Wettiniicarpus Burret = **Wettinia**
Wettsteinia 【3】 Petr. 无萼苔属 → **Olgaea** Adelanthaceae 隐蒴苔科 [B-50] 全球 (6) 大洲分布及种数(3)非洲:2;亚洲:2-4;大洋洲:2;欧洲:2;北美洲:2;南美洲:1-3
Wettsteinina (Pat.) Aptroot = **Wettsteinia**
Wettsteiniola 【3】 Süss. 河蕨草属 ← **Apinagia** Podostemaceae 川苔草科 [MD-322] 全球 (1) 大洲分布及种数(3)◆南美洲
Weymouthia 【2】 Broth. 山蔓藓属 ≒ **Neckera; Pilotrichella** Meteoriaceae 蔓藓科 [B-188] 全球 (3) 大洲分布及种数(2) 大洋洲:2;北美洲:2;南美洲:2
Whalleya J.D.Rogers,Y.M.Ju & F.San Martín = **Walwhalleya**
Wheelera Schreb. = **Geissospermum**
Wheelerella G.B.Grant = **Cryptantha**
Whipplea 【3】 Torr. 林黛梅属 → **Fendlerella** Hydrangeaceae 绣球科 [MD-429] 全球 (1) 大洲分布及种数(1-2)◆北美洲(◆美国)
White Bl. = **Cyrtandra**
Whitefieldia Nees = **Whitfieldia**
Whiteheadia 【3】 Harv. 白玉凤属 ← **Eucomis; Massonia;Ornithogalum** Asparagaceae 天门冬科 [MM-669] 全球 (1) 大洲分布及种数(uc)◆非洲
Whiteheadiana Harv. = **Massonia**
Whiteinella O.F.Cook & Doyle = **Wettinia**
Whiteochloa 【3】 C.E.Hubb. 怀特黍属 ← **Panicum; Paspalidium** Poaceae 禾本科 [MM-748] 全球 (1) 大洲分布及种数(6)◆大洋洲
Whiteodendron 【3】 Steenis 金桃柳属 ≒ **Tristania** Myrtaceae 桃金娘科 [MD-347] 全球 (1) 大洲分布及种数(1)◆亚洲
White-sloanea 【3】 Chiov. 沙龙玉属 ← **Caralluma; Pseudolithos** Apocynaceae 夹竹桃科 [MD-492] 全球 (1) 大洲分布及种数(1)◆欧洲
Whitesloaniopsis 【-】 Barad 萝藦科属 Asclepiadaceae 萝藦科 [MD-494] 全球 (uc) 大洲分布及种数(uc)
Whitfieldia 【3】 Hook. 惠特爵床属 ← **Asystasia;Ruellia** Acanthaceae 爵床科 [MD-572] 全球 (1) 大洲分布及种数(13-16)◆非洲
Whitfordia Elmer = **Whitfordiodendron**
Whitfordiodendron 【3】 Elmer 崖豆藤属 → **Afgekia; Millettia** Fabaceae3 蝶形花科 [MD-240] 全球(6)大洲分布及种数(3-5)非洲:1;亚洲:2-3;大洋洲:1;欧洲:1;北美洲:1;南美洲:1
Whitheadia Harv. = **Whiteheadia**
Whitia Bl. = **Wittia**
Whitinara 【-】 Griff. & J.M.H.Shaw 兰科属 Orchidaceae 兰科 [MM-723] 全球 (uc) 大洲分布及种数(uc)
Whitlavia Harv. = **Phacelia**
Whitmorea 【3】 Sleumer 缨丝木属 Stemonuraceae 粗丝木科 [MD-440] 全球 (1) 大洲分布及种数(1)◆大洋洲(◆美拉尼西亚)
Whitneya A.Gray = **Doronicum**
Whittonia 【3】 Sandwith 围墙树属 Peridiscaceae 围盘树科 [MD-98] 全球 (1) 大洲分布及种数(1)◆南美洲(◆圭亚那)
Whyanbeelia 【3】 Airy-Shaw & B.Hyland 沟柱桐属 Picrodendraceae 苦皮桐科 [MD-317] 全球 (1) 大洲分布及种数(1)◆大洋洲(◆澳大利亚)
Whytockia 【3】 W.W.Sm. 异叶苣苔属 ← **Stauranthera** Gesneriaceae 苦苣苔科 [MD-549] 全球 (1) 大洲分布及种数(cf. 1)◆亚洲
Wiasemskya 【-】 Klotzsch 茜草科属 Rubiaceae 茜草科 [MD-523] 全球 (uc) 大洲分布及种数(uc)
Wibelia Bernh. = **Tapeinidium**
Wibelia G.Gaertn.,B.Mey. & Scherb. = **Crepis**
Wibelia Pers. = **Paypayrola**
Wibelia Röhl. = **Chondrilla**
Wiborgia 【3】 Thunb. 维堡豆属 → **Ateleia;Eysenhardtia;Lebeckia** Fabaceae3 蝶形花科 [MD-240] 全球 (1) 大洲分布及种数(13-16)◆非洲
Wiborgiella 【3】 Boatwr. & B.-E.van Wyk 非洲紫花豆属 ≒ **Lebeckia** Fabaceae 豆科 [MD-240] 全球 (1) 大洲分布及种数(10)◆非洲
Wichuraea M.Röm. = **Cryptandra**
Wichurea Benth. & Hook.f. = **Cryptandra**
Wickstroemia Endl. = **Wikstroemia**
Widdringtonia 【3】 Endl. 南非柏属 ← **Callitris;Platycladus;Thuja** Cupressaceae 柏科 [G-17] 全球 (1) 大洲分布及种数(3-14)◆非洲
Widdringtoniaceae Doweld = Cupressaceae
Widgrenia 【3】 Malme 维德萝藦属 ← **Melinia** Apocynaceae 夹竹桃科 [MD-492] 全球 (1) 大洲分布及种数(1)◆南美洲
Widjajachloa 【3】 K.M.Wong & S.Dransf. 紫花草属 Poaceae 禾本科 [MM-748] 全球 (1) 大洲分布及种数(1)◆非洲
Wiedemannia Fisch. & C.A.Mey. = **Lamium**
Wiedmannia Fisch. & C.A.Mey. = **Lamium**
Wiegmannia Hochst. & Steud. ex Steud. = **Kadua**
Wielandia 【3】 Baill. 紫碟木属 ← **Savia;Placodiscus** Phyllanthaceae 叶下珠科 [MD-222] 全球 (1) 大洲分布及种数(12-14)◆非洲
Wielandieae Baill. ex Hurus. = **Wielandia**
Wierzbickia Rchb. = **Minuartia**
Wieseria Dalzell = **Wiesneria**
Wiesnerella 【3】 C.Gao & G.C.Zhang 魏氏苔属 ≒ **Dumortiera** Wiesnerellaceae 魏氏苔科 [B-10] 全球 (6) 大洲分布及种数(2)非洲:1;亚洲:1-2;大洋洲:1;欧洲:1;北美洲:1;南美洲:1
Wiesnerellaceae 【3】 C.Gao & G.C.Zhang 魏氏苔科 [B-10] 全球 (6) 大洲分布和属种数(1/1-2)非洲:1/1;亚洲:1/1-2;大洋洲:1/1;欧洲:1/1;北美洲:1/1;南美洲:1/1
Wiesneria 【2】 Dalzell 穗花泽泻属 ← **Sagittaria;**

W

Wisteria Alismataceae 泽泻科 [MM-597] 全球 (2) 大洲分布及种数(4)非洲:3;亚洲:cf.1
Wiestia Boiss. = **Lactuca**
Wigandia 【2】 Kunth 威康草属 ≒ **Disparago;Cohiba;Hydrolea** Boraginaceae 紫草科 [MD-517] 全球 (4) 大洲分布及种数(5-7)亚洲:2;大洋洲:1;北美洲:3-4;南美洲:3-4
Wiggersia Alef. = **Vicia**
Wigginsia 【3】 D.M.Porter 地球玉属 ← **Notocactus;Echinocactus;Parodia** Cactaceae 仙人掌科 [MD-100] 全球 (1) 大洲分布及种数(5)◆南美洲
Wightia Spreng. ex DC. = **Wightia**
Wightia 【3】 Wall. 美丽桐属 ← **Centratherum;Premna;Pentopetia** Paulowniaceae 泡桐科 [MD-542] 全球 (1) 大洲分布及种数(cf. 1)◆亚洲
Wightii Wall. = **Wightia**
Wigmannia Walp. = **Kadua**
Wijkia (M.Fleisch.) H.A.Crum = **Wijkia**
Wijkia 【3】 H.A.Crum 刺枝藓属 ≒ **Hypnum** Pylaisiadelphaceae 毛锦藓科 [B-191] 全球 (6) 大洲分布及种数(47) 非洲:11;亚洲:27;大洋洲:5;欧洲:2;北美洲:6;南美洲:4
Wijkiella 【3】 Bizot & Lewinsky 肯尼亚灰藓属 Sematophyllaceae 锦藓科 [B-192] 全球 (1) 大洲分布及种数(1)◆非洲
Wikstroemia 【3】 Endl. 荛花属 ≒ **Laplacea;Lonicera;Stellera** Thymelaeaceae 瑞香科 [MD-310] 全球 (1) 大洲分布及种数(83-108)◆亚洲
Wilbrandia 【3】 C.Presl 威尔瓜属 ≒ **Cordia;Apodanthera** Cucurbitaceae 葫芦科 [MD-205] 全球 (1) 大洲分布及种数(6-7)◆南美洲
Wilburchangara 【-】 auct. 兰科属 Orchidaceae 兰科 [MM-723] 全球 (uc) 大洲分布及种数(uc)
Wilckea G.A.Scop. = **Vitex**
Wilckia G.A.Scop. = **Malcolmia**
Wilcoxia 【3】 Britton & Rose 银绳柱属 ← **Echinocereus;Peniocereus** Cactaceae 仙人掌科 [MD-100] 全球 (1) 大洲分布及种数(1)◆北美洲
Wilczekra 【3】 M.P.Simmons 银卫矛属 Celastraceae 卫矛科 [MD-339] 全球 (1) 大洲分布及种数(1)◆非洲
Wildbrandia C.Presl = **Wilbrandia**
Wildemania Fisch. & C.A.Mey. = **Lamium**
Wildemaniodoxa Aubrév. & Pellegr. = **Englerophytum**
Wildenowia Thunb. = **Willdenowia**
Wildia Müll.Hal. & Broth. ex Broth. = **Dilkea**
Wildiana Müll.Hal. & Broth. ex Broth. = **Dilkea**
Wildii 【3】 Müll.Hal. & Broth. ex Broth. 野生藓属 Erpodiaceae 树生藓科 [B-126] 全球 (1) 大洲分布及种数(1)◆非洲
Wildpretia A.Reifenb. & U.Reifenb. = **Sonchus**
Wilhelmara L.Wilh. & J.M.H.Shaw = **Wilhelmsia**
Wilhelminaia Hochr. = **Hibiscus**
Wilhelminia Hochr. = **Hibiscus**
Wilhelmsia K.Koch = **Wilhelmsia**
Wilhelmsia 【3】 Rchb. 北极漆姑属 ← **Arenaria;Aira** Caryophyllaceae 石竹科 [MD-77] 全球 (1) 大洲分布及种数(1)◆北美洲
Wilibalda Sternb. = **Coleanthus**
Wilibald-schmidtia Conrad = **Danthonia**
Wilibald-schmidtia Seidel = **Sieglingia**
Wilkara C.Wilk & J.M.H.Shaw = **Wilkiea**
Wilkesia 【3】 A.Gray 多轮菊属 ← **Argyroxiphium** Asteraceae 菊科 [MD-586] 全球 (1) 大洲分布及种数(1-3)◆北美洲(◆美国)
Wilkia F.Müll = **Malcolmia**
Wilkiea C.Wilk & J.M.H.Shaw = **Wilkiea**
Wilkiea 【3】 F.Müll. 南榄桂属 ← **Kibara;Mollinedia** Monimiaceae 玉盘桂科 [MD-20] 全球 (1) 大洲分布及种数(10-16)◆大洋洲
Wilkinsara auct. = **Ascocentrum**
Willardia Rose = **Lonchocarpus**
Willbleibia Herter = **Willkommia**
Willbrandia C.Presl = **Wilbrandia**
Willdampia 【3】 A.S.George 菲岛茜属 ← **Phyllanthus** Rubiaceae 茜草科 [MD-523] 全球 (1) 大洲分布及种数(uc)◆大洋洲
Willdenovia J.F.Gmel. = **Willdenowia**
Willdenowa Cav. = **Adenophyllum**
Willdenowia 【3】 Thunb. 硬果灯草属 → **Adenophyllum;Clausena** Restionaceae 帚灯草科 [MM-744] 全球 (1) 大洲分布及种数(15-16)◆非洲
Willdenowiana Thunb. = **Willdenowia**
Willdenowii Thunb. = **Willdenowia**
Willemeta C.C.Gmel. = **Chondrilla**
Willemetia 【3】 Neck. 粉苞菊属 ≒ **Noltea** Asteraceae 菊科 [MD-586] 全球 (1) 大洲分布及种数(1)◆欧洲
Willia (Müll.Hal.) Broth. = **Willia**
Willia 【2】 Müll.Hal. 望丛藓属 Pottiaceae 丛藓科 [B-133] 全球 (5) 大洲分布及种数(4) 非洲:3;亚洲:1;大洋洲:2;欧洲:1;南美洲:2
Williamara Hort. = **Williamsia**
Williamcookara 【-】 J.M.H.Shaw 兰科属 Orchidaceae 兰科 [MM-723] 全球 (uc) 大洲分布及种数(uc)
Williamia Baill. = **Phyllanthus**
Williamodendron 【2】 Kubitzki & H.G.Richt. 润土楠属 ← **Mezilaurus** Lauraceae 樟科 [MD-21] 全球 (2) 大洲分布及种数(6)北美洲:2;南美洲:5
Williampriceara 【-】 J.M.H.Shaw 兰科属 Orchidaceae 兰科 [MM-723] 全球 (uc) 大洲分布及种数(uc)
Williamsia 【3】 Broth. 亚丝藓属 ← **Praravinia** Pottiaceae 丛藓科 [B-133] 全球 (1) 大洲分布及种数(uc) 属分布和种数(uc)◆东南亚
Williamsiella E.Britton = **Leptodontium**
Williamsoniella E.Britton = **Leptodontium**
Willibalda Steud. = **Coleanthus**
Willichia L. = **Sibthorpia**
Willisellus Gray = **Elatine**
Willisia 【3】 Warm. 丝瀑草属 Podostemaceae 川苔草科 [MD-322] 全球 (1) 大洲分布及种数(1-2)◆南亚(◆印度)
Willkommia Hack. = **Willkommia**
Willkommia 【3】 Sch.Bip. ex Nyman 结脉草属 ← **Senecio** Poaceae 禾本科 [MM-748] 全球 (1) 大洲分布及种数(4)◆非洲
Willoughbeia Hook.f. = **Willughbeia**
Willoughbya Cothen. = **Willughbeia**

Willrusselia A.Chev. = **Pitcairnia**
Willrussellia A.Chev. = **Pitcairnia**
Willugbaeya Neck. = **Mikania**
Willughbei G.A.Scop. = **Willughbeia**
Willughbeia Klotzsch = **Willughbeia**
Willughbeia【3】 Roxb. 锚钩藤属 ≒ **Ambelania; Clitandra;Pacouria** Apocynaceae 夹竹桃科 [MD-492] 全球 (6) 大洲分布及种数(12-19)非洲:3-4;亚洲:11-14;大洋洲:1-2;欧洲:1;北美洲:1-2;南美洲:2-3
Willughbeiaceae J.Agardh = Gelsemiaceae
Willughbeiopsis (Stapf) Rauschert = **Willughbeiopsis**
Willughbeiopsis【3】 Rauschert 锚钩藤属 ≒ **Willughbeia** Apocynaceae 夹竹桃科 [MD-492] 全球 (1) 大洲分布及种数(cf. 1)◆南亚(◆印度)
Willughbeja Scop. ex Schreb. = **Willughbeia**
Wilmattea Britton & Rose = **Selenicereus**
Wilmotteara【-】 J.M.H.Shaw 兰科属 Orchidaceae 兰科 [MM-723] 全球 (uc) 大洲分布及种数(uc)
Wilsonara auct. = **Cochlioda**
Wilsonaria Rushforth = **Cochlioda**
Wilsonia G.L.Chu = **Epacris**
Wilsonia Gillies & Hook. = **Dipyrena**
Wilsoniella (R.S.Williams) Broth. = **Wilsoniella**
Wilsoniella【3】 Müll.Hal. 威氏藓属 ≒ **Ditrichum; Orthodontium** Ditrichaceae 牛毛藓科 [B-119] 全球 (6) 大洲分布及种数(11)非洲:1;亚洲:4;大洋洲:5;欧洲:1;北美洲:1;南美洲:1
Wimmeranthus【3】 Rzed. 匍桔梗属 Campanulaceae 桔梗科 [MD-561] 全球 (1) 大洲分布及种数(cf.1)◆北美洲
Wimmerella【3】 Serra,M.B.Crespo & Lammers 匍枝莲属 Campanulaceae 桔梗科 [MD-561] 全球 (1) 大洲分布及种数(10)◆非洲
Wimmeria Euwimmeria Lundell = **Wimmeria**
Wimmeria【3】 Schlecht. 车卫矛属 ≒ **Maytenus** Celastraceae 卫矛科 [MD-339] 全球 (1) 大洲分布及种数(19-20)◆北美洲
Winawa M.A.Clem.D.L.Jones & Molloy = **Dendrobium**
Winchia【3】 A.DC. 鸡骨常山属 Apocynaceae 夹竹桃科 [MD-492] 全球 (1) 大洲分布及种数(1)◆东亚(◆中国)
Windmannia P.Br. = **Weinmannia**
Windsoria Nutt. = **Tridens**
Windsorina【3】 Gleason 蔗蔺花属 Rapateaceae 泽蔺花科 [MM-713] 全球 (1) 大洲分布及种数(1)◆南美洲(◆圭亚那)
Winifredia【3】 L.A.S.Johnson & B.G.Briggs 细灯草属 Restionaceae 帚灯草科 [MM-744] 全球 (1) 大洲分布及种数(1)◆大洋洲(◆澳大利亚)
Winika M.A.Clem.,D.L.Jones & Molloy = **Dendrobium**
Winitia Chaowasku = **Wendtia**
Winklera【3】 Regel 温克勒芥属 Brassicaceae 十字花科 [MD-213] 全球 (1) 大洲分布及种数(1-4)◆亚洲
Winklerella【3】 Engl. 翅河杉属 Podostemaceae 川苔草科 [MD-322] 全球 (1) 大洲分布及种数(1)◆非洲
Winkleria Rchb. = **Sticherus**
Winmannia L. = **Weinmannia**
Winnara J.M.H.Shaw = **Pseudowintera**
Wintera G.Forst. = **Pseudowintera**
Wintera Murr. = **Drimys**
Winteraceae【3】 R.Br. ex Lindl. 林仙科 [MD-3] 全球 (6) 大洲分布和属种数(6;hort. & cult.2)(81-169;hort. & cult.8-13)非洲:1-3/1-4;亚洲:1-2/1-4;大洋洲:5/80-155;欧洲:2/3;北美洲:2/3;南美洲:2/3
Winterana【3】 L. 林仙属 ≒ **Drimys** Canellaceae 白樟科 [MD-9] 全球 (1) 大洲分布及种数(uc)◆大洋洲
Winteranaceae Warb. = Winteraceae
Winterania L. = **Cinnamodendron**
Winterania P. & K. = **Drimys**
Wintereae Meisn. = **Pseudowintera**
Winteria F.Ritter = **Cleistocactus**
Winterlia Dennst. = **Ilex**
Winterlia Spreng. = **Ammannia**
Winterocereus Backeb. = **Cleistocactus**
Winthemia F.Ritter = **Cleistocactus**
Wiotkenia Serna de Esteban & Moretto = **Witsenia**
Wirtgenia【2】 Sch.Bip. 槟榔青属 ≒ **Paspalum** Asteraceae 菊科 [MD-586] 全球 (3) 大洲分布及种数(1)非洲:1;北美洲:1;南美洲:1
Wisasadula Medik. = **Wissadula**
Wiseara E.Wise,D.Wise & J.M.H.Shaw = **Wisteria**
Wisenia J.F.Gmel. = **Wisteria**
Wisiizenia Engelm. = **Wislizenia**
Wislizenia【3】 Engelm. 折柄柑属 Cleomaceae 白花菜科 [MD-210] 全球 (1) 大洲分布及种数(3-6)◆北美洲
Wissadula Abutilastrum Baker f. = **Wissadula**
Wissadula【3】 Medik. 隔蒴苘属 ← **Abutilon** Malvaceae 锦葵科 [MD-203] 全球 (6) 大洲分布及种数(45-50;hort.1;cult: 4)非洲:8-11;亚洲:10-13;大洋洲:3-6;欧洲:3;北美洲:11-15;南美洲:41-48
Wissmannia Burret = **Livistona**
Wistaria【3】 Nutt. ex Spreng. 紫藤属 ≒ **Millettia** Fabaceae3 蝶形花科 [MD-240] 全球 (1) 大洲分布及种数(uc)◆大洋洲
Wisteria【3】 Nutt. 紫藤属 ← **Apios;Millettia;Glycine** Fabaceae3 蝶形花科 [MD-240] 全球 (1) 大洲分布及种数(8-15)◆亚洲
Withania【3】 Pauq. 睡茄属 → **Athenaea;Atropa; Physalis** Solanaceae 茄科 [MD-503] 全球 (6) 大洲分布及种数(19-33)非洲:8-16;亚洲:12-22;大洋洲:2-9;欧洲:3-10;北美洲:4-13;南美洲:2-16
Witharia Rchb. = **Wisteria**
Witheringia L´Hér. = **Bassovia**
Witheringia Miers = **Athenaea**
Withnerara auct. = **Stachys**
Witica K.Schum. = **Wittia**
Witsenia【3】 Thunb. 金木鸢尾属 ← **Nivenia;Tapeinia; Antholyza** Iridaceae 鸢尾科 [MM-700] 全球 (1) 大洲分布及种数(3)◆非洲
Wittea Kunth = **Lobelia**
Wittelsbachia Mart. = **Cochlospermum**
Wittia【2】 K.Schum. 小红尾令箭属 ≒ **Pseudorhipsalis** Cactaceae 仙人掌科 [MD-100] 全球 (2) 大洲分布及种数(cf.1) 北美洲;南美洲
Wittiocactus Rauschert = **Disocactus**
Wittmackanthus【2】 P. & K. 槿扇花属 ← **Alseis; Calycophyllum** Rubiaceae 茜草科 [MD-523] 全球 (2) 大洲分布及种数(2)北美洲:1;南美洲:1

W

Wittmackia【2】 Mez 光萼荷属 ← **Aechmea** Bromeliaceae 凤梨科 [MM-715] 全球 (3) 大洲分布及种数(2-44) 大洋洲:1;北美洲:1-18;南美洲:2-27
Wittrockia【3】 Lindm. 杯苞凤梨属 ← **Aechmea; Neoregelia;Nidularium** Bromeliaceae 凤梨科 [MM-715] 全球 (1) 大洲分布及种数(9)◆南美洲(◆巴西)
Wittrockie Lindm. = **Wittrockia**
Wittsteinia【3】 F.Müll. 岛乌饭属 Alseuosmiaceae 岛海桐科 [MD-475] 全球 (1) 大洲分布及种数(2)◆大洋洲
Wixia L. = **Ixia**
Wodyetia【2】 A.Irvine 狐尾椰属 Arecaceae 棕榈科 [MM-717] 全球(2) 大洲分布及种数(1-2)亚洲:1;大洋洲:1
Woehleria【3】 Griseb. 四被血苋属 Amaranthaceae 苋科 [MD-116] 全球 (1) 大洲分布及种数(cf. 1)◆北美洲(◆古巴)
Woikoia Baebni = **Pouteria**
Wojcechowskiara【-】 A.Buckman 兰科属 Orchidaceae 兰科 [MM-723] 全球 (uc) 大洲分布及种数(uc)
Wokoia Baehni = **Pichonia**
Wolffa Horkel ex Schleid. = **Wolffia**
Wolffia【3】 Horkel ex Schleid. 无根萍属 → **Wolffiella; Eulophia** Lemnaceae 浮萍科 [MM-647] 全球 (6) 大洲分布及种数(10-12)非洲:5-11;亚洲:7-14;大洋洲:4-10;欧洲:2-8;北美洲:7-14;南美洲:3-10
Wolffiaceae Bubani = Agavaceae
Wolffiella【3】 Hegelm. 小芜萍属 ← **Lemna** Araceae 天南星科 [MM-639] 全球 (6) 大洲分布及种数(12)非洲:6-8;亚洲:2-4;大洋洲:2;欧洲:2;北美洲:4-6;南美洲:6-8
Wolffiopsis (Hegelm.) Hartog & Plas = **Wolffiella**
Wolfia Dennst. = **Wolffia**
Wolfia P. & K. = **Orchidantha**
Wolfia Schreb. = **Casearia**
Wolfiella Hegelm. = **Wolffiella**
Wolkensteinia Regel = **Drypetes**
Wollastonia【3】 DC. ex Decne. 孪花菊属 ← **Eclipta; Melanthera;Wedelia** Asteraceae 菊科 [MD-586] 全球 (6) 大洲分布及种数(20-33;hort.1)非洲:2-3;亚洲:3-4;大洋洲:2-4;欧洲:1;北美洲:14-15;南美洲:1
Wollastonie DC. ex Decne. = **Wollastonia**
Wollemi W.G.Jones,K.D.Hill & J.M.Allen = **Wollemia**
Wollemia【3】 W.G.Jones,K.D.Hill & J.M.Allen 恶来杉属 Araucariaceae 南洋杉科 [G-10] 全球 (1) 大洲分布及种数(1)◆大洋洲(◆澳大利亚)
Wollemiaster【-】 G.L.Nesom 菊科属 Asteraceae 菊科 [MD-586] 全球 (uc) 大洲分布及种数(uc)北美洲
Wolleydodara【-】 J.M.H.Shaw 兰科属 Orchidaceae 兰科 [MM-723] 全球 (uc) 大洲分布及种数(uc)
Wollnya Herzog = **Leptobryum**
Wooara auct. = **Woodia**
Wood Schltr. = **Woodia**
Woodburnia【3】 Prain 缅甸五加属 Araliaceae 五加科 [MD-471] 全球 (1) 大洲分布及种数(cf. 1)◆亚洲
Wooddiaceae Herter = Woodsiaceae
Woodfordia【3】 Salisb. 虾子花属 ≒ **Lythrum** Lythraceae 千屈菜科 [MD-333] 全球 (1) 大洲分布及种数(2)◆非洲
Woodia Hort. = **Woodia**
Woodia【3】 Schltr. 伍得萝藦属 ≒ **Woodsia** Apocynaceae 夹竹桃科 [MD-492] 全球 (1) 大洲分布及种数(3)◆非洲
Woodianthus【3】 Krapov. 狗脊锦葵属 Malvaceae 锦葵科 [MD-203] 全球 (1) 大洲分布及种数(1)◆南美洲(◆玻利维亚)
Woodiella【3】 Merr. 番荔枝科属 Annonaceae 番荔枝科 [MD-7] 全球 (1) 大洲分布及种数(uc)◆大洋洲
Woodiellantha【3】 Rauschert 百心木属 Annonaceae 番荔枝科 [MD-7] 全球 (1) 大洲分布及种数(cf. 1)◆亚洲
Woodrowia Stapf = **Dimeria**
Woodsia (Ching) Shmakov = **Woodsia**
Woodsia【3】 R.Br. 岩蕨属 → **Cheilanthopsis; Trichocyclus** Woodsiaceae 岩蕨科 [F-47] 全球 (6) 大洲分布及种数(57-75;hort.1;cult: 8)非洲:6-10;亚洲:40-48;大洋洲:4-9;欧洲:7-11;北美洲:22-30;南美洲:11-16
Woodsiaceae【3】Herter 岩蕨科 [F-47] 全球 (6) 大洲分布和属种数(7;hort. & cult.1)(80-261;hort. & cult.9-11)非洲:3-6/8-63;亚洲:6/63-153;大洋洲:1-5/4-60;欧洲:1-5/7-62;北美洲:2-6/23-82;南美洲:2-5/12-68
Woodsiopsis Shmakov = **Woodsia**
Woodsonia L.H.Bailey = **Neonicholsonia**
Woodvillea DC. = **Erigeron**
Woodwardara Hort. = **Woodwardia**
Woodwardia (R.Br.) T.Moore = **Woodwardia**
Woodwardia【3】 Sm. 狗脊属 ← **Acrostichum; Woodfordia** Blechnaceae 乌毛蕨科 [F-46] 全球 (6) 大洲分布及种数(30-34)非洲:2-5;亚洲:27-32;大洋洲:3-7;欧洲:1-4;北美洲:11-15;南美洲:3-8
Wookwardia Sm. = **Woodwardia**
Woolarganthe【-】 S.A.Hammer 番杏科属 Aizoaceae 番杏科 [MD-94] 全球 (uc) 大洲分布及种数(uc)
Wooleya【3】 L.Bolus 粉玉树属 Aizoaceae 番杏科 [MD-94] 全球 (1) 大洲分布及种数(1)◆非洲(◆南非)
Woollsia F.Müll = **Epacris**
Woonyoungia【3】 Y.W.Law 焕镛木属 ← **Magnolia;Kmeria** Magnoliaceae 木兰科 [MD-1] 全球 (1) 大洲分布及种数(cf. 1)◆亚洲
Wootonella Standl. = **Verbesina**
Wootonia【3】 Greene 美国木菊花属 Asteraceae 菊科 [MD-586] 全球 (1) 大洲分布及种数(uc)属分布和种数(uc)◆北美洲(◆美国)
Worcesterianthus Merr. = **Microdesmis**
Wormia【2】 Rottb. 五桠果属 ≒ **Ancistrocladus** Ancistrocladaceae 钩枝藤科 [MD-155] 全球 (3) 大洲分布及种数(1) 非洲:1;亚洲:1;北美洲:1
Wormskioldia【3】 Thonn. 非洲有叶花属 → **Tricliceras;Raphanus;Streptopetalum** Turneraceae 有叶花科 [MD-149] 全球 (1) 大洲分布及种数(3-5)◆非洲
Wormskiolida Thonn. = **Wormskioldia**
Woronowia【-】 Juz. 蔷薇科属 ≒ **Sieversia** Rosaceae 蔷薇科 [MD-246] 全球 (uc) 大洲分布及种数(uc)
Worsleya【3】 (Traub) Traub 瀑石莲属 ≒ **Hippeastrum** Amaryllidaceae 石蒜科 [MM-694] 全球 (1) 大洲分布及种数(2)◆南美洲(◆巴西)
Worsleyara P.V.Heath = **Worsleya**
Wredowia Eckl. = **Aristea**
Wrefordara G.W.Dillon = **Aerides**
Wrenciala A.Gray = **Plagianthus**
Wright Tussac = **Wrightia**
Wrightea Roxb. = **Wallichia**

Wrightea Tussac = **Meriania**
Wrightella Tussac = **Wrightia**
Wrightia 【3】 R.Br. 倒吊笔属 ≒ **Meriania; Holarrhena;Pleioceras** Apocynaceae 夹竹桃科 [MD-492] 全球 (6) 大洲分布及种数(27-44;hort.1)非洲:6-8;亚洲:20-33;大洋洲:8-10;欧洲:1;北美洲:1;南美洲:1
Wrightii R.Br. = **Wrightia**
Wrigleyara 【-】 J.M.H.Shaw 兰科属 Orchidaceae 兰科 [MM-723] 全球 (uc) 大洲分布及种数(uc)
Wrixonia 【2】 F.Müll. 苞南苏属 Lamiaceae 唇形科 [MD-575] 全球 (2) 大洲分布及种数(cf.1)◆大洋洲
Wuacanthus 【3】 Y.F.Deng,N.H.Xia & H.Peng 勒爵床属 Acanthaceae 爵床科 [MD-572] 全球 (1) 大洲分布及种数(cf.1)◆亚洲
Wudhikanakornara 【-】 Mailamai & J.M.H.Shaw 兰科属 Orchidaceae 兰科 [MM-723] 全球 (uc) 大洲分布及种数(uc)
Wuerschmittia 【2】 Sch.Bip. ex Hochst. 卤地菊属 ≒ **Melanthera** Asteraceae 菊科 [MD-586] 全球 (2) 大洲分布及种数(1) 非洲:1;亚洲:1
Wuerthia Regel = **Ixia**
Wulfenia 【3】 Jacq. 石墙花属 → **Besseya;Wulfeniopsis; Rhynchoglossum** Plantaginaceae 车前科 [MD-527] 全球 (6) 大洲分布及种数(6-10)非洲:5;亚洲:2-10;大洋洲:5;欧洲:7;北美洲:4-10;南美洲:5
Wulfeniopsis 【3】 D.Y.Hong 石墙花属 ≒ **Wulfenia** Plantaginaceae 车前科 [MD-527] 全球 (1) 大洲分布及种数(3)◆亚洲
Wulffia 【3】 Neck. ex Cass. 伍尔夫菊属 ≒ **Hymenostephium** Asteraceae 菊科 [MD-586] 全球 (1) 大洲分布及种数(2)◆南美洲
Wulfhorstia C.DC. = **Entandrophragma**
Wulfila Chickering = **Wulffia**
Wulinia Moq. = **Kulinia**
Wullschlaegelia 【2】 Rchb.f. 伍尔兰属 ← **Cranichis; Platythelys;Uleiorchis** Orchidaceae 兰科 [MM-723] 全球 (2) 大洲分布及种数(3)北美洲:2;南美洲:2
Wunderlichia 【3】 Riedel ex Benth. & Hook.f. 风菊木属 Asteraceae 菊科 [MD-586] 全球 (1) 大洲分布及种数(8-10)◆南美洲(◆巴西)
Wunderlichieae Panero & V.A.Funk = **Wunderlichia**
Wunschmannia Urb. = **Distictis**
Wuodendron B.Xü,Y.H.Tan & Chaowasku = **Huodendron**
Wurdackanthus 【3】 Maguire 热美龙胆属 ≒ **Symbolanthus** Gentianaceae 龙胆科 [MD-496] 全球 (1) 大洲分布及种数(1-2)◆南美洲
Wurdackia Moldenke = **Rondonanthus**
Wurdastom 【3】 B.Walln. 南美石牡丹属 Melastomataceae 野牡丹科 [MD-364] 全球 (1) 大洲分布及种数(9)◆南美洲
Wurfbaeinia Giseke = **Amomum**
Wurfbainia 【3】 Giseke 豆蔻属 ≒ **Amomum** Zingiberaceae 姜科 [MM-737] 全球 (1) 大洲分布及种数(21)◆亚洲
Wurmbaea Steud. = **Wurmbea**
Wurmbea Cothen. = **Wurmbea**
Wurmbea 【3】 Thunb. 獐牙花属 ← **Aletris;Melanthium** Colchicaceae 秋水仙科 [MM-623] 全球 (6) 大洲分布及种数(36-56;hort.1;cult:3)非洲:28-30;亚洲:1;大洋洲:10-31;欧洲:2-3;北美洲:4-5;南美洲:1
Wurmschnittia Benth. = **Melanthera**
Wurthia Regel = **Ixia**
Wurtzia Baill. = **Margaritaria**
Wutongshania Z.J.Liu & J.N.Zhang = **Cymbidium**
Wycliffea Ewart & A.H.K.Petrie = **Glinus**
Wydleria DC. = **Apium**
Wydula Steud. = **Ardisia**
Wyethia (DC.) Nutt. = **Wyethia**
Wyethia 【3】 Nutt. 骡耳菊属 → **Agnorhiza; Scabrethia;Paramiflos** Asteraceae 菊科 [MD-586] 全球 (1) 大洲分布及种数(14-70)◆北美洲(◆美国)
Wylia Hoffm. = **Erodium**
Wyomingia A.Nelson = **Erigeron**

W

Xalkitis Raf. = **Aster**
Xamacrista Raf. = **Senna**
Xamesike Raf. = **Chamaesyce**
Xamesuke Raf. = **Chamaesyce**
Xamilenis Raf. = **Silene**
Xananthes Raf. = **Utricularia**
Xanothostemon Merr. = **Xanthostemon**
Xanthaea Rchb. = **Clusia**
Xanthanthos St.Lag. = **Anthoxanthum**
Xanthe Schreb. = **Clusia**
Xantheranthemum【3】Lindau 矮爵床属 ← **Chamaeranthemum** Acanthaceae 爵床科 [MD-572] 全球 (1) 大洲分布及种数(1)◆南美洲(◆秘鲁)
Xanthiaceae Vest = Asteliaceae
Xanthidium Delpino = **Ambrosia**
Xanthisma (DC.) D.R.Morgan & R.L.Hartm. = **Xanthisma**
Xanthisma【3】DC. 眠雏菊属 ← **Amellus** Asteraceae 菊科 [MD-586] 全球 (1) 大洲分布及种数(21-30)◆北美洲
Xanthium DC. = **Xanthium**
Xanthium【3】L. 苍耳属 ≒ **Plectronia** Asteraceae 菊科 [MD-586] 全球 (6) 大洲分布及种数(18-73;hort.1;cult: 4)非洲:2-24;亚洲:6-29;大洋洲:3-25;欧洲:13-35;北美洲:6-28;南美洲:5-27
Xantho J.Rémy = **Lasthenia**
Xanthobasis Aldrich = **Xanthoxalis**
Xanthobrychis Galushko = **Onobrychis**
Xanthocephalum【3】Willd. 知母茜草属 ≒ **Stephanodoria** Asteraceae 菊科 [MD-586] 全球 (1) 大洲分布及种数(15)属分布和种数(uc)◆北美洲(◆美国)
Xanthocephalus A.Rich. = **Neonauclea**
Xanthoceras【3】Bunge 文冠果属 ← **Staphylea** Sapindaceae 无患子科 [MD-428] 全球 (1) 大洲分布及种数(1-2)◆亚洲
Xanthocercis【3】Baill. 羚豆属 ← **Cadia;Sophora** Fabaceae 豆科 [MD-240] 全球 (1) 大洲分布及种数(3)◆非洲

Xanthochelus Roxb. = **Garcinia**
Xanthochilus Roxb. = **Garcinia**
Xanthochloa【3】(Krivot.) Tzvelev 羊茅属 ≒ **Festuca** Poaceae 禾本科 [MM-748] 全球 (1) 大洲分布及种数(cf. 1)◆亚洲
Xanthochorus Roxb. = **Garcinia**
Xanthochrous Pat. = **Garcinia**
Xanthochrysum Turcz. = **Helichrysum**
Xanthochymus Roxb. = **Garcinia**
Xanthocoma【3】Kunth 短冠帚黄花属 ≒ **Xanthocephalum;Anthocephalus** Asteraceae 菊科 [MD-586] 全球 (1) 大洲分布及种数(1-3)◆北美洲
Xanthocomus Roxb. = **Garcinia**
Xanthocromyon H.Karst. = **Trimezia**
Xanthocyparis Farjon & T.H.Nguyên = **Cupressus**
Xanthod Schreb. = **Clusia**
Xanthodercis Baill. = **Xanthocercis**
Xanthodius Stimpson = **Ambrosia**
Xanthoepalpus C.Winkl. = **Xanthopappus**
Xanthogalum Avé-Lall. = **Angelica**
Xanthogium Avé-Lall. = **Angelica**
Xantholepis Willd. ex Less. = **Cacosmia**
Xantholinum Rchb. = **Linum**
Xantholinus Rchb. = **Linum**
Xanthomyrtus【2】Diels 金桃木属 ← **Eugenia** Myrtaceae 桃金娘科 [MD-347] 全球 (4) 大洲分布及种数(15-30)非洲:8-20;亚洲:11-21;大洋洲:10-21;南美洲:1
Xanthonanthos St.Lag. = **Anthoxanthum**
Xanthop Schreb. = **Clusia**
Xanthopappus【3】C.Winkl. 黄缨菊属 ← **Carduus** Asteraceae 菊科 [MD-586] 全球 (1) 大洲分布及种数(cf. 1)◆东亚(◆中国)
Xanthoparmelia【-】(Vain.) Hale 水蕨科属 ≒ **Arctoparmelia** Parkeriaceae 水蕨科 [F-36] 全球 (uc) 大洲分布及种数(uc)
Xanthopastis Grote = **Psephellus**
Xanthophtalmum Sang. = **Pyrethrum**
Xanthophthalmum Sch.Bip. = **Glebionis**
Xanthophyllaceae【3】Gagnep. ex Reveal & Hoogland 黄叶树科 [MD-292] 全球 (6) 大洲分布和属种数(1/126-157)非洲:1/1-6;亚洲:1/123-139;大洋洲:1/4-8;欧洲:1/2;北美洲:1/2;南美洲:1/3-5
Xanthophyllon St.Lag. = **Xanthophyllum**
Xanthophyllum【3】Roxb. 黄叶树属 ← **Monnina** Xanthophyllaceae 黄叶树科 [MD-292] 全球 (6) 大洲分布及种数(127-151;hort.1;cult: 2)非洲:1-6;亚洲:123-139;大洋洲:4-8;欧洲:2;北美洲:2;南美洲:3-5
Xanthophytopsis Pit. = **Xanthophytum**
Xanthophytum【3】Reinw. ex Bl. 岩黄树属 → **Aleisanthia;Lerchea** Rubiaceae 茜草科 [MD-523] 全球 (1) 大洲分布及种数(9-26)◆亚洲
Xanthopsar Gmelin = **Psephellus**
Xanthor Schreb. = **Clusia**
Xanthorhiza【3】Marshall 黄根木属 ← **Oxalis** Ranunculaceae 毛茛科 [MD-38] 全球 (1) 大洲分布及种数(1-2)◆北美洲
Xanthorhoe Prout = **Xanthorrhoea**
Xanthoria (Fr.) Fr. = **Xanthoria**
Xanthoria【-】<unassigned> 中文名称不详 Fam(uc) 全球 (uc) 大洲分布及种数(uc)
Xanthoriza Poir. = **Oxalis**
Xanthornis K.Koch = **Psephellus**
Xanthorrhoea【3】Sm. 黄脂木属 Asphodelaceae 阿福花科 [MM-649] 全球 (1) 大洲分布及种数(13-33)◆大洋洲(◆澳大利亚)
Xanthorrhoeaceae【3】Dum. 黄脂木科 [MM-701] 全球 (1) 大洲分布和属种数(7-9;hort. & cult.4-6)(225-443;hort. & cult.117-181)◆大洋洲:2-4/14-56
Xanthorrhoeeae Benth. = **Xanthorrhoea**
Xanthoselinum Schur = **Peucedanum**

Xanthoselium Schur = **Peucedanum**
Xanthosia 【3】 Rudge 黄伞草属 ≒ **Leucolaena; Pentapeltis** Apiaceae 伞形科 [MD-480] 全球 (1) 大洲分布及种数(4-35)◆大洋洲
Xanthosma Rusby = **Xanthosia**
Xanthosoma 【3】 Schott 黄肉芋属 ← **Syngonium; Xanthosia;Caladium** Araceae 天南星科 [MM-639] 全球 (6) 大洲分布及种数(176-214;hort.1;cult:3)非洲:6-17;亚洲:8-20;大洋洲:8-20;欧洲:1-10;北美洲:28-40;南美洲:162-200
Xanthosomu Kunth = **Xanthocoma**
Xanthosomus Schott = **Xanthosoma**
Xanthostachya 【3】 Bremek. 延苞蓝属 ← **Strobilanthes** Acanthaceae 爵床科 [MD-572] 全球 (1) 大洲分布及种数(2)◆非洲
Xanthostemon 【3】 F.Müll. 金缨木属 ≒ **Nania** Myrtaceae 桃金娘科 [MD-347] 全球 (1) 大洲分布及种数(8-16)◆亚洲
Xanthoura Rudge = **Xanthosia**
Xanthoxalis 【3】 Small 酢浆苗属 → **Oxalis** Oxalidaceae 酢浆草科 [MD-395] 全球 (6) 大洲分布及种数(10-18)非洲:11;亚洲:5-16;大洋洲:11;欧洲:11;北美洲:9-20;南美洲:11
Xanthoxerampellia 【3】 Szlach. & Sitko 木皮兰属 Orchidaceae 兰科 [MM-723] 全球 (1) 大洲分布及种数(2)◆南美洲
Xanthoxylon Spreng. = **Zanthoxylum**
Xanthoxylum J.F.Gmel. = **Zanthoxylum**
Xanthoylon Spreng. = **Zanthoxylum**
Xantia O.F.Cook = **Coccothrinax**
Xantium Gilib. = **Xanthium**
Xantolis 【3】 Raf. 刺榄属 ← **Achras;Burckella;Sideroxylon** Sapotaceae 山榄科 [MD-357] 全球 (1) 大洲分布及种数(19-23)◆亚洲
Xantolls Raf. = **Xantolis**
Xantonnea 【3】 Pierre ex Pit. 东南亚茜草属 ≒ **Hypobathrum** Rubiaceae 茜草科 [MD-523] 全球 (1) 大洲分布及种数(1-2)◆亚洲
Xantonneopsis 【3】 Pit. 黄头茜草属 Rubiaceae 茜草科 [MD-523] 全球 (1) 大洲分布及种数(1)◆亚洲
Xantophtalmum Sang. = **Pyrethrum**
Xantorrhoea Diels = **Xanthorrhoea**
Xaporophyllum hort. ex D.R.Hunt = **Achrophyllum**
Xarifania Raf. = **Oncidium**
Xaritonia Raf. = **Oncidium**
Xarmeniaco-prunus 【-】 Cinovskis 蔷薇科属 Rosaceae 蔷薇科 [MD-246] 全球 (uc) 大洲分布及种数(uc)
Xatardia 【3】 Meisn. 尖柱鼠麹木属 ≒ **Catatia** Apiaceae 伞形科 [MD-480] 全球 (1) 大洲分布及种数(1)◆欧洲
Xaveria Endl. = **Actaea**
Xeilanthum Raf. = **Oncidium**
Xeilyathum Raf. = **Oncidium**
Xema Gerbaulet = **Grahamia**
Xenacanthus 【3】 Bremek. 旱爵床属 Acanthaceae 爵床科 [MD-572] 全球 (1) 大洲分布及种数(cf. 1)◆南亚(◆印度)
Xenandra Raf. = **Iresine**
Xenia Gerbaulet = **Grahamia**
Xeniatrum Salisb. = **Clintonia**
Xenidea Gerbaulet = **Grahamia**
Xenikophyton 【3】 Garay 囊唇兰属 ← **Saccolabium** Orchidaceae 兰科 [MM-723] 全球 (1) 大洲分布及种数(uc)属分布和种数(uc)◆亚洲
Xenismia DC. = **Dimorphotheca**
Xenium Liana = **Ctenium**
Xenobius Cass. = **Egletes**
Xenocara (Goldblatt) Goldblatt & J.C.Manning = **Xenoscapa**
Xenocarpus Cass. = **Cineraria**
Xenocephalozia 【3】 R.M.Schust. 干萼苔属 Lophocoleaceae 齿萼苔科 [B-74] 全球 (1) 大洲分布及种数(cf. 1)◆南美洲
Xenochila 【3】 (Mitt.) Inoü 黄羽苔属 Plagiochilaceae 羽苔科 [B-73] 全球 (6) 大洲分布及种数(1)非洲:1;亚洲:1;大洋洲:1;欧洲:1;北美洲:1;南美洲:1
Xenochila R.M.Schust. = **Xenochila**
Xenochloa Licht. = **Phragmites**
Xenochlora Licht. = **Phragmites**
Xenochroma Licht. = **Phragmites**
Xenococcus Thur. = **Hoffmannia**
Xenodendron K.Schum. & Lauterb. = **Syzygium**
Xenodium Gaudin = **Molinia**
Xenodon Baill. = **Aeschynomene**
Xenomma Willd. = **Micromeria**
Xenophonta Benth. = **Barnadesia**
Xenophontia Vell. = **Barnadesia**
Xenophya 【3】 Schott 海芋属 ← **Alocasia** Araceae 天南星科 [MM-639] 全球 (1) 大洲分布及种数(uc)◆非洲
Xenophyllum 【3】 V.A.Funk 变叶菊属 Asteraceae 菊科 [MD-586] 全球 (1) 大洲分布及种数(22-23)◆南美洲
Xenopoma Willd. = **Micromeria**
Xenopsylla Montrouz. = **Phyllanthus**
Xenoscapa 【3】 (Goldblatt) Goldblatt & J.C.Manning 兜帽鸢尾属 ≒ **Ixia** Iridaceae 鸢尾科 [MM-700] 全球 (1) 大洲分布及种数(2-3)◆非洲(◆南非)
Xenosia 【3】 Lür 地旋兰属 Orchidaceae 兰科 [MM-723] 全球 (1) 大洲分布及种数(1-2)◆南美洲(◆哥伦比亚)
Xenosiphon W.Fischer = **Xerosiphon**
Xenosoma Willd. = **Micromeria**
Xenosteges D.F.Austin & Staples = **Xenostegia**
Xenostegia 【3】 D.F.Austin & Staples 地旋花属 ← **Convolvulus;Merremia** Convolvulaceae 旋花科 [MD-499] 全球 (1) 大洲分布及种数(2-8)◆非洲
Xenothallus 【3】 R.M.Schust. 地叶苔属 Pallaviciniaceae 带叶苔科 [B-30] 全球 (1) 大洲分布及种数(1)◆非洲
Xenoxylon Raf. = **Maclura**
Xenus Gerbaulet = **Grahamia**
Xeodolon Salisb. = **Scilla**
Xeracina Raf. = **Adelobotrys**
Xeraea P. & K. = **Achyranthes**
Xerandra Raf. = **Iresine**
Xeranthemum 【2】 L. 干花菊属 ≒ **Phaenocoma** Asteraceae 菊科 [MD-586] 全球 (4) 大洲分布及种数(9-18)非洲:3-4;亚洲:6-8;大洋洲:4;欧洲:4
Xeranthium J.Lepechin = **Xanthium**
Xeranthus Miers = **Linociera**
Xerhius Cass. = **Egletes**

Xeris Medik. = **Iris**
Xeroaloysia【3】 Tronc. 旱鞭木属 ← **Aloysia** Verbenaceae 马鞭草科 [MD-556] 全球 (1) 大洲分布及种数(1)◆南美洲(◆阿根廷)
Xerobius Cass. = **Egletes**
Xerobotrys Nutt. = **Arctostaphylos**
Xerocarpa (G.Don) Spach = **Scaevola**
Xerocarpus Guill. & Pen. = **Rothia**
Xerocassia Britton & Rose = **Tachigali**
Xerochlamys Baker = **Leptolaena**
Xerochloa【3】 R.Br. 灯草旱禾属 ← **Andropogon; Apluda;Rottboellia** Poaceae 禾本科 [MM-748] 全球 (1) 大洲分布及种数(3)◆大洋洲
Xerochrysum【3】 Tzvelev 麦秆菊属 ← **Xeranthemum** Asteraceae 菊科 [MD-586] 全球 (1) 大洲分布及种数(14)◆大洋洲
Xerocladia【2】 Harv. 干枝豆属 ≒ **Prosopis** Fabaceae 豆科 [MD-240] 全球 (2) 大洲分布及种数(2)非洲:1;南美洲:cf.1
Xerococcus örst. = **Hoffmannia**
Xerocomus Singer & I.J.Araujo = **Hoffmannia**
Xerodanthia J.B.Phipps = **Danthoniopsis**
Xerodera Fourr. = **Xeronema**
Xeroderris【3】 Roberty 红皮鱼豆属 Fabaceae 豆科 [MD-240] 全球 (1) 大洲分布及种数(1)◆非洲
Xerodraba【3】 Skottsb. 干葶苈属 ≒ **Braya** Brassicaceae 十字花科 [MD-213] 全球 (1) 大洲分布及种数(5)◆南美洲
Xerogona Raf. = **Passiflora**
Xerolirion【3】 A.S.George 帚枝草属 Asparagaceae 天门冬科 [MM-669] 全球 (1) 大洲分布及种数(1)◆大洋洲(◆澳大利亚)
Xerololophus Dulac = **Thesium**
Xeroloma Cass. = **Xeranthemum**
Xerolophus Dulac = **Thesium**
Xeromalon Raf. = **Amelanchier**
Xeromphis Raf. = **Catunaregam**
Xeronema【3】 Brongn. & Gris 鸢尾麻属 ≒ **Scleronema** Xeronemataceae 鸢尾麻科 [MM-666] 全球 (1) 大洲分布及种数(2)◆大洋洲
Xeronemataceae【3】M.W.Chase & al. 鸢尾麻科 [MM-666] 全球 (1) 大洲分布和属种数(1;hort. & cult.1)(2;hort. & cult.2)◆大洋洲
Xeropappus Wall. = **Dicoma**
Xeropetalon Hook. = **Dillwynia**
Xeropetalum Delile = **Dillwynia**
Xerophila DC. = **Erophila**
Xerophyllaceae【3】 Takht. 密花草科 [MM-624] 全球 (1) 大洲分布和属种数(1;hort. & cult.1)(2-5;hort. & cult.2)◆北美洲
Xerophyllum【3】 Michx. 熊尾草属 ← **Helonias** Melanthiaceae 藜芦科 [MM-621] 全球 (1) 大洲分布及种数(2-5)◆北美洲
Xerophysa Steven = **Astragalus**
Xerophyta【2】 Juss. 黑炭木属 ← **Barbacenia;Velleia; Barbaceniopsis** Velloziaceae 翡若翠科 [MM-704] 全球 (3)大洲分布及种数(47-75;hort.1)非洲:44-65;亚洲:cf.1;南美洲:12
Xeroplana Briq. = **Stilbe**
Xerorchis【3】 Schltr. 羊柴兰属 ← **Epidendrum** Orchidaceae 兰科 [MM-723] 全球 (1) 大洲分布及种数(2)◆南美洲
Xerosicyos【3】 Humbert 碧雷鼓属 → **Zygosicyos** Cucurbitaceae 葫芦科 [MD-205] 全球 (1) 大洲分布及种数(6)◆非洲(◆马达加斯加)
Xerosiphon【3】 Turcz. 千日红属 ≒ **Gomphrena** Amaranthaceae 苋科 [MD-116] 全球 (1) 大洲分布及种数(2)◆南美洲
Xerosollya Turcz. = **Sollya**
Xerospermum【3】 Bl. 干果木属 ← **Cupania;Nephelium** Sapindaceae 无患子科 [MD-428] 全球 (1) 大洲分布及种数(21-23)◆亚洲
Xerosphaera Soják = **Xerospiraea**
Xerospiraea【3】 Henrickson 旱绣菊属 ≒ **Spiraea** Rosaceae 蔷薇科 [MD-246] 全球 (1) 大洲分布及种数(1)◆北美洲(◆墨西哥)
Xerostegia D.F.Austin & Staples = **Xenostegia**
Xerosyphon Turcz. = **Xerosiphon**
Xerotecoma J.C.Gomes = **Godmania**
Xerotes【2】 R.Br. 多须草属 ≒ **Comandra; Acanthocarpus** Asparagaceae 天门冬科 [MM-669] 全球 (3) 大洲分布及种数(4) 非洲:1;大洋洲:3;欧洲:1
Xerothamnella【3】 C.T.White 旱灌爵床属 Acanthaceae 爵床科 [MD-572] 全球 (1) 大洲分布及种数(2)◆大洋洲(◆澳大利亚)
Xerothamnus DC. = **Gibbaria**
Xerotia【3】 Oliv. 假麻黄属 Caryophyllaceae 石竹科 [MD-77] 全球 (1) 大洲分布及种数(1)◆亚洲
Xerotinus Cass. = **Egletes**
Xerotis Hoffm. = **Perotis**
Xerotium Bluff & Fingerh. = **Filago**
Xerotrema Brongn. & Gris = **Xeronema**
Xerriara【-】 Hort. 兰科属 Orchidaceae 兰科 [MM-723] 全球 (uc) 大洲分布及种数(uc)
Xerul Medik. = **Iris**
Xerulina (Berk.) Pegler = **Adelobotrys**
Xerus L. = **Xyris**
Xerxes【3】 J.R.Grant 无茎叉毛菊属 Asteraceae 菊科 [MD-586] 全球 (1) 大洲分布及种数(1)◆南美洲(◆巴西)
Xesinia Gerbaulet = **Grahamia**
Xestaea【-】 Griseb. 龙胆科属 ≒ **Schultesia** Gentianaceae 龙胆科 [MD-496] 全球 (uc) 大洲分布及种数(uc)
Xestia Broth. = **Bestia**
Xetola Raf. = **Scabiosa**
Xetoligus Raf. = **Stevia**
Xilopia Juss. = **Xylopia**
Ximenesia Cav. = **Verbesina**
Ximenia【3】 L. 海檀木属 ← **Olax;Amyris** Olacaceae 铁青树科 [MD-362] 全球 (6) 大洲分布及种数(14-17)非洲:4-5;亚洲:2-4;大洋洲:2-4;欧洲:1-2;北美洲:6-7;南美洲:3-4
Ximeniaceae Horan. = Olacaceae
Ximeniopsis【3】 Alain 海檀木属 ← **Ximenia** Olacaceae 铁青树科 [MD-362] 全球 (1) 大洲分布及种数(cf.1)◆北美洲
Ximensia Cav. = **Verbesina**
Xipha Neck. = **Typha**
Xiphagrostis Coville = **Miscanthus**

X

Xiphias Mill. = **Iris**
Xiphidiaceae Dum. = Hypoxidaceae
Xiphidium【3】 Aubl. 鸠尾花属 → **Schiekia** Haemodoraceae 血草科 [MM-718] 全球 (1) 大洲分布及种数(2-3)◆北美洲
Xiphion Mill. = **Iris**
Xiphium Gard. = **Xiphidium**
Xiphizusa Rchb.f. = **Bulbophyllum**
Xiphocarpus C.Presl = **Tephrosia**
Xiphocera Steven = **Ranunculus**
Xiphochaeta【3】 Pöpp. & Endl. 沼生斑鸠菊属 ← **Stilpnopappus** Asteraceae 菊科 [MD-586] 全球 (1) 大洲分布及种数(1)◆南美洲
Xiphocoma Steven = **Ranunculus**
Xipholepis Steetz = **Vernonia**
Xiphophyllum Ehrh. = **Serapias**
Xiphopterella【3】 Parris 剑羽蕨属 Polypodiaceae 水龙骨科 [F-60] 全球 (1) 大洲分布及种数(cf. 1)◆东亚(◆中国)
Xiphopteris【2】 Kaulf. 叉毛锯蕨属 ≒ **Grammitis; Pecluma** Grammitidaceae 禾叶蕨科 [F-63] 全球 (3) 大洲分布及种数(11-17)非洲:1;亚洲:8;大洋洲:2
Xiphorpteris Kaulf. = **Xiphopteris**
Xiphosium Griff. = **Eria**
Xiphostoma Steven = **Ranunculus**
Xiphostylis G.Gasparrini = **Acmispon**
Xiphotheca【-】 Eckl. & Zeyh. 豆科属 ≒ **Priestleya** Fabaceae 豆科 [MD-240] 全球 (uc) 大洲分布及种数(uc)
Xipotheca (Thunb. & B.E.van) A.L.Schutte & B.-E.van = **Crotalaria**
Xiris Raf. = **Xyris**
Xitus Vand. = **Xyris**
Xizangia【3】 D.Y.Hong 马松蒿属 ← **Pterygiella** Orobanchaceae 列当科 [MD-552] 全球 (1) 大洲分布及种数(cf. 1)◆东亚(◆中国)
Xochiquetzallia【-】 J.Gut. 天门冬科属 Asparagaceae 天门冬科 [MM-669] 全球 (uc) 大洲分布及种数(uc)
Xolantha Raf. = **Helianthemum**
Xolanthes Raf. = **Helianthemum**
Xolemia Raf. = **Gentiana**
Xolisma【3】 Raf. 光叶珍珠花属 ≒ **Xylosma; Andromeda** Ericaceae 杜鹃花科 [MD-380] 全球 (6) 大洲分布及种数(3-4)非洲:2;亚洲:1-3;大洋洲:2;欧洲:2;北美洲:1-3;南美洲:2
Xolmis Raf. = **Gentiana**
Xolocotzia【3】 Miranda 墨西哥鞭木属 Verbenaceae 马鞭草科 [MD-556] 全球 (1) 大洲分布及种数(1)◆北美洲
Xonthium L. = **Xanthium**
Xorchicoeloglossum Asch. & Graebn. = **Dactylorhiza**
Xoxylon Raf. = **Maclura**
Xoylon Mill. = **Gossypium**
Xuaresia Pers. = **Capraria**
Xuarezia Ruiz & Pav. = **Capraria**
Xuris Adans. = **Iris**
Xycaste【3】 W.Jasen 兰科属 Orchidaceae 兰科 [MM-723] 全球 (1) 大洲分布及种数(1)◆北美洲(◆美国)
Xyela Benth. = **Xylia**
Xyla Benth. = **Xylia**
Xylacanthus Aver. & K.S.Nguyen = **Xenacanthus**
Xyladenius Desv. ex Ham. = **Banara**
Xylanche Beck = **Boschniakia**
Xylanthema Neck. = **Cnicus**
Xylanthemum【3】 Tzvelev 山木菊属 ← **Chrysanthemum** Asteraceae 菊科 [MD-586] 全球 (1) 大洲分布及种数(cf. 1)◆亚洲
Xylaria Hill ex Schrank = **Xylia**
Xylena Benth. = **Xylia**
Xylia【3】 Benth. 木荚豆属 ← **Acacia;Mimosa;Xyris** Fabaceae 豆科 [MD-240] 全球 (1) 大洲分布及种数(7-31)◆非洲
Xylida【3】 J.M.H.Shaw 兰科属 Orchidaceae 兰科 [MM-723] 全球 (1) 大洲分布及种数(1)◆北美洲(◆美国)
Xylinabaria Pierre = **Urceola**
Xylinabariopsis Pit. = **Urceola**
Xylobiinae【-】 Archila 兰科属 Orchidaceae 兰科 [MM-723] 全球 (uc) 大洲分布及种数(uc)
Xylobium【2】 Lindl. 长寿兰属 → **Bifrenaria;Maxillaria;Teuscheria** Orchidaceae 兰科 [MM-723] 全球 (5) 大洲分布及种数(39-46;hort.1;cult: 1)非洲:2;亚洲:5;大洋洲:1;北美洲:15-17;南美洲:34-37
Xylobo Mill. = **Gossypium**
Xylobolus P. & K. = **Xylia**
Xylocalyx【3】 Balf.f. 雕萼木属 Orobanchaceae 列当科 [MD-552] 全球 (1) 大洲分布及种数(1-5)◆西亚(◆也门)
Xylocarpus【2】 J.König 木果楝属 Meliaceae 楝科 [MD-414]全球(3)大洲分布及种数(11-12)非洲:3;亚洲:9;大洋洲:4
Xylochlamys Domin = **Amyema**
Xylococcus【3】 Nutt. 熊果属 ≒ **Petalostigma; Arctostaphylos** Ericaceae 杜鹃花科 [MD-380] 全球 (1) 大洲分布及种数(1)◆北美洲
Xylolejeunea【3】 (Spruce) X.L.He & Grolle 巴西硬鳞苔属 Lejeuneaceae 细鳞苔科 [B-84] 全球 (1) 大洲分布及种数(2)◆南美洲(◆巴西)
Xylolobus P. & K. = **Xylia**
Xyloma G.Forst. = **Xylosma**
Xylomelum【3】 Sm. 火木梨属 ← **Banksia** Proteaceae 山龙眼科 [MD-219] 全球 (1) 大洲分布及种数(1-7)◆大洋洲(◆澳大利亚)
Xylomoorea【2】 W.Jasen & J.M.H.Shaw 兰科属 Orchidaceae 兰科 [MM-723] 全球 (1) 大洲分布及种数(uc)◆北美洲
Xylon L. = **Ceiba**
Xylon P. & K. = **Gossypium**
Xylonagra【3】 Donn.Sm. & Rose 加州柳叶菜属 Onagraceae 柳叶菜科 [MD-396] 全球 (1) 大洲分布及种数(1)◆北美洲(◆墨西哥)
Xylonymus【3】 Kalkm. ex Ding Hou 木果卫矛属 Celastraceae 卫矛科 [MD-339] 全球 (1) 大洲分布及种数(1-2)◆亚洲
Xyloolaena【3】 Baill. 木杯花属 Sarcolaenaceae 苞杯花科 [MD-153] 全球 (1) 大洲分布及种数(5-6)◆非洲(◆马达加斯加)
Xylophacos (M.E.Jones) Rydb. = **Xylophacos**
Xylophacos【3】 Rydb. 硬豆属 ← **Astragalus** Fabaceae3 蝶形花科 [MD-240] 全球 (1) 大洲分布及种数(1-16)◆北美洲(◆美国)
Xylophaga Turner & Culliney = **Xylophragma**

Xylophasia G.L.Nesom,Y.B.Suh,D.R.Morgan & B.B.Simpson = **Gundlachia**

Xylophragma【2】 Spragü 紫葳木属 ← **Adenocalymma; Bignonia** Bignoniaceae 紫葳科 [MD-541] 全球 (2) 大洲分布及种数(7-11)北美洲:2-3;南美洲:6-9

Xylophylla L. = **Phyllanthus**

Xylophyllos P. & K. = **Exocarpos**

Xylopia【3】 L. 木瓣树属 → **Anaxagorea;Melodorum; Monodora** Annonaceae 番荔枝科 [MD-7] 全球 (6) 大洲分布及种数(158-198;hort.1;cult:2)非洲:80-90;亚洲:38-47;大洋洲:10-19;欧洲:1-4;北美洲:15-23;南美洲:55-64

Xylopiastrum Roberty = **Uvaria**

Xylopicron Adans. = **Xylopia**

Xylopicrum【-】 P.Br. 番荔枝科属 ≒ **xylopia** Annonaceae 番荔枝科 [MD-7] 全球 (uc) 大洲分布及种数(uc)

Xylopieae Endl. = **Xylopia**

Xylopleurum Spach = **Oenothera**

Xylopodia【3】 Weigend 叠镖花属 Loasaceae 刺莲花科 [MD-435] 全球 (1) 大洲分布及种数(1-3)◆南美洲(◆秘鲁)

Xylorhiza Nutt. = **Machaeranthera**

Xylorhiza Salisb. = **Allium**

Xylorrhiza A.A.Heller = **Machaeranthera**

Xylosalsola【3】 Tzvelev 木猪毛菜属 ≒ **Salsola** Amaranthaceae 苋科 [MD-116] 全球 (1) 大洲分布及种数(1-4)◆亚洲

Xyloselinum【3】 Pimenov & Kljuykov 伞形属 Apiaceae 伞形科 [MD-480] 全球 (1) 大洲分布及种数(3)◆亚洲

Xylosma【3】 G.Forst. 柞木属 ≒ **Xymalos;Flacourtia; Olmediella** Flacourtiaceae 大风子科 [MD-142] 全球 (6) 大洲分布及种数(109-156)非洲:9-17;亚洲:26-40;大洋洲:41-70;欧洲:1-9;北美洲:32-58;南美洲:37-46

Xylosteon【3】 Mill. 金银木属 ← **Lonicera** Caprifoliaceae 忍冬科 [MD-510] 全球 (6) 大洲分布及种数(2)非洲:4;亚洲:4;大洋洲:4;欧洲:4;北美洲:1-5;南美洲:4

Xylosterculia Kosterm. = **Sterculia**

Xylosteum Michx. = **Psittacanthus**

Xylosteum Rupp. = **Xylosteon**

Xylothamia G.L.Nesom,Y.B.Suh,D.R.Morgan & B.B.Simpson = **Gundlachia**

Xylotheca【3】 Hochst. 犬玫木属 ← **Oncoba** Achariaceae 青钟麻科 [MD-159] 全球 (1) 大洲分布及种数(4-20)◆非洲

Xylothermia Greene = **Ardisia**

Xylovirgata Urbatsch & R.P.Roberts = **Medranoa**

Xymalobium Steud. = **Xysmalobium**

Xymalos【3】 Baill. 单心桂属 ← **Xylosma** Monimiaceae 玉盘桂科 [MD-20] 全球 (1) 大洲分布及种数(1)◆非洲

Xymenella DC. = **Minuartia**

Xymenia Plum. ex L. = **Ximenia**

Xynias Lathy = **Xyris**

Xyochlaena Stapf = **Tricholaena**

Xyomalobium Weale = **Xysmalobium**

Xyophorus Raf. = **Amphicarpaea**

Xyphanthus Raf. = **Erythrina**

Xypherus Raf. = **Amphicarpaea**

Xyphidium Aubl. = **Xiphidium**

Xyphidium Steud. = **Iris**

Xyphinus Raf. = **Amphicarpaea**

Xyphion Medik. = **Iris**

Xyphostylis Raf. = **Canna**

Xyrias Gronov. = **Xyris**

Xyridaceae【3】 C.Agardh 黄眼草科 [MM-712] 全球 (6) 大洲分布和属种数(5;hort. & cult.1)(360-472;hort. & cult.4)非洲:1/59-107;亚洲:2/38-71;大洋洲:1/26-61;欧洲:1/4-25;北美洲:1/48-81;南美洲:5/277-316

Xyridanthe Lindl. = **Helipterum**

Xyridion (Tausch) Fourr. = **Iris**

Xyridium (Tausch) Fourr. = **Perotis**

Xyris Gronov. = **Xyris**

Xyris【3】L.黄眼草属→**Abolboda;Xylia;Abildgaardia** Xyridaceae 黄眼草科 [MM-712] 全球 (6) 大洲分布及种数(334-419;hort.1;cult: 10)非洲:59-107;亚洲:37-70;大洋洲:26-61;欧洲:4-25;北美洲:48-81;南美洲:250-289

Xyroides Thou. = **Xyris**

Xyropleurum Auct. ex Steud. = **Oenothera**

Xyropteris【3】 K.U.Kramer 剃刀蕨属 Lindsaeaceae 鳞始蕨科 [F-27] 全球 (1) 大洲分布及种数(1-2)◆亚洲

Xyroschoenus【-】 Larridon 莎草科属 Cyperaceae 莎草科 [MM-747] 全球 (uc) 大洲分布及种数(uc)

Xysmalobium【3】 R.Br. 绵轮藤属 ← **Asclepias; Pachycarpus;Schizoglossum** Apocynaceae 夹竹桃科 [MD-492] 全球 (1) 大洲分布及种数(41-50)◆非洲

Xystidium Trin. = **Perotis**

Xystris【-】 Schreb. 禾本科属 Poaceae 禾本科 [MM-748] 全球 (uc) 大洲分布及种数(uc)

Xystrolobos【2】 Gagnep. 水车前属 ← **Ottelia** Hydrocharitaceae 水鳖科 [MM-599] 全球 (5) 大洲分布及种数(1) 非洲:1;亚洲:1;欧洲:1;北美洲:1;南美洲:1

Yabea【3】Koso-Pol. 假胡萝卜属 ← **Caucalis;Daucus** Apiaceae 伞形科 [MD-480] 全球 (1) 大洲分布及种数(1)◆北美洲
Yadakea (Makino) Makino = **Pseudosasa**
Yadakeya Makino = **Pseudosasa**
Yagrus Mart. = **Syagrus**
Yahiroara auct. = **Brassavola**
Yakirra【2】Lazarides & R.D.Webster 雅克拉黍属 ← **Ichnanthus** Poaceae 禾本科 [MM-748] 全球 (2) 大洲分布及种数(8)亚洲:1;大洋洲:6
Yakushimabryum【3】H.Akiyama 开门藓属 Pylaisiadelphaceae 毛锦藓科 [B-191] 全球 (1) 大洲分布及种数(1)◆非洲
Yamadae Raf. = **Heuchera**
Yamadara【-】Hort. 兰科属 Orchidaceae 兰科 [MM-723] 全球 (uc) 大洲分布及种数(uc)
Yamala Raf. = **Heuchera**
Yamanusia【-】Ignatov & Shcherbakov 孢芽藓科属 Sorapillaceae 孢芽藓科 [B-212] 全球 (uc) 大洲分布及种数(uc)
Yamia R.Kiesling & Piltz = **Yavia**
Yandenboschia Copel. = **Vandenboschia**
Yangapa Raf. = **Gardenia**
Yangua Spruce = **Cybistax**
Yania Röwer = **Ryania**
Yaniella Hilliard & B.L.Burtt = **Saniella**
Yanomamua【3】E.Dean 西龙胆属 Gentianaceae 龙胆科 [MD-496] 全球 (1) 大洲分布及种数(1)◆南美洲(◆巴西)
Yapara【-】Hort. 兰科属 Orchidaceae 兰科 [MM-723] 全球 (uc) 大洲分布及种数(uc)
Yariguianthus【2】S.Díaz & Rodr.-Cabeza 狐尾菊属 Asteraceae 菊科 [MD-586] 全球 (2) 大洲分布及种数(cf.1) 大洋洲:1;南美洲:1
Yarina O.F.Cook = **Phytelephas**
Yarrowia Decne. = **Orthanthera**
Yasila R.Kiesling & Piltz = **Yavia**
Yasunia【3】van der Werff 亚苏樟属 Lauraceae 樟科 [MD-21] 全球 (1) 大洲分布及种数(1-2)◆南美洲
Yatabea Maxim ex Yatabe = **Ranzania**
Yatabella Okamura,K. = **Ranzania**
Yaundea G.Schellenb. = **Rourea**
Yaurina O.F.Cook = **Phytelephas**
Yavia【3】R.Kiesling & Piltz 慈母球属 Cactaceae 仙人掌科 [MD-100] 全球 (1) 大洲分布及种数(1-2)◆南美洲
Yeatesia【3】Small 苞穗花属 ← **Dicliptera** Acanthaceae 爵床科 [MD-572] 全球 (1) 大洲分布及种数(3-6)◆北美洲
Yeeara Hort. = **Campanula**
Yeepengara【-】Hort. 兰科属 Orchidaceae 兰科 [MM-723] 全球 (uc) 大洲分布及种数(uc)
Yermo【3】Dorn 沙黄头菊属 Asteraceae 菊科 [MD-586] 全球 (1) 大洲分布及种数(2)◆北美洲(◆美国)
Yermoloffia Bél. = **Lagochilus**
Yermolofia Bél. = **Lagochilus**
Yersinia Néraud = **Bulbophyllum**
Yervamora P. & K. = **Bosea**
Ygramela Raf. = **Limosella**
Ygramelta Raf. = **Limosella**
Yildirimlia【-】Doğru-Koca 伞形科属 Apiaceae 伞形科 [MD-480] 全球 (uc) 大洲分布及种数(uc)欧洲
Yinmunara【-】How,W.R. 兰科属 Orchidaceae 兰科 [MM-723] 全球 (uc) 大洲分布及种数(uc)
Yinquania Z.Y.Zhu = **Cornus**
Yinshania【3】Ma & Y.Z.Zhao 阴山荠属 ← **Cardamine** Brassicaceae 十字花科 [MD-213] 全球 (1) 大洲分布及种数(14-15)◆亚洲
Yinwaiara【-】How,W.R. 兰科属 Orchidaceae 兰科 [MM-723] 全球 (uc) 大洲分布及种数(uc)
Yithoeara【-】How,W.R. 兰科属 Orchidaceae 兰科 [MM-723] 全球 (uc) 大洲分布及种数(uc)
Ynesa O.F.Cook = **Attalea**
Yoania【3】Maxim. 宽距兰属 ← **Cymbidium;Ryania** Orchidaceae 兰科 [MM-723] 全球 (1) 大洲分布及种数(3-5)◆亚洲
Yodes Kurz = **Iodes**
Yolanda Höhne = **Brachionidium**
Yoma Lam. = **Medemia**
Yoneoara Hort. = **Vanda**
Yonezawaara【-】auct. 兰科属 Orchidaceae 兰科 [MM-723] 全球 (uc) 大洲分布及种数(uc)
Yongia Cass. = **Youngia**
Yosemitea【3】P.J.Alexander & Windham 宽莱属 Brassicaceae 十字花科 [MD-213] 全球 (1) 大洲分布及种数(cf.1)◆北美洲
Youania Maxim. = **Yulania**
Youngia【3】Cass. 黄鹌菜属 → **Lapsanastrum;Paraixeris;Prenanthes** Asteraceae 菊科 [MD-586] 全球 (1) 大洲分布及种数(48-66)◆亚洲
Youngyouthara【-】Griff. & J.M.H.Shaw 兰科属 Orchidaceae 兰科 [MM-723] 全球 (uc) 大洲分布及种数(uc)
Ypsia A.Camus = **Yvesia**
Ypsilactyle【-】J.M.H.Shaw 兰科属 Orchidaceae 兰科 [MM-723] 全球 (uc) 大洲分布及种数(uc)
Ypsilandra【3】Franch. 丫蕊花属 ← **Helonias** Melanthiaceae 藜芦科 [MM-621] 全球 (1) 大洲分布及种数(5-6)◆亚洲
Ypsilopus【3】Summerh. 叉足兰属 ← **Aerangis** Orchidaceae 兰科 [MM-723] 全球 (1) 大洲分布及种数(5)◆非洲
Ypsilorchis【3】Z.J.Liu,S.C.Chen & L.J.Chen 丫瓣兰属 ≒ **Platystyliparis** Orchidaceae 兰科 [MM-723] 全球 (1) 大洲分布及种数(cf. 1)◆东亚(◆中国)
Yrias L. = **Grias**
Ystia Compere = **Schizachyrium**

Yua【3】 C.L.Li 俞藤属 ← **Cayratia;Parthenocissus; Vitis** Vitaceae 葡萄科 [MD-403] 全球 (1) 大洲分布及种数(2-6)◆亚洲

Yucaratonia【3】 Burkart 藩篱豆属 ≒ **Gliricidia** Fabaceae3 蝶形花科 [MD-240] 全球 (1) 大洲分布及种数(cf. 1)◆南美洲

Yucca【3】 Dill. ex L. 丝兰属 → **Agave;Sarcococca** Asparagaceae 天门冬科 [MM-669] 全球 (1) 大洲分布及种数(63-97)◆北美洲

Yuccaceae J.G.Agardh = Antheliaceae

Yuea O.E.Erikss. = **Yua**

Yuhina O.F.Cook = **Phytelephas**

Yulania (T.B.Chao & W.B.Sun) D.L.Fu = **Yulania**

Yulania【3】 Spach 玉兰属 ← **Magnolia;Michelia; Oyama** Magnoliaceae 木兰科 [MD-1] 全球 (1) 大洲分布及种数(19-24)◆东亚(◆中国)

Yulneraria Mill. = **Polycarpon**

Yunckeria Lundell = **Ctenardisia**

Yungasocereus【3】 F.Ritter 优雅柱属 Cactaceae 仙人掌科 [MD-100] 全球 (1) 大洲分布及种数(1)◆南美洲

Yungastocactus【-】 G.D.Rowley 仙人掌科属 Cactaceae 仙人掌科 [MD-100] 全球 (uc) 大洲分布及种数(uc)

Yunnanea H.H.Hu = **Camellia**

Yunnanella Hu = **Camellia**

Yunnania Hu = **Camellia**

Yunnanobryon【3】 Shevock 云南藓属 Regmatodontaceae 异齿藓科 [B-186] 全球 (1) 大洲分布及种数(1)◆亚洲

Yunnanopilia C.Y.Wu & D.Z.Li = **Champereia**

Yunnanus Hu = **Camellia**

Yunquea【3】 Skottsb. 寄菊属 ← **Centaurodendron** Asteraceae 菊科 [MD-586] 全球 (1) 大洲分布及种数(1)◆南美洲(◆智利)

Yushania Brevipaniculatae T.P.Yi = **Yushania**

Yushania【3】 Keng f. 玉山竹属 ← **Arundinaria; Pleioblastus** Poaceae 禾本科 [MM-748] 全球 (6) 大洲分布及种数(82-89)非洲:4;亚洲:81-89;大洋洲:4;欧洲:1-5;北美洲:3-7;南美洲:4

Yushanieae R.Guzmán,Anaya & J.Santana = **Yushania**

Yushuia Kamik. = **Yushania**

Yushunia Kamik. = **Sassafras**

Yusofara auct. = **Arachnis**

Yutajea【3】 Steyerm. 皂金花属 ← **Isertia** Rubiaceae 茜草科 [MD-523] 全球 (1) 大洲分布及种数(uc)属分布和种数(uc)◆南美洲

Yuyba (Barb.-Rodr.) L.H.Bailey = **Bactris**

Yvesia【3】 A.Camus 马岛臂形草属 Poaceae 禾本科 [MM-748] 全球 (1) 大洲分布及种数(1)◆非洲(◆马达加斯加)

Yzygium P.Br. ex Gaertn. = **Syzygium**

Zaa Baill. = **Phyllarthron**
Zabelia 【3】 (Rehder) Makino 六道木属 ← **Abelia** Caprifoliaceae 忍冬科 [MD-510] 全球 (1) 大洲分布及种数(6-7)◆亚洲
Zabrosa Steud. = **Jaborosa**
Zabuella Burm. = **Zabelia**
Zacateza 【3】 Bullock 非洲塔卡萝藦属 ← **Tacazzea** Apocynaceae 夹竹桃科 [MD-492] 全球 (1) 大洲分布及种数(uc)属分布和种数(uc)◆非洲
Zacco Llanos = **Glochidion**
Zachsia Griseb. = **Sachsia**
Zacintha Mill. = **Clavija**
Zacyntha Adans. = **Crepis**
Zaczatea Baill. = **Raphionacme**
Zaehringia 【-】 Bronner 葡萄科属 Vitaceae 葡萄科 [MD-403] 全球 (uc) 大洲分布及种数(uc)
Zaga Raf. = **Adenanthera**
Zagrosia 【3】 Speta 蓝瑰花属 ≒ **Scilla** Asparagaceae 天门冬科 [MM-669] 全球 (1) 大洲分布及种数(cf.2)◆亚洲
Zahariadia 【-】 Speta 风信子科属 Hyacinthaceae 风信子科 [MM-679] 全球 (uc) 大洲分布及种数(uc)
Zahlbrucknera 【3】 Pohl ex Nees 柔虎耳草属 ≒ **Hygrophila;Nelsonia** Acanthaceae 爵床科 [MD-572] 全球 (1) 大洲分布及种数(1)◆中欧(◆匈牙利)
Zahleria 【3】 Lür 马棕兰属 Orchidaceae 兰科 [MM-723] 全球 (1) 大洲分布及种数(1)◆南美洲(◆厄瓜多尔)
Zahora 【-】 Lemmel & M.Koch 十字花科属 Brassicaceae 十字花科 [MD-213] 全球 (uc) 大洲分布及种数(uc)
Zala Lour. = **Pistia**
Zalacca 【3】 Reinw. ex Bl. 蛇皮果属 Arecaceae 棕榈科 [MM-717] 全球 (1) 大洲分布及种数(uc)◆东亚(◆中国)
Zalaccella Becc. = **Calamus**
Zaleia Lunell = **Triticum**
Zaleija Burm.f. = **Zaleya**
Zaleya 【2】 Burm.f. 裂盖马齿属 ← **Trianthema** Aizoaceae 番杏科 [MD-94] 全球 (4) 大洲分布及种数(7) 非洲:5;亚洲:3;大洋洲:2;欧洲:1
Zalitea Raf. = **Euphorbia**
Zallia Roxb. = **Zaleya**
Zalmaria Raf. = **Zataria**
Zalophia Casey = **Alophia**
Zalucania Steud. = **Zaluzania**
Zalusianskya Neck. = **Zaluzianskya**
Zaluzania 【3】 Comm. ex C.F.Gaertn. 黄带菊属 ≒ **Bertiera;Acmella;Kingianthus** Asteraceae 菊科 [MD-586] 全球 (1) 大洲分布及种数(14-17)◆北美洲
Zaluzanskya Neck. ex Hitchcock = **Marsilea**
Zaluzianskia Benth. = **Zaluzianskia**
Zaluzianskia 【2】 Neck. 铁玄参属 → **Zaluzianskya; Marsilea** Marsileaceae 蘋科 [F-65] 全球 (5) 大洲分布及种数(2) 非洲:1;亚洲:2;欧洲:1;北美洲:2;南美洲:2
Zaluzianskya 【3】 F.W.Schmidt 樱烛花属 → **Glumicalyx** Scrophulariaceae 玄参科 [MD-536] 全球 (1) 大洲分布及种数(59-65)◆非洲
Zamarada Raf. = **Randia**
Zamaria Raf. = **Rondeletia**
Zameioscirpus 【3】 Dhooge & Götgh. 南美泽莎草属 ≒ **Fimbristylis** Cyperaceae 莎草科 [MM-747] 全球 (1) 大洲分布及种数(3)◆南美洲
Zamia Centrali-meridionales J.Schust. = **Zamia**
Zamia 【3】 L. 泽米铁属 → **Ceratozamia;Pascopyrum** Zamiaceae 泽米铁科 [G-2] 全球 (6) 大洲分布及种数(86-95)非洲:5-13;亚洲:8-16;大洋洲:6-14;欧洲:5-13;北美洲:63-73;南美洲:33-44
Zamiaceae 【3】 Horan. 泽米铁科 [G-2] 全球 (6) 大洲分布和属种数(7;hort. & cult.7)(223-300;hort. & cult.61-73) 非洲:2-4/59-97;亚洲:2-4/9-26;大洋洲:4-5/38-72;欧洲:1-4/5-22;北美洲:4-6/116-135;南美洲:1-4/33-53
Zamieae Miq. = **Zamia**
Zamioculcas 【3】 Schott 雪铁芋属 ← **Caladium** Araceae 天南星科 [MM-639] 全球 (1) 大洲分布及种数(1)◆非洲
Zammara Lam. = **Abies**
Zamzela Raf. = **Hirtella**
Zandera 【3】 D.L.Schulz 豨莶属 ← **Sigesbeckia** Asteraceae 菊科 [MD-586] 全球 (1) 大洲分布及种数(3)◆北美洲
Zanderia 【3】 Goffinet 巴西黄刺藓属 Rhachitheciaceae 刺藓科 [B-125] 全球 (1) 大洲分布及种数(1)◆南美洲
Zanha 【3】 Hiern 赞哈木属 Sapindaceae 无患子科 [MD-428] 全球 (1) 大洲分布及种数(3-4)◆非洲
Zanichelia Gilib. = **Zannichellia**
Zanichellia Roth = **Zannichellia**
Zannichallia Reut. = **Zannichellia**
Zannichelia G.A.Scop. = **Zannichellia**
Zannichella Roth = **Zannichellia**
Zannichellia 【3】 Mich. ex L. 角果藻属 → **Althenia** Potamogetonaceae 眼子菜科 [MM-606] 全球 (6) 大洲分布及种数(9-11;hort.1)非洲:5-12;亚洲:11-18;大洋洲:2-9;欧洲:4-11;北美洲:1-8;南美洲:2-9
Zannichelliaceae 【3】 Chevall. 角茨藻科 [MM-613] 全球 (6) 大洲分布和属种数(3;hort. & cult.1)(56-109;hort. & cult.14-17)非洲:2/7-14;亚洲:2/13-20;大洋洲:3/15-23;欧洲:2/6-13;北美洲:1/1-8;南美洲:1/2-9
Zannichellieae Dum. = **Zannichellia**
Zanola L. = **Zanonia**
Zanonia Cram. = **Zanonia**
Zanonia 【3】 L. 翅子瓜属 → **Alsomitra;Neoalsomitra** Cucurbitaceae 葫芦科 [MD-205] 全球 (1) 大洲分布及种数(3-7)◆亚洲
Zanoniaceae Dum. = Datiscaceae
Zanonieae Bl. = **Zanonia**
Zantedeschia K.Koch = **Zantedeschia**
Zantedeschia 【3】 Spreng. 马蹄莲属 ← **Calla;Rich-**

Z

ardia;Homalomena Araceae 天南星科 [MM-639] 全球 (1) 大洲分布及种数(9)◆非洲
Zantenia【-】(S.Hatt.) Váňa & J.J.Engel 挺叶苔科属 ≒ **Anastrophyllum** Anastrophyllaceae 挺叶苔科 [B-60] 全球 (uc) 大洲分布及种数(uc)
Zanthopsis Miq. = **Randia**
Zanthorhiza【3】L'Hér. 黄根木属 ≒ **Oxalis** Ranunculaceae 毛茛科 [MD-38] 全球 (1) 大洲分布及种数(1)◆北美洲
Zanthoriza Poir. = **Oxalis**
Zanthoxilon Franch. & Sav. = **Zanthoxylum**
Zanthoxylaceae Martinov = Rutaceae
Zanthoxylon Walter = **Zanthoxylum**
Zanthoxylum【3】L. 花椒属 → **Amyris;Euodia; Notodon** Rutaceae 芸香科 [MD-399] 全球 (6) 大洲分布及种数(277-322;hort.1;cult:20)非洲:58-133;亚洲:103-192;大洋洲:42-120;欧洲:11-82;北美洲:86-159;南美洲:92-172
Zanthyrsis Raf. = **Sophora**
Zantorrhiza Rchb. = **Oxalis**
Zapania Lam. = **Nashia**
Zapateria Pau = **Marrubium**
Zapoteca【2】H.M.Hern. 羊须合欢属 ≒ **Anneslia** Fabaceae 豆科 [MD-240] 全球 (5) 大洲分布及种数(26;hort.1)非洲:1;亚洲:3;大洋洲:5;北美洲:24;南美洲:14
Zappania【-】G.A.Scop. 唇形科属 ≒ **Stachytarpheta; Phyla** Lamiaceae 唇形科 [MD-575] 全球 (uc) 大洲分布及种数(uc)
Zapus Mill. = **Brassica**
Zaqiqah【2】P.M.Peterson & Romasch. 禾本科属 Poaceae 禾本科 [MM-748] 全球 (2) 大洲分布及种数(1)非洲:1;亚洲:1
Zar Baill. = **Phyllarthron**
Zara Benth. & Hook.f. = **Tara**
Zarabellia Cass. = **Berkheya**
Zaraea Llanos = **Glochidion**
Zaranga Vahl = **Picria**
Zarcoa Llanos = **Glochidion**
Zaruma Young = **Saruma**
Zatarendia Raf. = **Plectranthus**
Zataria【3】Boiss. 波斯苏属 ← **Nepeta;Pogostemon** Lamiaceae 唇形科 [MD-575] 全球 (1) 大洲分布及种数(1-2)◆亚洲
Zaus Raf. = **Adenanthera**
Zauschneria【3】C.Presl 朱巧花属 ← **Epilobium** Onagraceae 柳叶菜科 [MD-396] 全球 (1) 大洲分布及种数(3-18)◆北美洲
Zazintha Hall. = **Crepis**
Zea (Schröd.) P. & K. = **Zea**
Zea【3】L. 玉蜀黍属 → **Euchlaena** Poaceae 禾本科 [MM-748] 全球 (6) 大洲分布及种数(7-9;hort.1;cult: 1)非洲:3-22;亚洲:3-22;大洋洲:3-22;欧洲:1-20;北美洲:6-25;南美洲:4-23
Zeaceae A.Körn. = Poaceae
Zebra Nor. ex Choisy = **Neea**
Zebrina【3】Schnizl. 紫竹梅属 ← **Tradescantia** Commelinaceae 鸭跖草科 [MM-708] 全球 (1) 大洲分布及种数(uc)◆北美洲
Zederachia Heist. ex Fabr. = **Melia**
Zederbauera Fuchs = **Erysimum**
Zedoaria Raf. = **Amomum**
Zeduba Ham. ex Meisn. = **Calanthe**
Zeeae Nakai = **Triticum**
Zehnderia【3】C.Cusset 带河杉属 Podostemaceae 川苔草科 [MD-322] 全球 (1) 大洲分布及种数(1)◆非洲(◆喀麦隆)
Zehneria【3】Endl. 马㼎儿属 ← **Bryonia;Melothria; Solena** Cucurbitaceae 葫芦科 [MD-205] 全球 (6) 大洲分布及种数(73-77;hort.1)非洲:41-45;亚洲:28-33;大洋洲:17-22;欧洲:1-5;北美洲:4;南美洲:4-8
Zehntnerella【3】Britton & Rose 簪翁柱属 ≒ **Facheiroa** Cactaceae 仙人掌科 [MD-100] 全球 (1) 大洲分布及种数(uc)属分布和种数(uc)◆南美洲
Zeia Lunell = **Triticum**
Zeidora Lour. ex Gomes = **Pueraria**
Zeilleria Warb. = **Trigonotis**
Zeinae Tzvelev = **Triticum**
Zelea Hort. ex Ten. = **Carapa**
Zelemnia J.M.H.Shaw = **Zexmenia**
Zelenchilum【-】J.M.H.Shaw 兰科属 Orchidaceae 兰科 [MM-723] 全球 (uc) 大洲分布及种数(uc)
Zelenchostele【-】J.M.H.Shaw 兰科属 Orchidaceae 兰科 [MM-723] 全球 (uc) 大洲分布及种数(uc)
Zelencidiostele【-】J.M.H.Shaw 兰科属 Orchidaceae 兰科 [MM-723] 全球 (uc) 大洲分布及种数(uc)
Zelencidopsis【-】J.M.H.Shaw 兰科属 Orchidaceae 兰科 [MM-723] 全球 (uc) 大洲分布及种数(uc)
Zelenettia【-】J.M.H.Shaw 兰科属 Orchidaceae 兰科 [MM-723] 全球 (uc) 大洲分布及种数(uc)
Zelengomestele【-】J.M.H.Shaw 兰科属 Orchidaceae 兰科 [MM-723] 全球 (uc) 大洲分布及种数(uc)
Zelenkoa【2】M.W.Chase & N.H.Williams 富仙兰属 ← **Oncidium** Orchidaceae 兰科 [MM-723] 全球 (2) 大洲分布及种数(2)北美洲:1;南美洲:1
Zelenkocidium【-】J.M.H.Shaw 兰科属 Orchidaceae 兰科 [MM-723] 全球 (uc) 大洲分布及种数(uc)
Zelglossoda【-】J.M.H.Shaw 兰科属 Orchidaceae 兰科 [MM-723] 全球 (uc) 大洲分布及种数(uc)
Zeliauros Raf. = **Veronica**
Zelkoua Van Houtte = **Zelkova**
Zelkova【3】Spach 榉属 ← **Ulmus;Hemiptelea** Ulmaceae 榆科 [MD-83] 全球 (6) 大洲分布及种数(7-10)非洲:2;亚洲:6-10;大洋洲:1-3;欧洲:2-6;北美洲:2-5;南美洲:2-4
Zelkowa Ledeb. = **Zelkova**
Zellahuntanthes【-】J.M.H.Shaw 兰科属 Orchidaceae 兰科 [MM-723] 全球 (uc) 大洲分布及种数(uc)
Zelleriella A.D.Hawkes = **Helleriella**
Zelmira Raf. = **Goeppertia**
Zelometeorium【3】Manül 巴西蔓藓属 ≒ **Pilotrichum** Brachytheciaceae 青藓科 [B-187] 全球 (1) 大洲分布及种数(4)◆南美洲
Zelomguezia【-】J.M.H.Shaw 兰科属 Orchidaceae 兰科 [MM-723] 全球 (uc) 大洲分布及种数(uc)
Zeloncidesa【-】J.M.H.Shaw 兰科属 Orchidaceae 兰科 [MM-723] 全球 (uc) 大洲分布及种数(uc)
Zelonops Raf. = **Phoenix**
Zeltnera【3】G.Mans. 北美洲龙胆属 ≒ **Cicendia**

Gentianaceae 龙胆科 [MD-496] 全球 (1) 大洲分布及种数(27-28)◆北美洲
Zeltonos Raf. = **Phoenix**
Zeltonossum【-】J.M.H.Shaw 兰科属 Orchidaceae 兰科 [MM-723] 全球 (uc) 大洲分布及种数(uc)
Zelumguezia【-】J.M.H.Shaw 兰科属 Orchidaceae 兰科 [MM-723] 全球 (uc) 大洲分布及种数(uc)
Zelyrtodium【-】J.M.H.Shaw 兰科属 Orchidaceae 兰科 [MM-723] 全球 (uc) 大洲分布及种数(uc)
Zemisia【3】B.Nord. 甲菊属 ≒ **Cacalia** Asteraceae 菊科 [MD-586] 全球 (1) 大洲分布及种数(2)◆北美洲
Zemisne【3】O.Deg. & Sherff 岛葵树属 ← **Scalesia** Asteraceae 菊科 [MD-586] 全球 (1) 大洲分布及种数(1)◆亚洲
Zenaida Chun = **Zenia**
Zenia【3】Chun 任豆属 Fabaceae 豆科 [MD-240] 全球 (1) 大洲分布及种数(1-3)◆亚洲
Zenillia Lundell = **Ardisia**
Zenion Chun = **Zenia**
Zenis Lunell = **Triticum**
Zenkerella【3】Taub. 固氮豆属 ← **Cynometra** Fabaceae 豆科 [MD-240] 全球 (1) 大洲分布及种数(5)◆非洲
Zenkeria Arn. = **Zenkeria**
Zenkeria【3】Trin. 铁苏木属 ≒ **Apuleia** Poaceae 禾本科 [MM-748] 全球 (1) 大洲分布及种数(3-5)◆亚洲
Zenkerina Engl. = **Staurogyne**
Zenobia【3】D.Don 粉姬木属 ← **Andromeda; Leucothoe** Ericaceae 杜鹃花科 [MD-380] 全球 (1) 大洲分布及种数(3)◆北美洲
Zenopogon Link = **Coccothrinax**
Zenopsis De Not. = **Ctenopsis**
Zenoria D.Don = **Zenobia**
Zeocriton P.Beauv. = **Hordeum**
Zeonia Ruiz & Pav. = **Leonia**
Zeora O.F.Cook = **Dalechampia**
Zepherina Engl. = **Staurogyne**
Zephiranthes Herb. = **Zephyranthes**
Zephybranthus T.M.Howard = **Zephyranthes**
Zephyra【3】D.Don 西风莲属 → **Tecophilaea; Phyganthus** Tecophilaeaceae 蓝嵩莲科 [MM-686] 全球 (1) 大洲分布及种数(2)◆南美洲
Zephyranthaceae Salisb. = Amaryllidaceae
Zephyranthella (Pax) Pax = **Habranthus**
Zephyranthes Euzephyranthes Holmb. = **Zephyranthes**
Zephyranthes【3】Herb. 葱莲属 ≒ **Hippeastrum; Amaryllis** Amaryllidaceae 石蒜科 [MM-694] 全球 (6) 大洲分布及种数(106-127;hort.1;cult: 3)非洲:7-20;亚洲:14-29;大洋洲:8-21;欧洲:5-18;北美洲:61-85;南美洲:62-80
Zephyranthus Herb. = **Zephyranthes**
Zera Panz. = **Bromus**
Zeravschania【3】Korovin 氨胶芹属 ≒ **Dorema** Apiaceae 伞形科 [MD-480] 全球 (1) 大洲分布及种数(10)◆中亚(◆塔吉克斯坦)
Zerdana【3】Boiss. 类木果芥属 Brassicaceae 十字花科 [MD-213] 全球 (1) 大洲分布及种数(cf. 1)◆亚洲
Zerene Panz. = **Bromus**
Zerna Panz. = **Bromus**
Zernya C.Presl = **Phragmites**
Zeros Panz. = **Bromus**
Zerumbet Garsault = **Zingiber**
Zeta Giordani Soika = **Beta**
Zetagyne Ridl. = **Panisea**
Zetela Raf. = **Hypolytrum**
Zetha Lunell = **Triticum**
Zetocapnia Link & Otto = **Polianthes**
Zeugandra【3】P.H.Davis 合丝风铃属 Campanulaceae 桔梗科 [MD-561] 全球 (1) 大洲分布及种数(cf. 1)◆亚洲
Zeugiteae Sánchez-Ken & L.G.Clark = **Zeugites**
Zeugites【2】P.Br. 轭草属 ← **Apluda;Panicum** Poaceae 禾本科 [MM-748] 全球 (2) 大洲分布及种数(13-14)北美洲:12;南美洲:3-4
Zeuktophyllum【3】N.E.Br. 矮樱龙属 ← **Mesembryanthemum** Aizoaceae 番杏科 [MD-94] 全球 (1) 大洲分布及种数(1-2)◆非洲(◆南非)
Zeus Lunell = **Triticum**
Zeuxanthe Ridl. = **Prismatomeris**
Zeuxidia Lindl. = **Zeuxine**
Zeuxina Lindl. = **Zeuxine**
Zeuxine【3】Lindl. 线柱兰属 → **Zeuxinella;Heeria; Adenostylis** Orchidaceae 兰科 [MM-723] 全球 (6) 大洲分布及种数(56-104)非洲:16-39;亚洲:39-80;大洋洲:10-44;欧洲:16;北美洲:2-19;南美洲:2-17
Zeuxinella【3】Aver. 拟线柱兰属 ← **Zeuxine** Orchidaceae 兰科 [MM-723] 全球 (1) 大洲分布及种数(cf. 1)◆亚洲
Zeuzera Less. = **Bignonia**
Zexemenia McVaugh = **Zexmenia**
Zexine Lindl. = **Zeuxine**
Zexmania La Llave = **Zexmenia**
Zexmanis La Llave = **Zexmenia**
Zexmenia (Benth.) O.Hoffm. = **Zexmenia**
Zexmenia【3】La Llave 薄翅菊属 → **Angelphytum; Spondias** Asteraceae 菊科 [MD-586] 全球 (6) 大洲分布及种数(12-21)非洲:12;亚洲:17;大洋洲:12;欧洲:12;北美洲:6-19;南美洲:7-20
Zeydora Lour ex Gomes = **Pueraria**
Zeyhera DC. = **Zeyheria**
Zeyherella (Engl.pro parte) Pierre ex Aubrev. & Pellegr. = **Englerophytum**
Zeyheri Mart. = **Zeyheria**
Zeyheria【3】Mart. 门垫树属 ← **Bignonia** Bignoniaceae 紫葳科 [MD-541] 全球 (1) 大洲分布及种数(4)◆南美洲(◆巴西)
Zeylanidium (Tul.) Engl. = **Zeylanidium**
Zeylanidium【3】Engl. 河苔草属 ≒ **Podostemum** Podostemaceae 川苔草科 [MD-322] 全球 (1) 大洲分布及种数(8-9)◆亚洲
Zezera Raf. = **Linum**
Zhengina T.Deng = **Zhengyia**
Zhengyia【3】T.Deng 征镒麻属 Urticaceae 荨麻科 [MD-91] 全球 (1) 大洲分布及种数(cf.1)◆亚洲
Zhukowskia【3】Szlach. 北美洲麦兰属 Orchidaceae 兰科 [MM-723] 全球 (1) 大洲分布及种数(cf. 1)◆北美洲
Zhumeria【3】Rech.f. & Wendelbo 茹麦灌属 Lamiaceae 唇形科 [MD-575] 全球 (1) 大洲分布及种数(cf. 1)◆亚洲
Ziba Forssk. = **Zilla**
Zichya【3】Hüg. ex Benth. 蝶形花科属 ≒ **Kennedya**

Fabaceae3 蝶形花科 [MD-240] 全球 (1) 大洲分布及种数(uc)◆大洋洲
Ziegera Raf. = **Mecranium**
Ziegleria P.A.Smirn. = **Zingeria**
Zieria【3】Sm. 腺香藓属 → **Acradenia;Boronia;Borodinia** Bryaceae 真藓科 [B-146] 全球 (1) 大洲分布及种数(1)◆大洋洲
Zieridium【3】Baill. 茱萸属 ≒ **Evodia** Rutaceae 芸香科 [MD-399] 全球 (1) 大洲分布及种数(uc)属分布和种数(uc)◆大洋洲
Ziervogelia Neck. = **Cynanchum**
Ziervoglia Neck. = **Cynanchum**
Zietenia Gled. = **Stachys**
Zigadenus (Kunth) Benth. & Hook.f. = **Zigadenus**
Zigadenus【3】Michx. 沼盘花属 → **Amianthium;Melanthium;Veratrum** Melanthiaceae 藜芦科 [MM-621] 全球 (6) 大洲分布及种数(8-10)非洲:19;亚洲:5-24;大洋洲:19;欧洲:19;北美洲:6-32;南美洲:19
Zigara Raf. = **Bupleurum**
Zigmaloba Raf. = **Acacia**
Zigyphus Mill. = **Ziziphus**
Zilla【3】Forssk. 齐拉芥属 ≒ **Physorhynchus** Brassicaceae 十字花科 [MD-213] 全球 (6) 大洲分布及种数(3)非洲:2-6;亚洲:1-7;大洋洲:4;欧洲:4;北美洲:4;南美洲:4
Zimapania Engl. & Pax = **Jatropha**
Zimmermannia Pax = **Meineckia**
Zimmermanniopsis Radcl.Sm. = **Meineckia**
Zingania【3】A.Chev. 加蓬含羞草属 ← **Didelotia;Brachystegia** Fabaceae3 蝶形花科 [MD-240] 全球 (1) 大洲分布及种数(cf.1)◆非洲
Zingela N.R.Crouch,Mart.Azorín,M.B.Crespo,M.Pinter & M.Á.Alonso = **Zingeria**
Zingeria【3】P.A.Smirn. 剪股稷属 ← **Agrostis;Milium;Zingeriopsis** Poaceae 禾本科 [MM-748] 全球 (1) 大洲分布及种数(3)◆欧洲
Zingeriopsis【3】Prob. 小剪股草属 ≒ **Milium** Poaceae 禾本科 [MM-748] 全球 (1) 大洲分布及种数(cf. 1)◆南亚(◆斯里兰卡)
Zingiber Adans. = **Zingiber**
Zingiber【3】Mill. 姜属 → **Aframomum;Crassula** Zingiberaceae 姜科 [MM-737] 全球 (6) 大洲分布及种数(99-211;hort.1;cult:2)非洲:5-17;亚洲:97-175;大洋洲:4-13;欧洲:5-14;北美洲:7-16;南美洲:3-12
Zingiberaceae Lour. = Zingiberaceae
Zingiberaceae【3】Martinov 姜科 [MM-737] 全球 (6) 大洲分布和属种数(44-55;hort. & cult.21-25)(948-2443;hort. & cult.113-238)非洲:6-21/100-204;亚洲:41-48/796-1526;大洋洲:6-20/16-87;欧洲:3-18/12-81;北美洲:9-19/38-111;南美洲:4-18/73-146
Zingis Desv. ex Ham. = **Micromeria**
Zinnia (Kunth) Olorode & A.M.Torres = **Zinnia**
Zinnia【3】L. 百日菊属 → **Chrysogonum;Crassula;Philactis** Asteraceae 菊科 [MD-586] 全球 (1) 大洲分布及种数(30-63)◆北美洲(◆美国)
Zinowiewia【3】Turcz. 白雷木属 ← **Maytenus;Wimmeria** Celastraceae 卫矛科 [MD-339] 全球 (6) 大洲分布及种数(16-18)非洲:1;亚洲:1;大洋洲:1;欧洲:1;北美洲:11-13;南美洲:6-8
Zinziber Mill. = **Zingiber**
Zipania Pers. = **Zizania**
Zippelia【3】Bl. 齐头绒属 ≒ **Rhizanthes** Piperaceae 胡椒科 [MD-39] 全球 (1) 大洲分布及种数(1-2)◆亚洲
Zizania Gronov. ex L. = **Zizania**
Zizania【3】L. 菰属 → **Zizaniopsis;Sida;Coleanthus** Poaceae 禾本科 [MM-748] 全球 (6) 大洲分布及种数(6-7;hort.1;cult:1)非洲:2;亚洲:5-8;大洋洲:1-3;欧洲:3-5;北美洲:4-6;南美洲:1-4
Zizanieae Hitchc. = **Zizania**
Zizaniopsis【2】Döll & Asch. 假菰属 ← **Zizania** Poaceae 禾本科 [MM-748] 全球 (4) 大洲分布及种数(7) 亚洲:1;大洋洲:1;北美洲:1;南美洲:5
Zizia Torr. & A.Gray = **Zizia**
Zizia【3】W.D.J.Koch 金防风属 ← **Carum;Zieria;Pimpinella** Apiaceae 伞形科 [MD-480] 全球 (1) 大洲分布及种数(7-10)◆北美洲
Zizifora Adans. = **Ziziphora**
Ziziforum Carül = **Ziziphora**
Ziziphaceae Adans. = Opiliaceae
Ziziphora【3】L. 新塔花属 → **Calamintha; Conopodium;Nepeta** Lamiaceae 唇形科 [MD-575] 全球 (6) 大洲分布及种数(12-23;hort.1;cult: 1)非洲:5-7;亚洲:10-18;大洋洲:2;欧洲:7-9;北美洲:2;南美洲:2
Ziziphus【3】Mill. 枣属 → **Alphitonia;Condalia;Paliurus** Rhamnaceae 鼠李科 [MD-331] 全球 (6) 大洲分布及种数(125-157;hort.1;cult: 5)非洲:18-31;亚洲:80-104;大洋洲:16-27;欧洲:5-16;北美洲:32-46;南美洲:21-38
Zizkaea【3】W.Till & Barfuss 金凤梨属 Bromeliaceae 凤梨科 [MM-715] 全球 (1) 大洲分布及种数(cf.1)◆北美洲
Zizula Godman & Salvin = **Zilla**
Zizygium Brongn. = **Syzygium**
Zizyphon St.Lag. = **Ziziphus**
Zizyphora Benth. = **Ziziphora**
Zizyphus【2】Adans. 枣属 ≒ **Paliurus** Cannabaceae 大麻科 [MD-89] 全球 (2) 大洲分布及种数(2) 亚洲:2;大洋洲:1
Zizzia Roth = **Draba**
Zlivisporis【-】Pacltová 不明藓属 Fam(uc) 全球 (uc) 大洲分布及种数(uc)
Zoduba Buch.Ham. ex D.Don = **Calanthe**
Zoegea【3】L. 掌片菊属 ← **Centaurea** Asteraceae 菊科 [MD-586] 全球 (1) 大洲分布及种数(2-8)◆亚洲
Zoelleria Warb. = **Trigonotis**
Zoellnerallium Crosa = **Nothoscordum**
Zoellneria Warb. = **Trigonotis**
Zoilikoferia Nees = **Zollikoferia**
Zoisia J.M.Black = **Zoysia**
Zollernia【3】Maximil. & Nees 佐勒铁豆属 ≒ **Lecointea** Fabaceae 豆科 [MD-240] 全球 (1) 大洲分布及种数(12-13)◆南美洲
Zollikofera Nees = **Chondrilla**
Zollikoferia【3】Nees 栓果菊属 ≒ **Podospermum** Asteraceae 菊科 [MD-586] 全球 (1) 大洲分布及种数(3)◆亚洲
Zollikoferiastrum (Kirp.) Kamelin = **Lactuca**
Zollikofieria Nees = **Zollikoferia**
Zollingeria【-】Kurz 无患子科属 ≒ **Rhynchospermum;Aster** Sapindaceae 无患子科 [MD-428] 全球 (uc)

大洲分布及种数(uc)
Zomacarpus P. & K. = **Zomicarpa**
Zombia 【3】 L.H.Bailey 海地棕属 ← **Chamaerops** Arecaceae 棕榈科 [MM-717] 全球 (1) 大洲分布及种数(1)◆北美洲
Zombiana Baill. = **Ehretia**
Zombitsia Keraudren = **Ctenolepis**
Zomicarpa 【3】 Schott 蟒芋属 ← **Arisaema** Araceae 天南星科 [MM-639] 全球 (1) 大洲分布及种数(3)◆南美洲(◆巴西)
Zomicarpella 【3】 N.E.Br. 匍斑芋属 Araceae 天南星科 [MM-639] 全球 (1) 大洲分布及种数(1-2)◆南美洲
Zonablephis Raf. = **Acanthus**
Zonanthemis Greene = **Hemizonia**
Zonanthus 【3】 Griseb. 古巴龙胆属 Gentianaceae 龙胆科 [MD-496] 全球 (1) 大洲分布及种数(1)◆北美洲(◆古巴)
Zonaria Boiss. = **Zataria**
Zonilia Lundell = **Ardisia**
Zonites Raf. = **Origanum**
Zonophora Bernh. = **Orchis**
Zonorchis Beck = **Limodorum**
Zonosoma Griff. = **Xylocarpus**
Zonotriche 【3】 (C.E.Hubb.) Phipps 髯戟草属 ← **Tristachya** Poaceae 禾本科 [MM-748] 全球 (1) 大洲分布及种数(3)◆非洲
Zonotrichia A.Rich. = **Manettia**
Zoolea Hort. ex Ten. = **Pelea**
Zoophora Bernh. = **Orchis**
Zoophthalmum P.Br. = **Mucuna**
Zoopsidella 【2】 (Stephani) R.M.Schust. 指虫苔属 ≒ **Alobiella** Lepidoziaceae 指叶苔科 [B-63] 全球 (3) 大洲分布及种数(7)大洋洲:1;北美洲:1;南美洲:5
Zoopsis (Hook.f. & Taylor) Gottsche,Lindenb. & Nees = **Zoopsis**
Zoopsis 【3】 Stephani 虫叶苔属 ≒ **Riccardia** Lepidoziaceae 指叶苔科 [B-63] 全球 (6) 大洲分布及种数(5-6)非洲:4;亚洲:1-5;大洋洲:2-6;欧洲:4;北美洲:4;南美洲:1-5
Zoothera L. = **Zostera**
Zootrophion 【2】 C.A.Lür 虫首兰属 Orchidaceae 兰科 [MM-723] 全球 (2) 大洲分布及种数(25-30)北美洲:10;南美洲:23-26
Zootrophion Lür = **Zootrophion**
Zora O.F.Cook = **Dalechampia**
Zoreva Signoret = **Zornia**
Zornia (Desv.) Mohlenbr. = **Zornia**
Zornia 【3】 J.F.Gmel. 丁癸草属 ≒ **Lallemantia;Dracocephalum;Phyllodium** Fabaceae3 蝶形花科 [MD-240] 全球 (6) 大洲分布及种数(94-116;hort.1;cult: 2)非洲:25-29;亚洲:13-21;大洋洲:21-29;欧洲:1;北美洲:22-25;南美洲:57-63
Zoroxus Raf. = **Polygala**
Zosima 【3】Hoffm.艾叶芹属→**Philibertia;Platytaenia** Apiaceae 伞形科 [MD-480] 全球 (6) 大洲分布及种数(8-11)非洲:4;亚洲:7-13;大洋洲:3;欧洲:3;北美洲:3;南美洲:3
Zosimia M.Bieb. = **Zosima**
Zoster St.Lag. = **Zostera**
Zostera (Asch.) Miki = **Zostera**
Zostera 【3】L.大叶藻属→**Heterozostera;Cymbidium** Zosteraceae 大叶藻科 [MM-612] 全球 (6) 大洲分布及种数(16)非洲:6-13;亚洲:7-14;大洋洲:10-17;欧洲:5-12;北美洲:5-12;南美洲:3-10
Zosteraceae 【3】Dum. 大叶藻科 [MM-612] 全球 (6) 大洲分布和属种数(3-4;hort. & cult.1)(23-36;hort. & cult.3)非洲:1-2/6-15;亚洲:2-3/9-20;大洋洲:2-3/11-20;欧洲:1-2/5-14;北美洲:2-3/9-18;南美洲:2-3/6-15
Zostereae Dum. = **Zostera**
Zosterella Small = **Heteranthera**
Zosterophyllanthos 【3】 Szlach. & Marg. 结缕兰属 ← **Pleurothallis;Humboldtia;Acronia** Orchidaceae 兰科 [MM-723] 全球 (1) 大洲分布及种数(cf. 1)◆北美洲
Zosterospermon P.Beauv. ex T.Lestib. = **Rhynchospora**
Zosterostylis Bl. = **Cryptostylis**
Zotovia 【3】 Edgar & Connor 山皱稃草属 ≒ **Ehrharta** Poaceae 禾本科 [MM-748] 全球 (6) 大洲分布及种数(4)非洲:2;亚洲:2;大洋洲:3-5;欧洲:2;北美洲:2;南美洲:2
Zouchia Raf. = **Pancratium**
Zoutpansbergia 【3】 Hutch. 髯毛菊属 Asteraceae 菊科 [MD-586] 全球 (1) 大洲分布及种数(1)◆非洲(◆南非)
Zoydia Pers. = **Cryptocarya**
Zoysia 【3】 Willd. 结缕草属 ← **Agrostis;Milium;Sporobolus** Poaceae 禾本科 [MM-748] 全球 (6) 大洲分布及种数(12-14;hort.1;cult:4)非洲:1;亚洲:8-11;大洋洲:7-9;欧洲:1-2;北美洲:6-7;南美洲:4-5
Zoysiaceae Link = Poaceae
Zoysieae Benth. = **Zoysia**
Zoysinae Link = **Zoysia**
Zozima DC. = **Philibertia**
Zschokkea Müll.Arg. = **Lacmellea**
Zschokkia Berth. & Hook.f. = **Lacmellea**
Zuberia DC. = **Huberia**
Zucca Comm. ex Juss. = **Momordica**
Zuccagnia Cav. = **Dipcadi**
Zuccangnia Thunb. = **Dipcadi**
Zuccarinia 【3】 Bl. 杨属 ≒ **Populus** Rubiaceae 茜草科 [MD-523] 全球 (1) 大洲分布及种数(1)◆亚洲
Zucchelia Decne. = **Pentanisia**
Zucchellia Decaisne = **Raphionacme**
Zuckertia Baill. = **Tragia**
Zuckia 【3】 Standl. 壤藜属 ≒ **Atriplex** Amaranthaceae 苋科 [MD-116] 全球 (1) 大洲分布及种数(1-2)◆北美洲
Zuelania 【3】 A.Rich. 苏兰木属 ← **Casearia;Guidonia** Salicaceae 杨柳科 [MD-123] 全球 (1) 大洲分布及种数(1-3)◆北美洲
Zuelia A.Rich. = **Zuelania**
Zugilus Raf. = **Ostrya**
Zulatia Neck. = **Miconia**
Zuloagaea 【3】 Bess 北美洲草属 Poaceae 禾本科 [MM-748] 全球 (1) 大洲分布及种数(1)◆北美洲
Zuloagocardamum 【3】 Salariato & Al-Shehbaz 祖鲁菜属 Brassicaceae 十字花科 [MD-213] 全球 (1) 大洲分布及种数(cf.1)◆南美洲
Zunilia Lundell = **Alangium**
Zurloa Ten. = **Xylocarpus**
Zuvanda 【2】 (Dvoràk) R.K.Askerova 香花芥属 ≒ **Hesperis** Brassicaceae 十字花科 [MD-213] 全球 (2) 大洲分布及种数(2-3) 非洲:1;亚洲:2
Zvodia Lam. = **Cryptocarya**

Zwaardekronia Korth. = **Chassalia**
Zwackhia Sendt. = **Halacsya**
Zwardekronia Hook.f. = **Chassalia**
Zwingera Hofer = **Quassia**
Zwingera Neck. = **Nolina**
Zwingeria Heist. ex Fabr. = **Ziziphora**
Zycona P. & K. = **Schistocarpha**
Zygadenia Michx. = **Zigadenus**
Zygadenus【2】 Michx. 沼盘花属 ≒ **Amianthium** Liliaceae 百合科 [MM-633] 全球 (2) 大洲分布及种数(6) 亚洲:5;北美洲:1
Zygalchemilla Rydb. = **Lachemilla**
Zygella J.M.H.Shaw = **Cypella**
Zygia (C.Barbosa) L.Rico = **Zygia**
Zygia【3】 P.Br. 大合欢属 → **Abarema;Albizia; Pithecellobium** Fabaceae 豆科 [MD-240] 全球 (6) 大洲分布及种数(62-63;hort.1)非洲:1;亚洲:8-10;大洋洲:1;欧洲:1;北美洲:18-20;南美洲:50-51
Zygiella S.Moore = **Cypella**
Zygis Desv. ex Ham. = **Micromeria**
Zygobatemania【-】 Hort. 兰科属 Orchidaceae 兰科 [MM-723] 全球 (uc) 大洲分布及种数(uc)
Zygobatemannia Hort. = **Batemannia**
Zygocactus K.Schum. = **Schlumbergera**
Zygocarpum【3】 Thulin & Lavin 亚洲蝶豆花属 Fabaceae 豆科 [MD-240] 全球 (1) 大洲分布及种数(6)◆亚洲
Zygocaste Hort. = **Lycaste**
Zygocella Garay & H.R.Sw. = **Galeottia**
Zygoceras ex DC. = **Arytera**
Zygocereus Frič & Kreuz. = **Schlumbergera**
Zygoceros ex DC. = **Arytera**
Zygochloa【3】 S.T.Blake 怪禾木属 ← **Neurachne** Poaceae 禾本科 [MM-748] 全球 (1) 大洲分布及种数(1)◆大洋洲(◆澳大利亚)
Zygocircus Frič & Kreuz. = **Schlumbergera**
Zygocolax【-】 Rolfe 兰科属 Orchidaceae 兰科 [MM-723] 全球 (uc) 大洲分布及种数(uc)
Zygodia Benth. = **Baissea**
Zygodisanthus【-】 Hort. 兰科属 Orchidaceae 兰科 [MM-723] 全球 (uc) 大洲分布及种数(uc)
Zygodon (Hook. & Taylor) Müll.Hal. = **Zygodon**
Zygodon【3】 Hook. & Taylor 变齿藓属 ≒ **Grimmia; Anoectangium** Orthotrichaceae 木灵藓科 [B-151] 全球(6)大洲分布及种数(97)非洲:22;亚洲:22;大洋洲:10;欧洲:9;北美洲:23;南美洲:57
Zygodontaceae Schimp. = Orthotrichaceae
Zygogardmannia【-】 J.M.H.Shaw 兰科属 Orchidaceae 兰科 [MM-723] 全球 (uc) 大洲分布及种数(uc)
Zygoglossum Reinw. = **Bulbophyllum**
Zygogonium Baill. = **Zygogynum**
Zygogynum【3】 Baill. 合林仙属 → **Bubbia;Drimys** Winteraceae 林仙科 [MD-3] 全球 (1) 大洲分布及种数(15-49)◆大洋洲(◆巴布亚新几内亚)
Zygolepis Turcz. = **Arytera**
Zygolum Garay & H.R.Sw. = **Ostrya**
Zygomatophyllum【-】 A.Chen 兰科属 Orchidaceae 兰科 [MM-723] 全球 (uc) 大洲分布及种数(uc)
Zygomena auct. = **Cyanotis**
Zygomenes Salisb. = **Cyanotis**
Zygomenzella【-】 J.M.H.Shaw 兰科属 Orchidaceae 兰科 [MM-723] 全球 (uc) 大洲分布及种数(uc)
Zygomeris ex DC. = **Amicia**
Zygomyia Benth. = **Baissea**
Zygoneria【-】 Hort. 兰科属 Orchidaceae 兰科 [MM-723] 全球 (uc) 大洲分布及种数(uc)
Zygonerion Baill. = **Strophanthus**
Zygonisatoria【-】 J.M.H.Shaw 兰科属 Orchidaceae 兰科 [MM-723] 全球 (uc) 大洲分布及种数(uc)
Zygonisia【-】 auct. 兰科属 Orchidaceae 兰科 [MM-723] 全球 (uc) 大洲分布及种数(uc)
Zygoon Hiern = **Coptosperma**
Zygopa Benth. = **Baissea**
Zygopabstia【3】 Garay 轭瓣兰属 ← **Zygopetalum** Orchidaceae 兰科 [MM-723] 全球 (1) 大洲分布及种数(1-2)◆非洲
Zygopeltis Fenzl ex Endl. = **Heldreichia**
Zygopetalon Rchb. = **Zygopetalum**
Zygopetalum (Rchb.f.) Rchb.f. = **Zygopetalum**
Zygopetalum【3】 Hook. 轭瓣兰属 ← **Batemannia;Broughtonia;Maxillaria** Orchidaceae 兰科 [MM-723] 全球(6)大洲分布及种数(22-34)非洲:1;亚洲:1;大洋洲:1;欧洲:1;北美洲:1-2;南美洲:21-25
Zygopetulum Hook. = **Zygopetalum**
Zygophlebia【2】 L.E.Bishop 轭脉蕨属 ← **Ctenopteris** Polypodiaceae 水龙骨科 [F-60] 全球 (4) 大洲分布及种数(14-17)非洲:8-10;欧洲:1;北美洲:3;南美洲:5
Zygophyllaceae【3】 R.Br. 蒺藜科 [MD-288] 全球 (6) 大洲分布和属种数(20-23;hort. & cult.9-10)(326-457;hort. & cult.19-24)非洲:7-14/136-192;亚洲:6-11/115-166;大洋洲:3-9/62-103;欧洲:4-9/15-46;北美洲:9-11/52-82;南美洲:11-14/46-79
Zygophyllidium (Boiss.) Small = **Euphorbia**
Zygophyllidum【2】 Wooton & Standley 麻黄戟属 ← **Acalypha** Euphorbiaceae 大戟科 [MD-217] 全球 (3) 大洲分布及种数(1) 非洲:1;亚洲:1;北美洲:1
Zygophyllon St.Lag. = **Zygophyllum**
Zygophyllum【3】 L. 驼蹄瓣属 → **Bulnesia; Sarcozygium;Larrea** Zygophyllaceae 蒺藜科 [MD-288] 全球 (6) 大洲分布及种数(173-212;hort.1;cult:2)非洲:98-111;亚洲:68-89;大洋洲:29-41;欧洲:8-14;北美洲:10-14;南美洲:1-5
Zygops Desv. ex Ham. = **Micromeria**
Zygorhync Hort. = **Chondrorhyncha**
Zygorhyncha Hort. = **Cochleanthes**
Zygorhynchus Vuill. = **Chondrorhyncha**
Zygoruellia【3】 Baill. 马达轭爵床属 Acanthaceae 爵床科 [MD-572] 全球 (1) 大洲分布及种数(1)◆非洲(◆马达加斯加)
Zygosepalum【3】 Rchb.f. 轭肩兰属 ← **Epidendrum;-Zygopetalum;Zygophyllum** Orchidaceae 兰科 [MM-723] 全球 (1) 大洲分布及种数(7-9)◆南美洲
Zygosepella【-】 J.M.H.Shaw 兰科属 Orchidaceae 兰科 [MM-723] 全球 (uc) 大洲分布及种数(uc)
Zygosicyos Humbert = **Xerosicyos**
Zygosporium Thwaites ex Baill. = **Margaritaria**
Zygostates【3】 Lindl. 天平兰属 → **Centroglossa; Dipteranthus;Epidendrum** Orchidaceae 兰科 [MM-723] 全球 (1) 大洲分布及种数(26-28)◆南美洲

Zygosteria Glic. = **Petalostelma**
Zygostigma 【3】 Griseb. 轭头龙胆属 ← **Sabatia; Erythraea** Gentianaceae 龙胆科 [MD-496] 全球 (1) 大洲分布及种数(1)◆南美洲
Zygostylis Garay = **Otostylis**
Zygotorea 【-】 auct. 兰科属 Orchidaceae 兰科 [MM-723] 全球 (uc) 大洲分布及种数(uc)
Zygotrichia 【-】 Brid. 丛藓科属 ≒ **Syntrichia;Tortula** Pottiaceae 丛藓科 [B-133] 全球 (uc) 大洲分布及种数(uc)
Zygotritonia 【3】 Mildbr. 唇花鸢尾属 ← **Tritonia** Iridaceae 鸢尾科 [MM-700] 全球 (1) 大洲分布及种数(5)◆非洲
Zygowarrea 【-】 auct. 兰科属 Orchidaceae 兰科 [MM-723] 全球 (uc) 大洲分布及种数(uc)
Zygozella J.M.H.Shaw = **Galeottia**
Zymum L.M.A.A.Du Petit-Thouars = **Tristellateia**
Zymur Noronha ex Thou. = **Tristellateia**
Zyras Desv. = **Micromeria**
Zyrphelia Cass. = **Zyrphelis**
Zyrphelis 【3】 Cass. 曲毛菀属 ≒ **Mairia** Asteraceae 菊科 [MD-586] 全球 (1) 大洲分布及种数(1)◆非洲
Zythia P.Br. = **Zygia**
Zyzophyllum Salisb. = **Zygophyllum**
Zyzygium Brongn. = **Syzygium**
Zyzyura 【3】 H.Rob. & Pruski 尾喙菊属 Asteraceae 菊科 [MD-586] 全球 (1) 大洲分布及种数(1)◆北美洲
Zyzyxia 【3】 Strother 北喙芒菊属 Asteraceae 菊科 [MD-586] 全球 (1) 大洲分布及种数(1)◆北美洲(◆危地马拉)

世界植物地理的三区两带区系格局

世界各大洲的行政划分，基本为自然的地理单位，依据洲际植物种间相似性关系，全球植物区系划分成三区两带格局。

三个地理区的划分为，地理带编码 1：由亚洲和澳大利亚大陆组成古热带植物分布类型（古热带区 Acheotropis），副码 A S 为亚洲特有，副码 A U 为澳大利亚大陆特有。地理带编码 2：旧热带植物分布类型（旧热带区 Paleotropis），副码 A F 为非洲特有，副码 E U 为欧洲特有。地理带编码 3：新热带植物分布类型（新热带区 Neotropis），副码 N A 为北美洲特有，副码 S A 为南美洲特有。两个气候带的划分：气候带编码 R（tRopic）为热带分布类型，气候带编码 T（Temperate）为寒（温）带分布类型。

三区两带之间有过渡区域，地理过渡区地理带编码分别为 12、13 和 23。气候带过渡区的气候带编码为 S（tranSition），过渡区域的植物类群即为三区两带分布格局中两两共有的成分。此外，尚有全球共有植物类群，即广布分布类型（Cosmopolitan）。

后　记

做学问能融会贯通的，用我好友法正先生的话说，就是能够在不经意处发前人所未发。最近将要出版《植物科属大辞典》，请法正为序，法正婉拒。1994 年，法正曾有来书，论及为学，至今可念。转录于此，以为后记。“法正”，是我给杨亲二先生的尊号，书中“慕之”，是我的字。

数十年前春，亲二负笈来京。时慕之先生有课题之设，念亲二之研究颇有年，遂邀与焉。

亲二之为学也，贵乎精细，故常能指陈前人得失，然亦有枯塞凝滞之病，于问题不能展开，所谓不能致广大者也。慕之先生为学之旨趣，正与亲二反；新意迥出，宏论滔滔，每能于人不经意处，发前人之所未发；议论证据古今，出入诸子百家，踔厉风发，犹如庖丁解牛，悠然乎游刃有余。然其论常稍嫌粗疏，所谓不能尽精微者也。盖亲二善于破坏，慕之先生善于建设，亲二之创造力不逮于慕之先生可论定也。

慕之先生知亲二为学之痛根，遂力纠焉，时以言行相激。亲二于是不敢懈怠，孜孜以求，穷相研讨，其学遂进入别一洞天，斐然而有著述之志，从此逐篇数论，皆是焉。

黄仲则诗云：“偶然持论有龃龉，事后回首皆相思。”忆昔亲二居香山，每于荒村十里寒风之夜，与慕之先生切磋探讨，竟夜不知倦，是可念也。

学琴三年，心中寂寞。草此数语，以志亲二与慕之先生同治学问之经过。掷笔而叹，悲乎，喜乎，亲二不知也。

甲戌之春，亲二谨识于香山。

傅德志记。时二〇二二年四月九日。